久寿（1154～1156） p281
保元（1156～1159） p282
平治（1159～1160） p284
永暦（1160～1161） p284
応保（1161～1163） p285
長寛（1163～1165） p286
永万（1165～1166） p287
仁安（1166～1169） p287
嘉応（1169～1171） p289
承安（1171～1175） p290
安元（1175～1177） p292
治承（1177～1183） p293
養和（1181～1182） p295
寿永（1182～1185） p295
元暦（1184～1185） p296
文治（1185～1190） p297

【鎌倉時代】

建久（1190～1199） p299
正治（1199～1201） p304
建仁（1201～1204） p305
元久（1204～1206） p306
建永（1206～1207） p307
承元（1207～1211） p308
建暦（1211～1213） p310
建保（1213～1219） p311
承久（1219～1222） p314
貞応（1222～1224） p315
元仁（1224～1225） p316
嘉禄（1225～1227） p317
安貞（1227～1229） p318
寛喜（1229～1232） p319
貞永（1232～1233） p320
天福（1233～1234） p321
文暦（1234～1235） p321
嘉禎（1235～1238） p322
暦仁（1238～1239） p323
延応（1239～1240） p324
仁治（1240～1243） p324
寛元（1243～1247） p326
宝治（1247～1249） p328
建長（1249～1256） p329
康元（1256～1257） p332
正嘉（1257～1259） p33
正元（1259～1260） p334
文応（1260～1261） p334
弘長（1261～1264） p335
文永（1264～1275） p336
建治（1275～1278） p342
弘安（1278～1288） p343
正応（1288～1293） p348
永仁（1293～1299） p351
正安（1299～1302） p354
乾元（1302～1303） p355
嘉元（1303～1306） p356
徳治（1306～1308） p357
延慶（1308～1311） p358
応長（1311～1312） p360
正和（1312～1317） p360
文保（1317～1319） p363
元応（1319～1321） p364
元亨（1321～1324） p365
正中（1324～1326） p366
嘉暦（1326～1329） p367
元徳（1329～1332） p369
元弘（1331～1334） p370
正慶（1332～1333） p370

【南北朝時代】

建武（1334～1338） p371
〔南朝〕
延元（1336～1340） p372
興国（1340～1346） p374
正平（1346～1370） p377
建徳（1370～1372） p389
文中（1372～1375） p390
天授（1375～1381） p392
弘和（1381～1384） p395
元中（1384～1392） p396
〔北朝〕
暦応（1338～1342） p373
康永（1342～1345） p375
貞和（1345～1350） p377
観応（1350～1351） p379
文和（1352～1356） p380
延文（1356～1361） p382
応安（1368～1375） p388
永和（1375～1379） p392
康暦（1379～1381） p394
永徳（1381～1384） p395
至徳（1384～1387） p396
嘉慶（1387～1389） p398
康応（1389～1390） p399

【室町時代】

明徳（1390～1394） p399
応永（1394～1428） p401
正長（1428～1429） p418
永享（1429～1441） p419
嘉吉（1441～1444） p425
文安（1444～1449） p426
宝徳（1449～1452） p429
享徳（1452～1455） p430
康正（1455～1457） p432
長禄（1457～1460） p433
寛正（1460～1466） p434
文正（1466～1467） p437

【戦国時代】

応仁（1467～1469） p438
文明（1469～1487） p439
長享（1487～1489） p448
延徳（1489～1492） p449
明応（1492～1501） p450
文亀（1501～1504） p455
永正（1504～1521） p456
大永（1521～1528） p465
享禄（1528～1532） p468
天文（1532～1555） p470
弘治（1555～1558） p482
永禄（1558～1570） p483
元亀（1570～1573） p489

【安土桃山時代】

天正（1573～1582） p491

古代中世暦

和暦・ユリウス暦 月日対照表

日外アソシエーツ編集部編

日外アソシエーツ

本書の内容

1. 推古天皇元年（593）から天正10年（1582）まで990年間、361,573日の暦表を収録しています。天正10年(1582)は西欧で初めて現在のグレゴリオ暦が採用された年で、それまではユリウス暦が使われていました。本書では、和暦とユリウス暦が１日ずつ対照できます。

2. 記載項目

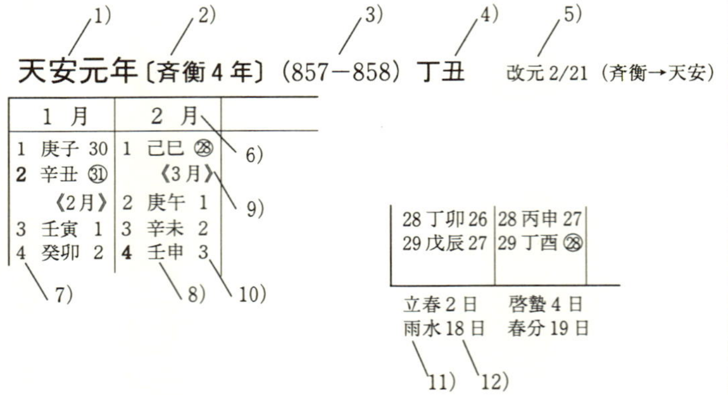

1）和暦年表示
2）改元前の年号
3）ユリウス暦年
4）年干支
5）改元について
6）和暦月
7）和暦日
　*太字は二十四節気
　*斜体は改元日
8）日干支
9）ユリウス暦月
10）ユリウス暦日
　*丸数字は日曜日
11）節気の名称
12）節気の日付

3. 使用上の注意

古代·中世の日本においては、暦法の計算結果を恣意的に変更して実施することがよく行われていました。本書掲載の暦表は、編集部による計算値を参考資料と照合し、なるべく当時実施された暦を再現するように作成しましたが、歴史史料に記載のない部分や暦法の定数が現存していない部分については、推定値であることをご承知おき下さい。

なお本書収録時代における各暦法の特徴や、参考資料·歴史史料との異動などについては、巻末の解説をご覧下さい。

装丁：赤田麻衣子

推古天皇元年（593－594） 癸丑

1月	2月	3月	4月	5月	6月	7月	8月	9月	10月	11月	12月
1 壬寅 7	1 辛未 ⑧	1 辛丑 7	1 庚午 6	1 庚子 5	**1** 己巳 4	1 己亥 3	《9月》	《10月》	1 丁卯 30	1 丁酉 ㉙	1 丙寅 28
2 癸卯 ⑧	2 壬申 9	2 壬寅 8	2 辛未 7	2 辛丑 6	2 庚午 ⑤	**2** 庚子 4	1 戊辰 1	1 戊戌 1	2 戊辰 31	2 戊戌 30	2 丁卯 29
3 甲辰 9	3 癸酉 10	3 癸卯 9	3 壬申 8	3 壬寅 ⑦	3 辛未 6	3 辛丑 5	2 己巳 2	2 己亥 2	《11月》	《12月》	3 戊辰 30
4 乙巳 10	4 甲戌 11	4 甲辰 10	4 癸酉 9	4 癸卯 8	4 壬申 7	4 壬寅 6	**3** 庚午 3	3 庚子 3	3 己巳 ①	3 己亥 1	4 己巳 31
5 丙午 11	5 乙亥 12	5 乙巳 11	5 甲戌 ⑩	5 甲辰 9	5 癸酉 8	5 癸卯 7	4 辛未 4	**4** 辛丑 ④	4 庚午 2	4 庚子 2	**594 年**
6 丁未 12	6 丙子 13	6 丙午 ⑫	6 乙亥 11	6 乙巳 10	6 甲戌 9	6 甲辰 8	5 壬申 5	5 壬寅 5	**5** 辛未 3	5 辛丑 3	《1月》
7 戊申 13	7 丁丑 14	7 丁未 13	7 丙子 12	7 丙午 11	7 乙亥 10	7 乙巳 ⑨	6 癸酉 ⑥	6 癸卯 6	6 壬申 4	**6** 壬寅 4	5 庚午 1
8 己酉 14	8 戊寅 ⑮	8 戊申 14	8 丁丑 13	8 丁未 12	8 丙子 11	8 丙午 10	7 甲戌 7	7 甲辰 7	7 癸酉 5	7 癸卯 5	6 辛未 2
9 庚戌 ⑮	9 己卯 16	9 己酉 15	9 戊寅 14	9 戊申 13	9 丁丑 ⑫	9 丁未 11	8 乙亥 8	8 乙巳 8	8 甲戌 6	8 甲辰 ⑥	**7** 壬申 ③
10 辛亥 16	10 庚辰 17	10 庚戌 16	10 己卯 15	10 己酉 ⑭	10 戊寅 13	10 戊申 12	9 丙子 9	9 丙午 9	9 乙亥 7	9 乙巳 7	8 癸酉 4
11 壬子 17	11 辛巳 18	11 辛亥 17	11 庚辰 16	11 庚戌 15	11 己卯 14	11 己酉 13	10 丁丑 10	10 丁未 10	10 丙子 ⑧	10 丙午 8	9 甲戌 5
12 癸丑 18	12 壬午 19	12 壬子 18	12 辛巳 ⑰	12 辛亥 16	12 庚辰 15	12 庚戌 14	11 戊寅 11	11 戊申 ⑪	11 丁丑 9	11 丁未 9	10 乙亥 6
13 甲寅 19	**13** 癸未 20	**13** 癸丑 ⑲	13 壬午 18	13 壬子 17	13 辛巳 16	13 辛亥 15	12 己卯 12	12 己酉 12	12 戊寅 10	12 戊申 10	11 丙子 7
14 乙卯 20	14 甲申 21	14 甲寅 20	14 癸未 19	14 癸丑 18	14 壬午 17	14 壬子 ⑯	13 庚辰 ⑬	13 庚戌 13	13 己卯 11	13 己酉 11	12 丁丑 8
15 丙辰 21	15 乙酉 ㉒	15 乙卯 21	**15** 甲申 20	**15** 甲寅 19	15 癸未 18	15 癸丑 17	14 辛巳 14	14 辛亥 14	14 庚辰 12	14 庚戌 12	13 戊寅 9
16 丁巳 ㉒	16 丙戌 23	16 丙辰 22	16 乙酉 21	16 乙卯 20	16 甲申 ⑲	16 甲寅 18	15 壬午 15	15 壬子 15	15 辛巳 13	15 辛亥 ⑬	14 己卯 ⑩
17 戊午 23	17 丁亥 24	17 丁巳 23	17 丙戌 22	17 丙辰 ㉑	**17** 乙酉 20	**17** 乙卯 19	16 癸未 16	16 癸丑 16	16 壬午 14	16 壬子 14	15 庚辰 11
18 己未 24	18 戊子 25	18 戊午 24	18 丁亥 23	18 丁巳 22	18 丙戌 21	18 丙辰 20	17 甲申 17	17 甲寅 17	17 癸未 ⑮	17 癸丑 15	16 辛巳 12
19 庚申 25	19 己丑 26	19 己未 25	19 戊子 ㉔	19 戊午 23	19 丁亥 22	19 丁巳 21	18 乙酉 18	18 乙卯 ⑱	18 甲申 16	18 甲寅 16	17 壬午 13
20 辛酉 26	20 庚寅 27	20 庚申 ㉖	20 己丑 25	20 己未 24	20 戊子 23	20 戊午 22	**19** 丙戌 19	**19** 丙辰 19	19 乙酉 17	19 乙卯 17	18 癸未 14
21 壬戌 27	21 辛卯 28	21 辛酉 27	21 庚寅 26	21 庚申 25	21 己丑 24	21 己未 ㉓	20 丁亥 ⑳	20 丁巳 20	**20** 丙戌 18	20 丙辰 18	19 甲申 15
22 癸亥 28	22 壬辰 ㉙	22 壬戌 28	22 辛卯 27	22 辛酉 26	22 庚寅 25	22 庚申 24	21 戊子 21	21 戊午 21	21 丁亥 19	**21** 丁巳 19	20 乙酉 16
《3月》	23 癸巳 30	23 癸亥 29	23 壬辰 28	23 壬戌 27	23 辛卯 ㉖	23 辛酉 25	22 己丑 22	22 己未 22	22 戊子 20	22 戊午 ⑳	21 丙戌 ⑰
23 甲子 ①	24 甲午 31	24 甲子 30	24 癸巳 29	24 癸亥 ㉘	24 壬辰 27	24 壬戌 26	23 庚寅 23	23 庚申 23	23 己丑 21	23 己未 21	**22** 丁亥 18
24 乙丑 2	《4月》	《5月》	25 甲午 30	25 甲子 29	25 癸巳 28	25 癸亥 27	24 辛卯 24	24 辛酉 24	24 庚寅 ㉒	24 庚申 22	23 戊子 19
25 丙寅 3	25 乙未 1	25 乙丑 1	26 乙未 ㉛	26 乙丑 30	26 甲午 29	26 甲子 28	25 壬辰 25	25 壬戌 ㉕	25 辛卯 23	25 辛酉 23	24 己丑 20
26 丁卯 4	26 丙申 2	26 丙寅 2	《6月》	《7月》	27 乙未 30	27 乙丑 29	26 癸巳 26	26 癸亥 26	26 壬辰 24	26 壬戌 24	25 庚寅 21
27 戊辰 5	27 丁酉 3	27 丁卯 ③	27 丙申 1	27 丙寅 1	28 丙申 31	28 丙寅 ㉚	27 甲午 ㉗	27 甲子 27	27 癸巳 25	27 癸亥 25	26 辛卯 22
28 己巳 6	**28** 戊戌 4	28 戊辰 4	28 丁酉 2	28 丁卯 2	《8月》	29 丁卯 31	28 乙未 28	28 乙丑 28	28 甲午 26	28 甲子 26	27 壬辰 23
29 庚午 7	29 己亥 ⑤	**29** 己巳 5	29 戊戌 3	29 戊辰 3	29 丁酉 1		29 丙申 29	29 丙寅 29	29 乙未 27	29 乙丑 ㉗	28 癸巳 ㉔
	30 庚子 6		**30** 己亥 4		30 戊戌 ②		30 丁酉 30		30 丙申 28		29 甲午 25
											30 乙未 26
雨水 11日 啓蟄 27日	春分 13日 清明 28日	穀雨 13日 立夏 29日	小満 15日 芒種 30日	夏至 15日	小暑 1日 大暑 17日	立秋 2日 処暑 17日	白露 3日 秋分 19日	寒露 4日 霜降 19日	立冬 5日 小雪 20日	大雪 6日 冬至 21日	小寒 7日 大寒 22日

推古天皇2年（594－595） 甲寅

1月	2月	3月	4月	5月	6月	7月	8月	9月	閏9月	10月	11月	12月
1 丙申 27	1 丙寅 26	1 乙未 27	1 乙丑 26	1 甲午 25	1 甲子 24	1 癸巳 23	1 癸亥 ㉒	1 壬辰 20	1 壬戌 20	1 辛卯 18	1 辛酉 18	1 庚寅 ⑯
2 丁酉 28	2 丁卯 27	2 丙申 ㉘	2 丙寅 27	2 乙未 26	2 乙丑 25	2 甲午 24	2 甲子 23	2 癸巳 21	2 癸亥 21	**2** 壬辰 19	**2** 壬戌 ⑲	2 辛卯 17
3 戊戌 29	3 戊辰 ㉘	3 丁酉 29	3 丁卯 28	3 丙申 27	3 丙寅 26	3 乙未 ㉕	3 乙丑 24	3 甲午 22	3 甲子 22	3 癸巳 20	3 癸亥 20	3 壬辰 18
4 己亥 30	《3月》	4 戊戌 30	4 戊辰 29	4 丁酉 28	4 丁卯 ㉗	4 丙申 26	4 丙寅 25	4 乙未 23	4 乙丑 23	4 甲午 ㉑	4 甲子 21	**4** 癸巳 19
5 庚子 ㉛	4 己巳 1	5 己亥 31	5 己巳 30	5 戊戌 29	5 戊辰 28	5 丁酉 27	5 丁卯 26	5 丙申 24	5 丙寅 ㉔	5 乙未 22	5 乙丑 22	5 甲午 20
《2月》	5 庚午 2	《4月》	《5月》	6 己亥 ㉚	6 己巳 29	6 戊戌 28	6 戊辰 27	6 丁酉 25	6 丁卯 25	6 丙申 23	6 丙寅 23	6 乙未 21
6 辛丑 1	6 辛未 3	6 庚子 1	6 庚午 1	7 庚子 31	7 庚午 30	7 己亥 29	7 己巳 28	7 戊戌 ㉖	7 戊辰 26	7 丁酉 24	7 丁卯 24	7 丙申 22
7 壬寅 2	7 壬申 4	7 辛丑 2	7 辛未 ②	《6月》	《7月》	8 庚子 30	8 庚午 ㉙	8 己亥 27	8 己巳 27	8 戊戌 25	8 戊辰 25	8 丁酉 ㉓
8 癸卯 3	**8** 癸酉 5	8 壬寅 3	8 壬申 3	8 辛丑 1	8 辛未 1	9 辛丑 31	9 辛未 30	9 庚子 28	9 庚午 28	9 己亥 26	9 己巳 ㉖	9 戊戌 24
9 甲辰 4	9 甲戌 6	**9** 癸卯 ④	9 癸酉 4	9 壬寅 2	9 壬申 2	《8月》	10 壬申 31	10 辛丑 29	10 辛未 29	10 庚子 27	10 庚午 27	10 己亥 25
10 乙巳 5	10 乙亥 ⑦	10 甲辰 5	**10** 甲戌 5	10 癸卯 3	10 癸酉 3	10 壬寅 ①	《9月》	11 壬寅 30	11 壬申 30	11 辛丑 ㉘	11 辛未 28	11 庚子 26
11 丙午 6	11 丙子 8	11 乙巳 6	11 乙亥 6	**11** 甲辰 4	11 甲戌 ④	11 癸卯 2	11 癸酉 1	《10月》	12 癸酉 ㉛	12 壬寅 29	12 壬申 29	12 辛丑 27
12 丁未 ⑦	12 丁丑 9	12 丙午 7	12 丙子 7	12 乙巳 5	**12** 乙亥 5	12 甲辰 3	12 甲戌 2	12 癸卯 1	《11月》	13 癸卯 30	13 癸酉 30	13 壬寅 28
13 戊申 8	13 戊寅 10	13 丁未 8	13 丁丑 8	13 丙午 ⑥	13 丙子 6	**13** 乙巳 4	13 乙亥 3	13 甲辰 2	13 甲戌 1	《12月》	14 甲戌 31	14 癸卯 29
14 己酉 9	14 己卯 11	14 戊申 9	14 戊寅 ⑨	14 丁未 7	14 丁丑 7	14 丙午 5	**14** 丙子 4	14 乙巳 ③	14 乙亥 2	14 甲辰 1	**595 年**	15 甲辰 ㉚
15 庚戌 10	15 庚辰 12	15 己酉 10	15 己卯 10	15 戊申 8	15 戊寅 8	15 丁未 6	15 丁丑 ⑤	**15** 丙午 4	**15** 丙子 3	15 乙巳 2	《1月》	16 乙巳 31
16 辛亥 11	16 辛巳 13	16 庚戌 ⑪	16 庚辰 11	16 己酉 9	16 己卯 9	16 戊申 7	16 戊寅 6	16 丁未 5	16 丁丑 4	16 丙午 3	15 乙亥 1	《2月》
17 壬子 12	17 壬午 ⑭	17 辛亥 12	17 辛巳 12	17 庚戌 10	17 庚辰 10	17 己酉 ⑧	17 己卯 7	17 戊申 6	17 戊寅 5	**17** 丁未 4	16 丙子 ②	17 丙午 1
18 癸丑 13	18 癸未 15	18 壬子 13	18 壬午 13	18 辛亥 11	18 辛巳 ⑪	18 庚戌 9	18 庚辰 8	18 己酉 7	18 己卯 6	18 戊申 ⑤	**17** 丁丑 3	18 丁未 2
19 甲寅 ⑭	19 甲申 16	19 癸丑 14	19 癸未 14	19 壬子 12	19 壬午 12	19 辛亥 10	19 辛巳 9	19 庚戌 8	19 庚辰 ⑦	19 己酉 6	18 戊寅 4	**19** 戊申 3
20 乙卯 15	20 乙酉 17	20 甲寅 15	20 甲申 15	20 癸丑 ⑬	20 癸未 13	20 壬子 11	20 壬午 10	20 辛亥 9	20 辛巳 8	20 庚戌 7	19 己卯 5	20 己酉 4
21 丙辰 16	21 丙戌 18	21 乙卯 16	21 乙酉 ⑯	21 甲寅 14	21 甲申 14	21 癸丑 12	21 癸未 11	21 壬子 ⑩	21 壬午 9	21 辛亥 8	20 庚辰 6	21 庚戌 5
22 丁巳 17	22 丁亥 19	22 丙辰 17	22 丙戌 17	22 乙卯 15	22 乙酉 15	22 甲寅 13	22 甲申 ⑫	22 癸丑 11	22 癸未 10	22 壬子 9	21 辛巳 7	22 辛亥 ⑥
23 戊午 18	**23** 戊子 20	23 丁巳 ⑱	23 丁亥 18	23 丙辰 16	23 丙戌 16	23 乙卯 14	23 乙酉 13	23 甲寅 12	23 甲申 11	23 癸丑 10	22 壬午 8	23 壬子 7
24 己未 19	24 己丑 ㉑	24 戊午 19	24 戊子 19	24 丁巳 17	24 丁亥 17	24 丙辰 ⑮	24 丙戌 14	24 乙卯 13	24 乙酉 12	24 甲寅 11	23 癸未 ⑨	24 癸丑 8
25 庚申 20	25 庚寅 22	**25** 己未 20	**25** 己丑 20	25 戊午 18	25 戊子 ⑱	25 丁巳 16	25 丁亥 15	25 丙辰 14	25 丙戌 13	25 乙卯 ⑫	24 甲申 10	25 甲寅 9
26 辛酉 ㉑	26 辛卯 23	26 庚申 21	26 庚寅 21	**26** 己未 19	26 己丑 19	26 戊午 17	26 戊子 16	26 丁巳 15	26 丁亥 ⑭	26 丙辰 13	25 乙酉 11	26 乙卯 10
27 壬戌 22	27 壬辰 24	27 辛酉 22	27 辛卯 22	27 庚申 ⑳	**27** 庚寅 20	27 己未 18	27 己丑 17	27 戊午 16	27 戊子 15	27 丁巳 14	26 丙戌 12	27 丙辰 11
28 癸亥 23	28 癸巳 25	28 壬戌 23	28 壬辰 ㉓	28 辛酉 21	28 辛卯 21	**28** 庚申 19	28 庚寅 18	28 己未 ⑰	28 己丑 16	28 戊午 15	27 丁亥 13	28 丁巳 12
29 甲子 24	29 甲午 26	29 癸亥 24	29 癸巳 24	29 壬戌 22	29 壬辰 22	29 辛酉 20	**29** 辛卯 ⑲	29 庚申 18	29 庚寅 17	29 己未 16	28 戊子 14	29 戊午 ⑬
30 乙丑 25		30 甲子 ㉕		30 癸亥 23		30 壬戌 21		**30** 辛酉 19		30 庚申 17	29 己丑 15	30 己未 14
立春 8日 雨水 23日	啓蟄 8日 春分 23日	清明 9日 穀雨 25日	立夏 10日 小満 25日	芒種 11日 夏至 26日	小暑 12日 大暑 27日	立秋 13日 処暑 28日	白露 14日 秋分 29日	寒露 15日 霜降 30日	立冬15日	小雪 2日 大雪 17日	冬至 2日 小寒 17日	大寒 4日 立春 19日

推古天皇**3**年（595－596） 乙卯

1月	2月	3月	4月	5月	6月	7月	8月	9月	10月	11月	12月
1 庚申15	1 己丑16	1 己未15	1 戊子14	1 戊午13	1 戊子13	1 丁巳11	1 丁亥10	1 丙辰⑨	1 丙戌 8	1 乙卯 7	1 乙酉 6
2 辛酉16	2 庚寅17	2 庚申16	2 己丑⑮	2 己未14	2 己丑14	2 戊午12	2 戊子⑪	2 丁巳10	2 丁亥 9	2 丙辰 8	2 丙戌 7
3 壬戌17	3 辛卯18	3 辛酉⑰	3 庚寅16	3 庚申15	3 庚寅15	3 己未13	3 己丑12	3 戊午11	3 戊子10	3 丁巳 9	3 丁亥⑧
4 癸亥18	4 壬辰19	4 壬戌18	4 辛卯17	4 辛酉16	4 辛卯16	4 庚申⑭	4 庚寅13	4 己未12	4 己丑11	4 戊午10	4 戊子 9
5 甲子19	**5** 癸巳⑳	5 癸亥19	5 壬辰18	5 壬戌17	5 壬辰⑰	5 辛酉15	5 辛卯14	5 庚申13	5 庚寅12	5 己未⑪	5 己丑10
6 乙丑⑳	6 甲午21	**6** 甲子20	6 癸巳19	6 癸亥18	6 癸巳18	6 壬戌16	6 壬辰15	6 辛酉14	6 辛卯⑬	6 庚申12	6 庚寅11
7 丙寅21	7 乙未22	7 乙丑21	**7** 甲午20	7 甲子⑲	7 甲午19	7 癸亥17	7 癸巳16	7 壬戌15	7 壬辰14	7 辛酉13	7 辛卯12
8 丁卯22	8 丙申23	8 丙寅22	8 乙未21	**8** 乙丑20	**8** 乙未20	8 甲子18	8 甲午17	8 癸亥⑯	8 癸巳15	8 壬戌14	8 壬辰13
9 戊辰23	9 丁酉24	9 丁卯23	9 丙申㉒	9 丙寅21	9 丙申21	9 乙丑19	9 乙未⑱	9 甲子17	9 甲午16	9 癸亥15	9 癸巳14
10 己巳24	10 戊戌25	10 戊辰㉔	10 丁酉23	10 丁卯22	10 丁酉22	**10** 丙寅20	**10** 丙申19	10 乙丑18	10 乙未17	10 甲子16	10 甲午⑮
11 庚午25	11 己亥26	11 己巳25	11 戊戌24	11 戊辰23	11 戊戌23	11 丁卯㉑	11 丁酉20	**11** 丙寅19	11 丙申18	11 乙丑17	11 乙未16
12 辛未26	12 庚子㉗	12 庚午26	12 己亥25	12 己巳24	12 己亥㉔	12 戊辰22	12 戊戌21	12 丁卯20	**12** 丁酉19	12 丙寅⑱	12 丙申17
13 壬申㉗	13 辛丑28	13 辛未27	13 庚子26	13 庚午25	13 庚子25	13 己巳23	13 己亥22	13 戊辰21	13 戊戌⑳	**13** 丁卯19	13 丁酉18
14 癸酉28	14 壬寅29	14 壬申28	14 辛丑27	14 辛未㉖	14 辛丑26	14 庚午24	14 庚子23	14 己巳22	14 己亥21	14 戊辰20	**14** 戊戌19
《3月》	15 癸卯30	15 癸酉29	15 壬寅28	15 壬申27	15 壬寅27	15 辛未25	15 辛丑24	15 庚午㉓	15 庚子22	15 己巳21	15 己亥20
15 甲戌 1	16 甲辰31	16 甲戌30	16 癸卯㉙	16 癸酉28	16 癸卯28	16 壬申26	16 壬寅㉕	16 辛未24	16 辛丑23	16 庚午22	16 庚子21
16 乙亥 2	《4月》	《5月》	17 甲辰30	17 甲戌29	17 甲辰29	17 癸酉27	17 癸卯26	17 壬申25	17 壬寅24	17 辛未23	17 辛丑㉒
17 丙子 3	17 乙巳 1	17 乙亥①	18 乙巳31	18 乙亥30	18 乙巳30	18 甲戌㉘	18 甲辰27	18 癸酉26	18 癸卯25	18 壬申24	18 壬寅23
18 丁丑 4	18 丙午 2	18 丙子 2	《6月》	《7月》	19 丙午㉛	19 乙亥29	19 乙巳28	19 甲戌27	19 甲辰26	19 癸酉㉕	19 癸卯24
19 戊寅 5	19 丁未③	19 丁丑 3	19 丙午 1	19 丙子 1	《8月》	20 丙子30	20 丙午29	20 乙亥28	20 乙巳㉗	20 甲戌26	20 甲辰25
20 己卯⑥	20 戊申 4	20 戊寅 4	20 丁未 2	20 丁丑 2	20 丁未 1	21 丁丑31	21 丁未30	21 丙子29	21 丙午28	21 乙亥27	21 乙巳26
21 庚辰 7	**21** 己酉 5	**21** 己卯 5	21 戊申 3	21 戊寅③	21 戊申 2	《9月》	《10月》	22 丁丑㉚	22 丁未29	22 丙子28	22 丙午27
22 辛巳 8	22 庚戌 6	22 庚辰 6	22 己酉 4	22 己卯 4	22 己酉 3	22 戊寅 1	22 戊申 1	23 戊寅31	23 戊申30	23 丁丑29	23 丁未28
23 壬午 9	23 辛亥 7	23 辛巳 7	**23** 庚戌⑤	**23** 庚辰 5	**23** 庚戌 4	23 己卯 2	23 己酉②	《11月》	《12月》	24 戊寅30	24 戊申㉙
24 癸未10	24 壬子 8	24 壬午⑧	24 辛亥 6	24 辛巳 6	24 辛亥 5	24 庚辰 3	24 庚戌 3	24 己卯 1	24 己酉 1	25 己卯31	25 己酉30
25 甲申11	25 癸丑 9	25 癸未 9	25 壬子 7	25 壬午 7	25 壬子 6	**25** 辛巳④	**25** 辛亥 4	25 庚辰 2	25 庚戌 2	**596年**	26 庚戌31
26 乙酉12	26 甲寅⑩	26 甲申10	26 癸丑 8	26 癸未 8	26 癸丑⑦	26 壬午 5	26 壬子 5	26 辛巳 3	26 辛亥 3	《1月》	《2月》
27 丙戌⑬	27 乙卯11	27 乙酉11	27 甲寅 9	27 甲申 9	27 甲寅 8	27 癸未 6	27 癸丑 6	**27** 壬午 4	**27** 壬子④	26 庚辰①	27 辛亥 1
28 丁亥14	28 丙辰12	28 丙戌12	28 乙卯10	28 乙酉⑩	28 乙卯 9	28 甲申 7	28 甲寅 7	28 癸未 5	28 癸丑 5	27 辛巳 2	28 壬子 2
29 戊子15	29 丁巳13	29 丁亥13	29 丙辰11	29 丙戌11	29 丙辰10	29 乙酉 8	29 乙卯 8	29 甲申⑥	29 甲寅 6	28 壬午 3	**29** 癸丑 3
	30 戊午14		30 丁巳⑫	30 丁亥12		30 丙戌 9		30 乙酉 7		**29** 癸未 4	
										30 甲申 5	
雨水 4日 啓蟄 19日	春分 5日 清明 21日	穀雨 6日 立夏 21日	小満 7日 芒種 23日	夏至 8日 小暑 23日	大暑 8日 立秋 23日	処暑 10日 白露 25日	秋分 10日 寒露 25日	霜降 11日 立冬 27日	小雪 12日 大雪 27日	冬至 13日 小寒 29日	大寒 14日 立春 29日

推古天皇**4**年（596－597） 丙辰

1月	2月	3月	4月	5月	6月	7月	8月	9月	10月	11月	12月
1 甲寅 4	1 甲申 5	1 癸丑 3	1 癸未 3	《6月》	《7月》	1 辛亥30	1 辛巳29	1 庚戌27	1 庚辰27	1 庚戌26	1 己卯25
2 乙卯⑤	2 乙酉 6	**2** 甲寅 4	**2** 甲申 4	1 壬子 1	1 壬午①	2 壬子31	2 壬午30	2 辛亥28	2 辛巳㉘	2 辛亥27	2 庚辰26
3 丙辰 6	3 丙戌 7	3 乙卯 5	3 乙酉 5	2 癸丑 2	2 癸未 2	《8月》	3 癸未31	3 壬子29	3 壬午29	3 壬子28	3 辛巳27
4 丁巳 7	4 丁亥 8	4 丙辰 6	4 丙戌⑥	3 甲寅③	3 甲申 3	3 癸丑 1	《9月》	4 癸丑㉚	4 癸未30	4 癸丑29	4 壬午28
5 戊午 8	5 戊子 9	5 丁巳 7	5 丁亥 7	**4** 乙卯 4	**4** 乙酉 4	4 甲寅 2	4 甲申 1	《10月》	5 甲申31	5 甲寅30	5 癸未29
6 己未 9	6 己丑10	6 戊午⑧	6 戊子 8	5 丙辰 5	5 丙戌 5	5 乙卯 3	5 乙酉②	5 甲寅 1	《11月》	《12月》	6 甲申㉚
7 庚申10	7 庚寅⑪	7 己未 9	7 己丑 9	6 丁巳 6	6 丁亥 6	**6** 丙辰 4	**6** 丙戌 3	6 乙卯 2	6 乙酉 1	6 乙卯 1	7 乙酉31
8 辛酉11	8 辛卯12	8 庚申10	8 庚寅10	7 戊午 7	7 戊子 7	7 丁巳⑤	7 丁亥 4	7 丙辰 3	7 丙戌 2	7 丙辰②	**597年**
9 壬戌⑫	9 壬辰13	9 辛酉11	9 辛卯11	8 己未 8	8 己丑⑧	8 戊午 6	8 戊子 5	**8** 丁巳 4	**8** 丁亥 3	**8** 丁巳 3	《1月》
10 癸亥13	10 癸巳14	10 壬戌12	10 壬辰12	9 庚申 9	9 庚寅 9	9 己未 7	9 己丑 6	9 戊午 5	9 戊子④	9 戊午 4	8 丙戌 1
11 甲子14	11 甲午15	11 癸亥13	11 癸巳⑬	10 辛酉⑩	10 辛卯10	10 庚申 8	10 庚寅 7	10 己未 6	10 己丑 5	10 己未 5	9 丁亥 2
12 乙丑15	12 乙未16	12 甲子14	12 甲午14	11 壬戌11	11 壬辰11	11 辛酉 9	11 辛卯 8	11 庚申⑦	11 庚寅 6	11 庚申 6	**10** 戊子 3
13 丙寅16	13 丙申17	13 乙丑⑮	13 乙未15	12 癸亥12	12 癸巳12	12 壬戌10	12 壬辰⑨	12 辛酉 8	12 辛卯 7	12 辛酉 7	11 己丑 4
14 丁卯17	14 丁酉⑱	14 丙寅16	14 丙申16	13 甲子13	13 甲午13	13 癸亥11	13 癸巳10	13 壬戌 9	13 壬辰 8	13 壬戌 8	12 庚寅 5
15 戊辰18	15 戊戌19	15 丁卯17	15 丁酉17	14 乙丑14	14 乙未14	14 甲子⑫	14 甲午11	14 癸亥10	14 癸巳 9	14 癸亥⑨	13 辛卯⑥
16 己巳⑲	**16** 己亥20	16 戊辰18	16 戊戌18	15 丙寅15	15 丙申⑮	15 乙丑13	15 乙未12	15 甲子11	15 甲午10	15 甲子10	14 壬辰 7
17 庚午20	17 庚子21	**17** 己巳19	17 己亥19	16 丁卯16	16 丁酉16	16 丙寅14	16 丙申13	16 乙丑12	16 乙未⑪	16 乙丑11	15 癸巳 8
18 辛未21	18 辛丑22	18 庚午20	**18** 庚子⑳	17 戊辰⑰	17 戊戌17	17 丁卯15	17 丁酉14	17 丙寅13	17 丙申12	17 丙寅12	16 甲午 9
19 壬申22	19 壬寅23	19 辛未21	19 辛丑21	18 己巳18	18 己亥18	18 戊辰16	18 戊戌15	18 丁卯⑭	18 丁酉13	18 丁卯13	17 乙未10
20 癸酉23	20 癸卯24	20 壬申㉒	20 壬寅22	**19** 庚午19	**19** 庚子19	19 己巳17	19 己亥⑯	19 戊辰15	19 戊戌14	19 戊辰14	18 丙申11
21 甲戌24	21 甲辰㉕	21 癸酉23	21 癸卯23	20 辛未20	20 辛丑20	20 庚午18	20 庚子17	20 己巳16	20 己亥15	20 己巳15	19 丁酉12
22 乙亥25	22 乙巳26	22 甲戌24	22 甲辰24	21 壬申21	21 壬寅21	**21** 辛未⑲	**21** 辛丑18	21 庚午17	21 庚子16	21 庚午⑯	20 戊戌⑬
23 丙子㉖	23 丙午27	23 乙亥25	23 乙巳25	22 癸酉22	22 癸卯㉒	22 壬申20	22 壬寅19	22 辛未18	22 辛丑17	22 辛未17	21 己亥14
24 丁丑27	24 丁未28	24 丙子26	24 丙午26	23 甲戌23	23 甲辰23	23 癸酉21	23 癸卯20	**23** 壬申19	**23** 壬寅⑱	23 壬申18	22 庚子15
25 戊寅28	25 戊申29	25 丁丑27	25 丁未㉗	24 乙亥㉔	24 乙巳24	24 甲戌22	24 甲辰21	24 癸酉20	24 癸卯19	**24** 癸酉19	23 辛丑16
26 己卯29	26 己酉30	26 戊寅28	26 戊申28	25 丙子25	25 丙午25	25 乙亥23	25 乙巳22	25 甲戌㉑	25 甲辰20	25 甲戌20	24 壬寅17
《3月》	27 庚戌31	27 己卯㉙	27 己酉29	26 丁丑26	26 丁未26	26 丙子24	26 丙午㉓	26 乙亥22	26 乙巳21	26 乙亥21	**25** 癸卯18
27 庚辰 1	《4月》	28 庚辰30	28 庚戌30	27 戊寅27	27 戊申27	27 丁丑25	27 丁未24	27 丙子23	27 丙午22	27 丙子22	26 甲辰19
28 辛巳 2	28 辛亥①	《5月》	29 辛亥31	28 己卯28	28 己酉28	28 戊寅㉖	28 戊申25	28 丁丑24	28 丁未23	28 丁丑㉓	27 乙巳⑳
29 壬午 3	29 壬子 2	29 辛巳 1		29 庚辰29	29 庚戌㉙	29 己卯27	29 己酉26	29 戊寅25	29 戊申24	29 戊寅24	28 丙午21
30 癸未④		30 壬午 2		30 辛巳30		30 庚辰28		30 己卯26	30 己酉㉕		29 丁未22
											30 戊申23
雨水 15日 啓蟄 30日	春分 16日	清明 2日 穀雨 17日	立夏 2日 小満 18日	芒種 4日 夏至 19日	小暑 4日 大暑 19日	立秋 6日 処暑 21日	白露 6日 秋分 21日	寒露 8日 霜降 23日	立冬 8日 小雪 23日	大雪 8日 冬至 24日	小寒 10日 大寒 25日

推古天皇5年（597－598） 丁巳

1月	2月	3月	4月	5月	閏5月	6月	7月	8月	9月	10月	11月	12月
1 己酉24	1 戊寅22	1 戊申㉔	1 丁丑22	1 丁未22	1 丙子20	**1** 丙午20	1 乙亥⑱	1 乙巳17	1 甲戌16	1 甲辰15	1 癸酉14	1 癸卯13
2 庚戌25	2 己卯23	2 己酉25	2 戊寅23	2 戊申23	2 丁丑21	2 丁未㉑	**2** 丙子19	2 丙午18	2 乙亥17	2 乙巳16	2 甲戌⑮	2 甲辰14
3 辛亥26	3 庚辰㉔	3 庚戌26	3 己卯24	3 己酉24	3 戊寅22	3 戊申22	3 丁丑20	**3** 丁未19	3 丙子18	3 丙午⑰	3 乙亥16	3 乙巳15
4 壬子㉗	4 辛巳25	4 辛亥27	4 庚辰25	4 庚戌25	4 己卯㉓	4 己酉23	4 戊寅21	4 戊申20	**4** 丁丑19	**4** 丁未18	4 丙子17	4 丙午16
5 癸丑28	5 壬午26	5 壬子28	5 辛巳26	5 辛亥㉖	5 庚辰24	5 庚戌24	5 己卯22	5 己酉21	5 戊寅⑳	5 戊申19	5 丁丑18	5 丁未17
6 甲寅29	6 癸未27	6 癸丑29	6 壬午27	6 壬子27	6 辛巳25	6 辛亥25	6 庚辰23	6 庚戌㉒	6 己卯21	6 己酉20	**6** 戊寅19	**6** 戊申18
7 乙卯30	7 甲申28	7 甲寅30	7 癸未㉘	7 癸丑28	7 壬午26	7 壬子26	7 辛巳24	7 辛亥23	7 庚辰22	7 庚戌21	7 己卯20	7 己酉⑲
8 丙辰31	《3月》	8 乙卯㉛	8 甲申29	8 甲寅29	8 癸未27	8 癸丑27	8 壬午㉕	8 壬子24	8 辛巳23	8 辛亥22	8 庚辰21	8 庚戌20
《2月》	8 乙酉 1	《4月》	9 乙酉30	9 乙卯30	9 甲申28	9 甲寅㉘	9 癸未26	9 癸丑25	9 壬午24	9 壬子23	9 辛巳㉒	9 辛亥21
9 丁巳 1	9 丙戌 2	9 丙辰 1	《5月》	10丙辰31	10乙酉29	10乙卯29	10甲申27	10甲寅26	10癸未25	10癸丑㉔	10壬午23	10壬子22
10戊午 2	10丁亥③	10丁巳 2	10丙戌 1	《6月》	11丙戌㉚	11丙辰30	11乙酉28	11乙卯27	11甲申26	11甲寅25	11癸未24	11癸丑23
11己未③	11戊子 4	11戊午 3	11丁亥 2	11丁巳 1	《7月》	12丁巳31	12丙戌29	12丙辰28	12乙酉㉗	12乙卯26	12甲申25	12甲寅24
12庚申 4	**12**己丑 5	**12**己未 4	12戊子 3	12戊午②	12丁亥 1	《8月》	13丁亥30	13丁巳㉙	13丙戌28	13丙辰27	13乙酉26	13乙卯25
13辛酉 5	13庚寅 6	13庚申 5	13己丑 4	13己未 3	13戊子 2	13戊午 1	14戊子31	14戊午30	14丁亥29	14丁巳28	14丙戌27	14丙辰㉖
14壬戌 6	14辛卯 7	14辛酉 6	**14**庚寅⑤	**14**庚申 4	14己丑 3	14己未 2	《9月》	《10月》	15戊子30	15戊午29	15丁亥28	15丁巳27
15癸亥 7	15壬辰 8	15壬戌⑦	15辛卯 6	15辛酉 5	**15**庚寅 4	15庚申 3	15己丑①	15己未 1	16己丑31	16己未30	16戊子㉙	16戊午28
16甲子 8	16癸巳 9	16癸亥 8	16壬辰 7	16壬戌 6	16辛卯 5	**16**辛酉④	16庚寅 2	16庚申 2	《11月》	《12月》	17己丑30	17己未29
17乙丑 9	17甲午⑩	17甲子 9	17癸巳 8	17癸亥 7	17壬辰 6	17壬戌 5	**17**辛卯 3	17辛酉 3	17庚寅 1	17庚申①	18庚寅31	18庚申30
18丙寅⑩	18乙未11	18乙丑10	18甲午 9	18甲子 8	18癸巳⑦	18癸亥 6	18壬辰 4	**18**壬戌 4	18辛卯 2	18辛酉 2	**598年**	19辛酉31
19丁卯11	19丙申12	19丙寅11	19乙未10	19乙丑⑨	19甲午 8	19甲子 7	19癸巳 5	19癸亥 5	**19**壬辰③	19壬戌 3	《1月》	《2月》
20戊辰12	20丁酉13	20丁卯12	20丙申11	20丙寅10	20乙未 9	20乙丑 8	20甲午 6	20甲子⑥	20癸巳 4	**20**癸亥 4	19辛卯 1	20壬戌 1
21己巳13	21戊戌14	21戊辰13	21丁酉⑫	21丁卯11	21丙申10	21丙寅 9	21乙未 7	21乙丑 7	21甲午 5	21甲子 5	20壬辰 2	21癸亥②
22庚午14	22己亥15	22己巳⑭	22戊戌13	22戊辰12	22丁酉11	22丁卯10	22丙申⑧	22丙寅 8	22乙未 6	22乙丑 6	**21**癸巳 3	**22**甲子 3
23辛未15	23庚子16	23庚午15	23己亥14	23己巳13	23戊戌12	23戊辰⑪	23丁酉 9	23丁卯 9	23丙申 7	23丙寅 7	22甲午 4	23乙丑 4
24壬申16	24辛丑⑰	24辛未16	24庚子15	24庚午14	24己亥13	24己巳12	24戊戌10	24戊辰10	24丁酉 8	24丁卯⑧	23乙未⑤	24丙寅 5
25癸酉⑰	25壬寅18	25壬申17	25辛丑16	25辛未15	25庚子⑭	25庚午13	25己亥11	25己巳11	25戊戌 9	25戊辰 9	24丙申 6	25丁卯 6
26甲戌18	26癸卯19	26癸酉18	26壬寅17	26壬申⑯	26辛丑15	26辛未14	26庚子12	26庚午12	26己亥⑩	26己巳10	25丁酉 7	26戊辰 7
27乙亥19	**27**甲辰20	**27**甲戌19	27癸卯18	27癸酉17	27壬寅16	27壬申15	27辛丑13	27辛未⑬	27庚子11	27庚午11	26戊戌 8	27己巳 8
28丙子20	28乙巳21	28乙亥20	28甲辰⑲	28甲戌18	28癸卯17	28癸酉16	28壬寅14	28壬申14	28辛丑12	28辛未12	27己亥 9	28庚午⑨
29丁丑21	29丙午22	29丙子㉑	**29**乙巳20	**29**乙亥19	29甲辰18	29甲戌17	29癸卯⑮	29癸酉15	29壬寅13	29壬申13	28庚子10	29辛未10
	30丁未23		30丙午21		30乙巳19		30甲辰16		30癸卯14		29辛丑11	30壬申11
											30壬寅⑫	
立春 10日 雨水 25日	啓蟄 12日 春分 27日	清明 12日 穀雨 27日	立夏 14日 小満 29日	芒種 14日 夏至 29日	小暑15日	大暑 1日 立秋 16日	処暑 2日 白露 17日	秋分 3日 寒露 18日	霜降 4日 立冬 19日	小雪 4日 大雪 20日	冬至 6日 小寒 21日	大寒 6日 立春 22日

推古天皇6年（598－599） 戊午

1月	2月	3月	4月	5月	6月	7月	8月	9月	10月	11月	12月
1 癸酉12	1 壬寅13	1 壬申12	1 辛丑⑪	1 辛未10	1 庚子 9	1 庚午 8	1 己亥 6	1 己巳 6	1 戊戌 4	**1** 戊辰 4	1 丁酉 2
2 甲戌13	2 癸卯14	2 癸酉⑬	2 壬寅12	2 壬申11	2 辛丑10	2 辛未 9	2 庚子⑦	2 庚午 7	2 己亥 5	2 己巳 5	**2** 戊戌 3
3 乙亥14	3 甲辰15	3 甲戌14	3 癸卯13	3 癸酉12	3 壬寅11	3 壬申⑩	3 辛丑 8	3 辛未 8	3 庚子 6	3 庚午 6	3 己亥④
4 丙子15	4 乙巳⑯	4 乙亥15	4 甲辰14	4 甲戌13	4 癸卯12	4 癸酉11	4 壬寅 9	4 壬申 9	4 辛丑 7	4 辛未⑦	4 庚子 5
5 丁丑⑯	5 丙午17	5 丙子16	5 乙巳15	5 乙亥14	5 甲辰⑬	5 甲戌12	5 癸卯10	5 癸酉10	5 壬寅 8	5 壬申 8	5 辛丑 6
6 戊寅17	6 丁未18	6 丁丑17	6 丙午16	6 丙子⑮	6 乙巳14	6 乙亥13	6 甲辰11	6 甲戌11	6 癸卯⑨	6 癸酉 9	6 壬寅 7
7 己卯18	7 戊申19	7 戊寅18	7 丁未17	7 丁丑16	7 丙午15	7 丙子14	7 乙巳12	7 乙亥⑫	7 甲辰10	7 甲戌10	7 癸卯 8
8 庚辰19	**8** 己酉20	8 己卯19	8 戊申⑱	8 戊寅17	8 丁未16	8 丁丑15	8 丙午13	8 丙子13	8 乙巳11	8 乙亥11	8 甲辰 9
9 辛巳20	9 庚戌21	**9** 庚辰⑳	9 己酉19	9 己卯18	9 戊申17	9 戊寅16	9 丁未⑭	9 丁丑14	9 丙午12	9 丙子12	9 乙巳10
10壬午21	10辛亥22	10辛巳21	**10**庚戌20	**10**庚辰19	10己酉18	10己卯⑰	10戊申15	10戊寅15	10丁未13	10丁丑13	10丙午⑪
11癸未22	11壬子㉓	11壬午22	11辛亥21	11辛巳20	11庚戌19	11庚辰18	11己酉16	11己卯16	11戊申14	11戊寅⑭	11丁未12
12甲申㉓	12癸丑24	12癸未23	12壬子22	12壬午21	**12**辛亥⑳	**12**辛巳19	12庚戌17	12庚辰17	12己酉15	12己卯15	12戊申13
13乙酉24	13甲寅25	13甲申24	13癸丑23	13癸未㉒	13壬子21	13壬午20	13辛亥18	13辛巳18	13庚戌⑯	13庚辰16	13己酉14
14丙戌25	14乙卯26	14乙酉25	14甲寅24	14甲申23	14癸丑22	14癸未21	**14**壬子19	**14**壬午⑲	14辛亥17	14辛巳17	14庚戌15
15丁亥26	15丙辰27	15丙戌26	15乙卯㉕	15乙酉24	15甲寅23	15甲申22	15癸丑20	15癸未20	15壬子18	15壬午18	15辛亥16
16戊子27	16丁巳28	16丁亥㉗	16丙辰26	16丙戌25	16乙卯24	16乙酉23	16甲寅㉑	16甲申21	**16**癸丑19	**16**癸未19	16壬子17
17己丑28	17戊午29	17戊子28	17丁巳27	17丁亥26	17丙辰25	17丙戌㉔	17乙卯22	17乙酉22	17甲寅20	17甲申20	17癸丑⑱
《3月》	18己未㉚	18己丑29	18戊午28	18戊子27	18丁巳26	18丁亥25	18丙辰23	18丙戌23	18乙卯21	18乙酉㉑	**18**甲寅19
18庚寅 1	19庚申31	19庚寅30	19己未29	19己丑28	19戊午㉗	19戊子26	19丁巳24	19丁亥24	19丙辰22	19丙戌22	19乙卯20
19辛卯②	《4月》	《5月》	20庚申30	20庚寅㉙	20己未28	20己丑27	20戊午25	20戊子25	20丁巳㉓	20丁亥23	20丙辰21
20壬辰 3	20辛酉 1	20辛卯 1	21辛酉31	21辛卯30	21庚申29	21庚寅28	21己未26	21己丑㉖	21戊午24	21戊子24	21丁巳22
21癸巳 4	21壬戌 2	21壬辰 2	《6月》	《7月》	22辛酉30	22辛卯29	22庚申27	22庚寅27	22己未25	22己丑25	22戊午23
22甲午 5	22癸亥 3	22癸巳 3	22壬戌①	22壬辰 1	23壬戌31	23壬辰30	23辛酉㉘	23辛卯28	23庚申26	23庚寅26	23己未24
23乙未 6	**23**甲子 4	23甲午④	23癸亥 2	23癸巳 2	《8月》	24癸巳㉛	24壬戌29	24壬辰29	24辛酉27	24辛卯27	24庚申㉕
24丙申 7	24乙丑 5	**24**乙未 5	24甲子 3	24甲午 3	24癸亥 1	《9月》	25癸亥30	25癸巳30	25壬戌28	25壬辰㉘	25辛酉26
25丁酉 8	25丙寅⑥	25丙申 6	**25**乙丑 4	25乙未 4	25甲子 2	25甲午 1	《10月》	26甲午31	26癸亥29	26癸巳29	26壬戌27
26戊戌⑨	26丁卯 7	26丁酉 7	26丙寅 5	**26**丙申 5	26乙丑③	26乙未 2	26甲子 1	《11月》	27甲子㉚	27甲午30	27癸亥28
27己亥10	27戊辰 8	27戊戌 8	27丁卯 6	27丁酉⑥	**27**丙寅 4	27丙申 3	27乙丑 2	27乙未 1	《12月》	28乙未31	28甲子29
28庚子11	28己巳 9	28己亥 9	28戊辰 7	28戊戌 7	28丁卯 5	**28**丁酉 4	28丙寅 3	28丙申②	28乙丑 1	**599年**	29乙丑30
29辛丑12	29庚午10	29庚子10	29己巳⑧	29己亥 8	29戊辰 6	29戊戌 5	**29**丁卯 4	**29**丁酉 3	29丙寅 2	《1月》	30丙寅31
	30辛未11		30庚午 9		30己巳 7		30戊辰⑤		30丁卯 3	29丙申 1	
雨水 7日 啓蟄 22日	春分 8日 清明 23日	穀雨 9日 立夏 24日	小満 10日 芒種 25日	夏至 10日 小暑 26日	大暑 12日 立秋 27日	処暑 12日 白露 28日	秋分 14日 寒露 29日	霜降 14日 立冬 29日	小雪 16日	大雪 1日 冬至 16日	小寒 2日 大寒 18日

推古天皇**7**年（599－600） 己未

1月	2月	3月	4月	5月	6月	7月	8月	9月	10月	11月	12月
《2月》	1 丙申 2	《4月》	1 乙未 30	1 乙丑 30	1 乙未 29	1 甲子 28	1 甲午 27	1 癸亥 25	1 癸巳 ㉕	1 壬戌 23	1 壬辰 23
1 丁卯 ①	2 丁酉 3	1 丙寅 1	《5月》	2 丙寅 ㉛	2 丙申 30	2 乙丑 29	2 乙未 28	2 甲子 26	2 甲午 26	2 癸亥 24	2 癸巳 24
2 戊辰 2	3 戊戌 4	2 丁卯 2	2 丙申 1	《6月》	《7月》	3 丙寅 30	3 丙申 29	3 乙丑 ㉗	3 乙未 27	3 甲子 25	3 甲午 25
3 己巳 3	**4** 己亥 5	3 戊辰 3	3 丁酉 2	3 丁卯 1	3 丁酉 1	4 丁卯 31	4 丁酉 ㉚	4 丙寅 28	4 丙申 28	4 乙丑 26	4 乙未 26
4 庚午 4	5 庚子 6	4 己巳 4	4 戊戌 ③	4 戊辰 2	4 戊戌 2	《8月》	5 戊戌 31	5 丁卯 29	5 丁酉 29	5 丙寅 27	5 丙申 ㉗
5 辛未 5	6 辛丑 7	**5** 庚午 ⑤	5 己亥 4	5 己巳 3	5 己亥 3	5 戊辰 1	《9月》	6 戊辰 30	6 戊戌 30	6 丁卯 28	6 丁酉 28
6 壬申 6	7 壬寅 ⑧	6 辛未 6	**6** 庚子 5	6 庚午 4	6 庚子 4	6 己巳 ②	6 己亥 1	《10月》	7 己亥 31	7 戊辰 ㉙	7 戊戌 29
7 癸酉 7	8 癸卯 9	7 壬申 7	7 辛丑 6	**7** 辛未 5	**7** 辛丑 ⑤	7 庚午 3	7 庚子 2	7 己巳 1	《11月》	8 己巳 30	8 己亥 30
8 甲戌 ⑧	9 甲辰 10	8 癸酉 8	8 壬寅 7	8 壬申 6	8 壬寅 6	**8** 辛未 4	8 辛丑 3	8 庚午 2	8 庚子 ①	《12月》	9 庚子 31
9 乙亥 9	10 乙巳 11	9 甲戌 9	9 癸卯 8	9 癸酉 ⑦	9 癸卯 7	9 壬申 5	**9** 壬寅 4	9 辛未 3	9 辛丑 2	9 庚午 1	**600年**
10 丙子 10	11 丙午 12	10 乙亥 10	10 甲辰 9	10 甲戌 8	10 甲辰 8	10 癸酉 6	10 癸卯 5	**10** 壬申 ④	10 壬寅 3	10 辛未 2	《1月》
11 丁丑 11	12 丁未 13	11 丙子 11	11 乙巳 ⑩	11 乙亥 9	11 乙巳 9	11 甲戌 7	11 甲辰 ⑥	11 癸酉 5	**11** 癸卯 4	11 壬申 3	10 辛丑 1
12 戊寅 12	13 戊申 14	12 丁丑 ⑫	12 丙午 11	12 丙子 10	12 丙午 10	12 乙亥 8	12 乙巳 7	12 甲戌 6	12 甲辰 5	**12** 癸酉 4	11 壬寅 2
13 己卯 13	14 己酉 ⑮	13 戊寅 13	13 丁未 12	13 丁丑 11	13 丁未 11	13 丙子 ⑨	13 丙午 8	13 乙亥 7	13 乙巳 6	13 甲戌 5	12 癸卯 ③
14 庚辰 14	15 庚戌 16	14 己卯 14	14 戊申 13	14 戊寅 12	14 戊申 ⑫	14 丁丑 10	14 丁未 9	14 丙子 8	14 丙午 7	14 乙亥 ⑥	**13** 甲辰 4
15 辛巳 ⑮	16 辛亥 17	15 庚辰 15	15 己酉 14	15 己卯 13	15 己酉 13	15 戊寅 11	15 戊申 10	15 丁丑 9	15 丁未 ⑧	15 丙子 7	14 乙巳 5
16 壬午 16	17 壬子 18	16 辛巳 16	16 庚戌 15	16 庚辰 ⑭	16 庚戌 14	16 己卯 12	16 己酉 11	16 戊寅 10	16 戊申 9	16 丁丑 8	15 丙午 6
17 癸未 17	18 癸丑 19	17 壬午 17	17 辛亥 16	17 辛巳 15	17 辛亥 15	17 庚辰 13	17 庚戌 12	17 己卯 ⑪	17 己酉 10	17 戊寅 9	16 丁未 7
18 甲申 18	**19** 甲寅 20	18 癸未 18	18 壬子 ⑰	18 壬午 16	18 壬子 16	18 辛巳 14	18 辛亥 ⑬	18 庚辰 12	18 庚戌 11	18 己卯 10	17 戊申 8
19 乙酉 19	20 乙卯 21	19 甲申 ⑲	19 癸丑 18	19 癸未 17	19 癸丑 17	19 壬午 15	19 壬子 14	19 辛巳 13	19 辛亥 12	19 庚辰 11	18 己酉 9
20 丙戌 20	21 丙辰 ㉒	**20** 乙酉 20	20 甲寅 19	20 甲申 18	20 甲寅 18	20 癸未 ⑯	20 癸丑 15	20 壬午 14	20 壬子 13	20 辛巳 12	19 庚戌 ⑩
21 丁亥 21	22 丁巳 23	21 丙戌 21	**21** 乙卯 20	21 乙酉 19	21 乙卯 ⑲	21 甲申 17	21 甲寅 16	21 癸未 15	21 癸丑 14	21 壬午 ⑬	20 辛亥 11
22 戊子 ㉒	23 戊午 24	22 丁亥 22	22 丙辰 21	**22** 丙戌 20	**22** 丙辰 20	22 乙酉 18	22 乙卯 17	22 甲申 16	22 甲寅 ⑮	22 癸未 14	21 壬子 12
23 己丑 23	24 己未 25	23 戊子 23	23 丁巳 22	23 丁亥 ㉑	23 丁巳 21	23 丙戌 19	23 丙辰 18	23 乙酉 17	23 乙卯 16	23 甲申 15	22 癸丑 13
24 庚寅 24	25 庚申 26	24 己丑 24	24 戊午 23	24 戊子 22	24 戊午 22	**24** 丁亥 20	**24** 丁巳 19	24 丙戌 ⑱	24 丙辰 17	24 乙酉 16	23 甲寅 14
25 辛卯 25	26 辛酉 27	25 庚寅 25	25 己未 ㉔	25 己丑 23	25 己未 23	25 戊子 21	25 戊午 ⑳	**25** 丁亥 19	25 丁巳 18	25 丙戌 17	24 乙卯 15
26 壬辰 26	27 壬戌 28	26 辛卯 ㉖	26 庚申 25	26 庚寅 24	26 庚申 24	26 己丑 22	26 己未 21	26 戊子 20	**26** 戊午 19	26 丁亥 18	25 丙辰 16
27 癸巳 27	28 癸亥 ㉙	27 壬辰 27	27 辛酉 26	27 辛卯 25	27 辛酉 25	27 庚寅 ㉓	27 庚申 22	27 己丑 21	27 己未 20	**27** 戊子 19	26 丁巳 ⑰
28 甲午 28	29 甲子 30	28 癸巳 28	28 壬戌 27	28 壬辰 26	28 壬戌 ㉖	28 辛卯 24	28 辛酉 23	28 庚寅 22	28 庚申 21	28 己丑 ⑳	27 戊午 18
《3月》	30 乙丑 31	29 甲午 29	29 癸亥 28	29 癸巳 27	29 癸亥 27	29 壬辰 25	29 壬戌 24	29 辛卯 23	29 辛酉 ㉒	29 庚寅 21	**28** 己未 19
29 乙未 ①			30 甲子 29	30 甲午 ㉘		30 癸巳 26		30 壬辰 24		30 辛卯 22	29 庚申 20
立春 3日	啓蟄 4日	清明 5日	立夏 6日	芒種 7日	小暑 7日	立秋 8日	白露 9日	寒露 10日	立冬 11日	大雪 12日	小寒 13日
雨水 18日	春分 19日	穀雨 20日	小満 21日	夏至 22日	大暑 22日	処暑 24日	秋分 24日	霜降 25日	小雪 26日	冬至 27日	大寒 28日

推古天皇**8**年（600－601） 庚申

1月	閏1月	2月	3月	4月	5月	6月	7月	8月	9月	10月	11月	12月
1 辛酉 21	1 辛卯 20	**1** 庚申 ⑳	**1** 庚寅 19	1 己未 18	1 己丑 17	1 戊午 16	1 戊子 15	1 丁巳 13	1 丁亥 13	1 丁巳 12	1 丙戌 ⑪	1 丙辰 10
2 壬戌 22	2 壬辰 ㉑	2 辛酉 21	2 辛卯 20	2 庚申 19	2 庚寅 18	2 己未 ⑰	2 己丑 16	2 戊午 14	2 戊子 14	2 戊午 ⑬	2 丁亥 12	2 丁巳 11
3 癸亥 23	3 癸巳 22	3 壬戌 22	3 壬辰 21	**3** 辛酉 20	**3** 辛卯 ⑲	3 庚申 18	3 庚寅 17	3 己未 15	3 己丑 15	3 己未 14	3 戊子 13	3 戊午 12
4 甲子 ㉔	4 甲午 23	4 癸亥 23	4 癸巳 22	4 壬戌 21	4 壬辰 20	**4** 辛酉 19	4 辛卯 18	4 庚申 16	4 庚寅 ⑯	4 庚申 15	4 己丑 14	4 己未 13
5 乙丑 25	5 乙未 24	5 甲子 24	5 甲午 23	5 癸亥 ㉒	5 癸巳 21	5 壬戌 20	**5** 壬辰 19	5 辛酉 17	5 辛卯 17	5 辛酉 16	5 庚寅 15	5 庚申 14
6 丙寅 26	6 丙申 25	6 乙丑 25	6 乙未 ㉔	6 甲子 23	6 甲午 22	6 癸亥 21	6 癸巳 20	**6** 壬戌 ⑱	6 壬辰 18	6 壬戌 17	6 辛卯 16	6 辛酉 ⑮
7 丁卯 27	7 丁酉 26	7 丙寅 26	7 丙申 25	7 乙丑 24	7 乙未 23	7 甲子 22	7 甲午 ㉑	7 癸亥 19	**7** 癸巳 19	**7** 癸亥 18	7 壬辰 17	7 壬戌 16
8 戊辰 28	8 戊戌 27	8 丁卯 ㉗	8 丁酉 26	8 丙寅 25	8 丙申 24	8 乙丑 23	8 乙未 22	8 甲子 20	8 甲午 20	8 甲子 19	8 癸巳 ⑱	8 癸亥 17
9 己巳 29	9 己亥 ㉘	9 戊辰 28	9 戊戌 27	9 丁卯 26	9 丁酉 25	9 丙寅 ㉔	9 丙申 23	9 乙丑 21	9 乙未 21	9 乙丑 ⑳	**9** 甲午 19	**9** 甲子 18
10 庚午 30	10 庚子 29	10 己巳 29	10 己亥 28	10 戊辰 27	10 戊戌 ㉖	10 丁卯 25	10 丁酉 24	10 丙寅 22	10 丙申 22	10 丙寅 21	10 乙未 20	10 乙丑 19
11 辛未 ㉛	《3月》	11 庚午 30	11 庚子 29	11 己巳 28	11 己亥 27	11 戊辰 26	11 戊戌 25	11 丁卯 23	11 丁酉 ㉓	11 丁卯 22	11 丙申 21	11 丙寅 20
《2月》	11 辛丑 1	12 辛未 31	12 辛丑 30	12 庚午 ㉙	12 庚子 28	12 己巳 27	12 己亥 26	12 戊辰 24	12 戊戌 24	12 戊辰 23	12 丁酉 22	12 丁卯 21
12 壬申 1	12 壬寅 2	《4月》	《5月》	13 辛未 30	13 辛丑 29	13 庚午 28	13 庚子 27	13 己巳 ㉕	13 己亥 25	13 己巳 24	13 戊戌 23	13 戊辰 ㉒
13 癸酉 2	13 癸卯 3	13 壬申 1	13 壬寅 ①	14 壬申 31	14 壬寅 30	14 辛未 29	14 辛丑 ㉘	14 庚午 26	14 庚子 26	14 庚午 25	14 己亥 24	14 己巳 23
14 甲戌 3	**14** 甲辰 4	14 癸酉 2	14 癸卯 2	《6月》	《7月》	15 壬申 30	15 壬寅 29	15 辛未 27	15 辛丑 27	15 辛未 26	15 庚子 ㉕	15 庚午 24
15 乙亥 4	15 乙巳 5	15 甲戌 ③	15 甲辰 3	15 癸酉 1	15 癸卯 1	16 癸酉 ㉛	16 癸卯 30	16 壬申 28	16 壬寅 28	16 壬申 ㉗	16 辛丑 26	16 辛未 25
16 丙子 5	16 丙午 ⑥	**16** 乙亥 4	**16** 乙巳 4	16 甲戌 2	16 甲辰 2	《8月》	17 甲辰 31	17 癸酉 29	17 癸卯 29	17 癸酉 28	17 壬寅 27	17 壬申 26
17 丁丑 6	17 丁未 7	17 丙子 5	17 丙午 5	17 乙亥 3	17 乙巳 ③	17 甲戌 1	《9月》	18 甲戌 30	18 甲辰 ㉚	18 甲戌 29	18 癸卯 28	18 癸酉 27
18 戊寅 ⑦	18 戊申 8	18 丁丑 6	18 丁未 6	**18** 丙子 4	**18** 丙午 4	18 乙亥 2	18 乙巳 1	《10月》	19 乙巳 31	19 乙亥 30	19 甲辰 29	19 甲戌 28
19 己卯 8	19 己酉 9	19 戊寅 7	19 戊申 7	19 丁丑 ⑤	19 丁未 5	19 丙子 3	19 丙午 2	19 乙亥 1	《11月》	《12月》	20 乙巳 30	20 乙亥 ㉙
20 庚辰 9	20 庚戌 10	20 己卯 8	20 己酉 ⑧	20 戊寅 6	20 戊申 6	**20** 丁丑 4	**20** 丁未 3	20 丙子 ②	20 丙午 1	20 丙子 1	21 丙午 31	21 丙子 30
21 辛巳 10	21 辛亥 11	21 庚辰 9	21 庚戌 9	21 己卯 7	21 己酉 7	21 戊寅 5	21 戊申 ④	21 丁丑 3	21 丁未 2	21 丁丑 2	**601年**	22 丁丑 31
22 壬午 11	22 壬子 12	22 辛巳 ⑩	22 辛亥 10	22 庚辰 8	22 庚戌 8	22 己卯 6	22 己酉 5	**22** 戊寅 4	**22** 戊申 3	**22** 戊寅 3	《1月》	《2月》
23 癸未 12	23 癸丑 ⑬	23 壬午 11	23 壬子 11	23 辛巳 9	23 辛亥 9	23 庚辰 ⑦	23 庚戌 6	23 己卯 5	23 己酉 4	23 己卯 ④	22 丁未 ①	23 戊寅 1
24 甲申 13	24 甲寅 14	24 癸未 12	24 癸丑 12	24 壬午 10	24 壬子 ⑩	24 辛巳 8	24 辛亥 7	24 庚辰 6	24 庚戌 5	24 庚辰 5	23 戊申 2	**24** 己卯 2
25 乙酉 ⑭	25 乙卯 15	25 甲申 13	25 甲寅 13	25 癸未 11	25 癸丑 11	25 壬午 9	25 壬子 8	25 辛巳 7	25 辛亥 ⑥	25 辛巳 6	**24** 己酉 3	25 庚辰 3
26 丙戌 15	26 丙辰 16	26 乙酉 14	26 乙卯 14	26 甲申 ⑫	26 甲寅 12	26 癸未 10	26 癸丑 9	26 壬午 8	26 壬子 7	26 壬午 7	25 庚戌 4	26 辛巳 4
27 丁亥 16	27 丁巳 17	27 丙戌 15	27 丙辰 ⑮	27 乙酉 13	27 乙卯 13	27 甲申 11	27 甲寅 10	27 癸未 ⑨	27 癸丑 8	27 癸未 8	26 辛亥 5	27 壬午 ⑤
28 戊子 17	28 戊午 18	28 丁亥 16	28 丁巳 16	28 丙戌 14	28 丙辰 14	28 乙酉 12	28 乙卯 ⑪	28 甲申 10	28 甲寅 9	28 甲申 9	27 壬子 6	28 癸未 6
29 己丑 18	29 己未 19	29 戊子 ⑰	29 戊午 17	29 丁亥 15	29 丁巳 15	29 丙戌 13	29 丙辰 12	29 乙酉 11	29 乙卯 10	29 乙酉 10	28 癸丑 7	29 甲申 7
30 庚寅 19		30 己丑 18		30 戊子 16		30 丁亥 ⑭		30 丙戌 12	30 丙辰 11		29 甲寅 ⑧	
											30 乙卯 9	
立春 14日	啓蟄14日	春分 1日	穀雨 1日	小満 3日	夏至 3日	大暑 4日	処暑 5日	秋分 6日	霜降 7日	小雪 7日	冬至 9日	大寒 9日
雨水 29日		清明 16日	立夏 16日	芒種 18日	小暑 18日	立秋 20日	白露 20日	寒露 22日	立冬 22日	大雪 22日	小寒 24日	立春 24日

推古天皇**9**年（601－602） 辛酉

1月	2月	3月	4月	5月	6月	7月	8月	9月	10月	11月	12月
1 乙酉 8	1 乙卯10	1 甲申 8	1 甲寅 8	1 癸未 6	1 癸丑 6	**1** 壬午 4	**1** 壬子③	1 辛巳 2	《11月》	1 庚辰30	1 庚戌30
2 丙戌 9	2 丙辰11	2 乙酉⑨	2 乙卯 9	2 甲申 7	2 甲寅 7	2 癸未 5	2 癸丑 4	2 壬午 3	1 辛亥 1	《12月》	2 辛亥㉛
3 丁亥10	3 丁巳⑫	3 丙戌10	3 丙辰10	3 乙酉 8	3 乙卯 8	3 甲申⑥	3 甲寅 5	**3** 癸未 4	2 壬子 2	2 辛巳 1	**602年**
4 戊子11	4 戊午13	4 丁亥11	4 丁巳11	4 丙戌 9	4 丙辰⑨	4 乙酉 7	4 乙卯 6	4 甲申 5	**3** 癸丑 3	3 壬午 2	《1月》
5 己丑⑫	5 己未14	5 戊子12	5 戊午12	5 丁亥10	5 丁巳10	5 丙戌 8	5 丙辰 7	5 乙酉 6	4 甲寅 4	4 癸未③	3 壬子 1
6 庚寅13	6 庚申15	6 己丑13	6 己未13	6 戊子⑪	6 戊午11	6 丁亥 9	6 丁巳 8	6 丙戌 7	5 乙卯⑤	**5** 甲申 4	4 癸丑 2
7 辛卯14	7 辛酉16	7 庚寅14	7 庚申⑭	7 己丑12	7 己未12	7 戊子10	7 戊午 9	7 丁亥⑧	6 丙辰 6	6 乙酉 5	**5** 甲寅 3
8 壬辰15	8 壬戌17	8 辛卯15	8 辛酉15	8 庚寅13	8 庚申13	8 己丑11	8 己未⑩	8 戊子 9	7 丁巳 7	7 丙戌 6	6 乙卯 4
9 癸巳16	9 癸亥18	9 壬辰⑯	9 壬戌16	9 辛卯14	9 辛酉14	9 庚寅12	9 庚申11	9 己丑10	8 戊午 8	8 丁亥 7	7 丙辰 5
10甲午17	10甲子⑲	10癸巳17	10癸亥17	10壬辰15	10壬戌15	10辛卯⑬	10辛酉12	10庚寅11	9 己未 9	9 戊子 8	8 丁巳 6
11乙未18	**11**乙丑20	11甲午18	11甲子18	11癸巳16	11癸亥⑯	11壬辰14	11壬戌13	11辛卯12	10庚申10	10己丑 9	9 戊午⑦
12丙申⑲	12丙寅21	**12**乙未19	12乙丑19	12甲午17	12甲子17	12癸巳15	12癸亥14	12壬辰13	11辛酉11	11庚寅⑩	10己未 8
13丁酉20	13丁卯22	13丙申20	**13**丙寅20	13乙未⑱	13乙丑18	13甲午16	13甲子15	13癸巳14	12壬戌⑫	12辛卯11	11庚申 9
14戊戌21	14戊辰23	14丁酉21	14丁卯㉑	**14**丙申19	14丙寅19	14乙未17	14乙丑16	14甲午⑮	13癸亥13	13壬辰12	12辛酉10
15己亥22	15己巳24	15戊戌22	15戊辰22	15丁酉20	**15**丁卯20	15丙申18	15丙寅⑰	15乙未16	14甲子14	14癸巳13	13壬戌11
16庚子23	16庚午25	16己亥㉓	16己巳23	16戊戌21	16戊辰21	**16**丁酉19	16丁卯18	16丙申17	15乙丑15	15甲午14	14癸亥12
17辛丑24	17辛未㉖	17庚子24	17庚午24	17己亥22	17己巳22	17戊戌⑳	**17**戊辰19	17丁酉18	16丙寅16	16乙未15	15甲子13
18壬寅25	18壬申27	18辛丑25	18辛未25	18庚子23	18庚午㉓	18己亥21	18己巳20	**18**戊戌19	17丁卯17	17丙申16	16乙丑⑭
19癸卯㉖	19癸酉28	19壬寅26	19壬申26	19辛丑24	19辛未24	19庚子22	19庚午21	19己亥20	**18**戊辰18	18丁酉⑰	17丙寅15
20甲辰27	20甲戌29	20癸卯27	20癸酉27	20壬寅㉕	20壬申25	20辛丑23	20辛未22	20庚子21	19己巳⑲	19戊戌18	18丁卯16
21乙巳28	21乙亥30	21甲辰28	21甲戌㉘	21癸卯26	21癸酉26	21壬寅24	21壬申23	21辛丑㉒	20庚午20	**20**己亥19	19戊辰17
《3月》	22丙子31	22乙巳29	22乙亥29	22甲辰27	22甲戌27	22癸卯25	22癸酉㉔	22壬寅23	21辛未21	21庚子20	**20**己巳18
22丙午 1	《4月》	23丙午㉚	23丙子30	23乙巳28	23乙亥28	23甲辰26	23甲戌25	23癸卯24	22壬申22	22辛丑21	21庚午19
23丁未 2	23丁丑 1	《5月》	24丁丑31	24丙午29	24丙子29	24乙巳㉗	24乙亥26	24甲辰25	23癸酉23	23壬寅22	22辛未20
24戊申 3	24戊寅②	24丁未 1	《6月》	25丁未30	25丁丑㉚	25丙午28	25丙子27	25乙巳26	24甲戌24	24癸卯23	23壬申㉑
25己酉 4	25己卯 3	25戊申 2	25戊寅 1	《7月》	26戊寅31	26丁未29	26丁丑28	26丙午27	25乙亥25	25甲辰㉔	24癸酉22
26庚戌⑤	**26**庚辰 4	26己酉 3	26己卯 2	26戊申 1	《8月》	27戊申30	27戊寅29	27丁未28	26丙子㉖	26乙巳25	25甲戌23
27辛亥 6	27辛巳 5	27庚戌 4	27庚辰 3	27己酉②	27己卯 1	28己酉31	28己卯30	28戊申㉙	27丁丑27	27丙午26	26乙亥24
28壬子 7	28壬午 6	**28**辛亥 5	**28**辛巳④	28庚戌 3	28庚辰 2	《9月》	《10月》	29己酉30	28戊寅28	28丁未27	27丙子25
29癸丑 8	29癸未 7	29壬子 6	29壬午 5	**29**辛亥 4	29辛巳 3	29庚戌 1	29庚辰①	30庚戌31	29己卯29	29戊申28	28丁丑26
30甲寅 9		30癸丑⑦		30壬子 5		30辛亥 2				30己酉29	29戊寅27
											30己卯㉘

雨水 10日	春分 11日	穀雨 12日	小満 13日	夏至 14日	大暑 15日	立秋 1日	白露 1日	寒露 3日	立冬 3日	大雪 5日	小寒 5日
啓蟄 26日	清明 26日	立夏 28日	芒種 28日	小暑 29日		処暑 16日	秋分 17日	霜降 18日	小雪 18日	冬至 20日	大寒 20日

推古天皇**10**年（602－603） 壬戌

1月	2月	3月	4月	5月	6月	7月	8月	9月	10月	閏10月	11月	12月
1 庚辰29	1 己酉27	1 己卯29	1 戊申27	1 戊寅㉗	1 丁未25	1 丁丑25	1 丙午23	1 丙子22	1 乙巳㉑	1 乙亥20	**1** 甲辰19	1 甲戌18
2 辛巳30	2 庚戌28	2 庚辰30	2 己酉28	2 己卯28	2 戊申26	2 戊寅26	2 丁未24	2 丁丑㉓	2 丙午22	2 丙子21	2 乙巳20	**2** 乙亥19
3 壬午31	《3月》	3 辛巳31	3 庚戌㉙	3 庚辰29	3 己酉27	3 己卯27	3 戊申25	3 戊寅24	3 丁未23	3 丁丑22	3 丙午21	3 丙子⑳
《2月》	3 辛亥 1	《4月》	4 辛亥30	4 辛巳30	4 庚戌28	4 庚辰28	4 己酉㉖	4 己卯25	4 戊申24	4 戊寅23	4 丁未22	4 丁丑21
4 癸未 1	4 壬子 2	4 壬午①	《5月》	5 壬午31	5 辛亥29	5 辛巳㉙	5 庚戌27	5 庚辰26	5 己酉25	5 己卯24	5 戊申㉓	5 戊寅22
5 甲申 2	5 癸丑 3	5 癸未 2	5 壬子 1	《6月》	6 壬子30	6 壬午30	6 辛亥28	6 辛巳27	6 庚戌26	6 庚辰㉕	6 己酉24	6 己卯23
6 乙酉 3	6 甲寅④	6 甲申 3	6 癸丑 2	6 癸未 1	《7月》	7 癸未31	7 壬子29	7 壬午28	7 辛亥27	7 辛巳26	7 庚戌25	7 庚辰24
7 丙戌④	**7** 乙卯 5	**7** 乙酉 4	7 甲寅 3	7 甲申 2	7 癸丑①	《8月》	8 癸丑30	8 癸未29	8 壬子㉘	8 壬午27	8 辛亥26	8 辛巳25
8 丁亥 5	8 丙辰 6	8 丙戌 5	8 乙卯 4	8 乙酉③	8 甲寅 2	8 甲申 1	9 甲寅31	9 甲申㉚	9 癸丑29	9 癸未28	9 壬子27	9 壬午26
9 戊子 6	9 丁巳 7	9 丁亥 6	**9** 丙辰 5	**9** 丙戌 4	9 乙卯 3	9 乙酉 2	《9月》	《10月》	10甲寅30	10甲申29	10癸丑28	10癸未㉗
10己丑 7	10戊午 8	10戊子 7	10丁巳⑥	10丁亥 5	10丙辰 4	10丙戌 3	10乙卯 1	10乙酉 1	11乙卯31	11乙酉30	11甲寅29	11甲申28
11庚寅 8	11己未 9	11己丑⑧	11戊午 7	11戊子 6	**11**丁巳 5	**11**丁亥 4	11丙辰②	11丙戌 2	《11月》	《12月》	12乙卯㉚	12乙酉29
12辛卯 9	12庚申10	12庚寅 9	12己未 8	12己丑 7	12戊午 6	12戊子⑤	12丁巳 3	12丁亥 3	12丙辰 1	12丙戌 1	13丙辰31	13丙戌30
13壬辰10	13辛酉⑪	13辛卯10	13庚申 9	13庚寅 8	13己未 7	13己丑 6	**13**戊午 4	**13**戊子 4	13丁巳 2	13丁亥②	**603年**	14丁亥31
14癸巳⑪	14壬戌12	14壬辰11	14辛酉10	14辛卯 9	14庚申⑧	14庚寅 7	14己未 5	14己丑 5	**14**戊午 3	14戊子 3	《1月》	《2月》
15甲午12	15癸亥13	15癸巳12	15壬戌11	15壬辰⑩	15辛酉 9	15辛卯 8	15庚申 6	15庚寅 6	15己未④	**15**己丑 4	14丁巳 1	15戊子 1
16乙未13	16甲子14	16甲午13	16癸亥12	16癸巳11	16壬戌10	16壬辰 9	16辛酉 7	16辛卯⑦	16庚申 5	16庚寅 5	15戊午 2	16己丑 2
17丙申14	17乙丑15	17乙未14	17甲子⑬	17甲午12	17癸亥11	17癸巳10	17壬戌 8	17壬辰 8	17辛酉 6	17辛卯 6	**16**己未 3	**17**庚寅③
18丁酉15	18丙寅16	18丙申⑮	18乙丑14	18乙未13	18甲子12	18甲午11	18癸亥⑨	18癸巳 9	18壬戌 7	18壬辰 7	17庚申 4	18辛卯 4
19戊戌16	19丁卯17	19丁酉16	19丙寅15	19丙申14	19乙丑13	19乙未⑫	19甲子10	19甲午10	19癸亥 8	19癸巳 8	18辛酉 5	19壬辰 5
20己亥17	20戊辰⑱	20戊戌17	20丁卯16	20丁酉15	20丙寅14	20丙申13	20乙丑11	20乙未11	20甲子 9	20甲午⑨	19壬戌⑥	20癸巳 6
21庚子⑱	21己巳19	21己亥18	21戊辰17	21戊戌16	21丁卯⑮	21丁酉14	21丙寅12	21丙申12	21乙丑10	21乙未10	20癸亥 7	21甲午 7
22辛丑19	**22**庚午20	22庚子19	22己巳18	22己亥⑰	22戊辰16	22戊戌15	22丁卯13	22丁酉13	22丙寅⑪	22丙申11	21甲子 8	22乙未 8
23壬寅20	23辛未21	**23**辛丑20	23庚午19	23庚子18	23己巳17	23己亥16	23戊辰14	23戊戌⑭	23丁卯12	23丁酉12	22乙丑 9	23丙申 9
24癸卯21	24壬申22	24壬寅21	**24**辛未⑳	**24**辛丑19	24庚午18	24庚子17	24己巳15	24己亥15	24戊辰13	24戊戌13	23丙寅10	24丁酉⑩
25甲辰22	25癸酉23	25癸卯㉒	25壬申21	25壬寅20	25辛未19	25辛丑18	25庚午⑯	25庚子16	25己巳14	25己亥14	24丁卯11	25戊戌11
26乙巳23	26甲戌24	26甲辰23	26癸酉22	26癸卯21	**26**壬申20	**26**壬寅⑲	26辛未17	26辛丑17	26庚午15	26庚子15	25戊辰12	26己亥12
27丙午24	27乙亥㉕	27乙巳24	27甲戌23	27甲辰22	27癸酉21	27癸卯20	27壬申18	27壬寅18	27辛未16	27辛丑⑯	26己巳⑬	27庚子13
28丁未㉕	28丙子26	28丙午25	28乙亥24	28乙巳23	28甲戌㉒	28甲辰21	**28**癸酉19	**28**癸卯19	28壬申17	28壬寅17	27庚午14	28辛丑14
29戊申26	29丁丑27	29丁未26	29丙子25	29丙午㉔	29乙亥23	29乙巳22	29甲戌20	29甲辰20	29癸酉⑱	29癸卯18	28辛未15	29壬寅15
	30戊寅28		30丁丑26		30丙子24		30乙亥21		**30**甲戌19		29壬申16	
											30癸酉17	

立春 5日	啓蟄 7日	清明 7日	立夏 9日	芒種 9日	小暑 11日	立秋 11日	白露 13日	寒露 13日	立冬 14日	大雪15日	冬至 1日	大寒 2日
雨水 21日	春分 22日	穀雨 23日	小満 24日	夏至 24日	大暑 26日	処暑 26日	秋分 28日	霜降 28日	小雪 30日		小寒 16日	立春 17日

推古天皇 **11** 年（603－604） 癸亥

1月	2月	3月	4月	5月	6月	7月	8月	9月	10月	11月	12月
1 癸卯16	1 癸酉18	1 壬寅16	1 壬申16	1 壬寅15	1 辛未⑭	1 辛丑13	1 庚午11	1 庚子11	1 己巳 9	1 己亥 9	1 戊辰 7
2 甲辰⑰	2 甲戌19	2 癸卯17	2 癸酉17	2 癸卯⑯	2 壬申15	2 壬寅14	2 辛未12	2 辛丑12	2 庚午⑩	2 庚子10	2 己巳 8
3 乙巳18	**3** 乙亥20	3 甲辰18	3 甲戌18	3 甲辰17	3 癸酉16	3 癸卯15	3 壬申13	3 壬寅⑬	3 辛未11	3 辛丑11	3 庚午 9
4 丙午19	4 丙子21	4 乙巳19	4 乙亥⑲	4 乙巳18	4 甲戌17	4 甲辰16	4 癸酉14	4 癸卯14	4 壬申12	4 壬寅12	4 辛未10
5 丁未20	5 丁丑22	**5** 丙午20	**5** 丙子20	5 丙午19	5 乙亥18	5 乙巳17	5 甲戌⑮	5 甲辰15	5 癸酉13	5 癸卯13	5 壬申11
6 戊申21	6 戊寅23	6 丁未㉑	6 丁丑21	**6** 丁未20	6 丙子19	6 丙午⑱	6 乙亥16	6 乙巳16	6 甲戌14	6 甲辰14	6 癸酉⑫
7 己酉22	7 己卯㉔	7 戊申22	7 戊寅22	7 戊申21	**7** 丁丑20	7 丁未19	7 丙子17	7 丙午17	7 乙亥15	7 乙巳⑮	7 甲戌13
8 庚戌23	8 庚辰25	8 己酉23	8 己卯23	8 己酉22	8 戊寅㉑	**8** 戊申20	8 丁丑18	8 丁未18	8 丙子16	8 丙午16	8 乙亥14
9 辛亥㉔	9 辛巳26	9 庚戌24	9 庚辰24	9 庚戌㉓	9 己卯22	9 己酉21	**9** 戊寅19	**9** 戊申19	9 丁丑⑰	9 丁未17	9 丙子15
10 壬子25	10 壬午27	10 辛亥25	10 辛巳25	10 辛亥24	10 庚辰23	10 庚戌22	10 己卯20	10 己酉⑳	10 戊寅18	10 戊申18	10 丁丑16
11 癸丑26	11 癸未28	11 壬子26	11 壬午㉖	11 壬子25	11 辛巳24	11 辛亥23	11 庚辰21	11 庚戌21	**11** 己卯19	**11** 己酉19	11 戊寅17
12 甲寅27	12 甲申29	12 癸丑27	12 癸未27	12 癸丑26	12 壬午25	12 壬子24	12 辛巳㉒	12 辛亥22	12 庚辰20	12 庚戌20	12 己卯18
13 乙卯28	13 乙酉30	13 甲寅㉘	13 甲申28	13 甲寅27	13 癸未26	13 癸丑㉕	13 壬午23	13 壬子23	13 辛巳21	13 辛亥21	**13** 庚辰⑲
《3月》	14 丙戌㉛	14 乙卯29	14 乙酉29	14 乙卯28	14 甲申27	14 甲寅26	14 癸未24	14 癸丑24	14 壬午22	14 壬子㉒	14 辛巳20
14 丙辰 1	《4月》	15 丙辰30	15 丙戌30	15 丙辰29	15 乙酉㉘	15 乙卯27	15 甲申25	15 甲寅25	15 癸未23	15 癸丑23	15 壬午21
15 丁巳 2	15 丁亥 1	《5月》	16 丁亥31	16 丁巳㉚	16 丙戌29	16 丙辰28	16 乙酉26	16 乙卯26	16 甲申㉔	16 甲寅24	16 癸未22
16 戊午③	16 戊子 2	16 丁巳 1	《6月》	《7月》	17 丁亥30	17 丁巳29	17 丙戌27	17 丙辰㉗	17 乙酉25	17 乙卯25	17 甲申23
17 己未 4	17 己丑 3	17 戊午 2	17 戊子 1	17 戊午 1	18 戊子31	18 戊午30	18 丁亥28	18 丁巳28	18 丙戌26	18 丙辰26	18 乙酉24
18 庚申 5	18 庚寅 4	18 己未 3	18 己丑②	18 己未 2	《8月》	19 己未31	19 戊子㉙	19 戊午29	19 丁亥27	19 丁巳27	19 丙戌25
19 辛酉 6	**19** 辛卯 5	19 庚申 4	19 庚寅 3	19 庚申 3	19 己丑 1	《9月》	20 己丑30	20 己未30	20 戊子28	20 戊午28	20 丁亥㉖
20 壬戌 7	20 壬辰 6	**20** 辛酉⑤	**20** 辛卯 4	20 辛酉 4	20 庚寅 2	20 庚申①	《10月》	21 庚申31	21 己丑29	21 己未㉙	21 戊子27
21 癸亥 8	21 癸巳⑦	21 壬戌 6	21 壬辰 5	**21** 壬戌 5	21 辛卯 3	21 辛酉 2	21 庚寅 1	《11月》	22 庚寅30	22 庚申30	22 己丑28
22 甲子 9	22 甲午 8	22 癸亥 7	22 癸巳 6	22 癸亥 6	**22** 壬辰④	22 壬戌 3	22 辛卯 2	22 辛酉 1	《12月》	23 辛酉31	23 庚寅29
23 乙丑⑩	23 乙未 9	23 甲子 8	23 甲午 7	23 甲子⑦	23 癸巳 5	**23** 癸亥 4	23 壬辰 3	23 壬戌 2	23 辛卯①	**604** 年	24 辛卯30
24 丙寅11	24 丙申10	24 乙丑 9	24 乙未 8	24 乙丑 8	24 甲午 6	24 甲子 5	**24** 癸巳 4	24 癸亥③	24 壬辰 2	《1月》	25 壬辰31
25 丁卯12	25 丁酉11	25 丙寅10	25 丙申⑨	25 丙寅 9	25 乙未 7	25 乙丑 6	25 甲午 5	**25** 甲子 4	25 癸巳 3	24 壬戌 1	《2月》
26 戊辰13	26 戊戌12	26 丁卯11	26 丁酉10	26 丁卯10	26 丙申 8	26 丙寅 7	26 乙未⑥	26 乙丑 5	**26** 甲午 4	25 癸亥 2	26 癸巳 1
27 己巳14	27 己亥13	27 戊辰⑫	27 戊戌11	27 戊辰11	27 丁酉 9	27 丁卯⑧	27 丙申 7	27 丙寅 6	27 乙未 5	26 甲子 3	27 甲午②
28 庚午15	28 庚子⑭	28 己巳13	28 己亥12	28 己巳12	28 戊戌10	28 戊辰 9	28 丁酉 8	28 丁卯 7	28 丙申 6	**27** 乙丑 4	**28** 乙未 3
29 辛未16	29 辛丑15	29 庚午14	29 庚子13	29 庚午13	29 己亥⑪	29 己巳10	29 戊戌 9	29 戊辰 8	29 丁酉 7	28 丙寅⑤	29 丙申 4
30 壬申⑰		30 辛未15	30 辛丑14		30 庚子12		30 己亥10		30 戊戌⑧	29 丁卯 6	30 丁酉 5

雨水 3日	春分 3日	穀雨 5日	小満 5日	夏至 6日	大暑 7日	処暑 8日	秋分 9日	霜降 9日	小雪 11日	冬至 11日	大寒 13日
啓蟄 18日	清明 19日	立夏 20日	芒種 20日	小暑 21日	立秋 22日	白露 23日	寒露 24日	立冬 25日	大雪 26日	小寒 27日	立春 28日

推古天皇 **12** 年（604－605） 甲子

1月	2月	3月	4月	5月	6月	7月	8月	9月	10月	11月	12月
1 戊戌 6	1 丁卯 6	1 丁酉⑤	**1** 丙寅 4	1 丙申 3	1 乙丑 2	《8月》	1 甲子㉚	1 甲午29	1 甲子29	1 癸巳27	1 癸亥㉗
2 己亥 7	2 戊辰 7	2 戊戌 6	2 丁卯 5	**2** 丁酉 4	2 丙寅 3	1 乙未 1	2 乙丑31	2 乙未30	2 乙丑30	2 甲午28	2 甲子28
3 庚子 8	3 己巳⑧	3 己亥 7	3 戊辰 6	3 戊戌 5	**3** 丁卯 4	2 丙申②	《9月》	《10月》	3 丙寅31	3 乙未㉙	3 乙丑29
4 辛丑⑨	4 庚午 9	4 庚子 8	4 己巳 7	4 己亥 6	4 戊辰⑤	3 丁酉 3	3 丙寅 1	3 丙申 1	《11月》	4 丙申30	4 丙寅30
5 壬寅10	5 辛未10	5 辛丑 9	5 庚午 8	5 庚子⑦	5 己巳 6	**4** 戊戌 4	4 丁卯 2	4 丁酉 2	4 丁卯①	《12月》	5 丁卯31
6 癸卯11	6 壬申11	6 壬寅10	6 辛未 9	6 辛丑 8	6 庚午 7	5 己亥 5	**5** 戊辰 3	**5** 戊戌 3	5 戊辰 2	5 丁酉 1	**605** 年
7 甲辰12	7 癸酉12	7 癸卯11	7 壬申⑩	7 壬寅 9	7 辛未 8	6 庚子 6	6 己巳 4	6 己亥④	**6** 己巳 3	6 戊戌 2	《1月》
8 乙巳13	8 甲戌13	8 甲辰⑫	8 癸酉11	8 癸卯10	8 壬申 9	7 辛丑 7	7 庚午 5	7 庚子 5	7 庚午 4	**7** 己亥 3	6 戊辰 1
9 丙午14	9 乙亥14	9 乙巳13	9 甲戌12	9 甲辰11	9 癸酉10	8 壬寅 8	8 辛未⑥	8 辛丑 6	8 辛未 5	8 庚子 4	7 己巳 2
10 丁未15	10 丙子⑮	10 丙午14	10 乙亥13	10 乙巳12	10 甲戌11	9 癸卯⑨	9 壬申 7	9 壬寅 7	9 壬申 6	9 辛丑 5	**8** 庚午③
11 戊申⑯	11 丁丑16	11 丁未15	11 丙子14	11 丙午13	11 乙亥⑫	10 甲辰10	10 癸酉 8	10 癸卯 8	10 癸酉 7	10 壬寅⑥	9 辛未 4
12 己酉17	12 戊寅17	12 戊申16	12 丁丑15	12 丁未⑭	12 丙子13	11 乙巳11	11 甲戌 9	11 甲辰 9	11 甲戌⑧	11 癸卯 7	10 壬申 5
13 庚戌18	13 己卯18	13 己酉17	13 戊寅16	13 戊申15	13 丁丑14	12 丙午12	12 乙亥10	12 乙巳10	12 乙亥 9	12 甲辰 8	11 癸酉 6
14 辛亥19	14 庚辰19	14 庚戌18	14 己卯⑰	14 己酉16	14 戊寅15	13 丁未13	13 丙子11	13 丙午⑪	13 丙子10	13 乙巳 9	12 甲戌 7
15 壬子20	**15** 辛巳20	**15** 辛亥⑲	15 庚辰18	15 庚戌17	15 己卯16	14 戊申14	14 丁丑12	14 丁未12	14 丁丑11	14 丙午10	13 乙亥 8
16 癸丑21	16 壬午21	16 壬子20	16 辛巳19	16 辛亥18	16 庚辰17	15 己酉15	15 戊寅⑬	15 戊申13	15 戊寅12	15 丁未11	14 丙子 9
17 甲寅22	17 癸未㉒	17 癸丑21	**17** 壬午20	**17** 壬子19	17 辛巳18	16 庚戌⑯	16 己卯14	16 己酉14	16 己卯13	16 戊申12	15 丁丑⑩
18 乙卯㉓	18 甲申23	18 甲寅22	18 癸未21	18 癸丑20	**18** 壬午⑲	17 辛亥17	17 庚辰15	17 庚戌15	17 庚辰14	17 己酉⑬	16 戊寅11
19 丙辰24	19 乙酉24	19 乙卯23	19 甲申22	19 甲寅㉑	19 癸未20	18 壬子18	18 辛巳16	18 辛亥16	18 辛巳⑮	18 庚戌14	17 己卯12
20 丁巳25	20 丙戌25	20 丙辰24	20 乙酉23	20 乙卯22	20 甲申21	**19** 癸丑19	19 壬午17	19 壬子17	19 壬午16	19 辛亥15	18 庚辰13
21 戊午26	21 丁亥26	21 丁巳25	21 丙戌㉔	21 丙辰23	21 乙酉22	20 甲寅20	**20** 癸未18	20 癸丑⑱	20 癸未17	20 壬子16	19 辛巳14
22 己未27	22 戊子27	22 戊午㉖	22 丁亥25	22 丁巳24	22 丙戌23	21 乙卯21	21 甲申19	**21** 甲寅19	**21** 甲申18	21 癸丑17	20 壬午15
23 庚申28	23 己丑28	23 己未27	23 戊子26	23 戊午25	23 丁亥24	22 丙辰22	22 乙酉⑳	22 乙卯20	22 乙酉19	22 甲寅18	21 癸未16
24 辛酉29	24 庚寅㉙	24 庚申28	24 己丑27	24 己未26	24 戊子25	23 丁巳㉓	23 丙戌21	23 丙辰21	23 丙戌20	**23** 乙卯19	22 甲申⑰
《3月》	25 辛卯30	25 辛酉29	25 庚寅28	25 庚申27	25 己丑㉖	24 戊午24	24 丁亥22	24 丁巳22	24 丁亥21	24 丙辰⑳	**23** 乙酉18
25 壬戌①	26 壬辰31	26 壬戌30	26 辛卯29	26 辛酉㉘	26 庚寅27	25 己未25	25 戊子23	25 戊午23	25 戊子㉒	25 丁巳21	24 丙戌19
26 癸亥 2	《4月》	《5月》	27 壬辰30	27 壬戌29	27 辛卯28	26 庚申26	26 己丑24	26 己未24	26 己丑23	26 戊午22	25 丁亥20
27 甲子 3	27 癸巳 1	27 癸亥 1	28 癸巳㉛	28 癸亥30	28 壬辰29	27 辛酉27	27 庚寅25	27 庚申㉕	27 庚寅24	27 己未23	26 戊子21
28 乙丑 4	28 甲午 2	28 甲子 2	《6月》	《7月》	29 癸巳30	28 壬戌28	28 辛卯26	28 辛酉26	28 辛卯25	28 庚申24	27 己丑22
29 丙寅 5	29 乙未 3	29 乙丑③	29 甲午 1	29 甲子 1	30 甲午31	29 癸亥29	29 壬辰㉗	29 壬戌27	29 壬辰26	29 辛酉25	28 庚寅23
	30 丙申 4		30 乙未 2				30 癸巳28	30 癸亥28		30 壬戌26	29 辛卯㉔

雨水 13日	春分 15日	穀雨 15日	立夏 1日	芒種 2日	小暑 3日	立秋 4日	白露 5日	寒露 5日	立冬 6日	大雪 7日	小寒 8日
啓蟄 28日	清明 30日		小満 17日	夏至 17日	大暑 18日	処暑 19日	秋分 20日	霜降 21日	小雪 21日	冬至 23日	大寒 23日

推古天皇**13**年（605－606） 乙丑

1月	2月	3月	4月	5月	6月	7月	閏7月	8月	9月	10月	11月	12月
1 壬辰25	1 壬戌24	1 辛卯25	1 辛酉24	1 庚寅㉓	1 庚申22	1 己丑21	1 己未20	1 戊子18	1 戊午18	1 丁亥16	1 丁巳16	1 丁亥15
2 癸巳26	2 癸亥25	2 壬辰26	2 壬戌㉕	2 辛卯24	2 辛酉23	2 庚寅22	2 庚申21	**2** 己丑⑲	**2** 己未19	2 戊子17	2 戊午17	2 戊子⑯
3 甲午27	3 甲子26	3 癸巳27	3 癸亥26	3 壬辰25	3 壬戌24	3 辛卯23	3 辛酉㉒	3 庚寅20	3 庚申20	**3** 己丑18	3 己未18	3 己丑17
4 乙未28	4 乙丑27	4 甲午㉘	4 甲子27	4 癸巳26	4 癸亥25	4 壬辰24	4 壬戌23	4 辛卯21	4 辛酉21	4 庚寅19	**4** 庚申⑲	**4** 庚寅18
5 丙申29	5 丙寅㉘	5 乙未29	5 乙丑28	5 甲午27	5 甲子26	5 癸巳㉕	5 癸亥24	5 壬辰22	5 壬戌22	5 辛卯20	5 辛酉20	5 辛卯19
6 丁酉30	《3月》	6 丙申30	6 丙寅29	6 乙未28	6 乙丑㉗	6 甲午26	6 甲子25	6 癸巳23	6 癸亥23	6 壬辰㉑	6 壬戌21	6 壬辰20
7 戊戌㉛	6 丁卯1	7 丁酉31	7 丁卯30	7 丙申29	7 丙寅28	7 乙未27	7 乙丑26	7 甲午24	7 甲子㉔	7 癸巳22	7 癸亥22	7 癸巳21
《2月》	7 戊辰2	《4月》	《5月》	8 丁酉㉚	8 丁卯29	8 丙申28	8 丙寅27	8 乙未25	8 乙丑25	8 甲午23	8 甲子23	8 甲午22
8 己亥1	8 己巳3	8 戊戌1	8 戊辰1	9 戊戌31	9 戊辰30	9 丁酉29	9 丁卯28	9 丙申㉖	9 丙寅26	9 乙未24	9 乙丑24	9 乙未㉓
9 庚子2	9 庚午4	9 己亥2	9 己巳②	《6月》	《7月》	10 戊戌30	10 戊辰㉙	10 丁酉27	10 丁卯27	10 丙申25	10 丙寅25	10 丙申24
10 辛丑3	**10** 辛未5	10 庚子3	10 庚午3	10 己亥1	10 己巳1	11 己亥31	11 己巳30	11 戊戌28	11 戊辰28	11 丁酉26	11 丁卯㉖	11 丁酉25
11 壬寅4	11 壬申6	**11** 辛丑④	11 辛未4	11 庚子2	11 庚午2	《8月》	12 庚午31	12 己亥29	12 己巳29	12 戊戌27	12 戊辰27	12 戊戌26
12 癸卯5	12 癸酉⑦	12 壬寅5	**12** 壬申5	12 辛丑3	12 辛未3	12 庚子①	《9月》	13 庚子30	13 庚午30	13 己亥㉘	13 己巳28	13 己亥27
13 甲辰6	13 甲戌8	13 癸卯6	13 癸酉6	**13** 壬寅4	**13** 壬申④	13 辛丑2	13 辛未1	《10月》	14 辛未㉛	14 庚子29	14 庚午29	14 庚子28
14 乙巳⑦	14 乙亥9	14 甲辰7	14 甲戌7	14 癸卯5	14 癸酉5	14 壬寅3	14 壬申2	14 辛丑1	《11月》	15 辛丑30	15 辛未30	15 辛丑29
15 丙午8	15 丙子10	15 乙巳8	15 乙亥8	15 甲辰⑥	15 甲戌6	**15** 癸卯4	**15** 癸酉3	15 壬寅2	15 壬申1	《12月》	16 壬申31	16 壬寅㉚
16 丁未9	16 丁丑11	16 丙午9	16 丙子⑨	16 乙巳7	16 乙亥7	16 甲辰5	16 甲戌4	16 癸卯③	16 癸酉2	16 壬寅1	**606**年	17 癸卯31
17 戊申10	17 戊寅12	17 丁未10	17 丁丑10	17 丙午8	17 丙子8	17 乙巳6	17 乙亥⑤	**17** 甲辰4	**17** 甲戌3	17 癸卯2	《1月》	《2月》
18 己酉11	18 己卯13	18 戊申⑪	18 戊寅11	18 丁未9	18 丁丑9	18 丙午7	18 丙子6	18 乙巳5	18 乙亥4	18 甲辰3	17 癸酉1	18 甲辰1
19 庚戌12	19 庚辰⑭	19 己酉12	19 己卯12	19 戊申10	19 戊寅10	19 丁未⑧	19 丁丑7	19 丙午6	19 丙子5	**19** 乙巳4	18 甲戌②	**19** 乙巳2
20 辛亥13	20 辛巳15	20 庚戌13	20 庚辰13	20 己酉11	20 己卯⑪	20 戊申9	20 戊寅8	20 丁未7	20 丁丑6	20 丙午⑤	**19** 乙亥3	20 丙午3
21 壬子⑭	21 壬午16	21 辛亥14	21 辛巳14	21 庚戌12	21 庚辰12	21 己酉10	21 己卯9	21 戊申8	21 戊寅⑦	21 丁未6	20 丙子4	21 丁未4
22 癸丑15	22 癸未17	22 壬子15	22 壬午15	22 辛亥⑬	22 辛巳13	22 庚戌11	22 庚辰10	22 己酉9	22 己卯8	22 戊申7	21 丁丑5	22 戊申5
23 甲寅16	23 甲申18	23 癸丑16	23 癸未⑯	23 壬子14	23 壬午14	23 辛亥12	23 辛巳11	23 庚戌⑩	23 庚辰9	23 己酉8	22 戊寅6	23 己酉⑥
24 乙卯17	24 乙酉19	24 甲寅17	24 甲申17	24 癸丑15	24 癸未15	24 壬子13	24 壬午⑫	24 辛亥11	24 辛巳10	24 庚戌9	23 己卯7	24 庚戌7
25 丙辰18	**25** 丙戌20	25 乙卯⑱	25 乙酉18	25 甲寅16	25 甲申16	25 癸丑14	25 癸未13	25 壬子12	25 壬午11	25 辛亥10	24 庚辰8	25 辛亥8
26 丁巳19	26 丁亥㉑	**26** 丙辰19	26 丙戌19	26 乙卯17	26 乙酉17	26 甲寅⑮	26 甲申14	26 癸丑13	26 癸未12	26 壬子11	25 辛巳⑨	26 壬子9
27 戊午20	27 戊子22	27 丁巳20	**27** 丁亥20	27 丙辰18	27 丙戌⑱	27 乙卯16	27 乙酉15	27 甲寅14	27 甲申13	27 癸丑⑫	26 壬午10	27 癸丑10
28 己未㉑	28 己丑23	28 戊午21	28 戊子21	**28** 丁巳19	28 丁亥19	28 丙辰17	28 丙戌16	28 乙卯15	28 乙酉⑭	28 甲寅13	27 癸未11	28 甲寅11
29 庚申22	29 庚寅24	29 己未22	29 己丑22	29 戊午⑳	**29** 戊子20	29 丁巳18	29 丁亥17	29 丙辰16	29 丙戌15	29 乙卯14	28 甲申12	29 乙卯12
30 辛酉23		30 庚申23		30 己未21		**30** 戊午19		30 丁巳⑰		30 丙辰15	29 乙酉13	
											30 丙戌14	

1月	2月	3月	4月	5月	6月	7月	閏7月	8月	9月	10月	11月	12月
立春 9日	啓蟄 10日	清明 11日	立夏 12日	芒種 13日	小暑 13日	立秋 15日	白露15日	秋分 2日	霜降 2日	小雪 3日	冬至 4日	大寒 4日
雨水 24日	春分 25日	穀雨 26日	小満 27日	夏至 28日	大暑 29日	処暑 30日		寒露 17日	立冬 17日	大雪 19日	小寒 19日	立春 19日

推古天皇**14**年（606－607） 丙寅

1月	2月	3月	4月	5月	6月	7月	8月	9月	10月	11月	12月
1 丙辰⑬	1 丙戌15	1 乙卯13	1 乙酉13	1 甲寅11	1 甲申11	1 癸丑9	1 癸未8	1 壬子7	1 壬午⑥	1 辛亥5	1 辛巳4
2 丁巳14	2 丁亥16	2 丙辰14	2 丙戌14	2 乙卯⑫	2 乙酉12	2 甲寅10	2 甲申9	2 癸丑8	2 癸未7	2 壬子6	2 壬午5
3 戊午15	3 戊子17	3 丁巳15	3 丁亥⑮	3 丙辰13	3 丙戌13	3 乙卯11	3 乙酉10	3 甲寅⑨	3 甲申8	3 癸丑7	3 癸未6
4 己未16	4 己丑18	4 戊午16	4 戊子16	4 丁巳14	4 丁亥14	4 丙辰12	4 丙戌⑪	4 乙卯10	4 乙酉9	4 甲寅8	4 甲申7
5 庚申17	5 庚寅19	5 己未⑰	5 己丑17	5 戊午15	5 戊子15	5 丁巳13	5 丁亥12	5 丙辰11	5 丙戌10	5 乙卯9	5 乙酉⑧
6 辛酉18	**6** 辛卯⑳	6 庚申18	6 庚寅18	6 己未16	6 己丑16	6 戊午⑭	6 戊子13	6 丁巳12	6 丁亥11	6 丙辰10	6 丙戌9
7 壬戌19	7 壬辰21	7 辛酉19	7 辛卯19	7 庚申17	7 庚寅⑰	7 己未15	7 己丑14	7 戊午13	7 戊子12	7 丁巳⑪	7 丁亥10
8 癸亥⑳	8 癸巳22	**8** 壬戌20	**8** 壬辰20	8 辛酉18	8 辛卯18	8 庚申16	8 庚寅15	8 己未14	8 己丑⑬	8 戊午12	8 戊子11
9 甲子21	9 甲午23	9 癸亥21	9 癸巳21	**9** 壬戌⑲	9 壬辰19	9 辛酉17	9 辛卯16	9 庚申15	9 庚寅14	9 己未13	9 己丑12
10 乙丑22	10 乙未24	10 甲子22	10 甲午㉒	10 癸亥20	**10** 癸巳20	10 壬戌18	10 壬辰17	10 辛酉⑯	10 辛卯15	10 庚申14	10 庚寅13
11 丙寅23	11 丙申25	11 乙丑23	11 乙未23	11 甲子21	11 甲午21	**11** 癸亥19	11 癸巳⑱	11 壬戌17	11 壬辰16	11 辛酉15	11 辛卯14
12 丁卯24	12 丁酉26	12 丙寅㉔	12 丙申24	12 乙丑22	12 乙未22	12 甲子20	**12** 甲午19	12 癸亥18	12 癸巳17	12 壬戌16	12 壬辰⑮
13 戊辰25	13 戊戌㉗	13 丁卯25	13 丁酉25	13 丙寅23	13 丙申23	13 乙丑㉑	13 乙未20	**13** 甲子19	13 甲午18	13 癸亥17	13 癸巳16
14 己巳26	14 己亥28	14 戊辰26	14 戊戌26	14 丁卯24	14 丁酉㉔	14 丙寅22	14 丙申21	14 乙丑20	**14** 乙未19	14 甲子⑱	14 甲午17
15 庚午㉗	15 庚子29	15 己巳27	15 己亥27	15 戊辰25	15 戊戌25	15 丁卯23	15 丁酉22	15 丙寅21	15 丙申⑳	**15** 乙丑19	15 乙未18
16 辛未28	16 辛丑30	16 庚午28	16 庚子28	16 己巳㉖	16 己亥26	16 戊辰24	16 戊戌23	16 丁卯22	16 丁酉21	16 丙寅20	**16** 丙申19
《3月》	17 壬寅31	17 辛未29	17 辛丑㉙	17 庚午27	17 庚子27	17 己巳25	17 己亥24	17 戊辰㉓	17 戊戌22	17 丁卯21	17 丁酉20
17 壬申1	《4月》	18 壬申30	18 壬寅30	18 辛未28	18 辛丑28	18 庚午26	18 庚子㉕	18 己巳24	18 己亥23	18 戊辰22	18 戊戌21
18 癸酉2	18 癸卯1	《5月》	19 癸卯31	19 壬申29	19 壬寅29	19 辛未27	19 辛丑26	19 庚午25	19 庚子24	19 己巳23	19 己亥㉒
19 甲戌3	19 甲辰2	19 癸酉①	《6月》	20 癸酉30	20 癸卯30	20 壬申㉘	20 壬寅27	20 辛未26	20 辛丑25	20 庚午24	20 庚子23
20 乙亥4	20 乙巳③	20 甲戌2	20 甲辰1	《7月》	21 甲辰㉛	21 癸酉29	21 癸卯28	21 壬申27	21 壬寅26	21 辛未㉕	21 辛丑24
21 丙子5	**21** 丙午4	21 乙亥3	21 乙巳2	21 甲戌1	《8月》	22 甲戌30	22 甲辰29	22 癸酉28	22 癸卯㉗	22 壬申26	22 壬寅25
22 丁丑⑥	22 丁未5	22 丙子4	22 丙午3	22 乙亥2	22 乙巳1	23 乙亥31	23 乙巳30	23 甲戌29	23 甲辰28	23 癸酉27	23 癸卯26
23 戊寅7	23 戊申6	**23** 丁丑5	**23** 丁未4	23 丙子③	23 丙午2	《9月》	《10月》	24 乙亥㉚	24 乙巳29	24 甲戌28	24 甲辰27
24 己卯8	24 己酉7	24 戊寅6	24 戊申⑤	24 丁丑4	24 丁未3	24 丙子1	24 丙午1	25 丙子31	25 丙午30	25 乙亥29	25 乙巳28
25 庚辰9	25 庚戌8	25 己卯7	25 己酉6	**25** 戊寅5	**25** 戊申4	25 丁丑2	25 丁未②	《11月》	《12月》	26 丙子30	26 丙午㉙
26 辛巳10	26 辛亥9	26 庚辰⑧	26 庚戌7	26 己卯6	26 己酉5	26 戊寅3	26 戊申3	26 丁丑1	26 丁未1	27 丁丑31	27 丁未30
27 壬午11	27 壬子⑩	27 辛巳9	27 辛亥8	27 庚辰7	27 庚戌6	**27** 己卯④	**27** 己酉4	27 戊寅2	27 戊申2	**607**年	28 戊申31
28 癸未12	28 癸丑11	28 壬午10	28 壬子9	28 辛巳8	28 辛亥⑦	28 庚辰5	28 庚戌5	**28** 己卯3	28 己酉3	《1月》	《2月》
29 甲申⑬	29 甲寅12	29 癸未11	29 癸丑10	29 壬午9	29 壬子8	29 辛巳6	29 辛亥6	29 庚辰4	**29** 庚戌④	28 戊寅①	29 己酉1
30 乙酉14		30 甲申12		30 癸未⑩		30 壬午7		30 辛巳5		29 己卯2	
										30 庚辰3	

1月	2月	3月	4月	5月	6月	7月	8月	9月	10月	11月	12月
雨水 6日	春分 6日	穀雨 8日	小満 8日	夏至 9日	大暑 10日	処暑 11日	秋分 12日	霜降 13日	小雪 14日	冬至 15日	大寒 16日
啓蟄 21日	清明 21日	立夏 23日	芒種 23日	小暑 25日	立秋 25日	白露 27日	寒露 27日	立冬 28日	大雪 29日	小寒 30日	

推古天皇**15**年（607－608） 丁卯

1月	2月	3月	4月	5月	6月	7月	8月	9月	10月	11月	12月
1 庚戌 2	1 庚辰 4	1 己酉 ②	1 己卯 2	《6月》	1 戊寅 30	1 戊申 ㉚	1 丁丑 28	1 丁未 27	1 丙子 26	1 丙午 25	1 乙亥 ㉔
2 辛亥 3	**2** 辛巳 ⑤	2 庚戌 3	2 庚辰 3	1 己酉 1	《7月》	2 己酉 31	2 戊寅 29	2 戊申 28	2 丁丑 27	2 丁未 ㉖	2 丙子 25
3 壬子 4	3 壬午 6	3 辛亥 4	3 辛巳 4	2 庚戌 2	2 己卯 1	《8月》	3 己卯 30	3 己酉 29	3 戊寅 28	3 戊申 27	3 丁丑 26
4 癸丑 ⑤	4 癸未 7	**4** 壬子 5	**4** 壬午 5	3 辛亥 3	3 庚辰 ②	3 庚戌 1	4 庚辰 31	4 庚戌 30	4 己卯 ㉙	4 己酉 28	4 戊寅 27
5 甲寅 6	5 甲申 8	5 癸丑 6	5 癸未 6	**4** 壬子 ④	4 辛巳 3	4 辛亥 2	《9月》	《10月》	5 庚辰 30	5 庚戌 29	5 己卯 28
6 乙卯 7	6 乙酉 9	6 甲寅 7	6 甲申 ⑦	5 癸丑 5	5 壬午 4	5 壬子 3	5 辛巳 1	5 辛亥 ①	6 辛巳 31	6 辛亥 30	6 庚辰 29
7 丙辰 8	7 丙戌 10	7 乙卯 8	7 乙酉 8	6 甲寅 6	**6** 癸未 5	**6** 癸丑 4	6 壬午 2	6 壬子 2	《11月》	《12月》	7 辛巳 30
8 丁巳 9	8 丁亥 11	8 丙辰 ⑨	8 丙戌 9	7 乙卯 7	7 甲申 6	7 甲寅 5	7 癸未 ③	7 癸丑 3	7 壬午 1	7 壬子 1	8 壬午 ㉛
9 戊午 10	9 戊子 ⑫	9 丁巳 10	9 丁亥 10	8 丙辰 8	8 乙酉 7	8 乙卯 ⑥	**8** 甲申 4	**8** 甲寅 4	8 癸未 2	8 癸丑 2	**608年**
10 己未 11	10 己丑 13	10 戊午 11	10 戊子 11	9 丁巳 9	9 丙戌 8	9 丙辰 7	9 乙酉 5	9 乙卯 5	9 甲申 3	9 甲寅 ③	《1月》
11 庚申 ⑫	11 庚寅 14	11 己未 12	11 己丑 12	10 戊午 10	10 丁亥 ⑨	10 丁巳 8	10 丙戌 6	10 丙辰 6	**10** 乙酉 4	**10** 乙卯 4	9 癸未 1
12 辛酉 13	12 辛卯 15	12 庚申 13	12 庚寅 13	11 己未 ⑪	11 戊子 10	11 戊午 9	11 丁亥 7	11 丁巳 7	11 丙戌 ⑤	11 丙辰 5	10 甲申 2
13 壬戌 14	13 壬辰 16	13 辛酉 14	13 辛卯 ⑭	12 庚申 12	12 己丑 11	12 己未 10	12 戊子 8	12 戊午 ⑧	12 丁亥 6	12 丁巳 6	11 乙酉 3
14 癸亥 15	14 癸巳 17	14 壬戌 15	14 壬辰 15	13 辛酉 13	13 庚寅 12	13 庚申 11	13 己丑 9	13 己未 9	13 戊子 7	13 戊午 7	**12** 丙戌 4
15 甲子 16	15 甲午 18	15 癸亥 ⑯	15 癸巳 16	14 壬戌 14	14 辛卯 13	14 辛酉 12	14 庚寅 ⑩	14 庚申 10	14 己丑 8	14 己未 8	13 丁亥 5
16 乙丑 17	16 乙未 ⑲	16 甲子 17	16 甲午 17	15 癸亥 15	15 壬辰 14	15 壬戌 ⑬	15 辛卯 11	15 辛酉 11	15 庚寅 9	15 庚申 9	14 戊子 6
17 丙寅 18	**17** 丙申 20	17 乙丑 18	17 乙未 18	16 甲子 16	16 癸巳 15	16 癸亥 14	16 壬辰 12	16 壬戌 12	16 辛卯 10	16 辛酉 ⑩	15 己丑 ⑦
18 丁卯 ⑲	18 丁酉 21	18 丙寅 19	18 丙申 19	17 乙丑 17	17 甲午 ⑯	17 甲子 15	17 癸巳 13	17 癸亥 13	17 壬辰 11	17 壬戌 11	16 庚寅 8
19 戊辰 20	19 戊戌 22	**19** 丁卯 20	**19** 丁酉 20	18 丙寅 ⑱	18 乙未 17	18 乙丑 16	18 甲午 14	18 甲子 14	18 癸巳 ⑫	18 癸亥 12	17 辛卯 9
20 己巳 21	20 己亥 23	20 戊辰 21	20 戊戌 ㉑	19 丁卯 19	19 丙申 18	19 丙寅 17	19 乙未 15	19 乙丑 ⑮	19 甲午 13	19 甲子 13	18 壬辰 10
21 庚午 22	21 庚子 24	21 己巳 22	21 己亥 22	**20** 戊辰 20	20 丁酉 19	20 丁卯 18	20 丙申 16	20 丙寅 16	20 乙未 14	20 乙丑 14	19 癸巳 11
22 辛未 23	22 辛丑 25	22 庚午 ㉓	22 庚子 23	21 己巳 21	**21** 戊戌 20	21 戊辰 19	21 丁酉 ⑰	21 丁卯 17	21 丙申 15	21 丙寅 15	20 甲午 12
23 壬申 24	23 壬寅 ㉖	23 辛未 24	23 辛丑 24	22 庚午 22	22 己亥 21	**22** 己巳 ⑳	22 戊戌 18	22 戊辰 18	22 丁酉 16	22 丁卯 16	21 乙未 13
24 癸酉 25	24 癸卯 27	24 壬申 25	24 壬寅 25	23 辛未 23	23 庚子 22	23 庚午 21	**23** 己亥 19	**23** 己巳 19	23 戊戌 17	23 戊辰 ⑰	22 丙申 ⑭
25 甲戌 ㉖	25 甲辰 28	25 癸酉 26	25 癸卯 26	24 壬申 24	24 辛丑 ㉓	24 辛未 22	24 庚子 20	24 庚午 20	24 己亥 18	24 己巳 18	23 丁酉 15
26 乙亥 27	26 乙巳 29	26 甲戌 27	26 甲辰 27	25 癸酉 ㉕	25 壬寅 24	25 壬申 23	25 辛丑 21	25 辛未 21	**25** 庚子 ⑲	**25** 庚午 19	24 戊戌 16
27 丙子 28	27 丙午 30	27 乙亥 28	27 乙巳 ㉘	26 甲戌 26	26 癸卯 25	26 癸酉 24	26 壬寅 22	26 壬申 ㉒	26 辛丑 20	26 辛未 20	25 己亥 17
《3月》	28 丁未 31	28 丙子 29	28 丙午 29	27 乙亥 27	27 甲辰 26	27 甲戌 25	27 癸卯 23	27 癸酉 23	27 壬寅 21	27 壬申 21	26 庚子 18
28 丁丑 1	《4月》	29 丁丑 ㉚	29 丁未 30	28 丙子 28	28 乙巳 27	28 乙亥 26	28 甲辰 ㉔	28 甲戌 24	28 癸卯 22	28 癸酉 22	**27** 辛丑 19
29 戊寅 2	29 戊申 1	《5月》	30 戊申 31	29 丁丑 29	29 丙午 28	29 丙子 ㉗	29 乙巳 25	29 乙亥 25	29 甲辰 23	29 甲戌 23	28 壬寅 20
30 己卯 3		30 戊寅 1			30 丁未 29		30 丙午 26		30 乙巳 24		29 癸卯 ㉑
											30 甲辰 22
立春 2日 雨水 17日	啓蟄 2日 春分 17日	清明 4日 穀雨 19日	立夏 4日 小満 19日	芒種 4日 夏至 20日	小暑 6日 大暑 21日	立秋 6日 処暑 22日	白露 8日 秋分 23日	寒露 8日 霜降 23日	立冬 10日 小雪 25日	大雪 10日 冬至 25日	小寒 12日 大寒 27日

推古天皇**16**年（608－609） 戊辰

1月	2月	3月	閏3月	4月	5月	6月	7月	8月	9月	10月	11月	12月
1 乙巳 23	1 甲戌 21	1 甲辰 22	1 癸酉 20	**1** 癸卯 20	1 壬申 18	1 壬寅 18	1 辛未 16	1 辛丑 ⑮	1 辛未 15	1 庚子 13	1 庚午 13	1 己亥 11
2 丙午 24	2 乙亥 22	2 乙巳 23	2 甲戌 ㉑	2 甲辰 21	**2** 癸酉 19	**2** 癸卯 19	2 壬申 17	2 壬寅 16	2 壬申 16	2 辛丑 14	2 辛未 14	2 庚子 ⑫
3 丁未 25	3 丙子 23	3 丙午 ㉔	3 乙亥 22	3 乙巳 22	3 甲戌 20	3 甲辰 20	3 癸酉 ⑱	3 癸卯 17	3 癸酉 17	3 壬寅 15	3 壬申 ⑮	3 辛丑 13
4 戊申 26	4 丁丑 24	4 丁未 25	4 丙子 23	4 丙午 23	4 乙亥 21	4 乙巳 ㉑	**4** 甲戌 19	**4** 甲辰 18	4 甲戌 18	4 癸卯 16	4 癸酉 16	4 壬寅 14
5 己酉 27	5 戊寅 ㉕	5 戊申 26	5 丁丑 24	5 丁未 24	5 丙子 22	5 丙午 22	5 乙亥 20	5 乙巳 19	**5** 乙亥 19	5 甲辰 ⑰	5 甲戌 17	5 癸卯 15
6 庚戌 ㉘	6 己卯 26	6 己酉 27	6 戊寅 25	6 戊申 25	6 丁丑 ㉓	6 丁未 23	6 丙子 21	6 丙午 20	6 丙子 ⑳	**6** 乙巳 18	6 乙亥 18	6 甲辰 16
7 辛亥 29	7 庚辰 27	7 庚戌 28	7 己卯 26	7 己酉 ㉖	7 戊寅 24	7 戊申 24	7 丁丑 22	7 丁未 21	7 丁丑 21	7 丙午 19	**7** 丙子 19	7 乙巳 17
8 壬子 30	8 辛巳 28	8 辛亥 29	8 庚辰 27	8 庚戌 27	8 己卯 25	8 己酉 25	8 戊寅 23	8 戊申 ㉒	8 戊寅 22	8 丁未 20	8 丁丑 20	**8** 丙午 18
9 癸丑 31	9 壬午 29	9 壬子 30	9 辛巳 ㉘	9 辛亥 28	9 庚辰 26	9 庚戌 26	9 己卯 24	9 己酉 23	9 己卯 23	9 戊申 21	9 戊寅 21	9 丁未 ⑲
《2月》	《3月》	10 癸丑 ㉛	10 壬午 29	10 壬子 29	10 辛巳 27	10 辛亥 27	10 庚辰 ㉕	10 庚戌 24	10 庚辰 24	10 己酉 22	10 己卯 ㉒	10 戊申 20
10 甲寅 1	10 癸未 1	《4月》	11 癸未 30	11 癸丑 30	11 壬午 28	11 壬子 ㉘	11 辛巳 26	11 辛亥 25	11 辛巳 25	11 庚戌 23	11 庚辰 23	11 己酉 21
11 乙卯 2	11 甲申 2	11 甲寅 1	《5月》	12 甲寅 31	12 癸未 29	12 癸丑 29	12 壬午 27	12 壬子 26	12 壬午 26	12 辛亥 ㉔	12 辛巳 24	12 庚戌 22
12 丙辰 3	12 乙酉 ③	12 乙卯 2	12 甲申 1	《6月》	13 甲申 ㉚	13 甲寅 30	13 癸未 28	13 癸丑 27	13 癸未 ㉗	13 壬子 25	13 壬午 25	13 辛亥 23
13 丁巳 ④	**13** 丙戌 4	13 丙辰 3	13 乙酉 2	13 乙卯 1	《7月》	14 乙卯 31	14 甲申 29	14 甲寅 28	14 甲申 28	14 癸丑 26	14 癸未 26	14 壬子 24
14 戊午 5	14 丁亥 5	**14** 丁巳 4	14 丙戌 3	14 丙辰 ②	14 乙酉 1	《8月》	15 乙酉 30	15 乙卯 ㉙	15 乙酉 29	15 甲寅 27	15 甲申 27	15 癸丑 25
15 己未 6	15 戊子 6	15 戊午 5	**15** 丁亥 4	15 丁巳 3	15 丙戌 2	15 丙辰 1	16 丙戌 31	16 丙辰 30	16 丙戌 30	16 乙卯 28	16 乙酉 28	16 甲寅 ㉖
16 庚申 7	16 己丑 7	16 己未 6	16 戊子 ⑤	**16** 戊午 4	16 丁亥 3	16 丁巳 2	《9月》	《10月》	17 丁亥 31	17 丙辰 29	17 丙戌 ㉙	17 乙卯 27
17 辛酉 8	17 庚寅 8	17 庚申 ⑦	17 己丑 6	17 己未 5	**17** 戊子 4	17 戊午 3	17 丁亥 ①	17 丁巳 1	《11月》	18 丁巳 30	18 丁亥 30	18 丙辰 28
18 壬戌 9	18 辛卯 9	18 辛酉 8	18 庚寅 7	18 庚申 6	18 己丑 5	**18** 己未 ④	18 戊子 2	18 戊午 2	18 戊子 1	《12月》	19 戊子 31	19 丁巳 29
19 癸亥 10	19 壬辰 ⑩	19 壬戌 9	19 辛卯 8	19 辛酉 7	19 庚寅 6	19 庚申 5	**19** 己丑 3	**19** 己未 3	19 己丑 2	19 戊午 ①	**609年**	20 戊午 30
20 甲子 ⑪	20 癸巳 11	20 癸亥 10	20 壬辰 9	20 壬戌 8	20 辛卯 ⑦	20 辛酉 6	20 庚寅 4	20 庚申 4	**20** 庚寅 ③	20 己未 2	《1月》	21 己未 31
21 乙丑 12	21 甲午 12	21 甲子 11	21 癸巳 10	21 癸亥 ⑨	21 壬辰 8	21 壬戌 7	21 辛卯 5	21 辛酉 5	21 辛卯 4	**21** 庚申 3	20 己丑 1	《2月》
22 丙寅 13	22 乙未 13	22 乙丑 12	22 甲午 11	22 甲子 10	22 癸巳 9	22 癸亥 8	22 壬辰 6	22 壬戌 ⑥	22 壬辰 5	22 辛酉 4	21 庚寅 2	22 庚申 1
23 丁卯 14	23 丙申 14	23 丙寅 13	23 乙未 ⑫	23 乙丑 11	23 甲午 10	23 甲子 9	23 癸巳 7	23 癸亥 7	23 癸巳 6	23 壬戌 5	**22** 辛卯 3	**23** 辛酉 ②
24 戊辰 15	24 丁酉 15	24 丁卯 ⑭	24 丙申 13	24 丙寅 12	24 乙未 11	24 乙丑 10	24 甲午 ⑧	24 甲子 8	24 甲午 7	24 癸亥 6	23 壬辰 4	24 壬戌 3
25 己巳 16	25 戊戌 16	25 戊辰 15	25 丁酉 14	25 丁卯 13	25 丙申 12	25 丙寅 ⑪	25 乙未 9	25 乙丑 9	25 乙未 8	25 甲子 7	24 癸巳 ⑤	25 癸亥 4
26 庚午 17	26 己亥 ⑰	26 己巳 16	26 戊戌 15	26 戊辰 14	26 丁酉 13	26 丁卯 12	26 丙申 10	26 丙寅 10	26 丙申 9	26 乙丑 ⑧	25 甲午 6	26 甲子 5
27 辛未 ⑱	27 庚子 18	27 庚午 17	27 己亥 16	27 己巳 15	27 戊戌 ⑭	27 戊辰 13	27 丁酉 11	27 丁卯 11	27 丁酉 ⑩	27 丙寅 9	26 乙未 7	27 乙丑 6
28 壬申 19	28 辛丑 19	28 辛未 18	28 庚子 17	28 庚午 ⑯	28 己亥 15	28 己巳 14	28 戊戌 12	28 戊辰 12	28 戊戌 11	28 丁卯 10	27 丙申 8	28 丙寅 7
29 癸酉 20	**29** 壬寅 20	**29** 壬申 19	29 辛丑 18	29 辛未 17	29 庚子 16	29 庚午 15	29 己亥 13	29 己巳 ⑬	29 己亥 12	29 戊辰 11	28 丁酉 9	29 丁卯 8
	30 癸卯 21		30 壬寅 ⑲		30 辛丑 17		30 庚子 14	30 庚午 14		30 己巳 12	29 戊戌 10	30 戊辰 ⑨
立春 12日 雨水 27日	啓蟄 13日 春分 29日	清明 14日 穀雨 29日	立夏15日	小満 1日 芒種 16日	夏至 2日 小暑 17日	大暑 2日 立秋 18日	処暑 4日 白露 19日	秋分 4日 寒露 19日	霜降 5日 立冬 20日	小雪 6日 大雪 21日	冬至 7日 小寒 22日	大寒 8日 立春 23日

推古天皇 **17** 年（609－610） 己巳

1月	2月	3月	4月	5月	6月	7月	8月	9月	10月	11月	12月
1 己巳10	1 戊戌11	1 戊辰10	1 丁酉 9	1 丁卯⑧	1 丙申 7	1 丙寅 6	1 乙未 4	**1** 乙丑 4	1 甲午②	1 甲子 2	**610 年**
2 庚午11	2 己亥12	2 己巳11	2 戊戌10	2 戊辰 9	2 丁酉 8	2 丁卯 7	2 丙申 5	2 丙寅⑤	**2** 乙未 3	2 乙丑 3	《1月》
3 辛未12	3 庚子13	3 庚午12	3 己亥⑪	3 己巳10	3 戊戌 9	3 戊辰 8	3 丁酉 6	3 丁卯 6	3 丙申 4	**3** 丙寅 4	1 甲午 1
4 壬申13	4 辛丑14	4 辛未⑬	4 庚子12	4 庚午11	4 己亥10	4 己巳 9	4 戊戌⑦	4 戊辰 7	4 丁酉 5	4 丁卯 5	2 乙未 2
5 癸酉14	5 壬寅15	5 壬申14	5 辛丑13	5 辛未12	5 庚子11	5 庚午⑩	5 己亥 8	5 己巳 8	5 戊戌 6	5 戊辰 6	**3** 丙申 3
6 甲戌15	6 癸卯⑯	6 癸酉15	6 壬寅14	6 壬申13	6 辛丑12	6 辛未11	6 庚子 9	6 庚午 9	6 己亥 7	6 己巳⑦	4 丁酉④
7 乙亥⑯	7 甲辰17	7 甲戌16	7 癸卯15	7 癸酉14	7 壬寅⑬	7 壬申12	7 辛丑10	7 辛未10	7 庚子 8	7 庚午 8	5 戊戌 5
8 丙子17	8 乙巳18	8 乙亥17	8 甲辰16	8 甲戌⑮	8 癸卯14	8 癸酉13	8 壬寅11	8 壬申11	8 辛丑⑨	8 辛未 9	6 己亥 6
9 丁丑18	9 丙午19	9 丙子18	9 乙巳17	9 乙亥16	9 甲辰15	9 甲戌14	9 癸卯12	9 癸酉⑫	9 壬寅10	9 壬申10	7 庚子 7
10戊寅19	**10**丁未20	**10**丁丑19	10丙午⑱	10丙子17	10乙巳16	10乙亥15	10甲辰13	10甲戌13	10癸卯11	10癸酉11	8 辛丑 8
11己卯20	11戊申21	11戊寅⑳	11丁未19	11丁丑18	11丙午17	11丙子16	11乙巳⑭	11乙亥14	11甲辰12	11甲戌12	9 壬寅 9
12庚辰21	12己酉22	12己卯21	**12**戊申20	**12**戊寅19	12丁未18	12丁丑⑰	12丙午15	12丙子15	12乙巳13	12乙亥13	10癸卯10
13辛巳22	13庚戌㉓	13庚辰22	13己酉21	13己卯20	13戊申19	13戊寅18	13丁未16	13丁丑16	13丙午14	13丙子⑭	11甲辰⑪
14壬午㉓	14辛亥24	14辛巳23	14庚戌22	14庚辰21	**14**己酉⑳	**14**己卯19	14戊申17	14戊寅17	14丁未15	14丁丑15	12乙巳12
15癸未24	15壬子25	15壬午24	15辛亥23	15辛巳㉒	15庚戌21	15庚辰20	15己酉18	15己卯18	15戊申⑯	15戊寅16	13丙午13
16甲申25	16癸丑26	16癸未25	16壬子24	16壬午23	16辛亥22	16辛巳21	**16**庚戌19	**16**庚辰⑲	16己酉17	16己卯17	14丁未14
17乙酉26	17甲寅27	17甲申26	17癸丑㉕	17癸未24	17壬子23	17壬午22	17辛亥20	17辛巳20	**17**庚戌18	17庚辰18	15戊申15
18丙戌27	18乙卯28	18乙酉㉗	18甲寅26	18甲申25	18癸丑24	18癸未23	18壬子㉑	18壬午21	18辛亥19	**18**辛巳19	16己酉16
19丁亥28	19丙辰29	19丙戌28	19乙卯27	19乙酉26	19甲寅25	19甲申㉔	19癸丑22	19癸未22	19壬子20	19壬午20	17庚戌17
《3月》	20丁巳㉚	20丁亥29	20丙辰28	20丙戌27	20乙卯26	20乙酉25	20甲寅23	20甲申23	20癸丑21	20癸未㉑	**18**辛亥⑱
20戊子 1	21戊午31	21戊子30	21丁巳29	21丁亥28	21丙辰㉗	21丙戌26	21乙卯24	21乙酉24	21甲寅22	21甲申22	19壬子19
21己丑②	《4月》	《5月》	22戊午30	22戊子㉙	22丁巳28	22丁亥27	22丙辰25	22丙戌25	22乙卯㉓	22乙酉23	20癸丑20
22庚寅 3	22己未 1	22己丑 1	23己未31	23己丑30	23戊午29	23戊子28	23丁巳26	23丁亥㉖	23丙辰24	23丙戌24	21甲寅21
23辛卯 4	23庚申 2	23庚寅 2	《6月》	《7月》	24己未30	24己丑29	24戊午27	24戊子27	24丁巳25	24丁亥25	22乙卯22
24壬辰 5	24辛酉 3	24辛卯 3	24庚申①	24庚寅 1	25庚申31	25庚寅30	25己未㉘	25己丑28	25戊午26	25戊子26	23丙辰23
25癸巳 6	**25**壬戌 4	25壬辰④	25辛酉 2	25辛卯 2	《8月》	26辛卯㉛	26庚申29	26庚寅29	26己未27	26己丑27	24丁巳24
26甲午 7	26癸亥 5	**26**癸巳 5	26壬戌 3	26壬辰 3	26辛酉 1	《9月》	27辛酉30	27辛卯30	27庚申28	27庚寅㉘	25戊午㉕
27乙未 8	27甲子⑥	27甲午 6	**27**癸亥 4	**27**癸巳 4	27壬戌 2	27壬辰 1	《10月》	28壬辰31	28辛酉29	28辛卯29	26己未26
28丙申⑨	28乙丑 7	28乙未 7	28甲子 5	28甲午 5	28癸亥③	28癸巳 2	28壬戌 1	《11月》	29壬戌㉚	29壬辰30	27庚申27
29丁酉10	29丙寅 8	29丙申 8	29乙丑 6	29乙未⑥	**29**甲子 4	**29**甲午 3	29癸亥 2	29癸巳 1	《12月》	30癸巳31	28辛酉28
	30丁卯 9		30丙寅 7		30乙丑 5		30甲子 3		30癸亥 1		29壬戌29
雨水 8日 啓蟄 24日	春分 10日 清明 25日	穀雨 10日 立夏 26日	小満 12日 芒種 27日	夏至 12日 小暑 27日	大暑 14日 立秋 29日	処暑 14日 白露 29日	秋分 16日	寒露 1日 霜降 16日	立冬 2日 小雪 17日	大雪 3日 冬至 18日	小寒 3日 大寒 18日

推古天皇 **18** 年（610－611） 庚午

1月	2月	3月	4月	5月	6月	7月	8月	9月	10月	11月	閏11月	12月
1 癸亥30	《3月》	1 壬戌30	1 壬辰29	1 辛酉28	1 辛卯27	1 庚申㉖	1 庚寅25	1 己未23	1 己丑23	1 戊午21	1 戊子21	**1** 丁巳19
2 甲子31	1 癸巳①	2 癸亥31	2 癸巳30	2 壬戌29	2 壬辰㉘	2 辛酉27	2 辛卯26	2 庚申24	2 庚寅24	2 己未㉒	2 己丑22	2 戊午20
《2月》	2 甲午 2	《4月》	《5月》	3 癸亥30	3 癸巳29	3 壬戌28	3 壬辰27	3 辛酉25	3 辛卯㉕	3 庚申23	3 庚寅23	3 己未21
3 乙丑①	3 乙未 3	3 甲子 1	3 甲午 1	4 甲子㉛	4 甲午30	4 癸亥29	4 癸巳28	4 壬戌26	4 壬辰26	4 辛酉24	4 辛卯24	4 庚申22
4 丙寅 2	4 丙申 4	4 乙丑 2	4 乙未 2	《6月》	《7月》	5 甲子30	5 甲午29	5 癸亥㉗	5 癸巳27	5 壬戌25	5 壬辰25	5 辛酉23
5 丁卯 3	**5** 丁酉 5	5 丙寅 3	5 丙申③	5 乙丑 1	5 乙未 1	6 乙丑31	6 乙未㉚	6 甲子28	6 甲午28	6 癸亥26	6 癸巳26	6 壬戌㉔
6 戊辰 4	6 戊戌 6	**6** 丁卯 4	6 丁酉 4	6 丙寅 2	6 丙申 2	《8月》	7 丙申31	7 乙丑29	7 乙未29	7 甲子27	7 甲午㉗	7 癸亥25
7 己巳 5	7 己亥 7	7 戊辰⑤	**7** 戊戌 5	7 丁卯 3	7 丁酉 3	7 丙寅 1	《9月》	8 丙寅30	8 丙申30	8 乙丑28	8 乙未28	8 甲子26
8 庚午 6	8 庚子⑧	8 己巳 6	8 己亥 6	**8** 戊辰 4	8 戊戌 4	8 丁卯②	8 丁酉 1	《10月》	9 丁酉31	9 丙寅㉙	9 丙申29	9 乙丑27
9 辛未 7	9 辛丑 9	9 庚午 7	9 庚子 7	9 己巳 5	**9** 己亥⑤	9 戊辰 3	9 戊戌 2	9 丁卯 1	《11月》	10丁卯30	10丁酉30	10丙寅28
10壬申⑧	10壬寅10	10辛未 8	10辛丑 8	10庚午 6	10庚子 6	**10**己巳 4	10己亥 3	10戊辰 2	10戊戌①	《12月》	11戊戌31	11丁卯29
11癸酉 9	11癸卯11	11壬申 9	11壬寅 9	11辛未⑦	11辛丑 7	11庚午 5	**11**庚子 4	11己巳 3	11己亥 2	11戊辰 1	**611 年**	12戊辰30
12甲戌10	12甲辰12	12癸酉10	12癸卯⑩	12壬申 8	12壬寅 8	12辛未 6	12辛丑 5	**12**庚午④	**12**庚子 3	12己巳 2	《1月》	13己巳㉛
13乙亥11	13乙巳13	13甲戌11	13甲辰11	13癸酉 9	13癸卯 9	13壬申 7	13壬寅⑥	13辛未 5	13辛丑 4	13庚午 3	12己亥 1	《2月》
14丙子12	14丙午14	14乙亥⑫	14乙巳12	14甲戌10	14甲辰10	14癸酉 8	14癸卯 7	14壬申 6	14壬寅 5	**14**辛未 4	13庚子 2	14庚午 1
15丁丑13	15丁未⑮	15丙子13	15丙午13	15乙亥11	15乙巳11	15甲戌⑨	15甲辰 8	15癸酉 7	15癸卯 6	15壬申 5	**14**辛丑③	15辛未 2
16戊寅14	16戊申16	16丁丑14	16丁未14	16丙子12	16丙午⑫	16乙亥10	16乙巳 9	16甲戌 8	16甲辰 7	16癸酉⑥	15壬寅 4	**16**壬申 3
17己卯⑮	17己酉17	17戊寅15	17戊申15	17丁丑13	17丁未13	17丙子11	17丙午10	17乙亥 9	17乙巳⑧	17甲戌 7	16癸卯 5	17癸酉 4
18庚辰16	18庚戌18	18己卯16	18己酉16	18戊寅⑭	18戊申14	18丁丑12	18丁未11	18丙子10	18丙午 9	18乙亥 8	17甲辰 6	18甲戌 5
19辛巳17	19辛亥19	19庚辰17	19庚戌⑰	19己卯15	19己酉15	19戊寅13	19戊申12	19丁丑⑪	19丁未10	19丙子 9	18乙巳 7	19乙亥 6
20壬午18	**20**壬子20	20辛巳18	20辛亥18	20庚辰16	20庚戌16	20己卯14	20己酉⑬	20戊寅12	20戊申11	20丁丑10	19丙午 8	20丙子⑦
21癸未19	21癸丑21	21壬午⑲	21壬子19	21辛巳17	21辛亥17	21庚辰15	21庚戌14	21己卯13	21己酉12	21戊寅11	20丁未 9	21丁丑 8
22甲申20	22甲寅㉒	**22**癸未20	**22**癸丑20	22壬午18	22壬子18	22辛巳⑯	22辛亥15	22庚辰14	22庚戌13	22己卯12	21戊申⑩	22戊寅 9
23乙酉21	23乙卯23	23甲申21	23甲寅21	**23**癸未19	23癸丑⑲	23壬午17	23壬子16	23辛巳15	23辛亥14	23庚辰⑬	22己酉11	23己卯10
24丙戌㉒	24丙辰24	24乙酉22	24乙卯22	24甲申20	**24**甲寅20	24癸未18	24癸丑17	24壬午16	24壬子⑮	24辛巳14	23庚戌12	24庚辰11
25丁亥23	25丁巳25	25丙戌23	25丙辰23	25乙酉㉑	25乙卯21	**25**甲申19	25甲寅18	25癸未17	25癸丑16	25壬午15	24辛亥13	25辛巳12
26戊子24	26戊午26	26丁亥24	26丁巳㉔	26丙戌22	26丙辰22	26乙酉20	**26**乙卯19	26甲申⑱	26甲寅17	26癸未16	25壬子14	26壬午13
27己丑25	27己未27	27戊子25	27戊午25	27丁亥23	27丁巳23	27丙戌21	27丙辰⑳	**27**乙酉19	27乙卯18	27甲申17	26癸丑15	27癸未⑭
28庚寅26	28庚申28	28己丑㉖	28己未26	28戊子24	28戊午24	28丁亥22	28丁巳21	28丙戌20	**28**丙辰19	28乙酉18	27甲寅16	28甲申15
29辛卯27	29辛酉㉙	29庚寅27	29庚申27	29己丑25	29己未25	29戊子㉓	29戊午22	29丁亥21	29丁巳20	**29**丙戌19	28乙卯⑰	29乙酉16
30壬辰28		30辛卯28		30庚寅26		30己丑24		30戊子22		30丁亥⑳	29丙辰18	30丙戌17
立春 4日 雨水 20日	啓蟄 5日 春分 20日	清明 6日 穀雨 22日	立夏 7日 小満 22日	芒種 8日 夏至 23日	小暑 9日 大暑 24日	立秋 10日 処暑 25日	白露 11日 秋分 26日	寒露 12日 霜降 27日	立冬 12日 小雪 28日	大雪 14日 冬至 29日	小寒14日	大寒 1日 立春 16日

推古天皇**19**年（611−612） 辛未

1月	2月	3月	4月	5月	6月	7月	8月	9月	10月	11月	12月
1 丁亥 18	1 丙辰 19	1 丙戌 ⑱	1 丙辰 18	1 乙酉 16	1 乙卯 16	1 甲申 14	1 甲寅 13	1 癸未 12	1 癸丑 11	1 壬午 10	1 壬子 ⑨
2 戊子 19	**2** 丁巳 20	2 丁亥 19	2 丁巳 19	2 丙戌 17	2 丙辰 17	2 乙酉 ⑮	2 乙卯 14	2 甲申 13	2 甲寅 12	2 癸未 11	2 癸丑 10
3 己丑 20	3 戊午 ㉑	**3** 戊子 20	**3** 戊午 20	3 丁亥 18	3 丁巳 ⑱	3 丙戌 16	3 丙辰 15	3 乙酉 14	3 乙卯 13	3 甲申 ⑫	3 甲寅 11
4 庚寅 ㉑	4 己未 22	4 己丑 21	4 己未 21	4 戊子 19	4 戊午 19	4 丁亥 17	4 丁巳 16	4 丙戌 15	4 丙辰 ⑭	4 乙酉 13	4 乙卯 12
5 辛卯 22	5 庚申 23	5 庚寅 22	5 庚申 22	**5** 己丑 ⑳	**5** 己未 20	5 戊子 18	5 戊午 17	5 丁亥 16	5 丁巳 15	5 丙戌 14	5 丙辰 13
6 壬辰 23	6 辛酉 24	6 辛卯 23	6 辛酉 ㉓	6 庚寅 21	6 庚申 21	6 己丑 19	6 己未 18	6 戊子 ⑰	6 戊午 16	6 丁亥 15	6 丁巳 14
7 癸巳 24	7 壬戌 25	7 壬辰 24	7 壬戌 24	7 辛卯 22	7 辛酉 22	**7** 庚寅 20	**7** 庚申 ⑲	7 己丑 18	7 己未 17	7 戊子 16	7 戊午 15
8 甲午 25	8 癸亥 26	8 癸巳 ㉕	8 癸亥 25	8 壬辰 23	8 壬戌 23	8 辛卯 21	8 辛酉 20	**8** 庚寅 19	8 庚申 18	8 己丑 17	8 己未 ⑯
9 乙未 26	9 甲子 27	9 甲午 26	9 甲子 26	9 癸巳 24	9 癸亥 24	9 壬辰 ㉒	9 壬戌 21	9 辛卯 20	**9** 辛酉 19	9 庚寅 18	9 庚申 17
10 丙申 27	10 乙丑 ㉘	10 乙未 27	10 乙丑 27	10 甲午 25	10 甲子 ㉕	10 癸巳 23	10 癸亥 22	10 壬辰 21	10 壬戌 20	**10** 辛卯 ⑲	10 辛酉 18
11 丁酉 ㉘	11 丙寅 29	11 丙申 28	11 丙寅 28	11 乙未 26	11 乙丑 26	11 甲午 24	11 甲子 23	11 癸巳 22	11 癸亥 ㉑	11 壬辰 20	**11** 壬戌 19
《3月》	12 丁卯 30	12 丁酉 29	12 丁卯 29	12 丙申 ㉗	12 丙寅 27	12 乙未 25	12 乙丑 24	12 甲午 23	12 甲子 22	12 癸巳 21	12 癸亥 20
12 戊戌 1	13 戊辰 31	13 戊戌 30	13 戊辰 ㉚	13 丁酉 28	13 丁卯 28	13 丙申 26	13 丙寅 25	13 乙未 ㉔	13 乙丑 23	13 甲午 22	13 甲子 21
13 己亥 2	《4月》	《5月》	14 己巳 31	14 戊戌 29	14 戊辰 29	14 丁酉 27	14 丁卯 ㉖	14 丙申 25	14 丙寅 24	14 乙未 23	14 乙丑 22
14 庚子 3	14 己巳 1	14 己亥 1	《6月》	15 己亥 30	15 己巳 30	15 戊戌 28	15 戊辰 27	15 丁酉 26	15 丁卯 25	15 丙申 24	15 丙寅 ㉓
15 辛丑 4	15 庚午 2	15 庚子 ②	15 庚午 1	《7月》	16 庚午 31	16 己亥 ㉙	16 己巳 28	16 戊戌 27	16 戊辰 26	16 丁酉 25	16 丁卯 24
16 壬寅 5	16 辛未 3	16 辛丑 3	16 辛未 2	16 庚子 1	《8月》	17 庚子 30	17 庚午 29	17 己亥 28	17 己巳 27	17 戊戌 ㉖	17 戊辰 25
17 癸卯 6	17 壬申 ④	17 壬寅 4	17 壬申 3	17 辛丑 2	17 辛未 ①	18 辛丑 31	18 辛未 30	18 庚子 29	18 庚午 ㉘	18 己亥 27	18 己巳 26
18 甲辰 ⑦	**18** 癸酉 5	**18** 癸卯 5	**18** 癸酉 4	18 壬寅 3	18 壬申 2	《9月》	《10月》	19 辛丑 30	19 辛未 29	19 庚子 28	19 庚午 27
19 乙巳 8	19 甲戌 6	19 甲辰 6	19 甲戌 5	19 癸卯 ④	19 癸酉 3	19 壬寅 1	19 壬申 1	20 壬寅 ㉛	20 壬申 30	20 辛丑 29	20 辛未 28
20 丙午 9	20 乙亥 7	20 乙巳 7	20 乙亥 ⑥	**20** 甲辰 5	**20** 甲戌 4	20 癸卯 2	20 癸酉 2	《11月》	《12月》	21 壬寅 30	21 壬申 29
21 丁未 10	21 丙子 8	21 丙午 8	21 丙子 7	21 乙巳 6	21 乙亥 5	21 甲辰 3	21 甲戌 ③	21 癸卯 1	21 癸酉 1	22 癸卯 31	22 癸酉 ㉚
22 戊申 11	22 丁丑 9	22 丁未 ⑨	22 丁丑 8	22 丙午 7	22 丙子 6	**22** 乙巳 4	**22** 乙亥 4	22 甲辰 2	22 甲戌 2	**612** 年	23 甲戌 31
23 己酉 12	23 戊寅 10	23 戊申 10	23 戊寅 9	23 丁未 8	23 丁丑 7	23 丙午 ⑤	23 丙子 5	23 乙巳 3	23 乙亥 3	《1月》	《2月》
24 庚戌 13	24 己卯 ⑪	24 己酉 11	24 己卯 10	24 戊申 9	24 戊寅 ⑧	24 丁未 6	24 丁丑 6	**24** 丙午 4	**24** 丙子 4	23 甲辰 1	24 乙亥 1
25 辛亥 ⑭	25 庚辰 12	25 庚戌 12	25 庚辰 11	25 己酉 10	25 己卯 9	25 戊申 7	25 戊寅 7	25 丁未 5	25 丁丑 ⑤	24 乙巳 ②	25 丙子 2
26 壬子 15	26 辛巳 13	26 辛亥 13	26 辛巳 12	26 庚戌 ⑪	26 庚辰 10	26 己酉 8	26 己卯 8	26 戊申 6	26 戊寅 6	25 丙午 3	**26** 丁丑 3
27 癸丑 16	27 壬午 14	27 壬子 14	27 壬午 ⑬	27 辛亥 12	27 辛巳 11	27 庚戌 9	27 庚辰 9	27 己酉 ⑦	27 己卯 7	**26** 丁未 4	27 戊寅 4
28 甲寅 17	28 癸未 15	28 癸丑 15	28 癸未 14	28 壬子 13	28 壬午 12	28 辛亥 10	28 辛巳 ⑩	28 庚戌 8	28 庚辰 8	27 戊申 5	28 己卯 5
29 乙卯 18	29 甲申 16	29 甲寅 ⑯	29 甲申 15	29 癸丑 14	29 癸未 13	29 壬子 11	29 壬午 11	29 辛亥 9	29 辛巳 9	28 己酉 6	29 庚辰 ⑥
	30 乙酉 17	30 乙卯 17		30 甲寅 15		30 癸丑 ⑫		30 壬子 10		29 庚戌 7	
										30 辛亥 8	
雨水 1日 啓蟄 16日	春分 2日 清明 18日	穀雨 3日 立夏 18日	小満 3日 芒種 18日	夏至 5日 小暑 20日	大暑 5日 立秋 20日	処暑 7日 白露 22日	秋分 7日 寒露 22日	霜降 8日 立冬 24日	小雪 9日 大雪 24日	冬至 10日 小寒 26日	大寒 11日 立春 26日

推古天皇**20**年（612−613） 壬申

1月	2月	3月	4月	5月	6月	7月	8月	9月	10月	11月	12月
1 辛巳 7	1 辛亥 8	1 庚辰 6	1 庚戌 6	**1** 己卯 ④	**1** 己酉 4	1 戊寅 2	《9月》	《10月》	1 丁未 30	1 丁丑 29	1 丙午 28
2 壬午 8	2 壬子 9	2 辛巳 7	2 辛亥 ⑦	2 庚辰 5	2 庚戌 5	2 己卯 3	1 戊申 1	1 戊寅 ①	2 戊申 31	2 戊寅 30	2 丁未 29
3 癸未 9	3 癸丑 10	3 壬午 8	3 壬子 8	3 辛巳 6	3 辛亥 6	**3** 庚辰 4	2 己酉 2	2 己卯 2	《11月》	《12月》	3 戊申 30
4 甲申 10	4 甲寅 11	4 癸未 ⑨	4 癸丑 9	4 壬午 7	4 壬子 7	4 辛巳 5	**3** 庚戌 ③	**3** 庚辰 3	3 己酉 1	3 己卯 1	4 己酉 ㉛
5 乙酉 11	5 乙卯 ⑫	5 甲申 10	5 甲寅 10	5 癸未 8	5 癸丑 8	5 壬午 ⑥	4 辛亥 4	4 辛巳 4	4 庚戌 2	4 庚辰 2	**613** 年
6 丙戌 12	6 丙辰 13	6 乙酉 11	6 乙卯 11	6 甲申 9	6 甲寅 ⑨	6 癸未 7	5 壬子 5	5 壬午 5	**5** 辛亥 3	**5** 辛巳 ③	《1月》
7 丁亥 ⑬	7 丁巳 14	7 丙戌 12	7 丙辰 12	7 乙酉 10	7 乙卯 10	7 甲申 8	6 癸丑 6	6 癸未 6	6 壬子 4	6 壬午 4	5 庚戌 1
8 戊子 14	8 戊午 15	8 丁亥 13	8 丁巳 13	8 丙戌 ⑪	8 丙辰 11	8 乙酉 9	7 甲寅 7	7 甲申 7	7 癸丑 ⑤	7 癸未 5	6 辛亥 2
9 己丑 15	9 己未 16	9 戊子 14	9 戊午 ⑭	9 丁亥 12	9 丁巳 12	9 丙戌 10	8 乙卯 8	8 乙酉 ⑧	8 甲寅 6	8 甲申 6	**7** 壬子 3
10 庚寅 16	10 庚申 17	10 己丑 15	10 己未 15	10 戊子 13	10 戊午 13	10 丁亥 11	9 丙辰 9	9 丙戌 9	9 乙卯 7	9 乙酉 7	8 癸丑 4
11 辛卯 17	11 辛酉 18	11 庚寅 ⑯	11 庚申 16	11 己丑 14	11 己未 14	11 戊子 12	10 丁巳 ⑩	10 丁亥 10	10 丙辰 8	10 丙戌 8	9 甲寅 5
12 壬辰 18	12 壬戌 ⑲	12 辛卯 17	12 辛酉 17	12 庚寅 15	12 庚申 15	12 己丑 ⑬	11 戊午 11	11 戊子 11	11 丁巳 9	11 丁亥 9	10 乙卯 6
13 癸巳 19	**13** 癸亥 20	13 壬辰 18	13 壬戌 18	13 辛卯 16	13 辛酉 ⑯	13 庚寅 14	12 己未 12	12 己丑 12	12 戊午 10	12 戊子 ⑩	11 丙辰 ⑦
14 甲午 ⑳	14 甲子 21	**14** 癸巳 19	**14** 癸亥 19	14 壬辰 17	14 壬戌 17	14 辛卯 15	13 庚申 13	13 庚寅 13	13 己未 11	13 己丑 11	12 丁巳 8
15 乙未 21	15 乙丑 22	15 甲午 20	15 甲子 20	15 癸巳 ⑱	15 癸亥 18	15 壬辰 16	14 辛酉 14	14 辛卯 14	14 庚申 ⑫	14 庚寅 12	13 戊午 9
16 丙申 22	16 丙寅 23	16 乙未 21	16 乙丑 ㉑	**16** 甲午 19	**16** 甲子 19	16 癸巳 17	15 壬戌 15	15 壬辰 ⑮	15 辛酉 13	15 辛卯 13	14 己未 10
17 丁酉 23	17 丁卯 24	17 丙申 22	17 丙寅 22	17 乙未 20	17 乙丑 20	17 甲午 18	16 癸亥 16	16 癸巳 16	16 壬戌 14	16 壬辰 14	15 庚申 11
18 戊戌 24	18 戊辰 25	18 丁酉 ㉓	18 丁卯 23	18 丙申 21	18 丙寅 21	**18** 乙未 19	17 甲子 ⑰	17 甲午 17	17 癸亥 15	17 癸巳 15	16 辛酉 12
19 己亥 25	19 己巳 ㉖	19 戊戌 24	19 戊辰 24	19 丁酉 22	19 丁卯 22	19 丙申 ⑳	**18** 乙丑 18	18 乙未 18	18 甲子 16	18 甲午 16	17 壬戌 13
20 庚子 26	20 庚午 27	20 己亥 25	20 己巳 25	20 戊戌 23	20 戊辰 ㉓	20 丁酉 21	19 丙寅 19	**19** 丙申 19	19 乙丑 17	19 乙未 ⑰	18 癸亥 ⑭
21 辛丑 ㉗	21 辛未 28	21 庚子 26	21 庚午 26	21 己亥 24	21 己巳 24	21 戊戌 22	20 丁卯 20	20 丁酉 20	**20** 丙寅 18	20 丙申 18	19 甲子 15
22 壬寅 28	22 壬申 29	22 辛丑 27	22 辛未 27	22 庚子 ㉕	22 庚午 25	22 己亥 23	21 戊辰 21	21 戊戌 21	21 丁卯 ⑲	**21** 丁酉 19	20 乙丑 16
23 癸卯 29	23 癸酉 30	23 壬寅 28	23 壬申 ㉘	23 辛丑 26	23 辛未 26	23 庚子 24	22 己巳 22	22 己亥 ㉒	22 戊辰 20	22 戊戌 20	21 丙寅 17
《3月》	24 甲戌 31	24 癸卯 29	24 癸酉 29	24 壬寅 27	24 壬申 27	24 辛丑 25	23 庚午 23	23 庚子 23	23 己巳 21	23 己亥 21	**22** 丁卯 18
24 甲辰 1	《4月》	25 甲辰 ㉚	25 甲戌 30	25 癸卯 28	25 癸酉 28	25 壬寅 26	24 辛未 ㉔	24 辛丑 24	24 庚午 22	24 庚子 22	23 戊辰 19
25 乙巳 2	25 乙亥 1	《5月》	26 乙亥 31	26 甲辰 29	26 甲戌 29	26 癸卯 ㉗	25 壬申 25	25 壬寅 25	25 辛未 23	25 辛丑 23	24 己巳 20
26 丙午 3	26 丙子 ②	26 乙巳 1	《6月》	27 乙巳 30	27 乙亥 ㉚	27 甲辰 28	26 癸酉 26	26 癸卯 26	26 壬申 24	26 壬寅 ㉔	25 庚午 ㉑
27 丁未 4	27 丁丑 3	27 丙午 2	27 丙子 1	《7月》	28 丙子 31	28 乙巳 29	27 甲戌 27	27 甲辰 27	27 癸酉 25	27 癸卯 25	26 辛未 22
28 戊申 ⑤	**28** 戊寅 4	28 丁未 3	28 丁丑 2	28 丙午 1	《8月》	29 丙午 30	28 乙亥 28	28 乙巳 28	28 甲戌 ㉖	28 甲辰 26	27 壬申 23
29 己酉 6	29 己卯 5	**29** 戊申 4	29 戊寅 3	29 丁未 ②	29 丁丑 1	30 丁未 31	29 丙子 29	29 丙午 ㉙	29 乙亥 27	29 乙巳 27	28 癸酉 24
30 庚戌 7		30 己酉 5		30 戊申 3			30 丁丑 30		30 丙子 28		29 甲戌 25
											30 乙亥 26
雨水 12日 啓蟄 27日	春分 13日 清明 28日	穀雨 14日 立夏 29日	小満 14日	芒種 1日 夏至 16日	小暑 1日 大暑 16日	立秋 3日 処暑 18日	白露 3日 秋分 18日	寒露 3日 霜降 19日	立冬 5日 小雪 20日	大雪 5日 冬至 21日	小寒 7日 大寒 22日

推古天皇**21**年（613－614） 癸酉

1月	2月	3月	4月	5月	6月	7月	8月	閏8月	9月	10月	11月	12月
1 丙子27 2 丁丑㉘ 3 戊寅29 4 己卯30 5 庚辰31 《2月》 6 辛巳 1 **7** 壬午 2 8 癸未 3 9 甲申④ 10乙酉 5 11丙戌 6 12丁亥 7 13戊子 8 14己丑 9 15庚寅10 16辛卯⑪ 17壬辰12 18癸巳13 19甲午14 20乙未15 21丙申16 **22**丁酉17 23戊戌⑱ 24己亥19 25庚子20 26辛丑21 27壬寅22 28癸卯23 29甲辰24	1 乙巳㉕ 2 丙午26 3 丁未27 4 戊申28 《3月》 5 己酉 1 6 庚戌 2 7 辛亥 3 8 壬子④ **9** 癸丑 5 10甲寅 6 11乙卯 7 12丙辰 8 13丁巳 9 14戊午10 15己未⑪ 16庚申12 17辛酉13 18壬戌14 19癸亥15 20甲子16 21乙丑17 22丙寅⑱ 23丁卯19 **24**戊辰20 25己巳21 26庚午22 27辛未23 28壬申24 29癸酉㉕ 30甲戌26	1 乙亥27 2 丙子28 3 丁丑29 4 戊寅30 5 己卯31 《4月》 6 庚辰① 7 辛巳 2 8 壬午 3 **9** 癸未 4 10甲申 5 11乙酉 6 12丙戌 7 13丁亥⑧ 14戊子 9 15己丑10 16庚寅11 17辛卯12 18壬辰13 19癸巳14 20甲午⑮ 21乙未16 22丙申17 23丁酉18 **24**戊戌19 25己亥20 26庚子21 27辛丑㉒ 28壬寅23 29癸卯24	1 甲辰25 2 乙巳26 3 丙午27 4 丁未28 5 戊申㉙ 6 己酉30 《5月》 7 庚戌 1 8 辛亥 2 9 壬子 3 10癸丑 4 **11**甲寅 5 12乙卯⑥ 13丙辰 7 14丁巳 8 15戊午 9 16己未10 17庚申11 18辛酉12 19壬戌⑬ 20癸亥14 21甲子15 22乙丑16 23丙寅17 24丁卯18 25戊辰19 **26**己巳⑳ 27庚午21 28辛未22 29壬申23 30癸酉24	1 甲戌25 2 乙亥26 3 丙子㉗ 4 丁丑28 5 戊寅29 6 己卯30 7 庚辰31 《6月》 8 辛巳 1 9 壬午 2 10癸未③ **11**甲申 4 12乙酉 5 13丙戌 6 14丁亥 7 15戊子 8 16己丑 9 17庚寅⑩ 18辛卯11 19壬辰12 20癸巳13 21甲午14 22乙未15 23丙申16 24丁酉⑰ 25戊戌18 **26**己亥19 27庚子20 28辛丑21 29壬寅22	1 癸卯23 2 甲辰㉔ 3 乙巳25 4 丙午26 5 丁未27 6 戊申28 7 己酉29 8 庚戌30 《7月》 9 辛亥① 10壬子 2 11癸丑 3 **12**甲寅 4 13乙卯 5 14丙辰 6 15丁巳 7 16戊午⑧ 17己未 9 18庚申10 19辛酉11 20壬戌12 21癸亥13 22甲子14 23乙丑⑮ 24丙寅16 25丁卯17 26戊辰18 27己巳19 **28**庚午20 29辛未21 30壬申㉒	1 癸酉23 2 甲戌24 3 乙亥25 4 丙子26 5 丁丑27 6 戊寅28 7 己卯㉙ 8 庚辰30 9 辛巳31 《8月》 10壬午 1 11癸未 2 12甲申 3 **13**乙酉 4 14丙戌⑤ 15丁亥 6 16戊子 7 17己丑 8 18庚寅 9 19辛卯10 20壬辰11 21癸巳⑫ 22甲午13 23乙未14 24丙申15 25丁酉16 26戊戌17 27己亥18 **28**庚子⑲ 29辛丑20	1 壬寅21 2 癸卯22 3 甲辰23 4 乙巳24 5 丙午25 6 丁未㉖ 7 戊申27 8 己酉28 9 庚戌29 10辛亥30 11壬子31 《9月》 12癸丑 1 13甲寅② **14**乙卯 3 15丙辰 4 16丁巳 5 17戊午 6 18己未 7 19庚申 8 20辛酉⑨ 21壬戌10 22癸亥11 23甲子12 24乙丑13 25丙寅14 26丁卯15 27戊辰⑯ 28己巳17 **29**庚午18 30辛未19	1 壬申20 2 癸酉21 3 甲戌22 4 乙亥㉓ 5 丙子24 6 丁丑25 7 戊寅26 8 己卯27 9 庚辰28 10辛巳29 11壬午㉚ 《10月》 12癸未 1 13甲申 2 14乙酉 3 **15**丙戌 4 16丁亥 5 17戊子 6 18己丑⑦ 19庚寅 8 20辛卯 9 21壬辰10 22癸巳11 23甲午12 24乙未13 25丙申⑭ 26丁酉15 27戊戌16 28己亥17 29庚子18	**1** 辛丑19 2 壬寅20 3 癸卯㉑ 4 甲辰22 5 乙巳23 6 丙午24 7 丁未25 8 戊申26 9 己酉27 10庚戌㉘ 11辛亥29 12壬子30 13癸丑31 《11月》 14甲寅 1 15乙卯 2 **16**丙辰 3 17丁巳④ 18戊午 5 19己未 6 20庚申 7 21辛酉 8 22壬戌 9 23癸亥10 24甲子⑪ 25乙丑12 26丙寅13 27丁卯14 28戊辰15 29己巳16 30庚午17	**1** 辛未⑱ 2 壬申19 3 癸酉20 4 甲戌21 5 乙亥22 6 丙子23 7 丁丑24 8 戊寅㉕ 9 己卯26 10庚辰27 11辛巳28 12壬午29 13癸未30 《12月》 14甲申 1 15乙酉② 16丙戌 3 **17**丁亥 4 18戊子 5 19己丑 6 20庚寅 7 21辛卯 8 22壬辰⑨ 23癸巳10 24甲午11 25乙未12 26丙申13 27丁酉14 28戊戌15 29己亥⑯ 30庚子17	1 辛丑18 **2** 壬寅19 3 癸卯20 4 甲辰21 5 乙巳22 6 丙午㉓ 7 丁未24 8 戊申25 9 己酉26 10庚戌27 11辛亥28 12壬子29 13癸丑㉚ 14甲寅31 **614年** 《1月》 15乙卯 1 16丙辰 2 **17**丁巳 3 18戊午 4 19己未 5 20庚申⑥ 21辛酉 7 22壬戌 8 23癸亥 9 24甲子10 25乙丑11 26丙寅12 27丁卯⑬ 28戊辰14 29己巳15	1 庚午16 2 辛未17 **3** 壬申18 4 癸酉19 5 甲戌⑳ 6 乙亥21 7 丙子22 8 丁丑23 9 戊寅24 10己卯25 11庚辰26 12辛巳㉗ 13壬午28 14癸未29 15甲申30 16乙酉31 《2月》 17丙戌 1 **18**丁亥 2 19戊子③ 20己丑 4 21庚寅 5 22辛卯 6 23壬辰 7 24癸巳 8 25甲午 9 26乙未⑩ 27丙申11 28丁酉12 29戊戌13 30己亥14
立春 7日 雨水 22日	啓蟄 9日 春分 24日	清明 9日 穀雨 24日	立夏 11日 小満 26日	芒種 11日 夏至 26日	小暑 12日 大暑 28日	立秋 13日 処暑 28日	白露 14日 秋分 29日	寒露15日	霜降 1日 立冬 16日	小雪 1日 大雪 17日	冬至 2日 小寒 17日	大寒 3日 立春 18日

推古天皇**22**年（614－615） 甲戌

1月	2月	3月	4月	5月	6月	7月	8月	9月	10月	11月	12月
1 庚子15 2 辛丑16 3 壬寅⑰ **4** 癸卯18 5 甲辰19 6 乙巳20 7 丙午21 8 丁未22 9 戊申23 10己酉㉔ 11庚戌25 12辛亥26 13壬子27 14癸丑28 《3月》 15甲寅 1 16乙卯 2 17丙辰③ 18丁巳 4 **19**戊午 5 20己未 6 21庚申 7 22辛酉 8 23壬戌 9 24癸亥⑩ 25甲子11 26乙丑12 27丙寅13 28丁卯14 29戊辰15	1 己巳16 2 庚午⑰ 3 辛未18 4 壬申19 **5** 癸酉20 6 甲戌21 7 乙亥22 8 丙子23 9 丁丑㉔ 10戊寅25 11己卯26 12庚辰27 13辛巳28 14壬午29 15癸未30 16甲申㉛ 《4月》 17乙酉 1 18丙戌 2 19丁亥 3 **20**戊子 4 21己丑 5 22庚寅 6 23辛卯⑦ 24壬辰 8 25癸巳 9 26甲午10 27乙未11 28丙申12 29丁酉13 30戊戌⑭	1 己亥15 2 庚子16 3 辛丑17 4 壬寅18 5 癸卯19 **6** 甲辰20 7 乙巳㉑ 8 丙午22 9 丁未23 10戊申24 11己酉25 12庚戌26 13辛亥27 14壬子㉘ 15癸丑29 16甲寅30 《5月》 17乙卯 1 18丙辰 2 19丁巳 3 20戊午 4 **21**己未⑤ 22庚申 6 23辛酉 7 24壬戌 8 25癸亥 9 26甲子10 27乙丑11 28丙寅⑫ 29丁卯13	1 戊辰14 2 己巳15 3 庚午16 4 辛未17 5 壬申18 6 癸酉⑲ **7** 甲戌20 8 乙亥21 9 丙子22 10丁丑23 11戊寅24 12己卯25 13庚辰㉖ 14辛巳27 15壬午28 16癸未29 17甲申30 18乙酉31 《6月》 19丙戌 1 20丁亥② 21戊子 3 **22**己丑 4 23庚寅 5 24辛卯 6 25壬辰 7 26癸巳 8 27甲午⑨ 28乙未10 29丙申11 30丁酉12	1 戊戌13 2 己亥14 3 庚子15 4 辛丑⑯ 5 壬寅17 6 癸卯18 **7** 甲辰19 8 乙巳20 9 丙午21 10丁未22 11戊申㉓ 12己酉24 13庚戌25 14辛亥26 15壬子27 16癸丑28 17甲寅29 18乙卯㉚ 《7月》 19丙辰 1 20丁巳 2 21戊午 3 22己未 4 **23**庚申 5 24辛酉 6 25壬戌⑦ 26癸亥 8 27甲子 9 28乙丑10 29丙寅11	1 丁卯12 2 戊辰13 3 己巳⑭ 4 庚午15 5 辛未16 6 壬申17 7 癸酉18 8 甲戌19 **9** 乙亥20 10丙子㉑ 11丁丑22 12戊寅23 13己卯24 14庚辰25 15辛巳26 16壬午27 17癸未㉘ 18甲申29 19乙酉30 20丙戌31 《8月》 21丁亥 1 22戊子 2 23己丑 3 **24**庚寅④ 25辛卯 5 26壬辰 6 27癸巳 7 28甲午 8 29乙未 9 30丙申10	1 丁酉⑪ 2 戊戌12 3 己亥13 4 庚子14 5 辛丑15 6 壬寅16 7 癸卯17 8 甲辰⑱ **9** 乙巳19 10丙午20 11丁未21 12戊申22 13己酉23 14庚戌24 15辛亥㉕ 16壬子26 17癸丑27 18甲寅28 19乙卯29 20丙辰30 21丁巳31 《9月》 22戊午① 23己未 2 24庚申 3 **25**辛酉 4 26壬戌 5 27癸亥 6 28甲子 7 29乙丑⑧	1 丙寅 9 2 丁卯10 3 戊辰11 4 己巳12 5 庚午13 6 辛未14 7 壬申⑮ 8 癸酉16 9 甲戌17 10乙亥18 **11**丙子19 12丁丑20 13戊寅21 14己卯㉒ 15庚辰23 16辛巳24 17壬午25 18癸未26 19甲申27 20乙酉28 21丙戌㉙ 22丁亥30 《10月》 23戊子 1 24己丑 2 25庚寅 3 **26**辛卯 4 27壬辰 5 28癸巳⑥ 29甲午 7 30乙未 8	1 丙申 9 2 丁酉10 3 戊戌11 4 己亥12 5 庚子⑬ 6 辛丑14 7 壬寅15 8 癸卯16 9 甲辰17 10乙巳18 **11**丙午19 12丁未⑳ 13戊申21 14己酉22 15庚戌23 16辛亥24 17壬子25 18癸丑26 19甲寅㉗ 20乙卯28 21丙辰29 22丁巳30 23戊午31 《11月》 24己未 1 25庚申 2 **26**辛酉③ 27壬戌 4 28癸亥 5 29甲子 6	1 乙丑 7 2 丙寅 8 3 丁卯 9 4 戊辰⑩ 5 己巳11 6 庚午12 7 辛未13 8 壬申14 9 癸酉15 10甲戌16 11乙亥⑰ 12丙子18 **13**丁丑19 14戊寅20 15己卯21 16庚辰22 17辛巳23 18壬午㉔ 19癸未25 20甲申26 21乙酉27 22丙戌28 23丁亥29 24戊子30 《12月》 25己丑① 26庚寅 2 27辛卯 3 **28**壬辰 4 29癸巳 5 30甲午 6	1 乙未 7 2 丙申⑧ 3 丁酉 9 4 戊戌10 5 己亥11 6 庚子12 7 辛丑13 8 壬寅14 9 癸卯⑮ 10甲辰16 11乙巳17 12丙午18 **13**丁未19 14戊申20 15己酉21 16庚戌㉒ 17辛亥23 18壬子24 19癸丑25 20甲寅26 21乙卯27 22丙辰28 23丁巳㉙ 24戊午30 25己未31 **615年** 《1月》 26庚申 1 27辛酉 2 **28**壬戌 3 29癸亥 4	1 甲子⑤ 2 乙丑 6 3 丙寅 7 4 丁卯 8 5 戊辰 9 6 己巳10 7 庚午11 8 辛未⑫ 9 壬申13 10癸酉14 11甲戌15 12乙亥16 13丙子17 **14**丁丑18 15戊寅⑲ 16己卯20 17庚辰21 18辛巳22 19壬午23 20癸未24 21甲申25 22乙酉㉖ 23丙戌27 24丁亥28 25戊子29 26己丑30 27庚寅31 《2月》 28辛卯 1 29壬辰② **30**癸巳 3
雨水 4日 啓蟄 19日	春分 5日 清明 20日	穀雨 6日 立夏 21日	小満 7日 芒種 22日	夏至 7日 小暑 23日	大暑 9日 立秋 24日	処暑 9日 白露 25日	秋分 11日 寒露 26日	霜降 11日 立冬 26日	小雪 13日 大雪 28日	冬至 13日 小寒 28日	大寒 14日 立春 30日

推古天皇**23**年（615－616） 乙亥

1月	2月	3月	4月	5月	6月	7月	8月	9月	10月	11月	12月
1 甲午 4	**1** 癸亥 5	1 癸巳 4	1 癸亥④	1 壬辰 2	1 壬戌 2	1 辛卯31	1 辛酉30	1 庚寅㉘	1 庚申28	1 己丑26	1 己未26
2 乙未 5	2 甲子 6	**2** 甲午 5	**2** 甲子 5	2 癸巳 3	2 癸亥 3	《8月》	2 壬戌㉛	2 辛卯29	2 辛酉29	2 庚寅27	2 庚申27
3 丙申 6	3 乙丑 7	3 乙未⑥	3 乙丑 6	**3** 甲午 4	3 甲子 4	2 壬辰 1	《9月》	3 壬辰30	3 壬戌30	3 辛卯28	3 辛酉㉘
4 丁酉 7	4 丙寅 8	4 丙申 7	4 丙寅 7	4 乙未 5	**4** 乙丑 5	3 癸巳 2	3 癸亥 1	《10月》	4 癸亥31	4 壬辰29	4 壬戌29
5 戊戌 8	5 丁卯⑨	5 丁酉 8	5 丁卯 8	5 丙申 6	5 丙寅⑥	4 甲午③	4 甲子 2	4 癸巳 1	《11月》	5 癸巳㉚	5 癸亥30
6 己亥⑨	6 戊辰10	6 戊戌 9	6 戊辰 9	6 丁酉 7	6 丁卯 7	**5** 乙未 4	5 乙丑 3	5 甲午 2	5 甲子 1	《12月》	6 甲子31
7 庚子10	7 己巳11	7 己亥10	7 己巳10	7 戊戌⑧	7 戊辰 8	6 丙申 5	**6** 丙寅 4	6 乙未 3	6 乙丑②	6 甲午 1	**616**年
8 辛丑11	8 庚午12	8 庚子11	8 庚午⑪	8 己亥 9	8 己巳 9	7 丁酉 6	7 丁卯 5	**7** 丙申 4	7 丙寅 3	7 乙未 2	《1月》
9 壬寅12	9 辛未13	9 辛丑12	9 辛未12	9 庚子10	9 庚午10	8 戊戌 7	8 戊辰 6	8 丁酉⑤	**8** 丁卯 4	8 丙申 3	7 乙丑 1
10癸卯13	10壬申14	10壬寅⑬	10壬申13	10辛丑11	10辛未11	9 己亥 8	9 己巳⑦	9 戊戌 6	9 戊辰 5	**9** 丁酉 4	8 丙寅 2
11甲辰14	11癸酉15	11癸卯14	11癸酉14	11壬寅12	11壬申12	10庚子 9	10庚午 8	10己亥 7	10己巳 6	10戊戌 5	9 丁卯 3
12乙巳15	12甲戌⑯	12甲辰15	12甲戌15	12癸卯13	12癸酉⑬	11辛丑⑩	11辛未 9	11庚子 8	11庚午 7	11己亥 6	**10**戊辰④
13丙午⑯	13乙亥17	13乙巳16	13乙亥16	13甲辰14	13甲戌14	12壬寅11	12壬申10	12辛丑 9	12辛未 8	12庚子⑦	11己巳 5
14丁未17	14丙子18	14丙午17	14丙子17	14乙巳⑮	14乙亥15	13癸卯12	13癸酉11	13壬寅10	13壬申⑨	13辛丑 8	12庚午 6
15戊申18	15丁丑19	15丁未18	15丁丑⑱	15丙午16	15丙子16	14甲辰13	14甲戌12	14癸卯11	14癸酉10	14壬寅 9	13辛未 7
16己酉19	**16**戊寅20	16戊申19	16戊寅19	16丁未17	16丁丑17	15乙巳14	15乙亥13	15甲辰⑫	15甲戌11	15癸卯10	14壬申 8
17庚戌20	17己卯21	**17**己酉⑳	**17**己卯20	17戊申18	17戊寅18	16丙午15	16丙子⑭	16乙巳13	16乙亥12	16甲辰11	15癸酉 9
18辛亥21	18庚辰22	18庚戌21	18庚辰21	18己酉19	18己卯19	17丁未16	17丁丑15	17丙午14	17丙子13	17乙巳12	16甲戌10
19壬子22	19辛巳㉓	19辛亥22	19辛巳22	**19**庚戌20	**19**庚辰⑳	18戊申⑰	18戊寅16	18丁未15	18丁丑14	18丙午13	17乙亥⑪
20癸丑㉓	20壬午24	20壬子23	20壬午23	20辛亥21	20辛巳21	19己酉18	19己卯17	19戊申16	19戊寅15	19丁未⑭	18丙子12
21甲寅24	21癸未25	21癸丑24	21癸未24	21壬子㉒	21壬午22	20庚戌19	20庚辰18	20己酉17	20己卯⑯	20戊申15	19丁丑13
22乙卯25	22甲申26	22甲寅25	22甲申㉕	22癸丑23	22癸未23	**21**辛亥20	**21**辛巳19	21庚戌18	21庚辰17	21己酉16	20戊寅14
23丙辰26	23乙酉27	23乙卯26	23乙酉26	23甲寅24	23甲申24	22壬子21	22壬午20	**22**辛亥⑲	22辛巳18	22庚戌17	21己卯15
24丁巳27	24丙戌28	24丙辰㉗	24丙戌27	24乙卯25	24乙酉25	23癸丑22	23癸未㉑	23壬子20	**23**壬午19	23辛亥18	22庚辰16
25戊午28	25丁亥29	25丁巳28	25丁亥28	25丙辰26	25丙戌26	24甲寅23	24甲申22	24癸丑21	24癸未20	**24**壬子19	23辛巳17
《3月》	26戊子㉚	26戊午29	26戊子29	26丁巳27	26丁亥㉗	25乙卯㉔	25乙酉23	25甲寅22	25甲申21	25癸丑20	24壬午⑱
26己未 1	27己丑31	27己未30	27己丑30	27戊午28	27戊子28	26丙辰25	26丙戌24	26乙卯23	26乙酉22	26甲寅㉑	**25**癸未19
27庚申②	《4月》	《5月》	28庚寅31	28己未㉙	28己丑29	27丁巳26	27丁亥25	27丙辰24	27丙戌㉓	27乙卯22	26甲申20
28辛酉 3	28庚寅 1	28庚申 1	《6月》	29庚申30	29庚寅30	28戊午27	28戊子26	28丁巳25	28丁亥24	28丙辰23	27乙酉21
29壬戌 4	29辛卯 2	29辛酉 2	29辛卯①	《7月》		29己未28	29己丑27	29戊午㉖	29戊子25	29丁巳24	28丙戌22
	30壬辰 3	30壬戌 3		30辛酉 1		30庚申29		30己未27		30戊午25	29丁亥23
雨水 15日	啓蟄 1日 春分 16日	清明 2日 穀雨 17日	立夏 2日 小満 17日	芒種 3日 夏至 19日	小暑 4日 大暑 19日	立秋 5日 処暑 21日	白露 6日 秋分 21日	寒露 7日 霜降 22日	立冬 8日 小雪 23日	大雪 9日 冬至 24日	小寒 10日 大寒 25日

推古天皇**24**年（616－617） 丙子

1月	2月	3月	4月	5月	閏5月	6月	7月	8月	9月	10月	11月	12月
1 戊子24	1 戊午23	1 丁亥23	1 丁巳22	1 丙戌21	1 丙辰⑳	**1** 乙酉19	1 乙卯18	1 乙酉17	1 甲寅16	1 甲申15	1 癸丑14	1 癸未13
2 己丑㉕	2 己未24	2 戊子24	2 戊午23	2 丁亥22	2 丁巳21	2 丙戌20	**2** 丙辰19	**2** 丙戌18	2 乙卯⑰	2 乙酉16	2 甲寅15	2 甲申14
3 庚寅26	3 庚申25	3 己丑25	3 己未24	3 戊子㉓	3 戊午22	3 丁亥21	3 丁巳20	3 丁亥⑲	3 丙辰18	3 丙戌17	3 乙卯16	3 乙酉15
4 辛卯27	4 辛酉26	4 庚寅26	4 庚申㉕	4 己丑24	4 己未23	4 戊子22	4 戊午21	4 戊子20	**4** 丁巳19	**4** 丁亥18	4 丙辰17	4 丙戌⑯
5 壬辰28	5 壬戌27	5 辛卯27	5 辛酉26	5 庚寅25	5 庚申24	5 己丑23	5 己未㉒	5 己丑21	5 戊午20	5 戊子19	5 丁巳18	5 丁亥17
6 癸巳29	6 癸亥28	6 壬辰㉘	6 壬戌27	6 辛卯26	6 辛酉25	6 庚寅24	6 庚申23	6 庚寅22	6 己未21	6 己丑20	**6** 戊午⑲	**6** 戊子18
7 甲午30	7 甲子㉙	7 癸巳29	7 癸亥28	7 壬辰27	7 壬戌26	7 辛卯㉕	7 辛酉24	7 辛卯23	7 庚申22	7 庚寅㉑	7 己未20	7 己丑19
8 乙未31	《3月》	8 甲午30	8 甲子29	8 癸巳28	8 癸亥㉗	8 壬辰26	8 壬戌25	8 壬辰24	8 辛酉23	8 辛卯22	8 庚申21	8 庚寅20
《2月》	8 乙丑 1	9 乙未31	9 乙丑30	9 甲午29	9 甲子28	9 癸巳27	9 癸亥26	9 癸巳25	9 壬戌㉔	9 壬辰23	9 辛酉22	9 辛卯21
9 丙申①	9 丙寅 2	《4月》	《5月》	10乙未㉚	10乙丑29	10甲午28	10甲子27	10甲午㉖	10癸亥25	10癸巳24	10壬戌23	10壬辰22
10丁酉 2	10丁卯 3	10丙申 1	10丙寅 1	11丙申31	11丙寅30	11乙未29	11乙丑28	11乙未27	11甲子26	11甲午25	11癸亥24	11癸巳㉓
11戊戌 3	**11**戊辰 4	11丁酉 2	11丁卯②	《6月》	《7月》	12丙申30	12丙寅㉙	12丙申28	12乙丑27	12乙未26	12甲子25	12甲午24
12己亥 4	12己巳 5	12戊戌 3	12戊辰 3	12丁酉 1	12丁卯 1	13丁酉31	13丁卯30	13丁酉29	13丙寅28	13丙申27	13乙丑㉖	13乙未25
13庚子 5	13庚午 6	**13**己亥④	**13**己巳 4	13戊戌 2	13戊辰 2	《8月》	14戊辰31	14戊戌30	14丁卯29	14丁酉㉘	14丙寅27	14丙申26
14辛丑 6	14辛未⑦	14庚子 5	14庚午 5	14己亥 3	14己巳 3	14戊戌①	《9月》	《10月》	15戊辰30	15戊戌29	15丁卯28	15丁酉27
15壬寅 7	15壬申 8	15辛丑 6	15辛未 6	**15**庚子 4	**15**庚午④	15己亥 2	15己巳 1	15己亥 1	16己巳㉛	16己亥30	16戊辰29	16戊戌28
16癸卯⑧	16癸酉 9	16壬寅 7	16壬申 7	16辛丑 5	16辛未 5	16庚子 3	16庚午 2	16庚子 2	《11月》	《12月》	17己巳30	17己亥29
17甲辰 9	17甲戌10	17癸卯 8	17癸酉 8	17壬寅⑥	17壬申 6	**17**辛丑 4	**17**辛未 3	**17**辛丑③	17庚午 1	17庚子 1	18庚午31	18庚子㉚
18乙巳10	18乙亥11	18甲辰 9	18甲戌⑨	18癸卯 7	18癸酉 7	18壬寅 5	18壬申 4	18壬寅 4	18辛未 2	18辛丑 2	**617**年	19辛丑31
19丙午11	19丙子12	19乙巳10	19乙亥10	19甲辰 8	19甲戌 8	19癸卯 6	19癸酉⑤	19癸卯 5	**19**壬申 3	**19**壬寅 3	《1月》	《2月》
20丁未12	20丁丑13	20丙午⑪	20丙子11	20乙巳 9	20乙亥 9	20甲辰 7	20甲戌 6	20甲辰 6	20癸酉 4	20癸卯 4	19辛未 1	20壬寅 1
21戊申13	21戊寅⑭	21丁未12	21丁丑12	21丙午10	21丙子10	21乙巳⑧	21乙亥 7	21乙巳 7	21甲戌 5	21甲辰⑤	20壬申②	**21**癸卯 2
22己酉14	22己卯15	22戊申13	22戊寅13	22丁未11	22丁丑⑪	22丙午 9	22丙子 8	22丙午 8	22乙亥 6	22乙巳 6	**21**癸酉 3	22甲辰 3
23庚戌⑮	23庚辰16	23己酉14	23己卯14	23戊申12	23戊寅12	23丁未10	23丁丑 9	23丁未 9	23丙子⑦	23丙午 7	22甲戌 4	23乙巳 4
24辛亥16	24辛巳17	24庚戌15	24庚辰15	24己酉⑬	24己卯13	24戊申11	24戊寅10	24戊申⑩	24丁丑 8	24丁未 8	23乙亥 5	24丙午 5
25壬子17	25壬午18	25辛亥16	25辛巳⑯	25庚戌14	25庚辰14	25己酉12	25己卯11	25己酉11	25戊寅 9	25戊申 9	24丙子 6	25丁未⑥
26癸丑18	26癸未19	26壬子17	26壬午17	26辛亥15	26辛巳15	26庚戌13	26庚辰⑫	26庚戌12	26己卯10	26己酉10	25丁丑 7	26戊申 7
27甲寅19	**27**甲申20	27癸丑⑱	27癸未18	27壬子16	27壬午16	27辛亥14	27辛巳13	27辛亥13	27庚辰11	27庚戌11	26戊寅 8	27己酉 8
28乙卯20	28乙酉㉑	**28**甲寅19	**28**甲申19	28癸丑17	28癸未17	28壬子⑮	28壬午14	28壬子14	28辛巳12	28辛亥⑫	27己卯⑨	28庚戌 9
29丙辰21	29丙戌22	29乙卯20	29乙酉20	29甲寅18	29甲申⑱	29癸丑16	29癸未15	29癸丑15	29壬午13	29壬子13	28庚辰10	29辛亥10
30丁巳㉒		30丙辰21		**30**乙卯19		30甲寅17	30甲申16		30癸未⑭		29辛巳11	
											30壬午12	
立春 11日 雨水 26日	啓蟄 11日 春分 27日	清明 13日 穀雨 28日	立夏 13日 小満 28日	芒種 15日 夏至 30日	小暑15日	大暑 1日 立秋 17日	処暑 2日 白露 17日	秋分 2日 寒露 17日	霜降 4日 立冬 19日	小雪 4日 大雪 19日	冬至 6日 小寒 21日	大寒 6日 立春 21日

推古天皇**25**年（617－618） 丁丑

1月	2月	3月	4月	5月	6月	7月	8月	9月	10月	11月	12月
1壬子11	1壬午⑬	1辛亥11	1辛巳11	1庚戌9	1庚辰9	1己酉⑦	1己卯6	1戊申5	1戊寅4	**1**戊申④	1丁丑2
2癸丑12	2癸未14	2壬子12	2壬午12	2辛亥10	2辛巳⑩	2庚戌8	2庚辰7	2己酉6	2己卯5	2己酉5	**2**戊寅3
3甲寅⑬	3甲申15	3癸丑13	3癸未13	3壬子11	3壬午11	3辛亥9	3辛巳8	3庚戌7	3庚辰⑥	3庚戌6	3己卯4
4乙卯14	4乙酉16	4甲寅14	4甲申14	4癸丑⑫	4癸未12	4壬子10	4壬午9	4辛亥8	4辛巳7	4辛亥7	4庚辰5
5丙辰15	5丙戌17	5乙卯15	5乙酉⑮	5甲寅13	5甲申13	5癸丑11	5癸未10	5壬子⑨	5壬午8	5壬子8	5辛巳6
6丁巳16	6丁亥18	6丙辰16	6丙戌16	6乙卯14	6乙酉14	6甲寅12	6甲申⑪	6癸丑10	6癸未9	6癸丑9	6壬午7
7戊午17	7戊子19	7丁巳⑰	7丁亥17	7丙辰15	7丙戌15	7乙卯13	7乙酉12	7甲寅11	7甲申10	7甲寅10	7癸未⑧
8己未18	**8**己丑⑳	8戊午18	8戊子18	8丁巳16	8丁亥16	8丙辰⑭	8丙戌13	8乙卯12	8乙酉11	8乙卯⑪	8甲申9
9庚申19	9庚寅21	**9**己未19	9己丑19	9戊午17	9戊子⑰	9丁巳15	9丁亥14	9丙辰13	9丙戌12	9丙辰12	9乙酉10
10辛酉⑳	10辛卯22	10庚申20	**10**庚寅20	10己未18	10己丑18	10戊午16	10戊子15	10丁巳14	10丁亥⑬	10丁巳13	10丙戌11
11壬戌21	11壬辰23	11辛酉21	11辛卯21	**11**庚申⑲	11庚寅19	11己未17	11己丑16	11戊午15	11戊子14	11戊午14	11丁亥12
12癸亥22	12癸巳24	12壬戌22	12壬辰㉒	12辛酉20	**12**辛卯20	12庚申18	12庚寅17	12己未⑯	12己丑15	12己未15	12戊子13
13甲子23	13甲午25	13癸亥23	13癸巳23	13壬戌21	13壬辰21	**13**辛酉19	**13**辛卯⑱	13庚申17	13庚寅16	13庚申16	13己丑14
14乙丑24	14乙未26	14甲子㉔	14甲午24	14癸亥22	14癸巳22	14壬戌20	14壬辰19	14辛酉18	14辛卯17	14辛酉17	14庚寅⑮
15丙寅25	15丙申㉗	15乙丑25	15乙未25	15甲子23	15甲午23	15癸亥㉑	15癸巳20	**15**壬戌19	**15**壬辰18	15壬戌⑱	15辛卯16
16丁卯26	16丁酉28	16丙寅26	16丙申26	16乙丑24	16乙未㉔	16甲子22	16甲午21	16癸亥20	16癸巳19	**16**癸亥19	16壬辰17
17戊辰㉗	17戊戌29	17丁卯27	17丁酉27	17丙寅25	17丙申25	17乙丑23	17乙未22	17甲子21	17甲午⑳	17甲子20	**17**癸巳18
18己巳28	18己亥30	18戊辰28	18戊戌28	18丁卯㉖	18丁酉26	18丙寅24	18丙申23	18乙丑22	18乙未21	18乙丑21	18甲午19
《3月》	19庚子31	19己巳29	19己亥㉙	19戊辰27	19戊戌27	19丁卯25	19丁酉24	19丙寅㉓	19丙申22	19丙寅22	19乙未20
19庚午1	《4月》	20庚午30	20庚子30	20己巳28	20己亥28	20戊辰26	20戊戌㉕	20丁卯24	20丁酉23	20丁卯23	20丙申21
20辛未2	20辛丑1	《5月》	21辛丑31	21庚午29	21庚子29	21己巳27	21己亥26	21戊辰25	21戊戌24	21戊辰24	21丁酉㉒
21壬申3	21壬寅2	21辛未①	《6月》	22辛未30	22辛丑30	22庚午㉘	22庚子27	22己巳26	22己亥25	22己巳㉕	22戊戌23
22癸酉4	22癸卯③	22壬申2	22壬寅1	《7月》	23壬寅㉛	23辛未29	23辛丑28	23庚午27	23庚子26	23庚午26	23己亥24
23甲戌5	**23**甲辰4	23癸酉3	23癸卯2	23壬申1	《8月》	24壬申30	24壬寅29	24辛未28	24辛丑㉗	24辛未27	24庚子25
24乙亥⑥	24乙巳5	24甲戌4	24甲辰3	24癸酉2	24癸卯1	25癸酉31	25癸卯30	25壬申29	25壬寅28	25壬申28	25辛丑26
25丙子7	25丙午6	**25**乙亥5	**25**乙巳4	25甲戌③	25甲辰2	《9月》	《10月》	26癸酉㉚	26癸卯29	26癸酉29	26壬寅27
26丁丑8	26丁未7	26丙子6	26丙午⑤	**26**乙亥4	26乙巳3	26甲戌1	26甲辰1	27甲戌31	27甲辰30	27甲戌30	27癸卯28
27戊寅9	27戊申8	27丁丑7	27丁未6	27丙子5	**27**丙午4	27乙亥2	27乙巳②	《11月》	《12月》	28乙亥31	28甲辰㉙
28己卯10	28己酉9	28戊寅⑧	28戊申7	28丁丑6	28丁未5	**28**丙子3	28丙午3	28乙亥1	28乙巳1	**618**年	29乙巳30
29庚辰11	29庚戌⑩	29己卯9	29己酉8	29戊寅7	29戊申6	29丁丑④	**29**丁未4	29丙子2	29丙午2	《1月》	30丙午31
30辛巳12		30庚辰10		30己卯8		30戊寅5		**30**丁丑3	30丁未3	29丙子①	
雨水7日 啓蟄23日	春分8日 清明23日	穀雨9日 立夏25日	小満10日 芒種25日	夏至11日 小暑26日	大暑12日 立秋27日	処暑13日 白露28日	秋分13日 寒露29日	霜降15日 立冬30日	小雪15日	大雪1日 冬至16日	小寒2日 大寒17日

推古天皇**26**年（618－619） 戊寅

1月	2月	3月	4月	5月	6月	7月	8月	9月	10月	11月	12月
《2月》	1丙子2	《4月》	1乙亥㉚	1乙巳30	1甲戌28	1甲辰28	1癸酉26	1癸卯25	1壬申24	1壬寅23	1辛未22
1丁未1	2丁丑3	1丙午1	《5月》	2丙午31	2乙亥29	2乙巳29	2甲戌㉗	2甲辰26	2癸酉25	2癸卯24	2壬申23
2戊申2	3戊寅4	2丁未②	2丙子1	《6月》	3丙子30	3丙午㉚	3乙亥28	3乙巳27	3甲戌26	3甲辰25	3癸酉㉔
3己酉3	**4**己卯⑤	3戊申3	3丁丑2	3丁未1	《7月》	4丁未31	4丙子29	4丙午28	4乙亥27	4乙巳㉖	4甲戌25
4庚戌4	5庚辰6	**4**己酉4	4戊寅3	4戊申2	4丁丑1	《8月》	5丁丑30	5丁未29	5丙子28	5丙午27	5乙亥26
5辛亥⑤	6辛巳7	5庚戌5	5己卯4	5己酉3	5戊寅②	5戊申1	6戊寅31	6戊申30	6丁丑㉙	6丁未28	6丙子27
6壬子6	7壬午8	6辛亥6	**6**庚辰5	**6**庚戌④	6己卯3	6己酉2	《9月》	《10月》	7戊寅30	7戊申29	7丁丑28
7癸丑7	8癸未9	7壬子7	7辛巳6	7辛亥5	7庚辰4	7庚戌3	7己卯1	7己酉①	8己卯31	8己酉30	8戊寅29
8甲寅8	9甲申10	8癸丑8	8壬午⑦	8壬子6	**8**辛巳5	**8**辛亥4	8庚辰2	8庚戌2	《11月》	《12月》	9己卯30
9乙卯9	10乙酉11	9甲寅⑨	9癸未8	9癸丑7	9壬午6	9壬子5	9辛巳③	9辛亥3	9庚辰1	9庚戌1	10庚辰㉛
10丙辰10	11丙戌⑫	10乙卯10	10甲申9	10甲寅8	10癸未7	10癸丑⑥	**10**壬午4	**10**壬子4	10辛巳2	10辛亥2	**619**年
11丁巳11	12丁亥13	11丙辰11	11乙酉10	11乙卯9	11甲申8	11甲寅7	11癸未5	11癸丑5	**11**壬午3	11壬子③	《1月》
12戊午⑫	13戊子14	12丁巳12	12丙戌11	12丙辰10	12乙酉⑨	12乙卯8	12甲申6	12甲寅6	12癸未4	**12**癸丑4	11辛巳1
13己未13	14己丑15	13戊午13	13丁亥12	13丁巳⑪	13丙戌10	13丙辰9	13乙酉7	13乙卯7	13甲申⑤	13甲寅5	12壬午2
14庚申14	15庚寅16	14己未14	14戊子13	14戊午12	14丁亥11	14丁巳10	14丙戌8	14丙辰⑧	14乙酉6	14乙卯6	**13**癸未3
15辛酉15	16辛卯17	15庚申15	15己丑⑭	15己未13	15戊子12	15戊午11	15丁亥9	15丁巳9	15丙戌7	15丙辰7	14甲申4
16壬戌16	17壬辰18	16辛酉⑯	16庚寅15	16庚申14	16己丑13	16己未12	16戊子⑩	16戊午10	16丁亥8	16丁巳8	15乙酉5
17癸亥17	18癸巳⑲	17壬戌17	17辛卯16	17辛酉15	17庚寅14	17庚申⑬	17己丑11	17己未11	17戊子9	17戊午9	16丙戌6
18甲子18	**19**甲午20	18癸亥18	18壬辰17	18壬戌16	18辛卯15	18辛酉14	18庚寅12	18庚申12	18己丑10	18己未⑩	17丁亥⑦
19乙丑⑲	20乙未21	19甲子19	19癸巳18	19癸亥17	19壬辰⑯	19壬戌15	19辛卯13	19辛酉13	19庚寅11	19庚申11	18戊子8
20丙寅20	21丙申22	**20**乙丑20	20甲午19	20甲子⑱	20癸巳17	20癸亥16	20壬辰14	20壬戌14	20辛卯⑫	20辛酉12	19己丑9
21丁卯21	22丁酉23	21丙寅21	**21**乙未20	**21**乙丑19	21甲午18	21甲子17	21癸巳15	21癸亥⑮	21壬辰13	21壬戌13	20庚寅10
22戊辰22	23戊戌24	22丁卯22	22丙申㉑	22丙寅20	22乙未19	22乙丑18	22甲午16	22甲子16	22癸巳14	22癸亥14	21辛卯11
23己巳23	24己亥25	23戊辰㉓	23丁酉22	23丁卯21	**23**丙申20	**23**丙寅19	23乙未⑰	23乙丑17	23甲午15	23甲子15	22壬辰12
24庚午24	25庚子㉖	24己巳24	24戊戌23	24戊辰22	24丁酉21	24丁卯⑳	24丙申18	24丙寅18	24乙未16	24乙丑16	23癸巳13
25辛未25	26辛丑27	25庚午25	25己亥24	25己巳23	25戊戌22	25戊辰21	**25**丁酉19	**25**丁卯19	25丙申17	25丙寅⑰	24甲午⑭
26壬申㉖	27壬寅28	26辛未26	26庚子25	26庚午24	26己亥㉓	26己巳22	26戊戌20	26戊辰20	26丁酉18	26丁卯18	25乙未15
27癸酉27	28癸卯29	27壬申27	27辛丑26	27辛未㉕	27庚子24	27庚午23	27己亥21	27己巳21	**27**戊戌⑲	**27**戊辰19	26丙申16
28甲戌28	29甲辰30	28癸酉28	28壬寅27	28壬申26	28辛丑25	28辛未24	28庚子22	28庚午㉒	28己亥20	28己巳20	27丁酉17
《3月》	30乙巳31	29甲戌29	29癸卯㉘	29癸酉27	29壬寅26	29壬申25	29辛丑23	29辛未23	29庚子21	29庚午21	**28**戊戌18
29乙亥1			30甲辰29		30癸卯27		30壬寅㉔		30辛丑22		29己亥19
											30庚子20
立春2日 雨水18日	啓蟄4日 春分19日	清明4日 穀雨20日	立夏6日 小満21日	芒種6日 夏至21日	小暑8日 大暑23日	立秋8日 処暑23日	白露10日 秋分25日	寒露10日 霜降25日	立冬11日 小雪27日	大雪12日 冬至27日	小寒13日 大寒28日

推古天皇27年（619－620） 己卯

1月	2月	閏2月	3月	4月	5月	6月	7月	8月	9月	10月	11月	12月
1 辛丑㉑ 2 壬寅22 3 癸卯23 4 甲辰24 5 乙巳25 6 丙午26 7 丁未27 8 戊申㉘ 9 己酉29 10庚戌30 11辛亥31 《2月》 12壬子 1 13癸丑 2 **14**甲寅 3 15乙卯④ 16丙辰 5 17丁巳 6 18戊午 7 19己未 8 20庚申 9 21辛酉10 22壬戌⑪ 23癸亥12 24甲子13 25乙丑14 26丙寅15 27丁卯16 28戊辰17 **29**己巳⑱	1 庚午19 2 辛未20 3 壬申21 4 癸酉22 5 甲戌23 6 乙亥24 7 丙子㉕ 8 丁丑26 9 戊寅27 10己卯28 《3月》 11庚辰 1 12辛巳 2 13壬午 3 14癸未④ **15**甲申 5 16乙酉 6 17丙戌 7 18丁亥 8 19戊子 9 20己丑10 21庚寅⑪ 22辛卯12 23壬辰13 24癸巳14 25甲午15 26乙未16 27丙申17 28丁酉⑱ 29戊戌19 **30**己亥20	1 庚子21 2 辛丑22 3 壬寅23 4 癸卯24 5 甲辰㉕ 6 乙巳26 7 丙午27 8 丁未28 9 戊申29 10己酉30 11庚戌31 《4月》 12辛亥① 13壬子 2 14癸丑 3 15甲寅 4 **16**乙卯 5 17丙辰 6 18丁巳 7 19戊午⑧ 20己未 9 21庚申10 22辛酉11 23壬戌12 24癸亥13 25甲子14 26乙丑⑮ 27丙寅16 28丁卯17 29戊辰18 30己巳19	**1** 庚午20 2 辛未21 3 壬申㉒ 4 癸酉23 5 甲戌24 6 乙亥25 7 丙子26 8 丁丑27 9 戊寅28 10己卯㉙ 11庚辰30 《5月》 12辛巳 1 13壬午 2 14癸未 3 15甲申 4 **16**乙酉 5 17丙戌⑥ 18丁亥 7 19戊子 8 20己丑 9 21庚寅10 22辛卯11 23壬辰12 24癸巳⑬ 25甲午14 26乙未15 27丙申16 28丁酉17 29戊戌18	1 己亥19 **2** 庚子⑳ 3 辛丑21 4 壬寅22 5 癸卯23 6 甲辰24 7 乙巳25 8 丙午26 9 丁未㉗ 10戊申28 11己酉29 12庚戌30 13辛亥31 《6月》 14壬子 1 15癸丑 2 16甲寅③ **17**乙卯 4 18丙辰 5 19丁巳 6 20戊午 7 21己未 8 22庚申 9 23辛酉⑩ 24壬戌11 25癸亥12 26甲子13 27乙丑14 28丙寅15 29丁卯16 30戊辰⑰	1 己巳18 2 庚午19 **3** 辛未20 4 壬申21 5 癸酉22 6 甲戌23 7 乙亥㉔ 8 丙子25 9 丁丑26 10戊寅27 11己卯28 12庚辰29 13辛巳30 《7月》 14壬午① 15癸未 2 16甲申 3 17乙酉 4 **18**丙戌 5 19丁亥 6 20戊子 7 21己丑⑧ 22庚寅 9 23辛卯10 24壬辰11 25癸巳12 26甲午13 27乙未14 28丙申⑮ 29丁酉16	1 戊戌17 2 己亥18 3 庚子19 **4** 辛丑20 5 壬寅21 6 癸卯㉒ 7 甲辰23 8 乙巳24 9 丙午25 10丁未26 11戊申27 12己酉28 13庚戌㉙ 14辛亥30 15壬子31 《8月》 16癸丑 1 17甲寅 2 18乙卯 3 **19**丙辰 4 20丁巳⑤ 21戊午 6 22己未 7 23庚申 8 24辛酉 9 25壬戌10 26癸亥11 27甲子⑫ 28乙丑13 29丙寅14 30丁卯15	1 戊辰16 2 己巳17 3 庚午18 4 辛未⑲ **5** 壬申20 6 癸酉21 7 甲戌22 8 乙亥23 9 丙子24 10丁丑25 11戊寅㉖ 12己卯27 13庚辰28 14辛巳29 15壬午30 16癸未31 《9月》 17甲申 1 18乙酉② 19丙戌 3 **20**丁亥 4 21戊子 5 22己丑 6 23庚寅 7 24辛卯 8 25壬辰⑨ 26癸巳10 27甲午11 28乙未12 29丙申13	1 丁酉14 2 戊戌15 3 己亥⑯ 4 庚子17 5 辛丑18 **6** 壬寅19 7 癸卯20 8 甲辰21 9 乙巳22 10丙午㉓ 11丁未24 12戊申25 13己酉26 14庚戌27 15辛亥28 16壬子29 17癸丑㉚ 《10月》 18甲寅 1 19乙卯 2 20丙辰 3 **21** 丁巳 4 22戊午 5 23己未 6 24庚申⑦ 25辛酉 8 26壬戌 9 27癸亥10 28甲子11 29乙丑12 30丙寅13	1 丁卯⑭ 2 戊辰15 3 己巳16 4 庚午17 5 辛未18 **6** 壬申19 7 癸酉20 8 甲戌㉑ 9 乙亥22 10丙子23 11丁丑24 12戊寅25 13己卯26 14庚辰27 15辛巳㉘ 16壬午29 17癸未30 18甲申31 《11月》 19乙酉 1 20丙戌 2 21丁亥 3 **22**戊子④ 23己丑 5 24庚寅 6 25辛卯 7 26壬辰 8 27癸巳 9 28甲午10 29乙未⑪	1 丙申12 2 丁酉13 3 戊戌14 4 己亥15 5 庚子16 6 辛丑17 7 壬寅⑱ **8** 癸卯19 9 甲辰20 10乙巳21 11丙午22 12丁未23 13戊申24 14己酉㉕ 15庚戌26 16辛亥27 17壬子28 18癸丑29 19甲寅30 《12月》 20乙卯 1 21丙辰② 22丁巳 3 **23**戊午 4 24己未 5 25庚申 6 26辛酉 7 27壬戌 8 28癸亥⑨ 29甲子10 30乙丑11	1 丙寅12 2 丁卯13 3 戊辰14 4 己巳15 5 庚午⑯ 6 辛未17 7 壬申18 **8** 癸酉19 9 甲戌20 10乙亥21 11丙子22 12丁丑㉓ 13戊寅24 14己卯25 15庚辰26 16辛巳27 17壬午28 18癸未29 19甲申㉚ 20乙酉31 **620 年** 《1月》 21丙戌 1 22丁亥 2 23戊子 3 **24**己丑 4 25庚寅 5 26辛卯⑥ 27壬辰 7 28癸巳 8 29甲午 9	1 乙未10 2 丙申11 3 丁酉12 4 戊戌⑬ 5 己亥14 6 庚子15 7 辛丑16 8 壬寅17 9 癸卯18 **10**甲辰19 11乙巳⑳ 12丙午21 13丁未22 14戊申23 15己酉24 16庚戌25 17辛亥26 18壬子㉗ 19癸丑28 20甲寅29 21乙卯30 22丙辰31 《2月》 23丁巳 1 24戊午 2 **25**己未③ 26庚申 4 27辛酉 5 28壬戌 6 29癸亥 7 30甲子 8
立春 14日 雨水 29日	啓蟄 15日 春分 30日	清明16日	穀雨 1日 立夏 16日	小満 2日 芒種 17日	夏至 3日 小暑 18日	大暑 4日 立秋 19日	処暑 5日 白露 20日	秋分 6日 寒露 21日	霜降 6日 立冬 22日	小雪 8日 大雪 23日	冬至 8日 小寒 24日	大寒 10日 立春 25日

推古天皇28年（620－621） 庚辰

1月	2月	3月	4月	5月	6月	7月	8月	9月	10月	11月	12月
1 乙丑 9 2 丙寅⑩ 3 丁卯11 4 戊辰12 5 己巳13 6 庚午14 7 辛未15 8 壬申16 9 癸酉⑰ **10**甲戌18 11乙亥19 12丙子20 13丁丑21 14戊寅22 15己卯23 16庚辰㉔ 17辛巳25 18壬午26 19癸未27 20甲申28 21乙酉29 《3月》 22丙戌 1 23丁亥② 24戊子 3 **25**己丑 4 26庚寅 5 27辛卯 6 28壬辰 7 29癸巳 8	1 甲午⑨ 2 乙未10 3 丙申11 4 丁酉12 5 戊戌13 6 己亥14 7 庚子15 8 辛丑⑯ 9 壬寅17 10癸卯18 11甲辰19 **12**乙巳20 13丙午21 14丁未22 15戊申㉓ 16己酉24 17庚戌25 18辛亥26 19壬子27 20癸丑28 21甲寅29 22乙卯㉚ 23丙辰31 《4月》 24丁巳 1 25戊午 2 26己未 3 **27**庚申 4 28辛酉 5 29壬戌⑥ 30癸亥 7	1 甲子 8 2 乙丑 9 3 丙寅10 4 丁卯11 5 戊辰12 6 己巳⑬ 7 庚午14 8 辛未15 9 壬申16 10癸酉17 11甲戌18 **12**乙亥19 13丙子⑳ 14丁丑21 15戊寅22 16己卯23 17庚辰24 18辛巳25 19壬午26 20癸未㉗ 21甲申28 22乙酉29 23丙戌30 《5月》 24丁亥 1 25戊子 2 26己丑 3 **27**庚寅④ 28辛卯 5 29壬辰 6	1 癸巳 7 2 甲午 8 3 乙未 9 4 丙申10 5 丁酉⑪ 6 戊戌12 7 己亥13 8 庚子14 9 辛丑15 10壬寅16 11癸卯17 12甲辰⑱ **13**乙巳19 14丙午20 15丁未21 16戊申22 17己酉23 18庚戌24 19辛亥㉕ 20壬子26 21癸丑27 22甲寅28 23乙卯29 24丙辰30 25丁巳31 《6月》 26戊午① 27己未 2 28庚申 3 **29**辛酉 4 30壬戌 5	1 癸亥 6 2 甲子 7 3 乙丑⑧ 4 丙寅 9 5 丁卯10 6 戊辰11 7 己巳12 8 庚午13 9 辛未14 10壬申⑮ 11癸酉16 12甲戌17 13乙亥18 **14**丙子19 15丁丑20 16戊寅21 17己卯㉒ 18庚辰23 19辛巳24 20壬午25 21癸未26 22甲申27 23乙酉28 24丙戌㉙ 25丁亥30 《7月》 26戊子 1 27己丑 2 28庚寅 3 **29**辛卯 4	1 壬辰 5 2 癸巳⑥ 3 甲午 7 4 乙未 8 5 丙申 9 6 丁酉10 7 戊戌11 8 己亥12 9 庚子⑬ 10辛丑14 11壬寅15 12癸卯16 13甲辰17 14乙巳18 **15**丙午19 16丁未⑳ 17戊申21 18己酉22 19庚戌23 20辛亥24 21壬子25 22癸丑26 23甲寅㉗ 24乙卯28 25丙辰29 26丁巳30 27戊午31 《8月》 28己未 1 29庚申 2 30辛酉③	**1** 壬戌 4 2 癸亥 5 3 甲子 6 4 乙丑 7 5 丙寅 8 6 丁卯 9 7 戊辰⑩ 8 己巳11 9 庚午12 10辛未13 11壬申14 12癸酉15 13甲戌16 14乙亥⑰ 15丙子18 **16**丁丑19 17戊寅20 18己卯21 19庚辰22 20辛巳23 21壬午㉔ 22癸未25 23甲申26 24乙酉27 25丙戌28 26丁亥29 27戊子30 28己丑㉛ 《9月》 29庚寅 1 30辛卯 2	**1** 壬辰 3 2 癸巳 4 3 甲午 5 4 乙未 6 5 丙申⑦ 6 丁酉 8 7 戊戌 9 8 己亥10 9 庚子11 10辛丑12 11壬寅13 12癸卯⑭ 13甲辰15 14乙巳16 15丙午17 **16**丁未18 17戊申19 18己酉20 19庚戌㉑ 20辛亥22 21壬子23 22癸丑24 23甲寅25 24乙卯26 25丙辰27 26丁巳㉘ 27戊午29 28己未30 《10月》 29庚申 1	1 辛酉 2 **2** 壬戌 3 3 癸亥 4 4 甲子⑤ 5 乙丑 6 6 丙寅 7 7 丁卯 8 8 戊辰 9 9 己巳10 10庚午11 11辛未⑫ 12壬申13 13癸酉14 14甲戌15 15乙亥16 16丙子17 17丁丑18 **18**戊寅⑲ 19己卯20 20庚辰21 21辛巳22 22壬午23 23癸未24 24甲申25 25乙酉㉖ 26丙戌27 27丁亥28 28戊子29 29己丑30 30庚寅31	《11月》 1 辛卯 1 2 壬辰② **3** 癸巳 3 4 甲午 4 5 乙未 5 6 丙申 6 7 丁酉 7 8 戊戌 8 9 己亥⑨ 10庚子10 11辛丑11 12壬寅12 13癸卯13 14甲辰14 15乙巳15 16丙午⑯ 17丁未17 **18**戊申18 19己酉19 20庚戌20 21辛亥21 22壬子22 23癸丑㉓ 24甲寅24 25乙卯25 26丙辰26 27丁巳27 28戊午28 29己未29	1 庚申㉚ 《12月》 2 辛酉 1 3 壬戌 2 **4** 癸亥 3 5 甲子 4 6 乙丑 5 7 丙寅 6 8 丁卯⑦ 9 戊辰 8 10己巳 9 11庚午10 12辛未11 13壬申12 14癸酉13 15甲戌⑭ 16乙亥15 17丙子16 18丁丑17 19戊寅18 **20**己卯19 21庚辰20 22辛巳㉑ 23壬午22 24癸未23 25甲申24 26乙酉25 27丙戌26 28丁亥27 29戊子㉘ 30己丑29	1 庚寅30 2 辛卯31 **621 年** 《1月》 3 壬辰 1 4 癸巳 2 **5** 甲午 3 6 乙未④ 7 丙申 5 8 丁酉 6 9 戊戌 7 10己亥 8 11庚子 9 12辛丑10 13壬寅⑪ 14癸卯12 15甲辰13 16乙巳14 17丙午15 18丁未16 19戊申17 **20**己酉⑱ 21庚戌19 22辛亥20 23壬子21 24癸丑22 25甲寅23 26乙卯24 27丙辰㉕ 28丁巳26 29戊午27
雨水 10日 啓蟄 25日	春分 12日 清明 27日	穀雨 12日 立夏 27日	小満 13日 芒種 29日	夏至 14日 小暑 29日	大暑 15日	立秋 1日 処暑 16日	白露 1日 秋分 16日	寒露 2日 霜降 18日	立冬 3日 小雪 18日	大雪 4日 冬至 20日	小寒 5日 大寒 20日

推古天皇**29**年（621－622）　辛巳

1月	2月	3月	4月	5月	6月	7月	8月	9月	10月	閏10月	11月	12月
1 己未28	1 己丑27	1 戊午28	1 戊子27	1 丁巳26	1 丁亥25	1 丙辰24	1 丙戌㉓	1 乙卯21	1 乙酉21	1 乙卯20	**1** 甲申19	**1** 甲寅18
2 庚申29	2 庚寅28	2 己未㉙	2 己丑28	2 戊午27	2 戊子26	2 丁巳25	2 丁亥24	2 丙辰22	2 丙戌22	2 丙辰21	2 乙酉⑳	2 乙卯19
3 辛酉30	《3月》	3 庚申30	3 庚寅29	3 己未28	3 己丑27	3 戊午㉖	3 戊子25	3 丁巳23	3 丁亥23	3 丁巳㉒	3 丙戌21	3 丙辰20
4 壬戌31	3 辛卯①	4 辛酉31	4 辛卯30	4 庚申29	4 庚寅㉘	4 己未27	4 己丑26	4 戊午24	4 戊子24	4 戊午23	4 丁亥22	4 丁巳21
《2月》	4 壬辰2	《4月》	《5月》	5 辛酉30	5 辛卯29	5 庚申28	5 庚寅27	5 己未25	5 己丑㉕	5 己未24	5 戊子23	5 戊午22
5 癸亥①	5 癸巳3	5 壬戌1	5 壬辰1	6 壬戌㉛	6 壬辰30	6 辛酉29	6 辛卯28	6 庚申26	6 庚寅26	6 庚申25	6 己丑24	6 己未23
6 甲子2	6 甲午4	6 癸亥2	6 癸巳2	《6月》	《7月》	7 壬戌30	7 壬辰29	7 辛酉㉗	7 辛卯27	7 辛酉26	7 庚寅25	7 庚申㉔
7 乙丑3	**7** 乙未5	7 甲子3	7 甲午③	7 癸亥1	7 癸巳1	8 癸亥31	8 癸巳㉚	8 壬戌28	8 壬辰28	8 壬戌27	8 辛卯26	8 辛酉25
8 丙寅4	8 丙申6	**8** 乙丑4	**8** 乙未4	8 甲子2	8 甲午2	《8月》	9 甲午31	9 癸亥29	9 癸巳29	9 癸亥28	9 壬辰㉗	9 壬戌26
9 丁卯5	9 丁酉7	9 丙寅⑤	9 丙申5	9 乙丑3	9 乙未3	9 甲子1	《9月》	10 甲子30	10 甲午30	10 甲子㉙	10 癸巳28	10 癸亥27
10 戊辰6	10 戊戌⑧	10 丁卯6	10 丁酉6	**10** 丙寅4	**10** 丙申4	10 乙丑②	10 乙未1	《10月》	11 乙未31	11 乙丑30	11 甲午29	11 甲子28
11 己巳7	11 己亥9	11 戊辰7	11 戊戌7	11 丁卯5	11 丁酉⑤	11 丙寅3	11 丙申2	11 乙丑1	《11月》	《12月》	12 乙未30	12 乙丑29
12 庚午⑧	12 庚子10	12 己巳8	12 己亥8	12 戊辰6	12 戊戌6	**12** 丁卯4	**12** 丁酉3	12 丙寅2	12 丙申①	12 丙寅1	13 丙申31	13 丙寅30
13 辛未9	13 辛丑11	13 庚午9	13 庚子9	13 己巳⑦	13 己亥7	13 戊辰5	13 戊戌4	13 丁卯3	13 丁酉2	13 丁卯2	**622**年	14 丁卯㉛
14 壬申10	14 壬寅12	14 辛未10	14 辛丑⑩	14 庚午8	14 庚子8	14 己巳6	14 己亥5	**14** 戊辰④	**14** 戊戌3	14 戊辰3	《1月》	《2月》
15 癸酉11	15 癸卯13	15 壬申11	15 壬寅11	15 辛未9	15 辛丑9	15 庚午7	15 庚子⑥	15 己巳5	15 己亥4	**15** 己巳4	14 丁酉1	15 戊辰1
16 甲戌12	16 甲辰14	16 癸酉⑫	16 癸卯12	16 壬申10	16 壬寅10	16 辛未8	16 辛丑7	16 庚午6	16 庚子5	16 庚午5	15 戊戌2	**16** 己巳2
17 乙亥13	17 乙巳⑮	17 甲戌13	17 甲辰13	17 癸酉11	17 癸卯11	17 壬申⑨	17 壬寅8	17 辛未7	17 辛丑6	17 辛未⑥	**16** 己亥③	17 庚午3
18 丙子14	18 丙午16	18 乙亥14	18 乙巳14	18 甲戌12	18 甲辰⑫	18 癸酉10	18 癸卯9	18 壬申8	18 壬寅7	18 壬申7	17 庚子4	18 辛未4
19 丁丑⑮	19 丁未17	19 丙子15	19 丙午15	19 乙亥13	19 乙巳13	19 甲戌11	19 甲辰10	19 癸酉9	19 癸卯⑧	19 癸酉8	18 辛丑5	19 壬申5
20 戊寅16	20 戊申18	20 丁丑16	20 丁未16	20 丙子⑭	20 丙午14	20 乙亥12	20 乙巳11	20 甲戌10	20 甲辰9	20 甲戌9	19 壬寅6	20 癸酉6
21 己卯17	21 己酉19	21 戊寅17	21 戊申⑰	21 丁丑15	21 丁未15	21 丙子13	21 丙午12	21 乙亥⑪	21 乙巳10	21 乙亥10	20 癸卯7	21 甲戌⑦
22 庚辰18	**22** 庚戌20	22 己卯18	22 己酉18	22 戊寅16	22 戊申16	22 丁丑14	22 丁未⑬	22 丙子12	22 丙午11	22 丙子11	21 甲辰8	22 乙亥8
23 辛巳19	23 辛亥21	**23** 庚辰⑲	23 庚戌19	23 己卯17	23 己酉17	23 戊寅15	23 戊申14	23 丁丑13	23 丁未12	23 丁丑12	22 乙巳9	23 丙子9
24 壬午20	24 壬子㉒	24 辛巳20	**24** 辛亥20	24 庚辰18	24 庚戌18	24 己卯⑯	24 己酉15	24 戊寅14	24 戊申13	24 戊寅⑬	23 丙午⑩	24 丁丑10
25 癸未21	25 癸丑23	25 壬午21	25 壬子21	**25** 辛巳19	25 辛亥⑲	25 庚辰17	25 庚戌16	25 己卯15	25 己酉14	25 己卯14	24 丁未11	25 戊寅11
26 甲申㉒	26 甲寅24	26 癸未22	26 癸丑22	26 壬午20	**26** 壬子20	26 辛巳18	26 辛亥17	26 庚辰16	26 庚戌⑮	26 庚辰15	25 戊申12	26 己卯12
27 乙酉23	27 乙卯25	27 甲申23	27 甲寅23	27 癸未㉑	27 癸丑21	**27** 壬午19	**27** 壬子18	27 辛巳17	27 辛亥16	27 辛巳16	26 己酉13	27 庚辰13
28 丙戌24	28 丙辰26	28 乙酉24	28 乙卯㉔	28 甲申22	28 甲寅22	28 癸未20	28 癸丑19	28 壬午⑱	28 壬子17	28 壬午17	27 庚戌14	28 辛巳⑭
29 丁亥25	29 丁巳27	29 丙戌25	29 丙辰25	29 乙酉23	29 乙卯23	29 甲申21	29 甲寅⑳	**29** 癸未19	**29** 癸丑18	29 癸未18	28 辛亥15	29 壬午15
30 戊子26		30 丁亥㉖		30 丙戌24		30 乙酉22		30 甲申20	30 甲寅19		29 壬子16	
											30 癸丑⑰	
立春6日	啓蟄7日	清明8日	立夏8日	芒種10日	小暑10日	立秋12日	白露12日	寒露14日	立冬14日	大雪15日	冬至1日	大寒1日
雨水21日	春分22日	穀雨23日	小満24日	夏至25日	大暑26日	処暑27日	秋分27日	霜降29日	小雪29日		小寒16日	立春16日

推古天皇**30**年（622－623）　壬午

1月	2月	3月	4月	5月	6月	7月	8月	9月	10月	11月	12月
1 癸未16	1 癸丑18	1 壬午16	1 壬子⑯	1 辛巳14	1 辛亥14	1 庚辰12	1 庚戌11	1 己卯⑩	1 己酉9	1 戊寅8	1 戊申7
2 甲申17	2 甲寅19	2 癸未17	2 癸丑17	2 壬午15	2 壬子15	2 辛巳13	2 辛亥⑫	2 庚辰11	2 庚戌10	2 己卯9	2 己酉8
3 乙酉18	**3** 乙卯20	3 甲申⑱	3 甲寅18	3 癸未16	3 癸丑16	3 壬午14	3 壬子13	3 辛巳12	3 辛亥11	3 庚辰10	3 庚戌⑨
4 丙戌19	4 丙辰㉑	4 乙酉19	4 乙卯19	4 甲申17	4 甲寅17	4 癸未⑮	4 癸丑14	4 壬午13	4 壬子12	4 辛巳11	4 辛亥10
5 丁亥20	5 丁巳22	**5** 丙戌20	**5** 丙辰20	5 乙酉18	5 乙卯⑱	5 甲申16	5 甲寅15	5 癸未14	5 癸丑13	5 壬午⑫	5 壬子11
6 戊子㉑	6 戊午23	6 丁亥21	6 丁巳21	**6** 丙戌19	6 丙辰19	6 乙酉17	6 乙卯16	6 甲申15	6 甲寅⑭	6 癸未13	6 癸丑12
7 己丑22	7 己未24	7 戊子22	7 戊午22	7 丁亥⑳	**7** 丁巳20	7 丙戌18	7 丙辰17	7 乙酉16	7 乙卯15	7 甲申14	7 甲寅13
8 庚寅23	8 庚申25	8 己丑23	8 己未㉓	8 戊子21	8 戊午21	**8** 丁亥19	8 丁巳18	8 丙戌⑰	8 丙辰16	8 乙酉15	8 乙卯14
9 辛卯24	9 辛酉26	9 庚寅24	9 庚申24	9 己丑22	9 己未22	9 戊子20	**9** 戊午⑲	9 丁亥18	9 丁巳17	9 丙戌16	9 丙辰15
10 壬辰25	10 壬戌27	10 辛卯㉕	10 辛酉25	10 庚寅23	10 庚申23	10 己丑21	10 己未20	**10** 戊子19	10 戊午18	10 丁亥17	10 丁巳⑯
11 癸巳26	11 癸亥㉘	11 壬辰26	11 壬戌26	11 辛卯24	11 辛酉24	11 庚寅㉒	11 庚申21	11 己丑20	**11** 己未19	11 戊子18	11 戊午17
12 甲午27	12 甲子29	12 癸巳27	12 癸亥27	12 壬辰25	12 壬戌㉕	12 辛卯23	12 辛酉22	12 庚寅21	12 庚申20	**12** 己丑⑲	**12** 己未18
13 乙未㉘	13 乙丑30	13 甲午28	13 甲子28	13 癸巳26	13 癸亥26	13 壬辰24	13 壬戌23	13 辛卯22	13 辛酉㉑	13 庚寅20	13 庚申19
《3月》	14 丙寅31	14 乙未29	14 乙丑29	14 甲午㉗	14 甲子27	14 癸巳25	14 癸亥24	14 壬辰23	14 壬戌22	14 辛卯21	14 辛酉20
14 丙申1	《4月》	15 丙申30	15 丙寅㉚	15 乙未28	15 乙丑28	15 甲午26	15 甲子25	15 癸巳㉔	15 癸亥23	15 壬辰22	15 壬戌21
15 丁酉2	15 丁卯1	《5月》	16 丁卯31	16 丙申29	16 丙寅29	16 乙未27	16 乙丑㉖	16 甲午25	16 甲子24	16 癸巳23	16 癸亥22
16 戊戌3	16 戊辰2	16 丁酉1	《6月》	17 丁酉30	17 丁卯30	17 丙申28	17 丙寅27	17 乙未26	17 乙丑25	17 甲午24	17 甲子㉓
17 己亥4	17 己巳3	17 戊戌②	17 戊辰1	《7月》	18 戊辰31	18 丁酉㉙	18 丁卯28	18 丙申27	18 丙寅26	18 乙未25	18 乙丑24
18 庚子5	**18** 庚午④	18 己亥3	18 己巳2	18 戊戌1	《8月》	19 戊戌30	19 戊辰29	19 丁酉28	19 丁卯27	19 丙申㉖	19 丙寅25
19 辛丑6	19 辛未5	19 庚子4	19 庚午3	19 己亥2	19 己巳①	20 己亥31	20 己巳30	20 戊戌29	20 戊辰㉘	20 丁酉27	20 丁卯26
20 壬寅⑦	20 壬申6	**20** 辛丑5	**20** 辛未4	20 庚子3	20 庚午2	《9月》	《10月》	21 己亥30	21 己巳29	21 戊戌28	21 戊辰27
21 癸卯8	21 癸酉7	21 壬寅6	21 壬申5	21 辛丑④	21 辛未3	21 庚子1	21 庚午1	22 庚子㉛	22 庚午30	22 己亥29	22 己巳28
22 甲辰9	22 甲戌8	22 癸卯7	22 癸酉⑥	**22** 壬寅5	**22** 壬申4	22 辛丑2	22 辛未2	《11月》	《12月》	23 庚子30	23 庚午29
23 乙巳10	23 乙亥9	23 甲辰8	23 甲戌7	23 癸卯6	23 癸酉5	**23** 壬寅3	23 壬申③	23 辛丑1	23 辛未1	24 辛丑31	24 辛未㉚
24 丙午11	24 丙子10	24 乙巳⑨	24 乙亥8	24 甲辰7	24 甲戌6	24 癸卯4	**24** 癸酉4	24 壬寅2	24 壬申2	**623**年	25 壬申31
25 丁未12	25 丁丑⑪	25 丙午10	25 丙子9	25 乙巳8	25 乙亥7	25 甲辰⑤	25 甲戌5	**25** 癸卯3	25 癸酉3	《1月》	《2月》
26 戊申13	26 戊寅12	26 丁未11	26 丁丑10	26 丙午9	26 丙子⑧	26 乙巳6	26 乙亥6	26 甲辰4	**26** 甲戌4	25 壬寅1	26 癸酉1
27 己酉⑭	27 己卯13	27 戊申12	27 戊寅11	27 丁未10	27 丁丑9	27 丙午7	27 丙子7	27 乙巳5	27 乙亥⑤	26 癸卯②	27 甲戌2
28 庚戌15	28 庚辰14	28 己酉13	28 己卯12	28 戊申⑪	28 戊寅10	28 丁未8	28 丁丑8	28 丙午6	28 丙子6	**27** 甲辰3	**28** 乙亥3
29 辛亥16	29 辛巳15	29 庚戌14	29 庚辰⑬	29 己酉12	29 己卯11	29 戊申9	29 戊寅9	29 丁未⑦	29 丁丑7	28 乙巳4	29 丙子4
30 壬子17		30 辛亥15		30 庚戌13		30 己酉10		30 戊申8		29 丙午5	
										30 丁未6	
雨水3日	春分3日	穀雨5日	小満5日	夏至6日	大暑7日	処暑8日	秋分9日	霜降10日	小雪11日	冬至12日	大寒12日
啓蟄18日	清明18日	立夏20日	芒種20日	小暑22日	立秋22日	白露23日	寒露24日	立冬25日	大雪26日	小寒27日	立春28日

推古天皇 **31** 年（623－624） 癸未

1月	2月	3月	4月	5月	6月	7月	8月	9月	10月	11月	12月
1 丁丑 5	1 丁未 7	1 丁丑 6	**1** 丙午 5	**1** 丙子 4	1 乙巳 ③	1 乙亥 2	1 甲辰 31	1 甲戌 30	1 癸卯 29	1 癸酉 28	1 壬寅 27
2 戊寅 ⑥	2 戊申 8	2 戊寅 7	2 丁未 6	2 丁丑 ⑤	2 丙午 4	2 丙子 3	《9月》	《10月》	2 甲辰 ㉚	2 甲戌 29	2 癸卯 28
3 己卯 7	3 己酉 9	3 己卯 8	3 戊申 7	3 戊寅 6	**3** 丁未 5	**3** 丁丑 4	2 乙巳 1	2 乙亥 1	3 乙巳 31	3 乙亥 30	3 甲辰 29
4 庚辰 8	4 庚戌 10	4 庚辰 9	4 己酉 ⑧	4 己卯 7	4 戊申 6	4 戊寅 5	3 丙午 2	3 丙子 ②	《11月》	《12月》	4 乙巳 30
5 辛巳 9	5 辛亥 11	5 辛巳 ⑩	5 庚戌 9	5 庚辰 8	5 己酉 7	5 己卯 6	4 丁未 3	4 丁丑 3	4 丙午 1	4 丙子 1	5 丙午 31
6 壬午 10	6 壬子 12	6 壬午 11	6 辛亥 10	6 辛巳 9	6 庚戌 8	6 庚辰 ⑦	**5** 戊申 ④	**5** 戊寅 4	5 丁未 2	5 丁丑 2	**624** 年
7 癸未 11	7 癸丑 ⑬	7 癸未 12	7 壬子 11	7 壬午 10	7 辛亥 9	7 辛巳 8	6 己酉 5	6 己卯 5	6 戊申 3	6 戊寅 3	《1月》
8 甲申 12	8 甲寅 14	8 甲申 13	8 癸丑 12	8 癸未 11	8 壬子 ⑩	8 壬午 9	7 庚戌 6	7 庚辰 6	**7** 己酉 4	**7** 己卯 ④	6 丁未 ①
9 乙酉 ⑬	9 乙卯 15	9 乙酉 14	9 甲寅 13	9 甲申 ⑫	9 癸丑 11	9 癸未 10	8 辛亥 7	8 辛巳 7	8 庚戌 5	8 庚辰 5	7 戊申 2
10 丙戌 14	10 丙辰 16	10 丙戌 15	10 乙卯 14	10 乙酉 13	10 甲寅 12	10 甲申 11	9 壬子 8	9 壬午 8	9 辛亥 ⑥	9 辛巳 6	**8** 己酉 3
11 丁亥 15	11 丁巳 17	11 丁亥 16	11 丙辰 ⑮	11 丙戌 14	11 乙卯 13	11 乙酉 12	10 癸丑 9	10 癸未 ⑨	10 壬子 7	10 壬午 7	9 庚戌 4
12 戊子 16	12 戊午 18	12 戊子 ⑰	12 丁巳 16	12 丁亥 15	12 丙辰 14	12 丙戌 13	11 甲寅 10	11 甲申 10	11 癸丑 8	11 癸未 8	10 辛亥 5
13 己丑 17	13 己未 19	13 己丑 18	13 戊午 17	13 戊子 16	13 丁巳 15	13 丁亥 ⑭	12 乙卯 ⑪	12 乙酉 11	12 甲寅 9	12 甲申 9	11 壬子 6
14 庚寅 18	**14** 庚申 ⑳	14 庚寅 19	14 己未 18	14 己丑 17	14 戊午 16	14 戊子 15	13 丙辰 12	13 丙戌 12	13 乙卯 10	13 乙酉 10	12 癸丑 7
15 辛卯 19	15 辛酉 21	**15** 辛卯 20	15 庚申 19	15 庚寅 18	15 己未 ⑰	15 己丑 16	14 丁巳 13	14 丁亥 13	14 丙辰 11	14 丙戌 ⑪	13 甲寅 ⑧
16 壬辰 ⑳	16 壬戌 22	16 壬辰 21	**16** 辛酉 20	16 辛卯 ⑲	16 庚申 18	16 庚寅 17	15 戊午 14	15 戊子 14	15 丁巳 12	15 丁亥 12	14 乙卯 9
17 癸巳 21	17 癸亥 23	17 癸巳 22	17 壬戌 21	**17** 壬辰 20	17 辛酉 19	17 辛卯 18	16 己未 15	16 己丑 15	16 戊午 ⑬	16 戊子 13	15 丙辰 10
18 甲午 22	18 甲子 24	18 甲午 23	18 癸亥 ㉒	18 癸巳 21	**18** 壬戌 20	18 壬辰 19	17 庚申 16	17 庚寅 ⑯	17 己未 14	17 己丑 14	16 丁巳 11
19 乙未 23	19 乙丑 25	19 乙未 ㉔	19 甲子 23	19 甲午 22	19 癸亥 21	**19** 癸巳 20	18 辛酉 17	18 辛卯 17	18 庚申 15	18 庚寅 15	17 戊午 12
20 丙申 24	20 丙寅 26	20 丙申 25	20 乙丑 24	20 乙未 23	20 甲子 22	20 甲午 ㉑	19 壬戌 ⑱	19 壬辰 18	19 辛酉 16	19 辛卯 16	18 己未 13
21 丁酉 25	21 丁卯 ㉗	21 丁酉 26	21 丙寅 25	21 丙申 24	21 乙丑 23	21 乙未 22	**20** 癸亥 19	**20** 癸巳 19	20 壬戌 17	20 壬辰 17	19 庚申 14
22 戊戌 26	22 戊辰 28	22 戊戌 27	22 丁卯 26	22 丁酉 25	22 丙寅 ㉔	22 丙申 23	21 甲子 20	21 甲午 20	21 癸亥 18	21 癸巳 ⑱	20 辛酉 ⑮
23 己亥 ㉗	23 己巳 29	23 己亥 28	23 戊辰 27	23 戊戌 ㉖	23 丁卯 25	23 丁酉 24	22 乙丑 21	22 乙未 21	**22** 甲子 19	**22** 甲午 19	21 壬戌 16
24 庚子 28	24 庚午 30	24 庚子 29	24 己巳 28	24 己亥 27	24 戊辰 26	24 戊戌 25	23 丙寅 22	23 丙申 22	23 乙丑 ⑳	23 乙未 20	22 癸亥 17
《3月》	25 辛未 31	25 辛丑 30	25 庚午 ㉙	25 庚子 28	25 己巳 27	25 己亥 26	24 丁卯 23	24 丁酉 ㉓	24 丙寅 21	24 丙申 21	23 甲子 18
25 辛丑 1	《4月》	《5月》	26 辛未 30	26 辛丑 29	26 庚午 28	26 庚子 27	25 戊辰 24	25 戊戌 24	25 丁卯 22	25 丁酉 22	**24** 乙丑 19
26 壬寅 2	26 壬申 1	26 壬寅 ①	27 壬申 31	27 壬寅 30	27 辛未 29	27 辛丑 ㉘	26 己巳 ㉕	26 己亥 25	26 戊辰 23	26 戊戌 23	25 丙寅 20
27 癸卯 3	27 癸酉 2	27 癸卯 2	《6月》	《7月》	28 壬申 30	28 壬寅 29	27 庚午 26	27 庚子 26	27 己巳 24	27 己亥 24	26 丁卯 21
28 甲辰 4	28 甲戌 ③	28 甲辰 3	28 癸酉 1	28 癸卯 1	29 癸酉 ㉛	29 癸卯 30	28 辛未 27	28 辛丑 27	28 庚午 25	28 庚子 ㉕	27 戊辰 ㉒
29 乙巳 5	29 乙亥 4	29 乙巳 4	29 甲戌 2	29 甲辰 2	《8月》		29 壬申 28	29 壬寅 28	29 辛未 26	29 辛丑 26	28 己巳 23
30 丙午 ⑥	**30** 丙子 5		30 乙亥 3		30 甲戌 1		30 癸酉 29		30 壬申 ㉗		29 庚午 24
											30 辛未 25
雨水 14日 啓蟄 29日	春分 14日 清明 30日	穀雨 15日	立夏 1日 小満 16日	芒種 1日 夏至 17日	小暑 3日 大暑 18日	立秋 3日 処暑 19日	白露 5日 秋分 20日	寒露 5日 霜降 20日	立冬 7日 小雪 22日	大雪 7日 冬至 22日	小寒 8日 大寒 24日

推古天皇 **32** 年（624－625） 甲申

1月	2月	3月	4月	5月	6月	7月	閏7月	8月	9月	10月	11月	12月
1 壬申 26	1 辛丑 24	1 辛未 ㉕	1 庚子 23	1 庚午 23	1 己亥 21	1 己巳 21	1 己亥 20	**1** 戊辰 18	1 戊戌 18	1 丁卯 16	1 丁酉 ⑯	1 丙寅 14
2 癸酉 27	2 壬寅 25	2 壬申 26	2 辛丑 24	2 辛未 24	2 庚子 22	2 庚午 ㉒	2 庚子 21	2 己巳 19	**2** 己亥 19	2 戊辰 17	2 戊戌 17	2 丁卯 15
3 甲戌 28	3 癸卯 ㉖	3 癸酉 27	3 壬寅 25	3 壬申 25	3 辛丑 23	3 辛未 23	3 辛丑 22	3 庚午 20	3 庚子 20	**3** 己巳 ⑱	3 己亥 18	3 戊辰 16
4 乙亥 ㉙	4 甲辰 27	4 甲戌 28	4 癸卯 26	4 癸酉 26	4 壬寅 ㉔	4 壬申 24	4 壬寅 23	4 辛未 21	4 辛丑 ㉑	4 庚午 19	**4** 庚子 19	4 己巳 17
5 丙子 30	5 乙巳 28	5 乙亥 29	5 甲辰 27	5 甲戌 ㉗	5 癸卯 25	5 癸酉 25	5 癸卯 24	5 壬申 22	5 壬寅 22	5 辛未 20	5 辛丑 20	**5** 庚午 18
6 丁丑 31	6 丙午 29	6 丙子 30	6 乙巳 28	6 乙亥 28	6 甲辰 26	6 甲戌 26	6 甲辰 25	6 癸酉 ㉓	6 癸卯 23	6 壬申 21	6 壬寅 21	6 辛未 19
《2月》	《3月》	7 丁丑 31	7 丙午 ㉙	7 丙子 29	7 乙巳 27	7 乙亥 27	7 乙巳 ㉖	7 甲戌 24	7 甲辰 24	7 癸酉 22	7 癸卯 22	7 壬申 ⑳
7 戊寅 1	7 丁未 1	《4月》	8 丁未 30	8 丁丑 30	8 丙午 28	8 丙子 28	8 丙午 27	8 乙亥 25	8 乙巳 25	8 甲戌 23	8 甲辰 ㉓	8 癸酉 21
8 己卯 2	8 戊申 2	8 戊寅 ①	《5月》	9 戊寅 31	9 丁未 29	9 丁丑 ㉙	9 丁未 28	9 丙子 26	9 丙午 26	9 乙亥 24	9 乙巳 24	9 甲戌 22
9 庚辰 3	9 己酉 3	9 己卯 2	9 戊申 1	《6月》	10 戊申 30	10 戊寅 30	10 戊申 29	10 丁丑 27	10 丁未 27	10 丙子 ㉕	10 丙午 25	10 乙亥 23
10 辛巳 4	**10** 庚戌 ④	10 庚辰 3	10 己酉 2	10 己卯 1	《7月》	11 己卯 31	11 己酉 30	11 戊寅 28	11 戊申 ㉘	11 丁丑 26	11 丁未 26	11 丙子 24
11 壬午 ⑤	11 辛亥 5	**11** 辛巳 4	11 庚戌 3	11 庚辰 2	11 己酉 ①	《8月》	12 庚戌 31	12 己卯 29	12 己酉 29	12 戊寅 27	12 戊申 27	12 丁丑 25
12 癸未 6	12 壬子 6	12 壬午 5	**12** 辛亥 4	12 辛巳 ③	12 庚戌 2	12 庚辰 1	《9月》	13 庚辰 ㉚	13 庚戌 30	13 己卯 28	13 己酉 28	13 戊寅 26
13 甲申 7	13 癸丑 7	13 癸未 6	13 壬子 5	**13** 壬午 4	13 辛亥 3	13 辛巳 2	13 辛亥 1	《10月》	14 辛亥 31	14 庚辰 29	14 庚戌 29	14 己卯 ㉗
14 乙酉 8	14 甲寅 8	14 甲申 7	14 癸丑 ⑥	14 癸未 5	**14** 壬子 4	14 壬午 3	14 壬子 ②	14 辛巳 1	《11月》	15 辛巳 30	15 辛亥 ㉚	15 庚辰 28
15 丙戌 9	15 乙卯 9	15 乙酉 ⑧	15 甲寅 7	15 甲申 6	15 癸丑 5	**15** 癸未 4	**15** 癸丑 3	15 壬午 2	15 壬子 1	《12月》	16 壬子 31	16 辛巳 29
16 丁亥 10	16 丙辰 10	16 丙戌 9	16 乙卯 8	16 乙酉 7	16 甲寅 6	16 甲申 ⑤	16 甲寅 4	**16** 癸未 3	16 癸丑 2	16 壬午 1	**625** 年	17 壬午 30
17 戊子 11	17 丁巳 ⑪	17 丁亥 10	17 丙辰 9	17 丙戌 8	17 乙卯 7	17 乙酉 6	17 乙卯 5	17 甲申 4	**17** 甲寅 3	17 癸未 ②	《1月》	18 癸未 31
18 己丑 ⑫	18 戊午 12	18 戊子 11	18 丁巳 10	18 丁亥 9	18 丙辰 ⑧	18 丙戌 7	18 丙辰 6	18 乙酉 5	18 乙卯 ④	**18** 甲申 3	17 癸丑 1	《2月》
19 庚寅 13	19 己未 13	19 己丑 12	19 戊午 11	19 戊子 ⑩	19 丁巳 9	19 丁亥 8	19 丁巳 7	19 丙戌 6	19 丙辰 5	19 乙酉 4	18 甲寅 2	19 甲申 1
20 辛卯 14	20 庚申 14	20 庚寅 13	20 己未 12	20 己丑 11	20 戊午 10	20 戊子 9	20 戊午 8	20 丁亥 ⑦	20 丁巳 6	20 丙戌 5	**19** 乙卯 3	**20** 乙酉 2
21 壬辰 15	21 辛酉 15	21 辛卯 14	21 庚申 ⑬	21 庚寅 12	21 己未 11	21 己丑 10	21 己未 ⑨	21 戊子 8	21 戊午 7	21 丁亥 6	20 丙辰 4	21 丙戌 ③
22 癸巳 16	22 壬戌 16	22 壬辰 ⑮	22 辛酉 14	22 辛卯 13	22 庚申 12	22 庚寅 11	22 庚申 10	22 己丑 9	22 己未 8	22 戊子 7	21 丁巳 5	22 丁亥 4
23 甲午 17	23 癸亥 17	23 癸巳 16	23 壬戌 15	23 壬辰 14	23 辛酉 13	23 辛卯 ⑫	23 辛酉 11	23 庚寅 10	23 庚申 9	23 己丑 8	22 戊午 ⑥	23 戊子 5
24 乙未 18	24 甲子 ⑱	24 甲午 17	24 癸亥 16	24 癸巳 15	24 壬戌 14	24 壬辰 13	24 壬戌 12	24 辛卯 11	24 辛酉 10	24 庚寅 ⑨	23 己未 7	24 己丑 6
25 丙申 ⑲	25 乙丑 19	25 乙未 18	25 甲子 17	25 甲午 16	25 癸亥 ⑮	25 癸巳 14	25 癸亥 13	25 壬辰 12	25 壬戌 ⑪	25 辛卯 10	24 庚申 8	25 庚寅 7
26 丁酉 20	**26** 丙寅 20	**26** 丙申 19	26 乙丑 18	26 乙未 ⑰	26 甲子 16	26 甲午 15	26 甲子 14	26 癸巳 13	26 癸亥 12	26 壬辰 11	25 辛酉 9	26 辛卯 8
27 戊戌 21	27 丁卯 21	27 丁酉 20	**27** 丙寅 19	27 丙申 18	27 乙丑 17	27 乙未 16	27 乙丑 15	27 甲午 ⑭	27 甲子 13	27 癸巳 12	26 壬戌 10	27 壬辰 9
28 己亥 22	28 戊辰 22	28 戊戌 21	28 丁卯 ⑳	**28** 丁酉 19	28 丙寅 18	28 丙申 17	28 丙寅 ⑯	28 乙未 15	28 乙丑 14	28 甲午 13	27 癸亥 11	28 癸巳 ⑩
29 庚子 23	29 己巳 23	29 己亥 ㉒	29 戊辰 21	29 戊戌 20	**29** 丁卯 19	29 丁酉 18	29 丁卯 17	29 丙申 16	29 丙寅 15	29 乙未 14	28 甲子 12	29 甲午 11
	30 庚午 24		30 己巳 22		30 戊辰 20	**30** 戊戌 ⑲		30 丁酉 17		30 丙申 15	29 乙丑 ⑬	30 乙未 12
立春 9日 雨水 24日	啓蟄 10日 春分 26日	清明 11日 穀雨 26日	立夏 12日 小満 27日	芒種 13日 夏至 28日	小暑 14日 大暑 29日	立秋 15日 処暑 30日	白露15日	秋分 1日 寒露 16日	霜降 2日 立冬 17日	小雪 3日 大雪 18日	冬至 4日 小寒 19日	大寒 5日 立春 20日

推古天皇**33**年（625－626） 乙酉

1月	2月	3月	4月	5月	6月	7月	8月	9月	10月	11月	12月
1 丙申13	1 乙丑14	1 乙未13	1 甲子⑫	1 甲午11	1 癸亥10	1 癸巳 9	1 壬戌 7	1 壬辰 7	1 壬戌 6	1 辛卯 5	1 辛酉 4
2 丁酉14	2 丙寅15	2 丙申⑭	2 乙丑13	2 乙未12	2 甲子11	2 甲午10	2 癸亥⑧	2 癸巳 8	2 癸亥 7	2 壬辰 6	2 壬戌⑤
3 戊戌15	3 丁卯16	3 丁酉15	3 丙寅14	3 丙申13	3 乙丑12	3 乙未⑪	3 甲子 9	3 甲午 9	3 甲子 8	3 癸巳 7	3 癸亥 6
4 己亥16	4 戊辰⑰	4 戊戌16	4 丁卯15	4 丁酉14	4 丙寅13	4 丙申12	4 乙丑10	4 乙未10	4 乙丑 9	4 甲午⑧	4 甲子 7
5 庚子⑰	5 己巳18	5 己亥17	5 戊辰16	5 戊戌15	5 丁卯⑭	5 丁酉13	5 丙寅11	5 丙申11	5 丙寅⑩	5 乙未 9	5 乙丑 8
6 辛丑18	6 庚午19	6 庚子18	6 己巳17	6 己亥⑯	6 戊辰15	6 戊戌14	6 丁卯12	6 丁酉12	6 丁卯11	6 丙申10	6 丙寅 9
7 壬寅19	**7** 辛未20	**7** 辛丑19	7 庚午18	7 庚子17	7 己巳16	7 己亥15	7 戊辰13	7 戊戌⑬	7 戊辰12	7 丁酉11	7 丁卯10
8 癸卯20	8 壬申21	8 壬寅20	8 辛未⑲	8 辛丑18	8 庚午17	8 庚子16	8 己巳14	8 己亥14	8 己巳13	8 戊戌12	8 戊辰11
9 甲辰21	9 癸酉22	9 癸卯㉑	**9** 壬申20	**9** 壬寅19	9 辛未18	9 辛丑17	9 庚午⑮	9 庚子15	9 庚午14	9 己亥13	9 己巳⑫
10乙巳22	10甲戌23	10甲辰22	10癸酉21	10癸卯20	10壬申19	10壬寅⑱	10辛未16	10辛丑16	10辛未15	10庚子14	10庚午13
11丙午23	11乙亥㉔	11乙巳23	11甲戌22	11甲辰21	**11**癸酉20	**11**癸卯19	11壬申17	11壬寅17	11壬申16	11辛丑⑮	11辛未14
12丁未㉔	12丙子25	12丙午24	12乙亥23	12乙巳22	12甲戌㉑	12甲辰20	**12**癸酉18	12癸卯18	12癸酉⑰	12壬寅16	12壬申15
13戊申25	13丁丑26	13丁未25	13丙子24	13丙午㉓	13乙亥22	13乙巳21	13甲戌19	**13**甲辰19	**13**甲戌18	13癸卯17	13癸酉16
14己酉26	14戊寅27	14戊申26	14丁丑25	14丁未24	14丙子23	14丙午22	14乙亥20	14乙巳⑳	14乙亥19	14甲辰18	14甲戌17
15庚戌27	15己卯28	15己酉27	15戊寅㉖	15戊申25	15丁丑24	15丁未23	15丙子21	15丙午21	15丙子20	**15**乙巳19	**15**乙亥18
16辛亥28	16庚辰29	16庚戌㉘	16己卯27	16己酉26	16戊寅25	16戊申24	16丁丑㉒	16丁未22	16丁丑21	16丙午20	16丙子⑲
《3月》	17辛巳30	17辛亥29	17庚辰28	17庚戌27	17己卯26	17己酉㉕	17戊寅23	17戊申23	17戊寅22	17丁未21	17丁丑20
17壬子 1	18壬午㉛	18壬子30	18辛巳29	18辛亥28	18庚辰27	18庚戌26	18己卯24	18己酉24	18己卯23	18戊申㉒	18戊寅21
18癸丑 2	《4月》	《5月》	19壬午30	19壬子29	19辛巳㉘	19辛亥27	19庚辰25	19庚戌25	19庚辰㉔	19己酉23	19己卯22
19甲寅③	19癸未 1	19癸丑 1	20癸未31	20癸丑㉚	20壬午29	20壬子28	20辛巳26	20辛亥26	20辛巳25	20庚戌24	20庚辰23
20乙卯 4	20甲申 2	20甲寅 2	《6月》	《7月》	21癸未30	21癸丑29	21壬午27	21壬子㉗	21壬午26	21辛亥25	21辛巳24
21丙辰 5	21乙酉 3	21乙卯 3	21甲申 1	21甲寅 1	22甲申31	22甲寅30	22癸未28	22癸丑28	22癸未27	22壬子26	22壬午25
22丁巳 6	**22**丙戌 4	**22**丙辰 4	22乙酉②	22乙卯 2	《8月》	23乙卯31	23甲申㉙	23甲寅29	23甲申28	23癸丑27	23癸未㉖
23戊午 7	23丁亥 5	23丁巳⑤	23丙戌 3	23丙辰 3	23乙酉 1	《9月》	24乙酉30	24乙卯30	24乙酉29	24甲寅28	24甲申27
24己未 8	24戊子 6	24戊午 6	**24**丁亥 4	**24**丁巳 4	24丙戌 2	24丙辰①	《10月》	25丙辰31	25丙戌30	25乙卯㉙	25乙酉28
25庚申 9	25己丑⑦	25己未 7	25戊子 5	25戊午 5	25丁亥 3	25丁巳 2	25丙戌 1	《11月》	《12月》	26丙辰30	26丙戌29
26辛酉⑩	26庚寅 8	26庚申 8	26己丑 6	26己未 6	**26**戊子④	**26**戊午 3	26丁亥 2	26丁巳 1	26丁亥①	27丁巳31	27丁亥30
27壬戌11	27辛卯 9	27辛酉 9	27庚寅 7	27庚申⑦	27己丑 5	27己未 4	27戊子 3	27戊午 2	27戊子 2	**626**年	28戊子31
28癸亥12	28壬辰10	28壬戌10	28辛卯 8	28辛酉 8	28庚寅 6	28庚申 5	**28**己丑 4	**28**己未③	28己丑 3	《1月》	《2月》
29甲子13	29癸巳11	29癸亥11	29壬辰⑨	29壬戌 9	29辛卯 7	29辛酉 6	29庚寅 5	29庚申 4	**29**庚寅 4	28戊午 1	29己丑 1
	30甲午12		30癸巳10		30壬辰 8		30辛卯⑥	30辛酉 5		29己未 2	
										30庚申 3	
雨水 5日 啓蟄 21日	春分 7日 清明 22日	穀雨 7日 立夏 22日	小満 9日 芒種 24日	夏至 9日 小暑 24日	大暑 11日 立秋 26日	処暑 11日 白露 26日	秋分 12日 寒露 28日	霜降 13日 立冬 28日	小雪 13日 大雪 29日	冬至 15日 小寒 30日	大寒 15日

推古天皇**34**年（626－627） 丙戌

1月	2月	3月	4月	5月	6月	7月	8月	9月	10月	11月	12月
1 庚寅②	1 庚申 4	1 己丑 2	1 己未 2	1 戊子31	1 戊午30	1 丁亥29	1 丁巳28	1 丙戌26	1 丙辰㉖	1 乙酉24	1 乙卯24
2 辛卯 3	**2** 辛酉 5	2 庚寅 3	2 庚申 3	《6月》	《7月》	2 戊子30	2 戊午29	2 丁亥27	2 丁巳27	2 丙戌25	2 丙辰25
3 壬辰 4	3 壬戌 6	**3** 辛卯 4	3 辛酉④	2 己丑①	2 己未 1	3 己丑31	3 己未30	3 戊子㉘	3 戊午28	3 丁亥26	3 丁巳26
4 癸巳 5	4 癸亥 7	4 壬辰 5	**4** 壬戌 5	3 庚寅 2	3 庚申 2	《8月》	4 庚寅㉛	4 己丑29	4 己未29	4 戊子27	4 戊午27
5 甲午 6	5 甲子 8	5 癸巳⑥	5 癸亥 6	4 辛卯 3	4 辛酉 3	4 庚寅 1	《9月》	5 庚寅30	5 庚申30	5 己丑28	5 己未㉘
6 乙未 7	6 乙丑⑨	6 甲午 7	6 甲子 7	**5** 壬辰 4	5 壬戌 4	5 辛卯 2	5 辛酉 1	《10月》	6 辛酉31	6 庚寅29	6 庚申29
7 丙申 8	7 丙寅10	7 乙未 8	7 乙丑 8	6 癸巳 5	**6** 癸亥 5	6 壬辰③	6 壬戌 2	6 辛卯 1	《11月》	7 辛卯㉚	7 辛酉30
8 丁酉⑨	8 丁卯11	8 丙申 9	8 丙寅 9	7 甲午 6	7 甲子⑥	**7** 癸巳 4	**7** 癸亥 3	7 壬辰 2	7 壬戌 1	《12月》	8 壬戌31
9 戊戌10	9 戊辰12	9 丁酉10	9 丁卯10	8 乙未 7	8 乙丑 7	8 甲午 5	8 甲子 4	8 癸巳 3	8 癸亥②	8 壬辰 1	**627**年
10己亥11	10己巳13	10戊戌11	10戊辰⑪	9 丙申⑧	9 丙寅 8	9 乙未 6	9 乙丑 5	**9** 甲午 4	**9** 甲子 3	9 癸巳 2	《1月》
11庚子12	11庚午14	11己亥12	11己巳12	10丁酉 9	10丁卯 9	10丙申 7	10丙寅 6	10乙未⑤	10乙丑 4	10甲午 3	9 癸亥 1
12辛丑13	12辛未15	12庚子⑬	12庚午13	11戊戌10	11戊辰10	11丁酉 8	11丁卯⑦	11丙申 6	11丙寅 5	**11**乙未 4	10甲子 2
13壬寅14	13壬申⑯	13辛丑14	13辛未14	12己亥11	12己巳11	12戊戌 9	12戊辰 8	12丁酉 7	12丁卯 6	12丙申 5	**11**乙丑 3
14癸卯15	14癸酉17	14壬寅15	14壬申15	13庚子12	13庚午12	13己亥⑩	13己巳 9	13戊戌 8	13戊辰 7	13丁酉 6	12丙寅④
15甲辰⑯	15甲戌18	15癸卯16	15癸酉16	14辛丑13	14辛未⑬	14庚子11	14庚午10	14己亥 9	14己巳 8	14戊戌⑦	13丁卯 5
16乙巳17	16乙亥19	16甲辰17	16甲戌17	15壬寅14	15壬申14	15辛丑12	15辛未11	15庚子10	15庚午⑨	15己亥 8	14戊辰 6
17丙午18	**17**丙子20	17乙巳18	17乙亥⑱	16癸卯⑮	16癸酉15	16壬寅13	16壬申12	16辛丑11	16辛未10	16庚子 9	15己巳 7
18丁未19	18丁丑21	18丙午19	18丙子19	17甲辰16	17甲戌16	17癸卯14	17癸酉13	17壬寅⑫	17壬申11	17辛丑10	16庚午 8
19戊申20	19戊寅22	**19**丁未⑳	**19**丁丑20	18乙巳17	18乙亥17	18甲辰15	18甲戌⑭	18癸卯13	18癸酉12	18壬寅11	17辛未 9
20己酉21	20己卯㉓	20戊申21	20戊寅21	19丙午18	19丙子18	19乙巳16	19乙亥15	19甲辰14	19甲戌13	19癸卯12	18壬申10
21庚戌22	21庚辰24	21己酉22	21己卯22	**20**丁未19	20丁丑19	20丙午⑰	20丙子16	20乙巳15	20乙亥14	20甲辰13	19癸酉⑪
22辛亥㉓	22辛巳25	22庚戌23	22庚辰23	21戊申20	**21**戊寅⑳	21丁未18	21丁丑17	21丙午16	21丙子15	21乙巳⑭	20甲戌12
23壬子24	23壬午26	23辛亥24	23辛巳24	22己酉21	22己卯21	**22**戊申19	22戊寅18	22丁未17	22丁丑⑯	22丙午15	21乙亥13
24癸丑25	24癸未27	24壬子25	24壬午㉕	23庚戌㉒	23庚辰22	23己酉20	**23**己卯19	23戊申18	23戊寅17	23丁未16	22丙子14
25甲寅26	25甲申28	25癸丑26	25癸未26	24辛亥23	24辛巳23	24庚戌21	24庚辰20	**24**己酉⑲	24己卯18	24戊申17	23丁丑15
26乙卯27	26乙酉29	26甲寅㉗	26甲申27	25壬子24	25壬午24	25辛亥22	25辛巳㉑	25庚戌20	**25**庚辰19	25己酉18	24戊寅16
27丙辰28	27丙戌㉚	27乙卯28	27乙酉28	26癸丑25	26癸未25	26壬子23	26壬午22	26辛亥21	26辛巳20	**26**庚戌19	25己卯17
《3月》	28丁亥31	28丙辰29	28丙戌29	27甲寅26	27甲申26	27癸丑㉔	27癸未23	27壬子22	27壬午21	27辛亥20	**26**庚辰⑱
28丁巳 1	《4月》	29丁巳30	29丁亥30	28乙卯27	28乙酉㉗	28甲寅25	28甲申24	28癸丑23	28癸未22	28壬子㉑	27辛巳19
29戊午②	29戊子 1	《5月》		29丙辰28	29丙戌28	29乙卯26	29乙酉25	29甲寅24	29甲申㉓	29癸丑22	28壬午20
30己未 3		30戊午 1		30丁巳㉙		30丙辰27		30乙卯25		30甲寅23	29癸未21
立春 1日 雨水 17日	啓蟄 2日 春分 17日	清明 3日 穀雨 19日	立夏 4日 小満 19日	芒種 5日 夏至 20日	小暑 6日 大暑 21日	立秋 7日 処暑 22日	白露 7日 秋分 23日	寒露 9日 霜降 24日	立冬 9日 小雪 25日	大雪 11日 冬至 26日	小寒 11日 大寒 26日

推古天皇35年（627－628） 丁亥

1月	2月	3月	4月	閏4月	5月	6月	7月	8月	9月	10月	11月	12月
1 甲申22	1 甲寅21	1 甲申23	1 癸丑21	1 癸未21	1 壬子19	1 壬午⑲	1 辛亥17	1 辛巳16	1 庚戌15	1 庚辰14	1 己酉⑬	1 己卯12
2 乙酉23	2 乙卯㉒	2 乙酉24	2 甲寅22	2 甲申22	2 癸丑20	2 癸未20	2 壬子18	2 壬午17	2 辛亥16	2 辛巳⑮	2 庚戌14	2 庚辰13
3 丙戌24	3 丙辰23	3 丙戌25	3 乙卯23	3 乙酉23	3 甲寅㉑	3 甲申21	3 癸丑19	3 癸未18	3 壬子17	3 壬午16	3 辛亥15	3 辛巳14
4 丁亥㉕	4 丁巳24	4 丁亥26	4 丙辰24	4 丙戌㉔	4 乙卯22	4 乙酉22	4 甲寅20	4 甲申19	4 癸丑⑱	4 癸未17	4 壬子16	4 壬午15
5 戊子26	5 戊午25	5 戊子27	5 丁巳25	5 丁亥25	5 丙辰23	5 丙戌23	5 乙卯21	5 乙酉⑳	5 甲寅19	5 甲申18	5 癸丑17	5 癸未16
6 己丑27	6 己未26	6 己丑28	6 戊午㉖	6 戊子26	6 丁巳24	6 丁亥24	6 丙辰22	6 丙戌21	6 乙卯20	6 乙酉19	6 甲寅18	6 甲申⑰
7 庚寅28	7 庚申27	7 庚寅㉙	7 己未27	7 己丑27	7 戊午25	7 戊子25	7 丁巳㉓	7 丁亥22	7 丙辰21	7 丙戌20	7 乙卯19	7 乙酉18
8 辛卯29	8 辛酉28	8 辛卯30	8 庚申28	8 庚寅28	8 己未26	8 己丑㉖	8 戊午24	8 戊子23	8 丁巳22	8 丁亥21	8 丙辰⑳	8 丙戌19
9 壬辰30	《3月》	9 壬辰31	9 辛酉29	9 辛卯29	9 庚申27	9 庚寅27	9 己未25	9 己丑24	9 戊午23	9 戊子㉒	9 丁巳21	9 丁亥20
10癸巳31	9 壬戌①	《4月》	10壬戌30	10壬辰30	10辛酉㉘	10辛卯28	10庚申26	10庚寅25	10己未24	10己丑23	10戊午22	10戊子21
《2月》	10癸亥 2	10癸巳 1	《5月》	11癸巳㉛	11壬戌29	11壬辰29	11辛酉27	11辛卯26	11庚申㉕	11庚寅24	11己未23	11己丑22
11甲午①	11甲子 3	11甲午 2	11癸亥 1	《6月》	12癸亥30	12癸巳30	12壬戌28	12壬辰㉗	12辛酉26	12辛卯25	12庚申24	12庚寅23
12乙未 2	12乙丑 4	12乙未 3	12甲子 2	12甲午 1	《7月》	13甲午31	13癸亥29	13癸巳28	13壬戌27	13壬辰26	13辛酉25	13辛卯㉔
13丙申 3	13丙寅 5	13丙申 4	13乙丑③	13乙未 2	13甲子 1	《8月》	14甲子㉚	14甲午29	14癸亥28	14癸巳27	14壬戌26	14壬辰25
14丁酉 4	14丁卯 6	14丁酉⑤	14丙寅 4	14丙申 3	14乙丑 2	14乙未 1	15乙丑31	15乙未30	15甲子29	15甲午28	15癸亥㉗	15癸巳26
15戊戌 5	15戊辰 7	15戊戌 6	15丁卯 5	15丁酉 4	15丙寅 3	15丙申②	《9月》	《10月》	16乙丑30	16乙未㉙	16甲子28	16甲午27
16己亥 6	16己巳⑧	16己亥 7	16戊辰 6	16戊戌 5	16丁卯 4	16丁酉 3	16丙寅 1	16丙申 1	17丙寅31	17丙申30	17乙丑29	17乙未28
17庚子 7	17庚午 9	17庚子 8	17己巳 7	17己亥 6	17戊辰⑤	17戊戌 4	17丁卯 2	17丁酉 2	《11月》	《12月》	18丙寅30	18丙申29
18辛丑⑧	18辛未10	18辛丑 9	18庚午 8	18庚子⑦	18己巳 6	18己亥 5	18戊辰 3	18戊戌 3	18丁卯①	18丁酉 1	19丁卯31	19丁酉30
19壬寅 9	19壬申11	19壬寅10	19辛未 9	19辛丑 8	19庚午 7	19庚子 6	19己巳 4	19己亥④	19戊辰 2	19戊戌 2	628年	20戊戌㉛
20癸卯10	20癸酉12	20癸卯11	20壬申⑩	20壬寅 9	20辛未 8	20辛丑 7	20庚午 5	20庚子 5	20己巳 3	20己亥 3	《1月》	《2月》
21甲辰11	21甲戌13	21甲辰⑫	21癸酉11	21癸卯10	21壬申 9	21壬寅 8	21辛未⑥	21辛丑 6	21庚午 4	21庚子 4	20戊辰 1	21己亥 1
22乙巳12	22乙亥14	22乙巳13	22甲戌12	22甲辰11	22癸酉10	22癸卯⑨	22壬申 7	22壬寅 7	22辛未 5	22辛丑 5	21己巳 2	22庚子 2
23丙午13	23丙子⑮	23丙午14	23乙亥13	23乙巳12	23甲戌11	23甲辰10	23癸酉 8	23癸卯 8	23壬申 6	23壬寅⑥	22庚午③	23辛丑 3
24丁未14	24丁丑16	24丁未15	24丙子14	24丙午13	24乙亥⑫	24乙巳11	24甲戌 9	24甲辰 9	24癸酉 7	24癸卯 7	23辛未 4	24壬寅 4
25戊申⑮	25戊寅17	25戊申16	25丁丑15	25丁未⑭	25丙子13	25丙午12	25乙亥10	25乙巳10	25甲戌⑧	25甲辰 8	24壬申 5	25癸卯 5
26己酉16	26己卯18	26己酉17	26戊寅16	26戊申15	26丁丑14	26丁未13	26丙子11	26丙午⑪	26乙亥 9	26乙巳 9	25癸酉 6	26甲辰 6
27庚戌17	27庚辰19	27庚戌18	27己卯⑰	27己酉16	27戊寅15	27戊申14	27丁丑12	27丁未12	27丙子10	27丙午10	26甲戌 7	27乙巳⑦
28辛亥18	28辛巳20	28辛亥⑲	28庚辰18	28庚戌17	28己卯16	28己酉15	28戊寅⑬	28戊申13	28丁丑11	28丁未11	27乙亥 8	28丙午 8
29壬子19	29壬午21	29壬子20	29辛巳19	29辛亥18	29庚辰17	29庚戌⑯	29己卯14	29己酉14	29戊寅12	29戊申12	28丙子 9	29丁未 9
30癸丑20	30癸未㉒		30壬午20		30辛巳18		30庚辰15		30己卯13		29丁丑⑩	
											30戊寅11	

立春 13日	啓蟄 13日	清明 14日	立夏 15日	芒種15日	夏至 2日	大暑 2日	処暑 4日	秋分 4日	霜降 5日	小雪 6日	冬至 7日	大寒 8日
雨水 28日	春分 28日	穀雨 29日	小満 30日		小暑 17日	立秋 17日	白露 19日	寒露 19日	立冬 21日	大雪 21日	小寒 22日	立春 23日

推古天皇36年（628－629） 戊子

1月	2月	3月	4月	5月	6月	7月	8月	9月	10月	11月	12月
1 戊申10	1 戊寅11	1 丁未 9	1 丁丑 9	1 丙午 7	1 丙子 7	1 丙午 6	1 乙亥④	1 乙巳 4	1 甲戌 2	1 甲辰 2	1 癸酉31
2 己酉11	2 己卯12	2 戊申⑩	2 戊寅10	2 丁未 8	2 丁丑 8	2 丁未⑦	2 丙子 5	2 丙午 5	2 乙亥 3	2 乙巳 3	629年
3 庚戌12	3 庚辰⑬	3 己酉11	3 己卯11	3 戊申 9	3 戊寅 9	3 戊申 8	3 丁丑 6	3 丁未 6	3 丙子 4	3 丙午④	《1月》
4 辛亥13	4 辛巳14	4 庚戌12	4 庚辰12	4 己酉10	4 己卯⑩	4 己酉 9	4 戊寅 7	4 戊申 7	4 丁丑 5	4 丁未 5	2 甲戌①
5 壬子⑭	5 壬午15	5 辛亥13	5 辛巳13	5 庚戌11	5 庚辰11	5 庚戌10	5 己卯 8	5 己酉 8	5 戊寅⑥	5 戊申 6	3 乙亥 2
6 癸丑15	6 癸未16	6 壬子14	6 壬午14	6 辛亥⑫	6 辛巳12	6 辛亥11	6 庚辰 9	6 庚戌⑨	6 己卯 7	6 己酉 7	4 丙子 3
7 甲寅16	7 甲申17	7 癸丑15	7 癸未⑮	7 壬子13	7 壬午13	7 壬子12	7 辛巳10	7 辛亥10	7 庚辰 8	7 庚戌 8	5 丁丑 4
8 乙卯17	8 乙酉18	8 甲寅16	8 甲申16	8 癸丑14	8 癸未14	8 癸丑13	8 壬午⑪	8 壬子11	8 辛巳 9	8 辛亥 9	6 戊寅 5
9 丙辰18	9 丙戌19	9 乙卯⑰	9 乙酉17	9 甲寅15	9 甲申15	9 甲寅⑭	9 癸未12	9 癸丑12	9 壬午10	9 壬子10	7 己卯 6
10丁巳19	10丁亥⑳	10丙辰18	10丙戌18	10乙卯16	10乙酉16	10乙卯15	10甲申13	10甲寅13	10癸未11	10癸丑⑪	8 庚辰 7
11戊午20	11戊子21	11丁巳19	11丁亥19	11丙辰17	11丙戌⑰	11丙辰16	11乙酉14	11乙卯14	11甲申12	11甲寅12	9 辛巳⑧
12己未㉑	12己丑22	12戊午20	12戊子20	12丁巳18	12丁亥18	12丁巳17	12丙戌15	12丙辰15	12乙酉⑬	12乙卯13	10壬午 9
13庚申22	13庚寅23	13己未21	13己丑21	13戊午⑲	13戊子19	13戊午18	13丁亥16	13丁巳⑯	13丙戌14	13丙辰14	11癸未10
14辛酉23	14辛卯24	14庚申22	14庚寅㉒	14己未20	14己丑20	14己未19	14戊子17	14戊午17	14丁亥15	14丁巳15	12甲申11
15壬戌24	15壬辰25	15辛酉23	15辛卯23	15庚申21	15庚寅21	15庚申20	15己丑⑱	15己未18	15戊子16	15戊午16	13乙酉12
16癸亥25	16癸巳26	16壬戌㉔	16壬辰24	16辛酉22	16辛卯22	16辛酉㉑	16庚寅19	16庚申19	16己丑17	16己未17	14丙戌13
17甲子26	17甲午㉗	17癸亥25	17癸巳25	17壬戌23	17壬辰23	17壬戌22	17辛卯20	17辛酉20	17庚寅18	17庚申⑱	15丁亥14
18乙丑27	18乙未28	18甲子26	18甲午26	18癸亥24	18癸巳㉔	18癸亥23	18壬辰21	18壬戌21	18辛卯19	18辛酉19	16戊子⑮
19丙寅㉘	19丙申29	19乙丑27	19乙未27	19甲子25	19甲午25	19甲子24	19癸巳22	19癸亥22	19壬辰⑳	19壬戌20	17己丑16
20丁卯29	20丁酉30	20丙寅28	20丙申28	20乙丑㉖	20乙未26	20乙丑25	20甲午23	20甲子㉓	20癸巳21	20癸亥21	18庚寅17
《3月》	21戊戌31	21丁卯29	21丁酉㉙	21丙寅27	21丙申27	21丙寅26	21乙未24	21乙丑24	21甲午22	21甲子22	19辛卯18
21戊辰 1	《4月》	22戊辰30	22戊戌30	22丁卯28	22丁酉28	22丁卯27	22丙申㉕	22丙寅25	22乙未23	22乙丑23	20壬辰19
22己巳 2	22己亥 1	《5月》	23己亥31	23戊辰29	23戊戌29	23戊辰㉘	23丁酉26	23丁卯26	23丙申24	23丙寅24	21癸巳20
23庚午 3	23庚子 2	23己巳①	《6月》	24己巳30	24己亥30	24己巳29	24戊戌27	24戊辰27	24丁酉25	24丁卯㉕	22甲午21
24辛未 4	24辛丑③	24庚午 2	24庚子 1	《7月》	25庚子㉛	25庚午30	25己亥28	25己巳28	25戊戌26	25戊辰26	23乙未㉒
25壬申 5	25壬寅 4	25辛未 3	25辛丑 2	25庚午 1	《8月》	26辛未31	26庚子29	26庚午29	26己亥㉗	26己巳27	24丙申23
26癸酉⑥	26癸卯 5	26壬申 4	26壬寅 3	26辛未 2	26辛丑 1	《9月》	27辛丑30	27辛未㉚	27庚子28	27庚午28	25丁酉24
27甲戌 7	27甲辰 6	27癸酉 5	27癸卯 4	27壬申③	27壬寅 2	27壬申 1	《10月》	28壬申31	28辛丑29	28辛未29	26戊戌25
28乙亥 8	28乙巳 7	28甲戌 6	28甲辰⑤	28癸酉 4	28癸卯 3	28癸酉 2	28壬寅 1	《11月》	29壬寅30	29壬申30	27己亥26
29丙子 9	29丙午 8	29乙亥 7	29乙巳 6	29甲戌 5	29甲辰 4	29甲戌 3	29癸卯②	29癸酉 1	《12月》		28庚子27
30丁丑10		30丙子⑧		30乙亥 6	30乙巳 5		30甲辰 3		30癸卯 1		29辛丑28
											30壬寅㉙

雨水 9日	春分 10日	穀雨 11日	小満 11日	夏至 13日	大暑 13日	処暑 14日	秋分 15日	霜降 16日	立冬 2日	大雪 2日	小寒 4日
啓蟄 24日	清明 25日	立夏 26日	芒種 27日	小暑 28日	立秋 29日	白露 29日	寒露 30日		小雪 17日	冬至 18日	大寒 19日

舒明天皇元年（629－630） 己丑

1月	2月	3月	4月	5月	6月	7月	8月	9月	10月	11月	12月	閏12月
1 癸卯 30	1 壬申 28	1 壬寅 30	1 辛未 28	1 辛丑 ㉘	1 庚午 26	1 庚子 26	1 己巳 24	1 己亥 23	1 己巳 23	1 戊戌 21	1 戊辰 21	1 丁酉 19
2 甲辰 31	《3月》	2 癸卯 31	2 壬申 29	2 壬寅 29	2 辛未 27	2 辛丑 27	2 庚午 25	2 庚子 ㉔	2 庚午 24	2 己亥 22	2 己巳 22	2 戊戌 20
《2月》	2 癸酉 1	《4月》	3 癸酉 ㉚	3 癸卯 30	3 壬申 28	3 壬寅 28	3 辛未 26	3 辛丑 25	3 辛未 25	3 庚子 23	3 庚午 23	3 己亥 ㉑
3 乙巳 1	3 甲戌 2	3 甲辰 1	《5月》	4 甲辰 31	4 癸酉 29	4 癸卯 29	4 壬申 ㉗	4 壬寅 26	4 壬申 26	4 辛丑 24	4 辛未 ㉔	4 庚子 22
4 丙午 2	4 乙亥 3	4 乙巳 ②	4 甲戌 1	《6月》	5 甲戌 30	5 甲辰 ㉚	5 癸酉 28	5 癸卯 27	5 癸酉 27	5 壬寅 25	5 壬申 25	5 辛丑 23
5 丁未 3	5 丙子 4	5 丙午 3	5 乙亥 2	5 乙巳 1	《7月》	6 乙巳 31	6 甲戌 29	6 甲辰 28	6 甲戌 28	6 癸卯 ㉖	6 癸酉 26	6 壬寅 24
6 戊申 4	**6** 丁丑 ⑤	**6** 丁未 4	6 丙子 3	6 丙午 2	6 乙亥 1	《8月》	7 乙亥 30	7 乙巳 29	7 乙亥 ㉙	7 甲辰 27	7 甲戌 27	7 癸卯 25
7 己酉 ⑤	7 戊寅 6	7 戊申 5	**7** 丁丑 4	7 丁未 3	7 丙子 ②	7 丙午 1	8 丙子 31	8 丙午 30	8 丙子 30	8 乙巳 28	8 乙亥 28	8 甲辰 26
8 庚戌 6	8 己卯 7	8 己酉 6	8 戊寅 5	**8** 戊申 ④	8 丁丑 3	8 丁未 2	《9月》	《10月》	9 丁丑 31	9 丙午 29	9 丙子 29	9 乙巳 27
9 辛亥 7	9 庚辰 8	9 庚戌 7	9 己卯 6	9 己酉 5	**9** 戊寅 4	9 戊申 3	9 丁丑 1	9 丁未 ①	《11月》	10 丁未 30	10 丁丑 30	10 丙午 ㉘
10 壬子 8	10 辛巳 9	10 辛亥 8	10 庚辰 ⑦	10 庚戌 6	10 己卯 5	**10** 己酉 4	10 戊寅 2	10 戊申 2	10 戊寅 1	《12月》	11 戊寅 ㉛	11 丁未 29
11 癸丑 9	11 壬午 10	11 壬子 ⑨	11 辛巳 8	11 辛亥 7	11 庚辰 6	11 庚戌 5	**11** 己卯 ③	11 己酉 3	11 己卯 2	11 戊申 1	**630 年**	12 戊申 30
12 甲寅 10	12 癸未 11	12 癸丑 10	12 壬午 9	12 壬子 8	12 辛巳 7	12 辛亥 ⑥	12 庚辰 4	**12** 庚戌 4	**12** 庚辰 3	12 己酉 2	《1月》	13 己酉 31
13 乙卯 11	13 甲申 ⑫	13 甲寅 11	13 癸未 10	13 癸丑 9	13 壬午 8	13 壬子 7	13 辛巳 5	13 辛亥 5	13 辛巳 4	13 庚戌 ③	12 己卯 1	《2月》
14 丙辰 ⑫	14 乙酉 13	14 乙卯 12	14 甲申 11	14 甲寅 10	14 癸未 ⑨	14 癸丑 8	14 壬午 6	14 壬子 6	14 壬午 ⑤	**14** 辛亥 4	13 庚辰 2	14 庚戌 1
15 丁巳 13	15 丙戌 14	15 丙辰 13	15 乙酉 12	15 乙卯 ⑪	15 甲申 10	15 甲寅 9	15 癸未 7	15 癸丑 7	15 癸未 6	15 壬子 5	**14** 辛巳 3	**15** 辛亥 2
16 戊午 14	16 丁亥 15	16 丁巳 14	16 丙戌 13	16 丙辰 12	16 乙酉 11	16 乙卯 10	16 甲申 8	16 甲寅 ⑧	16 甲申 7	16 癸丑 6	15 壬午 4	16 壬子 3
17 己未 15	17 戊子 16	17 戊午 15	17 丁亥 ⑭	17 丁巳 13	17 丙戌 12	17 丙辰 11	17 乙酉 9	17 乙卯 9	17 乙酉 8	17 甲寅 7	16 癸未 5	17 癸丑 ④
18 庚申 16	18 己丑 17	18 己未 ⑯	18 戊子 15	18 戊午 14	18 丁亥 13	18 丁巳 12	18 丙戌 ⑩	18 丙辰 10	18 丙戌 9	18 乙卯 8	17 甲申 6	18 甲寅 5
19 辛酉 17	19 庚寅 18	19 庚申 17	19 己丑 16	19 己未 15	19 戊子 14	19 戊午 ⑬	19 丁亥 11	19 丁巳 11	19 丁亥 10	19 丙辰 9	18 乙酉 ⑦	19 乙卯 6
20 壬戌 18	20 辛卯 ⑲	20 辛酉 18	20 庚寅 17	20 庚申 16	20 己丑 15	20 己未 14	20 戊子 12	20 戊午 12	20 戊子 11	20 丁巳 ⑩	19 丙戌 8	20 丙辰 7
21 癸亥 ⑲	**21** 壬辰 20	**21** 壬戌 19	21 辛卯 18	21 辛酉 17	21 庚寅 ⑯	21 庚申 15	21 己丑 13	21 己未 13	21 己丑 ⑫	21 戊午 11	20 丁亥 9	21 丁巳 8
22 甲子 20	22 癸巳 21	22 癸亥 20	22 壬辰 19	22 壬戌 ⑱	22 辛卯 17	22 辛酉 16	22 庚寅 14	22 庚申 14	22 庚寅 13	22 己未 12	21 戊子 10	22 戊午 9
23 乙丑 21	23 甲午 22	23 甲子 21	**23** 癸巳 20	**23** 癸亥 19	23 壬辰 18	23 壬戌 17	23 辛卯 15	23 辛酉 ⑮	23 辛卯 14	23 庚申 13	22 己丑 11	23 己未 10
24 丙寅 22	24 乙未 23	24 乙丑 22	24 甲午 ㉑	24 甲子 20	24 癸巳 19	24 癸亥 18	24 壬辰 16	24 壬戌 16	24 壬辰 15	24 辛酉 14	23 庚寅 12	24 庚申 ⑪
25 丁卯 23	25 丙申 24	25 丙寅 ㉓	25 乙未 22	25 乙丑 21	**25** 甲午 20	**25** 甲子 19	25 癸巳 ⑰	25 癸亥 17	25 癸巳 16	25 壬戌 15	24 辛卯 13	25 辛酉 12
26 戊辰 24	26 丁酉 25	26 丁卯 24	26 丙申 23	26 丙寅 22	26 乙未 21	26 乙丑 ⑳	**26** 甲午 18	26 甲子 18	26 甲午 17	26 癸亥 16	25 壬辰 ⑭	26 壬戌 13
27 己巳 25	27 戊戌 ㉖	27 戊辰 25	27 丁酉 24	27 丁卯 23	27 丙申 22	27 丙寅 21	27 乙未 19	**27** 乙丑 19	**27** 乙未 18	27 甲子 ⑰	26 癸巳 15	27 癸亥 14
28 庚午 ㉖	28 己亥 27	28 己巳 26	28 戊戌 25	28 戊辰 24	28 丁酉 ㉓	28 丁卯 22	28 丙申 20	28 丙寅 20	28 丙申 ⑲	28 乙丑 18	27 甲午 16	28 甲子 15
29 辛未 27	29 庚子 28	29 庚午 27	29 己亥 26	29 己巳 ㉕	29 戊戌 24	29 戊辰 23	29 丁酉 21	29 丁卯 21	29 丁酉 20	**29** 丙寅 19	28 乙未 17	29 乙丑 16
	30 辛丑 29		30 庚子 27		30 己亥 25		30 戊戌 22	30 戊辰 ㉒		30 丁卯 20	**29** 丙申 18	30 丙寅 17
立春 4日	啓蟄 6日	清明 6日	立夏 7日	芒種 8日	小暑 9日	立秋 10日	白露 11日	寒露 12日	立冬 12日	大雪 14日	小寒 14日	立春15日
雨水 19日	春分 21日	穀雨 21日	小満 23日	夏至 23日	大暑 25日	処暑 25日	秋分 26日	霜降 27日	小雪 27日	冬至 29日	大寒 29日	

舒明天皇2年（630－631） 庚寅

1月	2月	3月	4月	5月	6月	7月	8月	9月	10月	11月	12月
1 丁卯 ⑱	1 丙申 19	1 丙寅 18	1 乙未 17	1 乙丑 16	1 甲午 ⑮	1 甲子 14	1 癸巳 12	1 癸亥 12	1 壬辰 10	1 壬戌 10	1 辛卯 8
2 戊辰 19	**2** 丁酉 20	**2** 丁卯 19	2 丙申 18	2 丙寅 ⑰	2 乙未 16	2 乙丑 15	2 甲午 13	2 甲子 13	2 癸巳 ⑪	2 癸亥 11	2 壬辰 9
3 己巳 20	3 戊戌 21	3 戊辰 20	3 丁酉 19	3 丁卯 18	3 丙申 17	3 丙寅 16	3 乙未 14	3 乙丑 ⑭	3 甲午 12	3 甲子 12	3 癸巳 10
4 庚午 21	4 己亥 22	4 己巳 21	**4** 戊戌 ⑳	**4** 戊辰 19	4 丁酉 18	4 丁卯 17	4 丙申 15	4 丙寅 15	4 乙未 13	4 乙丑 13	4 甲午 11
5 辛未 22	5 庚子 23	5 庚午 ㉒	5 己亥 21	5 己巳 20	5 戊戌 19	5 戊辰 18	5 丁酉 ⑯	5 丁卯 16	5 丙申 14	5 丙寅 14	5 乙未 12
6 壬申 23	6 辛丑 24	6 辛未 23	6 庚子 22	6 庚午 21	**6** 己亥 20	**6** 己巳 ⑲	6 戊戌 17	6 戊辰 17	6 丁酉 15	6 丁卯 15	6 丙申 ⑬
7 癸酉 24	7 壬寅 ㉕	7 壬申 24	7 辛丑 23	7 辛未 22	7 庚子 21	7 庚午 20	7 己亥 18	7 己巳 18	7 戊戌 16	7 戊辰 ⑯	7 丁酉 14
8 甲戌 ㉕	8 癸卯 26	8 癸酉 25	8 壬寅 24	8 壬申 23	8 辛丑 ㉒	8 辛未 21	**8** 庚子 19	**8** 庚午 19	8 己亥 17	8 己巳 17	8 戊戌 15
9 乙亥 26	9 甲辰 27	9 甲戌 26	9 癸卯 25	9 癸酉 ㉔	9 壬寅 23	9 壬申 22	9 辛丑 20	9 辛未 20	9 庚子 ⑱	9 庚午 18	9 己亥 16
10 丙子 27	10 乙巳 28	10 乙亥 27	10 甲辰 26	10 甲戌 25	10 癸卯 24	10 癸酉 23	10 壬寅 21	10 壬申 ㉑	**10** 辛丑 19	**10** 辛未 19	10 庚子 17
11 丁丑 28	11 丙午 29	11 丙子 28	11 乙巳 ㉗	11 乙亥 26	11 甲辰 25	11 甲戌 24	11 癸卯 22	11 癸酉 22	11 壬寅 20	11 壬申 20	**11** 辛丑 18
《3月》	12 丁未 30	12 丁丑 ㉙	12 丙午 28	12 丙子 27	12 乙巳 26	12 乙亥 25	12 甲辰 ㉓	12 甲戌 23	12 癸卯 21	12 癸酉 21	12 壬寅 19
12 戊寅 1	13 戊申 31	13 戊寅 30	13 丁未 29	13 丁丑 28	13 丙午 27	13 丙子 ㉖	13 乙巳 24	13 乙亥 24	13 甲辰 22	13 甲戌 22	13 癸卯 ⑳
13 己卯 2	《4月》	《5月》	14 戊申 30	14 戊寅 29	14 丁未 28	14 丁丑 27	14 丙午 25	14 丙子 25	14 乙巳 23	14 乙亥 ㉓	14 甲辰 21
14 庚辰 3	14 己酉 ①	14 己卯 1	15 己酉 31	15 己卯 30	15 戊申 ㉙	15 戊寅 28	15 丁未 26	15 丁丑 26	15 丙午 24	15 丙子 24	15 乙巳 22
15 辛巳 ④	15 庚戌 2	15 庚辰 2	《6月》	《7月》	16 己酉 30	16 己卯 29	16 戊申 27	16 戊寅 27	16 丁未 ㉕	16 丁丑 25	16 丙午 23
16 壬午 5	16 辛亥 3	16 辛巳 3	16 庚戌 1	16 庚辰 ①	17 庚戌 31	17 庚辰 30	17 己酉 28	17 己卯 ㉘	17 戊申 26	17 戊寅 26	17 丁未 24
17 癸未 6	**17** 壬子 4	17 壬午 4	17 辛亥 2	17 辛巳 2	《8月》	18 辛巳 31	18 庚戌 29	18 庚辰 29	18 己酉 27	18 己卯 27	18 戊申 25
18 甲申 7	18 癸丑 5	**18** 癸未 5	18 壬子 ③	18 壬午 3	18 辛亥 1	《9月》	19 辛亥 ㉚	19 辛巳 30	19 庚戌 28	19 庚辰 28	19 己酉 26
19 乙酉 8	19 甲寅 6	19 甲申 ⑥	**19** 癸丑 4	19 癸未 4	19 壬子 2	19 壬午 1	《10月》	20 壬午 31	20 辛亥 29	20 辛巳 29	20 庚戌 ㉗
20 丙戌 9	20 乙卯 7	20 乙酉 7	20 甲寅 5	**20** 甲申 5	20 癸丑 3	20 癸未 ②	20 壬子 1	《11月》	21 壬子 30	21 壬午 ㉚	21 辛亥 28
21 丁亥 10	21 丙辰 ⑧	21 丙戌 8	21 乙卯 6	21 乙酉 6	**21** 甲寅 4	**21** 甲申 3	21 癸丑 2	21 癸未 1	《12月》	22 癸未 31	22 壬子 29
22 戊子 ⑪	22 丁巳 9	22 丁亥 9	22 丙辰 7	22 丙戌 7	22 乙卯 ⑤	22 乙酉 4	22 甲寅 3	22 甲申 2	22 癸丑 1	**631 年**	23 癸丑 30
23 己丑 12	23 戊午 10	23 戊子 10	23 丁巳 8	23 丁亥 ⑧	23 丙辰 6	23 丙戌 5	**23** 乙卯 4	**23** 乙酉 3	23 甲寅 ②	《1月》	24 甲寅 31
24 庚寅 13	24 己未 11	24 己丑 11	24 戊午 9	24 戊子 9	24 丁巳 7	24 丁亥 6	24 丙辰 5	24 丙戌 ④	24 乙卯 3	23 甲申 1	《2月》
25 辛卯 14	25 庚申 12	25 庚寅 12	25 己未 ⑩	25 己丑 10	25 戊午 8	25 戊子 7	25 丁巳 6	25 丁亥 5	**25** 丙辰 4	24 乙酉 2	25 乙卯 1
26 壬辰 15	26 辛酉 13	26 辛卯 ⑬	26 庚申 11	26 庚寅 11	26 己未 9	26 己丑 8	26 戊午 ⑦	26 戊子 6	26 丁巳 5	**25** 丙戌 3	26 丙辰 2
27 癸巳 16	27 壬戌 14	27 壬辰 14	27 辛酉 12	27 辛卯 12	27 庚申 10	27 庚寅 ⑨	27 己未 8	27 己丑 7	27 戊午 6	26 丁亥 4	**27** 丁巳 ③
28 甲午 17	28 癸亥 ⑮	28 癸巳 15	28 壬戌 13	28 壬辰 13	28 辛酉 11	28 辛卯 10	28 庚申 9	28 庚寅 8	28 己未 7	27 戊子 5	28 戊午 4
29 乙未 ⑱	29 甲子 16	29 甲午 16	29 癸亥 14	29 癸巳 14	29 壬戌 ⑫	29 壬辰 11	29 辛酉 10	29 辛卯 9	29 庚申 8	28 己丑 ⑥	29 己未 5
	30 乙丑 17		30 甲子 15		30 癸亥 13		30 壬戌 11		30 辛酉 ⑨	29 庚寅 7	30 庚申 6
雨水 1日	春分 2日	穀雨 2日	小満 4日	夏至 4日	大暑 6日	処暑 6日	秋分 8日	霜降 8日	小雪 10日	冬至 10日	大寒 11日
啓蟄 16日	清明 17日	立夏 18日	芒種 19日	小暑 20日	立秋 21日	白露 21日	寒露 23日	立冬 23日	大雪 25日	小寒 25日	立春 27日

舒明天皇3年（631－632） 辛卯

1月	2月	3月	4月	5月	6月	7月	8月	9月	10月	11月	12月
1辛酉7	1辛卯9	1庚申⑦	1庚寅7	1己未5	**1**己丑5	1戊午3	1戊子2	《10月》	1丁亥31	1丙辰29	1丙戌㉙
2壬戌8	2壬辰⑩	2辛酉8	2辛卯8	2庚申6	2庚寅6	**2**己未④	2己丑3	1丁巳1	《11月》	2丁巳30	2丁亥30
3癸亥9	3癸巳11	3壬戌9	3壬辰9	3辛酉7	3辛卯⑦	3庚申5	**3**庚寅4	2戊午2	2戊子1	《12月》	3戊子31
4甲子⑩	4甲午12	4癸亥10	4癸巳10	4壬戌8	4壬辰8	4辛酉6	4辛卯5	3己未3	3己丑2	3戊午①	**632年**
5乙丑11	5乙未13	5甲子11	5甲午11	5癸亥⑨	5癸巳9	5壬戌7	5壬辰6	**4**庚申4	4庚寅③	4己未2	《1月》
6丙寅12	6丙申14	6乙丑12	6乙未⑫	6甲子10	6甲午10	6癸亥8	6癸巳7	5辛酉5	**5**辛卯4	5庚申3	4己丑1
7丁卯13	7丁酉15	7丙寅13	7丙申13	7乙丑11	7乙未11	7甲子9	7甲午⑧	6壬戌⑥	6壬辰5	**6**辛酉4	5庚寅2
8戊辰14	8戊戌16	8丁卯⑭	8丁酉14	8丙寅12	8丙申12	8乙丑10	8乙未9	7癸亥7	7癸巳6	7壬戌5	**6**辛卯3
9己巳15	9己亥⑰	9戊辰15	9戊戌15	9丁卯13	9丁酉13	9丙寅⑪	9丙申10	8甲子8	8甲午7	8癸亥6	7壬辰4
10庚午16	10庚子18	10己巳16	10己亥16	10戊辰14	10戊戌⑭	10丁卯12	10丁酉11	9乙丑9	9乙未8	9甲子7	8癸巳⑤
11辛未⑰	11辛丑19	11庚午17	11庚子17	11己巳15	11己亥15	11戊辰13	11戊戌12	10丙寅10	10丙申9	10乙丑⑧	9甲午6
12壬申18	**12**壬寅20	12辛未18	12辛丑18	12庚午⑯	12庚子16	12己巳14	12己亥13	11丁卯11	11丁酉⑩	11丙寅9	10乙未7
13癸酉19	13癸卯21	13壬申19	13壬寅⑲	13辛未17	13辛丑17	13庚午15	13庚子14	12戊辰12	12戊戌11	12丁卯10	11丙申8
14甲戌20	14甲辰22	**14**癸酉20	**14**癸卯20	14壬申18	14壬寅18	14辛未16	14辛丑⑮	13己巳⑬	13己亥12	13戊辰11	12丁酉9
15乙亥21	15乙巳23	15甲戌㉑	15甲辰21	15癸酉19	15癸卯19	15壬申17	15壬寅16	14庚午14	14庚子13	14己巳12	13戊戌10
16丙子22	16丙午㉔	16乙亥22	16乙巳22	**16**甲戌20	**16**甲辰20	16癸酉⑱	16癸卯17	15辛未15	15辛丑14	15庚午13	14己亥11
17丁丑23	17丁未25	17丙子23	17丙午23	17乙亥21	17乙巳㉑	**17**甲戌19	17甲辰18	16壬申16	16壬寅15	16辛未14	15庚子⑫
18戊寅㉔	18戊申26	18丁丑24	18丁未24	18丙子22	18丙午22	18乙亥20	**18**乙巳19	17癸酉17	17癸卯16	17壬申⑮	16辛丑13
19己卯25	19己酉27	19戊寅25	19戊申25	19丁丑㉓	19丁未23	19丙子21	19丙午20	18甲戌18	18甲辰⑰	18癸酉16	17壬寅14
20庚辰26	20庚戌28	20己卯26	20己酉㉖	20戊寅24	20戊申24	20丁丑22	20丁未21	**19**乙亥19	19乙巳18	19甲戌17	18癸卯15
21辛巳27	21辛亥29	21庚辰27	21庚戌27	21己卯25	21己酉25	21戊寅23	21戊申㉒	20丙子⑳	**20**丙午19	20乙亥18	19甲辰16
22壬午28	22壬子30	22辛巳㉘	22辛亥28	22庚辰26	22庚戌26	22己卯24	22己酉23	21丁丑21	21丁未20	**21**丙子19	20乙巳17
《3月》	23癸丑㉛	23壬午29	23壬子29	23辛巳27	23辛亥27	23庚辰㉕	23庚戌24	22戊寅22	22戊申21	22丁丑20	21丙午18
23癸未1	《4月》	24癸未30	24癸丑30	24壬午28	24壬子㉘	24辛巳26	24辛亥25	23己卯23	23己酉22	23戊寅21	**22**丁未⑲
24甲申2	24甲寅1	《5月》	25甲寅31	25癸未29	25癸丑29	25壬午27	25壬子26	24庚辰24	24庚戌23	24己卯㉒	23戊申20
25乙酉③	25乙卯2	25甲申1	《6月》	26甲申㉚	26甲寅30	26癸未28	26癸丑27	25辛巳25	25辛亥㉔	25庚辰23	24己酉21
26丙戌4	26丙辰3	26乙酉2	26乙卯1	《7月》	27乙卯31	27甲申29	27甲寅28	26壬午26	26壬子25	26辛巳24	25庚戌22
27丁亥5	27丁巳4	27丙戌3	27丙辰②	27乙酉1	《8月》	28乙酉30	28乙卯㉙	27癸未㉗	27癸丑26	27壬午25	26辛亥23
28戊子6	**28**戊午5	28丁亥4	28丁巳3	28丙戌2	28丙辰1	29丙戌31	29丙辰30	28甲申28	28甲寅27	28癸未26	27壬子24
29己丑7	29己未6	**29**戊子⑤	**29**戊午4	29丁亥3	29丁巳2	《9月》		29乙酉29	29乙卯28	29甲申27	28癸丑25
30庚寅8		30己丑6		30戊子4		30丁亥①		30丙戌30		30乙酉28	29甲寅㉖
雨水12日 啓蟄27日	春分12日 清明28日	穀雨14日 立夏29日	小満14日 芒種29日	夏至16日	小暑1日 大暑16日	立秋2日 処暑17日	白露3日 秋分18日	寒露4日 霜降19日	立冬5日 小雪20日	大雪6日 冬至21日	小寒6日 大寒22日

舒明天皇4年（632－633） 壬辰

1月	2月	3月	4月	5月	6月	7月	8月	閏8月	9月	10月	11月	12月
1乙卯27	1乙酉26	1甲寅26	1甲申25	1癸丑㉔	1癸未23	1癸丑23	1壬午21	1壬子⑳	**1**辛巳19	**1**辛亥18	1庚辰17	1庚戌16
2丙辰28	2丙戌27	2乙卯27	2乙酉㉖	2甲寅25	2甲申24	2甲寅24	2癸未22	2癸丑21	2壬午20	2壬子19	**2**辛巳18	2辛亥⑰
3丁巳29	3丁亥28	3丙辰28	3丙戌27	3乙卯26	3乙酉25	3乙卯25	3甲申㉓	3甲寅22	3癸未21	3癸丑20	3壬午19	**3**壬子18
4戊午30	4戊子29	4丁巳㉙	4丁亥28	4丙辰27	4丙戌26	4丙辰㉖	4乙酉24	4乙卯23	4甲申22	4甲寅21	4癸未⑳	4癸丑19
5己未31	《3月》	5戊午30	5戊子29	5丁巳28	5丁亥27	5丁巳27	5丙戌25	5丙辰24	5乙酉23	5乙卯㉒	5甲申21	5甲寅20
《2月》	5己丑①	6己未31	6己丑30	6戊午29	6戊子㉘	6戊午28	6丁亥26	6丁巳25	6丙戌24	6丙辰23	6乙酉22	6乙卯21
6庚申1	6庚寅2	《4月》	《5月》	7己未30	7己丑29	7己未29	7戊子27	7戊午26	7丁亥㉕	7丁巳24	7丙戌23	7丙辰22
7辛酉②	7辛卯3	7庚申1	7庚寅1	8庚申㉛	8庚寅30	8庚申30	8己丑28	8己未㉗	8戊子26	8戊午25	8丁亥24	8丁巳23
8壬戌3	**8**壬辰4	8辛酉2	8辛卯2	《6月》	《7月》	9辛酉31	9庚寅29	9庚申28	9己丑27	9己未26	9戊子25	9戊午㉔
9癸亥4	9癸巳5	9壬戌3	9壬辰③	9辛酉1	9辛卯1	《8月》	10辛卯㉚	10辛酉29	10庚寅28	10庚申27	10己丑26	10己未25
10甲子5	10甲午6	**10**癸亥4	**10**癸巳4	10壬戌2	10壬辰2	10壬戌1	11壬辰31	11壬戌30	11辛卯29	11辛酉28	11庚寅㉗	11庚申26
11乙丑6	11乙未7	11甲子⑤	11甲午5	11癸亥3	11癸巳3	11癸亥②	《9月》	《10月》	12壬辰30	12壬戌㉙	12辛卯28	12辛酉27
12丙寅7	12丙申⑧	12乙丑6	12乙未6	**12**甲子4	**12**甲午4	12甲子3	12癸巳1	12癸亥1	13癸巳31	13癸亥30	13壬辰29	13壬戌28
13丁卯8	13丁酉9	13丙寅7	13丙申7	13乙丑5	13乙未⑤	**13**乙丑4	13甲午2	13甲子2	《11月》	《12月》	14癸巳30	14癸亥29
14戊辰⑨	14戊戌10	14丁卯8	14丁酉8	14丙寅6	14丙申6	14丙寅5	**14**乙未3	**14**乙丑3	14甲午①	14甲子1	15甲午31	15甲子30
15己巳10	15己亥11	15戊辰9	15戊戌9	15丁卯⑦	15丁酉7	15丁卯6	15丙申4	15丙寅④	15乙未2	15乙丑2	**633年**	16乙丑㉛
16庚午11	16庚子12	16己巳10	16己亥⑩	16戊辰8	16戊戌8	16戊辰7	16丁酉5	16丁卯5	**16**丙申3	**16**丙寅3	《1月》	《2月》
17辛未12	17辛丑13	17庚午11	17庚子11	17己巳9	17己亥9	17己巳8	17戊戌⑥	17戊辰6	17丁酉4	17丁卯4	16乙未1	17丙寅1
18壬申13	18壬寅14	18辛未⑫	18辛丑12	18庚午10	18庚子10	18庚午⑨	18己亥7	18己巳7	18戊戌5	18戊辰5	17丙申2	**18**丁卯2
19癸酉14	19癸卯⑮	19壬申13	19壬寅13	19辛未11	19辛丑11	19辛未10	19庚子8	19庚午8	19己亥6	19己巳⑥	**18**丁酉③	19戊辰3
20甲戌15	20甲辰16	20癸酉14	20癸卯14	20壬申12	20壬寅⑫	20壬申11	20辛丑9	20辛未9	20庚子7	20庚午7	19戊戌4	20己巳4
21乙亥⑯	21乙巳17	21甲戌15	21甲辰15	21癸酉13	21癸卯13	21癸酉12	21壬寅10	21壬申10	21辛丑⑧	21辛未8	20己亥5	21庚午5
22丙子17	22丙午18	22乙亥16	22乙巳16	22甲戌⑭	22甲辰14	22甲戌13	22癸卯11	22癸酉⑪	22壬寅9	22壬申9	21庚子6	22辛未6
23丁丑18	23丁未19	23丙子17	23丙午⑰	23乙亥15	23乙巳15	23乙亥14	23甲辰12	23甲戌12	23癸卯10	23癸酉10	22辛丑7	23壬申⑦
24戊寅19	**24**戊申20	24丁丑18	24丁未18	24丙子16	24丙午16	24丙子15	24乙巳⑬	24乙亥13	24甲辰11	24甲戌11	23壬寅8	24癸酉8
25己卯20	25己酉21	**25**戊寅⑲	**25**戊申19	25丁丑17	25丁未17	25丁丑⑯	25丙午14	25丙子14	25乙巳12	25乙亥12	24癸卯9	25甲戌9
26庚辰21	26庚戌㉒	26己卯20	26己酉20	26戊寅18	26戊申18	26戊寅17	26丁未15	26丁丑15	26丙午13	26丙子⑬	25甲辰⑩	26乙亥10
27辛巳22	27辛亥23	27庚辰21	27庚戌21	**27**己卯19	**27**己酉⑲	27己卯18	27戊申16	27戊寅16	27丁未14	27丁丑14	26乙巳11	27丙子11
28壬午㉓	28壬子24	28辛巳22	28辛亥22	28庚辰20	28庚戌20	**28**庚辰19	28己酉17	28己卯17	28戊申⑮	28戊寅15	27丙午12	28丁丑12
29癸未24	29癸丑25	29壬午23	29壬子23	29辛巳㉑	29辛亥21	29辛巳20	**29**庚戌18	29庚辰⑱	29己酉16	29己卯16	28丁未13	29戊寅13
30甲申25		30癸未24		30壬午22	30壬子22		30辛亥19		30庚戌17		29戊申14	
											30己酉15	
立春8日 雨水23日	啓蟄8日 春分24日	清明10日 穀雨25日	立夏10日 小満25日	芒種12日 夏至27日	小暑12日 大暑27日	立秋13日 処暑28日	白露14日 秋分29日	寒露14日	霜降1日 立冬16日	小雪1日 大雪16日	冬至2日 小寒18日	大寒3日 立春18日

舒明天皇**5**年（633－634） 癸巳

1月	2月	3月	4月	5月	6月	7月	8月	9月	10月	11月	12月
1 己卯⑭	1 己酉16	1 戊寅14	1 戊申14	1 丁丑12	1 丁未12	1 丙子10	1 丙午 9	1 丙子 9	1 乙巳⑦	1 乙亥 7	1 甲辰 5
2 庚辰15	2 庚戌17	2 己卯15	2 己酉15	2 戊寅⑬	2 戊申13	2 丁丑11	2 丁未10	2 丁丑⑩	2 丙午 8	2 丙子 8	2 乙巳 6
3 辛巳16	3 辛亥18	3 庚辰16	3 庚戌⑯	3 己卯14	3 己酉14	3 戊寅12	3 戊申11	3 戊寅11	3 丁未 9	3 丁丑 9	3 丙午 7
4 壬午17	4 壬子19	4 辛巳17	4 辛亥17	4 庚辰15	4 庚戌15	4 己卯13	4 己酉⑫	4 己卯12	4 戊申10	4 戊寅10	4 丁未 8
5 癸未18	**5** 癸丑20	5 壬午⑱	5 壬子18	5 辛巳16	5 辛亥16	5 庚辰14	5 庚戌13	5 庚辰13	5 己酉11	5 己卯11	5 戊申⑨
6 甲申19	6 甲寅㉑	**6** 癸未19	6 癸丑19	6 壬午17	6 壬子17	6 辛巳⑮	6 辛亥14	6 辛巳14	6 庚戌12	6 庚辰⑫	6 己酉10
7 乙酉20	7 乙卯22	7 甲申20	**7** 甲寅20	7 癸未18	7 癸丑⑱	7 壬午16	7 壬子15	7 壬午15	7 辛亥13	7 辛巳13	7 庚戌11
8 丙戌㉑	8 丙辰23	8 乙酉21	8 乙卯21	**8** 甲申19	8 甲寅19	8 癸未17	8 癸丑16	8 癸未16	8 壬子⑭	8 壬午14	8 辛亥12
9 丁亥22	9 丁巳24	9 丙戌22	9 丙辰22	9 乙酉⑳	**9** 乙卯20	9 甲申18	9 甲寅17	9 甲申⑰	9 癸丑15	9 癸未15	9 壬子13
10戊子23	10戊午25	10丁亥23	10丁巳㉓	10丙戌21	10丙辰21	**10**乙酉19	**10**乙卯18	10乙酉18	10甲寅16	10甲申16	10癸丑14
11己丑24	11己未26	11戊子24	11戊午24	11丁亥22	11丁巳22	11丙戌20	11丙辰⑲	**11**丙戌19	11乙卯17	11乙酉17	11甲寅15
12庚寅25	12庚申27	12己丑㉕	12己未25	12戊子23	12戊午23	12丁亥21	12丁巳20	12丁亥20	**12**丙辰18	12丙戌18	12乙卯⑯
13辛卯26	13辛酉㉘	13庚寅26	13庚申26	13己丑24	13己未24	13戊子㉒	13戊午21	13戊子21	13丁巳19	**13**丁亥⑲	13丙辰17
14壬辰27	14壬戌29	14辛卯27	14辛酉27	14庚寅25	14庚申㉕	14己丑23	14己未22	14己丑22	14戊午20	14戊子20	**14**丁巳18
15癸巳㉘	15癸亥30	15壬辰28	15壬戌28	15辛卯26	15辛酉26	15庚寅24	15庚申23	15庚寅23	15己未㉑	15己丑21	15戊午19
《3月》	16甲子31	16癸巳29	16癸亥29	16壬辰㉗	16壬戌27	16辛卯25	16辛酉24	16辛卯㉔	16庚申22	16庚寅22	16己未20
16甲午 1	《4月》	17甲午30	17甲子㉚	17癸巳28	17癸亥28	17壬辰26	17壬戌25	17壬辰25	17辛酉23	17辛卯23	17庚申21
17乙未 2	17乙丑 1	《5月》	18乙丑31	18甲午29	18甲子29	18癸巳27	18癸亥㉖	18癸巳26	18壬戌24	18壬辰24	18辛酉22
18丙申 3	18丙寅 2	18乙未 1	《6月》	19乙未30	19乙丑30	19甲午28	19甲子27	19甲午27	19癸亥25	19癸巳25	19壬戌㉓
19丁酉 4	19丁卯 3	19丙申②	19丙寅 1	《7月》	20丙寅31	20乙未㉙	20乙丑28	20乙未28	20甲子26	20甲午㉖	20癸亥24
20戊戌 5	**20**戊辰④	20丁酉 3	20丁卯 2	20丙申 1	《8月》	21丙申30	21丙寅29	21丙申29	21乙丑27	21乙未27	21甲子25
21己亥 6	21己巳 5	**21**戊戌 4	21戊辰 3	21丁酉 2	21丁卯①	22丁酉31	22丁卯30	22丁酉30	22丙寅㉘	22丙申28	22乙丑26
22庚子⑦	22庚午 6	22己亥 5	**22**己巳 4	22戊戌 3	22戊辰 2	《9月》	《10月》	23戊戌㉛	23丁卯29	23丁酉29	23丙寅27
23辛丑 8	23辛未 7	23庚子 6	23庚午 5	**23**己亥④	23己巳 3	23戊戌 1	23戊辰 1	《11月》	24戊辰30	24戊戌30	24丁卯28
24壬寅 9	24壬申 8	24辛丑 7	24辛未⑥	24庚子 5	**24**庚午 4	24己亥 2	24己巳 2	24己亥 1	《12月》	25己亥31	25戊辰29
25癸卯10	25癸酉 9	25壬寅 8	25壬申 7	25辛丑 6	25辛未 5	**25**庚子 3	25庚午③	25庚子 2	25己巳 1	**634年**	26己巳㉚
26甲辰11	26甲戌10	26癸卯⑨	26癸酉 8	26壬寅 7	26壬申 6	26辛丑 4	**26**辛未 4	**26**辛丑 3	26庚午 2	《1月》	27庚午31
27乙巳12	27乙亥⑪	27甲辰10	27甲戌 9	27癸卯 8	27癸酉 7	27壬寅⑤	27壬申 5	27壬寅 4	27辛未 3	26庚子 1	《2月》
28丙午13	28丙子12	28乙巳11	28乙亥10	28甲辰 9	28甲戌⑧	28癸卯 6	28癸酉 6	28癸卯 5	**28**壬申 4	27辛丑②	28辛未 1
29丁未⑭	29丁丑13	29丙午12	29丙子11	29乙巳10	29乙亥 9	29甲辰 7	29甲戌 7	29甲辰 6	29癸酉⑤	**28**壬寅 3	**29**壬申 2
30戊申15		30丁未13		30丙午⑪		30乙巳 8	30乙亥 8		30甲戌 6	29癸卯 4	30癸酉 3

雨水 4日	春分 5日	穀雨 6日	小満 7日	夏至 8日	大暑 9日	処暑 10日	秋分 10日	霜降 11日	小雪 12日	冬至 13日	大寒 14日
啓蟄 20日	清明 20日	立夏 21日	芒種 22日	小暑 23日	立秋 24日	白露 25日	寒露 26日	立冬 26日	大雪 28日	小寒 28日	立春 29日

舒明天皇**6**年（634－635） 甲午

1月	2月	3月	4月	5月	6月	7月	8月	9月	10月	11月	12月
1 甲戌 4	**1** 癸卯 5	**1** 癸酉 4	1 壬寅 3	1 壬申 2	《7月》	1 辛未㉛	1 庚子29	1 庚午28	1 己亥27	1 己巳26	1 戊戌㉕
2 乙亥 5	2 甲辰⑥	2 甲戌 5	2 癸卯 4	2 癸酉 3	1 辛丑 1	《8月》	2 辛丑30	2 辛未29	2 庚子28	2 庚午㉗	2 己亥26
3 丙子⑥	3 乙巳 7	3 乙亥 6	**3** 甲辰 5	**3** 甲戌 4	2 壬寅 2	2 壬申 1	3 壬寅31	3 壬申30	3 辛丑29	3 辛未28	3 庚子27
4 丁丑 7	4 丙午 8	4 丙子 7	4 乙巳 6	4 乙亥⑤	3 癸卯③	3 癸酉 2	《9月》	《10月》	4 壬寅㉚	4 壬申29	4 辛丑28
5 戊寅 8	5 丁未 9	5 丁丑 8	5 丙午 7	5 丙子 6	4 甲辰 4	4 甲戌 3	4 癸卯 1	4 癸酉 1	5 癸卯31	5 癸酉30	5 壬寅29
6 己卯 9	6 戊申10	6 戊寅 9	6 丁未⑧	6 丁丑 7	**5** 乙巳 5	**5** 乙亥 4	5 甲辰 2	5 甲戌②	《11月》	《12月》	6 癸卯30
7 庚辰10	7 己酉11	7 己卯⑩	7 戊申 9	7 戊寅 8	6 丙午 6	6 丙子 5	**6** 乙巳 3	6 乙亥 3	6 甲辰 1	6 甲戌 1	7 甲辰31
8 辛巳11	8 庚戌12	8 庚辰11	8 己酉10	8 己卯 9	7 丁未 7	7 丁丑 6	7 丙午④	**7** 丙子 4	7 乙巳 2	7 乙亥 2	**635年**
9 壬午12	9 辛亥⑬	9 辛巳12	9 庚戌11	9 庚辰10	8 戊申 8	8 戊寅⑦	8 丁未 5	8 丁丑 5	**8** 丙午 3	8 丙子 3	《1月》
10癸未⑬	10壬子14	10壬午13	10辛亥12	10辛巳11	9 己酉 9	9 己卯 8	9 戊申 6	9 戊寅 6	9 丁未 4	**9** 丁丑④	8 乙巳①
11甲申14	11癸丑15	11癸未14	11壬子13	11壬午⑫	10庚戌⑩	10庚辰 9	10己酉 7	10己卯 7	10戊申 5	10戊寅 5	9 丙午 2
12乙酉15	12甲寅16	12甲申15	12癸丑14	12癸未13	11辛亥11	11辛巳10	11庚戌 8	11庚辰 8	11己酉⑥	11己卯 6	**10**丁未 3
13丙戌16	13乙卯17	13乙酉16	13甲寅⑮	13甲申14	12壬子12	12壬午11	12辛亥 9	12辛巳⑨	12庚戌 7	12庚辰 7	11戊申 4
14丁亥17	14丙辰18	14丙戌⑰	14乙卯16	14乙酉15	13癸丑13	13癸未12	13壬子10	13壬午10	13辛亥 8	13辛巳 8	12己酉 5
15戊子18	15丁巳19	15丁亥18	15丙辰17	15丙戌16	14甲寅14	14甲申13	14癸丑⑪	14癸未11	14壬子 9	14壬午 9	13庚戌 6
16己丑19	**16**戊午⑳	**16**戊子19	16丁巳18	16丁亥17	15乙卯15	15乙酉⑭	15甲寅12	15甲申12	15癸丑10	15癸未10	14辛亥 7
17庚寅⑳	17己未21	17己丑20	17戊午19	17戊子18	16丙辰16	16丙戌15	16乙卯13	16乙酉13	16甲寅11	16甲申⑪	15壬子⑧
18辛卯21	18庚申22	18庚寅21	**18**己未20	**18**己丑⑲	17丁巳⑰	17丁亥16	17丙辰14	17丙戌14	17乙卯12	17乙酉12	16癸丑 9
19壬辰22	19辛酉23	19辛卯22	19庚申21	19庚寅20	18戊午18	18戊子17	18丁巳15	18丁亥15	18丙辰⑬	18丙戌13	17甲寅10
20癸巳23	20壬戌24	20壬辰23	20辛酉㉒	20辛卯21	19己未19	19己丑18	19戊午16	19戊子⑯	19丁巳14	19丁亥14	18乙卯11
21甲午24	21癸亥25	21癸巳㉔	21壬戌23	21壬辰22	**20**庚申20	**20**庚寅19	20己未17	20己丑17	20戊午15	20戊子15	19丙辰12
22乙未25	22甲子26	22甲午25	22癸亥24	22癸巳23	21辛酉21	21辛卯20	21庚申⑱	21庚寅18	21己未16	21己丑16	20丁巳13
23丙申26	23乙丑㉗	23乙未26	23甲子25	23甲午24	22壬戌22	22壬辰㉑	**22**辛酉19	**22**辛卯19	22庚申17	22庚寅17	21戊午14
24丁酉㉗	24丙寅28	24丙申27	24乙丑26	24乙未25	23癸亥23	23癸巳22	23壬戌20	23壬辰20	23辛酉18	23辛卯⑱	22己未⑮
25戊戌28	25丁卯29	25丁酉28	25丙寅27	25丙申㉖	24甲子㉔	24甲午23	24癸亥21	24癸巳21	**24**壬戌19	**24**壬辰19	23庚申16
《3月》	26戊辰30	26戊戌29	26丁卯28	26丁酉27	25乙丑25	25乙未24	25甲子22	25甲午22	25癸亥⑳	25癸巳20	24辛酉17
26己亥 1	27己巳31	27己亥30	27戊辰㉙	27戊戌28	26丙寅26	26丙申25	26乙丑23	26乙未㉓	26甲子21	26甲午21	**25**壬戌18
27庚子 2	《4月》	《5月》	28己巳30	28己亥29	27丁卯27	27丁酉26	27丙寅24	27丙申24	27乙丑22	27乙未22	26癸亥19
28辛丑 3	28庚午 1	28庚子①	29庚午31	29庚子30	28戊辰28	28戊戌27	28丁卯㉕	28丁酉25	28丙寅23	28丙申23	27甲子20
29壬寅 4	29辛未 2	29辛丑 2	《6月》		29己巳29	29己亥㉘	29戊辰26	29戊戌26	29丁卯24	29丁酉24	28乙丑21
	30壬申③		30辛未 1		30庚午30		30己巳27		30戊辰25		29丙寅㉒
											30丁卯23

雨水 15日	啓蟄 1日	清明 1日	立夏 3日	芒種 3日	小暑 5日	立秋 5日	白露 6日	寒露 7日	立冬 8日	大雪 9日	小寒 10日
	春分 16日	穀雨 16日	小満 18日	夏至 18日	大暑 20日	処暑 20日	秋分 22日	霜降 22日	小雪 24日	冬至 24日	大寒 25日

舒明天皇7年（635－636） 乙未

1月	2月	3月	4月	5月	閏5月	6月	7月	8月	9月	10月	11月	12月
1 戊辰24	1 戊戌23	1 丁卯24	1 丁酉㉓	1 丙寅22	1 丙申21	1 乙丑20	1 乙未19	1 甲子⑰	1 甲午17	1 癸亥15	1 癸巳15	1 壬戌13
2 己巳25	2 己亥24	2 戊辰25	2 戊戌24	2 丁卯23	2 丁酉22	2 丙寅21	2 丙申⑳	2 乙丑18	2 乙未18	2 甲子16	2 甲午16	2 癸亥⑭
3 庚午26	3 庚子25	3 己巳㉖	3 己亥25	3 戊辰24	3 戊戌23	3 丁卯22	3 丁酉21	3 丙寅19	3 丙申19	3 乙丑17	3 乙未⑰	3 甲子15
4 辛未27	4 辛丑㉖	4 庚午27	4 庚子26	4 己巳25	4 己亥24	4 戊辰㉓	4 戊戌22	4 丁卯20	4 丁酉20	4 丙寅18	4 丙申18	4 乙丑16
5 壬申28	5 壬寅27	5 辛未28	5 辛丑27	5 庚午26	5 庚子㉕	5 己巳24	5 己亥23	5 戊辰21	5 戊戌21	5 丁卯⑲	5 丁酉19	5 丙寅17
6 癸酉㉙	6 癸卯28	6 壬申29	6 壬寅28	6 辛未27	6 辛丑26	6 庚午25	6 庚子24	6 己巳22	6 己亥㉒	6 戊辰20	6 戊戌20	6 丁卯18
7 甲戌30	《3月》	7 癸酉30	7 癸卯29	7 壬申㉘	7 壬寅27	7 辛未26	7 辛丑25	7 庚午23	7 庚子23	7 己巳21	7 己亥21	7 戊辰19
8 乙亥31	7 甲辰 1	8 甲戌31	8 甲辰㉚	8 癸酉29	8 癸卯28	8 壬申27	8 壬寅26	8 辛未㉔	8 辛丑24	8 庚午22	8 庚子22	8 己巳20
《2月》	8 乙巳 2	《4月》	《5月》	9 甲戌30	9 甲辰29	9 癸酉28	9 癸卯㉗	9 壬申25	9 壬寅25	9 辛未23	9 辛丑23	9 庚午㉑
9 丙子 1	9 丙午 3	9 乙亥 1	9 乙巳 1	10 乙亥31	10 乙巳30	10 甲戌29	10 甲辰28	10 癸酉26	10 癸卯26	10 壬申24	10 壬寅㉔	10 辛未22
10 丁丑 2	10 丁未 4	10 丙子②	10 丙午 2	《6月》	《7月》	11 乙亥㉚	11 乙巳29	11 甲戌27	11 甲辰27	11 癸酉25	11 癸卯25	11 壬申23
11 戊寅 3	11 戊申⑤	11 丁丑 3	11 丁未 3	11 丙子 1	11 丙午 1	12 丙子31	12 丙午30	12 乙亥28	12 乙巳28	12 甲戌㉖	12 甲辰26	12 癸酉24
12 己卯 4	12 己酉 6	12 戊寅 4	12 戊申 4	12 丁丑 2	12 丁未②	《8月》	13 丁未31	13 丙子29	13 丙午㉙	13 乙亥27	13 乙巳27	13 甲戌25
13 庚辰⑤	13 庚戌 7	13 己卯 5	13 己酉 5	13 戊寅 3	13 戊申 3	13 丁丑 1	《9月》	14 丁丑30	14 丁未30	14 丙子28	14 丙午28	14 乙亥26
14 辛巳 6	14 辛亥 8	14 庚辰 6	14 庚戌 6	14 己卯④	14 己酉 4	14 戊寅 2	14 戊申 1	《10月》	15 戊申31	15 丁丑29	15 丁未29	15 丙子27
15 壬午 7	15 壬子 9	15 辛巳 7	15 辛亥⑦	15 庚辰 5	15 庚戌 5	15 己卯 3	15 己酉 2	15 戊寅①	《11月》	16 戊寅30	16 戊申30	16 丁丑㉘
16 癸未 8	16 癸丑10	16 壬午 8	16 壬子 8	16 辛巳 6	16 辛亥 6	16 庚辰 4	16 庚戌③	16 己卯 2	16 己酉 1	《12月》	17 己酉㉛	17 戊寅29
17 甲申 9	17 甲寅11	17 癸未⑨	17 癸丑 9	17 壬午 7	17 壬子 7	17 辛巳 5	17 辛亥 4	17 庚辰 3	17 庚戌 2	17 己卯 1	636年	18 己卯30
18 乙酉10	18 乙卯⑫	18 甲申10	18 甲寅10	18 癸未 8	18 癸丑 8	18 壬午⑥	18 壬子 5	18 辛巳 4	18 辛亥 3	18 庚辰 2	《1月》	19 庚辰31
19 丙戌11	19 丙辰13	19 乙酉11	19 乙卯11	19 甲申 9	19 甲寅⑨	19 癸未 7	19 癸丑 6	19 壬午 5	19 壬子 4	19 辛巳③	18 庚戌 1	《2月》
20 丁亥⑫	20 丁巳14	20 丙戌12	20 丙辰12	20 乙酉10	20 乙卯10	20 甲申 8	20 甲寅 7	20 癸未 6	20 癸丑⑤	20 壬午 4	19 辛亥 2	20 辛巳 1
21 戊子13	21 戊午15	21 丁亥13	21 丁巳13	21 丙戌⑪	21 丙辰11	21 乙酉 9	21 乙卯 8	21 甲申 7	21 甲寅 6	21 癸未 5	20 壬子 3	21 壬午 2
22 己丑14	22 己未16	22 戊子14	22 戊午⑭	22 丁亥12	22 丁巳12	22 丙戌10	22 丙辰 9	22 乙酉⑧	22 乙卯 7	22 甲申 6	21 癸丑 4	22 癸未 3
23 庚寅15	23 庚申17	23 己丑15	23 己未15	23 戊子13	23 戊午13	23 丁亥11	23 丁巳⑩	23 丙戌 9	23 丙辰 8	23 乙酉 7	22 甲寅 5	23 甲申④
24 辛卯16	24 辛酉18	24 庚寅⑯	24 庚申16	24 己丑14	24 己未14	24 戊子12	24 戊午11	24 丁亥10	24 丁巳 9	24 丙戌 8	23 乙卯 6	24 乙酉 5
25 壬辰17	25 壬戌⑲	25 辛卯17	25 辛酉17	25 庚寅15	25 庚申15	25 己丑⑬	25 己未12	25 戊子11	25 戊午10	25 丁亥 9	24 丙辰⑦	25 丙戌 6
26 癸巳18	26 癸亥20	26 壬辰18	26 壬戌18	26 辛卯16	26 辛酉⑯	26 庚寅14	26 庚申13	26 己丑12	26 己未11	26 戊子⑩	25 丁巳 8	26 丁亥 7
27 甲午⑲	27 甲子21	27 癸巳19	27 癸亥19	27 壬辰17	27 壬戌17	27 辛卯15	27 辛酉14	27 庚寅13	27 庚申⑫	27 己丑11	26 戊午 9	27 戊子 8
28 乙未20	28 乙丑22	28 甲午20	28 甲子20	28 癸巳⑱	28 癸亥18	28 壬辰16	28 壬戌15	28 辛卯14	28 辛酉13	28 庚寅12	27 己未10	28 己丑 9
29 丙申21	29 丙寅23	29 乙未21	29 乙丑㉑	29 甲午19	29 甲子19	29 癸巳17	29 癸亥16	29 壬辰⑮	29 壬戌14	29 辛卯13	28 庚申11	29 庚寅10
30 丁酉22		30 丙申22		30 乙未20		30 甲午18		30 癸巳16		30 壬辰14	29 辛酉12	30 辛卯⑪
立春 11日	啓蟄 11日	清明 13日	立夏 13日	芒種 14日	小暑15日	大暑 1日	処暑 1日	秋分 3日	霜降 3日	小雪 5日	冬至 5日	大寒 7日
雨水 26日	春分 26日	穀雨 28日	小満 28日	夏至 30日		立秋 16日	白露 17日	寒露 18日	立冬 19日	大雪 20日	小寒 20日	立春 22日

舒明天皇8年（636－637） 丙申

1月	2月	3月	4月	5月	6月	7月	8月	9月	10月	11月	12月
1 壬辰12	1 辛酉12	1 辛卯11	1 庚申10	1 庚寅⑨	1 庚申 9	1 己丑 7	1 己未 6	1 戊子 5	1 戊午 4	1 丁亥 3	1 丁巳 2
2 癸巳13	2 壬戌13	2 壬辰12	2 辛酉11	2 辛卯10	2 辛酉10	2 庚寅 8	2 庚申 7	2 己丑⑥	2 己未 5	2 戊子 4	2 戊午 3
3 甲午14	3 癸亥14	3 癸巳13	3 壬戌⑫	3 壬辰11	3 壬戌11	3 辛卯 9	3 辛酉⑧	3 庚寅 7	3 庚申 6	3 己丑 5	3 己未 4
4 乙未15	4 甲子15	4 甲午⑭	4 癸亥13	4 癸巳12	4 癸亥12	4 壬辰10	4 壬戌 9	4 辛卯 8	4 辛酉 7	4 庚寅 6	4 庚申⑤
5 丙申16	5 乙丑16	5 乙未15	5 甲子14	5 甲午13	5 甲子13	5 癸巳⑪	5 癸亥10	5 壬辰 9	5 壬戌 8	5 辛卯 7	5 辛酉 6
6 丁酉17	6 丙寅⑰	6 丙申16	6 乙丑15	6 乙未14	6 乙丑⑭	6 甲午12	6 甲子11	6 癸巳10	6 癸亥 9	6 壬辰⑧	6 壬戌 7
7 戊戌⑱	7 丁卯18	7 丁酉17	7 丙寅16	7 丙申15	7 丙寅15	7 乙未13	7 乙丑12	7 甲午11	7 甲子⑩	7 癸巳 9	7 癸亥 8
8 己亥19	8 戊辰19	8 戊戌18	8 丁卯17	8 丁酉⑯	8 丁卯16	8 丙申14	8 丙寅13	8 乙未12	8 乙丑11	8 甲午10	8 甲子 9
9 庚子20	9 己巳20	9 己亥19	9 戊辰18	9 戊戌17	9 戊辰17	9 丁酉15	9 丁卯14	9 丙申⑬	9 丙寅12	9 乙未11	9 乙丑10
10 辛丑21	10 庚午21	10 庚子20	10 己巳⑲	10 己亥18	10 己巳18	10 戊戌16	10 戊辰⑮	10 丁酉14	10 丁卯13	10 丙申12	10 丙寅11
11 壬寅22	11 辛未22	11 辛丑㉑	11 庚午20	11 庚子19	11 庚午19	11 己亥17	11 己巳16	11 戊戌15	11 戊辰14	11 丁酉13	11 丁卯⑫
12 癸卯23	12 壬申23	12 壬寅22	12 辛未21	12 辛丑20	12 辛未20	12 庚子⑱	12 庚午17	12 己亥16	12 己巳15	12 戊戌14	12 戊辰13
13 甲辰24	13 癸酉㉔	13 癸卯23	13 壬申22	13 壬寅21	13 壬申㉑	13 辛丑19	13 辛未18	13 庚子17	13 庚午16	13 己亥⑮	13 己巳14
14 乙巳㉕	14 甲戌25	14 甲辰24	14 癸酉23	14 癸卯22	14 癸酉22	14 壬寅20	14 壬申19	14 辛丑18	14 辛未⑰	14 庚子16	14 庚午15
15 丙午26	15 乙亥26	15 乙巳25	15 甲戌24	15 甲辰㉓	15 甲戌23	15 癸卯21	15 癸酉20	15 壬寅19	15 壬申18	15 辛丑17	15 辛未16
16 丁未27	16 丙子27	16 丙午26	16 乙亥25	16 乙巳24	16 乙亥24	16 甲辰22	16 甲戌21	16 癸卯⑳	16 癸酉19	16 壬寅18	16 壬申17
17 戊申28	17 丁丑28	17 丁未27	17 丙子㉖	17 丙午25	17 丙子25	17 乙巳23	17 乙亥㉒	17 甲辰21	17 甲戌20	17 癸卯19	17 癸酉18
18 己酉29	18 戊寅29	18 戊申㉘	18 丁丑27	18 丁未26	18 丁丑26	18 丙午24	18 丙子23	18 乙巳22	18 乙亥21	18 甲辰20	18 甲戌⑲
《3月》	19 己卯30	19 己酉29	19 戊寅28	19 戊申27	19 戊寅27	19 丁未㉕	19 丁丑24	19 丙午23	19 丙子22	19 乙巳21	19 乙亥20
19 庚戌 1	20 庚辰㉛	20 庚戌30	20 己卯29	20 己酉28	20 己卯㉘	20 戊申26	20 戊寅25	20 丁未24	20 丁丑23	20 丙午㉒	20 丙子21
20 辛亥 2	《4月》	《5月》	21 庚辰30	21 庚戌29	21 庚辰29	21 己酉27	21 己卯26	21 戊申25	21 戊寅㉔	21 丁未23	21 丁丑22
21 壬子③	21 辛巳 1	21 辛亥 1	22 辛巳31	22 辛亥㉚	22 辛巳30	22 庚戌28	22 庚辰27	22 己酉26	22 己卯25	22 戊申24	22 戊寅23
22 癸丑 4	22 壬午 2	22 壬子 2	《6月》	《7月》	23 壬午31	23 辛亥29	23 辛巳28	23 庚戌㉗	23 庚辰26	23 己酉25	23 己卯24
23 甲寅 5	23 癸未 3	23 癸丑 3	23 壬午 1	23 壬子 1	《8月》	24 壬子30	24 壬午㉙	24 辛亥28	24 辛巳27	24 庚戌26	24 庚辰25
24 乙卯 6	24 甲申 4	24 甲寅 4	24 癸未②	24 癸丑 2	24 癸未 1	25 癸丑31	25 癸未30	25 壬子29	25 壬午28	25 辛亥27	25 辛巳㉖
25 丙辰 7	25 乙酉 5	25 乙卯⑤	25 甲申 3	25 甲寅 3	25 甲申 2	《9月》	《10月》	26 癸丑30	26 癸未29	26 壬子28	26 壬午27
26 丁巳 8	26 丙戌 6	26 丙辰 6	26 乙酉 4	26 乙卯 4	26 乙酉 3	26 甲寅①	26 甲申 1	27 甲寅31	27 甲申30	27 癸丑㉙	27 癸未28
27 戊午 9	27 丁亥⑦	27 丁巳 7	27 丙戌 5	27 丙辰 5	27 丙戌④	27 乙卯 2	27 乙酉 2	《11月》	《12月》	28 甲寅30	28 甲申29
28 己未⑩	28 戊子 8	28 戊午 8	28 丁亥 6	28 丁巳 6	28 丁亥 5	28 丙辰 3	28 丙戌 3	28 乙卯 1	28 乙酉①	29 乙卯31	29 乙酉30
29 庚申11	29 己丑 9	29 己未 9	29 戊子 7	29 戊午⑦	29 戊子 6	29 丁巳 4	29 丁亥 4	29 丙辰 2	29 丙戌 2	637年	
	30 庚寅10		30 己丑 8	30 己未 8		30 戊午 5		30 丁巳③		《1月》	
										30 丙辰 1	
雨水 7日	春分 9日	穀雨 9日	小満 10日	夏至 11日	大暑 11日	処暑 13日	秋分 13日	霜降 15日	小雪 15日	大雪 1日	小寒 2日
啓蟄 22日	清明 24日	立夏 24日	芒種 26日	小暑 26日	立秋 27日	白露 28日	寒露 28日	立冬 30日		冬至 16日	大寒 17日

舒明天皇**9**年（637－638） 丁酉

1 月	2 月	3 月	4 月	5 月	6 月	7 月	8 月	9 月	10月	11月	12月
1 丙戌31	1 丙辰②	1 乙酉31	1 乙卯30	1 甲申29	1 甲寅28	1 癸未㉗	1 癸丑26	1 癸未25	1 壬子24	1 壬午㉓	1 辛亥22
《2月》	2 丁巳 3	《4月》	《5月》	2 乙酉30	2 乙卯㉙	2 甲申28	2 甲寅27	2 甲申26	2 癸丑25	2 癸未24	2 壬子23
2 丁亥 1	3 戊午 4	2 丙戌 1	2 丙辰 1	3 丙戌31	3 丙辰30	3 乙酉29	3 乙卯28	3 乙酉27	3 甲寅㉖	3 甲申25	3 癸丑24
3 戊子②	**4** 己未 5	3 丁亥 2	3 丁巳 2	《6月》	《7月》	4 丙戌30	4 丙辰29	4 丙戌㉘	4 乙卯27	4 乙酉26	4 甲寅25
4 己丑 3	5 庚申 6	4 戊子 3	4 戊午 3	4 丁亥①	4 丁巳 1	5 丁亥31	5 丁巳30	5 丁亥29	5 丙辰28	5 丙戌27	5 乙卯26
5 庚寅 4	6 辛酉 7	**5** 己丑 4	**5** 己未④	5 戊子 2	5 戊午 2	《8月》	6 戊午㉛	6 戊子30	6 丁巳29	6 丁亥28	6 丙辰27
6 辛卯 5	7 壬戌 8	6 庚寅 5	6 庚申 5	6 己丑 3	6 己未 3	6 戊子 1	《9月》	《10月》	7 戊午30	7 戊子29	7 丁巳㉘
7 壬辰 6	8 癸亥⑨	7 辛卯⑥	7 辛酉 6	**7** 庚寅 4	**7** 庚申 4	7 己丑 2	7 己未 1	7 己丑 1	8 己未31	8 己丑㉚	8 戊午29
8 癸巳 7	9 甲子10	8 壬辰 7	8 壬戌 7	8 辛卯 5	8 辛酉 5	8 庚寅③	8 庚申 2	8 庚寅 2	《11月》	《12月》	9 己未30
9 甲午 8	10 乙丑11	9 癸巳 8	9 癸亥 8	9 壬辰 6	9 壬戌⑥	**9** 辛卯 4	**9** 辛酉 3	9 辛卯 3	9 庚申 1	9 庚寅 1	10 庚申31
10 乙未⑨	11 丙寅12	10 甲午 9	10 甲子 9	10 癸巳 7	10 癸亥 7	10 壬辰 5	10 壬戌 4	**10** 壬辰 4	10 辛酉②	10 辛卯 2	**638 年**
11 丙申10	12 丁卯13	11 乙未10	11 乙丑10	11 甲午⑧	11 甲子 8	11 癸巳 6	11 癸亥 5	11 癸巳⑤	**11** 壬戌 3	11 壬辰 3	《1月》
12 丁酉11	13 戊辰14	12 丙申11	12 丙寅⑪	12 乙未 9	12 乙丑 9	12 甲午 7	12 甲子 6	12 甲午 6	12 癸亥 4	**12** 癸巳 4	11 辛酉 1
13 戊戌12	14 己巳15	13 丁酉12	13 丁卯12	13 丙申10	13 丙寅10	13 乙未 8	13 乙丑⑦	13 乙未 7	13 甲子 5	13 甲午 5	12 壬戌 2
14 己亥13	15 庚午⑯	14 戊戌⑬	14 戊辰13	14 丁酉11	14 丁卯11	14 丙申 9	14 丙寅 8	14 丙申 8	14 乙丑 6	14 乙未 6	**13** 癸亥 3
15 庚子14	16 辛未17	15 己亥14	15 己巳14	15 戊戌12	15 戊辰12	15 丁酉⑩	15 丁卯 9	15 丁酉 9	15 丙寅 7	15 丙申⑦	14 甲子④
16 辛丑15	17 壬申18	16 庚子15	16 庚午15	16 己亥13	16 己巳⑬	16 戊戌11	16 戊辰10	16 戊戌10	16 丁卯 8	16 丁酉 8	15 乙丑 5
17 壬寅⑯	18 癸酉19	17 辛丑16	17 辛未16	17 庚子14	17 庚午14	17 己亥12	17 己巳11	17 己亥11	17 戊辰⑨	17 戊戌 9	16 丙寅 6
18 癸卯17	**19** 甲戌20	18 壬寅17	18 壬申17	18 辛丑⑮	18 辛未15	18 庚子13	18 庚午12	18 庚子⑫	18 己巳10	18 己亥10	17 丁卯 7
19 甲辰18	20 乙亥21	19 癸卯18	19 癸酉⑱	19 壬寅16	19 壬申16	19 辛丑14	19 辛未13	19 辛丑13	19 庚午11	19 庚子11	18 戊辰 8
20 乙巳19	21 丙子22	**20** 甲辰19	20 甲戌19	20 癸卯17	20 癸酉17	20 壬寅15	20 壬申⑭	20 壬寅14	20 辛未12	20 辛丑12	19 己巳 9
21 丙午20	22 丁丑㉓	21 乙巳⑳	**21** 乙亥20	21 甲辰18	21 甲戌18	21 癸卯16	21 癸酉15	21 癸卯15	21 壬申13	21 壬寅13	20 庚午10
22 丁未21	23 戊寅24	22 丙午21	22 丙子21	**22** 乙巳19	22 乙亥19	22 甲辰⑰	22 甲戌16	22 甲辰16	22 癸酉14	22 癸卯⑭	21 辛未⑪
23 戊申22	24 己卯25	23 丁未22	23 丁丑22	23 丙午20	**23** 丙子⑳	23 乙巳18	23 乙亥17	23 乙巳17	23 甲戌15	23 甲辰15	22 壬申12
24 己酉㉓	25 庚辰26	24 戊申23	24 戊寅23	24 丁未21	24 丁丑21	**24** 丙午19	**24** 丙子18	24 丙午18	24 乙亥⑯	24 乙巳16	23 癸酉13
25 庚戌24	26 辛巳27	25 己酉24	25 己卯24	25 戊申㉒	25 戊寅22	25 丁未20	25 丁丑19	**25** 丁未⑲	25 丙子17	25 丙午17	24 甲戌14
26 辛亥25	27 壬午28	26 庚戌25	26 庚辰㉕	26 己酉23	26 己卯23	26 戊申21	26 戊寅20	26 戊申20	**26** 丁丑18	26 丁未18	25 乙亥15
27 壬子26	28 癸未29	27 辛亥26	27 辛巳26	27 庚戌24	27 庚辰24	27 己酉22	27 己卯㉑	27 己酉21	27 戊寅19	**27** 戊申19	26 丙子16
28 癸丑27	29 甲申㉚	28 壬子㉗	28 壬午27	28 辛亥25	28 辛巳25	28 庚戌23	28 庚辰22	28 庚戌22	28 己卯20	28 己酉20	27 丁丑17
29 甲寅28		29 癸丑28	29 癸未28	29 壬子26	29 壬午26	29 辛亥㉔	29 辛巳23	29 辛亥23	29 庚辰21	29 庚戌㉑	**28** 戊寅⑱
《3月》		30 甲寅29		30 癸丑27		30 壬子25	30 壬午24		30 辛巳22		29 己卯19
30 乙卯 1											30 庚辰20
立春 3日	啓蟄 4日	清明 5日	立夏 5日	芒種 7日	小暑 7日	立秋 9日	白露 9日	寒露 10日	立冬 11日	大雪 12日	小寒 13日
雨水 18日	春分 19日	穀雨 20日	小満 21日	夏至 22日	大暑 23日	処暑 24日	秋分 24日	霜降 25日	小雪 26日	冬至 27日	大寒 28日

舒明天皇**10**年（638－639） 戊戌

1 月	2 月	閏2月	3 月	4 月	5 月	6 月	7 月	8 月	9 月	10月	11月	12月
1 辛巳21	1 庚戌19	1 庚辰21	**1** 己酉⑲	1 己卯19	1 戊申17	1 戊寅17	1 丁未15	1 丁丑14	1 丙午13	1 丙子12	1 乙巳11	1 乙亥⑩
2 壬午22	2 辛亥20	2 辛巳㉒	2 庚戌20	**2** 庚辰20	2 己酉18	2 己卯18	2 戊申⑯	2 戊寅15	2 丁未14	2 丁丑13	2 丙午12	2 丙子11
3 癸未23	3 壬子21	3 壬午23	3 辛亥21	3 辛巳21	**3** 庚戌19	3 庚辰⑲	3 己酉17	3 己卯16	3 戊申15	3 戊寅14	3 丁未⑬	3 丁丑12
4 甲申24	4 癸丑㉒	4 癸未24	4 壬子22	4 壬午22	4 辛亥20	**4** 辛巳20	4 庚戌18	4 庚辰17	4 己酉16	4 己卯⑮	4 戊申14	4 戊寅13
5 乙酉㉕	5 甲寅23	5 甲申25	5 癸丑23	5 癸未23	5 壬子㉑	5 壬午21	**5** 辛亥19	5 辛巳18	5 庚戌17	5 庚辰16	5 己酉15	5 己卯14
6 丙戌26	6 乙卯24	6 乙酉26	6 甲寅24	6 甲申㉔	6 癸丑22	6 癸未22	6 壬子20	**6** 壬午19	6 辛亥⑱	6 辛巳17	6 庚戌16	6 庚辰15
7 丁亥27	7 丙辰25	7 丙戌27	7 乙卯25	7 乙酉25	7 甲寅23	7 甲申23	7 癸丑21	7 癸未⑳	**7** 壬子19	7 壬午18	7 辛亥17	7 辛巳16
8 戊子28	8 丁巳26	8 丁亥28	8 丙辰㉖	8 丙戌26	8 乙卯24	8 乙酉24	8 甲寅22	8 甲申21	8 癸丑20	**8** 癸未19	8 壬子18	8 壬午⑰
9 己丑29	9 戊午27	9 戊子㉙	9 丁巳27	9 丁亥27	9 丙辰25	9 丙戌25	9 乙卯㉓	9 乙酉22	9 甲寅21	9 甲申20	**9** 癸丑19	**9** 癸未18
10 庚寅30	10 己未28	10 己丑30	10 戊午28	10 戊子28	10 丁巳26	10 丁亥㉖	10 丙辰24	10 丙戌23	10 乙卯22	10 乙酉21	10 甲寅⑳	10 甲申19
11 辛卯31	《3月》	11 庚寅31	11 己未29	11 己丑29	11 戊午27	11 戊子27	11 丁巳25	11 丁亥24	11 丙辰23	11 丙戌㉒	11 乙卯21	11 乙酉20
《2月》	11 庚申①	《4月》	12 庚申30	12 庚寅30	12 己未㉘	12 己丑28	12 戊午26	12 戊子25	12 丁巳24	12 丁亥23	12 丙辰22	12 丙戌21
12 壬辰①	12 辛酉 2	12 辛卯 1	《5月》	13 辛卯㉛	13 庚申29	13 庚寅29	13 己未27	13 己丑26	13 戊午㉕	13 戊子24	13 丁巳23	13 丁亥22
13 癸巳 2	13 壬戌 3	13 壬辰 2	13 辛酉 1	《6月》	14 辛酉30	14 辛卯30	14 庚申28	14 庚寅㉗	14 己未26	14 己丑25	14 戊午24	14 戊子23
14 甲午 3	14 癸亥 4	14 癸巳 3	14 壬戌 2	14 壬辰 1	《7月》	15 壬辰31	15 辛酉29	15 辛卯28	15 庚申27	15 庚寅26	15 己未25	15 己丑㉔
15 乙未 4	**15** 甲子 5	**15** 甲午 4	15 癸亥③	15 癸巳 2	15 壬戌 1	《8月》	16 壬戌㉚	16 壬辰29	16 辛酉28	16 辛卯27	16 庚申26	16 庚寅25
16 丙申 5	16 乙丑 6	16 乙未⑤	16 甲子 4	16 甲午 3	16 癸亥 2	16 癸巳 1	17 癸亥31	17 癸巳30	17 壬戌29	17 壬辰28	17 辛酉㉗	17 辛卯26
17 丁酉 6	17 丙寅 7	17 丙申 6	**17** 乙丑 5	**17** 乙未 4	17 甲子 3	17 甲午②	《9月》	《10月》	18 癸亥30	18 癸巳㉙	18 壬戌28	18 壬辰27
18 戊戌 7	18 丁卯⑧	18 丁酉 7	18 丙寅 6	18 丙申 5	18 乙丑 4	18 乙未 3	18 甲子 1	18 甲午 1	19 甲子31	19 甲午30	19 癸亥29	19 癸巳28
19 己亥⑧	19 戊辰 9	19 戊戌 8	19 丁卯 7	19 丁酉 6	**19** 丙寅⑤	**19** 丙申 4	19 乙丑 2	19 乙未 2	《11月》	《12月》	20 甲子30	20 甲午29
20 庚子 9	20 己巳10	20 己亥 9	20 戊辰 8	20 戊戌⑦	20 丁卯 6	20 丁酉 5	**20** 丙寅 3	20 丙申 3	20 乙丑①	20 乙未 1	21 乙丑31	21 乙未30
21 辛丑10	21 庚午11	21 庚子10	21 己巳 9	21 己亥 8	21 戊辰 7	21 戊戌 6	21 丁卯 4	**21** 丁酉④	21 丙寅 2	21 丙申 2	**639 年**	22 丙申㉛
22 壬寅11	22 辛未12	22 辛丑11	22 庚午⑩	22 庚子 9	22 己巳 8	22 己亥 7	22 戊辰 5	22 戊戌 5	**22** 丁卯 3	22 丁酉 3	《1月》	《2月》
23 癸卯12	23 壬申13	23 壬寅⑫	23 辛未11	23 辛丑10	23 庚午 9	23 庚子 8	23 己巳⑥	23 己亥 6	23 戊辰 4	**23** 戊戌 4	22 丙寅 1	23 丁酉 1
24 甲辰13	24 癸酉14	24 癸卯13	24 壬申12	24 壬寅11	24 辛未10	24 辛丑⑨	24 庚午 7	24 庚子 7	24 己巳 5	24 己亥 5	23 丁卯 2	24 戊戌 2
25 乙巳14	25 甲戌⑮	25 甲辰14	25 癸酉13	25 癸卯12	25 壬申11	25 壬寅10	25 辛未 8	25 辛丑 8	25 庚午 6	25 庚子⑥	**24** 戊辰③	**25** 己亥 3
26 丙午⑮	26 乙亥16	26 乙巳15	26 甲戌14	26 甲辰13	26 癸酉⑫	26 癸卯11	26 壬申 9	26 壬寅 9	26 辛未 7	26 辛丑 7	25 己巳 4	26 庚子 4
27 丁未16	27 丙子17	27 丙午16	27 乙亥15	27 乙巳⑭	27 甲戌13	27 甲辰12	27 癸酉10	27 癸卯10	27 壬申⑧	27 壬寅 8	26 庚午 5	27 辛丑 5
28 戊申17	28 丁丑18	28 丁未17	28 丙子16	28 丙午15	28 乙亥14	28 乙巳13	28 甲戌11	28 甲辰⑪	28 癸酉 9	28 癸卯 9	27 辛未 6	28 壬寅 6
29 己酉18	29 戊寅19	29 戊申18	29 丁丑⑰	29 丁未16	29 丙子15	29 丙午14	29 乙亥12	29 乙巳12	29 甲戌10	29 甲辰10	28 壬申 7	29 癸卯⑦
	30 己卯20		30 戊寅18		30 丁丑16		30 丙子⑬		30 乙亥11		29 癸酉 8	30 甲辰 8
											30 甲戌 9	
立春 13日	啓蟄 15日	清明15日	穀雨 1日	小満 2日	夏至 3日	大暑 4日	処暑 5日	秋分 6日	霜降 7日	小雪 8日	冬至 9日	大寒 9日
雨水 29日	春分 30日		立夏 17日	芒種 17日	小暑 19日	立秋 19日	白露 20日	寒露 21日	立冬 22日	大雪 23日	小寒 24日	立春 25日

舒明天皇11年（639－640） 己亥

1月	2月	3月	4月	5月	6月	7月	8月	9月	10月	11月	12月
1乙巳9	1甲戌10	1甲辰9	1癸酉8	1癸卯7	1壬申6	1壬寅5	1辛未3	1辛丑③	《11月》	《12月》	1己巳30
2丙午10	2乙亥11	2乙巳10	2甲戌⑨	2甲辰8	2癸酉7	2癸卯6	2壬申4	2壬寅4	1庚午1	1庚子1	2庚午31
3丁未11	3丙子12	3丙午⑪	3乙亥10	3乙巳9	3甲戌8	3甲辰7	3癸酉⑤	3癸卯5	2辛未2	2辛丑2	640年
4戊申12	4丁丑13	4丁未12	4丙子11	4丙午10	4乙亥9	4乙巳⑧	4甲戌6	4甲辰6	3壬申3	3壬寅3	《1月》
5己酉13	5戊寅⑭	5戊申13	5丁丑12	5丁未11	5丙子10	5丙午9	5乙亥7	5乙巳7	4癸酉4	4癸卯4	3辛未1
6庚戌⑭	6己卯15	6己酉14	6戊寅13	6戊申12	6丁丑⑪	6丁未10	6丙子8	6丙午8	5甲戌5	5甲辰⑤	4壬申②
7辛亥15	7庚辰16	7庚戌15	7己卯14	7己酉⑬	7戊寅12	7戊申11	7丁丑9	7丁未9	6乙亥6	6乙巳6	5癸酉3
8壬子16	8辛巳17	8辛亥16	8庚辰15	8庚戌14	8己卯13	8己酉12	8戊寅10	8戊申⑩	7丙子⑦	7丙午7	6甲戌4
9癸丑17	9壬午18	9壬子17	9辛巳⑯	9辛亥15	9庚辰14	9庚戌13	9己卯11	9己酉11	8丁丑8	8丁未8	7乙亥5
10甲寅18	10癸未19	10癸丑⑱	10壬午17	10壬子16	10辛巳15	10辛亥14	10庚辰⑫	10庚戌12	9戊寅9	9戊申9	8丙子6
11乙卯19	11甲申20	11甲寅19	11癸未18	11癸丑17	11壬午16	11壬子⑮	11辛巳13	11辛亥13	10己卯10	10己酉10	9丁丑7
12丙辰20	12乙酉㉑	12乙卯20	12甲申19	12甲寅18	12癸未17	12癸丑16	12壬午14	12壬子14	11庚辰11	11庚戌11	10戊寅8
13丁巳㉑	13丙戌22	13丙辰21	13乙酉20	13乙卯19	13甲申⑱	13甲寅17	13癸未15	13癸丑15	12辛巳12	12辛亥⑫	11己卯⑨
14戊午22	14丁亥23	14丁巳22	14丙戌21	14丙辰⑳	14乙酉19	14乙卯18	14甲申16	14甲寅16	13壬午13	13壬子13	12庚辰10
15己未23	15戊子24	15戊午23	15丁亥22	15丁巳21	15丙戌20	15丙辰19	15乙酉17	15乙卯⑰	14癸未⑭	14癸丑14	13辛巳11
16庚申24	16己丑25	16己未24	16戊子㉓	16戊午22	16丁亥21	16丁巳20	16丙戌18	16丙辰18	15甲申15	15甲寅15	14壬午12
17辛酉25	17庚寅26	17庚申㉕	17己丑24	17己未23	17戊子22	17戊午21	17丁亥⑲	17丁巳19	16乙酉16	16乙卯16	15癸未13
18壬戌26	18辛卯27	18辛酉26	18庚寅25	18庚申24	18己丑23	18己未㉒	18戊子20	18戊午20	17丙戌17	17丙辰17	16甲申14
19癸亥27	19壬辰㉘	19壬戌27	19辛卯26	19辛酉25	19庚寅24	19庚申23	19己丑21	19己未21	18丁亥18	18丁巳18	17乙酉15
20甲子㉘	20癸巳29	20癸亥28	20壬辰27	20壬戌26	20辛卯㉕	20辛酉24	20庚寅22	20庚申22	19戊子19	19戊午⑲	18丙戌⑯
《3月》	21甲午30	21甲子29	21癸巳28	21癸亥㉗	21壬辰26	21壬戌25	21辛卯23	21辛酉23	20己丑20	20己未20	19丁亥17
21乙丑1	22乙未31	22乙丑30	22甲午29	22甲子28	22癸巳27	22癸亥26	22壬辰24	22壬戌㉔	21庚寅㉑	21庚申21	20戊子18
22丙寅2	《4月》	《5月》	23乙未㉚	23乙丑29	23甲午28	23甲子27	23癸巳25	23癸亥25	22辛卯22	22辛酉22	21己丑19
23丁卯3	23丙申1	23丙寅1	24丙申31	24丙寅30	24乙未29	24乙丑28	24甲午㉖	24甲子26	23壬辰23	23壬戌23	22庚寅20
24戊辰4	24丁酉2	24丁卯②	《6月》	《7月》	25丙申30	25丙寅㉙	25乙未27	25乙丑27	24癸巳24	24癸亥24	23辛卯21
25己巳5	25戊戌3	25戊辰3	25丁酉1	25丁卯1	26丁酉31	26丁卯30	26丙申28	26丙寅28	25甲午25	25甲子25	24壬辰22
26庚午6	26己亥④	26己巳4	26戊戌2	26戊辰2	《8月》	27戊辰31	27丁酉29	27丁卯29	26乙未26	26乙丑㉖	25癸巳㉓
27辛未⑦	27庚子5	27庚午5	27己亥3	27己巳3	27戊戌①	《9月》	28戊戌30	28戊辰30	27丙申27	27丙寅27	26甲午24
28壬申8	28辛丑6	28辛未6	28庚子4	28庚午④	28己亥2	28己巳1	《10月》	29己巳㉛	28丁酉㉘	28丁卯28	27乙未25
29癸酉9	29壬寅7	29壬申7	29辛丑5	29辛未5	29庚子3	29庚午2	29己亥1		29戊戌29	29戊辰29	28丙申26
	30癸卯8		30壬寅⑥		30辛丑4		30庚子2		30己亥30		29丁酉27
											30戊戌28
雨水10日 啓蟄25日	春分11日 清明27日	穀雨12日 立夏27日	小満13日 芒種28日	夏至14日 小暑29日	大暑15日 立秋30日	処暑15日	白露2日 秋分17日	寒露2日 霜降17日	立冬4日 小雪19日	大雪4日 冬至19日	小寒5日 大寒21日

舒明天皇12年（640－641） 庚子

1月	2月	3月	4月	5月	6月	7月	8月	9月	10月	11月	閏11月	12月
1己亥29	1戊辰㉗	1戊戌28	1丁卯26	1丁酉26	1丁卯㉕	1丙申24	1丙寅23	1乙未21	1乙丑21	1甲午⑲	1甲子19	1癸巳17
2庚子㉚	2己巳28	2己亥29	2戊辰27	2戊戌27	2戊辰26	2丁酉25	2丁卯24	2丙申22	2丙寅㉒	2乙未20	2乙丑20	2甲午18
3辛丑31	3庚午29	3庚子30	3己巳28	3己亥㉘	3己巳27	3戊戌26	3戊辰25	3丁酉23	3丁卯23	3丙申21	3丙寅21	3乙未19
《2月》	《3月》	4辛丑31	4庚午29	4庚子29	4庚午28	4己亥27	4己巳26	4戊戌㉔	4戊辰24	4丁酉22	4丁卯22	4丙申20
4壬寅1	4辛未1	《4月》	5辛未㉚	5辛丑30	5辛未29	5庚子28	5庚午㉗	5己亥25	5己巳25	5戊戌23	5戊辰23	5丁酉㉑
5癸卯2	5壬申2	5壬寅1	《5月》	6壬寅31	6壬申30	6辛丑29	6辛未28	6庚子26	6庚午26	6己亥24	6己巳㉔	6戊戌22
6甲辰3	6癸酉3	6癸卯②	6壬申1	《6月》	《7月》	7壬寅㉚	7壬申29	7辛丑27	7辛未27	7庚子25	7庚午25	7己亥23
7乙巳4	7甲戌4	7甲辰3	7癸酉2	7癸卯1	7癸酉1	8癸卯31	8癸酉30	8壬寅28	8壬申28	8辛丑㉖	8辛未26	8庚子24
8丙午5	8乙亥⑤	8乙巳4	8甲戌3	8甲辰2	8甲戌②	《8月》	9甲戌31	9癸卯29	9癸酉㉙	9壬寅27	9壬申27	9辛丑25
9丁未⑥	9丙子6	9丙午5	9乙亥4	9乙巳3	9乙亥3	9甲辰1	《9月》	10甲辰30	10甲戌30	10癸卯28	10癸酉28	10壬寅26
10戊申7	10丁丑7	10丁未6	10丙子5	10丙午④	10丙子4	10乙巳2	10乙亥1	《10月》	11乙亥31	11甲辰29	11甲戌29	11癸卯27
11己酉8	11戊寅8	11戊申7	11丁丑6	11丁未5	11丁丑5	11丙午3	11丙子2	11乙巳①	《11月》	12乙巳30	12乙亥30	12甲辰㉘
12庚戌9	12己卯9	12己酉8	12戊寅⑦	12戊申6	12戊寅6	12丁未4	12丁丑③	12丙午2	12丙子1	《12月》	13丙子㉛	13乙巳29
13辛亥10	13庚辰10	13庚戌⑨	13己卯8	13己酉7	13己卯7	13戊申5	13戊寅4	13丁未3	13丁丑2	13丙午1	641年	14丙午30
14壬子11	14辛巳11	14辛亥10	14庚辰9	14庚戌8	14庚辰8	14己酉⑥	14己卯5	14戊申4	14戊寅3	14丁未2	《1月》	15丁未31
15癸丑12	15壬午⑫	15壬子11	15辛巳10	15辛亥9	15辛巳⑨	15庚戌7	15庚辰6	15己酉5	15己卯4	15戊申③	14丁丑1	《2月》
16甲寅⑬	16癸未13	16癸丑12	16壬午11	16壬子10	16壬午10	16辛亥8	16辛巳7	16庚戌6	16庚辰⑤	16己酉4	15戊寅2	16戊申1
17乙卯14	17甲申14	17甲寅13	17癸未12	17癸丑⑪	17癸未11	17壬子9	17壬午8	17辛亥7	17辛巳6	17庚戌5	16己卯3	17己酉2
18丙辰15	18乙酉15	18乙卯14	18甲申13	18甲寅12	18甲申12	18癸丑10	18癸未9	18壬子⑧	18壬午7	18辛亥6	17庚辰4	18庚戌3
19丁巳16	19丙戌16	19丙辰15	19乙酉⑭	19乙卯13	19乙酉13	19甲寅11	19甲申⑩	19癸丑9	19癸未8	19壬子7	18辛巳5	19辛亥④
20戊午17	20丁亥17	20丁巳⑯	20丙戌15	20丙辰14	20丙戌14	20乙卯12	20乙酉11	20甲寅10	20甲申9	20癸丑8	19壬午6	20壬子5
21己未18	21戊子18	21戊午17	21丁亥16	21丁巳15	21丁亥15	21丙辰⑬	21丙戌12	21乙卯11	21乙酉10	21甲寅9	20癸未⑦	21癸丑6
22庚申19	22己丑⑲	22己未18	22戊子17	22戊午16	22戊子⑯	22丁巳14	22丁亥13	22丙辰12	22丙戌11	22乙卯⑩	21甲申8	22甲寅7
23辛酉⑳	23庚寅20	23庚申19	23己丑18	23己未17	23己丑17	23戊午15	23戊子14	23丁巳13	23丁亥⑫	23丙辰11	22乙酉9	23乙卯8
24壬戌21	24辛卯21	24辛酉20	24庚寅19	24庚申⑱	24庚寅18	24己未16	24己丑15	24戊午14	24戊子13	24丁巳12	23丙戌10	24丙辰9
25癸亥22	25壬辰22	25壬戌21	25辛卯20	25辛酉19	25辛卯19	25庚申17	25庚寅16	25己未⑮	25己丑14	25戊午13	24丁亥11	25丁巳10
26甲子23	26癸巳23	26癸亥22	26壬辰㉑	26壬戌20	26壬辰20	26辛酉18	26辛卯⑰	26庚申16	26庚寅15	26己未14	25戊子12	26戊午⑪
27乙丑24	27甲午24	27甲子㉓	27癸巳22	27癸亥21	27癸巳21	27壬戌19	27壬辰18	27辛酉17	27辛卯16	27庚申15	26己丑13	27己未12
28丙寅25	28乙未25	28乙丑24	28甲午23	28甲子22	28甲午22	28癸亥⑳	28癸巳19	28壬戌18	28壬辰17	28辛酉16	27庚寅⑭	28庚申13
29丁卯26	29丙申㉖	29丙寅25	29乙未24	29乙丑23	29乙未㉓	29甲子21	29甲午20	29癸亥19	29癸巳18	29壬戌⑰	28辛卯15	29辛酉14
	30丁酉27		30丙申25	30丙寅24		30乙丑22		30甲子20		30癸亥18	29壬辰16	30壬戌15
立春6日 雨水21日	啓蟄7日 春分23日	清明8日 穀雨23日	立夏9日 小満24日	芒種10日 夏至25日	小暑10日 大暑25日	立秋11日 処暑27日	白露12日 秋分27日	寒露13日 霜降29日	立冬14日 小雪29日	大雪15日 冬至30日	小寒16日	大寒2日 立春17日

舒明天皇13年（641－642） 辛丑

1月	2月	3月	4月	5月	6月	7月	8月	9月	10月	11月	12月
1 癸亥16	1 壬辰17	1 壬戌16	1 辛卯15	1 辛酉14	1 庚寅13	1 庚申⑫	1 己丑10	1 己未10	1 己丑 9	1 戊午 8	1 戊子 7
2 甲子17	2 癸巳⑱	2 癸亥17	2 壬辰16	2 壬戌15	2 辛卯14	2 辛酉13	2 庚寅11	2 庚申11	2 庚寅10	2 己未⑨	2 己丑 8
3 乙丑⑱	3 甲午19	3 甲子18	3 癸巳17	3 癸亥16	3 壬辰⑮	3 壬戌14	3 辛卯12	3 辛酉12	3 辛卯⑪	3 庚申10	3 庚寅 9
4 丙寅19	**4** 乙未20	**4** 乙丑19	4 甲午18	4 甲子⑰	4 癸巳16	4 癸亥15	4 壬辰13	4 壬戌13	4 壬辰12	4 辛酉11	4 辛卯10
5 丁卯20	5 丙申21	5 丙寅20	5 乙未19	5 乙丑18	5 甲午17	5 甲子16	5 癸巳14	5 癸亥⑭	5 癸巳13	5 壬戌12	5 壬辰11
6 戊辰21	6 丁酉22	6 丁卯21	**6** 丙申⑳	**6** 丙寅19	6 乙未18	6 乙丑17	6 甲午15	6 甲子15	6 甲午14	6 癸亥13	6 癸巳12
7 己巳22	7 戊戌23	7 戊辰㉒	7 丁酉21	7 丁卯20	7 丙申19	7 丙寅18	7 乙未⑯	7 乙丑16	7 乙未15	7 甲子14	7 甲午⑬
8 庚午23	8 己亥24	8 己巳23	8 戊戌22	8 戊辰21	**8** 丁酉20	**8** 丁卯⑲	8 丙申17	8 丙寅17	8 丙申16	8 乙丑15	8 乙未14
9 辛未24	9 庚子㉕	9 庚午24	9 己亥23	9 己巳22	9 戊戌21	9 戊辰20	**9** 丁酉18	9 丁卯18	9 丁酉17	9 丙寅⑯	9 丙申15
10壬申㉕	10辛丑26	10辛未25	10庚子24	10庚午23	10己亥㉒	10己巳21	10戊戌19	**10**戊辰19	**10**戊戌⑱	10丁卯17	10丁酉16
11癸酉26	11壬寅27	11壬申26	11辛丑25	11辛未㉔	11庚子23	11庚午22	11己亥20	11己巳20	11己亥19	11戊辰18	11戊戌17
12甲戌27	12癸卯28	12癸酉27	12壬寅26	12壬申25	12辛丑24	12辛未23	12庚子21	12庚午㉑	12庚子20	**12**己巳19	**12**己亥18
13乙亥28	13甲辰29	13甲戌28	13癸卯㉗	13癸酉26	13壬寅25	13壬申24	13辛丑22	13辛未22	13辛丑21	13庚午20	13庚子19
《3月》	14乙巳30	14乙亥㉙	14甲辰28	14甲戌27	14癸卯26	14癸酉25	14壬寅㉓	14壬申23	14壬寅22	14辛未21	14辛丑⑳
14丙子 1	15丙午31	15丙子30	15乙巳29	15乙亥28	15甲辰27	15甲戌㉖	15癸卯24	15癸酉24	15癸卯23	15壬申22	15壬寅21
15丁丑 2	《4月》	《5月》	16丙午30	16丙子29	16乙巳28	16乙亥27	16甲辰25	16甲戌25	16甲辰24	16癸酉㉓	16癸卯22
16戊寅 3	16丁未①	16丁丑 1	17丁未31	17丁丑30	17丙午㉙	17丙子28	17乙巳26	17乙亥26	17乙巳㉕	17甲戌24	17甲辰23
17己卯④	17戊申 2	17戊寅 2	《6月》	《7月》	18丁未30	18丁丑29	18丙午27	18丙子27	18丙午26	18乙亥25	18乙巳24
18庚辰 5	18己酉 3	18己卯 3	18戊申 1	18戊寅①	19戊申31	19戊寅30	19丁未28	19丁丑㉘	19丁未27	19丙子26	19丙午25
19辛巳 6	**19**庚戌 4	**19**庚辰 4	19己酉 2	19己卯 2	《8月》	20己卯31	20戊申29	20戊寅29	20戊申28	20丁丑27	20丁未26
20壬午 7	20辛亥 5	20辛巳 5	20庚戌③	20庚辰 3	20己酉 1	《9月》	21己酉㉚	21己卯30	21己酉29	21戊寅28	21戊申㉗
21癸未 8	21壬子 6	21壬午⑥	**21** 辛亥 4	**21** 辛巳 4	21庚戌 2	21庚辰 1	《10月》	22庚辰31	22庚戌30	22己卯29	22己酉28
22甲申 9	22癸丑 7	22癸未 7	22壬子 5	22壬午 5	22辛亥 3	22辛巳②	22庚戌 1	《11月》	《12月》	23庚辰㉚	23庚戌29
23乙酉10	23甲寅⑧	23甲申 8	23癸丑 6	23癸未 6	**23**壬子 4	**23**壬午 3	23辛亥 2	23辛巳 1	23辛亥 1	24辛巳31	24辛亥30
24丙戌⑪	24乙卯 9	24乙酉 9	24甲寅 7	24甲申 7	24癸丑⑤	24癸未 4	24壬子 3	24壬午 2	24壬子②	**642**年	25壬子31
25丁亥12	25丙辰10	25丙戌10	25乙卯 8	25乙酉⑧	25甲寅 6	25甲申 5	**25**癸丑 4	**25**癸未 3	**25**癸丑 3	《1月》	《2月》
26戊子13	26丁巳11	26丁亥11	26丙辰 9	26丙戌 9	26乙卯 7	26乙酉 6	26甲寅 5	26甲申④	26甲寅 4	25壬午 1	26癸丑 1
27己丑14	27戊午12	27戊子12	27丁巳⑩	27丁亥10	27丙辰 8	27丙戌 7	27乙卯 6	27乙酉 5	27乙卯 5	26癸未 2	**27**甲寅 2
28庚寅15	28己未13	28己丑⑬	28戊午11	28戊子11	28丁巳 9	28丁亥 8	28丙辰⑦	28丙戌 6	28丙辰 6	**27**甲申 3	28乙卯③
29辛卯16	29庚申14	29庚寅14	29己未12	29己丑12	29戊午10	29戊子⑨	29丁巳 8	29丁亥 7	29丁巳 7	28乙酉 4	29丙辰 4
	30辛酉⑮		30庚申13		30己未11		30戊午 9	30戊子 8		29丙戌 5	
										30丁亥⑥	
雨水 2日 啓蟄 18日	春分 4日 清明 19日	穀雨 4日 立夏 19日	小満 6日 芒種 21日	夏至 6日 小暑 21日	大暑 8日 立秋 23日	処暑 8日 白露 23日	秋分 9日 寒露 25日	霜降 10日 立冬 25日	小雪 10日 大雪 25日	冬至 12日 小寒 27日	大寒 12日 立春 27日

皇極天皇元年（642－643） 壬寅

1月	2月	3月	4月	5月	6月	7月	8月	9月	10月	11月	12月
1 丁巳 5	1 丁亥 7	1 丙辰 5	**1** 丙戌⑤	1 乙卯 3	1 乙酉 3	《8月》	1 甲申31	1 癸丑㉙	1 癸未29	1 壬子27	1 壬午27
2 戊午 6	2 戊子 8	2 丁巳 6	2 丁亥 6	**2** 丙辰 4	2 丙戌 4	1 甲寅 1	《9月》	2 甲寅30	2 甲申30	2 癸丑28	2 癸未28
3 己未 7	3 己丑 9	3 戊午⑦	3 戊子 7	3 丁巳 5	**3** 丁亥 5	2 乙卯 2	2 乙酉①	《10月》	3 乙酉31	3 甲寅29	3 甲申㉙
4 庚申 8	4 庚寅⑩	4 己未 8	4 己丑 8	4 戊午 6	4 戊子 6	3 丙辰 3	3 丙戌 2	3 乙卯 1	《11月》	4 乙卯30	4 乙酉30
5 辛酉 9	5 辛卯11	5 庚申 9	5 庚寅 9	5 己未 7	5 己丑⑦	**4** 丁巳④	**4** 丁亥 3	4 丙辰 2	4 丙戌 1	《12月》	5 丙戌31
6 壬戌⑩	6 壬辰12	6 辛酉10	6 辛卯10	6 庚申 8	6 庚寅 8	5 戊午 5	5 戊子 4	5 丁巳 3	5 丁亥 2	5 丙辰①	**643**年
7 癸亥11	7 癸巳13	7 壬戌11	7 壬辰11	7 辛酉⑨	7 辛卯 9	6 己未 6	6 己丑 5	**6** 戊午 4	**6** 戊子③	6 丁巳 2	《1月》
8 甲子12	8 甲午14	8 癸亥12	8 癸巳⑫	8 壬戌10	8 壬辰10	7 庚申 7	7 庚寅 6	7 己未 5	7 己丑 4	7 戊午 3	6 丁亥 1
9 乙丑13	9 乙未15	9 甲子13	9 甲午13	9 癸亥11	9 癸巳11	8 辛酉 8	8 辛卯 7	8 庚申⑥	8 庚寅 5	**8** 己未 4	7 戊子 2
10丙寅14	10丙申16	10乙丑⑭	10乙未14	10甲子12	10甲午12	9 壬戌 9	9 壬辰⑧	9 辛酉 7	9 辛卯 6	9 庚申 5	**8** 己丑 3
11丁卯15	11丁酉⑰	11丙寅15	11丙申15	11乙丑13	11乙未13	10癸亥10	10癸巳 9	10壬戌 8	10壬辰 7	10辛酉 6	9 庚寅 4
12戊辰16	12戊戌18	12丁卯16	12丁酉16	12丙寅14	12丙申⑭	11甲子⑪	11甲午10	11癸亥 9	11癸巳 8	11壬戌 7	10辛卯⑤
13己巳⑰	13己亥19	13戊辰17	13戊戌17	13丁卯15	13丁酉15	12乙丑12	12乙未11	12甲子10	12甲午 9	12癸亥⑧	11壬辰 6
14庚午18	**14**庚子20	14己巳18	14己亥18	14戊辰⑯	14戊戌16	13丙寅13	13丙申12	13乙丑11	13乙未⑩	13甲子 9	12癸巳 7
15辛未19	15辛丑21	**15**庚午19	15庚子⑲	15己巳17	15己亥17	14丁卯14	14丁酉13	14丙寅12	14丙申11	14乙丑10	13甲午 8
16壬申20	16壬寅22	16辛未20	**16**辛丑20	16庚午18	16庚子18	15戊辰15	15戊戌14	15丁卯⑬	15丁酉12	15丙寅11	14乙未 9
17癸酉21	17癸卯23	17壬申㉑	17壬寅21	**17**辛未19	17辛丑19	16己巳16	16己亥⑮	16戊辰14	16戊戌13	16丁卯12	15丙申10
18甲戌22	18甲辰㉔	18癸酉22	18癸卯22	18壬申20	**18**壬寅20	17庚午17	17庚子16	17己巳15	17己亥14	17戊辰13	16丁酉11
19乙亥23	19乙巳25	19甲戌23	19甲辰23	19癸酉21	19癸卯㉑	18辛未⑱	18辛丑17	18庚午16	18庚子15	18己巳14	17戊戌⑫
20丙子㉔	20丙午26	20乙亥24	20乙巳24	20甲戌22	20甲辰22	**19**壬申19	19壬寅18	19辛未17	19辛丑16	19庚午⑮	18己亥13
21丁丑25	21丁未27	21丙子25	21丙午25	21乙亥㉓	21乙巳23	20癸酉20	**20**癸卯19	20壬申18	20壬寅⑰	20辛未16	19庚子14
22戊寅26	22戊申28	22丁丑26	22丁未㉖	22丙子24	22丙午24	21甲戌21	21甲辰20	**21** 癸酉19	21癸卯18	21壬申17	20辛丑15
23己卯27	23己酉29	23戊寅27	23戊申27	23丁丑25	23丁未25	22乙亥22	22乙巳21	22甲戌⑳	**22**甲辰19	22癸酉18	21壬寅16
24庚辰28	24庚戌30	24己卯㉘	24己酉28	24戊寅26	24戊申26	23丙子23	23丙午㉒	23乙亥21	23乙巳20	**23**甲戌19	22癸卯17
《3月》	25辛亥㉛	25庚辰29	25庚戌29	25己卯27	25己酉27	24丁丑24	24丁未23	24丙子22	24丙午21	24乙亥20	**23**甲辰18
25辛巳 1	《4月》	26辛巳30	26辛亥30	26庚辰28	26庚戌㉘	25戊寅㉕	25戊申24	25丁丑23	25丁未22	25丙子21	24乙巳⑲
26壬午 2	26壬子 1	《5月》	27壬子31	27辛巳29	27辛亥29	26己卯26	26己酉25	26戊寅24	26戊申23	26丁丑㉒	25丙午20
27癸未③	27癸丑 2	27壬午 1	《6月》	28壬午㉚	28壬子30	27庚辰27	27庚戌26	27己卯25	27己酉㉔	27戊寅23	26丁未21
28甲申 4	28甲寅 3	28癸未 2	28癸丑 1	《7月》	29癸丑31	28辛巳28	28辛亥27	28庚辰26	28庚戌25	28己卯24	27戊申22
29乙酉 5	**29**乙卯 4	29甲申 3	29甲寅②	29癸未 1		29壬午29	29壬子28	29辛巳㉗	29辛亥26	29庚辰25	28己酉23
30丙戌 6		30乙酉 4		30甲申 2		30癸未30		30壬午28		30辛巳26	29庚戌24
											30辛亥25
雨水 14日 啓蟄 29日	春分 14日 清明 29日	穀雨 15日	立夏 1日 小満 16日	芒種 2日 夏至 17日	小暑 3日 大暑 18日	立秋 4日 処暑 19日	白露 4日 秋分 20日	寒露 6日 霜降 21日	立冬 6日 小雪 22日	大雪 8日 冬至 23日	小寒 8日 大寒 23日

皇極天皇**2**年（643－644） 癸卯

1月	2月	3月	4月	5月	6月	7月	閏7月	8月	9月	10月	11月	12月
1 壬子㉖ 2 癸丑27 3 甲寅28 4 乙卯29 5 丙辰30 6 丁巳31 《2月》 7 戊午 1 8 己未② **9** 庚申 3 10辛酉 4 11壬戌 5 12癸亥 6 13甲子 7 14乙丑 8 15丙寅⑨ 16丁卯10 17戊辰11 18己巳12 19庚午13 20辛未14 21壬申15 22癸酉⑯ 23甲戌17 **24**乙亥18 25丙子19 26丁丑20 27戊寅21 28己卯22 29庚辰㉓	1 辛巳24 2 壬午25 3 癸未26 4 甲申27 5 乙酉28 《3月》 6 丙戌 1 7 丁亥② 8 戊子 3 9 己丑 4 **10**庚寅 5 11辛卯 6 12壬辰 7 13癸巳 8 14甲午⑨ 15乙未10 16丙申11 17丁酉12 18戊戌13 19己亥14 20庚子15 21辛丑⑯ 22壬寅17 23癸卯18 24甲辰19 **25**乙巳20 26丙午21 27丁未22 28戊申㉓ 29己酉24 30庚戌25	1 辛亥26 2 壬子27 3 癸丑28 4 甲寅29 5 乙卯㉚ 6 丙辰31 《4月》 7 丁巳 1 8 戊午 2 9 己未 3 **10**庚申 4 11辛酉 5 12壬戌⑥ 13癸亥 7 14甲子 8 15乙丑 9 16丙寅10 17丁卯11 18戊辰12 19己巳⑬ 20庚午14 21辛未15 22壬申16 23癸酉17 24甲戌18 25乙亥19 **26**丙子⑳ 27丁丑21 28戊寅22 29己卯23	1 庚辰24 2 辛巳25 3 壬午26 4 癸未㉗ 5 甲申28 6 乙酉29 7 丙戌30 《5月》 8 丁亥 1 9 戊子 2 10己丑 3 11庚寅④ **12**辛卯 5 13壬辰 6 14癸巳 7 15甲午 8 16乙未 9 17丙申10 18丁酉⑪ 19戊戌12 20己亥13 21庚子14 22辛丑15 23壬寅16 24癸卯17 25甲辰⑱ 26乙巳19 **27**丙午20 28丁未21 29戊申22 30己酉23	1 庚戌24 2 辛亥㉕ 3 壬子26 4 癸丑27 5 甲寅28 6 乙卯29 7 丙辰30 8 丁巳31 《6月》 9 戊午① 10己未 2 11庚申 3 **12**辛酉 4 13壬戌 5 14癸亥 6 15甲子 7 16乙丑⑧ 17丙寅 9 18丁卯10 19戊辰11 20己巳12 21庚午13 22辛未14 23壬申⑮ 24癸酉16 25甲戌17 26乙亥18 27丙子19 **28**丁丑20 29戊寅21	1 己卯㉒ 2 庚辰23 3 辛巳24 4 壬午25 5 癸未26 6 甲申27 7 乙酉28 8 丙戌㉙ 9 丁亥30 《7月》 10戊子 1 11己丑 2 12庚寅 3 13辛卯 4 **14**壬辰 5 15癸巳⑥ 16甲午 7 17乙未 8 18丙申 9 19丁酉10 20戊戌11 21己亥12 22庚子⑬ 23辛丑14 24壬寅15 25癸卯16 26甲辰17 27乙巳18 28丙午19 **29**丁未⑳ 30戊申21	1 己酉22 2 庚戌23 3 辛亥24 4 壬子25 5 癸丑26 6 甲寅㉗ 7 乙卯28 8 丙辰29 9 丁巳30 10戊午31 《8月》 11己未 1 12庚申 2 13辛酉③ **14**壬戌 4 15癸亥 5 16甲子 6 17乙丑 7 18丙寅 8 19丁卯 9 20戊辰⑩ 21己巳11 22庚午12 23辛未13 24壬申14 25癸酉15 26甲戌16 27乙亥⑰ 28丙子18 **29**丁丑19	1 戊寅20 2 己卯21 3 庚辰22 4 辛巳23 5 壬午㉔ 6 癸未25 7 甲申26 8 乙酉27 9 丙戌28 10丁亥29 11戊子30 12己丑㉛ 《9月》 13庚寅 1 14辛卯 2 15壬辰 3 **16**癸巳 4 17甲午 5 18乙未 6 19丙申⑦ 20丁酉 8 21戊戌 9 22己亥10 23庚子11 24辛丑12 25壬寅13 26癸卯⑭ 27甲辰15 28乙巳16 29丙午17 30丁未18	**1** 戊申19 2 己酉20 3 庚戌㉑ 4 辛亥22 5 壬子23 6 癸丑24 7 甲寅25 8 乙卯26 9 丙辰27 10丁巳㉘ 11戊午29 12己未30 《10月》 13庚申 1 14辛酉 2 15壬戌 3 **16**癸亥 4 17甲子⑤ 18乙丑 6 19丙寅 7 20丁卯 8 21戊辰 9 22己巳10 23庚午11 24辛未⑫ 25壬申13 26癸酉14 27甲戌15 28乙亥16 29丙子17	1 丁丑18 **2** 戊寅⑲ 3 己卯20 4 庚辰21 5 辛巳22 6 壬午23 7 癸未24 8 甲申25 9 乙酉㉖ 10丙戌27 11丁亥28 12戊子29 13己丑30 14庚寅31 《11月》 15辛卯 1 16壬辰② 17癸巳 3 **18**甲午 4 19乙未 5 20丙申 6 21丁酉 7 22戊戌 8 23己亥⑨ 24庚子10 25辛丑11 26壬寅12 27癸卯13 28甲辰14 29乙巳15 30丙午⑯	1 丁未17 2 戊申18 **3** 己酉19 4 庚戌20 5 辛亥21 6 壬子22 7 癸丑㉓ 8 甲寅24 9 乙卯25 10丙辰26 11丁巳27 12戊午28 13己未29 14庚申㉚ 《12月》 15辛酉 1 16壬戌 2 17癸亥 3 **18**甲子 4 19乙丑 5 20丙寅 6 21丁卯⑦ 22戊辰 8 23己巳 9 24庚午10 25辛未11 26壬申12 27癸酉13 28甲戌⑭ 29乙亥15	1 丙子16 2 丁丑17 3 戊寅18 **4** 己卯19 5 庚辰20 6 辛巳㉑ 7 壬午22 8 癸未23 9 甲申24 10乙酉25 11丙戌26 12丁亥27 13戊子㉘ 14己丑29 15庚寅30 16辛卯31 **644** 年 《1月》 17壬辰 1 18癸巳 2 **19**甲午 3 20乙未④ 21丙申 5 22丁酉 6 23戊戌 7 24己亥 8 25庚子 9 26辛丑10 27壬寅⑪ 28癸卯12 29甲辰13 30乙巳14	1 丙午15 2 丁未16 3 戊申17 4 己酉⑱ **5** 庚戌19 6 辛亥20 7 壬子21 8 癸丑22 9 甲寅23 10乙卯24 11丙辰㉕ 12丁巳26 13戊午27 14己未28 15庚申29 16辛酉30 17壬戌31 《2月》 18癸亥① 19甲子 2 **20**乙丑 3 21丙寅 4 22丁卯 5 23戊辰 6 24己巳 7 25庚午⑧ 26辛未 9 27壬申10 28癸酉11 29甲戌12
立春 9日 雨水 24日	啓蟄 10日 春分 25日	清明 10日 穀雨 26日	立夏 12日 小満 27日	芒種 12日 夏至 28日	小暑 14日 大暑 29日	立秋 14日 処暑 29日	白露16日	秋分 1日 寒露 16日	霜降 2日 立冬 18日	小雪 3日 大雪 18日	冬至 4日 小寒 19日	大寒 5日 立春 20日

皇極天皇**3**年（644－645） 甲辰

1月	2月	3月	4月	5月	6月	7月	8月	9月	10月	11月	12月
1 乙亥13 2 丙子14 3 丁丑⑮ 4 戊寅16 5 己卯17 **6** 庚辰18 7 辛巳19 8 壬午20 9 癸未21 10甲申㉒ 11乙酉23 12丙戌24 13丁亥25 14戊子26 15己丑27 16庚寅28 17辛卯㉙ 《3月》 18壬辰 1 19癸巳 2 20甲午 3 **21**乙未 4 22丙申 5 23丁酉 6 24戊戌⑦ 25己亥 8 26庚子 9 27辛丑10 28壬寅11 29癸卯12 30甲辰13	1 乙巳⑭ 2 丙午15 3 丁未16 4 戊申17 5 己酉18 6 庚戌19 **7** 辛亥20 8 壬子㉑ 9 癸丑22 10甲寅23 11乙卯24 12丙辰25 13丁巳26 14戊午27 15己未㉘ 16庚申29 17辛酉30 18壬戌31 《4月》 19癸亥 1 20甲子 2 21乙丑 3 **22**丙寅④ 23丁卯 5 24戊辰 6 25己巳 7 26庚午 8 27辛未 9 28壬申10 29癸酉⑪	1 甲戌12 2 乙亥13 3 丙子14 4 丁丑15 5 戊寅16 6 己卯17 7 庚辰⑱ **8** 辛巳19 9 壬午20 10癸未21 11甲申22 12乙酉23 13丙戌24 14丁亥㉕ 15戊子26 16己丑27 17庚寅28 18辛卯29 19壬辰30 《5月》 20癸巳 1 21甲午② 22乙未 3 **23**丙申 4 24丁酉 5 25戊戌 6 26己亥 7 27庚子 8 28辛丑⑨ 29壬寅10 30癸卯11	1 甲辰12 2 乙巳13 3 丙午14 4 丁未15 5 戊申⑯ 6 己酉17 7 庚戌18 **8** 辛亥19 9 壬子20 10癸丑21 11甲寅22 12乙卯㉓ 13丙辰24 14丁巳25 15戊午26 16己未27 17庚申28 18辛酉29 19壬戌㉚ 20癸亥31 《6月》 21甲子 1 22乙丑 2 23丙寅 3 **24**丁卯 4 25戊辰 5 26己巳⑥ 27庚午 7 28辛未 8 29壬申 9 30癸酉10	1 甲戌11 2 乙亥12 3 丙子⑬ 4 丁丑14 5 戊寅15 6 己卯16 7 庚辰17 8 辛巳18 **9** 壬午19 10癸未⑳ 11甲申21 12乙酉22 13丙戌23 14丁亥24 15戊子25 16己丑26 17庚寅㉗ 18辛卯28 19壬辰29 20癸巳30 《7月》 21甲午 1 22乙未 2 23丙申 3 **24**丁酉④ 25戊戌 5 26己亥 6 27庚子 7 28辛丑 8 29壬寅 9	1 癸卯10 2 甲辰⑪ 3 乙巳12 4 丙午13 5 丁未14 6 戊申15 7 己酉16 8 庚戌17 9 辛亥⑱ **10**壬子19 11癸丑20 12甲寅21 13乙卯22 14丙辰23 15丁巳24 16戊午㉕ 17己未26 18庚申27 19辛酉28 20壬戌29 21癸亥30 22甲子31 《8月》 23乙丑① 24丙寅 2 **25**丁卯 3 26戊辰 4 27己巳 5 28庚午 6 29辛未 7 30壬申⑧	1 癸酉 9 2 甲戌10 3 乙亥11 4 丙子12 5 丁丑13 6 戊寅14 7 己卯⑮ 8 庚辰16 9 辛巳17 10壬午18 **11**癸未19 12甲申20 13乙酉21 14丙戌㉒ 15丁亥23 16戊子24 17己丑25 18庚寅26 19辛卯27 20壬辰28 21癸巳㉙ 22甲午30 23乙未31 《9月》 24丙申 1 25丁酉 2 **26**戊戌 3 27己亥 4 28庚子⑤ 29辛丑 6	1 壬寅 7 2 癸卯 8 3 甲辰 9 4 乙巳10 5 丙午11 6 丁未⑫ 7 戊申13 8 己酉14 9 庚戌15 10辛亥16 11壬子17 **12**癸丑18 13甲寅⑲ 14乙卯20 15丙辰21 16丁巳22 17戊午23 18己未24 19庚申25 20辛酉㉖ 21壬戌27 22癸亥28 23甲子29 24乙丑30 《10月》 25丙寅 1 26丁卯 2 **27**戊辰③ 28己巳 4 29庚午 5 30辛未 6	1 壬申 7 2 癸酉 8 3 甲戌 9 4 乙亥⑩ 5 丙子11 6 丁丑12 7 戊寅13 8 己卯14 9 庚辰15 10辛巳16 11壬午⑰ 12癸未18 **13**甲申19 14乙酉20 15丙戌21 16丁亥22 17戊子23 18己丑㉔ 19庚寅25 20辛卯26 21壬辰27 22癸巳28 23甲午29 24乙未30 25丙申㉛ 《11月》 26丁酉 1 27戊戌 2 **28**己亥 3 29庚子 4	1 辛丑 5 2 壬寅 6 3 癸卯⑦ 4 甲辰 8 5 乙巳 9 6 丙午10 7 丁未11 8 戊申12 9 己酉13 10庚戌⑭ 11辛亥15 12壬子16 13癸丑17 **14**甲寅18 15乙卯19 16丙辰20 17丁巳㉑ 18戊午22 19己未23 20庚申24 21辛酉25 22壬戌26 23癸亥27 24甲子㉘ 25乙丑29 26丙寅30 《12月》 27丁卯 1 28戊辰 2 **29**己巳 3 30庚午 4	1 辛未⑤ 2 壬申 6 3 癸酉 7 4 甲戌 8 5 乙亥 9 6 丙子10 7 丁丑11 8 戊寅⑫ 9 己卯13 10庚辰14 11辛巳15 12壬午16 13癸未17 **14**甲申18 15乙酉⑲ 16丙戌20 17丁亥21 18戊子22 19己丑23 20庚寅24 21辛卯25 22壬辰㉖ 23癸巳27 24甲午28 25乙未29 26丙申30 27丁酉31 **645** 年 《1月》 28戊戌 1 29己亥②	**1** 庚子 3 2 辛丑 4 3 壬寅 5 4 癸卯 6 5 甲辰 7 6 乙巳 8 7 丙午⑨ 8 丁未10 9 戊申11 10己酉12 11庚戌13 12辛亥14 13壬子15 14癸丑⑯ 15甲寅17 **16**乙卯18 17丙辰19 18丁巳20 19戊午21 20己未22 21庚申㉓ 22辛酉24 23壬戌25 24癸亥26 25甲子27 26乙丑28 27丙寅29 28丁卯㉚ 29戊辰31 《2月》 30己巳 1
雨水 6日 啓蟄 21日	春分 7日 清明 22日	穀雨 8日 立夏 23日	小満 8日 芒種 24日	夏至 9日 小暑 24日	大暑 10日 立秋 25日	処暑 11日 白露 26日	秋分 12日 寒露 27日	霜降 13日 立冬 28日	小雪 14日 大雪 29日	冬至 14日	小寒 1日 大寒 16日

大化元年〔皇極天皇**4**年〕（645－646） 乙巳

改元 6/19（〔皇極〕→大化）

1月	2月	3月	4月	5月	6月	7月	8月	9月	10月	11月	12月
1 庚午 2	1 己亥 3	1 己巳 2	《5月》	1 戊辰31	1 丁酉29	1 丁卯29	1 丙申27	1 丙寅26	1 丙申26	1 乙丑24	1 乙未24
2 辛未 3	2 庚子 4	2 庚午③	1 戊戌①	《6月》	2 戊戌30	2 戊辰30	2 丁酉㉘	2 丁卯27	2 丁酉27	2 丙寅25	2 丙申㉕
3 壬申 4	**3** 辛丑 5	**3** 辛未 4	2 己亥 2	2 己巳 1	《7月》	3 己巳㉛	3 戊戌29	3 戊辰28	3 戊戌28	3 丁卯26	3 丁酉26
4 癸酉 5	4 壬寅⑥	4 壬申 5	3 庚子 3	3 庚午 2	3 己亥 1	《8月》	4 己亥30	4 己巳29	4 己亥29	4 戊辰㉗	4 戊戌27
5 甲戌⑥	5 癸卯 7	5 癸酉 6	**4** 辛丑 4	4 辛未 3	4 庚子 2	4 庚午 1	5 庚子31	5 庚午30	5 庚子㉚	5 己巳28	5 己亥28
6 乙亥 7	6 甲辰 8	6 甲戌 7	5 壬寅 5	**5** 壬申 4	5 辛丑③	5 辛未 2	《9月》	《10月》	6 辛丑31	6 庚午29	6 庚子29
7 丙子 8	7 乙巳 9	7 乙亥 8	6 癸卯 6	6 癸酉⑤	**6** 壬寅 4	6 壬申 3	6 辛丑 1	6 辛未 1	《11月》	7 辛未30	7 辛丑30
8 丁丑 9	8 丙午10	8 丙子 9	7 甲辰 7	7 甲戌 6	7 癸卯 5	**7** 癸酉 4	7 壬寅 2	7 壬申②	7 壬寅 1	《12月》	8 壬寅31
9 戊寅10	9 丁未11	9 丁丑⑩	8 乙巳⑧	8 乙亥 7	8 甲辰 6	8 甲戌 5	**8** 癸卯 3	8 癸酉 3	8 癸卯 2	8 壬申 1	**646年**
10己卯11	10戊申12	10戊寅11	9 丙午 9	9 丙子 8	9 乙巳 7	9 乙亥 6	9 甲辰④	**9** 甲戌 4	**9** 甲辰 3	9 癸酉 2	《1月》
11庚辰12	11己酉⑬	11己卯12	10丁未10	10丁丑 9	10丙午 8	10丙子⑦	10乙巳 5	10乙亥 5	10乙巳 4	**10**甲戌 3	9 癸卯①
12辛巳⑬	12庚戌14	12庚辰13	11戊申11	11戊寅10	11丁未 9	11丁丑 8	11丙午 6	11丙子 6	11丙午 5	11乙亥④	10甲辰 2
13壬午14	13辛亥15	13辛巳14	12己酉12	12己卯11	12戊申⑩	12戊寅 9	12丁未 7	12丁丑 7	12丁未⑥	12丙子 5	**11**乙巳 3
14癸未15	14壬子16	14壬午15	13庚戌13	13庚辰⑫	13己酉11	13己卯10	13戊申 8	13戊寅 8	13戊申 7	13丁丑 6	12丙午 4
15甲申16	15癸丑17	15癸未16	14辛亥14	14辛巳13	14庚戌12	14庚辰11	14己酉 9	14己卯⑨	14己酉 8	14戊寅 7	13丁未 5
16乙酉17	16甲寅18	16甲申⑰	15壬子⑮	15壬午14	15辛亥13	15辛巳12	15庚戌10	15庚辰10	15庚戌 9	15己卯 8	14戊申 6
17丙戌18	17乙卯19	17乙酉18	16癸丑16	16癸未15	16壬子14	16壬午13	16辛亥⑪	16辛巳11	16辛亥10	16庚辰 9	15己酉 7
18丁亥19	**18**丙辰⑳	**18**丙戌19	17甲寅17	17甲申16	17癸丑15	17癸未⑭	17壬子12	17壬午12	17壬子11	17辛巳10	16庚戌⑧
19戊子⑳	19丁巳21	19丁亥20	18乙卯18	18乙酉17	18甲寅16	18甲申15	18癸丑13	18癸未13	18癸丑12	18壬午⑪	17辛亥 9
20己丑21	20戊午22	20戊子21	19丙辰19	19丙戌18	*19*乙卯⑰	19乙酉16	19甲寅14	19甲申14	19甲寅⑬	19癸未12	18壬子10
21庚寅22	21己未23	21己丑22	**20**丁巳20	**20**丁亥⑲	20丙辰18	20丙戌17	20乙卯15	20乙酉15	20乙卯14	20甲申13	19癸丑11
22辛卯23	22庚申24	22庚寅23	21戊午21	21戊子20	21丁巳19	21丁亥18	21丙辰16	21丙戌⑯	21丙辰15	21乙酉14	20甲寅12
23壬辰24	23辛酉25	23辛卯㉔	22己未㉒	22己丑21	**22**戊午20	**22**戊子19	22丁巳17	22丁亥17	22丁巳16	22丙戌15	21乙卯13
24癸巳25	24壬戌26	24壬辰25	23庚申23	23庚寅22	23己未21	23己丑20	**23**戊午⑱	23戊子18	23戊午17	23丁亥16	22丙辰14
25甲午26	25癸亥㉗	25癸巳26	24辛酉24	24辛卯23	24庚申22	24庚寅㉑	24己未19	**24**己丑19	**24**己未18	24戊子17	23丁巳⑮
26乙未㉗	26甲子28	26甲午27	25壬戌25	25壬辰24	25辛酉23	25辛卯22	25庚申20	25庚寅20	25庚申19	25己丑⑱	24戊午16
27丙申28	27乙丑29	27乙未28	26癸亥26	26癸巳25	26壬戌㉔	26壬辰23	26辛酉21	26辛卯21	26辛酉⑳	**26**庚寅19	25己未17
《3月》	28丙寅30	28丙申29	27甲子27	27甲午㉖	27癸亥25	27癸巳24	27壬戌22	27壬辰22	27壬戌21	27辛卯20	**26**庚申18
28丁酉 1	29丁卯31	29丁酉30	28乙丑28	28乙未27	28甲子26	28甲午25	28癸亥23	28癸巳㉓	28癸亥22	28壬辰21	27辛酉19
29戊戌 2	《4月》		29丙寅㉙	29丙申28	29乙丑27	29乙未26	29甲子24	29甲午24	29甲子23	29癸巳22	28壬戌20
	30戊辰 1		30丁卯30		30丙寅28		30乙丑㉕	30乙未25		30甲午23	29癸亥21

立春 1日	啓蟄 3日	清明 3日	立夏 4日	芒種 5日	小暑 6日	立秋 7日	白露 8日	寒露 9日	立冬 9日	大雪 10日	小寒 11日
雨水 16日	春分 18日	穀雨 18日	小満 20日	夏至 20日	大暑 22日	処暑 22日	秋分 23日	霜降 24日	小雪 24日	冬至 26日	大寒 26日

大化**2**年（646－647） 丙午

1月	2月	3月	閏3月	4月	5月	6月	7月	8月	9月	10月	11月	12月
1 甲子㉒	1 甲午21	1 癸亥22	1 癸巳21	**1** 壬戌20	**1** 壬辰19	1 辛酉18	1 辛卯17	1 庚申15	1 庚寅⑮	1 己未13	1 己丑13	1 己未12
2 乙丑23	2 乙未22	2 甲子23	2 甲午22	2 癸亥㉑	2 癸巳20	2 壬戌19	2 壬辰18	2 辛酉16	2 辛卯16	2 庚申14	2 庚寅14	2 庚申13
3 丙寅24	3 丙申23	3 乙丑24	3 乙未㉓	3 甲子22	3 甲午21	**3** 癸亥20	**3** 癸巳19	3 壬戌⑰	3 壬辰17	3 辛酉15	3 辛卯15	3 辛酉⑭
4 丁卯25	4 丁酉24	4 丙寅25	4 丙申24	4 乙丑23	4 乙未22	4 甲子21	4 甲午⑳	4 癸亥18	4 癸巳18	4 壬戌16	4 壬辰16	4 壬戌15
5 戊辰26	5 戊戌25	5 丁卯㉖	5 丁酉25	5 丙寅24	5 丙申23	5 乙丑22	5 乙未21	**5** 甲子19	**5** 甲午19	5 癸亥17	5 癸巳⑰	5 癸亥16
6 己巳27	6 己亥㉖	6 戊辰27	6 戊戌26	6 丁卯25	6 丁酉24	6 丙寅㉓	6 丙申22	6 乙丑20	6 乙未20	6 甲子18	6 甲午18	6 甲子17
7 庚午28	7 庚子27	7 己巳28	7 己亥27	7 戊辰26	7 戊戌㉕	7 丁卯24	7 丁酉23	7 丙寅21	7 丙申21	**7** 乙丑⑲	**7** 乙未19	**7** 乙丑18
8 辛未㉙	8 辛丑28	8 庚午29	8 庚子28	8 己巳27	8 己亥26	8 戊辰25	8 戊戌24	8 丁卯22	8 丁酉㉒	8 丙寅20	8 丙申20	8 丙寅19
9 壬申30	《3月》	9 辛未30	9 辛丑29	9 庚午㉘	9 庚子27	9 己巳26	9 己亥25	9 戊辰23	9 戊戌23	9 丁卯21	9 丁酉21	9 丁卯20
10癸酉31	9 壬寅 1	10壬申31	10壬寅㉚	10辛未29	10辛丑28	10庚午27	10庚子26	10己巳㉔	10己亥24	10戊辰22	10戊戌22	10戊辰㉑
《2月》	10癸卯 2	《4月》	《5月》	11壬申30	11壬寅29	11辛未28	11辛丑㉗	11庚午25	11庚子25	11己巳23	11己亥23	11己巳22
11甲戌 1	11甲辰 3	11癸酉 1	11癸卯 1	12癸酉31	12癸卯30	12壬申29	12壬寅28	12辛未26	12辛丑26	12庚午24	12庚子㉔	12庚午23
12乙亥 2	12乙巳 4	12甲戌②	12甲辰 2	《6月》	《7月》	13癸酉㉚	13癸卯29	13壬申27	13壬寅27	13辛未25	13辛丑25	13辛未24
13丙子 3	**13**丙午⑤	13乙亥 3	13乙巳 3	13甲戌 1	13甲辰 1	14甲戌31	14甲辰30	14癸酉28	14癸卯28	14壬申㉖	14壬寅26	14壬申25
14丁丑 4	14丁未 6	**14**丙子 4	14丙午 4	14乙亥 2	14乙巳②	《8月》	15乙巳31	15甲戌29	15甲辰㉙	15癸酉27	15癸卯27	15癸酉26
15戊寅⑤	15戊申 7	15丁丑 5	**15**丁未 5	15丙子 3	15丙午 3	15乙亥 1	《9月》	16乙亥30	16乙巳30	16甲戌28	16甲辰28	16甲戌27
16己卯 6	16己酉 8	16戊寅 6	16戊申 6	**16**丁丑④	16丁未 4	16丙子 2	16丙午 1	《10月》	17丙午31	17乙亥29	17乙巳29	17乙亥㉘
17庚辰 7	17庚戌 9	17己卯 7	17己酉⑦	17戊寅 5	**17**戊申 5	17丁丑 3	17丁未 2	17丙子①	《11月》	18丙子30	18丙午30	18丙子29
18辛巳 8	18辛亥10	18庚辰 8	18庚戌 8	18己卯 6	18己酉 6	**18**戊寅 4	**18**戊申③	18丁丑 2	18丁未 1	《12月》	19丁未㉛	19丁丑30
19壬午 9	19壬子11	19辛巳⑨	19辛亥 9	19庚辰 7	19庚戌 7	19己卯 5	19己酉 4	19戊寅 3	19戊申 2	19丁丑 1	**647年**	20戊寅31
20癸未10	20癸丑⑫	20壬午10	20壬子10	20辛巳 8	20辛亥 8	20庚辰⑥	20庚戌 5	**20**己卯 4	**20**己酉 3	20戊寅 2	《1月》	《2月》
21甲申11	21甲寅13	21癸未11	21癸丑11	21壬午 9	21壬子⑨	21辛巳 7	21辛亥 6	21庚辰 5	21庚戌 4	21己卯③	20戊申 1	21己卯 1
22乙酉⑫	22乙卯14	22甲申12	22甲寅12	22癸未10	22癸丑10	22壬午 8	22壬子 7	22辛巳 6	22辛亥⑤	**22**庚辰 4	21己酉 2	22庚辰 2
23丙戌13	23丙辰15	23乙酉13	23乙卯13	23甲申⑪	23甲寅11	23癸未 9	23癸丑 8	23壬午 7	23壬子 6	23辛巳 5	**22**庚戌 3	**23**辛巳 3
24丁亥14	24丁巳16	24丙戌14	24丙辰⑭	24乙酉12	24乙卯12	24甲申10	24甲寅 9	24癸未⑧	24癸丑 7	24壬午 6	23辛亥 4	24壬午④
25戊子15	25戊午17	25丁亥15	25丁巳15	25丙戌13	25丙辰13	25乙酉11	25乙卯⑩	25甲申 9	25甲寅 8	25癸未 7	24壬子 5	25癸未 5
26己丑16	26己未18	26戊子⑯	26戊午16	26丁亥14	26丁巳14	26丙戌12	26丙辰11	26乙酉10	26乙卯 9	26甲申 8	25癸丑 6	26甲申 6
27庚寅17	27庚申⑲	27己丑17	27己未17	27戊子15	27戊午15	27丁亥⑬	27丁巳12	27丙戌11	27丙辰10	27乙酉 9	26甲寅⑦	27乙酉 7
28辛卯18	**28**辛酉20	28庚寅18	28庚申18	28己丑16	28己未⑯	28戊子14	28戊午13	28丁亥12	28丁巳11	28丙戌⑩	27乙卯 8	28丙戌 8
29壬辰⑲	29壬戌21	**29**辛卯19	29辛酉19	29庚寅17	29庚申17	29己丑15	29己未14	29戊子13	29戊午⑫	29丁亥11	28丙辰 9	29丁亥 9
30癸巳20		30壬辰20		30辛卯⑱		30庚寅16		30己丑14		30戊子12	29丁巳10	
											30戊午11	

立春 12日	啓蟄 13日	清明 14日	立夏15日	小満 1日	夏至 1日	大暑 3日	処暑 3日	秋分 5日	霜降 5日	小雪 7日	冬至 7日	大寒 7日
雨水 28日	春分 28日	穀雨 29日		芒種 16日	小暑 17日	立秋 18日	白露 18日	寒露 20日	立冬 20日	大雪 22日	小寒 22日	立春 23日

大化3年（647－648） 丁未

1月	2月	3月	4月	5月	6月	7月	8月	9月	10月	11月	12月
1 戊子10	1 戊午12	1 丁亥10	1 丁巳10	1 丙戌 8	1 丙辰⑧	1 乙酉 6	1 乙卯 5	**1** 甲申 4	1 甲寅 3	1 癸未②	**648**年
2 己丑⑪	2 己未13	2 戊子11	2 戊午11	2 丁亥 9	2 丁巳 9	2 丙戌 7	2 丙辰 6	2 乙酉 5	**2** 乙卯④	2 甲申 3	《1月》
3 庚寅12	3 庚申14	3 己丑12	3 己未12	3 戊子⑩	3 戊午10	3 丁亥 8	3 丁巳 7	3 丙戌 6	3 丙辰 5	**3** 乙酉 4	1 癸丑 1
4 辛卯13	4 辛酉15	4 庚寅13	4 庚申⑬	4 己丑11	4 己未11	4 戊子 9	4 戊午 8	4 丁亥⑦	4 丁巳 6	4 丙戌 5	2 甲寅 2
5 壬辰14	5 壬戌16	5 辛卯14	5 辛酉14	5 庚寅12	5 庚申12	5 己丑10	5 己未⑨	5 戊子 8	5 戊午 7	5 丁亥 6	**3** 乙卯 3
6 癸巳15	6 癸亥17	6 壬辰⑮	6 壬戌15	6 辛卯13	6 辛酉13	6 庚寅11	6 庚申10	6 己丑 9	6 己未 8	6 戊子 7	4 丙辰 4
7 甲午16	7 甲子⑱	7 癸巳16	7 癸亥16	7 壬辰14	7 壬戌14	7 辛卯⑫	7 辛酉11	7 庚寅10	7 庚申 9	7 己丑 8	5 丁巳 5
8 乙未17	8 乙丑19	8 甲午17	8 甲子17	8 癸巳15	8 癸亥⑮	8 壬辰13	8 壬戌12	8 辛卯11	8 辛酉10	8 庚寅⑨	6 戊午⑥
9 丙申⑱	**9** 丙寅20	9 乙未18	9 乙丑18	9 甲午16	9 甲子16	9 癸巳14	9 癸亥13	9 壬辰12	9 壬戌⑪	9 辛卯10	7 己未 7
10 丁酉19	10 丁卯21	10 丙申19	10 丙寅19	10 乙未⑰	10 乙丑17	10 甲午15	10 甲子14	10 癸巳13	10 癸亥12	10 壬辰11	8 庚申 8
11 戊戌20	11 戊辰22	**11** 丁酉20	**11** 丁卯⑳	11 丙申18	11 丙寅18	11 乙未16	11 乙丑15	11 甲午⑭	11 甲子13	11 癸巳12	9 辛酉 9
12 己亥21	12 己巳23	12 戊戌21	12 戊辰21	12 丁酉19	12 丁卯19	12 丙申17	12 丙寅⑯	12 乙未15	12 乙丑14	12 甲午13	10 壬戌10
13 庚子22	13 庚午24	13 己亥㉒	13 己巳22	**13** 戊戌20	**13** 戊辰20	13 丁酉18	13 丁卯17	13 丙申16	13 丙寅15	13 乙未14	11 癸亥11
14 辛丑23	14 辛未㉕	14 庚子23	14 庚午23	14 己亥21	14 己巳21	**14** 戊戌⑲	14 戊辰18	14 丁酉17	14 丁卯16	14 丙申15	12 甲子12
15 壬寅24	15 壬申26	15 辛丑24	15 辛未24	15 庚子22	15 庚午㉒	15 己亥20	**15** 己巳19	15 戊戌18	15 戊辰17	15 丁酉⑯	13 乙丑⑬
16 癸卯㉕	16 癸酉27	16 壬寅25	16 壬申25	16 辛丑23	16 辛未23	16 庚子21	16 庚午20	**16** 己亥19	16 己巳⑱	16 戊戌17	14 丙寅14
17 甲辰26	17 甲戌28	17 癸卯26	17 癸酉26	17 壬寅㉔	17 壬申24	17 辛丑22	17 辛未21	17 庚子20	**17** 庚午19	17 己亥18	15 丁卯15
18 乙巳27	18 乙亥29	18 甲辰27	18 甲戌㉗	18 癸卯25	18 癸酉25	18 壬寅23	18 壬申22	18 辛丑㉑	18 辛未20	**18** 庚子19	16 戊辰16
19 丙午28	19 丙子30	19 乙巳28	19 乙亥28	19 甲辰26	19 甲戌26	19 癸卯24	19 癸酉㉓	19 壬寅22	19 壬申21	19 辛丑20	17 己巳17
《3月》	20 丁丑31	20 丙午㉙	20 丙子29	20 乙巳27	20 乙亥27	20 甲辰25	20 甲戌24	20 癸卯23	20 癸酉22	20 壬寅21	18 庚午18
20 丁未 1	《4月》	21 丁未30	21 丁丑30	21 丙午28	21 丙子28	21 乙巳㉖	21 乙亥25	21 甲辰24	21 甲戌23	21 癸卯22	**19** 辛未19
21 戊申 2	21 戊寅①	《5月》	22 戊寅31	22 丁未29	22 丁丑㉙	22 丙午27	22 丙子26	22 乙巳25	22 乙亥24	22 甲辰㉓	20 壬申⑳
22 己酉 3	22 己卯 2	22 戊申 1	《6月》	23 戊申30	23 戊寅30	23 丁未28	23 丁丑27	23 丙午26	23 丙子㉕	23 乙巳24	21 癸酉21
23 庚戌④	23 庚辰 3	23 己酉 2	23 己卯 1	《7月》	24 己卯31	24 戊申29	24 戊寅28	24 丁未27	24 丁丑26	24 丙午25	22 甲戌22
24 辛亥 5	**24** 辛巳 4	24 庚戌 3	24 庚辰 2	24 己酉①	《8月》	25 己酉30	25 己卯29	25 戊申㉘	25 戊寅27	25 丁未26	23 乙亥23
25 壬子 6	25 壬午 5	25 辛亥 4	25 辛巳③	25 庚戌 2	25 庚辰 1	26 庚戌31	26 庚辰㉚	26 己酉29	26 己卯28	26 戊申27	24 丙子24
26 癸丑 7	26 癸未 6	**26** 壬子 5	**26** 壬午 4	26 辛亥 3	26 辛巳 2	《9月》	《10月》	27 庚戌30	27 庚辰29	27 己酉28	25 丁丑25
27 甲寅 8	27 甲申 7	27 癸丑⑥	27 癸未 5	27 壬子 4	27 壬午 3	27 辛亥 1	27 辛巳 1	28 辛亥31	28 辛巳30	28 庚戌29	26 戊寅26
28 乙卯 9	28 乙酉⑧	28 甲寅 7	28 甲申 6	**28** 癸丑 5	**28** 癸未 4	28 壬子②	28 壬午 2	《11月》	《12月》	29 辛亥㉚	27 己卯㉗
29 丙辰10	29 丙戌 9	29 乙卯 8	29 乙酉 7	29 甲寅 6	29 甲申⑤	29 癸丑 3	29 癸未 3	29 壬子 1	29 壬午 1	30 壬子31	28 庚辰28
30 丁巳⑪		30 丙辰 9		30 乙卯 7		**30** 甲寅 4		30 癸丑 2			29 辛巳29
雨水 9日 啓蟄 24日	春分 9日 清明 24日	穀雨 11日 立夏 26日	小満 11日 芒種 26日	夏至 13日 小暑 28日	大暑 13日 立秋 28日	処暑 14日 白露 30日	秋分 15日	寒露 1日 霜降 16日	立冬 2日 小雪 17日	大雪 3日 冬至 18日	小寒 3日 大寒 19日

大化4年（648－649） 戊申

1月	2月	3月	4月	5月	6月	7月	8月	9月	10月	11月	12月	閏12月
1 壬午30	1 壬子29	1 辛巳29	1 辛亥28	1 辛巳28	1 庚戌26	1 庚辰26	1 己酉㉔	1 己卯23	1 戊申22	1 戊寅21	1 丁未20	1 丁丑19
2 癸未31	《3月》	2 壬午㉚	2 壬子29	2 壬午29	2 辛亥27	2 辛巳㉗	2 庚戌25	2 庚辰24	2 己酉23	2 己卯22	2 戊申㉑	2 戊寅20
《2月》	2 癸丑 1	3 癸未31	3 癸丑30	3 癸未30	3 壬子28	3 壬午28	3 辛亥26	3 辛巳25	3 庚戌24	3 庚辰㉓	3 己酉22	3 己卯21
3 甲申 1	3 甲寅②	《4月》	《5月》	4 甲申31	4 癸丑㉙	4 癸未29	4 壬子27	4 壬午26	4 辛亥25	4 辛巳24	4 庚戌23	4 庚辰22
4 乙酉 2	4 乙卯 3	4 甲申 1	4 甲寅 1	《6月》	5 甲寅30	5 甲申30	5 癸丑28	5 癸未27	5 壬子㉖	5 壬午25	5 辛亥24	5 辛巳23
5 丙戌③	**5** 丙辰 4	5 乙酉 2	5 乙卯 2	5 乙酉①	《7月》	6 乙酉31	6 甲寅29	6 甲申㉘	6 癸丑27	6 癸未26	6 壬子25	6 壬午24
6 丁亥 4	6 丁巳 5	6 丙戌 3	6 丙辰 3	6 丙戌 2	6 乙卯 1	《8月》	7 乙卯30	7 乙酉29	7 甲寅28	7 甲申27	7 癸丑26	7 癸未㉕
7 戊子 5	7 戊午 6	**7** 丁亥 4	**7** 丁巳④	7 丁亥 3	7 丙辰 2	7 丙戌 1	8 丙辰㉛	8 丙戌30	8 乙卯29	8 乙酉28	8 甲寅27	8 甲申26
8 己丑 6	8 己未 7	8 戊子 5	8 戊午 5	**8** 戊子 4	8 丁巳 3	8 丁亥 2	《9月》	《10月》	9 丙辰30	9 丙戌29	9 乙卯㉘	9 乙酉27
9 庚寅 7	9 庚申 8	9 己丑⑥	9 己未 6	9 己丑 5	**9** 戊午 4	**9** 戊子③	9 丁巳 1	9 丁亥 1	10 丁巳31	10 丁亥㉚	10 丙辰29	10 丙戌28
10 辛卯 8	10 辛酉⑨	10 庚寅 7	10 庚申 7	10 庚寅 6	10 己未 5	10 己丑 4	10 戊午 2	10 戊子 2	《11月》	《12月》	11 丁巳30	11 丁亥29
11 壬辰 9	11 壬戌10	11 辛卯 8	11 辛酉 8	11 辛卯 7	11 庚申⑥	11 庚寅 5	**11** 己未 3	**11** 己丑 3	11 戊午 1	11 戊子 1	12 戊午31	12 戊子30
12 癸巳⑩	12 癸亥11	12 壬辰 9	12 壬戌 9	12 壬辰⑧	12 辛酉 7	12 辛卯 6	12 庚申 4	12 庚寅 4	12 己未②	12 己丑 2	**649**年	13 己丑31
13 甲午11	13 甲子12	13 癸巳10	13 癸亥10	13 癸巳 9	13 壬戌 8	13 壬辰 7	13 辛酉 5	13 辛卯⑤	**13** 庚申 3	**13** 庚寅 3	《1月》	《2月》
14 乙未12	14 乙丑13	14 甲午11	14 甲子⑪	14 甲午10	14 癸亥 9	14 癸巳 8	14 壬戌 6	14 壬辰 6	14 辛酉 4	14 辛卯 4	13 己未 1	14 庚寅①
15 丙申13	15 丙寅14	15 乙未12	15 乙丑12	15 乙未11	15 甲子10	15 甲午 9	15 癸亥⑦	15 癸巳 7	15 壬戌 5	15 壬辰 5	14 庚申 2	**15** 辛卯 2
16 丁酉14	16 丁卯15	16 丙申⑬	16 丙寅13	16 丙申12	16 乙丑11	16 乙未⑩	16 甲子 8	16 甲午 8	16 癸亥 6	16 癸巳 6	**15** 辛酉 3	16 壬辰 3
17 戊戌15	17 戊辰⑯	17 丁酉14	17 丁卯14	17 丁酉13	17 丙寅12	17 丙申11	17 乙丑 9	17 乙未 9	17 甲子 7	17 甲午⑦	16 壬戌④	17 癸巳 4
18 己亥16	18 己巳17	18 戊戌15	18 戊辰15	18 戊戌14	18 丁卯⑬	18 丁酉12	18 丙寅10	18 丙申10	18 乙丑 8	18 乙未 8	17 癸亥 5	18 甲午 5
19 庚子⑰	19 庚午18	19 己亥16	19 己巳16	19 己亥⑮	19 戊辰14	19 戊戌13	19 丁卯11	19 丁酉11	19 丙寅⑨	19 丙申 9	18 甲子 6	19 乙未 6
20 辛丑18	20 辛未19	20 庚子17	20 庚午17	20 庚子16	20 己巳15	20 己亥14	20 戊辰12	20 戊戌⑫	20 丁卯10	20 丁酉10	19 乙丑 7	20 丙申 7
21 壬寅19	**21** 壬申20	21 辛丑18	21 辛未⑱	21 辛丑17	21 庚午16	21 庚子15	21 己巳13	21 己亥13	21 戊辰11	21 戊戌11	20 丙寅 8	21 丁酉⑧
22 癸卯20	22 癸酉21	**22** 壬寅19	**22** 壬申19	22 壬寅18	22 辛未17	22 辛丑16	22 庚午⑭	22 庚子14	22 己巳12	22 己亥12	21 丁卯 9	22 戊戌 9
23 甲辰21	23 甲戌22	23 癸卯⑳	23 癸酉20	**23** 癸卯19	23 壬申18	23 壬寅⑰	23 辛未15	23 辛丑15	23 庚午13	23 庚子13	22 戊辰10	23 己亥10
24 乙巳22	24 乙亥㉓	24 甲辰21	24 甲戌21	24 甲辰20	**24** 癸酉19	24 癸卯18	24 壬申16	24 壬寅16	24 辛未14	24 辛丑⑭	23 己巳⑪	24 庚子11
25 丙午23	25 丙子24	25 乙巳22	25 乙亥22	25 乙巳21	25 甲戌⑳	**25** 甲辰19	25 癸酉17	25 癸卯17	25 壬申15	25 壬寅15	24 庚午12	25 辛丑12
26 丁未㉔	26 丁丑25	26 丙午23	26 丙子23	26 丙午㉒	26 乙亥21	26 乙巳20	**26** 甲戌18	26 甲辰18	26 癸酉⑯	26 癸卯16	25 辛未13	26 壬寅13
27 戊申25	27 戊寅26	27 丁未24	27 丁丑24	27 丁未23	27 丙子22	27 丙午21	27 乙亥19	**27** 乙巳⑲	27 甲戌17	27 甲辰17	26 壬申14	27 癸卯14
28 己酉26	28 己卯27	28 戊申25	28 戊寅㉕	28 戊申24	28 丁丑23	28 丁未22	28 丙子20	28 丙午20	**28** 乙亥18	**28** 乙巳18	27 癸酉15	28 甲辰⑮
29 庚戌27	29 庚辰28	29 己酉26	29 己卯26	29 己酉25	29 戊寅24	29 戊申23	29 丁丑㉑	29 丁未21	29 丙子19	29 丙午19	28 甲戌16	29 乙巳16
30 辛亥28		30 庚戌㉗	30 庚辰27		30 己卯25		30 戊寅22		30 丁丑20		29 乙亥17	
											30 丙子⑱	
立春 5日 雨水 20日	啓蟄 5日 春分 21日	清明 7日 穀雨 22日	立夏 7日 小満 22日	芒種 8日 夏至 23日	小暑 9日 大暑 24日	立秋 9日 処暑 25日	白露 11日 秋分 26日	寒露 11日 霜降 27日	立冬 13日 小雪 28日	大雪 13日 冬至 28日	小寒 15日 大寒 30日	立春15日

大化**5**年（649－650） 己酉

1月	2月	3月	4月	5月	6月	7月	8月	9月	10月	11月	12月
1 丙午17	1 丙子19	1 乙巳17	1 乙亥⑰	1 甲辰15	1 甲戌15	1 癸卯13	1 癸酉12	1 癸卯12	1 壬申10	1 壬寅10	1 辛未8
2 丁未18	**2** 丁丑20	2 丙午18	2 丙子18	2 乙巳16	2 乙亥16	2 甲辰14	2 甲戌⑬	2 甲辰13	2 癸酉11	2 癸卯11	2 壬申9
3 戊申19	3 戊寅21	**3** 丁未⑲	3 丁丑19	3 丙午17	3 丙子17	3 乙巳15	3 乙亥14	3 乙巳14	3 甲戌12	3 甲辰12	3 癸酉⑩
4 己酉20	4 己卯㉒	4 戊申20	**4** 戊寅20	4 丁未18	4 丁丑18	4 丙午⑯	4 丙子15	4 丙午15	4 乙亥13	4 乙巳⑬	4 甲戌11
5 庚戌21	5 庚辰23	5 己酉21	5 己卯21	**5** 戊申19	**5** 戊寅⑲	5 丁未17	5 丁丑16	5 丁未16	5 丙子14	5 丙午14	5 乙亥12
6 辛亥㉒	6 辛巳24	6 庚戌22	6 庚辰22	6 己酉20	6 己卯20	6 戊申18	6 戊寅17	6 戊申17	6 丁丑⑮	6 丁未15	6 丙子13
7 壬子23	7 壬午25	7 辛亥23	7 辛巳23	7 庚戌㉑	7 庚辰21	**7** 己酉19	**7** 己卯18	7 己酉⑱	7 戊寅16	7 戊申16	7 丁丑14
8 癸丑24	8 癸未26	8 壬子24	8 壬午㉔	8 辛亥22	8 辛巳22	8 庚戌20	8 庚辰19	**8** 庚戌19	8 己卯17	8 己酉17	8 戊寅15
9 甲寅25	9 甲申27	9 癸丑25	9 癸未25	9 壬子23	9 壬午23	9 辛亥21	9 辛巳⑳	9 辛亥20	**9** 庚辰18	9 庚戌18	9 己卯16
10 乙卯26	10 乙酉28	10 甲寅㉖	10 甲申26	10 癸丑24	10 癸未24	10 壬子22	10 壬午21	10 壬子21	10 辛巳19	**10** 辛亥19	10 庚辰⑰
11 丙辰27	11 丙戌㉙	11 乙卯27	11 乙酉27	11 甲寅25	11 甲申25	11 癸丑㉓	11 癸未22	11 癸丑22	11 壬午20	11 壬子⑳	**11** 辛巳18
12 丁巳28	12 丁亥30	12 丙辰28	12 丙戌28	12 乙卯26	12 乙酉㉖	12 甲寅24	12 甲申23	12 甲寅23	12 癸未21	12 癸丑21	12 壬午19
《3月》	13 戊子31	13 丁巳29	13 丁亥29	13 丙辰27	13 丙戌27	13 乙卯25	13 乙酉24	13 乙卯24	13 甲申㉒	13 甲寅22	13 癸未20
13 戊午①	《4月》	14 戊午30	14 戊子30	14 丁巳㉘	14 丁亥28	14 丙辰26	14 丙戌25	14 丙辰㉕	14 乙酉23	14 乙卯23	14 甲申21
14 己未2	14 己丑1	《5月》	15 己丑㉛	15 戊午29	15 戊子29	15 丁巳27	15 丁亥26	15 丁巳26	15 丙戌24	15 丙辰24	15 乙酉22
15 庚申3	15 庚寅2	15 己未1	《6月》	16 己未30	16 己丑30	16 戊午28	16 戊子㉗	16 戊午27	16 丁亥25	16 丁巳25	16 丙戌23
16 辛酉4	16 辛卯3	16 庚申2	16 庚寅1	《7月》	17 庚寅31	17 己未29	17 己丑28	17 己未28	17 戊子26	17 戊午26	17 丁亥㉔
17 壬戌5	**17** 壬辰4	17 辛酉③	17 辛卯2	17 庚申1	《8月》	18 庚申㉚	18 庚寅29	18 庚申29	18 己丑27	18 己未㉗	18 戊子25
18 癸亥6	18 癸巳⑤	**18** 壬戌4	18 壬辰3	18 辛酉2	18 辛卯1	19 辛酉31	19 辛卯30	19 辛酉30	19 庚寅28	19 庚申28	19 己丑26
19 甲子7	19 甲午6	19 癸亥5	**19** 癸巳4	19 壬戌3	19 壬辰②	《9月》	《10月》	20 壬戌31	20 辛卯㉙	20 辛酉29	20 庚寅27
20 乙丑⑧	20 乙未7	20 甲子6	20 甲午5	**20** 癸亥4	20 癸巳3	20 壬戌1	20 壬辰1	《11月》	21 壬辰30	21 壬戌30	21 辛卯28
21 丙寅9	21 丙申8	21 乙丑7	21 乙未6	21 甲子⑤	**21** 甲午4	21 癸亥2	21 癸巳2	21 癸亥①	《12月》	22 癸亥31	22 壬辰29
22 丁卯10	22 丁酉9	22 丙寅8	22 丙申⑦	22 乙丑6	22 乙未5	**22** 甲子3	22 甲午3	22 甲子2	22 癸巳1	**650年**	23 癸巳30
23 戊辰11	23 戊戌10	23 丁卯9	23 丁酉8	23 丙寅7	23 丙申6	23 乙丑4	**23** 乙未④	**23** 乙丑3	23 甲午2	《1月》	24 甲午㉛
24 己巳12	24 己亥11	24 戊辰⑩	24 戊戌9	24 丁卯8	24 丁酉7	24 丙寅5	24 丙申5	24 丙寅4	**24** 乙未3	23 甲子1	《2月》
25 庚午13	25 庚子⑫	25 己巳11	25 己亥10	25 戊辰9	25 戊戌8	25 丁卯⑥	25 丁酉6	25 丁卯5	25 丙申4	24 乙丑2	25 乙未1
26 辛未14	26 辛丑13	26 庚午12	26 庚子11	26 己巳10	26 己亥⑨	26 戊辰7	26 戊戌7	26 戊辰6	26 丁酉5	**25** 丙寅③	**26** 丙申2
27 壬申⑮	27 壬寅14	27 辛未13	27 辛丑12	27 庚午11	27 庚子10	27 己巳8	27 己亥8	27 己巳7	27 戊戌⑥	26 丁卯4	27 丁酉3
28 癸酉16	28 癸卯15	28 壬申14	28 壬寅13	28 辛未⑫	28 辛丑11	28 庚午9	28 庚子9	28 庚午⑧	28 己亥7	27 戊辰5	28 戊戌4
29 甲戌17	29 甲辰16	29 癸酉15	29 癸卯⑭	29 壬申13	29 壬寅12	29 辛未10	29 辛丑10	29 辛未9	29 庚子8	28 己巳6	29 己亥5
30 乙亥18		30 甲戌16		30 癸酉14		30 壬申11	30 壬寅⑪		30 辛丑9	29 庚午7	30 庚子6
雨水 1日 啓蟄 17日	春分 2日 清明 17日	穀雨 3日 立夏 18日	小満 4日 芒種 19日	夏至 5日 小暑 20日	大暑 5日 立秋 21日	処暑 7日 白露 22日	秋分 7日 寒露 23日	霜降 8日 立冬 23日	小雪 9日 大雪 24日	冬至 10日 小寒 25日	大寒 11日 立春 26日

白雉元年〔大化**6**年〕（650－651） 庚戌

改元 2/15（大化→白雉）

1月	2月	3月	4月	5月	6月	7月	8月	9月	10月	11月	12月
1 辛丑⑦	1 庚午8	1 庚子7	1 己巳6	1 己亥5	1 戊辰④	1 戊戌3	《9月》	《10月》	1 丙寅30	1 丙申29	1 丙寅29
2 壬寅8	2 辛未9	2 辛丑8	2 庚午7	2 庚子⑥	**2** 己巳5	**2** 己亥4	1 丁卯1	1 丁酉1	2 丁卯㉛	2 丁酉30	2 丁卯30
3 癸卯9	3 壬申10	3 壬寅9	3 辛未8	3 辛丑7	3 庚午6	3 庚子5	2 戊辰2	2 戊戌2	《11月》	《12月》	3 戊辰31
4 甲辰10	4 癸酉11	4 癸卯10	4 壬申⑨	4 壬寅8	4 辛未7	4 辛丑6	**3** 己巳3	3 己亥③	3 戊辰1	3 戊戌1	**651年**
5 乙巳11	5 甲戌12	5 甲辰⑪	5 癸酉10	5 癸卯9	5 壬申8	5 壬寅7	4 庚午4	**4** 庚子4	4 己巳2	4 己亥2	《1月》
6 丙午12	6 乙亥13	6 乙巳12	6 甲戌11	6 甲辰10	6 癸酉9	6 癸卯⑧	5 辛未⑤	5 辛丑5	**5** 庚午3	5 庚子3	4 己巳1
7 丁未13	7 丙子⑭	7 丙午13	7 乙亥12	7 乙巳11	7 甲戌10	7 甲辰9	6 壬申6	6 壬寅6	6 辛未4	**6** 辛丑4	5 庚午②
8 戊申⑭	8 丁丑15	8 丁未14	8 丙子13	8 丙午12	8 乙亥⑪	8 乙巳10	7 癸酉7	7 癸卯7	7 壬申5	7 壬寅⑤	**6** 辛未3
9 己酉15	9 戊寅16	9 戊申15	9 丁丑14	9 丁未⑬	9 丙子12	9 丙午11	8 甲戌8	8 甲辰8	8 癸酉6	8 癸卯6	7 壬申4
10 庚戌16	10 己卯17	10 己酉16	10 戊寅15	10 戊申14	10 丁丑13	10 丁未12	9 乙亥9	9 乙巳9	9 甲戌⑦	9 甲辰7	8 癸酉5
11 辛亥17	11 庚辰18	11 庚戌17	11 己卯⑯	11 己酉15	11 戊寅14	11 戊申13	10 丙子10	10 丙午⑩	10 乙亥8	10 乙巳8	9 甲戌6
12 壬子18	12 辛巳19	12 辛亥⑱	12 庚辰17	12 庚戌16	12 己卯15	12 己酉14	11 丁丑11	11 丁未11	11 丙子9	11 丙午9	10 乙亥7
13 癸丑19	**13** 壬午20	**13** 壬子19	13 辛巳18	13 辛亥17	13 庚辰16	13 庚戌⑮	12 戊寅⑫	12 戊申12	12 丁丑10	12 丁未10	11 丙子8
14 甲寅20	14 癸未㉑	14 癸丑20	14 壬午19	14 壬子18	14 辛巳17	14 辛亥16	13 己卯13	13 己酉13	13 戊寅11	13 戊申11	12 丁丑⑨
15 乙卯㉑	*15* 甲申22	15 甲寅21	**15** 癸未20	**15** 癸丑19	15 壬午⑱	15 壬子17	14 庚辰14	14 庚戌14	14 己卯12	14 己酉⑫	13 戊寅10
16 丙辰22	16 乙酉23	16 乙卯22	16 甲申21	16 甲寅⑳	16 癸未19	16 癸丑18	15 辛巳15	15 辛亥15	15 庚辰13	15 庚戌13	14 己卯11
17 丁巳23	17 丙戌24	17 丙辰23	17 乙酉22	17 乙卯21	**17** 甲申20	**17** 甲寅19	16 壬午16	16 壬子16	16 辛巳⑭	16 辛亥14	15 庚辰12
18 戊午24	18 丁亥25	18 丁巳24	18 丙戌㉓	18 丙辰22	18 乙酉21	18 乙卯20	17 癸未17	17 癸丑⑰	17 壬午15	17 壬子15	16 辛巳13
19 己未25	19 戊子26	19 戊午㉕	19 丁亥24	19 丁巳23	19 丙戌22	19 丙辰21	18 甲申18	18 甲寅18	18 癸未16	18 癸丑16	17 壬午14
20 庚申26	20 己丑27	20 己未26	20 戊子25	20 戊午24	20 丁亥23	20 丁巳㉒	**19** 乙酉⑲	**19** 乙卯19	19 甲申17	19 甲寅17	18 癸未15
21 辛酉27	21 庚寅㉘	21 庚申27	21 己丑26	21 己未25	21 戊子24	21 戊午23	20 丙戌20	20 丙辰20	**20** 乙酉18	20 乙卯18	19 甲申⑯
22 壬戌㉘	22 辛卯29	22 辛酉28	22 庚寅27	22 庚申26	22 己丑㉕	22 己未24	21 丁亥21	21 丁巳21	21 丙戌19	**21** 丙辰⑲	20 乙酉17
《3月》	23 壬辰30	23 壬戌29	23 辛卯28	23 辛酉㉗	23 庚寅26	23 庚申25	22 戊子22	22 戊午22	22 丁亥20	22 丁巳20	**21** 丙戌18
23 癸亥1	24 癸巳31	24 癸亥30	24 壬辰29	24 壬戌28	24 辛卯27	24 辛酉26	23 己丑23	23 己未23	23 戊子㉑	23 戊午21	22 丁亥19
24 甲子2	《4月》	《5月》	25 癸巳㉚	25 癸亥29	25 壬辰28	25 壬戌27	24 庚寅24	24 庚申㉔	24 己丑22	24 己未22	23 戊子20
25 乙丑3	25 甲午1	25 甲子1	26 甲午31	26 甲子30	26 癸巳29	26 癸亥28	25 辛卯25	25 辛酉25	25 庚寅23	25 庚申23	24 己丑21
26 丙寅4	26 乙未2	26 乙丑②	《6月》	《7月》	27 甲午30	27 甲子㉙	26 壬辰㉖	26 壬戌26	26 辛卯24	26 辛酉24	25 庚寅22
27 丁卯5	27 丙申3	27 丙寅3	27 乙未1	27 乙丑1	28 乙未31	28 乙丑30	27 癸巳27	27 癸亥27	27 壬辰25	27 壬戌25	26 辛卯㉓
28 戊辰6	**28** 丁酉④	28 丁卯4	28 丙申2	28 丙寅2	《8月》	29 丙寅31	28 甲午28	28 甲子28	28 癸巳26	28 癸亥㉖	27 壬辰24
29 己巳⑦	29 戊戌5	**29** 戊辰5	29 丁酉3	29 丁卯3	29 丙申①		29 乙未29	29 乙丑29	29 甲午27	29 甲子27	28 癸巳25
	30 己亥6		**30** 戊戌4		30 丁酉2		30 丙申30		30 乙未㉘	30 乙丑28	29 甲午26
雨水 12日 啓蟄 27日	春分 13日 清明 28日	穀雨 13日 立夏 29日	小満 15日 芒種 30日	夏至 15日	小暑 2日 大暑 17日	立秋 2日 処暑 17日	白露 3日 秋分 19日	寒露 4日 霜降 19日	立冬 5日 小雪 20日	大雪 6日 冬至 21日	小寒 6日 大寒 21日

白雉**2**年（651－652） 辛亥

1月	2月	3月	4月	5月	6月	7月	8月	9月	閏9月	10月	11月	12月
1 乙未27	1 乙丑26	1 甲午㉗	1 甲子26	1 癸巳25	1 癸亥24	1 壬辰23	1 壬戌22	1 辛卯20	1 辛酉20	1 庚寅18	1 庚申⑱	1 己丑16
2 丙申28	2 丙寅㉗	2 乙未28	2 乙丑27	2 甲午26	2 甲子25	2 癸巳㉔	2 癸亥23	2 壬辰21	2 壬戌21	**2** 辛卯19	**2** 辛酉19	2 庚寅17
3 丁酉29	3 丁卯28	3 丙申29	3 丙寅28	3 乙未27	3 乙丑㉖	3 甲午25	3 甲子24	3 癸巳22	3 癸亥22	3 壬辰⑳	3 壬戌20	3 辛卯18
4 戊戌㉚	《3月》	4 丁酉30	4 丁卯29	4 丙申28	**4** 丙寅27	4 乙未26	4 乙丑25	4 甲午23	4 甲子㉓	4 癸巳21	4 癸亥21	**4** 壬辰19
5 己亥31	4 戊辰 1	5 戊戌31	5 戊辰30	5 丁酉㉙	5 丁卯28	5 丙申27	5 丙寅26	5 乙未24	5 乙丑24	5 甲午22	5 甲子22	5 癸巳20
《2月》	5 己巳 2	《4月》	《5月》	6 戊戌30	6 戊辰29	6 丁酉28	6 丁卯27	6 丙申㉕	6 丙寅25	6 乙未23	6 乙丑23	6 甲午21
6 庚子 1	6 庚午 3	6 己亥 1	6 己巳①	7 己亥31	7 己巳30	7 戊戌29	7 戊辰㉘	7 丁酉26	7 丁卯26	7 丙申24	7 丙寅24	7 乙未㉒
7 辛丑 2	7 辛未 4	7 庚子 2	7 庚午 2	《6月》	《7月》	8 己亥30	8 己巳29	8 戊戌27	8 戊辰27	8 丁酉25	8 丁卯㉕	8 丙申23
8 壬寅 3	**8** 壬申 5	8 辛丑③	8 辛未 3	8 庚子 1	8 庚午 1	9 庚子㉛	9 庚午30	9 己亥28	9 己巳28	9 戊戌26	9 戊辰26	9 丁酉24
9 癸卯 4	9 癸酉⑥	**9** 壬寅 4	9 壬申 4	9 辛丑 2	9 辛未 2	《8月》	10辛未31	10庚子29	10庚午29	10己亥㉗	10己巳27	10戊戌25
10甲辰 5	10甲戌 7	10癸卯 5	**10**癸酉 5	10壬寅 3	10壬申③	10辛丑 1	《9月》	11辛丑30	11辛未㉚	11庚子28	11庚午28	11己亥26
11乙巳⑥	11乙亥 8	11甲辰 6	11甲戌 6	**11**癸卯 4	11癸酉 4	11壬寅 2	11壬申 1	《10月》	12壬申31	12辛丑29	12辛未29	12庚子27
12丙午 7	12丙子 9	12乙巳 7	12乙亥 7	12甲辰⑤	**12**甲戌 5	12癸卯 3	12癸酉 2	12壬寅 1	《11月》	13壬寅30	13壬申30	13辛丑28
13丁未 8	13丁丑10	13丙午 8	13丙子⑧	13乙巳 6	13乙亥 6	**13**甲辰 4	13甲戌 3	13癸卯②	13癸酉 1	《12月》	14癸酉31	14壬寅㉙
14戊申 9	14戊寅11	14丁未 9	14丁丑 9	14丙午 7	14丙子 7	14乙巳 5	**14**乙亥④	14甲辰 3	14甲戌 2	14癸卯 1	**652年**	15癸卯30
15己酉10	15己卯12	15戊申⑩	15戊寅10	15丁未 8	15丁丑 8	15丙午 6	15丙子 5	**15**乙巳 4	15乙亥 3	15甲辰 2	《1月》	16甲辰31
16庚戌11	16庚辰⑬	16己酉11	16己卯11	16戊申 9	16戊寅 9	16丁未⑦	16丁丑 6	16丙午 5	**16**丙子 4	16乙巳 3	15甲戌①	《2月》
17辛亥12	17辛巳14	17庚戌12	17庚辰12	17己酉10	17己卯⑩	17戊申 8	17戊寅 7	17丁未 6	17丁丑 5	**17**丙午④	16乙亥 2	17乙巳 1
18壬子⑬	18壬午15	18辛亥13	18辛巳13	18庚戌11	18庚辰11	18己酉 9	18己卯 8	18戊申 7	18戊寅⑥	18丁未 5	**17**丙子 3	18丙午 2
19癸丑14	19癸未16	19壬子14	19壬午14	19辛亥⑫	19辛巳12	19庚戌10	19庚辰 9	19己酉 8	19己卯 7	19戊申 6	18丁丑 4	**19**丁未 3
20甲寅15	20甲申17	20癸丑15	20癸未⑮	20壬子13	20壬午13	20辛亥11	20辛巳10	20庚戌⑨	20庚辰 8	20己酉 7	19戊寅 5	20戊申 4
21乙卯16	21乙酉18	21甲寅16	21甲申16	21癸丑14	21癸未14	21壬子12	21壬午⑪	21辛亥10	21辛巳 9	21庚戌 8	20己卯 6	21己酉⑤
22丙辰17	22丙戌19	22乙卯⑰	22乙酉17	22甲寅15	22甲申15	22癸丑13	22癸未12	22壬子11	22壬午10	22辛亥 9	21庚辰 7	22庚戌 6
23丁巳18	**23**丁亥⑳	23丙辰18	23丙戌18	23乙卯16	23乙酉16	23甲寅⑭	23甲申13	23癸丑12	23癸未11	23壬子10	22辛巳⑧	23辛亥 7
24戊午19	24戊子21	24丁巳19	24丁亥19	24丙辰17	24丙戌⑰	24乙卯15	24乙酉14	24甲寅13	24甲申12	24癸丑⑪	23壬午 9	24壬子 8
25己未⑳	25己丑22	**25**戊午20	**25**戊子20	25丁巳18	25丁亥18	25丙辰16	25丙戌15	25乙卯14	25乙酉⑬	25甲寅12	24癸未10	25癸丑 9
26庚申21	26庚寅23	26己未21	26己丑21	26戊午⑲	26戊子19	26丁巳17	26丁亥16	26丙辰15	26丙戌14	26乙卯13	25甲申11	26甲寅10
27辛酉22	27辛卯24	27庚申22	27庚寅㉒	**27**己未20	**27**己丑20	27戊午18	27戊子17	27丁巳⑯	27丁亥15	27丙辰14	26乙酉12	27乙卯11
28壬戌23	28壬辰25	28辛酉23	28辛卯23	28庚申21	28庚寅21	**28**己未19	28己丑⑱	28戊午17	28戊子16	28丁巳15	27丙戌13	28丙辰⑫
29癸亥24	29癸巳26	29壬戌㉔	29壬辰24	29辛酉22	29辛卯22	29庚申20	**29**庚寅19	29己未18	29己丑17	29戊午16	28丁亥14	29丁巳13
30甲子25		30癸亥25		30壬戌23		30辛酉㉑		**30**庚申19		30己未17	29戊子⑮	30戊午14
立春 8日 雨水 23日	啓蟄 8日 春分 23日	清明 9日 穀雨 25日	立夏 10日 小満 25日	芒種 11日 夏至 27日	小暑 12日 大暑 27日	立秋 13日 処暑 28日	白露 14日 秋分 29日	寒露 15日 霜降 30日	立冬16日	小雪 2日 大雪 17日	冬至 2日 小寒 17日	大寒 4日 立春 19日

白雉**3**年（652－653） 壬子

1月	2月	3月	4月	5月	6月	7月	8月	9月	10月	11月	12月
1 己未15	1 戊子15	1 戊午14	1 戊子14	1 丁巳12	1 丁亥12	1 丙辰10	1 丙戌⑨	1 乙卯 8	1 乙酉 7	1 甲寅 6	1 甲申 5
2 庚申16	2 己丑16	2 己未⑮	2 己丑15	2 戊午13	2 戊子13	2 丁巳11	2 丁亥10	2 丙辰 9	2 丙戌 8	2 乙卯 7	2 乙酉⑥
3 辛酉17	3 庚寅17	3 庚申16	3 庚寅16	3 己未14	3 己丑14	3 戊午⑫	3 戊子11	3 丁巳10	3 丁亥 9	3 丙辰 8	3 丙戌 7
4 壬戌18	4 辛卯⑱	4 辛酉17	4 辛卯17	4 庚申15	4 庚寅⑮	4 己未13	4 己丑12	4 戊午11	4 戊子10	4 丁巳⑨	4 丁亥 8
5 癸亥⑲	**5** 壬辰19	5 壬戌18	5 壬辰18	5 辛酉16	5 辛卯16	5 庚申14	5 庚寅13	5 己未12	5 己丑⑪	5 戊午10	5 戊子 9
6 甲子20	6 癸巳20	**6** 癸亥19	**6** 癸巳19	6 壬戌⑰	6 壬辰17	6 辛酉15	6 辛卯14	6 庚申13	6 庚寅12	6 己未11	6 己丑10
7 乙丑21	7 甲午21	7 甲子20	7 甲午⑳	7 癸亥18	7 癸巳18	7 壬戌16	7 壬辰15	7 辛酉⑭	7 辛卯13	7 庚申12	7 庚寅11
8 丙寅22	8 乙未22	8 乙丑21	8 乙未21	**8** 甲子19	**8** 甲午19	8 癸亥17	8 癸巳⑯	8 壬戌15	8 壬辰14	8 辛酉13	8 辛卯12
9 丁卯23	9 丙申23	9 丙寅㉒	9 丙申22	9 乙丑20	9 乙未20	9 甲子18	9 甲午17	9 癸亥16	9 癸巳15	9 壬戌14	9 壬辰⑬
10戊辰24	10丁酉24	10丁卯23	10丁酉23	10丙寅21	10丙申21	**10**乙丑⑲	**10**乙未18	10甲子17	10甲午16	10癸亥15	10癸巳14
11己巳25	11戊戌㉕	11戊辰24	11戊戌24	11丁卯22	11丁酉㉒	11丙寅20	11丙申19	11乙丑18	11乙未17	11甲子⑯	11甲午15
12庚午㉖	12己亥26	12己巳25	12己亥25	12戊辰23	12戊戌23	12丁卯21	12丁酉20	**12**丙寅19	**12**丙申⑱	12乙丑17	12乙未16
13辛未27	13庚子27	13庚午26	13庚子26	13己巳㉔	13己亥24	13戊辰22	13戊戌21	13丁卯20	13丁酉19	**13**丙寅18	13丙申17
14壬申28	14辛丑28	14辛未27	14辛丑㉗	14庚午25	14庚子25	14己巳23	14己亥22	14戊辰㉑	14戊戌20	14丁卯19	**14**丁酉18
15癸酉29	15壬寅29	15壬申28	15壬寅28	15辛未26	15辛丑26	15庚午24	15庚子㉓	15己巳22	15己亥21	15戊辰20	15戊戌19
《3月》	16癸卯30	16癸酉㉙	16癸卯29	16壬申27	16壬寅27	16辛未25	16辛丑24	16庚午23	16庚子22	16己巳21	16己亥⑳
16甲戌 1	17甲辰31	17甲戌30	17甲辰30	17癸酉28	17癸卯28	17壬申㉖	17壬寅25	17辛未24	17辛丑23	17庚午22	17庚子21
17乙亥 2	《4月》	《5月》	18乙巳31	18甲戌29	18甲辰㉙	18癸酉27	18癸卯26	18壬申25	18壬寅24	18辛未㉓	18辛丑22
18丙子 3	18乙巳①	18乙亥 1	《6月》	19乙亥30	19乙巳30	19甲戌28	19甲辰27	19癸酉26	19癸卯㉕	19壬申24	19壬寅23
19丁丑④	19丙午 2	19丙子 2	19丙午 1	《7月》	20丙午31	20乙亥29	20乙巳28	20甲戌27	20甲辰26	20癸酉25	20癸卯24
20戊寅 5	20丁未 3	20丁丑 3	20丁未 2	20丙子①	《8月》	21丙子30	21丙午29	21乙亥㉘	21乙巳27	21甲戌26	21甲辰25
21己卯 6	**21**戊申 4	**21**戊寅 4	21戊申③	21丁丑 2	21丁未 1	22丁丑31	22丁未㉚	22丙子29	22丙午28	22乙亥27	22乙巳26
22庚辰 7	22己酉 5	22己卯 5	**22**己酉 4	22戊寅 3	22戊申 2	《9月》	《10月》	23丁丑30	23丁未29	23丙子28	23丙午㉗
23辛巳 8	23庚戌 6	23庚辰⑥	23庚戌 5	**23**己卯 4	**23**己酉 3	23戊寅 1	23戊申 1	24戊寅31	24戊申30	24丁丑29	24丁未28
24壬午 9	24辛亥 7	24辛巳 7	24辛亥 6	24庚辰 5	24庚戌 4	24己卯②	24己酉 2	《11月》	《12月》	25戊寅㉚	25戊申29
25癸未10	25壬子⑧	25壬午 8	25壬子 7	25辛巳 6	25辛亥⑤	**25**庚辰 3	**25**庚戌 3	25己卯 1	25己酉 1	26己卯31	26己酉30
26甲申⑪	26癸丑 9	26癸未 9	26癸丑 8	26壬午 7	26壬子 6	26辛巳 4	26辛亥 4	26庚辰 2	26庚戌②	**653年**	27庚戌31
27乙酉12	27甲寅10	27甲申10	27甲寅 9	27癸未⑧	27癸丑 7	27壬午 5	27壬子 5	**27**辛巳 3	**27**辛亥 3	《1月》	《2月》
28丙戌13	28乙卯11	28乙酉11	28乙卯⑩	28甲申 9	28甲寅 8	28癸未 6	28癸丑 6	28壬午④	28壬子 4	27庚辰 1	28辛亥 1
29丁亥14	29丙辰12	29丙戌12	29丙辰11	29乙酉10	29乙卯 9	29甲申 7	29甲寅⑦	29癸未 5	29癸丑 5	28辛巳 2	**29**壬子 2
	30丁巳13	30丁亥⑬		30丙戌11		30乙酉 8		30甲申 6		**29**壬午 3	
										30癸未 4	
雨水 4日 啓蟄 19日	春分 5日 清明 21日	穀雨 6日 立夏 21日	小満 6日 芒種 22日	夏至 8日 小暑 23日	大暑 8日 立秋 23日	処暑 10日 白露 25日	秋分 10日 寒露 25日	霜降 12日 立冬 27日	小雪 12日 大雪 27日	冬至 13日 小寒 29日	大寒 14日 立春 29日

白雉 4 年（653－654） 癸丑

1月	2月	3月	4月	5月	6月	7月	8月	9月	10月	11月	12月
1 癸丑③	**1** 癸未 5	1 壬子 3	1 壬午 3	《6月》	《7月》	1 庚戌30	1 庚辰29	1 庚戌28	1 己卯㉗	1 己酉26	1 戊寅25
2 甲寅 4	2 甲申 6	**2** 癸丑 4	**2** 癸未 4	1 辛亥 1	1 辛巳 1	2 辛亥31	2 辛巳30	2 辛亥㉙	2 庚辰28	2 庚戌27	2 己卯26
3 乙卯 5	3 乙酉 7	3 甲寅 5	3 甲申⑤	2 壬子②	2 壬午 2	《8月》	3 壬午31	3 壬子30	3 辛巳29	3 辛亥28	3 庚辰27
4 丙辰 6	4 丙戌 8	4 乙卯 6	4 乙酉 6	3 癸丑 3	3 癸未 3	3 壬子 1	《9月》	《10月》	4 壬午30	4 壬子29	4 辛巳28
5 丁巳 7	5 丁亥 9	5 丙辰⑦	5 丙戌 7	**4** 甲寅 4	**4** 甲申 4	4 癸丑 2	4 癸未①	4 癸丑 1	5 癸未31	5 癸丑30	5 壬午㉙
6 戊午 8	6 戊子⑩	6 丁巳 8	6 丁亥 8	5 乙卯 5	5 乙酉 5	5 甲寅 3	5 甲申 2	5 甲寅 2	《11月》	《12月》	6 癸未30
7 己未 9	7 己丑11	7 戊午 9	7 戊子 9	6 丙辰 6	6 丙戌 6	**6** 乙卯④	**6** 乙酉 3	6 乙卯 3	6 甲申 1	6 甲寅①	7 甲申31
8 庚申⑩	8 庚寅12	8 己未10	8 己丑10	7 丁巳 7	7 丁亥⑦	7 丙辰 5	7 丙戌 4	**7** 丙辰 4	7 乙酉 2	7 乙卯 2	**654**年
9 辛酉11	9 辛卯13	9 庚申11	9 庚寅11	8 戊午 8	8 戊子 8	8 丁巳 6	8 丁亥 5	8 丁巳 5	**8** 丙戌③	**8** 丙辰 3	《1月》
10壬戌12	10壬辰14	10辛酉12	10辛卯⑫	9 己未⑨	9 己丑 9	9 戊午 7	9 戊子 6	9 戊午⑥	9 丁亥 4	9 丁巳 4	8 乙酉 1
11癸亥13	11癸巳15	11壬戌13	11壬辰13	10庚申10	10庚寅10	10己未 8	10己丑 7	10己未 7	10戊子 5	10戊午 5	9 丙戌 2
12甲子14	12甲午16	12癸亥⑭	12癸巳14	11辛酉11	11辛卯11	11庚申 9	11庚寅⑧	11庚申 8	11己丑 6	11己未 6	**10**丁亥 3
13乙丑15	13乙未⑰	13甲子15	13甲午15	12壬戌12	12壬辰12	12辛酉10	12辛卯 9	12辛酉 9	12庚寅 7	12庚申 7	11戊子 4
14丙寅16	14丙申18	14乙丑16	14乙未16	13癸亥13	13癸巳13	13壬戌⑪	13壬辰10	13壬戌10	13辛卯 8	13辛酉⑧	12己丑⑤
15丁卯⑰	15丁酉19	15丙寅17	15丙申17	14甲子14	14甲午⑭	14癸亥12	14癸巳11	14癸亥11	14壬辰 9	14壬戌 9	13庚寅 6
16戊辰18	**16**戊戌20	16丁卯18	16丁酉18	15乙丑15	15乙未15	15甲子13	15甲午12	15甲子12	15癸巳⑩	15癸亥10	14辛卯 7
17己巳19	17己亥21	**17**戊辰19	17戊戌⑲	16丙寅⑯	16丙申16	16乙丑14	16乙未13	16乙丑⑬	16甲午11	16甲子11	15壬辰 8
18庚午20	18庚子22	18己巳20	**18**己亥20	17丁卯17	17丁酉17	17丙寅15	17丙申14	17丙寅14	17乙未12	17乙丑12	16癸巳 9
19辛未21	19辛丑23	19庚午㉑	19庚子21	18戊辰18	18戊戌18	18丁卯16	18丁酉⑮	18丁卯15	18丙申13	18丙寅13	17甲午10
20壬申22	20壬寅㉔	20辛未22	20辛丑22	**19**己巳19	**19**己亥19	19戊辰17	19戊戌16	19戊辰16	19丁酉14	19丁卯14	18乙未11
21癸酉23	21癸卯25	21壬申23	21壬寅23	20庚午20	20庚子20	20己巳⑱	20己亥17	20己巳17	20戊戌15	20戊辰⑮	19丙申⑫
22甲戌㉔	22甲辰26	22癸酉24	22癸卯24	21辛未21	21辛丑㉑	**21**庚午19	**21**庚子18	21庚午18	21己亥16	21己巳16	20丁酉13
23乙亥25	23乙巳27	23甲戌25	23甲辰25	22壬申22	22壬寅22	22辛未20	22辛丑19	**22**辛未19	22庚子⑰	22庚午17	21戊戌14
24丙子26	24丙午28	24乙亥26	24乙巳㉖	23癸酉㉓	23癸卯23	23壬申21	23壬寅20	23壬申⑳	**23**辛丑18	23辛未18	22己亥15
25丁丑27	25丁未29	25丙子27	25丙午27	24甲戌24	24甲辰24	24癸酉22	24癸卯21	24癸酉21	24壬寅19	**24**壬申19	23庚子16
26戊寅28	26戊申30	26丁丑㉘	26丁未28	25乙亥25	25乙巳25	25甲戌23	25甲辰㉒	25甲戌22	25癸卯20	25癸酉20	24辛丑17
《3月》	27己酉㉛	27戊寅29	27戊申29	26丙子26	26丙午26	26乙亥24	26乙巳23	26乙亥23	26甲辰21	26甲戌21	**25**壬寅18
27己卯 1	《4月》	28己卯30	28己酉30	27丁丑27	27丁未27	27丙子㉕	27丙午24	27丙子24	27乙巳22	27乙亥㉒	26癸卯⑲
28庚辰 2	28庚戌 1	《5月》	29庚戌31	28戊寅28	28戊申㉘	28丁丑26	28丁未25	28丁丑25	28丙午23	28丙子23	27甲辰20
29辛巳③	29辛亥 2	29庚辰 1		29己卯29	29己酉29	29戊寅27	29戊申26	29戊寅26	29丁未㉔	29丁丑24	28乙巳21
30壬午 4		30辛巳 2		30庚辰㉚		30己卯28	30己酉27		30戊申25		29丙午22
											30丁未23
雨水 15日	啓蟄 1日 春分 16日	清明 2日 穀雨 17日	立夏 2日 小満 18日	芒種 4日 夏至 19日	小暑 4日 大暑 19日	立秋 6日 処暑 21日	白露 6日 秋分 21日	寒露 7日 霜降 22日	立冬 8日 小雪 23日	大雪 8日 冬至 24日	小寒 10日 大寒 25日

白雉 5 年（654－655） 甲寅

1月	2月	3月	4月	5月	閏5月	6月	7月	8月	9月	10月	11月	12月
1 戊申24	1 丁丑22	1 丁未24	1 丙子22	1 丙午22	1 乙亥20	**1** 乙巳⑳	1 甲戌18	1 甲辰17	1 癸酉16	1 癸卯15	1 癸酉15	1 壬寅13
2 己酉25	2 戊寅㉓	2 戊申25	2 丁丑23	2 丁未23	2 丙子21	2 丙午21	**2** 乙亥19	2 乙巳18	2 甲戌17	2 甲辰⑯	2 甲戌16	2 癸卯14
3 庚戌㉖	3 己卯24	3 己酉26	3 戊寅24	3 戊申24	3 丁丑㉒	3 丁未22	3 丙子20	**3** 丙午19	3 乙亥18	3 乙巳17	3 乙亥17	3 甲辰15
4 辛亥27	4 庚辰25	4 庚戌27	4 己卯25	4 己酉㉕	4 戊寅23	4 戊申23	4 丁丑21	4 丁未20	**4** 丙子⑲	**4** 丙午18	4 丙子18	4 乙巳16
5 壬子28	5 辛巳26	5 辛亥28	5 庚辰26	5 庚戌26	5 己卯24	5 己酉24	5 戊寅22	5 戊申㉑	5 丁丑20	5 丁未19	**5** 丁丑19	5 丙午17
6 癸丑29	6 壬午27	6 壬子29	6 辛巳㉗	6 辛亥27	6 庚辰25	6 庚戌25	6 己卯23	6 己酉22	6 戊寅21	6 戊申20	6 戊寅20	**6** 丁未⑱
7 甲寅30	7 癸未28	7 癸丑㉚	7 壬午28	7 壬子28	7 辛巳26	7 辛亥26	7 庚辰㉔	7 庚戌23	7 己卯22	7 己酉21	7 己卯㉑	7 戊申19
8 乙卯31	《3月》	8 甲寅31	8 癸未29	8 癸丑29	8 壬午27	8 壬子㉗	8 辛巳25	8 辛亥24	8 庚辰23	8 庚戌22	8 庚辰22	8 己酉20
《2月》	8 甲申 1	《4月》	9 甲申30	9 甲寅30	9 癸未28	9 癸丑28	9 壬午26	9 壬子25	9 辛巳24	9 辛亥㉓	9 辛巳23	9 庚戌21
9 丙辰 1	9 乙酉②	9 乙卯 1	《5月》	10乙卯31	10甲申㉙	10甲寅29	10癸未27	10癸丑26	10壬午25	10壬子24	10壬午24	10辛亥22
10丁巳②	10丙戌 3	10丙辰 2	10乙酉 1	《6月》	11乙酉30	11乙卯30	11甲申28	11甲寅27	11癸未㉖	11癸丑25	11癸未25	11壬子23
11戊午 3	11丁亥 4	11丁巳 3	11丙戌 2	11丙辰①	《7月》	12丙辰31	12乙酉29	12乙卯㉘	12甲申27	12甲寅26	12甲申26	12癸丑24
12己未 4	**12**戊子 5	**12**戊午 4	12丁亥 3	12丁巳 2	12丙戌 1	《8月》	13丙戌30	13丙辰29	13乙酉28	13乙卯27	13乙酉27	13甲寅㉕
13庚申 5	13己丑 6	13己未 5	13戊子④	13戊午 3	13丁亥 2	13丁巳 1	14丁亥㉛	14丁巳30	14丙戌29	14丙辰28	14丙戌㉘	14乙卯26
14辛酉 6	14庚寅 7	14庚申⑥	**14**己丑 5	**14**己未 4	14戊子 3	14戊午 2	《9月》	《10月》	15丁亥30	15丁巳29	15丁亥29	15丙辰27
15壬戌 7	15辛卯 8	15辛酉 7	15庚寅 6	15庚申 5	15己丑 4	15己未③	15戊子 1	15戊午 1	16戊子31	16戊午㉚	16戊子30	16丁巳28
16癸亥 8	16壬辰⑨	16壬戌 8	16辛卯 7	16辛酉 6	**16**庚寅 5	**16**庚申 4	16己丑 2	16己未 2	《11月》	《12月》	17己丑31	17戊午29
17甲子⑨	17癸巳10	17癸亥 9	17壬辰 8	17壬戌 7	17辛卯⑥	17辛酉 5	**17**庚寅 3	17庚申 3	17己丑 1	17己未 1	**655**年	18己未30
18乙丑10	18甲午11	18甲子10	18癸巳 9	18癸亥⑧	18壬辰 7	18壬戌 6	18辛卯 4	**18**辛酉 4	18庚寅②	18庚申 2	《1月》	19庚申31
19丙寅11	19乙未12	19乙丑11	19甲午10	19甲子 9	19癸巳 8	19癸亥 7	19壬辰 5	19壬戌⑤	**19**辛卯 3	19辛酉 3	18庚寅 1	《2月》
20丁卯12	20丙申13	20丙寅12	20乙未⑪	20乙丑10	20甲午 9	20甲子 8	20癸巳 6	20癸亥 6	20壬辰 4	**20**壬戌 4	19辛卯 2	20辛酉①
21戊辰13	21丁酉14	21丁卯⑬	21丙申12	21丙寅11	21乙未10	21乙丑 9	21甲午⑦	21甲子 7	21癸巳 5	21癸亥 5	**20**壬辰 3	21壬戌 2
22己巳14	22戊戌15	22戊辰14	22丁酉13	22丁卯12	22丙申11	22丙寅⑩	22乙未 8	22乙丑 8	22甲午 6	22甲子 6	21癸巳④	**22**癸亥 3
23庚午15	23己亥⑯	23己巳15	23戊戌14	23戊辰13	23丁酉12	23丁卯11	23丙申 9	23丙寅 9	23乙未 7	23乙丑⑦	22甲午 5	23甲子 4
24辛未⑯	24庚子17	24庚午16	24己亥15	24己巳14	24戊戌⑬	24戊辰12	24丁酉10	24丁卯10	24丙申 8	24丙寅 8	23乙未 6	24乙丑 5
25壬申17	25辛丑18	25辛未17	25庚子16	25庚午⑮	25己亥14	25己巳13	25戊戌11	25戊辰11	25丁酉⑨	25丁卯 9	24丙申 7	25丙寅 6
26癸酉18	26壬寅19	26壬申18	26辛丑17	26辛未16	26庚子15	26庚午14	26己亥12	26己巳⑫	26戊戌10	26戊辰10	25丁酉 8	26丁卯 7
27甲戌19	**27**癸卯20	**27**癸酉19	27壬寅⑱	27壬申17	27辛丑16	27辛未15	27庚子13	27庚午13	27己亥11	27己巳11	26戊戌 9	27戊辰⑧
28乙亥20	28甲辰21	28甲戌⑳	28癸卯19	28癸酉18	28壬寅17	28壬申16	28辛丑⑭	28辛未14	28庚子12	28庚午12	27己亥10	28己巳 9
29丙子21	29乙巳22	29乙亥21	**29**甲辰20	**29**甲戌19	29癸卯18	29癸酉⑰	29壬寅15	29壬申15	29辛丑13	29辛未13	28庚子⑪	29庚午10
	30丙午㉓		30乙巳21		30甲辰19		30癸卯16		30壬寅14	30壬申⑭	29辛丑12	30辛未11
立春 10日 雨水 26日	啓蟄 12日 春分 27日	清明 12日 穀雨 27日	立夏 14日 小満 29日	芒種 14日 夏至 29日	小暑16日	大暑 1日 立秋 16日	処暑 2日 白露 17日	秋分 3日 寒露 18日	霜降 4日 立冬 19日	小雪 4日 大雪 20日	冬至 5日 小寒 20日	大寒 6日 立春 22日

斉明天皇元年（655－656） 乙卯

1月	2月	3月	4月	5月	6月	7月	8月	9月	10月	11月	12月
1 壬申12	1 辛丑13	1 辛未⑫	1 庚子11	1 庚午10	1 己亥 9	1 己巳 8	1 戊戌⑥	1 戊辰 6	**1** 丁酉 4	**1** 丁卯 4	1 丙申 2
2 癸酉13	2 壬寅14	2 壬申13	2 辛丑12	2 辛未11	2 庚子10	2 庚午⑨	2 己亥 7	2 己巳 7	2 戊戌 5	2 戊辰 5	**2** 丁酉③
3 甲戌14	3 癸卯⑮	3 癸酉14	3 壬寅13	3 壬申12	3 辛丑11	3 辛未10	3 庚子 8	3 庚午 8	3 己亥 6	3 己巳⑥	3 戊戌 4
4 乙亥⑮	4 甲辰16	4 甲戌15	4 癸卯14	4 癸酉13	4 壬寅⑫	4 壬申11	4 辛丑 9	4 辛未 9	4 庚子 7	4 庚午 7	4 己亥 5
5 丙子16	5 乙巳17	5 乙亥16	5 甲辰15	5 甲戌⑭	5 癸卯13	5 癸酉12	5 壬寅10	5 壬申10	5 辛丑⑧	5 辛未 8	5 庚子 6
6 丁丑17	6 丙午18	6 丙子17	6 乙巳16	6 乙亥15	6 甲辰14	6 甲戌13	6 癸卯11	6 癸酉⑪	6 壬寅 9	6 壬申 9	6 辛丑 7
7 戊寅18	7 丁未19	7 丁丑18	7 丙午⑰	7 丙子16	7 乙巳15	7 乙亥14	7 甲辰12	7 甲戌12	7 癸卯10	7 癸酉10	7 壬寅 8
8 己卯19	**8** 戊申20	8 戊寅⑲	8 丁未18	8 丁丑17	8 丙午16	8 丙子15	8 乙巳⑬	8 乙亥13	8 甲辰11	8 甲戌11	8 癸卯 9
9 庚辰20	9 己酉21	**9** 己卯20	9 戊申19	9 戊寅18	9 丁未17	9 丁丑⑯	9 丙午14	9 丙子14	9 乙巳12	9 乙亥12	9 甲辰⑩
10辛巳21	10庚戌㉒	10庚辰21	**10**己酉20	10己卯19	10戊申18	10戊寅17	10丁未15	10丁丑15	10丙午13	10丙子⑬	10乙巳11
11壬午㉒	11辛亥23	11辛巳22	11庚戌21	**11**庚辰20	11己酉⑲	11己卯18	11戊申16	11戊寅16	11丁未14	11丁丑14	11丙午12
12癸未23	12壬子24	12壬午23	12辛亥22	12辛巳㉑	**12**庚戌20	**12**庚辰19	12己酉17	12己卯17	12戊申⑮	12戊寅15	12丁未13
13甲申24	13癸丑25	13癸未24	13壬子23	13壬午22	13辛亥21	13辛巳20	13庚戌18	13庚辰⑱	13己酉16	13己卯16	13戊申14
14乙酉25	14甲寅26	14甲申25	14癸丑㉔	14癸未23	14壬子22	14壬午21	**14**辛亥19	**14**辛巳19	14庚戌17	14庚辰17	14己酉15
15丙戌26	15乙卯27	15乙酉㉖	15甲寅25	15甲申24	15癸丑23	15癸未22	15壬子⑳	15壬午20	15辛亥18	15辛巳18	15庚戌16
16丁亥27	16丙辰28	16丙戌27	16乙卯26	16乙酉25	16甲寅24	16甲申㉓	16癸丑21	16癸未21	**16**壬子19	**16**壬午19	16辛亥⑰
17戊子28	17丁巳㉙	17丁亥28	17丙辰27	17丙戌26	17乙卯25	17乙酉24	17甲寅22	17甲申22	17癸丑20	17癸未⑳	17壬子18
《3月》	18戊午30	18戊子29	18丁巳28	18丁亥27	18丙辰㉖	18丙戌25	18乙卯23	18乙酉23	18甲寅21	18甲申21	**18**癸丑19
18己丑①	19己未31	19己丑30	19戊午29	19戊子㉘	19丁巳27	19丁亥26	19丙辰24	19丙戌24	19乙卯㉒	19乙酉22	19甲寅20
19庚寅 2	《4月》	《5月》	20己未30	20己丑29	20戊午28	20戊子27	20丁巳25	20丁亥㉕	20丙辰23	20丙戌23	20乙卯21
20辛卯 3	20庚申 1	20庚寅 1	21庚申㉛	21庚寅30	21己未29	21己丑28	21戊午26	21戊子26	21丁巳24	21丁亥24	21丙辰22
21壬辰 4	21辛酉 2	21辛卯 2	《6月》	《7月》	22庚申30	22庚寅29	22己未㉗	22己丑27	22戊午25	22戊子25	22丁巳23
22癸巳 5	22壬戌 3	22壬辰③	22辛酉 1	22辛卯 1	23辛酉31	23辛卯㉚	23庚申28	23庚寅28	23己未26	23己丑26	23戊午㉔
23甲午 6	**23**癸亥 4	23癸巳 4	23壬戌 2	23壬辰 2	《8月》	24壬辰31	24辛酉29	24辛卯29	24庚申27	24庚寅㉗	24己未25
24乙未 7	24甲子⑤	**24**甲午 5	24癸亥 3	24癸巳 3	24壬戌 1	《9月》	25壬戌30	25壬辰30	25辛酉28	25辛卯28	25庚申26
25丙申⑧	25乙丑 6	25乙未 6	**25**甲子 4	25甲午 4	25癸亥②	25癸巳 1	《10月》	26癸巳31	26壬戌㉙	26壬辰29	26辛酉27
26丁酉 9	26丙寅 7	26丙申 7	26乙丑 5	**26**乙未⑤	26甲子 3	26甲午 2	26癸亥 1	《11月》	27癸亥30	27癸巳30	27壬戌28
27戊戌10	27丁卯 8	27丁酉 8	27丙寅 6	27丙申 6	**27**乙丑 4	27乙未 3	27甲子 2	27甲午①	《12月》	28甲午31	28癸亥29
28己亥11	28戊辰 9	28戊戌 9	28丁卯⑦	28丁酉 7	28丙寅 5	**28**丙申 4	28乙丑 3	28乙未 2	28甲子 1	**656 年**	29甲子30
29庚子12	29己巳10	29己亥⑩	29戊辰 8	29戊戌 8	29丁卯 6	29丁酉 5	**29**丙寅④	29丙申 3	29乙丑 2	《1月》	30乙丑㉛
	30庚午11		30己巳 9		30戊辰 7		30丁卯 5		30丙寅 3	29乙未 1	
雨水 7日 啓蟄 22日	春分 8日 清明 23日	穀雨 9日 立夏 24日	小満 10日 芒種 25日	夏至 11日 小暑 26日	大暑 12日 立秋 27日	処暑 12日 白露 28日	秋分 14日 寒露 29日	霜降 14日	立冬 1日 小雪 16日	大雪 1日 冬至 16日	小寒 2日 大寒 18日

斉明天皇**2**年（656－657） 丙辰

1月	2月	3月	4月	5月	6月	7月	8月	9月	10月	11月	12月
《2月》	《3月》	1 乙丑31	1 乙未30	1 甲子㉙	1 甲午28	1 癸亥27	1 癸巳26	1 壬戌24	1 壬辰24	1 辛酉22	1 辛卯22
1 丙寅 1	1 乙未 1	《4月》	《5月》	2 乙丑30	2 乙未29	2 甲子28	2 甲午27	2 癸亥㉕	2 癸巳25	2 壬戌23	2 壬辰23
2 丁卯 2	2 丙申 2	2 丙寅 1	2 丙申①	3 丙寅31	3 丙申30	3 乙丑29	3 乙未㉘	3 甲子26	3 甲午26	3 癸亥24	3 癸巳24
3 戊辰 3	3 丁酉 3	3 丁卯 2	3 丁酉 2	《6月》	《7月》	4 丙寅30	4 丙申29	4 乙丑27	4 乙未27	4 甲子25	4 甲午㉕
4 己巳 4	**4** 戊戌 4	4 戊辰③	4 戊戌 3	4 丁卯 1	4 丁酉 1	5 丁卯㉛	5 丁酉30	5 丙寅28	5 丙申28	5 乙丑26	5 乙未26
5 庚午 5	5 己亥 5	**5** 己巳 4	**5** 己亥 4	5 戊辰 2	5 戊戌 2	《8月》	6 戊戌31	6 丁卯29	6 丁酉29	6 丙寅㉗	6 丙申27
6 辛未 6	6 庚子⑥	6 庚午 5	6 庚子 5	6 己巳 3	6 己亥③	6 戊辰 1	《9月》	7 戊辰30	7 戊戌㉚	7 丁卯28	7 丁酉28
7 壬申⑦	7 辛丑 7	7 辛未 6	7 辛丑 6	**7** 庚午 4	**7** 庚子 4	7 己巳 2	7 己亥 1	《10月》	8 己亥31	8 戊辰29	8 戊戌29
8 癸酉 8	8 壬寅 8	8 壬申 7	8 壬寅 7	8 辛未⑤	8 辛丑 5	**8** 庚午 3	8 庚子 2	8 己巳 1	《11月》	9 己巳30	9 己亥30
9 甲戌 9	9 癸卯 9	9 癸酉 8	9 癸卯⑧	9 壬申 6	9 壬寅 6	9 辛未 4	**9** 辛丑 3	9 庚午②	9 庚子 1	《12月》	10庚子31
10乙亥10	10甲辰10	10甲戌 9	10甲辰 9	10癸酉 7	10癸卯 7	10壬申 5	10壬寅④	**10**辛未 3	10辛丑 2	10庚午 1	**657 年**
11丙子11	11乙巳11	11乙亥⑩	11乙巳10	11甲戌 8	11甲辰 8	11癸酉 6	11癸卯 5	11壬申 4	**11**壬寅 3	11辛未 2	《1月》
12丁丑12	12丙午12	12丙子11	12丙午11	12乙亥 9	12乙巳 9	12甲戌⑦	12甲辰 6	12癸酉 5	12癸卯 4	**12**壬申 3	11辛丑①
13戊寅13	13丁未⑬	13丁丑12	13丁未12	13丙子10	13丙午⑩	13乙亥 8	13乙巳 7	13甲戌 6	13甲辰 5	13癸酉④	12壬寅 2
14己卯⑭	14戊申14	14戊寅13	14戊申13	14丁丑11	14丁未11	14丙子 9	14丙午 8	14乙亥 7	14乙巳⑥	14甲戌 5	**13**癸卯 3
15庚辰15	15己酉15	15己卯14	15己酉14	15戊寅⑫	15戊申12	15丁丑10	15丁未 9	15丙子 8	15丙午 7	15乙亥 6	14甲辰 4
16辛巳16	16庚戌16	16庚辰15	16庚戌⑮	16己卯13	16己酉13	16戊寅11	16戊申10	16丁丑⑨	16丁未 8	16丙子 7	15乙巳 5
17壬午17	17辛亥17	17辛巳16	17辛亥16	17庚辰14	17庚戌14	17己卯12	17己酉⑪	17戊寅10	17戊申 9	17丁丑 8	16丙午 6
18癸未18	18壬子18	18壬午⑰	18壬子17	18辛巳15	18辛亥15	18庚辰13	18庚戌12	18己卯11	18己酉10	18戊寅 9	17丁未 7
19甲申19	**19**癸丑19	19癸未18	19癸丑18	19壬午16	19壬子16	19辛巳⑭	19辛亥13	19庚辰12	19庚戌11	19己卯10	18戊申⑧
20乙酉20	20甲寅⑳	**20**甲申19	**20**甲寅19	20癸未17	20癸丑⑰	20壬午15	20壬子14	20辛巳13	20辛亥12	20庚辰⑪	19己酉 9
21丙戌㉑	21乙卯21	21乙酉20	21乙卯20	21甲申18	21甲寅18	21癸未16	21癸丑15	21壬午14	21壬子⑬	21辛巳12	20庚戌10
22丁亥22	22丙辰22	22丙戌21	22丙辰21	**22**乙酉⑲	**22**乙卯19	22甲申17	22甲寅16	22癸未15	22癸丑14	22壬午13	21辛亥11
23戊子23	23丁巳23	23丁亥22	23丁巳㉒	23丙戌20	23丙辰20	23乙酉18	23乙卯17	23甲申⑯	23甲寅15	23癸未14	22壬子12
24己丑24	24戊午24	24戊子23	24戊午23	24丁亥21	24丁巳21	**24**丙戌19	**24**丙辰⑱	24乙酉17	24乙卯16	24甲申15	23癸丑13
25庚寅25	25己未25	25己丑㉔	25己未24	25戊子22	25戊午22	25丁亥20	25丁巳19	25丙戌18	25丙辰17	25乙酉16	24甲寅14
26辛卯26	26庚申26	26庚寅25	26庚申25	26己丑23	26己未23	26戊子㉑	26戊午20	**26**丁亥19	**26**丁巳18	26丙戌17	25乙卯⑮
27壬辰27	27辛酉㉗	27辛卯26	27辛酉26	27庚寅24	27庚申㉔	27己丑22	27己未21	27戊子20	27戊午19	**27**丁亥⑱	26丙辰16
28癸巳㉘	28壬戌28	28壬辰27	28壬戌27	28辛卯25	28辛酉25	28庚寅23	28庚申22	28己丑21	28己未⑳	28戊子19	27丁巳17
29甲午29	29癸亥29	29癸巳28	29癸亥28	29壬辰㉖	29壬戌26	29辛卯24	29辛酉23	29庚寅22	29庚申21	29己丑20	**28**戊午18
	30甲子30	30甲午29		30癸巳27		30壬辰25		30辛卯㉓		30庚寅21	29己未19
立春 3日 雨水 18日	啓蟄 4日 春分 19日	清明 5日 穀雨 20日	立夏 5日 小満 20日	芒種 7日 夏至 22日	小暑 7日 大暑 22日	立秋 8日 処暑 24日	白露 9日 秋分 24日	寒露 10日 霜降 26日	立冬 11日 小雪 26日	大雪 12日 冬至 27日	小寒 13日 大寒 28日

斉明天皇**3**年（657－658） 丁巳

1月	閏1月	2月	3月	4月	5月	6月	7月	8月	9月	10月	11月	12月
1 庚申20	1 庚寅⑲	**1** 己未20	**1** 己丑19	1 戊午18	1 戊子17	1 丁巳⑯	1 丁亥15	1 丁巳14	1 丙戌13	1 丙辰⑫	1 乙酉11	1 乙卯10
2 辛酉21	2 辛卯20	2 庚申21	2 庚寅20	2 己未19	2 己丑⑱	2 戊午17	2 戊子16	2 戊午15	2 丁亥14	2 丁巳13	2 丙戌12	2 丙辰11
3 壬戌㉒	3 壬辰21	3 辛酉22	3 辛卯21	**3** 庚申20	**3** 庚寅19	3 己未18	3 己丑17	3 己未16	3 戊子⑮	3 戊午14	3 丁亥13	3 丁巳12
4 癸亥23	4 癸巳22	4 壬戌23	4 壬辰22	4 辛酉㉑	4 辛卯20	**4** 庚申19	4 庚寅18	4 庚申⑰	4 己丑16	4 己未15	4 戊子14	4 戊午13
5 甲子24	5 甲午23	5 癸亥24	5 癸巳㉓	5 壬戌22	5 壬辰21	5 辛酉20	**5** 辛卯19	**5** 辛酉18	5 庚寅17	5 庚申16	5 己丑15	5 己未⑭
6 乙丑25	6 乙未24	6 甲子25	6 甲午24	6 癸亥23	6 癸巳22	6 壬戌21	6 壬辰⑳	6 壬戌19	6 辛卯18	6 辛酉17	6 庚寅16	6 庚申15
7 丙寅26	7 丙申25	7 乙丑㉖	7 乙未25	7 甲子24	7 甲午23	7 癸亥22	7 癸巳21	7 癸亥20	**7** 壬辰19	**7** 壬戌18	7 辛卯⑰	7 辛酉16
8 丁卯27	8 丁酉㉖	8 丙寅27	8 丙申26	8 乙丑25	8 乙未24	8 甲子㉓	8 甲午22	8 甲子21	8 癸巳20	8 癸亥⑲	8 壬辰18	8 壬戌17
9 戊辰28	9 戊戌27	9 丁卯28	9 丁酉27	9 丙寅26	9 丙申㉕	9 乙丑24	9 乙未23	9 乙丑22	9 甲午21	9 甲子20	**9** 癸巳19	**9** 癸亥18
10己巳㉙	10己亥28	10戊辰29	10戊戌28	10丁卯27	10丁酉26	10丙寅25	10丙申24	10丙寅23	10乙未㉒	10乙丑21	10甲午20	10甲子19
11庚午30	《3月》	11己巳30	11己亥29	11戊辰㉘	11戊戌27	11丁卯26	11丁酉25	11丁卯㉔	11丙申23	11丙寅22	11乙未21	11乙丑20
12辛未31	11庚子 1	12庚午31	12庚子㉚	12己巳29	12己亥28	12戊辰27	12戊戌26	12戊辰25	12丁酉24	12丁卯23	12丙申22	12丙寅㉑
《2月》	12辛丑 2	《4月》	《5月》	13庚午30	13庚子29	13己巳28	13己亥㉗	13己巳26	13戊戌25	13戊辰24	13丁酉23	13丁卯22
13壬申 1	13壬寅 3	13辛未 1	13辛丑 1	14辛未31	14辛丑30	14庚午29	14庚子28	14庚午27	14己亥26	14己巳25	14戊戌㉔	14戊辰23
14癸酉 2	14癸卯 4	14壬申②	14壬寅 2	《6月》	《7月》	15辛未㉚	15辛丑29	15辛未28	15庚子27	15庚午㉖	15己亥25	15己巳24
15甲戌 3	**15**甲辰⑤	15癸酉 3	15癸卯 3	15壬申 1	15壬寅 1	16壬申31	16壬寅30	16壬申29	16辛丑28	16辛未27	16庚子26	16庚午25
16乙亥 4	16乙巳 6	**16**甲戌 4	**16**甲辰 4	16癸酉 2	16癸卯②	《8月》	17癸卯31	17癸酉30	17壬寅㉙	17壬申28	17辛丑27	17辛未26
17丙子⑤	17丙午 7	17乙亥 5	17乙巳 5	17甲戌 3	17甲辰 3	17癸酉 1	《9月》	《10月》	18癸卯30	18癸酉29	18壬寅28	18壬申27
18丁丑 6	18丁未 8	18丙子 6	18丙午 6	**18**乙亥④	**18**乙巳 4	18甲戌 2	18甲辰 1	18甲戌①	19甲辰31	19甲戌30	19癸卯29	19癸酉㉘
19戊寅 7	19戊申 9	19丁丑 7	19丁未⑦	19丙子 5	19丙午 5	19乙亥 3	19乙巳 2	19乙亥 2	《11月》	《12月》	20甲辰30	20甲戌29
20己卯 8	20己酉10	20戊寅 8	20戊申 8	20丁丑 6	20丁未 6	**20**丙子 4	**20**丙午③	20丙子 3	20乙巳 1	20乙亥 1	21乙巳㉛	21乙亥30
21庚辰 9	21庚戌11	21己卯⑨	21己酉 9	21戊寅 7	21戊申 7	21丁丑 5	21丁未 4	**21**丁丑 4	21丙午 2	21丙子 2	**658年**	22丙子31
22辛巳10	22辛亥⑫	22庚辰10	22庚戌10	22己卯 8	22己酉 8	22戊寅⑥	22戊申 5	22戊寅 5	**22**丁未 3	**22**丁丑③	《1月》	《2月》
23壬午11	23壬子13	23辛巳11	23辛亥11	23庚辰 9	23庚戌⑨	23己卯 7	23己酉 6	23己卯 6	23戊申 4	23戊寅 4	22丙午 1	23丁丑 1
24癸未⑫	24癸丑14	24壬午12	24壬子12	24辛巳10	24辛亥10	24庚辰 8	24庚戌 7	24庚辰 7	24己酉⑤	24己卯 5	23丁未 2	**24**戊寅 2
25甲申13	25甲寅15	25癸未13	25癸丑13	25壬午⑪	25壬子11	25辛巳 9	25辛亥 8	25辛巳⑧	25庚戌 6	25庚辰 6	**24**戊申 3	25己卯 3
26乙酉14	26乙卯16	26甲申14	26甲寅⑭	26癸未12	26癸丑12	26壬午10	26壬子 9	26壬午 9	26辛亥 7	26辛巳 7	25己酉 4	26庚辰④
27丙戌15	27丙辰17	27乙酉15	27乙卯15	27甲申13	27甲寅13	27癸未11	27癸丑⑩	27癸未10	27壬子 8	27壬午 8	26庚戌 5	27辛巳 5
28丁亥16	28丁巳18	28丙戌⑯	28丙辰16	28乙酉14	28乙卯14	28甲申12	28甲寅11	28甲申11	28癸丑 9	28癸未 9	27辛亥 6	28壬午 6
29戊子17	29戊午⑲	29丁亥17	29丁巳17	29丙戌15	29丙辰15	29乙酉⑬	29乙卯12	29乙酉12	29甲寅10	29甲申⑩	28壬子⑦	29癸未 7
30己丑18		30戊子18		30丁亥16		30丙戌14	30丙辰13		30乙卯11		29癸丑 8	
											30甲寅 9	
立春 14日	啓蟄15日	春分 1日	穀雨 1日	小満 3日	夏至 3日	大暑 4日	処暑 5日	秋分 5日	霜降 7日	小雪 7日	冬至 9日	大寒 9日
雨水 29日		清明 16日	立夏 16日	芒種 18日	小暑 18日	立秋 20日	白露 20日	寒露 21日	立冬 22日	大雪 22日	小寒 24日	立春 24日

斉明天皇**4**年（658－659） 戊午

1月	2月	3月	4月	5月	6月	7月	8月	9月	10月	11月	12月
1 甲申 8	1 甲寅10	1 癸未⑧	1 癸丑 8	1 壬午 6	1 壬子 6	**1** 辛巳 4	**1** 辛亥 3	1 庚辰 2	《11月》	《12月》	1 己酉㉚
2 乙酉 9	2 乙卯⑪	2 甲申 9	2 甲寅 9	2 癸未 7	2 癸丑 7	2 壬午⑤	2 壬子 4	2 辛巳 3	1 庚戌 1	1 庚辰 1	2 庚戌31
3 丙戌10	3 丙辰12	3 乙酉10	3 乙卯10	3 甲申 8	3 甲寅⑧	3 癸未 6	3 癸丑 5	**3** 壬午 4	2 辛亥 2	2 辛巳②	**659年**
4 丁亥⑪	4 丁巳13	4 丙戌11	4 丙辰11	4 乙酉 9	4 乙卯 9	4 甲申 7	4 甲寅 6	4 癸未 5	**3** 壬子 3	3 壬午 3	《1月》
5 戊子12	5 戊午14	5 丁亥12	5 丁巳12	5 丙戌⑩	5 丙辰10	5 乙酉 8	5 乙卯 7	5 甲申 6	4 癸丑④	**4** 癸未 4	3 辛亥 1
6 己丑13	6 己未15	6 戊子13	6 戊午⑬	6 丁亥11	6 丁巳11	6 丙戌 9	6 丙辰 8	6 乙酉⑦	5 甲寅 5	5 甲申 5	4 壬子 2
7 庚寅14	7 庚申16	7 己丑14	7 己未14	7 戊子12	7 戊午12	7 丁亥10	7 丁巳⑨	7 丙戌 8	6 乙卯 6	6 乙酉 6	**5** 癸丑 3
8 辛卯15	8 辛酉17	8 庚寅⑮	8 庚申15	8 己丑13	8 己未13	8 戊子11	8 戊午10	8 丁亥 9	7 丙辰 7	7 丙戌 7	6 甲寅 4
9 壬辰16	9 壬戌⑱	9 辛卯16	9 辛酉16	9 庚寅14	9 庚申14	9 己丑⑫	9 己未11	9 戊子10	8 丁巳 8	8 丁亥 8	7 乙卯 5
10癸巳17	10癸亥19	10壬辰17	10壬戌17	10辛卯15	10辛酉⑮	10庚寅13	10庚申12	10己丑11	9 戊午 9	9 戊子⑨	8 丙辰⑥
11甲午⑱	**11**甲子20	11癸巳18	11癸亥18	11壬辰16	11壬戌16	11辛卯14	11辛酉13	11庚寅12	10己未10	10己丑10	9 丁巳 7
12乙未19	12乙丑21	**12**甲午19	12甲子19	12癸巳⑰	12癸亥17	12壬辰15	12壬戌14	12辛卯13	11庚申⑪	11庚寅11	10戊午 8
13丙申20	13丙寅22	13乙未20	**13**乙丑⑳	13甲午18	13甲子18	13癸巳16	13癸亥15	13壬辰⑭	12辛酉12	12辛卯12	11己未 9
14丁酉21	14丁卯23	14丙申21	14丙寅21	**14**乙未19	14乙丑19	14甲午17	14甲子⑯	14癸巳15	13壬戌13	13壬辰13	12庚申10
15戊戌22	15戊辰24	15丁酉㉒	15丁卯22	15丙申20	**15**丙寅20	15乙未18	15乙丑17	15甲午16	14癸亥14	14癸巳14	13辛酉11
16己亥23	16己巳㉕	16戊戌23	16戊辰23	16丁酉21	16丁卯21	**16**丙申⑲	16丙寅18	16乙未17	15甲子15	15甲午15	14壬戌12
17庚子24	17庚午26	17己亥24	17己巳24	17戊戌22	17戊辰㉒	17丁酉20	**17**丁卯19	17丙申18	16乙丑16	16乙未⑯	15癸亥⑬
18辛丑㉕	18辛未27	18庚子25	18庚午25	18己亥23	18己巳23	18戊戌21	18戊辰20	**18**丁酉19	17丙寅17	17丙申17	16甲子14
19壬寅26	19壬申28	19辛丑26	19辛未26	19庚子㉔	19庚午24	19己亥22	19己巳21	19戊戌20	**18**丁卯⑱	18丁酉18	17乙丑15
20癸卯27	20癸酉29	20壬寅27	20壬申㉗	20辛丑25	20辛未25	20庚子23	20庚午22	20己亥㉑	19戊辰19	**19**戊戌19	18丙寅16
21甲辰28	21甲戌30	21癸卯28	21癸酉28	21壬寅26	21壬申26	21辛丑24	21辛未㉓	21庚子22	20己巳20	20己亥20	19丁卯17
《3月》	22乙亥31	22甲辰㉙	22甲戌29	22癸卯27	22癸酉27	22壬寅25	22壬申24	22辛丑23	21庚午21	21庚子21	**20**戊辰18
22乙巳 1	《4月》	23乙巳30	23乙亥30	23甲辰28	23甲戌28	23癸卯㉖	23癸酉25	23壬寅24	22辛未22	22辛丑22	21己巳19
23丙午 2	23丙子①	《5月》	24丙子31	24乙巳29	24乙亥㉙	24甲辰27	24甲戌26	24癸卯25	23壬申23	23壬寅㉓	22庚午⑳
24丁未 3	24丁丑 2	24丙午 1	《6月》	25丙午30	25丙子30	25乙巳28	25乙亥27	25甲辰26	24癸酉24	24癸卯24	23辛未21
25戊申④	25戊寅 3	25丁未 2	25丁丑 1	《7月》	26丁丑31	26丙午29	26丙子28	26乙巳27	25甲戌㉕	25甲辰25	24壬申22
26己酉 5	**26**己卯 4	26戊申 3	26戊寅 2	26丁未①	《8月》	27丁未30	27丁丑29	27丙午㉘	26乙亥26	26乙巳26	25癸酉23
27庚戌 6	27庚辰 5	27己酉 4	27己卯③	27戊申 2	27戊寅 1	28戊申31	28戊寅㉚	28丁未29	27丙子27	27丙午27	26甲戌24
28辛亥 7	28辛巳 6	**28**庚戌 5	**28**庚辰 4	28己酉 3	28己卯 2	《9月》	《10月》	29戊申30	28丁丑28	28丁未28	27乙亥25
29壬子 8	29壬午 7	29辛亥⑥	29辛巳 5	29庚戌 4	29庚辰 3	29己酉 1	29己卯 1	30己酉31	29戊寅29	29戊申29	28丙子26
30癸丑 9		30壬子 7		**30**辛亥 5		30庚戌②			30己卯30		29丁丑㉗
											30戊寅28
雨水 11日	春分 11日	穀雨 12日	小満 13日	夏至 14日	大暑 15日	立秋 1日	白露 1日	寒露 3日	立冬 3日	大雪 4日	小寒 5日
啓蟄 26日	清明 26日	立夏 28日	芒種 28日	小暑 30日		処暑 16日	秋分 17日	霜降 18日	小雪 18日	冬至 19日	大寒 20日

斉明天皇5年（659－660） 己未

1月	2月	3月	4月	5月	6月	7月	8月	9月	10月	閏10月	11月	12月
1 己卯29	1 戊申27	1 戊寅29	1 丁未27	1 丁丑27	1 丙午25	1 丙子25	1 乙巳23	1 乙亥㉒	1 甲辰21	1 甲戌20	1 癸卯19	1 癸酉18
2 庚辰30	2 己酉28	2 己卯30	2 戊申㉘	2 戊寅28	2 丁未26	2 丁丑26	2 丙午24	2 丙子23	2 乙巳22	2 乙亥21	2 甲辰20	2 甲戌⑲
3 辛巳31	《3月》	3 庚辰㉛	3 己酉29	3 己卯29	3 戊申27	3 戊寅27	3 丁未㉕	3 丁丑24	3 丙午23	3 丙子22	3 乙巳21	3 乙亥20
《2月》	3 庚戌 1	《4月》	4 庚戌30	4 庚辰30	4 己酉28	4 己卯㉘	4 戊申26	4 戊寅25	4 丁未24	4 丁丑23	4 丙午㉒	4 丙子21
4 壬午 1	4 辛亥 2	4 辛巳 1	《5月》	5 辛巳31	5 庚戌29	5 庚辰29	5 己酉27	5 己卯26	5 戊申25	5 戊寅㉔	5 丁未23	5 丁丑22
5 癸未 2	5 壬子③	5 壬午 2	5 辛亥 1	《6月》	6 辛亥㉚	6 辛巳30	6 庚戌28	6 庚辰27	6 己酉26	6 己卯25	6 戊申24	6 戊寅23
6 甲申③	6 癸丑 4	6 癸未 3	6 壬子 2	6 壬午 1	《7月》	7 壬午31	7 辛亥29	7 辛巳28	7 庚戌㉗	7 庚辰26	7 己酉25	7 己卯24
7 乙酉 4	7 甲寅 5	7 甲申 4	7 癸丑 3	7 癸未②	7 壬子 1	《8月》	8 壬子30	8 壬午㉙	8 辛亥28	8 辛巳27	8 庚戌26	8 庚辰25
8 丙戌 5	8 乙卯 6	8 乙酉 5	8 甲寅 4	8 甲申 3	8 癸丑 2	8 癸未 1	9 癸丑31	9 癸未30	9 壬子29	9 壬午28	9 辛亥27	9 辛巳㉖
9 丁亥 6	9 丙辰 7	9 丙戌 6	9 乙卯⑤	9 乙酉 4	9 甲寅 3	9 甲申 2	《9月》	《10月》	10癸丑30	10癸未29	10壬子28	10壬午27
10戊子 7	10丁巳 8	10丁亥⑦	10丙辰 6	10丙戌 5	10乙卯 4	10乙酉 3	10甲寅①	10甲申 1	11甲寅31	11甲申30	11癸丑㉙	11癸未28
11己丑 8	11戊午 9	11戊子 8	11丁巳 7	11丁亥 6	11丙辰 5	11丙戌④	11乙卯 2	11乙酉 2	《11月》	《12月》	12甲寅30	12甲申29
12庚寅 9	12己未⑩	12己丑 9	12戊午 8	12戊子 7	12丁巳 6	12丁亥 5	12丙辰 3	12丙戌 3	12乙卯 1	12乙酉①	13乙卯31	13乙酉30
13辛卯⑩	13庚申11	13庚寅10	13己未 9	13己丑 8	13戊午⑦	13戊子 6	13丁巳 4	13丁亥 4	13丙辰 2	13丙戌 2	660年	14丙戌31
14壬辰11	14辛酉12	14辛卯11	14庚申10	14庚寅⑨	14己未 8	14己丑 7	14戊午 5	14戊子 5	14丁巳③	14丁亥 3	《1月》	《2月》
15癸巳12	15壬戌13	15壬辰12	15辛酉11	15辛卯10	15庚申 9	15庚寅 8	15己未 6	15己丑⑥	15戊午 4	15戊子 4	14丙辰 1	15丁亥 1
16甲午13	16癸亥14	16癸巳13	16壬戌⑫	16壬辰11	16辛酉10	16辛卯 9	16庚申 7	16庚寅 7	16己未 5	16己丑 5	15丁巳 2	16戊子②
17乙未14	17甲子15	17甲午⑭	17癸亥13	17癸巳12	17壬戌11	17壬辰10	17辛酉⑧	17辛卯 8	17庚申 6	17庚寅 6	16戊午 3	17己丑 3
18丙申15	18乙丑16	18乙未15	18甲子14	18甲午13	18癸亥12	18癸巳⑪	18壬戌 9	18壬辰 9	18辛酉 7	18辛卯 7	17己未 4	18庚寅 4
19丁酉16	19丙寅⑰	19丙申16	19乙丑15	19乙未14	19甲子13	19甲午12	19癸亥10	19癸巳10	19壬戌 8	19壬辰⑧	18庚申⑤	19辛卯 5
20戊戌⑰	20丁卯18	20丁酉17	20丙寅16	20丙申15	20乙丑⑭	20乙未13	20甲子11	20甲午11	20癸亥 9	20癸巳 9	19辛酉 6	20壬辰 6
21己亥18	21戊辰19	21戊戌18	21丁卯17	21丁酉⑯	21丙寅15	21丙申14	21乙丑12	21乙未12	21甲子⑩	21甲午10	20壬戌 7	21癸巳 7
22庚子19	22己巳20	22己亥19	22戊辰18	22戊戌17	22丁卯16	22丁酉15	22丙寅13	22丙申⑬	22乙丑11	22乙未11	21癸亥 8	22甲午 8
23辛丑20	23庚午21	23庚子20	23己巳⑲	23己亥18	23戊辰17	23戊戌16	23丁卯14	23丁酉14	23丙寅12	23丙申12	22甲子 9	23乙未⑨
24壬寅21	24辛未22	24辛丑㉑	24庚午20	24庚子19	24己巳18	24己亥17	24戊辰⑮	24戊戌15	24丁卯13	24丁酉13	23乙丑10	24丙申10
25癸卯22	25壬申23	25壬寅22	25辛未21	25辛丑20	25庚午19	25庚子⑱	25己巳16	25己亥16	25戊辰14	25戊戌14	24丙寅11	25丁酉11
26甲辰23	26癸酉㉔	26癸卯23	26壬申22	26壬寅21	26辛未20	26辛丑19	26庚午17	26庚子17	26己巳15	26己亥⑮	25丁卯⑫	26戊戌12
27乙巳㉔	27甲戌25	27甲辰24	27癸酉23	27癸卯22	27壬申㉑	27壬寅20	27辛未18	27辛丑18	27庚午16	27庚子16	26戊辰13	27己亥13
28丙午25	28乙亥26	28乙巳25	28甲戌24	28甲辰㉓	28癸酉22	28癸卯21	28壬申19	28壬寅19	28辛未⑰	28辛丑17	27己巳14	28庚子14
29丁未26	29丙子27	29丙午26	29乙亥25	29乙巳24	29甲戌23	29甲辰22	29癸酉20	29癸卯⑳	29壬申18	29壬寅18	28庚午15	29辛丑15
	30丁丑28		30丙子㉖		30乙亥24		30甲戌21		30癸酉19		29辛未16	
											30壬申17	
立春 6日 雨水 21日	啓蟄 7日 春分 22日	清明 7日 穀雨 23日	立夏 9日 小満 24日	芒種 9日 夏至 25日	小暑 11日 大暑 26日	立秋 11日 処暑 26日	白露 13日 秋分 28日	寒露 13日 霜降 28日	立冬 14日 小雪 30日	大雪15日	冬至 1日 小寒 16日	大寒 2日 立春 17日

斉明天皇6年（660－661） 庚申

1月	2月	3月	4月	5月	6月	7月	8月	9月	10月	11月	12月
1 壬寅⑯	1 壬申17	1 壬寅16	1 辛未15	1 辛丑⑭	1 庚午13	1 庚子12	1 己巳10	1 己亥10	1 戊辰⑧	1 戊戌 8	1 丁卯 6
2 癸卯17	2 癸酉18	2 癸卯17	2 壬申16	2 壬寅15	2 辛未14	2 辛丑13	2 庚午11	2 庚子⑪	2 己巳 9	2 己亥 9	2 戊辰 7
3 甲辰18	3 甲戌19	3 甲辰18	3 癸酉⑰	3 癸卯16	3 壬申15	3 壬寅14	3 辛未12	3 辛丑12	3 庚午10	3 庚子10	3 己巳 8
4 乙巳19	4 乙亥20	4 乙巳⑲	4 甲戌18	4 甲辰17	4 癸酉16	4 癸卯15	4 壬申⑬	4 壬寅13	4 辛未11	4 辛丑11	4 庚午 9
5 丙午20	5 丙子21	5 丙午20	5 乙亥19	5 乙巳18	5 甲戌17	5 甲辰⑯	5 癸酉14	5 癸卯14	5 壬申12	5 壬寅12	5 辛未⑩
6 丁未21	6 丁丑㉒	6 丁未21	6 丙子20	6 丙午19	6 乙亥18	6 乙巳17	6 甲戌15	6 甲辰15	6 癸酉13	6 癸卯⑬	6 壬申11
7 戊申22	7 戊寅23	7 戊申22	7 丁丑21	7 丁未20	7 丙子⑲	7 丙午18	7 乙亥16	7 乙巳16	7 甲戌14	7 甲辰14	7 癸酉12
8 己酉㉓	8 己卯24	8 己酉23	8 戊寅22	8 戊申㉑	8 丁丑20	8 丁未19	8 丙子17	8 丙午17	8 乙亥⑮	8 乙巳15	8 甲戌13
9 庚戌24	9 庚辰25	9 庚戌24	9 己卯23	9 己酉22	9 戊寅21	9 戊申20	9 丁丑18	9 丁未⑱	9 丙子16	9 丙午16	9 乙亥14
10辛亥25	10辛巳26	10辛亥25	10庚辰㉔	10庚戌23	10己卯22	10己酉21	10戊寅19	10戊申19	10丁丑17	10丁未17	10丙子15
11壬子26	11壬午27	11壬子㉖	11辛巳25	11辛亥24	11庚辰23	11庚戌22	11己卯⑳	11己酉20	11戊寅18	11戊申18	11丁丑16
12癸丑27	12癸未28	12癸丑27	12壬午26	12壬子25	12辛巳24	12辛亥㉓	12庚辰21	12庚戌21	12己卯19	12己酉19	12戊寅⑰
13甲寅28	13甲申㉙	13甲寅28	13癸未27	13癸丑26	13壬午25	13壬子24	13辛巳22	13辛亥22	13庚辰20	13庚戌⑳	13己卯18
14乙卯29	14乙酉30	14乙卯29	14甲申28	14甲寅27	14癸未㉖	14癸丑25	14壬午23	14壬子23	14辛巳21	14辛亥21	14庚辰19
《3月》	15丙戌31	15丙辰30	15乙酉29	15乙卯㉘	15甲申27	15甲寅26	15癸未24	15癸丑24	15壬午㉒	15壬子22	15辛巳20
15丙辰①	《4月》	《5月》	16丙戌30	16丙辰29	16乙酉28	16乙卯27	16甲申25	16甲寅㉕	16癸未23	16癸丑23	16壬午21
16丁巳 2	16丁亥 1	16丁巳 1	17丁亥㉛	17丁巳30	17丙戌29	17丙辰28	17乙酉26	17乙卯26	17甲申24	17甲寅24	17癸未22
17戊午 3	17戊子 2	17戊午 2	《6月》	《7月》	18丁亥30	18丁巳29	18丙戌㉗	18丙辰27	18乙酉25	18乙卯25	18甲申23
18己未 4	18己丑 3	18己未③	18戊子 1	18戊午 1	19戊子31	19戊午㉚	19丁亥28	19丁巳28	19丙戌26	19丙辰26	19乙酉㉔
19庚申 5	19庚寅 4	19庚申 4	19己丑 2	19己未 2	《8月》	20己未31	20戊子29	20戊午29	20丁亥27	20丁巳㉗	20丙戌25
20辛酉 6	20辛卯⑤	20辛酉 5	20庚寅 3	20庚申 3	20己丑 1	《9月》	21己丑30	21己未30	21戊子28	21戊午28	21丁亥26
21壬戌 7	21壬辰 6	21壬戌 6	21辛卯 4	21辛酉 4	21庚寅②	21庚申 1	《10月》	22庚申31	22己丑㉙	22己未29	22戊子27
22癸亥⑧	22癸巳 7	22癸亥 7	22壬辰 5	22壬戌⑤	22辛卯 3	22辛酉 2	22庚寅 1	《11月》	23庚寅30	23庚申30	23己丑28
23甲子 9	23甲午 8	23甲子 8	23癸巳 6	23癸亥 6	23壬辰 4	23壬戌 3	23辛卯 2	23辛酉①	《12月》	24辛酉31	24庚寅29
24乙丑10	24乙未 9	24乙丑 9	24甲午⑦	24甲子 7	24癸巳 5	24癸亥 4	24壬辰 3	24壬戌 2	24辛卯 1	661年	25辛卯30
25丙寅11	25丙申10	25丙寅⑩	25乙未 8	25乙丑 8	25甲午 6	25甲子 5	25癸巳④	25癸亥 3	25壬辰 2	《1月》	26壬辰㉛
26丁卯12	26丁酉11	26丁卯11	26丙申 9	26丙寅 9	26乙未 7	26乙丑⑥	26甲午 5	26甲子 4	26癸巳 3	25壬戌 1	《2月》
27戊辰13	27戊戌⑫	27戊辰12	27丁酉10	27丁卯10	27丙申 8	27丙寅 7	27乙未 6	27乙丑 5	27甲午 4	26癸亥 2	27癸巳 1
28己巳14	28己亥13	28己巳13	28戊戌11	28戊辰11	28丁酉⑨	28丁卯 8	28丙申 7	28丙寅 6	28乙未 5	27甲子③	28甲午 2
29庚午⑮	29庚子14	29庚午14	29己亥12	29己巳⑫	29戊戌10	29戊辰 9	29丁酉 8	29丁卯 7	29丙申⑥	28乙丑 4	29乙未 3
30辛未16	30辛丑15		30庚子13		30己亥11		30戊戌 9		30丁酉 7	29丙寅 5	30丙申 4
雨水 3日 啓蟄 18日	春分 3日 清明 19日	穀雨 4日 立夏 19日	小満 5日 芒種 21日	夏至 6日 小暑 21日	大暑 7日 立秋 22日	処暑 8日 白露 23日	秋分 9日 寒露 24日	霜降 10日 立冬 25日	小雪 11日 大雪 26日	冬至 11日 小寒 27日	大寒 13日 立春 28日

斉明天皇**7**年（661－662） 辛酉

1月	2月	3月	4月	5月	6月	7月	8月	9月	10月	11月	12月
1丁酉5	1丙寅6	1丙申5	**1**乙丑4	1乙未3	1甲子2	《8月》	1甲子31	1癸巳29	1癸亥29	1壬辰27	1壬戌27
2戊戌6	2丁卯⑦	2丁酉6	2丙寅5	**2**丙申4	2乙丑3	1甲午①	《9月》	2甲午30	2甲子30	2癸巳㉘	2癸亥28
3己亥⑦	3戊辰8	3戊戌7	3丁卯6	3丁酉5	**3**丙寅④	2乙未2	2乙丑1	《10月》	3乙丑㉛	3甲午29	3甲子29
4庚子8	4己巳9	4己亥8	4戊辰7	4戊戌⑥	4丁卯5	3丙申3	3丙寅2	3乙未1	《11月》	4乙未30	4乙丑30
5辛丑9	5庚午10	5庚子9	5己巳8	5己亥7	5戊辰6	**4**丁酉4	**4**丁卯3	4丙申2	4丙寅1	《12月》	5丙寅31
6壬寅10	6辛未11	6辛丑10	6庚午⑨	6庚子8	6己巳7	5戊戌5	5戊辰4	5丁酉③	5丁卯2	5丙申1	**662年**
7癸卯11	7壬申12	7壬寅⑪	7辛未10	7辛丑9	7庚午8	6己亥6	6己巳⑤	**6**戊戌4	**6**戊辰3	6丁酉2	《1月》
8甲辰12	8癸酉13	8癸卯12	8壬申11	8壬寅10	8辛未9	7庚子7	7庚午6	7己亥5	7己巳4	**7**戊戌3	6丁卯1
9乙巳13	9甲戌⑭	9甲辰13	9癸酉12	9癸卯11	9壬申10	8辛丑⑧	8辛未7	8庚子6	8庚午5	8己亥4	7戊辰②
10丙午⑭	10乙亥15	10乙巳14	10甲戌13	10甲辰12	10癸酉⑪	9壬寅9	9壬申8	9辛丑7	9辛未6	9庚子⑤	**8**己巳3
11丁未15	11丙子16	11丙午15	11乙亥14	11乙巳⑬	11甲戌12	10癸卯10	10癸酉9	10壬寅8	10壬申⑦	10辛丑6	9庚午4
12戊申16	12丁丑17	12丁未16	12丙子15	12丙午14	12乙亥13	11甲辰11	11甲戌10	11癸卯9	11癸酉8	11壬寅7	10辛未5
13己酉17	13戊寅18	13戊申17	13丁丑⑯	13丁未15	13丙子14	12乙巳12	12乙亥11	12甲辰⑩	12甲戌9	12癸卯8	11壬申6
14庚戌18	14己卯19	14己酉⑱	14戊寅17	14戊申16	14丁丑15	13丙午13	13丙子⑫	13乙巳11	13乙亥10	13甲辰9	12癸酉7
15辛亥19	**15**庚辰20	**15**庚戌19	15己卯18	15己酉17	15戊寅16	14丁未14	14丁丑13	14丙午12	14丙子11	14乙巳10	13甲戌8
16壬子20	16辛巳㉑	16辛亥20	16庚辰19	16庚戌18	16己卯17	15戊申⑮	15戊寅14	15丁未13	15丁丑12	15丙午11	14乙亥⑨
17癸丑㉑	17壬午22	17壬子21	**17**辛巳20	**17**辛亥19	17庚辰⑱	16己酉16	16己卯15	16戊申14	16戊寅13	16丁未⑫	15丙子10
18甲寅22	18癸未23	18癸丑22	18壬午21	18壬子⑳	**18**辛巳19	17庚戌17	17庚辰16	17己酉15	17己卯⑭	17戊申13	16丁丑11
19乙卯23	19甲申24	19甲寅23	19癸未22	19癸丑21	19壬午20	18辛亥18	18辛巳17	18庚戌16	18庚辰15	18己酉14	17戊寅12
20丙辰24	20乙酉25	20乙卯24	20甲申㉓	20甲寅22	20癸未21	**19**壬子19	**19**壬午18	19辛亥⑰	19辛巳16	19庚戌15	18己卯13
21丁巳25	21丙戌26	21丙辰㉕	21乙酉24	21乙卯23	21甲申22	20癸丑20	20癸未⑲	20壬子18	20壬午17	20辛亥16	19庚辰14
22戊午26	22丁亥27	22丁巳26	22丙戌25	22丙辰24	22乙酉23	21甲寅21	21甲申20	**21**癸丑19	**21**癸未18	21壬子17	20辛巳15
23己未27	23戊子㉘	23戊午27	23丁亥26	23丁巳25	23丙戌24	22乙卯㉒	22乙酉21	22甲寅20	22甲申19	22癸丑18	21壬午⑯
24庚申㉘	24己丑29	24己未28	24戊子27	24戊午26	24丁亥㉕	23丙辰23	23丙戌22	23乙卯21	23乙酉20	**23**甲寅⑲	22癸未17
《3月》	25庚寅30	25庚申29	25己丑28	25己未㉗	25戊子26	24丁巳24	24丁亥23	24丙辰22	24丙戌㉑	24乙卯20	**23**甲申18
25辛酉1	26辛卯31	26辛酉30	26庚寅29	26庚申28	26己丑27	25戊午25	25戊子24	25丁巳23	25丁亥22	25丙辰21	24乙酉19
26壬戌2	《4月》	《5月》	27辛卯㉚	27辛酉29	27庚寅28	26己未26	26己丑25	26戊午㉔	26戊子23	26丁巳22	25丙戌20
27癸亥3	27壬辰1	27壬戌1	28壬辰31	28壬戌30	28辛卯29	27庚申27	27庚寅㉖	27己未25	27己丑24	27戊午23	26丁亥21
28甲子4	28癸巳2	28癸亥②	《6月》	《7月》	29壬辰30	28辛酉28	28辛卯27	28庚申26	28庚寅25	28己未24	27戊子22
29乙丑5	29甲午3	29甲子3	29癸巳1	29癸亥1	30癸巳31	29壬戌㉙	29壬辰28	29辛酉27	29辛卯26	29庚申25	28己丑㉓
	30乙未④		30甲午2			30癸亥30		30壬戌28		30辛酉㉖	29庚寅24

1月	2月	3月	4月	5月	6月	7月	8月	9月	10月	11月	12月
雨水 13日	春分 15日	穀雨 15日	立夏 1日	芒種 2日	小暑 3日	立秋 4日	白露 4日	寒露 6日	立冬 6日	大雪 7日	小寒 8日
啓蟄 28日	清明 30日		小満 17日	夏至 17日	大暑 18日	処暑 19日	秋分 19日	霜降 21日	小雪 21日	冬至 23日	大寒 23日

天智天皇元年（662－663） 壬戌

1月	2月	3月	4月	5月	6月	7月	閏7月	8月	9月	10月	11月	12月
1辛卯25	1辛酉24	1庚寅25	1庚申㉔	1己丑23	1己未22	1戊子21	1戊午20	1丁亥⑱	1丁巳18	1丁亥17	1丙辰16	1丙戌⑮
2壬辰26	2壬戌25	2辛卯26	2辛酉25	2庚寅24	2庚申23	2己丑22	2己未㉑	**2**戊子19	**2**戊午19	**2**戊子18	2丁巳17	2丁亥16
3癸巳27	3癸亥26	3壬辰㉗	3壬戌26	3辛卯25	3辛酉24	3庚寅23	3庚申22	3己丑20	3己未20	3己丑19	3戊午⑱	3戊子17
4甲午28	4甲子㉗	4癸巳28	4癸亥27	4壬辰26	4壬戌25	4辛卯㉔	4辛酉23	4庚寅21	4庚申21	4庚寅⑳	**4**己未19	**4**己丑18
5乙未29	5乙丑28	5甲午29	5甲子28	5癸巳27	5癸亥㉖	5壬辰25	5壬戌24	5辛卯22	5辛酉22	5辛卯21	5庚申20	5庚寅19
6丙申㉚	《3月》	6乙未30	6乙丑29	6甲午28	6甲子27	6癸巳26	6癸亥25	6壬辰23	6壬戌㉓	6壬辰22	6辛酉21	6辛卯20
7丁酉31	6丙寅1	7丙申31	7丙寅30	7乙未㉙	7乙丑28	7甲午27	7甲子26	7癸巳24	7癸亥24	7癸巳23	7壬戌22	7壬辰21
《2月》	7丁卯2	《4月》	《5月》	8丙申30	8丙寅29	8乙未28	8乙丑27	8甲午㉕	8甲子25	8甲午24	8癸亥23	8癸巳㉒
8戊戌1	8戊辰3	8丁酉1	8丁卯①	9丁酉31	9丁卯30	9丙申29	9丙寅㉘	9乙未26	9乙丑26	9乙未25	9甲子24	9甲午23
9己亥2	9己巳4	9戊戌2	9戊辰2	《6月》	《7月》	10丁酉30	10丁卯29	10丙申27	10丙寅27	10丙申26	10乙丑㉕	10乙未24
10庚子3	**10**庚午5	10己亥③	10己巳3	10戊戌1	10戊辰1	11戊戌㉛	11戊辰30	11丁酉28	11丁卯28	11丁酉㉗	11丙寅26	11丙申25
11辛丑4	11辛未⑥	**11**庚子4	11庚午4	11己亥2	11己巳2	《8月》	12己巳31	12戊戌29	12戊辰29	12戊戌28	12丁卯27	12丁酉26
12壬寅5	12壬申7	12辛丑5	**12**辛未5	12庚子3	12庚午③	12己亥1	《9月》	13己亥30	13己巳㉚	13己亥29	13戊辰28	13戊戌27
13癸卯⑥	13癸酉8	13壬寅6	13壬申6	**13**辛丑4	**13**辛未4	13庚子2	13庚午1	《10月》	14庚午31	14庚子30	14己巳29	14己亥28
14甲辰7	14甲戌9	14癸卯7	14癸酉7	14壬寅⑤	14壬申5	14辛丑3	14辛未2	14庚子1	《11月》	《12月》	15庚午30	15庚子㉙
15乙巳8	15乙亥10	15甲辰8	15甲戌⑧	15癸卯6	15癸酉6	**15**壬寅4	**15**壬申3	15辛丑②	15辛未1	15辛丑1	16辛未31	16辛丑30
16丙午9	16丙子11	16乙巳9	16乙亥9	16甲辰7	16甲戌7	16癸卯5	16癸酉④	16壬寅3	16壬申2	16壬寅2	**663年**	17壬寅31
17丁未10	17丁丑12	17丙午⑩	17丙子10	17乙巳8	17乙亥8	17甲辰6	17甲戌5	**17**癸卯4	**17**癸酉3	17癸卯3	《1月》	《2月》
18戊申11	18戊寅⑬	18丁未11	18丁丑11	18丙午9	18丙子9	18乙巳⑦	18乙亥6	18甲辰5	18甲戌4	**18**甲辰④	17壬申①	18癸卯1
19己酉12	19己卯14	19戊申12	19戊寅12	19丁未10	19丁丑⑩	19丙午8	19丙子7	19乙巳6	19乙亥5	19乙巳5	18癸酉2	19甲辰2
20庚戌⑬	20庚辰15	20己酉13	20己卯13	20戊申11	20戊寅11	20丁未9	20丁丑8	20丙午7	20丙子⑥	20丙午6	**19**甲戌3	**20**乙巳3
21辛亥14	21辛巳16	21庚戌14	21庚辰14	21己酉⑫	21己卯12	21戊申10	21戊寅9	21丁未8	21丁丑7	21丁未7	20乙亥4	21丙午4
22壬子15	22壬午17	22辛亥15	22辛巳⑮	22庚戌13	22庚辰13	22己酉11	22己卯10	22戊申⑨	22戊寅8	22戊申8	21丙子5	22丁未⑤
23癸丑16	23癸未18	23壬子16	23壬午16	23辛亥14	23辛巳14	23庚戌12	23庚辰⑪	23己酉10	23己卯9	23己酉9	22丁丑6	23戊申6
24甲寅17	24甲申19	24癸丑⑰	24癸未17	24壬子15	24壬午15	24辛亥13	24辛巳12	24庚戌11	24庚辰10	24庚戌10	23戊寅7	24己酉7
25乙卯18	**25**乙酉⑳	25甲寅18	25甲申18	25癸丑16	25癸未16	25壬子⑭	25壬午13	25辛亥12	25辛巳11	25辛亥⑪	24己卯⑧	25庚戌8
26丙辰19	26丙戌21	**26**乙卯19	26乙酉19	26甲寅17	26甲申⑰	26癸丑15	26癸未14	26壬子13	26壬午12	26壬子12	25庚辰9	26辛亥9
27丁巳⑳	27丁亥22	27丙辰20	**27**丙戌20	27乙卯18	27乙酉18	27甲寅16	27甲申15	27癸丑14	27癸未⑬	27癸丑13	26辛巳10	27壬子10
28戊午21	28戊子23	28丁巳21	28丁亥21	**28**丙辰⑲	28丙戌19	28乙卯17	28乙酉16	28甲寅15	28甲申14	28甲寅14	27壬午11	28癸丑11
29己未22	29己丑24	29戊午22	29戊子㉒	29丁巳20	**29**丁亥20	29丙辰18	29丙戌17	29乙卯⑯	29乙酉15	29乙卯15	28癸未12	29甲寅⑫
30庚申23		30己未23		30戊午21		**30**丁巳19		30丙辰17	30丙戌16		29甲申13	
											30乙酉14	

1月	2月	3月	4月	5月	6月	7月	閏7月	8月	9月	10月	11月	12月
立春 9日	啓蟄 10日	清明 11日	立夏 12日	芒種 13日	小暑 13日	立秋 15日	白露15日	秋分 2日	霜降 2日	小雪 2日	冬至 4日	大寒 4日
雨水 25日	春分 25日	穀雨 26日	小満 27日	夏至 28日	大暑 29日	処暑 30日		寒露 17日	立冬 17日	大雪 18日	小寒 19日	立春 20日

天智天皇**2**年（663－664） 癸亥

1月	2月	3月	4月	5月	6月	7月	8月	9月	10月	11月	12月
1 乙卯13	1 乙酉15	1 甲寅13	1 甲申13	1 癸丑⑪	1 癸未11	1 壬子 9	1 壬午 8	1 辛亥 7	1 辛巳 6	1 庚戌 5	1 庚辰 4
2 丙辰14	2 丙戌16	2 乙卯14	2 乙酉⑭	2 甲寅12	2 甲申12	2 癸丑10	2 癸未 9	2 壬子⑧	2 壬午 7	2 辛亥 6	2 辛巳 5
3 丁巳15	3 丁亥17	3 丙辰15	3 丙戌15	3 乙卯13	3 乙酉13	3 甲寅11	3 甲申⑩	3 癸丑 9	3 癸未 8	3 壬子 7	3 壬午 6
4 戊午16	4 戊子18	4 丁巳⑯	4 丁亥16	4 丙辰14	4 丙戌14	4 乙卯12	4 乙酉11	4 甲寅10	4 甲申 9	4 癸丑 8	4 癸未⑦
5 己未17	5 己丑⑲	5 戊午17	5 戊子17	5 丁巳15	5 丁亥15	5 丙辰⑬	5 丙戌12	5 乙卯11	5 乙酉10	5 甲寅 9	5 甲申 8
6 庚申18	**6** 庚寅20	6 己未18	6 己丑18	6 戊午16	6 戊子⑯	6 丁巳14	6 丁亥13	6 丙辰12	6 丙戌11	6 乙卯⑩	6 乙酉 9
7 辛酉⑲	7 辛卯21	7 庚申19	7 庚寅19	7 己未17	7 己丑17	7 戊午15	7 戊子14	7 丁巳13	7 丁亥⑫	7 丙辰11	7 丙戌10
8 壬戌20	8 壬辰22	**8** 辛酉20	**8** 辛卯20	8 庚申⑱	8 庚寅18	8 己未16	8 己丑15	8 戊午14	8 戊子13	8 丁巳12	8 丁亥11
9 癸亥21	9 癸巳23	9 壬戌21	9 壬辰㉑	9 辛酉19	9 辛卯19	9 庚申17	9 庚寅16	9 己未⑮	9 己丑14	9 戊午13	9 戊子12
10 甲子22	10 甲午24	10 癸亥22	10 癸巳22	**10** 壬戌20	**10** 壬辰20	10 辛酉18	10 辛卯⑰	10 庚申16	10 庚寅15	10 己未14	10 己丑13
11 乙丑23	11 乙未25	11 甲子㉓	11 甲午23	11 癸亥21	11 癸巳21	**11** 壬戌19	11 壬辰18	11 辛酉17	11 辛卯16	11 庚申15	11 庚寅⑭
12 丙寅24	12 丙申㉖	12 乙丑24	12 乙未24	12 甲子22	12 甲午22	12 癸亥⑳	**12** 癸巳19	12 壬戌18	12 壬辰17	12 辛酉16	12 辛卯15
13 丁卯25	13 丁酉27	13 丙寅25	13 丙申25	13 乙丑23	13 乙未㉓	13 甲子21	13 甲午20	**13** 癸亥19	13 癸巳18	13 壬戌⑰	13 壬辰16
14 戊辰㉖	14 戊戌28	14 丁卯26	14 丁酉26	14 丙寅24	14 丙申24	14 乙丑22	14 乙未21	14 甲子20	**14** 甲午⑲	14 癸亥18	14 癸巳17
15 己巳27	15 己亥29	15 戊辰27	15 戊戌27	15 丁卯㉕	15 丁酉25	15 丙寅23	15 丙申22	15 乙丑21	15 乙未20	**15** 甲子19	15 甲午18
16 庚午28	16 庚子30	16 己巳28	16 己亥㉘	16 戊辰26	16 戊戌26	16 丁卯24	16 丁酉23	16 丙寅㉒	16 丙申21	16 乙丑20	**16** 乙未19
《3月》	17 辛丑31	17 庚午29	17 庚子29	17 己巳27	17 己亥27	17 戊辰25	17 戊戌㉔	17 丁卯23	17 丁酉22	17 丙寅21	17 丙申20
17 辛未 1	《4月》	18 辛未㉚	18 辛丑30	18 庚午28	18 庚子28	18 己巳26	18 己亥25	18 戊辰24	18 戊戌23	18 丁卯22	18 丁酉㉑
18 壬申 2	18 壬寅 1	《5月》	19 壬寅31	19 辛未29	19 辛丑29	19 庚午㉗	19 庚子26	19 己巳25	19 己亥24	19 戊辰23	19 戊戌22
19 癸酉 3	19 癸卯②	19 壬申 1	《6月》	20 壬申30	20 壬寅㉚	20 辛未28	20 辛丑27	20 庚午26	20 庚子25	20 己巳㉔	20 己亥23
20 甲戌 4	20 甲辰 3	20 癸酉 2	20 癸卯 1	《7月》	21 癸卯31	21 壬申29	21 壬寅28	21 辛未27	21 辛丑㉖	21 庚午25	21 庚子24
21 乙亥⑤	**21** 乙巳 4	21 甲戌 3	21 甲辰 2	21 癸酉 1	《8月》	22 癸酉30	22 癸卯29	22 壬申28	22 壬寅27	22 辛未26	22 辛丑25
22 丙子 6	22 丙午 5	22 乙亥 4	22 乙巳 3	22 甲戌②	22 甲辰 1	23 甲戌31	23 甲辰30	23 癸酉㉙	23 癸卯28	23 壬申27	23 壬寅26
23 丁丑 7	23 丁未 6	**23** 丙子 5	**23** 丙午④	23 乙亥 3	23 乙巳 2	《9月》	《10月》	24 甲戌30	24 甲辰29	24 癸酉28	24 癸卯27
24 戊寅 8	24 戊申 7	24 丁丑 6	24 丁未 5	24 丙子 4	24 丙午 3	24 乙亥 1	24 乙巳①	25 乙亥31	25 乙巳30	25 甲戌29	25 甲辰㉘
25 己卯 9	25 己酉 8	25 戊寅⑦	25 戊申 6	**25** 丁丑 5	**25** 丁未 4	25 丙子 2	25 丙午 2	《11月》	《12月》	26 乙亥30	26 乙巳29
26 庚辰10	26 庚戌⑨	26 己卯 8	26 己酉 7	26 戊寅 6	26 戊申 5	26 丁丑③	26 丁未 3	26 丙子 1	26 丙午 1	27 丙子㉛	27 丙午30
27 辛巳11	27 辛亥10	27 庚辰 9	27 庚戌 8	27 己卯 7	27 己酉⑥	**27** 戊寅 4	**27** 戊申 4	27 丁丑 2	27 丁未 2	**664年**	28 丁未31
28 壬午⑫	28 壬子11	28 辛巳10	28 辛亥 9	28 庚辰 8	28 庚戌 7	28 己卯 5	28 己酉 5	**28** 戊寅 3	28 戊申③	《1月》	《2月》
29 癸未13	29 癸丑12	29 壬午11	29 壬子10	29 辛巳⑨	29 辛亥 8	29 庚辰 6	29 庚戌 6	29 己卯 4	**29** 己酉 4	28 丁丑 1	29 戊申 1
30 甲申14		30 癸未12		30 壬午10		30 辛巳 7		30 庚辰⑤		29 戊寅 2	
										30 己卯 3	
雨水 6日 啓蟄 21日	春分 6日 清明 21日	穀雨 8日 立夏 23日	小満 8日 芒種 23日	夏至 10日 小暑 25日	大暑 10日 立秋 25日	処暑 11日 白露 27日	秋分 12日 寒露 27日	霜降 13日 立冬 28日	小雪 14日 大雪 29日	冬至 15日 小寒 30日	大寒 16日

天智天皇**3**年（664－665） 甲子

1月	2月	3月	4月	5月	6月	7月	8月	9月	10月	11月	12月
1 己酉 2	1 己卯③	1 己酉 2	《5月》	1 戊申31	1 丁丑29	1 丁未29	1 丙子27	1 丙午26	1 乙亥25	1 乙巳㉔	1 甲戌23
2 庚戌 3	**2** 庚辰 4	2 庚戌 3	1 戊寅 1	《6月》	2 戊寅㉚	2 戊申30	2 丁丑28	2 丁未27	2 丙子26	2 丙午25	2 乙亥24
3 辛亥④	3 辛巳 5	**3** 辛亥 4	2 己卯 2	2 己酉 1	《7月》	3 己酉31	3 戊寅29	3 戊申28	3 丁丑㉗	3 丁未26	3 丙子25
4 壬子 5	4 壬午 6	4 壬子 5	3 庚辰 3	3 庚戌②	3 己卯 1	《8月》	4 己卯30	4 己酉㉙	4 戊寅28	4 戊申27	4 丁丑26
5 癸丑 6	5 癸未 7	5 癸丑 6	**4** 辛巳 4	4 辛亥 3	4 庚辰 2	4 庚戌 1	5 庚辰31	5 庚戌30	5 己卯29	5 己酉28	5 戊寅27
6 甲寅 7	6 甲申 8	6 甲寅⑦	5 壬午⑤	**5** 壬子 4	5 辛巳 3	5 辛亥 2	《9月》	《10月》	6 庚辰30	6 庚戌29	6 己卯28
7 乙卯 8	7 乙酉 9	7 乙卯 8	6 癸未 6	6 癸丑 5	**6** 壬午 4	**6** 壬子 3	6 辛巳①	6 辛亥 1	7 辛巳31	7 辛亥30	7 庚辰㉙
8 丙辰 9	8 丙戌⑩	8 丙辰 9	7 甲申 7	7 甲寅 6	7 癸未 5	7 癸丑④	7 壬午 2	7 壬子 2	《11月》	《12月》	8 辛巳30
9 丁巳10	9 丁亥11	9 丁巳10	8 乙酉 8	8 乙卯 7	8 甲申 6	8 甲寅 5	**8** 癸未 3	**8** 癸丑 3	8 壬午 1	8 壬子①	9 壬午31
10 戊午⑪	10 戊子12	10 戊午11	9 丙戌 9	9 丙辰 8	9 乙酉⑦	9 乙卯 6	9 甲申 4	9 甲寅 4	9 癸未 2	9 癸丑 2	**665年**
11 己未12	11 己丑13	11 己未12	10 丁亥10	10 丁巳⑨	10 丙戌 8	10 丙辰 7	10 乙酉 5	10 乙卯 5	**10** 甲申③	**10** 甲寅 3	《1月》
12 庚申13	12 庚寅14	12 庚申13	11 戊子11	11 戊午10	11 丁亥 9	11 丁巳 8	11 丙戌 6	11 丙辰⑥	11 乙酉 4	11 乙卯 4	10 癸未 1
13 辛酉14	13 辛卯15	13 辛酉⑭	12 己丑⑫	12 己未11	12 戊子10	12 戊午 9	12 丁亥 7	12 丁巳 7	12 丙戌 5	12 丙辰 5	11 甲申 2
14 壬戌15	14 壬辰16	14 壬戌15	13 庚寅13	13 庚申12	13 己丑11	13 己未10	13 戊子⑧	13 戊午 8	13 丁亥 6	13 丁巳 6	**12** 乙酉 3
15 癸亥16	15 癸巳⑰	15 癸亥16	14 辛卯14	14 辛酉13	14 庚寅12	14 庚申⑪	14 己丑 9	14 己未 9	14 戊子 7	14 戊午 7	13 丙戌 4
16 甲子17	16 甲午18	16 甲子17	15 壬辰15	15 壬戌14	15 辛卯13	15 辛酉12	15 庚寅10	15 庚申10	15 己丑 8	15 己未⑧	14 丁亥⑤
17 乙丑⑱	**17** 乙未19	17 乙丑18	16 癸巳16	16 癸亥15	16 壬辰⑭	16 壬戌13	16 辛卯11	16 辛酉11	16 庚寅 9	16 庚申 9	15 戊子 6
18 丙寅19	18 丙申20	**18** 丙寅19	17 甲午17	17 甲子⑯	17 癸巳15	17 癸亥14	17 壬辰12	17 壬戌12	17 辛卯⑩	17 辛酉10	16 己丑 7
19 丁卯20	19 丁酉21	19 丁卯20	18 乙未18	18 乙丑17	18 甲午16	18 甲子15	18 癸巳13	18 癸亥⑬	18 壬辰11	18 壬戌11	17 庚寅 8
20 戊辰21	20 戊戌22	20 戊辰㉑	**19** 丙申⑲	19 丙寅18	19 乙未17	19 乙丑16	19 甲午14	19 甲子14	19 癸巳12	19 癸亥12	18 辛卯 9
21 己巳22	21 己亥23	21 己巳22	20 丁酉20	**20** 丁卯19	20 丙申18	20 丙寅17	20 乙未⑮	20 乙丑15	20 甲午13	20 甲子13	19 壬辰10
22 庚午23	22 庚子㉔	22 庚午23	21 戊戌21	21 戊辰20	**21** 丁酉19	21 丁卯⑱	21 丙申16	21 丙寅16	21 乙未14	21 乙丑14	20 癸巳11
23 辛未24	23 辛丑25	23 辛未24	22 己亥22	22 己巳21	22 戊戌20	**22** 戊辰19	22 丁酉17	22 丁卯17	22 丙申15	22 丙寅⑮	21 甲午⑫
24 壬申㉕	24 壬寅26	24 壬申25	23 庚子23	23 庚午22	23 己亥㉑	23 己巳20	**23** 戊戌18	23 戊辰18	23 丁酉16	23 丁卯16	22 乙未13
25 癸酉26	25 癸卯27	25 癸酉26	24 辛丑24	24 辛未㉓	24 庚子22	24 庚午21	24 己亥19	**24** 己巳19	24 戊戌⑰	24 戊辰17	23 丙申14
26 甲戌27	26 甲辰28	26 甲戌27	25 壬寅25	25 壬申24	25 辛丑23	25 辛未22	25 庚子20	25 庚午⑳	**25** 己亥18	**25** 己巳18	24 丁酉15
27 乙亥28	27 乙巳29	27 乙亥㉘	26 癸卯㉖	26 癸酉25	26 壬寅24	26 壬申23	26 辛丑21	26 辛未21	26 庚子19	26 庚午19	25 戊戌16
28 丙子29	28 丙午30	28 丙子29	27 甲辰27	27 甲戌26	27 癸卯25	27 癸酉24	27 壬寅㉒	27 壬申22	27 辛丑20	27 辛未20	26 己亥17
《3月》	29 丁未㉛	29 丁丑30	28 乙巳28	28 乙亥27	28 甲辰26	28 甲戌㉕	28 癸卯23	28 癸酉23	28 壬寅21	28 壬申21	**27** 庚子18
29 丁丑 1	《4月》		29 丙午29	29 丙子28	29 乙巳27	29 乙亥26	29 甲辰24	29 甲戌24	29 癸卯22	29 癸酉㉒	28 辛丑⑲
30 戊寅 2	30 戊申 1		30 丁未30		30 丙午㉘		30 乙巳25		30 甲辰23		29 壬寅20
											30 癸卯21
立春 2日 雨水 17日	啓蟄 2日 春分 17日	清明 3日 穀雨 18日	立夏 4日 小満 19日	芒種 5日 夏至 20日	小暑 6日 大暑 21日	立秋 6日 処暑 22日	白露 8日 秋分 23日	寒露 8日 霜降 24日	立冬 10日 小雪 25日	大雪 10日 冬至 25日	小寒 12日 大寒 27日

天智天皇**4**年（665－666） 乙丑

1月	2月	3月	閏3月	4月	5月	6月	7月	8月	9月	10月	11月	12月
1甲辰22	1癸酉20	1癸卯22	1壬申⑳	**1**壬寅20	1辛未18	1辛丑18	1辛未⑰	1庚子15	1庚午15	1己亥13	1己巳13	1戊戌⑪
2乙巳23	2甲戌21	2甲辰㉓	2癸酉21	2癸卯21	**2**壬申19	**2**壬寅19	2壬申18	2辛丑16	2辛未16	2庚子14	2庚午⑭	2己亥12
3丙午24	3乙亥22	3乙巳24	3甲戌22	3甲辰22	3癸酉20	3癸卯⑳	**3**癸酉19	3壬寅17	3壬申17	3辛丑15	3辛未15	3庚子13
4丁未25	4丙子㉓	4丙午25	4乙亥23	4乙巳23	4甲戌21	4甲辰21	4甲戌20	**4**癸卯18	4癸酉18	4壬寅⑯	4壬申16	4辛丑14
5戊申㉖	5丁丑24	5丁未26	5丙子24	5丙午24	5乙亥㉒	5乙巳22	5乙亥21	5甲辰19	**5**甲戌⑲	5癸卯17	5癸酉17	5壬寅15
6己酉27	6戊寅25	6戊申27	6丁丑25	6丁未㉕	6丙子23	6丙午23	6丙子22	6乙巳20	6乙亥20	**6**甲辰18	6甲戌18	6癸卯16
7庚戌28	7己卯26	7己酉28	7戊寅26	7戊申26	7丁丑24	7丁未24	7丁丑23	7丙午㉑	7丙子21	7乙巳19	**7**乙亥19	7甲辰17
8辛亥29	8庚辰27	8庚戌29	8己卯㉗	8己酉27	8戊寅25	8戊申25	8戊寅㉔	8丁未22	8丁丑22	8丙午20	8丙子20	**8**乙巳⑱
9壬子30	9辛巳28	9辛亥㉚	9庚辰28	9庚戌28	9己卯26	9己酉26	9己卯25	9戊申23	9戊寅23	9丁未21	9丁丑㉑	9丙午19
10癸丑31	《3月》	10壬子31	10辛巳29	10辛亥29	10庚辰27	10庚戌㉗	10庚辰26	10己酉24	10己卯24	10戊申22	10戊寅22	10丁未20
《2月》	10壬午 1	《4月》	11壬午30	11壬子30	11辛巳28	11辛亥28	11辛巳27	11庚戌25	11庚辰25	11己酉㉓	11己卯23	11戊申21
11甲寅 1	11癸未②	11癸丑 1	《5月》	12癸丑31	12壬午㉙	12壬子29	12壬午28	12辛亥26	12辛巳㉖	12庚戌24	12庚辰24	12己酉22
12乙卯②	12甲申 3	12甲寅 2	12癸未 1	《6月》	13癸未30	13癸丑30	13癸未29	13壬子27	13壬午27	13辛亥25	13辛巳25	13庚戌23
13丙辰 3	**13**乙酉 4	13乙卯 3	13甲申 2	13甲寅①	《7月》	14甲寅31	14甲申30	14癸丑㉘	14癸未28	14壬子26	14壬午26	14辛亥24
14丁巳 4	14丙戌 5	**14**丙辰 4	14乙酉 3	14乙卯 2	14甲申 1	《8月》	15乙酉㉛	15甲寅29	15甲申29	15癸丑27	15癸未27	15壬子㉕
15戊午 5	15丁亥 6	15丁巳 5	**15**丙戌④	15丙辰 3	15乙酉 2	15乙卯 1	《9月》	16乙卯30	16乙酉30	16甲寅28	16甲申㉘	16癸丑26
16己未 6	16戊子 7	16戊午⑥	16丁亥 5	**16**丁巳 4	16丙戌 3	16丙辰 2	16丙戌 1	《10月》	17丙戌31	17乙卯29	17乙酉29	17甲寅27
17庚申 7	17己丑 8	17己未 7	17戊子 6	17戊午 5	**17**丁亥 4	17丁巳③	17丁亥 2	17丙辰 1	《11月》	18丙辰㉚	18丙戌30	18乙卯28
18辛酉 8	18庚寅⑨	18庚申 8	18己丑 7	18己未 6	18戊子 5	**18**戊午 4	**18**戊子 3	18丁巳 2	18丁亥 1	《12月》	19丁亥31	19丙辰29
19壬戌⑨	19辛卯10	19辛酉 9	19庚寅 8	19庚申 7	19己丑⑥	19己未 5	19己丑 4	19戊午 3	19戊子②	19丁巳 1	**666**年	20丁巳30
20癸亥10	20壬辰11	20壬戌10	20辛卯 9	20辛酉⑧	20庚寅 7	20庚申 6	20庚寅 5	**20**己未 4	**20**己丑 3	20戊午 2	《1月》	21戊午31
21甲子11	21癸巳12	21癸亥11	21壬辰10	21壬戌 9	21辛卯 8	21辛酉 7	21辛卯 6	21庚申⑤	21庚寅 4	**21**己未 3	20戊子 1	《2月》
22乙丑12	22甲午13	22甲子12	22癸巳⑪	22癸亥10	22壬辰 9	22壬戌 8	22壬辰⑦	22辛酉 6	22辛卯 5	22庚申 4	21己丑 2	22己未①
23丙寅13	23乙未14	23乙丑⑬	23甲午12	23甲子11	23癸巳10	23癸亥 9	23癸巳 8	23壬戌 7	23壬辰 6	23辛酉 5	**22**庚寅 3	**23**庚申 2
24丁卯14	24丙申15	24丙寅14	24乙未13	24乙丑12	24甲午11	24甲子⑩	24甲午 9	24癸亥 8	24癸巳 7	24壬戌 6	23辛卯④	24辛酉 3
25戊辰15	25丁酉⑯	25丁卯15	25丙申14	25丙寅13	25乙未12	25乙丑11	25乙未10	25甲子 9	25甲午 8	25癸亥⑦	24壬辰 5	25壬戌 4
26己巳⑯	26戊戌17	26戊辰16	26丁酉15	26丁卯14	26丙申⑬	26丙寅12	26丙申11	26乙丑10	26乙未⑨	26甲子 8	25癸巳 6	26癸亥 5
27庚午17	27己亥18	27己巳17	27戊戌16	27戊辰⑮	27丁酉14	27丁卯13	27丁酉12	27丙寅11	27丙申10	27乙丑 9	26甲午 7	27甲子 6
28辛未18	28庚子19	28庚午18	28己亥17	28己巳16	28戊戌15	28戊辰14	28戊戌13	28丁卯⑫	28丁酉11	28丙寅10	27乙未 8	28乙丑 7
29壬申19	**29**辛丑20	**29**辛未19	29庚子⑱	29庚午17	29己亥16	29己巳15	29己亥⑭	29戊辰13	29戊戌12	29丁卯11	28丙申 9	29丙寅⑧
	30壬寅21		30辛丑19		30庚子17	30庚午16		30己巳14		30戊辰12	29丁酉10	30丁卯 9
立春 12日 雨水 27日	啓蟄 13日 春分 29日	清明 14日 穀雨 29日	立夏15日	小満 1日 芒種 16日	夏至 2日 小暑 17日	大暑 2日 立秋 18日	処暑 3日 白露 18日	秋分 4日 寒露 20日	霜降 5日 立冬 20日	小雪 6日 大雪 21日	冬至 7日 小寒 22日	大寒 8日 立春 23日

天智天皇**5**年（666－667） 丙寅

1月	2月	3月	4月	5月	6月	7月	8月	9月	10月	11月	12月
1戊辰10	1丁酉11	1丁卯10	1丙申 9	1丙寅 8	1乙未 7	1乙丑 6	1甲午 4	**1**甲子④	**1**甲午 3	1癸亥 2	**667**年
2己巳11	2戊戌12	2戊辰11	2丁酉⑩	2丁卯 9	2丙申 8	2丙寅 7	2乙未 5	2乙丑 5	2乙未 4	2甲子 3	《1月》
3庚午12	3己亥13	3己巳⑫	3戊戌11	3戊辰10	3丁酉 9	3丁卯 8	3丙申⑥	3丙寅 6	3丙申 5	**3**乙丑 4	1癸巳 1
4辛未13	4庚子14	4庚午13	4己亥12	4己巳11	4戊戌10	4戊辰⑨	4丁酉 7	4丁卯 7	4丁酉 6	4丙寅 5	2甲午 2
5壬申14	5辛丑⑮	5辛未14	5庚子13	5庚午12	5己亥11	5己巳10	5戊戌 8	5戊辰 8	5戊戌 7	5丁卯⑥	**3**乙未③
6癸酉⑮	6壬寅16	6壬申15	6辛丑14	6辛未13	6庚子⑫	6庚午11	6己亥 9	6己巳 9	6己亥⑧	6戊辰 7	4丙申 4
7甲戌16	7癸卯17	7癸酉16	7壬寅15	7壬申⑭	7辛丑13	7辛未12	7庚子10	7庚午10	7庚子 9	7己巳 8	5丁酉 5
8乙亥17	8甲辰18	8甲戌17	8癸卯16	8癸酉15	8壬寅14	8壬申13	8辛丑11	8辛未⑪	8辛丑10	8庚午 9	6戊戌 6
9丙子18	9乙巳19	9乙亥18	9甲辰⑰	9甲戌16	9癸卯15	9癸酉14	9壬寅12	9壬申12	9壬寅11	9辛未10	7己亥 7
10丁丑19	**10**丙午20	**10**丙子⑲	10乙巳18	10乙亥17	10甲辰16	10甲戌15	10癸卯⑬	10癸酉13	10癸卯12	10壬申11	8庚子 8
11戊寅20	11丁未21	11丁丑20	11丙午19	11丙子18	11乙巳17	11乙亥⑯	11甲辰14	11甲戌14	11甲辰13	11癸酉12	9辛丑 9
12己卯21	12戊申㉒	12戊寅21	**12**丁未20	**12**丁丑19	12丙午18	12丙子17	12乙巳15	12乙亥15	12乙巳14	12甲戌⑬	10壬寅⑩
13庚辰㉒	13己酉23	13己卯22	13戊申21	13戊寅20	13丁未⑲	13丁丑18	13丙午16	13丙子16	13丙午⑮	13乙亥14	11癸卯11
14辛巳23	14庚戌24	14庚辰23	14己酉22	14己卯㉑	**14**戊申20	**14**戊寅19	14丁未17	14丁丑17	14丁未16	14丙子15	12甲辰12
15壬午24	15辛亥25	15辛巳24	15庚戌23	15庚辰22	15己酉21	15己卯20	15戊申18	15戊寅⑱	15戊申17	15丁丑16	13乙巳13
16癸未25	16壬子26	16壬午25	16辛亥㉔	16辛巳23	16庚戌22	16庚辰21	**16**己酉19	**16**己卯19	**16**己酉18	16戊寅17	14丙午14
17甲申26	17癸丑27	17癸未㉖	17壬子25	17壬午24	17辛亥23	17辛巳22	17庚戌⑳	17庚辰20	17庚戌19	17己卯18	15丁未15
18乙酉27	18甲寅28	18甲申27	18癸丑26	18癸未25	18壬子24	18壬午㉓	18辛亥21	18辛巳21	18辛亥20	**18**庚辰19	16戊申16
19丙戌28	19乙卯㉙	19乙酉28	19甲寅27	19甲申26	19癸丑25	19癸未24	19壬子22	19壬午22	19壬子21	19辛巳⑳	17己酉⑰
《3月》	20丙辰30	20丙戌29	20乙卯28	20乙酉27	20甲寅㉖	20甲申25	20癸丑23	20癸未23	20癸丑㉒	20壬午21	**18**庚戌18
20丁亥①	21丁巳31	21丁亥30	21丙辰29	21丙戌㉘	21乙卯27	21乙酉26	21甲寅24	21甲申24	21甲寅23	21癸未22	19辛亥19
21戊子 2	《4月》	《5月》	22丁巳30	22丁亥29	22丙辰28	22丙戌27	22乙卯25	22乙酉㉕	22乙卯24	22甲申23	20壬子20
22己丑 3	22戊午 1	22戊子 1	23戊午㉛	23戊子30	23丁巳29	23丁亥28	23丙辰26	23丙戌26	23丙辰25	23乙酉24	21癸丑21
23庚寅 4	23己未 2	23己丑 2	《6月》	《7月》	24戊午30	24戊子29	24丁巳㉗	24丁亥27	24丁巳26	24丙戌25	22甲寅22
24辛卯 5	24庚申 3	24庚寅③	24己未 1	24己丑 1	25己未31	25己丑㉚	25戊午28	25戊子28	25戊午27	25丁亥26	23乙卯23
25壬辰 6	**25**辛酉 4	25辛卯 4	25庚申 2	25庚寅 2	《8月》	26庚寅31	26己未29	26己丑29	26己未28	26戊子㉗	24丙辰㉔
26癸巳 7	26壬戌⑤	**26**壬辰 5	26辛酉 3	26辛卯 3	26庚申 1	《9月》	27庚申30	27庚寅30	27庚申㉙	27己丑28	25丁巳25
27甲午⑧	27癸亥 6	27癸巳 6	**27**壬戌 4	**27**壬辰 4	27辛酉②	27辛卯 1	《10月》	28辛卯31	28辛酉30	28庚寅29	26戊午26
28乙未 9	28甲子 7	28甲午 7	28癸亥 5	28癸巳⑤	28壬戌 3	28壬辰 2	28辛酉 1	《11月》	《12月》	29辛卯30	27己未27
29丙申10	29乙丑 8	29乙未 8	29甲子 6	29甲午 6	**29**癸亥 4	**29**癸巳 3	29壬戌 2	29壬辰①	29壬戌 1	30壬辰31	28庚申28
	30丙寅 9		30乙丑⑦		30甲子 5		30癸亥 3	30癸巳 2			29辛酉29
雨水 9日 啓蟄 24日	春分 10日 清明 25日	穀雨 10日 立夏 26日	小満 12日 芒種 27日	夏至 12日 小暑 27日	大暑 14日 立秋 29日	処暑 14日 白露 29日	秋分 16日	寒露 1日 霜降 16日	立冬 1日 小雪 16日	大雪 3日 冬至 18日	小寒 3日 大寒 18日

天智天皇**6**年（667－668） 丁卯

1月	2月	3月	4月	5月	6月	7月	8月	9月	10月	11月	閏11月	12月
1 壬戌30	《3月》	1 辛酉30	1 辛卯29	1 庚申28	1 庚寅㉗	1 己未26	1 己丑25	1 戊午23	1 戊子23	1 丁巳㉑	1 丁亥21	**1** 丙辰19
2 癸亥㉛	1 壬辰 1	2 壬戌31	2 壬辰30	2 辛酉29	2 辛卯28	2 庚申27	2 庚寅26	2 己未24	2 己丑㉔	2 戊午22	2 戊子22	2 丁巳20
《2月》	2 癸巳 2	《4月》	《5月》	3 壬戌㉚	3 壬辰29	3 辛酉28	3 辛卯27	3 庚申25	3 庚寅25	3 己未23	3 己丑23	3 戊午21
3 甲子 1	3 甲午 3	3 癸亥 1	3 癸巳 1	4 癸亥31	4 癸巳30	4 壬戌29	4 壬辰28	4 辛酉㉖	4 辛卯26	4 庚申24	4 庚寅24	4 己未22
4 乙丑 2	4 乙未 4	4 甲子 2	4 甲午②	《6月》	《7月》	5 癸亥30	5 癸巳㉙	5 壬戌27	5 壬辰27	5 辛酉25	5 辛卯25	5 庚申㉓
5 丙寅 3	**5** 丙申 5	5 乙丑 3	5 乙未 3	5 甲子 1	5 甲午 1	6 甲子31	6 甲午30	6 癸亥28	6 癸巳28	6 壬戌26	6 壬辰㉖	6 辛酉24
6 丁卯 4	6 丁酉 6	**6** 丙寅④	6 丙申 4	6 乙丑 2	6 乙未 2	《8月》	7 乙未31	7 甲子29	7 甲午29	7 癸亥27	7 癸巳27	7 壬戌25
7 戊辰 5	7 戊戌⑦	7 丁卯 5	**7** 丁酉 5	7 丙寅 3	7 丙申 3	7 乙丑①	《9月》	8 乙丑30	8 乙未30	8 甲子㉘	8 甲午28	8 癸亥26
8 己巳 6	8 己亥 8	8 戊辰 6	8 戊戌 6	**8** 丁卯 4	8 丁酉④	8 丙寅 2	8 丙申 1	《10月》	9 丙申㉛	9 乙丑29	9 乙未29	9 甲子27
9 庚午⑦	9 庚子 9	9 己巳 7	9 己亥 7	9 戊辰 5	**9** 戊戌 5	9 丁卯 3	9 丁酉 2	9 丙寅 1	《11月》	10丙寅30	10丙申30	10乙丑28
10辛未 8	10辛丑10	10庚午 8	10庚子 8	10己巳⑥	10己亥 6	**10**戊辰 4	10戊戌 3	10丁卯 2	10丁酉 1	《12月》	11丁酉31	11丙寅29
11壬申 9	11壬寅11	11辛未 9	11辛丑⑨	11庚午 7	11庚子 7	11己巳 5	**11**己亥 4	11戊辰③	11戊戌 2	11丁卯 1	**668年**	12丁卯㉚
12癸酉10	12癸卯12	12壬申10	12壬寅10	12辛未 8	12辛丑 8	12庚午 6	12庚子⑤	**12**己巳 4	**12**己亥 3	12戊辰 2	《1月》	13戊辰31
13甲戌11	13甲辰13	13癸酉⑪	13癸卯11	13壬申 9	13壬寅 9	13辛未 7	13辛丑 6	13庚午 5	13庚子 4	13己巳 3	12戊戌 1	《2月》
14乙亥12	14乙巳⑭	14甲戌12	14甲辰12	14癸酉10	14癸卯10	14壬申⑧	14壬寅 7	14辛未 6	14辛丑 5	**14**庚午 4	13己亥②	14己巳 1
15丙子13	15丙午15	15乙亥13	15乙巳13	15甲戌11	15甲辰⑪	15癸酉 9	15癸卯 8	15壬申 7	15壬寅 6	15辛未⑤	**14**庚子 3	15庚午 2
16丁丑⑭	16丁未16	16丙子14	16丙午14	16乙亥12	16乙巳12	16甲戌10	16甲辰 9	16癸酉 8	16癸卯⑦	16壬申 6	15辛丑 4	**16**辛未 3
17戊寅15	17戊申17	17丁丑15	17丁未15	17丙子⑬	17丙午13	17乙亥11	17乙巳10	17甲戌 9	17甲辰 8	17癸酉 7	16壬寅 5	17壬申 4
18己卯16	18己酉18	18戊寅16	18戊申⑯	18丁丑14	18丁未14	18丙子12	18丙午11	18乙亥⑩	18乙巳 9	18甲戌 8	17癸卯 6	18癸酉 5
19庚辰17	19庚戌19	19己卯17	19己酉17	19戊寅15	19戊申15	19丁丑13	19丁未⑫	19丙子11	19丙午10	19乙亥 9	18甲辰 7	19甲戌⑥
20辛巳18	**20**辛亥20	20庚辰⑱	20庚戌18	20己卯16	20己酉16	20戊寅14	20戊申13	20丁丑12	20丁未11	20丙子10	19乙巳 8	20乙亥 7
21壬午19	21壬子㉑	21辛巳19	21辛亥19	21庚辰17	21庚戌17	21己卯⑮	21己酉14	21戊寅13	21戊申12	21丁丑11	20丙午⑨	21丙子 8
22癸未20	22癸丑22	**22**壬午20	**22**壬子20	22辛巳18	22辛亥⑱	22庚辰16	22庚戌15	22己卯14	22己酉13	22戊寅⑫	21丁未10	22丁丑 9
23甲申㉑	23甲寅23	23癸未21	23癸丑21	23壬午19	23壬子19	23辛巳17	23辛亥16	23庚辰15	23庚戌⑭	23己卯13	22戊申11	23戊寅10
24乙酉22	24乙卯24	24甲申22	24甲寅22	**24**癸未⑳	**24**癸丑20	24壬午18	24壬子17	24辛巳16	24辛亥15	24庚辰14	23己酉12	24己卯11
25丙戌23	25丙辰25	25乙酉23	25乙卯㉓	25甲申21	25甲寅21	**25**癸未19	25癸丑18	25壬午⑰	25壬子16	25辛巳15	24庚戌13	25庚辰12
26丁亥24	26丁巳26	26丙戌24	26丙辰24	26乙酉22	26乙卯22	26甲申20	**26**甲寅⑲	26癸未18	26癸丑17	26壬午16	25辛亥14	26辛巳⑬
27戊子25	27戊午27	27丁亥㉕	27丁巳25	27丙戌23	27丙辰23	27乙酉21	27乙卯20	**27**甲申19	27甲寅18	27癸未17	26壬子15	27壬午14
28己丑26	28己未㉘	28戊子26	28戊午26	28丁亥24	28丁巳24	28丙戌㉒	28丙辰21	28乙酉20	**28**乙卯19	28甲申18	27癸丑⑯	28癸未15
29庚寅27	29庚申29	29己丑27	29己未27	29戊子25	29戊午㉕	29丁亥23	29丁巳22	29丙戌21	29丙辰20	**29**乙酉⑲	28甲寅17	29甲申16
30辛卯㉘		30庚寅28		30己丑26		30戊子24		30丁亥22		30丙戌20	29乙卯18	30乙酉17
立春 5日 雨水 20日	啓蟄 5日 春分 20日	清明 6日 穀雨 22日	立夏 7日 小満 22日	芒種 8日 夏至 24日	小暑 9日 大暑 24日	立秋 10日 処暑 25日	白露 11日 秋分 26日	寒露 12日 霜降 27日	立冬 12日 小雪 28日	大雪 14日 冬至 29日	小寒14日	大寒 1日 立春 16日

天智天皇**7**年（668－669） 戊辰

1月	2月	3月	4月	5月	6月	7月	8月	9月	10月	11月	12月
1 丙戌18	**1** 丙辰⑲	1 乙酉17	1 乙卯17	1 甲申15	1 甲寅15	1 癸未⑬	1 癸丑12	1 壬午11	1 壬子10	1 辛巳 9	1 辛亥 8
2 丁亥19	2 丁巳20	2 丙戌18	2 丙辰18	2 乙酉16	2 乙卯⑯	2 甲申14	2 甲寅13	2 癸未12	2 癸丑11	2 壬午⑩	2 壬子 9
3 戊子⑳	3 戊午21	**3** 丁亥19	**3** 丁巳19	3 丙戌17	3 丙辰17	3 乙酉15	3 乙卯14	3 甲申13	3 甲寅⑫	3 癸未11	3 癸丑10
4 己丑21	4 己未22	4 戊子20	4 戊午20	4 丁亥⑱	4 丁巳18	4 丙戌16	4 丙辰15	4 乙酉14	4 乙卯13	4 甲申12	4 甲寅11
5 庚寅22	5 庚申23	5 己丑21	5 己未㉑	**5** 戊子19	**5** 戊午19	5 丁亥17	5 丁巳16	5 丙戌⑮	5 丙辰14	5 乙酉13	5 乙卯12
6 辛卯23	6 辛酉24	6 庚寅22	6 庚申22	6 己丑20	6 己未20	6 戊子18	6 戊午⑰	6 丁亥16	6 丁巳15	6 丙戌14	6 丙辰13
7 壬辰24	7 壬戌25	7 辛卯㉓	7 辛酉23	7 庚寅21	7 庚申21	**7** 己丑19	**7** 己未18	7 戊子17	7 戊午16	7 丁亥15	7 丁巳⑭
8 癸巳25	8 癸亥㉖	8 壬辰24	8 壬戌24	8 辛卯22	8 辛酉22	8 庚寅⑳	8 庚申19	**8** 己丑18	8 己未17	8 戊子16	8 戊午15
9 甲午26	9 甲子27	9 癸巳25	9 癸亥25	9 壬辰23	9 壬戌㉓	9 辛卯21	9 辛酉20	9 庚寅19	**9** 庚申18	9 己丑⑰	9 己未16
10乙未㉗	10乙丑28	10甲午26	10甲子26	10癸巳24	10癸亥24	10壬辰22	10壬戌21	10辛卯20	10辛酉⑲	**10**庚寅18	10庚申17
11丙申28	11丙寅29	11乙未27	11乙丑27	11甲午㉕	11甲子25	11癸巳23	11癸亥22	11壬辰21	11壬戌20	11辛卯19	**11**辛酉18
12丁酉29	12丁卯30	12丙申28	12丙寅㉘	12乙未26	12乙丑26	12甲午24	12甲子23	12癸巳㉒	12癸亥21	12壬辰20	12壬戌19
《3月》	13戊辰31	13丁酉29	13丁卯29	13丙申27	13丙寅27	13乙未25	13乙丑㉔	13甲午23	13甲子22	13癸巳21	13癸亥20
13戊戌 1	《4月》	14戊戌㉚	14戊辰30	14丁酉28	14丁卯28	14丙申26	14丙寅25	14乙未24	14乙丑23	14甲午22	14甲子㉑
14己亥 2	14己巳 1	《5月》	15己巳31	15戊戌29	15戊辰29	15丁酉㉗	15丁卯26	15丙申25	15丙寅24	15乙未23	15乙丑22
15庚子 3	15庚午②	15己亥 1	《6月》	16己亥30	16己巳㉚	16戊戌28	16戊辰27	16丁酉26	16丁卯25	16丙申㉔	16丙寅23
16辛丑 4	16辛未 3	16庚子 2	16庚午 1	《7月》	17庚午31	17己亥29	17己巳28	17戊戌27	17戊辰㉖	17丁酉25	17丁卯24
17壬寅⑤	**17**壬申 4	17辛丑 3	17辛未 2	17庚子 1	《8月》	18庚子30	18庚午29	18己亥28	18己巳27	18戊戌26	18戊辰25
18癸卯 6	18癸酉 5	**18**壬寅 4	18壬申 3	18辛丑②	18辛未 1	19辛丑31	19辛未30	19庚子㉙	19庚午28	19己亥27	19己巳26
19甲辰 7	19甲戌 6	19癸卯 5	**19**癸酉④	19壬寅 3	19壬申 2	《9月》	《10月》	20辛丑30	20辛未29	20庚子28	20庚午27
20乙巳 8	20乙亥 7	20甲辰 6	20甲戌 5	**20**癸卯 4	**20**癸酉 3	20壬寅 1	20壬申①	21壬寅31	21壬申30	21辛丑29	21辛未㉘
21丙午 9	21丙子 8	21乙巳⑦	21乙亥 6	21甲辰 5	21甲戌 4	21癸卯 2	21癸酉 2	《11月》	《12月》	22壬寅30	22壬申29
22丁未10	22丁丑⑨	22丙午 8	22丙子 7	22乙巳 6	22乙亥 5	**22**甲辰③	**22**甲戌 3	22癸卯 1	22癸酉 1	23癸卯㉛	23癸酉30
23戊申11	23戊寅10	23丁未 9	23丁丑 8	23丙午 7	23丙子⑥	23乙巳 4	23乙亥 4	23甲辰 2	23甲戌 2	**669年**	24甲戌31
24己酉⑫	24己卯11	24戊申10	24戊寅 9	24丁未 8	24丁丑 7	24丙午 5	24丙子 5	**24**乙巳 3	**24**乙亥③	《1月》	《2月》
25庚戌13	25庚辰12	25己酉11	25己卯10	25戊申⑨	25戊寅 8	25丁未 6	25丁丑 6	25丙午 4	25丙子 4	24甲辰 1	25乙亥 1
26辛亥14	26辛巳13	26庚戌12	26庚辰⑪	26己酉10	26己卯 9	26戊申 7	26戊寅 7	26丁未⑤	26丁丑 5	25乙巳 2	**26**丙子 2
27壬子15	27壬午14	27辛亥13	27辛巳12	27庚戌11	27庚辰10	27己酉 8	27己卯⑧	27戊申 6	27戊寅 6	**26**丙午 3	27丁丑 3
28癸丑16	28癸未15	28壬子⑭	28壬午13	28辛亥12	28辛巳11	28庚戌 9	28庚辰 9	28己酉 7	28己卯 7	27丁未 4	28戊寅④
29甲寅17	29甲申⑯	29癸丑15	29癸未14	29壬子13	29壬午12	29辛亥⑩	29辛巳10	29庚戌 8	29庚辰 8	28戊申 5	29己卯 5
30乙卯18		30甲寅16		30癸丑14		30壬子11		30辛亥 9		29己酉 6	
										30庚戌⑦	
雨水 1日 啓蟄 16日	春分 1日 清明 17日	穀雨 3日 立夏 18日	小満 3日 芒種 19日	夏至 5日 小暑 20日	大暑 5日 立秋 20日	処暑 7日 白露 22日	秋分 7日 寒露 22日	霜降 8日 立冬 24日	小雪 9日 大雪 24日	冬至 10日 小寒 26日	大寒 11日 立春 26日

天智天皇 **8** 年（669－670） 己巳

1月	2月	3月	4月	5月	6月	7月	8月	9月	10月	11月	12月
1 庚辰 6	1 庚戌 8	1 己卯 6	1 己酉 ⑥	**1** 戊寅 4	**1** 戊申 4	1 戊寅 3	《9月》	《10月》	1 丙午 30	1 丙子 29	1 乙巳 28
2 辛巳 7	2 辛亥 9	2 庚辰 7	2 庚戌 7	2 己卯 5	2 己酉 5	**2** 己卯 4	1 丁未 1	1 丁丑 1	2 丁未 31	2 丁丑 30	2 丙午 29
3 壬午 8	3 壬子 10	3 辛巳 ⑧	3 辛亥 8	3 庚辰 6	3 庚戌 6	3 庚辰 ⑤	2 戊申 ②	2 戊寅 2	《11月》	《12月》	3 丁未 ㉚
4 癸未 9	4 癸丑 ⑪	4 壬午 9	4 壬子 9	4 辛巳 7	4 辛亥 7	4 辛巳 6	**3** 己酉 3	3 己卯 3	3 戊申 1	3 戊寅 1	4 戊申 31
5 甲申 10	5 甲寅 12	5 癸未 10	5 癸丑 10	5 壬午 8	5 壬子 ⑧	5 壬午 7	4 庚戌 4	**4** 庚辰 4	4 己酉 2	4 己卯 ②	**670 年**
6 乙酉 ⑪	6 乙卯 13	6 甲申 11	6 甲寅 11	6 癸未 9	6 癸丑 9	6 癸未 8	5 辛亥 5	5 辛巳 5	**5** 庚戌 3	**5** 庚辰 3	《1月》
7 丙戌 12	7 丙辰 14	7 乙酉 12	7 乙卯 12	7 甲申 ⑩	7 甲寅 10	7 甲申 9	6 壬子 6	6 壬午 6	6 辛亥 ④	6 辛巳 4	5 己酉 1
8 丁亥 13	8 丁巳 15	8 丙戌 13	8 丙辰 ⑬	8 乙酉 11	8 乙卯 11	8 乙酉 10	7 癸丑 7	7 癸未 ⑦	7 壬子 5	7 壬午 5	6 庚戌 2
9 戊子 14	9 戊午 16	9 丁亥 14	9 丁巳 14	9 丙戌 12	9 丙辰 12	9 丙戌 11	8 甲寅 8	8 甲申 8	8 癸丑 6	8 癸未 6	**7** 辛亥 3
10 己丑 15	10 己未 17	10 戊子 ⑮	10 戊午 15	10 丁亥 13	10 丁巳 13	10 丁亥 ⑫	9 乙卯 ⑨	9 乙酉 9	9 甲寅 7	9 甲申 7	8 壬子 4
11 庚寅 16	11 庚申 ⑱	11 己丑 16	11 己未 16	11 戊子 14	11 戊午 14	11 戊子 13	10 丙辰 10	10 丙戌 10	10 乙卯 8	10 乙酉 8	9 癸丑 5
12 辛卯 17	12 辛酉 19	12 庚寅 17	12 庚申 17	12 己丑 15	12 己未 ⑮	12 己丑 14	11 丁巳 11	11 丁亥 11	11 丙辰 9	11 丙戌 ⑨	10 甲寅 ⑥
13 壬辰 ⑱	**13** 壬戌 20	13 辛卯 18	13 辛酉 18	13 庚寅 16	13 庚申 16	13 庚寅 15	12 戊午 12	12 戊子 12	12 丁巳 10	12 丁亥 10	11 乙卯 7
14 癸巳 19	14 癸亥 21	**14** 壬辰 19	14 壬戌 19	14 辛卯 ⑰	14 辛酉 17	14 辛卯 16	13 己未 13	13 己丑 13	13 戊午 ⑪	13 戊子 11	12 丙辰 8
15 甲午 20	15 甲子 22	15 癸巳 20	**15** 癸亥 ⑳	15 壬辰 18	15 壬戌 18	15 壬辰 17	14 庚申 14	14 庚寅 ⑭	14 己未 12	14 己丑 12	13 丁巳 9
16 乙未 21	16 乙丑 23	16 甲午 21	16 甲子 21	**16** 癸巳 19	**16** 癸亥 19	16 癸巳 18	15 辛酉 15	15 辛卯 15	15 庚申 13	15 庚寅 13	14 戊午 10
17 丙申 22	17 丙寅 24	17 乙未 ㉒	17 乙丑 22	17 甲午 20	17 甲子 20	**17** 甲午 ⑲	16 壬戌 ⑯	16 壬辰 16	16 辛酉 14	16 辛卯 14	15 己未 11
18 丁酉 23	18 丁卯 ㉕	18 丙申 23	18 丙寅 23	18 乙未 21	18 乙丑 21	18 乙未 20	17 癸亥 17	17 癸巳 17	17 壬戌 15	17 壬辰 15	16 庚申 12
19 戊戌 24	19 戊辰 26	19 丁酉 24	19 丁卯 24	19 丙申 22	19 丙寅 ㉒	19 丙申 21	**18** 甲子 18	18 甲午 18	18 癸亥 16	18 癸巳 ⑯	17 辛酉 ⑬
20 己亥 ㉕	20 己巳 27	20 戊戌 25	20 戊辰 25	20 丁酉 23	20 丁卯 23	20 丁酉 22	19 乙丑 19	**19** 乙未 19	19 甲子 17	19 甲午 17	18 壬戌 14
21 庚子 26	21 庚午 28	21 己亥 26	21 己巳 26	21 戊戌 ㉔	21 戊辰 24	21 戊戌 23	20 丙寅 20	20 丙申 20	**20** 乙丑 ⑱	20 乙未 18	19 癸亥 15
22 辛丑 27	22 辛未 29	22 庚子 27	22 庚午 ㉗	22 己亥 25	22 己巳 25	22 己亥 24	21 丁卯 21	21 丁酉 ㉑	21 丙寅 19	**21** 丙申 19	20 甲子 16
23 壬寅 28	23 壬申 30	23 辛丑 28	23 辛未 28	23 庚子 26	23 庚午 26	23 庚子 25	22 戊辰 22	22 戊戌 22	22 丁卯 20	22 丁酉 20	21 乙丑 17
《3月》	24 癸酉 31	24 壬寅 ㉙	24 壬申 29	24 辛丑 27	24 辛未 27	24 辛丑 ㉖	23 己巳 ㉓	23 己亥 23	23 戊辰 21	23 戊戌 21	**22** 丙寅 18
24 癸卯 1	《4月》	25 癸卯 30	25 癸酉 30	25 壬寅 28	25 壬申 28	25 壬寅 27	24 庚午 24	24 庚子 24	24 己巳 22	24 己亥 22	23 丁卯 19
25 甲辰 2	25 甲戌 ①	《5月》	26 甲戌 31	26 癸卯 29	26 癸酉 ㉙	26 癸卯 28	25 辛未 25	25 辛丑 25	25 庚午 23	25 庚子 ㉓	24 戊辰 ⑳
26 乙巳 3	26 乙亥 2	26 甲辰 1	《6月》	27 甲辰 30	27 甲戌 30	27 甲辰 29	26 壬申 26	26 壬寅 26	26 辛未 24	26 辛丑 24	25 己巳 21
27 丙午 ④	27 丙子 3	27 乙巳 2	27 乙亥 1	《7月》	28 乙亥 31	28 乙巳 30	27 癸酉 27	27 癸卯 27	27 壬申 ㉕	27 壬寅 25	26 庚午 22
28 丁未 5	**28** 丁丑 4	28 丙午 3	28 丙子 2	28 乙巳 ①	《8月》	29 丙午 31	28 甲戌 28	28 甲辰 ㉘	28 癸酉 26	28 癸卯 26	27 辛未 23
29 戊申 6	29 戊寅 5	**29** 丁未 4	29 丁丑 ③	29 丙午 2	29 丙子 1		29 乙亥 29	29 乙巳 29	29 甲戌 27	29 甲辰 27	28 壬申 24
30 己酉 7		30 戊申 5		30 丁未 3	30 丁丑 2		30 丙子 ㉚		30 乙亥 28		29 癸酉 25
											30 甲戌 26
雨水 12日 啓蟄 27日	春分 13日 清明 28日	穀雨 14日 立夏 29日	小満 15日	芒種 1日 夏至 16日	小暑 1日 大暑 16日	立秋 2日 処暑 17日	白露 3日 秋分 18日	寒露 4日 霜降 19日	立冬 5日 小雪 20日	大雪 5日 冬至 21日	小寒 7日 大寒 22日

天智天皇 **9** 年（670－671） 庚午

1月	2月	3月	4月	5月	6月	7月	8月	9月	閏9月	10月	11月	12月
1 乙亥 ㉗	1 甲辰 25	1 甲戌 27	1 癸卯 25	1 癸酉 25	1 壬寅 ㉓	1 壬申 23	1 辛丑 21	1 辛未 20	1 辛丑 ⑳	**1** 庚午 18	1 庚子 18	1 己巳 16
2 丙子 28	2 乙巳 26	2 乙亥 28	2 甲辰 26	2 甲戌 ㉖	2 癸卯 24	2 癸酉 24	2 壬寅 22	2 壬申 21	2 壬寅 21	2 辛未 19	**2** 辛丑 19	2 庚午 17
3 丁丑 29	3 丙午 27	3 丙子 29	3 乙巳 27	3 乙亥 27	3 甲辰 25	3 甲戌 25	3 癸卯 23	3 癸酉 ㉒	3 癸卯 22	3 壬申 20	3 壬寅 20	**3** 辛未 18
4 戊寅 30	4 丁未 28	4 丁丑 30	4 丙午 ㉘	4 丙子 28	4 乙巳 26	4 乙亥 26	4 甲辰 24	4 甲戌 23	4 甲辰 23	4 癸酉 21	4 癸卯 21	4 壬申 ⑲
5 己卯 31	《3月》	5 戊寅 ㉛	5 丁未 29	5 丁丑 29	5 丙午 27	5 丙子 27	5 乙巳 ㉕	5 乙亥 24	5 乙巳 24	5 甲戌 22	5 甲辰 ㉒	5 癸酉 20
《2月》	5 戊申 1	《4月》	6 戊申 30	6 戊寅 30	6 丁未 28	6 丁丑 ㉘	6 丙午 26	6 丙子 25	6 丙午 25	6 乙亥 23	6 乙巳 23	6 甲戌 21
6 庚辰 1	6 己酉 2	6 己卯 1	《5月》	7 己卯 31	7 戊申 29	7 戊寅 29	7 丁未 27	7 丁丑 26	7 丁未 26	7 丙子 ㉔	7 丙午 24	7 乙亥 22
7 辛巳 2	7 庚戌 ③	7 庚辰 2	7 己酉 1	《6月》	8 己酉 ㉚	8 己卯 30	8 戊申 28	8 戊寅 27	8 戊申 ㉗	8 丁丑 25	8 丁未 25	8 丙子 23
8 壬午 ③	8 辛亥 4	8 辛巳 3	8 庚戌 2	8 庚辰 1	《7月》	9 庚辰 31	9 己酉 29	9 己卯 28	9 己酉 28	9 戊寅 26	9 戊申 26	9 丁丑 24
9 癸未 4	**9** 壬子 5	**9** 壬午 4	9 辛亥 3	9 辛巳 ②	9 庚戌 1	《8月》	10 庚戌 30	10 庚辰 ㉙	10 庚戌 29	10 己卯 27	10 己酉 27	10 戊寅 25
10 甲申 5	10 癸丑 6	10 癸未 5	10 壬子 4	10 壬午 3	10 辛亥 2	10 辛巳 1	11 辛亥 31	11 辛巳 30	11 辛亥 30	11 庚辰 28	11 庚戌 28	11 己卯 ㉖
11 乙酉 6	11 甲寅 7	11 甲申 6	**11** 癸丑 ⑤	**11** 癸未 4	11 壬子 3	11 壬午 2	《9月》	《10月》	12 壬子 31	12 辛巳 29	12 辛亥 ㉙	12 庚辰 27
12 丙戌 7	12 乙卯 8	12 乙酉 ⑦	12 甲寅 6	12 甲申 5	**12** 癸丑 4	12 癸未 3	12 壬子 ①	12 壬午 1	《11月》	13 壬午 30	13 壬子 30	13 辛巳 28
13 丁亥 8	13 丙辰 9	13 丙戌 8	13 乙卯 7	13 乙酉 6	13 甲寅 5	**13** 甲申 ④	13 癸丑 2	13 癸未 2	13 癸丑 1	《12月》	14 癸丑 31	14 壬午 29
14 戊子 9	14 丁巳 ⑩	14 丁亥 9	14 丙辰 8	14 丙戌 7	14 乙卯 6	14 乙酉 5	**14** 甲寅 3	14 甲申 3	14 甲寅 2	14 癸未 ①	**671 年**	15 癸未 30
15 己丑 ⑩	15 戊午 11	15 戊子 10	15 丁巳 9	15 丁亥 8	15 丙辰 ⑦	15 丙戌 6	15 乙卯 4	**15** 乙酉 4	**15** 乙卯 ③	15 甲申 2	《1月》	16 甲申 31
16 庚寅 11	16 己未 12	16 己丑 11	16 戊午 10	16 戊子 ⑨	16 丁巳 8	16 丁亥 7	16 丙辰 5	16 丙戌 5	16 丙辰 4	16 乙酉 3	15 甲寅 1	《2月》
17 辛卯 12	17 庚申 13	17 庚寅 12	17 己未 11	17 己丑 10	17 戊午 9	17 戊子 8	17 丁巳 6	17 丁亥 ⑥	17 丁巳 5	**17** 丙戌 4	16 乙卯 2	17 乙酉 1
18 壬辰 13	18 辛酉 14	18 辛卯 13	18 庚申 ⑫	18 庚寅 11	18 己未 10	18 己丑 9	18 戊午 7	18 戊子 7	18 戊午 6	18 丁亥 5	**17** 丙辰 3	18 丙戌 ②
19 癸巳 14	19 壬戌 15	19 壬辰 ⑭	19 辛酉 13	19 辛卯 12	19 庚申 11	19 庚寅 10	19 己未 ⑧	19 己丑 8	19 己未 7	19 戊子 6	18 丁巳 4	**19** 丁亥 3
20 甲午 15	20 癸亥 16	20 癸巳 15	20 壬戌 14	20 壬辰 13	20 辛酉 12	20 辛卯 ⑪	20 庚申 9	20 庚寅 9	20 庚申 8	20 己丑 7	19 戊午 ⑤	20 戊子 4
21 乙未 16	21 甲子 ⑰	21 甲午 16	21 癸亥 15	21 癸巳 14	21 壬戌 13	21 壬辰 12	21 辛酉 10	21 辛卯 10	21 辛酉 9	21 庚寅 ⑧	20 己未 6	21 己丑 5
22 丙申 ⑰	22 乙丑 18	22 乙未 17	22 甲子 16	22 甲午 15	22 癸亥 ⑭	22 癸巳 13	22 壬戌 11	22 壬辰 11	22 壬戌 ⑩	22 辛卯 9	21 庚申 7	22 庚寅 6
23 丁酉 18	23 丙寅 19	23 丙申 18	23 乙丑 17	23 乙未 ⑯	23 甲子 15	23 甲午 14	23 癸亥 12	23 癸巳 12	23 癸亥 11	23 壬辰 10	22 辛酉 8	23 辛卯 7
24 戊戌 19	**24** 丁卯 20	**24** 丁酉 19	24 丙寅 18	24 丙申 17	24 乙丑 16	24 乙未 15	24 甲子 13	24 甲午 ⑬	24 甲子 12	24 癸巳 11	23 壬戌 9	24 壬辰 8
25 己亥 20	25 戊辰 21	25 戊戌 20	25 丁卯 ⑲	25 丁酉 18	25 丙寅 17	25 丙申 16	25 乙丑 14	25 乙未 14	25 乙丑 13	25 甲午 12	24 癸亥 10	25 癸巳 ⑨
26 庚子 21	26 己巳 22	26 己亥 ㉑	**26** 戊辰 20	**26** 戊戌 19	26 丁卯 18	26 丁酉 17	26 丙寅 ⑮	26 丙申 15	26 丙寅 14	26 乙未 13	25 甲子 11	26 甲午 10
27 辛丑 22	27 庚午 23	27 庚子 22	27 己巳 21	27 己亥 20	27 戊辰 19	27 戊戌 ⑱	27 丁卯 16	27 丁酉 16	27 丁卯 15	27 丙申 14	26 乙丑 ⑫	27 乙未 11
28 壬寅 23	28 辛未 ㉔	28 辛丑 23	28 庚午 22	28 庚子 21	**28** 己巳 20	**28** 己亥 19	28 戊辰 17	28 戊戌 17	28 戊辰 16	28 丁酉 ⑮	27 丙寅 13	28 丙申 12
29 癸卯 ㉔	29 壬申 25	29 壬寅 24	29 辛未 23	29 辛丑 22	29 庚午 ㉑	29 庚子 20	29 己巳 18	29 己亥 18	29 己巳 ⑰	29 戊戌 16	28 丁卯 14	29 丁酉 13
	30 癸酉 26		30 壬申 24		30 辛未 22		**30** 庚午 19	**30** 庚子 19		30 己亥 17	29 戊辰 15	30 戊戌 14
立春 7日 雨水 22日	啓蟄 9日 春分 24日	清明 9日 穀雨 24日	立夏 11日 小満 26日	芒種 11日 夏至 26日	小暑 12日 大暑 28日	立秋 13日 処暑 28日	白露 14日 秋分 30日	寒露 15日 霜降 30日	立冬15日	小雪 1日 大雪 17日	冬至 2日 小寒 17日	大寒 3日 立春 19日

天智天皇**10**年（671－672） 辛未

1月	2月	3月	4月	5月	6月	7月	8月	9月	10月	11月	12月
1己亥15	1戊辰⑯	1戊戌15	1丁卯14	1丁酉13	1丙寅12	1丙申11	1乙丑9	1乙未9	1甲子7	1甲午⑦	1癸亥5
2庚子⑯	2己巳17	2己亥16	2戊辰15	2戊戌14	2丁卯⑬	2丁酉12	2丙寅10	2丙申10	2乙丑8	2乙未8	2甲子6
3辛丑17	3庚午18	3庚子17	3己巳16	3己亥⑮	3戊辰14	3戊戌13	3丁卯11	3丁酉11	3丙寅⑨	3丙申9	3乙丑7
4壬寅18	4辛未19	4辛丑18	4庚午17	4庚子16	4己巳15	4己亥14	4戊辰12	4戊戌⑫	4丁卯10	4丁酉10	4丙寅8
5癸卯19	**5**壬申20	5壬寅19	5辛未⑱	5辛丑17	5庚午16	5庚子15	5己巳13	5己亥13	5戊辰11	5戊戌11	5丁卯9
6甲辰20	6癸酉21	**6**癸卯⑳	6壬申19	6壬寅18	6辛未17	6辛丑16	6庚午⑭	6庚子14	6己巳12	6己亥12	6戊辰10
7乙巳21	7甲戌22	7甲辰21	**7**癸酉20	**7**癸卯19	7壬申18	7壬寅⑰	7辛未15	7辛丑15	7庚午13	7庚子13	7己巳⑪
8丙午22	8乙亥㉓	8乙巳22	8甲戌21	8甲辰20	8癸酉19	8癸卯18	8壬申16	8壬寅16	8辛未14	8辛丑⑭	8庚午12
9丁未㉓	9丙子24	9丙午23	9乙亥22	9乙巳21	**9**甲戌⑳	**9**甲辰19	9癸酉17	9癸卯17	9壬申15	9壬寅15	9辛未13
10戊申24	10丁丑25	10丁未24	10丙子23	10丙午㉒	10乙亥21	10乙巳20	10甲戌18	10甲辰18	10癸酉⑯	10癸卯16	10壬申14
11己酉25	11戊寅26	11戊申25	11丁丑24	11丁未23	11丙子22	11丙午21	**11**乙亥19	**11**乙巳⑲	11甲戌17	11甲辰17	11癸酉15
12庚戌26	12己卯27	12己酉26	12戊寅㉕	12戊申24	12丁丑23	12丁未22	12丙子20	12丙午20	12乙亥18	12乙巳18	12甲戌16
13辛亥27	13庚辰28	13庚戌㉗	13己卯26	13己酉25	13戊寅24	13戊申23	13丁丑㉑	13丁未21	**13**丙子19	**13**丙午19	13乙亥17
14壬子28	14辛巳29	14辛亥28	14庚辰27	14庚戌26	14己卯25	14己酉㉔	14戊寅22	14戊申22	14丁丑20	14丁未20	14丙子⑱
《3月》	15壬午㉚	15壬子29	15辛巳28	15辛亥27	15庚辰26	15庚戌25	15己卯23	15己酉23	15戊寅21	15戊申㉑	**15**丁丑19
15癸丑1	16癸未31	16癸丑30	16壬午29	16壬子28	16辛巳㉗	16辛亥26	16庚辰24	16庚戌24	16己卯22	16己酉22	16戊寅20
16甲寅②	《4月》	《5月》	17癸未30	17癸丑㉙	17壬午28	17壬子27	17辛巳25	17辛亥25	17庚辰㉓	17庚戌23	17己卯21
17乙卯3	17甲申1	17甲寅1	18甲申31	18甲寅30	18癸未29	18癸丑28	18壬午26	18壬子㉖	18辛巳24	18辛亥24	18庚辰22
18丙辰4	18乙酉2	18乙卯2	《6月》	《7月》	19甲申30	19甲寅29	19癸未27	19癸丑27	19壬午25	19壬子25	19辛巳23
19丁巳5	19丙戌3	19丙辰3	19乙酉①	19乙卯1	20乙酉31	20乙卯30	20甲申㉘	20甲寅28	20癸未26	20癸丑26	20壬午24
20戊午6	**20**丁亥4	20丁巳④	20丙戌2	20丙辰2	《8月》	21丙辰㉛	21乙酉29	21乙卯29	21甲申27	21甲寅27	21癸未㉕
21己未7	21戊子5	**21**戊午5	21丁亥3	21丁巳3	21丙戌1	《9月》	22丙戌30	22丙辰30	22乙酉28	22乙卯㉘	22甲申26
22庚申8	22己丑⑥	22己未6	**22**戊子4	22戊午4	22丁亥2	22丁巳1	《10月》	23丁巳31	23丙戌29	23丙辰29	23乙酉27
23辛酉⑨	23庚寅7	23庚申7	23己丑5	**23**己未5	23戊子③	23戊午2	23丁亥1	《11月》	24丁亥㉚	24丁巳30	24丙戌28
24壬戌10	24辛卯8	24辛酉8	24庚寅6	24庚申⑥	**24**己丑4	24己未3	24戊子2	24戊午1	《12月》	25戊午31	25丁亥29
25癸亥11	25壬辰9	25壬戌9	25辛卯7	25辛酉7	25庚寅5	**25**庚申4	25己丑3	25己未②	25戊子1	**672**年	26戊子30
26甲子12	26癸巳10	26癸亥10	26壬辰⑧	26壬戌8	26辛卯6	26辛酉5	**26**庚寅4	**26**庚申3	26己丑2	《1月》	27己丑31
27乙丑13	27甲午11	27甲子⑪	27癸巳9	27癸亥9	27壬辰7	27壬戌6	27辛卯⑤	27辛酉4	27庚寅3	26己未1	《2月》
28丙寅14	28乙未12	28乙丑12	28甲午10	28甲子10	28癸巳8	28癸亥⑦	28壬辰6	28壬戌5	**28**辛卯4	27庚申2	28庚寅①
29丁卯15	29丙申⑬	29丙寅13	29乙未11	29乙丑11	29甲午9	29甲子8	29癸巳7	29癸亥6	29壬辰5	**28**辛酉3	29辛卯2
	30丁酉14		30丙申12		30乙未⑩		30甲午8		30癸巳6	29壬戌④	**30**壬辰3

雨水 4日	春分 5日	穀雨 6日	小満 7日	夏至 7日	大暑 9日	処暑 9日	秋分 11日	霜降 11日	小雪 13日	冬至 13日	大寒 15日
啓蟄 19日	清明 20日	立夏 21日	芒種 22日	小暑 23日	立秋 24日	白露 25日	寒露 26日	立冬 26日	大雪 28日	小寒 28日	立春 30日

天武天皇元年〔弘文天皇元年〕（672－673） 壬申

1月	2月	3月	4月	5月	6月	7月	8月	9月	10月	11月	12月
1癸巳4	1癸亥5	1壬辰3	1壬戌3	《6月》	《7月》	1庚寅30	1庚申㉙	1己丑27	1己未27	1戊子25	1戊午25
2甲午5	2甲子6	**2**癸巳④	**2**癸亥4	1辛卯1	1辛酉1	2辛卯31	2辛酉30	2庚寅28	2庚申28	2己丑26	2己未㉖
3乙未6	3乙丑⑦	3甲午5	3甲子5	2壬辰2	2壬戌2	《8月》	3壬戌31	3辛卯29	3辛酉29	3庚寅27	3庚申27
4丙申7	4丙寅8	4乙未6	4乙丑6	3癸巳3	3癸亥3	3壬辰①	《9月》	4壬辰30	4壬戌30	4辛卯㉘	4辛酉28
5丁酉⑧	5丁卯9	5丙申7	5丙寅7	**4**甲午4	**4**甲子④	4癸巳2	4癸亥1	《10月》	5癸亥㉛	5壬辰29	5壬戌29
6戊戌9	6戊辰10	6丁酉8	6丁卯8	5乙未5	5乙丑5	**5**甲午3	5甲子2	5癸巳1	《11月》	6癸巳30	6癸亥30
7己亥10	7己巳11	7戊戌9	7戊辰⑨	6丙申⑥	6丙寅6	6乙未4	**6**乙丑3	6甲午2	6甲子1	《12月》	7甲子31
8庚子11	8庚午12	8己亥10	8己巳10	7丁酉7	7丁卯7	7丙申5	7丙寅4	**7**乙未③	7乙丑2	7甲午1	**673**年
9辛丑12	9辛未13	9庚子⑪	9庚午11	8戊戌8	8戊辰8	8丁酉6	8丁卯⑤	8丙申4	**8**丙寅3	8乙未2	《1月》
10壬寅13	10壬申⑭	10辛丑12	10辛未12	9己亥9	9己巳9	9戊戌7	9戊辰6	9丁酉5	9丁卯4	**9**丙申3	8乙丑1
11癸卯14	11癸酉15	11壬寅13	11壬申13	10庚子10	10庚午10	10己亥⑧	10己巳7	10戊戌6	10戊辰5	10丁酉4	9丙寅②
12甲辰⑮	12甲戌16	12癸卯14	12癸酉14	11辛丑11	11辛未⑪	11庚子9	11庚午8	11己亥7	11己巳6	11戊戌⑤	**10**丁卯3
13乙巳16	13乙亥17	13甲辰15	13甲戌15	12壬寅12	12壬申12	12辛丑10	12辛未9	12庚子8	12庚午⑦	12己亥6	11戊辰4
14丙午17	14丙子18	14乙巳16	14乙亥⑯	13癸卯⑬	13癸酉13	13壬寅11	13壬申10	13辛丑9	13辛未8	13庚子7	12己巳5
15丁未18	**15**丁丑19	15丙午17	15丙子17	14甲辰14	14甲戌14	14癸卯12	14癸酉11	14壬寅⑩	14壬申9	14辛丑8	13庚午6
16戊申19	16戊寅20	16丁未⑱	16丁丑18	15乙巳15	15乙亥15	15甲辰13	15甲戌⑫	15癸卯11	15癸酉10	15壬寅9	14辛未7
17己酉20	17己卯㉑	**17**戊申19	**17**戊寅19	16丙午16	16丙子16	16乙巳14	16乙亥13	16甲辰12	16甲戌11	16癸卯10	15壬申8
18庚戌21	18庚辰22	18己酉20	18己卯20	17丁未17	17丁丑17	17丙午⑮	17丙子14	17乙巳13	17乙亥12	17甲辰11	16癸酉⑨
19辛亥㉒	19辛巳23	19庚戌21	19庚辰21	18戊申18	18戊寅⑱	18丁未16	18丁丑15	18丙午14	18丙子13	18乙巳⑫	17甲戌10
20壬子23	20壬午24	20辛亥22	20辛巳22	**19**己酉19	**19**己卯19	19戊申17	19戊寅16	19丁未15	19丁丑⑭	19丙午13	18乙亥11
21癸丑24	21癸未25	21壬子23	21壬午㉓	20庚戌⑳	20庚辰20	20己酉18	20己卯17	20戊申16	20戊寅15	20丁未14	19丙子12
22甲寅25	22甲申26	22癸丑24	22癸未24	21辛亥21	21辛巳21	**21**庚戌19	**21**庚辰18	21己酉⑰	21己卯16	21戊申15	20丁丑13
23乙卯26	23乙酉27	23甲寅㉕	23甲申25	22壬子22	22壬午22	22辛亥20	22辛巳⑲	**22**庚戌18	22庚辰17	22己酉16	21戊寅14
24丙辰27	24丙戌㉘	24乙卯26	24乙酉26	23癸丑23	23癸未23	23壬子21	23壬午20	23辛亥19	**23**辛巳18	23庚戌17	22己卯15
25丁巳28	25丁亥29	25丙辰27	25丙戌27	24甲寅24	24甲申24	24癸丑㉒	24癸未21	24壬子20	24壬午19	**24**辛亥18	23庚辰⑯
26戊午㉙	26戊子30	26丁巳28	26丁亥28	25乙卯25	25乙酉㉕	25甲寅23	25甲申22	25癸丑21	25癸未20	25壬子⑲	24辛巳17
《3月》	27己丑31	27戊午29	27戊子29	26丙辰26	26丙戌26	26乙卯24	26乙酉23	26甲寅22	26甲申㉑	26癸丑20	**25**壬午18
27己未1	《4月》	28己未30	28己丑㉚	27丁巳㉗	27丁亥27	27丙辰25	27丙戌24	27乙卯23	27乙酉22	27甲寅21	26癸未19
28庚申2	28庚寅1	《5月》	29庚寅31	28戊午28	28戊子28	28丁巳26	28丁亥25	28丙辰㉔	28丙戌23	28乙卯22	27甲申20
29辛酉3	29辛卯2	29庚申1		29己未29	29己丑29	29戊午27	29戊子㉖	29丁巳25	29丁亥24	29丙辰23	28乙酉21
30壬戌4		30辛酉②		30庚申30		30己未28		30戊午26		30丁巳24	29丙戌22

雨水 15日	春分 15日	清明 2日	立夏 2日	芒種 4日	小暑 4日	立秋 5日	白露 6日	寒露 7日	立冬 8日	大雪 9日	小寒 10日
啓蟄 30日		穀雨 17日	小満 17日	夏至 19日	大暑 19日	処暑 21日	秋分 21日	霜降 22日	小雪 23日	冬至 24日	大寒 25日

天武天皇**2**年（673－674） 癸酉

1月	2月	3月	4月	5月	6月	閏6月	7月	8月	9月	10月	11月	12月
1丁亥㉓	1丁巳22	1丙戌23	1丙辰22	1乙酉21	1乙卯20	1乙酉20	1甲寅18	1甲申17	1癸丑⑯	1癸未15	1壬子14	1壬午13
2戊子24	2戊午23	2丁亥24	2丁巳23	2丙戌㉒	2丙辰21	2丙戌21	**2**乙卯19	**2**乙酉⑱	2甲寅17	2甲申16	2癸丑15	2癸未14
3己丑25	3己未24	3戊子25	3戊午㉔	3丁亥23	3丁巳22	3丁亥22	3丙辰20	3丙戌19	3乙卯18	3乙酉17	3甲寅16	3甲申⑮
4庚寅26	4庚申25	4己丑26	4己未25	4戊子24	4戊午23	4戊子23	4丁巳㉑	4丁亥20	**4**丙辰19	**4**丙戌18	4乙卯17	4乙酉16
5辛卯27	5辛酉26	5庚寅㉗	5庚申26	5己丑25	5己未24	5己丑㉔	5戊午22	5戊子21	5丁巳20	5丁亥19	5丙辰⑱	5丙戌17
6壬辰28	6壬戌㉗	6辛卯28	6辛酉27	6庚寅26	6庚申25	6庚寅25	6己未23	6己丑22	6戊午21	6戊子⑳	**6**丁巳19	**6**丁亥18
7癸巳29	7癸亥28	7壬辰29	7壬戌28	7辛卯27	7辛酉㉖	7辛卯26	7庚申24	7庚寅23	7己未22	7己丑21	7戊午20	7戊子19
8甲午㉚	《3月》	8癸巳30	8癸亥29	8壬辰28	8壬戌27	8壬辰27	8辛酉25	8辛卯24	8庚申㉓	8庚寅22	8己未21	8己丑20
9乙未31	8甲子1	9甲午31	9甲子30	9癸巳㉙	9癸亥28	9癸巳28	9壬戌26	9壬辰㉕	9辛酉24	9辛卯23	9庚申22	9庚寅21
《2月》	9乙丑2	《4月》	《5月》	10甲午30	10甲子29	10甲午29	10癸亥27	10癸巳26	10壬戌25	10壬辰24	10辛酉23	10辛卯㉒
10丙申1	10丙寅3	10乙未1	10乙丑①	11乙未31	11乙丑30	11乙未30	11甲子㉘	11甲午27	11癸亥26	11癸巳25	11壬戌24	11壬辰23
11丁酉2	**11**丁卯4	11丙申2	11丙寅2	《6月》	《7月》	12丙申㉛	12乙丑29	12乙未28	12甲子27	12甲午26	12癸亥㉕	12癸巳24
12戊戌3	12戊辰5	12丁酉③	12丁卯3	12丙申1	12丙寅1	《8月》	13丙寅30	13丙申29	13乙丑28	13乙未㉗	13甲子26	13甲午25
13己亥4	13己巳⑥	**13**戊戌4	**13**戊辰4	13丁酉2	13丁卯2	13丁酉1	14丁卯31	14丁酉30	14丙寅29	14丙申28	14乙丑27	14乙未26
14庚子5	14庚午7	14己亥5	14己巳5	14戊戌3	14戊辰③	14戊戌2	《9月》	《10月》	15丁卯㉚	15丁酉29	15丙寅28	15丙申27
15辛丑⑥	15辛未8	15庚子6	15庚午6	**15**己亥4	**15**己巳4	15己亥3	15戊辰1	15戊戌1	16戊辰31	16戊戌30	16丁卯29	16丁酉28
16壬寅7	16壬申·9	16辛丑7	16辛未7	16庚子⑤	16庚午5	**16**庚子4	16己巳2	16己亥②	《11月》	《12月》	17戊辰30	17戊戌㉙
17癸卯8	17癸酉10	17壬寅8	17壬申⑧	17辛丑6	17辛未6	17辛丑5	**17**庚午3	17庚子3	17己巳1	17己亥1	18己巳31	18己亥30
18甲辰9	18甲戌11	18癸卯9	18癸酉9	18壬寅7	18壬申7	18壬寅6	18辛未④	**18**辛丑4	18庚午2	18庚子2	**674**年	19庚子31
19乙巳10	19乙亥12	19甲辰⑩	19甲戌10	19癸卯8	19癸酉8	19癸卯⑦	19壬申5	19壬寅5	**19**辛未3	**19**辛丑3	《1月》	《2月》
20丙午11	20丙子⑬	20乙巳11	20乙亥11	20甲辰9	20甲戌9	20甲辰8	20癸酉6	20癸卯6	20壬申4	20壬寅④	19庚午①	20辛丑1
21丁未12	21丁丑14	21丙午12	21丙子12	21乙巳10	21乙亥⑩	21乙巳9	21甲戌7	21甲辰7	21癸酉5	21癸卯5	20辛未2	**21**壬寅2
22戊申⑬	22戊寅15	22丁未13	22丁丑13	22丙午11	22丙子11	22丙午10	22乙亥8	22乙巳8	22甲戌⑥	22甲辰6	**21**壬申3	22癸卯3
23己酉14	23己卯16	23戊申14	23戊寅14	23丁未⑫	23丁丑12	23丁未11	23丙子9	23丙午⑨	23乙亥7	23乙巳7	22癸酉4	23甲辰4
24庚戌15	24庚辰17	24己酉15	24己卯⑮	24戊申13	24戊寅13	24戊申12	24丁丑10	24丁未10	24丙子8	24丙午8	23甲戌5	24乙巳⑤
25辛亥16	25辛巳18	25庚戌16	25庚辰16	25己酉14	25己卯14	25己酉13	25戊寅⑪	25戊申11	25丁丑9	25丁未9	24乙亥6	25丙午6
26壬子17	26壬午19	26辛亥⑰	26辛巳17	26庚戌15	26庚辰15	26庚戌⑭	26己卯12	26己酉12	26戊寅10	26戊申10	25丙子7	26丁未7
27癸丑18	**27**癸未⑳	27壬子18	27壬午18	27辛亥16	27辛巳16	27辛亥15	27庚辰13	27庚戌13	27己卯11	27己酉⑪	26丁丑⑧	27戊申8
28甲寅19	28甲申21	**28**癸丑19	28癸未19	28壬子17	28壬午⑰	28壬子16	28辛巳14	28辛亥14	28庚辰12	28庚戌12	27戊寅9	28己酉9
29乙卯⑳	29乙酉22	29甲寅20	**29**甲申20	29癸丑18	29癸未18	29癸丑17	29壬午15	29壬子15	29辛巳⑬	29辛亥13	28己卯10	29庚戌10
30丙辰21		30乙卯21		**30**甲寅⑲	**30**甲申19		30癸未16		30壬午14		29庚辰11	
											30辛巳12	
立春 11日 雨水 26日	啓蟄 11日 春分 27日	清明 13日 穀雨 28日	立夏 13日 小満 29日	芒種 15日 夏至 30日	小暑 15日 大暑 30日	立秋16日	処暑 2日 白露 17日	秋分 2日 寒露 18日	霜降 4日 立冬 19日	小雪 4日 大雪 19日	冬至 6日 小寒 21日	大寒 6日 立春 21日

天武天皇**3**年（674－675） 甲戌

1月	2月	3月	4月	5月	6月	7月	8月	9月	10月	11月	12月
1辛亥11	1辛巳13	1庚戌11	1庚辰11	1己酉9	1己卯⑨	1戊申7	1戊寅6	1戊申6	1丁丑4	**1**丁未4	1丙子2
2壬子⑫	2壬午14	2辛亥12	2辛巳12	2庚戌10	2庚辰10	2己酉8	2己卯7	2己酉7	2戊寅⑤	2戊申5	**2**丁丑3
3癸丑13	3癸未15	3壬子13	3壬午13	3辛亥⑪	3辛巳11	3庚戌9	3庚辰8	3庚戌⑧	3己卯6	3己酉6	3戊寅4
4甲寅14	4甲申16	4癸丑14	4癸未⑭	4壬子12	4壬午12	4辛亥10	4辛巳9	4辛亥9	4庚辰7	4庚戌7	4己卯5
5乙卯15	5乙酉17	5甲寅15	5甲申15	5癸丑13	5癸未13	5壬子11	5壬午⑩	5壬子10	5辛巳8	5辛亥8	5庚辰6
6丙辰16	6丙戌18	6乙卯⑯	6乙酉16	6甲寅14	6甲申14	6癸丑12	6癸未11	6癸丑11	6壬午9	6壬子9	6辛巳⑦
7丁巳17	7丁亥⑲	7丙辰17	7丙戌17	7乙卯15	7乙酉15	7甲寅⑬	7甲申12	7甲寅12	7癸未10	7癸丑⑩	7壬午8
8戊午18	**8**戊子20	8丁巳18	8丁亥18	8丙辰16	8丙戌⑯	8乙卯14	8乙酉13	8乙卯13	8甲申11	8甲寅11	8癸未9
9己未⑲	9己丑21	**9**戊午19	9戊子19	9丁巳17	9丁亥17	9丙辰15	9丙戌14	9丙辰14	9乙酉⑫	9乙卯12	9甲申10
10庚申20	10庚寅22	10己未20	**10**己丑20	10戊午⑱	10戊子18	10丁巳16	10丁亥15	10丁巳⑮	10丙戌13	10丙辰13	10乙酉11
11辛酉21	11辛卯23	11庚申21	11庚寅㉑	**11**己未19	11己丑19	11戊午17	11戊子16	11戊午16	11丁亥14	11丁巳14	11丙戌12
12壬戌22	12壬辰24	12辛酉22	12辛卯22	12庚申20	**12**庚寅20	12己未18	12己丑⑰	12己未17	12戊子15	12戊午15	12丁亥13
13癸亥23	13癸巳25	13壬戌㉓	13壬辰23	13辛酉21	13辛卯21	**13**庚申19	13庚寅18	13庚申18	13己丑16	13己未16	13戊子⑭
14甲子24	14甲午㉖	14癸亥24	14癸巳24	14壬戌22	14壬辰22	14辛酉⑳	**14**辛卯19	**14**辛酉19	14庚寅17	14庚申⑰	14己丑15
15乙丑25	15乙未27	15甲子25	15甲午25	15癸亥23	15癸巳㉓	15壬戌21	15壬辰20	15壬戌20	**15**辛卯18	15辛酉18	15庚寅16
16丙寅㉖	16丙申28	16乙丑26	16乙未26	16甲子24	16甲午24	16癸亥22	16癸巳21	16癸亥21	16壬辰⑲	**16**壬戌19	16辛卯17
17丁卯27	17丁酉29	17丙寅27	17丙申27	17乙丑㉕	17乙未25	17甲子23	17甲午22	17甲子㉒	17癸巳20	17癸亥20	**17**壬辰18
18戊辰28	18戊戌30	18丁卯28	18丁酉㉘	18丙寅26	18丙申26	18乙丑24	18乙未23	18乙丑23	18甲午21	18甲子21	18癸巳19
《3月》	19己亥31	19戊辰29	19戊戌29	19丁卯27	19丁酉27	19丙寅25	19丙申㉔	19丙寅24	19乙未22	19乙丑22	19甲午20
19己巳1	《4月》	20己巳㉚	20己亥30	20戊辰28	20戊戌28	20丁卯26	20丁酉25	20丁卯25	20丙申23	20丙寅23	20乙未㉑
20庚午2	20庚子1	《5月》	21庚子31	21己巳29	21己亥29	21戊辰㉗	21戊戌26	21戊辰26	21丁酉24	21丁卯㉔	21丙申22
21辛未3	21辛丑②	21庚午1	《6月》	22庚午30	22庚子㉚	22己巳28	22己亥27	22己巳27	22戊戌25	22戊辰25	22丁酉23
22壬申4	22壬寅3	22辛未2	22辛丑1	《7月》	23辛丑31	23庚午29	23庚子28	23庚午28	23己亥㉖	23己巳26	23戊戌24
23癸酉⑤	**23**癸卯4	23壬申3	23壬寅2	23辛未1	《8月》	24辛未30	24辛丑29	24辛未㉙	24庚子27	24庚午27	24己亥25
24甲戌6	24甲辰5	24癸酉4	24癸卯3	24壬申②	24壬寅1	25壬申31	25壬寅30	25壬申30	25辛丑28	25辛未28	25庚子26
25乙亥7	25乙巳6	**25**甲戌5	**25**甲辰④	25癸酉3	25癸卯2	《9月》	《10月》	26癸酉31	26壬寅29	26壬申29	26辛丑27
26丙子8	26丙午7	26乙亥6	26乙巳5	**26**甲戌4	26甲辰3	26癸酉1	26癸卯①	《11月》	27癸卯30	27癸酉30	27壬寅㉘
27丁丑9	27丁未8	27丙子⑦	27丙午6	27乙亥5	**27**乙巳4	27甲戌2	27甲辰2	27甲戌1	《12月》	28甲戌㉛	28癸卯29
28戊寅10	28戊申⑨	28丁丑8	28丁未7	28丙子6	28丙午5	**28**乙亥③	28乙巳3	28乙亥2	28甲辰1	**675**年	29甲辰30
29己卯11	29己酉10	29戊寅9	29戊申8	29丁丑7	29丁未⑥	29丙子4	**29**丙午4	**29**丙子3	29乙巳2	《1月》	30乙巳31
30庚辰⑫		30己卯10		30戊寅8		30丁丑5	30丁未5		30丙午③	29乙亥1	
雨水 7日 啓蟄 23日	春分 8日 清明 23日	穀雨 9日 立夏 25日	小満 10日 芒種 25日	夏至 11日 小暑 26日	大暑 12日 立秋 27日	処暑 13日 白露 28日	秋分 14日 寒露 29日	霜降 14日 立冬 29日	小雪 15日	大雪 1日 冬至 16日	小寒 2日 大寒 17日

天武天皇 **4** 年（675－676） 乙亥

1月	2月	3月	4月	5月	6月	7月	8月	9月	10月	11月	12月
《2月》	1 乙亥 2	《4月》	1 甲戌 30	1 甲辰 30	1 癸酉 28	1 癸卯 28	1 壬申 ㉖	1 壬寅 25	1 辛未 24	1 辛丑 23	1 庚午 22
1 丙午 1	2 丙子 3	1 乙巳 ①	《5月》	2 乙巳 31	2 甲戌 29	2 甲辰 ㉙	2 癸酉 27	2 癸卯 26	2 壬申 25	2 壬寅 24	2 辛未 ㉓
2 丁未 2	3 丁丑 ④	2 丙午 2	2 乙亥 1	《6月》	3 乙亥 30	3 乙巳 30	3 甲戌 28	3 甲辰 27	3 癸酉 26	3 癸卯 ㉕	3 壬申 24
3 戊申 3	**4** 戊寅 5	3 丁未 3	3 丙子 2	3 丙午 1	《7月》	4 丙午 31	4 乙亥 29	4 乙巳 28	4 甲戌 27	4 甲辰 26	4 癸酉 25
4 己酉 ④	5 己卯 6	**4** 戊申 4	4 丁丑 3	4 丁未 2	4 丙子 ①	《8月》	5 丙子 30	5 丙午 29	5 乙亥 ㉘	5 乙巳 27	5 甲戌 26
5 庚戌 5	6 庚辰 7	5 己酉 5	5 戊寅 4	5 戊申 ③	5 丁丑 2	5 丁未 1	6 丁丑 31	6 丁未 ㉚	6 丙子 29	6 丙午 28	6 乙亥 27
6 辛亥 6	7 辛巳 8	6 庚戌 6	**6** 己卯 5	**6** 己酉 4	6 戊寅 3	6 戊申 2	《9月》	《10月》	7 丁丑 30	7 丁未 29	7 丙子 28
7 壬子 7	8 壬午 9	7 辛亥 7	7 庚辰 ⑥	7 庚戌 5	7 己卯 4	7 己酉 3	7 戊寅 1	7 戊申 1	8 戊寅 31	8 戊申 30	8 丁丑 29
8 癸丑 8	9 癸未 10	8 壬子 ⑧	8 辛巳 7	8 辛亥 6	**8** 庚辰 5	**8** 庚戌 4	8 己卯 ②	8 己酉 2	《11月》	《12月》	9 戊寅 ㉚
9 甲寅 9	10 甲申 ⑪	9 癸丑 9	9 壬午 8	9 壬子 7	9 辛巳 6	9 辛亥 ⑤	9 庚辰 3	9 庚戌 3	9 己卯 1	9 己酉 1	10 己卯 31
10 乙卯 10	11 乙酉 12	10 甲寅 10	10 癸未 9	10 癸丑 8	10 壬午 7	10 壬子 6	**10** 辛巳 4	**10** 辛亥 4	10 庚辰 2	10 庚戌 ②	**676 年**
11 丙辰 ⑪	12 丙戌 13	11 乙卯 11	11 甲申 10	11 甲寅 9	11 癸未 ⑧	11 癸丑 7	11 壬午 5	11 壬子 5	**11** 辛巳 3	11 辛亥 3	《1月》
12 丁巳 12	13 丁亥 14	12 丙辰 12	12 乙酉 11	12 乙卯 ⑩	12 甲申 9	12 甲寅 8	12 癸未 6	12 癸丑 6	12 壬午 ④	**12** 壬子 4	11 庚辰 1
13 戊午 13	14 戊子 15	13 丁巳 13	13 丙戌 12	13 丙辰 11	13 乙酉 10	13 乙卯 9	13 甲申 7	13 甲寅 ⑦	13 癸未 5	13 癸丑 5	12 辛巳 2
14 己未 14	15 己丑 16	14 戊午 14	14 丁亥 ⑬	14 丁巳 12	14 丙戌 11	14 丙辰 10	14 乙酉 8	14 乙卯 8	14 甲申 6	14 甲寅 6	**13** 壬午 3
15 庚申 15	16 庚寅 17	15 己未 ⑮	15 戊子 14	15 戊午 13	15 丁亥 12	15 丁巳 11	15 丙戌 ⑨	15 丙辰 9	15 乙酉 7	15 乙卯 7	14 癸未 4
16 辛酉 16	17 辛卯 ⑱	16 庚申 16	16 己丑 15	16 己未 14	16 戊子 13	16 戊午 ⑫	16 丁亥 10	16 丁巳 10	16 丙戌 8	16 丙辰 8	15 甲申 5
17 壬戌 17	18 壬辰 19	17 辛酉 17	17 庚寅 16	17 庚申 15	17 己丑 14	17 己未 13	17 戊子 11	17 戊午 11	17 丁亥 9	17 丁巳 ⑨	16 乙酉 ⑥
18 癸亥 ⑱	**19** 癸巳 20	18 壬戌 18	18 辛卯 17	18 辛酉 16	18 庚寅 ⑮	18 庚申 14	18 己丑 12	18 己未 12	18 戊子 10	18 戊午 10	17 丙戌 7
19 甲子 19	20 甲午 21	19 癸亥 19	19 壬辰 18	19 壬戌 ⑰	19 辛卯 16	19 辛酉 15	19 庚寅 13	19 庚申 13	19 己丑 ⑪	19 己未 11	18 丁亥 8
20 乙丑 20	21 乙未 22	**20** 甲子 20	20 癸巳 19	20 癸亥 18	20 壬辰 17	20 壬戌 16	20 辛卯 14	20 辛酉 ⑭	20 庚寅 12	20 庚申 12	19 戊子 9
21 丙寅 21	22 丙申 23	21 乙丑 21	**21** 甲午 ⑳	**21** 甲子 19	21 癸巳 18	21 癸亥 17	21 壬辰 15	21 壬戌 15	21 辛卯 13	21 辛酉 13	20 己丑 10
22 丁卯 22	23 丁酉 24	22 丙寅 ㉒	22 乙未 21	22 乙丑 20	22 甲午 19	22 甲子 18	22 癸巳 ⑯	22 癸亥 16	22 壬辰 14	22 壬戌 14	21 庚寅 11
23 戊辰 23	24 戊戌 ㉕	23 丁卯 23	23 丙申 22	23 丙寅 21	**23** 乙未 20	**23** 乙丑 ⑲	23 甲午 17	23 甲子 17	23 癸巳 15	23 癸亥 15	22 辛卯 12
24 己巳 24	25 己亥 26	24 戊辰 24	24 丁酉 23	24 丁卯 22	24 丙申 21	24 丙寅 20	24 乙未 18	24 乙丑 18	24 甲午 16	24 甲子 ⑯	23 壬辰 ⑬
25 庚午 ㉕	26 庚子 27	25 己巳 25	25 戊戌 24	25 戊辰 23	25 丁酉 ㉒	25 丁卯 21	**25** 丙申 19	**25** 丙寅 19	25 乙未 17	25 乙丑 17	24 癸巳 14
26 辛未 26	27 辛丑 28	26 庚午 26	26 己亥 25	26 己巳 ㉔	26 戊戌 23	26 戊辰 22	26 丁酉 20	26 丁卯 20	26 丙申 ⑱	26 丙寅 18	25 甲午 15
27 壬申 27	28 壬寅 29	27 辛未 27	27 庚子 26	27 庚午 25	27 己亥 24	27 己巳 23	27 戊戌 21	27 戊辰 ㉑	**27** 丁酉 19	**27** 丁卯 19	26 乙未 16
28 癸酉 28	29 癸卯 30	28 壬申 28	28 辛丑 ㉗	28 辛未 26	28 庚子 25	28 庚午 24	28 己亥 22	28 己巳 22	28 戊戌 20	28 戊辰 20	27 丙申 17
《3月》	30 甲辰 31	29 癸酉 ㉙	29 壬寅 28	29 壬申 27	29 辛丑 26	29 辛未 25	29 庚子 ㉓	29 庚午 23	29 己亥 21	29 己巳 21	28 丁酉 18
29 甲戌 1			30 癸卯 29		30 壬寅 27		30 辛丑 24		30 庚子 22		**29** 戊戌 19
											30 己亥 ⑳
立春 3日 雨水 18日	啓蟄 4日 春分 19日	清明 4日 穀雨 20日	立夏 6日 小満 21日	芒種 6日 夏至 21日	小暑 8日 大暑 23日	立秋 8日 処暑 23日	白露 10日 秋分 25日	寒露 10日 霜降 25日	立冬 11日 小雪 27日	大雪 12日 冬至 27日	小寒 13日 大寒 29日

天武天皇 **5** 年（676－677） 丙子

1月	2月	閏2月	3月	4月	5月	6月	7月	8月	9月	10月	11月	12月
1 庚子 21	1 庚午 20	1 己亥 20	**1** 己巳 19	1 戊戌 ⑱	1 戊辰 17	1 丁酉 16	1 丁卯 15	1 丙申 13	1 丙寅 13	1 乙未 11	1 乙丑 11	1 甲午 9
2 辛丑 22	2 辛未 21	2 庚子 21	2 庚午 ⑳	**2** 己亥 19	2 己巳 18	2 戊戌 17	2 戊辰 16	2 丁酉 ⑭	2 丁卯 14	2 丙申 12	2 丙寅 12	2 乙未 10
3 壬寅 23	3 壬申 22	3 辛丑 22	3 辛未 21	3 庚子 20	**3** 庚午 19	3 己亥 18	3 己巳 ⑰	3 戊戌 15	3 戊辰 15	3 丁酉 13	3 丁卯 13	3 丙申 ⑪
4 癸卯 24	4 癸酉 23	4 壬寅 ㉓	4 壬申 22	4 辛丑 21	4 辛未 20	**4** 庚子 19	4 庚午 18	4 己亥 16	4 己巳 16	4 戊戌 14	4 戊辰 ⑭	4 丁酉 12
5 甲辰 25	5 甲戌 ㉔	5 癸卯 24	5 癸酉 23	5 壬寅 22	5 壬申 21	5 辛丑 ⑳	**5** 辛未 19	5 庚子 17	5 庚午 17	5 己亥 15	5 己巳 15	5 戊戌 13
6 乙巳 26	6 乙亥 25	6 甲辰 25	6 甲戌 24	6 癸卯 23	6 癸酉 ㉒	6 壬寅 21	6 壬申 20	**6** 辛丑 18	**6** 辛未 18	6 庚子 ⑯	6 庚午 16	6 己亥 14
7 丙午 ㉗	7 丙子 26	7 乙巳 26	7 乙亥 25	7 甲辰 24	7 甲戌 23	7 癸卯 22	7 癸酉 21	7 壬寅 19	7 壬申 ⑲	7 辛丑 17	7 辛未 17	7 庚子 15
8 丁未 28	8 丁丑 27	8 丙午 27	8 丙子 26	8 乙巳 ㉕	8 乙亥 24	8 甲辰 23	8 甲戌 22	8 癸卯 20	8 癸酉 20	**8** 壬寅 18	**8** 壬申 18	8 辛丑 16
9 戊申 29	9 戊寅 28	9 丁未 28	9 丁丑 ㉗	9 丙午 26	9 丙子 25	9 乙巳 24	9 乙亥 23	9 甲辰 ㉑	9 甲戌 21	9 癸卯 19	9 癸酉 19	9 壬寅 17
10 己酉 30	10 己卯 29	10 戊申 29	10 戊寅 28	10 丁未 27	10 丁丑 26	10 丙午 25	10 丙子 ㉔	10 乙巳 22	10 乙亥 22	10 甲辰 20	10 甲戌 20	**10** 癸卯 ⑱
11 庚戌 31	《3月》	11 己酉 ㉚	11 己卯 29	11 戊申 28	11 戊寅 27	11 丁未 26	11 丁丑 25	11 丙午 23	11 丙子 23	11 乙巳 21	11 乙亥 ㉑	11 甲辰 19
《2月》	11 庚辰 1	12 庚戌 31	12 庚辰 30	12 己酉 29	12 己卯 28	12 戊申 ㉗	12 戊寅 26	12 丁未 24	12 丁丑 24	12 丙午 22	12 丙子 22	12 乙巳 20
12 辛亥 1	12 辛巳 ②	《4月》	《5月》	13 庚戌 30	13 庚辰 ㉙	13 己酉 28	13 己卯 27	13 戊申 25	13 戊寅 25	13 丁未 ㉓	13 丁丑 23	13 丙午 21
13 壬子 2	13 壬午 3	13 辛亥 1	13 辛巳 1	14 辛亥 31	14 辛巳 30	14 庚戌 29	14 庚辰 28	14 己酉 26	14 己卯 ㉖	14 戊申 24	14 戊寅 24	14 丁未 22
14 癸丑 ③	**14** 癸未 4	14 壬子 2	14 壬午 2	《6月》	《7月》	15 辛亥 30	15 辛巳 29	15 庚戌 27	15 庚辰 27	15 己酉 25	15 己卯 25	15 戊申 23
15 甲寅 4	15 甲申 5	15 癸丑 3	15 癸未 3	15 壬子 ①	15 壬午 1	16 壬子 31	16 壬午 30	16 辛亥 ㉘	16 辛巳 28	16 庚戌 26	16 庚辰 26	16 己酉 24
16 乙卯 5	16 乙酉 6	**16** 甲寅 4	**16** 甲申 ④	16 癸丑 2	16 癸未 2	《8月》	17 癸未 ㉛	17 壬子 29	17 壬午 29	17 辛亥 27	17 辛巳 27	17 庚戌 ㉕
17 丙辰 6	17 丙戌 7	17 乙卯 5	17 乙酉 5	17 甲寅 3	17 甲申 3	17 癸丑 1	《9月》	18 癸丑 30	18 癸未 30	18 壬子 28	18 壬午 ㉘	18 辛亥 26
18 丁巳 7	18 丁亥 8	18 丙辰 ⑥	18 丙戌 6	**18** 乙卯 4	**18** 乙酉 4	18 甲寅 2	18 甲申 1	《10月》	19 甲申 31	19 癸丑 29	19 癸未 29	19 壬子 27
19 戊午 8	19 戊子 ⑨	19 丁巳 7	19 丁亥 7	19 丙辰 5	19 丙戌 5	**19** 乙卯 ③	19 乙酉 2	19 甲寅 1	《11月》	20 甲寅 ㉚	20 甲申 30	20 癸丑 28
20 己未 9	20 己丑 10	20 戊午 8	20 戊子 8	20 丁巳 6	20 丁亥 ⑥	20 丙辰 4	**20** 丙戌 3	20 乙卯 2	20 乙酉 1	《12月》	21 乙酉 31	21 甲寅 29
21 庚申 ⑩	21 庚寅 11	21 己未 9	21 己丑 9	21 戊午 7	21 戊子 7	21 丁巳 5	21 丁亥 4	**21** 丙辰 3	21 丙戌 ②	21 乙卯 1	**677 年**	22 乙卯 30
22 辛酉 11	22 辛卯 12	22 庚申 10	22 庚寅 10	22 己未 ⑧	22 己丑 8	22 戊午 6	22 戊子 5	22 丁巳 4	**22** 丁亥 3	22 丙辰 2	《1月》	23 丙辰 31
23 壬戌 12	23 壬辰 13	23 辛酉 11	23 辛卯 ⑪	23 庚申 9	23 庚寅 9	23 己未 7	23 己丑 6	23 戊午 ⑤	23 戊子 4	**23** 丁巳 3	22 丙戌 1	《2月》
24 癸亥 13	24 癸巳 14	24 壬戌 12	24 壬辰 12	24 辛酉 10	24 辛卯 10	24 庚申 8	24 庚寅 ⑦	24 己未 6	24 己丑 5	24 戊午 4	23 丁亥 2	24 丁巳 ①
25 甲子 14	25 甲午 15	25 癸亥 ⑬	25 癸巳 13	25 壬戌 11	25 壬辰 11	25 辛酉 9	25 辛卯 8	25 庚申 7	25 庚寅 6	25 己未 5	**24** 戊子 3	**25** 戊午 2
26 乙丑 15	26 乙未 ⑯	26 甲子 14	26 甲午 14	26 癸亥 12	26 癸巳 12	26 壬戌 ⑩	26 壬辰 9	26 辛酉 8	26 辛卯 7	26 庚申 6	25 己丑 ④	26 己未 3
27 丙寅 16	27 丙申 17	27 乙丑 15	27 乙未 15	27 甲子 13	27 甲午 ⑬	27 癸亥 11	27 癸巳 10	27 壬戌 9	27 壬辰 8	27 辛酉 ⑦	26 庚寅 5	27 庚申 4
28 丁卯 ⑰	28 丁酉 18	28 丙寅 16	28 丙申 16	28 乙丑 14	28 乙未 14	28 甲子 12	28 甲午 11	28 癸亥 10	28 癸巳 ⑨	28 壬戌 8	27 辛卯 6	28 辛酉 5
29 戊辰 18	**29** 戊戌 19	29 丁卯 17	29 丁酉 17	29 丙寅 ⑮	29 丙申 15	29 乙丑 13	29 乙未 12	29 甲子 11	29 甲午 10	29 癸亥 9	28 壬辰 7	29 壬戌 6
30 己巳 19		30 戊辰 18		30 丁卯 16		30 丙寅 14		30 乙丑 ⑫		30 甲子 10	29 癸巳 8	30 癸亥 7
立春 14日 雨水 29日	啓蟄 14日 春分 29日	清明16日	穀雨 1日 立夏 16日	小満 2日 芒種 18日	夏至 3日 小暑 18日	大暑 4日 立秋 19日	処暑 5日 白露 20日	秋分 6日 寒露 21日	霜降 6日 立冬 22日	小雪 8日 大雪 23日	冬至 8日 小寒 24日	大寒 10日 立春 25日

天武天皇**6**年（677－678） 丁丑

1月	2月	3月	4月	5月	6月	7月	8月	9月	10月	11月	12月
1甲子⑧	1癸巳9	1癸亥8	1壬辰7	1壬戌6	1壬辰6	**1**辛酉4	**1**辛卯3	1庚申2	《11月》	1己未30	1己丑30
2乙丑9	2甲午10	2甲子9	2癸巳8	2癸亥⑦	2癸巳7	2壬戌5	2壬辰4	**2**辛酉3	1庚寅①	《12月》	2庚寅31
3丙寅10	3乙未11	3乙丑10	3甲午9	3甲子8	3甲午8	3癸亥6	3癸巳5	3壬戌④	2辛卯2	2庚申1	**678年**
4丁卯11	4丙申12	4丙寅11	4乙未⑩	4乙丑9	4乙未9	4甲子7	4甲午⑥	4癸亥5	**3**壬辰3	3辛酉2	《1月》
5戊辰12	5丁酉13	5丁卯⑫	5丙申11	5丙寅10	5丙申10	5乙丑8	5乙未7	5甲子6	4癸巳4	**4**壬戌3	3辛卯1
6己巳13	6戊戌14	6戊辰13	6丁酉12	6丁卯11	6丁酉11	6丙寅⑨	6丙申8	6乙丑7	5甲午5	5癸亥4	4壬辰2
7庚午14	7己亥⑮	7己巳14	7戊戌13	7戊辰12	7戊戌⑫	7丁卯10	7丁酉9	7丙寅8	6乙未6	6甲子5	**5**癸巳③
8辛未⑮	8庚子16	8庚午15	8己亥14	8己巳13	8己亥13	8戊辰11	8戊戌10	8丁卯9	7丙申7	7乙丑⑥	6甲午4
9壬申16	9辛丑17	9辛未16	9庚子15	9庚午⑭	9庚子14	9己巳12	9己亥11	9戊辰10	8丁酉⑧	8丙寅7	7乙未5
10癸酉17	10壬寅18	10壬申17	10辛丑16	10辛未15	10辛丑15	10庚午13	10庚子12	10己巳⑪	9戊戌9	9丁卯8	8丙申6
11甲戌18	11癸卯19	11癸酉18	11壬寅⑰	11壬申16	11壬寅16	11辛未14	11辛丑⑬	11庚午12	10己亥10	10戊辰9	9丁酉7
12乙亥19	**12**甲辰20	**12**甲戌⑲	12癸卯18	12癸酉17	12癸卯17	12壬申15	12壬寅14	12辛未13	11庚子11	11己巳10	10戊戌8
13丙子20	13乙巳21	13乙亥20	13甲辰19	13甲戌18	13甲辰18	13癸酉⑯	13癸卯15	13壬申14	12辛丑12	12庚午11	11己亥9
14丁丑21	14丙午㉒	14丙子21	**14**乙巳20	**14**乙亥19	**14**乙巳⑲	14甲戌17	14甲辰16	14癸酉15	13壬寅13	13辛未12	12庚子⑩
15戊寅㉒	15丁未23	15丁丑22	15丙午21	15丙子20	15丙午20	15乙亥18	15乙巳17	15甲戌16	14癸卯14	14壬申⑬	13辛丑11
16己卯23	16戊申24	16戊寅23	16丁未22	16丁丑㉑	16丁未21	**16**丙子19	**16**丙午18	16乙亥17	15甲辰⑮	15癸酉14	14壬寅12
17庚辰24	17己酉25	17己卯24	17戊申23	17戊寅22	17戊申22	17丁丑20	17丁未19	17丙子⑱	16乙巳16	16甲戌15	15癸卯13
18辛巳25	18庚戌26	18庚辰25	18己酉㉔	18己卯23	18己酉23	18戊寅21	18戊申⑳	**18**丁丑19	17丙午17	17乙亥16	16甲辰14
19壬午26	19辛亥27	19辛巳㉖	19庚戌25	19庚辰24	19庚戌24	19己卯22	19己酉21	19戊寅20	**18**丁未18	18丙子17	17乙巳15
20癸未27	20壬子28	20壬午27	20辛亥26	20辛巳25	20辛亥25	20庚辰㉓	20庚戌22	20己卯21	19戊申19	19丁丑18	18丙午16
21甲申28	21癸丑㉙	21癸未28	21壬子27	21壬午26	21壬子㉖	21辛巳24	21辛亥23	21庚辰22	20己酉20	**20**戊寅19	19丁未⑰
《3月》	22甲寅30	22甲申29	22癸丑28	22癸未27	22癸丑27	22壬午25	22壬子24	22辛巳23	21庚戌21	21己卯⑳	**20**戊申18
22乙酉①	23乙卯31	23乙酉30	23甲寅29	23甲申㉘	23甲寅28	23癸未26	23癸丑25	23壬午24	22辛亥㉒	22庚辰21	21己酉19
23丙戌2	《4月》	《5月》	24乙卯30	24乙酉29	24乙卯29	24甲申27	24甲寅26	24癸未㉕	23壬子23	23辛巳22	22庚戌20
24丁亥3	24丙辰1	24丙戌1	25丙辰㉛	25丙戌30	25丙辰30	25乙酉28	25乙卯㉗	25甲申26	24癸丑24	24壬午23	23辛亥21
25戊子4	25丁巳2	25丁亥2	《6月》	《7月》	26丁巳31	26丙戌29	26丙辰28	26乙酉27	25甲寅25	25癸未24	24壬子22
26己丑5	26戊午3	26戊子③	26丁巳1	26丁亥1	《8月》	27丁亥㉚	27丁巳29	27丙戌28	26乙卯26	26甲申25	25癸丑23
27庚寅6	**27**己未4	**27**己丑4	27戊午2	27戊子2	27戊午1	28戊子31	28戊午30	28丁亥29	27丙辰27	27乙酉26	26甲寅㉔
28辛卯7	28庚申⑤	28庚寅5	28己未3	28己丑3	28己未②	《9月》	《10月》	29戊子30	28丁巳28	28丙戌㉗	27乙卯25
29壬辰⑧	29辛酉6	29辛卯6	**29**庚申4	**29**庚寅4	29庚申3	29己丑1	29己未1	30己丑31	29戊午㉙	29丁亥28	28丙辰26
	30壬戌7		30辛酉5	30辛卯⑤		30庚寅2				30戊子29	29丁巳27

1月	2月	3月	4月	5月	6月	7月	8月	9月	10月	11月	12月
雨水 10日	春分 12日	穀雨 12日	小満 14日	夏至 14日	大暑 14日	立秋 1日	白露 1日	寒露 2日	立冬 3日	大雪 4日	小寒 5日
啓蟄 25日	清明 27日	立夏 27日	芒種 29日	小暑 29日		処暑 16日	秋分 16日	霜降 18日	小雪 18日	冬至 20日	大寒 20日

天武天皇**7**年（678－679） 戊寅

1月	2月	3月	4月	5月	6月	7月	8月	9月	10月	閏10月	11月	12月
1戊午28	1戊子27	1丁巳㉘	1丁亥27	1丙辰26	1丙戌25	1乙卯24	1乙酉23	1乙卯22	1甲申21	1甲寅20	**1**癸未⑲	**1**癸丑18
2己未29	2己丑㉘	2戊午29	2戊子28	2丁巳27	2丁亥26	2丙辰㉕	2丙戌24	2丙辰23	2乙酉22	2乙卯㉑	2甲申20	2甲寅19
3庚申30	《3月》	3己未30	3己丑29	3戊午28	3戊子㉗	3丁巳26	3丁亥25	3丁巳24	3丙戌23	3丙辰22	3乙酉21	3乙卯20
4辛酉㉛	3庚寅1	4庚申31	4庚寅30	4己未29	4己丑28	4戊午27	4戊子26	4戊午25	4丁亥㉔	4丁巳23	4丙戌22	4丙辰21
《2月》	4辛卯2	《4月》	《5月》	5庚申㉚	5庚寅29	5己未28	5己丑27	5己未㉖	5戊子25	5戊午24	5丁亥23	5丁巳22
5壬戌1	5壬辰3	5辛酉1	5辛卯1	6辛酉31	6辛卯30	6庚申29	6庚寅28	6庚申27	6己丑26	6己未25	6戊子24	6戊午㉓
6癸亥2	6癸巳4	6壬戌2	6壬辰②	《6月》	《7月》	7辛酉30	7辛卯㉙	7辛酉28	7庚寅27	7庚申26	7己丑25	7己未24
7甲子3	**7**甲午5	7癸亥3	7癸巳3	7壬戌1	7壬辰1	8壬戌31	8壬辰30	8壬戌29	8辛卯28	8辛酉27	8庚寅㉖	8庚申25
8乙丑4	8乙未6	**8**甲子④	8甲午4	8癸亥2	8癸巳2	《8月》	9癸巳31	9癸亥30	9壬辰29	9壬戌㉘	9辛卯27	9辛酉26
9丙寅5	9丙申⑦	9乙丑5	**9**乙未5	9甲子3	9甲午3	9癸亥①	《9月》	《10月》	10癸巳30	10癸亥29	10壬辰28	10壬戌27
10丁卯6	10丁酉8	10丙寅6	10丙申6	**10**乙丑4	**10**乙未④	10甲子2	10甲午1	10甲子1	11甲午㉛	11甲子30	11癸巳29	11癸亥28
11戊辰⑦	11戊戌9	11丁卯7	11丁酉7	11丙寅5	11丙申5	11乙丑3	11乙未2	11乙丑2	《11月》	《12月》	12甲午30	12甲子29
12己巳8	12己亥10	12戊辰8	12戊戌8	12丁卯⑥	12丁酉6	**12**丙寅4	**12**丙申3	12丙寅③	12乙未1	12乙丑1	13乙未31	13乙丑㉚
13庚午9	13庚子11	13己巳9	13己亥⑨	13戊辰7	13戊戌7	13丁卯5	13丁酉4	**13**丁卯4	13丙申2	13丙寅2	**679年**	14丙寅31
14辛未10	14辛丑12	14庚午10	14庚子10	14己巳8	14己亥8	14戊辰6	14戊戌⑤	14戊辰5	**14**丁酉3	14丁卯3	《1月》	《2月》
15壬申11	15壬寅13	15辛未⑪	15辛丑11	15庚午9	15庚子9	15己巳7	15己亥6	15己巳6	15戊戌4	**15**戊辰4	14丙申1	15丁卯1
16癸酉12	16癸卯⑭	16壬申12	16壬寅12	16辛未10	16辛丑10	16庚午⑧	16庚子7	16庚午7	16己亥5	16己巳⑤	15丁酉②	**16**戊辰2
17甲戌13	17甲辰15	17癸酉13	17癸卯13	17壬申11	17壬寅⑪	17辛未9	17辛丑8	17辛未8	17庚子6	17庚午6	**16**戊戌3	17己巳3
18乙亥⑭	18乙巳16	18甲戌14	18甲辰14	18癸酉12	18癸卯12	18壬申10	18壬寅9	18壬申9	18辛丑⑦	18辛未7	17己亥4	18庚午4
19丙子15	19丙午17	19乙亥15	19乙巳15	19甲戌⑬	19甲辰13	19癸酉11	19癸卯10	19癸酉⑩	19壬寅8	19壬申8	18庚子5	19辛未5
20丁丑16	20丁未18	20丙子16	20丙午⑯	20乙亥14	20乙巳14	20甲戌12	20甲辰11	20甲戌11	20癸卯9	20癸酉9	19辛丑6	20壬申⑥
21戊寅17	21戊申19	21丁丑17	21丁未17	21丙子15	21丙午15	21乙亥13	21乙巳⑫	21乙亥12	21甲辰10	21甲戌10	20壬寅7	21癸酉7
22己卯18	**22**己酉20	22戊寅⑱	22戊申18	22丁丑16	22丁未16	22丙子14	22丙午13	22丙子13	22乙巳11	22乙亥11	21癸卯8	22甲戌8
23庚辰19	23庚戌㉑	**23**己卯19	23己酉19	23戊寅17	23戊申17	23丁丑⑮	23丁未14	23丁丑14	23丙午12	23丙子⑫	22甲辰⑨	23乙亥9
24辛巳20	24辛亥22	24庚辰20	**24**庚戌20	24己卯18	24己酉⑱	24戊寅16	24戊申15	24戊寅15	24丁未13	24丁丑13	23乙巳10	24丙子10
25壬午㉑	25壬子23	25辛巳21	25辛亥21	**25**庚辰19	25庚戌19	25己卯17	25己酉16	25己卯16	25戊申⑭	25戊寅14	24丙午11	25丁丑11
26癸未22	26癸丑24	26壬午22	26壬子22	26辛巳⑳	**26**辛亥20	26庚辰18	26庚戌17	26庚辰⑰	26己酉15	26己卯15	25丁未12	26戊寅12
27甲申23	27甲寅25	27癸未23	27癸丑㉓	27壬午21	27壬子21	**27**辛巳19	27辛亥18	27辛巳18	27庚戌16	27庚辰16	26戊申13	27己卯⑬
28乙酉24	28乙卯26	28甲申24	28甲寅24	28癸未22	28癸丑22	28壬午20	**28**壬子⑲	**28**壬午19	28辛亥17	28辛巳17	27己酉14	28庚辰14
29丙戌25	29丙辰27	29乙酉㉕	29乙卯25	29甲申23	29甲寅23	29癸未21	29癸丑20	29癸未20	**29**壬子18	29壬午18	28庚戌15	29辛巳15
30丁亥26		30丙戌26		30乙酉24		30甲申㉒	30甲寅21		30癸丑19		29辛亥⑯	
											30壬子17	

1月	2月	3月	4月	5月	6月	7月	8月	9月	10月	閏10月	11月	12月
立春 6日	啓蟄 7日	清明 8日	立夏 9日	芒種 10日	小暑 10日	立秋 12日	白露 12日	寒露 13日	立冬 14日	大雪 15日	冬至 1日	大寒 1日
雨水 21日	春分 22日	穀雨 23日	小満 24日	夏至 25日	大暑 26日	処暑 27日	秋分 28日	霜降 28日	小雪 29日		小寒 16日	立春 16日

天武天皇8年（679－680） 己卯

1月	2月	3月	4月	5月	6月	7月	8月	9月	10月	11月	12月
1壬午16	1壬子18	1辛巳16	1辛亥16	1庚辰14	1庚戌14	1己卯12	1己酉⑪	1戊寅10	1戊申 9	1丁丑 8	1丁未 7
2癸未17	2癸丑19	2壬午⑰	2壬子17	2辛巳15	2辛亥15	2庚辰13	2庚戌12	2己卯11	2己酉10	2戊寅 9	2戊申⑧
3甲申18	3甲寅⑳	3癸未18	3癸丑18	3壬午16	3壬子16	3辛巳⑭	3辛亥13	3庚辰12	3庚戌11	3己卯10	3己酉 9
4乙酉19	4乙卯21	4甲申19	4甲寅19	4癸未17	4癸丑⑰	4壬午15	4壬子14	4辛巳13	4辛亥12	4庚辰⑪	4庚戌10
5丙戌⑳	5丙辰22	5乙酉20	5乙卯20	5甲申18	5甲寅18	5癸未16	5癸丑15	5壬午14	5壬子⑬	5辛巳12	5辛亥11
6丁亥21	6丁巳23	6丙戌21	6丙辰21	6乙酉⑲	6乙卯19	6甲申17	6甲寅16	6癸未15	6癸丑14	6壬午13	6壬子12
7戊子22	7戊午24	7丁亥22	7丁巳㉒	7丙戌20	7丙辰20	7乙酉18	7乙卯17	7甲申⑯	7甲寅15	7癸未14	7癸丑13
8己丑23	8己未25	8戊子23	8戊午23	8丁亥21	8丁巳21	8丙戌19	8丙辰⑱	8乙酉17	8乙卯16	8甲申15	8甲寅14
9庚寅24	9庚申26	9己丑㉔	9己未24	9戊子22	9戊午22	9丁亥20	9丁巳19	9丙戌18	9丙辰17	9乙酉16	9乙卯⑮
10辛卯25	10辛酉㉗	10庚寅25	10庚申25	10己丑23	10己未23	10戊子㉑	10戊午20	10丁亥19	10丁巳18	10丙戌17	10丙辰16
11壬辰26	11壬戌28	11辛卯26	11辛酉26	11庚寅24	11庚申㉔	11己丑22	11己未21	11戊子20	11戊午19	11丁亥⑱	11丁巳17
12癸巳㉗	12癸亥29	12壬辰27	12壬戌27	12辛卯25	12辛酉25	12庚寅23	12庚申22	12己丑21	12己未⑳	12戊子19	12戊午18
13甲午28	13甲子30	13癸巳28	13癸亥28	13壬辰㉖	13壬戌26	13辛卯24	13辛酉23	13庚寅22	13庚申21	13己丑20	13己未19
《3月》	14乙丑31	14甲午29	14甲子㉙	14癸巳27	14癸亥27	14壬辰25	14壬戌24	14辛卯㉓	14辛酉22	14庚寅21	14庚申20
14乙未 1	《4月》	15乙未30	15乙丑30	15甲午28	15甲子28	15癸巳26	15癸亥㉕	15壬辰24	15壬戌23	15辛卯22	15辛酉21
15丙申 2	15丙寅 1	《5月》	16丙寅31	16乙未29	16乙丑29	16甲午27	16甲子26	16癸巳25	16癸亥24	16壬辰23	16壬戌㉒
16丁酉 3	16丁卯 2	16丙申①	《6月》	17丙申30	17丙寅30	17乙未㉘	17乙丑27	17甲午26	17甲子25	17癸巳24	17癸亥23
17戊戌 4	17戊辰③	17丁酉 2	17丁卯 1	《7月》	18丁卯㉛	18丙申29	18丙寅28	18乙未27	18乙丑26	18甲午㉕	18甲子24
18己亥 5	18己巳 4	18戊戌 3	18戊辰 2	18丁酉 1	《8月》	19丁酉30	19丁卯29	19丙申28	19丙寅㉗	19乙未26	19乙丑25
19庚子⑥	19庚午 5	19己亥 4	19己巳 3	19戊戌 2	19戊辰 1	20戊戌31	20戊辰30	20丁酉29	20丁卯28	20丙申27	20丙寅26
20辛丑 7	20辛未 6	20庚子 5	20庚午 4	20己亥③	20己巳 2	《9月》	《10月》	21戊戌㉚	21戊辰29	21丁酉28	21丁卯27
21壬寅 8	21壬申 7	21辛丑 6	21辛未⑤	21庚子 4	21庚午 3	21己亥 1	21己巳 1	22己亥31	22己巳30	22戊戌29	22戊辰28
22癸卯 9	22癸酉 8	22壬寅 7	22壬申 6	22辛丑 5	22辛未 4	22庚子 2	22庚午②	《11月》	《12月》	23己亥30	23己巳㉙
23甲辰10	23甲戌 9	23癸卯⑧	23癸酉 7	23壬寅 6	23壬申 5	23辛丑 3	23辛未 3	23庚子 1	23庚午 1	24庚子31	24庚午30
24乙巳11	24乙亥⑩	24甲辰 9	24甲戌 8	24癸卯 7	24癸酉 6	24壬寅④	24壬申 4	24辛丑 2	24辛未 2	680年	25辛未31
25丙午12	25丙子11	25乙巳10	25乙亥 9	25甲辰 8	25甲戌⑦	25癸卯 5	25癸酉 5	25壬寅 3	25壬申 3	《1月》	《2月》
26丁未⑬	26丁丑12	26丙午11	26丙子10	26乙巳 9	26乙亥 8	26甲辰 6	26甲戌 6	26癸卯 4	26癸酉④	25辛丑①	26壬申 1
27戊申14	27戊寅13	27丁未12	27丁丑11	27丙午⑩	27丙子 9	27乙巳 7	27乙亥 7	27甲辰 5	27甲戌 5	26壬寅 2	27癸酉 2
28己酉15	28己卯14	28戊申13	28戊寅⑫	28丁未11	28丁丑10	28丙午 8	28丙子 8	28乙巳⑥	28乙亥 6	27癸卯 3	28甲戌 3
29庚戌16	29庚辰15	29己酉14	29己卯13	29戊申12	29戊寅11	29丁未 9	29丁丑⑨	29丙午 7	29丙子 7	28甲辰 4	29乙亥 4
30辛亥17		30庚戌⑮		30己酉13		30戊申10		30丁未 8		29乙巳 5	30丙子⑤
										30丙午 6	

雨水 3日	春分 3日	穀雨 5日	小満 5日	夏至 6日	大暑 7日	処暑 8日	秋分 9日	霜降 10日	小雪 11日	冬至 12日	大寒 13日
啓蟄 18日	清明 18日	立夏 20日	芒種 20日	小暑 22日	立秋 22日	白露 24日	寒露 24日	立冬 25日	大雪 26日	小寒 27日	立春 28日

天武天皇9年（680－681） 庚辰

1月	2月	3月	4月	5月	6月	7月	8月	9月	10月	11月	12月
1丁丑 6	1丙午 6	1丙子 5	1乙巳 4	1乙亥③	1甲辰 2	《8月》	1癸卯30	1癸酉29	1壬寅㉘	1壬申27	1辛丑26
2戊寅 7	2丁未 7	2丁丑 6	2丙午 5	2丙子 4	2乙巳 3	1甲戌 1	2甲辰31	2甲戌㉚	2癸卯29	2癸酉28	2壬寅27
3己卯 8	3戊申 8	3戊寅 7	3丁未⑥	3丁丑 5	3丙午 4	2乙亥 2	《9月》	《10月》	3甲辰30	3甲戌29	3癸卯28
4庚辰 9	4己酉 9	4己卯⑧	4戊申 7	4戊寅 6	4丁未 5	3丙子 3	3乙巳 1	3乙亥 1	4乙巳31	4乙亥30	4甲辰29
5辛巳10	5庚戌10	5庚辰 9	5己酉 8	5己卯 7	5戊申 6	4丁丑 4	4丙午②	4丙子 2	《11月》	《12月》	5乙巳㉚
6壬午11	6辛亥⑪	6辛巳10	6庚戌 9	6庚辰 8	6己酉 7	5戊寅⑤	5丁未 3	5丁丑 3	5丙午 1	5丙子 1	6丙午31
7癸未⑫	7壬子12	7壬午11	7辛亥10	7辛巳 9	7庚戌⑧	6己卯 6	6戊申 4	6戊寅 4	6丁未 2	6丁丑②	681年
8甲申13	8癸丑13	8癸未12	8壬子11	8壬午⑩	8辛亥 9	7庚辰 7	7己酉 5	7己卯 5	7戊申 3	7戊寅 3	《1月》
9乙酉14	9甲寅14	9甲申13	9癸丑12	9癸未11	9壬子10	8辛巳 8	8庚戌 6	8庚辰 6	8己酉④	8己卯 4	7丁未 1
10丙戌15	10乙卯15	10乙酉14	10甲寅⑬	10甲申12	10癸丑11	9壬午 9	9辛亥 7	9辛巳⑦	9庚戌 5	9庚辰 5	8戊申 2
11丁亥16	11丙辰16	11丙戌⑮	11乙卯14	11乙酉13	11甲寅12	10癸未10	10壬子 8	10壬午 8	10辛亥 6	10辛巳 6	9己酉 3
12戊子17	12丁巳17	12丁亥16	12丙辰15	12丙戌14	12乙卯13	11甲申11	11癸丑⑨	11癸未 9	11壬子 7	11壬午 7	10庚戌 4
13己丑18	13戊午⑱	13戊子17	13丁巳16	13丁亥15	13丙辰14	12乙酉⑫	12甲寅10	12甲申10	12癸丑 8	12癸未 8	11辛亥 5
14庚寅⑲	14己未19	14己丑18	14戊午17	14戊子16	14丁巳⑮	13丙戌13	13乙卯11	13乙酉11	13甲寅 9	13甲申⑨	12壬子⑥
15辛卯20	15庚申20	15庚寅19	15己未18	15己丑⑰	15戊午16	14丁亥14	14丙辰12	14丙戌12	14乙卯10	14乙酉10	13癸丑 7
16壬辰21	16辛酉21	16辛卯20	16庚申19	16庚寅18	16己未17	15戊子15	15丁巳13	15丁亥13	15丙辰⑪	15丙戌11	14甲寅 8
17癸巳22	17壬戌22	17壬辰21	17辛酉⑳	17辛卯19	17庚申18	16己丑16	16戊午14	16戊子⑭	16丁巳12	16丁亥12	15乙卯 9
18甲午23	18癸亥23	18癸巳㉒	18壬戌21	18壬辰20	18辛酉19	17庚寅17	17己未15	17己丑15	17戊午13	17戊子13	16丙辰10
19乙未24	19甲子24	19甲午23	19癸亥22	19癸巳21	19壬戌20	18辛卯18	18庚申⑯	18庚寅16	18己未14	18己丑14	17丁巳11
20丙申25	20乙丑㉕	20乙未24	20甲子23	20甲午22	20癸亥21	19壬辰⑲	19辛酉17	19辛卯17	19庚申15	19庚寅15	18戊午12
21丁酉㉖	21丙寅26	21丙申25	21乙丑24	21乙未23	21甲子㉒	20癸巳20	20壬戌18	20壬辰18	20辛酉16	20辛卯⑯	19己未⑬
22戊戌27	22丁卯27	22丁酉26	22丙寅25	22丙申㉔	22乙丑23	21甲午21	21癸亥19	21癸巳19	21壬戌17	21壬辰17	20庚申14
23己亥28	23戊辰28	23戊戌27	23丁卯26	23丁酉25	23丙寅24	22乙未22	22甲子20	22甲午20	22癸亥⑱	22癸巳18	21辛酉15
24庚子29	24己巳29	24己亥28	24戊辰㉗	24戊戌26	24丁卯25	23丙申23	23乙丑21	23乙未㉑	23甲子19	23甲午19	22壬戌16
《3月》	25庚午30	25庚子㉙	25己巳28	25己亥27	25戊辰26	24丁酉24	24丙寅22	24丙申22	24乙丑20	24乙未20	23癸亥17
25辛丑 1	26辛未31	26辛丑30	26庚午29	26庚子28	26己巳27	25戊戌25	25丁卯㉓	25丁酉23	25丙寅21	25丙申21	24甲子18
26壬寅 2	《4月》	《5月》	27辛未30	27辛丑29	27庚午28	26己亥㉖	26戊辰24	26戊戌24	26丁卯22	26丁酉22	25乙丑19
27癸卯 3	27壬申①	27壬寅 1	28壬申31	28壬寅30	28辛未㉙	27庚子27	27己巳25	27己亥25	27戊辰23	27戊戌㉓	26丙寅⑳
28甲辰④	28癸酉 2	28癸卯 2	《6月》	《7月》	29壬申30	28辛丑28	28庚午26	28庚子26	28己巳24	28己亥24	27丁卯21
29乙巳 5	29甲戌 3	29甲辰 3	29癸酉 1	29癸卯①	30癸酉31	29壬寅29	29辛未27	29辛丑27	29庚午㉕	29庚子25	28戊辰22
	30乙亥 4		30甲戌 2				30壬申28		30辛未26		29己巳23
											30庚午24

雨水 13日	春分 14日	穀雨 15日	立夏 1日	芒種 1日	小暑 3日	立秋 3日	白露 5日	寒露 5日	立冬 7日	大雪 7日	小寒 9日
啓蟄 28日	清明 30日		小満 16日	夏至 17日	大暑 18日	処暑 19日	秋分 20日	霜降 20日	小雪 22日	冬至 22日	大寒 24日

天武天皇**10**年（681－682） 辛巳

1月	2月	3月	4月	5月	6月	7月	閏7月	8月	9月	10月	11月	12月
1 辛未25	1 庚子23	1 庚午25	1 己亥23	1 己巳23	1 己亥22	1 戊辰㉑	1 戊戌20	**1** 丁卯18	1 丁酉18	1 丙寅16	1 丙申16	1 乙丑14
2 壬申26	2 辛丑㉔	2 辛未26	2 庚子24	2 庚午24	2 庚子㉓	2 己巳22	2 己亥21	2 戊辰19	**2** 戊戌19	2 丁卯⑰	2 丁酉17	2 丙寅15
3 癸酉㉗	3 壬寅25	3 壬申27	3 辛丑25	3 辛未25	3 辛丑24	3 庚午23	3 庚子22	3 己巳20	3 己亥⑳	**3** 戊辰18	3 戊戌18	3 丁卯16
4 甲戌28	4 癸卯26	4 癸酉28	4 壬寅26	4 壬申㉖	4 壬寅25	4 辛未24	4 辛丑23	4 庚午21	4 庚子21	4 己巳19	**4** 己亥19	4 戊辰17
5 乙亥29	5 甲辰27	5 甲戌29	5 癸卯27	5 癸酉27	5 癸卯26	5 壬申25	5 壬寅24	5 辛未㉒	5 辛丑22	5 庚午20	5 庚子20	**5** 己巳18
6 丙子30	6 乙巳28	6 乙亥30	6 甲辰㉘	6 甲戌28	6 甲辰27	6 癸酉26	6 癸卯㉕	6 壬申23	6 壬寅23	6 辛未21	6 辛丑21	6 庚午⑲
7 丁丑31	《3月》	7 丙子㉛	7 乙巳29	7 乙亥29	7 乙巳28	7 甲戌27	7 甲辰26	7 癸酉24	7 癸卯24	7 壬申22	7 壬寅㉒	7 辛未20
《2月》	7 丙午 1	《4月》	8 丙午30	8 丙子30	8 丙午29	8 乙亥㉘	8 乙巳27	8 甲戌25	8 甲辰25	8 癸酉23	8 癸卯23	8 壬申21
8 戊寅 1	8 丁未 2	8 丁丑 1	《5月》	9 丁丑31	9 丁未㉚	9 丙子29	9 丙午28	9 乙亥26	9 乙巳26	9 甲戌㉔	9 甲辰24	9 癸酉22
9 己卯 2	9 戊申③	9 戊寅 2	9 丁未 1	《6月》	《7月》	10丁丑30	10丁未29	10丙子27	10丙午㉗	10乙亥25	10乙巳25	10甲戌23
10庚辰③	**10**己酉 4	10己卯 3	10戊申 2	10戊寅 1	10戊申 1	11戊寅31	11戊申30	11丁丑28	11丁未28	11丙子26	11丙午26	11乙亥24
11辛巳 4	11庚戌 5	**11**庚辰 4	11己酉 3	11己卯②	11己酉 2	《8月》	12己酉31	12戊寅㉙	12戊申29	12丁丑27	12丁未27	12丙子25
12壬午 5	12辛亥 6	12辛巳 5	**12**庚戌 4	12庚辰 3	12庚戌 3	12己卯 1	《9月》	13己卯30	13己酉30	13戊寅28	13戊申28	13丁丑㉖
13癸未 6	13壬子 7	13壬午 6	13辛亥⑤	**13**辛巳 4	**13**辛亥 4	13庚辰 2	13庚戌①	《10月》	14庚戌31	14己卯29	14己酉㉙	14戊寅27
14甲申 7	14癸丑 8	14癸未⑦	14壬子 6	14壬午 5	14壬子 5	14辛巳 3	14辛亥 2	14庚辰 1	《11月》	15庚辰30	15庚戌30	15己卯28
15乙酉 8	15甲寅 9	15甲申 8	15癸丑 7	15癸未 6	15癸丑 6	**15**壬午④	**15**壬子 3	15辛巳 2	15辛亥 1	《12月》	16辛亥31	16庚辰29
16丙戌 9	16乙卯⑩	16乙酉 9	16甲寅 8	16甲申 7	16甲寅⑦	16癸未 5	16癸丑 4	**16**壬午 3	16壬子 2	16辛巳①	**682 年**	17辛巳30
17丁亥⑩	17丙辰11	17丙戌10	17乙卯 9	17乙酉 8	17乙卯 8	17甲申 6	17甲寅 5	17癸未 4	**17**癸丑③	17壬午 2	《1月》	18壬午31
18戊子11	18丁巳12	18丁亥11	18丙辰10	18丙戌⑨	18丙辰 9	18乙酉 7	18乙卯 6	18甲申 5	18甲寅 4	**18**癸未 3	17壬子 1	《2月》
19己丑12	19戊午13	19戊子12	19丁巳11	19丁亥10	19丁巳10	19丙戌 8	19丙辰 7	19乙酉⑥	19乙卯 5	19甲申 4	18癸丑 2	19癸未 1
20庚寅13	20己未14	20己丑13	20戊午⑫	20戊子11	20戊午11	20丁亥 9	20丁巳⑧	20丙戌 7	20丙辰 6	20乙酉 5	**19**甲寅 3	**20**甲申②
21辛卯14	21庚申15	21庚寅⑭	21己未13	21己丑12	21己未12	21戊子10	21戊午 9	21丁亥 8	21丁巳 7	21丙戌 6	20乙卯 4	21乙酉 3
22壬辰15	22辛酉16	22辛卯15	22庚申14	22庚寅13	22庚申13	22己丑⑪	22己未10	22戊子 9	22戊午 8	22丁亥 7	21丙辰⑤	22丙戌 4
23癸巳16	23壬戌⑰	23壬辰16	23辛酉15	23辛卯14	23辛酉⑭	23庚寅12	23庚申11	23己丑10	23己未 9	23戊子⑧	22丁巳 6	23丁亥 5
24甲午⑰	24癸亥18	24癸巳17	24壬戌16	24壬辰15	24壬戌15	24辛卯13	24辛酉12	24庚寅11	24庚申⑩	24己丑 9	23戊午 7	24戊子 6
25乙未18	25甲子19	25甲午18	25癸亥17	25癸巳⑯	25癸亥16	25壬辰14	25壬戌13	25辛卯12	25辛酉11	25庚寅10	24己未 8	25己丑 7
26丙申19	**26**乙丑20	**26**乙未19	26甲子18	26甲午17	26甲子17	26癸巳15	26癸亥14	26壬辰⑬	26壬戌12	26辛卯11	25庚申 9	26庚寅 8
27丁酉20	27丙寅21	27丙申20	27乙丑⑲	27乙未18	27乙丑18	27甲午16	27甲子⑮	27癸巳14	27癸亥13	27壬辰12	26辛酉10	27辛卯⑨
28戊戌21	28丁卯22	28丁酉㉑	**28**丙寅20	**28**丙申19	**28**丙寅19	28乙未17	28乙丑16	28甲午15	28甲子14	28癸巳13	27壬戌11	28壬辰10
29己亥22	29戊辰23	29戊戌22	29丁卯21	29丁酉20	29丁卯20	29丙申⑱	29丙寅17	29乙未16	29乙丑15	29甲午14	28癸亥⑫	29癸巳11
	30己巳㉔		30戊辰22	30戊戌21		**30**丁酉19		30丙申17		30乙未⑮	29甲子13	30甲午12
立春 9日	啓蟄 10日	清明 11日	立夏 12日	芒種 13日	小暑 13日	立秋 15日	白露15日	秋分 1日	霜降 2日	小雪 3日	冬至 4日	大寒 5日
雨水 24日	春分 26日	穀雨 26日	小満 28日	夏至 28日	大暑 28日	処暑 30日		寒露 16日	立冬 17日	大雪 18日	小寒 19日	立春 20日

天武天皇**11**年（682－683） 壬午

1月	2月	3月	4月	5月	6月	7月	8月	9月	10月	11月	12月
1 乙未13	1 甲子14	1 甲午⑬	1 癸亥12	1 癸巳11	1 壬戌10	1 壬辰 9	1 壬戌 8	1 辛卯 7	1 辛酉 6	1 庚寅 5	1 庚申④
2 丙申14	2 乙丑15	2 乙未14	2 甲子13	2 甲午12	2 癸亥11	2 癸巳⑩	2 癸亥 9	2 壬辰 8	2 壬戌 7	2 辛卯 6	2 辛酉 5
3 丁酉15	3 丙寅⑯	3 丙申15	3 乙丑14	3 乙未13	3 甲子12	3 甲午11	3 甲子10	3 癸巳 9	3 癸亥 8	3 壬辰⑦	3 壬戌 6
4 戊戌⑯	4 丁卯17	4 丁酉16	4 丙寅15	4 丙申14	4 乙丑⑬	4 乙未12	4 乙丑11	4 甲午10	4 甲子⑨	4 癸巳 8	4 癸亥 7
5 己亥17	5 戊辰18	5 戊戌17	5 丁卯16	5 丁酉⑮	5 丙寅14	5 丙申13	5 丙寅12	5 乙未11	5 乙丑10	5 甲午 9	5 甲子 8
6 庚子18	6 己巳19	6 己亥18	6 戊辰17	6 戊戌16	6 丁卯15	6 丁酉14	6 丁卯13	6 丙申⑫	6 丙寅11	6 乙未10	6 乙丑 9
7 辛丑19	**7** 庚午20	**7** 庚子19	7 己巳⑱	7 己亥17	7 戊辰16	7 戊戌15	7 戊辰⑭	7 丁酉13	7 丁卯12	7 丙申11	7 丙寅10
8 壬寅20	8 辛未21	8 辛丑⑳	8 庚午19	8 庚子18	8 己巳17	8 己亥16	8 己巳15	8 戊戌14	8 戊辰13	8 丁酉12	8 丁卯⑪
9 癸卯21	9 壬申22	9 壬寅21	**9** 辛未20	**9** 辛丑19	9 庚午18	9 庚子⑰	9 庚午16	9 己亥15	9 己巳14	9 戊戌13	9 戊辰12
10甲辰22	10癸酉㉓	10癸卯22	10壬申21	10壬寅20	10辛未19	10辛丑18	10辛未17	10庚子16	10庚午15	10己亥⑭	10己巳13
11乙巳㉓	11甲戌24	11甲辰23	11癸酉22	11癸卯21	**11**壬申⑳	**11**壬寅19	11壬申18	11辛丑17	11辛未⑯	11庚子15	11庚午14
12丙午24	12乙亥25	12乙巳24	12甲戌23	12甲辰㉒	12癸酉21	12癸卯20	**12**癸酉19	12壬寅18	12壬申17	12辛丑16	12辛未15
13丁未25	13丙子26	13丙午25	13乙亥24	13乙巳23	13甲戌22	13甲辰21	13甲戌20	**13**癸卯⑲	**13**癸酉18	13壬寅17	13壬申16
14戊申26	14丁丑27	14丁未26	14丙子㉕	14丙午24	14乙亥23	14乙巳22	14乙亥㉑	14甲辰20	14甲戌19	14癸卯18	14癸酉17
15己酉27	15戊寅28	15戊申㉗	15丁丑26	15丁未25	15丙子24	15丙午23	15丙子22	15乙巳21	15乙亥20	**15**甲辰19	**15**甲戌⑱
16庚戌28	16己卯29	16己酉28	16戊寅27	16戊申26	16丁丑25	16丁未㉔	16丁丑23	16丙午22	16丙子21	16乙巳20	16乙亥19
《3月》	17庚辰㉚	17庚戌29	17己卯28	17己酉27	17戊寅26	17戊申25	17戊寅24	17丁未23	17丁丑22	17丙午㉑	17丙子20
17辛亥 1	18辛巳31	18辛亥30	18庚辰29	18庚戌28	18己卯㉗	18己酉26	18己卯25	18戊申24	18戊寅㉓	18丁未22	18丁丑21
18壬子②	《4月》	《5月》	19辛巳30	19辛亥㉙	19庚辰28	19庚戌27	19庚辰26	19己酉25	19己卯24	19戊申23	19戊寅22
19癸丑 3	19壬午 1	19壬子 1	20壬午31	20壬子30	20辛巳29	20辛亥28	20辛巳27	20庚戌㉖	20庚辰25	20己酉24	20己卯23
20甲寅 4	20癸未 2	20癸丑 2	《6月》	《7月》	21壬午30	21壬子29	21壬午㉘	21辛亥27	21辛巳26	21庚戌25	21庚辰24
21乙卯 5	21甲申 3	21甲寅 3	21癸未①	21癸丑 1	22癸未31	22癸丑30	22癸未29	22壬子28	22壬午27	22辛亥26	22辛巳㉕
22丙辰 6	**22**乙酉 4	22乙卯④	22甲申 2	22甲寅 2	《8月》	23甲寅㉛	23甲申30	23癸丑29	23癸未28	23壬子27	23壬午26
23丁巳 7	23丙戌 5	**23**丙辰 5	23乙酉 3	23乙卯 3	23甲申 1	《9月》	《10月》	24甲寅30	24甲申29	24癸丑㉘	24癸未27
24戊午 8	24丁亥⑥	24丁巳 6	**24**丙戌 4	**24**丙辰 4	24乙酉 2	24乙卯 1	24乙酉 1	25乙卯31	25乙酉㉚	25甲寅29	25甲申28
25己未⑨	25戊子 7	25戊午 7	25丁亥 5	25丁巳 5	25丙戌③	25丙辰 2	25丙戌 2	《11月》	《12月》	26乙卯30	26乙酉29
26庚申10	26己丑 8	26己未 8	26戊子 6	26戊午⑥	**26**丁亥 4	**26**丁巳 3	26丁亥 3	26丙辰 1	26丙戌 1	27丙辰31	27丙戌30
27辛酉11	27庚寅 9	27庚申 9	27己丑 7	27己未 7	27戊子 5	27戊午 4	**27**戊子 4	27丁巳②	27丁亥 2	**683 年**	28丁亥31
28壬戌12	28辛卯10	28辛酉10	28庚寅⑧	28庚申 8	28己丑 6	28己未 5	28己丑⑤	**28**戊午 3	28戊子 3	《1月》	《2月》
29癸亥13	29壬辰11	29壬戌⑪	29辛卯 9	29辛酉 9	29庚寅 7	29庚申 6	29庚寅 6	29己未 4	**29**己丑 4	28丁巳 1	29戊子①
	30癸巳12		30壬辰10		30辛卯 8	30辛酉⑦		30庚申 5		29戊午 2	
										30己未 3	
雨水 5日	春分 7日	穀雨 7日	小満 9日	夏至 9日	大暑 11日	処暑 11日	秋分 12日	霜降 13日	小雪 13日	冬至 15日	大寒 15日
啓蟄 21日	清明 22日	立夏 23日	芒種 24日	小暑 24日	立秋 26日	白露 26日	寒露 27日	立冬 28日	大雪 29日	小寒 30日	

天武天皇 **12** 年（683－684） 癸未

1 月	2 月	3 月	4 月	5 月	6 月	7 月	8 月	9 月	10月	11月	12月
1 己丑 2 2 庚寅 3 3 辛卯 4 4 壬辰 5 5 癸巳 6 6 甲午 7 7 乙未⑧ 8 丙申 9 9 丁酉10 10戊戌11 11己亥12 12庚子13 13辛丑14 14壬寅⑮ 15癸卯16 16甲辰17 **17**乙巳18 18丙午19 19丁未20 20戊申21 21己酉㉒ 22庚戌23 23辛亥24 24壬子25 25癸丑26 26甲寅27 27乙卯28 《3月》 28丙辰① 29丁巳 2 30戊午 3	1 己未 4 **2** 庚申 5 3 辛酉 6 4 壬戌 7 5 癸亥⑧ 6 甲子 9 7 乙丑10 8 丙寅11 9 丁卯12 10戊辰13 11己巳14 12庚午⑮ 13辛未16 14壬申17 15癸酉18 16甲戌19 **17**乙亥20 18丙子21 19丁丑㉒ 20戊寅23 21己卯24 22庚辰25 23辛巳26 24壬午27 25癸未28 26甲申㉙ 27乙酉30 28丙戌31 《4月》 29丁亥 1	1 戊子 2 2 己丑 3 **3** 庚寅 4 4 辛卯⑤ 5 壬辰 6 6 癸巳 7 7 甲午 8 8 乙未 9 9 丙申10 10丁酉11 11戊戌⑫ 12己亥13 13庚子14 14辛丑15 15壬寅16 16癸卯17 17甲辰18 18乙巳⑲ **19**丙午20 20丁未21 21戊申22 22己酉23 23庚戌24 24辛亥25 25壬子㉖ 26癸丑27 27甲寅28 28乙卯29 29丙辰30 《5月》 30丁巳 1	1 戊午 2 2 己未③ 3 庚申 4 **4** 辛酉 5 5 壬戌 6 6 癸亥 7 7 甲子 8 8 乙丑 9 9 丙寅⑩ 10丁卯11 11戊辰12 12己巳13 13庚午14 14辛未15 15壬申16 16癸酉⑰ 17甲戌18 18乙亥19 **19**丙子20 20丁丑21 21戊寅22 22己卯23 23庚辰㉔ 24辛巳25 25壬午26 26癸未27 27甲申28 28乙酉29 29丙戌30	1 丁亥㉛ 《6月》 2 戊子 1 3 己丑 2 4 庚寅 3 **5** 辛卯 4 6 壬辰 5 7 癸巳 6 8 甲午⑦ 9 乙未 8 10丙申 9 11丁酉10 12戊戌11 13己亥12 14庚子13 15辛丑⑭ 16壬寅15 17癸卯16 18甲辰17 19乙巳18 **20**丙午19 21丁未20 22戊申㉑ 23己酉22 24庚戌23 25辛亥24 26壬子25 27癸丑26 28甲寅27 29乙卯㉘ 30丙辰29	1 丁巳30 《7月》 2 戊午 1 3 己未 2 4 庚申 3 5 辛酉 4 **6** 壬戌⑤ 7 癸亥 6 8 甲子 7 9 乙丑 8 10丙寅 9 11丁卯10 12戊辰11 13己巳⑫ 14庚午13 15辛未14 16壬申15 17癸酉16 18甲戌17 19乙亥18 20丙子⑲ **21** 丁丑20 22戊寅21 23己卯22 24庚辰23 25辛巳24 26壬午25 27癸未㉖ 28甲申27 29乙酉28	1 丙戌29 2 丁亥30 3 戊子31 《8月》 4 己丑 1 5 庚寅② 6 辛卯 3 **7** 壬辰 4 8 癸巳 5 9 甲午 6 10乙未 7 11丙申 8 12丁酉⑨ 13戊戌10 14己亥11 15庚子12 16辛丑13 17壬寅14 18癸卯15 19甲辰⑯ 20乙巳17 21丙午18 **22**丁未19 23戊申20 24己酉21 25庚戌22 26辛亥㉓ 27壬子24 28癸丑25 29甲寅26 30乙卯27	1 丙辰28 2 丁巳29 3 戊午㉚ 4 己未31 《9月》 5 庚申 1 6 辛酉 2 7 壬戌 3 **8** 癸亥 4 9 甲子 5 10乙丑⑥ 11丙寅 7 12丁卯 8 13戊辰 9 14己巳10 15庚午11 16辛未12 17壬申⑬ 18癸酉14 19甲戌15 20乙亥16 21丙子17 22丁丑18 **23**戊寅19 24己卯⑳ 25庚辰21 26辛巳22 27壬午23 28癸未24 29甲申25	1 乙酉26 2 丙戌㉗ 3 丁亥28 4 戊子29 5 己丑30 《10月》 6 庚寅 1 7 辛卯 2 8 壬辰 3 **9** 癸巳④ 10甲午 5 11乙未 6 12丙申 7 13丁酉 8 14戊戌 9 15己亥10 16庚子⑪ 17辛丑12 18壬寅13 19癸卯14 20甲辰15 21乙巳16 22丙午17 23丁未⑱ **24**戊申19 25己酉20 26庚戌21 27辛亥22 28壬子23 29癸丑24 30甲寅㉕	1 乙卯26 2 丙辰27 3 丁巳28 4 戊午29 5 己未30 6 庚申31 《11月》 7 辛酉① 8 壬戌 2 **9** 癸亥 3 10甲子 4 11乙丑 5 12丙寅 6 13丁卯 7 14戊辰⑧ 15己巳 9 16庚午10 17辛未11 18壬申12 19癸酉13 20甲戌14 21乙亥⑮ 22丙子16 23丁丑17 24戊寅18 **25**己卯19 26庚辰20 27辛巳21 28壬午㉒ 29癸未23	1 甲申24 2 乙酉25 3 丙戌26 4 丁亥27 5 戊子28 6 己丑㉙ 7 庚寅30 《12月》 8 辛卯 1 9 壬辰 2 10癸巳 3 **11**甲午 4 12乙未 5 13丙申⑥ 14丁酉 7 15戊戌 8 16己亥 9 17庚子10 18辛丑11 19壬寅12 20癸卯⑬ 21甲辰14 22乙巳15 23丙午16 24丁未17 25戊申18 **26**己酉19 27庚戌⑳ 28辛亥21 29壬子22 30癸丑23	1 甲寅24 2 乙卯25 3 丙辰26 4 丁巳㉗ 5 戊午28 6 己未29 7 庚申30 8 辛酉31 **684** 年 《1月》 9 壬戌 1 10癸亥 2 **11**甲子③ 12乙丑 4 13丙寅 5 14丁卯 6 15戊辰 7 16己巳 8 17庚午 9 18辛未⑩ 19壬申11 20癸酉12 21甲戌13 22乙亥14 23丙子15 24丁丑16 25戊寅⑰ 26己卯18 **27**庚辰19 28辛巳20 29壬午21 30癸未22
立春 1日 雨水 17日	啓蟄 2日 春分 17日	清明 3日 穀雨 19日	立夏 4日 小満 19日	芒種 5日 夏至 20日	小暑 6日 大暑 21日	立秋 7日 処暑 22日	白露 8日 秋分 23日	寒露 9日 霜降 24日	立冬 9日 小雪 25日	大雪 11日 冬至 26日	小寒 11日 大寒 27日

天武天皇 **13** 年（684－685） 甲申

1 月	2 月	3 月	4 月	閏4月	5 月	6 月	7 月	8 月	9 月	10月	11月	12月
1 甲申23 2 乙酉㉔ 3 丙戌25 4 丁亥26 5 戊子27 6 己丑28 7 庚寅29 8 辛卯30 9 壬辰㉛ 《2月》 10癸巳 1 11甲午 2 **12**乙未 3 13丙申 4 14丁酉 5 15戊戌 6 16己亥⑦ 17庚子 8 18辛丑 9 19壬寅10 20癸卯11 21甲辰12 22乙巳13 23丙午⑭ 24丁未15 25戊申16 26己酉17 **27**庚戌18 28辛亥19 29壬子20	1 癸丑㉑ 2 甲寅22 3 乙卯23 4 丙辰24 5 丁巳25 6 戊午26 7 己未27 8 庚申㉘ 9 辛酉29 《3月》 10壬戌 1 11癸亥 2 12甲子 3 **13**乙丑 4 14丙寅 5 15丁卯⑥ 16戊辰 7 17己巳 8 18庚午 9 19辛未10 20壬申11 21癸酉12 22甲戌⑬ 23乙亥14 24丙子15 25丁丑16 26戊寅17 27己卯18 **28**庚辰19 29辛巳⑳ 30壬午21	1 癸未22 2 甲申23 3 乙酉24 4 丙戌25 5 丁亥26 6 戊子㉗ 7 己丑28 8 庚寅29 9 辛卯30 10壬辰31 《4月》 11癸巳 1 12甲午 2 13乙未③ **14**丙申 4 15丁酉 5 16戊戌 6 17己亥 7 18庚子 8 19辛丑 9 20壬寅⑩ 21癸卯11 22甲辰12 23乙巳13 24丙午14 25丁未15 26戊申16 27己酉⑰ 28庚戌18 **29**辛亥19	1 壬子20 2 癸丑21 3 甲寅22 4 乙卯23 5 丙辰㉔ 6 丁巳25 7 戊午26 8 己未27 9 庚申28 10辛酉29 11壬戌30 《5月》 12癸亥① 13甲子 2 14乙丑 3 **15**丙寅 4 16丁卯 5 17戊辰 6 18己巳 7 19庚午⑧ 20辛未 9 21壬申10 22癸酉11 23甲戌12 24乙亥13 25丙子14 26丁丑⑮ 27戊寅16 28己卯17 29庚辰18 **30**辛巳19	1 壬午20 2 癸未21 3 甲申㉒ 4 乙酉23 5 丙戌24 6 丁亥25 7 戊子26 8 己丑27 9 庚寅28 10辛卯㉙ 11壬辰30 12癸巳31 《6月》 13甲午 1 14乙未 2 **15**丙申 3 16丁酉 4 17戊戌⑤ 18己亥 6 19庚子 7 20辛丑 8 21壬寅 9 22癸卯10 23甲辰11 24乙巳⑫ 25丙午13 26丁未14 27戊申15 28己酉16 29庚戌17	1 辛亥18 **2** 壬子⑲ 3 癸丑20 4 甲寅21 5 乙卯22 6 丙辰23 7 丁巳24 8 戊午25 9 己未㉖ 10庚申27 11辛酉28 12壬戌29 13癸亥30 《7月》 14甲子 1 15乙丑 2 16丙寅③ **17**丁卯 4 18戊辰 5 19己巳 6 20庚午 7 21辛未 8 22壬申 9 23癸酉⑩ 24甲戌11 25乙亥12 26丙子13 27丁丑14 28戊寅15 29己卯16 30庚辰⑰	1 辛巳18 **2** 壬午19 3 癸未20 4 甲申21 5 乙酉22 6 丙戌23 7 丁亥㉔ 8 戊子25 9 己丑26 10庚寅27 11辛卯28 12壬辰29 13癸巳30 14甲午㉛ 《8月》 15乙未 1 16丙申 2 **17**丁酉 3 18戊戌 4 19己亥 5 20庚子 6 21辛丑⑦ 22壬寅 8 23癸卯 9 24甲辰10 25乙巳11 26丙午12 27丁未13 28戊申⑭ 29己酉15	1 庚戌16 2 辛亥17 3 壬子18 **4** 癸丑19 5 甲寅20 6 乙卯㉑ 7 丙辰22 8 丁巳23 9 戊午24 10己未25 11庚申26 12辛酉27 13壬戌㉘ 14癸亥29 15甲子30 16乙丑31 《9月》 17丙寅 1 18丁卯 2 **19**戊辰 3 20己巳④ 21庚午 5 22辛未 6 23壬申 7 24癸酉 8 25甲戌 9 26乙亥10 27丙子⑪ 28丁丑12 29戊寅13 30己卯14	1 庚辰15 2 辛巳16 3 壬午17 **4** 癸未⑱ 5 甲申19 6 乙酉20 7 丙戌21 8 丁亥22 9 戊子23 10己丑24 11庚寅㉕ 12辛卯26 13壬辰27 14癸巳28 15甲午29 16乙未30 《10月》 17丙申 1 18丁酉② **19**戊戌 3 20己亥 4 21庚子 5 22辛丑 6 23壬寅 7 24癸卯 8 25甲辰⑨ 26乙巳10 27丙午11 28丁未12 29戊申13	1 己酉14 2 庚戌15 3 辛亥⑯ 4 壬子17 **5** 癸丑18 6 甲寅19 7 乙卯20 8 丙辰21 9 丁巳22 10戊午㉓ 11己未24 12庚申25 13辛酉26 14壬戌27 15癸亥28 16甲子29 17乙丑㉚ 18丙寅31 《11月》 19丁卯 1 20戊辰 2 **21** 己巳 3 22庚午 4 23辛未 5 24壬申⑥ 25癸酉 7 26甲戌 8 27乙亥 9 28丙子10 29丁丑11 30戊寅12	1 己卯⑬ 2 庚辰14 3 辛巳15 4 壬午16 5 癸未17 **6** 甲申18 7 乙酉19 8 丙戌⑳ 9 丁亥21 10戊子22 11己丑23 12庚寅24 13辛卯25 14壬辰26 15癸巳㉗ 16甲午28 17乙未29 18丙申30 《12月》 19丁酉 1 20戊戌 2 **21** 己亥 3 22庚子④ 23辛丑 5 24壬寅 6 25癸卯 7 26甲辰 8 27乙巳 9 28丙午10 29丁未⑪	1 戊申12 2 己酉13 3 庚戌14 4 辛亥15 5 壬子16 6 癸丑17 **7** 甲寅⑱ 8 乙卯19 9 丙辰20 10丁巳21 11戊午22 12己未23 13庚申24 14辛酉㉕ 15壬戌26 16癸亥27 17甲子28 18乙丑29 19丙寅30 20丁卯31 **685** 年 《1月》 21戊辰① 22己巳 2 **23**庚午 3 24辛未 4 25壬申 5 26癸酉 6 27甲戌 7 28乙亥⑧ 29丙子 9 30丁丑10	1 戊寅11 2 己卯12 3 庚辰13 4 辛巳14 5 壬午⑮ 6 癸未16 7 甲申17 **8** 乙酉18 9 丙戌19 10丁亥20 11戊子21 12己丑㉒ 13庚寅23 14辛卯24 15壬辰25 16癸巳26 17甲午27 18乙未28 19丙申㉙ 20丁酉30 21戊戌31 《2月》 22己亥 1 **23**庚子 2 24辛丑 3 25壬寅 4 26癸卯⑤ 27甲辰 6 28乙巳 7 29丙午 8
立春 12日 雨水 27日	啓蟄 13日 春分 28日	清明 14日 穀雨 29日	立夏 15日 小満 30日	芒種15日	夏至 2日 小暑 17日	大暑 2日 立秋 17日	処暑 4日 白露 19日	秋分 4日 寒露 19日	霜降 5日 立冬 21日	小雪 6日 大雪 21日	冬至 7日 小寒 23日	大寒 8日 立春 23日

天武天皇**14**年（685－686） 乙酉

1 月	2 月	3 月	4 月	5 月	6 月	7 月	8 月	9 月	10月	11月	12月
1 丁未 9	1 丁丑 11	1 丙午 ⑨	1 丙子 9	1 丙午 8	1 乙亥 7	1 乙巳 ⑥	1 甲戌 4	1 甲辰 4	1 癸酉 2	1 癸卯 2	1 壬申 ㉛
2 戊申 10	2 戊寅 ⑫	2 丁未 10	2 丁丑 10	2 丁未 9	2 丙子 8	2 丙午 7	2 乙亥 5	2 乙巳 5	**2** 甲戌 3	**2** 甲辰 ③	**686 年**
3 己酉 11	3 己卯 13	3 戊申 11	3 戊寅 11	3 戊申 10	3 丁丑 ⑨	3 丁未 8	3 丙子 6	3 丙午 6	3 乙亥 4	3 乙巳 4	《1月》
4 庚戌 ⑫	4 庚辰 14	4 己酉 12	4 己卯 12	4 己酉 ⑪	4 戊寅 10	4 戊申 9	4 丁丑 7	4 丁未 7	4 丙子 ⑤	4 丙午 5	2 癸酉 1
5 辛亥 13	5 辛巳 15	5 庚戌 13	5 庚辰 13	5 庚戌 12	5 己卯 11	5 己酉 10	5 戊寅 8	5 戊申 ⑧	5 丁丑 6	5 丁未 6	3 甲戌 2
6 壬子 14	6 壬午 16	6 辛亥 14	6 辛巳 ⑭	6 辛亥 13	6 庚辰 12	6 庚戌 11	6 己卯 9	6 己酉 9	6 戊寅 7	6 戊申 7	**4** 乙亥 3
7 癸丑 15	7 癸未 17	7 壬子 15	7 壬午 15	7 壬子 14	7 辛巳 13	7 辛亥 12	7 庚辰 ⑩	7 庚戌 10	7 己卯 8	7 己酉 8	5 丙子 4
8 甲寅 16	8 甲申 18	8 癸丑 ⑯	8 癸未 16	8 癸丑 15	8 壬午 14	8 壬子 ⑬	8 辛巳 11	8 辛亥 11	8 庚辰 9	8 庚戌 9	6 丁丑 5
9 乙卯 17	9 乙酉 ⑲	9 甲寅 17	9 甲申 17	9 甲寅 16	9 癸未 15	9 癸丑 14	9 壬午 12	9 壬子 12	9 辛巳 10	9 辛亥 ⑩	7 戊寅 6
10 丙辰 18	**10** 丙戌 20	10 乙卯 18	10 乙酉 18	10 乙卯 17	10 甲申 ⑯	10 甲寅 15	10 癸未 13	10 癸丑 13	10 壬午 11	10 壬子 11	8 己卯 ⑦
11 丁巳 ⑲	11 丁亥 21	**11** 丙辰 19	11 丙戌 19	11 丙辰 ⑱	11 乙酉 17	11 乙卯 16	11 甲申 14	11 甲寅 14	11 癸未 ⑫	11 癸丑 12	9 庚辰 8
12 戊午 20	12 戊子 22	12 丁巳 20	**12** 丁亥 20	**12** 丁巳 19	12 丙戌 18	12 丙辰 17	12 乙酉 15	12 乙卯 ⑮	12 甲申 13	12 甲寅 13	10 辛巳 9
13 己未 21	13 己丑 23	13 戊午 21	13 戊子 ㉑	13 戊午 20	**13** 丁亥 19	13 丁巳 18	13 丙戌 16	13 丙辰 16	13 乙酉 14	13 乙卯 14	11 壬午 10
14 庚申 22	14 庚寅 24	14 己未 22	14 己丑 22	14 己未 21	14 戊子 20	**14** 戊午 19	14 丁亥 ⑰	14 丁巳 17	14 丙戌 15	14 丙辰 15	12 癸未 11
15 辛酉 23	15 辛卯 25	15 庚申 ㉓	15 庚寅 23	15 庚申 22	15 己丑 21	15 己未 ⑳	**15** 戊子 18	15 戊午 18	15 丁亥 16	15 丁巳 16	13 甲申 12
16 壬戌 24	16 壬辰 ㉖	16 辛酉 24	16 辛卯 24	16 辛酉 23	16 庚寅 22	16 庚申 21	16 己丑 19	**16** 己未 19	16 戊子 17	16 戊午 ⑰	14 乙酉 13
17 癸亥 25	17 癸巳 27	17 壬戌 25	17 壬辰 25	17 壬戌 24	17 辛卯 ㉓	17 辛酉 22	17 庚寅 20	17 庚申 20	**17** 己丑 18	17 己未 18	15 丙戌 ⑭
18 甲子 ㉖	18 甲午 28	18 癸亥 26	18 癸巳 26	18 癸亥 ㉕	18 壬辰 24	18 壬戌 23	18 辛卯 21	18 辛酉 21	18 庚寅 ⑲	**18** 庚申 19	16 丁亥 15
19 乙丑 27	19 乙未 29	19 甲子 27	19 甲午 27	19 甲子 26	19 癸巳 25	19 癸亥 24	19 壬辰 22	19 壬戌 ㉒	19 辛卯 20	19 辛酉 20	17 戊子 16
20 丙寅 28	20 丙申 30	20 乙丑 28	20 乙未 ㉘	20 乙丑 27	20 甲午 26	20 甲子 25	20 癸巳 23	20 癸亥 23	20 壬辰 21	20 壬戌 21	18 己丑 17
《3月》	21 丁酉 31	21 丙寅 29	21 丙申 29	21 丙寅 28	21 乙未 27	21 乙丑 26	21 甲午 ㉔	21 甲子 24	21 癸巳 22	21 癸亥 22	**19** 庚寅 18
21 丁卯 1	《4月》	22 丁卯 ㉚	22 丁酉 30	22 丁卯 29	22 丙申 28	22 丙寅 ㉗	22 乙未 25	22 乙丑 25	22 甲午 23	22 甲子 23	20 辛卯 19
22 戊辰 2	22 戊戌 1	《5月》	23 戊戌 31	23 戊辰 30	23 丁酉 29	23 丁卯 28	23 丙申 26	23 丙寅 26	23 乙未 24	23 乙丑 ㉔	21 壬辰 20
23 己巳 3	23 己亥 ②	23 戊辰 1	《6月》	《7月》	24 戊戌 ㉚	24 戊辰 29	24 丁酉 27	24 丁卯 27	24 丙申 25	24 丙寅 25	22 癸巳 ㉑
24 庚午 4	24 庚子 3	24 己巳 2	24 己亥 1	24 己巳 1	25 己亥 31	25 己巳 30	25 戊戌 28	25 戊辰 28	25 丁酉 ㉖	25 丁卯 26	23 甲午 22
25 辛未 ⑤	**25** 辛丑 4	25 庚午 3	25 庚子 2	25 庚午 ②	《8月》	26 庚午 31	26 己亥 29	26 己巳 ㉙	26 戊戌 27	26 戊辰 27	24 乙未 23
26 壬申 6	26 壬寅 5	**26** 辛未 4	26 辛丑 3	26 辛未 3	26 庚子 1	《9月》	27 庚子 30	27 庚午 30	27 己亥 28	27 己巳 28	25 丙申 24
27 癸酉 7	27 癸卯 6	27 壬申 5	**27** 壬寅 ④	**27** 壬申 4	27 辛丑 2	27 辛未 1	《10月》	28 辛未 31	28 庚子 29	28 庚午 29	26 丁酉 25
28 甲戌 8	28 甲辰 7	28 癸酉 6	28 癸卯 5	28 癸酉 5	28 壬寅 3	28 壬申 2	28 辛丑 ①	《11月》	29 辛丑 30	29 辛未 30	27 戊戌 26
29 乙亥 9	29 乙巳 8	29 甲戌 ⑦	29 甲辰 6	29 甲戌 6	**29** 癸卯 4	**29** 癸酉 ③	29 壬寅 2	29 壬申 1	《12月》		28 己亥 27
30 丙子 10		30 乙亥 8	30 乙巳 7		30 甲辰 5		**30** 癸卯 3		30 壬寅 1		29 庚子 ㉘
											30 辛丑 29
雨水 9日 啓蟄 24日	春分 10日 清明 25日	穀雨 11日 立夏 26日	小満 12日 芒種 27日	夏至 12日 小暑 27日	大暑 13日 立秋 29日	処暑 14日 白露 29日	秋分 15日 寒露 30日	霜降 16日	立冬 2日 小雪 17日	大雪 2日 冬至 18日	小寒 4日 大寒 19日

朱鳥元年〔天武天皇**15**年〕（686－687） 丙戌

改元 7/20（〔天武〕→朱鳥）

1 月	2 月	3 月	4 月	5 月	6 月	7 月	8 月	9 月	10月	11月	12月	閏12月
1 壬寅 30	1 辛未 28	1 辛丑 30	1 庚午 28	1 庚子 28	1 己巳 26	1 己亥 26	1 己巳 25	1 戊戌 ㉓	1 戊辰 23	1 丁酉 21	1 丁卯 21	1 丙申 19
2 癸卯 31	《3月》	2 壬寅 31	2 辛未 ㉙	2 辛丑 29	2 庚午 27	2 庚子 27	2 庚午 ㉖	2 己亥 24	2 己巳 24	2 戊戌 22	2 戊辰 22	2 丁酉 ⑳
《2月》	2 壬申 1	《4月》	3 壬申 30	3 壬寅 30	3 辛未 28	3 辛丑 28	3 辛未 27	3 庚子 25	3 庚午 25	3 己亥 23	3 己巳 ㉓	3 戊戌 21
3 甲辰 1	3 癸酉 2	3 癸卯 ①	《5月》	4 癸卯 31	4 壬申 29	4 壬寅 ㉙	4 壬申 28	4 辛丑 26	4 辛未 26	4 庚子 24	4 庚午 24	4 己亥 22
4 乙巳 2	4 甲戌 3	4 甲辰 2	4 癸酉 1	《6月》	5 癸酉 30	5 癸卯 30	5 癸酉 29	5 壬寅 27	5 壬申 27	5 辛丑 ㉕	5 辛未 25	5 庚子 23
5 丙午 3	5 乙亥 ④	5 乙巳 3	5 甲戌 2	5 甲辰 1	《7月》	6 甲辰 31	6 甲戌 30	6 癸卯 28	6 癸酉 ㉘	6 壬寅 26	6 壬申 26	6 辛丑 24
6 丁未 ④	**6** 丙子 5	**6** 丙午 4	6 乙亥 3	6 乙巳 2	6 甲戌 ①	《8月》	7 乙亥 31	7 甲辰 29	7 甲戌 29	7 癸卯 27	7 癸酉 27	7 壬寅 25
7 戊申 5	7 丁丑 6	7 丁未 5	7 丙子 4	7 丙午 ③	7 乙亥 2	7 乙巳 1	《9月》	8 乙巳 ㉚	8 乙亥 30	8 甲辰 28	8 甲戌 28	8 癸卯 26
8 己酉 6	8 戊寅 7	8 戊申 6	**8** 丁丑 5	**8** 丁未 4	8 丙子 3	8 丙午 2	8 丙子 1	《10月》	9 丙子 31	9 乙巳 29	9 乙亥 29	9 甲辰 ㉗
9 庚戌 7	9 己卯 8	9 己酉 7	9 戊寅 ⑥	9 戊申 5	**9** 丁丑 4	9 丁未 3	9 丁丑 ②	9 丙午 1	《11月》	10 丙午 30	10 丙子 ㉚	10 乙巳 28
10 辛亥 8	10 庚辰 9	10 庚戌 ⑧	10 己卯 7	10 己酉 6	10 戊寅 5	**10** 戊申 4	**10** 戊寅 3	10 丁未 2	10 丁丑 1	《12月》	11 丁丑 31	11 丙午 29
11 壬子 9	11 辛巳 10	11 辛亥 9	11 庚辰 8	11 庚戌 7	11 己卯 6	11 己酉 ⑤	11 己卯 4	11 戊申 3	11 戊寅 2	11 丁未 1	**687 年**	12 丁未 30
12 癸丑 10	12 壬午 ⑪	12 壬子 10	12 辛巳 9	12 辛亥 8	12 庚辰 7	12 庚戌 6	12 庚辰 5	**12** 己酉 4	**12** 己卯 3	12 戊申 ②	《1月》	13 戊申 31
13 甲寅 ⑪	13 癸未 12	13 癸丑 11	13 壬午 10	13 壬子 9	13 辛巳 ⑧	13 辛亥 7	13 辛巳 6	13 庚戌 5	13 庚辰 ④	13 己酉 3	12 戊寅 1	《2月》
14 乙卯 12	14 甲申 13	14 甲寅 12	14 癸未 11	14 癸丑 ⑩	14 壬午 9	14 壬子 8	14 壬午 7	14 辛亥 6	14 辛巳 5	**14** 庚戌 4	13 己卯 2	14 己酉 1
15 丙辰 13	15 乙酉 14	15 乙卯 13	15 甲申 12	15 甲寅 11	15 癸未 10	15 癸丑 9	15 癸未 8	15 壬子 ⑦	15 壬午 6	15 辛亥 5	**14** 庚辰 3	**15** 庚戌 2
16 丁巳 14	16 丙戌 15	16 丙辰 14	16 乙酉 ⑬	16 乙卯 12	16 甲申 11	16 甲寅 10	16 甲申 ⑨	16 癸丑 8	16 癸未 7	16 壬子 6	15 辛巳 4	16 辛亥 ③
17 戊午 15	17 丁亥 16	17 丁巳 ⑮	17 丙戌 14	17 丙辰 13	17 乙酉 12	17 乙卯 11	17 乙酉 10	17 甲寅 9	17 甲申 8	17 癸丑 7	16 壬午 5	17 壬子 4
18 己未 16	18 戊子 17	18 戊午 16	18 丁亥 15	18 丁巳 14	18 丙戌 13	18 丙辰 ⑫	18 丙戌 11	18 乙卯 10	18 乙酉 9	18 甲寅 8	17 癸未 ⑥	18 癸丑 5
19 庚申 17	19 己丑 ⑱	19 己未 17	19 戊子 16	19 戊午 15	19 丁亥 14	19 丁巳 13	19 丁亥 12	19 丙辰 11	19 丙戌 10	19 乙卯 ⑨	18 甲申 7	19 甲寅 6
20 辛酉 ⑱	20 庚寅 19	20 庚申 18	20 己丑 17	20 己未 16	20 戊子 ⑮	*20* 戊午 14	20 戊子 13	20 丁巳 12	20 丁亥 ⑪	20 丙辰 10	19 乙酉 8	20 乙卯 7
21 壬戌 19	**21** 辛卯 20	**21** 辛酉 19	21 庚寅 18	21 庚申 ⑰	21 己丑 16	21 己未 15	21 己丑 14	21 戊午 13	21 戊子 12	21 丁巳 11	20 丙戌 9	21 丙辰 8
22 癸亥 20	22 壬辰 21	22 壬戌 20	22 辛卯 19	22 辛酉 18	22 庚寅 17	22 庚申 16	22 庚寅 15	22 己未 ⑭	22 己丑 13	22 戊午 12	21 丁亥 10	22 丁巳 9
23 甲子 21	23 癸巳 22	23 癸亥 21	**23** 壬辰 ⑳	**23** 壬戌 19	23 辛卯 18	23 辛酉 17	23 辛卯 ⑯	23 庚申 15	23 庚寅 14	23 己未 13	22 戊子 11	23 戊午 ⑩
24 乙丑 22	24 甲午 23	24 甲子 ㉒	24 癸巳 21	24 癸亥 20	24 壬辰 19	24 壬戌 18	24 壬辰 17	24 辛酉 16	24 辛卯 15	24 庚申 14	23 己丑 12	24 己未 11
25 丙寅 23	25 乙未 24	25 乙丑 23	25 甲午 22	25 甲子 21	**25** 癸巳 20	**25** 癸亥 ⑲	25 癸巳 18	25 壬戌 17	25 壬辰 16	25 辛酉 15	24 庚寅 ⑬	25 庚申 12
26 丁卯 24	26 丙申 ㉕	26 丙寅 24	26 乙未 23	26 乙丑 22	26 甲午 21	26 甲子 20	**26** 甲午 19	26 癸亥 18	26 癸巳 17	26 壬戌 ⑯	25 辛卯 14	26 辛酉 13
27 戊辰 ㉕	27 丁酉 26	27 丁卯 25	27 丙申 24	27 丙寅 23	27 乙未 ㉒	27 乙丑 21	27 乙未 20	**27** 甲子 19	**27** 甲午 ⑱	27 癸亥 17	26 壬辰 15	27 壬戌 14
28 己巳 26	28 戊戌 27	28 戊辰 26	28 丁酉 25	28 丁卯 ㉔	28 丙申 23	28 丙寅 22	28 丙申 21	28 乙丑 20	28 乙未 19	28 甲子 18	27 癸巳 16	28 癸亥 15
29 庚午 27	29 己亥 28	29 己巳 27	29 戊戌 26	29 戊辰 25	29 丁酉 24	29 丁卯 23	29 丁酉 22	29 丙寅 ㉑	29 丙申 20	**29** 乙丑 19	28 甲午 17	29 甲子 16
	30 庚子 29		30 己亥 ㉗		30 戊戌 25	30 戊辰 24		30 丁卯 22		30 丙寅 20	**29** 乙未 18	30 乙丑 ⑰
立春 4日 雨水 19日	啓蟄 6日 春分 21日	清明 6日 穀雨 21日	立夏 8日 小満 23日	芒種 8日 夏至 23日	小暑 9日 大暑 25日	立秋 10日 処暑 25日	白露 10日 秋分 26日	寒露 12日 霜降 27日	立冬 12日 小雪 27日	大雪 14日 冬至 29日	小寒 14日 大寒 29日	立春15日

持統天皇元年（687－688） 丁亥

1月	2月	3月	4月	5月	6月	7月	8月	9月	10月	11月	12月
1 丙寅18	1 乙未19	1 乙丑18	1 甲午17	1 甲子⑯	1 癸巳15	1 癸亥14	1 壬辰12	1 壬戌12	1 辛卯⑩	1 辛酉10	1 辛卯 9
2 丁卯19	**2** 丙申20	2 丙寅19	2 乙未18	2 乙丑17	2 甲午16	2 甲子15	2 癸巳13	2 癸亥⑬	2 壬辰11	2 壬戌11	2 壬辰10
3 戊辰20	3 丁酉21	**3** 丁卯20	3 丙申⑲	3 丙寅18	3 乙未17	3 乙丑16	3 甲午14	3 甲子14	3 癸巳12	3 癸亥12	3 癸巳11
4 己巳21	4 戊戌22	4 戊辰㉑	**4** 丁酉20	**4** 丁卯19	4 丙申18	4 丙寅17	4 乙未⑮	4 乙丑15	4 甲午13	4 甲子13	4 甲午⑫
5 庚午22	5 己亥23	5 己巳22	5 戊戌21	5 戊辰20	5 丁酉19	5 丁卯⑱	5 丙申16	5 丙寅16	5 乙未14	5 乙丑14	5 乙未13
6 辛未23	6 庚子㉔	6 庚午23	6 己亥22	6 己巳21	**6** 戊戌20	**6** 戊辰19	6 丁酉17	6 丁卯17	6 丙申15	6 丙寅⑮	6 丙申14
7 壬申㉔	7 辛丑25	7 辛未24	7 庚子23	7 庚午22	7 己亥㉑	7 己巳20	7 戊戌18	7 戊辰18	7 丁酉16	7 丁卯16	7 丁酉15
8 癸酉25	8 壬寅26	8 壬申25	8 辛丑24	8 辛未㉓	8 庚子22	8 庚午21	**8** 己亥19	**8** 己巳19	8 戊戌⑰	8 戊辰17	8 戊戌16
9 甲戌26	9 癸卯27	9 癸酉26	9 壬寅25	9 壬申24	9 辛丑23	9 辛未22	9 庚子20	9 庚午⑳	9 己亥18	9 己巳18	9 己亥17
10乙亥27	10甲辰28	10甲戌27	10癸卯㉖	10癸酉25	10壬寅24	10壬申23	10辛丑21	10辛未21	**10**庚子19	**10**庚午19	**10**庚子18
11丙子28	11乙巳29	11乙亥㉘	11甲辰27	11甲戌26	11癸卯25	11癸酉24	11壬寅㉒	11壬申22	11辛丑20	11辛未20	11辛丑⑲
《3月》	12丙午30	12丙子29	12乙巳28	12乙亥27	12甲辰26	12甲戌㉕	12癸卯23	12癸酉23	12壬寅21	12壬申21	12壬寅20
12丁丑 1	13丁未㉛	13丁丑30	13丙午29	13丙子28	13乙巳27	13乙亥26	13甲辰24	13甲戌24	13癸卯22	13癸酉㉒	13癸卯21
13戊寅 2	《4月》	《5月》	14丁未30	14丁丑29	14丙午㉘	14丙子27	14乙巳25	14乙亥25	14甲辰23	14甲戌23	14甲辰22
14己卯③	14戊申 1	14戊寅 1	15戊申31	15戊寅㉚	15丁未29	15丁丑28	15丙午26	15丙子26	15乙巳㉔	15乙亥24	15乙巳23
15庚辰 4	15己酉 2	15己卯 2	《6月》	《7月》	16戊申30	16戊寅29	16丁未27	16丁丑㉗	16丙午25	16丙子25	16丙午24
16辛巳 5	16庚戌 3	16庚辰 3	16己酉 1	16己卯 1	17己酉31	17己卯30	17戊申28	17戊寅28	17丁未26	17丁丑26	17丁未25
17壬午 6	**17**辛亥 4	17辛巳 4	17庚戌②	17庚辰 2	《8月》	18庚辰31	18己酉㉙	18己卯29	18戊申27	18戊寅27	18戊申㉖
18癸未 7	18壬子 5	**18**壬午⑤	18辛亥 3	18辛巳 3	18庚戌 1	《9月》	19庚戌30	19庚辰30	19己酉28	19己卯28	19己酉27
19甲申 8	19癸丑 6	19癸未 6	**19**壬子 4	19壬午 4	19辛亥 2	19辛巳①	《10月》	20辛巳31	20庚戌29	20庚辰㉙	20庚戌28
20乙酉 9	20甲寅⑦	20甲申 7	20癸丑 5	**20**癸未 5	20壬子 3	20壬午 2	20辛亥 1	《11月》	21辛亥30	21辛巳30	21辛亥29
21丙戌⑩	21乙卯 8	21乙酉 8	21甲寅 6	21甲申 6	**21**癸丑④	21癸未 3	21壬子 2	21壬午 1	《12月》	22壬午31	22壬子30
22丁亥11	22丙辰 9	22丙戌 9	22乙卯 7	22乙酉⑦	22甲寅 5	**22**甲申 4	22癸丑 3	22癸未 2	22壬子①	**688年**	23癸丑31
23戊子12	23丁巳10	23丁亥10	23丙辰 8	23丙戌 8	23乙卯 6	23乙酉 5	**23**甲寅 4	**23**甲申③	23癸丑 2	《1月》	《2月》
24己丑13	24戊午11	24戊子11	24丁巳⑨	24丁亥 9	24丙辰 7	24丙戌 6	24乙卯 5	24乙酉 4	24甲寅 3	23癸未 1	24甲寅 1
25庚寅14	25己未12	25己丑⑫	25戊午10	25戊子10	25丁巳 8	25丁亥 7	25丙辰⑥	25丙戌 5	**25**乙卯 4	24甲申 2	25乙卯②
26辛卯15	26庚申13	26庚寅13	26己未11	26己丑11	26戊午 9	26戊子⑧	26丁巳 7	26丁亥 6	26丙辰 5	**25**乙酉 3	**26**丙辰 3
27壬辰16	27辛酉⑭	27辛卯14	27庚申12	27庚寅12	27己未10	27己丑 9	27戊午 8	27戊子 7	27丁巳 6	26丙戌 4	27丁巳 4
28癸巳⑰	28壬戌15	28壬辰15	28辛酉13	28辛卯13	28庚申⑪	28庚寅10	28己未 9	28己丑 8	28戊午 7	27丁亥⑤	28戊午 5
29甲午18	29癸亥16	29癸巳16	29壬戌14	29壬辰⑭	29辛酉12	29辛卯11	29庚申10	29庚寅 9	29己未⑧	28戊子 6	29己未 6
	30甲子17		30癸亥15		30壬戌13		30辛酉11		30庚申 9	29己丑 7	
										30庚寅 8	
雨水 1日	春分 2日	穀雨 3日	小満 4日	夏至 4日	大暑 6日	処暑 6日	秋分 8日	霜降 8日	小雪 10日	冬至 10日	大寒 10日
啓蟄 16日	清明 17日	立夏 18日	芒種 19日	小暑 20日	立秋 21日	白露 22日	寒露 23日	立冬 23日	大雪 25日	小寒 25日	立春 26日

持統天皇2年（688－689） 戊子

1月	2月	3月	4月	5月	6月	7月	8月	9月	10月	11月	12月
1 庚申 7	1 庚寅⑧	1 己未 6	1 己丑 6	1 戊午 4	**1** 戊子 4	1 丁巳②	《9月》	1 丙辰30	1 丙戌30	1 乙卯28	1 乙酉28
2 辛酉 8	2 辛卯 9	2 庚申 7	2 庚寅 7	2 己未 5	2 己丑⑤	**2** 戊午 3	1 丁亥 1	《10月》	2 丁亥31	2 丙辰㉙	2 丙戌29
3 壬戌⑨	3 壬辰10	3 辛酉 8	3 辛卯 8	3 庚申 6	3 庚寅 6	3 己未 4	2 戊子 2	2 丁巳 1	《11月》	3 丁巳30	3 丁亥30
4 癸亥10	4 癸巳11	4 壬戌 9	4 壬辰 9	4 辛酉⑦	4 辛卯 7	4 庚申 5	**3** 己丑 3	3 戊午 2	3 戊子①	《12月》	4 戊子31
5 甲子11	5 甲午12	5 癸亥10	5 癸巳⑩	5 壬戌 8	5 壬辰 8	5 辛酉 6	4 庚寅 4	**4** 己未 3	4 己丑 2	4 戊午 1	**689年**
6 乙丑12	6 乙未13	6 甲子11	6 甲午11	6 癸亥 9	6 癸巳 9	6 壬戌 7	5 辛卯 5	5 庚申④	**5** 庚寅 3	5 己未 2	《1月》
7 丙寅13	7 丙申14	7 乙丑⑫	7 乙未12	7 甲子10	7 甲午10	7 癸亥 8	6 壬辰⑥	6 辛酉 5	6 辛卯 4	**6** 庚申 3	5 己丑 1
8 丁卯14	8 丁酉⑮	8 丙寅13	8 丙申13	8 乙丑11	8 乙未11	8 甲子⑨	7 癸巳 7	7 壬戌 6	7 壬辰 5	7 辛酉 4	6 庚寅 2
9 戊辰15	9 戊戌16	9 丁卯14	9 丁酉14	9 丙寅12	9 丙申⑫	9 乙丑10	8 甲午 8	8 癸亥 7	8 癸巳 6	8 壬戌 5	**7** 辛卯③
10己巳⑯	10己亥17	10戊辰15	10戊戌15	10丁卯13	10丁酉13	10丙寅11	9 乙未 9	9 甲子 8	9 甲午 7	9 癸亥⑥	8 壬辰 4
11庚午17	11庚子18	11己巳16	11己亥16	11戊辰⑭	11戊戌14	11丁卯12	10丙申10	10乙丑 9	10乙未⑧	10甲子 7	9 癸巳 5
12辛未18	**12**辛丑19	12庚午17	12庚子⑰	12己巳15	12己亥15	12戊辰13	11丁酉11	11丙寅10	11丙申 9	11乙丑 8	10甲午 6
13壬申19	13壬寅20	13辛未18	13辛丑18	13庚午16	13庚子16	13己巳14	12戊戌12	12丁卯⑪	12丁酉10	12丙寅 9	11乙未 7
14癸酉20	14癸卯21	**14**壬申⑲	**14**壬寅19	14辛未17	14辛丑17	14庚午15	13己亥⑬	13戊辰12	13戊戌11	13丁卯10	12丙申 8
15甲戌21	15甲辰㉒	15癸酉20	15癸卯20	15壬申18	15壬寅18	15辛未⑯	14庚子14	14己巳13	14己亥12	14戊辰11	13丁酉 9
16乙亥22	16乙巳23	16甲戌21	16甲辰21	**16**癸酉19	**16**癸卯⑲	16壬申17	15辛丑15	15庚午14	15庚子13	15己巳12	14戊戌⑩
17丙子㉓	17丙午24	17乙亥22	17乙巳22	17甲戌20	17甲辰20	17癸酉18	16壬寅16	16辛未15	16辛丑14	16庚午⑬	15己亥11
18丁丑24	18丁未25	18丙子23	18丙午23	18乙亥㉑	18乙巳21	**18**甲戌19	17癸卯17	17壬申16	17壬寅⑮	17辛未14	16庚子12
19戊寅25	19戊申26	19丁丑24	19丁未㉔	19丙子22	19丙午22	19乙亥20	**18**甲辰18	18癸酉17	18癸卯16	18壬申15	17辛丑13
20己卯26	20己酉27	20戊寅25	20戊申25	20丁丑23	20丁未23	20丙子21	19乙巳19	**19**甲戌⑱	19甲辰17	19癸酉16	18壬寅14
21庚辰27	21庚戌28	21己卯㉖	21己酉26	21戊寅24	21戊申24	21丁丑22	20丙午⑳	20乙亥19	**20**乙巳18	20甲戌17	19癸卯15
22辛巳28	22辛亥㉙	22庚辰27	22庚戌27	22己卯25	22己酉25	22戊寅㉓	21丁未21	21丙子20	21丙午19	**21**乙亥18	20甲辰16
23壬午29	23壬子30	23辛巳28	23辛亥28	23庚辰26	23庚戌㉖	23己卯24	22戊申22	22丁丑21	22丁未20	22丙子19	21乙巳⑰
《3月》	24癸丑31	24壬午29	24壬子29	24辛巳27	24辛亥27	24庚辰25	23己酉23	23戊寅22	23戊申21	23丁丑⑳	**22**丙午18
24癸未①	《4月》	25癸未30	25癸丑30	25壬午㉘	25壬子28	25辛巳26	24庚戌24	24己卯23	24己酉㉒	24戊寅21	23丁未19
25甲申 2	25甲寅 1	《5月》	26甲寅㉛	26癸未29	26癸丑29	26壬午27	25辛亥25	25庚辰24	25庚戌23	25己卯22	24戊申20
26乙酉 3	26乙卯 2	26甲申 1	《6月》	27甲申30	27甲寅30	27癸未28	26壬子26	26辛巳㉕	26辛亥24	26庚辰23	25己酉21
27丙戌 4	27丙辰 3	27乙酉 2	27乙卯 1	《7月》	28乙卯31	28甲申29	27癸丑㉗	27壬午26	27壬子25	27辛巳24	26庚戌22
28丁亥 5	**28**丁巳 4	28丙戌③	28丙辰 2	28乙酉 1	《8月》	29乙酉㉚	28甲寅28	28癸未27	28癸丑26	28壬午25	27辛亥23
29戊子 6	29戊午⑤	**29**丁亥 4	**29**丁巳 3	29丙戌 2	29丙辰 1	30丙戌31	29乙卯29	29甲申28	29甲寅27	29癸未26	28壬子㉔
30己丑 7		30戊子 5		30丁亥 3				30乙酉29		30甲申㉗	29癸丑25
雨水 12日	春分 12日	穀雨 14日	小満 14日	夏至 16日	小暑 1日	立秋 2日	白露 3日	寒露 4日	立冬 5日	大雪 6日	小寒 7日
啓蟄 27日	清明 28日	立夏 29日	芒種 29日		大暑 16日	処暑 18日	秋分 18日	霜降 19日	小雪 20日	冬至 21日	大寒 22日

持統天皇**3**年（689－690） 己丑

1月	2月	3月	4月	5月	6月	7月	8月	閏8月	9月	10月	11月	12月
1 甲寅26	1 甲申25	1 癸丑26	1 癸未㉕	1 癸丑25	1 壬午23	1 壬子23	1 辛巳21	1 辛亥20	**1** 庚辰19	**1** 庚戌18	1 己卯17	1 己酉⑯
2 乙卯27	2 乙酉26	2 甲寅27	2 甲申26	2 甲寅26	2 癸未24	2 癸丑24	2 壬午㉒	2 壬子21	2 辛巳20	2 辛亥19	2 庚辰18	2 庚戌17
3 丙辰28	3 丙戌27	3 乙卯㉘	3 乙酉27	3 乙卯27	3 甲申25	3 甲寅㉕	3 癸未23	3 癸丑22	3 壬午21	3 壬子20	**3** 辛巳⑲	**3** 辛亥18
4 丁巳29	4 丁亥㉘	4 丙辰29	4 丙戌28	4 丙辰28	4 乙酉26	4 乙卯26	4 甲申24	4 甲寅23	4 癸未22	4 癸丑㉑	4 壬午20	4 壬子19
5 戊午30	《3月》	5 丁巳30	5 丁亥29	5 丁巳29	5 丙戌㉗	5 丙辰27	5 乙酉25	5 乙卯24	5 甲申23	5 甲寅22	5 癸未21	5 癸丑20
6 己未㉛	5 戊子 1	6 戊午31	6 戊子30	6 戊午㉚	6 丁亥28	6 丁巳28	6 丙戌26	6 丙辰25	6 乙酉㉔	6 乙卯23	6 甲申22	6 甲寅21
《2月》	6 己丑 2	《4月》	《5月》	7 己未31	7 戊子29	7 戊午29	7 丁亥27	7 丁巳㉖	7 丙戌25	7 丙辰24	7 乙酉23	7 乙卯22
7 庚申 1	7 庚寅 3	7 己未 1	7 己丑 1	《6月》	8 己丑30	8 己未30	8 戊子28	8 戊午27	8 丁亥26	8 丁巳25	8 丙戌24	8 丙辰㉓
8 辛酉 2	**8** 辛卯 4	8 庚申 2	8 庚寅②	8 庚申 1	《7月》	9 庚申31	9 己丑㉙	9 己未28	9 戊子27	9 戊午26	9 丁亥25	9 丁巳24
9 壬戌 3	9 壬辰 5	9 辛酉 3	9 辛卯 3	9 辛酉 2	9 庚寅 1	《8月》	10庚寅30	10庚申29	10己丑28	10己未27	10戊子㉖	10戊午25
10癸亥 4	10癸巳 6	**10**壬戌④	**10**壬辰 4	10壬戌 3	10辛卯 2	10辛酉①	11辛卯31	11辛酉30	11庚寅29	11庚申㉘	11己丑27	11己未26
11甲子 5	11甲午⑦	11癸亥 5	11癸巳 5	**11**癸亥 4	11壬辰 3	11壬戌 2	《9月》	《10月》	12辛卯30	12辛酉29	12庚寅28	12庚申27
12乙丑 6	12乙未 8	12甲子 6	12甲午 6	12甲子 5	**12**癸巳④	12癸亥 3	12壬辰 1	12壬戌 1	13壬辰㉛	13壬戌30	13辛卯29	13辛酉28
13丙寅⑦	13丙申 9	13乙丑 7	13乙未 7	13乙丑⑥	13甲午 5	**13**甲子 4	13癸巳 2	13癸亥 2	《11月》	《12月》	14壬辰30	14壬戌29
14丁卯 8	14丁酉10	14丙寅 8	14丙申 8	14丙寅 7	14乙未 6	14乙丑 5	**14**甲午 3	**14**甲子③	14癸巳 1	14癸亥 1	15癸巳31	15癸亥㉚
15戊辰 9	15戊戌11	15丁卯 9	15丁酉⑨	15丁卯 8	15丙申 7	15丙寅 6	15乙未 4	15乙丑 4	15甲午 2	15甲子 2	**690年**	16甲子31
16己巳10	16己亥12	16戊辰10	16戊戌10	16戊辰 9	16丁酉 8	16丁卯 7	16丙申⑤	16丙寅 5	**16**乙未 3	**16**乙丑 3	《1月》	《2月》
17庚午11	17庚子13	17己巳⑪	17己亥11	17己巳10	17戊戌 9	17戊辰⑧	17丁酉 6	17丁卯 6	17丙申 4	17丙寅 4	16甲午 1	17乙丑 1
18辛未12	18辛丑⑭	18庚午12	18庚子12	18庚午11	18己亥10	18己巳 9	18戊戌 7	18戊辰 7	18丁酉 5	18丁卯⑤	17乙未②	**18**丙寅 2
19壬申13	19壬寅15	19辛未13	19辛丑13	19辛未12	19庚子⑪	19庚午10	19己亥 8	19己巳 8	19戊戌 6	19戊辰 6	**18**丙申 3	19丁卯 3
20癸酉⑭	20癸卯16	20壬申14	20壬寅14	20壬申⑬	20辛丑12	20辛未11	20庚子 9	20庚午 9	20己亥⑦	20己巳 7	19丁酉 4	20戊辰 4
21甲戌15	21甲辰17	21癸酉15	21癸卯15	21癸酉14	21壬寅13	21壬申12	21辛丑10	21辛未⑩	21庚子 8	21庚午 8	20戊戌 5	21己巳 5
22乙亥16	22乙巳18	22甲戌16	22甲辰⑯	22甲戌15	22癸卯14	22癸酉13	22壬寅11	22壬申11	22辛丑 9	22辛未 9	21己亥 6	22庚午⑥
23丙子17	23丙午19	23乙亥17	23乙巳17	23乙亥16	23甲辰15	23甲戌14	23癸卯⑫	23癸酉12	23壬寅10	23壬申10	22庚子 7	23辛未 7
24丁丑18	**24**丁未20	24丙子⑱	24丙午18	24丙子17	24乙巳16	24乙亥⑮	24甲辰13	24甲戌13	24癸卯11	24癸酉11	23辛丑 8	24壬申 8
25戊寅19	25戊申㉑	**25**丁丑19	**25**丁未19	25丁丑18	25丙午17	25丙子16	25乙巳14	25乙亥14	25甲辰12	25甲戌⑫	24壬寅⑨	25癸酉 9
26己卯20	26己酉22	26戊寅20	26戊申20	**26**戊寅19	26丁未⑱	26丁丑17	26丙午15	26丙子15	26乙巳13	26乙亥13	25癸卯10	26甲戌10
27庚辰㉑	27庚戌23	27己卯21	27己酉21	27己卯⑳	**27**戊申19	27戊寅18	27丁未16	27丁丑16	27丙午⑭	27丙子14	26甲辰11	27乙亥11
28辛巳22	28辛亥24	28庚辰22	28庚戌22	28庚辰21	28己酉20	**28**己卯19	28戊申17	28戊寅⑰	28丁未15	28丁丑15	27乙巳12	28丙子12
29壬午23	29壬子25	29辛巳23	29辛亥㉓	29辛巳22	29庚戌21	29庚辰20	**29**己酉18	29己卯18	29戊申16	29戊寅16	28丙午13	29丁丑⑬
30癸未24		30壬午24	30壬子24		30辛亥22		30庚戌⑲		30己酉17		29丁未14	
											30戊申15	
立春 8日 雨水 23日	啓蟄 8日 春分 24日	清明 10日 穀雨 25日	立夏 10日 小満 25日	芒種 11日 夏至 26日	小暑 12日 大暑 27日	立秋 13日 処暑 28日	白露 14日 秋分 29日	寒露14日	霜降 1日 立冬 16日	小雪 1日 大雪 16日	冬至 3日 小寒 18日	大寒 3日 立春 18日

持統天皇**4**年（690－691） 庚寅

1月	2月	3月	4月	5月	6月	7月	8月	9月	10月	11月	12月
1 戊寅14	1 戊申16	1 丁丑14	1 丁未14	1 丙子⑫	1 丙午12	1 丙子11	1 乙巳 9	1 乙亥⑨	1 甲辰 7	1 甲戌 7	1 癸卯 5
2 己卯15	2 己酉17	2 戊寅15	2 戊申⑮	2 丁丑13	2 丁未13	2 丁丑12	2 丙午10	2 丙子10	2 乙巳 8	2 乙亥 8	2 甲辰 6
3 庚辰16	3 庚戌18	3 己卯16	3 己酉16	3 戊寅14	3 戊申14	3 戊寅13	3 丁未⑪	3 丁丑11	3 丙午 9	3 丙子 9	3 乙巳 7
4 辛巳17	4 辛亥19	4 庚辰⑰	4 庚戌17	4 己卯15	4 己酉15	4 己卯⑭	4 戊申12	4 戊寅12	4 丁未10	4 丁丑10	4 丙午⑧
5 壬午18	**5** 壬子⑳	5 辛巳18	5 辛亥18	5 庚辰16	5 庚戌16	5 庚辰15	5 己酉13	5 己卯13	5 戊申11	5 戊寅⑪	5 丁未 9
6 癸未19	6 癸丑21	**6** 壬午19	6 壬子19	6 辛巳17	6 辛亥⑰	6 辛巳16	6 庚戌14	6 庚辰14	6 己酉12	6 己卯12	6 戊申10
7 甲申⑳	7 甲寅22	7 癸未20	**7** 癸丑20	7 壬午18	7 壬子18	7 壬午17	7 辛亥15	7 辛巳15	7 庚戌⑬	7 庚辰13	7 己酉11
8 乙酉21	8 乙卯23	8 甲申21	8 甲寅21	**8** 癸未⑲	8 癸丑19	8 癸未18	8 壬子16	8 壬午⑯	8 辛亥14	8 辛巳14	8 庚戌12
9 丙戌22	9 丙辰24	9 乙酉22	9 乙卯㉒	9 甲申20	**9** 甲寅20	**9** 甲申19	9 癸丑17	9 癸未17	9 壬子15	9 壬午15	9 辛亥13
10丁亥23	10丁巳25	10丙戌23	10丙辰23	10乙酉21	10乙卯21	10乙酉20	**10**甲寅⑱	10甲申18	10癸丑16	10癸未16	10壬子14
11戊子24	11戊午26	11丁亥㉔	11丁巳24	11丙戌22	11丙辰22	11丙戌㉑	11乙卯19	**11**乙酉19	11甲寅17	11甲申17	11癸丑⑮
12己丑25	12己未㉗	12戊子25	12戊午25	12丁亥23	12丁巳23	12丁亥22	12丙辰20	12丙戌20	**12**乙卯18	12乙酉⑱	12甲寅16
13庚寅26	13庚申28	13己丑26	13己未26	13戊子24	13戊午㉔	13戊子23	13丁巳21	13丁亥21	13丙辰19	**13**丙戌19	13乙卯17
14辛卯㉗	14辛酉29	14庚寅27	14庚申27	14己丑25	14己未25	14己丑24	14戊午22	14戊子22	14丁巳⑳	14丁亥20	**14**丙辰18
15壬辰28	15壬戌30	15辛卯28	15辛酉28	15庚寅㉖	15庚申26	15庚寅25	15己未23	15己丑㉓	15戊午21	15戊子21	15丁巳19
《3月》	16癸亥31	16壬辰29	16壬戌㉙	16辛卯27	16辛酉27	16辛卯26	16庚申24	16庚寅24	16己未22	16己丑22	16戊午20
16癸巳 1	《4月》	17癸巳30	17癸亥30	17壬辰28	17壬戌28	17壬辰27	17辛酉㉕	17辛卯25	17庚申23	17庚寅23	17己未21
17甲午 2	17甲子 1	《5月》	18甲子31	18癸巳29	18癸亥29	18癸巳㉘	18壬戌26	18壬辰26	18辛酉24	18辛卯24	18庚申㉒
18乙未 3	18乙丑 2	18甲午①	《6月》	19甲午30	19甲子30	19甲午29	19癸亥27	19癸巳27	19壬戌25	19壬辰㉕	19辛酉23
19丙申 4	19丙寅③	19乙未 2	19乙丑 1	《7月》	20乙丑㉛	20乙未30	20甲子28	20甲午28	20癸亥26	20癸巳26	20壬戌24
20丁酉 5	**20**丁卯 4	20丙申 3	20丙寅 2	20乙未 1	《8月》	21丙申31	21乙丑29	21乙未29	21甲子㉗	21甲午27	21癸亥25
21戊戌⑥	21戊辰 5	21丁酉 4	21丁卯 3	21丙申 2	21丙寅 1	《9月》	22丙寅30	22丙申㉚	22乙丑28	22乙未28	22甲子26
22己亥 7	22己巳 6	**22**戊戌 5	**22**戊辰 4	22丁酉③	22丁卯 2	22丁酉 1	《10月》	23丁酉31	23丙寅29	23丙申29	23乙丑27
23庚子 8	23庚午 7	23己亥 6	23己巳⑤	**23**戊戌 4	23戊辰 3	23戊戌 2	23丁卯 1	《11月》	24丁卯30	24丁酉30	24丙寅28
24辛丑 9	24辛未 8	24庚子 7	24庚午 6	24己亥 5	**24**己巳 4	**24**己亥 3	24戊辰②	24戊戌 1	《12月》	25戊戌31	25丁卯㉙
25壬寅10	25壬申 9	25辛丑⑧	25辛未 7	25庚子 6	25庚午 5	25庚子④	25己巳 3	25己亥 2	25戊辰 1	**691年**	26戊辰30
26癸卯11	26癸酉⑩	26壬寅 9	26壬申 8	26辛丑 7	26辛未 6	26辛丑 5	**26**庚午 4	**26**庚子 3	26己巳 2	《1月》	27己巳31
27甲辰12	27甲戌11	27癸卯10	27癸酉 9	27壬寅 8	27壬申⑦	27壬寅 6	27辛未 5	27辛丑 4	27庚午 3	26己亥①	《2月》
28乙巳⑬	28乙亥12	28甲辰11	28甲戌10	28癸卯 9	28癸酉 8	28癸卯 7	28壬申 6	28壬寅 5	**28**辛未④	27庚子 2	28庚午 1
29丙午14	29丙子13	29乙巳12	29乙亥11	29甲辰⑩	29甲戌 9	29甲辰 8	29癸酉 7	29癸卯⑥	29壬申 5	**28**辛丑 3	**29**辛未 2
30丁未15		30丙午13		30乙巳11	30乙亥10		30甲戌 8		30癸酉 6	29壬寅 4	30壬申 3
雨水 4日 啓蟄 20日	春分 5日 清明 20日	穀雨 6日 立夏 22日	小満 7日 芒種 22日	夏至 8日 小暑 23日	大暑 9日 立秋 24日	処暑 9日 白露 24日	秋分 10日 寒露 26日	霜降 11日 立冬 26日	小雪 12日 大雪 28日	冬至 13日 小寒 28日	大寒 14日 立春 29日

持統天皇**5**年（691－692） 辛卯

1月	2月	3月	4月	5月	6月	7月	8月	9月	10月	11月	12月
1 癸酉 4	**1** 壬寅⑤	**1** 壬申 4	1 辛丑 3	1 辛未 2	《7月》	1 庚午31	1 己亥29	1 己巳28	1 戊戌27	1 戊辰㉖	1 戊戌26
2 甲戌⑤	2 癸卯 6	2 癸酉 5	2 壬寅 4	2 壬申 3	1 庚子 1	《8月》	2 庚子30	2 庚午29	2 己亥28	2 己巳27	2 己亥27
3 乙亥 6	3 甲辰 7	3 甲戌 6	**3** 癸卯 5	**3** 癸酉④	2 辛丑②	2 辛未 1	3 辛丑31	3 辛未30	3 庚子㉙	3 庚午28	3 庚子28
4 丙子 7	4 乙巳 8	4 乙亥 7	4 甲辰 6	4 甲戌 5	3 壬寅 3	3 壬申 2	《9月》	《10月》	4 辛丑30	4 辛未29	4 辛丑29
5 丁丑 8	5 丙午 9	5 丙子 8	5 乙巳⑦	5 乙亥 6	4 癸卯 4	4 癸酉 3	4 壬寅 1	4 壬申①	5 壬寅31	5 壬申30	5 壬寅30
6 戊寅 9	6 丁未10	6 丁丑⑨	6 丙午 8	6 丙子 7	**5** 甲辰 5	**5** 甲戌 4	5 癸卯 2	5 癸酉 2	《11月》	《12月》	6 癸卯㉛
7 己卯10	7 戊申11	7 戊寅10	7 丁未 9	7 丁丑 8	6 乙巳 6	6 乙亥 5	6 甲辰③	6 甲戌 3	6 癸卯 1	6 癸酉 1	**692** 年
8 庚辰11	8 己酉⑫	8 己卯11	8 戊申10	8 戊寅 9	7 丙午 7	7 丙子⑥	**7** 乙巳 4	**7** 乙亥 4	7 甲辰 2	7 甲戌 2	《1月》
9 辛巳⑫	9 庚戌13	9 庚辰12	9 己酉11	9 己卯10	8 丁未 8	8 丁丑 7	8 丙午 5	8 丙子 5	**8** 乙巳 3	8 乙亥③	7 甲辰 1
10壬午13	10辛亥14	10辛巳13	10庚戌12	10庚辰⑪	9 戊申⑨	9 戊寅 8	9 丁未 6	9 丁丑 6	9 丙午 4	**9** 丙子 4	8 乙巳 2
11癸未14	11壬子15	11壬午14	11辛亥13	11辛巳12	10己酉10	10己卯 9	10戊申 7	10戊寅 7	10丁未⑤	10丁丑 5	**9** 丙午 3
12甲申15	12癸丑16	12癸未15	12壬子⑭	12壬午13	11庚戌11	11庚辰10	11己酉 8	11己卯⑧	11戊申 6	11戊寅 6	10丁未 4
13乙酉16	13甲寅17	13甲申⑯	13癸丑15	13癸未14	12辛亥12	12辛巳11	12庚戌 9	12庚辰 9	12己酉 7	12己卯 7	11戊申 5
14丙戌17	14乙卯18	14乙酉17	14甲寅16	14甲申15	13壬子13	13壬午12	13辛亥⑩	13辛巳10	13庚戌 8	13庚辰 8	12己酉 6
15丁亥18	15丙辰⑲	15丙戌18	15乙卯17	15乙酉16	14癸丑14	14癸未⑬	14壬子11	14壬午11	14辛亥 9	14辛巳 9	13庚戌⑦
16戊子⑲	**16**丁巳20	16丁亥19	16丙辰18	16丙戌17	15甲寅15	15甲申14	15癸丑12	15癸未12	15壬子10	15壬午⑩	14辛亥 8
17己丑20	17戊午21	**17**戊子20	17丁巳19	17丁亥⑱	16乙卯⑯	16乙酉15	16甲寅13	16甲申13	16癸丑11	16癸未11	15壬子 9
18庚寅21	18己未22	18己丑21	**18**戊午20	**18**戊子19	17丙辰17	17丙戌16	17乙卯14	17乙酉14	17甲寅⑫	17甲申12	16癸丑10
19辛卯22	19庚申23	19庚寅22	19己未㉑	19己丑20	18丁巳18	18丁亥17	18丙辰15	18丙戌⑮	18乙卯13	18乙酉13	17甲寅11
20壬辰23	20辛酉24	20辛卯㉓	20庚申22	20庚寅21	19戊午19	19戊子18	19丁巳16	19丁亥16	19丙辰14	19丙戌14	18乙卯12
21癸巳24	21壬戌25	21壬辰24	21辛酉23	21辛卯22	**20**己未20	**20**己丑19	20戊午⑰	20戊子17	20丁巳15	20丁亥15	19丙辰13
22甲午25	22癸亥㉖	22癸巳25	22壬戌24	22壬辰23	21庚申21	21庚寅⑳	21己未18	21己丑18	21戊午16	21戊子16	20丁巳⑭
23乙未㉖	23甲子27	23甲午26	23癸亥25	23癸巳24	22辛酉22	22辛卯21	**22**庚申19	**22**庚寅19	22己未17	22己丑⑰	21戊午15
24丙申27	24乙丑28	24乙未27	24甲子26	24甲午㉕	23壬戌㉓	23壬辰22	23辛酉20	23辛卯20	23庚申18	23庚寅18	22己未16
25丁酉28	25丙寅29	25丙申28	25乙丑27	25乙未26	24癸亥24	24癸巳23	24壬戌21	24壬辰21	**24**辛酉⑲	**24**辛卯19	23庚申17
《3月》	26丁卯30	26丁酉29	26丙寅㉘	26丙申27	25甲子25	25甲午24	25癸亥22	25癸巳㉒	25壬戌20	25壬辰20	**24**辛酉18
26戊戌 1	27戊辰31	27戊戌㉚	27丁卯29	27丁酉28	26乙丑26	26乙未25	26甲子23	26甲午23	26癸亥21	26癸巳21	25壬戌19
27己亥 2	《4月》	《5月》	28戊辰30	28戊戌29	27丙寅27	27丙申26	27乙丑㉔	27乙未24	27甲子22	27甲午22	26癸亥20
28庚子 3	28己巳 1	28己亥 1	29己巳31	29己亥30	28丁卯28	28丁酉㉗	28丙寅25	28丙申25	28乙丑23	28乙未23	27甲子㉑
29辛丑 4	29庚午②	29庚子 2	《6月》		29戊辰29	29戊戌28	29丁卯26	29丁酉26	29丙寅24	29丙申㉔	28乙丑22
	30辛未 3		30庚午 1		30己巳㉚		30戊辰27		30丁卯25	30丁酉25	29丙寅23
雨水 15日	啓蟄 1日	清明 1日	立夏 3日	芒種 3日	小暑 5日	立秋 5日	白露 7日	寒露 7日	立冬 8日	大雪 9日	小寒 9日
	春分 16日	穀雨 17日	小満 18日	夏至 18日	大暑 20日	処暑 20日	秋分 22日	霜降 22日	小雪 24日	冬至 24日	大寒 24日

持統天皇**6**年（692－693） 壬辰

1月	2月	3月	4月	5月	閏5月	6月	7月	8月	9月	10月	11月	12月
1 丁卯24	1 丁酉23	1 丙寅23	1 丙申22	1 乙丑21	1 乙未20	**1** 甲子19	1 甲午⑱	1 癸亥16	1 癸巳16	1 壬戌14	1 辛卯13	1 辛酉⑫
2 戊辰25	2 戊戌24	2 丁卯㉔	2 丁酉23	2 丙寅22	2 丙申21	2 乙丑20	**2** 乙未19	2 甲子17	2 甲午17	2 癸亥15	2 壬辰14	2 壬戌13
3 己巳26	3 己亥㉕	3 戊辰25	3 戊戌24	3 丁卯23	3 丁酉22	3 丙寅㉑	3 丙申20	**3** 乙丑18	**3** 乙未18	3 甲子16	3 癸巳⑮	3 癸亥14
4 庚午27	4 庚子26	4 己巳26	4 己亥25	4 戊辰24	4 戊戌㉓	4 丁卯22	4 丁酉21	4 丙寅19	4 丙申19	4 乙丑⑰	4 甲午16	4 甲子15
5 辛未㉘	5 辛丑27	5 庚午27	5 庚子26	5 己巳25	5 己亥24	5 戊辰23	5 戊戌22	5 丁卯20	5 丁酉⑳	**5** 丙寅18	5 乙未17	5 乙丑16
6 壬申29	6 壬寅28	6 辛未28	6 辛丑27	6 庚午㉖	6 庚子25	6 己巳24	6 己亥23	6 戊辰21	6 戊戌21	6 丁卯19	**6** 丙申18	6 丙寅17
7 癸酉30	7 癸卯29	7 壬申29	7 壬寅㉘	7 辛未27	7 辛丑26	7 庚午25	7 庚子24	7 己巳㉒	7 己亥22	7 戊辰20	7 丁酉19	**7** 丁卯18
8 甲戌31	《3月》	8 癸酉30	8 癸卯29	8 壬申28	8 壬寅27	8 辛未26	8 辛丑㉕	8 庚午23	8 庚子23	8 己巳21	8 戊戌20	8 戊辰⑲
《2月》	8 甲辰 1	9 甲戌㉛	9 甲辰30	9 癸酉29	9 癸卯28	9 壬申27	9 壬寅26	9 辛未24	9 辛丑24	9 庚午22	9 己亥21	9 己巳20
9 乙亥 1	9 乙巳 2	《4月》	《5月》	10甲戌30	10甲辰29	10癸酉㉘	10癸卯27	10壬申25	10壬寅25	10辛未23	10庚子㉒	10庚午21
10丙子 2	10丙午③	10乙亥 1	10乙巳 1	11乙亥31	11乙巳㉚	11甲戌29	11甲辰28	11癸酉26	11癸卯26	11壬申㉔	11辛丑23	11辛未22
11丁丑 3	**11**丁未 4	11丙子 2	11丙午 2	《6月》	《7月》	12乙亥30	12乙巳29	12甲戌27	12甲辰㉗	12癸酉25	12壬寅24	12壬申23
12戊寅④	12戊申 5	12丁丑 3	12丁未 3	12丙子 1	12丙午 1	13丙子31	13丙午30	13乙亥28	13乙巳28	13甲戌26	13癸卯25	13癸酉24
13己卯 5	13己酉 6	**13**戊寅 4	**13**戊申 4	13丁丑②	13丁未 2	《8月》	14丁未31	14丙子㉙	14丙午29	14乙亥27	14甲辰26	14甲戌25
14庚辰 6	14庚戌 7	14己卯 5	14己酉⑤	**14**戊寅 3	14戊申 3	14丁丑 1	《9月》	15丁丑30	15丁未30	15丙子28	15乙巳27	15乙亥㉖
15辛巳 7	15辛亥 8	15庚辰 6	15庚戌 6	15己卯 4	**15**己酉 4	15戊寅 2	15戊申①	《10月》	16戊申31	16丁丑29	16丙午28	16丙子27
16壬午 8	16壬子 9	16辛巳⑦	16辛亥 7	16庚辰 5	16庚戌 5	**16**己卯 3	16己酉 2	16戊寅 1	《11月》	17戊寅30	17丁未㉙	17丁丑28
17癸未 9	17癸丑⑩	17壬午 8	17壬子 8	17辛巳 6	17辛亥 6	17庚辰④	**17**庚戌 3	17己卯 2	17己酉 1	《12月》	18戊申30	18戊寅29
18甲申10	18甲寅11	18癸未 9	18癸丑 9	18壬午 7	18壬子⑦	18辛巳 5	18辛亥 4	**18**庚辰 3	18庚戌 2	18己卯①	19己酉31	19己卯30
19乙酉⑪	19乙卯12	19甲申10	19甲寅10	19癸未 8	19癸丑 8	19壬午 6	19壬子 5	19辛巳 4	**19**辛亥③	19庚辰 2	**693** 年	20庚辰31
20丙戌12	20丙辰13	20乙酉11	20乙卯11	20甲申⑨	20甲寅 9	20癸未 7	20癸丑 6	20壬午 5	20壬子 4	**20**辛巳 3	《1月》	《2月》
21丁亥13	21丁巳14	21丙戌12	21丙辰⑫	21乙酉10	21乙卯10	21甲申 8	21甲寅 7	21癸未⑥	21癸丑 5	21壬午 4	20庚戌 1	21辛巳 1
22戊子14	22戊午15	22丁亥13	22丁巳13	22丙戌11	22丙辰11	22乙酉 9	22乙卯⑧	22甲申 7	22甲寅 6	22癸未 5	21辛亥 2	**22**壬午②
23己丑15	23己未16	23戊子⑭	23戊午14	23丁亥12	23丁巳12	23丙戌10	23丙辰 9	23乙酉 8	23乙卯 7	23甲申 6	**22**壬子 3	23癸未 3
24庚寅16	24庚申⑰	24己丑15	24己未15	24戊子13	24戊午13	24丁亥⑪	24丁巳10	24丙戌 9	24丙辰 8	24乙酉 7	23癸丑 4	24甲申 4
25辛卯17	25辛酉18	25庚寅16	25庚申16	25己丑14	25己未⑭	25戊子12	25戊午11	25丁亥10	25丁巳 9	25丙戌⑧	24甲寅⑤	25乙酉 5
26壬辰⑱	**26**壬戌19	26辛卯17	26辛酉17	26庚寅15	26庚申15	26己丑13	26己未12	26戊子11	26戊午⑩	26丁亥 9	25乙卯 6	26丙戌 6
27癸巳19	27癸亥20	27壬辰18	27壬戌18	27辛卯⑯	27辛酉16	27庚寅14	27庚申13	27己丑12	27己未11	27戊子10	26丙辰 7	27丁亥 7
28甲午20	28甲子21	**28**癸巳19	**28**癸亥⑲	28壬辰17	28壬戌17	28辛卯15	28辛酉14	28庚寅⑬	28庚申12	28己丑11	27丁巳 8	28戊子 8
29乙未21	29乙丑22	29甲午20	29甲子20	29癸巳18	29癸亥18	29壬辰16	29壬戌⑮	29辛卯14	29辛酉13	29庚寅12	28戊午 9	29己丑⑨
30丙申22		30乙未㉑		**30**甲午19		30癸巳17		30壬辰15			29己未10	30庚寅10
											30庚申11	
立春 11日	啓蟄 11日	清明 13日	立夏 13日	芒種 14日	小暑15日	大暑 1日	処暑 2日	秋分 3日	霜降 3日	小雪 5日	冬至 6日	大寒 7日
雨水 26日	春分 26日	穀雨 28日	小満 28日	夏至 30日		立秋 16日	白露 17日	寒露 18日	立冬 19日	大雪 20日	小寒 22日	立春 22日

持統天皇 7 年（693－694） 癸巳

1月	2月	3月	4月	5月	6月	7月	8月	9月	10月	11月	12月
1辛卯11	1庚申12	1庚寅11	1庚申⑪	1己丑9	1己未9	1戊子7	1戊午6	1丁亥⑤	1丁巳4	**1**丙戌3	1丙辰2
2壬辰12	2辛酉13	2辛卯12	2辛酉12	2庚寅10	2庚申10	2己丑8	2己未⑦	2戊子6	2戊午5	2丁亥4	**2**丁巳3
3癸巳13	3壬戌14	3壬辰⑬	3壬戌13	3辛卯11	3辛酉11	3庚寅9	3庚申8	3己丑7	3己未6	3戊子5	3戊午④
4甲午14	4癸亥15	4癸巳14	4癸亥14	4壬辰12	4壬戌12	4辛卯⑩	4辛酉9	4庚寅8	4庚申7	4己丑6	4己未5
5乙未15	5甲子⑯	5甲午15	5甲子15	5癸巳13	5癸亥⑬	5壬辰11	5壬戌10	5辛卯9	5辛酉8	5庚寅⑦	5庚申6
6丙申⑯	6乙丑17	6乙未16	6乙丑16	6甲午14	6甲子14	6癸巳12	6癸亥11	6壬辰10	6壬戌⑨	6辛卯8	6辛酉7
7丁酉17	7丙寅18	7丙申17	7丙寅17	7乙未⑮	7乙丑15	7甲午13	7甲子12	7癸巳11	7癸亥10	7壬辰9	7壬戌8
8戊戌18	8丁卯19	8丁酉18	8丁卯⑱	8丙申16	8丙寅16	8乙未14	8乙丑13	8甲午⑫	8甲子11	8癸巳10	8癸亥9
9己亥19	**9**戊辰20	**9**戊戌19	**9**戊辰19	9丁酉17	9丁卯17	9丙申15	9丙寅⑭	9乙未13	9乙丑12	9甲午11	9甲子10
10庚子20	10己巳21	10己亥⑳	10己巳20	10戊戌18	10戊辰18	10丁酉16	10丁卯15	10丙申14	10丙寅13	10乙未12	10乙丑⑪
11辛丑21	11庚午22	11庚子21	11庚午21	**11**己亥19	**11**己巳19	11戊戌⑰	11戊辰16	11丁酉15	11丁卯14	11丙申13	11丙寅12
12壬寅22	12辛未㉓	12辛丑22	12辛未22	12庚子20	12庚午⑳	12己亥18	12己巳17	12戊戌16	12戊辰15	12丁酉⑭	12丁卯13
13癸卯㉓	13壬申24	13壬寅23	13壬申23	13辛丑21	13辛未21	**13**庚子19	**13**庚午18	13己亥17	13己巳⑯	13戊戌15	13戊辰14
14甲辰24	14癸酉25	14癸卯24	14癸酉24	14壬寅㉒	14壬申22	14辛丑20	14辛未19	14庚子18	14庚午17	14己亥16	14己巳15
15乙巳25	15甲戌26	15甲辰25	15甲戌㉕	15癸卯23	15癸酉23	15壬寅21	15壬申20	**15**辛丑⑲	**15**辛未18	15庚子17	15庚午16
16丙午26	16乙亥27	16乙巳26	16乙亥26	16甲辰24	16甲戌24	16癸卯22	16癸酉㉑	16壬寅20	16壬申19	16辛丑18	16辛未17
17丁未27	17丙子28	17丙午㉗	17丙子27	17乙巳25	17乙亥25	17甲辰23	17甲戌22	17癸卯21	17癸酉20	**17**壬寅19	**17**壬申⑱
18戊申28	18丁丑29	18丁未28	18丁丑28	18丙午26	18丙子26	18乙巳㉔	18乙亥23	18甲辰22	18甲戌21	18癸卯20	18癸酉19
《3月》	19戊寅㉚	19戊申29	19戊寅29	19丁未27	19丁丑㉗	19丙午25	19丙子24	19乙巳23	19乙亥22	19甲辰㉑	19甲戌20
19己酉1	20己卯31	20己酉30	20己卯30	20戊申28	20戊寅28	20丁未26	20丁丑25	20丙午24	20丙子㉓	20乙巳22	20乙亥21
20庚戌②	《4月》	《5月》	21庚辰31	21己酉㉙	21己卯29	21戊申27	21戊寅26	21丁未25	21丁丑24	21丙午23	21丙子22
21辛亥3	21庚辰1	21庚戌1	《6月》	22庚戌30	22庚辰30	22己酉28	22己卯27	22戊申㉖	22戊寅25	22丁未24	22丁丑23
22壬子4	22辛巳2	22辛亥2	22辛巳①	《7月》	23辛巳31	23庚戌29	23庚辰㉘	23己酉27	23己卯26	23戊申25	23戊寅24
23癸丑5	23壬午3	23壬子3	23壬午2	23辛亥1	《8月》	24辛亥30	24辛巳29	24庚戌28	24庚辰27	24己酉26	24己卯㉕
24甲寅6	**24**癸未4	**24**癸丑④	24癸未3	24壬子2	24壬午1	25壬子㉛	25壬午30	25辛亥29	25辛巳28	25庚戌27	25庚辰26
25乙卯7	25甲申5	25甲寅5	**25**甲申4	25癸丑3	25癸未2	《9月》	《10月》	26壬子30	26壬午29	26辛亥㉘	26辛巳27
26丙辰8	26乙酉⑥	26乙卯6	26乙酉5	**26**甲寅4	26甲申③	26癸丑1	26癸未1	27癸丑31	27癸未㉚	27壬子29	27壬午28
27丁巳⑨	27丙戌7	27丙辰7	27丙戌6	27乙卯5	**27**乙酉4	27甲寅2	27甲申2	《11月》	《12月》	28癸丑30	28癸未29
28戊午10	28丁亥8	28丁巳8	28丁亥7	28丙辰⑥	28丙戌5	**28**乙卯3	**28**乙酉3	28甲寅1	28甲申1	29甲寅31	29甲申30
29己未11	29戊子9	29戊午9	29戊子⑧	29丁巳7	29丁亥6	29丙辰4	29丙戌4	29乙卯②	29乙酉2	**694年**	
	30己丑10	30己未10		30戊午8		30丁巳5		**30**丙辰3		《1月》	
										30乙卯1	

雨水 7日	春分 9日	穀雨 9日	小満 9日	夏至 11日	大暑 11日	処暑 13日	秋分 13日	霜降 15日	小雪 15日	大雪 1日	小寒 2日
啓蟄 22日	清明 24日	立夏 24日	芒種 25日	小暑 26日	立秋 27日	白露 28日	寒露 28日	立冬 30日		冬至 17日	大寒 17日

持統天皇 8 年（694－695） 甲午

1月	2月	3月	4月	5月	6月	7月	8月	9月	10月	11月	12月
1乙酉31	1乙卯2	1甲申31	1甲寅30	1癸未29	1癸丑㉘	1癸未28	1壬子26	1壬午25	1辛亥24	1辛巳23	1庚戌22
《2月》	2丙辰3	《4月》	《5月》	2甲申30	2甲寅29	2甲申29	2癸丑27	2癸未26	2壬子㉕	2壬午24	2辛亥23
2丙戌①	3丁巳4	2乙酉1	2乙卯1	3乙酉㉛	3乙卯30	3乙酉30	3甲寅28	3甲申㉗	3癸丑26	3癸未25	3壬子24
3丁亥2	**4**戊午5	3丙戌2	3丙辰2	《6月》	《7月》	4丙戌31	4乙卯29	4乙酉28	4甲寅27	4甲申26	4癸丑25
4戊子3	5己未6	4丁亥3	4丁巳③	4丙戌1	4丙辰1	《8月》	5丙辰㉚	5丙戌29	5乙卯28	5乙酉27	5甲寅26
5己丑4	6庚申7	**5**戊子4	5戊午4	5丁亥2	5丁巳2	5丁亥1	6丁巳31	6丁亥30	6丙辰29	6丙戌28	6乙卯㉗
6庚寅5	7辛酉⑧	6己丑⑤	**6**己未5	6戊子3	6戊午3	6戊子②	《9月》	《10月》	7丁巳30	7丁亥㉙	7丙辰28
7辛卯6	8壬戌9	7庚寅6	7庚申6	**7**己丑4	**7**己未4	7己丑3	7戊午1	7戊子1	8戊午31	8戊子30	8丁巳29
8壬辰7	9癸亥10	8辛卯7	8辛酉7	8庚寅5	8庚申⑤	**8**庚寅4	8己未2	8己丑2	《11月》	《12月》	9戊午30
9癸巳⑧	10甲子11	9壬辰8	9壬戌8	9辛卯6	9辛酉6	9辛卯5	**9**庚申3	9庚寅3	9己未①	9己丑1	10己未31
10甲午9	11乙丑12	10癸巳9	10癸亥9	10壬辰⑦	10壬戌7	10壬辰6	10辛酉4	**10**辛卯④	10庚申2	10庚寅2	**695年**
11乙未10	12丙寅13	11甲午10	11甲子⑩	11癸巳8	11癸亥8	11癸巳7	11壬戌5	11壬辰5	**11**辛酉3	11辛卯3	《1月》
12丙申11	13丁卯14	12乙未11	12乙丑11	12甲午9	12甲子9	12甲午8	12癸亥⑥	12癸巳6	12壬戌4	**12**壬辰4	11庚申1
13丁酉12	14戊辰⑮	13丙申⑫	13丙寅12	13乙未10	13乙丑10	13乙未⑨	13甲子7	13甲午7	13癸亥5	13癸巳5	12辛酉2
14戊戌13	15己巳16	14丁酉13	14丁卯13	14丙申11	14丙寅11	14丙申10	14乙丑8	14乙未8	14甲子6	14甲午⑥	**13**壬戌③
15己亥14	16庚午17	15戊戌14	15戊辰14	15丁酉12	15丁卯⑫	15丁酉11	15丙寅9	15丙申9	15乙丑7	15乙未7	14癸亥4
16庚子⑮	17辛未18	16己亥15	16己巳15	16戊戌13	16戊辰13	16戊戌12	16丁卯10	16丁酉10	16丙寅⑧	16丙申8	15甲子5
17辛丑16	18壬申19	17庚子16	17庚午16	17己亥⑭	17己巳14	17己亥13	17戊辰11	17戊戌⑪	17丁卯9	17丁酉9	16乙丑6
18壬寅17	**19**癸酉20	18辛丑17	18辛未⑰	18庚子15	18庚午15	18庚子14	18己巳12	18己亥12	18戊辰10	18戊戌10	17丙寅7
19癸卯18	20甲戌21	19壬寅18	19壬申18	19辛丑16	19辛未16	19辛丑15	19庚午⑬	19庚子13	19己巳11	19己亥11	18丁卯8
20甲辰19	21乙亥㉒	**20**癸卯⑲	20癸酉19	20壬寅17	20壬申17	20壬寅⑯	20辛未14	20辛丑14	20庚午12	20庚子12	19戊辰9
21乙巳20	22丙子23	21甲辰20	**21**甲戌20	21癸卯18	21癸酉18	21癸卯17	21壬申15	21壬寅15	21辛未13	21辛丑⑬	20己巳⑩
22丙午21	23丁丑24	22乙巳21	22乙亥21	**22**甲辰19	22甲戌⑲	22甲辰18	22癸酉16	22癸卯16	22壬申14	22壬寅14	21庚午11
23丁未㉒	24戊寅25	23丙午22	23丙子22	23乙巳20	**23**乙亥20	**23**乙巳19	23甲戌17	23甲辰17	23癸酉⑮	23癸卯15	22辛未12
24戊申23	25己卯26	24丁未23	24丁丑23	24丙午㉑	24丙子21	24丙午20	**24**乙亥18	24乙巳⑱	24甲戌16	24甲辰16	23壬申13
25己酉24	26庚辰27	25戊申24	25戊寅㉔	25丁未22	25丁丑22	25丁未21	25丙子19	**25**丙午19	25乙亥17	25乙巳17	24癸酉14
26庚戌25	27辛巳28	26己酉25	26己卯25	26戊申23	26戊寅23	26戊申22	26丁丑⑳	26丁未20	**26**丙子18	26丙午18	25甲戌15
27辛亥26	28壬午㉙	27庚戌㉖	27庚辰26	27己酉24	27己卯24	27己酉㉓	27戊寅21	27戊申21	27丁丑19	**27**丁未19	26乙亥16
28壬子27	29癸未30	28辛亥27	28辛巳27	28庚戌25	28庚辰25	28庚戌24	28己卯22	28己酉22	28戊寅20	28戊申⑳	27丙子⑰
29癸丑28		29壬子28	29壬午28	29辛亥26	29辛巳㉖	29辛亥25	29庚辰23	29庚戌23	29己卯21	29己酉21	**28**丁丑18
《3月》		30癸丑29		30壬子27	30壬午27		30辛巳24		30庚辰㉒		29戊寅19
30甲寅①											30己卯20

立春 3日	啓蟄 4日	清明 5日	立夏 6日	芒種 7日	小暑 7日	立秋 8日	白露 9日	寒露 10日	立冬 11日	大雪 12日	小寒 13日
雨水 18日	春分 19日	穀雨 20日	小満 21日	夏至 22日	大暑 23日	処暑 23日	秋分 24日	霜降 25日	小雪 26日	冬至 27日	大寒 28日

持統天皇**9**年（695－696） 乙未

1月	2月	閏2月	3月	4月	5月	6月	7月	8月	9月	10月	11月	12月
1 庚辰21	1 己酉19	1 己卯㉑	1 戊申19	1 戊寅19	1 丁未17	1 丁丑17	1 丙午⑮	1 丙子14	1 乙巳13	1 乙亥12	1 乙巳⑫	1 甲戌10
2 辛巳22	2 庚戌20	2 庚辰22	**2** 己酉20	**2** 己卯20	2 戊申18	2 戊寅⑱	2 丁未16	2 丁丑15	2 丙午14	2 丙子13	2 丙午13	2 乙亥11
3 壬午23	3 辛亥㉑	3 辛巳23	3 庚戌21	3 庚辰21	**3** 己酉19	3 己卯19	3 戊申17	3 戊寅16	3 丁未15	3 丁丑⑭	3 丁未14	3 丙子12
4 癸未㉔	4 壬子22	4 壬午24	4 辛亥22	4 辛巳22	4 庚戌⑳	**4** 庚辰20	4 己酉18	4 己卯17	4 戊申16	4 戊寅15	4 戊申15	4 丁丑13
5 甲申25	5 癸丑23	5 癸未25	5 壬子23	5 壬午㉓	5 辛亥21	5 辛巳21	**5** 庚戌19	5 庚辰18	5 己酉⑰	5 己卯16	5 己酉16	5 戊寅14
6 乙酉26	6 甲寅24	6 甲申26	6 癸丑24	6 癸未24	6 壬子22	6 壬午22	6 辛亥20	**6** 辛巳⑲	6 庚戌18	6 庚辰17	6 庚戌17	6 己卯15
7 丙戌27	7 乙卯25	7 乙酉27	7 甲寅㉕	7 甲申25	7 癸丑23	7 癸未23	7 壬子21	7 壬午20	**7** 辛亥19	7 辛巳18	7 辛亥18	7 庚辰⑯
8 丁亥28	8 丙辰26	8 丙戌㉘	8 乙卯26	8 乙酉26	8 甲寅24	8 甲申24	8 癸丑㉒	8 癸未21	8 壬子20	**8** 壬午19	**8** 壬子⑲	8 辛巳17
9 戊子29	9 丁巳27	9 丁亥29	9 丙辰27	9 丙戌27	9 乙卯25	9 乙酉㉕	9 甲寅23	9 甲申22	9 癸丑21	9 癸未20	9 癸丑20	**9** 壬午18
10 己丑30	10 戊午㉘	10 戊子30	10 丁巳28	10 丁亥28	10 丙辰26	10 丙戌26	10 乙卯24	10 乙酉23	10 甲寅22	10 甲申㉑	10 甲寅21	10 癸未19
11 庚寅㉛	《3月》	11 己丑31	11 戊午29	11 戊子29	11 丁巳㉗	11 丁亥27	11 丙辰25	11 丙戌24	11 乙卯23	11 乙酉22	11 乙卯22	11 甲申20
《2月》	11 己未 1	《4月》	12 己未30	12 己丑㉚	12 戊午28	12 戊子28	12 丁巳26	12 丁亥25	12 丙辰㉔	12 丙戌23	12 丙辰23	12 乙酉21
12 辛卯 1	12 庚申 2	12 庚寅 1	《5月》	13 庚寅31	13 己未29	13 己丑29	13 戊午27	13 戊子㉖	13 丁巳25	13 丁亥24	13 丁巳24	13 丙戌22
13 壬辰 2	13 辛酉 3	13 辛卯 2	13 庚申 1	《6月》	14 庚申30	14 庚寅30	14 己未28	14 己丑27	14 戊午26	14 戊子25	14 戊午25	14 丁亥㉓
14 癸巳 3	14 壬戌 4	14 壬辰 3	14 辛酉②	14 辛卯 1	《7月》	15 辛卯31	15 庚申㉙	15 庚寅28	15 己未27	15 己丑26	15 己未㉖	15 戊子24
15 甲午 4	**15** 癸亥 5	**15** 癸巳④	15 壬戌 3	15 壬辰 2	15 辛酉 1	《8月》	16 辛酉30	16 辛卯29	16 庚申28	16 庚寅27	16 庚申27	16 己丑25
16 乙未 5	16 甲子 6	16 甲午 5	16 癸亥 4	16 癸巳 3	16 壬戌 2	16 壬辰①	17 壬戌31	17 壬辰30	17 辛酉29	17 辛卯㉘	17 辛酉28	17 庚寅26
17 丙申 6	17 乙丑⑦	17 乙未 6	**17** 甲子 5	**17** 甲午 4	17 癸亥 3	17 癸巳 2	《9月》	《10月》	18 壬戌30	18 壬辰29	18 壬戌29	18 辛卯27
18 丁酉⑦	18 丙寅 8	18 丙申 7	18 乙丑 6	18 乙未 5	18 甲子④	18 甲午 3	18 癸亥 1	18 癸巳 1	19 癸亥㉛	19 癸巳30	19 癸亥30	19 壬辰28
19 戊戌 8	19 丁卯 9	19 丁酉 8	19 丙寅 7	19 丙申⑥	**19** 乙丑 5	**19** 乙未 4	19 甲子 2	19 甲午 2	《11月》	《12月》	20 甲子31	20 癸巳29
20 己亥 9	20 戊辰10	20 戊戌 9	20 丁卯 8	20 丁酉 7	20 丙寅 6	20 丙申 5	20 乙丑 3	20 乙未③	20 甲子 1	20 甲午 1	**696** 年	21 甲午㉚
21 庚子10	21 己巳11	21 己亥10	21 戊辰⑨	21 戊戌 8	21 丁卯 7	21 丁酉 6	**21** 丙寅 4	**21** 丙申 4	21 乙丑 2	21 乙未 2	《1月》	22 乙未31
22 辛丑11	22 庚午12	22 庚子⑪	22 己巳10	22 己亥 9	22 戊辰 8	22 戊戌 7	22 丁卯⑤	22 丁酉 5	**22** 丙寅 3	22 丙申 3	21 乙丑 1	《2月》
23 壬寅12	23 辛未13	23 辛丑12	23 庚午11	23 庚子10	23 己巳 9	23 己亥⑧	23 戊辰 6	23 戊戌 6	23 丁卯 4	**23** 丁酉 4	22 丙寅②	23 丙申 1
24 癸卯13	24 壬申⑭	24 壬寅13	24 辛未12	24 辛丑11	24 庚午10	24 庚子 9	24 己巳 7	24 己亥 7	24 戊辰 5	24 戊戌⑤	**23** 丁卯 3	24 丁酉 2
25 甲辰⑭	25 癸酉15	25 癸卯14	25 壬申13	25 壬寅12	25 辛未⑪	25 辛丑10	25 庚午 8	25 庚子 8	25 己巳 6	25 己亥 6	24 戊辰 4	**25** 戊戌 3
26 乙巳15	26 甲戌16	26 甲辰15	26 癸酉14	26 癸卯⑬	26 壬申12	26 壬寅11	26 辛未 9	26 辛丑 9	26 庚午⑦	26 庚子 7	25 己巳 5	26 己亥 4
27 丙午16	27 乙亥17	27 乙巳16	27 甲戌15	27 甲辰14	27 癸酉13	27 癸卯12	27 壬申10	27 壬寅⑩	27 辛未 8	27 辛丑 8	26 庚午 6	27 庚子 5
28 丁未17	28 丙子18	28 丙午17	28 乙亥⑯	28 乙巳15	28 甲戌14	28 甲辰13	28 癸酉11	28 癸卯11	28 壬申 9	28 壬寅 9	27 辛未 7	28 辛丑⑥
29 戊申18	29 丁丑19	29 丁未⑱	29 丙子17	29 丙午16	29 乙亥15	29 乙巳14	29 甲戌⑫	29 甲辰12	29 癸酉10	29 癸卯10	28 壬申 8	29 壬寅 7
	30 戊寅20		30 丁丑18		30 丙子16		30 乙亥13		30 甲戌11	30 甲辰11	29 癸酉⑨	30 癸卯 8

1月	2月	閏2月	3月	4月	5月	6月	7月	8月	9月	10月	11月	12月
立春 13日	啓蟄 15日	清明15日	穀雨 2日	小満 2日	夏至 3日	大暑 4日	処暑 5日	秋分 6日	霜降 7日	小雪 8日	冬至 8日	大寒 9日
雨水 29日	春分 30日		立夏 17日	芒種 17日	小暑 19日	立秋 19日	白露 21日	寒露 21日	立冬 22日	大雪 23日	小寒 23日	立春 25日

持統天皇**10**年（696－697） 丙申

1月	2月	3月	4月	5月	6月	7月	8月	9月	10月	11月	12月
1 甲辰 9	1 癸酉 9	1 癸卯 8	1 壬申⑦	1 壬寅 6	1 辛未 5	1 辛丑 4	1 庚午 2	1 庚子 2	1 己巳31	1 己亥30	1 己巳30
2 乙巳10	2 甲戌10	2 甲辰⑨	2 癸酉 8	2 癸卯 7	2 壬申 6	2 壬寅 5	**2** 辛未③	**2** 辛丑 3	《11月》	《12月》	2 庚午㉛
3 丙午11	3 乙亥11	3 乙巳10	3 甲戌 9	3 甲辰 8	3 癸酉 7	3 癸卯⑥	3 壬申 4	3 壬寅 4	2 庚午 1	2 庚子 1	**697** 年
4 丁未12	4 丙子⑫	4 丙午11	4 乙亥10	4 乙巳 9	4 甲戌 8	4 甲辰 7	4 癸酉 5	4 癸卯 5	3 辛未 2	3 辛丑 2	《1月》
5 戊申⑬	5 丁丑13	5 丁未12	5 丙子11	5 丙午10	5 乙亥⑨	5 乙巳 8	5 甲戌 6	5 甲辰 6	**4** 壬申 3	**4** 壬寅③	3 辛未 1
6 己酉14	6 戊寅14	6 戊申13	6 丁丑12	6 丁未⑪	6 丙子10	6 丙午 9	6 乙亥 7	6 乙巳 7	5 癸酉 4	5 癸卯 4	**4** 壬申 2
7 庚戌15	7 己卯15	7 己酉14	7 戊寅13	7 戊申12	7 丁丑11	7 丁未10	7 丙子 8	7 丙午⑧	6 甲戌⑤	6 甲辰 5	5 癸酉 3
8 辛亥16	8 庚辰16	8 庚戌15	8 己卯⑭	8 己酉13	8 戊寅12	8 戊申11	8 丁丑 9	8 丁未 9	7 乙亥 6	7 乙巳 6	6 甲戌 4
9 壬子17	9 辛巳17	9 辛亥⑯	9 庚辰15	9 庚戌14	9 己卯13	9 己酉12	9 戊寅⑩	9 戊申10	8 丙子 7	8 丙午 7	7 乙亥 5
10 癸丑18	10 壬午18	10 壬子17	10 辛巳16	10 辛亥15	10 庚辰14	10 庚戌⑬	10 己卯11	10 己酉11	9 丁丑 8	9 丁未 8	8 丙子 6
11 甲寅19	**11** 癸未⑲	11 癸丑18	11 壬午17	11 壬子16	11 辛巳15	11 辛亥14	11 庚辰12	11 庚戌12	10 戊寅 9	10 戊申 9	9 丁丑⑦
12 乙卯⑳	12 甲申20	**12** 甲寅19	12 癸未18	12 癸丑17	12 壬午⑯	12 壬子15	12 辛巳13	12 辛亥13	11 己卯10	11 己酉⑩	10 戊寅 8
13 丙辰21	13 乙酉21	13 乙卯20	**13** 甲申19	13 甲寅⑱	13 癸未17	13 癸丑16	13 壬午14	13 壬子14	12 庚辰11	12 庚戌11	11 己卯 9
14 丁巳22	14 丙戌22	14 丙辰21	14 乙酉20	**14** 乙卯19	14 甲申18	14 甲寅17	14 癸未15	14 癸丑⑮	13 辛巳⑫	13 辛亥12	12 庚辰10
15 戊午23	15 丁亥23	15 丁巳22	15 丙戌㉑	15 丙辰20	**15** 乙酉19	15 乙卯18	15 甲申16	15 甲寅16	14 壬午13	14 壬子13	13 辛巳11
16 己未24	16 戊子24	16 戊午㉓	16 丁亥22	16 丁巳21	16 丙戌20	**16** 丙辰19	16 乙酉⑰	16 乙卯17	15 癸未14	15 癸丑14	14 壬午12
17 庚申25	17 己丑25	17 己未24	17 戊子23	17 戊午22	17 丁亥21	17 丁巳⑳	**17** 丙戌18	**17** 丙辰18	16 甲申15	16 甲寅15	15 癸未13
18 辛酉26	18 庚寅㉖	18 庚申25	18 己丑24	18 己未23	18 戊子22	18 戊午21	18 丁亥19	18 丁巳19	17 乙酉16	17 乙卯16	16 甲申⑭
19 壬戌㉗	19 辛卯27	19 辛酉26	19 庚寅25	19 庚申24	19 己丑㉓	19 己未22	19 戊子20	19 戊午20	18 丙戌17	18 丙辰⑰	17 乙酉15
20 癸亥28	20 壬辰28	20 壬戌27	20 辛卯26	20 辛酉㉕	20 庚寅24	20 庚申23	20 己丑21	20 己未21	**19** 丁亥18	**19** 丁巳18	18 丙戌16
21 甲子29	21 癸巳29	21 癸亥28	21 壬辰27	21 壬戌26	21 辛卯25	21 辛酉24	21 庚寅22	21 庚申㉒	20 戊子⑲	20 戊午19	19 丁亥17
《3月》	22 甲午30	22 甲子29	22 癸巳㉘	22 癸亥27	22 壬辰26	22 壬戌25	22 辛卯23	22 辛酉23	21 己丑20	21 己未20	**20** 戊子18
22 乙丑 1	23 乙未31	23 乙丑㉚	23 甲午29	23 甲子28	23 癸巳27	23 癸亥26	23 壬辰㉔	23 壬戌24	22 庚寅21	22 庚申21	21 己丑19
23 丙寅 2	《4月》	《5月》	24 乙未30	24 乙丑29	24 甲午28	24 甲子㉗	24 癸巳25	24 癸亥25	23 辛卯22	23 辛酉22	22 庚寅20
24 丁卯 3	24 丙申 1	24 丙寅 1	25 丙申31	25 丙寅30	25 乙未29	25 乙丑28	25 甲午26	25 甲子26	24 壬辰23	24 壬戌23	23 辛卯㉑
25 戊辰 4	25 丁酉②	25 丁卯 2	《6月》	《7月》	26 丙申㉚	26 丙寅29	26 乙未27	26 乙丑27	25 癸巳24	25 癸亥㉔	24 壬辰22
26 己巳⑤	26 戊戌 3	26 戊辰 3	26 丁酉 1	26 丁卯 1	27 丁酉31	27 丁卯30	27 丙申28	27 丙寅28	26 甲午25	26 甲子25	25 癸巳23
27 庚午 6	**27** 己亥 4	**27** 己巳 4	27 戊戌 2	27 戊辰②	《8月》	28 戊辰31	28 丁酉29	28 丁卯㉙	27 乙未㉖	27 乙丑26	26 甲午24
28 辛未 7	28 庚子 5	28 庚午 5	**28** 己亥 3	28 己巳 3	28 戊戌 1	《9月》	29 戊戌30	29 戊辰30	28 丙申27	28 丙寅27	27 乙未25
29 壬申 8	29 辛丑 6	29 辛未 6	29 庚子④	**29** 庚午 4	29 己亥 2	29 己巳 1	《10月》		29 丁酉28	29 丁卯28	28 丙申26
	30 壬寅 7		30 辛丑 5		**30** 庚子 3		30 己亥①		30 戊戌29	30 戊辰29	29 丁酉27

1月	2月	3月	4月	5月	6月	7月	8月	9月	10月	11月	12月
雨水 10日	春分 11日	穀雨 12日	小満 13日	夏至 14日	大暑 15日	処暑 16日	白露 2日	寒露 2日	立冬 4日	大雪 4日	小寒 4日
啓蟄 25日	清明 27日	立夏 27日	芒種 28日	小暑 29日	立秋 30日		秋分 17日	霜降 17日	小雪 19日	冬至 19日	大寒 20日

文武天皇元年（697－698） 丁酉

1月	2月	3月	4月	5月	6月	7月	8月	9月	10月	11月	12月	閏12月
1戊戌㉘	1丁卯26	1丁酉28	1丙寅26	1丙申26	1丙寅25	1乙未24	1甲子22	1甲午21	1甲子㉑	1癸巳19	1癸亥19	1癸巳18
2己亥29	2戊辰27	2戊戌29	2丁卯27	2丁酉㉗	2丁卯26	2丙申25	2乙丑23	2乙未22	2乙丑22	2甲午20	2甲子20	2甲午19
3庚子30	3己巳28	3己亥30	3戊辰28	3戊戌28	3戊辰27	3丁酉26	3丙寅24	3丙申㉓	3丙寅23	3乙未21	3乙丑21	3乙未⑳
4辛丑31	《3月》	4庚子31	4己巳㉙	4己亥29	4己巳28	4戊戌27	4丁卯25	4丁酉24	4丁卯24	4丙申22	4丙寅22	4丙申21
《2月》	4庚午1	《4月》	5庚午30	5庚子30	5庚午29	5己亥28	5戊辰㉖	5戊戌25	5戊辰25	5丁酉23	5丁卯㉓	5丁酉22
5壬寅1	5辛未2	5辛丑①	《5月》	6辛丑31	6辛未30	6庚子㉙	6己巳27	6己亥26	6己巳26	6戊戌24	6戊辰24	6戊戌23
6癸卯2	6壬申3	6壬寅2	6辛未1	《6月》	《7月》	7辛丑30	7庚午28	7庚子27	7庚午27	7己亥㉕	7己巳25	7己亥24
7甲辰3	**7**癸酉④	7癸卯3	7壬申2	7壬寅1	7壬申①	8壬寅31	8辛未29	8辛丑28	8辛未㉘	8庚子26	8庚午26	8庚子25
8乙巳④	8甲戌5	**8**甲辰4	8癸酉3	8癸卯2	8癸酉2	《8月》	9壬申30	9壬寅29	9壬申29	9辛丑27	9辛未27	9辛丑26
9丙午5	9乙亥6	9乙巳5	**9**甲戌4	9甲辰③	9甲戌3	9癸卯1	10癸酉31	10癸卯㉚	10癸酉30	10壬寅28	10壬申28	10壬寅㉗
10丁未6	10丙子7	10丙午6	10乙亥5	**10**乙巳4	**10**乙亥4	10甲辰2	《9月》	《10月》	11甲戌31	11癸卯29	11癸酉29	11癸卯28
11戊申7	11丁丑8	11丁未7	11丙子⑥	11丙午5	11丙子5	11乙巳3	11甲戌1	11甲辰1	《11月》	12甲辰30	12甲戌㉚	12甲辰29
12己酉8	12戊寅9	12戊申⑧	12丁丑7	12丁未6	12丁丑6	**12**丙午4	**12**乙亥②	12乙巳2	12乙亥1	《12月》	13乙亥31	13乙巳30
13庚戌9	13己卯10	13己酉9	13戊寅8	13戊申7	13戊寅7	13丁未⑤	13丙子3	**13**丙午3	**13**丙子2	13乙巳1	**698年**	14丙午31
14辛亥10	14庚辰⑪	14庚戌10	14己卯9	14己酉8	14己卯⑧	14戊申6	14丁丑4	14丁未4	14丁丑3	14丙午②	《1月》	《2月》
15壬子⑪	15辛巳12	15辛亥11	15庚辰10	15庚戌9	15庚辰9	15己酉7	15戊寅5	15戊申5	15戊寅④	**15**丁未3	14丙子1	15丁未1
16癸丑12	16壬午13	16壬子12	16辛巳11	16辛亥⑩	16辛巳10	16庚戌8	16己卯6	16己酉6	16己卯5	16戊申4	**15**丁丑2	**16**戊申2
17甲寅13	17癸未14	17癸丑13	17壬午12	17壬子11	17壬午11	17辛亥9	17庚辰7	17庚戌⑦	17庚辰6	17己酉5	16戊寅3	17己酉③
18乙卯14	18甲申15	18甲寅14	18癸未⑬	18癸丑12	18癸未12	18壬子10	18辛巳8	18辛亥8	18辛巳7	18庚戌6	17己卯4	18庚戌4
19丙辰15	19乙酉16	19乙卯⑮	19甲申14	19甲寅13	19甲申13	19癸丑11	19壬午⑨	19壬子9	19壬午8	19辛亥7	18庚辰5	19辛亥5
20丁巳16	20丙戌17	20丙辰16	20乙酉15	20乙卯14	20乙酉14	20甲寅⑫	20癸未10	20癸丑10	20癸未9	20壬子8	19辛巳⑥	20壬子6
21戊午17	21丁亥⑱	21丁巳17	21丙戌16	21丙辰15	21丙戌⑮	21乙卯13	21甲申11	21甲寅11	21甲申10	21癸丑⑨	20壬午7	21癸丑7
22己未⑱	22戊子19	22戊午18	22丁亥17	22丁巳16	22丁亥16	22丙辰14	22乙酉12	22乙卯12	22乙酉⑪	22甲寅10	21癸未8	22甲寅8
23庚申19	**23**己丑20	**23**己未19	23戊子18	23戊午⑰	23戊子17	23丁巳15	23丙戌13	23丙辰13	23丙戌12	23乙卯11	22甲申9	23乙卯9
24辛酉20	24庚寅21	24庚申20	**24**己丑19	24己未18	24己丑18	24戊午16	24丁亥14	24丁巳⑭	24丁亥13	24丙辰12	23乙酉10	24丙辰⑩
25壬戌21	25辛卯22	25辛酉21	25庚寅⑳	**25**庚申19	**25**庚寅19	25己未17	25戊子15	25戊午15	25戊子14	25丁巳13	24丙戌11	25丁巳11
26癸亥22	26壬辰23	26壬戌㉒	26辛卯21	26辛酉20	26辛卯20	26庚申18	26己丑⑯	26己未16	26己丑15	26戊午14	25丁亥12	26戊午12
27甲子23	27癸巳24	27癸亥23	27壬辰22	27壬戌21	27壬辰21	**27**辛酉⑲	27庚寅17	27庚申17	27庚寅16	27己未15	26戊子⑬	27己未13
28乙丑24	28甲午㉕	28甲子24	28癸巳23	28癸亥22	28癸巳㉒	28壬戌20	**28**辛卯18	**28**辛酉18	28辛卯17	28庚申⑯	27己丑14	28庚申14
29丙寅㉕	29乙未26	29乙丑25	29甲午24	29甲子23	29甲午23	29癸亥21	29壬辰19	29壬戌19	**29**壬辰⑱	29辛酉17	28庚寅15	29辛酉15
	30丙申27		30乙未25	30乙丑㉔			30癸巳20	30癸亥20		**30**壬戌18	29辛卯16	
											30壬辰17	
立春6日 雨水21日	啓蟄7日 春分23日	清明8日 穀雨23日	立夏9日 小満24日	芒種10日 夏至25日	小暑10日 大暑25日	立秋12日 処暑27日	白露12日 秋分28日	寒露13日 霜降28日	立冬13日 小雪29日	大雪15日 冬至30日	小寒15日 大寒30日	立春16日

文武天皇2年（698－699） 戊戌

1月	2月	3月	4月	5月	6月	7月	8月	9月	10月	11月	12月
1壬戌16	1壬辰18	1辛酉16	1庚寅15	1庚申14	1己丑13	1己未12	1戊子10	1戊午10	1丁亥8	1丁巳⑧	1丁亥7
2癸亥⑰	**2**癸巳19	2壬戌17	2辛卯16	2辛酉15	2庚寅⑭	2庚申13	2己丑11	2己未11	2戊子9	2戊午9	2戊子8
3甲子18	3甲午20	3癸亥18	3壬辰17	3壬戌⑯	3辛卯15	3辛酉14	3庚寅12	3庚申12	3己丑⑩	3己未10	3己丑9
4乙丑19	4乙未21	**4**甲子19	4癸巳18	4癸亥17	4壬辰16	4壬戌15	4辛卯13	4辛酉⑬	4庚寅11	4庚申11	4庚寅10
5丙寅20	5丙申22	5乙丑20	**5**甲午⑲	5甲子18	5癸巳17	5癸亥16	5壬辰14	5壬戌14	5辛卯12	5辛酉12	5辛卯11
6丁卯21	6丁酉23	6丙寅㉑	6乙未20	**6**乙丑19	6甲午18	6甲子17	6癸巳⑮	6癸亥15	6壬辰13	6壬戌13	6壬辰⑫
7戊辰22	7戊戌㉔	7丁卯22	7丙申21	7丙寅20	**7**乙未19	**7**乙丑⑱	7甲午16	7甲子16	7癸巳14	7癸亥14	7癸巳13
8己巳23	8己亥25	8戊辰23	8丁酉22	8丁卯21	8丙申20	8丙寅19	8乙未17	8乙丑17	8甲午15	8甲子⑮	8甲午14
9庚午㉔	9庚子26	9己巳24	9戊戌23	9戊辰22	9丁酉㉑	9丁卯20	**9**丙申18	**9**丙寅18	9乙未16	9乙丑16	9乙未15
10辛未25	10辛丑27	10庚午25	10己亥24	10己巳㉓	10戊戌22	10戊辰21	10丁酉19	10丁卯19	10丙申⑰	10丙寅17	10丙申16
11壬申26	11壬寅28	11辛未26	11庚子25	11庚午24	11己亥23	11己巳22	11戊戌20	11戊辰⑳	**11**丁酉18	**11**丁卯18	11丁酉17
12癸酉27	12癸卯29	12壬申27	12辛丑㉖	12辛未25	12庚子24	12庚午23	12己亥21	12己巳21	12戊戌19	12戊辰19	**12**戊戌18
13甲戌28	13甲辰30	13癸酉㉘	13壬寅27	13壬申26	13辛丑25	13辛未24	13庚子㉒	13庚午22	13己亥20	13己巳20	13己亥⑲
《3月》	14乙巳㉛	14甲戌29	14癸卯28	14癸酉27	14壬寅26	14壬申㉕	14辛丑23	14辛未23	14庚子21	14庚午21	14庚子20
14乙亥1	《4月》	15乙亥30	15甲辰29	15甲戌28	15癸卯27	15癸酉26	15壬寅24	15壬申24	15辛丑22	15辛未㉒	15辛丑21
15丙子2	15丙午1	《5月》	16乙巳30	16乙亥29	16甲辰㉘	16甲戌27	16癸卯25	16癸酉25	16壬寅23	16壬申23	16壬寅22
16丁丑③	16丁未2	16丙子1	17丙午31	17丙子㉚	17乙巳29	17乙亥28	17甲辰26	17甲戌26	17癸卯㉔	17癸酉24	17癸卯23
17戊寅4	17戊申3	17丁丑2	《6月》	《7月》	18丙午30	18丙子29	18乙巳27	18乙亥㉗	18甲辰25	18甲戌25	18甲辰24
18己卯5	**18**己酉4	18戊寅3	18丁未1	18丁丑1	19丁未31	19丁丑30	19丙午28	19丙子28	19乙巳26	19乙亥26	19乙巳25
19庚辰6	19庚戌5	**19**己卯4	19戊申②	19戊寅2	《8月》	20戊寅31	20丁未㉙	20丁丑29	20丙午27	20丙子27	20丙午㉖
20辛巳7	20辛亥6	20庚辰⑤	**20**己酉3	20己卯3	20戊申1	《9月》	21戊申30	21戊寅30	21丁未28	21丁丑28	21丁未27
21壬午8	21壬子⑦	21辛巳6	21庚戌4	**21**庚辰4	21己酉2	21己卯①	《10月》	22己卯31	22戊申29	22戊寅㉙	22戊申28
22癸未9	22癸丑8	22壬午7	22辛亥5	22辛巳5	**22**庚戌3	22庚辰2	22己酉1	《11月》	23己酉30	23己卯30	23己酉29
23甲申⑩	23甲寅9	23癸未8	23壬子6	23壬午6	23辛亥④	**23**辛巳3	23庚戌2	23庚辰1	《12月》	24庚辰31	24庚戌30
24乙酉11	24乙卯10	24甲申9	24癸丑7	24癸未⑦	24壬子5	24壬午4	**24**辛亥3	24辛巳2	24庚戌①	**699年**	25辛亥31
25丙戌12	25丙辰11	25乙酉10	25甲寅8	25甲申8	25癸丑6	25癸未5	25壬子4	**25**壬午③	25辛亥2	《1月》	《2月》
26丁亥13	26丁巳12	26丙戌11	26乙卯⑨	26乙酉9	26甲寅7	26甲申6	26癸丑5	26癸未4	**26**壬子3	25辛巳1	26壬子1
27戊子14	27戊午13	27丁亥⑫	27丙辰10	27丙戌10	27乙卯8	27乙酉7	27甲寅⑥	27甲申5	27癸丑4	**26**壬午2	**27**癸丑②
28己丑15	28己未⑭	28戊子13	28丁巳11	28丁亥11	28丙辰9	28丙戌⑧	28乙卯7	28乙酉6	28甲寅5	27癸未3	28甲寅3
29庚寅16	29庚申15	29己丑14	29戊午12	29戊子12	29丁巳10	29丁亥9	29丙辰8	29丙戌7	29乙卯6	28甲申4	29乙卯4
30辛卯⑰			30己未13		30戊午⑪		30丁巳9		30丙辰7	29乙酉⑤	30丙辰5
										30丙戌6	
雨水2日 啓蟄17日	春分2日 清明18日	穀雨4日 立夏19日	小満5日 芒種20日	夏至6日 小暑21日	大暑7日 立秋22日	処暑7日 白露23日	秋分9日 寒露24日	霜降9日 立冬25日	小雪11日 大雪26日	冬至11日 小寒26日	大寒12日 立春27日

文武天皇**3**年（699－700） 己亥

1月	2月	3月	4月	5月	6月	7月	8月	9月	10月	11月	12月
1 丁巳 6	1 丙戌 7	1 丙辰⑥	1 乙酉 5	1 甲寅 3	1 甲申 3	《8月》	1 壬午30	1 壬子29	1 壬午29	1 辛亥27	1 辛巳27
2 戊午 7	2 丁亥 8	2 丁巳 7	2 丙戌 6	**2** 乙卯 4	**2** 乙酉 4	1 癸丑 1	2 癸未㉛	2 癸丑30	2 癸未30	2 壬子28	2 壬午㉘
3 己未 8	3 戊子⑨	3 戊午 8	3 丁亥 7	3 丙辰 5	3 丙戌 5	2 甲寅 2	《9月》	《10月》	3 甲申31	3 癸丑29	3 癸未29
4 庚申⑨	4 己丑10	4 己未 9	4 戊子 8	4 丁巳 6	4 丁亥⑥	3 乙卯③	3 甲申 1	3 甲寅 1	《11月》	4 甲寅㉚	4 甲申30
5 辛酉10	5 庚寅11	5 庚申10	5 己丑 9	5 戊午 7	5 戊子 7	**4** 丙辰 4	4 乙酉 2	4 乙卯 2	4 乙酉 1	《12月》	5 乙酉31
6 壬戌11	6 辛卯12	6 辛酉11	6 庚寅10	6 己未⑧	6 己丑 8	5 丁巳 5	**5** 丙戌 3	**5** 丙辰 3	5 丙戌②	5 乙卯 1	**700 年**
7 癸亥12	7 壬辰13	7 壬戌12	7 辛卯⑪	7 庚申 9	7 庚寅 9	6 戊午 6	6 丁亥 4	6 丁巳 4	**6** 丁亥 3	6 丙辰 2	《1月》
8 甲子13	8 癸巳14	8 癸亥⑬	8 壬辰12	8 辛酉10	8 辛卯10	7 己未 7	7 戊子 5	7 戊午⑤	7 戊子 4	**7** 丁巳 3	6 丙戌 1
9 乙丑14	9 甲午15	9 甲子14	9 癸巳13	9 壬戌11	9 壬辰11	8 庚申 8	8 己丑 6	8 己未 6	8 己丑 5	8 戊午 4	7 丁亥 2
10丙寅15	10乙未⑯	10乙丑15	10甲午14	10癸亥12	10癸巳12	9 辛酉 9	9 庚寅⑦	9 庚申 7	9 庚寅 6	9 己未 5	**8** 戊子 3
11丁卯⑯	11丙申17	11丙寅16	11乙未15	11甲子13	11甲午⑬	10壬戌⑩	10辛卯 8	10辛酉 8	10辛卯 7	10庚申 6	9 己丑④
12戊辰17	12丁酉18	12丁卯17	12丙申16	12乙丑14	12乙未14	11癸亥11	11壬辰 9	11壬戌 9	11壬辰 8	11辛酉⑦	10庚寅 5
13己巳18	13戊戌19	13戊辰18	13丁酉17	13丙寅⑮	13丙申15	12甲子12	12癸巳10	12癸亥10	12癸巳⑨	12壬戌 8	11辛卯 6
14庚午19	**14**己亥20	**14**己巳19	14戊戌⑱	14丁卯16	14丁酉16	13乙丑13	13甲午11	13甲子11	13甲午10	13癸亥 9	12壬辰 7
15辛未20	15庚子21	15庚午⑳	**15**己亥19	15戊辰17	15戊戌17	14丙寅14	14乙未12	14乙丑⑫	14乙未11	14甲子10	13癸巳 8
16壬申21	16辛丑22	16辛未21	16庚子20	16己巳18	16己亥18	15丁卯15	15丙申13	15丙寅13	15丙申12	15乙丑11	14甲午 9
17癸酉22	17壬寅㉓	17壬申22	17辛丑21	**17**庚午19	**17**庚子19	16戊辰16	16丁酉⑭	16丁卯14	16丁酉13	16丙寅12	15乙未10
18甲戌㉓	18癸卯24	18癸酉23	18壬寅22	18辛未20	18辛丑⑳	17己巳⑰	17戊戌15	17戊辰15	17戊戌14	17丁卯13	16丙申⑪
19乙亥24	19甲辰25	19甲戌24	19癸卯23	19壬申21	19壬寅21	18庚午18	18己亥16	18己巳16	18己亥15	18戊辰⑭	17丁酉12
20丙子25	20乙巳26	20乙亥25	20甲辰24	20癸酉㉒	20癸卯22	**19**辛未19	19庚子17	19庚午17	19庚子⑯	19己巳15	18戊戌13
21丁丑26	21丙午27	21丙子26	21乙巳㉕	21甲戌23	21甲辰23	20壬申20	**20**辛丑18	20辛未18	20辛丑17	20庚午16	19己亥14
22戊寅27	22丁未28	22丁丑㉗	22丙午26	22乙亥24	22乙巳24	21癸酉21	21壬寅19	**21**壬申⑲	**21**壬寅18	21辛未17	20庚子15
23己卯28	23戊申29	23戊寅28	23丁未27	23丙子25	23丙午25	22甲戌22	22癸卯20	22癸酉20	22癸卯19	**22**壬申18	21辛丑16
《3月》	24己酉㉚	24己卯29	24戊申28	24丁丑26	24丁未26	23乙亥23	23甲辰㉑	23甲戌21	23甲辰20	23癸酉19	22壬寅17
24庚辰 1	25庚戌31	25庚辰30	25己酉29	25戊寅27	25戊申㉗	24丙子㉔	24乙巳22	24乙亥22	24乙巳21	24甲戌20	**23**癸卯⑱
25辛巳②	《4月》	《5月》	26庚戌30	26己卯28	26己酉28	25丁丑25	25丙午23	25丙子23	25丙午22	25乙亥㉑	24甲辰19
26壬午 3	26辛亥 1	26辛巳 1	27辛亥31	27庚辰㉙	27庚戌29	26戊寅26	26丁未24	26丁丑24	26丁未㉓	26丙子22	25乙巳20
27癸未 4	27壬子 2	27壬午 2	《6月》	28辛巳30	28辛亥30	27己卯27	27戊申25	27戊寅25	27戊申24	27丁丑23	26丙午21
28甲申 5	28癸丑 3	28癸未 3	28壬子①	《7月》	29壬子31	28庚辰28	28己酉26	28己卯㉖	28己酉25	28戊寅24	27丁未22
29乙酉 6	**29**甲寅 4	**29**甲申④	29癸丑 2	29壬午 1		29辛巳29	29庚戌27	29庚辰27	29庚戌26	29己卯25	28戊申23
	30乙卯 5			30癸未 2			30辛亥㉘	30辛巳28		30庚辰26	29己酉24
											30庚戌㉕
雨水 12日	春分 14日	穀雨 14日	小満 15日	芒種 2日	小暑 2日	立秋 4日	白露 5日	寒露 5日	立冬 6日	大雪 7日	小寒 8日
啓蟄 27日	清明 29日	立夏 29日		夏至 17日	大暑 17日	処暑 19日	秋分 20日	霜降 21日	小雪 21日	冬至 22日	大寒 23日

文武天皇**4**年（700－701） 庚子

1月	2月	3月	4月	5月	6月	7月	閏7月	8月	9月	10月	11月	12月
1 辛亥26	1 辛巳25	1 庚戌25	1 庚辰24	1 己酉㉓	1 戊寅21	1 戊申21	1 丁丑19	**1** 丙午17	1 丙子⑰	1 乙巳15	1 乙亥15	1 乙巳14
2 壬子27	2 壬午26	2 辛亥26	2 辛巳㉕	2 庚戌24	2 己卯22	2 己酉22	2 戊寅20	2 丁未18	**2** 丁丑18	2 丙午16	2 丙子16	2 丙午15
3 癸丑28	3 癸未27	3 壬子27	3 壬午26	3 辛亥25	3 庚辰23	3 庚戌23	3 己卯21	3 戊申⑲	3 戊寅19	**3** 丁未17	3 丁丑17	3 丁未⑯
4 甲寅29	4 甲申28	4 癸丑㉘	4 癸未27	4 壬子26	4 辛巳24	4 辛亥24	4 庚辰㉒	4 己酉20	4 己卯20	4 戊申18	**4** 戊寅18	**4** 戊申17
5 乙卯30	5 乙酉㉙	5 甲寅29	5 甲申28	5 癸丑27	5 壬午25	5 壬子㉕	5 辛巳23	5 庚戌21	5 庚辰21	5 己酉19	5 己卯⑲	5 己酉18
6 丙辰31	《3月》	6 乙卯30	6 乙酉29	6 甲寅28	6 癸未26	6 癸丑26	6 壬午24	6 辛亥22	6 辛巳22	6 庚戌20	6 庚辰20	6 庚戌19
《2月》	6 丙戌 1	7 丙辰31	7 丙戌30	7 乙卯29	7 甲申㉗	7 甲寅27	7 癸未25	7 壬子23	7 壬午23	7 辛亥㉑	7 辛巳21	7 辛亥20
7 丁巳①	7 丁亥 2	《4月》	《5月》	8 丙辰㉚	8 乙酉28	8 乙卯28	8 甲申26	8 癸丑24	8 癸未㉔	8 壬子22	8 壬午22	8 壬子21
8 戊午 2	8 戊子 3	8 丁巳 1	8 丁亥 1	9 丁巳31	9 丙戌29	9 丙辰29	9 乙酉27	9 甲寅25	9 甲申25	9 癸丑23	9 癸未23	9 癸丑22
9 己未 3	**9** 己丑 4	9 戊午 2	9 戊子②	《6月》	10丁亥30	10丁巳30	10丙戌28	10乙卯㉖	10乙酉26	10甲寅24	10甲申24	10甲寅㉓
10庚申 4	10庚寅 5	**10**己未 3	**10**己丑 3	10戊午 1	《7月》	11戊午31	11丁亥㉙	11丙辰27	11丙戌27	11乙卯25	11乙酉25	11乙卯24
11辛酉 5	11辛卯 6	11庚申④	11庚寅 4	11己未 2	11戊子 1	《8月》	12戊子30	12丁巳28	12丁亥28	12丙辰26	12丙戌㉖	12丙辰25
12壬戌 6	12壬辰⑦	12辛酉 5	12辛卯 5	**12**庚申 3	12己丑 2	12己未①	13己丑31	13戊午29	13戊子29	13丁巳27	13丁亥27	13丁巳26
13癸亥 7	13癸巳 8	13壬戌 6	13壬辰 6	13辛酉 4	**13**庚寅 3	13庚申 2	《9月》	14己未30	14己丑30	14戊午㉘	14戊子28	14戊午27
14甲子⑧	14甲午 9	14癸亥 7	14癸巳 7	14壬戌 5	14辛卯④	**14**辛酉 3	14庚寅 1	《10月》	15庚寅㉛	15己未29	15己丑29	15己未28
15乙丑 9	15乙未10	15甲子 8	15甲午 8	15癸亥⑥	15壬辰 5	15壬戌 4	**15**辛卯 2	15庚申 1	《11月》	16庚申30	16庚寅30	16庚申29
16丙寅10	16丙申11	16乙丑 9	16乙未⑨	16甲子 7	16癸巳 6	16癸亥 5	16壬辰 3	16辛酉 2	16辛卯 1	《12月》	17辛卯31	17辛酉㉚
17丁卯11	17丁酉12	17丙寅10	17丙申10	17乙丑 8	17甲午 7	17甲子 6	17癸巳 4	**17**壬戌③	**17**壬辰 2	17辛酉 1	**701 年**	18壬戌31
18戊辰12	18戊戌13	18丁卯⑪	18丁酉11	18丙寅 9	18乙未 8	18乙丑 7	18甲午⑤	18癸亥 4	18癸巳 3	18壬戌 2	《1月》	《2月》
19己巳13	19己亥⑭	19戊辰12	19戊戌12	19丁卯10	19丙申 9	19丙寅⑧	19乙未 6	19甲子 5	19甲午 4	**19**癸亥 3	18壬辰 1	**19**癸亥 1
20庚午14	20庚子15	20己巳13	20己亥13	20戊辰11	20丁酉10	20丁卯 9	20丙申 7	20乙丑 6	20乙未 5	20甲子 4	**19**癸巳②	20甲子 2
21辛未⑮	21辛丑16	21庚午14	21庚子14	21己巳12	21戊戌⑪	21戊辰10	21丁酉 8	21丙寅 7	21丙申 6	21乙丑⑤	20甲午 3	21乙丑 3
22壬申16	22壬寅17	22辛未15	22辛丑15	22庚午⑬	22己亥12	22己巳11	22戊戌 9	22丁卯 8	22丁酉⑦	22丙寅 6	21乙未 4	22丙寅 4
23癸酉17	23癸卯18	23壬申16	23壬寅⑯	23辛未14	23庚子13	23庚午12	23己亥10	23戊辰 9	23戊戌 8	23丁卯 7	22丙申 5	23丁卯 5
24甲戌18	**24**甲辰19	24癸酉17	24癸卯17	24壬申15	24辛丑14	24辛未13	24庚子11	24己巳⑩	24己亥 9	24戊辰 8	23丁酉 6	24戊辰⑥
25乙亥19	25乙巳20	**25**甲戌⑱	25甲辰18	25癸酉16	25壬寅15	25壬申14	25辛丑⑫	25庚午11	25庚子10	25己巳 9	24戊戌 7	25己巳 7
26丙子20	26丙午㉑	26乙亥19	**26**乙巳19	26甲戌17	26癸卯16	26癸酉⑮	26壬寅13	26辛未12	26辛丑11	26庚午10	25己亥 8	26庚午 8
27丁丑21	27丁未22	27丙子20	27丙午20	**27**乙亥18	27甲辰17	27甲戌16	27癸卯14	27壬申13	27壬寅12	27辛未11	26庚子⑨	27辛未 9
28戊寅㉒	28戊申23	28丁丑21	28丁未21	28丙子19	28乙巳⑱	28乙亥17	28甲辰15	28癸酉14	28癸卯13	28壬申⑫	27辛丑10	28壬申10
29己卯23	29己酉24	29戊寅22	29戊申22	29丁丑⑳	**29**丙午19	**29**丙子18	29乙巳16	29甲戌15	29甲辰⑭	29癸酉13	28壬寅11	29癸酉11
30庚辰24		30己卯23			30丁未20			30乙亥16		30甲戌14	29癸卯12	30甲戌12
											30甲辰13	
立春 8日	啓蟄 9日	清明 10日	立夏 10日	芒種 12日	小暑 13日	立秋 14日	白露15日	秋分 1日	霜降 2日	小雪 3日	冬至 4日	大寒 4日
雨水 23日	春分 24日	穀雨 25日	小満 26日	夏至 27日	大暑 29日	処暑 29日		寒露 17日	立冬 17日	大雪 19日	小寒 19日	立春 19日

大宝元年〔文武天皇**5**年〕（701－702） 辛丑

改元 3/21（〔文武〕→大宝）

1月	2月	3月	4月	5月	6月	7月	8月	9月	10月	11月	12月
1 乙亥⑬	1 甲辰14	1 甲戌13	1 甲辰13	1 癸酉11	1 壬寅⑩	1 壬申 9	1 辛丑 7	1 庚午 6	1 庚子 5	1 己巳④	1 己亥 3
2 丙子14	2 乙巳15	2 乙亥14	2 乙巳14	2 甲戌⑫	2 癸卯11	2 癸酉10	2 壬寅 8	2 辛未 7	2 辛丑⑥	2 庚午 5	2 庚子 4
3 丁丑15	3 丙午16	3 丙子15	3 丙午⑮	3 乙亥13	3 甲辰12	3 甲戌11	3 癸卯 9	3 壬申 8	3 壬寅 7	3 辛未 6	3 辛丑 5
4 戊寅16	4 丁未17	4 丁丑16	4 丁未16	4 丙子14	4 乙巳13	4 乙亥12	4 甲辰10	4 癸酉⑨	4 癸卯 8	4 壬申 7	4 壬寅 6
5 己卯17	5 戊申18	5 戊寅⑰	5 戊申17	5 丁丑15	5 丙午14	5 丙子13	5 乙巳⑪	5 甲戌10	5 甲辰 9	5 癸酉 8	5 癸卯 7
6 庚辰18	**6** 己酉19	**6** 己卯18	6 己酉18	6 戊寅16	6 丁未15	6 丁丑⑭	6 丙午12	6 乙亥11	6 乙巳10	6 甲戌 9	6 甲辰⑧
7 辛巳19	7 庚戌⑳	7 庚辰19	**7** 庚戌19	7 己卯17	7 戊申16	7 戊寅15	7 丁未13	7 丙子12	7 丙午11	7 乙亥10	7 乙巳 9
8 壬午⑳	8 辛亥21	8 辛巳20	8 辛亥20	**8** 庚辰18	8 己酉⑰	8 己卯16	8 戊申14	8 丁丑13	8 丁未12	8 丙子⑪	8 丙午10
9 癸未21	9 壬子22	9 壬午21	9 壬子21	9 辛巳⑲	9 庚戌18	9 庚辰17	9 己酉15	9 戊寅14	9 戊申⑬	9 丁丑12	9 丁未11
10甲申22	10癸丑23	10癸未22	10癸丑㉒	10壬午20	**10**辛亥19	**10**辛巳18	10庚戌16	10己卯15	10己酉14	10戊寅13	10戊申12
11乙酉23	11甲寅24	11甲申23	11甲寅23	11癸未21	11壬子20	11壬午19	11辛亥17	11庚辰⑯	11庚戌15	11己卯14	11己酉13
12丙戌24	12乙卯25	12乙酉㉔	12乙卯24	12甲申22	12癸丑21	12癸未20	**12**壬子⑱	12辛巳17	12辛亥16	12庚辰15	12庚戌14
13丁亥25	13丙辰26	13丙戌25	13丙辰25	13乙酉23	13甲寅22	13甲申㉑	13癸丑19	**13**壬午18	13壬子17	13辛巳16	13辛亥⑮
14戊子26	14丁巳㉗	14丁亥26	14丁巳26	14丙戌24	14乙卯23	14乙酉22	14甲寅20	14癸未19	**14**癸丑18	14壬午17	14壬子16
15己丑㉗	15戊午28	15戊子27	15戊午27	15丁亥25	15丙辰㉔	15丙戌23	15乙卯21	15甲申20	15甲寅19	**15**癸未⑱	**15**癸丑17
16庚寅28	16己未29	16己丑28	16己未28	16戊子㉖	16丁巳25	16丁亥24	16丙辰22	16乙酉21	16乙卯⑳	16甲申19	16甲寅18
《3月》	17庚申30	17庚寅29	17庚申㉙	17己丑27	17戊午26	17戊子25	17丁巳23	17丙戌22	17丙辰21	17乙酉20	17乙卯19
17辛卯 1	18辛酉31	18辛卯30	18辛酉30	18庚寅28	18己未27	18己丑26	18戊午24	18丁亥㉓	18丁巳22	18丙戌21	18丙辰20
18壬辰 2	《4月》	《5月》	19壬戌31	19辛卯29	19庚申28	19庚寅27	19己未㉕	19戊子24	19戊午23	19丁亥22	19丁巳21
19癸巳 3	19壬戌 1	19壬辰①	《6月》	20壬辰30	20辛酉29	20辛卯㉘	20庚申26	20己丑25	20己未24	20戊子23	20戊午㉒
20甲午 4	20癸亥 2	20癸巳 2	20癸亥 1	《7月》	21壬戌30	21壬辰29	21辛酉27	21庚寅26	21庚申25	21己丑24	21己未23
21乙未 5	**21**甲子③	*21*甲午 3	21甲子 2	21癸巳 1	22癸亥㉛	22癸巳30	22壬戌28	22辛卯27	22辛酉26	22庚寅㉕	22庚申24
22丙申⑥	22乙丑 4	**22**乙未 4	**22**乙丑 3	22甲午 2	《8月》	23甲午31	23癸亥29	23壬辰28	23壬戌㉗	23辛卯26	23辛酉25
23丁酉 7	23丙寅 5	23丙申 5	23丙寅 4	23乙未③	23甲子 1	《9月》	24甲子30	24癸巳29	24癸亥28	24壬辰27	24壬戌26
24戊戌 8	24丁卯 6	24丁酉 6	24丁卯⑤	**24**丙申 4	24乙丑 2	24乙未 1	《10月》	25甲午㉚	25甲子29	25癸巳28	25癸亥27
25己亥 9	25戊辰 7	25戊戌 7	25戊辰 6	25丁酉 5	**25**丙寅 3	**25**丙申 2	25乙丑 1	26乙未31	26乙丑30	26甲午29	26甲子28
26庚子10	26己巳 8	26己亥⑧	26己巳 7	26戊戌 6	26丁卯 4	26丁酉 3	26丙寅②	《11月》	《12月》	27乙未30	27乙丑㉙
27辛丑11	27庚午 9	27庚子 9	27庚午 8	27己亥 7	27戊辰 5	27戊戌④	**27**丁卯 3	27丙申 1	27丙寅 1	28丙申31	28丙寅30
28壬寅12	28辛未⑩	28辛丑10	28辛未 9	28庚子 8	28己巳 6	28己亥 5	28戊辰 4	**28**丁酉 2	28丁卯 2	**702年**	29丁卯31
29癸卯⑬	29壬申11	29壬寅11	29壬申10	29辛丑 9	29庚午⑦	29庚子 6	29己巳 5	29戊戌 3	**29**戊辰 3	《1月》	《2月》
	30癸酉12	30癸卯12			30辛未 8			30己亥 4		29丁酉①	30戊辰 1
										30戊戌 2	

雨水 5日	春分 6日	穀雨 6日	小満 7日	夏至 8日	大暑 10日	処暑 10日	秋分 12日	霜降 13日	小雪 14日	冬至 15日	大寒 15日
啓蟄 20日	清明 21日	立夏 22日	芒種 22日	小暑 24日	立秋 25日	白露 25日	寒露 27日	立冬 28日	大雪 29日	小寒 30日	

大宝**2**年（702－703） 壬寅

1月	2月	3月	4月	5月	6月	7月	8月	9月	10月	11月	12月
1 己巳 2	1 戊戌 3	1 戊辰②	1 戊戌 2	1 丁卯31	1 丁酉30	1 丙寅29	1 丙申28	1 乙丑26	1 乙未26	1 甲子24	1 癸巳23
2 庚午 3	**2** 己亥 4	2 己巳 3	2 己亥 3	《6月》	《7月》	2 丁卯㉚	2 丁酉29	2 丙寅27	2 丙申27	2 乙丑25	2 甲午㉔
3 辛未 4	3 庚子⑤	**3** 庚午 4	**3** 庚子 4	2 戊辰 1	2 戊戌 1	3 戊辰31	3 戊戌30	3 丁卯28	3 丁酉28	3 丙寅㉖	3 乙未25
4 壬申⑤	4 辛丑 6	4 辛未 5	4 辛丑 5	3 己巳 2	3 己亥②	《8月》	4 己亥31	4 戊辰29	4 戊戌㉙	4 丁卯27	4 丙申26
5 癸酉 6	5 壬寅 7	5 壬申 6	5 壬寅 6	**4** 庚午 3	4 庚子 3	4 己巳 1	《9月》	5 己巳30	5 己亥30	5 戊辰28	5 丁酉27
6 甲戌 7	6 癸卯 8	6 癸酉 7	6 癸卯⑦	5 辛未④	**5** 辛丑 4	5 庚午 2	5 庚子 1	《10月》	6 庚子31	6 己巳29	6 戊戌28
7 乙亥 8	7 甲辰 9	7 甲戌 8	7 甲辰 8	6 壬申 5	6 壬寅 5	**6** 辛未 3	6 辛丑 2	6 庚午①	《11月》	7 庚午30	7 己亥29
8 丙子 9	8 乙巳10	8 乙亥⑨	8 乙巳 9	7 癸酉 6	7 癸卯 6	7 壬申 4	**7** 壬寅③	7 辛未 2	7 辛丑 1	《12月》	8 庚子30
9 丁丑10	9 丙午11	9 丙子10	9 丙午10	8 甲戌 7	8 甲辰 7	8 癸酉 5	8 癸卯 4	**8** 壬申 3	8 壬寅 2	8 辛未 1	9 辛丑㉛
10戊寅11	10丁未⑫	10丁丑11	10丁未11	9 乙亥 8	9 乙巳 8	9 甲戌⑥	9 甲辰 5	9 癸酉 4	**9** 癸卯 3	9 壬申 2	**703年**
11己卯⑫	11戊申13	11戊寅12	11戊申12	10丙子 9	10丙午⑨	10乙亥 7	10乙巳 6	10甲戌 5	10甲辰 4	**10**癸酉③	《1月》
12庚辰13	12己酉14	12己卯13	12己酉13	11丁丑10	11丁未10	11丙子 8	11丙午 7	11乙亥 6	11乙巳⑤	11甲戌 4	10壬寅 1
13辛巳14	13庚戌15	13庚辰14	13庚戌⑭	12戊寅⑪	12戊申11	12丁丑 9	12丁未 8	12丙子 7	12丙午 6	12乙亥 5	**11**癸卯 2
14壬午15	14辛亥16	14辛巳15	14辛亥15	13己卯12	13己酉12	13戊寅10	13戊申 9	13丁丑⑧	13丁未 7	13丙子 6	12甲辰 3
15癸未16	15壬子17	15壬午⑯	15壬子16	14庚辰13	14庚戌13	14己卯11	14己酉⑩	14戊寅 9	14戊申 8	14丁丑 7	13乙巳 4
16甲申17	16癸丑18	16癸未17	16癸丑17	15辛巳14	15辛亥14	15庚辰12	15庚戌11	15己卯10	15己酉 9	15戊寅 8	14丙午 5
17乙酉18	**17**甲寅⑲	17甲申18	17甲寅18	16壬午15	16壬子15	16辛巳⑬	16辛亥12	16庚辰11	16庚戌10	16己卯 9	15丁未 6
18丙戌⑲	18乙卯20	**18**乙酉19	**18**乙卯19	17癸未16	17癸丑⑯	17壬午14	17壬子13	17辛巳12	17辛亥11	17庚辰⑩	16戊申⑦
19丁亥20	19丙辰21	19丙戌20	19丙辰20	18甲申17	18甲寅17	18癸未15	18癸丑14	18壬午13	18壬子⑫	18辛巳11	17己酉 8
20戊子21	20丁巳22	20丁亥21	20丁巳㉑	19乙酉⑱	19乙卯18	19甲申16	19甲寅15	19癸未14	19癸丑13	19壬午12	18庚戌 9
21己丑22	21戊午23	21戊子22	21戊午22	**20**丙戌19	**20**丙辰19	20乙酉17	20乙卯16	20甲申⑮	20甲寅14	20癸未13	19辛亥10
22庚寅23	22己未24	22己丑㉓	22己未23	21丁亥20	21丁巳20	**21**丙戌18	21丙辰⑰	21乙酉16	21乙卯15	21甲申14	20壬子11
23辛卯24	23庚申25	23庚寅24	23庚申24	22戊子21	22戊午21	22丁亥19	**22**丁巳18	22丙戌17	22丙辰16	22乙酉15	21癸丑12
24壬辰25	24辛酉㉖	24辛卯25	24辛酉25	23己丑22	23己未22	23戊子⑳	23戊午19	**23**丁亥18	23丁巳17	23丙戌16	22甲寅13
25癸巳㉖	25壬戌27	25壬辰26	25壬戌26	24庚寅23	24庚申㉓	24己丑21	24己未20	24戊子19	**24**戊午18	24丁亥⑰	23乙卯⑭
26甲午27	26癸亥28	26癸巳27	26癸亥27	25辛卯24	25辛酉24	25庚寅22	25庚申21	25己丑20	25己未⑲	**25**戊子18	24丙辰15
27乙未28	27甲子29	27甲午28	27甲子㉘	26壬辰㉕	26壬戌25	26辛卯23	26辛酉22	26庚寅21	26庚申20	26己丑19	25丁巳16
《3月》	28乙丑30	28乙未29	28乙丑29	27癸巳26	27癸亥26	27壬辰24	27壬戌23	27辛卯㉒	27辛酉21	27庚寅20	26戊午17
28丙申 1	29丙寅31	29丙申㉚	29丙寅30	28甲午27	28甲子27	28癸巳25	28癸亥㉔	28壬辰23	28壬戌22	28辛卯21	**27**己未18
29丁酉 2	《4月》	《5月》		29乙未28	29乙丑28	29甲午26	29甲子25	29癸巳24	29癸亥23	29壬辰22	28庚申19
	30丁卯 1	30丁酉 1		30丙申29		30乙未㉗		30甲午25			29辛酉20
											30壬戌㉑

立春 1日	啓蟄 2日	清明 3日	立夏 3日	芒種 4日	小暑 5日	立秋 6日	白露 7日	寒露 8日	立冬 9日	大雪 10日	小寒 11日
雨水 16日	春分 17日	穀雨 18日	小満 18日	夏至 20日	大暑 20日	処暑 21日	秋分 22日	霜降 23日	小雪 24日	冬至 25日	大寒 27日

大宝**3**年（703－704） 癸卯

1月	2月	3月	4月	閏4月	5月	6月	7月	8月	9月	10月	11月	12月
1 癸亥22	1 癸巳21	1 壬戌22	1 壬辰21	1 辛酉⑳	**1** 辛卯19	**1** 辛酉19	1 庚寅17	1 庚申⑯	1 己丑15	1 己未14	1 戊子13	1 丁巳11
2 甲子23	2 甲午22	2 癸亥23	2 癸巳㉒	2 壬戌21	2 壬辰20	2 壬戌20	2 辛卯18	2 辛酉17	2 庚寅16	2 庚申15	2 己丑14	2 戊午12
3 乙丑24	3 乙未23	3 甲子24	3 甲午23	3 癸亥22	3 癸巳21	3 癸亥21	**3** 壬辰⑲	**3** 壬戌18	3 辛卯17	3 辛酉16	3 庚寅15	3 己未⑬
4 丙寅25	4 丙申24	4 乙丑㉕	4 乙未24	4 甲子23	4 甲午22	4 甲子㉒	4 癸巳20	4 癸亥19	4 壬辰18	4 壬戌17	4 辛卯⑯	4 庚申14
5 丁卯26	5 丁酉㉕	5 丙寅26	5 丙申25	5 乙丑24	5 乙未23	5 乙丑23	5 甲午21	5 甲子20	**5** 癸巳19	**5** 癸亥⑱	5 壬辰17	5 辛酉15
6 戊辰27	6 戊戌26	6 丁卯27	6 丁酉26	6 丙寅25	6 丙申㉔	6 丙寅24	6 乙未22	6 乙丑21	6 甲午20	6 甲子19	**6** 癸巳18	6 壬戌16
7 己巳㉘	7 己亥27	7 戊辰28	7 戊戌27	7 丁卯26	7 丁酉25	7 丁卯25	7 丙申23	7 丙寅22	7 乙未㉑	7 乙丑20	7 甲午19	7 癸亥17
8 庚午29	8 庚子28	8 己巳29	8 己亥28	8 戊辰㉗	8 戊戌26	8 戊辰26	8 丁酉24	8 丁卯㉓	8 丙申22	8 丙寅21	8 乙未20	**8** 甲子18
9 辛未30	《3月》	9 庚午30	9 庚子㉙	9 己巳28	9 己亥27	9 己巳27	9 戊戌25	9 戊辰24	9 丁酉23	9 丁卯22	9 丙申21	9 乙丑19
10 壬申31	9 辛丑 1	10 辛未31	10 辛丑30	10 庚午29	10 庚子28	10 庚午28	10 己亥㉖	10 己巳25	10 戊戌24	10 戊辰23	10 丁酉22	10 丙寅⑳
《2月》	10 壬寅 2	《4月》	《5月》	11 辛未30	11 辛丑29	11 辛未㉙	11 庚子27	11 庚午26	11 己亥25	11 己巳24	11 戊戌㉓	11 丁卯21
11 癸酉 1	11 癸卯 3	11 壬申①	11 壬寅 1	12 壬申31	12 壬寅30	12 壬申30	12 辛丑28	12 辛未27	12 庚子26	12 庚午㉕	12 己亥24	12 戊辰22
12 甲戌 2	**12** 甲辰④	12 癸酉 2	12 癸卯 2	《6月》	《7月》	13 癸酉31	13 壬寅29	13 壬申28	13 辛丑27	13 辛未26	13 庚子25	13 己巳23
13 乙亥 3	13 乙巳 5	13 甲戌 3	13 甲辰 3	13 癸酉 1	13 癸卯①	《8月》	14 癸卯30	14 癸酉29	14 壬寅㉘	14 壬申27	14 辛丑26	14 庚午24
14 丙子④	14 丙午 6	**14** 乙亥 4	**14** 乙巳 4	14 甲戌 2	14 甲辰 2	14 甲戌 1	15 甲辰31	15 甲戌㉚	15 癸卯29	15 癸酉28	15 壬寅27	15 辛未25
15 丁丑 5	15 丁未 7	15 丙子 5	15 丙午 5	15 乙亥③	15 乙巳 3	15 乙亥 2	《9月》	《10月》	16 甲辰30	16 甲戌29	16 癸卯28	16 壬申26
16 戊寅 6	16 戊申 8	16 丁丑 6	16 丁未⑥	**16** 丙子 4	**16** 丙午 4	16 丙子 3	16 乙巳 1	16 乙亥 1	17 乙巳31	17 乙亥30	17 甲辰29	17 癸酉㉗
17 己卯 7	17 己酉 9	17 戊寅 7	17 戊申 7	17 丁丑 5	17 丁未 5	**17** 丁丑 4	17 丙午②	17 丙子 2	《11月》	《12月》	18 乙巳㉚	18 甲戌28
18 庚辰 8	18 庚戌10	18 己卯⑧	18 己酉 8	18 戊寅 6	18 戊申 6	18 戊寅⑤	**18** 丁未 3	**18** 丁丑 3	18 丙午 1	18 丙子 1	19 丙午31	19 乙亥29
19 辛巳 9	19 辛亥⑪	19 庚辰 9	19 庚戌 9	19 己卯 7	19 己酉 7	19 己卯 6	19 戊申 4	19 戊寅 4	19 丁未 2	19 丁丑②	**704年**	20 丙子30
20 壬午10	20 壬子12	20 辛巳10	20 辛亥10	20 庚辰 8	20 庚戌⑧	20 庚辰 7	20 己酉 5	20 己卯 5	**20** 戊申 3	**20** 戊寅 3	《1月》	21 丁丑31
21 癸未⑪	21 癸丑13	21 壬午11	21 壬子11	21 辛巳 9	21 辛亥 9	21 辛巳 8	21 庚戌 6	21 庚辰 6	21 己酉④	21 己卯 4	20 丁未 1	《2月》
22 甲申12	22 甲寅14	22 癸未12	22 癸丑12	22 壬午⑩	22 壬子10	22 壬午 9	22 辛亥 7	22 辛巳⑦	22 庚戌 5	22 庚辰 5	21 戊申 2	22 戊寅 1
23 乙酉13	23 乙卯15	23 甲申13	23 甲寅⑬	23 癸未11	23 癸丑11	23 癸未10	23 壬子 8	23 壬午 8	23 辛亥 6	23 辛巳 6	**22** 己酉 3	**23** 己卯 2
24 丙戌14	24 丙辰16	24 乙酉14	24 乙卯14	24 甲申12	24 甲寅12	24 甲申11	24 癸丑⑨	24 癸未 9	24 壬子 7	24 壬午 7	23 庚戌 4	24 庚辰③
25 丁亥15	25 丁巳17	25 丙戌⑮	25 丙辰15	25 乙酉13	25 乙卯13	25 乙酉⑫	25 甲寅10	25 甲申10	25 癸丑 8	25 癸未 8	24 辛亥 5	25 辛巳 4
26 戊子16	26 戊午⑱	26 丁亥16	26 丁巳16	26 丙戌14	26 丙辰14	26 丙戌13	26 乙卯11	26 乙酉11	26 甲寅 9	26 甲申⑨	25 壬子⑥	26 壬午 5
27 己丑17	27 己未19	27 戊子17	27 戊午17	27 丁亥15	27 丁巳⑮	27 丁亥14	27 丙辰12	27 丙戌12	27 乙卯10	27 乙酉10	26 癸丑 7	27 癸未 6
28 庚寅⑱	**28** 庚申20	28 己丑18	28 己未18	28 戊子16	28 戊午16	28 戊子15	28 丁巳13	28 丁亥13	28 丙辰⑪	28 丙戌11	27 甲寅 8	28 甲申 7
29 辛卯19	29 辛酉21	**29** 庚寅19	**29** 庚申19	29 己丑⑰	29 己未17	29 己丑16	29 戊午14	29 戊子⑭	29 丁巳12	29 丁亥12	28 乙卯 9	29 乙酉 8
30 壬辰20		30 辛卯20		30 庚寅18	30 庚申18		30 己未15		30 戊午13		29 丙辰10	30 丙戌 9
立春 12日	啓蟄 12日	清明 14日	立夏 14日	芒種16日	夏至 1日	大暑 1日	処暑 3日	秋分 3日	霜降 5日	小雪 5日	冬至 6日	大寒 8日
雨水 27日	春分 28日	穀雨 29日	小満 29日		小暑 16日	立秋 17日	白露 18日	寒露 18日	立冬 20日	大雪 20日	小寒 22日	立春 23日

慶雲元年〔大宝**4**年〕（704－705） 甲辰

改元 5/10（大宝→慶雲）

1月	2月	3月	4月	5月	6月	7月	8月	9月	10月	11月	12月
1 丁亥⑩	1 丙辰10	1 丙戌 9	1 丙辰 9	1 乙酉 7	1 乙卯 7	1 甲申 5	1 甲寅 4	1 甲申 4	**1** 癸丑②	**1** 癸未 2	1 壬子31
2 戊子11	2 丁巳11	2 丁亥10	2 丁巳10	2 丙戌⑧	2 丙辰 8	2 乙酉 6	2 乙卯 5	2 乙酉⑤	2 甲寅 3	2 甲申 3	**705年**
3 己丑12	3 戊午12	3 戊子11	3 戊午⑪	3 丁亥 9	3 丁巳 9	3 丙戌 7	3 丙辰 6	3 丙戌 6	3 乙卯 4	3 乙酉 4	《1月》
4 庚寅13	4 己未13	4 己丑12	4 己未12	4 戊子10	4 戊午10	4 丁亥 8	4 丁巳⑦	4 丁亥 7	4 丙辰 5	4 丙戌 5	2 癸丑 1
5 辛卯14	5 庚申14	5 庚寅⑬	5 庚申13	5 己丑11	5 己未11	5 戊子 9	5 戊午 8	5 戊子 8	5 丁巳 6	5 丁亥 6	**3** 甲寅 2
6 壬辰15	6 辛酉15	6 辛卯14	6 辛酉14	6 庚寅12	6 庚申12	6 己丑⑩	6 己未 9	6 己丑 9	6 戊午 7	6 戊子⑦	4 乙卯 3
7 癸巳16	7 壬戌⑯	7 壬辰15	7 壬戌15	7 辛卯13	7 辛酉⑬	7 庚寅11	7 庚申10	7 庚寅10	7 己未 8	7 己丑 8	5 丙辰④
8 甲午⑰	8 癸亥17	8 癸巳16	8 癸亥16	8 壬辰14	8 壬戌14	8 辛卯12	8 辛酉11	8 辛卯11	8 庚申⑨	8 庚寅 9	6 丁巳 5
9 乙未18	9 甲子18	9 甲午17	9 甲子17	9 癸巳⑮	9 癸亥15	9 壬辰13	9 壬戌12	9 壬辰⑫	9 辛酉10	9 辛卯10	7 戊午 6
10 丙申19	**10** 乙丑19	**10** 乙未18	10 乙丑⑱	*10* 甲午16	10 甲子16	10 癸巳14	10 癸亥13	10 癸巳13	10 壬戌11	10 壬辰11	8 己未 7
11 丁酉20	11 丙寅20	11 丙申19	**11** 丙寅19	11 乙未17	11 乙丑17	11 甲午15	11 甲子⑭	11 甲午14	11 癸亥12	11 癸巳12	9 庚申 8
12 戊戌21	12 丁卯21	12 丁酉⑳	12 丁卯20	**12** 丙申18	12 丙寅18	12 乙未16	12 乙丑15	12 乙未15	12 甲子13	12 甲午13	10 辛酉 9
13 己亥22	13 戊辰22	13 戊戌21	13 戊辰21	13 丁酉19	**13** 丁卯19	13 丙申⑰	13 丙寅16	13 丙申16	13 乙丑14	13 乙未⑭	11 壬戌10
14 庚子23	14 己巳㉓	14 己亥22	14 己巳22	14 戊戌20	14 戊辰⑳	**14** 丁酉18	**14** 丁卯17	14 丁酉17	14 丙寅15	14 丙申15	12 癸亥⑪
15 辛丑㉔	15 庚午24	15 庚子23	15 庚午23	15 己亥21	15 己巳21	15 戊戌19	15 戊辰18	**15** 戊戌18	15 丁卯⑯	15 丁酉16	13 甲子12
16 壬寅25	16 辛未25	16 辛丑24	16 辛未24	16 庚子㉒	16 庚午22	16 己亥20	16 己巳19	16 己亥⑲	**16** 戊辰17	16 戊戌17	14 乙丑13
17 癸卯26	17 壬申26	17 壬寅25	17 壬申㉕	17 辛丑23	17 辛未23	17 庚子21	17 庚午20	17 庚子20	17 己巳18	**17** 己亥18	15 丙寅14
18 甲辰27	18 癸酉27	18 癸卯26	18 癸酉26	18 壬寅24	18 壬申24	18 辛丑22	18 辛未㉑	18 辛丑21	18 庚午19	18 庚子19	16 丁卯15
19 乙巳28	19 甲戌28	19 甲辰㉗	19 甲戌27	19 癸卯25	19 癸酉25	19 壬寅23	19 壬申22	19 壬寅22	19 辛未20	19 辛丑20	17 戊辰16
20 丙午29	20 乙亥29	20 乙巳28	20 乙亥28	20 甲辰26	20 甲戌26	20 癸卯㉔	20 癸酉23	20 癸卯23	20 壬申21	20 壬寅㉑	**18** 己巳17
《3月》	21 丙子㉚	21 丙午29	21 丙子29	21 乙巳27	21 乙亥㉗	21 甲辰25	21 甲戌24	21 甲辰24	21 癸酉22	21 癸卯22	19 庚午⑱
21 丁未 1	22 丁丑31	22 丁未30	22 丁丑30	22 丙午28	22 丙子28	22 乙巳26	22 乙亥25	22 乙巳25	22 甲戌㉓	22 甲辰23	20 辛未19
22 戊申②	《4月》	《5月》	23 戊寅31	23 丁未㉙	23 丁丑29	23 丙午27	23 丙子26	23 丙午㉖	23 乙亥24	23 乙巳24	21 壬申20
23 己酉 3	23 戊寅 1	23 戊申 1	《6月》	24 戊申30	24 戊寅30	24 丁未28	24 丁丑27	24 丁未27	24 丙子25	24 丙午25	22 癸酉21
24 庚戌 4	24 己卯 2	24 己酉 2	24 己卯①	《7月》	25 己卯31	25 戊申29	25 戊寅㉘	25 戊申28	25 丁丑26	25 丁未26	23 甲戌22
25 辛亥 5	**25** 庚辰 3	**25** 庚戌 3	25 庚辰 2	25 己酉 1	《8月》	26 己酉30	26 己卯29	26 己酉29	26 戊寅27	26 戊申27	24 乙亥23
26 壬子 6	26 辛巳 4	26 辛亥④	**26** 辛巳 3	26 庚戌 2	26 庚辰 1	27 庚戌㉛	27 庚辰30	27 庚戌30	27 己卯28	27 己酉㉘	25 丙子24
27 癸丑 7	27 壬午 5	27 壬子 5	27 壬午 4	**27** 辛亥 3	27 辛巳 2	《9月》	《10月》	28 辛亥31	28 庚辰29	28 庚戌29	26 丁丑㉕
28 甲寅 8	28 癸未⑥	28 癸丑 6	28 癸未 5	28 壬子 4	**28** 壬午③	28 辛亥 1	28 辛巳 1	《11月》	29 辛巳㉚	29 辛亥30	27 戊寅26
29 乙卯⑨	29 甲申 7	29 甲寅 7	29 甲申 6	29 癸丑 5	29 癸未 4	**29** 壬子 2	29 壬午 2	29 壬子 1	《12月》		28 己卯27
	30 乙酉 8	30 乙卯 8		30 甲寅⑥		30 癸丑 3	**30** 癸未 3		30 壬午 1		29 庚辰28
											30 辛巳29
雨水 8日	春分 10日	穀雨 10日	小満 11日	夏至 12日	大暑 13日	処暑 14日	秋分 14日	霜降 15日	立冬 1日	大雪 1日	小寒 3日
啓蟄 24日	清明 25日	立夏 25日	芒種 26日	小暑 27日	立秋 28日	白露 29日	寒露 30日		小雪 16日	冬至 17日	大寒 18日

慶雲**2**年（705－706） 乙巳

1月	2月	3月	4月	5月	6月	7月	8月	9月	10月	11月	12月
1 壬午30	1 辛亥28	1 庚辰㉙	1 庚戌28	1 己卯27	1 己酉26	1 戊寅25	1 戊申24	1 戊寅23	1 丁未22	1 丁丑21	1 丁未21
2 癸未31	《3月》	2 辛巳30	2 辛亥29	2 庚辰28	2 庚戌27	2 己卯㉖	2 己酉25	2 己卯24	2 戊申23	2 戊寅㉒	2 戊申22
《2月》	2 壬子①	3 壬午31	3 壬子30	3 辛巳29	3 辛亥㉘	3 庚辰27	3 庚戌26	3 庚辰25	3 己酉24	3 己卯23	3 己酉23
3 甲申①	3 癸丑 2	《4月》	《5月》	4 壬午30	4 壬子29	4 辛巳28	4 辛亥27	4 辛巳26	4 庚戌㉕	4 庚辰24	4 庚戌24
4 乙酉 2	4 甲寅 3	4 癸未 1	4 癸丑 1	5 癸未㉛	5 癸丑30	5 壬午29	5 壬子28	5 壬午㉗	5 辛亥26	5 辛巳25	5 辛亥25
5 丙戌 3	**5** 乙卯 4	5 甲申 2	5 甲寅 2	《6月》	《7月》	6 癸未30	6 癸丑29	6 癸未28	6 壬子27	6 壬午26	6 壬子26
6 丁亥 4	6 丙辰 5	**6** 乙酉 3	6 乙卯③	6 甲申 1	6 甲寅 1	7 甲申31	7 甲寅㉚	7 甲申29	7 癸丑28	7 癸未27	7 癸丑㉗
7 戊子 5	7 丁巳 6	7 丙戌 4	**7** 丙辰 4	7 乙酉 2	7 乙卯 2	《8月》	8 乙卯31	8 乙酉30	8 甲寅29	8 甲申28	8 甲寅28
8 己丑 6	8 戊午 7	8 丁亥⑤	8 丁巳 5	**8** 丙戌 3	8 丙辰 3	8 乙酉 1	《9月》	《10月》	9 乙卯30	9 乙酉㉙	9 乙卯29
9 庚寅 7	9 己未⑧	9 戊子 6	9 戊午 6	9 丁亥 4	**9** 丁巳 4	9 丙戌②	9 丙辰 1	9 丙戌 1	10丙辰31	10丙戌30	10丙辰30
10辛卯⑧	10庚申 9	10己丑 7	10己未 7	10戊子 5	10戊午⑤	**10**丁亥 3	**10**丁巳 2	10丁亥 2	《11月》	《12月》	11丁巳31
11壬辰 9	11辛酉10	11庚寅 8	11庚申 8	11己丑 6	11己未 6	11戊子 4	11戊午 3	**11**戊子 3	11丁巳①	11丁亥 1	**706** 年
12癸巳10	12壬戌11	12辛卯 9	12辛酉 9	12庚寅⑦	12庚申 7	12己丑 5	12己未 4	12己丑④	**12**戊午 2	12戊子 2	《1月》
13甲午11	13癸亥12	13壬辰10	13壬戌⑩	13辛卯 8	13辛酉 8	13庚寅 6	13庚申 5	13庚寅 5	13己未 3	**13**己丑 3	12戊午 1
14乙未12	14甲子13	14癸巳11	14癸亥11	14壬辰 9	14壬戌 9	14辛卯 7	14辛酉⑥	14辛卯 6	14庚申 4	14庚寅 4	**13**己未 2
15丙申13	15乙丑14	15甲午⑫	15甲子12	15癸巳10	15癸亥10	15壬辰 8	15壬戌 7	15壬辰 7	15辛酉 5	15辛卯 5	14庚申③
16丁酉14	16丙寅⑮	16乙未13	16乙丑13	16甲午11	16甲子11	16癸巳⑨	16癸亥 8	16癸巳 8	16壬戌 6	16壬辰⑥	15辛酉 4
17戊戌⑮	17丁卯16	17丙申14	17丙寅14	17乙未12	17乙丑⑫	17甲午10	17甲子 9	17甲午 9	17癸亥 7	17癸巳 7	16壬戌 5
18己亥16	18戊辰17	18丁酉15	18丁卯15	18丙申13	18丙寅13	18乙未11	18乙丑10	18乙未10	18甲子⑧	18甲午 8	17癸亥 6
19庚子17	19己巳18	19戊戌16	19戊辰16	19丁酉⑭	19丁卯14	19丙申12	19丙寅11	19丙申⑪	19乙丑 9	19乙未 9	18甲子 7
20辛丑18	**20**庚午19	20己亥17	20己巳⑰	20戊戌15	20戊辰15	20丁酉13	20丁卯12	20丁酉12	20丙寅10	20丙申10	19乙丑 8
21壬寅19	21辛未20	**21**庚子18	21庚午18	21己亥16	21己巳16	21戊戌14	21戊辰⑬	21戊戌13	21丁卯11	21丁酉11	20丙寅 9
22癸卯20	22壬申21	22辛丑⑲	**22**辛未19	22庚子17	22庚午17	22己亥15	22己巳14	22己亥14	22戊辰12	22戊戌12	21丁卯⑩
23甲辰21	23癸酉㉒	23壬寅20	23壬申20	**23**辛丑18	23辛未18	23庚子⑯	23庚午15	23庚子15	23己巳13	23己亥⑬	22戊辰11
24乙巳㉒	24甲戌23	24癸卯21	24癸酉21	24壬寅19	**24**壬申⑲	24辛丑17	24辛未16	24辛丑16	24庚午14	24庚子14	23己巳12
25丙午23	25乙亥24	25甲辰22	25甲戌22	25癸卯20	25癸酉20	**25**壬寅18	25壬申17	25壬寅17	25辛未⑮	25辛丑15	24庚午13
26丁未24	26丙子25	26乙巳23	26乙亥23	26甲辰㉑	26甲戌21	26癸卯19	**26**癸酉18	**26**癸卯⑱	26壬申16	26壬寅16	25辛未14
27戊申25	27丁丑26	27丙午24	27丙子㉔	27乙巳22	27乙亥22	27甲辰20	27甲戌19	27甲辰19	27癸酉17	27癸卯17	26壬申15
28己酉26	28戊寅27	28丁未25	28丁丑25	28丙午23	28丙子23	28乙巳21	28乙亥⑳	28乙巳20	**28**甲戌18	**28**甲辰18	27癸酉16
29庚戌27	29己卯28	29戊申㉖	29戊寅26	29丁未24	29丁丑24	29丙午22	29丙子21	29丙午21	29乙亥19	29乙巳19	**28**甲戌⑰
		30己酉27		30戊申25		30丁未㉓	30丁丑22		30丙子20	30丙午⑳	29乙亥18
立春 3日 雨水 19日	啓蟄 5日 春分 20日	清明 6日 穀雨 21日	立夏 7日 小満 22日	芒種 8日 夏至 23日	小暑 9日 大暑 24日	立秋 10日 処暑 25日	白露 10日 秋分 26日	寒露 11日 霜降 26日	立冬 12日 小雪 28日	大雪 13日 冬至 28日	小寒 13日 大寒 28日

慶雲**3**年（706－707） 丙午

1月	閏1月	2月	3月	4月	5月	6月	7月	8月	9月	10月	11月	12月
1 丙子19	1 丙午18	**1** 乙亥19	1 甲辰17	1 甲戌17	1 癸卯15	1 癸酉15	1 壬寅13	1 壬申⑫	1 壬寅12	1 辛未10	1 辛丑10	1 辛未⑨
2 丁丑20	2 丁未19	2 丙子20	2 乙巳⑱	2 乙亥18	2 甲辰16	2 甲戌16	2 癸卯14	2 癸酉13	2 癸卯13	2 壬申11	2 壬寅11	2 壬申10
3 戊寅21	3 戊申20	3 丁丑㉑	**3** 丙午19	**3** 丙子19	3 乙巳17	3 乙亥17	3 甲辰⑮	3 甲戌14	3 甲辰14	3 癸酉12	3 癸卯⑫	3 癸酉11
4 己卯22	4 己酉㉑	4 戊寅22	4 丁未20	4 丁丑20	4 丙午18	4 丙子⑱	4 乙巳16	4 乙亥15	4 乙巳15	4 甲戌13	4 甲辰13	4 甲戌12
5 庚辰23	5 庚戌22	5 己卯23	5 戊申21	5 戊寅21	**5** 丁未19	**5** 丁丑19	5 丙午17	5 丙子16	5 丙午16	5 乙亥⑭	5 乙巳14	5 乙亥13
6 辛巳㉔	6 辛亥23	6 庚辰24	6 己酉22	6 己卯22	6 戊申⑳	6 戊寅20	**6** 丁未18	6 丁丑17	6 丁未⑰	6 丙子15	6 丙午15	6 丙子14
7 壬午25	7 壬子24	7 辛巳25	7 庚戌23	7 庚辰㉓	7 己酉21	7 己卯21	7 戊申19	**7** 戊寅18	**7** 戊申18	7 丁丑16	7 丁未16	7 丁丑15
8 癸未26	8 癸丑25	8 壬午26	8 辛亥24	8 辛巳24	8 庚戌22	8 庚辰22	8 己酉20	8 己卯⑲	8 己酉19	8 戊寅17	8 戊申17	8 戊寅⑯
9 甲申27	9 甲寅26	9 癸未27	9 壬子㉕	9 壬午25	9 辛亥23	9 辛巳23	9 庚戌21	9 庚辰20	9 庚戌20	**9** 己卯18	**9** 己酉18	9 己卯17
10乙酉28	10乙卯27	10甲申㉘	10癸丑26	10癸未26	10壬子24	10壬午24	10辛亥㉒	10辛巳21	10辛亥21	10庚辰19	10庚戌⑲	**10**庚辰18
11丙戌29	11丙辰㉘	11乙酉29	11甲寅27	11甲申27	11癸丑25	11癸未㉕	11壬子23	11壬午22	11壬子22	11辛巳20	11辛亥20	11辛巳19
12丁亥30	《3月》	12丙戌30	12乙卯28	12乙酉28	12甲寅26	12甲申26	12癸丑24	12癸未23	12癸丑23	12壬午㉑	12壬子21	12壬午20
13戊子㉛	12丁巳 1	13丁亥31	13丙辰29	13丙戌29	13乙卯㉗	13乙酉27	13甲寅25	13甲申24	13甲寅㉔	13癸未22	13癸丑22	13癸未21
《2月》	13戊午 2	《4月》	14丁巳30	14丁亥㉚	14丙辰28	14丙戌28	14乙卯26	14乙酉25	14乙卯25	14甲申23	14甲寅23	14甲申22
14己丑 1	14己未 3	14戊子 1	《5月》	15戊子31	15丁巳29	15丁亥29	15丙辰27	15丙戌㉖	15丙辰26	15乙酉24	15乙卯24	15乙酉㉓
15庚寅 2	**15**庚申 4	15己丑 2	15戊午 1	《6月》	16戊午30	16戊子30	16丁巳28	16丁亥27	16丁巳27	16丙戌25	16丙辰25	16丙戌24
16辛卯 3	16辛酉 5	**16**庚寅 3	16己未②	16己丑 1	《7月》	17己丑31	17戊午㉙	17戊子28	17戊午28	17丁亥26	17丁巳㉖	17丁亥25
17壬辰 4	17壬戌 6	17辛卯④	17庚申 3	17庚寅 2	17己未 1	《8月》	18己未30	18己丑29	18己未29	18戊子27	18戊午27	18戊子26
18癸巳 5	18癸亥⑦	18壬辰 5	**18**辛酉 4	**18**辛卯 3	18庚申 2	18庚寅①	19庚申31	19庚寅30	19庚申30	19己丑㉘	19己未28	19己丑27
19甲午 6	19甲子 8	19癸巳 6	19壬戌 5	19壬辰 4	19辛酉 3	19辛卯 2	《9月》	《10月》	20辛酉㉛	20庚寅29	20庚申29	20庚寅28
20乙未⑦	20乙丑 9	20甲午 7	20癸亥 6	20癸巳 5	**20**壬戌④	**20**壬辰 3	20辛酉 1	20辛卯 1	《11月》	21辛卯30	21辛酉30	21辛卯29
21丙申 8	21丙寅10	21乙未 8	21甲子 7	21甲午⑥	21癸亥 5	21癸巳 4	21壬戌 2	21壬辰 2	21壬戌 1	《12月》	22壬戌31	22壬辰㉚
22丁酉 9	22丁卯11	22丙申 9	22乙丑 8	22乙未 7	22甲子 6	22甲午 5	**22**癸亥 3	**22**癸巳③	22癸亥 2	22壬辰 1	**707** 年	23癸巳31
23戊戌10	23戊辰12	23丁酉10	23丙寅⑨	23丙申 8	23乙丑 7	23乙未 6	23甲子 4	23甲午 4	**23**甲子 3	23癸巳 2	《1月》	《2月》
24己亥11	24己巳13	24戊戌⑪	24丁卯10	24丁酉 9	24丙寅 8	24丙申 7	24乙丑⑤	24乙未 5	24乙丑 4	**24**甲午 3	23癸亥 1	24甲午 1
25庚子12	25庚午⑭	25己亥12	25戊辰11	25戊戌10	25丁卯 9	25丁酉⑧	25丙寅 6	25丙申 6	25丙寅 5	25乙未 4	**24**甲子②	**25**乙未 2
26辛丑13	26辛未15	26庚子13	26己巳12	26己亥11	26戊辰10	26戊戌 9	26丁卯 7	26丁酉 7	26丁卯 6	26丙申⑤	25乙丑 3	26丙申 3
27壬寅⑭	27壬申16	27辛丑14	27庚午13	27庚子12	27己巳⑪	27己亥10	27戊辰 8	27戊戌 8	27戊辰⑦	27丁酉 6	26丙寅 4	27丁酉 4
28癸卯15	28癸酉17	28壬寅15	28辛未14	28辛丑⑬	28庚午12	28庚子11	28己巳 9	28己亥 9	28己巳 8	28戊戌 7	27丁卯 5	28戊戌 5
29甲辰16	29甲戌18	29癸卯16	29壬申15	29壬寅14	29辛未13	29辛丑12	29庚午10	29庚子⑩	29庚午 9	29己亥 8	28戊辰 6	29己亥⑥
30乙巳17			30癸酉⑯		30壬申14		30辛未11	30辛丑11		30庚子 9	29己巳 7	
											30庚午 8	
立春 15日 雨水 30日	啓蟄15日	春分 1日 清明 16日	穀雨 3日 立夏 18日	小満 3日 芒種 18日	夏至 5日 小暑 20日	大暑 5日 立秋 20日	処暑 6日 白露 22日	秋分 7日 寒露 22日	霜降 7日 立冬 23日	小雪 9日 大雪 24日	冬至 9日 小寒 24日	大寒 10日 立春 25日

慶雲4年（707－708） 丁未

1月	2月	3月	4月	5月	6月	7月	8月	9月	10月	11月	12月
1庚子7	1庚午9	1己亥7	1戊辰6	1戊戌⑤	**1**丁卯4	1丙申2	《9月》	《10月》	1乙丑㉚	1乙未29	1乙丑29
2辛丑8	2辛未10	2庚子8	2己巳7	2己亥6	2戊辰5	**2**丁酉3	1丙寅1	1丙申1	2丙寅31	2丙申30	2丙寅30
3壬寅9	3壬申11	3辛丑9	3庚午⑧	3庚子7	3己巳6	3戊戌4	2丁卯2	2丁酉②	《11月》	《12月》	3丁卯31
4癸卯10	4癸酉12	4壬寅⑩	4辛未9	4辛丑8	4庚午7	4己亥5	**3**戊辰3	**3**戊戌3	3丁卯1	3丁酉1	**708年**
5甲辰11	5甲戌⑬	5癸卯11	5壬申10	5壬寅9	5辛未8	5庚子6	4己巳④	4己亥4	4戊辰2	4戊戌2	《1月》
6乙巳12	6乙亥14	6甲辰12	6癸酉11	6癸卯10	6壬申9	6辛丑⑦	5庚午5	5庚子5	**5**己巳3	**5**己亥3	4戊辰①
7丙午⑬	7丙子15	7乙巳13	7甲戌12	7甲辰11	7癸酉⑩	7壬寅8	6辛未6	6辛丑6	6庚午4	6庚子④	5己巳2
8丁未14	8丁丑16	8丙午14	8乙亥13	8乙巳⑫	8甲戌11	8癸卯9	7壬申7	7壬寅7	7辛未5	7辛丑5	**6**庚午3
9戊申15	9戊寅17	9丁未15	9丙子14	9丙午13	9乙亥12	9甲辰10	8癸酉8	8癸卯8	8壬申⑥	8壬寅6	7辛未4
10己酉16	10己卯18	10戊申16	10丁丑⑮	10丁未14	10丙子13	10乙巳11	9甲戌9	9甲辰⑨	9癸酉7	9癸卯7	8壬申5
11庚戌17	11庚辰19	11己酉⑰	11戊寅16	11戊申15	11丁丑14	11丙午12	10乙亥10	10乙巳10	10甲戌8	10甲辰8	9癸酉6
12辛亥18	**12**辛巳⑳	12庚戌18	12己卯17	12己酉16	12戊寅15	12丁未13	11丙子⑪	11丙午11	11乙亥9	11乙巳9	10甲戌7
13壬子19	13壬午21	**13**辛亥19	13庚辰18	13庚戌17	13己卯16	13戊申⑭	12丁丑12	12丁未12	12丙子10	12丙午10	11乙亥⑧
14癸丑⑳	14癸未22	14壬子20	**14**辛巳19	14辛亥18	14庚辰⑰	14己酉15	13戊寅13	13戊申13	13丁丑11	13丁未⑪	12丙子9
15甲寅21	15甲申23	15癸丑21	15壬午20	**15**壬子⑲	15辛巳18	15庚戌16	14己卯14	14己酉14	14戊寅12	14戊申12	13丁丑10
16乙卯22	16乙酉24	16甲寅22	16癸未21	16癸丑20	**16**壬午19	16辛亥17	15庚辰15	15庚戌15	15己卯⑬	15己酉13	14戊寅11
17丙辰23	17丙戌25	17乙卯23	17甲申㉒	17甲寅21	17癸未20	17壬子18	16辛巳16	16辛亥⑯	16庚辰14	16庚戌14	15己卯12
18丁巳24	18丁亥26	18丙辰㉔	18乙酉23	18乙卯22	18甲申21	**18**癸丑19	17壬午17	17壬子17	17辛巳15	17辛亥15	16庚辰13
19戊午25	19戊子㉗	19丁巳25	19丙戌24	19丙辰23	19乙酉22	19甲寅20	**18**癸未⑱	18癸丑18	18壬午16	18壬子16	17辛巳14
20己未26	20己丑28	20戊午26	20丁亥25	20丁巳24	20丙戌23	20乙卯㉑	19甲申19	**19**甲寅19	19癸未17	19癸丑17	18壬午⑮
21庚申㉗	21庚寅29	21己未27	21戊子26	21戊午25	21丁亥㉔	21丙辰22	20乙酉20	20乙卯20	**20**甲申18	**20**甲寅⑱	19癸未16
22辛酉28	22辛卯30	22庚申28	22己丑27	22己未㉖	22戊子25	22丁巳23	21丙戌21	21丙辰21	21乙酉19	21乙卯19	20甲申17
《3月》	23壬辰31	23辛酉29	23庚寅28	23庚申27	23己丑26	23戊午24	22丁亥22	22丁巳22	22丙戌⑳	22丙辰20	**21**乙酉18
23壬戌1	《4月》	24壬戌30	24辛卯㉙	24辛酉28	24庚寅27	24己未25	23戊子23	23戊午㉓	23丁亥21	23丁巳21	22丙戌19
24癸亥2	24癸巳1	《5月》	25壬辰30	25壬戌29	25辛卯28	25庚申26	24己丑24	24己未24	24戊子22	24戊午22	23丁亥20
25甲子3	25甲午2	25癸亥①	26癸巳31	26癸亥30	26壬辰29	26辛酉27	25庚寅㉕	25庚申25	25己丑23	25己未23	24戊子21
26乙丑4	26乙未③	26甲子2	《6月》	《7月》	27癸巳30	27壬戌㉘	26辛卯26	26辛酉26	26庚寅24	26庚申24	25己丑㉒
27丙寅5	**27**丙申4	27乙丑3	27甲午1	27甲子1	28甲午㉛	28癸亥29	27壬辰27	27壬戌27	27辛卯25	27辛酉㉕	26庚寅23
28丁卯⑥	28丁酉5	**28**丙寅4	28乙未2	28乙丑2	《8月》	29甲子30	28癸巳28	28癸亥28	28壬辰26	28壬戌26	27辛卯24
29戊辰7	29戊戌6	29丁卯5	29丙申3	29丙寅③	29乙未1	30乙丑31	29甲午29	29甲子29	29癸巳㉗	29癸亥27	28壬辰25
30己巳8			**30**丁酉4				30乙未30		30甲午28	30甲子28	29癸巳26
											30甲午27
雨水11日 啓蟄26日	春分12日 清明27日	穀雨13日 立夏28日	小満14日 芒種30日	夏至15日	小暑1日 大暑16日	立秋2日 処暑18日	白露3日 秋分18日	寒露3日 霜降19日	立冬5日 小雪20日	大雪5日 冬至20日	小寒6日 大寒21日

和銅元年〔慶雲5年〕（708－709） 戊申

改元 1/11（慶雲→和銅）

1月	2月	3月	4月	5月	6月	7月	8月	閏8月	9月	10月	11月	12月
1乙未28	1甲子㉖	1甲午27	1癸亥25	1壬辰24	1壬戌23	1辛卯㉒	1庚申20	1庚寅19	**1**己未18	**1**己丑17	1己未17	1己丑16
2丙申㉙	2乙丑27	2乙未28	2甲子26	2癸巳25	2癸亥㉔	2壬辰23	2辛酉21	2辛卯20	2庚申19	2庚寅⑱	**2**庚申18	**2**庚寅17
3丁酉30	3丙寅28	3丙申29	3乙丑27	3甲午26	3甲子25	3癸巳24	3壬戌22	3壬辰21	3辛酉20	3辛卯19	3辛酉19	3辛卯18
4戊戌31	4丁卯29	4丁酉30	4丙寅28	4乙未㉗	4乙丑26	4甲午25	4癸亥23	4癸巳22	4壬戌㉑	4壬辰20	4壬戌20	4壬辰19
《2月》	《3月》	5戊戌31	5丁卯㉙	5丙申28	5丙寅27	5乙未26	5甲子24	5甲午㉓	5癸亥22	5癸巳21	5癸亥21	5癸巳⑳
5己亥1	5戊辰1	《4月》	6戊辰30	6丁酉29	6丁卯28	6丙申27	6乙丑25	6乙未24	6甲子23	6甲午22	6甲子22	6甲午21
6庚子2	6己巳2	6己亥①	《5月》	7戊戌30	7戊辰29	7丁酉28	7丙寅㉖	7丙申25	7乙丑24	7乙未23	7乙丑㉓	7乙未22
7辛丑3	7庚午3	7庚子2	7己巳1	8己亥31	8己巳30	8戊戌㉙	8丁卯27	8丁酉26	8丙寅25	8丙申24	8丙寅24	8丙申23
8壬寅4	**8**辛未④	**8**辛丑3	8庚午2	《6月》	《7月》	9己亥30	9戊辰28	9戊戌27	9丁卯26	9丁酉㉕	9丁卯25	9丁酉24
9癸卯⑤	9壬申5	9壬寅4	**9**辛未3	9庚子1	9庚午①	10庚子31	10己巳29	10己亥28	10戊辰27	10戊戌26	10戊辰26	10戊戌25
10甲辰6	10癸酉6	10癸卯5	10壬申4	10辛丑2	10辛未2	《8月》	11庚午30	11庚子29	11己巳㉘	11己亥27	11己巳27	11己亥26
*11*乙巳7	11甲戌7	11甲辰6	11癸酉5	**11**壬寅③	**11**壬申3	11辛丑1	12辛未31	12辛丑㉚	12庚午29	12庚子28	12庚午28	12庚子㉗
12丙午8	12乙亥8	12乙巳7	12甲戌⑥	12癸卯4	12癸酉4	12壬寅2	《9月》	《10月》	13辛未30	13辛丑29	13辛未29	13辛丑28
13丁未9	13丙子9	13丙午⑧	13乙亥7	13甲辰5	13甲戌5	**13**癸卯3	13壬申1	13壬寅1	14壬申31	14壬寅30	14壬申㉚	14壬寅29
14戊申10	14丁丑10	14丁未9	14丙子8	14乙巳6	14乙亥6	14甲辰4	**14**癸酉②	14癸卯2	《11月》	《12月》	15癸酉31	15癸卯30
15己酉11	15戊寅⑪	15戊申10	15丁丑9	15丙午7	15丙子7	15乙巳⑤	15甲戌3	**15**甲辰3	15癸酉1	15癸卯1	**709年**	16甲辰31
16庚戌⑫	16己卯12	16己酉11	16戊寅10	16丁未8	16丁丑⑧	16丙午6	16乙亥4	16乙巳4	**16**甲戌2	**16**甲辰②	《1月》	《2月》
17辛亥13	17庚辰13	17庚戌12	17己卯11	17戊申9	17戊寅9	17丁未7	17丙子5	17丙午5	17乙亥3	17乙巳3	16甲戌1	**17**乙巳1
18壬子14	18辛巳14	18辛亥13	18庚辰12	18己酉⑩	18己卯10	18戊申8	18丁丑6	18丁未6	18丙子④	18丙午4	**17**乙亥2	18丙午2
19癸丑15	19壬午15	19壬子14	19辛巳⑬	19庚戌11	19庚辰11	19己酉9	19戊寅7	19戊申⑦	19丁丑5	19丁未5	18丙子3	19丁未③
20甲寅16	20癸未16	20癸丑⑮	20壬午14	20辛亥12	20辛巳12	20庚戌10	20己卯8	20己酉8	20戊寅6	20戊申6	19丁丑4	20戊申4
21乙卯17	21甲申17	21甲寅16	21癸未15	21壬子13	21壬午13	21辛亥11	21庚辰⑨	21庚戌9	21己卯7	21己酉7	20戊寅5	21己酉5
22丙辰18	22乙酉⑱	22乙卯17	22甲申16	22癸丑14	22癸未14	22壬子⑫	22辛巳10	22辛亥10	22庚辰8	22庚戌8	21己卯⑥	22庚戌6
23丁巳⑲	**23**丙戌19	**23**丙辰18	23乙酉17	23甲寅15	23甲申⑮	23癸丑13	23壬午11	23壬子11	23辛巳9	23辛亥⑨	22庚辰7	23辛亥7
24戊午20	24丁亥20	24丁巳19	24丙戌18	24乙卯16	24乙酉16	24甲寅14	24癸未12	24癸丑12	24壬午10	24壬子10	23辛巳8	24壬子8
25己未21	25戊子21	25戊午20	**25**丁亥19	25丙辰⑰	25丙戌17	25乙卯15	25甲申13	25甲寅13	25癸未⑪	25癸丑11	24壬午9	25癸丑9
26庚申22	26己丑22	26己未21	26戊子⑳	**26**丁巳18	26丁亥18	26丙辰16	26乙酉14	26乙卯⑭	26甲申12	26甲寅12	25癸未10	26甲寅⑩
27辛酉23	27庚寅23	27庚申㉒	27己丑21	27戊午19	**27**戊子19	27丁巳17	27丙戌15	27丙辰15	27乙酉13	27乙卯13	26甲申11	27乙卯11
28壬戌24	28辛卯24	28辛酉23	28庚寅22	28己未20	28己丑20	**28**戊午18	28丁亥⑯	28丁巳16	28丙戌14	28丙辰14	27乙酉12	28丙辰12
29癸亥25	29壬辰㉕	29壬戌24	29辛卯23	29庚申21	29庚寅21	29己未⑲	**29**戊子17	29戊午17	29丁亥15	29丁巳15	28丙戌⑬	29丁巳13
	30癸巳26			30辛酉22			30己丑18		30戊子16	30戊午⑯	29丁亥14	
											30戊子15	
立春6日 雨水21日	啓蟄8日 春分23日	清明8日 穀雨23日	立夏9日 小満25日	芒種11日 夏至26日	小暑11日 大暑27日	立秋13日 処暑28日	白露14日 秋分29日	寒露15日	霜降1日 立冬16日	小雪1日 大雪16日	冬至2日 小寒17日	大寒2日 立春17日

和銅**2**年（709－710） 己酉

1月	2月	3月	4月	5月	6月	7月	8月	9月	10月	11月	12月
1 戊午14	1 戊子16	1 戊午15	1 丁亥14	1 丙辰12	1 丙戌12	1 乙卯10	1 甲申⑧	1 甲寅 8	1 癸未 6	1 癸丑 6	1 癸未⑤
2 己未15	2 己丑⑰	2 己未16	2 戊子15	2 丁巳13	2 丁亥13	2 丙辰⑪	2 乙酉 9	2 乙卯 9	2 甲申 7	2 甲寅 7	2 甲申 6
3 庚申16	3 庚寅18	3 庚申17	3 己丑16	3 戊午14	3 戊子⑭	3 丁巳12	3 丙戌10	3 丙辰10	3 乙酉 8	3 乙卯⑧	3 乙酉 7
4 辛酉⑰	**4** 辛卯19	**4** 辛酉18	4 庚寅17	4 己未15	4 己丑15	4 戊午13	4 丁亥11	4 丁巳11	4 丙戌 9	4 丙辰 9	4 丙戌 8
5 壬戌18	5 壬辰20	5 壬戌19	5 辛卯18	5 庚申⑯	5 庚寅16	5 己未14	5 戊子12	5 戊午12	5 丁亥⑩	5 丁巳10	5 丁亥 9
6 癸亥19	6 癸巳21	6 癸亥20	**6** 壬辰⑲	6 辛酉17	6 辛卯17	6 庚申15	6 己丑13	6 己未⑬	6 戊子11	6 戊午11	6 戊子10
7 甲子20	7 甲午22	7 甲子㉑	7 癸巳20	**7** 壬戌18	7 壬辰18	7 辛酉16	7 庚寅14	7 庚申14	7 己丑12	7 己未12	7 己丑11
8 乙丑21	8 乙未23	8 乙丑22	8 甲午21	8 癸亥19	**8** 癸巳19	8 壬戌17	8 辛卯⑮	8 辛酉15	8 庚寅13	8 庚申13	8 庚寅⑫
9 丙寅22	9 丙申㉔	9 丙寅23	9 乙未22	9 甲子20	9 甲午20	**9** 癸亥⑱	9 壬辰16	9 壬戌16	9 辛卯14	9 辛酉14	9 辛卯13
10丁卯23	10丁酉25	10丁卯24	10丙申23	10乙丑21	10乙未㉑	10甲子19	10癸巳17	10癸亥17	10壬辰15	10壬戌⑮	10壬辰14
11戊辰㉔	11戊戌26	11戊辰25	11丁酉24	11丙寅22	11丙申22	11乙丑20	**11**甲午18	**11**甲子18	11癸巳16	11癸亥16	11癸巳15
12己巳25	12己亥27	12己巳26	12戊戌25	12丁卯㉓	12丁酉23	12丙寅21	12乙未19	12乙丑19	12甲午⑰	12甲子17	12甲午16
13庚午26	13庚子28	13庚午27	13己亥㉖	13戊辰24	13戊戌24	13丁卯22	13丙申20	13丙寅⑳	**13**乙未18	**13**乙丑18	**13**乙未17
14辛未27	14辛丑29	14辛未㉘	14庚子27	14己巳25	14己亥25	14戊辰23	14丁酉21	14丁卯21	14丙申19	14丙寅19	14丙申18
15壬申28	15壬寅30	15壬申29	15辛丑28	15庚午26	15庚子26	15己巳24	15戊戌㉒	15戊辰22	15丁酉20	15丁卯20	15丁酉⑲
《3月》	16癸卯㉛	16癸酉30	16壬寅29	16辛未27	16辛丑27	16庚午㉕	16己亥23	16己巳23	16戊戌21	16戊辰21	16戊戌20
16癸酉 1	《4月》	《5月》	17癸卯30	17壬申28	17壬寅㉘	17辛未26	17庚子24	17庚午24	17己亥22	17己巳㉒	17己亥21
17甲戌 2	17甲辰 1	17甲戌 1	18甲辰31	18癸酉29	18癸卯29	18壬申27	18辛丑25	18辛未25	18庚子23	18庚午23	18庚子22
18乙亥③	18乙巳 2	18乙亥 2	《6月》	19甲戌㉚	19甲辰30	19癸酉28	19壬寅26	19壬申26	19辛丑㉔	19辛未24	19辛丑23
19丙子 4	**19**丙午 3	19丙子 3	19乙巳 1	《7月》	20乙巳31	20甲戌29	20癸卯27	20癸酉㉗	20壬寅25	20壬申25	20壬寅24
20丁丑 5	20丁未 4	**20**丁丑 4	20丙午②	20乙亥 1	《8月》	21乙亥30	21甲辰28	21甲戌28	21癸卯26	21癸酉26	21癸卯25
21戊寅 6	21戊申 5	21戊寅⑤	**21**丁未 3	21丙子 2	21丙午 1	22丙子31	22乙巳㉙	22乙亥29	22甲辰27	22甲戌27	22甲辰㉖
22己卯 7	22己酉 6	22己卯 6	22戊申 4	22丁丑 3	22丁未 2	《9月》	23丙午30	23丙子30	23乙巳28	23乙亥28	23乙巳27
23庚辰 8	23庚戌⑦	23庚辰 7	23己酉 5	**23**戊寅 4	**23**戊申 3	23丁丑①	《10月》	24丁丑31	24丙午29	24丙子㉙	24丙午28
24辛巳 9	24辛亥 8	24辛巳 8	24庚戌 6	24己卯 5	24己酉④	**24**戊寅 2	24丁未 1	《11月》	25丁未30	25丁丑30	25丁未29
25壬午⑩	25壬子 9	25壬午 9	25辛亥 7	25庚辰 6	25庚戌 5	25己卯 3	25戊申 2	25戊寅 1	《12月》	26戊寅31	26戊申30
26癸未11	26癸丑10	26癸未10	26壬子 8	26辛巳⑦	26辛亥 6	26庚辰 4	**26**己酉 3	**26**己卯 2	26戊申①	**710年**	27己酉31
27甲申12	27甲寅11	27甲申11	27癸丑⑨	27壬午 8	27壬子 7	27辛巳 5	27庚戌 4	27庚辰③	27己酉 2	《1月》	《2月》
28乙酉13	28乙卯12	28乙酉⑫	28甲寅10	28癸未 9	28癸丑 8	28壬午 6	28辛亥 5	28辛巳 4	**28**庚戌 3	27己卯 1	28庚戌 1
29丙戌14	29丙辰13	29丙戌13	29乙卯11	29甲申10	29甲寅 9	29癸未 7	29壬子⑥	29壬午 5	29辛亥 4	**28**庚辰 2	**29**辛亥②
30丁亥15	30丁巳⑭			30乙酉11			30癸丑 7		30壬子 5	29辛巳 3	
										30壬午 4	

雨水 4日	春分 4日	穀雨 4日	小満 6日	夏至 7日	大暑 8日	処暑 9日	秋分 11日	霜降 11日	小雪 13日	冬至 13日	大寒 13日
啓蟄 19日	清明 19日	立夏 20日	芒種 21日	小暑 23日	立秋 23日	白露 24日	寒露 26日	立冬 26日	大雪 28日	小寒 28日	立春 29日

和銅**3**年（710－711） 庚戌

1月	2月	3月	4月	5月	6月	7月	8月	9月	10月	11月	12月
1 壬子 3	1 壬午 5	1 壬子 4	1 辛巳 3	1 辛亥 2	《7月》	1 庚戌31	1 己卯29	1 戊申27	1 戊寅27	1 丁未25	1 丁丑25
2 癸丑 4	2 癸未 6	2 癸丑 5	**2** 壬午④	**2** 壬子 3	1 庚辰 1	《8月》	2 庚辰30	2 己酉㉘	2 己卯28	2 戊申26	2 戊寅26
3 甲寅 5	3 甲申 7	3 甲寅⑥	3 癸未 5	3 癸丑 4	2 辛巳 2	2 辛亥 1	3 辛巳㉛	3 庚戌29	3 庚辰29	3 己酉27	3 己卯27
4 乙卯 6	4 乙酉 8	4 乙卯 7	4 甲申 6	4 甲寅 5	3 壬午 3	3 壬子 2	《9月》	4 辛亥30	4 辛巳30	4 庚戌28	4 庚辰㉘
5 丙辰 7	5 丙戌⑨	5 丙辰 8	5 乙酉 7	5 乙卯 6	**4** 癸未 4	**4** 癸丑③	4 壬午 1	《10月》	5 壬午31	5 辛亥29	5 辛巳29
6 丁巳 8	6 丁亥10	6 丁巳 9	6 丙戌 8	6 丙辰 7	5 甲申 5	5 甲寅 4	5 癸未 2	5 壬子 1	《11月》	6 壬子㉚	6 壬午30
7 戊午⑨	7 戊子11	7 戊午10	7 丁亥 9	7 丁巳⑧	6 乙酉⑥	6 乙卯 5	**6** 甲申 3	6 癸丑 2	6 癸未 1	《12月》	7 癸未31
8 己未10	8 己丑12	8 己未11	8 戊子10	8 戊午 9	7 丙戌 7	7 丙辰 6	7 乙酉 4	**7** 甲寅 3	7 甲申②	7 癸丑 1	**711年**
9 庚申11	9 庚寅13	9 庚申12	9 己丑⑪	9 己未10	8 丁亥 8	8 丁巳 7	8 丙戌 5	8 乙卯 4	**8** 乙酉 3	8 甲寅 2	《1月》
10辛酉12	10辛卯14	10辛酉⑬	10庚寅12	10庚申11	9 戊子 9	9 戊午 8	9 丁亥 6	9 丙辰⑤	9 丙戌 4	**9** 乙卯 3	8 甲申 1
11壬戌13	11壬辰15	11壬戌14	11辛卯13	11辛酉12	10己丑10	10己未 9	10戊子⑦	10丁巳 6	10丁亥 5	10丙辰 4	**9** 乙酉 2
12癸亥14	12癸巳⑯	12癸亥15	12壬辰14	12壬戌13	11庚寅11	11庚申⑩	11己丑 8	11戊午 7	11戊子 6	11丁巳 5	10丙戌 3
13甲子15	13甲午17	13甲子16	13癸巳15	13癸亥14	12辛卯12	12辛酉11	12庚寅 9	12己未 8	12己丑 7	12戊午 6	11丁亥④
14乙丑⑯	14乙未18	14乙丑17	14甲午16	14甲子⑮	13壬辰⑬	13壬戌12	13辛卯10	13庚申 9	13庚寅 8	13己未⑦	12戊子 5
15丙寅17	**15**丙申19	15丙寅18	15乙未17	15乙丑16	14癸巳14	14癸亥13	14壬辰11	14辛酉10	14辛卯⑨	14庚申 8	13己丑 6
16丁卯18	16丁酉20	**16**丁卯19	16丙申⑱	16丙寅17	15甲午15	15甲子14	15癸巳12	15壬戌11	15壬辰10	15辛酉 9	14庚寅 7
17戊辰19	17戊戌21	17戊辰⑳	**17**丁酉19	17丁卯18	16乙未16	16乙丑15	16甲午13	16癸亥⑫	16癸巳11	16壬戌10	15辛卯 8
18己巳20	18己亥22	18己巳21	18戊戌20	**18**戊辰19	17丙申17	17丙寅16	17乙未⑭	17甲子13	17甲午12	17癸亥11	16壬辰 9
19庚午21	19庚子㉓	19庚午22	19己亥21	19己巳20	18丁酉18	18丁卯⑰	18丙申15	18乙丑14	18乙未13	18甲子12	17癸巳10
20辛未22	20辛丑24	20辛未23	20庚子22	20庚午21	**19**戊戌19	**19**戊辰18	19丁酉16	19丙寅15	19丙申14	19乙丑13	18甲午⑪
21壬申㉓	21壬寅25	21壬申24	21辛丑23	21辛未㉒	20己亥⑳	20己巳19	20戊戌17	20丁卯16	20丁酉15	20丙寅⑭	19乙未12
22癸酉24	22癸卯26	22癸酉25	22壬寅24	22壬申23	21庚子21	21庚午20	**21**己亥18	21戊辰17	21戊戌⑯	21丁卯15	20丙申13
23甲戌25	23甲辰27	23甲戌26	23癸卯㉕	23癸酉24	22辛丑22	22辛未21	22庚子19	**22**己巳18	22己亥17	22戊辰16	21丁酉14
24乙亥26	24乙巳28	24乙亥㉗	24甲辰26	24甲戌25	23壬寅23	23壬申22	23辛丑20	23庚午⑲	**23**庚子18	23己巳17	22戊戌15
25丙子27	25丙午29	25丙子28	25乙巳27	25乙亥26	24癸卯24	24癸酉23	24壬寅㉑	24辛未20	24辛丑19	**24**庚午18	23己亥16
26丁丑28	26丁未㉚	26丁丑29	26丙午28	26丙子27	25甲辰25	25甲戌㉔	25癸卯22	25壬申21	25壬寅20	25辛未19	24庚子17
《3月》	27戊申31	27戊寅30	27丁未29	27丁丑28	26乙巳26	26乙亥25	26甲辰23	26癸酉22	26癸卯21	26壬申20	**25**辛丑⑱
27戊寅 1	《4月》	《5月》	28戊申30	28戊寅㉙	27丙午㉗	27丙子26	27乙巳24	27甲戌23	27甲辰22	27癸酉㉑	26壬寅19
28己卯②	28己酉 1	28己卯 1	29己酉31	29己卯30	28丁未28	28丁丑27	28丙午25	28乙亥24	28乙巳㉓	28甲戌22	27癸卯20
29庚辰 3	29庚戌 2	29庚辰 2	《6月》		29戊申29	29戊寅28	29丁未26	29丙子25	29丙午24	29乙亥23	28甲辰21
30辛巳 4	**30**辛亥 3		30庚戌①		30己酉30			30丁丑㉖		30丙子24	29乙巳22

雨水 15日	春分 15日	穀雨 16日	立夏 2日	芒種 2日	小暑 4日	立秋 4日	白露 6日	寒露 7日	立冬 8日	大雪 9日	小寒 9日
啓蟄 30日	清明 30日		小満 17日	夏至 18日	大暑 19日	処暑 19日	秋分 21日	霜降 22日	小雪 23日	冬至 24日	大寒 25日

和銅4年（711－712） 辛亥

1月	2月	3月	4月	5月	6月	閏6月	7月	8月	9月	10月	11月	12月
1丙午23	1丙子㉒	1丙午24	1丙子23	1乙巳22	1乙亥㉑	1甲辰20	1甲戌19	1癸卯17	1癸酉17	1壬寅⑮	1辛未14	1辛丑13
2丁未24	2丁丑23	2丁未25	2丁丑24	2丙午23	2丙子22	2乙巳21	2乙亥20	2甲辰18	2甲戌⑱	2癸卯16	2壬申15	2壬寅14
3戊申㉕	3戊寅24	3戊申26	3戊寅25	3丁未㉔	3丁丑23	3丙午22	3丙子21	3乙巳19	3乙亥19	3甲辰17	3癸酉16	3癸卯15
4己酉26	4己卯25	4己酉27	4己卯㉖	4戊申25	4戊寅24	4丁未23	4丁丑22	4丙午⑳	4丙子20	4乙巳18	4甲戌17	4甲辰16
5庚戌27	5庚辰26	5庚戌28	5庚辰27	5己酉26	5己卯25	5戊申24	5戊寅㉓	5丁未21	5丁丑21	5丙午19	5乙亥18	5乙巳⑰
6辛亥28	6辛巳27	6辛亥㉙	6辛巳28	6庚戌27	6庚辰26	6己酉25	6己卯24	6戊申22	6戊寅22	6丁未20	6丙子19	6丙午18
7壬子29	7壬午28	7壬子30	7壬午29	7辛亥28	7辛巳27	7庚戌㉖	7庚辰25	7己酉23	7己卯23	7戊申21	7丁丑⑳	7丁未19
8癸丑30	《3月》	8癸丑31	8癸未30	8壬子29	8壬午㉘	8辛亥27	8辛巳26	8庚戌24	8庚辰24	8己酉㉒	8戊寅21	8戊申20
9甲寅31	8癸未①	《4月》	《5月》	9癸丑30	9癸未29	9壬子28	9壬午27	9辛亥25	9辛巳㉕	9庚戌23	9己卯22	9己酉21
《2月》	9甲申2	9甲寅1	9甲申1	10甲寅㉛	10甲申30	10癸丑29	10癸未28	10壬子26	10壬午26	10辛亥24	10庚辰23	10庚戌22
10乙卯①	10乙酉3	10乙卯2	10乙酉2	《6月》	《7月》	11甲寅30	11甲申29	11癸丑㉗	11癸未27	11壬子25	11辛巳24	11辛亥23
11丙辰2	11丙戌4	11丙辰3	11丙戌③	11乙卯1	11乙酉1	12乙卯31	12乙酉㉚	12甲寅28	12甲申28	12癸丑26	12壬午25	12壬子㉔
12丁巳3	12丁亥5	12丁巳4	12丁亥4	12丙辰2	12丙戌2	《8月》	13丙戌31	13乙卯29	13乙酉29	13甲寅27	13癸未26	13癸丑25
13戊午4	13戊子6	13戊午⑤	13戊子5	13丁巳3	13丁亥3	13丙辰1	《9月》	14丙辰30	14丙戌30	14乙卯28	14甲申㉗	14甲寅26
14己未5	14己丑7	14己未6	14己丑6	14戊午4	14戊子4	14丁巳②	14丁亥1	《10月》	15丁亥31	15丙辰㉙	15乙酉28	15乙卯27
15庚申6	15庚寅⑧	15庚申7	15庚寅7	15己未5	15己丑⑤	15戊午3	15戊子2	15丁巳1	《11月》	16丁巳30	16丙戌29	16丙辰28
16辛酉7	16辛卯9	16辛酉8	16辛卯8	16庚申6	16庚寅6	16己未4	16己丑3	16戊午2	16戊子①	《12月》	17丁亥30	17丁巳29
17壬戌⑧	17壬辰10	17壬戌9	17壬辰9	17辛酉⑦	17辛卯7	17庚申5	17庚寅4	17己未3	17己丑2	17戊午1	18戊子31	18戊午30
18癸亥9	18癸巳11	18癸亥10	18癸巳⑩	18壬戌8	18壬辰8	18辛酉6	18辛卯5	18庚申④	18庚寅3	18己未2	712年	19己未㉛
19甲子10	19甲午12	19甲子11	19甲午11	19癸亥9	19癸巳9	19壬戌7	19壬辰⑥	19辛酉5	19辛卯4	19庚申3	《1月》	《2月》
20乙丑11	20乙未13	20乙丑⑫	20乙未12	20甲子10	20甲午10	20癸亥8	20癸巳7	20壬戌6	20壬辰5	20辛酉4	19己丑1	20庚申1
21丙寅12	21丙申14	21丙寅13	21丙申13	21乙丑11	21乙未11	21甲子⑨	21甲午8	21癸亥7	21癸巳6	21壬戌5	20庚寅2	21辛酉2
22丁卯13	22丁酉⑮	22丁卯14	22丁酉14	22丙寅12	22丙申⑫	22乙丑10	22乙未9	22甲子8	22甲午7	22癸亥⑥	21辛卯③	22壬戌3
23戊辰14	23戊戌16	23戊辰15	23戊戌15	23丁卯13	23丁酉13	23丙寅11	23丙申10	23乙丑9	23乙未⑧	23甲子7	22壬辰4	23癸亥4
24己巳⑮	24己亥17	24己巳16	24己亥16	24戊辰⑭	24戊戌14	24丁卯12	24丁酉11	24丙寅10	24丙申9	24乙丑8	23癸巳5	24甲子5
25庚午16	25庚子18	25庚午17	25庚子⑰	25己巳15	25己亥15	25戊辰13	25戊戌12	25丁卯⑪	25丁酉10	25丙寅9	24甲午6	25乙丑6
26辛未17	26辛丑19	26辛未18	26辛丑18	26庚午16	26庚子16	26己巳14	26己亥⑬	26戊辰12	26戊戌11	26丁卯10	25乙未7	26丙寅⑦
27壬申18	27壬寅20	27壬申⑲	27壬寅19	27辛未17	27辛丑17	27庚午15	27庚子14	27己巳13	27己亥12	27戊辰11	26丙申8	27丁卯8
28癸酉19	28癸卯21	28癸酉20	28癸卯20	28壬申18	28壬寅18	28辛未⑯	28辛丑15	28庚午14	28庚子13	28己巳12	27丁酉9	28戊辰9
29甲戌20	29甲辰㉒	29甲戌21	29甲辰21	29癸酉19	29癸卯⑲	29壬申17	29壬寅16	29辛未15	29辛丑14	29庚午⑬	28戊戌⑩	29己巳10
30乙亥21	30乙巳23	30乙亥22		30甲戌20		30癸酉18		30壬申16			29己亥11	
											30庚子12	

1月	2月	3月	4月	5月	6月	閏6月	7月	8月	9月	10月	11月	12月
立春 11日	啓蟄 11日	清明 12日	立夏 12日	芒種 14日	小暑 14日	立秋15日	処暑 1日	秋分 2日	霜降 3日	小雪 4日	冬至 5日	大寒 6日
雨水 26日	春分 26日	穀雨 27日	小満 27日	夏至 29日	大暑 29日		白露 16日	寒露 17日	立冬 18日	大雪 19日	小寒 21日	立春 21日

和銅5年（712－713） 壬子

1月	2月	3月	4月	5月	6月	7月	8月	9月	10月	11月	12月
1庚午11	1庚子12	1庚午11	1己亥10	1己巳9	1己亥9	1戊辰⑦	1戊戌6	1丁卯5	1丁酉4	1丙寅3	713年
2辛未12	2辛丑⑬	2辛未12	2庚子11	2庚午10	2庚子⑩	2己巳8	2己亥7	2戊辰6	2戊戌5	2丁卯④	《1月》
3壬申13	3壬寅14	3壬申13	3辛丑12	3辛未11	3辛丑11	3庚午9	3庚子8	3己巳7	3己亥⑥	3戊辰5	1乙未①
4癸酉⑭	4癸卯15	4癸酉14	4壬寅13	4壬申⑫	4壬寅12	4辛未10	4辛丑9	4庚午8	4庚子7	4己巳6	2丙申2
5甲戌15	5甲辰16	5甲戌15	5癸卯14	5癸酉13	5癸卯13	5壬申11	5壬寅10	5辛未⑨	5辛丑8	5庚午7	3丁酉3
6乙亥16	6乙巳17	6乙亥16	6甲辰⑮	6甲戌14	6甲辰14	6癸酉12	6癸卯⑪	6壬申10	6壬寅9	6辛未8	4戊戌4
7丙子17	7丙午18	7丙子⑰	7乙巳16	7乙亥15	7乙巳15	7甲戌13	7甲辰12	7癸酉11	7癸卯10	7壬申9	5己亥5
8丁丑18	8丁未19	8丁丑18	8丙午17	8丙子16	8丙午16	8乙亥⑭	8乙巳13	8甲戌12	8甲辰11	8癸酉10	6庚子6
9戊寅19	9戊申⑳	9戊寅19	9丁未18	9丁丑17	9丁未⑰	9丙子15	9丙午14	9乙亥13	9乙巳12	9甲戌⑪	7辛丑7
10己卯20	10己酉21	10己卯20	10戊申19	10戊寅18	10戊申18	10丁丑16	10丁未15	10丙子14	10丙午⑬	10乙亥12	8壬寅⑧
11庚辰㉑	11庚戌22	11庚辰21	11己酉20	11己卯⑲	11己酉19	11戊寅17	11戊申16	11丁丑15	11丁未14	11丙子13	9癸卯9
12辛巳22	12辛亥23	12辛巳22	12庚戌21	12庚辰20	12庚戌20	12己卯18	12己酉17	12戊寅⑯	12戊申15	12丁丑14	10甲辰10
13壬午23	13壬子24	13壬午23	13辛亥㉒	13辛巳21	13辛亥21	13庚辰19	13庚戌⑱	13己卯17	13己酉16	13戊寅15	11乙巳11
14癸未24	14癸丑25	14癸未㉔	14壬子23	14壬午22	14壬子22	14辛巳20	14辛亥19	14庚辰18	14庚戌17	14己卯16	12丙午12
15甲申25	15甲寅26	15甲申25	15癸丑24	15癸未23	15癸丑23	15壬午㉑	15壬子20	15辛巳19	15辛亥18	15庚辰17	13丁未13
16乙酉26	16乙卯㉗	16乙酉26	16甲寅25	16甲申24	16甲寅㉔	16癸未22	16癸丑21	16壬午20	16壬子19	16辛巳⑱	14戊申14
17丙戌27	17丙辰28	17丙戌27	17乙卯26	17乙酉25	17乙卯25	17甲申23	17甲寅22	17癸未21	17癸丑⑳	17壬午19	15己酉⑮
18丁亥㉘	18丁巳29	18丁亥28	18丙辰27	18丙戌㉖	18丙辰26	18乙酉24	18乙卯23	18甲申22	18甲寅21	18癸未20	16庚戌16
19戊子29	19戊午30	19戊子29	19丁巳28	19丁亥27	19丁巳27	19丙戌25	19丙辰24	19乙酉㉓	19乙卯22	19甲申21	17辛亥17
《3月》	20己未31	20己丑30	20戊午㉙	20戊子28	20戊午28	20丁亥26	20丁巳㉕	20丙戌24	20丙辰23	20乙酉22	18壬子18
20己丑1	《4月》	《5月》	21己未30	21己丑29	21己未29	21戊子27	21戊午26	21丁亥25	21丁巳24	21丙戌23	19癸丑19
21庚寅2	21庚申1	21庚寅①	22庚申31	22庚寅30	22庚申30	22己丑㉘	22己未27	22戊子26	22戊午25	22丁亥24	20甲寅20
22辛卯3	22辛酉2	22辛卯2	《6月》	《7月》	23辛酉㉛	23庚寅29	23庚申28	23己丑27	23己未26	23戊子㉕	21乙卯21
23壬辰4	23壬戌③	23壬辰3	23辛酉1	23辛卯1	《8月》	24辛卯30	24辛酉29	24庚寅28	24庚申㉗	24己丑26	22丙辰㉒
24癸巳5	24癸亥4	24癸巳4	24壬戌2	24壬辰2	24壬戌1	25壬辰31	25壬戌30	25辛卯29	25辛酉28	25庚寅27	23丁巳23
25甲午⑥	25甲子5	25甲午5	25癸亥3	25癸巳③	25癸亥2	《9月》	《10月》	26壬辰㉚	26壬戌29	26辛卯28	24戊午24
26乙未7	26乙丑6	26乙未6	26甲子4	26甲午4	26甲子3	26癸巳1	26癸亥1	27癸巳31	27癸亥30	27壬辰29	25己未25
27丙申8	27丙寅7	27丙申7	27乙丑⑤	27乙未5	27乙丑4	27甲午2	27甲子②	《11月》	《12月》	28癸巳30	26庚申26
28丁酉9	28丁卯8	28丁酉⑧	28丙寅6	28丙申6	28丙寅5	28乙未3	28乙丑3	28甲午1	28甲子1	29甲午31	27辛酉27
29戊戌10	29戊辰9	29戊戌9	29丁卯7	29丁酉7	29丁卯6	29丙申④	29丙寅4	29乙未2	29乙丑2		28壬戌28
30己亥11	30己巳⑩		30戊辰8	30戊戌8		30丁酉5		30丙申3			29癸亥㉙
											30甲子30

1月	2月	3月	4月	5月	6月	7月	8月	9月	10月	11月	12月
雨水 7日	春分 8日	穀雨 8日	小満 10日	夏至 10日	大暑 10日	処暑 12日	秋分 12日	霜降 14日	小雪 14日	冬至 16日	小寒 2日
啓蟄 23日	清明 23日	立夏 23日	芒種 25日	小暑 25日	立秋 26日	白露 27日	寒露 28日	立冬 29日	大雪 29日		大寒 17日

和銅**6**年（713－714） 癸丑

1月	2月	3月	4月	5月	6月	7月	8月	9月	10月	11月	12月
1 乙丑31	《3月》	1 甲子31	1 癸巳29	1 癸亥29	1 癸巳28	1 壬戌27	1 壬辰26	1 辛酉㉔	1 辛卯24	1 辛酉23	1 庚寅22
《2月》	1 甲午1	《4月》	2 甲午㉚	2 甲子30	2 甲午29	2 癸亥28	2 癸巳㉗	2 壬戌25	2 壬辰25	2 壬戌24	2 辛卯23
2 丙寅1	2 乙未2	2 乙丑1	《5月》	3 乙丑31	3 乙未30	3 甲子29	3 甲午28	3 癸亥26	3 癸巳26	3 癸亥25	3 壬辰㉔
3 丁卯2	3 丙申3	3 丙寅②	3 乙未1	《6月》	《7月》	4 乙丑㉚	4 乙未29	4 甲子27	4 甲午27	4 甲子㉖	4 癸巳25
4 戊辰3	**4** 丁酉4	**4** 丁卯3	4 丙申2	4 丙寅1	4 丙申1	5 丙寅31	5 丙申30	5 乙丑28	5 乙未28	5 乙丑27	5 甲午26
5 己巳4	5 戊戌⑤	5 戊辰4	5 丁酉3	5 丁卯2	5 丁酉②	《8月》	6 丁酉31	6 丙寅29	6 丙申㉙	6 丙寅28	6 乙未27
6 庚午⑤	6 己亥6	6 己巳5	**6** 戊戌4	**6** 戊辰3	6 戊戌3	6 丁卯1	《9月》	7 丁卯30	7 丁酉30	7 丁卯29	7 丙申28
7 辛未6	7 庚子7	7 庚午6	7 己亥5	7 己巳④	**7** 己亥4	7 戊辰2	7 戊戌1	《10月》	8 戊戌31	8 戊辰30	8 丁酉29
8 壬申7	8 辛丑8	8 辛未7	8 庚子6	8 庚午5	8 庚子5	**8** 己巳3	**8** 己亥2	8 戊辰①	《11月》	《12月》	9 戊戌30
9 癸酉8	9 壬寅9	9 壬申8	9 辛丑⑦	9 辛未6	9 辛丑6	9 庚午4	9 庚子③	9 己巳2	9 己亥1	9 己巳1	10己亥㉛
10甲戌9	10癸卯10	10癸酉⑨	10壬寅8	10壬申7	10壬寅7	10辛未5	10辛丑4	**10**庚午3	**10**庚子2	10庚午2	**714**年
11乙亥10	11甲辰11	11甲戌10	11癸卯9	11癸酉8	11癸卯8	11壬申⑥	11壬寅5	11辛未4	11辛丑3	**11**辛未③	《1月》
12丙子11	12乙巳⑫	12乙亥11	12甲辰10	12甲戌9	12甲辰⑨	12癸酉7	12癸卯6	12壬申5	12壬寅4	12壬申4	11庚子1
13丁丑⑫	13丙午13	13丙子12	13乙巳11	13乙亥10	13乙巳10	13甲戌8	13甲辰7	13癸酉6	13癸卯⑤	13癸酉5	**12**辛丑2
14戊寅13	14丁未14	14丁丑13	14丙午12	14丙子⑪	14丙午11	14乙亥9	14乙巳8	14甲戌7	14甲辰6	14甲戌6	13壬寅3
15己卯14	15戊申15	15戊寅14	15丁未13	15丁丑12	15丁未12	15丙子10	15丙午9	15乙亥⑧	15乙巳7	15乙亥7	14癸卯4
16庚辰15	16己酉16	16己卯15	16戊申⑭	16戊寅13	16戊申13	16丁丑11	16丁未⑩	16丙子9	16丙午8	16丙子8	15甲辰5
17辛巳16	17庚戌17	17庚辰⑯	17己酉15	17己卯14	17己酉14	17戊寅12	17戊申11	17丁丑10	17丁未9	17丁丑9	16乙巳6
18壬午17	18辛亥18	18辛巳17	18庚戌16	18庚辰15	18庚戌15	18己卯⑬	18己酉12	18戊寅11	18戊申10	18戊寅⑩	17丙午⑦
19癸未18	**19**壬子⑲	**19**壬午18	19辛亥17	19辛巳16	19辛亥⑯	19庚辰14	19庚戌13	19己卯12	19己酉11	19己卯11	18丁未8
20甲申⑲	20癸丑20	20癸未19	20壬子18	20壬午17	20壬子17	20辛巳15	20辛亥14	20庚辰13	20庚戌⑫	20庚辰12	19戊申9
21乙酉20	21甲寅21	21甲申20	**21** 癸丑19	**21** 癸未⑱	21癸丑18	21壬午16	21壬子15	21辛巳14	21辛亥13	21辛巳13	20己酉10
22丙戌21	22乙卯22	22乙酉21	22甲寅20	22甲申19	**22**甲寅19	22癸未17	22癸丑16	22壬午⑮	22壬子14	22壬午14	21庚戌11
23丁亥22	23丙辰23	23丙戌22	23乙卯㉑	23乙酉20	23乙卯20	**23**甲申18	23甲寅⑰	23癸未16	23癸丑15	23癸未15	22辛亥12
24戊子23	24丁巳24	24丁亥㉓	24丙辰22	24丙戌21	24丙辰21	24乙酉19	**24**乙卯18	24甲申17	24甲寅16	24甲申16	23壬子13
25己丑24	25戊午25	25戊子24	25丁巳23	25丁亥22	25丁巳22	25丙戌⑳	25丙辰19	**25**乙酉18	**25**乙卯17	25乙酉⑰	24癸丑⑭
26庚寅25	26己未㉖	26己丑25	26戊午24	26戊子23	26戊午㉓	26丁亥21	26丁巳20	26丙戌19	26丙辰18	**26**丙戌18	25甲寅15
27辛卯㉖	27庚申27	27庚寅26	27己未25	27己丑24	27己未24	27戊子22	27戊午21	27丁亥20	27丁巳⑲	27丁亥19	26乙卯16
28壬辰27	28辛酉28	28辛卯27	28庚申26	28庚寅㉕	28庚申25	28己丑23	28己未22	28戊子21	28戊午20	28戊子20	**27**丙辰17
29癸巳28	29壬戌29	29壬辰28	29辛酉27	29辛卯26	29辛酉26	29庚寅24	29庚申23	29己丑㉒	29己未21	29己丑21	28丁巳18
	30癸亥30		30壬戌㉘	30壬辰27		30辛卯25		30庚寅23	30庚申22		29戊午19
											30己未20

立春2日	啓蟄4日	清明4日	立夏6日	芒種6日	小暑7日	立秋8日	白露8日	寒露10日	立冬10日	大雪11日	小寒12日
雨水18日	春分19日	穀雨19日	小満21日	夏至21日	大暑22日	処暑23日	秋分24日	霜降25日	小雪25日	冬至26日	大寒27日

和銅**7**年（714－715） 甲寅

1月	2月	閏2月	3月	4月	5月	6月	7月	8月	9月	10月	11月	12月
1 庚申㉑	1 己丑19	1 戊午20	**1** 戊子19	1 丁巳18	1 丁亥⑰	1 丙辰16	1 丙戌15	1 丙辰14	1 乙酉13	1 乙卯12	1 乙酉12	1 甲寅10
2 辛酉22	2 庚寅20	2 己未21	2 己丑20	**2** 戊午19	2 戊子18	2 丁巳17	2 丁亥16	2 丁巳15	2 丙戌⑭	2 丙辰13	2 丙戌13	2 乙卯11
3 壬戌23	3 辛卯21	3 庚申22	3 庚寅21	3 己未⑳	**3** 己丑19	3 戊午18	3 戊子17	3 戊午⑯	3 丁亥15	3 丁巳14	3 丁亥14	3 丙辰12
4 癸亥24	4 壬辰22	4 辛酉23	4 辛卯㉒	4 庚申21	4 庚寅20	**4** 己未19	**4** 己丑18	4 己未17	4 戊子16	4 戊午15	4 戊子15	4 丁巳⑬
5 甲子25	5 癸巳23	5 壬戌24	5 壬辰23	5 辛酉22	5 辛卯21	5 庚申20	5 庚寅⑲	**5** 庚申18	5 己丑17	5 己未16	5 己丑⑯	5 戊午14
6 乙丑26	6 甲午24	6 癸亥㉕	6 癸巳24	6 壬戌23	6 壬辰22	6 辛酉21	6 辛卯20	6 辛酉19	**6** 庚寅18	6 庚申17	6 庚寅17	6 己未15
7 丙寅27	7 乙未㉕	7 甲子26	7 甲午25	7 癸亥24	7 癸巳23	7 壬戌㉒	7 壬辰21	7 壬戌20	7 辛卯19	**7** 辛酉⑱	**7** 辛卯18	7 庚申16
8 丁卯㉘	8 丙申26	8 乙丑27	8 乙未26	8 甲子25	8 甲午㉔	8 癸亥23	8 癸巳22	8 癸亥21	8 壬辰20	8 壬戌19	8 壬辰19	8 辛酉17
9 戊辰29	9 丁酉27	9 丙寅28	9 丙申27	9 乙丑26	9 乙未25	9 甲子24	9 甲午23	9 甲子22	9 癸巳㉑	9 癸亥20	9 癸巳20	**9** 壬戌18
10己巳30	10戊戌28	10丁卯29	10丁酉28	10丙寅㉗	10丙申26	10乙丑25	10乙未24	10乙丑㉓	10甲午22	10甲子21	10甲午21	10癸亥19
11庚午31	《3月》	11戊辰30	11戊戌㉙	11丁卯28	11丁酉27	11丙寅26	11丙申25	11丙寅24	11乙未23	11乙丑22	11乙未22	11甲子⑳
《2月》	11己亥1	12己巳31	12己亥30	12戊辰29	12戊戌28	12丁卯27	12丁酉㉖	12丁卯25	12丙申24	12丙寅23	12丙申㉓	12乙丑21
12辛未1	12庚子2	《4月》	《5月》	13己巳30	13己亥29	13戊辰28	13戊戌27	13戊辰26	13丁酉25	13丁卯24	13丁酉24	13丙寅22
13壬申2	13辛丑3	13庚午①	13庚子1	14庚午31	14庚子30	14己巳㉙	14己亥28	14己巳27	14戊戌26	14戊辰㉕	14戊戌25	14丁卯23
14癸酉3	**14**壬寅④	14辛未2	14辛丑2	《6月》	《7月》	15庚午30	15庚子29	15庚午28	15己亥27	15己巳26	15己亥26	15戊辰24
15甲戌④	15癸卯5	**15**壬申3	15壬寅3	15辛未1	15辛丑①	16辛未31	16辛丑30	16辛未29	16庚子㉘	16庚午27	16庚子27	16己巳25
16乙亥5	16甲辰6	16癸酉4	**16**癸卯4	16壬申2	16壬寅2	《8月》	17壬寅31	17壬申㉚	17辛丑29	17辛未28	17辛丑28	17庚午26
17丙子6	17乙巳7	17甲戌5	17甲辰5	**17**癸酉③	17癸卯3	17壬申1	《9月》	《10月》	18壬寅30	18壬申29	18壬寅29	18辛未㉗
18丁丑7	18丙午8	18乙亥6	18乙巳⑥	18甲戌4	**18**甲辰4	18癸酉2	18癸卯1	18癸酉1	19癸卯31	19癸酉30	19癸卯㉚	19壬申28
19戊寅8	19丁未9	19丙子7	19丙午7	19乙亥5	19乙巳5	**19**甲戌3	19甲辰②	19甲戌2	《11月》	《12月》	20甲辰31	20癸酉29
20己卯9	20戊申10	20丁丑⑧	20丁未8	20丙子6	20丙午6	20乙亥4	**20**乙巳3	**20**乙亥3	20甲辰1	20甲戌1	**715**年	21甲戌30
21庚辰10	21己酉⑪	21戊寅9	21戊申9	21丁丑7	21丁未7	21丙子⑤	21丙午4	21丙子4	21乙巳2	21乙亥②	《1月》	22乙亥31
22辛巳⑪	22庚戌12	22己卯10	22己酉10	22戊寅8	22戊申⑧	22丁丑6	22丁未5	22丁丑5	**22**丙午3	**22**丙子3	21乙巳1	《2月》
23壬午12	23辛亥13	23庚辰11	23庚戌11	23己卯9	23己酉9	23戊寅7	23戊申6	23戊寅6	23丁未④	23丁丑4	**22**丙午2	23丙子1
24癸未13	24壬子14	24辛巳12	24辛亥12	24庚辰⑩	24庚戌10	24己卯8	24己酉7	24己卯⑦	24戊申5	24戊寅5	23丁未3	**24**丁丑2
25甲申14	25癸丑15	25壬午13	25壬子⑬	25辛巳11	25辛亥11	25庚辰9	25庚戌8	25庚辰8	25己酉6	25己卯6	24戊申4	25戊寅③
26乙酉15	26甲寅16	26癸未14	26癸丑14	26壬午12	26壬子12	26辛巳10	26辛亥⑨	26辛巳9	26庚戌7	26庚辰7	25己酉5	26己卯4
27丙戌16	27乙卯17	27甲申⑮	27甲寅15	27癸未13	27癸丑13	27壬午11	27壬子10	27壬午10	27辛亥8	27辛巳8	26庚戌⑥	27庚辰5
28丁亥17	28丙辰⑱	28乙酉16	28乙卯16	28甲申14	28甲寅14	28癸未⑫	28癸丑11	28癸未11	28壬子9	28壬午⑨	27辛亥7	28辛巳6
29戊子⑱	**29**丁巳19	29丙戌17	29丙辰17	29乙酉15	29乙卯⑮	29甲申13	29甲寅12	29甲申12	29癸丑10	29癸未10	28壬子8	29壬午7
		30丁亥18		30丙戌16		30乙酉14	30乙卯13		30甲寅⑪	30甲申11	29癸丑9	30癸未8

立春13日	啓蟄14日	清明15日	穀雨1日	小満2日	夏至3日	大暑4日	処暑4日	秋分5日	霜降6日	小雪7日	冬至7日	大寒9日
雨水28日	春分29日		立夏16日	芒種17日	小暑18日	立秋19日	白露20日	寒露20日	立冬22日	大雪22日	小寒22日	立春24日

霊亀元年〔和銅８年〕（715－716） 乙卯

改元 9/2（和銅→霊亀）

1月	2月	3月	4月	5月	6月	7月	8月	9月	10月	11月	12月
1 甲申 9	1 癸丑 ⑩	1 壬午 8	1 壬子 8	1 辛巳 6	1 辛亥 6	1 庚辰 ④	1 庚戌 3	1 己卯 2	《11月》	《12月》	1 己酉 31
2 乙酉 ⑩	2 甲寅 11	2 癸未 9	2 癸丑 9	2 壬午 7	2 壬子 ⑦	2 辛巳 5	2 辛亥 4	2 庚辰 3	1 己酉 1	1 己卯 ①	716年
3 丙戌 11	3 乙卯 12	3 甲申 10	3 甲寅 10	3 癸未 8	3 癸丑 8	3 壬午 6	3 壬子 5	3 辛巳 4	2 庚戌 2	2 庚辰 2	《1月》
4 丁亥 12	4 丙辰 13	4 乙酉 11	4 乙卯 11	4 甲申 ⑨	4 甲寅 9	4 癸未 7	4 癸丑 6	4 壬午 5	3 辛亥 ③	3 辛巳 3	2 庚戌 1
5 戊子 13	5 丁巳 14	5 丙戌 12	5 丙辰 ⑫	5 乙酉 10	5 乙卯 10	5 甲申 8	5 甲寅 7	5 癸未 ⑥	4 壬子 4	4 壬午 4	3 辛亥 2
6 己丑 14	6 戊午 15	6 丁亥 13	6 丁巳 13	6 丙戌 11	6 丙辰 11	6 乙酉 9	6 乙卯 ⑧	6 甲申 7	5 癸丑 5	5 癸未 5	4 壬子 3
7 庚寅 15	7 己未 16	7 戊子 ⑭	7 戊午 14	7 丁亥 12	7 丁巳 12	7 丙戌 10	7 丙辰 9	7 乙酉 8	6 甲寅 6	6 甲申 6	5 癸丑 4
8 辛卯 16	8 庚申 ⑰	8 己丑 15	8 己未 15	8 戊子 13	8 戊午 13	8 丁亥 ⑪	8 丁巳 10	8 丙戌 9	7 乙卯 7	7 乙酉 7	6 甲寅 ⑤
9 壬辰 ⑰	9 辛酉 18	9 庚寅 16	9 庚申 16	9 己丑 14	9 己未 ⑭	9 戊子 12	9 戊午 11	9 丁亥 10	8 丙辰 8	8 丙戌 ⑧	7 乙卯 6
10 癸巳 18	10 壬戌 19	10 辛卯 17	10 辛酉 17	10 庚寅 15	10 庚申 15	10 己丑 13	10 己未 12	10 戊子 11	9 丁巳 9	9 丁亥 9	8 丙辰 7
11 甲午 19	11 癸亥 20	11 壬辰 18	11 壬戌 18	11 辛卯 ⑯	11 辛酉 16	11 庚寅 14	11 庚申 13	11 己丑 12	10 戊午 ⑩	10 戊子 10	9 丁巳 8
12 乙未 20	12 甲子 21	12 癸巳 19	12 癸亥 ⑲	12 壬辰 17	12 壬戌 17	12 辛卯 15	12 辛酉 14	12 庚寅 ⑬	11 己未 11	11 己丑 11	10 戊午 9
13 丙申 21	13 乙丑 22	13 甲午 20	13 甲子 20	13 癸巳 18	13 癸亥 18	13 壬辰 16	13 壬戌 ⑮	13 辛卯 14	12 庚申 12	12 庚寅 12	11 己未 10
14 丁酉 22	14 丙寅 23	14 乙未 ㉑	14 乙丑 21	14 甲午 19	14 甲子 19	14 癸巳 17	14 癸亥 16	14 壬辰 15	13 辛酉 13	13 辛卯 13	12 庚申 11
15 戊戌 23	15 丁卯 ㉔	15 丙申 22	15 丙寅 22	15 乙未 20	15 乙丑 20	15 甲午 ⑱	15 甲子 17	15 癸巳 16	14 壬戌 14	14 壬辰 14	13 辛酉 ⑫
16 己亥 ㉔	16 戊辰 25	16 丁酉 23	16 丁卯 23	16 丙申 21	16 丙寅 ㉑	16 乙未 19	16 乙丑 18	16 甲午 17	15 癸亥 15	15 癸巳 ⑮	14 壬戌 13
17 庚子 25	17 己巳 26	17 戊戌 24	17 戊辰 24	17 丁酉 22	17 丁卯 22	17 丙申 20	17 丙寅 19	17 乙未 18	16 甲子 16	16 甲午 16	15 癸亥 14
18 辛丑 26	18 庚午 27	18 己亥 25	18 己巳 25	18 戊戌 ㉓	18 戊辰 23	18 丁酉 21	18 丁卯 20	18 丙申 19	17 乙丑 ⑰	17 乙未 17	16 甲子 15
19 壬寅 27	19 辛未 28	19 庚子 26	19 庚午 ㉖	19 己亥 24	19 己巳 24	19 戊戌 22	19 戊辰 21	19 丁酉 ⑳	18 丙寅 18	18 丙申 18	17 乙丑 16
20 癸卯 28	20 壬申 29	20 辛丑 27	20 辛未 27	20 庚子 25	20 庚午 25	20 己亥 23	20 己巳 ㉒	20 戊戌 21	19 丁卯 19	19 丁酉 19	18 丙寅 17
《3月》	21 癸酉 30	21 壬寅 ㉘	21 壬申 28	21 辛丑 26	21 辛未 26	21 庚子 24	21 庚午 23	21 己亥 22	20 戊辰 20	20 戊戌 20	19 丁卯 18
21 甲辰 1	22 甲戌 ㉛	22 癸卯 29	22 癸酉 29	22 壬寅 27	22 壬申 27	22 辛丑 ㉕	22 辛未 24	22 庚子 23	21 己巳 21	21 己亥 21	20 戊辰 ⑲
22 乙巳 2	《4月》	23 甲辰 30	23 甲戌 30	23 癸卯 28	23 癸酉 ㉘	23 壬寅 26	23 壬申 25	23 辛丑 24	22 庚午 22	22 庚子 ㉒	21 己巳 20
23 丙午 ③	23 乙亥 1	《5月》	24 乙亥 31	24 甲辰 29	24 甲戌 29	24 癸卯 27	24 癸酉 26	24 壬寅 25	23 辛未 23	23 辛丑 23	22 庚午 21
24 丁未 4	24 丙子 2	24 乙巳 1	《6月》	25 乙巳 ㉚	25 乙亥 30	25 甲辰 28	25 甲戌 27	25 癸卯 26	24 壬申 ㉔	24 壬寅 24	23 辛未 22
25 戊申 5	25 丁丑 3	25 丙午 2	25 丙子 1	《7月》	26 丙子 31	26 乙巳 29	26 乙亥 28	26 甲辰 ㉗	25 癸酉 25	25 癸卯 25	24 壬申 23
26 己酉 6	26 戊寅 4	26 丁未 3	26 丁丑 ②	26 丙午 1	《8月》	27 丙午 30	27 丙子 ㉙	27 乙巳 28	26 甲戌 26	26 甲辰 26	25 癸酉 24
27 庚戌 7	27 己卯 5	27 戊申 4	27 戊寅 3	27 丁未 2	27 丁丑 1	28 丁未 31	28 丁丑 30	28 丙午 29	27 乙亥 27	27 乙巳 27	26 甲戌 25
28 辛亥 8	28 庚辰 6	28 己酉 ⑤	28 己卯 4	28 戊申 3	28 戊寅 2	《9月》	《10月》	29 丁未 30	28 丙子 28	28 丙午 28	27 乙亥 ㉖
29 壬子 9	29 辛巳 ⑦	29 庚戌 6	29 庚辰 5	29 己酉 4	29 己卯 3	29 戊申 ①	29 戊寅 1	30 戊申 31	29 丁丑 29	29 丁未 ㉙	28 丙子 27
		30 辛亥 7		30 庚戌 5		30 己酉 2			30 戊寅 30	30 戊申 30	29 丁丑 28
雨水 9日 啓蟄 24日	春分 10日 清明 26日	穀雨 12日 立夏 27日	小満 12日 芒種 28日	夏至 14日 小暑 29日	大暑 14日 立秋 29日	処暑 16日	白露 1日 秋分 16日	寒露 2日 霜降 18日	立冬 3日 小雪 18日	大雪 3日 冬至 18日	小寒 4日 大寒 19日

霊亀２年（716－717） 丙辰

1月	2月	3月	4月	5月	6月	7月	8月	9月	10月	11月	閏11月	12月
1 戊寅 29	1 戊申 28	1 丁丑 28	1 丙午 ㉖	1 丙子 26	1 乙巳 24	1 甲戌 23	1 甲辰 22	1 癸酉 ⑳	1 癸卯 20	1 癸酉 19	1 癸卯 19	1 壬申 ⑰
2 己卯 30	2 己酉 29	2 戊寅 ㉙	2 丁未 27	2 丁丑 27	2 丙午 25	2 乙亥 24	2 乙巳 ㉓	2 甲戌 21	2 甲辰 21	2 甲戌 20	2 甲辰 ⑳	2 癸酉 18
3 庚辰 31	《3月》	3 己卯 30	3 戊申 28	3 戊寅 28	3 丁未 26	3 丙子 25	3 丙午 24	3 乙亥 22	3 乙巳 22	3 乙亥 21	3 乙巳 21	3 甲戌 19
《2月》	3 庚戌 ①	4 庚辰 31	4 己酉 29	4 己卯 29	4 戊申 27	4 丁丑 ㉖	4 丁未 25	4 丙子 23	4 丙午 23	4 丙子 ㉒	4 丙午 22	4 乙亥 20
4 辛巳 1	4 辛亥 2	《4月》	5 庚戌 30	5 庚辰 30	5 己酉 ㉙	5 戊寅 27	5 戊申 26	5 丁丑 24	5 丁未 24	5 丁丑 23	5 丁未 23	5 丙子 21
5 壬午 ②	5 壬子 3	5 辛巳 1	《5月》	6 辛巳 ㉛	6 庚戌 28	6 己卯 28	6 己酉 27	6 戊寅 25	6 戊申 ㉕	6 戊寅 24	6 戊申 24	6 丁丑 22
6 癸未 3	6 癸丑 4	6 壬午 2	6 辛亥 1	《6月》	7 辛亥 30	7 庚辰 29	7 庚戌 28	7 己卯 26	7 己酉 26	7 己卯 25	7 己酉 25	7 戊寅 23
7 甲申 4	7 甲寅 5	7 癸未 3	7 壬子 2	7 壬午 1	《7月》	8 辛巳 30	8 辛亥 29	8 庚辰 ㉗	8 庚戌 27	8 庚辰 26	8 庚戌 26	8 己卯 ㉔
8 乙酉 5	8 乙卯 6	8 甲申 4	8 癸丑 ③	8 癸未 2	8 壬子 1	9 壬午 31	9 壬子 ㉚	9 辛巳 28	9 辛亥 28	9 辛巳 27	9 辛亥 ㉗	9 庚辰 25
9 丙戌 6	9 丙辰 7	9 乙酉 ⑤	9 甲寅 4	9 甲申 3	9 癸丑 2	《8月》	10 癸丑 31	10 壬午 29	10 壬子 29	10 壬午 28	10 壬子 28	10 辛巳 26
10 丁亥 7	10 丁巳 ⑧	10 丙戌 6	10 乙卯 5	10 乙酉 4	10 甲寅 3	10 癸未 1	《9月》	11 癸未 30	11 癸丑 30	11 癸未 ㉙	11 癸丑 29	11 壬午 27
11 戊子 8	11 戊午 9	11 丁亥 7	11 丙辰 6	11 丙戌 5	11 乙卯 4	11 甲申 ②	11 甲寅 1	《10月》	12 甲寅 31	12 甲申 30	12 甲寅 30	12 癸未 28
12 己丑 ⑨	12 己未 10	12 戊子 8	12 丁巳 7	12 丁亥 6	12 丙辰 ⑤	12 乙酉 3	12 乙卯 2	12 甲申 1	《11月》	《12月》	13 乙卯 31	13 甲申 29
13 庚寅 10	13 庚申 11	13 己丑 9	13 戊午 8	13 戊子 ⑦	13 丁巳 6	13 丙戌 4	13 丙辰 3	13 乙酉 2	13 乙卯 ①	13 乙酉 1	717年	14 乙酉 30
14 辛卯 11	14 辛酉 12	14 庚寅 10	14 己未 9	14 己丑 8	14 戊午 7	14 丁亥 5	14 丁巳 4	14 丙戌 3	14 丙辰 2	14 丙戌 2	《1月》	15 丙戌 ㉛
15 壬辰 12	15 壬戌 13	15 辛卯 11	15 庚申 ⑩	15 庚寅 9	15 己未 8	15 戊子 6	15 戊午 5	15 丁亥 ④	15 丁巳 3	15 丁亥 3	14 丙辰 1	《2月》
16 癸巳 13	16 癸亥 14	16 壬辰 ⑫	16 辛酉 11	16 辛卯 10	16 庚申 9	16 己丑 7	16 己未 ⑥	16 戊子 5	16 戊午 4	16 戊子 4	15 丁巳 2	16 丁亥 1
17 甲午 14	17 甲子 ⑮	17 癸巳 13	17 壬戌 12	17 壬辰 11	17 辛酉 10	17 庚寅 8	17 庚申 7	17 己丑 6	17 己未 5	17 己丑 5	16 戊午 ③	17 戊子 2
18 乙未 15	18 乙丑 16	18 甲午 14	18 癸亥 13	18 癸巳 12	18 壬戌 11	18 辛卯 ⑨	18 辛酉 8	18 庚寅 7	18 庚申 6	18 庚寅 ⑥	17 己未 4	18 己丑 3
19 丙申 ⑯	19 丙寅 17	19 乙未 15	19 甲子 14	19 甲午 13	19 癸亥 ⑫	19 壬辰 10	19 壬戌 9	19 辛卯 8	19 辛酉 7	19 辛卯 7	18 庚申 5	19 庚寅 4
20 丁酉 17	20 丁卯 18	20 丙申 16	20 乙丑 15	20 乙未 ⑭	20 甲子 13	20 癸巳 11	20 癸亥 10	20 壬辰 9	20 壬戌 ⑧	20 壬辰 8	19 辛酉 6	20 辛卯 5
21 戊戌 18	21 戊辰 19	21 丁酉 17	21 丙寅 16	21 丙申 15	21 乙丑 14	21 甲午 12	21 甲子 11	21 癸巳 10	21 癸亥 9	21 癸巳 9	20 壬戌 7	21 壬辰 6
22 己亥 19	22 己巳 20	22 戊戌 18	22 丁卯 ⑰	22 丁酉 16	22 丙寅 15	22 乙未 13	22 乙丑 12	22 甲午 ⑪	22 甲子 10	22 甲午 10	21 癸亥 8	22 癸巳 ⑦
23 庚子 20	23 庚午 21	23 己亥 ⑲	23 戊辰 18	23 戊戌 17	23 丁卯 16	23 丙申 14	23 丙寅 ⑬	23 乙未 12	23 乙丑 11	23 乙未 11	22 甲子 9	23 甲午 8
24 辛丑 21	24 辛未 ㉒	24 庚子 20	24 己巳 19	24 己亥 18	24 戊辰 17	24 丁酉 15	24 丁卯 14	24 丙申 13	24 丙寅 12	24 丙申 12	23 乙丑 ⑩	24 乙未 9
25 壬寅 22	25 壬申 23	25 辛丑 21	25 庚午 20	25 庚子 19	25 己巳 18	25 戊戌 ⑯	25 戊辰 15	25 丁酉 14	25 丁卯 13	25 丁酉 ⑬	24 丙寅 11	25 丙申 10
26 癸卯 ㉓	26 癸酉 24	26 壬寅 22	26 辛未 21	26 辛丑 20	26 庚午 ⑲	26 己亥 17	26 己巳 16	26 戊戌 15	26 戊辰 14	26 戊戌 14	25 丁卯 12	26 丁酉 11
27 甲辰 24	27 甲戌 25	27 癸卯 23	27 壬申 22	27 壬寅 ㉑	27 辛未 20	27 庚子 18	27 庚午 17	27 己亥 16	27 己巳 ⑮	27 己亥 15	26 戊辰 13	27 戊戌 12
28 乙巳 25	28 乙亥 26	28 甲辰 24	28 癸酉 23	28 癸卯 22	28 壬申 21	28 辛丑 19	28 辛未 18	28 庚子 17	28 庚午 16	28 庚子 16	27 己巳 14	28 己亥 13
29 丙午 26	29 丙子 27	29 乙巳 25	29 甲戌 ㉔	29 甲辰 23	29 癸酉 22	29 壬寅 20	29 壬申 19	29 辛丑 ⑱	29 辛未 17	29 辛丑 17	28 庚午 15	29 庚子 ⑭
30 丁未 27			30 乙亥 25			30 癸卯 21		30 壬寅 19	30 壬申 18	30 壬寅 18	29 辛未 16	30 辛丑 15
立春 5日 雨水 20日	啓蟄 6日 春分 21日	清明 7日 穀雨 22日	立夏 8日 小満 24日	芒種 9日 夏至 24日	小暑 10日 大暑 25日	立秋 12日 処暑 27日	白露 12日 秋分 27日	寒露 14日 霜降 29日	立冬 14日 小雪 29日	大雪 14日 冬至 30日	小寒15日	大寒 1日 立春 16日

養老元年〔霊亀**3**年〕（717−718） 丁巳

改元 11/17（霊亀→養老）

1月	2月	3月	4月	5月	6月	7月	8月	9月	10月	11月	12月
1 壬寅 16	1 壬申 18	1 辛丑 16	1 庚午 15	1 庚子 14	1 己巳 13	1 戊戌 11	1 戊辰 10	1 丁酉 9	1 丁卯 8	1 丁酉 8	1 丙寅 6
2 癸卯 17	**2** 癸酉 19	2 壬寅 17	2 辛未 ⑯	2 辛丑 15	2 庚午 14	2 己亥 12	2 己巳 11	2 戊戌 ⑩	2 戊辰 9	2 戊戌 9	2 丁卯 7
3 甲辰 18	3 甲戌 20	**3** 癸卯 ⑱	3 壬申 17	3 壬寅 16	3 辛未 15	3 庚子 13	3 庚午 ⑫	3 己亥 11	3 己巳 10	3 己亥 10	3 戊辰 8
4 乙巳 19	4 乙亥 ㉑	4 甲辰 19	4 癸酉 18	4 癸卯 17	4 壬申 16	4 辛丑 14	4 辛未 13	4 庚子 12	4 庚午 11	4 庚子 11	4 己巳 ⑨
5 丙午 20	5 丙子 22	5 乙巳 20	**5** 甲戌 19	**5** 甲辰 18	5 癸酉 17	5 壬寅 ⑮	5 壬申 14	5 辛丑 13	5 辛未 12	5 辛丑 ⑫	5 庚午 10
6 丁未 ㉑	6 丁丑 23	6 丙午 21	6 乙亥 20	6 乙巳 19	6 甲戌 ⑱	6 癸卯 16	6 癸酉 15	6 壬寅 14	6 壬申 13	6 壬寅 13	6 辛未 11
7 戊申 22	7 戊寅 24	7 丁未 22	7 丙子 21	7 丙午 ⑳	**7** 乙亥 19	7 甲辰 17	7 甲戌 16	7 癸卯 15	7 癸酉 ⑭	7 癸卯 14	7 壬申 12
8 己酉 23	8 己卯 25	8 戊申 23	8 丁丑 22	8 丁未 21	8 丙子 20	**8** 乙巳 18	8 乙亥 17	8 甲辰 16	8 甲戌 15	8 甲辰 15	8 癸酉 13
9 庚戌 24	9 庚辰 26	9 己酉 24	9 戊寅 ㉓	9 戊申 22	9 丁丑 21	9 丙午 19	**9** 丙子 18	9 乙巳 ⑰	9 乙亥 16	9 乙巳 16	9 甲戌 14
10 辛亥 25	10 辛巳 27	10 庚戌 ㉕	10 己卯 24	10 己酉 23	10 戊寅 22	10 丁未 20	10 丁丑 ⑲	**10** 丙午 18	**10** 丙子 17	10 丙午 17	10 乙亥 15
11 壬子 26	11 壬午 ㉘	11 辛亥 26	11 庚辰 25	11 庚戌 24	11 己卯 23	11 戊申 21	11 戊寅 20	11 丁未 19	11 丁丑 18	**11** 丁未 18	11 丙子 ⑯
12 癸丑 27	12 癸未 29	12 壬子 27	12 辛巳 26	12 辛亥 25	12 庚辰 24	12 己酉 ㉒	12 己卯 21	12 戊申 20	12 戊寅 19	12 戊申 ⑲	**12** 丁丑 17
13 甲寅 ㉘	13 甲申 30	13 癸丑 28	13 壬午 27	13 壬子 26	13 辛巳 ㉕	13 庚戌 23	13 庚辰 22	13 己酉 21	13 己卯 20	13 己酉 20	13 戊寅 18
《3月》	14 乙酉 31	14 甲寅 29	14 癸未 28	14 癸丑 ㉗	14 壬午 26	14 辛亥 24	14 辛巳 23	14 庚戌 22	14 庚辰 ㉑	14 庚戌 21	14 己卯 19
14 乙卯 1	《4月》	15 乙卯 30	15 甲申 29	15 甲寅 28	15 癸未 27	15 壬子 25	15 壬午 24	15 辛亥 23	15 辛巳 22	15 辛亥 22	15 庚辰 20
15 丙辰 2	15 丙戌 1	《5月》	16 乙酉 ㉚	16 乙卯 29	16 甲申 28	16 癸丑 26	16 癸未 25	16 壬子 ㉔	16 壬午 23	16 壬子 23	16 辛巳 21
16 丁巳 3	16 丁亥 2	16 丙辰 1	17 丙戌 31	17 丙辰 30	17 乙酉 29	17 甲寅 27	17 甲申 ㉖	17 癸丑 25	17 癸未 24	17 癸丑 24	17 壬午 22
17 戊午 4	**17** 戊子 3	17 丁巳 ②	《6月》	《7月》	18 丙戌 30	18 乙卯 28	18 乙酉 27	18 甲寅 26	18 甲申 25	18 甲寅 25	18 癸未 ㉓
18 己未 5	18 己丑 ④	18 戊午 3	18 丁亥 1	18 丁巳 1	19 丁亥 31	19 丙辰 ㉙	19 丙戌 28	19 乙卯 27	19 乙酉 26	19 乙卯 ㉖	19 甲申 24
19 庚申 6	19 庚寅 5	**19** 己未 4	19 戊子 2	19 戊午 2	《8月》	20 丁巳 30	20 丁亥 29	20 丙辰 28	20 丙戌 27	20 丙辰 27	20 乙酉 25
20 辛酉 ⑦	20 辛卯 6	20 庚申 5	**20** 己丑 3	**20** 己未 3	20 戊子 ①	21 戊午 31	21 戊子 30	21 丁巳 29	21 丁亥 ㉘	21 丁巳 28	21 丙戌 26
21 壬戌 8	21 壬辰 7	21 辛酉 6	21 庚寅 4	21 庚申 ④	21 己丑 2	《9月》	《10月》	22 戊午 30	22 戊子 29	22 戊午 29	22 丁亥 27
22 癸亥 9	22 癸巳 8	22 壬戌 7	22 辛卯 5	22 辛酉 5	**22** 庚寅 3	22 己未 1	22 己丑 1	23 己未 ㉛	23 己丑 30	23 己未 30	23 戊子 28
23 甲子 10	23 甲午 9	23 癸亥 8	23 壬辰 ⑥	23 壬戌 6	23 辛卯 4	**23** 庚申 2	23 庚寅 2	《11月》	《12月》	24 庚申 31	24 己丑 29
24 乙丑 11	24 乙未 10	24 甲子 ⑨	24 癸巳 7	24 癸亥 7	24 壬辰 5	24 辛酉 3	**24** 辛卯 ③	24 庚申 1	24 庚寅 1	**718** 年	25 庚寅 ㉚
25 丙寅 12	25 丙申 ⑪	25 乙丑 10	25 甲午 8	25 甲子 8	25 癸巳 6	25 壬戌 4	25 壬辰 4	**25** 辛酉 2	25 辛卯 2	《1月》	26 辛卯 31
26 丁卯 13	26 丁酉 12	26 丙寅 11	26 乙未 9	26 乙丑 9	26 甲午 7	26 癸亥 ⑤	26 癸巳 5	26 壬戌 3	**26** 壬辰 3	25 辛酉 1	《2月》
27 戊辰 ⑭	27 戊戌 13	27 丁卯 12	27 丙申 10	27 丙寅 10	27 乙未 ⑧	27 甲子 6	27 甲午 6	27 癸亥 4	27 癸巳 4	**26** 壬戌 ②	27 壬辰 1
28 己巳 15	28 己亥 14	28 戊辰 13	28 丁酉 11	28 丁卯 ⑪	28 丙申 9	28 乙丑 7	28 乙未 7	28 甲子 5	28 甲午 ⑤	27 癸亥 3	**28** 癸巳 2
29 庚午 16	29 庚子 15	29 己巳 14	29 戊戌 12	29 戊辰 12	29 丁酉 10	29 丙寅 8	29 丙申 8	29 乙丑 6	29 乙未 6	28 甲子 4	29 甲午 3
30 辛未 17			30 己亥 ⑬			30 丁卯 9		30 丙寅 ⑦	30 丙申 7	29 乙丑 5	30 乙未 4
雨水 2日 啓蟄 17日	春分 2日 清明 17日	穀雨 3日 立夏 19日	小満 5日 芒種 20日	夏至 5日 小暑 20日	大暑 7日 立秋 22日	処暑 8日 白露 23日	秋分 9日 寒露 24日	霜降 10日 立冬 25日	小雪 10日 大雪 26日	冬至 11日 小寒 26日	大寒 12日 立春 28日

養老**2**年（718−719） 戊午

1月	2月	3月	4月	5月	6月	7月	8月	9月	10月	11月	12月
1 丙申 5	1 丙寅 7	1 丙申 6	1 乙丑 5	**1** 甲午 3	1 甲子 ③	《8月》	1 壬戌 30	1 壬辰 29	1 辛酉 28	1 辛卯 ㉗	1 庚申 26
2 丁酉 ⑥	2 丁卯 8	2 丁酉 7	2 丙寅 6	2 乙未 4	**2** 乙丑 4	1 癸巳 1	2 癸亥 31	2 癸巳 30	2 壬戌 29	2 壬辰 28	2 辛酉 27
3 戊戌 7	3 戊辰 9	3 戊戌 8	3 丁卯 7	3 丙申 ⑤	3 丙寅 5	2 甲午 2	《9月》	《10月》	3 癸亥 ㉚	3 癸巳 29	3 壬戌 28
4 己亥 8	4 己巳 10	4 己亥 9	4 戊辰 ⑧	4 丁酉 6	4 丁卯 6	**3** 乙未 3	3 甲子 1	3 甲午 1	4 甲子 31	4 甲午 30	4 癸亥 29
5 庚子 9	5 庚午 11	5 庚子 ⑩	5 己巳 9	5 戊戌 7	5 戊辰 7	4 丙申 4	4 乙丑 2	4 乙未 ②	《11月》	《12月》	5 甲子 30
6 辛丑 10	6 辛未 12	6 辛丑 11	6 庚午 10	6 己亥 8	6 己巳 8	5 丁酉 5	**5** 丙寅 3	**5** 丙申 3	5 乙丑 1	5 乙未 1	6 乙丑 31
7 壬寅 11	7 壬申 ⑬	7 壬寅 12	7 辛未 11	7 庚子 9	7 庚午 9	6 戊戌 6	6 丁卯 ④	6 丁酉 4	**6** 丙寅 2	6 丙申 2	**719** 年
8 癸卯 12	8 癸酉 14	8 癸卯 13	8 壬申 12	8 辛丑 10	8 辛未 ⑩	7 己亥 ⑦	7 戊辰 5	7 戊戌 5	7 丁卯 3	**7** 丁酉 3	《1月》
9 甲辰 ⑬	9 甲戌 15	9 甲辰 14	9 癸酉 13	9 壬寅 11	9 壬申 11	8 庚子 8	8 己巳 6	8 己亥 6	8 戊辰 4	8 戊戌 ④	7 丙寅 ①
10 乙巳 14	10 乙亥 16	10 乙巳 15	10 甲戌 14	10 癸卯 ⑫	10 癸酉 12	9 辛丑 9	9 庚午 7	9 庚子 7	9 己巳 5	9 己亥 5	**8** 丁卯 2
11 丙午 15	11 丙子 17	11 丙午 16	11 乙亥 ⑮	11 甲辰 13	11 甲戌 13	10 壬寅 10	10 辛未 8	10 辛丑 8	10 庚午 ⑥	10 庚子 6	9 戊辰 3
12 丁未 16	12 丁丑 18	12 丁未 ⑰	12 丙子 16	12 乙巳 14	12 乙亥 14	11 癸卯 11	11 壬申 9	11 壬寅 ⑨	11 辛未 7	11 辛丑 7	10 己巳 4
13 戊申 17	**13** 戊寅 19	13 戊申 18	13 丁丑 17	13 丙午 15	13 丙子 15	12 甲辰 12	12 癸酉 10	12 癸卯 10	12 壬申 8	12 壬寅 8	11 庚午 5
14 己酉 18	14 己卯 ⑳	**14** 己酉 19	14 戊寅 18	14 丁未 16	14 丁丑 16	13 乙巳 13	13 甲戌 ⑪	13 甲辰 11	13 癸酉 9	13 癸卯 9	12 辛未 6
15 庚戌 19	15 庚辰 21	15 庚戌 20	**15** 己卯 19	15 戊申 17	15 戊寅 ⑰	14 丙午 ⑭	14 乙亥 12	14 乙巳 12	14 甲戌 10	14 甲辰 10	13 壬申 7
16 辛亥 ⑳	16 辛巳 22	16 辛亥 21	16 庚辰 20	16 己酉 18	16 己卯 18	15 丁未 15	15 丙子 13	15 丙午 13	15 乙亥 11	15 乙巳 ⑪	14 癸酉 ⑧
17 壬子 21	17 壬午 23	17 壬子 22	17 辛巳 21	**17** 庚戌 ⑲	**17** 庚辰 19	16 戊申 16	16 丁丑 14	16 丁未 14	16 丙子 12	16 丙午 12	15 甲戌 9
18 癸丑 22	18 癸未 24	18 癸丑 23	18 壬午 ㉒	18 辛亥 20	18 辛巳 20	17 己酉 17	17 戊寅 15	17 戊申 15	17 丁丑 ⑬	17 丁未 13	16 乙亥 10
19 甲寅 23	19 甲申 25	19 甲寅 ㉔	19 癸未 23	19 壬子 21	19 壬午 21	**18** 庚戌 18	18 己卯 16	18 己酉 ⑯	18 戊寅 14	18 戊申 14	17 丙子 11
20 乙卯 24	20 乙酉 26	20 乙卯 25	20 甲申 24	20 癸丑 22	20 癸未 22	19 辛亥 19	19 庚辰 17	19 庚戌 17	19 己卯 15	19 己酉 15	18 丁丑 12
21 丙辰 25	21 丙戌 ㉗	21 丙辰 26	21 乙酉 25	21 甲寅 23	21 甲申 23	20 壬子 20	**20** 辛巳 ⑱	**20** 辛亥 18	20 庚辰 16	20 庚戌 16	19 戊寅 13
22 丁巳 26	22 丁亥 28	22 丁巳 27	22 丙戌 26	22 乙卯 24	22 乙酉 ㉔	21 癸丑 ㉑	21 壬午 19	21 壬子 19	21 辛巳 17	21 辛亥 17	20 己卯 14
23 戊午 ㉗	23 戊子 29	23 戊午 28	23 丁亥 27	23 丙辰 25	23 丙戌 25	22 甲寅 22	22 癸未 20	22 癸丑 20	**22** 壬午 18	**22** 壬子 ⑱	21 庚辰 ⑮
24 己未 28	24 己丑 30	24 己未 29	24 戊子 28	24 丁巳 ㉖	24 丁亥 26	23 乙卯 23	23 甲申 21	23 甲寅 21	23 癸未 19	23 癸丑 19	22 辛巳 16
《3月》	25 庚寅 31	25 庚申 30	25 己丑 ㉙	25 戊午 27	25 戊子 27	24 丙辰 24	24 乙酉 22	24 乙卯 22	24 甲申 ⑳	24 甲寅 20	23 壬午 17
25 庚申 1	《4月》	《5月》	26 庚寅 30	26 己未 28	26 己丑 28	25 丁巳 25	25 丙戌 23	25 丙辰 ㉓	25 乙酉 21	25 乙卯 21	**24** 癸未 18
26 辛酉 2	26 辛卯 1	26 辛酉 ①	27 辛卯 31	27 庚申 29	27 庚寅 29	26 戊午 26	26 丁亥 24	26 丁巳 24	26 丙戌 22	26 丙辰 22	25 甲申 19
27 壬戌 3	27 壬辰 2	27 壬戌 2	《6月》	28 辛酉 30	28 辛卯 30	27 己未 27	27 戊子 ㉕	27 戊午 25	27 丁亥 23	27 丁巳 23	26 乙酉 20
28 癸亥 4	**28** 癸巳 ③	28 癸亥 3	28 壬辰 1	《7月》	29 壬辰 ㉛	28 庚申 ㉘	28 己丑 26	28 己未 26	28 戊子 24	28 戊午 24	27 丙戌 21
29 甲子 5	29 甲午 4	**29** 甲子 4	29 癸巳 2	29 壬戌 1		29 辛酉 29	29 庚寅 27	29 庚申 27	29 己丑 25	29 己未 ㉕	28 丁亥 ㉒
30 乙丑 ⑥	30 乙未 5			30 癸亥 2			30 辛卯 28		30 庚寅 26		29 戊子 23
											30 己丑 24
雨水 13日 啓蟄 28日	春分 13日 清明 28日	穀雨 14日 立夏 29日	小満 15日	芒種 1日 夏至 17日	小暑 2日 大暑 17日	立秋 3日 処暑 18日	白露 5日 秋分 20日	寒露 5日 霜降 20日	立冬 6日 小雪 22日	大雪 7日 冬至 22日	小寒 8日 大寒 24日

養老**3**年（719－720） 己未

1月	2月	3月	4月	5月	6月	7月	閏7月	8月	9月	10月	11月	12月
1 庚寅25	1 庚申24	1 庚寅㉖	1 己未24	1 己丑24	1 戊午22	1 戊子22	1 丁巳⑳	**1** 丙戌18	1 丙辰18	1 乙酉16	1 乙卯16	1 甲申⑭
2 辛卯26	2 辛酉25	2 辛卯27	2 庚申25	2 庚寅25	2 己未23	2 己丑㉓	2 戊午21	2 丁亥19	**2** 丁巳19	2 丙戌17	2 丙辰⑰	2 乙酉15
3 壬辰27	3 壬戌㉖	3 壬辰28	3 辛酉26	3 辛卯26	3 庚申24	3 庚寅24	3 己未22	3 戊子20	3 戊午20	**3** 丁亥18	**3** 丁巳18	3 丙戌16
4 癸巳28	4 癸亥27	4 癸巳29	4 壬戌27	4 壬辰27	4 辛酉㉕	4 辛卯25	4 庚申23	4 己丑21	4 己未21	4 戊子⑲	4 戊午19	4 丁亥17
5 甲午㉙	5 甲子28	5 甲午30	5 癸亥28	5 癸巳㉘	5 壬戌26	5 壬辰26	5 辛酉24	5 庚寅22	5 庚申㉒	5 己丑20	5 己未20	**5** 戊子18
6 乙未30	《3月》	6 乙未31	6 甲子29	6 甲午29	6 癸亥27	6 癸巳27	6 壬戌25	6 辛卯23	6 辛酉23	6 庚寅21	6 庚申21	6 己丑19
7 丙申31	6 乙丑 1	《4月》	7 乙丑㉚	7 乙未30	7 甲子28	7 甲午28	7 癸亥26	7 壬辰㉔	7 壬戌24	7 辛卯22	7 辛酉22	7 庚寅20
《2月》	7 丙寅 2	7 丙申 1	《5月》	8 丙申31	8 乙丑29	8 乙未29	8 甲子㉗	8 癸巳25	8 癸亥25	8 壬辰23	8 壬戌23	8 辛卯㉑
8 丁酉 1	8 丁卯 3	8 丁酉②	8 丙寅 1	《6月》	9 丙寅30	9 丙申㉚	9 乙丑28	9 甲午26	9 甲子26	9 癸巳24	9 癸亥㉔	9 壬辰22
9 戊戌 2	**9** 戊辰 4	9 戊戌 3	9 丁卯 2	9 丁酉 1	《7月》	10丁酉31	10丙寅29	10乙未27	10乙丑27	10甲午25	10甲子25	10癸巳23
10己亥 3	10己巳⑤	**10**己亥 4	10戊辰 3	10戊戌 2	10丁卯 1	《8月》	11丁卯30	11丙申28	11丙寅28	11乙未㉖	11乙丑26	11甲午24
11庚子 4	11庚午 6	11庚子 5	**11**己巳 4	11己亥 3	11戊辰②	11戊戌 1	12戊辰31	12丁酉29	12丁卯㉙	12丙申27	12丙寅27	12乙未25
12辛丑⑤	12辛未 7	12辛丑 6	12庚午 5	**12**庚子④	12己巳 3	12己亥 2	《9月》	13戊戌30	13戊辰30	13丁酉28	13丁卯28	13丙申26
13壬寅 6	13壬申 8	13壬寅 7	13辛未 6	13辛丑 5	**13**庚午 4	**13**庚子 3	13己巳 1	《10月》	14己巳31	14戊戌29	14戊辰29	14丁酉27
14癸卯 7	14癸酉 9	14癸卯 8	14壬申⑦	14壬寅 6	14辛未 5	14辛丑 4	14庚午 2	14己亥①	《11月》	15己亥30	15己巳30	15戊戌㉘
15甲辰 8	15甲戌10	15甲辰⑨	15癸酉 8	15癸卯 7	15壬申 6	15壬寅 5	**15**辛未③	15庚子 2	15庚午 1	《12月》	16庚午㉛	16己亥29
16乙巳 9	16乙亥11	16乙巳10	16甲戌 9	16甲辰 8	16癸酉 7	16癸卯⑥	16壬申 4	**16**辛丑 3	16辛未 2	16庚子 1	**720 年**	17庚子30
17丙午10	17丙子⑫	17丙午11	17乙亥10	17乙巳 9	17甲戌 8	17甲辰 7	17癸酉 5	17壬寅 4	**17**壬申 3	17辛丑 2	《1月》	18辛丑31
18丁未11	18丁丑13	18丁未12	18丙子11	18丙午10	18乙亥⑨	18乙巳 8	18甲戌 6	18癸卯 5	18癸酉 4	**18**壬寅③	17辛未 1	《2月》
19戊申⑫	19戊寅14	19戊申13	19丁丑12	19丁未⑪	19丙子10	19丙午 9	19乙亥 7	19甲辰 6	19甲戌⑤	19癸卯 4	18壬申 2	19壬寅 1
20己酉13	20己卯15	20己酉14	20戊寅13	20戊申12	20丁丑11	20丁未10	20丙子 8	20乙巳 7	20乙亥 6	20甲辰 5	**19**癸酉 3	**20**癸卯 2
21庚戌14	21庚辰16	21庚戌15	21己卯⑭	21己酉13	21戊寅12	21戊申11	21丁丑 9	21丙午⑧	21丙子 7	21乙巳 6	20甲戌 4	21甲辰 3
22辛亥15	22辛巳17	22辛亥⑯	22庚辰15	22庚戌14	22己卯13	22己酉12	22戊寅⑩	22丁未 9	22丁丑 8	22丙午 7	21乙亥 5	22乙巳④
23壬子16	23壬午18	23壬子17	23辛巳16	23辛亥15	23庚辰14	23庚戌⑬	23己卯11	23戊申10	23戊寅 9	23丁未 8	22丙子 6	23丙午 5
24癸丑17	**24**癸未⑲	24癸丑18	24壬午17	24壬子16	24辛巳15	24辛亥14	24庚辰12	24己酉11	24己卯10	24戊申 9	23丁丑⑦	24丁未 6
25甲寅18	25甲申20	**25**甲寅19	25癸未18	25癸丑17	25壬午⑯	25壬子15	25辛巳13	25庚戌12	25庚辰11	25己酉⑩	24戊寅 8	25戊申 7
26乙卯⑲	26乙酉21	26乙卯20	**26**甲申19	26甲寅⑱	26癸未17	26癸丑16	26壬午14	26辛亥13	26辛巳⑫	26庚戌11	25己卯 9	26己酉 8
27丙辰20	27丙戌22	27丙辰21	27乙酉20	**27**乙卯19	27甲申18	27甲寅17	27癸未15	27壬子14	27壬午13	27辛亥12	26庚辰10	27庚戌 9
28丁巳21	28丁亥23	28丁巳22	28丙戌㉑	28丙辰20	**28**乙酉19	28乙卯18	28甲申16	28癸丑⑮	28癸未14	28壬子13	27辛巳11	28辛亥10
29戊午22	29戊子24	29戊午㉓	29丁亥22	29丁巳21	29丙戌20	**29**丙辰19	29乙酉⑰	29甲寅16	29甲申15	29癸丑14	28壬午12	29壬子⑪
30己未23	30己丑25		30戊子23		30丁亥21			30乙卯17		30甲寅15	29癸未13	30癸丑12
立春 9日	啓蟄 9日	清明 10日	立夏 11日	芒種 12日	小暑 13日	立秋 13日	白露15日	秋分 1日	霜降 2日	小雪 3日	冬至 3日	大寒 5日
雨水 24日	春分 24日	穀雨 25日	小満 26日	夏至 27日	大暑 28日	処暑 29日		寒露 16日	立冬 17日	大雪 18日	小寒 19日	立春 20日

養老**4**年（720－721） 庚申

1月	2月	3月	4月	5月	6月	7月	8月	9月	10月	11月	12月
1 甲寅13	1 甲申14	1 癸丑12	1 癸未⑫	1 癸丑11	1 壬午10	1 壬子 9	1 辛巳 7	1 庚戌⑥	1 庚辰 5	1 己酉 4	1 己卯 3
2 乙卯14	2 乙酉15	2 甲寅13	2 甲申13	2 甲寅12	2 癸未11	2 癸丑10	2 壬午⑧	2 辛亥 7	2 辛巳 6	2 庚戌 5	2 庚辰 4
3 丙辰15	3 丙戌16	3 乙卯⑭	3 乙酉14	3 乙卯13	3 甲申12	3 甲寅⑪	3 癸未 9	3 壬子 8	3 壬午 7	3 辛亥 6	3 辛巳⑤
4 丁巳16	4 丁亥⑰	4 丙辰15	4 丙戌15	4 丙辰14	4 乙酉13	4 乙卯12	4 甲申10	4 癸丑 9	4 癸未 8	4 壬子 7	4 壬午 6
5 戊午17	5 戊子18	5 丁巳16	5 丁亥16	5 丁巳15	5 丙戌⑭	5 丙辰13	5 乙酉11	5 甲寅10	5 甲申 9	5 癸丑⑧	5 癸未 7
6 己未⑱	**6** 己丑19	6 戊午17	6 戊子17	6 戊午⑯	6 丁亥15	6 丁巳14	6 丙戌12	6 乙卯11	6 乙酉⑩	6 甲寅 9	6 甲申 8
7 庚申19	7 庚寅20	**7** 己未18	7 己丑18	7 己未17	7 戊子16	7 戊午15	7 丁亥13	7 丙辰12	7 丙戌11	7 乙卯10	7 乙酉 9
8 辛酉20	8 辛卯21	8 庚申19	**8** 庚寅⑲	**8** 庚申18	8 己丑17	8 己未16	8 戊子14	8 丁巳⑬	8 丁亥12	8 丙辰11	8 丙戌10
9 壬戌21	9 壬辰22	9 辛酉20	9 辛卯20	9 辛酉19	**9** 庚寅18	9 庚申17	9 己丑⑮	9 戊午14	9 戊子13	9 丁巳12	9 丁亥11
10癸亥22	10癸巳23	10壬戌㉑	10壬辰21	10壬戌20	10辛卯19	**10**辛酉⑱	10庚寅16	10己未15	10己丑14	10戊午13	10戊子⑫
11甲子23	11甲午㉔	11癸亥22	11癸巳22	11癸亥21	11壬辰20	11壬戌19	**11**辛卯17	11庚申16	11庚寅15	11己未14	11己丑13
12乙丑24	12乙未25	12甲子23	12甲午23	12甲子22	12癸巳㉑	12癸亥20	12壬辰18	12辛酉17	12辛卯16	12庚申⑮	12庚寅14
13丙寅㉕	13丙申26	13乙丑24	13乙未24	13乙丑㉓	13甲午22	13甲子21	13癸巳19	**13**壬戌18	**13**壬辰⑰	13辛酉16	13辛卯15
14丁卯26	14丁酉27	14丙寅25	14丙申25	14丙寅24	14乙未23	14乙丑22	14甲午20	14癸亥19	14癸巳18	14壬戌17	14壬辰16
15戊辰27	15戊戌28	15丁卯26	15丁酉㉖	15丁卯25	15丙申24	15丙寅23	15乙未21	15甲子⑳	15甲午19	**15**癸亥18	**15**癸巳17
16己巳28	16己亥29	16戊辰27	16戊戌27	16戊辰26	16丁酉25	16丁卯24	16丙申㉒	16乙丑21	16乙未20	16甲子19	16甲午18
17庚午29	17庚子30	17己巳㉘	17己亥28	17己巳27	17戊戌26	17戊辰㉕	17丁酉23	17丙寅22	17丙申21	17乙丑20	17乙未⑲
《3月》	18辛丑㉛	18庚午29	18庚子29	18庚午28	18己亥27	18己巳26	18戊戌24	18丁卯23	18丁酉22	18丙寅21	18丙申20
18辛未 1	《4月》	19辛未30	19辛丑30	19辛未29	19庚子㉘	19庚午27	19己亥25	19戊辰24	19戊戌23	19丁卯㉒	19丁酉21
19壬申 2	19壬寅 1	《5月》	20壬寅31	20壬申㉚	20辛丑29	20辛未28	20庚子26	20己巳25	20己亥㉔	20戊辰23	20戊戌22
20癸酉③	20癸卯 2	20壬申 1	《6月》	《7月》	21壬寅30	21壬申29	21辛丑27	21庚午26	21庚子25	21己巳24	21己亥23
21甲戌 4	**21**甲辰 3	21癸酉 2	21癸卯 1	21癸酉 1	22癸卯31	22癸酉30	22壬寅28	22辛未㉗	22辛丑26	22庚午25	22庚子24
22乙亥 5	22乙巳 4	**22**甲戌 3	22甲辰②	22甲戌 2	《8月》	23甲戌31	23癸卯㉙	23壬申28	23壬寅27	23辛未26	23辛丑25
23丙子 6	23丙午 5	23乙亥 4	**23**乙巳 3	**23**乙亥 3	23甲辰 1	《9月》	24甲辰30	24癸酉29	24癸卯28	24壬申27	24壬寅㉖
24丁丑 7	24丁未 6	24丙子⑤	24丙午 4	24丙子 4	24乙巳 2	24乙亥①	《10月》	25甲戌30	25甲辰29	25癸酉28	25癸卯27
25戊寅 8	25戊申⑦	25丁丑 6	25丁未 5	25丁丑 5	**25**丙午 3	**25**丙子 2	25乙巳 1	26乙亥31	26乙巳30	26甲戌㉙	26甲辰28
26己卯 9	26己酉 8	26戊寅 7	26戊申 6	26戊寅 6	26丁未④	26丁丑 3	26丙午 2	《11月》	《12月》	27乙亥30	27乙巳29
27庚辰⑩	27庚戌 9	27己卯 8	27己酉 7	27己卯⑦	27戊申 5	27戊寅 4	**27**丁未 3	27丙子 1	27丙午①	28丙子31	28丙午30
28辛巳11	28辛亥10	28庚辰 9	28庚戌 8	28庚辰 8	28己酉 6	28己卯 5	28戊申 4	**28**丁丑 2	**28**丁未 2	**721 年**	29丁未31
29壬午12	29壬子11	29辛巳10	29辛亥⑨	29辛巳 9	29庚戌 7	29庚辰 6	29己酉 5	29戊寅③	29戊申 3	《1月》	
30癸未13		30壬午11	30壬子10		30辛亥 8			30己卯 4		29丁丑 1	
										30戊寅 2	
雨水 5日	春分 6日	穀雨 7日	小満 8日	夏至 8日	大暑 9日	処暑 10日	秋分 11日	霜降 13日	小雪 13日	冬至 15日	大寒 15日
啓蟄 20日	清明 21日	立夏 22日	芒種 23日	小暑 23日	立秋 25日	白露 25日	寒露 27日	立冬 28日	大雪 28日	小寒 30日	

養老**5**年（721－722）　辛酉

1月	2月	3月	4月	5月	6月	7月	8月	9月	10月	11月	12月
《2月》	1 戊寅 3	《4月》	《5月》	1 丁未31	1 丙子㉙	1 丙午29	1 乙亥27	1 乙巳26	1 乙亥㉖	1 甲辰24	1 癸酉23
1 戊申 1	**2** 己卯 4	1 丁未 1	1 丁丑 1	《6月》	2 丁丑30	2 丁未30	2 丙子28	2 丙午27	2 丙子27	2 乙巳25	2 甲戌24
2 己酉②	3 庚辰 5	2 戊申 2	2 戊寅 2	2 戊申①	《7月》	3 戊申31	3 丁丑29	3 丁未㉘	3 丁丑28	3 丙午26	3 乙亥25
3 庚戌 3	4 辛巳 6	**3** 己酉 3	3 己卯 3	3 己酉 2	3 戊寅 1	《8月》	4 戊寅30	4 戊申29	4 戊寅29	4 丁未27	4 丙子26
4 辛亥 4	5 壬午 7	4 庚戌 4	**4** 庚辰④	**4** 庚戌 3	4 己卯 2	4 己酉 1	5 己卯㉛	5 己酉30	5 己卯30	5 戊申28	5 丁丑27
5 壬子 5	6 癸未 8	5 辛亥 5	5 辛巳 5	5 辛亥 4	**5** 庚辰 3	5 庚戌 2	《9月》	《10月》	6 庚辰31	6 己酉29	6 戊寅㉘
6 癸丑 6	7 甲申⑨	6 壬子⑥	6 壬午 6	6 壬子 5	6 辛巳 4	**6** 辛亥③	6 庚辰 1	6 庚戌 1	《11月》	7 庚戌㉚	7 己卯29
7 甲寅 7	8 乙酉10	7 癸丑 7	7 癸未 7	7 癸丑 6	7 壬午 5	7 壬子 4	**7** 辛巳 2	7 辛亥 2	7 辛巳 1	《12月》	8 庚辰30
8 乙卯 8	9 丙戌11	8 甲寅 8	8 甲申 8	8 甲寅 7	8 癸未⑥	8 癸丑 5	8 壬午 3	**8** 壬子 3	**8** 壬午②	8 辛亥 1	9 辛巳31
9 丙辰⑨	10丁亥12	9 乙卯 9	9 乙酉 9	9 乙卯⑧	9 甲申 7	9 甲寅 6	9 癸未 4	9 癸丑 4	9 癸未 3	9 壬子 2	**722年**
10丁巳10	11戊子13	10丙辰10	10丙戌10	10丙辰 9	10乙酉 8	10乙卯 7	10甲申 5	10甲寅⑤	10甲申 4	**10**癸丑 3	《1月》
11戊午11	12己丑14	11丁巳11	11丁亥⑪	11丁巳10	11丙戌 9	11丙辰 8	11乙酉 6	11乙卯 6	11乙酉 5	11甲寅 4	10壬午 1
12己未12	13庚寅15	12戊午12	12戊子12	12戊午11	12丁亥10	12丁巳 9	12丙戌⑦	12丙辰 7	12丙戌 6	12乙卯 5	**11**癸未 2
13庚申13	14辛卯⑯	13己未⑬	13己丑13	13己未12	13戊子11	13戊午⑩	13丁亥 8	13丁巳 8	13丁亥 7	13丙辰 6	12甲申 3
14辛酉14	15壬辰17	14庚申14	14庚寅14	14庚申13	14己丑12	14己未11	14戊子 9	14戊午 9	14戊子 8	14丁巳⑦	13乙酉④
15壬戌15	16癸巳18	15辛酉15	15辛卯15	15辛酉14	15庚寅⑬	15庚申12	15己丑10	15己未10	15己丑⑨	15戊午 8	14丙戌 5
16癸亥⑯	**17**甲午19	16壬戌16	16壬辰16	16壬戌⑮	16辛卯14	16辛酉13	16庚寅11	16庚申11	16庚寅10	16己未 9	15丁亥 6
17甲子17	18乙未20	17癸亥17	17癸巳17	17癸亥16	17壬辰15	17壬戌14	17辛卯12	17辛酉⑫	17辛卯11	17庚申10	16戊子 7
18乙丑18	19丙申21	**18**甲子18	18甲午⑱	18甲子17	18癸巳16	18癸亥15	18壬辰13	18壬戌13	18壬辰12	18辛酉11	17己丑 8
19丙寅19	20丁酉22	19乙丑19	**19**乙未19	**19**乙丑18	19甲午17	19甲子16	19癸巳⑭	19癸亥14	19癸巳13	19壬戌12	18庚寅 9
20丁卯20	21戊戌㉓	20丙寅⑳	20丙申20	20丙寅19	20乙未18	20乙丑⑰	20甲午15	20甲子15	20甲午14	20癸亥13	19辛卯10
21戊辰21	22己亥24	21丁卯21	21丁酉21	21丁卯20	**21**丙申19	**21**丙寅18	21乙未16	21乙丑16	21乙未15	21甲子⑭	20壬辰⑪
22己巳22	23庚子25	22戊辰22	22戊戌22	22戊辰21	22丁酉⑳	22丁卯19	22丙申17	22丙寅17	22丙申⑯	22乙丑15	21癸巳12
23庚午㉓	24辛丑26	23己巳23	23己亥23	23己巳㉒	23戊戌21	23戊辰20	**23**丁酉18	**23**丁卯18	**23**丁酉17	23丙寅16	22甲午13
24辛未24	25壬寅27	24庚午24	24庚子24	24庚午23	24己亥22	24己巳21	24戊戌19	24戊辰⑲	24戊戌18	24丁卯17	23乙未14
25壬申25	26癸卯28	25辛未25	25辛丑㉕	25辛未24	25庚子23	25庚午22	25己亥20	25己巳20	25己亥19	**25**戊辰18	24丙申15
26癸酉26	27甲辰29	26壬申26	26壬寅26	26壬申25	26辛丑24	26辛未23	26庚子㉑	26庚午21	26庚子20	26己巳19	25丁酉16
27甲戌27	28乙巳㉚	27癸酉㉗	27癸卯27	27癸酉26	27壬寅25	27壬申㉔	27辛丑22	27辛未22	27辛丑21	27庚午20	**26**戊戌17
28乙亥28	29丙午31	28甲戌28	28甲辰28	28甲戌27	28癸卯26	28癸酉25	28壬寅23	28壬申23	28壬寅22	28辛未㉑	27己亥⑱
《3月》		29乙亥29	29乙巳29	29乙亥28	29甲辰㉗	29甲戌26	29癸卯24	29癸酉24	29癸卯㉓	29壬申22	28庚子19
29丙子 1		30丙子30	30丙午30		30乙巳28		30甲辰25	30甲戌25			29辛丑20
30丁丑②											30壬寅21

立春 1日	啓蟄 2日	清明 3日	立夏 4日	芒種 4日	小暑 5日	立秋 6日	白露 7日	寒露 8日	立冬 8日	大雪 10日	小寒 11日
雨水 17日	春分 17日	穀雨 18日	小満 19日	夏至 19日	大暑 21日	処暑 21日	秋分 23日	霜降 23日	小雪 23日	冬至 25日	大寒 26日

養老**6**年（722－723）　壬戌

1月	2月	3月	4月	閏4月	5月	6月	7月	8月	9月	10月	11月	12月
1 癸卯22	1 壬申20	1 壬寅㉒	1 辛未20	1 辛丑20	**1** 庚午18	1 庚子18	1 庚午17	1 己亥15	1 己巳15	1 己亥14	1 戊辰⑬	1 戊戌12
2 甲辰23	2 癸酉21	2 癸卯23	2 壬申21	2 壬寅21	2 辛未19	**2** 辛丑⑲	**2** 辛未18	2 庚子16	2 庚午16	2 庚子⑮	2 己巳14	2 己亥13
3 乙巳24	3 甲戌㉒	3 甲辰24	3 癸酉22	3 癸卯22	3 壬申20	3 壬寅20	3 壬申19	3 辛丑17	3 辛未17	3 辛丑16	3 庚午15	3 庚子14
4 丙午㉕	4 乙亥23	4 乙巳25	4 甲戌23	4 甲辰23	4 癸酉㉑	4 癸卯21	4 癸酉20	**4** 壬寅18	**4** 壬申⑱	4 壬寅17	4 辛未16	4 辛丑15
5 丁未26	5 丙子24	5 丙午26	5 乙亥24	5 乙巳㉔	5 甲戌22	5 甲辰22	5 甲戌21	5 癸卯19	5 癸酉19	**5** 癸卯18	5 壬申17	5 壬寅16
6 戊申27	6 丁丑25	6 丁未27	6 丙子25	6 丙午25	6 乙亥23	6 乙巳23	6 乙亥22	6 甲辰⑳	6 甲戌20	6 甲辰19	**6** 癸酉18	6 癸卯⑰
7 己酉28	7 戊寅26	7 戊申28	7 丁丑㉖	7 丁未26	7 丙子24	7 丙午24	7 丙子㉓	7 乙巳21	7 乙亥21	7 乙巳20	7 甲戌19	**7** 甲辰18
8 庚戌29	8 己卯27	8 己酉㉙	8 戊寅27	8 戊申27	8 丁丑25	8 丁未25	8 丁丑24	8 丙午22	8 丙子22	8 丙午21	8 乙亥⑳	8 乙巳19
9 辛亥30	9 庚辰28	9 庚戌30	9 己卯28	9 己酉28	9 戊寅26	9 戊申㉖	9 戊寅25	9 丁未23	9 丁丑23	9 丁未㉒	9 丙子21	9 丙午20
10壬子31	《3月》	10辛亥31	10庚辰29	10庚戌29	10己卯27	10己酉27	10己卯26	10戊申24	10戊寅24	10戊申23	10丁丑22	10丁未21
《2月》	10辛巳①	《4月》	11辛巳30	11辛亥30	11庚辰㉘	11庚戌28	11庚辰27	11己酉25	11己卯㉕	11己酉24	11戊寅23	11戊申22
11癸丑①	11壬午 2	11壬子 1	《5月》	12壬子㉛	12辛巳29	12辛亥29	12辛巳28	12庚戌26	12庚辰26	12庚戌25	12己卯24	12己酉23
12甲寅 2	12癸未 3	12癸丑 2	12壬午 1	《6月》	13壬午30	13壬子30	13壬午29	13辛亥㉗	13辛巳27	13辛亥26	13庚辰25	13庚戌㉔
13乙卯 3	**13**甲申 4	**13**甲寅 3	13癸未 2	13癸丑 1	《7月》	14癸丑31	14癸未㉚	14壬子28	14壬午28	14壬子27	14辛巳26	14辛亥25
14丙辰 4	14乙酉 5	14乙卯 4	14甲申③	14甲寅 2	14癸未 1	《8月》	15甲申31	15癸丑29	15癸未29	15癸丑28	15壬午㉗	15壬子26
15丁巳 5	15丙戌 6	15丙辰⑤	**15**乙酉 4	**15**乙卯 3	15甲申 2	15甲寅 1	《9月》	16甲寅30	16甲申30	16甲寅㉙	16癸未28	16癸丑27
16戊午 6	16丁亥 7	16丁巳 6	16丙戌 5	16丙辰 4	16乙酉 3	16乙卯②	16乙酉 1	《10月》	17乙酉31	17乙卯30	17甲申29	17甲寅28
17己未 7	17戊子⑧	17戊午 7	17丁亥 6	17丁巳 5	**17**丙戌 4	**17**丙辰 3	17丙戌 2	17乙卯 1	《11月》	《12月》	18乙酉30	18乙卯29
18庚申⑧	18己丑 9	18己未 8	18戊子 7	18戊午 6	18丁亥⑤	18丁巳 4	**18**丁亥 3	18丙辰 2	18丙戌①	18丙辰 1	19丙戌31	19丙辰30
19辛酉 9	19庚寅10	19庚申 9	19己丑 8	19己未⑦	19戊子 6	19戊午 5	19戊子 4	**19**丁巳 3	**19**丁亥 2	19丁巳 2	**723年**	20丁巳㉛
20壬戌10	20辛卯11	20辛酉10	20庚寅 9	20庚申 8	20己丑 7	20己未 6	20己丑 5	20戊午④	20戊子 3	**20**戊午 3	《1月》	《2月》
21癸亥11	21壬辰12	21壬戌11	21辛卯⑩	21辛酉 9	21庚寅 8	21庚申 7	21庚寅⑥	21己未 5	21己丑 4	21己未 4	20丁亥 1	21戊午 1
22甲子12	22癸巳13	22癸亥⑫	22壬辰11	22壬戌10	22辛卯 9	22辛酉 8	22辛卯 7	22庚申 6	22庚寅 5	22庚申 5	**21**戊子 2	**22**己未 2
23乙丑13	23甲午14	23甲子13	23癸巳12	23癸亥11	23壬辰10	23壬戌⑨	23壬辰 8	23辛酉 7	23辛卯 6	23辛酉⑥	22己丑③	23庚申 3
24丙寅14	24乙未⑮	24乙丑14	24甲午13	24甲子12	24癸巳11	24癸亥10	24癸巳 9	24壬戌 8	24壬辰 7	24壬戌 7	23庚寅 4	24辛酉 4
25丁卯⑮	25丙申16	25丙寅15	25乙未14	25乙丑13	25甲午⑫	25甲子11	25甲午10	25癸亥 9	25癸巳⑧	25癸亥 8	24辛卯 5	25壬戌 5
26戊辰16	26丁酉17	26丁卯16	26丙申15	26丙寅⑭	26乙未13	26乙丑12	26乙未11	26甲子10	26甲午 9	26甲子 9	25壬辰 6	26癸亥 6
27己巳17	27戊戌18	27戊辰17	27丁酉16	27丁卯15	27丙申14	27丙寅13	27丙申12	27乙丑⑪	27乙未10	27乙丑10	26癸巳 7	27甲子⑦
28庚午18	**28**己亥19	28己巳18	28戊戌⑰	28戊辰16	28丁酉15	28丁卯14	28丁酉⑬	28丙寅12	28丙申11	28丙寅11	27甲午 8	28乙丑 8
29辛未19	29庚子20	**29**庚午⑲	29己亥18	29己巳17	29戊戌16	29戊辰15	29戊戌14	29丁卯13	29丁酉12	29丁卯12	28乙未 9	29丙寅 9
	30辛丑21		**30**庚子19		30己亥17	30己巳⑯		30戊辰14	30戊戌13		29丙申⑩	
											30丁酉11	

立春 12日	啓蟄 13日	清明 13日	立夏 15日	芒種15日	夏至 1日	大暑 2日	処暑 2日	秋分 4日	霜降 4日	小雪 5日	冬至 6日	大寒 7日
雨水 27日	春分 28日	穀雨 29日	小満 30日		小暑 17日	立秋 17日	白露 18日	寒露 19日	立冬 19日	大雪 20日	小寒 21日	立春 22日

養老**7**年（723－724） 癸亥

1月	2月	3月	4月	5月	6月	7月	8月	9月	10月	11月	12月
1丁卯10	1丙申11	1丙寅10	1乙未⑨	1乙丑8	1甲午7	1甲子6	1癸巳4	1癸亥4	**1**癸巳3	1壬戌2	**724年**
2戊辰11	2丁酉12	2丁卯⑪	2丙申10	2丙寅9	2乙未8	2乙丑7	2甲午⑤	2甲子5	2甲午4	**2**癸亥3	《1月》
3己巳12	3戊戌13	3戊辰12	3丁酉11	3丁卯10	3丙申9	3丙寅⑧	3乙未6	3乙丑6	3乙未5	3甲子4	1壬辰1
4庚午13	4己亥⑭	4己巳13	4戊戌12	4戊辰11	4丁酉10	4丁卯9	4丙申7	4丙寅7	4丙申6	4乙丑⑤	2癸巳②
5辛未⑭	5庚子15	5庚午14	5己亥13	5己巳12	5戊戌⑪	5戊辰10	5丁酉8	5丁卯8	5丁酉⑦	5丙寅6	**3**甲午3
6壬申15	6辛丑16	6辛未15	6庚子14	6庚午⑬	6己亥12	6己巳11	6戊戌9	6戊辰9	6戊戌8	6丁卯7	4乙未4
7癸酉16	7壬寅17	7壬申16	7辛丑15	7辛未14	7庚子13	7庚午12	7己亥10	7己巳⑩	7己亥9	7戊辰8	5丙申5
8甲戌17	8癸卯18	8癸酉17	8壬寅⑯	8壬申15	8辛丑14	8辛未13	8庚子11	8庚午11	8庚子10	8己巳9	6丁酉6
9乙亥18	**9**甲辰19	9甲戌⑱	9癸卯17	9癸酉16	9壬寅15	9壬申14	9辛丑⑫	9辛未12	9辛丑11	9庚午10	7戊戌7
10丙子19	10乙巳20	**10**乙亥19	10甲辰18	10甲戌17	10癸卯16	10癸酉⑮	10壬寅13	10壬申13	10壬寅12	10辛未11	8己亥8
11丁丑20	11丙午㉑	11丙子20	**11**乙巳19	11乙亥18	11甲辰17	11甲戌16	11癸卯14	11癸酉14	11癸卯13	11壬申⑫	9庚子⑨
12戊寅㉑	12丁未22	12丁丑21	12丙午20	**12**丙子19	12乙巳⑱	12乙亥17	12甲辰15	12甲戌15	12甲辰⑭	12癸酉13	10辛丑10
13己卯22	13戊申23	13戊寅22	13丁未21	13丁丑⑳	**13**丙午19	13丙子18	13乙巳16	13乙亥16	13乙巳15	13甲戌14	11壬寅11
14庚辰23	14己酉24	14己卯23	14戊申22	14戊寅21	14丁未20	**14**丁丑19	14丙午17	14丙子⑰	14丙午16	14乙亥15	12癸卯12
15辛巳24	15庚戌25	15庚辰24	15己酉㉓	15己卯22	15戊申21	15戊寅20	**15**丁未18	**15**丁丑18	15丁未17	15丙子16	13甲辰13
16壬午25	16辛亥26	16辛巳㉕	16庚戌24	16庚辰23	16己酉22	16己卯21	16戊申⑲	16戊寅19	**16**戊申18	16丁丑17	14乙巳14
17癸未26	17壬子27	17壬午26	17辛亥25	17辛巳24	17庚戌23	17庚辰㉒	17己酉20	17己卯20	17己酉19	**17**戊寅18	15丙午15
18甲申27	18癸丑㉘	18癸未27	18壬子26	18壬午25	18辛亥24	18辛巳23	18庚戌21	18庚辰21	18庚戌20	18己卯⑲	16丁未⑯
19乙酉㉘	19甲寅29	19甲申28	19癸丑27	19癸未26	19壬子㉕	19壬午24	19辛亥22	19辛巳22	19辛亥㉑	19庚辰20	17戊申17
《3月》	20乙卯30	20乙酉29	20甲寅28	20甲申㉗	20癸丑26	20癸未25	20壬子23	20壬午23	20壬子22	20辛巳21	**18**己酉18
20丙戌1	21丙辰31	21丙戌30	21乙卯29	21乙酉28	21甲寅27	21甲申26	21癸丑24	21癸未㉔	21癸丑23	21壬午22	19庚戌19
21丁亥2	《4月》	《5月》	22丙辰㉚	22丙戌29	22乙卯28	22乙酉27	22甲寅25	22甲申25	22甲寅24	22癸未23	20辛亥20
22戊子3	22丁巳1	22丁亥1	23丁巳31	23丁亥30	23丙辰29	23丙戌28	23乙卯㉖	23乙酉26	23乙卯25	23甲申24	21壬子21
23己丑4	23戊午2	23戊子②	《6月》	《7月》	24丁巳30	24丁亥㉙	24丙辰27	24丙戌27	24丙辰26	24乙酉25	22癸丑22
24庚寅5	24己未3	24己丑3	24戊午1	24戊子1	25戊午31	25戊子30	25丁巳28	25丁亥28	25丁巳27	25丙戌㉖	23甲寅㉓
25辛卯6	**25**庚申④	**25**庚寅4	25己未2	25己丑2	《8月》	26己丑31	26戊午29	26戊子29	26戊午㉘	26丁亥27	24乙卯24
26壬辰⑦	26辛酉5	26辛卯5	26庚申3	26庚寅3	26己未①	《9月》	27己未30	27己丑30	27己未29	27戊子28	25丙辰25
27癸巳8	27壬戌6	27壬辰6	**27**辛酉4	**27**辛卯④	27庚申2	27庚寅1	《10月》	28庚寅㉛	28庚申30	28己丑29	26丁巳26
28甲午9	28癸亥7	28癸巳7	28壬戌5	28壬辰5	**28**辛酉3	28辛卯2	28庚申1	《11月》	《12月》	29庚寅30	27戊午27
29乙未10	29甲子8	29甲午8	29癸亥⑥	29癸巳6	29壬戌4	**29**壬辰3	29辛酉2	29辛卯1	29辛酉1	30辛卯31	28己未28
	30乙丑9		30甲子7		30癸亥5		**30**壬戌③	30壬辰2			29庚申29
											30辛酉㉚
雨水 8日 啓蟄 23日	春分 9日 清明 25日	穀雨 10日 立夏 25日	小満 11日 芒種 27日	夏至 12日 小暑 27日	大暑 13日 立秋 28日	処暑 14日 白露 29日	秋分 15日 寒露 30日	霜降 15日	立冬 1日 小雪 16日	大雪 2日 冬至 17日	小寒 3日 大寒 18日

神亀元年〔養老**8**年〕（724－725） 甲子

改元 2/4（養老→神亀）

1月	2月	3月	4月	5月	6月	7月	8月	9月	10月	11月	12月
1壬戌31	1辛卯29	1庚申29	1庚寅28	1己未27	1戊子㉕	1戊午25	1丁亥23	1丁巳22	1丁亥㉒	1丁巳21	1丙戌20
《2月》	《3月》	2辛酉30	2辛卯29	2庚申㉘	2己丑26	2己未26	2戊子24	2戊午23	2戊子23	2戊午22	2丁亥21
2癸亥1	2壬辰1	3壬戌31	3壬辰㉚	3辛酉29	3庚寅27	3庚申27	3己丑25	3己未㉔	3己丑24	3己未23	3戊子22
3甲子2	3癸巳2	《4月》	《5月》	4壬戌30	4辛卯28	4辛酉28	4庚寅26	4庚申25	4庚寅25	4庚申24	4己丑23
4乙丑3	**4**甲午3	4癸亥1	4癸巳1	5癸亥31	5壬辰29	5壬戌29	5辛卯㉗	5辛酉26	5辛卯26	5辛酉25	5庚寅㉔
5丙寅4	5乙未4	5甲子②	5甲午2	《6月》	6癸巳30	6癸亥㉚	6壬辰28	6壬戌27	6壬辰27	6壬戌㉖	6辛卯25
6丁卯5	6丙申⑤	**6**乙丑3	**6**乙未3	6甲子1	《7月》	7甲子31	7癸巳29	7癸亥28	7癸巳28	7癸亥27	7壬辰26
7戊辰⑥	7丁酉6	7丙寅4	7丙申4	7乙丑2	7甲午1	《8月》	8甲午30	8甲子29	8甲午㉙	8甲子28	8癸巳27
8己巳7	8戊戌7	8丁卯5	8丁酉5	**8**丙寅3	8乙未②	8乙丑1	9乙未31	9乙丑30	9乙未30	9乙丑29	9甲午28
9庚午8	9己亥8	9戊辰6	9戊戌6	9丁卯④	**9**丙申3	9丙寅2	《9月》	《10月》	10丙申31	10丙寅30	10乙未29
10辛未9	10庚子9	10己巳7	10己亥⑦	10戊辰5	10丁酉4	**10**丁卯3	10丙申1	10丙寅①	《11月》	《12月》	11丙申30
11壬申10	11辛丑10	11庚午8	11庚子8	11己巳6	11戊戌5	11戊辰4	**11**丁酉2	11丁卯2	11丁酉1	11丁卯1	12丁酉㉛
12癸酉11	12壬寅11	12辛未⑨	12辛丑9	12庚午7	12己亥6	12己巳5	12戊戌③	**12**戊辰3	**12**戊戌2	**12**戊辰2	**725年**
13甲戌12	13癸卯⑫	13壬申10	13壬寅10	13辛未8	13庚子7	13庚午⑥	13己亥4	13己巳4	13己亥3	13己巳③	《1月》
14乙亥⑬	14甲辰13	14癸酉11	14癸卯11	14壬申9	14辛丑8	14辛未7	14庚子5	14庚午5	14庚子4	14庚午4	13戊戌1
15丙子14	15乙巳14	15甲戌12	15甲辰12	15癸酉10	15壬寅⑨	15壬申8	15辛丑6	15辛未6	15辛丑⑤	15辛未5	**14**己亥2
16丁丑15	16丙午15	16乙亥13	16乙巳13	16甲戌⑪	16癸卯10	16癸酉9	16壬寅7	16壬申7	16壬寅6	16壬申6	15庚子3
17戊寅16	17丁未16	17丙子14	17丙午⑭	17乙亥12	17甲辰11	17甲戌10	17癸卯8	17癸酉⑧	17癸卯7	17癸酉7	16辛丑4
18己卯17	18戊申17	18丁丑15	18丁未15	18丙子13	18乙巳12	18乙亥11	18甲辰9	18甲戌9	18甲辰8	18甲戌8	17壬寅5
19庚辰18	19己酉18	19戊寅⑯	19戊申16	19丁丑14	19丙午13	19丙子12	19乙巳⑩	19乙亥10	19乙巳9	19乙亥9	18癸卯6
20辛巳19	**20**庚戌⑲	20己卯17	20己酉17	20戊寅15	20丁未14	20丁丑⑬	20丙午11	20丙子11	20丙午10	20丙子⑩	19甲辰⑦
21壬午⑳	21辛亥20	**21**庚辰18	21庚戌18	21己卯16	21戊申15	21戊寅14	21丁未12	21丁丑12	21丁未11	21丁丑11	20乙巳8
22癸未21	22壬子21	22辛巳19	**22**辛亥19	22庚辰17	22己酉⑯	22己卯15	22戊申13	22戊寅13	22戊申⑫	22戊寅12	21丙午9
23甲申22	23癸丑22	23壬午20	23壬子20	**23**辛巳⑱	23庚戌17	23庚辰16	23己酉14	23己卯14	23己酉13	23己卯13	22丁未10
24乙酉23	24甲寅23	24癸未21	24癸丑㉑	24壬午19	**24**辛亥18	24辛巳17	24庚戌15	24庚辰⑮	24庚戌14	24庚辰14	23戊申11
25丙戌24	25乙卯24	25甲申22	25甲寅22	25癸未20	25壬子19	**25**壬午18	25辛亥16	25辛巳16	25辛亥15	25辛巳15	24己酉12
26丁亥25	26丙辰25	26乙酉㉓	26乙卯23	26甲申21	26癸丑20	26癸未19	**26**壬子⑰	26壬午17	26壬子16	26壬午16	25庚戌13
27戊子26	27丁巳㉖	27丙戌24	27丙辰24	27乙酉22	27甲寅21	27甲申⑳	27癸丑18	**27**癸未18	**27**癸丑17	27癸未⑰	26辛亥⑭
28己丑㉗	28戊午27	28丁亥25	28丁巳25	28丙戌23	28乙卯22	28乙酉21	28甲寅19	28甲申19	28甲寅18	**28**甲申18	27壬子15
29庚寅28	29己未28	29戊子26	29戊午26	29丁亥24	29丙辰㉓	29丙戌22	29乙卯20	29乙酉20	29乙卯⑲	29乙酉19	28癸丑16
		30己丑27			30丁巳24		30丙辰21	30丙戌21	30丙辰20		**29**甲寅17
											30乙卯18
立春 3日 雨水 18日	啓蟄 4日 春分 20日	清明 6日 穀雨 21日	立夏 6日 小満 22日	芒種 8日 夏至 23日	小暑 9日 大暑 24日	立秋 10日 処暑 25日	白露 11日 秋分 26日	寒露 12日 霜降 27日	立冬 12日 小雪 27日	大雪 12日 冬至 28日	小寒 14日 大寒 29日

神亀2年（725－726） 乙丑

1月	閏1月	2月	3月	4月	5月	6月	7月	8月	9月	10月	11月	12月
1 丙辰19	1 丙戌⑱	**1** 乙卯19	1 甲申17	1 甲寅17	1 癸未15	1 壬子14	1 壬午13	1 辛亥11	1 辛巳11	1 辛亥10	1 庚辰⑨	1 庚戌 8
2 丁巳20	2 丁亥19	2 丙辰20	**2** 乙酉18	2 乙卯18	2 甲申16	2 癸丑⑮	2 癸未14	2 壬子12	2 壬午12	2 壬子⑪	2 辛巳10	2 辛亥 9
3 戊午㉑	3 戊子20	3 丁巳21	3 丙戌19	**3** 丙辰19	3 乙酉⑰	3 甲寅16	3 甲申15	3 癸丑13	3 癸未13	3 癸丑12	3 壬午11	3 壬子10
4 己未22	4 己丑21	4 戊午22	4 丁亥20	4 丁巳⑳	**4** 丙戌18	4 乙卯17	4 乙酉16	4 甲寅14	4 甲申⑭	4 甲寅13	4 癸未12	**4** 癸丑11
5 庚申23	5 庚寅22	5 己未23	5 戊子21	5 戊午21	5 丁亥19	5 丙辰18	5 丙戌17	5 乙卯15	5 乙酉15	5 乙卯14	5 甲申13	5 甲寅12
6 辛酉24	6 辛卯23	6 庚申24	6 己丑㉒	6 己未22	6 戊子20	**6** 丁巳19	**6** 丁亥18	6 丙辰⑯	6 丙戌16	6 丙辰15	6 乙酉14	6 乙卯⑬
7 壬戌25	7 壬辰24	7 辛酉㉕	7 庚寅23	7 庚申23	7 己丑21	7 戊午20	7 戊子⑲	7 丁巳17	7 丁亥17	7 丁巳16	7 丙戌15	7 丙辰14
8 癸亥26	8 癸巳㉕	8 壬戌26	8 辛卯24	8 辛酉24	8 庚寅22	8 己未21	8 己丑20	**8** 戊午18	**8** 戊子18	**8** 戊午17	8 丁亥⑯	8 丁巳15
9 甲子27	9 甲午26	9 癸亥27	9 壬辰25	9 壬戌25	9 辛卯23	9 庚申㉒	9 庚寅21	9 己未19	9 己丑19	9 己未⑱	9 戊子17	9 戊午16
10 乙丑㉘	10 乙未27	10 甲子28	10 癸巳26	10 癸亥26	10 壬辰㉔	10 辛酉23	10 辛卯22	10 庚申20	10 庚寅20	10 庚申19	**10** 己丑18	**10** 己未17
11 丙寅29	11 丙申28	11 乙丑29	11 甲午27	11 甲子㉗	11 癸巳25	11 壬戌24	11 壬辰23	11 辛酉21	11 辛卯㉑	11 辛酉20	11 庚寅19	11 庚申18
12 丁卯30	《3月》	12 丙寅30	12 乙未28	12 乙丑28	12 甲午26	12 癸亥25	12 癸巳24	12 壬戌22	12 壬辰22	12 壬戌21	12 辛卯20	12 辛酉19
13 戊辰31	12 丁酉 1	13 丁卯31	13 丙申㉙	13 丙寅29	13 乙未27	13 甲子26	13 甲午25	13 癸亥㉓	13 癸巳23	13 癸亥22	13 壬辰21	13 壬戌⑳
《2月》	13 戊戌 2	《4月》	14 丁酉30	14 丁卯30	14 丙申28	14 乙丑27	14 乙未㉖	14 甲子24	14 甲午24	14 甲子23	14 癸巳22	14 癸亥21
14 己巳 1	14 己亥 3	14 戊辰①	《5月》	15 戊辰31	15 丁酉29	15 丙寅28	15 丙申27	15 乙丑25	15 乙未25	15 乙丑24	15 甲午㉓	15 甲子22
15 庚午 2	**15** 庚子④	15 己巳 2	15 戊戌 1	《6月》	16 戊戌30	16 丁卯㉙	16 丁酉28	16 丙寅26	16 丙申26	16 丙寅㉕	16 乙未24	16 乙丑23
16 辛未 3	16 辛丑 5	**16** 庚午 3	16 己亥 2	16 己巳 1	《7月》	17 戊辰30	17 戊戌29	17 丁卯27	17 丁酉27	17 丁卯26	17 丙申25	17 丙寅24
17 壬申④	17 壬寅 6	17 辛未 4	17 庚子 3	17 庚午 2	17 己亥①	18 己巳31	18 己亥30	18 戊辰28	18 戊戌㉘	18 戊辰27	18 丁酉26	18 丁卯25
18 癸酉 5	18 癸卯 7	18 壬申 5	**18** 辛丑 4	**18** 辛未③	18 庚子 2	《8月》	19 庚子31	19 己巳29	19 己亥29	19 己巳28	19 戊戌27	19 戊辰26
19 甲戌 6	19 甲辰 8	19 癸酉 6	19 壬寅 5	19 壬申 4	**19** 辛丑 3	19 庚午 1	《9月》	20 庚午㉚	20 庚子30	20 庚午29	20 己亥28	20 己巳㉗
20 乙亥 7	20 乙巳 9	20 甲戌 7	20 癸卯⑥	20 癸酉 5	20 壬寅 4	20 辛未 2	20 辛丑 1	《10月》	21 辛丑31	21 辛未30	21 庚子29	21 庚午28
21 丙子 8	21 丙午10	21 乙亥⑧	21 甲辰 7	21 甲戌 6	21 癸卯 5	**21** 壬申 3	**21** 壬寅②	21 辛未 1	《11月》	《12月》	22 辛丑㉚	22 辛未29
22 丁丑 9	22 丁未⑪	22 丙子 9	22 乙巳 8	22 乙亥 7	22 甲辰 6	22 癸酉 4	22 癸卯 3	22 壬申 2	22 壬寅 1	22 壬申 1	23 壬寅31	23 壬申30
23 戊寅10	23 戊申12	23 丁丑10	23 丙午 9	23 丙子 8	23 乙巳 7	23 甲戌⑤	23 甲辰 4	**23** 癸酉 3	**23** 癸卯 2	23 癸酉②	**726**年	24 癸酉31
24 己卯⑪	24 己酉13	24 戊寅11	24 丁未10	24 丁丑 9	24 丙午⑧	24 乙亥 6	24 乙巳 5	24 甲戌 4	24 甲辰 3	**24** 甲戌 3	《1月》	《2月》
25 庚辰12	25 庚戌14	25 己卯12	25 戊申11	25 戊寅⑩	25 丁未 9	25 丙子 7	25 丙午 6	25 乙亥 5	25 乙巳④	25 乙亥 4	24 癸卯 1	25 甲戌 1
26 辛巳13	26 辛亥15	26 庚辰13	26 己酉12	26 己卯11	26 戊申10	26 丁丑 8	26 丁未 7	26 丙子 6	26 丙午 5	26 丙子 5	**25** 甲辰 2	**26** 乙亥 2
27 壬午14	27 壬子16	27 辛巳14	27 庚戌⑬	27 庚辰12	27 己酉11	27 戊寅 9	27 戊申 8	27 丁丑⑦	27 丁未 6	27 丁丑 6	26 乙巳 3	27 丙子③
28 癸未15	28 癸丑17	28 壬午⑮	28 辛亥14	28 辛巳13	28 庚戌12	28 己卯10	28 己酉⑨	28 戊寅 8	28 戊申 7	28 戊寅 7	27 丙午 4	28 丁丑 4
29 甲申16	29 甲寅⑱	29 癸未16	29 壬子15	29 壬午14	29 辛亥13	29 庚辰11	29 庚戌10	29 己卯 9	29 己酉 8	29 己卯 8	28 丁未 5	29 戊寅 5
30 乙酉17			30 癸丑16			30 辛巳⑫		30 庚辰10	30 庚戌 9		29 戊申⑥	30 己卯 6
											30 己酉 7	
立春 14日 雨水 29日	啓蟄15日	春分 1日 清明 16日	穀雨 2日 立夏 18日	小満 3日 芒種 18日	夏至 4日 小暑 19日	大暑 6日 立秋 21日	処暑 6日 白露 21日	秋分 8日 寒露 23日	霜降 8日 立冬 23日	小雪 8日 大雪 24日	冬至 10日 小寒 25日	大寒 10日 立春 26日

神亀3年（726－727） 丙寅

1月	2月	3月	4月	5月	6月	7月	8月	9月	10月	11月	12月
1 庚辰 7	1 庚戌 9	**1** 己卯⑦	1 戊申 6	1 戊寅 5	**1** 丁未 4	1 丙子 2	《9月》	《10月》	1 乙巳30	1 甲戌28	1 甲辰28
2 辛巳 8	2 辛亥⑩	2 庚辰 8	2 己酉 7	2 己卯 6	2 戊申 5	**2** 丁丑 3	1 丙午①	1 丙子 1	2 丙午31	2 乙亥29	2 乙巳㉙
3 壬午 9	3 壬子11	3 辛巳 9	3 庚戌 8	3 庚辰 7	3 己酉 6	3 戊寅④	2 丁未 2	2 丁丑 2	《11月》	3 丙子30	3 丙午30
4 癸未⑩	4 癸丑12	4 壬午10	4 辛亥 9	4 辛巳 8	4 庚戌⑦	4 己卯 5	**3** 戊申 3	**3** 戊寅 3	3 丁未 1	《12月》	4 丁未31
5 甲申11	5 甲寅13	5 癸未11	5 壬子10	5 壬午⑨	5 辛亥 8	5 庚辰 6	4 己酉 4	4 己卯 4	**4** 戊申 2	4 丁丑①	**727**年
6 乙酉12	6 乙卯14	6 甲申12	6 癸丑11	6 癸未10	6 壬子 9	6 辛巳 7	5 庚戌 5	5 庚辰 5	5 己酉③	5 戊寅 2	《1月》
7 丙戌13	7 丙辰15	7 乙酉13	7 甲寅⑫	7 甲申11	7 癸丑10	7 壬午 8	6 辛亥 6	6 辛巳⑥	6 庚戌 4	**6** 己卯 3	5 戊申 1
8 丁亥14	8 丁巳16	8 丙戌⑭	8 乙卯13	8 乙酉12	8 甲寅11	8 癸未 9	7 壬子 7	7 壬午 7	7 辛亥 5	7 庚辰 4	**6** 己酉 2
9 戊子15	9 戊午⑰	9 丁亥15	9 丙辰14	9 丙戌13	9 乙卯12	9 甲申10	8 癸丑⑧	8 癸未 8	8 壬子 6	8 辛巳 5	7 庚戌 3
10 己丑16	10 己未18	10 戊子16	10 丁巳15	10 丁亥14	10 丙辰13	10 乙酉⑪	9 甲寅 9	9 甲申 9	9 癸丑 7	9 壬午 6	8 辛亥 4
11 庚寅⑰	**11** 庚申19	11 己丑17	11 戊午16	11 戊子15	11 丁巳⑭	11 丙戌12	10 乙卯10	10 乙酉10	10 甲寅 8	10 癸未 7	9 壬子⑤
12 辛卯18	12 辛酉20	12 庚寅18	12 己未17	12 己丑⑯	12 戊午15	12 丁亥13	11 丙辰11	11 丙戌11	11 乙卯 9	11 甲申⑧	10 癸丑 6
13 壬辰19	13 壬戌21	**13** 辛卯19	13 庚申18	13 庚寅17	13 己未16	13 戊子14	12 丁巳12	12 丁亥12	12 丙辰⑩	12 乙酉 9	11 甲寅 7
14 癸巳20	14 癸亥22	14 壬辰20	**14** 辛酉⑲	**14** 辛卯18	14 庚申17	14 己丑15	13 戊午13	13 戊子⑬	13 丁巳11	13 丙戌10	12 乙卯 8
15 甲午21	15 甲子23	15 癸巳㉑	15 壬戌20	15 壬辰19	15 辛酉18	15 庚寅16	14 己未14	14 己丑14	14 戊午12	14 丁亥11	13 丙辰 9
16 乙未22	16 乙丑㉔	16 甲午22	16 癸亥21	16 癸巳20	**16** 壬戌19	16 辛卯17	15 庚申⑮	15 庚寅15	15 己未13	15 戊子12	14 丁巳10
17 丙申23	17 丙寅25	17 乙未23	17 甲子22	17 甲午21	17 癸亥20	**17** 壬辰⑱	16 辛酉16	16 辛卯16	16 庚申14	16 己丑13	15 戊午11
18 丁酉㉔	18 丁卯26	18 丙申24	18 乙丑23	18 乙未22	18 甲子㉑	18 癸巳19	17 壬戌17	17 壬辰17	17 辛酉15	17 庚寅14	16 己未⑫
19 戊戌25	19 戊辰27	19 丁酉25	19 丙寅24	19 丙申㉓	19 乙丑22	19 甲午20	**18** 癸亥18	**18** 癸巳18	18 壬戌16	18 辛卯⑮	17 庚申13
20 己亥26	20 己巳28	20 戊戌26	20 丁卯25	20 丁酉24	20 丙寅23	20 乙未21	19 甲子19	19 甲午19	19 癸亥⑰	19 壬辰16	18 辛酉14
21 庚子27	21 庚午29	21 己亥27	21 戊辰㉖	21 戊戌25	21 丁卯24	21 丙申22	20 乙丑20	20 乙未⑳	**20** 甲子18	20 癸巳17	19 壬戌15
22 辛丑28	22 辛未30	22 庚子㉘	22 己巳27	22 己亥26	22 戊辰25	22 丁酉23	21 丙寅21	21 丙申21	21 乙丑19	**21** 甲午18	20 癸亥16
《3月》	23 壬申㉛	23 辛丑29	23 庚午28	23 庚子27	23 己巳26	23 戊戌24	22 丁卯㉒	22 丁酉22	22 丙寅20	22 乙未19	21 甲子17
23 壬寅 1	《4月》	24 壬寅30	24 辛未29	24 辛丑28	24 庚午27	24 己亥㉕	23 戊辰23	23 戊戌23	23 丁卯21	23 丙申20	**22** 乙丑18
24 癸卯 2	24 癸酉 1	《5月》	25 壬申30	25 壬寅29	25 辛未㉘	25 庚子26	24 己巳24	24 己亥24	24 戊辰22	24 丁酉21	23 丙寅⑲
25 甲辰③	25 甲戌 2	25 癸卯 1	26 癸酉31	26 癸卯㉚	26 壬申29	26 辛丑27	25 庚午25	25 庚子25	25 己巳23	25 戊戌㉒	24 丁卯20
26 乙巳 4	**26** 乙亥 3	26 甲辰 2	《6月》	《7月》	27 癸酉30	27 壬寅28	26 辛未26	26 辛丑26	26 庚午㉔	26 己亥23	25 戊辰21
27 丙午 5	27 丙子 4	27 乙巳 3	27 甲戌 1	27 甲辰 1	28 甲戌31	28 癸卯29	27 壬申27	27 壬寅㉗	27 辛未25	27 庚子24	26 己巳22
28 丁未 6	28 丁丑 5	**28** 丙午 4	28 乙亥②	28 乙巳 2	《8月》	29 甲辰30	28 癸酉28	28 癸卯28	28 壬申26	28 辛丑25	27 庚午23
29 戊申 7	29 戊寅 6	29 丁未⑤	**29** 丙子 3	29 丙午 3	29 乙亥 1	30 乙巳31	29 甲戌㉙	29 甲辰29	29 癸酉27	29 壬寅26	28 辛未24
30 己酉 8			30 丁丑 4				30 乙亥30			30 癸卯27	29 壬申25
											30 癸酉㉖
雨水 11日 啓蟄 26日	春分 11日 清明 26日	穀雨 13日 立夏 28日	小満 14日 芒種 29日	夏至 14日	小暑 1日 大暑 16日	立秋 2日 処暑 17日	白露 3日 秋分 18日	寒露 3日 霜降 18日	立冬 4日 小雪 20日	大雪 6日 冬至 21日	小寒 6日 大寒 22日

神亀4年（727−728） 丁卯

1月	2月	3月	4月	5月	6月	7月	8月	9月	閏9月	10月	11月	12月
1 甲戌27	1 甲辰26	1 癸酉27	1 癸卯26	1 壬申㉕	1 壬寅24	1 辛未23	1 庚子21	1 庚午20	1 己亥⑲	**1** 己巳18	1 戊戌17	1 戊辰16
2 乙亥28	2 乙巳27	2 甲戌28	2 甲辰㉗	2 癸酉26	2 癸卯25	2 壬申24	2 辛丑22	2 辛未㉑	2 庚子20	2 庚午19	**2** 己亥18	2 己巳17
3 丙子29	3 丙午28	3 乙亥29	3 乙巳28	3 甲戌27	3 甲辰26	3 癸酉25	3 壬寅23	3 壬申22	3 辛丑21	3 辛未20	3 庚子19	**3** 庚午⑱
4 丁丑30	《3月》	4 丙子㉚	4 丙午29	4 乙亥28	4 乙巳27	4 甲戌26	4 癸卯㉔	4 癸酉23	4 壬寅22	4 壬申21	4 辛丑20	4 辛未19
5 戊寅31	4 丁未 1	5 丁丑31	5 丁未30	5 丙子29	5 丙午28	5 乙亥㉗	5 甲辰25	5 甲戌24	5 癸卯23	5 癸酉22	5 壬寅㉑	5 壬申20
《2月》	5 戊申②	《4月》	《5月》	6 丁丑30	6 丁未㉙	6 丙子28	6 乙巳26	6 乙亥25	6 甲辰24	6 甲戌㉓	6 癸卯22	6 癸酉21
6 己卯 1	6 己酉 3	6 戊寅 1	6 戊申 1	7 戊寅31	7 戊申30	7 丁丑29	7 丙午27	7 丙子26	7 乙巳25	7 乙亥24	7 甲辰23	7 甲戌22
7 庚辰②	**7** 庚戌 4	7 己卯 2	7 己酉 2	《6月》	《7月》	8 戊寅30	8 丁未28	8 丁丑27	8 丙午㉖	8 丙子25	8 乙巳24	8 乙亥23
8 辛巳 3	8 辛亥 5	8 庚辰 3	8 庚戌 3	8 己卯①	8 己酉 1	9 己卯31	9 戊申29	9 戊寅㉘	9 丁未27	9 丁丑26	9 丙午25	9 丙子24
9 壬午 4	9 壬子 6	**9** 辛巳 4	**9** 辛亥④	9 庚辰 2	9 庚戌 2	《8月》	10己酉30	10己卯29	10戊申28	10戊寅27	10丁未26	10丁丑㉕
10癸未 5	10癸丑 7	10壬午 5	10壬子 5	10辛巳 3	10辛亥 3	10庚辰 1	11庚戌㉛	11庚辰30	11己酉29	11己卯28	11戊申27	11戊寅26
11甲申 6	11甲寅 8	11癸未⑥	11癸丑 6	**11**壬午 4	**11**壬子 4	11辛巳 2	《9月》	《10月》	12庚戌30	12庚辰29	12己酉㉘	12己卯27
12乙酉 7	12乙卯⑨	12甲申 7	12甲寅 7	12癸未 5	12癸丑 5	**12**壬午③	12辛亥 1	12辛巳 1	13辛亥31	13辛巳㉚	13庚戌29	13庚辰28
13丙戌 8	13丙辰10	13乙酉 8	13乙卯 8	13甲申 6	13甲寅⑥	13癸未 4	13壬子 2	13壬午 2	《11月》	《12月》	14辛亥30	14辛巳29
14丁亥⑨	14丁巳11	14丙戌 9	14丙辰 9	14乙酉 7	14乙卯 7	14甲申 5	**14**癸丑 3	**14**癸未 3	14壬子 1	14壬午 1	15壬子31	15壬午30
15戊子10	15戊午12	15丁亥10	15丁巳10	15丙戌⑧	15丙辰 8	15乙酉 6	15甲寅 4	15甲申 4	15癸丑②	15癸未 2	**728年**	16癸未31
16己丑11	16己未13	16戊子11	16戊午⑪	16丁亥 9	16丁巳 9	16丙戌 7	16乙卯 5	16乙酉⑤	**16**甲寅 3	**16**甲申 3	《1月》	《2月》
17庚寅12	17庚申14	17己丑12	17己未12	17戊子10	17戊午10	17丁亥 8	17丙辰 6	17丙戌 6	17乙卯 4	17乙酉 4	16癸丑 1	17甲申①
18辛卯13	18辛酉15	18庚寅⑬	18庚申13	18己丑11	18己未11	18戊子 9	18丁巳⑦	18丁亥 7	18丙辰 5	18丙戌 5	17甲寅 2	**18**乙酉 2
19壬辰14	19壬戌⑯	19辛卯14	19辛酉14	19庚寅12	19庚申12	19己丑⑩	19戊午 8	19戊子 8	19丁巳 6	19丁亥 6	**18**乙卯 3	19丙戌 3
20癸巳15	20癸亥17	20壬辰15	20壬戌15	20辛卯13	20辛酉⑬	20庚寅11	20己未 9	20己丑 9	20戊午 7	20戊子⑦	19丙辰④	20丁亥 4
21甲午⑯	21甲子18	21癸巳16	21癸亥16	21壬辰14	21壬戌14	21辛卯12	21庚申10	21庚寅10	21己未 8	21己丑 8	20丁巳 5	21戊子 5
22乙未17	**22**乙丑19	22甲午17	22甲子17	22癸巳⑮	22癸亥15	22壬辰13	22辛酉11	22辛卯11	22庚申⑨	22庚寅 9	21戊午 6	22己丑 6
23丙申18	23丙寅20	23乙未18	23乙丑⑱	23甲午16	23甲子16	23癸巳14	23壬戌12	23壬辰⑫	23辛酉10	23辛卯10	22己未 7	23庚寅 7
24丁酉19	24丁卯21	**24**丙申19	**24**丙寅19	24乙未17	24乙丑17	24甲午15	24癸亥13	24癸巳13	24壬戌11	24壬辰11	23庚申 8	24辛卯⑧
25戊戌20	25戊辰22	25丁酉⑳	25丁卯20	25丙申18	25丙寅18	25乙未16	25甲子⑭	25甲午14	25癸亥12	25癸巳12	24辛酉 9	25壬辰 9
26己亥21	26己巳㉓	26戊戌21	26戊辰21	**26**丁酉19	**26**丁卯19	26丙申⑰	26乙丑15	26乙未15	26甲子13	26甲午13	25壬戌10	26癸巳10
27庚子22	27庚午24	27己亥22	27己巳22	27戊戌20	27戊辰⑳	27丁酉18	27丙寅16	27丙申16	27乙丑14	27乙未⑭	26癸亥⑪	27甲午11
28辛丑㉓	28辛未25	28庚子23	28庚午23	28己亥21	28己巳21	**28**戊戌19	28丁卯17	28丁酉17	28丙寅15	28丙申15	27甲子12	28乙未12
29壬寅24	29壬申26	29辛丑24	29辛未24	29庚子㉒	29庚午22	29己亥20	**29**戊辰18	**29**戊戌18	29丁卯⑯	29丁酉16	28乙丑13	29丙申13
30癸卯25		30壬寅25		30辛丑23			30己巳19		30戊辰17		29丙寅14	30丁酉14
											30丁卯15	

立春 7日	啓蟄 7日	清明 9日	立夏 9日	芒種 11日	小暑 11日	立秋 12日	白露 14日	寒露 14日	立冬16日	小雪 1日	冬至 2日	大寒 3日
雨水 22日	春分 22日	穀雨 24日	小満 24日	夏至 26日	大暑 26日	処暑 28日	秋分 29日	霜降 29日		大雪 16日	小寒 18日	立春 18日

神亀5年（728−729） 戊辰

1月	2月	3月	4月	5月	6月	7月	8月	9月	10月	11月	12月
1 戊戌⑮	1 戊辰16	1 丁酉14	1 丁卯14	1 丙申12	1 丙寅12	1 乙未10	1 甲子 8	1 甲午 8	1 癸亥 6	1 癸巳 6	1 壬戌 4
2 己亥16	2 己巳17	2 戊戌15	2 戊辰15	2 丁酉⑬	2 丁卯13	2 丙申11	2 乙丑 9	2 乙未 9	2 甲子⑦	2 甲午 7	2 癸亥 5
3 庚子17	3 庚午18	3 己亥16	3 己巳⑯	3 戊戌14	3 戊辰14	3 丁酉12	3 丙寅10	3 丙申⑩	3 乙丑 8	3 乙未 8	3 甲子 6
4 辛丑18	**4** 辛未19	4 庚子17	4 庚午17	4 己亥15	4 己巳15	4 戊戌13	4 丁卯11	4 丁酉11	4 丙寅 9	4 丙申 9	4 乙丑 7
5 壬寅19	5 壬申20	**5** 辛丑⑱	5 辛未18	5 庚子16	5 庚午16	5 己亥14	5 戊辰⑫	5 戊戌12	5 丁卯10	5 丁酉10	5 丙寅 8
6 癸卯20	6 癸酉㉑	6 壬寅19	**6** 壬申19	6 辛丑17	6 辛未17	6 庚子⑮	6 己巳13	6 己亥13	6 戊辰11	6 戊戌11	6 丁卯⑨
7 甲辰21	7 甲戌22	7 癸卯20	7 癸酉20	**7** 壬寅18	**7** 壬申⑱	7 辛丑16	7 庚午14	7 庚子14	7 己巳12	7 己亥⑫	7 戊辰10
8 乙巳㉒	8 乙亥23	8 甲辰21	8 甲戌21	8 癸卯19	8 癸酉19	8 壬寅17	8 辛未15	8 辛丑15	8 庚午13	8 庚子13	8 己巳11
9 丙午23	9 丙子24	9 乙巳22	9 乙亥22	9 甲辰⑳	9 甲戌20	**9** 癸卯18	9 壬申16	9 壬寅16	9 辛未⑭	9 辛丑14	9 庚午12
10丁未24	10丁丑25	10丙午23	10丙子㉓	10乙巳21	10乙亥21	10甲辰19	**10**癸酉17	10癸卯⑰	10壬申15	10壬寅15	10辛未13
11戊申25	11戊寅26	11丁未24	11丁丑24	11丙午22	11丙子22	11乙巳20	11甲戌18	**11**甲辰18	11癸酉16	11癸卯16	11壬申14
12己酉26	12己卯27	12戊申㉕	12戊寅25	12丁未23	12丁丑23	12丙午21	12乙亥⑲	12乙巳19	**12**甲戌17	12甲辰17	12癸酉15
13庚戌27	13庚辰㉘	13己酉26	13己卯26	13戊申24	13戊寅24	13丁未㉒	13丙子20	13丙午20	13乙亥18	**13**乙巳18	13甲戌⑯
14辛亥28	14辛巳29	14庚戌27	14庚辰27	14己酉25	14己卯㉕	14戊申23	14丁丑21	14丁未21	14丙子19	14丙午⑲	**14**乙亥17
15壬子㉙	15壬午30	15辛亥28	15辛巳28	15庚戌26	15庚辰26	15己酉24	15戊寅22	15戊申22	15丁丑20	15丁未20	15丙子18
《3月》	16癸未31	16壬子29	16壬午29	16辛亥㉗	16辛巳27	16庚戌25	16己卯23	16己酉23	16戊寅㉑	16戊申21	16丁丑19
16癸丑 1	《4月》	17癸丑30	17癸未㉚	17壬子28	17壬午28	17辛亥26	17庚辰24	17庚戌㉔	17己卯22	17己酉22	17戊寅20
17甲寅 2	17甲申 1	《5月》	18甲申31	18癸丑29	18癸未29	18壬子27	18辛巳25	18辛亥25	18庚辰23	18庚戌23	18己卯21
18乙卯 3	18乙酉 2	18甲寅 1	《6月》	19甲寅30	19甲申30	19癸丑28	19壬午㉖	19壬子26	19辛巳24	19辛亥24	19庚辰22
19丙辰 4	**19**丙戌 3	19乙卯②	19乙酉 1	《7月》	20乙酉31	20甲寅㉙	20癸未27	20癸丑27	20壬午25	20壬子25	20辛巳㉓
20丁巳 5	20丁亥④	**20**丙辰 3	20丙戌 2	20乙卯 1	《8月》	21乙卯30	21甲申28	21甲寅28	21癸未26	21癸丑㉖	21壬午24
21戊午 6	21戊子 5	21丁巳 4	**21**丁亥 3	21丙辰 2	21丙戌①	22丙辰31	22乙酉29	22乙卯29	22甲申27	22甲寅27	22癸未25
22己未⑦	22己丑 6	22戊午 5	22戊子 4	**22**丁巳 3	22丁亥 2	《9月》	23丙戌30	23丙辰30	23乙酉㉘	23乙卯28	23甲申26
23庚申 8	23庚寅 7	23己未 6	23己丑 5	23戊午④	**23**戊子 3	23丁巳 1	《10月》	24丁巳㉛	24丙戌29	24丙辰29	24乙酉27
24辛酉 9	24辛卯 8	24庚申 7	24庚寅⑥	24己未 5	24己丑 4	**24**戊午 2	24丁亥 1	《11月》	25丁亥30	25丁巳30	25丙戌28
25壬戌10	25壬辰 9	25辛酉 8	25辛卯 7	25庚申 6	25庚寅 5	25己未 3	**25**戊子 2	25戊午 1	《12月》	26戊午31	26丁亥29
26癸亥11	26癸巳10	26壬戌⑨	26壬辰 8	26辛酉 7	26辛卯 6	26庚申 4	26己丑③	**26**己未 2	26戊子 1	**729年**	27戊子㉚
27甲子12	27甲午⑪	27癸亥10	27癸巳 9	27壬戌 8	27壬辰 7	27辛酉⑤	27庚寅 4	27庚申 3	**27**己丑 2	《1月》	28己丑31
28乙丑13	28乙未12	28甲子11	28甲午10	28癸亥 9	28癸巳⑧	28壬戌 6	28辛卯 5	28辛酉 4	28庚寅 3	27己未 1	《2月》
29丙寅⑭	29丙申13	29乙丑12	29乙未11	29甲子10	29甲午 9	29癸亥 7	29壬辰 6	29壬戌 5	29辛卯 4	**28**庚申②	**29**庚寅 1
30丁卯15		30丙寅13		30乙丑⑪			30癸巳 7		30壬辰⑤	29辛酉 3	30辛卯 2

雨水 3日	春分 4日	穀雨 5日	小満 6日	夏至 7日	大暑 7日	処暑 9日	秋分 10日	霜降 11日	小雪 12日	冬至 13日	大寒 14日
啓蟄 18日	清明 19日	立夏 20日	芒種 21日	小暑 22日	立秋 23日	白露 24日	寒露 25日	立冬 26日	大雪 27日	小寒 28日	立春 29日

天平元年〔神亀**6**年〕（729－730） 己巳

改元 8/5（神亀→天平）

1 月	2 月	3 月	4 月	5 月	6 月	7 月	8 月	9 月	10月	11月	12月
1 壬辰 3 2 癸巳 4 3 甲午 5 4 乙未⑥ 5 丙申 7 6 丁酉 8 7 戊戌 9 8 己亥10 9 庚子11 10辛丑12 11壬寅⑬ 12癸卯14 13甲辰15 **14**乙巳16 15丙午17 16丁未18 17戊申19 18己酉⑳ 19庚戌21 20辛亥22 21壬子23 22癸丑24 23甲寅25 24乙卯26 25丙辰㉗ 26丁巳28 《3月》 27戊午 1 28己未 2 29庚申 3 **30**辛酉 4	1 壬戌 5 2 癸亥⑥ 3 甲子 7 4 乙丑 8 5 丙寅 9 6 丁卯10 7 戊辰11 8 己巳12 9 庚午⑬ 10辛未14 11壬申15 12癸酉16 13甲戌17 14乙亥18 **15**丙子19 16丁丑⑳ 17戊寅21 18己卯22 19庚辰23 20辛巳24 21壬午25 22癸未26 23甲申㉗ 24乙酉28 25丙戌29 26丁亥30 27戊子31 《4月》 28己丑 1 29庚寅 2	**1** 辛卯③ 2 壬辰 4 3 癸巳 5 4 甲午 6 5 乙未 7 6 丙申 8 7 丁酉 9 8 戊戌⑩ 9 己亥11 10庚子12 11辛丑13 12壬寅14 13癸卯15 14甲辰16 15乙巳⑰ **16**丙午18 17丁未19 18戊申20 19己酉21 20庚戌22 21辛亥23 22壬子㉔ 23癸丑25 24甲寅26 25乙卯27 26丙辰28 27丁巳29 28戊午30 《5月》 29己未① 30庚申 2	1 辛酉 3 **2** 壬戌 4 3 癸亥 5 4 甲子 6 5 乙丑 7 6 丙寅⑧ 7 丁卯 9 8 戊辰10 9 己巳11 10庚午12 11辛未13 12壬申14 13癸酉⑮ 14甲戌16 15乙亥17 16丙子18 **17**丁丑19 18戊寅20 19己卯21 20庚辰㉒ 21辛巳23 22壬午24 23癸未25 24甲申26 25乙酉27 26丙戌28 27丁亥㉙ 28戊子30 29己丑31	《6月》 1 庚寅 1 2 辛卯 2 **3** 壬辰 3 4 癸巳 4 5 甲午⑤ 6 乙未 6 7 丙申 7 8 丁酉 8 9 戊戌 9 10己亥10 11庚子11 12辛丑⑫ 13壬寅13 14癸卯14 15甲辰15 16乙巳16 17丙午17 **18**丁未18 19戊申⑲ 20己酉20 21庚戌21 22辛亥22 23壬子23 24癸丑24 25甲寅25 26乙卯㉖ 27丙辰27 28丁巳28 29戊午29 30己未30	《7月》 1 庚申 1 2 辛酉 2 **3** 壬戌③ 4 癸亥 4 5 甲子 5 6 乙丑 6 7 丙寅 7 8 丁卯 8 9 戊辰 9 10己巳⑩ 11庚午11 12辛未12 13壬申13 14癸酉14 15甲戌15 16乙亥16 17丙子⑰ 18丁丑18 **19**戊寅19 20己卯20 21庚辰21 22辛巳22 23壬午23 24癸未㉔ 25甲申25 26乙酉26 27丙戌27 28丁亥28 29戊子29 30己丑30	1 庚寅㉛ 《8月》 2 辛卯 1 3 壬辰 2 **4** 癸巳 3 5 甲午 4 6 乙未 5 7 丙申 6 8 丁酉⑦ 9 戊戌 8 10己亥 9 11庚子10 12辛丑11 13壬寅12 14癸卯13 15甲辰⑭ 16乙巳15 17丙午16 18丁未17 **19**戊申18 20己酉19 21庚戌20 22辛亥㉑ 23壬子22 24癸丑23 25甲寅24 26乙卯25 27丙辰26 28丁巳27 29戊午㉘	1 己未29 2 庚申30 3 辛酉31 《9月》 4 壬戌 1 **5** 癸亥 2 6 甲子 3 7 乙丑④ 8 丙寅 5 9 丁卯 6 10戊辰 7 11己巳 8 12庚午 9 13辛未10 14壬申⑪ 15癸酉12 16甲戌13 17乙亥14 18丙子15 19丁丑16 20戊寅17 **21** 己卯⑱ 22庚辰19 23辛巳20 24壬午21 25癸未22 26甲申23 27乙酉24 28丙戌㉕ 29丁亥26	1 戊子27 2 己丑28 3 庚寅29 4 辛卯30 《10月》 5 壬辰 1 6 癸巳② **7** 甲午 3 8 乙未 4 9 丙申 5 10丁酉 6 11戊戌 7 12己亥 8 13庚子⑨ 14辛丑10 15壬寅11 16癸卯12 17甲辰13 18乙巳14 19丙午15 20丁未⑯ 21戊申17 **22**己酉18 23庚戌19 24辛亥20 25壬子21 26癸丑22 27甲寅㉓ 28乙卯24 29丙辰25 30丁巳26	1 戊午27 2 己未28 3 庚申29 4 辛酉㉚ 5 壬戌31 《11月》 6 癸亥 1 **7** 甲子 2 8 乙丑 3 9 丙寅 4 10丁卯 5 11戊辰⑥ 12己巳 7 13庚午 8 14辛未 9 15壬申10 16癸酉11 17甲戌12 18乙亥⑬ 19丙子14 20丁丑15 21戊寅16 **22**己卯17 23庚辰18 24辛巳19 25壬午⑳ 26癸未21 27甲申22 28乙酉23 29丙戌24	1 丁亥25 2 戊子26 3 己丑㉗ 4 庚寅28 5 辛卯29 6 壬辰30 《12月》 7 癸巳 1 8 甲午 2 **9** 乙未 3 10丙申④ 11丁酉 5 12戊戌 6 13己亥 7 14庚子 8 15辛丑 9 16壬寅10 17癸卯⑪ 18甲辰12 19乙巳13 20丙午14 21丁未15 22戊申16 23己酉17 **24**庚戌⑱ 25辛亥19 26壬子20 27癸丑21 28甲寅22 29乙卯23 30丙辰24	1 丁巳㉕ 2 戊午26 3 己未27 4 庚申28 5 辛酉29 6 壬戌30 7 癸亥31 **730**年 《1月》 8 甲子① **9** 乙丑 2 10丙寅 3 11丁卯 4 12戊辰 5 13己巳 6 14庚午 7 15辛未⑧ 16壬申 9 17癸酉10 18甲戌11 19乙亥12 20丙子13 21丁丑14 22戊寅⑮ 23己卯16 **24**庚辰17 25辛巳18 26壬午19 27癸未20 28甲申21 29乙酉㉒
雨水 14日 啓蟄 30日	春分 15日	清明 1日 穀雨 16日	立夏 2日 小満 17日	芒種 3日 夏至 18日	小暑 3日 大暑 19日	立秋 4日 処暑 19日	白露 5日 秋分 21日	寒露 7日 霜降 22日	立冬 7日 小雪 22日	大雪 9日 冬至 24日	小寒 9日 大寒 24日

天平**2**年（730－731） 庚午

1 月	2 月	3 月	4 月	5 月	6 月	閏6月	7 月	8 月	9 月	10月	11月	12月
1 丙戌23 2 丁亥24 3 戊子25 4 己丑26 5 庚寅27 6 辛卯28 7 壬辰㉙ 8 癸巳30 9 甲午31 《2月》 **10**乙未 1 11丙申 2 12丁酉 3 13戊戌 4 14己亥⑤ 15庚子 6 16辛丑 7 17壬寅 8 18癸卯 9 19甲辰10 20乙巳11 21丙午⑫ 22丁未13 23戊申14 24己酉15 25庚戌16 **26**辛亥17 27壬子18 28癸丑⑲ 29甲寅20 30乙卯21	1 丙辰22 2 丁巳23 3 戊午24 4 己未25 5 庚申㉖ 6 辛酉27 7 壬戌28 《3月》 8 癸亥 1 9 甲子 2 10乙丑 3 **11**丙寅 4 12丁卯⑤ 13戊辰 6 14己巳 7 15庚午 8 16辛未 9 17壬申10 18癸酉11 19甲戌⑫ 20乙亥13 21丙子14 22丁丑15 23戊寅16 24己卯17 25庚辰18 **26**辛巳⑲ 27壬午20 28癸未21 29甲申22	1 乙酉23 2 丙戌24 3 丁亥25 4 戊子㉖ 5 己丑27 6 庚寅28 7 辛卯29 8 壬辰30 9 癸巳31 《4月》 10甲午 1 11乙未② **12**丙申 3 13丁酉 4 14戊戌 5 15己亥 6 16庚子 7 17辛丑 8 18壬寅⑨ 19癸卯10 20甲辰11 21乙巳12 22丙午13 23丁未14 24戊申15 25己酉⑯ 26庚戌17 27辛亥18 **28**壬子19 29癸丑20 30甲寅21	1 乙卯22 2 丙辰㉓ 3 丁巳24 4 戊午25 5 己未26 6 庚申27 7 辛酉28 8 壬戌29 9 癸亥㉚ 《5月》 10甲子 1 11乙丑 2 12丙寅 3 **13**丁卯 4 14戊辰 5 15己巳 6 16庚午⑦ 17辛未 8 18壬申 9 19癸酉10 20甲戌11 21乙亥12 22丙子13 23丁丑⑭ 24戊寅15 25己卯16 26庚辰17 27辛巳18 **28**壬午19 29癸未20 30甲申㉑	1 乙酉22 2 丙戌23 3 丁亥24 4 戊子25 5 己丑26 6 庚寅27 7 辛卯㉘ 8 壬辰29 9 癸巳30 10甲午31 《6月》 11乙未 1 12丙申 2 **13**丁酉 3 14戊戌④ 15己亥 5 16庚子 6 17辛丑 7 18壬寅 8 19癸卯 9 20甲辰10 21乙巳⑪ 22丙午12 23丁未13 24戊申14 25己酉15 26庚戌16 27辛亥17 **28**壬子⑱ 29癸丑19	1 甲寅20 2 乙卯21 3 丙辰22 4 丁巳23 5 戊午24 6 己未㉕ 7 庚申26 8 辛酉27 9 壬戌28 10癸亥29 11甲子30 《7月》 12乙丑 1 13丙寅② 14丁卯 3 **15**戊辰 4 16己巳 5 17庚午 6 18辛未 7 19壬申 8 20癸酉⑨ 21甲戌10 22乙亥11 23丙子12 24丁丑13 25戊寅14 26己卯15 27庚辰⑯ 28辛巳17 29壬午18 **30**癸未19	1 甲申20 2 乙酉21 3 丙戌22 4 丁亥㉓ 5 戊子24 6 己丑25 7 庚寅26 8 辛卯27 9 壬辰28 10癸巳29 11甲午㉚ 12乙未31 《8月》 13丙申 1 14丁酉 2 **15**戊戌 3 16己亥 4 17庚子 5 18辛丑⑥ 19壬寅 7 20癸卯 8 21甲辰 9 22乙巳10 23丙午11 24丁未12 25戊申⑬ 26己酉14 27庚戌15 28辛亥16 29壬子17	**1** 癸丑18 2 甲寅19 3 乙卯⑳ 4 丙辰21 5 丁巳22 6 戊午23 7 己未24 8 庚申25 9 辛酉26 10壬戌㉗ 11癸亥28 12甲子29 13乙丑30 14丙寅31 《9月》 15丁卯 1 16戊辰 2 **17**己巳③ 18庚午 4 19辛未 5 20壬申 6 21癸酉 7 22甲戌 8 23乙亥 9 24丙子⑩ 25丁丑11 26戊寅12 27己卯13 28庚辰14 29辛巳15 30壬午16	1 癸未⑰ **2** 甲申18 3 乙酉19 4 丙戌20 5 丁亥21 6 戊子22 7 己丑23 8 庚寅㉔ 9 辛卯25 10壬辰26 11癸巳27 12甲午28 13乙未29 14丙申30 《10月》 15丁酉① 16戊戌 2 **17**己亥 3 18庚子 4 19辛丑 5 20壬寅 6 21癸卯 7 22甲辰⑧ 23乙巳 9 24丙午10 25丁未11 26戊申12 27己酉13 28庚戌14 29辛亥⑮	1 壬子16 2 癸丑17 **3** 甲寅18 4 乙卯19 5 丙辰20 6 丁巳21 7 戊午㉒ 8 己未23 9 庚申24 10辛酉25 11壬戌26 12癸亥27 13甲子28 14乙丑㉙ 15丙寅30 16丁卯31 《11月》 17戊辰 1 **18**己巳 2 19庚午 3 20辛未 4 21壬申⑤ 22癸酉 6 23甲戌 7 24乙亥 8 25丙子 9 26丁丑10 27戊寅11 28己卯⑫ 29庚辰13 30辛巳14	1 壬午15 2 癸未16 3 甲申17 **4** 乙酉18 5 丙戌⑲ 6 丁亥20 7 戊子21 8 己丑22 9 庚寅23 10辛卯24 11壬辰25 12癸巳㉖ 13甲午27 14乙未28 15丙申29 16丁酉30 《12月》 17戊戌 1 18己亥 2 **19**庚子③ 20辛丑 4 21壬寅 5 22癸卯 6 23甲辰 7 24乙巳 8 25丙午 9 26丁未⑩ 27戊申11 28己酉12 29庚戌13	1 辛亥14 2 壬子15 3 癸丑16 4 甲寅⑰ **5** 乙卯18 6 丙辰19 7 丁巳20 8 戊午21 9 己未22 10庚申23 11辛酉㉔ 12壬戌25 13癸亥26 14甲子27 15乙丑28 16丙寅29 17丁卯30 18戊辰㉛ **731**年 《1月》 19己巳 1 **20**庚午 2 21辛未 3 22壬申 4 23癸酉 5 24甲戌 6 25乙亥⑦ 26丙子 8 27丁丑 9 28戊寅10 29己卯11 30庚辰12	1 辛巳13 2 壬午⑭ 3 癸未15 4 甲申16 5 乙酉17 **6** 丙戌18 7 丁亥19 8 戊子20 9 己丑㉑ 10庚寅22 11辛卯23 12壬辰24 13癸巳25 14甲午26 15乙未27 16丙申㉘ 17丁酉29 18戊戌30 19己亥31 《2月》 20庚子 1 **21** 辛丑 2 22壬寅 3 23癸卯④ 24甲辰 5 25乙巳 6 26丙午 7 27丁未 8 28戊申 9 29己酉10
立春 10日 雨水 26日	啓蟄 11日 春分 26日	清明 12日 穀雨 28日	立夏 13日 小満 28日	芒種 13日 夏至 28日	小暑 15日 大暑 30日	立秋15日	処暑 1日 白露 17日	秋分 2日 寒露 17日	霜降 3日 立冬 18日	小雪 4日 大雪 19日	冬至 5日 小寒 20日	大寒 6日 立春 21日

天平**3**年（731－732） 辛未

1月	2月	3月	4月	5月	6月	7月	8月	9月	10月	11月	12月
1 庚戌⑪	1 庚辰13	1 己酉11	1 己卯11	1 戊申 9	1 戊寅 9	1 丁未 7	1 丁丑 6	1 丁未 6	1 丙子④	1 丙午 4	1 乙亥 2
2 辛亥12	2 辛巳14	2 庚戌12	2 庚辰12	2 己酉⑩	2 己卯10	2 戊申 8	2 戊寅 7	2 戊申⑦	2 丁丑 5	2 丁未 5	**2** 丙子 3
3 壬子13	3 壬午15	3 辛亥13	3 辛巳⑬	3 庚戌11	3 庚辰11	3 己酉 9	3 己卯 8	3 己酉 8	3 戊寅 6	3 戊申 6	3 丁丑 4
4 癸丑14	4 癸未16	4 壬子14	4 壬午14	4 辛亥12	4 辛巳12	4 庚戌10	4 庚辰⑨	4 庚戌 9	4 己卯 7	4 己酉 7	4 戊寅 5
5 甲寅15	5 甲申17	5 癸丑⑮	5 癸未15	5 壬子13	5 壬午13	5 辛亥11	5 辛巳10	5 辛亥10	5 庚辰 8	5 庚戌 8	5 己卯⑥
6 乙卯16	6 乙酉⑱	6 甲寅16	6 甲申16	6 癸丑14	6 癸未14	6 壬子⑫	6 壬午11	6 壬子11	6 辛巳 9	6 辛亥⑨	6 庚辰 7
7 丙辰17	**7** 丙戌19	7 乙卯17	7 乙酉17	7 甲寅15	7 甲申⑮	7 癸丑13	7 癸未12	7 癸丑12	7 壬午10	7 壬子10	7 辛巳 8
8 丁巳⑱	8 丁亥20	8 丙辰18	8 丙戌18	8 乙卯16	8 乙酉16	8 甲寅14	8 甲申13	8 甲寅13	8 癸未⑪	8 癸丑11	8 壬午 9
9 戊午19	9 戊子21	**9** 丁巳19	**9** 丁亥19	9 丙辰⑰	9 丙戌17	9 乙卯15	9 乙酉14	9 乙卯⑭	9 甲申12	9 甲寅12	9 癸未10
10 己未20	10 己丑22	10 戊午20	10 戊子⑳	10 丁巳18	10 丁亥18	10 丙辰16	10 丙戌15	10 丙辰15	10 乙酉13	10 乙卯13	10 甲申11
11 庚申21	11 庚寅23	11 己未21	11 己丑21	**11** 戊午19	**11** 戊子19	11 丁巳17	11 丁亥⑯	11 丁巳16	11 丙戌14	11 丙辰14	11 乙酉12
12 辛酉22	12 辛卯24	12 庚申㉒	12 庚寅22	12 己未20	12 己丑20	12 戊午18	12 戊子17	12 戊午17	12 丁亥15	12 丁巳15	12 丙戌⑬
13 壬戌23	13 壬辰㉕	13 辛酉23	13 辛卯23	13 庚申21	13 庚寅21	**13** 己未⑲	**13** 己丑18	**13** 己未18	13 戊子16	13 戊午⑯	13 丁亥14
14 癸亥24	14 癸巳26	14 壬戌24	14 壬辰24	14 辛酉22	14 辛卯㉒	14 庚申20	14 庚寅19	14 庚申19	14 己丑17	14 己未17	14 戊子15
15 甲子㉕	15 甲午27	15 癸亥25	15 癸巳25	15 壬戌23	15 壬辰23	15 辛酉21	15 辛卯20	15 辛酉20	**15** 庚寅⑱	**15** 庚申18	15 己丑16
16 乙丑26	16 乙未28	16 甲子26	16 甲午26	16 癸亥㉔	16 癸巳24	16 壬戌22	16 壬辰21	16 壬戌㉑	16 辛卯19	16 辛酉19	16 庚寅17
17 丙寅27	17 丙申29	17 乙丑27	17 乙未㉗	17 甲子25	17 甲午25	17 癸亥23	17 癸巳22	17 癸亥22	17 壬辰20	17 壬戌20	**17** 辛卯18
18 丁卯28	18 丁酉30	18 丙寅28	18 丙申28	18 乙丑26	18 乙未26	18 甲子24	18 甲午㉓	18 甲子23	18 癸巳21	18 癸亥21	18 壬辰19
《3月》	19 戊戌31	19 丁卯㉙	19 丁酉29	19 丙寅27	19 丙申27	19 乙丑25	19 乙未24	19 乙丑24	19 甲午22	19 甲子22	19 癸巳⑳
19 戊辰 1	《4月》	20 戊辰30	20 戊戌30	20 丁卯28	20 丁酉28	20 丙寅㉖	20 丙申25	20 丙寅25	20 乙未23	20 乙丑㉓	20 甲午21
20 己巳 2	20 己亥①	《5月》	21 己亥31	21 戊辰29	21 戊戌㉙	21 丁卯27	21 丁酉26	21 丁卯26	21 丙申24	21 丙寅24	21 乙未22
21 庚午 3	21 庚子 2	21 己巳 1	《6月》	22 己巳30	22 己亥30	22 戊辰28	22 戊戌27	22 戊辰27	22 丁酉㉕	22 丁卯25	22 丙申23
22 辛未④	22 辛丑 3	22 庚午 2	22 庚子 1	《7月》	23 庚子31	23 己巳29	23 己亥28	23 己巳㉘	23 戊戌26	23 戊辰26	23 丁酉24
23 壬申 5	**23** 壬寅 4	23 辛未 3	23 辛丑 2	23 庚午①	《8月》	24 庚午30	24 庚子29	24 庚午29	24 己亥27	24 己巳27	24 戊戌25
24 癸酉 6	24 癸卯 5	**24** 壬申 4	**24** 壬寅③	24 辛未 2	24 辛丑 1	25 辛未31	25 辛丑㉚	25 辛未30	25 庚子28	25 庚午28	25 己亥26
25 甲戌 7	25 甲辰 6	25 癸酉 5	25 癸卯 4	25 壬申 3	25 壬寅 2	《9月》	《10月》	26 壬申31	26 辛丑29	26 辛未29	26 庚子㉗
26 乙亥 8	26 乙巳 7	26 甲戌⑥	26 甲辰 5	**26** 癸酉 4	**26** 癸卯 3	26 壬申 1	26 壬寅 1	《11月》	27 壬寅30	27 壬申㉚	27 辛丑28
27 丙子 9	27 丙午⑧	27 乙亥 7	27 乙巳 6	27 甲戌 5	27 甲辰 4	27 癸酉②	27 癸卯 2	27 癸酉 1	《12月》	28 癸酉31	28 壬寅29
28 丁丑10	28 丁未 9	28 丙子 8	28 丙午 7	28 乙亥 6	28 乙巳⑤	**28** 甲戌 3	**28** 甲辰 3	28 甲戌 2	28 癸卯 1	732年	29 癸卯30
29 戊寅⑪	29 戊申10	29 丁丑 9	29 丁未 8	29 丙子 7	29 丙午 6	29 乙亥 4	29 乙巳 4	**29** 乙亥 3	29 甲辰②	《1月》	30 甲辰31
30 己卯12		30 戊寅10		30 丁丑⑧		30 丙子 5	30 丙午 5		**30** 乙巳 3	29 甲戌 1	

雨水 7日 啓蟄 22日	春分 7日 清明 23日	穀雨 9日 立夏 24日	小満 9日 芒種 24日	夏至 11日 小暑 26日	大暑 11日 立秋 26日	処暑 13日 白露 28日	秋分 13日 寒露 28日	霜降 13日 立冬 29日	小雪 15日 大雪 30日	冬至 15日	小寒 2日 大寒 17日

天平**4**年（732－733） 壬申

1月	2月	3月	4月	5月	6月	7月	8月	9月	10月	11月	12月
《2月》	《3月》	1 甲辰31	1 癸酉29	1 壬寅28	1 壬申27	1 壬寅㉗	1 辛未25	1 辛丑24	1 辛未24	1 庚子22	1 庚午22
1 乙巳 1	1 甲戌 1	《4月》	2 甲戌30	2 癸卯29	2 癸酉28	2 癸卯28	2 壬申26	2 壬寅25	2 壬申25	2 辛丑㉓	2 辛未23
2 丙午 2	2 乙亥②	2 乙巳 1	《5月》	3 甲辰30	3 甲戌㉙	3 甲辰29	3 癸酉27	3 癸卯26	3 癸酉㉖	3 壬寅24	3 壬申24
3 丁未③	**3** 丙子 3	3 丙午 2	3 乙亥 1	4 乙巳31	4 乙亥30	4 乙巳30	4 甲戌28	4 甲辰27	4 甲戌27	4 癸卯25	4 癸酉25
4 戊申 4	4 丁丑 4	**4** 丁未 3	4 丙子 2	《6月》	《7月》	5 丙午31	5 乙亥29	5 乙巳㉘	5 乙亥28	5 甲辰26	5 甲戌26
5 己酉 5	5 戊寅 5	5 戊申 4	**5** 丁丑 3	5 丙午①	5 丙子 1	《8月》	6 丙子30	6 丙午29	6 丙子29	6 乙巳27	6 乙亥27
6 庚戌 6	6 己卯 6	6 己酉 5	6 戊寅④	6 丁未 2	6 丁丑 2	6 丁未 1	7 丁丑㉛	7 丁未30	7 丁丑30	7 丙午28	7 丙子㉘
7 辛亥 7	7 庚辰 7	7 庚戌⑥	7 己卯 5	**7** 戊申 3	**7** 戊寅 3	7 戊申 2	《9月》	《10月》	8 戊寅31	8 丁未29	8 丁丑29
8 壬子 8	8 辛巳 8	8 辛亥 7	8 庚辰 6	8 己酉 4	8 己卯 4	**8** 己酉③	8 戊寅 1	8 戊申 1	《11月》	9 戊申㉚	9 戊寅30
9 癸丑 9	9 壬午⑨	9 壬子 8	9 辛巳 7	9 庚戌 5	9 庚辰 5	9 庚戌 4	**9** 己卯 2	**9** 己酉 2	9 己卯 1	《12月》	10 己卯31
10 甲寅⑩	10 癸未10	10 癸丑 9	10 壬午 8	10 辛亥 6	10 辛巳⑥	10 辛亥 5	10 庚辰 3	10 庚戌 3	**10** 庚辰②	10 己酉 1	733年
11 乙卯11	11 甲申11	11 甲寅10	11 癸未 9	11 壬子 7	11 壬午 7	11 壬子 6	11 辛巳 4	11 辛亥 4	11 辛巳 3	**11** 庚戌 2	《1月》
12 丙辰12	12 乙酉12	12 乙卯11	12 甲申10	12 癸丑⑧	12 癸未 8	12 癸丑 7	12 壬午 5	12 壬子⑤	12 壬午 4	12 辛亥 3	11 庚辰 1
13 丁巳13	13 丙戌13	13 丙辰12	13 乙酉⑪	13 甲寅 9	13 甲申 9	13 甲寅 8	13 癸未 6	13 癸丑 6	13 癸未 5	13 壬子 4	**12** 辛巳 2
14 戊午14	14 丁亥14	14 丁巳⑬	14 丙戌12	14 乙卯10	14 乙酉10	14 乙卯 9	14 甲申⑦	14 甲寅 7	14 甲申 6	14 癸丑 5	13 壬午 3
15 己未15	15 戊子15	15 戊午14	15 丁亥13	15 丙辰11	15 丙戌11	15 丙辰⑩	15 乙酉 8	15 乙卯 8	15 乙酉 7	15 甲寅 6	14 癸未④
16 庚申16	16 己丑⑯	16 己未15	16 戊子14	16 丁巳12	16 丁亥12	16 丁巳11	16 丙戌 9	16 丙辰 9	16 丙戌 8	16 乙卯⑦	15 甲申 5
17 辛酉⑰	17 庚寅17	17 庚申16	17 己丑15	17 戊午13	17 戊子⑬	17 戊午12	17 丁亥10	17 丁巳10	17 丁亥⑨	17 丙辰 8	16 乙酉 6
18 壬戌18	18 辛卯18	18 辛酉17	18 庚寅16	18 己未14	18 己丑14	18 己未13	18 戊子11	18 戊午11	18 戊子10	18 丁巳 9	17 丙戌 7
19 癸亥19	**19** 壬辰19	**19** 壬戌18	19 辛卯17	19 庚申⑮	19 庚寅15	19 庚申14	19 己丑12	19 己未⑫	19 己丑11	19 戊午10	18 丁亥 8
20 甲子20	20 癸巳20	20 癸亥19	20 壬辰⑱	20 辛酉16	20 辛卯16	20 辛酉15	20 庚寅13	20 庚申13	20 庚寅12	20 己未11	19 戊子 9
21 乙丑21	21 甲午21	21 甲子⑳	**21** 癸巳19	21 壬戌17	21 壬辰17	21 壬戌16	21 辛卯⑭	21 辛酉14	21 辛卯13	21 庚申12	20 己丑10
22 丙寅22	22 乙未22	22 乙丑21	22 甲午20	**22** 癸亥18	**22** 癸巳18	22 癸亥⑰	22 壬辰15	22 壬戌15	22 壬辰14	22 辛酉13	21 庚寅⑪
23 丁卯23	23 丙申㉓	23 丙寅22	23 乙未21	23 甲子19	23 甲午19	**23** 甲子18	23 癸巳16	23 癸亥16	23 癸巳15	23 壬戌⑭	22 辛卯12
24 戊辰㉔	24 丁酉24	24 丁卯23	24 丙申22	24 乙丑20	24 乙未⑳	24 乙丑19	**24** 甲午17	24 甲子17	24 甲午⑯	24 癸亥15	23 壬辰13
25 己巳25	25 戊戌25	25 戊辰24	25 丁酉23	25 丙寅21	25 丙申21	25 丙寅20	25 乙未18	**25** 乙丑18	**25** 乙未17	25 甲子16	24 癸巳14
26 庚午26	26 己亥26	26 己巳25	26 戊戌24	26 丁卯㉒	26 丁酉22	26 丁卯21	26 丙申19	26 丙寅⑲	26 丙申18	26 乙丑17	25 甲午15
27 辛未27	27 庚子27	27 庚午26	27 己亥㉕	27 戊辰23	27 戊戌23	27 戊辰22	27 丁酉20	27 丁卯20	27 丁酉19	**27** 丙寅18	26 乙未16
28 壬申28	28 辛丑28	28 辛未㉗	28 庚子26	28 己巳24	28 己亥24	28 己巳23	28 戊戌㉑	28 戊辰21	28 戊戌20	28 丁卯19	**27** 丙申17
29 癸酉29	29 壬寅29	29 壬申28	29 辛丑27	29 庚午25	29 庚子25	29 庚午㉔	29 己亥22	29 己巳22	29 己亥21	29 戊辰20	28 丁酉⑱
	30 癸卯㉚			30 辛未26	30 辛丑26		30 庚子23	30 庚午23		30 己巳㉑	29 戊戌19
											30 己亥20

立春 2日 雨水 17日	啓蟄 3日 春分 19日	清明 4日 穀雨 19日	立夏 5日 小満 21日	芒種 7日 夏至 22日	小暑 7日 大暑 22日	立秋 8日 処暑 23日	白露 9日 秋分 24日	寒露 9日 霜降 25日	立冬 10日 小雪 25日	大雪 11日 冬至 27日	小寒 12日 大寒 27日

天平5年（733－734） 癸酉

1月	2月	3月	閏3月	4月	5月	6月	7月	8月	9月	10月	11月	12月
1庚子21	1己巳19	1己亥21	1戊辰⑲	1丁酉18	1丙寅16	1丙申16	1乙丑14	1乙未⑬	1乙丑13	1甲午11	1甲子11	1甲午⑩
2辛丑22	2庚午20	2庚子㉒	2己巳20	**2**戊戌19	2丁卯17	2丁酉17	2丙寅15	2丙申14	2丙寅14	2乙未12	2乙丑12	2乙未11
3壬寅23	3辛未21	3辛丑23	3庚午21	3己亥20	**3**戊辰18	3戊戌18	3丁卯⑯	3丁酉15	3丁卯15	3丙申13	3丙寅⑬	3丙申12
4癸卯24	4壬申㉒	4壬寅24	4辛未22	4庚子21	4己巳19	**4**己亥⑲	4戊辰17	4戊戌16	4戊辰16	4丁酉14	4丁卯14	4丁酉13
5甲辰㉕	5癸酉23	5癸卯25	5壬申23	5辛丑22	5庚午20	5庚子20	**5**己巳18	5己亥17	5己巳17	5戊戌⑮	5戊辰15	5戊戌14
6乙巳26	6甲戌24	6甲辰26	6癸酉24	6壬寅23	6辛未㉑	6辛丑21	6庚午19	**6**庚子18	**6**庚午⑱	6己亥16	6己巳16	6己亥15
7丙午27	7乙亥25	7乙巳27	7甲戌25	7癸卯㉔	7壬申22	7壬寅22	7辛未20	7辛丑19	7辛未19	**7**庚子17	7庚午17	7庚子16
8丁未28	8丙子26	8丙午28	8乙亥㉖	8甲辰25	8癸酉23	8癸卯23	8壬申21	8壬寅⑳	8壬申20	8辛丑18	**8**辛未18	**8**辛丑⑰
9戊申29	9丁丑27	9丁未㉙	9丙子27	9乙巳26	9甲戌24	9甲辰24	9癸酉22	9癸卯21	9癸酉21	9壬寅19	9壬申19	9壬寅18
10己酉30	10戊寅28	10戊申30	10丁丑28	10丙午27	10乙亥25	10乙巳25	10甲戌㉓	10甲辰22	10甲戌22	10癸卯20	10癸酉⑳	10癸卯19
11庚戌31	《3月》	11己酉31	11戊寅29	11丁未28	11丙子26	11丙午㉖	11乙亥24	11乙巳23	11乙亥23	11甲辰21	11甲戌21	11甲辰20
《2月》	11己卯①	《4月》	12己卯30	12戊申29	12丁丑27	12丁未27	12丙子25	12丙午24	12丙子24	12乙巳㉒	12乙亥22	12乙巳21
12辛亥①	12庚辰2	12庚戌1	《5月》	13己酉30	13戊寅㉘	13戊申28	13丁丑26	13丁未25	13丁丑㉕	13丙午23	13丙子23	13丙午22
13壬子2	13辛巳3	13辛亥2	13庚辰1	14庚戌㉛	14己卯29	14己酉29	14戊寅27	14戊申26	14戊寅26	14丁未24	14丁丑24	14丁未23
14癸丑3	**14**壬午4	**14**壬子3	14辛巳2	《6月》	15庚辰30	15庚戌30	15己卯28	15己酉㉗	15己卯27	15戊申25	15戊寅25	15戊申㉔
15甲寅4	15癸未5	15癸丑4	15壬午③	15辛亥1	《7月》	16辛亥31	16庚辰29	16庚戌28	16庚辰28	16己酉26	16己卯26	16己酉25
16乙卯5	16甲申6	16甲寅⑤	**16**癸未4	16壬子2	16辛巳1	《8月》	17辛巳㉚	17辛亥29	17辛巳29	17庚戌27	17庚辰㉗	17庚戌26
17丙辰6	17乙酉7	17乙卯6	17甲申5	**17**癸丑3	17壬午2	17壬子1	18壬午31	18壬子30	18壬午30	18辛亥28	18辛巳28	18辛亥27
18丁巳7	18丙戌⑧	18丙辰7	18乙酉6	18甲寅4	**18**癸未3	18癸丑②	《9月》	《10月》	19癸未31	19壬子㉙	19壬午29	19壬子28
19戊午⑧	19丁亥9	19丁巳8	19丙戌7	19乙卯5	19甲申4	**19**甲寅3	19癸未1	19癸丑1	《11月》	20癸丑30	20癸未30	20癸丑29
20己未9	20戊子10	20戊午9	20丁亥8	20丙辰6	20乙酉⑤	20乙卯4	**20**甲申2	20甲寅2	20甲申①	《12月》	21甲申31	21甲寅30
21庚申10	21己丑11	21己未10	21戊子9	21丁巳⑦	21丙戌6	21丙辰5	21乙酉3	**21**乙卯3	**21**乙酉2	21甲寅1	**734**年	22乙卯㉛
22辛酉11	22庚寅12	22庚申11	22己丑⑩	22戊午8	22丁亥7	22丁巳6	22丙戌4	22丙辰④	22丙戌3	22乙卯2	《1月》	《2月》
23壬戌12	23辛卯13	23辛酉⑫	23庚寅11	23己未9	23戊子8	23戊午7	23丁亥5	23丁巳5	23丁亥4	**23**丙辰3	22乙酉1	**23**丙辰1
24癸亥13	24壬辰14	24壬戌13	24辛卯12	24庚申10	24己丑9	24己未8	24戊子⑥	24戊午6	24戊子5	24丁巳4	**23**丙戌2	24丁巳2
25甲子14	25癸巳⑮	25癸亥14	25壬辰13	25辛酉11	25庚寅10	25庚申⑨	25己丑7	25己未7	25己丑6	25戊午5	24丁亥③	25戊午3
26乙丑⑮	26甲午16	26甲子15	26癸巳14	26壬戌12	26辛卯11	26辛酉10	26庚寅8	26庚申8	26庚寅7	26己未⑥	25戊子4	26己未4
27丙寅16	27乙未17	27乙丑16	27甲午15	27癸亥13	27壬辰⑫	27壬戌11	27辛卯9	27辛酉9	27辛卯⑧	27庚申7	26己丑5	27庚申5
28丁卯17	28丙申18	28丙寅17	28乙未16	28甲子⑭	28癸巳13	28癸亥12	28壬辰10	28壬戌10	28壬辰9	28辛酉8	27庚寅6	28辛酉6
29戊辰18	**29**丁酉19	**29**丁卯18	29丙申⑰	29乙丑15	29甲午14	29甲子13	29癸巳11	29癸亥⑪	29癸巳10	29壬戌9	28辛卯7	29壬戌⑦
	30戊戌20				30乙未15		30甲午12	30甲子12		30癸亥10	29壬辰8	
											30癸巳9	
立春 12日	啓蟄 14日	清明 14日	立夏16日	小満 2日	夏至 3日	大暑 4日	処暑 5日	秋分 6日	霜降 6日	小雪 7日	冬至 8日	大寒 8日
雨水 27日	春分 29日	穀雨 29日		芒種 17日	小暑 18日	立秋 19日	白露 20日	寒露 21日	立冬 21日	大雪 23日	小寒 23日	立春 23日

天平6年（734－735） 甲戌

1月	2月	3月	4月	5月	6月	7月	8月	9月	10月	11月	12月
1癸亥8	1癸巳10	1壬戌8	1壬辰8	1辛酉⑥	1庚寅5	1庚申4	1己丑2	1己未2	1戊子㉛	1戊午30	1戊子30
2甲子9	2甲午11	2癸亥9	2癸巳⑨	2壬戌7	2辛卯6	2辛酉5	**2**庚寅3	**2**庚申③	《11月》	《12月》	2己丑31
3乙丑10	3乙未12	3甲子10	3甲午10	3癸亥8	3壬辰7	3壬戌6	3辛卯4	3辛酉4	2己丑1	2己未1	**735**年
4丙寅11	4丙申13	4乙丑⑪	4乙未11	4甲子9	4癸巳8	4癸亥7	4壬辰⑤	4壬戌5	**3**庚寅2	3庚申2	《1月》
5丁卯12	5丁酉⑭	5丙寅12	5丙申12	5乙丑10	5甲午9	5甲子⑧	5癸巳6	5癸亥6	4辛卯3	**4**辛酉3	3庚寅1
6戊辰13	6戊戌15	6丁卯13	6丁酉13	6丙寅11	6乙未10	6乙丑9	6甲午7	6甲子7	5壬辰4	5壬戌4	**4**辛卯②
7己巳⑭	7己亥16	7戊辰14	7戊戌14	7丁卯12	7丙申⑪	7丙寅10	7乙未8	7乙丑8	6癸巳5	6癸亥⑤	5壬辰3
8庚午15	8庚子17	8己巳15	8己亥15	8戊辰⑬	8丁酉12	8丁卯11	8丙申9	8丙寅9	7甲午6	7甲子6	6癸巳4
9辛未16	9辛丑18	9庚午16	9庚子⑯	9己巳14	9戊戌13	9戊辰12	9丁酉10	9丁卯⑩	8乙未⑦	8乙丑7	7甲午5
10壬申17	**10**壬寅19	10辛未17	10辛丑17	10庚午15	10己亥14	10己巳13	10戊戌11	10戊辰11	9丙申8	9丙寅8	8乙未6
11癸酉18	11癸卯20	11壬申⑱	11壬寅18	11辛未16	11庚子15	11庚午14	11己亥⑫	11己巳12	10丁酉9	10丁卯9	9丙申7
12甲戌19	12甲辰㉑	**12**癸酉19	**12**癸卯19	12壬申17	12辛丑16	12辛未⑮	12庚子13	12庚午13	11戊戌10	11戊辰10	10丁酉8
13乙亥20	13乙巳22	13甲戌20	13甲辰20	**13**癸酉18	13壬寅17	13壬申16	13辛丑14	13辛未14	12己亥11	12己巳11	11戊戌⑨
14丙子㉑	14丙午23	14乙亥21	14乙巳21	14甲戌19	14癸卯⑱	14癸酉17	14壬寅15	14壬申15	13庚子12	13庚午⑫	12己亥10
15丁丑22	15丁未24	15丙子22	15丙午22	15乙亥⑳	**15**甲辰19	**15**甲戌18	15癸卯16	15癸酉16	14辛丑13	14辛未13	13庚子11
16戊寅23	16戊申25	16丁丑23	16丁未㉓	16丙子21	16乙巳20	16乙亥19	16甲辰17	16甲戌⑰	15壬寅⑭	15壬申14	14辛丑12
17己卯24	17己酉26	17戊寅24	17戊申24	17丁丑22	17丙午21	17丙子20	**17**乙巳18	**17**乙亥18	16癸卯15	16癸酉15	15壬寅13
18庚辰25	18庚戌27	18己卯㉕	18己酉25	18戊寅23	18丁未22	18丁丑21	18丙午⑲	18丙子19	17甲辰16	17甲戌16	16癸卯14
19辛巳26	19辛亥㉘	19庚辰26	19庚戌26	19己卯24	19戊申23	19戊寅㉒	19丁未20	19丁丑20	18乙巳17	18乙亥17	17甲辰15
20壬午27	20壬子29	20辛巳27	20辛亥27	20庚辰25	20己酉24	20己卯23	20戊申21	20戊寅21	**19**丙午18	**19**丙子18	18乙巳⑯
21癸未㉘	21癸丑30	21壬午28	21壬子28	21辛巳26	21庚戌㉕	21庚辰24	21己酉22	21己卯22	20丁未19	20丁丑⑲	**19**丙午17
《3月》	22甲寅31	22癸未29	22癸丑29	22壬午㉗	22辛亥26	22辛巳25	22庚戌23	22庚辰23	21戊申20	21戊寅20	20丁未18
22甲申1	《4月》	23甲申30	23甲寅㉚	23癸未28	23壬子27	23壬午26	23辛亥24	23辛巳㉔	22己酉㉑	22己卯21	21戊申19
23乙酉2	23乙卯1	《5月》	24乙卯31	24甲申29	24癸丑28	24癸未27	24壬子25	24壬午25	23庚戌22	23庚辰22	22己酉20
24丙戌3	24丙辰2	24乙酉1	《6月》	25乙酉30	25甲寅29	25甲申28	25癸丑㉖	25癸未26	24辛亥23	24辛巳23	23庚戌21
25丁亥4	**25**丁巳3	25丙戌②	25丙辰1	《7月》	26乙卯30	26乙酉㉙	26甲寅27	26甲申27	25壬子24	25壬午24	24辛亥22
26戊子5	26戊午④	26丁亥3	26丁巳2	26丙戌1	27丙辰31	27丙戌30	27乙卯28	27乙酉28	26癸丑25	26癸未25	25壬子㉓
27己丑6	27己未5	**27**戊子4	**27**戊午3	27丁亥2	《8月》	28丁亥31	28丙辰29	28丙戌29	27甲寅26	27甲申㉖	26癸丑24
28庚寅⑦	28庚申6	28己丑5	28己未4	28戊子3	28丁巳①	《9月》	29丁巳30	29丁亥30	28乙卯27	28乙酉27	27甲寅25
29辛卯8	29辛酉7	29庚寅6	29庚申5	**29**己丑④	29戊午2	29戊子1	《10月》		29丙辰㉘	29丙戌28	28乙卯26
30壬辰9		30辛卯7			**30**己未3		30戊午1		30丁巳29	30丁亥29	29丙辰27
											30丁巳28
雨水 10日	春分 10日	穀雨 12日	小満 12日	夏至 13日	大暑 15日	処暑 15日	白露 2日	寒露 2日	立冬 3日	大雪 4日	小寒 4日
啓蟄 25日	清明 25日	立夏 27日	芒種 27日	小暑 29日	立秋 30日		秋分 17日	霜降 17日	小雪 19日	冬至 19日	大寒 19日

天平7年（735－736） 乙亥

1月	2月	3月	4月	5月	6月	7月	8月	9月	10月	11月	閏11月	12月
1 戊午29 2 己未㉚ 3 庚申31 《2月》 4 辛酉 1 5 壬戌 2 6 癸亥 3 7 甲子 4 8 乙丑 5 9 丙寅⑥ 10丁卯 7 11戊辰 8 12己巳 9 13庚午10 14辛未11 15壬申12 16癸酉⑬ 17甲戌14 18乙亥15 19丙子16 20丁丑17 21戊寅18 22己卯19 23庚辰⑳ 24辛巳21 25壬午22 26癸未23 27甲申24 28乙酉25 29丙戌26	1 丁亥㉗ 2 戊子28 《3月》 3 己丑 1 4 庚寅 2 5 辛卯 3 6 壬辰 4 7 癸巳 5 8 甲午⑥ 9 乙未 7 10丙申 8 11丁酉 9 12戊戌10 13己亥11 14庚子12 15辛丑⑬ 16壬寅14 17癸卯15 18甲辰16 19乙巳17 20丙午18 21丁未19 22戊申⑳ 23己酉21 24庚戌22 25辛亥23 26壬子24 27癸丑25 28甲寅26 29乙卯㉗ 30丙辰28	1 丁巳29 2 戊午30 3 己未31 《4月》 4 庚申 1 5 辛酉 2 6 壬戌③ 7 癸亥 4 8 甲子 5 9 乙丑 6 10丙寅 7 11丁卯 8 12戊辰 9 13己巳⑩ 14庚午11 15辛未12 16壬申13 17癸酉14 18甲戌15 19乙亥16 20丙子⑰ 21丁丑18 22戊寅19 23己卯20 24庚辰21 25辛巳22 26壬午23 27癸未㉔ 28甲申25 29乙酉26	1 丙戌27 2 丁亥28 3 戊子29 4 己丑30 《5月》 5 庚寅① 6 辛卯 2 7 壬辰 3 8 癸巳 4 9 甲午 5 10乙未 6 11丙申 7 12丁酉⑧ 13戊戌 9 14己亥10 15庚子11 16辛丑12 17壬寅13 18癸卯14 19甲辰⑮ 20乙巳16 21丙午17 22丁未18 23戊申19 24己酉20 25庚戌21 26辛亥㉒ 27壬子23 28癸丑24 29甲寅25 30乙卯26	1 丙辰27 2 丁巳28 3 戊午㉙ 4 己未30 5 庚申31 《6月》 6 辛酉 1 7 壬戌 2 8 癸亥 3 9 甲子 4 10乙丑⑤ 11丙寅 6 12丁卯 7 13戊辰 8 14己巳 9 15庚午10 16辛未11 17壬申⑫ 18癸酉13 19甲戌14 20乙亥15 21丙子16 22丁丑17 23戊寅18 24己卯⑲ 25庚辰20 26辛巳21 27壬午22 28癸未23 29甲申24	1 乙酉25 2 丙戌㉖ 3 丁亥27 4 戊子28 5 己丑29 6 庚寅30 《7月》 7 辛卯 1 8 壬辰 2 9 癸巳③ 10甲午 4 11乙未 5 12丙申 6 13丁酉 7 14戊戌 8 15己亥 9 16庚子⑩ 17辛丑11 18壬寅12 19癸卯13 20甲辰14 21乙巳15 22丙午16 23丁未⑰ 24戊申18 25己酉19 26庚戌20 27辛亥21 28壬子22 29癸丑23	1 甲寅㉔ 2 乙卯25 3 丙辰26 4 丁巳27 5 戊午28 6 己未29 7 庚申30 8 辛酉㉛ 《8月》 9 壬戌 1 10癸亥 2 11甲子 3 12乙丑 4 13丙寅 5 14丁卯 6 15戊辰⑦ 16己巳 8 17庚午 9 18辛未10 19壬申11 20癸酉12 21甲戌13 22乙亥⑭ 23丙子15 24丁丑16 25戊寅17 26己卯18 27庚辰19 28辛巳20 29壬午㉑ 30癸未22	1 甲申23 2 乙酉24 3 丙戌25 4 丁亥26 5 戊子27 6 己丑㉘ 7 庚寅29 8 辛卯30 9 壬辰31 《9月》 10癸巳 1 11甲午 2 12乙未 3 13丙申④ 14丁酉 5 15戊戌 6 16己亥 7 17庚子 8 18辛丑 9 19壬寅10 20癸卯⑪ 21甲辰12 22乙巳13 23丙午14 24丁未15 25戊申16 26己酉17 27庚戌⑱ 28辛亥19 29壬子20	1 癸丑21 2 甲寅22 3 乙卯23 4 丙辰24 5 丁巳㉕ 6 戊午26 7 己未27 8 庚申28 9 辛酉29 10壬戌30 《10月》 11癸亥 1 12甲子② 13乙丑 3 14丙寅 4 15丁卯 5 16戊辰 6 17己巳 7 18庚午 8 19辛未⑨ 20壬申10 21癸酉11 22甲戌12 23乙亥13 24丙子14 25丁丑15 26戊寅⑯ 27己卯17 28庚辰18 29辛巳19 30壬午20	1 癸未21 2 甲申22 3 乙酉㉓ 4 丙戌24 5 丁亥25 6 戊子26 7 己丑27 8 庚寅28 9 辛卯29 10壬辰㉚ 11癸巳31 《11月》 12甲午 1 13乙未 2 14丙申 3 15丁酉 4 16戊戌 5 17己亥⑥ 18庚子 7 19辛丑 8 20壬寅 9 21癸卯10 22甲辰11 23乙巳12 24丙午⑬ 25丁未14 26戊申15 27己酉16 28庚戌17 29辛亥18	1 壬子19 2 癸丑⑳ 3 甲寅21 4 乙卯22 5 丙辰23 6 丁巳24 7 戊午25 8 己未26 9 庚申㉗ 10辛酉28 11壬戌29 12癸亥30 《12月》 13甲子 1 14乙丑 2 15丙寅 3 16丁卯④ 17戊辰 5 18己巳 6 19庚午 7 20辛未 8 21壬申 9 22癸酉10 23甲戌⑪ 24乙亥12 25丙子13 26丁丑14 27戊寅15 28己卯16 29庚辰17 30辛巳⑱	1 壬午19 2 癸未20 3 甲申21 4 乙酉22 5 丙戌23 6 丁亥24 7 戊子㉕ 8 己丑26 9 庚寅27 10辛卯28 11壬辰29 12癸巳30 13甲午31 736年 《1月》 14乙未① 15丙申 2 16丁酉 3 17戊戌 4 18己亥 5 19庚子 6 20辛丑 7 21壬寅⑧ 22癸卯 9 23甲辰10 24乙巳11 25丙午12 26丁未13 27戊申14 28己酉⑮ 29庚戌16 30辛亥17	1 壬子18 2 癸丑19 3 甲寅20 4 乙卯21 5 丙辰㉒ 6 丁巳23 7 戊午24 8 己未25 9 庚申26 10辛酉27 11壬戌28 12癸亥㉙ 13甲子30 14乙丑31 《2月》 15丙寅 1 16丁卯 2 17戊辰 3 18己巳 4 19庚午⑤ 20辛未 6 21壬申 7 22癸酉 8 23甲戌 9 24乙亥10 25丙子11 26丁丑⑫ 27戊寅13 28己卯14 29庚辰15 1 辛巳16
立春 5日 雨水 20日	啓蟄 6日 春分 21日	清明 7日 穀雨 22日	立夏 8日 小満 23日	芒種 8日 夏至 24日	小暑 10日 大暑 25日	立秋 11日 処暑 27日	白露 12日 秋分 27日	寒露 13日 霜降 28日	立冬 14日 小雪 29日	大雪 15日 冬至 30日	小寒16日	大寒 1日 立春 16日

天平8年（736－737） 丙子

1月	2月	3月	4月	5月	6月	7月	8月	9月	10月	11月	12月
1 壬午17 2 癸未18 3 甲申⑲ 4 乙酉20 5 丙戌21 6 丁亥22 7 戊子23 8 己丑24 9 庚寅25 10辛卯㉖ 11壬辰27 12癸巳28 13甲午29 《3月》 14乙未 1 15丙申 2 16丁酉 3 17戊戌④ 18己亥 5 19庚子 6 20辛丑 7 21壬寅 8 22癸卯 9 23甲辰10 24乙巳⑪ 25丙午12 26丁未13 27戊申14 28己酉15 29庚戌16	1 辛亥17 2 壬子⑱ 3 癸丑19 4 甲寅20 5 乙卯21 6 丙辰22 7 丁巳23 8 戊午24 9 己未㉕ 10庚申26 11辛酉27 12壬戌28 13癸亥29 14甲子30 15乙丑31 《4月》 16丙寅① 17丁卯 2 18戊辰 3 19己巳 4 20庚午 5 21辛未 6 22壬申 7 23癸酉⑧ 24甲戌 9 25乙亥10 26丙子11 27丁丑12 28戊寅13 29己卯14 30庚辰⑮	1 辛巳16 2 壬午17 3 癸未18 4 甲申19 5 乙酉20 6 丙戌21 7 丁亥㉒ 8 戊子23 9 己丑24 10庚寅25 11辛卯26 12壬辰27 13癸巳28 14甲午㉙ 15乙未30 《5月》 16丙申 1 17丁酉 2 18戊戌 3 19己亥 4 20庚子 5 21辛丑⑥ 22壬寅 7 23癸卯 8 24甲辰 9 25乙巳10 26丙午11 27丁未12 28戊申⑬ 29己酉14	1 庚戌15 2 辛亥16 3 壬子17 4 癸丑18 5 甲寅19 6 乙卯⑳ 7 丙辰21 8 丁巳22 9 戊午23 10己未24 11庚申25 12辛酉26 13壬戌㉗ 14癸亥28 15甲子29 16乙丑30 17丙寅31 《6月》 18丁卯 1 19戊辰 2 20己巳③ 21庚午 4 22辛未 5 23壬申 6 24癸酉 7 25甲戌 8 26乙亥 9 27丙子⑩ 28丁丑11 29戊寅12 30己卯13	1 庚辰14 2 辛巳15 3 壬午16 4 癸未⑰ 5 甲申18 6 乙酉19 7 丙戌20 8 丁亥21 9 戊子22 10己丑23 11庚寅㉔ 12辛卯25 13壬辰26 14癸巳27 15甲午28 16乙未29 17丙申30 《7月》 18丁酉① 19戊戌 2 20己亥 3 21庚子 4 22辛丑 5 23壬寅 6 24癸卯 7 25甲辰⑧ 26乙巳 9 27丙午10 28丁未11 29戊申12	1 己酉13 2 庚戌14 3 辛亥⑮ 4 壬子16 5 癸丑17 6 甲寅18 7 乙卯19 8 丙辰20 9 丁巳21 10戊午㉒ 11己未23 12庚申24 13辛酉25 14壬戌26 15癸亥27 16甲子28 17乙丑㉙ 18丙寅30 19丁卯31 《8月》 20戊辰 1 21己巳 2 22庚午 3 23辛未 4 24壬申⑤ 25癸酉 6 26甲戌 7 27乙亥 8 28丙子 9 29丁丑10	1 戊寅11 2 己卯⑫ 3 庚辰13 4 辛巳14 5 壬午15 6 癸未16 7 甲申17 8 乙酉18 9 丙戌⑲ 10丁亥20 11戊子21 12己丑22 13庚寅23 14辛卯24 15壬辰25 16癸巳㉖ 17甲午27 18乙未28 19丙申29 20丁酉30 21戊戌31 《9月》 22己亥 1 23庚子② 24辛丑 3 25壬寅 4 26癸卯 5 27甲辰 6 28乙巳 7 29丙午 8 30丁未⑨	1 戊申10 2 己酉11 3 庚戌12 4 辛亥13 5 壬子14 6 癸丑15 7 甲寅⑯ 8 乙卯17 9 丙辰18 10丁巳19 11戊午20 12己未21 13庚申22 14辛酉㉓ 15壬戌24 16癸亥25 17甲子26 18乙丑27 19丙寅28 20丁卯29 21戊辰㉚ 《10月》 22己巳 1 23庚午 2 24辛未 3 25壬申 4 26癸酉 5 27甲戌 6 28乙亥⑦ 29丙子 8	1 丁丑 9 2 戊寅10 3 己卯11 4 庚辰12 5 辛巳13 6 壬午⑭ 7 癸未15 8 甲申16 9 乙酉17 10丙戌18 11丁亥19 12戊子20 13己丑㉑ 14庚寅22 15辛卯23 16壬辰24 17癸巳25 18甲午26 19乙未27 20丙申㉘ 21丁酉29 22戊戌30 23己亥31 《11月》 24庚子 1 25辛丑 2 26壬寅 3 27癸卯④ 28甲辰 5 29乙巳 6 30丙午 7	1 丁未 8 2 戊申 9 3 己酉10 4 庚戌⑪ 5 辛亥12 6 壬子13 7 癸丑14 8 甲寅15 9 乙卯16 10丙辰17 11丁巳⑱ 12戊午19 13己未20 14庚申21 15辛酉22 16壬戌23 17癸亥24 18甲子㉕ 19乙丑26 20丙寅27 21丁卯28 22戊辰29 23己巳30 《12月》 24庚午 1 25辛未② 26壬申 3 27癸酉 4 28甲戌 5 29乙亥 6	1 丙子 7 2 丁丑 8 3 戊寅⑨ 4 己卯10 5 庚辰11 6 辛巳12 7 壬午13 8 癸未14 9 甲申15 10乙酉⑯ 11丙戌17 12丁亥18 13戊子19 14己丑20 15庚寅21 16辛卯22 17壬辰㉓ 18癸巳24 19甲午25 20乙未26 21丙申27 22丁酉28 23戊戌29 24己亥㉚ 25庚子31 737年 《1月》 26辛丑 1 27壬寅 2 28癸卯 3 29甲辰 4 30乙巳 5	1 丙午⑥ 2 丁未 7 3 戊申 8 4 己酉 9 5 庚戌10 6 辛亥11 7 壬子12 8 癸丑⑬ 9 甲寅14 10乙卯15 11丙辰16 12丁巳17 13戊午18 14己未19 15庚申⑳ 16辛酉21 17壬戌22 18癸亥23 19甲子24 20乙丑25 21丙寅26 22丁卯㉗ 23戊辰28 24己巳29 25庚午30 26辛未31 《2月》 27壬申 1 28癸酉 2 29甲戌③ 30乙亥 4
雨水 1日 啓蟄 16日	春分 3日 清明 18日	穀雨 3日 立夏 18日	小満 4日 芒種 20日	夏至 5日 小暑 20日	大暑 6日 立秋 22日	処暑 8日 白露 23日	秋分 8日 寒露 23日	霜降 10日 立冬 25日	小雪 10日 大雪 25日	冬至 12日 小寒 27日	大寒 12日 立春 27日

天平 9 年（737－738） 丁丑

1月	2月	3月	4月	5月	6月	7月	8月	9月	10月	11月	12月
1 丙子 5	1 乙巳 6	1 乙亥 5	1 乙巳 ⑤	**1** 甲戌 3	**1** 甲辰 3	《8月》	1 壬寅 30	1 壬申 ㉙	1 辛丑 28	1 辛未 27	1 庚子 26
2 丁丑 6	2 丙午 7	2 丙子 6	2 丙午 6	2 乙亥 4	2 乙巳 4	1 癸酉 1	2 癸卯 31	2 癸酉 30	2 壬寅 29	2 壬申 28	2 辛丑 27
3 戊寅 7	3 丁未 8	3 丁丑 ⑦	3 丁未 7	3 丙子 5	3 丙午 5	2 甲戌 2	《9月》	《10月》	3 癸卯 30	3 癸酉 29	3 壬寅 28
4 己卯 8	4 戊申 9	4 戊寅 8	4 戊申 8	4 丁丑 6	4 丁未 6	**3** 乙亥 3	3 甲辰 ①	3 甲戌 1	4 甲辰 31	4 甲戌 30	4 癸卯 ㉙
5 庚辰 9	5 己酉 ⑩	5 己卯 9	5 己酉 9	5 戊寅 7	5 戊申 ⑦	4 丙子 ④	**4** 乙巳 2	4 乙亥 2	《11月》	《12月》	5 甲辰 30
6 辛巳 ⑩	6 庚戌 11	6 庚辰 10	6 庚戌 10	6 己卯 8	6 己酉 8	5 丁丑 5	5 丙午 3	**5** 丙子 3	5 乙巳 1	5 乙亥 ①	6 乙巳 31
7 壬午 11	7 辛亥 12	7 辛巳 11	7 辛亥 11	7 庚辰 ⑨	7 庚戌 9	6 戊寅 6	6 丁未 4	6 丁丑 4	**6** 丙午 2	6 丙子 2	**738 年**
8 癸未 12	8 壬子 13	8 壬午 12	8 壬子 ⑫	8 辛巳 10	8 辛亥 10	7 己卯 7	7 戊申 5	7 戊寅 5	7 丁未 ③	**7** 丁丑 3	《1月》
9 甲申 13	9 癸丑 14	9 癸未 13	9 癸丑 13	9 壬午 11	9 壬子 11	8 庚辰 8	8 己酉 6	8 己卯 ⑥	8 戊申 4	8 戊寅 4	7 丙午 1
10 乙酉 14	10 甲寅 15	10 甲申 ⑭	10 甲寅 14	10 癸未 12	10 癸丑 12	9 辛巳 9	9 庚戌 7	9 庚辰 7	9 己酉 5	9 己卯 5	**8** 丁未 2
11 丙戌 15	11 乙卯 16	11 乙酉 15	11 乙卯 15	11 甲申 13	11 甲寅 13	10 壬午 10	10 辛亥 ⑧	10 辛巳 8	10 庚戌 6	10 庚辰 6	9 戊申 3
12 丁亥 16	12 丙辰 ⑰	12 丙戌 16	12 丙辰 16	12 乙酉 14	12 乙卯 ⑭	11 癸未 ⑪	11 壬子 9	11 壬午 9	11 辛亥 7	11 辛巳 7	10 己酉 4
13 戊子 ⑰	13 丁巳 18	13 丁亥 17	13 丁巳 17	13 丙戌 15	13 丙辰 15	12 甲申 12	12 癸丑 10	12 癸未 10	12 壬子 8	12 壬午 ⑧	11 庚戌 ⑤
14 己丑 18	**14** 戊午 19	**14** 戊子 18	14 戊午 18	14 丁亥 ⑯	14 丁巳 16	13 乙酉 13	13 甲寅 11	13 甲申 11	13 癸丑 9	13 癸未 9	12 辛亥 6
15 庚寅 19	15 己未 20	15 己丑 19	**15** 己未 ⑲	15 戊子 17	15 戊午 17	14 丙戌 14	14 乙卯 12	14 乙酉 12	14 甲寅 ⑩	14 甲申 10	13 壬子 7
16 辛卯 20	16 庚申 21	16 庚寅 20	16 庚申 20	**16** 己丑 18	16 己未 18	15 丁亥 15	15 丙辰 13	15 丙戌 ⑬	15 乙卯 11	15 乙酉 11	14 癸丑 8
17 壬辰 21	17 辛酉 22	17 辛卯 ㉑	17 辛酉 21	17 庚寅 19	**17** 庚申 19	16 戊子 16	16 丁巳 14	16 丁亥 14	16 丙辰 12	16 丙戌 12	15 甲寅 9
18 癸巳 22	18 壬戌 23	18 壬辰 22	18 壬戌 22	18 辛卯 20	18 辛酉 20	17 己丑 17	17 戊午 ⑮	17 戊子 15	17 丁巳 13	17 丁亥 13	16 乙卯 10
19 甲午 23	19 癸亥 ㉔	19 癸巳 23	19 癸亥 23	19 壬辰 21	19 壬戌 ㉑	**18** 庚寅 ⑱	18 己未 16	18 己丑 16	18 戊午 14	18 戊子 14	17 丙辰 11
20 乙未 ㉔	20 甲子 25	20 甲午 24	20 甲子 24	20 癸巳 22	20 癸亥 22	19 辛卯 19	**19** 庚申 17	19 庚寅 17	19 己未 15	19 己丑 ⑮	18 丁巳 ⑫
21 丙申 25	21 乙丑 26	21 乙未 25	21 乙丑 25	21 甲午 ㉓	21 甲子 23	20 壬辰 20	20 辛酉 18	**20** 辛卯 18	20 庚申 16	20 庚寅 16	19 戊午 13
22 丁酉 26	22 丙寅 27	22 丙申 26	22 丙寅 ㉖	22 乙未 24	22 乙丑 24	21 癸巳 21	21 壬戌 19	21 壬辰 19	**21** 辛酉 ⑰	21 辛卯 17	20 己未 14
23 戊戌 27	23 丁卯 28	23 丁酉 27	23 丁卯 27	23 丙申 25	23 丙寅 25	22 甲午 22	22 癸亥 20	22 癸巳 ⑳	22 壬戌 18	**22** 壬辰 18	21 庚申 15
24 己亥 28	24 戊辰 29	24 戊戌 ㉘	24 戊辰 28	24 丁酉 26	24 丁卯 26	23 乙未 23	23 甲子 21	23 甲午 21	23 癸亥 19	23 癸巳 19	22 辛酉 16
《3月》	25 己巳 30	25 己亥 29	25 己巳 29	25 戊戌 27	25 戊辰 27	24 丙申 24	24 乙丑 ㉒	24 乙未 22	24 甲子 20	24 甲午 20	**23** 壬戌 17
25 庚子 1	26 庚午 ㉛	26 庚子 30	26 庚午 30	26 己亥 28	26 己巳 ㉘	25 丁酉 ㉕	25 丙寅 23	25 丙申 23	25 乙丑 21	25 乙未 21	24 癸亥 18
26 辛丑 2	《4月》	《5月》	27 辛未 31	27 庚子 29	27 庚午 29	26 戊戌 26	26 丁卯 24	26 丁酉 24	26 丙寅 22	26 丙申 ㉒	25 甲子 ⑲
27 壬寅 ③	27 辛未 1	27 辛丑 1	《6月》	28 辛丑 ㉚	28 辛未 30	27 己亥 27	27 戊辰 25	27 戊戌 25	27 丁卯 23	27 丁酉 23	26 乙丑 20
28 癸卯 4	28 壬申 2	28 壬寅 2	28 壬申 1	《7月》	29 壬申 31	28 庚子 28	28 己巳 26	28 己亥 26	28 戊辰 ㉔	28 戊戌 24	27 丙寅 21
29 甲辰 5	**29** 癸酉 3	29 癸卯 3	29 癸酉 ②	29 壬寅 1		29 辛丑 29	29 庚午 27	29 庚子 ㉗	29 己巳 25	29 己亥 25	28 丁卯 22
	30 甲戌 4	**30** 甲辰 4		30 癸卯 2			30 辛未 28		30 庚午 26		29 戊辰 23
											30 己巳 24
雨水 12日 啓蟄 28日	春分 14日 清明 29日	穀雨 14日 立夏 30日	小満 15日	芒種 1日 夏至 16日	小暑 1日 大暑 17日	立秋 3日 処暑 18日	白露 4日 秋分 19日	寒露 5日 霜降 20日	立冬 6日 小雪 21日	大雪 7日 冬至 22日	小寒 8日 大寒 23日

天平 10 年（738－739） 戊寅

1月	2月	3月	4月	5月	6月	7月	閏7月	8月	9月	10月	11月	12月
1 庚午 25	1 己亥 ㉓	1 己巳 25	1 己亥 24	1 戊辰 23	1 戊戌 ㉒	1 丁卯 21	1 丁酉 20	**1** 丙寅 18	**1** 丙申 18	1 乙丑 ⑯	1 乙未 16	1 甲子 14
2 辛未 ㉖	2 庚子 24	2 庚午 26	2 庚子 25	2 己巳 24	2 己亥 23	2 戊辰 22	2 戊戌 21	2 丁卯 19	2 丁酉 ⑲	2 丙寅 17	2 丙申 17	2 乙丑 15
3 壬申 27	3 辛丑 25	3 辛未 27	3 辛丑 26	3 庚午 ㉕	3 庚子 24	3 己巳 23	3 己亥 22	3 戊辰 20	3 戊戌 20	**3** 丁卯 18	**3** 丁酉 18	3 丙寅 16
4 癸酉 28	4 壬寅 26	4 壬申 28	4 壬寅 ㉗	4 辛未 26	4 辛丑 25	4 庚午 24	4 庚子 23	4 己巳 ㉑	4 己亥 21	4 戊辰 19	4 戊戌 19	**4** 丁卯 17
5 甲戌 29	5 癸卯 27	5 癸酉 29	5 癸卯 28	5 壬申 27	5 壬寅 26	5 辛未 25	5 辛丑 ㉔	5 庚午 22	5 庚子 22	5 己巳 20	5 己亥 20	5 戊辰 ⑱
6 乙亥 30	6 甲辰 28	6 甲戌 ㉚	6 甲辰 29	6 癸酉 28	6 癸卯 27	6 壬申 26	6 壬寅 25	6 辛未 23	6 辛丑 23	6 庚午 21	6 庚子 ㉑	6 己巳 19
7 丙子 31	《3月》	7 乙亥 31	7 乙巳 30	7 甲戌 29	7 甲辰 28	7 癸酉 ㉗	7 癸卯 26	7 壬申 24	7 壬寅 24	7 辛未 22	7 辛丑 22	7 庚午 20
《2月》	7 乙巳 1	《4月》	《5月》	8 乙亥 30	8 乙巳 ㉙	8 甲戌 28	8 甲辰 27	8 癸酉 25	8 癸卯 25	8 壬申 ㉓	8 壬寅 23	8 辛未 21
8 丁丑 1	8 丙午 ②	8 丙子 1	8 丙午 1	9 丙子 31	9 丙午 30	9 乙亥 29	9 乙巳 28	9 甲戌 26	9 甲辰 ㉖	9 癸酉 24	9 癸卯 24	9 壬申 22
9 戊寅 ②	9 丁未 3	9 丁丑 2	9 丁未 2	《6月》	《7月》	10 丙子 30	10 丙午 29	10 乙亥 27	10 乙巳 27	10 甲戌 25	10 甲辰 25	10 癸酉 23
10 己卯 3	**10** 戊申 4	**10** 戊寅 3	10 戊申 3	10 丁丑 ①	10 丁未 1	11 丁丑 31	11 丁未 30	11 丙子 ㉘	11 丙午 28	11 乙亥 26	11 乙巳 26	11 甲戌 24
11 庚辰 4	11 己酉 5	11 己卯 4	**11** 己酉 ④	11 戊寅 2	11 戊申 2	《8月》	12 戊申 ㉛	12 丁丑 29	12 丁未 29	12 丙子 27	12 丙午 27	12 乙亥 ㉕
12 辛巳 5	12 庚戌 6	12 庚辰 5	12 庚戌 5	**12** 己卯 3	12 己酉 3	12 戊寅 1	《9月》	13 戊寅 30	13 戊申 30	13 丁丑 28	13 丁未 ㉘	13 丙子 26
13 壬午 6	13 辛亥 7	13 辛巳 ⑥	13 辛亥 6	13 庚辰 4	**13** 庚戌 4	13 己卯 2	13 己酉 1	《10月》	14 己酉 31	14 戊寅 29	14 戊申 29	14 丁丑 27
14 癸未 7	14 壬子 8	14 壬午 7	14 壬子 7	14 辛巳 5	14 辛亥 5	**14** 庚辰 ③	14 庚戌 2	14 己卯 1	《11月》	15 己卯 ㉚	15 己酉 30	15 戊寅 28
15 甲申 8	15 癸丑 ⑨	15 癸未 8	15 癸丑 8	15 壬午 6	15 壬子 ⑥	15 辛巳 4	**15** 辛亥 3	15 庚辰 2	15 庚戌 1	《12月》	16 庚戌 31	16 己卯 29
16 乙酉 ⑨	16 甲寅 10	16 甲申 9	16 甲寅 9	16 癸未 7	16 癸丑 7	16 壬午 5	16 壬子 4	**16** 辛巳 3	**16** 辛亥 ②	16 庚辰 1	**739 年**	17 庚辰 30
17 丙戌 10	17 乙卯 11	17 乙酉 10	17 乙卯 10	17 甲申 ⑧	17 甲寅 8	17 癸未 6	17 癸丑 5	17 壬午 4	17 壬子 3	17 辛巳 2	《1月》	18 辛巳 31
18 丁亥 11	18 丙辰 12	18 丙戌 11	18 丙辰 ⑪	18 乙酉 9	18 乙卯 9	18 甲申 7	18 甲寅 6	18 癸未 ⑤	18 癸丑 4	**18** 壬午 3	17 辛亥 1	《2月》
19 戊子 12	19 丁巳 13	19 丁亥 12	19 丁巳 12	19 丙戌 10	19 丙辰 10	19 乙酉 8	19 乙卯 ⑦	19 甲申 6	19 甲寅 5	19 癸未 4	**18** 壬子 2	19 壬午 ①
20 己丑 13	20 戊午 14	20 戊子 ⑬	20 戊午 13	20 丁亥 11	20 丁巳 11	20 丙戌 9	20 丙辰 8	20 乙酉 7	20 乙卯 6	20 甲申 5	19 癸丑 3	**20** 癸未 2
21 庚寅 14	21 己未 15	21 己丑 14	21 己未 14	21 戊子 12	21 戊午 12	21 丁亥 ⑩	21 丁巳 9	21 丙戌 8	21 丙辰 7	21 乙酉 6	20 甲寅 ④	21 甲申 3
22 辛卯 15	22 庚申 ⑯	22 庚寅 15	22 庚申 15	22 己丑 13	22 己未 ⑬	22 戊子 11	22 戊午 10	22 丁亥 9	22 丁巳 8	22 丙戌 ⑦	21 乙卯 5	22 乙酉 4
23 壬辰 ⑯	23 辛酉 17	23 辛卯 16	23 辛酉 16	23 庚寅 14	23 庚申 14	23 己丑 12	23 己未 11	23 戊子 10	23 戊午 ⑨	23 丁亥 8	22 丙辰 6	23 丙戌 5
24 癸巳 17	24 壬戌 18	24 壬辰 17	24 壬戌 17	24 辛卯 ⑮	24 辛酉 15	24 庚寅 13	24 庚申 12	24 己丑 11	24 己未 10	24 戊子 9	23 丁巳 7	24 丁亥 6
25 甲午 18	**25** 癸亥 19	25 癸巳 18	25 癸亥 ⑱	25 壬辰 16	25 壬戌 16	25 辛卯 14	25 辛酉 13	25 庚寅 ⑫	25 庚申 11	25 己丑 10	24 戊午 8	25 戊子 7
26 乙未 19	26 甲子 20	**26** 甲午 19	**26** 甲子 19	26 癸巳 17	26 癸亥 17	26 壬辰 15	26 壬戌 ⑭	26 辛卯 13	26 辛酉 12	26 庚寅 11	25 己未 9	26 己丑 ⑧
27 丙申 20	27 乙丑 21	27 乙未 ⑳	27 乙丑 20	**27** 甲午 18	27 甲子 18	27 癸巳 16	27 癸亥 15	27 壬辰 14	27 壬戌 13	27 辛卯 12	26 庚申 10	27 庚寅 9
28 丁酉 21	28 丙寅 22	28 丙申 21	28 丙寅 21	28 乙未 19	**28** 乙丑 19	28 甲午 ⑰	28 甲子 16	28 癸巳 15	28 癸亥 14	28 壬辰 13	27 辛酉 ⑪	28 辛卯 10
29 戊戌 22	29 丁卯 ㉓	29 丁酉 22	29 丁卯 22	29 丙申 20	29 丙寅 ⑳	**29** 乙未 18	29 乙丑 17	29 甲午 16	29 甲子 15	29 癸巳 ⑭	28 壬戌 12	29 壬辰 11
	30 戊辰 24	30 戊戌 23		30 丁酉 21		30 丙申 19		30 乙未 17		30 甲午 15	29 癸亥 13	30 癸巳 12
立春 8日 雨水 24日	啓蟄 10日 春分 25日	清明 10日 穀雨 26日	立夏 11日 小満 26日	芒種 12日 夏至 27日	小暑 13日 大暑 28日	立秋 14日 処暑 29日	白露15日	秋分 1日 寒露 16日	霜降 1日 立冬 16日	小雪 3日 大雪 18日	冬至 3日 小寒 18日	大寒 4日 立春 20日

天平 **11** 年（739－740） 己卯

1 月	2 月	3 月	4 月	5 月	6 月	7 月	8 月	9 月	10月	11月	12月
1 甲午13	1 癸亥14	1 癸巳13	1 壬戌12	1 壬辰11	1 壬戌11	1 辛卯⑨	1 辛酉 8	1 庚寅 7	1 庚申 6	1 己丑 5	1 己未 4
2 乙未14	2 甲子⑮	2 甲午14	2 癸亥13	2 癸巳12	2 癸亥⑫	2 壬辰10	2 壬戌 9	2 辛卯 8	2 辛酉 7	2 庚寅⑥	2 庚申 5
3 丙申⑮	3 乙丑16	3 乙未15	3 甲子14	3 甲午13	3 甲子13	3 癸巳11	3 癸亥10	3 壬辰 9	3 壬戌⑧	3 辛卯 7	3 辛酉 6
4 丁酉16	4 丙寅17	4 丙申16	4 乙丑15	4 乙未⑭	4 乙丑14	4 甲午12	4 甲子11	4 癸巳10	4 癸亥 9	4 壬辰 8	4 壬戌 7
5 戊戌17	5 丁卯18	5 丁酉17	5 丙寅16	5 丙申15	5 丙寅15	5 乙未13	5 乙丑12	5 甲午⑪	5 甲子10	5 癸巳 9	5 癸亥 8
6 己亥18	**6** 戊辰19	6 戊戌18	6 丁卯⑰	6 丁酉16	6 丁卯16	6 丙申14	6 丙寅⑬	6 乙未12	6 乙丑11	6 甲午10	6 甲子 9
7 庚子19	7 己巳20	**7** 己亥⑲	7 戊辰18	7 戊戌17	7 戊辰17	7 丁酉15	7 丁卯14	7 丙申13	7 丙寅12	7 乙未11	7 乙丑⑩
8 辛丑20	8 庚午21	8 庚子20	**8** 己巳19	8 己亥18	8 己巳18	8 戊戌⑯	8 戊辰15	8 丁酉14	8 丁卯13	8 丙申12	8 丙寅11
9 壬寅21	9 辛未㉒	9 辛丑21	9 庚午20	**9** 庚子19	**9** 庚午⑲	9 己亥17	9 己巳16	9 戊戌15	9 戊辰14	9 丁酉⑬	9 丁卯12
10癸卯㉒	10壬申23	10壬寅22	10辛未21	10辛丑20	10辛未20	10庚子18	10庚午17	10己亥16	10己巳⑮	10戊戌14	10戊辰13
11甲辰23	11癸酉24	11癸卯23	11壬申22	11壬寅㉑	11壬申21	**11**辛丑19	**11**辛未18	11庚子17	11庚午16	11己亥15	11己巳14
12乙巳24	12甲戌25	12甲辰24	12癸酉23	12癸卯22	12癸酉22	12壬寅20	12壬申19	**12**辛丑⑱	12辛未17	12庚子16	12庚午15
13丙午25	13乙亥26	13乙巳25	13甲戌㉔	13甲辰23	13甲戌23	13癸卯21	13癸酉⑳	13壬寅19	**13**壬申18	13辛丑17	13辛未16
14丁未26	14丙子27	14丙午㉖	14乙亥25	14乙巳24	14乙亥24	14甲辰22	14甲戌21	14癸卯20	14癸酉19	**14**壬寅18	14壬申⑰
15戊申27	15丁丑28	15丁未27	15丙子26	15丙午25	15丙子25	15乙巳㉓	15乙亥22	15甲辰21	15甲戌20	15癸卯19	**15**癸酉18
16己酉28	16戊寅㉙	16戊申28	16丁丑27	16丁未26	16丁丑㉖	16丙午24	16丙子23	16乙巳22	16乙亥21	16甲辰⑳	16甲戌19
《3月》	17己卯30	17己酉29	17戊寅28	17戊申27	17戊寅27	17丁未25	17丁丑24	17丙午23	17丙子㉒	17乙巳21	17乙亥20
17庚戌①	18庚辰31	18庚戌30	18己卯29	18己酉㉘	18己卯28	18戊申26	18戊寅25	18丁未24	18丁丑23	18丙午22	18丙子21
18辛亥 2	《4月》	《5月》	19庚辰30	19庚戌29	19庚辰29	19己酉27	19己卯26	19戊申㉕	19戊寅24	19丁未23	19丁丑22
19壬子 3	19辛巳 1	19辛亥 1	20辛巳㉛	20辛亥30	20辛巳30	20庚戌28	20庚辰㉗	20己酉26	20己卯25	20戊申24	20戊寅23
20癸丑 4	20壬午 2	20壬子 2	《6月》	《7月》	21壬午31	21辛亥29	21辛巳28	21庚戌27	21庚辰26	21己酉25	21己卯㉔
21甲寅 5	21癸未 3	21癸丑③	21壬午 1	21壬子 1	《8月》	22壬子㉚	22壬午29	22辛亥28	22辛巳27	22庚戌26	22庚辰25
22乙卯 6	**22**甲申 4	**22**甲寅 4	22癸未 2	22癸丑 2	22癸未 1	23癸丑31	23癸未30	23壬子29	23壬午28	23辛亥㉗	23辛巳26
23丙辰 7	23乙酉⑤	23乙卯 5	**23**甲申 3	23甲寅 3	23甲申②	《9月》	《10月》	24癸丑30	24癸未㉙	24壬子28	24壬午27
24丁巳⑧	24丙戌 6	24丙辰 6	24乙酉 4	**24**乙卯 4	**24**乙酉 3	24甲寅 1	24甲申 1	25甲寅31	25甲申30	25癸丑29	25癸未28
25戊午 9	25丁亥 7	25丁巳 7	25丙戌 5	25丙辰⑤	25丙戌 4	25乙卯 2	25乙酉 2	《11月》	《12月》	26甲寅30	26甲申29
26己未10	26戊子 8	26戊午 8	26丁亥 6	26丁巳 6	26丁亥 5	**26**丙辰 3	**26**丙戌 3	26乙卯①	26乙酉 1	27乙卯31	27乙酉30
27庚申11	27己丑 9	27己未 9	27戊子⑦	27戊午 7	27戊子 6	27丁巳 4	27丁亥④	27丙辰 2	27丙戌 2	**740年**	28丙戌㉛
28辛酉12	28庚寅10	28庚申⑩	28己丑 8	28己未 8	28己丑 7	28戊午 5	28戊子 5	**28**丁巳 3	**28**丁亥 3	《1月》	《2月》
29壬戌13	29辛卯11	29辛酉11	29庚寅 9	29庚申 9	29庚寅 8	29己未⑥	29己丑 6	29戊午 4	29戊子 4	28丙辰 1	29丁亥 1
	30壬辰⑫		30辛卯10	30辛酉10		30庚申 7		30己未 5		29丁巳 2	
										30戊午③	

雨水 5日	春分 6日	穀雨 7日	小満 8日	夏至 9日	大暑 9日	処暑 11日	秋分 11日	霜降 12日	小雪 13日	冬至 14日	大寒 15日
啓蟄 20日	清明 22日	立夏 22日	芒種 23日	小暑 24日	立秋 24日	白露 26日	寒露 26日	立冬 28日	大雪 28日	小寒 30日	

天平 **12** 年（740－741） 庚辰

1 月	2 月	3 月	4 月	5 月	6 月	7 月	8 月	9 月	10月	11月	12月
1 戊子 2	**1** 戊午 3	《4月》	《5月》	1 丙戌30	1 丙辰29	1 乙酉28	1 乙卯27	1 乙酉26	1 甲寅25	1 甲申24	1 癸丑23
2 己丑 3	2 己未 4	1 丁亥 1	1 丁巳①	2 丁亥31	2 丁巳30	2 丙戌29	2 丙辰㉘	2 丙戌27	2 乙卯26	2 乙酉25	2 甲寅24
3 庚寅 4	3 庚申 5	2 戊子 2	2 戊午 2	《6月》	《7月》	3 丁亥30	3 丁巳29	3 丁亥28	3 丙辰27	3 丙戌26	3 乙卯㉕
4 辛卯 5	4 辛酉⑥	**3** 己丑③	**3** 己未 3	3 戊子 1	3 戊午 1	4 戊子㉛	4 戊午30	4 戊子29	4 丁巳28	4 丁亥㉗	4 丙辰26
5 壬辰 6	5 壬戌 7	4 庚寅 4	4 庚申 4	4 己丑 2	4 己未 2	《8月》	5 己未31	5 己丑30	5 戊午29	5 戊子28	5 丁巳27
6 癸巳⑦	6 癸亥 8	5 辛卯 5	5 辛酉 5	**5** 庚寅 3	**5** 庚申③	5 己丑 1	《9月》	《10月》	6 己未㉚	6 己丑29	6 戊午28
7 甲午 8	7 甲子 9	6 壬辰 6	6 壬戌 6	6 辛卯 4	6 辛酉 4	6 庚寅 2	6 庚申 1	6 庚寅 1	7 庚申31	7 庚寅30	7 己未29
8 乙未 9	8 乙丑10	7 癸巳 7	7 癸亥 7	7 壬辰⑤	7 壬戌 5	**7** 辛卯 3	**7** 辛酉 2	**7** 辛卯②	《11月》	《12月》	8 庚申30
9 丙申10	9 丙寅11	8 甲午 8	8 甲子⑧	8 癸巳 6	8 癸亥 6	8 壬辰 4	8 壬戌 3	8 壬辰 3	8 辛酉 1	8 辛卯 1	9 辛酉31
10丁酉11	10丁卯12	9 乙未 9	9 乙丑 9	9 甲午 7	9 甲子 7	9 癸巳 5	9 癸亥④	9 癸巳 4	**9** 壬戌 2	**9** 壬辰 2	**741年**
11戊戌12	11戊辰⑬	10丙申⑩	10丙寅10	10乙未 8	10乙丑 8	10甲午 6	10甲子 5	10甲午 5	10癸亥 3	10癸巳 3	《1月》
12己亥13	12己巳14	11丁酉11	11丁卯11	11丙申 9	11丙寅 9	11乙未⑦	11乙丑 6	11乙未 6	11甲子 4	11甲午④	10戊戌①
13庚子⑭	13庚午15	12戊戌12	12戊辰12	12丁酉10	12丁卯⑩	12丙申 8	12丙寅 7	12丙申 7	12乙丑 5	12乙未 5	**11**癸亥 2
14辛丑15	14辛未16	13己亥13	13己巳13	13戊戌11	13戊辰11	13丁酉 9	13丁卯 8	13丁酉 8	13丙寅⑥	13丙申 6	12甲子 3
15壬寅16	15壬申17	14庚子14	14庚午14	14己亥⑫	14己巳12	14戊戌10	14戊辰 9	14戊戌⑨	14丁卯 7	14丁酉 7	13乙丑 4
16癸卯17	16癸酉18	15辛丑15	15辛未⑮	15庚子13	15庚午13	15己亥11	15己巳10	15己亥10	15戊辰 8	15戊戌 8	**14**丙寅 5
17甲辰18	**17**甲戌19	16壬寅16	16壬申16	16辛丑14	16辛未14	16庚子12	16庚午⑪	16庚子11	16己巳 9	16己亥 9	15丁卯 6
18乙巳19	18乙亥⑳	17癸卯⑰	17癸酉17	17壬寅15	17壬申15	17辛丑13	17辛未12	17辛丑12	17庚午10	17庚子10	16戊辰 7
19丙午20	19丙子21	**18**甲辰18	**18**甲戌18	18癸卯16	18癸酉16	18壬寅⑭	18壬申13	18壬寅13	18辛未11	18辛丑⑪	17己巳⑧
20丁未㉑	20丁丑22	19乙巳19	19乙亥19	19甲辰17	19甲戌⑰	19癸卯15	19癸酉14	19癸卯14	19壬申12	19壬寅12	18庚午 9
21戊申22	21戊寅23	20丙午20	20丙子20	**20**乙巳18	**20**乙亥18	20甲辰16	20甲戌15	20甲辰15	20癸酉⑬	20癸卯13	19辛未10
22己酉23	22己卯24	21丁未21	21丁丑21	21丙午⑲	21丙子19	21乙巳17	21乙亥16	21乙巳⑯	21甲戌14	21甲辰14	20壬申11
23庚戌24	23庚辰25	22戊申22	22戊寅㉒	22丁未20	22丁丑20	**22**丙午18	**22**丙子17	22丙午17	22乙亥15	22乙巳15	21癸酉12
24辛亥25	24辛巳26	23己酉23	23己卯23	23戊申21	23戊寅21	23丁未19	23丁丑⑱	**23**丁未18	23丙子16	23丙午16	22甲戌13
25壬子26	25壬午㉗	24庚戌㉔	24庚辰24	24己酉22	24己卯22	24戊申20	24戊寅19	24戊申19	**24**丁丑17	24丁未17	23乙亥14
26癸丑27	26癸未28	25辛亥25	25辛巳25	25庚戌23	25庚辰23	25己酉㉑	25己卯20	25己酉20	25戊寅18	**25**戊申⑱	24丙子⑮
27甲寅㉘	27甲申29	26壬子26	26壬午26	26辛亥24	26辛巳㉔	26庚戌22	26庚辰21	26庚戌21	26己卯19	26己酉19	25丁丑16
28乙卯29	28乙酉30	27癸丑27	27癸未27	27壬子25	27壬午25	27辛亥23	27辛巳22	27辛亥22	27庚辰⑳	27庚戌20	**26**戊寅17
《3月》	29丙戌31	28甲寅28	28甲申28	28癸丑㉖	28癸未26	28壬子24	28壬午23	28壬子㉓	28辛巳21	28辛亥21	27己卯18
29丙辰 1		29乙卯29	29乙酉㉙	29甲寅27	29甲申27	29癸丑25	29癸未24	29癸丑24	29壬午22	29壬子22	28庚辰19
30丁巳 2		30丙辰30		30乙卯28		30甲寅26	30甲申㉕		30癸未23		29辛巳20
											30壬午21

立春 1日	啓蟄 1日	清明 3日	立夏 3日	芒種 5日	小暑 5日	立秋 7日	白露 7日	寒露 7日	立冬 9日	大雪 9日	小寒 11日
雨水 16日	春分 17日	穀雨 18日	小満 18日	夏至 20日	大暑 20日	処暑 22日	秋分 22日	霜降 23日	小雪 24日	冬至 25日	大寒 26日

天平 13 年（741－742） 辛巳

1 月	2 月	3 月	閏3月	4 月	5 月	6 月	7 月	8 月	9 月	10月	11月	12月
1 癸未㉒	1 壬子20	1 壬午22	1 辛亥20	**1** 庚辰19	**1** 庚戌⑱	1 己卯17	1 己酉16	1 己卯15	1 戊申14	1 戊寅13	1 戊申13	1 丁丑11
2 甲申23	2 癸丑21	2 癸未23	2 壬子21	2 辛巳20	2 辛亥19	2 庚辰18	2 庚戌17	2 庚辰16	2 己酉⑮	2 己卯14	2 己酉14	2 戊寅12
3 乙酉24	3 甲寅22	3 甲申24	3 癸丑22	3 壬午㉑	3 壬子20	**3** 辛巳19	**3** 辛亥18	**3** 辛巳⑰	3 庚戌16	3 庚辰15	3 庚戌15	3 己卯13
4 丙戌25	4 乙卯23	4 乙酉25	4 甲寅㉓	4 癸未22	4 癸丑21	4 壬午20	4 壬子19	4 壬午18	4 辛亥17	4 辛巳16	4 辛亥16	4 庚辰⑭
5 丁亥26	5 丙辰24	5 丙戌㉖	5 乙卯24	5 甲申23	5 甲寅22	5 癸未21	5 癸丑⑳	5 癸未19	**5** 壬子18	**5** 壬午17	5 壬子⑰	5 辛巳15
6 戊子27	6 丁巳25	6 丁亥27	6 丙辰25	6 乙酉24	6 乙卯23	6 甲申22	6 甲寅21	6 甲申20	6 癸丑19	6 癸未18	**6** 癸丑18	6 壬午16
7 己丑28	7 戊午㉖	7 戊子28	7 丁巳26	7 丙戌25	7 丙辰24	7 乙酉㉓	7 乙卯22	7 乙酉21	7 甲寅20	7 甲申⑲	7 甲寅19	**7** 癸未17
8 庚寅㉙	8 己未27	8 己丑29	8 戊午27	8 丁亥26	8 丁巳㉕	8 丙戌24	8 丙辰23	8 丙戌22	8 乙卯21	8 乙酉20	8 乙卯20	8 甲申18
9 辛卯30	9 庚申28	9 庚寅30	9 己未28	9 戊子27	9 戊午26	9 丁亥25	9 丁巳24	9 丁亥23	9 丙辰㉒	9 丙戌21	9 丙辰21	9 乙酉19
10壬辰31	《3月》	10辛卯31	10庚申29	10己丑㉘	10己未27	10戊子26	10戊午25	10戊子㉔	10丁巳23	10丁亥22	10丁巳22	10丙戌20
《2月》	10辛酉 1	《4月》	11辛酉㉚	11庚寅29	11庚申28	11己丑27	11己未26	11己丑25	11戊午24	11戊子23	11戊午23	11丁亥㉑
11癸巳 1	11壬戌 2	11壬辰 1	《5月》	12辛卯30	12辛酉29	12庚寅28	12庚申㉗	12庚寅26	12己未25	12己丑24	12己未㉔	12戊子22
12甲午 2	12癸亥 3	12癸巳②	12壬戌 1	13壬辰31	13壬戌30	13辛卯29	13辛酉28	13辛卯27	13庚申26	13庚寅25	13庚申25	13己丑23
13乙未 3	**13**甲子 4	**13**甲午 3	13癸亥 2	《6月》	《7月》	14壬辰㉚	14壬戌29	14壬辰28	14辛酉27	14辛卯㉖	14辛酉26	14庚寅24
14丙申 4	14乙丑⑤	14乙未 4	**14**甲子 3	14癸巳 1	14癸亥 1	15癸巳31	15癸亥30	15癸巳29	15壬戌28	15壬辰27	15壬戌27	15辛卯25
15丁酉⑤	15丙寅 6	15丙申 5	15乙丑 4	15甲午 2	15甲子②	《8月》	16甲子31	16甲午30	16癸亥㉙	16癸巳28	16癸亥28	16壬辰26
16戊戌 6	16丁卯 7	16丁酉 6	16丙寅 5	**16**乙未 3	**16**乙丑 3	16甲午 1	《9月》	《10月》	17甲子30	17甲午29	17甲子29	17癸巳27
17己亥 7	17戊辰 8	17戊戌 7	17丁卯 6	17丙申④	17丙寅 4	17乙未 2	17乙丑 1	17乙未①	18乙丑31	18乙未30	18乙丑30	18甲午㉘
18庚子 8	18己巳 9	18己亥 8	18戊辰⑦	18丁酉 5	18丁卯 5	**18**丙申 3	**18**丙寅 2	18丙申 2	《11月》	《12月》	19丙寅㉛	19乙未29
19辛丑 9	19庚午10	19庚子⑨	19己巳 8	19戊戌 6	19戊辰 6	19丁酉 4	19丁卯③	**19**丁酉 3	19丙寅 1	19丙申 1	**742 年**	20丙申30
20壬寅10	20辛未11	20辛丑10	20庚午 9	20己亥 7	20己巳 7	20戊戌 5	20戊辰 4	20戊戌 4	**20**丁卯 2	20丁酉 2	《1月》	21丁酉31
21癸卯11	21壬申⑫	21壬寅11	21辛未10	21庚子 8	21庚午 8	21己亥⑥	21己巳 5	21己亥 5	21戊辰 3	**21**戊戌③	20丁卯 1	《2月》
22甲辰⑫	22癸酉13	22癸卯12	22壬申11	22辛丑 9	22辛未⑨	22庚子 7	22庚午 6	22庚子 6	22己巳 4	22己亥 4	**21**戊辰 2	**22**戊戌 1
23乙巳13	23甲戌14	23甲辰13	23癸酉12	23壬寅10	23壬申10	23辛丑 8	23辛未 7	23辛丑 7	23庚午⑤	23庚子 5	22己巳 3	23己亥 2
24丙午14	24乙亥15	24乙巳14	24甲戌13	24癸卯⑪	24癸酉11	24壬寅 9	24壬申 8	24壬寅⑧	24辛未 6	24辛丑 6	23庚午 4	24庚子 3
25丁未15	25丙子16	25丙午15	25乙亥⑭	25甲辰12	25甲戌12	25癸卯10	25癸酉 9	25癸卯 9	25壬申 7	25壬寅 7	24辛未 5	25辛丑④
26戊申16	26丁丑17	26丁未⑯	26丙子15	26乙巳13	26乙亥13	26甲辰11	26甲戌⑩	26甲辰10	26癸酉 8	26癸卯 8	25壬申 6	26壬寅 5
27己酉17	27戊寅18	27戊申17	27丁丑16	27丙午14	27丙子14	27乙巳12	27乙亥11	27乙巳11	27甲戌 9	27甲辰 9	26癸酉⑦	27癸卯 6
28庚戌18	**28**己卯⑲	**28**己酉18	28戊寅17	28丁未15	28丁丑15	28丙午⑬	28丙子12	28丙午12	28乙亥10	28乙巳⑩	27甲戌 8	28甲辰 7
29辛亥⑲	29庚辰20	29庚戌19	29己卯18	29戊申16	29戊寅⑯	29丁未14	29丁丑13	29丁未13	29丙子11	29丙午11	28乙亥 9	29乙巳 8
	30辛巳21			30己酉17		30戊申15	30戊寅14		30丁丑⑫	30丁未12	29丙子10	30丙午 9
立春 11日	啓蟄 13日	清明 13日	立夏14日	小満 1日	夏至 1日	大暑 3日	処暑 3日	秋分 3日	霜降 5日	小雪 5日	冬至 6日	大寒 7日
雨水 26日	春分 28日	穀雨 28日		芒種 16日	小暑 16日	立秋 18日	白露 18日	寒露 19日	立冬 20日	大雪 21日	小寒 21日	立春 22日

天平 14 年（742－743） 壬午

1 月	2 月	3 月	4 月	5 月	6 月	7 月	8 月	9 月	10月	11月	12月
1 丁未10	1 丙子⑪	1 丙午10	1 乙亥 9	1 甲辰 7	1 甲戌 7	1 癸卯⑤	1 癸酉 4	**1** 壬寅 3	**1** 壬申 2	1 壬寅②	**743 年**
2 戊申⑪	2 丁丑12	2 丁未11	2 丙子10	2 乙巳 8	2 乙亥⑧	2 甲辰 6	2 甲戌 5	2 癸卯 4	2 癸酉 3	**2** 癸卯 3	《1月》
3 己酉12	3 戊寅13	3 戊申12	3 丁丑11	3 丙午 9	3 丙子 9	3 乙巳 7	3 乙亥 6	3 甲辰 5	3 甲戌④	3 甲辰 4	1 壬申 1
4 庚戌13	4 己卯14	4 己酉13	4 戊寅12	4 丁未⑩	4 丁丑10	4 丙午 8	4 丙子 7	4 乙巳 6	4 乙亥 5	4 乙巳 5	**2** 癸酉 2
5 辛亥14	5 庚辰15	5 庚戌14	5 己卯⑬	5 戊申11	5 戊寅11	5 丁未 9	5 丁丑 8	5 丙午⑦	5 丙子 6	5 丙午 6	3 甲戌 3
6 壬子15	6 辛巳16	6 辛亥⑮	6 庚辰14	6 己酉12	6 己卯12	6 戊申10	6 戊寅⑨	6 丁未 8	6 丁丑 7	6 丁未 7	4 乙亥 4
7 癸丑16	7 壬午17	7 壬子16	7 辛巳15	7 庚戌13	7 庚辰13	7 己酉11	7 己卯10	7 戊申 9	7 戊寅 8	7 戊申 8	5 丙子 5
8 甲寅17	8 癸未⑱	8 癸丑17	8 壬午16	8 辛亥14	8 辛巳14	8 庚戌⑫	8 庚辰11	8 己酉10	8 己卯 9	8 己酉⑨	6 丁丑⑥
9 乙卯⑱	**9** 甲申19	9 甲寅18	9 癸未17	9 壬子15	9 壬午⑮	9 辛亥13	9 辛巳12	9 庚戌11	9 庚辰10	9 庚戌10	7 戊寅 7
10丙辰19	10乙酉20	**10**乙卯19	10甲申18	10癸丑16	10癸未16	10壬子14	10壬午13	10辛亥12	10辛巳⑪	10辛亥11	8 己卯 8
11丁巳20	11丙戌21	11丙辰20	**11**乙酉19	11甲寅⑰	11甲申17	11癸丑15	11癸未14	11壬子13	11壬午12	11壬子12	9 庚辰 9
12戊午21	12丁亥22	12丁巳21	12丙戌⑳	**12**乙卯18	12乙酉18	12甲寅16	12甲申15	12癸丑⑭	12癸未13	12癸丑13	10辛巳10
13己未22	13戊子23	13戊午㉒	13丁亥21	13丙辰19	**13**丙戌19	13乙卯17	13乙酉⑯	13甲寅15	13甲申14	13甲寅14	11壬午11
14庚申23	14己丑24	14己未23	14戊子22	14丁巳20	14丁亥20	**14**丙辰18	14丙戌17	14乙卯16	14乙酉15	14乙卯15	12癸未12
15辛酉24	15庚寅㉕	15庚申24	15己丑23	15戊午21	15戊子21	15丁巳⑲	**15**丁亥18	15丙辰17	15丙戌16	15丙辰⑯	13甲申⑬
16壬戌㉕	16辛卯26	16辛酉25	16庚寅24	16己未22	16己丑㉒	16戊午20	16戊子19	**16**丁巳18	16丁亥17	16丁巳17	14乙酉14
17癸亥26	17壬辰27	17壬戌26	17辛卯25	17庚申23	17庚寅23	17己未21	17己丑20	17戊午19	**17**戊子⑱	**17**戊午18	15丙戌15
18甲子27	18癸巳28	18癸亥27	18壬辰26	18辛酉㉔	18辛卯24	18庚申22	18庚寅21	18己未20	18己丑19	18己未19	16丁亥16
19乙丑28	19甲午29	19甲子28	19癸巳㉗	19壬戌25	19壬辰25	19辛酉23	19辛卯22	19庚申㉑	19庚寅20	19庚申20	**17**戊子17
《3月》	20乙未30	20乙丑㉙	20甲午28	20癸亥26	20癸巳26	20壬戌24	20壬辰㉓	20辛酉22	20辛卯21	20辛酉21	18己丑18
20丙寅 1	21丙申31	21丙寅30	21乙未29	21甲子27	21甲午27	21癸亥25	21癸巳24	21壬戌23	21壬辰22	21壬戌22	19庚寅19
21丁卯 2	《4月》	《5月》	22丙申30	22乙丑28	22乙未28	22甲子㉖	22甲午25	22癸亥24	22癸巳23	22癸亥㉓	20辛卯⑳
22戊辰 3	22丁酉①	22丁卯 1	23丁酉31	23丙寅29	23丙申㉙	23乙丑27	23乙未26	23甲子25	23甲午24	23甲子24	21壬辰21
23己巳④	23戊戌 2	23戊辰 2	《6月》	24丁卯30	24丁酉30	24丙寅28	24丙申27	24乙丑26	24乙未㉕	24乙丑25	22癸巳22
24庚午 5	**24**己亥 3	24己巳 3	24戊戌 1	《7月》	25戊戌31	25丁卯29	25丁酉28	25丙寅27	25丙申26	25丙寅26	23甲午23
25辛未 6	25庚子 4	**25**庚午 4	25己亥 2	25戊辰①	《8月》	26戊辰30	26戊戌29	26丁卯㉘	26丁酉27	26丁卯27	24乙未24
26壬申 7	26辛丑 5	26辛未 5	**26**庚子③	26己巳 2	26己亥 1	27己巳31	27己亥㉚	27戊辰29	27戊戌28	27戊辰28	25丙申25
27癸酉 8	27壬寅 6	27壬申⑥	27辛丑 4	27庚午 3	27庚子 2	《9月》	《10月》	28己巳30	28己亥29	28己巳29	26丁酉26
28甲戌 9	28癸卯 7	28癸酉 7	28壬寅 5	**28**辛未 4	**28**辛丑 3	28庚午 1	28庚子 1	29庚午31	29庚子30	29庚午㉚	27戊戌㉗
29乙亥10	29甲辰⑧	29甲戌 8	29癸卯 6	29壬申 5	29壬寅 4	**29**辛未②	29辛丑 2	《11月》	《12月》	30辛未31	28己亥28
	30乙巳 9			30癸酉 6		30壬申 3		30辛未 1	30辛丑 1		29庚子29
雨水 8日	春分 9日	穀雨 10日	小満 11日	夏至 12日	大暑 13日	処暑 14日	秋分 15日	寒露 1日	立冬 1日	大雪 2日	小寒 2日
啓蟄 23日	清明 24日	立夏 25日	芒種 26日	小暑 28日	立秋 28日	白露 29日		霜降 16日	小雪 17日	冬至 17日	大寒 17日

天平15年（743－744） 癸未

1月	2月	3月	4月	5月	6月	7月	8月	9月	10月	11月	12月
1 辛丑30	《3月》	1 庚子30	1 庚午29	1 己亥28	1 戊辰26	1 戊戌26	1 丁卯24	1 丁酉23	1 丁卯23	1 丙申21	1 丙寅21
2 壬寅31	1 辛未 1	2 辛丑㉛	2 辛未30	2 庚子29	2 己巳27	2 己亥27	2 戊辰㉕	2 戊戌24	2 戊辰24	2 丁酉22	2 丁卯㉒
《2月》	2 壬申 2	《4月》	《5月》	3 辛丑30	3 庚午28	3 庚子㉘	3 己巳26	3 己亥25	3 己巳25	3 戊戌23	3 戊辰23
3 癸卯 1	3 癸酉③	3 壬寅 1	3 壬申 1	4 壬寅31	4 辛未29	4 辛丑29	4 庚午27	4 庚子26	4 庚午26	4 己亥㉔	4 己巳24
4 甲辰 2	**4** 甲戌 4	4 癸卯 2	4 癸酉 2	《6月》	5 壬申㉚	5 壬寅30	5 辛未28	5 辛丑27	5 辛未㉗	5 庚子25	5 庚午25
5 乙巳③	5 乙亥 5	5 甲辰 3	5 甲戌 3	5 癸卯 1	《7月》	6 癸卯31	6 壬申29	6 壬寅28	6 壬申28	6 辛丑26	6 辛未26
6 丙午 4	6 丙子 6	**6** 乙巳 4	**6** 乙亥 4	6 甲辰②	6 癸酉 1	《8月》	7 癸酉30	7 癸卯㉙	7 癸酉29	7 壬寅27	7 壬申27
7 丁未 5	7 丁丑 7	7 丙午 5	7 丙子⑤	**7** 乙巳 3	7 甲戌 2	7 甲辰 1	8 甲戌31	8 甲辰30	8 甲戌30	8 癸卯28	8 癸酉28
8 戊申 6	8 戊寅 8	8 丁未 6	8 丁丑 6	8 丙午 4	8 乙亥 3	8 乙巳 2	《9月》	《10月》	9 乙亥31	9 甲辰29	9 甲戌㉙
9 己酉 7	9 己卯 9	9 戊申⑦	9 戊寅 7	9 丁未 5	**9** 丙子 4	**9** 丙午 3	9 乙亥①	9 乙巳 1	《11月》	10乙巳30	10乙亥30
10庚戌 8	10庚辰⑩	10己酉 8	10己卯 8	10戊申 6	10丁丑 5	10丁未④	10丙子 2	10丙午 2	10丙子 1	《12月》	11丙子31
11辛亥 9	11辛巳11	11庚戌 9	11庚辰 9	11己酉 7	11戊寅 6	11戊申 5	**11**丁丑 3	**11**丁未 3	11丁丑 2	11丙午①	**744年**
12壬子⑩	12壬午12	12辛亥10	12辛巳10	12庚戌 8	12己卯⑦	12己酉 6	12戊寅 4	12戊申 4	**12**戊寅③	12丁未 2	《1月》
13癸丑11	13癸未13	13壬子11	13壬午11	13辛亥⑨	13庚辰 8	13庚戌 7	13己卯 5	13己酉 5	13己卯 4	**13**戊申 3	12丁丑 1
14甲寅12	14甲申14	14癸丑12	14癸未⑫	14壬子10	14辛巳 9	14辛亥 8	14庚辰 6	14庚戌⑥	14庚辰 5	14己酉 4	**13**戊寅 2
15乙卯13	15乙酉15	15甲寅13	15甲申13	15癸丑11	15壬午10	15壬子 9	15辛巳 7	15辛亥 7	15辛巳 6	15庚戌 5	14己卯 3
16丙辰14	16丙戌16	16乙卯⑭	16乙酉14	16甲寅12	16癸未11	16癸丑10	16壬午⑧	16壬子 8	16壬午 7	16辛亥 6	15庚辰 4
17丁巳15	17丁亥⑰	17丙辰15	17丙戌15	17乙卯13	17甲申12	17甲寅⑪	17癸未 9	17癸丑 9	17癸未 8	17壬子 7	16辛巳⑤
18戊午16	18戊子18	18丁巳16	18丁亥16	18丙辰14	18乙酉13	18乙卯12	18甲申10	18甲寅10	18甲申 9	18癸丑⑧	17壬午 6
19己未⑰	**19**己丑19	19戊午17	19戊子17	19丁巳15	19丙戌⑭	19丙辰13	19乙酉11	19乙卯11	19乙酉⑩	19甲寅 9	18癸未 7
20庚申18	20庚寅20	20己未18	20己丑18	20戊午⑯	20丁亥15	20丁巳14	20丙戌12	20丙辰12	20丙戌11	20乙卯10	19甲申 8
21辛酉19	21辛卯21	**21**庚申19	**21**庚寅⑲	21己未17	21戊子16	21戊午15	21丁亥13	21丁巳⑬	21丁亥12	21丙辰11	20乙酉 9
22壬戌20	22壬辰22	22辛酉20	22辛卯20	22庚申18	22己丑17	22己未16	22戊子14	22戊午14	22戊子13	22丁巳12	21丙戌10
23癸亥21	23癸巳23	23壬戌㉑	23壬辰21	**23**辛酉19	23庚寅18	23庚申17	23己丑⑮	23己未15	23己丑14	23戊午13	22丁亥11
24甲子22	24甲午㉔	24癸亥22	24癸巳22	24壬戌20	**24**辛卯19	24辛酉⑱	24庚寅16	24庚申16	24庚寅15	24己未14	23戊子⑫
25乙丑23	25乙未25	25甲子23	25甲午23	25癸亥21	25壬辰20	**25**壬戌19	25辛卯17	25辛酉17	25辛卯16	25庚申⑮	24己丑13
26丙寅㉔	26丙申26	26乙丑24	26乙未24	26甲子22	26癸巳㉑	26癸亥20	**26**壬辰18	**26**壬戌18	26壬辰⑰	26辛酉16	25庚寅14
27丁卯25	27丁酉27	27丙寅25	27丙申25	27乙丑㉓	27甲午22	27甲子21	27癸巳19	27癸亥19	**27**癸巳18	27壬戌17	26辛卯15
28戊辰26	28戊戌28	28丁卯26	28丁酉㉖	28丙寅24	28乙未23	28乙丑22	28甲午20	28甲子⑳	28甲午19	**28**癸亥18	27壬辰16
29己巳27	29己亥29	29戊辰27	29戊戌27	29丁卯25	29丙申24	29丙寅23	29乙未21	29乙丑21	29乙未20	29甲子19	28癸巳17
30庚午28		30己巳㉘			30丁酉25		30丙申㉒	30丙寅22		30乙丑20	**29**甲午18
											30乙未⑲
立春 4日 雨水 19日	啓蟄 4日 春分 19日	清明 6日 穀雨 21日	立夏 6日 小満 21日	芒種 7日 夏至 23日	小暑 9日 大暑 24日	立秋 9日 処暑 25日	白露 11日 秋分 26日	寒露 11日 霜降 26日	立冬 12日 小雪 27日	大雪 13日 冬至 28日	小寒 13日 大寒 29日

天平16年（744－745） 甲申

1月	閏1月	2月	3月	4月	5月	6月	7月	8月	9月	10月	11月	12月
1 丙申20	1 乙丑18	**1** 乙未19	1 甲子17	1 甲午⑰	1 癸亥15	1 壬辰14	1 壬戌13	1 辛卯11	1 庚申10	1 庚寅 9	1 庚申 9	1 庚寅 8
2 丁酉21	2 丙寅19	2 丙申20	**2** 乙丑18	**2** 乙未18	2 甲子16	2 癸巳15	2 癸亥14	2 壬辰12	2 辛酉⑪	2 辛卯10	2 辛酉10	2 辛卯 9
3 戊戌22	3 丁卯20	3 丁酉21	3 丙寅⑲	3 丙申19	3 乙丑17	3 甲午16	3 甲子15	3 癸巳⑬	3 壬戌12	3 壬辰11	3 壬戌11	3 壬辰⑩
4 己亥23	4 戊辰21	4 戊戌㉒	4 丁卯20	4 丁酉20	**4** 丙寅18	4 乙未17	4 乙丑⑯	4 甲午14	4 癸亥13	4 癸巳12	4 癸亥12	4 癸巳11
5 庚子24	5 己巳22	5 己亥23	5 戊辰21	5 戊戌21	5 丁卯19	**5** 丙申18	5 丙寅17	5 乙未15	5 甲子14	5 甲午13	5 甲子⑬	5 甲午12
6 辛丑25	6 庚午㉓	6 庚子24	6 己巳22	6 己亥22	6 戊辰20	6 丁酉⑲	**6** 丁卯18	6 丙申16	6 乙丑15	6 乙未14	6 乙丑14	6 乙未13
7 壬寅㉖	7 辛未24	7 辛丑25	7 庚午23	7 庚子23	7 己巳㉑	7 戊戌20	7 戊辰19	**7** 丁酉17	7 丙寅16	7 丙申⑮	7 丙寅15	7 丙申14
8 癸卯27	8 壬申25	8 壬寅26	8 辛未24	8 辛丑㉔	8 庚午22	8 己亥21	8 己巳20	8 戊戌18	8 丁卯17	8 丁酉16	8 丁卯16	8 丁酉15
9 甲辰28	9 癸酉26	9 癸卯27	9 壬申25	9 壬寅25	9 辛未23	9 庚子22	9 庚午21	9 己亥19	**9** 戊辰⑱	**9** 戊戌17	9 戊辰17	9 戊戌16
10乙巳29	10甲戌27	10甲辰28	10癸酉㉖	10癸卯26	10壬申24	10辛丑23	10辛未22	10庚子⑳	10己巳19	10己亥18	**10**己巳18	**10**己亥⑰
11丙午30	11乙亥28	11乙巳㉙	11甲戌27	11甲辰27	11癸酉25	11壬寅24	11壬申㉓	11辛丑21	11庚午20	11庚子19	11庚午19	11庚子18
12丁未31	12丙子29	12丙午30	12乙亥28	12乙巳28	12甲戌26	12癸卯25	12癸酉24	12壬寅22	12辛未21	12辛丑20	12辛未⑳	12辛丑19
《2月》	《3月》	13丁未31	13丙子29	13丙午29	13乙亥27	13甲辰㉖	13甲戌25	13癸卯23	13壬申22	13壬寅21	13壬申21	13壬寅20
13戊申 1	13丁丑①	《4月》	14丁丑30	14丁未30	14丙子㉘	14乙巳27	14乙亥26	14甲辰24	14癸酉23	14癸卯㉒	14癸酉22	14癸卯21
14己酉②	14戊寅 2	14戊申 1	《5月》	15戊申㉛	15丁丑29	15丙午28	15丙子27	15乙巳25	15甲戌24	15甲辰23	15甲戌23	15甲辰22
15庚戌 3	**15**己卯 3	15己酉 2	15戊寅 1	《6月》	16戊寅30	16丁未29	16丁丑28	16丙午26	16乙亥㉕	16乙巳24	16乙亥24	16乙巳23
16辛亥 4	16庚辰 4	**16**庚戌 3	16己卯 2	16己酉 1	《7月》	17戊申30	17戊寅29	17丁未㉗	17丙子26	17丙午25	17丙子25	17丙午㉔
17壬子 5	17辛巳 5	17辛亥 4	**17**庚辰③	17庚戌 2	17己卯 1	18己酉31	18己卯㉚	18戊申28	18丁丑27	18丁未26	18丁丑26	18丁未25
18癸丑 6	18壬午 6	18壬子⑤	18辛巳 4	**18**辛亥 3	18庚辰 2	《8月》	19庚辰31	19己酉29	19戊寅28	19戊申27	19戊寅㉗	19戊申26
19甲寅 7	19癸未 7	19癸丑 6	19壬午 5	19壬子 4	**19**辛巳 3	19庚戌 1	《9月》	20庚戌30	20己卯29	20己酉28	20己卯28	20己酉27
20乙卯 8	20甲申⑧	20甲寅 7	20癸未 6	20癸丑 5	20壬午 4	20辛亥②	20辛巳 1	《10月》	21庚辰30	21庚戌㉙	21庚辰29	21庚戌28
21丙辰⑨	21乙酉 9	21乙卯 8	21甲申 7	21甲寅 6	21癸未⑤	**21**壬子 3	**21**壬午 2	21辛亥 1	22辛巳31	22辛亥30	22辛巳30	22辛亥29
22丁巳10	22丙戌10	22丙辰 9	22乙酉 8	22乙卯⑦	22甲申 6	22癸丑 4	22癸未 3	**22**壬子 2	《11月》	《12月》	23壬午31	23壬子30
23戊午11	23丁亥11	23丁巳10	23丙戌 9	23丙辰 8	23乙酉 7	23甲寅 5	23甲申 4	23癸丑 3	23壬午①	23壬子 1	**745年**	24癸丑㉛
24己未12	24戊子12	24戊午11	24丁亥⑩	24丁巳 9	24丙戌 8	24乙卯 6	24乙酉 5	24甲寅④	**24**癸未 2	**24**癸丑 2	《1月》	《2月》
25庚申13	25己丑13	25己未⑫	25戊子11	25戊午10	25丁亥 9	25丙辰 7	25丙戌⑥	25乙卯 5	25甲申 3	25甲寅 3	24癸未 1	**25**甲寅 1
26辛酉14	26庚寅14	26庚申13	26己丑12	26己未11	26戊子10	26丁巳 8	26丁亥 7	26丙辰 6	26乙酉 4	26乙卯 4	**25**甲申 2	26乙卯 2
27壬戌15	27辛卯⑮	27辛酉14	27庚寅13	27庚申12	27己丑11	27戊午⑨	27戊子 8	27丁巳 7	27丙戌 5	27丙辰 5	26乙酉③	27丙辰 3
28癸亥⑯	28壬辰16	28壬戌15	28辛卯14	28辛酉13	28庚寅⑫	28己未10	28己丑 9	28戊午 8	28丁亥 6	28丁巳⑥	27丙戌 4	28丁巳 4
29甲子17	29癸巳17	29癸亥16	29壬辰15	29壬戌⑭	29辛卯13	29庚申11	29庚寅10	29己未 9	29戊子 7	29戊午 7	28丁亥 5	29戊午 5
	30甲午18		30癸巳16			30辛酉12			30己丑⑧	30己未 8	29戊子 6	
											30己丑 7	
立春 14日 雨水 29日	啓蟄15日	春分 1日 清明 16日	穀雨 2日 立夏 17日	小満 2日 芒種 18日	夏至 4日 小暑 19日	大暑 5日 立秋 21日	処暑 6日 白露 21日	秋分 7日 寒露 22日	霜降 9日 立冬 24日	小雪 9日 大雪 24日	冬至 10日 小寒 25日	大寒 10日 立春 25日

天平 **17** 年（745－746） 乙酉

1月	2月	3月	4月	5月	6月	7月	8月	9月	10月	11月	12月
1 己未 6 2 庚申⑦ 3 辛酉 8 4 壬戌 9 5 癸亥10 6 甲子11 7 乙丑12 8 丙寅13 9 丁卯⑭ 10戊辰15 **11**己巳16 12庚午17 13辛未18 14壬申19 15癸酉20 16甲戌㉑ 17乙亥22 18丙子23 19丁丑24 20戊寅25 21己卯26 22庚辰27 23辛巳㉘ 《3月》 24壬午 1 25癸未 2 26甲申 3 **27**乙酉 4 28丙戌 5 29丁亥 6 30戊子⑦	1 己丑 8 2 庚寅 9 3 辛卯10 4 壬辰11 5 癸巳12 6 甲午13 7 乙未⑭ 8 丙申15 9 丁酉16 10戊戌17 11己亥18 **12**庚子19 13辛丑20 14壬寅㉑ 15癸卯22 16甲辰23 17乙巳24 18丙午25 19丁未26 20戊申27 21己酉㉘ 22庚戌29 23辛亥30 24壬子31 《4月》 25癸丑 1 26甲寅 2 **27**乙卯 3 28丙辰④ 29丁巳 5 30戊午 6	1 己未 7 2 庚申 8 3 辛酉 9 4 壬戌10 5 癸亥⑪ 6 甲子12 7 乙丑13 8 丙寅14 9 丁卯15 10戊辰16 11己巳17 **12**庚午⑱ 13辛未19 14壬申20 15癸酉21 16甲戌22 17乙亥23 18丙子24 19丁丑㉕ 20戊寅26 21己卯27 22庚辰28 23辛巳29 24壬午30 《5月》 25癸未 1 26甲申② **27**乙酉 3 28丙戌 4 29丁亥 5	1 戊子 6 2 己丑 7 3 庚寅 8 4 辛卯⑨ 5 壬辰10 6 癸巳11 7 甲午12 8 乙未13 9 丙申14 10丁酉15 11戊戌⑯ 12己亥17 13庚子18 **14**辛丑19 15壬寅20 16癸卯21 17甲辰22 18乙巳㉓ 19丙午24 20丁未25 21戊申26 22己酉27 23庚戌28 24辛亥29 25壬子㉚ 26癸丑31 《6月》 27甲寅 1 28乙卯 2 **29**丙辰 3 30丁巳 4	1 戊午 5 2 己未⑥ 3 庚申 7 4 辛酉 8 5 壬戌 9 6 癸亥10 7 甲子11 8 乙丑12 9 丙寅⑬ 10丁卯14 11戊辰15 12己巳16 13庚午17 **14**辛未18 15壬申19 16癸酉⑳ 17甲戌21 18乙亥22 19丙子23 20丁丑24 21戊寅25 22己卯26 23庚辰㉗ 24辛巳28 25壬午29 26癸未30 《7月》 27甲申 1 28乙酉 2 **29**丙戌 3	1 丁亥④ 2 戊子 5 3 己丑 6 4 庚寅 7 5 辛卯 8 6 壬辰 9 7 癸巳10 8 甲午⑪ 9 乙未12 10丙申13 11丁酉14 12戊戌15 13己亥16 14庚子17 15辛丑⑱ **16**壬寅19 17癸卯20 18甲辰21 19乙巳22 20丙午23 21丁未24 22戊申㉕ 23己酉26 24庚戌27 25辛亥28 26壬子29 27癸丑30 28甲寅31 《8月》 29乙卯①	1 丙辰 2 **2** 丁巳 3 3 戊午 4 4 己未 5 5 庚申 6 6 辛酉 7 7 壬戌⑧ 8 癸亥 9 9 甲子10 10乙丑11 11丙寅12 12丁卯13 13戊辰14 14己巳⑮ 15庚午16 16辛未17 **17**壬申18 18癸酉19 19甲戌20 20乙亥21 21丙子㉒ 22丁丑23 23戊寅24 24己卯25 25庚辰26 26辛巳27 27壬午28 28癸未㉙ 29甲申30 30乙酉31	《9月》 1 丙戌 1 **2** 丁亥 2 3 戊子 3 4 己丑 4 5 庚寅⑤ 6 辛卯 6 7 壬辰 7 8 癸巳 8 9 甲午 9 10乙未10 11丙申11 12丁酉⑫ 13戊戌13 14己亥14 15庚子15 16辛丑16 **17**壬寅17 18癸卯18 19甲辰⑲ 20乙巳20 21丙午21 22丁未22 23戊申23 24己酉24 25庚戌25 26辛亥㉖ 27壬子27 28癸丑28 29甲寅29	1 乙卯30 《10月》 2 丙辰 1 3 丁巳 2 **4** 戊午③ 5 己未 4 6 庚申 5 7 辛酉 6 8 壬戌 7 9 癸亥 8 10甲子 9 11乙丑⑩ 12丙寅11 13丁卯12 14戊辰13 15己巳14 16庚午15 17辛未16 18壬申⑰ **19**癸酉18 20甲戌19 21乙亥20 22丙子21 23丁丑22 24戊寅23 25己卯㉔ 26庚辰25 27辛巳26 28壬午27 29癸未28	1 甲申29 2 乙酉30 3 丙戌㉛ 《11月》 4 丁亥 1 **5** 戊子 2 6 己丑 3 7 庚寅 4 8 辛卯 5 9 壬辰 6 10癸巳⑦ 11甲午 8 12乙未 9 13丙申10 14丁酉11 15戊戌12 16己亥13 17庚子⑭ 18辛丑15 19壬寅16 **20**癸卯17 21甲辰18 22乙巳19 23丙午20 24丁未㉑ 25戊申22 26己酉23 27庚戌24 28辛亥25 29壬子26 30癸丑27	1 甲寅㉘ 2 乙卯29 3 丙辰30 《12月》 4 丁巳 1 5 戊午 2 **6** 己未 3 7 庚申 4 8 辛酉⑤ 9 壬戌 6 10癸亥 7 11甲子 8 12乙丑 9 13丙寅10 14丁卯11 15戊辰⑫ 16己巳13 17庚午14 18辛未15 19壬申16 20癸酉17 **21** 甲戌18 22乙亥⑲ 23丙子20 24丁丑21 25戊寅22 26己卯23 27庚辰24 28辛巳25 29壬午㉖ 30癸未27	1 甲申28 2 乙酉29 3 丙戌30 4 丁亥31 **746年** 《1月》 5 戊子 1 **6** 己丑② 7 庚寅 3 8 辛卯 4 9 壬辰 5 10癸巳 6 11甲午 7 12乙未 8 13丙申⑨ 14丁酉10 15戊戌11 16己亥12 17庚子13 18辛丑14 19壬寅15 20癸卯⑯ **21** 甲辰17 22乙巳18 23丙午19 24丁未20 25戊申21 26己酉22 27庚戌㉓ 28辛亥24 29壬子25
雨水 11日 啓蟄 27日	春分 12日 清明 27日	穀雨 12日 立夏 27日	小満 14日 芒種 29日	夏至 14日 小暑 29日	大暑 16日	立秋 2日 処暑 17日	白露 2日 秋分 17日	寒露 4日 霜降 19日	立冬 5日 小雪 20日	大雪 6日 冬至 21日	小寒 6日 大寒 21日

天平 **18** 年（746－747） 丙戌

1月	2月	3月	4月	5月	6月	7月	8月	9月	閏9月	10月	11月	12月
1 癸丑26 2 甲寅27 3 乙卯28 4 丙辰29 5 丁巳㉚ 6 戊午31 《2月》 **7** 己未 1 8 庚申 2 9 辛酉 3 10壬戌 4 11癸亥 5 12甲子⑥ 13乙丑 7 14丙寅 8 15丁卯 9 16戊辰10 17己巳11 18庚午12 19辛未⑬ 20壬申14 21癸酉15 22甲戌16 **23**乙亥17 24丙子18 25丁丑19 26戊寅⑳ 27己卯21 28庚辰22 29辛巳23 30壬午24	1 癸未25 2 甲申26 3 乙酉㉗ 4 丙戌28 《3月》 5 丁亥 1 6 戊子 2 7 己丑 3 **8** 庚寅 4 9 辛卯 5 10壬辰⑥ 11癸巳 7 12甲午 8 13乙未 9 14丙申10 15丁酉11 16戊戌12 17己亥⑬ 18庚子14 19辛丑15 20壬寅16 21癸卯17 22甲辰18 **23**乙巳19 24丙午⑳ 25丁未21 26戊申22 27己酉23 28庚戌24 29辛亥25 30壬子26	1 癸丑㉗ 2 甲寅28 3 乙卯29 4 丙辰30 5 丁巳31 《4月》 6 戊午 1 7 己未 2 **8** 庚申③ 9 辛酉 4 10壬戌 5 11癸亥 6 12甲子 7 13乙丑 8 14丙寅 9 15丁卯⑩ 16戊辰11 17己巳12 18庚午13 19辛未14 20壬申15 21癸酉16 22甲戌⑰ **23**乙亥18 24丙子19 25丁丑20 26戊寅21 27己卯22 28庚辰23 29辛巳㉔	1 壬午25 2 癸未26 3 甲申27 4 乙酉28 5 丙戌29 6 丁亥30 《5月》 7 戊子① 8 己丑 2 9 庚寅 3 **10**辛卯 4 11壬辰 5 12癸巳 6 13甲午 7 14乙未⑧ 15丙申 9 16丁酉10 17戊戌11 18己亥12 19庚子13 20辛丑14 21壬寅⑮ 22癸卯16 23甲辰17 24乙巳18 **25**丙午19 26丁未20 27戊申21 28己酉㉒ 29庚戌23 30辛亥24	1 壬子25 2 癸丑26 3 甲寅27 4 乙卯28 5 丙辰㉙ 6 丁巳30 7 戊午31 《6月》 8 己未 1 9 庚申 2 **10**辛酉 3 11壬戌 4 12癸亥⑤ 13甲子 6 14乙丑 7 15丙寅 8 16丁卯 9 17戊辰10 18己巳11 19庚午⑫ 20辛未13 21壬申14 22癸酉15 23甲戌16 24乙亥17 **25**丙子18 26丁丑⑲ 27戊寅20 28己卯21 29庚辰22 30辛巳23	1 壬午24 2 癸未25 3 甲申㉖ 4 乙酉27 5 丙戌28 6 丁亥29 7 戊子30 《7月》 8 己丑 1 9 庚寅 2 10辛卯③ **11**壬辰 4 12癸巳 5 13甲午 6 14乙未 7 15丙申 8 16丁酉 9 17戊戌⑩ 18己亥11 19庚子12 20辛丑13 21壬寅14 22癸卯15 23甲辰16 24乙巳⑰ 25丙午18 **26**丁未19 27戊申20 28己酉21 29庚戌22	1 辛亥23 2 壬子㉔ 3 癸丑25 4 甲寅26 5 乙卯27 6 丙辰28 7 丁巳29 8 戊午30 9 己未㉛ 《8月》 10庚申 1 11辛酉 2 **12**壬戌 3 13癸亥 4 14甲子 5 15乙丑 6 16丙寅⑦ 17丁卯 8 18戊辰 9 19己巳10 20庚午11 21辛未12 22壬申13 23癸酉⑭ 24甲戌15 25乙亥16 26丙子17 **27**丁丑18 28戊寅19 29己卯20	1 庚辰㉑ 2 辛巳22 3 壬午23 4 癸未24 5 甲申25 6 乙酉26 7 丙戌27 8 丁亥㉘ 9 戊子29 10己丑30 11庚寅31 《9月》 12辛卯 1 **13**壬辰 2 14癸巳 3 15甲午④ 16乙未 5 17丙申 6 18丁酉 7 19戊戌 8 20己亥 9 21庚子10 22辛丑⑪ 23壬寅12 24癸卯13 25甲辰14 26乙巳15 27丙午16 28丁未17 **29**戊申⑱ 30己酉19	1 庚戌20 2 辛亥21 3 壬子22 4 癸丑23 5 甲寅24 6 乙卯㉕ 7 丙辰26 8 丁巳27 9 戊午28 10己未29 11庚申30 《10月》 12辛酉 1 13壬戌② **14**癸亥 3 15甲子 4 16乙丑 5 17丙寅 6 18丁卯 7 19戊辰 8 20己巳⑨ 21庚午10 22辛未11 23壬申12 24癸酉13 25甲戌14 26乙亥15 27丙子⑯ 28丁丑17 **29**戊寅18	1 己卯19 2 庚辰20 3 辛巳21 4 壬午22 5 癸未㉓ 6 甲申24 7 乙酉25 8 丙戌26 9 丁亥27 10戊子28 11己丑29 12庚寅㉚ 13辛卯31 《11月》 14壬辰 1 **15**癸巳 2 16甲午 3 17乙未 4 18丙申 5 19丁酉⑥ 20戊戌 7 21己亥 8 22庚子 9 23辛丑10 24壬寅11 25癸卯12 26甲辰⑬ 27乙巳14 28丙午15 29丁未16 30戊申17	**1** 己酉18 2 庚戌19 3 辛亥⑳ 4 壬子21 5 癸丑22 6 甲寅23 7 乙卯24 8 丙辰25 9 丁巳26 10戊午㉗ 11己未28 12庚申29 13辛酉30 《12月》 14壬戌 1 15癸亥 2 **16**甲子 3 17乙丑④ 18丙寅 5 19丁卯 6 20戊辰 7 21己巳 8 22庚午 9 23辛未10 24壬申⑪ 25癸酉12 26甲戌13 27乙亥14 28丙子15 29丁丑16	1 戊寅17 **2** 己卯⑱ 3 庚辰19 4 辛巳20 5 壬午21 6 癸未22 7 甲申23 8 乙酉24 9 丙戌㉕ 10丁亥26 11戊子27 12己丑28 13庚寅29 14辛卯30 15壬辰31 **747年** 《1月》 16癸巳① **17**甲午 2 18乙未 3 19丙申 4 20丁酉 5 21戊戌 6 22己亥 7 23庚子⑧ 24辛丑 9 25壬寅10 26癸卯11 27甲辰12 28乙巳13 29丙午14 30丁未⑮	1 戊申16 **2** 己酉17 3 庚戌18 4 辛亥19 5 壬子20 6 癸丑21 7 甲寅㉒ 8 乙卯23 9 丙辰24 10丁巳25 11戊午26 12己未27 13庚申28 14辛酉㉙ 15壬戌30 16癸亥31 《2月》 17甲子 1 **18**乙丑 2 19丙寅 3 20丁卯 4 21戊辰⑤ 22己巳 6 23庚午 7 24辛未 8 25壬申 9 26癸酉10 27甲戌11 28乙亥⑫ 29丙子13
立春 7日 雨水 23日	啓蟄 8日 春分 23日	清明 8日 穀雨 23日	立夏 10日 小満 25日	芒種 10日 夏至 25日	小暑 11日 大暑 26日	立秋 12日 処暑 27日	白露 13日 秋分 29日	寒露 14日 霜降 29日	立冬15日	小雪 1日 大雪 16日	冬至 2日 小寒 17日	大寒 2日 立春 18日

天平19年（747－748） 丁亥

1月	2月	3月	4月	5月	6月	7月	8月	9月	10月	11月	12月
1 丁丑14	1 丁未16	1 丙子14	1 丙午⑭	1 丙子13	1 乙巳12	1 乙亥11	1 甲辰 9	1 甲戌 9	1 癸卯 7	1 癸酉 7	1 壬寅 5
2 戊寅15	2 戊申17	2 丁丑15	2 丁未15	2 丁丑14	2 丙午13	2 丙子12	2 乙巳⑩	2 乙亥10	2 甲辰 8	2 甲戌 8	2 癸卯 6
3 己卯16	3 己酉18	3 戊寅⑯	3 戊申16	3 戊寅15	3 丁未14	3 丁丑⑬	3 丙午11	3 丙子11	3 乙巳 9	3 乙亥 9	3 甲辰⑦
4 庚辰17	**4** 庚戌⑲	4 己卯17	4 己酉17	4 己卯16	4 戊申15	4 戊寅14	4 丁未12	4 丁丑12	4 丙午10	4 丙子⑩	4 乙巳 8
5 辛巳18	5 辛亥20	5 庚辰18	5 庚戌18	5 庚辰17	5 己酉⑯	5 己卯15	5 戊申13	5 戊寅13	5 丁未11	5 丁丑11	5 丙午 9
6 壬午⑲	6 壬子21	**6** 辛巳19	**6** 辛亥19	6 辛巳⑱	6 庚戌17	6 庚辰16	6 己酉14	6 己卯14	6 戊申⑫	6 戊寅12	6 丁未10
7 癸未20	7 癸丑22	7 壬午20	7 壬子20	**7** 壬午19	7 辛亥18	7 辛巳17	7 庚戌15	7 庚辰⑮	7 己酉13	7 己卯13	7 戊申11
8 甲申21	8 甲寅23	8 癸未21	8 癸丑㉑	8 癸未20	**8** 壬子19	**8** 壬午18	8 辛亥16	8 辛巳16	8 庚戌14	8 庚辰14	8 己酉12
9 乙酉22	9 乙卯24	9 甲申22	9 甲寅22	9 甲申21	9 癸丑20	9 癸未19	9 壬子⑰	9 壬午17	9 辛亥15	9 辛巳15	9 庚戌13
10丙戌23	10丙辰25	10乙酉㉓	10乙卯23	10乙酉22	10甲寅21	10甲申⑳	**10**癸丑18	**10**癸未18	10壬子16	10壬午16	10辛亥⑭
11丁亥24	11丁巳㉖	11丙戌24	11丙辰24	11丙戌23	11乙卯22	11乙酉21	11甲寅19	11甲申19	11癸丑17	11癸未⑰	11壬子15
12戊子25	12戊午27	12丁亥25	12丁巳25	12丁亥24	12丙辰㉓	12丙戌22	12乙卯20	12乙酉20	**12**甲寅18	**12**甲申18	12癸丑16
13己丑㉖	13己未28	13戊子26	13戊午26	13戊子㉕	13丁巳24	13丁亥23	13丙辰21	13丙戌21	13乙卯⑲	13乙酉19	13甲寅17
14庚寅27	14庚申29	14己丑27	14己未27	14己丑26	14戊午25	14戊子24	14丁巳22	14丁亥㉒	14丙辰20	14丙戌20	**14**乙卯18
15辛卯28	15辛酉30	15庚寅28	15庚申㉘	15庚寅27	15己未26	15己丑25	15戊午23	15戊子23	15丁巳21	15丁亥21	15丙辰19
《3月》	16壬戌31	16辛卯29	16辛酉29	16辛卯28	16庚申27	16庚寅26	16己未㉔	16己丑24	16戊午22	16戊子22	16丁巳20
16壬辰 1	《4月》	17壬辰㉚	17壬戌30	17壬辰29	17辛酉28	17辛卯㉗	17庚申25	17庚寅25	17己未23	17己丑23	17戊午㉑
17癸巳 2	17癸亥 1	《5月》	18癸亥31	18癸巳30	18壬戌29	18壬辰28	18辛酉26	18辛卯26	18庚申24	18庚寅㉔	18己未22
18甲午 3	18甲子②	18癸巳 1	《6月》	《7月》	19癸亥㉚	19癸巳29	19壬戌27	19壬辰27	19辛酉25	19辛卯25	19庚申23
19乙未 4	19乙丑 3	19甲午 2	19甲子 1	19甲午 1	20甲子31	20甲午30	20癸亥28	20癸巳28	20壬戌㉖	20壬辰26	20辛酉24
20丙申⑤	**20**丙寅 4	20乙未 3	20乙丑 2	20乙未②	《8月》	21乙未31	21甲子29	21甲午㉙	21癸亥27	21癸巳27	21壬戌25
21丁酉 6	21丁卯 5	**21**丙申 4	**21**丙寅 3	21丙申 3	21乙丑 1	《9月》	22乙丑30	22乙未30	22甲子28	22甲午28	22癸亥26
22戊戌 7	22戊辰 6	22丁酉 5	22丁卯④	**22**丁酉 4	22丙寅 2	22丙申 1	《10月》	23丙申31	23乙丑29	23乙未29	23甲子27
23己亥 8	23己巳 7	23戊戌 6	23戊辰 5	23戊戌 5	**23**丁卯 3	23丁酉 2	23丙寅①	《11月》	24丙寅30	24丙申30	24乙丑㉘
24庚子 9	24庚午 8	24己亥⑦	24己巳 6	24己亥 6	24戊辰 4	**24**戊戌③	24丁卯 2	24丁酉 1	《12月》	25丁酉㉛	25丙寅29
25辛丑10	25辛未⑨	25庚子 8	25庚午 7	25庚子 7	25己巳 5	25己亥 4	**25**戊辰 3	25戊戌 2	25丁卯 1	**748年**	26丁卯30
26壬寅11	26壬申10	26辛丑 9	26辛未 8	26辛丑 8	26庚午⑥	26庚子 5	26己巳 4	**26**己亥 3	26戊辰 2	《1月》	27戊辰31
27癸卯⑫	27癸酉11	27壬寅10	27壬申 9	27壬寅⑨	27辛未 7	27辛丑 6	27庚午 5	27庚子 4	**27**己巳③	26戊戌 1	《2月》
28甲辰13	28甲戌12	28癸卯11	28癸酉10	28癸卯10	28壬申 8	28壬寅 7	28辛未 6	28辛丑⑤	28庚午 4	**27**己亥 2	28己巳 1
29乙巳14	29乙亥13	29甲辰12	29甲戌⑪	29甲辰11	29癸酉 9	29癸卯 8	29壬申 7	29壬寅 6	29辛未 5	28庚子 3	**29**庚午 2
30丙午15		30乙巳13	30乙亥12		30甲戌10		30癸酉⑧		30壬申 6	29辛丑 4	30辛未 3
雨水 4日 啓蟄 19日	春分 4日 清明 20日	穀雨 6日 立夏 21日	小満 6日 芒種 21日	夏至 7日 小暑 22日	大暑 8日 立秋 23日	処暑 8日 白露 24日	秋分 10日 寒露 25日	霜降 10日 立冬 26日	小雪 12日 大雪 27日	冬至 12日 小寒 27日	大寒 14日 立春 29日

天平20年（748－749） 戊子

1月	2月	3月	4月	5月	6月	7月	8月	9月	10月	11月	12月
1 壬申④	1 辛丑 4	**1** 辛未 3	1 庚子 2	《6月》	1 己亥㉚	1 己巳30	1 己亥29	1 戊辰27	1 戊戌㉗	1 丁卯25	1 丁酉25
2 癸酉 5	2 壬寅 5	2 壬申 4	**2** 辛丑 3	1 庚午 1	《7月》	2 庚午31	2 庚子30	2 己巳28	2 己亥28	2 戊辰26	2 戊戌26
3 甲戌 6	3 癸卯 6	3 癸酉 5	3 壬寅 4	2 辛未②	2 庚子 1	《8月》	3 辛丑31	3 庚午㉙	3 庚子29	3 己巳27	3 己亥27
4 乙亥 7	4 甲辰 7	4 甲戌 6	4 癸卯⑤	**3** 壬申 3	3 辛丑 2	3 辛未 1	《9月》	4 辛未30	4 辛丑30	4 庚午28	4 庚子28
5 丙子 8	5 乙巳 8	5 乙亥⑦	5 甲辰 6	4 癸酉 4	**4** 壬寅 3	4 壬申 2	4 壬寅①	《10月》	5 壬寅31	5 辛未29	5 辛丑㉙
6 丁丑 9	6 丙午 9	6 丙子 8	6 乙巳 7	5 甲戌 5	5 癸卯 4	**5** 癸酉 3	**5** 癸卯 2	5 壬申 1	《11月》	6 壬申30	6 壬寅30
7 戊寅10	7 丁未⑩	7 丁丑 9	7 丙午 8	6 乙亥 6	6 甲辰 5	6 甲戌④	6 甲辰 3	**6** 癸酉 2	6 癸卯 1	《12月》	7 癸卯31
8 己卯⑪	8 戊申11	8 戊寅10	8 丁未 9	7 丙子 7	7 乙巳 6	7 乙亥 5	7 乙巳 4	7 甲戌 3	**7** 甲辰 2	7 癸酉①	**749年**
9 庚辰12	9 己酉12	9 己卯11	9 戊申10	8 丁丑 8	8 丙午⑦	8 丙子 6	8 丙午 5	8 乙亥 4	8 乙巳③	**8** 甲戌 2	《1月》
10辛巳13	10庚戌13	10庚辰12	10己酉11	9 戊寅⑨	9 丁未 8	9 丁丑 7	9 丁未 6	9 丙子 5	9 丙午 4	9 乙亥 3	8 甲辰 1
11壬午14	11辛亥14	11辛巳13	11庚戌⑫	10己卯10	10戊申 9	10戊寅 8	10戊申 7	10丁丑⑥	10丁未 5	10丙子 4	**9** 乙巳 2
12癸未15	12壬子15	12壬午⑭	12辛亥13	11庚辰11	11己酉10	11己卯 9	11己酉⑧	11戊寅 7	11戊申 6	11丁丑 5	10丙午 3
13甲申16	13癸丑16	13癸未15	13壬子14	12辛巳12	12庚戌11	12庚辰10	12庚戌 9	12己卯 8	12己酉 7	12戊寅 6	11丁未 4
14乙酉17	14甲寅⑰	14甲申16	14癸丑15	13壬午13	13辛亥12	13辛巳⑪	13辛亥10	13庚辰 9	13庚戌 8	13己卯 7	12戊申⑤
15丙戌⑱	15乙卯18	15乙酉17	15甲寅16	14癸未14	14壬子13	14壬午12	14壬子11	14辛巳10	14辛亥 9	14庚辰⑧	13己酉 6
16丁亥19	**16**丙辰19	**16**丙戌18	16乙卯17	15甲申15	15癸丑⑭	15癸未13	15癸丑12	15壬午11	15壬子⑩	15辛巳 9	14庚戌 7
17戊子20	17丁巳20	17丁亥19	**17**丙辰18	16乙酉⑯	16甲寅15	16甲申14	16甲寅13	16癸未12	16癸丑11	16壬午10	15辛亥 8
18己丑21	18戊午21	18戊子20	18丁巳⑲	17丙戌17	17乙卯16	17乙酉15	17乙卯14	17甲申⑬	17甲寅12	17癸未11	16壬子 9
19庚寅22	19己未22	19己丑㉑	19戊午20	**18**丁亥18	18丙辰17	18丙戌16	18丙辰⑮	18乙酉14	18乙卯13	18甲申12	17癸丑10
20辛卯23	20庚申23	20庚寅22	20己未21	19戊子19	**19**丁巳18	19丁亥17	19丁巳16	19丙戌15	19丙辰14	19乙酉13	18甲寅11
21壬辰24	21辛酉㉔	21辛卯23	21庚申22	20己丑20	20戊午19	**20**戊子⑱	**20**戊午17	20丁亥16	20丁巳15	20丙戌14	19乙卯⑫
22癸巳㉕	22壬戌25	22壬辰24	22辛酉23	21庚寅21	21己未20	21己丑19	21己未18	21戊子17	21戊午16	21丁亥⑮	20丙辰13
23甲午26	23癸亥26	23癸巳25	23壬戌24	22辛卯22	22庚申㉑	22庚寅20	22庚申19	**22**己丑18	**22**己未⑰	22戊子16	21丁巳14
24乙未27	24甲子27	24甲午26	24癸亥25	23壬辰㉓	23辛酉22	23辛卯21	23辛酉20	23庚寅19	23庚申18	**23**己丑17	22戊午15
25丙申28	25乙丑28	25乙未27	25甲子㉖	24癸巳24	24壬戌23	24壬辰22	24壬戌21	24辛卯⑳	24辛酉19	24庚寅18	23己未16
26丁酉29	26丙寅29	26丙申㉘	26乙丑27	25甲午25	25癸亥24	25癸巳23	25癸亥㉒	25壬辰21	25壬戌20	25辛卯19	**24**庚申17
《3月》	27丁卯30	27丁酉29	27丙寅28	26乙未26	26甲子25	26甲午24	26甲子23	26癸巳22	26癸亥21	26壬辰20	25辛酉18
27戊戌 1	28戊辰㉛	28戊戌30	28丁卯29	27丙申27	27乙丑26	27乙未㉕	27乙丑24	27甲午23	27甲子22	27癸巳21	26壬戌⑲
28己亥 2	《4月》	《5月》	29戊辰30	28丁酉28	28丙寅27	28丙申26	28丙寅25	28乙未24	28乙丑23	28甲午㉒	27癸亥20
29庚子③	29己巳 1	29己亥 1	30己巳31	29戊戌29	29丁卯㉘	29丁酉27	29丁卯26	29丙申25	29丙寅㉔	29乙未23	28甲子21
	30庚午 2				30戊辰29	30戊戌28		30丁酉26		30丙申24	29乙丑22
雨水 14日 啓蟄 29日	春分 16日	清明 1日 穀雨 16日	立夏 2日 小満 17日	芒種 3日 夏至 18日	小暑 4日 大暑 19日	立秋 5日 処暑 20日	白露 5日 秋分 20日	寒露 6日 霜降 22日	立冬 7日 小雪 22日	大雪 8日 冬至 23日	小寒 9日 大寒 24日

改元 4/14（天平→天平感宝）
7/2（天平感宝→天平勝宝）

天平勝宝元年〔天平21年·天平感宝元年〕（749－750） 己丑

1月	2月	3月	4月	5月	閏5月	6月	7月	8月	9月	10月	11月	12月
1 丙寅23	1 丙申22	1 乙丑㉓	1 甲午21	1 甲子21	1 甲午20	**1** 癸亥19	**1** 癸巳18	1 壬戌16	1 壬辰16	1 壬戌15	1 辛卯⑭	1 辛酉13
2 丁卯24	2 丁酉㉓	2 丙寅24	2 乙未22	2 乙丑22	2 乙未21	2 甲子⑳	*2* 甲午19	**2** 癸亥17	2 癸巳17	2 癸亥⑯	2 壬辰15	2 壬戌14
3 戊辰25	3 戊戌24	3 丁卯25	3 丙申23	3 丙寅23	3 丙申㉒	3 乙丑21	3 乙未20	3 甲子18	**3** 甲午18	**3** 甲子17	3 癸巳16	3 癸亥15
4 己巳㉖	4 己亥25	4 戊辰26	4 丁酉24	4 丁卯24	4 丁酉23	4 丙寅22	4 丙申21	4 乙丑19	4 乙未⑲	4 乙丑18	4 甲午17	4 甲子16
5 庚午27	5 庚子26	5 己巳27	5 戊戌25	5 戊辰㉕	5 戊戌24	5 丁卯23	5 丁酉22	5 丙寅20	5 丙申20	5 丙寅19	**5** 乙未18	**5** 乙丑17
6 辛未28	6 辛丑27	6 庚午28	6 己亥26	6 己巳26	6 己亥25	6 戊辰24	6 戊戌23	6 丁卯㉑	6 丁酉21	6 丁卯20	6 丙申19	6 丙寅⑱
7 壬申29	7 壬寅28	7 辛未29	7 庚子㉗	7 庚午27	7 庚子26	7 己巳25	7 己亥㉔	7 戊辰22	7 戊戌22	7 戊辰21	7 丁酉20	7 丁卯19
8 癸酉30	《3月》	8 壬申㉚	8 辛丑28	8 辛未28	8 辛丑27	8 庚午26	8 庚子25	8 己巳23	8 己亥23	8 己巳22	8 戊戌㉑	8 戊辰20
9 甲戌31	8 癸卯 1	9 癸酉31	9 壬寅29	9 壬申29	9 壬寅28	9 辛未㉗	9 辛丑26	9 庚午24	9 庚子24	9 庚午㉓	9 己亥22	9 己巳21
《2月》	9 甲辰②	《4月》	10癸卯30	10癸酉30	10癸卯㉙	10壬申28	10壬寅27	10辛未25	10辛丑25	10辛未24	10庚子23	10庚午22
10乙亥 1	10乙巳 3	10甲戌 1	《5月》	11甲戌31	11甲辰30	11癸酉29	11癸卯28	11壬申26	11壬寅㉖	11壬申25	11辛丑24	11辛未23
11丙子②	**11**丙午 4	11乙亥 2	11甲辰 1	《6月》	《7月》	12甲戌30	12甲辰29	12癸酉27	12癸卯27	12癸酉26	12壬寅25	12壬申24
12丁丑 3	12丁未 5	**12**丙子 3	12乙巳 2	12乙亥①	12乙巳 1	13乙亥31	13乙巳30	13甲戌㉘	13甲辰28	13甲戌27	13癸卯26	13癸酉㉕
13戊寅 4	13戊申 6	13丁丑 4	**13**丙午 3	13丙子 2	13丙午 2	《8月》	14丙午㉛	14乙亥29	14乙巳29	14乙亥28	14甲辰27	14甲戌26
14己卯 5	14己酉 7	14戊寅 5	*14*丁未④	**14**丁丑 3	**14**丁未 3	14丙子 1	《9月》	15丙子30	15丙午30	15丙子29	15乙巳㉘	15乙亥27
15庚辰 6	15庚戌 8	15己卯⑥	15戊申 5	15戊寅 4	15戊申 4	15丁丑 2	15丁未 1	《10月》	16丁未31	16丁丑㉚	16丙午29	16丙子28
16辛巳 7	16辛亥⑨	16庚辰 7	16己酉 6	16己卯 5	16己酉 5	**16**戊寅③	**16**戊申 2	16丁丑 1	《11月》	《12月》	17丁未30	17丁丑29
17壬午 8	17壬子10	17辛巳 8	17庚戌 7	17庚辰 6	17庚戌⑥	17己卯 4	17己酉 3	17戊寅 2	17戊申 1	17戊寅 1	18戊申31	18戊寅30
18癸未⑨	18癸丑11	18壬午 9	18辛亥 8	18辛巳 7	18辛亥 7	18庚辰 5	18庚戌 4	**18**己卯 3	**18**己酉②	18己卯 2	**750年**	19己卯31
19甲申10	19甲寅12	19癸未10	19壬子 9	19壬午⑧	19壬子 8	19辛巳 6	19辛亥 5	19庚辰 4	19庚戌 3	**19**庚辰 3	《1月》	《2月》
20乙酉11	20乙卯13	20甲申11	20癸丑10	20癸未 9	20癸丑 9	20壬午 7	20壬子 6	20辛巳⑤	20辛亥 4	20辛巳 4	19己酉 1	**20**庚辰①
21丙戌12	21丙辰14	21乙酉12	21甲寅⑪	21甲申10	21甲寅10	21癸未 8	21癸丑⑦	21壬午 6	21壬子 5	21壬午 5	**20**庚戌 2	21辛巳 2
22丁亥13	22丁巳15	22丙戌⑬	22乙卯12	22乙酉11	22乙卯11	22甲申 9	22甲寅 8	22癸未 7	22癸丑 6	22癸未 6	21辛亥 3	22壬午 3
23戊子14	23戊午⑯	23丁亥14	23丙辰13	23丙戌12	23丙辰12	23乙酉⑩	23乙卯 9	23甲申 8	23甲寅 7	23甲申⑦	22壬子④	23癸未 4
24己丑15	24己未17	24戊子15	24丁巳14	24丁亥13	24丁巳⑬	24丙戌11	24丙辰10	24乙酉 9	24乙卯 8	24乙酉 8	23癸丑 5	24甲申 5
25庚寅⑯	25庚申18	25己丑16	25戊午15	25戊子14	25戊午14	25丁亥12	25丁巳11	25丙戌10	25丙辰⑨	25丙戌 9	24甲寅 6	25乙酉 6
26辛卯17	**26**辛酉19	26庚寅17	26己未16	26己丑⑮	26己未15	26戊子13	26戊午12	26丁亥11	26丁巳10	26丁亥10	25乙卯 7	26丙戌 7
27壬辰18	27壬戌20	**27**辛卯18	27庚申17	27庚寅16	27庚申16	27己丑14	27己未13	27戊子⑫	27戊午11	27戊子11	26丙辰 8	27丁亥⑧
28癸巳19	28癸亥21	28壬辰19	28辛酉⑱	28辛卯17	28辛酉17	28庚寅15	28庚申⑭	28己丑13	28己未12	28己丑12	27丁巳 9	28戊子 9
29甲午20	29甲子22	29癸巳⑳	**29**壬戌19	**29**壬辰18	29壬戌18	29辛卯16	29辛酉15	29庚寅14	29庚申13	29庚寅13	28戊午10	29己丑10
30乙未21			30癸亥20	30癸巳19		30壬辰⑰		30辛卯15	30辛酉14		29己未⑪	
											30庚申12	
立春 10日 雨水 25日	啓蟄 11日 春分 26日	清明 12日 穀雨 27日	立夏 13日 小満 29日	芒種 14日 夏至 29日	小暑14日	大暑 1日 立秋 16日	処暑 1日 白露 16日	秋分 2日 寒露 18日	霜降 3日 立冬 18日	小雪 3日 大雪 19日	冬至 5日 小寒 20日	大寒 5日 立春 20日

天平勝宝2年（750－751） 庚寅

1月	2月	3月	4月	5月	6月	7月	8月	9月	10月	11月	12月
1 庚寅11	1 庚申13	1 己丑11	1 戊午⑩	1 戊子 9	1 丁巳 8	1 丁亥 7	1 丙辰 5	1 丙戌 5	1 丙辰 4	1 丙戌 4	**1** 乙卯 2
2 辛卯12	2 辛酉14	2 庚寅⑫	2 己未11	2 己丑10	2 戊午 9	2 戊子 8	2 丁巳⑥	2 丁亥 6	2 丁巳 5	2 丁亥 5	2 丙辰③
3 壬辰13	3 壬戌⑮	3 辛卯13	3 庚申12	3 庚寅11	3 己未10	3 己丑⑨	3 戊午 7	3 戊子 7	3 戊午 6	3 戊子⑥	3 丁巳 4
4 癸巳14	4 癸亥16	4 壬辰14	4 辛酉13	4 辛卯12	4 庚申11	4 庚寅10	4 己未 8	4 己丑 8	4 己未 7	4 己丑 7	4 戊午 5
5 甲午⑮	5 甲子17	5 癸巳15	5 壬戌14	5 壬辰13	5 辛酉⑫	5 辛卯11	5 庚申 9	5 庚寅 9	5 庚申⑧	5 庚寅 8	5 己未 6
6 乙未16	6 乙丑18	6 甲午16	6 癸亥15	6 癸巳⑭	6 壬戌13	6 壬辰12	6 辛酉10	6 辛卯10	6 辛酉 9	6 辛卯 9	6 庚申 7
7 丙申17	**7** 丙寅19	7 乙未17	7 甲子16	7 甲午15	7 癸亥14	7 癸巳13	7 壬戌11	7 壬辰⑪	7 壬戌10	7 壬辰10	7 辛酉 8
8 丁酉18	8 丁卯20	**8** 丙申18	8 乙丑⑰	8 乙未16	8 甲子15	8 甲午14	8 癸亥12	8 癸巳12	8 癸亥11	8 癸巳11	8 壬戌 9
9 戊戌19	9 戊辰21	9 丁酉⑲	9 丙寅18	9 丙申17	9 乙丑16	9 乙未15	9 甲子⑬	9 甲午13	9 甲子12	9 甲午12	9 癸亥⑩
10己亥20	10己巳㉒	10戊戌20	**10**丁卯19	**10**丁酉18	10丙寅17	10丙申⑯	10乙丑14	10乙未14	10乙丑13	10乙未⑬	10甲子11
11庚子21	11庚午23	**11**己亥21	11戊辰20	11戊戌19	11丁卯18	11丁酉17	11丙寅15	11丙申15	11丙寅14	11丙申14	11乙丑12
12辛丑㉒	12辛未24	12庚子22	12己巳21	12己亥20	**12**戊辰⑲	**12**戊戌18	12丁卯16	12丁酉16	12丁卯⑮	12丁酉15	12丙寅13
13壬寅23	13壬申25	13辛丑23	13庚午22	13庚子㉑	13己巳20	13己亥19	13戊辰17	13戊戌17	13戊辰16	13戊戌16	13丁卯14
14癸卯24	14癸酉26	14壬寅24	14辛未23	14辛丑22	14庚午21	14庚子20	**14**己巳18	**14**己亥⑱	14己巳17	14己亥17	14戊辰15
15甲辰25	15甲戌27	15癸卯25	15壬申㉔	15壬寅23	15辛未22	15辛丑21	15庚午19	15庚子19	**15**庚午18	**15**庚子18	15己巳16
16乙巳26	16乙亥28	16甲辰㉖	16癸酉25	16癸卯24	16壬申23	16壬寅22	16辛未⑳	16辛丑20	16辛未19	16辛丑19	**16**庚午⑰
17丙午27	17丙子㉙	17乙巳27	17甲戌26	17甲辰25	17癸酉24	17癸卯㉓	17壬申21	17壬寅21	17壬申20	17壬寅⑳	17辛未18
18丁未28	18丁丑30	18丙午28	18乙亥27	18乙巳26	18甲戌25	18甲辰24	18癸酉22	18癸卯22	18癸酉21	18癸卯21	18壬申19
《3月》	19戊寅31	19丁未29	19丙子28	19丙午27	19乙亥㉖	19乙巳25	19甲戌23	19甲辰23	19甲戌㉒	19甲辰22	19癸酉20
19戊申①	《4月》	20戊申30	20丁丑29	20丁未28	20丙子27	20丙午26	20乙亥24	20乙巳24	20乙亥23	20乙巳23	20甲戌21
20己酉 2	20己卯 1	《5月》	21戊寅30	21戊申29	21丁丑28	21丁未27	21丙子25	21丙午㉕	21丙子24	21丙午24	21乙亥22
21庚戌 3	21庚辰 2	21己酉 1	22己卯㉛	22己酉30	22戊寅29	22戊申28	22丁丑26	22丁未26	22丁丑25	22丁未25	22丙子23
22辛亥 4	**22**辛巳 3	22庚戌 2	《6月》	《7月》	23己卯30	23己酉29	23戊寅㉗	23戊申27	23戊寅26	23戊申26	23丁丑㉔
23壬子 5	23壬午 4	23辛亥③	23庚辰 1	23庚戌 1	24庚辰31	24庚戌㉚	24己卯28	24己酉28	24己卯27	24己酉㉗	24戊寅25
24癸丑 6	24癸未⑤	**24**壬子 4	24辛巳 2	24辛亥 2	《8月》	25辛亥31	25庚辰29	25庚戌29	25庚辰28	25庚戌28	25己卯26
25甲寅 7	25甲申 6	25癸丑 5	**25**壬午 3	25壬子 3	25辛巳 1	《9月》	26辛巳30	26辛亥30	26辛巳㉙	26辛亥29	26庚辰27
26乙卯⑧	26乙酉 7	26甲寅 6	26癸未 4	**26**癸丑 4	26壬午②	26壬子 1	《10月》	27壬子31	27壬午30	27壬子30	27辛巳28
27丙辰 9	27丙戌 8	27乙卯 7	27甲申 5	27甲寅⑤	**27**癸未 3	**27**癸丑 2	27壬午 1	《11月》	《12月》	28癸丑31	28壬午29
28丁巳10	28丁亥 9	28丙辰 8	28乙酉 6	28乙卯 6	28甲申 4	28甲寅 3	28癸未 2	28癸丑①	28癸未 1	**751年**	29癸未30
29戊午11	29戊子10	29丁巳 9	29丙戌⑦	29丙辰 7	29乙酉 5	29乙卯 4	**29**甲申 3	**29**甲寅 2	29甲申 2	《1月》	30甲申㉛
30己未12			30丁亥 8		30丙戌 6		30乙酉④	30乙卯 3	**30**乙酉 3	29甲寅 1	
雨水 7日 啓蟄 22日	春分 7日 清明 22日	穀雨 8日 立夏 24日	小満 10日 芒種 25日	夏至 10日 小暑 26日	大暑 12日 立秋 27日	処暑 12日 白露 27日	秋分 14日 寒露 29日	霜降 14日 立冬 29日	小雪 15日 大雪 30日	冬至 15日	小寒 1日 大寒 16日

天平勝宝**3**年（751－752） 辛卯

1月	2月	3月	4月	5月	6月	7月	8月	9月	10月	11月	12月
《2月》	1甲寅2	《4月》	1癸丑30	1壬午29	1壬子28	1辛巳27	1辛亥26	1庚辰24	1庚戌㉔	1庚辰23	1庚戌23
1乙酉1	2乙卯3	1甲申1	《5月》	2癸未㉚	2癸丑29	2壬午28	2壬子27	2辛巳25	2辛亥25	2辛巳24	2辛亥24
2丙戌2	**3**丙辰4	2乙酉2	2甲寅1	3甲申31	3甲寅30	3癸未29	3癸丑28	3壬午㉖	3壬子26	3壬午25	3壬子25
3丁亥3	4丁巳5	3丙戌3	3乙卯②	《6月》	《7月》	4甲申30	4甲寅㉙	4癸未27	4癸丑27	4癸未26	4癸丑㉖
4戊子4	5戊午6	**4**丁亥④	4丙辰3	4乙酉1	4乙卯1	5乙酉31	5乙卯30	5甲申28	5甲寅28	5甲申27	5甲寅27
5己丑5	6己未⑦	5戊子5	**5**丁巳4	5丙戌2	5丙辰2	《8月》	6丙辰31	6乙酉29	6乙卯29	6乙酉㉘	6乙卯28
6庚寅6	7庚申8	6己丑6	6戊午5	**6**丁亥3	6丁巳3	6丙戌①	《9月》	7丙戌30	7丙辰30	7丙戌29	7丙辰29
7辛卯⑦	8辛酉9	7庚寅7	7己未6	7戊子4	**7**戊午④	7丁亥2	7丁巳1	《10月》	8丁巳㉛	8丁亥30	8丁巳30
8壬辰8	9壬戌10	8辛卯8	8庚申7	8己丑5	8己未5	**8**戊子3	8戊午2	8丁亥1	《11月》	《12月》	9戊午31
9癸巳9	10癸亥11	9壬辰9	9辛酉8	9庚寅⑥	9庚申6	9己丑4	**9**己未3	9戊子2	9戊午1	9戊子1	**752年**
10甲午10	11甲子12	10癸巳10	10壬戌⑨	10辛卯7	10辛酉7	10庚寅5	10庚申4	**10**己丑③	10己未2	10己丑2	《1月》
11乙未11	12乙丑13	11甲午⑪	11癸亥10	11壬辰8	11壬戌8	11辛卯6	11辛酉⑤	11庚寅4	**11**庚申3	**11**庚寅3	10己未1
12丙申12	13丙寅⑭	12乙未12	12甲子11	12癸巳9	12癸亥9	12壬辰7	12壬戌6	12辛卯5	12辛酉4	12辛卯4	**11**庚申②
13丁酉13	14丁卯15	13丙申13	13乙丑12	13甲午10	13甲子10	13癸巳⑧	13癸亥7	13壬辰6	13壬戌5	13壬辰⑤	12辛酉3
14戊戌⑭	15戊辰16	14丁酉14	14丙寅13	14乙未11	14乙丑⑪	14甲午9	14甲子8	14癸巳7	14癸亥6	14癸巳6	13壬戌4
15己亥15	16己巳17	15戊戌15	15丁卯14	15丙申12	15丙寅12	15乙未10	15乙丑9	15甲午8	15甲子⑦	15甲午7	14癸亥5
16庚子16	17庚午18	16己亥16	16戊辰15	16丁酉⑬	16丁卯13	16丙申11	16丙寅10	16乙未9	16乙丑8	16乙未8	15甲子6
17辛丑17	**18**辛未19	17庚子17	17己巳⑯	17戊戌14	17戊辰14	17丁酉12	17丁卯11	17丙申⑩	17丙寅9	17丙申9	16乙丑7
18壬寅18	19壬申20	18辛丑⑱	18庚午17	18己亥15	18己巳15	18戊戌13	18戊辰⑫	18丁酉11	18丁卯10	18丁酉10	17丙寅8
19癸卯19	20癸酉㉑	**19**壬寅19	19辛未18	19庚子16	19庚午16	19己亥14	19己巳13	19戊戌12	19戊辰11	19戊戌11	18丁卯⑨
20甲辰20	21甲戌22	20癸卯20	**20**壬申19	20辛丑17	20辛未17	20庚子⑮	20庚午14	20己亥13	20己巳12	20己亥⑫	19戊辰10
21乙巳㉑	22乙亥23	21甲辰21	21癸酉20	21壬寅18	21壬申⑱	21辛丑16	21辛未15	21庚子14	21庚午13	21庚子13	20己巳11
22丙午22	23丙子24	22乙巳22	22甲戌21	**22**癸卯19	**22**癸酉19	22壬寅17	22壬申16	22辛丑15	22辛未⑭	22辛丑14	21庚午12
23丁未23	24丁丑25	23丙午23	23乙亥22	23甲辰⑳	23甲戌20	**23**癸卯18	23癸酉17	23壬寅16	23壬申15	23壬寅15	22辛未13
24戊申24	25戊寅26	24丁未24	24丙子㉓	24乙巳21	24乙亥21	24甲辰19	**24**甲戌18	24癸卯⑰	24癸酉16	24癸卯16	23壬申14
25己酉25	26己卯27	25戊申㉕	25丁丑24	25丙午22	25丙子22	25乙巳20	25乙亥⑲	**25**甲辰18	25甲戌17	25甲辰17	24癸酉15
26庚戌26	27庚辰㉘	26己酉26	26戊寅25	26丁未23	26丁丑23	26丙午21	26丙子20	26乙巳19	**26**乙亥18	**26**乙巳18	25甲戌⑯
27辛亥27	28辛巳29	27庚戌27	27己卯26	27戊申24	27戊寅24	27丁未㉒	27丁丑21	27丙午20	27丙子19	27丙午⑲	26乙亥17
28壬子㉘	29壬午30	28辛亥28	28庚辰27	28己酉25	28己卯㉕	28戊申23	28戊寅22	28丁未21	28丁丑20	28丁未20	**27**丙子18
《3月》	30癸未31	29壬子29	29辛巳28	29庚戌26	29庚辰26	29己酉24	29己卯23	29戊申22	29戊寅㉑	29戊申21	28丁丑19
29癸丑1				30辛亥㉗		30庚戌25		30己酉23	30己卯22	30己酉22	29戊寅20
立春2日 雨水17日	啓蟄3日 春分18日	清明4日 穀雨19日	立夏5日 小満20日	芒種6日 夏至22日	小暑7日 大暑22日	立秋8日 処暑23日	白露9日 秋分24日	寒露10日 霜降25日	立冬11日 小雪26日	大雪11日 冬至26日	小寒11日 大寒27日

天平勝宝**4**年（752－753） 壬辰

1月	2月	3月	閏3月	4月	5月	6月	7月	8月	9月	10月	11月	12月
1己卯21	1己酉⑳	1戊寅20	1戊申19	**1**丁丑18	1丙午16	1丙子⑯	1乙巳14	1甲戌12	1甲辰12	1甲戌11	1癸卯⑩	1癸酉9
2庚辰22	2庚戌21	2己卯21	2己酉20	2戊寅19	2丁未17	2丁丑17	2丙午15	2乙亥13	2乙巳13	2乙亥⑫	2甲辰11	2甲戌10
3辛巳㉓	3辛亥22	3庚辰22	3庚戌21	3己卯20	**3**戊申⑱	**3**戊寅18	3丁未16	3丙子14	3丙午14	3丙子13	3乙巳12	3乙亥11
4壬午24	4壬子23	4辛巳23	4辛亥22	4庚辰㉑	4己酉19	4己卯19	4戊申17	4丁丑15	4丁未⑮	4丁丑14	4丙午13	4丙子12
5癸未25	5癸丑24	5壬午24	5壬子㉓	5辛巳22	5庚戌20	5庚辰20	**5**己酉18	5戊寅16	5戊申16	5戊寅15	5丁未14	5丁丑13
6甲申26	6甲寅25	6癸未25	6癸丑24	6壬午23	6辛亥21	6辛巳21	6庚戌19	**6**己卯⑰	6己酉17	6己卯16	6戊申15	6戊寅⑭
7乙酉27	7乙卯26	7甲申㉖	7甲寅25	7癸未24	7壬子22	7壬午22	7辛亥⑳	7庚辰18	**7**庚戌18	**7**庚辰17	7己酉16	7己卯15
8丙戌28	8丙辰㉗	8乙酉27	8乙卯26	8甲申25	8癸丑23	8癸未㉓	8壬子21	8辛巳19	8辛亥19	8辛巳18	**8**庚戌⑰	8庚辰16
9丁亥29	9丁巳28	9丙戌28	9丙辰27	9乙酉26	9甲寅24	9甲申24	9癸丑22	9壬午20	9壬子20	9壬午⑲	9辛亥18	**9**辛巳17
10戊子㉚	10戊午29	10丁亥29	10丁巳28	10丙戌27	10乙卯㉕	10乙酉25	10甲寅23	10癸未21	10癸丑21	10癸未20	10壬子19	10壬午18
11己丑31	《3月》	11戊子30	11戊午29	11丁亥㉘	11丙辰26	11丙戌26	11乙卯24	11甲申22	11甲寅㉒	11甲申21	11癸丑20	11癸未19
《2月》	11己未1	12己丑31	12己未㉚	12戊子29	12丁巳27	12丁亥27	12丙辰25	12乙酉23	12乙卯23	12乙酉22	12甲寅21	12甲申20
12庚寅1	12庚申2	《4月》	《5月》	13己丑30	13戊午28	13戊子28	13丁巳26	13丙戌㉔	13丙辰24	13丙戌23	13乙卯22	13乙酉㉑
13辛卯2	**13**辛酉3	13庚寅1	13庚申1	14庚寅31	14己未29	14己丑29	14戊午㉗	14丁亥25	14丁巳25	14丁亥24	14丙辰23	14丙戌22
14壬辰3	14壬戌4	14辛卯②	14辛酉2	《6月》	15庚申30	15庚寅㉚	15己未28	15戊子26	15戊午26	15戊子25	15丁巳㉔	15丁亥23
15癸巳4	15癸亥⑤	**15**壬辰3	**15**壬戌3	15辛卯1	《7月》	16辛卯31	16庚申29	16己丑27	16己未27	16己丑㉖	16戊午25	16戊子24
16甲午5	16甲子6	16癸巳4	16癸亥4	16壬辰2	16辛酉1	《8月》	17辛酉30	17庚寅28	17庚申28	17庚寅27	17己未26	17己丑25
17乙未⑥	17乙丑7	17甲午5	17甲子5	**17**癸巳3	17壬戌②	17壬辰1	18壬戌31	18辛卯29	18辛酉㉙	18辛卯28	18庚申27	18庚寅26
18丙申7	18丙寅8	18乙未6	18乙丑6	18甲午④	**18**癸亥3	**18**癸巳2	《9月》	19壬辰30	19壬戌30	19壬辰29	19辛酉28	19辛卯27
19丁酉8	19丁卯9	19丙申7	19丙寅⑦	19乙未5	19甲子4	19甲午3	19癸亥1	《10月》	20癸亥31	20癸巳30	20壬戌29	20壬辰㉘
20戊戌9	20戊辰10	20丁酉8	20丁卯8	20丙申6	20乙丑5	20乙未4	**20**甲子2	20癸巳①	《11月》	《12月》	21癸亥30	21癸巳29
21己亥10	21己巳11	21戊戌⑨	21戊辰9	21丁酉7	21丙寅6	21丙申5	21乙丑③	**21**甲午2	21甲子1	21甲午1	22甲子㉛	22甲午30
22庚子11	22庚午⑫	22己亥10	22己巳10	22戊戌8	22丁卯7	22丁酉⑥	22丙寅4	22乙未3	**22**乙丑2	**22**乙未2	**753年**	23乙未31
23辛丑12	23辛未13	23庚子11	23庚午11	23己亥9	23戊辰8	23戊戌7	23丁卯5	23丙申4	23丙寅3	23丙申③	《1月》	《2月》
24壬寅⑬	24壬申14	24辛丑12	24辛未12	24庚子10	24己巳⑨	24己亥8	24戊辰6	24丁酉5	24丁卯4	24丁酉4	23乙丑1	**24**丙申1
25癸卯14	25癸酉15	25壬寅13	25壬申13	25辛丑⑪	25庚午10	25庚子9	25己巳7	25戊戌6	25戊辰⑤	25戊戌5	**24**丙寅2	25丁酉2
26甲辰15	26甲戌16	26癸卯14	26癸酉⑭	26壬寅12	26辛未11	26辛丑10	26庚午8	26己亥7	26己巳6	26己亥6	25丁卯3	26戊戌3
27乙巳16	27乙亥17	27甲辰15	27甲戌15	27癸卯13	27壬申12	27壬寅11	27辛未9	27庚子⑧	27庚午7	27庚子7	26戊辰4	27己亥④
28丙午17	28丙子18	28乙巳⑯	28乙亥16	28甲辰14	28癸酉13	28癸卯12	28壬申⑩	28辛丑9	28辛未8	28辛丑8	27己巳5	28庚子5
29丁未18	**29**丁丑⑲	29丙午17	29丙子17	29乙巳15	29甲戌14	29甲辰⑬	29癸酉11	29壬寅10	29壬申9	29壬寅9	28庚午6	29辛丑6
30戊申19		**30**丁未18			30乙亥15			30癸卯11	30癸酉10		29辛未⑦	30壬寅7
											30壬申8	
立春13日 雨水28日	啓蟄13日 春分29日	清明15日 穀雨30日	立夏15日	小満1日 芒種17日	夏至3日 小暑18日	大暑3日 立秋18日	処暑5日 白露20日	秋分6日 寒露21日	霜降7日 立冬22日	小雪7日 大雪22日	冬至8日 小寒24日	大寒9日 立春24日

天平勝宝**5**年（753－754） 癸巳

1月	2月	3月	4月	5月	6月	7月	8月	9月	10月	11月	12月
1 癸卯 8	1 癸酉 10	1 壬寅 ⑧	1 壬申 8	1 辛丑 6	1 庚午 5	1 庚子 4	**1** 己巳 ②	《10月》	1 戊辰 31	1 戊戌 30	1 丁卯 29
2 甲辰 9	2 甲戌 ⑪	2 癸卯 9	2 癸酉 9	2 壬寅 7	2 辛未 6	2 辛丑 ⑤	2 庚午 3	1 戊戌 1	《11月》	《12月》	2 戊辰 ㉚
3 乙巳 10	3 乙亥 12	3 甲辰 10	3 甲戌 10	3 癸卯 8	3 壬申 7	3 壬寅 6	3 辛未 4	2 己亥 2	2 己巳 1	2 己亥 1	3 己巳 31
4 丙午 ⑪	4 丙子 13	4 乙巳 11	4 乙亥 11	4 甲辰 9	4 癸酉 ⑧	4 癸卯 7	4 壬申 5	**3** 庚子 3	**3** 庚午 2	**3** 庚子 ②	**754年**
5 丁未 12	5 丁丑 14	5 丙午 12	5 丙子 12	5 乙巳 ⑩	5 甲戌 9	5 甲辰 8	5 癸酉 6	4 辛丑 4	4 辛未 3	4 辛丑 3	《1月》
6 戊申 13	6 戊寅 15	6 丁未 13	6 丁丑 ⑬	6 丙午 11	6 乙亥 10	6 乙巳 9	6 甲戌 7	5 壬寅 5	5 壬申 ④	5 壬寅 4	4 庚午 1
7 己酉 14	7 己卯 16	7 戊申 14	7 戊寅 14	7 丁未 12	7 丙子 11	7 丙午 10	7 乙亥 8	6 癸卯 6	6 癸酉 5	6 癸卯 5	**5** 辛未 2
8 庚戌 15	8 庚辰 17	8 己酉 ⑮	8 己卯 15	8 戊申 13	8 丁丑 12	8 丁未 11	8 丙子 ⑨	7 甲辰 ⑦	7 甲戌 6	7 甲辰 6	6 壬申 3
9 辛亥 16	9 辛巳 ⑱	9 庚戌 16	9 庚辰 16	9 己酉 14	9 戊寅 13	9 戊申 ⑫	9 丁丑 10	8 乙巳 8	8 乙亥 7	8 乙巳 7	7 癸酉 4
10 壬子 17	**10** 壬午 19	10 辛亥 17	10 辛巳 17	10 庚戌 15	10 己卯 14	10 己酉 13	10 戊寅 11	9 丙午 9	9 丙子 8	9 丙午 8	8 甲戌 5
11 癸丑 ⑱	11 癸未 20	**11** 壬子 18	11 壬午 18	11 辛亥 16	11 庚辰 ⑮	11 庚戌 14	11 己卯 12	10 丁未 10	10 丁丑 9	10 丁未 ⑨	9 乙亥 ⑥
12 甲寅 19	12 甲申 21	12 癸丑 19	**12** 癸未 19	12 壬子 ⑰	12 辛巳 16	12 辛亥 15	12 庚辰 13	11 戊申 11	11 戊寅 10	11 戊申 10	10 丙子 7
13 乙卯 20	13 乙酉 22	13 甲寅 20	13 甲申 ⑳	**13** 癸丑 18	13 壬午 17	13 壬子 16	13 辛巳 14	12 己酉 12	12 己卯 ⑪	12 己酉 11	11 丁丑 8
14 丙辰 21	14 丙戌 23	14 乙卯 21	14 乙酉 21	14 甲寅 19	14 癸未 18	14 癸丑 17	14 壬午 15	13 庚戌 13	13 庚辰 12	13 庚戌 12	12 戊寅 9
15 丁巳 22	15 丁亥 24	15 丙辰 ㉒	15 丙戌 22	15 乙卯 20	**15** 甲申 19	**15** 甲寅 18	15 癸未 ⑯	14 辛亥 ⑭	14 辛巳 13	14 辛亥 13	13 己卯 10
16 戊午 23	16 戊子 ㉕	16 丁巳 23	16 丁亥 23	16 丙辰 21	16 乙酉 20	16 乙卯 ⑲	**16** 甲申 17	15 壬子 15	15 壬午 14	15 壬子 14	14 庚辰 11
17 己未 24	17 己丑 26	17 戊午 24	17 戊子 24	17 丁巳 22	17 丙戌 21	17 丙辰 20	17 乙酉 18	16 癸丑 16	16 癸未 15	16 癸丑 15	15 辛巳 12
18 庚申 ㉕	18 庚寅 27	18 己未 25	18 己丑 25	18 戊午 23	18 丁亥 ㉒	18 丁巳 21	18 丙戌 19	17 甲寅 17	17 甲申 16	17 甲寅 ⑯	16 壬午 ⑬
19 辛酉 26	19 辛卯 28	19 庚申 26	19 庚寅 26	19 己未 ㉔	19 戊子 23	19 戊午 22	19 丁亥 20	**18** 乙卯 18	**18** 乙酉 17	18 乙卯 17	17 癸未 14
20 壬戌 27	20 壬辰 29	20 辛酉 27	20 辛卯 ㉗	20 庚申 25	20 己丑 24	20 己未 23	20 戊子 21	19 丙辰 19	19 丙戌 ⑱	**19** 丙辰 18	18 甲申 15
21 癸亥 28	21 癸巳 30	21 壬戌 28	21 壬辰 28	21 辛酉 26	21 庚寅 25	21 庚申 24	21 己丑 22	20 丁巳 20	20 丁亥 19	20 丁巳 19	19 乙酉 16
《3月》	22 甲午 31	22 癸亥 ㉙	22 癸巳 29	22 壬戌 27	22 辛卯 26	22 辛酉 25	22 庚寅 ㉓	21 戊午 ㉑	21 戊子 20	21 戊午 20	**20** 丙戌 17
22 甲子 1	《4月》	23 甲子 30	23 甲午 30	23 癸亥 28	23 壬辰 27	23 壬戌 ㉖	23 辛卯 24	22 己未 22	22 己丑 21	22 己未 21	21 丁亥 18
23 乙丑 2	23 乙未 ①	《5月》	24 乙未 31	24 甲子 29	24 癸巳 28	24 癸亥 27	24 壬辰 25	23 庚申 23	23 庚寅 22	23 庚申 22	22 戊子 19
24 丙寅 3	24 丙申 2	24 乙丑 1	《6月》	25 乙丑 30	25 甲午 ㉙	25 甲子 28	25 癸巳 26	24 辛酉 24	24 辛卯 23	24 辛酉 ㉓	23 己丑 ⑳
25 丁卯 ④	**25** 丁酉 3	25 丙寅 2	25 丙申 1	《7月》	26 乙未 30	26 乙丑 29	26 甲午 27	25 壬戌 25	25 壬辰 24	25 壬戌 24	24 庚寅 21
26 戊辰 5	26 戊戌 4	**26** 丁卯 3	26 丁酉 2	26 丙寅 ①	27 丙申 31	27 丙寅 30	27 乙未 28	26 癸亥 26	26 癸巳 ㉕	26 癸亥 25	25 辛卯 22
27 己巳 6	27 己亥 5	27 戊辰 4	**27** 戊戌 ③	27 丁卯 2	《8月》	28 丁卯 31	28 丙申 29	27 甲子 27	27 甲午 26	27 甲子 26	26 壬辰 23
28 庚午 7	28 庚子 6	28 己巳 5	28 己亥 4	**28** 戊辰 3	28 丁酉 1	《9月》	29 丁酉 ㉚	28 乙丑 ㉘	28 乙未 27	28 乙丑 27	27 癸巳 24
29 辛未 8	29 辛丑 7	29 庚午 ⑥	29 庚子 5	29 己巳 4	29 戊戌 2	29 戊辰 1		29 丙寅 29	29 丙申 28	29 丙寅 28	28 甲午 25
30 壬申 9		30 辛未 7			**30** 己亥 3			30 丁卯 30	30 丁酉 29		29 乙未 26
											30 丙申 ㉗
雨水 9日 啓蟄 25日	春分 10日 清明 25日	穀雨 11日 立夏 26日	小満 12日 芒種 27日	夏至 13日 小暑 28日	大暑 15日 立秋 30日	処暑 15日	白露 1日 秋分 16日	寒露 3日 霜降 18日	立冬 3日 小雪 18日	大雪 3日 冬至 19日	小寒 5日 大寒 20日

天平勝宝**6**年（754－755） 甲午

1月	2月	3月	4月	5月	6月	7月	8月	9月	10月	閏10月	11月	12月
1 丁酉 28	1 丁卯 27	1 丁酉 29	1 丙寅 27	1 丙申 27	1 乙丑 25	1 甲午 24	1 甲子 23	1 癸巳 21	1 壬戌 ⑳	1 壬辰 19	**1** 辛酉 18	**1** 辛卯 17
2 戊戌 29	2 戊辰 28	2 戊戌 30	2 丁卯 ㉘	2 丁酉 28	2 丙寅 26	2 乙未 25	2 乙丑 24	2 甲午 ㉒	2 癸亥 21	2 癸巳 20	2 壬戌 19	2 壬辰 18
3 己亥 30	《3月》	3 己亥 ㉛	3 戊辰 29	3 戊戌 29	3 丁卯 27	3 丙申 26	3 丙寅 ㉕	3 乙未 23	3 甲子 22	3 甲午 21	3 癸亥 20	3 癸巳 ⑲
4 庚子 31	3 己巳 1	《4月》	4 己巳 30	4 己亥 30	4 戊辰 28	4 丁酉 27	4 丁卯 26	4 丙申 24	4 乙丑 23	4 乙未 22	4 甲子 21	4 甲午 20
《2月》	4 庚午 2	4 庚子 1	《5月》	5 庚子 31	5 己巳 29	5 戊戌 ㉘	5 戊辰 27	5 丁酉 25	5 丙寅 24	5 丙申 23	5 乙丑 ㉒	5 乙未 21
5 辛丑 1	5 辛未 ③	5 辛丑 2	5 庚午 1	《6月》	6 庚午 ㉚	6 己亥 29	6 己巳 28	6 戊戌 26	6 丁卯 25	6 丁酉 ㉔	6 丙寅 23	6 丙申 22
6 壬寅 2	**6** 壬申 4	**6** 壬寅 3	6 辛未 2	6 辛丑 1	《7月》	7 庚子 30	7 庚午 29	7 己亥 27	7 戊辰 26	7 戊戌 25	7 丁卯 24	7 丁酉 23
7 癸卯 ③	7 癸酉 5	7 癸卯 4	7 壬申 3	7 壬寅 ②	7 辛未 1	8 辛丑 31	8 辛未 30	8 庚子 28	8 己巳 ㉗	8 己亥 26	8 戊辰 25	8 戊戌 24
8 甲辰 4	8 甲戌 6	8 甲辰 5	**8** 癸酉 4	**8** 癸卯 3	8 壬申 2	《8月》	9 壬申 31	9 辛丑 ㉙	9 庚午 28	9 庚子 27	9 己巳 26	9 己亥 25
9 乙巳 5	9 乙亥 7	9 乙巳 6	9 甲戌 ⑤	9 甲辰 4	9 癸酉 3	9 壬寅 1	《9月》	10 壬寅 30	10 辛未 29	10 辛丑 28	10 庚午 27	10 庚子 ㉖
10 丙午 6	10 丙子 8	10 丙午 ⑦	10 乙亥 6	10 乙巳 5	**10** 甲戌 4	10 癸卯 2	10 癸酉 ①	《10月》	11 壬申 30	11 壬寅 29	11 辛未 28	11 辛丑 27
11 丁未 7	11 丁丑 9	11 丁未 8	11 丙子 7	11 丙午 6	11 乙亥 5	**11** 甲辰 3	**11** 甲戌 2	11 癸卯 1	12 癸酉 31	12 癸卯 30	12 壬申 ㉙	12 壬寅 28
12 戊申 8	12 戊寅 ⑩	12 戊申 9	12 丁丑 8	12 丁未 7	12 丙子 6	12 乙巳 ④	12 乙亥 3	12 甲辰 2	《11月》	《12月》	13 癸酉 30	13 癸卯 29
13 己酉 9	13 己卯 11	13 己酉 10	13 戊寅 9	13 戊申 8	13 丁丑 ⑦	13 丙午 5	13 丙子 4	**13** 乙巳 3	13 甲戌 1	13 甲辰 ①	14 甲戌 31	14 甲辰 30
14 庚戌 ⑩	14 庚辰 12	14 庚戌 11	14 己卯 10	14 己酉 ⑨	14 戊寅 8	14 丁未 6	14 丁丑 5	14 丙午 4	**14** 乙亥 2	14 乙巳 2	**755年**	15 乙巳 31
15 辛亥 11	15 辛巳 13	15 辛亥 12	15 庚辰 11	15 庚戌 10	15 己卯 9	15 戊申 7	15 戊寅 6	15 丁未 5	15 丙子 ③	**15** 丙午 3	《1月》	《2月》
16 壬子 12	16 壬午 14	16 壬子 13	16 辛巳 ⑫	16 辛亥 11	16 庚辰 10	16 己酉 8	16 己卯 7	16 戊申 ⑥	16 丁丑 4	16 丁未 4	15 乙亥 1	16 丙午 1
17 癸丑 13	17 癸未 15	17 癸丑 ⑭	17 壬午 13	17 壬子 12	17 辛巳 11	17 庚戌 9	17 庚辰 ⑧	17 己酉 7	17 戊寅 5	17 戊申 5	**16** 丙子 2	**17** 丁未 ②
18 甲寅 14	18 甲申 16	18 甲寅 15	18 癸未 14	18 癸丑 13	18 壬午 12	18 辛亥 10	18 辛巳 9	18 庚戌 8	18 己卯 6	18 己酉 6	17 丁丑 3	18 戊申 3
19 乙卯 15	19 乙酉 ⑰	19 乙卯 16	19 甲申 15	19 甲寅 14	19 癸未 13	19 壬子 ⑪	19 壬午 10	19 辛亥 9	19 庚辰 7	19 庚戌 7	18 戊寅 4	19 己酉 4
20 丙辰 16	20 丙戌 18	20 丙辰 17	20 乙酉 16	20 乙卯 15	20 甲申 ⑭	20 癸丑 12	20 癸未 11	20 壬子 10	20 辛巳 8	20 辛亥 ⑧	19 己卯 ⑤	20 庚戌 5
21 丁巳 ⑰	**21** 丁亥 19	**21** 丁巳 18	21 丙戌 17	21 丙辰 ⑯	21 乙酉 15	21 甲寅 13	21 甲申 12	21 癸丑 11	21 壬午 9	21 壬子 9	20 庚辰 6	21 辛亥 6
22 戊午 18	22 戊子 20	22 戊午 19	22 丁亥 18	22 丁巳 17	22 丙戌 16	22 乙卯 14	22 乙酉 13	22 甲寅 12	22 癸未 ⑩	22 癸丑 10	21 辛巳 7	22 壬子 7
23 己未 19	23 己丑 21	23 己未 20	**23** 戊子 ⑲	**23** 戊午 18	23 丁亥 17	23 丙辰 15	23 丙戌 14	23 乙卯 ⑬	23 甲申 11	23 甲寅 11	22 壬午 8	23 癸丑 8
24 庚申 20	24 庚寅 22	24 庚申 ㉑	24 己丑 20	24 己未 19	24 戊子 18	24 丁巳 16	24 丁亥 ⑮	24 丙辰 14	24 乙酉 12	24 乙卯 12	23 癸未 9	24 甲寅 ⑨
25 辛酉 21	25 辛卯 23	25 辛酉 22	25 庚寅 21	25 庚申 20	**25** 己丑 19	25 戊午 17	25 戊子 16	25 丁巳 15	25 丙戌 13	25 丙辰 13	24 甲申 10	25 乙卯 10
26 壬戌 22	26 壬辰 ㉔	26 壬戌 23	26 辛卯 22	26 辛酉 21	26 庚寅 20	**26** 己未 ⑱	26 己丑 17	26 戊午 16	26 丁亥 14	26 丁巳 14	25 乙酉 11	26 丙辰 11
27 癸亥 23	27 癸巳 25	27 癸亥 24	27 壬辰 23	27 壬戌 22	27 辛卯 ㉑	27 庚申 19	**27** 庚寅 18	27 己未 17	27 戊子 15	27 戊午 ⑮	26 丙戌 ⑫	27 丁巳 12
28 甲子 ㉔	28 甲午 26	28 甲子 25	28 癸巳 24	28 癸亥 ㉓	28 壬辰 22	28 辛酉 20	28 辛卯 19	**28** 庚申 18	28 己丑 16	28 己未 16	27 丁亥 13	28 戊午 13
29 乙丑 25	29 乙未 27	29 乙丑 26	29 甲午 25	29 甲子 24	29 癸巳 23	29 壬戌 21	29 壬辰 20	29 辛酉 19	29 庚寅 ⑰	29 庚申 17	28 戊子 14	29 己未 14
30 丙寅 26	30 丙申 28		30 乙未 ㉖			30 癸亥 22			**30** 辛卯 18		29 己丑 15	30 庚申 15
											30 庚寅 16	
立春 5日 雨水 21日	啓蟄 6日 春分 21日	清明 6日 穀雨 21日	立夏 8日 小満 23日	芒種 8日 夏至 23日	小暑 10日 大暑 25日	立秋 11日 処暑 26日	白露 11日 秋分 27日	寒露 13日 霜降 28日	立冬 14日 小雪 30日	大雪 15日	冬至 1日 小寒 16日	大寒 1日 立春 17日

天平勝宝**7**年（755－756） 乙未

1月	2月	3月	4月	5月	6月	7月	8月	9月	10月	11月	12月
1辛酉⑯	1辛卯18	1庚申16	1庚寅16	1己未14	1己丑14	1戊午12	1戊子11	1丁巳10	1丙戌8	1丙辰8	1乙酉6
2壬戌17	**2**壬辰19	2辛酉17	2辛卯17	2庚申⑮	2庚寅15	2己未13	2己丑12	2戊午11	2丁亥⑨	2丁巳9	2丙戌7
3癸亥18	3癸巳20	3壬戌18	3壬辰⑱	3辛酉16	3辛卯16	3庚申14	3庚寅13	3己未⑫	3戊子10	3戊午10	3丁亥8
4甲子19	4甲午21	**4**癸亥19	**4**癸巳19	4壬戌17	4壬辰17	4辛酉15	4辛卯⑭	4庚申13	4己丑11	4己未11	4戊子9
5乙丑20	5乙未22	5甲子⑳	5甲午20	5癸亥18	5癸巳18	5壬戌16	5壬辰15	5辛酉14	5庚寅12	5庚申12	5己丑10
6丙寅21	6丙申㉓	6乙丑21	6乙未21	**6**甲子19	**6**甲午19	6癸亥⑰	6癸巳16	6壬戌15	6辛卯13	6辛酉13	6庚寅⑪
7丁卯22	7丁酉24	7丙寅22	7丙申22	7乙丑20	7乙未⑳	**7**甲子18	7甲午17	7癸亥16	7壬辰14	7壬戌⑭	7辛卯12
8戊辰㉓	8戊戌25	8丁卯23	8丁酉23	8丙寅21	8丙申21	8乙丑19	**8**乙未18	8甲子17	8癸巳15	8癸亥15	8壬辰13
9己巳24	9己亥26	9戊辰24	9戊戌24	9丁卯㉒	9丁酉22	9丙寅20	9丙申19	**9**乙丑18	9甲午⑯	9甲子16	9癸巳14
10庚午25	10庚子27	10己巳25	10己亥㉕	10戊辰23	10戊戌23	10丁卯21	10丁酉20	10丙寅⑲	10乙未17	10乙丑17	10甲午15
11辛未26	11辛丑28	11庚午26	11庚子26	11己巳24	11己亥24	11戊辰22	11戊戌㉑	11丁卯20	**11**丙申18	**11**丙寅18	11乙未16
12壬申27	12壬寅29	12辛未㉗	12辛丑27	12庚午25	12庚子25	12己巳23	12己亥22	12戊辰21	12丁酉19	12丁卯19	12丙申17
13癸酉28	13癸卯㉚	13壬申28	13壬寅28	13辛未26	13辛丑26	13庚午㉔	13庚子23	13己巳22	13戊戌20	13戊辰20	**13**丁酉⑱
《3月》	14甲辰31	14癸酉29	14癸卯29	14壬申27	14壬寅㉗	14辛未25	14辛丑24	14庚午23	14己亥21	14己巳㉑	14戊戌19
14甲戌1	《4月》	15甲戌30	15甲辰30	15癸酉28	15癸卯28	15壬申26	15壬寅25	15辛未24	15庚子22	15庚午22	15己亥20
15乙亥②	15乙巳1	《5月》	16乙巳31	16甲戌㉙	16甲辰29	16癸酉27	16癸卯26	16壬申25	16辛丑㉓	16辛未23	16庚子21
16丙子3	16丙午2	16乙亥1	《6月》	17乙亥30	17乙巳30	17甲戌28	17甲辰27	17癸酉㉖	17壬寅24	17壬申24	17辛丑22
17丁丑4	**17**丁未3	17丙子2	17丙午①	《7月》	18丙午31	18乙亥29	18乙巳㉘	18甲戌27	18癸卯25	18癸酉25	18壬寅23
18戊寅5	18戊申4	18丁丑3	18丁未2	18丙子1	《8月》	19丙子30	19丙午29	19乙亥28	19甲辰26	19甲戌26	19癸卯24
19己卯6	19己酉5	**19**戊寅④	**19**戊申3	19丁丑2	19丁未1	20丁丑㉛	20丁未30	20丙子29	20乙巳27	20乙亥27	20甲辰㉕
20庚辰7	20庚戌⑥	20己卯5	20己酉4	20戊寅3	20戊申2	《9月》	《10月》	21丁丑30	21丙午28	21丙子㉘	21乙巳26
21辛巳8	21辛亥7	21庚辰6	21庚戌5	**21**己卯4	**21**己酉③	21戊寅1	21戊申1	22戊寅31	22丁未29	22丁丑29	22丙午27
22壬午⑨	22壬子8	22辛巳7	22辛亥6	22庚辰5	22庚戌4	22己卯2	22己酉2	《11月》	23戊申㉚	23戊寅30	23丁未28
23癸未10	23癸丑9	23壬午8	23壬子7	23辛巳⑥	23辛亥5	**23**庚辰3	**23**庚戌3	23己卯1	《12月》	24己卯31	24戊申29
24甲申11	24甲寅10	24癸未9	24癸丑⑧	24壬午7	24壬子6	24辛巳4	24辛亥4	24庚辰②	24己酉1	**756年**	25己酉30
25乙酉12	25乙卯11	25甲申10	25甲寅9	25癸未8	25癸丑7	25壬午5	25壬子⑤	**25**辛巳3	25庚戌2	《1月》	26庚戌31
26丙戌13	26丙辰12	26乙酉⑪	26乙卯10	26甲申9	26甲寅8	26癸未6	26癸丑6	26壬午4	**26**辛亥3	25庚辰1	《2月》
27丁亥14	27丁巳⑬	27丙戌12	27丙辰11	27乙酉10	27乙卯9	27甲申⑦	27甲寅7	27癸未5	27壬子4	**26**辛巳2	27辛亥①
28戊子15	28戊午14	28丁亥13	28丁巳12	28丙戌11	28丙辰⑩	28乙酉8	28乙卯8	28甲申6	28癸丑5	27壬午3	**28**壬子2
29己丑⑯	29己未15	29戊子14	29戊午13	29丁亥12	29丁巳11	29丙戌9	29丙辰9	29乙酉7	29甲寅6	28癸未④	29癸丑3
30庚寅17		30己丑15		30戊子⑬		30丁亥10			30乙卯⑦	29甲申5	30甲寅4
雨水2日 啓蟄17日	春分2日 清明17日	穀雨4日 立夏19日	小満4日 芒種19日	夏至6日 小暑21日	大暑6日 立秋21日	処暑7日 白露23日	秋分8日 寒露23日	霜降9日 立冬25日	小雪11日 大雪26日	冬至11日 小寒26日	大寒13日 立春28日

天平勝宝**8**年（756－757） 丙申

1月	2月	3月	4月	5月	6月	7月	8月	9月	10月	11月	12月
1乙卯5	1乙酉6	1甲寅④	1甲申4	**1**甲寅3	1癸未2	《8月》	1壬午30	1壬子29	1辛巳28	1辛亥27	1庚辰㉖
2丙辰6	2丙戌⑦	2乙卯5	2乙酉5	2乙卯4	**2**甲申3	1癸丑①	2癸未31	2癸丑30	2壬午29	2壬子㉘	2辛巳27
3丁巳7	3丁亥8	3丙辰6	3丙戌6	3丙辰5	3乙酉④	**2**甲寅2	《9月》	《10月》	3癸未30	3癸丑29	3壬午28
4戊午⑧	4戊子9	4丁巳7	4丁亥7	4丁巳⑥	4丙戌5	3乙卯3	3甲申1	3甲寅1	4甲申㉛	4甲寅30	4癸未29
5己未9	5己丑10	5戊午8	5戊子8	5戊午7	5丁亥6	4丙辰4	**4**乙酉2	**4**乙卯2	《11月》	《12月》	5甲申30
6庚申10	6庚寅11	6己未9	6己丑⑨	6己未8	6戊子7	5丁巳5	5丙戌3	5丙辰③	5乙酉1	5乙卯1	6乙酉31
7辛酉11	7辛卯12	7庚申10	7庚寅10	7庚申9	7己丑8	6戊午6	6丁亥4	6丁巳4	**6**丙戌2	**6**丙辰2	**757年**
8壬戌12	8壬辰13	8辛酉⑪	8辛卯11	8辛酉10	8庚寅9	7己未7	7戊子⑤	7戊午5	7丁亥3	7丁巳3	《1月》
9癸亥13	9癸巳⑭	9壬戌12	9壬辰12	9壬戌11	9辛卯10	8庚申⑧	8己丑6	8己未6	8戊子4	8戊午4	7丙戌1
10甲子14	10甲午15	10癸亥13	10癸巳13	10癸亥12	10壬辰⑪	9辛酉9	9庚寅7	9庚申7	9己丑5	9己未⑤	**8**丁亥②
11乙丑⑮	11乙未16	11甲子14	11甲午14	11甲子⑬	11癸巳12	10壬戌10	10辛卯8	10辛酉8	10庚寅6	10庚申6	9戊子3
12丙寅16	12丙申17	12乙丑15	12乙未15	12乙丑14	12甲午13	11癸亥11	11壬辰9	11壬戌9	11辛卯⑦	11辛酉7	10己丑4
13丁卯17	13丁酉18	13丙寅16	13丙申⑯	13丙寅15	13乙未14	12甲子12	12癸巳10	12癸亥⑩	12壬辰8	12壬戌8	11庚寅5
14戊辰18	**14**戊戌19	14丁卯17	14丁酉17	14丁卯16	14丙申15	13乙丑13	13甲午11	13甲子11	13癸巳9	13癸亥9	12辛卯6
15己巳19	15己亥20	**15**戊辰⑱	**15**戊戌18	15戊辰17	15丁酉16	14丙寅14	14乙未⑫	14乙丑12	14甲午10	14甲子10	13壬辰7
16庚午20	16庚子㉑	16己巳19	16己亥19	**16**己巳18	16戊戌17	15丁卯⑮	15丙申13	15丙寅13	15乙未11	15乙丑11	14癸巳8
17辛未21	17辛丑22	17庚午20	17庚子20	17庚午19	**17**己亥⑱	16戊辰16	16丁酉14	16丁卯14	16丙申12	16丙寅⑫	15甲午⑨
18壬申㉒	18壬寅23	18辛未21	18辛丑21	18辛未⑳	18庚子19	17己巳17	17戊戌15	17戊辰15	17丁酉13	17丁卯13	16乙未10
19癸酉23	19癸卯24	19壬申22	19壬寅22	19壬申21	19辛丑20	**18**庚午18	18己亥16	18己巳16	18戊戌⑭	18戊辰14	17丙申11
20甲戌24	20甲辰25	20癸酉23	20癸卯㉓	20癸酉22	20壬寅21	19辛未19	**19**庚子17	19庚午⑰	19己亥15	19己巳15	18丁酉12
21乙亥25	21乙巳26	21甲戌24	21甲辰24	21甲戌23	21癸卯22	20壬申20	20辛丑18	**20**辛未18	20庚子16	20庚午16	19戊戌13
22丙子26	22丙午27	22乙亥㉕	22乙巳25	22乙亥24	22甲辰23	21癸酉21	21壬寅⑲	21壬申19	**21**辛丑17	**21**辛未17	20己亥14
23丁丑27	23丁未㉘	23丙子26	23丙午26	23丙子25	23乙巳24	22甲戌㉒	22癸卯20	22癸酉20	22壬寅18	22壬申18	21庚子15
24戊寅28	24戊申29	24丁丑27	24丁未27	24丁丑26	24丙午㉕	23乙亥23	23甲辰21	23甲戌21	23癸卯19	23癸酉⑲	22辛丑⑯
25己卯㉙	25己酉30	25戊寅28	25戊申28	25戊寅㉗	25丁未26	24丙子24	24乙巳22	24乙亥22	24甲辰20	24甲戌20	**23**壬寅17
《3月》	26庚戌31	26己卯29	26己酉29	26己卯28	26戊申27	25丁丑25	25丙午23	25丙子23	25乙巳㉑	25乙亥21	24癸卯18
26庚辰1	《4月》	27庚辰30	27庚戌㉚	27庚辰29	27己酉28	26戊寅26	26丁未24	26丁丑㉔	26丙午22	26丙子22	25甲辰19
27辛巳2	27辛亥1	《5月》	28辛亥31	28辛巳30	28庚戌29	27己卯27	27戊申25	27戊寅25	27丁未23	27丁丑23	26乙巳20
28壬午3	28壬子2	28辛巳1	《6月》	《7月》	29辛亥30	28庚辰28	28己酉㉖	28己卯26	28戊申24	28戊寅24	27丙午21
29癸未4	**29**癸丑3	29壬午②	29壬子1	29壬午1	30壬子31	29辛巳㉙	29庚戌27	29庚辰27	29己酉25	29己卯25	28丁未22
30甲申5		**30**癸未3	30癸丑2				30辛亥28		30庚戌26		29戊申㉓
											30己酉24
雨水13日 啓蟄28日	春分14日 清明29日	穀雨15日 立夏30日	小満15日	芒種1日 夏至16日	小暑2日 大暑17日	立秋2日 処暑18日	白露4日 秋分19日	寒露4日 霜降20日	立冬6日 小雪21日	大雪6日 冬至21日	小寒8日 大寒23日

天平宝字元年〔天平勝宝**9**年〕（757－758） 丁酉

改元 8/18（天平勝宝→天平宝字）

1月	2月	3月	4月	5月	6月	7月	8月	閏8月	9月	10月	11月	12月
1 庚戌25	1 己卯23	1 己酉25	1 戊寅23	1 戊申23	1 丁丑21	1 丁未21	1 丁丑20	1 丙午⑱	**1** 丙子18	1 乙巳16	1 乙亥16	1 甲辰14
2 辛亥26	2 庚辰24	2 庚戌26	2 己卯㉔	2 己酉24	2 戊寅22	2 戊申22	2 戊寅㉑	2 丁未19	2 丁丑19	**2** 丙午17	2 丙子17	2 乙巳⑮
3 壬子27	3 辛巳25	3 辛亥㉗	3 庚辰25	3 庚戌25	3 己卯23	3 己酉23	3 己卯22	3 戊申20	3 戊寅20	3 丁未18	**3** 丁丑⑱	3 丙午16
4 癸丑28	4 壬午26	4 壬子28	4 辛巳26	4 辛亥26	4 庚辰24	4 庚戌㉔	4 庚辰23	4 己酉21	4 己卯21	4 戊申19	4 戊寅19	**4** 丁未17
5 甲寅29	5 癸未㉗	5 癸丑29	5 壬午27	5 壬子27	5 辛巳25	5 辛亥25	5 辛巳24	5 庚戌22	5 庚辰22	5 己酉⑳	5 己卯20	5 戊申18
6 乙卯㉚	6 甲申28	6 甲寅30	6 癸未28	6 癸丑28	6 壬午㉖	6 壬子26	6 壬午25	6 辛亥23	6 辛巳㉓	6 庚戌21	6 庚辰21	6 己酉19
7 丙辰31	《3月》	7 乙卯31	7 甲申29	7 甲寅㉙	7 癸未27	7 癸丑27	7 癸未26	7 壬子24	7 壬午24	7 辛亥22	7 辛巳22	7 庚戌20
《2月》	7 乙酉 1	《4月》	8 乙酉30	8 乙卯30	8 甲申28	8 甲寅28	8 甲申27	8 癸丑㉕	8 癸未25	8 壬子23	8 壬午23	8 辛亥21
8 丁巳 1	8 丙戌 2	8 丙辰 1	《5月》	9 丙辰31	9 乙酉29	9 乙卯29	9 乙酉㉘	9 甲寅26	9 甲申26	9 癸丑24	9 癸未24	9 壬子㉒
9 戊午 2	9 丁亥 3	9 丁巳 2	9 丙戌①	《6月》	10 丙戌30	10 丙辰30	10 丙戌29	10 乙卯27	10 乙酉27	10 甲寅25	10 甲申㉕	10 癸丑23
10 己未 3	**10** 戊子 4	**10** 戊午③	10 丁亥 2	10 丁巳 1	《7月》	11 丁巳㉛	11 丁亥30	11 丙辰28	11 丙戌28	11 乙卯26	11 乙酉26	11 甲寅24
11 庚申 4	11 己丑 5	11 己未 4	**11** 戊子 3	11 戊午 2	11 丁亥 1	《8月》	12 戊子31	12 丁巳29	12 丁亥29	12 丙辰㉗	12 丙戌27	12 乙卯25
12 辛酉 5	12 庚寅⑥	12 庚申 5	12 己丑 4	**12** 己未 3	12 戊子 2	12 戊午 1	《9月》	13 戊午30	13 戊子㉚	13 丁巳28	13 丁亥28	13 丙辰26
13 壬戌⑥	13 辛卯 7	13 辛酉 6	13 庚寅 5	13 庚申 4	**13** 己丑③	13 己未 2	13 己丑 1	《10月》	14 己丑31	14 戊午29	14 戊子29	14 丁巳27
14 癸亥 7	14 壬辰 8	14 壬戌 7	14 辛卯 6	14 辛酉⑤	14 庚寅 4	**14** 庚申 3	**14** 庚寅 2	14 己未 1	《11月》	15 己未30	15 己丑30	15 戊午28
15 甲子 8	15 癸巳 9	15 癸亥 8	15 壬辰 7	15 壬戌 6	15 辛卯 5	15 辛酉 4	15 辛卯 3	15 庚申②	15 庚寅 1	《12月》	16 庚寅31	16 己未㉙
16 乙丑 9	16 甲午10	16 甲子 9	16 癸巳⑧	16 癸亥 7	16 壬辰 6	16 壬戌 5	16 壬辰④	**16** 辛酉 3	**16** 辛卯 2	16 庚申 1	**758年**	17 庚申30
17 丙寅10	17 乙未11	17 乙丑⑩	17 甲午 9	17 甲子 8	17 癸巳 7	17 癸亥 6	17 癸巳 5	17 壬戌 4	17 壬辰 3	**17** 辛酉 2	《1月》	18 辛酉31
18 丁卯11	18 丙申12	18 丙寅11	18 乙未10	18 乙丑 9	18 甲午 8	18 甲子⑦	*18* 甲午 6	18 癸亥 5	18 癸巳 4	18 壬戌 3	17 辛卯①	《2月》
19 戊辰12	19 丁酉⑬	19 丁卯12	19 丙申11	19 丙寅10	19 乙未 9	19 乙丑 8	19 乙未 7	19 甲子 6	19 甲午 5	19 癸亥④	**18** 壬辰 2	**19** 壬戌 1
20 己巳⑬	20 戊戌14	20 戊辰13	20 丁酉12	20 丁卯11	20 丙申⑩	20 丙寅 9	20 丙申 8	20 乙丑 7	20 乙未⑥	20 甲子 5	19 癸巳 3	20 癸亥 2
21 庚午14	21 己亥15	21 己巳14	21 戊戌13	21 戊辰⑫	21 丁酉11	21 丁卯10	21 丁酉 9	21 丙寅 8	21 丙申 7	21 乙丑 6	20 甲午 4	21 甲子 3
22 辛未15	22 庚子16	22 庚午15	22 己亥14	22 己巳13	22 戊戌12	22 戊辰11	22 戊戌10	22 丁卯⑨	22 丁酉 8	22 丙寅 7	21 乙未 5	22 乙丑 4
23 壬申16	23 辛丑17	23 辛未16	23 庚子⑮	23 庚午14	23 己亥13	23 己巳12	23 己亥⑪	23 戊辰10	23 戊戌 9	23 丁卯 8	22 丙申 6	23 丙寅⑤
24 癸酉17	24 壬寅18	24 壬申⑰	24 辛丑16	24 辛未15	24 庚子14	24 庚午13	24 庚子12	24 己巳11	24 己亥10	24 戊辰 9	23 丁酉 7	24 丁卯 6
25 甲戌18	**25** 癸卯19	**25** 癸酉18	25 壬寅17	25 壬申16	25 辛丑15	25 辛未⑭	25 辛丑13	25 庚午12	25 庚子11	25 己巳10	24 戊戌⑧	25 戊辰 7
26 乙亥19	26 甲辰⑳	26 甲戌19	26 癸卯18	26 癸酉17	26 壬寅16	26 壬申15	26 壬寅14	26 辛未13	26 辛丑12	26 庚午⑪	25 己亥 9	26 己巳 8
27 丙子⑳	27 乙巳21	27 乙亥20	**27** 甲辰19	**27** 甲戌18	27 癸卯⑰	27 癸酉16	27 癸卯15	27 壬申14	27 壬寅⑬	27 辛未12	26 庚子10	27 庚午 9
28 丁丑21	28 丙午22	28 丙子21	28 乙巳20	28 乙亥⑲	28 甲辰18	28 甲戌17	28 甲辰16	28 癸酉15	28 癸卯14	28 壬申13	27 辛丑11	28 辛未10
29 戊寅22	29 丁未23	29 丁丑22	29 丙午21	29 丙子20	**29** 乙巳19	**29** 乙亥18	**29** 乙巳17	29 甲戌⑯	29 甲辰15	29 癸酉14	28 壬寅12	29 壬申11
	30 戊申24		30 丁未㉒		30 丙午20	30 丙子19		30 乙亥17		30 甲戌15	29 癸卯13	30 癸酉⑫
立春 8日 雨水 23日	啓蟄 10日 春分 25日	清明 10日 穀雨 25日	立夏 11日 小満 27日	芒種 12日 夏至 27日	小暑 13日 大暑 29日	立秋 14日 処暑 29日	白露 14日 秋分 29日	寒露16日	霜降 1日 立冬 16日	小雪 2日 大雪 17日	冬至 3日 小寒 18日	大寒 4日 立春 19日

天平宝字**2**年（758－759） 戊戌

1月	2月	3月	4月	5月	6月	7月	8月	9月	10月	11月	12月
1 甲戌13	1 癸卯14	1 壬申12	1 壬寅12	1 辛未10	1 辛丑10	1 辛未 9	1 庚子 7	1 庚午 7	1 庚子 6	1 己巳 5	1 己亥 4
2 乙亥14	2 甲辰15	2 癸酉13	2 癸卯13	2 壬申⑪	2 壬寅11	2 壬申10	2 辛丑 8	2 辛未⑧	2 辛丑 7	2 庚午 6	2 庚子 5
3 丙子15	3 乙巳16	3 甲戌14	3 甲辰⑭	3 癸酉12	3 癸卯12	3 癸酉11	3 壬寅 9	3 壬申 9	3 壬寅 8	3 辛未 7	3 辛丑 6
4 丁丑16	4 丙午17	4 乙亥15	4 乙巳15	4 甲戌13	4 甲辰13	4 甲戌12	4 癸卯⑩	4 癸酉10	4 癸卯 9	4 壬申 8	4 壬寅⑦
5 戊寅17	5 丁未18	5 丙子⑯	5 丙午16	5 乙亥14	5 乙巳14	5 乙亥⑬	5 甲辰11	5 甲戌11	5 甲辰10	5 癸酉 9	5 癸卯 8
6 己卯18	**6** 戊申⑲	6 丁丑17	6 丁未17	6 丙子15	6 丙午15	6 丙子14	6 乙巳12	6 乙亥12	6 乙巳11	6 甲戌⑩	6 甲辰 9
7 庚辰⑲	7 己酉20	**7** 戊寅18	7 戊申18	7 丁丑16	7 丁未⑯	7 丁丑15	7 丙午13	7 丙子13	7 丙午⑫	7 乙亥11	7 乙巳10
8 辛巳20	8 庚戌21	8 己卯19	**8** 己酉19	8 戊寅17	8 戊申17	8 戊寅16	8 丁未14	8 丁丑14	8 丁未13	8 丙子12	8 丙午11
9 壬午21	9 辛亥22	9 庚辰20	9 庚戌20	**9** 己卯⑱	9 己酉18	9 己卯17	9 戊申15	9 戊寅⑮	9 戊申14	9 丁丑13	9 丁未12
10 癸未22	10 壬子23	10 辛巳21	10 辛亥㉑	10 庚辰19	**10** 庚戌19	**10** 庚辰18	10 己酉16	10 己卯16	10 己酉15	10 戊寅14	10 戊申13
11 甲申23	11 癸丑24	11 壬午22	11 壬子22	11 辛巳20	11 辛亥20	11 辛巳19	11 庚戌⑰	11 庚辰17	11 庚戌16	11 己卯15	11 己酉⑭
12 乙酉24	12 甲寅25	12 癸未㉓	12 癸丑23	12 壬午21	12 壬子21	12 壬午⑳	**12** 辛亥18	**12** 辛巳18	**12** 辛亥17	12 庚辰16	12 庚戌15
13 丙戌25	13 乙卯㉖	13 甲申24	13 甲寅24	13 癸未22	13 癸丑22	13 癸未21	13 壬子19	13 壬午19	13 壬子18	13 辛巳⑰	13 辛亥16
14 丁亥㉖	14 丙辰27	14 乙酉25	14 乙卯25	14 甲申23	14 甲寅㉓	14 甲申22	14 癸丑20	14 癸未20	14 癸丑⑲	**14** 壬午18	**14** 壬子17
15 戊子27	15 丁巳28	15 丙戌26	15 丙辰26	15 乙酉24	15 乙卯24	15 乙酉23	15 甲寅21	15 甲申21	15 甲寅20	15 癸未19	15 癸丑18
16 己丑28	16 戊午29	16 丁亥27	16 丁巳27	16 丙戌㉕	16 丙辰25	16 丙戌24	16 乙卯22	16 乙酉㉒	16 乙卯21	16 甲申20	16 甲寅19
《3月》	17 己未30	17 戊子28	17 戊午㉘	17 丁亥26	17 丁巳26	17 丁亥25	17 丙辰23	17 丙戌23	17 丙辰22	17 乙酉21	17 乙卯20
17 庚寅 1	18 庚申31	18 己丑29	18 己未29	18 戊子27	18 戊午27	18 戊子26	18 丁巳㉔	18 丁亥24	18 丁巳23	18 丙戌22	18 丙辰㉑
18 辛卯 2	《4月》	19 庚寅㉚	19 庚申30	19 己丑28	19 己未28	19 己丑㉗	19 戊午25	19 戊子25	19 戊午24	19 丁亥23	19 丁巳22
19 壬辰 3	19 辛酉 1	《5月》	20 辛酉31	20 庚寅29	20 庚申29	20 庚寅28	20 己未26	20 己丑26	20 己未25	20 戊子㉔	20 戊午23
20 癸巳 4	20 壬戌②	20 辛卯 1	《6月》	21 辛卯30	21 辛酉㉚	21 辛卯29	21 庚申27	21 庚寅27	21 庚申㉖	21 己丑25	21 己未24
21 甲午⑤	**21** 癸亥 3	21 壬辰 2	21 壬戌 1	《7月》	22 壬戌31	22 壬辰30	22 辛酉28	22 辛卯28	22 辛酉27	22 庚寅26	22 庚申25
22 乙未 6	22 甲子 4	22 癸巳 3	22 癸亥 2	22 壬辰 1	《8月》	23 癸巳31	23 壬戌29	23 壬辰㉙	23 壬戌28	23 辛卯27	23 辛酉26
23 丙申 7	23 乙丑 5	**23** 甲午 4	**23** 甲子 3	23 癸巳②	23 癸亥 1	《9月》	24 癸亥30	24 癸巳30	24 癸亥29	24 壬辰28	24 壬戌27
24 丁酉 8	24 丙寅 6	24 乙未 5	24 乙丑④	24 甲午 3	24 甲子 2	24 甲午 1	《10月》	25 甲午31	25 甲子30	25 癸巳29	25 癸亥㉘
25 戊戌 9	25 丁卯 7	25 丙申 6	25 丙寅 5	**25** 乙未 4	**25** 乙丑 3	**25** 乙未 2	25 甲子①	《11月》	《12月》	26 甲午30	26 甲子29
26 己亥10	26 戊辰 8	26 丁酉⑦	26 丁卯 6	26 丙申 5	26 丙寅 4	26 丙申③	26 乙丑 2	26 乙未 1	26 乙丑 1	27 乙未㉛	27 乙丑30
27 庚子11	27 己巳⑨	27 戊戌 8	27 戊辰 7	27 丁酉 6	27 丁卯 5	27 丁酉 4	**27** 丙寅 3	**27** 丙申 2	27 丙寅 2	**759年**	28 丙寅31
28 辛丑⑫	28 庚午10	28 己亥 9	28 己巳 8	28 戊戌 7	28 戊辰⑥	28 戊戌 5	28 丁卯 4	28 丁酉 3	**28** 丁卯③	《1月》	《2月》
29 壬寅13	29 辛未11	29 庚子10	29 庚午 9	29 己亥 8	29 己巳 7	29 己亥 6	29 戊辰 5	29 戊戌 4	29 戊辰 4	28 丙申 1	29 丁卯 1
		30 辛丑11		30 庚子⑨	30 庚午 8		30 己巳 6	30 己亥⑤		**29** 丁酉 2	
										30 戊戌 3	
雨水 5日 啓蟄 20日	春分 6日 清明 21日	穀雨 7日 立夏 23日	小満 8日 芒種 23日	夏至 9日 小暑 25日	大暑 10日 立秋 25日	処暑 10日 白露 25日	秋分 12日 寒露 27日	霜降 12日 立冬 27日	小雪 12日 大雪 28日	冬至 14日 小寒 29日	大寒 14日

天平宝字 **3** 年（759－760） 己亥

1月	2月	3月	4月	5月	6月	7月	8月	9月	10月	11月	12月
1 戊辰 2 2 己巳 3 3 庚午④ 4 辛未 5 5 壬申 6 6 癸酉 7 7 甲戌 8 8 乙亥 9 9 丙子10 10丁丑⑪ 11戊寅12 12己卯13 13庚辰14 14辛巳15 15壬午16 **16**癸未17 17甲申⑱ 18乙酉19 19丙戌20 20丁亥21 21戊子22 22己丑23 23庚寅24 24辛卯㉕ 25壬辰26 26癸巳27 27甲午28 《3月》 28乙未 1 29丙申 2 30丁酉 3	**1** 戊戌④ 2 己亥 5 3 庚子 6 4 辛丑 7 5 壬寅 8 6 癸卯 9 7 甲辰10 8 乙巳⑪ 9 丙午12 10丁未13 11戊申14 12己酉15 13庚戌16 14辛亥17 15壬子⑱ **16**癸丑19 17甲寅20 18乙卯21 19丙辰22 20丁巳23 21戊午24 22己未㉕ 23庚申26 24辛酉27 25壬戌28 26癸亥29 27甲子30 28乙丑31 《4月》 29丙寅①	1 丁卯 2 **2** 戊辰 3 3 己巳 4 4 庚午 5 5 辛未 6 6 壬申 7 7 癸酉⑧ 8 甲戌 9 9 乙亥10 10丙子11 11丁丑12 12戊寅13 13己卯14 14庚辰⑮ 15辛巳16 16壬午17 17癸未18 **18**甲申19 19乙酉20 20丙戌21 21丁亥㉒ 22戊子23 23己丑24 24庚寅25 25辛卯26 26壬辰27 27癸巳28 28甲午㉙ 29乙未30	《5月》 1 丙申 1 2 丁酉 2 3 戊戌 3 **4** 己亥 4 5 庚子 5 6 辛丑⑥ 7 壬寅 7 8 癸卯 8 9 甲辰 9 10乙巳10 11丙午11 12丁未12 13戊申⑬ 14己酉14 15庚戌15 16辛亥16 17壬子17 18癸丑18 **19**甲寅19 20乙卯⑳ 21丙辰21 22丁巳22 23戊午23 24己未24 25庚申25 26辛酉26 27壬戌㉗ 28癸亥28 29甲子29 30乙丑30	1 丙寅31 《6月》 2 丁卯 1 3 戊辰 2 **4** 己巳③ 5 庚午 4 6 辛未 5 7 壬申 6 8 癸酉 7 9 甲戌 8 10乙亥 9 11丙子⑩ 12丁丑11 13戊寅12 14己卯13 15庚辰14 16辛巳15 17壬午16 18癸未⑰ 19甲申18 **20**乙酉19 21丙戌20 22丁亥21 23戊子22 24己丑23 25庚寅㉔ 26辛卯25 27壬辰26 28癸巳27 29甲午28	1 乙未29 2 丙申30 《7月》 3 丁酉① 4 戊戌 2 5 己亥 3 **6** 庚子 4 7 辛丑 5 8 壬寅 6 9 癸卯 7 10甲辰⑧ 11乙巳 9 12丙午10 13丁未11 14戊申12 15己酉13 16庚戌14 17辛亥⑮ 18壬子16 19癸丑17 20甲寅18 **21** 乙卯19 22丙辰20 23丁巳21 24戊午㉒ 25己未23 26庚申24 27辛酉25 28壬戌26 29癸亥27 30甲子28	1 乙丑㉙ 2 丙寅30 3 丁卯31 《8月》 4 戊辰 1 5 己巳 2 **6** 庚午 3 7 辛未 4 8 壬申⑤ 9 癸酉 6 10甲戌 7 11乙亥 8 12丙子 9 13丁丑10 14戊寅11 15己卯⑫ 16庚辰13 17辛巳14 18壬午15 19癸未16 20甲申17 **21** 乙酉18 22丙戌⑲ 23丁亥20 24戊子21 25己丑22 26庚寅23 27辛卯24 28壬辰25 29癸巳㉖	1 甲午27 2 乙未28 3 丙申29 4 丁酉30 5 戊戌31 《9月》 6 己亥 1 7 庚子② **8** 辛丑 3 9 壬寅 4 10癸卯 5 11甲辰 6 12乙巳 7 13丙午 8 14丁未⑨ 15戊申10 16己酉11 17庚戌12 18辛亥13 19壬子14 20癸丑15 21甲寅⑯ 22乙卯17 **23**丙辰18 24丁巳19 25戊午20 26己未21 27庚申22 28辛酉㉓ 29壬戌24 30癸亥25	1 甲子26 2 乙丑27 3 丙寅28 4 丁卯29 5 戊辰㉚ 《10月》 6 己巳 1 7 庚午 2 **8** 辛未 3 9 壬申 4 10癸酉 5 11甲戌 6 12乙亥⑦ 13丙子 8 14丁丑 9 15戊寅10 16己卯11 17庚辰12 18辛巳13 19壬午⑭ 20癸未15 21甲申16 22乙酉17 **23**丙戌18 24丁亥19 25戊子20 26己丑㉑ 27庚寅22 28辛卯23 29壬辰24 30癸巳25	1 甲午26 2 乙未27 3 丙申㉘ 4 丁酉29 5 戊戌30 6 己亥31 《11月》 7 庚子 1 8 辛丑 2 **9** 壬寅 3 10癸卯④ 11甲辰 5 12乙巳 6 13丙午 7 14丁未 8 15戊申 9 16己酉10 17庚戌⑪ 18辛亥12 19壬子13 20癸丑14 21甲寅15 22乙卯16 23丙辰17 **24**丁巳⑱ 25戊午19 26己未20 27庚申21 28辛酉22 29壬戌23	1 癸亥24 2 甲子㉕ 3 乙丑26 4 丙寅27 5 丁卯28 6 戊辰29 7 己巳30 《12月》 8 庚午 1 9 辛未② **10**壬申 3 11癸酉 4 12甲戌 5 13乙亥 6 14丙子 7 15丁丑 8 16戊寅⑨ 17己卯10 18庚辰11 19辛巳12 20壬午13 21癸未14 22甲申15 23乙酉⑯ 24丙戌17 **25**丁亥18 26戊子19 27己丑20 28庚寅21 29辛卯22 30壬辰㉓	1 癸巳24 2 甲午25 3 乙未26 4 丙申27 5 丁酉28 6 戊戌29 7 己亥㉚ 8 庚子31 **760 年** 《1月》 9 辛丑 1 **10**壬寅 2 11癸卯 3 12甲辰 4 13乙巳 5 14丙午⑥ 15丁未 7 16戊申 8 17己酉 9 18庚戌10 19辛亥11 20壬子12 21癸丑⑬ 22甲寅14 23乙卯15 24丙辰16 25丁巳17 **26**戊午18 27己未19 28庚申⑳ 29辛酉21 30壬戌22
立春 1日 雨水 16日	啓蟄 1日 春分 16日	清明 2日 穀雨 18日	立夏 4日 小満 19日	芒種 4日 夏至 20日	小暑 6日 大暑 21日	立秋 6日 処暑 21日	白露 8日 秋分 23日	寒露 8日 霜降 23日	立冬 9日 小雪 24日	大雪 10日 冬至 25日	小寒 10日 大寒 26日

天平宝字 **4** 年（760－761） 庚子

1月	2月	3月	4月	閏4月	5月	6月	7月	8月	9月	10月	11月	12月
1 癸亥23 2 甲子24 3 乙丑25 4 丙寅26 5 丁卯㉗ 6 戊辰28 7 己巳29 8 庚午30 9 辛未31 《2月》 10壬申 1 **11**癸酉 2 12甲戌③ 13乙亥 4 14丙子 5 15丁丑 6 16戊寅 7 17己卯 8 18庚辰 9 19辛巳⑩ 20壬午11 21癸未12 22甲申13 23乙酉14 24丙戌15 25丁亥16 **26**戊子⑰ 27己丑18 28庚寅19 29辛卯20	1 壬辰21 2 癸巳22 3 甲午23 4 乙未㉔ 5 丙申25 6 丁酉26 7 戊戌27 8 己亥28 9 庚子29 《3月》 10辛丑 1 11壬寅② **12**癸卯 3 13甲辰 4 14乙巳 5 15丙午 6 16丁未 7 17戊申 8 18己酉⑨ 19庚戌10 20辛亥11 21壬子12 22癸丑13 23甲寅14 24乙卯15 25丙辰⑯ 26丁巳17 **27**戊午18 28己未19 29庚申20 30辛酉21	1 壬戌22 2 癸亥㉓ 3 甲子24 4 乙丑25 5 丙寅26 6 丁卯27 7 戊辰28 8 己巳29 9 庚午㉚ 10辛未31 《4月》 11壬申 1 12癸酉 2 **13**甲戌 3 14乙亥 4 15丙子 5 16丁丑⑥ 17戊寅 7 18己卯 8 19庚辰 9 20辛巳10 21壬午11 22癸未12 23甲申⑬ 24乙酉14 25丙戌15 26丁亥16 27戊子17 **28**己丑18 29庚寅19	1 辛卯⑳ 2 壬辰21 3 癸巳22 4 甲午23 5 乙未24 6 丙申25 7 丁酉26 8 戊戌㉗ 9 己亥28 10庚子29 11辛丑30 《5月》 12壬寅 1 13癸卯 2 **14**甲辰 3 15乙巳④ 16丙午 5 17丁未 6 18戊申 7 19己酉 8 20庚戌 9 21辛亥10 22壬子⑪ 23癸丑12 24甲寅13 25乙卯14 26丙辰15 27丁巳16 28戊午17 **29**己未⑱	1 庚申19 2 辛酉20 3 壬戌21 4 癸亥22 5 甲子23 6 乙丑24 7 丙寅㉕ 8 丁卯26 9 戊辰27 10己巳28 11庚午29 12辛未30 13壬申31 《6月》 14癸酉① 15甲戌 2 **16**乙亥 3 17丙子 4 18丁丑 5 19戊寅 6 20己卯 7 21庚辰⑧ 22辛巳 9 23壬午10 24癸未11 25甲申12 26乙酉13 27丙戌14 28丁亥⑮ 29戊子16 30己丑17	**1** 庚寅18 2 辛卯19 3 壬辰20 4 癸巳21 5 甲午㉒ 6 乙未23 7 丙申24 8 丁酉25 9 戊戌26 10己亥27 11庚子28 12辛丑㉙ 13壬寅30 《7月》 14癸卯 1 15甲辰 2 **16**乙巳 3 17丙午 4 18丁未 5 19戊申⑥ 20己酉 7 21庚戌 8 22辛亥 9 23壬子10 24癸丑11 25甲寅12 26乙卯⑬ 27丙辰14 28丁巳15 29戊午16	1 己未17 **2** 庚申18 3 辛酉19 4 壬戌⑳ 5 癸亥21 6 甲子22 7 乙丑23 8 丙寅24 9 丁卯25 10戊辰26 11己巳㉗ 12庚午28 13辛未29 14壬申30 15癸酉31 《8月》 16甲戌 1 **17**乙亥 2 18丙子③ 19丁丑 4 20戊寅 5 21己卯 6 22庚辰 7 23辛巳 8 24壬午 9 25癸未⑩ 26甲申11 27乙酉12 28丙戌13 29丁亥14	1 戊子15 2 己丑16 3 庚寅⑰ **4** 辛卯18 5 壬辰19 6 癸巳20 7 甲午21 8 乙未22 9 丙申23 10丁酉㉔ 11戊戌25 12己亥26 13庚子27 14辛丑28 15壬寅29 16癸卯30 17甲辰㉛ 《9月》 18乙巳 1 **19**丙午 2 20丁未 3 21戊申 4 22己酉 5 23庚戌 6 24辛亥⑦ 25壬子 8 26癸丑 9 27甲寅10 28乙卯11 29丙辰12 30丁巳13	1 戊午⑭ 2 己未15 3 庚申16 **4** 辛酉17 5 壬戌18 6 癸亥19 7 甲子20 8 乙丑㉑ 9 丙寅22 10丁卯23 11戊辰24 12己巳25 13庚午26 14辛未27 15壬申㉘ 16癸酉29 17甲戌30 《10月》 18乙亥 1 **19**丙子 2 20丁丑 3 21戊寅 4 22己卯⑤ 23庚辰 6 24辛巳 7 25壬午 8 26癸未 9 27甲申10 28乙酉11 29丙戌⑫ 30丁亥13	1 戊子14 2 己丑15 3 庚寅16 4 辛卯17 **5** 壬辰18 6 癸巳⑲ 7 甲午20 8 乙未21 9 丙申22 10丁酉23 11戊戌24 12己亥25 13庚子㉖ 14辛丑27 15壬寅28 16癸卯29 17甲辰30 18乙巳31 《11月》 19丙午 1 **20**丁未② 21戊申 3 22己酉 4 23庚戌 5 24辛亥 6 25壬子 7 26癸丑 8 27甲寅⑨ 28乙卯10 29丙辰11	1 丁巳12 2 戊午13 3 己未14 4 庚申15 5 辛酉⑯ **6** 壬戌17 7 癸亥18 8 甲子19 9 乙丑20 10丙寅21 11丁卯22 12戊辰㉓ 13己巳24 14庚午25 15辛未26 16壬申27 17癸酉28 18甲戌29 19乙亥㉚ 《12月》 20丙子 1 **21**丁丑 2 22戊寅 3 23己卯 4 24庚辰 5 25辛巳 6 26壬午⑦ 27癸未 8 28甲申 9 29乙酉10 30丙戌11	1 丁亥12 2 戊子13 3 己丑⑭ 4 庚寅15 5 辛卯16 **6** 壬辰17 7 癸巳18 8 甲午19 9 乙未20 10丙申㉑ 11丁酉22 12戊戌23 13己亥24 14庚子25 15辛丑26 16壬寅27 17癸卯㉘ 18甲辰29 19乙巳30 20丙午31 **761 年** 《1月》 21丁未 1 **22**戊申 2 23己酉 3 24庚戌④ 25辛亥 5 26壬子 6 27癸丑 7 28甲寅 8 29乙卯 9 30丙辰10	1 丁巳⑪ 2 戊午12 3 己未13 4 庚申14 5 辛酉15 6 壬戌16 **7** 癸亥17 8 甲子⑱ 9 乙丑19 10丙寅20 11丁卯21 12戊辰22 13己巳23 14庚午24 15辛未㉕ 16壬申26 17癸酉27 18甲戌28 19乙亥29 20丙子30 21丁丑31 《2月》 **22**戊寅① 23己卯 2 24庚辰 3 25辛巳 4 26壬午 5 27癸未 6 28甲申 7 29乙酉⑧ 30丙戌 9
立春 11日 雨水 26日	啓蟄 12日 春分 27日	清明 13日 穀雨 28日	立夏 14日 小満 29日	芒種16日	夏至 1日 小暑 16日	大暑 2日 立秋 17日	処暑 4日 白露 19日	秋分 4日 寒露 19日	霜降 5日 立冬 20日	小雪 6日 大雪 21日	冬至 6日 小寒 22日	大寒 7日 立春 22日

天平宝字**5**年（761−762） 辛丑

1月	2月	3月	4月	5月	6月	7月	8月	9月	10月	11月	12月
1 丁亥10 2 戊子11 3 己丑12 4 庚寅13 5 辛卯14 6 壬辰⑮ **7** 癸巳16 8 甲午17 9 乙未18 10丙申19 11丁酉20 12戊戌21 13己亥㉒ 14庚子23 15辛丑24 16壬寅25 17癸卯26 18甲辰27 19乙巳28 《3月》 20丙午① 21丁未 2 22戊申 3 **23**己酉 4 24庚戌 5 25辛亥 6 26壬子 7 27癸丑⑧ 28甲寅 9 29乙卯10	1 丙辰11 2 丁巳12 3 戊午13 4 己未14 5 庚申⑮ 6 辛酉16 7 壬戌17 8 癸亥18 **9** 甲子19 10乙丑20 11丙寅21 12丁卯㉒ 13戊辰23 14己巳24 15庚午25 16辛未26 17壬申27 18癸酉28 19甲戌㉙ 20乙亥30 21丙子31 《4月》 22丁丑 1 23戊寅 2 **24**己卯 3 25庚辰 4 26辛巳⑤ 27壬午 6 28癸未 7 29甲申 8 30乙酉 9	1 丙戌10 2 丁亥11 3 戊子⑫ 4 己丑13 5 庚寅14 6 辛卯15 7 壬辰16 8 癸巳17 **9** 甲午18 10乙未⑲ 11丙申20 12丁酉21 13戊戌22 14己亥23 15庚子24 16辛丑25 17壬寅㉖ 18癸卯27 19甲辰28 20乙巳29 21丙午30 《5月》 22丁未 1 23戊申 2 **24**己酉③ 25庚戌 4 26辛亥 5 27壬子 6 28癸丑 7 29甲寅 8	1 乙卯 9 2 丙辰⑩ 3 丁巳11 4 戊午12 5 己未13 6 庚申14 7 辛酉15 8 壬戌16 9 癸亥⑰ 10甲子18 **11**乙丑19 12丙寅20 13丁卯21 14戊辰22 15己巳23 16庚午㉔ 17辛未25 18壬申26 19癸酉27 20甲戌28 21乙亥29 22丙子30 23丁丑㉛ 《6月》 24戊寅 1 25己卯 2 **26**庚辰 3 27辛巳 4 28壬午 5 29癸未 6	1 甲申⑦ 2 乙酉 8 3 丙戌 9 4 丁亥10 5 戊子11 6 己丑12 7 庚寅13 8 辛卯⑭ 9 壬辰15 10癸巳16 11甲午17 **12**乙未18 13丙申19 14丁酉20 15戊戌㉑ 16己亥22 17庚子23 18辛丑24 19壬寅25 20癸卯26 21甲辰27 22乙巳㉘ 23丙午29 24丁未30 《7月》 25戊申 1 26己酉 2 **27**庚戌 3 28辛亥 4 29壬子⑤ 30癸丑 6	1 甲寅 7 2 乙卯 8 3 丙辰 9 4 丁巳10 5 戊午11 6 己未⑫ 7 庚申13 8 辛酉14 9 壬戌15 10癸亥16 11甲子17 **12**乙丑18 13丙寅⑲ 14丁卯20 15戊辰21 16己巳22 17庚午23 18辛未24 19壬申25 20癸酉㉖ 21甲戌27 22乙亥28 23丙子29 24丁丑30 25戊寅31 《8月》 26己卯 1 27庚辰② **28**辛巳 3 29壬午 4	1 癸未 5 2 甲申 6 3 乙酉 7 4 丙戌 8 5 丁亥⑨ 6 戊子10 7 己丑11 8 庚寅12 9 辛卯13 10壬辰14 11癸巳15 12甲午⑯ 13乙未17 **14**丙申18 15丁酉19 16戊戌20 17己亥21 18庚子22 19辛丑㉓ 20壬寅24 21癸卯25 22甲辰26 23乙巳27 24丙午28 25丁未29 26戊申㉚ 27己酉31 《9月》 28庚戌 1 **29**辛亥 2 30壬子 3	1 癸丑 4 2 甲寅 5 3 乙卯⑥ 4 丙辰 7 5 丁巳 8 6 戊午 9 7 己未10 8 庚申11 9 辛酉12 10壬戌⑬ 11癸亥14 12甲子15 13乙丑16 **14**丙寅17 15丁卯18 16戊辰19 17己巳⑳ 18庚午21 19辛未22 20壬申23 21癸酉24 22甲戌25 23乙亥26 24丙子㉗ 25丁丑28 26戊寅29 27己卯30 《10月》 28庚辰 1 29辛巳 2	**1** 壬午 3 2 癸未④ 3 甲申 5 4 乙酉 6 5 丙戌 7 6 丁亥 8 7 戊子 9 8 己丑10 9 庚寅⑪ 10辛卯12 11壬辰13 12癸巳14 13甲午15 14乙未16 15丙申17 **16**丁酉⑱ 17戊戌19 18己亥20 19庚子21 20辛丑22 21壬寅23 22癸卯24 23甲辰㉕ 24乙巳26 25丙午27 26丁未28 27戊申29 28己酉30 29庚戌31 《11月》 30辛亥①	**1** 壬子 2 2 癸丑 3 3 甲寅 4 4 乙卯 5 5 丙辰 6 6 丁巳 7 7 戊午⑧ 8 己未 9 9 庚申10 10辛酉11 11壬戌12 12癸亥13 13甲子14 14乙丑⑮ 15丙寅16 **16**丁卯17 17戊辰18 18己巳19 19庚午20 20辛未21 21壬申㉒ 22癸酉23 23甲戌24 24乙亥25 25丙子26 26丁丑27 27戊寅28 28己卯㉙ 29庚辰30	《12月》 1 辛巳 1 **2** 壬午 2 3 癸未 3 4 甲申 4 5 乙酉 5 6 丙戌⑥ 7 丁亥 7 8 戊子 8 9 己丑 9 10庚寅10 11辛卯11 12壬辰12 13癸巳⑬ 14甲午14 15乙未15 16丙申16 17丁酉17 **18**戊戌18 19己亥19 20庚子⑳ 21辛丑21 22壬寅22 23癸卯23 24甲辰24 25乙巳25 26丙午26 27丁未㉗ 28戊申28 29己酉29 30庚戌30	1 辛亥31 **762 年** 《1月》 2 壬子 1 **3** 癸丑 2 4 甲寅③ 5 乙卯 4 6 丙辰 5 7 丁巳 6 8 戊午 7 9 己未 8 10庚申 9 11辛酉⑩ 12壬戌11 13癸亥12 14甲子13 15乙丑14 16丙寅15 17丁卯16 **18**戊辰⑰ 19己巳18 20庚午19 21辛未20 22壬申21 23癸酉22 24甲戌23 25乙亥㉔ 26丙子25 27丁丑26 28戊寅27 29己卯28
雨水 7日 啓蟄 23日	春分 9日 清明 24日	穀雨 9日 立夏 24日	小満 11日 芒種 26日	夏至 12日 小暑 27日	大暑 12日 立秋 28日	処暑 14日 白露 29日	秋分 14日	寒露 1日 霜降 16日	立冬 1日 小雪 16日	大雪 2日 冬至 18日	小寒 3日 大寒 18日

天平宝字**6**年（762−763） 壬寅

1月	2月	3月	4月	5月	6月	7月	8月	9月	10月	11月	12月	閏12月
1 庚辰29 2 辛巳30 3 壬午㉛ 《2月》 **4** 癸未 1 5 甲申 2 6 乙酉 3 7 丙戌 4 8 丁亥 5 9 戊子 6 10己丑⑦ 11庚寅 8 12辛卯 9 13壬辰10 14癸巳11 15甲午12 16乙未13 17丙申⑭ 18丁酉15 19戊戌16 **20**己亥17 21庚子18 22辛丑19 23壬寅20 24癸卯㉑ 25甲辰22 26乙巳23 27丙午24 28丁未25 29戊申26 30己酉27	1 庚戌㉘ 《3月》 2 辛亥 1 3 壬子 2 4 癸丑 3 **5** 甲寅 4 6 乙卯 5 7 丙辰 6 8 丁巳⑦ 9 戊午 8 10己未 9 11庚申10 12辛酉11 13壬戌12 14癸亥13 15甲子⑭ 16乙丑15 17丙寅16 18丁卯17 19戊辰18 **20**己巳19 21庚午20 22辛未㉑ 23壬申22 24癸酉23 25甲戌24 26乙亥25 27丙子26 28丁丑27 29戊寅㉘ 30己卯29	1 庚辰30 2 辛巳31 《4月》 3 壬午 1 4 癸未 2 **5** 甲申 3 6 乙酉④ 7 丙戌 5 8 丁亥 6 9 戊子 7 10己丑 8 11庚寅 9 12辛卯10 13壬辰⑪ 14癸巳12 15甲午13 16乙未14 17丙申15 18丁酉16 19戊戌17 **20**己亥⑱ 21庚子19 22辛丑20 23壬寅21 24癸卯22 25甲辰23 26乙巳24 27丙午㉕ 28丁未26 29戊申27 30己酉28	1 庚戌29 2 辛亥30 《5月》 3 壬子 1 4 癸丑② 5 甲寅 3 **6** 乙卯 4 7 丙辰 5 8 丁巳 6 9 戊午 7 10己未 8 11庚申⑨ 12辛酉10 13壬戌11 14癸亥12 15甲子13 16乙丑14 17丙寅15 18丁卯⑯ 19戊辰17 20己巳18 **21** 庚午19 22辛未20 23壬申21 24癸酉22 25甲戌㉓ 26乙亥24 27丙子25 28丁丑26 29戊寅27	1 己卯28 2 庚辰29 3 辛巳㉚ 4 壬午31 《6月》 5 癸未 1 6 甲申 2 **7** 乙酉 3 8 丙戌 4 9 丁亥 5 10戊子⑥ 11己丑 7 12庚寅 8 13辛卯 9 14壬辰10 15癸巳11 16甲午12 17乙未⑬ 18丙申14 19丁酉15 20戊戌16 21己亥17 **22**庚子18 23辛丑19 24壬寅⑳ 25癸卯21 26甲辰22 27乙巳23 28丙午24 29丁未25	1 戊申26 2 己酉㉗ 3 庚戌28 4 辛亥29 5 壬子30 《7月》 6 癸丑 1 7 甲寅 2 8 乙卯 3 **9** 丙辰④ 10丁巳 5 11戊午 6 12己未 7 13庚申 8 14辛酉 9 15壬戌10 16癸亥⑪ 17甲子12 18乙丑13 19丙寅14 20丁卯15 21戊辰16 22己巳17 23庚午⑱ **24**辛未19 25壬申20 26癸酉21 27甲戌22 28乙亥23 29丙子24 30丁丑㉕	1 戊寅26 2 己卯27 3 庚辰28 4 辛巳29 5 壬午30 6 癸未31 《8月》 7 甲申① 8 乙酉 2 **9** 丙戌 3 10丁亥 4 11戊子 5 12己丑 6 13庚寅 7 14辛卯⑧ 15壬辰 9 16癸巳10 17甲午11 18乙未12 19丙申13 20丁酉14 21戊戌⑮ 22己亥16 23庚子17 **24**辛丑18 25壬寅19 26癸卯20 27甲辰21 28乙巳㉒ 29丙午23	1 丁未24 2 戊申25 3 己酉26 4 庚戌27 5 辛亥28 6 壬子㉙ 7 癸丑30 8 甲寅31 《9月》 9 乙卯 1 **10**丙辰 2 11丁巳 3 12戊午 4 13己未⑤ 14庚申 6 15辛酉 7 16壬戌 8 17癸亥 9 18甲子10 19乙丑11 20丙寅⑫ 21丁卯13 22戊辰14 23己巳15 24庚午16 25辛未17 **26**壬申18 27癸酉⑲ 28甲戌20 29乙亥21	1 丙子22 2 丁丑23 3 戊寅24 4 己卯25 5 庚辰㉖ 6 辛巳27 7 壬午28 8 癸未29 9 甲申30 《10月》 10乙酉 1 11丙戌 2 **12**丁亥③ 13戊子 4 14己丑 5 15庚寅 6 16辛卯 7 17壬辰 8 18癸巳 9 19甲午⑩ 20乙未11 21丙申12 22丁酉13 23戊戌14 24己亥15 25庚子16 26辛丑⑰ **27**壬寅18 28癸卯19 29甲辰20 30乙巳21	1 丙午22 2 丁未23 3 戊申㉔ 4 己酉25 5 庚戌26 6 辛亥27 7 壬子28 8 癸丑29 9 甲寅30 10乙卯㉛ 《11月》 11丙辰 1 **12**丁巳 2 13戊午 3 14己未 4 15庚申 5 16辛酉 6 17壬戌⑦ 18癸亥 8 19甲子 9 20乙丑10 21丙寅11 22丁卯12 23戊辰13 24己巳⑭ 25庚午15 26辛未16 **27**壬申17 28癸酉18 29甲戌19	1 乙亥20 2 丙子㉑ 3 丁丑22 4 戊寅23 5 己卯24 6 庚辰25 7 辛巳26 8 壬午27 9 癸未㉘ 10甲申29 11乙酉30 《12月》 12丙戌 1 13丁亥 2 **14**戊子 3 15己丑 4 16庚寅⑤ 17辛卯 6 18壬辰 7 19癸巳 8 20甲午 9 21乙未10 22丙申11 23丁酉⑫ 24戊戌13 25己亥14 26庚子15 27辛丑16 28壬寅17 **29**癸卯18 30甲辰⑲	1 乙巳20 2 丙午21 3 丁未22 4 戊申23 5 己酉24 6 庚戌25 7 辛亥㉖ 8 壬子27 9 癸丑28 10甲寅29 11乙卯30 12丙辰31 **763 年** 《1月》 13丁巳 1 **14**戊午② 15己未 3 16庚申 4 17辛酉 5 18壬戌 6 19癸亥 7 20甲子 8 21乙丑⑨ 22丙寅10 23丁卯11 24戊辰12 25己巳13 26庚午14 27辛未15 28壬申⑯ **29**癸酉17 30甲戌18	1 乙亥19 2 丙子20 3 丁丑21 4 戊寅22 5 己卯㉓ 6 庚辰24 7 辛巳25 8 壬午26 9 癸未27 10甲申28 11乙酉29 12丙戌㉚ 13丁亥31 《2月》 14戊子 1 **15**己丑 2 16庚寅 3 17辛卯 4 18壬辰 5 19癸巳⑥ 20甲午 7 21乙未 8 22丙申 9 23丁酉10 24戊戌11 25己亥12 26庚子⑬ 27辛丑14 28壬寅15 29癸卯16
立春 4日 雨水 20日	啓蟄 5日 春分 20日	清明 5日 穀雨 20日	立夏 6日 小満 21日	芒種 7日 夏至 22日	小暑 9日 大暑 24日	立秋 9日 処暑 24日	白露 10日 秋分 26日	寒露 12日 霜降 27日	立冬 12日 小雪 27日	大雪 14日 冬至 29日	小寒 14日 大寒 29日	立春15日

天平宝字**7**年（763－764） 癸卯

1月	2月	3月	4月	5月	6月	7月	8月	9月	10月	11月	12月
1 甲辰17	**1** 甲戌19	1 甲辰18	1 甲戌18	1 癸卯16	1 壬申15	1 壬寅⑭	1 辛未12	1 庚子11	1 庚午10	1 己亥 9	1 己巳⑧
2 乙巳18	2 乙亥⑳	**2** 乙巳19	**2** 乙亥19	2 甲辰17	2 癸酉16	2 癸卯15	2 壬申13	2 辛丑12	2 辛未11	2 庚子10	2 庚午 9
3 丙午19	3 丙子21	3 丙午20	3 丙子20	3 乙巳18	3 甲戌⑰	3 甲辰16	3 癸酉14	3 壬寅13	3 壬申12	3 辛丑⑪	3 辛未10
4 丁未⑳	4 丁丑22	4 丁未21	4 丁丑21	**4** 丙午⑲	4 乙亥18	4 乙巳17	4 甲戌15	4 癸卯14	4 癸酉⑬	4 壬寅12	4 壬申11
5 戊申21	5 戊寅23	5 戊申22	5 戊寅㉒	5 丁未20	**5** 丙子19	**5** 丙午18	5 乙亥16	5 甲辰15	5 甲戌14	5 癸卯13	5 癸酉12
6 己酉22	6 己卯24	6 己酉23	6 己卯23	6 戊申21	6 丁丑20	6 丁未19	6 丙子17	6 乙巳⑯	6 乙亥15	6 甲辰14	6 甲戌13
7 庚戌23	7 庚辰25	7 庚戌㉔	7 庚辰24	7 己酉22	7 戊寅21	7 戊申20	**7** 丁丑⑱	7 丙午17	7 丙子16	7 乙巳15	7 乙亥14
8 辛亥24	8 辛巳26	8 辛亥25	8 辛巳25	8 庚戌23	8 己卯22	8 己酉㉑	8 戊寅19	**8** 丁未18	8 丁丑17	8 丙午16	8 丙子⑮
9 壬子25	9 壬午㉗	9 壬子26	9 壬午26	9 辛亥24	9 庚辰23	9 庚戌22	9 己卯20	9 戊申19	**9** 戊寅18	9 丁未17	9 丁丑16
10 癸丑26	10 癸未28	10 癸丑27	10 癸未27	10 壬子25	10 辛巳㉔	10 辛亥23	10 庚辰21	10 己酉20	10 己卯19	**10** 戊申⑱	10 戊寅17
11 甲寅㉗	11 甲申29	11 甲寅28	11 甲申28	11 癸丑㉖	11 壬午25	11 壬子24	11 辛巳22	11 庚戌21	11 庚辰⑳	11 己酉19	**11** 己卯18
12 乙卯28	12 乙酉30	12 乙卯29	12 乙酉㉙	12 甲寅27	12 癸未26	12 癸丑25	12 壬午23	12 辛亥22	12 辛巳21	12 庚戌20	12 庚辰19
《3月》	13 丙戌31	13 丙辰30	13 丙戌30	13 乙卯28	13 甲申27	13 甲寅26	13 癸未24	13 壬子㉓	13 壬午22	13 辛亥21	13 辛巳20
13 丙辰 1	《4月》	《5月》	14 丁亥31	14 丙辰29	14 乙酉28	14 乙卯27	14 甲申㉕	14 癸丑24	14 癸未23	14 壬子22	14 壬午21
14 丁巳 2	14 丁亥 1	14 丁巳①	《6月》	15 丁巳30	15 丙戌29	15 丙辰㉘	15 乙酉26	15 甲寅25	15 甲申24	15 癸丑23	15 癸未㉒
15 戊午 3	15 戊子 2	15 戊午 2	15 戊子 1	《7月》	16 丁亥30	16 丁巳29	16 丙戌27	16 乙卯26	16 乙酉25	16 甲寅24	16 甲申23
16 己未 4	**16** 己丑③	16 己未 3	16 己丑 2	16 戊午 1	17 戊子㉛	17 戊午30	17 丁亥28	17 丙辰27	17 丙戌26	17 乙卯㉕	17 乙酉24
17 庚申 5	17 庚寅 4	**17** 庚申 4	**17** 庚寅 3	17 己未 2	《8月》	18 己未31	18 戊子29	18 丁巳28	18 丁亥㉗	18 丙辰26	18 丙戌25
18 辛酉⑥	18 辛卯 5	18 辛酉 5	18 辛卯 4	18 庚申③	18 己丑 1	《9月》	19 己丑30	19 戊午29	19 戊子28	19 丁巳27	19 丁亥26
19 壬戌 7	19 壬辰 6	19 壬戌 6	19 壬辰⑤	**19** 辛酉 4	19 庚寅 2	19 庚申 1	《10月》	20 己未㉚	20 己丑29	20 戊午28	20 戊子27
20 癸亥 8	20 癸巳 7	20 癸亥 7	20 癸巳 6	20 壬戌 5	**20** 辛卯 3	20 辛酉 2	20 庚寅 1	21 庚申31	21 庚寅30	21 己未29	21 己丑28
21 甲子 9	21 甲午 8	21 甲子⑧	21 甲午 7	21 癸亥 6	21 壬辰 4	**21** 壬戌 3	21 辛卯②	《11月》	《12月》	22 庚申30	22 庚寅㉙
22 乙丑10	22 乙未 9	22 乙丑 9	22 乙未 8	22 甲子 7	22 癸巳 5	22 癸亥④	**22** 壬辰 3	22 辛酉 1	22 辛卯 1	23 辛酉31	23 辛卯30
23 丙寅11	23 丙申⑩	23 丙寅10	23 丙申 9	23 乙丑 8	23 甲午 6	23 甲子 5	23 癸巳 4	23 壬戌 2	23 壬辰 2	**764**年	24 壬辰31
24 丁卯12	24 丁酉11	24 丁卯11	24 丁酉10	24 丙寅 9	24 乙未⑦	24 乙丑 6	24 甲午 5	**24** 癸亥 3	**24** 癸巳 3	《1月》	《2月》
25 戊辰⑬	25 戊戌12	25 戊辰12	25 戊戌11	25 丁卯⑩	25 丙申 8	25 丙寅 7	25 乙未 6	25 甲子 4	25 甲午④	24 壬戌①	25 癸巳 1
26 己巳14	26 己亥13	26 己巳13	26 己亥⑫	26 戊辰11	26 丁酉 9	26 丁卯 8	26 丙申 7	26 乙丑 5	26 乙未 5	**25** 癸亥 2	**26** 甲午 2
27 庚午15	27 庚子14	27 庚午14	27 庚子13	27 己巳12	27 戊戌10	27 戊辰 9	27 丁酉 8	27 丙寅⑥	27 丙申 6	26 甲子 3	27 乙未 3
28 辛未16	28 辛丑15	28 辛未⑮	28 辛丑14	28 庚午13	28 己亥11	28 己巳10	28 戊戌⑨	28 丁卯 7	28 丁酉 7	27 乙丑 4	28 丙申 4
29 壬申17	29 壬寅16	29 壬申16	29 壬寅15	29 辛未14	29 庚子12	29 庚午⑪	29 己亥10	29 戊辰 8	29 戊戌 8	28 丙寅 5	29 丁酉⑤
30 癸酉18	30 癸卯⑰	30 癸酉17			30 辛丑13			30 己巳 9		29 丁卯 6	30 戊戌 6
										30 戊辰 7	

雨水 1日	春分 1日	穀雨 2日	小満 2日	夏至 4日	大暑 5日	処暑 5日	秋分 7日	霜降 8日	小雪 9日	冬至 10日	大寒 11日
啓蟄 16日	清明 16日	立夏 17日	芒種 17日	小暑 19日	立秋 20日	白露 21日	寒露 22日	立冬 24日	大雪 24日	小寒 25日	立春 26日

天平宝字**8**年（764－765） 甲辰

1月	2月	3月	4月	5月	6月	7月	8月	9月	10月	11月	12月
1 己亥 7	1 戊辰 7	1 戊戌 6	1 戊辰⑥	1 丁酉 4	1 丁卯 4	**1** 丙申 2	《9月》	1 乙未㉚	1 甲子29	1 甲午28	1 癸亥27
2 庚子 8	2 己巳 8	2 己亥 7	2 己巳 7	2 戊戌 5	2 戊辰 5	2 丁酉 3	1 丙寅 1	《10月》	2 乙丑30	2 乙未29	2 甲子28
3 辛丑 9	3 庚午 9	3 庚子⑧	3 庚午 8	3 己亥 6	3 己巳 6	3 戊戌 4	**2** 丁卯②	2 丙申 1	3 丙寅31	3 丙申30	3 乙丑29
4 壬寅10	4 辛未10	4 辛丑 9	4 辛未 9	4 庚子 7	4 庚午 7	4 己亥⑤	3 戊辰 3	**3** 丁酉 2	《11月》	《12月》	4 丙寅㉚
5 癸卯11	5 壬申⑪	5 壬寅10	5 壬申10	5 辛丑 8	5 辛未⑧	5 庚子 6	4 己巳 4	4 戊戌 3	4 丁卯 1	4 丁酉 1	5 丁卯31
6 甲辰⑫	6 癸酉12	6 癸卯11	6 癸酉11	6 壬寅 9	6 壬申 9	6 辛丑 7	5 庚午 5	5 己亥 4	**5** 戊辰 2	**5** 戊戌②	**765**年
7 乙巳13	7 甲戌13	7 甲辰12	7 甲戌12	7 癸卯⑩	7 癸酉10	7 壬寅 8	6 辛未 6	6 庚子 5	6 己巳 3	6 己亥 3	《1月》
8 丙午14	8 乙亥14	8 乙巳13	8 乙亥⑬	8 甲辰11	8 甲戌11	8 癸卯 9	7 壬申 7	7 辛丑 6	7 庚午④	7 庚子 4	**6** 戊辰 1
9 丁未15	9 丙子15	9 丙午14	9 丙子14	9 乙巳12	9 乙亥12	9 甲辰10	8 癸酉 8	8 壬寅⑦	8 辛未 5	8 辛丑 5	7 己巳 2
10 戊申16	10 丁丑16	10 丁未⑮	10 丁丑15	10 丙午13	10 丙子13	10 乙巳11	9 甲戌⑨	9 癸卯 8	9 壬申 6	9 壬寅 6	8 庚午 3
11 己酉17	11 戊寅17	11 戊申16	11 戊寅16	11 丁未14	11 丁丑14	11 丙午⑫	10 乙亥10	10 甲辰 9	10 癸酉 7	10 癸卯 7	9 辛未 4
12 庚戌18	**12** 己卯⑱	12 己酉17	12 己卯17	12 戊申15	12 戊寅⑮	12 丁未13	11 丙子11	11 乙巳10	11 甲戌 8	11 甲辰 8	10 壬申 5
13 辛亥⑲	13 庚辰19	**13** 庚戌18	**13** 庚辰18	13 己酉16	13 己卯16	13 戊申14	12 丁丑12	12 丙午11	12 乙亥 9	12 乙巳⑨	11 癸酉⑥
14 壬子20	14 辛巳20	14 辛亥19	14 辛巳19	14 庚戌⑰	14 庚辰17	14 己酉15	13 戊寅13	13 丁未12	13 丙子10	13 丙午10	12 甲戌 7
15 癸丑21	15 壬午21	15 壬子20	15 壬午⑳	**15** 辛亥18	**15** 辛巳18	15 庚戌16	14 己卯14	14 戊申13	14 丁丑⑪	14 丁未11	13 乙亥 8
16 甲寅22	16 癸未22	16 癸丑21	16 癸未21	16 壬子19	16 壬午19	16 辛亥17	15 庚辰15	15 己酉⑭	15 戊寅12	15 戊申12	14 丙子 9
17 乙卯23	17 甲申23	17 甲寅㉒	17 甲申22	17 癸丑20	17 癸未20	**17** 壬子18	16 辛巳⑯	16 庚戌15	16 己卯13	16 己酉13	15 丁丑10
18 丙辰24	18 乙酉24	18 乙卯23	18 乙酉23	18 甲寅21	18 甲申21	18 癸丑⑲	**17** 壬午17	17 辛亥16	17 庚辰14	17 庚戌14	16 戊寅11
19 丁巳25	19 丙戌㉕	19 丙辰24	19 丙戌24	19 乙卯22	19 乙酉㉒	19 甲寅20	18 癸未18	**18** 壬子17	18 辛巳15	18 辛亥15	17 己卯12
20 戊午㉖	20 丁亥26	20 丁巳25	20 丁亥25	20 丙辰23	20 丙戌23	20 乙卯21	19 甲申19	19 癸丑18	19 壬午16	19 壬子⑯	18 庚辰⑬
21 己未27	21 戊子27	21 戊午26	21 戊子26	21 丁巳㉔	21 丁亥24	21 丙辰22	20 乙酉20	20 甲寅19	**20** 癸未17	**20** 癸丑17	19 辛巳14
22 庚申28	22 己丑28	22 己未27	22 己丑㉗	22 戊午25	22 戊子25	22 丁巳23	21 丙戌21	21 乙卯20	21 甲申⑱	21 甲寅18	20 壬午15
23 辛酉29	23 庚寅29	23 庚申28	23 庚寅28	23 己未26	23 己丑26	23 戊午24	22 丁亥22	22 丙辰㉑	22 乙酉19	22 乙卯19	21 癸未16
《3月》	24 辛卯30	24 辛酉㉙	24 辛卯29	24 庚申27	24 庚寅27	24 己未25	23 戊子㉓	23 丁巳22	23 丙戌20	23 丙辰20	**22** 甲申17
24 壬戌 1	25 壬辰31	25 壬戌30	25 壬辰30	25 辛酉28	25 辛卯28	25 庚申㉖	24 己丑24	24 戊午23	24 丁亥21	24 丁巳21	23 乙酉18
25 癸亥 2	《4月》	《5月》	26 癸巳31	26 壬戌29	26 壬辰㉙	26 辛酉27	25 庚寅25	25 己未24	25 戊子22	25 戊午22	24 丙戌19
26 甲子 3	26 癸巳①	26 癸亥 1	《6月》	27 癸亥30	27 癸巳30	27 壬戌28	26 辛卯26	26 庚申25	26 己丑23	26 己未㉓	25 丁亥⑳
27 乙丑④	27 甲午 2	27 甲子 2	27 甲午 1	《7月》	28 甲午31	28 癸亥29	27 壬辰27	27 辛酉26	27 庚寅24	27 庚申24	26 戊子21
28 丙寅 5	**28** 乙未 3	**28** 乙丑 3	**28** 乙未 2	28 甲子①	《8月》	29 甲子30	28 癸巳28	28 壬戌27	28 辛卯㉕	28 辛酉25	27 己丑22
29 丁卯 6	29 丙申 4	29 丙寅 4	29 丙申③	29 乙丑 2	29 乙未 1	30 乙丑31	29 甲午29	29 癸亥㉘	29 壬辰26	29 壬戌26	28 庚寅23
	30 丁酉 5	30 丁卯 5		**30** 丙寅 3					30 癸巳27		29 辛卯24
											30 壬辰25

雨水 11日	春分 12日	穀雨 13日	小満 13日	夏至 15日	大暑 15日	立秋 1日	白露 2日	寒露 3日	立冬 5日	大雪 5日	小寒 6日
啓蟄 26日	清明 28日	立夏 28日	芒種 28日	小暑 30日		処暑 17日	秋分 17日	霜降 18日	小雪 20日	冬至 20日	大寒 22日

天平神護元年〔天平宝字 9 年〕（765－766） 乙巳

改元 1/7（天平宝字→天平神護）

1月	2月	3月	4月	5月	6月	7月	8月	9月	10月	閏10月	11月	12月
1 癸巳26	1 癸亥25	1 壬辰26	1 壬戌25	1 辛卯24	1 辛酉㉓	1 辛卯23	1 庚申21	1 庚寅20	1 己未19	1 己丑18	1 戊午17	1 戊子16
2 甲午㉗	2 甲子26	2 癸巳27	2 癸亥26	2 壬辰25	2 壬戌24	2 壬辰24	2 辛酉22	2 辛卯21	2 庚申⑳	2 庚寅19	2 己未18	2 己丑17
3 乙未28	3 乙丑27	3 甲午28	3 甲子27	3 癸巳㉖	3 癸亥25	3 癸巳25	3 壬戌23	3 壬辰㉒	3 辛酉21	3 辛卯20	3 庚申19	3 庚寅18
4 丙申29	4 丙寅28	4 乙未29	4 乙丑㉘	4 甲午27	4 甲子26	4 甲午26	4 癸亥24	4 癸巳23	4 壬戌22	4 壬辰21	4 辛酉20	4 辛卯⑲
5 丁酉30	《3月》	5 丙申30	5 丙寅29	5 乙未28	5 乙丑27	5 乙未27	5 甲子㉕	5 甲午24	5 癸亥23	5 癸巳22	5 壬戌21	5 壬辰20
6 戊戌31	5 丁卯 1	6 丁酉㉛	6 丁卯30	6 丙申29	6 丙寅28	6 丙申㉘	6 乙丑26	6 乙未25	6 甲子24	6 甲午23	6 癸亥㉒	6 癸巳21
《2月》	6 戊辰 2	《4月》	《5月》	7 丁酉30	7 丁卯29	7 丁酉29	7 丙寅27	7 丙申26	7 乙丑25	7 乙未㉔	7 甲子23	7 甲午22
7 己亥 1	7 己巳③	7 戊戌 1	7 戊辰 1	8 戊戌31	8 戊辰㉚	8 戊戌30	8 丁卯28	8 丁酉27	8 丙寅26	8 丙申25	8 乙丑24	8 乙未23
8 庚子 2	8 庚午 4	8 己亥 2	8 己巳 2	《6月》	《7月》	9 己亥31	9 戊辰29	9 戊戌28	9 丁卯㉗	9 丁酉26	9 丙寅25	9 丙申24
9 辛丑③	9 辛未 5	9 庚子 3	9 庚午 3	9 己亥 1	9 己巳 1	《8月》	10 己巳30	10 己亥㉙	10 戊辰28	10 戊戌27	10 丁卯26	10 丁酉25
10 壬寅 4	10 壬申 6	10 辛丑 4	10 辛未 4	10 庚子②	10 庚午 2	10 庚子 1	11 庚午31	11 庚子30	11 己巳29	11 己亥28	11 戊辰27	11 戊戌㉖
11 癸卯 5	11 癸酉 7	11 壬寅 5	11 壬申⑤	11 辛丑 3	11 辛未 3	11 辛丑 2	《9月》	《10月》	12 庚午30	12 庚子29	12 己巳28	12 己亥27
12 甲辰 6	12 甲戌 8	12 癸卯 6	12 癸酉 6	12 壬寅 4	12 壬申 4	12 壬寅 3	12 辛未①	12 辛丑 1	13 辛未31	13 辛丑30	13 庚午㉙	13 庚子28
13 乙巳 7	13 乙亥 9	13 甲辰⑦	13 甲戌 7	13 癸卯 5	13 癸酉 5	13 癸卯④	13 壬申 2	13 壬寅 2	《11月》	《12月》	14 辛未30	14 辛丑29
14 丙午 8	14 丙子⑩	14 乙巳 8	14 乙亥 8	14 甲辰 6	14 甲戌 6	14 甲辰 5	14 癸酉 3	14 癸卯 3	14 壬申 1	14 壬寅①	15 壬申31	15 壬寅30
15 丁未 9	15 丁丑11	15 丙午 9	15 丙子 9	15 乙巳 7	15 乙亥⑦	15 乙巳 6	15 甲戌 4	15 甲辰 4	15 癸酉 2	15 癸卯 2	766 年	16 癸卯31
16 戊申⑩	16 戊寅12	16 丁未10	16 丁丑10	16 丙午 8	16 丙子 8	16 丙午 7	16 乙亥 5	16 乙巳 5	16 甲戌③	16 甲辰 3	《1月》	《2月》
17 己酉11	17 己卯13	17 戊申11	17 戊寅11	17 丁未⑨	17 丁丑 9	17 丁未 8	17 丙子 6	17 丙午⑥	17 乙亥 4	17 乙巳 4	16 癸酉 1	17 甲辰 1
18 庚戌12	18 庚辰14	18 己酉12	18 己卯⑫	18 戊申10	18 戊寅10	18 戊申 9	18 丁丑 7	18 丁未 7	18 丙子 5	18 丙午 5	17 甲戌 2	18 乙巳②
19 辛亥13	19 辛巳15	19 庚戌13	19 庚辰13	19 己酉11	19 己卯11	19 己酉10	19 戊寅⑧	19 戊申 8	19 丁丑 6	19 丁未 6	18 乙亥 3	19 丙午 3
20 壬子14	20 壬午16	20 辛亥⑭	20 辛巳14	20 庚戌12	20 庚辰12	20 庚戌⑪	20 己卯 9	20 己酉 9	20 戊寅 7	20 戊申 7	19 丙子 4	20 丁未 4
21 癸丑15	21 癸未⑰	21 壬子15	21 壬午15	21 辛亥13	21 辛巳13	21 辛亥12	21 庚辰10	21 庚戌10	21 己卯 8	21 己酉⑧	20 丁丑⑤	21 戊申 5
22 甲寅16	22 甲申18	22 癸丑16	22 癸未16	22 壬子14	22 壬午⑭	22 壬子13	22 辛巳11	22 辛亥11	22 庚辰 9	22 庚戌 9	21 戊寅 6	22 己酉 6
23 乙卯⑰	23 乙酉19	23 甲寅17	23 甲申17	23 癸丑15	23 癸未15	23 癸丑14	23 壬午12	23 壬子12	23 辛巳⑩	23 辛亥10	22 己卯 7	23 庚戌 7
24 丙辰18	24 丙戌20	24 乙卯18	24 乙酉18	24 甲寅⑯	24 甲申16	24 甲寅15	24 癸未13	24 癸丑⑬	24 壬午11	24 壬子11	23 庚辰 8	24 辛亥 8
25 丁巳19	25 丁亥21	25 丙辰19	25 丙戌⑲	25 乙卯17	25 乙酉17	25 乙卯16	25 甲申14	25 甲寅14	25 癸未12	25 癸丑12	24 辛巳 9	25 壬子⑨
26 戊午20	26 戊子22	26 丁巳20	26 丁亥20	26 丙辰18	26 丙戌18	26 丙辰17	26 乙酉⑮	26 乙卯15	26 甲申13	26 甲寅13	25 壬午10	26 癸丑10
27 己未21	27 己丑23	27 戊午㉑	27 戊子21	27 丁巳19	27 丁亥19	27 丁巳⑱	27 丙戌16	27 丙辰16	27 乙酉14	27 乙卯14	26 癸未11	27 甲寅11
28 庚申22	28 庚寅㉔	28 己未22	28 己丑22	28 戊午20	28 戊子20	28 戊午19	28 丁亥17	28 丁巳17	28 丙戌15	28 丙辰⑮	27 甲申⑫	28 乙卯12
29 辛酉23	29 辛卯25	29 庚申23	29 庚寅23	29 己未21	29 己丑㉑	29 己未20	29 戊子18	29 戊午18	29 丁亥16	29 丁巳16	28 乙酉13	29 丙辰13
30 壬戌㉔		30 辛酉24		30 庚申22	30 庚寅22		30 己丑19		30 戊子⑰		29 丙戌14	
											30 丁亥15	
立春 7日 雨水 22日	啓蟄 7日 春分 23日	清明 9日 穀雨 24日	立夏 9日 小満 24日	芒種 11日 夏至 26日	小暑 11日 大暑 26日	立秋 12日 処暑 27日	白露 13日 秋分 28日	寒露 13日 霜降 29日	立冬 15日 小雪 30日	大雪15日	冬至 2日 小寒 17日	大寒 2日 立春 17日

天平神護 2 年（766－767） 丙午

1月	2月	3月	4月	5月	6月	7月	8月	9月	10月	11月	12月
1 丁巳14	1 丙戌15	1 丙辰14	1 丙戌14	1 乙卯12	1 乙酉12	1 甲寅⑩	1 甲申 9	1 甲寅 9	1 癸未 7	1 癸丑⑦	1 壬午 5
2 戊午15	2 丁亥⑯	2 丁巳15	2 丁亥15	2 丙辰13	2 丙戌⑬	2 乙卯11	2 乙酉10	2 乙卯10	2 甲申 8	2 甲寅 8	2 癸未 6
3 己未⑯	3 戊子17	3 戊午16	3 戊子16	3 丁巳14	3 丁亥14	3 丙辰12	3 丙戌11	3 丙辰11	3 乙酉⑨	3 乙卯 9	3 甲申 7
4 庚申17	4 己丑18	4 己未17	4 己丑17	4 戊午⑮	4 戊子15	4 丁巳13	4 丁亥12	4 丁巳⑫	4 丙戌10	4 丙辰10	4 乙酉 8
5 辛酉18	5 庚寅19	5 庚申18	5 庚寅⑱	5 己未16	5 己丑16	5 戊午14	5 戊子13	5 戊午13	5 丁亥11	5 丁巳11	5 丙戌 9
6 壬戌19	6 辛卯20	6 辛酉19	6 辛卯19	6 庚申17	6 庚寅17	6 己未15	6 己丑⑭	6 己未14	6 戊子12	6 戊午12	6 丁亥10
7 癸亥20	7 壬辰21	7 壬戌⑳	7 壬辰20	7 辛酉18	7 辛卯18	7 庚申16	7 庚寅15	7 庚申15	7 己丑13	7 己未13	7 戊子⑪
8 甲子21	8 癸巳22	8 癸亥21	8 癸巳21	8 壬戌19	8 壬辰19	8 辛酉⑰	8 辛卯16	8 辛酉16	8 庚寅14	8 庚申⑭	8 己丑12
9 乙丑22	9 甲午㉓	9 甲子22	9 甲午22	9 癸亥20	9 癸巳⑳	9 壬戌18	9 壬辰17	9 壬戌17	9 辛卯15	9 辛酉15	9 庚寅13
10 丙寅㉓	10 乙未24	10 乙丑23	10 乙未23	10 甲子21	10 甲午21	10 癸亥19	10 癸巳18	10 癸亥18	10 壬辰⑯	10 壬戌16	10 辛卯14
11 丁卯24	11 丙申25	11 丙寅24	11 丙申24	11 乙丑㉒	11 乙未22	11 甲子20	11 甲午19	11 甲子⑲	11 癸巳17	11 癸亥17	11 壬辰15
12 戊辰25	12 丁酉26	12 丁卯25	12 丁酉㉕	12 丙寅23	12 丙申23	12 乙丑21	12 乙未20	12 乙丑20	12 甲午18	12 甲子18	12 癸巳16
13 己巳26	13 戊戌27	13 戊辰26	13 戊戌26	13 丁卯24	13 丁酉24	13 丙寅22	13 丙申㉑	13 丙寅21	13 乙未19	13 乙丑19	13 甲午17
14 庚午27	14 己亥28	14 己巳㉗	14 己亥27	14 戊辰25	14 戊戌25	14 丁卯23	14 丁酉22	14 丁卯22	14 丙申20	14 丙寅20	14 乙未⑱
15 辛未28	15 庚子29	15 庚午28	15 庚子28	15 己巳26	15 己亥26	15 戊辰㉔	15 戊戌23	15 戊辰23	15 丁酉21	15 丁卯㉑	15 丙申19
《3月》	16 辛丑㉚	16 辛未29	16 辛丑29	16 庚午27	16 庚子㉗	16 己巳25	16 己亥24	16 己巳24	16 戊戌22	16 戊辰22	16 丁酉20
16 壬申 1	17 壬寅31	17 壬申30	17 壬寅30	17 辛未28	17 辛丑28	17 庚午26	17 庚子25	17 庚午25	17 己亥㉓	17 己巳23	17 戊戌21
17 癸酉②	《4月》	《5月》	18 癸卯31	18 壬申㉙	18 壬寅29	18 辛未27	18 辛丑26	18 辛未㉖	18 庚子24	18 庚午24	18 己亥22
18 甲戌 3	18 癸卯 1	18 癸酉 1	《6月》	19 癸酉30	19 癸卯30	19 壬申28	19 壬寅27	19 壬申27	19 辛丑25	19 辛未25	19 庚子23
19 乙亥 4	19 甲辰 2	19 甲戌 2	19 甲辰①	《7月》	20 甲辰31	20 癸酉29	20 癸卯㉘	20 癸酉28	20 壬寅26	20 壬申26	20 辛丑24
20 丙子 5	20 乙巳 3	20 乙亥 3	20 乙巳 2	20 甲戌 1	《8月》	21 甲戌30	21 甲辰29	21 甲戌29	21 癸卯27	21 癸酉27	21 壬寅㉕
21 丁丑 6	21 丙午 4	21 丙子④	21 丙午 3	21 乙亥 2	21 乙巳 1	22 乙亥㉛	22 乙巳30	22 乙亥30	22 甲辰28	22 甲戌㉘	22 癸卯26
22 戊寅 7	22 丁未 5	22 丁丑 5	22 丁未 4	22 丙子 3	22 丙午 2	《9月》	《10月》	23 丙子31	23 乙巳29	23 乙亥29	23 甲辰27
23 己卯 8	23 戊申⑥	23 戊寅 6	23 戊申 5	23 丁丑 4	23 丁未③	23 丙子 1	23 丙午 1	《11月》	24 丙午㉚	24 丙子30	24 乙巳28
24 庚辰⑨	24 己酉 7	24 己卯 7	24 己酉 6	24 戊寅 5	24 戊申 4	24 丁丑 2	24 丁未 2	24 丁丑 1	《12月》	25 丁丑31	25 丙午29
25 辛巳10	25 庚戌 8	25 庚辰 8	25 庚戌 7	25 己卯⑥	25 己酉 5	25 戊寅 3	25 戊申 3	25 戊寅②	25 丁未 1	767 年	26 丁未30
26 壬午11	26 辛亥 9	26 辛巳 9	26 辛亥⑧	26 庚辰 7	26 庚戌 6	26 己卯 4	26 己酉 4	26 己卯 3	26 戊申 2	《1月》	27 戊申31
27 癸未12	27 壬子10	27 壬午10	27 壬子 9	27 辛巳 8	27 辛亥 7	27 庚辰 5	27 庚戌⑤	27 庚辰 4	27 己酉 3	26 戊寅 1	《2月》
28 甲申13	28 癸丑11	28 癸未⑪	28 癸丑10	28 壬午 9	28 壬子 8	28 辛巳 6	28 辛亥 6	28 辛巳 5	28 庚戌 4	27 己卯 2	28 己酉①
29 乙酉14	29 甲寅12	29 甲申12	29 甲寅11	29 癸未10	29 癸丑 9	29 壬午⑦	29 壬子 7	29 壬午 6	29 辛亥 5	28 庚辰 3	29 庚戌 2
	30 乙卯⑬	30 乙酉13		30 甲申11		30 癸未 8	30 癸丑 8		30 壬子 6	29 辛巳④	30 辛亥 3
雨水 3日 啓蟄 19日	春分 5日 清明 20日	穀雨 5日 立夏 20日	小満 6日 芒種 21日	夏至 7日 小暑 22日	大暑 8日 立秋 23日	処暑 9日 白露 24日	秋分 9日 寒露 25日	霜降 10日 立冬 25日	小雪 11日 大雪 27日	冬至 12日 小寒 27日	大寒 13日 立春 28日

神護景雲元年〔天平神護3年〕（767－768） 丁未

改元 8/16（天平神護→神護景雲）

1月	2月	3月	4月	5月	6月	7月	8月	9月	10月	11月	12月
1 壬子 4	1 辛巳 5	1 庚戌 3	1 庚辰③	《6月》	《7月》	1 戊申30	1 戊寅29	1 戊申28	1 丁丑27	1 丁未26	1 丁丑26
2 癸丑 5	2 壬午 6	2 辛亥 4	2 辛巳 4	1 己酉 1	1 己卯 1	2 己酉31	2 己卯㉚	2 己酉29	2 戊寅28	2 戊申27	2 戊寅㉗
3 甲寅 6	3 癸未 7	3 壬子⑤	3 壬午 5	2 庚戌 2	2 庚辰 2	《8月》	3 庚辰31	3 庚戌30	3 己卯29	3 己酉28	3 己卯28
4 乙卯 7	4 甲申⑧	4 癸丑 6	4 癸未 6	3 辛亥 3	3 辛巳 3	3 庚戌 1	《9月》	《10月》	4 庚辰30	4 庚戌㉙	4 庚辰29
5 丙辰⑧	5 乙酉 9	5 甲寅 7	5 甲申 7	4 壬子 4	4 壬午 4	4 辛亥②	4 辛巳 1	4 辛亥 1	5 辛巳31	5 辛亥30	5 辛巳30
6 丁巳 9	6 丙戌10	6 乙卯 8	6 乙酉 8	5 癸丑 5	5 癸未⑤	5 壬子 3	5 壬午 2	5 壬子 2	《11月》	《12月》	6 壬午31
7 戊午10	7 丁亥11	7 丙辰 9	7 丙戌 9	6 甲寅 6	6 甲申 6	6 癸丑 4	6 癸未 3	6 癸丑 3	6 壬午①	6 壬子 1	768年
8 己未11	8 戊子12	8 丁巳10	8 丁亥⑩	7 乙卯⑦	7 乙酉 7	7 甲寅 5	7 甲申 4	7 甲寅④	7 癸未 2	7 癸丑 2	《1月》
9 庚申12	9 己丑13	9 戊午11	9 戊子11	8 丙辰 8	8 丙戌 8	8 乙卯 6	8 乙酉 5	8 乙卯 5	8 甲申 3	8 甲寅 3	7 癸未 1
10辛酉13	10庚寅14	10己未⑫	10己丑12	9 丁巳 9	9 丁亥 9	9 丙辰 7	9 丙戌⑥	9 丙辰 6	9 乙酉 4	9 乙卯 4	8 甲申 2
11壬戌14	11辛卯⑮	11庚申13	11庚寅13	10戊午10	10戊子10	10丁巳 8	10丁亥 7	10丁巳 7	10丙戌 5	10丙辰 5	9 乙酉③
12癸亥⑮	12壬辰16	12辛酉14	12辛卯14	11己未11	11己丑11	11戊午⑨	11戊子 8	11戊午 8	11丁亥 6	11丁巳⑥	10丙戌 4
13甲子16	13癸巳17	13壬戌15	13壬辰15	12庚申12	12庚寅⑫	12己未10	12己丑 9	12己未 9	12戊子 7	12戊午 7	11丁亥 5
14乙丑17	14甲午18	14癸亥16	14癸巳16	13辛酉13	13辛卯13	13庚申11	13庚寅10	13庚申10	13己丑⑧	13己未 8	12戊子 6
15丙寅18	15乙未19	15甲子17	15甲午⑰	14壬戌⑭	14壬辰14	14辛酉12	14辛卯11	14辛酉⑪	14庚寅 9	14庚申 9	13己丑 7
16丁卯19	16丙申20	16乙丑18	16乙未18	15癸亥15	15癸巳15	15壬戌13	15壬辰12	15壬戌12	15辛卯10	15辛酉10	14庚寅 8
17戊辰20	17丁酉21	17丙寅⑲	17丙申19	16甲子16	16甲午16	16癸亥14	16癸巳⑬	16癸亥13	16壬辰11	16壬戌11	15辛卯 9
18己巳21	18戊戌㉒	18丁卯20	18丁酉20	17乙丑17	17乙未17	17甲子15	17甲午14	17甲子14	17癸巳12	17癸亥12	16壬辰⑩
19庚午㉒	19己亥23	19戊辰21	19戊戌21	18丙寅18	18丙申18	18乙丑⑯	18乙未15	18乙丑15	18甲午13	18甲子⑬	17癸巳11
20辛未23	20庚子24	20己巳22	20己亥22	19丁卯19	19丁酉⑲	19丙寅17	19丙申16	19丙寅16	19乙未14	19乙丑14	18甲午12
21壬申24	21辛丑25	21庚午23	21庚子23	20戊辰20	20戊戌20	20丁卯18	20丁酉17	20丁卯17	20丙申⑮	20丙寅15	19乙未13
22癸酉25	22壬寅26	22辛未24	22辛丑㉔	21己巳㉑	21己亥21	21戊辰19	21戊戌18	21戊辰⑱	21丁酉16	21丁卯16	20丙申14
23甲戌26	23癸卯27	23壬申25	23壬寅25	22庚午22	22庚子22	22己巳20	22己亥19	22己巳19	22戊戌17	22戊辰17	21丁酉15
24乙亥27	24甲辰28	24癸酉㉖	24癸卯26	23辛未23	23辛丑23	23庚午21	23庚子⑳	23庚午20	23己亥18	23己巳18	22戊戌16
25丙子28	25乙巳㉙	25甲戌27	25甲辰27	24壬申24	24壬寅24	24辛未22	24辛丑21	24辛未21	24庚子19	24庚午19	23己亥⑰
《3月》	26丙午30	26乙亥28	26乙巳28	25癸酉25	25癸卯25	25壬申㉓	25壬寅22	25壬申22	25辛丑20	25辛未⑳	24庚子18
26丁丑①	27丁未31	27丙子29	27丙午29	26甲戌26	26甲辰㉖	26癸酉24	26癸卯23	26癸酉23	26壬寅21	26壬申21	25辛丑19
27戊寅 2	《4月》	28丁丑30	28丁未30	27乙亥27	27乙巳27	27甲戌25	27甲辰24	27甲戌24	27癸卯㉒	27癸酉22	26壬寅20
28己卯 3	28戊申 1	《5月》	29戊申㉛	28丙子㉘	28丙午28	28乙亥26	28乙巳25	28乙亥㉕	28甲辰23	28甲戌23	27癸卯21
29庚辰 4	29己酉 2	29戊寅 1		29丁丑29	29丁未29	29丙子27	29丙午26	29丙子26	29乙巳24	29乙亥24	28甲辰22
		30己卯 2		30戊寅30		30丁丑28	30丁未㉗		30丙午25	30丙子25	29乙巳23
雨水 14日	春分 15日	清明 1日	立夏 2日	芒種 3日	小暑 4日	立秋 5日	白露 5日	寒露 6日	立冬 7日	大雪 8日	小寒 8日
啓蟄 29日		穀雨 17日	小満 17日	夏至 18日	大暑 19日	処暑 20日	秋分 21日	霜降 21日	小雪 23日	冬至 23日	大寒 23日

神護景雲2年（768－769） 戊申

1月	2月	3月	4月	5月	6月	閏6月	7月	8月	9月	10月	11月	12月
1 丙午㉔	1 丙子23	1 乙巳23	1 乙亥22	1 甲辰21	1 癸酉⑲	1 癸卯19	1 壬申17	1 壬寅16	1 辛未15	1 辛丑14	1 辛未14	1 辛丑13
2 丁未25	2 丁丑24	2 丙午24	2 丙子23	2 乙巳㉒	2 甲戌20	2 甲辰20	2 癸酉18	2 癸卯17	2 壬申⑯	2 壬寅15	2 壬申15	2 壬寅14
3 戊申26	3 戊寅25	3 丁未25	3 丁丑㉔	3 丙午23	3 乙亥21	3 乙巳21	3 甲戌19	3 甲辰⑱	3 癸酉17	3 癸卯16	3 癸酉16	3 癸卯⑮
4 己酉27	4 己卯26	4 戊申26	4 戊寅25	4 丁未24	4 丙子22	4 丙午22	4 乙亥20	4 乙巳19	4 甲戌18	4 甲辰17	4 甲戌17	4 甲辰16
5 庚戌28	5 庚辰27	5 己酉㉗	5 己卯26	5 戊申25	5 丁丑23	5 丁未23	5 丙子㉑	5 丙午20	5 乙亥19	5 乙巳18	5 乙亥⑱	5 乙巳17
6 辛亥29	6 辛巳㉘	6 庚戌28	6 庚辰27	6 己酉26	6 戊寅24	6 戊申㉔	6 丁丑22	6 丁未21	6 丙子20	6 丙午19	6 丙子19	6 丙午18
7 壬子30	7 壬午29	7 辛亥29	7 辛巳28	7 庚戌27	7 己卯25	7 己酉25	7 戊寅23	7 戊申22	7 丁丑21	7 丁未⑳	7 丁丑20	7 丁未19
8 癸丑㉛	《3月》	8 壬子30	8 壬午29	8 辛亥28	8 庚辰㉖	8 庚戌26	8 己卯24	8 己酉23	8 戊寅22	8 戊申21	8 戊寅21	8 戊申20
《2月》	8 癸未 1	9 癸丑31	9 癸未30	9 壬子㉙	9 辛巳27	9 辛亥27	9 庚辰25	9 庚戌24	9 己卯㉓	9 己酉22	9 己卯22	9 己酉21
9 甲寅 1	9 甲申 2	《4月》	《5月》	10癸丑30	10壬午28	10壬子28	10辛巳26	10辛亥㉕	10庚辰24	10庚戌23	10庚辰23	10庚戌㉒
10乙卯 2	10乙酉 3	10甲寅 1	10甲申①	11甲寅31	11癸未29	11癸丑29	11壬午27	11壬子26	11辛巳25	11辛亥24	11辛巳24	11辛亥23
11丙辰 3	11丙戌 4	11乙卯 2	11乙酉 2	《6月》	12甲申30	12甲寅30	12癸未㉘	12癸丑27	12壬午26	12壬子25	12壬午㉕	12壬子24
12丁巳 4	12丁亥 5	12丙辰③	12丙戌 3	12乙卯 1	《7月》	13乙卯㉛	13甲申29	13甲寅28	13癸未27	13癸丑26	13癸未26	13癸丑25
13戊午 5	13戊子⑥	13丁巳 4	13丁亥 4	13丙辰 2	13乙酉 1	《8月》	14乙酉30	14乙卯29	14甲申28	14甲寅㉗	14甲申27	14甲寅26
14己未 6	14己丑 7	14戊午 5	14戊子 5	14丁巳 3	14丙戌 2	14丙辰 1	15丙戌31	15丙辰30	15乙酉29	15乙卯28	15乙酉28	15乙卯27
15庚申⑦	15庚寅 8	15己未 6	15己丑 6	15戊午 4	15丁亥③	15丁巳 2	《9月》	《10月》	16丙戌㉚	16丙辰29	16丙戌29	16丙辰28
16辛酉 8	16辛卯 9	16庚申 7	16庚寅 7	16己未⑤	16戊子 4	16戊午 3	16丁亥 1	16丁巳 1	17丁亥31	17丁巳30	17丁亥30	17丁巳㉙
17壬戌 9	17壬辰10	17辛酉 8	17辛卯⑧	17庚申 6	17己丑 5	17己未 4	17戊子 2	17戊午②	《11月》	《12月》	18戊子31	18戊午30
18癸亥10	18癸巳11	18壬戌 9	18壬辰 9	18辛酉 7	18庚寅 6	18庚申 5	18己丑 3	18己未 3	18戊子 1	18戊午 1	769年	19己未31
19甲子11	19甲午12	19癸亥⑩	19癸巳10	19壬戌 8	19辛卯 7	19辛酉 6	19庚寅④	19庚申 4	19己丑 2	19己未 2	《1月》	《2月》
20乙丑12	20乙未⑬	20甲子11	20甲午11	20癸亥 9	20壬辰 8	20壬戌⑦	20辛卯 5	20辛酉 5	20庚寅 3	20庚申 3	19己丑①	20庚申 1
21丙寅13	21丙申14	21乙丑12	21乙未12	21甲子10	21癸巳 9	21癸亥 8	21壬辰 6	21壬戌 6	21辛卯 4	21辛酉④	20庚寅 2	21辛酉 2
22丁卯⑭	22丁酉15	22丙寅13	22丙申13	22乙丑11	22甲午⑩	22甲子 9	22癸巳 7	22癸亥 7	22壬辰 5	22壬戌 5	21辛卯 3	22壬戌 3
23戊辰15	23戊戌16	23丁卯14	23丁酉14	23丙寅⑫	23乙未11	23乙丑10	23甲午 8	23甲子 8	23癸巳⑥	23癸亥 6	22壬辰 4	23癸亥 4
24己巳16	24己亥17	24戊辰15	24戊戌⑮	24丁卯13	24丙申12	24丙寅11	24乙未 9	24乙丑⑨	24甲午 7	24甲子 7	23癸巳 5	24甲子⑤
25庚午17	25庚子18	25己巳16	25己亥16	25戊辰14	25丁酉13	25丁卯12	25丙申10	25丙寅10	25乙未 8	25乙丑 8	24甲午 6	25乙丑 6
26辛未18	26辛丑19	26庚午⑰	26庚子17	26己巳15	26戊戌14	26戊辰13	26丁酉⑪	26丁卯11	26丙申 9	26丙寅 9	25乙未 7	26丙寅 7
27壬申19	27壬寅⑳	27辛未18	27辛丑18	27庚午16	27己亥15	27己巳⑭	27戊戌12	27戊辰12	27丁酉10	27丁卯10	26丙申⑧	27丁卯 8
28癸酉20	28癸卯21	28壬申19	28壬寅19	28辛未17	28庚子16	28庚午15	28己亥13	28己巳13	28戊戌11	28戊辰⑪	27丁酉 9	28戊辰 9
29甲戌㉑	29甲辰22	29癸酉20	29癸卯20	29壬申18	29辛丑⑰	29辛未16	29庚子14	29庚午14	29己亥12	29己巳12	28戊戌10	29己巳10
30乙亥22		30甲戌21			30壬寅18		30辛丑15		30庚子⑬	30庚午13	29己亥11	
											30庚子12	
立春 10日	啓蟄 10日	清明 12日	立夏 12日	芒種 13日	小暑 15日	立秋15日	処暑 1日	秋分 2日	霜降 3日	小雪 4日	冬至 4日	大寒 5日
雨水 25日	春分 25日	穀雨 27日	小満 27日	夏至 29日	大暑 30日		白露 17日	寒露 17日	立冬 19日	大雪 19日	小寒 19日	立春 20日

神護景雲3年（769－770） 己酉

1月	2月	3月	4月	5月	6月	7月	8月	9月	10月	11月	12月
1 庚午11	1 庚子13	1 己巳11	1 戊戌10	1 戊辰 9	1 丁酉 8	1 丙寅⑥	1 丙申 5	1 丙寅 5	1 乙未 3	1 乙丑③	**1** 乙未 2
2 辛未⑫	2 辛丑14	2 庚午12	2 己亥11	2 己巳10	2 戊戌⑨	2 丁卯 7	2 丁酉 6	2 丁卯 6	2 丙申 4	2 丙寅 4	2 丙申 3
3 壬申13	3 壬寅15	3 辛未13	3 庚子12	3 庚午⑪	3 己亥10	3 戊辰 8	3 戊戌 7	3 戊辰 7	3 丁酉⑤	3 丁卯 5	3 丁酉 4
4 癸酉14	4 癸卯16	4 壬申14	4 辛丑13	4 辛未12	4 庚子11	4 己巳 9	4 己亥 8	4 己巳⑧	4 戊戌 6	4 戊辰 6	4 戊戌 5
5 甲戌15	5 甲辰17	5 癸酉15	5 壬寅⑭	5 壬申13	5 辛丑12	5 庚午10	5 庚子 9	5 庚午 9	5 己亥 7	5 己巳 7	5 己亥 6
6 乙亥16	6 乙巳18	6 甲戌⑯	6 癸卯15	6 癸酉14	6 壬寅13	6 辛未11	6 辛丑⑩	6 辛未10	6 庚子 8	6 庚午 8	6 庚子⑦
7 丙子17	**7** 丙午⑲	7 乙亥17	7 甲辰16	7 甲戌15	7 癸卯14	7 壬申12	7 壬寅11	7 壬申11	7 辛丑 9	7 辛未 9	7 辛丑 8
8 丁丑18	8 丁未20	**8** 丙子18	8 乙巳17	8 乙亥16	8 甲辰15	8 癸酉⑬	8 癸卯12	8 癸酉12	8 壬寅10	8 壬申⑩	8 壬寅 9
9 戊寅⑲	9 戊申21	9 丁丑19	**9** 丙午18	9 丙子17	9 乙巳⑯	9 甲戌14	9 甲辰13	9 甲戌13	9 癸卯11	9 癸酉11	9 癸卯10
10己卯20	10己酉22	10戊寅20	10丁未19	**10**丁丑⑱	10丙午17	10乙亥15	10乙巳14	10乙亥14	10甲辰⑫	10甲戌12	10甲辰11
11庚辰21	11庚戌23	11己卯21	11戊申20	11戊寅19	**11**丁未18	11丙子16	11丙午15	11丙子⑮	11乙巳13	11乙亥13	11乙巳12
12辛巳22	12辛亥24	12庚辰22	12己酉㉑	12己卯20	12戊申19	12丁丑17	12丁未16	12丁丑16	12丙午14	12丙子14	12丙午13
13壬午23	13壬子25	13辛巳㉓	13庚戌22	13庚辰21	13己酉20	**13**戊寅18	**13**戊申⑰	13戊寅17	13丁未15	13丁丑15	13丁未⑭
14癸未24	14癸丑㉖	14壬午24	14辛亥23	14辛巳22	14庚戌21	14己卯19	14己酉18	**14**己卯18	14戊申16	14戊寅16	14戊申15
15甲申25	15甲寅27	15癸未25	15壬子24	15壬午23	15辛亥22	15庚辰⑳	15庚戌19	15庚辰19	**15**己酉17	**15**己卯⑰	15己酉16
16乙酉㉖	16乙卯28	16甲申26	16癸丑25	16癸未24	16壬子㉓	16辛巳21	16辛亥20	16辛巳20	16庚戌18	16庚辰18	**16**庚戌17
17丙戌27	17丙辰29	17乙酉27	17甲寅26	17甲申㉕	17癸丑24	17壬午22	17壬子21	17壬午21	17辛亥⑲	17辛巳19	17辛亥18
18丁亥28	18丁巳30	18丙戌28	18乙卯27	18乙酉26	18甲寅25	18癸未23	18癸丑22	18癸未㉒	18壬子20	18壬午20	18壬子19
《3月》	19戊午31	19丁亥29	19丙辰㉘	19丙戌27	19乙卯26	19甲申24	19甲寅23	19甲申23	19癸丑21	19癸未21	19癸丑20
19戊子 1	《4月》	20戊子㉚	20丁巳29	20丁亥28	20丙辰27	20乙酉25	20乙卯㉔	20乙酉24	20甲寅22	20甲申22	20甲寅㉑
20己丑 2	20己未 1	《5月》	21戊午30	21戊子29	21丁巳28	21丙戌26	21丙辰25	21丙戌25	21乙卯23	21乙酉23	21乙卯22
21庚寅 3	21庚申②	21己丑 1	22己未31	22己丑30	22戊午29	22丁亥㉗	22丁巳26	22丁亥26	22丙辰24	22丙戌㉔	22丙辰23
22辛卯 4	**22**辛酉 3	22庚寅 2	《6月》	《7月》	23己未㉚	23戊子28	23戊午27	23戊子27	23丁巳25	23丁亥25	23丁巳24
23壬辰⑤	23壬戌 4	**23**辛卯 3	23庚申 1	23庚寅 1	24庚申31	24己丑29	24己未28	24己丑28	24戊午㉖	24戊子26	24戊午25
24癸巳 6	24癸亥 5	24壬辰 4	24辛酉 2	24辛卯②	《8月》	25庚寅30	25庚申29	25庚寅㉙	25己未27	25己丑27	25己未26
25甲午 7	25甲子 6	25癸巳 5	**25**壬戌 3	**25**壬辰 3	25辛酉 1	26辛卯31	26辛酉30	26辛卯30	26庚申28	26庚寅28	26庚申27
26乙未 8	26乙丑 7	26甲午 6	26癸亥④	26癸巳 4	26壬戌 2	《9月》	《10月》	27壬辰31	27辛酉29	27辛卯29	27辛酉㉘
27丙申 9	27丙寅 8	27乙未⑦	27甲子 5	27甲午 5	**27**癸亥 3	27壬辰 1	27壬戌①	《11月》	28壬戌30	28壬辰30	28壬戌29
28丁酉10	28丁卯⑨	28丙申 8	28乙丑 6	28乙未 6	28甲子 4	**28**癸巳 2	**28**癸亥 2	28癸巳 1	《12月》	29癸巳㉛	29癸亥30
29戊戌11	29戊辰10	29丁酉 9	29丙寅 7	29丙申 7	29乙丑 5	29甲午③	29甲子 3	**29**甲午 2	29癸亥 1	**770年**	30甲子31
30己亥⑫			30丁卯 8			30乙未 4	30乙丑 4		**30**甲子 2	《1月》	
										30甲午 1	
雨水 6日 啓蟄 21日	春分 7日 清明 22日	穀雨 8日 立夏 23日	小満 9日 芒種 25日	夏至 10日 小暑 25日	大暑 11日 立秋 27日	処暑 13日 白露 28日	秋分 13日 寒露 28日	霜降 14日 立冬 29日	小雪 15日 大雪 30日	冬至 15日	小寒 1日 大寒 16日

宝亀元年〔神護景雲4年〕（770－771） 庚戌

改元 10/1（神護景雲→宝亀）

1月	2月	3月	4月	5月	6月	7月	8月	9月	10月	11月	12月
《2月》	1 甲午 2	《4月》	1 癸巳30	1 癸亥30	1 壬辰28	1 辛酉27	1 庚寅25	1 庚申24	*1* 己丑23	1 己未22	1 己丑22
1 乙丑 1	2 乙未 3	1 甲子①	《5月》	2 甲子31	2 癸巳29	2 壬戌28	2 辛卯㉖	2 辛酉25	2 庚寅24	2 庚申23	2 庚寅㉓
2 丙寅 2	**3** 丙申④	2 乙丑 2	2 甲午 1	《6月》	3 甲午30	3 癸亥㉙	3 壬辰27	3 壬戌26	3 辛卯25	3 辛酉24	3 辛卯24
3 丁卯 3	4 丁酉 5	**3** 丙寅 3	3 乙未 2	3 乙丑 1	《7月》	4 甲子30	4 癸巳28	4 癸亥27	4 壬辰26	4 壬戌㉕	4 壬辰25
4 戊辰④	5 戊戌 6	4 丁卯 4	**4** 丙申 3	4 丙寅 2	4 乙未①	5 乙丑31	5 甲午29	5 甲子28	5 癸巳27	5 癸亥26	5 癸巳26
5 己巳 5	6 己亥 7	5 戊辰 5	5 丁酉 4	**5** 丁卯③	5 丙申 2	《8月》	6 乙未30	6 乙丑29	6 甲午㉘	6 甲子27	6 甲午27
6 庚午 6	7 庚子 8	6 己巳 6	6 戊戌 5	6 戊辰 4	**6** 丁酉 3	6 丙寅 1	7 丙申31	7 丙寅㉚	7 乙未29	7 乙丑28	7 乙未28
7 辛未 7	8 辛丑 9	7 庚午 7	7 己亥⑥	7 己巳 5	7 戊戌 4	7 丁卯 2	《9月》	《10月》	8 丙申30	8 丙寅29	8 丙申29
8 壬申 8	9 壬寅10	8 辛未⑧	8 庚子 7	8 庚午 6	8 己亥 5	**8** 戊辰 3	8 丁酉 1	8 丁卯 1	9 丁酉31	9 丁卯30	9 丁酉㉚
9 癸酉 9	10癸卯⑪	9 壬申 9	9 辛丑 8	9 辛未 7	9 庚子 6	9 己巳 4	**9** 戊戌②	9 戊辰 2	《11月》	《12月》	10戊戌31
10甲戌10	11甲辰12	10癸酉10	10壬寅 9	10壬申 8	10辛丑 7	10庚午⑤	10己亥 3	**10**己巳 3	10戊戌 1	10戊辰 1	**771年**
11乙亥⑪	12乙巳13	11甲戌11	11癸卯10	11癸酉 9	11壬寅⑧	11辛未 6	11庚子 4	11庚午 4	**11**己亥 2	11己巳②	《1月》
12丙子12	13丙午14	12乙亥12	12甲辰11	12甲戌⑩	12癸卯 9	12壬申 7	12辛丑 5	12辛未 5	12庚子 3	**12**庚午 3	11己亥 1
13丁丑13	14丁未15	13丙子13	13乙巳12	13乙亥11	13甲辰10	13癸酉 8	13壬寅 6	13壬申 6	13辛丑④	13辛未 4	**12**庚子 2
14戊寅14	15戊申16	14丁丑14	14丙午⑬	14丙子12	14乙巳11	14甲戌 9	14癸卯 7	14癸酉⑦	14壬寅 5	14壬申 5	13辛丑 3
15己卯15	16己酉17	15戊寅⑮	15丁未14	15丁丑13	15丙午12	15乙亥10	15甲辰 8	15甲戌 8	15癸卯 6	15癸酉 6	14壬寅 4
16庚辰16	17庚戌⑱	16己卯16	16戊申15	16戊寅14	16丁未13	16丙子11	16乙巳⑨	16乙亥 9	16甲辰 7	16甲戌 7	15癸卯 5
17辛巳17	**18**辛亥19	17庚辰17	17己酉16	17己卯15	17戊申14	17丁丑⑫	17丙午10	17丙子10	17乙巳 8	17乙亥 8	16甲辰⑥
18壬午⑱	19壬子20	**18**辛巳18	18庚戌17	18庚辰16	18己酉⑮	18戊寅13	18丁未11	18丁丑11	18丙午 9	18丙子⑨	17乙巳 7
19癸未19	20癸丑21	19壬午19	19辛亥18	19辛巳⑰	19庚戌16	19己卯14	19戊申12	19戊寅12	19丁未10	19丁丑10	18丙午 8
20甲申20	21甲寅22	20癸未20	**20**壬子19	**20**壬午18	20辛亥17	20庚辰15	20己酉13	20己卯13	20戊申⑪	20戊寅11	19丁未 9
21乙酉21	22乙卯23	21甲申21	21癸丑⑳	21癸未19	21壬子18	21辛巳16	21庚戌14	21庚辰⑭	21己酉12	21己卯12	20戊申10
22丙戌22	23丙辰24	22乙酉㉒	22甲寅21	22甲申20	**22**癸丑19	22壬午17	22辛亥15	22辛巳15	22庚戌13	22庚辰13	21己酉11
23丁亥23	24丁巳㉕	23丙戌23	23乙卯22	23乙酉21	23甲寅20	**23**癸未18	23壬子⑯	23壬午16	23辛亥14	23辛巳14	22庚戌12
24戊子24	25戊午26	24丁亥24	24丙辰23	24丙戌22	24乙卯21	24甲申⑲	**24**癸丑17	24癸未17	24壬子15	24壬午15	23辛亥⑬
25己丑㉕	26己未27	25戊子25	25丁巳24	25丁亥23	25丙辰㉒	25乙酉20	25甲寅18	**25**甲申18	25癸丑16	25癸未⑯	24壬子14
26庚寅26	27庚申28	26己丑26	26戊午25	26戊子㉔	26丁巳23	26丙戌21	26乙卯19	26乙酉19	**26**甲寅17	26甲申17	25癸丑15
27辛卯27	28辛酉29	27庚寅27	27己未26	27己丑25	27戊午24	27丁亥22	27丙辰20	27丙戌20	27乙卯⑱	**27**乙酉18	26甲寅16
28壬辰28	29壬戌30	28辛卯28	28庚申㉗	28庚寅26	28己未25	28戊子23	28丁巳21	28丁亥㉑	28丙辰19	28丙戌19	**27**乙卯17
《3月》	30癸亥31	29壬辰㉙	29辛酉28	29辛卯27	29庚申26	29己丑24	29戊午22	29戊子22	29丁巳20	29丁亥20	28丙辰18
29癸巳 1			30壬戌29				30己未㉓		30戊午21	30戊子21	29丁巳19
											30戊午⑳
立春 1日 雨水 16日	啓蟄 3日 春分 18日	清明 3日 穀雨 18日	立夏 4日 小満 20日	芒種 5日 夏至 20日	小暑 6日 大暑 22日	立秋 8日 処暑 23日	白露 9日 秋分 24日	寒露 10日 霜降 25日	立冬 11日 小雪 26日	大雪 12日 冬至 27日	小寒 12日 大寒 27日

宝亀2年（771－772） 辛亥

1月	2月	3月	閏3月	4月	5月	6月	7月	8月	9月	10月	11月	12月
1 己未21	1 戊子19	1 戊午21	1 戊子20	1 丁巳⑲	1 丙戌17	1 丙辰17	1 乙酉15	1 甲寅13	1 甲申⑬	1 癸丑11	1 癸未11	1 癸丑10
2 庚申22	2 己丑20	2 己未22	2 己丑㉑	2 戊午20	2 丁亥18	2 丁巳18	2 丙戌16	2 乙卯14	2 乙酉14	2 甲寅12	2 甲申12	2 甲寅11
3 辛酉23	3 庚寅21	3 庚申23	3 庚寅22	3 己未21	3 戊子19	3 戊午19	3 丁亥17	3 丙辰⑮	3 丙戌15	3 乙卯13	3 乙酉13	3 乙卯⑫
4 壬戌24	4 辛卯22	4 辛酉㉔	4 辛卯23	4 庚申22	4 己丑20	4 己未20	4 戊子⑱	4 丁巳16	4 丁亥16	4 丙辰14	4 丙戌14	4 丙辰13
5 癸亥25	5 壬辰23	5 壬戌25	5 壬辰24	5 辛酉23	5 庚寅21	5 庚申㉑	5 己丑19	5 戊午17	5 戊子17	5 丁巳15	5 丁亥⑮	5 丁巳14
6 甲子26	6 癸巳㉔	6 癸亥26	6 癸巳25	6 壬戌24	6 辛卯22	6 辛酉22	6 庚寅20	6 己未18	6 己丑18	6 戊午16	6 戊子16	6 戊午15
7 乙丑㉗	7 甲午25	7 甲子27	7 甲午26	7 癸亥25	7 壬辰㉓	7 壬戌23	7 辛卯21	7 庚申19	7 庚寅19	7 己未⑰	7 己丑17	7 己未16
8 丙寅28	8 乙未26	8 乙丑28	8 乙未27	8 甲子㉖	8 癸巳24	8 癸亥24	8 壬辰22	8 辛酉20	8 辛卯⑳	8 庚申18	8 庚寅18	8 庚申17
9 丁卯29	9 丙申27	9 丙寅29	9 丙申㉘	9 乙丑27	9 甲午25	9 甲子25	9 癸巳23	9 壬戌21	9 壬辰21	9 辛酉19	9 辛卯19	9 辛酉18
10戊辰30	10丁酉28	10丁卯30	10丁酉29	10丙寅28	10乙未26	10乙丑26	10甲午24	10癸亥㉒	10癸巳22	10壬戌20	10壬辰20	10壬戌⑲
11己巳31	《3月》	11戊辰㉛	11戊戌30	11丁卯29	11丙申27	11丙寅27	11乙未㉕	11甲子23	11甲午23	11癸亥21	11癸巳21	11癸亥20
《2月》	11戊戌 1	《4月》	《5月》	12戊辰30	12丁酉28	12丁卯㉘	12丙申26	12乙丑24	12乙未24	12甲子22	12甲午㉒	12甲子21
12庚午 1	12己亥 2	12己巳 1	12己亥 1	13己巳31	13戊戌29	13戊辰29	13丁酉27	13丙寅25	13丙申25	13乙丑23	13乙未23	13乙丑22
13辛未 2	13庚子③	13庚午 2	13庚子 2	《6月》	14己亥㉚	14己巳30	14戊戌28	14丁卯26	14丁酉26	14丙寅㉔	14丙申24	14丙寅23
14壬申③	14辛丑 4	14辛未 3	14辛丑 3	14庚午 1	《7月》	15庚午31	15己亥29	15戊辰27	15戊戌㉗	15丁卯25	15丁酉25	15丁卯24
15癸酉 4	15壬寅 5	15壬申 4	15壬寅 4	15辛未②	15庚子 1	《8月》	16庚子30	16己巳28	16己亥28	16戊辰26	16戊戌26	16戊辰25
16甲戌 5	16癸卯 6	16癸酉 5	16癸卯⑤	16壬申 3	16辛丑 2	16辛未 1	17辛丑31	17庚午㉙	17庚子29	17己巳27	17己亥27	17己巳㉖
17乙亥 6	17甲辰 7	17甲戌 6	17甲辰 6	17癸酉 4	17壬寅 3	17壬申 2	《9月》	18辛未30	18辛丑30	18庚午28	18庚子28	18庚午27
18丙子 7	18乙巳 8	18乙亥⑦	18乙巳 7	18甲戌 5	18癸卯 4	18癸酉 3	18壬寅①	《10月》	19壬寅31	19辛未29	19辛丑㉙	19辛未28
19丁丑 8	19丙午 9	19丙子 8	19丙午 8	19乙亥 6	19甲辰 5	19甲戌④	19癸卯 2	19壬申 1	《11月》	20壬申30	20壬寅30	20壬申29
20戊寅 9	20丁未⑩	20丁丑 9	20丁未 9	20丙子 7	20乙巳 6	20乙亥 5	20甲辰 3	20癸酉 2	20癸卯 1	《12月》	21癸卯31	21癸酉30
21己卯⑩	21戊申11	21戊寅10	21戊申10	21丁丑 8	21丙午⑦	21丙子 6	21乙巳 4	21甲戌 3	21甲辰 2	21癸酉①	772年	22甲戌31
22庚辰11	22己酉12	22己卯11	22己酉11	22戊寅⑨	22丁未 8	22丁丑 7	22丙午 5	22乙亥 4	22乙巳③	22甲戌 2	《1月》	《2月》
23辛巳12	23庚戌13	23庚辰12	23庚戌⑫	23己卯10	23戊申 9	23戊寅 8	23丁未 6	23丙子 5	23丙午 4	23乙亥 3	22甲辰 1	23乙亥 1
24壬午13	24辛亥14	24辛巳13	24辛亥13	24庚辰11	24己酉10	24己卯 9	24戊申 7	24丁丑⑥	24丁未 5	24丙子 4	23乙巳 2	24丙子②
25癸未14	25壬子15	25壬午⑭	25壬子14	25辛巳12	25庚戌11	25庚辰10	25己酉⑧	25戊寅 7	25戊申 6	25丁丑 5	24丙午 3	25丁丑 3
26甲申15	26癸丑16	26癸未15	26癸丑15	26壬午13	26辛亥12	26辛巳⑪	26庚戌 9	26己卯 8	26己酉 7	26戊寅 6	25丁未 4	26戊寅 4
27乙酉16	27甲寅⑰	27甲申16	27甲寅16	27癸未14	27壬子13	27壬午12	27辛亥10	27庚辰 9	27庚戌 8	27己卯 7	26戊申⑤	27己卯 5
28丙戌⑰	28乙卯18	28乙酉17	28乙卯17	28甲申15	28癸丑⑭	28癸未13	28壬子11	28辛巳10	28辛亥 9	28庚辰⑧	27己酉 6	28庚辰 6
29丁亥18	29丙辰19	29丙戌18	29丙辰18	29乙酉⑯	29甲寅15	29甲申14	29癸丑12	29壬午11	29壬子⑩	29辛巳 9	28庚戌 7	29辛巳 7
	30丁巳20	30丁亥19			30乙卯16			30癸未12		30壬午10	29辛亥 8	
											30壬子 9	
立春 12日 雨水 28日	啓蟄 14日 春分 29日	清明 14日 穀雨 29日	立夏15日	小満 1日 芒種 16日	夏至 2日 小暑 18日	大暑 3日 立秋 18日	処暑 4日 白露 19日	秋分 6日 寒露 21日	霜降 6日 立冬 21日	小雪 8日 大雪 23日	冬至 8日 小寒 23日	大寒 8日 立春 24日

宝亀3年（772－773） 壬子

1月	2月	3月	4月	5月	6月	7月	8月	9月	10月	11月	12月
1 壬午 8	1 壬子 9	1 壬午 8	1 辛亥 7	1 辛巳 6	1 庚戌⑤	1 庚辰 4	1 己酉 2	《10月》	1 戊申31	1 丁丑㉙	1 丁未29
2 癸未⑨	2 癸丑10	2 癸未 9	2 壬子 8	2 壬午⑦	2 辛亥 6	2 辛巳 5	2 庚戌 3	1 戊寅 1	《11月》	2 戊寅30	2 戊申30
3 甲申10	3 甲寅11	3 甲申10	3 癸丑 9	3 癸未 8	3 壬子 7	3 壬午 6	3 辛亥 4	2 己卯 2	2 己酉①	《12月》	3 己酉31
4 乙酉11	4 乙卯12	4 乙酉11	4 甲寅⑩	4 甲申 9	4 癸丑 8	4 癸未 7	4 壬子 5	3 庚辰 3	3 庚戌 2	3 己卯 1	773年
5 丙戌12	5 丙辰13	5 丙戌⑫	5 乙卯11	5 乙酉10	5 甲寅 9	5 甲申 8	5 癸丑⑥	4 辛巳④	4 辛亥 3	4 庚辰 2	《1月》
6 丁亥13	6 丁巳14	6 丁亥13	6 丙辰12	6 丙戌11	6 乙卯10	6 乙酉⑨	6 甲寅 7	5 壬午 5	5 壬子 4	5 辛巳 3	4 庚戌 1
7 戊子14	7 戊午⑮	7 戊子14	7 丁巳13	7 丁亥12	7 丙辰11	7 丙戌10	7 乙卯 8	6 癸未 6	6 癸丑 5	6 壬午 4	5 辛亥 2
8 己丑15	8 己未16	8 己丑15	8 戊午14	8 戊子13	8 丁巳⑫	8 丁亥11	8 丙辰 9	7 甲申 7	7 甲寅 6	7 癸未 5	6 壬子③
9 庚寅⑯	9 庚申17	9 庚寅16	9 己未15	9 己丑⑭	9 戊午13	9 戊子12	9 丁巳10	8 乙酉 8	8 乙卯 7	8 甲申⑥	7 癸丑 4
10辛卯17	10辛酉18	10辛卯17	10庚申16	10庚寅15	10己未14	10己丑13	10戊午11	9 丙戌 9	9 丙辰⑧	9 乙酉 7	8 甲寅 5
11壬辰18	11壬戌19	11壬辰18	11辛酉⑰	11辛卯16	11庚申15	11庚寅14	11己未12	10丁亥10	10丁巳 9	10丙戌 8	9 乙卯 6
12癸巳19	12癸亥20	12癸巳⑲	12壬戌18	12壬辰17	12辛酉16	12辛卯15	12庚申⑬	11戊子⑪	11戊午10	11丁亥 9	10丙辰 7
13甲午20	13甲子21	13甲午20	13癸亥19	13癸巳18	13壬戌17	13壬辰⑯	13辛酉14	12己丑12	12己未11	12戊子10	11丁巳 8
14乙未21	14乙丑㉒	14乙未21	14甲子20	14甲午19	14癸亥18	14癸巳17	14壬戌15	13庚寅13	13庚申12	13己丑11	12戊午 9
15丙申22	15丙寅23	15丙申22	15乙丑21	15乙未20	15甲子⑲	15甲午18	15癸亥16	14辛卯14	14辛酉13	14庚寅12	13己未⑩
16丁酉㉓	16丁卯24	16丁酉23	16丙寅22	16丙申㉑	16乙丑20	16乙未19	16甲子17	15壬辰15	15壬戌14	15辛卯⑬	14庚申11
17戊戌24	17戊辰25	17戊戌24	17丁卯23	17丁酉22	17丙寅21	17丙申20	17乙丑18	16癸巳16	16癸亥⑮	16壬辰14	15辛酉12
18己亥25	18己巳26	18己亥25	18戊辰㉔	18戊戌23	18丁卯22	18丁酉21	18丙寅19	17甲午17	17甲子16	17癸巳15	16壬戌13
19庚子26	19庚午27	19庚子㉖	19己巳25	19己亥24	19戊辰23	19戊戌22	19丁卯⑳	18乙未⑱	18乙丑17	18甲午16	17癸亥14
20辛丑27	20辛未28	20辛丑27	20庚午26	20庚子25	20己巳24	20己亥㉓	20戊辰21	19丙申19	19丙寅18	19乙未17	18甲子15
21壬寅28	21壬申㉙	21壬寅28	21辛未27	21辛丑26	21庚午25	21庚子24	21己巳22	20丁酉20	20丁卯19	20丙申18	19乙丑16
22癸卯29	22癸酉30	22癸卯29	22壬申28	22壬寅27	22辛未㉖	22辛丑25	22庚午23	21戊戌21	21戊辰20	21丁酉19	20丙寅⑰
《3月》	23甲戌31	23甲辰30	23癸酉29	23癸卯㉘	23壬申27	23壬寅26	23辛未24	22己亥22	22己巳21	22戊戌⑳	21丁卯18
23甲辰①	《4月》	《5月》	24甲戌30	24甲辰29	24癸酉28	24癸卯27	24壬申25	23庚子23	23庚午㉒	23己亥21	22戊辰19
24乙巳 2	24乙亥 1	24乙巳 1	25乙亥㉛	25乙巳30	25甲戌29	25甲辰28	25癸酉26	24辛丑24	24辛未23	24庚子22	23己巳20
25丙午 3	25丙子 2	25丙午 2	《6月》	《7月》	26乙亥30	26乙巳29	26甲戌㉗	25壬寅㉕	25壬申24	25辛丑23	24庚午21
26丁未 4	26丁丑 3	26丁未③	26丙子 1	26丙午 1	27丙子31	27丙午㉚	27乙亥28	26癸卯26	26癸酉25	26壬寅24	25辛未22
27戊申 5	27戊寅 4	27戊申 4	27丁丑 2	27丁未 2	《8月》	28丁未31	28丙子29	27甲辰27	27甲戌26	27癸卯25	26壬申23
28己酉 6	28己卯⑤	28己酉 5	28戊寅 3	28戊申 3	28丁丑 1	《9月》	29丁丑30	28乙巳28	28乙亥27	28甲辰26	27癸酉㉔
29庚戌 7	29庚辰 6	29庚戌 6	29己卯 4	29己酉 4	29戊寅②	29戊申 1		29丙午29	29丙子28	29乙巳㉗	28甲戌25
30辛亥⑧	30辛巳 7		30庚辰 5		30己卯 3			30丁未30		30丙午28	29乙亥26
											30丙子27
雨水 10日 啓蟄 25日	春分 10日 清明 26日	穀雨 11日 立夏 26日	小満 12日 芒種 27日	夏至 13日 小暑 28日	大暑 14日 立秋 29日	処暑 14日	白露 1日 秋分 16日	寒露 2日 霜降 17日	立冬 3日 小雪 18日	大雪 4日 冬至 19日	小寒 4日 大寒 20日

宝亀4年（773－774） 癸丑

1月	2月	3月	4月	5月	6月	7月	8月	9月	10月	11月	閏11月	12月
1 丁丑28	1 丙午26	1 丙子㉘	1 丙午27	1 乙亥26	1 乙巳25	1 甲戌24	1 甲辰23	1 癸酉21	1 癸卯21	1 壬申19	1 辛丑18	**1** 辛未17
2 戊寅29	2 丁未27	2 丁丑29	2 丁未28	2 丙子27	2 丙午26	2 乙亥㉕	2 乙巳24	2 甲戌22	2 甲辰22	2 癸酉20	2 壬寅⑲	2 壬申18
3 己卯30	3 戊申㉘	3 戊寅30	3 戊申29	3 丁丑28	3 丁未㉗	3 丙子26	3 丙午25	3 乙亥23	3 乙巳23	3 甲戌㉑	3 癸卯20	3 癸酉19
4 庚辰㉛	《3月》	4 己卯31	4 己酉30	4 戊寅29	4 戊申28	4 丁丑27	4 丁未26	4 丙子24	4 丙午㉔	4 乙亥22	4 甲辰21	4 甲戌20
《2月》	4 己酉 1	《4月》	《5月》	5 己卯㉚	5 己酉29	5 戊寅28	5 戊申27	5 丁丑25	5 丁未25	5 丙子23	5 乙巳22	5 乙亥21
5 辛巳 1	5 庚戌 2	5 庚辰 1	5 庚戌 1	6 庚辰31	6 庚戌30	6 己卯29	6 己酉28	6 戊寅㉖	6 戊申26	6 丁丑24	6 丙午23	6 丙子22
6 壬午 2	**6** 辛亥 3	6 辛巳 2	6 辛亥②	《6月》	《7月》	7 庚辰30	7 庚戌㉙	7 己卯27	7 己酉27	7 戊寅25	7 丁未24	7 丁丑㉓
7 癸未 3	7 壬子 4	**7** 壬午 3	**7** 壬子 3	7 辛巳 1	7 辛亥 1	8 辛巳31	8 辛亥30	8 庚辰28	8 庚戌28	8 己卯26	8 戊申25	8 戊寅24
8 甲申 4	8 癸丑 5	8 癸未④	8 癸丑 4	8 壬午 2	8 壬子 2	《8月》	9 壬子31	9 辛巳29	9 辛亥29	9 庚辰27	9 己酉㉖	9 己卯25
9 乙酉 5	9 甲寅 6	9 甲申 5	9 甲寅 5	**9** 癸未 3	**9** 癸丑 3	9 壬午①	《9月》	10壬午30	10壬子30	10辛巳㉘	10庚戌27	10庚辰26
10丙戌 6	10乙卯⑦	10乙酉 6	10乙卯 6	10甲申 4	10甲寅④	**10**癸未 2	10癸丑 1	《10月》	11癸丑㉛	11壬午29	11辛亥28	11辛巳27
11丁亥⑦	11丙辰 8	11丙戌 7	11丙辰 7	11乙酉 5	11乙卯 5	11甲申 3	**11**甲寅 2	11癸未 1	《11月》	12癸未30	12壬子29	12壬午28
12戊子 8	12丁巳 9	12丁亥 8	12丁巳 8	12丙戌⑥	12丙辰 6	12乙酉 4	12乙卯 3	**12**甲申 2	12甲寅 1	《12月》	13癸丑30	13癸未29
13己丑 9	13戊午10	13戊子 9	13戊午⑨	13丁亥 7	13丁巳 7	13丙戌 5	13丙辰 4	13乙酉③	**13**乙卯 2	13甲申 1	14甲寅31	14甲申㉚
14庚寅10	14己未11	14己丑10	14己未10	14戊子 8	14戊午 8	14丁亥 6	14丁巳⑤	14丙戌 4	14丙辰 3	**14**乙酉 2	**774年**	15乙酉31
15辛卯11	15庚申12	15庚寅⑪	15庚申11	15己丑 9	15己未 9	15戊子 7	15戊午 6	15丁亥 5	15丁巳 4	15丙戌 3	《1月》	《2月》
16壬辰12	16辛酉13	16辛卯12	16辛酉12	16庚寅10	16庚申10	16己丑⑧	16己未 7	16戊子 6	16戊午 5	16丁亥 4	15乙卯 1	**16**丙戌 1
17癸巳13	17壬戌⑭	17壬辰13	17壬戌13	17辛卯11	17辛酉⑪	17庚寅 9	17庚申 8	17己丑 7	17己未 6	17戊子⑤	**16**丙辰②	17丁亥 2
18甲午⑭	18癸亥15	18癸巳14	18癸亥14	18壬辰12	18壬戌12	18辛卯10	18辛酉 9	18庚寅 8	18庚申⑦	18己丑 6	17丁巳 3	18戊子 3
19乙未15	19甲子16	19甲午15	19甲子15	19癸巳⑬	19癸亥13	19壬辰11	19壬戌10	19辛卯 9	19辛酉 8	19庚寅 7	18戊午 4	19己丑 4
20丙申16	20乙丑17	20乙未16	20乙丑⑯	20甲午14	20甲子14	20癸巳12	20癸亥11	20壬辰⑩	20壬戌 9	20辛卯 8	19己未 5	20庚寅 5
21丁酉17	21丙寅18	21丙申17	21丙寅17	21乙未15	21乙丑15	21甲午13	21甲子⑫	21癸巳11	21癸亥10	21壬辰 9	20庚申 6	21辛卯⑥
22戊戌18	**22**丁卯19	**22**丁酉⑱	**22**丁卯18	22丙申16	22丙寅16	22乙未14	22乙丑13	22甲午12	22甲子11	22癸巳10	21辛酉 7	22壬辰 7
23己亥19	23戊辰20	23戊戌19	23戊辰19	23丁酉17	23丁卯17	23丙申⑮	23丙寅14	23乙未13	23乙丑12	23甲午11	22壬戌 8	23癸巳 8
24庚子20	24己巳㉑	24己亥20	24己巳20	**24**戊戌18	**24**戊辰⑱	24丁酉16	24丁卯15	24丙申14	24丙寅13	24乙未⑫	23癸亥⑨	24甲午 9
25辛丑㉑	25庚午22	25庚子21	25庚午21	25己亥19	25己巳19	25戊戌17	25戊辰16	25丁酉15	25丁卯⑭	25丙申13	24甲子10	25乙未10
26壬寅22	26辛未23	26辛丑22	26辛未22	26庚子⑳	26庚午20	**26**己亥18	**26**己巳17	26戊戌16	26戊辰15	26丁酉14	25乙丑11	26丙申11
27癸卯23	27壬申24	27壬寅23	27壬申㉓	27辛丑21	27辛未21	27庚子19	27庚午18	27己亥⑰	27己巳16	27戊戌15	26丙寅12	27丁酉12
28甲辰24	28癸酉25	28癸卯24	28癸酉24	28壬寅22	28壬申22	28辛丑20	28辛未⑲	**28**庚子18	**28**庚午17	28己亥16	27丁卯13	28戊戌⑬
29乙巳25	29甲戌26	29甲辰㉕	29甲戌25	29癸卯23	29癸酉23	29壬寅21	29壬申20	29辛丑19	29辛未18	**29**庚子17	28戊辰14	29己亥14
	30乙亥27	30乙巳26		30甲辰24		30癸卯㉒		30壬寅20			29己巳15	30庚子15
											30庚午⑯	
立春 5日 雨水 20日	啓蟄 6日 春分 22日	清明 7日 穀雨 22日	立夏 7日 小満 22日	芒種 9日 夏至 24日	小暑 9日 大暑 24日	立秋 10日 処暑 26日	白露 11日 秋分 26日	寒露 12日 霜降 28日	立冬 13日 小雪 28日	大雪 14日 冬至 29日	小寒16日	大寒 1日 立春 16日

宝亀5年（774－775） 甲寅

1月	2月	3月	4月	5月	6月	7月	8月	9月	10月	11月	12月
1 辛丑16	1 庚午17	1 庚子16	1 己巳⑮	1 己亥14	1 戊辰13	1 戊戌12	1 戊辰⑪	1 丁酉10	1 丁卯 9	1 丙申 8	1 丙寅 7
2 壬寅17	2 辛未18	2 辛丑⑰	2 庚午16	2 庚子15	2 己巳14	2 己亥13	2 己巳12	2 戊戌11	2 戊辰10	2 丁酉 9	2 丁卯⑧
3 癸卯18	**3** 壬申19	**3** 壬寅18	3 辛未17	3 辛丑16	3 庚午15	3 庚子⑭	3 庚午13	3 己亥12	3 己巳11	3 戊戌10	3 戊辰 9
4 甲辰19	4 癸酉⑳	4 癸卯19	4 壬申18	4 壬寅17	4 辛未16	4 辛丑15	4 辛未14	4 庚子13	4 庚午12	4 己亥⑪	4 己巳10
5 乙巳⑳	5 甲戌21	5 甲辰20	**5** 癸酉19	**5** 癸卯18	5 壬申⑰	5 壬寅16	5 壬申15	5 辛丑14	5 辛未⑬	5 庚子12	5 庚午11
6 丙午21	6 乙亥22	6 乙巳21	6 甲戌20	6 甲辰⑲	6 癸酉18	6 癸卯17	6 癸酉16	6 壬寅15	6 壬申14	6 辛丑13	6 辛未12
7 丁未22	7 丙子23	7 丙午22	7 乙亥21	7 乙巳20	**7** 甲戌19	**7** 甲辰18	**7** 甲戌17	7 癸卯⑯	7 癸酉15	7 壬寅14	7 壬申13
8 戊申23	8 丁丑24	8 丁未23	8 丙子㉒	8 丙午21	8 乙亥20	8 乙巳19	8 乙亥⑱	8 甲辰17	8 甲戌16	8 癸卯15	8 癸酉14
9 己酉24	9 戊寅25	9 戊申㉔	9 丁丑23	9 丁未22	9 丙子21	9 丙午20	9 丙子19	**9** 乙巳18	**9** 乙亥17	9 甲辰16	9 甲戌⑮
10庚戌25	10己卯26	10己酉25	10戊寅24	10戊申23	10丁丑22	10丁未㉑	10丁丑20	10丙午19	10丙子18	10乙巳17	10乙亥16
11辛亥26	11庚辰㉗	11庚戌26	11己卯25	11己酉24	11戊寅23	11戊申22	11戊寅21	11丁未20	11丁丑19	**11**丙午⑱	**11**丙子17
12壬子㉗	12辛巳28	12辛亥27	12庚辰26	12庚戌25	12己卯㉔	12己酉23	12己卯22	12戊申21	12戊寅⑳	12丁未19	12丁丑18
13癸丑28	13壬午29	13壬子28	13辛巳27	13辛亥㉖	13庚辰25	13庚戌24	13庚辰23	13己酉22	13己卯21	13戊申20	13戊寅19
《3月》	14癸未30	14癸丑29	14壬午28	14壬子27	14辛巳26	14辛亥25	14辛巳24	14庚戌㉓	14庚辰22	14己酉21	14己卯20
14甲寅 1	15甲申31	15甲寅30	15癸未㉙	15癸丑28	15壬午27	15壬子26	15壬午㉕	15辛亥24	15辛巳23	15庚戌22	15庚辰21
15乙卯 2	《4月》	《5月》	16甲申30	16甲寅29	16癸未28	16癸丑27	16癸未26	16壬子25	16壬午24	16辛亥23	16辛巳㉒
16丙辰 3	16乙酉 1	16乙卯①	17乙酉31	17乙卯30	17甲申29	17甲寅㉘	17甲申27	17癸丑26	17癸未25	17壬子24	17壬午23
17丁巳 4	17丙戌 2	17丙辰 2	《6月》	《7月》	18乙酉30	18乙卯29	18乙酉28	18甲寅27	18甲申26	18癸丑㉕	18癸未24
18戊午 5	**18**丁亥③	**18**丁巳 3	18丙戌 1	18丙辰 1	19丙戌㉛	19丙辰30	19丙戌29	19乙卯28	19乙酉㉗	19甲寅26	19甲申25
19己未⑥	19戊子 4	19戊午 4	19丁亥 2	19丁巳 2	《8月》	20丁巳31	20丁亥30	20丙辰29	20丙戌28	20乙卯27	20乙酉26
20庚申 7	20己丑 5	20己未 5	**20**戊子 3	**20**戊午③	20丁亥 1	《9月》	《10月》	21丁巳㉚	21丁亥29	21丙辰28	21丙戌27
21辛酉 8	21庚寅 6	21庚申 6	21己丑 4	21己未 4	21戊子 2	21戊午 1	21戊子 1	22戊午31	22戊子30	22丁巳29	22丁亥28
22壬戌 9	22辛卯 7	22辛酉 7	22庚寅⑤	22庚申 5	**22**己丑 3	**22**己未 2	22己丑②	《11月》	《12月》	23戊午30	23戊子㉙
23癸亥10	23壬辰 8	23壬戌⑧	23辛卯 6	23辛酉 6	23庚寅 4	23庚申 3	**23**庚寅 3	23己未 1	23己丑 1	24己未31	24己丑30
24甲子11	24癸巳 9	24癸亥 9	24壬辰 7	24壬戌 7	24辛卯 5	24辛酉④	24辛卯 4	**24**庚申 2	**24**庚寅 2	**775年**	25庚寅31
25乙丑12	25甲午⑩	25甲子10	25癸巳 8	25癸亥 8	25壬辰 6	25壬戌 5	25壬辰 5	25辛酉 3	25辛卯 3	《1月》	《2月》
26丙寅⑬	26乙未11	26乙丑11	26甲午 9	26甲子 9	26癸巳⑦	26癸亥 6	26癸巳 6	26壬戌 4	26壬辰④	25庚申①	**26**辛卯 1
27丁卯14	27丙申12	27丙寅12	27乙未10	27乙丑⑩	27甲午 8	27甲子 7	27甲午 7	27癸亥 5	27癸巳 5	**26**辛酉 2	27壬辰 2
28戊辰15	28丁酉13	28丁卯13	28丙申11	28丙寅11	28乙未 9	28乙丑 8	28乙未 8	28甲子⑥	28甲午 6	27壬戌 3	28癸巳 3
29己巳16	29戊戌14	29戊辰14	29丁酉⑫	29丁卯12	29丙申10	29丙寅 9	29丙申⑨	29乙丑 7	29乙未 7	28癸亥 4	29甲午 4
	30己亥15		30戊戌13		30丁酉11	30丁卯10		30丙寅 8		29甲子 5	
										30乙丑 6	
雨水 1日 啓蟄 17日	春分 3日 清明 18日	穀雨 3日 立夏 18日	小満 5日 芒種 20日	夏至 5日 小暑 20日	大暑 7日 立秋 22日	処暑 7日 白露 22日	秋分 7日 寒露 23日	霜降 9日 立冬 24日	小雪 9日 大雪 24日	冬至 11日 小寒 26日	大寒 11日 立春 26日

宝亀**6**年（775－776） 乙卯

1月	2月	3月	4月	5月	6月	7月	8月	9月	10月	11月	12月
1乙未⑤	1甲子6	1甲午5	**1**癸亥4	**1**癸巳3	1癸亥3	《8月》	1壬戌31	1壬辰30	1辛酉㉙	1辛卯28	1庚申27
2丙申6	2乙丑7	2乙未6	2甲子5	2甲午④	**2**甲子4	1壬辰1	《9月》	《10月》	2壬戌30	2壬辰29	2辛酉28
3丁酉7	3丙寅8	3丙申7	3乙丑6	3乙未5	3乙丑5	2癸巳2	2癸亥1	2癸巳①	3癸亥31	3癸巳30	3壬戌29
4戊戌8	4丁卯9	4丁酉8	4丙寅⑦	4丙申6	4丙寅6	**3**甲午3	**3**甲子2	3甲午2	《11月》	《12月》	4癸亥30
5己亥9	5戊辰10	5戊戌⑨	5丁卯8	5丁酉7	5丁卯7	4乙未4	4乙丑③	**4**乙未3	4甲子1	4甲午1	5甲子㉛
6庚子10	6己巳11	6己亥10	6戊辰9	6戊戌8	6戊辰8	5丙申5	5丙寅4	5丙申4	**5**乙丑2	5乙未2	**776**年
7辛丑11	7庚午⑫	7庚子11	7己巳10	7己亥9	7己巳⑨	6丁酉⑥	6丁卯5	6丁酉5	6丙寅3	**6**丙申③	《1月》
8壬寅⑫	8辛未13	8辛丑12	8庚午11	8庚子10	8庚午10	7戊戌7	7戊辰6	7戊戌6	7丁卯4	7丁酉4	6乙丑1
9癸卯13	9壬申14	9壬寅13	9辛未12	9辛丑⑪	9辛未11	8己亥8	8己巳7	8己亥7	8戊辰⑤	8戊戌5	**7**丙寅2
10甲辰14	10癸酉15	10癸卯14	10壬申13	10壬寅12	10壬申12	9庚子9	9庚午8	9庚子⑧	9己巳6	9己亥6	8丁卯3
11乙巳15	11甲戌16	11甲辰15	11癸酉⑭	11癸卯13	11癸酉13	10辛丑10	10辛未9	10辛丑9	10庚午7	10庚子7	9戊辰4
12丙午16	12乙亥17	12乙巳⑯	12甲戌15	12甲辰14	12甲戌14	11壬寅11	11壬申⑩	11壬寅10	11辛未8	11辛丑8	10己巳5
13丁未17	13丙子18	13丙午17	13乙亥16	13乙巳15	13乙亥15	12癸卯12	12癸酉11	12癸卯11	12壬申9	12壬寅9	11庚午6
14戊申18	**14**丁丑⑲	**14**丁未18	14丙子17	14丙午16	14丙子⑯	13甲辰⑬	13甲戌12	13甲辰12	13癸酉10	13癸卯⑩	12辛未⑦
15己酉⑲	15戊寅20	15戊申19	15丁丑18	15丁未17	15丁丑17	14乙巳14	14乙亥13	14乙巳13	14甲戌11	14甲辰11	13壬申8
16庚戌20	16己卯21	16己酉20	**16**戊寅19	**16**戊申⑱	16戊寅18	15丙午15	15丙子14	15丙午14	15乙亥⑫	15乙巳12	14癸酉9
17辛亥21	17庚辰22	17庚戌21	17己卯20	17己酉19	**17**己卯19	16丁未16	16丁丑15	16丁未⑮	16丙子13	16丙午13	15甲戌10
18壬子22	18辛巳23	18辛亥22	18庚辰㉑	18庚戌20	18庚辰20	17戊申17	17戊寅16	17戊申16	17丁丑14	17丁未14	16乙亥11
19癸丑23	19壬午24	19壬子㉓	19辛巳22	19辛亥21	19辛巳21	**18**己酉18	18己卯⑰	18己酉17	18戊寅15	18戊申15	17丙子12
20甲寅24	20癸未25	20癸丑24	20壬午23	20壬子22	20壬午22	19庚戌19	**19**庚辰18	**19**庚戌18	19己卯16	19己酉16	18丁丑13
21乙卯25	21甲申㉖	21甲寅25	21癸未24	21癸丑23	21癸未㉓	20辛亥⑳	20辛巳19	20辛亥19	20庚辰17	20庚戌⑰	19戊寅⑭
22丙辰㉖	22乙酉27	22乙卯26	22甲申25	22甲寅24	22甲申24	21壬子21	21壬午20	21壬子20	**21**辛巳18	**21**辛亥18	20己卯15
23丁巳27	23丙戌28	23丙辰27	23乙酉26	23乙卯㉕	23乙酉25	22癸丑22	22癸未21	22癸丑21	22壬午⑲	22壬子19	21庚辰16
24戊午28	24丁亥29	24丁巳28	24丙戌27	24丙辰26	24丙戌26	23甲寅23	23甲申22	23甲寅㉒	23癸未20	23癸丑20	**22**辛巳17
《3月》	25戊子30	25戊午29	25丁亥㉘	25丁巳27	25丁亥27	24乙卯24	24乙酉23	24乙卯23	24甲申21	24甲寅21	23壬午18
25己未1	26己丑31	26己未㉚	26戊子29	26戊午28	26戊子28	25丙辰25	25丙戌㉔	25丙辰24	25乙酉22	25乙卯22	24癸未19
26庚申2	《4月》	《5月》	27己丑30	27己未29	27己丑29	26丁巳26	26丁亥25	26丁巳25	26丙戌23	26丙辰23	25甲申20
27辛酉3	27庚寅1	27庚申1	28庚寅31	28庚申30	28庚寅㉚	27戊午㉗	27戊子26	27戊午26	27丁亥24	27丁巳㉔	26乙酉㉑
28壬戌4	28辛卯②	28辛酉2	《6月》	《7月》	29辛卯31	28己未28	28己丑27	28己未27	28戊子25	28戊午25	27丙戌22
29癸亥⑤	**29**壬辰3	29壬戌3	29辛卯1	29辛酉1		29庚申29	29庚寅28	29庚申28	29己丑㉖	29己未26	28丁亥23
	30癸巳4		30壬辰2	30壬戌②		30辛酉30	30辛卯29		30庚寅27		29戊子24
											30己丑25
雨水13日 啓蟄28日	春分14日 清明29日	穀雨14日	立夏1日 小満16日	芒種1日 夏至16日	小暑2日 大暑17日	立秋3日 処暑18日	白露3日 秋分19日	寒露4日 霜降19日	立冬5日 小雪21日	大雪6日 冬至21日	小寒7日 大寒22日

宝亀**7**年（776－777） 丙辰

1月	2月	3月	4月	5月	6月	7月	8月	閏8月	9月	10月	11月	12月
1庚寅26	1己未24	1戊子㉔	1戊午23	1丁亥22	1丁巳21	1丙戌20	1丙辰19	1丙戌18	**1**乙卯17	1乙酉16	1乙卯16	1甲申14
2辛卯27	2庚申㉕	2己丑25	2己未24	2戊子23	2戊午22	2丁亥㉑	2丁巳20	2丁亥19	2丙辰18	**2**丙戌⑰	**2**丙辰17	2乙酉15
3壬辰㉘	3辛酉26	3庚寅26	3庚申25	3己丑24	3己未㉓	3戊子22	3戊午21	3戊子20	3丁巳19	3丁亥18	3丁巳18	3丙戌16
4癸巳29	4壬戌27	4辛卯27	4辛酉26	4庚寅25	4庚申24	4己丑23	4己未22	4己丑21	4戊午⑳	4戊子19	4戊午19	**4**丁亥17
5甲午30	5癸亥28	5壬辰28	5壬戌27	5辛卯㉖	5辛酉25	5庚寅24	5庚申23	5庚寅㉒	5己未21	5己丑20	5己未20	5戊子18
6乙未31	6甲子29	6癸巳29	6癸亥㉘	6壬辰27	6壬戌26	6辛卯25	6辛酉24	6辛卯23	6庚申22	6庚寅21	6庚申21	6己丑⑲
《2月》	《3月》	7甲午30	7甲子29	7癸巳28	7癸亥27	7壬辰26	7壬戌㉕	7壬辰24	7辛酉23	7辛卯22	7辛酉㉒	7庚寅20
7丙申1	7乙丑1	8乙未㉛	8乙丑30	8甲午29	8甲子28	8癸巳27	8癸亥26	8癸巳25	8壬戌24	8壬辰23	8壬戌23	8辛卯21
8丁酉2	8丙寅2	《4月》	《5月》	9乙未30	9乙丑29	9甲午㉘	9甲子27	9甲午26	9癸亥25	9癸巳㉔	9癸亥24	9壬辰22
9戊戌3	**9**丁卯③	9丙申1	9丙寅1	10丙申31	10丙寅㉚	10乙未29	10乙丑28	10乙未27	10甲子26	10甲午25	10甲子25	10癸巳23
10己亥④	10戊辰4	**10**丁酉2	10丁卯2	《6月》	《7月》	11丙申30	11丙寅29	11丙申28	11乙丑㉗	11乙未26	11乙丑26	11甲午24
11庚子5	11己巳5	11戊戌3	**11**戊辰3	11丁酉1	11丁卯1	12丁酉31	12丁卯30	12丁酉㉙	12丙寅28	12丙申27	12丙寅27	12乙未25
12辛丑6	12庚午6	12己亥4	12己巳4	**12**戊戌②	12戊辰2	《8月》	13戊辰31	13戊戌30	13丁卯29	13丁酉28	13丁卯28	13丙申㉖
13壬寅7	13辛未7	13庚子5	13庚午⑤	13己亥3	**13**己巳3	13戊戌1	《9月》	《10月》	14戊辰30	14戊戌29	14戊辰㉙	14丁酉27
14癸卯8	14壬申8	14辛丑6	14辛未6	14庚子4	14庚午4	**14**己亥2	14己巳①	14己亥1	15己巳31	15己亥30	15己巳30	15戊戌28
15甲辰9	15癸酉9	15壬寅⑦	15壬申7	15辛丑5	15辛未5	15庚子3	**15**庚午2	**15**庚子2	《11月》	《12月》	16庚午31	16己亥29
16乙巳10	16甲戌⑩	16癸卯8	16癸酉8	16壬寅6	16壬申6	16辛丑④	16辛未3	16辛丑3	16庚午1	16庚子①	**777**年	17庚子30
17丙午⑪	17乙亥11	17甲辰9	17甲戌9	17癸卯7	17癸酉⑦	17壬寅5	17壬申4	17壬寅4	**17**辛未2	**17**辛丑2	《1月》	18辛丑31
18丁未12	18丙子12	18乙巳10	18乙亥10	18甲辰8	18甲戌8	18癸卯6	18癸酉5	18癸卯5	18壬申③	18壬寅3	**17**辛未1	《2月》
19戊申13	19丁丑13	19丙午11	19丙子11	19乙巳⑨	19乙亥9	19甲辰7	19甲戌6	19甲辰⑥	19癸酉4	19癸卯4	18壬申2	**19**壬寅1
20己酉14	20戊寅14	20丁未12	20丁丑⑫	20丙午10	20丙子10	20乙巳8	20乙亥7	20乙巳7	20甲戌5	20甲辰5	19癸酉3	20癸卯②
21庚戌15	21己卯15	21戊申13	21戊寅13	21丁未11	21丁丑11	21丙午9	21丙子⑧	21丙午8	21乙亥6	21乙巳6	20甲戌4	21甲辰3
22辛亥16	22庚辰16	22己酉⑭	22己卯14	22戊申12	22戊寅12	22丁未10	22丁丑9	22丁未9	22丙子7	22丙午7	21乙亥⑤	22乙巳4
23壬子17	23辛巳⑰	23庚戌15	23庚辰15	23己酉13	23己卯13	23戊申⑪	23戊寅10	23戊申10	23丁丑8	23丁未⑧	22丙子6	23丙午5
24癸丑⑱	**24**壬午18	24辛亥16	24辛巳16	24庚戌14	24庚辰⑭	24己酉12	24己卯11	24己酉11	24戊寅9	24戊申9	23丁丑7	24丁未6
25甲寅19	25癸未19	25壬子17	25壬午17	25辛亥15	25辛巳15	25庚戌13	25庚辰12	25庚戌12	25己卯⑩	25己酉10	24戊寅8	25戊申7
26乙卯20	26甲申20	**26**癸丑18	**26**癸未18	26壬子⑯	26壬午16	26辛亥14	26辛巳13	26辛亥⑬	26庚辰11	26庚戌11	25己卯9	26己酉8
27丙辰21	27乙酉21	27甲寅19	27甲申⑲	27癸丑17	27癸未17	27壬子15	27壬午14	27壬子14	27辛巳12	27辛亥12	26庚辰10	27庚戌⑨
28丁巳22	28丙戌22	28乙卯20	28乙酉20	**28**甲寅18	**28**甲申18	28癸丑16	28癸未⑮	28癸丑15	28壬午13	28壬子13	27辛巳11	28辛亥10
29戊午23	29丁亥23	29丙辰㉑	29丙戌21	29乙卯19	29乙酉19	**29**甲寅17	29甲申16	29甲寅16	29癸未14	29癸丑14	28壬午⑫	29壬子11
		30丁巳22		30丙辰20		30乙卯⑱	**30**乙酉17		30甲申15	30甲寅⑮	29癸未13	30癸丑12
立春8日 雨水23日	啓蟄9日 春分24日	清明10日 穀雨26日	立夏11日 小満26日	芒種12日 夏至28日	小暑13日 大暑28日	立秋14日 処暑29日	白露15日 秋分30日	寒露15日	霜降1日 立冬17日	小雪2日 大雪17日	冬至2日 小寒17日	大寒4日 立春19日

宝亀8年（777－778） 丁巳

1月	2月	3月	4月	5月	6月	7月	8月	9月	10月	11月	12月
1 甲寅13	1 癸未14	1 癸丑⑬	1 壬午12	1 辛亥10	1 辛巳10	1 庚戌 8	1 庚辰⑦	1 己酉 6	1 己卯 5	1 己酉 5	1 己卯④
2 乙卯14	2 甲申15	2 甲寅14	2 癸未13	2 壬子11	2 壬午11	2 辛亥 9	2 辛巳 8	2 庚戌 7	2 庚辰 6	2 庚戌 6	2 庚辰 5
3 丙辰15	3 乙酉⑯	3 乙卯15	3 甲申14	3 癸丑12	3 癸未12	3 壬子⑩	3 壬午 9	3 辛亥 8	3 辛巳 7	3 辛亥⑦	3 辛巳 6
4 丁巳⑯	4 丙戌17	4 丙辰16	4 乙酉15	4 甲寅13	4 甲申⑬	4 癸丑11	4 癸未10	4 壬子 9	4 壬午 8	4 壬子 8	4 壬午 7
5 戊午17	5 丁亥18	5 丁巳17	5 丙戌16	5 乙卯14	5 乙酉14	5 甲寅12	5 甲申11	5 癸丑10	5 癸未⑨	5 癸丑 9	5 癸未 8
6 己未18	**6** 戊子19	**6** 戊午18	6 丁亥17	6 丙辰⑮	6 丙戌15	6 乙卯13	6 乙酉12	6 甲寅11	6 甲申10	6 甲寅10	6 甲申 9
7 庚申19	7 己丑20	7 己未19	**7** 戊子⑱	7 丁巳16	7 丁亥16	7 丙辰14	7 丙戌13	7 乙卯⑫	7 乙酉11	7 乙卯11	7 乙酉10
8 辛酉20	8 庚寅21	8 庚申⑳	8 己丑19	8 戊午17	8 戊子17	8 丁巳15	8 丁亥⑭	8 丙辰13	8 丙戌12	8 丙辰12	8 丙戌⑪
9 壬戌21	9 辛卯22	9 辛酉21	9 庚寅20	**9** 己未18	**9** 己丑18	9 戊午16	9 戊子15	9 丁巳14	9 丁亥13	9 丁巳13	9 丁亥12
10 癸亥22	10 壬辰㉓	10 壬戌22	10 辛卯21	10 庚申19	10 庚寅19	10 己未⑰	10 己丑16	10 戊午15	10 戊子14	10 戊午⑭	10 戊子13
11 甲子㉓	11 癸巳24	11 癸亥23	11 壬辰22	11 辛酉20	11 辛卯⑳	**11** 庚申18	**11** 庚寅17	11 己未16	11 己丑15	11 己未15	11 己丑14
12 乙丑24	12 甲午25	12 甲子24	12 癸巳23	12 壬戌21	12 壬辰21	12 辛酉19	12 辛卯18	12 庚申17	12 庚寅⑯	12 庚申16	12 庚寅15
13 丙寅25	13 乙未26	13 乙丑25	13 甲午24	13 癸亥㉒	13 癸巳22	13 壬戌20	13 壬辰19	**13** 辛酉18	**13** 辛卯17	**13** 辛酉17	13 辛卯16
14 丁卯26	14 丙申27	14 丙寅26	14 乙未㉕	14 甲子23	14 甲午23	14 癸亥21	14 癸巳20	14 壬戌⑲	14 壬辰18	14 壬戌18	**14** 壬辰17
15 戊辰27	15 丁酉28	15 丁卯㉗	15 丙申26	15 乙丑24	15 乙未24	15 甲子22	15 甲午㉑	15 癸亥20	15 癸巳19	15 癸亥19	15 癸巳⑱
16 己巳28	16 戊戌29	16 戊辰28	16 丁酉27	16 丙寅25	16 丙申25	16 乙丑23	16 乙未22	16 甲子21	16 甲午20	16 甲子20	16 甲午19
《3月》	17 己亥㉚	17 己巳29	17 戊戌28	17 丁卯26	17 丁酉26	17 丙寅㉔	17 丙申23	17 乙丑22	17 乙未21	17 乙丑㉑	17 乙未20
17 庚午 1	18 庚子31	18 庚午30	18 己亥29	18 戊辰27	18 戊戌㉗	18 丁卯25	18 丁酉24	18 丙寅23	18 丙申22	18 丙寅22	18 丙申21
18 辛未②	《4月》	《5月》	19 庚子30	19 己巳28	19 己亥28	19 戊辰26	19 戊戌25	19 丁卯24	19 丁酉㉓	19 丁卯23	19 丁酉22
19 壬申 3	19 辛丑 1	19 辛未 1	20 辛丑31	20 庚午㉙	20 庚子29	20 己巳27	20 己亥26	20 戊辰25	20 戊戌24	20 戊辰24	20 戊戌23
20 癸酉 4	20 壬寅 2	20 壬申 2	《6月》	21 辛未30	21 辛丑30	21 庚午28	21 庚子27	21 己巳㉖	21 己亥25	21 己巳25	21 己亥24
21 甲戌 5	**21** 癸卯 3	**21** 癸酉 3	21 壬寅①	《7月》	22 壬寅31	22 辛未29	22 辛丑㉘	22 庚午27	22 庚子26	22 庚午26	22 庚子㉕
22 乙亥 6	22 甲辰 4	22 甲戌④	22 癸卯 2	22 壬申 1	《8月》	23 壬申30	23 壬寅29	23 辛未28	23 辛丑27	23 辛未27	23 辛丑26
23 丙子 7	23 乙巳 5	23 乙亥 5	**23** 甲辰 3	23 癸酉 2	23 癸卯 1	24 癸酉㉛	24 癸卯30	24 壬申29	24 壬寅28	24 壬申㉘	24 壬寅27
24 丁丑 8	24 丙午⑥	24 丙子 6	24 乙巳 4	**24** 甲戌 3	**24** 甲辰 2	《9月》	《10月》	25 癸酉30	25 癸卯29	25 癸酉29	25 癸卯28
25 戊寅⑨	25 丁未 7	25 丁丑 7	25 丙午 5	25 乙亥 4	25 乙巳③	25 甲戌 1	25 甲辰 1	26 甲戌31	26 甲辰㉚	26 甲戌30	26 甲辰29
26 己卯10	26 戊申 8	26 戊寅 8	26 丁未 6	26 丙子 5	26 丙午 4	**26** 乙亥 2	**26** 乙巳 2	《11月》	《12月》	27 乙亥31	27 乙巳30
27 庚辰11	27 己酉 9	27 己卯 9	27 戊申 7	27 丁丑⑥	27 丁未 5	27 丙子 3	27 丙午 3	27 乙亥 1	27 乙巳 1	**778年**	28 丙午31
28 辛巳12	28 庚戌10	28 庚辰10	28 己酉⑧	28 戊寅 7	28 戊申 6	28 丁丑 4	28 丁未 4	**28** 丙子②	**28** 丙午 2	《1月》	《2月》
29 壬午13	29 辛亥11	29 辛巳⑪	29 庚戌 9	29 己卯 8	29 己酉 7	29 戊寅 5	29 戊申⑤	29 丁丑 3	29 丁未 3	28 丙子 1	**29** 丁未①
	30 壬子12			30 庚辰 9		30 己卯 6		30 戊寅 4	30 戊申 4	**29** 丁丑 2	
										30 戊寅 3	

雨水 4日 啓蟄 19日	春分 6日 清明 21日	穀雨 6日 立夏 21日	小満 7日 芒種 23日	夏至 9日 小暑 24日	大暑 9日 立秋 24日	処暑 11日 白露 26日	秋分 11日 寒露 26日	霜降 13日 立冬 28日	小雪 13日 大雪 28日	冬至 13日 小寒 29日	大寒 14日 立春 29日

宝亀9年（778－779） 戊午

1月	2月	3月	4月	5月	6月	7月	8月	9月	10月	11月	12月
1 戊申 2	**1** 戊寅 4	1 丁未 2	1 丁丑 2	《6月》	1 丙子30	1 乙巳29	1 甲戌27	1 癸卯25	1 癸酉㉕	1 癸卯24	1 癸酉24
2 己酉 3	2 己卯 5	**2** 戊申 3	**2** 戊寅③	1 丁未 1	《7月》	2 丙午30	2 乙亥28	2 甲辰26	2 甲戌26	2 甲辰25	2 甲戌25
3 庚戌 4	3 庚辰 6	3 己酉 4	3 己卯 4	2 戊申 2	2 丁丑 1	3 丁未31	3 丙子29	3 乙巳㉗	3 乙亥27	3 乙巳26	3 乙亥26
4 辛亥 5	4 辛巳 7	4 庚戌⑤	4 庚辰 5	**3** 己酉 3	3 戊寅 2	《8月》	4 丁丑㉚	4 丙午28	4 丙子28	4 丙午27	4 丙子㉗
5 壬子 6	5 壬午⑧	5 辛亥 6	5 辛巳 6	4 庚戌 4	**4** 己卯 3	4 戊申 1	5 戊寅31	5 丁未29	5 丁丑29	5 丁未28	5 丁丑28
6 癸丑 7	6 癸未 9	6 壬子 7	6 壬午 7	5 辛亥 5	5 庚辰 4	5 己酉②	《9月》	6 戊申30	6 戊寅30	6 戊申㉙	6 戊寅29
7 甲寅⑧	7 甲申10	7 癸丑 8	7 癸未 8	6 壬子 6	6 辛巳⑤	**6** 庚戌 3	6 己卯 1	《10月》	7 己卯31	7 己酉30	7 己卯30
8 乙卯 9	8 乙酉11	8 甲寅 9	8 甲申 9	7 癸丑⑦	7 壬午 6	7 辛亥 4	**7** 庚辰 2	7 己酉 1	《11月》	《12月》	8 庚辰31
9 丙辰10	9 丙戌12	9 乙卯10	9 乙酉⑩	8 甲寅 8	8 癸未 7	8 壬子 5	8 辛巳 3	8 庚戌 2	8 庚辰①	8 庚戌 1	**779年**
10 丁巳11	10 丁亥13	10 丙辰11	10 丙戌11	9 乙卯 9	9 甲申 8	9 癸丑 6	9 壬午 4	**9** 辛亥 3	**9** 辛巳 2	**9** 辛亥 2	《1月》
11 戊午12	11 戊子14	11 丁巳⑫	11 丁亥12	10 丙辰10	10 乙酉 9	10 甲寅 7	10 癸未 5	10 壬子④	10 壬午 3	10 壬子 3	9 辛巳 1
12 己未13	12 己丑⑮	12 戊午13	12 戊子13	11 丁巳11	11 丙戌10	11 乙卯 8	11 甲申⑥	11 癸丑 5	11 癸未 4	11 癸丑 4	**10** 壬午 2
13 庚申14	13 庚寅16	13 己未14	13 己丑14	12 戊午12	12 丁亥11	12 丙辰⑨	12 乙酉 7	12 甲寅 6	12 甲申 5	12 甲寅 5	11 癸未③
14 辛酉⑮	14 辛卯17	14 庚申15	14 庚寅15	13 己未13	13 戊子⑫	13 丁巳10	13 丙戌 8	13 乙卯 7	13 乙酉 6	13 乙卯⑥	12 甲申 4
15 壬戌16	15 壬辰18	15 辛酉16	15 辛卯16	14 庚申⑭	14 己丑13	14 戊午11	14 丁亥 9	14 丙辰 8	14 丙戌 7	14 丙辰 7	13 乙酉 5
16 癸亥17	**16** 癸巳19	16 壬戌17	16 壬辰⑰	15 辛酉15	15 庚寅14	15 己未12	15 戊子10	15 丁巳 9	15 丁亥⑧	15 丁巳 8	14 丙戌 6
17 甲子18	17 甲午20	**17** 癸亥18	17 癸巳18	16 壬戌16	16 辛卯15	16 庚申13	16 己丑11	16 戊午10	16 戊子 9	16 戊午 9	15 丁亥 7
18 乙丑19	18 乙未21	18 甲子⑲	**18** 甲午19	17 癸亥17	17 壬辰16	17 辛酉14	17 庚寅12	17 己未⑪	17 己丑10	17 己未10	16 戊子 8
19 丙寅20	19 丙申㉒	19 乙丑20	19 乙未20	**18** 甲子18	18 癸巳17	18 壬戌15	18 辛卯⑬	18 庚申12	18 庚寅11	18 庚申11	17 己丑 9
20 丁卯21	20 丁酉23	20 丙寅21	20 丙申21	19 乙丑19	19 甲午18	19 癸亥⑯	19 壬辰14	19 辛酉13	19 辛卯12	19 辛酉12	18 庚寅⑩
21 戊辰㉒	21 戊戌24	21 丁卯22	21 丁酉22	20 丙寅20	**20** 乙未⑲	20 甲子17	20 癸巳15	20 壬戌14	20 壬辰13	20 壬戌⑬	19 辛卯11
22 己巳23	22 己亥25	22 戊辰23	22 戊戌23	21 丁卯㉑	21 丙申20	**21** 乙丑18	21 甲午16	21 癸亥15	21 癸巳14	21 癸亥14	20 壬辰12
23 庚午24	23 庚子26	23 己巳24	23 己亥㉔	22 戊辰22	22 丁酉21	22 丙寅19	**22** 乙未17	22 甲子16	22 甲午⑮	22 甲子15	21 癸巳13
24 辛未25	24 辛丑27	24 庚午25	24 庚子25	23 己巳23	23 戊戌22	23 丁卯20	23 丙申18	23 乙丑17	23 乙未16	23 乙丑16	22 甲午14
25 壬申26	25 壬寅28	25 辛未㉖	25 辛丑26	24 庚午24	24 己亥23	24 戊辰21	24 丁酉19	**24** 丙寅⑱	**24** 丙申17	24 丙寅17	23 乙未15
26 癸酉27	26 癸卯㉙	26 壬申27	26 壬寅27	25 辛未25	25 庚子24	25 己巳22	25 戊戌⑳	25 丁卯19	25 丁酉18	**25** 丁卯18	24 丙申16
27 甲戌28	27 甲辰30	27 癸酉28	27 癸卯28	26 壬申26	26 辛丑25	26 庚午㉓	26 己亥21	26 戊辰20	26 戊戌19	26 戊辰19	**25** 丁酉⑰
《3月》	28 乙巳31	28 甲戌29	28 甲辰29	27 癸酉27	27 壬寅㉖	27 辛未24	27 庚子22	27 己巳21	27 己亥20	27 己巳⑳	26 戊戌18
28 乙亥①	《4月》	29 乙亥30	29 乙巳30	28 甲戌㉘	28 癸卯27	28 壬申25	28 辛丑23	28 庚午22	28 庚子21	28 庚午21	27 己亥19
29 丙子 2	29 丙午 1	《5月》	30 丙午㉛	29 乙亥29	29 甲辰28	29 癸酉26	29 壬寅24	29 辛未23	29 辛丑㉒	29 辛未22	28 庚子20
30 丁丑 3		30 丙子 1						30 壬申24	30 壬寅23	30 壬申23	29 辛丑21

雨水 15日	啓蟄 1日 春分 16日	清明 2日 穀雨 17日	立夏 2日 小満 18日	芒種 3日 夏至 18日	小暑 4日 大暑 20日	立秋 6日 処暑 21日	白露 7日 秋分 22日	寒露 9日 霜降 24日	立冬 9日 小雪 24日	大雪 9日 冬至 25日	小寒 10日 大寒 25日

宝亀10年（779－780） 己未

1月	2月	3月	4月	5月	閏5月	6月	7月	8月	9月	10月	11月	12月
1 壬寅22	1 壬申㉑	1 壬寅23	1 辛未21	1 辛丑21	1 庚午19	1 己亥⑱	1 戊辰16	1 戊戌15	1 丁卯14	1 丁酉13	1 丁卯13	1 丁酉12
2 癸卯23	2 癸酉22	2 癸卯24	2 壬申22	2 壬寅22	2 辛未⑳	2 庚子19	2 己巳17	2 己亥16	2 戊辰15	2 戊戌⑭	2 戊辰14	2 戊戌13
3 甲辰㉔	3 甲戌23	3 甲辰25	3 癸酉23	3 癸卯㉓	3 壬申21	3 辛丑20	3 庚午18	3 庚子17	3 己巳16	3 己亥15	3 己巳15	3 己亥14
4 乙巳25	4 乙亥24	4 乙巳26	4 甲戌24	4 甲辰24	4 癸酉22	4 壬寅21	4 辛未19	4 辛丑18	4 庚午⑰	4 庚子16	4 庚午16	4 庚子15
5 丙午26	5 丙子25	5 丙午27	5 乙亥㉕	5 乙巳25	5 甲戌23	5 癸卯22	5 壬申20	5 壬寅⑲	5 辛未18	5 辛丑17	5 辛未17	5 辛丑⑯
6 丁未27	6 丁丑26	6 丁未㉘	6 丙子26	6 丙午26	6 乙亥24	6 甲辰23	6 癸酉21	6 癸卯20	6 壬申19	6 壬寅18	6 壬申18	6 壬寅17
7 戊申28	7 戊寅27	7 戊申29	7 丁丑27	7 丁未27	7 丙子25	7 乙巳24	7 甲戌㉒	7 甲辰21	7 癸酉20	7 癸卯19	7 癸酉⑲	7 癸卯18
8 己酉29	8 己卯㉘	8 己酉30	8 戊寅28	8 戊申28	8 丁丑26	8 丙午㉕	8 乙亥23	8 乙巳22	8 甲戌21	8 甲辰20	8 甲戌20	8 甲辰19
9 庚戌30	《3月》	9 庚戌31	9 己卯29	9 己酉29	9 戊寅㉗	9 丁未26	9 丙子24	9 丙午23	9 乙亥22	9 乙巳㉑	9 乙亥21	9 乙巳20
10 辛亥㉛	9 庚辰 1	《4月》	10 庚辰30	10 庚戌㉚	10 己卯28	10 戊申27	10 丁丑25	10 丁未24	10 丙子23	10 丙午22	10 丙子22	10 丙午21
《2月》	10 辛巳 2	10 辛亥 1	《5月》	11 辛亥31	11 庚辰29	11 己酉28	11 戊寅26	11 戊申25	11 丁丑㉔	11 丁未23	11 丁丑23	11 丁未22
11 壬子 1	11 壬午 3	11 壬子 2	11 辛巳 1	《6月》	12 辛巳30	12 庚戌29	12 己卯27	12 己酉㉖	12 戊寅25	12 戊申24	12 戊寅24	12 戊申㉓
12 癸丑 2	12 癸未 4	12 癸丑 3	12 壬午②	12 壬子 1	《7月》	13 辛亥30	13 庚辰28	13 庚戌27	13 己卯26	13 己酉25	13 己卯25	13 己酉24
13 甲寅 3	13 甲申 5	13 甲寅④	13 癸未 3	13 癸丑 2	13 壬午 1	14 壬子31	14 辛巳㉙	14 辛亥28	14 庚辰27	14 庚戌26	14 庚辰㉖	14 庚戌25
14 乙卯 4	14 乙酉 6	14 乙卯 5	14 甲申 4	14 甲寅 3	14 癸未 2	《8月》	15 壬午30	15 壬子29	15 辛巳28	15 辛亥27	15 辛巳27	15 辛亥26
15 丙辰 5	15 丙戌⑦	15 丙辰 6	15 乙酉 5	15 乙卯 4	15 甲申 3	15 癸丑①	16 癸未31	16 癸丑30	16 壬午29	16 壬子㉘	16 壬午28	16 壬子27
16 丁巳 6	16 丁亥 8	16 丁巳 7	16 丙戌 6	16 丙辰 5	16 乙酉④	16 甲寅 2	《9月》	《10月》	17 癸未30	17 癸丑29	17 癸未29	17 癸丑28
17 戊午⑦	17 戊子 9	17 戊午 8	17 丁亥 7	17 丁巳⑥	17 丙戌 5	17 乙卯 3	17 甲申 1	17 甲寅 1	18 甲申㉛	18 甲寅30	18 甲申30	18 甲寅29
18 己未 8	18 己丑10	18 己未 9	18 戊子 8	18 戊午 7	18 丁亥 6	18 丙辰 4	18 乙酉 2	18 乙卯 2	《11月》	《12月》	19 乙酉31	19 乙卯㉚
19 庚申 9	19 庚寅11	19 庚申10	19 己丑⑨	19 己未 8	19 戊子 7	19 丁巳 5	19 丙戌 3	19 丙辰③	19 乙酉 1	19 乙卯 1	780 年	20 丙辰31
20 辛酉10	20 辛卯12	20 辛酉⑪	20 庚寅10	20 庚申 9	20 己丑 8	20 戊午 6	20 丁亥 4	20 丁巳 4	20 丙戌 2	20 丙辰 2	《1月》	《2月》
21 壬戌11	21 壬辰13	21 壬戌12	21 辛卯11	21 辛酉10	21 庚寅 9	21 己未 7	21 戊子⑤	21 戊午 5	21 丁亥 3	21 丁巳 3	20 丙戌 1	21 丁巳 1
22 癸亥12	22 癸巳⑭	22 癸亥13	22 壬辰12	22 壬戌11	22 辛卯10	22 庚申⑧	22 己丑 6	22 己未 6	22 戊子 4	22 戊午 4	21 丁亥②	22 戊午 2
23 甲子13	23 甲午15	23 甲子14	23 癸巳13	23 癸亥12	23 壬辰⑪	23 辛酉 9	23 庚寅 7	23 庚申 7	23 己丑 5	23 己未⑤	22 戊子 3	23 己未 3
24 乙丑⑭	24 乙未16	24 乙丑15	24 甲午14	24 甲子⑬	24 癸巳12	24 壬戌10	24 辛卯 8	24 辛酉 8	24 庚寅 6	24 庚申 6	23 己丑 4	24 庚申 4
25 丙寅15	25 丙申17	25 丙寅16	25 乙未15	25 乙丑14	25 甲午13	25 癸亥11	25 壬辰 9	25 壬戌 9	25 辛卯⑦	25 辛酉 7	24 庚寅 5	25 辛酉 5
26 丁卯16	26 丁酉18	26 丁卯17	26 丙申⑯	26 丙寅15	26 乙未14	26 甲子12	26 癸巳10	26 癸亥⑩	26 壬辰 8	26 壬戌 8	25 辛卯 6	26 壬戌⑥
27 戊辰17	27 戊戌19	27 戊辰⑱	27 丁酉17	27 丁卯16	27 丙申15	27 乙丑13	27 甲午11	27 甲子11	27 癸巳 9	27 癸亥 9	26 壬辰 7	27 癸亥 7
28 己巳18	28 己亥20	28 己巳19	28 戊戌18	28 戊辰17	28 丁酉16	28 丙寅14	28 乙未⑫	28 乙丑12	28 甲午10	28 甲子10	27 癸巳 8	28 甲子 8
29 庚午19	29 庚子㉑	29 庚午20	29 己亥19	29 己巳18	29 戊戌17	29 丁卯⑮	29 丙申13	29 丙寅13	29 乙未11	29 乙丑11	28 甲午⑨	29 乙丑 9
30 辛未20	30 辛丑22		30 庚子20				30 丁酉14		30 丙申12	30 丙寅⑫	29 乙未10	30 丙寅10
											30 丙申11	
立春 11日 雨水 27日	啓蟄 12日 春分 27日	清明 12日 穀雨 27日	立夏 14日 小満 29日	芒種 14日 夏至 29日	小暑16日	大暑 2日 立秋 17日	処暑 3日 白露 18日	秋分 4日 寒露 19日	霜降 5日 立冬 20日	小雪 5日 大雪 21日	冬至 6日 小寒 21日	大寒 6日 立春 22日

宝亀11年（780－781） 庚申

1月	2月	3月	4月	5月	6月	7月	8月	9月	10月	11月	12月
1 丁卯11	1 丙申11	1 丙寅10	1 乙未 9	1 甲子 7	1 甲午 7	1 癸亥 5	1 壬辰③	1 壬戌 3	《11月》	《12月》	1 辛卯㉛
2 戊辰12	2 丁酉⑫	2 丁卯11	2 丙申10	2 乙丑 8	2 乙未 8	2 甲子⑥	2 癸巳 4	2 癸亥 4	1 辛卯 1	1 辛酉 1	781 年
3 己巳⑬	3 戊戌13	3 戊辰12	3 丁酉11	3 丙寅 9	3 丙申⑨	3 乙丑 7	3 甲午 5	3 甲子 5	2 壬辰 2	2 壬戌 2	《1月》
4 庚午14	4 己亥14	4 己巳13	4 戊戌12	4 丁卯10	4 丁酉10	4 丙寅 8	4 乙未 6	4 乙丑 6	3 癸巳 3	3 癸亥③	2 壬辰 1
5 辛未15	5 庚子15	5 庚午14	5 己亥13	5 戊辰⑪	5 戊戌11	5 丁卯 9	5 丙申 7	5 丙寅 7	4 甲午 4	4 甲子 4	3 癸巳 2
6 壬申16	6 辛丑16	6 辛未15	6 庚子⑭	6 己巳12	6 己亥12	6 戊辰10	6 丁酉 8	6 丁卯⑧	5 乙未⑤	5 乙丑 5	4 甲午 3
7 癸酉17	7 壬寅17	7 壬申⑯	7 辛丑15	7 庚午13	7 庚子13	7 己巳11	7 戊戌 9	7 戊辰 9	6 丙申 6	6 丙寅 6	5 乙未 4
8 甲戌18	8 癸卯18	8 癸酉17	8 壬寅16	8 辛未14	8 辛丑14	8 庚午12	8 己亥⑩	8 己巳10	7 丁酉 7	7 丁卯 7	6 丙申 5
9 乙亥19	9 甲辰⑲	9 甲戌18	9 癸卯17	9 壬申15	9 壬寅15	9 辛未⑬	9 庚子11	9 庚午11	8 戊戌 8	8 戊辰 8	7 丁酉 6
10 丙子⑳	10 乙巳20	10 乙亥19	10 甲辰18	10 癸酉16	10 癸卯⑯	10 壬申14	10 辛丑12	10 辛未12	9 己亥 9	9 己巳 9	8 戊戌⑦
11 丁丑21	11 丙午21	11 丙子20	11 乙巳19	11 甲戌17	11 甲辰17	11 癸酉15	11 壬寅13	11 壬申13	10 庚子10	10 庚午⑩	9 己亥 8
12 戊寅22	12 丁未22	12 丁丑21	12 丙午20	12 乙亥⑱	12 乙巳18	12 甲戌16	12 癸卯14	12 癸酉14	11 辛丑11	11 辛未11	10 庚子 9
13 己卯23	13 戊申23	13 戊寅22	13 丁未㉑	13 丙子19	13 丙午19	13 乙亥17	13 甲辰15	13 甲戌⑮	12 壬寅⑫	12 壬申12	11 辛丑10
14 庚辰24	14 己酉24	14 己卯㉓	14 戊申22	14 丁丑20	14 丁未20	14 丙子18	14 乙巳16	14 乙亥16	13 癸卯13	13 癸酉13	12 壬寅11
15 辛巳25	15 庚戌25	15 庚辰24	15 己酉23	15 戊寅21	15 戊申21	15 丁丑19	15 丙午⑰	15 丙子17	14 甲辰14	14 甲戌14	13 癸卯12
16 壬午26	16 辛亥㉖	16 辛巳25	16 庚戌24	16 己卯22	16 己酉22	16 戊寅⑳	16 丁未18	16 丁丑18	15 乙巳15	15 乙亥15	14 甲辰13
17 癸未㉗	17 壬子27	17 壬午26	17 辛亥25	17 庚辰23	17 庚戌㉓	17 己卯21	17 戊申19	17 戊寅19	16 丙午16	16 丙子16	15 乙巳⑭
18 甲申28	18 癸丑28	18 癸未27	18 壬子26	18 辛巳24	18 辛亥24	18 庚辰22	18 己酉20	18 己卯20	17 丁未17	17 丁丑⑰	16 丙午15
19 乙酉29	19 甲寅29	19 甲申28	19 癸丑27	19 壬午㉕	19 壬子25	19 辛巳23	19 庚戌21	19 庚辰21	18 戊申18	18 戊寅18	17 丁未16
《3月》	20 乙卯30	20 乙酉29	20 甲寅㉘	20 癸未26	20 癸丑26	20 壬午24	20 辛亥22	20 辛巳㉒	19 己酉⑲	19 己卯19	18 戊申17
20 丙戌 1	21 丙辰31	21 丙戌㉚	21 乙卯29	21 甲申27	21 甲寅27	21 癸未25	21 壬子23	21 壬午23	20 庚戌20	20 庚辰20	19 己酉18
21 丁亥 2	《4月》	《5月》	22 丙辰30	22 乙酉28	22 乙卯28	22 甲申26	22 癸丑㉔	22 癸未24	21 辛亥21	21 辛巳21	20 庚戌19
22 戊子 3	22 丁巳 1	22 丁亥 1	23 丁巳31	23 丙戌29	23 丙辰29	23 乙酉㉗	23 甲寅25	23 甲申25	22 壬子22	22 壬午22	21 辛亥20
23 己丑 4	23 戊午②	23 戊子 2	《6月》	24 丁亥30	24 丁巳㉚	24 丙戌28	24 乙卯26	24 乙酉26	23 癸丑23	23 癸未23	22 壬子㉑
24 庚寅⑤	24 己未 3	24 己丑 3	24 戊午 1	《7月》	25 戊午31	25 丁亥29	25 丙辰27	25 丙戌27	24 甲寅24	24 甲申㉔	23 癸丑22
25 辛卯 6	25 庚申 4	25 庚寅 4	25 己未 2	25 戊子 1	《8月》	26 戊子30	26 丁巳28	26 丁亥28	25 乙卯25	25 乙酉25	24 甲寅23
26 壬辰 7	26 辛酉 5	26 辛卯 5	26 庚申 3	26 己丑②	26 己未 1	27 己丑31	27 戊午29	27 戊子㉙	26 丙辰㉖	26 丙戌26	25 乙卯24
27 癸巳 8	27 壬戌 6	27 壬辰 6	27 辛酉④	27 庚寅 3	27 庚申 2	《9月》	28 己未30	28 己丑30	27 丁巳27	27 丁亥27	26 丙辰25
28 甲午 9	28 癸亥 7	28 癸巳⑦	28 壬戌 5	28 辛卯 4	28 辛酉 3	28 庚寅 1	《10月》	29 庚寅31	28 戊午28	28 戊子28	27 丁巳26
29 乙未10	29 甲子 8	29 甲午 8	29 癸亥 6	29 壬辰 5	29 壬戌 4	29 辛卯 2	29 庚申①		29 己未29	29 己丑29	28 戊午27
	30 乙丑⑨			30 癸巳 6			30 辛酉 2		30 庚申30	30 庚寅30	29 己未㉘
											30 庚申29
雨水 7日 啓蟄 22日	春分 8日 清明 23日	穀雨 9日 立夏 24日	小満 10日 芒種 25日	夏至 12日 小暑 27日	大暑 12日 立秋 27日	処暑 13日 白露 29日	秋分 15日 寒露 30日	霜降 15日	立冬 2日 小雪 17日	大雪 2日 冬至 17日	小寒 2日 大寒 18日

天応元年（781－782） 辛酉

改元 1/1（宝亀→天応）

1月	2月	3月	4月	5月	6月	7月	8月	9月	10月	11月	12月
1 辛酉30	1 庚寅28	1 庚申30	1 己丑28	1 己未28	1 戊子26	1 戊午26	1 丁亥24	1 丙辰22	1 丙戌22	1 乙卯20	1 乙酉20
2 壬戌31	《3月》	2 辛酉31	2 庚寅㉙	2 庚申29	2 己丑27	2 己未27	2 戊子25	2 丁巳㉓	2 丁亥23	2 丙辰21	2 丙戌21
《2月》	2 辛卯 1	《4月》	3 辛卯30	3 辛酉30	3 庚寅28	3 庚申28	3 己丑㉖	3 戊午24	3 戊子24	3 丁巳22	3 丁亥22
3 癸亥 1	3 壬辰 2	3 壬戌①	《5月》	4 壬戌31	4 辛卯29	4 辛酉㉙	4 庚寅27	4 己未25	4 己丑25	4 戊午23	4 戊子㉓
4 甲子 2	**4** 癸巳 3	4 癸亥 2	4 壬辰 1	《6月》	5 壬辰30	5 壬戌30	5 辛卯28	5 庚申26	5 庚寅26	5 己未24	5 己丑24
5 乙丑 3	5 甲午④	**5** 甲子 3	5 癸巳 2	5 癸亥 1	《7月》	6 癸亥31	6 壬辰29	6 辛酉27	6 辛卯27	6 庚申㉕	6 庚寅25
6 丙寅④	6 乙未 5	6 乙丑 4	**6** 甲午 3	6 甲子 2	6 癸巳①	《8月》	7 癸巳30	7 壬戌28	7 壬辰㉘	7 辛酉26	7 辛卯26
7 丁卯 5	7 丙申 6	7 丙寅 5	7 乙未 4	**7** 乙丑③	7 甲午 2	7 甲子 1	8 甲午31	8 癸亥29	8 癸巳29	8 壬戌27	8 壬辰27
8 戊辰 6	8 丁酉 7	8 丁卯 6	8 丙申 5	8 丙寅 4	**8** 乙未 3	**8** 乙丑 2	《9月》	9 甲子㉚	9 甲午30	9 癸亥28	9 癸巳28
9 己巳 7	9 戊戌 8	9 戊辰 7	9 丁酉⑥	9 丁卯 5	9 丙申 4	9 丙寅 3	9 乙未 1	《10月》	10乙未31	10甲子29	10甲午29
10庚午 8	10己亥 9	10己巳⑧	10戊戌 7	10戊辰 6	10丁酉 5	10丁卯 4	**10**丙申②	10乙丑 1	《11月》	11乙丑30	11乙未㉚
11辛未 9	11庚子10	11庚午 9	11己亥 8	11己巳 7	11戊戌 6	11戊辰⑤	11丁酉 3	**11**丙寅 2	11丙申 1	《12月》	12丙申31
12壬申10	12辛丑⑪	12辛未10	12庚子 9	12庚午 8	12己亥 7	12己巳 6	12戊戌 4	12丁卯 3	**12**丁酉 2	12丙寅 1	**782 年**
13癸酉⑪	13壬寅12	13壬申11	13辛丑10	13辛未 9	13庚子⑧	13庚午 7	13己亥 5	13戊辰 4	13戊戌 3	**13**丁卯②	《1月》
14甲戌12	14癸卯13	14癸酉12	14壬寅11	14壬申⑩	14辛丑 9	14辛未 8	14庚子 6	14己巳 5	14己亥④	14戊辰 3	13丁酉 1
15乙亥13	15甲辰14	15甲戌13	15癸卯12	15癸酉11	15壬寅10	15壬申 9	15辛丑 7	15庚午 6	15庚子 5	15己巳 4	**14**戊戌 2
16丙子14	16乙巳15	16乙亥14	16甲辰⑬	16甲戌12	16癸卯11	16癸酉10	16壬寅 8	16辛未⑦	16辛丑 6	16庚午 5	15己亥 3
17丁丑15	17丙午16	17丙子⑮	17乙巳14	17乙亥13	17甲辰12	17甲戌11	17癸卯⑨	17壬申 8	17壬寅 7	17辛未 6	16庚子 4
18戊寅16	18丁未17	18丁丑16	18丙午15	18丙子14	18乙巳13	18乙亥⑫	18甲辰10	18癸酉 9	18癸卯 8	18壬申 7	17辛丑 5
19己卯17	**19**戊申⑱	19戊寅17	19丁未16	19丁丑15	19丙午14	19丙子13	19乙巳11	19甲戌10	19甲辰 9	19癸酉 8	18壬寅⑥
20庚辰⑱	20己酉19	**20**己卯18	20戊申17	20戊寅16	20丁未⑮	20丁丑14	20丙午12	20乙亥11	20乙巳10	20甲戌⑨	19癸卯 7
21辛巳19	21庚戌20	21庚辰19	**21**己酉18	21己卯⑰	21戊申16	21戊寅15	21丁未13	21丙子12	21丙午⑪	21乙亥10	20甲辰 8
22壬午20	22辛亥21	22辛巳20	22庚戌19	**22**庚辰18	22己酉17	22己卯16	22戊申14	22丁丑13	22丁未12	22丙子11	21乙巳 9
23癸未21	23壬子22	23壬午21	23辛亥⑳	23辛巳19	**23**庚戌18	23庚辰17	23己酉15	23戊寅⑭	23戊申13	23丁丑12	22丙午10
24甲申22	24癸丑23	24癸未㉒	24壬子21	24壬午20	24辛亥19	**24**辛巳18	24庚戌⑯	24己卯15	24己酉14	24戊寅13	23丁未11
25乙酉23	25甲寅24	25甲申23	25癸丑22	25癸未21	25壬子20	25壬午⑲	**25**辛亥17	25庚辰16	25庚戌15	25己卯14	24戊申12
26丙戌24	26乙卯㉕	26乙酉24	26甲寅23	26甲申22	26癸丑21	26癸未20	26壬子18	26辛巳17	26辛亥16	26庚辰15	25己酉⑬
27丁亥㉕	27丙辰26	27丙戌25	27乙卯24	27乙酉23	27甲寅㉒	27甲申21	27癸丑19	**27**壬午18	**27**壬子17	27辛巳⑯	26庚戌14
28戊子26	28丁巳27	28丁亥26	28丙辰25	28丙戌㉔	28乙卯23	28乙酉22	28甲寅20	28癸未19	28癸丑⑱	**28**壬午17	27辛亥15
29己丑27	29戊午28	29戊子27	29丁巳26	29丁亥25	29丙辰24	29丙戌23	29乙卯21	29甲申20	29甲寅19	29癸未18	28壬子16
	30己未29		30戊午㉗		30丁巳25			30乙酉㉑		30甲申19	**29**癸丑17
立春 3日 雨水 18日	啓蟄 4日 春分 19日	清明 5日 穀雨 20日	立夏 6日 小満 21日	芒種 7日 夏至 22日	小暑 8日 大暑 23日	立秋 8日 処暑 24日	白露 10日 秋分 25日	寒露 11日 霜降 27日	立冬 12日 小雪 27日	大雪 13日 冬至 28日	小寒 14日 大寒 29日

延暦元年〔天応 2 年〕（782－783） 壬戌

改元 8/19（天応→延暦）

1月	閏1月	2月	3月	4月	5月	6月	7月	8月	9月	10月	11月	12月
1 甲寅18	1 甲申⑰	**1** 甲寅19	1 癸未17	1 癸丑17	1 癸未⑯	1 壬子15	1 壬午14	1 辛亥12	1 辛巳12	1 庚戌⑩	1 己卯 9	1 己酉 8
2 乙卯19	2 乙酉18	2 乙卯20	**2** 甲申18	2 甲寅18	2 甲申17	2 癸丑16	2 癸未15	2 壬子13	2 壬午⑬	2 辛亥11	2 庚辰10	2 庚戌 9
3 丙辰⑳	3 丙戌19	3 丙辰21	3 乙酉19	**3** 乙卯⑲	**3** 乙酉18	3 甲寅17	3 甲申16	3 癸丑14	3 癸未14	3 壬子12	3 辛巳11	3 辛亥10
4 丁巳21	4 丁亥20	4 丁巳22	4 丙戌20	4 丙辰20	4 丙戌19	**4** 乙卯18	4 乙酉17	4 甲寅⑮	4 甲申15	4 癸丑13	4 壬午12	4 壬子11
5 戊午22	5 戊子21	5 戊午23	5 丁亥㉑	5 丁巳21	5 丁亥20	5 丙辰19	**5** 丙戌⑱	5 乙卯16	5 乙酉16	5 甲寅14	5 癸未13	5 癸丑⑫
6 己未23	6 己丑22	6 己未㉔	6 戊子22	6 戊午22	6 戊子21	6 丁巳20	6 丁亥19	**6** 丙辰17	6 丙戌17	6 乙卯15	6 甲申14	6 甲寅13
7 庚申24	7 庚寅23	7 庚申25	7 己丑23	7 己未23	7 己丑22	7 戊午㉑	7 戊子20	7 丁巳18	**7** 丁亥18	7 丙辰16	7 乙酉⑮	7 乙卯14
8 辛酉25	8 辛卯㉔	8 辛酉26	8 庚寅24	8 庚申24	8 庚寅㉓	8 己未22	8 己丑21	8 戊午19	8 戊子19	**8** 丁巳⑰	8 丙戌16	8 丙辰15
9 壬戌26	9 壬辰25	9 壬戌27	9 辛卯25	9 辛酉25	9 辛卯24	9 庚申23	9 庚寅22	9 己未20	9 己丑⑳	9 戊午18	9 丁亥17	9 丁巳16
10癸亥㉗	10癸巳26	10癸亥28	10壬辰26	10壬戌㉖	10壬辰25	10辛酉24	10辛卯23	10庚申21	10庚寅21	10己未19	**10**戊子18	**10**戊午17
11甲子28	11甲午27	11甲子29	11癸巳27	11癸亥27	11癸巳26	11壬戌25	11壬辰24	11辛酉㉒	11辛卯22	11庚申20	11己丑19	11己未18
12乙丑29	12乙未28	12乙丑30	12甲午㉘	12甲子28	12甲午27	12癸亥26	12癸巳㉕	12壬戌23	12壬辰23	12辛酉21	12庚寅20	12庚申⑲
13丙寅30	《3月》	13丙寅㉛	13乙未29	13乙丑29	13乙未28	13甲子27	13甲午26	13癸亥24	13癸巳24	13壬戌22	13辛卯21	13辛酉20
14丁卯31	13丙申 1	《4月》	14丙申30	14丙寅30	14丙申29	14乙丑㉘	14乙未27	14甲子25	14甲午25	14癸亥23	14壬辰㉒	14壬戌21
《2月》	14丁酉 2	14丁卯 1	《5月》	15丁卯31	15丁酉㉚	15丙寅29	15丙申28	15乙丑26	15乙未26	15甲子㉔	15癸巳23	15癸亥22
15戊辰 1	15戊戌③	15戊辰 2	15丁酉 1	《6月》	《7月》	16丁卯30	16丁酉29	16丙寅27	16丙申㉗	16乙丑25	16甲午24	16甲子23
16己巳 2	**16**己亥 4	**16**己巳 3	16戊戌 2	16戊辰 1	16戊戌 1	17戊辰31	17戊戌30	17丁卯28	17丁酉28	17丙寅26	17乙未25	17乙丑24
17庚午③	17庚子 5	17庚午 4	**17**己亥 3	17己巳②	17己亥 2	《8月》	18己亥31	18戊辰㉙	18戊戌29	18丁卯27	18丙申26	18丙寅25
18辛未 4	18辛丑 6	18辛未 5	18庚子 4	**18**庚午 3	**18**庚子 3	18己巳 1	《9月》	*19*己巳30	19己亥30	19戊辰28	19丁酉27	19丁卯㉖
19壬申 5	19壬寅 7	19壬申 6	19辛丑⑤	19辛未 4	19辛丑 4	19庚午 2	19庚子①	《10月》	20庚子31	20己巳29	20戊戌28	20戊辰27
20癸酉 6	20癸卯 8	20癸酉⑦	20壬寅 6	20壬申 5	20壬寅 5	**20**辛未 3	**20**辛丑 2	20庚午 1	《11月》	21庚午30	21己亥㉙	21己巳28
21甲戌 7	21甲辰 9	21甲戌 8	21癸卯 7	21癸酉 6	21癸卯 6	21壬申④	21壬寅 3	21辛未 2	21辛丑 1	《12月》	22庚子30	22庚午29
22乙亥 8	22乙巳⑩	22乙亥 9	22甲辰 8	22甲戌 7	22甲辰⑦	22癸酉 5	22癸卯 4	**22**壬申 3	**22**壬寅 2	22辛未①	23辛丑31	23辛未30
23丙子 9	23丙午11	23丙子10	23乙巳 9	23乙亥 8	23乙巳 8	23甲戌 6	23甲辰 5	23癸酉 4	23癸卯③	**23**壬申 2	**783 年**	24壬申31
24丁丑⑩	24丁未12	24丁丑11	24丙午10	24丙子⑨	24丙午 9	24乙亥 7	24乙巳 6	24甲戌 5	24甲辰 4	24癸酉 3	《1月》	《2月》
25戊寅11	25戊申13	25戊寅12	25丁未11	25丁丑10	25丁未10	25丙子 8	25丙午 7	25乙亥⑥	25乙巳 5	25甲戌 4	24壬寅 1	**25**癸酉 1
26己卯12	26己酉14	26己卯13	26戊申⑫	26戊寅11	26戊申11	26丁丑 9	26丁未⑧	26丙子 7	26丙午 6	26乙亥 5	**25**癸卯 2	26甲戌②
27庚辰13	27庚戌15	27庚辰⑭	27己酉13	27己卯12	27己酉12	27戊寅10	27戊申 9	27丁丑 8	27丁未 7	27丙子 6	26甲辰 3	27乙亥 3
28辛巳14	28辛亥16	28辛巳15	28庚戌14	28庚辰13	28庚戌13	28己卯⑪	28己酉10	28戊寅 9	28戊申 8	28丁丑 7	27乙巳 4	28丙子 4
29壬午15	29壬子⑰	29壬午16	29辛亥15	29辛巳14	29辛亥⑭	29庚辰12	29庚戌11	29己卯10	29己酉 9	29戊寅⑧	28丙午⑤	29丁丑 5
30癸未16	30癸丑18		30壬子16	30壬午15		30辛巳13		30庚辰11			29丁未 6	
											30戊申 7	
立春 15日 雨水 30日	啓蟄16日	春分 1日 清明 16日	穀雨 2日 立夏 17日	小満 3日 芒種 18日	夏至 3日 小暑 18日	大暑 4日 立秋 20日	処暑 5日 白露 20日	秋分 6日 寒露 22日	霜降 7日 立冬 22日	小雪 8日 大雪 23日	冬至 10日 小寒 25日	大寒 10日 立春 25日

延暦**2**年（783－784） 癸亥

1月	2月	3月	4月	5月	6月	7月	8月	9月	10月	11月	12月
1戊寅6	1戊申8	1戊寅7	1丁未6	1丁丑5	**1**丙午4	**1**丙子③	1丙午2	《10月》	1乙巳31	1甲戌29	1甲辰29
2己卯7	2己酉⑨	2己卯8	2戊申7	2戊寅6	2丁未5	2丁丑4	2丁未3	1乙亥1	《11月》	2乙亥㉚	2乙巳30
3庚辰8	3庚戌10	3庚辰9	3己酉8	3己卯7	3戊申⑥	3戊寅5	3戊申4	2丙子2	2丙午1	《12月》	3丙午31
4辛巳⑨	4辛亥11	4辛巳10	4庚戌9	4庚辰⑧	4己酉7	4己卯6	4己酉5	**3**丁丑3	**3**丁未②	3丙子1	**784年**
5壬午10	5壬子12	5壬午11	5辛亥10	5辛巳9	5庚戌8	5庚辰7	5庚戌6	4戊寅4	4戊申3	4丁丑2	《1月》
6癸未11	6癸丑13	6癸未12	6壬子⑪	6壬午10	6辛亥9	6辛巳8	6辛亥⑦	5己卯⑤	5己酉4	**5**戊寅3	4丁未1
7甲申12	7甲寅14	7甲申⑬	7癸丑12	7癸未11	7壬子10	7壬午9	7壬子8	6庚辰6	6庚戌5	6己卯4	**5**戊申2
8乙酉13	8乙卯15	8乙酉14	8甲寅13	8甲申12	8癸丑11	8癸未⑩	8癸丑9	7辛巳7	7辛亥6	7庚辰5	6己酉3
9丙戌14	9丙辰⑯	9丙戌15	9乙卯14	9乙酉13	9甲寅12	9甲申11	9甲寅10	8壬午8	8壬子7	8辛巳6	7庚戌④
10丁亥15	10丁巳17	10丁亥16	10丙辰15	10丙戌14	10乙卯⑬	10乙酉12	10乙卯11	9癸未9	9癸丑8	9壬午⑦	8辛亥5
11戊子⑯	11戊午18	11戊子17	11丁巳16	11丁亥⑮	11丙辰14	11丙戌13	11丙辰12	10甲申10	10甲寅⑨	10癸未8	9壬子6
12己丑17	**12**己未19	**12**己丑18	12戊午17	12戊子16	12丁巳15	12丁亥14	12丁巳13	11乙酉11	11乙卯10	11甲申9	10癸丑7
13庚寅18	13庚申20	13庚寅19	13己未⑱	13己丑17	13戊午16	13戊子15	13戊午⑭	12丙戌⑫	12丙辰11	12乙酉10	11甲寅8
14辛卯19	14辛酉21	14辛卯⑳	**14**庚申19	**14**庚寅18	14己未17	14己丑16	14己未15	13丁亥13	13丁巳12	13丙戌11	12乙卯9
15壬辰20	15壬戌22	15壬辰21	15辛酉20	15辛卯19	15庚申18	15庚寅⑰	15庚申16	14戊子14	14戊午13	14丁亥12	13丙辰10
16癸巳21	16癸亥㉓	16癸巳22	16壬戌21	16壬辰20	**16**辛酉19	**16**辛卯18	16辛酉17	15己丑15	15己未14	15戊子13	14丁巳⑪
17甲午22	17甲子24	17甲午23	17癸亥22	17癸巳21	17壬戌⑳	17壬辰19	**17**壬戌18	16庚寅16	16庚申15	16己丑⑭	15戊午12
18乙未㉓	18乙丑25	18乙未24	18甲子23	18甲午㉒	18癸亥21	18癸巳20	18癸亥19	17辛卯17	17辛酉⑯	17庚寅15	16己未13
19丙申24	19丙寅26	19丙申25	19乙丑24	19乙未23	19甲子22	19甲午21	19甲子20	**18**壬辰18	**18**壬戌17	18辛卯16	17庚申14
20丁酉25	20丁卯27	20丁酉26	20丙寅㉕	20丙申24	20乙丑23	20乙未22	20乙丑㉑	19癸巳⑲	19癸亥18	19壬辰17	18辛酉15
21戊戌26	21戊辰28	21戊戌㉗	21丁卯26	21丁酉25	21丙寅24	21丙申23	21丙寅22	20甲午20	20甲子19	**20**癸巳18	19壬戌16
22己亥27	22己巳29	22己亥28	22戊辰27	22戊戌26	22丁卯25	22丁酉㉔	22丁卯23	21乙未21	21乙丑20	21甲午19	**20**癸亥17
23庚子28	23庚午㉚	23庚子29	23己巳28	23己亥27	23戊辰26	23戊戌25	23戊辰24	22丙申22	22丙寅21	22乙未20	21甲子⑱
《3月》	24辛未31	24辛丑30	24庚午29	24庚子28	24己巳㉗	24己亥26	24己巳25	23丁酉23	23丁卯22	23丙申㉑	22乙丑19
24辛丑1	《4月》	《5月》	25辛未30	25辛丑㉙	25庚午28	25庚子27	25庚午26	24戊戌24	24戊辰㉓	24丁酉22	23丙寅20
25壬寅②	25壬申1	25壬寅1	26壬申31	26壬寅30	26辛未29	26辛丑28	26辛未27	25己亥25	25己巳24	25戊戌23	24丁卯21
26癸卯3	26癸酉2	26癸卯2	《6月》	《7月》	27壬申30	27壬寅29	27壬申㉘	26庚子㉖	26庚午25	26己亥24	25戊辰22
27甲辰4	**27**甲戌3	27甲辰3	27癸酉①	27癸卯1	28癸酉31	28癸卯30	28癸酉29	27辛丑27	27辛未26	27庚子25	26己巳23
28乙巳5	28乙亥4	**28**乙巳④	28甲戌2	28甲辰2	《8月》	29甲辰㉛	29甲戌30	28壬寅28	28壬申27	28辛丑26	27庚午24
29丙午6	29丙子5	29丙午5	**29**乙亥3	29乙巳3	29甲戌1	《9月》		29癸卯29	29癸酉28	29壬寅27	28辛未㉕
30丁未7	30丁丑⑥		30丙子4		30乙亥2	30乙巳1		30甲辰30		30癸卯㉘	29壬申26

雨水12日 啓蟄27日	春分12日 清明27日	穀雨12日 立夏28日	小満14日 芒種29日	夏至14日	小暑1日 大暑16日	立秋1日 処暑16日	白露1日 秋分17日	寒露3日 霜降18日	立冬3日 小雪18日	大雪5日 冬至20日	小寒5日 大寒20日

延暦**3**年（784－785） 甲子

1月	2月	3月	4月	5月	6月	7月	8月	9月	閏9月	10月	11月	12月
1癸酉27	1壬寅25	1壬申26	1辛丑24	1辛未24	1庚子22	1庚午22	1庚子21	1己巳⑲	1己亥19	1己巳18	**1**戊戌17	1戊辰⑯
2甲戌28	2癸卯26	2癸酉27	2壬寅㉕	2壬申25	2辛丑23	2辛未23	2辛丑㉒	2庚午20	2庚子20	2庚午19	2己亥18	**2**己巳17
3乙亥29	3甲辰27	3甲戌㉘	3癸卯26	3癸酉26	3壬寅24	3壬申24	3壬寅23	3辛未21	3辛丑21	3辛未20	3庚子⑲	3庚午18
4丙子30	4乙巳28	4乙亥29	4甲辰27	4甲戌27	4癸卯25	4癸酉㉕	4癸卯24	4壬申22	4壬寅22	4壬申㉑	4辛丑20	4辛未19
5丁丑31	5丙午㉙	5丙子30	5乙巳28	5乙亥28	5甲辰26	5甲戌26	5甲辰25	5癸酉23	5癸卯23	5癸酉22	5壬寅21	5壬申20
《2月》	《3月》	6丁丑31	6丙午29	6丙子29	6乙巳㉗	6乙亥27	6乙巳26	6甲戌24	6甲辰㉔	6甲戌23	6癸卯22	6癸酉21
6戊寅①	6丁未1	《4月》	7丁未30	7丁丑㉚	7丙午28	7丙子28	7丙午27	7乙亥25	7乙巳25	7乙亥24	7甲辰23	7甲戌22
7己卯2	7戊申2	7戊寅1	《5月》	8戊寅31	8丁未29	8丁丑29	8丁未28	8丙子㉖	8丙午26	8丙子25	8乙巳24	8乙亥㉓
8庚辰3	**8**己酉3	**8**己卯2	8戊申1	《6月》	9戊申30	9戊寅30	9戊申㉙	9丁丑27	9丁未27	9丁丑26	9丙午25	9丙子24
9辛巳4	9庚戌4	9庚辰3	9己酉②	9己卯1	《7月》	10己卯31	10己酉30	10戊寅28	10戊申28	10戊寅27	10丁未㉖	10丁丑25
10壬午5	10辛亥5	10辛巳④	**10**庚戌3	**10**庚辰2	10己酉1	《8月》	11庚戌31	11己卯29	11己酉29	11己卯㉘	11戊申27	11戊寅26
11癸未6	11壬子6	11壬午5	11辛亥4	11辛巳3	11庚戌2	11庚辰①	《9月》	12庚辰30	12庚戌30	12庚辰29	12己酉28	12己卯27
12甲申7	12癸丑⑦	12癸未6	12壬子5	12壬午4	**12**辛亥3	**12**辛巳2	12辛亥1	《10月》	13辛亥㉛	13辛巳30	13庚戌29	13庚辰28
13乙酉⑧	13甲寅8	13甲申7	13癸丑6	13癸未5	13壬子④	13壬午3	**13**壬子2	13辛巳1	《11月》	《12月》	14辛亥30	14辛巳29
14丙戌9	14乙卯9	14乙酉8	14甲寅7	14甲申⑥	14癸丑5	14癸未4	14癸丑3	**14**壬午2	**14**壬子1	14壬午1	15壬子31	15壬午㉚
15丁亥10	15丙辰10	15丙戌9	15乙卯8	15乙酉7	15甲寅6	15甲申5	15甲寅4	15癸未③	15癸丑2	**15**癸未2	**785年**	16癸未31
16戊子11	16丁巳11	16丁亥10	16丙辰⑨	16丙戌8	16乙卯7	16乙酉6	16乙卯⑤	16甲申4	16甲寅3	16甲申3	《1月》	《2月》
17己丑12	17戊午12	17戊子⑪	17丁巳10	17丁亥9	17丙辰8	17丙戌7	17丙辰6	17乙酉5	17乙卯4	17乙酉4	**16**癸丑1	**17**甲申1
18庚寅13	18己未13	18己丑12	18戊午11	18戊子10	18丁巳9	18丁亥⑧	18丁巳7	18丙戌6	18丙辰5	18丙戌⑤	17甲寅②	18乙酉2
19辛卯14	19庚申⑭	19庚寅13	19己未12	19己丑11	19戊午10	19戊子9	19戊午8	19丁亥7	19丁巳6	19丁亥6	18乙卯3	19丙戌3
20壬辰⑮	20辛酉15	20辛卯14	20庚申13	20庚寅12	20己未⑪	20己丑10	20己未9	20戊子8	20戊午⑦	20戊子7	19丙辰4	20丁亥4
21癸巳16	21壬戌16	21壬辰15	21辛酉14	21辛卯⑬	21庚申12	21庚寅11	21庚申10	21己丑9	21己未8	21己丑8	20丁巳5	21戊子5
22甲午17	22癸亥17	22癸巳16	22壬戌15	22壬辰14	22辛酉13	22辛卯12	22辛酉11	22庚寅⑩	22庚申9	22庚寅9	21戊午6	22己丑⑥
23乙未18	**23**甲子18	23甲午17	23癸亥⑯	23癸巳15	23壬戌14	23壬辰13	23壬戌⑫	23辛卯11	23辛酉10	23辛卯10	22己未7	23庚寅7
24丙申19	24乙丑19	**24**乙未⑱	24甲子17	24甲午16	24癸亥15	24癸巳14	24癸亥13	24壬辰12	24壬戌11	24壬辰11	23庚申8	24辛卯8
25丁酉20	25丙寅20	25丙申19	**25**乙丑18	25乙未17	25甲子16	25甲午⑮	25甲子14	25癸巳13	25癸亥12	25癸巳⑫	24辛酉⑨	25壬辰9
26戊戌21	26丁卯㉑	26丁酉20	26丙寅19	**26**丙申18	26乙丑17	26乙未16	26乙丑15	26甲午14	26甲子13	26甲午13	25壬戌10	26癸巳10
27己亥㉒	27戊辰22	27戊戌21	27丁卯20	27丁酉19	**27**丙寅⑱	**27**丙申17	27丙寅16	27乙未15	27乙丑⑭	27乙未14	26癸亥11	27甲午11
28庚子23	28己巳23	28己亥22	28戊辰21	28戊戌⑳	28丁卯19	28丁酉18	**28**丁卯17	28丙申16	28丙寅15	28丙申15	27甲子12	28乙未12
29辛丑24	29庚午24	29庚子23	29己巳22	29己亥21	29戊辰20	29戊戌19	29戊辰18	**29**丁酉⑰	29丁卯16	29丁酉16	28乙丑13	29丙申⑬
	30辛未25		30庚午㉓		30己巳21	30己亥20		30戊戌18	**30**戊辰17		29丙寅14	
											30丁卯15	

立春7日 雨水22日	啓蟄8日 春分23日	清明8日 穀雨24日	立夏10日 小満25日	芒種10日 夏至26日	小暑12日 大暑27日	立秋12日 処暑27日	白露13日 秋分28日	寒露14日 霜降29日	立冬14日 小雪30日	大雪15日	冬至1日 小寒16日	大寒2日 立春17日

延暦**4**年（785－786） 乙丑

1月	2月	3月	4月	5月	6月	7月	8月	9月	10月	11月	12月
1 丁酉14 2 戊戌15 **3** 己亥16 4 庚子17 5 辛丑18 6 壬寅19 7 癸卯⑳ 8 甲辰21 9 乙巳22 10丙午23 11丁未24 12戊申25 13己酉26 14庚戌㉗ 15辛亥28 《3月》 16壬子 1 17癸丑 2 **18**甲寅 3 19乙卯 4 20丙辰 5 21丁巳⑥ 22戊午 7 23己未 8 24庚申 9 25辛酉10 26壬戌11 27癸亥12 28甲子⑬ 29乙丑14	1 丙寅15 2 丁卯16 3 戊辰17 **4** 己巳18 5 庚午19 6 辛未⑳ 7 壬申21 8 癸酉22 9 甲戌23 10乙亥24 11丙子25 12丁丑26 13戊寅㉗ 14己卯28 15庚辰29 16辛巳30 17壬午31 《4月》 18癸未 1 19甲申 2 **20**乙酉③ 21丙戌 4 22丁亥 5 23戊子 6 24己丑 7 25庚寅 8 26辛卯 9 27壬辰⑩ 28癸巳11 29甲午12 30乙未13	1 丙申14 2 丁酉15 3 戊戌16 4 己亥⑰ **5** 庚子18 6 辛丑19 7 壬寅20 8 癸卯21 9 甲辰22 10乙巳23 11丙午㉔ 12丁未25 13戊申26 14己酉27 15庚戌28 16辛亥29 17壬子30 《5月》 18癸丑① 19甲寅 2 **20**乙卯 3 21丙辰 4 22丁巳 5 23戊午 6 24己未 7 25庚申⑧ 26辛酉 9 27壬戌10 28癸亥11 29甲子12	1 乙丑13 2 丙寅14 3 丁卯⑮ 4 戊辰16 5 己巳17 **6** 庚午18 7 辛未19 8 壬申20 9 癸酉21 10甲戌㉒ 11乙亥23 12丙子24 13丁丑25 14戊寅26 15己卯27 16庚辰28 17辛巳㉙ 18壬午30 19癸未31 《6月》 20甲申 1 21乙酉 2 **22**丙戌 3 23丁亥 4 24戊子⑤ 25己丑 6 26庚寅 7 27辛卯 8 28壬辰 9 29癸巳10 30甲午11	1 乙未⑫ 2 丙申13 3 丁酉14 4 戊戌15 5 己亥16 6 庚子17 **7** 辛丑18 8 壬寅⑲ 9 癸卯20 10甲辰21 11乙巳22 12丙午23 13丁未24 14戊申25 15己酉㉖ 16庚戌27 17辛亥28 18壬子29 19癸丑30 《7月》 20甲寅 1 21乙卯 2 **22**丙辰③ 23丁巳 4 24戊午 5 25己未 6 26庚申 7 27辛酉 8 28壬戌 9 29癸亥⑩	1 甲子11 2 乙丑12 3 丙寅13 4 丁卯14 5 戊辰15 6 己巳16 7 庚午⑰ **8** 辛未18 9 壬申19 10癸酉20 11甲戌21 12乙亥22 13丙子23 14丁丑㉔ 15戊寅25 16己卯26 17庚辰27 18辛巳28 19壬午29 20癸未30 21甲申㉛ 《8月》 22乙酉 1 **23**丙戌 2 24丁亥 3 25戊子 4 26己丑 5 27庚寅 6 28辛卯⑦ 29壬辰 8 30癸巳 9	1 甲午10 2 乙未11 3 丙申12 4 丁酉13 5 戊戌⑭ 6 己亥15 7 庚子16 8 辛丑17 **9** 壬寅18 10癸卯19 11甲辰20 12乙巳㉑ 13丙午22 14丁未23 15戊申24 16己酉25 17庚戌26 18辛亥27 19壬子㉘ 20癸丑29 21甲寅30 22乙卯31 《9月》 23丙辰 1 **24**丁巳 2 25戊午 3 26己未④ 27庚申 5 28辛酉 6 29壬戌 7	1 癸亥 8 2 甲子 9 3 乙丑10 4 丙寅⑪ 5 丁卯12 6 戊辰13 7 己巳14 8 庚午15 9 辛未16 **10**壬申17 11癸酉⑱ 12甲戌19 13乙亥20 14丙子21 15丁丑22 16戊寅23 17己卯24 18庚辰㉕ 19辛巳26 20壬午27 21癸未28 22甲申29 23乙酉30 《10月》 24丙戌 1 **25**丁亥② 26戊子 3 27己丑 4 28庚寅 5 29辛卯 6 30壬辰 7	1 癸巳 8 2 甲午⑨ 3 乙未10 4 丙申11 5 丁酉12 6 戊戌13 7 己亥14 8 庚子15 9 辛丑⑯ 10壬寅17 **11**癸卯18 12甲辰19 13乙巳20 14丙午21 15丁未22 16戊申㉓ 17己酉24 18庚戌25 19辛亥26 20壬子27 21癸丑28 22甲寅29 23乙卯㉚ 24丙辰31 《11月》 25丁巳 1 **26**戊午 2 27己未 3 28庚申 4 29辛酉 5 30壬戌⑥	1 癸亥 7 2 甲子 8 3 乙丑 9 4 丙寅10 5 丁卯11 6 戊辰12 7 己巳⑬ 8 庚午14 9 辛未15 10壬申16 **11**癸酉17 12甲戌18 13乙亥19 14丙子⑳ 15丁丑21 16戊寅22 17己卯23 18庚辰24 19辛巳25 20壬午26 21癸未㉗ 22甲申28 23乙酉29 24丙戌30 《12月》 25丁亥 1 **26**戊子 2 27己丑 3 28庚寅④ 29辛卯 5 30壬辰 6	1 癸巳 7 2 甲午 8 3 乙未 9 4 丙申10 5 丁酉⑪ 6 戊戌12 7 己亥13 8 庚子14 9 辛丑15 10壬寅16 **11**癸卯17 12甲辰⑱ 13乙巳19 14丙午20 15丁未21 16戊申22 17己酉23 18庚戌24 19辛亥㉕ 20壬子26 21癸丑27 22甲寅28 23乙卯29 24丙辰30 25丁巳31 **786**年 《1月》 26戊午① **27**己未 2 28庚申 3 29辛酉 4	1 壬戌 5 2 癸亥 6 3 甲子 7 4 乙丑⑧ 5 丙寅 9 6 丁卯10 7 戊辰11 8 己巳12 9 庚午13 10辛未14 11壬申⑮ 12癸酉16 **13**甲戌17 14乙亥18 15丙子19 16丁丑20 17戊寅21 18己卯㉒ 19庚辰23 20辛巳24 21壬午25 22癸未26 23甲申27 24乙酉28 25丙戌㉙ 26丁亥30 27戊子31 《2月》 **28**己丑 1 29庚寅 2 30辛卯 3
雨水 3日 啓蟄 18日	春分 4日 清明 20日	穀雨 5日 立夏 20日	小満 6日 芒種 22日	夏至 7日 小暑 22日	大暑 8日 立秋 23日	処暑 9日 白露 24日	秋分 10日 寒露 25日	霜降 11日 立冬 26日	小雪 11日 大雪 26日	冬至 11日 小寒 27日	大寒 13日 立春 28日

延暦**5**年（786－787） 丙寅

1月	2月	3月	4月	5月	6月	7月	8月	9月	10月	11月	12月
1 壬辰 4 2 癸巳⑤ 3 甲午 6 4 乙未 7 5 丙申 8 6 丁酉 9 7 戊戌10 8 己亥11 9 庚子⑫ 10辛丑13 11壬寅14 12癸卯15 **13**甲辰16 14乙巳17 15丙午18 16丁未⑲ 17戊申20 18己酉21 19庚戌22 20辛亥23 21壬子24 22癸丑25 23甲寅㉖ 24乙卯27 25丙辰28 《3月》 26丁巳 1 27戊午 2 **28**己未 3 29庚申 4	1 辛酉⑤ 2 壬戌 6 3 癸亥 7 4 甲子 8 5 乙丑 9 6 丙寅10 7 丁卯11 8 戊辰⑫ 9 己巳13 10庚午14 11辛未15 12壬申16 13癸酉17 14甲戌18 **15**乙亥⑲ 16丙子20 17丁丑21 18戊寅22 19己卯23 20庚辰24 21辛巳25 22壬午㉖ 23癸未27 24甲申28 25乙酉29 26丙戌30 27丁亥31 《4月》 28戊子 1 29己丑②	**1** 庚寅 3 2 辛卯 4 3 壬辰 5 4 癸巳 6 5 甲午 7 6 乙未 8 7 丙申⑨ 8 丁酉10 9 戊戌11 10己亥12 11庚子13 12辛丑14 13壬寅15 14癸卯⑯ 15甲辰17 **16**乙巳18 17丙午19 18丁未20 19戊申21 20己酉22 21庚戌㉓ 22辛亥24 23壬子25 24癸丑26 25甲寅27 26乙卯28 27丙辰29 28丁巳㉚ 《5月》 29戊午 1 30己未 2	**1** 庚申 3 2 辛酉 4 3 壬戌 5 4 癸亥 6 5 甲子⑦ 6 乙丑 8 7 丙寅 9 8 丁卯10 9 戊辰11 10己巳12 11庚午13 12辛未⑭ 13壬申15 14癸酉16 15甲戌17 16乙亥18 **17**丙子19 18丁丑20 19戊寅㉑ 20己卯22 21庚辰23 22辛巳24 23壬午25 24癸未26 25甲申27 26乙酉㉘ 27丙戌29 28丁亥30 29戊子31	《6月》 1 己丑 1 2 庚寅 2 **3** 辛卯 3 4 壬辰④ 5 癸巳 5 6 甲午 6 7 乙未 7 8 丙申 8 9 丁酉 9 10戊戌10 11己亥⑪ 12庚子12 13辛丑13 14壬寅14 15癸卯15 16甲辰16 17乙巳17 **18**丙午⑱ 19丁未19 20戊申20 21己酉21 22庚戌22 23辛亥23 24壬子24 25癸丑㉕ 26甲寅26 27乙卯27 28丙辰28 29丁巳29 30戊午30	《7月》 1 己未 1 2 庚申② **3** 辛酉 3 4 壬戌 4 5 癸亥 5 6 甲子 6 7 乙丑 7 8 丙寅 8 9 丁卯⑨ 10戊辰10 11己巳11 12庚午12 13辛未13 14壬申14 15癸酉15 16甲戌⑯ 17乙亥17 **18**丙子18 19丁丑19 20戊寅20 21己卯21 22庚辰22 23辛巳㉓ 24壬午24 25癸未25 26甲申26 27乙酉27 28丙戌28 29丁亥29	1 戊子㉚ 2 己丑31 《8月》 3 庚寅 1 4 辛卯 2 **5** 壬辰 3 6 癸巳 4 7 甲午 5 8 乙未⑥ 9 丙申 7 10丁酉 8 11戊戌 9 12己亥10 13庚子11 14辛丑12 15壬寅⑬ 16癸卯14 17甲辰15 18乙巳16 19丙午17 **20**丁未18 21戊申19 22己酉⑳ 23庚戌21 24辛亥22 25壬子23 26癸丑24 27甲寅25 28乙卯26 29丙辰㉗	1 丁巳28 2 戊午29 3 己未30 4 庚申31 《9月》 5 辛酉 1 **6** 壬戌 2 7 癸亥③ 8 甲子 4 9 乙丑 5 10丙寅 6 11丁卯 7 12戊辰 8 13己巳 9 14庚午⑩ 15辛未11 16壬申12 17癸酉13 18甲戌14 19乙亥15 20丙子16 **21**丁丑⑰ 22戊寅18 23己卯19 24庚辰20 25辛巳21 26壬午22 27癸未23 28甲申㉔ 29乙酉25 30丙戌26	1 丁亥27 2 戊子28 3 己丑29 4 庚寅30 《10月》 5 辛卯① 6 壬辰 2 **7** 癸巳 3 8 甲午 4 9 乙未 5 10丙申 6 11丁酉 7 12戊戌⑧ 13己亥 9 14庚子10 15辛丑11 16壬寅12 17癸卯13 18甲辰14 19乙巳⑮ 20丙午16 21丁未17 **22**戊申18 23己酉19 24庚戌20 25辛亥21 26壬子㉒ 27癸丑23 28甲寅24 29乙卯25 30丙辰26	1 丁巳27 2 戊午28 3 己未㉙ 4 庚申30 5 辛酉31 《11月》 6 壬戌 1 **7** 癸亥 2 8 甲子 3 9 乙丑 4 10丙寅⑤ 11丁卯 6 12戊辰 7 13己巳 8 14庚午 9 15辛未10 16壬申11 17癸酉⑫ 18甲戌13 19乙亥14 20丙子15 21丁丑16 **22**戊寅17 23己卯18 24庚辰⑲ 25辛巳20 26壬午21 27癸未22 28甲申23 29乙酉24 30丙戌25	1 丁亥㉖ 2 戊子27 3 己丑28 4 庚寅29 5 辛卯30 《12月》 6 壬辰 1 **7** 癸巳 2 8 甲午③ 9 乙未 4 10丙申 5 11丁酉 6 12戊戌 7 13己亥 8 14庚子 9 15辛丑⑩ 16壬寅11 17癸卯12 18甲辰13 19乙巳14 20丙午15 21丁未16 22戊申⑰ **23**己酉18 24庚戌19 25辛亥20 26壬子21 27癸丑22 28甲寅23 29乙卯㉔	1 丙辰25 2 丁巳26 3 戊午27 4 己未28 5 庚申29 6 辛酉30 7 壬戌㉛ **787**年 《1月》 8 癸亥 1 **9** 甲子 2 10乙丑 3 11丙寅 4 12丁卯 5 13戊辰 6 14己巳⑦ 15庚午 8 16辛未 9 17壬申10 18癸酉11 19甲戌12 20乙亥13 21丙子⑭ 22丁丑15 23戊寅16 24己卯17 25庚辰18 26辛巳19 27壬午20 28癸未㉑ 29甲申22 30乙酉23
雨水 13日 啓蟄 28日	春分 15日	清明 1日 穀雨 16日	立夏 1日 小満 17日	芒種 3日 夏至 18日	小暑 3日 大暑 18日	立秋 5日 処暑 20日	白露 6日 秋分 21日	寒露 7日 霜降 22日	立冬 7日 小雪 22日	大雪 7日 冬至 23日	小寒 9日 大寒 24日

延暦**6**年（787－788） 丁卯

1月	2月	3月	4月	5月	閏5月	6月	7月	8月	9月	10月	11月	12月
1丙戌24	1丙辰23	1乙酉24	1乙卯23	1甲申22	1癸丑20	**1**壬午19	**1**壬子18	1辛巳⑯	1辛亥16	1辛巳15	1庚戌14	1庚辰⑬
2丁亥25	2丁巳24	2丙戌㉕	2丙辰24	2乙酉23	2甲寅21	2癸未20	2癸丑⑲	2壬午17	2壬子17	2壬午16	2辛亥15	2辛巳14
3戊子26	3戊午㉕	3丁亥26	3丁巳25	3丙戌24	3乙卯22	3甲申21	3甲寅20	**3**癸未18	**3**癸丑18	**3**癸未17	3壬子⑯	3壬午15
4己丑27	4己未26	4戊子27	4戊午26	4丁亥25	4丙辰23	4乙酉㉒	4乙卯21	4甲申19	4甲寅19	4甲申⑱	4癸丑17	4癸未16
5庚寅㉘	5庚申27	5己丑28	5己未27	5戊子26	5丁巳㉔	5丙戌23	5丙辰22	5乙酉20	5乙卯20	5乙酉19	**5**甲寅18	**5**甲申17
6辛卯29	6辛酉28	6庚寅29	6庚申28	6己丑㉗	6戊午25	6丁亥24	6丁巳23	6丙戌21	6丙辰㉑	6丙戌20	6乙卯19	6乙酉18
7壬辰30	〈3月〉	7辛卯30	7辛酉㉙	7庚寅28	7己未26	7戊子25	7戊午24	7丁亥22	7丁巳22	7丁亥21	7丙辰20	7丙戌19
8癸巳31	7壬戌1	8壬辰31	8壬戌30	8辛卯29	8庚申27	8己丑26	8己未25	8戊子㉓	8戊午23	8戊子22	8丁巳21	8丁亥⑳
〈2月〉	8癸亥2	〈4月〉	〈5月〉	9壬辰30	9辛酉28	9庚寅27	9庚申㉖	9己丑24	9己未24	9己丑23	9戊午22	9戊子21
9甲午1	9甲子3	9癸巳①	9癸亥1	10癸巳31	10壬戌29	10辛卯28	10辛酉27	10庚寅25	10庚申25	10庚寅24	10己未㉓	10己丑22
10乙未2	**10**乙丑④	10甲午2	10甲子2	〈6月〉	11癸亥30	11壬辰㉙	11壬戌28	11辛卯26	11辛酉26	11辛卯㉕	11庚申24	11庚寅23
11丙申3	11丙寅5	**11**乙未3	11乙丑3	11甲午1	〈7月〉	12癸巳30	12癸亥29	12壬辰27	12壬戌27	12壬辰26	12辛酉25	12辛卯24
12丁酉④	12丁卯6	12丙申4	**12**丙寅4	12乙未2	12甲子①	13甲午31	13甲子30	13癸巳28	13癸亥㉘	13癸巳27	13壬戌26	13壬辰25
13戊戌5	13戊辰7	13丁酉5	13丁卯5	**13**丙申③	13乙丑2	〈8月〉	14乙丑31	14甲午29	14甲子29	14甲午28	14癸亥27	14癸巳26
14己亥6	14己巳8	14戊戌6	14戊辰⑥	14丁酉4	**14**丙寅3	14乙未1	〈9月〉	15乙未㉚	15乙丑30	15乙未29	15甲子28	15甲午㉗
15庚子7	15庚午9	15己亥7	15己巳7	15戊戌5	15丁卯4	15丙申2	15丙寅1	〈10月〉	16丙寅31	16丙申30	16乙丑29	16乙未28
16辛丑8	16辛未10	16庚子⑧	16庚午8	16己亥6	16戊辰5	**16**丁酉3	**16**丁卯②	16丙申1	〈11月〉	〈12月〉	17丙寅㉚	17丙申29
17壬寅9	17壬申⑪	17辛丑9	17辛未9	17庚子7	17己巳6	17戊戌4	17戊辰3	17丁酉2	17丁卯1	17丁酉1	18丁卯31	18丁酉30
18癸卯10	18癸酉12	18壬寅10	18壬申10	18辛丑8	18庚午7	18己亥⑤	18己巳4	**18**戊戌3	**18**戊辰2	18戊戌②	**788年**	19戊戌31
19甲辰⑪	19甲戌13	19癸卯11	19癸酉11	19壬寅9	19辛未⑧	19庚子6	19庚午5	19己亥4	19己巳3	**19**己亥3	〈1月〉	〈2月〉
20乙巳12	20乙亥14	20甲辰12	20甲戌12	20癸卯⑩	20壬申9	20辛丑7	20辛未6	20庚子5	20庚午④	20庚子4	19戊辰1	20己亥1
21丙午13	21丙子15	21乙巳13	21乙亥⑬	21甲辰11	21癸酉10	21壬寅8	21壬申7	21辛丑6	21辛未5	21辛丑5	**20**己巳2	**21**庚子2
22丁未14	22丁丑16	22丙午14	22丙子14	22乙巳12	22甲戌11	22癸卯9	22癸酉8	22壬寅⑦	22壬申6	22壬寅6	21庚午3	22辛丑③
23戊申15	23戊寅17	23丁未⑮	23丁丑15	23丙午13	23乙亥12	23甲辰10	23甲戌⑨	23癸卯8	23癸酉7	23癸卯7	22辛未4	23壬寅4
24己酉16	24己卯⑱	24戊申16	24戊寅16	24丁未14	24丙子13	24乙巳11	24乙亥10	24甲辰9	24甲戌8	24甲辰8	23壬申5	24癸卯5
25庚戌17	**25**庚辰19	25己酉17	25己卯17	25戊申15	25丁丑14	25丙午⑫	25丙子11	25乙巳10	25乙亥9	25乙巳⑨	24癸酉⑥	25甲辰6
26辛亥⑱	26辛巳20	**26**庚戌18	26庚辰18	26己酉16	26戊寅⑮	26丁未13	26丁丑12	26丙午11	26丙子10	26丙午10	25甲戌7	26乙巳7
27壬子19	27壬午21	27辛亥19	**27**辛巳19	27庚戌⑰	27己卯16	27戊申14	27戊寅13	27丁未12	27丁丑⑪	27丁未11	26乙亥8	27丙午8
28癸丑20	28癸未22	28壬子20	28壬午⑳	**28**辛亥18	28庚辰17	28己酉15	28己卯14	28戊申13	28戊寅12	28戊申12	27丙子9	28丁未9
29甲寅21	29甲申23	29癸丑21	29癸未21	29壬子19	29辛巳18	29庚戌16	29庚辰15	29己酉⑭	29己卯13	29己酉13	28丁丑10	29戊申⑩
30乙卯22		30甲寅㉒				30辛亥17		30庚戌15	30庚辰14		29戊寅11	30己酉11
											30己卯12	
立春9日 雨水25日	啓蟄10日 春分25日	清明11日 穀雨26日	立夏12日 小満27日	芒種13日 夏至28日	小暑14日	大暑1日 立秋16日	処暑1日 白露16日	秋分3日 寒露18日	霜降3日 立冬18日	小雪3日 大雪19日	冬至5日 小寒20日	大寒5日 立春21日

延暦**7**年（788－789） 戊辰

1月	2月	3月	4月	5月	6月	7月	8月	9月	10月	11月	12月
1庚戌12	1庚辰13	1己酉11	1戊寅10	1戊申9	1丁丑8	1丙午6	1丙子5	1乙巳4	1乙亥3	**1**甲辰2	**789年**
2辛亥13	2辛巳14	2庚戌12	2己卯⑪	2己酉10	2戊寅9	2丁未7	2丁丑6	2丙午⑤	2丙子4	2乙巳3	〈1月〉
3壬子14	3壬午15	3辛亥⑬	3庚辰12	3庚戌11	3己卯10	3戊申8	3戊寅⑦	3丁未6	3丁丑5	3丙午4	**1**甲戌1
4癸丑15	4癸未⑯	4壬子14	4辛巳13	4辛亥12	4庚辰11	4己酉9	4己卯8	4戊申7	4戊寅6	4丁未5	2乙亥2
5甲寅16	5甲申17	5癸丑15	5壬午14	5壬子13	5辛巳12	5庚戌⑩	5庚辰9	5己酉8	5己卯7	5戊申6	3丙子3
6乙卯⑰	**6**乙酉18	6甲寅16	6癸未15	6癸丑14	6壬午⑬	6辛亥11	6辛巳10	6庚戌9	6庚辰8	6己酉⑦	4丁丑④
7丙辰18	7丙戌19	7乙卯17	7甲申16	7甲寅⑮	7癸未14	7壬子12	7壬午11	7辛亥10	7辛巳⑨	7庚戌8	5戊寅5
8丁巳19	8丁亥20	**8**丙辰18	8乙酉17	8乙卯16	8甲申15	8癸丑13	8癸未12	8壬子11	8壬午10	8辛亥9	6己卯6
9戊午20	9戊子21	9丁巳19	**9**丙戌⑱	9丙辰17	9乙酉16	9甲寅14	9甲申13	9癸丑⑫	9癸未11	9壬子10	7庚辰7
10己未21	10己丑22	10戊午⑳	10丁亥19	**10**丁巳18	10丙戌17	10乙卯15	10乙酉⑭	10甲寅13	10甲申12	10癸丑11	8辛巳8
11庚申22	11庚寅㉓	11己未21	11戊子20	11戊午19	**11**丁亥18	11丙辰16	11丙戌15	11乙卯14	11乙酉13	11甲寅12	9壬午9
12辛酉23	12辛卯24	12庚申22	12己丑21	12己未20	12戊子19	**12**丁巳⑰	12丁亥16	12丙辰15	12丙戌14	12乙卯13	10癸未10
13壬戌㉔	13壬辰25	13辛酉23	13庚寅22	13庚申21	13己丑⑳	13戊午18	**13**戊子17	13丁巳16	13丁亥15	13丙辰⑭	11甲申⑪
14癸亥25	14癸巳26	14壬戌24	14辛卯23	14辛酉㉒	14庚寅21	14己未19	14己丑18	**14**戊午17	14戊子⑯	14丁巳15	12乙酉12
15甲子26	15甲午27	15癸亥25	15壬辰24	15壬戌23	15辛卯22	15庚申20	15庚寅19	15己未18	**15**己丑17	15戊午16	13丙戌13
16乙丑27	16乙未28	16甲子26	16癸巳㉕	16癸亥24	16壬辰23	16辛酉21	16辛卯20	16庚申⑲	16庚寅18	**16**己未17	14丁亥14
17丙寅28	17丙申29	17乙丑㉗	17甲午26	17甲子25	17癸巳24	17壬戌22	17壬辰㉑	17辛酉20	17辛卯19	17庚申18	15戊子15
18丁卯29	18丁酉㉚	18丙寅28	18乙未27	18乙丑26	18甲午25	18癸亥23	18癸巳22	18壬戌21	18壬辰20	18辛酉19	16己丑16
〈3月〉	19戊戌31	19丁卯29	19丙申28	19丙寅27	19乙未26	19甲子㉔	19甲午23	19癸亥22	19癸巳21	19壬戌20	**17**庚寅17
19戊辰1	〈4月〉	20戊辰30	20丁酉29	20丁卯28	20丙申㉗	20乙丑25	20乙未24	20甲子23	20甲午22	20癸亥㉑	18辛卯⑱
20己巳②	20己亥1	〈5月〉	21戊戌30	21戊辰㉙	21丁酉28	21丙寅26	21丙申25	21乙丑24	21乙未㉓	21甲子22	19壬辰19
21庚午3	**21**庚子2	21己巳1	22己亥31	22己巳30	22戊戌29	22丁卯27	22丁酉26	22丙寅25	22丙申24	22乙丑23	20癸巳20
22辛未4	22辛丑3	22庚午2	〈6月〉	〈7月〉	23己亥30	23戊辰28	23戊戌27	23丁卯㉖	23丁酉25	23丙寅24	21甲午21
23壬申5	23壬寅4	**23**辛未3	23庚子①	23庚午1	24庚子31	24己巳29	24己亥㉘	24戊辰27	24戊戌26	24丁卯25	22乙未22
24癸酉6	24癸卯5	24壬申④	**24**辛丑2	24辛未2	〈8月〉	25庚午30	25庚子29	25己巳28	25己亥27	25戊辰26	23丙申23
25甲戌7	25甲辰⑥	25癸酉5	25壬寅3	**25**壬申3	25辛丑1	26辛未㉛	26辛丑30	26庚午29	26庚子28	26己巳27	24丁酉24
26乙亥8	26乙巳7	26甲戌6	26癸卯4	26癸酉4	**26**壬寅2	〈9月〉	〈10月〉	27辛未30	27辛丑29	27庚午㉘	25戊戌㉕
27丙子⑨	27丙午8	27乙亥7	27甲辰5	27甲戌5	27癸卯③	27壬申1	27壬寅1	28壬申31	28壬寅㉚	28辛未29	26己亥26
28丁丑10	28丁未9	28丙子8	28乙巳6	28乙亥⑥	28甲辰4	**28**癸酉2	**28**癸卯2	〈11月〉	〈12月〉	29壬申30	27庚子27
29戊寅11	29戊申10	29丁丑9	29丙午7	29丙子7	29乙巳5	29甲戌3	29甲辰3	**29**癸酉1	29癸卯1	30癸酉31	28辛丑28
30己卯12			30丁未⑧			30乙亥4		30甲戌②			29壬寅29
											30癸卯30
雨水6日 啓蟄21日	春分6日 清明21日	穀雨8日 立夏23日	小満9日 芒種24日	夏至10日 小暑25日	大暑11日 立秋26日	処暑12日 白露28日	秋分13日 寒露28日	霜降14日 立冬29日	小雪15日	大雪1日 冬至16日	小寒1日 大寒17日

延暦**8**年（789－790） 己巳

1月	2月	3月	4月	5月	6月	7月	8月	9月	10月	11月	12月
1 甲辰31	1 甲戌 2	1 癸卯31	1 癸酉30	1 壬寅29	1 壬申㉘	1 辛丑27	1 庚午25	1 庚子24	1 己巳23	1 己亥㉒	1 戊辰21
《2月》	**2** 乙亥 3	《4月》	《5月》	2 癸卯30	2 癸酉29	2 壬寅28	2 辛未26	2 辛丑25	2 庚午24	2 庚子23	2 己巳22
2 乙巳①	3 丙子 4	2 甲辰 1	2 甲戌 1	3 甲辰㉛	3 甲戌30	3 癸卯29	3 壬申27	3 壬寅26	3 辛未㉕	3 辛丑24	3 庚午23
3 丙午 2	4 丁丑 5	3 乙巳 2	3 乙亥 2	《6月》	《7月》	4 甲辰30	4 癸酉28	4 癸卯㉗	4 壬申26	4 壬寅25	4 辛未24
4 丁未 3	5 戊寅 6	**4** 丙午 3	**4** 丙子③	4 乙巳 1	4 乙亥 1	5 乙巳31	5 甲戌29	5 甲辰28	5 癸酉27	5 癸卯26	5 壬申25
5 戊申 4	6 己卯 7	5 丁未 4	5 丁丑 4	5 丙午 2	5 丙子 2	《8月》	6 乙亥㉚	6 乙巳29	6 甲戌28	6 甲辰27	6 癸酉26
6 己酉 5	7 庚辰⑧	6 戊申⑤	6 戊寅 5	**6** 丁未 3	**6** 丁丑 3	6 丙午 1	7 丙子31	7 丙午30	7 乙亥29	7 乙巳28	7 甲戌㉗
7 庚戌 6	8 辛巳 9	7 己酉 6	7 己卯 6	7 戊申 4	7 戊寅 4	**7** 丁未②	《9月》	《10月》	8 丙子30	8 丙午㉙	8 乙亥28
8 辛亥 7	9 壬午10	8 庚戌 7	8 庚辰 7	8 己酉 5	8 己卯⑤	8 戊申 3	8 丁丑 1	8 丁未 1	9 丁丑31	9 丁未30	9 丙子29
9 壬子⑧	10 癸未11	9 辛亥 8	9 辛巳 8	9 庚戌 6	9 庚辰 6	9 己酉 4	**9** 戊寅 2	**9** 戊申 2	《11月》	《12月》	10 丁丑30
10 癸丑 9	11 甲申12	10 壬子 9	10 壬午 9	10 辛亥⑦	10 辛巳 7	10 庚戌 5	10 己卯 3	10 己酉 3	10 戊寅①	10 戊申 1	11 戊寅31
11 甲寅10	12 乙酉13	11 癸丑10	11 癸未⑩	11 壬子 8	11 壬午 8	11 辛亥 6	11 庚辰 4	11 庚戌④	**11** 己卯 2	**11** 己酉 2	**790年**
12 乙卯11	13 丙戌14	12 甲寅11	12 甲申11	12 癸丑 9	12 癸未 9	12 壬子 7	12 辛巳 5	12 辛亥 5	12 庚辰 3	12 庚戌 3	《1月》
13 丙辰12	14 丁亥⑮	13 乙卯⑫	13 乙酉12	13 甲寅10	13 甲申10	13 癸丑 8	13 壬午⑥	13 壬子 6	13 辛巳 4	13 辛亥 4	12 己卯 1
14 丁巳13	15 戊子16	14 丙辰13	14 丙戌13	14 乙卯11	14 乙酉11	14 甲寅⑨	14 癸未 7	14 癸丑 7	14 壬午 5	14 壬子 5	**13** 庚辰 2
15 戊午14	16 己丑17	15 丁巳14	15 丁亥14	15 丙辰12	15 丙戌⑫	15 乙卯10	15 甲申 8	15 甲寅 8	15 癸未 6	15 癸丑⑥	14 辛巳③
16 己未⑮	**17** 庚寅18	16 戊午15	16 戊子15	16 丁巳13	16 丁亥13	16 丙辰11	16 乙酉 9	16 乙卯 9	16 甲申 7	16 甲寅 7	15 壬午 4
17 庚申16	18 辛卯19	17 己未16	17 己丑16	17 戊午⑭	17 戊子14	17 丁巳12	17 丙戌10	17 丙辰10	17 乙酉⑧	17 乙卯 8	16 癸未 5
18 辛酉17	19 壬辰20	18 庚申17	18 庚寅⑰	18 己未15	18 己丑15	18 戊午13	18 丁亥11	18 丁巳⑪	18 丙戌 9	18 丙辰 9	17 甲申 6
19 壬戌18	20 癸巳21	**19** 辛酉18	**19** 辛卯18	19 庚申16	19 庚寅16	19 己未14	19 戊子12	19 戊午12	19 丁亥10	19 丁巳10	18 乙酉 7
20 癸亥19	21 甲午㉒	20 壬戌⑲	20 壬辰19	20 辛酉17	20 辛卯17	20 庚申15	20 己丑⑬	20 己未13	20 戊子11	20 戊午11	19 丙戌 8
21 甲子20	22 乙未23	21 癸亥20	21 癸巳20	**21** 壬戌18	**21** 壬辰18	21 辛酉⑯	21 庚寅14	21 庚申14	21 己丑12	21 己未12	20 丁亥 9
22 乙丑21	23 丙申24	22 甲子21	22 甲午21	22 癸亥19	22 癸巳⑲	22 壬戌17	22 辛卯15	22 辛酉15	22 庚寅13	22 庚申⑬	21 戊子⑩
23 丙寅㉒	24 丁酉25	23 乙丑22	23 乙未22	23 甲子20	23 甲午20	**23** 癸亥18	23 壬辰16	23 壬戌16	23 辛卯14	23 辛酉14	22 己丑11
24 丁卯23	25 戊戌26	24 丙寅23	24 丙申23	24 乙丑㉑	24 乙未21	24 甲子19	**24** 癸巳17	24 癸亥17	24 壬辰⑮	24 壬戌15	23 庚寅12
25 戊辰24	26 己亥27	25 丁卯24	25 丁酉㉔	25 丙寅22	25 丙申22	25 乙丑20	25 甲午18	**25** 甲子⑱	25 癸巳16	25 癸亥16	24 辛卯13
26 己巳25	27 庚子28	26 戊辰25	26 戊戌25	26 丁卯23	26 丁酉23	26 丙寅21	26 乙未19	26 乙丑19	**26** 甲午17	**26** 甲子17	25 壬辰14
27 庚午26	28 辛丑㉙	27 己巳㉖	27 己亥26	27 戊辰24	27 戊戌24	27 丁卯22	27 丙申⑳	27 丙寅20	27 乙未18	27 乙丑18	26 癸巳15
28 辛未27	29 壬寅30	28 庚午27	28 庚子27	28 己巳25	28 己亥25	28 戊辰㉓	28 丁酉21	28 丁卯21	28 丙申19	28 丙寅19	27 甲午16
29 壬申28		29 辛未28	29 辛丑28	29 庚午26	29 庚子㉖	29 己巳24	29 戊戌22	29 戊辰22	29 丁酉20	29 丁卯⑳	**28** 乙未⑰
《3月》		30 壬申29		30 辛未27			30 己亥23		30 戊戌21		29 丙申18
30 癸酉①											30 丁酉19
立春 2日 雨水 17日	啓蟄 2日 春分 17日	清明 4日 穀雨 19日	立夏 4日 小満 19日	芒種 6日 夏至 21日	小暑 6日 大暑 21日	立秋 7日 処暑 23日	白露 9日 秋分 24日	寒露 9日 霜降 25日	立冬 11日 小雪 26日	大雪 11日 冬至 26日	小寒 13日 大寒 28日

延暦**9**年（790－791） 庚午

1月	2月	3月	閏3月	4月	5月	6月	7月	8月	9月	10月	11月	12月
1 戊戌20	1 戊辰19	1 戊戌㉑	1 丁卯19	**1** 丁酉19	1 丙寅17	1 丙申17	1 乙丑⑮	1 乙未14	1 甲子13	1 癸巳11	1 癸亥11	1 壬辰⑨
2 己亥21	2 己巳20	2 己亥22	2 戊辰20	2 戊戌20	**2** 丁卯18	**2** 丁酉⑱	2 丙寅16	2 丙申15	2 乙丑14	2 甲午12	2 甲子⑫	2 癸巳10
3 庚子22	3 庚午㉑	3 庚子23	3 己巳21	3 己亥21	3 戊辰19	3 戊戌19	3 丁卯17	3 丁酉16	3 丙寅15	3 乙未13	3 乙丑13	3 甲午11
4 辛丑23	4 辛未22	4 辛丑24	4 庚午22	4 庚子22	4 己巳⑳	4 己亥20	**4** 戊辰18	**4** 戊戌17	4 丁卯16	4 丙申⑭	4 丙寅14	4 乙未12
5 壬寅㉔	5 壬申23	5 壬寅25	5 辛未23	5 辛丑㉓	5 庚午21	5 庚子21	5 己巳19	5 己亥18	5 戊辰⑰	5 丁酉15	5 丁卯15	5 丙申13
6 癸卯25	6 癸酉24	6 癸卯26	6 壬申24	6 壬寅24	6 辛未22	6 辛丑22	6 庚午20	6 庚子⑲	**6** 己巳18	6 戊戌16	6 戊辰16	6 丁酉14
7 甲辰26	7 甲戌25	7 甲辰27	7 癸酉㉕	7 癸卯25	7 壬申23	7 壬寅23	7 辛未21	7 辛丑20	7 庚午19	**7** 己亥17	7 己巳17	7 戊戌15
8 乙巳27	8 乙亥26	8 乙巳㉘	8 甲戌26	8 甲辰26	8 癸酉24	8 癸卯24	8 壬申㉒	8 壬寅21	8 辛未20	8 庚子18	**8** 庚午18	8 己亥⑯
9 丙午28	9 丙子27	9 丙午29	9 乙亥27	9 乙巳27	9 甲戌25	9 甲辰㉕	9 癸酉23	9 癸卯22	9 壬申21	9 辛丑19	9 辛未⑲	**9** 庚子17
10 丁未29	10 丁丑㉘	10 丁未30	10 丙子28	10 丙午28	10 乙亥26	10 乙巳26	10 甲戌24	10 甲辰23	10 癸酉22	10 壬寅20	10 壬申20	10 辛丑18
11 戊申30	《3月》	11 戊申31	11 丁丑29	11 丁未29	11 丙子㉗	11 丙午27	11 乙亥25	11 乙巳24	11 甲戌23	11 癸卯㉑	11 癸酉21	11 壬寅19
12 己酉㉛	11 戊寅 1	《4月》	12 戊寅30	12 戊申㉚	12 丁丑28	12 丁未28	12 丙子26	12 丙午25	12 乙亥㉔	12 甲辰22	12 甲戌22	12 癸卯20
《2月》	12 己卯 2	12 己酉 1	《5月》	13 己酉31	13 戊寅29	13 戊申29	13 丁丑27	13 丁未㉖	13 丙子25	13 乙巳23	13 乙亥23	13 甲辰21
13 庚戌 1	**13** 庚辰 3	13 庚戌 2	13 己卯 1	《6月》	14 己卯30	14 己酉30	14 戊寅28	14 戊申27	14 丁丑26	14 丙午24	14 丙子24	14 乙巳22
14 辛亥 2	14 辛巳 4	**14** 辛亥 3	14 庚辰②	14 庚戌 1	《7月》	15 庚戌31	15 己卯㉙	15 己酉28	15 戊寅27	15 丁未25	15 丁丑25	15 丙午㉓
15 壬子 3	15 壬午 5	15 壬子④	**15** 辛巳 3	15 辛亥 2	15 庚辰 1	《8月》	16 庚辰30	16 庚戌29	16 己卯28	16 戊申26	16 戊寅㉖	16 丁未24
16 癸丑 4	16 癸未 6	16 癸丑 5	16 壬午 4	**16** 壬子 3	16 辛巳 2	16 辛亥①	17 辛巳31	17 辛亥30	17 庚辰29	17 己酉27	17 己卯27	17 戊申25
17 甲寅 5	17 甲申⑦	17 甲寅 6	17 癸未 5	17 癸丑 4	**17** 壬午 3	17 壬子 2	《9月》	《10月》	18 辛巳30	18 庚戌㉘	18 庚辰28	18 己酉26
18 乙卯 6	18 乙酉 8	18 乙卯 7	18 甲申 6	18 甲寅 5	18 癸未④	**18** 癸丑 3	18 壬午 1	18 壬子 1	19 壬午㉛	19 辛亥29	19 辛巳29	19 庚戌27
19 丙辰⑦	19 丙戌 9	19 丙辰 8	19 乙酉 7	19 乙卯⑥	19 甲申 5	19 甲寅 4	**19** 癸未 2	19 癸丑 2	《11月》	20 壬子30	20 壬午30	20 辛亥28
20 丁巳 8	20 丁亥10	20 丁巳 9	20 丙戌 8	20 丙辰 7	20 乙酉 6	20 乙卯 5	20 甲申 3	**20** 甲寅③	20 癸未 1	《12月》	21 癸未31	21 壬子29
21 戊午 9	21 戊子11	21 戊午10	21 丁亥⑨	21 丁巳 8	21 丙戌 7	21 丙辰 6	21 乙酉 4	21 乙卯 4	**21** 甲申 2	21 癸丑 1	**791年**	22 癸丑㉚
22 己未10	22 己丑12	22 己未⑪	22 戊子10	22 戊午 9	22 丁亥 8	22 丁巳 7	22 丙戌⑤	22 丙辰 5	22 乙酉 3	**22** 甲寅 2	《1月》	23 甲寅31
23 庚申11	23 庚寅13	23 庚申12	23 己丑11	23 己未10	23 戊子 9	23 戊午⑧	23 丁亥 6	23 丁巳 6	23 丙戌 4	23 乙卯 3	22 甲申 1	《2月》
24 辛酉12	24 辛卯⑭	24 辛酉13	24 庚寅12	24 庚申11	24 己丑10	24 己未 9	24 戊子 7	24 戊午 7	24 丁亥 5	24 丙辰 4	**23** 乙酉②	**24** 乙卯 1
25 壬戌13	25 壬辰15	25 壬戌14	25 辛卯13	25 辛酉12	25 庚寅⑪	25 庚申10	25 己丑 8	25 己未 8	25 戊子 6	25 丁巳⑤	24 丙戌 3	25 丙辰 2
26 癸亥⑭	26 癸巳16	26 癸亥15	26 壬辰14	26 壬戌⑬	26 辛卯12	26 辛酉11	26 庚寅 9	26 庚申 9	26 己丑⑦	26 戊午 6	25 丁亥 4	26 丁巳 3
27 甲子15	27 甲午17	27 甲子16	27 癸巳15	27 癸亥14	27 壬辰13	27 壬戌12	27 辛卯10	27 辛酉⑩	27 庚寅 8	27 己未 7	26 戊子 5	27 戊午 4
28 乙丑16	28 乙未18	28 乙丑17	28 甲午⑯	28 甲子15	28 癸巳14	28 癸亥13	28 壬辰11	28 壬戌11	28 辛卯 9	28 庚申 8	27 己丑 6	28 己未 5
29 丙寅17	**29** 丙申19	**29** 丙寅⑱	29 乙未17	29 乙丑16	29 甲午15	29 甲子14	29 癸巳⑫	29 癸亥12	29 壬辰10	29 辛酉 9	28 庚寅 7	29 庚申⑥
30 丁卯18	30 丁酉20		30 丙申18		30 乙未16		30 甲午13			30 壬戌10	29 辛卯 8	30 辛酉 7
立春 13日 雨水 28日	啓蟄 13日 春分 29日	清明 14日 穀雨 29日	立夏15日	小満 1日 芒種 16日	夏至 2日 小暑 17日	大暑 2日 立秋 18日	処暑 4日 白露 19日	秋分 4日 寒露 20日	霜降 6日 立冬 21日	小雪 7日 大雪 22日	冬至 8日 小寒 23日	大寒 9日 立春 24日

延暦10年（791－792） 辛未

1月	2月	3月	4月	5月	6月	7月	8月	9月	10月	11月	12月
1 壬戌 8	1 辛卯 9	1 辛酉 8	1 辛卯⑧	1 辛酉 7	1 庚寅 6	1 庚申 5	1 己丑 3	1 戊午②	《11月》	1 丁巳30	1 丁亥30
2 癸亥 9	2 壬辰10	2 壬戌 9	2 壬辰 9	2 壬戌 8	2 辛卯 7	2 辛酉 6	2 庚寅④	**2** 己未 3	1 戊子 1	《12月》	2 戊子31
3 甲子10	3 癸巳11	3 癸亥⑩	3 癸巳10	3 癸亥 9	3 壬辰 8	3 壬戌⑦	3 辛卯 5	3 庚申 4	**2** 己丑 2	2 戊午 1	**792** 年
4 乙丑11	4 甲午12	4 甲子11	4 甲午11	4 甲子10	4 癸巳 9	4 癸亥 8	4 壬辰 6	4 辛酉 5	3 庚寅 3	3 己未 2	《1月》
5 丙寅12	5 乙未⑬	5 乙丑12	5 乙未12	5 乙丑11	5 甲午⑩	5 甲子 9	5 癸巳 7	5 壬戌 6	4 辛卯 4	**4** 庚申 3	3 己丑①
6 丁卯⑬	6 丙申14	6 丙寅13	6 丙申13	6 丙寅⑫	6 乙未11	6 乙丑10	6 甲午 8	6 癸亥 7	5 壬辰 5	5 辛酉④	**4** 庚寅 2
7 戊辰14	7 丁酉15	7 丁卯14	7 丁酉14	7 丁卯13	7 丙申12	7 丙寅11	7 乙未 9	7 甲子 8	6 癸巳⑥	6 壬戌 5	5 辛卯 3
8 己巳15	8 戊戌16	8 戊辰15	8 戊戌⑮	8 戊辰14	8 丁酉13	8 丁卯12	8 丙申10	8 乙丑⑨	7 甲午 7	7 癸亥 6	6 壬辰 4
9 庚午16	9 己亥17	9 己巳16	9 己亥16	9 己巳15	9 戊戌14	9 戊辰13	9 丁酉⑪	9 丙寅10	8 乙未 8	8 甲子 7	7 癸巳 5
10辛未17	10庚子18	10庚午⑰	10庚子17	10庚午16	10己亥15	10己巳⑭	10戊戌12	10丁卯11	9 丙申 9	9 乙丑 8	8 甲午 6
11壬申18	**11**辛丑19	11辛未18	11辛丑18	11辛未17	11庚子16	11庚午15	11己亥13	11戊辰12	10丁酉10	10丙寅 9	9 乙未 7
12癸酉19	12壬寅⑳	12壬申19	**12**壬寅19	**12**壬申18	12辛丑⑰	12辛未16	12庚子14	12己巳13	11戊戌11	11丁卯10	10丙申⑧
13甲戌⑳	13癸卯21	13癸酉20	13癸卯20	13癸酉⑲	13壬寅18	13壬申17	13辛丑15	13庚午14	12己亥12	12戊辰⑪	11丁酉 9
14乙亥21	14甲辰22	14甲戌21	14甲辰21	14甲戌20	**14**癸卯19	**14**癸酉18	14壬寅16	14辛未15	13庚子⑬	13己巳12	12戊戌10
15丙子22	15乙巳23	15乙亥22	15乙巳㉒	15乙亥21	15甲辰20	15甲戌19	15癸卯17	15壬申⑯	14辛丑14	14庚午13	13己亥11
16丁丑23	16丙午24	16丙子23	16丙午23	16丙子22	16乙巳21	16乙亥20	**16**甲辰⑱	16癸酉17	15壬寅15	15辛未14	14庚子12
17戊寅24	17丁未25	17丁丑㉔	17丁未24	17丁丑23	17丙午22	17丙子㉑	17乙巳19	**17**甲戌18	16癸卯16	16壬申15	15辛丑13
18己卯25	18戊申26	18戊寅25	18戊申25	18戊寅24	18丁未23	18丁丑22	18丙午20	18乙亥19	**17**甲辰17	17癸酉16	16壬寅14
19庚辰26	19己酉㉗	19己卯26	19己酉26	19己卯25	19戊申㉔	19戊寅23	19丁未21	19丙子20	18乙巳18	18甲戌17	17癸卯⑮
20辛巳㉗	20庚戌28	20庚辰27	20庚戌27	20庚辰㉖	20己酉25	20己卯24	20戊申22	20丁丑21	19丙午19	**19**乙亥⑱	18甲辰16
21壬午28	21辛亥29	21辛巳28	21辛亥28	21辛巳27	21庚戌26	21庚辰25	21己酉23	21戊寅22	20丁未⑳	20丙子19	**19**乙巳17
《3月》	22壬子30	22壬午29	22壬子㉙	22壬午28	22辛亥27	22辛巳26	22庚戌24	22己卯㉓	21戊申21	21丁丑20	20丙午18
22癸未 1	23癸丑31	23癸未30	23癸丑30	23癸未29	23壬子28	23壬午27	23辛亥㉕	23庚辰24	22己酉22	22戊寅21	21丁未19
23甲申 2	《4月》	《5月》	24甲寅31	24甲申30	24癸丑29	24癸未㉘	24壬子26	24辛巳25	23庚戌23	23己卯22	22戊申20
24乙酉 3	24甲寅 1	24甲申①	《6月》	《7月》	25甲寅30	25甲申29	25癸丑27	25壬午26	24辛亥24	24庚辰23	23己酉21
25丙戌 4	25乙卯 2	25乙酉 2	25乙卯 1	25乙酉 1	26乙卯㉛	26乙酉30	26甲寅28	26癸未27	25壬子25	25辛巳24	24庚戌㉒
26丁亥 5	**26**丙辰③	26丙戌 3	26丙辰 2	26丙戌 2	《8月》	27丙戌31	27乙卯29	27甲申28	26癸丑26	26壬午㉕	25辛亥23
27戊子⑥	27丁巳 4	**27**丁亥 4	**27**丁巳 3	**27**丁亥③	27丙辰 1	《9月》	28丙辰30	28乙酉29	27甲寅㉗	27癸未26	26壬子24
28己丑 7	28戊午 5	28戊子 5	28戊午 4	28戊子 4	28丁巳 2	28丁亥 1	《10月》	29丙戌㉚	28乙卯28	28甲申27	27癸丑25
29庚寅 8	29己未 6	29己丑 6	29己未⑤	29己丑 5	**29**戊午 3	**29**戊子 2	29丁巳 1	30丁亥31	29丙辰29	29乙酉28	28甲寅26
	30庚申 7	30庚寅 7	30庚申 6		30己未 4					30丙戌29	29乙卯27

雨水 9日	春分 11日	穀雨 11日	小満 12日	夏至 12日	大暑 14日	処暑 14日	秋分 16日	寒露 2日	立冬 2日	大雪 4日	小寒 4日
啓蟄 25日	清明 26日	立夏 27日	芒種 27日	小暑 27日	立秋 29日	白露 29日		霜降 17日	小雪 17日	冬至 19日	大寒 19日

延暦11年（792－793） 壬申

1月	2月	3月	4月	5月	6月	7月	8月	9月	10月	11月	閏11月	12月
1 丙辰28	1 丙戌27	1 丙辰28	1 乙酉26	1 甲寅25	1 甲申㉔	1 甲寅24	1 癸未22	1 癸丑21	1 癸未㉑	1 壬子19	1 壬午19	**1** 辛亥17
2 丁巳㉙	2 丁亥28	2 丁巳29	2 丙戌27	2 乙卯26	2 乙酉25	2 乙卯25	2 甲申23	2 甲寅22	2 甲申22	2 癸丑20	2 癸未20	2 壬子18
3 戊午30	3 戊子29	3 戊午30	3 丁亥28	3 丙辰㉗	3 丙戌26	3 丙辰26	3 乙酉24	3 乙卯㉓	3 乙酉23	3 甲寅21	3 甲申21	3 癸丑19
4 己未31	《3月》	4 己未31	4 戊子㉙	4 丁巳28	4 丁亥27	4 丁巳27	4 丙戌25	4 丙辰24	4 丙戌24	4 乙卯22	4 乙酉22	4 甲寅⑳
《2月》	4 己丑 1	《4月》	5 己丑30	5 戊午29	5 戊子28	5 戊午28	5 丁亥㉖	5 丁巳25	5 丁亥25	5 丙辰23	5 丙戌㉓	5 乙卯21
5 庚申 1	5 庚寅 2	5 庚申①	《5月》	6 己未30	6 己丑29	6 己未㉙	6 戊子27	6 戊午26	6 戊子26	6 丁巳24	6 丁亥24	6 丙辰22
6 辛酉 2	**6** 辛卯 3	**6** 辛酉 2	6 庚寅 1	7 庚申31	7 庚寅30	7 庚申30	7 己丑28	7 己未27	7 己丑27	7 戊午㉕	7 戊子25	7 丁巳23
7 壬戌 3	7 壬辰④	7 壬戌 3	7 辛卯 2	《6月》	《7月》	8 辛酉31	8 庚寅29	8 庚申28	8 庚寅㉘	8 己未26	8 己丑26	8 戊午24
8 癸亥 4	8 癸巳 5	8 癸亥 4	**8** 壬辰 3	8 辛酉 1	8 辛卯①	《8月》	9 辛卯30	9 辛酉29	9 辛卯29	9 庚申27	9 庚寅27	9 己未25
9 甲子⑤	9 甲午 6	9 甲子 5	9 癸巳 4	**9** 壬戌 2	9 壬辰 2	9 壬戌 1	10壬辰31	10壬戌㉚	10壬辰30	10辛酉28	10辛卯28	10庚申26
10乙丑 6	10乙未 7	10乙丑 6	10甲午 5	10癸亥③	**10**癸巳 3	**10**癸亥 2	《9月》	《10月》	11癸巳31	11壬戌29	11壬辰29	11辛酉㉗
11丙寅 7	11丙申 8	11丙寅 7	11乙未⑥	11甲子 4	11甲午 4	11甲子 3	11癸巳 1	11癸亥 1	《11月》	12癸亥30	12癸巳㉚	12壬戌28
12丁卯 8	12丁酉 9	12丁卯⑧	12丙申 7	12乙丑 5	12乙未 5	12乙丑 4	**12**甲午②	**12**甲子 2	**12**甲午 1	《12月》	13甲午31	13癸亥29
13戊辰 9	13戊戌10	13戊辰 9	13丁酉 8	13丙寅 6	13丙申 6	13丙寅⑤	13乙未 3	13乙丑 3	13乙未 2	13甲子 1	**793** 年	14甲子30
14己巳10	14己亥⑪	14己巳10	14戊戌 9	14丁卯 7	14丁酉 7	14丁卯 6	14丙申 4	14丙寅 4	14丙申 3	**14**乙丑②	《1月》	15乙丑31
15庚午11	15庚子12	15庚午11	15己亥10	15戊辰 8	15戊戌⑧	15戊辰 7	15丁酉 5	15丁卯 5	15丁酉④	15丙寅 3	**14**乙未 1	《2月》
16辛未⑫	16辛丑13	16辛未12	16庚子11	16己巳 9	16己亥 9	16己巳 8	16戊戌 6	16戊辰 6	16戊戌 5	16丁卯 4	15丙申 2	**16**丙寅 1
17壬申13	17壬寅14	17壬申13	17辛丑12	17庚午⑩	17庚子10	17庚午 9	17己亥 7	17己巳⑦	17己亥 6	17戊辰 5	16丁酉 3	17丁卯 2
18癸酉14	18癸卯15	18癸酉14	18壬寅⑬	18辛未11	18辛丑11	18辛未10	18庚子 8	18庚午 8	18庚子 7	18己巳 6	17戊戌 4	18戊辰③
19甲戌15	19甲辰16	19甲戌⑮	19癸卯14	19壬申12	19壬寅12	19壬申11	19辛丑⑨	19辛未 9	19辛丑 8	19庚午 7	18己亥 5	19己巳 4
20乙亥16	20乙巳17	20乙亥16	20甲辰15	20癸酉13	20癸卯13	20癸酉⑫	20壬寅10	20壬申10	20壬寅 9	20辛未 8	19庚子⑥	20庚午 5
21丙子17	**21**丙午⑱	21丙子17	21乙巳16	21甲戌14	21甲辰14	21甲戌13	21癸卯11	21癸酉11	21癸卯10	21壬申⑨	20辛丑 7	21辛未 6
22丁丑18	22丁未19	**22**丁丑18	22丙午17	22乙亥15	22乙巳⑮	22乙亥14	22甲辰12	22甲戌12	22甲辰⑪	22癸酉10	21壬寅 8	22壬申 7
23戊寅⑲	23戊申20	23戊寅19	**23**丁未18	23丙子16	23丙午16	23丙子15	23乙巳13	23乙亥13	23乙巳12	23甲戌11	22癸卯 9	23癸酉 8
24己卯20	24己酉21	24己卯20	24戊申19	**24**丁丑⑰	24丁未17	24丁丑16	24丙午14	24丙子⑭	24丙午13	24乙亥12	23甲辰10	24甲戌 9
25庚辰21	25庚戌22	25庚辰21	25己酉⑳	25戊寅18	**25**戊申18	**25**戊寅17	25丁未15	25丁丑15	25丁未14	25丙子13	24乙巳11	25乙亥⑩
26辛巳22	26辛亥23	26辛巳㉒	26庚戌21	26己卯19	26己酉19	26己卯18	26戊申⑯	26戊寅16	26戊申15	26丁丑14	25丙午12	26丙子11
27壬午23	27壬子24	27壬午23	27辛亥22	27庚辰20	27庚戌20	27庚辰⑲	**27**己酉17	**27**己卯17	27己酉16	27戊寅15	26丁未⑬	27丁丑12
28癸未24	28癸丑㉕	28癸未24	28壬子23	28辛巳21	28辛亥21	28辛巳20	28庚戌18	28庚辰18	**28**庚戌17	28己卯⑯	27戊申14	28戊寅13
29甲申25	29甲寅26	29甲申25	29癸丑24	29壬午22	29壬子㉒	29壬午21	29辛亥19	29辛巳19	29辛亥⑱	**29**庚辰17	28己酉15	29己卯14
30乙酉㉖	30乙卯27			30癸未23	30癸丑23		30壬子20	30壬午20		30辛巳18	29庚戌16	

立春 6日	啓蟄 6日	清明 6日	立夏 8日	芒種 9日	小暑 10日	立秋 10日	白露 12日	寒露 12日	立冬 12日	大雪 14日	小寒14日	大寒 1日
雨水 21日	春分 21日	穀雨 22日	小満 23日	夏至 24日	大暑 25日	処暑 25日	秋分 27日	霜降 27日	小雪 28日	冬至 29日		立春 16日

延暦 12 年（793－794） 癸酉

1 月	2 月	3 月	4 月	5 月	6 月	7 月	8 月	9 月	10月	11月	12月
1 庚辰15	1 庚戌⑰	1 己卯15	1 己酉15	1 戊寅13	1 戊申13	1 丁丑⑪	1 丁未10	1 丁丑10	1 丙午 8	1 丙子⑧	1 丙午 7
2 辛巳16	**2** 辛亥18	2 庚辰16	2 庚戌16	2 己卯14	2 己酉⑭	2 戊寅12	2 戊申11	2 戊寅11	2 丁未 9	2 丁丑 9	2 丁未 8
3 壬午⑰	3 壬子19	3 辛巳17	3 辛亥17	3 庚辰15	3 庚戌15	3 己卯13	3 己酉12	3 己卯12	3 戊申⑩	3 戊寅10	3 戊申 9
4 癸未18	4 癸丑20	**4** 壬午18	**4** 壬子18	4 辛巳⑯	4 辛亥16	4 庚辰14	4 庚戌13	4 庚辰⑬	4 己酉11	4 己卯11	4 己酉10
5 甲申19	5 甲寅21	5 癸未19	5 癸丑⑲	5 壬午17	5 壬子17	5 辛巳15	5 辛亥14	5 辛巳14	5 庚戌12	5 庚辰12	5 庚戌11
6 乙酉20	6 乙卯22	6 甲申20	6 甲寅20	**6** 癸未18	**6** 癸丑18	6 壬午16	6 壬子⑮	6 壬午15	6 辛亥13	6 辛巳13	6 辛亥⑫
7 丙戌21	7 丙辰23	7 乙酉㉑	7 乙卯21	7 甲申19	7 甲寅19	7 癸未17	7 癸丑16	7 癸未16	7 壬子14	7 壬午14	7 壬子13
8 丁亥22	8 丁巳㉔	8 丙戌22	8 丙辰22	8 乙酉20	8 乙卯20	**8** 甲申⑱	**8** 甲寅17	**8** 甲申17	8 癸丑15	8 癸未⑮	8 癸丑14
9 戊子23	9 戊午25	9 丁亥23	9 丁巳23	9 丙戌21	9 丙辰㉑	9 乙酉19	9 乙卯18	9 乙酉18	9 甲寅16	9 甲申16	9 甲寅15
10 己丑㉔	10 己未26	10 戊子24	10 戊午24	10 丁亥22	10 丁巳22	10 丙戌20	10 丙辰19	10 丙戌19	**10** 乙卯⑰	**10** 乙酉17	10 乙卯16
11 庚寅25	11 庚申27	11 己丑25	11 己未25	11 戊子㉓	11 戊午23	11 丁亥21	11 丁巳20	11 丁亥⑳	11 丙辰18	11 丙戌18	**11** 丙辰17
12 辛卯26	12 辛酉28	12 庚寅26	12 庚申㉖	12 己丑24	12 己未24	12 戊子22	12 戊午21	12 戊子21	12 丁巳19	12 丁亥19	12 丁巳18
13 壬辰27	13 壬戌29	13 辛卯27	13 辛酉27	13 庚寅25	13 庚申25	13 己丑23	13 己未㉒	13 己丑22	13 戊午20	13 戊子20	13 戊午⑲
14 癸巳28	14 癸亥30	14 壬辰㉘	14 壬戌28	14 辛卯26	14 辛酉26	14 庚寅24	14 庚申23	14 庚寅23	14 己未21	14 己丑21	14 己未20
《3月》	15 甲子㉛	15 癸巳29	15 癸亥29	15 壬辰27	15 壬戌27	15 辛卯㉕	15 辛酉24	15 辛卯24	15 庚申22	15 庚寅㉒	15 庚申21
15 甲午 1	《4月》	16 甲午30	16 甲子30	16 癸巳28	16 癸亥㉘	16 壬辰26	16 壬戌25	16 壬辰25	16 辛酉23	16 辛卯23	16 辛酉22
16 乙未 2	16 乙丑 1	《5月》	17 乙丑31	17 甲午29	17 甲子29	17 癸巳27	17 癸亥26	17 癸巳26	17 壬戌㉔	17 壬辰24	17 壬戌23
17 丙申③	17 丙寅 2	17 乙未 1	《6月》	18 乙未㉚	18 乙丑30	18 甲午28	18 甲子27	18 甲午㉗	18 癸亥25	18 癸巳25	18 癸亥24
18 丁酉 4	**18** 丁卯 3	18 丙申 2	18 丙寅 1	《7月》	19 丙寅31	19 乙未29	19 乙丑28	19 乙未28	19 甲子26	19 甲午26	19 甲子25
19 戊戌 5	19 戊辰 4	**19** 丁酉 3	19 丁卯②	19 丙申 1	《8月》	20 丙申30	20 丙寅㉙	20 丙申29	20 乙丑27	20 乙未27	20 乙丑㉖
20 己亥 6	20 己巳 5	20 戊戌 4	**20** 戊辰 3	20 丁酉 2	20 丁卯 1	21 丁酉31	21 丁卯30	21 丁酉30	21 丙寅28	21 丙申28	21 丙寅27
21 庚子 7	21 庚午 6	21 己亥⑤	21 己巳 4	**21** 戊戌 3	**21** 戊辰 2	《9月》	《10月》	22 戊戌31	22 丁卯29	22 丁酉㉙	22 丁卯28
22 辛丑 8	22 辛未⑦	22 庚子 6	22 庚午 5	22 己亥 4	22 己巳 3	22 戊戌①	22 戊辰 1	《11月》	23 戊辰30	23 戊戌30	23 戊辰29
23 壬寅 9	23 壬申 8	23 辛丑 7	23 辛未 6	23 庚子 5	23 庚午④	**23** 己亥 2	**23** 己巳 2	23 己亥 1	《12月》	24 己亥31	24 己巳30
24 癸卯⑩	24 癸酉 9	24 壬寅 8	24 壬申 7	24 辛丑 6	24 辛未 5	24 庚子 3	24 庚午 3	**24** 庚子 2	24 己巳①	**794 年**	25 庚午31
25 甲辰11	25 甲戌10	25 癸卯 9	25 癸酉 8	25 壬寅⑦	25 壬申 6	25 辛丑 4	25 辛未 4	25 辛丑③	**25** 庚午 2	《1月》	《2月》
26 乙巳12	26 乙亥11	26 甲辰10	26 甲戌⑨	26 癸卯 8	26 癸酉 7	26 壬寅 5	26 壬申 5	26 壬寅 4	26 辛未 3	25 庚子 1	**26** 辛未 1
27 丙午13	27 丙子12	27 乙巳11	27 乙亥10	27 甲辰 9	27 甲戌 8	27 癸卯 6	27 癸酉⑥	27 癸卯 5	27 壬申 4	**26** 辛丑 2	27 壬申②
28 丁未14	28 丁丑13	28 丙午⑫	28 丙子11	28 乙巳10	28 乙亥 9	28 甲辰 7	28 甲戌 7	28 甲辰 6	28 癸酉 5	27 壬寅 3	28 癸酉 3
29 戊申15	29 戊寅⑭	29 丁未13	29 丁丑12	29 丙午11	29 丙子10	29 乙巳⑧	29 乙亥 8	29 乙巳 7	29 甲戌 6	28 癸卯 4	29 甲戌 4
30 己酉16		30 戊申14		30 丁未12		30 丙午 9	30 丙子 9		30 乙亥 7	29 甲辰⑤	
										30 乙巳 6	
雨水 2日 啓蟄 17日	春分 2日 清明 18日	穀雨 4日 立夏 19日	小満 4日 芒種 20日	夏至 6日 小暑 21日	大暑 6日 立秋 21日	処暑 8日 白露 23日	秋分 8日 寒露 23日	霜降 8日 立冬 24日	小雪 10日 大雪 25日	冬至 10日 小寒 26日	大寒 11日 立春 26日

延暦 13 年（794－795） 甲戌

1 月	2 月	3 月	4 月	5 月	6 月	7 月	8 月	9 月	10月	11月	12月
1 乙亥 5	1 甲辰 6	1 甲戌 5	1 癸卯④	**1** 癸酉 3	1 壬寅 2	1 辛未31	1 辛丑30	1 辛未29	1 辛丑29	1 庚午27	1 庚子27
2 丙子 6	2 乙巳 7	2 乙亥⑥	2 甲辰 5	2 甲戌 4	**2** 癸卯 3	《8月》	2 壬寅㉛	2 壬申30	2 壬寅30	2 辛未28	2 辛丑㉘
3 丁丑 7	3 丙午 8	3 丙子 7	3 乙巳 6	3 乙亥 5	3 甲辰 4	2 壬申 1	《9月》	《10月》	3 癸卯31	3 壬申29	3 壬寅29
4 戊寅 8	4 丁未⑨	4 丁丑 8	4 丙午 7	4 丙子 6	4 乙巳 5	3 癸酉 2	3 癸卯 1	3 癸酉 1	《11月》	4 癸酉㉚	4 癸卯30
5 己卯⑨	5 戊申10	5 戊寅 9	5 丁未 8	5 丁丑 7	5 丙午⑥	**4** 甲戌③	**4** 甲辰 2	4 甲戌 2	4 甲辰 1	《12月》	5 甲辰31
6 庚辰10	6 己酉11	6 己卯10	6 戊申 9	6 戊寅⑧	6 丁未 7	5 乙亥 4	5 乙巳 3	**5** 乙亥 3	**5** 乙巳②	5 甲戌 1	**795 年**
7 辛巳11	7 庚戌12	7 庚辰11	7 己酉10	7 己卯 9	7 戊申 8	6 丙子 5	6 丙午 4	6 丙子 4	6 丙午 3	**6** 乙亥 2	《1月》
8 壬午12	8 辛亥13	8 辛巳12	8 庚戌⑪	8 庚辰10	8 己酉 9	7 丁丑 6	7 丁未 5	7 丁丑⑤	7 丁未 4	7 丙子 3	6 乙巳 1
9 癸未13	9 壬子14	9 壬午⑬	9 辛亥12	9 辛巳11	9 庚戌10	8 戊寅 7	8 戊申 6	8 戊寅 6	8 戊申 5	8 丁丑 4	**7** 丙午 2
10 甲申14	10 癸丑15	10 癸未14	10 壬子13	10 壬午12	10 辛亥11	9 己卯 8	9 己酉⑦	9 己卯 7	9 己酉 6	9 戊寅 5	8 丁未 3
11 乙酉15	11 甲寅⑯	11 甲申15	11 癸丑14	11 癸未13	11 壬子12	10 庚辰 9	10 庚戌 8	10 庚辰 8	10 庚戌 7	10 己卯 6	9 戊申④
12 丙戌⑯	12 乙卯17	12 乙酉16	12 甲寅15	12 甲申14	12 癸丑⑬	11 辛巳⑩	11 辛亥 9	11 辛巳 9	11 辛亥 8	11 庚辰⑦	10 己酉 5
13 丁亥17	13 丙辰18	13 丙戌17	13 乙卯16	13 乙酉⑮	13 甲寅14	12 壬午11	12 壬子10	12 壬午10	12 壬子⑨	12 辛巳 8	11 庚戌 6
14 戊子18	**14** 丁巳19	**14** 丁亥18	14 丙辰17	14 丙戌16	14 乙卯15	13 癸未12	13 癸丑11	13 癸未11	13 癸丑10	13 壬午 9	12 辛亥 7
15 己丑19	15 戊午20	15 戊子19	15 丁巳⑱	15 丁亥17	15 丙辰16	14 甲申13	14 甲寅12	14 甲申⑫	14 甲寅11	14 癸未10	13 壬子 8
16 庚寅20	16 己未21	16 己丑⑳	**16** 戊午19	**16** 戊子18	16 丁巳17	15 乙酉14	15 乙卯13	15 乙酉13	15 乙卯12	15 甲申11	14 癸丑 9
17 辛卯21	17 庚申22	17 庚寅21	17 己未20	17 己丑19	**17** 戊午18	16 丙戌15	16 丙辰⑭	16 丙戌14	16 丙辰13	16 乙酉12	15 甲寅10
18 壬辰22	18 辛酉㉓	18 辛卯22	18 庚申21	18 庚寅20	18 己未19	17 丁亥16	17 丁巳15	17 丁亥15	17 丁巳14	17 丙戌13	16 乙卯⑪
19 癸巳㉓	19 壬戌24	19 壬辰23	19 辛酉22	19 辛卯21	19 庚申⑳	18 戊子⑰	18 戊午16	18 戊子16	18 戊午15	18 丁亥⑭	17 丙辰12
20 甲午24	20 癸亥25	20 癸巳24	20 壬戌23	20 壬辰㉒	20 辛酉21	**19** 己丑18	**19** 己未17	19 己丑17	19 己未⑯	19 戊子15	18 丁巳13
21 乙未25	21 甲子26	21 甲午25	21 癸亥24	21 癸巳23	21 壬戌22	20 庚寅19	20 庚申18	**20** 庚寅18	**20** 庚申17	20 己丑16	19 戊午14
22 丙申26	22 乙丑27	22 乙未26	22 甲子㉕	22 甲午24	22 癸亥23	21 辛卯20	21 辛酉19	21 辛卯⑲	21 辛酉18	21 庚寅17	20 己未15
23 丁酉27	23 丙寅28	23 丙申㉗	23 乙丑26	23 乙未25	23 甲子24	22 壬辰21	22 壬戌20	22 壬辰20	22 壬戌19	**22** 辛卯18	21 庚申16
24 戊戌28	24 丁卯29	24 丁酉28	24 丙寅27	24 丙申26	24 乙丑25	23 癸巳22	23 癸亥㉑	23 癸巳21	23 癸亥20	23 壬辰19	**22** 辛酉17
《3月》	25 戊辰㉚	25 戊戌29	25 丁卯28	25 丁酉27	25 丙寅26	24 甲午23	24 甲子22	24 甲午22	24 甲子21	24 癸巳20	23 壬戌⑱
25 己亥 1	26 己巳31	26 己亥30	26 戊辰29	26 戊戌28	26 丁卯㉗	25 乙未㉔	25 乙丑23	25 乙未23	25 乙丑22	25 甲午㉑	24 癸亥19
26 庚子②	《4月》	《5月》	27 己巳30	27 己亥㉙	27 戊辰28	26 丙申25	26 丙寅24	26 丙申24	26 丙寅㉓	26 乙未22	25 甲子20
27 辛丑 3	27 庚午 1	27 庚子 1	28 庚午31	28 庚子30	28 己巳29	27 丁酉26	27 丁卯25	27 丁酉25	27 丁卯24	27 丙申23	26 乙丑21
28 壬寅 4	28 辛未 2	28 辛丑 2	《6月》	《7月》	29 庚午30	28 戊戌27	28 戊辰26	28 戊戌㉖	28 戊辰25	28 丁酉24	27 丙寅22
29 癸卯 5	**29** 壬申 3	**29** 壬寅 3	29 辛未①	29 辛丑 1		29 己亥28	29 己巳27	29 己亥27	29 己巳26	29 戊戌25	28 丁卯23
	30 癸酉 4		30 壬申 2			30 庚子29	30 庚午㉘	30 庚子28		30 己亥26	29 戊辰24
											30 己巳㉕
雨水 12日 啓蟄 27日	春分 14日 清明 29日	穀雨 14日 立夏 29日	小満 16日	芒種 1日 夏至 16日	小暑 2日 大暑 17日	立秋 4日 処暑 19日	白露 4日 秋分 19日	寒露 5日 霜降 20日	立冬 5日 小雪 22日	大雪 6日 冬至 22日	小寒 7日 大寒 22日

延暦**14**年（795－796） 乙亥

1月	2月	3月	4月	5月	6月	7月	閏7月	8月	9月	10月	11月	12月
1 庚午26 2 辛未27 3 壬申28 4 癸酉29 5 甲戌30 6 乙亥31 《2月》 **7** 丙子① 8 丁丑 2 9 戊寅 3 10己卯 4 11庚辰 5 12辛巳 6 13壬午 7 14癸未⑧ 15甲申 9 16乙酉10 17丙戌11 18丁亥12 19戊子13 20己丑14 21庚寅⑮ **22**辛卯16 23壬辰17 24癸巳18 25甲午19 26乙未20 27丙申21 28丁酉㉒ 29戊戌23	1 己亥24 2 庚子25 3 辛丑26 4 壬寅27 5 癸卯28 《3月》 6 甲辰① 7 乙巳 2 8 丙午 3 **9** 丁未 4 10戊申 5 11己酉 6 12庚戌 7 13辛亥⑧ 14壬子 9 15癸丑10 16甲寅11 17乙卯12 18丙辰13 19丁巳14 20戊午⑮ 21己未16 22庚申17 23辛酉18 **24**壬戌19 25癸亥20 26甲子21 27乙丑㉒ 28丙寅23 29丁卯24	1 戊辰25 2 己巳26 3 庚午27 4 辛未28 5 壬申㉙ 6 癸酉30 7 甲戌31 《4月》 8 乙亥 1 9 丙子 2 **10**丁丑 3 11戊寅 4 12己卯⑤ 13庚辰 6 14辛巳 7 15壬午 8 16癸未 9 17甲申10 18乙酉11 19丙戌⑫ 20丁亥13 21戊子14 22己丑15 23庚寅16 24辛卯17 **25**壬辰18 26癸巳⑲ 27甲午20 28乙未21 29丙申22 30丁酉23	1 戊戌24 2 己亥25 3 庚子㉖ 4 辛丑27 5 壬寅28 6 癸卯29 7 甲辰30 《5月》 8 乙巳 1 9 丙午 2 10丁未③ **11**戊申 4 12己酉 5 13庚戌 6 14辛亥 7 15壬子 8 16癸丑 9 17甲寅⑩ 18乙卯11 19丙辰12 20丁巳13 21戊午14 22己未15 23庚申16 24辛酉⑰ 25壬戌18 **26**癸亥19 27甲子20 28乙丑21 29丙寅22	1 丁卯23 2 戊辰㉔ 3 己巳25 4 庚午26 5 辛未27 6 壬申28 7 癸酉29 8 甲戌30 9 乙亥㉛ 《6月》 10丙子 1 11丁丑 2 **12**戊寅 3 13己卯 4 14庚辰 5 15辛巳 6 16壬午⑦ 17癸未 8 18甲申 9 19乙酉10 20丙戌11 21丁亥12 22戊子13 23己丑⑭ 24庚寅15 25辛卯16 26壬辰17 **27**癸巳18 28甲午19 29乙未20	1 丙申㉑ 2 丁酉22 3 戊戌23 4 己亥24 5 庚子25 6 辛丑26 7 壬寅27 8 癸卯㉘ 9 甲辰29 10乙巳30 《7月》 11丙午 1 12丁未 2 **13**戊申 3 14己酉 4 15庚戌⑤ 16辛亥 6 17壬子 7 18癸丑 8 19甲寅 9 20乙卯10 21丙辰11 22丁巳⑫ 23戊午13 24己未14 25庚申15 26辛酉16 27壬戌17 28癸亥18 **29**甲子⑲ 30乙丑20	1 丙寅21 2 丁卯22 3 戊辰23 4 己巳24 5 庚午25 6 辛未㉖ 7 壬申27 8 癸酉28 9 甲戌29 10乙亥30 11丙子31 《8月》 12丁丑 1 13戊寅② **14**己卯 3 15庚辰 4 16辛巳 5 17壬午 6 18癸未 7 19甲申 8 20乙酉⑨ 21丙戌10 22丁亥11 23戊子12 24己丑13 25庚寅14 26辛卯15 27壬辰⑯ 28癸巳17 **29**甲午18	1 乙未19 2 丙申20 3 丁酉21 4 戊戌22 5 己亥㉓ 6 庚子24 7 辛丑25 8 壬寅26 9 癸卯27 10甲辰28 11乙巳29 12丙午㉚ 13丁未31 《9月》 14戊申 1 **15**己酉 2 16庚戌 3 17辛亥 4 18壬子 5 19癸丑⑥ 20甲寅 7 21乙卯 8 22丙辰 9 23丁巳10 24戊午11 25己未12 26庚申⑬ 27辛酉14 28壬戌15 29癸亥16 30甲子17	**1** 乙丑18 2 丙寅19 3 丁卯⑳ 4 戊辰21 5 己巳22 6 庚午23 7 辛未24 8 壬申25 9 癸酉26 10甲戌㉗ 11乙亥28 12丙子29 13丁丑30 《10月》 14戊寅 1 15己卯 2 **16**庚辰 3 17辛巳④ 18壬午 5 19癸未 6 20甲申 7 21乙酉 8 22丙戌 9 23丁亥10 24戊子⑪ 25己丑12 26庚寅13 27辛卯14 28壬辰15 29癸巳16 30甲午17	**1** 乙未⑱ 2 丙申19 3 丁酉20 4 戊戌21 5 己亥22 6 庚子23 7 辛丑24 8 壬寅㉕ 9 癸卯26 10甲辰27 11乙巳28 12丙午29 13丁未30 14戊申31 《11月》 15己酉① **16**庚戌 2 17辛亥 3 18壬子 4 19癸丑 5 20甲寅 6 21乙卯 7 22丙辰⑧ 23丁巳 9 24戊午10 25己未11 26庚申12 27辛酉13 28壬戌14 29癸亥⑮	1 甲子16 **2** 乙丑17 3 丙寅18 4 丁卯19 5 戊辰20 6 己巳21 7 庚午㉒ 8 辛未23 9 壬申24 10癸酉25 11甲戌26 12乙亥27 13丙子28 14丁丑㉙ 15戊寅30 《12月》 16己卯 1 17庚辰 2 **18**辛巳 3 19壬午 4 20癸未 5 21甲申⑥ 22乙酉 7 23丙戌 8 24丁亥 9 25戊子10 26己丑11 27庚寅12 28辛卯⑬ 29壬辰14 30癸巳15	1 甲午16 2 乙未17 **3** 丙申18 4 丁酉19 5 戊戌⑳ 6 己亥21 7 庚子22 8 辛丑23 9 壬寅24 10癸卯25 11甲辰26 12乙巳㉗ 13丙午28 14丁未29 15戊申30 16己酉31 **796年** 《1月》 17庚戌 1 **18**辛亥 2 19壬子③ 20癸丑 4 21甲寅 5 22乙卯 6 23丙辰 7 24丁巳 8 25戊午 9 26己未⑩ 27庚申11 28辛酉12 29壬戌13 30癸亥14	1 甲子15 2 乙丑16 **3** 丙寅⑰ 4 丁卯18 5 戊辰19 6 己巳20 7 庚午21 8 辛未22 9 壬申23 10癸酉㉔ 11甲戌25 12乙亥26 13丙子27 14丁丑28 15戊寅29 16己卯30 17庚辰㉛ 《2月》 **18**辛巳 1 19壬午 2 20癸未 3 21甲申 4 22乙酉 5 23丙戌 6 24丁亥⑦ 25戊子 8 26己丑 9 27庚寅10 28辛卯11 29壬辰12 30癸巳13
立春 7日 雨水 22日	啓蟄 9日 春分 24日	清明 10日 穀雨 25日	立夏 11日 小満 26日	芒種 12日 夏至 27日	小暑 13日 大暑 29日	立秋 14日 処暑 29日	白露15日	秋分 1日 寒露 16日	霜降 1日 立冬 16日	小雪 2日 大雪 18日	冬至 3日 小寒 18日	大寒 3日 立春 18日

延暦**15**年（796－797） 丙子

1月	2月	3月	4月	5月	6月	7月	8月	9月	10月	11月	12月
1 甲午⑭ 2 乙未15 3 丙申16 **4** 丁酉17 5 戊戌18 6 己亥19 7 庚子20 8 辛丑㉑ 9 壬寅22 10癸卯23 11甲辰24 12乙巳25 13丙午26 14丁未27 15戊申㉘ 16己酉29 《3月》 17庚戌 1 18辛亥 2 **19**壬子 3 20癸丑 4 21甲寅 5 22乙卯⑥ 23丙辰 7 24丁巳 8 25戊午 9 26己未10 27庚申11 28辛酉12 29壬戌⑬	1 癸亥14 2 甲子15 3 乙丑16 4 丙寅17 **5** 丁卯18 6 戊辰19 7 己巳⑳ 8 庚午21 9 辛未22 10壬申23 11癸酉24 12甲戌25 13乙亥26 14丙子㉗ 15丁丑28 16戊寅29 17己卯30 18庚辰31 《4月》 19辛巳 1 **20**壬午 2 21癸未③ 22甲申 4 23乙酉 5 24丙戌 6 25丁亥 7 26戊子 8 27己丑 9 28庚寅⑩ 29辛卯11	1 壬辰12 2 癸巳13 3 甲午14 4 乙未15 5 丙申16 6 丁酉⑰ **7** 戊戌18 8 己亥19 9 庚子20 10辛丑21 11壬寅22 12癸卯23 13甲辰㉔ 14乙巳25 15丙午26 16丁未27 17戊申28 18己酉29 19庚戌30 《5月》 20辛亥① 21壬子 2 **22**癸丑 3 23甲寅 4 24乙卯 5 25丙辰 6 26丁巳 7 27戊午⑧ 28己未 9 29庚申10 30辛酉11	1 壬戌12 2 癸亥13 3 甲子14 4 乙丑⑮ 5 丙寅16 6 丁卯17 **7** 戊辰18 8 己巳19 9 庚午20 10辛未21 11壬申㉒ 12癸酉23 13甲戌24 14乙亥25 15丙子26 16丁丑27 17戊寅28 18己卯㉙ 19庚辰30 20辛巳31 《6月》 21壬午 1 **22**癸未 2 23甲申 3 24乙酉 4 25丙戌⑤ 26丁亥 6 27戊子 7 28己丑 8 29庚寅 9	1 辛卯10 2 壬辰11 3 癸巳⑫ 4 甲午13 5 乙未14 6 丙申15 7 丁酉16 **8** 戊戌17 9 己亥18 10庚子⑲ 11辛丑20 12壬寅21 13癸卯22 14甲辰23 15乙巳24 16丙午25 17丁未㉖ 18戊申27 19己酉28 20庚戌29 21辛亥30 《7月》 22壬子 1 23癸丑 2 **24**甲寅③ 25乙卯 4 26丙辰 5 27丁巳 6 28戊午 7 29己未 8	1 庚申 9 2 辛酉⑩ 3 壬戌11 4 癸亥12 5 甲子13 6 乙丑14 7 丙寅15 8 丁卯16 9 戊辰⑰ **10**己巳18 11庚午19 12辛未20 13壬申21 14癸酉22 15甲戌23 16乙亥㉔ 17丙子25 18丁丑26 19戊寅27 20己卯28 21庚辰29 22辛巳30 23壬午㉛ 《8月》 24癸未 1 **25**甲申 2 26乙酉 3 27丙戌 4 28丁亥 5 29戊子 6 30己丑⑦	1 庚寅 8 2 辛卯 9 3 壬辰10 4 癸巳11 5 甲午12 6 乙未13 7 丙申⑭ 8 丁酉15 9 戊戌16 **10**己亥17 11庚子18 12辛丑19 13壬寅20 14癸卯㉑ 15甲辰22 16乙巳23 17丙午24 18丁未25 19戊申26 20己酉27 21庚戌㉘ 22辛亥29 23壬子30 24癸丑31 《9月》 25甲寅 1 **26**乙卯 2 27丙辰 3 28丁巳④ 29戊午 5	1 己未 6 2 庚申 7 3 辛酉 8 4 壬戌 9 5 癸亥10 6 甲子⑪ 7 乙丑12 8 丙寅13 9 丁卯14 10戊辰15 11己巳16 **12**庚午17 13辛未⑱ 14壬申19 15癸酉20 16甲戌21 17乙亥22 18丙子23 19丁丑24 20戊寅㉕ 21己卯26 22庚辰27 23辛巳28 24壬午29 25癸未30 《10月》 26甲申 1 **27**乙酉② 28丙戌 3 29丁亥 4 30戊子 5	1 己丑 6 2 庚寅 7 3 辛卯 8 4 壬辰⑨ 5 癸巳10 6 甲午11 7 乙未12 8 丙申13 9 丁酉14 10戊戌15 11己亥⑯ **12**庚子17 13辛丑18 14壬寅19 15癸卯20 16甲辰21 17乙巳22 18丙午㉓ 19丁未24 20戊申25 21己酉26 22庚戌27 23辛亥28 24壬子29 25癸丑㉚ 26甲寅31 《11月》 **27**乙卯 1 28丙辰 2 29丁巳 3	1 戊午 4 2 己未 5 3 庚申⑥ 4 辛酉 7 5 壬戌 8 6 癸亥 9 7 甲子10 8 乙丑11 9 丙寅12 10丁卯⑬ 11戊辰14 12己巳15 13庚午16 **14**辛未17 15壬申18 16癸酉19 17甲戌⑳ 18乙亥21 19丙子22 20丁丑23 21戊寅24 22己卯25 23庚辰26 24辛巳㉗ 25壬午28 26癸未29 27甲申30 《12月》 28乙酉 1 **29**丙戌 2 30丁亥 3	1 戊子④ 2 己丑 5 3 庚寅 6 4 辛卯 7 5 壬辰 8 6 癸巳 9 7 甲午10 8 乙未⑪ 9 丙申12 10丁酉13 11戊戌14 12己亥15 13庚子16 **14**辛丑17 15壬寅⑱ 16癸卯19 17甲辰20 18乙巳21 19丙午22 20丁未23 21戊申24 22己酉㉕ 23庚戌26 24辛亥27 25壬子28 26癸丑29 27甲寅30 28乙卯31 **797年** 《1月》 **29**丙辰① 30丁巳 2	1 戊午 3 2 己未 4 3 庚申 5 4 辛酉 6 5 壬戌 7 6 癸亥⑧ 7 甲子 9 8 乙丑10 9 丙寅11 10丁卯12 11戊辰13 12己巳14 13庚午⑮ 14辛未16 **15**壬申17 16癸酉18 17甲戌19 18乙亥20 19丙子21 20丁丑㉒ 21戊寅23 22己卯24 23庚辰25 24辛巳26 25壬午27 26癸未28 27甲申㉙ 28乙酉30 29丙戌31 《2月》 **30**丁亥 1
雨水 4日 啓蟄 19日	春分 5日 清明 20日	穀雨 7日 立夏 22日	小満 7日 芒種 22日	夏至 8日 小暑 24日	大暑 10日 立秋 25日	処暑 10日 白露 26日	秋分 12日 寒露 27日	霜降 12日 立冬 27日	小雪 14日 大雪 29日	冬至 14日 小寒 29日	大寒 15日 立春 30日

延暦16年（797－798） 丁丑

1月	2月	3月	4月	5月	6月	7月	8月	9月	10月	11月	12月
1戊子2	**1**丁巳3	1丁亥②	《5月》	1丙戌31	1乙卯29	1甲申28	1甲寅㉗	1癸未25	1癸丑25	1壬午23	1壬子23
2己丑3	2戊午4	**2**戊子3	1丙辰1	《6月》	2丙辰30	2乙酉29	2乙卯28	2甲申26	2甲寅26	2癸未24	2癸丑㉔
3庚寅4	3己未⑤	3己丑4	2丁巳2	2丁亥1	《7月》	3丙戌㉚	3丙辰29	3乙酉27	3乙卯27	3甲申25	3甲寅25
4辛卯⑤	4庚申6	4庚寅5	**3**戊午3	**3**戊子2	3丁巳1	4丁亥31	4丁巳30	4丙戌28	4丙辰28	4乙酉㉖	4乙卯26
5壬辰6	5辛酉7	5辛卯6	4己未4	4己丑3	4戊午②	《8月》	5戊午31	5丁亥29	5丁巳㉙	5丙戌27	5丙辰27
6癸巳7	6壬戌8	6壬辰7	5庚申5	5庚寅④	**5**己未3	5戊子1	《9月》	6戊子30	6戊午30	6丁亥28	6丁巳28
7甲午8	7癸亥9	7癸巳8	6辛酉6	6辛卯5	6庚申4	**6**己丑2	6己未1	《10月》	7己未31	7戊子29	7戊午29
8乙未9	8甲子10	8甲午⑨	7壬戌⑦	7壬辰6	7辛酉5	7庚寅3	**7**庚申2	7己丑①	《11月》	8己丑30	8己未30
9丙申10	9乙丑11	9乙未10	8癸亥8	8癸巳7	8壬戌6	8辛卯4	8辛酉③	**8**庚寅2	8庚申1	《12月》	9庚申㉛
10丁酉11	10丙寅⑫	10丙申11	9甲子9	9甲午8	9癸亥7	9壬辰5	9壬戌4	9辛卯3	**9**辛酉2	9庚寅1	**798年**
11戊戌⑫	11丁卯13	11丁酉12	10乙丑10	10乙未9	10甲子8	10癸巳⑥	10癸亥5	10壬辰4	10壬戌3	**10**辛卯2	《1月》
12己亥13	12戊辰14	12戊戌13	11丙寅11	11丙申10	11乙丑⑨	11甲午7	11甲子6	11癸巳5	11癸亥4	11壬辰③	10辛酉1
13庚子14	13己巳15	13己亥14	12丁卯12	12丁酉⑪	12丙寅10	12乙未8	12乙丑7	12甲午6	12甲子⑤	12癸巳4	**11**壬戌2
14辛丑15	14庚午16	14庚子15	13戊辰13	13戊戌12	13丁卯11	13丙申9	13丙寅8	13乙未7	13乙丑6	13甲午5	12癸亥3
15壬寅16	15辛未17	15辛丑⑯	14己巳⑭	14己亥13	14戊辰12	14丁酉10	14丁卯9	14丙申⑧	14丙寅7	14乙未6	13甲子4
16癸卯17	**16**壬申18	16壬寅17	15庚午15	15庚子14	15己巳13	15戊戌11	15戊辰⑩	15丁酉9	15丁卯8	15丙申7	14乙丑5
17甲辰18	17癸酉⑲	**17**癸卯18	16辛未16	16辛丑15	16庚午14	16己亥12	16己巳11	16戊戌10	16戊辰9	16丁酉8	15丙寅6
18乙巳⑲	18甲戌20	18甲辰19	17壬申17	17壬寅16	17辛未15	17庚子⑬	17庚午12	17己亥11	17己巳10	17戊戌9	16丁卯⑦
19丙午20	19乙亥21	19乙巳20	**18**癸酉18	18癸卯17	18壬申⑯	18辛丑14	18辛未13	18庚子12	18庚午11	18己亥⑩	17戊辰8
20丁未21	20丙子22	20丙午21	19甲戌19	**19**甲辰⑱	19癸酉17	19壬寅15	19壬申14	19辛丑13	19辛未⑫	19庚子11	18己巳9
21戊申22	21丁丑23	21丁未22	20乙亥20	20乙巳19	**20**甲戌18	20癸卯16	20癸酉15	20壬寅14	20壬申13	20辛丑12	19庚午10
22己酉23	22戊寅24	22戊申㉓	21丙子㉑	21丙午20	21乙亥19	21甲辰17	21甲戌16	21癸卯⑮	21癸酉14	21壬寅13	20辛未11
23庚戌24	23己卯25	23己酉24	22丁丑22	22丁未21	22丙子20	**22**乙巳18	**22**乙亥⑰	22甲辰16	22甲戌15	22癸卯14	21壬申12
24辛亥25	24庚辰㉖	24庚戌25	23戊寅23	23戊申22	23丁丑21	23丙午19	23丙子18	**23**乙巳17	23乙亥16	23甲辰15	22癸酉13
25壬子㉖	25辛巳27	25辛亥26	24己卯24	24己酉23	24戊寅22	24丁未⑳	24丁丑19	24丙午18	**24**丙子17	24乙巳16	23甲戌⑭
26癸丑27	26壬午28	26壬子27	25庚辰25	25庚戌24	25己卯㉓	25戊申21	25戊寅20	25丁未19	25丁丑18	**25**丙午⑰	24乙亥15
27甲寅28	27癸未29	27癸丑28	26辛巳26	26辛亥㉕	26庚辰22	26己酉22	26己卯21	26戊申20	26戊寅⑲	26丁未18	25丙子16
《3月》	28甲申30	28甲寅29	27壬午27	27壬子26	27辛巳25	27庚戌23	27庚辰22	27己酉21	27己卯20	27戊申19	**26**丁丑17
28乙卯1	29乙酉31	29乙卯㉚	28癸未㉘	28癸丑27	28壬午26	28辛亥24	28辛巳23	28庚戌㉒	28庚辰21	28己酉20	27戊寅18
29丙辰2	《4月》		29甲申29	29甲寅28	29癸未27	29壬子25	29壬午㉔	29辛亥23	29辛巳22	29庚戌21	28己卯19
	30丙戌1		30乙酉30			30癸丑26		30壬子24		30辛亥22	29庚辰20
											30辛巳㉑

雨水15日	啓蟄1日 春分16日	清明2日 穀雨17日	立夏3日 小満18日	芒種3日 夏至19日	小暑5日 大暑20日	立秋6日 処暑22日	白露7日 秋分22日	寒露8日 霜降23日	立冬9日 小雪24日	大雪10日 冬至25日	小寒11日 大寒26日

延暦17年（798－799） 戊寅

1月	2月	3月	4月	5月	閏5月	6月	7月	8月	9月	10月	11月	12月
1壬午22	1壬子21	1辛巳22	1辛亥21	1庚辰⑳	1庚戌19	**1**己卯18	1戊申16	1戊寅15	1丁未⑭	1丁丑13	1丙午12	1丙子11
2癸未23	2癸丑22	2壬午23	2壬子㉒	2辛巳21	2辛亥20	2庚辰19	2己酉17	2己卯⑯	2戊申15	2戊寅14	2丁未13	2丁丑12
3甲申24	3甲寅23	3癸未24	3癸丑23	3壬午22	3壬子21	3辛巳20	**3**庚戌18	**3**庚辰17	3己酉16	3己卯15	3戊申14	3戊寅⑬
4乙酉25	4乙卯24	4甲申㉕	4甲寅24	4癸未23	4癸丑22	4壬午21	4辛亥⑲	4辛巳18	4庚戌17	4庚辰16	4己酉15	4己卯14
5丙戌26	5丙辰㉕	5乙酉26	5乙卯25	5甲申24	5甲寅23	5癸未㉒	5壬子20	5壬午19	**5**辛亥18	**5**辛巳17	5庚戌⑯	5庚辰15
6丁亥27	6丁巳26	6丙戌27	6丙辰26	6乙酉25	6乙卯㉔	6甲申23	6癸丑21	6癸未20	6壬子19	6壬午⑱	6辛亥17	6辛巳16
7戊子㉘	7戊午27	7丁亥28	7丁巳27	7丙戌26	7丙辰25	7乙酉24	7甲寅22	7甲申21	7癸丑20	7癸未19	**7**壬子18	**7**壬午17
8己丑29	8己未28	8戊子29	8戊午28	8丁亥㉗	8丁巳26	8丙戌25	8乙卯23	8乙酉22	8甲寅㉑	8甲申20	8癸丑19	8癸未18
9庚寅30	《3月》	9己丑30	9己未㉙	9戊子28	9戊午27	9丁亥26	9丙辰24	9丙戌㉓	9乙卯22	9乙酉21	9甲寅20	9甲申19
10辛卯31	9庚申1	10庚寅31	10庚申30	10己丑29	10己未28	10戊子27	10丁巳25	10丁亥24	10丙辰23	10丙戌22	10乙卯21	10乙酉⑳
《2月》	10辛酉2	《4月》	《5月》	11庚寅30	11庚申29	11己丑28	11戊午㉖	11戊子25	11丁巳24	11丁亥23	11丙辰22	11丙戌21
11壬辰1	**11**壬戌3	11辛卯①	11辛酉1	12辛卯31	12辛酉30	12庚寅㉙	12己未27	12己丑26	12戊午25	12戊子24	12丁巳㉓	12丁亥22
12癸巳2	12癸亥④	12壬辰2	12壬戌2	《6月》	《7月》	13辛卯30	13庚申28	13庚寅27	13己未26	13己丑㉕	13戊午24	13戊子23
13甲午3	13甲子5	**13**癸巳3	**13**癸亥3	13壬辰1	13壬戌①	14壬辰31	14辛酉29	14辛卯28	14庚申27	14庚寅26	14己未25	14己丑24
14乙未④	14乙丑6	14甲午4	14甲子4	14癸巳2	14癸亥2	《8月》	15壬戌30	15壬辰29	15辛酉㉘	15辛卯27	15庚申26	15庚寅25
15丙申5	15丙寅7	15乙未5	15乙丑5	**15**甲午③	**15**甲子3	15癸巳1	16癸亥31	16癸巳㉚	16壬戌29	16壬辰28	16辛酉27	16辛卯26
16丁酉6	16丁卯8	16丙申6	16丙寅⑥	16乙未4	16乙丑4	16甲午2	《9月》	《10月》	17癸亥30	17癸巳29	17壬戌28	17壬辰㉗
17戊戌7	17戊辰9	17丁酉7	17丁卯7	17丙申5	17丙寅5	**17**乙未3	17甲子1	17甲午1	18甲子31	18甲午30	18癸亥29	18癸巳28
18己亥8	18己巳10	18戊戌⑧	18戊辰8	18丁酉6	18丁卯6	18丙申4	**18**乙丑②	**18**乙未2	《11月》	《12月》	19甲子㉚	19甲午29
19庚子9	19庚午⑪	19己亥9	19己巳9	19戊戌7	19戊辰7	19丁酉⑤	19丙寅3	19丙申3	19乙丑1	19乙未1	20乙丑31	20乙未30
20辛丑10	20辛未12	20庚子10	20庚午10	20己亥8	20己巳⑧	20戊戌6	20丁卯4	20丁酉4	**20**丙寅2	**20**丙申②	**799年**	21丙申31
21壬寅⑪	21壬申13	21辛丑11	21辛未11	21庚子9	21庚午9	21己亥7	21戊辰5	21戊戌5	21丁卯3	21丁酉3	《1月》	《2月》
22癸卯12	22癸酉14	22壬寅12	22壬申12	22辛丑⑩	22辛未10	22庚子8	22己巳6	22己亥6	22戊辰④	22戊戌4	21丙寅1	**22**丁酉1
23甲辰13	23甲戌15	23癸卯13	23癸酉⑬	23壬寅11	23壬申11	23辛丑9	23庚午7	23庚子⑦	23己巳5	23己亥5	**22**丁卯2	23戊戌2
24乙巳14	24乙亥16	24甲辰14	24甲戌14	24癸卯12	24癸酉12	24壬寅10	24辛未8	24辛丑8	24庚午6	24庚子6	23戊辰3	24己亥③
25丙午15	25丙子17	25乙巳⑮	25乙亥15	25甲辰13	25甲戌13	25癸卯11	25壬申⑨	25壬寅9	25辛未7	25辛丑7	24己巳4	25庚子4
26丁未16	26丁丑⑱	26丙午16	26丙子16	26乙巳14	26乙亥14	26甲辰⑫	26癸酉10	26癸卯10	26壬申8	26壬寅8	25庚午5	26辛丑5
27戊申17	**27**戊寅19	27丁未17	27丁丑18	27丙午15	27丙子⑮	27乙巳13	27甲戌11	27甲辰11	27癸酉9	27癸卯⑨	26辛未⑥	27壬寅6
28己酉⑱	28己卯20	**28**戊申18	28戊寅18	28丁未16	28丁丑16	28丙午14	28乙亥12	28乙巳12	28甲戌10	28甲辰10	27壬申7	28癸卯7
29庚戌19	29庚辰21	29己酉19	**29**己卯19	29戊申⑰	29戊寅17	29丁未15	29丙子13	29丙午13	29乙亥⑪	29乙巳11	28癸酉8	29甲辰8
30辛亥20		30庚戌20		**30**己酉18			30丁丑14		30丙子12		29甲戌9	30乙巳9
											30乙亥10	

立春11日 雨水26日	啓蟄11日 春分27日	清明13日 穀雨28日	立夏13日 小満29日	芒種15日 夏至30日	小暑15日	大暑1日 立秋17日	処暑3日 白露18日	秋分3日 寒露18日	霜降5日 立冬20日	小雪5日 大雪20日	冬至7日 小寒22日	大寒7日 立春22日

延暦 **18** 年（799－800） 己卯

1 月	2 月	3 月	4 月	5 月	6 月	7 月	8 月	9 月	10月	11月	12月
1 丙午⑩	1 乙亥11	1 乙巳10	1 乙亥10	1 甲辰 8	1 甲戌 8	1 癸卯 6	1 壬申 4	1 壬寅 4	**1** 辛未 2	1 辛丑 2	1 庚午31
2 丁未11	2 丙子12	2 丙午11	2 丙子11	2 乙巳⑨	2 乙亥 9	2 甲辰 7	2 癸酉 5	2 癸卯 5	2 壬申③	**2** 壬寅 3	**800 年**
3 戊申12	3 丁丑13	3 丁未12	3 丁丑⑫	3 丙午10	3 丙子10	3 乙巳 8	3 甲戌 6	3 甲辰⑥	3 癸酉 4	3 癸卯 4	《1月》
4 己酉13	4 戊寅14	4 戊申13	4 戊寅13	4 丁未11	4 丁丑11	4 丙午 9	4 乙亥 7	4 乙巳 7	4 甲戌 5	4 甲辰 5	2 辛未 1
5 庚戌14	5 己卯15	5 己酉⑭	5 己卯14	5 戊申12	5 戊寅12	5 丁未10	5 丙子⑧	5 丙午 8	5 乙亥 6	5 乙巳 6	**3** 壬申 2
6 辛亥15	6 庚辰16	6 庚戌15	6 庚辰15	6 己酉13	6 己卯13	6 戊申⑪	6 丁丑 9	6 丁未 9	6 丙子 7	6 丙午 7	4 癸酉 3
7 壬子16	7 辛巳⑰	7 辛亥16	7 辛巳16	7 庚戌14	7 庚辰⑭	7 己酉12	7 戊寅10	7 戊申10	7 丁丑 8	7 丁未⑧	5 甲戌 4
8 癸丑⑰	8 壬午18	8 壬子17	8 壬午17	8 辛亥15	8 辛巳15	8 庚戌13	8 己卯11	8 己酉11	8 戊寅 9	8 戊申 9	6 乙亥⑤
9 甲寅18	**9** 癸未19	**9** 癸丑18	9 癸未18	9 壬子⑯	9 壬午16	9 辛亥14	9 庚辰12	9 庚戌12	9 己卯⑩	9 己酉10	7 丙子 6
10 乙卯19	10 甲申20	10 甲寅19	**10** 甲申⑲	10 癸丑17	10 癸未17	10 壬子15	10 辛巳13	10 辛亥⑬	10 庚辰11	10 庚戌11	8 丁丑 7
11 丙辰20	11 乙酉21	11 乙卯20	11 乙酉20	**11** 甲寅18	11 甲申18	11 癸丑16	11 壬午14	11 壬子14	11 辛巳12	11 辛亥12	9 戊寅 8
12 丁巳21	12 丙戌22	12 丙辰㉑	12 丙戌21	12 乙卯19	**12** 乙酉19	12 甲寅17	12 癸未⑮	12 癸丑15	12 壬午13	12 壬子13	10 己卯 9
13 戊午22	13 丁亥23	13 丁巳22	13 丁亥22	13 丙辰20	13 丙戌20	**13** 乙卯⑱	13 甲申16	13 甲寅16	13 癸未14	13 癸丑14	11 庚辰10
14 己未23	14 戊子㉔	14 戊午23	14 戊子23	14 丁巳21	14 丁亥㉑	14 丙辰19	14 乙酉17	14 乙卯17	14 甲申15	14 甲寅⑮	12 辛巳11
15 庚申㉔	15 己丑25	15 己未24	15 己丑24	15 戊午22	15 戊子22	15 丁巳20	**15** 丙戌18	**15** 丙辰18	15 乙酉16	15 乙卯16	13 壬午⑫
16 辛酉25	16 庚寅26	16 庚申25	16 庚寅25	16 己未㉓	16 己丑23	16 戊午21	16 丁亥19	16 丁巳19	**16** 丙戌⑰	16 丙辰17	14 癸未13
17 壬戌26	17 辛卯27	17 辛酉26	17 辛卯㉖	17 庚申24	17 庚寅24	17 己未22	17 戊子20	17 戊午⑳	17 丁亥18	**17** 丁巳18	15 甲申14
18 癸亥27	18 壬辰28	18 壬戌27	18 壬辰27	18 辛酉25	18 辛卯25	18 庚申23	18 己丑21	18 己未21	18 戊子19	18 戊午19	16 乙酉15
19 甲子28	19 癸巳29	19 癸亥㉘	19 癸巳28	19 壬戌26	19 壬辰26	19 辛酉24	19 庚寅㉒	19 庚申22	19 己丑20	19 己未20	17 丙戌16
《3月》	20 甲午30	20 甲子29	20 甲午29	20 癸亥27	20 癸巳27	20 壬戌㉕	20 辛卯23	20 辛酉23	20 庚寅21	20 庚申21	**18** 丁亥17
20 乙丑 1	21 乙未㉛	21 乙丑30	21 乙未30	21 甲子28	21 甲午㉘	21 癸亥26	21 壬辰24	21 壬戌24	21 辛卯22	21 辛酉㉒	19 戊子18
21 丙寅 2	《4月》	《5月》	22 丙申31	22 乙丑29	22 乙未29	22 甲子27	22 癸巳25	22 癸亥25	22 壬辰23	22 壬戌23	20 己丑⑲
22 丁卯③	22 丙申 1	22 丙寅 1	《6月》	23 丙寅㉚	23 丙申30	23 乙丑28	23 甲午26	23 甲子26	23 癸巳㉔	23 癸亥24	21 庚寅20
23 戊辰 4	23 丁酉 2	23 丁卯 2	23 丁酉 1	《7月》	24 丁酉31	24 丙寅29	24 乙未27	24 乙丑㉗	24 甲午25	24 甲子25	22 辛卯21
24 己巳 5	**24** 戊戌 3	24 戊辰 3	24 戊戌②	24 丁卯 1	《8月》	25 丁卯30	25 丙申28	25 丙寅28	25 乙未26	25 乙丑26	23 壬辰22
25 庚午 6	25 己亥 4	**25** 己巳 4	**25** 己亥 3	25 戊辰 2	25 戊戌 1	26 戊辰31	26 丁酉㉙	26 丁卯29	26 丙申27	26 丙寅27	24 癸巳23
26 辛未 7	26 庚子 5	26 庚午⑤	26 庚子 4	**26** 己巳 3	26 己亥 2	《9月》	27 戊戌30	27 戊辰30	27 丁酉28	27 丁卯28	25 甲午24
27 壬申 8	27 辛丑 6	27 辛未 6	27 辛丑 5	27 庚午 4	**27** 庚子 3	27 己巳①	《10月》	28 己巳31	28 戊戌29	28 戊辰㉙	26 乙未25
28 癸酉 9	28 壬寅⑦	28 壬申 7	28 壬寅 6	28 辛未 5	28 辛丑④	**28** 庚午 2	28 己亥 1	《11月》	29 己亥30	29 己巳30	27 丙申㉖
29 甲戌⑩	29 癸卯 8	29 癸酉 8	29 癸卯 7	29 壬申 6	29 壬寅 5	29 辛未 3	29 庚子 2	29 庚午 1	《12月》		28 丁酉27
	30 甲辰 9	30 甲戌 9		30 癸酉⑦			**30** 辛丑 3		30 庚子①		29 戊戌28
											30 己亥29
雨水 7日 啓蟄 23日	春分 9日 清明 24日	穀雨 9日 立夏 25日	小満 10日 芒種 25日	夏至 11日 小暑 26日	大暑 12日 立秋 27日	処暑 13日 白露 28日	秋分 15日 寒露 30日	霜降 15日	立冬 1日 小雪 16日	大雪 2日 冬至 17日	小寒 3日 大寒 18日

延暦 **19** 年（800－801） 庚辰

1 月	2 月	3 月	4 月	5 月	6 月	7 月	8 月	9 月	10月	11月	12月
1 庚子30	1 己巳28	1 己亥㉙	1 己巳28	1 戊戌27	1 戊辰26	1 丁酉25	1 丁卯24	1 丙申22	1 丙寅22	1 乙未20	1 乙丑⑳
2 辛丑31	2 庚午29	2 庚子30	2 庚午29	2 己亥28	2 己巳27	2 戊戌㉖	2 戊辰25	2 丁酉23	2 丁卯23	2 丙申21	2 丙寅21
《2月》	《3月》	3 辛丑31	3 辛未30	3 庚子29	3 庚午㉘	3 己亥27	3 己巳26	3 戊戌24	3 戊辰24	3 丁酉㉒	3 丁卯22
3 壬寅 1	3 辛未①	《4月》	《5月》	4 辛丑30	4 辛未29	4 庚子28	4 庚午27	4 己亥25	4 己巳㉕	4 戊戌23	4 戊辰23
4 癸卯②	4 壬申 2	4 壬寅 1	4 壬申 1	5 壬寅㉛	5 壬申30	5 辛丑29	5 辛未28	5 庚子26	5 庚午26	5 己亥24	5 己巳24
5 甲辰 3	**5** 癸酉 3	**5** 癸卯 2	5 癸酉 2	《6月》	《7月》	6 壬寅30	6 壬申29	6 辛丑㉗	6 辛未27	6 庚子25	6 庚午25
6 乙巳 4	6 甲戌 4	6 甲辰 3	**6** 甲戌③	6 癸卯 1	6 癸酉 1	7 癸卯31	7 癸酉㉚	7 壬寅28	7 壬申28	7 辛丑26	7 辛未26
7 丙午 5	7 乙亥 5	7 乙巳 4	7 乙亥 4	**7** 甲辰 2	7 甲戌 2	《8月》	8 甲戌31	8 癸卯29	8 癸酉29	8 壬寅27	8 壬申㉗
8 丁未 6	8 丙子 6	8 丙午⑤	8 丙子 5	8 乙巳 3	**8** 乙亥 3	8 甲辰 1	《9月》	9 甲辰30	9 甲戌30	9 癸卯28	9 癸酉28
9 戊申 7	9 丁丑 7	9 丁未 6	9 丁丑 6	9 丙午 4	9 丙子 4	**9** 乙巳②	9 乙亥 1	《10月》	10 乙亥31	10 甲辰㉙	10 甲戌29
10 己酉 8	10 戊寅⑧	10 戊申 7	10 戊寅 7	10 丁未 5	10 丁丑⑤	10 丙午 3	**10** 丙子 2	10 乙巳 1	《11月》	11 乙巳30	11 乙亥30
11 庚戌⑨	11 己卯 9	11 己酉 8	11 己卯 8	11 戊申 6	11 戊寅 6	11 丁未 4	11 丁丑 3	**11** 丙午 2	**11** 丙子①	《12月》	12 丙子31
12 辛亥10	12 庚辰10	12 庚戌 9	12 庚辰 9	12 己酉⑦	12 己卯 7	12 戊申 5	12 戊寅 4	12 丁未 3	12 丁丑 2	12 丙午 1	**801 年**
13 壬子11	13 辛巳11	13 辛亥10	13 辛巳⑩	13 庚戌 8	13 庚辰 8	13 己酉 6	13 己卯 5	13 戊申④	13 戊寅 3	**13** 丁未 2	《1月》
14 癸丑12	14 壬午12	14 壬子11	14 壬午11	14 辛亥 9	14 辛巳 9	14 庚戌 7	14 庚辰⑥	14 己酉 5	14 己卯 4	14 戊申 3	**13** 丁丑 1
15 甲寅13	15 癸未13	15 癸丑⑫	15 癸未12	15 壬子10	15 壬午10	15 辛亥 8	15 辛巳 7	15 庚戌 6	15 庚辰 5	15 己酉 4	14 戊寅 2
16 乙卯14	16 甲申14	16 甲寅13	16 甲申13	16 癸丑11	16 癸未11	16 壬子⑨	16 壬午 8	16 辛亥 7	16 辛巳 6	16 庚戌 5	15 己卯③
17 丙辰15	17 乙酉⑮	17 乙卯14	17 乙酉14	17 甲寅12	17 甲申⑫	17 癸丑10	17 癸未 9	17 壬子 8	17 壬午 7	17 辛亥⑥	16 庚辰 4
18 丁巳⑯	18 丙戌16	18 丙辰15	18 丙戌15	18 乙卯13	18 乙酉13	18 甲寅11	18 甲申10	18 癸丑 9	18 癸未⑧	18 壬子 7	17 辛巳 5
19 戊午17	19 丁亥17	19 丁巳16	19 丁亥16	19 丙辰⑭	19 丙戌14	19 乙卯12	19 乙酉11	19 甲寅10	19 甲申 9	19 癸丑 8	18 壬午 6
20 己未18	**20** 戊子18	20 戊午17	20 戊子⑰	20 丁巳15	20 丁亥15	20 丙辰13	20 丙戌12	20 乙卯⑪	20 乙酉10	20 甲寅 9	19 癸未 7
21 庚申19	21 己丑19	**21** 己未18	**21** 己丑18	21 戊午16	21 戊子16	21 丁巳14	21 丁亥⑬	21 丙辰12	21 丙戌11	21 乙卯10	20 甲申 8
22 辛酉20	22 庚寅20	22 庚申⑲	22 庚寅19	**22** 己未17	22 己丑17	22 戊午15	22 戊子14	22 丁巳13	22 丁亥12	22 丙辰11	21 乙酉 9
23 壬戌21	23 辛卯21	23 辛酉20	23 辛卯20	23 庚申18	**23** 庚寅18	23 己未⑯	23 己丑15	23 戊午14	23 戊子13	23 丁巳12	22 丙戌⑩
24 癸亥22	24 壬辰㉒	24 壬戌21	24 壬辰21	24 辛酉19	24 辛卯⑲	**24** 庚申17	24 庚寅16	24 己未15	24 己丑14	24 戊午⑬	23 丁亥11
25 甲子㉓	25 癸巳23	25 癸亥22	25 癸巳22	25 壬戌20	25 壬辰20	25 辛酉18	**25** 辛卯17	25 庚申16	25 庚寅⑮	25 己未14	24 戊子12
26 乙丑24	26 甲午24	26 甲子23	26 甲午23	26 癸亥㉑	26 癸巳21	26 壬戌19	26 壬辰18	**26** 辛酉17	26 辛卯16	26 庚申15	25 己丑13
27 丙寅25	27 乙未25	27 乙丑24	27 乙未㉔	27 甲子22	27 甲午22	27 癸亥20	27 癸巳19	27 壬戌⑱	**27** 壬辰17	27 辛酉16	26 庚寅14
28 丁卯26	28 丙申26	28 丙寅25	28 丙申25	28 乙丑23	28 乙未23	28 甲子21	28 甲午⑳	28 癸亥19	28 癸巳18	**28** 壬戌17	27 辛卯15
29 戊辰27	29 丁酉27	29 丁卯㉖	29 丁酉26	29 丙寅24	29 丙申24	29 乙丑22	29 乙未21	29 甲子20	29 甲午19	29 癸亥18	**28** 壬辰16
	30 戊戌28	30 戊辰27		30 丁卯25		30 丙寅㉓		30 乙丑21		30 甲子19	29 癸巳⑰
立春 3日 雨水 19日	啓蟄 5日 春分 20日	清明 5日 穀雨 21日	立夏 6日 小満 21日	芒種 7日 夏至 22日	小暑 8日 大暑 23日	立秋 9日 処暑 24日	白露 10日 秋分 25日	寒露 11日 霜降 26日	立冬 11日 小雪 27日	大雪 13日 冬至 28日	小寒 13日 大寒 28日

延暦**20**年（801−802） 辛巳

1月	閏1月	2月	3月	4月	5月	6月	7月	8月	9月	10月	11月	12月
1 甲午18	1 甲子17	**1** 癸巳18	1 癸亥17	1 壬辰⑯	1 壬戌15	1 壬辰15	1 辛酉13	1 辛卯⑫	1 庚申11	1 庚寅10	1 己未 9	1 己丑 8
2 乙未19	2 乙丑18	2 甲午19	**2** 甲子⑱	2 癸巳17	2 癸亥16	2 癸巳16	2 壬戌14	2 壬辰13	2 辛酉12	2 辛卯11	2 庚申10	2 庚寅⑨
3 丙申20	3 丙寅19	3 乙未20	3 乙丑19	**3** 甲午18	3 甲子17	3 甲午17	3 癸亥⑮	3 癸巳14	3 壬戌13	3 壬辰12	3 辛酉11	3 辛卯10
4 丁酉21	4 丁卯20	4 丙申㉑	4 丙寅20	4 乙未19	**4** 乙丑18	**4** 乙未⑱	4 甲子16	4 甲午15	4 癸亥14	4 癸巳13	4 壬戌⑫	4 壬辰11
5 戊戌22	5 戊辰㉑	5 丁酉22	5 丁卯21	5 丙申20	5 丙寅19	5 丙申19	5 乙丑17	5 乙未16	5 甲子15	5 甲午⑭	5 癸亥13	5 癸巳12
6 己亥23	6 己巳22	6 戊戌23	6 戊辰22	6 丁酉21	6 丁卯⑳	6 丁酉20	**6** 丙寅18	**6** 丙申17	6 乙丑16	6 乙未15	6 甲子14	6 甲午13
7 庚子㉔	7 庚午23	7 己亥24	7 己巳23	7 戊戌22	7 戊辰21	7 戊戌21	7 丁卯19	7 丁酉18	**7** 丙寅⑰	7 丙申16	7 乙丑15	7 乙未14
8 辛丑25	8 辛未24	8 庚子25	8 庚午24	8 己亥㉓	8 己巳22	8 己亥22	8 戊辰20	8 戊戌⑲	8 丁卯18	**8** 丁酉17	8 丙寅16	8 丙申15
9 壬寅26	9 壬申25	9 辛丑26	9 辛未㉕	9 庚子24	9 庚午23	9 庚子23	9 己巳21	9 己亥20	9 戊辰19	9 戊戌18	**9** 丁卯17	9 丁酉⑯
10癸卯27	10癸酉26	10壬寅27	10壬申26	10辛丑25	10辛未24	10辛丑24	10庚午㉒	10庚子21	10己巳20	10己亥19	10戊辰18	**10**戊戌17
11甲辰28	11甲戌27	11癸卯㉘	11癸酉27	11壬寅26	11壬申25	11壬寅㉕	11辛未23	11辛丑22	11庚午21	11庚子20	11己巳⑲	11己亥18
12乙巳29	12乙亥㉘	12甲辰29	12甲戌28	12癸卯27	12癸酉26	12癸卯26	12壬申24	12壬寅23	12辛未22	12辛丑㉑	12庚午20	12庚子19
13丙午30	《3月》	13乙巳30	13乙亥29	13甲辰28	13甲戌㉗	13甲辰27	13癸酉25	13癸卯24	13壬申23	13壬寅22	13辛未21	13辛丑20
14丁未㉛	13丙子 1	14丙午31	14丙子30	14乙巳29	14乙亥28	14乙巳28	14甲戌26	14甲辰25	14癸酉㉔	14癸卯23	14壬申22	14壬寅21
《2月》	14丁丑 2	《4月》	《5月》	15丙午㉚	15丙子29	15丙午29	15乙亥27	15乙巳㉖	15甲戌25	15甲辰24	15癸酉23	15癸卯22
15戊申 1	**15**戊寅 3	15丁未 1	15丁丑 1	16丁未31	16丁丑30	16丁未30	16丙子28	16丙午27	16乙亥26	16乙巳25	16甲戌24	16甲辰㉓
16己酉 2	16己卯 4	16戊申 2	16戊寅②	《6月》	《7月》	17戊申31	17丁丑㉙	17丁未28	17丙子27	17丙午26	17乙亥25	17乙巳24
17庚戌 3	17庚辰 5	**17**己酉 3	**17**己卯 3	17戊申 1	17戊寅 1	《8月》	18戊寅30	18戊申29	18丁丑28	18丁未27	18丙子㉖	18丙午25
18辛亥 4	18辛巳 6	18庚戌④	18庚辰 4	**18**己酉 2	18己卯 2	18己酉①	19己卯31	19己酉30	19戊寅29	19戊申㉘	19丁丑27	19丁未26
19壬子 5	19壬午⑦	19辛亥 5	19辛巳 5	19庚戌 3	**19**庚辰 3	**19**庚戌 2	《9月》	《10月》	20己卯30	20己酉29	20戊寅28	20戊申27
20癸丑 6	20癸未 8	20壬子 6	20壬午 6	20辛亥 4	20辛巳④	20辛亥 3	20庚辰 1	20庚戌 1	21庚辰㉛	21庚戌30	21己卯29	21己酉28
21甲寅⑦	21甲申 9	21癸丑 7	21癸未 7	21壬子 5	21壬午 5	21壬子 4	**21** 辛巳 2	**21** 辛亥 2	《11月》	《12月》	22庚辰30	22庚戌29
22乙卯 8	22乙酉10	22甲寅 8	22甲申 8	22癸丑⑥	22癸未 6	22癸丑 5	22壬午 3	22壬子③	22辛巳 1	22辛亥 1	23辛巳31	23辛亥㉚
23丙辰 9	23丙戌11	23乙卯 9	23乙酉⑨	23甲寅 7	23甲申 7	23甲寅 6	23癸未 4	23癸丑 4	**23**壬午 2	**23**壬子 2	**802**年	24壬子31
24丁巳10	24丁亥12	24丙辰10	24丙戌10	24乙卯 8	24乙酉 8	24乙卯 7	24甲申⑤	24甲寅 5	24癸未 3	24癸丑 3	《1月》	《2月》
25戊午11	25戊子13	25丁巳⑪	25丁亥11	25丙辰 9	25丙戌 9	25丙辰⑧	25乙酉 6	25乙卯 6	25甲申 4	25甲寅 4	24壬午 1	**25**癸丑 1
26己未12	26己丑⑭	26戊午12	26戊子12	26丁巳10	26丁亥10	26丁巳 9	26丙戌 7	26丙辰 7	26乙酉 5	26乙卯⑤	**25**癸未②	26甲寅 2
27庚申13	27庚寅15	27己未13	27己丑13	27戊午11	27戊子⑪	27戊午10	27丁亥 8	27丁巳 8	27丙戌 6	27丙辰 6	26甲申 3	27乙卯 3
28辛酉⑭	28辛卯16	28庚申14	28庚寅14	28己未12	28己丑12	28己未11	28戊子 9	28戊午 9	28丁亥⑦	28丁巳 7	27乙酉 4	28丙辰 4
29壬戌15	29壬辰17	29辛酉15	29辛卯15	29庚申⑬	29庚寅13	29庚申12	29己丑10	29己未⑩	29戊子 8	29戊午 8	28丙戌 5	29丁巳 5
30癸亥16		30壬戌16		30辛酉14	30辛卯14		30庚寅11		30己丑 9		29丁亥 6	
											30戊子 7	
立春 15日 雨水 30日	啓蟄15日	春分 1日 清明 17日	穀雨 2日 立夏 17日	小満 3日 芒種 18日	夏至 4日 小暑 19日	大暑 4日 立秋 19日	処暑 6日 白露 21日	秋分 6日 寒露 21日	霜降 7日 立冬 23日	小雪 8日 大雪 23日	冬至 9日 小寒 25日	大寒 10日 立春 25日

延暦**21**年（802−803） 壬午

1月	2月	3月	4月	5月	6月	7月	8月	9月	10月	11月	12月
1 戊午⑥	1 戊子 8	1 丁巳 6	1 丁亥 6	1 丙辰 4	1 丙戌 4	1 乙卯 2	《9月》	《10月》	1 甲申㉚	1 甲寅29	1 癸未28
2 己未 7	2 己丑 9	2 戊午 7	2 戊子 7	2 丁巳⑤	2 丁亥 5	**2** 丙辰 3	1 乙酉 1	1 乙卯 1	2 乙酉31	2 乙卯30	2 甲申29
3 庚申 8	3 庚寅10	3 己未 8	3 己丑⑧	3 戊午 6	3 戊子 6	3 丁巳 4	**2** 丙戌 2	**2** 丙辰②	《11月》	《12月》	3 乙酉30
4 辛酉 9	4 辛卯11	4 庚申 9	4 庚寅 9	4 己未 7	4 己丑 7	4 戊午 5	3 丁亥 3	3 丁巳 3	3 丙戌 1	3 丙辰 1	4 丙戌31
5 壬戌10	5 壬辰12	5 辛酉⑩	5 辛卯10	5 庚申 8	5 庚寅 8	5 己未 6	4 戊子④	4 戊午 4	**4** 丁亥 2	**4** 丁巳 2	**803**年
6 癸亥11	6 癸巳⑬	6 壬戌11	6 壬辰11	6 辛酉 9	6 辛卯 9	6 庚申⑦	5 己丑 5	5 己未 5	5 戊子 3	5 戊午 3	《1月》
7 甲子12	7 甲午14	7 癸亥12	7 癸巳12	7 壬戌10	7 壬辰⑩	7 辛酉 8	6 庚寅 6	6 庚申 6	6 己丑 4	6 己未④	5 丁亥①
8 乙丑⑬	8 乙未15	8 甲子13	8 甲午13	8 癸亥11	8 癸巳11	8 壬戌 9	7 辛卯 7	7 辛酉 7	7 庚寅 5	7 庚申 5	**6** 戊子 2
9 丙寅14	9 丙申16	9 乙丑14	9 乙未14	9 甲子⑫	9 甲午12	9 癸亥10	8 壬辰 8	8 壬戌 8	8 辛卯⑥	8 辛酉 6	7 己丑 3
10丁卯15	10丁酉17	10丙寅15	10丙申⑮	10乙丑13	10乙未13	10甲子11	9 癸巳 9	9 癸亥⑨	9 壬辰 7	9 壬戌 7	8 庚寅 4
11戊辰16	11戊戌18	11丁卯16	11丁酉16	11丙寅14	11丙申14	11乙丑12	10甲午10	10甲子10	10癸巳 8	10癸亥 8	9 辛卯 5
12己巳17	**12**己亥19	12戊辰⑰	12戊戌17	12丁卯15	12丁酉15	12丙寅13	11乙未⑪	11乙丑11	11甲午 9	11甲子 9	10壬辰 6
13庚午18	13庚子⑳	**13**己巳18	**13**己亥18	13戊辰16	13戊戌16	13丁卯⑭	12丙申12	12丙寅12	12乙未10	12乙丑10	11癸巳 7
14辛未19	14辛丑21	14庚午19	14庚子19	14己巳17	14己亥⑰	14戊辰15	13丁酉13	13丁卯13	13丙申11	13丙寅⑪	12甲午⑧
15壬申⑳	15壬寅22	15辛未20	15辛丑20	**15**庚午18	**15**庚子18	15己巳16	14戊戌14	14戊辰14	14丁酉12	14丁卯12	13乙未 9
16癸酉21	16癸卯23	16壬申21	16壬寅21	16辛未⑲	16辛丑19	16庚午17	15己亥15	15己巳15	15戊戌⑬	15戊辰13	14丙申10
17甲戌22	17甲辰24	17癸酉22	17癸卯㉒	17壬申20	17壬寅20	**17**辛未18	16庚子16	16庚午⑯	16己亥14	16己巳14	15丁酉11
18乙亥23	18乙巳25	18甲戌23	18甲辰23	18癸酉21	18癸卯21	18壬申19	**17**辛丑17	17辛未17	17庚子15	17庚午15	16戊戌12
19丙子24	19丙午26	19乙亥㉔	19乙巳24	19甲戌22	19甲辰22	19癸酉20	18壬寅⑱	**18**壬申18	18辛丑16	18辛未16	17己亥13
20丁丑25	20丁未㉗	20丙子25	20丙午25	20乙亥23	20乙巳23	20甲戌㉑	19癸卯19	19癸酉19	**19**壬寅17	19壬申17	18庚子14
21戊寅26	21戊申28	21丁丑26	21丁未26	21丙子24	21丙午㉔	21乙亥22	20甲辰20	20甲戌20	20癸卯18	**20**癸酉⑱	19辛丑⑮
22己卯㉗	22己酉29	22戊寅27	22戊申27	22丁丑25	22丁未25	22丙子23	21乙巳21	21乙亥21	21甲辰19	21甲戌19	20壬寅16
23庚辰28	23庚戌30	23己卯28	23己酉28	23戊寅㉖	23戊申26	23丁丑24	22丙午22	22丙子22	22乙巳⑳	22乙亥20	**21** 癸卯17
《3月》	24辛亥31	24庚辰29	24庚戌㉙	24己卯27	24己酉27	24戊寅25	23丁未23	23丁丑㉓	23丙午21	23丙子21	22甲辰18
24辛巳 1	《4月》	25辛巳30	25辛亥30	25庚辰28	25庚戌28	25己卯26	24戊申24	24戊寅24	24丁未22	24丁丑22	23乙巳19
25壬午 2	25壬子 1	《5月》	26壬子31	26辛巳29	26辛亥29	26庚辰27	25己酉㉕	25己卯25	25戊申23	25戊寅23	24丙午20
26癸未 3	26癸丑 2	26壬午①	《6月》	27壬午30	27壬子30	27辛巳㉘	26庚戌26	26庚辰26	26己酉24	26己卯24	25丁未21
27甲申 4	**27**甲寅③	27癸未 2	27癸丑 1	《7月》	28癸丑㉛	28壬午29	27辛亥27	27辛巳27	27庚戌25	27庚辰㉕	26戊申㉒
28乙酉 5	28乙卯 4	**28**甲申 3	28甲寅 2	28癸未 1	《8月》	29癸未30	28壬子28	28壬午28	28辛亥26	28辛巳26	27己酉23
29丙戌⑥	29丙辰 5	29乙酉 4	**29**乙卯 3	29甲申 2	29甲寅 1	30甲申31	29癸丑29	29癸未29	29壬子㉗	29壬午27	28庚戌24
30丁亥 7		30丙戌 5		**30**乙酉③			30甲寅30		30癸丑28		29辛亥25
											30壬子26
雨水 11日 啓蟄 26日	春分 12日 清明 27日	穀雨 13日 立夏 28日	小満 13日 芒種 29日	夏至 15日 小暑 30日	大暑 15日	立秋 2日 処暑 17日	白露 2日 秋分 17日	寒露 2日 霜降 18日	立冬 4日 小雪 19日	大雪 4日 冬至 20日	小寒 6日 大寒 21日

延暦22年（803－804） 癸未

1月	2月	3月	4月	5月	6月	7月	8月	9月	10月	閏10月	11月	12月
1 癸丑27	1 壬午25	1 壬子27	1 辛巳25	1 庚戌24	1 庚辰23	1 己酉22	1 己卯21	1 己酉20	1 戊寅19	1 戊申18	**1** 戊寅18	1 丁未16
2 甲寅28	2 癸未㉖	2 癸丑28	2 壬午26	2 辛亥25	2 辛巳24	2 庚戌㉓	2 庚辰22	2 庚戌21	2 己卯20	2 己酉⑲	2 己卯19	**2** 戊申17
3 乙卯㉙	3 甲申27	3 甲寅29	3 癸未27	3 壬子26	3 壬午㉕	3 辛亥24	3 辛巳23	3 辛亥22	3 庚辰21	3 庚戌20	3 庚辰20	3 己酉18
4 丙辰30	4 乙酉28	4 乙卯30	4 甲申28	4 癸丑27	4 癸未26	4 壬子25	4 壬午24	4 壬子23	4 辛巳㉒	4 辛亥21	4 辛巳21	4 庚戌19
5 丁巳31	《3月》	5 丙辰31	5 乙酉29	5 甲寅㉘	5 甲申27	5 癸丑26	5 癸未25	5 癸丑㉔	5 壬午23	5 壬子22	5 壬午22	5 辛亥20
《2月》	5 丙戌 1	《4月》	6 丙戌㉚	6 乙卯29	6 乙酉28	6 甲寅27	6 甲申26	6 甲寅25	6 癸未24	6 癸丑23	6 癸未23	6 壬子㉑
6 戊午 1	6 丁亥 2	6 丁巳 1	《5月》	7 丙辰30	7 丙戌29	7 乙卯28	7 乙酉㉗	7 乙卯26	7 甲申25	7 甲寅24	7 甲申㉔	7 癸丑22
7 己未 2	7 戊子 3	7 戊午②	7 丁亥 1	8 丁巳31	8 丁亥30	8 丙辰29	8 丙戌28	8 丙辰27	8 乙酉26	8 乙卯25	8 乙酉25	8 甲寅23
8 庚申 3	**8** 己丑 4	**8** 己未 3	8 戊子 2	《6月》	《7月》	9 丁巳㉚	9 丁亥29	9 丁巳28	9 丙戌27	9 丙辰㉖	9 丙戌26	9 乙卯24
9 辛酉 4	9 庚寅⑤	9 庚申 4	9 己丑 3	9 戊午 1	9 戊子 1	10戊午31	10戊子30	10戊午29	10丁亥28	10丁巳27	10丁亥27	10丙辰25
10壬戌⑤	10辛卯 6	10辛酉 5	**10**庚寅 4	10己未 2	10己丑②	《8月》	11己丑31	11己未30	11戊子㉙	11戊午28	11戊子28	11丁巳26
11癸亥 6	11壬辰 7	11壬戌 6	11辛卯 5	**11**庚申 3	**11**庚寅 3	11己未 1	《9月》	《10月》	12己丑30	12己未29	12己丑29	12戊午27
12甲子 7	12癸巳 8	12癸亥 7	12壬辰 6	12辛酉④	12辛卯 4	12庚申 2	12庚寅 1	12庚申①	13庚寅31	13庚申30	13庚寅30	13己未㉘
13乙丑 8	13甲午 9	13甲子 8	13癸巳⑦	13壬戌 5	13壬辰 5	**13**辛酉 3	**13**辛卯 2	13辛酉 2	《11月》	《12月》	14辛卯㉛	14庚申29
14丙寅 9	14乙未10	14乙丑⑨	14甲午 8	14癸亥 6	14癸巳 6	14壬戌 4	14壬辰③	**14**壬戌 3	14辛卯 1	14辛酉 1	**804** 年	15辛酉30
15丁卯10	15丙申11	15丙寅10	15乙未 9	15甲子 7	15甲午 7	15癸亥 5	15癸巳 4	15癸亥 4	**15**壬辰 2	15壬戌 2	《1月》	16壬戌31
16戊辰11	16丁酉⑫	16丁卯11	16丙申10	16乙丑 8	16乙未 8	16甲子⑥	16甲午 5	16甲子 5	16癸巳 3	**16**癸亥③	15壬辰 1	《2月》
17己巳⑫	17戊戌13	17戊辰12	17丁酉11	17丙寅 9	17丙申⑨	17乙丑 7	17乙未 6	17乙丑 6	17甲午 4	17甲子 4	**16**癸巳 2	**17**癸亥 1
18庚午13	18己亥14	18己巳13	18戊戌12	18丁卯10	18丁酉10	18丙寅 8	18丙申 7	18丙寅 7	18乙未⑤	18乙丑 5	17甲午 3	18甲子 2
19辛未14	19庚子15	19庚午14	19己亥13	19戊辰⑪	19戊戌11	19丁卯 9	19丁酉 8	19丁卯⑧	19丙申 6	19丙寅 6	18乙未 4	19乙丑 3
20壬申15	20辛丑16	20辛未15	20庚子⑭	20己巳12	20己亥12	20戊辰10	20戊戌 9	20戊辰 9	20丁酉 7	20丁卯 7	19丙申 5	20丙寅④
21癸酉16	21壬寅17	21壬申⑯	21辛丑15	21庚午13	21庚子13	21己巳11	21己亥⑩	21己巳10	21戊戌 8	21戊辰 8	20丁酉 6	21丁卯 5
22甲戌17	22癸卯18	22癸酉17	22壬寅16	22辛未14	22辛丑14	22庚午12	22庚子11	22庚午11	22己亥 9	22己巳 9	21戊戌⑦	22戊辰 6
23乙亥18	**23**甲辰⑲	**23**甲戌18	23癸卯17	23壬申15	23壬寅15	23辛未⑬	23辛丑12	23辛未12	23庚子10	23庚午⑩	22己亥 8	23己巳 7
24丙子⑲	24乙巳20	24乙亥19	24甲辰18	24癸酉16	24癸卯⑯	24壬申14	24壬寅13	24壬申13	24辛丑11	24辛未11	23庚子 9	24庚午 8
25丁丑20	25丙午21	25丙子20	**25**乙巳19	25甲戌17	25甲辰17	25癸酉15	25癸卯14	25癸酉14	25壬寅⑫	25壬申12	24辛丑10	25辛未 9
26戊寅21	26丁未22	26丁丑21	26丙午20	**26**乙亥⑱	26乙巳18	26甲戌16	26甲辰15	26甲戌⑮	26癸卯13	26癸酉13	25壬寅11	26壬申10
27己卯22	27戊申23	27戊寅22	27丁未㉑	27丙子19	**27**丙午19	27乙亥17	27乙巳16	27乙亥16	27甲辰14	27甲戌14	26癸卯12	27癸酉⑪
28庚辰23	28己酉24	28己卯㉓	28戊申22	28丁丑20	28丁未20	**28**丙子18	**28**丙午⑰	28丙子17	28乙巳15	28乙亥15	27甲辰13	28甲戌12
29辛巳24	29庚戌25	29庚辰24	29己酉23	29戊寅21	29戊申21	29丁丑19	29丁未18	**29**丁丑18	29丙午16	29丙子16	28乙巳⑭	29乙亥13
	30辛亥㉖			30己卯22		30戊寅⑳	30戊申19		**30**丁未17	30丁丑⑰	29丙午15	30丙子14
立春 6日 雨水 21日	啓蟄 8日 春分 23日	清明 8日 穀雨 23日	立夏 10日 小満 25日	芒種 11日 夏至 26日	小暑 11日 大暑 27日	立秋 13日 処暑 28日	白露 13日 秋分 28日	寒露 14日 霜降 29日	立冬 15日 小雪 30日	大雪16日	冬至 1日 小寒 16日	大寒 2日 立春 17日

延暦23年（804－805） 甲申

1月	2月	3月	4月	5月	6月	7月	8月	9月	10月	11月	12月
1 丁丑15	1 丙午15	1 丙子⑭	1 乙巳13	1 甲戌11	1 甲辰11	1 癸酉 9	1 癸卯⑧	1 壬申 7	1 壬寅 6	1 壬申 6	1 壬寅⑤
2 戊寅16	2 丁未16	2 丁丑15	2 丙午14	2 乙亥12	2 乙巳12	2 甲戌10	2 甲辰 9	2 癸酉 8	2 癸卯 7	2 癸酉 7	2 癸卯 6
3 己卯17	3 戊申⑰	3 戊寅16	3 丁未15	3 丙子13	3 丙午13	3 乙亥⑪	3 乙巳10	3 甲戌 9	3 甲辰 8	3 甲戌⑧	3 甲辰 7
4 庚辰⑱	**4** 己酉18	4 己卯17	4 戊申16	4 丁丑14	4 丁未⑭	4 丙子12	4 丙午11	4 乙亥10	4 乙巳 9	4 乙亥 9	4 乙巳 8
5 辛巳19	5 庚戌19	**5** 庚辰18	5 己酉17	5 戊寅15	5 戊申15	5 丁丑13	5 丁未12	5 丙子11	5 丙午⑩	5 丙子10	5 丙午 9
6 壬午20	6 辛亥20	6 辛巳19	**6** 庚戌18	6 己卯⑯	6 己酉16	6 戊寅14	6 戊申13	6 丁丑12	6 丁未11	6 丁丑11	6 丁未10
7 癸未21	7 壬子21	7 壬午20	7 辛亥⑲	**7** 庚辰17	7 庚戌17	7 己卯15	7 己酉14	7 戊寅⑬	7 戊申12	7 戊寅12	7 戊申11
8 甲申22	8 癸丑22	8 癸未㉑	8 壬子20	8 辛巳18	**8** 辛亥18	8 庚辰16	8 庚戌⑮	8 己卯14	8 己酉13	8 己卯13	8 己酉⑫
9 乙酉23	9 甲寅23	9 甲申22	9 癸丑21	9 壬午19	9 壬子19	**9** 辛巳17	9 辛亥16	9 庚辰15	9 庚戌14	9 庚辰14	9 庚戌13
10丙戌24	10乙卯㉔	10乙酉23	10甲寅22	10癸未20	10癸丑20	10壬午⑱	**10**壬子17	10辛巳16	10辛亥15	10辛巳⑮	10辛亥14
11丁亥㉕	11丙辰25	11丙戌24	11乙卯23	11甲申21	11甲寅㉑	11癸未19	11癸丑18	**11**壬午17	11壬子16	11壬午16	11壬子15
12戊子26	12丁巳26	12丁亥25	12丙辰24	12乙酉22	12乙卯22	12甲申20	12甲寅19	12癸未18	**12**癸丑⑰	**12**癸未17	**12**癸丑16
13己丑27	13戊午27	13戊子26	13丁巳25	13丙戌㉓	13丙辰23	13乙酉21	13乙卯20	13甲申19	13甲寅18	13甲申18	13甲寅17
14庚寅28	14己未28	14己丑27	14戊午㉖	14丁亥24	14丁巳24	14丙戌22	14丙辰21	14乙酉⑳	14乙卯19	14乙酉19	14乙卯18
15辛卯29	15庚申29	15庚寅㉘	15己未27	15戊子25	15戊午25	15丁亥23	15丁巳㉒	15丙戌21	15丙辰20	15丙戌20	15丙辰⑲
《3月》	16辛酉30	16辛卯29	16庚申28	16己丑26	16己未26	16戊子24	16戊午23	16丁亥22	16丁巳21	16丁亥21	16丁巳20
16壬辰 1	17壬戌㉛	17壬辰30	17辛酉29	17庚寅27	17庚申27	17己丑㉕	17己未24	17戊子23	17戊午22	17戊子㉒	17戊午21
17癸巳 2	《4月》	《5月》	18壬戌30	18辛卯28	18辛酉㉘	18庚寅26	18庚申25	18己丑24	18己未23	18己丑23	18己未22
18甲午③	18癸亥 1	18癸巳 1	19癸亥31	19壬辰29	19壬戌29	19辛卯27	19辛酉26	19庚寅25	19庚申㉔	19庚寅24	19庚申23
19乙未 4	**19**甲子 2	19甲午 2	《6月》	20癸巳㉚	20癸亥30	20壬辰28	20壬戌27	20辛卯26	20辛酉25	20辛卯25	20辛酉24
20丙申 5	20乙丑 3	**20**乙未 3	20甲子 1	《7月》	21甲子31	21癸巳29	21癸亥28	21壬辰㉗	21壬戌26	21壬辰26	21壬戌25
21丁酉 6	21丙寅 4	21丙申 4	**21**乙丑②	21甲午 1	《8月》	22甲午30	22甲子㉙	22癸巳28	22癸亥27	22癸巳27	22癸亥㉖
22戊戌 7	22丁卯 5	22丁酉⑤	22丙寅 3	22乙未 2	22乙丑 1	23乙未31	23乙丑30	23甲午29	23甲子28	23甲午28	23甲子27
23己亥 8	23戊辰 6	23戊戌 6	23丁卯 4	**23**丙申 3	**23**丙寅 2	《9月》	《10月》	24乙未30	24乙丑29	24乙未㉙	24乙丑28
24庚子 9	24己巳⑦	24己亥 7	24戊辰 5	24丁酉 4	24丁卯 3	24丙申①	24丙寅 1	25丙申31	25丙寅30	25丙申30	25丙寅29
25辛丑⑩	25庚午 8	25庚子 8	25己巳 6	25戊戌 5	25戊辰④	**25**丁酉 2	**25**丁卯 2	《11月》	《12月》	26丁酉31	26丁卯30
26壬寅11	26辛未 9	26辛丑 9	26庚午 7	26己亥 6	26己巳 5	26戊戌 3	26戊辰 3	**26**丁酉 1	26丁卯①	**805** 年	27戊辰31
27癸卯12	27壬申10	27壬寅10	27辛未 8	27庚子⑦	27庚午 6	27己亥 4	27己巳 4	27戊戌 2	**27**戊辰 2	《1月》	《2月》
28甲辰13	28癸酉11	28癸卯11	28壬申⑨	28辛丑 8	28辛未 7	28庚子 5	28庚午 5	28己亥③	28己巳 3	**27**戊戌 1	**28**己巳 1
29乙巳14	29甲戌12	29甲辰⑫	29癸酉10	29壬寅 9	29壬申 8	29辛丑 6	29辛未⑥	29庚子 4	29庚午 4	28己亥 2	29庚午②
	30乙亥13			30癸卯10		30壬寅 7		30辛丑 5	30辛未 5	29庚子 3	
										30辛丑 4	
雨水 3日 啓蟄 18日	春分 4日 清明 19日	穀雨 5日 立夏 20日	小満 6日 芒種 21日	夏至 7日 小暑 23日	大暑 8日 立秋 23日	処暑 9日 白露 25日	秋分 10日 寒露 25日	霜降 11日 立冬 26日	小雪 12日 大雪 27日	冬至 12日 小寒 27日	大寒 12日 立春 28日

延暦**24**年（805－806） 乙酉

1月	2月	3月	4月	5月	6月	7月	8月	9月	10月	11月	12月
1 辛未 3 2 壬申 4 3 癸酉 5 4 甲戌 6 5 乙亥 7 6 丙子 8 7 丁丑⑨ 8 戊寅10 9 己卯11 10庚辰12 11辛巳13 12壬午14 13癸未15 **14**甲申⑯ 15乙酉17 16丙戌18 17丁亥19 18戊子20 19己丑21 20庚寅22 21辛卯㉓ 22壬辰24 23癸巳25 24甲午26 25乙未27 26丙申28 《3月》 27丁酉 1 28戊戌② **29**己亥 3 30庚子 4	1 辛丑 5 2 壬寅 6 3 癸卯 7 4 甲辰 8 5 乙巳⑨ 6 丙午10 7 丁未11 8 戊申12 9 己酉13 10庚戌14 11辛亥15 12壬子⑯ 13癸丑17 **14**甲寅18 15乙卯19 16丙辰20 17丁巳21 18戊午22 19己未㉓ 20庚申24 21辛酉25 22壬戌26 23癸亥27 24甲子28 25乙丑29 26丙寅㉚ 27丁卯31 《4月》 28戊辰 1 29己巳 2	**1** 庚午 3 2 辛未 4 3 壬申 5 4 癸酉⑥ 5 甲戌 7 6 乙亥 8 7 丙子 9 8 丁丑10 9 戊寅11 10己卯12 11庚辰⑬ 12辛巳14 13壬午15 14癸未16 15甲申17 **16**乙酉18 17丙戌19 18丁亥⑳ 19戊子21 20己丑22 21庚寅23 22辛卯24 23壬辰25 24癸巳26 25甲午㉗ 26乙未28 27丙申29 28丁酉30 《5月》 29戊戌 1 30己亥 2	**1** 庚子 3 2 辛丑④ 3 壬寅 5 4 癸卯 6 5 甲辰 7 6 乙巳 8 7 丙午 9 8 丁未10 9 戊申⑪ 10己酉12 11庚戌13 12辛亥14 13壬子15 14癸丑16 15甲寅17 **16**乙卯⑱ 17丙辰19 18丁巳20 19戊午21 20己未22 21庚申23 22辛酉24 23壬戌㉕ 24癸亥26 25甲子27 26乙丑28 27丙寅29 28丁卯30 29戊辰31	《6月》 1 己巳① **2** 庚午 2 3 辛未 3 4 壬申 4 5 癸酉 5 6 甲戌 6 7 乙亥 7 8 丙子⑧ 9 丁丑 9 10戊寅10 11己卯11 12庚辰12 13辛巳13 14壬午14 15癸未⑮ 16甲申16 17乙酉17 **18**丙戌18 19丁亥19 20戊子20 21己丑21 22庚寅㉒ 23辛卯23 24壬辰24 25癸巳25 26甲午26 27乙未27 28丙申28 29丁酉㉙	1 戊戌30 《7月》 2 己亥 1 3 庚子 2 **4** 辛丑 3 5 壬寅 4 6 癸卯 5 7 甲辰⑥ 8 乙巳 7 9 丙午 8 10丁未 9 11戊申10 12己酉11 13庚戌12 14辛亥⑬ 15壬子14 16癸丑15 17甲寅16 18乙卯17 **19**丙辰18 20丁巳19 21戊午⑳ 22己未21 23庚申22 24辛酉23 25壬戌24 26癸亥25 27甲子26 28乙丑㉗ 29丙寅28 30丁卯29	1 戊辰30 2 己巳31 《8月》 3 庚午 1 **4** 辛未 2 5 壬申③ 6 癸酉 4 7 甲戌 5 8 乙亥 6 9 丙子 7 10丁丑 8 11戊寅 9 12己卯⑩ 13庚辰11 14辛巳12 15壬午13 16癸未14 17甲申15 18乙酉16 19丙戌⑰ **20**丁亥18 21戊子19 22己丑20 23庚寅21 24辛卯22 25壬辰23 26癸巳㉔ 27甲午25 28乙未26 29丙申27	1 丁酉28 2 戊戌29 3 己亥30 4 庚子㉛ 《9月》 5 辛丑 1 **6** 壬寅 2 7 癸卯 3 8 甲辰 4 9 乙巳 5 10丙午 6 11丁未⑦ 12戊申 8 13己酉 9 14庚戌10 15辛亥11 16壬子12 17癸丑13 18甲寅⑭ 19乙卯15 20丙辰16 **21**丁巳17 22戊午18 23己未19 24庚申20 25辛酉㉑ 26壬戌22 27癸亥23 28甲子24 29乙丑25 30丙寅26	1 丁卯27 2 戊辰㉘ 3 己巳29 4 庚午30 《10月》 5 辛未 1 **6** 壬申 2 7 癸酉 3 8 甲戌 4 9 乙亥⑤ 10丙子 6 11丁丑 7 12戊寅 8 13己卯 9 14庚辰10 15辛巳11 16壬午⑫ 17癸未13 18甲申14 19乙酉15 20丙戌16 **21**丁亥17 22戊子18 23己丑⑲ 24庚寅20 25辛卯21 26壬辰22 27癸巳23 28甲午24 29乙未25	1 丙申㉖ 2 丁酉27 3 戊戌28 4 己亥29 5 庚子30 6 辛丑31 《11月》 7 壬寅 1 **8** 癸卯② 9 甲辰 3 10乙巳 4 11丙午 5 12丁未 6 13戊申 7 14己酉 8 15庚戌⑨ 16辛亥10 17壬子11 18癸丑12 19甲寅13 20乙卯14 21丙辰15 22丁巳⑯ **23**戊午17 24己未18 25庚申19 26辛酉20 27壬戌21 28癸亥22 29甲子㉓ 30乙丑24	1 丙寅25 2 丁卯26 3 戊辰27 4 己巳28 5 庚午29 6 辛未㉚ 《12月》 7 壬申 1 **8** 癸酉 2 9 甲戌 3 10乙亥 4 11丙子 5 12丁丑 6 13戊寅⑦ 14己卯 8 15庚辰 9 16辛巳10 17壬午11 18癸未12 19甲申13 20乙酉⑭ 21丙戌15 22丁亥16 **23**戊子17 24己丑18 25庚寅19 26辛卯20 27壬辰㉑ 28癸巳22 29甲午23 30乙未24	1 丙申25 2 丁酉26 3 戊戌27 4 己亥㉘ 5 庚子29 6 辛丑30 7 壬寅31 **806年** 《1月》 8 癸卯 1 **9** 甲辰 2 10乙巳 3 11丙午④ 12丁未 5 13戊申 6 14己酉 7 15庚戌 8 16辛亥 9 17壬子10 18癸丑⑪ 19甲寅12 20乙卯13 21丙辰14 22丁巳15 23戊午16 **24**己未17 25庚申⑱ 26辛酉19 27壬戌20 28癸亥21 29甲子22 30乙丑23
雨水 14日 啓蟄 29日	春分 14日	清明 1日 穀雨 16日	立夏 1日 小満 16日	芒種 2日 夏至 18日	小暑 4日 大暑 19日	立秋 4日 処暑 20日	白露 6日 秋分 21日	寒露 6日 霜降 21日	立冬 8日 小雪 23日	大雪 8日 冬至 23日	小寒 9日 大寒 24日

大同元年〔延暦**25**年〕（806－807） 丙戌

改元 5/18（延暦→大同）

1月	2月	3月	4月	5月	6月	閏6月	7月	8月	9月	10月	11月	12月
1 丙寅24 2 丁卯㉕ 3 戊辰26 4 己巳27 5 庚午28 6 辛未29 7 壬申30 8 癸酉31 《2月》 **9** 甲戌① 10乙亥 2 11丙子 3 12丁丑 4 13戊寅 5 14己卯 6 15庚辰 7 16辛巳⑧ 17壬午 9 18癸未10 19甲申11 20乙酉12 21丙戌13 22丁亥14 23戊子⑮ **24**己丑16 25庚寅17 26辛卯18 27壬辰19 28癸巳20 29甲午21	1 乙未㉒ 2 丙申23 3 丁酉24 4 戊戌25 5 己亥26 6 庚子27 7 辛丑28 《3月》 8 壬寅① 9 癸卯 2 **10**甲辰 3 11乙巳 4 12丙午 5 13丁未 6 14戊申 7 15己酉⑧ 16庚戌 9 17辛亥10 18壬子11 19癸丑12 20甲寅13 21乙卯14 22丙辰⑮ 23丁巳16 24戊午17 25己未18 **26**庚申19 27辛酉20 28壬戌21 29癸亥㉒ 30甲子23	1 乙丑24 2 丙寅25 3 丁卯26 4 戊辰27 5 己巳28 6 庚午㉙ 7 辛未30 8 壬申31 《4月》 9 癸酉 1 10甲戌 2 **11**乙亥 3 12丙子 4 13丁丑⑤ 14戊寅 6 15己卯 7 16庚辰 8 17辛巳 9 18壬午10 19癸未11 20甲申⑫ 21乙酉13 22丙戌14 23丁亥15 24戊子16 25己丑17 **26**庚寅18 27辛卯⑲ 28壬辰20 29癸巳21	1 甲午22 2 乙未23 3 丙申24 4 丁酉25 5 戊戌㉖ 6 己亥27 7 庚子28 8 辛丑29 9 壬寅30 《5月》 10癸卯 1 11甲辰 2 **12**乙巳③ 13丙午 4 14丁未 5 15戊申 6 16己酉 7 17庚戌 8 18辛亥 9 19壬子⑩ 20癸丑11 21甲寅12 22乙卯13 23丙辰14 24丁巳15 25戊午16 26己未⑰ **27**庚申18 28辛酉19 29壬戌20 30癸亥21	1 甲子22 2 乙丑23 3 丙寅㉔ 4 丁卯25 5 戊辰26 6 己巳27 7 庚午28 8 辛未29 9 壬申30 10癸酉㉛ 《6月》 11甲戌 1 12乙亥 2 **13**丙子 3 14丁丑 4 15戊寅 5 16己卯 6 17庚辰⑦ *18*辛巳 8 19壬午 9 20癸未10 21甲申11 22乙酉12 23丙戌13 24丁亥⑭ 25戊子15 26己丑16 27庚寅17 **28**辛卯18 29壬辰19	1 癸巳20 2 甲午㉑ 3 乙未22 4 丙申23 5 丁酉24 6 戊戌25 7 己亥26 8 庚子27 9 辛丑㉘ 10壬寅29 11癸卯30 《7月》 12甲辰 1 13乙巳 2 **14**丙午 3 15丁未 4 16戊申⑤ 17己酉 6 18庚戌 7 19辛亥 8 20壬子 9 21癸丑10 22甲寅11 23乙卯⑫ 24丙辰13 25丁巳14 26戊午15 27己未16 28庚申17 **29**辛酉18	1 壬戌⑲ 2 癸亥20 3 甲子21 4 乙丑22 5 丙寅23 6 丁卯24 7 戊辰25 8 己巳㉖ 9 庚午27 10辛未28 11壬申29 12癸酉30 13甲戌31 《8月》 14乙亥 1 15丙子② **16**丁丑 3 17戊寅 4 18己卯 5 19庚辰 6 20辛巳 7 21壬午 8 22癸未⑨ 23甲申10 24乙酉11 25丙戌12 26丁亥13 27戊子14 28己丑15 29庚寅⑯ 30辛卯17	**1** 壬辰18 2 癸巳19 3 甲午20 4 乙未21 5 丙申22 6 丁酉㉓ 7 戊戌24 8 己亥25 9 庚子26 10辛丑27 11壬寅28 12癸卯29 13甲辰㉚ 14乙巳31 《9月》 15丙午 1 **16**丁未 2 17戊申 3 18己酉 4 19庚戌 5 20辛亥⑥ 21壬子 7 22癸丑 8 23甲寅 9 24乙卯10 25丙辰11 26丁巳12 27戊午⑬ 28己未14 29庚申15	1 辛酉16 **2** 壬戌17 3 癸亥18 4 甲子19 5 乙丑⑳ 6 丙寅21 7 丁卯22 8 戊辰23 9 己巳24 10庚午25 11辛未26 12壬申㉗ 13癸酉28 14甲戌29 15乙亥30 《10月》 16丙子 1 **17**丁丑 2 18戊寅 3 19己卯④ 20庚辰 5 21辛巳 6 22壬午 7 23癸未 8 24甲申 9 25乙酉10 26丙戌⑪ 27丁亥12 28戊子13 29己丑14 30庚寅15	1 辛卯16 2 壬辰17 **3** 癸巳⑱ 4 甲午19 5 乙未20 6 丙申21 7 丁酉22 8 戊戌23 9 己亥24 10庚子㉕ 11辛丑26 12壬寅27 13癸卯28 14甲辰29 15乙巳30 16丙午31 《11月》 17丁未① **18**戊申 2 19己酉 3 20庚戌 4 21辛亥 5 22壬子 6 23癸丑 7 24甲寅⑧ 25乙卯 9 26丙辰10 27丁巳11 28戊午12 29己未13	1 庚申14 2 辛酉⑮ 3 壬戌16 **4** 癸亥17 5 甲子18 6 乙丑19 7 丙寅20 8 丁卯21 9 戊辰㉒ 10己巳23 11庚午24 12辛未25 13壬申26 14癸酉27 15甲戌28 16乙亥㉙ 17丙子30 《12月》 18丁丑 1 **19**戊寅 2 20己卯 3 21庚辰 4 22辛巳 5 23壬午⑥ 24癸未 7 25甲申 8 26乙酉 9 27丙戌10 28丁亥11 29戊子12 30己丑⑬	1 庚寅14 2 辛卯15 3 壬辰16 4 癸巳17 **5** 甲午18 6 乙未19 7 丙申⑳ 8 丁酉21 9 戊戌22 10己亥23 11庚子24 12辛丑25 13壬寅26 14癸卯㉗ 15甲辰28 16乙巳29 17丙午30 18丁未31 **807年** 《1月》 19戊申 1 **20**己酉 2 21庚戌③ 22辛亥 4 23壬子 5 24癸丑 6 25甲寅 7 26乙卯 8 27丙辰 9 28丁巳⑩ 29戊午11 30己未12	1 庚申13 2 辛酉14 3 壬戌15 4 癸亥16 **5** 甲子⑰ 6 乙丑18 7 丙寅19 8 丁卯20 9 戊辰21 10己巳22 11庚午23 12辛未㉔ 13壬申25 14癸酉26 15甲戌27 16乙亥28 17丙子29 18丁丑30 19戊寅㉛ 《2月》 **20**己卯 1 21庚辰 2 22辛巳 3 23壬午 4 24癸未 5 25甲申 6 26乙酉⑦ 27丙戌 8 28丁亥 9 29戊子10 30己丑11
立春 9日 雨水 24日	啓蟄 10日 春分 26日	清明 11日 穀雨 26日	立夏 12日 小満 27日	芒種 13日 夏至 28日	小暑 14日 大暑 29日	立秋16日	処暑 1日 白露 16日	秋分 2日 寒露 17日	霜降 3日 立冬 18日	小雪 4日 大雪 19日	冬至 5日 小寒 20日	大寒 5日 立春 20日

大同**2**年（807－808） 丁亥

1月	2月	3月	4月	5月	6月	7月	8月	9月	10月	11月	12月
1 庚寅12	1 己未13	1 己丑12	1 戊午11	1 戊子10	1 丁巳 9	1 丙戌 7	1 丙辰 6	1 乙酉 5	1 乙卯 4	**1** 甲申 3	**1** 甲寅②
2 辛卯13	2 庚申⑭	2 庚寅13	2 己未12	2 己丑11	2 戊午10	2 丁亥⑧	2 丁巳 7	2 丙戌 6	2 丙辰 5	2 乙酉 4	2 乙卯 3
3 壬辰⑭	3 辛酉15	3 辛卯14	3 庚申13	3 庚寅12	3 己未⑪	3 戊子 9	3 戊午 8	3 丁亥 7	3 丁巳 6	3 丙戌⑤	3 丙辰 4
4 癸巳15	4 壬戌16	4 壬辰15	4 辛酉14	4 辛卯⑬	4 庚申12	4 己丑10	4 己未 9	4 戊子 8	4 戊午⑦	4 丁亥 6	4 丁巳 5
5 甲午16	5 癸亥17	5 癸巳16	5 壬戌15	5 壬辰14	5 辛酉13	5 庚寅11	5 庚申10	5 己丑 9	5 己未 8	5 戊子 7	5 戊午 6
6 乙未17	6 甲子18	6 甲午17	6 癸亥⑯	6 癸巳15	6 壬戌14	6 辛卯12	6 辛酉11	6 庚寅⑩	6 庚申 9	6 己丑 8	6 己未 7
7 丙申18	**7** 乙丑19	**7** 乙未⑱	7 甲子17	7 甲午16	7 癸亥15	7 壬辰13	7 壬戌⑫	7 辛卯11	7 辛酉10	7 庚寅 9	7 庚申 8
8 丁酉19	8 丙寅20	8 丙申19	8 乙丑18	8 乙未17	8 甲子16	8 癸巳14	8 癸亥13	8 壬辰12	8 壬戌11	8 辛卯10	8 辛酉⑨
9 戊戌20	9 丁卯㉑	9 丁酉20	**9** 丙寅19	**9** 丙申18	9 乙丑17	9 甲午⑮	9 甲子14	9 癸巳13	9 癸亥12	9 壬辰11	9 壬戌10
10己亥㉑	10戊辰22	10戊戌21	10丁卯20	10丁酉19	10丙寅⑱	10乙未16	10乙丑15	10甲午14	10甲子13	10癸巳⑫	10癸亥11
11庚子22	11己巳23	11己亥22	11戊辰21	11戊戌⑳	**11**丁卯19	11丙申17	11丙寅16	11乙未15	11乙丑⑭	11甲午13	11甲子12
12辛丑23	12庚午24	12庚子23	12己巳22	12己亥21	12戊辰20	**12**丁酉18	**12**丁卯17	12丙申16	12丙寅15	12乙未14	12乙丑13
13壬寅24	13辛未25	13辛丑24	13庚午㉓	13庚子22	13己巳21	13戊戌19	13戊辰18	13丁酉⑰	13丁卯16	13丙申15	13丙寅14
14癸卯25	14壬申26	14壬寅㉕	14辛未24	14辛丑23	14庚午22	14己亥20	14己巳⑲	**14**戊戌18	**14**戊辰17	14丁酉16	14丁卯15
15甲辰26	15癸酉27	15癸卯26	15壬申25	15壬寅24	15辛未23	15庚子21	15庚午20	15己亥19	15己巳18	15戊戌17	15戊辰⑯
16乙巳27	16甲戌㉘	16甲辰27	16癸酉26	16癸卯25	16壬申24	16辛丑㉒	16辛未21	16庚子20	16庚午19	**16**己亥18	**16**己巳17
17丙午㉘	17乙亥29	17乙巳28	17甲戌27	17甲辰26	17癸酉㉕	17壬寅23	17壬申22	17辛丑21	17辛未20	17庚子⑲	17庚午18
《3月》	18丙子30	18丙午29	18乙亥28	18乙巳㉗	18甲戌26	18癸卯24	18癸酉23	18壬寅22	18壬申㉑	18辛丑20	18辛未19
18丁未 1	19丁丑31	19丁未30	19丙子29	19丙午28	19乙亥27	19甲辰25	19甲戌24	19癸卯23	19癸酉22	19壬寅21	19壬申20
19戊申 2	《4月》	《5月》	20丁丑㉚	20丁未29	20丙子28	20乙巳26	20乙亥25	20甲辰㉔	20甲戌23	20癸卯22	20癸酉21
20己酉 3	20戊寅 1	20戊申 1	21戊寅31	21戊申30	21丁丑29	21丙午27	21丙子㉖	21乙巳25	21乙亥24	21甲辰23	21甲戌22
21庚戌 4	21己卯 2	21己酉②	《6月》	《7月》	22戊寅30	22丁未28	22丁丑27	22丙午26	22丙子25	22乙巳24	22乙亥㉓
22辛亥 5	**22**庚辰 3	**22**庚戌 3	22己卯 1	22己酉 1	23己卯31	23戊申㉙	23戊寅28	23丁未27	23丁丑26	23丙午25	23丙子24
23壬子 6	23辛巳④	23辛亥 4	23庚辰 2	23庚戌 2	《8月》	24己酉30	24己卯29	24戊申28	24戊寅27	24丁未㉖	24丁丑25
24癸丑⑦	24壬午 5	24壬子 5	**24**辛巳 3	**24**辛亥 3	24庚辰①	25庚戌31	25庚辰30	25己酉29	25己卯㉘	25戊申27	25戊寅26
25甲寅 8	25癸未 6	25癸丑 6	25壬午 4	25壬子④	25辛巳 2	《9月》	《10月》	26庚戌30	26庚辰29	26己酉28	26己卯27
26乙卯 9	26甲申 7	26甲寅 7	26癸未 5	26癸丑 5	**26**壬午 3	26辛亥 1	26辛巳 1	27辛亥㉛	27辛巳30	27庚戌29	27庚辰28
27丙辰10	27乙酉 8	27乙卯 8	27甲申⑥	27甲寅 6	27癸未 4	**27**壬子 2	27壬午 2	《11月》	《12月》	28辛亥30	28辛巳29
28丁巳11	28丙戌 9	28丙辰⑨	28乙酉 7	28乙卯 7	28甲申 5	28癸丑 3	**28**癸未③	28壬子 1	28壬午 1	29壬子31	29壬午㉚
29戊午12	29丁亥10	29丁巳10	29丙戌 8	29丙辰 8	29乙酉 6	29甲寅 4	29甲申 4	**29**癸丑 2	29癸未 2	**808年**	
	30戊子⑪		30丁亥 9			30乙卯⑤		30甲寅 3		《1月》	
										30癸丑 1	
雨水 5日	春分 7日	穀雨 7日	小満 9日	夏至 9日	大暑 11日	処暑 12日	秋分 12日	霜降 14日	小雪 14日	大雪 1日	小寒 1日
啓蟄 21日	清明 22日	立夏 22日	芒種 24日	小暑 24日	立秋 26日	白露 27日	寒露 28日	立冬 29日		冬至 16日	大寒 16日

大同**3**年（808－809） 戊子

1月	2月	3月	4月	5月	6月	7月	8月	9月	10月	11月	12月
1 癸未31	《3月》	1 癸未31	1 壬子29	1 壬午29	1 壬子28	1 辛巳27	1 庚戌25	1 庚辰㉔	1 己酉23	1 己卯22	1 戊申21
《2月》	1 癸丑 1	《4月》	2 癸丑㉚	2 癸未30	2 癸丑29	2 壬午28	2 辛亥26	2 辛巳25	2 庚戌24	2 庚辰23	2 己酉22
2 甲申 1	2 甲寅 2	2 甲申 1	《5月》	3 甲申31	3 甲寅30	3 癸未29	3 壬子㉗	3 壬午26	3 辛亥25	3 辛巳24	3 庚戌23
3 乙酉 2	**3** 乙卯 3	**3** 乙酉②	3 甲寅 1	《6月》	《7月》	4 甲申㉚	4 癸丑28	4 癸未27	4 壬子26	4 壬午25	4 辛亥㉔
4 丙戌 3	4 丙辰 4	4 丙戌 3	4 乙卯 2	4 乙酉 1	4 乙卯 1	5 乙酉31	5 甲寅29	5 甲申28	5 癸丑27	5 癸未㉖	5 壬子25
5 丁亥 4	5 丁巳⑤	5 丁亥 4	**5** 丙辰 3	**5** 丙戌 2	5 丙辰②	《8月》	6 乙卯30	6 乙酉29	6 甲寅28	6 甲申27	6 癸丑26
6 戊子 5	6 戊午 6	6 戊子 5	6 丁巳 4	6 丁亥 3	**6** 丁巳 3	6 丙戌 1	7 丙辰31	7 丙戌30	7 乙卯㉙	7 乙酉28	7 甲寅27
7 己丑⑥	7 己未 7	7 己丑 6	7 戊午 5	7 戊子④	7 戊午 4	**7** 丁亥 2	《9月》	《10月》	8 丙辰30	8 丙戌29	8 乙卯28
8 庚寅 7	8 庚申 8	8 庚寅 7	8 己未 6	8 己丑 5	8 己未 5	8 戊子 3	**8** 丁巳 1	8 丁亥①	9 丁巳31	9 丁亥30	9 丙辰29
9 辛卯 8	9 辛酉 9	9 辛卯 8	9 庚申⑦	9 庚寅 6	9 庚申 6	9 己丑 4	9 戊午 2	**9** 戊子 2	《11月》	《12月》	10丁巳30
10壬辰 9	10壬戌10	10壬辰⑨	10辛酉 8	10辛卯 7	10辛酉 7	10庚寅 5	10己未③	10己丑 3	**10**戊午 1	10戊子 1	11戊午㉛
11癸巳10	11癸亥11	11癸巳10	11壬戌 9	11壬辰 8	11壬戌 8	11辛卯⑥	11庚申 4	11庚寅 4	11己未 2	**11**己丑 2	**809年**
12甲午11	12甲子⑫	12甲午11	12癸亥10	12癸巳 9	12癸亥⑨	12壬辰 7	12辛酉 5	12辛卯 5	12庚申 3	12庚寅③	《1月》
13乙未12	13乙丑13	13乙未12	13甲子11	13甲午10	13甲子10	13癸巳 8	13壬戌 6	13壬辰 6	13辛酉 4	13辛卯 4	**12**己未 1
14丙申⑬	14丙寅14	14丙申13	14乙丑12	14乙未⑪	14乙丑11	14甲午 9	14癸亥 7	14癸巳 7	14壬戌⑤	14壬辰 5	13庚申 2
15丁酉14	15丁卯15	15丁酉14	15丙寅13	15丙申12	15丙寅12	15乙未10	15甲子 8	15甲午⑧	15癸亥 6	15癸巳 6	14辛酉 3
16戊戌15	16戊辰16	16戊戌15	16丁卯⑭	16丁酉13	16丁卯13	16丙申11	16乙丑 9	16乙未 9	16甲子 7	16甲午 7	15壬戌 4
17己亥16	17己巳17	17己亥⑯	17戊辰15	17戊戌14	17戊辰14	17丁酉12	17丙寅⑩	17丙申10	17乙丑 8	17乙未 8	16癸亥 5
18庚子17	**18**庚午18	18庚子17	18己巳16	18己亥15	18己巳15	18戊戌⑬	18丁卯11	18丁酉11	18丙寅 9	18丙申 9	17甲子 6
19辛丑18	19辛未⑲	**19**辛丑18	19庚午17	19庚子16	19庚午⑯	19己亥14	19戊辰12	19戊戌12	19丁卯10	19丁酉⑩	18乙丑⑦
20壬寅19	20壬申20	20壬寅19	**20**辛未18	**20**辛丑17	20辛未17	20庚子15	20己巳13	20己亥13	20戊辰11	20戊戌11	19丙寅 8
21癸卯⑳	21癸酉21	21癸卯20	21壬申19	21壬寅⑱	**21**壬申18	21辛丑16	21庚午14	21庚子14	21己巳⑫	21己亥12	20丁卯 9
22甲辰21	22甲戌22	22甲辰21	22癸酉20	22癸卯19	22癸酉19	**22**壬寅17	22辛未15	22辛丑⑮	22庚午13	22庚子13	21戊辰10
23乙巳22	23乙亥23	23乙巳22	23甲戌㉑	23甲辰20	23甲戌20	23癸卯18	23壬申16	23壬寅16	23辛未14	23辛丑14	22己巳11
24丙午23	24丙子24	24丙午㉓	24乙亥22	24乙巳21	24乙亥21	24甲辰19	**24**癸酉⑰	**24**癸卯17	24壬申15	24壬寅15	23庚午12
25丁未24	25丁丑25	25丁未24	25丙子23	25丙午22	25丙子22	25乙巳⑳	25甲戌18	25甲辰18	25癸酉16	25癸卯16	24辛未13
26戊申25	26戊寅㉖	26戊申25	26丁丑24	26丁未23	26丁丑㉓	26丙午21	26乙亥19	26乙巳19	**26**甲戌17	**26**甲辰⑰	25壬申⑭
27己酉26	27己卯27	27己酉26	27戊寅25	27戊申24	27戊寅24	27丁未22	27丙子20	27丙午20	27乙亥18	27乙巳18	26癸酉15
28庚戌㉗	28庚辰28	28庚戌27	28己卯26	28己酉㉕	28己卯25	28戊申23	28丁丑21	28丁未21	28丙子⑲	28丙午19	**27**甲戌16
29辛亥28	29辛巳29	29辛亥28	29庚辰27	29庚戌26	29庚辰26	29己酉24	29戊寅22	29戊申㉒	29丁丑20	29丁未20	28乙亥17
30壬子29	30壬午30		30辛巳㉘	30辛亥27			30己卯23		30戊寅21		29丙子18
											30丁丑19
立春 2日	啓蟄 3日	清明 3日	立夏 5日	芒種 5日	小暑 6日	立秋 7日	白露 8日	寒露 9日	立冬 10日	大雪 11日	小寒 12日
雨水 18日	春分 18日	穀雨 19日	小満 20日	夏至 20日	大暑 21日	処暑 22日	秋分 24日	霜降 24日	小雪 26日	冬至 26日	大寒 27日

大同4年（809－810） 己丑

1月	2月	閏2月	3月	4月	5月	6月	7月	8月	9月	10月	11月	12月
1 戊寅20	1 丁未⑱	1 丁丑20	**1** 丙午18	**1** 丙子18	1 丙午⑰	1 乙亥16	1 乙巳15	1 甲戌13	1 甲辰13	1 癸酉⑪	1 癸卯11	1 壬申 9
2 己卯㉑	2 戊申19	2 戊寅21	2 丁未19	2 丁丑19	**2** 丁未18	2 丙子17	2 丙午16	2 乙亥14	2 乙巳⑭	2 甲戌12	2 甲辰12	2 癸酉10
3 庚辰22	3 己酉20	3 己卯22	3 戊申20	3 戊寅⑳	3 戊申19	**3** 丁丑18	3 丁未17	3 丙子15	3 丙午15	3 乙亥13	3 乙巳13	3 甲戌11
4 辛巳23	4 庚戌21	4 庚辰23	4 己酉21	4 己卯21	4 己酉20	4 戊寅19	**4** 戊申18	4 丁丑⑯	4 丁未16	4 丙子14	4 丙午14	4 乙亥12
5 壬午24	5 辛亥22	5 辛巳24	5 庚戌㉒	5 庚辰22	5 庚戌21	5 己卯20	5 己酉⑲	**5** 戊寅17	**5** 戊申17	5 丁丑15	5 丁未15	5 丙子⑬
6 癸未25	6 壬子23	6 壬午㉕	6 辛亥23	6 辛巳23	6 辛亥22	6 庚辰21	6 庚戌20	6 己卯18	6 己酉18	6 戊寅16	6 戊申⑯	6 丁丑14
7 甲申26	7 癸丑24	7 癸未26	7 壬子24	7 壬午24	7 壬子23	7 辛巳㉒	7 辛亥21	7 庚辰19	7 庚戌19	**7** 己卯17	**7** 己酉17	7 戊寅15
8 乙酉27	8 甲寅㉕	8 甲申27	8 癸丑25	8 癸未25	8 癸丑㉔	8 壬午23	8 壬子22	8 辛巳20	8 辛亥20	8 庚辰⑱	8 庚戌18	8 己卯16
9 丙戌㉘	9 乙卯26	9 乙酉28	9 甲寅26	9 甲申26	9 甲寅25	9 癸未24	9 癸丑23	9 壬午21	9 壬子㉑	9 辛巳19	9 辛亥19	**9** 庚辰17
10丁亥29	10丙辰27	10丙戌29	10乙卯27	10乙酉㉗	10乙卯26	10甲申25	10甲寅24	10癸未22	10癸丑22	10壬午20	10壬子20	10辛巳18
11戊子30	11丁巳28	11丁亥30	11丙辰28	11丙戌28	11丙辰27	11乙酉26	11乙卯25	11甲申㉓	11甲寅23	11癸未21	11癸丑21	11壬午19
12己丑31	《3月》	12戊子31	12丁巳㉙	12丁亥29	12丁巳28	12丙戌27	12丙辰㉖	12乙酉24	12乙卯24	12甲申22	12甲寅22	12癸未⑳
《2月》	12戊午 1	《4月》	13戊午30	13戊子30	13戊午29	13丁亥28	13丁巳27	13丙戌25	13丙辰25	13乙酉23	13乙卯㉓	13甲申21
13庚寅 1	13己未 2	13己丑①	《5月》	14己丑31	14己未30	14戊子㉙	14戊午28	14丁亥26	14丁巳26	14丙戌24	14丙辰24	14乙酉22
14辛卯 2	**14**庚申 3	14庚寅 2	14己未 1	《6月》	《7月》	15己丑30	15己未29	15戊子27	15戊午27	15丁亥㉕	15丁巳25	15丙戌23
15壬辰 3	15辛酉④	**15**辛卯 3	15庚申 2	15庚寅 1	15庚申①	16庚寅31	16庚申30	16己丑28	16己未㉘	16戊子26	16戊午26	16丁亥24
16癸巳④	16壬戌 5	16壬辰 4	**16**辛酉 3	**16**辛卯 2	16辛酉 2	《8月》	17辛酉31	17庚寅29	17庚申29	17己丑27	17己未27	17戊子25
17甲午 5	17癸亥 6	17癸巳 5	17壬戌 4	17壬辰③	**17**壬戌 3	17辛卯 1	《9月》	18辛卯㉚	18辛酉30	18庚寅28	18庚申28	18己丑26
18乙未 6	18甲子 7	18甲午 6	18癸亥 5	18癸巳 4	18癸亥 4	**18**壬辰 2	18壬戌 1	《10月》	19壬戌31	19辛卯29	19辛酉29	19庚寅㉗
19丙申 7	19乙丑 8	19乙未 7	19甲子⑥	19甲午 5	19甲子 5	19癸巳 3	**19**癸亥②	19壬辰 1	《11月》	20壬辰30	20壬戌㉚	20辛卯28
20丁酉 8	20丙寅 9	20丙申⑧	20乙丑 7	20乙未 6	20乙丑 6	20甲午 4	20甲子 3	**20**癸巳 2	20癸亥 1	《12月》	21癸亥31	21壬辰29
21戊戌 9	21丁卯10	21丁酉 9	21丙寅 8	21丙申 7	21丙寅 7	21乙未⑤	21乙丑 4	21甲午 3	**21**甲子 2	21癸巳 1	**810年**	22癸巳30
22己亥10	22戊辰⑪	22戊戌10	22丁卯 9	22丁酉 8	22丁卯⑧	22丙申 6	22丙寅 5	22乙未 4	22乙丑 3	**22**甲午②	《1月》	23甲午31
23庚子⑪	23己巳12	23己亥11	23戊辰10	23戊戌 9	23戊辰 9	23丁酉 7	23丁卯 6	23丙申 5	23丙寅④	23乙未 3	**22**甲子 1	《2月》
24辛丑12	24庚午13	24庚子12	24己巳11	24己亥⑩	24己巳10	24戊戌 8	24戊辰 7	24丁酉 6	24丁卯 5	24丙申 4	23乙丑 2	**24**乙未 1
25壬寅13	25辛未14	25辛丑13	25庚午12	25庚子11	25庚午11	25己亥 9	25己巳 8	25戊戌⑦	25戊辰 6	25丁酉 5	24丙寅 3	25丙申 2
26癸卯14	26壬申15	26壬寅14	26辛未⑬	26辛丑12	26辛未12	26庚子10	26庚午⑨	26己亥 8	26己巳 7	26戊戌 6	25丁卯 4	26丁酉③
27甲辰15	27癸酉16	27癸卯⑮	27壬申14	27壬寅13	27壬申13	27辛丑11	27辛未10	27庚子 9	27庚午 8	27己亥 7	26戊辰 5	27戊戌 4
28乙巳16	28甲戌17	28甲辰16	28癸酉15	28癸卯14	28癸酉14	28壬寅⑫	28壬申11	28辛丑10	28辛未 9	28庚子 8	27己巳⑥	28己亥 5
29丙午17	**29**乙亥⑱	29乙巳17	29甲戌16	29甲辰15	29甲戌⑮	29癸卯13	29癸酉12	29壬寅11	29壬申10	29辛丑⑨	28庚午 7	29庚子 6
	30丙子19		30乙亥17	30乙巳16		30甲辰14		30癸卯12		30壬寅10	29辛未 8	30辛丑 7
立春 13日 雨水 28日	啓蟄 14日 春分 29日	清明15日	穀雨 1日 立夏 16日	小満 1日 芒種 16日	夏至 2日 小暑 17日	大暑 3日 立秋 18日	処暑 4日 白露 19日	秋分 5日 寒露 20日	霜降 5日 立冬 21日	小雪 7日 大雪 22日	冬至 7日 小寒 22日	大寒 9日 立春 24日

弘仁元年〔大同5年〕（810－811） 庚寅

改元 9/19（大同→弘仁）

1月	2月	3月	4月	5月	6月	7月	8月	9月	10月	11月	12月
1 壬寅 8	1 辛未 9	1 辛丑 8	1 庚午 7	1 庚子 6	1 己巳 5	1 己亥④	1 己巳 3	**1** 戊戌 2	《11月》	《12月》	1 丁卯30
2 癸卯 9	2 壬申⑩	2 壬寅 9	2 辛未 8	2 辛丑 7	2 庚午 6	2 庚子 5	2 庚午 4	2 己亥 3	1 戊辰 1	1 戊戌①	2 戊辰31
3 甲辰⑩	3 癸酉11	3 癸卯10	3 壬申 9	3 壬寅 8	3 辛未⑦	3 辛丑 6	3 辛未 5	3 庚子 4	**2** 己巳 2	**2** 己亥 2	**811年**
4 乙巳11	4 甲戌12	4 甲辰11	4 癸酉10	4 癸卯⑨	4 壬申 8	4 壬寅 7	4 壬申 6	4 辛丑 5	3 庚午③	3 庚子 3	《1月》
5 丙午12	5 乙亥13	5 乙巳12	5 甲戌11	5 甲辰10	5 癸酉 9	5 癸卯 8	5 癸酉 7	5 壬寅⑥	4 辛未 4	4 辛丑 4	3 己巳 1
6 丁未13	6 丙子14	6 丙午13	6 乙亥⑫	6 乙巳11	6 甲戌10	6 甲辰 9	6 甲戌⑧	6 癸卯 7	5 壬申 5	5 壬寅 5	**4** 庚午 2
7 戊申14	7 丁丑15	7 丁未⑭	7 丙子13	7 丙午12	7 乙亥11	7 乙巳10	7 乙亥 9	7 甲辰 8	6 癸酉 6	6 癸卯 6	5 辛未 3
8 己酉15	8 戊寅16	8 戊申15	8 丁丑14	8 丁未13	8 丙子12	8 丙午⑪	8 丙子10	8 乙巳 9	7 甲戌 7	7 甲辰 7	6 壬申 4
9 庚戌16	9 己卯⑰	9 己酉16	9 戊寅15	9 戊申14	9 丁丑13	9 丁未12	9 丁丑11	9 丙午10	8 乙亥 8	8 乙巳⑧	7 癸酉⑤
10辛亥⑰	10庚辰18	10庚戌17	10己卯16	10己酉15	10戊寅⑭	10戊申13	10戊寅12	10丁未11	9 丙子 9	9 丙午 9	8 甲戌 6
11壬子18	**11**辛巳19	**11**辛亥18	11庚辰17	11庚戌⑯	11己卯15	11己酉14	11己卯13	11戊申12	10丁丑⑩	10丁未10	9 乙亥 7
12癸丑19	12壬午20	12壬子19	**12**辛巳18	12辛亥17	12庚辰16	12庚戌15	12庚辰14	12己酉⑬	11戊寅11	11戊申11	10丙子 8
13甲寅20	13癸未21	13癸丑20	13壬午⑲	**13**壬子18	13辛巳17	13辛亥16	13辛巳⑮	13庚戌14	12己卯12	12己酉12	11丁丑 9
14乙卯21	14甲申22	14甲寅㉑	14癸未20	14癸丑19	**14**壬午18	14壬子17	14壬午16	14辛亥15	13庚辰13	13庚戌13	12戊寅10
15丙辰22	15乙酉23	15乙卯22	15甲申21	15甲寅20	15癸未19	**15**癸丑⑱	**15**癸未17	15壬子16	14辛巳14	14辛亥14	13己卯11
16丁巳23	16丙戌㉔	16丙辰23	16乙酉22	16乙卯21	16甲申20	16甲寅19	16甲申18	16癸丑17	15壬午15	15壬子⑮	14庚辰⑫
17戊午㉔	17丁亥25	17丁巳24	17丙戌23	17丙辰22	17乙酉㉑	17乙卯20	17乙酉19	**17**甲寅18	16癸未16	16癸丑16	15辛巳13
18己未25	18戊子26	18戊午25	18丁亥24	18丁巳㉓	18丙戌22	18丙辰21	18丙戌20	18乙卯19	**17**甲申⑰	17甲寅17	16壬午14
19庚申26	19己丑27	19己未26	19戊子25	19戊午24	19丁亥23	19丁巳22	19丁亥21	*19*丙辰⑳	18乙酉18	**18**乙卯18	17癸未15
20辛酉27	20庚寅28	20庚申27	20己丑㉖	20己未25	20戊子24	20戊午23	20戊子㉒	20丁巳21	19丙戌19	19丙辰19	18甲申16
21壬戌28	21辛卯29	21辛酉㉘	21庚寅27	21庚申26	21己丑25	21己未24	21己丑23	21戊午22	20丁亥20	20丁巳20	**19**乙酉17
《3月》	22壬辰30	22壬戌29	22辛卯28	22辛酉27	22庚寅26	22庚申㉕	22庚寅24	22己未23	21戊子21	21戊午21	20丙戌18
22癸亥 1	23癸巳㉛	23癸亥30	23壬辰29	23壬戌28	23辛卯27	23辛酉26	23辛卯25	23庚申24	22己丑22	22己未㉒	21丁亥⑲
23甲子 2	《4月》	《5月》	24癸巳30	24癸亥29	24壬辰㉘	24壬戌27	24壬辰26	24辛酉25	23庚寅23	23庚申23	22戊子20
24乙丑③	24甲午 1	24甲子 1	25甲午31	25甲子㉚	25癸巳29	25癸亥28	25癸巳27	25壬戌26	24辛卯㉔	24辛酉24	23己丑21
25丙寅 4	25乙未 2	25乙丑 2	《6月》	《7月》	26甲午30	26甲子29	26甲午28	26癸亥㉗	25壬辰25	25壬戌25	24庚寅22
26丁卯 5	**26**丙申 3	**26**丙寅 3	26乙未 1	26乙丑 1	27乙未31	27乙丑30	27乙未㉙	27甲子28	26癸巳26	26癸亥26	25辛卯23
27戊辰 6	27丁酉 4	27丁卯 4	27丙申②	27丙寅 2	《8月》	28丙寅31	28丙申30	28乙丑29	27甲午27	27甲子27	26壬辰24
28己巳 7	28戊戌 5	28戊辰⑤	**28**丁酉 3	**28**丁卯 3	28丙申 1	《9月》	《10月》	29丙寅30	28乙未28	28乙丑28	27癸巳25
29庚午 8	29己亥 6	29己巳 6	29戊戌 4	29戊辰 4	29丁酉 2	29丁卯①	29丁酉 1	30丁卯31	29丙申29	29丙寅㉙	28甲午㉖
	30庚子⑦		30己亥 5		**30**戊戌 3	**30**戊辰 2			30丁酉30		29乙未27
雨水 9日 啓蟄 24日	春分 11日 清明 26日	穀雨 11日 立夏 26日	小満 12日 芒種 28日	夏至 13日 小暑 28日	大暑 14日 立秋 30日	処暑 15日 白露 30日	秋分 15日	寒露 1日 霜降 17日	立冬 2日 小雪 17日	大雪 2日 冬至 18日	小寒 4日 大寒 19日

弘仁 2 年（811－812） 辛卯

1月	2月	3月	4月	5月	6月	7月	8月	9月	10月	11月	12月	閏12月
1 丙申28	1 丙寅27	1 乙未28	1 甲子26	1 甲午26	1 癸亥24	1 癸巳24	1 癸亥23	1 壬辰㉑	1 壬戌21	1 壬辰20	1 辛酉19	1 辛卯⑱
2 丁酉29	2 丁卯28	2 丙申29	2 乙丑㉗	2 乙未27	2 甲子25	2 甲午25	2 甲子㉔	2 癸巳22	2 癸亥22	2 癸巳21	2 壬戌20	2 壬辰19
3 戊戌30	《3月》	3 丁酉㉚	3 丙寅28	3 丙申28	3 乙丑26	3 乙未26	3 乙丑25	3 甲午23	3 甲子23	3 甲午22	3 癸亥㉑	3 癸巳20
4 己亥31	3 戊辰 1	4 戊戌31	4 丁卯29	4 丁酉29	4 丙寅27	4 丙申㉗	4 丙寅26	4 乙未24	4 乙丑24	4 乙未㉓	4 甲子22	4 甲午21
《2月》	4 己巳②	《4月》	5 戊辰30	5 戊戌30	5 丁卯28	5 丁酉28	5 丁卯27	5 丙申25	5 丙寅25	5 丙申24	5 乙丑23	5 乙未22
5 庚子 1	5 庚午 3	5 己亥 1	《5月》	6 己亥31	6 戊辰㉙	6 戊戌29	6 戊辰28	6 丁酉26	6 丁卯㉖	6 丁酉25	6 丙寅24	6 丙申23
6 辛丑②	**6** 辛未 4	6 庚子 2	6 己巳 1	《6月》	7 己巳30	7 己亥30	7 己巳29	7 戊戌27	7 戊辰27	7 戊戌26	7 丁卯25	7 丁酉24
7 壬寅 3	7 壬申 5	**7** 辛丑 3	7 庚午 2	7 庚子①	《7月》	8 庚子31	8 庚午30	8 己亥㉘	8 己巳28	8 己亥27	8 戊辰26	8 戊戌㉕
8 癸卯 4	8 癸酉 6	8 壬寅 4	**8** 辛未 3	8 辛丑 2	8 庚午 1	《8月》	9 辛未㉛	9 庚子29	9 庚午29	9 庚子28	9 己巳27	9 己亥26
9 甲辰 5	9 甲戌 7	9 癸卯 5	9 壬申④	**9** 壬寅 3	9 辛未 2	9 辛丑 1	《9月》	10辛丑30	10辛未30	10辛丑29	10庚午㉘	10庚子27
10乙巳 6	10乙亥 8	10甲辰⑥	10癸酉 5	10癸卯 4	**10**壬申 3	10壬寅 2	10壬申 1	《10月》	11壬申31	11壬寅㉚	11辛未29	11辛丑28
11丙午 7	11丙子⑨	11乙巳 7	11甲戌 6	11甲辰 5	11癸酉 4	**11**癸卯③	**11**癸酉 2	11壬寅 1	《11月》	《12月》	12壬申30	12壬寅29
12丁未 8	12丁丑⑩	12丙午 8	12乙亥 7	12乙巳 6	12甲戌 5	12甲辰 4	12甲戌 3	12癸卯 2	12癸酉 1	12癸卯 1	13癸酉31	13癸卯30
13戊申⑨	13戊寅11	13丁未 9	13丙子 8	13丙午 7	13乙亥⑥	13乙巳 5	13乙亥 4	**13**甲辰 3	**13**甲戌②	13甲辰 2	**812 年**	14甲辰31
14己酉10	14己卯12	14戊申10	14丁丑 9	14丁未⑧	14丙子 7	14丙午 6	14丙子 5	14乙巳 4	14乙亥 3	**14**乙巳 3	《1月》	《2月》
15庚戌11	15庚辰13	15己酉11	15戊寅10	15戊申 9	15丁丑 8	15丁未 7	15丁丑 6	15丙午⑤	15丙子 4	15丙午 4	14甲戌 1	**15**乙巳①
16辛亥12	16辛巳14	16庚戌12	16己卯⑪	16己酉10	16戊寅 9	16戊申 8	16戊寅⑦	16丁未 6	16丁丑 5	16丁未 5	**15**乙亥 2	16丙午 2
17壬子13	17壬午15	17辛亥⑬	17庚辰12	17庚戌11	17己卯10	17己酉 9	17己卯 8	17戊申 7	17戊寅 6	17戊申 6	16丙子 3	17丁未 3
18癸丑14	18癸未⑯	18壬子14	18辛巳13	18辛亥12	18庚辰11	18庚戌⑩	18庚辰 9	18己酉 8	18己卯 7	18己酉⑦	17丁丑④	18戊申 4
19甲寅15	19甲申17	19癸丑15	19壬午14	19壬子13	19辛巳12	19辛亥11	19辛巳10	19庚戌 9	19庚辰 8	19庚戌 8	18戊寅 5	19己酉 5
20乙卯⑯	20乙酉18	20甲寅16	20癸未15	20癸丑14	20壬午⑬	20壬子12	20壬午11	20辛亥10	20辛巳⑨	20辛亥 9	19己卯 6	20庚戌 6
21丙辰17	**21**丙戌19	21乙卯17	21甲申16	21甲寅⑮	21癸未14	21癸丑13	21癸未12	21壬子11	21壬午10	21壬子10	20庚辰 7	21辛亥 7
22丁巳18	22丁亥20	**22**丙辰18	22乙酉17	22乙卯16	22甲申15	22甲寅14	22甲申13	22癸丑⑫	22癸未11	22癸丑11	21辛巳 8	22壬子⑧
23戊午19	23戊子21	23丁巳19	23丙戌⑱	23丙辰17	23乙酉16	23乙卯15	23乙酉⑭	23甲寅13	23甲申12	23甲寅12	22壬午 9	23癸丑 9
24己未20	24己丑22	24戊午⑳	**24**丁亥19	**24**丁巳18	24丙戌17	24丙辰16	24丙戌15	24乙卯14	24乙酉13	24乙卯13	23癸未10	24甲寅10
25庚申21	25庚寅㉓	25己未21	25戊子20	25戊午19	25丁亥18	25丁巳⑰	25丁亥16	25丙辰15	25丙戌14	25丙辰⑭	24甲申⑪	25乙卯11
26辛酉22	26辛卯24	26庚申22	26己丑21	26己未20	**26**戊子19	**26**戊午18	**26**戊子17	26丁巳16	26丁亥15	26丁巳15	25乙酉12	26丙辰12
27壬戌㉓	27壬辰25	27辛酉23	27庚寅22	27庚申21	27己丑⑳	27己未19	27己丑18	27戊午17	27戊子⑯	27戊午16	26丙戌13	27丁巳13
28癸亥24	28癸巳26	28壬戌24	28辛卯23	28辛酉㉒	28庚寅21	28庚申20	28庚寅19	**28**己未18	**28**己丑17	28己未17	27丁亥14	28戊午14
29甲子25	29甲午27	29癸亥25	29壬辰24	29壬戌23	29辛卯22	29辛酉21	29辛卯20	29庚申⑲	29庚寅18	**29**庚申18	28戊子15	29己未⑮
30乙丑26			30癸巳㉕		30壬辰23	30壬戌22		30辛酉20	30辛卯19		29己丑16	
											30庚寅17	
立春 5日 雨水 20日	啓蟄 6日 春分 21日	清明 7日 穀雨 22日	立夏 8日 小満 24日	芒種 9日 夏至 24日	小暑 10日 大暑 26日	立秋 11日 処暑 26日	白露 11日 秋分 26日	寒露 13日 霜降 28日	立冬 13日 小雪 28日	大雪 14日 冬至 29日	小寒 15日 大寒 30日	立春15日

弘仁 3 年（812－813） 壬辰

1月	2月	3月	4月	5月	6月	7月	8月	9月	10月	11月	12月
1 庚申16	1 庚寅17	1 己未15	1 戊子14	1 戊午⑬	1 丁亥12	1 丁巳11	1 丙戌 9	1 丙辰 9	1 丙戌 8	1 丙辰 8	1 乙酉 6
2 辛酉17	**2** 辛卯18	2 庚申16	2 己丑15	2 己未14	2 戊子13	2 戊午12	2 丁亥10	2 丁巳⑩	2 丁亥 9	2 丁巳 9	2 丙戌 7
3 壬戌18	3 壬辰19	**3** 辛酉17	3 庚寅⑯	3 庚申15	3 己丑14	3 己未13	3 戊子11	3 戊午11	3 戊子10	3 戊午10	3 丁亥 8
4 癸亥19	4 癸巳20	4 壬戌⑱	4 辛卯17	4 辛酉16	4 庚寅15	4 庚申14	4 己丑⑫	4 己未12	4 己丑11	4 己未11	4 戊子⑨
5 甲子20	5 甲午㉑	5 癸亥19	**5** 壬辰18	**5** 壬戌17	5 辛卯16	5 辛酉⑮	5 庚寅13	5 庚申13	5 庚寅12	5 庚申⑫	5 己丑10
6 乙丑21	6 乙未22	6 甲子20	6 癸巳19	6 癸亥18	6 壬辰17	6 壬戌16	6 辛卯14	6 辛酉14	6 辛卯13	6 辛酉13	6 庚寅11
7 丙寅㉒	7 丙申23	7 乙丑21	7 甲午20	7 甲子19	**7** 癸巳⑱	**7** 癸亥17	7 壬辰15	7 壬戌15	7 壬辰⑭	7 壬戌14	7 辛卯12
8 丁卯23	8 丁酉24	8 丙寅22	8 乙未21	8 乙丑⑳	8 甲午19	8 甲子18	8 癸巳16	8 癸亥16	8 癸巳15	8 癸亥15	8 壬辰13
9 戊辰24	9 戊戌25	9 丁卯23	9 丙申22	9 丙寅21	9 乙未20	9 乙丑19	**9** 甲午17	**9** 甲子⑰	9 甲午16	9 甲子16	9 癸巳14
10己巳25	10己亥26	10戊辰24	10丁酉㉓	10丁卯22	10丙申21	10丙寅20	10乙未18	10乙丑18	**10**乙未17	**10**乙丑17	10甲午15
11庚午26	11庚子27	11己巳㉕	11戊戌24	11戊辰23	11丁酉22	11丁卯21	11丙申⑲	11丙寅19	11丙申18	11丙寅18	**11**乙未⑯
12辛未27	12辛丑㉘	12庚午26	12己亥25	12己巳24	12戊戌23	12戊辰㉒	12丁酉20	12丁卯20	12丁酉19	12丁卯⑲	12丙申17
13壬申28	13壬寅29	13辛未27	13庚子26	13庚午25	13己亥24	13己巳23	13戊戌21	13戊辰21	13戊戌20	13戊辰20	13丁酉18
14癸酉㉙	14癸卯30	14壬申28	14辛丑27	14辛未26	14庚子㉕	14庚午24	14己亥22	14己巳22	14己亥㉑	14己巳21	14戊戌19
《3月》	15甲辰31	15癸酉29	15壬寅28	15壬申㉗	15辛丑26	15辛未25	15庚子23	15庚午23	15庚子22	15庚午22	15己亥20
15甲戌 1	《4月》	16甲戌30	16癸卯29	16癸酉28	16壬寅27	16壬申26	16辛丑24	16辛未㉔	16辛丑23	16辛未23	16庚子21
16乙亥 2	16乙巳 1	《5月》	17甲辰㉚	17甲戌29	17癸卯28	17癸酉27	17壬寅25	17壬申25	17壬寅24	17壬申24	17辛丑22
17丙子 3	**17**丙午 2	17乙亥 1	18乙巳31	18乙亥30	18甲辰29	18甲戌28	18癸卯㉖	18癸酉26	18癸卯25	18癸酉25	18壬寅㉓
18丁丑 4	18丁未 3	18丙子②	《6月》	《7月》	19乙巳30	19乙亥㉙	19甲辰27	19甲戌27	19甲辰26	19甲戌㉖	19癸卯24
19戊寅 5	19戊申④	**19**丁丑 3	19丙午 1	19丙子 1	20丙午31	20丙子30	20乙巳28	20乙亥28	20乙巳27	20乙亥27	20甲辰25
20己卯 6	20己酉 5	20戊寅 4	**20**丁未 2	20丁丑 2	《8月》	21丁丑31	21丙午29	21丙子29	21丙午㉘	21丙子28	21乙巳26
21庚辰⑦	21庚戌 6	21己卯 5	21戊申 3	**21**戊寅 3	21丁未①	《9月》	22丁未30	22丁丑30	22丁未29	22丁丑29	22丙午27
22辛巳 8	22辛亥 7	22庚辰 6	22己酉 4	22己卯④	**22**戊申 2	**22**戊寅 1	《10月》	23戊寅㉛	23戊申30	23戊寅30	23丁未28
23壬午 9	23壬子 8	23辛巳 7	23庚戌 5	23庚辰 5	23己酉 3	23己卯 2	23戊申 1	《11月》	《12月》	24己卯31	24戊申29
24癸未10	24癸丑 9	24壬午 8	24辛亥⑥	24辛巳 6	24庚戌 4	24庚辰 3	**24**己酉 2	**24**己卯 1	24己酉 1	**813 年**	25己酉㉚
25甲申11	25甲寅10	25癸未⑨	25壬子 7	25壬午 7	25辛亥 5	25辛巳 4	25庚戌③	25庚辰 2	**25**庚戌 2	《1月》	26庚戌31
26乙酉12	26乙卯⑪	26甲申10	26癸丑 8	26癸未 8	26壬子 6	26壬午⑤	26辛亥 4	26辛巳 3	26辛亥 3	**25**庚辰 1	《2月》
27丙戌13	27丙辰12	27乙酉11	27甲寅 9	27甲申 9	27癸丑 7	27癸未 6	27壬子 5	27壬午 4	27壬子 4	26辛巳②	**27**辛亥 1
28丁亥⑭	28丁巳13	28丙戌12	28乙卯10	28乙酉10	28甲寅⑧	28甲申 7	28癸丑 6	28癸未 5	28癸丑⑤	27壬午 3	28壬子 2
29戊子15	29戊午14	29丁亥13	29丙辰11	29丙戌⑪	29乙卯 9	29乙酉 8	29甲寅 7	29甲申 6	29甲寅 6	28癸未 4	29癸丑 3
30己丑16			30丁巳12		30丙辰10		30乙卯 8	30乙酉⑦	30乙卯 7	29甲申 5	30甲寅 4
雨水 2日 啓蟄 17日	春分 2日 清明 17日	穀雨 3日 立夏 19日	小満 5日 芒種 20日	夏至 5日 小暑 21日	大暑 7日 立秋 22日	処暑 7日 白露 22日	秋分 9日 寒露 24日	霜降 9日 立冬 24日	小雪 10日 大雪 25日	冬至 10日 小寒 25日	大寒 11日 立春 27日

弘仁 4 年（813－814） 癸巳

1月	2月	3月	4月	5月	6月	7月	8月	9月	10月	11月	12月
1 乙卯 5	1 甲申 ⑥	1 甲寅 5	1 癸未 4	**1** 壬子 2	1 壬午 2	1 辛亥 ㉛	1 辛巳 30	1 庚戌 28	1 庚辰 28	1 庚戌 ㉗	1 己卯 26
2 丙辰 ⑥	2 乙酉 7	2 乙卯 6	2 甲申 5	2 癸丑 3	**2** 癸未 ③	《8月》	2 壬午 31	2 辛亥 29	2 辛巳 29	2 辛亥 28	2 庚辰 27
3 丁巳 7	3 丙戌 8	3 丙辰 7	3 乙酉 6	3 甲寅 4	3 甲申 4	2 壬子 1	《9月》	3 壬子 30	3 壬午 ㉚	3 壬子 29	3 辛巳 28
4 戊午 8	4 丁亥 9	4 丁巳 8	4 丙戌 7	4 乙卯 ⑤	4 乙酉 5	**3** 癸丑 2	3 癸未 1	《10月》	4 癸未 31	4 癸丑 30	4 壬午 29
5 己未 9	5 戊子 10	5 戊午 9	5 丁亥 ⑧	5 丙辰 6	5 丙戌 6	4 甲寅 3	**4** 甲申 2	4 癸丑 1	《11月》	《12月》	5 癸未 30
6 庚申 10	6 己丑 11	6 己未 ⑩	6 戊子 9	6 丁巳 7	6 丁亥 7	5 乙卯 4	5 乙酉 3	**5** 甲寅 ②	5 甲申 1	5 甲寅 1	6 甲申 31
7 辛酉 11	7 庚寅 12	7 庚申 11	7 己丑 10	7 戊午 8	7 戊子 8	6 丙辰 5	6 丙戌 ④	6 乙卯 3	**6** 乙酉 2	**6** 乙卯 2	**814年**
8 壬戌 12	8 辛卯 ⑬	8 辛酉 12	8 庚寅 11	8 己未 9	8 己丑 9	7 丁巳 6	7 丁亥 5	7 丙辰 4	7 丙戌 3	7 丙辰 3	《1月》
9 癸亥 ⑬	9 壬辰 14	9 壬戌 13	9 辛卯 12	9 庚申 10	9 庚寅 ⑩	8 戊午 ⑦	8 戊子 6	8 丁巳 5	8 丁亥 4	8 丁巳 ④	**7** 乙酉 ①
10 甲子 14	10 癸巳 15	10 癸亥 14	10 壬辰 13	10 辛酉 11	10 辛卯 11	9 己未 8	9 己丑 7	9 戊午 6	9 戊子 5	9 戊午 5	8 丙戌 2
11 乙丑 15	11 甲午 16	11 甲子 15	11 癸巳 14	11 壬戌 ⑫	11 壬辰 12	10 庚申 9	10 庚寅 8	10 己未 7	10 己丑 ⑥	10 己未 6	9 丁亥 3
12 丙寅 16	12 乙未 17	12 乙丑 16	12 甲午 ⑮	12 癸亥 13	12 癸巳 13	11 辛酉 10	11 辛卯 9	11 庚申 8	11 庚寅 7	11 庚申 7	10 戊子 4
13 丁卯 17	**13** 丙申 18	13 丙寅 ⑰	13 乙未 16	13 甲子 14	13 甲午 14	12 壬戌 11	12 壬辰 10	12 辛酉 ⑨	12 辛卯 8	12 辛酉 8	11 己丑 5
14 戊辰 18	14 丁酉 19	**14** 丁卯 18	14 丙申 17	14 乙丑 15	14 乙未 15	13 癸亥 12	13 癸巳 ⑪	13 壬戌 10	13 壬辰 9	13 壬戌 9	12 庚寅 6
15 己巳 19	15 戊戌 ⑳	15 戊辰 19	**15** 丁酉 18	15 丙寅 16	15 丙申 16	14 甲子 13	14 甲午 12	14 癸亥 11	14 癸巳 10	14 癸亥 10	13 辛卯 7
16 庚午 ⑳	16 己亥 21	16 己巳 20	16 戊戌 19	16 丁卯 17	16 丁酉 ⑰	15 乙丑 ⑭	15 乙未 13	15 甲子 12	15 甲午 11	15 甲子 ⑪	14 壬辰 ⑧
17 辛未 21	17 庚子 22	17 庚午 21	17 己亥 20	**17** 戊辰 18	**17** 戊戌 18	16 丙寅 15	16 丙申 14	16 乙丑 13	16 乙未 12	16 乙丑 12	15 癸巳 9
18 壬申 22	18 辛丑 23	18 辛未 22	18 庚子 21	18 己巳 ⑲	18 己亥 19	17 丁卯 16	17 丁酉 15	17 丙寅 14	17 丙申 ⑬	17 丙寅 13	16 甲午 10
19 癸酉 23	19 壬寅 24	19 壬申 23	19 辛丑 ㉒	19 庚午 20	19 庚子 20	**18** 戊辰 17	18 戊戌 16	18 丁卯 15	18 丁酉 14	18 丁卯 14	17 乙未 11
20 甲戌 24	20 癸卯 25	20 癸酉 ㉔	20 壬寅 23	20 辛未 21	20 辛丑 21	19 己巳 18	**19** 己亥 17	19 戊辰 ⑯	19 戊戌 15	19 戊辰 15	18 丙申 12
21 乙亥 25	21 甲辰 26	21 甲戌 25	21 癸卯 24	21 壬申 22	21 壬寅 22	20 庚午 19	20 庚子 ⑱	**20** 己巳 17	20 己亥 16	20 己巳 16	19 丁酉 13
22 丙子 26	22 乙巳 ㉗	22 乙亥 26	22 甲辰 25	22 癸酉 23	22 癸卯 23	21 辛未 20	21 辛丑 19	21 庚午 18	**21** 庚子 17	**21** 庚午 17	20 戊戌 14
23 丁丑 ㉗	23 丙午 28	23 丙子 27	23 乙巳 26	23 甲戌 24	23 甲辰 ㉔	22 壬申 ㉑	22 壬寅 20	22 辛未 19	22 辛丑 18	22 辛未 ⑱	21 己亥 ⑮
24 戊寅 28	24 丁未 29	24 丁丑 28	24 丙午 27	24 乙亥 25	24 乙巳 25	23 癸酉 22	23 癸卯 21	23 壬申 20	23 壬寅 19	23 壬申 19	22 庚子 16
《3月》	25 戊申 30	25 戊寅 29	25 丁未 28	25 丙子 ㉖	25 丙午 26	24 甲戌 23	24 甲辰 22	24 癸酉 21	24 癸卯 ⑳	24 癸酉 20	**23** 辛丑 17
25 己卯 1	26 己酉 31	26 己卯 30	26 戊申 ㉙	26 丁丑 27	26 丁未 27	25 乙亥 24	25 乙巳 23	25 甲戌 22	25 甲辰 21	25 甲戌 21	24 壬寅 18
26 庚辰 2	《4月》	《5月》	27 己酉 30	27 戊寅 28	27 戊申 28	26 丙子 25	26 丙午 24	26 乙亥 ㉓	26 乙巳 22	26 乙亥 22	25 癸卯 19
27 辛巳 3	27 庚戌 1	27 庚辰 ①	28 庚戌 31	28 己卯 29	28 己酉 29	27 丁丑 26	27 丁未 ㉕	27 丙子 24	27 丙午 23	27 丙子 23	26 甲辰 20
28 壬午 4	28 辛亥 2	28 辛巳 2	《6月》	29 庚辰 30	29 庚戌 30	28 戊寅 27	28 戊申 26	28 丁丑 25	28 丁未 24	28 丁丑 24	27 乙巳 21
29 癸未 5	**29** 壬子 ③	**29** 壬午 3	29 辛亥 1	《7月》		29 己卯 ㉘	29 己酉 27	29 戊寅 26	29 戊申 25	29 戊寅 ㉕	28 丙午 ㉒
	30 癸丑 4			30 辛巳 1		30 庚辰 29		30 己卯 27	30 己酉 26		29 丁未 23
											30 戊申 24

雨水 12日	春分 13日	穀雨 14日	小満 15日	芒種 1日	小暑 2日	立秋 3日	白露 4日	寒露 5日	立冬 6日	大雪 6日	小寒 7日
啓蟄 27日	清明 29日	立夏 29日		夏至 17日	大暑 17日	処暑 18日	秋分 19日	霜降 20日	小雪 21日	冬至 21日	大寒 23日

弘仁 5 年（814－815） 甲午

1月	2月	3月	4月	5月	6月	7月	閏7月	8月	9月	10月	11月	12月
1 己酉 25	1 己卯 24	1 戊申 25	1 戊寅 24	1 丁未 23	1 丙子 21	1 丙午 21	1 乙亥 19	**1** 甲辰 ⑰	1 甲戌 17	1 甲辰 16	1 癸酉 15	1 癸卯 ⑭
2 庚戌 26	2 庚辰 25	2 己酉 ㉖	2 己卯 25	2 戊申 24	2 丁丑 22	2 丁未 22	2 丙子 ⑳	2 乙巳 18	**2** 乙亥 18	**2** 乙巳 17	2 甲戌 16	2 甲辰 15
3 辛亥 27	3 辛巳 ㉖	3 庚戌 27	3 庚辰 26	3 己酉 25	3 戊寅 23	3 戊申 ㉓	3 丁丑 21	3 丙午 19	3 丙子 19	3 丙午 18	**3** 乙亥 ⑰	3 乙巳 16
4 壬子 28	4 壬午 27	4 辛亥 28	4 辛巳 27	4 庚戌 26	4 己卯 24	4 己酉 24	4 戊寅 22	4 丁未 20	4 丁丑 20	4 丁未 ⑲	4 丙子 18	**4** 丙午 17
5 癸丑 ㉙	5 癸未 28	5 壬子 29	5 壬午 28	5 辛亥 27	5 庚辰 ㉕	5 庚戌 25	5 己卯 23	5 戊申 21	5 戊寅 21	5 戊申 20	5 丁丑 19	5 丁未 18
6 甲寅 30	《3月》	6 癸丑 30	6 癸未 29	6 壬子 ㉘	6 辛巳 26	6 辛亥 26	6 庚辰 24	6 己酉 22	6 己卯 ㉒	6 己酉 21	6 戊寅 20	6 戊申 19
7 乙卯 31	6 甲申 1	7 甲寅 31	7 甲申 ㉚	7 癸丑 29	7 壬午 27	7 壬子 27	7 辛巳 25	7 庚戌 23	7 庚辰 23	7 庚戌 22	7 己卯 21	7 己酉 20
《2月》	7 乙酉 2	《4月》	《5月》	8 甲寅 30	8 癸未 28	8 癸丑 28	8 壬午 26	8 辛亥 ㉔	8 辛巳 24	8 辛亥 23	8 庚辰 22	8 庚戌 ㉑
8 丙辰 1	**8** 丙戌 3	8 乙卯 1	8 乙酉 1	9 乙卯 31	9 甲申 29	9 甲寅 29	9 癸未 ㉗	9 壬子 25	9 壬午 25	9 壬子 24	9 辛巳 23	9 辛亥 22
9 丁巳 2	9 丁亥 4	9 丙辰 ②	9 丙戌 2	《6月》	10 乙酉 30	10 乙卯 ㉚	10 甲申 28	10 癸丑 26	10 癸未 26	10 癸丑 25	10 壬午 ㉔	10 壬子 23
10 戊午 3	10 戊子 ⑤	**10** 丁巳 3	**10** 丁亥 3	10 丙辰 1	《7月》	11 丙辰 31	11 乙酉 29	11 甲寅 27	11 甲申 27	11 甲寅 ㉖	11 癸未 25	11 癸丑 24
11 己未 4	11 己丑 6	11 戊午 4	11 戊子 4	11 丁巳 2	11 丙戌 1	《8月》	12 丙戌 30	12 乙卯 28	12 乙酉 28	12 乙卯 27	12 甲申 26	12 甲寅 25
12 庚申 ⑤	12 庚寅 7	12 己未 5	12 己丑 5	**12** 戊午 3	12 丁亥 ②	12 丁巳 1	13 丁亥 31	13 丙辰 29	13 丙戌 ㉙	13 丙辰 28	13 乙酉 27	13 乙卯 26
13 辛酉 6	13 辛卯 8	13 庚申 6	13 庚寅 6	13 己未 ④	**13** 戊子 3	13 戊午 2	《9月》	14 丁巳 30	14 丁亥 30	14 丁巳 29	14 丙戌 28	14 丙辰 27
14 壬戌 7	14 壬辰 9	14 辛酉 7	14 辛卯 ⑦	14 庚申 5	14 己丑 4	**14** 己未 3	14 戊子 1	《10月》	15 戊子 31	15 戊午 30	15 丁亥 29	15 丁巳 ㉘
15 癸亥 8	15 癸巳 10	15 壬戌 8	15 壬辰 8	15 辛酉 6	15 庚寅 5	15 庚申 4	**15** 己丑 2	15 戊午 ①	《11月》	《12月》	16 戊子 30	16 戊午 29
16 甲子 9	16 甲午 11	16 癸亥 ⑨	16 癸巳 9	16 壬戌 7	16 辛卯 6	16 辛酉 5	16 庚寅 ③	**16** 己未 2	16 己丑 1	16 己未 1	17 己丑 ㉛	17 己未 30
17 乙丑 10	17 乙未 ⑫	17 甲子 10	17 甲午 10	17 癸亥 8	17 壬辰 7	17 壬戌 ⑥	17 辛卯 4	17 庚申 3	**17** 庚寅 2	**17** 庚申 2	**815年**	18 庚申 31
18 丙寅 11	18 丙申 13	18 乙丑 11	18 乙未 11	18 甲子 9	18 癸巳 8	18 癸亥 7	18 壬辰 5	18 辛酉 4	18 辛卯 3	18 辛酉 ③	《1月》	《2月》
19 丁卯 ⑫	19 丁酉 14	19 丙寅 12	19 丙申 12	19 乙丑 10	19 甲午 ⑨	19 甲子 8	19 癸巳 6	19 壬戌 5	19 壬辰 4	19 壬戌 4	18 庚寅 1	**19** 辛酉 1
20 戊辰 13	20 戊戌 15	20 丁卯 13	20 丁酉 13	20 丙寅 ⑪	20 乙未 10	20 乙丑 9	20 甲午 7	20 癸亥 6	20 癸巳 ⑤	20 癸亥 5	**19** 辛卯 2	20 壬戌 2
21 己巳 14	21 己亥 16	21 戊辰 14	21 戊戌 ⑭	21 丁卯 12	21 丙申 11	21 丙寅 10	21 乙未 8	21 甲子 7	21 甲午 6	21 甲子 6	20 壬辰 3	21 癸亥 3
22 庚午 15	22 庚子 17	22 己巳 15	22 己亥 15	22 戊辰 13	22 丁酉 12	22 丁卯 11	22 丙申 9	22 乙丑 ⑧	22 乙未 7	22 乙丑 7	21 癸巳 4	22 甲子 ④
23 辛未 16	23 辛丑 18	23 庚午 ⑯	23 庚子 16	23 己巳 14	23 戊戌 13	23 戊辰 12	23 丁酉 ⑩	23 丙寅 9	23 丙申 8	23 丙寅 8	22 甲午 5	23 乙丑 5
24 壬申 17	**24** 壬寅 ⑲	24 辛未 17	24 辛丑 17	24 庚午 15	24 己亥 14	24 己巳 ⑬	24 戊戌 11	24 丁卯 10	24 丁酉 9	24 丁卯 9	23 乙未 6	24 丙寅 6
25 癸酉 18	25 癸卯 20	**25** 壬申 18	**25** 壬寅 18	25 辛未 16	25 庚子 15	25 庚午 14	25 己亥 12	25 戊辰 11	25 戊戌 10	25 戊辰 ⑩	24 丙申 ⑦	25 丁卯 7
26 甲戌 ⑲	26 甲辰 21	26 癸酉 19	26 癸卯 19	26 壬申 17	26 辛丑 ⑯	26 辛未 15	26 庚子 13	26 己巳 12	26 己亥 11	26 己巳 11	25 丁酉 8	26 戊辰 8
27 乙亥 20	27 乙巳 22	27 甲戌 20	27 甲辰 20	**27** 癸酉 ⑱	27 壬寅 17	27 壬申 16	27 辛丑 14	27 庚午 13	27 庚子 ⑫	27 庚午 12	26 戊戌 9	27 己巳 9
28 丙子 21	28 丙午 23	28 乙亥 21	28 乙巳 ㉑	28 甲戌 19	**28** 癸卯 18	28 癸酉 17	28 壬寅 15	28 辛未 14	28 辛丑 13	28 辛未 13	27 己亥 10	28 庚午 10
29 丁丑 22	29 丁未 24	29 丙子 22	29 丙午 22	29 乙亥 20	29 甲辰 19	**29** 甲戌 18	29 癸卯 16	29 壬申 ⑮	29 壬寅 14	29 壬申 14	28 庚子 11	29 辛未 ⑪
30 戊寅 23		30 丁丑 ㉓			30 乙巳 20			30 癸酉 16	30 癸卯 15		29 辛丑 12	30 壬申 12
											30 壬寅 13	

立春 8日	啓蟄 8日	清明 10日	立夏 10日	芒種 12日	小暑 13日	立秋 14日	白露15日	秋分 1日	霜降 2日	小雪 2日	冬至 3日	大寒 4日
雨水 23日	春分 24日	穀雨 25日	小満 25日	夏至 27日	大暑 28日	処暑 29日		寒露 16日	立冬 17日	大雪 17日	小寒 19日	立春 19日

弘仁 6 年（815−816） 乙未

1月	2月	3月	4月	5月	6月	7月	8月	9月	10月	11月	12月
1 癸酉 13	1 癸卯 15	1 壬申 13	1 壬寅 ⑬	1 辛未 11	1 庚子 10	1 庚午 9	1 己亥 7	1 戊辰 6	1 戊戌 5	1 戊辰 5	1 丁酉 3
2 甲戌 14	2 甲辰 16	2 癸酉 14	2 癸卯 14	2 壬申 12	2 辛丑 11	2 辛未 10	2 庚子 8	2 己巳 ⑦	2 己亥 6	2 己巳 6	2 戊戌 4
3 乙亥 15	3 乙巳 17	3 甲戌 ⑮	3 甲辰 15	3 癸酉 13	3 壬寅 12	3 壬申 11	3 辛丑 ⑨	3 庚午 8	3 庚子 7	3 庚午 7	3 己亥 5
4 丙子 16	4 丙午 ⑱	4 乙亥 16	4 乙巳 16	4 甲戌 14	4 癸卯 13	4 癸酉 ⑫	4 壬寅 10	4 辛未 9	4 辛丑 8	4 辛未 8	4 庚子 ⑥
5 丁丑 17	**5** 丁未 19	5 丙子 17	5 丙午 17	5 乙亥 15	5 甲辰 14	5 甲戌 13	5 癸卯 11	5 壬申 10	5 壬寅 9	5 壬申 ⑨	5 辛丑 7
6 戊寅 ⑱	6 戊申 20	**6** 丁丑 18	6 丁未 18	6 丙子 16	6 乙巳 ⑮	6 乙亥 14	6 甲辰 12	6 癸酉 11	6 癸卯 10	6 癸酉 10	6 壬寅 8
7 己卯 19	7 己酉 21	7 戊寅 19	**7** 戊申 19	7 丁丑 ⑰	7 丙午 16	7 丙子 15	7 乙巳 13	7 甲戌 12	7 甲辰 ⑪	7 甲戌 11	7 癸卯 9
8 庚辰 20	8 庚戌 22	8 己卯 20	8 己酉 ⑳	**8** 戊寅 18	8 丁未 17	8 丁丑 16	8 丙午 14	8 乙亥 13	8 乙巳 12	8 乙亥 12	8 甲辰 10
9 辛巳 21	9 辛亥 23	9 庚辰 21	9 庚戌 21	9 己卯 19	9 戊申 18	9 戊寅 17	9 丁未 15	9 丙子 ⑭	9 丙午 13	9 丙子 13	9 乙巳 11
10 壬午 22	10 壬子 24	10 辛巳 ㉒	10 辛亥 22	10 庚辰 20	**10** 己酉 19	**10** 己卯 18	10 戊申 ⑯	10 丁丑 15	10 丁未 14	10 丁丑 14	10 丙午 12
11 癸未 23	11 癸丑 ㉕	11 壬午 23	11 壬子 23	11 辛巳 21	11 庚戌 20	11 庚辰 ⑲	**11** 己酉 17	11 戊寅 16	11 戊申 15	11 戊寅 15	11 丁未 ⑬
12 甲申 24	12 甲寅 26	12 癸未 24	12 癸丑 24	12 壬午 22	12 辛亥 21	12 辛巳 20	12 庚戌 18	12 己卯 17	12 己酉 16	12 己卯 ⑯	12 戊申 14
13 乙酉 ㉕	13 乙卯 27	13 甲申 25	13 甲寅 25	13 癸未 23	13 壬子 ㉒	13 壬午 21	13 辛亥 19	**13** 庚辰 18	**13** 庚戌 17	13 庚辰 17	13 己酉 15
14 丙戌 26	14 丙辰 28	14 乙酉 26	14 乙卯 26	14 甲申 ㉔	14 癸丑 23	14 癸未 22	14 壬子 20	14 辛巳 19	14 辛亥 ⑱	**14** 辛巳 18	14 庚戌 16
15 丁亥 27	15 丁巳 29	15 丙戌 27	15 丙辰 ㉗	15 乙酉 25	15 甲寅 24	15 甲申 23	15 癸丑 21	15 壬午 20	15 壬子 19	15 壬午 19	**15** 辛亥 17
16 戊子 28	16 戊午 30	16 丁亥 28	16 丁巳 28	16 丙戌 26	16 乙卯 25	16 乙酉 24	16 甲寅 22	16 癸未 ㉑	16 癸丑 20	16 癸未 20	16 壬子 18
《3月》	17 己未 31	17 戊子 ㉙	17 戊午 29	17 丁亥 27	17 丙辰 26	17 丙戌 25	17 乙卯 ㉓	17 甲申 22	17 甲寅 21	17 甲申 21	17 癸丑 19
17 己丑 1	《4月》	18 己丑 30	18 己未 30	18 戊子 28	18 丁巳 27	18 丁亥 ㉖	18 丙辰 24	18 乙酉 23	18 乙卯 22	18 乙酉 22	18 甲寅 ⑳
18 庚寅 2	18 庚申 ①	《5月》	19 庚申 31	19 己丑 29	19 戊午 28	19 戊子 27	19 丁巳 25	19 丙戌 24	19 丙辰 23	19 丙戌 ㉓	19 乙卯 21
19 辛卯 3	19 辛酉 2	19 庚寅 1	《6月》	20 庚寅 30	20 己未 ㉙	20 己丑 28	20 戊午 26	20 丁亥 25	20 丁巳 24	20 丁亥 24	20 丙辰 22
20 壬辰 ④	**20** 壬戌 3	20 辛卯 2	20 辛酉 1	《7月》	21 庚申 30	21 庚寅 29	21 己未 27	21 戊子 26	21 戊午 ㉕	21 戊子 25	21 丁巳 23
21 癸巳 5	21 癸亥 4	**21** 壬辰 3	21 壬戌 2	21 辛卯 ①	22 辛酉 31	22 辛卯 30	22 庚申 28	22 己丑 27	22 己未 26	22 己丑 26	22 戊午 24
22 甲午 6	22 甲子 5	22 癸巳 4	**22** 癸亥 ③	22 壬辰 2	《8月》	23 壬辰 31	23 辛酉 29	23 庚寅 ㉘	23 庚申 27	23 庚寅 27	23 己未 25
23 乙未 7	23 乙丑 6	23 甲午 5	23 甲子 4	**23** 癸巳 3	23 壬戌 1	《9月》	24 壬戌 ㉚	24 辛卯 29	24 辛酉 28	24 辛卯 28	24 庚申 26
24 丙申 8	24 丙寅 7	24 乙未 ⑥	24 乙丑 5	24 甲午 4	24 癸亥 2	24 癸巳 1	《10月》	25 壬辰 30	25 壬戌 29	25 壬辰 29	25 辛酉 ㉗
25 丁酉 9	25 丁卯 ⑧	25 丙申 7	25 丙寅 6	25 乙未 5	**25** 甲子 3	**25** 甲午 ②	25 癸亥 1	26 癸巳 31	26 癸亥 30	26 癸巳 ㉚	26 壬戌 28
26 戊戌 10	26 戊辰 9	26 丁酉 8	26 丁卯 7	26 丙申 6	26 乙丑 4	26 乙未 3	26 甲子 2	《11月》	《12月》	27 甲午 31	27 癸亥 29
27 己亥 ⑪	27 己巳 10	27 戊戌 9	27 戊辰 8	27 丁酉 7	27 丙寅 ⑤	27 丙申 4	**27** 乙丑 3	27 甲午 1	27 甲子 1	**816 年**	28 甲子 30
28 庚子 12	28 庚午 11	28 己亥 10	28 己巳 9	28 戊戌 ⑧	28 丁卯 6	28 丁酉 5	28 丙寅 4	**28** 乙未 2	28 乙丑 ②	《1月》	29 乙丑 31
29 辛丑 13	29 辛未 12	29 庚子 11	29 庚午 ⑩	29 己亥 9	29 戊辰 7	29 戊戌 6	29 丁卯 5	29 丙申 3	**29** 丙寅 3	28 乙未 1	《2月》
30 壬寅 14		30 辛丑 12			30 己巳 8			30 丁酉 ④	30 丁卯 4	**29** 丙申 2	**30** 丙寅 1

雨水 4日	春分 5日	穀雨 6日	小満 7日	夏至 8日	大暑 10日	処暑 10日	秋分 11日	霜降 13日	小雪 13日	冬至 14日	大寒 15日
啓蟄 20日	清明 20日	立夏 21日	芒種 22日	小暑 23日	立秋 25日	白露 25日	寒露 27日	立冬 28日	大雪 29日	小寒 29日	立春 30日

弘仁 7 年（816−817） 丙申

1月	2月	3月	4月	5月	6月	7月	8月	9月	10月	11月	12月
1 丁卯 2	**1** 丁酉 3	《4月》	《5月》	1 丙寅 31	1 乙未 ㉙	1 甲子 28	1 甲午 27	1 癸亥 25	1 壬辰 24	1 壬戌 ㉓	1 壬辰 23
2 戊辰 ③	2 戊戌 4	1 丙寅 1	1 丙申 1	《6月》	2 丙申 30	2 乙丑 29	2 乙未 28	2 甲子 26	2 癸巳 25	2 癸亥 24	2 癸巳 24
3 己巳 4	3 己亥 5	**2** 丁卯 2	2 丁酉 2	2 丁卯 ①	《7月》	3 丙寅 30	3 丙申 29	3 乙丑 27	3 甲午 ㉖	3 甲子 25	3 甲午 25
4 庚午 5	4 庚子 6	3 戊辰 3	**3** 戊戌 3	**3** 戊辰 2	3 丁酉 1	4 丁卯 31	4 丁酉 30	4 丙寅 ㉘	4 乙未 27	4 乙丑 26	4 乙未 26
5 辛未 6	5 辛丑 7	4 己巳 4	4 己亥 ④	4 己巳 3	4 戊戌 2	《8月》	5 戊戌 ㉛	5 丁卯 29	5 丙申 28	5 丙寅 27	5 丙申 27
6 壬申 7	6 壬寅 8	5 庚午 5	5 庚子 5	5 庚午 4	**5** 己亥 3	5 戊辰 1	《9月》	6 戊辰 30	6 丁酉 29	6 丁卯 28	6 丁酉 ㉘
7 癸酉 8	7 癸卯 ⑨	6 辛未 ⑥	6 辛丑 6	6 辛未 5	6 庚子 4	**6** 己巳 2	**6** 己亥 1	《10月》	7 戊戌 30	7 戊辰 29	7 戊戌 29
8 甲戌 9	8 甲辰 10	7 壬申 7	7 壬寅 7	7 壬申 6	7 辛丑 5	7 庚午 ③	7 庚子 2	7 己巳 1	8 己亥 31	8 己巳 ㉚	8 己亥 30
9 乙亥 ⑩	9 乙巳 11	8 癸酉 8	8 癸卯 8	8 癸酉 7	8 壬寅 ⑥	8 辛未 4	8 辛丑 3	**8** 庚午 2	《11月》	《12月》	9 庚子 31
10 丙子 11	10 丙午 12	9 甲戌 9	9 甲辰 9	9 甲戌 ⑧	9 癸卯 7	9 壬申 5	9 壬寅 4	9 辛未 3	**9** 庚子 1	9 庚午 1	**817 年**
11 丁丑 12	11 丁未 13	10 乙亥 10	10 乙巳 10	10 乙亥 9	10 甲辰 8	10 癸酉 6	10 癸卯 5	10 壬申 4	10 辛丑 ②	**10** 辛未 2	《1月》
12 戊寅 13	12 戊申 14	11 丙子 11	11 丙午 ⑪	11 丙子 10	11 乙巳 9	11 甲戌 7	11 甲辰 6	11 癸酉 ⑤	11 壬寅 3	11 壬申 3	**10** 辛丑 1
13 己卯 14	13 己酉 15	12 丁丑 12	12 丁未 12	12 丁丑 11	12 丙午 10	12 乙亥 8	12 乙巳 ⑦	12 甲戌 6	12 癸卯 4	12 癸酉 4	11 壬寅 2
14 庚辰 15	14 庚戌 ⑯	13 戊寅 ⑬	13 戊申 13	13 戊寅 12	13 丁未 11	13 丙子 9	13 丙午 8	13 乙亥 7	13 甲辰 5	13 甲戌 5	12 癸卯 3
15 辛巳 16	15 辛亥 17	14 己卯 14	14 己酉 14	14 己卯 13	14 戊申 12	14 丁丑 ⑩	14 丁未 9	14 丙子 8	14 乙巳 6	14 乙亥 6	13 甲辰 ④
16 壬午 ⑰	**16** 壬子 18	15 庚辰 15	15 庚戌 15	15 庚辰 14	15 己酉 ⑬	15 戊寅 11	15 戊申 10	15 丁丑 9	15 丙午 7	15 丙子 ⑦	14 乙巳 5
17 癸未 18	17 癸丑 19	16 辛巳 16	16 辛亥 16	16 辛巳 ⑮	16 庚戌 14	16 己卯 12	16 己酉 11	16 戊寅 10	16 丁未 8	16 丁丑 8	15 丙午 6
18 甲申 19	18 甲寅 20	**17** 壬午 17	17 壬子 17	17 壬午 16	17 辛亥 15	17 庚辰 13	17 庚戌 12	17 己卯 11	17 戊申 ⑨	17 戊寅 9	16 丁未 7
19 乙酉 20	19 乙卯 21	18 癸未 18	**18** 癸丑 ⑱	**18** 癸未 17	18 壬子 16	18 辛巳 14	18 辛亥 13	18 庚辰 ⑫	18 己酉 10	18 己卯 10	17 戊申 8
20 丙戌 21	20 丙辰 22	19 甲申 19	19 甲寅 19	19 甲申 18	19 癸丑 17	19 壬午 15	19 壬子 ⑭	19 辛巳 13	19 庚戌 11	19 庚辰 11	18 己酉 9
21 丁亥 22	21 丁巳 ㉓	20 乙酉 ⑳	20 乙卯 20	20 乙酉 19	**20** 甲寅 18	20 癸未 16	20 癸丑 15	20 壬午 14	20 辛亥 12	20 辛巳 12	19 庚戌 10
22 戊子 23	22 戊午 24	21 丙戌 21	21 丙辰 21	21 丙戌 20	21 乙卯 19	**21** 甲申 ⑰	21 甲寅 16	21 癸未 15	21 壬子 13	21 壬午 13	20 辛亥 ⑪
23 己丑 ㉔	23 己未 25	22 丁亥 22	22 丁巳 22	22 丁亥 21	22 丙辰 ⑳	22 乙酉 18	**22** 乙卯 17	22 甲申 16	22 癸丑 14	22 癸未 ⑭	21 壬子 12
24 庚寅 25	24 庚申 26	23 戊子 23	23 戊午 23	23 戊子 ㉒	23 丁巳 21	23 丙戌 19	23 丙辰 18	**23** 乙酉 17	23 甲寅 15	23 甲申 15	22 癸丑 13
25 辛卯 26	25 辛酉 27	24 己丑 24	24 己未 24	24 己丑 23	24 戊午 22	24 丁亥 20	24 丁巳 19	24 丙戌 18	24 乙卯 ⑯	24 乙酉 16	23 甲寅 14
26 壬辰 27	26 壬戌 28	25 庚寅 25	25 庚申 ㉕	25 庚寅 24	25 己未 23	25 戊子 21	25 戊午 20	25 丁亥 ⑲	**25** 丙辰 17	**25** 丙戌 17	24 乙卯 15
27 癸巳 28	27 癸亥 29	26 辛卯 26	26 辛酉 26	26 辛卯 25	26 庚申 24	26 己丑 22	26 己未 ㉑	26 戊子 20	26 丁巳 18	26 丁亥 18	**25** 丙辰 16
28 甲午 29	28 甲子 ㉚	27 壬辰 ㉗	27 壬戌 27	27 壬辰 26	27 辛酉 25	27 庚寅 23	27 庚申 22	27 己丑 21	27 戊午 19	27 戊子 19	26 丁巳 17
《3月》	29 乙丑 31	28 癸巳 28	28 癸亥 28	28 癸巳 27	28 壬戌 26	28 辛卯 ㉔	28 辛酉 23	28 庚寅 22	28 己未 20	28 己丑 20	27 戊午 ⑱
29 乙未 1		29 甲午 29	29 甲子 29	29 甲午 28	29 癸亥 ㉗	29 壬辰 25	29 壬戌 24	29 辛卯 23	29 庚申 21	29 庚寅 ㉑	28 己未 19
30 丙申 ②		30 乙未 30	30 乙丑 30			30 癸巳 26			30 辛酉 22	30 辛卯 22	29 庚申 20

雨水 16日	啓蟄 1日	清明 2日	立夏 3日	芒種 3日	小暑 5日	立秋 6日	白露 6日	寒露 8日	立冬 9日	大雪 10日	小寒 10日
	春分 16日	穀雨 17日	小満 18日	夏至 18日	大暑 20日	処暑 21日	秋分 22日	霜降 23日	小雪 25日	冬至 25日	大寒 25日

弘仁8年（817−818） 丁酉

1月	2月	3月	4月	閏4月	5月	6月	7月	8月	9月	10月	11月	12月
1辛酉21	1辛卯20	1辛酉㉒	1庚寅20	1庚申20	**1**己丑18	**1**己未18	1戊子⑯	1戊午15	1丁亥14	1丁巳13	1丙戌12	1丙辰11
2壬戌22	2壬辰21	2壬戌23	2辛卯21	2辛酉21	2庚寅19	2庚申⑲	**2**己丑17	2己未16	2戊子15	2戊午14	2丁亥⑬	2丁巳12
3癸亥23	3癸巳㉒	3癸亥24	3壬辰22	3壬戌22	3辛卯20	3辛酉20	3庚寅18	**3**庚申17	3己丑16	3己未⑮	3戊子14	3戊午13
4甲子24	4甲午23	4甲子25	4癸巳23	4癸亥23	4壬辰㉑	4壬戌21	4辛卯19	4辛酉18	**4**庚寅17	4庚申16	4己丑15	4己未14
5乙丑㉕	5乙未24	5乙丑26	5甲午24	5甲子㉔	5癸巳22	5癸亥22	5壬辰20	5壬戌19	5辛卯⑱	**5**辛酉17	5庚寅16	5庚申15
6丙寅26	6丙申25	6丙寅27	6乙未25	6乙丑25	6甲午23	6甲子23	6癸巳21	6癸亥⑳	6壬辰19	6壬戌18	**6**辛卯17	6辛酉16
7丁卯27	7丁酉26	7丁卯28	7丙申㉖	7丙寅26	7乙未24	7乙丑24	7甲午22	7甲子21	7癸巳20	7癸亥19	7壬辰18	**7**壬戌⑰
8戊辰28	8戊戌27	8戊辰㉙	8丁酉27	8丁卯27	8丙申25	8丙寅25	8乙未㉓	8乙丑22	8甲午21	8甲子20	8癸巳19	8癸亥18
9己巳29	9己亥28	9己巳30	9戊戌28	9戊辰28	9丁酉26	9丁卯㉖	9丙申24	9丙寅23	9乙未22	9乙丑21	9甲午⑳	9甲子19
10庚午30	《3月》	10庚午31	10己亥29	10己巳29	10戊戌27	10戊辰27	10丁酉25	10丁卯24	10丙申23	10丙寅㉒	10乙未21	10乙丑20
11辛未31	10庚子①	《4月》	11庚子30	11庚午30	11己亥㉘	11己巳28	11戊戌26	11戊辰25	11丁酉24	11丁卯23	11丙申22	11丙寅21
《2月》	11辛丑2	11辛未1	《5月》	12辛未㉛	12庚子29	12庚午29	12己亥27	12己巳26	12戊戌㉕	12戊辰24	12丁酉23	12丁卯22
12壬申①	**12**壬寅3	12壬申2	12辛丑1	《6月》	13辛丑30	13辛未30	13庚子28	13庚午㉗	13己亥26	13己巳25	13戊戌24	13戊辰23
13癸酉2	13癸卯4	**13**癸酉3	13壬寅2	13壬申1	《7月》	14壬申31	14辛丑29	14辛未28	14庚子27	14庚午26	14己亥25	14己巳㉔
14甲戌3	14甲辰5	14甲戌4	**14**癸卯③	**14**癸酉2	14壬寅1	《8月》	15壬寅㉚	15壬申29	15辛丑28	15辛未27	15庚子26	15庚午25
15乙亥4	15乙巳6	15乙亥⑤	15甲辰4	15甲戌3	15癸卯2	15癸酉1	16癸卯31	16癸酉30	16壬寅29	16壬申28	16辛丑㉗	16辛未26
16丙子5	16丙午7	16丙子6	16乙巳5	16乙亥4	**16**甲辰3	**16**甲戌②	《9月》	《10月》	17癸卯30	17癸酉㉙	17壬寅28	17壬申27
17丁丑6	17丁未⑧	17丁丑7	17丙午6	17丙子5	17乙巳4	17乙亥3	17甲辰1	17甲戌1	18甲辰31	18甲戌30	18癸卯29	18癸酉28
18戊寅7	18戊申9	18戊寅8	18丁未7	18丁丑6	18丙午⑤	18丙子4	**18**乙巳2	**18**乙亥2	《11月》	《12月》	19甲辰30	19甲戌29
19己卯⑧	19己酉10	19己卯9	19戊申8	19戊寅⑦	19丁未6	19丁丑5	19丙午3	19丙子3	19乙巳①	19乙亥1	20乙巳31	20乙亥30
20庚辰9	20庚戌11	20庚辰10	20己酉9	20己卯8	20戊申7	20戊寅6	20丁未4	20丁丑④	**20**丙午2	**20**丙子2	818年	21丙子㉛
21辛巳10	21辛亥12	21辛巳11	21庚戌⑩	21庚辰9	21己酉8	21己卯7	21戊申5	21戊寅5	21丁未3	21丁丑3	《1月》	《2月》
22壬午11	22壬子13	22壬午⑫	22辛亥11	22辛巳10	22庚戌9	22庚辰8	22己酉⑥	22己卯6	22戊申4	22戊寅4	**21**丙午1	**22**丁丑1
23癸未12	23癸丑14	23癸未13	23壬子12	23壬午11	23辛亥10	23辛巳⑨	23庚戌7	23庚辰7	23己酉5	23己卯5	22丁未2	23戊寅2
24甲申13	24甲寅⑮	24甲申14	24癸丑13	24癸未12	24壬子11	24壬午10	24辛亥8	24辛巳8	24庚戌6	24庚辰⑥	23戊申③	24己卯3
25乙酉14	25乙卯16	25乙酉15	25甲寅14	25甲申13	25癸丑⑫	25癸未11	25壬子9	25壬午9	25辛亥7	25辛巳7	24己酉4	25庚辰4
26丙戌⑮	26丙辰17	26丙戌16	26乙卯15	26乙酉⑭	26甲寅13	26甲申12	26癸丑10	26癸未10	26壬子⑧	26壬午8	25庚戌5	26辛巳5
27丁亥16	**27**丁巳18	27丁亥17	27丙辰16	27丙戌15	27乙卯14	27乙酉13	27甲寅11	27甲申⑪	27癸丑9	27癸未9	26辛亥6	27壬午6
28戊子17	28戊午19	**28**戊子18	28丁巳⑰	28丁亥16	28丙辰15	28丙戌14	28乙卯12	28乙酉12	28甲寅10	28甲申10	27壬子7	28癸未⑦
29己丑18	29己未20	29己丑⑲	**29**戊午18	29戊子17	29丁巳16	29丁亥15	29丙辰⑬	29丙戌13	29乙卯11	29乙酉11	28癸丑8	29甲申8
30庚寅19	30庚申21		30己未19		30戊午17		30丁巳14		30丙辰12		29甲寅9	
											30乙卯⑩	
立春12日 雨水27日	啓蟄12日 春分27日	清明13日 穀雨28日	立夏14日 小満29日	芒種14日	夏至1日 小暑16日	大暑1日 立秋16日	処暑2日 白露18日	秋分3日 寒露18日	霜降4日 立冬20日	小雪5日 大雪20日	冬至6日 小寒21日	大寒7日 立春22日

弘仁9年（818−819） 戊戌

1月	2月	3月	4月	5月	6月	7月	8月	9月	10月	11月	12月
1乙酉9	1乙卯11	1甲申9	1甲寅⑨	1甲申8	1癸丑7	1癸未6	1壬子4	1壬午4	**1**辛亥2	**1**辛巳2	1庚戌31
2丙戌10	2丙辰12	2乙酉10	2乙卯10	2乙酉9	2甲寅8	2甲申7	2癸丑⑤	2癸未5	2壬子3	2壬午3	819年
3丁亥11	3丁巳13	3丙戌⑪	3丙辰11	3丙戌10	3乙卯9	3乙酉⑧	3甲寅6	3甲申6	3癸丑4	3癸未4	《1月》
4戊子12	4戊午⑭	4丁亥12	4丁巳12	4丁亥11	4丙辰10	4丙戌9	4乙卯7	4乙酉7	4甲寅5	4甲申⑤	2辛亥1
5己丑13	5己未15	5戊子13	5戊午13	5戊子12	5丁巳⑪	5丁亥10	5丙辰8	5丙戌8	5乙卯6	5乙酉6	**3**壬子②
6庚寅⑭	6庚申16	6己丑14	6己未14	6己丑⑬	6戊午12	6戊子11	6丁巳9	6丁亥9	6丙辰⑦	6丙戌7	4癸丑3
7辛卯15	7辛酉17	7庚寅15	7庚申15	7庚寅14	7己未13	7己丑12	7戊午10	7戊子⑩	7丁巳8	7丁亥8	5甲寅4
8壬辰16	8壬戌18	8辛卯16	8辛酉⑯	8辛卯15	8庚申14	8庚寅13	8己未11	8己丑11	8戊午9	8戊子9	6乙卯5
9癸巳17	**9**癸亥19	9壬辰17	9壬戌17	9壬辰16	9辛酉15	9辛卯14	9庚申⑫	9庚寅12	9己未10	9己丑10	7丙辰6
10甲午18	10甲子20	**10**癸巳⑱	**10**癸亥18	10癸巳17	10壬戌16	10壬辰⑮	10辛酉13	10辛卯13	10庚申11	10庚寅11	8丁巳7
11乙未19	11乙丑㉑	11甲午19	11甲子19	**11**甲午18	11癸亥17	11癸巳16	11壬戌14	11壬辰14	11辛酉12	11辛卯⑫	9戊午8
12丙申20	12丙寅22	12乙未20	12乙丑20	12乙未19	**12**甲子⑱	12甲午17	12癸亥15	12癸巳15	12壬戌13	12壬辰13	10己未⑨
13丁酉㉑	13丁卯23	13丙申21	13丙寅21	13丙申⑳	13乙丑19	**13**乙未18	13甲子16	13甲午16	13癸亥⑭	13癸巳14	11庚申10
14戊戌22	14戊辰24	14丁酉22	14丁卯22	14丁酉21	14丙寅20	14丙申19	**14**乙丑17	14乙未⑰	14甲子15	14甲午15	12辛酉11
15己亥23	15己巳25	15戊戌23	15戊辰㉓	15戊戌22	15丁卯21	15丁酉20	15丙寅18	**15**丙申18	15乙丑16	15乙未16	13壬戌12
16庚子24	16庚午26	16己亥24	16己巳24	16己亥23	16戊辰22	16戊戌21	16丁卯⑲	16丁酉19	**16**丙寅17	**16**丙申17	14癸亥13
17辛丑25	17辛未27	17庚子㉕	17庚午25	17庚子24	17己巳23	17己亥㉒	17戊辰20	17戊戌20	17丁卯18	17丁酉18	15甲子14
18壬寅26	18壬申㉘	18辛丑26	18辛未26	18辛丑25	18庚午24	18庚子23	18己巳21	18己亥21	18戊辰19	18戊戌⑲	16乙丑15
19癸卯27	19癸酉29	19壬寅27	19壬申27	19壬寅26	19辛未㉕	19辛丑24	19庚午22	19庚子22	19己巳20	19己亥20	17丙寅⑯
20甲辰㉘	20甲戌30	20癸卯28	20癸酉28	20癸卯㉗	20壬申26	20壬寅25	20辛未23	20辛丑23	20庚午㉑	20庚子21	**18**丁卯17
《3月》	21乙亥31	21甲辰29	21甲戌29	21甲辰28	21癸酉27	21癸卯26	21壬申24	21壬寅㉔	21辛未22	21辛丑22	19戊辰18
21乙巳1	《4月》	22乙巳30	22乙亥㉚	22乙巳29	22甲戌28	22甲辰27	22癸酉25	22癸卯25	22壬申23	22壬寅23	20己巳19
22丙午2	22丙子1	《5月》	23丙子31	23丙午30	23乙亥29	23乙巳28	23甲戌㉖	23甲辰26	23癸酉24	23癸卯24	21庚午20
23丁未3	23丁丑2	23丙午1	《6月》	《7月》	24丙子30	24丙午㉙	24乙亥27	24乙巳27	24甲戌25	24甲辰25	22辛未21
24戊申4	**24**戊寅3	24丁未②	24丁丑1	24丁未1	25丁丑31	25丁未30	25丙子28	25丙午28	25乙亥26	25乙巳㉖	23壬申22
25己酉5	25己卯④	**25**戊申3	25戊寅2	25戊申2	《8月》	26戊申31	26丁丑29	26丁未29	26丙子27	26丙午27	24癸酉㉓
26庚戌6	26庚辰5	26己酉4	**26**己卯3	**26**己酉3	26戊寅①	《9月》	27戊寅30	27戊申30	27丁丑㉘	27丁未28	25甲戌24
27辛亥⑦	27辛巳6	27庚戌5	27庚辰4	27庚戌④	**27**己卯2	27己酉1	《10月》	28己酉㉛	28戊寅29	28戊申29	26乙亥25
28壬子8	28壬午7	28辛亥6	28辛巳5	28辛亥5	28庚辰3	**28**庚戌2	28己卯1	《11月》	29己卯30	29己酉30	27丙子26
29癸丑9	29癸未8	29壬子7	29壬午⑥	29壬子6	29辛巳4	29辛亥3	**29**庚辰2	29庚戌1	《12月》		28丁丑27
30甲寅10		30癸丑8	30癸未7		30壬午5		30辛巳③		30庚辰1		29戊寅28
											30己卯29
雨水8日 啓蟄23日	春分9日 清明24日	穀雨10日 立夏25日	小満10日 芒種26日	夏至11日 小暑26日	大暑12日 立秋27日	処暑13日 白露28日	秋分14日 寒露29日	霜降15日	立冬1日 小雪16日	大雪1日 冬至16日	小寒3日 大寒18日

弘仁 10 年（819－820） 己亥

1月	2月	3月	4月	5月	6月	7月	8月	9月	10月	11月	12月
1 庚辰㉚	1 己酉28	1 己卯30	1 戊申28	1 戊寅28	1 丁未㉖	1 丁丑26	1 丙午24	1 丙子23	1 丙午㉓	1 乙亥21	1 乙巳21
2 辛巳31	《3月》	2 庚辰31	2 己酉29	2 己卯㉙	2 戊申27	2 戊寅27	2 丁未25	2 丁丑24	2 丁未24	2 丙子22	2 丙午22
《2月》	2 庚戌 1	《4月》	3 庚戌30	3 庚辰30	3 己酉28	3 己卯28	3 戊申26	3 戊寅㉕	3 戊申25	3 丁丑23	3 丁未23
3 壬午 1	3 辛亥 2	3 辛巳 1	《5月》	4 辛巳31	4 庚戌29	4 庚辰29	4 己酉27	4 己卯26	4 己酉26	4 戊寅24	4 戊申24
4 癸未 2	4 壬子 3	4 壬午 2	4 辛亥①	《6月》	5 辛亥30	5 辛巳30	5 庚戌㉘	5 庚辰27	5 庚戌27	5 己卯25	5 己酉㉕
5 甲申 3	**5** 癸丑 4	**5** 癸未③	5 壬子 2	5 壬午 1	《7月》	6 壬午㉛	6 辛亥29	6 辛巳28	6 辛亥28	6 庚辰26	6 庚戌26
6 乙酉 4	6 甲寅 5	6 甲申 4	**6** 癸丑 3	6 癸未 2	6 壬子 1	《8月》	7 壬子30	7 壬午29	7 壬子29	7 辛巳㉗	7 辛亥27
7 丙戌 5	7 乙卯⑥	7 乙酉 5	7 甲寅 4	**7** 甲申 3	7 癸丑 2	7 癸未 1	8 癸丑31	8 癸未30	8 癸丑㉚	8 壬午28	8 壬子28
8 丁亥⑥	8 丙辰 7	8 丙戌 6	8 乙卯 5	8 乙酉 4	**8** 甲寅③	8 甲申 2	《9月》	《10月》	9 甲寅31	9 癸未29	9 癸丑29
9 戊子 7	9 丁巳 8	9 丁亥 7	9 丙辰 6	9 丙戌⑤	9 乙卯 4	**9** 乙酉 3	9 甲寅 1	9 甲申 1	《11月》	10 甲申30	10 甲寅30
10 己丑 8	10 戊午 9	10 戊子 8	10 丁巳 7	10 丁亥 6	10 丙辰 5	10 丙戌 4	**10** 乙卯 2	10 乙酉②	10 乙卯 1	《12月》	11 乙卯31
11 庚寅 9	11 己未10	11 己丑 9	11 戊午⑧	11 戊子 7	11 丁巳 6	11 丁亥 5	11 丙辰 3	**11** 丙戌 3	**11** 丙辰 2	11 乙酉 1	**820** 年
12 辛卯10	12 庚申11	12 庚寅⑩	12 己未 9	12 己丑 8	12 戊午 7	12 戊子 6	12 丁巳④	12 丁亥 4	12 丁巳 3	**12** 丙戌 2	《1月》
13 壬辰11	13 辛酉12	13 辛卯11	13 庚申10	13 庚寅 9	13 己未 8	13 己丑⑦	13 戊午 5	13 戊子 5	13 戊午 4	13 丁亥 3	12 丙辰①
14 癸巳12	14 壬戌⑬	14 壬辰12	14 辛酉11	14 辛卯10	14 庚申 9	14 庚寅 8	14 己未 6	14 己丑 6	14 己未 5	14 戊子④	**13** 丁巳 2
15 甲午⑬	15 癸亥14	15 癸巳13	15 壬戌12	15 壬辰11	15 辛酉⑩	15 辛卯 9	15 庚申 7	15 庚寅 7	15 庚申⑥	15 己丑 5	14 戊午 3
16 乙未14	16 甲子15	16 甲午14	**16** 癸亥13	16 癸巳⑫	16 壬戌11	16 壬辰10	16 辛酉 8	16 辛卯 8	16 辛酉 7	16 庚寅 6	15 己未 4
17 丙申15	17 乙丑16	17 乙未15	17 甲子14	17 甲午13	17 癸亥12	17 癸巳11	17 壬戌 9	17 壬辰⑨	17 壬戌 8	17 辛卯 7	16 庚申 5
18 丁酉16	18 丙寅17	18 丙申16	18 乙丑⑮	18 乙未14	18 甲子13	18 甲午12	18 癸亥10	18 癸巳10	18 癸亥 9	18 壬辰 8	17 辛酉 6
19 戊戌17	19 丁卯18	19 丁酉⑰	19 丙寅16	19 丙申15	19 乙丑14	19 乙未13	19 甲子⑪	19 甲午11	19 甲子10	19 癸巳 9	18 壬戌 7
20 己亥18	**20** 戊辰19	**20** 戊戌18	20 丁卯17	20 丁酉16	20 丙寅15	20 丙申⑭	20 乙丑12	20 乙未12	20 乙丑11	20 甲午10	19 癸亥⑧
21 庚子19	21 己巳⑳	21 己亥19	21 戊辰18	21 戊戌17	21 丁卯16	21 丁酉15	21 丙寅13	21 丙申13	21 丙寅12	21 乙未⑪	20 甲子 9
22 辛丑⑳	22 庚午21	22 庚子20	**22** 己巳19	**22** 己亥18	22 戊辰⑰	22 戊戌16	22 丁卯14	22 丁酉14	22 丁卯⑬	22 丙申12	21 乙丑10
23 壬寅21	23 辛未22	23 辛丑21	23 庚午20	23 庚子⑲	23 己巳18	23 己亥17	23 戊辰15	23 戊戌15	23 戊辰14	23 丁酉13	22 丙寅11
24 癸卯22	24 壬申23	24 壬寅22	24 辛未21	24 辛丑20	**24** 庚午19	**24** 庚子18	24 己巳16	24 己亥⑯	24 己巳15	24 戊戌14	23 丁卯12
25 甲辰23	25 癸酉24	25 癸卯23	25 壬申㉒	25 壬寅21	25 辛未20	25 辛丑19	**25** 庚午17	25 庚子17	25 庚午16	25 己亥15	24 戊辰13
26 乙巳24	26 甲戌25	26 甲辰㉔	26 癸酉23	26 癸卯22	26 壬申21	26 壬寅20	26 辛未⑱	**26** 辛丑18	**26** 辛未17	26 庚子16	25 己巳14
27 丙午25	27 乙亥26	27 乙巳25	27 甲戌24	27 甲辰23	27 癸酉22	27 癸卯㉑	27 壬申19	27 壬寅19	27 壬申18	27 辛丑17	26 庚午⑮
28 丁未26	28 丙子㉗	28 丙午26	28 乙亥25	28 乙巳24	28 甲戌23	28 甲辰22	28 癸酉20	28 癸卯20	28 癸酉19	**28** 壬寅⑱	27 辛未16
29 戊申㉗	29 丁丑28	29 丁未27	29 丙子26	29 丙午25	29 乙亥㉔	29 乙巳23	29 甲戌21	29 甲辰21	29 甲戌⑳	29 癸卯19	**28** 壬申17
	30 戊寅29		30 丁丑27		30 丙子25		30 乙亥22	30 乙巳22		30 甲辰20	29 癸酉18

立春 3日	啓蟄 5日	清明 5日	立夏 6日	芒種 7日	小暑 8日	立秋 9日	白露 10日	寒露 11日	立冬 11日	大雪 12日	小寒 13日
雨水 18日	春分 20日	穀雨 20日	小満 22日	夏至 22日	大暑 24日	処暑 24日	秋分 25日	霜降 26日	小雪 26日	冬至 28日	大寒 28日

弘仁 11 年（820－821） 庚子

1月	閏1月	2月	3月	4月	5月	6月	7月	8月	9月	10月	11月	12月
1 甲戌19	1 甲辰18	1 甲戌19	**1** 癸卯17	1 壬申16	1 辛丑14	1 辛未14	1 辛丑13	1 庚午11	1 庚子11	1 庚午10	1 己亥⑨	1 己巳 8
2 乙亥20	2 乙巳⑲	2 乙亥20	2 甲辰18	2 癸酉17	2 壬寅15	2 壬申⑮	2 壬寅14	2 辛未12	2 辛丑12	2 辛未⑪	2 庚子10	2 庚午 9
3 丙子21	3 丙午20	3 丙子21	3 乙巳19	**3** 甲戌18	3 癸卯16	3 癸酉16	3 癸卯15	3 壬申13	3 壬寅13	3 壬申12	3 辛丑11	3 辛未10
4 丁丑㉒	4 丁未21	4 丁丑22	4 丙午20	4 乙亥19	**4** 甲辰⑰	4 甲戌17	4 甲辰16	4 癸酉14	4 癸卯⑭	4 癸酉13	4 壬寅12	4 壬申11
5 戊寅23	5 戊申22	5 戊寅23	5 丁未21	5 丙子⑳	5 乙巳18	**5** 乙亥18	**5** 乙巳17	5 甲戌15	5 甲辰15	5 甲戌14	5 癸卯13	5 癸酉12
6 己卯24	6 己酉23	6 己卯24	6 戊申㉒	6 丁丑21	6 丙午19	6 丙子19	6 丙午18	6 乙亥⑯	6 乙巳16	6 乙亥15	6 甲辰14	6 甲戌⑬
7 庚辰25	7 庚戌24	7 庚辰㉕	7 己酉23	7 戊寅22	7 丁未20	7 丁丑20	7 丁未⑲	**7** 丙子17	**7** 丙午17	7 丙子16	7 乙巳15	7 乙亥14
8 辛巳26	8 辛亥25	8 辛巳26	8 庚戌24	8 己卯23	8 戊申21	8 戊寅21	8 戊申20	8 丁丑18	8 丁未18	**8** 丁丑17	8 丙午⑯	8 丙子15
9 壬午27	9 壬子㉖	9 壬午27	9 辛亥25	9 庚辰24	9 己酉22	9 己卯㉒	9 己酉21	9 戊寅19	9 戊申19	9 戊寅⑱	**9** 丁未17	**9** 丁丑16
10 癸未28	10 癸丑27	10 癸未28	10 壬子26	10 辛巳25	10 庚戌23	10 庚辰23	10 庚戌22	10 己卯20	10 己酉20	10 己卯19	10 戊申18	10 戊寅17
11 甲申㉙	11 甲寅28	11 甲申29	11 癸丑27	11 壬午26	11 辛亥㉔	11 辛巳24	11 辛亥23	11 庚辰21	11 庚戌㉑	11 庚辰20	11 己酉19	11 己卯18
12 乙酉30	12 乙卯29	12 乙酉30	12 甲寅28	12 癸未㉗	12 壬子25	12 壬午25	12 壬子24	12 辛巳22	12 辛亥22	12 辛巳21	12 庚戌20	12 庚辰19
13 丙戌31	《3月》	13 丙戌31	13 乙卯㉙	13 甲申28	13 癸丑26	13 癸未26	13 癸丑25	13 壬午㉓	13 壬子23	13 壬午22	13 辛亥21	13 辛巳⑳
《2月》	13 丙辰 1	《4月》	14 丙辰30	14 乙酉29	14 甲寅27	14 甲申27	14 甲寅㉖	14 癸未24	14 癸丑24	14 癸未23	14 壬子22	14 壬午21
14 丁亥 1	14 丁巳 2	14 丁亥①	《5月》	15 丙戌30	15 乙卯28	15 乙酉28	15 乙卯27	15 甲申25	15 甲寅25	15 甲申24	15 癸丑㉓	15 癸未22
15 戊子 2	**15** 戊午 3	**15** 戊子 2	15 丁巳 1	16 丁亥31	16 丙辰29	16 丙戌㉙	16 丙辰28	16 乙酉26	16 乙卯26	16 乙酉㉕	16 甲寅24	16 甲申23
16 己丑 3	16 己未④	16 己丑 3	16 戊午 2	《6月》	17 丁巳30	17 丁亥30	17 丁巳29	17 丙戌27	17 丙辰27	17 丙戌26	17 乙卯25	17 乙酉24
17 庚寅 4	17 庚申 5	17 庚寅 4	**17** 己未 3	17 戊子 1	《7月》	18 戊子31	18 戊午30	18 丁亥28	18 丁巳㉘	18 丁亥27	18 丙辰26	18 丙戌25
18 辛卯⑤	18 辛酉 6	18 辛卯 5	18 庚申 4	**18** 己丑 2	18 戊午①	《8月》	19 己未31	19 戊子29	19 戊午29	19 戊子28	19 丁巳27	19 丁亥26
19 壬辰 6	19 壬戌 7	19 壬辰 6	19 辛酉 5	19 庚寅③	19 己未 2	19 己丑 1	《9月》	20 己丑㉚	20 己未30	20 己丑29	20 戊午28	20 戊子㉗
20 癸巳 7	20 癸亥 8	20 癸巳 7	20 壬戌⑥	20 辛卯 4	**20** 庚申 3	**20** 庚寅 2	**20** 庚申 1	《10月》	21 庚申31	21 庚寅30	21 己未29	21 己丑28
21 甲午 8	21 甲子 9	21 甲午⑧	21 癸亥 7	21 壬辰 5	21 辛酉 4	21 辛卯 3	21 辛酉②	21 庚寅 1	《11月》	《12月》	22 庚申㉚	22 庚寅29
22 乙未 9	22 乙丑10	22 乙未 9	22 甲子 8	22 癸巳 6	22 壬戌 5	22 壬辰 4	22 壬戌 3	**22** 辛卯 2	**22** 辛酉 1	22 辛卯 1	23 辛酉31	23 辛卯30
23 丙申10	23 丙寅⑪	23 丙申10	23 乙丑 9	23 甲午 7	23 癸亥 6	23 癸巳⑤	23 癸亥 4	23 壬辰 3	23 壬戌 2	**23** 壬辰②	**821** 年	24 壬辰31
24 丁酉11	24 丁卯12	24 丁酉11	24 丙寅10	24 乙未 8	24 甲子 7	24 甲午 6	24 甲子 5	24 癸巳 4	24 癸亥 3	24 癸巳 3	《1月》	《2月》
25 戊戌⑫	25 戊辰13	25 戊戌12	25 丁卯11	25 丙申 9	25 乙丑⑧	25 乙未 7	25 乙丑 6	25 甲午 5	25 甲子④	25 甲午 4	**24** 壬戌 1	**25** 癸巳 1
26 己亥13	26 己巳14	26 己亥13	26 戊辰12	26 丁酉⑩	26 丙寅 9	26 丙申 8	26 丙寅 7	26 乙未 6	26 乙丑 5	26 乙未 5	25 癸亥 2	26 甲午 2
27 庚子14	27 庚午15	27 庚子14	27 己巳⑬	27 戊戌11	27 丁卯10	27 丁酉 9	27 丁卯 8	27 丙申⑦	27 丙寅 6	27 丙申 6	26 甲子 3	27 乙未③
28 辛丑15	28 辛未16	28 辛丑⑮	28 庚午14	28 己亥12	28 戊辰11	28 戊戌10	28 戊辰⑨	28 丁酉 8	28 丁卯 7	28 丁酉 7	27 乙丑 4	28 丙申 4
29 壬寅16	29 壬申17	29 壬寅16	29 辛未15	29 庚子13	29 己巳12	29 己亥11	29 己巳10	29 戊戌 9	29 戊辰 8	29 戊戌 8	28 丙寅 5	29 丁酉 5
30 癸卯17	**30** 癸酉⑱				30 庚午13	30 庚子⑫		30 己亥10	30 己巳 9		29 丁卯⑥	
											30 戊辰 7	

立春 14日	啓蟄15日	清明 15日	穀雨 1日	小満 3日	夏至 4日	大暑 5日	処暑 5日	秋分 7日	霜降 7日	小雪 8日	冬至 9日	大寒 9日
雨水 30日	春分30日		立夏 17日	芒種 18日	小暑 20日	立秋 20日	白露 20日	寒露 22日	立冬 22日	大雪 23日	小寒 24日	立春 25日

弘仁 12 年（821－822） 辛丑

1月	2月	3月	4月	5月	6月	7月	8月	9月	10月	11月	12月
1 戊戌 6	1 戊辰 8	1 丁酉 6	1 丙寅 ⑤	1 丙申 4	**1** 乙丑 3	**1** 乙未 2	1 甲子 31	1 甲午 30	1 甲子 30	1 癸巳 28	1 癸亥 28
2 己亥 7	2 己巳 9	2 戊戌 ⑦	2 丁卯 6	2 丁酉 5	2 丙寅 4	2 丙申 3	《9月》 2 乙丑 ①	《10月》 2 乙未 1	2 乙丑 31	2 甲午 29	2 甲子 ㉙
3 庚子 8	3 庚午 ⑩	3 己亥 8	3 戊辰 7	3 戊戌 6	3 丁卯 5	3 丁酉 ④	**3** 丙寅 2	**3** 丙申 2	《11月》 3 丙寅 1	3 乙未 30	3 乙丑 30
4 辛丑 9	4 辛未 11	4 庚子 9	4 己巳 8	4 己亥 7	4 戊辰 6	4 戊戌 5	4 丁卯 3	4 丁酉 3	**4** 丁卯 2	《12月》 4 丙申 ①	4 丙寅 31
5 壬寅 ⑩	5 壬申 12	5 辛丑 10	5 庚午 9	5 庚子 8	5 己巳 ⑦	5 己亥 6	5 戊辰 4	5 戊戌 4	5 戊辰 ③	**5** 丁酉 2	**822** 年 《1月》 **5** 丁卯 1
6 癸卯 11	6 癸酉 13	6 壬寅 11	6 辛未 10	6 辛丑 ⑨	6 庚午 8	6 庚子 7	6 己巳 5	6 己亥 5	6 己巳 4	6 戊戌 3	6 戊辰 2
7 甲辰 12	7 甲戌 14	7 癸卯 12	7 壬申 11	7 壬寅 10	7 辛未 9	7 辛丑 8	7 庚午 6	7 庚子 ⑥	7 庚午 5	7 己亥 4	7 己巳 3
8 乙巳 13	8 乙亥 15	8 甲辰 13	8 癸酉 ⑫	8 癸卯 11	8 壬申 10	8 壬寅 9	8 辛未 7	8 辛丑 7	8 辛未 6	8 庚子 5	8 庚午 4
9 丙午 14	9 丙子 16	9 乙巳 ⑭	9 甲戌 13	9 甲辰 12	9 癸酉 11	9 癸卯 10	9 壬申 ⑧	9 壬寅 8	9 壬申 7	9 辛丑 6	9 辛未 ⑤
10 丁未 15	10 丁丑 ⑰	10 丙午 15	10 乙亥 14	10 乙巳 13	10 甲戌 12	10 甲辰 ⑪	10 癸酉 9	10 癸卯 9	10 癸酉 8	10 壬寅 7	10 壬申 6
11 戊申 16	**11** 戊寅 18	11 丁未 16	11 丙子 15	11 丙午 14	11 乙亥 13	11 乙巳 12	11 甲戌 10	11 甲辰 10	11 甲戌 9	11 癸卯 ⑧	11 癸酉 7
12 己酉 ⑰	12 己卯 19	12 戊申 17	12 丁丑 16	12 丁未 15	12 丙子 ⑭	12 丙午 13	12 乙亥 11	12 乙巳 11	12 乙亥 ⑩	12 甲辰 9	12 甲戌 8
13 庚戌 18	13 庚辰 20	**13** 己酉 18	13 戊寅 17	13 戊申 ⑯	13 丁丑 15	13 丁未 14	13 丙子 12	13 丙午 12	13 丙子 11	13 乙巳 10	13 乙亥 9
14 辛亥 19	14 辛巳 21	14 庚戌 19	**14** 己卯 18	14 己酉 17	14 戊寅 16	14 戊申 15	14 丁丑 13	14 丁未 ⑬	14 丁丑 12	14 丙午 11	**14** 丙子 10
15 壬子 20	15 壬午 22	15 辛亥 20	15 庚辰 ⑲	**15** 庚戌 18	15 己卯 17	15 己酉 16	15 戊寅 14	15 戊申 14	15 戊寅 13	15 丁未 12	15 丁丑 11
16 癸丑 21	16 癸未 23	16 壬子 ㉑	16 辛巳 20	16 辛亥 19	**16** 庚辰 18	**16** 庚戌 17	16 己卯 ⑮	16 己酉 15	16 己卯 14	16 戊申 13	16 戊寅 ⑫
17 甲寅 22	17 甲申 ㉔	17 癸丑 22	17 壬午 21	17 壬子 20	17 辛巳 19	17 辛亥 ⑱	17 庚辰 16	17 庚戌 16	17 庚辰 15	17 己酉 14	17 己卯 13
18 乙卯 23	18 乙酉 25	18 甲寅 23	18 癸未 22	18 癸丑 21	18 壬午 20	18 壬子 19	**18** 辛巳 17	**18** 辛亥 17	18 辛巳 16	18 庚戌 ⑮	18 庚辰 14
19 丙辰 ㉔	19 丙戌 26	19 乙卯 24	19 甲申 23	19 甲寅 22	19 癸未 ㉑	19 癸丑 20	19 壬午 18	19 壬子 18	**19** 壬午 ⑰	19 辛亥 16	19 辛巳 15
20 丁巳 25	20 丁亥 27	20 丙辰 25	20 乙酉 24	20 乙卯 ㉓	20 甲申 22	20 甲寅 21	20 癸未 19	20 癸丑 19	20 癸未 18	**20** 壬子 17	20 壬午 16
21 戊午 26	21 戊子 28	21 丁巳 26	21 丙戌 25	21 丙辰 24	21 乙酉 23	21 乙卯 22	21 甲申 20	21 甲寅 ⑳	21 甲申 19	21 癸丑 18	**21** 癸未 17
22 己未 27	22 己丑 29	22 戊午 27	22 丁亥 ㉖	22 丁巳 25	22 丙戌 24	22 丙辰 23	22 乙酉 21	22 乙卯 21	22 乙酉 20	22 甲寅 19	22 甲申 18
23 庚申 28	23 庚寅 30	23 己未 ㉘	23 戊子 27	23 戊午 26	23 丁亥 25	23 丁巳 24	23 丙戌 ㉒	23 丙辰 22	23 丙戌 21	23 乙卯 20	23 乙酉 ⑲
《3月》 24 辛酉 1	24 辛卯 ㉛	24 庚申 29	24 己丑 28	24 己未 27	24 戊子 26	24 戊午 ㉕	24 丁亥 23	24 丁巳 23	24 丁亥 22	24 丙辰 21	24 丙戌 20
25 壬戌 2	《4月》 25 壬辰 1	25 辛酉 30	25 庚寅 29	25 庚申 28	25 己丑 27	25 己未 26	25 戊子 24	25 戊午 24	25 戊子 23	25 丁巳 ㉒	25 丁亥 21
26 癸亥 ③	**26** 癸巳 2	《5月》 26 壬戌 1	26 辛卯 30	26 辛酉 29	26 庚寅 ㉘	26 庚申 27	26 己丑 25	26 己未 25	26 己丑 ㉔	26 戊午 23	26 戊子 22
27 甲子 4	27 甲午 3	27 癸亥 2	27 壬辰 31	27 壬戌 ㉚	27 辛卯 29	27 辛酉 28	27 庚寅 26	27 庚申 26	27 庚寅 25	27 己未 24	27 己丑 23
28 乙丑 5	28 乙未 4	**28** 甲子 3	《6月》 28 癸巳 1	《7月》 28 癸亥 1	28 壬辰 30	28 壬戌 29	28 辛卯 27	28 辛酉 ㉗	28 辛卯 26	28 庚申 25	28 庚寅 24
29 丙寅 6	29 丙申 5	29 乙丑 4	**29** 甲午 ②	29 甲子 2	29 癸巳 31	29 癸亥 30	29 壬辰 28	29 壬戌 28	29 壬辰 27	29 辛酉 26	29 辛卯 25
30 丁卯 7			30 乙未 3		《8月》 30 甲午 1		30 癸巳 ㉙	30 癸亥 29		30 壬戌 27	30 壬辰 ㉖
雨水 11日 啓蟄 26日	春分 11日 清明 26日	穀雨 13日 立夏 28日	小満 14日 芒種 29日	夏至 15日	小暑 1日 大暑 16日	立秋 1日 処暑 16日	白露 3日 秋分 18日	寒露 3日 霜降 18日	立冬 4日 小雪 19日	大雪 5日 冬至 20日	小寒 5日 大寒 21日

弘仁 13 年（822－823） 壬寅

1月	2月	3月	4月	5月	6月	7月	8月	9月	閏9月	10月	11月	12月
1 癸巳 27	1 癸亥 26	1 壬辰 27	1 辛酉 25	1 庚寅 24	1 庚申 23	1 己丑 22	1 戊午 20	1 戊子 19	1 戊午 ⑲	**1** 丁亥 17	**1** 丁巳 17	1 丁亥 16
2 甲午 28	2 甲子 27	2 癸巳 28	2 壬戌 26	2 辛卯 ㉕	2 辛酉 24	2 庚寅 23	2 己未 21	2 己丑 20	2 己未 20	2 戊子 18	2 戊午 18	**2** 戊子 17
3 乙未 29	3 乙丑 28	3 甲午 29	3 癸亥 ㉗	3 壬辰 26	3 壬戌 25	3 辛卯 24	3 庚申 22	3 庚寅 ㉑	3 庚申 21	3 己丑 19	3 己未 19	3 己丑 ⑱
4 丙申 30	《3月》 4 丙寅 1	4 乙未 ㉚	4 甲子 28	4 癸巳 27	4 癸亥 26	4 壬辰 25	4 辛酉 23	4 辛卯 22	4 辛酉 22	4 庚寅 20	4 庚申 20	4 庚寅 19
5 丁酉 31	5 丁卯 ②	5 丙申 31	5 乙丑 29	5 甲午 28	5 甲子 27	5 癸巳 26	5 壬戌 ㉔	5 壬辰 23	5 壬戌 23	5 辛卯 21	5 辛酉 ㉑	5 辛卯 20
《2月》 **6** 戊戌 1	**6** 戊辰 3	《4月》 6 丁酉 1	6 丙寅 30	6 乙未 29	6 乙丑 28	6 甲午 ㉗	6 癸亥 25	6 癸巳 24	6 癸亥 24	6 壬辰 22	6 壬戌 22	6 壬辰 21
7 己亥 ②	7 己巳 4	7 戊戌 2	《5月》 7 丁卯 1	7 丙申 30	7 丙寅 ㉙	7 乙未 28	7 甲子 26	7 甲午 25	7 甲子 25	7 癸巳 ㉓	7 癸亥 23	7 癸巳 22
8 庚子 3	8 庚午 5	**8** 己亥 3	8 戊辰 2	8 丁酉 31	8 丁卯 30	8 丙申 29	8 乙丑 27	8 乙未 26	8 乙丑 ㉖	8 甲午 24	8 甲子 24	8 甲午 23
9 辛丑 4	9 辛未 6	9 庚子 4	**9** 己巳 3	《6月》 9 戊戌 ①	《7月》 9 戊辰 1	9 丁酉 30	9 丙寅 28	9 丙申 27	9 丙寅 27	9 乙未 25	9 乙丑 25	9 乙未 24
10 壬寅 5	10 壬申 7	10 辛丑 5	10 庚午 ④	10 己亥 2	10 己巳 2	10 戊戌 31	10 丁卯 29	10 丁酉 ㉘	10 丁卯 28	10 丙申 26	10 丙寅 26	10 丙申 ㉕
11 癸卯 6	11 癸酉 8	11 壬寅 ⑥	11 辛未 5	**11** 庚子 3	**11** 庚午 3	《8月》 11 己亥 1	11 戊辰 30	11 戊戌 29	11 戊辰 29	11 丁酉 27	11 丁卯 27	11 丁酉 26
12 甲辰 7	12 甲戌 ⑨	12 癸卯 7	12 壬申 6	12 辛丑 4	12 辛未 4	**12** 庚子 2	12 己巳 ㉛	12 己亥 30	12 己巳 30	12 戊戌 28	12 戊辰 ㉘	12 戊戌 27
13 乙巳 8	13 乙亥 10	13 甲辰 8	13 癸酉 7	13 壬寅 5	13 壬申 5	13 辛丑 ③	《9月》 13 庚午 1	《10月》 13 庚子 1	13 庚午 31	13 己亥 29	13 己巳 29	13 己亥 28
14 丙午 ⑨	14 丙子 11	14 乙巳 9	14 甲戌 8	14 癸卯 6	14 癸酉 ⑥	14 壬寅 4	**14** 辛未 2	**14** 辛丑 2	《11月》 14 辛未 1	14 庚子 ㉚	14 庚午 30	14 庚子 29
15 丁未 10	15 丁丑 12	15 丙午 10	15 乙亥 9	15 甲辰 7	15 甲戌 7	15 癸卯 5	15 壬申 3	15 壬寅 3	**15** 壬申 ②	《12月》 15 辛丑 1	15 辛未 31	15 辛丑 30
16 戊申 11	16 戊寅 13	16 丁未 11	16 丙子 10	16 乙巳 ⑧	16 乙亥 8	16 甲辰 6	16 癸酉 4	16 癸卯 4	16 癸酉 3	**16** 壬寅 2	**823** 年 《1月》 16 壬申 1	16 壬寅 31
17 己酉 12	17 己卯 14	17 戊申 12	17 丁丑 ⑪	17 丙午 9	17 丙子 9	17 乙巳 7	17 甲戌 5	17 甲辰 ⑤	17 甲戌 4	17 癸卯 3	**17** 癸酉 2	《2月》 **17** 癸卯 ①
18 庚戌 13	18 庚辰 15	18 己酉 ⑬	18 戊寅 12	18 丁未 10	18 丁丑 10	18 丙午 8	18 乙亥 6	18 乙巳 6	18 乙亥 5	18 甲辰 4	18 甲戌 3	18 甲辰 2
19 辛亥 14	19 辛巳 ⑯	19 庚戌 14	19 己卯 13	19 戊申 11	19 戊寅 11	19 丁未 9	19 丙子 ⑦	19 丙午 7	19 丙子 6	19 乙巳 5	19 乙亥 ④	19 乙巳 3
20 壬子 15	20 壬午 17	20 辛亥 15	20 庚辰 14	20 己酉 12	20 己卯 12	20 戊申 ⑩	20 丁丑 8	20 丁未 8	20 丁丑 7	20 丙午 6	20 丙子 5	20 丙午 4
21 癸丑 ⑯	21 癸未 18	21 壬子 16	21 辛巳 15	21 庚戌 13	21 庚辰 ⑬	21 己酉 11	21 戊寅 9	21 戊申 9	21 戊寅 8	21 丁未 ⑦	21 丁丑 6	21 丁未 5
22 甲寅 17	**22** 甲申 19	22 癸丑 17	22 壬午 16	22 辛亥 14	22 辛巳 14	22 庚戌 12	22 己卯 10	22 己酉 10	22 己卯 ⑨	22 戊申 8	22 戊寅 7	22 戊申 6
23 乙卯 18	23 乙酉 20	**23** 甲寅 18	23 癸未 17	23 壬子 ⑮	23 壬午 15	23 辛亥 13	23 庚辰 11	23 庚戌 11	23 庚辰 10	23 己酉 9	23 己卯 8	23 己酉 7
24 丙辰 19	24 丙戌 21	24 乙卯 19	**24** 甲申 ⑱	24 癸丑 16	24 癸未 16	24 壬子 14	24 辛巳 12	24 辛亥 ⑫	24 辛巳 11	24 庚戌 10	24 庚辰 9	24 庚戌 ⑧
25 丁巳 20	25 丁亥 22	25 丙辰 ⑳	25 乙酉 19	25 甲寅 17	25 甲申 17	25 癸丑 15	25 壬午 13	25 壬子 13	25 壬午 12	25 辛亥 11	25 辛巳 10	25 辛亥 9
26 戊午 21	26 戊子 ㉓	26 丁巳 21	26 丙戌 20	**26** 乙卯 18	**26** 乙酉 18	26 甲寅 16	26 癸未 ⑭	26 癸丑 14	26 癸未 13	26 壬子 12	26 壬午 ⑪	26 壬子 10
27 己未 22	27 己丑 24	27 戊午 22	27 丁亥 21	27 丙辰 19	27 丙戌 19	27 乙卯 ⑰	27 甲申 15	27 甲寅 15	27 甲申 14	27 癸丑 13	27 癸未 12	27 癸丑 11
28 庚申 ㉓	28 庚寅 25	28 己未 23	28 戊子 22	28 丁巳 20	28 丁亥 ⑳	**28** 丙辰 18	28 乙酉 16	28 乙卯 16	28 乙酉 15	28 甲寅 ⑭	28 甲申 13	28 甲寅 12
29 辛酉 24	29 辛卯 26	29 庚申 24	29 己丑 23	29 戊午 21	29 戊子 21	29 丁巳 19	**29** 丙戌 17	29 丙辰 17	29 丙戌 ⑯	29 乙卯 15	29 乙酉 14	29 乙卯 13
30 壬戌 25				30 己未 ㉒			30 丁亥 18	**30** 丁巳 18		30 丙辰 16	30 丙戌 15	30 丙辰 14
立春 6日 雨水 21日	啓蟄 6日 春分 22日	清明 8日 穀雨 23日	立夏 9日 小満 24日	芒種 11日 夏至 26日	小暑 11日 大暑 26日	立秋 12日 処暑 28日	白露 14日 秋分 29日	寒露 14日 霜降 30日	立冬 15日	小雪 1日 大雪 16日	冬至 1日 小寒 17日	大寒 2日 立春 17日

弘仁 14 年（823－824） 癸卯

1月	2月	3月	4月	5月	6月	7月	8月	9月	10月	11月	12月
1 丁巳⑮	1 丙戌16	1 丙辰15	1 乙酉14	1 甲寅12	1 甲申⑫	1 癸丑10	1 壬午 8	1 壬子 8	1 壬午 7	1 辛亥⑥	1 辛巳 5
2 戊午16	2 丁亥17	2 丁巳16	2 丙戌15	2 乙卯13	2 乙酉13	2 甲寅11	2 癸未 9	2 癸丑 9	2 癸未⑧	2 壬子 7	2 壬午 6
3 己未17	3 戊子18	3 戊午17	3 丁亥16	3 丙辰⑭	3 丙戌14	3 乙卯12	3 甲申10	3 甲寅10	3 甲申 9	3 癸丑 8	3 癸未 7
4 庚申18	**4** 己丑19	**4** 己未18	4 戊子⑰	4 丁巳15	4 丁亥15	4 丙辰13	4 乙酉11	4 乙卯⑪	4 乙酉10	4 甲寅 9	4 甲申 8
5 辛酉19	5 庚寅20	5 庚申⑲	5 己丑18	5 戊午16	5 戊子16	5 丁巳14	5 丙戌12	5 丙辰12	5 丙戌11	5 乙卯10	5 乙酉 9
6 壬戌20	6 辛卯21	6 辛酉20	**6** 庚寅19	6 己未17	6 己丑17	6 戊午15	6 丁亥⑬	6 丁巳13	6 丁亥12	6 丙辰11	6 丙戌⑩
7 癸亥21	7 壬辰㉒	7 壬戌21	7 辛卯20	**7** 庚申18	**7** 庚寅18	7 己未⑯	7 戊子14	7 戊午14	7 戊子13	7 丁巳12	7 丁亥11
8 甲子㉒	8 癸巳23	8 癸亥22	8 壬辰21	8 辛酉19	8 辛卯⑲	8 庚申17	8 己丑15	8 己未15	8 己丑14	8 戊午⑬	8 戊子12
9 乙丑23	9 甲午24	9 甲子23	9 癸巳22	9 壬戌20	9 壬辰20	**9** 辛酉18	9 庚寅16	9 庚申16	9 庚寅⑮	9 己未14	9 己丑13
10 丙寅24	10 乙未25	10 乙丑24	10 甲午23	10 癸亥㉑	10 癸巳21	10 壬戌19	**10** 辛卯17	10 辛酉17	10 辛卯16	10 庚申15	10 庚寅14
11 丁卯25	11 丙申26	11 丙寅25	11 乙未㉔	11 甲子22	11 甲午22	11 癸亥20	11 壬辰18	**11** 壬戌⑱	**11** 壬辰17	11 辛酉16	11 辛卯15
12 戊辰26	12 丁酉27	12 丁卯㉖	12 丙申25	12 乙丑23	12 乙未23	12 甲子21	12 癸巳19	12 癸亥19	12 癸巳18	12 壬戌17	12 壬辰16
13 己巳27	13 戊戌28	13 戊辰27	13 丁酉26	13 丙寅24	13 丙申24	13 乙丑22	13 甲午⑳	13 甲子20	13 甲午19	**13** 癸亥18	**13** 癸巳⑰
14 庚午28	14 己亥㉙	14 己巳28	14 戊戌27	14 丁卯25	14 丁酉25	14 丙寅㉓	14 乙未21	14 乙丑21	14 乙未20	14 甲子19	14 甲午18
《3月》	15 庚子30	15 庚午29	15 己亥28	15 戊辰26	15 戊戌㉖	15 丁卯24	15 丙申22	15 丙寅22	15 丙申21	15 乙丑⑳	15 乙未19
15 辛未①	16 辛丑31	16 辛未30	16 庚子29	16 己巳27	16 己亥27	16 戊辰25	16 丁酉23	16 丁卯23	16 丁酉㉒	16 丙寅21	16 丙申20
16 壬申 2	《4月》	《5月》	17 辛丑30	17 庚午㉘	17 庚子28	17 己巳26	17 戊戌24	17 戊辰24	17 戊戌23	17 丁卯22	17 丁酉21
17 癸酉 3	17 壬寅 1	17 壬申 1	18 壬寅㉛	18 辛未29	18 辛丑29	18 庚午27	18 己亥25	18 己巳㉕	18 己亥24	18 戊辰23	18 戊戌22
18 甲戌 4	18 癸卯 2	18 癸酉 2	《6月》	19 壬申30	19 壬寅30	19 辛未28	19 庚子26	19 庚午26	19 庚子25	19 己巳24	19 己亥23
19 乙亥 5	**19** 甲辰 3	**19** 甲戌③	19 癸卯 1	《7月》	20 癸卯31	20 壬申29	20 辛丑㉗	20 辛未27	20 辛丑26	20 庚午25	20 庚子㉔
20 丙子 6	20 乙巳 4	20 乙亥 4	20 甲辰 2	20 癸酉 1	《8月》	21 癸酉㉚	21 壬寅28	21 壬申28	21 壬寅27	21 辛未26	21 辛丑25
21 丁丑 7	21 丙午⑤	21 丙子 5	**21** 乙巳 3	21 甲戌 2	21 甲辰 1	22 甲戌31	22 癸卯29	22 癸酉29	22 癸卯28	22 壬申㉗	22 壬寅26
22 戊寅⑧	22 丁未 6	22 丁丑 6	22 丙午 4	**22** 乙亥 3	22 乙巳②	《9月》	23 甲辰30	23 甲戌30	23 甲辰㉙	23 癸酉28	23 癸卯27
23 己卯 9	23 戊申 7	23 戊寅 7	23 丁未 5	23 丙子 4	**23** 丙午 3	23 乙亥 1	《10月》	24 乙亥31	24 乙巳30	24 甲戌29	24 甲辰28
24 庚辰10	24 己酉 8	24 己卯 8	24 戊申 6	24 丁丑⑤	24 丁未 4	**24** 丙子 2	24 乙巳 1	《11月》	《12月》	25 乙亥30	25 乙巳29
25 辛巳11	25 庚戌 9	25 庚辰 9	25 己酉⑦	25 戊寅 6	25 戊申 5	25 丁丑 3	25 丙午 2	25 丙子①	25 丙午 1	26 丙子31	26 丙午30
26 壬午12	26 辛亥10	26 辛巳⑩	26 庚戌 8	26 己卯 7	26 己酉 6	26 戊寅 4	**26** 丁未 3	**26** 丁丑 2	**26** 丁未 2	**824 年**	27 丁未㉛
27 癸未13	27 壬子11	27 壬午11	27 辛亥 9	27 庚辰 8	27 庚戌 7	27 己卯 5	27 戊申④	27 戊寅 3	27 戊申 3	《1月》	《2月》
28 甲申14	28 癸丑⑫	28 癸未12	28 壬子10	28 辛巳 9	28 辛亥 8	28 庚辰⑥	28 己酉 5	28 己卯 4	28 己酉 4	27 丁丑 1	**28** 戊申 1
29 乙酉⑮	29 甲寅13	29 甲申13	29 癸丑11	29 壬午10	29 壬子⑨	29 辛巳 7	29 庚戌 6	29 庚辰 5	29 庚戌 5	**28** 戊寅 2	29 己酉 2
	30 乙卯14			30 癸未11			30 辛亥 7	30 辛巳 6		29 己卯③	30 庚戌 3
										30 庚辰 4	
雨水 2日 啓蟄 18日	春分 4日 清明 19日	穀雨 4日 立夏 19日	小満 6日 芒種 21日	夏至 7日 小暑 22日	大暑 7日 立秋 23日	処暑 9日 白露 24日	秋分 10日 寒露 26日	霜降 11日 立冬 26日	小雪 11日 大雪 26日	冬至 13日 小寒 28日	大寒 13日 立春 28日

天長元年〔弘仁 15 年〕（824－825） 甲辰

改元 1/5（弘仁→天長）

1月	2月	3月	4月	5月	6月	7月	8月	9月	10月	11月	12月
1 辛亥 4	1 辛巳 5	1 庚戌③	**1** 庚辰 3	《6月》	1 戊寅30	1 戊申30	1 丁丑㉘	1 丙午26	1 丙子26	1 乙巳24	1 乙亥24
2 壬子 5	2 壬午⑥	2 辛亥 4	2 辛巳 4	1 己酉 1	《7月》	2 己酉㉛	2 戊寅29	2 丁未27	2 丁丑27	2 丙午25	2 丙子㉕
3 癸丑 6	3 癸未 7	3 壬子 5	3 壬午 5	**2** 庚戌 2	2 己卯 1	《8月》	3 己卯30	3 戊申28	3 戊寅28	3 丁未26	3 丁丑26
4 甲寅⑦	4 甲申 8	4 癸丑 6	4 癸未 6	3 辛亥 3	3 庚辰 2	3 庚戌 1	4 庚辰31	4 己酉29	4 己卯29	4 戊申㉗	4 戊寅27
5 乙卯 8	5 乙酉 9	5 甲寅 7	5 甲申 7	4 壬子 4	**4** 辛巳③	**4** 辛亥 2	《9月》	5 庚戌30	5 庚辰㉚	5 己酉28	5 己卯28
6 丙辰 9	6 丙戌10	6 乙卯 8	6 乙酉⑧	5 癸丑⑤	5 壬午 4	5 壬子 3	**5** 辛巳 1	《10月》	6 辛巳31	6 庚戌29	6 庚辰29
7 丁巳10	7 丁亥11	7 丙辰 9	7 丙戌 9	6 甲寅 6	6 癸未 5	6 癸丑 4	6 壬午 2	6 辛亥 1	《11月》	7 辛亥30	7 辛巳30
8 戊午11	8 戊子12	8 丁巳⑩	8 丁亥10	7 乙卯 7	7 甲申 6	7 甲寅 5	7 癸未 3	**7** 壬子②	**7** 壬午 1	《12月》	8 壬午31
9 己未12	9 己丑⑬	9 戊午11	9 戊子11	8 丙辰 8	8 乙酉 7	8 乙卯 6	8 甲申④	8 癸丑 3	8 癸未 2	8 壬子 1	**825 年**
10 庚申13	10 庚寅14	10 己未12	10 己丑12	9 丁巳 9	9 丙戌 8	9 丙辰⑦	9 乙酉 5	9 甲寅 4	9 甲申 3	**9** 癸丑 2	《1月》
11 辛酉⑭	11 辛卯15	11 庚申13	11 庚寅13	10 戊午10	10 丁亥 9	10 丁巳 8	10 丙戌 6	10 乙卯 5	10 乙酉 4	10 甲寅 3	**9** 癸未①
12 壬戌15	12 壬辰16	12 辛酉14	12 辛卯14	11 己未11	11 戊子⑩	11 戊午 9	11 丁亥 7	11 丙辰 6	11 丙戌 5	11 乙卯④	10 甲申 2
13 癸亥16	13 癸巳17	13 壬戌15	13 壬辰⑮	12 庚申⑫	12 己丑11	12 己未10	12 戊子 8	12 丁巳 7	12 丁亥⑥	12 丙辰 5	11 乙酉 3
14 甲子17	**14** 甲午18	14 癸亥16	14 癸巳16	13 辛酉13	13 庚寅12	13 庚申11	13 己丑 9	13 戊午 8	13 戊子 7	13 丁巳 6	12 丙戌 4
15 乙丑18	15 乙未19	**15** 甲子⑰	15 甲午17	14 壬戌14	14 辛卯13	14 辛酉12	14 庚寅10	14 己未⑨	14 己丑 8	14 戊午 7	13 丁亥 5
16 丙寅19	16 丙申⑳	16 乙丑18	**16** 乙未18	15 癸亥15	15 壬辰14	15 壬戌13	15 辛卯⑪	15 庚申10	15 庚寅 9	15 己未 8	14 戊子 6
17 丁卯20	17 丁酉21	17 丙寅19	17 丙申19	16 甲子16	16 癸巳15	16 癸亥⑭	16 壬辰12	16 辛酉11	16 辛卯10	16 庚申 9	15 己丑 7
18 戊辰㉑	18 戊戌22	18 丁卯20	18 丁酉20	**17** 乙丑17	17 甲午16	17 甲子15	17 癸巳13	17 壬戌12	17 壬辰11	17 辛酉10	16 庚寅⑧
19 己巳22	19 己亥23	19 戊辰21	19 戊戌21	18 丙寅18	18 乙未⑰	18 乙丑16	18 甲午14	18 癸亥13	18 癸巳12	18 壬戌⑪	17 辛卯 9
20 庚午23	20 庚子24	20 己巳22	20 己亥㉒	19 丁卯⑲	**19** 丙申18	**19** 丙寅17	19 乙未15	19 甲子14	19 甲午⑬	19 癸亥12	18 壬辰10
21 辛未24	21 辛丑25	21 庚午23	21 庚子23	20 戊辰20	20 丁酉19	20 丁卯18	20 丙申16	20 乙丑15	20 乙未14	20 甲子13	19 癸巳11
22 壬申25	22 壬寅26	22 辛未㉔	22 辛丑24	21 己巳21	21 戊戌20	21 戊辰19	**21** 丁酉17	21 丙寅⑯	21 丙申15	21 乙丑14	20 甲午12
23 癸酉26	23 癸卯㉗	23 壬申25	23 壬寅25	22 庚午22	22 己亥21	22 己巳20	22 戊戌⑱	**22** 丁卯17	**22** 丁酉16	22 丙寅15	21 乙未13
24 甲戌27	24 甲辰28	24 癸酉26	24 癸卯26	23 辛未23	23 庚子22	23 庚午㉑	23 己亥19	23 戊辰18	23 戊戌17	23 丁卯16	22 丙申14
25 乙亥㉘	25 乙巳29	25 甲戌27	25 甲辰27	24 壬申24	24 辛丑23	24 辛未22	24 庚子20	24 己巳19	24 己亥18	**24** 戊辰17	23 丁酉⑮
26 丙子29	26 丙午30	26 乙亥28	26 乙巳28	25 癸酉25	25 壬寅㉔	25 壬申23	25 辛丑21	25 庚午20	25 庚子19	25 己巳⑱	**24** 戊戌16
《3月》	27 丁未31	27 丙子29	27 丙午㉙	26 甲戌㉖	26 癸卯25	26 癸酉24	26 壬寅22	26 辛未21	26 辛丑⑳	26 庚午19	25 己亥17
27 丁丑 1	《4月》	28 丁丑30	28 丁未30	27 乙亥27	27 甲辰26	27 甲戌25	27 癸卯23	27 壬申22	27 壬寅21	27 辛未20	26 庚子18
28 戊寅 2	28 戊申 1	《5月》	29 戊申31	28 丙子28	28 乙巳27	28 乙亥26	28 甲辰24	28 癸酉㉓	28 癸卯22	28 壬申21	27 辛丑19
29 己卯 3	**29** 己酉 2	29 戊寅①		29 丁丑29	29 丙午28	29 丙子27	29 乙巳㉕	29 甲戌24	29 甲辰23	29 癸酉22	28 壬寅20
30 庚辰 4		30 己卯 2			30 丁未29			30 乙亥25		30 甲戌23	29 癸卯21
											30 甲辰㉒
雨水 14日 啓蟄 29日	春分 14日 清明 29日	穀雨 15日	立夏 1日 小満 16日	芒種 2日 夏至 17日	小暑 4日 大暑 19日	立秋 4日 処暑 19日	白露 5日 秋分 21日	寒露 7日 霜降 22日	立冬 7日 小雪 22日	大雪 9日 冬至 24日	小寒 9日 大寒 24日

天長**2**年（825－826） 乙巳

1月	2月	3月	4月	5月	6月	7月	閏7月	8月	9月	10月	11月	12月
1 乙巳23	1 乙亥22	1 甲辰23	1 甲戌22	1 甲辰22	1 癸酉20	1 壬寅19	1 壬申18	1 辛丑16	1 庚午⑮	1 庚子14	1 己巳13	1 己亥12
2 丙午24	2 丙子23	2 乙巳24	2 乙亥㉓	2 乙巳23	2 甲戌21	2 癸卯20	2 癸酉19	**2** 壬寅⑰	2 辛未16	2 辛丑15	2 庚午14	2 庚子13
3 丁未25	3 丁丑24	3 丙午25	3 丙子24	3 丙午24	3 乙亥22	3 甲辰21	3 甲戌⑳	3 癸卯18	**3** 壬申17	3 壬寅16	3 辛未15	3 辛丑⑭
4 戊申26	4 戊寅25	4 丁未㉖	4 丁丑25	4 丁未25	4 丙子23	4 乙巳22	4 乙亥21	4 甲辰19	4 癸酉18	**4** 癸卯17	4 壬申16	4 壬寅15
5 己酉27	5 己卯㉖	5 戊申27	5 戊寅26	5 戊申26	5 丁丑24	5 丙午㉓	5 丙子22	5 乙巳20	5 甲戌19	5 甲辰18	**5** 癸酉⑰	5 癸卯16
6 庚戌28	6 庚辰27	6 己酉28	6 己卯27	6 己酉27	6 戊寅㉕	6 丁未24	6 丁丑23	6 丙午21	6 乙亥20	6 乙巳⑲	6 甲戌18	**6** 甲辰17
7 辛亥㉙	7 辛巳28	7 庚戌29	7 庚辰28	7 庚戌㉘	7 己卯26	7 戊申25	7 戊寅24	7 丁未22	7 丙子21	7 丙午20	7 乙亥19	7 乙巳18
8 壬子30	《3月》	8 辛亥30	8 辛巳29	8 辛亥29	8 庚辰27	8 己酉26	8 己卯25	8 戊申23	8 丁丑㉒	8 丁未21	8 丙子20	8 丙午19
9 癸丑31	8 壬午 1	9 壬子31	9 壬午㉚	9 壬子30	9 辛巳28	9 庚戌27	9 庚辰26	9 己酉㉔	9 戊寅23	9 戊申22	9 丁丑21	9 丁未20
《2月》	9 癸未 2	《4月》	《5月》	10 癸丑31	10 壬午29	10 辛亥28	10 辛巳㉗	10 庚戌25	10 己卯24	10 己酉23	10 戊寅22	10 戊申㉑
10甲寅 1	**10**甲申 3	10 癸丑 1	10 癸未 1	《6月》	11 癸未30	11 壬子29	11 壬午28	11 辛亥26	11 庚辰25	11 庚戌24	11 己卯23	11 己酉22
11 乙卯 2	11 乙酉 4	**11**甲寅②	11 甲申 2	11 甲寅 1	《7月》	12 癸丑㉚	12 癸未29	12 壬子27	12 辛巳26	12 辛亥25	12 庚辰㉔	12 庚戌23
12 丙辰 3	12 丙戌⑤	12 乙卯 3	**12**乙酉 3	**12**乙卯 2	12 甲申 1	13 甲寅31	13 甲申30	13 癸丑28	13 壬午27	13 壬子㉖	13 辛巳25	13 辛亥24
13 丁巳 4	13 丁亥 6	13 丙辰 4	13 丙戌 4	13 丙辰 3	13 乙酉②	《8月》	14 乙酉31	14 甲寅29	14 癸未28	14 癸丑27	14 壬午26	14 壬子25
14 戊午⑤	14 戊子 7	14 丁巳 5	14 丁亥 5	14 丁巳④	**14**丙戌 3	14 乙卯 1	《9月》	15 乙卯30	15 甲申㉙	15 甲寅28	15 癸未27	15 癸丑26
15 己未 6	15 己丑 8	15 戊午 6	15 戊子 6	15 戊午 5	15 丁亥 4	**15**丙辰 2	15 丙戌 1	《10月》	16 乙酉30	16 乙卯29	16 甲申28	16 甲寅27
16 庚申 7	16 庚寅 9	16 己未 7	16 己丑⑦	16 己未 6	16 戊子 5	16 丁巳 3	**16**丁亥 2	16 丙辰①	17 丙戌31	17 丙辰30	17 乙酉29	17 乙卯㉘
17 辛酉 8	17 辛卯10	17 庚申 8	17 庚寅 8	17 庚申 7	17 己丑 6	17 戊午 4	17 戊子③	**17**丁巳 2	《11月》	《12月》	18 丙戌30	18 丙辰29
18 壬戌 9	18 壬辰11	18 辛酉⑨	18 辛卯 9	18 辛酉 8	18 庚寅 7	18 己未 5	18 己丑 4	18 戊午 3	18 丁亥 1	18 丁巳 1	19 丁亥㉛	19 丁巳30
19 癸亥10	19 癸巳⑫	19 壬戌10	19 壬辰10	19 壬戌 9	19 辛卯 8	19 庚申⑥	19 庚寅 5	19 己未 4	**19**戊子 2	**19**戊午 2	**826年**	20 戊午31
20 甲子11	20 甲午13	20 癸亥11	20 癸巳11	20 癸亥10	20 壬辰⑨	20 辛酉 7	20 辛卯 6	20 庚申 5	20 己丑 3	20 己未③	《1月》	《2月》
21 乙丑⑫	21 乙未14	21 甲子12	21 甲午12	21 甲子⑪	21 癸巳10	21 壬戌 8	21 壬辰 7	21 辛酉 6	21 庚寅 4	21 庚申 4	**20**戊子 1	**21**己未 1
22 丙寅13	22 丙申15	22 乙丑13	22 乙未13	22 乙丑12	22 甲午11	22 癸亥 9	22 癸巳 8	22 壬戌 7	22 辛卯⑤	22 辛酉 5	21 己丑 2	22 庚申 2
23 丁卯14	23 丁酉16	23 丙寅14	23 丙申⑭	23 丙寅13	23 乙未12	23 甲子10	23 甲午 9	23 癸亥⑧	23 壬辰 6	23 壬戌 6	22 庚寅 3	23 辛酉 3
24 戊辰15	24 戊戌17	24 丁卯15	24 丁酉15	24 丁卯14	24 丙申13	24 乙丑11	24 乙未⑩	24 甲子 9	24 癸巳 7	24 癸亥 7	23 辛卯 4	24 壬戌④
25己巳16	**25**己亥18	25 戊辰⑯	25 戊戌16	25 戊辰15	25 丁酉14	25 丙寅12	25 丙申11	25 乙丑10	25 甲午 8	25 甲子 8	24 壬辰 5	25 癸亥 5
26 庚午17	26 庚子⑲	26 己巳17	26 己亥17	26 己巳16	26 戊戌15	26 丁卯⑬	26 丁酉12	26 丙寅11	26 乙未 9	26 乙丑 9	25 癸巳 6	26 甲子 6
27 辛未18	27 辛丑20	**27**庚午18	**27**庚子18	27 庚午17	27 己亥⑯	27 戊辰14	27 戊戌13	27 丁卯12	27 丙申10	27 丙寅⑩	26 甲午⑦	27 乙丑 7
28 壬申⑲	28 壬寅21	28 辛未19	28 辛丑19	**28**辛未⑱	28 庚子17	28 己巳15	28 己亥14	28 戊辰13	28 丁酉11	28 丁卯11	27 乙未 8	28 丙寅 8
29 癸酉20	29 癸卯22	29 壬申20	29 壬寅20	29 壬申19	**29**辛丑18	29 庚午16	29 庚子15	29 己巳14	29 戊戌⑫	29 戊辰12	28 丙申 9	29 丁卯 9
30 甲戌21		30 癸酉21	30 癸卯㉑			**30**辛未17			30 己亥13		29 丁酉10	
											30 戊戌11	
立春 10日 雨水 25日	啓蟄 10日 春分 25日	清明 11日 穀雨 27日	立夏 12日 小満 27日	芒種 12日 夏至 28日	小暑 14日 大暑 29日	立秋 15日 処暑 30日	白露16日	秋分 2日 寒露 17日	霜降 3日 立冬 19日	小雪 4日 大雪 19日	冬至 5日 小寒 20日	大寒 6日 立春 21日

天長**3**年（826－827） 丙午

1月	2月	3月	4月	5月	6月	7月	8月	9月	10月	11月	12月
1 戊辰10	1 戊戌12	1 戊辰11	1 戊戌11	1 丁卯 9	1 丁酉 9	1 丙寅 7	1 丙申 6	1 乙丑 5	1 乙未④	1 甲子 3	**827年**
2 己巳⑪	2 己亥13	2 己巳12	2 己亥12	2 戊辰⑩	2 戊戌10	2 丁卯 8	2 丁酉 7	2 丙寅 6	2 丙申 5	2 乙丑 4	《1月》
3 庚午12	3 庚子14	3 庚午13	3 庚子⑬	3 己巳11	3 己亥11	3 戊辰 9	3 戊戌 8	3 丁卯⑦	3 丁酉 6	3 丙寅 5	1 癸巳 1
4 辛未13	4 辛丑15	4 辛未14	4 辛丑14	4 庚午12	4 庚子12	4 己巳10	4 己亥⑨	4 戊辰 8	4 戊戌 7	4 丁卯 6	**2** 甲午 2
5 壬申14	5 壬寅16	5 壬申⑮	5 壬寅15	5 辛未13	5 辛丑13	5 庚午11	5 庚子10	5 己巳 9	5 己亥 8	5 戊辰 7	3 乙未 3
6 癸酉15	6 癸卯17	6 癸酉16	6 癸卯16	6 壬申14	6 壬寅14	6 辛未⑫	6 辛丑11	6 庚午10	6 庚子 9	6 己巳 8	4 丙申 4
7 甲戌16	**7** 甲辰⑱	7 甲戌17	7 甲辰17	7 癸酉15	7 癸卯⑮	7 壬申13	7 壬寅12	7 辛未11	7 辛丑10	7 庚午⑨	5 丁酉 5
8 乙亥17	8 乙巳19	**8** 乙亥18	**8** 乙巳18	8 甲戌16	8 甲辰16	8 癸酉14	8 癸卯13	8 壬申12	8 壬寅⑪	8 辛未10	6 戊戌⑥
9 丙子⑱	9 丙午20	9 丙子19	9 丙午19	9 乙亥⑰	9 乙巳17	9 甲戌15	9 甲辰14	9 癸酉13	9 癸卯12	9 壬申11	7 己亥 7
10 丁丑19	10 丁未21	10 丁丑20	10 丁未⑳	**10**丙子18	**10**丙午18	10 乙亥16	10 乙巳15	10 甲戌⑭	10 甲辰13	10 癸酉12	8 庚子 8
11 戊寅20	11 戊申22	11 戊寅21	11 戊申21	11 丁丑19	11 丁未19	11 丙子17	11 丙午⑯	11 乙亥15	11 乙巳14	11 甲戌13	9 辛丑 9
12 己卯21	12 己酉23	12 己卯㉒	12 己酉22	12 戊寅20	12 戊申20	**12**丁丑18	**12**丁未17	12 丙子16	12 丙午15	12 乙亥14	10 壬寅10
13 庚辰22	13 庚戌24	13 庚辰23	13 庚戌23	13 己卯21	13 己酉21	13 戊寅⑲	13 戊申18	13 丁丑17	13 丁未16	13 丙子15	11 癸卯11
14 辛巳23	14 辛亥㉕	14 辛巳24	14 辛亥24	14 庚辰22	14 庚戌㉒	14 己卯20	14 己酉19	**14**戊寅18	**14**戊申17	14 丁丑⑯	12 甲辰12
15 壬午24	15 壬子26	15 壬午25	15 壬子25	15 辛巳23	15 辛亥23	15 庚辰21	15 庚戌20	15 己卯19	15 己酉⑱	**15**戊寅17	13 乙巳⑬
16 癸未㉕	16 癸丑27	16 癸未26	16 癸丑26	16 壬午㉔	16 壬子24	16 辛巳22	16 辛亥21	16 庚辰20	16 庚戌19	16 己卯18	14 丙午14
17 甲申26	17 甲寅28	17 甲申27	17 甲寅㉗	17 癸未25	17 癸丑25	17 壬午23	17 壬子22	17 辛巳㉑	17 辛亥20	17 庚辰19	15 丁未15
18 乙酉27	18 乙卯29	18 乙酉28	18 乙卯28	18 甲申26	18 甲寅26	18 癸未24	18 癸丑㉓	18 壬午22	18 壬子21	18 辛巳20	16 戊申16
19 丙戌28	19 丙辰30	19 丙戌㉙	19 丙辰29	19 乙酉27	19 乙卯27	19 甲申25	19 甲寅24	19 癸未23	19 癸丑22	19 壬午21	**17**己酉17
《3月》	20 丁巳31	20 丁亥30	20 丁巳30	20 丙戌28	20 丙辰28	20 乙酉㉖	20 乙卯25	20 甲申24	20 甲寅23	20 癸未22	18 庚戌18
20 丁亥 1	《4月》	《5月》	21 戊午31	21 丁亥29	21 丁巳㉙	21 丙戌27	21 丙辰26	21 乙酉25	21 乙卯24	21 甲申㉓	19 辛亥19
21 戊子 2	21 戊午①	21 戊子 1	《6月》	22 戊子30	22 戊午30	22 丁亥28	22 丁巳27	22 丙戌26	22 丙辰㉕	22 乙酉24	20 壬子⑳
22己丑 3	22 己未 2	22 己丑 2	22 己未 1	《7月》	23 己未31	23 戊子29	23 戊午28	23 丁亥27	23 丁巳26	23 丙戌25	21 癸丑21
23 庚寅④	**23**庚申 3	**23**庚寅 3	23 庚申 2	23 己丑①	《8月》	24 己丑30	24 己未29	24 戊子㉘	24 戊午27	24 丁亥26	22 甲寅22
24 辛卯 5	24 辛酉 4	24 辛卯 4	**24**辛酉③	24 庚寅 2	24 庚申 1	25 庚寅31	25 庚申㉚	25 己丑29	25 己未28	25 戊子27	23 乙卯23
25 壬辰 6	25 壬戌 5	25 壬辰 5	25 壬戌 4	**25**辛卯 3	**25**辛酉 2	《9月》	《10月》	26 庚寅30	26 庚申29	26 己丑28	24 丙辰24
26 癸巳 7	26 癸亥 6	26 癸巳⑥	26 癸亥 5	26 壬辰 4	26 壬戌 3	26 辛卯 1	26 辛酉 1	27 辛卯31	27 辛酉30	27 庚寅29	25 丁巳25
27 甲午 8	27 甲子 7	27 甲午 7	27 甲子 6	27 癸巳 5	27 癸亥 4	**27**壬辰②	**27**壬戌 2	《11月》	《12月》	28 辛卯㉚	26 戊午26
28 乙未 9	28 乙丑⑧	28 乙未 8	28 乙丑 7	28 甲午 6	28 甲子⑤	28 癸巳 3	28 癸亥 3	28 壬辰 1	28 壬戌 1	29 壬辰31	27 己未㉗
29 丙申10	29 丙寅 9	29 丙申 9	29 丙寅 8	29 乙未 7	29 乙丑 6	29 甲午 4	29 甲子 4	**29**癸巳 2	**29**癸亥②		28 庚申28
30 丁酉⑪	30 丁卯10	30 丁酉10		30 丙申⑧		30 乙未 5		30 甲午 3			29 辛酉29
											30 壬戌30
雨水 7日 啓蟄 22日	春分 7日 清明 23日	穀雨 8日 立夏 23日	小満 8日 芒種 24日	夏至 10日 小暑 25日	大暑 10日 立秋 25日	処暑 12日 白露 27日	秋分 12日 寒露 27日	霜降 14日 立冬 29日	小雪 14日 大雪 29日	冬至 15日	小寒 2日 大寒 17日

天長**4**年（827－828） 丁未

1月	2月	3月	4月	5月	6月	7月	8月	9月	10月	11月	12月
1 癸亥31	1 癸巳 2	1 壬戌㉛	1 壬辰30	1 辛酉29	1 辛卯28	1 辛酉㉘	1 庚寅26	1 庚申25	1 己丑24	1 己未23	1 戊子㉒
《2月》	2 甲午③	《4月》	《5月》	2 壬戌30	2 壬辰29	2 壬戌29	2 辛卯27	2 辛酉26	2 庚寅25	2 庚申㉔	2 己丑23
2 甲子 1	**3** 乙未 4	2 癸亥 1	2 癸巳 1	3 癸亥31	3 癸巳㉚	3 癸亥30	3 壬辰28	3 壬戌27	3 辛卯26	3 辛酉25	3 庚寅24
3 乙丑 2	4 丙申 5	3 甲子 2	3 甲午 2	《6月》	《7月》	4 甲子31	4 癸巳29	4 癸亥28	4 壬辰㉗	4 壬戌26	4 辛卯25
4 丙寅③	5 丁酉 6	**4** 乙丑 3	**4** 乙未 3	4 甲子 1	4 甲午 1	《8月》	5 甲午30	5 甲子㉙	5 癸巳28	5 癸亥27	5 壬辰26
5 丁卯 4	6 戊戌 7	5 丙寅 4	5 丙申 4	5 乙丑②	5 乙未 2	5 乙丑 1	6 乙未31	6 乙丑30	6 甲午29	6 甲子28	6 癸巳27
6 戊辰 5	7 己亥 8	6 丁卯 5	6 丁酉⑤	**6** 丙寅 3	**6** 丙申 3	6 丙寅 2	《9月》	《10月》	7 乙未30	7 乙丑29	7 甲午28
7 己巳 6	8 庚子 9	7 戊辰 6	7 戊戌 6	7 丁卯 4	7 丁酉 4	**7** 丁卯 3	7 丙申①	7 丙寅 1	8 丙申31	8 丙寅30	8 乙未㉙
8 庚午 7	9 辛丑⑩	8 己巳⑦	8 己亥 7	8 戊辰 5	8 戊戌 5	8 戊辰④	**8** 丁酉 2	8 丁卯 2	《11月》	《12月》	9 丙申30
9 辛未 8	10壬寅11	9 庚午 8	9 庚子 8	9 己巳 6	9 己亥 6	9 己巳 5	9 戊戌 3	**9** 戊辰 3	9 丁酉 1	9 丁卯①	10丁酉31
10壬申 9	11癸卯12	10辛未 9	10辛丑 9	10庚午 7	10庚子⑦	10庚午 6	10己亥 4	10己巳 4	**10**戊戌 2	**10**戊辰 2	**828 年**
11癸酉⑩	12甲辰13	11壬申10	11壬寅10	11辛未 8	11辛丑 8	11辛未 7	11庚子 5	11庚午 5	11己亥③	11己巳 3	《1月》
12甲戌11	13乙巳14	12癸酉11	12癸卯11	12壬申⑨	12壬寅 9	12壬申 8	12辛丑 6	12辛未⑥	12庚子 4	12庚午 4	11戊戌 1
13乙亥12	14丙午15	13甲戌12	13甲辰⑫	13癸酉10	13癸卯10	13癸酉 9	13壬寅 7	13壬申 7	13辛丑 5	13辛未 5	**12**己亥 2
14丙子13	15丁未16	14乙亥13	14乙巳13	14甲戌11	14甲辰11	14甲戌10	14癸卯⑧	14癸酉 8	14壬寅 6	14壬申 6	13庚子 3
15丁丑14	16戊申⑰	15丙子⑭	15丙午14	15乙亥12	15乙巳12	15乙亥⑪	15甲辰 9	15甲戌 9	15癸卯 7	15癸酉 7	14辛丑 4
16戊寅15	17己酉18	16丁丑15	16丁未15	16丙子13	16丙午13	16丙子12	16乙巳10	16乙亥10	16甲辰 8	16甲戌⑧	15壬寅⑤
17己卯16	**18**庚戌19	17戊寅16	17戊申16	17丁丑14	17丁未⑭	17丁丑13	17丙午11	17丙子11	17乙巳 9	17乙亥 9	16癸卯 6
18庚辰⑰	19辛亥20	18己卯17	18己酉17	18戊寅15	18戊申15	18戊寅14	18丁未12	18丁丑12	18丙午⑩	18丙子10	17甲辰 7
19辛巳18	20壬子21	**19**庚辰18	19庚戌18	19己卯⑯	19己酉16	19己卯15	19戊申13	19戊寅⑬	19丁未11	19丁丑11	18乙巳 8
20壬午19	21癸丑22	20辛巳19	**20**辛亥⑲	20庚辰17	20庚戌17	20庚辰16	20己酉14	20己卯14	20戊申12	20戊寅12	19丙午 9
21癸未20	22甲寅23	21壬午20	21壬子20	**21** 辛巳18	**21** 辛亥18	21辛巳17	21庚戌⑮	21庚辰15	21己酉13	21己卯13	20丁未10
22甲申21	23乙卯㉔	22癸未㉑	22癸丑21	22壬午19	22壬子19	**22**壬午⑱	22辛亥16	22辛巳16	22庚戌14	22庚辰14	21戊申11
23乙酉22	24丙辰25	23甲申22	23甲寅22	23癸未20	23癸丑20	23癸未19	**23**壬子17	23壬午17	23辛亥15	23辛巳⑮	22己酉⑫
24丙戌23	25丁巳26	24乙酉23	24乙卯23	24甲申21	24甲寅㉑	24甲申20	24癸丑18	**24**癸未18	24壬子16	24壬午16	23庚戌13
25丁亥㉔	26戊午27	25丙戌24	25丙辰24	25乙酉22	25乙卯22	25乙酉21	25甲寅19	25甲申19	**25**癸丑⑰	25癸未17	24辛亥14
26戊子25	27己未28	26丁亥25	26丁巳25	26丙戌㉓	26丙辰23	26丙戌22	26乙卯20	26乙酉⑳	26甲寅18	**26**甲申18	25壬子15
27己丑26	28庚申29	27戊子26	27戊午㉖	27丁亥24	27丁巳24	27丁亥23	27丙辰21	27丙戌21	27乙卯19	27乙酉19	26癸丑16
28庚寅27	29辛酉30	28己丑27	28己未27	28戊子25	28戊午25	28戊子24	28丁巳㉒	28丁亥22	28丙辰20	28丙戌20	**27**甲寅17
29辛卯28		29庚寅㉘	29庚申28	29己丑26	29己未26	29己丑㉕	29戊午23	29戊子23	29丁巳21	29丁亥21	28乙卯18
《3月》		30辛卯29		30庚寅27	30庚申27		30己未24		30戊午22		29丙辰⑲
30壬辰 1											30丁巳20

立春 2日	啓蟄 3日	清明 4日	立夏 4日	芒種 6日	小暑 6日	立秋 7日	白露 8日	寒露 9日	立冬 10日	大雪 10日	小寒 12日
雨水 17日	春分 18日	穀雨 19日	小満 20日	夏至 21日	大暑 21日	処暑 22日	秋分 23日	霜降 24日	小雪 25日	冬至 26日	大寒 27日

天長**5**年（828－829） 戊申

1月	2月	3月	閏3月	4月	5月	6月	7月	8月	9月	10月	11月	12月
1 戊午21	1 戊子20	1 丁巳20	1 丙戌18	1 乙卯⑰	1 乙酉16	1 乙卯16	1 甲申14	1 甲寅⑬	1 甲申13	1 癸丑11	1 癸未11	1 壬子 9
2 己未22	2 己丑21	2 戊午21	2 丁亥⑲	**2** 丙辰18	**2** 丙戌17	2 丙辰17	2 乙酉15	2 乙卯14	2 乙酉14	2 甲寅12	2 甲申12	2 癸丑⑩
3 庚申23	3 庚寅22	3 己未㉒	3 戊子20	3 丁巳19	3 丁亥18	**3** 丁巳18	3 丙戌⑯	3 丙辰15	3 丙戌15	3 乙卯13	3 乙酉⑬	3 甲寅11
4 辛酉24	4 辛卯㉓	4 庚申23	4 己丑21	4 戊午20	4 戊子19	4 戊午⑲	**4** 丁亥17	4 丁巳16	4 丁亥16	4 丙辰14	4 丙戌14	4 乙卯12
5 壬戌25	5 壬辰24	5 辛酉24	5 庚寅22	5 己未21	5 己丑20	5 己未20	5 戊子18	**5** 戊午17	**5** 戊子17	5 丁巳⑮	5 丁亥15	5 丙辰13
6 癸亥㉖	6 癸巳25	6 壬戌25	6 辛卯23	6 庚申22	6 庚寅㉑	6 庚申21	6 己丑19	6 己未18	6 己丑⑱	**6** 戊午16	6 戊子16	6 丁巳14
7 甲子27	7 甲午26	7 癸亥26	7 壬辰24	7 辛酉23	7 辛卯22	7 辛酉22	7 庚寅20	7 庚申19	7 庚寅19	7 己未17	**7** 己丑17	7 戊午15
8 乙丑28	8 乙未27	8 甲子27	8 癸巳25	8 壬戌㉔	8 壬辰23	8 壬戌23	8 辛卯21	8 辛酉⑳	8 辛卯20	8 庚申18	8 庚寅18	**8** 己未16
9 丙寅29	9 丙申28	9 乙丑28	9 甲午㉖	9 癸亥25	9 癸巳24	9 癸亥24	9 壬辰22	9 壬戌21	9 壬辰21	9 辛酉19	9 辛卯19	9 庚申⑰
10丁卯30	10丁酉29	10丙寅㉙	10乙未27	10甲子26	10甲午25	10甲子25	10癸巳㉓	10癸亥22	10癸巳22	10壬戌20	10壬辰⑳	10辛酉18
11戊辰31	《3月》	11丁卯30	11丙申28	11乙丑27	11乙未26	11乙丑㉖	11甲午24	11甲子23	11甲午23	11癸亥21	11癸巳21	11壬戌19
《2月》	11戊戌①	12戊辰31	12丁酉29	12丙寅28	12丙申27	12丙寅27	12乙未25	12乙丑24	12乙未24	12甲子㉒	12甲午22	12癸亥20
12己巳 1	12己亥 2	《4月》	13戊戌30	13丁卯29	13丁酉㉘	13丁卯28	13丙申26	13丙寅25	13丙申㉕	13乙丑23	13乙未23	13甲子21
13庚午②	**13**庚子 3	13己巳 1	《5月》	14戊辰30	14戊戌29	14戊辰29	14丁酉27	14丁卯26	14丁酉26	14丙寅24	14丙申24	14乙丑22
14辛未 3	14辛丑 4	**14**庚午 2	14己亥 1	15己巳㉛	15己亥30	15己巳30	15戊戌28	15戊辰㉗	15戊戌27	15丁卯25	15丁酉25	15丙寅23
15壬申 4	15壬寅 5	15辛未 3	15庚子 2	《6月》	《7月》	16庚午31	16己亥29	16己巳28	16己亥28	16戊辰26	16戊戌26	16丁卯㉔
16癸酉 5	16癸卯 6	16壬申 4	**16**辛丑③	16庚午 1	16庚子 1	《8月》	17庚子㉚	17庚午29	17庚子29	17己巳27	17己亥㉗	17戊辰25
17甲戌 6	17甲辰 7	17癸酉⑤	17壬寅 4	**17**辛未 2	17辛丑 2	17辛未 1	18辛丑31	18辛未30	18辛丑30	18庚午28	18庚子28	18己巳26
18乙亥 7	18乙巳⑧	18甲戌 6	18癸卯 5	18壬申 3	**18**壬寅 3	**18**壬申②	《9月》	《10月》	19壬寅31	19辛未㉙	19辛丑29	19庚午27
19丙子 8	19丙午 9	19乙亥 7	19甲辰 6	19癸酉 4	19癸卯 4	19癸酉 3	**19**壬寅 1	19壬申 1	《11月》	20壬申30	20壬寅30	20辛未28
20丁丑⑨	20丁未10	20丙子 8	20乙巳 7	20甲戌 5	20甲辰⑤	20甲戌 4	20癸卯 2	**20**癸酉 2	**20**癸卯①	《12月》	21癸卯31	21壬申29
21戊寅10	21戊申11	21丁丑 9	21丙午 8	21乙亥 6	21乙巳 6	21乙亥 5	21甲辰 3	21甲戌 3	21甲辰 2	21癸酉 1	**829 年**	22癸酉30
22己卯11	22己酉12	22戊寅10	22丁未 9	22丙子⑦	22丙午 7	22丙子 6	22乙巳 4	22乙亥④	22乙巳 3	**22**甲戌 2	《1月》	23甲戌㉛
23庚辰12	23庚戌13	23己卯11	23戊申⑩	23丁丑 8	23丁未 8	23丁丑 7	23丙午 5	23丙子 5	23丙午 4	23乙亥 3	**22**甲辰 1	《2月》
24辛巳13	24辛亥14	24庚辰⑫	24己酉11	24戊寅 9	24戊申 9	24戊寅 8	24丁未⑥	24丁丑 6	24丁未 5	24丙子 4	23乙巳 2	**24**乙亥 1
25壬午14	25壬子⑮	25辛巳13	25庚戌12	25己卯10	25己酉10	25己卯⑨	25戊申 7	25戊寅 7	25戊申 6	25丁丑 5	24丙午③	25丙子 2
26癸未15	26癸丑16	26壬午14	26辛亥13	26庚辰11	26庚戌11	26庚辰10	26己酉 8	26己卯 8	26己酉 7	26戊寅⑥	25丁未 4	26丁丑 3
27甲申⑯	27甲寅17	27癸未15	27壬子14	27辛巳12	27辛亥⑫	27辛巳11	27庚戌 9	27庚辰 9	27庚戌⑧	27己卯 7	26戊申 5	27戊寅 4
28乙酉17	**28**乙卯18	28甲申16	28癸丑15	28壬午13	28壬子13	28壬午12	28辛亥10	28辛巳10	28辛亥 9	28庚辰 8	27己酉 6	28己卯 5
29丙戌18	29丙辰19	**29**乙酉17	29甲寅16	29癸未⑭	29癸丑14	29癸未13	29壬子11	29壬午⑪	29壬子10	29辛巳 9	28庚戌 7	29庚辰 6
30丁亥19				30甲申15	30甲寅15		30癸丑12	30癸未12		30壬午10	29辛亥 8	30辛巳⑦

立春 12日	啓蟄 13日	清明 14日	立夏16日	小満 2日	夏至 2日	大暑 3日	処暑 4日	秋分 5日	霜降 5日	小雪 6日	冬至 7日	大寒 8日
雨水 28日	春分 28日	穀雨 29日		芒種 17日	小暑 18日	立秋 18日	白露 19日	寒露 20日	立冬 20日	大雪 22日	小寒 22日	立春 24日

天長**6**年（829－830） 己酉

1月	2月	3月	4月	5月	6月	7月	8月	9月	10月	11月	12月
1 壬午 8	1 辛亥 9	1 庚辰 7	1 庚戌 7	1 己卯 5	1 己酉 5	1 戊寅 3	**1** 戊申 2	**1** 戊寅 2	1 丁未 ㉛	1 丁丑 30	1 丁未 30
2 癸未 9	2 壬子 10	2 辛巳 8	2 辛亥 8	2 庚辰 ⑥	2 庚戌 6	2 己卯 4	2 己酉 3	2 己卯 ③	《11月》	《12月》	2 戊申 31
3 甲申 10	3 癸丑 11	3 壬午 9	3 壬子 ⑨	3 辛巳 7	3 辛亥 7	3 庚辰 5	3 庚戌 4	3 庚辰 4	**2** 戊申 1	2 戊寅 1	**830年**
4 乙酉 11	4 甲寅 12	4 癸未 10	4 癸丑 10	4 壬午 8	4 壬子 8	4 辛巳 6	4 辛亥 ⑤	4 辛巳 5	3 己酉 2	**3** 己卯 2	《1月》
5 丙戌 12	5 乙卯 13	5 甲申 ⑪	5 甲寅 11	5 癸未 9	5 癸丑 9	5 壬午 7	5 壬子 6	5 壬午 6	4 庚戌 3	4 庚辰 3	**3** 己酉 1
6 丁亥 13	6 丙辰 ⑭	6 乙酉 12	6 乙卯 12	6 甲申 10	6 甲寅 10	6 癸未 ⑧	6 癸丑 7	6 癸未 7	5 辛亥 4	5 辛巳 4	4 庚戌 ②
7 戊子 ⑭	7 丁巳 15	7 丙戌 13	7 丙辰 13	7 乙酉 11	7 乙卯 ⑪	7 甲申 9	7 甲寅 8	7 甲申 8	6 壬子 5	6 壬午 ⑤	5 辛亥 3
8 己丑 15	8 戊午 16	8 丁亥 14	8 丁巳 14	8 丙戌 12	8 丙辰 12	8 乙酉 10	8 乙卯 9	8 乙酉 9	7 癸丑 6	7 癸未 6	6 壬子 4
9 庚寅 16	9 己未 17	9 戊子 15	9 戊午 15	9 丁亥 ⑬	9 丁巳 13	9 丙戌 11	9 丙辰 10	9 丙戌 ⑩	8 甲寅 ⑦	8 甲申 7	7 癸丑 5
10 辛卯 17	**10** 庚申 18	10 己丑 16	10 己未 ⑯	10 戊子 14	10 戊午 14	10 丁亥 12	10 丁巳 11	10 丁亥 11	9 乙卯 8	9 乙酉 8	8 甲寅 6
11 壬辰 18	11 辛酉 19	11 庚寅 17	11 庚申 17	11 己丑 15	11 己未 15	11 戊子 13	11 戊午 ⑫	11 戊子 12	10 丙辰 9	10 丙戌 9	9 乙卯 7
12 癸巳 19	12 壬戌 20	**12** 辛卯 ⑱	**12** 辛酉 18	12 庚寅 16	12 庚申 16	12 己丑 14	12 己未 13	12 己丑 13	11 丁巳 10	11 丁亥 10	10 丙辰 8
13 甲午 20	13 癸亥 ㉑	13 壬辰 19	13 壬戌 19	13 辛卯 17	13 辛酉 17	13 庚寅 ⑮	13 庚申 14	13 庚寅 14	12 戊午 11	12 戊子 11	11 丁巳 ⑨
14 乙未 ㉑	14 甲子 22	14 癸巳 20	14 癸亥 20	**14** 壬辰 18	**14** 壬戌 ⑱	14 辛卯 16	14 辛酉 15	14 辛卯 15	13 己未 12	13 己丑 ⑫	12 戊午 10
15 丙申 22	15 乙丑 23	15 甲午 21	15 甲子 21	15 癸巳 19	15 癸亥 19	**15** 壬辰 17	15 壬戌 16	15 壬辰 16	14 庚申 13	14 庚寅 13	13 己未 11
16 丁酉 23	16 丙寅 24	16 乙未 22	16 乙丑 22	16 甲午 ⑳	16 甲子 20	16 癸巳 18	**16** 癸亥 17	**16** 癸巳 ⑰	15 辛酉 ⑭	15 辛卯 14	14 庚申 12
17 戊戌 24	17 丁卯 25	17 丙申 23	17 丙寅 ㉓	17 乙未 21	17 乙丑 21	17 甲午 19	17 甲子 18	17 甲午 18	16 壬戌 15	16 壬辰 15	15 辛酉 13
18 己亥 25	18 戊辰 26	18 丁酉 24	18 丁卯 24	18 丙申 22	18 丙寅 22	18 乙未 20	18 乙丑 ⑲	18 乙未 19	17 癸亥 16	17 癸巳 16	16 壬戌 14
19 庚子 26	19 己巳 27	19 戊戌 ㉕	19 戊辰 25	19 丁酉 23	19 丁卯 23	19 丙申 21	19 丙寅 20	19 丙申 20	**18** 甲子 17	**18** 甲午 17	17 癸亥 15
20 辛丑 27	20 庚午 ㉘	20 己亥 26	20 己巳 26	20 戊戌 24	20 戊辰 24	20 丁酉 ㉒	20 丁卯 21	20 丁酉 21	19 乙丑 18	19 乙未 18	18 甲子 ⑯
21 壬寅 ㉘	21 辛未 29	21 庚子 27	21 庚午 27	21 己亥 25	21 己巳 ㉕	21 戊戌 23	21 戊辰 22	21 戊戌 22	20 丙寅 19	20 丙申 ⑲	**19** 乙丑 17
《3月》	22 壬申 30	22 辛丑 28	22 辛未 28	22 庚子 26	22 庚午 26	22 己亥 24	22 己巳 23	22 己亥 23	21 丁卯 20	21 丁酉 20	20 丙寅 18
22 癸卯 1	23 癸酉 31	23 壬寅 29	23 壬申 29	23 辛丑 ㉗	23 辛未 27	23 庚子 25	23 庚午 24	23 庚子 ㉔	22 戊辰 ㉑	22 戊戌 21	21 丁卯 19
23 甲辰 2	《4月》	24 癸卯 30	24 癸酉 ㉚	24 壬寅 28	24 壬申 28	24 辛丑 26	24 辛未 25	24 辛丑 25	23 己巳 22	23 己亥 22	22 戊辰 20
24 乙巳 3	24 甲戌 1	《5月》	25 甲戌 31	25 癸卯 29	25 癸酉 29	25 壬寅 27	25 壬申 ㉖	25 壬寅 26	24 庚午 23	24 庚子 23	23 己巳 21
25 丙午 4	**25** 乙亥 2	25 甲辰 1	《6月》	26 甲辰 30	26 甲戌 30	26 癸卯 28	26 癸酉 27	26 癸卯 27	25 辛未 24	25 辛丑 24	24 庚午 22
26 丁未 5	26 丙子 3	26 乙巳 ②	26 乙亥 1	《7月》	27 乙亥 31	27 甲辰 ㉙	27 甲戌 28	27 甲辰 28	26 壬申 25	26 壬寅 25	25 辛未 ㉓
27 戊申 6	27 丁丑 ④	**27** 丙午 3	**27** 丙子 2	27 乙巳 1	《8月》	28 乙巳 30	28 乙亥 29	28 乙巳 29	27 癸酉 26	27 癸卯 ㉖	26 壬申 24
28 己酉 ⑦	28 戊寅 5	28 丁未 4	28 丁丑 3	28 丙午 2	28 丙子 ①	29 丙午 31	29 丙子 30	29 丙午 30	28 甲戌 27	28 甲辰 27	27 癸酉 25
29 庚戌 8	29 己卯 6	29 戊申 5	29 戊寅 4	**29** 丁未 3	**29** 丁丑 2	《9月》	《10月》		29 乙亥 ㉘	29 乙巳 28	28 甲戌 26
		30 己酉 6		30 戊申 ④		30 丁未 1	30 丁丑 1		30 丙子 29	30 丙午 29	29 乙亥 27
雨水 9日 啓蟄 24日	春分 10日 清明 25日	穀雨 12日 立夏 27日	小満 12日 芒種 27日	夏至 14日 小暑 29日	大暑 14日 立秋 29日	処暑 15日	白露 1日 秋分 16日	寒露 1日 霜降 16日	立冬 2日 小雪 18日	大雪 3日 冬至 18日	小寒 3日 大寒 19日

天長**7**年（830－831） 庚戌

1月	2月	3月	4月	5月	6月	7月	8月	9月	10月	11月	12月	閏12月
1 丙子 28	1 丙午 ㉗	1 乙亥 28	1 甲辰 26	1 甲戌 26	1 甲辰 25	1 癸酉 ㉔	1 壬寅 22	1 壬申 21	1 辛丑 20	1 辛未 19	1 辛丑 19	1 辛未 18
2 丁丑 29	2 丁未 28	2 丙子 29	2 乙巳 27	2 乙亥 27	2 乙巳 ㉖	2 甲戌 25	2 癸卯 23	2 癸酉 22	2 壬寅 21	2 壬申 ⑳	2 壬寅 20	2 壬申 19
3 戊寅 ㉚	《3月》	3 丁丑 30	3 丙午 28	3 丙子 28	3 丙午 27	3 乙亥 26	3 甲辰 24	3 甲戌 23	3 癸卯 22	3 癸酉 21	3 癸卯 21	3 癸酉 20
4 己卯 31	3 戊申 1	4 戊寅 31	4 丁未 29	4 丁丑 ㉙	4 丁未 28	4 丙子 27	4 乙巳 25	4 乙亥 24	4 甲辰 ㉓	4 甲戌 22	4 甲辰 22	4 甲戌 21
《2月》	4 己酉 2	《4月》	5 戊申 30	5 戊寅 30	5 戊申 29	5 丁丑 28	5 丙午 26	5 丙子 ㉕	5 乙巳 24	5 乙亥 23	5 乙巳 23	5 乙亥 ㉒
5 庚辰 1	**5** 庚戌 3	5 己卯 1	《5月》	6 己卯 31	6 己酉 30	6 戊寅 29	6 丁未 27	6 丁丑 26	6 丙午 25	6 丙子 24	6 丙午 24	6 丙子 23
6 辛巳 2	6 辛亥 4	6 庚辰 2	6 己酉 ①	《6月》	《7月》	7 己卯 30	7 戊申 ㉘	7 戊寅 27	7 丁未 26	7 丁丑 25	7 丁未 ㉕	7 丁丑 24
7 壬午 3	7 壬子 5	**7** 辛巳 ③	7 庚戌 2	7 庚辰 1	7 庚戌 1	8 庚辰 ㉛	8 己酉 29	8 己卯 28	8 戊申 27	8 戊寅 26	8 戊申 26	8 戊寅 25
8 癸未 4	8 癸丑 ⑥	8 壬午 4	**8** 辛亥 3	8 辛巳 2	8 辛亥 2	《8月》	9 庚戌 30	9 庚辰 29	9 己酉 28	9 己卯 ㉗	9 己酉 27	9 己卯 26
9 甲申 5	9 甲寅 7	9 癸未 5	9 壬子 4	**9** 壬午 3	**9** 壬子 ③	9 辛巳 1	10 辛亥 31	10 辛巳 30	10 庚戌 29	10 庚辰 28	10 庚戌 28	10 庚辰 27
10 乙酉 ⑥	10 乙卯 8	10 甲申 6	10 癸丑 5	10 癸未 4	10 癸丑 4	**10** 壬午 2	《9月》	《10月》	11 辛亥 ㉚	11 辛巳 29	11 辛亥 29	11 辛巳 28
11 丙戌 7	11 丙辰 9	11 乙酉 7	11 甲寅 6	11 甲申 ⑤	11 甲寅 5	11 癸未 3	11 壬子 1	11 壬午 1	12 壬子 31	12 壬午 30	12 壬子 30	12 壬午 ㉙
12 丁亥 8	12 丁巳 10	12 丙戌 8	12 乙卯 7	12 乙酉 6	12 乙卯 6	12 甲申 4	**12** 癸丑 2	**12** 癸未 ②	《11月》	《12月》	13 癸丑 31	13 癸未 30
13 戊子 9	13 戊午 11	13 丁亥 9	13 丙辰 ⑧	13 丙戌 7	13 丙辰 7	13 乙酉 5	13 甲寅 3	13 甲申 3	13 癸丑 1	13 癸未 1	**831年**	14 甲申 31
14 己丑 10	14 己未 12	14 戊子 ⑩	14 丁巳 9	14 丁亥 8	14 丁巳 8	14 丙戌 6	14 乙卯 ④	14 乙酉 4	**14** 甲寅 2	**14** 甲申 2	《1月》	《2月》
15 庚寅 11	15 庚申 ⑬	15 己丑 11	15 戊午 10	15 戊子 9	15 戊午 9	15 丁亥 ⑦	15 丙辰 5	15 丙戌 5	15 乙卯 3	15 乙酉 3	14 甲寅 ①	**15** 乙酉 1
16 辛卯 12	16 辛酉 14	16 庚寅 12	16 己未 11	16 己丑 10	16 己未 ⑩	16 戊子 8	16 丁巳 6	16 丁亥 6	16 丙辰 4	16 丙戌 ④	**15** 乙卯 2	16 丙戌 2
17 壬辰 ⑬	17 壬戌 15	17 辛卯 13	17 庚申 12	17 庚寅 11	17 庚申 11	17 己丑 9	17 戊午 7	17 戊子 7	17 丁巳 5	17 丁亥 5	16 丙辰 3	17 丁亥 3
18 癸巳 14	18 癸亥 16	18 壬辰 14	18 辛酉 13	18 辛卯 ⑫	18 辛酉 12	18 庚寅 10	18 己未 8	18 己丑 8	18 戊午 ⑥	18 戊子 6	17 丁巳 4	18 戊子 4
19 甲午 15	19 甲子 17	19 癸巳 15	19 壬戌 14	19 壬辰 13	19 壬戌 13	19 辛卯 11	19 庚申 9	19 庚寅 ⑨	19 己未 7	19 己丑 7	18 戊午 5	19 己丑 ⑤
20 乙未 16	**20** 乙丑 18	20 甲午 16	20 癸亥 ⑮	20 癸巳 14	20 癸亥 14	20 壬辰 12	20 辛酉 10	20 辛卯 10	20 庚申 8	20 庚寅 8	19 己未 6	20 庚寅 6
21 丙申 17	21 丙寅 19	21 乙未 ⑰	21 甲子 16	21 甲午 15	21 甲子 15	21 癸巳 13	21 壬戌 ⑪	21 壬辰 11	21 辛酉 9	21 辛卯 9	20 庚申 7	21 辛卯 7
22 丁酉 18	22 丁卯 ⑳	**22** 丙申 18	22 乙丑 17	22 乙未 16	22 乙丑 16	22 甲午 ⑭	22 癸亥 12	22 癸巳 12	22 壬戌 10	22 壬辰 10	21 辛酉 ⑧	22 壬辰 8
23 戊戌 19	23 戊辰 21	23 丁酉 19	**23** 丙寅 18	23 丙申 17	23 丙寅 ⑰	23 乙未 15	23 甲子 13	23 甲午 13	23 癸亥 11	23 癸巳 ⑪	22 壬戌 9	23 癸巳 9
24 己亥 ⑳	24 己巳 22	24 戊戌 20	24 丁卯 19	**24** 丁酉 18	**24** 丁卯 18	24 丙申 16	24 乙丑 14	24 乙未 14	24 甲子 12	24 甲午 12	23 癸亥 10	24 甲午 10
25 庚子 21	25 庚午 23	25 己亥 21	25 戊辰 20	25 戊戌 ⑲	25 戊辰 19	25 丁酉 17	25 丙寅 15	25 丙申 15	25 乙丑 ⑬	25 乙未 13	24 甲子 11	25 乙未 11
26 辛丑 22	26 辛未 24	26 庚子 22	26 己巳 21	26 己亥 20	26 己巳 20	**26** 戊戌 18	26 丁卯 16	26 丁酉 ⑯	26 丙寅 14	26 丙申 14	25 乙丑 12	26 丙申 ⑫
27 壬寅 23	27 壬申 25	27 辛丑 23	27 庚午 ㉒	27 庚子 21	27 庚午 21	27 己亥 19	**27** 戊辰 17	27 戊戌 17	27 丁卯 15	27 丁酉 15	26 丙寅 13	27 丁酉 13
28 癸卯 24	28 癸酉 26	28 壬寅 ㉔	28 辛未 23	28 辛丑 22	28 辛未 22	28 庚子 20	28 己巳 ⑱	**28** 己亥 18	28 戊辰 16	28 戊戌 16	27 丁卯 14	28 戊戌 14
29 甲辰 25	29 甲戌 ㉗	29 癸卯 25	29 壬申 24	29 壬寅 23	29 壬申 23	29 辛丑 ㉑	29 庚午 19	29 庚子 19	**29** 己巳 17	**29** 己亥 17	28 戊辰 ⑮	29 己亥 15
30 乙巳 26			30 癸酉 25	30 癸卯 24			30 辛未 20		30 庚午 18	30 庚子 ⑱	29 己巳 16	
											30 庚午 17	
立春 5日 雨水 20日	啓蟄 5日 春分 20日	清明 7日 穀雨 22日	立夏 8日 小満 23日	芒種 9日 夏至 24日	小暑 9日 大暑 24日	立秋 10日 処暑 26日	白露 12日 秋分 27日	寒露 12日 霜降 28日	立冬 14日 小雪 29日	大雪 14日 冬至 29日	小寒 15日 大寒 30日	立春15日

天長**8**年（831－832） 辛亥

1月	2月	3月	4月	5月	6月	7月	8月	9月	10月	11月	12月
1 庚子16	1 庚午18	1 己亥⑯	1 戊辰15	1 戊戌14	1 丁卯13	1 丙申11	1 丙寅⑩	1 丙申10	1 乙丑 8	1 乙未 8	1 乙丑⑦
2 辛丑17	**2** 辛未⑲	2 庚子17	2 己巳16	2 己亥15	2 戊辰14	2 丁酉12	2 丁卯11	2 丁酉11	2 丙寅 9	2 丙申 9	2 丙寅 8
3 壬寅18	3 壬申20	**3** 辛丑18	3 庚午17	3 庚子16	3 己巳15	3 戊戌⑬	3 戊辰12	3 戊戌12	3 丁卯10	3 丁酉⑩	3 丁卯 9
4 癸卯⑲	4 癸酉21	4 壬寅19	4 辛未18	4 辛丑17	4 庚午⑯	4 己亥14	4 己巳13	4 己亥13	4 戊辰11	4 戊戌11	4 戊辰10
5 甲辰20	5 甲戌22	5 癸卯20	**5** 壬申19	**5** 壬寅⑱	5 辛未17	5 庚子15	5 庚午14	5 庚子14	5 己巳⑫	5 己亥12	5 己巳11
6 乙巳21	6 乙亥23	6 甲辰21	6 癸酉20	6 癸卯19	**6** 壬申18	6 辛丑16	6 辛未15	6 辛丑⑮	6 庚午13	6 庚子13	6 庚午12
7 丙午22	7 丙子24	7 乙巳22	7 甲戌㉑	7 甲辰20	7 癸酉19	7 壬寅17	7 壬申16	7 壬寅16	7 辛未14	7 辛丑14	7 辛未13
8 丁未23	8 丁丑25	8 丙午㉓	8 乙亥22	8 乙巳21	8 甲戌20	**8** 癸卯18	**8** 癸酉⑰	8 癸卯17	8 壬申15	8 壬寅15	8 壬申⑭
9 戊申24	9 戊寅㉖	9 丁未24	9 丙子23	9 丙午22	9 乙亥21	9 甲辰19	9 甲戌18	**9** 甲辰18	9 癸酉16	9 癸卯16	9 癸酉15
10己酉25	10己卯27	10戊申25	10丁丑24	10丁未23	10丙子22	10乙巳⑳	10乙亥19	10乙巳19	**10**甲戌17	10甲辰⑰	10甲戌16
11庚戌㉖	11庚辰28	11己酉26	11戊寅25	11戊申24	11丁丑㉓	11丙午21	11丙子20	11丙午20	11乙亥18	**11**乙巳18	**11**乙亥17
12辛亥27	12辛巳29	12庚戌27	12己卯26	12己酉㉕	12戊寅24	12丁未22	12丁丑21	12丁未21	12丙子⑲	12丙午19	12丙子18
13壬子28	13壬午30	13辛亥28	13庚辰27	13庚戌26	13己卯25	13戊申23	13戊寅22	13戊申㉒	13丁丑20	13丁未20	13丁丑19
《3月》	14癸未31	14壬子29	14辛巳㉘	14辛亥27	14庚辰26	14己酉24	14己卯23	14己酉23	14戊寅21	14戊申21	14戊寅20
14癸丑 1	《4月》	15癸丑㉚	15壬午29	15壬子28	15辛巳27	15庚戌25	15庚辰㉔	15庚戌24	15己卯22	15己酉22	15己卯㉑
15甲寅 2	15甲申 1	《5月》	16癸未30	16癸丑29	16壬午28	16辛亥26	16辛巳25	16辛亥25	16庚辰23	16庚戌23	16庚辰22
16乙卯 3	16乙酉②	16甲寅 1	17甲申31	17甲寅30	17癸未29	17壬子㉗	17壬午26	17壬子26	17辛巳24	17辛亥㉔	17辛巳23
17丙辰 4	**17**丙戌 3	17乙卯 2	《6月》	《7月》	18甲申㉚	18癸丑28	18癸未27	18癸丑27	18壬午25	18壬子25	18壬午24
18丁巳⑤	18丁亥 4	**18**丙辰 3	18乙酉 1	18乙卯 1	19乙酉31	19甲寅29	19甲申28	19甲寅28	19癸未㉖	19癸丑26	19癸未25
19戊午 6	19戊子 5	19丁巳 4	19丙戌 2	19丙辰②	《8月》	20乙卯30	20乙酉29	20乙卯㉙	20甲申27	20甲寅27	20甲申26
20己未 7	20己丑 6	20戊午 5	**20**丁亥 3	**20**丁巳 3	20丙戌 1	21丙辰31	21丙戌30	21丙辰30	21乙酉28	21乙卯28	21乙酉27
21庚申 8	21庚寅 7	21己未 6	21戊子④	21戊午 4	21丁亥 2	《9月》	《10月》	22丁巳31	22丙戌29	22丙辰29	22丙戌㉘
22辛酉 9	22辛卯 8	22庚申⑦	22己丑 5	22己未 5	**22**戊子 3	22丁巳 1	22丁亥①	《11月》	23丁亥30	23丁巳30	23丁亥29
23壬戌10	23壬辰⑨	23辛酉 8	23庚寅 6	23庚申 6	23己丑 4	**23**戊午 2	23戊子 2	23戊午 1	《12月》	24戊午㉛	24戊子30
24癸亥11	24癸巳10	24壬戌 9	24辛卯 7	24辛酉 7	24庚寅 5	24己未③	**24**己丑 3	**24**己未 2	24戊子 1	**832年**	25己丑31
25甲子⑫	25甲午11	25癸亥10	25壬辰 8	25壬戌 8	25辛卯⑥	25庚申 4	25庚寅 4	25庚申 3	**25**己丑 2	《1月》	《2月》
26乙丑13	26乙未12	26甲子11	26癸巳 9	26癸亥⑨	26壬辰 7	26辛酉 5	26辛卯 5	26辛酉 4	26庚寅③	25己未 1	**26**庚寅 1
27丙寅14	27丙申13	27乙丑12	27甲午10	27甲子10	27癸巳 8	27壬戌 6	27壬辰 6	27壬戌⑤	27辛卯 4	**26**庚申 2	27辛卯 2
28丁卯15	28丁酉14	28丙寅13	28乙未⑪	28乙丑11	28甲午 9	28癸亥 7	28癸巳 7	28癸亥 6	28壬辰 5	27辛酉 3	28壬辰 3
29戊辰16	29戊戌15	29丁卯⑭	29丙申12	29丙寅12	29乙未10	29甲子 8	29甲午⑧	29甲子 7	29癸巳 6	28壬戌 4	29癸巳④
30己巳17			30丁酉13			30乙丑 9	30乙未 9		30甲午 7	29癸亥 5	30甲午 5
										30甲子 6	

雨水 1日	春分 2日	穀雨 3日	小満 5日	夏至 5日	大暑 6日	処暑 8日	秋分 8日	霜降 9日	小雪 10日	冬至 11日	大寒 11日
啓蟄 16日	清明 17日	立夏 18日	芒種 20日	小暑 20日	立秋 22日	白露 23日	寒露 24日	立冬 24日	大雪 25日	小寒 26日	立春 26日

天長**9**年（832－833） 壬子

1月	2月	3月	4月	5月	6月	7月	8月	9月	10月	11月	12月
1 乙未 6	1 乙丑 7	1 甲午 5	1 癸亥 4	**1** 壬辰②	**1** 壬戌 2	1 辛卯31	1 庚申29	1 庚寅28	1 己未㉗	1 己丑26	1 己未26
2 丙申 7	2 丙寅 8	2 乙未 6	2 甲子⑤	2 癸巳 3	2 癸亥 3	《8月》	2 辛酉30	2 辛卯㉙	2 庚申28	2 庚寅27	2 庚申27
3 丁酉 8	3 丁卯 9	3 丙申⑦	3 乙丑 6	3 甲午 4	3 甲子 4	2 壬辰 1	3 壬戌31	3 壬辰30	3 辛酉29	3 辛卯28	3 辛酉28
4 戊戌 9	4 戊辰⑩	4 丁酉 8	4 丙寅 7	4 乙未 5	4 乙丑 5	**3** 癸巳 2	《9月》	《10月》	4 壬戌30	4 壬辰29	4 壬戌㉙
5 己亥10	5 己巳11	5 戊戌 9	5 丁卯 8	5 丙申 6	5 丙寅 6	4 甲午 3	**4** 癸亥①	4 癸巳 1	5 癸亥31	5 癸巳30	5 癸亥30
6 庚子⑪	6 庚午12	6 己亥10	6 戊辰 9	6 丁酉 7	6 丁卯⑦	5 乙未④	5 甲子 2	**5** 甲午 2	《11月》	《12月》	6 甲子31
7 辛丑12	7 辛未13	7 庚子11	7 己巳10	7 戊戌 8	7 戊辰 8	6 丙申 5	6 乙丑 3	6 乙未 3	**6** 甲子 1	6 甲午①	**833年**
8 壬寅13	8 壬申14	8 辛丑12	8 庚午11	8 己亥⑨	8 己巳 9	7 丁酉 6	7 丙寅 4	7 丙申 4	7 乙丑 2	**7** 乙未 2	《1月》
9 癸卯14	9 癸酉15	9 壬寅13	9 辛未⑫	9 庚子10	9 庚午10	8 戊戌 7	8 丁卯 5	8 丁酉 5	8 丙寅③	8 丙申 3	**7** 乙丑 1
10甲辰15	10甲戌16	10癸卯⑭	10壬申13	10辛丑11	10辛未11	9 己亥 8	9 戊辰 6	9 戊戌⑥	9 丁卯 4	9 丁酉 4	8 丙寅 2
11乙巳16	11乙亥⑰	11甲辰15	11癸酉14	11壬寅12	11壬申12	10庚子 9	10己巳 7	10己亥 7	10戊辰 5	10戊戌 5	9 丁卯 3
12丙午17	**12**丙子18	12乙巳16	12甲戌15	12癸卯13	12癸酉13	11辛丑10	11庚午⑧	11庚子 8	11己巳 6	11己亥 6	10戊辰 4
13丁未⑱	13丁丑19	**13**丙午17	13乙亥16	13甲辰14	13甲戌⑭	12壬寅⑪	12辛未 9	12辛丑 9	12庚午 7	12庚子 7	11己巳⑤
14戊申19	14戊寅20	14丁未18	14丙子17	14乙巳15	14乙亥15	13癸卯12	13壬申10	13壬寅10	13辛未 8	13辛丑⑧	12庚午 6
15己酉20	15己卯21	15戊申19	**15**丁丑18	15丙午⑯	15丙子16	14甲辰13	14癸酉11	14癸卯11	14壬申 9	14壬寅 9	13辛未 7
16庚戌21	16庚辰22	16己酉20	16戊寅⑲	**16**丁未17	16丁丑17	15乙巳14	15甲戌12	15甲辰12	15癸酉⑩	15癸卯10	14壬申 8
17辛亥22	17辛巳23	17庚戌㉑	17己卯20	17戊申18	**17**戊寅18	16丙午15	16乙亥13	16乙巳⑬	16甲戌11	16甲辰11	15癸酉 9
18壬子23	18壬午㉔	18辛亥22	18庚辰21	18己酉19	18己卯19	17丁未16	17丙子14	17丙午14	17乙亥12	17乙巳12	16甲戌10
19癸丑24	19癸未25	19壬子23	19辛巳22	19庚戌20	19庚辰20	**18**戊申17	18丁丑⑮	18丁未15	18丙子13	18丙午13	17乙亥11
20甲寅㉕	20甲申26	20癸丑24	20壬午23	20辛亥21	20辛巳㉑	19己酉⑱	19戊寅16	19戊申16	19丁丑14	19丁未14	18丙子⑫
21乙卯26	21乙酉27	21甲寅25	21癸未24	21壬子22	21壬午22	20庚戌19	**20**己卯17	**20**己酉17	20戊寅15	20戊申⑮	19丁丑13
22丙辰27	22丙戌28	22乙卯26	22甲申25	22癸丑㉓	22癸未23	21辛亥20	21庚辰18	21庚戌18	**21**己卯16	21己酉16	20戊寅14
23丁巳28	23丁亥29	23丙辰27	23乙酉㉖	23甲寅24	23甲申24	22壬子21	22辛巳19	22辛亥19	22庚辰⑰	**22**庚戌17	21己卯15
24戊午29	24戊子30	24丁巳㉘	24丙戌27	24乙卯25	24乙酉25	23癸丑22	23壬午20	23壬子⑳	23辛巳18	23辛亥18	**22**庚辰16
《3月》	25己丑㉛	25戊午29	25丁亥28	25丙辰26	25丙戌26	24甲寅23	24癸未21	24癸丑21	24壬午19	24壬子19	23辛巳17
25己未 1	《4月》	26己未30	26戊子29	26丁巳27	26丁亥27	25乙卯24	25甲申㉒	25甲寅22	25癸未20	25癸丑20	24壬午18
26庚申 2	26庚寅 1	《5月》	27己丑30	27戊午28	27戊子㉘	26丙辰㉕	26乙酉23	26乙卯23	26甲申21	26甲寅21	25癸未⑲
27辛酉③	**27**辛卯 2	27庚申 1	28庚寅31	28己未29	28己丑29	27丁巳26	27丙戌24	27丙辰24	27乙酉22	27乙卯㉒	26甲申20
28壬戌 4	28壬辰 3	28辛酉 2	《6月》	29庚申㉚	29庚寅30	28戊午27	28丁亥25	28丁巳25	28丙戌23	28丙辰23	27乙酉21
29癸亥 5	29癸巳 4	**29**壬戌 3	29辛卯 1	《7月》		29己未28	29戊子26	29戊午26	29丁亥㉔	29丁巳24	28丙戌22
30甲子 6				30辛酉 1			30己丑27		30戊子25	30戊午25	29丁亥23
											30戊子24

雨水 12日	春分 12日	穀雨 13日	小満 15日	芒種 1日	小暑 1日	立秋 3日	白露 4日	寒露 5日	立冬 6日	大雪 7日	小寒 7日
啓蟄 27日	清明 27日	立夏 29日		夏至 16日	大暑 17日	処暑 18日	秋分 20日	霜降 20日	小雪 21日	冬至 22日	大寒 22日

天長10年（833－834） 癸丑

1月	2月	3月	4月	5月	6月	7月	閏7月	8月	9月	10月	11月	12月
1 己丑25	1 戊午㉓	1 戊子25	1 戊午24	1 丁亥23	1 丙辰21	1 丙戌21	1 乙卯19	1 甲申17	1 甲寅17	1 癸未15	1 癸丑15	1 癸未14
2 庚寅㉖	2 己未24	2 己丑26	2 己未25	2 戊子24	2 丁巳㉒	2 丁亥22	2 丙辰20	2 乙酉18	2 乙卯18	2 甲申⑯	2 甲寅16	2 甲申15
3 辛卯27	3 庚申25	3 庚寅27	3 庚申26	3 己丑㉕	3 戊午23	3 戊子23	3 丁巳21	3 丙戌19	3 丙辰⑲	3 乙酉17	3 乙卯17	3 乙酉16
4 壬辰28	4 辛酉26	4 辛卯28	4 辛酉㉗	4 庚寅26	4 己未24	4 己丑24	4 戊午22	4 丁亥20	4 丁巳20	4 丙戌18	4 丙辰18	4 丙戌17
5 癸巳29	5 壬戌27	5 壬辰29	5 壬戌28	5 辛卯27	5 庚申25	5 庚寅25	5 己未23	5 戊子㉑	5 戊午21	5 丁亥19	5 丁巳19	5 丁亥⑱
6 甲午30	6 癸亥28	6 癸巳㉚	6 癸亥29	6 壬辰28	6 辛酉26	6 辛卯26	6 庚申㉔	6 己丑22	6 己未22	6 戊子20	6 戊午20	6 戊子19
7 乙未31	《3月》	7 甲午31	7 甲子30	7 癸巳29	7 壬戌27	7 壬辰㉗	7 辛酉25	7 庚寅23	7 庚申23	7 己丑21	7 己未㉑	7 己丑20
《2月》	7 甲子 1	《4月》	《5月》	8 甲午30	8 癸亥28	8 癸巳28	8 壬戌26	8 辛卯24	8 辛酉24	8 庚寅22	8 庚申22	8 庚寅21
8 丙申 1	8 乙丑②	8 乙未 1	8 乙丑 1	9 乙未31	9 甲子㉙	9 甲午29	9 癸亥27	9 壬辰25	9 壬戌25	9 辛卯㉓	9 辛酉23	9 辛卯22
9 丁酉②	9 丙寅 3	9 丙申 2	9 丙寅 2	《6月》	10乙丑30	10乙未30	10甲子28	10癸巳26	10癸亥㉖	10壬辰24	10壬戌24	10壬辰23
10戊戌 3	10丁卯 4	10丁酉 3	10丁卯 3	10丙申①	《7月》	11丙申31	11乙丑29	11甲午27	11甲子27	11癸巳25	11癸亥25	11癸巳24
11己亥 4	11戊辰 5	11戊戌 4	11戊辰④	11丁酉 2	11丙寅 1	《8月》	12丙寅30	12乙未㉘	12乙丑28	12甲午26	12甲子26	12甲午㉕
12庚子 5	12己巳 6	12己亥 5	12己巳 5	12戊戌 3	12丁卯 2	12丁酉 1	13丁卯㉛	13丙申29	13丙寅29	13乙未27	13乙丑27	13乙未26
13辛丑 6	13庚午 7	13庚子⑥	13庚午 6	13己亥 4	13戊辰 3	13戊戌 2	《9月》	14丁酉30	14丁卯30	14丙申28	14丙寅㉘	14丙申27
14壬寅 7	14辛未 8	14辛丑 7	14辛未 7	14庚子 5	14己巳 4	14己亥③	14戊辰 1	《10月》	15戊辰31	15丁酉29	15丁卯29	15丁酉28
15癸卯 8	15壬申⑨	15壬寅 8	15壬申 8	15辛丑 6	15庚午 5	15庚子 4	15己巳 2	15戊戌 1	《11月》	16戊戌㉚	16戊辰30	16戊戌29
16甲辰⑨	16癸酉10	16癸卯 9	16癸酉 9	16壬寅 7	16辛未⑥	16辛丑 5	16庚午 3	16己亥 2	16己巳 1	《12月》	17己巳31	17己亥30
17乙巳10	17甲戌11	17甲辰10	17甲戌10	17癸卯⑧	17壬申 7	17壬寅 6	17辛未 4	17庚子 3	17庚午②	17己亥 1	834年	18庚子31
18丙午11	18乙亥12	18乙巳11	18乙亥⑪	18甲辰 9	18癸酉 8	18癸卯 7	18壬申 5	18辛丑 4	18辛未 3	18庚子 2	《1月》	《2月》
19丁未12	19丙子13	19丙午12	19丙子12	19乙巳10	19甲戌 9	19甲辰 8	19癸酉 6	19壬寅⑤	19壬申 4	19辛丑 3	18庚午 1	19辛丑①
20戊申13	20丁丑14	20丁未⑬	20丁丑13	20丙午11	20乙亥10	20乙巳 9	20甲戌⑦	20癸卯 6	20癸酉 5	20壬寅 4	19辛未 2	20壬寅 2
21己酉14	21戊寅15	21戊申14	21戊寅14	21丁未12	21丙子11	21丙午⑩	21乙亥 8	21甲辰 7	21甲戌 6	21癸卯 5	20壬申 3	21癸卯 3
22庚戌15	22己卯⑯	22己酉15	22己卯15	22戊申13	22丁丑12	22丁未11	22丙子 9	22乙巳 8	22乙亥 7	22甲辰 6	21癸酉④	22甲辰 4
23辛亥⑯	23庚辰17	23庚戌16	23庚辰16	23己酉14	23戊寅⑬	23戊申12	23丁丑10	23丙午 9	23丙子 8	23乙巳⑦	22甲戌 5	23乙巳 5
24壬子17	24辛巳18	24辛亥17	24辛巳17	24庚戌⑮	24己卯14	24己酉13	24戊寅11	24丁未10	24丁丑⑨	24丙午 8	23乙亥 6	24丙午 6
25癸丑18	25壬午19	25壬子18	25壬午⑱	25辛亥16	25庚辰15	25庚戌14	25己卯12	25戊申11	25戊寅10	25丁未 9	24丙子 7	25丁未 7
26甲寅19	26癸未20	26癸丑19	26癸未19	26壬子17	26辛巳16	26辛亥15	26庚辰13	26己酉⑫	26己卯11	26戊申10	25丁丑 8	26戊申⑧
27乙卯20	27甲申21	27甲寅⑳	27甲申20	27癸丑18	27壬午17	27壬子16	27辛巳⑭	27庚戌13	27庚辰12	27己酉11	26戊寅 9	27己酉 9
28丙辰21	28乙酉22	28乙卯21	28乙酉21	28甲寅19	28癸未18	28癸丑⑰	28壬午15	28辛亥14	28辛巳13	28庚戌12	27己卯10	28庚戌10
29丁巳22	29丙戌㉓	29丙辰22	29丙戌22	29乙卯20	29甲申19	29甲寅18	29癸未16	29壬子15	29壬午14	29辛亥13	28庚辰⑪	29辛亥11
	30丁亥24	30丁巳23			30乙酉⑳			30癸丑16		30壬子⑭	29辛巳12	
											30壬午13	
立春 8日	啓蟄 9日	清明 9日	立夏 10日	芒種 11日	小暑 13日	立秋 13日	白露15日	秋分 1日	霜降 1日	小雪 3日	冬至 3日	大寒 4日
雨水 23日	春分 24日	穀雨 25日	小満 25日	夏至 27日	大暑 28日	処暑 28日		寒露 16日	立冬 16日	大雪 18日	小寒 18日	立春 19日

承和元年〔天長11年〕（834－835） 甲寅

改元 1/3（天長→承和）

1月	2月	3月	4月	5月	6月	7月	8月	9月	10月	11月	12月
1 壬子12	1 壬午14	1 壬子13	1 辛巳12	1 辛亥11	1 庚辰10	1 庚戌⑨	1 己卯 7	1 戊申 6	1 戊寅 5	1 丁未 4	1 丁丑③
2 癸丑13	2 癸未⑮	2 癸丑14	2 壬午13	2 壬子12	2 辛巳11	2 辛亥10	2 庚辰 8	2 己酉 7	2 己卯 6	2 戊申 5	2 戊寅 4
3 甲寅14	3 甲申16	3 甲寅15	3 癸未14	3 癸丑13	3 壬午⑫	3 壬子11	3 辛巳 9	3 庚戌 8	3 庚辰 7	3 己酉⑥	3 己卯 5
4 乙卯⑮	4 乙酉17	4 乙卯16	4 甲申15	4 甲寅⑭	4 癸未13	4 癸丑12	4 壬午10	4 辛亥 9	4 辛巳⑧	4 庚戌 7	4 庚辰 6
5 丙辰16	5 丙戌18	5 丙辰17	5 乙酉16	5 乙卯15	5 甲申14	5 甲寅13	5 癸未11	5 壬子10	5 壬午 9	5 辛亥 8	5 辛巳 7
6 丁巳17	6 丁亥19	6 丁巳18	6 丙戌⑰	6 丙辰16	6 乙酉15	6 乙卯14	6 甲申12	6 癸丑⑪	6 癸未10	6 壬子 9	6 壬午 8
7 戊午18	7 戊子20	7 戊午⑲	7 丁亥18	7 丁巳17	7 丙戌16	7 丙辰15	7 乙酉⑬	7 甲寅12	7 甲申11	7 癸丑10	7 癸未 9
8 己未19	8 己丑21	8 己未20	8 戊子19	8 戊午18	8 丁亥17	8 丁巳⑯	8 丙戌14	8 乙卯13	8 乙酉12	8 甲寅11	8 甲申⑩
9 庚申20	9 庚寅㉒	9 庚申21	9 己丑20	9 己未19	9 戊子18	9 戊午17	9 丁亥15	9 丙辰14	9 丙戌13	9 乙卯12	9 乙酉11
10辛酉21	10辛卯23	10辛酉22	10庚寅21	10庚申20	10己丑⑲	10己未18	10戊子16	10丁巳15	10丁亥14	10丙辰⑬	10丙戌12
11壬戌㉒	11壬辰24	11壬戌23	11辛卯22	11辛酉㉑	11庚寅20	11庚申19	11己丑17	11戊午16	11戊子⑮	11丁巳14	11丁亥13
12癸亥23	12癸巳25	12癸亥24	12壬辰23	12壬戌22	12辛卯21	12辛酉20	12庚寅18	12己未17	12己丑16	12戊午15	12戊子14
13甲子24	13甲午26	13甲子25	13癸巳㉔	13癸亥23	13壬辰22	13壬戌21	13辛卯19	13庚申⑱	13庚寅17	13己未16	13己丑15
14乙丑25	14乙未27	14乙丑㉖	14甲午25	14甲子24	14癸巳23	14癸亥22	14壬辰⑳	14辛酉19	14辛卯18	14庚申17	14庚寅16
15丙寅26	15丙申28	15丙寅27	15乙未26	15乙丑25	15甲午24	15甲子㉓	15癸巳21	15壬戌20	15壬辰19	15辛酉18	15辛卯⑰
16丁卯27	16丁酉㉙	16丁卯28	16丙申27	16丙寅26	16乙未25	16乙丑24	16甲午22	16癸亥21	16癸巳20	16壬戌19	16壬辰18
17戊辰28	17戊戌30	17戊辰29	17丁酉28	17丁卯27	17丙申㉖	17丙寅25	17乙未23	17甲子22	17甲午21	17癸亥⑳	17癸巳19
《3月》	18己亥31	18己巳30	18戊戌29	18戊辰㉘	18丁酉27	18丁卯26	18丙申24	18乙丑23	18乙未㉒	18甲子21	18甲午20
18己巳①	《4月》	《5月》	19己亥30	19己巳29	19戊戌28	19戊辰27	19丁酉25	19丙寅24	19丙申23	19乙丑22	19乙未21
19庚午 2	19庚子 1	19庚午 1	20庚子㉛	20庚午30	20己亥29	20己巳28	20戊戌26	20丁卯㉕	20丁酉24	20丙寅23	20丙申22
20辛未 3	20辛丑 2	20辛未 2	《6月》	《7月》	21庚子30	21庚午29	21己亥㉗	21戊辰26	21戊戌25	21丁卯24	21丁酉23
21壬申 4	21壬寅 3	21壬申③	21辛丑 1	21辛未 1	22辛丑31	22辛未㉚	22庚子28	22己巳27	22己亥26	22戊辰25	22戊戌㉔
22癸酉 5	22癸卯 4	22癸酉 4	22壬寅 2	22壬申 2	《8月》	23壬申31	23辛丑29	23庚午28	23庚子27	23己巳26	23己亥25
23甲戌 6	23甲辰⑤	23甲戌 5	23癸卯 3	23癸酉 3	23壬寅 1	《9月》	24壬寅30	24辛未29	24辛丑28	24庚午㉗	24庚子26
24乙亥 7	24乙巳 6	24乙亥 6	24甲辰 4	24甲戌 4	24癸卯②	24癸酉 1	《10月》	25壬申30	25壬寅㉙	25辛未28	25辛丑27
25丙子⑧	25丙午 7	25丙子 7	25乙巳 5	25乙亥⑤	25甲辰 3	25甲戌 2	25癸卯 1	26癸酉31	26癸卯30	26壬申29	26壬寅28
26丁丑 9	26丁未 8	26丁丑 8	26丙午 6	26丙子 6	26乙巳 4	26乙亥 3	26甲辰 2	《11月》	《12月》	27癸酉30	27癸卯29
27戊寅10	27戊申 9	27戊寅 9	27丁未⑦	27丁丑 7	27丙午 5	27丙子 4	27乙巳 3	27甲戌①	27甲辰 1	28甲戌31	28甲辰30
28己卯11	28己酉10	28己卯⑩	28戊申 8	28戊寅 8	28丁未 6	28丁丑 5	28丙午④	28乙亥 2	28乙巳 2	835年	29乙巳㉛
29庚辰12	29庚戌11	29庚辰11	29己酉 9	29己卯 9	29戊申 7	29戊寅⑥	29丁未 5	29丙子 3	29丙午 3	《1月》	《2月》
30辛巳13	30辛亥⑫		30庚戌10		30己酉 8			30丁丑 4		29乙亥 1	30丙午 1
										30丙子 2	
雨水 5日	春分 5日	穀雨 6日	小満 7日	夏至 8日	大暑 9日	処暑 10日	秋分 11日	霜降 12日	小雪 13日	冬至 14日	大寒 15日
啓蟄 20日	清明 21日	立夏 21日	芒種 23日	小暑 23日	立秋 24日	白露 25日	寒露 26日	立冬 28日	大雪 28日	小寒 30日	立春 30日

承和**2**年（835－836） 乙卯

1月	2月	3月	4月	5月	6月	7月	8月	9月	10月	11月	12月
1 丁未 2	**1** 丙子 3	1 丙午 2	《5月》	1 乙巳 31	1 乙亥 30	1 甲辰 29	1 甲戌 28	1 癸卯 ㉖	1 壬申 25	1 壬寅 24	1 辛未 23
2 戊申 3	2 丁丑 4	**2** 丁未 3	1 乙亥 1	《6月》	《7月》	2 乙巳 30	2 乙亥 ㉙	2 甲辰 27	2 癸酉 26	2 癸卯 25	2 壬申 24
3 己酉 4	3 戊寅 5	3 戊申 ④	2 丙子 ②	2 丙午 1	2 丙子 1	3 丙午 31	3 丙子 30	3 乙巳 28	3 甲戌 27	3 甲辰 26	3 癸酉 25
4 庚戌 5	4 己卯 6	4 己酉 5	**3** 丁丑 3	3 丁未 2	3 丁丑 2	《8月》	4 丁丑 31	4 丙午 29	4 乙亥 28	4 乙巳 27	4 甲戌 ㉖
5 辛亥 6	5 庚辰 ⑦	5 庚戌 6	4 戊寅 4	**4** 戊申 3	**4** 戊寅 3	4 丁未 ①	《9月》	5 丁未 30	5 丙子 29	5 丙午 ㉘	5 乙亥 27
6 壬子 ⑦	6 辛巳 8	6 辛亥 7	5 己卯 5	5 己酉 4	5 己卯 ④	5 戊申 2	5 戊寅 1	《10月》	6 丁丑 30	6 丁未 29	6 丙子 28
7 癸丑 8	7 壬午 9	7 壬子 8	6 庚辰 6	6 庚戌 5	6 庚辰 5	**6** 己酉 3	**6** 己卯 2	6 戊申 1	7 戊寅 ㉛	7 戊申 30	7 丁丑 29
8 甲寅 9	8 癸未 10	8 癸丑 9	7 辛巳 7	7 辛亥 ⑥	7 辛巳 6	7 庚戌 4	7 庚辰 3	7 己酉 2	《11月》	《12月》	8 戊寅 30
9 乙卯 10	9 甲申 11	9 甲寅 10	8 壬午 8	8 壬子 7	8 壬午 7	8 辛亥 5	8 辛巳 4	**8** 庚戌 ③	8 己卯 1	8 己酉 1	9 己卯 31
10 丙辰 11	10 乙酉 12	10 乙卯 ⑪	9 癸未 ⑨	9 癸丑 8	9 癸未 8	9 壬子 6	9 壬午 ⑤	9 辛亥 4	**9** 庚辰 2	**9** 庚戌 2	**836年**
11 丁巳 12	11 丙戌 13	11 丙辰 12	10 甲申 10	10 甲寅 9	10 甲申 9	10 癸丑 7	10 癸未 6	10 壬子 5	10 辛巳 3	10 辛亥 3	《1月》
12 戊午 13	12 丁亥 ⑭	12 丁巳 13	11 乙酉 11	11 乙卯 10	11 乙酉 10	11 甲寅 ⑧	11 甲申 7	11 癸丑 6	11 壬午 4	11 壬子 4	10 庚辰 1
13 己未 ⑭	13 戊子 15	13 戊午 14	12 丙戌 12	12 丙辰 11	12 丙戌 ⑪	12 乙卯 9	12 乙酉 8	12 甲寅 7	12 癸未 5	12 癸丑 ⑤	**11** 辛巳 ②
14 庚申 15	14 己丑 16	14 己未 15	13 丁亥 13	13 丁巳 12	13 丁亥 12	13 丙辰 10	13 丙戌 9	13 乙卯 8	13 甲申 6	13 甲寅 6	12 壬午 3
15 辛酉 16	15 庚寅 17	15 庚申 16	14 戊子 14	14 戊午 ⑬	14 戊子 13	14 丁巳 11	14 丁亥 10	14 丙辰 9	14 乙酉 ⑦	14 乙卯 7	13 癸未 4
16 壬戌 17	16 辛卯 18	16 辛酉 17	15 己丑 15	15 己未 14	15 己丑 14	15 戊午 12	15 戊子 11	15 丁巳 ⑩	15 丙戌 8	15 丙辰 8	14 甲申 5
17 癸亥 18	**17** 壬辰 19	**17** 壬戌 ⑱	16 庚寅 ⑯	16 庚申 15	16 庚寅 15	16 己未 13	16 己丑 ⑫	16 戊午 11	16 丁亥 9	16 丁巳 9	15 乙酉 6
18 甲子 19	18 癸巳 20	18 癸亥 19	17 辛卯 17	17 辛酉 16	17 辛卯 16	17 庚申 14	17 庚寅 13	17 己未 12	17 戊子 10	17 戊午 10	16 丙戌 7
19 乙丑 20	19 甲午 ㉑	19 甲子 20	18 壬辰 18	18 壬戌 17	18 壬辰 17	18 辛酉 ⑮	18 辛卯 14	18 庚申 13	18 己丑 11	18 己未 11	17 丁亥 8
20 丙寅 ㉑	20 乙未 22	20 乙丑 21	**19** 癸巳 19	**19** 癸亥 18	**19** 癸巳 ⑱	19 壬戌 16	19 壬辰 15	19 辛酉 14	19 庚寅 12	19 庚申 ⑫	18 戊子 ⑨
21 丁卯 22	21 丙申 23	21 丙寅 22	20 甲午 20	20 甲子 19	20 甲午 19	20 癸亥 17	20 癸巳 16	20 壬戌 15	20 辛卯 13	20 辛酉 13	19 己丑 10
22 戊辰 23	22 丁酉 24	22 丁卯 23	21 乙未 21	21 乙丑 ⑳	21 乙未 20	**21** 甲子 18	**21** 甲午 17	21 癸亥 16	21 壬辰 ⑭	21 壬戌 14	20 庚寅 11
23 己巳 24	23 戊戌 25	23 戊辰 24	22 丙申 22	22 丙寅 21	22 丙申 21	22 乙丑 19	22 乙未 18	22 甲子 ⑰	22 癸巳 15	22 癸亥 15	21 辛卯 12
24 庚午 25	24 己亥 26	24 己巳 ㉕	23 丁酉 ㉓	23 丁卯 22	23 丁酉 22	23 丙寅 20	23 丙申 ⑲	**23** 乙丑 18	23 甲午 16	23 甲子 16	22 壬辰 13
25 辛未 26	25 庚子 27	25 庚午 26	24 戊戌 24	24 戊辰 23	24 戊戌 23	24 丁卯 21	24 丁酉 20	24 丙寅 19	**24** 乙未 17	24 乙丑 17	23 癸巳 14
26 壬申 27	26 辛丑 ㉘	26 辛未 27	25 己亥 25	25 己巳 24	25 己亥 24	25 戊辰 ㉒	25 戊戌 21	25 丁卯 20	25 丙申 18	**25** 丙寅 18	24 甲午 15
27 癸酉 ㉘	27 壬寅 29	27 壬申 28	26 庚子 26	26 庚午 25	26 庚子 ㉕	26 己巳 23	26 己亥 22	26 戊辰 21	26 丁酉 19	26 丁卯 ⑲	25 乙未 ⑯
《3月》	28 癸卯 30	28 癸酉 29	27 辛丑 27	27 辛未 26	27 辛丑 26	27 庚午 24	27 庚子 23	27 己巳 22	27 戊戌 20	27 戊辰 20	**26** 丙申 17
28 甲戌 1	29 甲辰 31	29 甲戌 30	28 壬寅 28	28 壬申 ㉗	28 壬寅 27	28 辛未 25	28 辛丑 24	28 庚午 23	28 己亥 ㉑	28 己巳 21	27 丁酉 18
29 乙亥 2	《4月》		29 癸卯 29	29 癸酉 28	29 癸卯 28	29 壬申 26	29 壬寅 25	29 辛未 ㉔	29 庚子 22	29 庚午 22	28 戊戌 19
	30 乙巳 1		30 甲辰 ㉚	30 甲戌 29		30 癸酉 27			30 辛丑 23		29 己亥 20
											30 庚子 21
雨水 15日	啓蟄 1日 春分 17日	清明 2日 穀雨 17日	立夏 3日 小満 19日	芒種 4日 夏至 19日	小暑 4日 大暑 19日	立秋 6日 処暑 21日	白露 6日 秋分 21日	寒露 8日 霜降 23日	立冬 9日 小雪 24日	大雪 9日 冬至 25日	小寒 11日 大寒 26日

承和**3**年（836－837） 丙辰

1月	2月	3月	4月	5月	閏5月	6月	7月	8月	9月	10月	11月	12月
1 辛丑 22	1 庚午 ⑳	1 庚子 21	1 己巳 19	1 己亥 19	1 己巳 ⑱	1 戊戌 17	1 戊辰 16	1 戊戌 15	1 丁卯 14	1 丁酉 13	1 丙寅 12	1 乙未 10
2 壬寅 ㉓	2 辛未 21	2 辛丑 22	2 庚午 20	2 庚子 20	2 庚午 19	**2** 己亥 18	**2** 己巳 17	2 己亥 16	2 戊辰 ⑮	2 戊戌 14	2 丁卯 13	2 丙申 11
3 癸卯 24	3 壬申 22	3 壬寅 23	3 辛未 21	3 辛丑 ㉑	3 辛未 20	3 庚子 19	3 庚午 18	**3** 庚子 ⑰	3 己巳 16	3 己亥 15	3 戊辰 14	3 丁酉 12
4 甲辰 25	4 癸酉 23	4 癸卯 24	4 壬申 22	4 壬寅 22	4 壬申 21	4 辛丑 20	4 辛未 19	4 辛丑 18	**4** 庚午 17	**4** 庚子 16	4 己巳 15	4 戊戌 13
5 乙巳 26	5 甲戌 24	5 甲辰 25	5 癸酉 ㉓	5 癸卯 23	5 癸酉 22	5 壬寅 21	5 壬申 ⑳	5 壬寅 19	5 辛未 18	5 辛丑 17	5 庚午 16	5 己亥 ⑭
6 丙午 27	6 乙亥 25	6 乙巳 ㉖	6 甲戌 24	6 甲辰 24	6 甲戌 23	6 癸卯 22	6 癸酉 21	6 癸卯 20	6 壬申 19	6 壬寅 18	**6** 辛未 ⑰	6 庚子 15
7 丁未 28	7 丙子 26	7 丙午 27	7 乙亥 25	7 乙巳 25	7 乙亥 24	7 甲辰 ㉓	7 甲戌 22	7 甲辰 21	7 癸酉 20	7 癸卯 ⑲	7 壬申 18	**7** 辛丑 16
8 戊申 29	8 丁丑 ㉗	8 丁未 28	8 丙子 26	8 丙午 26	8 丙子 ㉕	8 乙巳 24	8 乙亥 23	8 乙巳 22	8 甲戌 21	8 甲辰 20	8 癸酉 19	8 壬寅 17
9 己酉 ㉚	9 戊寅 28	9 戊申 29	9 丁丑 27	9 丁未 27	9 丁丑 26	9 丙午 25	9 丙子 24	9 丙午 23	9 乙亥 ㉒	9 乙巳 21	9 甲戌 20	9 癸卯 18
10 庚戌 31	10 己卯 29	10 己酉 30	10 戊寅 28	10 戊申 ㉘	10 戊寅 27	10 丁未 26	10 丁丑 25	10 丁未 ㉔	10 丙子 23	10 丙午 22	10 乙亥 21	10 甲辰 19
《2月》	《3月》	11 庚戌 31	11 己卯 29	11 己酉 29	11 己卯 28	11 戊申 27	11 戊寅 26	11 戊申 25	11 丁丑 24	11 丁未 23	11 丙子 22	11 乙巳 20
11 辛亥 1	11 庚辰 1	《4月》	12 庚辰 ㉚	12 庚戌 30	12 庚辰 29	12 己酉 28	12 己卯 ㉗	12 己酉 26	12 戊寅 25	12 戊申 24	12 丁丑 23	12 丙午 ㉑
12 壬子 2	12 辛巳 2	12 辛亥 1	《5月》	13 辛亥 31	13 辛巳 30	13 庚戌 29	13 庚辰 28	13 庚戌 27	13 己卯 26	13 己酉 25	13 戊寅 ㉔	13 丁未 22
13 癸丑 3	**13** 壬午 3	**13** 壬子 ②	13 辛巳 1	《6月》	《7月》	14 辛亥 ㉚	14 辛巳 29	14 辛亥 28	14 庚辰 27	14 庚戌 ㉖	14 己卯 25	14 戊申 23
14 甲寅 4	14 癸未 4	14 癸丑 3	14 壬午 2	14 壬子 1	14 壬午 1	15 壬子 31	15 壬午 30	15 壬子 29	15 辛巳 28	15 辛亥 27	15 庚辰 26	15 己酉 24
15 乙卯 5	15 甲申 ⑤	15 甲寅 4	**15** 癸未 3	**15** 癸丑 2	**15** 癸未 ②	《8月》	16 癸未 31	16 癸丑 30	16 壬午 ㉙	16 壬子 28	16 辛巳 27	16 庚戌 25
16 丙辰 ⑥	16 乙酉 6	16 乙卯 5	16 甲申 4	16 甲寅 3	16 甲申 3	16 癸丑 1	《9月》	《10月》	17 癸未 30	17 癸丑 29	17 壬午 28	17 辛亥 26
17 丁巳 7	17 丙戌 7	17 丙辰 6	17 乙酉 5	17 乙卯 ④	17 乙酉 4	**17** 甲寅 2	**17** 甲申 1	17 甲寅 ①	18 甲申 31	18 甲寅 30	18 癸未 29	18 壬子 27
18 戊午 8	18 丁亥 8	18 丁巳 7	18 丙戌 6	18 丙辰 5	18 丙戌 5	18 乙卯 3	18 乙酉 2	**18** 乙卯 2	《11月》	《12月》	19 甲申 30	19 癸丑 ㉘
19 己未 9	19 戊子 9	19 戊午 8	19 丁亥 ⑦	19 丁巳 6	19 丁亥 6	19 丙辰 4	19 丙戌 ③	19 丙辰 3	**19** 乙酉 1	19 乙卯 1	20 乙酉 ㉛	20 甲寅 29
20 庚申 10	20 己丑 10	20 己未 ⑨	20 戊子 8	20 戊午 7	20 戊子 7	20 丁巳 5	20 丁亥 4	20 丁巳 4	20 丙戌 2	**20** 丙辰 2	**837年**	21 乙卯 30
21 辛酉 11	21 庚寅 11	21 庚申 10	21 己丑 9	21 己未 8	21 己丑 8	21 戊午 ⑥	21 戊子 5	21 戊午 5	21 丁亥 3	21 丁巳 ③	《1月》	22 丙辰 31
22 壬戌 12	22 辛卯 ⑫	22 辛酉 11	22 庚寅 10	22 庚申 9	22 庚寅 ⑨	22 己未 7	22 己丑 6	22 己未 6	22 戊子 4	22 戊午 4	**21** 丙戌 1	《2月》
23 癸亥 ⑬	23 壬辰 13	23 壬戌 12	23 辛卯 11	23 辛酉 10	23 辛卯 10	23 庚申 8	23 庚寅 7	23 庚申 7	23 己丑 ⑤	23 己未 5	22 丁亥 2	**23** 丁巳 1
24 甲子 14	24 癸巳 14	24 癸亥 13	24 壬辰 12	24 壬戌 ⑪	24 壬辰 11	24 辛酉 9	24 辛卯 8	24 辛酉 ⑧	24 庚寅 6	24 庚申 6	23 戊子 3	24 戊午 2
25 乙丑 15	25 甲午 15	25 甲子 14	25 癸巳 13	25 癸亥 12	25 癸巳 12	25 壬戌 10	25 壬辰 9	25 壬戌 9	25 辛卯 7	25 辛酉 7	24 己丑 4	25 己未 3
26 丙寅 16	26 乙未 16	26 乙丑 15	26 甲午 ⑭	26 甲子 13	26 甲午 13	26 癸亥 11	26 癸巳 ⑩	26 癸亥 10	26 壬辰 8	26 壬戌 8	25 庚寅 5	26 庚申 ④
27 丁卯 17	27 丙申 17	27 丙寅 ⑯	27 乙未 15	27 乙丑 14	27 乙未 14	27 甲子 12	27 甲午 11	27 甲子 11	27 癸巳 9	27 癸亥 9	26 辛卯 6	27 辛酉 5
28 戊辰 18	**28** 丁酉 18	**28** 丁卯 17	28 丙申 16	28 丙寅 15	28 丙申 15	28 乙丑 ⑬	28 乙未 12	28 乙丑 12	28 甲午 10	28 甲子 ⑩	27 壬辰 ⑦	28 壬戌 6
29 己巳 19	29 戊戌 ⑲	29 戊辰 18	29 丁酉 17	29 丁卯 16	29 丁酉 ⑯	29 丙寅 14	29 丙申 13	29 丙寅 13	29 乙未 11	29 乙丑 11	28 癸巳 8	29 癸亥 7
	30 己亥 20		**30** 戊戌 18	**30** 戊辰 17		30 丁卯 15	30 丁酉 14		30 丙申 ⑫		29 甲午 9	30 甲子 8
立春 11日 雨水 26日	啓蟄 13日 春分 28日	清明 13日 穀雨 28日	立夏 15日 小満 30日	芒種 15日 夏至 30日	小暑15日	大暑 2日 立秋 17日	処暑 2日 白露 17日	秋分 3日 寒露 18日	霜降 4日 立冬 19日	小雪 4日 大雪 20日	冬至 6日 小寒 21日	大寒 7日 立春 23日

承和 4 年（837－838） 丁巳

1月	2月	3月	4月	5月	6月	7月	8月	9月	10月	11月	12月
1 乙丑 9 2 丙寅 10 3 丁卯 ⑪ 4 戊辰 12 5 己巳 13 6 庚午 14 7 辛未 15 **8** 壬申 16 9 癸酉 17 10 甲戌 ⑱ 11 乙亥 19 12 丙子 20 13 丁丑 21 14 戊寅 22 15 己卯 23 16 庚辰 24 17 辛巳 ㉕ 18 壬午 26 19 癸未 27 20 甲申 28 《3月》 21 乙酉 1 22 丙戌 2 **23** 丁亥 3 24 戊子 ④ 25 己丑 5 26 庚寅 6 27 辛卯 7 28 壬辰 8 29 癸巳 9	1 甲午 10 2 乙未 ⑪ 3 丙申 12 4 丁酉 13 5 戊戌 14 6 己亥 15 7 庚子 16 8 辛丑 17 **9** 壬寅 ⑱ 10 癸卯 19 11 甲辰 20 12 乙巳 21 13 丙午 22 14 丁未 23 15 戊申 24 16 己酉 ㉕ 17 庚戌 26 18 辛亥 27 19 壬子 28 20 癸丑 29 21 甲寅 30 22 乙卯 31 《4月》 23 丙辰 ① **24** 丁巳 2 25 戊午 3 26 己未 4 27 庚申 5 28 辛酉 6 29 壬戌 7 30 癸亥 ⑧	1 甲子 9 2 乙丑 10 3 丙寅 11 4 丁卯 12 5 戊辰 13 6 己巳 14 7 庚午 ⑮ 8 辛未 16 9 壬申 17 **10** 癸酉 18 11 甲戌 19 12 乙亥 20 13 丙子 21 14 丁丑 ㉒ 15 戊寅 23 16 己卯 24 17 庚辰 25 18 辛巳 26 19 壬午 27 20 癸未 28 21 甲申 ㉙ 22 乙酉 30 《5月》 23 丙戌 1 24 丁亥 2 **25** 戊子 3 26 己丑 4 27 庚寅 5 28 辛卯 ⑥ 29 壬辰 7	1 癸巳 8 2 甲午 9 3 乙未 10 4 丙申 11 5 丁酉 12 6 戊戌 ⑬ 7 己亥 14 8 庚子 15 9 辛丑 16 10 壬寅 17 **11** 癸卯 18 12 甲辰 19 13 乙巳 ⑳ 14 丙午 21 15 丁未 22 16 戊申 23 17 己酉 24 18 庚戌 25 19 辛亥 26 20 壬子 ㉗ 21 癸丑 28 22 甲寅 29 23 乙卯 30 24 丙辰 31 《6月》 25 丁巳 1 **26** 戊午 2 27 己未 ③ 28 庚申 4 29 辛酉 5 30 壬戌 6	1 癸亥 7 2 甲子 8 3 乙丑 9 4 丙寅 ⑩ 5 丁卯 11 6 戊辰 12 7 己巳 13 8 庚午 14 9 辛未 15 10 壬申 16 **11** 癸酉 ⑰ 12 甲戌 18 13 乙亥 19 14 丙子 20 15 丁丑 21 16 戊寅 22 17 己卯 23 18 庚辰 ㉔ 19 辛巳 25 20 壬午 26 21 癸未 27 22 甲申 28 23 乙酉 29 24 丙戌 30 《7月》 25 丁亥 ① 26 戊子 2 **27** 己丑 3 28 庚寅 4 29 辛卯 5	1 壬辰 6 2 癸巳 7 3 甲午 ⑧ 4 乙未 9 5 丙申 10 6 丁酉 11 7 戊戌 12 8 己亥 13 9 庚子 14 10 辛丑 ⑮ 11 壬寅 16 12 癸卯 17 **13** 甲辰 18 14 乙巳 19 15 丙午 20 16 丁未 21 17 戊申 ㉒ 18 己酉 23 19 庚戌 24 20 辛亥 25 21 壬子 26 22 癸丑 27 23 甲寅 28 24 乙卯 ㉙ 25 丙辰 30 26 丁巳 31 《8月》 27 戊午 1 **28** 己未 2 29 庚申 3 30 辛酉 4	1 壬戌 ⑤ 2 癸亥 6 3 甲子 7 4 乙丑 8 5 丙寅 9 6 丁卯 10 7 戊辰 11 8 己巳 ⑫ 9 庚午 13 10 辛未 14 11 壬申 15 12 癸酉 16 **13** 甲戌 17 14 乙亥 18 15 丙子 ⑲ 16 丁丑 20 17 戊寅 21 18 己卯 22 19 庚辰 23 20 辛巳 24 21 壬午 25 22 癸未 ㉖ 23 甲申 27 24 乙酉 28 25 丙戌 29 26 丁亥 30 27 戊子 31 《9月》 28 己丑 1 **29** 庚寅 ② 30 辛卯 3	1 壬辰 4 2 癸巳 5 3 甲午 6 4 乙未 7 5 丙申 8 6 丁酉 ⑨ 7 戊戌 10 8 己亥 11 9 庚子 12 10 辛丑 13 11 壬寅 14 12 癸卯 15 13 甲辰 ⑯ **14** 乙巳 17 15 丙午 18 16 丁未 19 17 戊申 20 18 己酉 21 19 庚戌 22 20 辛亥 ㉓ 21 壬子 24 22 癸丑 25 23 甲寅 26 24 乙卯 27 25 丙辰 28 26 丁巳 29 27 戊午 ㉚ 《10月》 28 己未 1 **29** 庚申 2	1 辛酉 3 2 壬戌 4 3 癸亥 5 4 甲子 6 5 乙丑 ⑦ 6 丙寅 8 7 丁卯 9 8 戊辰 10 9 己巳 11 10 庚午 12 11 辛未 13 12 壬申 ⑭ 13 癸酉 15 14 甲戌 16 **15** 乙亥 17 16 丙子 18 17 丁丑 19 18 戊寅 20 19 己卯 ㉑ 20 庚辰 22 21 辛巳 23 22 壬午 24 23 癸未 25 24 甲申 26 25 乙酉 27 26 丙戌 ㉘ 27 丁亥 29 28 戊子 30 29 己丑 31 《11月》 **30** 庚寅 1	1 辛卯 2 2 壬辰 3 3 癸巳 ④ 4 甲午 5 5 乙未 6 6 丙申 7 7 丁酉 8 8 戊戌 9 9 己亥 10 10 庚子 ⑪ 11 辛丑 12 12 壬寅 13 13 癸卯 14 14 甲辰 15 15 乙巳 16 **16** 丙午 17 17 丁未 ⑱ 18 戊申 19 19 己酉 20 20 庚戌 21 21 辛亥 22 22 壬子 23 23 癸丑 24 24 甲寅 ㉕ 25 乙卯 26 26 丙辰 27 27 丁巳 28 28 戊午 29 29 己未 30 《12月》 30 庚申 1	**1** 辛酉 ② 2 壬戌 3 3 癸亥 4 4 甲子 5 5 乙丑 6 6 丙寅 7 7 丁卯 8 8 戊辰 ⑨ 9 己巳 10 10 庚午 11 11 辛未 12 12 壬申 13 13 癸酉 14 14 甲戌 15 15 乙亥 ⑯ **16** 丙子 17 17 丁丑 18 18 戊寅 19 19 己卯 20 20 庚辰 21 21 辛巳 22 22 壬午 ㉓ 23 癸未 24 24 甲申 25 25 乙酉 26 26 丙戌 27 27 丁亥 28 28 戊子 29 29 己丑 ㉚	1 庚寅 31 **838 年** 《1月》 **2** 辛卯 1 3 壬辰 2 4 癸巳 3 5 甲午 4 6 乙未 5 7 丙申 ⑥ 8 丁酉 7 9 戊戌 8 10 己亥 9 11 庚子 10 12 辛丑 11 13 壬寅 12 14 癸卯 ⑬ 15 甲辰 14 16 乙巳 15 17 丙午 16 **18** 丁未 17 19 戊申 18 20 己酉 19 21 庚戌 ⑳ 22 辛亥 21 23 壬子 22 24 癸丑 23 25 甲寅 24 26 乙卯 25 27 丙辰 26 28 丁巳 ㉗ 29 戊午 28 30 己未 29
雨水 8日 啓蟄 23日	春分 9日 清明 24日	穀雨 10日 立夏 25日	小満 11日 芒種 26日	夏至 11日 小暑 27日	大暑 13日 立秋 28日	処暑 13日 白露 29日	秋分 14日 寒露 29日	霜降 15日 立冬 30日	小雪 16日	大雪 1日 冬至 16日	小寒 2日 大寒 18日

承和 5 年（838－839） 戊午

1月	2月	3月	4月	5月	6月	7月	8月	9月	10月	11月	12月
1 庚申 30 2 辛酉 31 《2月》 **3** 壬戌 1 4 癸亥 2 5 甲子 ③ 6 乙丑 4 7 丙寅 5 8 丁卯 6 9 戊辰 7 10 己巳 8 11 庚午 9 12 辛未 ⑩ 13 壬申 11 14 癸酉 12 15 甲戌 13 16 乙亥 14 17 丙子 15 **18** 丁丑 16 19 戊寅 ⑰ 20 己卯 18 21 庚辰 19 22 辛巳 20 23 壬午 21 24 癸未 22 25 甲申 23 26 乙酉 ㉔ 27 丙戌 25 28 丁亥 26 29 戊子 27	1 己丑 28 《3月》 2 庚寅 1 3 辛卯 2 **4** 壬辰 ③ 5 癸巳 4 6 甲午 5 7 乙未 6 8 丙申 7 9 丁酉 8 10 戊戌 9 11 己亥 ⑩ 12 庚子 11 13 辛丑 12 14 壬寅 13 15 癸卯 14 16 甲辰 15 17 乙巳 16 18 丙午 ⑰ **19** 丁未 18 20 戊申 19 21 己酉 20 22 庚戌 21 23 辛亥 22 24 壬子 23 25 癸丑 ㉔ 26 甲寅 25 27 乙卯 26 28 丙辰 27 29 丁巳 28	1 戊午 29 2 己未 30 3 庚申 ㉛ 《4月》 4 辛酉 1 5 壬戌 2 **6** 癸亥 3 7 甲子 4 8 乙丑 5 9 丙寅 6 10 丁卯 ⑦ 11 戊辰 8 12 己巳 9 13 庚午 10 14 辛未 11 15 壬申 12 16 癸酉 13 17 甲戌 ⑭ 18 乙亥 15 19 丙子 16 20 丁丑 17 **21** 戊寅 18 22 己卯 19 23 庚辰 20 24 辛巳 ㉑ 25 壬午 22 26 癸未 23 27 甲申 24 28 乙酉 25 29 丙戌 26 30 丁亥 27	1 戊子 ㉘ 2 己丑 29 3 庚寅 30 《5月》 4 辛卯 1 5 壬辰 2 **6** 癸巳 3 7 甲午 4 8 乙未 ⑤ 9 丙申 6 10 丁酉 7 11 戊戌 8 12 己亥 9 13 庚子 10 14 辛丑 11 15 壬寅 ⑫ 16 癸卯 13 17 甲辰 14 18 乙巳 15 19 丙午 16 20 丁未 17 **21** 戊申 18 22 己酉 ⑲ 23 庚戌 20 24 辛亥 21 25 壬子 22 26 癸丑 23 27 甲寅 24 28 乙卯 25 29 丙辰 ㉖	1 丁巳 27 2 戊午 28 3 己未 29 4 庚申 30 5 辛酉 31 《6月》 6 壬戌 1 7 癸亥 ② **8** 甲子 3 9 乙丑 4 10 丙寅 5 11 丁卯 6 12 戊辰 7 13 己巳 8 14 庚午 ⑨ 15 辛未 10 16 壬申 11 17 癸酉 12 18 甲戌 13 19 乙亥 14 20 丙子 15 21 丁丑 ⑯ 22 戊寅 17 **23** 己卯 18 24 庚辰 19 25 辛巳 20 26 壬午 21 27 癸未 22 28 甲申 ㉓ 29 乙酉 24 30 丙戌 25	1 丁亥 26 2 戊子 27 3 己丑 28 4 庚寅 29 5 辛卯 ㉚ 《7月》 6 壬辰 1 7 癸巳 2 **8** 甲午 3 9 乙未 4 10 丙申 5 11 丁酉 6 12 戊戌 ⑦ 13 己亥 8 14 庚子 9 15 辛丑 10 16 壬寅 11 17 癸卯 12 18 甲辰 13 19 乙巳 ⑭ 20 丙午 15 21 丁未 16 22 戊申 17 **23** 己酉 18 24 庚戌 19 25 辛亥 20 26 壬子 ㉑ 27 癸丑 22 28 甲寅 23 29 乙卯 24	1 丙辰 25 2 丁巳 26 3 戊午 27 4 己未 ㉘ 5 庚申 29 6 辛酉 30 7 壬戌 31 《8月》 8 癸亥 1 **9** 甲子 2 10 乙丑 3 11 丙寅 ④ 12 丁卯 5 13 戊辰 6 14 己巳 7 15 庚午 8 16 辛未 9 17 壬申 10 18 癸酉 ⑪ 19 甲戌 12 20 乙亥 13 21 丙子 14 22 丁丑 15 23 戊寅 16 24 己卯 17 **25** 庚辰 ⑱ 26 辛巳 19 27 壬午 20 28 癸未 21 29 甲申 22 30 乙酉 23	1 丙戌 24 2 丁亥 ㉕ 3 戊子 26 4 己丑 27 5 庚寅 28 6 辛卯 29 7 壬辰 30 8 癸巳 31 《9月》 9 甲午 ① **10** 乙未 2 11 丙申 3 12 丁酉 4 13 戊戌 5 14 己亥 6 15 庚子 7 16 辛丑 ⑧ 17 壬寅 9 18 癸卯 10 19 甲辰 11 20 乙巳 12 21 丙午 13 22 丁未 14 23 戊申 ⑮ 24 己酉 16 **25** 庚戌 17 26 辛亥 18 27 壬子 19 28 癸丑 20 29 甲寅 21 30 乙卯 ㉒	1 丙辰 23 2 丁巳 24 3 戊午 25 4 己未 26 5 庚申 27 6 辛酉 28 7 壬戌 ㉙ 8 癸亥 30 《10月》 9 甲子 1 **10** 乙丑 2 11 丙寅 3 12 丁卯 4 13 戊辰 5 14 己巳 ⑥ 15 庚午 7 16 辛未 8 17 壬申 9 18 癸酉 10 19 甲戌 11 20 乙亥 12 21 丙子 ⑬ 22 丁丑 14 23 戊寅 15 24 己卯 16 **25** 庚辰 17 26 辛巳 18 27 壬午 19 28 癸未 ⑳ 29 甲申 21	1 乙酉 22 2 丙戌 23 3 丁亥 24 4 戊子 25 5 己丑 26 6 庚寅 ㉗ 7 辛卯 28 8 壬辰 29 9 癸巳 30 10 甲午 31 《11月》 11 乙未 1 **12** 丙申 2 13 丁酉 ③ 14 戊戌 4 15 己亥 5 16 庚子 6 17 辛丑 7 18 壬寅 8 19 癸卯 9 20 甲辰 ⑩ 21 乙巳 11 22 丙午 12 23 丁未 13 24 戊申 14 25 己酉 15 26 庚戌 16 **27** 辛亥 ⑰ 28 壬子 18 29 癸丑 19 30 甲寅 20	1 乙卯 21 2 丙辰 22 3 丁巳 23 4 戊午 ㉔ 5 己未 25 6 庚申 26 7 辛酉 27 8 壬戌 28 9 癸亥 29 10 甲子 30 《12月》 11 乙丑 ① **12** 丙寅 2 13 丁卯 3 14 戊辰 4 15 己巳 5 16 庚午 6 17 辛未 7 18 壬申 ⑧ 19 癸酉 9 20 甲戌 10 21 乙亥 11 22 丙子 12 23 丁丑 13 24 戊寅 14 25 己卯 ⑮ 26 庚辰 16 **27** 辛巳 17 28 壬午 18 29 癸未 19 30 甲申 20	1 乙酉 21 2 丙戌 ㉒ 3 丁亥 23 4 戊子 24 5 己丑 25 6 庚寅 26 7 辛卯 27 8 壬辰 28 9 癸巳 ㉙ 10 甲午 30 11 乙未 31 **839 年** 《1月》 12 丙申 1 **13** 丁酉 2 14 戊戌 3 15 己亥 4 16 庚子 ⑤ 17 辛丑 6 18 壬寅 7 19 癸卯 8 20 甲辰 9 21 乙巳 10 22 丙午 11 23 丁未 ⑫ 24 戊申 13 25 己酉 14 26 庚戌 15 27 辛亥 16 **28** 壬子 17 29 癸丑 18
立春 3日 雨水 18日	啓蟄 4日 春分 19日	清明 6日 穀雨 21日	立夏 6日 小満 21日	芒種 8日 夏至 23日	小暑 8日 大暑 23日	立秋 9日 処暑 25日	白露 10日 秋分 25日	寒露 10日 霜降 25日	立冬 12日 小雪 27日	大雪 12日 冬至 27日	小寒 13日 大寒 28日

承和**6**年（839－840） 己未

1月	閏1月	2月	3月	4月	5月	6月	7月	8月	9月	10月	11月	12月
1 甲寅⑲	1 甲申18	**1** 癸丑19	1 壬午17	1 壬子17	1 辛巳⑮	1 庚戌14	1 庚辰13	1 庚戌12	1 己卯11	1 己酉10	1 己卯10	1 己酉 9
2 乙卯20	2 乙酉19	2 甲寅20	**2** 癸未18	2 癸丑⑱	2 壬午16	2 辛亥15	2 辛巳14	2 辛亥13	2 庚辰⑫	2 庚戌11	2 庚辰11	2 庚戌10
3 丙辰21	3 丙戌20	3 乙卯21	3 甲申19	**3** 甲寅19	3 癸未17	3 壬子16	3 壬午15	3 壬子⑭	3 辛巳13	3 辛亥12	3 辛巳12	3 辛亥⑪
4 丁巳22	4 丁亥21	4 丙辰22	4 乙酉⑳	4 乙卯20	**4** 甲申18	4 癸丑17	4 癸未16	4 癸丑15	4 壬午14	4 壬子13	4 壬午13	4 壬子12
5 戊午23	5 戊子22	5 丁巳㉓	5 丙戌21	5 丙辰21	5 乙酉19	**5** 甲寅18	5 甲申⑰	5 甲寅16	5 癸未15	5 癸丑14	5 癸未⑭	5 癸丑13
6 己未24	6 己丑㉓	6 戊午24	6 丁亥22	6 丁巳22	6 丙戌20	6 乙卯19	**6** 乙酉18	**6** 乙卯17	6 甲申16	6 甲寅15	6 甲申15	6 甲寅14
7 庚申25	7 庚寅24	7 己未25	7 戊子23	7 戊午23	7 丁亥21	7 丙辰⑳	7 丙戌19	7 丙辰18	7 乙酉17	7 乙卯⑯	7 乙酉16	7 乙卯15
8 辛酉㉖	8 辛卯25	8 庚申26	8 己丑24	8 己未24	8 戊子㉒	8 丁巳21	8 丁亥20	8 丁巳19	**8** 丙戌18	**8** 丙辰17	8 丙戌17	8 丙辰16
9 壬戌27	9 壬辰26	9 辛酉27	9 庚寅25	9 庚申㉕	9 己丑23	9 戊午22	9 戊子21	9 戊午20	9 丁亥⑲	9 丁巳18	**9** 丁亥18	**9** 丁巳17
10癸亥28	10癸巳27	10壬戌28	10辛卯26	10辛酉26	10庚寅24	10己未23	10己丑22	10己未㉑	10戊子20	10戊午19	10戊子19	10戊午⑱
11甲子29	11甲午28	11癸亥29	11壬辰㉗	11壬戌27	11辛卯25	11庚申24	11庚寅23	11庚申22	11己丑21	11己未20	11己丑20	11己未19
12乙丑30	《3月》	12甲子㉚	12癸巳28	12癸亥28	12壬辰26	12辛酉25	12辛卯㉔	12辛酉23	12庚寅22	12庚申21	12庚寅㉑	12庚申20
13丙寅31	12乙未 1	13乙丑31	13甲午29	13甲子29	13癸巳27	13壬戌26	13壬辰25	13壬戌24	13辛卯23	13辛酉22	13辛卯22	13辛酉21
《2月》	13丙申②	《4月》	14乙未30	14乙丑30	14甲午28	14癸亥㉗	14癸巳26	14癸亥25	14壬辰24	14壬戌㉓	14壬辰23	14壬戌22
14丁卯 1	**14**丁酉 3	14丙寅 1	《5月》	15丙寅31	15乙未㉙	15甲子28	15甲午27	15甲子26	15癸巳25	15癸亥24	15癸巳24	15癸亥23
15戊辰②	15戊戌 4	15丁卯 2	15丙申 1	《6月》	16丙申30	16乙丑29	16乙未28	16乙丑27	16甲午㉖	16甲子25	16甲午25	16甲子24
16己巳 3	16己亥 5	**16**戊辰 3	16丁酉 2	16丁卯①	《7月》	17丙寅30	17丙申29	17丙寅㉘	17乙未27	17乙丑26	17乙未26	17乙丑㉕
17庚午 4	17庚子 6	17己巳 4	**17**戊戌 3	17戊辰 2	17丁酉 1	18丁卯31	18丁酉30	18丁卯29	18丙申28	18丙寅27	18丙申27	18丙寅26
18辛未 5	18辛丑 7	18庚午 5	18己亥④	**18**己巳 3	18戊戌 2	《8月》	19戊戌㉛	19戊辰30	19丁酉29	19丁卯28	19丁酉㉘	19丁卯27
19壬申 6	19壬寅 8	19辛未⑥	19庚子 5	19庚午 4	**19**己亥 3	19戊辰 1	《9月》	《10月》	20戊戌30	20戊辰29	20戊戌29	20戊辰28
20癸酉 7	20癸卯⑨	20壬申 7	20辛丑 6	20辛未 5	20庚子 4	20己巳 2	20己亥 1	20己巳 1	21己亥31	21己巳㉚	21己亥30	21己巳29
21甲戌 8	21甲辰10	21癸酉 8	21壬寅 7	21壬申 6	21辛丑 5	**21**庚午③	**21**庚子 2	21庚午 2	《11月》	《12月》	22庚子31	22庚午30
22乙亥⑨	22乙巳11	22甲戌 9	22癸卯 8	22癸酉 7	22壬寅⑥	22辛未 4	22辛丑 3	**22**辛未 3	22庚子 1	22庚午 1	**840 年**	23辛未31
23丙子10	23丙午12	23乙亥10	23甲辰 9	23甲戌⑧	23癸卯 7	23壬申 5	23壬寅 4	23壬申 4	**23**辛丑②	**23**辛未 2	《1月》	《2月》
24丁丑11	24丁未13	24丙子11	24乙巳10	24乙亥 9	24甲辰 8	24癸酉 6	24癸卯 5	24癸酉⑤	24壬寅 3	24壬申 3	23辛丑 1	**24**壬申①
25戊寅12	25戊申14	25丁丑12	25丙午⑪	25丙子10	25乙巳 9	25甲戌 7	25甲辰 6	25甲戌 6	25癸卯 4	25癸酉 4	**24**壬寅 2	25癸酉 2
26己卯13	26己酉15	26戊寅⑬	26丁未12	26丁丑11	26丙午10	26乙亥 8	26乙巳⑦	26乙亥 7	26甲辰 5	26甲戌 5	25癸卯 3	26甲戌 3
27庚辰14	27庚戌⑯	27己卯14	27戊申13	27戊寅12	27丁未11	27丙子 9	27丙午 8	27丙子 8	27乙巳 6	27乙亥 6	26甲辰④	27乙亥 4
28辛巳15	28辛亥17	28庚辰15	28己酉14	28己卯13	28戊申12	28丁丑⑩	28丁未 9	28丁丑 9	28丙午 7	28丙子⑦	27乙巳 5	28丙子 5
29壬午⑯	29壬子18	29辛巳16	29庚戌15	29庚辰14	29己酉⑬	29戊寅11	29戊申10	29戊寅10	29丁未 8	29丁丑 8	28丙午 6	29丁丑 6
30癸未17			30辛亥16			30己卯12	30己酉11		30戊申⑨	30戊寅 9	29丁未 7	
											30戊申 8	
立春 14日 雨水 29日	啓蟄14日	春分 1日 清明 16日	穀雨 2日 立夏 17日	小満 3日 芒種 18日	夏至 4日 小暑 19日	大暑 5日 立秋 21日	処暑 6日 白露 21日	秋分 6日 寒露 22日	霜降 8日 立冬 23日	小雪 8日 大雪 23日	冬至 9日 小寒 24日	大寒 9日 立春 24日

承和**7**年（840－841） 庚申

1月	2月	3月	4月	5月	6月	7月	8月	9月	10月	11月	12月
1 戊寅 7	1 戊申 8	1 丁丑 6	1 丙午 5	1 丙子 4	1 乙巳 3	《8月》	1 甲辰31	1 癸酉29	1 癸卯29	1 癸酉㉘	1 癸卯28
2 己卯⑧	2 己酉 9	2 戊寅 7	2 丁未 6	2 丁丑 5	2 丙午④	1 甲戌①	《9月》	2 甲戌30	2 甲辰30	2 甲戌29	2 甲辰29
3 庚辰 9	3 庚戌10	3 己卯 8	3 戊申 7	3 戊寅⑥	3 丁未 5	**2** 乙亥 2	**2** 乙巳 1	《10月》	3 乙巳㉛	3 乙亥30	3 乙巳30
4 辛巳10	4 辛亥11	4 庚辰 9	4 己酉 8	4 己卯 7	4 戊申 6	3 丙子 3	3 丙午 2	3 乙亥 1	《11月》	《12月》	4 丙午31
5 壬午11	5 壬子12	5 辛巳10	5 庚戌⑨	5 庚辰 8	5 己酉 7	4 丁丑 4	4 丁未 3	**4** 丙子 2	**4** 丙午 1	4 丙子 1	**841 年**
6 癸未12	6 癸丑13	6 壬午⑪	6 辛亥10	6 辛巳 9	6 庚戌 8	5 戊寅 5	5 戊申 4	5 丁丑③	5 丁未 2	**5** 丁丑 2	《1月》
7 甲申13	7 甲寅⑭	7 癸未12	7 壬子11	7 壬午10	7 辛亥 9	6 己卯 6	6 己酉⑤	6 戊寅 4	6 戊申 3	6 戊寅 3	**5** 丁未 1
8 乙酉14	8 乙卯15	8 甲申13	8 癸丑12	8 癸未11	8 壬子10	7 庚辰 7	7 庚戌 6	7 己卯 5	7 己酉 4	7 己卯 4	6 戊申②
9 丙戌⑮	9 丙辰16	9 乙酉14	9 甲寅13	9 甲申12	9 癸丑⑪	8 辛巳⑧	8 辛亥 7	8 庚辰 6	8 庚戌 5	8 庚辰⑤	7 己酉 3
10丁亥16	10丁巳17	10丙戌15	10乙卯14	10乙酉⑬	10甲寅12	9 壬午 9	9 壬子 8	9 辛巳 7	9 辛亥 6	9 辛巳 6	8 庚戌 4
11戊子17	**11**戊午18	11丁亥16	11丙辰15	11丙戌14	11乙卯13	10癸未10	10癸丑 9	10壬午 8	10壬子⑦	10壬午 7	9 辛亥 5
12己丑18	12己未19	**12**戊子17	12丁巳⑯	12丁亥15	12丙辰14	11甲申11	11甲寅10	11癸未 9	11癸丑 8	11癸未 8	10壬子 6
13庚寅19	13庚申20	13己丑⑱	13戊午17	13戊子16	13丁巳15	12乙酉12	12乙卯11	12甲申⑩	12甲寅 9	12甲申 9	11癸丑 7
14辛卯20	14辛酉㉑	14庚寅19	**14**己未18	**14**己丑17	14戊午16	13丙戌13	13丙辰⑫	13乙酉11	13乙卯10	13乙酉10	12甲寅 8
15壬辰21	15壬戌22	15辛卯20	15庚申19	15庚寅18	15己未17	14丁亥14	14丁巳13	14丙戌12	14丙辰11	14丙戌11	13乙卯⑨
16癸巳㉒	16癸亥23	16壬辰21	16辛酉20	16辛卯19	**16**庚申⑱	15戊子⑮	15戊午14	15丁亥13	15丁巳12	15丁亥⑫	14丙辰10
17甲午23	17甲子24	17癸巳22	17壬戌21	17壬辰⑳	17辛酉19	16己丑16	16己未15	16戊子14	16戊午13	16戊子13	15丁巳11
18乙未24	18乙丑25	18甲午23	18癸亥22	18癸巳21	18壬戌20	**17**庚寅17	17庚申16	17己丑15	17己未⑭	17己丑14	16戊午12
19丙申25	19丙寅26	19乙未24	19甲子㉓	19甲午22	19癸亥21	18辛卯18	**18**辛酉17	18庚寅16	18庚申15	18庚寅15	17己未13
20丁酉26	20丁卯27	20丙申㉕	20乙丑24	20乙未23	20甲子22	19壬辰19	19壬戌18	**19**辛卯⑰	**19**辛酉16	19辛卯16	18庚申14
21戊戌27	21戊辰㉘	21丁酉26	21丙寅25	21丙申24	21乙丑23	20癸巳20	20癸亥⑲	20壬辰18	20壬戌17	**20**壬辰17	19辛酉15
22己亥28	22己巳29	22戊戌27	22丁卯26	22丁酉25	22丙寅24	21甲午21	21甲子20	21癸巳19	21癸亥18	21癸巳18	**20**壬戌⑯
23庚子㉙	23庚午30	23己亥28	23戊辰27	23戊戌26	23丁卯㉕	22乙未㉒	22乙丑21	22甲午20	22甲子19	22甲午⑲	21癸亥17
《3月》	24辛未31	24庚子29	24己巳28	24己亥㉗	24戊辰26	23丙申23	23丙寅22	23乙未21	23乙丑20	23乙未20	22甲子18
24辛丑 1	《4月》	25辛丑30	25庚午29	25庚子28	25己巳27	24丁酉24	24丁卯23	24丙申22	24丙寅㉑	24丙申21	23乙丑19
25壬寅 2	25壬申 1	《5月》	26辛未㉚	26辛丑29	26庚午28	25戊戌25	25戊辰24	25丁酉23	25丁卯22	25丁酉22	24丙寅20
26癸卯 3	**26**癸酉 2	26壬寅 1	27壬申31	27壬寅30	27辛未29	26己亥26	26己巳25	26戊戌㉔	26戊辰23	26戊戌23	25丁卯21
27甲辰 4	27甲戌 3	27癸卯②	《6月》	《7月》	28壬申30	27庚子27	27庚午㉖	27己亥25	27己巳24	27己亥24	26戊辰22
28乙巳 5	28乙亥④	**28**甲辰 3	28癸酉 1	28癸卯 1	29癸酉31	28辛丑28	28辛未27	28庚子26	28庚午25	28庚子25	27己巳㉓
29丙午 6	29丙子 5	29乙巳 4	**29**甲戌 2	**29**甲辰 2		29壬寅㉙	29壬申28	29辛丑27	29辛未26	29辛丑㉖	28庚午24
30丁未⑦			30乙亥 3			30癸卯30		30壬寅28	30壬申27	30壬寅27	29辛未25
雨水 10日 啓蟄 26日	春分 11日 清明 26日	穀雨 12日 立夏 28日	小満 14日 芒種 29日	夏至 14日 小暑 29日	大暑 16日	立秋 2日 処暑 17日	白露 2日 秋分 18日	寒露 4日 霜降 19日	立冬 4日 小雪 19日	大雪 5日 冬至 20日	小寒 5日 大寒 20日

承和**8**年（841－842） 辛酉

1月	2月	3月	4月	5月	6月	7月	8月	9月	閏9月	10月	11月	12月
1 壬申26 2 癸酉27 3 甲戌28 4 乙亥29 5 丙子㉚ **6** 丁丑31 《2月》 7 戊寅 1 8 己卯 2 9 庚辰 3 10辛巳 4 11壬午 5 12癸未⑥ 13甲申 7 14乙酉 8 15丙戌 9 16丁亥10 17戊子11 18己丑12 19庚寅⑬ 20辛卯14 21壬辰15 **22**癸巳16 23甲午17 24乙未18 25丙申19 26丁酉⑳ 27戊戌21 28己亥22 29庚子23 30辛丑24	1 壬寅25 2 癸卯26 3 甲辰㉗ 4 乙巳28 《3月》 5 丙午 1 6 丁未 2 **7** 戊申 3 8 己酉 4 9 庚戌 5 10辛亥⑥ 11壬子 7 12癸丑 8 13甲寅 9 14乙卯10 15丙辰11 16丁巳12 17戊午⑬ 18己未14 19庚申15 20辛酉16 21壬戌17 **22**癸亥18 23甲子19 24乙丑⑳ 25丙寅21 26丁卯22 27戊辰23 28己巳24 29庚午25 30辛未26	1 壬申㉗ 2 癸酉28 3 甲戌29 4 乙亥30 5 丙子31 《4月》 6 丁丑 1 **7** 戊寅 2 8 己卯③ 9 庚辰 4 10辛巳 5 11壬午 6 12癸未 7 13甲申 8 14乙酉 9 15丙戌⑩ 16丁亥11 17戊子12 18己丑13 19庚寅14 20辛卯15 21壬辰16 22癸巳⑰ **23**甲午18 24乙未19 25丙申20 26丁酉21 27戊戌22 28己亥23 29庚子㉔	1 辛丑25 2 壬寅26 3 癸卯27 4 甲辰28 5 乙巳29 6 丙午30 《5月》 7 丁未① 8 戊申 2 **9** 己酉 3 10庚戌 4 11辛亥 5 12壬子 6 13癸丑 7 14甲寅⑧ 15乙卯 9 16丙辰10 17丁巳11 18戊午12 19己未13 20庚申14 21辛酉⑮ 22壬戌16 23癸亥17 **24**甲子18 25乙丑19 26丙寅20 27丁卯21 28戊辰㉒ 29己巳23	1 庚午24 2 辛未25 3 壬申26 4 癸酉27 5 甲戌28 6 乙亥㉙ 7 丙子30 8 丁丑31 《6月》 9 戊寅 1 **10**己卯 2 11庚辰 3 12辛巳 4 13壬午⑤ 14癸未 6 15甲申 7 16乙酉 8 17丙戌 9 18丁亥10 19戊子11 20己丑⑫ 21庚寅13 22辛卯14 23壬辰15 24癸巳16 **25**甲午17 26乙未18 27丙申⑲ 28丁酉20 29戊戌21 30己亥22	1 庚子23 2 辛丑24 3 壬寅25 4 癸卯㉖ 5 甲辰27 6 乙巳28 7 丙午29 8 丁未30 《7月》 9 戊申 1 10己酉 2 **11**庚戌③ 12辛亥 4 13壬子 5 14癸丑 6 15甲寅 7 16乙卯 8 17丙辰 9 18丁巳⑩ 19戊午11 20己未12 21庚申13 22辛酉14 23壬戌15 24癸亥16 25甲子⑰ **26**乙丑18 27丙寅19 28丁卯20 29戊辰21	1 己巳22 2 庚午23 3 辛未㉔ 4 壬申25 5 癸酉26 6 甲戌27 7 乙亥28 8 丙子29 9 丁丑30 10戊寅㉛ 《8月》 11己卯 1 **12**庚辰 2 13辛巳 3 14壬午 4 15癸未 5 16甲申 6 17乙酉⑦ 18丙戌 8 19丁亥 9 20戊子10 21己丑11 22庚寅12 23辛卯13 24壬辰⑭ 25癸巳15 26甲午16 **27**乙未17 28丙申18 29丁酉19	1 戊戌20 2 己亥㉑ 3 庚子22 4 辛丑23 5 壬寅24 6 癸卯25 7 甲辰26 8 乙巳27 9 丙午㉘ 10丁未29 11戊申30 12己酉31 《9月》 13庚戌 1 **14**辛亥 2 15壬子 3 16癸丑④ 17甲寅 5 18乙卯 6 19丙辰 7 20丁巳 8 21戊午 9 22己未10 23庚申⑪ 24辛酉12 25壬戌13 26癸亥14 27甲子15 28乙丑16 **29**丙寅17 30丁卯⑱	1 戊辰19 2 己巳20 3 庚午21 4 辛未22 5 壬申23 6 癸酉24 7 甲戌㉕ 8 乙亥26 9 丙子27 10丁丑28 11戊寅29 12己卯30 《10月》 13庚辰 1 **14**辛巳② 15壬午 3 16癸未 4 17甲申 5 18乙酉 6 19丙戌 7 20丁亥 8 21戊子⑨ 22己丑10 23庚寅11 24辛卯12 25壬辰13 26癸巳14 27甲午15 28乙未⑯ **29**丙申17	1 丁酉18 2 戊戌19 3 己亥20 4 庚子21 5 辛丑22 6 壬寅㉓ 7 癸卯24 8 甲辰25 9 乙巳26 10丙午27 11丁未28 12戊申29 13己酉㉚ 14庚戌31 《11月》 **15**辛亥 1 16壬子 2 17癸丑 3 18甲寅 4 19乙卯 5 20丙辰⑥ 21丁巳 7 22戊午 8 23己未 9 24庚申10 25辛酉11 26壬戌12 27癸亥⑬ 28甲子14 29乙丑15 30丙寅16	**1** 丁卯17 2 戊辰18 3 己巳19 4 庚午⑳ 5 辛未21 6 壬申22 7 癸酉23 8 甲戌24 9 乙亥25 10丙子26 11丁丑㉗ 12戊寅28 13己卯29 14庚辰30 《12月》 15辛巳 1 **16**壬午 2 17癸未 3 18甲申④ 19乙酉 5 20丙戌 6 21丁亥 7 22戊子 8 23己丑 9 24庚寅10 25辛卯⑪ 26壬辰12 27癸巳13 28甲午14 29乙未15 30丙申16	**1** 丁酉17 2 戊戌⑱ 3 己亥19 4 庚子20 5 辛丑21 6 壬寅22 7 癸卯23 8 甲辰24 9 乙巳㉕ 10丙午26 11丁未27 12戊申28 13己酉29 14庚戌30 15辛亥31 **842年** 《1月》 **16**壬子① 17癸丑 2 18甲寅 3 19乙卯 4 20丙辰 5 21丁巳 6 22戊午 7 23己未⑧ 24庚申 9 25辛酉10 26壬戌11 27癸亥12 28甲子13 29乙丑14	1 丙寅⑮ 2 丁卯16 **3** 戊辰17 4 己巳18 5 庚午19 6 辛未20 7 壬申21 8 癸酉㉒ 9 甲戌23 10乙亥24 11丙子25 12丁丑26 13戊寅27 14己卯28 15庚辰㉙ 16辛巳30 17壬午31 《2月》 **18**癸未 1 19甲申 2 20乙酉 3 21丙戌 4 22丁亥⑤ 23戊子 6 24己丑 7 25庚寅 8 26辛卯 9 27壬辰10 28癸巳11 29甲午⑫ 30乙未13
立春 6日 雨水 22日	啓蟄 7日 春分 22日	清明 7日 穀雨 23日	立夏 9日 小満 24日	芒種 10日 夏至 25日	小暑 11日 大暑 26日	立秋 12日 処暑 27日	白露 14日 秋分 29日	寒露 14日 霜降 29日	立冬15日	小雪 1日 大雪 16日	冬至 1日 小寒 16日	大寒 3日 立春 18日

承和**9**年（842－843） 壬戌

1月	2月	3月	4月	5月	6月	7月	8月	9月	10月	11月	12月
1 丙申14 2 丁酉15 **3** 戊戌16 4 己亥17 5 庚子18 6 辛丑⑲ 7 壬寅20 8 癸卯21 9 甲辰22 10乙巳23 11丙午24 12丁未25 13戊申㉖ 14己酉27 15庚戌28 《3月》 16辛亥 1 17壬子 2 **18**癸丑 3 19甲寅 4 20乙卯⑤ 21丙辰 6 22丁巳 7 23戊午 8 24己未 9 25庚申10 26辛酉11 27壬戌⑫ 28癸亥13 29甲子14 30乙丑15	1 丙寅16 2 丁卯17 **3** 戊辰18 4 己巳⑲ 5 庚午20 6 辛未21 7 壬申22 8 癸酉23 9 甲戌24 10乙亥25 11丙子㉖ 12丁丑27 13戊寅28 14己卯29 15庚辰30 16辛巳31 《4月》 17壬午 1 18癸未② **19**甲申 3 20乙酉 4 21丙戌 5 22丁亥 6 23戊子 7 24己丑 8 25庚寅⑨ 26辛卯10 27壬辰11 28癸巳12 29甲午13 30乙未14	1 丙申15 2 丁酉⑯ 3 戊戌17 **4** 己亥18 5 庚子19 6 辛丑20 7 壬寅21 8 癸卯22 9 甲辰㉓ 10乙巳24 11丙午25 12丁未26 13戊申27 14己酉28 15庚戌29 16辛亥㉚ 《5月》 17壬子 1 18癸丑 2 **19**甲寅 3 20乙卯 4 21丙辰 5 22丁巳 6 23戊午⑦ 24己未 8 25庚申 9 26辛酉10 27壬戌11 28癸亥12 29甲子13	1 乙丑⑭ 2 丙寅15 3 丁卯16 4 戊辰17 **5** 己巳18 6 庚午19 7 辛未20 8 壬申㉑ 9 癸酉22 10甲戌23 11乙亥24 12丙子25 13丁丑26 14戊寅27 15己卯㉘ 16庚辰29 17辛巳30 18壬午31 《6月》 19癸未 1 **20**甲申 2 21乙酉 3 22丙戌④ 23丁亥 5 24戊子 6 25己丑 7 26庚寅 8 27辛卯 9 28壬辰10 29癸巳⑪	1 甲午12 2 乙未13 3 丙申14 4 丁酉15 5 戊戌16 6 己亥17 **7** 庚子⑱ 8 辛丑19 9 壬寅20 10癸卯21 11甲辰22 12乙巳23 13丙午24 14丁未㉕ 15戊申26 16己酉27 17庚戌28 18辛亥29 19壬子30 《7月》 20癸丑 1 21甲寅② **22**乙卯 3 23丙辰 4 24丁巳 5 25戊午 6 26己未 7 27庚申 8 28辛酉⑨ 29壬戌10 30癸亥11	1 甲子12 2 乙丑13 3 丙寅14 4 丁卯15 5 戊辰⑯ 6 己巳17 **7** 庚午18 8 辛未19 9 壬申20 10癸酉21 11甲戌22 12乙亥㉓ 13丙子24 14丁丑25 15戊寅26 16己卯27 17庚辰28 18辛巳29 19壬午㉚ 20癸未31 《8月》 21甲申 1 **22**乙酉 2 23丙戌 3 24丁亥 4 25戊子 5 26己丑⑥ 27庚寅 7 28辛卯 8 29壬辰 9	1 癸巳10 2 甲午11 3 乙未12 4 丙申⑬ 5 丁酉14 6 戊戌15 7 己亥16 8 庚子17 **9** 辛丑18 10壬寅19 11癸卯⑳ 12甲辰21 13乙巳22 14丙午23 15丁未24 16戊申25 17己酉26 18庚戌㉗ 19辛亥28 20壬子29 21癸丑30 22甲寅31 《9月》 23乙卯 1 **24**丙辰 2 25丁巳③ 26戊午 4 27己未 5 28庚申 6 29辛酉 7	1 壬戌 8 2 癸亥 9 3 甲子⑩ 4 乙丑11 5 丙寅12 6 丁卯13 7 戊辰14 8 己巳15 9 庚午16 **10**辛未⑰ 11壬申18 12癸酉19 13甲戌20 14乙亥21 15丙子22 16丁丑23 17戊寅㉔ 18己卯25 19庚辰26 20辛巳27 21壬午28 22癸未29 23甲申30 《10月》 24乙酉① **25**丙戌 2 26丁亥 3 27戊子 4 28己丑 5 29庚寅 6 30辛卯 7	1 壬辰⑧ 2 癸巳 9 3 甲午10 4 乙未11 5 丙申12 6 丁酉13 7 戊戌14 8 己亥⑮ 9 庚子16 **10**辛丑17 11壬寅18 12癸卯19 13甲辰20 14乙巳21 15丙午㉒ 16丁未23 17戊申24 18己酉25 19庚戌26 20辛亥27 21壬子28 22癸丑㉙ 23甲寅30 24乙卯31 《11月》 25丙辰 1 **26**丁巳 2 27戊午 3 28己未 4 29庚申⑤	1 辛酉 6 2 壬戌 7 3 癸亥 8 4 甲子 9 5 乙丑10 6 丙寅11 7 丁卯⑫ 8 戊辰13 9 己巳14 10庚午15 11辛未16 **12**壬申17 13癸酉18 14甲戌⑲ 15乙亥20 16丙子21 17丁丑22 18戊寅23 19己卯24 20庚辰25 21辛巳㉖ 22壬午27 23癸未28 24甲申29 25乙酉30 《12月》 26丙戌 1 **27**丁亥 2 28戊子③ 29己丑 4 30庚寅 5	1 辛卯 6 2 壬辰 7 3 癸巳 8 4 甲午 9 5 乙未⑩ 6 丙申11 7 丁酉12 8 戊戌13 9 己亥14 10庚子15 11辛丑16 **12**壬寅⑰ 13癸卯18 14甲辰19 15乙巳20 16丙午21 17丁未22 18戊申23 19己酉㉔ 20庚戌25 21辛亥26 22壬子27 23癸丑28 24甲寅29 25乙卯30 26丙辰㉛ **843年** 《1月》 27丁巳 1 **28**戊午 2 29己未 3 30庚申 4	1 辛酉 5 2 壬戌 6 3 癸亥⑦ 4 甲子 8 5 乙丑 9 6 丙寅10 7 丁卯11 8 戊辰12 9 己巳13 10庚午⑭ 11辛未15 12壬申16 **13**癸酉17 14甲戌18 15乙亥19 16丙子20 17丁丑㉑ 18戊寅22 19己卯23 20庚辰24 21辛巳25 22壬午26 23癸未27 24甲申㉘ 25乙酉29 26丙戌30 27丁亥31 《2月》 **28**戊子 1 29己丑 2
雨水 3日 啓蟄 18日	春分 3日 清明 19日	穀雨 4日 立夏 19日	小満 5日 芒種 20日	夏至 7日 小暑 22日	大暑 7日 立秋 22日	処暑 9日 白露 24日	秋分 10日 寒露 25日	霜降 10日 立冬 26日	小雪 12日 大雪 27日	冬至 12日 小寒 28日	大寒 13日 立春 28日

承和**10**年（843－844） 癸亥

1月	2月	3月	4月	5月	6月	7月	8月	9月	10月	11月	12月
1庚寅3	1庚申5	1庚寅4	**1**己未3	1己丑2	《7月》	1戊子31	1丁巳29	1丙戌27	1丙辰27	1乙酉㉕	1乙卯25
2辛卯④	2辛酉6	2辛卯5	2庚申4	**2**庚寅③	1戊午①	《8月》	2戊午30	2丁亥28	2丁巳㉘	2丙戌26	2丙辰26
3壬辰5	3壬戌7	3壬辰6	3辛酉5	3辛卯4	2己未2	2己丑1	3己未31	3戊子29	3戊午29	3丁亥27	3丁巳27
4癸巳6	4癸亥8	4癸巳7	4壬戌⑥	4壬辰5	**3**庚申3	3庚寅2	《9月》	4己丑㉚	4己未30	4戊子28	4戊午28
5甲午7	5甲子9	5甲午⑧	5癸亥7	5癸巳6	4辛酉4	**4**辛卯3	4庚申1	《10月》	5庚申31	5己丑29	5己未29
6乙未8	6乙丑10	6乙未9	6甲子8	6甲午7	5壬戌5	5壬辰4	**5**辛酉②	5庚寅1	《11月》	6庚寅30	6庚申㉚
7丙申9	7丙寅⑪	7丙申10	7乙丑9	7乙未8	6癸亥6	6癸巳⑤	6壬戌3	**6**辛卯2	6辛酉1	《12月》	7辛酉31
8丁酉10	8丁卯12	8丁酉11	8丙寅10	8丙申9	7甲子7	7甲午6	7癸亥4	7壬辰3	**7**壬戌2	7辛卯1	**844**年
9戊戌⑪	9戊辰13	9戊戌12	9丁卯11	9丁酉⑩	8乙丑⑧	8乙未7	8甲子5	8癸巳4	8癸亥3	**8**壬辰②	《1月》
10己亥12	10己巳14	10己亥13	10戊辰12	10戊戌11	9丙寅9	9丙申8	9乙丑6	9甲午5	9甲子④	9癸巳3	8壬戌1
11庚子13	11庚午15	11庚子14	11己巳⑬	11己亥12	10丁卯10	10丁酉9	10丙寅7	10乙未6	10乙丑5	10甲午4	**9**癸亥2
12辛丑14	12辛未16	12辛丑⑮	12庚午14	12庚子13	11戊辰11	11戊戌10	11丁卯8	11丙申⑦	11丙寅6	11乙未5	10甲子3
13壬寅15	13壬申17	13壬寅16	13辛未15	13辛丑14	12己巳12	12己亥11	12戊辰⑨	12丁酉8	12丁卯7	12丙申6	11乙丑4
14癸卯16	14癸酉⑱	14癸卯17	14壬申16	14壬寅15	13庚午13	13庚子⑫	13己巳10	13戊戌9	13戊辰8	13丁酉7	12丙寅5
15甲辰17	**15**甲戌19	**15**甲辰18	15癸酉17	15癸卯16	14辛未14	14辛丑13	14庚午11	14己亥10	14己巳9	14戊戌8	13丁卯⑥
16乙巳⑱	16乙亥20	16乙巳19	16甲戌18	16甲辰⑰	15壬申⑮	15壬寅14	15辛未12	15庚子11	15庚午10	15己亥⑨	14戊辰7
17丙午19	17丙子21	17丙午20	**17**乙亥19	**17**乙巳18	16癸酉16	16癸卯15	16壬申13	16辛丑12	**16**辛未⑪	16庚子10	15己巳8
18丁未20	18丁丑22	18丁未21	18丙子⑳	18丙午19	17甲戌17	17甲辰16	17癸酉14	17壬寅13	17壬申12	17辛丑11	16庚午9
19戊申21	19戊寅23	19戊申㉒	19丁丑21	19丁未20	**18**乙亥18	18乙巳17	18甲戌15	18癸卯⑭	18癸酉13	18壬寅12	17辛未10
20己酉22	20己卯24	20己酉23	20戊寅22	20戊申21	19丙子19	**19**丙午18	19乙亥⑯	19甲辰15	19甲戌14	19癸卯13	18壬申11
21庚戌23	21庚辰㉕	21庚戌24	21己卯23	21己酉22	20丁丑20	20丁未⑲	**20**丙子17	20乙巳16	20乙亥15	20甲辰14	19癸酉12
22辛亥24	22辛巳26	22辛亥25	22庚辰24	22庚戌23	21戊寅21	21戊申20	21丁丑18	21丙午17	21丙子16	21乙巳15	20甲戌⑬
23壬子㉕	23壬午27	23壬子26	23辛巳25	23辛亥㉔	22己卯㉒	22己酉21	22戊寅19	**22**丁未18	**22**丁丑17	22丙午⑯	21乙亥14
24癸丑26	24癸未28	24癸丑27	24壬午26	24壬子25	23庚辰23	23庚戌22	23己卯20	23戊申19	23戊寅⑱	23丁未17	22丙子15
25甲寅27	25甲申29	25甲寅28	25癸未㉗	25癸丑26	24辛巳24	24辛亥23	24庚辰21	24己酉20	24己卯19	**24**戊申18	23丁丑16
26乙卯28	26乙酉30	26乙卯㉙	26甲申28	26甲寅27	25壬午25	25壬子24	25辛巳22	25庚戌㉑	25庚辰20	25己酉19	**24**戊寅17
《3月》	27丙戌31	27丙辰30	27乙酉29	27乙卯28	26癸未26	26癸丑25	26壬午㉓	26辛亥22	26辛巳21	26庚戌20	25己卯18
27丙辰1	《4月》	《5月》	28丙戌30	28丙辰29	27甲申27	27甲寅㉖	27癸未24	27壬子23	27壬午22	27辛亥21	26庚辰19
28丁巳2	28丁亥①	28丁巳1	29丁亥31	29丁巳30	28乙酉28	28乙卯27	28甲申25	28癸丑24	28癸未23	28壬子22	27辛巳⑳
29戊午3	29戊子2	29戊午2	《6月》		29丙戌㉙	29丙辰28	29乙酉26	29甲寅25	29甲申24	29癸丑㉓	28壬午21
30己未④	**30**己丑3		30戊子1		30丁亥30			30乙卯26		30甲寅24	29癸未22

雨水14日 啓蟄29日	春分15日 清明30日	穀雨15日	立夏1日 小満17日	芒種2日 夏至17日	小暑3日 大暑18日	立秋4日 処暑19日	白露5日 秋分20日	寒露6日 霜降22日	立冬7日 小雪22日	大雪8日 冬至24日	小寒9日 大寒24日

承和**11**年（844－845） 甲子

1月	2月	3月	4月	5月	6月	7月	閏7月	8月	9月	10月	11月	12月
1甲申23	1甲寅22	1甲申㉓	1癸丑21	1癸未21	1癸丑20	1壬午19	1壬子18	1辛巳16	1辛亥16	1庚辰14	1己酉13	1己卯12
2乙酉24	2乙卯23	2乙酉24	2甲寅22	2甲申22	2甲寅21	2癸未⑳	2癸丑19	**2**壬午17	**2**壬子17	2辛巳15	2庚戌⑭	2庚辰13
3丙戌25	3丙辰㉔	3丙戌25	3乙卯23	3乙酉23	3乙卯㉒	3甲申21	3甲寅20	3癸未18	3癸丑18	**3**壬午⑯	3辛亥15	3辛巳14
4丁亥26	4丁巳25	4丁亥26	4丙辰24	4丙戌24	4丙辰23	4乙酉22	4乙卯21	4甲申19	4甲寅⑲	4癸未17	4壬子16	4壬午15
5戊子㉗	5戊午26	5戊子27	5丁巳25	5丁亥㉕	5丁巳24	5丙戌23	5丙辰22	5乙酉20	5乙卯20	5甲申18	**5**癸丑17	**5**癸未16
6己丑28	6己未27	6己丑28	6戊午26	6戊子26	6戊午25	6丁亥24	6丁巳23	6丙戌㉑	6丙辰21	6乙酉19	6甲寅18	6甲申17
7庚寅29	7庚申28	7庚寅29	7己未㉗	7己丑27	7己未26	7戊子25	7戊午㉔	7丁亥22	7丁巳22	7丙戌20	7乙卯19	7乙酉⑱
8辛卯30	8辛酉29	8辛卯㉚	8庚申28	8庚寅28	8庚申27	8己丑26	8己未25	8戊子23	8戊午23	8丁亥21	8丙辰20	8丙戌19
9壬辰31	《3月》	9壬辰31	9辛酉29	9辛卯29	9辛酉28	9庚寅㉗	9庚申26	9己丑24	9己未24	9戊子22	9丁巳㉑	9丁亥20
《2月》	9壬戌1	《4月》	10壬戌30	10壬辰30	10壬戌㉙	10辛卯28	10辛酉27	10庚寅25	10庚申25	10己丑㉓	10戊午22	10戊子21
10癸巳1	10癸亥②	10癸巳1	《5月》	11癸巳31	11癸亥30	11壬辰29	11壬戌28	11辛卯26	11辛酉㉖	11庚寅24	11己未23	11己丑22
11甲午2	**11**甲子3	**11**甲午2	11癸亥1	《6月》	《7月》	12癸巳30	12癸亥29	12壬辰27	12壬戌27	12辛卯25	12庚申24	12庚寅23
12乙未③	12乙丑4	12乙未3	12甲子2	12甲午①	12甲子1	13甲午31	13甲子30	13癸巳㉘	13癸亥28	13壬辰26	13辛酉25	13辛卯24
13丙申4	13丙寅5	13丙申4	**13**乙丑3	**13**乙未2	**13**乙丑2	《8月》	14乙丑㉛	14甲午29	14甲子29	14癸巳27	14壬戌26	14壬辰㉕
14丁酉5	14丁卯6	14丁酉5	14丙寅④	14丙申3	14丙寅3	14乙未1	《9月》	15乙未30	15乙丑30	15甲午28	15癸亥27	15癸巳26
15戊戌6	15戊辰7	15戊戌⑥	15丁卯5	15丁酉4	15丁卯4	**15**丙申2	**15**丙寅1	《10月》	16丙寅31	16乙未29	16甲子㉘	16甲午27
16己亥7	16己巳8	16己亥7	16戊辰6	16戊戌5	16戊辰5	16丁酉③	16丁卯2	16丙申1	《11月》	17丙申㉚	17乙丑29	17乙未28
17庚子8	17庚午⑨	17庚子8	17己巳7	17己亥6	17己巳⑥	17戊戌4	17戊辰3	**17**丁酉2	**17**丁卯1	《12月》	18丙寅30	18丙申29
18辛丑9	18辛未10	18辛丑9	18庚午8	18庚子7	18庚午7	18己亥5	18己巳4	18戊戌3	18戊辰②	18丁酉1	19丁卯31	19丁酉30
19壬寅⑩	19壬申11	19壬寅10	19辛未9	19辛丑⑧	19辛未8	19庚子6	19庚午5	19己亥4	19己巳3	**19**戊戌2	**845**年	**20**戊戌31
20癸卯11	20癸酉12	20癸卯11	20壬申10	20壬寅9	20壬申9	20辛丑7	20辛未6	20庚子⑤	20庚午4	20己亥3	《1月》	《2月》
21甲辰12	21甲戌13	21甲辰12	21癸酉⑪	21癸卯10	21癸酉10	21壬寅8	21壬申⑦	21辛丑6	21辛未5	21庚子4	**20**戊辰1	21己亥①
22乙巳13	22乙亥14	22乙巳⑬	22甲戌12	22甲辰11	22甲戌11	22癸卯9	22癸酉8	22壬寅7	22壬申6	22辛丑5	21己巳2	22庚子2
23丙午14	23丙子15	23丙午14	23乙亥13	23乙巳12	23乙亥12	23甲辰⑩	23甲戌9	23癸卯8	23癸酉7	23壬寅6	22庚午3	23辛丑3
24丁未15	24丁丑⑯	24丁未15	24丙子14	24丙午13	24丙子⑬	24乙巳11	24乙亥10	24甲辰9	24甲戌8	24癸卯⑦	23辛未④	24壬寅4
25戊申16	25戊寅17	25戊申16	25丁丑15	25丁未14	25丁丑14	25丙午12	25丙子11	25乙巳10	25乙亥⑨	25甲辰8	24壬申5	25癸卯5
26己酉⑰	**26**己卯18	**26**己酉17	26戊寅16	26戊申⑮	26戊寅15	26丁未13	26丁丑12	26丙午11	26丙子10	26乙巳9	25癸酉6	26甲辰6
27庚戌18	27庚辰19	27庚戌18	27己卯17	27己酉16	27己卯16	27戊申14	27戊寅13	27丁未⑫	27丁丑11	27丙午10	26甲戌7	27乙巳7
28辛亥19	28辛巳20	28辛亥19	**28**庚辰⑱	**28**庚戌17	28庚辰17	28己酉15	28己卯⑭	28戊申13	28戊寅12	28丁未11	27乙亥8	28丙午⑧
29壬子20	29壬午21	29壬子⑳	29辛巳19	29辛亥18	**29**辛巳18	29庚戌16	29庚辰15	29己酉14	29己卯13	29戊申12	28丙子9	29丁未9
30癸丑21	30癸未22		30壬午20	30壬子19		**30**辛亥⑰		30庚戌15			29丁丑10	
											30戊寅⑪	

立春10日 雨水25日	啓蟄11日 春分26日	清明11日 穀雨26日	立夏13日 小満28日	芒種13日 夏至28日	小暑13日 大暑29日	立秋15日 処暑30日	白露15日	秋分2日 寒露17日	霜降2日 立冬17日	小雪3日 大雪19日	冬至5日 小寒20日	大寒5日 立春20日

承和**12**年（845－846） 乙丑

1月	2月	3月	4月	5月	6月	7月	8月	9月	10月	11月	12月
1 戊申10	1 戊寅12	1 丁未10	1 丁丑⑩	1 丁未9	1 丙子8	1 丙午7	1 乙亥5	1 乙巳5	1 乙亥4	1 甲辰3	1 甲戌2
2 己酉11	2 己卯13	2 戊申11	2 戊寅11	2 戊申10	2 丁丑9	2 丁未8	2 丙子⑥	2 丙午6	2 丙子5	2 乙巳4	2 乙亥③
3 庚戌12	3 庚辰14	3 己酉⑫	3 己卯12	3 己酉11	3 戊寅10	3 戊申⑨	3 丁丑7	3 丁未7	3 丁丑6	3 丙午5	3 丙子4
4 辛亥13	4 辛巳⑮	4 庚戌13	4 庚辰13	4 庚戌12	4 己卯11	4 己酉10	4 戊寅8	4 戊申8	4 戊寅7	4 丁未⑥	4 丁丑5
5 壬子14	5 壬午16	5 辛亥14	5 辛巳14	5 辛亥13	5 庚辰⑫	5 庚戌11	5 己卯9	5 己酉9	5 己卯⑧	5 戊申7	5 戊寅6
6 癸丑⑮	6 癸未17	6 壬子15	6 壬午15	6 壬子⑭	6 辛巳13	6 辛亥12	6 庚辰10	6 庚戌10	6 庚辰9	6 己酉8	6 己卯7
7 甲寅16	**7** 甲申18	7 癸丑16	7 癸未16	7 癸丑15	7 壬午14	7 壬子13	7 辛巳11	7 辛亥⑪	7 辛巳10	7 庚戌9	7 庚辰8
8 乙卯17	8 乙酉19	8 甲寅17	8 甲申⑰	8 甲寅16	8 癸未15	8 癸丑14	8 壬午12	8 壬子12	8 壬午11	8 辛亥10	8 辛巳9
9 丙辰18	9 丙戌20	**9** 乙卯18	**9** 乙酉18	**9** 乙卯17	9 甲申16	9 甲寅15	9 癸未⑬	9 癸丑13	9 癸未12	9 壬子11	9 壬午⑩
10丁巳19	10丁亥21	10丙辰⑲	10丙戌19	10丙辰18	10乙酉17	10乙卯⑯	10甲申14	10甲寅14	10甲申13	10癸丑12	10癸未11
11戊午20	11戊子㉒	11丁巳20	11丁亥20	11丁巳19	**11**丙戌18	**11**丙辰17	11乙酉15	11乙卯15	11乙酉14	11甲寅⑬	11甲申12
12己未21	12己丑23	12戊午21	12戊子21	12戊午20	12丁亥⑲	12丁巳18	12丙戌16	12丙辰16	12丙戌⑮	12乙卯14	12乙酉13
13庚申㉒	13庚寅24	13己未22	13己丑22	13己未㉑	13戊子20	13戊午19	**13**丁亥17	**13**丁巳17	13丁亥16	13丙辰15	13丙戌14
14辛酉23	14辛卯25	14庚申23	14庚寅23	14庚申22	14己丑21	14己未20	14戊子18	14戊午⑱	**14**戊子17	14丁巳16	14丁亥15
15壬戌24	15壬辰26	15辛酉24	15辛卯㉔	15辛酉23	15庚寅22	15庚申21	15己丑19	15己未19	15己丑18	**15**戊午17	**15**戊子16
16癸亥25	16癸巳27	16壬戌25	16壬辰25	16壬戌24	16辛卯23	16辛酉22	16庚寅⑳	16庚申20	16庚寅19	16己未18	16己丑⑰
17甲子26	17甲午28	17癸亥㉖	17癸巳26	17癸亥25	17壬辰24	17壬戌㉓	17辛卯21	17辛酉21	17辛卯20	17庚申19	17庚寅18
18乙丑27	18乙未㉙	18甲子27	18甲午27	18甲子26	18癸巳25	18癸亥24	18壬辰22	18壬戌22	18壬辰21	18辛酉⑳	18辛卯19
19丙寅28	19丙申30	19乙丑28	19乙未28	19乙丑27	19甲午㉖	19甲子25	19癸巳23	19癸亥23	19癸巳㉒	19壬戌21	19壬辰20
《3月》	20丁酉31	20丙寅29	20丙申29	20丙寅㉘	20乙未27	20乙丑26	20甲午24	20甲子24	20甲午23	20癸亥22	20癸巳21
20丁卯①	《4月》	21丁卯30	21丁酉30	21丁卯29	21丙申28	21丙寅27	21乙未25	21乙丑㉕	21乙未24	21甲子23	21甲午22
21戊辰2	21戊戌1	《5月》	22戊戌㉛	22戊辰30	22丁酉29	22丁卯28	22丙申26	22丙寅26	22丙申25	22乙丑24	22乙未23
22己巳3	**22**己亥2	22戊辰1	《6月》	《7月》	23戊戌30	23戊辰29	23丁酉㉗	23丁卯27	23丁酉26	23丙寅25	23丙申㉔
23庚午4	23庚子3	23己巳2	23己亥1	23己巳1	24己亥31	24己巳㉚	24戊戌28	24戊辰28	24戊戌27	24丁卯26	24丁酉25
24辛未5	24辛丑4	**24**庚午③	**24**庚子2	24庚午2	《8月》	25庚午31	25己亥29	25己巳29	25己亥28	25戊辰㉗	25戊戌26
25壬申6	25壬寅⑤	25辛未4	25辛丑3	**25**辛未3	25庚子1	《9月》	26庚子30	26庚午30	26庚子㉙	26己巳28	26己亥27
26癸酉7	26癸卯6	26壬申5	26壬寅4	26壬申4	**26**辛丑②	26辛未1	《10月》	27辛未31	27辛丑30	27庚午29	27庚子28
27甲戌⑧	27甲辰7	27癸酉6	27癸卯5	27癸酉⑤	27壬寅3	**27**壬申2	27辛丑1	《11月》	《12月》	28辛未30	28辛丑29
28乙亥9	28乙巳8	28甲戌7	28甲辰6	28甲戌6	28癸卯4	28癸酉3	**28**壬寅2	**28**壬申①	28壬寅1	29壬申31	29壬寅30
29丙子10	29丙午9	29乙亥8	29乙巳⑦	29乙亥7	29甲辰5	29甲戌4	29癸卯3	29癸酉2	**29**癸卯2	**846**年	
30丁丑11		30丙子9	30丙午8		30乙巳6		30甲辰④	30甲戌3		《1月》	
										30癸酉1	

雨水 7日	春分 7日	穀雨 9日	小満 9日	夏至 9日	大暑 11日	処暑 11日	秋分 13日	霜降 13日	小雪 14日	冬至 15日	大寒 15日
啓蟄 22日	清明 22日	立夏 24日	芒種 24日	小暑 25日	立秋 26日	白露 27日	寒露 28日	立冬 28日	大雪 29日	小寒 30日	

承和**13**年（846－847） 丙寅

1月	2月	3月	4月	5月	6月	7月	8月	9月	10月	11月	12月
1 癸卯㉛	《3月》	1 壬寅31	1 辛未29	1 辛丑29	1 庚午㉗	1 庚子27	1 庚午26	1 己亥24	1 己巳㉔	1 己亥23	1 戊辰22
《2月》	1 壬申1	《4月》	2 壬申30	2 壬寅㉚	2 辛未28	2 辛丑28	2 辛未27	2 庚子25	2 庚午25	2 庚子24	2 己巳23
2 甲辰1	2 癸酉2	2 癸卯1	《5月》	3 癸卯31	3 壬申29	3 壬寅29	3 壬申28	3 辛丑㉖	3 辛未26	3 辛丑25	3 庚午24
3 乙巳2	**3** 甲戌3	3 甲辰2	3 癸酉1	《6月》	4 癸酉30	4 癸卯30	4 癸酉㉙	4 壬寅27	4 壬申27	4 壬寅26	4 辛未25
4 丙午3	4 乙亥4	**4** 乙巳3	4 甲戌②	4 甲辰1	《7月》	5 甲辰31	5 甲戌30	5 癸卯28	5 癸酉28	5 癸卯27	5 壬申㉖
5 丁未4	5 丙子5	5 丙午④	**5** 乙亥3	**5** 乙巳2	5 甲戌1	《8月》	6 乙亥31	6 甲辰29	6 甲戌29	6 甲辰㉘	6 癸酉27
6 戊申5	6 丁丑6	6 丁未5	6 丙子4	6 丙午3	6 乙亥2	6 乙巳①	《9月》	7 乙巳30	7 乙亥30	7 乙巳29	7 甲戌28
7 己酉6	7 戊寅⑦	7 戊申6	7 丁丑5	7 丁未4	**7** 丙子3	**7** 丙午2	7 丙子1	《10月》	8 丙子㉛	8 丙午30	8 乙亥29
8 庚戌⑦	8 己卯8	8 己酉7	8 戊寅6	8 戊申5	8 丁丑④	8 丁未3	**8** 丁丑2	8 丙午1	《11月》	《12月》	9 丙子30
9 辛亥8	9 庚辰9	9 庚戌8	9 己卯7	9 己酉⑥	9 戊寅5	9 戊申4	9 戊寅3	**9** 丁未2	9 丁丑1	9 丁未1	10丁丑31
10壬子9	10辛巳10	10辛亥9	10庚辰8	10庚戌7	10己卯6	10己酉5	10己卯4	10戊申③	**10**戊寅2	**10**戊申2	**847**年
11癸丑10	11壬午11	11壬子10	11辛巳⑨	11辛亥8	11庚辰7	11庚戌6	11庚辰⑤	11己酉4	11己卯3	11己酉3	《1月》
12甲寅11	12癸未12	12癸丑⑪	12壬午10	12壬子9	12辛巳8	12辛亥7	12辛巳6	12庚戌5	12庚辰4	12庚戌4	11戊寅1
13乙卯12	13甲申13	13甲寅12	13癸未11	13癸丑10	13壬午9	13壬子⑧	13壬午7	13辛亥6	13辛巳5	13辛亥⑤	**12**己卯②
14丙辰13	14乙酉⑭	14乙卯13	14甲申12	14甲寅11	14癸未10	14癸丑9	14癸未8	14壬子7	14壬午6	14壬子6	13庚辰3
15丁巳⑭	15丙戌15	15丙辰14	15乙酉13	15乙卯12	15甲申⑪	15甲寅10	15甲申9	15癸丑8	15癸未⑦	15癸丑7	14辛巳4
16戊午15	16丁亥16	16丁巳15	16丙戌14	16丙辰⑬	16乙酉12	16乙卯11	16乙酉10	16甲寅9	16甲申8	16甲寅8	15壬午5
17己未16	17戊子17	17戊午16	17丁亥15	17丁巳14	17丙戌13	17丙辰12	17丙戌11	17乙卯⑩	17乙酉9	17乙卯9	16癸未6
18庚申17	**18**己丑18	18己未17	18戊子⑯	18戊午15	18丁亥14	18丁巳13	18丁亥⑫	18丙辰11	18丙戌10	18丙辰10	17甲申7
19辛酉18	19庚寅19	**19**庚申⑱	19己丑17	19己未16	19戊子15	19戊午14	19戊子13	19丁巳12	19丁亥11	19丁巳11	18乙酉8
20壬戌19	20辛卯20	20辛酉19	**20**庚寅18	20庚申17	20己丑16	20己未⑮	20己丑14	20戊午13	20戊子12	20戊午⑫	19丙戌⑨
21癸亥20	21壬辰㉑	21壬戌20	21辛卯19	**21**辛酉18	21庚寅17	21庚申16	21庚寅15	21己未14	21己丑13	21己未13	20丁亥10
22甲子㉑	22癸巳22	22癸亥21	22壬辰20	22壬戌19	**22**辛卯⑱	22辛酉17	22辛卯16	22庚申15	22庚寅⑭	22庚申14	21戊子11
23乙丑22	23甲午23	23甲子22	23癸巳21	23癸亥⑳	23壬辰19	**23**壬戌18	**23**壬辰17	23辛酉16	23辛卯15	23辛酉15	22己丑12
24丙寅23	24乙未24	24乙丑23	24甲午22	24甲子21	24癸巳20	24癸亥19	24癸巳18	**24**壬戌⑰	24壬辰16	24壬戌16	23庚寅13
25丁卯24	25丙申25	25丙寅24	25乙未㉓	25乙丑22	25甲午21	25甲子20	25甲午⑲	25癸亥18	**25**癸巳17	**25**癸亥17	24辛卯14
26戊辰25	26丁酉26	26丁卯㉕	26丙申24	26丙寅23	26乙未22	26乙丑21	26乙未20	26甲子19	26甲午18	26甲子18	25壬辰15
27己巳26	27戊戌27	27戊辰26	27丁酉25	27丁卯24	27丙申23	27丙寅㉒	27丙申21	27乙丑20	27乙未19	27乙丑⑲	26癸巳⑯
28庚午27	28己亥㉘	28己巳27	28戊戌26	28戊辰25	28丁酉24	28丁卯23	28丁酉22	28丙寅21	28丙申20	28丙寅20	**27**甲午17
29辛未㉘	29庚子29	29庚午28	29己亥27	29己巳26	29戊戌㉕	29戊辰24	29戊戌23	29丁卯22	29丁酉㉑	29丁卯21	28乙未18
	30辛丑30		30庚子28		30己亥26	30己巳25		30戊辰23	30戊戌22		29丙申19
											30丁酉20

立春 2日	啓蟄 3日	清明 4日	立夏 5日	芒種 5日	小暑 7日	立秋 7日	白露 8日	寒露 9日	立冬 10日	大雪 10日	小寒 12日
雨水 17日	春分 18日	穀雨 19日	小満 20日	夏至 21日	大暑 22日	処暑 23日	秋分 23日	霜降 24日	小雪 25日	冬至 25日	大寒 27日

承和**14**年（847－848） 丁卯

1月	2月	3月	閏3月	4月	5月	6月	7月	8月	9月	10月	11月	12月
1 戊戌21 2 己亥22 3 庚子㉓ 4 辛丑24 5 壬寅25 6 癸卯26 7 甲辰27 8 乙巳28 9 丙午29 10 丁未㉚ 11 戊申31 《2月》 **12** 己酉 1 13 庚戌 2 14 辛亥 3 15 壬子 4 16 癸丑 5 17 甲寅⑥ 18 乙卯 7 19 丙辰 8 20 丁巳 9 21 戊午10 22 己未11 23 庚申12 24 辛酉⑬ 25 壬戌14 26 癸亥15 **27** 甲子16 28 乙丑17 29 丙寅18	1 丁卯19 2 戊辰⑳ 3 己巳21 4 庚午22 5 辛未23 6 壬申24 7 癸酉25 8 甲戌26 9 乙亥㉗ 10 丙子28 《3月》 11 丁丑 1 12 戊寅 2 **13** 己卯 3 14 庚辰 4 15 辛巳 5 16 壬午⑥ 17 癸未 7 18 甲申 8 19 乙酉 9 20 丙戌10 21 丁亥11 22 戊子12 23 己丑⑬ 24 庚寅14 25 辛卯15 26 壬辰16 27 癸巳17 28 甲午18 **29** 乙未19	1 丙申⑳ 2 丁酉21 3 戊戌22 4 己亥23 5 庚子24 6 辛丑25 7 壬寅26 8 癸卯㉗ 9 甲辰28 10 乙巳29 11 丙午30 12 丁未31 《4月》 13 戊申 1 14 己酉 2 **15** 庚戌③ 16 辛亥 4 17 壬子 5 18 癸丑 6 19 甲寅 7 20 乙卯 8 21 丙辰 9 22 丁巳⑩ 23 戊午11 24 己未12 25 庚申13 26 辛酉14 27 壬戌15 28 癸亥16 29 甲子⑰ **30** 乙丑18	1 丙寅19 2 丁卯20 3 戊辰21 4 己巳22 5 庚午23 6 辛未㉔ 7 壬申25 8 癸酉26 9 甲戌27 10 乙亥28 11 丙子29 12 丁丑30 《5月》 13 戊寅① 14 己卯 2 **15** 庚辰 3 16 辛巳 4 17 壬午 5 18 癸未 6 19 甲申 7 20 乙酉⑧ 21 丙戌 9 22 丁亥10 23 戊子11 24 己丑12 25 庚寅13 26 辛卯14 27 壬辰⑮ 28 癸巳16 29 甲午17	**1** 乙未18 2 丙申19 3 丁酉20 4 戊戌21 5 己亥㉒ 6 庚子23 7 辛丑24 8 壬寅25 9 癸卯26 10 甲辰27 11 乙巳28 12 丙午㉙ 13 丁未30 14 戊申31 《6月》 15 己酉 1 16 庚戌 2 **17** 辛亥 3 18 壬子 4 19 癸丑⑤ 20 甲寅 6 21 乙卯 7 22 丙辰 8 23 丁巳 9 24 戊午10 25 己未11 26 庚申⑫ 27 辛酉13 28 壬戌14 29 癸亥15 30 甲子16	1 乙丑17 **2** 丙寅18 3 丁卯⑲ 4 戊辰20 5 己巳21 6 庚午22 7 辛未23 8 壬申24 9 癸酉25 10 甲戌㉖ 11 乙亥27 12 丙子28 13 丁丑29 14 戊寅30 《7月》 15 己卯 1 16 庚辰 2 **17** 辛巳③ 18 壬午 4 19 癸未 5 20 甲申 6 21 乙酉 7 22 丙戌 8 23 丁亥 9 24 戊子⑩ 25 己丑11 26 庚寅12 27 辛卯13 28 壬辰14 29 癸巳15	1 甲午16 2 乙未⑰ **3** 丙申18 4 丁酉19 5 戊戌20 6 己亥21 7 庚子22 8 辛丑23 9 壬寅㉔ 10 癸卯25 11 甲辰26 12 乙巳27 13 丙午28 14 丁未29 15 戊申30 16 己酉㉛ 《8月》 17 庚戌 1 18 辛亥 2 **19** 壬子 3 20 癸丑 4 21 甲寅 5 22 乙卯 6 23 丙辰⑦ 24 丁巳 8 25 戊午 9 26 己未10 27 庚申11 28 辛酉12 29 壬戌13 30 癸亥⑭	1 甲子15 2 乙丑16 3 丙寅17 **4** 丁卯18 5 戊辰19 6 己巳20 7 庚午㉑ 8 辛未22 9 壬申23 10 癸酉24 11 甲戌25 12 乙亥26 13 丙子27 14 丁丑㉘ 15 戊寅29 16 己卯30 17 庚辰31 《9月》 18 辛巳 1 **19** 壬午 2 20 癸未 3 21 甲申④ 22 乙酉 5 23 丙戌 6 24 丁亥 7 25 戊子 8 26 己丑 9 27 庚寅10 28 辛卯⑪ 29 壬辰12	1 癸巳13 2 甲午14 3 乙未15 4 丙申16 **5** 丁酉17 6 戊戌⑱ 7 己亥19 8 庚子20 9 辛丑21 10 壬寅22 11 癸卯23 12 甲辰24 13 乙巳㉕ 14 丙午26 15 丁未27 16 戊申28 17 己酉29 18 庚戌30 《10月》 19 辛亥 1 **20** 壬子② 21 癸丑 3 22 甲寅 4 23 乙卯 5 24 丙辰 6 25 丁巳 7 26 戊午 8 27 己未⑨ 28 庚申10 29 辛酉11 30 壬戌12	1 癸亥13 2 甲子14 3 乙丑15 4 丙寅⑯ 5 丁卯17 **6** 戊辰18 7 己巳19 8 庚午20 9 辛未21 10 壬申22 11 癸酉㉓ 12 甲戌24 13 乙亥25 14 丙子26 15 丁丑27 16 戊寅28 17 己卯29 18 庚辰㉚ 19 辛巳31 《11月》 20 壬午 1 **21** 癸未 2 22 甲申 3 23 乙酉 4 24 丙戌 5 25 丁亥⑥ 26 戊子 7 27 己丑 8 28 庚寅 9 29 辛卯10 30 壬辰11	1 癸巳12 2 甲午⑬ 3 乙未14 4 丙申15 5 丁酉16 **6** 戊戌17 7 己亥18 8 庚子19 9 辛丑⑳ 10 壬寅21 11 癸卯22 12 甲辰23 13 乙巳24 14 丙午25 15 丁未26 16 戊申㉗ 17 己酉28 18 庚戌29 19 辛亥30 《12月》 20 壬子 1 **21** 癸丑 2 22 甲寅 3 23 乙卯④ 24 丙辰 5 25 丁巳 6 26 戊午 7 27 己未 8 28 庚申 9 29 辛酉10 30 壬戌⑪	1 癸亥12 2 甲子13 3 乙丑14 4 丙寅15 5 丁卯16 6 戊辰17 **7** 己巳⑱ 8 庚午19 9 辛未20 10 壬申21 11 癸酉22 12 甲戌23 13 乙亥24 14 丙子㉕ 15 丁丑26 16 戊寅27 17 己卯28 18 庚辰29 19 辛巳30 20 壬午31 **848**年 《1月》 21 癸未① **22** 甲申 2 23 乙酉 3 24 丙戌 4 25 丁亥 5 26 戊子 6 27 己丑 7 28 庚寅⑧ 29 辛卯 9	1 壬辰10 2 癸巳11 3 甲午12 4 乙未13 5 丙申14 6 丁酉⑮ 7 戊戌16 **8** 己亥17 9 庚子18 10 辛丑19 11 壬寅20 12 癸卯21 13 甲辰㉒ 14 乙巳23 15 丙午24 16 丁未25 17 戊申26 18 己酉27 19 庚戌28 20 辛亥㉙ 21 壬子30 22 癸丑31 《2月》 **23** 甲寅 1 24 乙卯 2 25 丙辰 3 26 丁巳 4 27 戊午⑤ 28 己未 6 29 庚申 7 30 辛酉 8
立春 12日 雨水 27日	啓蟄 13日 春分 29日	清明 15日 穀雨 30日	立夏15日	小満 1日 芒種 17日	夏至 2日 小暑 17日	大暑 3日 立秋 19日	処暑 4日 白露 19日	秋分 5日 寒露 20日	霜降 6日 立冬 21日	小雪 6日 大雪 21日	冬至 7日 小寒 22日	大寒 8日 立春 23日

嘉祥元年〔承和**15**年〕（848－849） 戊辰

改元 6/13（承和→嘉祥）

1月	2月	3月	4月	5月	6月	7月	8月	9月	10月	11月	12月
1 壬戌 9 2 癸亥10 3 甲子11 4 乙丑⑫ 5 丙寅13 6 丁卯14 7 戊辰15 **8** 己巳16 9 庚午17 10 辛未18 11 壬申⑲ 12 癸酉20 13 甲戌21 14 乙亥22 15 丙子23 16 丁丑24 17 戊寅25 18 己卯㉖ 19 庚辰27 20 辛巳28 21 壬午29 《3月》 22 癸未 1 23 甲申 2 **24** 乙酉 3 25 丙戌④ 26 丁亥 5 27 戊子 6 28 己丑 7 29 庚寅 8	1 辛卯 9 2 壬辰10 3 癸巳⑪ 4 甲午12 5 乙未13 6 丙申14 7 丁酉15 8 戊戌16 9 己亥17 **10** 庚子⑱ 11 辛丑19 12 壬寅20 13 癸卯21 14 甲辰22 15 乙巳23 16 丙午24 17 丁未㉕ 18 戊申26 19 己酉27 20 庚戌28 21 辛亥29 22 壬子30 23 癸丑31 《4月》 24 甲寅① **25** 乙卯 2 26 丙辰 3 27 丁巳 4 28 戊午 5 29 己未 6	1 庚申 7 2 辛酉⑧ 3 壬戌 9 4 癸亥10 5 甲子11 6 乙丑12 7 丙寅13 8 丁卯14 9 戊辰⑮ 10 己巳16 **11** 庚午17 12 辛未18 13 壬申19 14 癸酉20 15 甲戌21 16 乙亥㉒ 17 丙子23 18 丁丑24 19 戊寅25 20 己卯26 21 庚辰27 22 辛巳28 23 壬午㉙ 24 癸未30 《5月》 25 甲申 1 26 乙酉 2 **27** 丙戌 3 28 丁亥 4 29 戊子 5 30 己丑⑥	1 庚寅 7 2 辛卯 8 3 壬辰 9 4 癸巳10 5 甲午11 6 乙未12 7 丙申⑬ 8 丁酉14 9 戊戌15 10 己亥16 11 庚子17 **12** 辛丑18 13 壬寅19 14 癸卯⑳ 15 甲辰21 16 乙巳22 17 丙午23 18 丁未24 19 戊申25 20 己酉26 21 庚戌㉗ 22 辛亥28 23 壬子29 24 癸丑30 25 甲寅31 《6月》 26 乙卯 1 **27** 丙辰 2 28 丁巳③ 29 戊午 4	1 己未 5 2 庚申 6 3 辛酉 7 4 壬戌 8 5 癸亥 9 6 甲子⑩ 7 乙丑11 8 丙寅12 9 丁卯13 10 戊辰14 11 己巳15 12 庚午16 **13** 辛未⑰ 14 壬申18 15 癸酉19 16 甲戌20 17 乙亥21 18 丙子22 19 丁丑23 20 戊寅㉔ 21 己卯25 22 庚辰26 23 辛巳27 24 壬午28 25 癸未29 26 甲申30 《7月》 27 乙酉① **28** 丙戌 2 29 丁亥 3	1 戊子 4 2 己丑 5 3 庚寅 6 4 辛卯 7 5 壬辰⑧ 6 癸巳 9 7 甲午10 8 乙未11 9 丙申12 10 丁酉13 11 戊戌14 12 己亥⑮ *13* 庚子16 14 辛丑17 **15** 壬寅18 16 癸卯19 17 甲辰20 18 乙巳21 19 丙午㉒ 20 丁未23 21 戊申24 22 己酉25 23 庚戌26 24 辛亥27 25 壬子28 26 癸丑㉙ 27 甲寅30 28 乙卯31 《8月》 29 丙辰 1 **30** 丁巳 2	1 戊午 3 2 己未 4 3 庚申⑤ 4 辛酉 6 5 壬戌 7 6 癸亥 8 7 甲子 9 8 乙丑10 9 丙寅11 10 丁卯⑫ 11 戊辰13 12 己巳14 13 庚午15 14 辛未16 **15** 壬申17 16 癸酉18 17 甲戌⑲ 18 乙亥20 19 丙子21 20 丁丑22 21 戊寅23 22 己卯24 23 庚辰25 24 辛巳㉖ 25 壬午27 26 癸未28 27 甲申29 28 乙酉30 29 丙戌31	《9月》 **1** 丁亥 1 2 戊子② 3 己丑 3 4 庚寅 4 5 辛卯 5 6 壬辰 6 7 癸巳 7 8 甲午 8 9 乙未⑨ 10 丙申10 11 丁酉11 12 戊戌12 13 己亥13 14 庚子14 15 辛丑15 **16** 壬寅⑯ 17 癸卯17 18 甲辰18 19 乙巳19 20 丙午20 21 丁未21 22 戊申22 23 己酉㉓ 24 庚戌24 25 辛亥25 26 壬子26 27 癸丑27 28 甲寅28 29 乙卯29 30 丙辰㉚	《10月》 1 丁巳 1 **2** 戊午 2 3 己未 3 4 庚申 4 5 辛酉 5 6 壬戌 6 7 癸亥⑦ 8 甲子 8 9 乙丑 9 10 丙寅10 11 丁卯11 12 戊辰12 13 己巳13 14 庚午⑭ 15 辛未15 16 壬申16 **17** 癸酉17 18 甲戌18 19 乙亥19 20 丙子20 21 丁丑㉑ 22 戊寅22 23 己卯23 24 庚辰24 25 辛巳25 26 壬午26 27 癸未27 28 甲申㉘ 29 乙酉29 30 丙戌30	1 丁亥31 《11月》 **2** 戊子 1 3 己丑 2 4 庚寅 3 5 辛卯④ 6 壬辰 5 7 癸巳 6 8 甲午 7 9 乙未 8 10 丙申 9 11 丁酉10 12 戊戌⑪ 13 己亥12 14 庚子13 15 辛丑14 16 壬寅15 **17** 癸卯16 18 甲辰17 19 乙巳⑱ 20 丙午19 21 丁未20 22 戊申21 23 己酉22 24 庚戌23 25 辛亥24 26 壬子㉕ 27 癸丑26 28 甲寅27 29 乙卯28 30 丙辰29	1 丁巳30 《12月》 2 戊午 1 **3** 己未② 4 庚申 3 5 辛酉 4 6 壬戌 5 7 癸亥 6 8 甲子 7 9 乙丑 8 10 丙寅⑨ 11 丁卯10 12 戊辰11 13 己巳12 14 庚午13 15 辛未14 16 壬申15 17 癸酉⑯ **18** 甲戌17 19 乙亥18 20 丙子19 21 丁丑20 22 戊寅21 23 己卯22 24 庚辰㉓ 25 辛巳24 26 壬午25 27 癸未26 28 甲申27 29 乙酉28	1 丙戌29 2 丁亥㉚ 3 戊子31 **849**年 《1月》 **4** 己丑 1 5 庚寅 2 6 辛卯 3 7 壬辰 4 8 癸巳 5 9 甲午⑥ 10 乙未 7 11 丙申 8 12 丁酉 9 13 戊戌10 14 己亥11 15 庚子12 16 辛丑⑬ 17 壬寅14 18 癸卯15 **19** 甲辰16 20 乙巳17 21 丙午18 22 丁未19 23 戊申⑳ 24 己酉21 25 庚戌22 26 辛亥23 27 壬子24 28 癸丑25 29 甲寅26 30 乙卯㉗
雨水 8日 啓蟄 24日	春分 10日 清明 25日	穀雨 11日 立夏 27日	小満 12日 芒種 27日	夏至 13日 小暑 28日	大暑 15日 立秋 30日	処暑 15日	白露 1日 秋分 16日	寒露 2日 霜降 17日	立冬 2日 小雪 17日	大雪 3日 冬至 18日	小寒 4日 大寒 19日

嘉祥**2**年（849－850） 己巳

1月	2月	3月	4月	5月	6月	7月	8月	9月	10月	11月	12月	閏12月
1 丙辰28	1 丙戌27	1 乙卯28	1 甲申26	**1** 甲寅㉖	1 癸未24	1 壬子23	1 壬午22	1 辛亥20	1 辛巳⑳	1 辛亥19	1 庚辰18	1 庚戌17
2 丁巳29	2 丁亥28	2 丙辰29	2 乙酉27	2 乙卯27	2 甲申25	2 癸丑24	2 癸未23	2 壬子21	2 壬午21	2 壬子20	2 辛巳19	2 辛亥18
3 戊午30	《3月》	3 丁巳30	3 丙戌㉘	3 丙辰28	3 乙酉26	3 甲寅25	3 甲申24	3 癸丑㉒	3 癸未22	3 癸丑21	3 壬午20	3 壬子⑲
4 己未31	3 戊子 1	4 戊午㉛	4 丁亥29	4 丁巳29	4 丙戌27	4 乙卯26	4 乙酉㉕	4 甲寅23	4 甲申23	4 甲寅22	4 癸未21	4 癸丑20
《2月》	4 己丑 2	《4月》	5 戊子30	5 戊午30	5 丁亥28	5 丙辰27	5 丙戌26	5 乙卯24	5 乙酉24	5 乙卯23	5 甲申㉒	5 甲寅21
5 庚申 1	**5** 庚寅③	5 己未 1	《5月》	6 己未31	6 戊子29	6 丁巳㉘	6 丁亥27	6 丙辰25	6 丙戌25	6 丙辰㉔	6 乙酉23	6 乙卯22
6 辛酉 2	6 辛卯 4	**6** 庚申 2	6 己丑 1	《6月》	7 己丑㉚	7 戊午29	7 戊子28	7 丁巳26	7 丁亥26	7 丁巳25	7 丙戌24	7 丙辰23
7 壬戌③	7 壬辰 5	7 辛酉 3	7 庚寅 2	7 庚申 1	《7月》	8 己未30	8 己丑29	8 戊午27	8 戊子㉗	8 戊午26	8 丁亥25	8 丁巳24
8 癸亥 4	8 癸巳 6	8 壬戌 4	**8** 辛卯 3	**8** 辛酉②	8 庚寅 1	9 庚申31	9 庚寅30	9 己未28	9 己丑28	9 己未27	9 戊子26	9 戊午25
9 甲子 5	9 甲午 7	9 癸亥 5	9 壬辰 4	9 壬戌 3	9 辛卯 2	《8月》	10辛卯31	10庚申㉙	10庚寅29	10庚申28	10己丑27	10己未㉖
10乙丑 6	10乙未 8	10甲子 6	10癸巳⑤	10癸亥 4	**10**壬辰 3	10辛酉 1	《9月》	11辛酉30	11辛卯30	11辛酉29	11庚寅28	11庚申27
11丙寅 7	11丙申 9	11乙丑⑦	11甲午 6	11甲子 5	11癸巳 4	**11**壬戌 2	11壬辰①	《10月》	12壬辰31	12壬戌30	12辛卯㉙	12辛酉28
12丁卯 8	12丁酉⑩	12丙寅 8	12乙未 7	12乙丑 6	12甲午 5	12癸亥 3	**12**癸巳 2	12壬戌 1	《11月》	《12月》	13壬辰30	13壬戌29
13戊辰 9	13戊戌11	13丁卯 9	13丙申 8	13丙寅 7	13乙未 6	13甲子④	13甲午 3	**13**癸亥 2	**13**癸巳 1	13癸亥①	14癸巳31	14癸亥30
14己巳⑩	14己亥12	14戊辰10	14丁酉 9	14丁卯 8	14丙申⑦	14乙丑 5	14乙未 4	14甲子 3	14甲午 2	**14**甲子 2	**850年**	15甲子31
15庚午11	15庚子13	15己巳11	15戊戌10	15戊辰⑨	15丁酉 8	15丙寅 6	15丙申 5	15乙丑 4	15乙未③	15乙丑 3	《1月》	《2月》
16辛未12	16辛丑14	16庚午12	16己亥11	16己巳10	16戊戌 9	16丁卯 7	16丁酉 6	16丙寅 5	16丙申 4	16丙寅 4	**15**甲午 1	**16**乙丑 1
17壬申13	17壬寅15	17辛未13	17庚子⑫	17庚午11	17己亥10	17戊辰 8	17戊戌 7	17丁卯⑥	17丁酉 5	17丁卯 5	16乙未 2	17丙寅②
18癸酉14	18癸卯16	18壬申⑭	18辛丑13	18辛未12	18庚子11	18己巳 9	18己亥⑧	18戊辰 7	18戊戌 6	18戊辰 6	17丙申 3	18丁卯 3
19甲戌15	19甲辰⑰	19癸酉15	19壬寅14	19壬申13	19辛丑12	19庚午10	19庚子 9	19己巳 8	19己亥 7	19己巳 7	18丁酉 4	19戊辰 4
20乙亥16	**20**乙巳18	20甲戌16	20癸卯15	20癸酉14	20壬寅13	20辛未⑪	20辛丑10	20庚午 9	20庚子 8	20庚午⑧	19戊戌⑤	20己巳 5
21丙子⑰	21丙午19	21乙亥17	21甲辰16	21甲戌15	21癸卯⑭	21壬申12	21壬寅11	21辛未10	21辛丑 9	21辛未 9	20己亥 6	21庚午 6
22丁丑18	22丁未20	**22**丙子18	22乙巳17	22乙亥⑯	22甲辰15	22癸酉13	22癸卯12	22壬申11	22壬寅⑩	22壬申10	21庚子 7	22辛未 7
23戊寅19	23戊申21	23丁丑19	**23**丙午18	**23**丙子17	23乙巳16	23甲戌14	23甲辰13	23癸酉12	23癸卯11	23癸酉11	22辛丑 8	23壬申 8
24己卯20	24己酉22	24戊寅20	24丁未⑲	24丁丑18	24丙午17	24乙亥15	24乙巳14	24甲戌⑬	24甲辰12	24甲戌12	23壬寅 9	24癸酉⑨
25庚辰21	25庚戌23	25己卯㉑	25戊申20	25戊寅19	**25**丁未18	25丙子16	25丙午⑮	25乙亥14	25乙巳13	25乙亥13	24癸卯10	25甲戌10
26辛巳22	26辛亥㉔	26庚辰22	26己酉21	26己卯20	26戊申19	**26**丁丑17	26丁未16	26丙子15	26丙午14	26丙子14	25甲辰11	26乙亥11
27壬午23	27壬子25	27辛巳23	27庚戌22	27庚辰21	27己酉20	27戊寅⑱	**27**戊申17	27丁丑16	27丁未15	27丁丑⑮	26乙巳⑫	27丙子12
28癸未㉔	28癸丑26	28壬午24	28辛亥23	28辛巳22	28庚戌㉑	28己卯19	28己酉18	**28**戊寅17	28戊申16	28戊寅16	27丙午13	28丁丑13
29甲申25	29甲寅27	29癸未25	29壬子24	29壬午㉓	29辛亥22	29庚辰20	29庚戌19	29己卯18	**29**己酉⑰	**29**己卯17	28丁未14	29戊寅14
30乙酉26			30癸丑25			30辛巳21		30庚辰19	30庚戌18		29戊申15	30己卯15
											30己酉16	
立春 4日 雨水 20日	啓蟄 5日 春分 20日	清明 6日 穀雨 22日	立夏 8日 小満 23日	芒種 8日 夏至 23日	小暑 10日 大暑 25日	立秋 11日 処暑 26日	白露 12日 秋分 27日	寒露 13日 霜降 28日	立冬 13日 小雪 29日	大雪 14日 冬至 29日	小寒 15日 大寒 30日	立春16日

嘉祥**3**年（850－851） 庚午

1月	2月	3月	4月	5月	6月	7月	8月	9月	10月	11月	12月
1 庚辰⑯	**1** 庚戌18	1 己卯16	1 戊申15	1 戊寅14	1 丁未⑬	1 丙子11	1 丙午10	1 乙亥 9	1 乙巳 8	1 甲戌⑦	1 甲辰 6
2 辛巳17	2 辛亥19	2 庚辰17	2 己酉16	2 己卯⑮	2 戊申14	2 丁丑12	2 丁未11	2 丙子10	2 丙午⑨	2 乙亥 8	2 乙巳 7
3 壬午18	3 壬子20	**3** 辛巳18	3 庚戌17	3 庚辰16	3 己酉15	3 戊寅13	3 戊申12	3 丁丑11	3 丁未10	3 丙子 9	3 丙午 8
4 癸未19	4 癸丑21	4 壬午19	**4** 辛亥⑱	4 辛巳17	4 庚戌16	4 己卯14	4 己酉13	4 戊寅⑫	4 戊申11	4 丁丑10	4 丁未 9
5 甲申20	5 甲寅22	5 癸未⑳	5 壬子19	**5** 壬午18	5 辛亥17	5 庚辰15	5 庚戌⑭	5 己卯13	5 己酉12	5 戊寅11	5 戊申10
6 乙酉21	6 乙卯㉓	6 甲申21	6 癸丑20	6 癸未19	**6** 壬子18	6 辛巳16	6 辛亥15	6 庚辰14	6 庚戌13	6 己卯12	6 己酉⑪
7 丙戌22	7 丙辰24	7 乙酉22	7 甲寅21	7 甲申20	7 癸丑19	7 壬午⑰	7 壬子16	7 辛巳15	7 辛亥14	7 庚辰13	7 庚戌12
8 丁亥㉓	8 丁巳25	8 丙戌23	8 乙卯22	8 乙酉21	8 甲寅⑳	**8** 癸未18	**8** 癸丑17	8 壬午16	8 壬子15	8 辛巳⑭	8 辛亥13
9 戊子24	9 戊午26	9 丁亥24	9 丙辰23	9 丙戌㉒	9 乙卯21	9 甲申19	9 甲寅18	**9** 癸未17	9 癸丑⑯	9 壬午15	9 壬子14
10己丑25	10己未27	10戊子25	10丁巳24	10丁亥23	10丙辰22	10乙酉20	10乙卯19	10甲申18	**10**甲寅17	10癸未16	10癸丑15
11庚寅26	11庚申28	11己丑26	11戊午㉕	11戊子24	11丁巳23	11丙戌21	11丙辰20	11乙酉⑲	11乙卯18	**11**甲申17	11甲寅16
12辛卯27	12辛酉29	12庚寅㉗	12己未26	12己丑25	12戊午24	12丁亥22	12丁巳㉑	12丙戌20	12丙辰19	12乙酉18	**12**乙卯17
13壬辰28	13壬戌㉚	13辛卯28	13庚申27	13庚寅26	13己未25	13戊子23	13戊午22	13丁亥21	13丁巳20	13丙戌19	13丙辰⑱
《3月》	14癸亥31	14壬辰29	14辛酉28	14辛卯27	14庚申26	14己丑㉔	14己未23	14戊子22	14戊午21	14丁亥20	14丁巳19
14癸巳 1	《4月》	15癸巳30	15壬戌29	15壬辰28	15辛酉㉗	15庚寅25	15庚申24	15己丑23	15己未22	15戊子㉑	15戊午20
15甲午②	15甲子 1	《5月》	16癸亥30	16癸巳㉙	16壬戌28	16辛卯26	16辛酉25	16庚寅24	16庚申㉓	16己丑22	16己未21
16乙未 3	16乙丑 2	16甲午 1	17甲子31	17甲午30	17癸亥29	17壬辰27	17壬戌26	17辛卯25	17辛酉24	17庚寅23	17庚申22
17丙申 4	**17**丙寅 3	17乙未 2	《6月》	《7月》	18甲子30	18癸巳28	18癸亥27	18壬辰㉖	18壬戌25	18辛卯24	18辛酉23
18丁酉 5	18丁卯 4	**18**丙申 3	18乙丑①	18乙未 1	19乙丑31	19甲午29	19甲子㉘	19癸巳27	19癸亥26	19壬辰25	19壬戌24
19戊戌 6	19戊辰 5	19丁酉④	**19**丙寅 2	19丙申 2	《8月》	20乙未30	20乙丑29	20甲午28	20甲子27	20癸巳26	20癸亥㉕
20己亥 7	20己巳⑥	20戊戌 5	20丁卯 3	**20**丁酉 3	20丙寅 1	21丙申㉛	21丙寅30	21乙未29	21乙丑28	21甲午27	21甲子26
21庚子 8	21庚午 7	21己亥 6	21戊辰 4	21戊戌 4	**21**丁卯 2	《9月》	《10月》	22丙申30	22丙寅29	22乙未㉘	22乙丑27
22辛丑⑨	22辛未 8	22庚子 7	22己巳 5	22己亥 5	22戊辰③	22丁酉 1	22丁卯 1	23丁酉31	23丁卯㉚	23丙申29	23丙寅28
23壬寅10	23壬申 9	23辛丑 8	23庚午 6	23庚子⑥	23己巳 4	**23**戊戌 2	**23**戊辰 2	《11月》	《12月》	24丁酉30	24丁卯29
24癸卯11	24癸酉10	24壬寅 9	24辛未 7	24辛丑 7	24庚午 5	24己亥 3	24己巳 3	24戊戌 1	24戊辰 1	25戊戌31	25戊辰30
25甲辰12	25甲戌11	25癸卯10	25壬申⑧	25壬寅 8	25辛未 6	25庚子 4	25庚午 4	**25**己亥②	**25**己巳 2	**851年**	26己巳31
26乙巳13	26乙亥12	26甲辰⑪	26癸酉 9	26癸卯 9	26壬申 7	26辛丑 5	26辛未⑤	26庚子 3	26庚午 3	《1月》	《2月》
27丙午14	27丙子⑬	27乙巳12	27甲戌10	27甲辰10	27癸酉 8	27壬寅 6	27壬申 6	27辛丑 4	27辛未 4	26己亥 1	**27**庚午①
28丁未15	28丁丑14	28丙午13	28乙亥11	28乙巳11	28甲戌 9	28癸卯⑦	28癸酉 7	28壬寅 5	28壬申 5	**27**庚子 2	28辛未 2
29戊申⑯	29戊寅15	29丁未14	29丙子12	29丙午12	29乙亥⑩	29甲辰 8	29甲戌 8	29癸卯 6	29癸酉 6	28辛丑 3	29壬申 3
30己酉17			30丁丑13			30乙巳 9		30甲辰 7		29壬寅④	30癸酉 4
										30癸卯 5	
雨水 1日 啓蟄 16日	春分 1日 清明 17日	穀雨 3日 立夏 18日	小満 4日 芒種 19日	夏至 5日 小暑 20日	大暑 6日 立秋 21日	処暑 8日 白露 23日	秋分 8日 寒露 23日	霜降 9日 立冬 25日	小雪 10日 大雪 25日	冬至 11日 小寒 27日	大寒 12日 立春 27日

仁寿元年〔嘉祥４年〕（851－852） 辛未

改元 4/28（嘉祥→仁寿）

1月	2月	3月	4月	5月	6月	7月	8月	9月	10月	11月	12月
1 甲戌 5	1 甲辰 7	1 癸酉⑤	1 癸卯 5	**1** 壬申 3	**1** 壬寅 3	《8月》	1 庚子㉚	1 庚午29	1 己亥28	1 己巳27	1 戊戌26
2 乙亥 6	2 乙巳⑧	2 甲戌 6	2 甲辰 6	2 癸酉 4	2 癸卯 4	1 辛未 1	2 辛丑31	2 辛未30	2 庚子29	2 庚午28	2 己亥㉗
3 丙子 7	3 丙午 9	3 乙亥 7	3 乙巳 7	3 甲戌 5	3 甲辰⑤	2 壬申②	《9月》	《10月》	3 辛丑30	3 辛未㉙	3 庚子28
4 丁丑⑧	4 丁未10	4 丙子 8	4 丙午 8	4 乙亥 6	4 乙巳 6	**3** 癸酉 3	3 壬寅 1	3 壬申 1	4 壬寅31	4 壬申30	4 辛丑29
5 戊寅 9	5 戊申11	5 丁丑 9	5 丁未 9	5 丙子⑦	5 丙午 7	4 甲戌 4	**4** 癸卯 2	**4** 癸酉 2	《11月》	《12月》	5 壬寅30
6 己卯10	6 己酉12	6 戊寅10	6 戊申⑩	6 丁丑 8	6 丁未 8	5 乙亥 5	5 甲辰 3	5 甲戌 3	5 癸卯①	5 癸酉 1	6 癸卯31
7 庚辰11	7 庚戌13	7 己卯11	7 己酉11	7 戊寅 9	7 戊申 9	6 丙子 6	6 乙巳 4	6 乙亥④	**6** 甲辰 2	**6** 甲戌 2	**852 年**
8 辛巳12	8 辛亥14	8 庚辰⑫	8 庚戌12	8 己卯10	8 己酉10	7 丁丑 7	7 丙午 5	7 丙子 5	7 乙巳 3	7 乙亥 3	《1月》
9 壬午13	9 壬子⑮	9 辛巳13	9 辛亥13	9 庚辰11	9 庚戌11	8 戊寅 8	8 丁未⑥	8 丁丑 6	8 丙午 4	8 丙子 4	7 甲辰 1
10癸未14	10癸丑16	10壬午14	10壬子14	10辛巳12	10辛亥⑫	9 己卯⑨	9 戊申 7	9 戊寅 7	9 丁未 5	9 丁丑 5	**8** 乙巳 2
11甲申⑮	11甲寅17	11癸未15	11癸丑15	11壬午13	11壬子13	10庚辰10	10己酉 8	10己卯 8	10戊申 6	10戊寅⑥	9 丙午③
12乙酉16	12乙卯18	12甲申16	12甲寅16	12癸未⑭	12癸丑14	11辛巳11	11庚戌 9	11庚辰 9	11己酉 7	11己卯 7	10丁未 4
13丙戌17	**13**丙辰19	13乙酉17	13乙卯⑰	13甲申15	13甲寅15	12壬午12	12辛亥10	12辛巳10	12庚戌⑧	12庚辰 8	11戊申 5
14丁亥18	14丁巳20	**14**丙戌18	**14**丙辰18	14乙酉16	14乙卯16	13癸未13	13壬子11	13壬午⑪	13辛亥 9	13辛巳 9	12己酉 6
15戊子19	15戊午21	15丁亥⑲	15丁巳19	15丙戌17	15丙辰17	14甲申14	14癸丑12	14癸未12	14壬子10	14壬午10	13庚戌 7
16己丑20	16己未㉒	16戊子20	16戊午20	**16**丁亥18	**16**丁巳18	15乙酉15	15甲寅⑬	15甲申13	15癸丑11	15癸未11	14辛亥 8
17庚寅21	17庚申23	17己丑21	17己未21	17戊子19	17戊午⑲	16丙戌⑯	16乙卯14	16乙酉14	16甲寅12	16甲申12	15壬子 9
18辛卯㉒	18辛酉24	18庚寅22	18庚申22	18己丑20	18己未20	17丁亥17	17丙辰15	17丙戌15	17乙卯13	17乙酉⑬	16癸丑⑩
19壬辰23	19壬戌25	19辛卯23	19辛酉23	19庚寅㉑	19庚申21	**18**戊子18	18丁巳16	18丁亥16	18丙辰14	18丙戌14	17甲寅11
20癸巳24	20癸亥26	20壬辰24	20壬戌㉔	20辛卯22	20辛酉22	19己丑19	**19**戊午17	19戊子17	19丁巳⑮	19丁亥15	18乙卯12
21甲午25	21甲子27	21癸巳25	21癸亥25	21壬辰23	21壬戌23	20庚寅20	20己未18	**20**己丑⑱	20戊午16	20戊子16	19丙辰13
22乙未26	22乙丑28	22甲午㉖	22甲子26	22癸巳24	22癸亥24	21辛卯21	21庚申19	21庚寅19	**21**己未17	21己丑17	20丁巳14
23丙申27	23丙寅㉙	23乙未27	23乙丑27	23甲午25	23甲子25	22壬辰22	22辛酉⑳	22辛卯20	22庚申18	**22**庚寅18	21戊午15
24丁酉28	24丁卯30	24丙申28	24丙寅28	24乙未26	24乙丑㉖	23癸巳㉓	23壬戌21	23壬辰21	23辛酉19	23辛卯19	22己未16
《3月》	25戊辰31	25丁酉29	25丁卯29	25丙申27	25丙寅27	24甲午24	24癸亥22	24癸巳22	24壬戌20	24壬辰⑳	**23**庚申⑰
25戊戌①	《4月》	26戊戌30	26戊辰30	26丁酉㉘	26丁卯28	25乙未25	25甲子23	25甲午23	25癸亥21	25癸巳21	24辛酉18
26己亥 2	26己巳 1	《5月》	27己巳㉛	27戊戌29	27戊辰29	26丙申26	26乙丑24	26乙未24	26甲子㉒	26甲午22	25壬戌19
27庚子 3	27庚午 2	27己亥 1	《6月》	28己亥30	28己巳30	27丁酉27	27丙寅25	27丙申㉕	27乙丑23	27乙未23	26癸亥20
28辛丑 4	**28**辛未 3	28庚子 2	28庚午 1	《7月》	29庚午31	28戊戌28	28丁卯26	28丁酉26	28丙寅24	28丙申24	27甲子21
29壬寅 5	29壬申 4	**29**辛丑③	29辛未 2	29庚子 1		29己亥29	29戊辰㉗	29戊戌27	29丁卯25	29丁酉25	28乙丑22
30癸卯 6		30壬寅 4		30辛丑 2			30己巳28		30戊辰26		29丙寅23
											30丁卯㉔

1月	2月	3月	4月	5月	6月	7月	8月	9月	10月	11月	12月
雨水 12日	春分 13日	穀雨 14日	小満 14日	芒種 1日	小暑 1日	立秋 3日	白露 4日	寒露 4日	立冬 6日	大雪 6日	小寒 8日
啓蟄 27日	清明 28日	立夏 29日		夏至 16日	大暑 16日	処暑 18日	秋分 19日	霜降 20日	小雪 21日	冬至 22日	大寒 23日

仁寿２年（852－853） 壬申

1月	2月	3月	4月	5月	6月	7月	8月	閏8月	9月	10月	11月	12月
1 戊辰25	1 戊戌24	1 丁卯24	1 丁酉23	1 丁卯23	1 丙申21	1 丙寅21	1 乙未19	1 甲子17	**1** 甲午17	1 癸亥15	1 癸巳15	1 壬戌13
2 己巳26	2 己亥25	2 戊辰25	2 戊戌㉔	2 戊辰24	2 丁酉22	2 丁卯22	2 丙申20	2 乙丑⑱	2 乙未18	**2** 甲子16	2 甲午16	2 癸亥14
3 庚午27	3 庚子26	3 己巳26	3 己亥25	3 己巳25	3 戊戌23	3 戊辰23	3 丁酉㉑	3 丙寅19	3 丙申19	3 乙丑17	**3** 乙未17	3 甲子⑮
4 辛未28	4 辛丑27	4 庚午㉗	4 庚子26	4 庚午26	4 己亥24	4 己巳㉔	4 戊戌22	4 丁卯20	4 丁酉20	4 丙寅18	4 丙申⑱	**4** 乙丑16
5 壬申29	5 壬寅㉘	5 辛未28	5 辛丑27	5 辛未27	5 庚子25	5 庚午25	5 己亥23	5 戊辰21	5 戊戌21	5 丁卯19	5 丁酉19	5 丙寅17
6 癸酉30	6 癸卯29	6 壬申29	6 壬寅28	6 壬申28	6 辛丑㉖	6 辛未26	6 庚子24	6 己巳22	6 己亥22	6 戊辰⑳	6 戊戌20	6 丁卯18
7 甲戌㉛	《3月》	7 癸酉30	7 癸卯29	7 癸酉㉙	7 壬寅27	7 壬申27	7 辛丑25	7 庚午23	7 庚子㉓	7 己巳21	7 己亥21	7 戊辰19
《2月》	7 甲辰 1	8 甲戌31	8 甲辰30	8 甲戌30	8 癸卯28	8 癸酉28	8 壬寅26	8 辛未24	8 辛丑24	8 庚午22	8 庚子22	8 己巳20
8 乙亥 1	8 乙巳 2	《4月》	《5月》	9 乙亥31	9 甲辰29	9 甲戌29	9 癸卯27	9 壬申㉕	9 壬寅25	9 辛未23	9 辛丑23	9 庚午21
9 丙子 2	**9** 丙午 3	9 乙亥 1	9 乙巳①	《6月》	10乙巳30	10乙亥30	10甲辰㉘	10癸酉26	10癸卯26	10壬申24	10壬寅24	10辛未㉒
10丁丑 3	10丁未 4	**10**丙子 2	**10**丙午 2	10丙子 1	《7月》	11丙子㉛	11乙巳29	11甲戌27	11甲辰27	11癸酉25	11癸卯㉕	11壬申23
11戊寅 4	11戊申 5	11丁丑③	11丁未 3	**11**丁丑 2	11丙午 1	《8月》	12丙午30	12乙亥28	12乙巳28	12甲戌26	12甲辰26	12癸酉24
12己卯 5	12己酉⑥	12戊寅 4	12戊申 4	12戊寅 3	**12**丁未 2	12丁丑 1	13丁未31	13丙子29	13丙午29	13乙亥㉗	13乙巳27	13甲戌25
13庚辰 6	13庚戌 7	13己卯 5	13己酉 5	13己卯 4	13戊申③	**13**戊寅 2	《9月》	14丁丑30	14丁未㉚	14丙子28	14丙午28	14乙亥26
14辛巳⑦	14辛亥 8	14庚辰 6	14庚戌 6	14庚辰⑤	14己酉 4	14己卯 3	**14**戊申 1	《10月》	15戊申31	15丁丑29	15丁未29	15丙子27
15壬午 8	15壬子 9	15辛巳 7	15辛亥 7	15辛巳 6	15庚戌 5	15庚辰 4	15己酉 2	15戊寅 1	《11月》	16戊寅30	16戊申30	16丁丑28
16癸未 9	16癸丑10	16壬午 8	16壬子⑧	16壬午 7	16辛亥 6	16辛巳 5	16庚戌 3	**16**己卯②	**16**己酉 1	《12月》	17己酉31	17戊寅㉙
17甲申10	17甲寅11	17癸未 9	17癸丑 9	17癸未 8	17壬子 7	17壬午 6	17辛亥④	17庚辰 3	17庚戌 2	17己卯 1	**853 年**	18己卯30
18乙酉11	18乙卯12	18甲申⑩	18甲寅10	18甲申 9	18癸丑 8	18癸未⑦	18壬子 5	18辛巳 4	18辛亥 3	**18**庚辰 2	《1月》	**19**庚辰31
19丙戌12	19丙辰⑬	19乙酉11	19乙卯11	19乙酉10	19甲寅 9	19甲申 8	19癸丑 6	19壬午 5	19壬子 4	19辛巳 3	**18**庚戌①	《2月》
20丁亥13	20丁巳14	20丙戌12	20丙辰12	20丙戌11	20乙卯⑩	20乙酉 9	20甲寅 7	20癸未 6	20癸丑 5	20壬午④	19辛亥 2	20辛巳 1
21戊子⑭	21戊午15	21丁亥13	21丁巳13	21丁亥⑫	21丙辰11	21丙戌10	21乙卯 8	21甲申 7	21甲寅⑥	21癸未 5	20壬子 3	21壬午 2
22己丑15	22己未16	22戊子14	22戊午14	22戊子13	22丁巳12	22丁亥11	22丙辰 9	22乙酉 8	22乙卯 7	22甲申 6	21癸丑 4	22癸未 3
23庚寅16	23庚申17	23己丑15	23己未⑮	23己丑14	23戊午13	23戊子12	23丁巳10	23丙戌⑨	23丙辰 8	23乙酉 7	22甲寅 5	23甲申 4
24辛卯17	**24**辛酉18	24庚寅16	24庚申16	24庚寅15	24己未14	24己丑13	24戊午⑪	24丁亥10	24丁巳 9	24丙戌 8	23乙卯 6	24乙酉⑤
25壬辰18	25壬戌19	**25**辛卯⑰	25辛酉17	25辛卯16	25庚申15	25庚寅⑭	25己未12	25戊子11	25戊午10	25丁亥 9	24丙辰 7	25丙戌 6
26癸巳19	26癸亥⑳	26壬辰18	**26**壬戌18	**26**壬辰17	26辛酉16	26辛卯15	26庚申13	26己丑12	26己未11	26戊子10	25丁巳⑧	26丁亥 7
27甲午20	27甲子21	27癸巳19	27癸亥19	27癸巳18	27壬戌⑰	27壬辰16	27辛酉14	27庚寅13	27庚申12	27己丑⑪	26戊午 9	27戊子 8
28乙未㉑	28乙丑22	28甲午20	28甲子20	28甲午⑲	**28**癸亥18	**28**癸巳17	28壬戌15	28辛卯14	28辛酉⑬	28庚寅12	27己未10	28己丑 9
29丙申22	29丙寅23	29乙未21	29乙丑21	29乙未20	29甲子19	29甲午18	**29**癸亥16	29壬辰15	29壬戌14	29辛卯13	28庚申11	29庚寅10
30丁酉23		30丙申22	30丙寅㉒		30乙丑20			30癸巳⑯		30壬辰14	29辛酉12	30辛卯11

1月	2月	3月	4月	5月	6月	7月	8月	閏8月	9月	10月	11月	12月
立春 8日	啓蟄 9日	清明 10日	立夏 10日	芒種 11日	小暑 12日	立秋 13日	白露 14日	寒露16日	霜降 1日	小雪 2日	冬至 3日	大寒 4日
雨水 23日	春分 24日	穀雨 25日	小満 26日	夏至 26日	大暑 28日	処暑 28日	秋分 29日		立冬 16日	大雪 18日	小寒 18日	立春 19日

仁寿 3 年（853－854） 癸酉

1月	2月	3月	4月	5月	6月	7月	8月	9月	10月	11月	12月
1 壬辰⑫	1 辛酉13	1 辛卯12	1 辛酉12	1 庚寅10	1 庚申10	1 庚寅 9	1 己未 7	1 戊子 6	1 戊午⑤	1 丁亥 4	1 丁巳 3
2 癸巳13	2 壬戌14	2 壬辰13	2 壬戌13	2 辛卯⑪	2 辛酉11	2 辛卯10	2 庚申 8	2 己丑 7	2 己未 6	2 戊子 5	2 戊午 4
3 甲午14	3 癸亥15	3 癸巳14	3 癸亥⑭	3 壬辰12	3 壬戌12	3 壬辰11	3 辛酉 9	3 庚寅⑧	3 庚申 7	3 己丑 6	3 己未 5
4 乙未15	4 甲子16	4 甲午15	4 甲子15	4 癸巳13	4 癸亥13	4 癸巳12	4 壬戌⑩	4 辛卯 9	4 辛酉 8	4 庚寅 7	4 庚申 6
5 丙申16	5 乙丑17	5 乙未⑯	5 乙丑16	5 甲午14	5 甲子14	5 甲午⑬	5 癸亥11	5 壬辰10	5 壬戌 9	5 辛卯 8	5 辛酉⑦
6 丁酉17	**6** 丙寅18	6 丙申17	6 丙寅17	6 乙未15	6 乙丑15	6 乙未14	6 甲子12	6 癸巳11	6 癸亥10	6 壬辰 9	6 壬戌 8
7 戊戌18	7 丁卯⑲	**7** 丁酉18	**7** 丁卯18	7 丙申16	7 丙寅⑯	7 丙申15	7 乙丑13	7 甲午12	7 甲子11	7 癸巳⑩	7 癸亥 9
8 己亥⑲	8 戊辰20	8 戊戌19	8 戊辰19	**8** 丁酉17	8 丁卯17	8 丁酉16	8 丙寅14	8 乙未13	8 乙丑⑫	8 甲午11	8 甲子10
9 庚子20	9 己巳21	9 己亥20	9 己巳20	9 戊戌⑱	**9** 戊辰18	**9** 戊戌17	9 丁卯15	9 丙申14	9 丙寅13	9 乙未12	9 乙丑11
10辛丑21	10庚午22	10庚子21	10庚午㉑	10己亥19	10己巳19	10己亥18	10戊辰16	10丁酉⑮	10丁卯14	10丙申13	10丙寅12
11壬寅22	11辛未23	11辛丑22	11辛未22	11庚子20	11庚午20	11庚子19	**11**己巳⑰	11戊戌16	11戊辰15	11丁酉14	11丁卯13
12癸卯23	12壬申24	12壬寅㉓	12壬申23	12辛丑21	12辛未21	12辛丑⑳	12庚午18	**12**己亥17	12己巳16	12戊戌15	12戊辰⑭
13甲辰24	13癸酉25	13癸卯24	13癸酉24	13壬寅22	13壬申22	13壬寅21	13辛未19	13庚子18	**13**庚午17	13己亥16	13己巳15
14乙巳25	14甲戌㉖	14甲辰25	14甲戌25	14癸卯23	14癸酉㉓	14癸卯22	14壬申20	14辛丑19	14辛未18	**14**庚子⑰	**14**庚午16
15丙午㉖	15乙亥27	15乙巳26	15乙亥26	15甲辰24	15甲戌24	15甲辰23	15癸酉21	15壬寅20	15壬申⑲	15辛丑18	15辛未17
16丁未27	16丙子28	16丙午27	16丙子27	16乙巳㉕	16乙亥25	16乙巳24	16甲戌22	16癸卯21	16癸酉20	16壬寅19	16壬申18
17戊申28	17丁丑29	17丁未28	17丁丑㉘	17丙午26	17丙子26	17丙午25	17乙亥23	17甲辰㉒	17甲戌21	17癸卯20	17癸酉19
《3月》	18戊寅30	18戊申29	18戊寅29	18丁未27	18丁丑27	18丁未26	18丙子㉔	18乙巳23	18乙亥22	18甲辰21	18甲戌20
18己酉 1	19己卯31	19己酉㉚	19己卯30	19戊申28	19戊寅28	19戊申㉗	19丁丑25	19丙午24	19丙子23	19乙巳22	19乙亥㉑
19庚戌 2	《4月》	《5月》	20庚辰31	20己酉29	20己卯29	20己酉28	20戊寅26	20丁未25	20丁丑24	20丙午23	20丙子22
20辛亥 3	20庚辰 1	20庚戌 1	《6月》	21庚戌30	21庚辰㉚	21庚戌29	21己卯27	21戊申26	21戊寅25	21丁未㉔	21丁丑23
21壬子 4	**21**辛巳②	21辛亥 2	21辛巳 1	《7月》	22辛巳31	22辛亥30	22庚辰28	22己酉27	22己卯㉖	22戊申25	22戊寅24
22癸丑⑤	22壬午 3	**22**壬子 3	**22**壬午 2	22辛亥 1	《8月》	23壬子31	23辛巳29	23庚戌28	23庚辰27	23己酉26	23己卯25
23甲寅 6	23癸未 4	23癸丑 4	23癸未 3	23壬子②	23壬午 1	《9月》	24壬午30	24辛亥㉙	24辛巳28	24庚戌27	24庚辰26
24乙卯 7	24甲申 5	24甲寅 5	24甲申④	**24**癸丑 3	**24**癸未 2	**24**癸丑 1	《10月》	25壬子30	25壬午29	25辛亥28	25辛巳27
25丙辰 8	25乙酉 6	25乙卯 6	25乙酉 5	25甲寅 4	25甲申 3	25甲寅 2	25癸未①	26癸丑31	26癸未30	26壬子29	26壬午㉘
26丁巳 9	26丙戌 7	26丙辰⑦	26丙戌 6	26乙卯 5	26乙酉 4	26乙卯③	**26**甲申 2	《11月》	《12月》	27癸丑30	27癸未29
27戊午10	27丁亥 8	27丁巳 8	27丁亥 7	27丙辰 6	27丙戌 5	27丙辰 4	27乙酉 3	**27**甲寅 1	27甲申 1	28甲寅㉛	28甲申30
28己未11	28戊子⑨	28戊午 9	28戊子 8	28丁巳 7	28丁亥⑥	28丁巳 5	28丙戌 4	28乙卯 2	**28**乙酉 2	**854 年**	29乙酉31
29庚申⑫	29己丑10	29己未10	29己丑 9	29戊午 8	29戊子 7	29戊午 6	29丁亥 5	29丙辰 3	29丙戌③	《1月》	
	30庚寅11	30庚申11		30己未⑨	30己丑 8			30丁巳 4		**29**乙卯 1	
										30丙辰 2	
雨水 5日 啓蟄 20日	春分 6日 清明 21日	穀雨 7日 立夏 22日	小満 7日 芒種 22日	夏至 8日 小暑 24日	大暑 9日 立秋 24日	処暑 9日 白露 24日	秋分 11日 寒露 26日	霜降 12日 立冬 27日	小雪 13日 大雪 28日	冬至 14日 小寒 29日	大寒 14日

斉衡元年〔仁寿 4 年〕（854－855） 甲戌

改元 11/30（仁寿→斉衡）

1月	2月	3月	4月	5月	6月	7月	8月	9月	10月	11月	12月
《2月》	**1** 丙辰 3	《4月》	《5月》	1 甲申30	1 甲寅29	1 甲申㉙	1 癸丑27	1 癸未26	1 壬子25	1 壬午24	1 壬子24
1 丙戌 1	2 丁巳④	1 乙酉①	1 乙卯 1	2 乙酉31	2 乙卯30	2 乙酉30	2 甲寅28	2 甲申27	2 癸丑26	2 癸未㉕	2 癸丑25
2 丁亥 2	3 戊午 5	2 丙戌 2	2 丙辰 2	《6月》	《7月》	3 丙戌31	3 乙卯29	3 乙酉28	3 甲寅27	3 甲申26	3 甲寅26
3 戊子 3	4 己未 6	**3** 丁亥 3	**3** 丁巳 3	3 丙戌 1	3 丙辰①	《8月》	4 丙辰30	4 丙戌29	4 乙卯㉘	4 乙酉27	4 乙卯27
4 己丑④	5 庚申 7	4 戊子 4	4 戊午 4	**4** 丁亥 2	4 丁巳 2	4 丁亥 1	5 丁巳31	5 丁亥㉚	5 丙辰29	5 丙戌28	5 丙辰28
5 庚寅 5	6 辛酉 8	5 己丑 5	5 己未 5	5 戊子③	**5** 戊午 3	**5** 戊子 2	《9月》	《10月》	6 丁巳30	6 丁亥29	6 丁巳29
6 辛卯 6	7 壬戌 9	6 庚寅 6	6 庚申⑥	6 己丑 4	6 己未 4	6 己丑 3	6 戊午 1	6 戊子 1	7 戊午31	7 戊子30	7 戊午㉚
7 壬辰 7	8 癸亥10	7 辛卯 7	7 辛酉 7	7 庚寅 5	7 庚申 5	7 庚寅 4	**7** 己未②	**7** 己丑 2	《11月》	《12月》	8 己未31
8 癸巳 8	9 甲子⑪	8 壬辰⑧	8 壬戌 8	8 辛卯 6	8 辛酉 6	8 辛卯⑤	8 庚申 3	8 庚寅 3	8 己未 1	8 己丑 1	**855 年**
9 甲午 9	10乙丑12	9 癸巳 9	9 癸亥 9	9 壬辰 7	9 壬戌 7	9 壬辰 6	9 辛酉 4	9 辛卯 4	**9** 庚申 2	**9** 庚寅②	《1月》
10乙未10	11丙寅13	10甲午10	10甲子10	10癸巳 8	10癸亥⑧	10癸巳 7	10壬戌 5	10壬辰 5	10辛酉 3	10辛卯 3	**9** 庚申 1
11丙申⑪	12丁卯14	11乙未11	11乙丑11	11甲午 9	11甲子 9	11甲午 8	11癸亥 6	11癸巳 6	11壬戌④	11壬辰 4	10辛酉 2
12丁酉12	13戊辰15	12丙申12	12丙寅12	12乙未⑩	12乙丑10	12乙未 9	12甲子 7	12甲午⑦	12癸亥 5	12癸巳 5	11壬戌 3
13戊戌13	14己巳16	13丁酉13	13丁卯⑬	13丙申11	13丙寅11	13丙申10	13乙丑 8	13乙未 8	13甲子 6	13甲午 6	12癸亥 4
14己亥14	15庚午17	14戊戌14	14戊辰14	14丁酉12	14丁卯12	14丁酉11	14丙寅⑨	14丙申 9	14乙丑 7	14乙未 7	13甲子 5
15庚子15	**16**辛未⑱	15己亥⑮	15己巳15	15戊戌13	15戊辰13	15戊戌⑫	15丁卯10	15丁酉10	15丙寅 8	15丙申 8	14乙丑⑥
16辛丑16	17壬申19	16庚子16	16庚午16	16己亥14	16己巳14	16己亥13	16戊辰11	16戊戌11	16丁卯 9	16丁酉⑨	15丙寅 7
17壬寅17	18癸酉20	17辛丑17	17辛未17	17庚子15	17庚午⑮	17庚子14	17己巳12	17己亥12	17戊辰10	17戊戌10	16丁卯 8
18癸卯⑱	19甲戌21	**18**壬寅18	**18**壬申18	18辛丑16	18辛未16	18辛丑15	18庚午13	18庚子13	18己巳⑪	18己亥11	17戊辰 9
19甲辰19	20乙亥22	19癸卯19	19癸酉19	19壬寅⑰	19壬申17	19壬寅16	19辛未14	19辛丑⑭	19庚午12	19庚子12	18己巳10
20乙巳20	21丙子23	20甲辰20	20甲戌⑳	**20**癸卯18	**20**癸酉18	20癸卯17	20壬申15	20壬寅15	20辛未13	20辛丑13	19庚午11
21丙午21	22丁丑24	21乙巳21	21乙亥21	21甲辰19	21甲戌19	**21** 甲辰18	21癸酉⑯	21癸卯16	21壬申14	21壬寅14	20辛未12
22丁未22	23戊寅㉕	22丙午㉒	22丙子22	22乙巳20	22乙亥20	22乙巳⑲	**22**甲戌17	**22**甲辰17	22癸酉15	22癸卯15	21壬申⑬
23戊申23	24己卯26	23丁未23	23丁丑23	23丙午21	23丙子21	23丙午20	23乙亥18	23乙巳18	23甲戌16	23甲辰⑯	22癸酉14
24己酉24	25庚辰27	24戊申24	24戊寅24	24丁未22	24丁丑㉒	24丁未21	24丙子19	24丙午19	**24**乙亥17	**24**乙巳17	23甲戌15
25庚戌㉕	26辛巳28	25己酉25	25己卯25	25戊申23	25戊寅23	25戊申22	25丁丑20	25丁未20	25丙子⑱	25丙午18	24乙亥16
26辛亥26	27壬午29	26庚戌26	26庚辰26	26己酉㉔	26己卯24	26己酉23	26戊寅21	26戊申㉑	26丁丑19	26丁未19	**25**丙子17
27壬子27	28癸未30	27辛亥27	27辛巳㉗	27庚戌25	27庚辰25	27庚戌24	27己卯22	27己酉22	27戊寅20	27戊申20	26丁丑18
28癸丑28	29甲申31	28壬子28	28壬午28	28辛亥26	28辛巳26	28辛亥25	28庚辰㉓	28庚戌23	28己卯21	28己酉21	27戊寅19
《3月》		29癸丑㉙	29癸未29	29壬子27	29壬午27	29壬子㉖	29辛巳24	29辛亥24	29庚辰22	29庚戌22	28己卯⑳
29甲寅 1		30甲寅30		30癸丑28	30癸未28		30壬午25		30辛巳23	*30* 辛亥㉓	29庚辰21
30乙卯 2											30辛巳22
立春 1日 雨水 16日	啓蟄 1日 春分 16日	清明 3日 穀雨 18日	立夏 3日 小満 18日	芒種 4日 夏至 20日	小暑 5日 大暑 20日	立秋 5日 処暑 21日	白露 7日 秋分 22日	寒露 7日 霜降 22日	立冬 9日 小雪 24日	大雪 9日 冬至 24日	小寒 9日 大寒 25日

斉衡2年（855－856） 乙亥

1月	2月	3月	4月	閏4月	5月	6月	7月	8月	9月	10月	11月	12月
1 壬午23	1 辛亥21	1 庚辰22	1 己酉20	1 己卯20	1 戊申18	1 戊寅18	1 丁未16	1 丁丑⑮	1 丁未15	1 丙子13	1 丙午13	1 丙子⑫
2 癸未24	2 壬子22	2 辛巳23	2 庚戌㉑	2 庚辰21	2 己酉19	2 己卯19	2 戊申17	2 戊寅16	2 戊申16	2 丁丑14	2 丁未14	2 丁丑13
3 甲申25	3 癸丑23	3 壬午㉔	3 辛亥22	3 辛巳22	3 庚戌20	3 庚辰20	3 己酉⑱	3 己卯17	3 己酉17	3 戊寅15	3 戊申⑮	3 戊寅14
4 乙酉26	4 甲寅㉔	4 癸未25	4 壬子23	4 壬午23	4 辛亥21	4 辛巳㉑	4 庚戌19	4 庚辰18	4 庚戌18	4 己卯16	4 己酉16	4 己卯15
5 丙戌㉗	5 乙卯25	5 甲申26	5 癸丑24	5 癸未24	5 壬子22	5 壬午22	5 辛亥20	5 辛巳19	5 辛亥19	5 庚辰⑰	5 庚戌17	5 庚辰16
6 丁亥28	6 丙辰26	6 乙酉27	6 甲寅25	6 甲申25	6 癸丑㉓	6 癸未23	6 壬子21	6 壬午20	6 壬子⑳	6 辛巳18	6 辛亥18	6 辛巳17
7 戊子29	7 丁巳27	7 丙戌28	7 乙卯26	7 乙酉㉖	7 甲寅24	7 甲申24	7 癸丑22	7 癸未21	7 癸丑21	7 壬午19	7 壬子19	7 壬午18
8 己丑30	8 戊午28	8 丁亥29	8 丙辰27	8 丙戌27	8 乙卯25	8 乙酉25	8 甲寅23	8 甲申㉒	8 甲寅22	8 癸未20	8 癸丑20	8 癸未⑲
9 庚寅31	《3月》	9 戊子30	9 丁巳㉘	9 丁亥28	9 丙辰26	9 丙戌26	9 乙卯24	9 乙酉23	9 乙卯23	9 甲申21	9 甲寅21	9 甲申20
《2月》	9 己未 1	10己丑㉛	10戊午29	10戊子29	10丁巳27	10丁亥27	10丙辰㉕	10丙戌24	10丙辰24	10乙酉22	10乙卯㉒	10乙酉21
10辛卯 1	10庚申 2	《4月》	11己未30	11己丑30	11戊午28	11戊子㉘	11丁巳26	11丁亥25	11丁巳25	11丙戌23	11丙辰23	11丙戌22
11壬辰 2	11辛酉③	11庚寅 1	《5月》	12庚寅31	12己未29	12己丑29	12戊午27	12戊子26	12戊午26	12丁亥㉔	12丁巳24	12丁亥23
12癸巳③	12壬戌 4	12辛卯 2	12庚申 1	《6月》	13庚申㉚	13庚寅30	13己未28	13己丑27	13己未㉗	13戊子25	13戊午25	13戊子24
13甲午 4	13癸亥 5	13壬辰 3	13辛酉 2	13辛卯 1	《7月》	14辛卯31	14庚申29	14庚寅28	14庚申28	14己丑26	14己未26	14己丑25
14乙未 5	14甲子 6	14癸巳 4	14壬戌 3	14壬辰②	14辛酉 1	《8月》	15辛酉30	15辛卯㉙	15辛酉29	15庚寅27	15庚申27	15庚寅㉖
15丙申 6	15乙丑 7	15甲午 5	15癸亥 4	15癸巳 3	15壬戌 2	15壬辰 1	16壬戌31	16壬辰30	16壬戌30	16辛卯28	16辛酉28	16辛卯27
16丁酉 7	16丙寅 8	16乙未 6	16甲子⑤	16甲午 4	16癸亥 3	16癸巳 2	《9月》	《10月》	17癸亥31	17壬辰29	17壬戌㉙	17壬辰28
17戊戌 8	17丁卯 9	17丙申⑦	17乙丑 6	17乙未 5	17甲子 4	17甲午 3	17癸亥①	17癸巳 1	《11月》	18癸巳30	18癸亥30	18癸巳29
18己亥 9	18戊辰⑩	18丁酉 8	18丙寅 7	18丙申 6	18乙丑 5	18乙未④	18甲子 2	18甲午 2	18甲子 1	《12月》	19甲子31	19甲午30
19庚子⑩	19己巳11	19戊戌 9	19丁卯 8	19丁酉 7	19丙寅 6	19丙申 5	19乙丑 3	19乙未 3	19乙丑 2	19甲午①	856年	20乙未31
20辛丑11	20庚午12	20己亥10	20戊辰 9	20戊戌 8	20丁卯⑦	20丁酉 6	20丙寅 4	20丙申 4	20丙寅③	20乙未 2	《1月》	《2月》
21壬寅12	21辛未13	21庚子11	21己巳10	21己亥⑨	21戊辰 8	21戊戌 7	21丁卯 5	21丁酉 5	21丁卯 4	21丙申 3	20乙丑 1	21丙申 1
22癸卯13	22壬申14	22辛丑12	22庚午11	22庚子10	22己巳 9	22己亥 8	22戊辰 6	22戊戌⑥	22戊辰 5	22丁酉 4	21丙寅 2	22丁酉②
23甲辰14	23癸酉15	23壬寅13	23辛未⑫	23辛丑11	23庚午10	23庚子 9	23己巳 7	23己亥 7	23己巳 6	23戊戌 5	22丁卯 3	23戊戌 3
24乙巳15	24甲戌16	24癸卯⑭	24壬申13	24壬寅12	24辛未11	24辛丑10	24庚午⑧	24庚子 8	24庚午 7	24己亥 6	23戊辰 4	24己亥 4
25丙午16	25乙亥⑰	25甲辰15	25癸酉14	25癸卯13	25壬申12	25壬寅⑪	25辛未 9	25辛丑 9	25辛未 8	25庚子 7	24己巳⑤	25庚子 5
26丁未⑰	26丙子18	26乙巳16	26甲戌15	26甲辰14	26癸酉13	26癸卯12	26壬申10	26壬寅10	26壬申 9	26辛丑⑧	25庚午 6	26辛丑 6
27戊申18	27丁丑19	27丙午17	27乙亥16	27乙巳15	27甲戌⑭	27甲辰13	27癸酉11	27癸卯11	27癸酉⑩	27壬寅 9	26辛未 7	27壬寅 7
28己酉19	28戊寅20	28丁未18	28丙子17	28丙午⑯	28乙亥15	28乙巳14	28甲戌12	28甲辰12	28甲戌11	28癸卯10	27壬申 8	28癸卯 8
29庚戌20	29己卯21	29戊申19	29丁丑18	29丁未17	29丙子16	29丙午15	29乙亥13	29乙巳⑬	29乙亥12	29甲辰11	28癸酉 9	29甲辰⑨
			30戊寅⑲		30丁丑17		30丙子14	30丙午14		30乙巳12	29甲戌10	
											30乙亥11	
立春 10日 雨水 25日	啓蟄 11日 春分 27日	清明 13日 穀雨 28日	立夏 14日 小満 29日	芒種15日	夏至 1日 小暑 16日	大暑 1日 立秋 17日	処暑 3日 白露 18日	秋分 3日 寒露 18日	霜降 4日 立冬 19日	小雪 5日 大雪 20日	冬至 6日 小寒 21日	大寒 6日 立春 21日

斉衡3年（856－857） 丙子

1月	2月	3月	4月	5月	6月	7月	8月	9月	10月	11月	12月
1 乙巳10	1 甲戌10	1 甲辰 9	1 癸酉 8	1 壬寅 6	1 壬申 6	1 辛丑 4	1 辛未 3	1 辛丑 3	1 辛未 2	《12月》	1 庚午31
2 丙午11	2 乙亥11	2 乙巳10	2 甲戌 9	2 癸卯⑦	2 癸酉 7	2 壬寅 5	2 壬申 4	2 壬寅④	2 壬申 3	1 庚子 1	857年
3 丁未12	3 丙子12	3 丙午11	3 乙亥⑩	3 甲辰 8	3 甲戌 8	3 癸卯 6	3 癸酉 5	3 癸卯 5	3 癸酉 4	2 辛丑 2	《1月》
4 戊申13	4 丁丑13	4 丁未⑫	4 丙子11	4 乙巳 9	4 乙亥 9	4 甲辰 7	4 甲戌⑥	4 甲辰 6	4 甲戌 5	3 壬寅 3	2 辛未 1
5 己酉14	5 戊寅14	5 戊申13	5 丁丑12	5 丙午10	5 丙子10	5 乙巳 8	5 乙亥 7	5 乙巳 7	5 乙亥 6	4 癸卯 4	3 壬申 2
6 庚戌15	6 己卯⑮	6 己酉14	6 戊寅13	6 丁未11	6 丁丑11	6 丙午⑨	6 丙子 8	6 丙午 8	6 丙子 7	5 甲辰 5	4 癸酉③
7 辛亥⑯	7 庚辰16	7 庚戌15	7 己卯14	7 戊申12	7 戊寅⑫	7 丁未10	7 丁丑 9	7 丁未 9	7 丁丑⑧	6 乙巳⑥	5 甲戌 4
8 壬子17	8 辛巳17	8 辛亥16	8 庚辰15	8 己酉13	8 己卯13	8 戊申11	8 戊寅10	8 戊申10	8 戊寅 9	7 丙午 7	6 乙亥 5
9 癸丑18	9 壬午18	9 壬子17	9 辛巳16	9 庚戌⑭	9 庚辰14	9 己酉12	9 己卯11	9 己酉⑪	9 己卯10	8 丁未 8	7 丙子 6
10甲寅19	10癸未19	10癸丑18	10壬午⑰	10辛亥15	10辛巳15	10庚戌13	10庚辰12	10庚戌12	10庚辰11	9 戊申 9	8 丁丑 7
11乙卯20	11甲申20	11甲寅⑲	11癸未18	11壬子16	11壬午16	11辛亥14	11辛巳⑬	11辛亥13	11辛巳12	10己酉10	9 戊寅 8
12丙辰21	12乙酉21	12乙卯20	12甲申19	12癸丑17	12癸未17	12壬子15	12壬午14	12壬子14	12壬午13	11庚戌11	10己卯 9
13丁巳22	13丙戌㉒	13丙辰21	13乙酉20	13甲寅18	13甲申18	13癸丑⑯	13癸未15	13癸丑15	13癸未14	12辛亥12	11庚辰⑩
14戊午㉓	14丁亥23	14丁巳22	14丙戌21	14乙卯19	14乙酉⑲	14甲寅17	14甲申16	14甲寅16	14甲申⑮	13壬子⑬	12辛巳11
15己未24	15戊子24	15戊午23	15丁亥22	15丙辰20	15丙戌20	15乙卯18	15乙酉17	15乙卯17	15乙酉16	14癸丑14	13壬午12
16庚申25	16己丑25	16己未24	16戊子23	16丁巳㉑	16丁亥21	16丙辰19	16丙戌18	16丙辰⑱	16丙戌17	15甲寅15	14癸未13
17辛酉26	17庚寅26	17庚申25	17己丑㉔	17戊午22	17戊子22	17丁巳20	17丁亥19	17丁巳19	17丁亥18	16乙卯16	15甲申14
18壬戌27	18辛卯27	18辛酉㉖	18庚寅25	18己未23	18己丑23	18戊午21	18戊子⑳	18戊午20	18戊子19	17丙辰17	16乙酉15
19癸亥28	19壬辰28	19壬戌27	19辛卯26	19庚申24	19庚寅24	19己未22	19己丑21	19己未21	19己丑20	18丁巳18	17丙戌16
20甲子29	20癸巳㉙	20癸亥28	20壬辰27	20辛酉25	20辛卯25	20庚申㉓	20庚寅22	20庚申22	20庚寅21	19戊午19	18丁亥⑰
《3月》	21甲午30	21甲子29	21癸巳28	21壬戌26	21壬辰㉖	21辛酉24	21辛卯23	21辛酉23	21辛卯㉒	20己未⑳	19戊子18
21乙丑①	22乙未31	22乙丑30	22甲午29	22癸亥27	22癸巳27	22壬戌25	22壬辰24	22壬戌24	22壬辰23	21庚申21	20己丑19
22丙寅 2	《4月》	《5月》	23乙未30	23甲子㉘	23甲午28	23癸亥26	23癸巳25	23癸亥㉕	23癸巳24	22辛酉22	21庚寅20
23丁卯 3	23丙申 1	23丙寅 1	24丙申㉛	24乙丑29	24乙未29	24甲子27	24甲午26	24甲子26	24甲午25	23壬戌23	22辛卯21
24戊辰 4	24丁酉 2	24丁卯 2	《6月》	25丙寅30	25丙申30	25乙丑28	25乙未㉗	25乙丑27	25乙未26	24癸亥24	23壬辰22
25己巳 5	25戊戌 3	25戊辰③	25丁酉 1	《7月》	26丁酉31	26丙寅29	26丙申28	26丙寅28	26丙申27	25甲子25	24癸巳23
26庚午 6	26己亥 4	26己巳 4	26戊戌 2	26丁卯 1	《8月》	27丁卯㉚	27丁酉29	27丁卯29	27丁酉28	26乙丑26	25甲午㉔
27辛未 7	27庚子⑤	27庚午 5	27己亥 3	27戊辰 2	27戊戌 1	28戊辰31	28戊戌30	28戊辰30	28戊戌㉙	27丙寅㉗	26乙未25
28壬申⑧	28辛丑 6	28辛未 6	28庚子 4	28己巳 3	28己亥②	《9月》	《10月》	29己巳31	29己亥30	28丁卯28	27丙申26
29癸酉 9	29壬寅 7	29壬申 7	29辛丑 5	29庚午 4	29庚子 3	29己巳 1	29己亥 1	《11月》		29戊辰29	28丁酉27
	30癸卯 8			30辛未⑤		30庚午 2	30庚子 2	30庚午①		30己巳30	29戊戌28
											30己亥29
雨水 7日 啓蟄 23日	春分 9日 清明 24日	穀雨 9日 立夏 24日	小満 11日 芒種 26日	夏至 12日 小暑 27日	大暑 13日 立秋 28日	処暑 14日 白露 29日	秋分 14日 寒露 30日	霜降 15日 立冬 30日	小雪 15日	大雪 2日 冬至 17日	小寒 2日 大寒 17日

天安元年〔斉衡4年〕（857－858） 丁丑

改元 2/21（斉衡→天安）

1月	2月	3月	4月	5月	6月	7月	8月	9月	10月	11月	12月
1 庚子30	1 己巳㉘	1 戊戌29	1 戊辰28	1 丁酉27	1 丙寅25	1 丙申㉕	1 乙丑23	1 乙未22	1 乙丑22	1 甲午20	1 甲子20
2 辛丑㉛	《3月》	2 己亥30	2 己巳29	2 戊戌28	2 丁卯26	2 丁酉26	2 丙寅24	2 丙申23	2 丙寅23	2 乙未㉑	2 乙丑21
《2月》	2 庚午 1	3 庚子31	3 庚午30	3 己亥29	3 戊辰㉗	3 戊戌27	3 丁卯25	3 丁酉24	3 丁卯㉔	3 丙申22	3 丙寅22
3 壬寅 1	3 辛未 2	《4月》	《5月》	4 庚子㉚	4 己巳28	4 己亥28	4 戊辰26	4 戊戌25	4 戊辰25	4 丁酉23	4 丁卯23
4 癸卯 2	**4** 壬申 3	4 辛丑 1	4 辛未 1	5 辛丑31	5 庚午29	5 庚子29	5 己巳27	5 己亥㉖	5 己巳26	5 戊戌24	5 戊辰24
5 甲辰 3	5 癸酉 4	**5** 壬寅 2	5 壬申②	《6月》	6 辛未30	6 辛丑30	6 庚午28	6 庚子27	6 庚午27	6 己亥25	6 己巳25
6 乙巳 4	6 甲戌 5	6 癸卯 3	**6** 癸酉 3	6 壬寅 1	《7月》	7 壬寅31	7 辛未㉙	7 辛丑28	7 辛未28	7 庚子26	7 庚午㉖
7 丙午 5	7 乙亥 6	7 甲辰④	7 甲戌 4	**7** 癸卯 2	7 壬申 1	《8月》	8 壬申30	8 壬寅29	8 壬申29	8 辛丑27	8 辛未27
8 丁未 6	8 丙子⑦	8 乙巳 5	8 乙亥 5	8 甲辰 3	8 癸酉 2	8 癸卯①	9 癸酉31	9 癸卯30	9 癸酉30	9 壬寅㉘	9 壬申28
9 戊申⑦	9 丁丑 8	9 丙午 6	9 丙子 6	9 乙巳 4	**9** 甲戌 3	**9** 甲辰 2	《9月》	《10月》	10甲戌㉛	10癸卯29	10癸酉29
10己酉 8	10戊寅 9	10丁未 7	10丁丑 7	10丙午 5	10乙亥④	10乙巳 3	**10**甲戌 1	10甲辰 1	《11月》	11甲辰30	11甲戌30
11庚戌 9	11己卯10	11戊申 8	11戊寅 8	11丁未⑥	11丙子 5	11丙午 4	11乙亥 2	**11**乙巳 2	**11**乙亥 1	《12月》	12乙亥31
12辛亥10	12庚辰11	12己酉 9	12己卯⑨	12戊申 7	12丁丑 6	12丁未 5	12丙子 3	12丙午③	12丙子 2	12乙巳 1	**858**年
13壬子11	13辛巳12	13庚戌10	13庚辰10	13己酉 8	13戊寅 7	13戊申 6	13丁丑 4	13丁未 4	13丁丑 3	**13**丙午 2	《1月》
14癸丑12	14壬午13	14辛亥⑪	14辛巳11	14庚戌 9	14己卯 8	14己酉 7	14戊寅⑤	14戊申 5	14戊寅 4	14丁未 3	**13**丙子 1
15甲寅13	15癸未⑭	15壬子12	15壬午12	15辛亥10	15庚辰 9	15庚戌⑧	15己卯 6	15己酉 6	15己卯 5	15戊申 4	14丁丑②
16乙卯⑭	16甲申15	16癸丑13	16癸未13	16壬子11	16辛巳10	16辛亥 9	16庚辰 7	16庚戌 7	16庚辰 6	16己酉⑤	15戊寅 3
17丙辰15	17乙酉16	17甲寅14	17甲申14	17癸丑12	17壬午⑪	17壬子10	17辛巳 8	17辛亥 8	17辛巳⑦	17庚戌 6	16己卯 4
18丁巳16	18丙戌17	18乙卯15	18乙酉15	18甲寅⑬	18癸未12	18癸丑11	18壬午 9	18壬子 9	18壬午 8	18辛亥 7	17庚辰 5
19戊午17	**19**丁亥18	19丙辰16	19丙戌⑯	19乙卯14	19甲申13	19甲寅12	19癸未10	19癸丑⑩	19癸未 9	19壬子 8	18辛巳 6
20己未18	20戊子19	**20**丁巳17	20丁亥17	20丙辰15	20乙酉14	20乙卯13	20甲申11	20甲寅11	20甲申10	20癸丑 9	19壬午 7
21庚申19	*21*己丑20	21戊午⑱	**21**戊子18	21丁巳16	21丙戌15	21丙辰14	21乙酉⑫	21乙卯12	21乙酉11	21甲寅10	20癸未 8
22辛酉20	22庚寅㉑	22己未19	22己丑19	**22**戊午17	22丁亥16	22丁巳⑮	22丙戌13	22丙辰13	22丙戌12	22乙卯11	21甲申⑨
23壬戌㉑	23辛卯22	23庚申20	23庚寅20	23己未18	23戊子17	23戊午16	23丁亥14	23丁巳14	23丁亥13	23丙辰⑫	22乙酉10
24癸亥22	24壬辰23	24辛酉21	24辛卯21	24庚申19	**24**己丑⑱	**24**己未17	24戊子15	24戊午15	24戊子⑭	24丁巳13	23丙戌11
25甲子23	25癸巳24	25壬戌22	25壬辰22	25辛酉⑳	25庚寅19	25庚申18	25己丑16	25己未16	25己丑15	25戊午14	24丁亥12
26乙丑24	26甲午25	26癸亥23	26癸巳㉓	26壬戌21	26辛卯20	26辛酉19	**26**庚寅17	**26**庚申⑰	26庚寅16	26己未15	25戊子13
27丙寅25	27乙未26	27甲子24	27甲午24	27癸亥22	27壬辰21	27壬戌20	27辛卯18	27辛酉18	**27**辛卯17	27庚申16	26己丑14
28丁卯26	28丙申27	28乙丑㉕	28乙未25	28甲子23	28癸巳22	28癸亥21	28壬辰⑲	28壬戌19	28壬辰18	**28**辛酉17	27庚寅15
29戊辰27	29丁酉㉘	29丙寅26	29丙申26	29乙丑24	29甲午23	29甲子㉒	29癸巳20	29癸亥20	29癸巳19	29壬戌18	**28**辛卯⑯
		30丁卯27			30乙未24		30甲午21	30甲子21		30癸亥⑲	29壬辰17
											30癸巳18
立春 2日 雨水 18日	啓蟄 4日 春分 19日	清明 5日 穀雨 20日	立夏 6日 小満 21日	芒種 7日 夏至 22日	小暑 9日 大暑 24日	立秋 9日 処暑 24日	白露 10日 秋分 26日	寒露 11日 霜降 26日	立冬 11日 小雪 27日	大雪 13日 冬至 28日	小寒 13日 大寒 28日

天安2年（858－859） 戊寅

1月	2月	閏2月	3月	4月	5月	6月	7月	8月	9月	10月	11月	12月
1 甲午19	1 甲子18	1 癸巳19	1 壬戌⑰	1 壬辰17	1 辛酉15	1 庚寅14	1 庚申13	1 己丑⑪	1 己未11	1 戊子 9	1 戊午 9	1 戊子⑧
2 乙未20	2 乙丑19	2 甲午⑳	**2** 癸亥18	**2** 癸巳18	2 壬戌16	2 辛卯15	2 辛酉⑭	2 庚寅12	2 庚申12	2 己丑10	2 己未10	2 己丑 9
3 丙申21	3 丙寅⑳	3 乙未21	3 甲子19	3 甲午19	3 癸亥17	3 壬辰16	3 壬戌15	3 辛卯13	3 辛酉13	3 庚寅11	3 庚申⑪	3 庚寅10
4 丁酉22	4 丁卯21	4 丙申22	4 乙丑20	4 乙未20	**4** 甲子18	4 癸巳⑰	4 癸亥16	4 壬辰14	4 壬戌14	4 辛卯12	4 辛酉12	4 辛卯11
5 戊戌㉓	5 戊辰22	5 丁酉23	5 丙寅21	5 丙申21	5 乙丑⑲	**5** 甲午18	5 甲子17	5 癸巳15	5 癸亥15	5 壬辰⑬	5 壬戌13	5 壬辰12
6 己亥24	6 己巳23	6 戊戌24	6 丁卯22	6 丁酉㉒	6 丙寅20	6 乙未19	**6** 乙丑18	6 甲午16	6 甲子⑯	6 癸巳14	6 癸亥14	6 癸巳13
7 庚子25	7 庚午24	7 己亥25	7 戊辰23	7 戊戌23	7 丁卯21	7 丙申20	7 丙寅19	**7** 乙未17	7 乙丑17	7 甲午15	7 甲子15	7 甲午14
8 辛丑26	8 辛未25	8 庚子26	8 己巳㉔	8 己亥24	8 戊辰22	8 丁酉21	8 丁卯20	8 丙申⑱	**8** 丙寅18	8 乙未16	8 乙丑16	8 乙未⑮
9 壬寅27	9 壬申26	9 辛丑㉗	9 庚午25	9 庚子25	9 己巳23	9 戊戌22	9 戊辰㉑	9 丁酉19	9 丁卯19	**9** 丙申17	**9** 丙寅17	9 丙申16
10癸卯28	10癸酉㉗	10壬寅28	10辛未26	10辛丑26	10庚午24	10己亥23	10己巳22	10戊戌20	10戊辰20	10丁酉18	10丁卯⑱	**10**丁酉17
11甲辰29	11甲戌28	11癸卯29	11壬申27	11壬寅27	11辛未25	11庚子㉔	11庚午23	11己亥21	11己巳21	11戊戌19	11戊辰19	11戊戌18
12乙巳㉚	《3月》	12甲辰30	12癸酉28	12癸卯28	12壬申㉖	12辛丑25	12辛未24	12庚子22	12庚午22	12己亥⑳	12己巳20	12己亥19
13丙午31	12乙亥 1	13乙巳31	13甲戌29	13甲辰㉙	13癸酉27	13壬寅26	13壬申25	13辛丑23	13辛未㉓	13庚子21	13庚午21	13庚子20
《2月》	13丙子 2	《4月》	14乙亥30	14乙巳30	14甲戌28	14癸卯27	14癸酉26	14壬寅24	14壬申24	14辛丑22	14辛未22	14辛丑21
14丁未 1	**14**丁丑 3	14丙午 1	《5月》	15丙午31	15乙亥29	15甲辰28	15甲戌27	15癸卯㉕	15癸酉25	15壬寅23	15壬申23	15壬寅㉒
15戊申 2	15戊寅 4	15丁未 2	15丙子①	《6月》	16丙子30	16乙巳29	16乙亥㉘	16甲辰26	16甲戌26	16癸卯24	16癸酉24	16癸卯23
16己酉 3	16己卯 5	**16**戊申③	16丁丑 2	16丁未 1	《7月》	17丙午30	17丙子29	17乙巳27	17乙亥27	17甲辰25	17甲戌㉕	17甲辰24
17庚戌 4	17庚辰⑥	17己酉 4	**17**戊寅 3	17戊申 2	17丁丑 1	18丁未㉛	18丁丑30	18丙午28	18丙子28	18乙巳26	18乙亥26	18乙巳25
18辛亥 5	18辛巳 7	18庚戌 5	18己卯 4	**18**己酉 3	18戊寅 2	《8月》	19戊寅31	19丁未29	19丁丑29	19丙午㉗	19丙子27	19丙午26
19壬子⑥	19壬午 8	19辛亥 6	19庚辰 5	19庚戌 4	**19**己卯③	19戊申 1	《9月》	20戊申30	20戊寅㉚	20丁未28	20丁丑28	20丁未27
20癸丑 7	20癸未 9	20壬子 7	20辛巳 6	20辛亥⑤	20庚辰 4	**20**己酉 2	20己卯 1	《10月》	21己卯31	21戊申29	21戊寅29	21戊申28
21甲寅 8	21甲申10	21癸丑 8	21壬午 7	21壬子 6	21辛巳 5	21庚戌 3	**21**庚辰 2	21己酉 1	《11月》	22己酉30	22己卯30	22己酉㉙
22乙卯 9	22乙酉11	22甲寅 9	22癸未⑧	22癸丑 7	22壬午 6	22辛亥 4	22辛巳 3	**22**庚戌②	22庚辰 1	《12月》	23庚辰31	23庚戌30
23丙辰10	23丙戌12	23乙卯⑩	23甲申 9	23甲寅 8	23癸未 7	23壬子 5	23壬午④	23辛亥 3	**23**辛巳 2	23庚戌 1	**859**年	24辛亥31
24丁巳11	24丁亥⑬	24丙辰11	24乙酉10	24乙卯 9	24甲申 8	24癸丑 6	24癸未 5	24壬子 4	24壬午 3	**24**辛亥 2	《1月》	《2月》
25戊午12	25戊子14	25丁巳12	25丙戌11	25丙辰10	25乙酉 9	25甲寅⑦	25甲申 6	25癸丑 5	25癸未 4	25壬子 3	24辛巳①	**25**壬子 1
26己未⑬	26己丑15	26戊午13	26丁亥12	26丁巳11	26丙戌⑩	26乙卯 8	26乙酉 7	26甲寅 6	26甲申 5	26癸丑④	**25**壬午 2	26癸丑 2
27庚申14	27庚寅16	27己未14	27戊子13	27戊午⑫	27丁亥11	27丙辰 9	27丙戌 8	27乙卯 7	27乙酉⑥	27甲寅 5	26癸未 3	27甲寅 3
28辛酉15	28辛卯17	28庚申15	28己丑14	28己未13	28戊子12	28丁巳10	28丁亥 9	28丙辰 8	28丙戌 7	28乙卯 6	27甲申 4	28乙卯 4
29壬戌16	**29**壬辰18	29辛酉16	29庚寅⑮	29庚申14	29己丑13	29戊午11	29戊子10	29丁巳⑨	29丁亥 8	29丙辰 7	28乙酉 5	29丙辰⑤
30癸亥17			30辛卯16			30己未12		30戊午10		30丁巳 8	29丙戌 6	30丁巳 6
											30丁亥 7	
立春 14日 雨水 29日	啓蟄 14日 春分 29日	清明16日	穀雨 2日 立夏 17日	小満 2日 芒種 18日	夏至 4日 小暑 19日	大暑 5日 立秋 20日	処暑 6日 白露 21日	秋分 7日 寒露 22日	霜降 8日 立冬 23日	小雪 9日 大雪 24日	冬至 9日 小寒 25日	大寒 10日 立春 25日

貞観元年〔天安３年〕（859－860） 己卯

改元 4/15（天安→貞観）

1月	2月	3月	4月	5月	6月	7月	8月	9月	10月	11月	12月
1戊午7	1丁亥8	1丁巳7	1丙戌6	1丙辰5	1乙酉4	1甲寅2	《9月》	1癸丑30	1癸未30	1壬子28	1壬午28
2己未8	2戊子9	2戊午8	2丁亥⑦	2丁巳6	2丙戌5	**2**乙卯3	1甲申1	《10月》	2甲申31	2癸丑29	2癸未29
3庚申9	3己丑10	3己未⑨	3戊子8	3戊午7	3丁亥6	3丙辰4	**2**乙酉2	2甲寅①	《11月》	3甲寅30	3甲申30
4辛酉10	4庚寅11	4庚申10	4己丑9	4己未8	4戊子7	4丁巳5	3丙戌③	3乙卯2	3乙酉1	《12月》	4乙酉㉛
5壬戌11	5辛卯⑫	5辛酉11	5庚寅10	5庚申9	5己丑8	5戊午⑥	4丁亥4	**4**丙辰3	**4**丙戌2	4乙卯1	**860年**
6癸亥⑫	6壬辰13	6壬戌12	6辛卯11	6辛酉10	6庚寅⑨	6己未7	5戊子5	5丁巳4	5丁亥3	**5**丙辰2	《1月》
7甲子13	7癸巳14	7癸亥13	7壬辰12	7壬戌⑪	7辛卯10	7庚申8	6己丑6	6戊午5	6戊子4	6丁巳③	5丙戌1
8乙丑14	8甲午15	8甲子14	8癸巳13	8癸亥12	8壬辰11	8辛酉9	7庚寅7	7己未6	7己丑⑤	7戊午4	**6**丁亥2
9丙寅15	9乙未16	9乙丑15	9甲午⑭	9甲子13	9癸巳12	9壬戌10	8辛卯8	8庚申7	8庚寅6	8己未5	7戊子3
10丁卯16	10丙申17	10丙寅⑯	10乙未15	10乙丑14	10甲午13	10癸亥11	9壬辰9	9辛酉⑧	9辛卯7	9庚申6	8己丑4
11戊辰17	11丁酉18	11丁卯17	11丙申16	11丙寅15	11乙未14	11甲子12	10癸巳⑩	10壬戌9	10壬辰8	10辛酉7	9庚寅5
12己巳18	**12**戊戌⑲	**12**戊辰18	12丁酉17	12丁卯16	12丙申15	12乙丑⑬	11甲午11	11癸亥10	11癸巳9	11壬戌8	10辛卯6
13庚午⑲	13己亥20	13己巳19	13戊戌18	13戊辰17	13丁酉⑯	13丙寅14	12乙未12	12甲子11	12甲午10	12癸亥9	11壬辰⑦
14辛未20	14庚子21	14庚午20	**14**己亥19	**14**己巳⑱	14戊戌17	14丁卯15	13丙申13	13乙丑12	13乙未11	13甲子⑩	12癸巳8
15壬申21	15辛丑22	15辛未21	15庚子20	15庚午19	**15**己亥18	15戊辰16	14丁酉14	14丙寅13	14丙申⑫	14乙丑11	13甲午9
16癸酉22	16壬寅23	16壬申22	16辛丑㉑	16辛未20	16庚子19	16己巳17	15戊戌15	15丁卯14	15丁酉13	15丙寅12	14乙未10
17甲戌23	17癸卯24	17癸酉㉓	17壬寅22	17壬申21	17辛丑20	**17**庚午18	16己亥16	16戊辰⑮	16戊戌14	16丁卯13	15丙申11
18乙亥24	18甲辰25	18甲戌24	18癸卯23	18癸酉22	18壬寅21	18辛未19	**17**庚子⑰	17己巳16	17己亥15	17戊辰14	16丁酉12
19丙子25	19乙巳㉖	19乙亥25	19甲辰24	19甲戌23	19癸卯22	19壬申⑳	18辛丑18	18庚午17	18庚子16	18己巳15	17戊戌13
20丁丑㉖	20丙午27	20丙子26	20乙巳25	20乙亥24	20甲辰㉓	20癸酉21	19壬寅19	**19**辛未18	**19**辛丑17	19庚午16	18己亥⑭
21戊寅27	21丁未28	21丁丑27	21丙午26	21丙子㉕	21乙巳24	21甲戌22	20癸卯20	20壬申19	20壬寅18	20辛未⑰	19庚子15
22己卯28	22戊申29	22戊寅28	22丁未27	22丁丑26	22丙午25	22乙亥23	21甲辰21	21癸酉20	21癸卯⑲	**21**壬申18	20辛丑16
《3月》	23己酉30	23己卯29	23戊申㉘	23戊寅27	23丁未26	23丙子24	22乙巳22	22甲戌21	22甲辰20	22癸酉19	**21**壬寅17
23庚辰1	24庚戌31	24庚辰㉚	24己酉29	24己卯28	24戊申27	24丁丑25	23丙午23	23乙亥㉒	23乙巳21	23甲戌20	22癸卯18
24辛巳2	《4月》	《5月》	25庚戌30	25庚辰29	25己酉28	25戊寅26	24丁未㉔	24丙子23	24丙午22	24乙亥21	23甲辰19
25壬午3	25辛亥1	25辛巳1	26辛亥31	26辛巳30	26庚戌29	26己卯㉗	25戊申25	25丁丑24	25丁未23	25丙子22	24乙巳20
26癸未4	26壬子②	26壬午2	《6月》	《7月》	27辛亥㉚	27庚辰28	26己酉26	26戊寅25	26戊申24	26丁丑23	25丙午㉑
27甲申⑤	**27**癸丑3	**27**癸未3	27壬子1	27壬午1	28壬子31	28辛巳29	27庚戌27	27己卯26	27己酉25	27戊寅㉔	26丁未22
28乙酉6	28甲寅4	28甲申4	28癸丑2	28癸未②	《8月》	29壬午30	28辛亥28	28庚辰27	28庚戌㉖	28己卯25	27戊申23
29丙戌7	29乙卯5	29乙酉5	**29**甲寅3	**29**甲申3	29癸丑1	30癸未31	29壬子29	29辛巳28	29辛亥27	29庚辰26	28己酉24
	30丙辰6		30乙卯④					30壬午㉙		30辛巳27	29庚戌25
											30辛亥26
雨水 10日 啓蟄 26日	春分 12日 清明 27日	穀雨 12日 立夏 27日	小満 14日 芒種 29日	夏至 14日 小暑 29日	大暑 15日	立秋 2日 処暑 17日	白露 2日 秋分 17日	寒露 4日 霜降 19日	立冬 4日 小雪 19日	大雪 5日 冬至 21日	小寒 6日 大寒 21日

貞観２年（860－861） 庚辰

1月	2月	3月	4月	5月	6月	7月	8月	9月	10月	閏10月	11月	12月
1壬子27	1壬午26	1辛亥26	1辛巳25	1庚戌24	1庚辰㉓	1己酉22	1戊寅20	1戊申19	1丁丑18	1丁未⑰	**1**丁丑17	1丙午15
2癸丑㉘	2癸未27	2壬子27	2壬午26	2辛亥25	2辛巳24	2庚戌23	2己卯21	2己酉20	2戊寅19	2戊申18	2戊寅18	**2**丁未16
3甲寅29	3甲申28	3癸丑28	3癸未27	3壬子㉖	3壬午25	3辛亥24	3庚辰22	3庚戌21	3己卯⑳	3己酉19	3己卯19	3戊申17
4乙卯30	4乙酉29	4甲寅29	4甲申㉘	4癸丑27	4癸未26	4壬子25	4辛巳23	4辛亥㉒	4庚辰21	4庚戌20	4庚辰20	4己酉18
5丙辰31	《3月》	5乙卯30	5乙酉29	5甲寅28	5甲申27	5癸丑26	5壬午24	5壬子23	5辛巳22	5辛亥21	5辛巳21	5庚戌⑲
《2月》	5丙戌1	6丙辰㉛	6丙戌30	6乙卯29	6乙酉28	6甲寅27	6癸未㉕	6癸丑24	6壬午23	6壬子22	6壬午㉒	6辛亥20
6丁巳1	6丁亥2	《4月》	《5月》	7丙辰30	7丙戌29	7乙卯㉘	7甲申26	7甲寅25	7癸未24	7癸丑23	7癸未23	7壬子21
7戊午2	**7**戊子③	7丁巳1	7丁亥1	8丁巳31	8丁亥㉚	8丙辰29	8乙酉27	8乙卯26	8甲申25	8甲寅㉔	8甲申24	8癸丑22
8己未3	8己丑4	**8**戊午2	8戊子2	《6月》	《7月》	9丁巳30	9丙戌28	9丙辰27	9乙酉26	9乙卯25	9乙酉25	9甲寅23
9庚申④	9庚寅5	9己未3	**9**己丑3	9戊午1	9戊子1	10戊午31	10丁亥29	10丁巳28	10丙戌㉗	10丙辰26	10丙戌26	10乙卯24
10辛酉5	10辛卯6	10庚申4	10庚寅4	**10**己未②	**10**己丑2	《8月》	11戊子30	11戊午㉙	11丁亥28	11丁巳27	11丁亥27	11丙辰25
11壬戌6	11壬辰7	11辛酉5	11辛卯⑤	11庚申3	11庚寅3	11己未1	12己丑31	12己未30	12戊子29	12戊午28	12戊子28	12丁巳㉖
12癸亥7	12癸巳8	12壬戌6	12壬辰6	12辛酉4	12辛卯4	**12**庚申2	《9月》	《10月》	13己丑30	13己未29	13己丑㉙	13戊午27
13甲子8	13甲午9	13癸亥⑦	13癸巳7	13壬戌5	13壬辰5	13辛酉3	**13**庚寅①	13庚申1	14庚寅31	14庚申30	14庚寅30	14己未28
14乙丑9	14乙未⑩	14甲子8	14甲午8	14癸亥6	14癸巳6	14壬戌④	14辛卯2	**14**辛酉2	《11月》	《12月》	15辛卯31	15庚申29
15丙寅10	15丙申11	15乙丑9	15乙未9	15甲子7	15甲午⑦	15癸亥5	15壬辰3	15壬戌3	**15**辛卯1	15辛酉①	**861年**	16辛酉30
16丁卯⑪	16丁酉12	16丙寅10	16丙申10	16乙丑8	16乙未8	16甲子6	16癸巳4	16癸亥4	16壬辰2	**16**壬戌2	《1月》	17壬戌31
17戊辰12	17戊戌13	17丁卯11	17丁酉11	17丙寅⑨	17丙申9	17乙丑7	17甲午5	17甲子5	17癸巳③	17癸亥3	**16**壬辰1	《2月》
18己巳13	18己亥14	18戊辰12	18戊戌⑫	18丁卯10	18丁酉10	18丙寅8	18乙未6	18乙丑⑥	18甲午4	18甲子4	17癸巳2	**18**癸亥1
19庚午14	19庚子15	19己巳13	19己亥13	19戊辰11	19戊戌11	19丁卯9	19丙申7	19丙寅7	19乙未5	19乙丑5	18甲午3	19甲子②
20辛未15	20辛丑16	20庚午⑭	20庚子14	20己巳12	20己亥12	20戊辰10	20丁酉⑧	20丁卯8	20丙申6	20丙寅6	19乙未4	20乙丑3
21壬申16	21壬寅⑰	21辛未15	21辛丑15	21庚午13	21庚子13	21己巳⑪	21戊戌9	21戊辰9	21丁酉7	21丁卯7	20丙申⑤	21丙寅4
22癸酉17	**22**癸卯18	22壬申16	22壬寅16	22辛未14	22辛丑⑭	22庚午12	22己亥10	22己巳10	22戊戌8	22戊辰⑧	21丁酉6	22丁卯5
23甲戌⑱	23甲辰19	**23**癸酉17	23癸卯17	23壬申15	23壬寅15	23辛未13	23庚子11	23庚午11	23己亥9	23己巳9	22戊戌7	23戊辰6
24乙亥19	24乙巳20	24甲戌18	**24**甲辰18	24癸酉⑯	24癸卯16	24壬申14	24辛丑12	24辛未12	24庚子⑩	24庚午10	23己亥8	24己巳7
25丙子20	25丙午21	25乙亥19	25乙巳⑲	**25**甲戌17	25甲辰17	25癸酉15	25壬寅13	25壬申⑬	25辛丑11	25辛未11	24庚子9	25庚午8
26丁丑21	26丁未22	26丙子20	26丙午20	26乙亥18	**26**乙巳18	26甲戌16	26癸卯14	26癸酉14	26壬寅12	26壬申12	25辛丑10	26辛未⑨
27戊寅22	27戊申23	27丁丑㉑	27丁未21	27丙子19	27丙午19	**27**乙亥17	27甲辰⑮	27甲戌15	27癸卯13	27癸酉13	26壬寅11	27壬申10
28己卯23	28己酉㉔	28戊寅22	28戊申22	28丁丑20	28丁未20	28丙子⑱	28乙巳16	28乙亥16	28甲辰14	28甲戌14	27癸卯⑫	28癸酉11
29庚辰24	29庚戌25	29己卯23	29己酉23	29戊寅21	29戊申㉑	29丁丑19	**29**丙午17	**29**丙子17	29乙巳15	29乙亥⑮	28甲辰13	29甲戌12
30辛巳㉕		30庚辰24		30己卯22			30丁未18		**30**丙午16	30丙子16	29乙巳14	30乙亥13
立春 6日 雨水 22日	啓蟄 7日 春分 22日	清明 8日 穀雨 23日	立夏 9日 小満 24日	芒種 10日 夏至 25日	小暑 10日 大暑 26日	立秋 12日 処暑 27日	白露 13日 秋分 29日	寒露 14日 霜降 29日	立冬 15日 小雪 30日	大雪16日	冬至 1日 小寒 16日	大寒 2日 立春 18日

貞観**3**年（861－862） 辛巳

1月	2月	3月	4月	5月	6月	7月	8月	9月	10月	11月	12月
1 丙子14	1 乙巳15	1 乙亥14	1 乙巳14	1 甲戌12	1 甲辰12	1 癸酉⑩	1 壬寅 8	1 壬申 8	1 辛丑 6	1 辛未 6	1 庚子④
2 丁丑15	2 丙午⑯	2 丙子15	2 丙午15	2 乙亥13	2 乙巳⑬	2 甲戌11	2 癸卯 9	2 癸酉 9	2 壬寅 7	2 壬申⑦	2 辛丑 5
3 戊寅⑯	3 丁未17	3 丁丑16	3 丁未16	3 丙子14	3 丙午14	3 乙亥12	3 甲辰10	3 甲戌10	3 癸卯 8	3 癸酉 8	3 壬寅 6
4 己卯17	**4** 戊申18	4 戊寅17	4 戊申17	4 丁丑⑮	4 丁未15	4 丙子13	4 乙巳11	4 乙亥11	4 甲辰⑨	4 甲戌 9	4 癸卯 7
5 庚辰18	5 己酉19	**5** 己卯18	**5** 己酉⑱	5 戊寅16	5 戊申16	5 丁丑14	5 丙午12	5 丙子⑫	5 乙巳10	5 乙亥10	5 甲辰 8
6 辛巳19	6 庚戌20	6 庚辰19	6 庚戌19	6 己卯17	6 己酉17	6 戊寅15	6 丁未13	6 丁丑13	6 丙午11	6 丙子11	6 乙巳 9
7 壬午20	7 辛亥21	7 辛巳⑳	7 辛亥20	**7** 庚辰18	**7** 庚戌18	7 己卯16	7 戊申⑭	7 戊寅14	7 丁未12	7 丁丑12	7 丙午10
8 癸未21	8 壬子22	8 壬午21	8 壬子21	8 辛巳19	8 辛亥19	**8** 庚辰⑰	8 己酉15	8 己卯15	8 戊申13	8 戊寅13	8 丁未⑪
9 甲申22	9 癸丑㉓	9 癸未22	9 癸丑22	9 壬午20	9 壬子⑳	9 辛巳18	9 庚戌16	9 庚辰16	9 己酉14	9 己卯⑭	9 戊申12
10乙酉㉓	10甲寅24	10甲申23	10甲寅23	10癸未21	10癸丑21	10壬午19	**10**辛亥17	**10**辛巳17	10庚戌15	10庚辰15	10己酉13
11丙戌24	11乙卯25	11乙酉24	11乙卯24	11甲申㉒	11甲寅22	11癸未20	11壬子18	11壬午18	11辛亥⑯	11辛巳16	11庚戌14
12丁亥25	12丙辰26	12丙戌25	12丙辰㉕	12乙酉23	12乙卯23	12甲申21	12癸丑19	12癸未⑲	**12**壬子17	**12**壬午17	12辛亥15
13戊子26	13丁巳27	13丁亥26	13丁巳26	13丙戌24	13丙辰24	13乙酉22	13甲寅20	13甲申20	13癸丑18	13癸未18	13壬子16
14己丑27	14戊午28	14戊子㉗	14戊午27	14丁亥25	14丁巳25	14丙戌23	14乙卯㉑	14乙酉21	14甲寅19	14甲申19	**14**癸丑17
15庚寅28	15己未29	15己丑28	15己未28	15戊子26	15戊午26	15丁亥㉔	15丙辰22	15丙戌22	15乙卯20	15乙酉20	15甲寅⑱
《3月》	16庚申㉚	16庚寅29	16庚申29	16己丑27	16己未㉗	16戊子25	16丁巳23	16丁亥23	16丙辰21	16丙戌㉑	16乙卯19
16辛卯 1	17辛酉31	17辛卯30	17辛酉30	17庚寅28	17庚申28	17己丑26	17戊午24	17戊子24	17丁巳22	17丁亥22	17丙辰20
17壬辰②	《4月》	《5月》	18壬戌31	18辛卯㉙	18辛酉29	18庚寅27	18己未25	18己丑25	18戊午㉓	18戊子23	18丁巳21
18癸巳 3	18壬戌 1	18壬辰 1	《6月》	19壬辰30	19壬戌30	19辛卯28	19庚申26	19庚寅㉖	19己未24	19己丑24	19戊午22
19甲午 4	**19**癸亥 2	19癸巳 2	19癸亥①	《7月》	20癸亥31	20壬辰29	20辛酉27	20辛卯27	20庚申25	20庚寅25	20己未23
20乙未 5	20甲子 3	**20**甲午 3	**20**甲子 2	20癸巳 1	《8月》	21癸巳30	21壬戌㉘	21壬辰28	21辛酉26	21辛卯26	21庚申24
21丙申 6	21乙丑 4	21乙未④	21乙丑 3	21甲午 2	21甲子 1	22甲午㉛	22癸亥29	22癸巳29	22壬戌27	22壬辰27	22辛酉㉕
22丁酉 7	22丙寅 5	22丙申 5	22丙寅 4	**22**乙未 3	**22**乙丑 2	《9月》	23甲子30	23甲午30	23癸亥28	23癸巳㉘	23壬戌26
23戊戌 8	23丁卯⑥	23丁酉 6	23丁卯 5	23丙申 4	23丙寅③	23乙未 1	《10月》	24乙未31	24甲子29	24甲午29	24癸亥27
24己亥⑨	24戊辰 7	24戊戌 7	24戊辰 6	24丁酉 5	24丁卯 4	**24**丙申 2	24乙丑 1	《11月》	25乙丑㉚	25乙未30	25甲子28
25庚子10	25己巳 8	25己亥 8	25己巳 7	25戊戌⑥	25戊辰 5	25丁酉 3	**25**丙寅 2	**25**丙申 1	《12月》	26丙申31	26乙丑29
26辛丑11	26庚午 9	26庚子 9	26庚午⑧	26己亥 7	26己巳 6	26戊戌 4	26丁卯 3	26丁酉②	26丙寅 1	**862**年	27丙寅30
27壬寅12	27辛未10	27辛丑10	27辛未 9	27庚子 8	27庚午 7	27己亥 5	27戊辰 4	27戊戌 3	**27**丁卯 2	《1月》	28丁卯31
28癸卯13	28壬申11	28壬寅⑪	28壬申10	28辛丑 9	28辛未 8	28庚子 6	28己巳⑤	28己亥 4	28戊辰 3	**27**丁酉 1	《2月》
29甲辰14	29癸酉12	29癸卯12	29癸酉11	29壬寅10	29壬申 9	29辛丑⑦	29庚午 6	29庚子 5	29己巳 4	28戊戌 2	**29**戊辰①
	30甲戌⑬	30甲辰13		30癸卯11			30辛未 7		30庚午 5	29己亥 3	30己巳 2

雨水 3日	春分 4日	穀雨 5日	小満 5日	夏至 7日	大暑 7日	処暑 8日	秋分 10日	霜降 10日	小雪 12日	冬至 12日	大寒 14日
啓蟄 18日	清明 19日	立夏 20日	芒種 20日	小暑 22日	立秋 22日	白露 24日	寒露 25日	立冬 25日	大雪 27日	小寒 27日	立春 29日

貞観**4**年（862－863） 壬午

1月	2月	3月	4月	5月	6月	7月	8月	9月	10月	11月	12月
1 庚午 3	1 庚子 5	**1** 己巳 3	**1** 己亥③	《6月》	《7月》	1 戊辰31	1 丁酉29	1 丁卯28	1 丙申27	1 乙丑25	1 乙未25
2 辛未 4	2 辛丑 6	2 庚午 4	2 庚子 4	1 戊辰 1	1 戊戌 1	《8月》	2 戊戌㉚	2 戊辰29	2 丁酉28	2 丙寅26	2 丙申26
3 壬申 5	3 壬寅 7	3 辛未⑤	3 辛丑 5	**2** 己巳 2	2 己亥 2	2 己巳 1	3 己亥31	3 己巳30	3 戊戌29	3 丁卯27	3 丁酉㉗
4 癸酉 6	4 癸卯⑧	4 壬申 6	4 壬寅 6	3 庚午 3	**3** 庚子 3	**3** 庚午②	《9月》	《10月》	4 己亥30	4 戊辰28	4 戊戌28
5 甲戌 7	5 甲辰 9	5 癸酉 7	5 癸卯 7	4 辛未 4	4 辛丑 4	4 辛未 3	4 庚子 1	4 庚午 1	5 庚子31	5 己巳㉙	5 己亥29
6 乙亥⑧	6 乙巳10	6 甲戌 8	6 甲辰 8	5 壬申 5	5 壬寅⑤	5 壬申 4	**5** 辛丑 2	**5** 辛未 2	《11月》	6 庚午30	6 庚子30
7 丙子 9	7 丙午11	7 乙亥 9	7 乙巳 9	6 癸酉 6	6 癸卯 6	6 癸酉 5	6 壬寅 3	6 壬申 3	6 辛丑①	《12月》	7 辛丑31
8 丁丑10	8 丁未12	8 丙子10	8 丙午⑩	7 甲戌⑦	7 甲辰 7	7 甲戌 6	7 癸卯 4	7 癸酉④	**7** 壬寅 2	7 辛未 1	**863**年
9 戊寅11	9 戊申13	9 丁丑11	9 丁未11	8 乙亥 8	8 乙巳 8	8 乙亥 7	8 甲辰 5	8 甲戌 5	8 癸卯 3	**8** 壬申 2	《1月》
10己卯12	10己酉14	10戊寅⑫	10戊申12	9 丙子 9	9 丙午 9	9 丙子 8	9 乙巳⑥	9 乙亥 6	9 甲辰 4	9 癸酉 3	8 壬寅 1
11庚辰13	11庚戌⑮	11己卯13	11己酉13	10丁丑10	10丁未10	10丁丑⑨	10丙午 7	10丙子 7	10乙巳 5	10甲戌 4	**9** 癸卯 2
12辛巳14	12辛亥16	12庚辰14	12庚戌14	11戊寅11	11戊申11	11戊寅10	11丁未 8	11丁丑 8	11丙午 6	11乙亥 5	10甲辰③
13壬午⑮	13壬子17	13辛巳15	13辛亥15	12己卯12	12己酉⑫	12己卯11	12戊申 9	12戊寅 9	12丁未 7	12丙子⑥	11乙巳 4
14癸未16	**14**癸丑18	14壬午16	14壬子16	13庚辰13	13庚戌13	13庚辰12	13己酉10	13己卯10	13戊申⑧	13丁丑 7	12丙午 5
15甲申17	15甲寅19	15癸未17	15癸丑⑰	14辛巳⑭	14辛亥14	14辛巳13	14庚戌11	14庚辰⑪	14己酉 9	14戊寅 8	13丁未 6
16乙酉18	16乙卯20	**16**甲申18	**16**甲寅18	15壬午15	15壬子15	15壬午14	15辛亥12	15辛巳12	15庚戌10	15己卯 9	14戊申 7
17丙戌19	17丙辰21	17乙酉⑲	17乙卯19	16癸未16	16癸丑16	16癸未15	16壬子⑬	16壬午13	16辛亥11	16庚辰10	15己酉 8
18丁亥20	18丁巳㉒	18丙戌20	18丙辰20	17甲申17	17甲寅17	17甲申⑯	17癸丑14	17癸未14	17壬子12	17辛巳11	16庚戌 9
19戊子21	19戊午23	19丁亥21	19丁巳21	**18**乙酉18	**18**乙卯18	18乙酉17	18甲寅15	18甲申15	18癸丑13	18壬午12	17辛亥⑩
20己丑㉒	20己未24	20戊子22	20戊午22	19丙戌19	19丙辰⑲	**19**丙戌18	19乙卯16	19乙酉16	19甲寅14	19癸未⑬	18壬子11
21庚寅23	21庚申25	21己丑23	21己未23	20丁亥20	20丁巳20	20丁亥19	**20**丙辰17	**20**丙戌17	20乙卯⑮	20甲申14	19癸丑12
22辛卯24	22辛酉26	22庚寅24	22庚申㉔	21戊子㉑	21戊午21	21戊子20	21丁巳18	21丁亥⑱	21丙辰16	21乙酉15	20甲寅13
23壬辰25	23壬戌27	23辛卯25	23辛酉25	22己丑22	22己未22	22己丑21	22戊午19	22戊子19	**22**丁巳17	22丙戌16	21乙卯14
24癸巳26	24癸亥28	24壬辰㉖	24壬戌26	23庚寅23	23庚申23	23庚寅22	23己未⑳	23己丑20	23戊午18	**23**丁亥17	22丙辰15
25甲午27	25甲子㉙	25癸巳27	25癸亥27	24辛卯24	24辛酉24	24辛卯㉓	24庚申21	24庚寅21	24己未19	24戊子18	23丁巳16
26乙未28	26乙丑30	26甲午28	26甲子28	25壬辰25	25壬戌25	25壬辰24	25辛酉22	25辛卯22	25庚申20	25己丑19	**24**戊午⑰
《3月》	27丙寅31	27乙未29	27乙丑29	26癸巳26	26癸亥㉖	26癸巳25	26壬戌23	26壬辰23	26辛酉21	26庚寅⑳	25己未18
27丙申①	《4月》	28丙申30	28丙寅30	27甲午27	27甲子27	27甲午26	27癸亥24	27癸巳24	27壬戌㉒	27辛卯21	26庚申19
28丁酉 2	28丁卯 1	《5月》	29丁卯㉛	28乙未㉘	28乙丑28	28乙未27	28甲子25	28甲午㉕	28癸亥23	28壬辰22	27辛酉20
29戊戌 3	29戊辰 2	29丁酉 1		29丙申29	29丙寅29	29丙申28	29乙丑26	29乙未26	29甲子24	29癸巳23	28壬戌21
30己亥 4		30戊戌 2		30丁酉30	30丁卯30		30丙寅㉗			30甲午24	29癸亥22

雨水 14日	春分 14日	清明 1日	立夏 1日	芒種 2日	小暑 3日	立秋 3日	白露 5日	寒露 5日	立冬 7日	大雪 8日	小寒 9日
啓蟄 29日		穀雨 16日	小満 16日	夏至 18日	大暑 18日	処暑 19日	秋分 20日	霜降 20日	小雪 22日	冬至 23日	大寒 24日

貞観5年（863－864） 癸未

1月	2月	3月	4月	5月	6月	閏6月	7月	8月	9月	10月	11月	12月
1 甲子23	1 甲午22	1 癸亥23	1 癸巳22	1 癸亥22	1 壬辰⑳	1 壬戌20	**1** 辛卯18	**1** 辛酉17	1 庚寅16	1 庚申15	1 庚寅15	1 己未13
2 乙丑㉔	2 乙未23	2 甲子24	2 甲午23	2 甲子㉓	2 癸巳21	2 癸亥21	2 壬辰19	2 壬戌18	2 辛卯⑰	2 辛酉16	2 辛卯16	2 庚申14
3 丙寅25	3 丙申24	3 乙丑25	3 乙未24	3 乙丑24	3 甲午22	3 甲子22	3 癸巳20	3 癸亥⑲	**3** 壬辰18	**3** 壬戌17	3 壬辰17	3 辛酉15
4 丁卯26	4 丁酉25	4 丙寅26	4 丙申㉕	4 丙寅25	4 乙未23	4 乙丑23	4 甲午21	4 甲子20	4 癸巳19	4 癸亥18	**4** 癸巳18	4 壬戌⑯
5 戊辰27	5 戊戌26	5 丁卯27	5 丁酉26	5 丁卯26	5 丙申24	5 丙寅24	5 乙未㉒	5 乙丑21	5 甲午20	5 甲子19	5 甲午⑲	**5** 癸亥17
6 己巳28	6 己亥27	6 戊辰㉘	6 戊戌27	6 戊辰27	6 丁酉25	6 丁卯㉕	6 丙申23	6 丙寅22	6 乙未21	6 乙丑20	6 乙未20	6 甲子18
7 庚午29	7 庚子㉘	7 己巳29	7 己亥28	7 己巳28	7 戊戌26	7 戊辰26	7 丁酉24	7 丁卯23	7 丙申22	7 丙寅㉑	7 丙申21	7 乙丑19
8 辛未30	《3月》	8 庚午30	8 庚子29	8 庚午29	8 己亥㉗	8 己巳27	8 戊戌25	8 戊辰24	8 丁酉23	8 丁卯22	8 丁酉22	8 丙寅20
9 壬申㉛	8 辛丑 1	9 辛未31	9 辛丑30	9 辛未㉚	9 庚子28	9 庚午28	9 己亥26	9 己巳25	9 戊戌㉔	9 戊辰23	9 戊戌23	9 丁卯21
《2月》	9 壬寅 2	《4月》	《5月》	10壬申31	10辛丑29	10辛未29	10庚子27	10庚午㉖	10己亥25	10己巳24	10己亥24	10戊辰22
10癸酉 1	**10**癸卯 3	10壬申 1	10壬寅 1	《6月》	11壬寅30	11壬申30	11辛丑28	11辛未27	11庚子26	11庚午25	11庚子25	11己巳㉓
11甲戌 2	11甲辰 4	11癸酉 2	11癸卯②	11癸酉 1	《7月》	12癸酉31	12壬寅㉙	12壬申28	12辛丑27	12辛未26	12辛丑㉖	12庚午24
12乙亥 3	12乙巳 5	**12**甲戌 3	**12**甲辰 3	12甲戌 2	12癸卯 1	《8月》	13癸卯30	13癸酉29	13壬寅28	13壬申27	13壬寅27	13辛未25
13丙子 4	13丙午 6	13乙亥④	13乙巳 4	**13**乙亥 3	13甲辰 2	13甲戌①	14甲辰31	14甲戌30	14癸卯29	14癸酉㉘	14癸卯28	14壬申26
14丁丑 5	14丁未⑦	14丙子 5	14丙午 5	14丙子 4	**14**乙巳 3	14乙亥 2	《9月》	《10月》	15甲辰30	15甲戌29	15甲辰29	15癸酉27
15戊寅 6	15戊申 8	15丁丑 6	15丁未 6	15丁丑 5	15丙午④	**15**丙子 3	15乙巳 1	15乙亥 1	16乙巳㉛	16乙亥30	16乙巳30	16甲戌28
16己卯⑦	16己酉 9	16戊寅 7	16戊申 7	16戊寅⑥	16丁未 5	16丁丑 4	**16**丙午 2	**16**丙子 2	《11月》	《12月》	17丙午31	17乙亥29
17庚辰 8	17庚戌10	17己卯 8	17己酉 8	17己卯 7	17戊申 6	17戊寅 5	17丁未 3	17丁丑③	17丙午 1	17丙子 1	**864**年	18丙子㉚
18辛巳 9	18辛亥11	18庚辰 9	18庚戌⑨	18庚辰 8	18己酉 7	18己卯 6	18戊申 4	18戊寅 4	**18**丁未 2	**18**丁丑 2	《1月》	19丁丑31
19壬午10	19壬子12	19辛巳10	19辛亥10	19辛巳 9	19庚戌 8	19庚辰 7	19己酉⑤	19己卯 5	19戊申 3	19戊寅 3	18丁未 1	《2月》
20癸未11	20癸丑13	20壬午⑪	20壬子11	20壬午10	20辛亥 9	20辛巳⑧	20庚戌 6	20庚辰 6	20己酉 4	20己卯 4	**19**戊申②	**20**戊寅 1
21甲申12	21甲寅⑭	21癸未12	21癸丑12	21癸未11	21壬子10	21壬午 9	21辛亥 7	21辛巳 7	21庚戌 5	21庚辰⑤	20己酉 3	21己卯 2
22乙酉13	22乙卯15	22甲申13	22甲寅13	22甲申12	22癸丑⑪	22癸未10	22壬子 8	22壬午 8	22辛亥 6	22辛巳 6	21庚戌 4	22庚辰 3
23丙戌⑭	23丙辰16	23乙酉14	23乙卯14	23乙酉⑬	23甲寅12	23甲申11	23癸丑 9	23癸未 9	23壬子⑦	23壬午 7	22辛亥 5	23辛巳 4
24丁亥15	24丁巳17	24丙戌15	24丙辰15	24丙戌14	24乙卯13	24乙酉12	24甲寅10	24甲申⑩	24癸丑 8	24癸未 8	23壬子 6	24壬午 5
25戊子16	25戊午18	25丁亥16	25丁巳⑯	25丁亥15	25丙辰14	25丙戌13	25乙卯11	25乙酉11	25甲寅 9	25甲申 9	24癸丑 7	25癸未⑥
26己丑17	**26**己未19	26戊子17	26戊午17	26戊子16	26丁巳15	26丁亥14	26丙辰⑫	26丙戌12	26乙卯10	26乙酉10	25甲寅 8	26甲申 7
27庚寅18	27庚申20	**27**己丑⑱	**27**己未18	27己丑17	27戊午16	27戊子⑮	27丁巳13	27丁亥13	27丙辰11	27丙戌11	26乙卯⑨	27乙酉 8
28辛卯19	28辛酉㉑	28庚寅19	28庚申19	**28**庚寅18	28己未17	28己丑16	28戊午14	28戊子14	28丁巳12	28丁亥⑫	27丙辰10	28丙戌 9
29壬辰20	29壬戌22	29辛卯20	29辛酉20	29辛卯19	**29**庚申⑱	29庚寅17	29己未15	29己丑15	29戊午13	29戊子13	28丁巳11	29丁亥10
30癸巳㉑		30壬辰21	30壬戌21		30辛酉19		30庚申16		30己未⑭	30己丑14	29戊午12	
立春 10日 雨水 25日	啓蟄 10日 春分 26日	清明 12日 穀雨 27日	立夏 12日 小満 27日	芒種 13日 夏至 28日	小暑 14日 大暑 29日	立秋15日	処暑 1日 白露 16日	秋分 1日 寒露 16日	霜降 3日 立冬 18日	小雪 3日 大雪 18日	冬至 4日 小寒 19日	大寒 5日 立春 20日

貞観6年（864－865） 甲申

1月	2月	3月	4月	5月	6月	7月	8月	9月	10月	11月	12月
1 戊子11	1 戊午⑫	1 丁亥10	1 丁巳10	1 丙戌 8	1 丙辰 8	1 乙酉⑥	1 乙卯 5	1 乙酉 5	1 甲寅 3	1 甲申③	1 甲寅 2
2 己丑12	2 己未13	2 戊子11	2 戊午11	2 丁亥 9	2 丁巳⑨	2 丙戌 7	2 丙辰 6	2 丙戌 6	2 乙卯 4	2 乙酉 4	2 乙卯 3
3 庚寅⑬	3 庚申14	3 己丑12	3 己未12	3 戊子10	3 戊午10	3 丁亥 8	3 丁巳 7	3 丁亥 7	3 丙辰⑤	3 丙戌 5	3 丙辰 4
4 辛卯14	4 辛酉15	4 庚寅13	4 庚申13	4 己丑⑪	4 己未11	4 戊子 9	4 戊午 8	4 戊子⑧	4 丁巳 6	4 丁亥 6	4 丁巳 5
5 壬辰15	5 壬戌16	5 辛卯14	5 辛酉⑭	5 庚寅12	5 庚申12	5 己丑10	5 己未 9	5 己丑 9	5 戊午 7	5 戊子 7	5 戊午 6
6 癸巳16	6 癸亥17	6 壬辰15	6 壬戌15	6 辛卯13	6 辛酉13	6 庚寅11	6 庚申⑩	6 庚寅10	6 己未 8	6 己丑 8	6 己未⑦
7 甲午17	**7** 甲子18	7 癸巳⑯	7 癸亥16	7 壬辰14	7 壬戌14	7 辛卯12	7 辛酉11	7 辛卯11	7 庚申 9	7 庚寅 9	7 庚申 8
8 乙未18	8 乙丑⑲	**8** 甲午17	8 甲子17	8 癸巳15	8 癸亥15	8 壬辰⑬	8 壬戌12	8 壬辰12	8 辛酉10	8 辛卯⑩	8 辛酉 9
9 丙申19	9 丙寅20	9 乙未18	**9** 乙丑18	9 甲午16	9 甲子⑯	9 癸巳14	9 癸亥13	9 癸巳13	9 壬戌11	9 壬辰11	9 壬戌10
10丁酉⑳	10丁卯21	10丙申19	10丙寅19	**10**乙未17	10乙丑17	10甲午15	10甲子14	10甲午14	10癸亥⑫	10癸巳12	10癸亥11
11戊戌21	11戊辰22	11丁酉20	11丁卯20	11丙申⑱	**11**丙寅18	11乙未16	11乙丑15	11乙未⑮	11甲子13	11甲午13	11甲子12
12己亥22	12己巳23	12戊戌21	12戊辰㉑	12丁酉19	12丁卯19	**12**丙申17	**12**丙寅16	12丙申16	12乙丑14	12乙未14	12乙丑13
13庚子23	13庚午24	13己亥22	13己巳22	13戊戌20	13戊辰20	13丁酉18	13丁卯⑰	**13**丁酉17	13丙寅15	13丙申15	13丙寅⑭
14辛丑24	14辛未25	14庚子㉓	14庚午23	14己亥21	14己巳21	14戊戌19	14戊辰18	14戊戌18	**14**丁卯16	14丁酉16	14丁卯15
15壬寅25	15壬申㉖	15辛丑24	15辛未24	15庚子22	15庚午22	15己亥⑳	15己巳19	15己亥19	15戊辰17	**15**戊戌⑰	**15**戊辰16
16癸卯26	16癸酉27	16壬寅25	16壬申25	16辛丑23	16辛未㉓	16庚子21	16庚午20	16庚子20	16己巳18	16己亥18	16己巳17
17甲辰㉗	17甲戌28	17癸卯26	17癸酉26	17壬寅24	17壬申24	17辛丑22	17辛未21	17辛丑21	17庚午⑲	17庚子19	17庚午18
18乙巳28	18乙亥29	18甲辰27	18甲戌27	18癸卯㉕	18癸酉25	18壬寅23	18壬申22	18壬寅㉒	18辛未20	18辛丑20	18辛未19
19丙午29	19丙子30	19乙巳28	19乙亥㉘	19甲辰26	19甲戌26	19癸卯24	19癸酉23	19癸卯23	19壬申21	19壬寅21	19壬申20
《3月》	20丁丑31	20丙午29	20丙子29	20乙巳27	20乙亥27	20甲辰25	20甲戌㉔	20甲辰24	20癸酉22	20癸卯22	20癸酉㉑
20丁未 1	《4月》	21丁未㉚	21丁丑30	21丙午28	21丙子28	21乙巳26	21乙亥25	21乙巳25	21甲戌23	21甲辰23	21甲戌22
21戊申 2	21戊寅 1	《5月》	22戊寅31	22丁未29	22丁丑29	22丙午㉗	22丙子26	22丙午26	22乙亥24	22乙巳㉔	22乙亥23
22己酉 3	**22**己卯②	22戊申 1	《6月》	23戊申30	23戊寅㉚	23丁未28	23丁丑27	23丁未27	23丙子25	23丙午25	23丙子24
23庚戌 4	23庚辰 3	23己酉 2	23己卯 1	《7月》	24己卯31	24戊申29	24戊寅28	24戊申28	24丁丑㉖	24丁未26	24丁丑25
24辛亥⑤	24辛巳 4	**24**庚戌 3	**24**庚辰 2	24己酉 1	《8月》	25己酉30	25己卯29	25己酉㉙	25戊寅27	25戊申27	25戊寅26
25壬子 6	25壬午 5	25辛亥 4	25辛巳 3	**25**庚戌②	25庚辰 1	26庚戌31	26庚辰30	26庚戌30	26己卯28	26己酉28	26己卯27
26癸丑 7	26癸未 6	26壬子 5	26壬午④	26辛亥 3	**26**辛巳 2	《9月》	《10月》	27辛亥31	27庚辰29	27庚戌29	27庚辰㉘
27甲寅 8	27甲申 7	27癸丑 6	27癸未 5	27壬子 4	27壬午 3	**27**辛亥 1	27辛巳①	《11月》	28辛巳30	28辛亥30	28辛巳29
28乙卯 9	28乙酉 8	28甲寅⑦	28甲申 6	28癸丑 5	28癸未 4	28壬子 2	**28**壬午 2	**28**壬子 1	《12月》	29壬子㉛	29壬午30
29丙辰10	29丙戌⑨	29乙卯 8	29乙酉 7	29甲寅 6	29甲申 5	29癸丑③	29癸未 3	29癸丑 2	29壬午 1	**865**年	
30丁巳11		30丙辰 9		30乙卯 7		30甲寅 4	30甲申 4		**30**癸未 2	《1月》	
										30癸丑 1	
雨水 6日 啓蟄 22日	春分 7日 清明 22日	穀雨 8日 立夏 24日	小満 9日 芒種 24日	夏至 10日 小暑 25日	大暑 11日 立秋 26日	処暑 12日 白露 27日	秋分 12日 寒露 28日	霜降 13日 立冬 28日	小雪 14日 大雪 30日	冬至 15日 小寒 30日	大寒 15日

貞観7年（865－866） 乙酉

1月	2月	3月	4月	5月	6月	7月	8月	9月	10月	11月	12月
1 癸未31	1 癸丑 2	1 壬午31	1 辛亥㉙	1 辛巳29	1 庚戌27	1 庚辰27	1 己酉25	1 己卯24	1 己酉24	1 戊寅22	1 戊申22
《2月》	**2** 甲寅 3	《4月》	2 壬子30	2 壬午30	2 辛亥28	2 辛巳28	2 庚戌㉖	2 庚辰25	2 庚戌25	2 己卯23	2 己酉㉓
2 甲申 1	3 乙卯④	2 癸未①	《5月》	3 癸未31	3 壬子29	3 壬午㉙	3 辛亥27	3 辛巳26	3 辛亥26	3 庚辰24	3 庚戌24
3 乙酉 2	4 丙辰 5	**3** 甲申 2	3 癸丑 1	《6月》	4 癸丑30	4 癸未30	4 壬子28	4 壬午27	4 壬子27	4 辛巳㉕	4 辛亥25
4 丙戌 3	5 丁巳 6	4 乙酉 3	4 甲寅 2	4 甲申 1	《7月》	5 甲申31	5 癸丑29	5 癸未28	5 癸丑㉘	5 壬午26	5 壬子26
5 丁亥④	6 戊午 7	5 丙戌 4	**5** 乙卯 3	**5** 乙酉 2	5 甲寅①	《8月》	6 甲寅30	6 甲申29	6 甲寅29	6 癸未27	6 癸丑27
6 戊子 5	7 己未 8	6 丁亥 5	6 丙辰 4	6 丙戌③	6 乙卯 2	6 乙酉 1	7 乙卯31	7 乙酉㉚	7 乙卯30	7 甲申28	7 甲寅28
7 己丑 6	8 庚申 9	7 戊子 6	7 丁巳 5	7 丁亥 4	**7** 丙辰 3	**7** 丙戌 2	《9月》	《10月》	8 丙辰31	8 乙酉29	8 乙卯29
8 庚寅 7	9 辛酉10	8 己丑 7	8 戊午⑥	8 戊子 5	8 丁巳 4	8 丁亥 3	**8** 丙辰 1	8 丙戌 1	《11月》	9 丙戌30	9 丙辰㉚
9 辛卯 8	10壬戌⑪	9 庚寅⑧	9 己未 7	9 己丑 6	9 戊午 5	9 戊子 4	9 丁巳②	**9** 丁亥 2	**9** 丁巳 1	《12月》	10丁巳31
10壬辰 9	11癸亥12	10辛卯 9	10庚申 8	10庚寅 7	10己未 6	10己丑⑤	10戊午 3	10戊子 3	10戊午 2	10丁亥 1	**866年**
11癸巳10	12甲子13	11壬辰10	11辛酉 9	11辛卯 8	11庚申 7	11庚寅 6	11己未 4	11己丑 4	11己未 3	**11**戊子②	《1月》
12甲午⑪	13乙丑14	12癸巳11	12壬戌10	12壬辰 9	12辛酉⑧	12辛卯 7	12庚申 5	12庚寅 5	12庚申④	12己丑 3	**11**戊午 1
13乙未12	14丙寅15	13甲午12	13癸亥11	13癸巳⑩	13壬戌 9	13壬辰 8	13辛酉 6	13辛卯 6	13辛酉 5	13庚寅 4	12己未 2
14丙申13	15丁卯16	14乙未13	14甲子12	14甲午11	14癸亥10	14癸巳 9	14壬戌 7	14壬辰⑦	14壬戌 6	14辛卯 5	13庚申 3
15丁酉14	16戊辰17	15丙申14	15乙丑⑬	15乙未12	15甲子11	15甲午10	15癸亥 8	15癸巳 8	15癸亥 7	15壬辰 6	14辛酉 4
16戊戌15	**17**己巳⑱	16丁酉⑮	16丙寅14	16丙申13	16乙丑12	16乙未11	16甲子⑨	16甲午 9	16甲子 8	16癸巳 7	15壬戌 5
17己亥16	18庚午19	17戊戌16	17丁卯15	17丁酉14	17丙寅13	17丙申⑫	17乙丑10	17乙未10	17乙丑 9	17甲午 8	16癸亥⑥
18庚子17	19辛未20	18己亥17	18戊辰16	18戊戌15	18丁卯14	18丁酉13	18丙寅11	18丙申11	18丙寅10	18乙未⑨	17甲子 7
19辛丑⑱	20壬申21	**19**庚子18	19己巳17	19己亥16	19戊辰⑮	19戊戌14	19丁卯12	19丁酉12	19丁卯⑪	19丙申10	18乙丑 8
20壬寅19	21癸酉22	20辛丑19	**20**庚午18	**20**庚子⑰	20己巳16	20己亥15	20戊辰13	20戊戌13	20戊辰12	20丁酉11	19丙寅 9
21癸卯20	22甲戌23	21壬寅20	21辛未19	21辛丑18	21庚午17	21庚子16	21己巳14	21己亥⑭	21己巳13	21戊戌12	20丁卯10
22甲辰21	23乙亥24	22癸卯21	22壬申⑳	22壬寅19	**22**辛未18	**22**辛丑17	22庚午15	22庚子15	22庚午14	22己亥13	21戊辰11
23乙巳22	24丙子㉕	23甲辰㉒	23癸酉21	23癸卯20	23壬申19	23壬寅18	23辛未⑯	23辛丑16	23辛未15	23庚子14	22己巳12
24丙午23	25丁丑26	24乙巳23	24甲戌22	24甲辰21	24癸酉20	24癸卯⑲	**24**壬申17	**24**壬寅17	24壬申16	24辛丑15	23庚午⑬
25丁未24	26戊寅27	25丙午24	25乙亥23	25乙巳22	25甲戌21	25甲辰20	25癸酉18	25癸卯18	**25**癸酉17	25壬寅⑯	24辛未14
26戊申㉕	27己卯28	26丁未25	26丙子24	26丙午23	26乙亥㉒	26乙巳21	26甲戌19	26甲辰19	26甲戌⑱	**26**癸卯17	25壬申15
27己酉26	28庚辰29	27戊申26	27丁丑25	27丁未㉔	27丙子23	27丙午22	27乙亥20	27乙巳20	27乙亥19	27甲辰18	**26**癸酉16
28庚戌27	29辛巳30	28己酉27	28戊寅26	28戊申25	28丁丑24	28丁未23	28丙子21	28丙午㉑	28丙子20	28乙巳19	27甲戌17
29辛亥28		29庚戌28	29己卯㉗	29己酉26	29戊寅25	29戊申24	29丁丑22	29丁未22	29丁丑21	29丙午20	28乙亥18
《3月》			30庚辰28		30己卯26		30戊寅㉓	30戊申23		30丁未21	29丙子19
30壬子 1											30丁丑⑳
立春 1日 雨水 17日	啓蟄 2日 春分 17日	清明 3日 穀雨 19日	立夏 5日 小満 20日	芒種 5日 夏至 20日	小暑 7日 大暑 22日	立秋 7日 処暑 22日	白露 8日 秋分 24日	寒露 9日 霜降 24日	立冬 9日 小雪 25日	大雪 11日 冬至 26日	小寒 11日 大寒 26日

貞観8年（866－867） 丙戌

1月	2月	3月	閏3月	4月	5月	6月	7月	8月	9月	10月	11月	12月
1 戊寅21	1 丁未19	1 丁丑21	1 丙午19	**1** 乙亥18	1 甲辰⑯	1 甲戌16	1 癸卯14	1 癸酉13	1 癸卯⑬	1 壬申11	1 壬寅11	1 壬申10
2 己卯22	2 戊申20	2 戊寅22	2 丁未20	2 丙子⑲	2 乙巳17	2 乙亥17	2 甲辰15	2 甲戌14	2 甲辰14	2 癸酉12	2 癸卯12	2 癸酉11
3 庚辰23	3 己酉21	3 己卯23	3 戊申㉑	3 丁丑20	**3** 丙午18	**3** 丙子18	3 乙巳16	3 乙亥⑮	3 乙巳15	3 甲戌13	3 甲辰13	3 甲戌⑫
4 辛巳24	4 庚戌22	4 庚辰㉔	4 己酉22	4 戊寅21	4 丁未19	4 丁丑19	4 丙午17	4 丙子16	4 丙午16	4 乙亥14	4 乙巳14	4 乙亥13
5 壬午25	5 辛亥23	5 辛巳25	5 庚戌23	5 己卯22	5 戊申20	5 戊寅20	**5** 丁未⑱	**5** 丁丑17	**5** 丁未17	5 丙子15	5 丙午⑮	5 丙子14
6 癸未26	6 壬子㉔	6 壬午26	6 辛亥24	6 庚辰23	6 己酉21	6 己卯㉑	6 戊申19	6 戊寅18	6 戊申18	6 丁丑16	6 丁未16	6 丁丑15
7 甲申㉗	7 癸丑25	7 癸未27	7 壬子25	7 辛巳24	7 庚戌22	7 庚辰22	7 己酉20	7 己卯19	7 己酉19	**7** 戊寅⑰	**7** 戊申17	7 戊寅16
8 乙酉28	8 甲寅26	8 甲申28	8 癸丑26	8 壬午25	8 辛亥㉓	8 辛巳23	8 庚戌21	8 庚辰20	8 庚戌⑳	8 己卯18	8 己酉18	**8** 己卯17
9 丙戌29	9 乙卯27	9 乙酉29	9 甲寅27	9 癸未㉖	9 壬子24	9 壬午24	9 辛亥22	9 辛巳21	9 辛亥21	9 庚辰19	9 庚戌19	9 庚辰18
10丁亥30	10丙辰28	10丙戌30	10乙卯㉘	10甲申27	10癸丑25	10癸未25	10壬子23	10壬午㉒	10壬子22	10辛巳20	10辛亥20	10辛巳⑲
11戊子31	《3月》	11丁亥㉛	11丙辰29	11乙酉28	11甲寅26	11甲申26	11癸丑24	11癸未23	11癸丑23	11壬午21	11壬子21	11壬午20
《2月》	11丁巳 1	《4月》	12丁巳30	12丙戌29	12乙卯27	12乙酉27	12甲寅㉕	12甲申24	12甲寅24	12癸未22	12癸丑㉒	12癸未21
12己丑 1	12戊午 2	12戊子 1	《5月》	13丁亥30	13丙辰28	13丙戌㉘	13乙卯26	13乙酉25	13乙卯25	13甲申23	13甲寅23	13甲申22
13庚寅 2	**13**己未③	13己丑 2	13戊午 1	14戊子31	14丁巳29	14丁亥29	14丙辰27	14丙戌26	14丙辰26	14乙酉㉔	14乙卯24	14乙酉23
14辛卯③	14庚申 4	**14**庚寅 3	14己未 2	《6月》	15戊午㉚	15戊子30	15丁巳28	15丁亥27	15丁巳㉗	15丙戌25	15丙辰25	15丙戌24
15壬辰 4	15辛酉 5	15辛卯 4	**15**庚申 3	15己丑 1	《7月》	16己丑31	16戊午29	16戊子28	16戊午28	16丁亥26	16丁巳26	16丁亥25
16癸巳 5	16壬戌 6	16壬辰 5	16辛酉 4	**16**庚寅②	16己未 1	《8月》	17己未30	17己丑㉙	17己未29	17戊子27	17戊午27	17戊子㉖
17甲午 6	17癸亥 7	17癸巳 6	17壬戌⑤	17辛卯 3	17庚申 2	17庚寅 1	18庚申31	18庚寅30	18庚申30	18己丑28	18己未28	18己丑27
18乙未 7	18甲子 8	18甲午⑦	18癸亥 6	18壬辰 4	**18**辛酉 3	**18**辛卯 2	《9月》	《10月》	19辛酉31	19庚寅29	19庚申㉙	19庚寅28
19丙申 8	19乙丑 9	19乙未 8	19甲子 7	19癸巳 5	19壬戌 4	19壬辰 3	19辛酉①	19辛卯 1	《11月》	20辛卯30	20辛酉30	20辛卯29
20丁酉 9	20丙寅⑩	20丙申 9	20乙丑 8	20甲午 6	20癸亥 5	20癸巳④	**20**壬戌 2	**20**壬辰 2	20壬戌 1	《12月》	21壬戌31	21壬辰30
21戊戌⑩	21丁卯11	21丁酉10	21丙寅 9	21乙未 7	21甲子 6	21甲午 5	21癸亥 3	21癸巳 3	**21**癸亥 2	21壬辰①	**867年**	22癸巳31
22己亥11	22戊辰12	22戊戌11	22丁卯10	22丙申 8	22乙丑⑦	22乙未 6	22甲子 4	22甲午 4	22甲子③	**22**癸巳 2	《1月》	《2月》
23庚子12	23己巳13	23己亥12	23戊辰11	23丁酉⑨	23丙寅 8	23丙申 7	23乙丑 5	23乙未 5	23乙丑 4	23甲午 3	**22**癸亥 1	**23**甲午 1
24辛丑13	24庚午14	24庚子13	24己巳⑫	24戊戌10	24丁卯 9	24丁酉 8	24丙寅 6	24丙申⑥	24丙寅 5	24乙未 4	23甲子 2	24乙未②
25壬寅14	25辛未15	25辛丑⑭	25庚午13	25己亥11	25戊辰10	25戊戌 9	25丁卯 7	25丁酉 7	25丁卯 6	25丙申 5	24乙丑 3	25丙申 3
26癸卯15	26壬申16	26壬寅15	26辛未14	26庚子12	26己巳11	26己亥10	26戊辰⑧	26戊戌 8	26戊辰 7	26丁酉 6	25丙寅 4	26丁酉 4
27甲辰16	27癸酉⑰	27癸卯16	27壬申15	27辛丑13	27庚午12	27庚子⑪	27己巳 9	27己亥 9	27己巳 8	27戊戌 7	26丁卯⑤	27戊戌 5
28乙巳⑰	**28**甲戌18	28甲辰17	28癸酉16	28壬寅14	28辛未13	28辛丑12	28庚午10	28庚子10	28庚午 9	28己亥⑧	27戊辰 6	28己亥 6
29丙午18	29乙亥19	**29**乙巳18	29甲戌17	29癸卯15	29壬申⑭	29壬寅13	29辛未11	29辛丑11	29辛未⑩	29庚子 9	28己巳 7	29庚子 7
	30丙子20				30癸酉15		30壬申12	30壬寅12		30辛丑10	29庚午 8	30辛丑 8
											30辛未 9	
立春 12日 雨水 27日	啓蟄 13日 春分 28日	清明 14日 穀雨 29日	立夏15日	小満 1日 芒種 16日	夏至 3日 小暑 18日	大暑 3日 立秋 18日	処暑 5日 白露 20日	秋分 5日 寒露 20日	霜降 5日 立冬 21日	小雪 7日 大雪 22日	冬至 7日 小寒 22日	大寒 8日 立春 23日

貞観**9**年（867－868） 丁亥

1月	2月	3月	4月	5月	6月	7月	8月	9月	10月	11月	12月
1壬寅⑨	1辛未10	1辛丑9	1庚午8	1己亥6	1戊辰5	1戊戌4	**1**丁卯2	**1**丁酉2	1丙寅31	1丙申㉚	1丙寅30
2癸卯10	2壬申11	2壬寅10	2辛未9	2庚子7	2己巳⑥	2己亥5	2戊辰3	2戊戌3	《11月》	《12月》	2丁卯31
3甲辰11	3癸酉12	3癸卯11	3壬申10	3辛丑⑧	3庚午7	3庚子6	3己巳4	3己亥4	2丁卯1	2丁酉1	**868年**
4乙巳12	4甲戌13	4甲辰12	4癸酉⑪	4壬寅9	4辛未8	4辛丑7	4庚午5	4庚子⑤	**3**戊辰②	**3**戊戌2	《1月》
5丙午13	5乙亥14	5乙巳⑬	5甲戌12	5癸卯10	5壬申9	5壬寅8	5辛未6	5辛丑6	4己巳3	4己亥3	3戊辰1
6丁未14	6丙子15	6丙午14	6乙亥13	6甲辰11	6癸酉10	6癸卯9	6壬申⑦	6壬寅7	5庚午4	5庚子4	**4**己巳2
7戊申15	7丁丑⑯	7丁未15	7丙子14	7乙巳12	7甲戌11	7甲辰⑩	7癸酉8	7癸卯8	6辛未5	6辛丑5	5庚午3
8己酉⑯	8戊寅17	8戊申16	8丁丑15	8丙午13	8乙亥12	8乙巳11	8甲戌9	8甲辰9	7壬申6	7壬寅6	6辛未④
9庚戌17	9己卯18	9己酉17	9戊寅16	9丁未14	9丙子⑬	9丙午12	9乙亥10	9乙巳10	8癸酉7	8癸卯⑦	7壬申5
10辛亥18	**10**庚辰19	**10**庚戌18	10己卯17	10戊申⑮	10丁丑14	10丁未13	10丙子11	10丙午11	9甲戌8	9甲辰8	8癸酉6
11壬子19	11辛巳20	11辛亥19	**11**庚辰⑱	11己酉16	11戊寅15	11戊申14	11丁丑12	11丁未⑫	10乙亥⑨	10乙巳9	9甲戌7
12癸丑20	12壬午21	12壬子⑳	12辛巳19	12庚戌17	12己卯16	12己酉15	12戊寅13	12戊申13	11丙子10	11丙午10	10乙亥8
13甲寅21	13癸未22	13癸丑21	13壬午20	**13**辛亥18	13庚辰17	13庚戌16	13己卯⑭	13己酉14	12丁丑11	12丁未11	11丙子9
14乙卯22	14甲申㉓	14甲寅22	14癸未21	14壬子19	**14**辛巳18	14辛亥⑰	14庚辰15	14庚戌15	13戊寅12	13戊申12	12丁丑10
15丙辰㉓	15乙酉24	15乙卯23	15甲申22	15癸丑20	15壬午19	**15**壬子18	15辛巳16	15辛亥16	14己卯13	14己酉13	13戊寅⑪
16丁巳24	16丙戌25	16丙辰24	16乙酉23	16甲寅21	16癸未⑳	16癸丑19	**16**壬午17	16壬子17	15庚辰14	15庚戌⑭	14己卯12
17戊午25	17丁亥26	17丁巳25	17丙戌24	17乙卯㉒	17甲申21	17甲寅20	17癸未18	**17**癸丑18	16辛巳15	16辛亥15	15庚辰13
18己未26	18戊子27	18戊午26	18丁亥㉕	18丙辰23	18乙酉22	18乙卯21	18甲申19	18甲寅⑲	17壬午⑯	17壬子16	16辛巳14
19庚申27	19己丑28	19己未㉗	19戊子26	19丁巳24	19丙戌23	19丙辰22	19乙酉20	19乙卯20	**18**癸未17	18癸丑17	17壬午15
20辛酉28	20庚寅29	20庚申28	20己丑27	20戊午25	20丁亥24	20丁巳23	20丙戌㉑	20丙辰21	19甲申18	**19**甲寅18	18癸未16
《3月》	21辛卯㉚	21辛酉29	21庚寅28	21己未26	21戊子25	21戊午㉔	21丁亥22	21丁巳22	20乙酉19	20乙卯19	**19**甲申17
21壬戌1	22壬辰31	22壬戌30	22辛卯29	22庚申27	22己丑26	22己未25	22戊子23	22戊午23	21丙戌20	21丙辰20	20乙酉⑱
22癸亥②	《4月》	《5月》	23壬辰30	23辛酉28	23庚寅㉗	23庚申26	23己丑24	23己未24	22丁亥21	22丁巳㉑	21丙戌19
23甲子3	23癸巳1	23癸亥1	24癸巳31	24壬戌㉙	24辛卯28	24辛酉27	24庚寅25	24庚申25	23戊子22	23戊午22	22丁亥20
24乙丑4	24甲午2	24甲子2	《6月》	25癸亥30	25壬辰29	25壬戌28	25辛卯26	25辛酉㉖	24己丑㉓	24己未23	23戊子21
25丙寅5	**25**乙未3	**25**乙丑3	25甲午①	《7月》	26癸巳30	26癸亥29	26壬辰27	26壬戌27	25庚寅24	25庚申24	24己丑22
26丁卯6	26丙申4	26丙寅④	26乙未2	26甲子1	27甲午31	27甲子30	27癸巳㉘	27癸亥28	26辛卯25	26辛酉25	25庚寅23
27戊辰7	27丁酉5	27丁卯5	**27**丙申3	27乙丑2	《8月》	28乙丑㉛	28甲午29	28甲子29	27壬辰26	27壬戌26	26辛卯24
28己巳8	28戊戌⑥	28戊辰6	28丁酉4	**28**丙寅3	28乙未1	《9月》	29乙未30	29乙丑30	28癸巳27	28癸亥27	27壬辰㉕
29庚午⑨	29己亥7	29己巳7	29戊戌5	29丁卯4	29丙申2	29丙寅1	《10月》		29甲午28	29甲子㉘	28癸巳26
	30庚子8				**30**丁酉③		30丙申1		30乙未29	30乙丑29	29甲午27
											30乙未28
雨水 8日 啓蟄 23日	春分 10日 清明 25日	穀雨 10日 立夏 25日	小満 11日 芒種 27日	夏至 13日 小暑 28日	大暑 14日 立秋 30日	処暑 15日	白露 1日 秋分 16日	寒露 1日 霜降 17日	立冬 3日 小雪 18日	大雪 3日 冬至 19日	小寒 4日 大寒 19日

貞観**10**年（868－869） 戊子

1月	2月	3月	4月	5月	6月	7月	8月	9月	10月	11月	12月	閏12月
1丙申29	1乙丑27	1乙未㉘	1乙丑27	1甲午26	1癸亥24	1壬辰23	1壬戌㉒	1辛卯20	1辛酉20	1庚寅18	1庚申18	1庚寅17
2丁酉30	2丙寅28	2丙申29	2丙寅28	2乙未27	2甲子25	2癸巳24	2癸亥23	2壬辰21	2壬戌21	2辛卯19	2辛酉⑲	2辛卯18
3戊戌31	3丁卯㉙	3丁酉30	3丁卯29	3丙申28	3乙丑26	3甲午㉕	3甲子24	3癸巳22	3癸亥22	3壬辰20	3壬戌20	3壬辰19
《2月》	《3月》	4戊戌31	4戊辰30	4丁酉29	4丙寅㉗	4乙未26	4乙丑25	4甲午23	4甲子23	4癸巳㉑	4癸亥21	4癸巳20
4己亥①	4戊辰1	《4月》	《5月》	5戊戌㉚	5丁卯28	5丙申27	5丙寅26	5乙未24	5乙丑㉔	5甲午22	5甲子22	5甲午21
5庚子2	5己巳2	5己亥1	5己巳1	6己亥31	6戊辰29	6丁酉28	6丁卯27	6丙申25	6丙寅25	6乙未23	6乙丑23	6乙未22
6辛丑3	**6**庚午3	**6**庚子2	**6**庚午②	《6月》	7己巳30	7戊戌29	7戊辰28	7丁酉㉖	7丁卯26	7丙申24	7丙寅24	7丙申㉓
7壬寅4	7辛未4	7辛丑3	7辛未3	7庚子1	《7月》	8己亥30	8己巳㉙	8戊戌27	8戊辰27	8丁酉25	8丁卯25	8丁酉24
8癸卯5	8壬申5	8壬寅④	8壬申4	**8**辛丑2	8庚午1	9庚子31	9庚午30	9己亥28	9己巳28	9戊戌26	9戊辰㉖	9戊戌25
9甲辰6	9癸酉6	9癸卯5	9癸酉5	9壬寅3	**9**辛未2	《8月》	10辛未31	10庚子29	10庚午29	10己亥27	10己巳27	10己亥26
10乙巳7	10甲戌⑦	10甲辰6	10甲戌6	10癸卯4	10壬申3	10辛丑①	《9月》	11辛丑30	11辛未30	11庚子㉘	11庚午28	11庚子27
11丙午⑧	11乙亥8	11乙巳7	11乙亥7	11甲辰5	11癸酉④	**11**壬寅2	**11**壬申1	《10月》	12壬申㉛	12辛丑29	12辛未29	12辛丑28
12丁未9	12丙子9	12丙午8	12丙子8	12乙巳⑥	12甲戌5	12癸卯3	12癸酉2	12壬寅1	《11月》	13壬寅30	13壬申30	13壬寅29
13戊申10	13丁丑10	13丁未9	13丁丑⑨	13丙午7	13乙亥6	13甲辰4	13甲戌3	**13**癸卯2	**13**癸酉1	《12月》	14癸酉31	14癸卯㉚
14己酉11	14戊寅11	14戊申10	14戊寅10	14丁未8	14丙子7	14乙巳5	14乙亥4	14甲辰③	14甲戌2	14癸卯1	**869年**	**15**甲辰31
15庚戌12	15己卯12	15己酉⑪	15己卯11	15戊申9	15丁丑8	15丙午6	15丙子⑤	15乙巳4	15乙亥3	**15**甲辰2	《1月》	《2月》
16辛亥13	16庚辰13	16庚戌12	16庚辰12	16己酉10	16戊寅9	16丁未7	16丁丑6	16丙午5	16丙子4	16乙巳3	**15**甲戌1	16乙巳1
17壬子14	17辛巳⑭	17辛亥13	17辛巳13	17庚戌11	17己卯10	17戊申⑧	17戊寅7	17丁未6	17丁丑5	17丙午4	16乙亥②	17丙午2
18癸丑⑮	18壬午15	18壬子14	18壬午14	18辛亥12	18庚辰⑪	18己酉9	18己卯8	18戊申7	18戊寅6	18丁未⑤	17丙子3	18丁未3
19甲寅16	19癸未16	19癸丑15	19癸未15	19壬子⑬	19辛巳12	19庚戌10	19庚辰9	19己酉8	19己卯⑦	19戊申6	18丁丑4	19戊申4
20乙卯17	20甲申17	20甲寅16	20甲申⑯	20癸丑14	20壬午13	20辛亥11	20辛巳10	20庚戌9	20庚辰8	20己酉7	19戊寅5	20己酉5
21丙辰18	**21**乙酉18	**21**乙卯17	21乙酉17	21甲寅15	21癸未14	21壬子12	21壬午11	21辛亥⑩	21辛巳9	21庚戌8	20己卯6	21庚戌⑥
22丁巳19	22丙戌19	22丙辰⑱	**22**丙戌18	22乙卯16	22甲申15	22癸丑13	22癸未⑫	22壬子11	22壬午10	22辛亥9	21庚辰7	22辛亥7
23戊午20	23丁亥20	23丁巳19	23丁亥19	**23**丙辰17	23乙酉16	23甲寅14	23甲申13	23癸丑12	23癸未11	23壬子10	22辛巳8	23壬子8
24己未21	24戊子㉑	24戊午20	24戊子20	24丁巳18	24丙戌17	24乙卯⑮	24乙酉14	24甲寅13	24甲申12	24癸丑11	23壬午⑨	24癸丑9
25庚申㉒	25己丑22	25己未21	25己丑21	25戊午19	**25**丁亥⑱	25丙辰16	25丙戌15	25乙卯14	25乙酉13	25甲寅⑫	24癸未10	25甲寅10
26辛酉23	26庚寅23	26庚申22	26庚寅22	26己未⑳	26戊子19	**26**丁巳17	**26**丁亥16	26丙辰15	26丙戌⑭	26乙卯13	25甲申11	26乙卯11
27壬戌24	27辛卯24	27辛酉23	27辛卯㉓	27庚申21	27己丑20	27戊午18	27戊子17	27丁巳16	27丁亥15	27丙辰14	26乙酉12	27丙辰12
28癸亥25	28壬辰25	28壬戌24	28壬辰24	28辛酉22	28庚寅21	28己未19	28己丑18	**28**戊午⑰	**28**戊子16	28丁巳15	27丙戌13	28丁巳⑬
29甲子26	29癸巳26	29癸亥㉕	29癸巳25	29壬戌23	29辛卯22	29庚申20	29庚寅⑲	29己未18	29己丑17	29戊午16	28丁亥14	29戊午14
	30甲午27	30甲子26				30辛酉21		30庚申19		**30**己未17	29戊子15	
											30己丑⑯	
立春 4日 雨水 19日	啓蟄 6日 春分 21日	清明 6日 穀雨 21日	立夏 6日 小満 22日	芒種 8日 夏至 23日	小暑 9日 大暑 25日	立秋 11日 処暑 26日	白露 11日 秋分 26日	寒露 13日 霜降 28日	立冬 13日 小雪 28日	大雪 15日 冬至 30日	小寒 15日 大寒 30日	立春15日

貞観 **11** 年（869－870） 己丑

1月	2月	3月	4月	5月	6月	7月	8月	9月	10月	11月	12月
1 己未15	1 己丑17	1 己未16	1 戊子⑮	1 戊午14	1 丁亥13	1 丁巳12	1 丙戌10	1 乙卯⑨	1 乙酉 8	1 甲寅 7	1 甲申 6
2 庚申16	**2** 庚寅18	2 庚申⑰	2 己丑16	2 己未15	2 戊子14	2 戊午13	2 丁亥⑪	2 丙辰10	2 丙戌 9	2 乙卯 8	2 乙酉 7
3 辛酉17	3 辛卯19	**3** 辛酉18	3 庚寅17	3 庚申16	3 己丑15	3 己未⑭	3 戊子12	3 丁巳11	3 丁亥10	3 丙辰 9	3 丙戌⑧
4 壬戌18	4 壬辰⑳	4 壬戌19	**4** 辛卯18	**4** 辛酉17	4 庚寅16	4 庚申15	4 己丑13	4 戊午12	4 戊子11	4 丁巳10	4 丁亥 9
5 癸亥19	5 癸巳21	5 癸亥20	5 壬辰19	5 壬戌18	5 辛卯⑰	5 辛酉16	5 庚寅14	5 己未13	5 己丑12	5 戊午⑪	5 戊子10
6 甲子⑳	6 甲午22	6 甲子21	6 癸巳20	6 癸亥⑲	**6** 壬辰18	**6** 壬戌17	6 辛卯15	6 庚申14	6 庚寅⑬	6 己未12	6 己丑11
7 乙丑21	7 乙未23	7 乙丑22	7 甲午21	7 甲子20	7 癸巳19	7 癸亥18	7 壬辰16	7 辛酉15	7 辛卯14	7 庚申13	7 庚寅12
8 丙寅22	8 丙申24	8 丙寅23	8 乙未㉒	8 乙丑21	8 甲午20	8 甲子19	**8** 癸巳17	8 壬戌⑯	8 壬辰15	8 辛酉14	8 辛卯13
9 丁卯23	9 丁酉25	9 丁卯㉔	9 丙申23	9 丙寅22	9 乙未21	9 乙丑20	9 甲午⑱	**9** 癸亥17	9 癸巳16	9 壬戌15	9 壬辰14
10 戊辰24	10 戊戌26	10 戊辰25	10 丁酉24	10 丁卯23	10 丙申22	10 丙寅㉑	10 乙未19	10 甲子18	**10** 甲午17	10 癸亥16	10 癸巳⑮
11 己巳25	11 己亥㉗	11 己巳26	11 戊戌25	11 戊辰24	11 丁酉23	11 丁卯22	11 丙申20	11 乙丑19	11 乙未18	**11** 甲子17	**11** 甲午16
12 庚午26	12 庚子28	12 庚午27	12 己亥26	12 己巳25	12 戊戌㉔	12 戊辰23	12 丁酉21	12 丙寅20	12 丙申19	12 乙丑⑱	12 乙未17
13 辛未㉗	13 辛丑29	13 辛未28	13 庚子27	13 庚午㉖	13 己亥25	13 己巳24	13 戊戌22	13 丁卯21	13 丁酉⑳	13 丙寅19	13 丙申18
14 壬申28	14 壬寅30	14 壬申29	14 辛丑28	14 辛未27	14 庚子26	14 庚午25	14 己亥23	14 戊辰22	14 戊戌21	14 丁卯20	14 丁酉19
《3月》	15 癸卯31	15 癸酉30	15 壬寅㉙	15 壬申28	15 辛丑27	15 辛未26	15 庚子24	15 己巳㉓	15 己亥22	15 戊辰21	15 戊戌20
15 癸酉 1	《4月》	《5月》	16 癸卯30	16 癸酉29	16 壬寅28	16 壬申27	16 辛丑㉕	16 庚午24	16 庚子23	16 己巳22	16 己亥21
16 甲戌 2	16 甲辰 1	16 甲戌①	17 甲辰31	17 甲戌30	17 癸卯29	17 癸酉㉘	17 壬寅26	17 辛未25	17 辛丑24	17 庚午23	17 庚子㉒
17 乙亥 3	**17** 乙巳 2	17 乙亥 2	《6月》	《7月》	18 甲辰30	18 甲戌29	18 癸卯27	18 壬申26	18 壬寅25	18 辛未24	18 辛丑23
18 丙子 4	18 丙午③	**18** 丙子 3	18 乙巳 1	18 乙亥 1	19 乙巳㉛	19 乙亥30	19 甲辰28	19 癸酉27	19 癸卯26	19 壬申㉕	19 壬寅24
19 丁丑 5	19 丁未 4	19 丁丑 4	**19** 丙午 2	19 丙子 2	《8月》	20 丙子31	20 乙巳29	20 甲戌28	20 甲辰㉗	20 癸酉26	20 癸卯25
20 戊寅⑥	20 戊申 5	20 戊寅 5	20 丁未 3	**20** 丁丑③	20 丙午 1	《9月》	21 丙午30	21 乙亥29	21 乙巳28	21 甲戌27	21 甲辰26
21 己卯 7	21 己酉 6	21 己卯 6	21 戊申 4	21 戊寅 4	**21** 丁未 2	**21** 丁丑 1	《10月》	22 丙子㉚	22 丙午29	22 乙亥28	22 乙巳27
22 庚辰 8	22 庚戌 7	22 庚辰 7	22 己酉⑤	22 己卯 5	22 戊申 3	22 戊寅 2	22 丁未 1	23 丁丑31	23 丁未30	23 丙子29	23 丙午28
23 辛巳 9	23 辛亥 8	23 辛巳⑧	23 庚戌 6	23 庚辰 6	23 己酉 4	23 己卯 3	**23** 戊申②	《11月》	《12月》	24 丁丑30	24 丁未㉙
24 壬午10	24 壬子 9	24 壬午 9	24 辛亥 7	24 辛巳 7	24 庚戌 5	24 庚辰④	24 己酉 3	**24** 戊寅 1	24 戊申 1	25 戊寅31	25 戊申30
25 癸未11	25 癸丑⑩	25 癸未10	25 壬子 8	25 壬午 8	25 辛亥 6	25 辛巳 5	25 庚戌 4	25 己卯 2	**25** 己酉 2	**870 年**	26 己酉31
26 甲申12	26 甲寅11	26 甲申11	26 癸丑 9	26 癸未 9	26 壬子⑦	26 壬午 6	26 辛亥 5	26 庚辰 3	26 庚戌 3	《1月》	《2月》
27 乙酉⑬	27 乙卯12	27 乙酉12	27 甲寅10	27 甲申⑩	27 癸丑 8	27 癸未 7	27 壬子 6	27 辛巳 4	27 辛亥④	**26** 己卯①	**27** 庚戌 1
28 丙戌14	28 丙辰13	28 丙戌13	28 乙卯11	28 乙酉11	28 甲寅 9	28 甲申 8	28 癸丑 7	28 壬午 5	28 壬子 5	27 庚辰 2	28 辛亥 2
29 丁亥15	29 丁巳14	29 丁亥14	29 丙辰⑫	29 丙戌12	29 乙卯10	29 乙酉 9	29 甲寅 8	29 癸未⑥	29 癸丑 6	28 辛巳 3	29 壬子 3
30 戊子16	30 戊午15		30 丁巳13		30 丙辰11			30 甲申 7		29 壬午 4	30 癸丑 4
										30 癸未 5	
雨水 2日	春分 2日	穀雨 3日	小満 4日	夏至 4日	大暑 6日	処暑 6日	秋分 8日	霜降 9日	小雪 10日	冬至 11日	大寒 11日
啓蟄 17日	清明 17日	立夏 18日	芒種 19日	小暑 20日	立秋 21日	白露 21日	寒露 23日	立冬 24日	大雪 25日	小寒 26日	立春 27日

貞観 **12** 年（870－871） 庚寅

1月	2月	3月	4月	5月	6月	7月	8月	9月	10月	11月	12月
1 甲寅⑤	1 癸未 6	1 癸丑 5	1 癸未 5	1 壬子 3	**1** 壬午 3	《8月》	1 辛巳31	1 庚戌29	1 己卯28	1 己酉27	1 戊寅26
2 乙卯 6	2 甲申 7	2 甲寅 6	2 甲申 6	2 癸丑④	2 癸未 4	1 辛亥 1	《9月》	2 辛亥30	2 庚辰㉙	2 庚戌28	2 己卯27
3 丙辰 7	3 乙酉 8	3 乙卯 7	3 乙酉⑦	3 甲寅 5	3 甲申 5	**2** 壬子 2	2 壬午 1	《10月》	3 辛巳30	3 辛亥29	3 庚辰28
4 丁巳 8	4 丙戌 9	4 丙辰 8	4 丙戌 8	4 乙卯 6	4 乙酉 6	3 癸丑 3	**3** 癸未 2	3 壬子①	4 壬午31	4 壬子30	4 辛巳29
5 戊午 9	5 丁亥10	5 丁巳⑨	5 丁亥 9	5 丙辰 7	5 丙戌 7	4 甲寅 4	4 甲申③	**4** 癸丑 2	《11月》	《12月》	5 壬午30
6 己未10	6 戊子11	6 戊午10	6 戊子10	6 丁巳 8	6 丁亥 8	5 乙卯 5	5 乙酉 4	5 甲寅 3	5 癸未 1	5 癸丑 1	6 癸未㉛
7 庚申11	7 己丑⑫	7 己未11	7 己丑11	7 戊午 9	7 戊子⑨	6 丙辰⑥	6 丙戌 5	6 乙卯 4	**6** 甲申 2	**6** 甲寅 2	**871 年**
8 辛酉⑫	8 庚寅13	8 庚申12	8 庚寅12	8 己未10	8 己丑10	7 丁巳 7	7 丁亥 6	7 丙辰 5	7 乙酉 3	7 乙卯③	《1月》
9 壬戌13	9 辛卯14	9 辛酉13	9 辛卯13	9 庚申⑪	9 庚寅11	8 戊午 8	8 戊子 7	8 丁巳 6	8 丙戌 4	8 丙辰 4	**7** 甲申 1
10 癸亥14	10 壬辰15	10 壬戌14	10 壬辰⑭	10 辛酉12	10 辛卯12	9 己未 9	9 己丑 8	9 戊午 7	9 丁亥⑤	9 丁巳 5	8 乙酉 2
11 甲子15	11 癸巳16	11 癸亥15	11 癸巳15	11 壬戌13	11 壬辰13	10 庚申10	10 庚寅 9	10 己未⑧	10 戊子 6	10 戊午 6	9 丙戌 3
12 乙丑16	12 甲午17	12 甲子⑯	12 甲午16	12 癸亥14	12 癸巳14	11 辛酉11	11 辛卯⑩	11 庚申 9	11 己丑 7	11 己未 7	10 丁亥 4
13 丙寅17	**13** 乙未18	13 乙丑17	13 乙未17	13 甲子15	13 甲午15	12 壬戌12	12 壬辰11	12 辛酉10	12 庚寅 8	12 庚申 8	11 戊子 5
14 丁卯18	14 丙申⑲	**14** 丙寅18	**14** 丙申18	14 乙丑16	14 乙未⑯	13 癸亥⑬	13 癸巳12	13 壬戌11	13 辛卯 9	13 辛酉 9	12 己丑 6
15 戊辰⑲	15 丁酉20	15 丁卯19	15 丁酉19	15 丙寅17	15 丙申17	14 甲子14	14 甲午13	14 癸亥12	14 壬辰10	14 壬戌⑩	13 庚寅⑦
16 己巳20	16 戊戌21	16 戊辰20	16 戊戌20	**16** 丁卯⑱	**16** 丁酉18	15 乙丑15	15 乙未14	15 甲子13	15 癸巳11	15 癸亥11	14 辛卯 8
17 庚午21	17 己亥22	17 己巳21	17 己亥㉑	17 戊辰19	17 戊戌19	16 丙寅16	16 丙申15	16 乙丑14	16 甲午⑫	16 甲子12	15 壬辰 9
18 辛未22	18 庚子23	18 庚午22	18 庚子22	18 己巳20	18 己亥20	17 丁卯17	17 丁酉16	17 丙寅⑮	17 乙未13	17 乙丑13	16 癸巳10
19 壬申23	19 辛丑24	19 辛未㉓	19 辛丑23	19 庚午21	19 庚子21	**18** 戊辰18	**18** 戊戌⑰	18 丁卯16	18 丙申14	18 丙寅14	17 甲午11
20 癸酉24	20 壬寅25	20 壬申24	20 壬寅24	20 辛未22	20 辛丑22	19 己巳19	19 己亥18	**19** 戊辰17	19 丁酉15	19 丁卯15	18 乙未12
21 甲戌25	21 癸卯㉖	21 癸酉25	21 癸卯25	21 壬申23	21 壬寅㉓	20 庚午⑳	20 庚子19	20 己巳18	20 戊戌16	20 戊辰16	19 丙申13
22 乙亥㉖	22 甲辰27	22 甲戌26	22 甲辰26	22 癸酉24	22 癸卯24	21 辛未21	21 辛丑20	21 庚午19	**21** 己亥17	**21** 己巳⑰	20 丁酉⑭
23 丙子27	23 乙巳28	23 乙亥27	23 乙巳27	23 甲戌㉕	23 甲辰25	22 壬申22	22 壬寅21	22 辛未20	22 庚子18	22 庚午18	21 戊戌15
24 丁丑28	24 丙午29	24 丙子28	24 丙午㉘	24 乙亥26	24 乙巳26	23 癸酉23	23 癸卯22	23 壬申21	23 辛丑⑲	23 辛未19	22 己亥16
《3月》	25 丁未30	25 丁丑29	25 丁未29	25 丙子27	25 丙午27	24 甲戌24	24 甲辰23	24 癸酉㉒	24 壬寅20	24 壬申20	**23** 庚子17
25 戊寅 1	26 戊申31	26 戊寅㉚	26 戊申30	26 丁丑28	26 丁未28	25 乙亥25	25 乙巳㉔	25 甲戌23	25 癸卯21	25 癸酉21	24 辛丑18
26 己卯 2	《4月》	《5月》	27 己酉31	27 戊寅29	27 戊申29	26 丙子26	26 丙午25	26 乙亥24	26 甲辰22	26 甲戌22	25 壬寅19
27 庚辰 3	27 己酉 1	27 己卯 1	《6月》	28 己卯30	28 己酉㉚	27 丁丑㉗	27 丁未26	27 丙子25	27 乙巳23	27 乙亥23	26 癸卯20
28 辛巳 4	28 庚戌②	28 庚辰 2	28 庚戌 1	《7月》	29 庚戌31	28 戊寅28	28 戊申27	28 丁丑26	28 丙午24	28 丙子㉔	27 甲辰㉑
29 壬午⑤	**29** 辛亥 3	**29** 辛巳 3	**29** 辛亥 2	29 庚辰 1		29 己卯29	29 己酉28	29 戊寅27	29 丁未25	29 丁丑25	28 乙巳22
	30 壬子 4	30 壬午 4		30 辛巳②		30 庚辰30			30 戊申㉖		29 丙午23
											30 丁未24
雨水 12日	春分 13日	穀雨 14日	小満 14日	夏至 16日	小暑 1日	立秋 2日	白露 3日	寒露 4日	立冬 6日	大雪 6日	小寒 7日
啓蟄 27日	清明 29日	立夏 29日	芒種 29日		大暑 16日	処暑 18日	秋分 18日	霜降 19日	小雪 21日	冬至 21日	大寒 23日

貞観13年（871－872） 辛卯

1月	2月	3月	4月	5月	6月	7月	8月	閏8月	9月	10月	11月	12月
1 戊申25	1 丁丑23	1 丁未㉕	1 丁丑24	1 丙午23	1 丙子22	1 乙巳21	1 乙亥20	1 甲辰18	**1** 甲戌18	1 癸卯16	1 癸酉⑯	1 壬寅14
2 己酉26	2 戊寅24	2 戊申26	2 戊寅25	2 丁未24	2 丁丑23	2 丙午㉒	2 丙子21	2 乙巳19	2 乙亥19	**2** 甲辰17	**2** 甲戌17	2 癸卯15
3 庚戌27	3 己卯㉕	3 己酉27	3 己卯26	3 戊申25	3 戊寅㉔	3 丁未23	3 丁丑22	3 丙午20	3 丙子20	3 乙巳⑱	3 乙亥18	3 甲辰16
4 辛亥㉘	4 庚辰26	4 庚戌28	4 庚辰27	4 己酉26	4 己卯25	4 戊申24	4 戊寅23	4 丁未21	4 丁丑㉑	4 丙午19	4 丙子19	**4** 乙巳17
5 壬子29	5 辛巳27	5 辛亥29	5 辛巳28	5 庚戌㉗	5 庚辰26	5 己酉25	5 己卯24	5 戊申22	5 戊寅22	5 丁未20	5 丁丑20	5 丙午18
6 癸丑30	6 壬午28	6 壬子30	6 壬午㉙	6 辛亥28	6 辛巳27	6 庚戌26	6 庚辰25	6 己酉㉓	6 己卯23	6 戊申21	6 戊寅21	6 丁未19
7 甲寅31	《3月》	7 癸丑31	7 癸未30	7 壬子29	7 壬午28	7 辛亥27	7 辛巳㉖	7 庚戌24	7 庚辰24	7 己酉22	7 己卯22	7 戊申⑳
《2月》	7 癸未 1	《4月》	《5月》	8 癸丑30	8 癸未29	8 壬子28	8 壬午27	8 辛亥25	8 辛巳25	8 庚戌23	8 庚辰㉓	8 己酉21
8 乙卯 1	8 甲申 2	8 甲寅①	8 甲申 1	9 甲寅31	9 甲申30	9 癸丑㉙	9 癸未28	9 壬子26	9 壬午26	9 辛亥24	9 辛巳24	9 庚戌22
9 丙辰 2	**9** 乙酉 3	9 乙卯 2	9 乙酉 2	《6月》	《7月》	10甲寅30	10甲申29	10癸丑27	10癸未27	10壬子㉕	10壬午25	10辛亥23
10丁巳 3	10丙戌④	**10**丙辰 3	**10**丙戌 3	10乙卯 1	10乙酉①	11乙卯31	11乙酉30	11甲寅28	11甲申㉘	11癸丑26	11癸未26	11壬子24
11戊午④	11丁亥 5	11丁巳 4	11丁亥 4	11丙辰 2	11丙戌 2	《8月》	12丙戌31	12乙卯29	12乙酉29	12甲寅27	12甲申27	12癸丑25
12己未 5	12戊子 6	12戊午 5	12戊子 5	**12**丁巳③	**12**丁亥 3	12丙辰 1	《9月》	13丙辰㉚	13丙戌30	13乙卯28	13乙酉28	13甲寅26
13庚申 6	13己丑 7	13己未 6	13己丑⑥	13戊午 4	13戊子 4	13丁巳 2	13丁亥 1	《10月》	14丁亥31	14丙辰29	14丙戌29	14乙卯㉗
14辛酉 7	14庚寅 8	14庚申 7	14庚寅 7	14己未 5	14己丑 5	**14**戊午 3	**14**戊子②	14丁巳 1	《11月》	15丁巳30	15丁亥㉚	15丙辰28
15壬戌 8	15辛卯 9	15辛酉⑧	15辛卯 8	15庚申 6	15庚寅 6	15己未 4	15己丑 3	**15**戊午 2	15戊子 1	《12月》	16戊子31	16丁巳29
16癸亥 9	16壬辰10	16壬戌 9	16壬辰 9	16辛酉 7	16辛卯 7	16庚申⑤	16庚寅 4	16己未 3	**16**己丑 2	16戊午 1	**872**年	17戊午30
17甲子10	17癸巳⑪	17癸亥10	17癸巳10	17壬戌 8	17壬辰⑧	17辛酉 6	17辛卯 5	17庚申 4	17庚寅 3	**17**己未②	《1月》	18己未31
18乙丑⑪	18甲午12	18甲子11	18甲午11	18癸亥 9	18癸巳 9	18壬戌 7	18壬辰 6	18辛酉 5	18辛卯④	18庚申 3	17己丑 1	《2月》
19丙寅12	19乙未13	19乙丑12	19乙未12	19甲子⑩	19甲午10	19癸亥 8	19癸巳 7	19壬戌 6	19壬辰 5	19辛酉 4	**18**庚寅 2	**19**庚申 1
20丁卯13	20丙申14	20丙寅13	20丙申⑬	20乙丑11	20乙未11	20甲子 9	20甲午 8	20癸亥⑦	20癸巳 6	20壬戌 5	19辛卯 3	20辛酉 2
21戊辰14	21丁酉15	21丁卯14	21丁酉14	21丙寅12	21丙申12	21乙丑10	21乙未⑨	21甲子 8	21甲午 7	21癸亥 6	20壬辰 4	21壬戌③
22己巳15	22戊戌16	22戊辰⑮	22戊戌15	22丁卯13	22丁酉13	22丙寅11	22丙申10	22乙丑 9	22乙未 8	22甲子 7	21癸巳 5	22癸亥 4
23庚午16	23己亥17	23己巳16	23己亥16	23戊辰14	23戊戌14	23丁卯⑫	23丁酉11	23丙寅10	23丙申 9	23乙丑 8	22甲午⑥	23甲子 5
24辛未17	24庚子⑱	24庚午17	24庚子17	24己巳15	24己亥⑮	24戊辰13	24戊戌12	24丁卯11	24丁酉10	24丙寅⑨	23乙未 7	24乙丑 6
25壬申⑱	**25**辛丑19	**25**辛未18	**25**辛丑18	25庚午16	25庚子16	25己巳14	25己亥13	25戊辰12	25戊戌⑪	25丁卯10	24丙申 8	25丙寅 7
26癸酉19	26壬寅20	26壬申19	26壬寅19	26辛未17	26辛丑⑰	26庚午15	26庚子14	26己巳13	26己亥12	26戊辰11	25丁酉 9	26丁卯 8
27甲戌20	27癸卯21	27癸酉20	27癸卯⑳	**27**壬申18	**27**壬寅18	27辛未16	27辛丑15	27庚午⑭	27庚子13	27己巳12	26戊戌10	27戊辰 9
28乙亥21	28甲辰22	28甲戌21	28甲辰21	28癸酉19	28癸卯19	28壬申17	28壬寅⑯	28辛未15	28辛丑14	28庚午13	27己亥11	28己巳⑩
29丙子22	29乙巳23	29乙亥㉒	29乙巳22	29甲戌20	29甲辰20	**29**癸酉18	**29**癸卯17	29壬申16	29壬寅15	29辛未14	28庚子12	29庚午11
	30丙午24	30丙子23		30乙亥21		30甲戌⑲		30癸酉17		30壬申15	29辛丑⑬	30辛未12
立春 8日 雨水 23日	啓蟄 9日 春分 25日	清明 10日 穀雨 25日	立夏 10日 小満 25日	芒種 12日 夏至 27日	小暑 12日 大暑 27日	立秋 14日 処暑 29日	白露 14日 秋分 29日	寒露15日	霜降 1日 立冬 16日	小雪 2日 大雪 17日	冬至 2日 小寒 18日	大寒 4日 立春 19日

貞観14年（872－873） 壬辰

1月	2月	3月	4月	5月	6月	7月	8月	9月	10月	11月	12月
1 壬申13	1 辛丑13	1 辛未12	1 庚子⑪	1 庚午10	1 庚子10	1 己巳 8	1 己亥⑦	1 戊辰 6	1 戊戌 5	1 丁卯 4	1 丁酉 3
2 癸酉14	2 壬寅14	2 壬申⑬	2 辛丑12	2 辛未11	2 辛丑11	2 庚午 9	2 庚子 8	2 己巳 7	2 己亥 6	2 戊辰 5	2 戊戌④
3 甲戌15	3 癸卯15	3 癸酉14	3 壬寅13	3 壬申12	3 壬寅12	3 辛未⑩	3 辛丑 9	3 庚午 8	3 庚子 7	3 己巳 6	3 己亥 5
4 乙亥16	4 甲辰⑯	4 甲戌15	4 癸卯14	4 癸酉13	4 癸卯⑬	4 壬申11	4 壬寅10	4 辛未 9	4 辛丑 8	4 庚午⑦	4 庚子 6
5 丙子⑰	5 乙巳17	5 乙亥16	5 甲辰15	5 甲戌14	5 甲辰14	5 癸酉12	5 癸卯11	5 壬申10	5 壬寅⑨	5 辛未 8	5 辛丑 7
6 丁丑18	**6** 丙午18	**6** 丙子17	6 乙巳16	6 乙亥⑮	6 乙巳15	6 甲戌13	6 甲辰12	6 癸酉11	6 癸卯10	6 壬申 9	6 壬寅 8
7 戊寅19	7 丁未19	7 丁丑18	7 丙午17	7 丙子16	7 丙午16	7 乙亥14	7 乙巳13	7 甲戌⑫	7 甲辰11	7 癸酉10	7 癸卯 9
8 己卯20	8 戊申20	8 戊寅19	**8** 丁未⑱	**8** 丁丑17	8 丁未17	8 丙子15	8 丙午⑭	8 乙亥13	8 乙巳12	8 甲戌11	8 甲辰10
9 庚辰21	9 己酉21	9 己卯⑳	9 戊申19	9 戊寅18	**9** 戊申18	9 丁丑16	9 丁未15	9 丙子14	9 丙午13	9 乙亥12	9 乙巳⑪
10辛巳22	10庚戌22	10庚辰21	10己酉20	10己卯19	10己酉19	**10**戊寅⑰	**10**戊申16	10丁丑15	10丁未14	10丙子13	10丙午12
11壬午23	11辛亥㉓	11辛巳22	11庚戌21	11庚辰20	11庚戌⑳	11己卯18	11己酉17	11戊寅16	11戊申15	11丁丑⑭	11丁未13
12癸未㉔	12壬子24	12壬午23	12辛亥22	12辛巳21	12辛亥21	12庚辰19	12庚戌18	**12**己卯17	**12**己酉⑯	12戊寅15	12戊申14
13甲申25	13癸丑25	13癸未24	13壬子23	13壬午㉒	13壬子22	13辛巳20	13辛亥19	13庚辰18	13庚戌17	13己卯16	13己酉15
14乙酉26	14甲寅26	14甲申25	14癸丑24	14癸未23	14癸丑23	14壬午21	14壬子20	14辛巳⑲	14辛亥18	**14**庚辰17	**14**庚戌16
15丙戌27	15乙卯27	15乙酉26	15甲寅㉕	15甲申24	15甲寅24	15癸未22	15癸丑㉑	15壬午20	15壬子19	15辛巳18	15辛亥17
16丁亥28	16丙辰28	16丙戌㉗	16乙卯26	16乙酉25	16乙卯25	16甲申23	16甲寅22	16癸未21	16癸丑20	16壬午19	16壬子⑱
17戊子29	17丁巳29	17丁亥28	17丙辰27	17丙戌26	17丙辰26	17乙酉㉔	17乙卯23	17甲申22	17甲寅21	17癸未20	17癸丑19
《3月》	18戊午㉚	18戊子29	18丁巳28	18丁亥27	18丁巳㉗	18丙戌25	18丙辰24	18乙酉23	18乙卯22	18甲申㉑	18甲寅20
18己丑 1	19己未31	19己丑30	19戊午29	19戊子28	19戊午28	19丁亥26	19丁巳25	19丙戌24	19丙辰㉓	19乙酉22	19乙卯21
19庚寅②	《4月》	《5月》	20己未30	20己丑㉙	20己未29	20戊子27	20戊午26	20丁亥25	20丁巳24	20丙戌23	20丙辰22
20辛卯 3	20庚申 1	20庚寅 1	21庚申31	21庚寅30	21庚申30	21己丑28	21己未27	21戊子㉖	21戊午25	21丁亥24	21丁巳23
21壬辰 4	**21**辛酉 2	**21**辛卯 2	《6月》	《7月》	22辛酉31	22庚寅29	22庚申㉘	22己丑27	22己未26	22戊子25	22戊午24
22癸巳 5	22壬戌 3	22壬辰 3	22辛酉①	22辛卯 1	《8月》	23辛卯30	23辛酉29	23庚寅28	23庚申27	23己丑26	23己未㉕
23甲午 6	23癸亥 4	23癸巳④	**23**壬戌 2	**23**壬辰 2	23壬戌 1	24壬辰㉛	24壬戌30	24辛卯29	24辛酉28	24庚寅27	24庚申26
24乙未 7	24甲子 5	24甲午 5	24癸亥 3	24癸巳 3	**24**癸亥 2	《9月》	《10月》	25壬辰30	25壬戌29	25辛卯㉘	25辛酉27
25丙申 8	25乙丑⑥	25乙未 6	25甲子 4	25甲午 4	25甲子③	**25**癸巳 1	25癸亥 1	26癸巳31	26癸亥㉚	26壬辰29	26壬戌28
26丁酉⑨	26丙寅 7	26丙申 7	26乙丑 5	26乙未 5	26乙丑 4	26甲午 2	**26**甲子 2	《11月》	《12月》	27癸巳30	27癸亥29
27戊戌10	27丁卯 8	27丁酉 8	27丙寅 6	27丙申⑥	27丙寅 5	27乙未 3	27乙丑 3	**27**甲午 1	27甲子 1	28甲午31	28甲子30
28己亥11	28戊辰 9	28戊戌 9	28丁卯 7	28丁酉 7	28丁卯 6	28丙申 4	28丙寅 4	28乙未②	**28**乙丑 2	**873**年	**29**乙丑31
29庚子12	29己巳10	29己亥10	29戊辰⑧	29戊戌 8	29戊辰 7	29丁酉 5	29丁卯⑤	29丙申 3	29丙寅 3	《1月》	《2月》
	30庚午11		30己巳 9	30己亥 9		30戊戌 6		30丁酉 4		**29**乙未 1	30丙寅①
										30丙申 2	
雨水 4日 啓蟄 20日	春分 6日 清明 21日	穀雨 6日 立夏 21日	小満 8日 芒種 23日	夏至 8日 小暑 23日	大暑 9日 立秋 24日	処暑 10日 白露 25日	秋分 10日 寒露 26日	霜降 12日 立冬 27日	小雪 12日 大雪 28日	冬至 14日 小寒 29日	大寒 14日 立春 29日

貞観15年（873－874） 癸巳

1月	2月	3月	4月	5月	6月	7月	8月	9月	10月	11月	12月
1 丁卯 2	**1** 丙申 3	《4月》	《5月》	1 甲子 30	1 甲午 29	1 癸亥 28	1 癸巳 27	1 癸亥 26	1 壬辰 ㉕	1 壬戌 24	1 壬辰 24
2 戊辰 3	2 丁酉 4	1 乙丑 1	1 乙未 1	2 乙丑 ㉛	2 乙未 30	2 甲子 29	2 甲午 28	2 甲子 ㉗	2 癸巳 26	2 癸亥 25	2 癸巳 25
3 己巳 4	3 戊戌 5	**2** 丙寅 2	2 丙申 2	《6月》	《7月》	3 乙丑 30	3 乙未 29	3 乙丑 28	3 甲午 27	3 甲子 26	3 甲午 26
4 庚午 5	4 己亥 6	3 丁卯 3	**3** 丁酉 ③	3 丙寅 1	3 丙申 1	4 丙寅 31	4 丙申 ㉚	4 丙寅 29	4 乙未 28	4 乙丑 27	4 乙未 ㉗
5 辛未 6	5 庚子 7	4 戊辰 4	4 戊戌 4	**4** 丁卯 2	4 丁酉 2	《8月》	5 丁酉 31	5 丁卯 30	5 丙申 29	5 丙寅 28	5 丙申 28
6 壬申 7	6 辛丑 ⑧	5 己巳 ⑤	5 己亥 5	5 戊辰 3	**5** 戊戌 3	5 丁卯 1	《9月》	《10月》	6 丁酉 30	6 丁卯 ㉙	6 丁酉 29
7 癸酉 ⑧	7 壬寅 9	6 庚午 6	6 庚子 6	6 己巳 4	6 己亥 4	**6** 戊辰 ②	**6** 戊戌 1	6 戊辰 1	7 戊戌 31	7 戊辰 30	7 戊戌 30
8 甲戌 9	8 癸卯 10	7 辛未 7	7 辛丑 7	7 庚午 5	7 庚子 ⑤	7 己巳 3	7 己亥 2	**7** 己巳 2	《11月》	《12月》	8 己亥 31
9 乙亥 10	9 甲辰 11	8 壬申 8	8 壬寅 8	8 辛未 6	8 辛丑 6	8 庚午 4	8 庚子 3	8 庚午 3	**8** 己亥 ①	8 己巳 1	**874** 年
10 丙子 11	10 乙巳 12	9 癸酉 9	9 癸卯 9	9 壬申 ⑦	9 壬寅 7	9 辛未 5	9 辛丑 4	9 辛未 ④	9 庚子 2	**9** 庚午 2	《1月》
11 丁丑 12	11 丙午 13	10 甲戌 10	10 甲辰 ⑩	10 癸酉 8	10 癸卯 8	10 壬申 6	10 壬寅 5	10 壬申 5	10 辛丑 3	10 辛未 3	**9** 庚子 1
12 戊寅 13	12 丁未 14	11 乙亥 11	11 乙巳 11	11 甲戌 9	11 甲辰 9	11 癸酉 7	11 癸卯 ⑥	11 癸酉 6	11 壬寅 4	11 壬申 4	10 辛丑 2
13 己卯 14	13 戊申 ⑮	12 丙子 ⑫	12 丙午 12	12 乙亥 10	12 乙巳 10	12 甲戌 8	12 甲辰 7	12 甲戌 7	12 癸卯 5	12 癸酉 5	11 壬寅 ③
14 庚辰 ⑮	14 己酉 16	13 丁丑 13	13 丁未 13	13 丙子 11	13 丙午 11	13 乙亥 ⑨	13 乙巳 8	13 乙亥 8	13 甲辰 6	13 甲戌 ⑥	12 癸卯 4
15 辛巳 16	15 庚戌 17	14 戊寅 14	14 戊申 14	14 丁丑 12	14 丁未 ⑫	14 丙子 10	14 丙午 9	14 丙子 9	14 乙巳 7	14 乙亥 7	13 甲辰 5
16 壬午 17	**16** 辛亥 18	15 己卯 15	15 己酉 15	15 戊寅 13	15 戊申 13	15 丁丑 11	15 丁未 10	15 丁丑 10	15 丙午 ⑧	15 丙子 8	14 乙巳 6
17 癸未 18	17 壬子 19	16 庚辰 16	16 庚戌 16	16 己卯 ⑭	16 己酉 14	16 戊寅 12	16 戊申 11	16 戊寅 ⑪	16 丁未 9	16 丁丑 9	15 丙午 7
18 甲申 19	18 癸丑 20	**17** 辛巳 17	17 辛亥 ⑰	17 庚辰 15	17 庚戌 15	17 己卯 13	17 己酉 12	17 己卯 12	17 戊申 10	17 戊寅 10	16 丁未 8
19 乙酉 20	19 甲寅 21	18 壬午 18	**18** 壬子 18	18 辛巳 16	18 辛亥 16	18 庚辰 14	18 庚戌 ⑬	18 庚辰 13	18 己酉 11	18 己卯 11	17 戊申 9
20 丙戌 21	20 乙卯 ㉒	19 癸未 ⑲	19 癸丑 19	**19** 壬午 17	19 壬子 17	19 辛巳 15	19 辛亥 14	19 辛巳 14	19 庚戌 12	19 庚辰 12	18 己酉 ⑩
21 丁亥 ㉒	21 丙辰 23	20 甲申 20	20 甲寅 20	20 癸未 18	**20** 癸丑 18	20 壬午 ⑯	20 壬子 15	20 壬午 15	20 辛亥 13	20 辛巳 ⑬	19 庚戌 11
22 戊子 23	22 丁巳 24	21 乙酉 21	21 乙卯 21	21 甲申 19	21 甲寅 ⑲	**21** 癸未 17	21 癸丑 16	21 癸未 16	21 壬子 14	21 壬午 14	20 辛亥 12
23 己丑 24	23 戊午 25	22 丙戌 22	22 丙辰 22	22 乙酉 20	22 乙卯 20	22 甲申 18	**22** 甲寅 17	**22** 甲申 17	22 癸丑 ⑮	22 癸未 15	21 壬子 13
24 庚寅 25	24 己未 26	23 丁亥 23	23 丁巳 23	23 丙戌 ㉑	23 丙辰 21	23 乙酉 19	23 乙卯 18	23 乙酉 ⑱	23 甲寅 16	23 甲申 16	22 癸丑 14
25 辛卯 26	25 庚申 27	24 戊子 24	24 戊午 ㉔	24 丁亥 22	24 丁巳 22	24 丙戌 20	24 丙辰 19	24 丙戌 19	**24** 乙卯 17	**24** 乙酉 17	23 甲寅 15
26 壬辰 27	26 辛酉 28	25 己丑 25	25 己未 25	25 戊子 23	25 戊午 23	25 丁亥 21	25 丁巳 ⑳	25 丁亥 20	25 丙辰 18	25 丙戌 18	**24** 乙卯 16
27 癸巳 28	27 壬戌 ㉙	26 庚寅 ㉖	26 庚申 26	26 己丑 24	26 己未 24	26 戊子 22	26 戊午 21	26 戊子 21	26 丁巳 19	26 丁亥 19	25 丙辰 ⑰
《3月》	28 癸亥 30	27 辛卯 27	27 辛酉 27	27 庚寅 25	27 庚申 25	27 己丑 ㉓	27 己未 22	27 己丑 22	27 戊午 20	27 戊子 ⑳	26 丁巳 18
28 甲午 ①	29 甲子 31	28 壬辰 28	28 壬戌 28	28 辛卯 26	28 辛酉 ㉖	28 庚寅 24	28 庚申 23	28 庚寅 23	28 己未 21	28 己丑 21	27 戊午 19
29 乙未 2		29 癸巳 29	29 癸亥 29	29 壬辰 27	29 壬戌 27	29 辛卯 25	29 辛酉 24	29 辛卯 24	29 庚申 ㉒	29 庚寅 22	28 己未 20
		30 甲午 30		30 癸巳 ㉘		30 壬辰 26	30 壬戌 25		30 辛酉 23	30 辛卯 23	29 庚申 21
											30 辛酉 22
雨水 15日	啓蟄 1日 春分 16日	清明 2日 穀雨 17日	立夏 3日 小満 18日	芒種 4日 夏至 19日	小暑 5日 大暑 20日	立秋 6日 処暑 21日	白露 6日 秋分 22日	寒露 7日 霜降 22日	立冬 8日 小雪 24日	大雪 9日 冬至 24日	小寒 9日 大寒 24日

貞観16年（874－875） 甲午

1月	2月	3月	4月	閏4月	5月	6月	7月	8月	9月	10月	11月	12月
1 壬戌 23	1 辛卯 ㉑	1 庚申 22	1 己丑 20	1 己未 20	**1** 戊子 18	1 丁巳 17	1 丁亥 16	1 丁巳 15	1 丙戌 14	1 丙辰 13	1 丙戌 13	1 乙卯 11
2 癸亥 ㉔	2 壬辰 22	2 辛酉 23	2 庚寅 21	2 庚申 21	2 己丑 19	**2** 戊午 ⑱	**2** 戊子 17	2 戊午 16	2 丁亥 15	2 丁巳 ⑭	2 丁亥 14	2 丙辰 12
3 甲子 25	3 癸巳 23	3 壬戌 24	3 辛卯 22	3 辛酉 22	3 庚寅 ⑳	3 己未 19	3 己丑 18	**3** 己未 17	3 戊子 16	3 戊午 15	3 戊子 15	3 丁巳 13
4 乙丑 26	4 甲午 24	4 癸亥 25	4 壬辰 23	4 壬戌 ㉓	4 辛卯 21	4 庚申 20	4 庚寅 19	4 庚申 18	**4** 己丑 ⑰	4 己未 16	4 己丑 16	4 戊午 14
5 丙寅 27	5 乙未 25	5 甲子 26	5 癸巳 24	5 癸亥 24	5 壬辰 22	5 辛酉 21	5 辛卯 20	5 辛酉 ⑲	5 庚寅 18	**5** 庚申 17	**5** 庚寅 17	5 己未 15
6 丁卯 28	6 丙申 26	6 乙丑 27	6 甲午 ㉕	6 甲子 25	6 癸巳 23	6 壬戌 22	6 壬辰 21	6 壬戌 20	6 辛卯 19	6 辛酉 18	6 辛卯 18	6 庚申 ⑯
7 戊辰 29	7 丁酉 27	7 丙寅 ㉘	7 乙未 26	7 乙丑 26	7 甲午 24	7 癸亥 23	7 癸巳 ㉒	7 癸亥 21	7 壬辰 20	7 壬戌 19	7 壬辰 ⑲	**7** 辛酉 17
8 己巳 30	8 戊戌 ㉘	8 丁卯 29	8 丙申 27	8 丙寅 27	8 乙未 25	8 甲子 24	8 甲午 23	8 甲子 22	8 癸巳 21	8 癸亥 20	8 癸巳 20	8 壬戌 18
9 庚午 ㉛	《3月》	9 戊辰 30	9 丁酉 28	9 丁卯 28	9 丙申 26	9 乙丑 ㉕	9 乙未 24	9 乙丑 23	9 甲午 22	9 甲子 ㉑	9 甲午 21	9 癸亥 19
《2月》	9 己亥 1	10 己巳 31	10 戊戌 29	10 戊辰 29	10 丁酉 ㉗	10 丙寅 26	10 丙申 25	10 丙寅 24	10 乙未 23	10 乙丑 22	10 乙未 22	10 甲子 20
10 辛未 1	10 庚子 2	《4月》	11 己亥 30	11 己巳 ㉚	11 戊戌 28	11 丁卯 27	11 丁酉 26	11 丁卯 25	11 丙申 ㉔	11 丙寅 23	11 丙申 23	11 乙丑 21
11 壬申 2	**11** 辛丑 3	11 庚午 1	《5月》	12 庚午 31	12 己亥 29	12 戊辰 28	12 戊戌 27	12 戊辰 ㉖	12 丁酉 25	12 丁卯 24	12 丁酉 24	12 丙寅 22
12 癸酉 3	12 壬寅 4	12 辛未 2	12 庚子 1	《6月》	13 庚子 30	13 己巳 29	13 己亥 28	13 己巳 27	13 戊戌 26	13 戊辰 25	13 戊戌 25	13 丁卯 ㉓
13 甲戌 4	13 癸卯 5	**13** 壬申 3	13 辛丑 ②	13 辛未 1	《7月》	14 庚午 30	14 庚子 ㉙	14 庚午 28	14 己亥 27	14 己巳 26	14 己亥 ㉖	14 戊辰 24
14 乙亥 5	14 甲辰 6	14 癸酉 ④	**14** 壬寅 3	**14** 壬申 2	14 辛丑 1	15 辛未 31	15 辛丑 30	15 辛未 29	15 庚子 28	15 庚午 27	15 庚子 27	15 己巳 25
15 丙子 6	15 乙巳 ⑦	15 甲戌 5	15 癸卯 4	15 癸酉 3	15 壬寅 2	《8月》	16 壬寅 31	16 壬申 30	16 辛丑 29	16 辛未 ㉘	16 辛丑 28	16 庚午 26
16 丁丑 ⑦	16 丙午 8	16 乙亥 6	16 甲辰 5	16 甲戌 4	**16** 癸卯 3	16 壬申 ①	《9月》	《10月》	17 壬寅 30	17 壬申 29	17 壬寅 29	17 辛未 27
17 戊寅 8	17 丁未 9	17 丙子 7	17 乙巳 6	17 乙亥 5	17 甲辰 ④	**17** 癸酉 2	17 癸卯 1	17 癸酉 1	18 癸卯 ㉛	18 癸酉 30	18 癸卯 30	18 壬申 28
18 己卯 9	18 戊申 10	18 丁丑 8	18 丙午 7	18 丙子 ⑥	18 乙巳 5	18 甲戌 3	**18** 甲辰 2	**18** 甲戌 2	《11月》	《12月》	19 甲辰 31	19 癸酉 29
19 庚辰 10	19 己酉 11	19 戊寅 9	19 丁未 8	19 丁丑 7	19 丙午 6	19 乙亥 4	19 乙巳 3	19 乙亥 ③	19 甲辰 1	19 甲戌 1	**875** 年	20 甲戌 ㉚
20 辛巳 11	20 庚戌 12	20 己卯 10	20 戊申 ⑨	20 戊寅 8	20 丁未 7	20 丙子 5	20 丙午 4	20 丙子 4	**20** 乙巳 2	**20** 乙亥 2	《1月》	21 乙亥 31
21 壬午 12	21 辛亥 13	21 庚辰 ⑪	21 己酉 10	21 己卯 9	21 戊申 8	21 丁丑 6	21 丁未 ⑤	21 丁丑 5	21 丙午 3	21 丙子 3	**20** 乙巳 1	《2月》
22 癸未 13	22 壬子 ⑭	22 辛巳 12	22 庚戌 11	22 庚辰 10	22 己酉 9	22 戊寅 7	22 戊申 6	22 戊寅 6	22 丁未 4	22 丁丑 4	21 丙午 ②	**22** 丙子 1
23 甲申 ⑭	23 癸丑 15	23 壬午 13	23 辛亥 12	23 辛巳 11	23 庚戌 10	23 己卯 ⑧	23 己酉 7	23 己卯 7	23 戊申 5	23 戊寅 ⑤	22 丁未 3	23 丁丑 2
24 乙酉 15	24 甲寅 16	24 癸未 14	24 壬子 13	24 壬午 12	24 辛亥 ⑪	24 庚辰 9	24 庚戌 8	24 庚辰 8	24 己酉 6	24 己卯 6	23 戊申 4	24 戊寅 3
25 丙戌 16	25 乙卯 17	25 甲申 15	25 癸丑 14	25 癸未 ⑬	25 壬子 12	25 辛巳 10	25 辛亥 9	25 辛巳 9	25 庚戌 ⑦	25 庚辰 7	24 己酉 5	25 己卯 4
26 丁亥 17	**26** 丙辰 18	26 乙酉 16	26 甲寅 15	26 甲申 14	26 癸丑 13	26 壬午 11	26 壬子 10	26 壬午 ⑩	26 辛亥 8	26 辛巳 8	25 庚戌 6	26 庚辰 5
27 戊子 18	27 丁巳 19	27 丙戌 17	27 乙卯 ⑯	27 乙酉 15	27 甲寅 14	27 癸未 12	27 癸丑 11	27 癸未 11	27 壬子 9	27 壬午 9	26 辛亥 7	27 辛巳 ⑥
28 己丑 19	28 戊午 20	**28** 丁亥 ⑱	28 丙辰 17	28 丙戌 16	28 乙卯 15	28 甲申 13	28 甲寅 ⑫	28 甲申 12	28 癸丑 10	28 癸未 10	27 壬子 8	28 壬午 7
29 庚寅 20	29 己未 ㉑	29 戊子 19	**29** 丁巳 18	29 丁亥 17	29 丙辰 16	29 乙酉 14	29 乙卯 13	29 乙酉 13	29 甲寅 11	29 甲申 11	28 癸丑 ⑨	29 癸未 8
			30 戊午 19			30 丙戌 ⑮	30 丙辰 14		30 乙卯 12	30 乙酉 ⑫	29 甲寅 10	30 甲申 9
立春 10日 雨水 25日	啓蟄 11日 春分 26日	清明 13日 穀雨 28日	立夏 14日 小満 29日	芒種14日	夏至 1日 小暑 16日	大暑 2日 立秋 17日	処暑 2日 白露 18日	秋分 3日 寒露 18日	霜降 4日 立冬 20日	小雪 5日 大雪 20日	冬至 5日 小寒 20日	大寒 7日 立春 22日

貞観**17**年（875－876） 乙未

1月	2月	3月	4月	5月	6月	7月	8月	9月	10月	11月	12月
1乙酉10	1乙卯12	1甲申⑩	1癸丑9	1壬午7	1壬子7	1辛巳5	1辛亥④	1庚辰3	**1**庚戌2	**1**庚辰2	**876年**
2丙戌11	2丙辰⑬	2乙酉11	2甲寅10	2癸未8	2癸丑8	2壬午6	2壬子5	2辛巳4	2辛亥3	2辛巳3	《1月》
3丁亥12	3丁巳14	3丙戌12	3乙卯11	3甲申9	3甲寅9	3癸未⑦	3癸丑6	3壬午5	3壬子4	3壬午④	1庚戌①
4戊子⑬	4戊午15	4丁亥13	4丙辰12	4乙酉10	4乙卯⑩	4甲申8	4甲寅7	4癸未6	4癸丑5	4癸未5	**2**辛亥2
5己丑14	5己未16	5戊子14	5丁巳13	5丙戌11	5丙辰11	5乙酉9	5乙卯8	5甲申7	5甲寅⑥	5甲申6	3壬子3
6庚寅15	6庚申17	6己丑15	6戊午14	6丁亥⑫	6丁巳12	6丙戌10	6丙辰9	6乙酉8	6乙卯7	6乙酉7	4癸丑4
7辛卯16	7辛酉18	7庚寅16	7己未⑮	7戊子13	7戊午13	7丁亥11	7丁巳10	7丙戌⑨	7丙辰8	7丙戌8	5甲寅5
8壬辰17	**8**壬戌19	8辛卯⑰	8庚申16	8己丑14	8己未14	8戊子12	8戊午⑪	8丁亥10	8丁巳9	8丁亥9	6乙卯6
9癸巳18	9癸亥⑳	**9**壬辰18	9辛酉17	9庚寅15	9庚申15	9己丑13	9己未12	9戊子11	9戊午10	9戊子10	7丙辰7
10甲午19	10甲子21	10癸巳19	**10**壬戌18	10辛卯16	10辛酉16	10庚寅⑭	10庚申13	10己丑12	10己未11	10己丑⑪	8丁巳⑧
11乙未⑳	11乙丑22	11甲午20	11癸亥19	11壬辰17	11壬戌⑰	11辛卯15	11辛酉14	11庚寅13	11庚申12	11庚寅12	9戊午9
12丙申21	12丙寅23	12乙未21	12甲子20	**12**癸巳18	**12**癸亥18	12壬辰16	12壬戌15	12辛卯14	12辛酉⑬	12辛卯13	10己未10
13丁酉22	13丁卯24	13丙申22	13乙丑21	13甲午⑲	13甲子19	13癸巳17	13癸亥16	13壬辰15	13壬戌14	13壬辰14	11庚申11
14戊戌23	14戊辰25	14丁酉23	14丙寅㉒	14乙未20	14乙丑20	**14**甲午18	**14**甲子17	14癸巳⑯	14癸亥15	14癸巳15	12辛酉12
15己亥24	15己巳26	15戊戌㉔	15丁卯23	15丙申21	15丙寅21	15乙未19	15乙丑⑱	15甲午17	15甲子16	15甲午16	13壬戌13
16庚子25	16庚午㉗	16己亥25	16戊辰24	16丁酉22	16丁卯22	16丙申20	16丙寅19	**16**乙未18	**16**乙丑17	**16**乙未17	14癸亥14
17辛丑26	17辛未28	17庚子26	17己巳25	17戊戌23	17戊辰23	17丁酉㉑	17丁卯20	17丙申19	17丙寅18	17丙申⑱	15甲子⑮
18壬寅㉗	18壬申29	18辛丑27	18庚午26	18己亥24	18己巳㉔	18戊戌22	18戊辰21	18丁酉20	18丁卯19	18丁酉19	16乙丑16
19癸卯28	19癸酉30	19壬寅28	19辛未27	19庚子25	19庚午25	19己亥23	19己巳22	19戊戌21	19戊辰⑳	19戊戌20	**17**丙寅17
《3月》	20甲戌31	20癸卯29	20壬申28	20辛丑㉖	20辛未26	20庚子24	20庚午23	20己亥22	20己巳21	20己亥21	18丁卯18
20甲辰1	《4月》	21甲辰30	21癸酉㉙	21壬寅27	21壬申27	21辛丑25	21辛未24	21庚子㉓	21庚午22	21庚子22	19戊辰19
21乙巳2	21乙亥1	《5月》	22甲戌30	22癸卯28	22癸酉28	22壬寅26	22壬申㉕	22辛丑24	22辛未23	22辛丑23	20己巳20
22丙午3	22丙子2	22乙巳①	23乙亥31	23甲辰29	23甲戌29	23癸卯27	23癸酉26	23壬寅25	23壬申24	23壬寅24	21庚午21
23丁未4	**23**丁丑③	23丙午2	《6月》	24乙巳30	24乙亥30	24甲辰㉘	24甲戌27	24癸卯26	24癸酉25	24癸卯㉕	22辛未㉒
24戊申5	24戊寅4	**24**丁未3	24丙子1	《7月》	25丙子㉛	25乙巳29	25乙亥28	25甲辰27	25甲戌26	25甲辰26	23壬申23
25己酉⑥	25己卯5	25戊申4	25丁丑2	25丙午1	《8月》	26丙午30	26丙子29	26乙巳28	26乙亥㉗	26乙巳27	24癸酉24
26庚戌7	26庚辰6	26己酉5	**26**戊寅3	26丁未2	26丁丑1	27丁未31	27丁丑30	27丙午29	27丙子28	27丙午28	25甲戌25
27辛亥8	27辛巳7	27庚戌6	27己卯4	**27**戊申③	27戊寅2	《9月》	《10月》	28丁未㉚	28丁丑29	28丁未29	26乙亥26
28壬子9	28壬午8	28辛亥7	28庚辰⑤	28己酉4	**28**己卯3	28戊申1	28戊寅1	29戊申31	29戊寅30	29戊申30	27丙子27
29癸丑10	29癸未9	29壬子⑧	29辛巳6	29庚戌5	29庚辰4	**29**己酉2	**29**己卯②	《11月》	《12月》	30己酉31	28丁丑28
30甲寅11				30辛亥6		30庚戌3		30己酉1	30己卯1		29戊寅㉙
雨水7日 啓蟄22日	春分8日 清明23日	穀雨9日 立夏24日	小満10日 芒種26日	夏至12日 小暑27日	大暑12日 立秋28日	処暑14日 白露29日	秋分14日 寒露29日	霜降16日	立冬1日 小雪16日	大雪1日 冬至16日	小寒2日 大寒17日

貞観**18**年（876－877） 丙申

1月	2月	3月	4月	5月	6月	7月	8月	9月	10月	11月	12月
1己卯30	1己酉29	1己卯30	1戊申28	1丁丑㉗	1丙午25	1丙子25	1乙巳23	1乙亥22	1甲辰㉑	1甲戌20	1甲辰20
2庚辰31	《3月》	2庚辰31	2己酉㉙	2戊寅28	2丁未26	2丁丑26	2丙午24	2丙子㉓	2乙巳22	2乙亥21	2乙巳21
《2月》	2庚戌1	《4月》	3庚戌30	3己卯29	3戊申27	3戊寅27	3丁未25	3丁丑24	3丙午23	3丙子22	3丙午22
3辛巳1	3辛亥2	3辛巳①	《5月》	4庚辰30	4己酉28	4己卯28	4戊申㉖	4戊寅25	4丁未24	4丁丑23	4丁未㉓
4壬午2	**4**壬子3	**4**壬午2	4辛亥1	5辛巳31	5庚戌29	5庚辰㉙	5己酉27	5己卯26	5戊申25	5戊寅24	5戊申24
5癸未3	5癸丑④	5癸未3	**5**壬子2	《6月》	6辛亥30	6辛巳30	6庚戌28	6庚辰27	6己酉26	6己卯㉕	6己酉25
6甲申4	6甲寅5	6甲申4	6癸丑3	6壬午1	《7月》	7壬午31	7辛亥29	7辛巳28	7庚戌27	7庚辰26	7庚戌26
7乙酉⑤	7乙卯6	7乙酉5	7甲寅4	**7**癸未2	7壬子①	《8月》	8壬子30	8壬午29	8辛亥㉘	8辛巳27	8辛亥27
8丙戌6	8丙辰7	8丙戌6	8乙卯5	8甲申③	**8**癸丑2	8癸未1	9癸丑31	9癸未㉚	9壬子29	9壬午28	9壬子28
9丁亥7	9丁巳8	9丁亥7	9丙辰⑥	9乙酉4	9甲寅3	**9**甲申2	《9月》	《10月》	10癸丑30	10癸未29	10癸丑29
10戊子8	10戊午9	10戊子⑧	10丁巳7	10丙戌5	10乙卯4	10乙酉3	**10**甲寅1	10甲申1	11甲寅31	11甲申30	11甲寅㉚
11己丑9	11己未10	11己丑9	11戊午8	11丁亥6	11丙辰5	11丙戌4	11乙卯②	**11**乙酉2	《11月》	《12月》	12乙卯31
12庚寅10	12庚申⑪	12庚寅10	12己未9	12戊子7	12丁巳6	12丁亥⑤	12丙辰3	12丙戌3	**12**乙卯1	**12**乙酉1	**877年**
13辛卯11	13辛酉12	13辛卯11	13庚申10	13己丑8	13戊午7	13戊子6	13丁巳4	13丁亥4	13丙辰2	13丙戌②	《1月》
14壬辰⑫	14壬戌13	14壬辰12	14辛酉11	14庚寅9	14己未⑧	14己丑7	14戊午5	14戊子5	14丁巳3	14丁亥3	**13**丙辰1
15癸巳13	15癸亥14	15癸巳13	15壬戌12	15辛卯⑩	15庚申9	15庚寅8	15己未6	15己丑6	15戊午④	15戊子4	14丁巳2
16甲午14	16甲子15	16甲午14	16癸亥⑬	16壬辰11	16辛酉10	16辛卯9	16庚申7	16庚寅⑦	16己未5	16己丑5	15戊午3
17乙未15	17乙丑16	17乙未⑮	17甲子14	17癸巳12	17壬戌11	17壬辰10	17辛酉8	17辛卯8	17庚申6	17庚寅6	16己未4
18丙申16	18丙寅17	18丙申16	18乙丑15	18甲午13	18癸亥12	18癸巳11	18壬戌⑨	18壬辰9	18辛酉7	18辛卯7	17庚申5
19丁酉17	**19**丁卯⑱	**19**丁酉17	19丙寅16	19乙未14	19甲子13	19甲午⑫	19癸亥10	19癸巳10	19壬戌8	19壬辰8	18辛酉⑥
20戊戌18	20戊辰19	20戊戌18	20丁卯17	20丙申15	20乙丑14	20乙未13	20甲子11	20甲午11	20癸亥9	20癸巳⑨	19壬戌7
21己亥⑲	21己巳20	21己亥19	**21**戊辰18	21丁酉16	21丙寅⑮	21丙申14	21乙丑12	21乙未12	21甲子10	21甲午10	20癸亥8
22庚子20	22庚午21	22庚子20	22己巳19	**22**戊戌⑰	22丁卯16	22丁酉15	22丙寅13	22丙申13	22乙丑⑪	22乙未11	21甲子9
23辛丑21	23辛未22	23辛丑21	23庚午⑳	23己亥18	23戊辰17	23戊戌16	23丁卯14	23丁酉⑭	23丙寅12	23丙申12	22乙丑10
24壬寅22	24壬申23	24壬寅㉒	24辛未21	24庚子19	**24**己巳18	**24**己亥17	24戊辰15	24戊戌15	24丁卯13	24丁酉13	23丙寅11
25癸卯23	25癸酉24	25癸卯23	25壬申22	25辛丑20	25庚午19	25庚子18	**25**己巳⑯	25己亥16	25戊辰14	25戊戌14	24丁卯12
26甲辰24	26甲戌㉕	26甲辰24	26癸酉23	26壬寅21	26辛未20	26辛丑⑲	26庚午17	**26**庚子17	26己巳15	26己亥15	25戊辰⑬
27乙巳25	27乙亥26	27乙巳25	27甲戌24	27癸卯22	27壬申21	27壬寅20	27辛未18	27辛丑18	**27**庚午16	27庚子⑯	26己巳14
28丙午㉖	28丙子27	28丙午26	28乙亥25	28甲辰23	28癸酉㉒	28癸卯21	28壬申19	28壬寅19	28辛未17	**28**辛丑17	27庚午15
29丁未27	29丁丑28	29丁未27	29丙子26	29乙巳㉔	29甲戌23	29甲辰22	29癸酉20	29癸卯20	29壬申⑱	29壬寅18	**28**辛未16
30戊申28	30戊寅29				30乙亥24		30甲戌21		30癸酉19	30癸卯19	29壬申17
立春3日 雨水18日	啓蟄4日 春分19日	清明4日 穀雨19日	立夏5日 小満21日	芒種7日 夏至22日	小暑8日 大暑24日	立秋9日 処暑24日	白露10日 秋分25日	寒露11日 霜降26日	立冬12日 小雪27日	大雪12日 冬至28日	小寒13日 大寒28日

元慶元年〔貞観19年〕（877−878） 丁酉

改元 4/16（貞観→元慶）

1月	2月	閏2月	3月	4月	5月	6月	7月	8月	9月	10月	11月	12月
1 癸酉 18	1 癸卯 ⑰	1 癸酉 19	**1** 壬寅 17	1 壬申 17	1 辛丑 15	1 庚午 ⑭	1 庚子 13	1 己巳 11	1 己亥 11	1 戊辰 9	1 戊戌 9	1 丁卯 7
2 甲戌 19	2 甲辰 18	2 甲戌 20	2 癸卯 18	**2** 癸酉 18	2 壬寅 ⑯	2 辛未 15	2 辛丑 14	2 庚午 12	2 庚子 12	2 己巳 ⑩	2 己亥 10	2 戊辰 8
3 乙亥 ⑳	3 乙巳 19	3 乙亥 21	3 甲辰 19	3 甲戌 ⑲	**3** 癸卯 17	3 壬申 16	3 壬寅 15	3 辛未 13	3 辛丑 ⑬	3 庚午 11	3 庚子 11	3 己巳 9
4 丙子 21	4 丙午 20	4 丙子 22	4 乙巳 20	4 乙亥 20	4 甲辰 18	4 癸酉 17	4 癸卯 16	4 壬申 14	4 壬寅 14	4 辛未 12	4 辛丑 12	4 庚午 10
5 丁丑 22	5 丁未 21	5 丁丑 23	5 丙午 ㉑	5 丙子 21	5 乙巳 19	**5** 甲戌 18	**5** 甲辰 17	5 癸酉 ⑮	5 癸卯 15	5 壬申 13	5 壬寅 13	5 辛未 11
6 戊寅 23	6 戊申 22	6 戊寅 ㉔	6 丁未 22	6 丁丑 22	6 丙午 20	6 乙亥 19	6 乙巳 ⑱	6 甲戌 16	6 甲辰 16	6 癸酉 14	6 癸卯 14	6 壬申 ⑫
7 己卯 24	7 己酉 23	7 己卯 25	7 戊申 23	7 戊寅 23	7 丁未 21	7 丙子 20	7 丙午 19	**7** 乙亥 17	**7** 乙巳 17	7 甲戌 15	7 甲辰 ⑮	7 癸酉 13
8 庚辰 25	8 庚戌 ㉔	8 庚辰 26	8 己酉 24	8 己卯 24	8 戊申 22	8 丁丑 ㉑	8 丁未 20	8 丙子 18	8 丙午 18	8 乙亥 16	8 乙巳 16	8 甲戌 14
9 辛巳 26	9 辛亥 25	9 辛巳 27	9 庚戌 25	9 庚辰 25	9 己酉 ㉓	9 戊寅 22	9 戊申 21	9 丁丑 19	9 丁未 19	**9** 丙子 ⑰	**9** 丙午 17	9 乙亥 15
10 壬午 ㉗	10 壬子 26	10 壬午 28	10 辛亥 26	10 辛巳 ㉖	10 庚戌 24	10 己卯 23	10 己酉 22	10 戊寅 20	10 戊申 ⑳	10 丁丑 18	10 丁未 18	**10** 丙子 16
11 癸未 28	11 癸丑 27	11 癸未 29	11 壬子 27	11 壬午 27	11 辛亥 25	11 庚辰 24	11 庚戌 23	11 己卯 21	11 己酉 21	11 戊寅 19	11 戊申 19	11 丁丑 17
12 甲申 29	12 甲寅 28	12 甲申 30	12 癸丑 ㉘	12 癸未 28	12 壬子 26	12 辛巳 25	12 辛亥 24	12 庚辰 ㉒	12 庚戌 22	12 己卯 20	12 己酉 20	12 戊寅 18
13 乙酉 30	《3月》	13 乙酉 ㉛	13 甲寅 29	13 甲申 29	13 癸丑 27	13 壬午 26	13 壬子 ㉕	13 辛巳 23	13 辛亥 23	13 庚辰 21	13 庚戌 21	13 己卯 ⑲
14 丙戌 31	13 乙卯 1	《4月》	14 乙卯 30	14 乙酉 30	14 甲寅 28	14 癸未 27	14 癸丑 26	14 壬午 24	14 壬子 24	14 辛巳 22	14 辛亥 ㉒	14 庚辰 20
《2月》	14 丙辰 2	14 丙戌 1	《5月》	15 丙戌 31	15 乙卯 29	15 甲申 ㉘	15 甲寅 27	15 癸未 25	15 癸丑 25	15 壬午 23	15 壬子 23	15 辛巳 21
15 丁亥 1	**15** 丁巳 ③	**15** 丁亥 2	15 丙辰 1	《6月》	16 丙辰 ㉚	16 乙酉 29	16 乙卯 28	16 甲申 26	16 甲寅 26	16 癸未 ㉔	16 癸丑 24	16 壬午 22
16 戊子 2	16 戊午 4	16 戊子 3	16 丁巳 2	*16* 丁亥 1	《7月》	17 丙戌 30	17 丙辰 29	17 乙酉 27	17 乙卯 ㉗	17 甲申 25	17 甲寅 25	17 癸未 23
17 己丑 ③	17 己未 5	17 己丑 4	**17** 戊午 3	**17** 戊子 ②	17 丁巳 1	18 丁亥 31	18 丁巳 30	18 丙戌 28	18 丙辰 28	18 乙酉 26	18 乙卯 26	18 甲申 24
18 庚寅 4	18 庚申 6	18 庚寅 5	18 己未 4	18 己丑 3	18 戊午 2	《8月》	19 戊午 31	19 丁亥 ㉙	19 丁巳 29	19 丙戌 27	19 丙辰 27	19 乙酉 25
19 辛卯 5	19 辛酉 7	19 辛卯 6	19 庚申 ⑤	19 庚寅 4	**19** 己未 3	19 戊子 1	《9月》	20 戊子 30	20 戊午 30	20 丁亥 28	20 丁巳 28	20 丙戌 ㉖
20 壬辰 6	20 壬戌 8	20 壬辰 ⑦	20 辛酉 6	20 辛卯 5	20 庚申 4	**20** 己丑 2	**20** 己未 ①	《10月》	21 己未 31	21 戊子 29	21 戊午 ㉙	21 丁亥 27
21 癸巳 7	21 癸亥 9	21 癸巳 8	21 壬戌 7	21 壬辰 6	21 辛酉 5	21 庚寅 3	21 庚申 2	21 己丑 1	《11月》	22 己丑 30	22 己未 30	22 戊子 28
22 甲午 8	22 甲子 ⑩	22 甲午 9	22 癸亥 8	22 癸巳 7	22 壬戌 6	22 辛卯 ④	22 辛酉 3	**22** 庚寅 2	**22** 庚申 1	《12月》	23 庚申 31	23 己丑 29
23 乙未 9	23 乙丑 11	23 乙未 10	23 甲子 9	23 甲午 8	23 癸亥 ⑦	23 壬辰 5	23 壬戌 4	23 辛卯 3	23 辛酉 2	23 庚寅 ①	**878年**	24 庚寅 30
24 丙申 ⑩	24 丙寅 12	24 丙申 11	24 乙丑 10	24 乙未 ⑨	24 甲子 8	24 癸巳 6	24 癸亥 5	24 壬辰 4	24 壬戌 ③	**24** 辛卯 2	《1月》	25 辛卯 31
25 丁酉 11	25 丁卯 13	25 丁酉 12	25 丙寅 11	25 丙申 10	25 乙丑 9	25 甲午 7	25 甲子 6	25 癸巳 5	25 癸亥 4	25 壬辰 3	**24** 辛酉 1	《2月》
26 戊戌 12	26 戊辰 14	26 戊戌 13	26 丁卯 ⑫	26 丁酉 11	26 丙寅 10	26 乙未 8	26 乙丑 7	26 甲午 ⑥	26 甲子 5	26 癸巳 4	25 壬戌 2	**26** 壬辰 1
27 己亥 13	27 己巳 15	27 己亥 ⑭	27 戊辰 13	27 戊戌 12	27 丁卯 11	27 丙申 9	27 丙寅 ⑧	27 乙未 7	27 乙丑 6	27 甲午 5	26 癸亥 3	27 癸巳 ②
28 庚子 14	28 庚午 16	28 庚子 15	28 己巳 14	28 己亥 13	28 戊辰 12	28 丁酉 10	28 丁卯 9	28 丙申 8	28 丙寅 7	28 乙未 6	27 甲子 4	28 甲午 3
29 辛丑 15	29 辛未 ⑰	29 辛丑 16	29 庚午 15	29 庚子 14	29 己巳 13	29 戊戌 ⑪	29 戊辰 10	29 丁酉 9	29 丁卯 8	29 丙申 7	28 乙丑 ⑤	29 乙未 4
30 壬寅 16	**30** 壬申 18		30 辛未 16			30 己亥 12		30 戊戌 10		30 丁酉 ⑧	29 丙寅 6	30 丙申 5

立春 14日	啓蟄 15日	清明15日	穀雨 1日	小満 2日	夏至 3日	大暑 5日	処暑 5日	秋分 7日	霜降 7日	小雪 9日	冬至 9日	大寒 10日
雨水 30日	春分 30日		立夏 17日	芒種 17日	小暑 19日	立秋 20日	白露 20日	寒露 22日	立冬 22日	大雪 24日	小寒 24日	立春 26日

元慶2年（878−879） 戊戌

1月	2月	3月	4月	5月	6月	7月	8月	9月	10月	11月	12月
1 丁酉 6	1 丁卯 8	1 丁酉 7	1 丙寅 6	1 丙申 5	1 乙丑 4	**1** 甲午 2	《9月》	1 癸巳 30	1 癸亥 30	1 壬辰 28	1 壬戌 ㉘
2 戊戌 7	2 戊辰 ⑨	2 戊戌 8	2 丁卯 7	2 丁酉 6	2 丙寅 5	2 乙未 ③	1 甲子 1	《10月》	2 甲子 31	2 癸巳 29	2 癸亥 29
3 己亥 8	3 己巳 10	3 己亥 9	3 戊辰 8	3 戊戌 7	3 丁卯 ⑥	3 丙申 4	**2** 乙丑 2	2 甲午 1	《11月》	3 甲午 ㉚	3 甲子 30
4 庚子 ⑨	4 庚午 11	4 庚子 10	4 己巳 9	4 己亥 ⑧	4 戊辰 7	4 丁酉 5	3 丙寅 3	**3** 乙未 2	3 乙丑 1	《12月》	4 乙丑 31
5 辛丑 10	5 辛未 12	5 辛丑 11	5 庚午 10	5 庚子 9	5 己巳 8	5 戊戌 6	4 丁卯 4	4 丙申 3	**4** 丙寅 ②	4 乙未 1	**879年**
6 壬寅 11	6 壬申 13	6 壬寅 12	6 辛未 ⑪	6 辛丑 10	6 庚午 9	6 己亥 7	5 戊辰 5	5 丁酉 4	5 丁卯 3	**5** 丙申 2	《1月》
7 癸卯 12	7 癸酉 14	7 癸卯 ⑬	7 壬申 12	7 壬寅 11	7 辛未 10	7 庚子 8	6 己巳 6	6 戊戌 ⑤	6 戊辰 4	6 丁酉 3	**5** 丙寅 1
8 甲辰 13	8 甲戌 15	8 甲辰 14	8 癸酉 13	8 癸卯 12	8 壬申 11	8 辛丑 9	7 庚午 ⑦	7 己亥 6	7 己巳 5	7 戊戌 4	6 丁卯 2
9 乙巳 14	9 乙亥 ⑯	9 乙巳 15	9 甲戌 14	9 甲辰 13	9 癸酉 12	9 壬寅 ⑩	8 辛未 8	8 庚子 7	8 庚午 6	8 己亥 5	7 戊辰 3
10 丙午 15	10 丙子 17	10 丙午 16	10 乙亥 15	10 乙巳 14	10 甲戌 ⑬	10 癸卯 11	9 壬申 9	9 辛丑 8	9 辛未 7	9 庚子 6	8 己巳 ④
11 丁未 ⑯	**11** 丁丑 18	11 丁未 17	11 丙子 16	11 丙午 ⑮	11 乙亥 14	11 甲辰 12	10 癸酉 10	10 壬寅 9	10 壬申 8	10 辛丑 ⑦	9 庚午 5
12 戊申 17	12 戊寅 19	**12** 戊申 18	12 丁丑 17	12 丁未 16	12 丙子 15	12 乙巳 13	11 甲戌 11	11 癸卯 10	11 癸酉 ⑨	11 壬寅 8	10 辛未 6
13 己酉 18	13 己卯 20	13 己酉 19	**13** 戊寅 ⑱	13 戊申 17	13 丁丑 16	13 丙午 14	12 乙亥 12	12 甲辰 11	12 甲戌 10	12 癸卯 9	11 壬申 7
14 庚戌 19	14 庚辰 21	14 庚戌 ⑳	14 己卯 19	**14** 己酉 18	14 戊寅 17	14 丁未 15	13 丙子 13	13 乙巳 ⑫	13 乙亥 11	13 甲辰 10	12 癸酉 8
15 辛亥 20	15 辛巳 22	15 辛亥 21	15 庚辰 20	15 庚戌 19	**15** 己卯 18	15 戊申 16	14 丁丑 ⑭	14 丙午 13	14 丙子 12	14 乙巳 11	13 甲戌 9
16 壬子 21	16 壬午 ㉓	16 壬子 22	16 辛巳 21	16 辛亥 20	16 庚辰 19	**16** 己酉 ⑰	15 戊寅 15	15 丁未 14	15 丁丑 13	15 丙午 12	14 乙亥 10
17 癸丑 22	17 癸未 24	17 癸丑 23	17 壬午 22	17 壬子 21	17 辛巳 ⑳	17 庚戌 18	16 己卯 16	16 戊申 15	16 戊寅 14	16 丁未 13	15 丙子 ⑪
18 甲寅 ㉓	18 甲申 25	18 甲寅 24	18 癸未 23	18 癸丑 ㉒	18 壬午 21	18 辛亥 19	**17** 庚辰 17	17 己酉 16	17 己卯 15	17 戊申 ⑭	16 丁丑 12
19 乙卯 24	19 乙酉 26	19 乙卯 25	19 甲申 24	19 甲寅 23	19 癸未 22	19 壬子 20	18 辛巳 18	**18** 庚戌 17	18 庚辰 ⑯	18 己酉 15	17 戊寅 13
20 丙辰 25	20 丙戌 27	20 丙辰 26	20 乙酉 ㉕	20 乙卯 24	20 甲申 23	20 癸丑 21	19 壬午 19	19 辛亥 18	**19** 辛巳 17	19 庚戌 16	18 己卯 14
21 丁巳 26	21 丁亥 28	21 丁巳 ㉗	21 丙戌 26	21 丙辰 25	21 乙酉 24	21 甲寅 22	20 癸未 20	20 壬子 ⑲	20 壬午 18	**20** 辛亥 17	19 庚辰 15
22 戊午 27	22 戊子 29	22 戊午 28	22 丁亥 27	22 丁巳 26	22 丙戌 25	22 乙卯 23	21 甲申 ㉑	21 癸丑 20	21 癸未 19	21 壬子 18	20 辛巳 16
23 己未 28	23 己丑 ㉚	23 己未 29	23 戊子 28	23 戊午 27	23 丁亥 26	23 丙辰 ㉔	22 乙酉 22	22 甲寅 21	22 甲申 20	22 癸丑 19	**21** 壬午 17
《3月》	24 庚寅 31	24 庚申 30	24 己丑 29	24 己未 28	24 戊子 ㉗	24 丁巳 25	23 丙戌 23	23 乙卯 22	23 乙酉 21	23 甲寅 20	22 癸未 ⑱
24 庚申 1	《4月》	《5月》	25 庚寅 30	25 庚申 ㉙	25 己丑 28	25 戊午 26	24 丁亥 24	24 丙辰 23	24 丙戌 22	24 乙卯 ㉑	23 甲申 19
25 辛酉 ②	25 辛卯 1	25 辛酉 1	26 辛卯 31	26 辛酉 30	26 庚寅 29	26 己未 27	25 戊子 25	25 丁巳 24	25 丁亥 ㉓	25 丙辰 22	24 乙酉 20
26 壬戌 3	**26** 壬辰 2	26 壬戌 2	《6月》	《7月》	27 辛卯 30	27 庚申 28	26 己丑 26	26 戊午 25	26 戊子 24	26 丁巳 23	25 丙戌 21
27 癸亥 4	27 癸巳 3	**27** 癸亥 3	27 壬辰 ①	27 壬戌 1	28 壬辰 31	28 辛酉 29	27 庚寅 27	27 己未 ㉖	27 己丑 25	27 戊午 24	26 丁亥 22
28 甲子 5	28 甲午 4	28 甲子 ④	**28** 癸巳 2	28 癸亥 2	《8月》	29 壬戌 30	28 辛卯 ㉘	28 庚申 27	28 庚寅 26	28 己未 25	27 戊子 23
29 乙丑 6	29 乙未 5	29 乙丑 5	29 甲午 3	**29** 甲子 3	29 癸巳 1	30 癸亥 ㉛	29 壬辰 29	29 辛酉 28	29 辛卯 27	29 庚申 26	28 己丑 24
30 丙寅 7	30 丙申 ⑥		30 乙未 4					30 壬戌 29		30 辛酉 27	29 庚寅 ㉕

雨水 11日	春分 11日	穀雨 12日	小満 13日	夏至 14日	大暑 15日	立秋 1日	白露 2日	寒露 3日	立冬 4日	大雪 5日	小寒 5日
啓蟄 26日	清明 26日	立夏 27日	芒種 28日	小暑 29日		処暑 16日	秋分 17日	霜降 18日	小雪 19日	冬至 20日	大寒 21日

元慶**3**年（879－880） 己亥

1月	2月	3月	4月	5月	6月	7月	8月	9月	10月	閏10月	11月	12月
1 辛卯26	1 辛酉25	1 辛卯27	1 庚申25	1 庚寅25	1 庚申24	1 己丑23	1 戊午21	1 戊子⑳	1 丁巳19	1 丁亥18	**1** 丙辰17	1 丙戌16
2 壬辰27	2 壬戌26	2 壬辰28	2 辛酉㉖	2 辛卯26	2 辛酉25	2 庚寅24	2 己未22	2 己丑21	2 戊午20	2 戊子19	2 丁巳18	**2** 丁亥⑰
3 癸巳28	3 癸亥27	3 癸巳㉙	3 壬戌27	3 壬辰27	3 壬戌26	3 辛卯25	3 庚申㉓	3 庚寅22	3 己未21	3 己丑20	3 戊午19	3 戊子18
4 甲午29	4 甲子28	4 甲午30	4 癸亥28	4 癸巳28	4 癸亥27	4 壬辰㉖	4 辛酉24	4 辛卯23	4 庚申22	4 庚寅21	4 己未⑳	4 己丑19
5 乙未30	《3月》	5 乙未31	5 甲子29	5 甲午29	5 甲子㉘	5 癸巳27	5 壬戌25	5 壬辰24	5 辛酉23	5 辛卯㉒	5 庚申21	5 庚寅20
6 丙申31	5 乙丑①	《4月》	6 乙丑30	6 乙未30	6 乙丑29	6 甲午28	6 癸亥26	6 癸巳25	6 壬戌24	6 壬辰23	6 辛酉22	6 辛卯21
《2月》	6 丙寅 2	6 丙申 1	《5月》	7 丙申㉛	7 丙寅30	7 乙未29	7 甲子27	7 甲午26	7 癸亥㉕	7 癸巳24	7 壬戌23	7 壬辰22
7 丁酉①	**7** 丁卯 3	7 丁酉 2	7 丙寅 1	《6月》	《7月》	8 丙申30	8 乙丑28	8 乙未㉗	8 甲子26	8 甲午25	8 癸亥24	8 癸巳23
8 戊戌 2	8 戊辰 4	**8** 戊戌 3	8 丁卯 2	8 丁酉 1	8 丁卯 1	9 丁酉31	9 丙寅29	9 丙申28	9 乙丑27	9 乙未26	9 甲子25	9 甲午㉔
9 己亥 3	9 己巳 5	9 己亥 4	**9** 戊辰③	9 戊戌 2	9 戊辰 2	《8月》	10丁卯㉚	10丁酉29	10丙寅28	10丙申27	10乙丑26	10乙未25
10庚子 4	10庚午 6	10庚子⑤	10己巳 4	**10**己亥 3	**10**己巳 3	10戊戌 1	11戊辰31	11戊戌30	11丁卯29	11丁酉28	11丙寅㉗	11丙申26
11辛丑 5	11辛未 7	11辛丑 6	11庚午 5	11庚子 4	11庚午 4	**11**己亥②	《9月》	《10月》	12戊辰30	12戊戌㉙	12丁卯28	12丁酉27
12壬寅 6	12壬申⑧	12壬寅 7	12辛未 6	12辛丑 5	12辛未⑤	12庚子 3	12己巳 1	12己亥 1	13己巳31	13己亥30	13戊辰29	13戊戌28
13癸卯 7	13癸酉 9	13癸卯 8	13壬申 7	13壬寅 6	13壬申 6	13辛丑 4	**13**庚午 2	**13**庚子 2	《11月》	《12月》	14己巳30	14己亥29
14甲辰⑧	14甲戌10	14甲辰 9	14癸酉 8	14癸卯⑦	14癸酉 7	14壬寅 5	14辛未 3	14辛丑 3	14庚午①	14庚子 1	15庚午31	15庚子30
15乙巳 9	15乙亥11	15乙巳10	15甲戌 9	15甲辰 8	15甲戌 8	15癸卯 6	15壬申 4	15壬寅④	**15**辛未 2	**15**辛丑 2	**880** 年	16辛丑㉛
16丙午10	16丙子12	16丙午11	16乙亥⑩	16乙巳 9	16乙亥 9	16甲辰 7	16癸酉 5	16癸卯 5	16壬申 3	16壬寅 3	《1月》	《2月》
17丁未11	17丁丑13	17丁未⑫	17丙子11	17丙午10	17丙子10	17乙巳 8	17甲戌⑥	17甲辰 6	17癸酉 4	17癸卯 4	16辛未 1	**17**壬寅 1
18戊申12	18戊寅14	18戊申13	18丁丑12	18丁未11	18丁丑11	18丙午⑨	18乙亥 7	18乙巳 7	18甲戌 5	18甲辰 5	**17**壬申 2	18癸卯 2
19己酉13	19己卯⑮	19己酉14	19戊寅13	19戊申12	19戊寅⑫	19丁未10	19丙子 8	19丙午 8	19乙亥 6	19乙巳⑥	18癸酉③	19甲辰 3
20庚戌14	20庚辰16	20庚戌15	20己卯14	20己酉13	20己卯13	20戊申11	20丁丑 9	20丁未 9	20丙子 7	20丙午 7	19甲戌 4	20乙巳 4
21辛亥⑮	21辛巳17	21辛亥16	21庚辰15	21庚戌⑭	21庚辰14	21己酉12	21戊寅10	21戊申10	21丁丑⑧	21丁未 8	20乙亥 5	21丙午 5
22壬子16	22壬午18	22壬子17	22辛巳16	22辛亥15	22辛巳15	22庚戌13	22己卯11	22己酉⑪	22戊寅 9	22戊申 9	21丙子 6	22丁未 6
23癸丑17	**23**癸未19	**23**癸丑18	23壬午⑰	23壬子16	23壬午16	23辛亥14	23庚辰12	23庚戌12	23己卯10	23己酉10	22丁丑 7	23戊申⑦
24甲寅18	24甲申20	24甲寅⑲	**24**癸未18	24癸丑17	24癸未17	24壬子15	24辛巳⑬	24辛亥13	24庚辰11	24庚戌11	23戊寅 8	24己酉 8
25乙卯19	25乙酉21	25乙卯20	25甲申19	**25**甲寅18	**25**甲申18	25癸丑⑯	25壬午14	25壬子14	25辛巳12	25辛亥12	24己卯 9	25庚戌 9
26丙辰20	26丙戌㉒	26丙辰21	26乙酉20	26乙卯19	26乙酉⑲	26甲寅17	26癸未15	26癸丑15	26壬午13	26壬子⑬	25庚辰⑩	26辛亥10
27丁巳21	27丁亥23	27丁巳22	27丙戌21	27丙辰20	27丙戌20	**27**乙卯18	27甲申16	27甲寅16	27癸未14	27癸丑14	26辛巳11	27壬子11
28戊午㉒	28戊子24	28戊午23	28丁亥22	28丁巳㉑	28丁亥21	28丙辰19	**28**乙酉17	28乙卯17	28甲申⑮	28甲寅15	27壬午12	28癸丑12
29己未23	29己丑25	29己未24	29戊子23	29戊午22	29戊子22	29丁巳20	29丙戌18	**29**丙辰⑱	29乙酉16	29乙卯16	28癸未13	29甲寅13
30庚申24	30庚寅26		30己丑㉔	30己未23			30丁亥19		**30**丙戌17		29甲申14	
											30乙酉15	
立春 7日 雨水 22日	啓蟄 7日 春分 23日	清明 8日 穀雨 23日	立夏 9日 小満 24日	芒種 10日 夏至 25日	小暑 10日 大暑 25日	立秋 11日 処暑 27日	白露 13日 秋分 28日	寒露 13日 霜降 29日	立冬 15日 小雪 30日	大雪15日	冬至 1日 小寒 17日	大寒 2日 立春 17日

元慶**4**年（880－881） 庚子

1月	2月	3月	4月	5月	6月	7月	8月	9月	10月	11月	12月
1 乙卯⑭	1 乙酉15	1 甲寅13	1 甲申13	1 甲寅⑫	1 癸未11	1 癸丑10	1 壬午 8	1 壬子 8	1 辛巳⑥	1 辛亥 6	1 庚辰 4
2 丙辰15	2 丙戌16	2 乙卯14	2 乙酉14	2 乙卯13	2 甲申12	2 甲寅11	2 癸未 9	2 癸丑⑨	2 壬午 7	2 壬子 7	2 辛巳 5
3 丁巳16	3 丁亥17	3 丙辰15	3 丙戌⑮	3 丙辰14	3 乙酉13	3 乙卯12	3 甲申10	3 甲寅10	3 癸未 8	3 癸丑 8	3 壬午 6
4 戊午17	**4** 戊子18	4 丁巳16	4 丁亥16	4 丁巳15	4 丙戌14	4 丙辰13	4 乙酉⑪	4 乙卯11	4 甲申 9	4 甲寅 9	4 癸未 7
5 己未18	5 己丑19	**5** 戊午⑰	5 戊子17	5 戊午16	5 丁亥15	5 丁巳⑭	5 丙戌12	5 丙辰12	5 乙酉10	5 乙卯10	5 甲申⑧
6 庚申19	6 庚寅⑳	6 己未18	**6** 己丑18	**6** 己未17	6 戊子16	6 戊午15	6 丁亥13	6 丁巳13	6 丙戌11	6 丙辰⑪	6 乙酉 9
7 辛酉20	7 辛卯21	7 庚申19	7 庚寅19	7 庚申18	7 己丑⑰	7 己未16	7 戊子14	7 戊午14	7 丁亥12	7 丁巳12	7 丙戌10
8 壬戌㉑	8 壬辰22	8 辛酉20	8 辛卯20	8 辛酉⑲	**8** 庚寅18	**8** 庚申17	8 己丑15	8 己未15	8 戊子⑬	8 戊午13	8 丁亥11
9 癸亥22	9 癸巳23	9 壬戌21	9 壬辰21	9 壬戌20	9 辛卯19	9 辛酉18	**9** 庚寅16	9 庚申⑯	9 己丑14	9 己未14	9 戊子12
10甲子23	10甲午24	10癸亥22	10癸巳㉒	10癸亥21	10壬辰20	10壬戌19	10辛卯17	**10**辛酉17	10庚寅15	10庚申15	10己丑13
11乙丑24	11乙未25	11甲子23	11甲午23	11甲子22	11癸巳21	11癸亥20	11壬辰⑱	11壬戌18	**11**辛卯16	11辛酉16	11庚寅14
12丙寅25	12丙申26	12乙丑㉔	12乙未24	12乙丑23	12甲午22	12甲子㉑	12癸巳19	12癸亥19	12壬辰17	**12**壬戌17	12辛卯⑮
13丁卯26	13丁酉㉗	13丙寅25	13丙申25	13丙寅24	13乙未23	13乙丑22	13甲午20	13甲子20	13癸巳18	13癸亥⑱	**13**壬辰16
14戊辰27	14戊戌28	14丁卯26	14丁酉26	14丁卯25	14丙申㉔	14丙寅23	14乙未21	14乙丑21	14甲午19	14甲子19	14癸巳17
15己巳㉘	15己亥29	15戊辰27	15戊戌27	15戊辰㉖	15丁酉25	15丁卯24	15丙申22	15丙寅22	15乙未⑳	15乙丑20	15甲午18
16庚午29	16庚子30	16己巳28	16己亥28	16己巳27	16戊戌26	16戊辰25	16丁酉23	16丁卯㉓	16丙申21	16丙寅21	16乙未19
《3月》	17辛丑31	17庚午29	17庚子㉙	17庚午28	17己亥27	17己巳26	17戊戌24	17戊辰24	17丁酉22	17丁卯22	17丙申20
17辛未 1	《4月》	18辛未30	18辛丑30	18辛未29	18庚子28	18庚午27	18己亥㉕	18己巳25	18戊戌23	18戊辰23	18丁酉21
18壬申 2	18壬寅 1	《5月》	19壬寅31	19壬申30	19辛丑29	19辛未㉘	19庚子26	19庚午26	19己亥24	19己巳24	19戊戌㉒
19癸酉 3	**19**癸卯 2	19壬申①	《6月》	《7月》	20壬寅30	20壬申29	20辛丑27	20辛未27	20庚子25	20庚午㉕	20己亥23
20甲戌 4	20甲辰③	**20**癸酉 2	20癸卯 1	20癸酉 1	21癸卯㉛	21癸酉30	21壬寅28	21壬申28	21辛丑26	21辛未26	21庚子24
21乙亥 5	21乙巳 4	21甲戌 3	**21**甲辰 2	**21**甲戌 2	《8月》	22甲戌31	22癸卯29	22癸酉29	22壬寅㉗	22壬申27	22辛丑25
22丙子⑥	22丙午 5	22乙亥 4	22乙巳 3	22乙亥③	22甲辰 1	《9月》	23甲辰30	23甲戌㉚	23癸卯28	23癸酉28	23壬寅26
23丁丑 7	23丁未 6	23丙子 5	23丙午 4	23丙子 4	**23**乙巳 2	**23**乙亥 1	《10月》	24乙亥31	24甲辰29	24甲戌29	24癸卯27
24戊寅 8	24戊申 7	24丁丑 6	24丁未⑤	24丁丑 5	24丙午 3	24丙子 2	24乙巳 1	《11月》	25乙巳30	25乙亥30	25甲辰28
25己卯 9	25己酉 8	25戊寅 7	25戊申 6	25戊寅 6	25丁未 4	25丁丑 3	**25**丙午②	**25**丙子 1	《12月》	26丙子31	26乙巳㉙
26庚辰10	26庚戌 9	26己卯⑧	26己酉 7	26己卯 7	26戊申 5	26戊寅④	26丁未 3	26丁丑 2	**26**丙午 1	**881** 年	27丙午30
27辛巳11	27辛亥⑩	27庚辰 9	27庚戌 8	27庚辰 8	27己酉 6	27己卯 5	27戊申 4	27戊寅 3	27丁未 2	《1月》	**28**丁未31
28壬午12	28壬子11	28辛巳10	28辛亥 9	28辛巳 9	28庚戌⑦	28庚辰 6	28己酉 5	28己卯 4	28戊申 3	**27**丁丑①	《2月》
29癸未⑬	29癸丑12	29壬午11	29壬子10	29壬午⑩	29辛亥 8	29辛巳 7	29庚戌 6	29庚辰 5	29己酉④	28戊寅 2	29戊申 1
30甲申14		30癸未12	30癸丑11		30壬子 9		30辛亥 7		30庚戌 5	29己卯 3	30己酉 2
雨水 3日 啓蟄 19日	春分 4日 清明 19日	穀雨 5日 立夏 20日	小満 6日 芒種 21日	夏至 6日 小暑 21日	大暑 8日 立秋 23日	処暑 8日 白露 23日	秋分 9日 寒露 25日	霜降 10日 立冬 25日	小雪 11日 大雪 26日	冬至 12日 小寒 27日	大寒 13日 立春 28日

元慶 5 年（881－882） 辛丑

1月	2月	3月	4月	5月	6月	7月	8月	9月	10月	11月	12月
1 庚戌 3	1 己卯 4	1 己酉 3	1 戊寅 2	《6月》	1 丁丑 30	1 丁未 ㉚	1 丁丑 29	1 丙午 27	1 丙子 27	1 乙巳 25	1 乙亥 25
2 辛亥 4	2 庚辰 ⑤	2 庚戌 4	**2** 己卯 3	1 戊申 1	《7月》	2 戊申 31	2 戊寅 30	2 丁未 28	2 丁丑 28	2 丙午 ㉖	2 丙子 26
3 壬子 ⑤	3 辛巳 6	3 辛亥 5	3 庚辰 4	**2** 己酉 2	2 戊寅 1	《8月》	3 己卯 31	3 戊申 29	3 戊寅 ㉙	3 丁未 27	3 丁丑 27
4 癸丑 6	4 壬午 7	4 壬子 6	4 辛巳 5	3 庚戌 3	3 己卯 ②	3 己酉 1	《9月》	4 己酉 30	4 己卯 30	4 戊申 28	4 戊寅 28
5 甲寅 7	5 癸未 8	5 癸丑 7	5 壬午 6	4 辛亥 ④	**4** 庚辰 3	**4** 庚戌 2	**4** 庚辰 1	《10月》	5 庚辰 31	5 己酉 29	5 己卯 29
6 乙卯 8	6 甲申 9	6 甲寅 8	6 癸未 ⑦	5 壬子 5	5 辛巳 4	5 辛亥 3	5 辛巳 2	5 庚戌 ①	《11月》	6 庚戌 30	6 庚辰 30
7 丙辰 9	7 乙酉 10	7 乙卯 ⑨	7 甲申 8	6 癸丑 6	6 壬午 5	6 壬子 4	6 壬午 ③	**6** 辛亥 2	**6** 辛巳 1	《12月》	7 辛巳 ㉛
8 丁巳 10	8 丙戌 11	8 丙辰 10	8 乙酉 9	7 甲寅 7	7 癸未 6	7 癸丑 5	7 癸未 4	7 壬子 3	7 壬午 2	7 辛亥 1	**882** 年
9 戊午 11	9 丁亥 ⑫	9 丁巳 11	9 丙戌 10	8 乙卯 8	8 甲申 7	8 甲寅 ⑥	8 甲申 5	8 癸丑 4	8 癸未 3	**8** 壬子 2	《1月》
10 己未 ⑫	10 戊子 13	10 戊午 12	10 丁亥 11	9 丙辰 9	9 乙酉 8	9 乙卯 7	9 乙酉 6	9 甲寅 5	9 甲申 4	9 癸丑 ③	**8** 壬午 1
11 庚申 13	11 己丑 14	11 己未 13	11 戊子 12	10 丁巳 10	10 丙戌 ⑨	10 丙辰 8	10 丙戌 7	10 乙卯 6	10 乙酉 ⑤	10 甲寅 4	9 癸未 2
12 辛酉 14	12 庚寅 15	12 庚申 14	12 己丑 13	11 戊午 ⑪	11 丁亥 10	11 丁巳 9	11 丁亥 8	11 丙辰 7	11 丙戌 6	11 乙卯 5	10 甲申 3
13 壬戌 15	13 辛卯 16	13 辛酉 15	13 庚寅 ⑭	12 己未 12	12 戊子 11	12 戊午 10	12 戊子 9	12 丁巳 ⑧	12 丁亥 7	12 丙辰 6	11 乙酉 4
14 癸亥 16	14 壬辰 17	14 壬戌 ⑯	14 辛卯 15	13 庚申 13	13 己丑 12	13 己未 11	13 己丑 ⑩	13 戊午 9	13 戊子 8	13 丁巳 7	12 丙戌 5
15 甲子 17	**15** 癸巳 18	**15** 癸亥 17	15 壬辰 16	14 辛酉 14	14 庚寅 13	14 庚申 12	14 庚寅 11	14 己未 10	14 己丑 9	14 戊午 8	13 丁亥 6
16 乙丑 18	16 甲午 ⑲	16 甲子 18	16 癸巳 17	15 壬戌 15	15 辛卯 14	15 辛酉 ⑬	15 辛卯 12	15 庚申 11	15 庚寅 10	15 己未 9	14 戊子 ⑦
17 丙寅 ⑲	17 乙未 20	17 乙丑 19	**17** 甲午 18	16 癸亥 16	16 壬辰 15	16 壬戌 14	16 壬辰 13	16 辛酉 12	16 辛卯 11	16 庚申 ⑩	15 己丑 8
18 丁卯 20	18 丙申 21	18 丙寅 20	18 乙未 19	**17** 甲子 17	17 癸巳 ⑯	17 癸亥 15	17 癸巳 14	17 壬戌 13	17 壬辰 ⑫	17 辛酉 11	16 庚寅 9
19 戊辰 21	19 丁酉 22	19 丁卯 21	19 丙申 20	18 乙丑 ⑱	18 甲午 17	18 甲子 16	18 甲午 15	18 癸亥 14	18 癸巳 13	18 壬戌 12	17 辛卯 10
20 己巳 22	20 戊戌 23	20 戊辰 22	20 丁酉 ㉑	19 丙寅 19	**19** 乙未 18	**19** 乙丑 17	19 乙未 16	19 甲子 ⑮	19 甲午 14	19 癸亥 13	18 壬辰 11
21 庚午 23	21 己亥 24	21 己巳 ㉓	21 戊戌 22	20 丁卯 20	20 丙申 19	20 丙寅 18	**20** 丙申 ⑰	20 乙丑 16	20 乙未 15	20 甲子 14	19 癸巳 12
22 辛未 24	22 庚子 25	22 庚午 24	22 己亥 23	21 戊辰 21	21 丁酉 20	21 丁卯 19	21 丁酉 18	**21** 丙寅 17	21 丙申 16	21 乙丑 15	20 甲午 13
23 壬申 25	23 辛丑 ㉖	23 辛未 25	23 庚子 24	22 己巳 22	22 戊戌 21	22 戊辰 ⑳	22 戊戌 19	22 丁卯 18	**22** 丁酉 17	22 丙寅 16	21 乙未 ⑭
24 癸酉 ㉖	24 壬寅 27	24 壬申 26	24 辛丑 25	23 庚午 23	23 己亥 22	23 己巳 21	23 己亥 20	23 戊辰 19	23 戊戌 18	**23** 丁卯 ⑰	22 丙申 15
25 甲戌 27	25 癸卯 28	25 癸酉 27	25 壬寅 26	24 辛未 24	24 庚子 ㉓	24 庚午 22	24 庚子 21	24 己巳 20	24 己亥 ⑲	24 戊辰 18	**23** 丁酉 16
26 乙亥 28	26 甲辰 29	26 甲戌 28	26 癸卯 27	25 壬申 ㉕	25 辛丑 24	25 辛未 23	25 辛丑 22	25 庚午 21	25 庚子 20	25 己巳 19	24 戊戌 17
《3月》	27 乙巳 30	27 乙亥 29	27 甲辰 ㉘	26 癸酉 26	26 壬寅 25	26 壬申 24	26 壬寅 23	26 辛未 ㉒	26 辛丑 21	26 庚午 20	25 己亥 18
27 丙子 1	28 丙午 31	28 丙子 ㉚	28 乙巳 29	27 甲戌 27	27 癸卯 26	27 癸酉 25	27 癸卯 ㉔	27 壬申 23	27 壬寅 22	27 辛未 21	26 庚子 19
28 丁丑 2	《4月》	《5月》	29 丙午 30	28 乙亥 28	28 甲辰 27	28 甲戌 26	28 甲辰 25	28 癸酉 24	28 癸卯 23	28 壬申 22	27 辛丑 20
29 戊寅 3	29 丁未 1	29 丁丑 1	30 丁未 31	29 丙子 29	29 乙巳 28	29 乙亥 ㉗	29 乙巳 26	29 甲戌 25	29 甲辰 24	29 癸酉 23	28 壬寅 ㉑
	30 戊申 ②				30 丙午 29	30 丙子 28		30 乙亥 26		30 甲戌 ㉔	29 癸卯 22
雨水 14日 啓蟄 29日	春分 15日 清明 30日	穀雨 15日	立夏 2日 小満 17日	芒種 2日 夏至 17日	小暑 4日 大暑 19日	立秋 4日 処暑 19日	白露 4日 秋分 20日	寒露 6日 霜降 21日	立冬 6日 小雪 22日	大雪 8日 冬至 23日	小寒 8日 大寒 23日

元慶 6 年（882－883） 壬寅

1月	2月	3月	4月	5月	6月	7月	閏7月	8月	9月	10月	11月	12月
1 甲辰 23	1 甲戌 22	1 癸卯 23	1 癸酉 ㉒	1 壬寅 21	1 壬申 20	1 辛丑 19	1 辛未 18	1 庚子 ⑯	1 庚午 16	1 庚子 15	1 己巳 14	1 己亥 ⑬
2 乙巳 24	2 乙亥 23	2 甲辰 24	2 甲戌 23	2 癸卯 22	2 癸酉 21	2 壬寅 20	2 壬申 ⑲	**2** 辛丑 17	**2** 辛未 17	2 辛丑 16	2 庚午 15	2 庚子 14
3 丙午 25	3 丙子 24	3 乙巳 ㉕	3 乙亥 24	3 甲辰 23	3 甲戌 22	3 癸卯 21	3 癸酉 20	3 壬寅 18	3 壬申 18	**3** 壬寅 17	3 辛未 ⑯	3 辛丑 15
4 丁未 26	4 丁丑 ㉕	4 丙午 26	4 丙子 25	4 乙巳 24	4 乙亥 23	4 甲辰 ㉒	4 甲戌 21	4 癸卯 19	4 癸酉 19	4 癸卯 ⑱	**4** 壬申 17	4 壬寅 16
5 戊申 27	5 戊寅 26	5 丁未 27	5 丁丑 26	5 丙午 25	5 丙子 ㉔	5 乙巳 23	5 乙亥 22	5 甲辰 20	5 甲戌 20	5 甲辰 19	5 癸酉 18	**5** 癸卯 17
6 己酉 ㉘	6 己卯 27	6 戊申 28	6 戊寅 27	6 丁未 26	6 丁丑 25	6 丙午 24	6 丙子 23	6 乙巳 21	6 乙亥 ㉑	6 乙巳 20	6 甲戌 19	6 甲辰 18
7 庚戌 29	7 庚辰 28	7 己酉 29	7 己卯 28	7 戊申 ㉗	7 戊寅 26	7 丁未 25	7 丁丑 24	7 丙午 22	7 丙子 22	7 丙午 21	7 乙亥 20	7 乙巳 19
8 辛亥 30	《3月》	8 庚戌 30	8 庚辰 ㉙	8 己酉 28	8 己卯 27	8 戊申 26	8 戊寅 25	8 丁未 ㉓	8 丁丑 23	8 丁未 22	8 丙子 21	8 丙午 ⑳
9 壬子 31	8 辛巳 1	9 辛亥 31	9 辛巳 30	9 庚戌 29	9 庚辰 28	9 己酉 27	9 己卯 ㉖	9 戊申 24	9 戊寅 24	9 戊申 23	9 丁丑 22	9 丁未 21
《2月》	9 壬午 2	《4月》	《5月》	10 辛亥 30	10 辛巳 29	10 庚戌 28	10 庚辰 27	10 己酉 25	10 己卯 25	10 己酉 24	10 戊寅 ㉓	10 戊申 22
10 癸丑 1	**10** 癸未 3	10 壬子 ①	10 壬午 1	11 壬子 31	11 壬午 30	11 辛亥 ㉙	11 辛巳 28	11 庚戌 26	11 庚辰 26	11 庚戌 ㉕	11 己卯 24	11 己酉 23
11 甲寅 2	11 甲申 ④	**11** 癸丑 2	11 癸未 2	《6月》	《7月》	12 壬子 30	12 壬午 29	12 辛亥 27	12 辛巳 27	12 辛亥 26	12 庚辰 25	12 庚戌 24
12 乙卯 3	12 乙酉 5	12 甲寅 3	**12** 甲申 3	12 癸丑 1	12 癸未 ①	13 癸丑 31	13 癸未 30	13 壬子 28	13 壬午 ㉘	13 壬子 27	13 辛巳 26	13 辛亥 25
13 丙辰 ④	13 丙戌 6	13 乙卯 4	13 乙酉 4	**13** 甲寅 2	13 甲申 2	《8月》	14 甲申 31	14 癸丑 29	14 癸未 29	14 癸丑 28	14 壬午 27	14 壬子 26
14 丁巳 5	14 丁亥 7	14 丙辰 5	14 丙戌 5	14 乙卯 ③	**14** 乙酉 3	14 甲寅 1	《9月》	15 甲寅 ㉚	15 甲申 30	15 甲寅 29	15 癸未 28	15 癸丑 ㉗
15 戊午 6	15 戊子 8	15 丁巳 6	15 丁亥 ⑥	15 丙辰 4	15 丙戌 4	**15** 乙卯 2	15 乙酉 1	《10月》	16 乙酉 31	16 乙卯 30	16 甲申 29	16 甲寅 28
16 己未 7	16 己丑 9	16 戊午 7	16 戊子 7	16 丁巳 5	16 丁亥 5	16 丙辰 3	**16** 丙戌 ②	16 乙卯 1	《11月》	《12月》	17 乙酉 ㉚	17 乙卯 29
17 庚申 8	17 庚寅 10	17 己未 ⑧	17 己丑 8	17 戊午 6	17 戊子 6	17 丁巳 4	17 丁亥 3	**17** 丙辰 2	17 丙戌 1	17 丙辰 1	18 丙戌 31	18 丙辰 30
18 辛酉 9	18 辛卯 ⑪	18 庚申 9	18 庚寅 9	18 己未 7	18 己丑 7	18 戊午 ⑤	18 戊子 4	18 丁巳 3	**18** 丁亥 2	**18** 丁巳 ②	**883** 年	19 丁巳 31
19 壬戌 10	19 壬辰 12	19 辛酉 10	19 辛卯 10	19 庚申 8	19 庚寅 ⑧	19 己未 6	19 己丑 5	19 戊午 4	19 戊子 3	19 戊午 3	《1月》	《2月》
20 癸亥 ⑪	20 癸巳 13	20 壬戌 11	20 壬辰 11	20 辛酉 9	20 辛卯 9	20 庚申 7	20 庚寅 6	20 己未 5	20 己丑 ④	20 己未 4	**19** 丁亥 1	**20** 戊午 1
21 甲子 12	21 甲午 14	21 癸亥 12	21 癸巳 12	21 壬戌 ⑩	21 壬辰 10	21 辛酉 8	21 辛卯 7	21 庚申 6	21 庚寅 5	21 庚申 5	20 戊子 2	21 己未 2
22 乙丑 13	22 乙未 15	22 甲子 13	22 甲午 ⑬	22 癸亥 11	22 癸巳 11	22 壬戌 9	22 壬辰 8	22 辛酉 ⑦	22 辛卯 6	22 辛酉 6	21 己丑 3	22 庚申 ③
23 丙寅 14	23 丙申 16	23 乙丑 14	23 乙未 14	23 甲子 12	23 甲午 12	23 癸亥 10	23 癸巳 ⑨	23 壬戌 8	23 壬辰 7	23 壬戌 7	22 庚寅 4	23 辛酉 4
24 丁卯 15	24 丁酉 17	24 丙寅 ⑮	24 丙申 15	24 乙丑 13	24 乙未 13	24 甲子 11	24 甲午 10	24 癸亥 9	24 癸巳 8	24 癸亥 8	23 辛卯 5	24 壬戌 5
25 戊辰 16	**25** 戊戌 ⑱	25 丁卯 16	25 丁酉 16	25 丙寅 14	25 丙申 14	25 乙丑 ⑫	25 乙未 11	25 甲子 10	25 甲午 9	25 甲子 ⑨	24 壬辰 ⑥	25 癸亥 6
26 己巳 17	26 己亥 19	26 戊辰 17	26 戊戌 17	26 丁卯 15	26 丁酉 ⑮	26 丙寅 13	26 丙申 12	26 乙丑 11	26 乙未 10	26 乙丑 10	25 癸巳 7	26 甲子 7
27 庚午 ⑱	27 庚子 20	**27** 己巳 18	**27** 己亥 18	27 戊辰 16	27 戊戌 16	27 丁卯 14	27 丁酉 13	27 丙寅 12	27 丙申 ⑪	27 丙寅 11	26 甲午 8	27 乙丑 8
28 辛未 19	28 辛丑 21	28 庚午 19	28 庚子 19	28 己巳 ⑰	28 己亥 17	28 戊辰 15	28 戊戌 14	28 丁卯 13	28 丁酉 12	28 丁卯 12	27 乙未 9	28 丙寅 9
29 壬申 20	29 壬寅 22	29 辛未 20	29 辛丑 ⑳	**29** 庚午 18	**29** 庚子 18	29 己巳 16	29 己亥 15	29 戊辰 ⑭	29 戊戌 13	29 戊辰 13	28 丙申 10	29 丁卯 ⑩
30 癸酉 21		30 壬申 21		30 辛未 19		**30** 庚午 17		30 己巳 15	30 己亥 14		29 丁酉 11	
											30 戊戌 12	
立春 10日 雨水 25日	啓蟄 10日 春分 25日	清明 11日 穀雨 27日	立夏 12日 小満 27日	芒種 13日 夏至 29日	小暑 14日 大暑 29日	立秋 15日 処暑 30日	白露16日	秋分 2日 寒露 17日	霜降 2日 立冬 18日	小雪 3日 大雪 18日	冬至 4日 小寒 19日	大寒 5日 立春 20日

元慶7年（883－884） 癸卯

1月	2月	3月	4月	5月	6月	7月	8月	9月	10月	11月	12月
1 戊辰 11 2 己巳 12 3 庚午 13 4 辛未 14 5 壬申 15 6 癸酉 16 7 甲戌 ⑰ 8 乙亥 18 9 丙子 19 10 丁丑 20 11 戊寅 21 12 己卯 22 13 庚辰 23 14 辛巳 ㉔ 15 壬午 25 16 癸未 26 17 甲申 27 18 乙酉 28 《3月》 19 丙戌 1 20 丁亥 2 21 戊子 ③ 22 己丑 4 23 庚寅 5 24 辛卯 6 25 壬辰 7 26 癸巳 8 27 甲午 9 28 乙未 ⑩ 29 丙申 11 30 丁酉 12	1 戊戌 13 2 己亥 14 3 庚子 15 4 辛丑 16 5 壬寅 ⑰ 6 癸卯 18 7 甲辰 19 8 乙巳 20 9 丙午 21 10 丁未 22 11 戊申 23 12 己酉 ㉔ 13 庚戌 25 14 辛亥 26 15 壬子 27 16 癸丑 28 17 甲寅 29 18 乙卯 30 19 丙辰 ㉛ 《4月》 20 丁巳 1 21 戊午 2 22 己未 3 23 庚申 4 24 辛酉 5 25 壬戌 6 26 癸亥 ⑦ 27 甲子 8 28 乙丑 9 29 丙寅 10	1 丁卯 11 2 戊辰 12 3 己巳 13 4 庚午 ⑭ 5 辛未 15 6 壬申 16 7 癸酉 17 8 甲戌 18 9 乙亥 19 10 丙子 20 11 丁丑 ㉑ 12 戊寅 22 13 己卯 23 14 庚辰 24 15 辛巳 25 16 壬午 26 17 癸未 27 18 甲申 ㉘ 19 乙酉 29 20 丙戌 30 《5月》 21 丁亥 1 22 戊子 2 23 己丑 3 24 庚寅 4 25 辛卯 ⑤ 26 壬辰 6 27 癸巳 7 28 甲午 8 29 乙未 9 30 丙申 10	1 丁酉 11 2 戊戌 ⑫ 3 己亥 13 4 庚子 14 5 辛丑 15 6 壬寅 16 7 癸卯 17 8 甲辰 18 9 乙巳 ⑲ 10 丙午 20 11 丁未 21 12 戊申 22 13 己酉 23 14 庚戌 24 15 辛亥 25 16 壬子 ㉖ 17 癸丑 27 18 甲寅 28 19 乙卯 29 20 丙辰 30 21 丁巳 31 《6月》 22 戊午 1 23 己未 ② 24 庚申 3 25 辛酉 4 26 壬戌 5 27 癸亥 6 28 甲子 7 29 乙丑 8	1 丙寅 ⑨ 2 丁卯 10 3 戊辰 11 4 己巳 12 5 庚午 13 6 辛未 14 7 壬申 15 8 癸酉 ⑯ 9 甲戌 17 10 乙亥 18 11 丙子 19 12 丁丑 20 13 戊寅 21 14 己卯 22 15 庚辰 ㉓ 16 辛巳 24 17 壬午 25 18 癸未 26 19 甲申 27 20 乙酉 28 21 丙戌 29 22 丁亥 ㉚ 《7月》 23 戊子 1 24 己丑 2 25 庚寅 3 26 辛卯 4 27 壬辰 5 28 癸巳 6 29 甲午 ⑦	1 乙未 8 2 丙申 9 3 丁酉 10 4 戊戌 11 5 己亥 12 6 庚子 13 7 辛丑 ⑭ 8 壬寅 15 9 癸卯 16 10 甲辰 17 11 乙巳 18 12 丙午 19 13 丁未 20 14 戊申 ㉑ 15 己酉 22 16 庚戌 23 17 辛亥 24 18 壬子 25 19 癸丑 26 20 甲寅 27 21 乙卯 ㉘ 22 丙辰 29 23 丁巳 30 24 戊午 31 《8月》 25 己未 1 26 庚申 2 27 辛酉 3 28 壬戌 ④ 29 癸亥 5 30 甲子 6	1 乙丑 7 2 丙寅 8 3 丁卯 9 4 戊辰 10 5 己巳 ⑪ 6 庚午 12 7 辛未 13 8 壬申 14 9 癸酉 15 10 甲戌 16 11 乙亥 17 12 丙子 ⑱ 13 丁丑 19 14 戊寅 20 15 己卯 21 16 庚辰 22 17 辛巳 23 18 壬午 24 19 癸未 ㉕ 20 甲申 26 21 乙酉 27 22 丙戌 28 23 丁亥 29 24 戊子 30 25 己丑 31 《9月》 26 庚寅 ① 27 辛卯 2 28 壬辰 3 29 癸巳 4	1 甲午 5 2 乙未 6 3 丙申 7 4 丁酉 ⑧ 5 戊戌 9 6 己亥 10 7 庚子 11 8 辛丑 12 9 壬寅 13 10 癸卯 14 11 甲辰 ⑮ 12 乙巳 16 13 丙午 17 14 丁未 18 15 戊申 19 16 己酉 20 17 庚戌 21 18 辛亥 ㉒ 19 壬子 23 20 癸丑 24 21 甲寅 25 22 乙卯 26 23 丙辰 27 24 丁巳 28 25 戊午 ㉙ 26 己未 30 《10月》 27 庚申 1 28 辛酉 2 29 壬戌 3 30 癸亥 4	1 甲子 5 2 乙丑 ⑥ 3 丙寅 7 4 丁卯 8 5 戊辰 9 6 己巳 10 7 庚午 11 8 辛未 12 9 壬申 ⑬ 10 癸酉 14 11 甲戌 15 12 乙亥 16 13 丙子 17 14 丁丑 18 15 戊寅 19 16 己卯 ⑳ 17 庚辰 21 18 辛巳 22 19 壬午 23 20 癸未 24 21 甲申 25 22 乙酉 26 23 丙戌 ㉗ 24 丁亥 28 25 戊子 29 26 己丑 30 27 庚寅 31 《11月》 28 辛卯 1 29 壬辰 2 30 癸巳 ③	1 甲午 4 2 乙未 5 3 丙申 6 4 丁酉 7 5 戊戌 8 6 己亥 9 7 庚子 ⑩ 8 辛丑 11 9 壬寅 12 10 癸卯 13 11 甲辰 14 12 乙巳 15 13 丙午 16 14 丁未 ⑰ 15 戊申 18 16 己酉 19 17 庚戌 20 18 辛亥 21 19 壬子 22 20 癸丑 23 21 甲寅 ㉔ 22 乙卯 25 23 丙辰 26 24 丁巳 27 25 戊午 28 26 己未 29 27 庚申 30 《12月》 28 辛酉 ① 29 壬戌 2 30 癸亥 3	1 甲子 4 2 乙丑 5 3 丙寅 6 4 丁卯 7 5 戊辰 ⑧ 6 己巳 9 7 庚午 10 8 辛未 11 9 壬申 12 10 癸酉 13 11 甲戌 14 12 乙亥 ⑮ 13 丙子 16 14 丁丑 17 15 戊寅 18 16 己卯 19 17 庚辰 20 18 辛巳 21 19 壬午 ㉒ 20 癸未 23 21 甲申 24 22 乙酉 25 23 丙戌 26 24 丁亥 27 25 戊子 28 26 己丑 ㉙ 27 庚寅 30 28 辛卯 31 884年 《1月》 29 壬辰 1	1 癸巳 2 2 甲午 3 3 乙未 4 4 丙申 ⑤ 5 丁酉 6 6 戊戌 7 7 己亥 8 8 庚子 9 9 辛丑 10 10 壬寅 11 11 癸卯 ⑫ 12 甲辰 13 13 乙巳 14 14 丙午 15 15 丁未 16 16 戊申 17 17 己酉 18 18 庚戌 ⑲ 19 辛亥 20 20 壬子 21 21 癸丑 22 22 甲寅 23 23 乙卯 24 24 丙辰 25 25 丁巳 ㉖ 26 戊午 27 27 己未 28 28 庚申 29 29 辛酉 30 30 壬戌 31
雨水 6日 啓蟄 21日	春分 6日 清明 22日	穀雨 8日 立夏 23日	小満 8日 芒種 24日	夏至 10日 小暑 25日	大暑 11日 立秋 26日	処暑 12日 白露 27日	秋分 13日 寒露 28日	霜降 14日 立冬 29日	小雪 14日 大雪 29日	冬至 14日	小寒 1日 大寒 16日

元慶8年（884－885） 甲辰

1月	2月	3月	4月	5月	6月	7月	8月	9月	10月	11月	12月
《2月》 1 癸亥 1 2 甲子 ② 3 乙丑 3 4 丙寅 4 5 丁卯 5 6 戊辰 6 7 己巳 7 8 庚午 8 9 辛未 ⑨ 10 壬申 10 11 癸酉 11 12 甲戌 12 13 乙亥 13 14 丙子 14 15 丁丑 15 16 戊寅 ⑯ 17 己卯 17 18 庚辰 18 19 辛巳 19 20 壬午 20 21 癸未 21 22 甲申 22 23 乙酉 ㉓ 24 丙戌 24 25 丁亥 25 26 戊子 26 27 己丑 27 28 庚寅 28 29 辛卯 29	《3月》 1 壬辰 ① 2 癸巳 2 3 甲午 3 4 乙未 4 5 丙申 5 6 丁酉 6 7 戊戌 7 8 己亥 ⑧ 9 庚子 9 10 辛丑 10 11 壬寅 11 12 癸卯 12 13 甲辰 13 14 乙巳 14 15 丙午 ⑮ 16 丁未 16 17 戊申 17 18 己酉 18 19 庚戌 19 20 辛亥 20 21 壬子 21 22 癸丑 ㉒ 23 甲寅 23 24 乙卯 24 25 丙辰 25 26 丁巳 26 27 戊午 27 28 己未 28 29 庚申 ㉙ 30 辛酉 30	1 壬戌 31 《4月》 2 癸亥 1 3 甲子 2 4 乙丑 3 5 丙寅 4 6 丁卯 ⑤ 7 戊辰 6 8 己巳 7 9 庚午 8 10 辛未 9 11 壬申 10 12 癸酉 11 13 甲戌 ⑫ 14 乙亥 13 15 丙子 14 16 丁丑 15 17 戊寅 16 18 己卯 17 19 庚辰 18 20 辛巳 ⑲ 21 壬午 20 22 癸未 21 23 甲申 22 24 乙酉 23 25 丙戌 24 26 丁亥 25 27 戊子 ㉖ 28 己丑 27 29 庚寅 28	1 辛卯 29 2 壬辰 30 《5月》 3 癸巳 1 4 甲午 2 5 乙未 ③ 6 丙申 4 7 丁酉 5 8 戊戌 6 9 己亥 7 10 庚子 8 11 辛丑 9 12 壬寅 ⑩ 13 癸卯 11 14 甲辰 12 15 乙巳 13 16 丙午 14 17 丁未 15 18 戊申 16 19 己酉 ⑰ 20 庚戌 18 21 辛亥 19 22 壬子 20 23 癸丑 21 24 甲寅 22 25 乙卯 23 26 丙辰 ㉔ 27 丁巳 25 28 戊午 26 29 己未 27	1 庚申 28 2 辛酉 29 3 壬戌 30 4 癸亥 ㉛ 《6月》 5 甲子 1 6 乙丑 2 7 丙寅 3 8 丁卯 4 9 戊辰 5 10 己巳 6 11 庚午 ⑦ 12 辛未 8 13 壬申 9 14 癸酉 10 15 甲戌 11 16 乙亥 12 17 丙子 13 18 丁丑 ⑭ 19 戊寅 15 20 己卯 16 21 庚辰 17 22 辛巳 18 23 壬午 19 24 癸未 20 25 甲申 ㉑ 26 乙酉 22 27 丙戌 23 28 丁亥 24 29 戊子 25 30 己丑 26	1 庚寅 27 2 辛卯 ㉘ 3 壬辰 29 4 癸巳 30 《7月》 5 甲午 1 6 乙未 2 7 丙申 3 8 丁酉 4 9 戊戌 ⑤ 10 己亥 6 11 庚子 7 12 辛丑 8 13 壬寅 9 14 癸卯 10 15 甲辰 11 16 乙巳 ⑫ 17 丙午 13 18 丁未 14 19 戊申 15 20 己酉 16 21 庚戌 17 22 辛亥 18 23 壬子 ⑲ 24 癸丑 20 25 甲寅 21 26 乙卯 22 27 丙辰 23 28 丁巳 24 29 戊午 25	1 己未 ㉖ 2 庚申 27 3 辛酉 28 4 壬戌 29 5 癸亥 30 6 甲子 31 《8月》 7 乙丑 1 8 丙寅 ② 9 丁卯 3 10 戊辰 4 11 己巳 5 12 庚午 6 13 辛未 7 14 壬申 8 15 癸酉 ⑨ 16 甲戌 10 17 乙亥 11 18 丙子 12 19 丁丑 13 20 戊寅 14 21 己卯 15 22 庚辰 ⑯ 23 辛巳 17 24 壬午 18 25 癸未 19 26 甲申 20 27 乙酉 21 28 丙戌 22 29 丁亥 ㉓ 30 戊子 24	1 己丑 25 2 庚寅 26 3 辛卯 27 4 壬辰 28 5 癸巳 29 6 甲午 ㉚ 7 乙未 31 《9月》 8 丙申 1 9 丁酉 2 10 戊戌 3 11 己亥 4 12 庚子 5 13 辛丑 ⑥ 14 壬寅 7 15 癸卯 8 16 甲辰 9 17 乙巳 10 18 丙午 11 19 丁未 12 20 戊申 ⑬ 21 己酉 14 22 庚戌 15 23 辛亥 16 24 壬子 17 25 癸丑 18 26 甲寅 19 27 乙卯 ⑳ 28 丙辰 21 29 丁巳 22	1 戊午 23 2 己未 24 3 庚申 25 4 辛酉 26 5 壬戌 ㉗ 6 癸亥 28 7 甲子 29 8 乙丑 30 《10月》 9 丙寅 1 10 丁卯 2 11 戊辰 3 12 己巳 ④ 13 庚午 5 14 辛未 6 15 壬申 7 16 癸酉 8 17 甲戌 9 18 乙亥 10 19 丙子 ⑪ 20 丁丑 12 21 戊寅 13 22 己卯 14 23 庚辰 15 24 辛巳 16 25 壬午 17 26 癸未 ⑱ 27 甲申 19 28 乙酉 20 29 丙戌 21 30 丁亥 22	1 戊子 23 2 己丑 24 3 庚寅 ㉕ 4 辛卯 26 5 壬辰 27 6 癸巳 28 7 甲午 29 8 乙未 30 9 丙申 31 《11月》 10 丁酉 ① 11 戊戌 2 12 己亥 3 13 庚子 4 14 辛丑 5 15 壬寅 6 16 癸卯 7 17 甲辰 ⑧ 18 乙巳 9 19 丙午 10 20 丁未 11 21 戊申 12 22 己酉 13 23 庚戌 14 24 辛亥 ⑮ 25 壬子 16 26 癸丑 17 27 甲寅 18 28 乙卯 19 29 丙辰 20 30 丁巳 21	1 戊午 ㉒ 2 己未 23 3 庚申 24 4 辛酉 25 5 壬戌 26 6 癸亥 27 7 甲子 28 8 乙丑 ㉙ 9 丙寅 30 《12月》 10 丁卯 1 11 戊辰 2 12 己巳 3 13 庚午 4 14 辛未 5 15 壬申 ⑥ 16 癸酉 7 17 甲戌 8 18 乙亥 9 19 丙子 10 20 丁丑 11 21 戊寅 12 22 己卯 ⑬ 23 庚辰 14 24 辛巳 15 25 壬午 16 26 癸未 17 27 甲申 18 28 乙酉 19 29 丙戌 ⑳	1 丁亥 21 2 戊子 22 3 己丑 23 4 庚寅 24 5 辛卯 25 6 壬辰 26 7 癸巳 ㉗ 8 甲午 28 9 乙未 29 10 丙申 30 11 丁酉 31 885年 《1月》 12 戊戌 1 13 己亥 2 14 庚子 ③ 15 辛丑 4 16 壬寅 5 17 癸卯 6 18 甲辰 7 19 乙巳 8 20 丙午 9 21 丁未 ⑩ 22 戊申 11 23 己酉 12 24 庚戌 13 25 辛亥 14 26 壬子 15 27 癸丑 16 28 甲寅 ⑰ 29 乙卯 18 30 丙辰 19
立春 1日 雨水 16日	啓蟄 3日 春分 18日	清明 3日 穀雨 18日	立夏 4日 小満 20日	芒種 6日 夏至 21日	小暑 6日 大暑 21日	立秋 8日 処暑 23日	白露 8日 秋分 23日	寒露 10日 霜降 25日	立冬 10日 小雪 25日	大雪 10日 冬至 26日	小寒 12日 大寒 27日

仁和元年〔元慶 9 年〕（885－886） 乙巳

改元 2/21（元慶→仁和）

1 月	2 月	3 月	閏3月	4 月	5 月	6 月	7 月	8 月	9 月	10月	11月	12月
1 丁巳 20	1 丁亥 19	1 丙辰 20	1 丙戌 19	**1** 乙卯 18	**1** 乙酉 17	1 甲寅 16	1 癸未 14	1 癸丑 13	1 壬午 12	1 壬子 11	1 辛巳 10	1 辛亥 ⑨
2 戊午 21	2 戊子 20	2 丁巳 ㉑	2 丁亥 20	2 丙辰 19	2 丙戌 18	2 乙卯 17	2 甲申 ⑮	2 甲寅 14	2 癸未 13	2 癸丑 12	2 壬午 11	2 壬子 10
3 己未 22	3 己丑 ㉑	3 戊午 22	3 戊子 21	3 丁巳 20	3 丁亥 19	**3** 丙辰 ⑱	3 乙酉 16	3 乙卯 15	3 甲申 14	3 甲寅 13	3 癸未 ⑫	3 癸丑 11
4 庚申 23	4 庚寅 22	4 己未 23	4 己丑 22	4 戊午 21	4 戊子 ⑳	4 丁巳 19	**4** 丙戌 17	4 丙辰 16	4 乙酉 15	4 乙卯 ⑭	4 甲申 13	4 甲寅 12
5 辛酉 ㉔	5 辛卯 23	5 庚申 24	5 庚寅 23	5 己未 22	5 己丑 21	5 戊午 20	5 丁亥 18	**5** 丁巳 17	5 丙戌 16	5 丙辰 15	5 乙酉 14	5 乙卯 13
6 壬戌 25	6 壬辰 24	6 辛酉 25	6 辛卯 24	6 庚申 ㉓	6 庚寅 22	6 己未 21	6 戊子 19	6 戊午 18	**6** 丁亥 ⑰	**6** 丁巳 16	6 丙戌 15	6 丙辰 14
7 癸亥 26	7 癸巳 25	7 壬戌 26	7 壬辰 ㉕	7 辛酉 24	7 辛卯 23	7 庚申 22	7 己丑 20	7 己未 ⑲	7 戊子 18	7 戊午 17	7 丁亥 16	7 丁巳 15
8 甲子 27	8 甲午 26	8 癸亥 27	8 癸巳 26	8 壬戌 25	8 壬辰 24	8 辛酉 23	8 庚寅 21	8 庚申 20	8 己丑 19	8 己未 18	**8** 戊子 17	**8** 戊午 ⑯
9 乙丑 28	9 乙未 27	9 甲子 ㉘	9 甲午 27	9 癸亥 26	9 癸巳 25	9 壬戌 24	9 辛卯 ㉒	9 辛酉 21	9 庚寅 20	9 庚申 19	9 己丑 18	9 己未 17
10 丙寅 29	10 丙申 ㉘	10 乙丑 29	10 乙未 28	10 甲子 27	10 甲午 26	10 癸亥 ㉕	10 壬辰 23	10 壬戌 22	10 辛卯 21	10 辛酉 20	10 庚寅 ⑲	10 庚申 18
11 丁卯 30	《3月》	11 丙寅 30	11 丙申 29	11 乙丑 28	11 乙未 ㉗	11 甲子 26	11 癸巳 24	11 癸亥 23	11 壬辰 22	11 壬戌 ㉑	11 辛卯 20	11 辛酉 19
12 戊辰 ㉛	11 丁酉 1	12 丁卯 31	12 丁酉 30	12 丙寅 29	12 丙申 28	12 乙丑 27	12 甲午 25	12 甲子 24	12 癸巳 23	12 癸亥 22	12 壬辰 21	12 壬戌 20
《2月》	12 戊戌 2	《4月》	《5月》	13 丁卯 ㉚	13 丁酉 29	13 丙寅 28	13 乙未 26	13 乙丑 25	13 甲午 ㉔	13 甲子 23	13 癸巳 22	13 癸亥 21
13 己巳 1	**13** 己亥 3	13 戊辰 1	13 戊戌 1	14 戊辰 31	14 戊戌 30	14 丁卯 29	14 丙申 27	14 丙寅 ㉖	14 乙未 25	14 乙丑 24	14 甲午 23	14 甲子 22
14 庚午 2	14 庚子 4	**14** 己巳 2	14 己亥 ②	《6月》	《7月》	15 戊辰 30	15 丁酉 28	15 丁卯 27	15 丙申 26	15 丙寅 25	15 乙未 24	15 乙丑 ㉓
15 辛未 3	15 辛丑 5	15 庚午 3	**15** 庚子 3	15 己巳 1	15 己亥 1	16 己巳 31	16 戊戌 ㉙	16 戊辰 28	16 丁酉 27	16 丁卯 26	16 丙申 25	16 丙寅 24
16 壬申 4	16 壬寅 6	16 辛未 ④	16 辛丑 4	**16** 庚午 2	16 庚子 2	《8月》	17 己亥 30	17 己巳 29	17 戊戌 28	17 戊辰 27	17 丁酉 ㉖	17 丁卯 25
17 癸酉 5	17 癸卯 ⑦	17 壬申 5	17 壬寅 5	17 辛未 3	**17** 辛丑 3	17 庚午 ①	18 庚子 31	18 庚午 30	18 己亥 29	18 己巳 ㉘	18 戊戌 27	18 戊辰 26
18 甲戌 6	18 甲辰 8	18 癸酉 6	18 癸卯 6	18 壬申 4	18 壬寅 ④	**18** 辛未 2	《9月》	《10月》	19 庚子 30	19 庚午 29	19 己亥 28	19 己巳 27
19 乙亥 ⑦	19 乙巳 9	19 甲戌 7	19 甲辰 7	19 癸酉 5	19 癸卯 5	19 壬申 3	**19** 辛丑 1	19 辛未 1	20 辛丑 ㉛	20 辛未 30	20 庚子 29	20 庚午 28
20 丙子 8	20 丙午 10	20 乙亥 8	20 乙巳 8	20 甲戌 ⑥	20 甲辰 6	20 癸酉 4	20 壬寅 2	**20** 壬申 2	《11月》	《12月》	21 辛丑 30	21 辛未 29
21 丁丑 9	*21* 丁未 11	21 丙子 9	21 丙午 ⑨	21 乙亥 7	21 乙巳 7	21 甲戌 5	21 癸卯 3	21 癸酉 ③	**21** 壬寅 1	21 壬申 1	22 壬寅 31	22 壬申 ㉚
22 戊寅 10	22 戊申 12	22 丁丑 10	22 丁未 10	22 丙子 8	22 丙午 8	22 乙亥 6	22 甲辰 4	22 甲戌 4	22 癸卯 2	**22** 癸酉 2	**886 年**	23 癸酉 31
23 己卯 11	23 己酉 13	23 戊寅 ⑪	23 戊申 11	23 丁丑 9	23 丁未 9	23 丙子 7	23 乙巳 ⑤	23 乙亥 5	23 甲辰 3	23 甲戌 3	《1月》	《2月》
24 庚辰 12	24 庚戌 ⑭	24 己卯 12	24 己酉 12	24 戊寅 10	24 戊申 10	24 丁丑 ⑧	24 丙午 6	24 丙子 6	24 乙巳 4	24 乙亥 4	**23** 癸卯 1	**24** 甲戌 1
25 辛巳 13	25 辛亥 15	25 庚辰 13	25 庚戌 13	25 己卯 11	25 己酉 ⑪	25 戊寅 9	25 丁未 7	25 丁丑 7	25 丙午 5	25 丙子 ⑤	24 甲辰 ②	25 乙亥 2
26 壬午 ⑭	26 壬子 16	26 辛巳 14	26 辛亥 14	26 庚辰 12	26 庚戌 12	26 己卯 10	26 戊申 8	26 戊寅 8	26 丁未 6	26 丁丑 6	25 乙巳 3	26 丙子 3
27 癸未 15	27 癸丑 17	27 壬午 15	27 壬子 15	27 辛巳 ⑬	27 辛亥 13	27 庚辰 11	27 己酉 9	27 己卯 9	27 戊申 ⑦	27 戊寅 7	26 丙午 4	27 丁丑 4
28 甲申 16	**28** 甲寅 18	28 癸未 16	28 癸丑 ⑯	28 壬午 14	28 壬子 14	28 辛巳 12	28 庚戌 10	28 庚辰 ⑩	28 己酉 8	28 己卯 8	27 丁未 5	28 戊寅 5
29 乙酉 17	29 乙卯 19	**29** 甲申 17	29 甲寅 17	29 癸未 15	29 癸丑 15	29 壬午 13	29 辛亥 11	29 辛巳 11	29 庚戌 9	29 庚辰 9	28 戊申 6	29 己卯 ⑥
30 丙戌 18		30 乙酉 ⑱		30 甲申 16			30 壬子 ⑫		30 辛亥 10		29 己酉 7	30 庚辰 7
											30 庚戌 8	
立春 12日 雨水 28日	啓蟄 13日 春分 28日	清明 14日 穀雨 29日	立夏15日	小満 1日 芒種 16日	夏至 1日 小暑 17日	大暑 3日 立秋 18日	処暑 4日 白露 19日	秋分 5日 寒露 20日	霜降 6日 立冬 21日	小雪 6日 大雪 22日	冬至 8日 小寒 23日	大寒 8日 立春 24日

仁和 2 年（886－887） 丙午

1 月	2 月	3 月	4 月	5 月	6 月	7 月	8 月	9 月	10月	11月	12月
1 辛巳 8	1 辛亥 10	1 庚辰 8	1 庚戌 ⑧	1 己卯 6	1 己酉 6	1 戊寅 4	**1** 丁未 2	《10月》	1 丙午 31	1 丙子 30	1 乙巳 29
2 壬午 9	2 壬子 11	2 辛巳 9	2 辛亥 9	2 庚辰 7	2 庚戌 7	2 己卯 5	2 戊申 3	1 丙子 1	《11月》	《12月》	2 丙午 30
3 癸未 10	3 癸丑 12	3 壬午 ⑩	3 壬子 10	3 辛巳 8	3 辛亥 8	3 庚辰 6	3 己酉 ④	**2** 丁丑 ②	2 丁未 1	2 丁丑 1	3 丁未 31
4 甲申 11	4 甲寅 ⑬	4 癸未 11	4 癸丑 11	4 壬午 9	4 壬子 9	4 辛巳 ⑦	4 庚戌 5	3 戊寅 3	**3** 戊申 2	**3** 戊寅 2	**887 年**
5 乙酉 12	5 乙卯 14	5 甲申 12	5 甲寅 12	5 癸未 10	5 癸丑 ⑩	5 壬午 8	5 辛亥 6	4 己卯 4	4 己酉 3	4 己卯 3	《1月》
6 丙戌 ⑬	6 丙辰 15	6 乙酉 13	6 乙卯 13	6 甲申 11	6 甲寅 11	6 癸未 9	6 壬子 7	5 庚辰 5	5 庚戌 4	5 庚辰 ④	**4** 戊申 ①
7 丁亥 14	7 丁巳 16	7 丙戌 14	7 丙辰 14	7 乙酉 ⑫	7 乙卯 12	7 甲申 10	7 癸丑 8	6 辛巳 6	6 辛亥 5	6 辛巳 5	5 己酉 2
8 戊子 15	8 戊午 17	8 丁亥 15	8 丁巳 ⑮	8 丙戌 13	8 丙辰 13	8 乙酉 11	8 甲寅 9	7 壬午 7	7 壬子 ⑥	7 壬午 6	6 庚戌 3
9 己丑 16	**9** 己未 18	9 戊子 16	9 戊午 16	9 丁亥 14	9 丁巳 14	9 丙戌 12	9 乙卯 10	8 癸未 8	8 癸丑 7	8 癸未 7	7 辛亥 4
10 庚寅 17	10 庚申 19	10 己丑 ⑰	10 己未 17	10 戊子 15	10 戊午 15	10 丁亥 13	10 丙辰 ⑪	9 甲申 ⑨	9 甲寅 8	9 甲申 8	8 壬子 5
11 辛卯 18	11 辛酉 ⑳	**11** 庚寅 18	**11** 庚申 18	11 己丑 16	11 己未 16	11 戊子 ⑭	11 丁巳 12	10 乙酉 10	10 乙卯 9	10 乙酉 9	9 癸丑 6
12 壬辰 19	12 壬戌 21	12 辛卯 19	12 辛酉 19	12 庚寅 17	12 庚申 ⑰	12 己丑 15	12 戊午 13	11 丙戌 11	11 丙辰 10	11 丙戌 10	10 甲寅 7
13 癸巳 ⑳	13 癸亥 22	13 壬辰 20	13 壬戌 20	**13** 辛卯 18	**13** 辛酉 18	13 庚寅 16	13 己未 14	12 丁亥 12	12 丁巳 11	12 丁亥 ⑪	11 乙卯 ⑧
14 甲午 21	14 甲子 23	14 癸巳 21	14 癸亥 21	14 壬辰 ⑲	14 壬戌 19	**14** 辛卯 17	14 庚申 15	13 戊子 13	13 戊午 12	13 戊子 12	12 丙辰 9
15 乙未 22	15 乙丑 24	15 甲午 22	15 甲子 ㉒	15 癸巳 20	15 癸亥 20	15 壬辰 18	15 辛酉 16	14 己丑 14	14 己未 ⑬	14 己丑 13	13 丁巳 10
16 丙申 23	16 丙寅 25	16 乙未 23	16 乙丑 23	16 甲午 21	16 甲子 21	16 癸巳 19	**16** 壬戌 17	15 庚寅 15	15 庚申 14	15 庚寅 14	14 戊午 11
17 丁酉 24	17 丁卯 26	17 丙申 ㉔	17 丙寅 24	17 乙未 22	17 乙丑 22	17 甲午 20	17 癸亥 ⑱	16 辛卯 ⑯	16 辛酉 15	16 辛卯 15	15 己未 12
18 戊戌 25	18 戊辰 ㉗	18 丁酉 25	18 丁卯 25	18 丙申 23	18 丙寅 23	18 乙未 ㉑	18 甲子 19	**17** 壬辰 17	17 壬戌 16	17 壬辰 16	16 庚申 13
19 己亥 26	19 己巳 28	19 戊戌 26	19 戊辰 26	19 丁酉 24	19 丁卯 ㉔	19 丙申 22	19 乙丑 20	18 癸巳 18	**18** 癸亥 17	**18** 癸巳 17	17 辛酉 14
20 庚子 ㉗	20 庚午 29	20 己亥 27	20 己巳 27	20 戊戌 25	20 戊辰 25	20 丁酉 23	20 丙寅 21	19 甲午 19	19 甲子 18	19 甲午 ⑱	18 壬戌 ⑮
21 辛丑 28	21 辛未 30	21 庚子 28	21 庚午 28	21 己亥 ㉖	21 己巳 26	21 戊戌 24	21 丁卯 22	20 乙未 20	20 乙丑 19	20 乙未 19	19 癸亥 16
《3月》	22 壬申 31	22 辛丑 29	22 辛未 ㉙	22 庚子 27	22 庚午 27	22 己亥 25	22 戊辰 23	21 丙申 21	21 丙寅 ⑳	21 丙申 20	**20** 甲子 17
22 壬寅 1	《4月》	23 壬寅 30	23 壬申 30	23 辛丑 28	23 辛未 28	23 庚子 26	23 己巳 24	22 丁酉 22	22 丁卯 21	22 丁酉 21	21 乙丑 18
23 癸卯 2	23 癸酉 1	《5月》	24 癸酉 31	24 壬寅 29	24 壬申 29	24 辛丑 27	24 庚午 ㉕	23 戊戌 ㉓	23 戊辰 22	23 戊戌 22	22 丙寅 19
24 甲辰 3	**24** 甲戌 2	24 癸卯 ①	《6月》	25 癸卯 30	25 癸酉 30	25 壬寅 ㉘	25 辛未 26	24 己亥 24	24 己巳 23	24 己亥 23	23 丁卯 20
25 乙巳 4	25 乙亥 ③	25 甲辰 2	25 甲戌 1	《7月》	26 甲戌 ㉛	26 癸卯 29	26 壬申 27	25 庚子 25	25 庚午 24	25 庚子 24	24 戊辰 21
26 丙午 5	26 丙子 4	**26** 乙巳 3	**26** 乙亥 2	26 甲辰 1	《8月》	27 甲辰 30	27 癸酉 28	26 辛丑 26	26 辛未 25	26 辛丑 ㉕	25 己巳 ㉒
27 丁未 ⑥	27 丁丑 5	27 丙午 4	27 丙子 3	27 乙巳 2	27 乙亥 1	28 乙巳 31	28 甲戌 29	27 壬寅 27	27 壬申 26	27 壬寅 26	26 庚午 23
28 戊申 7	28 戊寅 6	28 丁未 5	28 丁丑 4	**28** 丙午 ③	**28** 丙子 2	《9月》	29 乙亥 30	28 癸卯 28	28 癸酉 ㉗	28 癸卯 27	27 辛未 24
29 己酉 8	29 己卯 7	29 戊申 6	29 戊寅 ⑤	29 丁未 4	29 丁丑 3	29 丙午 1		29 甲辰 29	29 甲戌 28	29 甲辰 28	28 壬申 25
30 庚戌 9		30 己酉 7		30 戊申 5				30 乙巳 ㉚	30 乙亥 29		29 癸酉 26
											30 甲戌 27
雨水 9日 啓蟄 24日	春分 9日 清明 24日	穀雨 11日 立夏 26日	小満 11日 芒種 26日	夏至 13日 小暑 28日	大暑 13日 立秋 28日	処暑 14日	白露 1日 秋分 16日	寒露 2日 霜降 17日	立冬 3日 小雪 18日	大雪 3日 冬至 18日	小寒 4日 大寒 20日

仁和**3**年（887－888） 丁未

1月	2月	3月	4月	5月	6月	7月	8月	9月	10月	11月	閏11月	12月
1 乙亥28	1 乙巳27	1 乙亥29	1 甲辰27	1 甲戌27	1 癸卯㉕	1 壬申24	1 壬寅23	1 辛未21	1 辛丑21	1 庚午⑲	1 庚子19	**1** 己巳17
2 丙子㉙	2 丙午28	2 丙子30	2 乙巳28	2 乙亥㉘	2 甲辰26	2 癸酉25	2 癸卯24	2 壬申22	2 壬寅㉒	2 辛未20	2 辛丑20	2 庚午18
3 丁丑30	《3月》	3 丁丑31	3 丙午29	3 丙子29	3 乙巳27	3 甲戌26	3 甲辰25	3 癸酉23	3 癸卯23	3 壬申21	3 壬寅21	3 辛未19
4 戊寅31	3 丁未 1	《4月》	4 丁未㉚	4 丁丑30	4 丙午28	4 乙亥27	4 乙巳26	4 甲戌㉔	4 甲辰24	4 癸酉22	4 癸卯22	4 壬申20
《2月》	4 戊申 2	4 戊寅 1	《5月》	5 戊寅31	5 丁未29	5 丙子28	5 丙午㉗	5 乙亥25	5 乙巳25	5 甲戌23	5 甲辰23	5 癸酉㉑
5 己卯 1	**5** 己酉 3	5 己卯②	5 戊申 1	《6月》	6 戊申30	6 丁丑29	6 丁未28	6 丙子26	6 丙午26	6 乙亥24	6 乙巳㉔	6 甲戌22
6 庚辰 2	6 庚戌 4	**6** 庚辰 3	6 己酉 2	6 己卯 1	《7月》	7 戊寅㉚	7 戊申29	7 丁丑27	7 丁未27	7 丙子25	7 丙午25	7 乙亥23
7 辛巳 3	7 辛亥⑤	7 辛巳 4	**7** 庚戌 3	7 庚辰 2	7 己酉 1	8 己卯31	8 己酉30	8 戊寅28	8 戊申28	8 丁丑㉖	8 丁未26	8 丙子24
8 壬午 4	8 壬子 6	8 壬午 5	8 辛亥 4	**8** 辛巳 3	8 庚戌②	《8月》	9 庚戌31	9 己卯29	9 己酉㉙	9 戊寅27	9 戊申27	9 丁丑25
9 癸未⑤	9 癸丑 7	9 癸未 6	9 壬子 5	9 壬午④	**9** 辛亥 3	9 庚辰 1	《9月》	10庚辰30	10庚戌30	10己卯28	10己酉28	10戊寅26
10甲申 6	10甲寅 8	10甲申 7	10癸丑 6	10癸未 5	10壬子 4	**10**辛巳 2	10辛亥 1	《10月》	11辛亥31	11庚辰29	11庚戌29	11己卯27
11乙酉 7	11乙卯 9	11乙酉 8	11甲寅⑦	11甲申 6	11癸丑 5	11壬午 3	**11**壬子 2	11辛巳①	《11月》	12辛巳30	12辛亥30	12庚辰㉘
12丙戌 8	12丙辰10	12丙戌⑨	12乙卯 8	12乙酉 7	12甲寅 6	12癸未 4	12癸丑③	**12**壬午 2	12壬子 1	《12月》	13壬子㉛	13辛巳29
13丁亥 9	13丁巳11	13丁亥10	13丙辰 9	13丙戌 8	13乙卯 7	13甲申 5	13甲寅 4	13癸未 3	**13**癸丑 2	13壬午 1	888年	14壬午30
14戊子10	14戊午⑫	14戊子11	14丁巳10	14丁亥 9	14丙辰 8	14乙酉⑥	14乙卯 5	14甲申 4	14甲寅 3	**14**癸未 2	《1月》	15癸未31
15己丑11	15己未13	15己丑12	15戊午11	15戊子10	15丁巳⑨	15丙戌 7	15丙辰 6	15乙酉 5	15乙卯 4	15甲申③	14癸丑 1	《2月》
16庚寅⑫	16庚申14	16庚寅13	16己未12	16己丑⑪	16戊午10	16丁亥 8	16丁巳 7	16丙戌 6	16丙辰⑤	16乙酉 4	**15**甲寅 2	**16**甲申 1
17辛卯13	17辛酉15	17辛卯14	17庚申13	17庚寅12	17己未11	17戊子 9	17戊午 8	17丁亥 7	17丁巳 6	17丙戌 5	16乙卯 3	17乙酉 2
18壬辰14	18壬戌16	18壬辰15	18辛酉⑭	18辛卯13	18庚申12	18己丑10	18己未 9	18戊子⑧	18戊午 7	18丁亥 6	17丙辰 4	18丙戌 3
19癸巳15	19癸亥17	19癸巳⑯	19壬戌15	19壬辰14	19辛酉13	19庚寅11	19庚申⑩	19己丑 9	19己未 8	19戊子 7	18丁巳 5	19丁亥④
20甲午16	**20**甲子18	20甲午17	20癸亥16	20癸巳15	20壬戌14	20辛卯12	20辛酉11	20庚寅10	20庚申 9	20己丑 8	19戊午 6	20戊子 5
21乙未17	21乙丑⑲	**21**乙未18	21甲子17	21甲午16	21癸亥15	21壬辰⑬	21壬戌12	21辛卯11	21辛酉10	21庚寅 9	20己未⑦	21己丑 6
22丙申18	22丙寅20	22丙申19	**22**乙丑18	22乙未17	22甲子⑯	22癸巳14	22癸亥13	22壬辰12	22壬戌11	22辛卯⑩	21庚申 8	22庚寅 7
23丁酉⑲	23丁卯21	23丁酉20	23丙寅19	**23**丙申⑱	23乙丑17	23甲午15	23甲子14	23癸巳13	23癸亥⑫	23壬辰11	22辛酉 9	23辛卯 8
24戊戌20	24戊辰22	24戊戌21	24丁卯20	24丁酉19	**24**丙寅18	24乙未16	24乙丑15	24甲午14	24甲子13	24癸巳12	23壬戌10	24壬辰 9
25己亥21	25己巳23	25己亥22	25戊辰㉑	25戊戌20	25丁卯19	25丙申17	25丙寅16	25乙未⑮	25乙丑14	25甲午13	24癸亥11	25癸巳10
26庚子22	26庚午24	26庚子㉓	26己巳22	26己亥21	26戊辰20	**26**丁酉18	**26**丁卯⑰	26丙申16	26丙寅15	26乙未14	25甲子12	26甲午⑪
27辛丑23	27辛未25	27辛丑24	27庚午23	27庚子22	27己巳21	27戊戌19	27戊辰18	27丁酉17	27丁卯16	27丙申15	26乙丑13	27乙未12
28壬寅24	28壬申㉖	28壬寅25	28辛未24	28辛丑23	28庚午22	28己亥⑳	28己巳19	**28**戊戌18	**28**戊辰17	28丁酉16	27丙寅⑭	28丙申13
29癸卯25	29癸酉27	29癸卯26	29壬申25	29壬寅24	29辛未㉓	29庚子21	29庚午20	29己亥19	29己巳18	**29**戊戌⑰	28丁卯15	29丁酉14
30甲辰㉖	30甲戌28		30癸酉26			30辛丑22		30庚子20		30己亥18	29戊辰16	30戊戌15

立春 5日 雨水 20日	啓蟄 5日 春分 20日	清明 6日 穀雨 21日	立夏 7日 小満 22日	芒種 8日 夏至 23日	小暑 9日 大暑 24日	立秋 10日 処暑 26日	白露 11日 秋分 26日	寒露 12日 霜降 28日	立冬 13日 小雪 28日	大雪 14日 冬至 29日	小寒15日	大寒 1日 立春 16日

仁和**4**年（888－889） 戊申

1月	2月	3月	4月	5月	6月	7月	8月	9月	10月	11月	12月
1 己亥16	1 己巳⑰	1 戊戌15	1 戊辰15	1 丁酉13	1 丁卯13	1 丙申⑪	1 丙寅10	1 乙未 9	1 乙丑 8	1 甲午 7	1 甲子 6
2 庚子17	**2** 庚午18	2 己亥16	2 己巳16	2 戊戌14	2 戊辰⑭	2 丁酉12	2 丁卯11	2 丙申10	2 丙寅 9	2 乙未⑧	2 乙丑 7
3 辛丑⑱	3 辛未19	**3** 庚子17	3 庚午17	3 己亥15	3 己巳15	3 戊戌13	3 戊辰12	3 丁酉11	3 丁卯⑩	3 丙申 9	3 丙寅 8
4 壬寅19	4 壬申20	4 辛丑18	**4** 辛未18	4 庚子⑯	4 庚午16	4 己亥14	4 己巳13	4 戊戌12	4 戊辰11	4 丁酉10	4 丁卯 9
5 癸卯20	5 癸酉21	5 壬寅19	5 壬申⑲	**5** 辛丑17	**5** 辛未17	5 庚子15	5 庚午14	5 己亥⑬	5 己巳12	5 戊戌11	5 戊辰10
6 甲辰21	6 甲戌22	6 癸卯20	6 癸酉20	6 壬寅18	6 壬申18	6 辛丑16	6 辛未⑮	6 庚子14	6 庚午13	6 己亥12	6 己巳11
7 乙巳22	7 乙亥23	7 甲辰㉑	7 甲戌21	7 癸卯19	7 癸酉19	**7** 壬寅17	**7** 壬申16	7 辛丑15	7 辛未14	7 庚子13	7 庚午⑫
8 丙午23	8 丙子㉔	8 乙巳22	8 乙亥22	8 甲辰20	8 甲戌20	8 癸卯⑱	8 癸酉17	8 壬寅16	8 壬申15	8 辛丑14	8 辛未13
9 丁未24	9 丁丑25	9 丙午23	9 丙子23	9 乙巳21	9 乙亥㉑	9 甲辰19	9 甲戌18	**9** 癸卯17	**9** 癸酉16	9 壬寅⑮	9 壬申14
10戊申㉕	10戊寅26	10丁未24	10丁丑24	10丙午22	10丙子22	10乙巳20	10乙亥19	10甲辰18	10甲戌⑰	10癸卯16	10癸酉15
11己酉26	11己卯27	11戊申25	11戊寅25	11丁未㉓	11丁丑23	11丙午21	11丙子20	11乙巳19	11乙亥18	**11**甲辰17	**11**甲戌16
12庚戌27	12庚辰28	12己酉26	12己卯㉖	12戊申24	12戊寅24	12丁未22	12丁丑21	12丙午⑳	12丙子19	12乙巳18	12乙亥17
13辛亥28	13辛巳29	13庚戌27	13庚辰27	13己酉25	13己卯25	13戊申23	13戊寅㉒	13丁未21	13丁丑20	13丙午19	13丙子18
14壬子29	14壬午30	14辛亥㉘	14辛巳28	14庚戌26	14庚辰26	14己酉24	14己卯23	14戊申22	14戊寅21	14丁未20	14丁丑⑲
《3月》	15癸未㉛	15壬子29	15壬午29	15辛亥27	15辛巳27	15庚戌㉕	15庚辰24	15己酉23	15己卯22	15戊申21	15戊寅20
15癸丑 1	《4月》	16癸丑30	16癸未30	16壬子28	16壬午㉘	16辛亥26	16辛巳25	16庚戌24	16庚辰23	16己酉㉒	16己卯21
16甲寅 2	16甲申 1	《5月》	17甲申31	17癸丑29	17癸未29	17壬子27	17壬午26	17辛亥25	17辛巳㉔	17庚戌23	17庚辰22
17乙卯③	**17**乙酉 2	17甲寅 1	《6月》	18甲寅㉚	18甲申30	18癸丑28	18癸未27	18壬子26	18壬午25	18辛亥24	18辛巳23
18丙辰 4	18丙戌 3	**18**乙卯 2	18乙酉 1	《7月》	19乙酉31	19甲寅29	19甲申28	19癸丑㉗	19癸未26	19壬子25	19壬午24
19丁巳 5	19丁亥 4	19丙辰 3	**19**丙戌②	19乙卯 1	《8月》	20乙卯30	20乙酉㉙	20甲寅28	20甲申27	20癸丑26	20癸未25
20戊午 6	20戊子 5	20丁巳 4	20丁亥 3	**20**丙辰 2	20丙戌 1	21丙辰31	21丙戌30	21乙卯29	21乙酉28	21甲寅27	21甲申㉖
21己未 7	21己丑 6	21戊午⑤	21戊子 4	21丁巳 3	**21**丁亥 2	《9月》	《10月》	22丙辰30	22丙戌29	22乙卯28	22乙酉27
22庚申 8	22庚寅⑦	22己未 6	22己丑 5	22戊午 4	22戊子 3	**22**丁巳①	22丁亥 1	23丁巳31	23丁亥30	23丙辰㉙	23丙戌28
23辛酉 9	23辛卯 8	23庚申 7	23庚寅 6	23己未 5	23己丑④	23戊午 2	**23**戊子 2	《11月》	《12月》	24丁巳30	24丁亥29
24壬戌⑩	24壬辰 9	24辛酉 8	24辛卯 7	24庚申 6	24庚寅 5	24己未 3	24己丑 3	**24**戊午 1	**24**戊子①	25戊午31	25戊子30
25癸亥11	25癸巳10	25壬戌 9	25壬辰 8	25辛酉⑦	25辛卯 6	25庚申 4	25庚寅 4	25己未 2	25己丑 2	889年	**26**己丑31
26甲子12	26甲午11	26癸亥10	26癸巳⑨	26壬戌 8	26壬辰 7	26辛酉 5	26辛卯 5	26庚申③	26庚寅 3	《1月》	《2月》
27乙丑13	27乙未12	27甲子11	27甲午10	27癸亥 9	27癸巳 8	27壬戌 6	27壬辰⑥	27辛酉 4	27辛卯 4	**26**己未 1	27庚寅 1
28丙寅14	28丙申13	28乙丑⑫	28乙未11	28甲子10	28甲午 9	28癸亥 7	28癸巳 7	28壬戌 5	28壬辰 5	27庚申 2	28辛卯②
29丁卯15	29丁酉⑭	29丙寅13	29丙申12	29乙丑11	29乙未10	29甲子⑧	29甲午 8	29癸亥 6	29癸巳 6	28辛酉 3	29壬辰 3
30戊辰16		30丁卯14		30丙寅12		30乙丑 9		30甲子 7		29壬戌 4	
										30癸亥⑤	

雨水 1日 啓蟄 16日	春分 2日 清明 17日	穀雨 3日 立夏 18日	小満 4日 芒種 19日	夏至 5日 小暑 20日	大暑 5日 立秋 21日	処暑 7日 白露 22日	秋分 7日 寒露 23日	霜降 9日 立冬 24日	小雪 9日 大雪 24日	冬至 11日 小寒 26日	大寒 11日 立春 26日

寛平元年〔仁和**5**年〕（889－890） 己酉

改元 4/27（仁和→寛平）

1月	2月	3月	4月	5月	6月	7月	8月	9月	10月	11月	12月
1 癸巳 4 2 甲午 5 3 乙未 6 4 丙申 7 5 丁酉 8 6 戊戌⑨ 7 己亥10 8 庚子11 9 辛丑12 10壬寅13 11癸卯14 12甲辰15 **13**乙巳⑯ 14丙午17 15丁未18 16戊申19 17己酉20 18庚戌21 19辛亥22 20壬子㉓ 21癸丑24 22甲寅25 23乙卯26 24丙辰27 25丁巳28 《3月》 26戊午 1 27己未② **28**庚申 3 29辛酉 4 30壬戌 5	1 癸亥 6 2 甲子 7 3 乙丑 8 4 丙寅⑨ 5 丁卯10 6 戊辰11 7 己巳12 8 庚午13 9 辛未14 10壬申15 11癸酉⑯ 12甲戌17 **13**乙亥18 14丙子19 15丁丑20 16戊寅21 17己卯22 18庚辰㉓ 19辛巳24 20壬午25 21癸未26 22甲申27 23乙酉28 24丙戌29 25丁亥㉚ 26戊子31 《4月》 27己丑 1 **28**庚寅 2 29辛卯 3	1 壬辰 4 2 癸巳 5 3 甲午⑥ 4 乙未 7 5 丙申 8 6 丁酉 9 7 戊戌10 8 己亥11 9 庚子12 10辛丑⑬ 11壬寅14 12癸卯15 13甲辰16 **14**乙巳17 15丙午18 16丁未19 17戊申⑳ 18己酉21 19庚戌22 20辛亥23 21壬子24 22癸丑25 23甲寅26 24乙卯㉗ 25丙辰28 26丁巳29 27戊午30 《5月》 28己未 1 29庚申 2 **30**辛酉 3	1 壬戌④ 2 癸亥 5 3 甲子 6 4 乙丑 7 5 丙寅 8 6 丁卯 9 7 戊辰10 8 己巳⑪ 9 庚午12 10辛未13 11壬申14 12癸酉15 13甲戌16 14乙亥17 **15**丙子⑱ 16丁丑19 17戊寅20 18己卯21 19庚辰22 20辛巳23 21壬午24 22癸未㉕ 23甲申26 24乙酉27 25丙戌28 26丁亥29 27戊子30 28己丑31 《6月》 29庚寅①	**1** 辛卯 2 2 壬辰 3 3 癸巳 4 4 甲午 5 5 乙未 6 6 丙申 7 7 丁酉⑧ 8 戊戌 9 9 己亥10 10庚子11 11辛丑12 12壬寅13 13癸卯14 14甲辰⑮ 15乙巳16 **16**丙午17 17丁未18 18戊申19 19己酉20 20庚戌21 21辛亥㉒ 22壬子23 23癸丑24 24甲寅25 25乙卯26 26丙辰27 27丁巳28 28戊午㉙ 29己未30 《7月》 30庚申 1	**1** 辛酉 2 2 壬戌 3 3 癸亥 4 4 甲子 5 5 乙丑⑥ 6 丙寅 7 7 丁卯 8 8 戊辰 9 9 己巳10 10庚午11 11辛未12 12壬申⑬ 13癸酉14 14甲戌15 15乙亥16 16丙子17 **17**丁丑18 18戊寅19 19己卯⑳ 20庚辰21 21辛巳22 22壬午23 23癸未24 24甲申25 25乙酉26 26丙戌㉗ 27丁亥28 28戊子29 29己丑30 30庚寅31	《8月》 1 辛卯 1 **2** 壬辰 2 3 癸巳③ 4 甲午 4 5 乙未 5 6 丙申 6 7 丁酉 7 8 戊戌 8 9 己亥 9 10庚子⑩ 11辛丑11 12壬寅12 13癸卯13 14甲辰14 15乙巳15 16丙午16 **17**丁未⑰ 18戊申18 19己酉19 20庚戌20 21辛亥21 22壬子22 23癸丑23 24甲寅㉔ 25乙卯25 26丙辰26 27丁巳27 28戊午28 29己未29	1 庚申30 2 辛酉㉛ 《9月》 **3** 壬戌 1 4 癸亥 2 5 甲子 3 6 乙丑 4 7 丙寅 5 8 丁卯 6 9 戊辰⑦ 10己巳 8 11庚午 9 12辛未10 13壬申11 14癸酉12 15甲戌13 16乙亥⑭ 17丙子15 18丁丑16 **19**戊寅17 20己卯18 21庚辰19 22辛巳20 23壬午㉑ 24癸未22 25甲申23 26乙酉24 27丙戌25 28丁亥26 29戊子27 30己丑㉘	1 庚寅29 2 辛卯30 《10月》 3 壬辰 1 **4** 癸巳 2 5 甲午 3 6 乙未 4 7 丙申⑤ 8 丁酉 6 9 戊戌 7 10己亥 8 11庚子 9 12辛丑10 13壬寅11 14癸卯⑫ 15甲辰13 16乙巳14 17丙午15 18丁未16 **19**戊申17 20己酉18 21庚戌⑲ 22辛亥20 23壬子21 24癸丑22 25甲寅23 26乙卯24 27丙辰25 28丁巳㉖ 29戊午27	1 己未28 2 庚申29 3 辛酉30 4 壬戌31 《11月》 **5** 癸亥 1 6 甲子② 7 乙丑 3 8 丙寅 4 9 丁卯 5 10戊辰 6 11己巳 7 12庚午 8 13辛未⑨ 14壬申10 15癸酉11 16甲戌12 17乙亥13 18丙子14 19丁丑15 **20**戊寅⑯ 21己卯17 22庚辰18 23辛巳19 24壬午20 25癸未21 26甲申22 27乙酉㉓ 28丙戌24 29丁亥25 30戊子26	1 己丑27 2 庚寅28 3 辛卯29 4 壬辰㉚ 《12月》 5 癸巳 1 **6** 甲午 2 7 乙未 3 8 丙申 4 9 丁酉 5 10戊戌 6 11己亥⑦ 12庚子 8 13辛丑 9 14壬寅10 15癸卯11 16甲辰12 17乙巳13 18丙午⑭ 19丁未15 20戊申16 **21** 己酉17 22庚戌18 23辛亥19 24壬子20 25癸丑㉑ 26甲寅22 27乙卯23 28丙辰24 29丁巳25	1 戊午26 2 己未27 3 庚申㉘ 4 辛酉29 5 壬戌30 6 癸亥31 **890**年 《1月》 **7** 甲子 1 8 乙丑 2 9 丙寅 3 10丁卯④ 11戊辰 5 12己巳 6 13庚午 7 14辛未 8 15壬申 9 16癸酉10 17甲戌⑪ 18乙亥12 19丙子13 20丁丑14 21戊寅15 **22**己卯16 23庚辰17 24辛巳⑱ 25壬午19 26癸未20 27甲申21 28乙酉22 29丙戌23 30丁亥24
雨水 13日 啓蟄 28日	春分 13日 清明 28日	穀雨 14日 立夏 30日	小満 15日	芒種 1日 夏至 16日	小暑 1日 大暑 17日	立秋 2日 処暑 17日	白露 3日 秋分 19日	寒露 4日 霜降 19日	立冬 5日 小雪 20日	大雪 6日 冬至 21日	小寒 7日 大寒 22日

寛平**2**年（890－891） 庚戌

1月	2月	3月	4月	5月	6月	7月	8月	9月	閏9月	10月	11月	12月
1 戊子㉕ 2 己丑26 3 庚寅27 4 辛卯28 5 壬辰29 6 癸巳30 7 甲午31 《2月》 **8** 乙未① 9 丙申 2 10丁酉 3 11戊戌 4 12己亥 5 13庚子 6 14辛丑 7 15壬寅⑧ 16癸卯 9 17甲辰10 18乙巳11 19丙午12 20丁未13 21戊申14 22己酉⑮ **23**庚戌16 24辛亥17 25壬子18 26癸丑19 27甲寅20 28乙卯21 29丙辰㉒	1 丁巳23 2 戊午24 3 己未25 4 庚申26 5 辛酉27 6 壬戌28 《3月》 7 癸亥① 8 甲子 2 **9** 乙丑 3 10丙寅 4 11丁卯 5 12戊辰 6 13己巳 7 14庚午⑧ 15辛未 9 16壬申10 17癸酉11 18甲戌12 19乙亥13 20丙子14 21丁丑⑮ 22戊寅16 23己卯17 **24**庚辰18 25辛巳19 26壬午20 27癸未21 28甲申㉒ 29乙酉23 30丙戌24	1 丁亥25 2 戊子26 3 己丑27 4 庚寅28 5 辛卯㉙ 6 壬辰30 7 癸巳31 《4月》 8 甲午 1 **9** 乙未 2 10丙申 3 11丁酉 4 12戊戌⑤ 13己亥 6 14庚子 7 15辛丑 8 16壬寅 9 17癸卯10 18甲辰11 19乙巳⑫ 20丙午13 21丁未14 22戊申15 23己酉16 24庚戌17 **25**辛亥18 26壬子⑲ 27癸丑20 28甲寅21 29乙卯22	1 丙辰23 2 丁巳24 3 戊午25 4 己未㉖ 5 庚申27 6 辛酉28 7 壬戌29 8 癸亥30 《5月》 9 甲子 1 10乙丑 2 **11**丙寅③ 12丁卯 4 13戊辰 5 14己巳 6 15庚午 7 16辛未 8 17壬申 9 18癸酉⑩ 19甲戌11 20乙亥12 21丙子13 22丁丑14 23戊寅15 24己卯16 25庚辰⑰ **26**辛巳18 27壬午19 28癸未20 29甲申21 30乙酉22	1 丙戌23 2 丁亥㉔ 3 戊子25 4 己丑26 5 庚寅27 6 辛卯28 7 壬辰29 8 癸巳30 9 甲午㉛ 《6月》 10乙未 1 **11**丙申 2 12丁酉 3 13戊戌 4 14己亥 5 15庚子 6 16辛丑⑦ 17壬寅 8 18癸卯 9 19甲辰10 20乙巳11 21丙午12 22丁未13 23戊申⑭ 24己酉15 25庚戌16 26辛亥17 **27**壬子18 28癸丑19 29甲寅20	1 乙卯㉑ 2 丙辰22 3 丁巳23 4 戊午24 5 己未25 6 庚申26 7 辛酉27 8 壬戌㉘ 9 癸亥29 10甲子30 《7月》 11乙丑 1 12丙寅 2 **13**丁卯 3 14戊辰 4 15己巳⑤ 16庚午 6 17辛未 7 18壬申 8 19癸酉 9 20甲戌10 21乙亥11 22丙子⑫ 23丁丑13 24戊寅14 25己卯15 26庚辰16 27辛巳17 **28**壬午18 29癸未⑲ 30甲申20	1 乙酉21 2 丙戌22 3 丁亥23 4 戊子24 5 己丑25 6 庚寅㉖ 7 辛卯27 8 壬辰28 9 癸巳29 10甲午30 11乙未31 《8月》 12丙申 1 **13**丁酉② 14戊戌 3 15己亥 4 16庚子 5 17辛丑 6 18壬寅 7 19癸卯 8 20甲辰⑨ 21乙巳10 22丙午11 23丁未12 24戊申13 25己酉14 26庚戌15 27辛亥⑯ **28**壬子17 29癸丑18	1 甲寅19 2 乙卯20 3 丙辰21 4 丁巳22 5 戊午㉓ 6 己未24 7 庚申25 8 辛酉26 9 壬戌27 10癸亥28 11甲子29 12乙丑㉚ 13丙寅31 《9月》 14丁卯 1 **15**戊辰 2 16己巳 3 17庚午 4 18辛未 5 19壬申⑥ 20癸酉 7 21甲戌 8 22乙亥 9 23丙子10 24丁丑11 25戊寅12 26己卯⑬ 27庚辰14 28辛巳15 29壬午16 **30**癸未17	1 甲申18 2 乙酉19 3 丙戌⑳ 4 丁亥21 5 戊子22 6 己丑23 7 庚寅24 8 辛卯25 9 壬辰26 10癸巳㉗ 11甲午28 12乙未29 13丙申30 《10月》 14丁酉 1 **15**戊戌 2 16己亥 3 17庚子④ 18辛丑 5 19壬寅 6 20癸卯 7 21甲辰 8 22乙巳 9 23丙午10 24丁未⑪ 25戊申12 26己酉13 27庚戌14 28辛亥15 29壬子16 **30**癸丑17	1 甲寅⑱ 2 乙卯19 3 丙辰20 4 丁巳21 5 戊午22 6 己未23 7 庚申24 8 辛酉㉕ 9 壬戌26 10癸亥27 11甲子28 12乙丑29 13丙寅30 14丁卯31 《11月》 **15**戊辰① 16己巳 2 17庚午 3 18辛未 4 19壬申 5 20癸酉 6 21甲戌 7 22乙亥⑧ 23丙子 9 24丁丑10 25戊寅11 26己卯12 27庚辰13 28辛巳14 29壬午⑮	1 癸未16 **2** 甲申17 3 乙酉18 4 丙戌19 5 丁亥20 6 戊子21 7 己丑㉒ 8 庚寅23 9 辛卯24 10壬辰25 11癸巳26 12甲午27 13乙未28 14丙申㉙ 15丁酉30 《12月》 16戊戌 1 **17**己亥 2 18庚子 3 19辛丑 4 20壬寅 5 21癸卯⑥ 22甲辰 7 23乙巳 8 24丙午 9 25丁未10 26戊申11 27己酉12 28庚戌⑬ 29辛亥14 30壬子15	1 癸丑16 **2** 甲寅17 3 乙卯18 4 丙辰19 5 丁巳⑳ 6 戊午21 7 己未22 8 庚申23 9 辛酉24 10壬戌25 11癸亥26 12甲子㉗ 13乙丑28 14丙寅29 15丁卯30 16戊辰31 **891**年 《1月》 **17**己巳 1 18庚午 2 19辛未③ 20壬申 4 21癸酉 5 22甲戌 6 23乙亥 7 24丙子 8 25丁丑 9 26戊寅⑩ 27己卯11 28庚辰12 29辛巳13	1 壬午14 2 癸未15 3 甲申16 **4** 乙酉⑰ 5 丙戌18 6 丁亥19 7 戊子20 8 己丑21 9 庚寅22 10辛卯23 11壬辰㉔ 12癸巳25 13甲午26 14乙未27 15丙申28 16丁酉29 17戊戌30 18己亥㉛ 《2月》 **19**庚子 1 20辛丑 2 21壬寅 3 22癸卯 4 23甲辰 5 24乙巳 6 25丙午⑦ 26丁未 8 27戊申 9 28己酉10 29庚戌11
立春 8日 雨水 23日	啓蟄 9日 春分 24日	清明 9日 穀雨 25日	立夏 11日 小満 26日	芒種 11日 夏至 27日	小暑 13日 大暑 28日	立秋 13日 処暑 28日	白露 15日 秋分 30日	寒露 15日 霜降 30日	立冬15日	小雪 2日 大雪 17日	冬至 2日 小寒 17日	大寒 4日 立春 19日

寛平3年（891－892） 辛亥

1月	2月	3月	4月	5月	6月	7月	8月	9月	10月	11月	12月
1辛亥12	1辛巳⑭	1辛亥13	1庚辰12	1己酉10	1己卯10	1戊申⑧	1戊寅7	1戊申7	1戊寅6	1丁未⑤	1丁丑4
2壬子13	2壬午15	2壬子14	2辛巳13	2庚戌11	2庚辰⑪	2己酉9	2己卯8	2己酉8	2己卯⑦	2戊申6	2戊寅5
3癸丑⑭	3癸未16	3癸丑15	3壬午14	3辛亥12	3辛巳12	3庚戌10	3庚辰9	3庚戌9	3庚辰8	3己酉7	3己卯6
4甲寅15	4甲申17	4甲寅16	4癸未15	4壬子⑬	4壬午13	4辛亥11	4辛巳10	4辛亥⑩	4辛巳9	4庚戌8	4庚辰7
5乙卯16	**5**乙酉18	5乙卯17	5甲申⑯	5癸丑14	5癸未14	5壬子12	5壬午11	5壬子11	5壬午10	5辛亥9	5辛巳8
6丙辰17	6丙戌19	**6**丙辰⑱	6乙酉17	6甲寅15	6甲申15	6癸丑13	6癸未⑫	6癸丑12	6癸未11	6壬子10	6壬午⑨
7丁巳18	7丁亥20	7丁巳19	**7**丙戌18	7乙卯16	7乙酉16	7甲寅14	7甲申13	7甲寅13	7甲申12	7癸丑11	7癸未10
8戊午19	8戊子㉑	8戊午20	8丁亥19	8丙辰17	8丙戌17	8乙卯⑮	8乙酉14	8乙卯14	8乙酉13	8甲寅⑫	8甲申11
9己未20	9己丑22	9己未21	9戊子20	**9**丁巳18	**9**丁亥⑱	9丙辰16	9丙戌15	9丙辰15	9丙戌⑭	9乙卯13	9乙酉12
10庚申㉑	10庚寅23	10庚申22	10己丑21	10戊午19	10戊子19	10丁巳17	10丁亥16	10丁巳16	10丁亥15	10丙辰14	10丙戌13
11辛酉22	11辛卯24	11辛酉23	11庚寅22	11己未⑳	11己丑20	**11**戊午18	**11**戊子17	11戊午⑰	11戊子16	11丁巳15	11丁亥14
12壬戌23	12壬辰25	12壬戌24	12辛卯㉓	12庚申21	12庚寅21	12己未19	12己丑18	**12**己未18	**12**己丑17	12戊午16	12戊子15
13癸亥24	13癸巳26	13癸亥㉕	13壬辰24	13辛酉22	13辛卯22	13庚申20	13庚寅⑲	13庚申19	13庚寅18	**13**己未17	13己丑⑯
14甲子25	14甲午27	14甲子26	14癸巳25	14壬戌23	14壬辰23	14辛酉21	14辛卯20	14辛酉20	14辛卯19	14庚申18	**14**庚寅17
15乙丑26	15乙未㉘	15乙丑27	15甲午26	15癸亥24	15癸巳24	15壬戌㉒	15壬辰21	15壬戌21	15壬辰20	15辛酉⑲	15辛卯18
16丙寅27	16丙申29	16丙寅28	16乙未27	16甲子25	16甲午㉕	16癸亥23	16癸巳22	16癸亥22	16癸巳㉑	16壬戌20	16壬辰19
17丁卯㉘	17丁酉30	17丁卯29	17丙申28	17乙丑26	17乙未26	17甲子24	17甲午23	17甲子23	17甲午22	17癸亥21	17癸巳20
《3月》	18戊戌31	18戊辰30	18丁酉29	18丙寅㉗	18丙申27	18乙丑25	18乙未24	18乙丑㉔	18乙未23	18甲子22	18甲午21
18戊辰1	《4月》	《5月》	19戊戌㉚	19丁卯28	19丁酉28	19丙寅26	19丙申25	19丙寅25	19丙申24	19乙丑23	19乙未22
19己巳2	19己亥1	19己巳1	20己亥31	20戊辰29	20戊戌29	20丁卯27	20丁酉㉖	20丁卯26	20丁酉25	20丙寅24	20丙申㉓
20庚午3	20庚子2	20庚午②	《6月》	21己巳30	21己亥30	21戊辰28	21戊戌27	21戊辰27	21戊戌26	21丁卯25	21丁酉24
21辛未4	**21**辛丑3	**21**辛未3	21庚子1	《7月》	22庚子31	22己巳㉙	22己亥28	22己巳28	22己亥27	22戊辰㉖	22戊戌25
22壬申5	22壬寅④	22壬申4	22辛丑2	22庚午1	《8月》	23庚午30	23庚子29	23庚午29	23庚子㉘	23己巳27	23己亥26
23癸酉6	23癸卯5	23癸酉5	**23**壬寅3	23辛未2	23辛丑①	24辛未31	24辛丑30	24辛未30	24辛丑29	24庚午28	24庚子27
24甲戌⑦	24甲辰6	24甲戌6	24癸卯4	**24**壬申3	**24**壬寅2	《9月》	《10月》	25壬申㉛	25壬寅30	25辛未29	25辛丑28
25乙亥8	25乙巳7	25乙亥7	25甲辰5	25癸酉④	25癸卯3	25壬申1	25壬寅1	《11月》	《12月》	26壬申30	26壬寅29
26丙子9	26丙午8	26丙子8	26乙巳⑥	26甲戌5	26甲辰4	**26**癸酉2	**26**癸卯2	26癸酉1	26癸卯1	27癸酉31	27癸卯㉚
27丁丑10	27丁未9	27丁丑⑨	27丙午7	27乙亥6	27乙巳5	27甲戌3	27甲辰③	**27**甲戌2	**27**甲辰2	**892**年	28甲辰31
28戊寅11	28戊申10	28戊寅10	28丁未8	28丙子7	28丙午6	28乙亥4	28乙巳4	28乙亥3	28乙巳3	《1月》	《2月》
29己卯12	29己酉⑪	29己卯11	29戊申9	29丁丑8	29丁未7	29丙子⑤	29丙午5	29丙子4	29丙午4	28甲戌1	**29**乙巳1
30庚辰13	30庚戌12			30戊寅9		30丁丑6	30丁未6	30丁丑5		**29**乙亥②	30丙午2
										30丙子3	
雨水 5日 啓蟄 20日	春分 5日 清明 21日	穀雨 6日 立夏 21日	小満 7日 芒種 23日	夏至 9日 小暑 24日	大暑 9日 立秋 24日	処暑 11日 白露 26日	秋分 11日 寒露 26日	霜降 12日 立冬 27日	小雪 12日 大雪 27日	冬至 13日 小寒 29日	大寒 14日 立春 29日

寛平4年（892－893） 壬子

1月	2月	3月	4月	5月	6月	7月	8月	9月	10月	11月	12月
1丁未3	1丙子3	《4月》	《5月》	1甲辰30	1癸酉28	1癸卯28	1壬申26	1壬寅25	1壬申25	1辛丑23	1辛未23
2戊申4	2丁丑4	1乙巳1	1乙亥1	2乙巳31	2甲戌29	2甲辰29	2癸酉㉗	2癸卯26	2癸酉26	2壬寅24	2壬申㉔
3己酉5	3戊寅⑤	**2**丙午②	**2**丙子2	《6月》	3乙亥30	3乙巳㉚	3甲戌28	3甲辰27	3甲戌27	3癸卯25	3癸酉25
4庚戌⑥	4己卯6	3丁未3	3丁丑3	3丙午1	《7月》	4丙午31	4乙亥29	4乙巳28	4乙亥28	4甲辰㉖	4甲戌26
5辛亥7	5庚辰7	4戊申4	4戊寅4	**4**丁未2	4丙子1	《8月》	5丙子30	5丙午29	5丙子㉙	5乙巳27	5乙亥27
6壬子8	6辛巳8	5己酉5	5己卯5	5戊申3	**5**丁丑②	5丁未1	6丁丑31	6丁未30	6丁丑30	6丙午28	6丙子28
7癸丑9	7壬午9	6庚戌6	6庚辰6	6己酉④	6戊寅3	**6**戊申2	《9月》	《10月》	7戊寅31	7丁未29	7丁丑29
8甲寅10	8癸未10	7辛亥7	7辛巳⑦	7庚戌5	7己卯4	7己酉3	**7**戊寅1	7戊申①	《11月》	8戊申30	8戊寅30
9乙卯11	9甲申11	8壬子8	8壬午8	8辛亥6	8庚辰5	8庚戌4	8己卯2	**8**己酉2	**8**己卯1	《12月》	9己卯㉛
10丙辰12	10乙酉⑫	9癸丑⑨	9癸未9	9壬子7	9辛巳6	9辛亥5	9庚辰③	9庚戌3	9庚辰2	**9**己酉1	**893**年
11丁巳⑬	11丙戌13	10甲寅10	10甲申10	10癸丑8	10壬午7	10壬子⑥	10辛巳4	10辛亥4	10辛巳3	10庚戌2	《1月》
12戊午14	12丁亥14	11乙卯11	11乙酉11	11甲寅9	11癸未8	11癸丑7	11壬午5	11壬子5	11壬午4	11辛亥③	**10**庚辰1
13己未15	13戊子15	12丙辰12	12丙戌12	12乙卯10	12甲申⑨	12甲寅8	12癸未6	12癸丑6	12癸未⑤	12壬子4	11辛巳2
14庚申16	14己丑16	13丁巳13	13丁亥13	13丙辰⑪	13乙酉10	13乙卯9	13甲申7	13甲寅7	13甲申6	13癸丑5	12壬午3
15辛酉17	15庚寅17	14戊午14	14戊子⑭	14丁巳12	14丙戌11	14丙辰10	14乙酉8	14乙卯⑧	14乙酉7	14甲寅6	13癸未4
16壬戌18	**16**辛卯18	15己未15	15己丑15	15戊午13	15丁亥12	15丁巳11	15丙戌9	15丙辰9	15丙戌8	15乙卯7	14甲申5
17癸亥19	17壬辰⑲	16庚申⑯	16庚寅16	16己未14	16戊子13	16戊午12	16丁亥⑩	16丁巳10	16丁亥9	16丙辰8	15乙酉6
18甲子⑳	18癸巳20	**17**辛酉17	17辛卯17	17庚申15	17己丑14	17己未⑬	17戊子11	17戊午11	17戊子10	17丁巳9	16丙戌⑦
19乙丑21	19甲午21	18壬戌18	**18**壬辰18	18辛酉16	18庚寅15	18庚申14	18己丑12	18己未12	18己丑11	18戊午⑩	17丁亥8
20丙寅22	20乙未22	19癸亥19	19癸巳19	**19**壬戌17	19辛卯⑯	19辛酉15	19庚寅13	19庚申13	19庚寅⑫	19己未11	18戊子9
21丁卯23	21丙申23	20甲子20	20甲午20	20癸亥⑱	**20**壬辰17	20壬戌16	20辛卯14	20辛酉14	20辛卯13	20庚申12	19己丑10
22戊辰24	22丁酉24	21乙丑21	21乙未㉑	21甲子19	21癸巳18	**21**癸亥17	21壬辰15	21壬戌⑮	21壬辰14	21辛酉13	20庚寅11
23己巳25	23戊戌25	22丙寅22	22丙申22	22乙丑20	22甲午19	22甲子18	**22**癸巳16	22癸亥16	22癸巳15	22壬戌14	21辛卯12
24庚午26	24己亥㉖	23丁卯㉓	23丁酉23	23丙寅21	23乙未20	23乙丑19	23甲午⑰	**23**甲子17	**23**甲午16	23癸亥15	22壬辰13
25辛未㉗	25庚子27	24戊辰24	24戊戌24	24丁卯22	24丙申21	24丙寅⑳	24乙未18	24乙丑18	24乙未17	24甲子16	23癸巳⑭
26壬申28	26辛丑28	25己巳25	25己亥25	25戊辰23	25丁酉22	25丁卯21	25丙申19	25丙寅19	25丙申18	**25**乙丑⑰	24甲午15
27癸酉29	27壬寅29	26庚午26	26庚子26	26己巳24	26戊戌㉓	26戊辰22	26丁酉20	26丁卯20	26丁酉⑲	26丙寅18	**25**乙未16
《3月》	28癸卯30	27辛未27	27辛丑27	27庚午㉕	27己亥24	27己巳23	27戊戌21	27戊辰21	27戊戌20	27丁卯19	26丙申17
28甲戌1	29甲辰31	28壬申28	28壬寅㉘	28辛未26	28庚子25	28庚午24	28己亥22	28己巳㉒	28己亥21	28戊辰20	27丁酉18
29乙亥2		29癸酉29	29癸卯29	29壬申27	29辛丑26	29辛未25	29庚子23	29庚午23	29庚子22	29己巳21	28戊戌19
		30甲戌㉚			30壬寅27		30辛丑㉔	30辛未24		30庚午22	29己亥20
											30庚子㉑
雨水 14日 啓蟄 29日	春分 16日	清明 2日 穀雨 17日	立夏 2日 小満 18日	芒種 4日 夏至 19日	小暑 5日 大暑 20日	立秋 6日 処暑 21日	白露 7日 秋分 22日	寒露 8日 霜降 23日	立冬 8日 小雪 23日	大雪 9日 冬至 25日	小寒 10日 大寒 25日

寛平5年（893－894） 癸丑

1月	2月	3月	4月	5月	閏5月	6月	7月	8月	9月	10月	11月	12月
1 辛丑22	1 庚午20	1 庚子22	1 己巳20	1 己亥⑳	1 戊辰18	1 丁酉17	1 丁卯16	1 丙申14	1 丙寅⑭	1 乙未12	1 乙丑12	1 乙未11
2 壬寅23	2 辛未21	2 辛丑23	2 庚午21	2 庚子21	2 己巳19	2 戊戌18	2 戊辰17	2 丁酉15	2 丁卯15	2 丙申13	2 丙寅13	2 丙申12
3 癸卯24	3 壬申22	3 壬寅24	3 辛未㉒	3 辛丑22	3 庚午20	3 己亥19	3 己巳18	3 戊戌⑯	3 戊辰16	3 丁酉14	3 丁卯14	3 丁酉⑬
4 甲辰25	4 癸酉23	4 癸卯㉕	4 壬申23	4 壬寅23	4 辛未21	4 庚子20	4 庚午⑲	4 己亥17	4 己巳17	4 戊戌15	4 戊辰15	4 戊戌14
5 乙巳26	5 甲戌24	5 甲辰26	5 癸酉24	5 癸卯24	5 壬申22	5 辛丑21	5 辛未20	5 庚子18	5 庚午18	5 己亥16	5 己巳⑯	5 己亥15
6 丙午27	6 乙亥㉕	6 乙巳27	6 甲戌25	6 甲辰25	6 癸酉23	6 壬寅㉒	6 壬申21	6 辛丑19	6 辛未19	6 庚子17	6 庚午17	6 庚子16
7 丁未㉘	7 丙子26	7 丙午28	7 乙亥26	7 乙巳26	7 甲戌㉔	7 癸卯23	7 癸酉22	7 壬寅20	7 壬申20	7 辛丑⑱	7 辛未18	7 辛丑17
8 戊申29	8 丁丑27	8 丁未29	8 丙子27	8 丙午㉗	8 乙亥25	8 甲辰24	8 甲戌23	8 癸卯21	8 癸酉㉑	8 壬寅19	8 壬申19	8 壬寅18
9 己酉30	9 戊寅28	9 戊申30	9 丁丑28	9 丁未28	9 丙子26	9 乙巳25	9 乙亥24	9 甲辰22	9 甲戌22	9 癸卯20	9 癸酉20	9 癸卯19
10庚戌31	《3月》	10己酉31	10戊寅㉙	10戊申29	10丁丑27	10丙午26	10丙子25	10乙巳㉓	10乙亥23	10甲辰21	10甲戌21	10甲辰⑳
《2月》	10己卯 1	《4月》	11己卯30	11己酉30	11戊寅28	11丁未27	11丁丑㉖	11丙午24	11丙子24	11乙巳22	11乙亥22	11乙巳21
11辛亥 1	11庚辰 2	11庚戌①	《5月》	12庚戌31	12己卯29	12戊申28	12戊寅27	12丁未25	12丁丑25	12丙午23	12丙子㉓	12丙午22
12壬子 2	12辛巳 3	12辛亥 2	12庚辰 1	《6月》	13庚辰30	13己酉㉙	13己卯28	13戊申26	13戊寅26	13丁未24	13丁丑24	13丁未23
13癸丑 3	13壬午④	13壬子 3	13辛巳 2	13辛亥 1	《7月》	14庚戌30	14庚辰29	14己酉27	14己卯27	14戊申㉕	14戊寅25	14戊申24
14甲寅④	14癸未 5	14癸丑 4	14壬午 3	14壬子 2	14辛巳①	15辛亥31	15辛巳30	15庚戌28	15庚辰㉘	15己酉26	15己卯26	15己酉25
15乙卯 5	15甲申 6	15甲寅 5	15癸未 4	15癸丑③	15壬午 2	《8月》	16壬午31	16辛亥29	16辛巳29	16庚戌27	16庚辰27	16庚戌26
16丙辰 6	16乙酉 7	16乙卯 6	16甲申 5	16甲寅 4	16癸未 3	16壬子 1	《9月》	17壬子㉚	17壬午30	17辛亥28	17辛巳28	17辛亥㉗
17丁巳 7	17丙戌 8	17丙辰 7	17乙酉⑥	17乙卯 5	17甲申 4	17癸丑 2	17癸未 1	《10月》	18癸未31	18壬子29	18壬午29	18壬子28
18戊午 8	18丁亥 9	18丁巳⑧	18丙戌 7	18丙辰 6	18乙酉 5	18甲寅 3	18甲申②	18癸丑 1	《11月》	19癸丑30	19癸未㉚	19癸丑29
19己未 9	19戊子10	19戊午 9	19丁亥 8	19丁巳 7	19丙戌 6	19乙卯 4	19乙酉 3	19甲寅 2	19甲申 1	《12月》	20甲申31	20甲寅30
20庚申10	20己丑⑪	20己未10	20戊子 9	20戊午 8	20丁亥 7	20丙辰⑤	20丙戌 4	20乙卯 3	20乙酉 2	20甲寅 1	894年	21乙卯31
21辛酉⑪	21庚寅12	21庚申11	21己丑10	21己未 9	21戊子⑧	21丁巳 6	21丁亥 5	21丙辰 4	21丙戌 3	21乙卯②	《1月》	《2月》
22壬戌12	22辛卯13	22辛酉12	22庚寅11	22庚申⑩	22己丑 9	22戊午 7	22戊子 6	22丁巳 5	22丁亥④	22丙辰 3	21乙酉 1	22丙辰 1
23癸亥13	23壬辰14	23壬戌13	23辛卯12	23辛酉11	23庚寅10	23己未 8	23己丑 7	23戊午 6	23戊子 5	23丁巳 4	22丙戌 2	23丁巳 2
24甲子14	24癸巳15	24癸亥14	24壬辰⑬	24壬戌12	24辛卯11	24庚申 9	24庚寅 8	24己未⑦	24己丑 6	24戊午 5	23丁亥 3	24戊午③
25乙丑15	25甲午16	25甲子⑮	25癸巳14	25癸亥13	25壬辰12	25辛酉10	25辛卯⑨	25庚申 8	25庚寅 7	25己未 6	24戊子 4	25己未 4
26丙寅16	26乙未17	26乙丑16	26甲午15	26甲子14	26癸巳13	26壬戌11	26壬辰10	26辛酉 9	26辛卯 8	26庚申 7	25己丑 5	26庚申 5
27丁卯17	27丙申⑱	27丙寅17	27乙未16	27乙丑15	27甲午14	27癸亥⑫	27癸巳11	27壬戌10	27壬辰 9	27辛酉 8	26庚寅⑥	27辛酉 6
28戊辰⑱	28丁酉19	28丁卯18	28丙申17	28丙寅16	28乙未⑮	28甲子13	28甲午12	28癸亥11	28癸巳10	28壬戌⑨	27辛卯 7	28壬戌 7
29己巳19	29戊戌20	29戊辰19	29丁酉18	29丁卯⑰	29丙申16	29乙丑14	29乙未13	29甲子12	29甲午⑪	29癸亥10	28壬辰 8	29癸亥 8
	30己亥21		30戊戌19			30丙寅15		30乙丑13		30甲子11	29癸巳 9	30甲子 9
											30甲午10	
立春 10日 雨水 26日	啓蟄 12日 春分 27日	清明 12日 穀雨 27日	立夏 14日 小満 29日	芒種 14日 夏至 29日	小暑15日	大暑 2日 立秋 17日	処暑 2日 白露 17日	秋分 4日 寒露 19日	霜降 4日 立冬 19日	小雪 5日 大雪 21日	冬至 6日 小寒 21日	大寒 6日 立春 22日

寛平6年（894－895） 甲寅

1月	2月	3月	4月	5月	6月	7月	8月	9月	10月	11月	12月
1 乙丑⑩	1 甲午11	1 甲子10	1 癸巳 9	1 壬戌 7	1 壬辰⑦	1 辛酉 5	1 庚寅 3	1 庚申 3	1 庚寅 2	《12月》	1 己丑31
2 丙寅11	2 乙未12	2 乙丑11	2 甲午10	2 癸亥 8	2 癸巳 8	2 壬戌 6	2 辛卯 4	2 辛酉 4	2 辛卯③	1 己未①	895年
3 丁卯12	3 丙申13	3 丙寅12	3 乙未11	3 甲子⑨	3 甲午 9	3 癸亥 7	3 壬辰 5	3 壬戌 5	3 壬辰 4	2 庚申 2	《1月》
4 戊辰13	4 丁酉14	4 丁卯13	4 丙申⑫	4 乙丑10	4 乙未10	4 甲子 8	4 癸巳 6	4 癸亥⑥	4 癸巳 5	3 辛酉 3	2 庚寅 1
5 己巳14	5 戊戌15	5 戊辰⑭	5 丁酉13	5 丙寅11	5 丙申11	5 乙丑 9	5 甲午 7	5 甲子 7	5 甲午 6	4 壬戌 4	3 辛卯 2
6 庚午15	6 己亥16	6 己巳15	6 戊戌14	6 丁卯12	6 丁酉12	6 丙寅10	6 乙未⑧	6 乙丑 8	6 乙未 7	5 癸亥 5	4 壬辰 3
7 辛未16	7 庚子⑰	7 庚午16	7 己亥15	7 戊辰13	7 戊戌13	7 丁卯⑪	7 丙申 9	7 丙寅 9	7 丙申 8	6 甲子 6	5 癸巳 4
8 壬申⑰	8 辛丑18	8 辛未17	8 庚子16	8 己巳14	8 己亥⑭	8 戊辰12	8 丁酉10	8 丁卯10	8 丁酉 9	7 乙丑 7	6 甲午⑤
9 癸酉18	9 壬寅19	9 壬申18	9 辛丑17	9 庚午15	9 庚子15	9 己巳13	9 戊戌11	9 戊辰11	9 戊戌⑩	8 丙寅⑧	7 乙未 6
10甲戌19	10癸卯20	10癸酉19	10壬寅18	10辛未⑯	10辛丑16	10庚午14	10己亥12	10己巳12	10己亥11	9 丁卯 9	8 丙申 7
11乙亥20	11甲辰21	11甲戌20	11癸卯⑲	11壬申17	11壬寅17	11辛未15	11庚子13	11庚午⑬	11庚子12	10戊辰10	9 丁酉 8
12丙子21	12乙巳22	12乙亥㉑	12甲辰20	12癸酉18	12癸卯18	12壬申16	12辛丑14	12辛未14	12辛丑13	11己巳11	10戊戌 9
13丁丑22	13丙午23	13丙子22	13乙巳21	13甲戌19	13甲辰19	13癸酉17	13壬寅⑮	13壬申15	13壬寅14	12庚午12	11己亥10
14戊寅23	14丁未㉔	14丁丑23	14丙午22	14乙亥20	14乙巳20	14甲戌⑱	14癸卯16	14癸酉16	14癸卯15	13辛未13	12庚子11
15己卯㉔	15戊申25	15戊寅24	15丁未23	15丙子21	15丙午㉑	15乙亥19	15甲辰17	15甲戌17	15甲辰16	14壬申14	13辛丑⑫
16庚辰25	16己酉26	16己卯25	16戊申24	16丁丑22	16丁未22	16丙子20	16乙巳18	16乙亥18	16乙巳⑰	15癸酉⑮	14壬寅13
17辛巳26	17庚戌27	17庚辰26	17己酉25	17戊寅㉓	17戊申23	17丁丑21	17丙午19	17丙子19	17丙午18	16甲戌16	15癸卯14
18壬午27	18辛亥28	18辛巳27	18庚戌㉖	18己卯24	18己酉24	18戊寅22	18丁未20	18丁丑⑳	18丁未19	17乙亥17	16甲辰15
19癸未28	19壬子29	19壬午㉘	19辛亥27	19庚辰25	19庚戌25	19己卯23	19戊申21	19戊寅21	19戊申20	18丙子18	17乙巳16
《3月》	20癸丑30	20癸未29	20壬子28	20辛巳26	20辛亥26	20庚辰24	20己酉㉒	20己卯22	20己酉21	19丁丑19	18丙午17
20甲申 1	21甲寅㉛	21甲申30	21癸丑29	21壬午27	21壬子27	21辛巳㉕	21庚戌23	21庚辰23	21庚戌22	20戊寅20	19丁未18
21乙酉 2	《4月》	《5月》	22甲寅30	22癸未28	22癸丑㉘	22壬午26	22辛亥24	22辛巳24	22辛亥23	21己卯21	20戊申⑲
22丙戌③	22乙卯 1	22乙酉 1	23乙卯31	23甲申29	23甲寅29	23癸未27	23壬子25	23壬午25	23壬子㉔	22庚辰㉒	21己酉20
23丁亥 4	23丙辰 2	23丙戌 2	《6月》	24乙酉㉚	24乙卯30	24甲申28	24癸丑26	24癸未26	24癸丑25	23辛巳23	22庚戌21
24戊子 5	24丁巳 3	24丁亥 3	24丙辰 1	《7月》	25丙辰31	25乙酉29	25甲寅27	25甲申㉗	25甲寅26	24壬午24	23辛亥22
25己丑 6	25戊午 4	25戊子 4	25丁巳②	25丙戌 1	《8月》	26丙戌30	26乙卯28	26乙酉28	26乙卯27	25癸未25	24壬子23
26庚寅 7	26己未 5	26己丑⑤	26戊午 3	26丁亥 2	26丁巳 1	27丁亥31	27丙辰㉙	27丙戌29	27丙辰28	26甲申26	25癸丑24
27辛卯 8	27庚申 6	27庚寅 6	27己未 4	27戊子 3	27戊午 2	《9月》	28丁巳30	28丁亥30	28丁巳29	27乙酉27	26甲寅25
28壬辰 9	28辛酉⑦	28辛卯 7	28庚申 5	28己丑 4	28己未 3	28戊子①	《10月》	29戊子31	29戊午30	28丙戌28	27乙卯㉖
29癸巳⑩	29壬戌 8	29壬辰 8	29辛酉 6	29庚寅 5	29庚申④	29己丑 2	29戊午 1	《11月》		29丁亥㉙	28丙辰27
	30癸亥 9			30辛卯 6			30己未 2	30己丑 1		30戊子30	29丁巳28
											30戊午29
雨水 7日 啓蟄 22日	春分 8日 清明 23日	穀雨 9日 立夏 24日	小満 10日 芒種 25日	夏至 11日 小暑 27日	大暑 12日 立秋 27日	処暑 13日 白露 29日	秋分 15日 寒露 30日	霜降 15日 立冬 30日	小雪 16日	大雪 2日 冬至 17日	小寒 2日 大寒 18日

寛平7年（895－896） 乙卯

1月	2月	3月	4月	5月	6月	7月	8月	9月	10月	11月	12月
1己未30	《3月》	1戊午㉚	1戊子29	1丁巳28	1丁亥27	1丙辰26	1乙酉㉔	1甲寅22	1甲申22	1癸丑20	1癸未20
2庚申31	1己丑1	2己未31	2己丑30	2戊午29	2戊子28	2丁巳㉗	2丙戌25	2乙卯23	2乙酉23	2甲寅21	2甲申㉑
《2月》	2庚寅②	《4月》	《5月》	3己未30	3己丑㉙	3戊午28	3丁亥26	3丙辰24	3丙戌24	3乙卯22	3乙酉22
3辛酉1	**3**辛卯3	3庚申1	3庚寅1	4庚申31	4庚寅30	4己未29	4戊子27	4丁巳25	4丁亥25	4丙辰㉓	4丙戌23
4壬戌②	4壬辰4	4辛酉2	4辛卯2	《6月》	《7月》	5庚申30	5己丑28	5戊午26	5戊子㉖	5丁巳24	5丁亥24
5癸亥3	5癸巳5	**5**壬戌3	**5**壬辰3	5辛酉①	5辛卯1	6辛酉31	6庚寅29	6己未27	6己丑27	6戊午25	6戊子25
6甲子4	6甲午6	6癸亥4	6癸巳④	6壬戌2	6壬辰2	《8月》	7辛卯30	7庚申㉘	7庚寅28	7己未26	7己丑26
7乙丑5	7乙未7	7甲子5	7甲午5	**7**癸亥3	**7**癸巳3	7壬戌1	8壬辰㉛	8辛酉29	8辛卯29	8庚申27	8庚寅27
8丙寅6	8丙申8	8乙丑⑥	8乙未6	8甲子4	8甲午4	**8**癸亥2	《9月》	9壬戌30	9壬辰30	9辛酉28	9辛卯㉘
9丁卯7	9丁酉⑨	9丙寅7	9丙申7	9乙丑5	9乙未5	9甲子③	9癸巳1	《10月》	10癸巳31	10壬戌29	10壬辰29
10戊辰8	10戊戌10	10丁卯8	10丁酉8	10丙寅6	10丙申⑥	10乙丑4	**10**甲午2	10癸亥1	《11月》	11癸亥㉚	11癸巳30
11己巳⑨	11己亥11	11戊辰9	11戊戌9	11丁卯7	11丁酉7	11丙寅5	11乙未3	**11**甲子2	11甲午1	《12月》	12甲午31
12庚午10	12庚子12	12己巳10	12己亥10	12戊辰⑧	12戊戌8	12丁卯6	12丙申4	12乙丑3	**12**乙未②	12甲子1	**896**年
13辛未11	13辛丑13	13庚午11	13庚子⑪	13己巳9	13己亥9	13戊辰7	13丁酉5	13丙寅4	13丙申3	**13**乙丑2	《1月》
14壬申12	14壬寅14	14辛未12	14辛丑12	14庚午10	14庚子10	14己巳8	14戊戌6	14丁卯⑤	14丁酉4	14丙寅3	13乙未1
15癸酉13	15癸卯15	15壬申⑬	15壬寅13	15辛未11	15辛丑11	15庚午9	15己亥⑦	15戊辰6	15戊戌5	15丁卯4	**14**丙申2
16甲戌14	16甲辰⑯	16癸酉14	16癸卯14	16壬申12	16壬寅12	16辛未⑩	16庚子8	16己巳7	16己亥6	16戊辰5	15丁酉3
17乙亥15	17乙巳17	17甲戌15	17甲辰15	17癸酉13	17癸卯⑬	17壬申11	17辛丑9	17庚午8	17庚子7	17己巳6	16戊戌④
18丙子⑯	**18**丙午18	18乙亥16	18乙巳16	18甲戌14	18甲辰14	18癸酉12	18壬寅10	18辛未9	18辛丑8	18庚午⑦	17己亥5
19丁丑17	19丁未19	19丙子17	19丙午17	19乙亥⑮	19乙巳15	19甲戌13	19癸卯11	19壬申10	19壬寅⑨	19辛未8	18庚子6
20戊寅18	20戊申20	**20**丁丑18	**20**丁未⑱	20丙子16	20丙午16	20乙亥14	20甲辰12	20癸酉11	20癸卯10	20壬申9	19辛丑7
21己卯19	21己酉21	21戊寅19	21戊申19	21丁丑17	21丁未17	21丙子15	21乙巳13	21甲戌⑫	21甲辰11	21癸酉10	20壬寅8
22庚辰20	22庚戌22	22己卯⑳	22己酉20	**22**戊寅18	**22**戊申18	22丁丑16	22丙午⑭	22乙亥13	22乙巳12	22甲戌11	21癸卯9
23辛巳21	23辛亥㉓	23庚辰21	23庚戌21	23己卯19	23己酉19	23戊寅⑰	23丁未15	23丙子14	23丙午13	23乙亥12	22甲辰10
24壬午22	24壬子24	24辛巳22	24辛亥22	24庚辰20	24庚戌⑳	**24**己卯18	24戊申16	24丁丑15	24丁未14	24丙子13	23乙巳⑪
25癸未㉓	25癸丑25	25壬午23	25壬子23	25辛巳21	25辛亥21	25庚辰19	**25**己酉17	25戊寅16	25戊申15	25丁丑⑭	24丙午12
26甲申24	26甲寅26	26癸未24	26癸丑24	26壬午㉒	26壬子22	26辛巳20	26庚戌18	**26**己卯17	26己酉⑯	26戊寅15	25丁未13
27乙酉25	27乙卯27	27甲申25	27甲寅㉕	27癸未23	27癸丑23	27壬午21	27辛亥19	27庚辰18	**27**庚戌17	27己卯16	26戊申14
28丙戌26	28丙辰28	28乙酉26	28乙卯26	28甲申24	28甲寅24	28癸未22	28壬子20	28辛巳⑲	28辛亥18	**28**庚辰17	27己酉15
29丁亥27	29丁巳29	29丙戌㉗	29丙辰27	29乙酉25	29乙卯25	29甲申23	29癸丑㉑	29壬午20	29壬子19	29辛巳18	28庚戌16
30戊子28		30丁亥28		30丙戌26				30癸未21		30壬午19	**29**辛亥17
											30壬子⑱
立春3日	啓蟄3日	清明5日	立夏5日	芒種7日	小暑7日	立秋8日	白露10日	寒露11日	立冬12日	大雪13日	小寒14日
雨水18日	春分18日	穀雨20日	小満20日	夏至22日	大暑22日	処暑24日	秋分25日	霜降26日	小雪27日	冬至28日	大寒29日

寛平8年（896－897） 丙辰

1月	閏1月	2月	3月	4月	5月	6月	7月	8月	9月	10月	11月	12月
1癸丑19	1癸未18	**1**壬子18	**1**壬午17	1壬子17	1辛巳15	1庚戌14	1庚辰13	1己酉11	1己卯11	1戊申9	1丁丑8	1丁未7
2甲寅20	2甲申19	2癸丑19	2癸未⑱	**2**癸丑18	2壬午16	2辛亥15	2辛巳14	2庚戌⑫	2庚辰12	2己酉10	2戊寅9	2戊申8
3乙卯21	3乙酉20	3甲寅20	3甲申19	3甲寅19	**3**癸未17	3壬子16	3壬午⑮	3辛亥13	3辛巳13	3庚戌11	3己卯10	3己酉⑨
4丙辰22	4丙戌21	4乙卯㉑	4乙酉20	4乙卯20	4甲申18	**4**癸丑17	4癸未16	4壬子14	4壬午14	4辛亥12	4庚辰11	4庚戌10
5丁巳23	5丁亥㉒	5丙辰22	5丙戌21	5丙辰21	5乙酉19	5甲寅⑱	**5**甲申17	5癸丑15	5癸未15	5壬子13	5辛巳⑫	5辛亥11
6戊午24	6戊子23	6丁巳23	6丁亥22	6丁巳22	6丙戌⑳	6乙卯19	6乙酉18	**6**甲寅16	6甲申16	6癸丑⑭	6壬午13	6壬子12
7己未㉕	7己丑24	7戊午24	7戊子23	7戊午㉓	7丁亥21	7丙辰20	7丙戌19	7乙卯17	**7**乙酉⑰	7甲寅15	7癸未14	7癸丑13
8庚申26	8庚寅25	8己未25	8己丑24	8己未24	8戊子22	8丁巳21	8丁亥20	8丙辰18	8丙戌18	**8**乙卯16	8甲申15	8甲寅14
9辛酉27	9辛卯26	9庚申26	9庚寅㉕	9庚申25	9己丑23	9戊午22	9戊子21	9丁巳⑲	9丁亥19	9丙辰17	9乙酉16	9乙卯15
10壬戌28	10壬辰27	10辛酉27	10辛卯26	10辛酉26	10庚寅24	10己未23	10己丑㉒	10戊午20	10戊子20	10丁巳18	**10**丙戌17	**10**丙辰⑯
11癸亥29	11癸巳28	11壬戌㉘	11壬辰27	11壬戌27	11辛卯25	11庚申24	11庚寅23	11己未21	11己丑21	11戊午19	11丁亥18	11丁巳17
12甲子30	12甲午㉙	12癸亥29	12癸巳28	12癸亥28	12壬辰26	12辛酉㉕	12辛卯24	12庚申22	12庚寅22	12己未20	12戊子⑲	12戊午18
13乙丑31	《3月》	13甲子30	13甲午29	13甲子29	13癸巳㉗	13壬戌26	13壬辰25	13辛酉23	13辛卯23	13庚申㉑	13己丑20	13己未19
《2月》	13乙未1	14乙丑31	14乙未30	14乙丑㉚	14甲午28	14癸亥27	14癸巳26	14壬戌24	14壬辰㉔	14辛酉22	14庚寅21	14庚申20
14丙寅①	**14**丙申2	《4月》	《5月》	15丙寅31	15乙未29	15甲子28	15甲午27	15癸亥25	15癸巳25	15壬戌23	15辛卯22	15辛酉21
15丁卯2	15丁酉3	15丙寅1	15丙申1	《6月》	16丙申30	16乙丑29	16乙未28	16甲子㉖	16甲午26	16癸亥24	16壬辰23	16壬戌22
16戊辰3	16戊戌4	**16**丁卯2	**16**丁酉②	16丁卯1	《7月》	17丙寅30	17丙申㉙	17乙丑27	17乙未27	17甲子25	17癸巳24	17癸亥㉓
17己巳4	17己亥5	17戊辰3	17戊戌3	**17**戊辰2	17丁酉1	18丁卯31	18丁酉30	18丙寅28	18丙申28	18乙丑26	18甲午25	18甲子24
18庚午5	18庚子6	18己巳④	18己亥4	18己巳3	**18**戊戌2	《8月》	19戊戌31	19丁卯29	19丁酉29	19丙寅27	19乙未㉖	19乙丑25
19辛未6	19辛丑⑦	19庚午5	19庚子5	19庚午4	19己亥3	19戊辰①	《9月》	20戊辰30	20戊戌30	20丁卯㉘	20丙申27	20丙寅26
20壬申7	20壬寅8	20辛未6	20辛丑6	20辛未5	20庚子④	**20**己巳2	**20**己亥1	《10月》	21己亥㉛	21戊辰29	21丁酉28	21丁卯27
21癸酉⑧	21癸卯9	21壬申7	21壬寅7	21壬申⑥	21辛丑5	21庚午3	21庚子2	21己巳1	《11月》	22己巳30	22戊戌29	22戊辰28
22甲戌9	22甲辰10	22癸酉8	22癸卯8	22癸酉7	22壬寅6	22辛未4	22辛丑3	**22**庚午2	**22**庚子1	《12月》	23己亥30	23己巳29
23乙亥10	23乙巳11	23甲戌9	23甲辰⑨	23甲戌8	23癸卯7	23壬申5	23壬寅4	23辛未③	23辛丑2	**23**庚午1	24庚子31	24庚午㉚
24丙子11	24丙午12	24乙亥10	24乙巳10	24乙亥9	24甲辰8	24癸酉6	24癸卯⑤	24壬申4	24壬寅3	24辛未2	**897**年	**25**辛未31
25丁丑12	25丁未13	25丙子⑪	25丙午11	25丙子10	25乙巳9	25甲戌7	25甲辰6	25癸酉5	25癸卯4	25壬申3	《1月》	《2月》
26戊寅13	26戊申⑭	26丁丑12	26丁未12	26丁丑11	26丙午10	26乙亥⑧	26乙巳7	26甲戌6	26甲辰5	26癸酉4	**25**辛丑1	26壬申1
27己卯14	27己酉15	27戊寅13	27戊申13	27戊寅12	27丁未⑪	27丙子9	27丙午8	27乙亥7	27乙巳6	27甲戌⑤	26壬寅②	27癸酉2
28庚辰⑮	28庚戌16	28己卯14	28己酉14	28己卯⑬	28戊申12	28丁丑10	28丁未9	28丙子8	28丙午⑦	28乙亥6	27癸卯3	28甲戌3
29辛巳16	29辛亥17	29庚辰15	29庚戌15	29庚辰14	29己酉13	29戊寅11	29戊申10	29丁丑9	29丁未8	29丙子7	28甲辰4	29乙亥4
30壬午17		30辛巳16	30辛亥⑯			30己卯12		30戊寅⑩			29乙巳5	30丙子5
											30丙午6	
立春14日	啓蟄14日	春分1日	穀雨1日	小満2日	夏至3日	大暑4日	処暑5日	秋分6日	霜降7日	小雪8日	冬至10日	大寒10日
雨水29日		清明16日	立夏16日	芒種17日	小暑18日	立秋20日	白露20日	寒露22日	立冬22日	大雪23日	小寒25日	立春25日

寛平 9 年（897－898） 丁巳

1月	2月	3月	4月	5月	6月	7月	8月	9月	10月	11月	12月
1丁丑⑥	1丙午7	1丙子6	1丙午6	1乙亥4	1乙巳4	**1**甲戌2	《9月》	1癸酉30	1癸卯㉚	1壬申28	1壬寅28
2戊寅7	2丁未8	2丁丑7	2丁未7	2丙子⑤	2丙午5	2乙亥3	**1**甲辰1	《10月》	2甲辰31	2癸酉29	2癸卯29
3己卯8	3戊申9	3戊寅8	3戊申⑧	3丁丑6	3丁未6	3丙子4	2乙巳2	2甲戌1	《11月》	3甲戌30	3甲辰30
4庚辰9	4己酉10	4己卯9	4己酉9	4戊寅7	4戊申7	4丁丑5	3丙午3	**3**乙亥②	**3**乙巳1	《12月》	4乙巳31
5辛巳10	5庚戌11	5庚辰⑩	5庚戌10	5己卯8	5己酉8	5戊寅6	4丁未④	4丙子3	4丙午2	4乙亥1	**898年**
6壬午11	6辛亥12	6辛巳11	6辛亥11	6庚辰9	6庚戌9	6己卯⑦	5戊申5	5丁丑4	5丁未3	**5**丙子2	《1月》
7癸未12	7壬子⑬	7壬午12	7壬子12	7辛巳10	7辛亥⑩	7庚辰8	6己酉6	6戊寅5	6戊申4	6丁丑3	**5**丙午①
8甲申⑬	8癸丑14	8癸未13	8癸丑13	8壬午11	8壬子11	8辛巳9	7庚戌7	7己卯6	7己酉5	7戊寅④	6丁未2
9乙酉14	9甲寅15	9甲申14	9甲寅14	9癸未⑫	9癸丑12	9壬午10	8辛亥8	8庚辰7	8庚戌⑥	8己卯5	7戊申3
10丙戌15	10乙卯16	10乙酉15	10乙卯⑮	10甲申13	10甲寅13	10癸未11	9壬子9	9辛巳8	9辛亥7	9庚辰6	8己酉4
11丁亥16	11丙辰17	11丙戌16	11丙辰16	11乙酉14	11乙卯14	11甲申12	10癸丑10	10壬午⑨	10壬子8	10辛巳7	9庚戌5
12戊子17	**12**丁巳18	**12**丁亥⑰	12丁巳17	12丙戌15	12丙辰15	12乙酉13	11甲寅⑪	11癸未10	11癸丑9	11壬午8	10辛亥6
13己丑18	13戊午19	13戊子18	**13**戊午18	13丁亥16	13丁巳16	13丙戌⑭	12乙卯12	12甲申11	12甲寅10	12癸未9	11壬子7
14庚寅19	14己未⑳	14己丑19	14己未19	**14**戊子17	14戊午⑰	14丁亥15	13丙辰13	13乙酉12	13乙卯11	13甲申10	12癸丑⑧
15辛卯⑳	15庚申21	15庚寅20	15庚申20	15己丑18	**15**己未18	15戊子16	14丁巳14	14丙戌13	14丙辰12	14乙酉⑪	13甲寅9
16壬辰21	16辛酉22	16辛卯21	16辛酉21	16庚寅⑲	16庚申19	**16**己丑17	15戊午15	15丁亥14	15丁巳⑬	15丙戌12	14乙卯10
17癸巳22	17壬戌23	17壬辰22	17壬戌㉒	17辛卯20	17辛酉20	17庚寅18	16己未16	16戊子15	16戊午14	16丁亥13	15丙辰11
18甲午23	18癸亥24	18癸巳23	18癸亥23	18壬辰21	18壬戌21	18辛卯19	**17**庚申17	17己丑⑯	17己未15	17戊子14	16丁巳12
19乙未24	19甲子25	19甲午㉔	19甲子24	19癸巳22	19癸亥22	19壬辰20	18辛酉⑱	**18**庚寅17	**18**庚申16	18己丑15	17戊午13
20丙申25	20乙丑26	20乙未25	20乙丑25	20甲午23	20甲子23	20癸巳㉑	19壬戌19	19辛卯18	19辛酉17	19庚寅16	18己未14
21丁酉26	21丙寅㉗	21丙申26	21丙寅26	21乙未24	21乙丑㉔	21甲午22	20癸亥20	20壬辰19	20壬戌18	**20**辛卯17	19庚申⑮
22戊戌㉗	22丁卯28	22丁酉27	22丁卯27	22丙申25	22丙寅25	22乙未23	21甲子21	21癸巳20	21癸亥19	21壬辰⑱	**20**辛酉16
23己亥28	23戊辰29	23戊戌28	23戊辰28	23丁酉㉖	23丁卯26	23丙申24	22乙丑22	22甲午21	22甲子⑳	22癸巳19	21壬戌17
《3月》	24己巳30	24己亥29	24己巳㉙	24戊戌27	24戊辰27	24丁酉25	23丙寅23	23乙未22	23乙丑21	23甲午20	22癸亥18
24庚子1	25庚午31	25庚子30	25庚午30	25己亥28	25己巳28	25戊戌26	24丁卯24	24丙申㉓	24丙寅22	24乙未21	23甲子19
25辛丑2	《4月》	《5月》	26辛未31	26庚子29	26庚午29	26己亥27	25戊辰㉕	25丁酉24	25丁卯23	25丙申22	24乙丑20
26壬寅3	26辛未1	26辛丑①	《6月》	27辛丑30	27辛未30	27庚子㉘	26己巳26	26戊戌25	26戊辰24	26丁酉23	25丙寅21
27癸卯4	**27**壬申2	27壬寅2	27壬申1	《7月》	28壬申㉛	28辛丑29	27庚午27	27己亥26	27己巳25	27戊戌24	26丁卯㉒
28甲辰5	28癸酉③	**28**癸卯3	**28**癸酉2	28壬寅1	《8月》	29壬寅30	28辛未28	28庚子27	28庚午26	28己亥㉕	27戊辰23
29乙巳⑥	29甲戌4	29甲辰4	29甲戌3	**29**癸卯2	29癸酉1	30癸卯31	29壬申29	29辛丑28	29辛未㉗	29庚子26	28己巳24
	30乙亥5	30乙巳5		30甲辰③				30壬寅29		30辛丑27	29庚午25
雨水 10日 啓蟄 26日	春分 12日 清明 27日	穀雨 12日 立夏 28日	小満 13日 芒種 28日	夏至 14日 小暑 29日	大暑 15日	立秋 1日 処暑 16日	白露 1日 秋分 17日	寒露 3日 霜降 18日	立冬 3日 小雪 18日	大雪 5日 冬至 20日	小寒 5日 大寒 20日

昌泰元年〔寛平 10 年〕（898－899） 戊午

改元 4/26（寛平→昌泰）

1月	2月	3月	4月	5月	6月	7月	8月	9月	10月	閏10月	11月	12月
1辛未26	1辛丑25	1庚午㉖	1庚子25	1己巳24	1己亥23	1己巳㉓	1戊戌21	1戊辰20	1丁酉19	1丁卯18	**1**丙申⑰	1丙寅16
2壬申27	2壬寅㉖	2辛未27	2辛丑26	2庚午25	2庚子24	2庚午24	2己亥22	2己巳21	2戊戌20	2戊辰⑲	2丁酉18	**2**丁卯17
3癸酉28	3癸卯27	3壬申28	3壬寅27	3辛未26	3辛丑㉕	3辛未25	3庚子23	3庚午22	3己亥21	3己巳20	3戊戌19	3戊辰18
4甲戌㉙	4甲辰28	4癸酉29	4癸卯28	4壬申27	4壬寅26	4壬申26	4辛丑24	4辛未23	4庚子㉒	4庚午21	4己亥20	4己巳19
5乙亥30	《3月》	5甲戌30	5甲辰29	5癸酉㉘	5癸卯27	5癸酉27	5壬寅25	5壬申㉔	5辛丑23	5辛未22	5庚子21	5庚午20
6丙子31	5乙巳1	6乙亥31	6乙巳㉚	6甲戌29	6甲辰28	6甲戌28	6癸卯26	6癸酉25	6壬寅24	6壬申23	6辛丑22	6辛未㉑
《2月》	6丙午2	《4月》	《5月》	7乙亥30	7乙巳29	7乙亥29	7甲辰㉗	7甲戌26	7癸卯25	7癸酉24	7壬寅23	7壬申22
7丁丑1	**7**丁未3	7丙子1	7丙午1	8丙子31	8丙午30	8丙子㉚	8乙巳28	8乙亥27	8甲辰26	8甲戌25	8癸卯㉔	8癸酉23
8戊寅2	8戊申4	**8**丁丑②	8丁未2	《6月》	《7月》	9丁丑31	9丙午29	9丙子28	9乙巳27	9乙亥㉖	9甲辰25	9甲戌24
9己卯3	9己酉⑤	9戊寅3	**9**戊申3	9丁丑1	9丁未1	《8月》	10丁未30	10丁丑29	10丙午28	10丙子27	10乙巳26	10乙亥25
10庚辰4	10庚戌6	10己卯4	10己酉4	**10**戊寅2	10戊申②	10戊寅1	11戊申31	11戊寅30	11丁未㉙	11丁丑28	11丙午27	11丙子26
11辛巳⑤	11辛亥7	11庚辰5	11庚戌5	11己卯3	**11**己酉3	**11**己卯2	《9月》	《10月》	12戊申30	12戊寅29	12丁未28	12丁丑27
12壬午6	12壬子8	12辛巳6	12辛亥6	12庚辰④	12庚戌4	12庚辰3	12己酉1	12己卯①	13己酉31	13己卯30	13戊申29	13戊寅㉘
13癸未7	13癸丑9	13壬午7	13壬子⑦	13辛巳5	13辛亥5	13辛巳4	**13**庚戌2	**13**庚辰2	《11月》	《12月》	14己酉30	14己卯29
14甲申8	14甲寅10	14癸未8	14癸丑8	14壬午6	14壬子6	14壬午5	14辛亥③	14辛巳3	**14**庚戌1	14庚辰1	15庚戌㉛	15庚辰30
15乙酉9	15乙卯11	15甲申⑨	15甲寅9	15癸未7	15癸丑7	15癸未⑥	15壬子4	15壬午4	15辛亥2	**15**辛巳2	**899年**	16辛巳31
16丙戌10	16丙辰⑫	16乙酉10	16乙卯10	16甲申8	16甲寅8	16甲申7	16癸丑5	16癸未5	16壬子3	16壬午③	《1月》	《2月》
17丁亥11	17丁巳13	17丙戌11	17丙辰11	17乙酉9	17乙卯⑨	17乙酉8	17甲寅6	17甲申6	17癸丑4	17癸未4	**16**辛亥1	**17**壬午1
18戊子⑫	18戊午14	18丁亥12	18丁巳12	18丙戌10	18丙辰10	18丙戌9	18乙卯7	18乙酉7	18甲寅⑤	18甲申5	17壬子2	18癸未2
19己丑13	19己未15	19戊子13	19戊午13	19丁亥⑪	19丁巳11	19丁亥10	19丙辰8	19丙戌⑧	19乙卯6	19乙酉6	18癸丑3	19甲申3
20庚寅14	20庚申16	20己丑14	20己未⑭	20戊子12	20戊午12	20戊子11	20丁巳9	20丁亥9	20丙辰7	20丙戌7	19甲寅4	20乙酉④
21辛卯15	21辛酉17	21庚寅15	21庚申15	21己丑13	21己未13	21己丑12	21戊午⑩	21戊子10	21丁巳8	21丁亥8	20乙卯5	21丙戌5
22壬辰16	**22**壬戌18	22辛卯⑯	22辛酉16	22庚寅14	22庚申14	22庚寅⑬	22己未11	22己丑11	22戊午9	22戊子9	21丙辰6	22丁亥6
23癸巳17	23癸亥⑲	23壬辰17	23壬戌17	23辛卯15	23辛酉15	23辛卯14	23庚申12	23庚寅12	23己未10	23己丑⑩	22丁巳⑦	23戊子7
24甲午18	24甲子20	**24**癸巳18	**24**癸亥18	24壬辰16	24壬戌⑯	24壬辰15	24辛酉13	24辛卯13	24庚申11	24庚寅11	23戊午8	24己丑8
25乙未⑲	25乙丑21	25甲午19	25甲子19	**25**癸巳17	25癸亥17	25癸巳16	25壬戌14	25壬辰14	25辛酉⑫	25辛卯12	24己未9	25庚寅9
26丙申20	26丙寅22	26乙未20	26乙丑20	26甲午⑱	**26**甲子18	**26**甲午17	26癸亥15	26癸巳⑮	26壬戌13	26壬辰13	25庚申10	26辛卯10
27丁酉21	27丁卯23	27丙申21	27丙寅㉑	27乙未19	27乙丑19	27乙未18	27甲子16	27甲午16	27癸亥14	27癸巳14	26辛酉11	27壬辰⑪
28戊戌22	28戊辰24	28丁酉22	28丁卯22	28丙申20	28丙寅20	28丙申19	**28**乙丑⑰	**28**乙未17	28甲子15	28甲午15	27壬戌12	28癸巳12
29己亥23	29己巳25	29戊戌㉓	29戊辰23	29丁酉21	29丁卯21	29丁酉⑳	29丙寅18	29丙申18	29乙丑16	29乙未16	28癸亥13	29甲午13
30庚子24		30己亥24		30戊戌22	30戊辰22		30丁卯19		**30**丙寅17		29甲子⑭	
											30乙丑15	
立春 7日 雨水 22日	啓蟄 7日 春分 22日	清明 8日 穀雨 24日	立夏 9日 小満 24日	芒種 10日 夏至 25日	小暑 11日 大暑 26日	立秋 11日 処暑 26日	白露 13日 秋分 28日	寒露 13日 霜降 28日	立冬 14日 小雪 30日	大雪15日	冬至 1日 小寒 16日	大寒 2日 立春 17日

昌泰**2**年（899－900） 己未

1月	2月	3月	4月	5月	6月	7月	8月	9月	10月	11月	12月
1乙未14	1乙丑16	1甲午14	1甲子14	1癸巳12	1癸亥12	1壬辰10	1壬戌⑨	1壬辰9	1辛酉7	1辛卯7	1庚申5
2丙申15	2丙寅17	2乙未⑮	2乙丑15	2甲午13	2甲子13	2癸巳11	2癸亥10	2癸巳10	2壬戌8	2壬辰8	2辛酉⑥
3丁酉16	**3**丁卯⑱	3丙申16	3丙寅16	3乙未14	3乙丑14	3甲午⑫	3甲子11	3甲午11	3癸亥9	3癸巳⑨	3壬戌7
4戊戌17	4戊辰19	4丁酉17	4丁卯17	4丙申15	4丙寅⑮	4乙未13	4乙丑12	4乙未12	4甲子10	4甲午10	4癸亥8
5己亥⑱	5己巳20	**5**戊戌18	**5**戊辰18	5丁酉16	5丁卯16	5丙申14	5丙寅13	5丙申13	5乙丑⑪	5乙未11	5甲子9
6庚子19	6庚午21	6己亥19	6己巳19	6戊戌⑰	6戊辰17	6丁酉15	6丁卯14	6丁酉⑭	6丙寅12	6丙申12	6乙丑10
7辛丑20	7辛未22	7庚子20	7庚午⑳	**7**己亥18	**7**己巳18	7戊戌16	7戊辰15	7戊戌15	7丁卯13	7丁酉13	7丙寅11
8壬寅21	8壬申23	8辛丑21	8辛未21	8庚子19	8庚午19	8己亥17	8己巳⑯	8己亥16	8戊辰14	8戊戌14	8丁卯12
9癸卯22	9癸酉24	9壬寅㉒	9壬申22	9辛丑20	9辛未20	**9**庚子18	**9**庚午17	**9**庚子17	9己巳15	9己亥15	9戊辰⑬
10甲辰23	10甲戌㉕	10癸卯23	10癸酉23	10壬寅21	10壬申21	10辛丑⑲	10辛未18	10辛丑18	10庚午16	10庚子⑯	10己巳14
11乙巳24	11乙亥26	11甲辰24	11甲戌24	11癸卯22	11癸酉㉒	11壬寅20	11壬申19	11壬寅19	**11**辛未17	**11**辛丑17	11庚午15
12丙午㉕	12丙子27	12乙巳25	12乙亥25	12甲辰23	12甲戌23	12癸卯21	12癸酉20	12癸卯20	12壬申⑱	12壬寅18	12辛未16
13丁未26	13丁丑28	13丙午26	13丙子26	13乙巳㉔	13乙亥24	13甲辰22	13甲戌21	13甲辰㉑	13癸酉19	13癸卯19	**13**壬申17
14戊申27	14戊寅29	14丁未27	14丁丑㉗	14丙午25	14丙子25	14乙巳23	14乙亥22	14乙巳22	14甲戌20	14甲辰20	14癸酉18
15己酉28	15己卯30	15戊申28	15戊寅28	15丁未26	15丁丑26	15丙午24	15丙子㉓	15丙午23	15乙亥21	15乙巳21	15甲戌19
《3月》	16庚辰31	16己酉㉙	16己卯29	16戊申27	16戊寅27	16丁未25	16丁丑24	16丁未24	16丙子22	16丙午22	16乙亥⑳
16庚戌1	《4月》	17庚戌30	17庚辰30	17己酉28	17己卯28	17戊申㉖	17戊寅25	17戊申25	17丁丑23	17丁未㉓	17丙子21
17辛亥2	17辛巳①	《5月》	18辛巳31	18庚戌29	18庚辰㉙	18己酉27	18己卯26	18己酉26	18戊寅24	18戊申24	18丁丑22
18壬子3	18壬午2	18辛亥1	《6月》	19辛亥30	19辛巳30	19庚戌28	19庚辰27	19庚戌27	19己卯㉕	19己酉25	19戊寅23
19癸丑④	**19**癸未3	19壬子2	19壬午1	《7月》	20壬午31	20辛亥29	20辛巳28	20辛亥㉘	20庚辰26	20庚戌26	20己卯24
20甲寅5	20甲申4	**20**癸丑3	20癸未2	20壬子①	《8月》	21壬子30	21壬午29	21壬子29	21辛巳27	21辛亥27	21庚辰25
21乙卯6	21乙酉5	21甲寅4	**21**甲申③	21癸丑2	21癸未1	22癸丑31	22癸未㉚	22癸丑30	22壬午28	22壬子28	22辛巳26
22丙辰7	22丙戌6	22乙卯5	22乙酉4	**22**甲寅3	**22**甲申2	《9月》	《10月》	23甲寅31	23癸未29	23癸丑29	23壬午㉗
23丁巳8	23丁亥7	23丙辰⑥	23丙戌5	23乙卯4	23乙酉3	23甲寅1	23甲申1	《11月》	24甲申30	24甲寅㉚	24癸未28
24戊午9	24戊子⑧	24丁巳7	24丁亥6	24丙辰5	24丙戌4	**24**乙卯②	**24**乙酉2	24乙卯1	《12月》	25乙卯31	25甲申29
25己未10	25己丑9	25戊午8	25戊子7	25丁巳6	25丁亥⑤	25丙辰3	25丙戌3	**25**丙辰2	25乙酉1	**900年**	26乙酉30
26庚申⑪	26庚寅10	26己未9	26己丑8	26戊午7	26戊子6	26丁巳4	26丁亥4	26丁巳3	**26**丙戌②	《1月》	27丙戌31
27辛酉12	27辛卯11	27庚申10	27庚寅9	27己未⑧	27己丑7	27戊午5	27戊子5	27戊午④	27丁亥3	26丙辰1	《2月》
28壬戌13	28壬辰12	28辛酉11	28辛卯⑩	28庚申9	28庚寅8	28己未6	28己丑6	28己未5	28戊子4	**27**丁巳2	**28**丁亥1
29癸亥14	29癸巳13	29壬戌12	29壬辰11	29辛酉10	29辛卯9	29庚申7	29庚寅⑦	29庚申6	29己丑5	28戊午3	29戊子2
30甲子15		30癸亥⑬		30壬戌11		30辛酉8	30辛卯8		30庚寅6	29己未4	30己丑③

雨水3日 啓蟄18日	春分3日 清明19日	穀雨5日 立夏20日	小満5日 芒種21日	夏至7日 小暑22日	大暑7日 立秋22日	処暑9日 白露24日	秋分9日 寒露24日	霜降9日 立冬25日	小雪11日 大雪26日	冬至11日 小寒27日	大寒13日 立春28日

昌泰**3**年（900－901） 庚申

1月	2月	3月	4月	5月	6月	7月	8月	9月	10月	11月	12月
1庚寅4	1己未4	**1**戊子2	**1**戊午2	1丁亥31	1丁巳30	1丙戌29	1丙辰28	1丙戌27	1乙卯㉖	1乙酉25	1乙卯25
2辛卯5	2庚申5	2己丑3	2己未3	《6月》	《7月》	2丁亥30	2丁巳29	2丁亥㉘	2丙辰27	2丙戌26	2丙辰26
3壬辰6	3辛酉6	3庚寅4	3庚申④	2戊子①	2戊午1	3戊子31	3戊午30	3戊子29	3丁巳28	3丁亥27	3丁巳27
4癸巳7	4壬戌7	4辛卯5	4辛酉5	**3**己丑2	**3**己未2	《8月》	4己未㉛	4己丑30	4戊午29	4戊子28	4戊午㉘
5甲午8	5癸亥8	5壬辰⑥	5壬戌6	4庚寅3	4庚申3	4己丑1	《9月》	《10月》	5己未30	5己丑29	5己未29
6乙未9	6甲子⑨	6癸巳7	6癸亥7	5辛卯4	5辛酉4	**5**庚寅2	**5**庚申1	**5**庚寅1	6庚申31	6庚寅㉚	6庚申30
7丙申⑩	7乙丑10	7甲午8	7甲子8	6壬辰5	6壬戌5	6辛卯③	6辛酉2	6辛卯2	《11月》	《12月》	7辛酉31
8丁酉11	8丙寅11	8乙未9	8乙丑9	7癸巳6	7癸亥⑥	7壬辰4	7壬戌3	7壬辰3	**7**辛酉1	**7**辛卯1	**901年**
9戊戌12	9丁卯12	9丙申10	9丙寅10	8甲午7	8甲子7	8癸巳5	8癸亥4	8癸巳4	8壬戌②	8壬辰2	《1月》
10己亥13	10戊辰13	10丁酉11	10丁卯⑪	9乙未⑧	9乙丑8	9甲午6	9甲子5	9甲午⑤	9癸亥3	9癸巳3	**8**壬戌1
11庚子14	11己巳14	11戊戌12	11戊辰12	10丙申9	10丙寅9	10乙未7	10乙丑6	10乙未6	10甲子4	10甲午4	9癸亥2
12辛丑15	12庚午15	12己亥⑬	12己巳13	11丁酉10	11丁卯10	11丙申8	11丙寅⑦	11丙申7	11乙丑5	11乙未5	10甲子3
13壬寅16	13辛未⑯	13庚子14	13庚午14	12戊戌11	12戊辰11	12丁酉9	12丁卯8	12丁酉8	12丙寅6	12丙申6	11乙丑④
14癸卯⑰	14壬申17	14辛丑15	14辛未15	13己亥12	13己巳12	13戊戌⑩	13戊辰9	13戊戌9	13丁卯7	13丁酉⑦	12丙寅5
15甲辰18	**15**癸酉18	15壬寅16	15壬申16	14庚子13	14庚午⑬	14己亥11	14己巳10	14己亥10	14戊辰8	14戊戌8	13丁卯6
16乙巳19	16甲戌19	**16**癸卯17	16癸酉17	15辛丑14	15辛未14	15庚子12	15庚午11	15庚子11	15己巳⑨	15己亥9	14戊辰7
17丙午20	17乙亥20	17甲辰18	**17**甲戌⑱	16壬寅⑮	16壬申15	16辛丑13	16辛未12	16辛丑⑫	16庚午10	16庚子10	15己巳8
18丁未21	18丙子21	18乙巳19	18乙亥19	17癸卯16	17癸酉16	17壬寅14	17壬申13	17壬寅13	17辛未11	17辛丑11	16庚午9
19戊申22	19丁丑22	19丙午⑳	19丙子20	**18**甲辰17	**18**甲戌17	18癸卯15	18癸酉⑭	18癸卯14	18壬申12	18壬寅12	17辛未10
20己酉23	20戊寅㉓	20丁未21	20丁丑21	19乙巳18	19乙亥18	19甲辰16	19甲戌15	19甲辰15	19癸酉13	19癸卯13	18壬申⑪
21庚戌㉔	21己卯24	21戊申22	21戊寅22	20丙午19	20丙子19	**20**乙巳⑰	**20**乙亥16	20乙巳16	20甲戌14	20甲辰⑭	19癸酉12
22辛亥25	22庚辰25	22己酉23	22己卯23	21丁未20	21丁丑⑳	21丙午18	21丙子17	**21**丙午17	21乙亥15	21乙巳15	20甲戌13
23壬子26	23辛巳26	23庚戌24	23庚辰24	22戊申21	22戊寅21	22丁未19	22丁丑18	22丁未18	**22**丙子⑯	22丙午16	21乙亥14
24癸丑27	24壬午27	24辛亥25	24辛巳㉕	23己酉㉒	23己卯22	23戊申20	23戊寅19	23戊申⑲	23丁丑17	**23**丁未17	22丙子15
25甲寅28	25癸未28	25壬子26	25壬午26	24庚戌23	24庚辰23	24己酉21	24己卯20	24己酉20	24戊寅18	24戊申18	**23**丁丑16
26乙卯29	26甲申29	26癸丑㉗	26癸未27	25辛亥24	25辛巳24	25庚戌22	25庚辰㉑	25庚戌21	25己卯19	25己酉19	24戊寅17
《3月》	27乙酉㉚	27甲寅28	27甲申28	26壬子25	26壬午25	26辛亥23	26辛巳22	26辛亥22	26庚辰20	26庚戌20	25己卯⑱
27丙辰1	28丙戌31	28乙卯29	28乙酉29	27癸丑26	27癸未26	27壬子㉔	27壬午23	27壬子23	27辛巳21	27辛亥㉑	26庚辰19
28丁巳②	《4月》	29丙辰30	29丙戌30	28甲寅27	28甲申㉗	28癸丑25	28癸未24	28癸丑24	28壬午22	28壬子22	27辛巳20
29戊午3	29丁亥1	《5月》		29乙卯28	29乙酉28	29甲寅26	29甲申25	29甲寅25	29癸未㉓	29癸丑23	28壬午21
		30丁巳1		30丙辰㉙		30乙卯27	30乙酉26		30甲申24	30甲寅24	29癸未22

雨水13日 啓蟄28日	春分15日	清明1日 穀雨16日	立夏1日 小満17日	芒種3日 夏至18日	小暑3日 大暑18日	立秋5日 処暑20日	白露5日 秋分20日	寒露5日 霜降21日	立冬7日 小雪22日	大雪7日 冬至23日	小寒8日 大寒23日

延喜元年〔昌泰4年〕（901－902） 辛酉

改元 7/15（昌泰→延喜）

1月	2月	3月	4月	5月	6月	閏6月	7月	8月	9月	10月	11月	12月
1 甲申23	1 甲寅㉒	1 癸未23	1 癸丑22	1 壬午21	1 辛亥19	1 辛巳⑲	**1** 庚戌17	1 庚辰16	1 己酉15	1 己卯14	1 己酉14	1 己卯13
2 乙酉24	2 乙卯23	2 甲申24	2 甲寅23	2 癸未22	2 壬子20	2 壬午20	2 辛亥18	**2** 辛巳17	2 庚戌16	2 庚辰⑮	2 庚戌15	2 庚辰14
3 丙戌㉕	3 丙辰24	3 乙酉25	3 乙卯24	3 甲申23	3 癸丑㉑	3 癸未21	3 壬子19	3 壬午18	**3** 辛亥17	**3** 辛巳16	3 辛亥16	3 辛巳15
4 丁亥26	4 丁巳25	4 丙戌26	4 丙辰25	4 乙酉㉔	4 甲寅22	4 甲申22	4 癸丑20	4 癸未19	4 壬子⑱	4 壬午17	**4** 壬子17	**4** 壬午16
5 戊子27	5 戊午26	5 丁亥27	5 丁巳㉖	5 丙戌25	5 乙卯23	5 乙酉23	5 甲寅21	5 甲申⑳	5 癸丑19	5 癸未18	5 癸丑18	5 癸未⑰
6 己丑28	6 己未27	6 戊子28	6 戊午27	6 丁亥26	6 丙辰24	6 丙戌24	6 乙卯22	6 乙酉21	6 甲寅20	6 甲申19	6 甲寅19	6 甲申18
7 庚寅29	7 庚申28	7 己丑㉙	7 己未28	7 戊子27	7 丁巳25	7 丁亥25	7 丙辰㉓	7 丙戌22	7 乙卯21	7 乙酉20	7 乙卯⑳	7 乙酉19
8 辛卯30	《3月》	8 庚寅30	8 庚申29	8 己丑28	8 戊午26	8 戊子㉖	8 丁巳24	8 丁亥23	8 丙辰22	8 丙戌21	8 丙辰21	8 丙戌20
9 壬辰31	8 辛酉①	9 辛卯31	9 辛酉30	9 庚寅29	9 己未27	9 己丑27	9 戊午25	9 戊子24	9 丁巳23	9 丁亥㉒	9 丁巳22	9 丁亥21
《2月》	9 壬戌 2	《4月》	《5月》	10 辛卯30	10 庚申㉘	10 庚寅28	10 己未26	10 己丑25	10 戊午24	10 戊子23	10 戊午23	10 戊子22
10 癸巳①	**10** 癸亥 3	10 壬辰 1	10 壬戌 1	11 壬辰㉛	11 辛酉29	11 辛卯29	11 庚申27	11 庚寅26	11 己未㉕	11 己丑24	11 己未24	11 己丑23
11 甲午 2	11 甲子 4	**11** 癸巳 2	11 癸亥 2	《6月》	12 壬戌30	12 壬辰30	12 辛酉28	12 辛卯㉗	12 庚申26	12 庚寅25	12 庚申25	12 庚寅㉔
12 乙未 3	12 乙丑 5	12 甲午 3	**12** 甲子③	12 癸巳 1	《7月》	13 癸巳31	13 壬戌29	13 壬辰28	13 辛酉27	13 辛卯26	13 辛酉26	13 辛卯25
13 丙申 4	13 丙寅 6	13 乙未 4	13 乙丑 4	**13** 甲午 2	13 癸亥 1	《8月》	14 癸亥㉚	14 癸巳29	14 壬戌28	14 壬辰27	14 壬戌㉗	14 壬辰26
14 丁酉 5	14 丁卯 7	14 丙申⑤	14 丙寅 5	14 乙未 3	**14** 甲子 2	14 甲午 1	*15* 甲子31	15 甲午30	15 癸亥29	15 癸巳28	15 癸亥28	15 癸巳27
15 戊戌 6	15 戊辰⑧	15 丁酉 6	15 丁卯 6	15 丙申 4	15 乙丑 3	**15** 乙未②	《9月》	《10月》	16 甲子30	16 甲午㉙	16 甲子29	16 甲午28
16 己亥 7	16 己巳 9	16 戊戌 7	16 戊辰 7	16 丁酉 5	16 丙寅 4	16 丙申 3	**16** 乙丑 1	16 乙未 1	17 乙丑31	17 乙未30	17 乙丑30	17 乙未29
17 庚子⑧	17 庚午10	17 己亥 8	17 己巳 8	17 戊戌 6	17 丁卯⑤	17 丁酉 4	17 丙寅 2	**17** 丙申 2	《11月》	《12月》	18 丙寅31	18 丙申30
18 辛丑 9	18 辛未11	18 庚子 9	18 庚午 9	18 己亥⑦	18 戊辰 6	18 戊戌 5	18 丁卯 3	18 丁酉 3	**18** 丙寅①	18 丙申 1	**902** 年	**19** 丁酉㉛
19 壬寅10	19 壬申12	19 辛丑10	19 辛未⑩	19 庚子 8	19 己巳 7	19 己亥 6	19 戊辰 4	19 戊戌④	19 丁卯 2	**19** 丁酉 2	《1月》	《2月》
20 癸卯11	20 癸酉13	20 壬寅11	20 壬申11	20 辛丑 9	20 庚午 8	20 庚子 7	20 己巳 5	20 己亥 5	20 戊辰 3	20 戊戌 3	**19** 丁卯 1	20 戊戌 1
21 甲辰12	21 甲戌14	21 癸卯⑫	21 癸酉12	21 壬寅10	21 辛未 9	21 辛丑 8	21 庚午⑥	21 庚子 6	21 己巳 4	21 己亥 4	20 戊辰 2	21 己亥 2
22 乙巳13	22 乙亥⑮	22 甲辰13	22 甲戌13	22 癸卯11	22 壬申10	22 壬寅⑨	22 辛未 7	22 辛丑 7	22 庚午 5	22 庚子 5	21 己巳③	22 庚子 3
23 丙午14	23 丙子16	23 乙巳14	23 乙亥14	23 甲辰12	23 癸酉11	23 癸卯10	23 壬申 8	23 壬寅 8	23 辛未 6	23 辛丑⑥	22 庚午 4	23 辛丑 4
24 丁未⑮	24 丁丑17	24 丙午15	24 丙子15	24 乙巳13	24 甲戌⑫	24 甲辰11	24 癸酉 9	24 癸卯 9	24 壬申 7	24 壬寅 7	23 辛未 5	24 壬寅 5
25 戊申16	**25** 戊寅18	25 丁未16	25 丁丑16	25 丙午⑭	25 乙亥13	25 乙巳12	25 甲戌10	25 甲辰10	25 癸酉⑧	25 癸卯 8	24 壬申 6	25 癸卯 6
26 己酉17	26 己卯19	**26** 戊申17	26 戊寅⑰	26 丁未15	26 丙子14	26 丙午13	26 乙亥11	26 乙巳⑪	26 甲戌 9	26 甲辰 9	25 癸酉 7	26 甲辰⑦
27 庚戌18	27 庚辰20	27 己酉18	**27** 己卯18	27 戊申16	27 丁丑15	27 丁未14	27 丙子12	27 丙午12	27 乙亥10	27 乙巳10	26 甲戌 8	27 乙巳 8
28 辛亥19	28 辛巳21	28 庚戌⑲	28 庚辰19	**28** 己酉17	28 戊寅16	28 戊申15	28 丁丑⑬	28 丁未13	28 丙子11	28 丙午11	27 乙亥 9	28 丙午 9
29 壬子20	29 壬午㉒	29 辛亥20	29 辛巳20	29 庚戌18	29 己卯17	29 己酉⑯	29 戊寅14	29 戊申14	29 丁丑12	29 丁未12	28 丙子⑩	29 丁未10
30 癸丑21		30 壬子21			**30** 庚辰18		30 己卯15		30 戊寅13	30 戊申⑬	29 丁丑11	
											30 戊寅12	
立春 9日	啓蟄 10日	清明 11日	立夏 12日	芒種 13日	小暑 14日	立秋15日	処暑 1日	秋分 2日	霜降 3日	小雪 3日	冬至 4日	大寒 4日
雨水 24日	春分 25日	穀雨 26日	小満 27日	夏至 28日	大暑 30日		白露 16日	寒露 17日	立冬 18日	大雪 19日	小寒 19日	立春 19日

延喜2年（902－903） 壬戌

1月	2月	3月	4月	5月	6月	7月	8月	9月	10月	11月	12月
1 戊申11	1 戊寅13	1 丁未⑪	1 丁丑11	1 丙午 9	1 乙亥 8	1 甲辰 6	1 甲戌⑤	1 甲辰 5	1 癸酉 3	1 癸卯 3	1 癸酉②
2 己酉12	2 己卯⑭	2 戊申12	2 戊寅12	2 丁未10	2 丙子 9	2 乙巳 7	2 乙亥 6	2 乙巳 6	2 甲戌 4	2 甲辰 4	2 甲戌 3
3 庚戌13	3 庚辰15	3 己酉13	3 己卯13	3 戊申11	3 丁丑10	3 丙午⑧	3 丙子 7	3 丙午 7	3 乙亥 5	3 乙巳⑤	3 乙亥 4
4 辛亥⑭	4 辛巳16	4 庚戌14	4 庚辰14	4 己酉12	4 戊寅⑪	4 丁未 9	4 丁丑 8	4 丁未 8	4 丙子 6	4 丙午 6	4 丙子 5
5 壬子15	5 壬午17	5 辛亥15	5 辛巳15	5 庚戌⑬	5 己卯12	5 戊申10	5 戊寅 9	5 戊申 9	5 丁丑⑦	5 丁未 7	5 丁丑 6
6 癸丑16	**6** 癸未18	6 壬子16	6 壬午⑯	6 辛亥14	6 庚辰13	6 己酉11	6 己卯10	6 己酉⑩	6 戊寅 8	6 戊申 8	6 戊寅 7
7 甲寅17	7 甲申19	7 癸丑17	7 癸未17	7 壬子15	7 辛巳14	7 庚戌12	7 庚辰11	7 庚戌11	7 己卯 9	7 己酉 9	7 己卯 8
8 乙卯18	8 乙酉20	**8** 甲寅⑱	**8** 甲申18	8 癸丑16	8 壬午15	8 辛亥13	8 辛巳⑫	8 辛亥12	8 庚辰10	8 庚戌10	8 庚辰⑨
9 丙辰19	9 丙戌㉑	9 乙卯19	9 乙酉19	**9** 甲寅17	9 癸未16	9 壬子14	9 壬午13	9 壬子13	9 辛巳11	9 辛亥11	9 辛巳10
10 丁巳20	10 丁亥22	10 丙辰20	10 丙戌20	10 乙卯18	10 甲申17	10 癸丑⑮	10 癸未14	10 癸丑14	10 壬午12	10 壬子⑫	10 壬午11
11 戊午㉑	11 戊子23	11 丁巳21	11 丁亥21	11 丙辰19	**11** 乙酉⑱	11 甲寅16	11 甲申15	11 甲寅15	11 癸未13	11 癸丑13	11 癸未12
12 己未22	12 己丑24	12 戊午22	12 戊子22	12 丁巳⑳	12 丙戌19	**12** 乙卯17	12 乙酉16	12 乙卯16	12 甲申⑭	12 甲寅14	12 甲申13
13 庚申23	13 庚寅25	13 己未23	13 己丑㉓	13 戊午21	13 丁亥20	13 丙辰18	**13** 丙戌17	**13** 丙辰⑰	13 乙酉15	13 乙卯15	13 乙酉14
14 辛酉24	14 辛卯26	14 庚申24	14 庚寅24	14 己未22	14 戊子21	14 丁巳19	14 丁亥18	14 丁巳18	14 丙戌16	14 丙辰16	14 丙戌15
15 壬戌25	15 壬辰27	15 辛酉㉕	15 辛卯25	15 庚申23	15 己丑22	15 戊午20	15 戊子⑲	15 戊午19	**15** 丁亥17	**15** 丁巳17	15 丁亥⑯
16 癸亥26	16 癸巳㉘	16 壬戌26	16 壬辰26	16 辛酉24	16 庚寅23	16 己未21	16 己丑20	16 己未20	16 戊子18	16 戊午18	**16** 戊子17
17 甲子27	17 甲午29	17 癸亥27	17 癸巳27	17 壬戌25	17 辛卯24	17 庚申㉒	17 庚寅21	17 庚申21	17 己丑19	17 己未⑲	17 己丑18
18 乙丑㉘	18 乙未30	18 甲子28	18 甲午28	18 癸亥26	18 壬辰㉕	18 辛酉23	18 辛卯22	18 辛酉22	18 庚寅20	18 庚申20	18 庚寅19
《3月》	19 丙申31	19 乙丑29	19 乙未29	19 甲子㉗	19 癸巳26	19 壬戌24	19 壬辰23	19 壬戌23	19 辛卯㉑	19 辛酉21	19 辛卯20
19 丙寅 1	《4月》	20 丙寅30	20 丙申㉚	20 乙丑28	20 甲午27	20 癸亥25	20 癸巳24	20 癸亥㉔	20 壬辰22	20 壬戌22	20 壬辰21
20 丁卯 2	20 丁酉 1	《5月》	21 丁酉31	21 丙寅29	21 乙未28	21 甲子26	21 甲午25	21 甲子25	21 癸巳23	21 癸亥23	21 癸巳22
21 戊辰 3	**21** 戊戌 2	21 丁卯 1	《6月》	22 丁卯30	22 丙申29	22 乙丑27	22 乙未㉖	22 乙丑26	22 甲午24	22 甲子24	22 甲午㉓
22 己巳 4	22 己亥 3	22 戊辰②	22 戊戌 1	《7月》	23 丁酉30	23 丙寅28	23 丙申27	23 丙寅27	23 乙未25	23 乙丑25	23 乙未24
23 庚午 5	23 庚子④	**23** 己巳 3	**23** 己亥 2	23 戊辰 1	24 戊戌31	24 丁卯㉙	24 丁酉28	24 丁卯28	24 丙申26	24 丙寅㉖	24 丙申25
24 辛未 6	24 辛丑 5	24 庚午 4	24 庚子 3	24 己巳 2	《8月》	25 戊辰30	25 戊戌29	25 戊辰29	25 丁酉27	25 丁卯27	25 丁酉26
25 壬申⑦	25 壬寅 6	25 辛未 5	25 辛丑 4	**25** 庚午 3	25 己亥①	26 己巳31	26 己亥30	26 己巳30	26 戊戌㉘	26 戊辰28	26 戊戌27
26 癸酉 8	26 癸卯 7	26 壬申 6	26 壬寅 5	26 辛未④	**26** 庚子 2	《9月》	《10月》	27 庚午㉛	27 己亥29	27 己巳29	27 己亥28
27 甲戌 9	27 甲辰 8	27 癸酉 7	27 癸卯⑥	27 壬申 5	27 辛丑 3	27 庚午 1	27 庚子 1	《11月》	28 庚子30	28 庚午30	28 庚子29
28 乙亥10	28 乙巳 9	28 甲戌 8	28 甲辰 7	28 癸酉 6	28 壬寅 4	**28** 辛未 2	**28** 辛丑 2	**28** 辛未 1	《12月》	29 辛未31	29 辛丑㉚
29 丙子11	29 丙午10	29 乙亥⑨	29 乙巳 8	29 甲戌 7	29 癸卯 5	29 壬申 3	29 壬寅③	29 壬申 2	29 辛丑 1	**903** 年	30 壬寅31
30 丁丑12		30 丙子10				30 癸酉 4	30 癸卯 4		**30** 壬寅 2	《1月》	
										30 壬申 1	
雨水 6日	春分 6日	穀雨 8日	小満 8日	夏至 9日	大暑 11日	処暑 12日	秋分 13日	霜降 13日	小雪 15日	冬至 15日	大寒 16日
啓蟄 21日	清明 21日	立夏 23日	芒種 23日	小暑 25日	立秋 26日	白露 28日	寒露 28日	立冬 28日	大雪 30日	小寒 30日	

延喜3年（903－904） 癸亥

1月	2月	3月	4月	5月	6月	7月	8月	9月	10月	11月	12月
〈2月〉	1 壬申 2	〈4月〉	1 辛未30	1 辛丑30	1 庚午28	1 己亥27	1 戊辰25	1 戊戌24	1 丁卯㉓	1 丁酉22	1 丁卯22
1 癸卯 1	**2** 癸酉 3	1 壬寅 1	〈5月〉	2 壬寅31	2 辛未29	2 庚子28	2 己巳26	2 己亥㉕	2 戊辰24	2 戊戌23	2 戊辰23
2 甲辰 2	3 甲戌 4	2 癸卯 2	2 壬申①	〈6月〉	3 壬申30	3 辛丑29	3 庚午27	3 庚子26	3 己巳25	3 己亥24	3 己巳24
3 乙巳 3	4 乙亥 5	**3** 甲辰③	3 癸酉 2	3 癸卯 1	〈7月〉	4 壬寅30	4 辛未㉘	4 辛丑27	4 庚午26	4 庚子25	4 庚午㉕
4 丙午 4	5 丙子⑥	4 乙巳 4	**4** 甲戌 3	**4** 甲辰 2	4 癸酉 1	5 癸卯㉛	5 壬申29	5 壬寅28	5 辛未27	5 辛丑26	5 辛未26
5 丁未 5	6 丁丑 7	5 丙午 5	5 乙亥 4	5 乙巳 3	5 甲戌 2	〈8月〉	6 癸酉30	6 癸卯29	6 壬申28	6 壬寅㉗	6 壬申27
6 戊申⑥	7 戊寅 8	6 丁未 6	6 丙子 5	6 丙午 4	**6** 乙亥③	6 甲辰 1	7 甲戌31	7 甲辰30	7 癸酉29	7 癸卯28	7 癸酉28
7 己酉 7	8 己卯 9	7 戊申 7	7 丁丑 6	7 丁未⑤	7 丙子 4	**7** 乙巳 2	〈9月〉	〈10月〉	8 甲戌㉚	8 甲辰29	8 甲戌29
8 庚戌 8	9 庚辰10	8 己酉 8	8 戊寅 7	8 戊申 6	8 丁丑 5	8 丙午 3	8 乙亥 1	8 乙巳 1	9 乙亥31	9 乙巳30	9 乙亥30
9 辛亥 9	10辛巳11	9 庚戌 9	9 己卯⑧	9 己酉 7	9 戊寅 6	9 丁未 4	**9** 丙子 2	**9** 丙午②	〈11月〉	〈12月〉	10丙子31
10壬子10	11壬午12	10辛亥⑩	10庚辰 9	10庚戌 8	10己卯 7	10戊申 5	10丁丑 3	10丁未 3	10丙子 1	10丙午 1	**904年**
11癸丑11	12癸未⑬	11壬子11	11辛巳10	11辛亥 9	11庚辰 8	11己酉 6	11戊寅④	11戊申 4	**11**丁丑 2	**11**丁未 2	〈1月〉
12甲寅12	13甲申14	12癸丑12	12壬午11	12壬子10	12辛巳 9	12庚戌⑦	12己卯 5	12己酉 5	12戊寅 3	12戊申 3	11丁丑①
13乙卯⑬	14乙酉15	13甲寅13	13癸未12	13癸丑11	13壬午⑩	13辛亥 8	13庚辰 6	13庚戌 6	13己卯 4	13己酉④	**12**戊寅 2
14丙辰14	15丙戌16	14乙卯14	14甲申13	14甲寅⑫	14癸未11	14壬子 9	14辛巳 7	14辛亥 7	14庚辰 5	14庚戌 5	13己卯 3
15丁巳15	16丁亥17	15丙辰15	15乙酉14	15乙卯13	15甲申12	15癸丑10	15壬午 8	15壬子 8	15辛巳⑥	15辛亥 6	14庚辰 4
16戊午16	**17**戊子18	16丁巳16	16丙戌⑮	16丙辰14	16乙酉13	16甲寅11	16癸未 9	16癸丑⑨	16壬午 7	16壬子 7	15辛巳 5
17己未17	18己丑19	17戊午⑰	17丁亥16	17丁巳15	17丙戌14	17乙卯12	17甲申10	17甲寅10	17癸未 8	17癸丑 8	16壬午 6
18庚申18	19庚寅⑳	**18**己未18	18戊子17	18戊午16	18丁亥15	18丙辰13	18乙酉⑪	18乙卯11	18甲申 9	18甲寅 9	17癸未 7
19辛酉19	20辛卯21	19庚申19	**19**己丑18	19己未17	19戊子16	19丁巳⑭	19丙戌12	19丙辰12	19乙酉10	19乙卯10	18甲申⑧
20壬戌⑳	21壬辰22	20辛酉20	20庚寅19	**20**庚申18	20己丑⑰	20戊午15	20丁亥13	20丁巳13	20丙戌11	20丙辰⑪	19乙酉 9
21癸亥21	22癸巳23	21壬戌21	21辛卯20	21辛酉⑲	**21**庚寅18	21己未16	21戊子14	21戊午14	21丁亥12	21丁巳12	20丙戌10
22甲子22	23甲午24	22癸亥22	22壬辰21	22壬戌20	22辛卯19	22庚申17	22己丑15	22己未15	22戊子⑬	22戊午13	21丁亥11
23乙丑23	24乙未25	23甲子23	23癸巳㉒	23癸亥21	23壬辰20	**23**辛酉18	23庚寅16	23庚申⑯	23己丑14	23己未14	22戊子12
24丙寅24	25丙申26	24乙丑㉔	24甲午23	24甲子22	24癸巳21	24壬戌19	**24**辛卯17	**24**辛酉17	24庚寅15	24庚申15	23己丑13
25丁卯25	26丁酉㉗	25丙寅25	25乙未24	25乙丑23	25甲午22	25癸亥20	25壬辰⑱	25壬戌18	25辛卯16	25辛酉16	24庚寅14
26戊辰26	27戊戌28	26丁卯26	26丙申25	26丙寅24	26乙未23	26甲子㉑	26癸巳19	26癸亥19	**26**壬辰17	**26**壬戌17	25辛卯⑮
27己巳㉗	28己亥29	27戊辰27	27丁酉26	27丁卯25	27丙申㉔	27乙丑22	27甲午20	27甲子20	27癸巳18	27癸亥⑱	26壬辰16
28庚午28	29庚子30	28己巳28	28戊戌27	28戊辰㉖	28丁酉25	28丙寅23	28乙未21	28乙丑21	28甲午19	28甲子19	**27**癸巳17
〈3月〉	30辛丑31	29庚午29	29己亥28	29己巳27	29戊戌26	29丁卯24	29丙申22	29丙寅22	29乙未⑳	29乙丑20	28甲午18
29辛未 1			30庚子㉙				30丁酉23		30丙申21	30丙寅21	29乙未19
											30丙申20
立春 1日 雨水 16日	啓蟄 2日 春分 17日	清明 3日 穀雨 18日	立夏 4日 小満 19日	芒種 4日 夏至 20日	小暑 6日 大暑 21日	立秋 7日 処暑 23日	白露 9日 秋分 24日	寒露 9日 霜降 24日	立冬 11日 小雪 26日	大雪 11日 冬至 26日	小寒 12日 大寒 27日

延喜4年（904－905） 甲子

1月	2月	3月	閏3月	4月	5月	6月	7月	8月	9月	10月	11月	12月
1 丁酉21	1 丙寅⑲	1 丙申20	1 丙寅19	**1** 乙未18	1 甲子16	1 甲午16	1 癸亥14	1 壬辰12	1 壬戌12	1 辛卯10	1 辛酉10	1 辛卯 9
2 戊戌㉒	2 丁卯20	2 丁酉21	2 丁卯20	2 丙申19	**2** 乙丑⑰	**2** 乙未17	2 甲子15	2 癸巳13	2 癸亥13	2 壬辰⑪	2 壬戌11	2 壬辰10
3 己亥23	3 戊辰21	3 戊戌22	3 戊辰21	3 丁酉⑳	3 丙寅18	3 丙申18	3 乙丑16	3 甲午14	3 甲子⑭	3 癸巳12	3 癸亥12	3 癸巳11
4 庚子24	4 己巳22	4 己亥23	4 己巳㉒	4 戊戌21	4 丁卯19	4 丁酉19	**4** 丙寅17	4 乙未15	4 乙丑15	4 甲午13	4 甲子13	4 甲午12
5 辛丑25	5 庚午23	5 庚子24	5 庚午23	5 己亥22	5 戊辰20	5 戊戌20	5 丁卯18	**5** 丙申⑯	5 丙寅16	5 乙未14	5 乙丑14	5 乙未⑬
6 壬寅26	6 辛未24	6 辛丑㉕	6 辛未24	6 庚子23	6 己巳21	6 己亥21	6 戊辰⑲	6 丁酉17	**6** 丁卯17	6 丙申15	6 丙寅15	6 丙申14
7 癸卯27	7 壬申25	7 壬寅26	7 壬申25	7 辛丑24	7 庚午22	7 庚子㉒	7 己巳20	7 戊戌18	7 戊辰18	**7** 丁酉16	7 丁卯⑯	7 丁酉15
8 甲辰28	8 癸酉㉖	8 癸卯27	8 癸酉26	8 壬寅25	8 辛未23	8 辛丑23	8 庚午21	8 己亥19	8 己巳19	8 戊戌17	**8** 戊辰17	**8** 戊戌16
9 乙巳㉙	9 甲戌27	9 甲辰28	9 甲戌27	9 癸卯26	9 壬申㉔	9 壬寅24	9 辛未22	9 庚子20	9 庚午20	9 己亥⑱	9 己巳18	9 己亥17
10丙午30	10乙亥28	10乙巳29	10乙亥28	10甲辰㉗	10癸酉25	10癸卯25	10壬申23	10辛丑21	10辛未㉑	10庚子19	10庚午19	10庚子18
11丁未31	11丙子29	11丙午30	11丙子㉙	11乙巳28	11甲戌26	11甲辰26	11癸酉24	11壬寅22	11壬申22	11辛丑20	11辛未20	11辛丑19
〈2月〉	〈3月〉	12丁未31	12丁丑30	12丙午29	12乙亥27	12乙巳27	12甲戌25	12癸卯㉓	12癸酉23	12壬寅21	12壬申21	12壬寅⑳
12戊申 1	12丁丑 1	〈4月〉	〈5月〉	13丁未30	13丙子28	13丙午28	13乙亥㉖	13甲辰24	13甲戌24	13癸卯22	13癸酉22	13癸卯21
13己酉 2	**13**戊寅 2	13戊申①	13戊寅 1	14戊申31	14丁丑29	14丁未㉙	14丙子27	14乙巳25	14乙亥25	14甲辰23	14甲戌㉓	14甲辰22
14庚戌 3	14己卯 3	**14**己酉 2	**14**己卯 2	〈6月〉	15戊寅30	15戊申30	15丁丑28	15丙午26	15丙子26	15乙巳24	15乙亥24	15乙巳23
15辛亥 4	15庚辰④	15庚戌 3	15庚辰 3	15己酉 1	〈7月〉	16己酉31	16戊寅29	16丁未27	16丁丑27	16丙午㉕	16丙子25	16丙午24
16壬子⑤	16辛巳 5	16辛亥 4	16辛巳 4	**16**庚戌 2	16己卯①	〈8月〉	17己卯30	17戊申28	17戊寅㉘	17丁未26	17丁丑26	17丁未25
17癸丑 6	17壬午 6	17壬子 5	17壬午 5	17辛亥③	**17**庚辰 2	17庚戌 1	18庚辰31	18己酉29	18己卯29	18戊申27	18戊寅27	18戊申26
18甲寅 7	18癸未 7	18癸丑 6	18癸未⑥	18壬子 4	18辛巳 3	**18**辛亥 2	〈9月〉	19庚戌㉚	19庚辰30	19己酉28	19己卯28	19己酉㉗
19乙卯 8	19甲申 8	19甲寅 7	19甲申 7	19癸丑 5	19壬午 4	19壬子 3	**19**辛巳 1	〈10月〉	20辛巳31	20庚戌29	20庚辰29	20庚戌28
20丙辰 9	20乙酉 9	20乙卯⑧	20乙酉 8	20甲寅 6	20癸未 5	20癸丑 4	20壬午②	**20**辛亥 1	〈11月〉	21辛亥30	21辛巳㉚	21辛亥29
21丁巳10	21丙戌10	21丙辰 9	21丙戌 9	21乙卯 7	21甲申 6	21甲寅⑤	21癸未 3	21壬子 2	**21**壬午 1	〈12月〉	22壬午31	22壬子30
22戊午11	22丁亥⑪	22丁巳10	22丁亥10	22丙辰 8	22乙酉 7	22乙卯 6	22甲申 4	22癸丑 3	22癸未 2	**22**壬子 1	**905年**	**23**癸丑31
23己未⑫	23戊子12	23戊午11	23戊子11	23丁巳 9	23丙戌⑧	23丙辰 7	23乙酉 5	23甲寅 4	23甲申 3	23癸丑②	〈1月〉	〈2月〉
24庚申13	24己丑13	24己未12	24己丑12	24戊午⑩	24丁亥 9	24丁巳 8	24丙戌 6	24乙卯 5	24乙酉④	24甲寅 3	**23**癸未 1	24甲寅 1
25辛酉14	25庚寅14	25庚申13	25庚寅⑬	25己未11	25戊子10	25戊午 9	25丁亥 7	25丙辰 6	25丙戌 5	25乙卯 4	24甲申 2	25乙卯 2
26壬戌15	26辛卯15	26辛酉14	26辛卯14	26庚申12	26己丑11	26己未10	26戊子 8	26丁巳⑦	26丁亥 6	26丙辰 5	25乙酉 3	26丙辰③
27癸亥16	27壬辰16	27壬戌⑮	27壬辰15	27辛酉13	27庚寅12	27庚申11	27己丑⑨	27戊午 8	27戊子 7	27丁巳 6	26丙戌 4	27丁巳 4
28甲子17	28癸巳17	28癸亥16	28癸巳16	28壬戌14	28辛卯13	28辛酉⑫	28庚寅10	28己未 9	28己丑 8	28戊午 7	27丁亥 5	28戊午 5
29乙丑18	**29**甲午⑱	**29**甲子17	29甲午17	29癸亥15	29壬辰14	29壬戌13	29辛卯11	29庚申10	29庚寅 9	29己未 8	28戊子⑥	29己未 6
	30乙未19	30乙丑18			30癸巳⑮			30辛酉11		30庚申⑨	29己丑 7	
											30庚寅 8	
立春 12日 雨水 27日	啓蟄 13日 春分 29日	清明 14日 穀雨 29日	立夏14日	小満 1日 芒種 16日	夏至 2日 小暑 17日	大暑 2日 立秋 18日	処暑 4日 白露 19日	秋分 5日 寒露 20日	霜降 6日 立冬 21日	小雪 7日 大雪 22日	冬至 8日 小寒 23日	大寒 8日 立春 23日

延喜**5**年（905－906） 乙丑

1月	2月	3月	4月	5月	6月	7月	8月	9月	10月	11月	12月
1庚申7	1庚寅9	1庚申8	1己丑7	1己未6	1戊子5	1戊午④	1丁亥2	**1**丁巳2	1丙戌31	1乙卯29	1乙酉㉙
2辛酉8	2辛卯⑩	2辛酉9	2庚寅8	2庚申7	2己丑6	2己未5	2戊子3	2戊午3	《11月》	2丙辰30	2丙戌30
3壬戌9	3壬辰11	3壬戌10	3辛卯9	3辛酉8	3庚寅⑦	3庚申6	3己丑4	3己未4	**2**丁亥1	《12月》	3丁亥31
4癸亥⑩	4癸巳12	4癸亥11	4壬辰10	4壬戌⑨	4辛卯8	4辛酉7	4庚寅5	4庚申5	3戊子2	3丁巳①	**906年**
5甲子11	5甲午13	5甲子12	5癸巳11	5癸亥10	5壬辰9	5壬戌8	5辛卯6	5辛酉⑥	4己丑③	**4**戊午2	《1月》
6乙丑12	6乙未14	6乙丑13	6甲午⑫	6甲子11	6癸巳10	6癸亥9	6壬辰7	6壬戌7	5庚寅4	5己未3	**4**戊子1
7丙寅13	7丙申15	7丙寅⑭	7乙未13	7乙丑12	7甲午11	7甲子10	7癸巳⑧	7癸亥8	6辛卯5	6庚申4	5己丑2
8丁卯14	8丁酉16	8丁卯15	8丙申14	8丙寅13	8乙未12	8乙丑⑪	8甲午9	8甲子9	7壬辰6	7辛酉5	6庚寅3
9戊辰15	9戊戌⑰	9戊辰16	9丁酉15	9丁卯14	9丙申13	9丙寅12	9乙未10	9乙丑10	8癸巳7	8壬戌6	7辛卯4
10己巳16	**10**己亥18	**10**己巳17	10戊戌16	10戊辰15	10丁酉⑭	10丁卯13	10丙申11	10丙寅11	9甲午8	9癸亥7	8壬辰⑤
11庚午⑰	11庚子19	11庚午18	11己亥17	11己巳⑯	11戊戌15	11戊辰14	11丁酉12	11丁卯12	10乙未9	10甲子⑧	9癸巳6
12辛未18	12辛丑20	12辛未19	**12**庚子18	**12**庚午17	12己亥16	12己巳15	12戊戌13	12戊辰⑬	11丙申⑩	11乙丑9	10甲午7
13壬申19	13壬寅21	13壬申20	13辛丑⑲	13辛未18	13庚子17	13庚午16	13己亥14	13己巳14	12丁酉11	12丙寅10	11乙未8
14癸酉20	14癸卯22	14癸酉㉑	14壬寅20	14壬申19	**14**辛丑18	**14**辛未17	14庚子⑮	14庚午15	13戊戌12	13丁卯11	12丙申9
15甲戌21	15甲辰23	15甲戌22	15癸卯21	15癸酉20	15壬寅19	15壬申⑱	**15**辛丑16	15辛未16	14己亥13	14戊辰12	13丁酉10
16乙亥22	16乙巳㉔	16乙亥23	16甲辰22	16甲戌21	16癸卯20	16癸酉19	16壬寅17	**16**壬申17	15庚子14	15己巳13	14戊戌11
17丙子23	17丙午25	17丙子24	17乙巳23	17乙亥22	17甲辰㉑	17甲戌20	17癸卯18	17癸酉18	16辛丑15	16庚午14	15己亥⑫
18丁丑㉔	18丁未26	18丁丑25	18丙午24	18丙子㉓	18乙巳22	18乙亥21	18甲辰19	18甲戌19	**17**壬寅16	17辛未⑮	16庚子13
19戊寅25	19戊申27	19戊寅26	19丁未25	19丁丑24	19丙午23	19丙子22	19乙巳20	19乙亥⑳	18癸卯⑰	18壬申16	17辛丑14
20己卯26	20己酉28	20己卯27	20戊申㉖	20戊寅25	20丁未24	20丁丑23	20丙午21	20丙子21	19甲辰18	**19**癸酉17	18壬寅15
21庚辰27	21庚戌29	21庚辰㉘	21己酉27	21己卯26	21戊申25	21戊寅24	21丁未㉒	21丁丑22	20乙巳19	20甲戌18	**19**癸卯16
22辛巳28	22辛亥30	22辛巳29	22庚戌28	22庚辰27	22己酉26	22己卯㉕	22戊申23	22戊寅23	21丙午20	21乙亥19	20甲辰17
《3月》	23壬子㉛	23壬午30	23辛亥29	23辛巳28	23庚戌27	23庚辰26	23己酉24	23己卯24	22丁未21	22丙子20	21乙巳18
23壬午1	《4月》	《5月》	24壬子30	24壬午29	24辛亥㉘	24辛巳27	24庚戌25	24庚辰25	23戊申22	23丁丑21	22丙午⑲
24癸未2	24癸丑1	24癸未1	25癸丑31	25癸未㉚	25壬子29	25壬午28	25辛亥26	25辛巳26	24己酉23	24戊寅㉒	23丁未20
25甲申③	**25**甲寅2	25甲申2	《6月》	《7月》	26癸丑30	26癸未29	26壬子27	26壬午㉗	25庚戌㉔	25己卯23	24戊申21
26乙酉4	26乙卯3	**26**乙酉3	26甲寅1	26甲申1	27甲寅31	27甲申30	27癸丑28	27癸未28	26辛亥25	26庚辰24	25己酉22
27丙戌5	27丙辰4	27丙戌4	**27**乙卯②	**27**乙酉2	《8月》	28乙酉31	28甲寅㉙	28甲申29	27壬子26	27辛巳25	26庚戌23
28丁亥6	28丁巳5	28丁亥⑤	28丙辰3	28丙戌3	28乙卯1	《9月》	29乙卯30	29乙酉30	28癸丑27	28壬午26	27辛亥24
29戊子7	29戊午6	29戊子6	29丁巳4	29丁亥4	**29**丙辰2	**29**丙戌①	《10月》		29甲寅28	29癸未27	28壬子25
30己丑8	30己未⑦		30戊午5		30丁巳3		30丙辰1			30甲申28	29癸丑㉖
											30甲寅27

雨水9日 啓蟄25日	春分10日 清明25日	穀雨10日 立夏26日	小満12日 芒種27日	夏至12日 小暑27日	大暑14日 立秋29日	処暑14日 白露29日	秋分15日	寒露1日 霜降16日	立冬2日 小雪17日	大雪4日 冬至19日	小寒4日 大寒19日

延喜**6**年（906－907） 丙寅

1月	2月	3月	4月	5月	6月	7月	8月	9月	10月	11月	12月	閏12月
1乙卯28	1甲申26	1甲寅28	1癸未26	1癸丑26	1癸未25	1壬子24	1壬午23	1辛亥㉑	1辛巳21	1庚戌19	1己卯18	1己酉17
2丙辰29	2乙酉27	2乙卯29	2甲申㉗	2甲寅27	2甲申26	2癸丑25	2癸未㉔	2壬子22	2壬午22	2辛亥20	2庚辰19	2庚戌⑱
3丁巳30	3丙戌28	3丙辰㉚	3乙酉28	3乙卯28	3乙酉27	3甲寅26	3甲申25	3癸丑23	3癸未23	3壬子21	3辛巳20	3辛亥19
4戊午31	《3月》	4丁巳31	4丙戌29	4丙辰29	4丙戌28	4乙卯㉗	4乙酉26	4甲寅24	4甲申24	4癸丑22	4壬午㉑	4壬子20
《2月》	4丁亥1	《4月》	5丁亥30	5丁巳30	5丁亥㉙	5丙辰28	5丙戌27	5乙卯25	5乙酉25	5甲寅㉓	5癸未22	5癸丑21
5己未1	5戊子②	5戊午1	《5月》	6戊午31	6戊子30	6丁巳29	6丁亥28	6丙辰26	6丙戌㉖	6乙卯24	6甲申23	6甲寅22
6庚申②	**6**己丑3	**6**己未2	6戊子1	《6月》	《7月》	7戊午30	7戊子29	7丁巳27	7丁亥27	7丙辰25	7乙酉24	7乙卯23
7辛酉3	7庚寅4	7庚申3	7己丑2	7己未①	7己丑1	8己未31	8己丑30	8戊午㉘	8戊子28	8丁巳26	8丙戌25	8丙辰24
8壬戌4	8辛卯5	8辛酉4	**8**庚寅3	**8**庚申2	8庚寅2	《8月》	9庚寅㉛	9己未29	9己丑29	9戊午27	9丁亥26	9丁巳㉕
9癸亥5	9壬辰6	9壬戌5	9辛卯④	9辛酉3	**9**辛卯3	9庚申1	《9月》	10庚申30	10庚寅30	10己未28	10戊子27	10戊午26
10甲子6	10癸巳7	10癸亥⑥	10壬辰5	10壬戌4	10壬辰4	**10**辛酉2	10辛卯1	《10月》	11辛卯31	11庚申29	11己丑㉘	11己未27
11乙丑7	11甲午8	11甲子7	11癸巳6	11癸亥5	11癸巳5	11壬戌③	**11**壬辰2	11辛酉1	《11月》	12辛酉㉚	12庚寅29	12庚申28
12丙寅8	12乙未⑨	12乙丑8	12甲午7	12甲子6	12甲午⑥	12癸亥4	12癸巳3	**12**壬戌2	**12**壬辰1	《12月》	13辛卯30	13辛酉29
13丁卯⑨	13丙申10	13丙寅9	13乙未8	13乙丑7	13乙未7	13甲子5	13甲午4	13癸亥3	13癸巳②	13壬戌1	14壬辰31	14壬戌30
14戊辰10	14丁酉11	14丁卯10	14丙申9	14丙寅⑧	14丙申8	14乙丑6	14乙未5	14甲子4	14甲午3	**14**癸亥2	**907年**	15癸亥31
15己巳11	15戊戌12	15戊辰11	15丁酉10	15丁卯9	15丁酉9	15丙寅7	15丙申6	15乙丑⑤	15乙未4	15甲子3	《1月》	《2月》
16庚午12	16己亥13	16己巳12	16戊戌⑪	16戊辰10	16戊戌10	16丁卯8	16丁酉⑦	16丙寅6	16丙申5	16乙丑4	**15**癸巳1	**16**甲子①
17辛未13	17庚子14	17庚午⑬	17己亥12	17己巳11	17己亥11	17戊辰9	17戊戌8	17丁卯7	17丁酉6	17丙寅5	16甲午2	17乙丑2
18壬申14	18辛丑15	18辛未14	18庚子13	18庚午12	18庚子12	18己巳⑩	18己亥9	18戊辰8	18戊戌7	18丁卯6	17乙未3	18丙寅3
19癸酉15	19壬寅⑯	19壬申15	19辛丑14	19辛未13	19辛丑⑬	19庚午11	19庚子10	19己巳9	19己亥8	19戊辰⑦	18丙申④	19丁卯4
20甲戌⑯	20癸卯17	20癸酉16	20壬寅15	20壬申14	20壬寅14	20辛未12	20辛丑11	20庚午10	20庚子⑨	20己巳8	19丁酉5	20戊辰5
21乙亥17	**21**甲辰18	21甲戌17	21癸卯16	21癸酉⑮	21癸卯15	21壬申13	21壬寅12	21辛未11	21辛丑10	21庚午9	20戊戌6	21己巳6
22丙子18	22乙巳19	**22**乙亥18	22甲辰17	22甲戌16	22甲辰16	22癸酉14	22癸卯13	22壬申⑫	22壬寅11	22辛未10	21己亥7	22庚午7
23丁丑19	23丙午20	23丙子19	**23**乙巳⑱	**23**乙亥17	23乙巳17	23甲戌15	23甲辰⑭	23癸酉13	23癸卯12	23壬申11	22庚子8	23辛未⑧
24戊寅20	24丁未21	24丁丑⑳	24丙午19	24丙子18	**24**丙午18	24乙亥16	24乙巳15	24甲戌14	24甲辰13	24癸酉12	23辛丑9	24壬申9
25己卯21	25戊申22	25戊寅21	25丁未20	25丁丑19	25丁未19	**25**丙子⑰	25丙午16	25乙亥15	25乙巳14	25甲戌13	24壬寅10	25癸酉10
26庚辰22	26己酉㉓	26己卯22	26戊申21	26戊寅20	26戊申⑳	26丁丑18	**26**丁未17	26丙子16	26丙午15	26乙亥⑭	25癸卯⑪	26甲戌11
27辛巳㉓	27庚戌24	27庚辰23	27己酉22	27己卯21	27己酉21	27戊寅19	27戊申18	**27**丁丑17	27丁未⑯	27丙子15	26甲辰12	27乙亥12
28壬午24	28辛亥25	28辛巳24	28庚戌23	28庚辰㉒	28庚戌22	28己卯20	28己酉19	28戊寅18	**28**戊申17	28丁丑16	27乙巳13	28丙子13
29癸未25	29壬子26	29壬午25	29辛亥24	29辛巳23	29辛亥23	29庚辰21	29庚戌20	29己卯⑲	29己酉18	**29**戊寅17	28丙午14	29丁丑14
	30癸丑27		30壬子㉕	30壬午24		30辛巳22		30庚辰20			29丁未15	
											30戊申16	

立春4日 雨水20日	啓蟄6日 春分21日	清明6日 穀雨22日	立夏8日 小満23日	芒種8日 夏至23日	小暑9日 大暑24日	立秋10日 処暑25日	白露11日 秋分26日	寒露12日 霜降27日	立冬12日 小雪28日	大雪14日 冬至29日	小寒15日 大寒30日	立春16日

延喜**7**年（907－908） 丁卯

1月	2月	3月	4月	5月	6月	7月	8月	9月	10月	11月	12月
1 戊寅⑮ **2** 己卯16 3 庚辰17 4 辛巳18 5 壬午19 6 癸未20 7 甲申21 8 乙酉㉒ 9 丙戌23 10 丁亥24 11 戊子25 12 己丑26 13 庚寅27 14 辛卯28 《3月》 15 壬辰① 16 癸巳 2 **17** 甲午 3 18 乙未 4 19 丙申 5 20 丁酉 6 21 戊戌 7 22 己亥⑧ 23 庚子 9 24 辛丑10 25 壬寅11 26 癸卯12 27 甲辰13 28 乙巳14 29 丙午⑮ 30 丁未16	1 戊申17 **2** 己酉18 3 庚戌19 4 辛亥20 5 壬子21 6 癸丑㉒ 7 甲寅23 8 乙卯24 9 丙辰25 10 丁巳26 11 戊午27 12 己未28 13 庚申㉙ 14 辛酉30 15 壬戌31 《4月》 16 癸亥 1 17 甲子 2 **18** 乙丑 3 19 丙寅 4 20 丁卯⑤ 21 戊辰 6 22 己巳 7 23 庚午 8 24 辛未 9 25 壬申10 26 癸酉11 27 甲戌⑫ 28 乙亥13 29 丙子14 30 丁丑15	1 戊寅16 2 己卯17 **3** 庚辰18 4 辛巳⑲ 5 壬午20 6 癸未21 7 甲申22 8 乙酉23 9 丙戌24 10 丁亥25 11 戊子㉖ 12 己丑27 13 庚寅28 14 辛卯29 15 壬辰30 《5月》 16 癸巳 1 17 甲午 2 **18** 乙未③ 19 丙申 4 20 丁酉 5 21 戊戌 6 22 己亥 7 23 庚子 8 24 辛丑 9 25 壬寅⑩ 26 癸卯11 27 甲辰12 28 乙巳13 29 丙午14	1 丁未15 2 戊申16 3 己酉⑰ **4** 庚戌18 5 辛亥19 6 壬子20 7 癸丑21 8 甲寅22 9 乙卯23 10 丙辰㉔ 11 丁巳25 12 戊午26 13 己未27 14 庚申28 15 辛酉29 16 壬戌30 17 癸亥㉛ 《6月》 18 甲子 1 **19** 乙丑 2 20 丙寅 3 21 丁卯 4 22 戊辰 5 23 己巳 6 24 庚午⑦ 25 辛未 8 26 壬申 9 27 癸酉10 28 甲戌11 29 乙亥12 30 丙子13	1 丁丑⑭ 2 戊寅15 3 己卯16 4 庚辰17 **5** 辛巳18 6 壬午19 7 癸未20 8 甲申㉑ 9 乙酉22 10 丙戌23 11 丁亥24 12 戊子25 13 己丑26 14 庚寅27 15 辛卯㉘ 16 壬辰29 17 癸巳30 《7月》 18 甲午 1 19 乙未 2 **20** 丙申 3 21 丁酉 4 22 戊戌⑤ 23 己亥 6 24 庚子 7 25 辛丑 8 26 壬寅 9 27 癸卯10 28 甲辰11 29 乙巳⑫	1 丙午13 2 丁未14 3 戊申15 4 己酉16 5 庚戌17 **6** 辛亥18 7 壬子⑲ 8 癸丑20 9 甲寅21 10 乙卯22 11 丙辰23 12 丁巳24 13 戊午25 14 己未㉖ 15 庚申27 16 辛酉28 17 壬戌29 18 癸亥30 19 甲子31 《8月》 20 乙丑 1 **21** 丙寅② 22 丁卯 3 23 戊辰 4 24 己巳 5 25 庚午 6 26 辛未 7 27 壬申 8 28 癸酉⑨ 29 甲戌10 30 乙亥11	1 丙子12 2 丁丑13 3 戊寅14 4 己卯15 5 庚辰⑯ 6 辛巳17 **7** 壬午18 8 癸未19 9 甲申20 10 乙酉21 11 丙戌22 12 丁亥㉓ 13 戊子24 14 己丑25 15 庚寅26 16 辛卯27 17 壬辰28 18 癸巳29 19 甲午㉚ 20 乙未31 《9月》 21 丙申 1 **22** 丁酉 2 23 戊戌 3 24 己亥 4 25 庚子 5 26 辛丑⑥ 27 壬寅 7 28 癸卯 8 29 甲辰 9 30 乙巳10	1 丙午11 2 丁未12 3 戊申⑬ 4 己酉14 5 庚戌15 6 辛亥16 **7** 壬子17 8 癸丑18 9 甲寅19 10 乙卯⑳ 11 丙辰21 12 丁巳22 13 戊午23 14 己未24 15 庚申25 16 辛酉26 17 壬戌㉗ 18 癸亥28 19 甲子29 20 乙丑30 《10月》 21 丙寅 1 **22** 丁卯 2 23 戊辰 3 24 己巳④ 25 庚午 5 26 辛未 6 27 壬申 7 28 癸酉 8 29 甲戌 9	1 乙亥10 2 丙子⑪ 3 丁丑12 4 戊寅13 5 己卯14 6 庚辰15 7 辛巳16 **8** 壬午17 9 癸未⑱ 10 甲申19 11 乙酉20 12 丙戌21 13 丁亥22 14 戊子23 15 己丑24 16 庚寅㉕ 17 辛卯26 18 壬辰27 19 癸巳28 20 甲午29 21 乙未30 22 丙申31 《11月》 23 丁酉① **24** 戊戌 2 25 己亥 3 26 庚子 4 27 辛丑 5 28 壬寅 6 29 癸卯 7 30 甲辰⑧	1 乙巳 9 2 丙午10 3 丁未11 4 戊申12 5 己酉13 6 庚戌14 7 辛亥⑮ 8 壬子16 **9** 癸丑17 10 甲寅18 11 乙卯19 12 丙辰20 13 丁巳21 14 戊午㉒ 15 己未23 16 庚申24 17 辛酉25 18 壬戌26 19 癸亥27 20 甲子28 21 乙丑㉙ 22 丙寅30 《12月》 23 丁卯 1 **24** 戊辰 2 25 己巳 3 26 庚午 4 27 辛未 5 28 壬申⑥ 29 癸酉 7	1 甲戌 8 2 乙亥 9 3 丙子10 4 丁丑11 5 戊寅12 6 己卯⑬ 7 庚辰14 8 辛巳15 9 壬午16 **10** 癸未17 11 甲申18 12 乙酉19 13 丙戌⑳ 14 丁亥21 15 戊子22 16 己丑23 17 庚寅24 18 辛卯25 19 壬辰26 20 癸巳㉗ 21 甲午28 22 乙未29 23 丙申30 24 丁酉31 **908年** 《1月》 25 戊戌 1 **26** 己亥 2 27 庚子③ 28 辛丑 4 29 壬寅 5 30 癸卯 6	1 甲辰 7 2 乙巳 8 3 丙午 9 4 丁未⑩ 5 戊申11 6 己酉12 7 庚戌13 8 辛亥14 9 壬子15 10 癸丑16 **11** 甲寅⑰ 12 乙卯18 13 丙辰19 14 丁巳20 15 戊午21 16 己未22 17 庚申23 18 辛酉㉔ 19 壬戌25 20 癸亥26 21 甲子27 22 乙丑28 23 丙寅29 24 丁卯30 25 戊辰㉛ 《2月》 **26** 己巳 1 27 庚午 2 28 辛未 3 29 壬申 4
雨水 2日 啓蟄 17日	春分 2日 清明 18日	穀雨 3日 立夏 18日	小満 4日 芒種 19日	夏至 5日 小暑 20日	大暑 6日 立秋 21日	処暑 7日 白露 22日	秋分 7日 寒露 22日	霜降 8日 立冬 24日	小雪 9日 大雪 24日	冬至 10日 小寒 26日	大寒 11日 立春 26日

延喜**8**年（908－909） 戊辰

1月	2月	3月	4月	5月	6月	7月	8月	9月	10月	11月	12月
1 癸酉 5 2 甲戌 6 3 乙亥⑦ 4 丙子 8 5 丁丑 9 6 戊寅10 7 己卯11 8 庚辰12 9 辛巳13 10 壬午⑭ 11 癸未15 **12** 甲申16 13 乙酉17 14 丙戌18 15 丁亥19 16 戊子20 17 己丑㉑ 18 庚寅22 19 辛卯23 20 壬辰24 21 癸巳25 22 甲午26 23 乙未27 24 丙申㉘ 25 丁酉29 《3月》 26 戊戌 1 **27** 己亥 2 28 庚子 3 29 辛丑 4	1 壬寅 5 2 癸卯⑥ 3 甲辰 7 4 乙巳 8 5 丙午 9 6 丁未10 7 戊申11 8 己酉12 9 庚戌⑬ 10 辛亥14 11 壬子15 12 癸丑16 13 甲寅17 **14** 乙卯18 15 丙辰19 16 丁巳⑳ 17 戊午21 18 己未22 19 庚申23 20 辛酉24 21 壬戌25 22 癸亥26 23 甲子㉗ 24 乙丑28 25 丙寅29 26 丁卯30 27 戊辰31 《4月》 28 己巳 1 **29** 庚午 2 30 辛未③	1 壬申 4 2 癸酉 5 3 甲戌 6 4 乙亥 7 5 丙子 8 6 丁丑 9 7 戊寅⑩ 8 己卯11 9 庚辰12 10 辛巳13 11 壬午14 12 癸未15 13 甲申16 **14** 乙酉⑰ 15 丙戌18 16 丁亥19 17 戊子20 18 己丑21 19 庚寅22 20 辛卯23 21 壬辰㉔ 22 癸巳25 23 甲午26 24 乙未27 25 丙申28 26 丁酉29 27 戊戌30 《5月》 28 己亥① **29** 庚子 2	1 辛丑 3 2 壬寅 4 3 癸卯 5 4 甲辰 6 5 乙巳 7 6 丙午⑧ 7 丁未 9 8 戊申10 9 己酉11 10 庚戌12 11 辛亥13 12 壬子14 13 癸丑⑮ 14 甲寅16 **15** 乙卯17 16 丙辰18 17 丁巳19 18 戊午20 19 己未21 20 庚申㉒ 21 辛酉23 22 壬戌24 23 癸亥25 24 甲子26 25 乙丑27 26 丙寅28 27 丁卯㉙ 28 戊辰30 29 己巳31 《6月》 30 庚午 1	**1** 辛未 2 2 壬申 3 3 癸酉 4 4 甲戌⑤ 5 乙亥 6 6 丙子 7 7 丁丑 8 8 戊寅 9 9 己卯10 10 庚辰11 11 辛巳⑫ 12 壬午13 13 癸未14 14 甲申15 15 乙酉16 **16** 丙戌17 17 丁亥18 18 戊子⑲ 19 己丑20 20 庚寅21 21 辛卯22 22 壬辰23 23 癸巳24 24 甲午25 25 乙未㉖ 26 丙申27 27 丁酉28 28 戊戌29 29 己亥30	《7月》 1 庚子 1 **2** 辛丑 2 3 壬寅③ 4 癸卯 4 5 甲辰 5 6 乙巳 6 7 丙午 7 8 丁未 8 9 戊申 9 10 己酉⑩ 11 庚戌11 12 辛亥12 13 壬子13 14 癸丑14 15 甲寅15 16 乙卯16 **17** 丙辰⑰ 18 丁巳18 19 戊午19 20 己未20 21 庚申21 22 辛酉22 23 壬戌23 24 癸亥㉔ 25 甲子25 26 乙丑26 27 丙寅27 28 丁卯28 29 戊辰29 30 己巳30	1 庚午㉛ 《8月》 2 辛未 1 **3** 壬申 2 4 癸酉 3 5 甲戌 4 6 乙亥 5 7 丙子 6 8 丁丑⑦ 9 戊寅 8 10 己卯 9 11 庚辰10 12 辛巳11 13 壬午12 14 癸未13 15 甲申⑭ 16 乙酉15 17 丙戌16 **18** 丁亥17 19 戊子18 20 己丑19 21 庚寅20 22 辛卯㉑ 23 壬辰22 24 癸巳23 25 甲午24 26 乙未25 27 丙申26 28 丁酉27 29 戊戌㉘ 30 己亥29	1 庚子30 2 辛丑31 《9月》 **3** 壬寅 1 4 癸卯 2 5 甲辰 3 6 乙巳④ 7 丙午 5 8 丁未 6 9 戊申 7 10 己酉 8 11 庚戌 9 12 辛亥10 13 壬子⑪ 14 癸丑12 15 甲寅13 16 乙卯14 17 丙辰15 **18** 丁巳16 19 戊午17 20 己未⑱ 21 庚申19 22 辛酉20 23 壬戌21 24 癸亥22 25 甲子23 26 乙丑24 27 丙寅㉕ 28 丁卯26 29 戊辰27	1 己巳28 2 庚午29 3 辛未30 《10月》 **4** 壬申 1 5 癸酉② 6 甲戌 3 7 乙亥 4 8 丙子 5 9 丁丑 6 10 戊寅 7 11 己卯 8 12 庚辰⑨ 13 辛巳10 14 壬午11 15 癸未12 16 甲申13 17 乙酉14 18 丙戌15 19 丁亥⑯ **20** 戊子17 21 己丑18 22 庚寅19 23 辛卯20 24 壬辰21 25 癸巳22 26 甲午㉓ 27 乙未24 28 丙申25 29 丁酉26 30 戊戌27	1 己亥28 2 庚子29 3 辛丑㉚ 4 壬寅31 《11月》 **5** 癸卯 1 6 甲辰 2 7 乙巳 3 8 丙午 4 9 丁未 5 10 戊申⑥ 11 己酉 7 12 庚戌 8 13 辛亥 9 14 壬子10 15 癸丑11 16 甲寅12 17 乙卯⑬ 18 丙辰14 19 丁巳15 **20** 戊午16 21 己未17 22 庚申18 23 辛酉19 24 壬戌⑳ 25 癸亥21 26 甲子22 27 乙丑23 28 丙寅24 29 丁卯25 30 戊辰26	1 己巳㉗ 2 庚午28 3 辛未29 4 壬申30 《12月》 **5** 癸酉 1 6 甲戌 2 7 乙亥 3 8 丙子④ 9 丁丑 5 10 戊寅 6 11 己卯 7 12 庚辰 8 13 辛巳 9 14 壬午10 15 癸未⑪ 16 甲申12 17 乙酉13 18 丙戌14 19 丁亥15 20 戊子16 **21** 己丑17 22 庚寅⑱ 23 辛卯19 24 壬辰20 25 癸巳21 26 甲午22 27 乙未23 28 丙申24 29 丁酉㉕	1 戊戌26 2 己亥27 3 庚子28 4 辛丑29 5 壬寅30 6 癸卯31 **909年** 《1月》 **7** 甲辰① 8 乙巳 2 9 丙午 3 10 丁未 4 11 戊申 5 12 己酉 6 13 庚戌 7 14 辛亥⑧ 15 壬子 9 16 癸丑10 17 甲寅11 18 乙卯12 19 丙辰13 20 丁巳14 21 戊午⑮ **22** 己未16 23 庚申17 24 辛酉18 25 壬戌19 26 癸亥20 27 甲子21 28 乙丑㉒ 29 丙寅23 30 丁卯24
雨水 12日 啓蟄 27日	春分 14日 清明 29日	穀雨 14日 立夏 29日	小満 15日	芒種 1日 夏至 16日	小暑 2日 大暑 17日	立秋 3日 処暑 18日	白露 3日 秋分 18日	寒露 4日 霜降 20日	立冬 5日 小雪 20日	大雪 5日 冬至 21日	小寒 7日 大寒 22日

延喜**9**年（909－910） 己巳

1月	2月	3月	4月	5月	6月	7月	8月	閏8月	9月	10月	11月	12月
1 戊辰25	1 丁酉23	1 丙寅24	1 丙申㉓	1 乙丑22	1 乙未21	1 甲子20	1 甲午19	1 癸亥⑰	**1** 癸巳17	**1** 癸亥16	1 癸巳16	1 壬戌⑭
2 己巳26	2 戊戌24	2 丁卯25	2 丁酉24	2 丙寅23	2 丙申22	2 乙丑21	2 乙未⑳	2 甲子18	2 甲午18	2 甲子17	**2** 甲午⑰	2 癸亥15
3 庚午27	3 己亥25	3 戊辰㉖	3 戊戌25	3 丁卯24	3 丁酉23	3 丙寅22	3 丙申21	3 乙丑19	3 乙未19	3 乙丑18	3 乙未18	**3** 甲子16
4 辛未28	4 庚子㉖	4 己巳27	4 己亥26	4 戊辰25	4 戊戌24	4 丁卯㉓	4 丁酉22	4 丙寅20	4 丙申20	4 丙寅⑲	4 丙申19	4 乙丑17
5 壬申㉙	5 辛丑27	5 庚午28	5 庚子27	5 己巳26	5 己亥㉕	5 戊辰24	5 戊戌23	5 丁卯21	5 丁酉21	5 丁卯20	5 丁酉20	5 丙寅18
6 癸酉30	6 壬寅28	6 辛未29	6 辛丑28	6 庚午27	6 庚子26	6 己巳25	6 己亥24	6 戊辰22	6 戊戌㉒	6 戊辰21	6 戊戌21	6 丁卯19
7 甲戌31	《3月》	7 壬申30	7 壬寅29	7 辛未㉘	7 辛丑27	7 庚午26	7 庚子25	7 己巳23	7 己亥23	7 己巳22	7 己亥22	7 戊辰20
《2月》	7 癸卯 1	8 癸酉31	8 癸卯㉚	8 壬申29	8 壬寅28	8 辛未27	8 辛丑26	8 庚午㉔	8 庚子24	8 庚午23	8 庚子23	8 己巳㉑
8 乙亥 1	8 甲辰 2	《4月》	《5月》	9 癸酉30	9 癸卯29	9 壬申28	9 壬寅㉗	9 辛未25	9 辛丑25	9 辛未24	9 辛丑㉔	9 庚午22
9 丙子 2	**9** 乙巳 3	9 甲戌 1	9 甲辰 1	10甲戌31	10甲辰30	10癸酉29	10癸卯28	10壬申26	10壬寅26	10壬申25	10壬寅25	10辛未23
10丁丑 3	10丙午 4	**10**乙亥②	10乙巳 2	《6月》	《7月》	11甲戌㉚	11甲辰29	11癸酉27	11癸卯27	11癸酉㉖	11癸卯26	11壬申24
11戊寅 4	11丁未⑤	11丙子 3	**11**丙午 3	11乙亥 1	11乙巳 1	12乙亥31	12乙巳30	12甲戌28	12甲辰28	12甲戌27	12甲辰27	12癸酉25
12己卯⑤	12戊申 6	12丁丑 4	12丁未 4	**12**丙子 2	**12**丙午②	《8月》	13丙午31	13乙亥29	13乙巳㉙	13乙亥28	13乙巳28	13甲戌26
13庚辰 6	13己酉 7	13戊寅 5	13戊申 5	13丁丑 3	13丁未 3	13丙子 1	《9月》	14丙子30	14丙午30	14丙子29	14丙午29	14乙亥27
14辛巳 7	14庚戌 8	14己卯 6	14己酉 6	14戊寅④	14戊申 4	**14**丁丑 2	**14**丁未 1	《10月》	15丁未31	15丁丑30	15丁未30	15丙子㉘
15壬午 8	15辛亥 9	15庚辰 7	15庚戌⑦	15己卯 5	15己酉 5	15戊寅 3	15戊申 2	15丁丑①	《11月》	《12月》	16戊申㉛	16丁丑29
16癸未 9	16壬子10	16辛巳 8	16辛亥 8	16庚辰 6	16庚戌 6	16己卯 4	16己酉③	**16**戊寅 2	**16**戊申 1	16戊寅 1	**910年**	17戊寅30
17甲申10	17癸丑11	17壬午⑨	17壬子 9	17辛巳 7	17辛亥 7	17庚辰 5	17庚戌 4	17己卯 3	17己酉 2	**17**己卯 2	《1月》	**18**己卯31
18乙酉11	18甲寅⑫	18癸未10	18癸丑10	18壬午 8	18壬子 8	18辛巳⑥	18辛亥 5	18庚辰 4	18庚戌 3	18庚辰③	**17**己酉 1	《2月》
19丙戌⑫	19乙卯13	19甲申11	19甲寅11	19癸未 9	19癸丑⑨	19壬午 7	19壬子 6	19辛巳 5	19辛亥 4	19辛巳 4	18庚戌 2	19庚辰 1
20丁亥13	20丙辰14	20乙酉12	20乙卯12	20甲申10	20甲寅10	20癸未 8	20癸丑 7	20壬午 6	20壬子⑤	20壬午 5	19辛亥 3	20辛巳 2
21戊子14	21丁巳15	21丙戌13	21丙辰13	21乙酉⑪	21乙卯11	21甲申 9	21甲寅 8	21癸未 7	21癸丑 6	21癸未 6	20壬子 4	21壬午 3
22己丑15	22戊午16	22丁亥14	22丁巳⑭	22丙戌12	22丙辰12	22乙酉10	22乙卯 9	22甲申⑧	22甲寅 7	22甲申 7	21癸丑 5	22癸未④
23庚寅16	23己未17	23戊子15	23戊午15	23丁亥13	23丁巳13	23丙戌11	23丙辰⑩	23乙酉 9	23乙卯 8	23乙酉 8	22甲寅 6	23甲申 5
24辛卯17	**24**庚申18	24己丑⑯	24己未16	24戊子14	24戊午14	24丁亥12	24丁巳11	24丙戌10	24丙辰 9	24丙戌 9	23乙卯⑦	24乙酉 6
25壬辰18	25辛酉⑲	**25**庚寅17	25庚申17	25己丑15	25己未15	25戊子⑬	25戊午12	25丁亥11	25丁巳10	25丁亥⑩	24丙辰 8	25丙戌 7
26癸巳⑲	26壬戌20	26辛卯18	**26**辛酉18	26庚寅16	26庚申⑯	26己丑14	26己未13	26戊子12	26戊午11	26戊子11	25丁巳 9	26丁亥 8
27甲午20	27癸亥21	27壬辰19	27壬戌19	**27**辛卯17	27辛酉17	27庚寅15	27庚申14	27己丑13	27己未⑫	27己丑12	26戊午10	27戊子 9
28乙未21	28甲子22	28癸巳20	28癸亥20	28壬辰⑱	**28**壬戌18	28辛卯16	28辛酉15	28庚寅14	28庚申13	28庚寅13	27己未11	28己丑10
29丙申22	29乙丑23	29甲午21	29甲子㉑	29癸巳19	29癸亥19	**29**壬辰17	**29**壬戌16	29辛卯⑮	29辛酉14	29辛卯14	28庚申12	29庚寅⑪
		30乙未22		30甲午20		30癸巳18		30壬辰16	30壬戌15	30壬辰15	29辛酉13	30辛卯12
立春 7日 雨水 22日	啓蟄 9日 春分 24日	清明 10日 穀雨 25日	立夏 11日 小満 26日	芒種 12日 夏至 27日	小暑 12日 大暑 28日	立秋 14日 処暑 29日	白露 14日 秋分 29日	寒露16日	霜降 1日 立冬 16日	小雪 1日 大雪 17日	冬至 2日 小寒 17日	大寒 3日 立春 18日

延喜**10**年（910－911） 庚午

1月	2月	3月	4月	5月	6月	7月	8月	9月	10月	11月	12月
1 壬辰13	1 辛酉14	1 辛卯13	1 庚申12	1 己丑⑩	1 己未10	1 戊子 8	1 戊午 7	1 丁亥 6	1 丁巳 5	1 丁亥 5	1 丁巳 4
2 癸巳14	2 壬戌15	2 壬辰14	2 辛酉⑬	2 庚寅11	2 庚申11	2 己丑 9	2 己未 8	2 戊子⑦	2 戊午 6	2 戊子 6	2 戊午 5
3 甲午15	3 癸亥16	3 癸巳⑮	3 壬戌14	3 辛卯12	3 辛酉12	3 庚寅10	3 庚申⑨	3 己丑 8	3 己未 7	3 己丑 7	3 己未⑥
4 乙未16	4 甲子17	4 甲午16	4 癸亥15	4 壬辰13	4 壬戌13	4 辛卯11	4 辛酉10	4 庚寅 9	4 庚申 8	4 庚寅 8	4 庚申 7
5 丙申17	**5** 乙丑⑱	5 乙未17	5 甲子16	5 癸巳14	5 癸亥14	5 壬辰⑫	5 壬戌11	5 辛卯10	5 辛酉 9	5 辛卯⑨	5 辛酉 8
6 丁酉⑱	6 丙寅19	**6** 丙申18	6 乙丑17	6 甲午15	6 甲子⑮	6 癸巳13	6 癸亥12	6 壬辰11	6 壬戌10	6 壬辰10	6 壬戌 9
7 戊戌19	7 丁卯20	7 丁酉19	**7** 丙寅18	7 乙未16	7 乙丑16	7 甲午14	7 甲子13	7 癸巳12	7 癸亥⑪	7 癸巳11	7 癸亥10
8 己亥20	8 戊辰21	8 戊戌20	8 丁卯19	**8** 丙申⑰	8 丙寅17	8 乙未15	8 乙丑14	8 甲午13	8 甲子12	8 甲午12	8 甲子11
9 庚子21	9 己巳22	9 己亥21	9 戊辰⑳	9 丁酉18	**9** 丁卯18	9 丙申16	9 丙寅15	9 乙未⑭	9 乙丑13	9 乙未13	9 乙丑12
10辛丑22	10庚午23	10庚子㉒	10己巳21	10戊戌19	10戊辰19	**10**丁酉17	10丁卯⑯	10丙申15	10丙寅14	10丙申14	10丙寅⑬
11壬寅23	11辛未24	11辛丑23	11庚午22	11己亥20	11己巳20	11戊戌18	**11**戊辰17	11丁酉16	11丁卯15	11丁酉15	11丁卯14
12癸卯24	12壬申㉕	12壬寅24	12辛未23	12庚子21	12庚午21	12己亥⑲	12己巳18	**12**戊戌17	12戊辰16	12戊戌⑯	12戊辰15
13甲辰㉕	13癸酉26	13癸卯25	13壬申24	13辛丑22	13辛未㉒	13庚子20	13庚午19	13己亥18	**13**己巳17	**13**己亥17	**13**己巳16
14乙巳26	14甲戌27	14甲辰26	14癸酉25	14壬寅23	14壬申23	14辛丑21	14辛未20	14庚子19	14庚午⑱	14庚子18	14庚午17
15丙午27	15乙亥28	15乙巳27	15甲戌26	15癸卯㉔	15癸酉24	15壬寅22	15壬申21	15辛丑20	15辛未19	15辛丑19	15辛未18
16丁未28	16丙子29	16丙午28	16乙亥㉗	16甲辰25	16甲戌25	16癸卯23	16癸酉22	16壬寅㉑	16壬申20	16壬寅20	16壬申19
《3月》	17丁丑30	17丁未㉙	17丙子28	17乙巳26	17乙亥26	17甲辰24	17甲戌㉓	17癸卯22	17癸酉21	17癸卯21	17癸酉⑳
17戊申 1	18戊寅31	18戊申30	18丁丑29	18丙午27	18丙子27	18乙巳25	18乙亥24	18甲辰23	18甲戌22	18甲辰22	18甲戌21
18己酉 2	《4月》	《5月》	19戊寅30	19丁未28	19丁丑28	19丙午㉖	19丙子25	19乙巳24	19乙亥23	19乙巳㉓	19乙亥22
19庚戌 3	19己卯①	19己酉 1	20己卯31	20戊申29	20戊寅㉙	20丁未27	20丁丑26	20丙午25	20丙子24	20丙午24	20丙子23
20辛亥④	**20**庚辰 2	20庚戌 2	《6月》	21己酉30	21己卯30	21戊申28	21戊寅27	21丁未26	21丁丑㉕	21丁未25	21丁丑24
21壬子 5	21辛巳 3	**21**辛亥 3	21庚辰 1	《7月》	22庚辰31	22己酉29	22己卯28	22戊申27	22戊寅26	22戊申26	22戊寅25
22癸丑 6	22壬午 4	22壬子 4	**22**辛巳 2	22庚戌①	《8月》	23庚戌30	23庚辰29	23己酉㉘	23己卯27	23己酉27	23己卯26
23甲寅 7	23癸未 5	23癸丑 5	23壬午③	23辛亥 2	23辛巳 1	24辛亥31	24辛巳㉚	24庚戌29	24庚辰28	24庚戌28	24庚辰㉗
24乙卯 8	24甲申 6	24甲寅⑥	24癸未 4	**24**壬子 3	**24**壬午 2	《9月》	《10月》	25辛亥30	25辛巳29	25辛亥29	25辛巳28
25丙辰 9	25乙酉 7	25乙卯 7	25甲申 5	25癸丑 4	25癸未 3	25壬子 1	25壬午 1	26壬子31	26壬午30	26壬子㉚	26壬午29
26丁巳10	26丙戌⑧	26丙辰 8	26乙酉 6	26甲寅 5	26甲申 4	**26**癸丑②	**26**癸未 2	《11月》	《12月》	27癸丑31	27癸未30
27戊午⑪	27丁亥 9	27丁巳 9	27丙戌 7	27乙卯 6	27乙酉⑤	27甲寅 3	27甲申 3	**27**癸丑 1	27癸未 1	**911年**	28甲申31
28己未12	28戊子10	28戊午10	28丁亥 8	28丙辰 7	28丙戌 6	28乙卯 4	28乙酉 4	28甲寅 2	**28**甲申②	《1月》	《2月》
29庚申13	29己丑11	29己未11	29戊子 9	29丁巳⑧	29丁亥 7	29丙辰 5	29丙戌 5	29乙卯 3	29乙酉 3	**28**甲寅 1	**29**乙酉 1
	30庚寅12			30戊午 9		30丁巳 6		30丙辰④	30丙戌 4	29乙卯 2	
										30丙辰 3	
雨水 4日 啓蟄 19日	春分 5日 清明 20日	穀雨 6日 立夏 21日	小満 7日 芒種 22日	夏至 8日 小暑 24日	大暑 9日 立秋 24日	処暑 10日 白露 26日	秋分 11日 寒露 26日	霜降 12日 立冬 27日	小雪 13日 大雪 28日	冬至 13日 小寒 28日	大寒 13日 立春 29日

延喜**11**年（911−912） 辛未

1月	2月	3月	4月	5月	6月	7月	8月	9月	10月	11月	12月
1 丙戌 2	1 丙辰 4	1 乙酉 2	1 乙卯 2	1 甲申 31	1 癸丑 29	1 壬午㉘	1 壬子 27	1 辛巳 25	1 辛亥 25	1 辛巳㉔	1 辛亥 24
2 丁亥③	2 丁巳 5	**2** 丙戌 3	**2** 丙辰 3	《6月》	2 甲寅㉚	2 癸未 29	2 癸丑 28	2 壬午 26	2 壬子 26	2 壬午 25	2 壬子 25
3 戊子 4	3 戊午 6	3 丁亥 4	3 丁巳 4	2 乙酉 1	《7月》	3 甲申 30	3 甲寅 29	3 癸未 27	3 癸丑㉗	3 癸未 26	3 癸丑 26
4 己丑 5	4 己未 7	4 戊子 5	4 戊午⑤	**3** 丙戌②	3 乙卯 1	4 乙酉 31	4 乙卯 30	4 甲申 28	4 甲寅 28	4 甲申 27	4 甲寅 27
5 庚寅 6	5 庚申 8	5 己丑 6	5 己未 6	4 丁亥 3	4 丙辰 2	《8月》	5 丙辰 31	5 乙酉㉙	5 乙卯 29	5 乙酉 28	5 乙卯 28
6 辛卯 7	6 辛酉 9	6 庚寅⑦	6 庚申 7	5 戊子 4	**5** 丁巳 3	5 丙戌 1	《9月》	6 丙戌 30	6 丙辰 30	6 丙戌 29	6 丙辰㉙
7 壬辰 8	7 壬戌⑩	7 辛卯 8	7 辛酉 8	6 己丑 5	6 戊午 4	**6** 丁亥 2	6 丁巳①	《10月》	7 丁巳 31	7 丁亥 30	7 丁巳 30
8 癸巳 9	8 癸亥 11	8 壬辰 9	8 壬戌 9	7 庚寅 6	7 己未 5	7 戊子 3	**7** 戊午 2	7 丁亥 1	《11月》	《12月》	8 戊午 31
9 甲午⑩	9 甲子 12	9 癸巳 10	9 癸亥 10	8 辛卯 7	8 庚申 6	8 己丑④	8 己未 3	**8** 戊子 2	8 戊午 1	8 戊子①	**912** 年
10 乙未 11	10 乙丑 13	10 甲午 11	10 甲子 11	9 壬辰 8	9 辛酉⑦	9 庚寅 5	9 庚申 4	9 己丑 3	**9** 己未 2	**9** 己丑 2	《1月》
11 丙申 12	11 丙寅 14	11 乙未 12	11 乙丑⑫	10 癸巳⑨	10 壬戌 8	10 辛卯 6	10 辛酉 5	10 庚寅 4	10 庚申③	10 庚寅 3	**9** 己未 1
12 丁酉 13	12 丁卯 15	12 丙申 13	12 丙寅 13	11 甲午 10	11 癸亥 9	11 壬辰 7	11 壬戌 6	11 辛卯 5	11 辛酉 4	11 辛卯 4	10 庚申 2
13 戊戌 14	13 戊辰 16	13 丁酉⑭	13 丁卯 14	12 乙未 11	12 甲子 10	12 癸巳 8	12 癸亥 7	12 壬辰⑥	12 壬戌 5	12 壬辰 5	11 辛酉 3
14 己亥 15	14 己巳⑰	14 戊戌 15	14 戊辰 15	13 丙申 12	13 乙丑 11	13 甲午 9	13 甲子⑧	13 癸巳 7	13 癸亥 6	13 癸巳 6	12 壬戌 4
15 庚子 16	**15** 庚午 18	15 己亥 16	15 己巳 16	14 丁酉 13	14 丙寅 12	14 乙未 10	14 乙丑 9	14 甲午 8	14 甲子 7	14 甲午 7	13 癸亥⑤
16 辛丑⑰	16 辛未 19	16 庚子 17	16 庚午 17	15 戊戌 14	15 丁卯 13	15 丙申⑪	15 丙寅 10	15 乙未 9	15 乙丑 8	15 乙未⑧	14 甲子 6
17 壬寅 18	17 壬申 20	**17** 辛丑 18	**17** 辛未 18	16 己亥 15	16 戊辰⑭	16 丁酉 12	16 丁卯 11	16 丙申 10	16 丙寅 9	16 丙申 9	15 乙丑 7
18 癸卯 19	18 癸酉 21	18 壬寅 19	18 壬申⑲	17 庚子⑯	17 己巳 15	17 戊戌 13	17 戊辰 12	17 丁酉 11	17 丁卯⑩	17 丁酉 10	16 丙寅 8
19 甲辰 20	19 甲戌 22	19 癸卯 20	19 癸酉 20	18 辛丑 17	18 庚午 16	18 己亥 14	18 己巳 13	18 戊戌 12	18 戊辰 11	18 戊戌 11	17 丁卯 9
20 乙巳 21	20 乙亥 23	20 甲辰㉑	20 甲戌 21	**19** 壬寅 18	19 辛未 17	19 庚子 15	19 庚午 14	19 己亥⑬	19 己巳 12	19 己亥 12	18 戊辰 10
21 丙午 22	21 丙子㉔	21 乙巳 22	21 乙亥 22	20 癸卯 19	**20** 壬申 18	20 辛丑 16	20 辛未⑮	20 庚子 14	20 庚午 13	20 庚子 13	19 己巳 11
22 丁未 23	22 丁丑 25	22 丙午 23	22 丙子 23	21 甲辰 20	21 癸酉 19	21 壬寅 17	21 壬申 16	21 辛丑 15	21 辛未 14	21 辛丑 14	20 庚午⑫
23 戊申㉔	23 戊寅 26	23 丁未 24	23 丁丑 24	22 乙巳 21	22 甲戌 20	**22** 癸卯⑱	**22** 癸酉 17	22 壬寅 16	22 壬申 15	22 壬寅⑮	21 辛未 13
24 己酉 25	24 己卯 27	24 戊申 25	24 戊寅 25	23 丙午 22	23 乙亥㉑	23 甲辰 19	23 甲戌 18	**23** 癸卯 17	23 癸酉 16	23 癸卯 16	22 壬申 14
25 庚戌 26	25 庚辰 28	25 己酉 26	25 己卯㉖	24 丁未㉓	24 丙子 22	24 乙巳 20	24 乙亥 19	24 甲辰 18	**24** 甲戌⑰	**24** 甲辰 17	23 癸酉 15
26 辛亥 27	26 辛巳 29	26 庚戌 27	26 庚辰 27	25 戊申 24	25 丁丑 23	25 丙午 21	25 丙子 20	25 乙巳 19	25 乙亥 18	25 乙巳 18	24 甲戌 16
27 壬子 28	27 壬午 30	27 辛亥㉘	27 辛巳 28	26 己酉 25	26 戊寅 24	26 丁未 22	26 丁丑 21	26 丙午⑳	26 丙子 19	26 丙午 19	**25** 乙亥 17
《3月》	28 癸未㉛	28 壬子 29	28 壬午 29	27 庚戌 26	27 己卯 25	27 戊申 23	27 戊寅㉒	27 丁未 21	27 丁丑 20	27 丁未 20	26 丙子 18
28 癸丑 1	《4月》	29 癸丑 30	29 癸未 30	28 辛亥 27	28 庚辰 26	28 己酉 24	28 己卯 23	28 戊申 22	28 戊寅 21	28 戊申 21	27 丁丑⑲
29 甲寅 2	29 甲申 1	《5月》		29 壬子 28	29 辛巳 27	29 庚戌㉕	29 庚辰 24	29 己酉 23	29 己卯 22	29 己酉㉒	28 戊寅 20
30 乙卯③		30 甲寅 1				30 辛亥 26		30 庚戌 24	30 庚辰 23	30 庚戌 23	29 己卯 21

1月	2月	3月	4月	5月	6月	7月	8月	9月	10月	11月	12月
雨水 15日	春分 15日	清明 2日	立夏 2日	芒種 3日	小暑 5日	立秋 6日	白露 7日	寒露 8日	立冬 9日	大雪 9日	小寒 9日
啓蟄 30日		穀雨 17日	小満 17日	夏至 19日	大暑 20日	処暑 22日	秋分 22日	霜降 23日	小雪 24日	冬至 24日	大寒 25日

延喜**12**年（912−913） 壬申

1月	2月	3月	4月	5月	閏5月	6月	7月	8月	9月	10月	11月	12月
1 庚辰 22	1 庚戌 21	1 庚辰㉒	1 己酉 20	1 己卯 20	1 戊申 18	**1** 丁丑 17	1 丙午 15	1 丙子 14	1 乙巳 13	1 乙亥 12	1 乙巳 12	1 甲戌⑩
2 辛巳 23	2 辛亥 22	2 辛巳 23	2 庚戌 21	2 庚辰 21	2 己酉 19	2 戊寅 18	2 丁未⑯	2 丁丑 15	2 丙午 14	2 丙子 13	2 丙午⑬	2 乙亥 11
3 壬午 24	3 壬子㉓	3 壬午 24	3 辛亥 22	3 辛巳 22	3 庚戌 20	3 己卯⑲	**3** 戊申 17	**3** 戊寅 16	3 丁未 15	3 丁丑 14	3 丁未 14	3 丙子 12
4 癸未 25	4 癸丑 24	4 癸未 25	4 壬子 23	4 壬午 23	4 辛亥㉑	4 庚辰 20	4 己酉 18	4 己卯 17	4 戊申 16	4 戊寅⑮	4 戊申 15	4 丁丑 13
5 甲申㉖	5 甲寅 25	5 甲申 26	5 癸丑 24	5 癸未㉔	5 壬子 22	5 辛巳 21	5 庚戌 19	5 庚辰 18	**5** 己酉 17	**5** 己卯 16	5 己酉 16	5 戊寅 14
6 乙酉 27	6 乙卯 26	6 乙酉 27	6 甲寅 25	6 甲申 25	6 癸丑 23	6 壬午 22	6 辛亥 20	6 辛巳 19	6 庚戌⑱	6 庚辰 17	**6** 庚戌 17	6 己卯 15
7 丙戌 28	7 丙辰 27	7 丙戌 28	7 乙卯㉖	7 乙酉 26	7 甲寅 24	7 癸未 23	7 壬子 21	7 壬午⑳	7 辛亥 19	7 辛巳 18	7 辛亥 18	**7** 庚辰 16
8 丁亥 29	8 丁巳 28	8 丁亥㉙	8 丙辰 27	8 丙戌 27	8 乙卯 25	8 甲申 24	8 癸丑 22	8 癸未 21	8 壬子 20	8 壬午 19	8 壬子 19	8 辛巳⑰
9 戊子 30	9 戊午 29	9 戊子 30	9 丁巳 28	9 丁亥 28	9 丙辰 26	9 乙酉 25	9 甲寅㉓	9 甲申 22	9 癸丑 21	9 癸未 20	9 癸丑⑳	9 壬午 18
10 己丑 31	《3月》	10 己丑 31	10 戊午 29	10 戊子 29	10 丁巳 27	10 丙戌㉖	10 乙卯 24	10 乙酉 23	10 甲寅 22	10 甲申 21	10 甲寅 21	10 癸未 19
《2月》	10 己未①	《4月》	11 己未 30	11 己丑 30	11 戊午㉘	11 丁亥 27	11 丙辰 25	11 丙戌 24	11 乙卯 23	11 乙酉㉒	11 乙卯 22	11 甲申 20
11 庚寅 1	**11** 庚申 2	11 庚寅 1	《5月》	12 庚寅㉛	12 己未 29	12 戊子 28	12 丁巳 26	12 丁亥 25	12 丙辰 24	12 丙戌 23	12 丙辰 23	12 乙酉 21
12 辛卯②	12 辛酉 3	**12** 辛卯 2	12 庚申 1	《6月》	13 庚申 30	13 己丑 29	13 戊午 27	13 戊子 26	13 丁巳㉕	13 丁亥 24	13 丁巳 24	13 丙戌 22
13 壬辰 3	13 壬戌 4	13 壬辰 3	**13** 辛酉 2	13 辛卯 1	《7月》	14 庚寅 30	14 己未 28	14 己丑㉗	14 戊午 26	14 戊子 25	14 戊午 25	14 丁亥 23
14 癸巳 4	14 癸亥 5	14 癸巳 4	14 壬戌③	**14** 壬辰 2	14 辛酉 1	15 辛卯 31	15 庚申 29	15 庚寅 28	15 己未 27	15 己丑 26	15 己未 26	15 戊子㉔
15 甲午 5	15 甲子 6	15 甲午⑤	15 癸亥 4	15 癸巳 3	**15** 壬戌 2	《8月》	16 辛酉㉚	16 辛卯 29	16 庚申 28	16 庚寅 27	16 庚申㉗	16 己丑 25
16 乙未 6	16 乙丑 7	16 乙未 6	16 甲子 5	16 甲午 4	16 癸亥 3	16 壬辰 1	17 壬戌 31	17 壬辰 30	17 辛酉 29	17 辛卯 28	17 辛酉 28	17 庚寅 26
17 丙申 7	17 丙寅⑧	17 丙申 7	17 乙丑 6	17 乙未 5	17 甲子 4	**17** 癸巳②	《9月》	《10月》	18 壬戌 30	18 壬辰㉙	18 壬戌 29	18 辛卯 27
18 丁酉 8	18 丁卯 9	18 丁酉 8	18 丙寅 7	18 丙申 6	18 乙丑⑤	18 甲午 3	**18** 癸亥 1	**18** 癸巳 1	19 癸亥 31	19 癸巳 30	19 癸亥 30	19 壬辰 28
19 戊戌⑨	19 戊辰 10	19 戊戌 9	19 丁卯 8	19 丁酉⑦	19 丙寅 6	19 乙未 4	19 甲子 2	19 甲午 2	《11月》	《12月》	20 甲子 31	20 癸巳 29
20 己亥 10	20 己巳 11	20 己亥 10	20 戊辰 9	20 戊戌 8	20 丁卯 7	20 丙申 5	20 乙丑 3	20 乙未 3	**20** 甲子①	**20** 甲午 1	**913** 年	21 甲午 30
21 庚子 11	21 庚午 12	21 庚子 11	21 己巳⑩	21 己亥 9	21 戊辰 8	21 丁酉 6	21 丙寅 4	21 丙申④	21 乙丑 2	21 乙未 2	《1月》	**22** 乙未㉛
22 辛丑 12	22 辛未 13	22 辛丑⑫	22 庚午 11	22 庚子 10	22 己巳 9	22 戊戌 7	22 丁卯 5	22 丁酉 5	22 丙寅 3	22 丙申 3	**21** 乙丑 1	《2月》
23 壬寅 13	23 壬申 14	23 壬寅 13	23 辛未 12	23 辛丑 11	23 庚午 10	23 己亥 8	23 戊辰⑥	23 戊戌 6	23 丁卯 4	23 丁酉 4	22 丙寅 2	23 丙申 1
24 癸卯 14	24 癸酉⑮	24 癸卯 14	24 壬申 13	24 壬寅 12	24 辛未 11	24 庚子⑨	24 己巳 7	24 己亥 7	24 戊辰 5	24 戊戌 5	23 丁卯③	24 丁酉 2
25 甲辰 15	25 甲戌 16	25 甲辰 15	25 癸酉 14	25 癸卯 13	25 壬申⑫	25 辛丑 10	25 庚午 8	25 庚子 8	25 己巳 6	25 己亥⑥	24 戊辰 4	25 戊戌 3
26 乙巳⑯	26 乙亥 17	26 乙巳 16	26 甲戌 15	26 甲辰⑭	26 癸酉 13	26 壬寅 11	26 辛未 9	26 辛丑 9	26 庚午 7	26 庚子 7	25 己巳 5	26 己亥 4
27 丙午 17	**27** 丙子 18	**27** 丙午 17	27 乙亥 16	27 乙巳 15	27 甲戌 14	27 癸卯 12	27 壬申 10	27 壬寅 10	27 辛未⑧	27 辛丑 8	26 庚午 6	27 庚子 5
28 丁未 18	28 丁丑 19	28 丁未 18	**28** 丙子⑰	28 丙午 16	28 乙亥 15	28 甲辰 13	28 癸酉 11	28 癸卯⑪	28 壬申 9	28 壬寅 9	27 辛未 7	28 辛丑 6
29 戊申 19	29 戊寅 20	29 戊申⑲	29 丁丑 18	**29** 丁未 17	29 丙子 16	29 乙巳 14	29 甲戌 12	29 甲辰 12	29 癸酉 10	29 癸卯 10	28 壬申 8	29 壬寅⑦
30 己酉 20	30 己卯 21		30 戊寅 19				30 乙亥⑬		30 甲戌 11	30 甲辰 11	29 癸酉 9	30 癸卯 8

1月	2月	3月	4月	5月	閏5月	6月	7月	8月	9月	10月	11月	12月
立春 11日	啓蟄 11日	清明 12日	立夏 13日	芒種 14日	小暑15日	大暑 1日	処暑 3日	秋分 3日	霜降 5日	小雪 5日	冬至 6日	大寒 7日
雨水 26日	春分 27日	穀雨 27日	小満 28日	夏至 29日		立秋 17日	白露 18日	寒露 18日	立冬 20日	大雪 20日	小寒 21日	立春 22日

延喜13年（913−914） 癸酉

1月	2月	3月	4月	5月	6月	7月	8月	9月	10月	11月	12月
1 甲辰 9	1 甲戌 11	1 甲辰 10	1 癸酉 ⑨	1 壬寅 7	1 壬申 7	1 辛丑 5	1 庚午 3	1 庚子 ③	《11月》	《12月》	1 戊辰 30
2 乙巳 10	2 乙亥 12	2 乙巳 ⑪	2 甲戌 10	2 癸卯 8	2 癸酉 8	2 壬寅 6	2 辛未 4	2 辛丑 4	**1** 己巳 1	1 己亥 1	2 己巳 31
3 丙午 11	3 丙子 13	3 丙午 12	3 乙亥 11	3 甲辰 9	3 甲戌 9	3 癸卯 7	3 壬申 ⑤	3 壬寅 5	2 庚午 2	**2** 庚子 2	**914**年
4 丁未 12	4 丁丑 ⑭	4 丁未 13	4 丙子 12	4 乙巳 10	4 乙亥 10	4 甲辰 ⑧	4 癸酉 6	4 癸卯 6	3 辛未 3	3 辛丑 3	《1月》
5 戊申 13	5 戊寅 15	5 戊申 14	5 丁丑 13	5 丙午 11	5 丙子 ⑪	5 乙巳 9	5 甲戌 7	5 甲辰 7	4 壬申 4	4 壬寅 4	**3** 庚午 1
6 己酉 ⑭	6 己卯 16	6 己酉 15	6 戊寅 14	6 丁未 12	6 丁丑 12	6 丙午 10	6 乙亥 8	6 乙巳 8	5 癸酉 5	5 癸卯 ⑤	4 辛未 ②
7 庚戌 15	7 庚辰 17	7 庚戌 16	7 己卯 15	7 戊申 ⑬	7 戊寅 13	7 丁未 11	7 丙子 9	7 丙午 9	6 甲戌 6	6 甲辰 6	5 壬申 3
8 辛亥 16	**8** 辛巳 18	**8** 辛亥 17	8 庚辰 ⑯	8 己酉 14	8 己卯 14	8 戊申 12	8 丁丑 10	8 丁未 ⑩	7 乙亥 ⑦	7 乙巳 7	6 癸酉 4
9 壬子 17	9 壬午 19	9 壬子 ⑱	9 辛巳 17	9 庚戌 15	9 庚辰 15	9 己酉 13	9 戊寅 11	9 戊申 11	8 丙子 8	8 丙午 8	7 甲戌 5
10 癸丑 18	10 癸未 20	10 癸丑 19	**10** 壬午 18	10 辛亥 16	10 辛巳 16	10 庚戌 14	10 己卯 ⑫	10 己酉 12	9 丁丑 9	9 丁未 9	8 乙亥 6
11 甲寅 19	11 甲申 ㉑	11 甲寅 20	11 癸未 19	**11** 壬子 17	11 壬午 17	11 辛亥 ⑮	11 庚辰 13	11 庚戌 13	10 戊寅 10	10 戊申 10	9 丙子 7
12 乙卯 20	12 乙酉 22	12 乙卯 21	12 甲申 20	12 癸丑 18	**12** 癸未 ⑱	12 壬子 16	12 辛巳 14	12 辛亥 14	11 己卯 11	11 己酉 11	10 丁丑 8
13 丙辰 ㉑	13 丙戌 23	13 丙辰 22	13 乙酉 21	13 甲寅 19	13 甲申 19	**13** 癸丑 17	13 壬午 15	13 壬子 15	12 庚辰 12	12 庚戌 ⑫	11 戊寅 ⑨
14 丁巳 22	14 丁亥 24	14 丁巳 23	14 丙戌 22	14 乙卯 ⑳	14 乙酉 20	14 甲寅 18	**14** 癸未 16	14 癸丑 16	13 辛巳 13	13 辛亥 13	12 己卯 10
15 戊午 23	15 戊子 25	15 戊午 24	15 丁亥 ㉓	15 丙辰 21	15 丙戌 21	15 乙卯 19	15 甲申 17	**15** 甲寅 ⑰	14 壬午 ⑭	14 壬子 14	13 庚辰 11
16 己未 24	16 己丑 26	16 己未 ㉕	16 戊子 24	16 丁巳 22	16 丁亥 22	16 丙辰 20	16 乙酉 18	16 乙卯 18	15 癸未 15	15 癸丑 15	14 辛巳 12
17 庚申 25	17 庚寅 27	17 庚申 26	17 己丑 25	17 戊午 23	17 戊子 23	17 丁巳 21	17 丙戌 ⑲	17 丙辰 19	**16** 甲申 16	16 甲寅 16	15 壬午 13
18 辛酉 26	18 辛卯 ㉘	18 辛酉 27	18 庚寅 26	18 己未 24	18 己丑 24	18 戊午 ㉒	18 丁亥 20	18 丁巳 20	17 乙酉 17	**17** 乙卯 17	16 癸未 14
19 壬戌 27	19 壬辰 29	19 壬戌 28	19 辛卯 27	19 庚申 25	19 庚寅 ㉕	19 己未 23	19 戊子 21	19 戊午 21	18 丙戌 18	18 丙辰 18	17 甲申 15
20 癸亥 ㉘	20 癸巳 30	20 癸亥 29	20 壬辰 28	20 辛酉 26	20 辛卯 26	20 庚申 24	20 己丑 22	20 己未 22	19 丁亥 19	19 丁巳 ⑲	**18** 乙酉 ⑯
《3月》	21 甲午 31	21 甲子 30	21 癸巳 29	21 壬戌 ㉗	21 壬辰 27	21 辛酉 25	21 庚寅 23	21 庚申 23	20 戊子 20	20 戊午 20	19 丙戌 17
21 甲子 1	《4月》	《5月》	22 甲午 ㉚	22 癸亥 28	22 癸巳 28	22 壬戌 26	22 辛卯 24	22 辛酉 ㉔	21 己丑 ㉑	21 己未 21	20 丁亥 18
22 乙丑 2	22 乙未 1	22 乙丑 1	23 乙未 31	23 甲子 29	23 甲午 29	23 癸亥 27	23 壬辰 25	23 壬戌 25	22 庚寅 22	22 庚申 22	21 戊子 19
23 丙寅 3	**23** 丙申 2	**23** 丙寅 ②	《6月》	24 乙丑 30	24 乙未 30	24 甲子 28	24 癸巳 ㉖	24 癸亥 26	23 辛卯 23	23 辛酉 23	22 己丑 20
24 丁卯 4	24 丁酉 3	24 丁卯 3	24 丙申 1	《7月》	25 丙申 31	25 乙丑 ㉙	25 甲午 27	25 甲子 27	24 壬辰 24	24 壬戌 24	23 庚寅 21
25 戊辰 5	25 戊戌 ④	25 戊辰 4	**25** 丁酉 2	25 丙寅 1	《8月》	26 丙寅 30	26 乙未 28	26 乙丑 28	25 癸巳 25	25 癸亥 25	24 辛卯 22
26 己巳 6	26 己亥 5	26 己巳 5	26 戊戌 3	**26** 丁卯 2	26 丁酉 ①	27 丁卯 31	27 丙申 29	27 丙寅 29	26 甲午 26	26 甲子 ㉖	25 壬辰 ㉓
27 庚午 ⑦	27 庚子 6	27 庚午 6	27 己亥 4	27 戊辰 3	**27** 戊戌 2	《9月》	28 丁酉 30	28 丁卯 30	27 乙未 27	27 乙丑 27	26 癸巳 24
28 辛未 8	28 辛丑 7	28 辛未 7	28 庚子 5	28 己巳 ④	28 己亥 3	**28** 戊辰 1	《10月》	29 戊辰 ㉛	28 丙申 ㉘	28 丙寅 28	27 甲午 25
29 壬申 9	29 壬寅 8	29 壬申 8	29 辛丑 ⑥	29 庚午 5	29 庚子 4	29 己巳 2	29 戊戌 1		29 丁酉 29	29 丁卯 29	28 乙未 26
30 癸酉 10	30 癸卯 9			30 辛未 6			**30** 己亥 2		30 戊戌 30		29 丙申 27
											30 丁酉 28
雨水 7日 啓蟄 23日	春分 8日 清明 23日	穀雨 8日 立夏 23日	小満 10日 芒種 25日	夏至 11日 小暑 26日	大暑 12日 立秋 27日	処暑 13日 白露 28日	秋分 14日 寒露 30日	霜降 15日	立冬 1日 小雪 16日	大雪 2日 冬至 17日	小寒 3日 大寒 18日

延喜14年（914−915） 甲戌

1月	2月	3月	4月	5月	6月	7月	8月	9月	10月	11月	12月
1 戊戌 29	1 戊辰 28	1 戊戌 30	1 丁卯 28	1 丁酉 28	1 丙寅 ㉖	1 丙申 26	1 乙丑 24	1 乙未 23	1 甲子 22	1 癸巳 ⑳	1 癸亥 20
2 己亥 ㉚	《3月》	2 己亥 31	2 戊辰 29	2 戊戌 ㉙	2 丁卯 27	2 丁酉 27	2 丙寅 25	2 丙申 24	2 乙丑 ㉓	2 甲午 21	2 甲子 21
3 庚子 31	2 己巳 1	《4月》	3 己巳 30	3 己亥 30	3 戊辰 28	3 戊戌 28	3 丁卯 26	3 丁酉 ㉕	3 丙寅 24	3 乙未 22	3 乙丑 22
《2月》	3 庚午 2	3 庚子 1	《5月》	4 庚子 31	4 己巳 29	4 己亥 29	4 戊辰 27	4 戊戌 26	4 丁卯 25	4 丙申 23	4 丙寅 23
4 辛丑 1	**4** 辛未 3	**4** 辛丑 2	4 庚午 ①	《6月》	5 庚午 30	5 庚子 30	5 己巳 ㉘	5 己亥 27	5 戊辰 26	5 丁酉 24	5 丁卯 24
5 壬寅 2	5 壬申 4	5 壬寅 ③	5 辛未 2	5 辛丑 1	《7月》	6 辛丑 ㉛	6 庚午 29	6 庚子 28	6 己巳 27	6 戊戌 25	6 戊辰 ㉕
6 癸卯 3	6 癸酉 5	6 癸卯 4	**6** 壬申 3	**6** 壬寅 2	6 辛未 1	《8月》	7 辛未 30	7 辛丑 29	7 庚午 28	7 己亥 26	7 己巳 26
7 甲辰 4	7 甲戌 ⑥	7 甲辰 5	7 癸酉 4	7 癸卯 3	7 壬申 2	7 壬寅 1	8 壬申 31	8 壬寅 30	8 辛未 29	8 庚子 ㉗	8 庚午 27
8 乙巳 5	8 乙亥 7	8 乙巳 6	8 甲戌 5	8 甲辰 4	**8** 癸酉 ③	**8** 癸卯 2	《9月》	《10月》	9 壬申 ㉚	9 辛丑 28	9 辛未 28
9 丙午 ⑥	9 丙子 8	9 丙午 7	9 乙亥 6	9 乙巳 ⑤	9 甲戌 4	9 甲辰 3	**9** 癸酉 1	9 癸卯 1	10 癸酉 31	10 壬寅 29	10 壬申 29
10 丁未 7	10 丁丑 9	10 丁未 8	10 丙子 7	10 丙午 6	10 乙亥 5	10 乙巳 4	10 甲戌 2	**10** 甲辰 ②	《11月》	11 癸卯 30	11 癸酉 30
11 戊申 8	11 戊寅 10	11 戊申 9	11 丁丑 ⑧	11 丁未 7	11 丙子 6	11 丙午 5	11 乙亥 3	11 乙巳 3	**11** 甲戌 1	《12月》	12 甲戌 31
12 己酉 9	12 己卯 11	12 己酉 ⑩	12 戊寅 9	12 戊申 8	12 丁丑 7	12 丁未 6	12 丙子 ④	12 丙午 4	12 乙亥 2	12 甲辰 1	**915**年
13 庚戌 10	13 庚辰 12	13 庚戌 11	13 己卯 10	13 己酉 9	13 戊寅 8	13 戊申 ⑦	13 丁丑 5	13 丁未 5	13 丙子 3	**13** 乙巳 2	《1月》
14 辛亥 11	14 辛巳 ⑬	14 辛亥 12	14 庚辰 11	14 庚戌 10	14 己卯 9	14 己酉 8	14 戊寅 6	14 戊申 6	14 丁丑 4	14 丙午 3	**13** 乙亥 ①
15 壬子 12	15 壬午 14	15 壬子 13	15 辛巳 12	15 辛亥 11	15 庚辰 ⑩	15 庚戌 9	15 己卯 7	15 己酉 7	15 戊寅 5	15 丁未 ④	14 丙子 2
16 癸丑 ⑬	16 癸未 15	16 癸丑 14	16 壬午 13	16 壬子 ⑫	16 辛巳 11	16 辛亥 10	16 庚辰 8	16 庚戌 8	16 己卯 ⑥	16 戊申 5	15 丁丑 3
17 甲寅 14	17 甲申 16	17 甲寅 15	17 癸未 14	17 癸丑 13	17 壬午 12	17 壬子 11	17 辛巳 9	17 辛亥 ⑨	17 庚辰 7	17 己酉 6	16 戊寅 4
18 乙卯 15	18 乙酉 17	18 乙卯 16	18 甲申 ⑮	18 甲寅 14	18 癸未 13	18 癸丑 12	18 壬午 10	18 壬子 10	18 辛巳 8	18 庚戌 7	17 己卯 5
19 丙辰 16	**19** 丙戌 18	19 丙辰 ⑰	19 乙酉 16	19 乙卯 15	19 甲申 14	19 甲寅 13	19 癸未 ⑪	19 癸丑 11	19 壬午 9	19 辛亥 8	18 庚辰 6
20 丁巳 17	20 丁亥 19	**20** 丁巳 18	20 丙戌 17	20 丙辰 16	20 乙酉 15	20 乙卯 ⑭	20 甲申 12	20 甲寅 12	20 癸未 10	20 壬子 9	19 辛巳 7
21 戊午 18	21 戊子 ⑳	21 戊午 19	**21** 丁亥 18	**21** 丁巳 17	21 丙戌 16	21 丙辰 15	21 乙酉 13	21 乙卯 13	21 甲申 11	21 癸丑 10	20 壬午 ⑧
22 己未 19	22 己丑 21	22 己未 20	22 戊子 19	22 戊午 18	22 丁亥 ⑰	22 丁巳 16	22 丙戌 14	22 丙辰 14	22 乙酉 12	22 甲寅 ⑪	21 癸未 9
23 庚申 ⑳	23 庚寅 22	23 庚申 21	23 己丑 20	23 己未 ⑲	**23** 戊子 18	**23** 戊午 17	23 丁亥 15	23 丁巳 15	23 丙戌 ⑬	23 乙卯 12	22 甲申 10
24 辛酉 21	24 辛卯 23	24 辛酉 22	24 庚寅 21	24 庚申 20	24 己丑 19	24 己未 18	24 戊子 16	24 戊午 ⑯	24 丁亥 14	24 丙辰 13	23 乙酉 11
25 壬戌 22	25 壬辰 24	25 壬戌 23	25 辛卯 ㉒	25 辛酉 21	25 庚寅 20	25 庚申 19	**25** 己丑 17	**25** 己未 17	25 戊子 15	25 丁巳 14	24 丙戌 12
26 癸亥 23	26 癸巳 25	26 癸亥 ㉔	26 壬辰 23	26 壬戌 22	26 辛卯 21	26 辛酉 20	26 庚寅 ⑱	26 庚申 18	26 己丑 16	26 戊午 15	25 丁亥 13
27 甲子 24	27 甲午 26	27 甲子 25	27 癸巳 24	27 癸亥 23	27 壬辰 22	27 壬戌 ㉑	27 辛卯 19	27 辛酉 19	**27** 庚寅 17	27 己未 16	26 戊子 14
28 乙丑 25	28 乙未 ㉗	28 乙丑 26	28 甲午 25	28 甲子 24	28 癸巳 23	28 癸亥 22	28 壬辰 20	28 壬戌 20	28 辛卯 18	**28** 庚申 17	27 己丑 ⑮
29 丙寅 26	29 丙申 28	29 丙寅 27	29 乙未 26	29 乙丑 25	29 甲午 ㉔	29 甲子 23	29 癸巳 21	29 癸亥 21	29 壬辰 19	29 辛酉 ⑱	**28** 庚寅 16
30 丁卯 ㉗	30 丁酉 29		30 丙申 27		30 乙未 25		30 甲午 22			30 壬戌 19	29 辛卯 17
立春 3日 雨水 19日	啓蟄 4日 春分 19日	清明 4日 穀雨 20日	立夏 6日 小満 21日	芒種 6日 夏至 21日	小暑 8日 大暑 23日	立秋 8日 処暑 23日	白露 9日 秋分 25日	寒露 10日 霜降 25日	立冬 11日 小雪 27日	大雪 13日 冬至 28日	小寒 13日 大寒 28日

延喜**15**年（915－916）　乙亥

1月	2月	閏2月	3月	4月	5月	6月	7月	8月	9月	10月	11月	12月
1壬辰18	1壬戌17	1壬辰⑲	1辛酉17	1辛卯17	1辛酉16	1庚寅15	1庚申14	1己丑12	1己未12	1戊子10	1丁巳9	1丁亥8
2癸巳19	2癸亥18	2癸巳20	**2**壬戌18	**2**壬辰18	2壬戌17	2辛卯⑯	2辛酉15	2庚寅13	2庚申13	2己丑11	2戊午⑩	2戊子9
3甲午20	3甲子⑲	3甲午21	3癸亥19	3癸巳19	**3**癸亥⑱	3壬辰17	3壬戌16	3辛卯14	3辛酉14	3庚寅⑫	3己未11	3己丑10
4乙未21	4乙丑20	4乙未22	4甲子20	4甲午20	4甲子19	**4**癸巳18	4癸亥17	4壬辰15	4壬戌⑮	4辛卯13	4庚申12	4庚寅11
5丙申㉒	5丙寅21	5丙申23	5乙丑21	5乙未㉑	5乙丑20	5甲午19	**5**甲子18	5癸巳16	5癸亥16	5壬辰14	5辛酉13	5辛卯12
6丁酉23	6丁卯22	6丁酉24	6丙寅22	6丙申22	6丙寅21	6乙未20	6乙丑19	**6**甲午⑰	**6**甲子17	6癸巳15	6壬戌14	6壬辰13
7戊戌24	7戊辰23	7戊戌25	7丁卯㉓	7丁酉23	7丁卯22	7丙申21	7丙寅⑳	7乙未18	7乙丑18	7甲午16	7癸亥15	7癸巳⑭
8己亥25	8己巳24	8己亥㉖	8戊辰24	8戊戌24	8戊辰23	8丁酉22	8丁卯21	8丙申19	8丙寅19	**8**乙未17	8甲子16	8甲午15
9庚子26	9庚午25	9庚子27	9己巳25	9己亥25	9己巳24	9戊戌㉓	9戊辰22	9丁酉20	9丁卯20	9丙申18	**9**乙丑⑰	9乙未16
10辛丑27	10辛未㉖	10辛丑28	10庚午26	10庚子26	10庚午㉕	10己亥24	10己巳23	10戊戌21	10戊辰21	10丁酉⑲	10丙寅18	**10**丙申17
11壬寅28	11壬申27	11壬寅29	11辛未27	11辛丑27	11辛未26	11庚子25	11庚午24	11己亥22	11己巳㉒	11戊戌20	11丁卯19	11丁酉18
12癸卯㉙	12癸酉28	12癸卯30	12壬申28	12壬寅㉘	12壬申27	12辛丑26	12辛未25	12庚子23	12庚午23	12己亥21	12戊辰20	12戊戌19
13甲辰30	《3月》	13甲辰31	13癸酉29	13癸卯29	13癸酉28	13壬寅27	13壬申26	13辛丑㉔	13辛未24	13庚子22	13己巳21	13己亥20
14乙巳31	13甲戌1	《4月》	14甲戌㉚	14甲辰30	14甲戌29	14癸卯28	14癸酉㉗	14壬寅25	14壬申25	14辛丑23	14庚午22	14庚子㉑
《2月》	14乙亥2	14乙巳1	《5月》	15乙巳31	15乙亥30	15甲辰29	15甲戌28	15癸卯26	15癸酉26	15壬寅24	15辛未23	15辛丑22
15丙午1	**15**丙子3	15丙午②	15乙亥1	《6月》	《7月》	16乙巳㉚	16乙亥29	16甲辰27	16甲戌27	16癸卯25	16壬申㉔	16壬寅23
16丁未2	16丁丑4	**16**丁未3	16丙子2	16丙午1	16丙子1	17丙午31	17丙子30	17乙巳28	17乙亥28	17甲辰㉖	17癸酉25	17癸卯24
17戊申3	17戊寅⑤	17戊申4	**17**丁丑3	**17**丁未2	17丁丑②	《8月》	18丁丑31	18丙午29	18丙子㉙	18乙巳27	18甲戌26	18甲辰25
18己酉4	18己卯6	18己酉5	18戊寅4	18戊申3	**18**戊寅3	18丁未1	《9月》	19丁未30	19丁丑30	19丙午28	19乙亥27	19乙巳26
19庚戌⑤	19庚辰7	19庚戌6	19己卯5	19己酉④	19己卯4	**19**戊申2	19戊寅1	《10月》	20戊寅31	20丁未29	20丙子28	20丙午27
20辛亥6	20辛巳8	20辛亥7	20庚辰6	20庚戌5	20庚辰5	20己酉3	**20**己卯2	20戊申①	《11月》	21戊申30	21丁丑29	21丁未㉘
21壬子7	21壬午9	21壬子8	21辛巳⑦	21辛亥6	21辛巳6	21庚戌4	21庚辰③	**21**己酉2	21己卯1	《12月》	22戊寅30	22戊申29
22癸丑8	22癸未10	22癸丑⑨	22壬午8	22壬子7	22壬午7	22辛亥5	22辛巳4	22庚戌3	**22**庚辰2	22己酉1	23己卯㉛	23己酉30
23甲寅9	23甲申11	23甲寅10	23癸未9	23癸丑8	23癸未8	23壬子⑥	23壬午5	23辛亥4	23辛巳3	**23**庚戌2	916年	24庚戌31
24乙卯10	24乙酉⑫	24乙卯11	24甲申10	24甲寅9	24甲申⑨	24癸丑7	24癸未6	24壬子5	24壬午4	24辛亥③	《1月》	《2月》
25丙辰11	25丙戌13	25丙辰12	25乙酉11	25乙卯10	25乙酉10	25甲寅8	25甲申7	25癸丑6	25癸未⑤	25壬子4	**24**庚辰1	**25**辛亥1
26丁巳⑫	26丁亥14	26丁巳13	26丙戌12	26丙辰⑪	26丙戌11	26乙卯9	26乙酉8	26甲寅7	26甲申6	26癸丑5	25辛巳2	26壬子2
27戊午13	27戊子15	27戊午14	27丁亥13	27丁巳12	27丁亥12	27丙辰10	27丙戌9	27乙卯⑧	27乙酉7	27甲寅6	26壬午3	27癸丑3
28己未14	28己丑16	28己未15	28戊子⑭	28戊午13	28戊子13	28丁巳11	28丁亥⑩	28丙辰9	28丙戌8	28乙卯7	27癸未4	28甲寅④
29庚申15	29庚寅17	29庚申⑯	29己丑15	29己未14	29己丑14	29戊午12	29戊子11	29丁巳10	29丁亥9	29丙辰8	28甲申5	29乙卯5
30辛酉16	**30**辛卯18		30庚寅16	30庚申15		30己未⑬		30戊午11			29乙酉6	
											30丙戌⑦	
立春15日	啓蟄15日	清明16日	穀雨2日	小満2日	夏至3日	大暑4日	処暑5日	秋分6日	霜降6日	小雪8日	冬至9日	大寒10日
雨水30日	春分30日		立夏17日	芒種17日	小暑18日	立秋19日	白露20日	寒露21日	立冬22日	大雪23日	小寒24日	立春25日

延喜**16**年（916－917）　丙子

1月	2月	3月	4月	5月	6月	7月	8月	9月	10月	11月	12月
1丙辰6	1丙戌7	1乙卯5	1乙酉⑤	1乙卯4	1甲申3	**1**甲寅2	1癸未31	1癸丑30	1癸未30	1壬子28	1壬午28
2丁巳7	2丁亥8	2丙辰6	2丙戌6	2丙辰5	2乙酉4	2乙卯3	《9月》	《10月》	2甲申31	2癸丑29	2癸未㉙
3戊午8	3戊子9	3丁巳⑦	3丁亥7	3丁巳6	3丙戌5	3丙辰④	**2**甲申①	**2**甲寅1	《11月》	3甲寅30	3甲申30
4己未9	4己丑⑩	4戊午8	4戊子8	4戊午7	4丁亥6	4丁巳5	3乙酉2	3乙卯2	**3**乙酉1	《12月》	4乙酉31
5庚申10	5庚寅11	5己未9	5己丑9	5己未8	5戊子⑦	5戊午6	4丙戌3	4丙辰3	4丙戌2	**4**乙卯①	917年
6辛酉⑪	6辛卯12	6庚申10	6庚寅10	6庚申⑨	6己丑8	6己未7	5丁亥4	5丁巳4	5丁亥③	5丙辰2	《1月》
7壬戌12	7壬辰13	7辛酉11	7辛卯11	7辛酉10	7庚寅9	7庚申8	6戊子5	6戊午5	6戊子4	6丁巳3	**5**丙戌1
8癸亥13	8癸巳14	8壬戌12	8壬辰⑫	8壬戌11	8辛卯10	8辛酉9	7己丑6	7己未⑥	7己丑5	7戊午4	6丁亥2
9甲子14	9甲午15	9癸亥13	9癸巳13	9癸亥12	9壬辰11	9壬戌10	8庚寅7	8庚申7	8庚寅6	8己未5	7戊子3
10乙丑15	10乙未16	10甲子⑭	10甲午14	10甲子13	10癸巳12	10癸亥⑪	9辛卯⑧	9辛酉8	9辛卯7	9庚申6	8己丑4
11丙寅16	11丙申⑰	11乙丑15	11乙未15	11乙丑14	11甲午13	11甲子12	10壬辰9	10壬戌9	10壬辰8	10辛酉7	9庚寅⑤
12丁卯17	**12**丁酉18	12丙寅16	12丙申16	12丙寅15	12乙未⑭	12乙丑13	11癸巳10	11癸亥10	11癸巳9	11壬戌⑧	10辛卯6
13戊辰⑱	13戊戌19	**13**丁卯17	**13**丁酉17	13丁卯⑯	13丙申15	13丙寅14	12甲午11	12甲子11	12甲午⑩	12癸亥9	11壬辰7
14己巳19	14己亥20	14戊辰18	14戊戌18	**14**戊辰17	14丁酉16	14丁卯15	13乙未12	13乙丑12	13乙未11	13甲子10	12癸巳8
15庚午20	15庚子21	15己巳19	15己亥⑲	15己巳18	**15**戊戌17	15戊辰16	14丙申13	14丙寅⑬	14丙申12	14乙丑11	13甲午9
16辛未21	16辛丑22	16庚午20	16庚子20	16庚午19	16己亥18	**16**己巳17	15丁酉14	15丁卯14	15丁酉13	15丙寅12	14乙未10
17壬申22	17壬寅23	17辛未㉑	17辛丑21	17辛未20	17庚子19	17庚午⑱	16戊戌⑮	16戊辰15	16戊戌14	16丁卯13	15丙申11
18癸酉23	18癸卯㉔	18壬申22	18壬寅22	18壬申21	18辛丑20	18辛未19	**17**己亥16	17己巳16	17己亥15	17戊辰14	16丁酉⑫
19甲戌24	19甲辰25	19癸酉23	19癸卯23	19癸酉22	19壬寅㉑	19壬申20	18庚子17	**18**庚午17	**18**庚子16	18己巳⑮	17戊戌13
20乙亥㉕	20乙巳26	20甲戌24	20甲辰24	20甲戌㉓	20癸卯22	20癸酉21	19辛丑18	19辛未18	19辛丑⑰	19庚午16	18己亥14
21丙子26	21丙午27	21乙亥25	21乙巳25	21乙亥24	21甲辰23	21甲戌22	20壬寅19	20壬申19	20壬寅18	**20**辛未17	19庚子15
22丁丑27	22丁未28	22丙子26	22丙午㉖	22丙子25	22乙巳24	22乙亥23	21癸卯20	21癸酉⑳	21癸卯19	21壬申18	**20**辛丑16
23戊寅28	23戊申29	23丁丑27	23丁未27	23丁丑26	23丙午25	23丙子24	22甲辰21	22甲戌21	22甲辰20	22癸酉19	21壬寅17
24己卯29	24己酉30	24戊寅㉘	24戊申28	24戊寅27	24丁未26	24丁丑㉕	23乙巳㉒	23乙亥22	23乙巳21	23甲戌20	22癸卯18
《3月》	25庚戌㉛	25己卯29	25己酉29	25己卯28	25戊申27	25戊寅26	24丙午23	24丙子23	24丙午22	24乙亥21	23甲辰⑲
25庚辰1	《4月》	26庚辰30	26庚戌30	26庚辰29	26己酉㉘	26己卯27	25丁未24	25丁丑24	25丁未23	25丙子㉒	24乙巳20
26辛巳2	26辛亥1	《5月》	27辛亥31	27辛巳㉚	27庚戌29	27庚辰28	26戊申25	26戊寅25	26戊申㉔	26丁丑23	25丙午21
27壬午③	**27**壬子2	27辛巳1	《6月》	《7月》	28辛亥30	28辛巳29	27己酉26	27己卯26	27己酉25	27戊寅24	26丁未22
28癸未4	28癸丑3	**28**壬午2	28壬子1	28壬午1	29壬子31	29壬午30	28庚戌27	28庚辰㉗	28庚戌26	28己卯25	27戊申23
29甲申5	29甲寅4	29癸未3	**29**癸丑②	**29**癸未2	《8月》		29辛亥28	29辛巳28	29辛亥27	29庚辰26	28己酉24
30乙酉6		30甲申4	30甲寅3		30癸丑1		30壬子㉙	30壬午29		30辛巳27	29庚戌25
雨水11日	春分12日	穀雨13日	小満13日	夏至14日	大暑15日	立秋1日	白露2日	寒露2日	立冬3日	大雪4日	小寒5日
啓蟄26日	清明27日	立夏28日	芒種29日	小暑29日		処暑16日	秋分17日	霜降18日	小雪18日	冬至20日	大寒20日

延喜**17**年（917−918） 丁丑

1 月	2 月	3 月	4 月	5 月	6 月	7 月	8 月	9 月	10月	閏10月	11月	12月
1 辛亥㉖	1 庚辰24	1 庚戌26	1 己卯24	1 己酉24	1 戊寅㉒	1 戊申22	1 戊寅21	1 丁未19	1 丁丑⑲	1 丁未18	**1** 丙子17	**1** 丙午16
2 壬子27	2 辛巳25	2 辛亥27	2 庚辰25	2 庚戌㉕	2 己卯23	2 己酉23	2 己卯22	2 戊申20	2 戊寅20	2 戊申19	2 丁丑18	2 丁未17
3 癸丑28	3 壬午26	3 壬子28	3 辛巳26	3 辛亥26	3 庚辰24	3 庚戌24	3 庚辰23	3 己酉㉑	3 己卯21	3 己酉20	3 戊寅19	3 戊申⑱
4 甲寅29	4 癸未27	4 癸丑29	4 壬午㉗	4 壬子27	4 辛巳25	4 辛亥25	4 辛巳㉔	4 庚戌22	4 庚辰22	4 庚戌21	4 己卯20	4 己酉19
5 乙卯30	5 甲申28	5 甲寅㉚	5 癸未28	5 癸丑28	5 壬午26	5 壬子26	5 壬午25	5 辛亥23	5 辛巳23	5 辛亥22	5 庚辰㉑	5 庚戌20
6 丙辰31	《3月》	6 乙卯31	6 甲申29	6 甲寅29	6 癸未27	6 癸丑㉗	6 癸未26	6 壬子24	6 壬午24	6 壬子㉓	6 辛巳22	6 辛亥21
《2月》	6 乙酉 1	《4月》	7 乙酉30	7 乙卯30	7 甲申28	7 甲寅28	7 甲申27	7 癸丑25	7 癸未25	7 癸丑24	7 壬午23	7 壬子22
7 丁巳 1	7 丙戌②	7 丙辰 1	《5月》	8 丙辰31	8 乙酉㉙	8 乙卯29	8 乙酉28	8 甲寅26	8 甲申㉖	8 甲寅25	8 癸未24	8 癸丑23
8 戊午②	**8** 丁亥 3	**8** 丁巳 2	8 丙戌 1	《6月》	9 丙戌30	9 丙辰30	9 丙戌29	9 乙卯27	9 乙酉27	9 乙卯26	9 甲申25	9 甲寅24
9 己未 3	9 戊子 4	9 戊午 3	**9** 丁亥 2	9 丁巳①	《7月》	10丁巳31	10丁亥30	10丙辰㉘	10丙戌28	10丙辰27	10乙酉26	10乙卯㉕
10庚申 4	10己丑 5	10己未 4	10戊子 3	**10**戊午 2	10丁亥 1	《8月》	11戊子㉛	11丁巳29	11丁亥29	11丁巳28	11丙戌27	11丙辰26
11辛酉 5	11庚寅 6	11庚申 5	11己丑④	11己未 3	**11**戊子 2	11戊午 1	《9月》	12戊午30	12戊子30	12戊午29	12丁亥㉘	12丁巳27
12壬戌 6	12辛卯 7	12辛酉⑥	12庚寅 5	12庚申 4	12己丑 3	**12**己未 2	**12**己丑 1	《10月》	13己丑31	13己未㉚	13戊子29	13戊午28
13癸亥 7	13壬辰 8	13壬戌 7	13辛卯 6	13辛酉 5	13庚寅 4	13庚申③	13庚寅 2	13己未 1	《11月》	《12月》	14己丑30	14己未29
14甲子 8	14癸巳⑨	14癸亥 8	14壬辰 7	14壬戌 6	14辛卯 5	14辛酉 4	14辛卯 3	**14**庚申 2	**14**庚寅 1	14庚申 1	15庚寅31	15庚申30
15乙丑⑨	15甲午10	15甲子 9	15癸巳 8	15癸亥 7	15壬辰⑥	15壬戌 5	15壬辰 4	15辛酉 3	15辛卯②	**15**辛酉 2	**918年**	**16**辛酉31
16丙寅10	16乙未11	16乙丑10	16甲午 9	16甲子⑧	16癸巳 7	16癸亥 6	16癸巳 5	16壬戌 4	16壬辰 3	16壬戌 3	《1月》	《2月》
17丁卯11	17丙申12	17丙寅11	17乙未10	17乙丑 9	17甲午 8	17甲子 7	17甲午 6	17癸亥⑤	17癸巳 4	17癸亥 4	**16**辛卯 1	17壬戌①
18戊辰12	18丁酉13	18丁卯12	18丙申⑪	18丙寅10	18乙未 9	18乙丑 8	18乙未⑦	18甲子 6	18甲午 5	18甲子 5	17壬辰 2	18癸亥 2
19己巳13	19戊戌14	19戊辰⑬	19丁酉12	19丁卯11	19丙申10	19丙寅 9	19丙申 8	19乙丑 7	19乙未 6	19乙丑 6	18癸巳 3	19甲子 3
20庚午14	20己亥15	20己巳14	20戊戌13	20戊辰12	20丁酉11	20丁卯⑩	20丁酉 9	20丙寅 8	20丙申 7	20丙寅⑦	19甲午④	20乙丑 4
21辛未15	21庚子⑯	21庚午15	21己亥14	21己巳13	21戊戌12	21戊辰11	21戊戌10	21丁卯 9	21丁酉 8	21丁卯 8	20乙未 5	21丙寅 5
22壬申⑯	22辛丑17	22辛未16	22庚子15	22庚午14	22己亥⑬	22己巳12	22己亥11	22戊辰10	22戊戌⑨	22戊辰 9	21丙申 6	22丁卯 6
23癸酉17	**23**壬寅18	**23**壬申17	23辛丑16	23辛未⑮	23庚子14	23庚午13	23庚子12	23己巳11	23己亥10	23己巳10	22丁酉 7	23戊辰 7
24甲戌18	24癸卯19	24癸酉18	24壬寅17	24壬申16	24辛丑15	24辛未14	24辛丑13	24庚午⑫	24庚子11	24庚午11	23戊戌 8	24己巳⑧
25乙亥19	25甲辰20	25甲戌19	**25**癸卯⑱	**25**癸酉17	25壬寅16	25壬申15	25壬寅⑭	25辛未13	25辛丑12	25辛未12	24己亥 9	25庚午 9
26丙子20	26乙巳21	26乙亥⑳	26甲辰19	26甲戌18	26癸卯17	26癸酉16	26癸卯15	26壬申14	26壬寅13	26壬申13	25庚子10	26辛未10
27丁丑21	27丙午22	27丙子21	27乙巳20	27乙亥19	**27**甲辰18	**27**甲戌⑰	**27**甲辰16	27癸酉15	27癸卯14	27癸酉⑭	26辛丑⑪	27壬申11
28戊寅22	28丁未㉓	28丁丑22	28丙午21	28丙子20	28乙巳19	28乙亥18	28乙巳17	28甲戌16	28甲辰15	28甲戌15	27壬寅12	28癸酉12
29己卯㉓	29戊申24	29戊寅23	29丁未22	29丁丑21	29丙午⑳	29丙子19	29丙午18	**29**乙亥17	**29**乙巳⑯	29乙亥16	28癸卯13	29甲戌13
	30己酉25		30戊申23		30丁未21	30丁丑20		30丙子18	30丙午17		29甲辰14	
											30乙巳15	
立春 6日 雨水 21日	啓蟄 8日 春分 23日	清明 8日 穀雨 23日	立夏 9日 小満 25日	芒種 10日 夏至 25日	小暑 11日 大暑 27日	立秋 12日 処暑 27日	白露 12日 秋分 27日	寒露 14日 霜降 29日	立冬 14日 小雪 29日	大雪15日	冬至 1日 小寒 16日	大寒 1日 立春 16日

延喜**18**年（918−919） 戊寅

1 月	2 月	3 月	4 月	5 月	6 月	7 月	8 月	9 月	10月	11月	12月
1 乙亥14	1 甲辰⑮	1 甲戌14	1 癸卯13	1 癸酉12	1 壬寅11	1 壬申10	1 辛丑 8	1 辛未 8	1 辛丑 7	1 庚午⑥	1 庚子 5
2 丙子⑮	2 乙巳16	2 乙亥15	2 甲辰14	2 甲戌13	2 癸卯⑫	2 癸酉11	2 壬寅 9	2 壬申 9	2 壬寅⑧	2 辛未 7	2 辛丑 6
3 丁丑16	3 丙午17	3 丙子16	3 乙巳15	3 乙亥⑭	3 甲辰13	3 甲戌12	3 癸卯10	3 癸酉10	3 癸卯 9	3 壬申 8	3 壬寅 7
4 戊寅17	**4** 丁未18	**4** 丁丑17	4 丙午16	4 丙子15	4 乙巳14	4 乙亥13	4 甲辰11	4 甲戌⑪	4 甲辰10	4 癸酉 9	4 癸卯 8
5 己卯18	5 戊申19	5 戊寅18	5 丁未⑰	5 丁丑16	5 丙午15	5 丙子14	5 乙巳12	5 乙亥12	5 乙巳11	5 甲戌10	5 甲辰 9
6 庚辰19	6 己酉20	6 己卯⑲	**6** 戊申18	**6** 戊寅17	6 丁未16	6 丁丑15	6 丙午⑬	6 丙子13	6 丙午12	6 乙亥11	6 乙巳⑩
7 辛巳20	7 庚戌21	7 庚辰20	7 己酉19	7 己卯18	7 戊申17	7 戊寅⑯	7 丁未14	7 丁丑14	7 丁未13	7 丙子12	7 丙午11
8 壬午21	8 辛亥㉒	8 辛巳21	8 庚戌20	8 庚辰19	**8** 己酉18	**8** 己卯17	8 戊申15	8 戊寅15	8 戊申14	8 丁丑⑬	8 丁未12
9 癸未㉒	9 壬子23	9 壬午22	9 辛亥21	9 辛巳20	9 庚戌⑲	9 庚辰18	9 己酉16	9 己卯16	9 己酉⑮	9 戊寅14	9 戊申13
10甲申23	10癸丑24	10癸未23	10壬子22	10壬午㉑	10辛亥20	10辛巳19	**10**庚戌17	**10**庚辰17	10庚戌16	10己卯15	10己酉14
11乙酉24	11甲寅25	11甲申24	11癸丑23	11癸未22	11壬子21	11壬午20	11辛亥18	11辛巳⑱	**11**辛亥17	11庚辰16	11庚戌15
12丙戌25	12乙卯26	12乙酉25	12甲寅㉔	12甲申23	12癸丑22	12癸未21	12壬子19	12壬午19	12壬子18	**12**辛巳17	**12**辛亥16
13丁亥26	13丙辰27	13丙戌㉖	13乙卯25	13乙酉24	13甲寅23	13甲申22	13癸丑⑳	13癸未20	13癸丑19	13壬午18	13壬子⑰
14戊子27	14丁巳28	14丁亥27	14丙辰26	14丙戌25	14乙卯24	14乙酉㉓	14甲寅21	14甲申21	14甲寅20	14癸未19	14癸丑18
15己丑28	15戊午㉙	15戊子28	15丁巳27	15丁亥26	15丙辰25	15丙戌24	15乙卯22	15乙酉22	15乙卯21	15甲申⑳	15甲寅19
《3月》	16己未30	16己丑29	16戊午28	16戊子27	16丁巳㉖	16丁亥25	16丙辰23	16丙戌23	16丙辰㉒	16乙酉21	16乙卯20
16庚寅①	17庚申31	17庚寅30	17己未29	17己丑㉘	17戊午27	17戊子26	17丁巳24	17丁亥24	17丁巳23	17丙戌22	17丙辰21
17辛卯 2	《4月》	《5月》	18庚申30	18庚寅29	18己未28	18己丑27	18戊午25	18戊子㉕	18戊午24	18丁亥23	18丁巳22
18壬辰 3	18辛酉 1	18辛卯 1	19辛酉㉛	19辛卯30	19庚申29	19庚寅28	19己未26	19己丑26	19己未25	19戊子24	19戊午23
19癸巳 4	**19**壬戌 2	19壬辰 2	《6月》	《7月》	20辛酉30	20辛卯29	20庚申㉗	20庚寅27	20庚申26	20己丑25	20己未㉔
20甲午 5	20癸亥 3	**20**癸巳③	20壬戌 1	20壬辰 1	21壬戌31	21壬辰㉚	21辛酉28	21辛卯28	21辛酉27	21庚寅26	21庚申25
21乙未 6	21甲子 4	21甲午 4	**21**癸亥 2	21癸巳 2	《8月》	22癸巳31	22壬戌29	22壬辰29	22壬戌28	22辛卯㉗	22辛酉26
22丙申 7	22乙丑⑤	22乙未 5	22甲子 3	**22**甲午 3	22癸亥 1	《9月》	23癸亥30	23癸巳30	23癸亥㉙	23壬辰28	23壬戌27
23丁酉⑧	23丙寅 6	23丙申 6	23乙丑 4	23乙未 4	**23**甲子②	**23**甲午 1	《10月》	24甲午31	24甲子30	24癸巳29	24癸亥28
24戊戌 9	24丁卯 7	24丁酉 7	24丙寅 5	24丙申⑤	24乙丑 3	24乙未 2	24甲子 1	《11月》	《12月》	25甲午30	25甲子29
25己亥10	25戊辰 8	25戊戌 8	25丁卯 6	25丁酉 6	25丙寅 4	25丙申 3	**25**乙丑 2	**25**乙未①	25乙丑 1	26乙未31	26乙丑30
26庚子11	26己巳 9	26己亥 9	26戊辰⑦	26戊戌 7	26丁卯 5	26丁酉 4	26丙寅 3	26丙申 2	**26**丙寅 2	**919年**	27丙寅㉛
27辛丑12	27庚午10	27庚子⑩	27己巳 8	27己亥 8	27戊辰 6	27戊戌 5	27丁卯④	27丁酉 3	27丁卯 3	《1月》	《2月》
28壬寅13	28辛未11	28辛丑11	28庚午 9	28庚子 9	28己巳 7	28己亥⑥	28戊辰 5	28戊戌 4	28戊辰 4	**27**丙申 1	**28**丁卯 1
29癸卯14	29壬申⑫	29壬寅12	29辛未10	29辛丑10	29庚午 8	29庚子 7	29己巳 6	29己亥 5	29己巳 5	28丁酉 2	29戊辰 2
	30癸酉13		30壬申11		30辛未⑨		30庚午 7	30庚子 6		29戊戌③	30己巳 3
										30己亥 4	
雨水 3日 啓蟄 18日	春分 4日 清明 19日	穀雨 4日 立夏 20日	小満 6日 芒種 21日	夏至 6日 小暑 22日	大暑 8日 立秋 23日	処暑 8日 白露 23日	秋分 10日 寒露 25日	霜降 10日 立冬 25日	小雪 11日 大雪 26日	冬至 12日 小寒 27日	大寒 12日 立春 28日

延喜19年（919－920） 己卯

1月	2月	3月	4月	5月	6月	7月	8月	9月	10月	11月	12月
1 庚午 4	1 己亥 5	1 己巳④	**1** 戊戌 3	《6月》	1 丙申30	1 丙寅30	1 乙未28	1 乙丑27	1 乙未27	1 乙丑26	1 甲午25
2 辛未 5	2 庚子 6	2 庚午 5	2 己亥 4	1 丁卯 1	《7月》	2 丁卯31	2 丙申㉙	2 丙寅28	2 丙申28	2 丙寅27	2 乙未㉖
3 壬申 6	3 辛丑⑦	3 辛未 6	3 庚子 5	**2** 戊辰 2	2 丁酉 1	《8月》	3 丁酉30	3 丁卯29	3 丁酉29	3 丁卯㉘	3 丙申27
4 癸酉⑦	4 壬寅 8	4 壬申 7	4 辛丑 6	3 己巳 3	3 戊戌 2	3 戊辰①	4 戊戌31	4 戊辰30	4 戊戌30	4 戊辰29	4 丁酉28
5 甲戌 8	5 癸卯 9	5 癸酉 8	5 壬寅 7	4 庚午 4	**4** 己亥 3	**4** 己巳 2	《9月》	《10月》	5 己亥㉛	5 己巳30	5 戊戌29
6 乙亥 9	6 甲辰10	6 甲戌 9	6 癸卯 8	5 辛未 5	5 庚子④	5 庚午 3	5 己亥 1	5 己巳 1	《11月》	《12月》	6 己亥30
7 丙子10	7 乙巳11	7 乙亥10	7 甲辰⑨	6 壬申⑥	6 辛丑 5	6 辛未 4	**6** 庚子 2	**6** 庚午 2	6 庚子 1	6 庚午 1	7 庚子31
8 丁丑11	8 丙午12	8 丙子⑪	8 乙巳10	7 癸酉 7	7 壬寅 6	7 壬申 5	7 辛丑 3	7 辛未③	**7** 辛丑 2	**7** 辛未 2	**920年**
9 戊寅12	9 丁未13	9 丁丑12	9 丙午11	8 甲戌 8	8 癸卯 7	8 癸酉 6	8 壬寅 4	8 壬申 4	8 壬寅 3	8 壬申 3	《1月》
10己卯13	10戊申⑭	10戊寅13	10丁未12	9 乙亥 9	9 甲辰 8	9 甲戌 7	9 癸卯⑤	9 癸酉 5	9 癸卯 4	9 癸酉 4	**8** 辛丑 1
11庚辰⑭	11己酉15	11己卯14	11戊申13	10丙子10	10乙巳 9	10乙亥⑧	10甲辰 6	10甲戌 6	10甲辰 5	10甲戌⑤	9 壬寅②
12辛巳15	12庚戌16	12庚辰15	12己酉14	11丁丑11	11丙午10	11丙子 9	11乙巳 7	11乙亥 7	11乙巳 6	11乙亥 6	10癸卯 3
13壬午16	13辛亥17	13辛巳16	13庚戌15	12戊寅12	12丁未⑪	12丁丑10	12丙午 8	12丙子 8	12丙午⑦	12丙子 7	11甲辰 4
14癸未17	**14**壬子18	14壬午17	14辛亥⑯	13己卯⑬	13戊申12	13戊寅11	13丁未 9	13丁丑 9	13丁未 8	13丁丑 8	12乙巳 5
15甲申18	15癸丑19	**15**癸未⑱	15壬子17	14庚辰14	14己酉13	14己卯12	14戊申10	14戊寅⑩	14戊申 9	14戊寅 9	13丙午 6
16乙酉19	16甲寅20	16甲申19	**16**癸丑18	15辛巳15	15庚戌14	15庚辰13	15己酉11	15己卯11	15己酉10	15己卯10	14丁未 7
17丙戌20	17乙卯㉑	17乙酉20	17甲寅19	16壬午16	16辛亥15	16辛巳14	16庚戌⑫	16庚辰12	16庚戌11	16庚辰11	15戊申 8
18丁亥㉑	18丙辰22	18丙戌21	18乙卯20	17癸未17	17壬子16	17壬午⑮	17辛亥13	17辛巳13	17辛亥12	17辛巳⑫	16己酉⑨
19戊子22	19丁巳23	19丁亥22	19丙辰21	**18**甲申18	18癸丑17	18癸未16	18壬子14	18壬午14	18壬子13	18壬午13	17庚戌10
20己丑23	20戊午24	20戊子23	20丁巳22	19乙酉19	**19**甲寅⑱	**19**甲申17	19癸丑15	19癸未15	19癸丑⑭	19癸未14	18辛亥11
21庚寅24	21己未25	21己丑24	21戊午㉓	20丙戌⑳	20乙卯19	20乙酉18	20甲寅16	20甲申16	20甲寅15	20甲申15	19壬子12
22辛卯25	22庚申26	22庚寅㉕	22己未24	21丁亥21	21丙辰20	21丙戌19	**21** 乙卯17	**21** 乙酉⑰	21乙卯16	21乙酉16	20癸丑13
23壬辰26	23辛酉27	23辛卯26	23庚申25	22戊子22	22丁巳21	22丁亥20	22丙辰18	22丙戌18	**22**丙辰17	**22**丙戌17	21甲寅14
24癸巳27	24壬戌㉘	24壬辰27	24辛酉26	23己丑23	23戊午22	23戊子21	23丁巳⑲	23丁亥19	23丁巳18	23丁亥18	22乙卯15
25甲午㉘	25癸亥29	25癸巳28	25壬戌27	24庚寅24	24己未23	24己丑㉒	24戊午20	24戊子20	24戊午19	24戊子⑲	23丙辰⑯
《3月》	26甲子30	26甲午29	26癸亥28	25辛卯25	25庚申24	25庚寅23	25己未21	25己丑21	25己未20	25己丑20	**24**丁巳17
26乙未 1	27乙丑31	27乙未30	27甲子29	26壬辰26	26辛酉㉕	26辛卯24	26庚申22	26庚寅22	26庚申㉑	26庚寅21	25戊午18
27丙申 2	《4月》	《5月》	28乙丑㉚	27癸巳㉗	27壬戌26	27壬辰25	27辛酉23	27辛卯23	27辛酉22	27辛卯22	26己未19
28丁酉 3	28丙寅 1	28丙申 1	29丙寅31	28甲午28	28癸亥27	28癸巳26	28壬戌24	28壬辰㉔	28壬戌23	28壬辰23	27庚申20
29戊戌 4	29丁卯 2	29丁酉②		29乙未29	29甲子28	29甲午27	29癸亥25	29癸巳25	29癸亥24	29癸巳24	28辛酉21
	30戊辰 3				30乙丑29		30甲子㉖	30甲午26	30甲子25		29壬戌22
											30癸亥㉓
雨水 13日 啓蟄 28日	春分 14日 清明 30日	穀雨 15日	立夏 1日 小満 16日	芒種 2日 夏至 18日	小暑 4日 大暑 19日	立秋 4日 処暑 19日	白露 6日 秋分 21日	寒露 6日 霜降 21日	立冬 7日 小雪 22日	大雪 7日 冬至 22日	小寒 8日 大寒 24日

延喜20年（920－921） 庚辰

1月	2月	3月	4月	5月	6月	閏6月	7月	8月	9月	10月	11月	12月
1 甲子24	1 甲午23	1 癸亥23	1 癸巳22	1 壬戌㉑	1 辛卯19	1 庚申18	**1** 庚寅17	1 己未15	1 己丑⑮	1 己未14	1 戊子13	1 戊午12
2 乙丑25	2 乙未24	2 甲子24	2 甲午㉓	2 癸亥22	2 壬辰20	2 辛酉19	2 辛卯18	**2** 庚申16	2 庚寅16	2 庚申15	2 己丑14	2 己未13
3 丙寅26	3 丙申25	3 乙丑25	3 乙未24	3 甲子23	3 癸巳21	3 壬戌20	3 壬辰19	3 辛酉⑰	**3** 辛卯17	**3** 辛酉16	3 庚寅15	3 庚申⑭
4 丁卯27	4 丁酉26	4 丙寅㉖	4 丙申25	4 乙丑24	4 甲午22	4 癸亥21	4 癸巳⑳	4 壬戌18	4 壬辰18	4 壬戌17	**4** 辛卯16	4 辛酉15
5 戊辰28	5 戊戌㉗	5 丁卯27	5 丁酉26	5 丙寅25	5 乙未23	5 甲子22	5 甲午21	5 癸亥19	5 癸巳19	5 癸亥18	5 壬辰⑰	**5** 壬戌16
6 己巳29	6 己亥28	6 戊辰28	6 戊戌27	6 丁卯26	6 丙申24	6 乙丑㉓	6 乙未22	6 甲子20	6 甲午20	6 甲子⑲	6 癸巳18	6 癸亥17
7 庚午㉚	7 庚子29	7 己巳29	7 己亥28	7 戊辰27	7 丁酉㉕	7 丙寅24	7 丙申23	7 乙丑21	7 乙未21	7 乙丑20	7 甲午19	7 甲子18
8 辛未31	《3月》	8 庚午30	8 庚子29	8 己巳㉘	8 戊戌26	8 丁卯25	8 丁酉24	8 丙寅22	8 丙申㉒	8 丙寅21	8 乙未20	8 乙丑19
《2月》	8 辛丑 1	9 辛未31	9 辛丑㉚	9 庚午29	9 己亥27	9 戊辰26	9 戊戌25	9 丁卯23	9 丁酉23	9 丁卯22	9 丙申21	9 丙寅20
9 壬申 1	**9** 壬寅 2	《4月》	《5月》	10辛未30	10庚子28	10己巳27	10己亥26	10戊辰㉔	10戊戌24	10戊辰23	10丁酉22	10丁卯㉑
10癸酉 2	10癸卯 3	10壬申 1	10壬寅 1	11壬申31	11辛丑29	11庚午28	11庚子㉗	11己巳25	11己亥25	11己巳24	11戊戌23	11戊辰22
11甲戌 3	11甲辰 4	**11**癸酉②	**11**癸卯 2	《6月》	12壬寅30	12辛未29	12辛丑28	12庚午26	12庚子26	12庚午25	12己亥㉔	12己巳23
12乙亥 4	12乙巳⑤	12甲戌 3	12甲辰 3	12癸酉 1	《7月》	13壬申㉚	13壬寅29	13辛未27	13辛丑27	13辛未㉖	13庚子25	13庚午24
13丙子 5	13丙午 6	13乙亥 4	13乙巳 4	**13**甲戌 2	13癸卯 1	14癸酉31	14癸卯30	14壬申28	14壬寅28	14壬申27	14辛丑26	14辛未25
14丁丑⑥	14丁未 7	14丙子 5	14丙午 5	14乙亥 3	**14**甲辰②	《8月》	15甲辰31	15癸酉29	15癸卯㉙	15癸酉28	15壬寅27	15壬申26
15戊寅 7	15戊申 8	15丁丑 6	15丁未 6	15丙子④	15乙巳 3	15甲戌 1	《9月》	16甲戌30	16甲辰30	16甲戌29	16癸卯28	16癸酉27
16己卯 8	16己酉 9	16戊寅 7	16戊申⑦	16丁丑 5	16丙午 4	**16**乙亥 2	**16**乙巳 1	《10月》	17乙巳31	17乙亥30	17甲辰29	17甲戌㉘
17庚辰 9	17庚戌10	17己卯 8	17己酉 8	17戊寅 6	17丁未 5	17丙子 3	17丙午 2	**17**乙亥①	《11月》	《12月》	18乙巳30	18乙亥29
18辛巳10	18辛亥11	18庚辰⑨	18庚戌 9	18己卯 7	18戊申 6	18丁丑 4	18丁未③	18丙子 2	**18**丙午 1	**18**丙子 1	19丙午㉛	19丙子30
19壬午11	19壬子⑫	19辛巳10	19辛亥10	19庚辰 8	19己酉 7	19戊寅 5	19戊申 4	19丁丑 3	19丁未 2	19丁丑 2	**921年**	**20**丁丑31
20癸未12	20癸丑13	20壬午11	20壬子11	20辛巳 9	20庚戌 8	20己卯⑥	20己酉 5	20戊寅 4	20戊申 3	20戊寅③	《1月》	《2月》
21甲申⑬	21甲寅14	21癸未12	21癸丑12	21壬午10	21辛亥⑨	21庚辰 7	21庚戌 6	21己卯 5	21己酉 4	21己卯 4	**20**丁未 1	21戊寅 1
22乙酉14	22乙卯15	22甲申13	22甲寅13	22癸未⑪	22壬子10	22辛巳 8	22辛亥 7	22庚辰 6	22庚戌⑤	22庚辰 5	21戊申 2	22己卯 2
23丙戌15	23丙辰16	23乙酉14	23乙卯⑭	23甲申12	23癸丑11	23壬午 9	23壬子 8	23辛巳 7	23辛亥 6	23辛巳 6	22己酉 3	23庚辰 3
24丁亥16	24丁巳17	24丙戌15	24丙辰15	24乙酉13	24甲寅12	24癸未10	24癸丑 9	24壬午⑧	24壬子 7	24壬午 7	23庚戌 4	24辛巳④
25戊子17	**25**戊午18	25丁亥⑯	25丁巳16	25丙戌14	25乙卯13	25甲申11	25甲寅⑩	25癸未 9	25癸丑 8	25癸未 8	24辛亥 5	25壬午 5
26己丑18	26己未⑲	**26**戊子17	**26**戊午17	26丁亥15	26丙辰14	26乙酉12	26乙卯11	26甲申10	26甲寅 9	26甲申 9	25壬子 6	26癸未 6
27庚寅19	27庚申20	27己丑18	27己未18	27戊子16	27丁巳15	27丙戌⑬	27丙辰12	27乙酉11	27乙卯10	27乙酉⑩	26癸丑⑦	27甲申 7
28辛卯⑳	28辛酉21	28庚寅19	28庚申19	**28**己丑17	28戊午⑯	28丁亥14	28丁巳13	28丙戌12	28丙辰11	28丙戌11	27甲寅 8	28乙酉 8
29壬辰21	29壬戌22	29辛卯20	29辛酉20	29庚寅⑱	**29**己未17	29戊子15	29戊午14	29丁亥13	29丁巳⑫	29丁亥12	28乙卯 9	29丙戌 9
30癸巳22		30壬辰21				30己丑16		30戊子14	30戊午13		29丙辰10	30丁亥10
											30丁巳11	
立春 9日 雨水 24日	啓蟄 9日 春分 25日	清明 11日 穀雨 26日	立夏 11日 小満 26日	芒種 13日 夏至 28日	小暑 14日 大暑 29日	立秋16日	処暑 1日 白露 16日	秋分 2日 寒露 17日	霜降 3日 立冬 18日	小雪 3日 大雪 18日	冬至 4日 小寒 20日	大寒 5日 立春 20日

延喜 21 年（921－922） 辛巳

1月	2月	3月	4月	5月	6月	7月	8月	9月	10月	11月	12月
1 戊子⑪	1 戊午13	1 丁亥11	1 丁巳11	1 丙戌 9	1 乙卯⑧	1 甲申 6	1 甲寅 5	1 癸未 4	1 癸丑 3	**1** 壬午②	**922 年**
2 己丑12	2 己未14	2 戊子12	2 戊午12	2 丁亥⑩	2 丙辰 9	2 乙酉 7	2 乙卯 6	2 甲申 5	2 甲寅④	2 癸未 3	《1月》
3 庚寅13	3 庚申15	3 己丑13	3 己未⑬	3 戊子11	3 丁巳10	3 丙戌 8	3 丙辰 7	3 乙酉 6	3 乙卯 5	3 甲申 4	**1** 壬子 1
4 辛卯14	4 辛酉16	4 庚寅14	4 庚申14	4 己丑12	4 戊午11	4 丁亥 9	4 丁巳 8	4 丙戌⑦	4 丙辰 6	4 乙酉 5	2 癸丑 2
5 壬辰15	5 壬戌17	5 辛卯⑮	5 辛酉15	5 庚寅13	5 己未12	5 戊子10	5 戊午⑨	5 丁亥 8	5 丁巳 7	5 丙戌 6	3 甲寅 3
6 癸巳16	**6** 癸亥⑱	6 壬辰16	6 壬戌16	6 辛卯14	6 庚申13	6 己丑11	6 己未10	6 戊子 9	6 戊午 8	6 丁亥 7	4 乙卯 4
7 甲午17	7 甲子19	**7** 癸巳17	7 癸亥17	7 壬辰15	7 辛酉14	7 庚寅⑫	7 庚申11	7 己丑10	7 己未 9	7 戊子 8	5 丙辰 5
8 乙未⑱	8 乙丑20	8 甲午18	**8** 甲子18	8 癸巳16	8 壬戌⑮	8 辛卯13	8 辛酉12	8 庚寅11	8 庚申10	8 己丑⑨	6 丁巳⑥
9 丙申19	9 丙寅21	9 乙未19	9 乙丑19	**9** 甲午⑰	9 癸亥16	9 壬辰14	9 壬戌13	9 辛卯12	9 辛酉⑪	9 庚寅10	7 戊午 7
10 丁酉20	10 丁卯22	10 丙申20	10 丙寅⑳	10 乙未18	10 甲子17	10 癸巳15	10 癸亥14	10 壬辰13	10 壬戌12	10 辛卯11	8 己未 8
11 戊戌21	11 戊辰23	11 丁酉21	11 丁卯21	11 丙申19	**11** 乙丑18	11 甲午16	11 甲子15	11 癸巳⑭	11 癸亥13	11 壬辰12	9 庚申 9
12 己亥22	12 己巳24	12 戊戌㉒	12 戊辰22	12 丁酉20	12 丙寅19	**12** 乙未17	**12** 乙丑⑯	12 甲午15	12 甲子14	12 癸巳13	10 辛酉10
13 庚子23	13 庚午㉕	13 己亥23	13 己巳23	13 戊戌21	13 丁卯20	13 丙申18	13 丙寅17	13 乙未16	13 乙丑15	13 甲午14	11 壬戌11
14 辛丑24	14 辛未26	14 庚子24	14 庚午24	14 己亥22	14 戊辰21	14 丁酉⑲	14 丁卯18	**14** 丙申17	**14** 丙寅16	14 乙未15	12 癸亥12
15 壬寅㉕	15 壬申27	15 辛丑25	15 辛未25	15 庚子23	15 己巳㉒	15 戊戌20	15 戊辰19	15 丁酉18	15 丁卯17	15 丙申⑯	13 甲子⑬
16 癸卯26	16 癸酉28	16 壬寅26	16 壬申26	16 辛丑㉔	16 庚午23	16 己亥21	16 己巳20	16 戊戌19	16 戊辰⑱	**16** 丁酉17	14 乙丑14
17 甲辰27	17 甲戌29	17 癸卯27	17 癸酉㉗	17 壬寅25	17 辛未24	17 庚子22	17 庚午21	17 己亥20	17 己巳19	17 戊戌18	15 丙寅15
18 乙巳28	18 乙亥30	18 甲辰28	18 甲戌28	18 癸卯26	18 壬申25	18 辛丑23	18 辛未22	18 庚子㉑	18 庚午20	18 己亥19	**16** 丁卯16
《3月》	19 丙子31	19 乙巳㉙	19 乙亥29	19 甲辰27	19 癸酉26	19 壬寅24	19 壬申㉓	19 辛丑22	19 辛未21	19 庚子20	17 戊辰17
19 丙午 1	《4月》	20 丙午30	20 丙子30	20 乙巳28	20 甲戌27	20 癸卯25	20 癸酉24	20 壬寅23	20 壬申22	20 辛丑21	18 己巳18
20 丁未 2	20 丁丑①	《5月》	21 丁丑31	21 丙午29	21 乙亥28	21 甲辰㉖	21 甲戌25	21 癸卯24	21 癸酉23	21 壬寅22	19 庚午19
21 戊申 3	**21** 戊寅 2	21 丁未 1	《6月》	22 丁未30	22 丙子㉙	22 乙巳27	22 乙亥26	22 甲辰25	22 甲戌24	22 癸卯㉓	20 辛未⑳
22 己酉④	22 己卯 3	**22** 戊申 2	22 戊寅 1	《7月》	23 丁丑30	23 丙午28	23 丙子27	23 乙巳26	23 乙亥㉕	23 甲辰24	21 壬申21
23 庚戌 5	23 庚辰 4	23 己酉 3	**23** 己卯 2	23 戊申①	24 戊寅31	24 丁未29	24 丁丑28	24 丙午27	24 丙子26	24 乙巳25	22 癸酉22
24 辛亥 6	24 辛巳 5	24 庚戌 4	24 庚辰③	**24** 己酉 2	《8月》	25 戊申30	25 戊寅29	25 丁未㉘	25 丁丑27	25 丙午26	23 甲戌23
25 壬子 7	25 壬午 6	25 辛亥 5	25 辛巳 4	25 庚戌 3	25 己卯 1	26 己酉31	26 己卯㉚	26 戊申29	26 戊寅28	26 丁未27	24 乙亥24
26 癸丑 8	26 癸未 7	26 壬子⑥	26 壬午 5	26 辛亥 4	**26** 庚辰 2	《9月》	《10月》	27 己酉30	27 己卯29	27 戊申28	25 丙子25
27 甲寅 9	27 甲申⑧	27 癸丑 7	27 癸未 6	27 壬子 5	27 辛巳 3	**27** 庚戌 1	27 庚辰 1	28 庚戌31	28 庚辰30	28 己酉29	26 丁丑26
28 乙卯10	28 乙酉 9	28 甲寅 8	28 甲申 7	28 癸丑 6	28 壬午 4	28 辛亥②	**28** 辛巳 2	《11月》	《12月》	29 庚戌㉚	27 戊寅㉗
29 丙辰⑪	29 丙戌10	29 乙卯 9	29 乙酉 8	29 甲寅 7	29 癸未⑤	29 壬子 3	29 壬午 3	**29** 辛亥 1	29 辛巳 1	30 辛亥31	28 己卯28
30 丁巳12		30 丙辰10				30 癸丑 4		30 壬子 2			29 庚辰29
											30 辛巳30
雨水 5日	春分 6日	穀雨 7日	小満 8日	夏至 9日	大暑 11日	処暑 12日	秋分 12日	霜降 14日	小雪 14日	大雪 1日	小寒 1日
啓蟄 21日	清明 21日	立夏 22日	芒種 23日	小暑 24日	立秋 26日	白露 27日	寒露 28日	立冬 29日		冬至 16日	大寒 16日

延喜 22 年（922－923） 壬午

1月	2月	3月	4月	5月	6月	7月	8月	9月	10月	11月	12月
1 壬午31	1 壬子 2	1 辛巳㉛	1 辛亥30	1 庚辰29	1 庚戌28	1 己卯27	1 戊申㉕	1 戊寅24	1 丁未23	1 丁丑22	1 丙午21
《2月》	**2** 癸丑③	《4月》	《5月》	2 辛巳30	2 辛亥29	2 庚辰㉘	2 己酉26	2 己卯25	2 戊申24	2 戊寅23	2 丁未㉒
2 癸未 1	3 甲寅 4	2 壬午 1	2 壬子 1	3 壬午31	3 壬子㉚	3 辛巳29	3 庚戌27	3 庚辰26	3 己酉25	3 己卯㉔	3 戊申23
3 甲申 2	4 乙卯 5	**3** 癸未 2	3 癸丑 2	《6月》	《7月》	4 壬午30	4 辛亥28	4 辛巳27	4 庚戌26	4 庚辰25	4 己酉24
4 乙酉③	5 丙辰 6	4 甲申 3	**4** 甲寅 3	4 癸未 1	4 癸丑 1	5 癸未31	5 壬子29	5 壬午28	5 辛亥㉗	5 辛巳26	5 庚戌25
5 丙戌 4	6 丁巳 7	5 乙酉 4	5 乙卯 4	**5** 甲申②	5 甲寅 2	《8月》	6 癸丑30	6 癸未㉙	6 壬子28	6 壬午27	6 辛亥26
6 丁亥 5	7 戊午 8	6 丙戌 5	6 丙辰⑤	6 乙酉 3	**6** 乙卯 3	6 甲申 1	7 甲寅31	7 甲申30	7 癸丑29	7 癸未28	7 壬子27
7 戊子 6	8 己未 9	7 丁亥 6	7 丁巳 6	7 丙戌 4	7 丙辰 4	**7** 乙酉 2	《9月》	《10月》	8 甲寅30	8 甲申29	8 癸丑28
8 己丑 7	9 庚申⑩	8 戊子⑦	8 戊午 7	8 丁亥 5	8 丁巳 5	8 丙戌 3	**8** 乙卯①	8 乙酉 1	9 乙卯31	9 乙酉30	9 甲寅㉙
9 庚寅 8	10 辛酉11	9 己丑 8	9 己未 8	9 戊子 6	9 戊午 6	9 丁亥④	9 丙辰 2	**9** 丙戌 2	《11月》	《12月》	10 乙卯30
10 辛卯 9	11 壬戌12	10 庚寅 9	10 庚申 9	10 己丑 7	10 己未⑦	10 戊子 5	10 丁巳 3	10 丁亥 3	**10** 丙辰 1	10 丙戌①	11 丙辰31
11 壬辰⑩	12 癸亥13	11 辛卯10	11 辛酉10	11 庚寅 8	11 庚申 8	11 己丑 6	11 戊午 4	11 戊子 4	11 丁巳 2	**11** 丁亥 2	**923 年**
12 癸巳11	13 甲子14	12 壬辰11	12 壬戌11	12 辛卯⑨	12 辛酉 9	12 庚寅 7	12 己未 5	12 己丑 5	12 戊午③	12 戊子 3	《1月》
13 甲午12	14 乙丑15	13 癸巳12	13 癸亥⑫	13 壬辰10	13 壬戌10	13 辛卯 8	13 庚申 6	13 庚寅⑥	13 己未 4	13 己丑 4	**12** 丁巳 1
14 乙未13	15 丙寅16	14 甲午13	14 甲子13	14 癸巳11	14 癸亥11	14 壬辰 9	14 辛酉 7	14 辛卯 7	14 庚申 5	14 庚寅 5	13 戊午 2
15 丙申14	16 丁卯⑰	15 乙未⑭	15 乙丑14	15 甲午12	15 甲子12	15 癸巳10	15 壬戌⑧	15 壬辰 8	15 辛酉 6	15 辛卯 6	14 己未 3
16 丁酉15	**17** 戊辰18	16 丙申15	16 丙寅15	16 乙未13	16 乙丑13	16 甲午⑪	16 癸亥 9	16 癸巳 9	16 壬戌 7	16 壬辰 7	15 庚申 4
17 戊戌16	18 己巳19	17 丁酉16	17 丁卯16	17 丙申14	17 丙寅⑭	17 乙未12	17 甲子10	17 甲午10	17 癸亥 8	17 癸巳⑧	16 辛酉⑤
18 己亥⑰	19 庚午20	**18** 戊戌17	18 戊辰17	18 丁酉15	18 丁卯15	18 丙申13	18 乙丑11	18 乙未11	18 甲子 9	18 甲午 9	17 壬戌 6
19 庚子18	20 辛未21	19 己亥18	**19** 己巳18	19 戊戌⑯	19 戊辰16	19 丁酉14	19 丙寅12	19 丙申12	19 乙丑⑩	19 乙未10	18 癸亥 7
20 辛丑19	21 壬申22	20 庚子19	20 庚午⑲	**20** 己亥17	20 己巳17	20 戊戌15	20 丁卯13	20 丁酉⑬	20 丙寅11	20 丙申11	19 甲子 8
21 壬寅20	22 癸酉23	21 辛丑20	21 辛未20	21 庚子18	**21** 庚午18	21 己亥16	21 戊辰14	21 戊戌14	21 丁卯12	21 丁酉12	20 乙丑 9
22 癸卯21	23 甲戌㉔	22 壬寅㉑	22 壬申21	22 辛丑19	22 辛未19	**22** 庚子17	22 己巳⑮	22 己亥15	22 戊辰13	22 戊戌13	21 丙寅10
23 甲辰22	24 乙亥25	23 癸卯22	23 癸酉22	23 壬寅20	23 壬申20	23 辛丑⑱	23 庚午16	23 庚子16	23 己巳14	23 己亥14	22 丁卯11
24 乙巳23	25 丙子26	24 甲辰23	24 甲戌23	24 癸卯21	24 癸酉㉑	24 壬寅19	**24** 辛未17	**24** 辛丑17	24 庚午15	24 庚子⑮	23 戊辰⑫
25 丙午㉔	26 丁丑27	25 乙巳24	25 乙亥24	25 甲辰22	25 甲戌22	25 癸卯20	25 壬申18	25 壬寅18	25 辛未16	25 辛丑16	24 己巳13
26 丁未25	27 戊寅28	26 丙午25	26 丙子25	26 乙巳㉓	26 乙亥23	26 甲辰21	26 癸酉19	26 癸卯19	**26** 壬申⑰	**26** 壬寅17	25 庚午14
27 戊申26	28 己卯29	27 丁未26	27 丁丑㉖	27 丙午24	27 丙子24	27 乙巳22	27 甲戌20	27 甲辰⑳	27 癸酉18	27 癸卯18	26 辛未15
28 己酉27	29 庚辰30	28 戊申27	28 戊寅27	28 丁未25	28 丁丑25	28 丙午23	28 乙亥21	28 乙巳21	28 甲戌19	28 甲辰19	**27** 壬申16
29 庚戌28		29 己酉㉘	29 己卯28	29 戊申26	29 戊寅26	29 丁未24	29 丙子㉒	29 丙午22	29 乙亥20	29 乙巳20	28 癸酉17
《3月》		30 庚戌29		30 己酉27			30 丁丑23		30 丙子21		29 甲戌18
30 辛亥 1											30 乙亥⑲
立春 1日	啓蟄 2日	清明 3日	立夏 4日	芒種 5日	小暑 6日	立秋 7日	白露 8日	寒露 9日	立冬 10日	大雪 11日	小寒 12日
雨水 17日	春分 17日	穀雨 18日	小満 19日	夏至 20日	大暑 21日	処暑 22日	秋分 24日	霜降 24日	小雪 26日	冬至 26日	大寒 27日

延長元年〔延喜 23 年〕（923－924） 癸未

改元閏4/11（延喜→延長）

1月	2月	3月	4月	閏4月	5月	6月	7月	8月	9月	10月	11月	12月
1 丙子20	1 丙午19	1 乙亥20	1 乙巳19	1 乙亥19	1 甲辰17	1 甲戌17	1 癸卯15	1 壬申13	1 壬寅13	1 辛未11	1 辛丑11	1 庚午9
2 丁丑21	2 丁未20	2 丙子21	2 丙午⑳	2 丙子20	**2** 乙巳18	**2** 乙亥18	2 甲辰16	2 癸酉⑭	2 癸卯14	2 壬申12	2 壬寅12	2 辛未10
3 戊寅22	3 戊申21	3 丁丑22	3 丁未21	3 丁丑21	3 丙午19	3 丙子19	**3** 乙巳⑰	3 甲戌15	3 甲辰15	3 癸酉13	3 癸卯13	3 壬申⑪
4 己卯23	4 己酉22	4 戊寅㉓	4 戊申22	4 戊寅22	4 丁未20	4 丁丑⑳	4 丙午18	4 乙亥16	4 乙巳16	4 甲戌14	4 甲辰⑭	4 癸酉12
5 庚辰24	5 庚戌㉓	5 己卯24	5 己酉23	5 己卯23	5 戊申21	5 戊寅21	5 丁未19	**5** 丙子17	**5** 丙午17	5 乙亥15	5 乙巳15	5 甲戌13
6 辛巳25	6 辛亥24	6 庚辰25	6 庚戌24	6 庚辰24	6 己酉㉒	6 己卯22	6 戊申20	6 丁丑18	6 丁未18	6 丙子⑯	6 丙午16	6 乙亥14
7 壬午㉖	7 壬子25	7 辛巳26	7 辛亥25	7 辛巳㉕	7 庚戌23	7 庚辰23	7 己酉21	7 戊寅19	7 戊申⑲	**7** 丁丑17	**7** 丁未17	7 丙子15
8 癸未27	8 癸丑26	8 壬午27	8 壬子26	8 壬午26	8 辛亥24	8 辛巳24	8 庚戌22	8 己卯20	8 己酉20	8 戊寅18	8 戊申18	8 丁丑16
9 甲申28	9 甲寅27	9 癸未28	9 癸丑㉗	9 癸未27	9 壬子25	9 壬午25	9 辛亥23	9 庚辰㉑	9 庚戌21	9 己卯19	9 己酉19	**9** 戊寅17
10 乙酉29	10 乙卯28	10 甲申29	10 甲寅28	10 甲申28	10 癸丑26	10 癸未26	10 壬子㉔	10 辛巳22	10 辛亥22	10 庚辰20	10 庚戌20	10 己卯⑱
11 丙戌30	《3月》	11 乙酉㉚	11 乙卯29	*11* 乙酉29	11 甲寅27	11 甲申㉗	11 癸丑25	11 壬午23	11 壬子23	11 辛巳21	11 辛亥㉑	11 庚辰19
12 丁亥31	11 丙辰1	12 丙戌31	12 丙辰30	12 丙戌30	12 乙卯28	12 乙酉28	12 甲寅26	12 癸未24	12 癸丑24	12 壬午22	12 壬子22	12 辛巳20
《2月》	12 丁巳②	《4月》	《5月》	13 丁亥31	13 丙辰㉙	13 丙戌29	13 乙卯27	13 甲申25	13 甲寅25	13 癸未㉓	13 癸丑23	13 壬午21
13 戊子1	**13** 戊午3	13 丁亥1	13 丁巳1	《6月》	14 丁巳30	14 丁亥30	14 丙辰28	14 乙酉26	14 乙卯㉖	14 甲申24	14 甲寅24	14 癸未22
14 己丑②	14 己未4	**14** 戊子2	14 戊午2	14 戊子①	《7月》	15 戊子31	15 丁巳29	15 丙戌27	15 丙辰27	15 乙酉25	15 乙卯25	15 甲申23
15 庚寅3	15 庚申5	15 己丑3	**15** 己未3	**15** 己丑2	15 戊午1	《8月》	16 戊午30	16 丁亥㉘	16 丁巳28	16 丙戌26	16 丙辰26	16 乙酉24
16 辛卯4	16 辛酉6	16 庚寅4	16 庚申④	16 庚寅3	16 己未2	16 己丑1	17 己未㉛	17 戊子29	17 戊午29	17 丁亥27	17 丁巳27	17 丙戌㉕
17 壬辰5	17 壬戌7	17 辛卯5	17 辛酉5	17 辛卯4	**17** 庚申3	**17** 庚寅2	《9月》	18 己丑30	18 己未30	18 戊子28	18 戊午㉘	18 丁亥26
18 癸巳6	18 癸亥8	18 壬辰⑥	18 壬戌6	18 壬辰5	18 辛酉4	18 辛卯③	18 庚申1	《10月》	19 庚申31	19 己丑29	19 己未29	19 戊子27
19 甲午7	19 甲子⑨	19 癸巳7	19 癸亥7	19 癸巳6	19 壬戌5	19 壬辰4	**19** 辛酉2	19 庚寅1	《11月》	20 庚寅㉚	20 庚申30	20 己丑28
20 乙未8	20 乙丑10	20 甲午8	20 甲子8	20 甲午7	20 癸亥⑥	20 癸巳5	20 壬戌3	**20** 辛卯2	20 辛酉1	《12月》	21 辛酉31	21 庚寅29
21 丙申⑨	21 丙寅11	21 乙未9	21 乙丑9	21 乙未⑧	21 甲子7	21 甲午6	21 癸亥4	21 壬辰3	**21** 壬戌②	21 辛卯1	**924 年**	22 辛卯30
22 丁酉10	22 丁卯12	22 丙申10	22 丙寅10	22 丙申9	22 乙丑8	22 乙未7	22 甲子5	22 癸巳4	22 癸亥3	**22** 壬辰2	《1月》	23 壬辰31
23 戊戌11	23 戊辰13	23 丁酉11	23 丁卯⑪	23 丁酉10	23 丙寅9	23 丙申8	23 乙丑6	23 甲午⑤	23 甲子4	23 癸巳3	**22** 壬戌1	《2月》
24 己亥12	24 己巳14	24 戊戌12	24 戊辰12	24 戊戌11	24 丁卯10	24 丁酉9	24 丙寅⑦	24 乙未6	24 乙丑5	24 甲午4	23 癸亥2	**24** 癸巳①
25 庚子13	25 庚午15	25 己亥⑬	25 己巳13	25 己亥12	25 戊辰11	25 戊戌⑩	25 丁卯8	25 丙申7	25 丙寅6	25 乙未5	24 甲子3	25 甲午2
26 辛丑14	26 辛未⑯	26 庚子14	26 庚午14	26 庚子13	26 己巳12	26 己亥11	26 戊辰9	26 丁酉8	26 丁卯7	26 丙申6	25 乙丑④	26 乙未3
27 壬寅15	27 壬申17	27 辛丑15	27 辛未15	27 辛丑14	27 庚午⑬	27 庚子12	27 己巳10	27 戊戌9	27 戊辰8	27 丁酉⑦	26 丙寅5	27 丙申4
28 癸卯⑯	**28** 癸酉18	28 壬寅16	28 壬申16	28 壬寅⑮	28 辛未14	28 辛丑13	28 庚午11	28 己亥10	28 己巳⑨	28 戊戌8	27 丁卯6	28 丁酉5
29 甲辰17	29 甲戌19	29 癸卯17	29 癸酉17	29 癸卯16	29 壬申15	29 壬寅14	29 辛未12	29 庚子11	29 庚午10	29 己亥9	28 戊辰7	29 戊戌6
30 乙巳18		**30** 甲辰18	**30** 甲戌⑱		30 癸酉16			30 辛丑⑫		30 庚子10	29 己巳8	30 己亥7
立春 13日 雨水 28日	啓蟄 13日 春分 28日	清明 14日 穀雨 30日	立夏 15日 小満 30日	芒種15日	夏至 2日 小暑 17日	大暑 2日 立秋 17日	処暑 3日 白露 19日	秋分 5日 寒露 20日	霜降 5日 立冬 21日	小雪 7日 大雪 22日	冬至 7日 小寒 22日	大寒 9日 立春 24日

延長 2 年（924－925） 甲申

1月	2月	3月	4月	5月	6月	7月	8月	9月	10月	11月	12月
1 庚子⑧	1 己巳8	1 己亥7	1 己巳7	1 戊戌5	1 戊辰5	1 戊戌4	1 丁卯2	《10月》	1 丙寅㉛	1 乙未29	1 乙丑29
2 辛丑9	2 庚午9	2 庚子8	2 庚午8	2 己亥⑥	2 己巳6	2 己亥5	2 戊辰3	**1** 丙申1	《11月》	2 丙申30	2 丙寅30
3 壬寅10	3 辛未10	3 辛丑9	3 辛未⑨	3 庚子7	3 庚午7	3 庚子6	3 己巳4	2 丁酉2	**2** 丁卯1	《12月》	3 丁卯31
4 癸卯11	4 壬申11	4 壬寅10	4 壬申10	4 辛丑8	4 辛未8	4 辛丑7	4 庚午⑤	3 戊戌③	3 戊辰2	**3** 丁酉1	**925 年**
5 甲辰12	5 癸酉12	5 癸卯⑪	5 癸酉11	5 壬寅9	5 壬申9	5 壬寅⑧	5 辛未6	4 己亥4	4 己巳3	4 戊戌2	《1月》
6 乙巳13	6 甲戌13	6 甲辰12	6 甲戌12	6 癸卯10	6 癸酉10	6 癸卯9	6 壬申7	5 庚子5	5 庚午4	5 己亥3	**4** 戊辰1
7 丙午14	7 乙亥⑭	7 乙巳13	7 乙亥13	7 甲辰11	7 甲戌⑪	7 甲辰10	7 癸酉8	6 辛丑6	6 辛未5	6 庚子4	5 己巳②
8 丁未⑮	8 丙子15	8 丙午14	8 丙子14	8 乙巳12	8 乙亥12	8 乙巳11	8 甲戌9	7 壬寅7	7 壬申6	7 辛丑⑤	6 庚午3
9 戊申16	9 丁丑16	9 丁未15	9 丁丑15	9 丙午⑬	9 丙子13	9 丙午12	9 乙亥10	8 癸卯8	8 癸酉⑦	8 壬寅6	7 辛未4
10 己酉17	10 戊寅17	10 戊申16	10 戊寅⑯	10 丁未14	10 丁丑14	10 丁未13	10 丙子11	9 甲辰9	9 甲戌8	9 癸卯7	8 壬申5
11 庚戌18	**11** 己卯18	**11** 己酉17	**11** 己卯17	11 戊申15	11 戊寅15	11 戊申14	11 丁丑⑫	10 乙巳⑩	10 乙亥9	10 甲辰8	9 癸酉6
12 辛亥19	12 庚辰19	12 庚戌⑱	12 庚辰18	12 己酉16	12 己卯16	12 己酉⑮	12 戊寅13	11 丙午11	11 丙子10	11 乙巳9	10 甲戌7
13 壬子20	13 辛巳20	13 辛亥19	13 辛巳19	**13** 庚戌17	**13** 庚辰17	13 庚戌16	13 己卯14	12 丁未12	12 丁丑11	12 丙午10	11 乙亥8
14 癸丑21	14 壬午㉑	14 壬子20	14 壬午20	14 辛亥18	14 辛巳⑱	**14** 辛亥17	14 庚辰15	13 戊申13	13 戊寅12	13 丁未11	12 丙子⑨
15 甲寅㉒	15 癸未22	15 癸丑21	15 癸未21	15 壬子19	15 壬午19	15 壬子18	**15** 辛巳16	14 己酉14	14 己卯13	14 戊申⑫	13 丁丑10
16 乙卯23	16 甲申23	16 甲寅22	16 甲申22	16 癸丑⑳	16 癸未20	16 癸丑19	16 壬午17	15 庚戌15	15 庚辰⑭	15 己酉13	14 戊寅11
17 丙辰24	17 乙酉24	17 乙卯23	17 乙酉㉓	17 甲寅21	17 甲申21	17 甲寅20	17 癸未18	16 辛亥16	16 辛巳15	16 庚戌14	15 己卯12
18 丁巳25	18 丙戌25	18 丙辰24	18 丙戌24	18 乙卯22	18 乙酉22	18 乙卯21	18 甲申⑲	**17** 壬子⑰	**17** 壬午16	17 辛亥15	16 庚辰13
19 戊午26	19 丁亥26	19 丁巳㉕	19 丁亥25	19 丙辰23	19 丙戌23	19 丙辰㉒	19 乙酉20	18 癸丑18	18 癸未17	**18** 壬子16	17 辛巳14
20 己未27	20 戊子27	20 戊午26	20 戊子26	20 丁巳24	20 丁亥24	20 丁巳23	20 丙戌21	19 甲寅19	19 甲申18	19 癸丑17	18 壬午15
21 庚申28	21 己丑㉘	21 己未27	21 己丑27	21 戊午25	21 戊子㉕	21 戊午24	21 丁亥22	20 乙卯20	20 乙酉19	20 甲寅18	**19** 癸未⑯
22 辛酉㉙	22 庚寅29	22 庚申28	22 庚寅28	22 己未26	22 己丑26	22 己未25	22 戊子23	21 丙辰21	21 丙戌20	21 乙卯⑲	20 甲申17
《3月》	23 辛卯30	23 辛酉29	23 辛卯29	23 庚申㉗	23 庚寅27	23 庚申26	23 己丑24	22 丁巳22	22 丁亥㉑	22 丙辰20	21 乙酉18
23 壬戌1	24 壬辰31	24 壬戌30	24 壬辰㉚	24 辛酉28	24 辛卯28	24 辛酉27	24 庚寅25	23 戊午23	23 戊子22	23 丁巳21	22 丙戌19
24 癸亥2	《4月》	《5月》	25 癸巳31	25 壬戌29	25 壬辰29	25 壬戌28	25 辛卯㉖	24 己未㉔	24 己丑23	24 戊午22	23 丁亥20
25 甲子3	25 癸巳1	25 癸亥1	《6月》	26 癸亥30	26 癸巳30	26 癸亥㉙	26 壬辰27	25 庚申25	25 庚寅24	25 己未23	24 戊子21
26 乙丑4	**26** 甲午2	**26** 甲子②	26 甲午1	《7月》	27 甲午31	27 甲子30	27 癸巳28	26 辛酉26	26 辛卯25	26 庚申24	25 己丑22
27 丙寅5	27 乙未3	27 乙丑3	**27** 乙未2	27 甲子1	《8月》	28 乙丑31	28 甲午29	27 壬戌27	27 壬辰26	27 辛酉25	26 庚寅㉓
28 丁卯6	28 丙申④	28 丙寅4	28 丙申3	**28** 乙丑2	**28** 乙未①	《9月》	29 乙未30	28 癸亥28	28 癸巳27	28 壬戌㉖	27 辛卯24
29 戊辰⑦	29 丁酉5	29 丁卯5	29 丁酉4	29 丙寅3	29 丙申2	**29** 丙寅1		29 甲子29	29 甲午㉘	29 癸亥27	28 壬辰25
	30 戊戌6	30 戊辰6		30 丁卯④	30 丁酉3			30 乙丑30		30 甲子28	29 癸巳26
雨水 9日 啓蟄 24日	春分 11日 清明 26日	穀雨 11日 立夏 26日	小満 11日 芒種 27日	夏至 13日 小暑 28日	大暑 13日 立秋 28日	処暑 14日 白露 29日	秋分 15日	寒露 1日 霜降 17日	立冬 2日 小雪 17日	大雪 3日 冬至 18日	小寒 4日 大寒 19日

延長3年（925－926） 乙酉

1月	2月	3月	4月	5月	6月	7月	8月	9月	10月	11月	12月	閏12月
1 甲午27	1 甲子26	1 癸巳㉗	1 癸亥26	1 壬辰25	1 壬戌24	1 壬辰㉔	1 辛酉22	1 辛卯21	1 庚申20	1 庚寅19	1 庚申19	1 己丑17
2 乙未28	2 乙丑㉗	2 甲午28	2 甲子27	2 癸巳26	2 癸亥25	2 癸巳25	2 壬戌23	2 壬辰22	2 辛酉21	2 辛卯⑳	2 辛酉20	2 庚寅18
3 丙申29	3 丙寅28	3 乙未29	3 乙丑28	3 甲午27	3 甲子㉖	3 甲午26	3 癸亥24	3 癸巳23	3 壬戌22	3 壬辰21	3 壬戌21	3 辛卯19
4 丁酉㉚	《3月》	4 丙申30	4 丙寅29	4 乙未28	4 乙丑27	4 乙未27	4 甲子25	4 甲午24	4 癸亥㉓	4 癸巳22	4 癸亥22	4 壬辰20
5 戊戌31	4 丁卯 1	5 丁酉31	5 丁卯30	5 丙申㉙	5 丙寅28	5 丙申28	5 乙丑26	5 乙未㉕	5 甲子24	5 甲午23	5 甲子23	5 癸巳21
《2月》	5 戊辰 2	《4月》	《5月》	6 丁酉30	6 丁卯29	6 丁酉29	6 丙寅27	6 丙申26	6 乙丑25	6 乙未24	6 乙丑24	6 甲午㉒
6 己亥 1	**6** 己巳 3	6 戊戌 1	6 戊辰①	7 戊戌31	7 戊辰30	7 戊戌30	7 丁卯㉘	7 丁酉27	7 丙寅26	7 丙申25	7 丙寅㉕	7 乙未23
7 庚子 2	7 庚午 4	**7** 己亥 2	**7** 己巳 2	《6月》	《7月》	8 己亥㉛	8 戊辰29	8 戊戌28	8 丁卯27	8 丁酉26	8 丁卯26	8 丙申24
8 辛丑 3	8 辛未 5	8 庚子③	8 庚午 3	8 己亥 1	8 己巳 1	《8月》	9 己巳30	9 己亥29	9 戊辰28	9 戊戌㉗	9 戊辰27	9 丁酉25
9 壬寅 4	9 壬申⑥	9 辛丑 4	9 辛未 4	**9** 庚子 2	**9** 庚午 2	9 庚子 1	10庚午31	10庚子30	10己巳29	10己亥28	10己巳28	10戊戌26
10癸卯 5	10癸酉 7	10壬寅 5	10壬申 5	10辛丑 3	10辛未③	**10**辛丑 2	《9月》	《10月》	11庚午㉚	11庚子29	11庚午29	11己亥27
11甲辰⑥	11甲戌 8	11癸卯 6	11癸酉 6	11壬寅 4	11壬申 4	11壬寅 3	**11**辛未 1	11辛丑 1	12辛未31	12辛丑30	12辛未30	12庚子28
12乙巳 7	12乙亥 9	12甲辰 7	12甲戌 7	12癸卯⑤	12癸酉 5	12癸卯 4	12壬申 2	**12**壬寅②	《11月》	《12月》	13壬申31	13辛丑㉙
13丙午 8	13丙子10	13乙巳 8	13乙亥⑧	13甲辰 6	13甲戌 6	13甲辰 5	13癸酉 3	13癸卯 3	**13**壬申 1	**13**壬寅 1	**926**年	14壬寅30
14丁未 9	14丁丑11	14丙午 9	14丙子 9	14乙巳 7	14乙亥 7	14乙巳 6	14甲戌④	14甲辰 4	14癸酉 2	14癸卯 2	《1月》	**15**癸卯31
15戊申10	15戊寅12	15丁未⑩	15丁丑10	15丙午 8	15丙子 8	15丙午⑦	15乙亥 5	15乙巳 5	15甲戌 3	15甲辰 3	**14**癸酉①	《2月》
16己酉11	16己卯⑬	16戊申11	16戊寅11	16丁未 9	16丁丑 9	16丁未 8	16丙子 6	16丙午 6	16乙亥 4	16乙巳④	15甲戌 2	16甲辰 1
17庚戌12	17庚辰14	17己酉12	17己卯12	17戊申10	17戊寅⑩	17戊申 9	17丁丑 7	17丁未 7	17丙子 5	17丙午 5	16乙亥 3	17乙巳 2
18辛亥⑬	18辛巳15	18庚戌13	18庚辰13	18己酉11	18己卯11	18己酉10	18戊寅 8	18戊申 8	18丁丑⑥	18丁未 6	17丙子 4	18丙午 3
19壬子14	19壬午16	19辛亥14	19辛巳14	19庚戌⑫	19庚辰12	19庚戌11	19己卯 9	19己酉⑨	19戊寅 7	19戊申 7	18丁丑 5	19丁未 4
20癸丑15	20癸未17	20壬子15	20壬午⑮	20辛亥13	20辛巳13	20辛亥12	20庚辰10	20庚戌10	20己卯 8	20己酉 8	19戊寅 6	20戊申⑤
21甲寅16	**21**甲申18	21癸丑16	21癸未16	21壬子14	21壬午14	21壬子13	21辛巳⑪	21辛亥11	21庚辰 9	21庚戌 9	20己卯 7	21己酉 6
22乙卯17	22乙酉19	**22**甲寅⑰	22甲申17	22癸丑15	22癸未15	22癸丑⑭	22壬午12	22壬子12	22辛巳10	22辛亥10	21庚辰⑧	22庚戌 7
23丙辰18	23丙戌⑳	23乙卯18	**23**乙酉18	23甲寅16	23甲申16	23甲寅15	23癸未13	23癸丑13	23壬午11	23壬子⑪	22辛巳 9	23辛亥 8
24丁巳19	24丁亥21	24丙辰19	24丙戌19	**24**乙卯17	24乙酉⑰	24乙卯16	24甲申14	24甲寅14	24癸未12	24癸丑12	23壬午10	24壬子 9
25戊午⑳	25戊子22	25丁巳20	25丁亥20	25丙辰18	**25**丙戌18	**25**丙辰17	25乙酉15	25乙卯15	25甲申⑬	25甲寅13	24癸未11	25癸丑10
26己未21	26己丑23	26戊午21	26戊子21	26丁巳⑲	26丁亥19	26丁巳18	**26**丙戌16	26丙辰⑯	26乙酉14	26乙卯14	25甲申12	26甲寅11
27庚申22	27庚寅24	27己未22	27己丑㉒	27戊午20	27戊子20	27戊午19	27丁亥17	**27**丁巳17	27丙戌15	27丙辰15	26乙酉13	27乙卯⑫
28辛酉23	28辛卯25	28庚申23	28庚寅23	28己未21	28己丑21	28己未20	28戊子⑱	28戊午18	**28**丁亥16	28丁巳16	27丙戌14	28丙辰13
29壬戌24	29壬辰26	29辛酉㉔	29辛卯24	29庚申22	29庚寅22	29庚申㉑	29己丑19	29己未19	29戊子17	**29**戊午17	28丁亥⑮	29丁巳14
30癸亥25		30壬戌25		30辛酉23	30辛卯23		30庚寅20		30己丑18	30己未⑱	**29**戊子16	

立春 5日	啓蟄 6日	清明 7日	立夏 7日	芒種 9日	小暑 9日	立秋 10日	白露 11日	寒露 12日	立冬 13日	大雪 13日	小寒 14日	立春15日
雨水 20日	春分 21日	穀雨 22日	小満 23日	夏至 24日	大暑 25日	処暑 25日	秋分 26日	霜降 27日	小雪 28日	冬至 29日	大寒 29日	

延長4年（926－927） 丙戌

1月	2月	3月	4月	5月	6月	7月	8月	9月	10月	11月	12月
1 戊午15	1 戊子17	1 丁巳15	1 丁亥15	1 丙辰13	1 丙戌13	1 乙卯11	1 乙酉⑩	1 乙卯10	1 甲申 8	1 甲寅 8	1 甲申⑦
2 己未16	**2** 己丑18	2 戊午⑯	2 戊子16	2 丁巳14	2 丁亥14	2 丙辰12	2 丙戌11	2 丙辰11	2 乙酉 9	2 乙卯 9	2 乙酉 8
3 庚申17	3 庚寅⑲	**3** 己未17	3 己丑17	3 戊午15	3 戊子15	3 丁巳⑬	3 丁亥12	3 丁巳12	3 丙戌10	3 丙辰⑩	3 丙戌 9
4 辛酉18	4 辛卯20	4 庚申18	**4** 庚寅18	4 己未16	4 己丑⑯	4 戊午14	4 戊子13	4 戊午13	4 丁亥11	4 丁巳11	4 丁亥10
5 壬戌⑲	5 壬辰21	5 辛酉19	5 辛卯19	**5** 庚申17	5 庚寅17	5 己未15	5 己丑14	5 己未14	5 戊子⑫	5 戊午12	5 戊子11
6 癸亥20	6 癸巳22	6 壬戌20	6 壬辰20	6 辛酉⑱	**6** 辛卯18	6 庚申16	6 庚寅15	6 庚申⑮	6 己丑13	6 己未13	6 己丑12
7 甲子21	7 甲午23	7 癸亥21	7 癸巳㉑	7 壬戌19	7 壬辰19	**7** 辛酉17	7 辛卯16	7 辛酉16	7 庚寅14	7 庚申14	7 庚寅13
8 乙丑22	8 乙未24	8 甲子22	8 甲午22	8 癸亥20	8 癸巳20	8 壬戌18	**8** 壬辰⑰	**8** 壬戌17	8 辛卯15	8 辛酉15	8 辛卯⑭
9 丙寅23	9 丙申25	9 乙丑㉓	9 乙未23	9 甲子21	9 甲午21	9 癸亥19	9 癸巳18	9 癸亥18	9 壬辰16	9 壬戌16	9 壬辰15
10丁卯24	10丁酉㉖	10丙寅24	10丙申24	10乙丑22	10乙未22	10甲子⑳	10甲午19	10甲子19	**10**癸巳17	**10**癸亥⑰	**10**癸巳16
11戊辰25	11戊戌27	11丁卯25	11丁酉25	11丙寅23	11丙申㉓	11乙丑21	11乙未20	11乙丑20	11甲午18	11甲子18	11甲午17
12己巳㉖	12己亥28	12戊辰26	12戊戌26	12丁卯24	12丁酉24	12丙寅22	12丙申21	12丙寅21	12乙未⑲	12乙丑19	12乙未18
13庚午27	13庚子29	13己巳27	13己亥27	13戊辰㉕	13戊戌25	13丁卯23	13丁酉22	13丁卯㉒	13丙申20	13丙寅20	13丙申19
14辛未28	14辛丑30	14庚午28	14庚子㉘	14己巳26	14己亥26	14戊辰24	14戊戌23	14戊辰23	14丁酉21	14丁卯21	14丁酉20
《3月》	15壬寅31	15辛未29	15辛丑29	15庚午27	15庚子27	15己巳25	15己亥㉔	15己巳24	15戊戌22	15戊辰22	15戊戌㉑
15壬申 1	《4月》	16壬申㉚	16壬寅30	16辛未28	16辛丑28	16庚午26	16庚子25	16庚午25	16己亥23	16己巳23	16己亥22
16癸酉 2	16癸卯 1	《5月》	17癸卯31	17壬申29	17壬寅29	17辛未㉗	17辛丑26	17辛未26	17庚子24	17庚午㉔	17庚子23
17甲戌 3	**17**甲辰②	17癸酉 1	《6月》	18癸酉30	18癸卯㉚	18壬申28	18壬寅27	18壬申27	18辛丑25	18辛未25	18辛丑24
18乙亥 4	18乙巳 3	18甲戌 2	18甲辰 1	《7月》	19甲辰31	19癸酉29	19癸卯28	19癸酉28	19壬寅㉖	19壬申26	19壬寅25
19丙子⑤	19丙午 4	**19**乙亥 3	**19**乙巳 2	19甲戌 1	《8月》	20甲戌30	20甲辰29	20甲戌㉙	20癸卯27	20癸酉27	20癸卯26
20丁丑 6	20丁未 5	20丙子 4	20丙午 3	20乙亥②	20乙巳 1	21乙亥31	21乙巳30	21乙亥30	21甲辰28	21甲戌28	21甲辰27
21戊寅 7	21戊申 6	21丁丑 5	21丁未④	**21**丙子 3	**21**丙午 2	《9月》	《10月》	22丙子31	22乙巳29	22乙亥29	22乙巳㉘
22己卯 8	22己酉 7	22戊寅 6	22戊申 5	22丁丑 4	22丁未 3	**22**丙子 1	22丙午①	《11月》	23丙午30	23丙子30	23丙午29
23庚辰 9	23庚戌 8	23己卯⑦	23己酉 6	23戊寅 5	23戊申 4	23丁丑 2	**23**丁未 2	**23**丁丑 1	《12月》	24丁丑㉛	24丁未30
24辛巳10	24辛亥⑨	24庚辰 8	24庚戌 7	24己卯 6	24己酉 5	24戊寅③	24戊申 3	24戊寅 2	24丁未 1	**927**年	25戊申31
25壬午11	25壬子10	25辛巳 9	25辛亥 8	25庚辰 7	25庚戌⑥	25己卯 4	25己酉 4	25己卯 3	**25**戊申 2	《1月》	《2月》
26癸未⑫	26癸丑11	26壬午10	26壬子 9	26辛巳 8	26辛亥 7	26庚辰 5	26庚戌 5	26庚辰 4	26己酉③	**25**戊寅 1	**26**己酉 1
27甲申13	27甲寅12	27癸未11	27癸丑10	27壬午⑨	27壬子 8	27辛巳 6	27辛亥 6	27辛巳⑤	27庚戌 4	26己卯 2	27庚戌 2
28乙酉14	28乙卯13	28甲申12	28甲寅⑪	28癸未10	28癸丑 9	28壬午 7	28壬子 7	28壬午 6	28辛亥 5	27庚辰 3	28辛亥 3
29丙戌15	29丙辰14	29乙酉13	29乙卯12	29甲申11	29甲寅10	29癸未 8	29癸丑⑧	29癸未 7	29壬子 6	28辛巳 4	29壬子④
30丁亥16		30丙戌⑭		30乙酉12		30甲申 9	30甲寅 9		30癸丑 7	29壬午 5	
										30癸未 6	

雨水 2日	春分 2日	穀雨 3日	小満 4日	夏至 5日	大暑 6日	処暑 7日	秋分 8日	霜降 8日	小雪 10日	冬至 10日	大寒 10日
啓蟄 17日	清明 17日	立夏 19日	芒種 19日	小暑 21日	立秋 21日	白露 22日	寒露 23日	立冬 23日	大雪 25日	小寒 25日	立春 26日

延長5年（927－928） 丁亥

1月	2月	3月	4月	5月	6月	7月	8月	9月	10月	11月	12月
1 癸丑 5	1 壬午 6	1 壬子 5	1 辛巳 4	1 辛亥③	1 庚辰 2	1 己酉31	1 己卯30	1 己酉29	1 己卯29	1 戊申27	1 戊寅27
2 甲寅 6	2 癸未 7	2 癸丑 6	2 壬午 5	2 壬子 4	**2** 辛巳 3	《8月》 2 庚戌 1	2 庚辰31	2 庚戌㉚	2 庚辰30	2 己酉28	2 己卯28
3 乙卯 7	3 甲申 8	3 甲寅 7	3 癸未⑥	3 癸丑 5	3 壬午 4	**3** 辛亥 2	《9月》 3 辛巳 1	《10月》 3 辛亥 1	3 辛巳31	3 庚戌29	3 庚辰29
4 丙辰 8	4 乙酉 9	4 乙卯⑧	4 甲申 7	4 甲寅 6	4 癸未 5	4 壬子 3	**4** 壬午②	**4** 壬子 2	《11月》 4 壬午 1	4 辛亥30	4 辛巳㉚
5 丁巳 9	5 丙戌10	5 丙辰 9	5 乙酉 8	5 乙卯 7	5 甲申 6	5 癸丑 4	5 癸未 3	5 癸丑 3	**5** 癸未 2	《12月》 5 壬子 1	5 壬午31
6 戊午10	6 丁亥⑪	6 丁巳10	6 丙戌 9	6 丙辰 8	6 乙酉 7	6 甲寅⑤	6 甲申 4	6 甲寅 4	6 甲申 3	**6** 癸丑②	**928年** 《1月》 **6** 癸未 1
7 己未⑪	7 戊子12	7 戊午11	7 丁亥10	7 丁巳 9	7 丙戌⑧	7 乙卯 6	7 乙酉 5	7 乙卯 5	7 乙酉④	7 甲寅 3	7 甲申 2
8 庚申12	8 己丑13	8 己未12	8 戊子11	8 戊午⑩	8 丁亥 9	8 丙辰 7	8 丙戌 6	8 丙辰 6	8 丙戌 5	8 乙卯 4	8 乙酉 3
9 辛酉13	9 庚寅14	9 庚申13	9 己丑12	9 己未11	9 戊子10	9 丁巳 8	9 丁亥 7	9 丁巳⑦	9 丁亥 6	9 丙辰 5	9 丙戌 4
10壬戌14	10辛卯15	10辛酉14	10庚寅⑬	10庚申12	10己丑11	10戊午 9	10戊子 8	10戊午 8	10戊子 7	10丁巳 6	10丁亥 5
11癸亥15	11壬辰16	11壬戌⑮	11辛卯14	11辛酉13	11庚寅12	11己未10	11己丑⑨	11己未 9	11己丑 8	11戊午 7	11戊子⑥
12甲子16	12癸巳17	12癸亥16	12壬辰15	12壬戌14	12辛卯13	12庚申11	12庚寅10	12庚申10	12庚寅 9	12己未 8	12己丑 7
13乙丑17	**13**甲午⑱	13甲子17	13癸巳16	13癸亥15	13壬辰14	13辛酉⑫	13辛卯11	13辛酉11	13辛卯10	13庚申⑨	13庚寅 8
14丙寅⑱	14乙未19	**14**乙丑18	14甲午17	14甲子16	14癸巳⑮	14壬戌13	14壬辰12	14壬戌12	14壬辰⑪	14辛酉10	14辛卯 9
15丁卯19	15丙申20	15丙寅19	**15**乙未18	15乙丑⑰	15甲午16	15癸亥14	15癸巳13	15癸亥13	15癸巳12	15壬戌11	15壬辰10
16戊辰20	16丁酉21	16丁卯20	16丙申19	**16**丙寅18	16乙未17	16甲子15	16甲午14	16甲子⑭	16甲午13	16癸亥12	16癸巳11
17己巳21	17戊戌22	17戊辰21	17丁酉⑳	17丁卯19	**17**丙申18	17乙丑16	17乙未15	17乙丑15	17乙未14	17甲子13	17甲午12
18庚午22	18己亥23	18己巳㉒	18戊戌21	18戊辰20	18丁酉19	**18**丙寅17	18丙申⑯	18丙寅16	18丙申15	18乙丑14	18乙未⑬
19辛未23	19庚子24	19庚午23	19己亥22	19己巳21	19戊戌20	19丁卯18	**19**丁酉17	**19**丁卯17	19丁酉16	19丙寅15	19丙申14
20壬申24	20辛丑㉕	20辛未24	20庚子23	20庚午22	20己亥21	20戊辰⑲	20戊戌18	20戊辰18	**20**戊戌17	20丁卯⑯	20丁酉15
21癸酉㉕	21壬寅26	21壬申25	21辛丑24	21辛未23	21庚子㉒	21己巳20	21己亥19	21己巳19	21己亥⑱	**21**戊辰17	21戊戌16
22甲戌26	22癸卯27	22癸酉26	22壬寅25	22壬申㉔	22辛丑23	22庚午21	22庚子20	22庚午20	22庚子19	22己巳18	**22**己亥17
23乙亥27	23甲辰28	23甲戌27	23癸卯26	23癸酉25	23壬寅24	23辛未22	23辛丑21	23辛未㉑	23辛丑20	23庚午19	23庚子18
24丙子28	24乙巳29	24乙亥28	24甲辰㉗	24甲戌26	24癸卯25	24壬申23	24壬寅22	24壬申22	24壬寅21	24辛未20	24辛丑19
《3月》 25丁丑 1	25丙午30	25丙子㉙	25乙巳28	25乙亥27	25甲辰26	25癸酉24	25癸卯㉓	25癸酉23	25癸卯22	25壬申21	25壬寅⑳
26戊寅 2	26丁未31	26丁丑30	26丙午29	26丙子28	26乙巳27	26甲戌25	26甲辰24	26甲戌24	26甲辰23	26癸酉22	26癸卯21
27己卯 3	《4月》 27戊申①	《5月》 27戊寅 1	27丁未30	27丁丑29	27丙午28	27乙亥㉖	27乙巳25	27乙亥25	27乙巳24	27甲戌㉓	27甲辰22
28庚辰④	**28**己酉 2	28己卯 2	28戊申31	28戊寅30	28丁未㉙	28丙子27	28丙午26	28丙子26	28丙午㉕	28乙亥24	28乙巳23
29辛巳 5	29庚戌 3	**29**庚辰 3	《6月》 29己酉 1	《7月》 29己卯①	29戊申30	29丁丑28	29丁未27	29丁丑27	29丁未26	29丙子25	29丙午24
	30辛亥 4		**30**庚戌 2			30戊寅29	30戊申28	30戊寅㉘		30丁丑26	30丁未25
雨水 12日 啓蟄 27日	春分 13日 清明 28日	穀雨 14日 立夏 29日	小満 15日 芒種 30日	夏至 16日	小暑 2日 大暑 17日	立秋 3日 処暑 18日	白露 4日 秋分 19日	寒露 4日 霜降 19日	立冬 5日 小雪 20日	大雪 6日 冬至 21日	小寒 6日 大寒 22日

延長6年（928－929） 戊子

1月	2月	3月	4月	5月	6月	7月	8月	閏8月	9月	10月	11月	12月
1 戊申26	1 丁丑㉔	1 丁未25	1 丙子23	1 乙巳22	1 甲戌20	1 甲辰⑳	1 癸酉18	1 癸卯17	**1** 癸酉17	1 壬寅15	1 壬申15	1 壬寅14
2 己酉㉗	2 戊寅25	2 戊申26	2 丁丑24	2 丙午23	2 乙亥21	2 乙巳21	2 甲戌19	2 甲辰18	2 甲戌18	**2** 癸卯⑯	**2** 癸酉16	2 癸卯15
3 庚戌28	3 己卯26	3 己酉27	3 戊寅25	3 丁未24	3 丙子㉒	3 丙午22	3 乙亥20	3 乙巳19	3 乙亥⑲	3 甲辰17	3 甲戌17	**3** 甲辰16
4 辛亥29	4 庚辰27	4 庚戌28	4 己卯26	4 戊申㉕	4 丁丑23	4 丁未23	4 丙子21	4 丙午20	4 丙子20	4 乙巳18	4 乙亥18	4 乙巳17
5 壬子30	5 辛巳28	5 辛亥29	5 庚辰㉗	5 己酉26	5 戊寅24	5 戊申24	5 丁丑22	5 丁未㉑	5 丁丑21	5 丙午19	5 丙子19	5 丙午⑱
6 癸丑31	6 壬午29	6 壬子㉚	6 辛巳28	6 庚戌27	6 己卯25	6 己酉25	6 戊寅23	6 戊申22	6 戊寅22	6 丁未20	6 丁丑20	6 丁未19
《2月》 **7** 甲寅 1	《3月》 7 癸未 1	7 癸丑31	7 壬午29	7 辛亥28	7 庚辰26	7 庚戌26	7 己卯㉔	7 己酉23	7 己卯23	7 戊申21	7 戊寅㉑	7 戊申20
8 乙卯 2	**8** 甲申②	《4月》 8 甲寅 1	8 癸未30	8 壬子29	8 辛巳27	8 辛亥㉗	8 庚辰25	8 庚戌24	8 庚辰24	8 己酉22	8 己卯22	8 己酉21
9 丙辰③	9 乙酉 3	**9** 乙卯 2	《5月》 9 甲申 1	9 癸丑30	9 壬午28	9 壬子28	9 辛巳26	9 辛亥25	9 辛巳25	9 庚戌㉓	9 庚辰23	9 庚戌22
10丁巳 4	10丙戌 4	10丙辰 3	**10**乙酉 2	10甲寅31	10癸未㉙	10癸丑29	10壬午27	10壬子26	10壬午㉖	10辛亥24	10辛巳24	10辛亥23
11戊午 5	11丁亥 5	11丁巳 4	11丙戌 3	《6月》 11乙卯①	11甲申30	11甲寅30	11癸未28	11癸丑27	11癸未27	11壬子25	11壬午25	11壬子24
12己未 6	12戊子 6	12戊午 5	12丁亥④	**12**丙辰 2	《7月》 12乙酉 1	12乙卯31	12甲申29	12甲寅㉘	12甲申28	12癸丑26	12癸未26	12癸丑㉕
13庚申 7	13己丑 7	13己未⑥	13戊子 5	13丁巳 3	**13**丙戌 2	《8月》 **13**丙辰 1	13乙酉30	13乙卯29	13乙酉29	13甲寅27	13甲申27	13甲寅26
14辛酉 8	14庚寅 8	14庚申 7	14己丑 6	14戊午 4	14丁亥 3	14丁巳 2	14丙戌㉛	14丙辰30	14丙戌30	14乙卯28	14乙酉㉘	14乙卯27
15壬戌 9	15辛卯⑨	15辛酉 8	15庚寅 7	15己未 5	15戊子 4	15戊午③	《9月》 **15**丁亥 1	《10月》 **15**丁巳 1	15丁亥31	15丙辰29	15丙戌29	15丙辰28
16癸亥⑩	16壬辰10	16壬戌 9	16辛卯 8	16庚申 6	16己丑 5	16己未 4	16戊子 2	16戊午 2	《11月》 **16**戊子 1	16丁巳㉚	16丁亥30	16丁巳29
17甲子11	17癸巳11	17癸亥10	17壬辰 9	17辛酉 7	17庚寅⑥	17庚申 5	17己丑 3	17己未 3	17己丑②	《12月》 **17**戊午 1	17戊子31	17戊午30
18乙丑12	18甲午12	18甲子11	18癸巳10	18壬戌⑧	18辛卯 7	18辛酉 6	18庚寅 4	18庚申 4	18庚寅 3	18己未 2	**929年** 《1月》 **18**己丑 1	**18**己未31
19丙寅13	19乙未13	19乙丑12	19甲午⑪	19癸亥 9	19壬辰 8	19壬戌 7	19辛卯 5	19辛酉⑤	19辛卯 4	19庚申 3	19庚寅 2	《2月》 19庚申①
20丁卯14	20丙申14	20丙寅⑬	20乙未12	20甲子10	20癸巳 9	20癸亥 8	20壬辰 6	20壬戌 6	20壬辰 5	20辛酉 4	20辛卯 3	20辛酉 2
21戊辰15	21丁酉15	21丁卯14	21丙申13	21乙丑11	21甲午10	21甲子 9	21癸巳⑦	21癸亥 7	21癸巳 6	21壬戌 5	21壬辰④	21壬戌 3
22己巳16	22戊戌⑯	22戊辰15	22丁酉14	22丙寅12	22乙未11	22乙丑⑩	22甲午 8	22甲子 8	22甲午 7	22癸亥 6	22癸巳 5	22癸亥 4
23庚午⑰	23己亥17	23己巳16	23戊戌15	23丁卯13	23丙申12	23丙寅11	23乙未 9	23乙丑 9	23乙未 8	23甲子⑦	23甲午 6	23甲子 5
24辛未18	**24**庚子18	**24**庚午17	24己亥16	24戊辰14	24丁酉⑬	24丁卯12	24丙申10	24丙寅10	24丙申⑨	24乙丑 8	24乙未 7	24乙丑 6
25壬申19	25辛丑19	25辛未18	**25**庚子17	25己巳⑮	25戊戌14	25戊辰13	25丁酉11	25丁卯11	25丁酉10	25丙寅 9	25丙申 8	25丙寅 7
26癸酉20	26壬寅20	26壬申19	26辛丑⑱	26庚午16	26己亥15	26己巳14	26戊戌12	26戊辰⑫	26戊戌11	26丁卯10	26丁酉 9	26丁卯⑧
27甲戌21	27癸卯21	27癸酉⑳	27壬寅19	**27**辛未17	27庚子16	27庚午15	27己亥13	27己巳13	27己亥12	27戊辰11	27戊戌10	27戊辰 9
28乙亥22	28甲辰22	28甲戌21	28癸卯20	28壬申18	**28**辛丑17	28辛未16	28庚子⑭	28庚午14	28庚子13	28己巳12	28己亥⑪	28己巳10
29丙子23	29乙巳㉓	29乙亥22	29甲辰21	29癸酉19	29壬寅18	**29**壬申⑰	29辛丑15	29辛未15	29辛丑14	29庚午13	29庚子12	29庚午11
	30丙午24				30癸卯19		**30**壬寅16	30壬申16		30辛未⑭	30辛丑13	30辛未12
立春 7日 雨水 22日	啓蟄 8日 春分 24日	清明 9日 穀雨 24日	立夏 10日 小満 25日	芒種 12日 夏至 27日	小暑 13日 大暑 28日	立秋 13日 処暑 29日	白露 15日 秋分 30日	寒露15日	霜降 1日 立冬 16日	小雪 2日 大雪 17日	冬至 2日 小寒 18日	大寒 3日 立春 18日

延長**7**年（929－930） 己丑

1月	2月	3月	4月	5月	6月	7月	8月	9月	10月	11月	12月
1 壬申13	1 辛丑14	1 辛未13	1 庚子12	1 己巳10	1 戊戌 9	1 戊辰 8	1 丁酉⑥	1 丁卯 6	1 丙申 4	1 丙寅 4	1 丙申③
2 癸酉14	2 壬寅⑮	2 壬申14	2 辛丑13	2 庚午11	2 己亥10	2 己巳⑨	2 戊戌 7	2 戊辰 7	2 丁酉 5	2 丁卯 5	2 丁酉 4
3 甲戌⑮	3 癸卯16	3 癸酉15	3 壬寅14	3 辛未12	3 庚子11	3 庚午10	3 己亥 8	3 己巳 8	3 戊戌 6	3 戊辰⑥	3 戊戌 5
4 乙亥16	4 甲辰17	4 甲戌16	4 癸卯15	4 壬申13	4 辛丑⑫	4 辛未11	4 庚子 9	4 庚午 9	4 己亥 7	4 己巳 7	4 己亥 6
5 丙子17	**5** 乙巳18	**5** 乙亥17	5 甲辰16	5 癸酉⑭	5 壬寅13	5 壬申12	5 辛丑10	5 辛未10	5 庚子⑧	5 庚午 8	5 庚子 7
6 丁丑18	6 丙午19	6 丙子18	6 乙巳⑰	6 甲戌15	6 癸卯14	6 癸酉13	6 壬寅11	6 壬申⑪	6 辛丑 9	6 辛未 9	6 辛丑 8
7 戊寅19	7 丁未20	7 丁丑⑲	**7** 丙午18	7 乙亥16	7 甲辰15	7 甲戌14	7 癸卯12	7 癸酉12	7 壬寅10	7 壬申10	7 壬寅 9
8 己卯20	8 戊申21	8 戊寅20	8 丁未19	**8** 丙子17	8 乙巳16	8 乙亥15	8 甲辰⑬	8 甲戌13	8 癸卯11	8 癸酉11	8 癸卯⑩
9 庚辰21	9 己酉㉒	9 己卯21	9 戊申20	9 丁丑18	**9** 丙午17	9 丙子⑯	9 乙巳14	9 乙亥14	9 甲辰12	9 甲戌12	9 甲辰11
10辛巳㉒	10庚戌23	10庚辰22	10己酉21	10戊寅19	10丁未18	**10**丁丑17	10丙午15	10丙子15	10乙巳13	10乙亥⑬	10乙巳12
11壬午23	11辛亥24	11辛巳23	11庚戌22	11己卯20	11戊申⑲	11戊寅18	**11**丁未16	11丁丑16	11丙午14	11丙子14	11丙午13
12癸未24	12壬子25	12壬午24	12辛亥23	12庚辰㉑	12己酉20	12己卯19	12戊申17	**12**戊寅17	12丁未⑮	12丁丑15	12丁未14
13甲申25	13癸丑26	13癸未25	13壬子㉔	13辛巳22	13庚戌21	13庚辰20	13己酉18	13己卯⑱	**13**戊申16	13戊寅16	13戊申15
14乙酉26	14甲寅27	14甲申㉖	14癸丑25	14壬午23	14辛亥22	14辛巳21	14庚戌19	14庚辰19	14己酉17	**14**己卯17	**14**己酉16
15丙戌27	15乙卯28	15乙酉27	15甲寅26	15癸未24	15壬子23	15壬午22	15辛亥⑳	15辛巳20	15庚戌18	15庚辰18	15庚戌⑰
16丁亥28	16丙辰㉙	16丙戌28	16乙卯27	16甲申25	16癸丑24	16癸未㉓	16壬子21	16壬午21	16辛亥19	16辛巳19	16辛亥18
《3月》	17丁巳30	17丁亥29	17丙辰28	17乙酉26	17甲寅25	17甲申24	17癸丑22	17癸未22	17壬子20	17壬午⑳	17壬子19
17戊子①	18戊午31	18戊子30	18丁巳29	18丙戌27	18乙卯㉖	18乙酉25	18甲寅23	18甲申23	18癸丑21	18癸未21	18癸丑20
18己丑 2	《4月》	《5月》	19戊午30	19丁亥㉘	19丙辰27	19丙戌26	19乙卯24	19乙酉24	19甲寅㉒	19甲申22	19甲寅21
19庚寅 3	19己未 1	19己丑 1	20己未㉛	20戊子29	20丁巳28	20丁亥27	20丙辰25	20丙戌㉕	20乙卯23	20乙酉23	20乙卯22
20辛卯 4	**20**庚申 2	**20**庚寅 2	《6月》	21己丑30	21戊午29	21戊子28	21丁巳26	21丁亥26	21丙辰24	21丙戌24	21丙辰23
21壬辰 5	21辛酉 3	21辛卯③	21庚申 1	《7月》	22己未30	22己丑29	22戊午㉗	22戊子27	22丁巳25	22丁亥25	22丁巳㉔
22癸巳 6	22壬戌 4	22壬辰 4	**22**辛酉 2	22庚寅 1	23庚申31	23庚寅㉚	23己未28	23己丑28	23戊午26	23戊子26	23戊午25
23甲午 7	23癸亥⑤	23癸巳 5	23壬戌 3	**23**辛卯 2	《8月》	24辛卯31	24庚申29	24庚寅29	24己未27	24己丑㉗	24己未26
24乙未⑧	24甲子 6	24甲午 6	24癸亥 4	24壬辰 3	24辛酉 1	《9月》	25辛酉30	25辛卯30	25庚申28	25庚寅28	25庚申27
25丙申 9	25乙丑 7	25乙未 7	25甲子 5	25癸巳 4	**25**壬戌②	**25**壬辰 1	《10月》	26壬辰31	26辛酉㉙	26辛卯29	26辛酉28
26丁酉10	26丙寅 8	26丙申 8	26乙丑 6	26甲午⑤	26癸亥 3	26癸巳 2	26壬戌 1	《11月》	27壬戌30	27壬辰30	27壬戌29
27戊戌11	27丁卯 9	27丁酉 9	27丙寅⑦	27乙未 6	27甲子 4	27甲午 3	**27**癸亥 2	**27**癸巳①	《12月》	28癸巳31	28癸亥30
28己亥12	28戊辰10	28戊戌⑩	28丁卯 8	28丙申 7	28乙丑 5	28乙未 4	28甲子 3	28甲午 2	**28**癸亥 1	**930**年	**29**甲子㉛
29庚子13	29己巳11	29己亥11	29戊辰 9	29丁酉 8	29丙寅 6	29丙申 5	29乙丑④	29乙未 3	29甲子 2	《1月》	《2月》
	30庚午⑫				30丁卯 7		30丙寅 5		30乙丑 3	**29**甲午 1	30乙丑 1
										30乙未 2	

雨水 3日	春分 5日	穀雨 5日	小満 7日	夏至 8日	大暑 9日	処暑 10日	秋分 11日	霜降 12日	小雪 13日	冬至 14日	大寒 14日
啓蟄 19日	清明 20日	立夏 20日	芒種 22日	小暑 23日	立秋 25日	白露 25日	寒露 27日	立冬 27日	大雪 28日	小寒 29日	立春 29日

延長**8**年（930－931） 庚寅

1月	2月	3月	4月	5月	6月	7月	8月	9月	10月	11月	12月
1 丙寅 2	**1** 乙未 3	**1** 乙丑 2	《5月》	1 甲子31	1 癸巳29	1 壬戌28	1 壬辰27	1 辛酉25	1 辛卯25	1 庚申23	1 庚寅23
2 丁卯 3	2 丙申 4	2 丙寅 3	1 甲午 1	《6月》	2 甲午30	2 癸亥29	2 癸巳28	2 壬戌㉖	2 壬辰26	2 辛酉24	2 辛卯24
3 戊辰 4	3 丁酉 5	3 丁卯④	2 乙未②	2 乙丑 1	《7月》	3 甲子30	3 甲午㉙	3 癸亥27	3 癸巳27	3 壬戌25	3 壬辰25
4 己巳 5	4 戊戌 6	4 戊辰 5	**3** 丙申 3	**3** 丙寅 2	3 乙未 1	4 乙丑31	4 乙未30	4 甲子28	4 甲午28	4 癸亥26	4 癸巳㉖
5 庚午 6	5 己亥⑦	5 己巳 6	4 丁酉 4	4 丁卯 3	4 丙申 2	《8月》	5 丙申31	5 乙丑29	5 乙未29	5 甲子27	5 甲午27
6 辛未⑦	6 庚子 8	6 庚午 7	5 戊戌 5	5 戊辰 4	**5** 丁酉 3	5 丙寅①	《9月》	6 丙寅30	6 丙申30	6 乙丑㉘	6 乙未28
7 壬申 8	7 辛丑 9	7 辛未 8	6 己亥 6	6 己巳 5	6 戊戌④	**6** 丁卯 2	**6** 丁酉 1	《10月》	7 丁酉㉛	7 丙寅29	7 丙申29
8 癸酉 9	8 壬寅10	8 壬申 9	7 庚子 7	7 庚午⑥	7 己亥 5	7 戊辰 3	7 戊戌 2	7 丁卯 1	《11月》	8 丁卯30	8 丁酉30
9 甲戌10	9 癸卯11	9 癸酉10	8 辛丑 8	8 辛未 7	8 庚子 6	8 己巳 4	8 己亥 3	**8** 戊辰 2	**8** 戊戌 1	《12月》	9 戊戌31
10乙亥11	10甲辰12	10甲戌⑪	9 壬寅⑨	9 壬申 8	9 辛丑 7	9 庚午 5	9 庚子 4	9 己巳③	9 己亥 2	9 戊辰 1	**931**年
11丙子12	11乙巳13	11乙亥12	10癸卯10	10癸酉 9	10壬寅 8	10辛未 6	10辛丑⑤	10庚午 4	10庚子 3	**10**己巳 2	《1月》
12丁丑13	12丙午⑭	12丙子13	11甲辰11	11甲戌10	11癸卯 9	11壬申 7	11壬寅 6	11辛未 5	11辛丑 4	11庚午 3	**10**己亥 1
13戊寅⑭	13丁未15	13丁丑14	12乙巳12	12乙亥11	12甲辰10	12癸酉⑧	12癸卯 7	12壬申 6	12壬寅 5	12辛未 4	11庚子②
14己卯15	14戊申16	14戊寅15	13丙午13	13丙子12	13乙巳⑪	13甲戌 9	13甲辰 8	13癸酉 7	13癸卯 6	13壬申⑤	12辛丑 3
15庚辰16	15己酉17	15己卯16	14丁未14	14丁丑⑬	14丙午12	14乙亥10	14乙巳 9	14甲戌 8	14甲辰⑦	14癸酉 6	13壬寅 4
16辛巳17	**16**庚戌18	**16**庚辰17	15戊申15	15戊寅14	15丁未13	15丙子11	15丙午10	15乙亥 9	15乙巳 8	15甲戌 7	14癸卯 5
17壬午18	17辛亥19	17辛巳⑱	16己酉⑯	16己卯15	16戊申14	16丁丑12	16丁未11	16丙子⑩	16丙午 9	16乙亥 8	15甲辰 6
18癸未19	18壬子20	18壬午19	17庚戌17	17庚辰16	17己酉15	17戊寅13	17戊申⑫	17丁丑11	17丁未10	17丙子 9	16乙巳 7
19甲申20	19癸丑㉑	19癸未20	**18**辛亥18	**18**辛巳17	18庚戌16	18己卯14	18己酉13	18戊寅12	18戊申11	18丁丑10	17丙午 8
20乙酉㉑	20甲寅22	20甲申21	19壬子19	19壬午18	19辛亥17	19庚辰⑮	19庚戌14	19己卯13	19己酉12	19戊寅11	18丁未⑨
21丙戌22	21乙卯23	21乙酉22	20癸丑20	20癸未19	**20**壬子⑱	20辛巳16	20辛亥15	20庚辰14	20庚戌13	20己卯⑫	19戊申10
22丁亥23	22丙辰24	22丙戌23	21甲寅21	21甲申⑳	21癸丑19	**21**壬午17	21壬子16	21辛巳15	21辛亥⑭	21庚辰13	20己酉11
23戊子24	23丁巳25	23丁亥24	22乙卯22	22乙酉21	22甲寅20	22癸未18	**22**癸丑17	22壬午16	22壬子15	22辛巳14	21庚戌12
24己丑25	24戊午26	24戊子㉕	23丙辰㉓	23丙戌22	23乙卯21	23甲申19	23甲寅18	**23**癸未⑰	**23**癸丑16	23壬午15	22辛亥13
25庚寅26	25己未27	25己丑26	24丁巳24	24丁亥23	24丙辰22	24乙酉20	24乙卯⑲	24甲申18	24甲寅17	24癸未16	23壬子14
26辛卯27	26庚申㉘	26庚寅27	25戊午25	25戊子24	25丁巳23	25丙戌21	25丙辰20	25乙酉19	25乙卯18	**25**甲申17	24癸丑15
27壬辰㉘	27辛酉29	27辛卯28	26己未26	26己丑25	26戊午24	26丁亥㉒	26丁巳21	26丙戌20	26丙辰19	26乙酉18	**25**甲寅⑯
《3月》	28壬戌30	28壬辰29	27庚申27	27庚寅26	27己未㉕	27戊子23	27戊午22	27丁亥21	27丁巳20	27丙戌⑲	26乙卯17
28癸巳 1	29癸亥31	29癸巳30	28辛酉28	28辛卯㉗	28庚申26	28己丑24	28己未23	28戊子22	28戊午㉑	28丁亥20	27丙辰18
29甲午 2	《4月》		29壬戌29	29壬辰28	29辛酉27	29庚寅25	29庚申24	29己丑23	29己未22	29戊子21	28丁巳19
	30甲子 1		30癸亥㉚			30辛卯26		30庚寅㉔		30己丑22	29戊午20
											30己未21

雨水 15日	啓蟄 1日	清明 1日	立夏 3日	芒種 3日	小暑 5日	立秋 6日	白露 6日	寒露 8日	立冬 8日	大雪 10日	小寒 10日
	春分 16日	穀雨 16日	小満 18日	夏至 18日	大暑 20日	処暑 21日	秋分 22日	霜降 23日	小雪 23日	冬至 25日	大寒 25日

承平元年〔延長**9**年〕（931−932） 辛卯

改元 4/26（延長→承平）

1月	2月	3月	4月	5月	閏5月	6月	7月	8月	9月	10月	11月	12月
1 庚申22	1 己丑⑳	1 己未22	1 己丑21	1 戊午20	1 戊子⑲	**1** 丁巳18	1 丙戌16	1 丙辰15	1 乙酉14	1 乙卯⑬	1 甲申12	1 甲寅11
2 辛酉㉓	2 庚寅21	2 庚申23	2 庚寅22	2 己未21	2 己丑20	2 戊午19	**2** 丁亥17	2 丁巳16	2 丙戌15	2 丙辰14	2 乙酉13	2 乙卯12
3 壬戌24	3 辛卯22	3 辛酉24	3 辛卯23	3 庚申㉒	3 庚寅21	3 己未20	3 戊子18	**3** 戊午17	3 丁亥⑯	3 丁巳15	3 丙戌14	3 丙辰13
4 癸亥25	4 壬辰23	4 壬戌25	4 壬辰㉔	4 辛酉23	4 辛卯22	4 庚申21	4 己丑19	4 己未⑱	**4** 戊子17	4 戊午16	4 丁亥15	4 丁巳14
5 甲子26	5 癸巳24	5 癸亥26	5 癸巳25	5 壬戌24	5 壬辰23	5 辛酉22	5 庚寅20	5 庚申19	5 己丑18	**5** 己未17	5 戊子16	5 戊午⑮
6 乙丑27	6 甲午25	6 甲子㉗	6 甲午26	6 癸亥25	6 癸巳24	6 壬戌23	6 辛卯㉑	6 辛酉20	6 庚寅19	6 庚申18	**6** 己丑17	6 己未16
7 丙寅28	7 乙未26	7 乙丑28	7 乙未27	7 甲子26	7 甲午25	7 癸亥㉔	7 壬辰22	7 壬戌21	7 辛卯20	7 辛酉19	7 庚寅⑱	**7** 庚申17
8 丁卯29	8 丙申㉗	8 丙寅29	8 丙申28	8 乙丑27	8 乙未㉖	8 甲子25	8 癸巳23	8 癸亥22	8 壬辰21	8 壬戌⑳	8 辛卯19	8 辛酉18
9 戊辰㉚	9 丁酉28	9 丁卯30	9 丁酉29	9 丙寅28	9 丙申27	9 乙丑26	9 甲午24	9 甲子23	9 癸巳22	9 癸亥21	9 壬辰20	9 壬戌19
10己巳31	《3月》	10戊辰31	10戊戌30	10丁卯㉙	10丁酉28	10丙寅27	10乙未25	10乙丑24	10甲午㉓	10甲子22	10癸巳21	10癸亥20
《2月》	10戊戌 1	《4月》	《5月》	11戊辰30	11戊戌29	11丁卯28	11丙申26	11丙寅㉕	11乙未24	11乙丑23	11甲午22	11甲子21
11庚午 1	11己亥 2	11己巳 1	11己亥①	12己巳31	12己亥30	12戊辰29	12丁酉27	12丁卯26	12丙申25	12丙寅24	12乙未23	12乙丑㉒
12辛未 2	**12**庚子 3	**12**庚午 2	12庚子 2	《6月》	《7月》	13己巳30	13戊戌㉘	13戊辰27	13丁酉26	13丁卯25	13丙申24	13丙寅23
13壬申 3	13辛丑 4	13辛未③	**13**辛丑 3	13庚午 1	13庚子 1	14庚午㉛	14己亥29	14己巳28	14戊戌27	14戊辰26	14丁酉㉕	14丁卯24
14癸酉 4	14壬寅 5	14壬申 4	14壬寅 4	**14**辛未 2	14辛丑 2	《8月》	15庚子30	15庚午29	15己亥28	15己巳㉗	15戊戌26	15戊辰25
15甲戌 5	15癸卯⑥	15癸酉 5	15癸卯 5	15壬申 3	**15**壬寅③	15辛未 1	16辛丑31	16辛未30	16庚子29	16庚午28	16己亥27	16己巳26
16乙亥⑥	16甲辰 7	16甲戌 6	16甲辰 6	16癸酉 4	16癸卯 4	**16**壬申 2	《9月》	《10月》	17辛丑㉚	17辛未29	17庚子28	17庚午27
17丙子 7	17乙巳 8	17乙亥 7	17乙巳 7	17甲戌⑤	17甲辰 5	17癸酉 3	17壬寅 1	17壬申 1	18壬寅31	18壬申30	18辛丑29	18辛未28
18丁丑 8	18丙午 9	18丙子 8	18丙午⑧	18乙亥 6	18乙巳 6	18甲戌 4	**18**癸卯 2	**18**癸酉②	《11月》	《12月》	19壬寅30	19壬申㉙
19戊寅 9	19丁未10	19丁丑 9	19丁未 9	19丙子 7	19丙午 7	19乙亥 5	19甲辰 3	19甲戌 3	19癸卯 1	19癸酉 1	20癸卯31	20癸酉30
20己卯10	20戊申11	20戊寅⑩	20戊申10	20丁丑 8	20丁未 8	20丙子 6	20乙巳④	20乙亥 4	**20**甲辰 2	**20**甲戌 2	**932**年	21甲戌31
21庚辰11	21己酉12	21己卯11	21己酉11	21戊寅 9	21戊申 9	21丁丑⑦	21丙午 5	21丙子 5	21乙巳 3	21乙亥 3	《1月》	《2月》
22辛巳12	22庚戌⑬	22庚辰12	22庚戌12	22己卯10	22己酉⑩	22戊寅 8	22丁未 6	22丁丑 6	22丙午 4	22丙子④	**21**甲辰①	**22**乙亥 1
23壬午⑬	23辛亥14	23辛巳13	23辛亥13	23庚辰11	23庚戌11	23己卯 9	23戊申 7	23戊寅 7	23丁未 5	23丁丑 5	22乙巳 2	23丙子 2
24癸未14	24壬子15	24壬午14	24壬子14	24辛巳⑫	24辛亥12	24庚辰10	24己酉 8	24己卯 8	24戊申⑥	24戊寅 6	23丙午 3	24丁丑 3
25甲申15	25癸丑16	25癸未15	25癸丑⑮	25壬午13	25壬子13	25辛巳11	25庚戌 9	25庚辰⑨	25己酉 7	25己卯 7	24丁未 4	25戊寅 4
26乙酉16	26甲寅17	26甲申16	*26*甲寅16	26癸未14	26癸丑14	26壬午12	26辛亥10	26辛巳10	26庚戌 8	26庚辰 8	25戊申 5	26己卯⑤
27丙戌17	**27**乙卯18	27乙酉⑰	27乙卯17	27甲申15	27甲寅15	27癸未13	27壬子⑪	27壬午11	27辛亥 9	27辛巳 9	26己酉 6	27庚辰 6
28丁亥18	28丙辰19	**28**丙戌18	**28**丙辰18	28乙酉16	28乙卯16	28甲申⑭	28癸丑12	28癸未12	28壬子10	28壬午10	27庚戌 7	28辛巳 7
29戊子19	29丁巳⑳	29丁亥19	29丁巳19	29丙戌17	29丙辰⑰	29乙酉15	29甲寅13	29甲申13	29癸丑11	29癸未⑪	28辛亥⑧	29壬午 8
	30戊午21	30戊子20		**30**丁亥18			30乙卯14		30甲寅12		29壬子 9	
											30癸丑10	
立春 11日 雨水 26日	啓蟄 12日 春分 27日	清明 12日 穀雨 28日	立夏 13日 小満 28日	芒種 14日 夏至 30日	小暑15日	大暑 1日 立秋 16日	処暑 2日 白露 18日	秋分 3日 寒露 18日	霜降 4日 立冬 20日	小雪 5日 大雪 20日	冬至 6日 小寒 21日	大寒 7日 立春 22日

承平**2**年（932−933） 壬辰

1月	2月	3月	4月	5月	6月	7月	8月	9月	10月	11月	12月
1 癸未 9	1 癸丑10	1 癸未 9	1 癸丑 9	1 壬午 7	1 壬子 7	1 辛巳⑤	1 庚戌 3	1 庚辰 3	《11月》	《12月》	1 戊申㉚
2 甲申10	2 甲寅⑪	2 甲申10	2 甲寅10	2 癸未 8	2 癸丑⑧	2 壬午 6	2 辛亥 4	2 辛巳 4	**1** 己酉 1	**1** 己卯 1	2 己酉31
3 乙酉11	3 乙卯12	3 乙酉11	3 乙卯11	3 甲申 9	3 甲寅 9	3 癸未 7	3 壬子 5	3 壬午 5	2 庚戌 2	2 庚辰②	**933**年
4 丙戌⑫	4 丙辰13	4 丙戌12	4 丙辰12	4 乙酉⑩	4 乙卯10	4 甲申 8	4 癸丑 6	4 癸未 6	3 辛亥 3	3 辛巳 3	《1月》
5 丁亥13	5 丁巳14	5 丁亥13	5 丁巳⑬	5 丙戌11	5 丙辰11	5 乙酉 9	5 甲寅 7	5 甲申⑦	4 壬子④	4 壬午 4	**3** 庚戌 1
6 戊子14	6 戊午15	6 戊子14	6 戊午14	6 丁亥12	6 丁巳12	6 丙戌10	6 乙卯 8	6 乙酉 8	5 癸丑 5	5 癸未 5	4 辛亥 2
7 己丑15	7 己未16	7 己丑⑮	7 己未15	7 戊子13	7 戊午13	7 丁亥11	7 丙辰⑨	7 丙戌 9	6 甲寅 6	6 甲申 6	5 壬子 3
8 庚寅16	**8** 庚申17	8 庚寅16	8 庚申16	8 己丑14	8 己未14	8 戊子⑫	8 丁巳10	8 丁亥10	7 乙卯 7	7 乙酉 7	6 癸丑 4
9 辛卯17	9 辛酉⑱	**9** 辛卯17	**9** 辛酉17	9 庚寅15	9 庚申⑮	9 己丑13	9 戊午11	9 戊子11	8 丙辰 8	8 丙戌 8	7 甲寅 5
10壬辰18	10壬戌19	10壬辰18	10壬戌18	10辛卯16	10辛酉16	10庚寅14	10己未12	10己丑12	9 丁巳 9	9 丁亥⑨	8 乙卯⑥
11癸巳⑲	11癸亥20	11癸巳19	11癸亥19	**11**壬辰⑰	**11**壬戌17	11辛卯15	11庚申13	11庚寅13	10戊午10	10戊子10	9 丙辰 7
12甲午20	12甲子21	12甲午20	12甲子⑳	12癸巳18	12癸亥18	12壬辰16	12辛酉14	12辛卯⑭	11己未⑪	11己丑11	10丁巳 8
13乙未21	13乙丑22	13乙未21	13乙丑21	13甲午19	13甲子19	**13**癸巳17	13壬戌15	13壬辰15	12庚申12	12庚寅12	11戊午 9
14丙申22	14丙寅23	14丙申㉒	14丙寅22	14乙未20	14乙丑20	14甲午18	**14**癸亥⑯	14癸巳16	13辛酉13	13辛卯13	12己未10
15丁酉23	15丁卯24	15丁酉23	15丁卯23	15丙申21	15丙寅21	15乙未⑲	15甲子17	**15**甲午17	14壬戌14	14壬辰14	13庚申11
16戊戌24	16戊辰㉕	16戊戌24	16戊辰24	16丁酉22	16丁卯㉒	16丙申20	16乙丑18	16乙未18	15癸亥15	15癸巳15	14辛酉12
17己亥25	17己巳26	17己亥25	17己巳25	17戊戌23	17戊辰23	17丁酉21	17丙寅19	17丙申19	**16**甲子16	**16**甲午⑯	15壬戌⑬
18庚子㉖	18庚午27	18庚子26	18庚午26	18己亥㉔	18己巳24	18戊戌22	18丁卯20	18丁酉20	17乙丑17	17乙未17	16癸亥14
19辛丑27	19辛未28	19辛丑27	19辛未㉗	19庚子25	19庚午25	19己亥23	19戊辰21	19戊戌㉑	18丙寅⑱	18丙申18	17甲子15
20壬寅28	20壬申29	20壬寅28	20壬申28	20辛丑26	20辛未26	20庚子24	20己巳22	20己亥22	19丁卯19	19丁酉19	**18**乙丑16
21癸卯29	21癸酉30	21癸卯㉙	21癸酉29	21壬寅27	21壬申27	21辛丑25	21庚午㉓	21庚子23	20戊辰20	20戊戌20	19丙寅17
《3月》	22甲戌31	22甲辰30	22甲戌30	22癸卯28	22癸酉28	22壬寅㉖	22辛未24	22辛丑24	21己巳21	21己亥21	20丁卯18
22甲辰 1	《4月》	《5月》	23乙亥31	23甲辰29	23甲戌㉙	23癸卯27	23壬申25	23壬寅25	22庚午22	22庚子22	21戊辰19
23乙巳 2	23乙亥①	23乙巳 1	《6月》	24乙巳30	24乙亥30	24甲辰28	24癸酉26	24癸卯26	23辛未23	23辛丑㉓	22己巳⑳
24丙午 3	**24**丙子 2	**24**丙午 2	24丙子 1	《7月》	25丙子31	25乙巳29	25甲戌27	25甲辰27	24壬申24	24壬寅24	23庚午21
25丁未④	25丁丑 3	25丁未 3	**25**丁丑 2	25丙午①	《8月》	26丙午30	26乙亥28	26乙巳㉘	25癸酉㉕	25癸卯25	24辛未22
26戊申 5	26戊寅 4	26戊申 4	26戊寅③	**26**丁未 2	**26**丁丑 1	27丁未31	27丙子29	27丙午29	26甲戌26	26甲辰26	25壬申23
27己酉 6	27己卯 5	27己酉 5	27己卯 4	27戊申 3	27戊寅 2	《9月》	28丁丑㉚	28丁未30	27乙亥27	27乙巳27	26癸酉24
28庚戌 7	28庚辰 6	28庚戌⑥	28庚辰 5	28己酉 4	28己卯 3	**28**戊申 1	《10月》	29戊申31	28丙子28	28丙午28	27甲戌25
29辛亥 8	29辛巳 7	29辛亥 7	29辛巳 6	29庚戌 5	29庚辰 4	29己酉②	**29**戊寅 1		29丁丑29	29丁未29	28乙亥26
30壬子 9	30壬午⑧	30壬子 8		30辛亥 6			30己卯 2		30戊寅30		29丙子㉗
											30丁丑28
雨水 8日 啓蟄 23日	春分 8日 清明 24日	穀雨 9日 立夏 24日	小満 9日 芒種 25日	夏至 11日 小暑 26日	大暑 11日 立秋 26日	処暑 13日 白露 28日	秋分 14日 寒露 29日	霜降 15日	立冬 1日 小雪 16日	大雪 1日 冬至 16日	小寒 3日 大寒 18日

承平**3**年（933－934） 癸巳

1月	2月	3月	4月	5月	6月	7月	8月	9月	10月	11月	12月
1 戊寅29	1 丁未27	1 丁丑29	1 丁未㉘	1 丙子27	1 丙午26	1 乙亥25	1 乙巳24	1 甲戌㉒	1 甲辰22	1 癸酉20	1 癸卯20
2 己卯30	2 戊申28	2 戊寅30	2 戊申29	2 丁丑28	2 丁未27	2 丙子26	2 丙午㉕	2 乙亥23	2 乙巳23	2 甲戌21	2 甲辰21
3 庚辰31	《3月》	3 己卯㉛	3 己酉30	3 戊寅29	3 戊申28	3 丁丑27	3 丁未26	3 丙子24	3 丙午24	3 乙亥22	3 乙巳㉒
《2月》	3 己酉 1	《4月》	《5月》	4 己卯30	4 己酉29	4 戊寅㉘	4 戊申27	4 丁丑25	4 丁未25	4 丙子23	4 丙午23
4 辛巳 1	4 庚戌 2	4 庚辰 1	4 庚戌 1	5 庚辰31	5 庚戌㉚	5 己卯29	5 己酉28	5 戊寅26	5 戊申26	5 丁丑㉔	5 丁未24
5 壬午 2	**5** 辛亥③	**5** 辛巳 2	**5** 辛亥 2	《6月》	《7月》	6 庚辰30	6 庚戌29	6 己卯27	6 己酉㉗	6 戊寅25	6 戊申25
6 癸未③	6 壬子 4	6 壬午 3	6 壬子 3	6 辛巳 1	6 辛亥 1	7 辛巳31	7 辛亥30	7 庚辰28	7 庚戌28	7 己卯26	7 己酉26
7 甲申 4	7 癸丑 5	7 癸未 4	7 癸丑 4	**7** 壬午②	**7** 壬子 2	《8月》	8 壬子31	8 辛巳㉙	8 辛亥29	8 庚辰27	8 庚戌27
8 乙酉 5	8 甲寅 6	8 甲申 5	8 甲寅⑤	8 癸未 3	8 癸丑 3	8 壬午 1	《9月》	9 壬午30	9 壬子30	9 辛巳28	9 辛亥28
9 丙戌 6	9 乙卯 7	9 乙酉 6	9 乙卯 6	9 甲申 4	9 甲寅 4	**9** 癸未 2	**9** 癸丑①	《10月》	10癸丑31	10壬午29	10壬子㉙
10丁亥 7	10丙辰 8	10丙戌⑦	10丙辰 7	10乙酉 5	10乙卯 5	10甲申 3	10甲寅 2	10癸未 1	《11月》	11癸未30	11癸丑30
11戊子 8	11丁巳 9	11丁亥 8	11丁巳 8	11丙戌 6	11丙辰 6	11乙酉④	11乙卯 3	**11**甲申 2	**11**甲寅 1	《12月》	12甲寅31
12己丑 9	12戊午⑩	12戊子 9	12戊午 9	12丁亥 7	12丁巳⑦	12丙戌 5	12丙辰 4	12乙酉 3	12乙卯 2	**12**甲申①	**934年**
13庚寅⑩	13己未11	13己丑10	13己未10	13戊子 8	13戊午 8	13丁亥 6	13丁巳 5	13丙戌 4	13丙辰③	13乙酉 2	《1月》
14辛卯11	14庚申12	14庚寅11	14庚申11	14己丑⑨	14己未 9	14戊子 7	14戊午 6	14丁亥 5	14丁巳 4	14丙戌 3	**13**乙卯 1
15壬辰12	15辛酉13	15辛卯12	15辛酉⑫	15庚寅10	15庚申10	15己丑 8	15己未 7	15戊子⑥	15戊午 5	15丁亥 4	14丙辰 2
16癸巳13	16壬戌14	16壬辰13	16壬戌13	16辛卯11	16辛酉11	16庚寅 9	16庚申⑧	16己丑 7	16己未 6	16戊子 5	15丁巳 3
17甲午14	17癸亥15	17癸巳⑭	17癸亥14	17壬辰12	17壬戌12	17辛卯10	17辛酉 9	17庚寅 8	17庚申 7	17己丑 6	16戊午 4
18乙未15	18甲子16	18甲午15	18甲子15	18癸巳13	18癸亥13	18壬辰⑪	18壬戌10	18辛卯 9	18辛酉 8	18庚寅 7	17己未⑤
19丙申16	19乙丑⑰	19乙未16	19乙丑16	19甲午14	19甲子⑭	19癸巳12	19癸亥11	19壬辰10	19壬戌 9	19辛卯⑧	18庚申 6
20丁酉⑰	**20**丙寅18	**20**丙申17	20丙寅17	20乙未15	20乙丑15	20甲午13	20甲子12	20癸巳11	20癸亥⑩	20壬辰 9	19辛酉 7
21戊戌18	21丁卯19	21丁酉18	**21**丁卯18	21丙申⑯	21丙寅16	21乙未14	21乙丑13	21甲午12	21甲子11	21癸巳10	20壬戌 8
22己亥19	22戊辰20	22戊戌19	22戊辰⑲	**22**丁酉17	**22**丁卯17	22丙申15	22丙寅14	22乙未⑬	22乙丑12	22甲午11	21癸亥 9
23庚子20	23己巳21	23己亥20	23己巳20	23戊戌18	23戊辰18	23丁酉16	23丁卯⑮	23丙申14	23丙寅13	23乙未12	22甲子10
24辛丑21	24庚午22	24庚子㉑	24庚午21	24己亥19	24己巳19	**24**戊戌17	**24**戊辰16	24丁酉15	24丁卯14	24丙申13	23乙丑11
25壬寅22	25辛未23	25辛丑22	25辛未22	25庚子20	25庚午20	25己亥⑱	25己巳17	25戊戌16	25戊辰15	25丁酉14	24丙寅⑫
26癸卯23	26壬申㉔	26壬寅23	26壬申23	26辛丑21	26辛未㉑	26庚子19	26庚午18	**26**己亥17	**26**己巳16	26戊戌⑮	25丁卯13
27甲辰㉔	27癸酉25	27癸卯24	27癸酉24	27壬寅22	27壬申22	27辛丑20	27辛未19	27庚子18	27庚午⑰	27己亥16	26戊辰14
28乙巳25	28甲戌26	28甲辰25	28甲戌25	28癸卯㉓	28癸酉23	28壬寅21	28壬申20	28辛丑19	28辛未18	**28**庚子17	27己巳15
29丙午26	29乙亥27	29乙巳26	29乙亥㉖	29甲辰24	29甲戌24	29癸卯22	29癸酉21	29壬寅⑳	29壬申19	29辛丑18	**28**庚午16
	30丙子28	30丙午27		30乙巳25		30甲辰23		30癸卯21		30壬寅19	29辛未17

立春 3日 雨水 18日	啓蟄 5日 春分 20日	清明 5日 穀雨 20日	立夏 5日 小満 21日	芒種 7日 夏至 22日	小暑 7日 大暑 22日	立秋 9日 処暑 24日	白露 9日 秋分 24日	寒露 11日 霜降 26日	立冬 11日 小雪 26日	大雪 12日 冬至 28日	小寒 13日 大寒 28日

承平**4**年（934－935） 甲午

1月	閏1月	2月	3月	4月	5月	6月	7月	8月	9月	10月	11月	12月
1 壬申18	1 壬寅17	**1** 辛未18	**1** 辛丑17	1 庚午16	1 庚子⑮	1 庚午15	1 己亥13	1 己巳12	1 戊戌11	1 戊辰10	1 丁酉 9	1 丁卯 8
2 癸酉⑲	2 癸卯18	2 壬申19	2 壬寅18	2 辛未17	2 辛丑16	2 辛未16	2 庚子14	2 庚午13	2 己亥⑫	2 己巳11	2 戊戌10	2 戊辰 9
3 甲戌20	3 甲辰19	3 癸酉20	3 癸卯19	**3** 壬申⑱	**3** 壬寅17	3 壬申17	3 辛丑15	3 辛未⑭	3 庚子13	3 庚午12	3 己亥11	3 己巳10
4 乙亥21	4 乙巳20	4 甲戌21	4 甲辰⑳	4 癸酉19	4 癸卯18	**4** 癸酉18	4 壬寅16	4 壬申15	4 辛丑14	4 辛未13	4 庚子12	4 庚午⑪
5 丙子22	5 丙午21	5 乙亥22	5 乙巳21	5 甲戌20	5 甲辰19	5 甲戌19	**5** 癸卯⑰	5 癸酉16	5 壬寅15	5 壬申14	5 辛丑13	5 辛未12
6 丁丑23	6 丁未22	6 丙子㉓	6 丙午22	6 乙亥21	6 乙巳20	6 乙亥⑳	6 甲辰18	**6** 甲戌17	6 癸卯16	6 癸酉15	6 壬寅⑭	6 壬申13
7 戊寅24	7 戊申㉓	7 丁丑24	7 丁未23	7 丙子22	7 丙午21	7 丙子21	7 乙巳19	7 乙亥18	**7** 甲辰17	**7** 甲戌⑯	7 癸卯15	7 癸酉14
8 己卯25	8 己酉24	8 戊寅25	8 戊申24	8 丁丑23	8 丁未㉒	8 丁丑22	8 丙午20	8 丙子19	8 乙巳18	8 乙亥17	8 甲辰16	8 甲戌15
9 庚辰㉖	9 庚戌25	9 己卯26	9 己酉25	9 戊寅24	9 戊申23	9 戊寅23	9 丁未21	9 丁丑20	9 丙午⑲	9 丙子18	**9** 乙巳17	**9** 乙亥16
10辛巳27	10辛亥26	10庚辰27	10庚戌26	10己卯㉕	10己酉24	10己卯24	10戊申22	10戊寅㉑	10丁未20	10丁丑19	10丙午18	10丙子17
11壬午28	11壬子27	11辛巳28	11辛亥㉗	11庚辰26	11庚戌25	11庚辰25	11己酉23	11己卯22	11戊申21	11戊寅20	11丁未19	11丁丑⑱
12癸未29	12癸丑28	12壬午29	12壬子28	12辛巳27	12辛亥26	12辛巳26	12庚戌㉔	12庚辰23	12己酉22	12己卯21	12戊申20	12戊寅19
13甲申30	《3月》	13癸未㉚	13癸丑29	13壬午28	13壬子27	13壬午㉗	13辛亥25	13辛巳24	13庚戌23	13庚辰22	13己酉㉑	13己卯20
14乙酉31	13甲寅 1	14甲申31	14甲寅30	14癸未29	14癸丑28	14癸未28	14壬子26	14壬午25	14辛亥24	14辛巳㉓	14庚戌22	14庚辰21
《2月》	14乙卯②	《4月》	《5月》	15甲申30	15甲寅㉙	15甲申29	15癸丑27	15癸未26	15壬子25	15壬午24	15辛亥23	15辛巳22
15丙戌 1	**15**丙辰 3	15乙酉 1	15乙卯 1	16乙酉31	16乙卯30	16乙酉30	16甲寅28	16甲申27	16癸丑㉖	16癸未25	16壬子24	16壬午23
16丁亥②	16丁巳 4	**16**丙戌 2	16丙辰 2	《6月》	《7月》	17丙戌31	17乙卯29	17乙酉㉘	17甲寅27	17甲申26	17癸丑25	17癸未24
17戊子 3	17戊午 5	17丁亥 3	**17**丁巳 3	17丙戌①	17丙辰 1	《8月》	18丙辰30	18丙戌29	18乙卯28	18乙酉27	18甲寅26	18甲申㉕
18己丑 4	18己未 6	18戊子 4	18戊午④	**18**丁亥 2	18丁巳 2	18丁亥 1	19丁巳㉛	19丁亥30	19丙辰29	19丙戌28	19乙卯27	19乙酉26
19庚寅 5	19庚申 7	19己丑 5	19己未 5	19戊子 3	**19**戊午 3	**19**戊子 2	《9月》	《10月》	20丁巳30	20丁亥29	20丙辰㉘	20丙戌27
20辛卯 6	20辛酉 8	20庚寅⑥	20庚申 6	20己丑 4	20己未 4	20己丑③	**20**戊午 1	20戊子 1	21戊午31	21戊子㉚	21丁巳29	21丁亥28
21壬辰 7	21壬戌⑨	21辛卯 7	21辛酉 7	21庚寅 5	21庚申 5	21庚寅 4	21己未 2	**21**己丑 2	《11月》	《12月》	22戊午30	22戊子29
22癸巳 8	22癸亥10	22壬辰 8	22壬戌 8	22辛卯 6	22辛酉⑥	22辛卯 5	22庚申 3	22庚寅 3	**22**己未 1	22己丑 1	23己未31	23己丑30
23甲午⑨	23甲子11	23癸巳 9	23癸亥 9	23壬辰 7	23壬戌 7	23壬辰 6	23辛酉 4	23辛卯 4	23庚申②	**23**庚寅 2	**935年**	24庚寅31
24乙未10	24乙丑12	24甲午10	24甲子10	24癸巳⑧	24癸亥 8	24癸巳 7	24壬戌 5	24壬辰⑤	24辛酉 3	24辛卯 3	《1月》	《2月》
25丙申11	25丙寅13	25乙未11	25乙丑⑪	25甲午 9	25甲子 9	25甲午 8	25癸亥 6	25癸巳 6	25壬戌 4	25壬辰 4	**24**庚申 1	**25**辛卯①
26丁酉12	26丁卯14	26丙申12	26丙寅12	26乙未10	26乙丑10	26乙未 9	26甲子⑦	26甲午 7	26癸亥 5	26癸巳 5	25辛酉 2	26壬辰 2
27戊戌13	27戊辰15	27丁酉⑬	27丁卯13	27丙申11	27丙寅11	27丙申⑩	27乙丑 8	27乙未 8	27甲子 6	27甲午 6	26壬戌 3	27癸巳 3
28己亥14	28己巳⑯	28戊戌14	28戊辰14	28丁酉12	28丁卯12	28丁酉11	28丙寅 9	28丙申 9	28乙丑 7	28乙未⑦	27癸亥④	28甲午 4
29庚子15	29庚午17	29己亥15	29己巳15	29戊戌13	29戊辰⑬	29戊戌12	29丁卯10	29丁酉10	29丙寅 8	29丙申 8	28甲子 5	29乙未 5
30辛丑⑯		30庚子16		30己亥14	30己巳14		30戊辰11		30丁卯⑨		29乙丑 6	
											30丙寅 7	

立春 14日 雨水 30日	啓蟄15日	春分 1日 清明 16日	穀雨 1日 立夏 17日	小満 3日 芒種 18日	夏至 3日 小暑 19日	大暑 4日 立秋 19日	処暑 5日 白露 20日	秋分 6日 寒露 21日	霜降 7日 立冬 22日	小雪 7日 大雪 23日	冬至 9日 小寒 24日	大寒 9日 立春 25日

承平5年（935－936） 乙未

1月	2月	3月	4月	5月	6月	7月	8月	9月	10月	11月	12月
1 丙申 6	1 丙寅⑧	1 乙未 6	1 乙丑 6	1 甲午 4	1 甲子 4	1 癸巳②	《9月》	《10月》	1 壬戌30	1 壬辰㉙	1 辛酉28
2 丁酉 7	2 丁卯 9	2 丙申 7	2 丙寅 7	2 乙未 5	2 乙丑⑤	2 甲午 3	1 癸亥 1	1 癸巳 1	2 癸亥31	2 癸巳30	2 壬戌29
3 戊戌⑧	3 戊辰10	3 丁酉 8	3 丁卯 8	3 丙申 6	3 丙寅 6	3 乙未 4	2 甲子 2	2 甲午 2	《11月》	《12月》	3 癸亥30
4 己亥 9	4 己巳11	4 戊戌 9	4 戊辰 9	4 丁酉⑦	4 丁卯 7	4 丙申 5	3 乙丑 3	3 乙未 3	3 甲子①	3 甲午 1	4 甲子31
5 庚子10	5 庚午12	5 己亥10	5 己巳⑩	5 戊戌 8	5 戊辰 8	5 丁酉 6	4 丙寅 4	4 丙申④	4 乙丑 2	4 乙未 2	936年
6 辛丑11	6 辛未13	6 庚子11	6 庚午11	6 己亥 9	6 己巳 9	6 戊戌 7	5 丁卯 5	5 丁酉 5	5 丙寅 3	5 丙申 3	《1月》
7 壬寅12	7 壬申14	7 辛丑⑫	7 辛未12	7 庚子10	7 庚午10	7 己亥 8	6 戊辰⑥	6 戊戌 6	6 丁卯 4	6 丁酉 4	5 乙丑 1
8 癸卯13	8 癸酉⑮	8 壬寅13	8 壬申13	8 辛丑11	8 辛未11	8 庚子⑨	7 己巳 7	7 己亥 7	7 戊辰 5	7 戊戌 5	6 丙寅 2
9 甲辰14	9 甲戌16	9 癸卯14	9 癸酉14	9 壬寅12	9 壬申⑫	9 辛丑10	8 庚午 8	8 庚子 8	8 己巳 6	8 己亥⑥	7 丁卯③
10乙巳⑮	10乙亥17	10甲辰15	10甲戌15	10癸卯13	10癸酉13	10壬寅11	9 辛未 9	9 辛丑 9	9 庚午 7	9 庚子 7	8 戊辰 4
11丙午16	11丙子18	11乙巳16	11乙亥16	11甲辰⑭	11甲戌14	11癸卯12	10壬申10	10壬寅10	10辛未⑧	10辛丑 8	9 己巳 5
12丁未17	12丁丑19	12丙午17	12丙子⑰	12乙巳15	12乙亥15	12甲辰13	11癸酉11	11癸卯⑪	11壬申 9	11壬寅 9	10庚午 6
13戊申18	13戊寅20	13丁未18	13丁丑18	13丙午16	13丙子16	13乙巳14	12甲戌12	12甲辰12	12癸酉10	12癸卯10	11辛未 7
14己酉19	14己卯21	14戊申⑲	14戊寅19	14丁未17	14丁丑17	14丙午15	13乙亥⑬	13乙巳13	13甲戌11	13甲辰11	12壬申 8
15庚戌20	15庚辰㉒	15己酉20	15己卯20	15戊申18	15戊寅18	15丁未⑯	14丙子14	14丙午14	14乙亥12	14乙巳12	13癸酉 9
16辛亥21	16辛巳23	16庚戌21	16庚辰21	16己酉19	16己卯⑲	16戊申17	15丁丑15	15丁未15	15丙子13	15丙午⑬	14甲戌⑩
17壬子㉒	17壬午24	17辛亥22	17辛巳22	17庚戌20	17庚辰20	17己酉18	16戊寅16	16戊申16	16丁丑14	16丁未14	15乙亥11
18癸丑23	18癸未25	18壬子23	18壬午23	18辛亥㉑	18辛巳21	18庚戌19	17己卯17	17己酉17	17戊寅⑮	17戊申15	16丙子12
19甲寅24	19甲申26	19癸丑24	19癸未㉔	19壬子22	19壬午22	19辛亥20	18庚辰18	18庚戌⑱	18己卯16	18己酉16	17丁丑13
20乙卯25	20乙酉27	20甲寅25	20甲申25	20癸丑23	20癸未23	20壬子21	19辛巳19	19辛亥19	19庚辰17	19庚戌17	18戊寅14
21丙辰26	21丙戌28	21乙卯㉖	21乙酉26	21甲寅24	21甲申24	21癸丑22	20壬午⑳	20壬子20	20辛巳18	20辛亥18	19己卯15
22丁巳27	22丁亥㉙	22丙辰27	22丙戌27	22乙卯25	22乙酉25	22甲寅㉓	21癸未21	21癸丑21	21壬午19	21壬子19	20庚辰16
23戊午28	23戊子30	23丁巳28	23丁亥28	23丙辰26	23丙戌㉖	23乙卯24	22甲申22	22甲寅22	22癸未20	22癸丑⑳	21辛巳⑰
《3月》	24己丑31	24戊午29	24戊子29	24丁巳27	24丁亥27	24丙辰25	23乙酉23	23乙卯23	23甲申21	23甲寅21	22壬午18
24己未①	《4月》	25己未30	25己丑30	25戊午㉘	25戊子28	25丁巳26	24丙戌24	24丙辰24	24乙酉㉒	24乙卯22	23癸未19
25庚申 2	25庚寅 1	《5月》	26庚寅㉛	26己未29	26己丑29	26戊午27	25丁亥25	25丁巳㉕	25丙戌23	25丙辰23	24甲申20
26辛酉 3	26辛卯 2	26庚申 1	《6月》	27庚申30	27庚寅30	27己未28	26戊子26	26戊午26	26丁亥24	26丁巳24	25乙酉21
27壬戌 4	27壬辰 3	27辛酉 2	27辛卯 1	《7月》	28辛卯31	28庚申29	27己丑㉗	27己未27	27戊子25	27戊午25	26丙戌22
28癸亥 5	28癸巳 4	28壬戌③	28壬辰 2	28辛酉 1	《8月》	29辛酉㉚	28庚寅28	28庚申28	28己丑26	28己未26	27丁亥23
29甲子 6	29甲午⑤	29癸亥 4	29癸巳 3	29壬戌 2	29壬辰 1	30壬戌31	29辛卯29	29辛酉29	29庚寅27	29庚申㉗	28戊子㉔
30乙丑 7		30甲子 5		30癸亥 3			30壬辰30		30辛卯28		29己丑25
											30庚寅26
雨水 11日 啓蟄 26日	春分 11日 清明 26日	穀雨 13日 立夏 28日	小満 13日 芒種 28日	夏至 15日 小暑 30日	大暑 15日	立秋 1日 処暑 16日	白露 2日 秋分 17日	寒露 2日 霜降 17日	立冬 3日 小雪 19日	大雪 4日 冬至 19日	小寒 5日 大寒 21日

承平6年（936－937） 丙申

1月	2月	3月	4月	5月	6月	7月	8月	9月	10月	11月	閏11月	12月
1 辛卯27	1 庚申25	1 庚寅26	1 己未㉔	1 戊子23	1 戊午22	1 丁亥21	1 丁巳20	1 丁亥19	1 丙辰18	1 丙戌17	1 丙辰17	1 乙酉⑮
2 壬辰28	2 辛酉26	2 辛卯㉗	2 庚申25	2 己丑24	2 己未23	2 戊子22	2 戊午㉑	2 戊子20	2 丁巳19	2 丁亥18	2 丁巳⑱	2 丙戌16
3 癸巳29	3 壬戌27	3 壬辰28	3 辛酉26	3 庚寅25	3 庚申24	3 己丑23	3 己未22	3 己丑21	3 戊午20	3 戊子19	3 戊午19	3 丁亥17
4 甲午30	4 癸亥㉘	4 癸巳29	4 壬戌27	4 辛卯26	4 辛酉25	4 庚寅㉔	4 庚申23	4 庚寅22	4 己未21	4 己丑⑳	4 己未20	4 戊子18
5 乙未㉛	5 甲子29	5 甲午30	5 癸亥28	5 壬辰27	5 壬戌㉖	5 辛卯25	5 辛酉24	5 辛卯23	5 庚申22	5 庚寅21	5 庚申21	5 己丑19
《2月》	《3月》	6 乙未31	6 甲子29	6 癸巳28	6 癸亥27	6 壬辰26	6 壬戌25	6 壬辰24	6 辛酉㉓	6 辛卯22	6 辛酉22	6 庚寅20
6 丙申 1	6 乙丑 1	《4月》	7 乙丑30	7 甲午㉙	7 甲子28	7 癸巳27	7 癸亥26	7 癸巳㉕	7 壬戌24	7 壬辰23	7 壬戌23	7 辛卯21
7 丁酉 2	7 丙寅 2	7 丙申 1	《5月》	8 乙未30	8 乙丑29	8 甲午28	8 甲子27	8 甲午26	8 癸亥25	8 癸巳24	8 癸亥24	8 壬辰㉒
8 戊戌 3	8 丁卯 3	8 丁酉 2	8 丙寅①	9 丙申31	9 丙寅30	9 乙未29	9 乙丑㉘	9 乙未27	9 甲子26	9 甲午25	9 甲子㉕	9 癸巳23
9 己亥 4	9 戊辰 4	9 戊戌③	9 丁卯 2	《6月》	《7月》	10丙申30	10丙寅29	10丙申28	10乙丑27	10乙未26	10乙丑26	10甲午24
10庚子 5	10己巳 5	10己亥 4	10戊辰 3	10丁酉 1	10丁卯 1	11丁酉㉛	11丁卯30	11丁酉29	11丙寅28	11丙申㉗	11丙寅27	11乙未25
11辛丑 6	11庚午⑥	11庚子 5	11己巳 4	11戊戌 2	11戊辰 2	《8月》	12戊辰31	12戊戌30	12丁卯29	12丁酉28	12丁卯28	12丙申26
12壬寅⑦	12辛未 7	12辛丑 6	12庚午 5	12己亥 3	12己巳③	12戊戌 1	《9月》	《10月》	13戊辰㉚	13戊戌29	13戊辰29	13丁酉27
13癸卯 8	13壬申 8	13壬寅 7	13辛未 6	13庚子 4	13庚午 4	13己亥 2	13己巳 1	13己亥 1	14己巳31	14己亥30	14己巳30	14戊戌28
14甲辰 9	14癸酉 9	14癸卯 8	14壬申 7	14辛丑⑤	14辛未 5	14庚子 3	14庚午 2	14庚子②	《11月》	《12月》	15庚午31	15己亥㉙
15乙巳10	15甲戌10	15甲辰 9	15癸酉⑧	15壬寅 6	15壬申 6	15辛丑 4	15辛未 3	15辛丑 3	15庚午 1	15庚子 1	937年	16庚子30
16丙午11	16乙亥11	16乙巳⑩	16甲戌 9	16癸卯 7	16癸酉 7	16壬寅 5	16壬申④	16壬寅 4	16辛未 2	16辛丑 2	《1月》	17辛丑31
17丁未12	17丙子12	17丙午11	17乙亥10	17甲辰 8	17甲戌 8	17癸卯 6	17癸酉 5	17癸卯 5	17壬申 3	17壬寅 3	16辛未①	《2月》
18戊申13	18丁丑⑬	18丁未12	18丙子11	18乙巳 9	18乙亥 9	18甲辰⑦	18甲戌 6	18甲辰 6	18癸酉 4	18癸卯④	17壬申 2	18壬寅 1
19己酉⑭	19戊寅14	19戊申13	19丁丑12	19丙午10	19丙子⑨	19乙巳 8	19乙亥 7	19乙巳 7	19甲戌 5	19甲辰 5	18癸酉 3	19癸卯 2
20庚戌15	20己卯15	20己酉14	20戊寅13	20丁未11	20丁丑11	20丙午 9	20丙子 8	20丙午 8	20乙亥⑥	20乙巳 6	19甲戌 4	20甲辰 3
21辛亥16	21庚辰16	21庚戌15	21己卯14	21戊申⑫	21戊寅12	21丁未10	21丁丑 9	21丁未⑨	21丙子 7	21丙午 7	20乙亥 5	21乙巳 4
22壬子17	22辛巳17	22辛亥16	22庚辰⑮	22己酉13	22己卯13	22戊申11	22戊寅10	22戊申10	22丁丑 8	22丁未 8	21丙子 6	22丙午⑤
23癸丑18	23壬午18	23壬子⑰	23辛巳16	23庚戌14	23庚辰14	23己酉12	23己卯⑪	23己酉11	23戊寅 9	23戊申 9	22丁丑 7	23丁未 6
24甲寅19	24癸未19	24癸丑18	24壬午17	24辛亥15	24辛巳15	24庚戌13	24庚辰12	24庚戌12	24己卯10	24己酉10	23戊寅⑧	24戊申 7
25乙卯20	25甲申⑳	25甲寅19	25癸未18	25壬子16	25壬午16	25辛亥⑭	25辛巳13	25辛亥13	25庚辰11	25庚戌⑪	24己卯 9	25己酉 8
26丙辰㉑	26乙酉21	26乙卯20	26甲申19	26癸丑17	26癸未⑰	26壬子15	26壬午14	26壬子14	26辛巳12	26辛亥12	25庚辰10	26庚戌 9
27丁巳22	27丙戌22	27丙辰21	27乙酉20	27甲寅18	27甲申18	27癸丑16	27癸未15	27癸丑15	27壬午⑬	27壬子13	26辛巳11	27辛亥10
28戊午23	28丁亥23	28丁巳22	28丙戌21	28乙卯⑲	28乙酉19	28甲寅17	28甲申16	28甲寅⑯	28癸未14	28癸丑14	27壬午12	28壬子11
29己未24	29戊子24	29戊午23	29丁亥㉒	29丙辰20	29丙戌20	29乙卯18	29乙酉17	29乙卯17	29甲申15	29甲寅15	28癸未13	29癸丑⑫
	30己丑25			30丁巳21		30丙辰19	30丙戌⑱		30乙酉16	30乙卯16	29甲申14	
立春 6日 雨水 21日	啓蟄 7日 春分 22日	清明 8日 穀雨 23日	立夏 9日 小満 24日	芒種 11日 夏至 26日	小暑 11日 大暑 26日	立秋 12日 処暑 28日	白露 13日 秋分 28日	寒露 13日 霜降 29日	立冬 15日 小雪 30日	大雪 15日 冬至 30日	小寒16日	大寒 2日 立春 17日

承平 **7** 年（937－938） 丁酉

1月	2月	3月	4月	5月	6月	7月	8月	9月	10月	11月	12月
1 甲寅13	1 甲申15	1 甲寅14	1 癸未13	1 壬子⑪	1 壬午11	1 辛亥 9	1 辛巳 8	1 庚戌 7	1 庚辰 6	1 庚戌 6	1 己卯 4
2 乙卯14	2 乙酉16	2 乙卯15	2 甲申⑭	2 癸丑12	2 癸未12	2 壬子10	2 壬午 9	2 辛亥⑧	2 辛巳 7	2 辛亥 7	2 庚辰 5
3 丙辰15	3 丙戌17	3 丙辰⑯	3 乙酉15	3 甲寅13	3 甲申13	3 癸丑11	3 癸未⑩	3 壬子 9	3 壬午 8	3 壬子 8	3 辛巳 6
4 丁巳16	**4** 丁亥18	**4** 丁巳17	4 丙戌16	4 乙卯14	4 乙酉14	4 甲寅12	4 甲申11	4 癸丑10	4 癸未 9	4 癸丑 9	4 壬午⑦
5 戊午17	5 戊子⑲	5 戊午18	5 丁亥17	5 丙辰15	5 丙戌15	5 乙卯⑬	5 乙酉12	5 甲寅11	5 甲申10	5 甲寅⑩	5 癸未 8
6 己未18	6 己丑20	6 己未19	**6** 戊子18	6 丁巳16	6 丁亥⑯	6 丙辰14	6 丙戌13	6 乙卯12	6 乙酉11	6 乙卯11	6 甲申 9
7 庚申⑲	7 庚寅21	7 庚申20	7 己丑19	**7** 戊午17	**7** 戊子17	7 丁巳15	7 丁亥14	7 丙辰13	7 丙戌⑫	7 丙辰12	7 乙酉10
8 辛酉20	8 辛卯22	8 辛酉21	8 庚寅20	8 己未⑱	8 己丑18	8 戊午16	8 戊子15	8 丁巳14	8 丁亥13	8 丁巳13	8 丙戌11
9 壬戌21	9 壬辰23	9 壬戌22	9 辛卯㉑	9 庚申19	9 庚寅19	**9** 己未17	**9** 己丑16	9 戊午⑮	9 戊子14	9 戊午14	9 丁亥12
10 癸亥22	10 癸巳24	10 癸亥㉓	10 壬辰22	10 辛酉20	10 辛卯20	10 庚申18	10 庚寅⑰	10 己未16	10 己丑15	10 己未15	10 戊子13
11 甲子23	11 甲午25	11 甲子24	11 癸巳23	11 壬戌21	11 壬辰21	11 辛酉19	11 辛卯18	**11** 庚申17	**11** 庚寅16	11 庚申16	11 己丑⑭
12 乙丑24	12 乙未㉖	12 乙丑25	12 甲午24	12 癸亥22	12 癸巳22	12 壬戌⑳	12 壬辰19	12 辛酉18	12 辛卯17	**12** 辛酉⑰	12 庚寅15
13 丙寅25	13 丙申27	13 丙寅26	13 乙未25	13 甲子23	13 甲午㉓	13 癸亥21	13 癸巳20	13 壬戌19	13 壬辰18	13 壬戌18	**13** 辛卯16
14 丁卯㉖	14 丁酉28	14 丁卯27	14 丙申26	14 乙丑24	14 乙未24	14 甲子22	14 甲午21	14 癸亥20	14 癸巳⑲	14 癸亥19	14 壬辰17
15 戊辰27	15 戊戌29	15 戊辰28	15 丁酉27	15 丙寅㉕	15 丙申25	15 乙丑23	15 乙未22	15 甲子21	15 甲午20	15 甲子20	15 癸巳18
16 己巳28	16 己亥30	16 己巳29	16 戊戌㉘	16 丁卯26	16 丁酉26	16 丙寅24	16 丙申23	16 乙丑㉒	16 乙未21	16 乙丑21	16 甲午19
《3月》	17 庚子31	17 庚午㉚	17 己亥29	17 戊辰27	17 戊戌27	17 丁卯25	17 丁酉㉔	17 丙寅23	17 丙申22	17 丙寅22	17 乙未20
17 庚午 1	《4月》	《5月》	18 庚子30	18 己巳28	18 己亥28	18 戊辰26	18 戊戌25	18 丁卯24	18 丁酉23	18 丁卯23	18 丙申㉑
18 辛未 2	18 辛丑 1	18 辛未 1	19 辛丑31	19 庚午29	19 庚子29	19 己巳㉗	19 己亥26	19 戊辰25	19 戊戌24	19 戊辰㉔	19 丁酉22
19 壬申 3	**19** 壬寅②	**19** 壬申 2	《6月》	20 辛未30	20 辛丑㉚	20 庚午28	20 庚子27	20 己巳26	20 己亥25	20 己巳25	20 戊戌23
20 癸酉 4	20 癸卯 3	20 癸酉 3	20 壬寅 1	《7月》	21 壬寅31	21 辛未29	21 辛丑28	21 庚午27	21 庚子㉖	21 庚午26	21 己亥24
21 甲戌⑤	21 甲辰 4	21 甲戌 4	**21** 癸卯 2	21 壬申 1	《8月》	22 壬申30	22 壬寅29	22 辛未28	22 辛丑27	22 辛未27	22 庚子25
22 乙亥 6	22 乙巳 5	22 乙亥 5	22 甲辰 3	**22** 癸酉②	22 癸卯 1	23 癸酉31	23 癸卯30	23 壬申㉙	23 壬寅28	23 壬申28	23 辛丑26
23 丙子 7	23 丙午 6	23 丙子 6	23 乙巳④	23 甲戌 3	**23** 甲辰 2	《9月》	《10月》	24 癸酉30	24 癸卯29	24 癸酉29	24 壬寅27
24 丁丑 8	24 丁未 7	24 丁丑⑦	24 丙午 5	24 乙亥 4	24 乙巳 3	**24** 甲戌 1	24 甲辰①	25 甲戌31	25 甲辰30	25 甲戌30	25 癸卯㉘
25 戊寅 9	25 戊申 8	25 戊寅 8	25 丁未 6	25 丙子 5	25 丙午 4	25 乙亥 2	**25** 乙巳 2	《11月》	《12月》	26 乙亥㉛	26 甲辰29
26 己卯10	26 己酉⑨	26 己卯 9	26 戊申 7	26 丁丑 6	26 丁未 5	26 丙子③	26 丙午 3	**26** 乙亥 1	**26** 乙巳 1	**938年**	27 乙巳30
27 庚辰11	27 庚戌10	27 庚辰10	27 己酉 8	27 戊寅 7	27 戊申⑥	27 丁丑 4	27 丁未 4	27 丙子 2	27 丙午 2	《1月》	**28** 丙午31
28 辛巳⑫	28 辛亥11	28 辛巳11	28 庚戌 9	28 己卯 8	28 己酉 7	28 戊寅 5	28 戊申 5	28 丁丑 3	28 丁未③	**27** 丙子 1	《2月》
29 壬午13	29 壬子12	29 壬午12	29 辛亥10	29 庚辰⑨	29 庚戌 8	29 己卯 6	29 己酉 6	29 戊寅 4	29 戊申 4	28 丁丑 2	29 丁未 1
30 癸未14	30 癸丑13			30 辛巳10		30 庚辰 7		30 己卯⑤	30 己酉 5	29 戊寅 3	
雨水 3日 啓蟄 18日	春分 4日 清明 19日	穀雨 4日 立夏 19日	小満 6日 芒種 21日	夏至 7日 小暑 22日	大暑 7日 立秋 23日	処暑 9日 白露 24日	秋分 9日 寒露 25日	霜降 11日 立冬 26日	小雪 11日 大雪 26日	冬至 12日 小寒 27日	大寒 13日 立春 28日

天慶元年〔承平 **8** 年〕（938－939） 戊戌

改元 5/22（承平→天慶）

1月	2月	3月	4月	5月	6月	7月	8月	9月	10月	11月	12月
1 戊申 2	1 戊寅④	1 戊申 3	**1** 戊寅 3	《6月》	1 丙子30	1 丙午30	1 乙亥28	1 乙巳27	1 甲戌26	1 甲辰㉕	1 甲戌25
2 己酉 3	2 己卯 5	2 己酉 4	2 己卯 4	1 丁未 1	《7月》	2 丁未31	2 丙子29	2 丙午28	2 乙亥27	2 乙巳26	2 乙亥26
3 庚戌④	3 庚辰 6	3 庚戌 5	3 庚辰 5	**2** 戊申 2	2 丁丑①	《8月》	3 丁丑30	3 丁未29	3 丙子㉘	3 丙午27	3 丙子27
4 辛亥 5	4 辛巳 7	4 辛亥 6	4 辛巳⑥	3 己酉③	**3** 戊寅 2	3 戊申 1	4 戊寅31	4 戊申㉚	4 丁丑29	4 丁未28	4 丁丑28
5 壬子 6	5 壬午 8	5 壬子 7	5 壬午 7	4 庚戌 4	4 己卯 3	**4** 己酉 2	《9月》	《10月》	5 戊寅30	5 戊申29	5 戊寅29
6 癸丑 7	6 癸未 9	6 癸丑⑧	6 癸未 8	5 辛亥 5	5 庚辰 4	5 庚戌 3	**5** 己卯 1	5 己酉 1	6 己卯31	6 己酉30	6 己卯㉚
7 甲寅 8	7 甲申10	7 甲寅 9	7 甲申 9	6 壬子 6	6 辛巳 5	6 辛亥 4	6 庚辰②	**6** 庚戌 2	《11月》	《12月》	7 庚辰31
8 乙卯 9	8 乙酉⑪	8 乙卯10	8 乙酉10	7 癸丑 7	7 壬午 6	7 壬子⑤	7 辛巳 3	7 辛亥 3	**7** 庚辰 1	7 庚戌 1	**939年**
9 丙辰10	9 丙戌12	9 丙辰11	9 丙戌11	8 甲寅 8	8 癸未 7	8 癸丑 6	8 壬午 4	8 壬子 4	8 辛巳 2	**8** 辛亥②	《1月》
10 丁巳⑪	10 丁亥13	10 丁巳12	10 丁亥12	9 乙卯 9	9 甲申⑧	9 甲寅 7	9 癸未 5	9 癸丑 5	9 壬午 3	9 壬子 3	**8** 辛巳 1
11 戊午12	11 戊子14	11 戊午13	11 戊子⑬	10 丙辰⑩	10 乙酉 9	10 乙卯 8	10 甲申 6	10 甲寅 6	10 癸未④	10 癸丑 4	9 壬午 2
12 己未13	12 己丑15	12 己未14	12 己丑14	11 丁巳11	11 丙戌10	11 丙辰 9	11 乙酉 7	11 乙卯⑦	11 甲申 5	11 甲寅 5	10 癸未 3
13 庚申14	13 庚寅16	13 庚申⑮	13 庚寅15	12 戊午12	12 丁亥11	12 丁巳10	12 丙戌 8	12 丙辰 8	12 乙酉 6	12 乙卯 6	11 甲申 4
14 辛酉15	14 辛卯17	14 辛酉16	14 辛卯16	13 己未13	13 戊子12	13 戊午11	13 丁亥⑨	13 丁巳 9	13 丙戌 7	13 丙辰 7	12 乙酉 5
15 壬戌16	**15** 壬辰⑱	**15** 壬戌17	15 壬辰17	14 庚申14	14 己丑13	14 己未⑫	14 戊子10	14 戊午10	14 丁亥 8	14 丁巳 8	13 丙戌⑥
16 癸亥17	16 癸巳19	16 癸亥18	**16** 癸巳18	15 辛酉15	15 庚寅14	15 庚申13	15 己丑11	15 己未11	15 戊子 9	15 戊午⑨	14 丁亥 7
17 甲子⑱	17 甲午20	17 甲子19	17 甲午19	16 壬戌16	16 辛卯⑮	16 辛酉14	16 庚寅12	16 庚申12	16 己丑10	16 己未10	15 戊子 8
18 乙丑19	18 乙未21	18 乙丑20	18 乙未⑳	**17** 癸亥⑰	17 壬辰16	17 壬戌15	17 辛卯13	17 辛酉13	**17** 庚寅⑪	17 庚申11	16 己丑 9
19 丙寅20	19 丙申22	19 丙寅21	19 丙申21	18 甲子18	18 癸巳17	18 癸亥16	18 壬辰14	18 壬戌⑭	18 辛卯12	18 辛酉12	17 庚寅10
20 丁卯21	20 丁酉23	20 丁卯㉒	20 丁酉22	19 乙丑19	**19** 甲午18	**19** 甲子17	19 癸巳15	19 癸亥15	19 壬辰13	19 壬戌13	18 辛卯11
21 戊辰22	21 戊戌24	21 戊辰23	21 戊戌23	20 丙寅20	20 乙未19	20 乙丑18	20 甲午⑯	20 甲子16	20 癸巳14	20 癸亥14	19 壬辰12
22 己巳23	22 己亥㉕	22 己巳24	22 己亥24	21 丁卯21	21 丙申20	21 丙寅⑲	**21** 乙未17	**21** 乙丑17	21 甲午15	21 甲子15	20 癸巳⑬
23 庚午24	23 庚子26	23 庚午25	23 庚子25	22 戊辰22	22 丁酉21	22 丁卯20	22 丙申18	22 丙寅18	**22** 乙未16	22 乙丑⑯	21 甲午14
24 辛未㉕	24 辛丑27	24 辛未26	24 辛丑26	23 己巳23	23 戊戌㉒	23 戊辰21	23 丁酉19	23 丁卯19	23 丙申17	**23** 丙寅17	22 乙未15
25 壬申26	25 壬寅28	25 壬申27	25 壬寅㉗	24 庚午㉔	24 己亥23	24 己巳22	24 戊戌20	24 戊辰20	24 丁酉⑱	24 丁卯18	**23** 丙申16
26 癸酉27	26 癸卯29	26 癸酉28	26 癸卯28	25 辛未25	25 庚子24	25 庚午23	25 己亥21	25 己巳㉑	25 戊戌19	25 戊辰19	24 丁酉17
27 甲戌28	27 甲辰30	27 甲戌㉙	27 甲辰29	26 壬申26	26 辛丑25	26 辛未24	26 庚子22	26 庚午22	26 己亥20	26 己巳20	25 戊戌18
《3月》	28 乙巳31	28 乙亥30	28 乙巳30	27 癸酉27	27 壬寅26	27 壬申25	27 辛丑㉓	27 辛未23	27 庚子21	27 庚午21	26 己亥19
28 乙亥 1	《4月》	《5月》	29 丙午31	28 甲戌28	28 癸卯27	28 癸酉㉖	28 壬寅24	28 壬申24	28 辛丑22	28 辛未22	27 庚子⑳
29 丙子 2	29 丙午①	29 丙子 1		29 乙亥29	29 甲辰28	29 甲戌27	29 癸卯25	29 癸酉25	29 壬寅23	29 壬申㉓	28 辛丑21
30 丁丑 3	**30** 丁未 2	30 丁丑 2			30 乙巳㉙		30 甲辰26		30 癸卯24	30 癸酉24	29 壬寅22
雨水 15日 啓蟄 30日	春分 15日 清明 30日	穀雨 15日	立夏 1日 小満 16日	芒種 2日 夏至 17日	小暑 3日 大暑 19日	立秋 4日 処暑 19日	白露 5日 秋分 21日	寒露 6日 霜降 21日	立冬 7日 小雪 22日	大雪 8日 冬至 23日	小寒 8日 大寒 23日

天慶2年（939－940） 己亥

1月	2月	3月	4月	5月	6月	7月	閏7月	8月	9月	10月	11月	12月
1 癸卯23	1 癸酉22	1 癸卯㉔	1 壬申22	1 壬寅22	1 辛未20	1 庚子19	1 庚午⑱	1 己亥16	1 己巳16	1 戊戌14	1 戊辰14	1 丁酉⑫
2 甲辰24	2 甲戌23	2 甲辰25	2 癸酉23	2 癸卯23	2 壬申21	2 辛丑20	2 辛未19	2 庚子17	2 庚午17	2 己亥15	2 己巳⑮	2 戊戌13
3 乙巳25	3 乙亥㉔	3 乙巳26	3 甲戌24	3 甲辰24	3 癸酉22	3 壬寅㉑	3 壬申20	3 辛丑18	3 辛未18	3 庚子16	3 庚午16	3 己亥14
4 丙午26	4 丙子25	4 丙午27	4 乙亥25	4 乙巳25	4 甲戌㉓	4 癸卯22	4 癸酉21	4 壬寅19	4 壬申19	4 辛丑⑰	4 辛未17	4 庚子15
5 丁未㉗	5 丁丑26	5 丁未28	5 丙子26	5 丙午㉖	5 乙亥24	5 甲辰23	5 甲戌22	5 癸卯20	5 癸酉⑳	5 壬寅18	5 壬申18	5 辛丑16
6 戊申28	6 戊寅27	6 戊申29	6 丁丑27	6 丁未27	6 丙子25	6 乙巳24	6 乙亥23	6 甲辰21	6 甲戌21	6 癸卯19	6 癸酉19	6 壬寅17
7 己酉29	7 己卯28	7 己酉30	7 戊寅㉘	7 戊申28	7 丁丑26	7 丙午25	7 丙子24	7 乙巳㉒	7 乙亥22	7 甲辰20	7 甲戌20	7 癸卯18
8 庚戌30	《3月》	8 庚戌㉛	8 己卯29	8 己酉29	8 戊寅27	8 丁未26	8 丁丑㉕	8 丙午23	8 丙子23	8 乙巳21	8 乙亥21	8 甲辰⑲
9 辛亥31	8 庚辰 1	《4月》	9 庚辰30	9 庚戌30	9 己卯28	9 戊申27	9 戊寅26	9 丁未24	9 丁丑24	9 丙午22	9 丙子㉒	9 乙巳20
《2月》	9 辛巳 2	9 辛亥 1	《5月》	10辛亥31	10庚辰29	10己酉㉘	10己卯27	10戊申25	10戊寅25	10丁未23	10丁丑23	10丙午21
10壬子 1	10壬午③	10壬子 2	10辛巳 1	《6月》	11辛巳㉚	11庚戌29	11庚辰28	11己酉26	11己卯26	11戊申㉔	11戊寅24	11丁未22
11癸丑 2	11癸未 4	11癸丑 3	11壬午 2	11壬子 1	《7月》	12辛亥30	12辛巳29	12庚戌27	12庚辰㉗	12己酉25	12己卯25	12戊申23
12甲寅③	12甲申 5	12甲寅 4	12癸未 3	12癸丑②	12壬午 1	13壬子31	13壬午30	13辛亥28	13辛巳28	13庚戌26	13庚辰26	13己酉24
13乙卯 4	13乙酉 6	13乙卯 5	13甲申 4	13甲寅 3	13癸未 2	《8月》	14癸未31	14壬子㉙	14壬午29	14辛亥27	14辛巳27	14庚戌25
14丙辰 5	14丙戌 7	14丙辰 6	14乙酉⑤	14乙卯 4	14甲申 3	14癸丑 1	《9月》	15癸丑30	15癸未30	15壬子28	15壬午28	15辛亥㉖
15丁巳 6	15丁亥 8	15丁巳⑦	15丙戌 6	15丙辰 5	15乙酉 4	15甲寅 2	15甲申①	《10月》	16甲申31	16癸丑29	16癸未㉙	16壬子27
16戊午 7	16戊子 9	16戊午 8	16丁亥 7	16丁巳 6	16丙戌 5	16乙卯 3	16乙酉 2	16甲寅 1	《11月》	17甲寅30	17甲申30	17癸丑28
17己未 8	17己丑⑩	17己未 9	17戊子 8	17戊午 7	17丁亥 6	17丙辰④	17丙戌 3	17乙卯 2	17乙酉 1	《12月》	18乙酉31	18甲寅29
18庚申 9	18庚寅11	18庚申10	18己丑 9	18己未 8	18戊子⑦	18丁巳 5	18丁亥 4	18丙辰 3	18丙戌 2	18乙卯①	940年	19乙卯30
19辛酉⑩	19辛卯12	19辛酉11	19庚寅10	19庚申⑨	19己丑 8	19戊午 6	19戊子 5	19丁巳 4	19丁亥③	19丙辰 2	《1月》	20丙辰31
20壬戌11	20壬辰13	20壬戌12	20辛卯11	20辛酉10	20庚寅 9	20己未 7	20己丑 6	20戊午 5	20戊子 4	20丁巳 3	19丙戌 1	《2月》
21癸亥12	21癸巳14	21癸亥13	21壬辰⑫	21壬戌11	21辛卯10	21庚申 8	21庚寅 7	21己未⑥	21己丑 5	21戊午 4	20丁亥 2	21丁巳 1
22甲子13	22甲午15	22甲子⑭	22癸巳13	22癸亥12	22壬辰11	22辛酉 9	22辛卯⑧	22庚申 7	22庚寅 6	22己未 5	21戊子 3	22戊午②
23乙丑14	23乙未16	23乙丑15	23甲午14	23甲子13	23癸巳12	23壬戌10	23壬辰 9	23辛酉 8	23辛卯 7	23庚申 6	22己丑 4	23己未 3
24丙寅15	24丙申⑰	24丙寅16	24乙未15	24乙丑14	24甲午13	24癸亥⑪	24癸巳10	24壬戌 9	24壬辰 8	24辛酉 7	23庚寅⑤	24庚申 4
25丁卯16	25丁酉18	25丁卯17	25丙申16	25丙寅15	25乙未⑭	25甲子12	25甲午11	25癸亥10	25癸巳 9	25壬戌⑧	24辛卯 6	25辛酉 5
26戊辰⑰	26戊戌19	26戊辰18	26丁酉17	26丁卯⑯	26丙申15	26乙丑13	26乙未12	26甲子11	26甲午⑩	26癸亥 9	25壬辰 7	26壬戌 6
27己巳18	27己亥20	27己巳19	27戊戌18	27戊辰17	27丁酉16	27丙寅14	27丙申13	27乙丑12	27乙未11	27甲子10	26癸巳 8	27癸亥 7
28庚午19	28庚子21	28庚午20	28己亥⑲	28己巳18	28戊戌17	28丁卯15	28丁酉14	28丙寅⑬	28丙申12	28乙丑11	27甲午 9	28甲子 8
29辛未20	29辛丑22	29辛未㉑	29庚子20	29庚午19	29己亥18	29戊辰16	29戊戌⑮	29丁卯14	29丁酉13	29丙寅12	28乙未10	29乙丑⑨
30壬申21	30壬寅23		30辛丑21			30己巳17		30戊辰15		30丁卯13	29丙申11	30丙寅10
立春 10日 雨水 25日	啓蟄 10日 春分 25日	清明 10日 穀雨 26日	立夏 12日 小満 27日	芒種 12日 夏至 28日	小暑 14日 大暑 29日	立秋 15日 処暑 30日	白露16日	秋分 2日 寒露 17日	霜降 2日 立冬 17日	小雪 4日 大雪 19日	冬至 4日 小寒 19日	大寒 6日 立春 21日

天慶3年（940－941） 庚子

1月	2月	3月	4月	5月	6月	7月	8月	9月	10月	11月	12月
1 丁卯11	1 丁酉12	1 丁卯11	1 丙申⑩	1 丙寅 9	1 乙未 8	1 甲子 6	1 甲午 5	1 癸亥④	1 癸巳 3	1 壬戌 2	941年
2 戊辰12	2 戊戌13	2 戊辰⑫	2 丁酉11	2 丁卯10	2 丙申 9	2 乙丑 7	2 乙未⑥	2 甲子 5	2 甲午 4	2 癸亥 3	《1月》
3 己巳13	3 己亥14	3 己巳13	3 戊戌12	3 戊辰11	3 丁酉10	3 丙寅 8	3 丙申 7	3 乙丑 6	3 乙未 5	3 甲子 4	1 壬辰 1
4 庚午14	4 庚子⑮	4 庚午14	4 己亥13	4 己巳12	4 戊戌11	4 丁卯⑨	4 丁酉 8	4 丙寅 7	4 丙申 6	4 乙丑 5	2 癸巳 2
5 辛未15	5 辛丑16	5 辛未15	5 庚子14	5 庚午13	5 己亥⑫	5 戊辰10	5 戊戌 9	5 丁卯 8	5 丁酉 7	5 丙寅⑥	3 甲午③
6 壬申⑯	6 壬寅17	6 壬申16	6 辛丑15	6 辛未⑭	6 庚子13	6 己巳11	6 己亥10	6 戊辰 9	6 戊戌⑧	6 丁卯 7	4 乙未 4
7 癸酉17	7 癸卯18	7 癸酉17	7 壬寅16	7 壬申15	7 辛丑14	7 庚午12	7 庚子11	7 己巳10	7 己亥 9	7 戊辰 8	5 丙申 5
8 甲戌18	8 甲辰19	8 甲戌18	8 癸卯⑰	8 癸酉16	8 壬寅15	8 辛未13	8 辛丑12	8 庚午⑪	8 庚子10	8 己巳 9	6 丁酉 6
9 乙亥19	9 乙巳20	9 乙亥⑲	9 甲辰18	9 甲戌17	9 癸卯16	9 壬申14	9 壬寅⑬	9 辛未12	9 辛丑11	9 庚午10	7 戊戌 7
10丙子20	10丙午21	10丙子20	10乙巳19	10乙亥18	10甲辰17	10癸酉15	10癸卯14	10壬申13	10壬寅12	10辛未11	8 己亥 8
11丁丑21	11丁未㉒	11丁丑21	11丙午20	11丙子19	11乙巳18	11甲戌⑯	11甲辰15	11癸酉14	11癸卯13	11壬申12	9 庚子 9
12戊寅22	12戊申23	12戊寅22	12丁未21	12丁丑20	12丙午⑲	12乙亥17	12乙巳16	12甲戌15	12甲辰14	12癸酉⑬	10辛丑⑩
13己卯㉓	13己酉24	13己卯23	13戊申22	13戊寅㉑	13丁未20	13丙子18	13丙午17	13乙亥16	13乙巳⑮	13甲戌14	11壬寅11
14庚辰24	14庚戌25	14庚辰24	14己酉23	14己卯22	14戊申21	14丁丑19	14丁未18	14丙子17	14丙午16	14乙亥15	12癸卯12
15辛巳25	15辛亥26	15辛巳25	15庚戌㉔	15庚辰23	15己酉22	15戊寅20	15戊申19	15丁丑⑱	15丁未17	15丙子16	13甲辰13
16壬午26	16壬子27	16壬午㉖	16辛亥25	16辛巳24	16庚戌23	16己卯21	16己酉⑳	16戊寅19	16戊申18	16丁丑17	14乙巳14
17癸未27	17癸丑28	17癸未27	17壬子26	17壬午25	17辛亥24	17庚辰22	17庚戌21	17己卯20	17己酉19	17戊寅18	15丙午15
18甲申28	18甲寅㉙	18甲申28	18癸丑27	18癸未26	18壬子25	18辛巳㉓	18辛亥22	18庚辰21	18庚戌20	18己卯19	16丁未16
19乙酉29	19乙卯30	19乙酉29	19甲寅28	19甲申27	19癸丑㉖	19壬午24	19壬子23	19辛巳22	19辛亥21	19庚辰⑳	17戊申⑰
《3月》	20丙辰31	20丙戌30	20乙卯29	20乙酉㉘	20甲寅27	20癸未25	20癸丑24	20壬午23	20壬子㉒	20辛巳21	18己酉18
20丙戌①	《4月》	《5月》	21丙辰30	21丙戌29	21乙卯28	21甲申26	21甲寅25	21癸未24	21癸丑23	21壬午22	19庚戌19
21丁亥 2	21丁巳 1	21丁亥 1	22丁巳㉛	22丁亥30	22丙辰29	22乙酉27	22乙卯26	22甲申㉕	22甲寅24	22癸未23	20辛亥20
22戊子 3	22戊午 2	22戊子 2	《6月》	《7月》	23丁巳30	23丙戌28	23丙辰㉗	23乙酉26	23乙卯25	23甲申24	21壬子21
23己丑 4	23己未 3	23己丑③	23戊午 1	23戊子 1	24戊午31	24丁亥29	24丁巳28	24丙戌27	24丙辰26	24乙酉25	22癸丑22
24庚寅 5	24庚申 4	24庚寅 4	24己未 2	24己丑 2	《8月》	25戊子㉚	25戊午29	25丁亥28	25丁巳27	25丙戌26	23甲寅23
25辛卯 6	25辛酉⑤	25辛卯 5	25庚申 3	25庚寅 3	25己未 1	26己丑31	26己未30	26戊子29	26戊午28	26丁亥㉗	24乙卯㉔
26壬辰 7	26壬戌 6	26壬辰 6	26辛酉 4	26辛卯 4	26庚申②	《9月》	《10月》	27己丑30	27己未㉙	27戊子28	25丙辰25
27癸巳⑧	27癸亥 7	27癸巳 7	27壬戌 5	27壬辰⑤	27辛酉 3	27庚寅 1	27庚申 1	28庚寅31	28庚申30	28己丑29	26丁巳26
28甲午 9	28甲子 8	28甲午 8	28癸亥 6	28癸巳 6	28壬戌 4	28辛卯 2	28辛酉 2	《11月》	《12月》	29庚寅30	27戊午27
29乙未10	29乙丑 9	29乙未 9	29甲子⑦	29甲午 7	29癸亥 5	29壬辰 3	29壬戌 3	29辛卯①	29辛酉 1	30辛卯31	28己未28
30丙申11	30丙寅10		30乙丑 8			30癸巳 4		30壬辰 2			29庚申29
雨水 6日 啓蟄 21日	春分 6日 清明 22日	穀雨 7日 立夏 22日	小満 8日 芒種 24日	夏至 9日 小暑 24日	大暑 10日 立秋 25日	処暑 12日 白露 27日	秋分 12日 寒露 27日	霜降 13日 立冬 29日	小雪 14日 大雪 29日	冬至 15日	小寒 1日 大寒 16日

天慶**4**年（941－942） 辛丑

1月	2月	3月	4月	5月	6月	7月	8月	9月	10月	11月	12月
1 辛酉30	《3月》	1 辛酉31	1 庚寅29	1 庚申29	1 庚寅28	1 己未27	1 戊子25	1 戊午24	1 丁亥23	1 丁巳22	1 丙戌21
2 壬戌㉛	1 辛卯 1	《4月》	2 辛卯30	2 辛酉㉚	2 辛卯29	2 庚申28	2 己丑26	2 己未25	2 戊子㉔	2 戊午23	2 丁亥22
《2月》	**2** 壬辰 2	2 壬戌 1	《5月》	3 壬戌31	3 壬辰30	3 辛酉29	3 庚寅27	3 庚申㉖	3 己丑25	3 己未24	3 戊子23
3 癸亥 1	3 癸巳 3	**3** 癸亥 2	3 壬辰 1	《6月》	《7月》	4 壬戌30	4 辛卯28	4 辛酉27	4 庚寅26	4 庚申25	4 己丑24
4 甲子 2	4 甲午 4	4 甲子 3	**4** 癸巳②	4 癸亥 1	4 癸巳 1	5 癸亥31	5 壬辰㉙	5 壬戌28	5 辛卯27	5 辛酉26	5 庚寅25
5 乙丑 3	5 乙未 5	5 乙丑④	5 甲午 3	**5** 甲子 2	**5** 甲午 2	《8月》	6 癸巳30	6 癸亥29	6 壬辰28	6 壬戌27	6 辛卯㉖
6 丙寅 4	6 丙申 6	6 丙寅 5	6 乙未 4	6 乙丑 3	6 乙未 3	6 甲子①	7 甲午31	7 甲子30	7 癸巳29	7 癸亥㉘	7 壬辰27
7 丁卯 5	7 丁酉⑦	7 丁卯 6	7 丙申 5	7 丙寅 4	7 丙申④	**7** 乙丑 2	《9月》	《10月》	8 甲午30	8 甲子29	8 癸巳28
8 戊辰 6	8 戊戌 8	8 戊辰 7	8 丁酉 6	8 丁卯 5	8 丁酉 5	8 丙寅 3	**8** 乙未 1	8 乙丑 1	9 乙未㉛	9 乙丑30	9 甲午29
9 己巳⑦	9 己亥 9	9 己巳 8	9 戊戌 7	9 戊辰⑥	9 戊戌 6	9 丁卯 4	9 丙申 2	**9** 丙寅 2	《11月》	《12月》	10乙未30
10庚午 8	10庚子10	10庚午 9	10己亥 8	10己巳 7	10己亥 7	10戊辰 5	10丁酉 3	10丁卯③	**10**丙申 1	**10**丙寅 1	11丙申31
11辛未 9	11辛丑11	11辛未10	11庚子⑨	11庚午 8	11庚子 8	11己巳 6	11戊戌 4	11戊辰 4	11丁酉 2	11丁卯 2	**942**年
12壬申10	12壬寅12	12壬申⑪	12辛丑10	12辛未 9	12辛丑 9	12庚午 7	12己亥⑤	12己巳 5	12戊戌 3	12戊辰 3	《1月》
13癸酉11	13癸卯13	13癸酉12	13壬寅11	13壬申10	13壬寅10	13辛未⑧	13庚子 6	13庚午 6	13己亥 4	13己巳 4	**12**丁酉 1
14甲戌12	14甲辰⑭	14甲戌13	14癸卯12	14癸酉11	14癸卯⑪	14壬申 9	14辛丑 7	14辛未 7	14庚子 5	14庚午⑤	13戊戌②
15乙亥13	15乙巳15	15乙亥14	15甲辰13	15甲戌12	15甲辰12	15癸酉10	15壬寅 8	15壬申 8	15辛丑 6	15辛未 6	14己亥 3
16丙子⑭	16丙午16	16丙子15	16乙巳14	16乙亥⑬	16乙巳13	16甲戌11	16癸卯 9	16癸酉 9	16壬寅⑦	16壬申 7	15庚子 4
17丁丑15	17丁未17	17丁丑16	17丙午15	17丙子14	17丙午14	17乙亥12	17甲辰10	17甲戌⑩	17癸卯 8	17癸酉 8	16辛丑 5
18戊寅16	**18**戊申18	**18**戊寅17	18丁未⑯	18丁丑15	18丁未15	18丙子13	18乙巳11	18乙亥11	18甲辰 9	18甲戌 9	17壬寅 6
19己卯17	19己酉19	19己卯⑱	19戊申17	19戊寅16	19戊申16	19丁丑14	19丙午⑫	19丙子12	19乙巳10	19乙亥10	18癸卯 7
20庚辰18	20庚戌20	20庚辰19	**20**己酉18	**20**己卯17	**20**己酉17	20戊寅⑮	20丁未13	20丁丑13	20丙午11	20丙子11	19甲辰 8
21辛巳19	21辛亥㉑	21辛巳20	21庚戌19	21庚辰18	21庚戌⑱	21己卯16	21戊申14	21戊寅14	21丁未12	21丁丑⑫	20乙巳⑨
22壬午20	22壬子22	22壬午21	22辛亥20	22辛巳19	22辛亥19	**22**庚辰17	22己酉15	22己卯15	22戊申13	22戊寅13	21丙午10
23癸未㉑	23癸丑23	23癸未22	23壬子21	23壬午⑳	23壬子20	23辛巳18	**23**庚戌16	23庚辰16	23己酉⑭	23己卯14	22丁未11
24甲申22	24甲寅24	24甲申23	24癸丑22	24癸未21	24癸丑21	24壬午19	24辛亥17	**24**辛巳⑰	24庚戌15	24庚辰15	23戊申12
25乙酉23	25乙卯25	25乙酉24	25甲寅㉓	25甲申22	25甲寅22	25癸未20	25壬子18	25壬午18	**25**辛亥16	25辛巳16	24己酉13
26丙戌24	26丙辰26	26丙戌㉕	26乙卯24	26乙酉23	26乙卯23	26甲申21	26癸丑⑲	26癸未19	26壬子17	**26**壬午17	25庚戌14
27丁亥25	27丁巳27	27丁亥26	27丙辰25	27丙戌24	27丙辰24	27乙酉㉒	27甲寅20	27甲申20	27癸丑18	27癸未18	26辛亥15
28戊子26	28戊午㉘	28戊子27	28丁巳26	28丁亥25	28丁巳㉕	28丙戌23	28乙卯21	28乙酉21	28甲寅19	28甲申⑲	**27**壬子⑯
29己丑27	29己未29	29己丑28	29戊午27	29戊子26	29戊午26	29丁亥24	29丙辰22	29丙戌22	29乙卯20	29乙酉20	28癸丑17
30庚寅㉘	30庚申30		30己未28	30己丑㉗			30丁巳23		30丙辰㉑		29甲寅18
											30乙卯19
立春 2日 雨水 17日	啓蟄 2日 春分 18日	清明 3日 穀雨 18日	立夏 4日 小満 20日	芒種 5日 夏至 20日	小暑 5日 大暑 20日	立秋 7日 処暑 22日	白露 8日 秋分 23日	寒露 9日 霜降 24日	立冬 10日 小雪 25日	大雪 10日 冬至 26日	小寒 12日 大寒 27日

天慶**5**年（942－943） 壬寅

1月	2月	3月	閏3月	4月	5月	6月	7月	8月	9月	10月	11月	12月
1 丙辰20	1 乙酉18	1 乙卯⑳	1 甲申18	**1** 甲寅18	**1** 甲申17	1 癸丑16	1 癸未15	1 壬子13	1 壬午13	1 辛亥11	1 庚辰10	1 庚戌 9
2 丁巳21	2 丙戌19	2 丙辰21	2 乙酉19	2 乙卯19	2 乙酉18	2 甲寅⑰	2 甲申16	2 癸丑14	2 癸未14	2 壬子12	2 辛巳⑪	2 辛亥10
3 戊午22	3 丁亥⑳	3 丁巳22	3 丙戌20	3 丙辰20	3 丙戌⑲	**3** 乙卯18	**3** 乙酉17	3 甲寅15	3 甲申15	3 癸丑⑬	3 壬午12	3 壬子11
4 己未㉓	4 戊子21	4 戊午23	4 丁亥21	4 丁巳21	4 丁亥20	4 丙辰19	4 丙戌18	4 乙卯16	4 乙酉⑯	4 甲寅14	4 癸未13	4 癸丑12
5 庚申24	5 己丑22	5 己未24	5 戊子22	5 戊午㉒	5 戊子21	5 丁巳20	5 丁亥19	**5** 丙辰17	**5** 丙戌17	5 乙卯15	5 甲申14	5 甲寅13
6 辛酉25	6 庚寅23	6 庚申25	6 己丑23	6 己未23	6 己丑22	6 戊午21	6 戊子20	6 丁巳⑱	6 丁亥18	**6** 丙辰16	6 乙酉15	6 乙卯14
7 壬戌26	7 辛卯24	7 辛酉26	7 庚寅㉔	7 庚申24	7 庚寅23	7 己未22	7 己丑㉑	7 戊午19	7 戊子19	7 丁巳17	7 丙戌16	7 丙辰⑮
8 癸亥27	8 壬辰25	8 壬戌㉗	8 辛卯25	8 辛酉25	8 辛卯24	8 庚申23	8 庚寅22	8 己未20	8 己丑20	8 戊午18	**8** 丁亥17	**8** 丁巳16
9 甲子28	9 癸巳26	9 癸亥28	9 壬辰26	9 壬戌26	9 壬辰25	9 辛酉㉔	9 辛卯23	9 庚申21	9 庚寅21	9 己未19	9 戊子⑱	9 戊午17
10乙丑29	10甲午㉗	10甲子29	10癸巳27	10癸亥27	10癸巳㉖	10壬戌25	10壬辰24	10辛酉22	10辛卯22	10庚申⑳	10己丑19	10己未18
11丙寅㉚	11乙未28	11乙丑30	11甲午28	11甲子28	11甲午27	11癸亥26	11癸巳25	11壬戌23	11壬辰㉓	11辛酉21	11庚寅20	11庚申19
12丁卯31	《3月》	12丙寅31	12乙未29	12乙丑㉙	12乙未28	12甲子27	12甲午26	12癸亥24	12癸巳24	12壬戌22	12辛卯21	12辛酉20
《2月》	12丙申 1	《4月》	13丙申30	13丙寅30	13丙申29	13乙丑28	13乙未27	13甲子㉕	13甲午25	13癸亥23	13壬辰22	13壬戌21
13戊辰 1	13丁酉 2	13丁卯 1	《5月》	14丁卯31	14丁酉30	14丙寅29	14丙申㉘	14乙丑26	14乙未26	14甲子24	14癸巳23	14癸亥㉒
14己巳 2	**14**戊戌 3	**14**戊辰 2	14丁酉①	《6月》	《7月》	15丁卯30	15丁酉29	15丙寅27	15丙申27	15乙丑25	15甲午24	15甲子23
15庚午 3	15己亥 4	15己巳③	15戊戌 2	15戊辰 1	15戊戌 1	16戊辰㉛	16戊戌30	16丁卯28	16丁酉28	16丙寅26	16乙未㉕	16乙丑24
16辛未 4	16庚子 5	16庚午 4	**16**己亥 3	**16**己巳 2	**16**己亥 2	《8月》	17己亥31	17戊辰29	17戊戌29	17丁卯㉗	17丙申26	17丙寅25
17壬申 5	17辛丑⑥	17辛未 5	17庚子 4	17庚午 3	17庚子③	17己巳 1	《9月》	18己亥30	18己巳㉚	18戊辰28	18丁酉27	18丁卯26
18癸酉⑥	18壬寅 7	18壬申 6	18辛丑 5	18辛未 4	18辛丑 4	**18**庚午 2	**18**庚子 1	《10月》	19庚子31	19己巳29	19戊戌28	19戊辰27
19甲戌 7	19癸卯 8	19癸酉 7	19壬寅 6	19壬申⑤	19壬寅 5	19辛未 3	19辛丑 2	19庚午 1	《11月》	20庚午30	20己亥29	20己巳28
20乙亥 8	20甲辰 9	20甲戌 8	20癸卯 7	20癸酉 6	20癸卯 6	20壬申 4	20壬寅 3	**20**辛未②	**20**辛丑 1	《12月》	21庚子30	21庚午㉙
21丙子 9	21乙巳10	21乙亥 9	21甲辰⑧	21甲戌 7	21甲辰 7	21癸酉 5	21癸卯④	21壬申 3	21壬寅 2	21辛未 1	22辛丑31	22辛未30
22丁丑10	22丙午11	22丙子⑩	22乙巳 9	22乙亥 8	22乙巳 8	22甲戌 6	22甲辰 5	22癸酉 4	22癸卯 3	**22**壬申 2	**943**年	23壬申31
23戊寅11	23丁未12	23丁丑11	23丙午10	23丙子 9	23丙午 9	23乙亥⑦	23乙巳 6	23甲戌 5	23甲辰 4	23癸酉 3	《1月》	《2月》
24己卯12	24戊申⑬	24戊寅12	24丁未11	24丁丑10	24丁未⑩	24丙子 8	24丙午 7	24乙亥 6	24乙巳 5	24甲戌④	**23**壬寅①	**24**癸酉 1
25庚辰⑬	25己酉14	25己卯13	25戊申12	25戊寅11	25戊申11	25丁丑 9	25丁未 8	25丙子 7	25丙午⑥	25乙亥 5	24癸卯 2	25甲戌 2
26辛巳14	26庚戌15	26庚辰14	26己酉13	26己卯⑫	26己酉12	26戊寅10	26戊申 9	26丁丑 8	26丁未 7	26丙子 6	25甲辰 3	26乙亥 3
27壬午15	27辛亥16	27辛巳15	27庚戌14	27庚辰13	27庚戌13	27己卯11	27己酉10	27戊寅⑨	27戊申 8	27丁丑 7	26乙巳 4	27丙子 4
28癸未16	28壬子17	28壬午16	28辛亥⑮	28辛巳14	28辛亥14	28庚辰12	28庚戌⑪	28己卯10	28己酉 9	28戊寅 8	27丙午 5	28丁丑⑤
29甲申17	**29**癸丑18	**29**癸未⑰	29壬子16	29壬午15	29壬子15	29辛巳13	29辛亥12	29庚辰11	29庚戌10	29己卯 9	28丁未 6	29戊寅 6
	30甲寅19		30癸丑17	30癸未16		30壬午⑭		30辛巳12			29戊申 7	30己卯 7
											30己酉⑧	
立春 12日 雨水 27日	啓蟄 14日 春分 29日	清明 14日 穀雨 29日	立夏16日	小満 1日 芒種 16日	夏至 1日 小暑 16日	大暑 3日 立秋 18日	処暑 3日 白露 18日	秋分 5日 寒露 20日	霜降 5日 立冬 20日	小雪 6日 大雪 22日	冬至 8日 小寒 23日	大寒 8日 立春 24日

天慶**6**年（943－944） 癸卯

1月	2月	3月	4月	5月	6月	7月	8月	9月	10月	11月	12月
1 庚辰 8 2 辛巳 9 3 壬午 10 4 癸未 11 5 甲申 ⑫ 6 乙酉 13 7 丙戌 14 8 丁亥 15 **9** 戊子 16 10 己丑 17 11 庚寅 18 12 辛卯 ⑲ 13 壬辰 20 14 癸巳 21 15 甲午 22 16 乙未 23 17 丙申 24 18 丁酉 25 19 戊戌 ㉖ 20 己亥 27 21 庚子 28 《3月》 22 辛丑 1 23 壬寅 2 **24** 癸卯 3 25 甲辰 4 26 乙巳 ⑤ 27 丙午 6 28 丁未 7 29 戊申 8	1 己酉 9 2 庚戌 10 3 辛亥 11 4 壬子 ⑫ 5 癸丑 13 6 甲寅 14 7 乙卯 15 8 丙辰 16 9 丁巳 17 **10** 戊午 18 11 己未 ⑲ 12 庚申 20 13 辛酉 21 14 壬戌 22 15 癸亥 23 16 甲子 24 17 乙丑 25 18 丙寅 ㉖ 19 丁卯 27 20 戊辰 28 21 己巳 29 22 庚午 30 23 辛未 31 《4月》 24 壬申 1 **25** 癸酉 ② 26 甲戌 3 27 乙亥 4 28 丙子 5 29 丁丑 6 30 戊寅 7	1 己卯 8 2 庚辰 ⑨ 3 辛巳 10 4 壬午 11 5 癸未 12 6 甲申 13 7 乙酉 14 8 丙戌 15 9 丁亥 ⑯ 10 戊子 17 **11** 己丑 18 12 庚寅 19 13 辛卯 20 14 壬辰 21 15 癸巳 22 16 甲午 ㉓ 17 乙未 24 18 丙申 25 19 丁酉 26 20 戊戌 27 21 己亥 28 22 庚子 29 23 辛丑 ㉚ 《5月》 24 壬寅 1 25 癸卯 2 **26** 甲辰 3 27 乙巳 4 28 丙午 5 29 丁未 6	1 戊申 ⑦ 2 己酉 8 3 庚戌 9 4 辛亥 10 5 壬子 11 6 癸丑 12 7 甲寅 13 8 乙卯 ⑭ 9 丙辰 15 10 丁巳 16 11 戊午 17 **12** 己未 18 13 庚申 19 14 辛酉 20 15 壬戌 ㉑ 16 癸亥 22 17 甲子 23 18 乙丑 24 19 丙寅 25 20 丁卯 26 21 戊辰 27 22 己巳 ㉘ 23 庚午 29 24 辛未 30 25 壬申 31 《6月》 26 癸酉 1 **27** 甲戌 2 28 乙亥 3 29 丙子 ④ 30 丁丑 5	1 戊寅 6 2 己卯 7 3 庚辰 8 4 辛巳 9 5 壬午 10 6 癸未 ⑪ 7 甲申 12 8 乙酉 13 9 丙戌 14 10 丁亥 15 11 戊子 16 **12** 己丑 17 13 庚寅 ⑱ 14 辛卯 19 15 壬辰 20 16 癸巳 21 17 甲午 22 18 乙未 23 19 丙申 24 20 丁酉 ㉕ 21 戊戌 26 22 己亥 27 23 庚子 28 24 辛丑 29 25 壬寅 30 《7月》 26 癸卯 1 27 甲辰 ② **28** 乙巳 3 29 丙午 4	1 丁未 5 2 戊申 6 3 己酉 7 4 庚戌 8 5 辛亥 ⑨ 6 壬子 10 7 癸丑 11 8 甲寅 12 9 乙卯 13 10 丙辰 14 11 丁巳 15 12 戊午 ⑯ 13 己未 17 **14** 庚申 18 15 辛酉 19 16 壬戌 20 17 癸亥 21 18 甲子 22 19 乙丑 ㉓ 20 丙寅 24 21 丁卯 25 22 戊辰 26 23 己巳 27 24 庚午 28 25 辛未 29 26 壬申 ㉚ 27 癸酉 31 《8月》 28 甲戌 1 **29** 乙亥 2 30 丙子 3	1 丁丑 4 2 戊寅 5 3 己卯 ⑥ 4 庚辰 7 5 辛巳 8 6 壬午 9 7 癸未 10 8 甲申 11 9 乙酉 12 10 丙戌 ⑬ 11 丁亥 14 12 戊子 15 13 己丑 16 **14** 庚寅 17 15 辛卯 18 16 壬辰 19 17 癸巳 ⑳ 18 甲午 21 19 乙未 22 20 丙申 23 21 丁酉 24 22 戊戌 25 23 己亥 26 24 庚子 ㉗ 25 辛丑 28 26 壬寅 29 27 癸卯 30 28 甲辰 31 《9月》 29 乙巳 1 **30** 丙午 2	1 丁未 ③ 2 戊申 4 3 己酉 5 4 庚戌 6 5 辛亥 7 6 壬子 8 7 癸丑 9 8 甲寅 ⑩ 9 乙卯 11 10 丙辰 12 11 丁巳 13 12 戊午 14 13 己未 15 14 庚申 16 **15** 辛酉 ⑰ 16 壬戌 18 17 癸亥 19 18 甲子 20 19 乙丑 21 20 丙寅 22 21 丁卯 23 22 戊辰 ㉔ 23 己巳 25 24 庚午 26 25 辛未 27 26 壬申 28 27 癸酉 29 28 甲戌 30 《10月》 29 乙亥 ①	**1** 丙子 2 2 丁丑 3 3 戊寅 4 4 己卯 5 5 庚辰 6 6 辛巳 7 7 壬午 ⑧ 8 癸未 9 9 甲申 10 10 乙酉 11 11 丙戌 12 12 丁亥 13 13 戊子 14 14 己丑 ⑮ 15 庚寅 16 **16** 辛卯 17 17 壬辰 18 18 癸巳 19 19 甲午 20 20 乙未 21 21 丙申 ㉒ 22 丁酉 23 23 戊戌 24 24 己亥 25 25 庚子 26 26 辛丑 27 27 壬寅 28 28 癸卯 ㉙ 29 甲辰 30 30 乙巳 31	《11月》 **1** 丙午 1 2 丁未 2 3 戊申 3 4 己酉 4 5 庚戌 ⑤ 6 辛亥 6 7 壬子 7 8 癸丑 8 9 甲寅 9 10 乙卯 10 11 丙辰 11 12 丁巳 ⑫ 13 戊午 13 14 己未 14 15 庚申 15 16 辛酉 16 **17** 壬戌 17 18 癸亥 18 19 甲子 ⑲ 20 乙丑 20 21 丙寅 21 22 丁卯 22 23 戊辰 23 24 己巳 24 25 庚午 25 26 辛未 ㉖ 27 壬申 27 28 癸酉 28 29 甲戌 29	1 乙亥 30 《12月》 2 丙子 1 **3** 丁丑 2 4 戊寅 ③ 5 己卯 4 6 庚辰 5 7 辛巳 6 8 壬午 7 9 癸未 8 10 甲申 9 11 乙酉 ⑩ 12 丙戌 11 13 丁亥 12 14 戊子 13 15 己丑 14 16 庚寅 15 17 辛卯 16 **18** 壬辰 ⑰ 19 癸巳 18 20 甲午 19 21 乙未 20 22 丙申 21 23 丁酉 22 24 戊戌 23 25 己亥 ㉔ 26 庚子 25 27 辛丑 26 28 壬寅 27 29 癸卯 28 30 甲辰 29	1 乙巳 30 2 丙午 ㉛ **944** 年 《1月》 **3** 丁未 1 4 戊申 2 5 己酉 3 6 庚戌 4 7 辛亥 5 8 壬子 6 9 癸丑 ⑦ 10 甲寅 8 11 乙卯 9 12 丙辰 10 13 丁巳 11 14 戊午 12 15 己未 13 16 庚申 ⑭ 17 辛酉 15 18 壬戌 16 **19** 癸亥 17 20 甲子 18 21 乙丑 19 22 丙寅 20 23 丁卯 ㉑ 24 戊辰 22 25 己巳 23 26 庚午 24 27 辛未 25 28 壬申 26 29 癸酉 27
雨水 9日 啓蟄 24日	春分 10日 清明 25日	穀雨 11日 立夏 26日	小満 12日 芒種 27日	夏至 12日 小暑 28日	大暑 14日 立秋 29日	処暑 14日 白露 30日	秋分 15日	寒露 1日 霜降 16日	立冬 1日 小雪 17日	大雪 3日 冬至 18日	小寒 3日 大寒 19日

天慶**7**年（944－945） 甲辰

1月	2月	3月	4月	5月	6月	7月	8月	9月	10月	11月	12月	閏12月
1 甲戌 ㉘ 2 乙亥 29 3 丙子 30 4 丁丑 31 《2月》 **5** 戊寅 1 6 己卯 2 7 庚辰 3 8 辛巳 ④ 9 壬午 5 10 癸未 6 11 甲申 7 12 乙酉 8 13 丙戌 9 14 丁亥 10 15 戊子 ⑪ 16 己丑 12 17 庚寅 13 18 辛卯 14 19 壬辰 15 **20** 癸巳 16 21 甲午 17 22 乙未 ⑱ 23 丙申 19 24 丁酉 20 25 戊戌 21 26 己亥 22 27 庚子 23 28 辛丑 24 29 壬寅 ㉕ 30 癸卯 26	1 甲辰 27 2 乙巳 28 3 丙午 29 《3月》 4 丁未 1 **5** 戊申 2 6 己酉 ③ 7 庚戌 4 8 辛亥 5 9 壬子 6 10 癸丑 7 11 甲寅 8 12 乙卯 9 13 丙辰 ⑩ 14 丁巳 11 15 戊午 12 16 己未 13 17 庚申 14 18 辛酉 15 19 壬戌 16 **20** 癸亥 ⑰ 21 甲子 18 22 乙丑 19 23 丙寅 20 24 丁卯 21 25 戊辰 22 26 己巳 23 27 庚午 ㉔ 28 辛未 25 29 壬申 26	1 癸酉 27 2 甲戌 28 3 乙亥 29 4 丙子 30 5 丁丑 ㉛ 《4月》 6 戊寅 1 **7** 己卯 2 8 庚辰 3 9 辛巳 4 10 壬午 5 11 癸未 6 12 甲申 ⑦ 13 乙酉 8 14 丙戌 9 15 丁亥 10 16 戊子 11 17 己丑 12 18 庚寅 13 19 辛卯 ⑭ 20 壬辰 15 21 癸巳 16 **22** 甲午 17 23 乙未 18 24 丙申 19 25 丁酉 20 26 戊戌 ㉑ 27 己亥 22 28 庚子 23 29 辛丑 24 30 壬寅 25	1 癸卯 26 2 甲辰 27 3 乙巳 ㉘ 4 丙午 29 5 丁未 30 《5月》 6 戊申 1 **7** 己酉 2 8 庚戌 3 9 辛亥 4 10 壬子 ⑤ 11 癸丑 6 12 甲寅 7 13 乙卯 8 14 丙辰 9 15 丁巳 10 16 戊午 11 17 己未 ⑫ 18 庚申 13 19 辛酉 14 20 壬戌 15 21 癸亥 16 **22** 甲子 17 23 乙丑 18 24 丙寅 ⑲ 25 丁卯 20 26 戊辰 21 27 己巳 22 28 庚午 23 29 辛未 24	1 壬申 25 2 癸酉 ㉖ 3 甲戌 27 4 乙亥 28 5 丙子 29 6 丁丑 30 7 戊寅 31 《6月》 8 己卯 1 **9** 庚辰 ② 10 辛巳 3 11 壬午 4 12 癸未 5 13 甲申 6 14 乙酉 7 15 丙戌 8 16 丁亥 ⑨ 17 戊子 10 18 己丑 11 19 庚寅 12 20 辛卯 13 21 壬辰 14 22 癸巳 15 23 甲午 ⑯ **24** 乙未 17 25 丙申 18 26 丁酉 19 27 戊戌 20 28 己亥 21 29 庚子 22	1 辛丑 ㉓ 2 壬寅 24 3 癸卯 25 4 甲辰 26 5 乙巳 27 6 丙午 28 7 丁未 29 8 戊申 ㉚ 《7月》 9 己酉 1 **10** 庚戌 2 11 辛亥 3 12 壬子 4 13 癸丑 5 14 甲寅 6 15 乙卯 ⑦ 16 丙辰 8 17 丁巳 9 18 戊午 10 19 己未 11 20 庚申 12 21 辛酉 13 22 壬戌 ⑭ 23 癸亥 15 24 甲子 16 **25** 乙丑 17 26 丙寅 18 27 丁卯 19 28 戊辰 20 29 己巳 ㉑ 30 庚午 22	1 辛未 23 2 壬申 24 3 癸酉 25 4 甲戌 26 5 乙亥 27 6 丙子 ㉘ 7 丁丑 29 8 戊寅 30 9 己卯 31 《8月》 **10** 庚辰 1 11 辛巳 2 12 壬午 3 13 癸未 ④ 14 甲申 5 15 乙酉 6 16 丙戌 7 17 丁亥 8 18 戊子 9 19 己丑 10 20 庚寅 ⑪ 21 辛卯 12 22 壬辰 13 23 癸巳 14 24 甲午 15 25 乙未 16 **26** 丙申 17 27 丁酉 ⑱ 28 戊戌 19 29 己亥 20 30 庚子 21	1 辛丑 22 2 壬寅 23 3 癸卯 24 4 甲辰 ㉕ 5 乙巳 26 6 丙午 27 7 丁未 28 8 戊申 29 9 己酉 30 10 庚戌 31 《9月》 **11** 辛亥 ① 12 壬子 2 13 癸丑 3 14 甲寅 4 15 乙卯 5 16 丙辰 6 17 丁巳 7 18 戊午 ⑧ 19 己未 9 20 庚申 10 21 辛酉 11 22 壬戌 12 23 癸亥 13 24 甲子 14 25 乙丑 ⑮ **26** 丙寅 16 27 丁卯 17 28 戊辰 18 29 己巳 19	1 庚午 20 2 辛未 21 3 壬申 ㉒ 4 癸酉 23 5 甲戌 24 6 乙亥 25 7 丙子 26 8 丁丑 27 9 戊寅 28 10 己卯 ㉙ 11 庚辰 30 《10月》 **12** 辛巳 1 13 壬午 2 14 癸未 3 15 甲申 4 16 乙酉 5 17 丙戌 ⑥ 18 丁亥 7 19 戊子 8 20 己丑 9 21 庚寅 10 22 辛卯 11 23 壬辰 12 24 癸巳 ⑬ 25 甲午 14 26 乙未 15 **27** 丙申 16 28 丁酉 17 29 戊戌 18 30 己亥 19	1 庚子 ⑳ 2 辛丑 21 3 壬寅 22 4 癸卯 23 5 甲辰 24 6 乙巳 25 7 丙午 26 8 丁未 ㉗ 9 戊申 28 10 己酉 29 11 庚戌 30 12 辛亥 31 《11月》 **13** 壬子 1 14 癸丑 2 15 甲寅 ③ 16 乙卯 4 17 丙辰 5 18 丁巳 6 19 戊午 7 20 己未 8 21 庚申 9 22 辛酉 ⑩ 23 壬戌 11 24 癸亥 12 25 甲子 13 26 乙丑 14 27 丙寅 15 **28** 丁卯 16 29 戊辰 ⑰ 30 己巳 18	1 庚午 19 2 辛未 20 3 壬申 21 4 癸酉 22 5 甲戌 23 6 乙亥 ㉔ 7 丙子 25 8 丁丑 26 9 戊寅 27 10 己卯 28 11 庚辰 29 12 辛巳 30 《12月》 **13** 壬午 ① 14 癸未 2 15 甲申 3 16 乙酉 4 17 丙戌 5 18 丁亥 6 19 戊子 7 20 己丑 ⑧ 21 庚寅 9 22 辛卯 10 23 壬辰 11 24 癸巳 12 25 甲午 13 26 乙未 14 27 丙申 ⑮ **28** 丁酉 16 29 戊戌 17	1 己亥 18 2 庚子 19 3 辛丑 20 4 壬寅 21 5 癸卯 ㉒ 6 甲辰 23 7 乙巳 24 8 丙午 25 9 丁未 26 10 戊申 27 11 己酉 28 12 庚戌 ㉙ 13 辛亥 30 14 壬子 31 **945** 年 《1月》 **15** 癸丑 1 16 甲寅 2 17 乙卯 3 18 丙辰 4 19 丁巳 ⑤ 20 戊午 6 21 己未 7 22 庚申 8 23 辛酉 9 24 壬戌 10 25 癸亥 11 26 甲子 ⑫ 27 乙丑 13 28 丙寅 14 29 丁卯 15 **30** 戊辰 16	1 己巳 17 2 庚午 18 3 辛未 ⑲ 4 壬申 20 5 癸酉 21 6 甲戌 22 7 乙亥 23 8 丙子 24 9 丁丑 25 10 戊寅 ㉖ 11 己卯 27 12 庚辰 28 13 辛巳 29 14 壬午 30 **15** 癸未 31 《2月》 16 甲申 1 17 乙酉 ② 18 丙戌 3 19 丁亥 4 20 戊子 5 21 己丑 6 22 庚寅 7 23 辛卯 8 24 壬辰 ⑨ 25 癸巳 10 26 甲午 11 27 乙未 12 28 丙申 13 29 丁酉 14
立春 5日 雨水 20日	啓蟄 5日 春分 20日	清明 7日 穀雨 22日	立夏 7日 小満 22日	芒種 9日 夏至 24日	小暑 10日 大暑 25日	立秋 10日 処暑 26日	白露 11日 秋分 26日	寒露 12日 霜降 27日	立冬 13日 小雪 28日	大雪 13日 冬至 28日	小寒 15日 大寒 30日	立春15日

天慶8年（945－946） 乙巳

1月	2月	3月	4月	5月	6月	7月	8月	9月	10月	11月	12月
1 戊戌15	1 戊辰17	1 丁酉15	1 丙寅14	1 丙申13	1 乙丑12	1 乙未11	1 甲子9	1 甲午9	1 甲子8	1 甲午8	1 癸亥6
2 己亥⑯	**2** 己巳18	2 戊戌16	2 丁卯15	2 丁酉14	2 丙寅⑬	2 丙申12	2 乙丑10	2 乙未10	2 乙丑⑨	2 乙未9	2 甲子7
3 庚子17	3 庚午19	**3** 己亥17	3 戊辰16	3 戊戌⑮	3 丁卯14	3 丁酉13	3 丙寅11	3 丙申11	3 丙寅10	3 丙申10	3 乙丑8
4 辛丑18	4 辛未20	4 庚子18	4 己巳17	4 己亥16	4 戊辰15	4 戊戌14	4 丁卯12	4 丁酉⑫	4 丁卯11	4 丁酉11	4 丙寅9
5 壬寅19	5 壬申21	5 辛丑19	**5** 庚午⑱	**5** 庚子17	5 己巳16	5 己亥15	5 戊辰13	5 戊戌13	5 戊辰12	5 戊戌12	5 丁卯10
6 癸卯20	6 癸酉22	6 壬寅⑳	6 辛未19	6 辛丑18	**6** 庚午17	6 庚子16	6 己巳⑭	6 己亥14	6 己巳13	6 己亥13	6 戊辰⑪
7 甲辰21	7 甲戌㉓	7 癸卯21	7 壬申20	7 壬寅19	7 辛未18	**7** 辛丑⑰	7 庚午15	7 庚子15	7 庚午14	7 庚子⑭	7 己巳12
8 乙巳22	8 乙亥24	8 甲辰22	8 癸酉21	8 癸卯20	8 壬申19	8 壬寅18	**8** 辛未16	8 辛丑16	8 辛未15	8 辛丑15	8 庚午13
9 丙午㉓	9 丙子25	9 乙巳23	9 甲戌22	9 甲辰21	9 癸酉⑳	9 癸卯19	9 壬申17	**9** 壬寅17	**9** 壬申⑯	9 壬寅16	9 辛未14
10丁未24	10丁丑26	10丙午24	10乙亥23	10乙巳㉒	10甲戌21	10甲辰20	10癸酉18	10癸卯18	10癸酉17	**10**癸卯17	10壬申15
11戊申25	11戊寅27	11丁未25	11丙子24	11丙午23	11乙亥22	11乙巳21	11甲戌19	11甲辰⑲	11甲戌18	11甲辰18	**11**癸酉16
12己酉26	12己卯28	12戊申26	12丁丑㉕	12丁未24	12丙子23	12丙午22	12乙亥20	12乙巳20	12乙亥19	12乙巳19	12甲戌17
13庚戌27	13庚辰29	13己酉㉗	13戊寅26	13戊申25	13丁丑24	13丁未23	13丙子㉑	13丙午21	13丙子20	13丙午20	13乙亥⑱
14辛亥28	14辛巳㉚	14庚戌28	14己卯27	14己酉26	14戊寅25	14戊申㉔	14丁丑22	14丁未22	14丁丑21	14丁未㉑	14丙子19
《3月》	15壬午31	15辛亥29	15庚辰28	15庚戌27	15己卯26	15己酉25	15戊寅23	15戊申23	15戊寅22	15戊申22	15丁丑20
15壬子1	《4月》	16壬子30	16辛巳29	16辛亥28	16庚辰㉗	16庚戌26	16己卯24	16己酉24	16己卯㉓	16己酉23	16戊寅21
16癸丑②	16癸未1	《5月》	17壬午30	17壬子㉙	17辛巳28	17辛亥27	17庚辰25	17庚戌25	17庚辰24	17庚戌24	17己卯22
17甲寅3	**17**甲申2	17癸丑1	18癸未31	18癸丑30	18壬午29	18壬子28	18辛巳26	18辛亥㉖	18辛巳25	18辛亥25	18庚辰23
18乙卯4	18乙酉3	**18**甲寅2	《6月》	《7月》	19癸未30	19癸丑29	19壬午27	19壬子27	19壬午26	19壬子26	19辛巳24
19丙辰5	19丙戌4	19乙卯3	19甲申①	19甲寅1	20甲申31	20甲寅30	20癸未㉘	20癸丑28	20癸未27	20癸丑27	20壬午㉕
20丁巳6	20丁亥5	20丙辰④	**20**乙酉2	**20**乙卯2	《8月》	21乙卯㉛	21甲申29	21甲寅29	21甲申28	21甲寅㉘	21癸未26
21戊午7	21戊子⑥	21丁巳5	21丙戌3	21丙辰3	21乙酉1	《9月》	22乙酉30	22乙卯30	22乙酉29	22乙卯29	22甲申27
22己未8	22己丑7	22戊午6	22丁亥4	22丁巳4	**22**丙戌2	**22**丙辰1	《10月》	23丙辰31	23丙戌㉚	23丙辰30	23乙酉28
23庚申⑨	23庚寅8	23己未7	23戊子5	23戊午5	23丁亥③	23丁巳2	23丙戌1	《11月》	《12月》	24丁巳31	24丙戌29
24辛酉10	24辛卯9	24庚申8	24己丑6	24己未⑥	24戊子4	24戊午3	**24**丁亥2	**24**丁巳1	**24**丁亥1	**946年**	25丁亥30
25壬戌11	25壬辰10	25辛酉9	25庚寅7	25庚申7	25己丑5	25己未4	25戊子3	25戊午②	25戊子2	《1月》	**26**戊子31
26癸亥12	26癸巳11	26壬戌10	26辛卯⑧	26辛酉8	26庚寅6	26庚申5	26己丑4	26己未3	26己丑3	**25**戊午1	《2月》
27甲子13	27甲午12	27癸亥⑪	27壬辰9	27壬戌9	27辛卯7	27辛酉6	27庚寅⑤	27庚申4	27庚寅4	26己未2	27己丑①
28乙丑14	28乙未⑬	28甲子12	28癸巳10	28癸亥10	28壬辰8	28壬戌⑦	28辛卯6	28辛酉5	28辛卯5	27庚申3	28庚寅2
29丙寅15	29丙申14	29乙丑13	29甲午11	29甲子11	29癸巳9	29癸亥8	29壬辰7	29壬戌6	29壬辰6	28辛酉④	29辛卯3
30丁卯⑯			30乙未12		30甲午⑩		30癸巳8	30癸亥7	30癸巳⑦	29壬戌5	30壬辰4
雨水1日 啓蟄16日	春分2日 清明17日	穀雨3日 立夏18日	小満5日 芒種20日	夏至5日 小暑20日	大暑6日 立秋22日	処暑7日 白露22日	秋分8日 寒露24日	霜降9日 立冬24日	小雪9日 大雪24日	冬至10日 小寒25日	大寒11日 立春26日

天慶9年（946－947） 丙午

1月	2月	3月	4月	5月	6月	7月	8月	9月	10月	11月	12月
1 癸巳5	1 壬戌6	1 壬辰⑤	1 辛酉4	**1** 庚寅2	**1** 庚申2	1 己丑31	1 己未㉚	1 戊子28	1 戊午28	1 戊子27	1 丁巳26
2 甲午6	2 癸亥7	2 癸巳6	2 壬戌5	2 辛卯3	2 辛酉3	《8月》	2 庚申31	2 己丑29	2 己未29	2 己丑28	2 戊午㉗
3 乙未7	3 甲子⑧	3 甲午7	3 癸亥6	3 壬辰4	3 壬戌4	2 庚寅1	《9月》	3 庚寅30	3 庚申30	3 庚寅㉙	3 己未28
4 丙申⑧	4 乙丑9	4 乙未8	4 甲子7	4 癸巳5	4 癸亥⑤	**3** 辛卯②	**3** 辛酉1	《10月》	4 辛酉31	4 辛卯30	4 庚申29
5 丁酉9	5 丙寅10	5 丙申9	5 乙丑8	5 甲午6	5 甲子6	4 壬辰3	4 壬戌2	4 辛卯1	《11月》	《12月》	5 辛酉30
6 戊戌10	6 丁卯11	6 丁酉10	6 丙寅9	6 乙未⑦	6 乙丑7	5 癸巳4	5 癸亥3	**5** 壬辰2	**5** 壬戌①	5 壬辰1	6 壬戌31
7 己亥11	7 戊辰12	7 戊戌11	7 丁卯⑩	7 丙申8	7 丙寅8	6 甲午5	6 甲子4	6 癸巳3	6 癸亥2	**6** 癸巳2	**947年**
8 庚子12	8 己巳13	8 己亥⑫	8 戊辰11	8 丁酉9	8 丁卯9	7 乙未6	7 乙丑5	7 甲午④	7 甲子3	7 甲午3	《1月》
9 辛丑13	9 庚午14	9 庚子13	9 己巳12	9 戊戌10	9 戊辰10	8 丙申7	8 丙寅⑥	8 乙未5	8 乙丑4	8 乙未4	**7** 癸亥1
10壬寅14	10辛未⑮	10辛丑14	10庚午13	10己亥11	10己巳11	9 丁酉8	9 丁卯7	9 丙申6	9 丙寅5	9 丙申5	8 甲子2
11癸卯⑮	11壬申16	11壬寅15	11辛未14	11庚子12	11庚午⑫	10戊戌⑨	10戊辰8	10丁酉7	10丁卯6	10丁酉⑥	9 乙丑③
12甲辰16	12癸酉17	12癸卯16	12壬申15	12辛丑13	12辛未13	11己亥10	11己巳9	11戊戌8	11戊辰7	11戊戌7	10丙寅4
13乙巳17	**13**甲戌18	**13**甲辰17	13癸酉16	13壬寅⑭	13壬申14	12庚子11	12庚午10	12己亥9	12己巳⑧	**12**己亥8	11丁卯5
14丙午18	14乙亥19	14乙巳18	14甲戌⑰	14癸卯15	14癸酉15	13辛丑12	13辛未11	13庚子10	13庚午9	13庚子9	12戊辰6
15丁未19	15丙子20	15丙午⑲	**15**乙亥18	15甲辰16	15甲戌16	14壬寅13	14壬申12	14辛丑⑪	14辛未10	14辛丑10	13己巳7
16戊申20	16丁丑21	16丁未20	16丙子19	**16**乙巳17	16乙亥17	15癸卯14	15癸酉⑬	15壬寅12	15壬申11	15壬寅11	14庚午8
17己酉21	17戊寅㉒	17戊申21	17丁丑20	17丙午18	**17**丙子18	16甲辰15	16甲戌14	16癸卯13	16癸酉12	16癸卯12	15辛未9
18庚戌㉒	18己卯23	18己酉22	18戊寅21	18丁未19	18丁丑⑲	17乙巳⑯	17乙亥15	17甲辰14	17甲戌13	17甲辰⑬	16壬申⑩
19辛亥23	19庚辰24	19庚戌23	19己卯22	19戊申20	19戊寅20	**18**丙午17	18丙子16	18乙巳15	18乙亥14	18乙巳14	17癸酉11
20壬子24	20辛巳25	20辛亥24	20庚辰23	20己酉㉑	20己卯21	19丁未18	**19**丁丑17	19丙午16	19丙子⑮	19丙午15	18甲戌12
21癸丑25	21壬午26	21壬子25	21辛巳㉔	21庚戌22	21庚辰22	20戊申19	20戊寅18	**20**丁未⑰	**20**丁丑16	20丁未16	19乙亥13
22甲寅26	22癸未27	22癸丑㉖	22壬午25	22辛亥23	22辛巳23	21己酉20	21己卯19	21戊申18	21戊寅17	**21**戊申17	20丙子14
23乙卯27	23甲申28	23甲寅27	23癸未26	23壬子24	23壬午24	22庚戌21	22庚辰⑳	22己酉19	22己卯18	22己酉18	21丁丑15
24丙辰28	24乙酉㉙	24乙卯28	24甲申27	24癸丑25	24癸未25	23辛亥22	23辛巳21	23庚戌20	23庚辰19	23庚戌19	**22**戊寅16
《3月》	25丙戌30	25丙辰29	25乙酉28	25甲寅26	25甲申㉖	24壬子㉓	24壬午22	24辛亥21	24辛巳20	24辛亥⑳	23己卯⑰
25丁巳①	26丁亥31	26丁巳30	26丙戌29	26乙卯27	26乙酉27	25癸丑24	25癸未23	25壬子22	25壬午21	25壬子21	24庚辰18
26戊午2	《4月》	《5月》	27丁亥30	27丙辰㉘	27丙戌28	26甲寅25	26甲申24	26癸丑23	26癸未㉒	26癸丑22	25辛巳19
27己未3	27戊子1	27戊午1	28戊子㉛	28丁巳29	28丁亥29	27乙卯26	27乙酉25	27甲寅24	27甲申23	27甲寅23	26壬午20
28庚申4	**28**己丑2	28己未2	《6月》	29戊午30	29戊子30	28丙辰27	28丙戌26	28乙卯㉕	28乙酉24	28乙卯24	27癸未21
29辛酉5	29庚寅3	**29**庚申③	29己丑1	《7月》		29丁巳28	29丁亥㉗	29丙辰26	29丙戌25	29丙辰25	28甲申22
	30辛卯4			30己未1		30戊午29		30丁巳27	30丁亥26		29乙酉23
											30丙戌㉔
雨水11日 啓蟄27日	春分13日 清明28日	穀雨13日 立夏29日	小満15日	芒種1日 夏至16日	小暑1日 大暑17日	立秋3日 処暑18日	白露3日 秋分19日	寒露5日 霜降20日	立冬5日 小雪20日	大雪6日 冬至21日	小寒7日 大寒22日

天暦元年〔天慶10年〕（947－948） 丁未

改元 4/22（天慶→天暦）

1月	2月	3月	4月	5月	6月	7月	閏7月	8月	9月	10月	11月	12月
1 丁亥25 2 戊子26 3 己丑27 4 庚寅28 5 辛卯29 6 壬辰30 7 癸巳㉛ 《2月》 8 甲午 1 9 乙未 2 10丙申 3 11丁酉 4 12戊戌 5 13己亥 6 14庚子⑦ 15辛丑 8 16壬寅 9 17癸卯10 18甲辰11 19乙巳12 20丙午13 21丁未⑭ 22戊申15 23己酉16 24庚戌17 25辛亥18 26壬子19 27癸丑20 28甲寅㉑ 29乙卯22 30丙辰23	1 丁巳24 2 戊午25 3 己未26 4 庚申27 5 辛酉㉘ 《3月》 6 壬戌 1 7 癸亥 2 8 甲子 3 9 乙丑 4 10丙寅 5 11丁卯 6 12戊辰⑦ 13己巳 8 14庚午 9 15辛未10 16壬申11 17癸酉12 18甲戌13 19乙亥⑭ 20丙子15 21丁丑16 22戊寅17 23己卯18 24庚辰19 25辛巳20 26壬午㉑ 27癸未22 28甲申23 29乙酉24	1 丙戌25 2 丁亥26 3 戊子27 4 己丑㉘ 5 庚寅29 6 辛卯30 7 壬辰31 《4月》 8 癸巳 1 9 甲午 2 10乙未 3 11丙申④ 12丁酉 5 13戊戌 6 14己亥 7 15庚子 8 16辛丑 9 17壬寅10 18癸卯⑪ 19甲辰12 20乙巳13 21丙午14 22丁未15 23戊申16 24己酉17 25庚戌⑱ 26辛亥19 27壬子20 28癸丑21 29甲寅22 30乙卯23	1 丙辰24 2 丁巳㉕ 3 戊午26 4 己未27 5 庚申28 6 辛酉29 7 壬戌30 《5月》 8 癸亥 1 9 甲子② 10乙丑 3 11丙寅 4 12丁卯 5 13戊辰 6 14己巳 7 15庚午 8 16辛未⑨ 17壬申10 18癸酉11 19甲戌12 20乙亥13 21丙子14 22丁丑15 23戊寅⑯ 24己卯17 25庚辰18 26辛巳19 27壬午20 28癸未21 29甲申22	1 乙酉㉓ 2 丙戌24 3 丁亥25 4 戊子26 5 己丑27 6 庚寅28 7 辛卯29 8 壬辰㉚ 9 癸巳31 《6月》 10甲午 1 11乙未 2 12丙申 3 13丁酉 4 14戊戌 5 15己亥⑥ 16庚子 7 17辛丑 8 18壬寅 9 19癸卯10 20甲辰11 21乙巳12 22丙午⑬ 23丁未14 24戊申15 25己酉16 26庚戌17 27辛亥18 28壬子19 29癸丑⑳	1 甲寅21 2 乙卯22 3 丙辰23 4 丁巳24 5 戊午25 6 己未26 7 庚申㉗ 8 辛酉28 9 壬戌29 10癸亥30 《7月》 11甲子 1 12乙丑 2 13丙寅 3 14丁卯④ 15戊辰 5 16己巳 6 17庚午 7 18辛未 8 19壬申 9 20癸酉10 21甲戌⑪ 22乙亥12 23丙子13 24丁丑14 25戊寅15 26己卯16 27庚辰17 28辛巳⑱ 29壬午19 30癸未20	1 甲申21 2 乙酉22 3 丙戌23 4 丁亥24 5 戊子㉕ 6 己丑26 7 庚寅27 8 辛卯28 9 壬辰29 10癸巳30 11甲午31 《8月》 12乙未① 13丙申 2 14丁酉 3 15戊戌 4 16己亥 5 17庚子 6 18辛丑 7 19壬寅⑧ 20癸卯 9 21甲辰10 22乙巳11 23丙午12 24丁未13 25戊申14 26己酉⑮ 27庚戌16 28辛亥17 29壬子18	1 癸丑19 2 甲寅20 3 乙卯21 4 丙辰㉒ 5 丁巳23 6 戊午24 7 己未25 8 庚申26 9 辛酉27 10壬戌28 11癸亥㉙ 12甲子30 13乙丑31 《9月》 14丙寅 1 15丁卯 2 16戊辰 3 17己巳 4 18庚午⑤ 19辛未 6 20壬申 7 21癸酉 8 22甲戌 9 23乙亥10 24丙子11 25丁丑⑫ 26戊寅13 27己卯14 28庚辰15 29辛巳16	1 壬午17 2 癸未18 3 甲申⑲ 4 乙酉20 5 丙戌21 6 丁亥22 7 戊子23 8 己丑24 9 庚寅25 10辛卯㉖ 11壬辰27 12癸巳28 13甲午29 14乙未30 《10月》 15丙申 1 16丁酉 2 17戊戌③ 18己亥 4 19庚子 5 20辛丑 6 21壬寅 7 22癸卯 8 23甲辰 9 24乙巳⑩ 25丙午11 26丁未12 27戊申13 28己酉14 29庚戌15 30辛亥16	1 壬子⑰ 2 癸丑18 3 甲寅19 4 乙卯20 5 丙辰21 6 丁巳22 7 戊午23 8 己未㉔ 9 庚申25 10辛酉26 11壬戌27 12癸亥28 13甲子29 14乙丑30 15丙寅㉛ 《11月》 16丁卯 1 17戊辰 2 18己巳 3 19庚午 4 20辛未 5 21壬申 6 22癸酉⑦ 23甲戌 8 24乙亥 9 25丙子10 26丁丑11 27戊寅12 28己卯13 29庚辰⑭ 30辛巳15	1 壬午16 2 癸未17 3 甲申18 4 乙酉19 5 丙戌20 6 丁亥㉑ 7 戊子22 8 己丑23 9 庚寅24 10辛卯25 11壬辰26 12癸巳27 13甲午㉘ 14乙未29 15丙申30 《12月》 16丁酉 1 17戊戌 2 18己亥 3 19庚子 4 20辛丑⑤ 21壬寅 6 22癸卯 7 23甲辰 8 24乙巳 9 25丙午10 26丁未11 27戊申⑫ 28己酉13 29庚戌14	1 辛亥15 2 壬子16 3 癸丑17 4 甲寅18 5 乙卯⑲ 6 丙辰20 7 丁巳21 8 戊午22 9 己未23 10庚申24 11辛酉25 12壬戌㉖ 13癸亥27 14甲子28 15乙丑29 16丙寅30 17丁卯31 948年 《1月》 18戊辰 1 19己巳② 20庚午 3 21辛未 4 22壬申 5 23癸酉 6 24甲戌 7 25乙亥 8 26丙子⑨ 27丁丑10 28戊寅11 29己卯12 30庚辰13	1 辛巳14 2 壬午15 3 癸未⑯ 4 甲申17 5 乙酉18 6 丙戌19 7 丁亥20 8 戊子21 9 己丑22 10庚寅㉓ 11辛卯24 12壬辰25 13癸巳26 14甲午27 15乙未28 16丙申29 17丁酉㉚ 18戊戌31 《2月》 19己亥 1 20庚子 2 21辛丑 3 22壬寅 4 23癸卯 5 24甲辰⑥ 25乙巳 7 26丙午 8 27丁未 9 28戊申10 29己酉11 30庚戌12
立春 7日 雨水 23日	啓蟄 8日 春分 23日	清明 9日 穀雨 25日	立夏 10日 小満 25日	芒種 11日 夏至 26日	小暑 13日 大暑 28日	立秋 13日 処暑 28日	白露15日	秋分 1日 寒露 16日	霜降 1日 立冬 16日	小雪 2日 大雪 17日	冬至 3日 小寒 18日	大寒 4日 立春 19日

天暦2年（948－949） 戊申

1月	2月	3月	4月	5月	6月	7月	8月	9月	10月	11月	12月
1 辛亥⑬ 2 壬子14 3 癸丑15 4 甲寅16 5 乙卯17 6 丙辰18 7 丁巳19 8 戊午⑳ 9 己未21 10庚申22 11辛酉23 12壬戌24 13癸亥25 14甲子26 15乙丑㉗ 16丙寅28 17丁卯29 《3月》 18戊辰 1 19己巳 2 20庚午 3 21辛未 4 22壬申⑤ 23癸酉 6 24甲戌 7 25乙亥 8 26丙子 9 27丁丑10 28戊寅11 29己卯⑫ 30庚辰13	1 辛巳14 2 壬午15 3 癸未16 4 甲申17 5 乙酉18 6 丙戌⑲ 7 丁亥20 8 戊子21 9 己丑22 10庚寅23 11辛卯24 12壬辰25 13癸巳㉖ 14甲午27 15乙未28 16丙申29 17丁酉30 18戊戌31 《4月》 19己亥 1 20庚子② 21辛丑 3 22壬寅 4 23癸卯 5 24甲辰 6 25乙巳 7 26丙午 8 27丁未⑨ 28戊申10 29己酉11	1 庚戌12 2 辛亥13 3 壬子14 4 癸丑15 5 甲寅⑯ 6 乙卯17 7 丙辰18 8 丁巳19 9 戊午20 10己未21 11庚申22 12辛酉㉓ 13壬戌24 14癸亥25 15甲子26 16乙丑27 17丙寅28 18丁卯29 19戊辰㉚ 《5月》 20己巳 1 21庚午 2 22辛未 3 23壬申 4 24癸酉 5 25甲戌 6 26乙亥⑦ 27丙子 8 28丁丑 9 29戊寅10 30己卯11	1 庚辰12 2 辛巳13 3 壬午⑭ 4 癸未15 5 甲申16 6 乙酉17 7 丙戌18 8 丁亥19 9 戊子20 10己丑㉑ 11庚寅22 12辛卯23 13壬辰24 14癸巳25 15甲午26 16乙未27 17丙申㉘ 18丁酉29 19戊戌30 20己亥31 《6月》 21庚子 1 22辛丑 2 23壬寅 3 24癸卯④ 25甲辰 5 26乙巳 6 27丙午 7 28丁未 8 29戊申 9	1 己酉10 2 庚戌⑪ 3 辛亥12 4 壬子13 5 癸丑14 6 甲寅15 7 乙卯16 8 丙辰17 9 丁巳⑱ 10戊午19 11己未20 12庚申21 13辛酉22 14壬戌23 15癸亥24 16甲子㉕ 17乙丑26 18丙寅27 19丁卯28 20戊辰29 21己巳30 《7月》 22庚午 1 23辛未② 24壬申 3 25癸酉 4 26甲戌 5 27乙亥 6 28丙子 7 29丁丑 8	1 戊寅⑨ 2 己卯10 3 庚辰11 4 辛巳12 5 壬午13 6 癸未14 7 甲申15 8 乙酉⑯ 9 丙戌17 10丁亥18 11戊子19 12己丑20 13庚寅21 14辛卯22 15壬辰㉓ 16癸巳24 17甲午25 18乙未26 19丙申27 20丁酉28 21戊戌29 22己亥㉚ 23庚子31 《8月》 24辛丑 1 25壬寅 2 26癸卯 3 27甲辰 4 28乙巳 5 29丙午⑥ 30丁未 7	1 戊申 8 2 己酉 9 3 庚戌10 4 辛亥11 5 壬子12 6 癸丑⑬ 7 甲寅14 8 乙卯15 9 丙辰16 10丁巳17 11戊午18 12己未19 13庚申⑳ 14辛酉21 15壬戌22 16癸亥23 17甲子24 18乙丑25 19丙寅26 20丁卯㉗ 21戊辰28 22己巳29 23庚午30 24辛未31 《9月》 25壬申 1 26癸酉 2 27甲戌③ 28乙亥 4 29丙子 5	1 丁丑 6 2 戊寅 7 3 己卯 8 4 庚辰 9 5 辛巳⑩ 6 壬午11 7 癸未12 8 甲申13 9 乙酉14 10丙戌15 11丁亥16 12戊子⑰ 13己丑18 14庚寅19 15辛卯20 16壬辰21 17癸巳22 18甲午23 19乙未㉔ 20丙申25 21丁酉26 22戊戌27 23己亥28 24庚子29 25辛丑30 《10月》 26壬寅① 27癸卯 2 28甲辰 3 29乙巳 4	1 丙午 5 2 丁未 6 3 戊申 7 4 己酉⑧ 5 庚戌 9 6 辛亥10 7 壬子11 8 癸丑12 9 甲寅13 10乙卯14 11丙辰⑮ 12丁巳16 13戊午17 14己未18 15庚申19 16辛酉20 17壬戌21 18癸亥㉒ 19甲子23 20乙丑24 21丙寅25 22丁卯26 23戊辰27 24己巳28 25庚午㉙ 26辛未30 27壬申31 《11月》 28癸酉 1 29甲戌 2 30乙亥 3	1 丙子 4 2 丁丑⑤ 3 戊寅 6 4 己卯 7 5 庚辰 8 6 辛巳 9 7 壬午10 8 癸未11 9 甲申⑫ 10乙酉13 11丙戌14 12丁亥15 13戊子16 14己丑17 15庚寅18 16辛卯⑲ 17壬辰20 18癸巳21 19甲午22 20乙未23 21丙申24 22丁酉25 23戊戌㉖ 24己亥27 25庚子28 26辛丑29 27壬寅30 《12月》 28癸卯 1 29甲辰 2 30乙巳③	1 丙午 4 2 丁未 5 3 戊申 6 4 己酉 7 5 庚戌 8 6 辛亥 9 7 壬子⑩ 8 癸丑11 9 甲寅12 10乙卯13 11丙辰14 12丁巳15 13戊午16 14己未⑰ 15庚申18 16辛酉19 17壬戌20 18癸亥21 19甲子22 20乙丑23 21丙寅㉔ 22丁卯25 23戊辰26 24己巳27 25庚午28 26辛未29 27壬申30 28癸酉㉛ 949年 《1月》 29甲戌 1	1 乙亥 2 2 丙子 3 3 丁丑 4 4 戊寅 5 5 己卯 6 6 庚辰⑦ 7 辛巳 8 8 壬午 9 9 癸未10 10甲申11 11乙酉12 12丙戌13 13丁亥⑭ 14戊子15 15己丑16 16庚寅17 17辛卯18 18壬辰19 19癸巳20 20甲午㉑ 21乙未22 22丙申23 23丁酉24 24戊戌25 25己亥26 26庚子27 27辛丑㉘ 28壬寅29 29癸卯30 30甲辰31
雨水 4日 啓蟄 19日	春分 4日 清明 20日	穀雨 6日 立夏 21日	小満 6日 芒種 21日	夏至 8日 小暑 23日	大暑 9日 立秋 24日	処暑 10日 白露 25日	秋分 11日 寒露 26日	霜降 12日 立冬 28日	小雪 13日 大雪 28日	冬至 13日 小寒 29日	大寒 15日 立春 30日

天暦3年（949－950） 己酉

1月	2月	3月	4月	5月	6月	7月	8月	9月	10月	11月	12月
《2月》	1 乙亥 3	《4月》	《5月》	1 甲辰31	1 癸酉29	1 壬寅28	1 壬申27	1 辛丑25	1 庚午24	1 庚子23	1 庚午㉓
1 乙巳 1	2 丙子④	1 甲辰①	1 甲戌 1	《6月》	2 甲戌30	2 癸卯㉙	2 癸酉28	2 壬寅26	2 辛未25	2 辛丑24	2 辛未24
2 丙午 2	3 丁丑 5	2 乙巳 2	2 乙亥 2	2 乙巳 1	《7月》	3 甲辰30	3 甲戌29	3 癸卯27	3 壬申26	3 壬寅㉕	3 壬申25
3 丁未 3	4 戊寅 6	3 丙午 3	3 丙子 3	3 丙午 2	3 乙亥①	4 乙巳31	4 乙亥30	4 甲辰28	4 癸酉27	4 癸卯26	4 癸酉26
4 戊申④	5 己卯 7	4 丁未 4	4 丁丑 4	4 丁未③	4 丙子 2	《8月》	5 丙子31	5 乙巳29	5 甲戌㉘	5 甲辰27	5 甲戌27
5 己酉 5	6 庚辰 8	5 戊申 5	5 戊寅 5	5 戊申 4	5 丁丑 3	5 丙午 1	《9月》	6 丙午㉚	6 乙亥29	6 乙巳28	6 乙亥28
6 庚戌 6	7 辛巳 9	6 己酉 6	6 己卯⑥	6 己酉 5	6 戊寅 4	6 丁未 2	6 丁丑 1	《10月》	7 丙子30	7 丙午29	7 丙子29
7 辛亥 7	8 壬午10	7 庚戌 7	7 庚辰 7	7 庚戌 6	7 己卯 5	7 戊申 3	7 戊寅②	7 丁未 1	8 丁丑31	8 丁未30	8 丁丑㉚
8 壬子 8	9 癸未⑪	8 辛亥⑧	8 辛巳 8	8 辛亥 7	8 庚辰 6	8 己酉 4	8 己卯 3	8 戊申 2	《11月》	《12月》	9 戊寅31
9 癸丑 9	10甲申12	9 壬子 9	9 壬午 9	9 壬子 8	9 辛巳 7	9 庚戌⑤	9 庚辰 4	9 己酉 3	9 戊寅 1	9 戊申 1	950年
10甲寅10	11乙酉13	10癸丑10	10癸未10	10癸丑 9	10壬午⑧	10辛亥 6	10辛巳 5	10庚戌 4	10己卯 2	10己酉②	《1月》
11乙卯⑪	12丙戌14	11甲寅11	11甲申11	11甲寅⑩	11癸未 9	11壬子 7	11壬午 6	11辛亥 5	11庚辰 3	11庚戌 3	10己卯 1
12丙辰12	13丁亥15	12乙卯12	12乙酉12	12乙卯11	12甲申10	12癸丑 8	12癸未 7	12壬子 6	12辛巳④	12辛亥 4	11庚辰 2
13丁巳13	14戊子16	13丙辰13	13丙戌⑬	13丙辰12	13乙酉11	13甲寅 9	13甲申 8	13癸丑⑦	13壬午 5	13壬子 5	12辛巳 3
14戊午14	15己丑17	14丁巳14	14丁亥14	14丁巳13	14丙戌12	14乙卯10	14乙酉⑨	14甲寅 8	14癸未 6	14癸丑 6	13壬午 4
15己未15	16庚寅⑱	15戊午⑮	15戊子15	15戊午14	15丁亥13	15丙辰11	15丙戌10	15乙卯 9	15甲申 7	15甲寅 7	14癸未 5
16庚申16	17辛卯19	16己未16	16己丑16	16己未15	16戊子14	16丁巳⑫	16丁亥11	16丙辰10	16乙酉 8	16乙卯 8	15甲申⑥
17辛酉17	18壬辰20	17庚申17	17庚寅17	17庚申16	17己丑⑮	17戊午13	17戊子12	17丁巳11	17丙戌 9	17丙辰⑨	16乙酉 7
18壬戌⑱	19癸巳21	18辛酉18	18辛卯18	18辛酉⑰	18庚寅16	18己未14	18己丑13	18戊午12	18丁亥10	18丁巳10	17丙戌 8
19癸亥19	20甲午22	19壬戌19	19壬辰19	19壬戌18	19辛卯17	19庚申15	19庚寅14	19己未13	19戊子⑪	19戊午11	18丁亥 9
20甲子20	21乙未23	20癸亥20	20癸巳⑳	20癸亥19	20壬辰18	20辛酉16	20辛卯15	20庚申⑭	20己丑12	20己未12	19戊子10
21乙丑21	22丙申24	21甲子21	21甲午21	21甲子20	21癸巳19	21壬戌17	21壬辰⑯	21辛酉15	21庚寅13	21庚申13	20己丑11
22丙寅22	23丁酉㉕	22乙丑㉒	22乙未22	22乙丑21	22甲午20	22癸亥18	22癸巳17	22壬戌16	22辛卯14	22辛酉14	21庚寅12
23丁卯23	24戊戌26	23丙寅23	23丙申23	23丙寅22	23乙未21	23甲子⑲	23甲午18	23癸亥17	23壬辰15	23壬戌15	22辛卯⑬
24戊辰24	25己亥27	24丁卯24	24丁酉24	24丁卯23	24丙申㉒	24乙丑20	24乙未19	24甲子18	24癸巳16	24癸亥⑯	23壬辰14
25己巳㉕	26庚子28	25戊辰25	25戊戌25	25戊辰㉔	25丁酉23	25丙寅21	25丙申20	25乙丑19	25甲午17	25甲子17	24癸巳15
26庚午26	27辛丑29	26己巳26	26己亥26	26己巳25	26戊戌24	26丁卯22	26丁酉21	26丙寅20	26乙未⑱	26乙丑18	25甲午16
27辛未27	28壬寅30	27庚午27	27庚子㉗	27庚午26	27己亥25	27戊辰23	27戊戌22	27丁卯㉑	27丙申19	27丙寅19	26乙未17
28壬申28	29癸卯31	28辛未28	28辛丑28	28辛未27	28庚子26	28己巳24	28己亥㉓	28戊辰22	28丁酉20	28丁卯20	27丙申18
《3月》		29壬申㉙	29壬寅29	29壬申28	29辛丑27	29庚午25	29庚子24	29己巳23	29戊戌21	29戊辰21	28丁酉19
29癸酉 1		30癸酉30	30癸卯30			30辛未㉖			30己亥22	30己巳22	29戊戌⑳
30甲戌 2											
雨水 15日 啓蟄 30日	春分 16日	清明 2日 穀雨 17日	立夏 2日 小満 18日	芒種 3日 夏至 18日	小暑 4日 大暑 19日	立秋 6日 処暑 21日	白露 6日 秋分 21日	寒露 7日 霜降 23日	立冬 9日 小雪 24日	大雪 9日 冬至 25日	小寒 10日 大寒 25日

天暦4年（950－951） 庚戌

1月	2月	3月	4月	5月	閏5月	6月	7月	8月	9月	10月	11月	12月
1 己亥21	1 己巳20	1 戊戌21	1 戊辰20	1 戊戌20	1 丁卯18	1 丁酉18	1 丙寅16	1 丙申⑮	1 乙丑14	1 乙未13	1 甲子12	1 甲午11
2 庚子22	2 庚午21	2 己亥22	2 己巳㉑	2 己亥21	2 戊辰19	2 戊戌19	2 丁卯17	2 丁酉16	2 丙寅15	2 丙申14	2 乙丑13	2 乙未⑫
3 辛丑23	3 辛未22	3 庚子23	3 庚午22	3 庚子22	3 己巳20	3 己亥20	3 戊辰⑱	3 戊戌17	3 丁卯16	3 丁酉15	3 丙寅14	3 丙申13
4 壬寅24	4 壬申23	4 辛丑㉔	4 辛未23	4 辛丑23	4 庚午21	4 庚子㉑	4 己巳19	4 己亥18	4 戊辰17	4 戊戌16	4 丁卯⑮	4 丁酉14
5 癸卯25	5 癸酉㉔	5 壬寅25	5 壬申24	5 壬寅24	5 辛未22	5 辛丑22	5 庚午20	5 庚子19	5 己巳18	5 己亥⑰	5 戊辰16	5 戊戌15
6 甲辰26	6 甲戌25	6 癸卯26	6 癸酉25	6 癸卯25	6 壬申㉓	6 壬寅23	6 辛未21	6 辛丑20	6 庚午19	6 庚子18	6 己巳17	6 己亥16
7 乙巳㉗	7 乙亥26	7 甲辰27	7 甲戌26	7 甲辰㉖	7 癸酉24	7 癸卯24	7 壬申22	7 壬寅21	7 辛未⑳	7 辛丑19	7 庚午18	7 庚子17
8 丙午28	8 丙子27	8 乙巳28	8 乙亥27	8 乙巳27	8 甲戌25	8 甲辰25	8 癸酉23	8 癸卯㉒	8 壬申21	8 壬寅20	8 辛未19	8 辛丑18
9 丁未29	9 丁丑28	9 丙午29	9 丙子㉘	9 丙午28	9 乙亥26	9 乙巳26	9 甲戌24	9 甲辰23	9 癸酉22	9 癸卯21	9 壬申20	9 壬寅⑲
10戊申30	《3月》	10丁未30	10丁丑29	10丁未29	10丙子27	10丙午27	10乙亥㉕	10乙巳24	10甲戌23	10甲辰22	10癸酉21	10癸卯20
11己酉31	10戊寅 1	11戊申㉛	11戊寅30	11戊申30	11丁丑28	11丁未㉘	11丙子26	11丙午25	11乙亥24	11乙巳23	11甲戌㉒	11甲辰21
《2月》	11己卯 2	《4月》	《5月》	12己酉31	12戊寅29	12戊申29	12丁丑27	12丁未26	12丙子25	12丙午㉔	12乙亥23	12乙巳22
12庚戌 1	12庚辰③	12己酉 1	12己卯 1	《6月》	13己卯㉚	13己酉30	13戊寅28	13戊申27	13丁丑26	13丁未25	13丙子24	13丙午23
13辛亥 2	13辛巳 4	13庚戌 2	13庚辰 2	13庚戌 1	《7月》	14庚戌31	14己卯29	14己酉28	14戊寅㉗	14戊申26	14丁丑25	14丁未24
14壬子③	14壬午 5	14辛亥 3	14辛巳 3	14辛亥②	14庚辰 1	《8月》	15庚辰30	15庚戌㉙	15己卯28	15己酉27	15戊寅26	15戊申25
15癸丑 4	15癸未 6	15壬子 4	15壬午 4	15壬子 3	15辛巳 2	15辛亥 1	16辛巳31	16辛亥30	16庚辰29	16庚戌28	16己卯27	16己酉㉖
16甲寅 5	16甲申 7	16癸丑 5	16癸未⑤	16癸丑 4	16壬午 3	16壬子 2	《9月》	《10月》	17辛巳30	17辛亥29	17庚辰28	17庚戌27
17乙卯 6	17乙酉 8	17甲寅 6	17甲申 6	17甲寅 5	17癸未 4	17癸丑 3	17壬午①	17壬子 1	18壬午31	18壬子30	18辛巳㉙	18辛亥28
18丙辰 7	18丙戌 9	18乙卯⑦	18乙酉 7	18乙卯 6	18甲申 5	18甲寅④	18癸未 2	18癸丑 2	《11月》	《12月》	19壬午30	19壬子29
19丁巳 8	19丁亥⑩	19丙辰 8	19丙戌 8	19丙辰 7	19乙酉 6	19乙卯 5	19甲申 3	19甲寅 3	19癸未 1	19癸丑①	20癸未31	20癸丑30
20戊午 9	20戊子11	20丁巳 9	20丁亥 9	20丁巳 8	20丙戌⑦	20丙辰 6	20乙酉 4	20乙卯 4	20甲申 2	20甲寅 2	951年	21甲寅31
21己未⑩	21己丑12	21戊午10	21戊子10	21戊午⑨	21丁亥 8	21丁巳 7	21丙戌 5	21丙辰 5	21乙酉③	21乙卯 3	《1月》	《2月》
22庚申11	22庚寅13	22己未11	22己丑11	22己未10	22戊子 9	22戊午 8	22丁亥 6	22丁巳⑥	22丙戌 4	22丙辰 4	21甲申 1	22乙卯 1
23辛酉12	23辛卯14	23庚申12	23庚寅⑫	23庚申11	23己丑10	23己未 9	23戊子 7	23戊午 7	23丁亥 5	23丁巳 5	22乙酉 2	23丙辰②
24壬戌13	24壬辰15	24辛酉13	24辛卯13	24辛酉12	24庚寅11	24庚申10	24己丑⑧	24己未 8	24戊子 6	24戊午 6	23丙戌 3	24丁巳 3
25癸亥14	25癸巳16	25壬戌⑭	25壬辰14	25壬戌13	25辛卯12	25辛酉⑪	25庚寅 9	25庚申 9	25己丑 7	25己未 7	24丁亥 4	25戊午 4
26甲子15	26甲午⑰	26癸亥15	26癸巳15	26癸亥14	26壬辰13	26壬戌12	26辛卯10	26辛酉10	26庚寅 8	26庚申⑧	25戊子⑤	26己未 5
27乙丑16	27乙未18	27甲子16	27甲午16	27甲子15	27癸巳⑭	27癸亥13	27壬辰11	27壬戌11	27辛卯 9	27辛酉 9	26己丑 6	27庚申 6
28丙寅⑰	28丙申19	28乙丑17	28乙未17	28乙丑⑯	28甲午15	28甲子14	28癸巳12	28癸亥12	28壬辰⑩	28壬戌10	27庚寅 7	28辛酉 7
29丁卯18	29丁酉20	29丙寅18	29丙申18	29丙寅17	29乙未16	29乙丑15	29甲午13	29甲子⑬	29癸巳11	29癸亥11	28辛卯 8	29壬戌 8
30戊辰19		30丁卯19	30丁酉⑲		30丙申17		30乙未14		30甲午12		29壬辰 9	
											30癸巳10	
立春 11日 雨水 26日	啓蟄 12日 春分 27日	清明 13日 穀雨 28日	立夏 14日 小満 29日	芒種 14日 夏至 29日	小暑15日	大暑 1日 立秋 16日	処暑 2日 白露 17日	秋分 3日 寒露 18日	霜降 4日 立冬 19日	小雪 4日 大雪 20日	冬至 6日 小寒 21日	大寒 6日 立春 21日

天暦**5**年（951－952） 辛亥

1月	2月	3月	4月	5月	6月	7月	8月	9月	10月	11月	12月
1 癸亥⑨	1 癸巳11	1 壬戌 9	1 壬辰 9	1 壬戌⑧	1 辛卯 7	1 辛酉 6	1 庚寅 4	1 庚申 4	1 己丑②	**1** 己未 2	1 戊子31
2 甲子10	2 甲午12	2 癸亥10	2 癸巳10	2 癸亥 9	2 壬辰 8	2 壬戌 7	2 辛卯 5	2 辛酉⑤	2 庚寅 3	2 庚申 3	**952** 年
3 乙丑11	3 乙未13	3 甲子11	3 甲午⑪	3 甲子10	3 癸巳 9	3 癸亥 8	3 壬辰 6	3 壬戌 6	3 辛卯 4	3 辛酉 4	《1月》
4 丙寅12	4 丙申14	4 乙丑12	4 乙未12	4 乙丑11	4 甲午10	4 甲子 9	4 癸巳⑦	4 癸亥 7	4 壬辰 5	4 壬戌 5	**2** 己丑 1
5 丁卯13	5 丁酉15	5 丙寅⑬	5 丙申13	5 丙寅12	5 乙未11	5 乙丑⑩	5 甲午 8	5 甲子 8	5 癸巳 6	5 癸亥 6	3 庚寅 2
6 戊辰14	6 戊戌⑯	6 丁卯14	6 丁酉14	6 丁卯13	6 丙申12	6 丙寅11	6 乙未 9	6 乙丑 9	6 甲午 7	6 甲子⑦	4 辛卯 3
7 己巳15	7 己亥17	7 戊辰15	7 戊戌15	7 戊辰14	7 丁酉⑬	7 丁卯12	7 丙申10	7 丙寅10	7 乙未 8	7 乙丑 8	5 壬辰④
8 庚午⑯	**8** 庚子18	8 己巳16	8 己亥16	8 己巳⑮	8 戊戌14	8 戊辰13	8 丁酉11	8 丁卯11	8 丙申⑨	8 丙寅 9	6 癸巳 5
9 辛未17	9 辛丑19	9 庚午17	9 庚子17	9 庚午16	9 己亥15	9 己巳14	9 戊戌12	9 戊辰⑫	9 丁酉10	9 丁卯10	7 甲午 6
10壬申18	10壬寅20	**10**辛未18	**10**辛丑⑱	**10**辛未17	10庚子16	10庚午15	10己亥13	10己巳13	10戊戌11	10戊辰11	8 乙未 7
11癸酉19	11癸卯21	11壬申19	11壬寅19	11壬申18	11辛丑17	11辛未16	11庚子⑭	11庚午14	11己亥12	11己巳12	9 丙申 8
12甲戌20	12甲辰22	12癸酉⑳	12癸卯20	12癸酉19	**12**壬寅18	**12**壬申⑰	12辛丑15	12辛未15	12庚子13	12庚午13	10丁酉 9
13乙亥21	13乙巳㉓	13甲戌21	13甲辰21	13甲戌20	13癸卯19	13癸酉18	13壬寅16	13壬申16	13辛丑14	13辛未⑭	11戊戌10
14丙子22	14丙午24	14乙亥22	14乙巳22	14乙亥21	14甲辰⑳	14甲戌19	**14**癸卯17	**14**癸酉17	14壬寅15	14壬申15	12己亥⑪
15丁丑㉓	15丁未25	15丙子23	15丙午23	15丙子㉒	15乙巳21	15乙亥20	15甲辰18	15甲戌18	15癸卯⑯	15癸酉16	13庚子12
16戊寅24	16戊申26	16丁丑24	16丁未24	16丁丑23	16丙午22	16丙子21	16乙巳19	16乙亥⑲	**16**甲辰17	**16**甲戌17	14辛丑13
17己卯25	17己酉27	17戊寅25	17戊申㉕	17戊寅24	17丁未23	17丁丑22	17丙午20	17丙子20	17乙巳18	17乙亥18	15壬寅14
18庚辰26	18庚戌28	18己卯26	18己酉26	18己卯25	18戊申24	18戊寅23	18丁未㉑	18丁丑21	18丙午19	18丙子19	16癸卯15
19辛巳27	19辛亥29	19庚辰㉗	19庚戌27	19庚辰26	19己酉25	19己卯㉔	19戊申22	19戊寅22	19丁未20	19丁丑20	17甲辰16
20壬午28	20壬子㉚	20辛巳28	20辛亥28	20辛巳27	20庚戌26	20庚辰25	20己酉23	20己卯23	20戊申21	20戊寅㉑	**18**乙巳17
《3月》	21癸丑31	21壬午29	21壬子29	21壬午28	21辛亥㉗	21辛巳26	21庚戌24	21庚辰24	21己酉22	21己卯22	19丙午⑱
21癸未 1	《4月》	22癸未30	22癸丑30	22癸未㉙	22壬子28	22壬午27	22辛亥25	22辛巳25	22庚戌㉓	22庚辰23	20丁未19
22甲申②	22甲寅 1	《5月》	23甲寅31	23甲申30	23癸丑29	23癸未28	23壬子26	23壬午㉖	23辛亥24	23辛巳24	21戊申20
23乙酉 3	**23**乙卯 2	23甲申 1	《6月》	《7月》	24甲寅30	24甲申29	24癸丑27	24癸未27	24壬子25	24壬午25	22己酉21
24丙戌 4	24丙辰 3	24乙酉 2	24乙卯①	24乙酉 1	25乙卯31	25乙酉30	25甲寅㉘	25甲申28	25癸丑26	25癸未26	23庚戌22
25丁亥 5	25丁巳 4	**25**丙戌 3	**25**丙辰 2	25丙戌 2	《8月》	26丙戌㉛	26乙卯29	26乙酉29	26甲寅27	26甲申27	24辛亥23
26戊子 6	26戊午 5	26丁亥④	26丁巳 3	**26**丁亥 3	26丙辰 1	《9月》	27丙辰30	27丙戌30	27乙卯28	27乙酉㉘	25壬子24
27己丑 7	27己未⑥	27戊子 5	27戊午 4	27戊子 4	**27**丁巳 2	27丁亥 1	《10月》	28丁亥31	28丙辰29	28丙戌29	26癸丑㉕
28庚寅 8	28庚申 7	28己丑 6	28己未 5	28己丑 5	28戊午③	**28**戊子 2	28丁巳 1	《11月》	29丁巳㉚	29丁亥30	27甲寅26
29辛卯⑨	29辛酉 8	29庚寅 7	29庚申 6	29庚寅⑥	29己未 4	29己丑 3	**29**戊午 2	**29**戊子 1	《12月》		28乙卯27
30壬辰10		30辛卯 8	30辛酉 7		30庚申 5		30己未 3		30戊午 1		29丙辰28
											30丁巳29
雨水 8日 啓蟄 23日	春分 8日 清明 23日	穀雨 10日 立夏 25日	小満 10日 芒種 25日	夏至 10日 小暑 26日	大暑 12日 立秋 27日	処暑 12日 白露 28日	秋分 14日 寒露 29日	霜降 14日 立冬 29日	小雪 16日	大雪 1日 冬至 16日	小寒 2日 大寒 18日

天暦**6**年（952－953） 壬子

1月	2月	3月	4月	5月	6月	7月	8月	9月	10月	11月	12月
1 戊午30	1 丁亥28	1 丁巳29	1 丙戌27	1 丙辰27	1 乙酉25	1 乙卯㉕	1 甲申23	1 甲寅22	1 甲申22	1 癸丑20	1 癸未20
2 己未31	2 戊子㉙	2 戊午30	2 丁亥28	2 丁巳28	2 丙戌26	2 丙辰26	2 乙酉24	2 乙卯23	2 乙酉23	2 甲寅㉑	2 甲申21
《2月》	《3月》	3 己未31	3 戊子29	3 戊午29	3 丁亥㉗	3 丁巳27	3 丙戌25	3 丙辰24	3 丙戌㉔	3 乙卯22	3 乙酉22
3 庚申①	3 己丑 1	《4月》	4 己丑30	4 己未㉚	4 戊子28	4 戊午28	4 丁亥26	4 丁巳25	4 丁亥25	4 丙辰23	4 丙戌23
4 辛酉 2	**4** 庚寅 2	4 庚申 1	《5月》	5 庚申31	5 己丑29	5 己未29	5 戊子27	5 戊午㉖	5 戊子26	5 丁巳24	5 丁亥24
5 壬戌 3	5 辛卯 3	**5** 辛酉 2	5 庚寅 1	《6月》	6 庚寅30	6 庚申30	6 己丑28	6 己未27	6 己丑27	6 戊午25	6 戊子25
6 癸亥 4	6 壬辰 4	6 壬戌 3	**6** 辛卯②	**6** 辛酉 1	《7月》	7 辛酉31	7 庚寅㉙	7 庚申28	7 庚寅28	7 己未26	7 己丑㉖
7 甲子 5	7 癸巳 5	7 癸亥④	7 壬辰 3	7 壬戌 2	7 辛卯 1	《8月》	8 辛卯30	8 辛酉29	8 辛卯29	8 庚申27	8 庚寅27
8 乙丑 6	8 甲午 6	8 甲子 5	8 癸巳 4	8 癸亥 3	**8** 壬辰 2	**8** 壬戌①	9 壬辰31	9 壬戌30	9 壬辰30	9 辛酉㉘	9 辛卯28
9 丙寅 7	9 乙未⑦	9 乙丑 6	9 甲午 5	9 甲子 4	9 癸巳 3	9 癸亥 2	《9月》	《10月》	10癸巳㉛	10壬戌29	10壬辰29
10丁卯⑧	10丙申 8	10丙寅 7	10乙未 6	10乙丑 5	10甲午④	10甲子 3	**10**癸巳 1	**10**癸亥 1	《11月》	11癸亥30	11癸巳30
11戊辰 9	11丁酉 9	11丁卯 8	11丙申 7	11丙寅⑥	11乙未 5	11乙丑 4	11甲午 2	11甲子 2	**11**甲午 1	《12月》	12甲午31
12己巳10	12戊戌10	12戊辰 9	12丁酉 8	12丁卯 7	12丙申 6	12丙寅 5	12乙未 3	12乙丑③	12乙未 2	**12**甲子 1	**953** 年
13庚午11	13己亥11	13己巳10	13戊戌⑨	13戊辰 8	13丁酉 7	13丁卯 6	13丙申 4	13丙寅 4	13丙申 3	13乙丑 2	《1月》
14辛未12	14庚子12	14庚午⑪	14己亥10	14己巳 9	14戊戌 8	14戊辰 7	14丁酉⑤	14丁卯 5	14丁酉 4	14丙寅 3	**13**乙未 1
15壬申13	15辛丑13	15辛未12	15庚子11	15庚午10	15己亥 9	15己巳⑧	15戊戌 6	15戊辰 6	15戊戌 5	15丁卯 4	14丙申②
16癸酉14	16壬寅⑭	16壬申13	16辛丑12	16辛未11	16庚子10	16庚午 9	16己亥 7	16己巳 7	16己亥 6	16戊辰⑤	15丁酉 3
17甲戌⑮	17癸卯15	17癸酉14	17壬寅13	17壬申12	17辛丑11	17辛未10	17庚子 8	17庚午 8	17庚子⑦	17己巳 6	16戊戌 4
18乙亥16	18甲辰16	18甲戌15	18癸卯14	18癸酉⑬	18壬寅12	18壬申11	18辛丑 9	18辛未 9	18辛丑 8	18庚午 7	17己亥 5
19丙子17	**19**乙巳17	19乙亥16	19甲辰15	19甲戌14	19癸卯13	19癸酉12	19壬寅10	19壬申⑩	19壬寅 9	19辛未 8	18庚子 6
20丁丑18	20丙午18	**20**丙子17	20乙巳⑯	20乙亥15	20甲辰14	20甲戌13	20癸卯11	20癸酉11	20癸卯10	20壬申 9	19辛丑 7
21戊寅19	21丁未19	21丁丑⑱	**21**丙午17	21丙子16	21乙巳15	21乙亥14	21甲辰⑫	21甲戌12	21甲辰11	21癸酉10	20壬寅 8
22己卯20	22戊申20	22戊寅19	22丁未18	**22**丁丑17	22丙午16	22丙子⑮	22乙巳13	22乙亥13	22乙巳12	22甲戌11	21癸卯⑨
23庚辰21	23己酉㉑	23己卯20	23戊申19	23戊寅18	**23**丁未17	23丁丑16	23丙午14	23丙子14	23丙午13	23乙亥⑫	22甲辰10
24辛巳㉒	24庚戌22	24庚辰21	24己酉20	24己卯19	24戊申⑱	**24**戊寅17	24丁未15	24丁丑15	24丁未⑭	24丙子13	23乙巳11
25壬午23	25辛亥23	25辛巳22	25庚戌21	25庚辰⑳	25己酉19	25己卯18	**25**戊申16	**25**戊寅16	25戊申15	25丁丑14	24丙午12
26癸未24	26壬子24	26壬午23	26辛亥22	26辛巳21	26庚戌20	26庚辰19	26己酉17	26己卯⑰	**26**己酉16	26戊寅15	25丁未13
27甲申25	27癸丑25	27癸未24	27壬子㉓	27壬午22	27辛亥21	27辛巳20	27庚戌18	27庚辰18	27庚戌17	**27**己卯16	26戊申14
28乙酉26	28甲寅26	28甲申㉕	28癸丑24	28癸未23	28壬子22	28壬午21	28辛亥⑲	28辛巳19	28辛亥18	28庚辰17	27己酉15
29丙戌27	29乙卯27	29乙酉26	29甲寅25	29甲申24	29癸丑23	29癸未㉒	29壬子20	29壬午20	29壬子19	29辛巳18	**28**庚戌⑯
	30丙辰㉘		30乙卯26		30甲寅24		30癸丑21	30癸未21		30壬午⑲	29辛亥17
立春 3日 雨水 18日	啓蟄 4日 春分 19日	清明 5日 穀雨 20日	立夏 6日 小満 21日	芒種 6日 夏至 22日	小暑 8日 大暑 23日	立秋 8日 処暑 24日	白露 10日 秋分 25日	寒露 10日 霜降 25日	立冬 11日 小雪 26日	大雪 12日 冬至 27日	小寒 13日 大寒 28日

天暦 7 年（953－954） 癸丑

1月	閏1月	2月	3月	4月	5月	6月	7月	8月	9月	10月	11月	12月
1 壬子18	1 壬午17	**1** 辛亥18	1 庚辰16	1 庚戌16	1 己卯14	1 己酉14	1 戊寅12	1 戊申⑪	1 戊寅11	1 戊申10	1 丁丑 9	1 丁未⑧
2 癸丑19	2 癸未18	2 壬子19	**2** 辛巳⑰	**2** 辛亥17	2 庚辰15	2 庚戌15	2 己卯13	2 己酉12	2 己卯12	2 己酉11	2 戊寅10	2 戊申 9
3 甲寅20	3 甲申19	3 癸丑⑳	3 壬午18	3 壬子18	3 辛巳16	3 辛亥16	3 庚辰⑭	3 庚戌13	3 庚辰13	3 庚戌12	3 己卯⑪	3 己酉10
4 乙卯21	4 乙酉⑳	4 甲寅21	4 癸未19	4 癸丑19	**4** 壬午17	**4** 壬子⑰	4 辛巳15	4 辛亥14	4 辛巳14	4 辛亥⑬	4 庚辰12	4 庚戌11
5 丙辰22	5 丙戌21	5 乙卯22	5 甲申20	5 甲寅20	5 癸未18	5 癸丑18	5 壬午16	5 壬子15	5 壬午15	5 壬子14	5 辛巳13	5 辛亥12
6 丁巳㉓	6 丁亥22	6 丙辰23	6 乙酉21	6 乙卯21	6 甲申⑲	6 甲寅19	**6** 癸未17	**6** 癸丑16	6 癸未⑯	6 癸丑15	6 壬午14	6 壬子13
7 戊午24	7 戊子23	7 丁巳24	7 丙戌22	7 丙辰㉒	7 乙酉20	7 乙卯20	7 甲申18	7 甲寅17	**7** 甲申17	**7** 甲寅16	7 癸未15	7 癸丑14
8 己未25	8 己丑24	8 戊午25	8 丁亥23	8 丁巳23	8 丙戌21	8 丙辰21	8 乙酉19	8 乙卯⑱	8 乙酉18	8 乙卯17	8 甲申16	8 甲寅⑮
9 庚申26	9 庚寅25	9 己未26	9 戊子㉔	9 戊午24	9 丁亥22	9 丁巳22	9 丙戌20	9 丙辰19	9 丙戌19	9 丙辰18	**9** 乙酉17	**9** 乙卯16
10 辛酉27	10 辛卯26	10 庚申㉗	10 己丑25	10 己未25	10 戊子23	10 戊午23	10 丁亥㉑	10 丁巳20	10 丁亥20	10 丁巳19	10 丙戌⑱	10 丙辰17
11 壬戌28	11 壬辰㉗	11 辛酉28	11 庚寅26	11 庚申26	11 己丑24	11 己未㉔	11 戊子22	11 戊午21	11 戊子21	11 戊午⑳	11 丁亥19	11 丁巳18
12 癸亥29	12 癸巳28	12 壬戌29	12 辛卯27	12 辛酉27	12 庚寅25	12 庚申25	12 己丑23	12 己未22	12 己丑22	12 己未21	12 戊子20	12 戊午19
13 甲子㉚	《3月》	13 癸亥30	13 壬辰28	13 壬戌28	13 辛卯㉖	13 辛酉26	13 庚寅24	13 庚申23	13 庚寅㉓	13 庚申22	13 己丑21	13 己未20
14 乙丑31	13 甲午 1	14 甲子31	14 癸巳29	14 癸亥㉙	14 壬辰27	14 壬戌27	14 辛卯25	14 辛酉24	14 辛卯24	14 辛酉23	14 庚寅22	14 庚申21
《2月》	**14** 乙未 2	《4月》	15 甲午30	15 甲子30	15 癸巳28	15 癸亥28	15 壬辰26	15 壬戌㉕	15 壬辰25	15 壬戌24	15 辛卯23	15 辛酉㉒
15 丙寅 1	15 丙申 3	15 乙丑 1	《5月》	16 乙丑31	16 甲午29	16 甲子29	16 癸巳27	16 癸亥26	16 癸巳26	16 癸亥25	16 壬辰24	16 壬戌23
16 丁卯 2	16 丁酉 4	**16** 丙寅 2	16 乙未①	《6月》	17 乙未30	17 乙丑30	17 甲午㉘	17 甲子27	17 甲午27	17 甲子26	17 癸巳㉕	17 癸亥24
17 戊辰 3	17 戊戌 5	17 丁卯③	**17** 丙申 2	17 丙寅 1	《7月》	18 丙寅㉛	18 乙未29	18 乙丑28	18 乙未28	18 乙丑㉗	18 甲午26	18 甲子25
18 己巳 4	18 己亥⑥	18 戊辰 4	18 丁酉 3	**18** 丁卯 2	18 丙申 1	《8月》	19 丙申30	19 丙寅29	19 丙申29	19 丙寅28	19 乙未27	19 乙丑26
19 庚午 5	19 庚子 7	19 己巳 5	19 戊戌 4	19 戊辰 3	**19** 丁酉 2	19 丁卯 1	20 丁酉31	20 丁卯30	20 丁酉㉚	20 丁卯29	20 丙申28	20 丙寅27
20 辛未⑥	20 辛丑 8	20 庚午 6	20 己亥 5	20 己巳 4	20 戊戌③	**20** 戊辰 2	《9月》	《10月》	21 戊戌31	21 戊辰30	21 丁酉29	21 丁卯28
21 壬申 7	21 壬寅 9	21 辛未 7	21 庚子 6	21 庚午⑤	21 己亥 4	21 己巳 3	**21** 戊戌 1	**21** 戊辰 1	《11月》	《12月》	22 戊戌30	22 戊辰㉙
22 癸酉 8	22 癸卯10	22 壬申 8	22 辛丑 7	22 辛未 6	22 庚子 5	22 庚午 4	22 己亥 2	22 己巳②	**22** 己亥 1	**22** 己巳 1	23 己亥31	23 己巳30
23 甲戌 9	23 甲辰11	23 癸酉 9	23 壬寅⑧	23 壬申 7	23 辛丑 6	23 辛未 5	23 庚子 3	23 庚午 3	23 庚子 2	23 庚午 2	**954 年**	**24** 庚午31
24 乙亥10	24 乙巳12	24 甲戌⑩	24 癸卯 9	24 癸酉 8	24 壬寅 7	24 壬申 6	24 辛丑④	24 辛未 4	24 辛丑 3	24 辛未 3	《1月》	《2月》
25 丙子11	25 丙午⑬	25 乙亥11	25 甲辰10	25 甲戌 9	25 癸卯 8	25 癸酉⑦	25 壬寅 5	25 壬申 5	25 壬寅 4	25 壬申④	**24** 庚子①	25 辛未 1
26 丁丑12	26 丁未14	26 丙子12	26 乙巳11	26 乙亥10	26 甲辰 9	26 甲戌 8	26 癸卯 6	26 癸酉 6	26 癸卯 5	26 癸酉 5	25 辛丑 2	26 壬申 2
27 戊寅⑬	27 戊申15	27 丁丑13	27 丙午12	27 丙子11	27 乙巳⑩	27 乙亥 9	27 甲辰 7	27 甲戌 7	27 甲辰⑥	27 甲戌 6	26 壬寅 3	27 癸酉 3
28 己卯14	28 己酉16	28 戊寅14	28 丁未13	28 丁丑⑫	28 丙午11	28 丙子10	28 乙巳 8	28 乙亥 8	28 乙巳 7	28 乙亥 7	27 癸卯 4	28 甲戌 4
29 庚辰15	29 庚戌17	29 己卯15	29 戊申14	29 戊寅13	29 丁未12	29 丁丑11	29 丙午 9	29 丙子⑨	29 丙午 8	29 丙子 8	28 甲辰 5	29 乙亥⑤
30 辛巳16			30 己酉⑮		30 戊申13		30 丁未10	30 丁丑10	30 丁未 9		29 乙巳 6	
											30 丙午 7	
立春 14日 雨水 29日	啓蟄14日	春分 1日 清明 16日	穀雨 2日 立夏 17日	小満 2日 芒種 18日	夏至 4日 小暑 19日	大暑 4日 立秋 20日	処暑 6日 白露 21日	秋分 6日 寒露 21日	霜降 7日 立冬 22日	小雪 7日 大雪 22日	冬至 9日 小寒 24日	大寒 9日 立春 24日

天暦 8 年（954－955） 甲寅

1月	2月	3月	4月	5月	6月	7月	8月	9月	10月	11月	12月
1 丙子 6	1 丙午 8	1 乙亥 6	1 甲辰 5	1 甲戌④	1 癸卯 3	**1** 癸酉 2	1 壬寅31	1 壬申30	1 壬寅30	1 辛未28	1 辛丑28
2 丁丑 7	2 丁未 9	2 丙子 7	2 乙巳 6	2 乙亥 5	2 甲辰 4	2 甲戌 3	《9月》	《10月》	2 癸卯31	2 壬申29	2 壬寅29
3 戊寅 8	3 戊申10	3 丁丑 8	3 丙午⑦	3 丙子 6	3 乙巳 5	3 乙亥 4	**2** 癸卯 1	2 癸酉①	《11月》	3 癸酉30	3 癸卯30
4 己卯 9	4 己酉11	4 戊寅⑨	4 丁未 8	4 丁丑 7	4 丙午 6	4 丙子 5	3 甲辰 2	**3** 甲戌 2	**3** 甲辰 1	《12月》	4 甲辰㉛
5 庚辰10	5 庚戌⑫	5 己卯10	5 戊申 9	5 戊寅 8	5 丁未 7	5 丁丑⑥	4 乙巳③	4 乙亥 3	4 乙巳 2	4 甲戌 1	**955 年**
6 辛巳11	6 辛亥13	6 庚辰11	6 己酉10	6 己卯 9	6 戊申 8	6 戊寅 7	5 丙午 4	5 丙子 4	5 丙午 3	**5** 乙亥 2	《1月》
7 壬午⑫	7 壬子14	7 辛巳12	7 庚戌11	7 庚辰10	7 己酉⑨	7 己卯 8	6 丁未 5	6 丁丑 5	6 丁未 4	6 丙子③	**5** 乙巳 1
8 癸未13	8 癸丑15	8 壬午13	8 辛亥12	8 辛巳⑪	8 庚戌10	8 庚辰 9	7 戊申 6	7 戊寅 6	7 戊申⑤	7 丁丑 4	6 丙午 2
9 甲申14	9 甲寅16	9 癸未14	9 壬子13	9 壬午12	9 辛亥11	9 辛巳10	8 己酉 7	8 己卯 7	8 己酉 6	8 戊寅 5	7 丁未 3
10 乙酉15	10 乙卯17	10 甲申15	10 癸丑⑭	10 癸未13	10 壬子12	10 壬午11	9 庚戌 8	9 庚辰⑧	9 庚戌 7	9 己卯 6	8 戊申 4
11 丙戌16	**11** 丙辰18	11 乙酉⑯	11 甲寅15	11 甲申14	11 癸丑13	11 癸未12	10 辛亥 9	10 辛巳 9	10 辛亥 8	10 庚辰 7	9 己酉 5
12 丁亥17	12 丁巳⑲	**12** 丙戌17	12 乙卯16	12 乙酉15	12 甲寅14	12 甲申⑬	11 壬子⑩	11 壬午10	11 壬子 9	11 辛巳 8	10 庚戌 6
13 戊子18	13 戊午20	13 丁亥18	13 丙辰17	13 丙戌16	13 乙卯15	13 乙酉14	12 癸丑11	12 癸未11	12 癸丑10	12 壬午 9	11 辛亥⑦
14 己丑⑲	14 己未21	14 戊子19	**14** 丁巳18	**14** 丁亥17	14 丙辰⑯	14 丙戌15	13 甲寅12	13 甲申12	13 甲寅11	13 癸未⑩	12 壬子 8
15 庚寅20	15 庚申22	15 己丑20	15 戊午19	15 戊子⑱	15 丁巳17	15 丁亥16	14 乙卯13	14 乙酉13	14 乙卯⑫	14 甲申11	13 癸丑 9
16 辛卯21	16 辛酉23	16 庚寅21	16 己未20	16 己丑19	**16** 戊午18	**16** 戊子17	15 丙辰14	15 丙戌14	15 丙辰13	15 乙酉12	14 甲寅10
17 壬辰22	17 壬戌24	17 辛卯22	17 庚申㉑	17 庚寅20	17 己未19	17 己丑18	16 丁巳15	16 丁亥⑮	16 丁巳14	16 丙戌13	15 乙卯11
18 癸巳23	18 癸亥25	18 壬辰㉓	18 辛酉22	18 辛卯21	18 庚申20	18 庚寅19	**17** 戊午16	17 戊子16	17 戊午15	17 丁亥14	16 丙辰12
19 甲午24	19 甲子㉖	19 癸巳24	19 壬戌23	19 壬辰22	19 辛酉21	19 辛卯⑳	18 己未⑰	**18** 己丑17	**18** 己未16	18 戊子15	17 丁巳13
20 乙未25	20 乙丑27	20 甲午25	20 癸亥24	20 癸巳23	20 壬戌22	20 壬辰21	19 庚申18	19 庚寅18	19 庚申17	19 己丑16	18 戊午⑭
21 丙申㉖	21 丙寅28	21 乙未26	21 甲子25	21 甲午24	21 癸亥㉓	21 癸巳22	20 辛酉19	20 辛卯19	20 辛酉18	**20** 庚寅⑰	19 己未15
22 丁酉27	22 丁卯29	22 丙申27	22 乙丑26	22 乙未㉕	22 甲子24	22 甲午23	21 壬戌20	21 壬辰20	21 壬戌⑲	21 辛卯18	**20** 庚申16
23 戊戌28	23 戊辰30	23 丁酉28	23 丙寅27	23 丙申26	23 乙丑25	23 乙未24	22 癸亥21	22 癸巳21	22 癸亥20	22 壬辰19	21 辛酉17
《3月》	24 己巳31	24 戊戌29	24 丁卯㉘	24 丁酉27	24 丙寅26	24 丙申25	23 甲子22	23 甲午㉒	23 甲子21	23 癸巳20	22 壬戌18
24 己亥 1	《4月》	25 己亥㉚	25 戊辰29	25 戊戌28	25 丁卯27	25 丁酉26	24 乙丑23	24 乙未23	24 乙丑22	24 甲午21	23 癸亥19
25 庚子 2	25 庚午 1	《5月》	26 己巳30	26 己亥29	26 戊辰28	26 戊戌㉗	25 丙寅㉔	25 丙申24	25 丙寅23	25 乙未22	24 甲子20
26 辛丑 3	**26** 辛未②	26 庚子 1	27 庚午31	27 庚子30	27 己巳29	27 己亥28	26 丁卯25	26 丁酉25	26 丁卯24	26 丙申23	25 乙丑㉑
27 壬寅 4	27 壬申 3	27 辛丑 2	《6月》	《7月》	28 庚午㉚	28 庚子29	27 戊辰26	27 戊戌26	27 戊辰25	27 丁酉㉔	26 丙寅22
28 癸卯⑤	28 癸酉 4	**28** 壬寅 3	28 辛未 1	28 辛丑 1	29 辛未31	29 辛丑30	28 己巳27	28 己亥27	28 己巳㉖	28 戊戌25	27 丁卯23
29 甲辰 6	29 甲戌 5	29 癸卯 4	**29** 壬申 2	**29** 壬寅②	《8月》		29 庚午28	29 庚子28	29 庚午27	29 己亥26	28 戊辰24
30 乙巳 7			30 癸酉 3		30 壬申 1		30 辛未29	30 辛丑㉙		30 庚子27	29 己巳25
											30 庚午26
雨水 10日 啓蟄 26日	春分 11日 清明 26日	穀雨 12日 立夏 28日	小満 14日 芒種 29日	夏至 14日 小暑 29日	大暑 16日	立秋 1日 処暑 16日	白露 2日 秋分 17日	寒露 3日 霜降 18日	立冬 3日 小雪 18日	大雪 5日 冬至 20日	小寒 5日 大寒 20日

天暦**9**年（955－956） 乙卯

1月	2月	3月	4月	5月	6月	7月	8月	9月	閏9月	10月	11月	12月
1 辛未27	1 庚子㉕	1 庚午27	1 己亥25	1 戊辰24	1 戊戌23	1 丁卯㉒	1 丙申20	1 丙寅19	1 丙申19	**1** 乙丑17	**1** 乙未17	**1** 乙丑16
2 壬申㉘	2 辛丑26	2 辛未28	2 庚子26	2 己巳25	2 己亥㉔	2 戊辰23	2 丁酉21	2 丁卯20	2 丁酉20	2 丙寅⑱	2 丙申18	2 丙寅17
3 癸酉29	3 壬寅27	3 壬申29	3 辛丑27	3 庚午26	3 庚子25	3 己巳24	3 戊戌22	3 戊辰21	3 戊戌㉑	3 丁卯19	3 丁酉19	3 丁卯18
4 甲戌30	4 癸卯28	4 癸酉30	4 壬寅28	4 辛未㉗	4 辛丑26	4 庚午25	4 己亥23	4 己巳22	4 己亥22	4 戊辰20	4 戊戌20	4 戊辰19
5 乙亥31	《3月》	5 甲戌31	5 癸卯㉙	5 壬申28	5 壬寅27	5 辛未26	5 庚子24	5 庚午㉓	5 庚子23	5 己巳21	5 己亥21	5 己巳⑳
《2月》	5 甲辰 1	《4月》	6 甲辰30	6 癸酉29	6 癸卯28	6 壬申27	6 辛丑25	6 辛未24	6 辛丑24	6 庚午22	6 庚子22	6 庚午21
6 丙子 1	6 乙巳 2	6 乙亥①	《5月》	7 甲戌30	7 甲辰29	7 癸酉28	7 壬寅㉖	7 壬申25	7 壬寅25	7 辛未23	7 辛丑㉓	7 辛未22
7 丁丑 2	**7** 丙午 3	**7** 丙子 2	7 乙巳 1	8 乙亥31	8 乙巳30	8 甲戌㉙	8 癸卯27	8 癸酉26	8 癸卯26	8 壬申24	8 壬寅24	8 壬申23
8 戊寅 3	8 丁未④	8 丁丑 3	8 丙午 2	《6月》	《7月》	9 乙亥30	9 甲辰28	9 甲戌27	9 甲辰27	9 癸酉㉕	9 癸卯25	9 癸酉24
9 己卯④	9 戊申 5	9 戊寅 4	**9** 丁未 3	9 丙子 1	9 丙午①	10丙子31	10乙巳29	10乙亥28	10乙巳㉘	10甲戌26	10甲辰26	10甲戌25
10庚辰 5	10己酉 6	10己卯 5	10戊申 4	**10**丁丑 2	10丁未 2	《8月》	11丙午30	11丙子29	11丙午29	11乙亥27	11乙巳27	11乙亥26
11辛巳 6	11庚戌 7	11庚辰 6	11己酉 5	11戊寅③	**11**戊申 3	11丁丑 1	12丁未31	12丁丑㉚	12丁未30	12丙子28	12丙午28	12丙子㉗
12壬午 7	12辛亥 8	12辛巳 7	12庚戌⑥	12己卯 4	12己酉 4	**12**戊寅 2	《9月》	《10月》	13戊申31	13丁丑29	13丁未29	13丁丑28
13癸未 8	13壬子 9	13壬午⑧	13辛亥 7	13庚辰 5	13庚戌 5	13己卯 3	13戊申 1	13戊寅 1	《11月》	14戊寅30	14戊申㉚	14戊寅29
14甲申 9	14癸丑10	14癸未 9	14壬子 8	14辛巳 6	14辛亥 6	14庚辰 4	**14**己酉②	**14**己卯 2	**14**己酉 1	《12月》	15己酉31	15己卯30
15乙酉10	15甲寅⑪	15甲申10	15癸丑 9	15壬午 7	15壬子 7	15辛巳⑤	15庚戌 3	15庚辰 3	15庚戌 2	15己卯 1	**956**年	16庚辰31
16丙戌⑪	16乙卯12	16乙酉11	16甲寅10	16癸未 8	16癸丑⑧	16壬午 6	16辛亥 4	16辛巳 4	16辛亥 3	**16**庚辰②	《1月》	《2月》
17丁亥12	17丙辰13	17丙戌12	17乙卯11	17甲申 9	17甲寅 9	17癸未 7	17壬子 5	17壬午 5	17壬子④	17辛巳 3	**16**庚戌 1	**17**辛巳 1
18戊子13	18丁巳14	18丁亥13	18丙辰12	18乙酉⑩	18乙卯10	18甲申 8	18癸丑 6	18癸未 6	18癸丑 5	18壬午 4	17辛亥 2	18壬午 2
19己丑14	19戊午15	19戊子14	19丁巳⑬	19丙戌11	19丙辰11	19乙酉 9	19甲寅 7	19甲申⑦	19甲寅 6	19癸未 5	18壬子 3	19癸未③
20庚寅15	20己未16	20己丑⑮	20戊午14	20丁亥12	20丁巳12	20丙戌10	20乙卯 8	20乙酉 8	20乙卯 7	20甲申 6	19癸丑 4	20甲申 4
21 辛卯16	21庚申17	21庚寅16	21己未15	21戊子13	21戊午13	21丁亥11	21丙辰⑨	21丙戌 9	21丙辰 8	21乙酉 7	20甲寅 5	21乙酉 5
22壬辰17	**22**辛酉⑱	22辛卯17	22庚申16	22己丑14	22己未14	22戊子⑫	22丁巳10	22丁亥10	22丁巳 9	22丙戌 8	21乙卯⑥	22丙戌 6
23癸巳⑱	23壬戌19	**23**壬辰18	23辛酉17	23庚寅15	23庚申⑮	23己丑13	23戊午11	23戊子11	23戊午10	23丁亥⑨	22丙辰 7	23丁亥 7
24甲午19	24癸亥20	24癸巳19	**24**壬戌18	24辛卯16	24辛酉16	24庚寅14	24己未12	24己丑12	24己未⑪	24戊子10	23丁巳 8	24戊子 8
25乙未20	25甲子21	25甲午20	25癸亥19	**25**壬辰⑰	25壬戌17	25辛卯15	25庚申13	25庚寅13	25庚申12	25己丑11	24戊午 9	25己丑 9
26丙申21	26乙丑22	26乙未21	26甲子⑳	26癸巳18	**26**癸亥18	26壬辰16	26辛酉14	26辛卯⑭	26辛酉13	26庚寅12	25己未10	26庚寅⑩
27丁酉22	27丙寅23	27丙申㉒	27乙丑21	27甲午19	27甲子19	**27**癸巳17	27壬戌15	27壬辰15	27壬戌14	27辛卯13	26庚申11	27辛卯11
28戊戌23	28丁卯24	28丁酉23	28丙寅22	28乙未20	28乙丑20	28甲午18	28癸亥⑯	28癸巳16	28癸亥15	28壬辰14	27辛酉12	28壬辰12
29己亥24	29戊辰㉕	29戊戌24	29丁卯23	29丙申21	29丙寅21	29乙未⑲	**29**甲子17	**29**甲午17	29甲子16	29癸巳15	28壬戌⑬	29癸巳13
	30己巳26			30丁酉22			30乙丑18	30乙未18		30甲午⑯	29癸亥14	30甲午14
											30甲子15	
立春 5日 雨水 21日	啓蟄 7日 春分 22日	清明 7日 穀雨 23日	立夏 9日 小満 24日	芒種 10日 夏至 25日	小暑 11日 大暑 26日	立秋 12日 処暑 27日	白露 14日 秋分 29日	寒露 14日 霜降 29日	立冬14日	小雪 1日 大雪 16日	冬至 1日 小寒 16日	大寒 1日 立春 17日

天暦**10**年（956－957） 丙辰

1月	2月	3月	4月	5月	6月	7月	8月	9月	10月	11月	12月
1 乙未15	1 甲子15	1 甲午14	1 癸亥13	1 壬辰11	1 壬戌11	1 辛卯 9	1 庚申⑦	1 庚寅 7	1 庚申 6	1 己丑 5	1 己未④
2 丙申16	2 乙丑⑯	2 乙未15	2 甲子14	2 癸巳12	2 癸亥12	2 壬辰⑩	2 辛酉 8	2 辛卯 8	2 辛酉 7	2 庚寅 6	2 庚申 5
3 丁酉⑰	**3** 丙寅17	3 丙申16	3 乙丑15	3 甲午13	3 甲子⑬	3 癸巳11	3 壬戌 9	3 壬辰 9	3 壬戌 8	3 辛卯⑦	3 辛酉 6
4 戊戌18	4 丁卯18	**4** 丁酉17	4 丙寅16	4 乙未14	4 乙丑14	4 甲午12	4 癸亥10	4 癸巳10	4 癸亥⑨	4 壬辰 8	4 壬戌 7
5 己亥19	5 戊辰19	5 戊戌18	**5** 丁卯17	5 丙申⑮	5 丙寅15	5 乙未13	5 甲子11	5 甲午11	5 甲子10	5 癸巳 9	5 癸亥 8
6 庚子20	6 己巳20	6 己亥19	6 戊辰⑱	6 丁酉16	6 丁卯16	6 丙申14	6 乙丑12	6 乙未⑫	6 乙丑11	6 甲午10	6 甲子 9
7 辛丑21	7 庚午21	7 庚子⑳	7 己巳19	**7** 戊戌17	**7** 戊辰17	7 丁酉15	7 丙寅13	7 丙申13	7 丙寅12	7 乙未11	7 乙丑10
8 壬寅22	8 辛未22	8 辛丑21	8 庚午20	8 己亥18	8 己巳18	8 戊戌16	8 丁卯⑭	8 丁酉14	8 丁卯13	8 丙申12	8 丙寅⑪
9 癸卯23	9 壬申㉓	9 壬寅22	9 辛未21	9 庚子19	9 庚午19	**9** 己亥⑰	9 戊辰15	9 戊戌15	9 戊辰14	9 丁酉13	9 丁卯12
10甲辰㉔	10癸酉24	10癸卯23	10壬申22	10辛丑20	10辛未⑳	10庚子18	**10**己巳16	**10**己亥16	10己巳15	10戊戌⑭	10戊辰13
11乙巳25	11甲戌25	11甲辰24	11癸酉23	11壬寅21	11壬申21	11辛丑19	11庚午17	11庚子17	**11**庚午⑯	11己亥15	11己巳14
12丙午26	12乙亥26	12乙巳25	12甲戌24	12癸卯㉒	12癸酉22	12壬寅20	12辛未18	12辛丑18	12辛未17	**12**庚子16	12庚午15
13丁未27	13丙子27	13丙午26	13乙亥㉕	13甲辰23	13甲戌23	13癸卯21	13壬申19	13壬寅⑲	13壬申18	13辛丑17	**13**辛未16
14戊申28	14丁丑28	14丁未㉗	14丙子26	14乙巳24	14乙亥24	14甲辰22	14癸酉20	14癸卯20	14癸酉19	14壬寅18	14壬申17
15己酉29	15戊寅29	15戊申28	15丁丑27	15丙午25	15丙子25	15乙巳23	15甲戌㉑	15甲辰21	15甲戌20	15癸卯19	15癸酉⑱
《3月》	16己卯㉚	16己酉29	16戊寅28	16丁未26	16丁丑26	16丙午㉔	16乙亥22	16乙巳22	16乙亥21	16甲辰20	16甲戌19
16庚戌 1	17庚辰31	17庚戌30	17己卯29	17戊申27	17戊寅㉗	17丁未25	17丙子23	17丙午23	17丙子22	17乙巳㉑	17乙亥20
17辛亥②	《4月》	《5月》	18庚辰30	18己酉28	18己卯28	18戊申26	18丁丑24	18丁未24	18丁丑㉓	18丙午22	18丙子21
18壬子 3	18辛巳 1	18辛亥 1	19辛巳31	19庚戌㉙	19庚辰29	19己酉27	19戊寅25	19戊申25	19戊寅24	19丁未23	19丁丑22
19癸丑 4	**19**壬午 2	**19**壬子 2	《6月》	20辛亥30	20辛巳30	20庚戌28	20己卯26	20己酉㉖	20己卯25	20戊申24	20戊寅23
20甲寅 5	20癸未 3	20癸丑 3	**20**壬午①	《7月》	21壬午31	21辛亥29	21庚辰27	21庚戌27	21庚辰26	21己酉25	21己卯24
21乙卯 6	21甲申 4	21甲寅④	21癸未 2	21壬子 1	《8月》	22壬子30	22辛巳㉘	22辛亥28	22辛巳27	22庚戌26	22庚辰㉕
22丙辰 7	22乙酉 5	22乙卯 5	22甲申 3	**22**癸丑 2	**22**癸未 1	23癸丑㉛	23壬午29	23壬子29	23壬午28	23辛亥27	23辛巳26
23丁巳 8	23丙戌⑥	23丙辰 6	23乙酉 4	23甲寅 3	23甲申 2	《9月》	24癸未30	24癸丑30	24癸未29	24壬子㉘	24壬午27
24戊午⑨	24丁亥 7	24丁巳 7	24丙戌 5	24乙卯 4	24乙酉③	**24**甲寅 1	《10月》	25甲寅31	25甲申㉚	25癸丑29	25癸未28
25己未10	25戊子 8	25戊午 8	25丁亥 6	25丙辰 5	25丙戌 4	25乙卯 2	**25**甲申 1	《11月》	《12月》	26甲寅30	26甲申29
26庚申11	26己丑 9	26己未 9	26戊子 7	26丁巳⑥	26丁亥 5	26丙辰 3	26乙酉 2	**26**乙卯 1	**26**乙酉 1	27乙卯31	27乙酉30
27辛酉12	27庚寅10	27庚申10	27己丑⑧	27戊午 7	27戊子 6	27丁巳 4	27丙戌 3	27丙辰②	27丙戌 2	**957**年	**28**丙戌31
28壬戌13	28辛卯11	28辛酉⑪	28庚寅 9	28己未 8	28己丑 7	28戊午 5	28丁亥 4	28丁巳 3	28丁亥 3	《1月》	《2月》
29癸亥14	29壬辰12	29壬戌12	29辛卯10	29庚申 9	29庚寅 8	29己未 6	29戊子⑤	29戊午 4	29戊子 4	**28**丙辰 1	29丁亥①
	30癸巳⑬			30辛酉10			30己丑 6	30己未 5		29丁巳 2	30戊子 2
										30戊午 3	
雨水 2日 啓蟄 17日	春分 3日 清明 19日	穀雨 4日 立夏 19日	小満 5日 芒種 20日	夏至 7日 小暑 22日	大暑 7日 立秋 22日	処暑 9日 白露 24日	秋分 10日 寒露 25日	霜降 10日 立冬 26日	小雪 11日 大雪 26日	冬至 12日 小寒 28日	大寒 13日 立春 28日

天徳元年〔天暦11年〕（957－958） 丁巳

改元 10/27（天暦→天徳）

1月	2月	3月	4月	5月	6月	7月	8月	9月	10月	11月	12月
1 己丑 3	1 己未 5	1 戊子 3	1 戊午 ③	《6月》	1 丙辰 30	1 丙戌 30	1 乙卯 28	1 甲申 26	1 甲寅 26	1 癸未 24	1 癸丑 24
2 庚寅 4	2 庚申 6	2 己丑 4	2 己未 4	1 丁亥 1	《7月》	2 丁亥 31	2 丙辰 29	2 乙酉 ㉗	2 乙卯 27	2 甲申 25	2 甲寅 25
3 辛卯 5	3 辛酉 7	3 庚寅 ⑤	3 庚申 5	**2** 戊子 2	2 丁巳 1	《8月》	3 丁巳 ㉚	3 丙戌 28	3 丙辰 28	3 乙酉 26	3 乙卯 26
4 壬辰 6	4 壬戌 ⑧	4 辛卯 6	4 辛酉 6	3 己丑 3	**3** 戊午 2	3 戊子 1	4 戊午 31	4 丁亥 29	4 丁巳 29	4 丙戌 27	4 丙辰 ㉗
5 癸巳 7	5 癸亥 9	5 壬辰 7	5 壬戌 7	4 庚寅 4	4 己未 3	**4** 己丑 ②	《9月》	5 戊子 30	5 戊午 30	5 丁亥 28	5 丁巳 28
6 甲午 ⑧	6 甲子 10	6 癸巳 8	6 癸亥 8	5 辛卯 5	5 庚申 4	5 庚寅 3	**5** 己未 1	《10月》	6 己未 31	6 戊子 ㉙	6 戊午 29
7 乙未 9	7 乙丑 11	7 甲午 9	7 甲子 9	6 壬辰 6	6 辛酉 ⑤	6 辛卯 4	6 庚申 2	**6** 己丑 1	《11月》	7 己丑 30	7 己未 30
8 丙申 10	8 丙寅 12	8 乙未 10	8 乙丑 ⑩	7 癸巳 ⑦	7 壬戌 6	7 壬辰 5	7 辛酉 3	7 庚寅 2	**7** 庚申 ①	《12月》	8 庚申 31
9 丁酉 11	9 丁卯 13	9 丙申 11	9 丙寅 11	8 甲午 8	8 癸亥 7	8 癸巳 6	8 壬戌 4	8 辛卯 3	8 辛酉 2	**8** 庚寅 1	**958年**
10 戊戌 12	10 戊辰 14	10 丁酉 ⑫	10 丁卯 12	9 乙未 9	9 甲子 8	9 甲午 7	9 癸亥 5	9 壬辰 ④	9 壬戌 3	9 辛卯 2	《1月》
11 己亥 13	11 己巳 ⑮	11 戊戌 13	11 戊辰 13	10 丙申 10	10 乙丑 9	10 乙未 8	10 甲子 ⑥	10 癸巳 5	10 癸亥 4	10 壬辰 3	**9** 辛酉 1
12 庚子 14	12 庚午 16	12 己亥 14	12 己巳 14	11 丁酉 11	11 丙寅 10	11 丙申 ⑨	11 乙丑 7	11 甲午 6	11 甲子 5	11 癸巳 4	10 壬戌 2
13 辛丑 ⑮	13 辛未 17	13 庚子 15	13 庚午 15	12 戊戌 12	12 丁卯 11	12 丁酉 10	12 丙寅 8	12 乙未 7	12 乙丑 6	12 甲午 5	11 癸亥 ③
14 壬寅 16	**14** 壬申 18	14 辛丑 16	14 辛未 16	13 己亥 13	13 戊辰 ⑫	13 戊戌 11	13 丁卯 9	13 丙申 8	13 丙寅 7	13 乙未 ⑥	12 甲子 4
15 癸卯 17	15 癸酉 19	**15** 壬寅 17	**15** 壬申 ⑰	14 庚子 ⑭	14 己巳 13	14 己亥 12	14 戊辰 10	14 丁酉 9	14 丁卯 ⑧	14 丙申 7	13 乙丑 5
16 甲辰 18	16 甲戌 20	16 癸卯 18	16 癸酉 18	15 辛丑 15	15 庚午 14	15 庚子 13	15 己巳 11	15 戊戌 10	15 戊辰 9	15 丁酉 8	14 丙寅 6
17 乙巳 19	17 乙亥 21	17 甲辰 ⑲	17 甲戌 19	16 壬寅 16	16 辛未 15	16 辛丑 14	16 庚午 12	16 己亥 ⑪	16 己巳 10	16 戊戌 9	15 丁卯 7
18 丙午 20	18 丙子 ㉒	18 乙巳 20	18 乙亥 20	**17** 癸卯 17	17 壬申 16	17 壬寅 15	17 辛未 ⑬	17 庚子 12	17 庚午 11	17 己亥 10	16 戊辰 8
19 丁未 21	19 丁丑 23	19 丙午 21	19 丙子 21	18 甲辰 18	**18** 癸酉 17	18 癸卯 ⑯	18 壬申 14	18 辛丑 13	18 辛未 12	18 庚子 11	17 己巳 9
20 戊申 ㉒	20 戊寅 24	20 丁未 22	20 丁丑 22	19 乙巳 19	19 甲戌 18	**19** 甲辰 17	19 癸酉 15	19 壬寅 14	19 壬申 13	19 辛丑 12	18 庚午 ⑩
21 己酉 23	21 己卯 25	21 戊申 23	21 戊寅 23	20 丙午 20	20 乙亥 ⑲	20 乙巳 18	**20** 甲戌 16	20 癸卯 15	20 癸酉 14	20 壬寅 ⑬	19 辛未 11
22 庚戌 24	22 庚辰 26	22 己酉 24	22 己卯 ㉔	21 丁未 ㉑	21 丙子 20	21 丙午 19	21 乙亥 17	21 甲辰 16	21 甲戌 ⑮	21 癸卯 14	20 壬申 12
23 辛亥 25	23 辛巳 27	23 庚戌 25	23 庚辰 25	22 戊申 22	22 丁丑 21	22 丁未 20	22 丙子 18	**22** 乙巳 17	**22** 乙亥 16	22 甲辰 15	21 癸酉 13
24 壬子 26	24 壬午 28	24 辛亥 ㉖	24 辛巳 26	23 己酉 23	23 戊寅 22	23 戊申 21	23 丁丑 19	23 丙午 ⑱	23 丙子 17	23 乙巳 16	22 甲戌 14
25 癸丑 27	25 癸未 ㉙	25 壬子 27	25 壬午 27	24 庚戌 24	24 己卯 23	24 己酉 22	24 戊寅 ⑳	24 丁未 19	24 丁丑 18	**24** 丙午 17	23 乙亥 15
26 甲寅 28	26 甲申 30	26 癸丑 28	26 癸未 28	25 辛亥 25	25 庚辰 24	25 庚戌 ㉓	25 己卯 21	25 戊申 20	25 戊寅 19	25 丁未 18	**24** 丙子 16
《3月》	27 乙酉 31	27 甲寅 29	27 甲申 29	26 壬子 26	26 辛巳 25	26 辛亥 24	26 庚辰 22	26 己酉 21	26 己卯 20	26 戊申 19	25 丁丑 ⑰
27 乙卯 ①	《4月》	28 乙卯 30	28 乙酉 30	27 癸丑 27	27 壬午 ㉖	27 壬子 25	27 辛巳 23	27 庚戌 22	27 庚辰 21	27 己酉 ⑳	26 戊寅 18
28 丙辰 2	28 丙戌 1	《5月》	29 丙戌 ㉛	28 甲寅 ㉘	28 癸未 27	28 癸丑 26	28 壬午 24	28 辛亥 23	28 辛巳 ㉒	28 庚戌 21	27 己卯 19
29 丁巳 3	**29** 丁亥 2	29 丙辰 1		29 乙卯 29	29 甲申 28	29 甲寅 27	29 癸未 25	29 壬子 24	29 壬午 23	29 辛亥 22	28 庚辰 20
30 戊午 4		**30** 丁巳 2			30 乙酉 29			30 癸丑 ㉕		30 壬子 23	29 辛巳 21
											30 壬午 22
雨水 13日 啓蟄 28日	春分 14日 清明 29日	穀雨 15日 立夏 30日	小満 15日	芒種 2日 夏至 17日	小暑 3日 大暑 18日	立秋 4日 処暑 19日	白露 5日 秋分 20日	寒露 6日 霜降 22日	立冬 7日 小雪 22日	大雪 8日 冬至 24日	小寒 9日 大寒 24日

天徳2年（958－959） 戊午

1月	2月	3月	4月	5月	6月	7月	閏7月	8月	9月	10月	11月	12月
1 癸未 23	1 癸丑 22	1 壬午 23	1 壬子 22	1 辛巳 21	1 辛亥 ⑳	1 庚辰 19	1 庚戌 18	**1** 己卯 16	1 戊申 15	1 戊寅 ⑭	1 丁未 13	1 丁丑 12
2 甲申 ㉔	2 甲寅 23	2 癸未 24	2 癸丑 23	2 壬午 22	2 壬子 21	2 辛巳 20	2 辛亥 19	2 庚辰 17	2 己酉 16	2 己卯 15	2 戊申 14	2 戊寅 13
3 乙酉 25	3 乙卯 24	3 甲申 25	3 甲寅 24	3 癸未 ㉓	3 癸丑 22	3 壬午 21	3 壬子 20	3 辛巳 18	**3** 庚戌 ⑰	**3** 庚辰 16	3 己酉 15	3 己卯 14
4 丙戌 26	4 丙辰 25	4 乙酉 26	4 乙卯 ㉕	4 甲申 24	4 甲寅 23	4 癸未 22	4 癸丑 21	4 壬午 ⑲	4 辛亥 18	4 辛巳 17	4 庚戌 16	4 庚辰 15
5 丁亥 27	5 丁巳 26	5 丙戌 27	5 丙辰 26	5 乙酉 25	5 乙卯 24	5 甲申 23	5 甲寅 ㉒	5 癸未 20	5 壬子 19	5 壬午 18	**5** 辛亥 17	**5** 辛巳 ⑯
6 戊子 28	6 戊午 27	6 丁亥 ㉘	6 丁巳 27	6 丙戌 26	6 丙辰 25	6 乙酉 24	6 乙卯 23	6 甲申 21	6 癸丑 20	6 癸未 19	6 壬子 18	6 壬午 17
7 己丑 29	7 己未 ㉘	7 戊子 29	7 戊午 28	7 丁亥 27	7 丁巳 26	7 丙戌 ㉕	7 丙辰 24	7 乙酉 22	7 甲寅 21	7 甲申 20	7 癸丑 ⑲	7 癸未 18
8 庚寅 30	《3月》	8 己丑 30	8 己未 29	8 戊子 28	8 戊午 ㉗	8 丁亥 26	8 丁巳 25	8 丙戌 23	8 乙卯 22	8 乙酉 ㉑	8 甲寅 20	8 甲申 19
9 辛卯 ㉛	8 庚申 1	9 庚寅 31	9 庚申 30	9 己丑 29	9 己未 28	9 戊子 27	9 戊午 26	9 丁亥 24	9 丙辰 23	9 丙戌 22	9 乙卯 21	9 乙酉 20
《2月》	9 辛酉 2	《4月》	《5月》	10 庚寅 ㉚	10 庚申 29	10 己丑 28	10 己未 27	10 戊子 25	10 丁巳 ㉔	10 丁亥 23	10 丙辰 22	10 丙戌 21
10 壬辰 1	**10** 壬戌 3	10 辛卯 1	10 辛酉 1	11 辛卯 31	11 辛酉 30	11 庚寅 29	11 庚申 28	11 己丑 ㉖	11 戊午 25	11 戊子 24	11 丁巳 23	11 丁亥 22
11 癸巳 2	11 癸亥 4	**11** 壬辰 2	**11** 壬戌 ②	《6月》	《7月》	12 辛卯 30	12 辛酉 ㉙	12 庚寅 27	12 己未 26	12 己丑 25	12 戊午 24	12 戊子 ㉓
12 甲午 3	12 甲子 5	12 癸巳 3	12 癸亥 3	12 壬辰 1	12 壬戌 1	13 壬辰 31	13 壬戌 30	13 辛卯 28	13 庚申 27	13 庚寅 26	13 己未 25	13 己丑 24
13 乙未 4	13 乙丑 6	13 甲午 ④	13 甲子 4	**13** 癸巳 2	**13** 癸亥 2	《8月》	14 癸亥 31	14 壬辰 29	14 辛酉 28	14 辛卯 27	14 庚申 ㉖	14 庚寅 25
14 丙申 5	14 丙寅 ⑦	14 乙未 5	14 乙丑 5	14 甲午 3	14 甲子 3	14 癸巳 ①	《9月》	15 癸巳 30	15 壬戌 29	15 壬辰 ㉘	15 辛酉 27	15 辛卯 26
15 丁酉 6	15 丁卯 8	15 丙申 6	15 丙寅 6	15 乙未 4	15 乙丑 ④	**15** 甲午 2	**15** 甲子 1	《10月》	16 癸亥 30	16 癸巳 29	16 壬戌 28	16 壬辰 27
16 戊戌 ⑦	16 戊辰 9	16 丁酉 7	16 丁卯 7	16 丙申 5	16 丙寅 5	16 乙未 3	16 乙丑 2	16 甲午 1	17 甲子 ㉛	17 甲午 30	17 癸亥 29	17 癸巳 28
17 己亥 8	17 己巳 10	17 戊戌 8	17 戊辰 8	17 丁酉 ⑥	17 丁卯 6	17 丙申 4	17 丙寅 3	**17** 乙未 2	《11月》	《12月》	18 甲子 30	18 甲午 29
18 庚子 9	18 庚午 11	18 己亥 9	18 己巳 ⑨	18 戊戌 7	18 戊辰 7	18 丁酉 5	18 丁卯 4	18 丙申 ③	**18** 乙丑 1	18 乙未 1	19 乙丑 31	19 乙未 ㉚
19 辛丑 10	19 辛未 12	19 庚子 10	19 庚午 10	19 己亥 8	19 己巳 8	19 戊戌 6	19 戊辰 ⑤	19 丁酉 4	19 丙寅 2	**19** 丙申 2	**959年**	**20** 丙申 31
20 壬寅 11	20 壬申 13	20 辛丑 ⑪	20 辛未 11	20 庚子 9	20 庚午 9	20 己亥 7	20 己巳 6	20 戊戌 5	20 丁卯 3	20 丁酉 3	《1月》	《2月》
21 癸卯 12	21 癸酉 ⑭	21 壬寅 12	21 壬申 12	21 辛丑 10	21 辛未 10	21 庚子 ⑧	21 庚午 7	21 己亥 6	21 戊辰 4	21 戊戌 4	**20** 丙寅 1	21 丁酉 1
22 甲辰 13	22 甲戌 15	22 癸卯 13	22 癸酉 13	22 壬寅 11	22 壬申 ⑪	22 辛丑 9	22 辛未 8	22 庚子 7	22 己巳 5	22 己亥 ⑤	21 丁卯 ②	22 戊戌 2
23 乙巳 ⑭	23 乙亥 16	23 甲辰 14	23 甲戌 14	23 癸卯 12	23 癸酉 12	23 壬寅 10	23 壬申 9	23 辛丑 8	23 庚午 6	23 庚子 6	22 戊辰 3	23 己亥 3
24 丙午 15	24 丙子 17	24 乙巳 15	24 乙亥 15	24 甲辰 ⑬	24 甲戌 13	24 癸卯 11	24 癸酉 10	24 壬寅 9	24 辛未 ⑦	24 辛丑 7	23 己巳 4	24 庚子 4
25 丁未 16	**25** 丁丑 18	25 丙午 16	25 丙子 ⑯	25 乙巳 14	25 乙亥 14	25 甲辰 12	25 甲戌 11	25 癸卯 ⑩	25 壬申 8	25 壬寅 8	24 庚午 5	25 辛丑 5
26 戊申 17	26 戊寅 19	**26** 丁未 17	26 丁丑 17	26 丙午 15	26 丙子 15	26 乙巳 13	26 乙亥 ⑫	26 甲辰 11	26 癸酉 9	26 癸卯 9	25 辛未 6	26 壬寅 ⑥
27 己酉 18	27 己卯 20	27 戊申 ⑱	**27** 戊寅 18	27 丁未 16	27 丁丑 16	27 丙午 14	27 丙子 13	27 乙巳 12	27 甲戌 10	27 甲辰 10	26 壬申 7	27 癸卯 7
28 庚戌 19	28 庚辰 ㉑	28 己酉 19	28 己卯 19	**28** 戊申 17	28 戊寅 17	28 丁未 ⑮	28 丁丑 14	28 丙午 13	28 乙亥 11	28 乙巳 11	27 癸酉 8	28 甲辰 8
29 辛亥 20	29 辛巳 22	29 庚戌 20	29 庚辰 20	29 己酉 18	**29** 己卯 ⑱	29 戊申 16	29 戊寅 15	29 丁未 14	29 丙子 12	29 丙午 ⑫	28 甲戌 ⑨	29 乙巳 9
30 壬子 ㉑		30 辛亥 21		30 庚戌 19		**30** 己酉 17			30 丁丑 13		29 乙亥 10	30 丙午 10
											30 丙子 11	
立春 9日 雨水 24日	啓蟄 10日 春分 25日	清明 11日 穀雨 26日	立夏 11日 小満 27日	芒種 13日 夏至 28日	小暑 13日 大暑 29日	立秋 15日 処暑 30日	白露15日	秋分 1日 寒露 17日	霜降 3日 立冬 18日	小雪 3日 大雪 19日	冬至 5日 小寒 20日	大寒 5日 立春 20日

天徳**3**年（959－960） 己未

1月	2月	3月	4月	5月	6月	7月	8月	9月	10月	11月	12月
1 丁未11 2 戊申12 3 己酉⑬ 4 庚戌14 5 辛亥15 **6** 壬子16 7 癸丑17 8 甲寅18 9 乙卯19 10丙辰⑳ 11丁巳21 12戊午22 13己未23 14庚申24 15辛酉25 16壬戌26 17癸亥㉗ 18甲子28 《3月》 19乙丑 1 20丙寅 2 **21**丁卯 3 22戊辰 4 23己巳 5 24庚午⑥ 25辛未 7 26壬申 8 27癸酉 9 28甲戌10 29乙亥11	1 丙子12 2 丁丑⑬ 3 戊寅14 4 己卯15 5 庚辰16 6 辛巳17 **7** 壬午18 8 癸未19 9 甲申⑳ 10乙酉21 11丙戌22 12丁亥23 13戊子24 14己丑25 15庚寅26 16辛卯㉗ 17壬辰28 18癸巳29 19甲午30 20乙未31 《4月》 21丙申 1 **22**丁酉 2 23戊戌③ 24己亥 4 25庚子 5 26辛丑 6 27壬寅 7 28癸卯 8 29甲辰 9 30乙巳⑩	1 丙午11 2 丁未12 3 戊申13 4 己酉14 5 庚戌15 6 辛亥16 7 壬子⑰ **8** 癸丑18 9 甲寅19 10乙卯20 11丙辰21 12丁巳22 13戊午23 14己未㉔ 15庚申25 16辛酉26 17壬戌27 18癸亥28 19甲子29 20乙丑30 《5月》 21丙寅① 22丁卯 2 **23**戊辰 3 24己巳 4 25庚午 5 26辛未 6 27壬申 7 28癸酉⑧ 29甲戌 9 30乙亥10	1 丙子11 2 丁丑12 3 戊寅13 4 己卯14 5 庚辰⑮ 6 辛巳16 7 壬午17 **8** 癸未18 9 甲申19 10乙酉20 11丙戌21 12丁亥㉒ 13戊子23 14己丑24 15庚寅25 16辛卯26 17壬辰27 18癸巳28 19甲午㉙ 20乙未30 21丙申31 《6月》 22丁酉 1 **23**戊戌 2 24己亥 3 25庚子 4 26辛丑⑤ 27壬寅 6 28癸卯 7 29甲辰 8	1 乙巳 9 2 丙午10 3 丁未11 4 戊申⑫ 5 己酉13 6 庚戌14 7 辛亥15 8 壬子16 **9** 癸丑17 10甲寅18 11乙卯⑲ 12丙辰20 13丁巳21 14戊午22 15己未23 16庚申24 17辛酉25 18壬戌㉖ 19癸亥27 20甲子28 21乙丑29 22丙寅30 《7月》 23丁卯 1 24戊辰 2 **25**己巳③ 26庚午 4 27辛未 5 28壬申 6 29癸酉 7 30甲戌 8	1 乙亥 9 2 丙子⑩ 3 丁丑11 4 戊寅12 5 己卯13 6 庚辰14 7 辛巳15 8 壬午16 9 癸未⑰ **10**甲申18 11乙酉19 12丙戌20 13丁亥21 14戊子22 15己丑23 16庚寅㉔ 17辛卯25 18壬辰26 19癸巳27 20甲午28 21乙未29 22丙申30 23丁酉㉛ 《8月》 24戊戌 1 **25**己亥 2 26庚子 3 27辛丑 4 28壬寅 5 29癸卯 6	1 甲辰⑦ 2 乙巳 8 3 丙午 9 4 丁未10 5 戊申11 6 己酉12 7 庚戌13 8 辛亥⑭ 9 壬子15 10癸丑16 **11**甲寅17 12乙卯18 13丙辰19 14丁巳20 15戊午㉑ 16己未22 17庚申23 18辛酉24 19壬戌25 20癸亥26 21甲子27 22乙丑㉘ 23丙寅29 24丁卯30 25戊辰31 《9月》 **26**己巳 1 27庚午 2 28辛未 3 29壬申④ 30癸酉 5	1 甲戌 6 2 乙亥 7 3 丙子 8 4 丁丑 9 5 戊寅10 6 己卯⑪ 7 庚辰12 8 辛巳13 9 壬午14 10癸未15 11甲申16 **12**乙酉17 13丙戌⑱ 14丁亥19 15戊子20 16己丑21 17庚寅22 18辛卯23 19壬辰24 20癸巳㉕ 21甲午26 22乙未27 23丙申28 24丁酉29 25戊戌30 《10月》 26己亥 1 **27**庚子② 28辛丑 3 29壬寅 4	1 癸卯 5 2 甲辰 6 3 乙巳 7 4 丙午 8 5 丁未⑨ 6 戊申10 7 己酉11 8 庚戌12 9 辛亥13 10壬子14 11癸丑15 12甲寅⑯ **13**乙卯17 14丙辰18 15丁巳19 16戊午20 17己未21 18庚申22 19辛酉㉓ 20壬戌24 21癸亥25 22甲子26 23乙丑27 24丙寅28 25丁卯29 26戊辰㉚ 27己巳31 《11月》 **28**庚午 1 29辛未 2 30壬申 3	1 癸酉 4 2 甲戌 5 3 乙亥⑥ 4 丙子 7 5 丁丑 8 6 戊寅 9 7 己卯10 8 庚辰11 9 辛巳12 10壬午⑬ 11癸未14 12甲申15 13乙酉16 **14**丙戌17 15丁亥18 16戊子19 17己丑⑳ 18庚寅21 19辛卯22 20壬辰23 21癸巳24 22甲午25 23乙未26 24丙申㉗ 25丁酉28 26戊戌29 27己亥30 《12月》 28庚子 1 **29**辛丑 2	1 壬寅 3 2 癸卯④ 3 甲辰 5 4 乙巳 6 5 丙午 7 6 丁未 8 7 戊申 9 8 己酉10 9 庚戌⑪ 10辛亥12 11壬子13 12癸丑14 13甲寅15 14乙卯16 **15**丙辰17 16丁巳⑱ 17戊午19 18己未20 19庚申21 20辛酉22 21壬戌23 22癸亥24 23甲子㉕ 24乙丑26 25丙寅27 26丁卯28 27戊辰29 28己巳30 29庚午31	**960年** 《1月》 **1** 辛未① 2 壬申 2 3 癸酉 3 4 甲戌 4 5 乙亥 5 6 丙子 6 7 丁丑 7 8 戊寅⑧ 9 己卯 9 10庚辰10 11辛巳11 12壬午12 13癸未13 14甲申14 15乙酉⑮ **16**丙戌16 17丁亥17 18戊子18 19己丑19 20庚寅20 21辛卯21 22壬辰㉒ 23癸巳23 24甲午24 25乙未25 26丙申26 27丁酉27 28戊戌28 29己亥㉙ 30庚子30
雨水 6日 啓蟄 21日	春分 7日 清明 22日	穀雨 8日 立夏 23日	小満 8日 芒種 23日	夏至 9日 小暑 25日	大暑 10日 立秋 25日	処暑 11日 白露 26日	秋分 12日 寒露 27日	霜降 13日 立冬 28日	小雪 14日 大雪 29日	冬至 15日	小寒 1日 大寒 16日

天徳**4**年（960－961） 庚申

1月	2月	3月	4月	5月	6月	7月	8月	9月	10月	11月	12月
1 辛丑31 《2月》 **2** 壬寅 1 3 癸卯 2 4 甲辰 3 5 乙巳 4 6 丙午⑤ 7 丁未 6 8 戊申 7 9 己酉 8 10庚戌 9 11辛亥10 12壬子11 13癸丑⑫ 14甲寅13 15乙卯14 16丙辰15 **17**丁巳16 18戊午17 19己未18 20庚申⑲ 21辛酉20 22壬戌21 23癸亥22 24甲子23 25乙丑24 26丙寅25 27丁卯㉖ 28戊辰27 29己巳28 30庚午29	《3月》 1 辛未 1 **2** 壬申 2 3 癸酉 3 4 甲戌④ 5 乙亥 5 6 丙子 6 7 丁丑 7 8 戊寅 8 9 己卯 9 10庚辰10 11辛巳⑪ 12壬午12 13癸未13 14甲申14 15乙酉15 16丙戌16 **17**丁亥17 18戊子⑱ 19己丑19 20庚寅20 21辛卯21 22壬辰22 23癸巳23 24甲午24 25乙未㉕ 26丙申26 27丁酉27 28戊戌28 29己亥29	1 庚子30 2 辛丑31 《4月》 3 壬寅① **4** 癸卯 2 5 甲辰 3 6 乙巳 4 7 丙午 5 8 丁未 6 9 戊申 7 10己酉⑧ 11庚戌 9 12辛亥10 13壬子11 14癸丑12 15甲寅13 16乙卯14 17丙辰⑮ 18丁巳16 **19**戊午17 20己未18 21庚申19 22辛酉20 23壬戌21 24癸亥㉒ 25甲子23 26乙丑24 27丙寅25 28丁卯26 29戊辰27 30己巳28	1 庚午㉙ 2 辛未30 《5月》 3 壬申 1 **4** 癸酉 2 5 甲戌 3 6 乙亥 4 7 丙子 5 8 丁丑⑥ 9 戊寅 7 10己卯 8 11庚辰 9 12辛巳10 13壬午11 14癸未12 15甲申⑬ 16乙酉14 17丙戌15 18丁亥16 **19**戊子17 20己丑18 21庚寅19 22辛卯⑳ 23壬辰21 24癸巳22 25甲午23 26乙未24 27丙申25 28丁酉26 29戊戌㉗	1 己亥28 2 庚子29 3 辛丑30 4 壬寅31 《6月》 **5** 癸卯 1 6 甲辰 2 7 乙巳③ 8 丙午 4 9 丁未 5 10戊申 6 11己酉 7 12庚戌 8 13辛亥 9 14壬子⑩ 15癸丑11 16甲寅12 17乙卯13 18丙辰14 19丁巳15 20戊午16 **21**己未⑰ 22庚申18 23辛酉19 24壬戌20 25癸亥21 26甲子22 27乙丑23 28丙寅㉔ 29丁卯25 30戊辰26	1 己巳27 2 庚午28 3 辛未29 4 壬申30 《7月》 5 癸酉① **6** 甲戌 2 7 乙亥 3 8 丙子 4 9 丁丑 5 10戊寅 6 11己卯 7 12庚辰⑧ 13辛巳 9 14壬午10 15癸未11 16甲申12 17乙酉13 18丙戌14 19丁亥⑮ 20戊子16 **21**己丑17 22庚寅18 23辛卯19 24壬辰20 25癸巳21 26甲午㉒ 27乙未23 28丙申24 29丁酉25 30戊戌26	1 己亥27 2 庚子28 3 辛丑㉙ 4 壬寅30 5 癸卯31 《8月》 **6** 甲辰 1 7 乙巳 2 8 丙午 3 9 丁未 4 10戊申⑤ 11己酉 6 12庚戌 7 13辛亥 8 14壬子 9 15癸丑10 16甲寅11 17乙卯⑫ 18丙辰13 19丁巳14 20戊午15 21己未16 **22**庚申17 23辛酉18 24壬戌⑲ 25癸亥20 26甲子21 27乙丑22 28丙寅23 29丁卯24	1 戊辰25 2 己巳㉖ 3 庚午27 4 辛未28 5 壬申29 6 癸酉30 7 甲戌31 《9月》 **8** 乙亥 1 9 丙子② 10丁丑 3 11戊寅 4 12己卯 5 13庚辰 6 14辛巳 7 15壬午 8 16癸未⑨ 17甲申10 18乙酉11 19丙戌12 20丁亥13 21戊子14 22己丑15 **23**庚寅⑯ 24辛卯17 25壬辰18 26癸巳19 27甲午20 28乙未21 29丙申22 30丁酉㉓	1 戊戌24 2 己亥25 3 庚子26 4 辛丑27 5 壬寅28 6 癸卯29 7 甲辰㉚ 《10月》 **8** 乙巳 1 9 丙午 2 10丁未 3 11戊申 4 12己酉 5 13庚戌 6 14辛亥⑦ 15壬子 8 16癸丑 9 17甲寅10 18乙卯11 19丙辰12 20丁巳13 21戊午⑭ 22己未15 **23**庚申16 24辛酉17 25壬戌18 26癸亥19 27甲子20 28乙丑㉑ 29丙寅22	1 丁卯23 2 戊辰24 3 己巳25 4 庚午26 5 辛未27 6 壬申㉘ 7 癸酉29 8 甲戌30 9 乙亥31 《11月》 **10**丙子 1 11丁丑 2 12戊寅 3 13己卯④ 14庚辰 5 15辛巳 6 16壬午 7 17癸未 8 18甲申 9 19乙酉10 20丙戌⑪ 21丁亥12 22戊子13 23己丑14 24庚寅15 **25**辛卯16 26壬辰17 27癸巳⑱ 28甲午19 29乙未20 30丙申21	1 丁酉22 2 戊戌23 3 己亥24 4 庚子㉕ 5 辛丑26 6 壬寅27 7 癸卯28 8 甲辰29 9 乙巳30 《12月》 **10**丙午 1 11丁未② 12戊申 3 13己酉 4 14庚戌 5 15辛亥 6 16壬子 7 17癸丑 8 18甲寅⑨ 19乙卯10 20丙辰11 21丁巳12 22戊午13 23己未14 24庚申15 **25**辛酉⑯ 26壬戌17 27癸亥18 28甲子19 29乙丑20	1 丙寅21 2 丁卯22 3 戊辰㉓ 4 己巳24 5 庚午25 6 辛未26 7 壬申27 8 癸酉28 9 甲戌29 10乙亥㉚ **11**丙子31 **961年** 《1月》 12丁丑 1 13戊寅 2 14己卯 3 15庚辰 4 16辛巳 5 17壬午⑥ 18癸未 7 19甲申 8 20乙酉 9 21丙戌10 22丁亥11 23戊子12 24己丑⑬ 25庚寅14 26辛卯15 **27**壬辰16 28癸巳17 29甲午18 30乙未19
立春 2日 雨水 17日	啓蟄 2日 春分 17日	清明 4日 穀雨 19日	立夏 4日 小満 19日	芒種 5日 夏至 21日	小暑 6日 大暑 21日	立秋 6日 処暑 22日	白露 8日 秋分 23日	寒露 8日 霜降 23日	立冬 10日 小雪 25日	大雪 10日 冬至 25日	小寒 11日 大寒 27日

応和元年〔天徳 **5** 年〕（961－962） 辛酉

改元 2/16（天徳→応和）

1月	2月	3月	閏3月	4月	5月	6月	7月	8月	9月	10月	11月	12月
1 丙申⑳	1 乙丑18	1 甲午19	1 甲子18	**1** 癸巳17	1 癸亥⑯	1 癸巳16	1 壬戌14	1 壬辰13	1 壬戌⑬	1 辛卯11	1 辛酉11	1 庚寅 9
2 丁酉21	2 丙寅19	2 乙未20	2 乙丑19	2 甲午18	**2** 甲子17	**2** 甲午17	2 癸亥15	2 癸巳14	2 癸亥14	2 壬辰12	2 壬戌12	2 辛卯10
3 戊戌22	3 丁卯20	3 丙申21	3 丙寅20	3 乙未⑲	3 乙丑18	3 乙未18	3 甲子16	3 甲午⑮	3 甲子15	3 癸巳13	3 癸亥13	3 壬辰11
4 己亥23	4 戊辰21	4 丁酉22	4 丁卯㉑	4 丙申20	4 丙寅19	4 丙申19	**4** 乙丑17	**4** 乙未16	4 乙丑16	4 甲午14	4 甲子14	4 癸巳⑫
5 庚子24	5 己巳22	5 戊戌23	5 戊辰22	5 丁酉21	5 丁卯20	5 丁酉20	5 丙寅⑱	5 丙申17	**5** 丙寅17	5 乙未15	5 乙丑⑮	5 甲午13
6 辛丑25	6 庚午23	6 己亥㉔	6 己巳23	6 戊戌22	6 戊辰21	6 戊戌㉑	6 丁卯19	6 丁酉18	6 丁卯18	**6** 丙申16	6 丙寅16	6 乙未14
7 壬寅26	7 辛未㉔	7 庚子25	7 庚午24	7 己亥23	7 己巳22	7 己亥22	7 戊辰20	7 戊戌19	7 戊辰19	7 丁酉⑰	**7** 丁卯17	7 丙申15
8 癸卯㉗	8 壬申25	8 辛丑26	8 辛未25	8 庚子24	8 庚午㉓	8 庚子23	8 己巳21	8 己亥20	8 己巳⑳	8 戊戌18	8 戊辰18	**8** 丁酉16
9 甲辰28	9 癸酉26	9 壬寅27	9 壬申26	9 辛丑25	9 辛未24	9 辛丑24	9 庚午22	9 庚子21	9 庚午21	9 己亥19	9 己巳19	9 戊戌17
10乙巳29	10甲戌27	10癸卯28	10癸酉27	10壬寅㉖	10壬申25	10壬寅25	10辛未23	10辛丑㉒	10辛未22	10庚子20	10庚午20	10己亥18
11丙午30	11乙亥28	11甲辰29	11甲戌㉘	11癸卯27	11癸酉26	11癸卯26	11壬申24	11壬寅23	11壬申23	11辛丑21	11辛未21	11庚子⑲
12丁未31	《3月》	12乙巳30	12乙亥29	12甲辰28	12甲戌27	12甲辰27	12癸酉㉕	12癸卯24	12癸酉24	12壬寅22	12壬申㉒	12辛丑20
《2月》	12丙子 1	13丙午㉛	13丙子30	13乙巳29	13乙亥28	13乙巳㉘	13甲戌26	13甲辰25	13甲戌25	13癸卯23	13癸酉23	13壬寅21
13戊申 1	**13**丁丑 2	《4月》	《5月》	14丙午30	14丙子29	14丙午29	14乙亥27	14乙巳26	14乙亥26	14甲辰㉔	14甲戌24	14癸卯22
14己酉 2	14戊寅③	14丁未 1	14丁丑 1	15丁未31	15丁丑㉚	15丁未30	15丙子28	15丙午27	15丙子㉗	15乙巳25	15乙亥25	15甲辰23
15庚戌③	15己卯 4	**15**戊申 2	**15**戊寅 2	《6月》	《7月》	16戊申31	16丁丑29	16丁未28	16丁丑28	16丙午26	16丙子26	16乙巳24
16辛亥 4	*16*庚辰 5	16己酉 3	16己卯 3	16戊申 1	16戊寅 1	《8月》	17戊寅30	17戊申㉙	17戊寅29	17丁未27	17丁丑27	17丙午25
17壬子 5	17辛巳 6	17庚戌 4	17庚辰 4	**17**己酉②	**17**己卯 2	17己酉 1	18己卯31	18己酉30	18己卯30	18戊申28	18戊寅28	18丁未㉖
18癸丑 6	18壬午 7	18辛亥 5	18辛巳⑤	18庚戌 3	18庚辰 3	**18**庚戌 2	《9月》	《10月》	19庚辰31	19己酉29	19己卯㉙	19戊申27
19甲寅 7	19癸未 8	19壬子 6	19壬午 6	19辛亥 4	19辛巳 4	19辛亥 3	**19**庚辰①	**19**庚戌 1	《11月》	20庚戌30	20庚辰30	20己酉28
20乙卯 8	20甲申 9	20癸丑⑦	20癸未 7	20壬子 5	20壬午 5	20壬子④	20辛巳 2	20辛亥 2	**20**辛巳 1	《12月》	21辛巳31	21庚戌29
21丙辰 9	21乙酉⑩	21甲寅 8	21甲申 8	21癸丑 6	21癸未 6	21癸丑 5	21壬午 3	21壬子 3	21壬午 2	**21**辛亥①	**962**年	22辛亥30
22丁巳⑩	22丙戌11	22乙卯 9	22乙酉 9	22甲寅 7	22甲申⑦	22甲寅 6	22癸未 4	22癸丑 4	22癸未③	22壬子 2	《1月》	**23**壬子31
23戊午11	23丁亥12	23丙辰10	23丙戌10	23乙卯 8	23乙酉 8	23乙卯 7	23甲申 5	23甲寅 5	23甲申 4	23癸丑 3	**22**壬午 1	《2月》
24己未12	24戊子13	24丁巳11	24丁亥11	24丙辰⑨	24丙戌 9	24丙辰 8	24乙酉 6	24乙卯⑥	24乙酉 5	24甲寅 4	23癸未 2	24癸丑 1
25庚申13	25己丑14	25戊午12	25戊子⑫	25丁巳10	25丁亥10	25丁巳 9	25丙戌 7	25丙辰 7	25丙戌 6	25乙卯 5	24甲申 3	25甲寅②
26辛酉14	26庚寅15	26己未13	26己丑13	26戊午11	26戊子11	26戊午10	26丁亥⑧	26丁巳 8	26丁亥 7	26丙辰 6	25乙酉 4	26乙卯 3
27壬戌15	27辛卯16	27庚申⑭	27庚寅14	27己未12	27己丑12	27己未⑪	27戊子 9	27戊午 9	27戊子 8	27丁巳 7	26丙戌⑤	27丙辰 4
28癸亥16	28壬辰⑰	28辛酉15	28辛卯15	28庚申13	28庚寅13	28庚申12	28己丑10	28己未10	28己丑 9	28戊午⑧	27丁亥 6	28丁巳 5
29甲子⑰	**29**癸巳18	29壬戌16	29壬辰16	29辛酉14	29辛卯⑭	29辛酉13	29庚寅11	29庚申11	29庚寅⑩	29己未 9	28戊子 7	29戊午 6
		30癸亥17		30壬戌15	30壬辰15		30辛卯12	30辛酉12		30庚申10	29己丑 8	30己未 7
立春 12日	啓蟄 13日	清明 15日	立夏15日	小満 1日	夏至 2日	大暑 2日	処暑 4日	秋分 4日	霜降 5日	小雪 6日	冬至 7日	大寒 8日
雨水 27日	春分 29日	穀雨 30日		芒種 17日	小暑 17日	立秋 18日	白露 19日	寒露 19日	立冬 20日	大雪 21日	小寒 22日	立春 23日

応和 **2** 年（962－963） 壬戌

1月	2月	3月	4月	5月	6月	7月	8月	9月	10月	11月	12月
1 庚申 8	1 己丑⑨	1 戊午 7	1 戊子 7	1 丁巳 5	1 丁亥 5	1 丙辰③	1 丙戌 2	**1** 丙辰 2	1 乙酉31	1 乙卯㉚	1 乙酉30
2 辛酉⑨	2 庚寅10	2 己未 8	2 己丑 8	2 戊午 6	2 戊子⑥	2 丁巳 4	2 丁亥 3	2 丁巳 3	《11月》	《12月》	2 丙戌31
3 壬戌10	3 辛卯11	3 庚申 9	3 庚寅 9	3 己未 7	3 己丑 7	3 戊午 5	3 戊子 4	3 戊午 4	**2** 丙戌 1	2 丙辰 1	**963**年
4 癸亥11	4 壬辰12	4 辛酉10	4 辛卯10	4 庚申⑧	4 庚寅 8	4 己未 6	4 己丑 5	4 己未⑤	3 丁亥②	**3** 丁巳 2	《1月》
5 甲子12	5 癸巳13	5 壬戌11	5 壬辰⑪	5 辛酉 9	5 辛卯 9	5 庚申 7	5 庚寅 6	5 庚申 6	4 戊子 3	4 戊午 3	**3** 丁亥 1
6 乙丑13	6 甲午14	6 癸亥12	6 癸巳12	6 壬戌10	6 壬辰10	6 辛酉 8	6 辛卯⑦	6 辛酉 7	5 己丑 4	5 己未 4	4 戊子 2
7 丙寅14	7 乙未15	7 甲子⑬	7 甲午13	7 癸亥11	7 癸巳11	7 壬戌 9	7 壬辰 8	7 壬戌 8	6 庚寅 5	6 庚申 5	5 己丑 3
8 丁卯15	8 丙申⑯	8 乙丑14	8 乙未14	8 甲子12	8 甲午12	8 癸亥⑩	8 癸巳 9	8 癸亥 9	7 辛卯 6	7 辛酉 6	6 庚寅④
9 戊辰⑯	9 丁酉17	9 丙寅15	9 丙申15	9 乙丑13	9 乙未⑬	9 甲子11	9 甲午10	9 甲子10	8 壬辰 7	8 壬戌⑦	7 辛卯 5
10己巳17	**10**戊戌18	10丁卯16	10丁酉16	10丙寅14	10丙申14	10乙丑12	10乙未11	10乙丑11	9 癸巳 8	9 癸亥 8	8 壬辰 6
11庚午18	11己亥19	**11**戊辰17	11戊戌17	11丁卯⑮	11丁酉15	11丙寅13	11丙申12	11丙寅⑫	10甲午⑨	10甲子 9	9 癸巳 7
12辛未19	12庚子20	12己巳18	**12**己亥⑱	12戊辰16	12戊戌16	12丁卯14	12丁酉13	12丁卯13	11乙未10	11乙丑10	10甲午 8
13壬申20	13辛丑21	13庚午19	13庚子19	**13**己巳17	13己亥17	13戊辰15	13戊戌⑭	13戊辰14	12丙申11	12丙寅11	11乙未 9
14癸酉21	14壬寅22	14辛未⑳	14辛丑20	14庚午18	**14**庚子18	14己巳16	14己亥15	14己巳15	13丁酉12	13丁卯12	12丙申10
15甲戌22	15癸卯㉓	15壬申21	15壬寅21	15辛未19	15辛丑19	**15**庚午⑰	**15**庚子16	15庚午16	14戊戌13	14戊辰13	13丁酉⑪
16乙亥㉓	16甲辰24	16癸酉22	16癸卯22	16壬申20	16壬寅⑳	16辛未18	16辛丑17	**16**辛未17	15己亥14	15己巳⑭	14戊戌12
17丙子24	17乙巳25	17甲戌23	17甲辰23	17癸酉21	17癸卯21	17壬申19	17壬寅18	17壬申18	16庚子15	16庚午15	15己亥13
18丁丑25	18丙午26	18乙亥24	18乙巳24	18甲戌㉒	18甲辰22	18癸酉20	18癸卯19	18癸酉⑲	**17**辛丑⑯	17辛未16	16庚子14
19戊寅26	19丁未27	19丙子25	19丙午㉕	19乙亥23	19乙巳23	19甲戌21	19甲辰20	19甲戌20	18壬寅17	**18**壬申17	17辛丑15
20己卯27	20戊申28	20丁丑26	20丁未26	20丙子24	20丙午24	20乙亥22	20乙巳㉑	20乙亥21	19癸卯18	19癸酉18	**18**壬寅16
21庚辰28	21己酉29	21戊寅㉗	21戊申27	21丁丑25	21丁未25	21丙子23	21丙午22	21丙子22	20甲辰19	20甲戌19	19癸卯17
《3月》	22庚戌㉚	22己卯28	22己酉28	22戊寅26	22戊申26	22丁丑㉔	22丁未23	22丁丑23	21乙巳20	21乙亥20	20甲辰⑱
22辛巳 1	23辛亥31	23庚辰29	23庚戌29	23己卯27	23己酉㉗	23戊寅25	23戊申24	23戊寅24	22丙午21	22丙子㉑	21乙巳19
23壬午②	《4月》	24辛巳30	24辛亥30	24庚辰28	24庚戌28	24己卯26	24己酉25	24己卯25	23丁未22	23丁丑22	22丙午20
24癸未 3	24壬子 1	《5月》	25壬子31	25辛巳㉙	25辛亥29	25庚辰27	25庚戌26	25庚辰㉖	24戊申㉓	24戊寅23	23丁未21
25甲申 4	**25**癸丑 2	25壬午 1	《6月》	26壬午30	26壬子30	26辛巳28	26辛亥27	26辛巳27	25己酉24	25己卯24	24戊申22
26乙酉 5	26甲寅 3	**26**癸未 2	26癸丑①	《7月》	27癸丑31	27壬午29	27壬子㉘	27壬午28	26庚戌25	26庚辰25	25己酉23
27丙戌 6	27乙卯 4	27甲申 3	**27**甲寅 2	27癸未 1	《8月》	28癸未30	28癸丑29	28癸未29	27辛亥26	27辛巳26	26庚戌24
28丁亥 7	28丙辰 5	28乙酉④	28乙卯 3	**28**甲申 2	28甲寅 1	29甲申㉛	29甲寅30	29甲申30	28壬子27	28壬午27	27辛亥㉕
29戊子 8	29丁巳⑥	29丙戌 5	29丙辰 4	29乙酉 3	**29**乙卯 2	《9月》	《10月》		29癸丑28	29癸未㉘	28壬子26
		30丁亥 6		30丙戌 4		**30**乙酉 1	30乙卯 1		30甲寅29	30甲申29	29癸丑27
雨水 8日	春分 10日	穀雨 11日	小満 12日	夏至 13日	大暑 14日	処暑 15日	秋分 15日	寒露 1日	立冬 2日	大雪 3日	小寒 3日
啓蟄 24日	清明 25日	立夏 26日	芒種 27日	小暑 28日	立秋 29日	白露 30日		霜降 16日	小雪 17日	冬至 18日	大寒 18日

応和3年（963－964） 癸亥

1月	2月	3月	4月	5月	6月	7月	8月	9月	10月	11月	12月	閏12月
1 甲寅28 2 乙卯29 3 丙辰30 **4** 丁巳31 《2月》 5 戊午① 6 己未2 7 庚申3 8 辛酉4 9 壬戌5 10 癸亥6 11 甲子7 12 乙丑⑧ 13 丙寅9 14 丁卯10 15 戊辰11 16 己巳12 17 庚午13 18 辛未14 19 壬申⑮ **20** 癸酉16 21 甲戌17 22 乙亥18 23 丙子19 24 丁丑20 25 戊寅21 26 己卯㉒ 27 庚辰23 28 辛巳24 29 壬午25 30 癸未26	1 甲申27 2 乙酉28 《3月》 3 丙戌① 4 丁亥2 **5** 戊子3 6 己丑4 7 庚寅5 8 辛卯6 9 壬辰7 10 癸巳⑧ 11 甲午9 12 乙未10 13 丙申11 14 丁酉12 15 戊戌13 16 己亥14 17 庚子⑮ 18 辛丑16 19 壬寅17 **20** 癸卯18 21 甲辰19 22 乙巳20 23 丙午21 24 丁未㉒ 25 戊申23 26 己酉24 27 庚戌25 28 辛亥26 29 壬子27	1 癸丑28 2 甲寅㉙ 3 乙卯30 4 丙辰31 《4月》 5 丁巳1 **6** 戊午2 7 己未3 8 庚申4 9 辛酉⑤ 10 壬戌6 11 癸亥7 12 甲子8 13 乙丑9 14 丙寅10 15 丁卯11 16 戊辰⑫ 17 己巳13 18 庚午14 19 辛未15 20 壬申16 21 癸酉17 **22** 甲戌18 23 乙亥⑲ 24 丙子20 25 丁丑21 26 戊寅22 27 己卯23 28 庚辰24 29 辛巳25	1 壬午㉖ 2 癸未27 3 甲申28 4 乙酉29 5 丙戌30 《5月》 6 丁亥1 7 戊子2 **8** 己丑③ 9 庚寅4 10 辛卯5 11 壬辰6 12 癸巳7 13 甲午8 14 乙未9 15 丙申⑩ 16 丁酉11 17 戊戌12 18 己亥13 19 庚子14 20 辛丑15 21 壬寅16 22 癸卯⑰ **23** 甲辰18 24 乙巳19 25 丙午20 26 丁未21 27 戊申22 28 己酉23 29 庚戌㉔ 30 辛亥25	1 壬子26 2 癸丑27 3 甲寅28 4 乙卯29 5 丙辰30 6 丁巳㉛ 《6月》 7 戊午1 **8** 己未2 9 庚申3 10 辛酉4 11 壬戌5 12 癸亥6 13 甲子⑦ 14 乙丑8 15 丙寅9 16 丁卯10 17 戊辰11 18 己巳12 19 庚午13 20 辛未⑭ 21 壬申15 22 癸酉16 **23** 甲戌17 24 乙亥18 25 丙子19 26 丁丑20 27 戊寅㉑ 28 己卯22 29 庚辰23	1 辛巳24 2 壬午25 3 癸未26 4 甲申27 5 乙酉㉘ 6 丙戌29 7 丁亥30 《7月》 8 戊子1 9 己丑2 **10** 庚寅3 11 辛卯4 12 壬辰⑤ 13 癸巳6 14 甲午7 15 乙未8 16 丙申9 17 丁酉10 18 戊戌11 19 己亥⑫ 20 庚子13 21 辛丑14 22 壬寅15 23 癸卯16 24 甲辰17 **25** 乙巳18 26 丙午⑲ 27 丁未20 28 戊申21 29 己酉22 30 庚戌23	1 辛亥24 2 壬子25 3 癸丑㉖ 4 甲寅27 5 乙卯28 6 丙辰29 7 丁巳30 8 戊午31 《8月》 9 己未1 **10** 庚申② 11 辛酉3 12 壬戌4 13 癸亥5 14 甲子6 15 乙丑7 16 丙寅8 17 丁卯⑨ 18 戊辰10 19 己巳11 20 庚午12 21 辛未13 22 壬申14 23 癸酉15 24 甲戌⑯ **25** 乙亥17 26 丙子18 27 丁丑19 28 戊寅20 29 己卯21	1 庚辰22 2 辛巳㉓ 3 壬午24 4 癸未25 5 甲申26 6 乙酉27 7 丙戌28 8 丁亥29 9 戊子㉚ 10 己丑31 《9月》 **11** 庚寅1 12 辛卯2 13 壬辰3 14 癸巳4 15 甲午5 16 乙未⑥ 17 丙申7 18 丁酉8 19 戊戌9 20 己亥10 21 庚子11 22 辛丑12 23 壬寅⑬ 24 癸卯14 25 甲辰15 26 乙巳16 **27** 丙午17 28 丁未18 29 戊申19 30 己酉⑳	1 庚戌21 2 辛亥22 3 壬子23 4 癸丑24 5 甲寅25 6 乙卯26 7 丙辰㉗ 8 丁巳28 9 戊午29 10 己未30 《10月》 11 庚申1 **12** 辛酉2 13 壬戌3 14 癸亥④ 15 甲子5 16 乙丑6 17 丙寅7 18 丁卯8 19 戊辰9 20 己巳10 21 庚午⑪ 22 辛未12 23 壬申13 24 癸酉14 25 甲戌15 26 乙亥16 **27** 丙子17 28 丁丑⑱ 29 戊寅19	1 己卯20 2 庚辰21 3 辛巳22 4 壬午23 5 癸未24 6 甲申㉕ 7 乙酉26 8 丙戌27 9 丁亥28 10 戊子29 11 己丑30 12 庚寅31 《11月》 **13** 辛卯① 14 壬辰2 15 癸巳3 16 甲午4 17 乙未5 18 丙申6 19 丁酉7 20 戊戌⑧ 21 己亥9 22 庚子10 23 辛丑11 24 壬寅12 25 癸卯13 26 甲辰14 27 乙巳⑮ 28 丙午16 **29** 丁未17 30 戊申18	1 己酉19 2 庚戌20 3 辛亥21 4 壬子㉒ 5 癸丑23 6 甲寅24 7 乙卯25 8 丙辰26 9 丁巳27 10 戊午28 11 己未㉙ 12 庚申30 《12月》 13 辛酉1 **14** 壬戌2 15 癸亥3 16 甲子4 17 乙丑5 18 丙寅⑥ 19 丁卯7 20 戊辰8 21 己巳9 22 庚午10 23 辛未11 24 壬申12 25 癸酉⑬ 26 甲戌14 27 乙亥15 28 丙子16 **29** 丁丑17 30 戊寅18	1 己卯19 2 庚辰⑳ 3 辛巳21 4 壬午22 5 癸未23 6 甲申24 7 乙酉25 8 丙戌26 9 丁亥㉗ 10 戊子28 11 己丑29 12 庚寅30 13 辛卯31 **964年** 《1月》 **14** 壬辰1 15 癸巳2 16 甲午③ 17 乙未4 18 丙申5 19 丁酉6 20 戊戌7 21 己亥8 22 庚子9 23 辛丑⑩ 24 壬寅11 25 癸卯12 26 甲辰13 27 乙巳14 28 丙午15 **29** 丁未16 30 戊申⑰	1 己酉18 2 庚戌19 3 辛亥20 4 壬子21 5 癸丑22 6 甲寅23 7 乙卯㉔ 8 丙辰25 9 丁巳26 10 戊午27 11 己未28 12 庚申29 13 辛酉30 14 壬戌㉛ 《2月》 **15** 癸亥1 16 甲子2 17 乙丑3 18 丙寅4 19 丁卯5 20 戊辰6 21 己巳⑦ 22 庚午8 23 辛未9 24 壬申10 25 癸酉11 26 甲戌12 27 乙亥13 28 丙子⑭ 29 丁丑15
立春 4日 雨水 20日	啓蟄 5日 春分 20日	清明 6日 穀雨 22日	立夏 8日 小満 23日	芒種 8日 夏至 23日	小暑 10日 大暑 25日	立秋 10日 処暑 25日	白露 11日 秋分 27日	寒露 12日 霜降 27日	立冬 13日 小雪 29日	大雪 14日 冬至 29日	小寒 14日 大寒 29日	立春15日

康保元年〔応和4年〕（964－965） 甲子

改元 7/10（応和→康保）

1月	2月	3月	4月	5月	6月	7月	8月	9月	10月	11月	12月
1 戊寅16 2 己卯17 3 庚辰18 4 辛巳19 5 壬午20 6 癸未㉑ 7 甲申22 8 乙酉23 9 丙戌24 10 丁亥25 11 戊子26 12 己丑27 13 庚寅㉘ 14 辛卯29 《3月》 15 壬辰1 **16** 癸巳2 17 甲午3 18 乙未4 19 丙申5 20 丁酉⑥ 21 戊戌7 22 己亥8 23 庚子9 24 辛丑10 25 壬寅11 26 癸卯12 27 甲辰⑬ 28 乙巳14 29 丙午15 30 丁未16	**1** 戊申17 2 己酉18 3 庚戌19 4 辛亥⑳ 5 壬子21 6 癸丑22 7 甲寅23 8 乙卯24 9 丙辰25 10 丁巳26 11 戊午㉗ 12 己未28 13 庚申29 14 辛酉30 15 壬戌31 《4月》 16 癸亥1 **17** 甲子2 18 乙丑③ 19 丙寅4 20 丁卯5 21 戊辰6 22 己巳7 23 庚午8 24 辛未9 25 壬申⑩ 26 癸酉11 27 甲戌12 28 乙亥13 29 丙子14	1 丁丑15 2 戊寅16 **3** 己卯⑰ 4 庚辰18 5 辛巳19 6 壬午20 7 癸未21 8 甲申22 9 乙酉23 10 丙戌㉔ 11 丁亥25 12 戊子26 13 己丑27 14 庚寅28 15 辛卯29 16 壬辰30 《5月》 17 癸巳① **18** 甲午2 19 乙未3 20 丙申4 21 丁酉5 22 戊戌6 23 己亥7 24 庚子⑧ 25 辛丑9 26 壬寅10 27 癸卯11 28 甲辰12 29 乙巳13	1 丙午14 2 丁未⑮ 3 戊申16 **4** 己酉17 5 庚戌18 6 辛亥19 7 壬子20 8 癸丑21 9 甲寅㉒ 10 乙卯23 11 丙辰24 12 丁巳25 13 戊午26 14 己未27 15 庚申28 16 辛酉㉙ 17 壬戌30 18 癸亥31 《6月》 **19** 甲子1 20 乙丑2 21 丙寅3 22 丁卯4 23 戊辰⑤ 24 己巳6 25 庚午7 26 辛未8 27 壬申9 28 癸酉10 29 甲戌11 30 乙亥⑫	1 丙子13 2 丁丑14 3 戊寅15 4 己卯16 **5** 庚辰17 6 辛巳18 7 壬午⑲ 8 癸未20 9 甲申21 10 乙酉22 11 丙戌23 12 丁亥24 13 戊子25 14 己丑㉖ 15 庚寅27 16 辛卯28 17 壬辰29 18 癸巳30 《7月》 19 甲午1 **20** 乙未2 21 丙申③ 22 丁酉4 23 戊戌5 24 己亥6 25 庚子7 26 辛丑8 27 壬寅9 28 癸卯⑩ 29 甲辰11	1 乙巳12 2 丙午13 3 丁未14 4 戊申15 5 己酉16 **6** 庚戌⑰ 7 辛亥18 8 壬子19 9 癸丑20 10 甲寅21 11 乙卯22 12 丙辰23 13 丁巳㉔ 14 戊午25 15 己未26 16 庚申27 17 辛酉28 18 壬戌29 19 癸亥30 20 甲子㉛ 《8月》 **21** 乙丑1 22 丙寅2 23 丁卯3 24 戊辰4 25 己巳5 26 庚午6 27 辛未⑦ 28 壬申8 29 癸酉9	1 甲戌10 2 乙亥11 3 丙子12 4 丁丑13 5 戊寅⑭ 6 己卯15 **7** 庚辰16 8 辛巳17 9 壬午18 *10* 癸未19 11 甲申20 12 乙酉㉑ 13 丙戌22 14 丁亥23 15 戊子24 16 己丑25 17 庚寅26 18 辛卯27 19 壬辰㉘ 20 癸巳29 21 甲午30 22 乙未31 《9月》 **23** 丙申1 24 丁酉2 25 戊戌3 26 己亥④ 27 庚子5 28 辛丑6 29 壬寅7 30 癸卯8	1 甲辰9 2 乙巳10 3 丙午⑪ 4 丁未12 5 戊申13 6 己酉14 7 庚戌15 **8** 辛亥16 9 壬子17 10 癸丑⑱ 11 甲寅19 12 乙卯20 13 丙辰21 14 丁巳22 15 戊午23 16 己未24 17 庚申㉕ 18 辛酉26 19 壬戌27 20 癸亥28 21 甲子29 22 乙丑30 《10月》 **23** 丙寅1 24 丁卯② 25 戊辰3 26 己巳4 27 庚午5 28 辛未6 29 壬申7	1 癸酉8 2 甲戌⑨ 3 乙亥10 4 丙子11 5 丁丑12 6 戊寅13 7 己卯14 8 庚辰15 **9** 辛巳⑯ 10 壬午17 11 癸未18 12 甲申19 13 乙酉20 14 丙戌21 15 丁亥22 16 戊子㉓ 17 己丑24 18 庚寅25 19 辛卯26 20 壬辰27 21 癸巳28 22 甲午29 23 乙未㉚ 24 丙申31 《11月》 **25** 丁酉1 26 戊戌2 27 己亥3 28 庚子4 29 辛丑5 30 壬寅⑥	1 癸卯7 2 甲辰8 3 乙巳9 4 丙午10 5 丁未11 6 戊申12 7 己酉⑬ 8 庚戌14 9 辛亥15 **10** 壬子16 11 癸丑17 12 甲寅18 13 乙卯19 14 丙辰⑳ 15 丁巳21 16 戊午22 17 己未23 18 庚申24 19 辛酉25 20 壬戌26 21 癸亥㉗ 22 甲子28 23 乙丑29 24 丙寅30 《12月》 **25** 丁卯1 26 戊辰2 27 己巳3 28 庚午④ 29 辛未5 30 壬申6	1 癸酉7 2 甲戌8 3 乙亥9 4 丙子10 5 丁丑⑪ 6 戊寅12 7 己卯13 8 庚辰14 9 辛巳15 **10** 壬午16 11 癸未17 12 甲申⑱ 13 乙酉19 14 丙戌20 15 丁亥21 16 戊子22 17 己丑23 18 庚寅24 19 辛卯㉕ 20 壬辰26 21 癸巳27 22 甲午28 23 乙未29 24 丙申30 **25** 丁酉31 **965年** 《1月》 26 戊戌① 27 己亥2 28 庚子3 29 辛丑4 30 壬寅5	1 癸卯6 2 甲辰7 3 乙巳⑧ 4 丙午9 5 丁未10 6 戊申11 7 己酉12 8 庚戌13 9 辛亥14 10 壬子⑮ **11** 癸丑16 12 甲寅17 13 乙卯18 14 丙辰19 15 丁巳20 16 戊午21 17 己未㉒ 18 庚申23 19 辛酉24 20 壬戌25 21 癸亥26 22 甲子27 23 乙丑28 24 丙寅㉙ 25 丁卯30 **26** 戊辰31 《2月》 27 己巳1 28 庚午2 29 辛未3
雨水 1日 啓蟄 16日	春分 1日 清明 17日	穀雨 3日 立夏 18日	小満 4日 芒種 19日	夏至 5日 小暑 20日	大暑 6日 立秋 21日	処暑 7日 白露 23日	秋分 8日 寒露 23日	霜降 9日 立冬 25日	小雪 10日 大雪 25日	冬至 10日 小寒 25日	大寒 11日 立春 26日

康保**2**年（965－966） 乙丑

1月	2月	3月	4月	5月	6月	7月	8月	9月	10月	11月	12月
1 壬申 4 2 癸酉⑤ 3 甲戌 6 4 乙亥 7 5 丙子 8 6 丁丑 9 7 戊寅10 8 己卯11 9 庚辰⑫ 10辛巳13 11壬午14 **12**癸未15 13甲申16 14乙酉17 15丙戌18 16丁亥⑲ 17戊子20 18己丑21 19庚寅22 20辛卯23 21壬辰24 22癸巳25 23甲午㉖ 24乙未27 25丙申28 《3月》 26丁酉 1 **27**戊戌 2 28己亥 3 29庚子 4 30辛丑⑤	1 壬寅 6 2 癸卯 7 3 甲辰 8 4 乙巳 9 5 丙午10 6 丁未11 7 戊申⑫ 8 己酉13 9 庚戌14 10辛亥15 11壬子16 12癸丑17 **13**甲寅18 14乙卯⑲ 15丙辰20 16丁巳21 17戊午22 18己未23 19庚申24 20辛酉25 21壬戌㉖ 22癸亥27 23甲子28 24乙丑29 25丙寅30 26丁卯31 《4月》 27戊辰 1 **28**己巳② 29庚午 3 30辛未 4	1 壬申 5 2 癸酉 6 3 甲戌 7 4 乙亥 8 5 丙子⑨ 6 丁丑10 7 戊寅11 8 己卯12 9 庚辰13 10辛巳14 11壬午15 12癸未⑯ **13**甲申17 14乙酉18 15丙戌19 16丁亥20 17戊子21 18己丑22 19庚寅㉓ 20辛卯24 21壬辰25 22癸巳26 23甲午27 24乙未28 25丙申29 26丁酉㉚ 《5月》 27戊戌 1 **28**己亥 2 29庚子 3	1 辛丑 4 2 壬寅 5 3 癸卯 6 4 甲辰⑦ 5 乙巳 8 6 丙午 9 7 丁未10 8 戊申11 9 己酉12 10庚戌13 11辛亥⑭ 12壬子15 13癸丑16 **14**甲寅17 15乙卯18 16丙辰19 17丁巳20 18戊午㉑ 19己未22 20庚申23 21辛酉24 22壬戌25 23癸亥26 24甲子27 25乙丑㉘ 26丙寅29 27丁卯30 28戊辰31 《6月》 29己巳 1	**1** 庚午 2 2 辛未 3 3 壬申④ 4 癸酉 5 5 甲戌 6 6 乙亥 7 7 丙子 8 8 丁丑 9 9 戊寅10 10己卯⑪ 11庚辰12 12辛巳13 13壬午14 14癸未15 15甲申16 **16**乙酉17 17丙戌⑱ 18丁亥19 19戊子20 20己丑21 21庚寅22 22辛卯23 23壬辰24 24癸巳㉕ 25甲午26 26乙未27 27丙申28 28丁酉29 29戊戌30 《7月》 30己亥 1	**1** 庚子② 2 辛丑 3 3 壬寅 4 4 癸卯 5 5 甲辰 6 6 乙巳 7 7 丙午 8 8 丁未⑨ 9 戊申10 10己酉11 11庚戌12 12辛亥13 13壬子14 14癸丑15 15甲寅⑯ **16**乙卯17 17丙辰18 18丁巳19 19戊午20 20己未21 21庚申22 22辛酉㉓ 23壬戌24 24癸亥25 25甲子26 26乙丑27 27丙寅28 28丁卯29 29戊辰㉚	1 己巳31 《8月》 2 庚午 1 **3** 辛未 2 4 壬申 3 5 癸酉 4 6 甲戌 5 7 乙亥⑥ 8 丙子 7 9 丁丑 8 10戊寅 9 11己卯10 12庚辰11 13辛巳12 14壬午⑬ 15癸未14 16甲申15 17乙酉16 **18**丙戌17 19丁亥18 20戊子19 21己丑⑳ 22庚寅21 23辛卯22 24壬辰23 25癸巳24 26甲午25 27乙未26 28丙申㉗ 29丁酉28	1 戊戌29 2 己亥30 3 庚子31 《9月》 **4** 辛丑 1 5 壬寅 2 6 癸卯③ 7 甲辰 4 8 乙巳 5 9 丙午 6 10丁未 7 11戊申 8 12己酉 9 13庚戌⑩ 14辛亥11 15壬子12 16癸丑13 17甲寅14 18乙卯15 **19**丙辰16 20丁巳⑰ 21戊午18 22己未19 23庚申20 24辛酉21 25壬戌22 26癸亥23 27甲子㉔ 28乙丑25 29丙寅26 30丁卯27	1 戊辰28 2 己巳29 3 庚午30 《10月》 **4** 辛未① 5 壬申 2 6 癸酉 3 7 甲戌 4 8 乙亥 5 9 丙子 6 10丁丑 7 11戊寅⑧ 12己卯 9 13庚辰10 14辛巳11 15壬午12 16癸未13 17甲申14 18乙酉⑮ 19丙戌16 **20**丁亥17 21戊子18 22己丑19 23庚寅20 24辛卯21 25壬辰㉒ 26癸巳23 27甲午24 28乙未25 29丙申26	1 丁酉27 2 戊戌28 3 己亥㉙ 4 庚子30 5 辛丑31 《11月》 **6** 壬寅 1 7 癸卯 2 8 甲辰 3 9 乙巳 4 10丙午⑤ 11丁未 6 12戊申 7 13己酉 8 14庚戌 9 15辛亥10 16壬子11 17癸丑⑫ 18甲寅13 19乙卯14 20丙辰15 **21** 丁巳16 22戊午17 23己未18 24庚申⑲ 25辛酉20 26壬戌21 27癸亥22 28甲子23 29乙丑24 30丙寅25	1 丁卯㉖ 2 戊辰27 3 己巳28 4 庚午29 5 辛未30 《12月》 **6** 壬申 1 7 癸酉 2 8 甲戌③ 9 乙亥 4 10丙子 5 11丁丑 6 12戊寅 7 13己卯 8 14庚辰 9 15辛巳⑩ 16壬午11 17癸未12 18甲申13 19乙酉14 20丙戌15 **21** 丁亥16 22戊子⑰ 23己丑18 24庚寅19 25辛卯20 26壬辰21 27癸巳22 28甲午23 29乙未㉔ 30丙申25	1 丁酉26 2 戊戌27 3 己亥28 4 庚子29 5 辛丑30 6 壬寅㉛ **966** 年 《1月》 **7** 癸卯 1 8 甲辰 2 9 乙巳 3 10丙午 4 11丁未 5 12戊申 6 13己酉⑦ 14庚戌 8 15辛亥 9 16壬子10 17癸丑11 18甲寅12 19乙卯13 20丙辰⑭ 21丁巳15 **22**戊午16 23己未17 24庚申18 25辛酉19 26壬戌20 27癸亥㉑ 28甲子22 29乙丑23 30丙寅24
雨水 12日 啓蟄 27日	春分 13日 清明 28日	穀雨 13日 立夏 28日	小満 14日	芒種 1日 夏至 16日	小暑 1日 大暑 16日	立秋 3日 処暑 18日	白露 4日 秋分 19日	寒露 4日 霜降 20日	立冬 6日 小雪 21日	大雪 6日 冬至 21日	小寒 7日 大寒 22日

康保**3**年（966－967） 丙寅

1月	2月	3月	4月	5月	6月	7月	8月	閏8月	9月	10月	11月	12月
1 丁卯25 2 戊辰26 3 己巳27 4 庚午㉘ 5 辛未29 6 壬申30 **7** 癸酉31 《2月》 8 甲戌 1 9 乙亥 2 10丙子 3 11丁丑④ 12戊寅 5 13己卯 6 14庚辰 7 15辛巳 8 16壬午 9 17癸未10 18甲申⑪ 19乙酉12 20丙戌13 21丁亥14 **22**戊子15 23己丑16 24庚寅17 25辛卯⑱ 26壬辰19 27癸巳20 28甲午21 29乙未22	1 丙申23 2 丁酉24 3 戊戌㉕ 4 己亥26 5 庚子27 6 辛丑28 《3月》 7 壬寅 1 8 癸卯 2 **9** 甲辰 3 10乙巳④ 11丙午 5 12丁未 6 13戊申 7 14己酉 8 15庚戌 9 16辛亥10 17壬子⑪ 18癸丑12 19甲寅13 20乙卯14 21丙辰15 22丁巳16 23戊午17 **24**己未⑱ 25庚申19 26辛酉20 27壬戌21 28癸亥22 29甲子23 30乙丑24	1 丙寅㉕ 2 丁卯26 3 戊辰27 4 己巳28 5 庚午29 6 辛未30 7 壬申31 《4月》 8 癸酉① **9** 甲戌 2 10乙亥 3 11丙子 4 12丁丑 5 13戊寅 6 14己卯 7 15庚辰⑧ 16辛巳 9 17壬午10 18癸未11 19甲申12 20乙酉13 21丙戌14 22丁亥⑮ 23戊子16 **24**己丑17 25庚寅18 26辛卯19 27壬辰20 28癸巳21 29甲午㉒ 30乙未23	1 丙申24 2 丁酉25 3 戊戌26 4 己亥27 5 庚子28 6 辛丑㉙ 7 壬寅30 《5月》 8 癸卯 1 **9** 甲辰 2 10乙巳 3 11丙午 4 12丁未 5 13戊申⑥ 14己酉 7 15庚戌 8 16辛亥 9 17壬子10 18癸丑11 19甲寅12 20乙卯⑬ 21丙辰14 22丁巳15 23戊午16 24己未17 **25**庚申18 26辛酉19 27壬戌⑳ 28癸亥21 29甲子22	1 乙丑23 2 丙寅24 3 丁卯25 4 戊辰26 5 己巳㉗ 6 庚午28 7 辛未29 8 壬申30 9 癸酉31 《6月》 10甲戌 1 **11**乙亥 2 12丙子③ 13丁丑 4 14戊寅 5 15己卯 6 16庚辰 7 17辛巳 8 18壬午 9 19癸未⑩ 20甲申11 21乙酉12 22丙戌13 23丁亥14 24戊子15 25己丑16 **26**庚寅⑰ 27辛卯18 28壬辰19 29癸巳20	1 甲午21 2 乙未22 3 丙申23 4 丁酉㉔ 5 戊戌25 6 己亥26 7 庚子27 8 辛丑28 9 壬寅29 10癸卯30 《7月》 11甲辰① **12**乙巳 2 13丙午 3 14丁未 4 15戊申 5 16己酉 6 17庚戌 7 18辛亥⑧ 19壬子 9 20癸丑10 21甲寅11 22乙卯12 23丙辰13 24丁巳14 25戊午⑮ 26己未16 27庚申17 **28**辛酉18 29壬戌19 30癸亥20	1 甲子21 2 乙丑㉒ 3 丙寅23 4 丁卯24 5 戊辰25 6 己巳26 7 庚午27 8 辛未28 9 壬申㉙ 10癸酉30 11甲戌31 《8月》 12乙亥 1 **13**丙子 2 14丁丑 3 15戊寅 4 16己卯⑤ 17庚辰 6 18辛巳 7 19壬午 8 20癸未 9 21甲申10 22乙酉11 23丙戌⑫ 24丁亥13 25戊子14 26己丑15 27庚寅16 **28**辛卯17 29壬辰18	1 癸巳⑲ 2 甲午20 3 乙未21 4 丙申22 5 丁酉23 6 戊戌24 7 己亥25 8 庚子㉖ 9 辛丑27 10壬寅28 11癸卯29 12甲辰30 13乙巳31 《9月》 **14**丙午 1 15丁未② 16戊申 3 17己酉 4 18庚戌 5 19辛亥 6 20壬子 7 21癸丑 8 22甲寅⑨ 23乙卯10 24丙辰11 25丁巳12 26戊午13 27己未14 28庚申15 **29**辛酉⑯	1 壬戌17 2 癸亥18 3 甲子19 4 乙丑20 5 丙寅21 6 丁卯22 7 戊辰㉓ 8 己巳24 9 庚午25 10辛未26 11壬申27 12癸酉28 13甲戌29 14乙亥㉚ 《10月》 15丙子 1 **16**丁丑 2 17戊寅 3 18己卯 4 19庚辰 5 20辛巳 6 21壬午⑦ 22癸未 8 23甲申 9 24乙酉10 25丙戌11 26丁亥12 27戊子13 28己丑⑭ 29庚寅15 30辛卯16	**1** 壬辰17 2 癸巳18 3 甲午19 4 乙未20 5 丙申㉑ 6 丁酉22 7 戊戌23 8 己亥24 9 庚子25 10辛丑26 11壬寅27 12癸卯㉘ 13甲辰29 14乙巳30 15丙午31 《11月》 **16**丁未 1 17戊申 2 18己酉 3 19庚戌④ 20辛亥 5 21壬子 6 22癸丑 7 23甲寅 8 24乙卯 9 25丙辰10 26丁巳⑪ 27戊午12 28己未13 29庚申14	1 辛酉15 **2** 壬戌16 3 癸亥17 4 甲子⑱ 5 乙丑19 6 丙寅20 7 丁卯21 8 戊辰22 9 己巳23 10庚午24 11辛未㉕ 12壬申26 13癸酉27 14甲戌28 15乙亥29 16丙子30 《12月》 17丁丑 1 **18**戊寅② 19己卯 3 20庚辰 4 21辛巳 5 22壬午 6 23癸未 7 24甲申 8 25乙酉⑨ 26丙戌10 27丁亥11 28戊子12 29己丑13 30庚寅14	1 辛卯15 2 壬辰⑯ **3** 癸巳17 4 甲午18 5 乙未19 6 丙申20 7 丁酉21 8 戊戌22 9 己亥㉓ 10庚子24 11辛丑25 12壬寅26 13癸卯27 14甲辰28 15乙巳29 16丙午㉚ 17丁未31 **967** 年 《1月》 **18**戊申 1 19己酉 2 20庚戌 3 21辛亥 4 22壬子 5 23癸丑⑥ 24甲寅 7 25乙卯 8 26丙辰 9 27丁巳10 28戊午11 29己未12 30庚申⑬	1 辛酉14 2 壬戌15 **3** 癸亥16 4 甲子17 5 乙丑18 6 丙寅19 7 丁卯⑳ 8 戊辰21 9 己巳22 10庚午23 11辛未24 12壬申25 13癸酉26 14甲戌㉗ 15乙亥28 16丙子29 17丁丑30 **18**戊寅31 《2月》 19己卯 1 20庚辰 2 21辛巳③ 22壬午 4 23癸未 5 24甲申 6 25乙酉 7 26丙戌 8 27丁亥 9 28戊子⑩ 29己丑11
立春 7日 雨水 22日	啓蟄 9日 春分 24日	清明 9日 穀雨 24日	立夏 9日 小満 25日	芒種 11日 夏至 26日	小暑 12日 大暑 28日	立秋 13日 処暑 28日	白露 14日 秋分 29日	寒露16日	霜降 1日 立冬 16日	小雪 2日 大雪 18日	冬至 3日 小寒 18日	大寒 3日 立春 18日

康保**4**年（967－968） 丁卯

1月	2月	3月	4月	5月	6月	7月	8月	9月	10月	11月	12月
1 庚寅12	1 庚申14	1 庚寅13	1 己未⑫	1 己丑11	1 戊午10	1 戊子9	1 丁巳7	1 丙戌⑥	1 丙辰5	1 乙酉4	1 乙卯3
2 辛卯13	2 辛酉15	2 辛卯⑭	2 庚申13	2 庚寅12	2 己未11	2 己丑10	2 戊午⑧	2 丁亥7	2 丁巳6	2 丙戌5	2 丙辰4
3 壬辰14	3 壬戌16	3 壬辰15	3 辛酉14	3 辛卯13	3 庚申12	3 庚寅⑪	3 己未9	3 戊子8	3 戊午7	3 丁亥6	3 丁巳⑤
4 癸巳15	4 癸亥⑰	4 癸巳16	4 壬戌15	4 壬辰14	4 辛酉13	4 辛卯12	4 庚申10	4 己丑9	4 己未8	4 戊子7	4 戊午6
5 甲午16	**5** 甲子18	**5** 甲午17	5 癸亥16	5 癸巳15	5 壬戌⑭	5 壬辰13	5 辛酉11	5 庚寅10	5 庚申9	5 己丑⑧	5 己未7
6 乙未⑰	6 乙丑19	6 乙未18	6 甲子17	6 甲午⑯	6 癸亥15	6 癸巳14	6 壬戌12	6 辛卯11	6 辛酉⑩	6 庚寅9	6 庚申8
7 丙申18	7 丙寅20	7 丙申19	**7** 乙丑18	**7** 乙未17	7 甲子16	7 甲午15	7 癸亥13	7 壬辰12	7 壬戌11	7 辛卯10	7 辛酉9
8 丁酉19	8 丁卯21	8 丁酉20	8 丙寅⑲	8 丙申18	8 乙丑17	8 乙未16	8 甲子14	8 癸巳⑬	8 癸亥12	8 壬辰11	8 壬戌10
9 戊戌20	9 戊辰22	9 戊戌㉑	9 丁卯20	9 丁酉19	**9** 丙寅18	**9** 丙申17	9 乙丑⑮	9 甲午14	9 甲子13	9 癸巳12	9 癸亥11
10 己亥21	10 己巳23	10 己亥22	10 戊辰21	10 戊戌20	10 丁卯19	10 丁酉⑱	10 丙寅16	10 乙未15	10 乙丑14	10 甲午13	10 甲子⑫
11 庚子22	11 庚午㉔	11 庚子23	11 己巳22	11 己亥21	11 戊辰20	11 戊戌19	**11** 丁卯17	11 丙申16	11 丙寅15	11 乙未14	11 乙丑13
12 辛丑23	12 辛未25	12 辛丑24	12 庚午23	12 庚子22	12 己巳㉑	12 己亥20	12 戊辰18	**12** 丁酉17	12 丁卯16	12 丙申⑮	12 丙寅14
13 壬寅㉔	13 壬申26	13 壬寅25	13 辛未24	13 辛丑㉓	13 庚午22	13 庚子21	13 己巳19	13 戊戌18	**13** 戊辰⑰	13 丁酉16	13 丁卯15
14 癸卯25	14 癸酉27	14 癸卯26	14 壬申25	14 壬寅24	14 辛未23	14 辛丑22	14 庚午20	14 己亥19	14 己巳18	**14** 戊戌17	**14** 戊辰16
15 甲辰26	15 甲戌28	15 甲辰27	15 癸酉㉖	15 癸卯25	15 壬申24	15 壬寅23	15 辛未21	15 庚子⑳	15 庚午19	15 己亥18	15 己巳17
16 乙巳27	16 乙亥29	16 乙巳㉘	16 甲戌27	16 甲辰26	16 癸酉25	16 癸卯24	16 壬申㉒	16 辛丑21	16 辛未20	16 庚子19	16 庚午18
17 丙午28	17 丙子30	17 丙午29	17 乙亥28	17 乙巳27	17 甲戌26	17 甲辰㉕	17 癸酉23	17 壬寅22	17 壬申21	17 辛丑20	17 辛未⑲
《3月》	18 丁丑㉛	18 丁未30	18 丙子29	18 丙午28	18 乙亥27	18 乙巳26	18 甲戌24	18 癸卯23	18 癸酉22	18 壬寅21	18 壬申20
18 丁未1	《4月》	《5月》	19 丁丑30	19 丁未29	19 丙子㉘	19 丙午27	19 乙亥25	19 甲辰24	19 甲戌23	19 癸卯㉒	19 癸酉21
19 戊申2	19 戊寅1	19 戊申1	20 戊寅31	20 戊申㉚	20 丁丑29	20 丁未28	20 丙子26	20 乙巳25	20 乙亥㉔	20 甲辰23	20 甲戌22
20 己酉③	**20** 己卯2	20 己酉2	《6月》	《7月》	21 戊寅30	21 戊申29	21 丁丑27	21 丙午26	21 丙子25	21 乙巳24	21 乙亥23
21 庚戌4	21 庚辰3	**21** 庚戌3	21 己卯1	21 己酉1	22 己卯31	22 己酉30	22 戊寅28	22 丁未㉗	22 丁丑26	22 丙午25	22 丙子24
22 辛亥5	22 辛巳4	22 辛亥4	**22** 庚辰②	22 庚戌2	《8月》	23 庚戌31	23 己卯㉙	23 戊申28	23 戊寅27	23 丁未26	23 丁丑25
23 壬子6	23 壬午5	23 壬子⑤	23 辛巳3	**23** 辛亥3	23 庚辰1	《9月》	24 庚辰30	24 己酉29	24 己卯28	24 戊申27	24 戊寅㉖
24 癸丑7	24 癸未6	24 癸丑6	24 壬午4	24 壬子4	**24** 辛巳2	**24** 辛亥①	《10月》	25 庚戌30	25 庚辰29	25 己酉28	25 己卯27
25 甲寅8	25 甲申⑦	25 甲寅7	25 癸未5	25 癸丑5	25 壬午3	25 壬子2	25 辛巳1	26 辛亥31	26 辛巳30	26 庚戌㉙	26 庚辰28
26 乙卯9	26 乙酉8	26 乙卯8	26 甲申6	26 甲寅6	26 癸未④	26 癸丑3	**26** 壬午2	《11月》	《12月》	27 辛亥30	27 辛巳29
27 丙辰⑩	27 丙戌9	27 丙辰9	27 乙酉7	27 乙卯⑦	27 甲申5	27 甲寅4	27 癸未3	**27** 壬子1	27 壬午①	28 壬子31	28 壬午30
28 丁巳11	28 丁亥10	28 丁巳10	28 丙戌8	28 丙辰8	28 乙酉6	28 乙卯5	28 甲申4	28 癸丑2	**28** 癸未2	**968**年	29 癸未31
29 戊午12	29 戊子11	29 戊午11	29 丁亥⑨	29 丁巳9	29 丙戌7	29 丙辰6	29 乙酉5	29 甲寅③	29 甲申3	《1月》	《2月》
30 己未13	30 己丑12		30 戊子10		30 丁亥8			30 乙卯4		**29** 癸丑1	**30** 甲申1
										30 甲寅2	
雨水5日 啓蟄20日	春分5日 清明20日	穀雨5日 立夏21日	小満7日 芒種22日	夏至7日 小暑23日	大暑9日 立秋24日	処暑9日 白露24日	秋分11日 寒露26日	霜降12日 立冬27日	小雪13日 大雪28日	冬至14日 小寒29日	大寒14日 立春30日

安和元年〔康保**5**年〕（968－969） 戊辰

改元 8/13（康保→安和）

1月	2月	3月	4月	5月	6月	7月	8月	9月	10月	11月	12月
1 乙酉②	**1** 甲寅2	《4月》	1 癸丑30	1 癸未30	1 癸丑29	1 壬午28	1 壬子27	1 辛巳25	1 辛亥㉕	1 庚辰23	1 己酉22
2 丙戌3	2 乙卯3	1 甲申1	《5月》	2 甲申㉛	2 甲寅30	2 癸未29	2 癸丑28	2 壬午26	2 壬子26	2 辛巳24	2 庚戌23
3 丁亥4	3 丙辰4	**2** 乙酉2	2 甲寅1	《6月》	《7月》	3 甲申30	3 甲寅29	3 癸未㉗	3 癸丑27	3 壬午25	3 辛亥24
4 戊子5	4 丁巳5	3 丙戌3	**3** 乙卯2	**3** 乙酉1	3 乙卯1	4 乙酉31	4 乙卯㉚	4 甲申28	4 甲寅28	4 癸未26	4 壬子25
5 己丑6	5 戊午6	4 丁亥4	4 丙辰③	4 丙戌2	**4** 丙辰2	《8月》	5 丙辰31	5 乙酉29	5 乙卯29	5 甲申27	5 癸丑26
6 庚寅7	6 己未7	5 戊子⑤	5 丁巳4	5 丁亥3	5 丁巳3	**5** 丙戌1	《9月》	6 丙戌30	6 丙辰30	6 乙酉28	6 甲寅㉗
7 辛卯8	7 庚申⑧	6 己丑6	6 戊午5	6 戊子4	6 戊午4	6 丁亥②	**6** 丁巳1	《10月》	7 丁巳31	7 丙戌㉙	7 乙卯28
8 壬辰⑨	8 辛酉9	7 庚寅7	7 己未6	7 己丑5	7 己未⑤	7 戊子3	7 戊午2	**7** 丁亥1	《11月》	8 丁亥30	8 丙辰29
9 癸巳10	9 壬戌10	8 辛卯8	8 庚申7	8 庚寅6	8 庚申6	8 己丑4	8 己未3	8 戊子2	**8** 戊午①	《12月》	9 丁巳30
10 甲午11	10 癸亥11	9 壬辰9	9 辛酉8	9 辛卯⑦	9 辛酉7	9 庚寅5	9 庚申4	9 己丑3	9 己未2	**9** 戊子1	**10** 戊午31
11 乙未12	11 甲子12	10 癸巳10	10 壬戌9	10 壬辰8	10 壬戌8	10 辛卯6	10 辛酉5	10 庚寅④	10 庚申3	10 己丑2	**969**年
12 丙申13	12 乙丑13	11 甲午11	11 癸亥⑩	11 癸巳9	11 癸亥9	11 壬辰7	11 壬戌⑥	11 辛卯5	11 辛酉4	11 庚寅3	《1月》
13 丁酉14	13 丙寅14	12 乙未⑫	12 甲子11	12 甲午10	12 甲子10	12 癸巳8	12 癸亥7	12 壬辰6	12 壬戌5	12 辛卯4	11 己未1
14 戊戌15	14 丁卯⑮	13 丙申13	13 乙丑12	13 乙未11	13 乙丑11	13 甲午⑨	13 甲子8	13 癸巳7	13 癸亥6	13 壬辰5	12 庚申2
15 己亥⑯	15 戊辰16	14 丁酉14	14 丙寅13	14 丙申12	14 丙寅⑫	14 乙未10	14 乙丑9	14 甲午8	14 甲子7	14 癸巳⑥	13 辛酉③
16 庚子17	**16** 己巳17	15 戊戌15	15 丁卯14	15 丁酉13	15 丁卯13	15 丙申11	15 丙寅10	15 乙未9	15 乙丑⑧	15 甲午7	14 壬戌4
17 辛丑18	17 庚午18	16 己亥16	16 戊辰15	16 戊戌⑭	16 戊辰14	16 丁酉12	16 丁卯11	16 丙申10	16 丙寅9	16 乙未8	15 癸亥5
18 壬寅19	18 辛未19	**17** 庚子17	17 己巳16	17 己亥15	17 己巳15	17 戊戌13	17 戊辰12	17 丁酉⑪	17 丁卯10	17 丙申9	16 甲子6
19 癸卯20	19 壬申20	18 辛丑18	**18** 庚午⑰	18 庚子16	18 庚午16	18 己亥14	18 己巳⑬	18 戊戌12	18 戊辰11	18 丁酉10	17 乙丑7
20 甲辰21	20 癸酉21	19 壬寅⑲	19 辛未18	**19** 辛丑17	**19** 辛未17	19 庚子15	19 庚午14	19 己亥13	19 己巳12	19 戊戌11	18 丙寅8
21 乙巳22	21 甲戌㉒	20 癸卯20	20 壬申19	20 壬寅18	20 壬申18	**20** 辛丑⑯	20 辛未15	20 庚子14	20 庚午13	20 己亥12	19 丁卯9
22 丙午㉓	22 乙亥23	21 甲辰21	21 癸酉20	21 癸卯19	21 癸酉⑲	21 壬寅17	**21** 壬申16	21 辛丑15	21 辛未14	21 庚子⑬	20 戊辰⑩
23 丁未24	23 丙子24	22 乙巳22	22 甲戌21	22 甲辰20	22 甲戌20	22 癸卯18	22 癸酉17	**22** 壬寅16	22 壬申⑮	22 辛丑14	21 己巳11
24 戊申25	24 丁丑25	23 丙午23	23 乙亥22	23 乙巳㉑	23 乙亥21	23 甲辰19	23 甲戌18	23 癸卯17	**23** 癸酉16	23 壬寅15	22 庚午12
25 己酉26	25 戊寅26	24 丁未24	24 丙子23	24 丙午22	24 丙子22	24 乙巳20	24 乙亥19	24 甲辰⑱	24 甲戌17	**24** 癸卯16	23 辛未13
26 庚戌27	26 己卯27	25 戊申25	25 丁丑㉔	25 丁未23	25 丁丑23	25 丙午21	25 丙子⑳	25 乙巳19	25 乙亥18	25 甲辰17	24 壬申14
27 辛亥28	27 庚辰28	26 己酉㉖	26 戊寅25	26 戊申24	26 戊寅24	26 丁未22	26 丁丑21	26 丙午20	26 丙子19	26 乙巳18	25 癸酉15
28 壬子29	28 辛巳㉙	27 庚戌27	27 己卯26	27 己酉25	27 己卯25	27 戊申㉓	27 戊寅22	27 丁未21	27 丁丑20	27 丙午19	**26** 甲戌16
《3月》	29 壬午30	28 辛亥28	28 庚辰27	28 庚戌26	28 庚辰㉖	28 己酉24	28 己卯23	28 戊申22	28 戊寅21	28 丁未⑳	27 乙亥⑰
29 癸丑①	30 癸未31	29 壬子29	29 辛巳28	29 辛亥27	29 辛巳27	29 庚戌25	29 庚辰24	29 己酉23	29 己卯㉒	29 戊申21	28 丙子18
			30 壬午29	30 壬子㉘		30 辛亥26		30 庚戌24			29 丁丑19
											30 戊寅20
雨水15日	啓蟄1日 春分16日	清明2日 穀雨17日	立夏3日 小満18日	芒種3日 夏至19日	小暑4日 大暑19日	立秋5日 処暑20日	白露6日 秋分21日	寒露7日 霜降22日	立冬8日 小雪23日	大雪9日 冬至24日	小寒10日 大寒26日

安和2年（969－970） 己巳

1月	2月	3月	4月	5月	閏5月	6月	7月	8月	9月	10月	11月	12月
1己卯21	1戊申19	1戊寅㉑	1戊申20	1丁丑19	1丁未18	**1**丙子17	1丙午16	1丙子15	1乙巳14	1乙亥13	1甲辰⑫	1甲戌11
2庚辰22	2己酉20	2己卯22	2己酉21	2戊寅20	2戊申19	2丁丑⑱	**2**丁未17	**2**丁丑16	2丙午15	2丙子⑭	2乙巳13	2乙亥12
3辛巳23	3庚戌㉑	3庚辰23	3庚戌22	3己卯21	3己酉⑳	3戊寅19	3戊申18	3戊寅17	3丁未16	3丁丑15	3丙午14	3丙子13
4壬午㉔	4辛亥22	4辛巳24	4辛亥23	4庚辰22	4庚戌21	4己卯20	4己酉19	4己卯18	**4**戊申⑰	**4**戊寅16	4丁未15	4丁丑14
5癸未25	5壬子23	5壬午25	5壬子24	5辛巳㉓	5辛亥22	5庚辰21	5庚戌20	5庚辰⑲	5己酉18	5己卯17	**5**戊申16	5戊寅15
6甲申26	6癸丑24	6癸未26	6癸丑㉕	6壬午24	6壬子23	6辛巳22	6辛亥21	6辛巳20	6庚戌19	6庚辰18	6己酉17	**6**己卯⑯
7乙酉27	7甲寅25	7甲申27	7甲寅26	7癸未25	7癸丑24	7壬午23	7壬子㉒	7壬午21	7辛亥20	7辛巳19	7庚戌18	7庚辰17
8丙戌28	8乙卯26	8乙酉㉘	8乙卯27	8甲申26	8甲寅25	8癸未24	8癸丑23	8癸未22	8壬子21	8壬午20	8辛亥⑲	8辛巳18
9丁亥29	9丙辰27	9丙戌29	9丙辰28	9乙酉27	9乙卯26	9甲申㉕	9甲寅24	9甲申23	9癸丑22	9癸未㉑	9壬子20	9壬午19
10戊子30	10丁巳㉘	10丁亥30	10丁巳29	10丙戌28	10丙辰㉗	10乙酉26	10乙卯25	10乙酉24	10甲寅23	10甲申22	10癸丑21	10癸未20
11己丑㉛	《3月》	11戊子31	11戊午30	11丁亥29	11丁巳28	11丙戌27	11丙辰26	11丙戌25	11乙卯㉔	11乙酉23	11甲寅22	11甲申21
《2月》	11戊午1	《4月》	《5月》	12戊子㉚	12戊午29	12丁亥28	12丁巳27	12丁亥㉖	12丙辰25	12丙戌24	12乙卯23	12乙酉22
12庚寅1	**12**己未2	12己丑1	12己未1	13己丑31	13己未30	13戊子29	13戊午28	13戊子27	13丁巳26	13丁亥25	13丙辰24	13丙戌㉓
13辛卯2	13庚申3	**13**庚寅2	**13**庚申②	《6月》	《7月》	14己丑30	14己未㉙	14己丑28	14戊午27	14戊子26	14丁巳25	14丁亥24
14壬辰3	14辛酉4	14辛卯3	14辛酉3	14庚寅1	14庚申1	15庚寅31	15庚申30	15庚寅29	15己未28	15己丑27	15戊午㉖	15戊子25
15癸巳4	15壬戌5	15壬辰④	15壬戌4	**15**辛卯2	**15**辛酉2	《8月》	16辛酉31	16辛卯30	16庚申29	16庚寅㉘	16己未27	16己丑26
16甲午5	16癸亥6	16癸巳5	16癸亥5	16壬辰3	16壬戌3	16辛卯①	《9月》	《10月》	17辛酉30	17辛卯29	17庚申28	17庚寅27
17乙未6	17甲子⑦	17甲午6	17甲子6	17癸巳4	17癸亥④	**17**壬辰2	**17**壬戌1	**17**壬辰1	18壬戌㉛	18壬辰30	18辛酉29	18辛卯28
18丙申⑦	18乙丑8	18乙未7	18乙丑7	18甲午5	18甲子5	18癸巳3	18癸亥2	18癸巳2	《11月》	《12月》	19壬戌30	19壬辰29
19丁酉8	19丙寅9	19丙申8	19丙寅8	19乙未⑥	19乙丑6	19甲午4	19甲子3	19甲午③	**19**癸亥1	**19**癸巳1	20癸亥31	20癸巳㉚
20戊戌9	20丁卯10	20丁酉9	20丁卯⑨	20丙申7	20丙寅7	20乙未5	20乙丑4	20乙未4	20甲子2	20甲午2	**970年**	**21**甲午31
21己亥10	21戊辰11	21戊戌10	21戊辰10	21丁酉8	21丁卯8	21丙申6	21丙寅⑤	21丙申5	21乙丑3	21乙未3	《1月》	《2月》
22庚子11	22己巳12	22己亥⑪	22己巳11	22戊戌9	22戊辰9	22丁酉7	22丁卯6	22丁酉6	22丙寅4	22丙申4	**21**甲子1	22乙未1
23辛丑12	23庚午13	23庚子12	23庚午12	23己亥10	23己巳10	23戊戌⑧	23戊辰7	23戊戌7	23丁卯5	23丁酉⑤	22乙丑②	23丙申2
24壬寅13	24辛未⑭	24辛丑13	24辛未13	24庚子11	24庚午⑪	24己亥9	24己巳8	24己亥8	24戊辰6	24戊戌6	23丙寅3	24丁酉3
25癸卯⑭	25壬申15	25壬寅14	25壬申14	25辛丑12	25辛未12	25庚子10	25庚午9	25庚子9	25己巳⑦	25己亥7	24丁卯4	25戊戌4
26甲辰15	26癸酉16	26癸卯15	26癸酉15	26壬寅⑬	26壬申13	26辛丑11	26辛未10	26辛丑⑩	26庚午8	26庚子8	25戊辰5	26己亥5
27乙巳16	27甲戌17	27甲辰16	27甲戌⑯	27癸卯14	27癸酉14	27壬寅12	27壬申11	27壬寅11	27辛未9	27辛丑9	26己巳6	27庚子⑥
28丙午17	**28**乙亥18	**28**乙巳17	**28**乙亥17	28甲辰15	28甲戌15	28癸卯13	28癸酉⑫	28癸卯12	28壬申10	28壬寅10	27庚午7	28辛丑7
29丁未18	29丙子19	29丙午⑱	29丙子18	29乙巳16	29乙亥16	29甲辰14	29甲戌13	29甲辰13	29癸酉11	29癸卯11	28辛未8	29壬寅8
	30丁丑20	30丁未19		**30**丙午17		30乙巳⑮	30乙亥14		30甲戌12		29壬申⑨	
											30癸酉10	
立春11日	啓蟄12日	清明13日	立夏13日	芒種15日	小暑15日	大暑1日	処暑2日	秋分2日	霜降4日	小雪4日	冬至5日	大寒6日
雨水26日	春分28日	穀雨28日	小満28日	夏至30日		立秋17日	白露17日	寒露17日	立冬19日	大雪19日	小寒21日	立春21日

天禄元年〔安和3年〕（970－971） 庚午

改元 3/25（安和→天禄）

1月	2月	3月	4月	5月	6月	7月	8月	9月	10月	11月	12月
1癸卯9	1壬申10	1壬寅9	1辛未⑧	1辛丑7	1庚午6	1庚子5	1庚午④	1己亥3	1己巳2	1己亥2	1戊辰31
2甲辰10	2癸酉11	2癸卯⑩	2壬申9	2壬寅8	2辛未7	2辛丑6	2辛未5	2庚子4	2庚午3	2庚子3	**971年**
3乙巳11	3甲戌12	3甲辰11	3癸酉10	3癸卯9	3壬申8	3壬寅⑦	3壬申6	3辛丑5	3辛未4	3辛丑④	《1月》
4丙午12	4乙亥⑬	4乙巳12	4甲戌11	4甲辰10	4癸酉9	4癸卯8	4癸酉7	4壬寅6	4壬申5	4壬寅5	**2**己巳①
5丁未⑬	5丙子14	5丙午13	5乙亥12	5乙巳11	5甲戌⑩	5甲辰9	5甲戌8	5癸卯7	5癸酉⑥	5癸卯6	3庚午2
6戊申14	6丁丑15	6丁未14	6丙子13	6丙午⑫	6乙亥11	6乙巳10	6乙亥9	6甲辰8	6甲戌7	6甲辰7	4辛未3
7己酉15	7戊寅16	7戊申15	7丁丑14	7丁未13	7丙子12	7丙午11	7丙子10	7乙巳⑨	7乙亥8	7乙巳8	5壬申4
8庚戌16	8己卯17	8己酉16	8戊寅⑮	8戊申14	8丁丑13	8丁未12	8丁丑⑪	8丙午10	8丙子9	8丙午9	6癸酉5
9辛亥17	**9**庚辰18	**9**庚戌⑰	9己卯16	9己酉15	9戊寅14	9戊申13	9戊寅12	9丁未11	9丁丑10	9丁未10	7甲戌6
10壬子18	10辛巳19	10辛亥18	10庚辰17	10庚戌16	10己卯15	10己酉⑭	10己卯13	10戊申12	10戊寅11	10戊申⑪	8乙亥7
11癸丑19	11壬午⑳	11壬子19	**11**辛巳18	**11**辛亥17	11庚辰16	11庚戌15	11庚辰14	11己酉13	11己卯12	11己酉12	9丙子⑧
12甲寅⑳	12癸未21	12癸丑20	12壬午19	12壬子18	12辛巳⑰	12辛亥16	12辛巳15	12庚戌14	12庚辰⑬	12庚戌13	10丁丑9
13乙卯21	13甲申22	13甲寅21	13癸未20	13癸丑⑲	**13**壬午18	**13**壬子17	**13**壬午16	13辛亥15	13辛巳14	13辛亥14	11戊寅10
14丙辰22	14乙酉23	14乙卯22	14甲申21	14甲寅20	14癸未19	14癸丑18	14癸未17	14壬子⑯	14壬午15	14壬子15	12己卯11
15丁巳23	15丙戌24	15丙辰23	15乙酉㉒	15乙卯21	15甲申20	15甲寅19	15甲申⑱	**15**癸丑17	**15**癸未16	15癸丑16	13庚辰12
16戊午24	16丁亥25	16丁巳㉔	16丙戌23	16丙辰22	16乙酉21	16乙卯20	16乙酉19	16甲寅18	16甲申17	**16**甲寅17	14辛巳13
17己未25	17戊子26	17戊午25	17丁亥24	17丁巳23	17丙戌22	17丙辰㉑	17丙戌20	17乙卯19	17乙酉18	17乙卯⑱	15壬午14
18庚申26	18己丑㉗	18己未26	18戊子25	18戊午24	18丁亥23	18丁巳22	18丁亥21	18丙辰20	18丙戌19	18丙辰19	16癸未⑮
19辛酉㉗	19庚寅28	19庚申27	19己丑26	19己未25	19戊子㉔	19戊午23	19戊子22	19丁巳21	19丁亥⑳	19丁巳20	**17**甲申16
20壬戌28	20辛卯29	20辛酉28	20庚寅27	20庚申㉖	20己丑25	20己未24	20己丑23	20戊午22	20戊子21	20戊午21	18乙酉17
《3月》	21壬辰30	21壬戌29	21辛卯28	21辛酉27	21庚寅26	21庚申25	21庚寅24	21己未㉓	21己丑22	21己未22	19丙戌18
21癸亥1	22癸巳31	22癸亥30	22壬辰㉙	22壬戌28	22辛卯27	22辛酉26	22辛卯㉕	22庚申24	22庚寅23	22庚申23	20丁亥19
22甲子2	《4月》	《5月》	23癸巳30	23癸亥29	23壬辰28	23壬戌27	23壬辰26	23辛酉25	23辛卯24	23辛酉24	21戊子20
23乙丑3	23甲午1	23甲子①	24甲午31	24甲子30	24癸巳29	24癸亥㉘	24癸巳27	24壬戌26	24壬辰25	24壬戌㉕	22己丑21
24丙寅4	**24**乙未2	**24**乙丑2	《6月》	《7月》	25甲午30	25甲子29	25甲午28	25癸亥27	25癸巳26	25癸亥26	23庚寅㉒
25丁卯5	25丙申③	25丙寅3	25乙未1	25乙丑1	26乙未㉛	26乙丑30	26乙未29	26甲子28	26甲午㉗	26甲子27	24辛卯23
26戊辰⑥	26丁酉4	26丁卯4	**26**丙申2	**26**丙寅2	《8月》	27丙寅31	27丙申30	27乙丑29	27乙未28	27乙丑28	25壬辰24
27己巳7	27戊戌5	27戊辰5	27丁酉3	27丁卯③	27丙申1	《9月》	《10月》	28丙寅㉚	28丙申29	28丙寅29	26癸巳25
28庚午8	28己亥6	28己巳6	28戊戌4	28戊辰4	**28**丁酉2	**28**丁卯1	28丁酉1	29丁卯31	29丁酉30	29丁卯30	27甲午26
29辛未9	29庚子7	29庚午7	29己亥⑤	29己巳5	29戊戌3	29戊辰2	**29**戊戌②	《11月》	《12月》		28乙未27
	30辛丑8		30庚子6		30己亥4	30己巳3		**30**戊辰1	**30**戊戌1		29丙申28
											30丁酉㉙
雨水7日	春分9日	穀雨9日	小満11日	夏至11日	大暑13日	処暑13日	秋分13日	霜降15日	小雪15日	冬至16日	小寒2日
啓蟄23日	清明24日	立夏24日	芒種26日	小暑26日	立秋28日	白露28日	寒露29日	立冬30日	大雪30日		大寒17日

天禄**2**年（971－972） 辛未

1月	2月	3月	4月	5月	6月	7月	8月	9月	10月	11月	12月
1 戊戌30	1 丁卯28	1 丙申29	1 丙寅28	1 乙未27	1 乙丑26	1 甲午25	1 甲子24	1 癸巳22	1 癸亥㉒	1 癸巳21	1 癸亥21
2 己亥31	《3月》	2 丁酉30	2 丁卯29	2 丙申㉘	2 丙寅27	2 乙未26	2 乙丑25	2 甲午23	2 甲子23	2 甲午22	2 甲子22
《2月》	2 戊辰 1	3 戊戌31	3 戊辰㉚	3 丁酉29	3 丁卯28	3 丙申27	3 丙寅26	3 乙未㉔	3 乙丑24	3 乙未23	3 乙丑23
3 庚子 1	3 己巳 2	《4月》	《5月》	4 戊戌30	4 戊辰29	4 丁酉28	4 丁卯㉗	4 丙申25	4 丙寅25	4 丙申24	4 丙寅㉔
4 辛丑 2	**4** 庚午 3	4 己亥 1	4 己巳 1	5 己亥31	5 己巳30	5 戊戌29	5 戊辰28	5 丁酉26	5 丁卯26	5 丁酉25	5 丁卯25
5 壬寅 3	5 辛未 4	**5** 庚子②	5 庚午 2	《6月》	《7月》	6 己亥㉚	6 己巳29	6 戊戌27	6 戊辰27	6 戊戌㉖	6 戊辰26
6 癸卯 4	6 壬申⑤	6 辛丑 3	**6** 辛未 3	6 庚子 1	6 庚午 1	7 庚子31	7 庚午30	7 己亥28	7 己巳28	7 己亥27	7 己巳27
7 甲辰⑤	7 癸酉 6	7 壬寅 4	7 壬申 4	**7** 辛丑 2	7 辛未②	《8月》	8 辛未31	8 庚子29	8 庚午㉙	8 庚子28	8 庚午28
8 乙巳 6	8 甲戌 7	8 癸卯 5	8 癸酉 5	8 壬寅 3	**8** 壬申 3	8 辛丑 1	《9月》	9 辛丑30	9 辛未30	9 辛丑29	9 辛未29
9 丙午 7	9 乙亥 8	9 甲辰 6	9 甲戌 6	9 癸卯④	9 癸酉 4	**9** 壬寅 2	**9** 壬申 1	10壬寅①	10壬申31	10壬寅30	10壬申30
10丁未 8	10丙子 9	10乙巳 7	10乙亥⑦	10甲辰 5	10甲戌 5	10癸卯 3	10癸酉 2	《10月》	《11月》	《12月》	11癸酉㉛
11戊申 9	11丁丑10	11丙午 8	11丙子 8	11乙巳 6	11乙亥 6	11甲辰 4	11甲戌③	**11**癸卯 2	**11**癸酉 1	11癸卯 1	**972年**
12己酉10	12戊寅11	12丁未⑨	12丁丑 9	12丙午 7	12丙子 7	12乙巳 5	12乙亥 4	12甲辰 3	12甲戌 2	**12**甲辰 2	《1月》
13庚戌11	13己卯⑫	13戊申10	13戊寅10	13丁未 8	13丁丑 8	13丙午⑥	13丙子 5	13乙巳 4	13乙亥 3	13乙巳③	**12**甲戌 1
14辛亥⑫	14庚辰13	14己酉11	14己卯11	14戊申 9	14戊寅⑨	14丁未 7	14丁丑 6	14丙午 5	14丙子 4	14丙午 4	13乙亥 2
15壬子13	15辛巳14	15庚戌12	15庚辰12	15己酉10	15己卯10	15戊申 8	15戊寅 7	15丁未 6	15丁丑⑤	15丁未 5	14丙子 3
16癸丑14	16壬午15	16辛亥13	16辛巳13	16庚戌⑪	16庚辰11	16己酉 9	16己卯 8	16戊申 7	16戊寅 6	16戊申 6	15丁丑 4
17甲寅15	17癸未16	17壬子14	17壬午⑭	17辛亥12	17辛巳12	17庚戌10	17庚辰 9	17己酉⑧	17己卯 7	17己酉 7	16戊寅 5
18乙卯16	18甲申17	18癸丑15	18癸未15	18壬子13	18壬午13	18辛亥11	18辛巳⑩	18庚戌 9	18庚辰 8	18庚戌 8	17己卯 6
19丙辰17	**19**乙酉18	19甲寅⑯	19甲申16	19癸丑14	19癸未14	19壬子12	19壬午11	19辛亥10	19辛巳 9	19辛亥 9	18庚辰⑦
20丁巳18	20丙戌⑲	**20**乙卯17	20乙酉17	20甲寅15	20甲申15	20癸丑⑬	20癸未12	20壬子11	20壬午10	20壬子⑩	19辛巳 8
21戊午⑲	21丁亥20	21丙辰18	**21**丙戌18	21乙卯16	21乙酉⑯	21甲寅14	21甲申13	21癸丑12	21癸未11	21癸丑11	20壬午 9
22己未20	22戊子21	22丁巳19	22丁亥19	**22**丙辰17	22丙戌17	22乙卯15	22乙酉14	22甲寅13	22甲申⑫	22甲寅12	21癸未10
23庚申21	23己丑22	23戊午20	23戊子20	23丁巳⑱	**23**丁亥18	23丙辰16	23丙戌15	23乙卯14	23乙酉13	23乙卯13	22甲申11
24辛酉22	24庚寅23	24己未21	24己丑㉑	24戊午19	24戊子19	**24**丁巳17	24丁亥16	24丙辰⑮	24丙戌14	24丙辰14	23乙酉12
25壬戌23	25辛卯24	25庚申22	25庚寅22	25己未20	25己丑20	25戊午18	**25**戊子⑰	25丁巳16	25丁亥15	25丁巳15	24丙戌13
26癸亥24	26壬辰25	26辛酉㉓	26辛卯23	26庚申21	26庚寅21	26己未19	26己丑18	**26**戊午17	26戊子16	26戊午16	25丁亥⑭
27甲子25	27癸巳㉖	27壬戌24	27壬辰24	27辛酉22	27辛卯22	27庚申⑳	27庚寅19	27己未18	**27**己丑17	**27**己未⑰	26戊子15
28乙丑㉖	28甲午27	28癸亥25	28癸巳25	28壬戌23	28壬辰㉓	28辛酉21	28辛卯20	28庚申19	28庚寅18	28庚申18	**27**己丑16
29丙寅27	29乙未28	29甲子26	29甲午26	29癸亥24	29癸巳24	29壬戌22	29壬辰21	29辛酉20	29辛卯⑲	29辛酉19	28庚寅17
		30乙丑27		30甲子㉕		30癸亥23		30壬戌21	30壬辰20	30壬戌20	29辛卯18
立春 2日	啓蟄 4日	清明 5日	立夏 6日	芒種 7日	小暑 8日	立秋 9日	白露 9日	寒露 11日	立冬 11日	大雪 12日	小寒 12日
雨水 18日	春分 19日	穀雨 20日	小満 21日	夏至 22日	大暑 23日	処暑 24日	秋分 25日	霜降 26日	小雪 27日	冬至 27日	大寒 27日

天禄**3**年（972－973） 壬申

1月	2月	閏2月	3月	4月	5月	6月	7月	8月	9月	10月	11月	12月
1 壬辰19	1 壬戌⑱	1 辛卯18	1 庚申16	1 庚寅16	1 己未14	1 戊子13	1 戊午12	1 戊子11	1 丁巳10	1 丁亥 9	1 丁巳 9	1 丁亥 8
2 癸巳20	2 癸亥19	2 壬辰19	**2** 辛酉17	**2** 辛卯17	2 庚申15	2 己丑⑭	2 己未13	2 己丑12	2 戊午11	2 戊子⑩	2 戊午10	2 戊子 9
3 甲午㉑	3 甲子20	3 癸巳20	3 壬戌18	3 壬辰18	3 辛酉⑯	3 庚寅15	3 庚申14	3 庚寅13	3 己未12	3 己丑11	3 己未11	3 己丑10
4 乙未22	4 乙丑21	4 甲午21	4 癸亥19	4 癸巳⑲	**4** 壬戌17	4 辛卯16	4 辛酉15	4 辛卯14	4 庚申⑬	4 庚寅12	4 庚申12	4 庚寅11
5 丙申23	5 丙寅22	5 乙未22	5 甲子20	5 甲午20	5 癸亥18	**5** 壬辰17	**5** 壬戌16	5 壬辰⑮	5 辛酉14	5 辛卯13	5 辛酉13	5 辛卯⑫
6 丁酉24	6 丁卯23	6 丙申23	6 乙丑㉑	6 乙未21	6 甲子19	6 癸巳18	6 癸亥17	**6** 癸巳16	6 壬戌15	6 壬辰14	6 壬戌14	6 壬辰13
7 戊戌25	7 戊辰24	7 丁酉㉔	7 丙寅22	7 丙申22	7 乙丑20	7 甲午19	7 甲子⑱	7 甲午17	**7** 癸亥16	7 癸巳15	7 癸亥⑮	7 癸巳14
8 己亥26	8 己巳㉕	8 戊戌25	8 丁卯23	8 丁酉23	8 丙寅21	8 乙未20	8 乙丑19	8 乙未18	8 甲子17	**8** 甲午16	**8** 甲子16	8 甲午15
9 庚子27	9 庚午26	9 己亥26	9 戊辰24	9 戊戌24	9 丁卯22	9 丙申㉑	9 丙寅20	9 丙申19	9 乙丑18	9 乙未⑰	9 乙丑17	**9** 乙未16
10辛丑㉘	10辛未27	10庚子27	10己巳25	10己亥25	10戊辰㉓	10丁酉22	10丁卯21	10丁酉20	10丙寅19	10丙申18	10丙寅18	10丙申17
11壬寅29	11壬申28	11辛丑28	11庚午26	11庚子㉖	11己巳24	11戊戌23	11戊辰22	11戊戌21	11丁卯⑳	11丁酉19	11丁卯19	11丁酉18
12癸卯30	12癸酉29	12壬寅29	12辛未27	12辛丑27	12庚午25	12己亥24	12己巳23	12己亥㉒	12戊辰21	12戊戌20	12戊辰20	12戊戌⑲
13甲辰31	《3月》	13癸卯30	13壬申㉘	13壬寅28	13辛未26	13庚子25	13庚午24	13庚子23	13己巳22	13己亥21	13己巳21	13己亥20
《2月》	13甲戌 1	14甲辰㉛	14癸酉29	14癸卯29	14壬申27	14辛丑26	14辛未㉕	14辛丑24	14庚午23	14庚子22	14庚午㉒	14庚子21
14乙巳 1	**14**乙亥 2	《4月》	15甲戌30	15甲辰30	15癸酉28	15壬寅27	15壬申26	15壬寅25	15辛未24	15辛丑23	15辛未23	15辛丑22
15丙午 2	15丙子③	**15**乙巳 1	《5月》	16乙巳31	16甲戌29	16癸卯㉘	16癸酉27	16癸卯26	16壬申25	16壬寅㉔	16壬申24	16壬寅23
16丁未 3	16丁丑 4	16丙午 2	16乙亥 1	《6月》	17乙亥㉚	17甲辰29	17甲戌28	17甲辰27	17癸酉26	17癸卯25	17癸酉25	17癸卯24
17戊申④	17戊寅 5	17丁未 3	**17**丙子 2	**17**丙午 1	《7月》	18乙巳30	18乙亥29	18乙巳28	18甲戌㉗	18甲辰26	18甲戌26	18甲辰25
18己酉 5	18己卯 6	18戊申 4	18丁丑 3	18丁未②	18丙子 1	19丙午31	19丙子30	19丙午㉙	19乙亥28	19乙巳27	19乙亥27	19乙巳㉖
19庚戌 6	19庚辰 7	19己酉 5	19戊寅 4	19戊申 3	**19**丁丑 2	《8月》	20丁丑31	20丁未30	20丙子29	20丙午28	20丙子28	20丙午27
20辛亥 7	20辛巳 8	20庚戌 6	20己卯⑤	20己酉 4	20戊寅 3	**20**丁未 1	《9月》	《10月》	21丁丑30	21丁未29	21丁丑㉙	21丁未28
21壬子 8	21壬午 9	21辛亥⑦	21庚辰 6	21庚戌 5	21己卯 4	21戊申 2	**21**戊寅①	**21**戊申 1	22戊寅31	22戊申30	22戊寅30	22戊申29
22癸丑 9	22癸未⑩	22壬子 8	22辛巳 7	22辛亥 6	22庚辰 5	22己酉 3	22己卯 2	22己酉 2	《11月》	《12月》	**23**己卯31	23己酉30
23甲寅10	23甲申11	23癸丑 9	23壬午 8	23壬子 7	23辛巳 6	23庚戌④	23庚辰 3	23庚戌 3	**23**己卯 1	**23**己酉①	**973年**	**24**庚戌31
24乙卯⑪	24乙酉12	24甲寅10	24癸未 9	24癸丑 8	24壬午⑦	24辛亥 5	24辛巳 4	24辛亥 4	24庚辰 2	24庚戌 2	《1月》	《2月》
25丙辰12	25丙戌13	25乙卯11	25甲申10	25甲寅⑨	25癸未 8	25壬子 6	25壬午 5	25壬子 5	25辛巳③	25辛亥 3	24庚辰 1	25辛亥 1
26丁巳13	26丁亥14	26丙辰12	26乙酉11	26乙卯10	26甲申 9	26癸丑 7	26癸未 6	26癸丑⑥	26壬午 4	26壬子 4	25辛巳 2	26壬子②
27戊午14	27戊子15	27丁巳13	27丙戌⑫	27丙辰11	27乙酉10	27甲寅 8	27甲申 7	27甲寅 7	27癸未 5	27癸丑 5	26壬午 3	27癸丑 3
28己未15	28己丑16	28戊午⑭	28丁亥13	28丁巳12	28丙戌11	28乙卯 9	28乙酉⑧	28乙卯 8	28甲申 6	28甲寅 6	27癸未 4	28甲寅 4
29庚申16	**29**庚寅⑰	29己未15	29戊子14	29戊午13	29丁亥12	29丙辰10	29丙戌 9	29丙辰 9	29乙酉 7	29乙卯 7	28甲申⑤	29乙卯 5
30辛酉17			30己丑15			30丁巳⑪	30丁亥10		30丙戌 8	30丙辰⑧	29乙酉 6	
											30丙戌 7	
立春 14日	啓蟄 14日	清明15日	穀雨 2日	小満 2日	夏至 4日	大暑 5日	処暑 5日	秋分 6日	霜降 7日	小雪 8日	冬至 8日	大寒 9日
雨水 29日	春分 29日		立夏 17日	芒種 17日	小暑 19日	立秋 20日	白露 21日	寒露 21日	立冬 23日	大雪 23日	小寒 23日	立春 24日

天延元年〔天禄4年〕（973－974） 癸酉

改元 12/20（天禄→天延）

1月	2月	3月	4月	5月	6月	7月	8月	9月	10月	11月	12月
1丙辰6	1丙戌8	1乙卯⑥	1甲申5	1甲寅4	1癸未3	《8月》	1壬午㉛	1辛亥29	1辛巳29	1辛亥28	1辛巳㉘
2丁巳7	2丁亥⑨	2丙辰7	2乙酉6	2乙卯5	2甲申4	**1**壬子1	《9月》	2壬子30	2壬午30	2壬子29	2壬午29
3戊午8	3戊子10	3丁巳8	3丙戌7	3丙辰6	3乙酉5	2癸丑2	**2**癸未1	《10月》	3癸未31	3癸丑㉚	3癸未30
4己未⑨	4己丑11	4戊午9	4丁亥8	4丁巳7	4丙戌⑥	3甲寅③	3甲申2	**3**癸丑1	《11月》	《12月》	4甲申31
5庚申10	5庚寅12	5己未10	5戊子9	5戊午⑧	5丁亥7	4乙卯4	4乙酉3	4甲寅2	**4**甲申1	**4**甲寅1	**974年**
6辛酉11	6辛卯13	6庚申11	6己丑10	6己未9	6戊子8	5丙辰5	5丙戌4	5乙卯3	5乙酉②	5乙卯2	《1月》
7壬戌12	7壬辰14	7辛酉12	7庚寅⑪	7庚申10	7己丑9	6丁巳6	6丁亥5	6丙辰4	6丙戌3	6丙辰3	**5**乙酉1
8癸亥13	8癸巳15	8壬戌⑬	8辛卯12	8辛酉11	8庚寅10	7戊午7	7戊子6	7丁巳⑤	7丁亥4	7丁巳4	6丙戌2
9甲子14	9甲午⑯	9癸亥14	9壬辰13	9壬戌12	9辛卯11	8己未8	8己丑⑦	8戊午6	8戊子5	8戊午5	7丁亥3
10乙丑15	10乙未17	10甲子15	10癸巳14	10癸亥13	10壬辰12	9庚申9	9庚寅8	9己未7	9己丑6	9己未6	8戊子④
11丙寅⑯	**11**丙申18	11乙丑16	11甲午15	11甲子14	11癸巳⑬	10辛酉⑩	10辛卯9	10庚申8	10庚寅7	10庚申⑦	9己丑5
12丁卯17	12丁酉19	**12**丙寅17	12乙未16	12乙丑⑮	12甲午14	11壬戌11	11壬辰10	11辛酉9	11辛卯8	11辛酉8	10庚寅6
13戊辰18	13戊戌20	13丁卯18	**13**丙申17	13丙寅16	13乙未15	12癸亥12	12癸巳11	12壬戌10	12壬辰⑨	12壬戌9	11辛卯7
14己巳19	14己亥21	14戊辰19	14丁酉⑱	**14**丁卯17	14丙申16	13甲子13	13甲午12	13癸亥11	13癸巳10	13癸亥10	12壬辰8
15庚午20	15庚子22	15己巳⑳	15戊戌19	15戊辰18	**15**丁酉17	14乙丑14	14乙未13	14甲子⑫	14甲午11	14甲子11	13癸巳9
16辛未21	16辛丑㉓	16庚午21	16己亥20	16己巳19	16戊戌18	15丙寅15	15丙申⑭	15乙丑13	15乙未12	15乙丑12	14甲午10
17壬申22	17壬寅24	17辛未22	17庚子21	17庚午20	17己亥19	16丁卯16	16丁酉15	16丙寅14	16丙申13	16丙寅13	15乙未⑪
18癸酉㉓	18癸卯25	18壬申23	18辛丑22	18辛未21	18庚子⑳	**17**戊辰⑰	**17**戊戌16	17丁卯15	17丁酉14	17丁卯⑭	16丙申12
19甲戌24	19甲辰26	19癸酉24	19壬寅23	19壬申㉒	19辛丑21	18己巳18	18己亥17	18戊辰16	18戊戌15	18戊辰15	17丁酉13
20乙亥25	20乙巳27	20甲戌25	20癸卯24	20癸酉23	20壬寅22	19庚午19	19庚子18	**19**己巳17	**19**己亥⑯	**19**己巳16	18戊戌14
21丙子26	21丙午28	21乙亥26	21甲辰㉕	21甲戌24	21癸卯23	20辛未20	20辛丑19	20庚午18	20庚子17	20庚午17	19己亥15
22丁丑27	22丁未29	22丙子㉗	22乙巳26	22乙亥25	22甲辰24	21壬申21	21壬寅20	21辛未⑲	21辛丑18	21辛未18	**20**庚子16
23戊寅28	23戊申㉚	23丁丑28	23丙午27	23丙子26	23乙巳25	22癸酉22	22癸卯㉑	22壬申20	22壬寅19	22壬申19	21辛丑17
《3月》	24己酉31	24戊寅29	24丁未28	24丁丑27	24丙午26	23甲戌23	23甲辰22	23癸酉21	23癸卯20	23癸酉20	22壬寅⑱
24己卯1	《4月》	25己卯30	25戊申29	25戊寅28	25丁未㉗	24乙亥㉔	24乙巳23	24甲戌22	24甲辰21	24甲戌㉑	23癸卯19
25庚辰②	25庚戌1	《5月》	26己酉30	26己卯㉙	26戊申28	25丙子25	25丙午24	25乙亥23	25乙巳22	25乙亥22	24甲辰20
26辛巳3	**26**辛亥2	26庚辰1	27庚戌31	27庚辰30	27己酉29	26丁丑26	26丁未25	26丙子24	26丙午㉓	26丙子23	25乙巳21
27壬午4	27壬子3	**27**辛巳2	《6月》	《7月》	28庚戌30	27戊寅27	27戊申26	27丁丑25	27丁未24	27丁丑24	26丙午22
28癸未5	28癸丑4	28壬午3	28辛亥①	28辛巳1	29辛亥31	28己卯28	28己酉27	28戊寅㉖	28戊申25	28戊寅25	27丁未23
29甲申6	29甲寅5	29癸未④	**29**壬子2	**29**壬午2		29庚辰29	29庚戌㉘	29己卯27	29己酉26	29己卯26	28戊申24
30乙酉7			30癸丑3			30辛巳30		30庚辰28	30庚戌27	30庚辰27	29己酉㉕

雨水10日	春分11日	穀雨12日	小満13日	夏至14日	大暑15日	立秋1日	白露2日	寒露3日	立冬4日	大雪4日	小寒5日
啓蟄25日	清明26日	立夏27日	芒種29日	小暑29日		処暑17日	秋分17日	霜降19日	小雪19日	冬至19日	大寒20日

天延2年（974－975） 甲戌

1月	2月	3月	4月	5月	6月	7月	8月	9月	10月	閏10月	11月	12月
1庚戌26	1庚辰25	1庚戌27	1己卯25	1戊申㉔	1戊寅23	1丁未22	1丙子20	1丙午19	1乙亥⑱	1乙巳17	**1**乙亥17	1甲辰15
2辛亥27	2辛巳26	2辛亥28	2庚辰㉖	2己酉25	2己卯24	2戊申23	2丁丑21	2丁未⑳	2丙子19	2丙午18	2丙子18	**2**乙巳16
3壬子28	3壬午27	3壬子㉙	3辛巳27	3庚戌26	3庚辰25	3己酉24	3戊寅22	3戊申21	3丁丑20	3丁未19	3丁丑19	3丙午⑰
4癸丑29	4癸未28	4癸丑30	4壬午28	4辛亥27	4辛巳26	4庚戌25	4己卯㉓	4己酉22	4戊寅21	4戊申20	4戊寅⑳	4丁未18
5甲寅30	《3月》	5甲寅31	5癸未29	5壬子28	5壬午27	5辛亥㉖	5庚辰24	5庚戌23	5己卯22	5己酉21	5己卯21	5戊申19
6乙卯31	5甲申①	《4月》	6甲申30	6癸丑29	6癸未㉘	6壬子27	6辛巳25	6辛亥24	6庚辰23	6庚戌㉒	6庚辰22	6己酉20
《2月》	6乙酉2	6乙卯1	《5月》	7甲寅30	7甲申29	7癸丑28	7壬午26	7壬子25	7辛巳24	7辛亥23	7辛巳23	7庚戌21
7丙辰①	**7**丙戌3	**7**丙辰2	7乙酉1	8乙卯㉛	8乙酉30	8甲寅29	8癸未27	8癸丑26	8壬午㉕	8壬子24	8壬午24	8辛亥22
8丁巳2	8丁亥4	8丁巳3	**8**丙戌2	《6月》	《7月》	9乙卯30	9甲申28	9甲寅㉗	9癸未26	9癸丑25	9癸未25	9壬子23
9戊午3	9戊子5	9戊午4	9丁亥③	9丙辰1	9丙戌1	10丙辰31	10乙酉29	10乙卯28	10甲申27	10甲寅26	10甲申26	10癸丑㉔
10己未4	10己丑6	10己未⑤	10戊子4	**10**丁巳2	**10**丁亥2	《8月》	11丙戌㉚	11丙辰29	11乙酉28	11乙卯27	11乙酉㉗	11甲寅25
11庚申5	11庚寅7	11庚申6	11己丑5	11戊午3	11戊子3	11丁巳1	12丁亥31	12丁巳30	12丙戌29	12丙辰28	12丙戌28	12乙卯26
12辛酉6	12辛卯⑧	12辛酉7	12庚寅6	12己未4	12己丑4	**12**戊午②	《9月》	《10月》	13丁亥30	13丁巳㉙	13丁亥29	13丙辰27
13壬戌7	13壬辰9	13壬戌8	13辛卯7	13庚申5	13庚寅⑤	13己未3	**13**戊子1	13戊午1	14戊子31	14戊午30	14戊子30	14丁巳28
14癸亥⑧	14癸巳10	14癸亥9	14壬辰8	14辛酉6	14辛卯6	14庚申4	14己丑2	**14**己未2	《11月》	《12月》	15己丑31	15戊午29
15甲子9	15甲午11	15甲子10	15癸巳9	15壬戌⑦	15壬辰7	15辛酉5	15庚寅3	15庚申3	**15**己丑①	**15**己未1	**975年**	16己未30
16乙丑10	16乙未12	16乙丑11	16甲午⑩	16癸亥8	16癸巳8	16壬戌6	16辛卯4	16辛酉④	16庚寅2	16庚申2	《1月》	**17**庚申㉛
17丙寅11	17丙申13	17丙寅⑫	17乙未11	17甲子9	17甲午9	17癸亥7	17壬辰5	17壬戌5	17辛卯3	17辛酉3	**16**庚寅1	《2月》
18丁卯12	18丁酉14	18丁卯13	18丙申12	18乙丑10	18乙未10	18甲子8	18癸巳⑥	18癸亥6	18壬辰4	18壬戌4	17辛卯2	18辛酉1
19戊辰13	19戊戌⑮	19戊辰14	19丁酉13	19丙寅11	19丙申11	19乙丑⑨	19甲午7	19甲子7	19癸巳5	19癸亥5	18壬辰③	19壬戌2
20己巳14	20己亥16	20己巳15	20戊戌14	20丁卯12	20丁酉⑫	20丙寅10	20乙未8	20乙丑8	20甲午6	20甲子⑥	19癸巳4	20癸亥3
21庚午⑮	21庚子17	21庚午16	21己亥15	21戊辰13	21戊戌13	21丁卯11	21丙申9	21丙寅9	21乙未7	21乙丑7	20甲午5	21甲子4
22辛未16	**22**辛丑18	**22**辛未17	22庚子16	22己巳⑭	22己亥14	22戊辰12	22丁酉10	22丁卯10	22丙申⑧	22丙寅8	21乙未6	22乙丑5
23壬申17	23壬寅19	23壬申18	23辛丑⑰	23庚午15	23庚子15	23己巳13	23戊戌11	23戊辰⑪	23丁酉9	23丁卯9	22丙申7	23丙寅6
24癸酉18	24癸卯20	24癸酉⑲	**24**壬寅18	24辛未16	24辛丑16	24庚午14	24己亥12	24己巳12	24戊戌10	24戊辰10	23丁酉8	24丁卯⑦
25甲戌19	25甲辰21	25甲戌20	25癸卯19	**25**壬申17	25壬寅17	25辛未15	25庚子⑬	25庚午13	25己亥11	25己巳11	24戊戌9	25戊辰8
26乙亥20	26乙巳㉒	26乙亥21	26甲辰20	26癸酉18	**26**癸卯18	26壬申⑯	26辛丑14	26辛未14	26庚子12	26庚午12	25己亥⑩	26己巳9
27丙子21	27丙午23	27丙子22	27乙巳21	27甲戌19	27甲辰⑲	**27**癸酉17	27壬寅15	27壬申15	27辛丑13	27辛未⑬	26庚子11	27庚午10
28丁丑㉒	28丁未24	28丁丑23	28丙午22	28乙亥20	28乙巳20	28甲戌18	**28**癸卯16	28癸酉16	28壬寅14	28壬申14	27辛丑12	28辛未11
29戊寅23	29戊申25	29戊寅24	29丁未23	29丙子㉑	29丙午21	29乙亥19	29甲辰17	**29**甲戌17	29癸卯⑮	29癸酉15	28壬寅13	29壬申12
30己卯24	30己酉26			30丁丑22			30乙巳18		**30**甲辰16	30甲戌16	29癸卯14	30癸酉13

立春6日	啓蟄7日	清明7日	立夏8日	芒種10日	小暑10日	立秋12日	白露13日	寒露14日	立冬15日	大雪15日	冬至1日	大寒2日
雨水21日	春分22日	穀雨22日	小満24日	夏至25日	大暑26日	処暑27日	秋分28日	霜降29日	小雪30日		小寒16日	立春17日

天延3年（975－976） 乙亥

1月	2月	3月	4月	5月	6月	7月	8月	9月	10月	11月	12月
1 甲戌⑭	1 甲辰16	1 癸酉14	1 癸卯14	1 壬申12	1 壬寅12	1 辛未10	1 庚子 8	1 己巳 7	1 己亥 6	1 己巳 6	1 戊戌 4
2 乙亥15	2 乙巳17	2 甲戌15	2 甲辰15	2 癸酉⑬	2 癸卯13	2 壬申11	2 辛丑 9	2 庚午 8	2 庚子⑦	2 庚午 7	2 己亥 5
3 丙子16	3 丙午18	3 乙亥16	3 乙巳⑯	3 甲戌14	3 甲辰14	3 癸酉12	3 壬寅10	3 辛未 9	3 辛丑 8	3 辛未 8	3 庚子 6
4 丁丑17	4 丁未19	4 丙子17	4 丙午17	4 乙亥15	4 乙巳15	4 甲戌13	4 癸卯11	4 壬申⑩	4 壬寅 9	4 壬申 9	4 辛丑 7
5 戊寅18	5 戊申20	5 丁丑⑱	5 丁未18	5 丙子16	5 丙午16	5 乙亥14	5 甲辰⑫	5 癸酉11	5 癸卯10	5 癸酉10	5 壬寅 8
6 己卯19	6 己酉㉑	6 戊寅19	6 戊申19	6 丁丑17	6 丁未17	6 丙子⑮	6 乙巳13	6 甲戌12	6 甲辰11	6 甲戌11	6 癸卯⑨
7 庚辰20	7 庚戌22	7 己卯20	7 己酉20	7 戊寅18	7 戊申⑱	7 丁丑16	7 丙午14	7 乙亥13	7 乙巳12	7 乙亥⑫	7 甲辰10
8 辛巳㉑	8 辛亥23	8 庚辰21	8 庚戌21	8 己卯19	8 己酉19	8 戊寅17	8 丁未15	8 丙子14	8 丙午13	8 丙子13	8 乙巳11
9 壬午22	9 壬子24	9 辛巳22	9 辛亥22	9 庚辰⑳	9 庚戌20	9 己卯18	9 戊申16	9 丁丑15	9 丁未⑭	9 丁丑14	9 丙午12
10 癸未23	10 癸丑25	10 壬午23	10 壬子㉓	10 辛巳21	10 辛亥21	10 庚辰19	10 己酉17	10 戊寅16	10 戊申15	10 戊寅15	10 丁未13
11 甲申24	11 甲寅26	11 癸未24	11 癸丑24	11 壬午22	11 壬子22	11 辛巳20	11 庚戌18	11 己卯⑰	11 己酉16	11 己卯16	11 戊申14
12 乙酉25	12 乙卯27	12 甲申㉕	12 甲寅25	12 癸未23	12 癸丑23	12 壬午21	12 辛亥⑲	12 庚辰18	12 庚戌17	12 庚辰17	12 己酉15
13 丙戌26	13 丙辰㉘	13 乙酉26	13 乙卯26	13 甲申24	13 甲寅24	13 癸未㉒	13 壬子20	13 辛巳19	13 辛亥18	13 辛巳18	13 庚戌⑯
14 丁亥27	14 丁巳29	14 丙戌27	14 丙辰27	14 乙酉25	14 乙卯㉕	14 甲申23	14 癸丑21	14 壬午20	14 壬子19	14 壬午⑲	14 辛亥17
15 戊子㉘	15 戊午30	15 丁亥28	15 丁巳28	15 丙戌26	15 丙辰26	15 乙酉24	15 甲寅22	15 癸未21	15 癸丑20	15 癸未20	15 壬子18
《3月》	16 己未31	16 戊子29	16 戊午29	16 丁亥㉗	16 丁巳27	16 丙戌25	16 乙卯23	16 甲申22	16 甲寅㉑	16 甲申21	16 癸丑19
16 己丑 1	《4月》	17 己丑30	17 己未㉚	17 戊子28	17 戊午28	17 丁亥26	17 丙辰24	17 乙酉23	17 乙卯22	17 乙酉22	17 甲寅20
17 庚寅 2	17 庚申 1	《5月》	18 庚申31	18 己丑29	18 己未29	18 戊子27	18 丁巳25	18 丙戌㉔	18 丙辰23	18 丙戌23	18 乙卯21
18 辛卯 3	18 辛酉 2	18 庚寅 1	《6月》	19 庚寅30	19 庚申30	19 己丑28	19 戊午㉖	19 丁亥25	19 丁巳24	19 丁亥24	19 丙辰22
19 壬辰 4	19 壬戌 3	19 辛卯②	19 辛酉 1	《7月》	20 辛酉31	20 庚寅㉙	20 己未27	20 戊子26	20 戊午25	20 戊子25	20 丁巳㉓
20 癸巳 5	20 癸亥④	20 壬辰 3	20 壬戌 2	20 辛卯 1	《8月》	21 辛卯30	21 庚申28	21 己丑27	21 己未26	21 己丑㉖	21 戊午24
21 甲午 6	21 甲子 5	21 癸巳 4	21 癸亥 3	21 壬辰 2	21 壬戌①	22 壬辰31	22 辛酉29	22 庚寅28	22 庚申27	22 庚寅27	22 己未25
22 乙未⑦	22 乙丑 6	22 甲午 5	22 甲子 4	22 癸巳 3	22 癸亥 2	《9月》	23 壬戌30	23 辛卯29	23 辛酉㉘	23 辛卯28	23 庚申26
23 丙申 8	23 丙寅 7	23 乙未 6	23 乙丑 5	23 甲午④	23 甲子 3	23 癸巳 1	《10月》	24 壬辰30	24 壬戌29	24 壬辰29	24 辛酉27
24 丁酉 9	24 丁卯 8	24 丙申 7	24 丙寅⑥	24 乙未 5	24 乙丑 4	24 甲午 2	24 癸亥 1	25 癸巳㉛	25 癸亥30	25 癸巳30	25 壬戌28
25 戊戌10	25 戊辰 9	25 丁酉 8	25 丁卯 7	25 丙申 6	25 丙寅 5	25 乙未 3	25 甲子 2	《11月》	《12月》	26 甲午31	26 癸亥29
26 己亥11	26 己巳10	26 戊戌⑨	26 戊辰 8	26 丁酉 7	26 丁卯 6	26 丙申 4	26 乙丑③	26 甲午 1	26 甲子 1	976 年	27 甲子㉚
27 庚子12	27 庚午⑪	27 己亥10	27 己巳 9	27 戊戌 8	27 戊辰 7	27 丁酉⑤	27 丙寅 4	27 乙未 2	27 乙丑 2	《1月》	28 乙丑31
28 辛丑13	28 辛未12	28 庚子11	28 庚午10	28 己亥 9	28 己巳⑧	28 戊戌 6	28 丁卯 5	28 丙申 3	28 丙寅 3	27 乙未 1	《2月》
29 壬寅⑭	29 壬申13	29 辛丑12	29 辛未11	29 庚子10	29 庚午 9	29 己亥 7	29 戊辰 6	29 丁酉 4	29 丁卯 4	28 丙申②	29 丙寅 1
30 癸卯15		30 壬寅13		30 辛丑⑪				30 戊戌 5	30 戊辰⑤	29 丁酉 3	30 丁卯 2
雨水 3日 啓蟄 18日	春分 3日 清明 18日	穀雨 4日 立夏 20日	小満 5日 芒種 20日	夏至 6日 小暑 22日	大暑 7日 立秋 22日	処暑 8日 白露 23日	秋分 10日 寒露 25日	霜降 11日 立冬 26日	小雪 11日 大雪 27日	冬至 12日 小寒 27日	大寒 13日 立春 29日

貞元元年〔天延4年〕（976－977） 丙子

改元 7/13（天延→貞元）

1月	2月	3月	4月	5月	6月	7月	8月	9月	10月	11月	12月
1 戊辰 3	1 戊戌 4	1 戊辰 3	1 丁酉 2	《6月》	1 丙申30	1 丙寅㉚	1 乙未28	1 甲子26	1 甲午26	1 癸亥24	1 癸巳㉔
2 己巳 4	2 己亥⑤	2 己巳 4	2 戊戌 3	1 丁卯 1	《7月》	2 丁卯31	2 丙申29	2 乙丑27	2 乙未27	2 甲子25	2 甲午25
3 庚午 5	3 庚子 6	3 庚午 5	3 己亥 4	2 戊辰 2	2 丁酉 1	《8月》	3 丁酉30	3 丙寅28	3 丙申28	3 乙丑㉖	3 乙未26
4 辛未⑥	4 辛丑 7	4 辛未 6	4 庚子 5	3 己巳 3	3 戊戌②	3 戊辰 1	4 戊戌31	4 丁卯29	4 丁酉㉙	4 丙寅27	4 丙申27
5 壬申 7	5 壬寅 8	5 壬申 7	5 辛丑 6	4 庚午④	4 己亥 3	4 己巳 2	《9月》	5 戊辰30	5 戊戌30	5 丁卯28	5 丁酉28
6 癸酉 8	6 癸卯 9	6 癸酉 8	6 壬寅⑦	5 辛未 5	5 庚子 4	5 庚午 3	5 己亥 1	《10月》	6 己亥31	6 戊辰29	6 戊戌29
7 甲戌 9	7 甲辰10	7 甲戌⑨	7 癸卯 8	6 壬申 6	6 辛丑 5	6 辛未 4	6 庚子 2	6 己巳①	《11月》	7 己巳30	7 己亥30
8 乙亥10	8 乙巳11	8 乙亥10	8 甲辰 9	7 癸酉 7	7 壬寅 6	7 壬申 5	7 辛丑③	7 庚午 2	7 庚子 1	《12月》	8 庚子㉛
9 丙子11	9 丙午⑫	9 丙子11	9 乙巳10	8 甲戌 8	8 癸卯 7	8 癸酉⑥	8 壬寅 4	8 辛未 3	8 辛丑 2	8 庚午 1	977 年
10 丁丑12	10 丁未13	10 丁丑12	10 丙午11	9 乙亥 9	9 甲辰 8	9 甲戌 7	9 癸卯 5	9 壬申 4	9 壬寅 3	9 辛未 2	《1月》
11 戊寅⑬	11 戊申14	11 戊寅13	11 丁未12	10 丙子10	10 乙巳⑨	10 乙亥 8	10 甲辰 6	10 癸酉 5	10 癸卯 4	10 壬申③	9 辛丑 1
12 己卯14	12 己酉15	12 己卯14	12 戊申13	11 丁丑⑪	11 丙午10	11 丙子 9	11 乙巳 7	11 甲戌 6	11 甲辰⑤	11 癸酉 4	10 壬寅 2
13 庚辰15	13 庚戌16	13 庚辰15	13 己酉⑭	12 戊寅12	12 丁未11	12 丁丑10	12 丙午 8	12 乙亥 7	12 乙巳 6	12 甲戌 5	11 癸卯 3
14 辛巳16	14 辛亥17	14 辛巳⑯	14 庚戌15	13 己卯13	13 戊申12	13 戊寅11	13 丁未 9	13 丙子⑧	13 丙午 7	13 乙亥 6	12 甲辰 4
15 壬午17	15 壬子18	15 壬午17	15 辛亥16	14 庚辰14	14 己酉13	14 己卯12	14 戊申⑩	14 丁丑 9	14 丁未 8	14 丙子 7	13 乙巳 5
16 癸未18	16 癸丑⑲	16 癸未18	16 壬子17	15 辛巳15	15 庚戌14	15 庚辰⑬	15 己酉11	15 戊寅10	15 戊申 9	15 丁丑 8	14 丙午 6
17 甲申19	17 甲寅20	17 甲申19	17 癸丑18	16 壬午16	16 辛亥15	16 辛巳14	16 庚戌12	16 己卯11	16 己酉10	16 戊寅 9	15 丁未⑦
18 乙酉⑳	18 乙卯21	18 乙酉20	18 甲寅19	17 癸未17	17 壬子⑯	17 壬午15	17 辛亥13	17 庚辰12	17 庚戌11	17 己卯⑩	16 戊申 8
19 丙戌21	19 丙辰22	19 丙戌21	19 乙卯20	18 甲申⑱	18 癸丑17	18 癸未16	18 壬子14	18 辛巳13	18 辛亥⑫	18 庚辰11	17 己酉 9
20 丁亥22	20 丁巳23	20 丁亥22	20 丙辰㉑	19 乙酉19	19 甲寅18	19 甲申17	19 癸丑15	19 壬午14	19 壬子13	19 辛巳12	18 庚戌10
21 戊子23	21 戊午24	21 戊子㉓	21 丁巳22	20 丙戌20	20 乙卯19	20 乙酉18	20 甲寅16	20 癸未⑮	20 癸丑14	20 壬午13	19 辛亥11
22 己丑24	22 己未25	22 己丑24	22 戊午23	21 丁亥21	21 丙辰20	21 丙戌19	21 乙卯⑰	21 甲申16	21 甲寅15	21 癸未14	20 壬子12
23 庚寅25	23 庚申㉖	23 庚寅25	23 己未24	22 戊子22	22 丁巳21	22 丁亥⑳	22 丙辰18	22 乙酉17	22 乙卯16	22 甲申15	21 癸丑13
24 辛卯26	24 辛酉27	24 辛卯26	24 庚申25	23 己丑23	23 戊午22	23 戊子21	23 丁巳19	23 丙戌18	23 丙辰17	23 乙酉16	22 甲寅⑭
25 壬辰㉗	25 壬戌28	25 壬辰27	25 辛酉26	24 庚寅24	24 己未㉓	24 己丑22	24 戊午20	24 丁亥19	24 丁巳18	24 丙戌⑰	23 乙卯15
26 癸巳28	26 癸亥29	26 癸巳28	26 壬戌27	25 辛卯㉕	25 庚申24	25 庚寅23	25 己未21	25 戊子20	25 戊午⑲	25 丁亥18	24 丙辰16
27 甲午29	27 甲子30	27 甲午29	27 癸亥㉘	26 壬辰26	26 辛酉25	26 辛卯24	26 庚申22	26 己丑21	26 己未20	26 戊子19	25 丁巳17
《3月》	28 乙丑31	28 乙未㉚	28 甲子29	27 癸巳27	27 壬戌26	27 壬辰25	27 辛酉23	27 庚寅㉒	27 庚申21	27 己丑20	26 戊午18
28 乙未 1	《4月》	《5月》	29 乙丑30	28 甲午28	28 癸亥27	28 癸巳26	28 壬戌㉔	28 辛卯23	28 辛酉22	28 庚寅21	27 己未19
29 丙申 2	29 丙寅 1	29 丙申 1	30 丙寅31	29 乙未29	29 甲子28	29 甲午㉗	29 癸亥25	29 壬辰24	29 壬戌23	29 辛卯22	28 庚申20
30 丁酉 3	30 丁卯②				30 乙丑29			30 癸巳25		30 壬辰23	29 辛酉㉑
雨水 14日 啓蟄 29日	春分 14日 清明 29日	穀雨 15日	立夏 1日 小満 16日	芒種 1日 夏至 17日	小暑 3日 大暑 18日	立秋 3日 処暑 18日	白露 5日 秋分 20日	寒露 6日 霜降 21日	立冬 7日 小雪 22日	大雪 8日 冬至 23日	小寒 8日 大寒 24日

貞元 2 年（977－978） 丁丑

1 月	2 月	3 月	4 月	5 月	6 月	7 月	閏7月	8 月	9 月	10月	11月	12月
1 壬戌22	1 壬辰21	1 壬戌23	1 辛卯21	1 辛酉21	1 辛卯20	1 庚申19	1 庚寅18	**1** 己未⑯	1 戊子15	1 戊午14	1 丁亥13	1 丁巳12
2 癸亥23	2 癸巳22	2 癸亥24	2 壬辰㉒	2 壬戌22	2 壬辰21	2 辛酉20	2 辛卯⑲	2 庚申17	2 己丑16	2 己未15	2 戊子14	2 戊午⑬
3 甲子24	3 甲午23	3 甲子㉕	3 癸巳23	3 癸亥23	3 癸巳22	3 壬戌21	3 壬辰20	3 辛酉18	**3** 庚寅17	**3** 庚申16	3 己丑15	3 己未14
4 乙丑25	4 乙未24	4 乙丑26	4 甲午24	4 甲子24	4 甲午23	4 癸亥㉒	4 癸巳21	4 壬戌19	4 辛卯18	4 辛酉17	**4** 庚寅⑯	4 庚申15
5 丙寅26	5 丙申㉕	5 丙寅27	5 乙未25	5 乙丑25	5 乙未㉔	5 甲子23	5 甲午22	5 癸亥20	5 壬辰19	5 壬戌⑱	5 辛卯17	**5** 辛酉16
6 丁卯27	6 丁酉26	6 丁卯28	6 丙申26	6 丙寅26	6 丙申25	6 乙丑24	6 乙未23	6 甲子21	6 癸巳20	6 癸亥19	6 壬辰18	6 壬戌17
7 戊辰㉘	7 戊戌27	7 戊辰29	7 丁酉27	7 丁卯㉗	7 丁酉26	7 丙寅25	7 丙申24	7 乙丑22	7 甲午㉑	7 甲子20	7 癸巳19	7 癸亥18
8 己巳29	8 己亥28	8 己巳30	8 戊戌28	8 戊辰28	8 戊戌27	8 丁卯26	8 丁酉25	8 丙寅㉓	8 乙未22	8 乙丑21	8 甲午20	8 甲子19
9 庚午30	《3月》	9 庚午31	9 己亥㉙	9 己巳29	9 己亥28	9 戊辰27	9 戊戌㉖	9 丁卯24	9 丙申23	9 丙寅22	9 乙未21	9 乙丑⑳
10辛未31	9 庚子 1	《4月》	10庚子30	10庚午30	10庚子29	10己巳28	10己亥27	10戊辰25	10丁酉24	10丁卯23	10丙申22	10丙寅21
《2月》	**10**辛丑 2	10辛未①	《5月》	11辛未31	11辛丑30	11庚午㉙	11庚子28	11己巳26	11戊戌25	11戊辰24	11丁酉㉓	11丁卯22
11壬申 1	11壬寅 3	**11**壬申 2	11辛丑 1	《6月》	《7月》	12辛未30	12辛丑29	12庚午27	12己亥26	12己巳㉕	12戊戌24	12戊辰23
12癸酉 2	12癸卯④	12癸酉 3	**12**壬寅 2	12壬申 1	12壬寅①	13壬申31	13壬寅30	13辛未28	13庚子27	13庚午26	13己亥25	13己巳24
13甲戌 3	13甲辰 5	13甲戌 4	13癸卯 3	**13**癸酉 2	**13**癸卯 2	《8月》	14癸卯31	14壬申29	14辛丑㉘	14辛未27	14庚子26	14庚午25
14乙亥④	14乙巳 6	14乙亥 5	14甲辰 4	14甲戌③	14甲辰 3	**14**癸酉 1	《9月》	15癸酉㉚	15壬寅29	15壬申28	15辛丑27	15辛未26
15丙子 5	15丙午 7	15丙子 6	15乙巳 5	15乙亥 4	15乙巳 4	15甲戌 2	**15**甲辰 1	《10月》	16癸卯30	16癸酉29	16壬寅28	16壬申㉗
16丁丑 6	16丁未 8	16丁丑 7	16丙午⑥	16丙子 5	16丙午 5	16乙亥 3	16乙巳②	**16**甲戌 1	17甲辰31	17甲戌30	17癸卯29	17癸酉28
17戊寅 7	17戊申 9	17戊寅⑧	17丁未 7	17丁丑 6	17丁未 6	17丙子 4	17丙午 3	17乙亥 2	《11月》	《12月》	18甲辰㉚	18甲戌29
18己卯 8	18己酉10	18己卯 9	18戊申 8	18戊寅 7	18戊申 7	18丁丑⑤	18丁未 4	18丙子 3	**18**乙巳 1	**18**乙亥 1	19乙巳31	19乙亥30
19庚辰 9	19庚戌⑪	19庚辰10	19己酉 9	19己卯 8	19己酉⑧	19戊寅 6	19戊申 5	19丁丑 4	19丙午 2	19丙子②	**978 年**	**20**丙子31
20辛巳10	20辛亥12	20辛巳11	20庚戌10	20庚辰 9	20庚戌 9	20己卯 7	20己酉 6	20戊寅 5	20丁未 3	20丁丑 3	《1月》	《2月》
21壬午⑪	21壬子13	21壬午12	21辛亥11	21辛巳⑩	21辛亥10	21庚辰 8	21庚戌 7	21己卯 6	21戊申④	21戊寅 4	**20**丙午 1	21丁丑 1
22癸未12	22癸丑14	22癸未13	22壬子12	22壬午11	22壬子11	22辛巳 9	22辛亥 8	22庚辰⑦	22己酉 5	22己卯 5	21丁未 2	22戊寅 2
23甲申13	23甲寅15	23甲申14	23癸丑⑬	23癸未12	23癸丑12	23壬午10	23壬子⑨	23辛巳 8	23庚戌 6	23庚辰 6	22戊申 3	23己卯③
24乙酉14	24乙卯16	24乙酉⑮	24甲寅14	24甲申13	24甲寅13	24癸未11	24癸丑10	24壬午 9	24辛亥 7	24辛巳 7	23己酉 4	24庚辰 4
25丙戌15	**25**丙辰17	25丙戌16	25乙卯15	25乙酉14	25乙卯14	25甲申⑫	25甲寅11	25癸未10	25壬子 8	25壬午 8	24庚戌 5	25辛巳 5
26丁亥16	26丁巳⑱	**26**丁亥17	26丙辰16	26丙戌15	26丙辰⑮	26乙酉13	26乙卯12	26甲申11	26癸丑 9	26癸未⑨	25辛亥⑥	26壬午 6
27戊子17	27戊午19	27戊子18	**27**丁巳17	27丁亥16	27丁巳16	27丙戌14	27丙辰13	27乙酉12	27甲寅10	27甲申10	26壬子 7	27癸未 7
28己丑⑱	28己未20	28己丑19	28戊午18	**28**戊子⑰	**28**戊午17	28丁亥15	28丁巳14	28丙戌13	28乙卯⑪	28乙酉11	27癸丑 8	28甲申 8
29庚寅19	29庚申21	29庚寅20	29己未19	29己丑18	29己未18	29戊子16	29戊午15	29丁亥⑭	29丙辰12	29丙戌12	28甲寅 9	29乙酉 9
30辛卯20	30辛酉22		30庚申⑳	30庚寅19		**30**己丑17			30丁巳13		29乙卯10	
											30丙辰11	

立春 10日	啓蟄 10日	清明 11日	立夏 12日	芒種 13日	小暑 13日	立秋 14日	白露15日	秋分 1日	霜降 3日	小雪 3日	冬至 4日	大寒 5日
雨水 25日	春分 25日	穀雨 26日	小満 27日	夏至 28日	大暑 28日	処暑 30日		寒露 16日	立冬 18日	大雪 18日	小寒 20日	立春 20日

天元元年〔貞元 3 年〕（978－979） 戊寅

改元 11/29（貞元→天元）

1 月	2 月	3 月	4 月	5 月	6 月	7 月	8 月	9 月	10月	11月	12月
1 丙戌⑩	1 丙辰12	1 乙酉10	1 乙卯10	1 乙酉⑨	1 甲寅 8	1 甲申 7	1 癸丑 5	1 癸未 5	1 癸丑 4	1 壬午 3	1 壬子 2
2 丁亥11	2 丁巳13	2 丙戌11	2 丙辰11	2 丙戌10	2 乙卯 9	2 乙酉 8	2 甲寅 6	2 甲申⑥	2 甲寅 5	2 癸未 4	2 癸丑 3
3 戊子12	3 戊午14	3 丁亥12	3 丁巳⑫	3 丁亥11	3 丙辰10	3 丙戌 9	3 乙卯 7	3 乙酉 7	3 乙卯 6	3 甲申 5	3 甲寅 4
4 己丑13	4 己未15	4 戊子13	4 戊午13	4 戊子12	4 丁巳11	4 丁亥10	4 丙辰⑧	4 丙戌 8	4 丙辰 7	4 乙酉 6	4 乙卯⑤
5 庚寅14	5 庚申16	5 己丑⑭	5 己未14	5 己丑13	5 戊午12	5 戊子⑪	5 丁巳 9	5 丁亥 9	5 丁巳 8	5 丙戌 7	5 丙辰 6
6 辛卯15	6 辛酉⑰	6 庚寅15	6 庚申15	6 庚寅14	6 己未13	6 己丑12	6 戊午10	6 戊子10	6 戊午 9	6 丁亥⑧	6 丁巳 7
7 壬辰16	**7** 壬戌18	7 辛卯16	7 辛酉16	7 辛卯15	7 庚申⑭	7 庚寅13	7 己未11	7 己丑11	7 己未⑩	7 戊子 9	7 戊午 8
8 癸巳⑰	8 癸亥19	**8** 壬辰17	8 壬戌17	8 壬辰⑯	8 辛酉15	8 辛卯14	8 庚申12	8 庚寅12	8 庚申11	8 己丑10	8 己未 9
9 甲午18	9 甲子20	9 癸巳18	**9** 癸亥18	**9** 癸巳17	9 壬戌16	9 壬辰15	9 壬戌13	9 辛卯⑬	9 辛酉12	9 庚寅11	9 庚申10
10乙未19	10乙丑21	10甲午19	10甲子⑲	10甲午18	**10**癸亥17	10癸巳16	10壬戌14	10壬辰14	10壬戌13	10辛卯12	10辛酉11
11丙申20	11丙寅22	11乙未20	11乙丑20	11乙未19	11甲子18	**11**甲午17	11癸亥⑮	11癸巳15	11癸亥14	11壬辰13	11壬戌⑫
12丁酉21	12丁卯23	12丙申㉑	12丙寅21	12丙申20	12乙丑19	12乙未⑱	**12**甲子16	12甲午16	12甲子15	12癸巳14	12癸亥13
13戊戌22	13戊辰㉔	13丁酉22	13丁卯22	13丁酉21	13丙寅20	13丙申19	13乙丑17	**13**乙未17	**13**乙丑16	13甲午⑮	13甲子14
14己亥23	14己巳25	14戊戌23	14戊辰23	14戊戌22	14丁卯㉑	14丁酉20	14丙寅18	14丙申18	14丙寅⑰	14乙未16	14乙丑15
15庚子㉔	15庚午26	15己亥24	15己巳24	15己亥㉓	15戊辰22	15戊戌21	15丁卯19	15丁酉19	15丁卯18	**15**丙申17	**15**丙寅16
16辛丑25	16辛未27	16庚子25	16庚午25	16庚子24	16己巳23	16己亥22	16戊辰20	16戊戌⑳	16戊辰19	16丁酉18	16丁卯17
17壬寅26	17壬申28	17辛丑26	17辛未㉖	17辛丑25	17庚午24	17庚子23	17己巳21	17己亥21	17己巳20	17戊戌19	17戊辰18
18癸卯27	18癸酉29	18壬寅27	18壬申27	18壬寅26	18辛未25	18辛丑24	18庚午㉒	18庚子22	18庚午21	18己亥20	18己巳⑲
19甲辰28	19甲戌30	19癸卯㉘	19癸酉28	19癸卯27	19壬申26	19壬寅㉕	19辛未23	19辛丑23	19辛未22	19庚子21	19庚午20
《3月》	20乙亥㉛	20甲辰29	20甲戌29	20甲辰28	20癸酉27	20癸卯26	20壬申24	20壬寅24	20壬申23	20辛丑㉒	20辛未21
20乙巳 1	《4月》	21乙巳30	21乙亥30	21乙巳29	21甲戌㉘	21甲辰27	21癸酉25	21癸卯25	21癸酉㉔	21壬寅23	21壬申22
21丙午 2	21丙子 1	《5月》	22丙子31	22丙午㉚	22乙亥29	22乙巳28	22甲戌26	22甲辰26	22甲戌25	22癸卯24	22癸酉23
22丁未③	**22**丁丑 2	22丙午 1	《6月》	《7月》	23丙子30	23丙午29	23乙亥27	23乙巳㉗	23乙亥26	23甲辰25	23甲戌24
23戊申 4	23戊寅 3	**23**丁未 2	23丁丑 1	23丁未 1	24丁丑31	24丁未30	24丙子28	24丙午28	24丙子27	24乙巳26	24乙亥25
24己酉 5	24己卯 4	24戊申 3	**24**戊寅②	**24**戊申 2	《8月》	25戊申31	25丁丑㉙	25丁未29	25丁丑28	25丙午27	25丙子㉖
25庚戌 6	25庚辰 5	25己酉 4	25己卯 3	25己酉 3	25戊寅 1	《9月》	26戊寅30	26戊申30	26戊寅29	26丁未28	26丁丑27
26辛亥 7	26辛巳 6	26庚戌⑤	26庚辰 4	26庚戌 4	**26**己卯 2	**26**己酉①	《10月》	27己酉31	27己卯30	27戊申㉙	27戊寅28
27壬子 8	27壬午⑦	27辛亥 6	27辛巳 5	27辛亥 5	27庚辰 3	27庚戌 2	27己卯 1	《11月》	《12月》	28己酉30	28己卯29
28癸丑 9	28癸未 8	28壬子 7	28壬午 6	28壬子 6	28辛巳④	28辛亥 3	**28**庚辰 2	**28**庚戌 1	**28**庚辰①	29庚戌31	29庚辰30
29甲寅⑩	29甲申 9	29癸丑 8	29癸未 7	29癸丑⑦	29壬午 5	29壬子 4	29辛巳 3	29辛亥 2	29辛巳 2	**979 年**	
30乙卯11		30甲寅 9	30甲申 8		30癸未 6		30壬午 4	30壬子③		《1月》	
										30辛亥 1	

雨水 6日	春分 7日	穀雨 8日	小満 9日	夏至 9日	大暑 10日	処暑 11日	秋分 12日	霜降 13日	小雪 13日	冬至 15日	大寒 15日
啓蟄 22日	清明 22日	立夏 23日	芒種 24日	小暑 24日	立秋 26日	白露 26日	寒露 28日	立冬 28日	大雪 28日	小寒 30日	

天元**2**年（979－980） 己卯

1月	2月	3月	4月	5月	6月	7月	8月	9月	10月	11月	12月
1 辛巳31	《3月》	1 庚辰31	1 己酉29	1 己卯29	1 戊申27	1 戊寅㉗	1 戊申26	1 丁丑24	1 丁未24	1 丁丑㉓	1 丙午22
《2月》	1 庚戌 1	《4月》	2 庚戌30	2 庚辰30	2 己酉28	2 己卯28	2 己酉27	2 戊寅25	2 戊申25	2 戊寅24	2 丁未23
2 壬午 1	2 辛亥②	2 辛巳 1	《5月》	3 辛巳31	3 庚戌㉙	3 庚辰29	3 庚戌28	3 己卯26	3 己酉㉖	3 己卯25	3 戊申24
3 癸未②	**3** 壬子 3	**3** 壬午 2	3 辛亥 1	《6月》	4 辛亥30	4 辛巳30	4 辛亥29	4 庚辰27	4 庚戌27	4 庚辰26	4 己酉25
4 甲申 3	4 癸丑 4	4 癸未 3	4 壬子 2	4 壬午①	《7月》	5 壬午31	5 壬子30	5 辛巳㉘	5 辛亥28	5 辛巳27	5 庚戌26
5 乙酉 4	5 甲寅 5	5 甲申 4	**5** 癸丑 3	**5** 癸未 2	5 壬子 1	《8月》	6 癸丑㉛	6 壬午29	6 壬子29	6 壬午28	6 辛亥27
6 丙戌 5	6 乙卯 6	6 乙酉 5	6 甲寅④	6 甲申 3	6 癸丑 2	6 癸未 1	《9月》	7 癸未30	7 癸丑30	7 癸未29	7 壬子㉘
7 丁亥 6	7 丙辰 7	7 丙戌⑥	7 乙卯 5	7 乙酉 4	**7** 甲寅 3	**7** 甲申 2	**7** 甲寅 1	《10月》	8 甲寅31	8 甲申㉚	8 癸丑29
8 戊子 7	8 丁巳 8	8 丁亥 7	8 丙辰 6	8 丙戌 5	8 乙卯 4	8 乙酉③	8 乙卯 2	8 甲申 1	《11月》	《12月》	9 甲寅30
9 己丑 8	9 戊午⑨	9 戊子 8	9 丁巳 7	9 丁亥 6	9 丙辰 5	9 丙戌 4	9 丙辰 3	**9** 乙酉 2	**9** 乙卯 1	9 乙酉 1	10乙卯31
10庚寅⑨	10己未10	10己丑 9	10戊午 8	10戊子 7	10丁巳⑥	10丁亥 5	10丁巳 4	10丙戌 3	10丙辰②	**10**丙戌 2	**980 年**
11辛卯10	11庚申11	11庚寅10	11己未 9	11己丑⑧	11戊午 7	11戊子 6	11戊午 5	11丁亥 4	11丁巳 3	11丁亥 3	《1月》
12壬辰11	12辛酉12	12辛卯11	12庚申10	12庚寅 9	12己未 8	12己丑 7	12己未 6	12戊子⑤	12戊午 4	12戊子 4	**11**丙辰 1
13癸巳12	13壬戌13	13壬辰12	13辛酉⑪	13辛卯10	13庚申 9	13庚寅 8	13庚申⑦	13己丑 6	13己未 5	13己丑 5	12丁巳 2
14甲午13	14癸亥14	14癸巳⑬	14壬戌12	14壬辰11	14辛酉10	14辛卯 9	14辛酉 8	14庚寅 7	14庚申 6	14庚寅 6	13戊午 3
15乙未14	15甲子15	15甲午14	15癸亥13	15癸巳12	15壬戌11	15壬辰⑩	15壬戌 9	15辛卯 8	15辛酉 7	15辛卯⑦	14己未④
16丙申15	16乙丑⑯	16乙未15	16甲子14	16甲午13	16癸亥12	16癸巳11	16癸亥10	16壬辰 9	16壬戌 8	16壬辰 8	15庚申 5
17丁酉⑯	17丙寅17	17丙申16	17乙丑15	17乙未14	17甲子⑬	17甲午12	17甲子11	17癸巳10	17癸亥⑨	17癸巳 9	16辛酉 6
18戊戌17	**18**丁卯18	**18**丁酉17	18丙寅16	18丙申⑮	18乙丑14	18乙未13	18乙丑12	18甲午11	18甲子10	18甲午10	17壬戌 7
19己亥18	19戊辰19	19戊戌18	19丁卯17	19丁酉16	19丙寅15	19丙申14	19丙寅13	19乙未⑫	19乙丑11	19乙未11	18癸亥 8
20庚子19	20己巳20	20己亥19	**20**戊辰⑱	**20**戊戌17	20丁卯16	20丁酉15	20丁卯⑭	20丙申13	20丙寅12	20丙申12	19甲子 9
21辛丑20	21庚午21	21庚子⑳	21己巳19	21己亥18	21戊辰17	21戊戌16	21戊辰15	21丁酉14	21丁卯13	21丁酉13	20乙丑10
22壬寅21	22辛未22	22辛丑21	22庚午20	22庚子19	**22**己巳18	**22**己亥⑰	22己巳16	22戊戌15	22戊辰14	22戊戌⑭	21丙寅⑪
23癸卯22	23壬申㉓	23壬寅22	23辛未21	23辛丑20	23庚午19	23庚子18	**23**庚午17	23己亥16	23己巳15	23己亥15	22丁卯12
24甲辰㉓	24癸酉24	24癸卯23	24壬申22	24壬寅21	24辛未⑳	24辛丑19	24辛未18	**24**庚子17	**24**庚午⑯	24庚子16	23戊辰13
25乙巳24	25甲戌25	25甲辰24	25癸酉23	25癸卯㉒	25壬申21	25壬寅20	25壬申19	25辛丑18	25辛未17	**25**辛丑17	24己巳14
26丙午25	26乙亥26	26乙巳25	26甲戌24	26甲辰23	26癸酉22	26癸卯21	26癸酉20	26壬寅⑲	26壬申18	26壬寅18	25庚午15
27丁未26	27丙子27	27丙午26	27乙亥㉕	27乙巳24	27甲戌23	27甲辰22	27甲戌㉑	27癸卯20	27癸酉19	27癸卯19	**26**辛未16
28戊申27	28丁丑28	28丁未㉗	28丙子26	28丙午25	28乙亥24	28乙巳23	28乙亥22	28甲辰21	28甲戌20	28甲辰20	27壬申17
29己酉28	29戊寅29	29戊申28	29丁丑27	29丁未26	29丙子25	29丙午㉔	29丙子23	29乙巳22	29乙亥21	29乙巳㉑	28癸酉⑱
	30己卯㉚		30戊寅28		30丁丑26	30丁未25		30丙午23	30丙子22		29甲戌19
											30乙亥20

立春 1日	啓蟄 3日	清明 3日	立夏 5日	芒種 5日	小暑 7日	立秋 7日	白露 7日	寒露 9日	立冬 9日	大雪 10日	小寒 11日
雨水 17日	春分 18日	穀雨 18日	小満 20日	夏至 20日	大暑 22日	処暑 22日	秋分 23日	霜降 24日	小雪 24日	冬至 25日	大寒 26日

天元**3**年（980－981） 庚辰

1月	2月	3月	閏3月	4月	5月	6月	7月	8月	9月	10月	11月	12月
1 丙子21	1 乙巳19	1 甲戌19	1 甲辰⑱	**1** 癸酉17	1 癸卯16	1 壬申15	1 壬寅14	1 辛未⑫	1 辛丑12	1 辛未11	1 庚子10	1 庚午⑨
2 丁丑22	2 丙午20	2 乙亥20	2 乙巳19	2 甲戌18	**2** 甲辰17	2 癸酉16	2 癸卯⑮	2 壬申13	2 壬寅13	2 壬申12	2 辛丑11	2 辛未10
3 戊寅23	3 丁未21	3 丙子㉑	3 丙午20	3 乙亥19	3 乙巳18	**3** 甲戌17	**3** 甲辰16	3 癸酉14	3 癸卯14	3 癸酉13	3 壬寅⑫	3 壬申11
4 己卯24	4 戊申㉒	4 丁丑22	4 丁未21	4 丙子20	4 丙午19	4 乙亥⑱	4 乙巳17	4 甲戌15	4 甲辰15	4 甲戌⑭	4 癸卯13	4 癸酉12
5 庚辰㉕	5 己酉23	5 戊寅23	5 戊申22	5 丁丑21	5 丁未⑳	5 丙子19	5 丙午18	**5** 乙亥16	**5** 乙巳16	5 乙亥15	5 甲辰14	5 甲戌13
6 辛巳26	6 庚戌24	6 己卯24	6 己酉23	6 戊寅22	6 戊申21	6 丁丑20	6 丁未19	6 丙子17	6 丙午⑰	**6** 丙子16	6 乙巳15	6 乙亥14
7 壬午27	7 辛亥25	7 庚辰25	7 庚戌24	7 己卯㉓	7 己酉22	7 戊寅21	7 戊申20	7 丁丑18	7 丁未18	7 丁丑17	**7** 丙午16	7 丙子15
8 癸未28	8 壬子26	8 辛巳26	8 辛亥㉕	8 庚辰24	8 庚戌23	8 己卯22	8 己酉21	8 戊寅⑲	8 戊申19	8 戊寅18	8 丁未17	**8** 丁丑⑯
9 甲申29	9 癸丑27	9 壬午27	9 壬子26	9 辛巳25	9 辛亥24	9 庚辰23	9 庚戌㉒	9 己卯20	9 己酉20	9 己卯19	9 戊申18	9 戊寅17
10乙酉30	10甲寅28	10癸未㉘	10癸丑27	10壬午26	10壬子25	10辛巳24	10辛亥23	10庚辰21	10庚戌21	10庚辰20	10己酉⑲	10己卯18
11丙戌31	11乙卯㉙	11甲申29	11甲寅28	11癸未27	11癸丑26	11壬午㉕	11壬子24	11辛巳22	11辛亥22	11辛巳㉑	11庚戌20	11庚辰19
《2月》	《3月》	12乙酉30	12乙卯29	12甲申28	12甲寅㉗	12癸未26	12癸丑25	12壬午23	12壬子23	12壬午22	12辛亥21	12辛巳20
12丁亥①	12丙辰 1	13丙戌31	13丙辰30	13乙酉29	13乙卯28	13甲申27	13甲寅26	13癸未24	13癸丑㉔	13癸未23	13壬子22	13壬午21
13戊子 2	**13**丁巳 2	《4月》	《5月》	14丙戌㉚	14丙辰29	14乙酉28	14乙卯27	14甲申25	14甲寅25	14甲申24	14癸丑23	14癸未22
14己丑 3	14戊午 3	**14**丁亥 1	14丁巳 1	15丁亥31	15丁巳30	15丙戌29	15丙辰28	15乙酉㉖	15乙卯26	15乙酉25	15甲寅24	15甲申㉓
15庚寅 4	15己未 4	15戊子 2	**15**戊午②	《6月》	《7月》	16丁亥30	16丁巳㉙	16丙戌27	16丙辰27	16丙戌26	16乙卯25	16乙酉24
16辛卯 5	16庚申 5	16己丑 3	16己未 3	**16**戊子 1	16戊午 1	17戊子31	17戊午30	17丁亥28	17丁巳28	17丁亥27	17丙辰㉖	17丙戌25
17壬辰 6	17辛酉 6	17庚寅④	17庚申 4	17己丑 2	**17**己未 2	《8月》	18己未31	18戊子29	18戊午29	18戊子㉘	18丁巳27	18丁亥26
18癸巳 7	18壬戌⑦	18辛卯 5	18辛酉 5	18庚寅 3	18庚申 3	**18**己丑①	《9月》	19己丑30	19己未30	19己丑29	19戊午28	19戊子27
19甲午⑧	19癸亥 8	19壬辰 6	19壬戌 6	19辛卯 4	19辛酉④	19庚寅 2	**19**庚申 1	《10月》	20庚申㉛	20庚寅30	20己未29	20己丑28
20乙未 9	20甲子 9	20癸巳 7	20癸亥 7	20壬辰 5	20壬戌 5	20辛卯 3	20辛酉 2	**20**庚寅 1	《11月》	《12月》	21庚申30	21庚寅29
21丙申10	21乙丑10	21甲午 8	21甲子 8	21癸巳⑥	21癸亥 6	21壬辰 4	21壬戌 3	21辛卯 2	**21**辛酉 1	**21**辛卯 1	**22**辛酉31	22辛卯㉚
22丁酉11	22丙寅11	22乙未 9	22乙丑⑨	22甲午 7	22甲子 7	22癸巳 5	22癸亥 4	22壬辰③	22壬戌 2	22壬辰 2	**981 年**	**23**壬辰31
23戊戌12	23丁卯12	23丙申10	23丙寅10	23乙未 8	23乙丑 8	23甲午 6	23甲子⑤	23癸巳 4	23癸亥 3	23癸巳 3	《1月》	《2月》
24己亥13	24戊辰13	24丁酉⑪	24丁卯11	24丙申 9	24丙寅 9	24乙未 7	24乙丑 6	24甲午 5	24甲子 4	24甲午 4	23壬戌 1	24癸巳 1
25庚子14	25己巳⑭	25戊戌12	25戊辰12	25丁酉10	25丁卯10	25丙申⑧	25丙寅 7	25乙未 6	25乙丑 5	25乙未⑤	24癸亥②	25甲午 2
26辛丑⑮	26庚午15	26己亥13	26己巳13	26戊戌11	26戊辰⑪	26丁酉 9	26丁卯 8	26丙申 7	26丙寅 6	26丙申 6	25甲子 3	26乙未 3
27壬寅16	27辛未16	27庚子14	27庚午14	27己亥12	27己巳12	27戊戌10	27戊辰 9	27丁酉 8	27丁卯⑦	27丁酉 7	26乙丑 4	27丙申 4
28癸卯17	**28**壬申17	28辛丑15	28辛未15	28庚子⑬	28庚午13	28己亥11	28己巳10	28戊戌 9	28戊辰 8	28戊戌 8	27丙寅 5	28丁酉 5
29甲辰18	29癸酉18	29壬寅16	29壬申⑯	29辛丑14	29辛未14	29庚子12	29庚午11	29己亥⑩	29己巳 9	29己亥 9	28丁卯 6	29戊戌⑥
		30癸卯17		30壬寅15		30辛丑13		30庚子11	30庚午10		29戊辰 7	30己亥 7
											30己巳 8	

立春 12日	啓蟄 13日	清明 14日	立夏15日	小満 1日	夏至 2日	大暑 3日	処暑 3日	秋分 5日	霜降 5日	小雪 6日	冬至 7日	大寒 8日
雨水 27日	春分 28日	穀雨 30日		芒種 16日	小暑 17日	立秋 18日	白露 19日	寒露 20日	立冬 21日	大雪 21日	小寒 22日	立春 23日

天元4年（981－982） 辛巳

1月	2月	3月	4月	5月	6月	7月	8月	9月	10月	11月	12月
1 庚子 8	1 己巳 9	1 戊戌 7	1 戊辰 7	1 丁酉⑤	1 丙寅 4	1 丙申 3	《9月》	《10月》	1 乙丑31	1 乙未30	1 甲子29
2 辛丑 9	2 庚午10	2 己亥 8	2 己巳⑧	2 戊戌 6	2 丁卯 5	2 丁酉 4	**1** 乙丑 1	**1** 乙未 1	《11月》	《12月》	2 乙丑30
3 壬寅10	3 辛未11	3 庚子 9	3 庚午 9	3 己亥 7	3 戊辰 6	3 戊戌 5	2 丙寅 2	2 丙申②	**2** 丙寅 1	**2** 丙申 1	3 丙寅31
4 癸卯11	4 壬申12	4 辛丑⑩	4 辛未10	4 庚子 8	4 己巳 7	4 己亥 6	3 丁卯 3	3 丁酉 3	3 丁卯 2	3 丁酉 2	**982年**
5 甲辰12	5 癸酉⑬	5 壬寅11	5 壬申11	5 辛丑 9	5 庚午 8	5 庚子⑦	4 戊辰④	4 戊戌 4	4 戊辰 3	4 戊戌 3	《1月》
6 乙巳⑬	6 甲戌14	6 癸卯12	6 癸酉12	6 壬寅10	6 辛未 9	6 辛丑 8	5 己巳 5	5 己亥 5	5 己巳 4	5 己亥④	**4** 丁卯①
7 丙午14	7 乙亥15	7 甲辰13	7 甲戌13	7 癸卯11	7 壬申⑩	7 壬寅 9	6 庚午 6	6 庚子 6	6 庚午 5	6 庚子 5	5 戊辰 2
8 丁未15	8 丙子16	8 乙巳14	8 乙亥14	8 甲辰⑫	8 癸酉11	8 癸卯10	7 辛未 7	7 辛丑 7	7 辛未⑥	7 辛丑 6	6 己巳 3
9 戊申16	**9** 丁丑17	9 丙午15	9 丙子⑮	9 乙巳13	9 甲戌12	9 甲辰11	8 壬申 8	8 壬寅 8	8 壬申 7	8 壬寅 7	7 庚午 4
10 己酉17	10 戊寅18	10 丁未16	10 丁丑16	10 丙午14	10 乙亥13	10 乙巳12	9 癸酉 9	9 癸卯⑨	9 癸酉 8	9 癸卯 8	8 辛未 5
11 庚戌18	11 己卯19	**11** 戊申⑰	**11** 戊寅17	11 丁未15	11 丙子14	11 丙午13	10 甲戌10	10 甲辰10	10 甲戌 9	10 甲辰 9	9 壬申 6
12 辛亥19	12 庚辰⑳	12 己酉18	12 己卯18	12 戊申16	12 丁丑15	12 丁未⑭	11 乙亥⑪	11 乙巳11	11 乙亥10	11 乙巳10	10 癸酉 7
13 壬子⑳	13 辛巳21	13 庚戌19	13 庚辰19	**13** 己酉17	13 戊寅16	13 戊申15	12 丙子12	12 丙午12	12 丙子11	12 丙午⑪	11 甲戌⑧
14 癸丑21	14 壬午22	14 辛亥20	14 辛巳20	14 庚戌18	**14** 己卯⑰	14 己酉16	13 丁丑13	13 丁未13	13 丁丑12	13 丁未12	12 乙亥 9
15 甲寅22	15 癸未23	15 壬子21	15 壬午21	15 辛亥⑲	15 庚辰18	**15** 庚戌17	14 戊寅14	14 戊申14	14 戊寅⑬	14 戊申13	13 丙子10
16 乙卯23	16 甲申24	16 癸丑22	16 癸未㉒	16 壬子20	16 辛巳19	16 辛亥18	15 己卯15	15 己酉15	15 己卯14	15 己酉14	14 丁丑11
17 丙辰24	17 乙酉25	17 甲寅23	17 甲申23	17 癸丑21	17 壬午20	17 壬子19	**16** 庚辰16	16 庚戌⑯	16 庚辰15	16 庚戌15	15 戊寅12
18 丁巳25	18 丙戌26	18 乙卯㉔	18 乙酉24	18 甲寅22	18 癸未21	18 癸丑20	17 辛巳17	**17** 辛亥17	**17** 辛巳16	**17** 辛亥16	16 己卯13
19 戊午26	19 丁亥㉗	19 丙辰25	19 丙戌25	19 乙卯23	19 甲申22	19 甲寅㉑	18 壬午⑱	18 壬子18	18 壬午17	18 壬子17	17 庚辰14
20 己未㉗	20 戊子28	20 丁巳26	20 丁亥26	20 丙辰24	20 乙酉23	20 乙卯22	19 癸未19	19 癸丑19	19 癸未18	19 癸丑⑱	18 辛巳⑮
21 庚申28	21 己丑29	21 戊午27	21 戊子27	21 丁巳25	21 丙戌㉔	21 丙辰23	20 甲申20	20 甲寅20	20 甲申19	20 甲寅19	**19** 壬午16
《3月》	22 庚寅30	22 己未28	22 己丑28	22 戊午㉖	22 丁亥25	22 丁巳24	21 乙酉21	21 乙卯21	21 乙酉⑳	21 乙卯20	20 癸未17
22 辛酉 1	23 辛卯31	23 庚申29	23 庚寅㉙	23 己未27	23 戊子26	23 戊午25	22 丙戌22	22 丙辰22	22 丙戌21	22 丙辰21	21 甲申18
23 壬戌 2	《4月》	24 辛酉30	24 辛卯30	24 庚申28	24 己丑27	24 己未26	23 丁亥23	23 丁巳㉓	23 丁亥22	23 丁巳22	22 乙酉19
24 癸亥 3	24 壬辰 1	《5月》	25 壬辰31	25 辛酉29	25 庚寅28	25 庚申27	24 戊子24	24 戊午24	24 戊子23	24 戊午23	23 丙戌20
25 甲子 4	**25** 癸巳 2	25 壬戌①	《6月》	26 壬戌30	26 辛卯29	26 辛酉㉘	25 己丑㉕	25 己未25	25 己丑24	25 己未24	24 丁亥21
26 乙丑 5	26 甲午③	**26** 癸亥 2	26 癸巳 1	《7月》	27 壬辰30	27 壬戌29	26 庚寅26	26 庚申26	26 庚寅25	26 庚申㉕	25 戊子㉒
27 丙寅⑥	27 乙未 4	27 甲子 3	**27** 甲午 2	27 癸亥 1	28 癸巳㉛	28 癸亥30	27 辛卯27	27 辛酉27	27 辛卯26	27 辛酉26	26 己丑23
28 丁卯 7	28 丙申 5	28 乙丑 4	28 乙未 3	**28** 甲子 2	《8月》	29 甲子31	28 壬辰28	28 壬戌28	28 壬辰㉗	28 壬戌27	27 庚寅24
29 戊辰 8	29 丁酉 6	29 丙寅 5	29 丙申 4	29 乙丑③	**29** 甲午 1		29 癸巳29	29 癸亥29	29 癸巳28	29 癸亥28	28 辛卯25
		30 丁卯 6			30 乙未 2		30 甲午30	30 甲子㉚	30 甲午29		29 壬辰26
											30 癸巳27
雨水 8日 啓蟄 23日	春分 9日 清明 25日	穀雨 11日 立夏 26日	小満 11日 芒種 27日	夏至 13日 小暑 28日	大暑 14日 立秋 29日	処暑 15日	白露 1日 秋分 16日	寒露 1日 霜降 17日	立冬 2日 小雪 17日	大雪 2日 冬至 17日	小寒 4日 大寒 19日

天元5年（982－983） 壬午

1月	2月	3月	4月	5月	6月	7月	8月	9月	10月	11月	12月	閏12月
1 甲午28	1 甲子27	1 癸巳28	1 壬戌26	1 壬辰26	1 辛酉24	1 庚寅㉓	1 庚申22	1 己丑20	1 己未20	1 己丑⑲	1 戊午18	1 戊子17
2 乙未㉙	2 乙丑28	2 甲午29	2 癸亥27	2 癸巳27	2 壬戌㉕	2 辛卯24	2 辛酉23	2 庚寅21	2 庚申21	2 庚寅20	2 己未19	2 己丑18
3 丙申30	《3月》	3 乙未30	3 甲子28	3 甲午㉘	3 癸亥26	3 壬辰25	3 壬戌24	3 辛卯22	3 辛酉㉒	3 辛卯21	3 庚申20	3 庚寅19
4 丁酉31	3 丙寅 1	4 丙申31	4 乙丑29	4 乙未29	4 甲子27	4 癸巳26	4 癸亥25	4 壬辰23	4 壬戌23	4 壬辰22	4 辛酉21	4 辛卯20
《2月》	**4** 丁卯 2	《4月》	5 丙寅㉚	5 丙申30	5 乙丑28	5 甲午27	5 甲子26	5 癸巳㉔	5 癸亥24	5 癸巳23	5 壬戌22	5 壬辰㉑
5 戊戌 1	5 戊辰 3	5 丁酉 1	《5月》	6 丁酉31	6 丙寅29	6 乙未28	6 乙丑㉗	6 甲午25	6 甲子25	6 甲午24	6 癸亥23	6 癸巳22
6 己亥 2	6 己巳 4	**6** 戊戌②	6 丁卯 1	《6月》	7 丁卯30	7 丙申29	7 丙寅28	7 乙未26	7 乙丑26	7 乙未25	7 甲子㉔	7 甲午23
7 庚子 3	7 庚午⑤	7 己亥 3	**7** 戊辰 2	7 戊戌 1	《7月》	8 丁酉㉚	8 丁卯29	8 丙申27	8 丙寅27	8 丙申㉖	8 乙丑25	8 乙未24
8 辛丑 4	8 辛未 6	8 庚子 4	8 己巳 3	**8** 己亥 2	8 戊辰 1	9 戊戌31	9 戊辰30	9 丁酉28	9 丁卯28	9 丁酉27	9 丙寅26	9 丙申25
9 壬寅⑤	9 壬申 7	9 辛丑 5	9 庚午 4	9 庚子 3	**9** 己巳②	《8月》	10 己巳31	10 戊戌29	10 戊辰㉙	10 戊戌28	10 丁卯27	10 丁酉26
10 癸卯 6	10 癸酉 8	10 壬寅 6	10 辛未 5	10 辛丑④	10 庚午 3	10 己亥 1	《9月》	11 己亥30	11 己巳30	11 己亥29	11 戊辰28	11 戊戌27
11 甲辰 7	11 甲戌 9	11 癸卯 7	11 壬申 6	11 壬寅 5	11 辛未 4	**11** 庚子 2	**11** 庚午 1	《10月》	12 庚午31	12 庚子30	12 己巳29	12 己亥㉘
12 乙巳 8	12 乙亥10	12 甲辰 8	12 癸酉⑦	12 癸卯 6	12 壬申 5	12 辛丑 3	12 辛未 2	12 庚子①	《11月》	《12月》	13 庚午30	13 庚子29
13 丙午 9	13 丙子11	13 乙巳⑨	13 甲戌 8	13 甲辰 7	13 癸酉 6	13 壬寅 4	13 壬申③	**13** 辛丑 2	**13** 辛未 1	**13** 辛丑 1	14 辛未㉛	14 辛丑30
14 丁未10	14 丁丑⑫	14 丙午10	14 乙亥 9	14 乙巳 8	14 甲戌 7	14 癸卯 5	14 癸酉 4	14 壬寅 3	14 壬申 2	14 壬寅 2	**983年**	**15** 壬寅31
15 戊申11	15 戊寅13	15 丁未11	15 丙子10	15 丙午 9	15 乙亥 8	15 甲辰⑥	15 甲戌 5	15 癸卯 4	15 癸酉 3	15 癸卯③	《1月》	《2月》
16 己酉⑫	16 己卯14	16 戊申12	16 丁丑11	16 丁未10	16 丙子⑨	16 乙巳 7	16 乙亥 6	16 甲辰 5	16 甲戌 4	16 甲辰 4	**15** 壬申 1	16 癸卯 1
17 庚戌13	17 庚辰15	17 己酉13	17 戊寅12	17 戊申⑪	17 丁丑10	17 丙午 8	17 丙子 7	17 乙巳 6	17 乙亥⑤	17 乙巳 5	16 癸酉 2	17 甲辰 2
18 辛亥14	18 辛巳16	18 庚戌14	18 己卯13	18 己酉12	18 戊寅11	18 丁未 9	18 丁丑 8	18 丙午 7	18 丙子 6	18 丙午 6	17 甲戌 3	18 乙巳 3
19 壬子15	19 壬午17	19 辛亥15	19 庚辰⑭	19 庚戌13	19 己卯12	19 戊申10	19 戊寅 9	19 丁未⑧	19 丁丑 7	19 丁未 7	18 乙亥 4	19 丙午④
20 癸丑16	**20** 癸未18	20 壬子⑯	20 辛巳15	20 辛亥14	20 庚辰13	20 己酉11	20 己卯⑩	20 戊申 9	20 戊寅 8	20 戊申 8	19 丙子 5	20 丁未 5
21 甲寅17	21 甲申⑲	**21** 癸丑17	21 壬午16	21 壬子15	21 辛巳14	21 庚戌12	21 庚辰11	21 己酉10	21 己卯 9	21 己酉 9	20 丁丑 6	21 戊申 6
22 乙卯18	22 乙酉20	22 甲寅18	22 癸未17	22 癸丑16	22 壬午15	22 辛亥⑬	22 辛巳12	22 庚戌11	22 庚辰10	22 庚戌⑩	21 戊寅⑦	22 己酉 7
23 丙辰⑲	23 丙戌21	23 乙卯19	**23** 甲申18	**23** 甲寅17	23 癸未⑯	23 壬子14	23 壬午13	23 辛亥12	23 辛巳11	23 辛亥11	22 己卯 8	23 庚戌 8
24 丁巳20	24 丁亥22	24 丙辰20	24 乙酉19	24 乙卯⑱	**24** 甲申17	24 癸丑15	24 癸未14	24 壬子13	24 壬午⑫	24 壬子12	23 庚辰 9	24 辛亥 9
25 戊午21	25 戊子23	25 丁巳21	25 丙戌20	25 丙辰19	25 乙酉18	25 甲寅16	25 甲申15	25 癸丑14	25 癸未13	25 癸丑13	24 辛巳10	25 壬子10
26 己未22	26 己丑24	26 戊午22	26 丁亥㉑	26 丁巳20	26 丙戌19	**26** 乙卯17	**26** 乙酉16	26 甲寅⑮	26 甲申14	26 甲寅14	25 壬午11	26 癸丑⑪
27 庚申23	27 庚寅25	27 己未㉓	27 戊子22	27 戊午21	27 丁亥20	27 丙辰18	27 丙戌⑰	27 乙卯16	27 乙酉15	27 乙卯15	26 癸未12	27 甲寅12
28 辛酉24	28 辛卯㉖	28 庚申24	28 己丑23	28 己未22	28 戊子21	28 丁巳19	28 丁亥18	**28** 丙辰17	**28** 丙戌16	28 丙辰16	27 甲申13	28 乙卯13
29 壬戌25	29 壬辰27	29 辛酉25	29 庚寅24	29 庚申23	29 己丑22	29 戊午⑳	29 戊子19	29 丁巳18	29 丁亥17	**29** 丁巳⑰	28 乙酉⑭	29 丙辰14
30 癸亥㉖			30 辛卯25			30 己未21		30 戊午19	30 戊子18		29 丙戌15	30 丁巳15
											30 丁亥16	
立春 4日 雨水 19日	啓蟄 4日 春分 20日	清明 6日 穀雨 21日	立夏 7日 小満 23日	芒種 8日 夏至 23日	小暑 9日 大暑 24日	立秋 11日 処暑 26日	白露 11日 秋分 26日	寒露 13日 霜降 28日	立冬 13日 小雪 28日	大雪 13日 冬至 29日	小寒 15日 大寒 30日	立春15日

永観元年〔天元 6 年〕（983－984） 癸未

改元 4/15（天元→永観）

1月	2月	3月	4月	5月	6月	7月	8月	9月	10月	11月	12月
1 戊午16	1 丁亥17	1 丁巳16	1 丙戌15	1 丙辰14	1 乙酉13	1 甲寅11	1 甲申10	1 癸丑 9	1 癸未 8	1 壬子 7	1 壬午⑥
2 己未17	**2** 戊子⑱	**2** 戊午17	2 丁亥16	2 丁巳15	2 丙戌14	2 乙卯⑫	2 乙酉11	2 甲寅10	2 甲申 9	2 癸丑 8	2 癸未 7
3 庚申⑱	3 己丑19	3 己未18	3 戊子17	3 戊午16	3 丁亥⑮	3 丙辰13	3 丙戌12	3 乙卯11	3 乙酉10	3 甲寅⑨	3 甲申 8
4 辛酉19	4 庚寅20	4 庚申19	**4** 己丑18	**4** 己未⑰	4 戊子16	4 丁巳14	4 丁亥13	4 丙辰12	4 丙戌⑪	4 乙卯10	4 乙酉 9
5 壬戌20	5 辛卯21	5 辛酉20	5 庚寅19	5 庚申18	5 己丑17	5 戊午15	5 戊子14	5 丁巳13	5 丁亥12	5 丙辰11	5 丙戌10
6 癸亥21	6 壬辰22	6 壬戌21	6 辛卯⑳	6 辛酉19	**6** 庚寅18	6 己未16	6 己丑15	6 戊午⑭	6 戊子13	6 丁巳12	6 丁亥11
7 甲子22	7 癸巳23	7 癸亥㉒	7 壬辰21	7 壬戌20	7 辛卯19	**7** 庚申17	7 庚寅⑯	7 己未15	7 己丑14	7 戊午13	7 戊子12
8 乙丑23	8 甲午24	8 甲子23	8 癸巳22	8 癸亥21	8 壬辰20	8 辛酉18	**8** 辛卯17	8 庚申16	8 庚寅15	8 己未14	8 己丑⑬
9 丙寅24	9 乙未㉕	9 乙丑24	9 甲午23	9 甲子22	9 癸巳21	9 壬戌⑲	9 壬辰18	**9** 辛酉17	**9** 辛卯16	9 庚申15	9 庚寅14
10丁卯㉕	10丙申26	10丙寅25	10乙未24	10乙丑23	10甲午㉒	10癸亥20	10癸巳19	10壬戌18	10壬辰17	10辛酉⑯	10辛卯15
11戊辰26	11丁酉27	11丁卯26	11丙申25	11丙寅㉔	11乙未23	11甲子21	11甲午20	11癸亥19	11癸巳⑱	**11**壬戌17	**11**壬辰16
12己巳27	12戊戌28	12戊辰27	12丁酉26	12丁卯25	12丙申24	12乙丑22	12乙未21	12甲子20	12甲午19	12癸亥18	12癸巳17
13庚午28	13己亥29	13己巳28	13戊戌㉗	13戊辰26	13丁酉25	13丙寅23	13丙申22	13乙丑㉑	13乙未20	13甲子19	13甲午18
《3月》	14庚子30	14庚午㉙	14己亥28	14己巳27	14戊戌26	14丁卯24	14丁酉㉓	14丙寅22	14丙申21	14乙丑20	14乙未19
14辛未 1	15辛丑31	15辛未30	15庚子29	15庚午28	15己亥27	15戊辰25	15戊戌24	15丁卯23	15丁酉22	15丙寅21	15丙申⑳
15壬申 2	《4月》	《5月》	16辛丑30	16辛未29	16庚子28	16己巳㉖	16己亥25	16戊辰24	16戊戌23	16丁卯22	16丁酉21
16癸酉 3	16壬寅①	16壬申 1	17壬寅31	17壬申30	17辛丑㉙	17庚午27	17庚子26	17己巳25	17己亥24	17戊辰㉓	17戊戌22
17甲戌④	**17**癸卯 2	17癸酉 2	《6月》	《7月》	18壬寅30	18辛未28	18辛丑27	18庚午26	18庚子㉕	18己巳24	18己亥23
18乙亥 5	18甲辰 3	**18**甲戌 3	18癸卯 1	18癸酉①	19癸卯31	19壬申29	19壬寅28	19辛未27	19辛丑26	19庚午25	19庚子24
19丙子 6	19乙巳 4	19乙亥 4	**19**甲辰 2	**19**甲戌 2	《8月》	20癸酉30	20癸卯29	20壬申㉘	20壬寅27	20辛未26	20辛丑25
20丁丑 7	20丙午 5	20丙子 5	20乙巳③	20乙亥 3	20甲辰 1	21甲戌31	21甲辰㉚	21癸酉29	21癸卯28	21壬申27	21壬寅26
21戊寅 8	21丁未 6	21丁丑⑥	21丙午 4	21丙子 4	**21**乙巳 2	《9月》	《10月》	22甲戌30	22甲辰29	22癸酉28	22癸卯㉗
22己卯 9	22戊申 7	22戊寅 7	22丁未 5	22丁丑 5	22丙午 3	**22**乙亥 1	22乙巳 1	23乙亥31	23乙巳30	23甲戌29	23甲辰28
23庚辰10	23己酉⑧	23己卯 8	23戊申 6	23戊寅 6	23丁未 4	23丙子②	**23**丙午 2	《11月》	《12月》	24乙亥㉚	24乙巳29
24辛巳⑪	24庚戌 9	24庚辰 9	24己酉 7	24己卯 7	24戊申⑤	24丁丑 3	24丁未 3	**24**丙子 1	24丙午 1	25丙子31	25丙午30
25壬午12	25辛亥10	25辛巳10	25庚戌 8	25庚辰⑧	25己酉 6	25戊寅 4	25戊申 4	25丁丑 2	**25**丁未②	**984** 年	26丁未31
26癸未13	26壬子11	26壬午11	26辛亥 9	26辛巳 9	26庚戌 7	26己卯 5	26己酉 5	26戊寅 3	26戊申 3	《1月》	《2月》
27甲申14	27癸丑12	27癸未12	27壬子⑩	27壬午10	27辛亥 8	27庚辰 6	27庚戌 6	27己卯④	27己酉 4	**26**丁丑 1	**27**戊申 1
28乙酉15	28甲寅13	28甲申⑬	28癸丑11	28癸未11	28壬子 9	28辛巳 7	28辛亥⑦	28庚辰 5	28庚戌 5	27戊寅 2	28己酉 2
29丙戌16	29乙卯14	29乙酉14	29甲寅12	29甲申12	29癸丑10	29壬午 8	29壬子 8	29辛巳 6	29辛亥 6	28己卯 3	29庚戌③
	30丙辰⑮		30乙卯13			30癸未⑨		30壬午 7		29庚辰 4	30辛亥 4
										30辛巳 5	

雨水 1日	春分 2日	穀雨 2日	小満 4日	夏至 4日	大暑 6日	処暑 7日	秋分 8日	霜降 9日	小雪 9日	冬至 11日	大寒 11日
啓蟄 16日	清明 17日	立夏 18日	芒種 19日	小暑 19日	立秋 21日	白露 22日	寒露 23日	立冬 24日	大雪 25日	小寒 26日	立春 27日

永観 2 年（984－985） 甲申

1月	2月	3月	4月	5月	6月	7月	8月	9月	10月	11月	12月
1 壬子 5	1 壬午 6	1 辛亥 4	1 辛巳④	1 庚戌 2	**1** 庚辰 2	1 己酉31	1 戊寅29	1 戊申㉘	1 丁丑27	1 丁未26	1 丙子25
2 癸丑 6	2 癸未 7	2 壬子 5	2 壬午 5	2 辛亥 3	2 辛巳 3	《8月》	2 己卯30	2 己酉29	2 戊寅28	2 戊申27	2 丁丑26
3 甲寅 7	3 甲申 8	3 癸丑⑥	3 癸未 6	3 壬子 4	3 壬午 4	**2** 庚戌 1	3 庚辰㉛	3 庚戌30	3 己卯29	3 己酉28	3 戊寅27
4 乙卯 8	4 乙酉⑨	4 甲寅 7	4 甲申 7	4 癸丑 5	4 癸未 5	3 辛亥 2	《9月》	《10月》	4 庚辰30	4 庚戌29	4 己卯㉘
5 丙辰 9	5 丙戌10	5 乙卯 8	5 乙酉 8	5 甲寅 6	5 甲申⑥	4 壬子③	**4** 辛巳 1	**4** 辛亥 1	**5** 辛巳31	5 辛亥㉚	5 庚辰29
6 丁巳⑩	6 丁亥11	6 丙辰 9	6 丙戌 9	6 乙卯 7	6 乙酉 7	5 癸丑 4	5 壬午 2	5 壬子 2	《11月》	《12月》	6 辛巳30
7 戊午11	7 戊子12	7 丁巳10	7 丁亥10	7 丙辰⑧	7 丙戌 8	6 甲寅 5	6 癸未 3	6 癸丑 3	6 壬午 1	**6** 壬子 1	**7** 壬午31
8 己未12	8 己丑13	8 戊午11	8 戊子⑪	8 丁巳 9	8 丁亥 9	7 乙卯 6	7 甲申 4	7 甲寅 4	7 癸未②	7 癸丑 2	**985** 年
9 庚申13	9 庚寅14	9 己未12	9 己丑12	9 戊午10	9 戊子10	8 丙辰 7	8 乙酉 5	8 乙卯⑤	8 甲申 3	8 甲寅 3	《1月》
10辛酉14	10辛卯15	10庚申⑬	10庚寅13	10己未11	10己丑11	9 丁巳 8	9 丙戌 6	9 丙辰 6	9 乙酉 4	9 乙卯 4	8 癸未 1
11壬戌15	11壬辰⑯	11辛酉14	11辛卯14	11庚申12	11庚寅12	10戊午 9	10丁亥⑦	10丁巳 7	10丙戌 5	10丙辰 5	9 甲申 2
12癸亥16	**12**癸巳17	12壬戌15	12壬辰15	12辛酉13	12辛卯⑬	11己未⑩	11戊子 8	11戊午 8	11丁亥 6	11丁巳 6	10乙酉 3
13甲子⑰	13甲午18	13癸亥16	13癸巳16	13壬戌14	13壬辰14	12庚申11	12己丑 9	12己未 9	12戊子 7	12戊午⑦	11丙戌④
14乙丑18	14乙未19	**14**甲子17	**14**甲午17	14癸亥⑮	14癸巳15	13辛酉12	13庚寅10	13庚申10	13己丑 8	13己未 8	12丁亥 5
15丙寅19	15丙申20	15乙丑18	15乙未⑱	15甲子16	15甲午16	14壬戌13	14辛卯11	14辛酉11	14庚寅⑨	14庚申 9	13戊子 6
16丁卯20	16丁酉21	16丙寅19	16丙申19	**16**乙丑17	**16**乙未17	15癸亥14	15壬辰12	15壬戌⑫	15辛卯10	15辛酉10	14己丑 7
17戊辰21	17戊戌22	17丁卯⑳	17丁酉20	17丙寅18	17丙申18	16甲子15	16癸巳13	16癸亥13	16壬辰11	16壬戌11	15庚寅 8
18己巳22	18己亥㉓	18戊辰21	18戊戌21	18丁卯19	18丁酉19	**17**乙丑16	17甲午⑭	17甲子14	17癸巳12	17癸亥12	16辛卯 9
19庚午23	19庚子24	19己巳22	19己亥22	19戊辰20	19戊戌⑳	18丙寅⑰	18乙未15	18乙丑15	18甲午13	18甲子13	17壬辰10
20辛未㉔	20辛丑25	20庚午23	20庚子23	20己巳21	20己亥21	19丁卯18	**19**丙申16	**19**丙寅16	19乙未14	19乙丑⑭	18癸巳⑪
21壬申25	21壬寅26	21辛未24	21辛丑24	21庚午㉒	21庚子22	20戊辰19	20丁酉17	20丁卯17	20丙申15	20丙寅15	19甲午12
22癸酉26	22癸卯27	22壬申25	22壬寅㉕	22辛未23	22辛丑23	21己巳20	21戊戌18	21戊辰18	**21**丁酉⑯	**21**丁卯16	20乙未13
23甲戌27	23甲辰28	23癸酉26	23癸卯26	23壬申24	23壬寅24	22庚午21	22己亥19	22己巳⑲	22戊戌17	22戊辰17	21丙申14
24乙亥28	24乙巳29	24甲戌27	24甲辰27	24癸酉25	24癸卯25	23辛未22	23庚子20	23庚午20	23己亥18	23己巳18	22丁酉15
25丙子29	25丙午㉚	25乙亥28	25乙巳28	25甲戌26	25甲辰26	24壬申23	24辛丑㉑	24辛未21	24庚子19	24庚午19	**23**戊戌16
《3月》	26丁未31	26丙子29	26丙午29	26乙亥27	26乙巳㉗	25癸酉㉔	25壬寅22	25壬申22	25辛丑20	25辛未20	24己亥17
26丁丑 1	《4月》	27丁丑30	27丁未30	27丙子28	27丙午28	26甲戌25	26癸卯23	26癸酉23	26壬寅21	26壬申㉑	25庚子⑱
27戊寅②	**27**戊申 1	《5月》	28戊申31	28丁丑㉙	28丁未29	27乙亥26	27甲辰24	27甲戌24	27癸卯22	27癸酉22	26辛丑19
28己卯 3	28己酉 2	28戊寅 1	《6月》	29戊寅30	29戊申30	28丙子27	28乙巳25	28乙亥25	28甲辰㉓	28甲戌23	27壬寅20
29庚辰 4	29庚戌 3	**29**己卯 2	**29**己酉①	《7月》		29丁丑28	29丙午26	29丙子㉖	29乙巳24	29乙亥24	28癸卯21
30辛巳 5		30庚辰 3		30己卯 1			30丁未27		30丙午25		29甲辰22
											30乙巳23

雨水 12日	春分 12日	穀雨 14日	小満 14日	夏至 16日	小暑 1日	立秋 2日	白露 4日	寒露 4日	立冬 5日	大雪 6日	小寒 7日
啓蟄 27日	清明 27日	立夏 29日	芒種 29日		大暑 16日	処暑 17日	秋分 19日	霜降 19日	小雪 21日	冬至 21日	大寒 23日

寛和元年〔永観**3**年〕（985－986） 乙酉

改元 4/27（永観→寛和）

1月	2月	3月	4月	5月	6月	7月	8月	閏8月	9月	10月	11月	12月
1 丙午24	1 丙子23	1 乙巳24	1 乙亥23	1 乙巳23	1 甲戌㉑	1 甲辰21	1 癸酉19	1 壬寅17	**1** 壬申17	1 辛丑⑮	1 辛未15	1 庚子13
2 丁未㉕	2 丁丑24	2 丙午25	2 丙子24	2 丙午㉔	2 乙亥22	2 乙巳22	2 甲戌20	2 癸卯18	2 癸酉⑱	**2** 壬寅16	**2** 壬申16	2 辛丑14
3 戊申26	3 戊寅25	3 丁未26	3 丁丑25	3 丁未25	3 丙子23	3 丙午23	3 乙亥21	3 甲辰19	3 甲戌19	3 癸卯17	3 癸酉17	3 壬寅15
4 己酉27	4 己卯26	4 戊申27	4 戊寅㉖	4 戊申26	4 丁丑24	4 丁未24	4 丙子22	4 乙巳⑳	4 乙亥20	4 甲辰18	4 甲戌18	**4** 癸卯16
5 庚戌28	5 庚辰27	5 己酉28	5 己卯27	5 己酉27	5 戊寅25	5 戊申25	5 丁丑㉓	5 丙午21	5 丙子21	5 乙巳19	5 乙亥19	5 甲辰⑰
6 辛亥29	6 辛巳28	6 庚戌㉙	6 庚辰28	6 庚戌28	6 己卯26	6 己酉㉖	6 戊寅24	6 丁未22	6 丁丑22	6 丙午20	6 丙子⑳	6 乙巳18
7 壬子30	《3月》	7 辛亥30	7 辛巳29	7 辛亥29	7 庚辰27	7 庚戌27	7 己卯25	7 戊申23	7 戊寅23	7 丁未21	7 丁丑21	7 丙午19
8 癸丑31	7 壬午①	8 壬子31	8 壬午30	8 壬子30	8 辛巳㉘	8 辛亥28	8 庚辰26	8 己酉24	8 己卯24	8 戊申㉒	8 戊寅22	8 丁未20
《2月》	**8** 癸未2	《4月》	《5月》	9 癸丑㉛	9 壬午29	9 壬子29	9 辛巳27	9 庚戌25	9 庚辰㉕	9 己酉23	9 己卯23	9 戊申21
9 甲寅①	9 甲申3	9 癸丑1	9 癸未1	《6月》	10癸未30	10癸丑30	10壬午28	10辛亥26	10辛巳26	10庚戌24	10庚辰24	10己酉22
10乙卯2	10乙酉4	**10**甲寅2	**10**甲申2	10甲寅1	《7月》	11甲寅31	11癸未29	11壬子㉗	11壬午27	11辛亥25	11辛巳25	11庚戌23
11丙辰3	11丙戌5	11乙卯3	11乙酉③	**11**乙卯2	11甲申1	《8月》	12甲申㉚	12癸丑28	12癸未28	12壬子26	12壬午26	12辛亥㉔
12丁巳4	12丁亥6	12丙辰4	12丙戌4	12丙辰3	**12**乙酉2	**12**乙卯1	13乙酉31	13甲寅29	13甲申29	13癸丑27	13癸未㉗	13壬子25
13戊午5	13戊子7	13丁巳⑤	13丁亥5	13丁巳4	13丙戌3	13丙辰②	《9月》	14乙卯30	14乙酉30	14甲寅28	14甲申28	14癸丑26
14己未6	14己丑⑧	14戊午6	14戊子6	14戊午5	14丁亥4	14丁巳3	**14**丙戌1	《10月》	15丙戌31	15乙卯㉙	15乙酉29	15甲寅27
15庚申7	15庚寅9	15己未7	15己丑7	15己未6	15戊子⑤	15戊午4	15丁亥2	**15**丙辰1	《11月》	16丙辰30	16丙戌30	16乙卯28
16辛酉⑧	16辛卯10	16庚申8	16庚寅8	16庚申⑦	16己丑6	16己未5	16戊子3	16丁巳2	**16**丁亥①	《12月》	17丁亥31	17丙辰29
17壬戌9	17壬辰11	17辛酉9	17辛卯9	17辛酉8	17庚寅7	17庚申6	17己丑4	17戊午3	17戊子2	**17**丁巳1	**986年**	18丁巳30
18癸亥10	18癸巳12	18壬戌10	18壬辰⑩	18壬戌9	18辛卯8	18辛酉7	18庚寅5	18己未④	18己丑3	18戊午2	《1月》	**19**戊午㉛
19甲子11	19甲午13	19癸亥11	19癸巳11	19癸亥10	19壬辰9	19壬戌8	19辛卯⑥	19庚申5	19庚寅4	19己未3	**18**戊子1	《2月》
20乙丑12	20乙未14	20甲子⑫	20甲午12	20甲子11	20癸巳10	20癸亥⑨	20壬辰7	20辛酉6	20辛卯5	20庚申4	19己丑2	20己未1
21丙寅13	21丙申⑮	21乙丑13	21乙未13	21乙丑12	21甲午11	21甲子10	21癸巳8	21壬戌7	21壬辰6	21辛酉5	20庚寅③	21庚申2
22丁卯14	22丁酉16	22丙寅14	22丙申14	22丙寅13	22乙未⑫	22乙丑11	22甲午9	22癸亥8	22癸巳7	22壬戌⑥	21辛卯4	22辛酉3
23戊辰⑮	**23**戊戌17	23丁卯15	23丁酉15	23丁卯⑭	23丙申13	23丙寅12	23乙未10	23甲子9	23甲午⑧	23癸亥7	22壬辰5	23壬戌4
24己巳16	24己亥18	24戊辰16	24戊戌16	24戊辰15	24丁酉14	24丁卯13	24丙申11	24乙丑10	24乙未9	24甲子8	23癸巳6	24癸亥5
25庚午17	25庚子19	**25**己巳17	**25**己亥⑰	25己巳16	25戊戌15	25戊辰14	25丁酉12	25丙寅⑪	25丙申10	25乙丑9	24甲午7	25甲子6
26辛未18	26辛丑20	26庚午18	26庚子18	**26**庚午17	26己亥16	26己巳15	26戊戌⑬	26丁卯12	26丁酉11	26丙寅10	25乙未8	26乙丑⑦
27壬申19	27壬寅21	27辛未⑲	27辛丑19	27辛未18	**27**庚子17	27庚午⑯	27己亥14	27戊辰13	27戊戌12	27丁卯11	26丙申9	27丙寅8
28癸酉20	28癸卯㉒	28壬申20	28壬寅20	28壬申19	28辛丑18	**28**辛未17	28庚子15	28己巳14	28己亥13	28戊辰12	27丁酉⑩	28丁卯9
29甲戌21	29甲辰23	29癸酉21	29癸卯21	29癸酉20	29壬寅⑲	29壬申18	**29**辛丑16	29庚午15	29庚子14	29己巳⑬	28戊戌11	29戊辰10
30乙亥㉒		30甲戌22	30甲辰22		30癸卯20			30辛未16		30庚午14	29己亥12	30己巳11

立春 8日	啓蟄 8日	清明 10日	立夏 10日	芒種 11日	小暑 12日	立秋 12日	白露 14日	寒露15日	霜降 1日	小雪 2日	冬至 2日	大寒 4日
雨水 23日	春分 23日	穀雨 25日	小満 25日	夏至 26日	大暑 27日	処暑 28日	秋分 29日		立冬 16日	大雪 17日	小寒 18日	立春 19日

寛和**2**年（986－987） 丙戌

1月	2月	3月	4月	5月	6月	7月	8月	9月	10月	11月	12月
1 庚午12	1 己亥13	1 己巳12	1 己亥12	1 戊辰10	1 戊戌10	1 丁卯⑧	1 丁酉7	1 丙寅6	1 丙申5	1 乙丑4	1 乙未3
2 辛未13	2 庚子⑭	2 庚午13	2 庚子13	2 己巳11	2 己亥⑪	2 戊辰9	2 戊戌8	2 丁卯7	2 丁酉6	2 丙寅⑤	2 丙申4
3 壬申⑭	3 辛丑15	3 辛未14	3 辛丑14	3 庚午12	3 庚子12	3 己巳10	3 己亥9	3 戊辰8	3 戊戌⑦	3 丁卯6	3 丁酉5
4 癸酉15	4 壬寅16	4 壬申15	4 壬寅15	4 辛未⑬	4 辛丑13	4 庚午11	4 庚子10	4 己巳9	4 己亥8	4 戊辰7	4 戊戌6
5 甲戌16	5 癸卯17	5 癸酉16	5 癸卯⑯	5 壬申14	5 壬寅14	5 辛未12	5 辛丑11	5 庚午⑩	5 庚子9	5 己巳8	5 己亥7
6 乙亥17	**6** 甲辰18	**6** 甲戌17	6 甲辰17	6 癸酉15	6 癸卯15	6 壬申13	6 壬寅⑫	6 辛未11	6 辛丑10	6 庚午9	6 庚子8
7 丙子18	7 乙巳19	7 乙亥⑱	**7** 乙巳18	7 甲戌16	7 甲辰16	7 癸酉14	7 癸卯13	7 壬申12	7 壬寅11	7 辛未10	7 辛丑⑨
8 丁丑19	8 丙午20	8 丙子19	8 丙午19	**8** 乙亥17	**8** 乙巳17	8 甲戌⑮	8 甲辰14	8 癸酉13	8 癸卯12	8 壬申11	8 壬寅10
9 戊寅20	9 丁未㉑	9 丁丑20	9 丁未20	9 丙子18	9 丙午⑱	9 乙亥16	9 乙巳15	9 甲戌14	9 甲辰13	9 癸酉⑫	9 癸卯11
10己卯㉑	10戊申22	10戊寅21	10戊申21	10丁丑19	10丁未19	**10**丙子17	**10**丙午16	10乙亥15	10乙巳⑭	10甲戌13	10甲辰12
11庚辰22	11己酉23	11己卯22	11己酉22	11戊寅⑳	11戊申20	11丁丑18	11丁未17	11丙子16	11丙午15	11乙亥14	11乙巳13
12辛巳23	12庚戌24	12庚辰23	12庚戌㉓	12己卯21	12己酉21	12戊寅19	12戊申18	**12**丁丑⑰	**12**丁未16	12丙子15	12丙午14
13壬午24	13辛亥25	13辛巳24	13辛亥24	13庚辰22	13庚戌22	13己卯20	13己酉⑲	13戊寅18	13戊申17	13丁丑16	13丁未15
14癸未25	14壬子26	14壬午㉕	14壬子25	14辛巳23	14辛亥23	14庚辰21	14庚戌20	14己卯19	14己酉18	**14**戊寅17	**14**戊申⑯
15甲申26	15癸丑27	15癸未26	15癸丑26	15壬午24	15壬子24	15辛巳㉒	15辛亥21	15庚辰20	15庚戌19	15己卯18	15己酉17
16乙酉27	16甲寅㉘	16甲申27	16甲寅27	16癸未25	16癸丑㉕	16壬午23	16壬子22	16辛巳21	16辛亥20	16庚辰19	16庚戌18
17丙戌㉘	17乙卯29	17乙酉28	17乙卯28	17甲申26	17甲寅26	17癸未24	17癸丑23	17壬午22	17壬子㉑	17辛巳20	17辛亥19
《3月》	18丙辰30	18丙戌29	18丙辰29	18乙酉㉗	18乙卯27	18甲申25	18甲寅24	18癸未23	18癸丑22	18壬午21	18壬子20
18丁亥1	19丁巳31	19丁亥30	19丁巳㉚	19丙戌28	19丙辰28	19乙酉26	19乙卯25	19甲申㉔	19甲寅23	19癸未22	19癸丑21
19戊子2	《4月》	《5月》	20戊午31	20丁亥29	20丁巳29	20丙戌27	20丙辰㉖	20乙酉25	20乙卯24	20甲申23	20甲寅22
20己丑3	20戊午1	20戊子1	《6月》	21戊子30	21戊午30	21丁亥28	21丁巳27	21丙戌26	21丙辰25	21乙酉24	21乙卯㉓
21庚寅4	**21**己未2	**21**己丑②	21己未1	《7月》	22己未31	22戊子㉙	22戊午28	22丁亥27	22丁巳26	22丙戌25	22丙辰24
22辛卯5	22庚申3	22庚寅3	**22**庚申2	22己丑1	《8月》	23己丑30	23己未29	23戊子28	23戊午27	23丁亥㉖	23丁巳25
23壬辰6	23辛酉④	23辛卯4	23辛酉3	**23**庚寅2	23庚申①	24庚寅31	24庚申30	24己丑29	24己未㉘	24戊子27	24戊午26
24癸巳⑦	24壬戌5	24壬辰5	24壬戌4	24辛卯3	**24**辛酉2	《9月》	《10月》	25庚寅30	25庚申29	25己丑28	25己未27
25甲午8	25癸亥6	25癸巳6	25癸亥5	25壬辰④	25壬戌3	**25**辛卯1	25辛酉1	26辛卯㉛	26辛酉30	26庚寅29	26庚申28
26乙未9	26甲子7	26甲午7	26甲子⑥	26癸巳5	26癸亥4	26壬辰2	**26**壬戌2	《11月》	《12月》	27辛卯30	27辛酉29
27丙申10	27乙丑8	27乙未8	27乙丑7	27甲午6	27甲子5	27癸巳3	27癸亥③	**27**壬辰1	**27**壬戌1	28壬辰31	28壬戌㉚
28丁酉11	28丙寅9	28丙申⑨	28丙寅8	28乙未7	28乙丑6	28甲午4	28甲子4	28癸巳2	28癸亥2	**987年**	**29**癸亥31
29戊戌12	29丁卯10	29丁酉10	29丁卯9	29丙申8	29丙寅7	29乙未⑤	29乙丑5	29甲午3	29甲子3	《1月》	
	30戊辰⑪	30戊戌11		30丁酉9		30丙申6		30乙未4		**29**癸巳1	
										30甲午②	

雨水 4日	春分 6日	穀雨 6日	小満 7日	夏至 8日	大暑 8日	処暑 10日	秋分 10日	霜降 12日	小雪 12日	冬至 14日	大寒 14日
啓蟄 19日	清明 21日	立夏 21日	芒種 22日	小暑 23日	立秋 24日	白露 25日	寒露 26日	立冬 27日	大雪 27日	小寒 29日	立春 29日

永延元年〔寛和３年〕（987－988） 丁亥

改元 4/5（寛和→永延）

1月	2月	3月	4月	5月	6月	7月	8月	9月	10月	11月	12月
《2月》	**1** 甲午 3	《4月》	《5月》	1 壬戌30	1 壬辰29	1 壬戌29	1 辛卯27	1 辛酉26	1 庚寅25	1 庚申24	1 己丑23
1 甲子 1	2 乙未 4	1 癸亥 1	1 癸巳①	2 癸亥31	2 癸巳30	2 癸亥30	2 壬辰㉘	2 壬戌27	2 辛卯26	2 辛酉25	2 庚寅24
2 乙丑 2	3 丙申 5	**2** 甲子 2	2 甲午 2	《6月》	《7月》	3 甲子㉛	3 癸巳29	3 癸亥28	3 壬辰27	3 壬戌26	3 辛卯㉕
3 丙寅 3	4 丁酉⑥	3 乙丑③	**3** 乙未 3	3 甲子 1	3 甲午 1	《8月》	4 甲午30	4 甲子29	4 癸巳28	4 癸亥㉗	4 壬辰26
4 丁卯 4	5 戊戌 7	4 丙寅 4	4 丙申 4	**4** 乙丑 2	**4** 乙未 2	4 乙丑 1	5 乙未31	5 乙丑30	5 甲午29	5 甲子28	5 癸巳27
5 戊辰 5	6 己亥 8	5 丁卯 5	5 丁酉 5	5 丙寅 3	5 丙申③	**5** 丙寅 2	《9月》	《10月》	6 乙未㉚	6 乙丑29	6 甲午28
6 己巳⑥	7 庚子 9	6 戊辰 6	6 戊戌 6	6 丁卯 4	6 丁酉 4	6 丁卯 3	**6** 丙申 1	6 丙寅 1	7 丙申31	7 丙寅30	7 乙未29
7 庚午 7	8 辛丑10	7 己巳 7	7 己亥 7	7 戊辰⑤	7 戊戌 5	7 戊辰 4	7 丁酉 2	**7** 丁卯②	《11月》	《12月》	8 丙申30
8 辛未 8	9 壬寅11	8 庚午 8	8 庚子⑧	8 己巳 6	8 己亥 6	8 己巳 5	8 戊戌 3	8 戊辰 3	**8** 丁酉 1	8 丁卯 1	9 丁酉31
9 壬申 9	10癸卯12	9 辛未 9	9 辛丑 9	9 庚午 7	9 庚子 7	9 庚午 6	9 己亥④	9 己巳 4	9 戊戌 2	**9** 戊辰 2	**988 年**
10癸酉10	11甲辰⑬	10壬申⑩	10壬寅10	10辛未 8	10辛丑 8	10辛未⑦	10庚子 5	10庚午 5	10己亥 3	10己巳 3	《1月》
11甲戌11	12乙巳14	11癸酉11	11癸卯11	11壬申 9	11壬寅 9	11壬申 8	11辛丑 6	11辛未 6	11庚子 4	11庚午④	**10**戊戌①
12乙亥12	13丙午15	12甲戌12	12甲辰12	12癸酉10	12癸卯⑩	12癸酉 9	12壬寅 7	12壬申 7	12辛丑 5	12辛未 5	11己亥 2
13丙子⑬	14丁未16	13乙亥13	13乙巳13	13甲戌11	13甲辰11	13甲戌10	13癸卯 8	13癸酉 8	13壬寅⑥	13壬申 6	12庚子 3
14丁丑14	15戊申17	14丙子14	14丙午14	14乙亥⑫	14乙巳12	14乙亥11	14甲辰 9	14甲戌⑨	14癸卯 7	14癸酉 7	13辛丑 4
15戊寅15	**16**己酉18	15丁丑15	15丁未⑮	15丙子13	15丙午13	15丙子12	15乙巳10	15乙亥10	15甲辰 8	15甲戌 8	14壬寅 5
16己卯16	17庚戌19	16戊寅16	16戊申16	16丁丑14	16丁未14	16丁丑13	16丙午⑪	16丙子11	16乙巳 9	16乙亥 9	15癸卯 6
17庚辰17	18辛亥⑳	**17**己卯⑰	17己酉17	17戊寅15	17戊申15	17戊寅⑭	17丁未12	17丁丑12	17丙午10	17丙子10	16甲辰 7
18辛巳18	19壬子21	18庚辰18	**18**庚戌18	18己卯16	18己酉16	18己卯15	18戊申13	18戊寅13	18丁未11	18丁丑⑪	17乙巳⑧
19壬午19	20癸丑22	19辛巳19	19辛亥19	**19**庚辰17	19庚戌⑰	19庚辰16	19己酉14	19己卯14	19戊申12	19戊寅12	18丙午 9
20癸未⑳	21甲寅23	20壬午20	20壬子20	20辛巳18	**20**辛亥18	**20**辛巳17	20庚戌15	20庚辰15	20己酉⑬	20己卯13	19丁未10
21甲申21	22乙卯24	21癸未21	21癸丑21	21壬午⑲	21壬子19	21壬午18	21辛亥16	21辛巳⑯	21庚戌14	21庚辰14	20戊申11
22乙酉22	23丙辰25	22甲申22	22甲寅㉒	22癸未20	22癸丑20	22癸未19	**22**壬子17	**22**壬午17	22辛亥15	22辛巳15	21己酉12
23丙戌23	24丁巳26	23乙酉23	23乙卯23	23甲申21	23甲寅21	23甲申20	23癸丑⑱	23癸未18	**23**壬子16	23壬午16	22庚戌13
24丁亥24	25戊午㉗	24丙戌㉔	24丙辰24	24乙酉22	24乙卯22	24乙酉㉑	24甲寅19	24甲申19	24癸丑17	**24**癸未17	23辛亥14
25戊子25	26己未28	25丁亥25	25丁巳25	25丙戌23	25丙辰23	25丙戌22	25乙卯20	25乙酉20	25甲寅18	25甲申⑱	24壬子⑮
26己丑26	27庚申29	26戊子26	26戊午26	26丁亥24	26丁巳㉔	26丁亥23	26丙辰21	26丙戌21	26乙卯19	26乙酉19	**25**癸丑16
27庚寅㉗	28辛酉30	27己丑27	27己未27	27戊子25	27戊午25	27戊子24	27丁巳22	27丁亥22	27丙辰⑳	27丙戌20	26甲寅17
28辛卯28	29壬戌31	28庚寅28	28庚申28	28己丑㉖	28己未26	28己丑25	28戊午23	28戊子㉓	28丁巳21	28丁亥21	27乙卯18
《3月》		29辛卯29	29辛酉㉙	29庚寅27	29庚申27	29庚寅26	29己未24	29己丑24	29戊午22	29戊子22	28丙辰19
29壬辰 1		30壬辰30		30辛卯28	30辛酉28		30庚申㉕		30己未23		29丁巳20
30癸巳 2											30戊午21
雨水 16日	啓蟄 1日 春分 16日	清明 2日 穀雨 17日	立夏 3日 小満 18日	芒種 4日 夏至 19日	小暑 4日 大暑 20日	立秋 5日 処暑 20日	白露 6日 秋分 22日	寒露 7日 霜降 22日	立冬 8日 小雪 23日	大雪 9日 冬至 24日	小寒 10日 大寒 25日

永延２年（988－989） 戊子

1月	2月	3月	4月	5月	閏5月	6月	7月	8月	9月	10月	11月	12月
1 己未㉒	1 戊子20	1 戊午21	1 丁亥19	1 丁巳19	1 丙戌⑰	**1** 丙辰17	1 乙酉15	1 乙卯14	1 乙酉⑭	1 甲寅12	1 甲申12	1 甲寅11
2 庚申23	2 己丑21	2 己未22	2 戊子20	2 戊午⑳	2 丁亥18	2 丁巳18	**2** 丙戌16	2 丙辰15	2 丙戌15	2 乙卯13	2 乙酉13	2 乙卯12
3 辛酉24	3 庚寅22	3 庚申23	3 己丑21	3 己未21	3 戊子19	3 戊午19	3 丁亥17	**3** 丁巳⑯	**3** 丁亥16	3 丙辰14	3 丙戌14	3 丙辰⑬
4 壬戌25	4 辛卯23	4 辛酉24	4 庚寅㉒	4 庚申22	4 己丑20	4 己未20	4 戊子18	4 戊午17	4 戊子17	4 丁巳15	4 丁亥15	4 丁巳14
5 癸亥26	5 壬辰24	5 壬戌㉕	5 辛卯23	5 辛酉23	5 庚寅21	5 庚申21	5 己丑⑲	5 己未18	5 己丑18	**5** 戊午16	**5** 戊子⑯	5 戊午15
6 甲子27	6 癸巳25	6 癸亥26	6 壬辰24	6 壬戌24	6 辛卯22	6 辛酉㉒	6 庚寅20	6 庚申19	6 庚寅19	6 己未17	6 己丑17	**6** 己未16
7 乙丑28	7 甲午㉖	7 甲子27	7 癸巳25	7 癸亥25	7 壬辰23	7 壬戌23	7 辛卯21	7 辛酉20	7 辛卯20	7 庚申⑱	7 庚寅18	7 庚申17
8 丙寅㉙	8 乙未27	8 乙丑28	8 甲午26	8 甲子26	8 癸巳㉔	8 癸亥24	8 壬辰22	8 壬戌21	8 壬辰㉑	8 辛酉19	8 辛卯19	8 辛酉18
9 丁卯30	9 丙申28	9 丙寅29	9 乙未27	9 乙丑㉗	9 甲午25	9 甲子25	9 癸巳23	9 癸亥22	9 癸巳22	9 壬戌20	9 壬辰20	9 壬戌19
10戊辰31	10丁酉29	10丁卯30	10丙申28	10丙寅28	10乙未26	10乙丑26	10甲午24	10甲子㉓	10甲午23	10癸亥21	10癸巳21	10癸亥⑳
《2月》	《3月》	11戊辰31	11丁酉㉙	11丁卯29	11丙申27	11丙寅27	11乙未25	11乙丑24	11乙未24	11甲子22	11甲午22	11甲子21
11己巳 1	11戊戌 1	《4月》	12戊戌30	12戊辰30	12丁酉28	12丁卯28	12丙申㉖	12丙寅25	12丙申25	12乙丑23	12乙未㉓	12乙丑22
12庚午 2	**12**己亥 2	**12**己巳①	《5月》	13己巳31	13戊戌29	13戊辰㉙	13丁酉27	13丁卯26	13丁酉26	13丙寅24	13丙申24	13丙寅23
13辛未 3	13庚子 3	13庚午 2	13己亥 1	《6月》	14己亥30	14己巳30	14戊戌28	14戊辰27	14戊戌27	14丁卯㉕	14丁酉25	14丁卯24
14壬申 4	14辛丑④	14辛未 3	**14**庚子 2	**14**庚午 1	《7月》	15庚午31	15己亥29	15己巳28	15己亥㉘	15戊辰26	15戊戌26	15戊辰25
15癸酉⑤	15壬寅 5	15壬申 4	15辛丑 3	15辛未 2	15庚子①	《8月》	16庚子30	16庚午29	16庚子29	16己巳27	16己亥27	16己巳26
16甲戌 6	16癸卯 6	16癸酉 5	16壬寅 4	16壬申③	**16**辛丑 2	**16**辛未 1	17辛丑31	17辛未㉚	17辛丑30	17庚午28	17庚子28	17庚午㉗
17乙亥 7	17甲辰 7	17甲戌 6	17癸卯 5	17癸酉 4	17壬寅 3	17壬申 2	《9月》	《10月》	**18**壬寅31	18辛未29	18辛丑29	18辛未28
18丙子 8	18乙巳 8	18乙亥 7	18甲辰⑥	18甲戌 5	18癸卯 4	18癸酉 3	**18**壬寅 1	**18**壬申 1	《11月》	19壬申30	19壬寅㉚	19壬申29
19丁丑 9	19丙午 9	19丙子⑧	19乙巳 7	19乙亥 6	19甲辰 5	19甲戌 4	19癸卯②	19癸酉 2	19癸卯 1	《12月》	**20**癸卯31	20癸酉30
20戊寅10	20丁未10	20丁丑 9	20丙午 8	20丙子 7	20乙巳 6	20乙亥⑤	20甲辰 3	20甲戌 3	20甲辰 2	**20**癸酉 1	**989 年**	**21**甲戌31
21己卯11	21戊申⑪	21戊寅10	21丁未 9	21丁丑 8	21丙午 7	21丙子 6	21乙巳 4	21乙亥 4	21乙巳 3	21甲戌②	《1月》	《2月》
22庚辰⑫	22己酉12	22己卯11	22戊申10	22戊寅 9	22丁未⑧	22丁丑 7	22丙午 5	22丙子 5	22丙午④	22乙亥 3	21甲辰 1	22乙亥 1
23辛巳13	23庚戌13	23庚辰12	23己酉11	23己卯⑩	23戊申 9	23戊寅 8	23丁未 6	23丁丑 6	23丁未 5	23丙子 4	22乙巳 2	23丙子 2
24壬午14	24辛亥14	24辛巳13	24庚戌12	24庚辰11	24己酉10	24己卯 9	24戊申 7	24戊寅⑦	24戊申 6	24丁丑 5	23丙午 3	24丁丑③
25癸未15	25壬子15	25壬午14	25辛亥⑬	25辛巳12	25庚戌11	25庚辰10	25己酉 8	25己卯 8	25己酉 7	25戊寅 6	24丁未 4	25戊寅 4
26甲申16	26癸丑16	26癸未⑮	26壬子14	26壬午13	26辛亥12	26辛巳11	26庚戌⑨	26庚辰 9	26庚戌 8	26己卯 7	25戊申 5	26己卯 5
27乙酉17	**27**甲寅17	27甲申16	27癸丑15	27癸未14	27壬子13	27壬午⑫	27辛亥10	27辛巳10	27辛亥 9	27庚辰 8	26己酉⑥	27庚辰 6
28丙戌18	28乙卯⑱	**28**乙酉17	28甲寅16	28甲申15	28癸丑14	28癸未13	28壬子11	28壬午11	28壬子10	28辛巳⑨	27庚戌 7	28辛巳 7
29丁亥⑲	29丙辰19	29丙戌18	**29**乙卯17	**29**乙酉16	29甲寅⑮	29甲申14	29癸丑12	29癸未12	29癸丑⑪	29壬午10	28辛亥 8	29壬午 8
	30丁巳20		30丙辰18		30乙卯16		30甲寅13	30甲申13		30癸未11	29壬子 9	
											30癸丑10	
立春 11日 雨水 26日	啓蟄 12日 春分 27日	清明 12日 穀雨 28日	立夏 14日 小満 29日	芒種 14日 夏至 29日	小暑16日	大暑 1日 立秋 16日	処暑 2日 白露 18日	秋分 3日 寒露 18日	霜降 3日 立冬 18日	小雪 5日 大雪 20日	冬至 5日 小寒 20日	大寒 6日 立春 21日

永祚元年〔永延 3 年〕（989－990） 己丑

改元 8/8（永延→永祚）

1 月	2 月	3 月	4 月	5 月	6 月	7 月	8 月	9 月	10月	11月	12月
1 癸未 9	1 壬子⑩	1 壬午 9	1 辛亥 8	1 庚辰 6	1 庚戌 6	1 己卯④	1 己酉 3	1 己卯 3	1 己酉 2	《12月》	1 戊申31
2 甲申⑩	2 癸丑11	2 癸未10	2 壬子 9	2 辛巳 7	2 辛亥⑦	2 庚辰 5	2 庚戌 4	2 庚辰 4	2 庚戌③	**1** 戊寅①	**990 年**
3 乙酉11	3 甲寅12	3 甲申11	3 癸丑10	3 壬午 8	3 壬子 8	3 辛巳 6	3 辛亥 5	3 辛巳 5	3 辛亥 4	2 己卯 2	《1月》
4 丙戌12	4 乙卯13	4 乙酉12	4 甲寅11	4 癸未⑨	4 癸丑 9	4 壬午 7	4 壬子 6	4 壬午⑥	4 壬子 5	3 庚辰 3	**2** 己酉 1
5 丁亥13	5 丙辰14	5 丙戌13	5 乙卯⑫	5 甲申10	5 甲寅10	5 癸未 8	5 癸丑 7	5 癸未 7	5 癸丑 6	4 辛巳 4	3 庚戌 2
6 戊子14	6 丁巳15	6 丁亥⑭	6 丙辰13	6 乙酉11	6 乙卯11	6 甲申 9	6 甲寅⑧	6 甲申 8	6 甲寅 7	5 壬午 5	4 辛亥 3
7 己丑15	7 戊午16	7 戊子15	7 丁巳14	7 丙戌12	7 丙辰12	7 乙酉10	7 乙卯 9	7 乙酉 9	7 乙卯 8	6 癸未 6	5 壬子 4
8 庚寅16	**8** 己未⑰	8 己丑16	8 戊午15	8 丁亥13	8 丁巳13	8 丙戌⑪	8 丙辰10	8 丙戌10	8 丙辰 9	7 甲申 7	6 癸丑⑤
9 辛卯⑰	9 庚申18	**9** 庚寅17	9 己未16	9 戊子14	9 戊午⑭	9 丁亥12	9 丁巳11	9 丁亥11	9 丁巳⑩	8 乙酉⑧	7 甲寅 6
10壬辰18	10辛酉19	10辛卯18	**10**庚申17	10己丑15	10己未15	10戊子13	10戊午12	10戊子12	10戊午11	9 丙戌 9	8 乙卯 7
11癸巳19	11壬戌20	11壬辰19	11辛酉18	11庚寅⑯	11庚申16	11己丑14	11己未13	11己丑⑬	11己未12	10丁亥10	9 丙辰 8
12甲午20	12癸亥21	12癸巳20	12壬戌⑲	**12**辛卯17	**12**辛酉17	12庚寅15	12庚申14	12庚寅14	12庚申13	11戊子11	10丁巳 9
13乙未21	13甲子22	13甲午㉑	13癸亥20	13壬辰18	13壬戌18	13辛卯16	13辛酉⑮	13辛卯15	13辛酉14	12己丑12	11戊午10
14丙申22	14乙丑23	14乙未22	14甲子21	14癸巳19	14癸亥19	**14**壬辰17	**14**壬戌16	**14**壬辰16	14壬戌15	13庚寅13	12己未11
15丁酉23	15丙寅㉔	15丙申23	15乙丑22	15甲午20	15甲子20	15癸巳⑱	15癸亥17	15癸巳17	**15**癸亥16	14辛卯14	13庚申⑫
16戊戌㉔	16丁卯25	16丁酉24	16丙寅23	16乙未21	16乙丑㉑	16甲午19	16甲子18	16甲午18	16甲子⑰	15壬辰⑮	14辛酉13
17己亥25	17戊辰26	17戊戌25	17丁卯24	17丙申22	17丙寅22	17乙未20	17乙丑19	17乙未19	17乙丑18	**16**癸巳16	15壬戌14
18庚子26	18己巳27	18己亥26	18戊辰25	18丁酉㉓	18丁卯23	18丙申21	18丙寅20	18丙申⑳	18丙寅19	17甲午17	16癸亥15
19辛丑27	19庚午28	19庚子27	19己巳㉖	19戊戌24	19戊辰24	19丁酉22	19丁卯21	19丁酉21	19丁卯20	18乙未18	**17**甲子16
20壬寅28	20辛未29	20辛丑㉘	20庚午27	20己亥25	20己巳25	20戊戌23	20戊辰㉒	20戊戌22	20戊辰21	19丙申19	18乙丑17
《3月》	21壬申30	21壬寅29	21辛未28	21庚子26	21庚午26	21己亥24	21己巳23	21己亥23	21己巳22	20丁酉20	19丙寅18
21癸卯 1	22癸酉㉛	22癸卯30	22壬申29	22辛丑27	22辛未27	22庚子㉕	22庚午24	22庚子24	22庚午23	21戊戌21	20丁卯⑲
22甲辰 2	《4月》	《5月》	23癸酉30	23壬寅28	23壬申㉘	23辛丑26	23辛未25	23辛丑25	23辛未㉔	22己亥㉒	21戊辰20
23乙巳③	23甲戌 1	23甲辰 1	24甲戌31	24癸卯29	24癸酉29	24壬寅27	24壬申26	24壬寅26	24壬申25	23庚子23	22己巳21
24丙午 4	**24**乙亥 2	**24**乙巳 2	《6月》	25甲辰㉚	25甲戌30	25癸卯28	25癸酉27	25癸卯㉗	25癸酉26	24辛丑24	23庚午22
25丁未 5	25丙子 3	25丙午 3	25乙亥 1	《7月》	26乙亥31	26甲辰29	26甲戌28	26甲辰28	26甲戌27	25壬寅25	24辛未23
26戊申 6	26丁丑 4	26丁未 4	**26**丙子②	26乙巳 1	《8月》	27乙巳30	27乙亥㉙	27乙巳29	27乙亥28	26癸卯26	25壬申24
27己酉 7	27戊寅 5	27戊申⑤	27丁丑 3	**27**丙午 2	**27**丙子 1	28丙午31	28丙子30	28丙午30	28丙子29	27甲辰27	26癸酉25
28庚戌 8	28己卯 6	28己酉 6	28戊寅 4	28丁未 3	28丁丑 2	《9月》	《10月》	29丁未31	29丁丑30	28乙巳28	27甲戌㉖
29辛亥 9	29庚辰⑦	29庚戌 7	29己卯 5	29戊申 4	29戊寅 3	**29**丁未①	**29**丁丑 1	《11月》		29丙午㉙	28乙亥27
	30辛巳 8			30己酉 5		30戊申 2	30戊寅 2	**30**戊申 1		30丁未30	29丙子28
											30丁丑29

雨水 7日	春分 8日	穀雨 9日	小満 10日	夏至 12日	大暑 12日	処暑 14日	秋分 14日	霜降 14日	小雪 15日	大雪 1日	小寒 2日
啓蟄 22日	清明 24日	立夏 24日	芒種 26日	小暑 27日	立秋 27日	白露 29日	寒露 29日	立冬 30日		冬至 16日	大寒 17日

正暦元年〔永祚 2 年〕（990－991） 庚寅

改元 11/7（永祚→正暦）

1 月	2 月	3 月	4 月	5 月	6 月	7 月	8 月	9 月	10月	11月	12月
1 戊寅30	1 丁未28	1 丙子29	1 丙午28	1 乙亥27	1 甲辰25	1 甲戌25	1 癸卯23	1 癸酉22	1 癸卯22	1 壬申20	1 壬寅20
2 己卯31	《3月》	2 丁丑㉚	2 丁未29	2 丙子28	2 乙巳26	2 乙亥26	2 甲辰㉔	2 甲戌23	2 甲辰23	2 癸酉21	2 癸卯㉑
《2月》	2 戊申 1	3 戊寅31	3 戊申30	3 丁丑29	3 丙午27	3 丙子㉗	3 乙巳25	3 乙亥24	3 乙巳24	3 甲戌22	3 甲辰22
3 庚辰 1	**3** 己酉②	《4月》	《5月》	4 戊寅30	4 丁未28	4 丁丑28	4 丙午26	4 丙子25	4 丙午25	4 乙亥㉓	4 乙巳23
4 辛巳②	4 庚戌 3	4 己卯 1	4 己酉 1	5 己卯31	5 戊申㉙	5 戊寅29	5 丁未27	5 丁丑26	5 丁未㉖	5 丙子24	5 丙午24
5 壬午 3	5 辛亥 4	**5** 庚辰 2	**5** 庚戌 2	《6月》	6 己酉30	6 己卯30	6 戊申28	6 戊寅27	6 戊申27	6 丁丑25	6 丁未25
6 癸未 4	6 壬子 5	6 辛巳 3	6 辛亥 3	6 庚辰①	《7月》	7 庚辰31	7 己酉29	7 己卯㉘	7 己酉28	7 戊寅26	7 戊申26
7 甲申 5	7 癸丑 6	7 壬午 4	7 壬子④	**7** 辛巳 2	7 庚戌 1	《8月》	8 庚戌30	8 庚辰29	8 庚戌29	8 己卯27	8 己酉27
8 乙酉 6	8 甲寅 7	8 癸未 5	8 癸丑 5	8 壬午 3	**8** 辛亥 2	8 辛巳 1	9 辛亥㉛	9 辛巳30	9 辛亥30	9 庚辰28	9 庚戌㉘
9 丙戌 7	9 乙卯 8	9 甲申⑥	9 甲寅 6	9 癸未 4	9 壬子 3	**9** 壬午 2	《9月》	《10月》	10壬子31	10辛巳29	10辛亥29
10丁亥 8	10丙辰⑨	10乙酉 7	10乙卯 7	10甲申 5	10癸丑 4	10癸未③	**10**壬子 1	10壬午 1	《11月》	11壬午㉚	11壬子30
11戊子⑨	11丁巳10	11丙戌 8	11丙辰 8	11乙酉 6	11甲寅 5	11甲申 4	11癸丑 2	**11**癸未 2	**11**癸丑 1	《12月》	12癸丑31
12己丑10	12戊午11	12丁亥 9	12丁巳 9	12丙戌 7	12乙卯⑥	12乙酉 5	12甲寅 3	12甲申 3	12甲寅②	**12**癸未 1	**991 年**
13庚寅11	13己未12	13戊子10	13戊午10	13丁亥⑧	13丙辰 7	13丙戌 6	13乙卯 4	13乙酉 4	13乙卯 3	13甲申 2	《1月》
14辛卯12	14庚申13	14己丑11	14己未⑪	14戊子 9	14丁巳 8	14丁亥 7	14丙辰 5	14丙戌⑤	14丙辰 4	14乙酉 3	**13**甲寅 1
15壬辰13	15辛酉14	15庚寅12	15庚申12	15己丑10	15戊午 9	15戊子 8	15丁巳 6	15丁亥 6	15丁巳 5	15丙戌 4	14乙卯 2
16癸巳14	16壬戌15	16辛卯⑬	16辛酉13	16庚寅11	16己未10	16己丑 9	16戊午⑦	16戊子 7	16戊午 6	16丁亥 5	15丙辰 3
17甲午15	17癸亥⑯	17壬辰14	17壬戌14	17辛卯12	17庚申11	17庚寅⑩	17己未 8	17己丑 8	17己未 7	17戊子 6	16丁巳④
18乙未⑯	18甲子17	18癸巳15	18癸亥15	18壬辰13	18辛酉12	18辛卯11	18庚申 9	18庚寅 9	18庚申 8	18己丑⑦	17戊午 5
19丙申17	**19**乙丑18	19甲午16	19甲子16	19癸巳14	19壬戌⑬	19壬辰12	19辛酉10	19辛卯10	19辛酉⑨	19庚寅 8	18己未 6
20丁酉18	20丙寅19	**20**乙未17	20乙丑17	20甲午⑮	20癸亥14	20癸巳13	20壬戌11	20壬辰11	20壬戌10	20辛卯 9	19庚申 7
21戊戌19	21丁卯20	21丙申18	**21**丙寅⑱	21乙未16	21甲子15	21甲午14	21癸亥12	21癸巳⑫	21癸亥11	21壬辰10	20辛酉 8
22己亥20	22戊辰21	22丁酉19	22丁卯19	**22**丙申17	22乙丑16	22乙未15	22甲子13	22甲午13	22甲子12	22癸巳11	21壬戌 9
23庚子21	23己巳22	23戊戌⑳	23戊辰20	23丁酉18	**23**丙寅17	23丙申16	23乙丑⑭	23乙未14	23乙丑13	23甲午12	22癸亥10
24辛丑22	24庚午㉓	24己亥21	24己巳21	24戊戌19	24丁卯18	**24**丁酉⑰	24丙寅15	24丙申15	24丙寅14	24乙未13	23甲子⑪
25壬寅㉓	25辛未24	25庚子22	25庚午22	25己亥20	25戊辰19	25戊戌18	**25**丁卯16	25丁酉16	25丁卯15	25丙申⑭	24乙丑12
26癸卯24	26壬申25	26辛丑23	26辛未23	26庚子21	26己巳⑳	26己亥19	26戊辰17	**26**戊戌17	**26**戊辰⑯	26丁酉15	25丙寅13
27甲辰25	27癸酉26	27壬寅24	27壬申24	27辛丑㉒	27庚午21	27庚子20	27己巳18	27己亥18	27己巳17	27戊戌16	26丁卯14
28乙巳26	28甲戌27	28癸卯25	28癸酉㉕	28壬寅23	28辛未22	28辛丑21	28庚午19	28庚子⑲	28庚午18	**28**己亥17	27戊辰15
29丙午27	29乙亥28	29甲辰26	29甲戌26	29癸卯24	29壬申23	29壬寅22	29辛未20	29辛丑20	29辛未19	29庚子18	**28**己巳16
		30乙巳㉗			30癸酉24		30壬申㉑	30壬寅21		30辛丑19	29庚午17
											30辛未⑱

立春 2日	啓蟄 3日	清明 5日	立夏 5日	芒種 7日	小暑 8日	立秋 9日	白露 10日	寒露 11日	立冬 11日	大雪 12日	小寒 13日
雨水 17日	春分 19日	穀雨 20日	小満 21日	夏至 22日	大暑 23日	処暑 24日	秋分 25日	霜降 26日	小雪 26日	冬至 28日	大寒 28日

正暦2年（991－992） 辛卯

1月	2月	閏2月	3月	4月	5月	6月	7月	8月	9月	10月	11月	12月
1 壬申19	1 壬寅18	1 辛未19	1 庚子17	1 庚午⑰	1 己亥15	1 戊辰14	1 戊戌13	1 丁卯11	1 丁酉⑪	1 丙寅 9	1 丙申 9	1 丙寅 8
2 癸酉20	2 癸卯19	2 壬申20	2 辛丑18	2 辛未18	2 庚子16	2 己巳15	2 己亥14	2 戊辰12	2 戊戌12	2 丁卯10	2 丁酉10	2 丁卯 9
3 甲戌21	3 甲辰20	3 癸酉21	3 壬寅⑲	3 壬申19	3 辛丑17	3 庚午16	3 庚子15	3 己巳⑬	3 己亥13	3 戊辰11	3 戊戌11	3 戊辰⑩
4 乙亥22	4 乙巳21	4 甲戌㉒	4 癸卯20	4 癸酉20	4 壬寅18	4 辛未17	4 辛丑⑯	4 庚午14	4 庚子14	4 己巳12	4 己亥12	4 己巳11
5 丙子23	5 丙午㉒	5 乙亥23	5 甲辰21	5 甲戌21	5 癸卯19	5 壬申18	5 壬寅17	5 辛未15	5 辛丑15	5 庚午13	5 庚子⑬	5 庚午12
6 丁丑24	6 丁未23	6 丙子24	6 乙巳22	6 乙亥22	6 甲辰20	6 癸酉⑲	6 癸卯18	6 壬申16	6 壬寅16	6 辛未14	6 辛丑14	6 辛未13
7 戊寅㉕	7 戊申24	7 丁丑25	7 丙午23	7 丙子23	7 乙巳㉑	7 甲戌20	7 甲辰19	7 癸酉17	7 癸卯17	7 壬申⑮	7 壬寅15	7 壬申14
8 己卯26	8 己酉25	8 戊寅26	8 丁未24	8 丁丑㉔	8 丙午22	8 乙亥21	8 乙巳20	8 甲戌18	8 甲辰⑱	8 癸酉16	8 癸卯16	8 癸酉15
9 庚辰27	9 庚戌26	9 己卯27	9 戊申25	9 戊寅25	9 丁未23	9 丙子22	9 丙午21	9 乙亥19	9 乙巳19	9 甲戌17	9 甲辰17	9 甲戌16
10辛巳28	10辛亥27	10庚辰28	10己酉㉖	10己卯26	10戊申24	10丁丑23	10丁未22	10丙子⑳	10丙午20	10乙亥18	10乙巳18	10乙亥⑰
11壬午29	11壬子28	11辛巳㉙	11庚戌27	11庚辰27	11己酉25	11戊寅24	11戊申㉓	11丁丑21	11丁未21	11丙子19	11丙午19	11丙子18
12癸未30	《3月》	12壬午30	12辛亥28	12辛巳28	12庚戌26	12己卯25	12己酉24	12戊寅22	12戊申22	12丁丑20	12丁未⑳	12丁丑19
13甲申31	12癸丑①	13癸未31	13壬子29	13壬午29	13辛亥27	13庚辰㉖	13庚戌25	13己卯23	13己酉23	13戊寅21	13戊申21	13戊寅20
《2月》	13甲寅 2	《4月》	14癸丑30	14癸未30	14壬子㉘	14辛巳27	14辛亥26	14庚辰24	14庚戌24	14己卯㉒	14己酉22	14己卯21
14乙酉①	14乙卯 3	14甲申 1	《5月》	15甲申㉛	15癸丑29	15壬午28	15壬子27	15辛巳25	15辛亥㉕	15庚辰23	15庚戌23	15庚辰22
15丙戌 2	15丙辰 4	15乙酉 2	15甲寅 1	《6月》	16甲寅30	16癸未29	16癸丑28	16壬午26	16壬子26	16辛巳24	16辛亥24	16辛巳23
16丁亥 3	16丁巳 5	16丙戌 3	16乙卯 2	16乙酉 1	《7月》	17甲申30	17甲寅29	17癸未㉗	17癸丑27	17壬午25	17壬子25	17壬午㉔
17戊子 4	17戊午 6	17丁亥 4	17丙辰③	17丙戌 2	17乙卯 1	18乙酉31	18乙卯㉚	18甲申28	18甲寅28	18癸未26	18癸丑26	18癸未25
18己丑 5	18己未 7	18戊子⑤	18丁巳 4	18丁亥 3	18丙辰 2	《8月》	19丙辰31	19乙酉29	19乙卯29	19甲申27	19甲寅㉗	19甲申26
19庚寅 6	19庚申⑧	19己丑 6	19戊午 5	19戊子 4	19丁巳 3	19丙戌 1	《9月》	20丙戌30	20丙辰30	20乙酉28	20乙卯28	20乙酉27
20辛卯 7	20辛酉 9	20庚寅 7	20己未 6	20己丑 5	20戊午 4	20丁亥②	20丁巳 1	《10月》	21丁巳31	21丙戌㉙	21丙辰29	21丙戌28
21壬辰⑧	21壬戌10	21辛卯 8	21庚申 7	21庚寅 6	21己未⑤	21戊子 3	21戊午 2	21丁亥 1	《11月》	22丁亥30	22丁巳30	22丁亥29
22癸巳 9	22癸亥11	22壬辰 9	22辛酉 8	22辛卯⑦	22庚申 6	22己丑 4	22己未 3	22戊子 2	22戊午①	《12月》	23戊午31	23戊子30
23甲午10	23甲子12	23癸巳10	23壬戌 9	23壬辰 8	23辛酉 7	23庚寅 5	23庚申 4	23己丑 3	23己未 2	23戊子 1	992年	24己丑㉛
24乙未11	24乙丑13	24甲午11	24癸亥⑩	24癸巳 9	24壬戌 8	24辛卯 6	24辛酉 5	24庚寅④	24庚申 3	24己丑 2	《1月》	《2月》
25丙申12	25丙寅14	25乙未⑫	25甲子11	25甲午10	25癸亥 9	25壬辰 7	25壬戌⑥	25辛卯 5	25辛酉 4	25庚寅 3	24己未 1	25庚寅 1
26丁酉13	26丁卯⑮	26丙申13	26乙丑12	26乙未11	26甲子10	26癸巳 8	26癸亥 7	26壬辰 6	26壬戌 5	26辛卯 4	25庚申 2	26辛卯 2
27戊戌14	27戊辰16	27丁酉14	27丙寅13	27丙申12	27乙丑11	27甲午⑨	27甲子 8	27癸巳 7	27癸亥 6	27壬辰 5	26辛酉③	27壬辰 3
28己亥⑮	28己巳17	28戊戌15	28丁卯14	28丁酉13	28丙寅⑫	28乙未10	28乙丑 9	28甲午 8	28甲子 7	28癸巳⑥	27壬戌 4	28癸巳 4
29庚子16	29庚午18	29己亥16	29戊辰15	29戊戌⑭	29丁卯13	29丙申11	29丙寅10	29乙未 9	29乙丑⑧	29甲午 7	28癸亥 5	29甲午 5
30辛丑17			30己巳16			30丁酉12		30丙申10		30乙未 8	29甲子 6	30乙未 6
											30乙丑 7	
立春 13日 雨水 28日	啓蟄 14日 春分 29日	清明15日	穀雨 1日 立夏 17日	小満 2日 芒種 17日	夏至 3日 小暑 18日	大暑 5日 立秋 20日	処暑 5日 白露 20日	秋分 7日 寒露 22日	霜降 7日 立冬 22日	小雪 8日 大雪 24日	冬至 9日 小寒 24日	大寒 9日 立春 25日

正暦3年（992－993） 壬辰

1月	2月	3月	4月	5月	6月	7月	8月	9月	10月	11月	12月
1 丙申⑦	1 乙丑 7	1 乙未 6	1 甲子 5	1 甲午 4	1 癸亥③	《8月》	1 壬戌31	1 辛卯29	1 辛酉29	1 庚寅㉗	1 庚申27
2 丁酉 8	2 丙寅 8	2 丙申 7	2 乙丑 6	2 乙未⑤	2 甲子 4	1 壬辰 1	《9月》	2 壬辰30	2 壬戌㉚	2 辛卯28	2 辛酉28
3 戊戌 9	3 丁卯 9	3 丁酉 8	3 丙寅 7	3 丙申 6	3 乙丑 5	2 癸巳 2	2 癸亥 1	《10月》	3 癸亥31	3 壬辰29	3 壬戌29
4 己亥10	4 戊辰10	4 戊戌 9	4 丁卯⑧	4 丁酉 7	4 丙寅 6	3 甲午 3	3 甲子 2	3 癸巳 1	《11月》	4 癸巳30	4 癸亥30
5 庚子11	5 己巳11	5 己亥⑩	5 戊辰 9	5 戊戌 8	5 丁卯 7	4 乙未 4	4 乙丑 3	4 甲午②	4 甲子 1	《12月》	5 甲子31
6 辛丑12	6 庚午12	6 庚子11	6 己巳10	6 己亥 9	6 戊辰 8	5 丙申 5	5 丙寅④	5 乙未 3	5 乙丑 2	5 甲午 1	993年
7 壬寅13	7 辛未⑬	7 辛丑12	7 庚午11	7 庚子10	7 己巳 9	6 丁酉 6	6 丁卯 5	6 丙申 4	6 丙寅 3	6 乙未 2	《1月》
8 癸卯⑭	8 壬申14	8 壬寅13	8 辛未12	8 辛丑11	8 庚午⑩	7 戊戌⑦	7 戊辰 6	7 丁酉 5	7 丁卯 4	7 丙申 3	6 乙丑①
9 甲辰15	9 癸酉15	9 癸卯14	9 壬申13	9 壬寅⑫	9 辛未11	8 己亥 8	8 己巳 7	8 戊戌 6	8 戊辰 5	8 丁酉④	7 丙寅 2
10乙巳16	10甲戌16	10甲辰15	10癸酉14	10癸卯13	10壬申12	9 庚子 9	9 庚午 8	9 己亥 7	9 己巳⑥	9 戊戌 5	8 丁卯 3
11丙午17	11乙亥17	11乙巳16	11甲戌⑮	11甲辰14	11癸酉13	10辛丑10	10辛未 9	10庚子 8	10庚午 7	10己亥 6	9 戊辰 4
12丁未18	12丙子18	12丙午⑰	12乙亥16	12乙巳15	12甲戌14	11壬寅11	11壬申10	11辛丑⑨	11辛未 8	11庚子 7	10己巳 5
13戊申19	13丁丑19	13丁未18	13丙子17	13丙午16	13乙亥15	12癸卯12	12癸酉⑪	12壬寅10	12壬申 9	12辛丑 8	11庚午 6
14己酉20	14戊寅⑳	14戊申19	14丁丑18	14丁未17	14丙子16	13甲辰13	13甲戌12	13癸卯11	13癸酉10	13壬寅 9	12辛未 7
15庚戌㉑	15己卯21	15己酉20	15戊寅19	15戊申18	15丁丑⑰	14乙巳⑭	14乙亥13	14甲辰12	14甲戌11	14癸卯10	13壬申⑧
16辛亥22	16庚辰22	16庚戌21	16己卯20	16己酉⑲	16戊寅18	15丙午15	15丙子14	15乙巳13	15乙亥12	15甲辰⑪	14癸酉 9
17壬子23	17辛巳23	17辛亥22	17庚辰21	17庚戌20	17己卯19	16丁未16	16丁丑15	16丙午14	16丙子⑬	16乙巳12	15甲戌10
18癸丑24	18壬午24	18壬子23	18辛巳㉒	18辛亥21	18庚辰20	17戊申17	17戊寅16	17丁未15	17丁丑14	17丙午13	16乙亥11
19甲寅25	19癸未25	19癸丑㉔	19壬午23	19壬子22	19辛巳21	18己酉18	18己卯17	18戊申⑯	18戊寅15	18丁未14	17丙子12
20乙卯26	20甲申26	20甲寅25	20癸未24	20癸丑23	20壬午22	19庚戌19	19庚辰⑱	19己酉17	19己卯16	19戊申15	18丁丑13
21丙辰27	21乙酉㉗	21乙卯26	21甲申25	21甲寅24	21癸未23	20辛亥20	20辛巳19	20庚戌18	20庚辰17	20己酉16	19戊寅14
22丁巳㉘	22丙戌28	22丙辰27	22乙酉26	22乙卯25	22甲申㉔	21壬子㉑	21壬午20	21辛亥19	21辛巳18	21庚戌17	20己卯⑮
23戊午29	23丁亥29	23丁巳28	23丙戌27	23丙辰㉖	23乙酉25	22癸丑22	22癸未21	22壬子20	22壬午19	22辛亥⑱	21庚辰16
《3月》	24戊子30	24戊午29	24丁亥28	24丁巳27	24丙戌26	23甲寅23	23甲申22	23癸丑21	23癸未⑳	23壬子19	22辛巳17
24己未 1	25己丑31	25己未30	25戊子㉙	25戊午28	25丁亥27	24乙卯24	24乙酉23	24甲寅22	24甲申21	24癸丑20	23壬午18
25庚申 2	《4月》	《5月》	26己丑30	26己未29	26戊子28	25丙辰25	25丙戌24	25乙卯㉓	25乙酉22	25甲寅21	24癸未19
26辛酉 3	26庚寅 1	26庚申①	27庚寅31	27庚申30	27己丑29	26丁巳26	26丁亥㉕	26丙辰24	26丙戌23	26乙卯22	25甲申20
27壬戌 4	27辛卯 2	27辛酉 2	《6月》	《7月》	28庚寅30	27戊午27	27戊子26	27丁巳25	27丁亥24	27丙辰23	26乙酉21
28癸亥 5	28壬辰③	28壬戌 3	28辛卯 1	28辛酉 1	29辛卯㉛	28己未㉘	28己丑27	28戊午26	28戊子25	28丁巳24	27丙戌㉒
29甲子⑥	29癸巳 4	29癸亥 4	29壬辰 2	29壬戌 2		29庚申29	29庚寅28	29己未27	29己丑26	29戊午㉕	28丁亥23
	30甲午 5		30癸巳 3			30辛酉30		30庚申28		30己未26	29戊子24
											30己丑25
雨水 10日 啓蟄 25日	春分 11日 清明 26日	穀雨 12日 立夏 27日	小満 13日 芒種 28日	夏至 13日 小暑 29日	大暑 15日	立秋 1日 処暑 16日	白露 2日 秋分 17日	寒露 3日 霜降 18日	立冬 3日 小雪 19日	大雪 5日 冬至 20日	小寒 5日 大寒 21日

正暦4年（993－994） 癸巳

1月	2月	3月	4月	5月	6月	7月	8月	9月	10月	閏10月	11月	12月
1 庚寅26	1 己未24	1 己丑㉖	1 己未25	1 戊子24	1 戊午23	1 丁亥22	1 丙辰⑳	1 丙戌19	1 乙卯18	1 乙酉17	**1** 甲寅16	1 甲申15
2 辛卯27	2 庚申25	2 庚寅27	2 庚申26	2 己丑25	2 己未24	2 戊子㉓	2 丁巳21	2 丁亥20	2 丙辰19	2 丙戌18	2 乙卯⑰	**2** 乙酉16
3 壬辰28	3 辛酉㉖	3 辛卯28	3 辛酉27	3 庚寅26	3 庚申㉕	3 己丑24	3 戊午22	3 戊子21	3 丁巳20	3 丁亥⑲	3 丙辰18	3 丙戌17
4 癸巳㉙	4 壬戌27	4 壬辰29	4 壬戌28	4 辛卯27	4 辛酉26	4 庚寅25	4 己未23	4 己丑22	4 戊午21	4 戊子20	4 丁巳19	4 丁亥18
5 甲午30	5 癸亥28	5 癸巳30	5 癸亥29	5 壬辰㉘	5 壬戌27	5 辛卯26	5 庚申24	5 庚寅23	5 己未㉒	5 己丑21	5 戊午20	5 戊子19
6 乙未31	《3月》	6 甲午31	6 甲子㉚	6 癸巳29	6 癸亥28	6 壬辰27	6 辛酉25	6 辛卯㉔	6 庚申23	6 庚寅22	6 己未21	6 己丑20
《2月》	6 甲子1	《4月》	《5月》	7 甲午30	7 甲子29	7 癸巳28	7 壬戌26	7 壬辰25	7 辛酉24	7 辛卯23	7 庚申22	7 庚寅㉑
7 丙申1	**7** 乙丑2	7 乙未1	7 乙丑1	8 乙未31	8 乙丑30	8 甲午29	8 癸亥㉗	8 癸巳26	8 壬戌25	8 壬辰24	8 辛酉23	8 辛卯22
8 丁酉2	8 丙寅3	**8** 丙申②	**8** 丙寅2	《6月》	《7月》	9 乙未㉚	9 甲子28	9 甲午27	9 癸亥26	9 癸巳25	9 壬戌㉔	9 壬辰23
9 戊戌3	9 丁卯4	9 丁酉3	9 丁卯3	**9** 丙申1	9 丙寅1	10 丙申31	10 乙丑29	10 乙未28	10 甲子27	10 甲午㉖	10 癸亥25	10 癸巳24
10 己亥4	10 戊辰⑤	10 戊戌4	10 戊辰4	10 丁酉2	**10** 丁卯②	《8月》	11 丙寅30	11 丙申29	11 乙丑28	11 乙未27	11 甲子26	11 甲午25
11 庚子⑤	11 己巳6	11 己亥5	11 己巳5	11 戊戌3	11 戊辰3	**11** 丁酉1	12 丁卯31	12 丁酉30	12 丙寅㉙	12 丙申28	12 乙丑27	12 乙未26
12 辛丑6	12 庚午7	12 庚子6	12 庚午6	12 己亥④	12 己巳4	12 戊戌2	《9月》	《10月》	13 丁卯30	13 丁酉29	13 丙寅28	13 丙申27
13 壬寅7	13 辛未8	13 辛丑7	13 辛未⑦	13 庚子5	13 庚午5	13 己亥3	**13** 戊辰1	**13** 戊戌①	14 戊辰31	14 戊戌30	14 丁卯29	14 丁酉㉘
14 癸卯8	14 壬申9	14 壬寅8	14 壬申8	14 辛丑6	14 辛未6	14 庚子4	14 己巳2	14 己亥2	《11月》	《12月》	15 戊辰30	15 戊戌29
15 甲辰9	15 癸酉10	15 癸卯⑨	15 癸酉9	15 壬寅7	15 壬申7	15 辛丑5	15 庚午③	15 庚子3	**15** 己巳1	**15** 己亥1	16 己巳㉛	16 己亥30
16 乙巳10	16 甲戌11	16 甲辰10	16 甲戌10	16 癸卯8	16 癸酉8	16 壬寅⑥	16 辛未4	16 辛丑4	16 庚午2	16 庚子2	**994年**	**17** 庚子31
17 丙午11	17 乙亥⑫	17 乙巳11	17 乙亥11	17 甲辰9	17 甲戌⑨	17 癸卯7	17 壬申5	17 壬寅5	17 辛未3	17 辛丑③	《1月》	《2月》
18 丁未⑫	18 丙子13	18 丙午12	18 丙子12	18 乙巳10	18 乙亥10	18 甲辰8	18 癸酉6	18 癸卯6	18 壬申4	18 壬寅4	**17** 庚午1	18 辛丑1
19 戊申13	19 丁丑14	19 丁未13	19 丁丑13	19 丙午⑪	19 丙子11	19 乙巳9	19 甲戌7	19 甲辰7	19 癸酉⑤	19 癸卯5	18 辛未2	19 壬寅2
20 己酉14	20 戊寅15	20 戊申14	20 戊寅⑭	20 丁未12	20 丁丑12	20 丙午10	20 乙亥8	20 乙巳⑧	20 甲戌6	20 甲辰6	19 壬申3	20 癸卯3
21 庚戌15	21 己卯16	21 己酉15	21 己卯15	21 戊申13	21 戊寅13	21 丁未11	21 丙子9	21 丙午9	21 乙亥7	21 乙巳7	20 癸酉4	21 甲辰④
22 辛亥16	**22** 庚辰17	22 庚戌⑯	22 庚辰16	22 己酉14	22 己卯14	22 戊申12	22 丁丑⑩	22 丁未10	22 丙子8	22 丙午8	21 甲戌5	22 乙巳5
23 壬子17	23 辛巳18	**23** 辛亥17	**23** 辛巳17	23 庚戌15	23 庚辰15	23 己酉⑬	23 戊寅11	23 戊申11	23 丁丑9	23 丁未9	22 乙亥6	23 丙午6
24 癸丑18	24 壬午⑲	24 壬子18	24 壬午18	24 辛亥16	24 辛巳⑯	24 庚戌14	24 己卯12	24 己酉12	24 戊寅10	24 戊申⑩	23 丙子⑦	24 丁未7
25 甲寅⑲	25 癸未20	25 癸丑19	25 癸未19	**25** 壬子17	**25** 壬午17	25 辛亥15	25 庚辰13	25 庚戌13	25 己卯11	25 己酉11	24 丁丑8	25 戊申8
26 乙卯20	26 甲申21	26 甲寅20	26 甲申20	26 癸丑⑱	26 癸未18	26 壬子16	26 辛巳14	26 辛亥14	26 庚辰⑫	26 庚戌12	25 戊寅9	26 己酉9
27 丙辰21	27 乙酉22	27 乙卯21	27 乙酉㉑	27 甲寅19	27 甲申19	**27** 癸丑17	27 壬午15	27 壬子⑮	27 辛巳13	27 辛亥13	26 己卯10	27 庚戌10
28 丁巳22	28 丙戌23	28 丙辰22	28 丙戌22	28 乙卯20	28 乙酉20	28 甲寅18	**28** 癸未16	**28** 癸丑16	28 壬午14	28 壬子14	27 庚辰11	28 辛亥⑪
29 戊午23	29 丁亥24	29 丁巳㉓	29 丁亥23	29 丙辰21	29 丙戌21	29 乙卯19	29 甲申⑰	29 甲寅17	29 癸未15	29 癸丑15	28 辛巳12	29 壬子12
	30 戊子25	30 戊午24		30 丁巳22			30 乙酉18		**30** 甲申16		29 壬午13	
											30 癸未⑭	
立春 6日	啓蟄 7日	清明 8日	立夏 8日	芒種 9日	小暑 10日	立秋 11日	白露 13日	寒露 13日	立冬 15日	大雪15日	冬至 1日	大寒 2日
雨水 21日	春分 22日	穀雨 23日	小満 23日	夏至 25日	大暑 25日	処暑 27日	秋分 28日	霜降 28日	小雪 30日		小寒 17日	立春 17日

正暦5年（994－995） 甲午

1月	2月	3月	4月	5月	6月	7月	8月	9月	10月	11月	12月
1 癸丑13	1 癸未15	1 癸丑14	1 壬午⑬	1 壬子12	1 辛巳11	1 辛亥10	1 庚辰8	1 庚戌8	1 己卯6	1 己酉6	1 戊寅4
2 甲寅14	2 甲申16	2 甲寅⑮	2 癸未14	2 癸丑13	2 壬午12	2 壬子11	2 辛巳⑨	2 辛亥9	2 庚辰7	2 庚戌7	2 己卯5
3 乙卯15	3 乙酉17	3 乙卯16	3 甲申15	3 甲寅14	3 癸未13	3 癸丑⑫	3 壬午10	3 壬子10	3 辛巳8	3 辛亥8	3 庚辰⑥
4 丙辰16	**4** 丙戌⑱	**4** 丙辰17	4 乙酉16	4 乙卯15	4 甲申14	4 甲寅13	4 癸未11	4 癸丑11	4 壬午9	4 壬子⑨	4 辛巳7
5 丁巳17	5 丁亥19	5 丁巳18	5 丙戌17	5 丙辰16	5 乙酉⑮	5 乙卯14	5 甲申12	5 甲寅12	5 癸未10	5 癸丑10	5 壬午8
6 戊午⑱	6 戊子20	6 戊午19	**6** 丁亥18	**6** 丁巳⑰	6 丙戌16	6 丙辰15	6 乙酉13	6 乙卯13	6 甲申⑪	6 甲寅11	6 癸未9
7 己未19	7 己丑21	7 己未20	7 戊子19	7 戊午18	**7** 丁亥17	7 丁巳16	7 丙戌14	7 丙辰⑭	7 乙酉12	7 乙卯12	7 甲申10
8 庚申20	8 庚寅22	8 庚申21	8 己丑⑳	8 己未19	8 戊子18	**8** 戊午17	8 丁亥15	8 丁巳15	8 丙戌13	8 丙辰13	8 乙酉11
9 辛酉21	9 辛卯23	9 辛酉㉒	9 庚寅21	9 庚申20	9 己丑19	9 己未18	**9** 戊子⑯	9 戊午16	9 丁亥14	9 丁巳14	9 丙戌12
10 壬戌22	10 壬辰24	10 壬戌23	10 辛卯22	10 辛酉21	10 庚寅20	10 庚申⑲	10 己丑17	**10** 己未17	10 戊子15	10 戊午15	10 丁亥⑬
11 癸亥23	11 癸巳㉕	11 癸亥24	11 壬辰23	11 壬戌22	11 辛卯21	11 辛酉20	11 庚寅18	11 庚申18	**11** 己丑16	11 己未⑯	11 戊子14
12 甲子24	12 甲午26	12 甲子25	12 癸巳24	12 癸亥23	12 壬辰㉒	12 壬戌21	12 辛卯19	12 辛酉19	12 庚寅17	**12** 庚申17	12 己丑15
13 乙丑㉕	13 乙未27	13 乙丑26	13 甲午25	13 甲子㉔	13 癸巳23	13 癸亥22	13 壬辰20	13 壬戌20	13 辛卯⑱	13 辛酉18	**13** 庚寅16
14 丙寅26	14 丙申28	14 丙寅27	14 乙未26	14 乙丑25	14 甲午24	14 甲子23	14 癸巳21	14 癸亥㉑	14 壬辰19	14 壬戌19	14 辛卯17
15 丁卯27	15 丁酉29	15 丁卯28	15 丙申㉗	15 丙寅26	15 乙未25	15 乙丑24	15 甲午22	15 甲子22	15 癸巳20	15 癸亥20	15 壬辰18
16 戊辰28	16 戊戌30	16 戊辰㉙	16 丁酉28	16 丁卯27	16 丙申26	16 丙寅25	16 乙未㉓	16 乙丑23	16 甲午21	16 甲子21	16 癸巳19
《3月》	17 己亥31	17 己巳30	17 戊戌29	17 戊辰28	17 丁酉27	17 丁卯㉖	17 丙申24	17 丙寅24	17 乙未22	17 乙丑22	17 甲午⑳
17 己巳1	《4月》	《5月》	18 己亥30	18 己巳29	18 戊戌28	18 戊辰27	18 丁酉25	18 丁卯25	18 丙申23	18 丙寅㉓	18 乙未21
18 庚午2	18 庚子①	18 庚午1	19 庚子31	19 庚午30	19 己亥㉙	19 己巳28	19 戊戌26	19 戊辰26	19 丁酉24	19 丁卯24	19 丙申22
19 辛未3	**19** 辛丑2	**19** 辛未2	《6月》	《7月》	20 庚子30	20 庚午29	20 己亥27	20 己巳27	20 戊戌㉕	20 戊辰25	20 丁酉23
20 壬申④	20 壬寅3	20 壬申3	20 辛丑1	20 辛未①	21 辛丑31	21 辛未30	21 庚子28	21 庚午㉘	21 己亥26	21 己巳26	21 戊戌24
21 癸酉5	21 癸卯4	21 癸酉4	**21** 壬寅2	**21** 壬申2	《8月》	22 壬申31	22 辛丑29	22 辛未29	22 庚子27	22 庚午27	22 己亥25
22 甲戌6	22 甲辰5	22 甲戌5	22 癸卯③	22 癸酉3	22 壬寅1	《9月》	23 壬寅㉚	23 壬申30	23 辛丑28	23 辛未28	23 庚子26
23 乙亥7	23 乙巳6	23 乙亥⑥	23 甲辰4	23 甲戌4	**23** 癸卯2	**23** 癸酉1	《10月》	24 癸酉31	24 壬寅29	24 壬申29	24 辛丑㉗
24 丙子8	24 丙午7	24 丙子7	24 乙巳5	24 乙亥5	24 甲辰3	24 甲戌②	**24** 癸卯1	《11月》	25 癸卯30	25 癸酉㉚	25 壬寅28
25 丁丑9	25 丁未⑧	25 丁丑8	25 丙午6	25 丙子6	25 乙巳4	25 乙亥3	25 甲辰2	**25** 甲戌1	《12月》	26 甲戌31	26 癸卯29
26 戊寅10	26 戊申9	26 戊寅9	26 丁未7	26 丁丑7	26 丙午⑤	26 丙子4	26 乙巳3	26 乙亥2	**26** 甲辰1	**995年**	27 甲辰30
27 己卯⑪	27 己酉10	27 己卯10	27 戊申8	27 戊寅⑧	27 丁未6	27 丁丑5	27 丙午4	27 丙子3	27 乙巳②	《1月》	**28** 乙巳31
28 庚辰12	28 庚戌11	28 庚辰11	28 己酉9	28 己卯9	28 戊申7	28 戊寅6	28 丁未5	28 丁丑④	28 丙午3	**27** 乙亥1	《2月》
29 辛巳13	29 辛亥12	29 辛巳12	29 庚戌⑩	29 庚辰10	29 己酉8	29 己卯7	29 戊申6	29 戊寅5	29 丁未4	28 丙子2	29 丙午1
30 壬午14	30 壬子13		30 辛亥11		30 庚戌9		30 己酉⑦		30 戊申5	29 丁丑3	30 丁未2
雨水 3日	春分 4日	穀雨 4日	小満 6日	夏至 6日	大暑 7日	処暑 8日	秋分 9日	霜降 10日	小雪 11日	冬至 12日	大寒 13日
啓蟄 18日	清明 19日	立夏 19日	芒種 21日	小暑 21日	立秋 23日	白露 23日	寒露 24日	立冬 25日	大雪 26日	小寒 27日	立春 28日

長徳元年〔正暦**6**年〕（995－996） 乙未

改元 2/22（正暦→長徳）

1月	2月	3月	4月	5月	6月	7月	8月	9月	10月	11月	12月
1 戊申③	1 丁丑 4	1 丁未 3	**1** 丁丑 3	《6月》	《7月》	1 乙巳30	1 乙亥29	1 甲辰27	1 甲戌㉗	1 癸卯25	1 癸酉25
2 己酉 4	2 戊寅 5	2 戊申 4	2 戊寅 4	1 丙午 1	1 丙子 1	2 丙午31	2 丙子30	2 乙巳28	2 乙亥28	2 甲辰26	2 甲戌26
3 庚戌 5	3 己卯 6	3 己酉 5	3 己卯⑤	**2** 丁未②	**2** 丁丑 2	《8月》	3 丁丑31	3 丙午㉙	3 丙子29	3 乙巳27	3 乙亥27
4 辛亥 6	4 庚辰 7	4 庚戌 6	4 庚辰 6	3 戊申 3	3 戊寅 3	3 丁未 1	《9月》	4 丁未30	4 丁丑30	4 丙午28	4 丙子28
5 壬子 7	5 辛巳 8	5 辛亥⑦	5 辛巳 7	4 己酉 4	4 己卯 4	**4** 戊申 2	**4** 戊寅①	《10月》	5 戊寅31	5 丁未29	5 丁丑㉙
6 癸丑 8	6 壬午 9	6 壬子 8	6 壬午 8	5 庚戌 5	5 庚辰 5	5 己酉 3	5 己卯 2	5 戊申 1	《11月》	6 戊申30	6 戊寅30
7 甲寅 9	7 癸未⑩	7 癸丑 9	7 癸未 9	6 辛亥 6	6 辛巳 6	6 庚戌④	6 庚辰 3	**6** 己酉 2	**6** 己卯 1	《12月》	7 己卯31
8 乙卯⑩	8 甲申11	8 甲寅10	8 甲申10	7 壬子 7	7 壬午⑦	7 辛亥 5	7 辛巳 4	7 庚戌 3	7 庚辰 2	7 己酉①	**996 年**
9 丙辰11	9 乙酉12	9 乙卯11	9 乙酉11	8 癸丑 8	8 癸未 8	8 壬子 6	8 壬午 5	8 辛亥 4	8 辛巳③	**8** 庚戌 2	《1月》
10丁巳12	10丙戌13	10丙辰12	10丙戌⑫	9 甲寅⑨	9 甲申 9	9 癸丑 7	9 癸未 6	9 壬子 5	9 壬午 4	9 辛亥 3	**8** 庚辰 1
11戊午13	11丁亥14	11丁巳13	11丁亥13	10乙卯10	10乙酉10	10甲寅 8	10甲申 7	10癸丑⑥	10癸未 5	10壬子 4	9 辛巳 2
12己未14	12戊子15	12戊午⑭	12戊子14	11丙辰11	11丙戌11	11乙卯 9	11乙酉⑧	11甲寅 7	11甲申 6	11癸丑 5	10壬午 3
13庚申15	13己丑16	13己未15	13己丑15	12丁巳12	12丁亥12	12丙辰10	12丙戌 9	12乙卯 8	12乙酉 7	12甲寅 6	11癸未 4
14辛酉16	14庚寅⑰	14庚申16	14庚寅16	13戊午13	13戊子13	13丁巳⑪	13丁亥10	13丙辰 9	13丙戌 8	13乙卯 7	12甲申⑤
15壬戌⑰	**15**辛卯18	**15**辛酉17	15辛卯17	14己未14	14己丑⑭	14戊午12	14戊子11	14丁巳10	14丁亥 9	14丙辰⑧	13乙酉 6
16癸亥18	16壬辰19	16壬戌18	**16**壬辰18	15庚申15	15庚寅15	15己未13	15己丑12	15戊午11	15戊子⑩	15丁巳 9	14丙戌 7
17甲子19	17癸巳20	17癸亥19	17癸巳⑲	16辛酉⑯	16辛卯16	16庚申14	16庚寅13	16己未12	16己丑11	16戊午10	15丁亥 8
18乙丑20	18甲午21	18甲子20	18甲午20	**17**壬戌17	17壬辰17	17辛酉15	17辛卯14	17庚申⑬	17庚寅12	17己未11	16戊子 9
19丙寅21	19乙未22	19乙丑㉑	19乙未21	18癸亥18	**18**癸巳18	18壬戌16	18壬辰⑮	18辛酉14	18辛卯13	18庚申12	17己丑10
20丁卯22	20丙申23	20丙寅22	20丙申22	19甲子19	19甲午19	**19**癸亥17	19癸巳16	19壬戌15	19壬辰14	19辛酉13	18庚寅11
21戊辰23	21丁酉㉔	21丁卯23	21丁酉23	20乙丑20	20乙未20	20甲子⑱	**20**甲午17	20癸亥16	20癸巳15	20壬戌14	19辛卯⑫
22己巳㉔	22戊戌25	22戊辰24	22戊戌24	21丙寅21	21丙申㉑	21乙丑19	21乙未18	**21** 甲子17	**21** 甲午16	21癸亥⑮	20壬辰13
23庚午25	23己亥26	23己巳25	23己亥25	22丁卯22	22丁酉22	22丙寅20	22丙申19	22乙丑18	22乙未⑰	22甲子16	21癸巳14
24辛未26	24庚子27	24庚午26	24庚子㉖	23戊辰㉓	23戊戌23	23丁卯21	23丁酉20	23丙寅19	23丙申18	**23**乙丑17	22甲午15
25壬申27	25辛丑28	25辛未27	25辛丑27	24己巳24	24己亥24	24戊辰22	24戊戌21	24丁卯⑳	24丁酉19	24丙寅18	**23**乙未16
26癸酉28	26壬寅29	26壬申㉘	26壬寅28	25庚午25	25庚子25	25己巳23	25己亥㉒	25戊辰21	25戊戌20	25丁卯19	24丙申17
《3月》	27癸卯30	27癸酉29	27癸卯29	26辛未26	26辛丑26	26庚午24	26庚子23	26己巳22	26己亥21	26戊辰20	25丁酉18
27甲戌 1	28甲辰㉛	28甲戌30	28甲辰30	27壬申27	27壬寅27	27辛未㉕	27辛丑24	27庚午23	27庚子22	27己巳21	26戊戌⑲
28乙亥 2	《4月》	《5月》	29乙巳31	28癸酉28	28癸卯㉘	28壬申26	28壬寅25	28辛未24	28辛丑23	28庚午㉒	27己亥20
29丙子③	29乙巳 1	29乙亥 1		29甲戌29	29甲辰29	29癸酉27	29癸卯26	29壬申25	29壬寅㉔	29辛未23	28庚子21
	30丙午 2	30丙子 2		30乙亥㉚		30甲戌28		30癸酉26		30壬申24	29辛丑22
雨水 13日	春分 15日	穀雨 15日	立夏 1日	芒種 2日	小暑 2日	立秋 4日	白露 4日	寒露 6日	立冬 6日	大雪 8日	小寒 8日
啓蟄 29日	清明 30日		小満 16日	夏至 17日	大暑 18日	処暑 19日	秋分 20日	霜降 21日	小雪 21日	冬至 23日	大寒 23日

長徳**2**年（996－997） 丙申

1月	2月	3月	4月	5月	6月	7月	閏7月	8月	9月	10月	11月	12月
1 壬寅23	1 壬申22	1 辛丑㉒	1 辛未21	1 庚子20	1 庚午19	1 己亥18	1 己巳17	**1** 己亥16	1 戊辰15	1 戊戌14	1 丁卯⑬	1 丁酉12
2 癸卯24	2 癸酉㉓	2 壬寅23	2 壬申22	2 辛丑21	2 辛未20	2 庚子⑲	2 庚午18	2 庚子17	**2** 己巳16	2 己亥⑮	2 戊辰14	2 戊戌13
3 甲辰25	3 甲戌24	3 癸卯24	3 癸酉23	3 壬寅22	3 壬申㉑	3 辛丑20	3 辛未19	3 辛丑18	3 庚午17	**3** 庚子16	3 己巳15	3 己亥14
4 乙巳㉖	4 乙亥25	4 甲辰25	4 甲戌24	4 癸卯23	4 癸酉22	4 壬寅21	4 壬申20	4 壬寅19	4 辛未⑱	4 辛丑17	**4** 庚午16	4 庚子15
5 丙午27	5 丙子26	5 乙巳26	5 乙亥25	5 甲辰㉔	5 甲戌23	5 癸卯22	5 癸酉21	5 癸卯⑳	5 壬申19	5 壬寅18	5 辛未17	**5** 辛丑16
6 丁未28	6 丁丑27	6 丙午27	6 丙子㉖	6 乙巳25	6 乙亥24	6 甲辰23	6 甲戌22	6 甲辰21	6 癸酉20	6 癸卯19	6 壬申18	6 壬寅⑰
7 戊申29	7 戊寅28	7 丁未28	7 丁丑27	7 丙午26	7 丙子25	7 乙巳24	7 乙亥㉓	7 乙巳22	7 甲戌21	7 甲辰20	7 癸酉19	7 癸卯18
8 己酉30	8 己卯29	8 戊申㉙	8 戊寅28	8 丁未27	8 丁丑26	8 丙午25	8 丙子24	8 丙午23	8 乙亥22	8 乙巳21	8 甲戌⑳	8 甲辰19
9 庚戌31	《3月》	9 己酉30	9 己卯29	9 戊申28	9 戊寅27	9 丁未㉖	9 丁丑25	9 丁未24	9 丙子23	9 丙午㉒	9 乙亥21	9 乙巳20
《2月》	9 庚辰①	10庚戌31	10庚辰30	10己酉29	10己卯㉘	10戊申27	10戊寅26	10戊申25	10丁丑24	10丁未23	10丙子22	10丙午21
10辛亥 1	**10**辛巳 2	《4月》	《5月》	11庚戌30	11庚辰29	11己酉28	11己卯27	11己酉26	11戊寅㉕	11戊申24	11丁丑23	11丁未22
11壬子②	11壬午 3	**11**辛亥 1	11辛巳 1	12辛亥㉛	12辛巳30	12庚戌29	12庚辰28	12庚戌㉗	12己卯26	12己酉25	12戊寅24	12戊申23
12癸丑 3	12癸未 4	12壬子 2	**12**壬午 2	《6月》	《7月》	13辛亥30	13辛巳29	13辛亥28	13庚辰27	13庚戌26	13己卯25	13己酉㉔
13甲寅 4	13甲申 5	13癸丑 3	13癸未③	**13**壬子 1	13壬午 1	14壬子31	14壬午㉚	14壬子29	**14**辛巳28	14辛亥27	14庚辰26	14庚戌25
14乙卯 5	14乙酉 6	14甲寅 4	14甲申 4	14癸丑 2	**14**癸未 2	《8月》	15癸未31	15癸丑30	15壬午29	15壬子28	15辛巳㉗	15辛亥26
15丙辰 6	15丙戌 7	15乙卯⑤	15乙酉 5	15甲寅 3	15甲申 3	**15**癸丑 1	《9月》	《10月》	16癸未30	16癸丑㉙	16壬午28	16壬子27
16丁巳 7	16丁亥⑧	16丙辰 6	16丙戌 6	16乙卯 4	16乙酉 4	16甲寅②	**16**甲申 1	**16**甲寅 1	**17**甲申31	17甲寅30	17癸未29	17癸丑28
17戊午 8	17戊子 9	17丁巳 7	17丁亥 7	17丙辰 5	17丙戌⑤	17乙卯 3	17乙酉 2	17乙卯 2	《11月》	《12月》	18甲申30	18甲寅29
18己未⑨	18己丑10	18戊午 8	18戊子 8	18丁巳 6	18丁亥 6	18丙辰 4	18丙戌 3	18丙辰 3	18乙酉①	**18**乙卯 1	**19**乙酉31	19乙卯30
19庚申10	19庚寅11	19己未 9	19己丑 9	19戊午⑦	19戊子 7	19丁巳 5	19丁亥 4	19丁巳④	19丙戌 2	19丙辰 2	**997 年**	**20**丙辰㉛
20辛酉11	20辛卯12	20庚申10	20庚寅⑩	20己未 8	20己丑 8	20戊午 6	20戊子 5	20戊午 5	20丁亥 3	20丁巳 3	《1月》	《2月》
21壬戌12	21壬辰13	21辛酉11	21辛卯11	21庚申 9	21庚寅 9	21己未 7	21己丑⑥	21己未 6	21戊子 4	21戊午 4	20丙戌 1	21丁巳 1
22癸亥13	22癸巳14	22壬戌⑫	22壬辰12	22辛酉10	22辛卯10	22庚申 8	22庚寅 7	22庚申 7	22己丑 5	22己未 5	21丁亥 2	22戊午 2
23甲子14	23甲午⑮	23癸亥13	23癸巳13	23壬戌11	23壬辰11	23辛酉⑨	23辛卯 8	23辛酉 8	23庚寅 6	23庚申⑥	22戊子③	23己未 3
24乙丑15	24乙未16	24甲子14	24甲午14	24癸亥12	24癸巳⑫	24壬戌10	24壬辰 9	24壬戌 9	24辛卯 7	24辛酉 7	23己丑 4	24庚申 4
25丙寅⑯	**25**丙申17	25乙丑15	25乙未15	25甲子13	25甲午13	25癸亥11	25癸巳10	25癸亥10	25壬辰⑧	25壬戌 8	24庚寅 5	25辛酉 5
26丁卯17	26丁酉18	26丙寅16	26丙申16	26乙丑⑭	26乙未14	26甲子12	26甲午11	26甲子⑪	26癸巳 9	26癸亥 9	25辛卯 6	26壬戌 6
27戊辰18	27戊戌19	**27**丁卯17	**27**丁酉⑰	27丙寅15	27丙申15	27乙丑13	27乙未12	27乙丑12	27甲午10	27甲子10	26壬辰 7	27癸亥⑦
28己巳19	28己亥20	28戊辰18	28戊戌18	**28**丁卯16	28丁酉16	28丙寅14	28丙申⑬	28丙寅13	28乙未11	28乙丑11	27癸巳 8	28甲子 8
29庚午20	29庚子21	29己巳⑲	29己亥19	29戊辰17	**29**戊戌17	29丁卯15	29丁酉14	29丁卯14	29丙申12	29丙寅12	28甲午 9	29乙丑 9
30辛未21		30庚午20		30己巳18		**30**戊辰⑯	30戊戌15		30丁酉13		29乙未⑩	
											30丙申11	
立春 9日	啓蟄 10日	清明 11日	立夏 12日	芒種 13日	小暑 14日	立秋 15日	白露16日	秋分 1日	霜降 2日	小雪 3日	冬至 4日	大寒 5日
雨水 25日	春分 25日	穀雨 27日	小満 27日	夏至 28日	大暑 29日	処暑 30日		寒露 16日	立冬 17日	大雪 18日	小寒 19日	立春 20日

長徳3年（997－998） 丁酉

1月	2月	3月	4月	5月	6月	7月	8月	9月	10月	11月	12月
1 丙寅10	1 丙申12	1 乙丑10	1 甲午⑨	1 甲子 8	1 癸巳 7	1 癸亥 6	1 癸巳⑤	1 癸亥 5	1 壬辰 3	1 壬戌 3	998年
2 丁卯11	2 丁酉13	2 丙寅⑪	2 乙未10	2 乙丑 9	2 甲午 8	2 甲子 7	2 甲午 6	2 甲子 6	2 癸巳 4	2 癸亥 4	《1月》
3 戊辰12	3 戊戌⑭	3 丁卯12	3 丙申11	3 丙寅10	3 乙未 9	3 乙丑⑧	3 乙未 7	3 乙丑 7	3 甲午 5	3 甲子⑤	1 辛卯 1
4 己巳13	4 己亥15	4 戊辰13	4 丁酉12	4 丁卯11	4 丙申10	4 丙寅 9	4 丙申 8	4 丙寅 8	4 乙未 6	4 乙丑 6	2 壬辰②
5 庚午⑭	5 庚子16	5 己巳14	5 戊戌13	5 戊辰12	5 丁酉⑪	5 丁卯10	5 丁酉 9	5 丁卯 9	5 丙申⑦	5 丙寅 7	3 癸巳 3
6 辛未15	6 辛丑17	6 庚午15	6 己亥14	6 己巳⑬	6 戊戌12	6 戊辰11	6 戊戌10	6 戊辰⑩	6 丁酉 8	6 丁卯 8	4 甲午 4
7 壬申16	7 壬寅18	7 辛未16	7 庚子15	7 庚午14	7 己亥13	7 己巳12	7 己亥11	7 己巳11	7 戊戌 9	7 戊辰 9	5 乙未 5
8 癸酉17	8 癸卯19	8 壬申17	8 辛丑⑯	8 辛未15	8 庚子14	8 庚午13	8 庚子⑫	8 庚午12	8 己亥10	8 己巳10	6 丙申 6
9 甲戌18	9 甲辰20	9 癸酉⑱	9 壬寅17	9 壬申16	9 辛丑15	9 辛未14	9 辛丑13	9 辛未13	9 庚子11	9 庚午11	7 丁酉 7
10 乙亥19	10 乙巳㉑	10 甲戌19	10 癸卯18	10 癸酉17	10 壬寅16	10 壬申⑮	10 壬寅14	10 壬申14	10 辛丑12	10 辛未⑫	8 戊戌 8
11 丙子20	11 丙午22	11 乙亥20	11 甲辰19	11 甲戌18	11 癸卯17	11 癸酉16	11 癸卯15	11 癸酉15	11 壬寅13	11 壬申13	9 己亥⑨
12 丁丑㉑	12 丁未23	12 丙子21	12 乙巳20	12 乙亥19	12 甲辰⑱	12 甲戌17	12 甲辰16	12 甲戌16	12 癸卯⑭	12 癸酉14	10 庚子10
13 戊寅22	13 戊申24	13 丁丑22	13 丙午21	13 丙子⑳	13 乙巳19	13 乙亥18	13 乙巳17	13 乙亥⑰	13 甲辰15	13 甲戌15	11 辛丑11
14 己卯23	14 己酉25	14 戊寅23	14 丁未22	14 丁丑21	14 丙午20	14 丙子19	14 丙午18	14 丙子18	14 乙巳16	14 乙亥16	12 壬寅12
15 庚辰24	15 庚戌26	15 己卯24	15 戊申㉓	15 戊寅22	15 丁未21	15 丁丑20	15 丁未⑲	15 丁丑19	15 丙午17	15 丙子17	13 癸卯13
16 辛巳25	16 辛亥27	16 庚辰㉕	16 己酉24	16 己卯23	16 戊申22	16 戊寅21	16 戊申20	16 戊寅20	16 丁未18	16 丁丑18	14 甲辰14
17 壬午26	17 壬子㉘	17 辛巳26	17 庚戌25	17 庚辰24	17 己酉23	17 己卯㉒	17 己酉21	17 己卯21	17 戊申19	17 戊寅⑲	15 乙巳15
18 癸未27	18 癸丑29	18 壬午27	18 辛亥26	18 辛巳25	18 庚戌24	18 庚辰23	18 庚戌22	18 庚辰22	18 己酉20	18 己卯20	16 丙午⑯
19 甲申㉘	19 甲寅30	19 癸未28	19 壬子27	19 壬午26	19 辛亥㉕	19 辛巳24	19 辛亥23	19 辛巳23	19 庚戌㉑	19 庚辰21	17 丁未17
《3月》	20 乙卯31	20 甲申29	20 癸丑28	20 癸未㉗	20 壬子26	20 壬午25	20 壬子24	20 壬午㉔	20 辛亥22	20 辛巳22	18 戊申18
20 乙酉 1	《4月》	21 乙酉30	21 甲寅29	21 甲申28	21 癸丑27	21 癸未26	21 癸丑25	21 癸未25	21 壬子23	21 壬午23	19 己酉19
21 丙戌 2	21 丙辰 1	《5月》	22 乙卯㉚	22 乙酉29	22 甲寅28	22 甲申27	22 甲寅㉖	22 甲申26	22 癸丑24	22 癸未24	20 庚戌20
22 丁亥 3	22 丁巳 2	22 丙戌 1	23 丙辰31	23 丙戌30	23 乙卯29	23 乙酉28	23 乙卯27	23 乙酉27	23 甲寅25	23 甲申25	21 辛亥21
23 戊子 4	23 戊午 3	23 丁亥②	《6月》	《7月》	24 丙辰30	24 丙戌㉙	24 丙辰28	24 丙戌28	24 乙卯26	24 乙酉㉖	22 壬子22
24 己丑 5	24 己未④	24 戊子 3	24 丁巳 1	24 丁亥 1	25 丁巳31	25 丁亥30	25 丁巳29	25 丁亥29	25 丙辰27	25 丙戌27	23 癸丑㉓
25 庚寅 6	25 庚申 5	25 己丑 4	25 戊午 2	25 戊子 2	《8月》	26 戊子31	26 戊午30	26 戊子30	26 丁巳㉘	26 丁亥28	24 甲寅24
26 辛卯⑦	26 辛酉 6	26 庚寅 5	26 己未 3	26 己丑 3	26 戊午①	《9月》	《10月》	27 己丑㉛	27 戊午29	27 戊子29	25 乙卯25
27 壬辰 8	27 壬戌 7	27 辛卯 6	27 庚申 4	27 庚寅④	27 己未 2	27 己丑 1	27 己未 1	《11月》	28 己未30	28 己丑30	26 丙辰26
28 癸巳 9	28 癸亥 8	28 壬辰 7	28 辛酉 5	28 辛卯 5	28 庚申 3	28 庚寅 2	28 庚申 2	28 庚寅 1	《12月》	29 庚寅31	27 丁巳27
29 甲午10	29 甲子 9	29 癸巳 8	29 壬戌⑥	29 壬辰 6	29 辛酉 4	29 辛卯 3	29 辛酉③	29 辛卯 2	29 庚申 1		28 戊午28
30 乙未11			30 癸亥 7		30 壬戌 5	30 壬辰 4	30 壬戌 4		30 辛酉 2		29 己未29
											30 庚申㉚

雨水 6日	春分 6日	穀雨 8日	小満 9日	夏至 10日	大暑 11日	処暑 12日	秋分 12日	霜降 12日	小雪 14日	冬至 14日	小寒 1日
啓蟄 21日	清明 22日	立夏 23日	芒種 24日	小暑 25日	立秋 26日	白露 27日	寒露 27日	立冬 28日	大雪 29日		大寒 16日

長徳4年（998－999） 戊戌

1月	2月	3月	4月	5月	6月	7月	8月	9月	10月	11月	12月
1 辛酉31	《3月》	1 庚申31	1 己丑29	1 戊午28	1 戊子27	1 丁巳26	1 丁亥25	1 丁巳24	1 丙戌㉓	1 丙辰22	1 丙戌22
《2月》	1 庚寅 1	《4月》	2 庚寅30	2 己未㉙	2 己丑28	2 戊午27	2 戊子26	2 戊午㉕	2 丁亥24	2 丁巳23	2 丁亥23
2 壬戌 1	2 辛卯 2	2 辛酉 1	《5月》	3 庚申30	3 庚寅29	3 己未28	3 己丑27	3 己未26	3 戊子25	3 戊午24	3 戊子24
3 癸亥 2	3 壬辰 3	3 壬戌 2	3 辛卯①	4 辛酉31	4 辛卯30	4 庚申29	4 庚寅㉘	4 庚申27	4 己丑26	4 己未25	4 己丑㉕
4 甲子 3	4 癸巳 4	4 癸亥③	4 壬辰 2	《6月》	《7月》	5 辛酉30	5 辛卯29	5 辛酉28	5 庚寅27	5 庚申26	5 庚寅26
5 乙丑 4	5 甲午 5	5 甲子 4	5 癸巳 3	5 壬戌 1	5 壬辰 1	6 壬戌㉛	6 壬辰30	6 壬戌29	6 辛卯28	6 辛酉㉗	6 辛卯27
6 丙寅 5	6 乙未⑥	6 乙丑 5	6 甲午 4	6 癸亥 2	6 癸巳 2	《8月》	7 癸巳31	7 癸亥30	7 壬辰29	7 壬戌28	7 壬辰28
7 丁卯⑥	7 丙申 7	7 丙寅 6	7 乙未 5	7 甲子 3	7 甲午③	7 癸亥 1	《9月》	《10月》	8 癸巳㉚	8 癸亥29	8 癸巳29
8 戊辰 7	8 丁酉 8	8 丁卯 7	8 丙申 6	8 乙丑 4	8 乙未 4	8 甲子 2	8 甲午 1	8 甲子 1	9 甲午31	9 甲子30	9 甲午30
9 己巳 8	9 戊戌 9	9 戊辰 8	9 丁酉 7	9 丙寅⑤	9 丙申 5	9 乙丑 3	9 乙未 2	9 乙丑②	《11月》	《12月》	10 乙未31
10 庚午 9	10 己亥10	10 己巳 9	10 戊戌⑧	10 丁卯 6	10 丁酉 6	10 丙寅 4	10 丙申 3	10 丙寅 3	10 乙未 1	10 乙丑 1	999年
11 辛未10	11 庚子11	11 庚午⑩	11 己亥 9	11 戊辰 7	11 戊戌 7	11 丁卯 5	11 丁酉④	11 丁卯 4	11 丙申 2	11 丙寅 2	《1月》
12 壬申11	12 辛丑12	12 辛未11	12 庚子10	12 己巳 8	12 己亥 8	12 戊辰 6	12 戊戌 5	12 戊辰 5	12 丁酉 3	12 丁卯 3	11 丙申①
13 癸酉12	13 壬寅⑬	13 壬申12	13 辛丑11	13 庚午 9	13 庚子 9	13 己巳⑦	13 己亥 6	13 己巳 6	13 戊戌 4	13 戊辰④	12 丁酉 2
14 甲戌⑬	14 癸卯14	14 癸酉13	14 壬寅12	14 辛未10	14 辛丑⑩	14 庚午 8	14 庚子 7	14 庚午 7	14 己亥 5	14 己巳 5	13 戊戌 3
15 乙亥14	15 甲辰15	15 甲戌14	15 癸卯13	15 壬申11	15 壬寅11	15 辛未 9	15 辛丑 8	15 辛未 8	15 庚子⑥	15 庚午 6	14 己亥 4
16 丙子15	16 乙巳16	16 乙亥15	16 甲辰14	16 癸酉⑫	16 癸卯12	16 壬申10	16 壬寅 9	16 壬申⑨	16 辛丑 7	16 辛未 7	15 庚子 5
17 丁丑16	17 丙午17	17 丙子16	17 乙巳⑮	17 甲戌13	17 甲辰13	17 癸酉11	17 癸卯10	17 癸酉10	17 壬寅 8	17 壬申 8	16 辛丑 6
18 戊寅17	18 丁未18	18 丁丑⑰	18 丙午16	18 乙亥14	18 乙巳14	18 甲戌12	18 甲辰⑪	18 甲戌11	18 癸卯 9	18 癸酉 9	17 壬寅 7
19 己卯18	19 戊申19	19 戊寅18	19 丁未17	19 丙子15	19 丙午15	19 乙亥13	19 乙巳12	19 乙亥12	19 甲辰10	19 甲戌10	18 癸卯⑧
20 庚辰19	20 己酉⑳	20 己卯19	20 戊申18	20 丁丑16	20 丁未16	20 丙子⑭	20 丙午13	20 丙子13	20 乙巳11	20 乙亥⑪	19 甲辰 9
21 辛巳⑳	21 庚戌21	21 庚辰20	21 己酉19	21 戊寅17	21 戊申⑰	21 丁丑15	21 丁未14	21 丁丑14	21 丙午12	21 丙子12	20 乙巳10
22 壬午21	22 辛亥22	22 辛巳21	22 庚戌20	22 己卯18	22 己酉18	22 戊寅16	22 戊申15	22 戊寅15	22 丁未⑬	22 丁丑13	21 丙午11
23 癸未22	23 壬子23	23 壬午22	23 辛亥21	23 庚辰⑲	23 庚戌19	23 己卯17	23 己酉16	23 己卯⑯	23 戊申14	23 戊寅14	22 丁未12
24 甲申23	24 癸丑24	24 癸未23	24 壬子㉒	24 辛巳20	24 辛亥20	24 庚辰18	24 庚戌17	24 庚辰17	24 己酉15	24 己卯15	23 戊申13
25 乙酉24	25 甲寅25	25 甲申㉔	25 癸丑23	25 壬午21	25 壬子21	25 辛巳19	25 辛亥⑱	25 辛巳18	25 庚戌16	25 庚辰16	24 己酉14
26 丙戌25	26 乙卯26	26 乙酉25	26 甲寅24	26 癸未22	26 癸丑22	26 壬午20	26 壬子19	26 壬午19	26 辛亥17	26 辛巳17	25 庚戌⑮
27 丁亥26	27 丙辰㉗	27 丙戌26	27 乙卯25	27 甲申23	27 甲寅23	27 癸未㉑	27 癸丑20	27 癸未20	27 壬子18	27 壬午⑱	26 辛亥16
28 戊子㉗	28 丁巳28	28 丁亥27	28 丙辰26	28 乙酉24	28 乙卯㉔	28 甲申22	28 甲寅21	28 甲申21	28 癸丑19	28 癸未19	27 壬子17
29 己丑28	29 戊午29	29 戊子28	29 丁巳27	29 丙戌25	29 丙辰25	29 乙酉23	29 乙卯22	29 乙酉22	29 甲寅⑳	29 甲申20	28 癸丑18
	30 己未30			30 丁亥㉖		30 丙戌24	30 丙辰23		30 乙卯21	30 乙酉21	29 甲寅19

立春 1日	啓蟄 2日	清明 3日	立夏 4日	芒種 6日	小暑 6日	立秋 8日	白露 8日	寒露 8日	立冬 10日	大雪 10日	小寒 11日
雨水 16日	春分 18日	穀雨 18日	小満 20日	夏至 21日	大暑 21日	処暑 23日	秋分 23日	霜降 24日	小雪 25日	冬至 26日	大寒 26日

長保元年〔長徳5年〕（999－1000） 己亥

改元 1/13（長徳→長保）

1月	2月	3月	閏3月	4月	5月	6月	7月	8月	9月	10月	11月	12月
1 乙卯20	1 乙酉⑲	1 甲寅20	1 甲申19	**1** 癸丑18	1 壬午16	1 壬子⑯	1 辛巳14	1 辛亥13	1 庚辰12	1 庚戌11	1 庚辰11	1 庚戌10
2 丙辰21	2 丙戌20	2 乙卯21	2 乙酉20	2 甲寅19	**2** 癸未17	2 癸丑17	2 壬午15	2 壬子14	2 辛巳13	2 辛亥⑫	2 辛巳12	2 辛亥11
3 丁巳㉒	3 丁亥21	3 丙辰22	3 丙戌21	3 乙卯20	3 甲申⑱	**3** 甲寅18	3 癸未16	3 癸丑15	3 壬午14	3 壬子13	3 壬午13	3 壬子12
4 戊午23	4 戊子22	4 丁巳23	4 丁亥22	4 丙辰㉑	4 乙酉19	4 乙卯19	**4** 甲申17	**4** 甲寅16	4 癸未⑮	4 癸丑14	4 癸未14	4 癸丑13
5 己未24	5 己丑23	5 戊午24	5 戊子㉓	5 丁巳22	5 丙戌20	5 丙辰20	5 乙酉18	5 乙卯⑰	5 甲申16	5 甲寅15	5 甲申15	5 甲寅⑭
6 庚申25	6 庚寅24	6 己未25	6 己丑24	6 戊午23	6 丁亥21	6 丁巳21	6 丙戌19	6 丙辰18	**6** 乙酉17	**6** 乙卯16	6 乙酉16	6 乙卯15
7 辛酉26	7 辛卯25	7 庚申㉖	7 庚寅25	7 己未24	7 戊子22	7 戊午22	7 丁亥⑳	7 丁巳19	7 丙戌18	7 丙辰17	**7** 丙戌⑰	**7** 丙辰16
8 壬戌27	8 壬辰㉖	8 辛酉27	8 辛卯26	8 庚申25	8 己丑23	8 己未㉓	8 戊子21	8 戊午20	8 丁亥19	8 丁巳18	8 丁亥18	8 丁巳17
9 癸亥28	9 癸巳27	9 壬戌28	9 壬辰27	9 辛酉26	9 庚寅24	9 庚申24	9 己丑22	9 己未21	9 戊子20	9 戊午⑲	9 戊子19	9 戊午18
10 甲子㉙	10 甲午28	10 癸亥29	10 癸巳28	10 壬戌27	10 辛卯㉕	10 辛酉25	10 庚寅23	10 庚申22	10 己丑21	10 己未20	10 己丑20	10 己未19
11 乙丑30	《3月》	11 甲子30	11 甲午29	11 癸亥㉘	11 壬辰26	11 壬戌26	11 辛卯24	11 辛酉23	11 庚寅㉒	11 庚申21	11 庚寅21	11 庚申20
12 丙寅31	11 乙未 1	12 乙丑31	12 乙未㉚	12 甲子29	12 癸巳27	12 癸亥27	12 壬辰25	12 壬戌㉔	12 辛卯23	12 辛酉22	12 辛卯22	12 辛酉㉑
《2月》	12 丙申 2	《4月》	《5月》	13 乙丑30	13 甲午28	13 甲子28	13 癸巳26	13 癸亥25	13 壬辰24	13 壬戌23	13 壬辰23	13 壬戌22
13 丁卯 1	**13** 丁酉 3	13 丙寅 1	13 丙申 1	14 丙寅31	14 乙未29	14 乙丑29	14 甲午㉗	14 甲子26	14 癸巳25	14 癸亥24	14 癸巳㉔	14 癸亥23
14 戊辰 2	14 戊戌 4	**14** 丁卯②	14 丁酉 2	《6月》	15 丙申30	15 丙寅㉚	15 乙未28	15 乙丑27	15 甲午26	15 甲子25	15 甲午25	15 甲子24
15 己巳 3	15 己亥⑤	15 戊辰 3	**15** 戊戌 3	15 丁卯 1	《7月》	16 丁卯31	16 丙申29	16 丙寅28	16 乙未27	16 乙丑㉖	16 乙未26	16 乙丑25
16 庚午 4	16 庚子 6	16 己巳 4	16 己亥 4	**16** 戊辰 2	16 丁酉 1	《8月》	17 丁酉30	17 丁卯29	17 丙申28	17 丙寅27	17 丙申27	17 丙寅26
17 辛未⑤	17 辛丑 7	17 庚午 5	17 庚子 5	17 己巳 3	**17** 戊戌②	17 戊辰 1	18 戊戌31	18 戊辰30	18 丁酉㉙	18 丁卯28	18 丁酉28	18 丁卯27
18 壬申 6	18 壬寅 8	18 辛未 6	18 辛丑 6	18 庚午④	18 己亥 3	**18** 己巳 2	《9月》	《10月》	19 戊戌30	19 戊辰29	19 戊戌29	19 戊辰㉘
19 癸酉 7	19 癸卯 9	19 壬申 7	19 壬寅⑦	19 辛未 5	19 庚子 4	19 庚午 3	**19** 己亥 1	19 己巳①	20 己亥31	20 己巳30	20 己亥30	20 己巳29
20 甲戌 8	20 甲辰10	20 癸酉 8	20 癸卯 8	20 壬申 6	20 辛丑 5	20 辛未 4	20 庚子 2	**20** 庚午 2	《11月》	《12月》	21 庚子㉛	21 庚午30
21 乙亥 9	21 乙巳11	21 甲戌⑨	21 甲辰 9	21 癸酉 7	21 壬寅 6	21 壬申 5	21 辛丑③	21 辛未 3	**21** 庚子 1	21 庚午 1	**1000年**	**22** 辛未31
22 丙子10	22 丙午⑫	22 乙亥10	22 乙巳10	22 甲戌 8	22 癸卯 7	22 癸酉⑥	22 壬寅 4	22 壬申 4	22 辛丑 2	**22** 辛未 2	《1月》	《2月》
23 丁丑11	23 丁未13	23 丙子11	23 丙午11	23 乙亥 9	23 甲辰 8	23 甲戌 7	23 癸卯 5	23 癸酉 5	23 壬寅 3	23 壬申③	**22** 辛丑 1	23 壬申 1
24 戊寅⑫	24 戊申14	24 丁丑12	24 丁未12	24 丙子10	24 乙巳⑨	24 乙亥 8	24 甲辰 6	24 甲戌 6	24 癸卯 4	24 癸酉 4	23 壬寅 2	24 癸酉 2
25 己卯13	25 己酉15	25 戊寅13	25 戊申13	25 丁丑⑪	25 丙午10	25 丙子 9	25 乙巳 7	25 乙亥 7	25 甲辰⑤	25 甲戌 5	24 癸卯 3	25 甲戌 3
26 庚辰14	26 庚戌16	26 己卯14	26 己酉⑭	26 戊寅12	26 丁未11	26 丁丑10	26 丙午 8	26 丙子⑧	26 乙巳 6	26 乙亥 6	25 甲辰 4	26 乙亥④
27 辛巳15	27 辛亥17	27 庚辰15	27 庚戌15	27 己卯13	27 戊申12	27 戊寅11	27 丁未 9	27 丁丑 9	27 丙午 7	27 丙子 7	26 乙巳 5	27 丙子 5
28 壬午16	**28** 壬子18	28 辛巳⑯	28 辛亥16	28 庚辰14	28 己酉13	28 己卯12	28 戊申⑩	28 戊寅10	28 丁未 8	28 丁丑 8	27 丙午 6	28 丁丑 6
29 癸未17	29 癸丑⑲	**29** 壬午17	29 壬子17	29 辛巳15	29 庚戌14	29 庚辰⑬	29 己酉11	29 己卯11	29 戊申 9	29 戊寅 9	28 丁未⑦	29 戊寅 7
30 甲申18		30 癸未18			30 辛亥15		30 庚戌12		30 己酉10	30 己卯⑩	29 戊申 8	
											30 己酉 9	
立春 12日 雨水 27日	啓蟄 13日 春分 28日	清明 14日 穀雨 29日	立夏15日	小満 1日 芒種 16日	夏至 2日 小暑 17日	大暑 3日 立秋 18日	処暑 4日 白露 19日	秋分 4日 寒露 20日	霜降 6日 立冬 21日	小雪 6日 大雪 22日	冬至 7日 小寒 22日	大寒 7日 立春 22日

長保2年（1000－1001） 庚子

1月	2月	3月	4月	5月	6月	7月	8月	9月	10月	11月	12月
1 己卯 8	1 己酉 9	1 戊寅⑦	1 戊申 7	1 丁丑 5	1 丙午 4	1 丙子 3	《9月》	《10月》	1 甲辰30	1 甲戌29	1 甲辰㉙
2 庚辰 9	2 庚戌⑩	2 己卯 8	2 己酉 8	2 戊寅 6	2 丁未 5	2 丁丑④	1 乙巳①	**1** 乙亥 1	**2** 乙巳31	2 乙亥30	2 乙巳30
3 辛巳10	3 辛亥11	3 庚辰 9	3 庚戌 9	3 己卯 7	3 戊申 6	3 戊寅 5	2 丙午 2	2 丙子 2	《11月》	《12月》	**3** 丙午31
4 壬午⑪	4 壬子12	4 辛巳10	4 辛亥10	4 庚辰 8	4 己酉⑦	4 己卯 6	3 丁未 3	3 丁丑 3	3 丙午 1	**3** 丙子①	**1001年**
5 癸未12	5 癸丑13	5 壬午11	5 壬子11	5 辛巳⑨	5 庚戌 8	5 庚辰 7	4 戊申 4	4 戊寅 4	4 丁未 2	4 丁丑 2	《1月》
6 甲申13	6 甲寅14	6 癸未12	6 癸丑⑫	6 壬午10	6 辛亥 9	6 辛巳 8	5 己酉 5	5 己卯 5	5 戊申③	5 戊寅 3	4 丁未 1
7 乙酉14	7 乙卯15	7 甲申13	7 甲寅13	7 癸未11	7 壬子10	7 壬午 9	6 庚戌 6	6 庚辰⑥	6 己酉 4	6 己卯 4	5 戊申 2
8 丙戌15	8 丙辰16	8 乙酉⑭	8 乙卯14	8 甲申12	8 癸丑11	8 癸未10	7 辛亥 7	7 辛巳 7	7 庚戌 5	7 庚辰 5	6 己酉 3
9 丁亥16	**9** 丁巳⑰	9 丙戌15	9 丙辰15	9 乙酉13	9 甲寅12	9 甲申⑪	8 壬子⑧	8 壬午 8	8 辛亥 6	8 辛巳 6	7 庚戌 4
10 戊子17	10 戊午18	10 丁亥16	10 丁巳16	10 丙戌14	10 乙卯13	10 乙酉12	9 癸丑 9	9 癸未 9	9 壬子 7	9 壬午 7	8 辛亥⑤
11 己丑⑱	11 己未19	**11** 戊子17	**11** 戊午17	11 丁亥15	11 丙辰⑭	11 丙戌13	10 甲寅10	10 甲申10	10 癸丑 8	10 癸未⑧	9 壬子 6
12 庚寅19	12 庚申20	12 己丑18	12 己未18	**12** 戊子⑯	12 丁巳15	12 丁亥14	11 乙卯11	11 乙酉11	11 甲寅 9	11 甲申 9	10 癸丑 7
13 辛卯20	13 辛酉21	13 庚寅19	13 庚申⑲	13 己丑17	13 戊午16	13 戊子15	12 丙辰12	12 丙戌12	12 乙卯⑩	12 乙酉10	11 甲寅 8
14 壬辰21	14 壬戌22	14 辛卯20	14 辛酉20	14 庚寅18	**14** 己未17	**14** 己丑16	13 丁巳13	13 丁亥⑬	13 丙辰11	13 丙戌11	12 乙卯 9
15 癸巳22	15 癸亥23	15 壬辰㉑	15 壬戌21	15 辛卯19	15 庚申18	15 庚寅17	14 戊午14	14 戊子14	14 丁巳12	14 丁亥12	13 丙辰10
16 甲午23	16 甲子㉔	16 癸巳22	16 癸亥22	16 壬辰20	16 辛酉19	16 辛卯⑱	15 己未⑮	15 己丑15	15 戊午13	15 戊子13	14 丁巳11
17 乙未24	17 乙丑25	17 甲午23	17 甲子23	17 癸巳21	17 壬戌20	17 壬辰19	**16** 庚申16	**16** 庚寅16	16 己未14	16 己丑14	15 戊午⑫
18 丙申㉕	18 丙寅26	18 乙未24	18 乙丑24	18 甲午22	18 癸亥㉑	18 癸巳20	17 辛酉17	17 辛卯17	17 庚申15	17 庚寅⑮	16 己未13
19 丁酉26	19 丁卯27	19 丙申25	19 丙寅25	19 乙未㉓	19 甲子22	19 甲午21	18 壬戌18	18 壬辰18	**18** 辛酉16	**18** 辛卯16	17 庚申14
20 戊戌27	20 戊辰28	20 丁酉26	20 丁卯㉖	20 丙申24	20 乙丑23	20 乙未22	19 癸亥19	19 癸巳19	19 壬戌⑰	19 壬辰17	**18** 辛酉15
21 己亥28	21 己巳29	21 戊戌27	21 戊辰27	21 丁酉25	21 丙寅24	21 丙申23	20 甲子20	20 甲午⑳	20 癸亥18	20 癸巳18	19 壬戌16
22 庚子29	22 庚午30	22 己亥㉘	22 己巳28	22 戊戌26	22 丁卯25	22 丁酉24	21 乙丑21	21 乙未21	21 甲子19	21 甲午19	20 癸亥17
《3月》	23 辛未㉛	23 庚子29	23 庚午29	23 己亥27	23 戊辰26	23 戊戌㉕	22 丙寅㉒	22 丙申22	22 乙丑20	22 乙未20	21 甲子18
23 辛丑 1	《4月》	24 辛丑30	24 辛未30	24 庚子28	24 己巳27	24 己亥26	23 丁卯23	23 丁酉23	23 丙寅21	23 丙申21	22 乙丑⑲
24 壬寅 2	**24** 壬申 1	《5月》	25 壬申31	25 辛丑29	25 庚午㉘	25 庚子27	24 戊辰24	24 戊戌24	24 丁卯22	24 丁酉㉒	23 丙寅20
25 癸卯③	25 癸酉 2	25 壬寅 1	《6月》	26 壬寅㉚	26 辛未29	26 辛丑28	25 己巳25	25 己亥25	25 戊辰23	25 戊戌23	24 丁卯21
26 甲辰 4	26 甲戌 3	**26** 癸卯 2	**26** 癸酉 1	《7月》	27 壬申30	27 壬寅29	26 庚午26	26 庚子26	26 己巳㉔	26 己亥24	25 戊辰22
27 乙巳 5	27 乙亥 4	27 甲辰 3	27 甲戌②	27 癸卯 1	28 癸酉31	28 癸卯30	27 辛未27	27 辛丑㉗	27 庚午25	27 庚子25	26 己巳23
28 丙午 6	28 丙子 5	28 乙巳 4	28 乙亥 3	**28** 甲辰 2	《8月》	29 甲辰31	28 壬申28	28 壬寅28	28 辛未26	28 辛丑26	27 庚午24
29 丁未 7	29 丁丑 6	29 丙午⑤	29 丙子 4	29 乙巳 3	**29** 甲戌 1		29 癸酉㉙	29 癸卯29	29 壬申27	29 壬寅27	28 辛未25
30 戊申 8		30 丁未 6			30 乙亥 2		30 甲戌30		30 癸酉28	30 癸卯28	29 壬申㉖
雨水 9日 啓蟄 24日	春分 9日 清明 24日	穀雨 11日 立夏 26日	小満 11日 芒種 26日	夏至 12日 小暑 28日	大暑 14日 立秋 29日	処暑 14日	白露 1日 秋分 16日	寒露 1日 霜降 16日	立冬 2日 小雪 18日	大雪 3日 冬至 18日	小寒 3日 大寒 18日

長保 3 年（1001－1002） 辛丑

1月	2月	3月	4月	5月	6月	7月	8月	9月	10月	11月	12月	閏12月
1 癸酉27	1 癸卯26	1 癸酉28	1 壬寅26	1 壬申26	1 辛丑24	1 庚午23	1 庚子22	1 己巳20	1 戊戌⑲	1 戊辰18	1 戊戌18	1 戊辰17
2 甲戌28	2 甲辰27	2 甲戌29	2 癸卯㉗	2 癸酉27	2 壬寅25	2 辛未24	2 辛丑23	2 庚午㉑	2 己亥20	2 己巳19	2 己亥19	2 己巳⑱
3 乙亥29	3 乙巳28	3 乙亥㉚	3 甲辰28	3 甲戌28	3 癸卯26	3 壬申25	3 壬寅㉔	3 辛未22	3 庚子21	3 庚午20	3 庚子20	3 庚午19
4 丙子30	《3月》	4 丙子31	4 乙巳29	4 乙亥29	4 甲辰27	4 癸酉26	4 癸卯25	4 壬申23	4 辛丑22	4 辛未21	4 辛丑㉑	4 辛未20
5 丁丑31	4 丙午 1	《4月》	5 丙午30	5 丙子30	5 乙巳28	5 甲戌㉗	5 甲辰26	5 癸酉24	5 壬寅23	5 壬申22	5 壬寅22	5 壬申21
《2月》	**5** 丁未②	5 丁丑 1	《5月》	6 丁丑31	6 丙午㉙	6 乙亥28	6 乙巳27	6 甲戌25	6 癸卯24	6 癸酉㉓	6 癸卯23	6 癸酉22
6 戊寅 1	6 戊申 3	**6** 戊寅 2	6 丁未 1	《6月》	7 丁未30	7 丙子29	7 丙午28	7 乙亥26	7 甲辰25	7 甲戌24	7 甲辰24	7 甲戌23
7 己卯②	7 己酉 4	7 己卯 3	**7** 戊申 2	**7** 戊寅①	《7月》	8 丁丑30	8 丁未29	8 丙子27	8 乙巳㉖	8 乙亥25	8 乙巳25	8 乙亥24
8 庚辰 3	8 庚戌 5	8 庚辰 4	8 己酉 3	8 己卯 2	8 戊申 1	9 戊寅31	9 戊申30	9 丁丑㉘	9 丙午27	9 丙子26	9 丙午26	9 丙子㉕
9 辛巳 4	9 辛亥 6	9 辛巳 5	9 庚戌④	9 庚辰 3	**9** 己酉 2	《8月》	10己酉㉛	10戊寅29	10丁未28	10丁丑27	10丁未27	10丁丑26
10壬午 5	10壬子 7	10壬午⑥	10辛亥 5	10辛巳 4	10庚戌 3	**10**己卯 1	《9月》	11己卯30	11戊申29	11戊寅28	11戊申㉘	11戊寅27
11癸未 6	11癸丑 8	11癸未 7	11壬子 6	11壬午 5	11辛亥 4	11庚辰 2	**11**庚戌 1	《10月》	12己酉30	12己卯29	12己酉29	12己卯28
12甲申 7	12甲寅⑨	12甲申 8	12癸丑 7	12癸未 6	12壬子 5	12辛巳③	12辛亥 2	**12**庚辰 1	13庚戌31	13庚辰㉚	13庚戌30	13庚辰29
13乙酉 8	13乙卯10	13乙酉 9	13甲寅 8	13甲申 7	13癸丑⑥	13壬午 4	13壬子 3	13辛巳 2	《11月》	《12月》	14辛亥31	14辛巳30
14丙戌⑨	14丙辰11	14丙戌10	14乙卯 9	14乙酉⑧	14甲寅 7	14癸未 5	14癸丑 4	14壬午 3	**14**辛亥 1	**14**辛巳 1	**1002年**	**15**壬午31
15丁亥10	15丁巳12	15丁亥11	15丙辰10	15丙戌 9	15乙卯 8	15甲申 6	15甲寅 5	15癸未 4	15壬子②	15壬午 2	《1月》	《2月》
16戊子11	16戊午13	16戊子12	16丁巳⑪	16丁亥10	16丙辰 9	16乙酉 7	16乙卯 6	16甲申⑤	16癸丑 3	16癸未 3	**15**壬子 1	16癸未①
17己丑12	17己未14	17己丑⑬	17戊午12	17戊子11	17丁巳10	17丙戌 8	17丙辰⑦	17乙酉 6	17甲寅 4	17甲申 4	16癸丑 2	17甲申 2
18庚寅13	18庚申15	18庚寅14	18己未13	18己丑12	18戊午11	18丁亥 9	18丁巳 8	18丙戌 7	18乙卯 5	18乙酉 5	17甲寅 3	18乙酉 3
19辛卯14	19辛酉⑯	19辛卯15	19庚申14	19庚寅13	19己未12	19戊子⑩	19戊午 9	19丁亥 8	19丙辰 6	19丙戌 6	18乙卯④	19丙戌 4
20壬辰15	**20**壬戌17	20壬辰16	20辛酉15	20辛卯14	20庚申⑬	20己丑11	20己未10	20戊子 9	20丁巳 7	20丁亥⑦	19丙辰 5	20丁亥 5
21癸巳⑯	21癸亥18	**21**癸巳17	21壬戌16	21壬辰⑮	21辛酉14	21庚寅12	21庚申11	21己丑10	21戊午 8	21戊子 8	20丁巳 6	21戊子 6
22甲午17	22甲子19	22甲午18	**22**癸亥17	22癸巳16	22壬戌15	22辛卯13	22辛酉12	22庚寅11	22己未⑨	22己丑 9	21戊午 7	22己丑 7
23乙未18	23乙丑20	23乙未19	23甲子⑱	**23**甲午17	23癸亥16	23壬辰14	23壬戌13	23辛卯⑫	23庚申10	23庚寅10	22己未 8	23庚寅⑧
24丙申19	24丙寅21	24丙申⑳	24乙丑19	24乙未18	**24**甲子17	24癸巳15	24癸亥⑭	24壬辰13	24辛酉11	24辛卯11	23庚申 9	24辛卯 9
25丁酉20	25丁卯22	25丁酉21	25丙寅20	25丙申19	25乙丑18	25甲午16	25甲子15	25癸巳14	25壬戌12	25壬辰12	24辛酉10	25壬辰10
26戊戌21	26戊辰㉓	26戊戌22	26丁卯21	26丁酉20	26丙寅19	**26**乙未⑰	**26**乙丑16	26甲午15	26癸亥13	26癸巳13	25壬戌⑪	26癸巳11
27己亥22	27己巳24	27己亥23	27戊辰22	27戊戌21	27丁卯⑳	27丙申18	27丙寅17	**27**乙未16	27甲子14	27甲午⑭	26癸亥12	27甲午12
28庚子㉓	28庚午25	28庚子24	28己巳23	28己亥㉒	28戊辰21	28丁酉19	28丁卯18	28丙申17	28乙丑15	28乙未15	27甲子13	28乙未13
29辛丑24	29辛未26	29辛丑25	29庚午24	29庚子23	29己巳22	29戊戌20	29戊辰19	29丁酉18	**29**丙寅⑯	**29**丙申16	28乙丑14	29丙申14
30壬寅25	30壬申27		30辛未㉕			30己亥21			30丁卯17	30丁酉17	29丙寅15	
											30丁卯16	

立春 5日	啓蟄 5日	清明 6日	立夏 7日	芒種 7日	小暑 9日	立秋 10日	白露 11日	寒露 12日	立冬 14日	大雪 14日	小寒 15日	立春15日
雨水 20日	春分 20日	穀雨 21日	小満 22日	夏至 23日	大暑 24日	処暑 26日	秋分 26日	霜降 27日	小雪 29日	冬至 29日	大寒 30日	

長保 4 年（1002－1003） 壬寅

1月	2月	3月	4月	5月	6月	7月	8月	9月	10月	11月	12月
1 丁酉⑮	1 丁卯17	1 丁酉16	1 丙寅15	1 丙申⑭	1 乙丑13	1 甲午11	1 甲子10	1 癸巳 9	1 壬戌 7	1 壬辰 7	1 壬戌 6
2 戊戌16	**2** 戊辰18	**2** 戊戌17	2 丁卯16	2 丁酉15	2 丙寅14	2 乙未12	2 乙丑11	2 甲午10	2 癸亥⑧	2 癸巳 8	2 癸亥 7
3 己亥17	3 己巳19	3 己亥18	**3** 戊辰⑰	3 戊戌16	3 丁卯15	3 丙申13	3 丙寅12	3 乙未⑪	3 甲子 9	3 甲午 9	3 甲子 8
4 庚子18	4 庚午20	4 庚子⑲	4 己巳18	**4** 己亥17	4 戊辰16	4 丁酉14	4 丁卯⑬	4 丙申12	4 乙丑10	4 乙未10	4 乙丑 9
5 辛丑19	5 辛未21	5 辛丑20	5 庚午19	5 庚子18	**5** 己巳17	5 戊戌15	5 戊辰14	5 丁酉13	5 丙寅11	5 丙申11	5 丙寅⑩
6 壬寅20	6 壬申㉒	6 壬寅21	6 辛未20	6 辛丑19	6 庚午18	6 己亥⑯	6 己巳15	6 戊戌14	6 丁卯12	6 丁酉12	6 丁卯11
7 癸卯21	7 癸酉23	7 癸卯22	7 壬申21	7 壬寅20	7 辛未⑲	**7** 庚子17	**7** 庚午16	7 己亥15	7 戊辰13	7 戊戌⑬	7 戊辰12
8 甲辰㉒	8 甲戌24	8 甲辰23	8 癸酉22	8 癸卯㉑	8 壬申20	8 辛丑18	8 辛未17	8 庚子16	8 己巳14	8 己亥14	8 己巳13
9 乙巳23	9 乙亥25	9 乙巳24	9 甲戌23	9 甲辰22	9 癸酉21	9 壬寅19	9 壬申18	**9** 辛丑17	9 庚午⑮	9 庚子15	9 庚午14
10丙午24	10丙子26	10丙午25	10乙亥㉔	10乙巳23	10甲戌22	10癸卯20	10癸酉19	10壬寅⑱	**10**辛未16	10辛丑16	10辛未15
11丁未25	11丁丑27	11丁未㉖	11丙子25	11丙午24	11乙亥23	11甲辰21	11甲戌⑳	11癸卯19	11壬申17	**11**壬寅17	**11**壬申16
12戊申26	12戊寅28	12戊申27	12丁丑26	12丁未25	12丙子24	12乙巳22	12乙亥21	12甲辰20	12癸酉18	12癸卯18	12癸酉⑰
13己酉27	13己卯㉙	13己酉28	13戊寅27	13戊申26	13丁丑25	13丙午㉓	13丙子22	13乙巳21	13甲戌19	13甲辰19	13甲戌18
14庚戌28	14庚辰30	14庚戌29	14己卯28	14己酉27	14戊寅㉖	14丁未24	14丁丑23	14丙午22	14乙亥20	14乙巳⑳	14乙亥19
《3月》	15辛巳31	15辛亥30	15庚辰29	15庚戌㉘	15己卯27	15戊申25	15戊寅24	15丁未23	15丙子21	15丙午21	15丙子20
15辛亥①	《4月》	《5月》	16辛巳30	16辛亥29	16庚辰28	16己酉26	16己卯25	16戊申24	16丁丑㉒	16丁未22	16丁丑21
16壬子 2	16壬午 1	16壬子 1	17壬午㉛	17壬子30	17辛巳29	17庚戌27	17庚辰26	17己酉㉕	17戊寅23	17戊申23	17戊寅22
17癸丑 3	**17**癸未 2	**17**癸丑 2	《6月》	《7月》	18壬午30	18辛亥28	18辛巳㉗	18庚戌26	18己卯24	18己酉24	18己卯23
18甲寅 4	18甲申 3	18甲寅③	18癸未 1	18癸丑 1	19癸未31	19壬子29	19壬午28	19辛亥27	19庚辰25	19庚戌25	19庚辰㉔
19乙卯 5	19乙酉 4	19乙卯 4	**19**甲申 2	**19**甲寅 2	《8月》	20癸丑㉚	20癸未29	20壬子28	20辛巳26	20辛亥26	20辛巳25
20丙辰 6	20丙戌⑤	20丙辰 5	20乙酉 3	20乙卯 3	20甲申 1	21甲寅31	21甲申30	21癸丑29	21壬午27	21壬子㉗	21壬午26
21丁巳 7	21丁亥 6	21丁巳 6	21丙戌 4	21丙辰 4	**21**乙酉②	《9月》	《10月》	22甲寅30	22癸未28	22癸丑28	22癸未27
22戊午⑧	22戊子 7	22戊午 7	22丁亥 5	22丁巳⑤	22丙戌 3	**22**乙卯 1	**22**乙酉 1	23乙卯31	23甲申㉙	23甲寅29	23甲申28
23己未 9	23己丑 8	23己未 8	23戊子 6	23戊午 6	23丁亥 4	23丙辰 2	23丙戌 2	《11月》	24乙酉30	24乙卯30	24乙酉29
24庚申10	24庚寅 9	24庚申 9	24己丑⑦	24己未 7	24戊子 5	24丁巳 3	24丁亥 3	**24**丙辰①	《12月》	25丙辰31	25丙戌30
25辛酉11	25辛卯10	25辛酉⑩	25庚寅 8	25庚申 8	25己丑 6	25戊午 4	25戊子④	25丁巳 2	**25**丙戌 1	**1003年**	**26**丁亥㉛
26壬戌12	26壬辰11	26壬戌11	26辛卯 9	26辛酉 9	26庚寅 7	26己未 5	26己丑 5	26戊午 3	26丁亥 2	《1月》	《2月》
27癸亥13	27癸巳⑫	27癸亥12	27壬辰10	27壬戌10	27辛卯 8	27庚申⑥	27庚寅 6	27己未 4	27戊子 3	**26**丁巳 1	27戊子 1
28甲子14	28甲午13	28甲子13	28癸巳11	28癸亥11	28壬辰⑨	28辛酉 7	28辛卯 7	28庚申 5	28己丑 4	27戊午 2	28己丑 2
29乙丑⑮	29乙未14	29乙丑14	29甲午12	29甲子⑫	29癸巳10	29壬戌 8	29壬辰 8	29辛酉 6	29庚寅 5	28己未③	29庚寅 3
30丙寅16	30丙申15		30乙未13			30癸亥 9			30辛卯⑥	29庚申 4	
										30辛酉 5	

雨水 1日	春分 2日	穀雨 2日	小満 3日	夏至 4日	大暑 5日	処暑 7日	秋分 7日	霜降 9日	小雪 10日	冬至 11日	大寒 11日
啓蟄 16日	清明 17日	立夏 17日	芒種 19日	小暑 19日	立秋 21日	白露 22日	寒露 22日	立冬 24日	大雪 25日	小寒 26日	立春 26日

長保5年（1003－1004） 癸卯

1月	2月	3月	4月	5月	6月	7月	8月	9月	10月	11月	12月
1辛卯4	1辛酉6	1辛卯5	1庚申4	1庚寅3	**1**己未2	《8月》	1戊午30	1戊子29	1丁巳28	1丁亥27	1丙辰㉖
2壬辰5	2壬戌⑦	2壬辰6	2辛酉5	2辛卯4	2庚申3	1己丑①	2己未31	2己丑30	2戊午29	2戊子㉘	2丁巳27
3癸巳6	3癸亥8	3癸巳7	3壬戌6	3壬辰5	3辛酉④	**2**庚寅2	《9月》	《10月》	3己未30	3己丑29	3戊午28
4甲午⑦	4甲子9	4甲午8	4癸亥7	4癸巳⑥	4壬戌5	3辛卯3	**3**庚申1	3庚寅1	4庚申㉛	4庚寅30	4己未29
5乙未8	5乙丑10	5乙未9	5甲子8	5甲午7	5癸亥6	4壬辰4	4辛酉2	**4**辛卯2	《11月》	《12月》	5庚申30
6丙申9	6丙寅11	6丙申10	6乙丑⑨	6乙未8	6甲子7	5癸巳5	5壬戌3	5壬辰③	**5**辛酉1	5辛卯1	6辛酉31
7丁酉10	7丁卯12	7丁酉⑪	7丙寅10	7丙申9	7乙丑8	6甲午6	6癸亥4	6癸巳4	6壬戌2	**6**壬辰2	**1004年**
8戊戌11	8戊辰13	8戊戌12	8丁卯11	8丁酉10	8丙寅9	7乙未7	7甲子⑤	7甲午5	7癸亥3	7癸巳3	《1月》
9己亥12	9己巳⑭	9己亥13	9戊辰12	9戊戌11	9丁卯10	8丙申⑧	8乙丑6	8乙未6	8甲子4	8甲午4	**7**壬戌1
10庚子13	10庚午15	10庚子14	10己巳13	10己亥12	10戊辰⑪	9丁酉9	9丙寅7	9丙申7	9乙丑5	9乙未⑤	8癸亥②
11辛丑⑭	11辛未16	11辛丑15	11庚午14	11庚子⑬	11己巳12	10戊戌10	10丁卯8	10丁酉8	10丙寅6	10丙申6	9甲子3
12壬寅15	12壬申17	12壬寅16	12辛未15	12辛丑14	12庚午13	11己亥11	11戊辰9	11戊戌9	11丁卯⑦	11丁酉7	10乙丑4
13癸卯16	**13**癸酉18	**13**癸卯17	13壬申⑯	13壬寅15	13辛未14	12庚子12	12己巳10	12己亥⑩	12戊辰8	12戊戌8	11丙寅5
14甲辰17	14甲戌19	14甲辰⑱	14癸酉17	14癸卯16	14壬申15	13辛丑13	13庚午11	13庚子11	13己巳9	13己亥9	12丁卯6
15乙巳18	15乙亥20	15乙巳19	**15**甲戌18	**15**甲辰17	15癸酉16	14壬寅14	14辛未⑫	14辛丑12	14庚午10	14庚子10	13戊辰7
16丙午19	16丙子㉑	16丙午20	16乙亥19	16乙巳18	16甲戌17	15癸卯⑮	15壬申13	15壬寅13	15辛未11	15辛丑11	14己巳8
17丁未20	17丁丑22	17丁未21	17丙子20	17丙午19	**17**乙亥⑱	16甲辰16	16癸酉14	16癸卯14	16壬申12	16壬寅⑫	15庚午⑨
18戊申㉑	18戊寅23	18戊申22	18丁丑21	18丁未⑳	18丙子19	**17**乙巳17	17甲戌15	17甲辰15	17癸酉13	17癸卯13	16辛未10
19己酉22	19己卯24	19己酉23	19戊寅22	19戊申21	19丁丑20	18丙午18	**18**乙亥16	18乙巳16	18甲戌⑭	18甲辰14	17壬申11
20庚戌23	20庚辰25	20庚戌24	20己卯㉓	20己酉22	20戊寅21	19丁未19	19丙子17	**19**丙午⑰	19乙亥15	19乙巳15	18癸酉12
21辛亥24	21辛巳26	21辛亥㉕	21庚辰24	21庚戌23	21己卯22	20戊申20	20丁丑18	20丁未18	**20**丙子16	20丙午16	19甲戌13
22壬子25	22壬午27	22壬子26	22辛巳25	22辛亥24	22庚辰23	21己酉21	21戊寅⑲	21戊申19	21丁丑17	**21**丁未17	20乙亥14
23癸丑26	23癸未㉘	23癸丑27	23壬午26	23壬子25	23辛巳24	22庚戌㉒	22己卯20	22己酉20	22戊寅18	22戊申18	21丙子15
24甲寅27	24甲申29	24甲寅28	24癸未27	24癸丑26	24壬午㉕	23辛亥23	23庚辰21	23庚戌21	23己卯19	23己酉⑲	**22**丁丑⑯
25乙卯㉘	25乙酉30	25乙卯29	25甲申28	25甲寅㉗	25癸未26	24壬子24	24辛巳22	24辛亥22	24庚辰20	24庚戌20	23戊寅17
《3月》	26丙戌31	26丙辰30	26乙酉29	26乙卯28	26甲申27	25癸丑25	25壬午23	25壬子23	25辛巳㉑	25辛亥21	24己卯18
26丙辰1	《4月》	《5月》	27丙戌㉚	27丙辰29	27乙酉28	26甲寅26	26癸未24	26癸丑㉔	26壬午22	26壬子22	25庚辰19
27丁巳2	27丁亥1	27丁巳1	28丁亥31	28丁巳30	28丙戌29	27乙卯27	27甲申25	27甲寅25	27癸未23	27癸丑23	26辛巳20
28戊午3	**28**戊子2	28戊午②	《6月》	《7月》	29丁亥30	28丙辰28	28乙酉㉖	28乙卯26	28甲申24	28甲寅24	27壬午21
29己未4	29己丑3	**29**己未3	29戊子1	29戊午1	30戊子31	29丁巳㉙	29丙戌27	29丙辰27	29乙酉25	29乙卯25	28癸未22
30庚申5	30庚寅④		**30**己丑2				30丁亥28		30丙戌26		29甲申㉓
											30乙酉24
雨水12日 啓蟄28日	春分13日 清明28日	穀雨13日 立夏29日	小満15日 芒種30日	夏至15日	小暑1日 大暑17日	立秋2日 処暑17日	白露3日 秋分18日	寒露4日 霜降19日	立冬5日 小雪20日	大雪6日 冬至21日	小寒7日 大寒22日

寛弘元年〔長保6年〕（1004－1005） 甲辰

改元 7/20（長保→寛弘）

1月	2月	3月	4月	5月	6月	7月	8月	9月	閏9月	10月	11月	12月
1丙戌25	1乙卯23	1乙酉24	1甲寅22	1甲申22	1甲寅21	1癸未20	1癸丑19	1壬午⑰	1壬子17	1辛巳15	1辛亥15	1庚辰13
2丁亥26	2丙辰24	2丙戌25	2乙卯㉓	2乙酉23	2乙卯22	2甲申21	2甲寅⑳	2癸未18	2癸丑18	**2**壬午16	**2**壬子16	2辛巳⑭
3戊子27	3丁巳25	3丁亥㉖	3丙辰24	3丙戌24	3丙辰23	3乙酉22	3乙卯21	3甲申19	3甲寅19	3癸未17	3癸丑⑰	**3**壬午15
4己丑28	4戊午26	4戊子27	4丁巳25	4丁亥25	4丁巳24	4丙戌㉓	4丙辰22	4乙酉20	4乙卯20	4甲申18	4甲寅18	4癸未16
5庚寅29	5己未㉗	5己丑28	5戊午26	5戊子26	5戊午㉕	5丁亥24	5丁巳23	5丙戌21	5丙辰21	5乙酉⑲	5乙卯19	5甲申17
6辛卯㉚	6庚申28	6庚寅29	6己未27	6己丑27	6己未26	6戊子25	6戊午24	6丁亥22	6丁巳㉒	6丙戌20	6丙辰20	6乙酉18
7壬辰31	7辛酉29	7辛卯30	7庚申28	7庚寅㉘	7庚申27	7己丑26	7己未25	7戊子23	7戊午23	7丁亥21	7丁巳21	7丙戌19
《2月》	《3月》	8壬辰31	8辛酉29	8辛卯29	8辛酉28	8庚寅27	8庚申26	8己丑㉔	8己未24	8戊子22	8戊午22	8丁亥20
8癸巳1	8壬戌1	《4月》	9壬戌㉚	9壬辰30	9壬戌29	9辛卯28	9辛酉㉗	9庚寅25	9庚申25	9己丑23	9己未23	9戊子㉑
9甲午2	**9**癸亥2	**9**癸巳1	《5月》	10癸巳31	10癸亥30	10壬辰29	10壬戌28	10辛卯26	10辛酉26	10庚寅24	10庚申㉔	10己丑22
10乙未3	10甲子3	10甲午②	10癸亥1	《6月》	《7月》	11癸巳㉚	11癸亥29	11壬辰27	11壬戌27	11辛卯25	11辛酉25	11庚寅23
11丙申4	11乙丑4	11乙未3	**11**甲子2	**11**甲午1	11甲子1	12甲午31	12甲子30	12癸巳28	12癸亥28	12壬辰㉖	12壬戌26	12辛卯24
12丁酉5	12丙寅⑤	12丙申4	12乙丑3	12乙未2	**12**乙丑②	《8月》	13乙丑31	13甲午29	13甲子㉙	13癸巳27	13癸亥27	13壬辰25
13戊戌⑥	13丁卯6	13丁酉5	13丙寅4	13丙申3	13丙寅3	**13**乙未1	《9月》	14乙未30	14乙丑30	14甲午28	14甲子28	14癸巳26
14己亥7	14戊辰7	14戊戌6	14丁卯5	14丁酉④	14丁卯4	14丙申2	**14**丙寅1	《10月》	**15**丙寅31	15乙未29	15乙丑29	15甲午27
15庚子8	15己巳8	15己亥7	15戊辰6	15戊戌5	15戊辰5	15丁酉3	15丁卯2	**15**丙申①	《11月》	16丙申30	16丙寅30	16乙未㉘
16辛丑9	16庚午9	16庚子8	16己巳⑦	16己亥6	16己巳6	16戊戌4	16戊辰③	16丁酉2	16丁卯1	《12月》	**17**丁卯㉛	17丙申29
17壬寅10	17辛未10	17辛丑⑨	17庚午8	17庚子7	17庚午7	17己亥5	17己巳4	17戊戌3	17戊辰2	**17**丁酉1	**1005年**	18丁酉30
18癸卯11	18壬申11	18壬寅10	18辛未9	18辛丑8	18辛未8	18庚子⑥	18庚午5	18己亥4	18己巳3	18戊戌2	《1月》	**19**戊戌31
19甲辰12	19癸酉⑫	19癸卯11	19壬申10	19壬寅9	19壬申⑨	19辛丑7	19辛未6	19庚子5	19庚午4	19己亥③	18戊辰1	《2月》
20乙巳⑬	20甲戌13	20甲辰12	20癸酉11	20癸卯10	20癸酉10	20壬寅8	20壬申7	20辛丑6	20辛未⑤	20庚子4	19己巳2	20己亥1
21丙午14	21乙亥14	21乙巳13	21甲戌12	21甲辰⑪	21甲戌11	21癸卯9	21癸酉8	21壬寅7	21壬申6	21辛丑5	20庚午3	21庚子2
22丁未15	22丙子15	22丙午14	22乙亥13	22乙巳12	22乙亥12	22甲辰10	22甲戌9	22癸卯⑧	22癸酉7	22壬寅6	21辛未4	22辛丑3
23戊申16	23丁丑16	23丁未15	23丙子⑭	23丙午13	23丙子13	23乙巳11	23乙亥⑩	23甲辰9	23甲戌8	23癸卯7	22壬申5	23壬寅④
24己酉17	**24**戊寅17	24戊申⑯	24丁丑15	24丁未14	24丁丑14	24丙午12	24丙子11	24乙巳10	24乙亥9	24甲辰8	23癸酉6	24癸卯5
25庚戌18	25己卯18	**25**己酉17	25戊寅16	25戊申15	25戊寅15	25丁未⑬	25丁丑12	25丙午11	25丙子10	25乙巳9	24甲戌⑦	25甲辰6
26辛亥19	26庚辰⑲	26庚戌18	**26**己卯17	**26**己酉16	26己卯⑯	26戊申14	26戊寅13	26丁未12	26丁丑11	26丙午⑩	25乙亥8	26乙巳7
27壬子⑳	27辛巳20	27辛亥19	27庚辰18	27庚戌17	**27**庚辰17	27己酉15	27己卯14	27戊申13	27戊寅⑫	27丁未11	26丙子9	27丙午8
28癸丑21	28壬午21	28壬子20	28辛巳19	28辛亥⑱	28辛巳18	**28**庚戌16	28庚辰15	28己酉14	28己卯13	28戊申12	27丁丑10	28丁未9
29甲寅22	29癸未22	29癸丑21	29壬午20	29壬子19	29壬午19	29辛亥17	**29**辛巳16	29庚戌⑮	29庚辰14	29己酉13	28戊寅11	29戊申10
	30甲申23		30癸未㉑	30癸丑20		30壬子18		**30**辛亥16		30庚戌14	29己卯12	30己酉⑪
立春7日 雨水23日	啓蟄9日 春分24日	清明9日 穀雨25日	立夏11日 小満26日	芒種11日 夏至26日	小暑12日 大暑27日	立秋13日 処暑28日	白露14日 秋分29日	寒露15日 霜降30日	立冬15日	小雪2日 大雪17日	冬至2日 小寒17日	大寒3日 立春19日

寛弘**2**年（1005－1006） 乙巳

1月	2月	3月	4月	5月	6月	7月	8月	9月	10月	11月	12月
1 庚戌12 2 辛亥13 3 壬子14 **4** 癸丑15 5 甲寅16 6 乙卯17 7 丙辰⑱ 8 丁巳19 9 戊午20 10己未21 11庚申22 12辛酉23 13壬戌24 14癸亥㉕ 15甲子26 16乙丑27 17丙寅28 《3月》 18丁卯 1 **19**戊辰 2 20己巳 3 21庚午④ 22辛未 5 23壬申 6 24癸酉 7 25甲戌 8 26乙亥 9 27丙子10 28丁丑⑪ 29戊寅12	1 己卯13 2 庚辰14 3 辛巳15 4 壬午16 **5** 癸未17 6 甲申⑱ 7 乙酉19 8 丙戌20 9 丁亥21 10戊子22 11己丑23 12庚寅24 13辛卯㉕ 14壬辰26 15癸巳27 16甲午28 17乙未29 18丙申30 19丁酉31 《4月》 20戊戌① **21**己亥 2 22庚子 3 23辛丑 4 24壬寅 5 25癸卯 6 26甲辰 7 27乙巳⑧ 28丙午 9 29丁未10 30戊申11	1 己酉12 2 庚戌13 3 辛亥14 4 壬子⑮ 5 癸丑16 **6** 甲寅17 7 乙卯18 8 丙辰19 9 丁巳20 10戊午21 11己未㉒ 12庚申23 13辛酉24 14壬戌25 15癸亥26 16甲子27 17乙丑28 18丙寅㉙ 19丁卯30 《5月》 20戊辰 1 **21**己巳 2 22庚午 3 23辛未 4 24壬申 5 25癸酉⑥ 26甲戌 7 27乙亥 8 28丙子 9 29丁丑10	1 戊寅11 2 己卯12 3 庚辰⑬ 4 辛巳14 5 壬午15 6 癸未16 **7** 甲申17 8 乙酉18 9 丙戌19 10丁亥⑳ 11戊子21 12己丑22 13庚寅23 14辛卯24 15壬辰25 16癸巳26 17甲午㉗ 18乙未28 19丙申29 20丁酉30 21戊戌31 《6月》 **22**己亥 1 23庚子 2 24辛丑③ 25壬寅 4 26癸卯 5 27甲辰 6 28乙巳 7 29丙午 8 30丁未 9	1 戊申⑩ 2 己酉11 3 庚戌12 4 辛亥13 5 壬子14 6 癸丑15 7 甲寅16 **8** 乙卯⑰ 9 丙辰18 10丁巳19 11戊午20 12己未21 13庚申22 14辛酉23 15壬戌㉔ 16癸亥25 17甲子26 18乙丑27 19丙寅28 20丁卯29 21戊辰30 《7月》 22己巳① **23**庚午 2 24辛未 3 25壬申 4 26癸酉 5 27甲戌 6 28乙亥 7 29丙子⑧	1 丁丑 9 2 戊寅10 3 己卯11 4 庚辰12 5 辛巳13 6 壬午14 7 癸未⑮ 8 甲申16 **9** 乙酉17 10丙戌18 11丁亥19 12戊子20 13己丑21 14庚寅㉒ 15辛卯23 16壬辰24 17癸巳25 18甲午26 19乙未27 20丙申28 21丁酉㉙ 22戊戌30 23己亥31 《8月》 **24**庚子 1 25辛丑 2 26壬寅 3 27癸卯 4 28甲辰⑤ 29乙巳 6 30丙午 7	1 丁未 8 2 戊申 9 3 己酉10 4 庚戌11 5 辛亥⑫ 6 壬子13 7 癸丑14 8 甲寅15 9 乙卯16 **10**丙辰17 11丁巳18 12戊午⑲ 13己未20 14庚申21 15辛酉22 16壬戌23 17癸亥24 18甲子25 19乙丑㉖ 20丙寅27 21丁卯28 22戊辰29 23己巳30 24庚午31 《9月》 **25**辛未 1 26壬申② 27癸酉 3 28甲戌 4 29乙亥 5 30丙子 6	1 丁丑 7 2 戊寅 8 3 己卯⑨ 4 庚辰10 5 辛巳11 6 壬午12 7 癸未13 8 甲申14 9 乙酉15 **10**丙戌⑯ 11丁亥17 12戊子18 13己丑19 14庚寅20 15辛卯21 16壬辰22 17癸巳㉓ 18甲午24 19乙未25 20丙申26 21丁酉27 22戊戌28 23己亥29 24庚子㉚ 《10月》 **25**辛丑 1 26壬寅 2 27癸卯 3 28甲辰 4 29乙巳 5	1 丙午 6 2 丁未⑦ 3 戊申 8 4 己酉 9 5 庚戌10 6 辛亥11 7 壬子12 8 癸丑13 9 甲寅⑭ 10乙卯15 **11**丙辰16 12丁巳17 13戊午18 14己未19 15庚申20 16辛酉㉑ 17壬戌22 18癸亥23 19甲子24 20乙丑25 21丙寅26 22丁卯27 23戊辰㉘ 24己巳29 25庚午30 26辛未31 《11月》 **27**壬申 1 28癸酉 2 29甲戌 3 30乙亥④	1 丙子 5 2 丁丑 6 3 戊寅 7 4 己卯 8 5 庚辰 9 6 辛巳10 7 壬午⑪ 8 癸未12 9 甲申13 10乙酉14 11丙戌15 **12**丁亥16 13戊子17 14己丑⑱ 15庚寅19 16辛卯20 17壬辰21 18癸巳22 19甲午23 20乙未24 21丙申㉕ 22丁酉26 23戊戌27 24己亥28 25庚子29 26辛丑30 《12月》 **27**壬寅 1 28癸卯② 29甲辰 3	1 乙巳 4 2 丙午 5 3 丁未 6 4 戊申 7 5 己酉 8 6 庚戌⑨ 7 辛亥10 8 壬子11 9 癸丑12 10甲寅13 11乙卯14 12丙辰15 **13**丁巳⑯ 14戊午17 15己未18 16庚申19 17辛酉20 18壬戌21 19癸亥22 20甲子㉓ 21乙丑24 22丙寅25 23丁卯26 24戊辰27 25己巳28 26庚午29 27辛未㉚ **28**壬申31 **1006年** 《1月》 29癸酉 1 30甲戌 2	1 乙亥 3 2 丙子 4 3 丁丑 5 4 戊寅⑥ 5 己卯 7 6 庚辰 8 7 辛巳 9 8 壬午10 9 癸未11 10甲申12 11乙酉⑬ 12丙戌14 13丁亥15 **14**戊子16 15己丑17 16庚寅18 17辛卯19 18壬辰⑳ 19癸巳21 20甲午22 21乙未23 22丙申24 23丁酉25 24戊戌26 25己亥㉗ 26庚子28 27辛丑29 28壬寅30 **29**癸卯31
雨水 4日 啓蟄 19日	春分 5日 清明 21日	穀雨 6日 立夏 21日	小満 7日 芒種 22日	夏至 8日 小暑 23日	大暑 9日 立秋 24日	処暑 10日 白露 25日	秋分 10日 寒露 25日	霜降 11日 立冬 27日	小雪 12日 大雪 27日	冬至 13日 小寒 28日	大寒 14日 立春 29日

寛弘**3**年（1006－1007） 丙午

1月	2月	3月	4月	5月	6月	7月	8月	9月	10月	11月	12月
《2月》 1 甲辰 1 2 乙巳 2 3 丙午③ 4 丁未 4 5 戊申 5 6 己酉 6 7 庚戌 7 8 辛亥 8 9 壬子 9 10癸丑⑩ 11甲寅11 12乙卯12 13丙辰13 14丁巳14 **15**戊午15 16己未16 17庚申⑰ 18辛酉18 19壬戌19 20癸亥20 21甲子21 22乙丑22 23丙寅23 24丁卯㉔ 25戊辰25 26己巳26 27庚午27 28辛未28 《3月》 29壬申 1 **30**癸酉 2	1 甲戌③ 2 乙亥 4 3 丙子 5 4 丁丑 6 5 戊寅 7 6 己卯 8 7 庚辰 9 8 辛巳⑩ 9 壬午11 10癸未12 11甲申13 12乙酉14 13丙戌15 14丁亥16 15戊子⑰ **16**己丑18 17庚寅19 18辛卯20 19壬辰21 20癸巳22 21甲午23 22乙未㉔ 23丙申25 24丁酉26 25戊戌27 26己亥28 27庚子29 28辛丑30 29壬寅㉛	《4月》 1 癸卯 1 **2** 甲辰 2 3 乙巳 3 4 丙午 4 5 丁未 5 6 戊申 6 7 己酉⑦ 8 庚戌 8 9 辛亥 9 10壬子10 11癸丑11 12甲寅12 13乙卯13 14丙辰⑭ 15丁巳15 16戊午16 **17**己未17 18庚申18 19辛酉19 20壬戌20 21癸亥㉑ 22甲子22 23乙丑23 24丙寅24 25丁卯25 26戊辰26 27己巳27 28庚午㉘ 29辛未29	1 壬申30 《5月》 2 癸酉 1 **3** 甲戌 2 4 乙亥 3 5 丙子 4 6 丁丑⑤ 7 戊寅 6 8 己卯 7 9 庚辰 8 10辛巳 9 11壬午10 12癸未11 13甲申⑫ 14乙酉13 15丙戌14 16丁亥15 17戊子16 **18**己丑17 19庚寅18 20辛卯⑲ 21壬辰20 22癸巳21 23甲午22 24乙未23 25丙申24 26丁酉25 27戊戌㉖ 28己亥27 29庚子28 30辛丑29	1 壬寅30 2 癸卯31 《6月》 3 甲辰 1 **4** 乙巳② 5 丙午 3 6 丁未 4 7 戊申 5 8 己酉 6 9 庚戌 7 10辛亥 8 11壬子⑨ 12癸丑10 13甲寅11 14乙卯12 15丙辰13 16丁巳14 17戊午15 18己未⑯ **19**庚申17 20辛酉18 21壬戌19 22癸亥20 23甲子21 24乙丑22 25丙寅㉓ 26丁卯24 27戊辰25 28己巳26 29庚午27	1 辛未28 2 壬申29 3 癸酉㉚ 《7月》 4 甲戌 1 **5** 乙亥 2 6 丙子 3 7 丁丑 4 8 戊寅 5 9 己卯 6 10庚辰⑦ 11辛巳 8 12壬午 9 13癸未10 14甲申11 15乙酉12 16丙戌13 17丁亥⑭ 18戊子15 19己丑16 **20**庚寅17 21辛卯18 22壬辰19 23癸巳20 24甲午㉑ 25乙未22 26丙申23 27丁酉24 28戊戌25 29己亥26 30庚子27	1 辛丑㉘ 2 壬寅29 3 癸卯30 4 甲辰31 《8月》 5 乙巳 1 **6** 丙午 2 7 丁未 3 8 戊申④ 9 己酉 5 10庚戌 6 11辛亥 7 12壬子 8 13癸丑 9 14甲寅10 15乙卯⑪ 16丙辰12 17丁巳13 18戊午14 19己未15 20庚申16 **21** 辛酉17 22壬戌⑱ 23癸亥19 24甲子20 25乙丑21 26丙寅22 27丁卯23 28戊辰24 29己巳㉕ 30庚午26	1 辛未27 2 壬申28 3 癸酉29 4 甲戌30 5 乙亥31 《9月》 **6** 丙子① 7 丁丑 2 8 戊寅 3 9 己卯 4 10庚辰 5 11辛巳 6 12壬午 7 13癸未⑧ 14甲申 9 15乙酉10 16丙戌11 17丁亥12 18戊子13 19己丑14 20庚寅⑮ **21** 辛卯16 22壬辰17 23癸巳18 24甲午19 25乙未20 26丙申21 27丁酉㉒ 28戊戌23 29己亥24	1 庚子25 2 辛丑26 3 壬寅27 4 癸卯28 5 甲辰㉙ 6 乙巳30 《10月》 **7** 丙午 1 8 丁未 2 9 戊申 3 10己酉 4 11庚戌 5 12辛亥⑥ 13壬子 7 14癸丑 8 15甲寅 9 16乙卯10 17丙辰11 18丁巳12 19戊午⑬ 20己未14 21庚申15 22辛酉16 **23**壬戌17 24癸亥18 25甲子19 26乙丑⑳ 27丙寅21 28丁卯22 29戊辰23 30己巳24	1 庚午25 2 辛未26 3 壬申㉗ 4 癸酉28 5 甲戌29 6 乙亥30 7 丙子31 《11月》 **8** 丁丑 1 9 戊寅 2 10己卯③ 11庚辰 4 12辛巳 5 13壬午 6 14癸未 7 15甲申 8 16乙酉 9 17丙戌⑩ 18丁亥11 19戊子12 20己丑13 21庚寅14 22辛卯15 **23**壬辰16 24癸巳⑰ 25甲午18 26乙未19 27丙申20 28丁酉21 29戊戌22 30己亥23	1 庚子㉔ 2 辛丑25 3 壬寅26 4 癸卯27 5 甲辰28 6 乙巳29 7 丙午30 《12月》 **8** 丁未① 9 戊申 2 10己酉 3 11庚戌 4 12辛亥 5 13壬子 6 14癸丑 7 15甲寅⑧ 16乙卯 9 17丙辰10 18丁巳11 19戊午12 20己未13 21庚申14 22辛酉⑮ 23壬戌16 **24**癸亥17 25甲子18 26乙丑19 27丙寅20 28丁卯21 29戊辰㉒	1 己巳23 2 庚午24 3 辛未25 4 壬申26 5 癸酉27 6 甲戌28 7 乙亥㉙ 8 丙子30 9 丁丑31 **1007年** 《1月》 **10**戊寅 1 11己卯 2 12庚辰 3 13辛巳 4 14壬午⑤ 15癸未 6 16甲申 7 17乙酉 8 18丙戌 9 19丁亥10 20戊子11 21己丑⑫ 22庚寅13 23辛卯14 24壬辰15 **25**癸巳16 26甲午17 27乙未18 28丙申⑲ 29丁酉20 30戊戌21
雨水 15日 啓蟄 30日	春分 16日	清明 2日 穀雨 17日	立夏 3日 小満 18日	芒種 4日 夏至 19日	小暑 5日 大暑 20日	立秋 6日 処暑 21日	白露 6日 秋分 21日	寒露 7日 霜降 23日	立冬 8日 小雪 23日	大雪 8日 冬至 24日	小寒 10日 大寒 25日

寛弘4年（1007－1008） 丁未

1月	2月	3月	4月	5月	閏5月	6月	7月	8月	9月	10月	11月	12月
1己亥22	1戊辰20	1戊戌22	1丁卯⑳	1丙申19	1丙寅18	1乙未17	1乙丑16	1甲午⑭	1甲子14	1甲午13	1甲子13	1癸巳⑪
2庚子23	2己巳21	2己亥㉓	2戊辰21	2丁酉20	2丁卯19	**2**丙申18	**2**丙寅⑰	2乙未15	2乙丑15	2乙未14	2乙丑⑭	2甲午12
3辛丑24	3庚午22	3庚子24	3己巳22	3戊戌21	3戊辰20	3丁酉19	3丁卯18	**3**丙申16	3丙寅16	3丙申15	3丙寅15	3乙未13
4壬寅25	4辛未㉓	4辛丑25	4庚午23	4己亥22	4己巳21	4戊戌⑳	4戊辰19	4丁酉17	**4**丁卯17	**4**丁酉⑯	4丁卯16	4丙申14
5癸卯㉖	5壬申24	5壬寅26	5辛未24	5庚子23	5庚午㉒	5己亥21	5己巳20	5戊戌18	5戊辰18	5戊戌17	**5**戊辰17	5丁酉15
6甲辰27	6癸酉25	6癸卯27	6壬申25	6辛丑24	6辛未23	6庚子22	6庚午21	6己亥19	6己巳⑲	6己亥18	6己巳18	**6**戊戌16
7乙巳28	7甲戌26	7甲辰28	7癸酉26	7壬寅㉕	7壬申24	7辛丑23	7辛未22	7庚子20	7庚午20	7庚子19	7庚午19	7己亥17
8丙午29	8乙亥27	8乙巳29	8甲戌㉗	8癸卯26	8癸酉25	8壬寅24	8壬申23	8辛丑㉑	8辛未21	8辛丑20	8辛未20	8庚子⑱
9丁未30	9丙子28	9丙午㉚	9乙亥28	9甲辰27	9甲戌26	9癸卯25	9癸酉㉔	9壬寅22	9壬申22	9壬寅21	9壬申㉑	9辛丑19
10戊申31	《3月》	10丁未31	10丙子29	10乙巳28	10乙亥27	10甲辰26	10甲戌25	10癸卯23	10癸酉23	10癸卯22	10癸酉22	10壬寅20
《2月》	10丁丑1	《4月》	11丁丑30	11丙午29	11丙子28	11乙巳㉗	11乙亥26	11甲辰24	11甲戌24	11甲辰㉓	11甲戌23	11癸卯21
11己酉1	11戊寅②	11戊申1	《5月》	12丁未30	12丁丑㉙	12丙午28	12丙子27	12乙巳25	12乙亥25	12乙巳24	12乙亥24	12甲辰22
12庚戌②	**12**己卯3	**12**己酉2	12戊寅1	13戊申31	13戊寅30	13丁未29	13丁丑28	13丙午26	13丙子㉖	13丙午25	13丙子25	13乙巳23
13辛亥3	13庚辰4	13庚戌3	**13**己卯2	《6月》	《7月》	14戊申30	14戊寅29	14丁未27	14丁丑27	14丁未26	14丁丑26	14丙午24
14壬子4	14辛巳5	14辛亥4	14庚辰3	14己酉①	14己卯1	15己酉31	15己卯30	15戊申㉘	15戊寅28	15戊申27	15戊寅27	15丁未㉕
15癸丑5	15壬午6	15壬子5	15辛巳④	**15**庚戌2	**15**庚辰2	《8月》	16庚辰㉛	16己酉29	16己卯29	16己酉28	16己卯㉘	16戊申26
16甲寅6	16癸未7	16癸丑⑥	16壬午5	16辛亥3	16辛巳3	16庚戌1	《9月》	17庚戌30	17庚辰30	17庚戌29	17庚辰29	17己酉27
17乙卯7	17甲申8	17甲寅7	17癸未6	17壬子4	17壬午4	**17**辛亥2	**17**辛巳1	《10月》	18辛巳31	18辛亥㉚	18辛巳30	18庚戌28
18丙辰8	18乙酉⑨	18乙卯8	18甲申7	18癸丑5	18癸未5	18壬子③	18壬午2	18辛亥1	《11月》	《12月》	19壬午31	19辛亥29
19丁巳⑨	19丙戌10	19丙辰9	19乙酉8	19甲寅6	19甲申⑥	19癸丑4	19癸未3	**19**壬子2	**19**壬午1	19壬子1	**1008年**	20壬子30
20戊午10	20丁亥11	20丁巳10	20丙戌9	20乙卯7	20乙酉7	20甲寅5	20甲申4	20癸丑3	20癸未②	**20**癸丑2	《1月》	**21**癸丑31
21己未11	21戊子12	21戊午11	21丁亥10	21丙辰⑧	21丙戌8	21乙卯6	21乙酉5	21甲寅4	21甲申3	21甲寅3	**20**癸未1	《2月》
22庚申12	22己丑13	22己未12	22戊子⑪	22丁巳9	22丁亥9	22丙辰7	22丙戌6	22乙卯⑤	22乙酉4	22乙卯4	21甲申2	22甲寅①
23辛酉13	23庚寅14	23庚申⑬	23己丑12	23戊午10	23戊子10	23丁巳8	23丁亥⑦	23丙辰6	23丙戌5	23丙辰5	22乙酉3	23乙卯2
24壬戌14	24辛卯15	24辛酉14	24庚寅13	24己未11	24己丑11	24戊午9	24戊子8	24丁巳7	24丁亥6	24丁巳6	23丙戌④	24丙辰3
25癸亥15	25壬辰⑯	25壬戌15	25辛卯14	25庚申12	25庚寅12	25己未⑩	25己丑9	25戊午8	25戊子7	25戊午⑦	24丁亥5	25丁巳4
26甲子⑯	26癸巳17	26癸亥16	26壬辰15	26辛酉13	26辛卯⑬	26庚申11	26庚寅10	26己未9	26己丑8	26己未8	25戊子6	26戊午5
27乙丑17	**27**甲午18	**27**甲子17	27癸巳16	27壬戌14	27壬辰14	27辛酉12	27辛卯11	27庚申10	27庚寅⑨	27庚申9	26己丑7	27己未6
28丙寅18	28乙未19	28乙丑18	28甲午17	28癸亥⑮	28癸巳15	28壬戌13	28壬辰12	28辛酉11	28辛卯10	28辛酉10	27庚寅8	28庚申7
29丁卯19	29丙申20	29丙寅19	**29**乙未⑱	29甲子16	29甲午16	29癸亥14	29癸巳13	29壬戌⑫	29壬辰11	29壬戌11	28辛卯9	29辛酉⑧
	30丁酉21			**30**乙丑17		30甲子15		30癸亥13	30癸巳12	30癸亥12	29壬辰10	30壬戌9
立春10日 雨水25日	啓蟄12日 春分27日	清明12日 穀雨27日	立夏13日 小満29日	芒種15日 夏至30日	小暑15日	大暑2日 立秋17日	処暑2日 白露17日	秋分3日 寒露19日	霜降4日 立冬19日	小雪4日 大雪20日	冬至5日 小寒20日	大寒6日 立春21日

寛弘5年（1008－1009） 戊申

1月	2月	3月	4月	5月	6月	7月	8月	9月	10月	11月	12月
1癸亥10	1壬辰10	1壬戌9	1辛卯8	1庚申⑥	1庚寅6	1己未4	1己丑3	1戊午2	《11月》	《12月》	1丁亥30
2甲子11	2癸巳11	2癸亥10	2壬辰⑨	2辛酉7	2辛卯7	2庚申5	2庚寅4	2己未③	1戊子1	**1**戊午1	**2**戊子31
3乙丑12	3甲午12	3甲子⑪	3癸巳10	3壬戌8	3壬辰8	3辛酉6	3辛卯⑤	3庚申4	2己丑2	2己未2	**1009年**
4丙寅13	4乙未13	4乙丑12	4甲午11	4癸亥9	4癸巳9	4壬戌7	4壬辰6	4辛酉5	3庚寅3	3庚申3	《1月》
5丁卯14	5丙申⑭	5丙寅13	5乙未12	5甲子10	5甲午10	5癸亥⑧	5癸巳7	5壬戌6	4辛卯4	4辛酉4	3己丑1
6戊辰⑮	6丁酉15	6丁卯14	6丙申13	6乙丑11	6乙未⑪	6甲子9	6甲午8	6癸亥7	5壬辰5	5壬戌⑤	4庚寅②
7己巳16	7戊戌16	7戊辰15	7丁酉14	7丙寅12	7丙申12	7乙丑10	7乙未9	7甲子8	6癸巳6	6癸亥6	5辛卯3
8庚午17	**8**己亥17	8己巳16	8戊戌15	8丁卯⑬	8丁酉13	8丙寅11	8丙申10	8乙丑9	7甲午⑦	7甲子7	6壬辰4
9辛未18	9庚子18	**9**庚午17	9己亥⑯	9戊辰14	9戊戌14	9丁卯12	9丁酉11	9丙寅⑩	8乙未8	8乙丑8	7癸巳5
10壬申19	10辛丑19	10辛未⑱	**10**庚子17	10己巳15	10己亥15	10戊辰13	10戊戌⑫	10丁卯11	9丙申9	9丙寅9	8甲午6
11癸酉20	11壬寅20	11壬申19	11辛丑18	**11**庚午16	11庚子16	11己巳14	11己亥13	11戊辰12	10丁酉10	10丁卯10	9乙未7
12甲戌21	12癸卯㉑	12癸酉20	12壬寅19	12辛未17	**12**辛丑17	12庚午⑮	12庚子14	12己巳13	11戊戌11	11戊辰11	10丙申8
13乙亥㉒	13甲辰22	13甲戌21	13癸卯20	13壬申18	13壬寅⑱	**13**辛未16	13辛丑15	13庚午14	12己亥12	12己巳⑫	11丁酉⑨
14丙子23	14乙巳23	14乙亥22	14甲辰21	14癸酉19	14癸卯19	14壬申17	**14**壬寅16	14辛未15	13庚子13	13庚午13	12戊戌10
15丁丑24	15丙午24	15丙子23	15乙巳22	15甲戌⑳	15甲辰20	15癸酉18	15癸卯17	**15**壬申16	14辛丑⑭	14辛未14	13己亥11
16戊寅25	16丁未25	16丁丑24	16丙午㉓	16乙亥21	16乙巳21	16甲戌19	16甲辰18	16癸酉⑰	15壬寅15	15壬申15	14庚子12
17己卯26	17戊申26	17戊寅㉕	17丁未24	17丙子22	17丙午22	17乙亥20	17乙巳⑲	17甲戌18	**16**癸卯16	**16**癸酉16	15辛丑13
18庚辰27	18己酉27	18己卯26	18戊申25	18丁丑23	18丁未23	18丙子21	18丙午20	18乙亥19	17甲辰17	17甲戌17	16壬寅14
19辛巳28	19庚戌㉘	19庚辰27	19己酉26	19戊寅24	19戊申24	19丁丑㉒	19丁未21	19丙子20	18乙巳18	18乙亥18	**17**癸卯15
20壬午㉙	20辛亥29	20辛巳28	20庚戌27	20己卯25	20己酉㉕	20戊寅23	20戊申22	20丁丑21	19丙午19	19丙子⑲	18甲辰⑯
《3月》	21壬子30	21壬午29	21辛亥28	21庚辰26	21庚戌26	21己卯24	21己酉23	21戊寅22	20丁未20	20丁丑20	19乙巳17
21癸未1	22癸丑31	22癸未30	22壬子29	22辛巳㉗	22辛亥27	22庚辰25	22庚戌24	22己卯23	21戊申㉑	21戊寅21	20丙午18
22甲申2	《4月》	《5月》	23癸丑㉚	23壬午28	23壬子28	23辛巳26	23辛亥25	23庚辰㉔	22己酉22	22己卯22	21丁未19
23乙酉3	**23**甲寅1	23甲申1	24甲寅31	24癸未29	24癸丑29	24壬午27	24壬子㉖	24辛巳25	23庚戌23	23庚辰23	22戊申20
24丙戌4	24乙卯2	**24**乙酉②	《6月》	25甲申30	25甲寅30	25癸未28	25癸丑27	25壬午26	24辛亥24	24辛巳24	23己酉21
25丁亥5	25丙辰3	25丙戌3	**25**乙卯1	《7月》	26乙卯31	26甲申㉙	26甲寅28	26癸未27	25壬子25	25壬午25	24庚戌22
26戊子6	26丁巳④	26丁亥4	26丙辰2	26乙酉1	《8月》	27乙酉30	27乙卯29	27甲申28	26癸丑26	26癸未㉖	25辛亥㉓
27己丑⑦	27戊午5	27戊子5	27丁巳3	**27**丙戌2	**27**丙辰①	**28**丙戌31	28丙辰30	28乙酉29	27甲寅27	27甲申27	26壬子24
28庚寅8	28己未6	28己丑6	28戊午4	28丁亥3	28丁巳2	《9月》	《10月》	29丙戌30	28乙卯㉘	28乙酉28	27癸丑25
29辛卯9	29庚申7	29庚寅7	29己未5	29戊子④	29戊午3	29丁亥1	**29**丁巳1	**30**丁亥㉛	29丙辰29	29丙戌29	28甲寅26
	30辛酉8			30己丑5		30戊子2			30丁巳30		29乙卯27
											30丙辰28
雨水7日 啓蟄22日	春分8日 清明23日	穀雨9日 立夏24日	小満10日 芒種25日	夏至11日 小暑27日	大暑12日 立秋27日	処暑13日 白露28日	秋分14日 寒露29日	霜降15日 立冬30日	小雪16日	大雪1日 冬至16日	小寒2日 大寒17日

寛弘 6 年（1009－1010） 己酉

1月	2月	3月	4月	5月	6月	7月	8月	9月	10月	11月	12月
1 丁巳29	1 丁亥28	1 丙辰29	1 丙戌28	1 乙卯27	1 甲申25	1 甲寅25	1 癸未23	1 壬子21	1 壬午21	1 壬子⑳	1 辛巳19
2 戊午㉚	《3月》	2 丁巳30	2 丁亥29	2 丙辰28	2 乙酉㉖	2 乙卯26	2 甲申24	2 癸丑22	2 癸未22	2 癸丑21	2 壬午20
3 己未31	2 戊子 1	3 戊午31	3 戊子30	3 丁巳㉙	3 丙戌27	3 丙辰27	3 乙酉25	3 甲寅23	3 甲申㉓	3 甲寅22	3 癸未21
《2月》	**3** 己丑 2	《4月》	《5月》	4 戊午30	4 丁亥28	4 丁巳28	4 丙戌26	4 乙卯24	4 乙酉24	4 乙卯23	4 甲申22
4 庚申 1	4 庚寅 3	4 己未 1	4 己丑①	5 己未31	5 戊子29	5 戊午29	5 丁亥27	5 丙辰㉕	5 丙戌25	5 丙辰24	5 乙酉23
5 辛酉 2	5 辛卯 4	**5** 庚申 2	**5** 庚寅 2	《6月》	6 己丑30	6 己未30	6 戊子㉘	6 丁巳26	6 丁亥26	6 丁巳25	6 丙戌24
6 壬戌 3	6 壬辰 5	6 辛酉③	6 辛卯 3	**6** 庚申 1	《7月》	7 庚申㉛	7 己丑29	7 戊午27	7 戊子27	7 戊午26	7 丁亥㉕
7 癸亥 4	7 癸巳⑥	7 壬戌 4	7 壬辰 4	7 辛酉 2	7 庚寅 1	《8月》	8 庚寅30	8 己未28	8 己丑28	8 己未㉗	8 戊子26
8 甲子 5	8 甲午 7	8 癸亥 5	8 癸巳 5	8 壬戌 3	**8** 辛卯 2	**8** 辛酉 1	9 辛卯31	9 庚申29	9 庚寅29	9 庚申28	9 己丑27
9 乙丑⑥	9 乙未 8	9 甲子 6	9 甲午 6	9 癸亥 4	9 壬辰③	9 壬戌 2	《9月》	10辛酉30	10辛卯㉚	10辛酉29	10庚寅28
10丙寅 7	10丙申 9	10乙丑 7	10乙未 7	10甲子⑤	10癸巳 4	10癸亥 3	**10**壬辰 1	《10月》	11壬辰31	11壬戌30	11辛卯29
11丁卯 8	11丁酉10	**11**丙寅 8	11丙申⑧	11乙丑 6	11甲午 5	11甲子 4	11癸巳 2	**11**壬戌 1	《11月》	《12月》	12壬辰30
12戊辰 9	12戊戌11	12丁卯 9	12丁酉 9	12丙寅 7	12乙未 6	12乙丑 5	12甲午 3	12癸亥②	**12**癸巳 1	**12**癸亥 1	**13**癸巳31
13己巳10	13己亥12	13戊辰⑩	13戊戌10	13丁卯 8	13丙申 7	13丙寅 6	13乙未④	13甲子 3	13甲午 2	13甲子 2	**1010 年**
14庚午11	14庚子⑬	14己巳11	14己亥11	14戊辰 9	14丁酉 8	14丁卯⑦	14丙申 5	14乙丑 4	14乙未 3	14乙丑 3	《1月》
15辛未12	15辛丑14	15庚午12	15庚子12	15己巳10	15戊戌 9	15戊辰 8	15丁酉 6	15丙寅 5	15丙申 4	15丙寅④	14甲午①
16壬申⑬	16壬寅15	16辛未13	16辛丑13	16庚午11	16己亥⑩	16己巳 9	16戊戌 7	16丁卯 6	16丁酉 5	16丁卯 5	15乙未 2
17癸酉14	17癸卯16	17壬申14	17壬寅14	17辛未⑫	17庚子11	17庚午10	17己亥 8	17戊辰 7	17戊戌⑥	17戊辰 6	16丙申 3
18甲戌15	**18**甲辰17	18癸酉15	18癸卯⑮	18壬申13	18辛丑12	18辛未11	18庚子 9	18己巳 8	18己亥 7	18己巳 7	17丁酉 4
19乙亥16	19乙巳18	19甲戌16	19甲辰16	19癸酉14	19壬寅13	19壬申12	19辛丑10	19庚午⑨	19庚子 8	19庚午 8	18戊戌 5
20丙子17	20丙午19	**20**乙亥⑰	**20**乙巳17	20甲戌15	20癸卯14	20癸酉13	20壬寅⑪	20辛未10	20辛丑 9	20辛未 9	19己亥 6
21丁丑18	21丁未⑳	21丙子18	21丙午18	21乙亥16	21甲辰15	21甲戌⑭	21癸卯12	21壬申11	21壬寅10	21壬申10	20庚子 7
22戊寅19	22戊申21	22丁丑19	22丁未19	**22**丙子17	22乙巳16	22乙亥15	22甲辰13	22癸酉12	22癸卯11	22癸酉⑪	21辛丑⑧
23己卯⑳	23己酉22	23戊寅20	23戊申20	23丁丑18	**23**丙午⑰	23丙子16	23乙巳14	23甲戌13	23甲辰12	23甲戌12	22壬寅 9
24庚辰21	24庚戌23	24己卯21	24己酉21	24戊寅⑲	24丁未18	**24**丁丑17	24丙午15	24乙亥14	24乙巳⑬	24乙亥13	23癸卯10
25辛巳22	25辛亥24	25庚辰22	25庚戌㉒	25己卯20	25戊申19	25戊寅18	**25**丁未16	25丙子15	25丙午14	25丙子14	24甲辰11
26壬午23	26壬子25	26辛巳23	26辛亥23	26庚辰21	26己酉20	26己卯19	26戊申17	**26**丁丑⑯	26丁未15	26丁丑15	25乙巳12
27癸未24	27癸丑26	27壬午㉔	27壬子24	27辛巳22	27庚戌21	27庚辰20	27己酉⑱	27戊寅17	**27**戊申16	**27**戊寅16	26丙午13
28甲申25	28甲寅㉗	28癸未25	28癸丑25	28壬午23	28辛亥22	28辛巳㉑	28庚戌19	28己卯18	28己酉17	28己卯17	27丁未14
29乙酉26	29乙卯28	29甲申26	29甲寅26	29癸未24	29壬子23	29壬午22	29辛亥20	29庚辰19	29庚戌18	29庚辰⑱	28戊申⑮
30丙戌㉗		30乙酉27			30癸丑㉔			30辛巳20	30辛亥19		**29**己酉16
											30庚戌17

立春 3日	啓蟄 3日	清明 5日	立夏 5日	芒種 6日	小暑 8日	立秋 8日	白露 10日	寒露 11日	立冬 12日	大雪 12日	小寒 13日
雨水 18日	春分 18日	穀雨 20日	小満 20日	夏至 22日	大暑 23日	処暑 24日	秋分 25日	霜降 26日	小雪 27日	冬至 27日	大寒 29日

寛弘 7 年（1010－1011） 庚戌

1月	2月	閏2月	3月	4月	5月	6月	7月	8月	9月	10月	11月	12月
1 辛亥18	1 辛巳17	1 辛亥⑲	**1** 庚辰17	**1** 庚戌17	1 己卯15	1 戊申14	1 戊寅⑬	1 丁未11	1 丙子10	1 丙午 9	1 丙子 9	1 乙巳⑦
2 壬子19	2 壬午18	2 壬子20	2 辛巳18	2 辛亥18	2 庚辰16	2 己酉15	2 己卯14	2 戊申12	2 丁丑11	2 丁未10	2 丁丑⑩	2 丙午 8
3 癸丑20	3 癸未⑲	3 癸丑21	3 壬午19	3 壬子19	**3** 辛巳17	3 庚戌⑯	3 庚辰15	3 己酉13	3 戊寅12	3 戊申11	3 戊寅11	3 丁未 9
4 甲寅21	4 甲申20	4 甲寅22	4 癸未20	4 癸丑20	4 壬午⑱	**4** 辛亥17	4 辛巳16	4 庚戌14	4 己卯13	4 己酉⑫	4 己卯12	4 戊申10
5 乙卯㉒	5 乙酉21	5 乙卯23	5 甲申21	5 甲寅㉑	5 癸未19	5 壬子18	**5** 壬午17	5 辛亥15	5 庚辰14	5 庚戌13	5 庚辰13	5 己酉11
6 丙辰23	6 丙戌22	6 丙辰24	6 乙酉22	6 乙卯22	6 甲申20	6 癸丑19	6 癸未18	**6** 壬子16	6 辛巳⑮	6 辛亥14	6 辛巳14	6 庚戌12
7 丁巳24	7 丁亥23	7 丁巳25	7 丙戌㉓	7 丙辰23	7 乙酉21	7 甲寅20	7 甲申19	7 癸丑⑰	7 壬午16	7 壬子15	7 壬午15	7 辛亥13
8 戊午25	8 戊子24	8 戊午㉖	8 丁亥24	8 丁巳24	8 丙戌22	8 乙卯21	8 乙酉⑳	8 甲寅18	**8** 癸未17	**8** 癸丑16	**8** 癸未16	8 壬子⑭
9 己未26	9 己丑25	9 己未27	9 戊子25	9 戊午25	9 丁亥23	9 丙辰22	9 丙戌21	9 乙卯19	9 甲申18	9 甲寅17	9 甲申⑰	9 癸丑15
10庚申27	10庚寅㉖	10庚申28	10己丑26	10己未26	10戊子24	10丁巳㉓	10丁亥22	10丙辰20	10乙酉19	10乙卯18	10乙酉18	**10**甲寅16
11辛酉28	11辛卯27	11辛酉29	11庚寅27	11庚申27	11己丑㉕	11戊午24	11戊子23	11丁巳21	11丙戌20	11丙辰⑲	11丙戌19	11乙卯17
12壬戌㉙	12壬辰28	12壬戌30	12辛卯28	12辛酉㉘	12庚寅26	12己未25	12己丑24	12戊午22	12丁亥21	12丁巳20	12丁亥20	12丙辰18
13癸亥30	《3月》	13癸亥31	13壬辰29	13壬戌29	13辛卯27	13庚申26	13庚寅25	13己未23	13戊子㉒	13戊午21	13戊子21	13丁巳19
14甲子31	13癸巳 1	《4月》	14癸巳㉚	14癸亥30	14壬辰28	14辛酉27	14辛卯26	14庚申㉔	14己丑23	14己未22	14己丑22	14戊午20
《2月》	**14**甲午 2	14甲子 1	《5月》	15甲子31	15癸巳29	15壬戌28	15壬辰㉗	15辛酉25	15庚寅24	15庚申23	15庚寅23	15己未㉑
15乙丑 1	15乙未 3	**15**乙丑②	15甲午 1	《6月》	16甲午30	16癸亥29	16癸巳28	16壬戌26	16辛卯25	16辛酉24	16辛卯㉔	16庚申22
16丙寅 2	16丙申 4	16丙寅 3	**16**乙未 2	16乙丑 1	《7月》	17甲子㉚	17甲午29	17癸亥27	17壬辰26	17壬戌25	17壬辰25	17辛酉23
17丁卯 3	17丁酉⑤	17丁卯 4	17丙申 3	**17**丙寅 2	17乙未 1	18乙丑31	18乙未30	18甲子28	18癸巳27	18癸亥㉖	18癸巳26	18壬戌24
18戊辰 4	18戊戌 6	18戊辰 5	18丁酉 4	18丁卯 3	**18**丙申②	《8月》	19丙申31	19乙丑29	19甲午28	19甲子27	19甲午27	19癸亥25
19己巳⑤	19己亥 7	19己巳 6	19戊戌 5	19戊辰④	19丁酉 3	19丙寅 1	《9月》	20丙寅30	20乙未㉙	20乙丑28	20乙未28	20甲子26
20庚午 6	20庚子 8	20庚午 7	20己亥 6	20己巳 5	20戊戌 4	**20**丁卯 2	**20**丁酉 1	《10月》	21丙申30	21丙寅29	21丙申29	21乙丑27
21辛未 7	21辛丑 9	21辛未 8	21庚子⑦	21庚午 6	21己亥 5	21戊辰 3	21戊戌 2	**21**丁卯①	22丁酉31	22丁卯30	22丁酉30	22丙寅㉘
22壬申 8	22壬寅10	22壬申⑨	22辛丑 8	22辛未 7	22庚子 6	22己巳 4	22己亥③	22戊辰 2	《11月》	《12月》	23戊戌㉛	23丁卯29
23癸酉 9	23癸卯11	23癸酉10	23壬寅 9	23壬申 8	23辛丑 7	23庚午 5	23庚子 4	23己巳 3	**23**戊戌 1	**23**戊辰 1	**1011 年**	24戊辰30
24甲戌10	24甲辰⑫	24甲戌11	24癸卯10	24癸酉 9	24壬寅 8	24辛未⑥	24辛丑 5	24庚午 4	24己亥 2	24己巳 2	《1月》	**25**己巳31
25乙亥11	25乙巳13	25乙亥12	25甲辰11	25甲戌10	25癸卯⑨	25壬申 7	25壬寅 6	25辛未 5	25庚子 3	25庚午③	**24**己亥 1	《2月》
26丙子⑫	26丙午14	26丙子13	26乙巳12	26乙亥⑪	26甲辰10	26癸酉 8	26癸卯 7	26壬申 6	26辛丑 4	26辛未 4	25庚子 2	26庚午 1
27丁丑13	27丁未15	27丁丑14	27丙午13	27丙子12	27乙巳11	27甲戌 9	27甲辰 8	27癸酉 7	27壬寅⑤	27壬申 5	26辛丑 3	27辛未 2
28戊寅14	28戊申16	28戊寅15	28丁未⑭	28丁丑13	28丙午12	28乙亥10	28乙巳 9	28甲戌⑧	28癸卯 6	28癸酉 6	27壬寅 4	28壬申 3
29己卯15	29己酉17	29己卯⑯	29戊申15	29戊寅14	29丁未13	29丙子11	29丙午⑩	29乙亥 9	29甲辰 7	29甲戌 7	28癸卯 5	29癸酉④
30庚辰16	**30**庚戌18		30己酉16			30丁丑12			30乙巳 8	30乙亥 8	29甲辰 6	30甲戌 5

立春 14日	啓蟄 14日	清明15日	穀雨 1日	小満 1日	夏至 3日	大暑 4日	処暑 5日	秋分 6日	霜降 8日	小雪 8日	冬至 8日	大寒 10日
雨水 29日	春分 30日		立夏 16日	芒種 17日	小暑 18日	立秋 20日	白露 20日	寒露 21日	立冬 23日	大雪 23日	小寒 24日	立春 25日

寛弘8年（1011−1012） 辛亥

1月	2月	3月	4月	5月	6月	7月	8月	9月	10月	11月	12月
1乙亥6	1乙巳8	1甲戌6	1甲辰⑥	1甲戌5	1癸卯4	**1**壬申2	《9月》	1辛未㉚	1庚子29	1庚午28	1庚子28
2丙子7	2丙午9	2乙亥7	2乙巳7	2乙亥6	2甲辰5	2癸酉3	**1**壬寅1	《10月》	2辛丑30	2辛未29	2辛丑29
3丁丑8	3丁未10	3丙子⑧	3丙午8	3丙子7	3乙巳6	3甲戌4	2癸卯②	2壬申1	3壬寅31	3壬申30	3壬寅㉚
4戊寅9	4戊申⑪	4丁丑9	4丁未9	4丁丑8	4丙午7	4乙亥⑤	3甲辰3	**3**癸酉2	《11月》	《12月》	4癸卯31
5己卯10	5己酉12	5戊寅10	5戊申10	5戊寅9	5丁未⑧	5丙子6	4乙巳4	4甲戌3	**4**癸卯1	4癸酉1	**1012年**
6庚辰⑪	6庚戌13	6己卯11	6己酉11	6己卯⑩	6戊申9	6丁丑7	5丙午5	5乙亥4	5甲辰2	**5**甲戌②	《1月》
7辛巳12	7辛亥14	7庚辰12	7庚戌12	7庚辰11	7己酉10	7戊寅8	6丁未6	6丙子5	6乙巳3	6乙亥3	**5**甲辰1
8壬午13	8壬子15	8辛巳13	8辛亥⑬	8辛巳12	8庚戌11	8己卯9	7戊申7	7丁丑6	7丙午④	7丙子4	6乙巳2
9癸未14	9癸丑16	9壬午14	9壬子14	9壬午13	9辛亥12	9庚辰10	8己酉8	8戊寅⑦	8丁未5	8丁丑5	7丙午3
10甲申15	10甲寅17	10癸未⑮	10癸丑15	10癸未14	10壬子13	10辛巳11	9庚戌⑨	9己卯8	9戊申6	9戊寅6	8丁未4
11乙酉16	**11**乙卯⑱	11甲申16	11甲寅16	11甲申15	11癸丑14	11壬午⑫	10辛亥10	10庚辰9	10己酉7	10己卯7	9戊申5
12丙戌17	12丙辰19	**12**乙酉17	12乙卯17	12乙酉16	12甲寅⑮	12癸未13	11壬子11	11辛巳10	11庚戌8	11庚辰8	10己酉⑥
13丁亥⑱	13丁巳20	13丙戌18	**13**丙辰18	**13**丙戌⑰	13乙卯16	13甲申14	12癸丑12	12壬午11	12辛亥9	12辛巳⑨	11庚戌7
14戊子19	14戊午21	14丁亥19	14丁巳19	14丁亥18	14丙辰17	14乙酉15	13甲寅13	13癸未12	13壬子10	13壬午10	12辛亥8
15己丑20	15己未22	15戊子20	15戊午⑳	15戊子19	**15**丁巳18	15丙戌16	14乙卯14	14甲申13	14癸丑⑪	14癸未11	13壬子9
16庚寅21	16庚申23	16己丑21	16己未21	16己丑20	16戊午19	**16**丁亥17	15丙辰15	15乙酉⑭	15甲寅12	15甲申12	14癸丑10
17辛卯22	17辛酉24	17庚寅㉒	17庚申22	17庚寅21	17己未20	17戊子18	**16**丁巳⑯	16丙戌15	16乙卯13	16乙酉13	15甲寅11
18壬辰23	18壬戌㉕	18辛卯23	18辛酉23	18辛卯22	18庚申21	18己丑⑲	17戊午17	17丁亥16	17丙辰14	17丙戌14	16乙卯12
19癸巳24	19癸亥26	19壬辰24	19壬戌24	19壬辰23	19辛酉㉒	19庚寅20	18己未18	**18**戊子17	18丁巳15	18丁亥15	17丙辰⑬
20甲午㉕	20甲子27	20癸巳25	20癸亥25	20癸巳㉔	20壬戌23	20辛卯21	19庚申19	19己丑18	**19**戊午16	19戊子⑯	18丁巳14
21乙未26	21乙丑28	21甲午26	21甲子26	21甲午25	21癸亥24	21壬辰22	20辛酉20	20庚寅19	20己未17	**20**己丑17	19戊午15
22丙申27	22丙寅29	22乙未27	22乙丑㉗	22乙未26	22甲子25	22癸巳23	21壬戌21	21辛卯20	21庚申⑱	21庚寅18	**20**己未16
23丁酉28	23丁卯30	23丙申28	23丙寅28	23丙申27	23乙丑26	23甲午24	22癸亥22	22壬辰㉑	22辛酉19	22辛卯19	21庚申17
《3月》	24戊辰31	24丁酉㉙	24丁卯29	24丁酉28	24丙寅27	24乙未25	23甲子㉓	23癸巳22	23壬戌20	23壬辰20	22辛酉18
24戊戌1	《4月》	25戊戌30	25戊辰30	25戊戌29	25丁卯28	25丙申㉖	24乙丑24	24甲午23	24癸亥21	24癸巳21	23壬戌19
25己亥2	25己巳①	《5月》	26己巳31	26己亥30	26戊辰㉙	26丁酉27	25丙寅25	25乙未24	25甲子22	25甲午22	24癸亥⑳
26庚子3	**26**庚午2	26己亥1	《6月》	《7月》	27己巳30	27戊戌28	26丁卯26	26丙申25	26乙丑23	26乙未㉓	25甲子21
27辛丑④	27辛未3	**27**庚子2	27庚午1	27庚子①	28庚午31	28己亥29	27戊辰27	27丁酉26	27丙寅24	27丙申24	26乙丑22
28壬寅5	28壬申4	28辛丑3	**28**辛未2	**28**辛丑2	《8月》	29庚子30	28己巳28	28戊戌27	28丁卯㉕	28丁酉25	27丙寅23
29癸卯6	29癸酉5	29壬寅4	29壬申③	29壬寅3	29辛未1	30辛丑31	29庚午29	29己亥㉘	29戊辰26	29戊戌26	28丁卯24
30甲辰7		30癸卯5	30癸酉4						30己巳27	30己亥27	29戊辰25
雨水10日 啓蟄26日	春分11日 清明26日	穀雨12日 立夏27日	小満13日 芒種28日	夏至13日 小暑28日	大暑15日	立秋1日 処暑16日	白露1日 秋分16日	寒露3日 霜降18日	立冬4日 小雪19日	大雪5日 冬至20日	小寒5日 大寒20日

長和元年〔寛弘9年〕（1012−1013） 壬子

改元 12/25（寛弘→長和）

1月	2月	3月	4月	5月	6月	7月	8月	9月	10月	閏10月	11月	12月
1己巳26	1己亥25	1戊辰25	1戊戌24	1戊辰24	1丁酉㉒	1丁卯22	1丙申20	1丙寅19	1乙未18	1乙丑17	**1**甲午16	**1**甲子15
2庚午㉗	2庚子26	2己巳26	2己亥25	2己巳㉕	2戊戌23	2戊辰23	2丁酉21	2丁卯20	2丙申⑲	2丙寅18	2乙未17	2乙丑16
3辛未28	3辛丑27	3庚午27	3庚子26	3庚午26	3己亥24	3己巳24	3戊戌22	3戊辰㉑	3丁酉20	3丁卯19	3丙申18	3丙寅17
4壬申29	4壬寅28	4辛未28	4辛丑㉗	4辛未27	4庚子25	4庚午25	4己亥23	4己巳22	4戊戌21	4戊辰20	4丁酉19	4丁卯⑱
5癸酉30	5癸卯29	5壬申29	5壬寅28	5壬申28	5辛丑26	5辛未26	5庚子㉔	5庚午23	5己亥22	5己巳21	5戊戌20	5戊辰19
6甲戌31	《3月》	6癸酉㉚	6癸卯29	6癸酉29	6壬寅27	6壬申㉗	6辛丑25	6辛未24	6庚子23	6庚午22	6己亥㉑	6己巳20
《2月》	6甲辰1	7甲戌31	7甲辰30	7甲戌30	7癸卯28	7癸酉28	7壬寅26	7壬申25	7辛丑24	7辛未㉓	7庚子22	7庚午21
7乙亥1	**7**乙巳②	《4月》	《5月》	8乙亥31	8甲辰㉙	8甲戌29	8癸卯27	8癸酉26	8壬寅25	8壬申24	8辛丑23	8辛未22
8丙子2	8丙午3	**8**乙亥1	8乙巳1	《6月》	9乙巳30	9乙亥30	9甲辰28	9甲戌27	9癸卯㉖	9癸酉25	9壬寅24	9壬申23
9丁丑③	9丁未4	9丙子2	**9**丙午2	**9**丙子①	《7月》	10丙子31	10乙巳29	10乙亥㉘	10甲辰27	10甲戌26	10癸卯25	10癸酉24
10戊寅4	10戊申5	10丁丑3	10丁未3	10丁丑2	10丙午1	《8月》	11丙午30	11丙子29	11乙巳28	11乙亥27	11甲辰26	11甲戌㉕
11己卯5	11己酉6	11戊寅4	11戊申④	11戊寅3	**11**丁未2	**11**丁丑1	**12**丁未㉛	12丁丑30	12丙午29	12丙子28	12乙巳27	12乙亥26
12庚辰6	12庚戌7	12己卯5	12己酉5	12己卯4	12戊申3	12戊寅2	《9月》	《10月》	13丁未30	13丁丑29	13丙午㉘	13丙子27
13辛巳7	13辛亥8	13庚辰⑥	13庚戌6	13庚辰5	13己酉4	13己卯③	13戊申1	**13**戊寅1	**14**戊申31	14戊寅㉚	14丁未29	14丁丑28
14壬午8	14壬子⑨	14辛巳7	14辛亥7	14辛巳6	14庚戌5	14庚辰4	14己酉2	14己卯2	《11月》	《12月》	15戊申30	15戊寅29
15癸未9	15癸丑10	15壬午8	15壬子8	15壬午7	15辛亥⑥	15辛巳5	15庚戌3	15庚辰3	15己酉1	**15**己卯1	**16**己酉31	16己卯30
16甲申⑩	16甲寅11	16癸未9	16癸丑9	16癸未⑧	16壬子7	16壬午6	16辛亥4	16辛巳4	16庚戌②	16庚辰2	**1013年**	**17**庚辰31
17乙酉11	17乙卯12	17甲申10	17甲寅10	17甲申9	17癸丑8	17癸未7	17壬子5	17壬午⑤	17辛亥3	17辛巳3	《1月》	《2月》
18丙戌12	18丙辰13	18乙酉11	18乙卯⑪	18乙酉10	18甲寅9	18甲申8	18癸丑6	18癸未6	18壬子4	18壬午4	17庚戌1	18辛巳①
19丁亥13	19丁巳14	19丙戌12	19丙辰12	19丙戌11	19乙卯10	19乙酉9	19甲寅⑦	19甲申7	19癸丑5	19癸未5	18辛亥2	19壬午2
20戊子14	20戊午15	20丁亥⑬	20丁巳13	20丁亥12	20丙辰11	20丙戌⑩	20乙卯8	20乙酉8	20甲寅6	20甲申6	19壬子3	20癸未3
21己丑15	21己未⑯	21戊子14	21戊午14	21戊子13	21丁巳12	21丁亥11	21丙辰9	21丙戌9	21乙卯7	21乙酉⑦	20癸丑④	21甲申4
22庚寅16	**22**庚申17	22己丑15	22己未15	22己丑14	22戊午⑬	22戊子12	22丁巳10	22丁亥10	22丙辰8	22丙戌8	21甲寅5	22乙酉5
23辛卯⑰	23辛酉18	**23**庚寅16	23庚申16	23庚寅⑮	23己未14	23己丑13	23戊午11	23戊子11	23丁巳⑨	23丁亥9	22乙卯6	23丙戌6
24壬辰18	24壬戌19	24辛卯17	**24**辛酉17	**24**辛卯16	24庚申15	24庚寅14	24己未12	24己丑⑫	24戊午10	24戊子10	23丙辰7	24丁亥7
25癸巳19	25癸亥20	25壬辰18	25壬戌⑱	25壬辰17	25辛酉16	25辛卯15	25庚申13	25庚寅13	25己未11	25己丑11	24丁巳8	25戊子⑧
26甲午20	26甲子21	26癸巳19	26癸亥19	26癸巳18	**26**壬戌17	**26**壬辰16	26辛酉⑭	26辛卯14	26庚申12	26庚寅12	25戊午9	26己丑9
27乙未21	27乙丑22	27甲午⑳	27甲子20	27甲午19	27癸亥18	27癸巳⑰	27壬戌15	27壬辰15	27辛酉13	27辛卯13	26己未10	27庚寅10
28丙申22	28丙寅㉓	28乙未21	28乙丑21	28乙未20	28甲子19	28甲午18	**28**癸亥16	**28**癸巳16	28壬戌14	28壬辰⑭	27庚申⑪	28辛卯11
29丁酉23	29丁卯24	29丙申22	29丙寅22	29丙申21	29乙丑⑳	29乙未19	29甲子17	29甲午17	29癸亥15	29癸巳15	28辛酉12	29壬辰12
30戊戌㉔		30丁酉23	30丁卯23		30丙寅21		30乙丑18		**30**甲子⑯		29壬戌13	
											30癸亥14	
立春6日 雨水22日	啓蟄7日 春分22日	清明8日 穀雨23日	立夏9日 小満24日	芒種9日 夏至24日	小暑11日 大暑26日	立秋11日 処暑26日	白露12日 秋分28日	寒露13日 霜降28日	立冬14日 小雪30日	大雪15日	冬至1日 小寒16日	大寒1日 立春17日

長和**2**年（1013−1014） 癸丑

1月	2月	3月	4月	5月	6月	7月	8月	9月	10月	11月	12月
1癸巳13	1癸亥⑮	1壬辰13	1壬戌13	1辛卯11	1辛酉11	1辛卯10	1庚申8	1庚寅8	1己未6	1己丑⑥	1戊午4
2甲午14	2甲子16	2癸巳14	2癸亥14	2壬辰12	2壬戌⑫	2壬辰11	2辛酉9	2辛卯9	2庚申7	2庚寅7	2己未5
3乙未⑮	**3**乙丑17	3甲午15	3甲子15	3癸巳13	3癸亥13	3癸巳12	3壬戌10	3壬辰10	3辛酉⑧	3辛卯8	3庚申6
4丙申16	4丙寅18	4乙未16	4乙丑16	4甲午⑭	4甲子14	4甲午13	4癸亥11	4癸巳⑪	4壬戌9	4壬辰9	4辛酉7
5丁酉17	5丁卯19	**5**丙申17	**5**丙寅⑰	5乙未15	5乙丑15	5乙未14	5甲子12	5甲午12	5癸亥10	5癸巳10	5壬戌8
6戊戌18	6戊辰20	6丁酉18	6丁卯18	6丙申16	6丙寅16	6丙申15	6乙丑⑬	6乙未13	6甲子11	6甲午11	6癸亥9
7己亥19	7己巳21	7戊戌⑲	7戊辰19	**7**丁酉17	**7**丁卯17	**7**丁酉⑯	7丙寅14	7丙申14	7乙丑12	7乙未12	7甲子⑩
8庚子20	8庚午㉒	8己亥20	8己巳20	8戊戌18	8戊辰18	8戊戌17	8丁卯15	8丁酉15	8丙寅13	8丙申⑬	8乙丑11
9辛丑21	9辛未23	9庚子21	9庚午21	9己亥19	9己巳⑲	9己亥18	**9**戊辰16	**9**戊戌16	9丁卯14	9丁酉14	9丙寅12
10壬寅㉒	10壬申24	10辛丑22	10辛未22	10庚子20	10庚午20	10庚子19	10己巳17	10己亥17	10戊辰⑮	10戊戌15	10丁卯13
11癸卯23	11癸酉25	11壬寅23	11壬申23	11辛丑㉑	11辛未21	11辛丑20	11庚午18	11庚子⑱	**11**己巳16	**11**己亥16	11戊辰14
12甲辰24	12甲戌26	12癸卯24	12癸酉㉔	12壬寅22	12壬申22	12壬寅21	12辛未19	12辛丑19	12庚午17	12庚子17	12己巳15
13乙巳25	13乙亥27	13甲辰25	13甲戌25	13癸卯23	13癸酉23	13癸卯22	13壬申⑳	13壬寅20	13辛未18	13辛丑18	**13**庚午16
14丙午26	14丙子28	14乙巳㉖	14乙亥26	14甲辰24	14甲戌24	14甲辰㉓	14癸酉21	14癸卯21	14壬申19	14壬寅19	14辛未⑰
15丁未27	15丁丑㉙	15丙午27	15丙子27	15乙巳25	15乙亥25	15乙巳24	15甲戌22	15甲辰22	15癸酉20	15癸卯⑳	15壬申18
16戊申28	16戊寅30	16丁未28	16丁丑28	16丙午26	16丙子㉖	16丙午25	16乙亥23	16乙巳23	16甲戌21	16甲辰21	16癸酉19
《3月》	17己卯31	17戊申29	17戊寅29	17丁未27	17丁丑27	17丁未26	17丙子24	17丙午24	17乙亥㉒	17乙巳22	17甲戌20
17己酉①	《4月》	18己酉30	18己卯30	18戊申㉘	18戊寅28	18戊申27	18丁丑25	18丁未㉕	18丙子23	18丙午23	18乙亥21
18庚戌2	18庚辰1	《5月》	19庚辰㉛	19己酉29	19己卯29	19己酉28	19戊寅26	19戊申26	19丁丑24	19丁未24	19丙子22
19辛亥3	**19**辛巳2	19庚戌1	《6月》	20庚戌30	20庚辰30	20庚戌29	20己卯㉗	20己酉27	20戊寅25	20戊申25	20丁丑23
20壬子4	20壬午3	**20**辛亥2	**20**辛巳1	《7月》	21辛巳31	21辛亥㉚	21庚辰28	21庚戌28	21己卯26	21己酉26	21戊寅㉔
21癸丑5	21癸未4	21壬子③	21壬午2	21辛亥1	《8月》	22壬子31	22辛巳29	22辛亥29	22庚辰27	22庚戌㉗	22己卯25
22甲寅6	22甲申⑤	22癸丑4	22癸未3	**22**壬子2	**22**壬午1	《9月》	23壬午30	23壬子30	23辛巳28	23辛亥28	23庚辰26
23乙卯7	23乙酉6	23甲寅5	23甲申4	23癸丑3	23癸未②	**23**癸丑1	《10月》	24癸丑31	24壬午㉙	24壬子29	24辛巳27
24丙辰⑧	24丙戌7	24乙卯6	24乙酉5	24甲寅4	24甲申3	24甲寅2	**24**癸未1	《11月》	25癸未30	25癸丑30	25壬午28
25丁巳9	25丁亥8	25丙辰7	25丙戌6	25乙卯⑤	25乙酉4	25乙卯3	25甲申2	**25**甲寅①	《12月》	**26**甲寅31	26癸未29
26戊午10	26戊子9	26丁巳8	26丁亥⑦	26丙辰6	26丙戌5	26丙辰4	26乙酉3	26乙卯2	**26**甲申1	**1014年**	27甲申30
27己未11	27己丑10	27戊午9	27戊子8	27丁巳7	27丁亥6	27丁巳5	27丙戌④	27丙辰3	27乙酉2	《1月》	**28**乙酉㉛
28庚申12	28庚寅11	28己未⑩	28己丑9	28戊午8	28戊子7	28戊午⑥	28丁亥5	28丁巳4	28丙戌3	27乙卯1	《2月》
29辛酉13	29辛卯⑫	29庚申11	29庚寅10	29己未9	29己丑8	29己未7	29戊子6	29戊午5	29丁亥4	28丙辰2	29丙戌1
30壬戌14		30辛酉12		30庚申10	30庚寅⑨		30己丑7		30戊子5	29丁巳③	30丁亥2

雨水3日	春分3日	穀雨5日	小満5日	夏至7日	大暑7日	処暑7日	秋分9日	霜降9日	小雪11日	冬至11日	大寒13日
啓蟄18日	清明19日	立夏20日	芒種20日	小暑22日	立秋22日	白露23日	寒露24日	立冬25日	大雪26日	小寒26日	立春28日

長和**3**年（1014−1015） 甲寅

1月	2月	3月	4月	5月	6月	7月	8月	9月	10月	11月	12月
1戊子3	1丁巳4	**1**丙戌2	**1**丙辰②	《6月》	1乙卯30	1乙酉30	1甲寅28	1甲申27	1甲寅27	1癸未25	1癸丑25
2己丑4	2戊午5	2丁亥3	2丁巳3	1丙戌1	《7月》	2丙戌31	2乙卯㉙	2乙酉28	2乙卯28	2甲申26	2甲寅㉖
3庚寅5	3己未6	3戊子④	3戊午4	**2**丁亥2	2丙辰1	《8月》	3丙辰30	3丙戌29	3丙辰29	3乙酉27	3乙卯27
4辛卯6	4庚申⑦	4己丑5	4己未5	3戊子3	**3**丁巳2	3丁亥①	4丁巳31	4丁亥30	4丁巳30	4丙戌㉘	4丙辰28
5壬辰⑦	5辛酉8	5庚寅6	5庚申6	4己丑4	4戊午3	**4**戊子2	《9月》	《10月》	5戊午㉛	5丁亥29	5丁巳29
6癸巳8	6壬戌9	6辛卯7	6辛酉7	5庚寅5	5己未④	5己丑3	**5**戊午1	**5**戊子1	《11月》	6戊子30	6戊午30
7甲午9	7癸亥10	7壬辰8	7壬戌8	6辛卯⑥	6庚申5	6庚寅4	6己未2	6己丑2	**6**己未1	《12月》	7己未31
8乙未10	8甲子11	8癸巳9	8癸亥⑨	7壬辰7	7辛酉6	7辛卯5	7庚申3	7庚寅③	7庚申2	**7**己丑1	**1015年**
9丙申11	9乙丑12	9甲午10	9甲子10	8癸巳8	8壬戌7	8壬辰6	8辛酉4	8辛卯4	8辛酉3	8庚寅2	《1月》
10丁酉12	10丙寅13	10乙未⑪	10乙丑11	9甲午9	9癸亥8	9癸巳7	9壬戌⑤	9壬辰5	9壬戌4	9辛卯3	**8**庚申1
11戊戌13	11丁卯⑭	11丙申12	11丙寅12	10乙未10	10甲子9	10甲午⑧	10癸亥6	10癸巳6	10癸亥5	10壬辰4	9辛酉②
12己亥⑭	12戊辰15	12丁酉13	12丁卯13	11丙申11	11乙丑10	11乙未9	11甲子7	11甲午7	11甲子6	11癸巳⑤	10壬戌3
13庚子15	13己巳16	13戊戌14	13戊辰14	12丁酉12	12丙寅⑪	12丙申10	12乙丑8	12乙未8	12乙丑⑦	12甲午6	11癸亥4
14辛丑16	14庚午17	14己亥15	14己巳15	13戊戌⑬	13丁卯12	13丁酉11	13丙寅9	13丙申9	13丙寅8	13乙未7	12甲子5
15壬寅17	**15**辛未18	15庚子16	15庚午⑯	14己亥14	14戊辰13	14戊戌12	14丁卯10	14丁酉⑩	14丁卯9	14丙申8	13乙丑6
16癸卯18	16壬申19	**16**辛丑17	**16**辛未17	15庚子15	15己巳14	15己亥13	15戊辰11	15戊戌11	15戊辰10	15丁酉9	14丙寅7
17甲辰19	17癸酉20	17壬寅⑱	17壬申18	16辛丑16	16庚午15	16庚子14	16己巳⑫	16己亥12	16己巳11	16戊戌10	15丁卯8
18乙巳20	18甲戌㉑	18癸卯19	18癸酉19	**17**壬寅17	17辛未16	17辛丑⑮	17庚午13	17庚子13	17庚午12	17己亥11	16戊辰⑨
19丙午㉑	19乙亥22	19甲辰20	19甲戌20	18癸卯18	**18**壬申17	18壬寅16	18辛未14	18辛丑14	18辛未13	18庚子⑫	17己巳10
20丁未22	20丙子23	20乙巳21	20乙亥21	19甲辰19	19癸酉⑱	**19**癸卯17	19壬申15	19壬寅15	19壬申⑭	19辛丑13	18庚午11
21戊申23	21丁丑24	21丙午22	21丙子22	20乙巳⑳	20甲戌19	20甲辰18	**20**癸酉16	20癸卯16	20癸酉15	20壬寅14	19辛未12
22己酉24	22戊寅25	22丁未23	22丁丑㉓	21丙午21	21乙亥20	21乙巳19	21甲戌17	**21**甲辰⑰	**21**甲戌16	21癸卯15	20壬申13
23庚戌25	23己卯26	23戊申24	23戊寅24	22丁未22	22丙子21	22丙午20	22乙亥18	22乙巳18	22乙亥17	**22**甲辰16	21癸酉14
24辛亥26	24庚辰27	24己酉㉕	24己卯25	23戊申23	23丁丑22	23丁未21	23丙子⑲	23丙午19	23丙子18	23乙巳17	22甲戌15
25壬子27	25辛巳㉘	25庚戌26	25庚辰26	24己酉24	24戊寅23	24戊申㉒	24丁丑20	24丁未20	24丁丑19	24丙午18	**23**乙亥⑯
26癸丑㉘	26壬午29	26辛亥27	26辛巳27	25庚戌25	25己卯24	25己酉23	25戊寅21	25戊申21	25戊寅20	25丁未⑲	24丙子17
《3月》	27癸未30	27壬子28	27壬午28	26辛亥26	26庚辰㉕	26庚戌24	26己卯22	26己酉22	26己卯㉑	26戊申20	25丁丑18
27甲寅1	28甲申31	28癸丑29	28癸未29	27壬子㉗	27辛巳26	27辛亥25	27庚辰23	27庚戌23	27庚辰22	27己酉21	26戊寅19
28乙卯2	《4月》	29甲寅30	29甲申㉚	28癸丑28	28壬午27	28壬子26	28辛巳24	28辛亥㉔	28辛巳23	28庚戌22	27己卯20
29丙辰3	29乙酉1	《5月》	30乙酉31	29甲寅29	29癸未28	29癸丑27	29壬午25	29壬子25	29壬午24	29辛亥23	28庚辰21
		30乙卯1			30甲申29		30癸未㉖	30癸丑26		30壬子24	29辛巳22

雨水13日	春分15日	清明1日	立夏1日	芒種2日	小暑3日	立秋4日	白露5日	寒露5日	立冬6日	大雪7日	小寒8日
啓蟄28日		穀雨16日	小満16日	夏至17日	大暑18日	処暑19日	秋分20日	霜降21日	小雪21日	冬至22日	大寒23日

長和**4**年（1015－1016） 乙卯

1月	2月	3月	4月	5月	6月	閏6月	7月	8月	9月	10月	11月	12月
1 壬午㉓	1 壬子22	1 辛巳23	1 庚戌21	1 庚辰21	1 己酉⑲	1 己卯19	**1** 戊申17	**1** 戊寅16	1 戊申⑯	1 戊寅15	1 丁未14	1 丁丑13
2 癸未24	2 癸丑23	2 壬午24	2 辛亥22	2 辛巳㉒	2 庚戌20	2 庚辰20	2 己酉18	2 己卯17	**2** 己酉17	**2** 己卯16	2 戊申15	2 戊寅14
3 甲申25	3 甲寅24	3 癸未25	3 壬子23	3 壬午23	3 辛亥21	3 辛巳21	3 庚戌19	3 庚辰⑱	3 庚戌18	3 庚辰17	3 己酉16	3 己卯⑮
4 乙酉26	4 乙卯25	4 甲申26	4 癸丑㉔	4 癸未24	4 壬子22	4 壬午22	4 辛亥20	4 辛巳19	4 辛亥19	4 辛巳18	**4** 庚戌17	**4** 庚辰16
5 丙戌27	5 丙辰26	5 乙酉㉗	5 甲寅25	5 甲申25	5 癸丑23	5 癸未23	5 壬子㉑	5 壬午20	5 壬子20	5 壬午19	5 辛亥⑱	5 辛巳17
6 丁亥28	6 丁巳㉗	6 丙戌28	6 乙卯26	6 乙酉26	6 甲寅24	6 甲申㉔	6 癸丑22	6 癸未21	6 癸丑21	6 癸未⑳	6 壬子19	6 壬午18
7 戊子29	7 戊午28	7 丁亥29	7 丙辰27	7 丙戌27	7 乙卯25	7 乙酉25	7 甲寅23	7 甲申22	7 甲寅22	7 甲申21	7 癸丑20	7 癸未19
8 己丑㉚	《3月》	8 戊子30	8 丁巳28	8 丁亥28	8 丙辰㉖	8 丙戌26	8 乙卯24	8 乙酉23	8 乙卯㉓	8 乙酉22	8 甲寅21	8 甲申20
9 庚寅31	8 己未 1	9 己丑31	9 戊午29	9 戊子㉙	9 丁巳27	9 丁亥27	9 丙辰25	9 丙戌24	9 丙辰24	9 丙戌23	9 乙卯22	9 乙酉21
《2月》	9 庚申 2	《4月》	10己未30	10己丑30	10戊午28	10戊子28	10丁巳26	10丁亥㉕	10丁巳25	10丁亥24	10丙辰23	10丙戌㉒
10辛卯 1	**10**辛酉 3	10庚寅 1	《5月》	11庚寅31	11己未29	11己丑29	11戊午27	11戊子26	11戊午26	11戊子25	11丁巳24	11丁亥23
11壬辰 2	11壬戌 4	**11**辛卯 2	11庚申①	《6月》	12庚申30	12庚寅30	12己未㉘	12己丑27	12己未27	12己丑26	12戊午㉕	12戊子24
12癸巳 3	12癸亥 5	12壬辰③	**12**辛酉 2	12辛卯 1	《7月》	13辛卯㉛	13庚申29	13庚寅28	13庚申28	13庚寅㉗	13己未26	13己丑25
13甲午 4	13甲子⑥	13癸巳 4	13壬戌 3	**13**壬辰 2	13辛酉 1	《8月》	14辛酉30	14辛卯29	14辛酉29	14辛卯28	14庚申27	14庚寅26
14乙未 5	14乙丑 7	14甲午 5	14癸亥 4	14癸巳 3	**14**壬戌 2	14壬辰 1	15壬戌31	15壬辰30	15壬戌㉚	15壬辰29	15辛酉28	15辛卯27
15丙申⑥	15丙寅 8	15乙未 6	15甲子 5	15甲午 4	15癸亥③	**15**癸巳 2	《9月》	《10月》	16癸亥31	16癸巳30	16壬戌29	16壬辰28
16丁酉 7	16丁卯 9	16丙申 7	16乙丑 6	16乙未⑤	16甲子 4	16甲午 3	**16**癸亥 1	16癸巳 1	《11月》	《12月》	17癸亥30	17癸巳㉙
17戊戌 8	17戊辰10	17丁酉 8	17丙寅 7	17丙申 6	17乙丑 5	17乙未 4	17甲子 2	**17**甲午②	**17**甲子 1	17甲午 1	18甲子31	18甲午30
18己亥 9	18己巳11	18戊戌 9	18丁卯⑧	18丁酉 7	18丙寅 6	18丙申 5	18乙丑 3	18乙未 3	18乙丑 2	**18**乙未 2	**1016 年**	**19**乙未31
19庚子10	19庚午12	19己亥⑩	19戊辰 9	19戊戌 8	19丁卯 7	19丁酉 6	19丙寅④	19丙申 4	19丙寅 3	19丙申 3	《1月》	《2月》
20辛丑11	20辛未⑬	20庚子11	20己巳10	20己亥 9	20戊辰 8	20戊戌⑦	20丁卯 5	20丁酉 5	20丁卯 4	20丁酉④	**19**乙丑①	20丙申 1
21壬寅12	21壬申14	21辛丑12	21庚午11	21庚子10	21己巳 9	21己亥 8	21戊辰 6	21戊戌 6	21戊辰 5	21戊戌 5	20丙寅 2	21丁酉 2
22癸卯⑬	22癸酉15	22壬寅13	22辛未12	22辛丑11	22庚午⑩	22庚子 9	22己巳 7	22己亥 7	22己巳⑥	22己亥 6	21丁卯 3	22戊戌 3
23甲辰14	23甲戌16	23癸卯14	23壬申13	23壬寅⑫	23辛未11	23辛丑10	23庚午 8	23庚子 8	23庚午 7	23庚子 7	22戊辰 4	23己亥 4
24乙巳15	24乙亥17	24甲辰15	24癸酉14	24癸卯13	24壬申12	24壬寅11	24辛未 9	24辛丑⑨	24辛未 8	24辛丑 8	23己巳 5	24庚子⑤
25丙午16	**25**丙子18	25乙巳16	25甲戌⑮	25甲辰14	25癸酉13	25癸卯12	25壬申10	25壬寅10	25壬申 9	25壬寅 9	24庚午 6	25辛丑 6
26丁未17	26丁丑19	**26**丙午⑰	26乙亥16	26乙巳15	26甲戌14	26甲辰13	26癸酉⑪	26癸卯11	26癸酉10	26癸卯10	25辛未 7	26壬寅 7
27戊申18	27戊寅⑳	27丁未18	27丙子17	27丙午16	27乙亥15	27乙巳⑭	27甲戌12	27甲辰12	27甲戌11	27甲辰⑪	26壬申⑧	27癸卯 8
28己酉19	28己卯21	28戊申19	**28**丁丑18	**28**丁未17	28丙子16	28丙午15	28乙亥13	28乙巳13	28乙亥12	28乙巳12	27癸酉 9	28甲辰 9
29庚戌⑳	29庚辰22	29己酉20	29戊寅19	29戊申18	29丁丑⑰	29丁未16	29丙子14	29丙午14	29丙子⑬	29丙午13	28甲戌10	29乙巳10
30辛亥21			30己卯20		**30**戊寅18		30丁丑15	30丁未15	30丁丑14		29乙亥11	
											30丙子12	
立春 9日 雨水 24日	啓蟄 10日 春分 25日	清明 11日 穀雨 26日	立夏 12日 小満 28日	芒種 13日 夏至 28日	小暑 14日 大暑 30日	立秋15日	処暑 1日 白露 16日	秋分 1日 寒露 17日	霜降 2日 立冬 17日	小雪 2日 大雪 18日	冬至 4日 小寒 19日	大寒 4日 立春 19日

長和**5**年（1016－1017） 丙辰

1月	2月	3月	4月	5月	6月	7月	8月	9月	10月	11月	12月
1 丙午11	1 丙子12	1 乙巳10	1 甲戌 9	1 甲辰 8	1 癸酉 7	1 癸卯 6	1 壬申 4	1 壬寅 4	1 壬申 3	1 辛丑②	**1017 年**
2 丁未⑫	2 丁丑13	2 丙午11	2 乙亥10	2 乙巳 9	2 甲戌⑧	2 甲辰 7	2 癸酉 5	2 癸卯 5	2 癸酉④	2 壬寅 3	《1月》
3 戊申13	3 戊寅14	3 丁未12	3 丙子11	3 丙午⑩	3 乙亥 9	3 乙巳 8	3 甲戌 6	3 甲辰 6	3 甲戌 5	3 癸卯 4	1 辛未 1
4 己酉14	4 己卯15	4 戊申13	4 丁丑12	4 丁未11	4 丙子10	4 丙午 9	4 乙亥 7	4 乙巳⑦	4 乙亥 6	4 甲辰 5	2 壬申 2
5 庚戌15	5 庚辰16	5 己酉14	5 戊寅⑬	5 戊申12	5 丁丑11	5 丁未10	5 丙子 8	5 丙午 8	5 丙子 7	5 乙巳 6	3 癸酉 3
6 辛亥16	**6** 辛巳17	6 庚戌⑮	6 己卯14	6 己酉13	6 戊寅12	6 戊申11	6 丁丑⑨	6 丁未 9	6 丁丑 8	6 丙午 7	4 甲戌 4
7 壬子17	7 壬午⑱	**7** 辛亥16	7 庚辰15	7 庚戌14	7 己卯13	7 己酉⑫	7 戊寅10	7 戊申10	7 戊寅 9	7 丁未 8	5 乙亥 5
8 癸丑18	8 癸未19	8 壬子17	8 辛巳16	8 辛亥15	8 庚辰14	8 庚戌13	8 己卯11	8 己酉11	8 己卯10	8 戊申⑨	6 丙子⑥
9 甲寅⑲	9 甲申20	9 癸丑18	**9** 壬午17	**9** 壬子16	9 辛巳⑮	9 辛亥14	9 庚辰12	9 庚戌12	9 庚辰⑪	9 己酉10	7 丁丑 7
10乙卯20	10乙酉21	10甲寅19	10癸未18	10癸丑⑰	10壬午16	10壬子15	10辛巳13	10辛亥13	10辛巳12	10庚戌11	8 戊寅 8
11丙辰21	11丙戌22	11乙卯20	11甲申19	11甲寅18	**11**癸未17	**11**癸丑16	11壬午14	11壬子⑭	11壬午13	11辛亥12	9 己卯 9
12丁巳22	12丁亥23	12丙辰21	12乙酉⑳	12乙卯19	12甲申18	12甲寅17	12癸未15	12癸丑15	12癸未14	12壬子13	10庚辰10
13戊午23	13戊子24	13丁巳㉒	13丙戌21	13丙辰20	13乙酉19	13乙卯18	**13**甲申⑯	**13**甲寅16	13甲申15	13癸丑14	11辛巳11
14己未24	14己丑㉕	14戊午23	14丁亥22	14丁巳21	14丙戌20	14丙辰⑲	14乙酉17	14乙卯17	**14**乙酉16	14甲寅15	12壬午12
15庚申25	15庚寅26	15己未24	15戊子23	15戊午22	15丁亥21	15丁巳20	15丙戌18	15丙辰18	15丙戌17	**15**乙卯⑯	13癸未⑬
16辛酉㉖	16辛卯27	16庚申25	16己丑24	16己未23	16戊子㉒	16戊午21	16丁亥19	16丁巳19	16丁亥⑱	16丙辰17	14甲申14
17壬戌27	17壬辰28	17辛酉26	17庚寅25	17庚申㉔	17己丑23	17己未22	17戊子20	17戊午20	17戊子19	17丁巳18	**15**乙酉15
18癸亥28	18癸巳29	18壬戌27	18辛卯26	18辛酉25	18庚寅24	18庚申23	18己丑21	18己未㉑	18己丑20	18戊午19	16丙戌16
19甲子29	19甲午30	19癸亥28	19壬辰㉗	19壬戌26	19辛卯25	19辛酉24	19庚寅22	19庚申22	19庚寅21	19己未20	17丁亥17
《3月》	20乙未31	20甲子㉙	20癸巳28	20癸亥27	20壬辰26	20壬戌25	20辛卯㉓	20辛酉23	20辛卯22	20庚申21	18戊子18
20乙丑 1	《4月》	21乙丑30	21甲午29	21甲子28	21癸巳27	21癸亥㉖	21壬辰24	21壬戌24	21壬辰23	21辛酉22	19己丑19
21丙寅 2	**21**丙申①	《5月》	22乙未30	22乙丑29	22甲午28	22甲子27	22癸巳25	22癸亥25	22癸巳24	22壬戌㉓	20庚寅⑳
22丁卯 3	22丁酉 2	22丙寅 1	23丙申31	23丙寅30	23乙未㉙	23乙丑28	23甲午26	23甲子26	23甲午㉕	23癸亥24	21辛卯21
23戊辰④	23戊戌 3	**23**丁卯 2	《6月》	《7月》	24丙申30	24丙寅29	24乙未27	24乙丑27	24乙未26	24甲子25	22壬辰22
24己巳 5	24己亥 4	24戊辰 3	**24**丁酉 1	24丁卯①	25丁酉31	25丁卯30	25丙申28	25丙寅㉘	25丙申27	25乙丑26	23癸巳23
25庚午 6	25庚子 5	25己巳 4	25戊戌 2	**25**戊辰 2	《8月》	**26**戊辰31	26丁酉29	26丁卯29	26丁酉28	26丙寅27	24甲午24
26辛未 7	26辛丑 6	26庚午 5	26己亥③	26己巳 3	**26**戊戌 1	《9月》	27戊戌㉚	27戊辰30	27戊戌29	27丁卯28	25乙未25
27壬申 8	27壬寅 7	27辛未⑥	27庚子 4	27庚午 4	27己亥 2	27己巳 1	《10月》	**28**己巳31	28己亥30	28戊辰29	26丙申26
28癸酉 9	28癸卯⑧	28壬申 7	28辛丑 5	28辛未 5	28庚子 3	28庚午②	**28**己亥 1	《11月》	《12月》	29己巳㉚	27丁酉㉗
29甲戌10	29甲辰 9	29癸酉 8	29壬寅 6	29壬申 6	29辛丑 4	29辛未 3	29庚子 2	29庚午 1	**29**庚子 1	**30**庚午31	28戊戌28
30乙亥⑪			30癸卯 7		30壬寅⑤		30辛丑 3	30辛未 2			29己亥29
											30庚子30
雨水 6日 啓蟄 21日	春分 6日 清明 21日	穀雨 7日 立夏 23日	小満 9日 芒種 24日	夏至 9日 小暑 25日	大暑 11日 立秋 26日	処暑 11日 白露 26日	秋分 13日 寒露 28日	霜降 13日 立冬 28日	小雪 14日 大雪 29日	冬至 15日 小寒 30日	大寒 15日

寛仁元年〔長和6年〕(1017−1018) 丁巳

改元 4/23(長和→寛仁)

1月	2月	3月	4月	5月	6月	7月	8月	9月	10月	11月	12月
1 辛丑31	《3月》	1 庚子㉛	1 己巳29	1 戊戌28	1 戊辰27	1 丁酉26	1 丙寅24	1 丙申23	1 丙寅23	1 乙未21	1 乙丑21
《2月》	1 庚午 1	《4月》	2 庚午30	2 己亥29	2 己巳28	2 戊戌27	2 丁卯㉕	2 丁酉24	2 丁卯24	2 丙申22	2 丙寅㉒
2 壬寅 1	**2** 辛未 2	**2** 辛丑 1	《5月》	3 庚子30	3 庚午29	3 己亥㉘	3 戊辰26	3 戊戌25	3 戊辰25	3 丁酉23	3 丁卯23
3 癸卯 2	3 壬申③	3 壬寅 2	3 辛未 1	4 辛丑31	4 辛未㉚	4 庚子29	4 己巳27	4 己亥26	4 己巳26	4 戊戌㉔	4 戊辰24
4 甲辰③	4 癸酉 4	4 癸卯 3	**4** 壬申 2	《6月》	《7月》	5 辛丑30	5 庚午28	5 庚子27	5 庚午㉗	5 己亥25	5 己巳25
5 乙巳 4	5 甲戌 5	5 甲辰 4	5 癸酉 3	**5** 壬寅 1	5 壬申 1	6 壬寅31	6 辛未29	6 辛丑28	6 辛未28	6 庚子26	6 庚午26
6 丙午 5	6 乙亥 6	6 乙巳 5	6 甲戌 4	6 癸卯②	**6** 癸酉 2	《8月》	7 壬申30	7 壬寅㉙	7 壬申29	7 辛丑27	7 辛未27
7 丁未 6	7 丙子 7	7 丙午 6	7 乙亥⑤	7 甲辰 3	7 甲戌 3	**7** 癸卯 1	8 癸酉31	8 癸卯30	8 癸酉30	8 壬寅28	8 壬申28
8 戊申 7	8 丁丑 8	8 丁未⑦	8 丙子 6	8 乙巳 4	8 乙亥 4	8 甲辰 2	《9月》	《10月》	9 甲戌31	9 癸卯29	9 癸酉㉙
9 己酉 8	9 戊寅 9	9 戊申 8	9 丁丑 7	9 丙午 5	9 丙子 5	9 乙巳 3	**9** 甲戌①	**9** 甲辰 1	《11月》	10甲辰30	10甲戌30
10庚戌 9	10己卯⑩	10己酉 9	10戊寅 8	10丁未 6	10丁丑 6	10丙午④	10乙亥 2	10乙巳 2	**10**乙亥 1	《12月》	**11**乙亥31
11辛亥⑩	11庚辰11	11庚戌10	11己卯 9	11戊申 7	11戊寅⑦	11丁未 5	11丙子 3	11丙午 3	11丙子 2	**11**乙巳①	**1018年**
12壬子11	12辛巳12	12辛亥11	12庚辰10	12己酉 8	12己卯 8	12戊申 6	12丁丑 4	12丁未 4	12丁丑③	12丙午 2	《1月》
13癸丑12	13壬午13	13壬子12	13辛巳11	13庚戌⑨	13庚辰 9	13己酉 7	13戊寅 5	13戊申 5	13戊寅 4	13丁未 3	12丙子 1
14甲寅13	14癸未14	14癸丑13	14壬午⑫	14辛亥10	14辛巳10	14庚戌 8	14己卯 6	14己酉⑥	14己卯 5	14戊申 4	13丁丑 2
15乙卯14	15甲申15	15甲寅⑭	15癸未13	15壬子11	15壬午11	15辛亥 9	15庚辰 7	15庚戌 7	15庚辰 6	15己酉 5	14戊寅 3
16丙辰15	16乙酉16	16乙卯15	16甲申14	16癸丑12	16癸未12	16壬子10	16辛巳⑧	16辛亥 8	16辛巳 7	16庚戌 6	15己卯 4
17丁巳16	**17**丙戌⑰	17丙辰16	17乙酉15	17甲寅13	17甲申13	17癸丑⑪	17壬午 9	17壬子 9	17壬午 8	17辛亥 7	16庚辰⑤
18戊午⑰	18丁亥18	**18**丁巳17	18丙戌16	18乙卯14	18乙酉⑭	18甲寅12	18癸未10	18癸丑10	18癸未 9	18壬子⑧	17辛巳 6
19己未18	19戊子19	19戊午18	**19**丁亥17	19丙辰15	19丙戌15	19乙卯13	19甲申11	19甲寅11	19甲申⑩	19癸丑 9	18壬午 7
20庚申19	20己丑20	20己未19	20戊子18	20丁巳⑯	20丁亥16	20丙辰14	20乙酉12	20乙卯12	20乙酉11	20甲寅10	19癸未 8
21辛酉20	21庚寅21	21庚申20	21己丑⑲	**21**戊午17	**21**戊子17	21丁巳15	21丙戌13	21丙辰⑬	21丙戌12	21乙卯11	20甲申 9
22壬戌21	22辛卯22	22辛酉㉑	22庚寅20	22己未18	22己丑18	**22**戊午16	22丁亥14	22丁巳14	22丁亥13	22丙辰12	21乙酉10
23癸亥22	23壬辰23	23壬戌22	23辛卯21	23庚申19	23庚寅19	23己未17	23戊子⑮	23戊午15	23戊子14	23丁巳13	22丙戌11
24甲子23	24癸巳㉔	24癸亥23	24壬辰22	24辛酉20	24辛卯20	24庚申⑱	**24**己丑16	**24**己未16	24己丑15	24戊午14	23丁亥⑫
25乙丑㉔	25甲午25	25甲子24	25癸巳23	25壬戌21	25壬辰㉑	25辛酉19	25庚寅17	25庚申17	**25**庚寅16	25己未⑮	24戊子13
26丙寅25	26乙未26	26乙丑25	26甲午24	26癸亥22	26癸巳22	26壬戌20	26辛卯18	26辛酉18	26辛卯⑰	**26**庚申16	25己丑14
27丁卯26	27丙申27	27丙寅26	27乙未25	27甲子㉓	27甲午23	27癸亥21	27壬辰19	27壬戌19	27壬辰18	27辛酉17	26庚寅15
28戊辰27	28丁酉28	28丁卯27	28丙申㉖	28乙丑24	28乙未24	28甲子22	28癸巳20	28癸亥⑳	28癸巳19	28壬戌18	**27**辛卯16
29己巳28	29戊戌29	29戊辰㉘	29丁酉27	29丙寅25	29丙申25	29乙丑23	29甲午21	29甲子21	29甲午20	29癸亥19	28壬辰17
	30己亥30			30丁卯26			30乙未㉒	30乙丑22		30甲子20	29癸巳18
											30甲午⑲
立春 1日	啓蟄 2日	清明 2日	立夏 4日	芒種 5日	小暑 6日	立秋 7日	白露 9日	寒露 9日	立冬 10日	大雪 11日	小寒 11日
雨水 16日	春分 17日	穀雨 18日	小満 19日	夏至 21日	大暑 21日	処暑 22日	秋分 24日	霜降 24日	小雪 25日	冬至 26日	大寒 27日

寛仁2年(1018−1019) 戊午

1月	2月	3月	4月	閏4月	5月	6月	7月	8月	9月	10月	11月	12月
1 乙未20	1 乙丑19	1 甲午20	1 甲子19	1 癸巳⑱	1 壬戌16	1 壬辰16	1 辛酉14	1 庚寅12	1 庚申⑫	1 庚寅11	1 己未10	1 己丑 9
2 丙申21	2 丙寅20	2 乙未21	2 乙丑⑳	2 甲午19	**2** 癸亥17	**2** 癸巳17	2 壬戌15	2 辛卯13	2 辛酉13	2 辛卯12	2 庚申11	2 庚寅10
3 丁酉22	3 丁卯21	3 丙申22	3 丙寅21	3 乙未20	3 甲子18	3 甲午18	3 癸亥16	3 壬辰⑭	3 壬戌14	3 壬辰13	3 辛酉12	3 辛卯⑪
4 戊戌23	4 戊辰22	4 丁酉㉓	4 丁卯22	4 丙申21	4 乙丑19	4 乙未19	**4** 甲子⑰	4 癸巳15	4 癸亥15	4 癸巳14	4 壬戌13	4 壬辰12
5 己亥24	5 己巳㉓	5 戊戌24	5 戊辰23	5 丁酉22	5 丙寅20	5 丙申⑳	5 乙丑18	**5** 甲午16	5 甲子16	5 甲午15	5 癸亥⑭	5 癸巳13
6 庚子25	6 庚午24	6 己亥25	6 己巳24	6 戊戌23	6 丁卯21	6 丁酉21	6 丙寅19	6 乙未17	**6** 乙丑17	**6** 乙未⑯	6 甲子15	6 甲午14
7 辛丑㉖	7 辛未25	7 庚子26	7 庚午25	7 己亥24	7 戊辰㉒	7 戊戌22	7 丁卯20	7 丙申18	7 丙寅18	7 丙申17	**7** 乙丑16	7 乙未15
8 壬寅27	8 壬申26	8 辛丑27	8 辛未26	8 庚子㉕	8 己巳23	8 己亥23	8 戊辰21	8 丁酉19	8 丁卯⑲	8 丁酉18	8 丙寅17	**8** 丙申16
9 癸卯28	9 癸酉27	9 壬寅28	9 壬申㉗	9 辛丑26	9 庚午24	9 庚子24	9 己巳22	9 戊戌20	9 戊辰20	9 戊戌19	9 丁卯18	9 丁酉17
10甲辰29	10甲戌28	10癸卯29	10癸酉28	10壬寅27	10辛未25	10辛丑25	10庚午23	10己亥㉑	10己巳21	10己亥20	10戊辰19	10戊戌⑱
11乙巳30	《3月》	11甲辰㉚	11甲戌29	11癸卯28	11壬申26	11壬寅26	11辛未㉔	11庚子22	11庚午22	11庚子21	11己巳20	11己亥19
12丙午31	11乙亥 1	12乙巳31	12乙亥30	12甲辰29	12癸酉27	12癸卯㉗	12壬申25	12辛丑23	12辛未23	12辛丑22	12庚午㉑	12庚子20
《2月》	**12**丙子②	《4月》	《5月》	13乙巳30	13甲戌28	13甲辰28	13癸酉26	13壬寅24	13壬申24	13壬寅㉓	13辛未22	13辛丑21
13丁未 1	13丁丑 3	13丙午 1	13丙子 1	14丙午31	14乙亥㉙	14乙巳29	14甲戌27	14癸卯25	14癸酉25	14癸卯24	14壬申23	14壬寅22
14戊申②	14戊寅 4	**14**丁未 2	**14**丁丑 2	《6月》	15丙子30	15丙午30	15乙亥28	15甲辰26	15甲戌㉖	15甲辰25	15癸酉24	15癸卯23
15己酉 3	15己卯 5	15戊申 3	15戊寅 3	15丁未①	《7月》	16丁未31	16丙子29	16乙巳27	16乙亥27	16乙巳26	16甲戌25	16甲辰24
16庚戌 4	16庚辰 6	16己酉 4	16己卯④	**16**戊申 2	16丁丑 1	《8月》	17丁丑30	17丙午㉘	17丙子28	17丙午27	17乙亥26	17乙巳㉕
17辛亥 5	17辛巳 7	17庚戌 5	17庚辰 5	17己酉 3	**17**戊寅 2	**17**戊申 1	18戊寅㉛	18丁未29	18丁丑29	18丁未28	18丙子27	18丙午26
18壬子 6	18壬午 8	18辛亥⑥	18辛巳 6	18庚戌 4	18己卯 3	18己酉 2	《9月》	19戊申30	19戊寅30	19戊申29	19丁丑㉘	19丁未27
19癸丑 7	19癸未⑨	19壬子 7	19壬午 7	19辛亥 5	19庚辰 4	19庚戌③	**19**己卯 1	《10月》	20己卯31	20己酉㉚	20戊寅29	20戊申28
20甲寅 8	20甲申10	20癸丑 8	20癸未 8	20壬子 6	20辛巳 5	20辛亥 4	20庚辰 2	**20**己酉 1	《11月》	《12月》	21己卯30	21己酉29
21乙卯⑨	21乙酉11	21甲寅 9	21甲申 9	21癸丑 7	21壬午⑥	21壬子 5	21辛巳 3	21庚戌 2	**21**庚辰 1	**21**庚戌 1	22庚辰31	22庚戌30
22丙辰10	22丙戌12	22乙卯10	22乙酉10	22甲寅⑧	22癸未 7	22癸丑 6	22壬午 4	22辛亥 3	22辛巳②	22辛亥 2	**1019年**	**23**辛亥31
23丁巳11	23丁亥13	23丙辰11	23丙戌⑪	23乙卯 9	23甲申 8	23甲寅 7	23癸未 5	23壬子 4	23壬午 3	23壬子 3	《1月》	《2月》
24戊午12	24戊子14	24丁巳12	24丁亥12	24丙辰10	24乙酉 9	24乙卯 8	24甲申 6	24癸丑⑤	24癸未 4	24癸丑 4	**23**辛巳 1	24壬子①
25己未13	25己丑15	25戊午⑬	25戊子13	25丁巳11	25丙戌10	25丙辰 9	25乙酉⑦	25甲寅 6	25甲申 5	25甲寅 5	24壬午 2	25癸丑 2
26庚申14	26庚寅⑯	26己未14	26己丑14	26戊午12	26丁亥11	26丁巳⑩	26丙戌 8	26乙卯 7	26乙酉 6	26乙卯 6	25癸未 3	26甲寅 3
27辛酉15	27辛卯17	27庚申15	27庚寅15	27己未13	27戊子12	27戊午11	27丁亥 9	27丙辰 8	27丙戌 7	27丙辰⑦	26甲申④	27乙卯 4
28壬戌⑯	**28**壬辰18	28辛酉16	28辛卯16	28庚申14	28己丑⑬	28己未12	28戊子10	28丁巳 9	28丁亥 8	28丁巳 8	27乙酉 5	28丙辰 5
29癸亥17	29癸巳19	**29**壬戌17	**29**壬辰17	29辛酉⑮	29庚寅14	29庚申13	29己丑11	29戊午10	29戊子⑨	29戊午 9	28丙戌 6	29丁巳 6
30甲子18		30癸亥18			30辛卯15			30己未11	30己丑10		29丁亥 7	30戊午 7
											30戊子 8	
立春 12日	啓蟄 12日	清明 14日	立夏 14日	芒種16日	夏至 2日	大暑 2日	処暑 4日	秋分 5日	霜降 6日	小雪 6日	冬至 7日	大寒 8日
雨水 27日	春分 28日	穀雨 29日	小満 29日		小暑 17日	立秋 17日	白露 19日	寒露 20日	立冬 21日	大雪 21日	小寒 23日	立春 23日

寛仁3年（1019－1020） 己未

1月	2月	3月	4月	5月	6月	7月	8月	9月	10月	11月	12月
1 己未⑧	1 己丑10	1 戊午 8	1 戊子 8	1 丁巳 6	1 丙戌⑤	1 丙辰 4	1 乙酉 2	《10月》	1 甲申31	1 癸丑㉙	1 癸未29
2 庚申 9	2 庚寅11	2 己未 9	2 己丑 9	2 戊午⑦	2 丁亥 6	2 丁巳 5	2 丙戌 3	1 甲寅 1	《11月》	2 甲寅30	2 甲申30
3 辛酉10	3 辛卯12	3 庚申10	3 庚寅⑩	3 己未 8	3 戊子 7	3 戊午 6	3 丁亥 4	**2** 乙卯 2	**2** 乙酉①	《12月》	3 乙酉31
4 壬戌11	4 壬辰13	4 辛酉11	4 辛卯11	4 庚申 9	4 己丑 8	4 己未 7	4 戊子 5	3 丙辰 3	3 丙戌 2	**3** 乙卯 1	**1020年**
5 癸亥12	5 癸巳14	5 壬戌⑫	5 壬辰12	5 辛酉10	5 庚寅 9	5 庚申 8	5 己丑⑥	4 丁巳④	4 丁亥 3	4 丙辰 2	《1月》
6 甲子13	6 甲午⑮	6 癸亥13	6 癸巳13	6 壬戌11	6 辛卯10	6 辛酉⑨	6 庚寅 7	5 戊午 5	5 戊子 4	5 丁巳 3	**4** 丙戌 1
7 乙丑14	7 乙未16	7 甲子14	7 甲午14	7 癸亥12	7 壬辰11	7 壬戌10	7 辛卯 8	6 己未 6	6 己丑 5	6 戊午 4	5 丁亥 2
8 丙寅⑮	8 丙申17	8 乙丑15	8 乙未15	8 甲子13	8 癸巳⑫	8 癸亥11	8 壬辰 9	7 庚申 7	7 庚寅 6	7 己未 5	6 戊子③
9 丁卯16	**9** 丁酉18	9 丙寅16	9 丙申16	9 乙丑⑭	9 甲午13	9 甲子12	9 癸巳10	8 辛酉 8	8 辛卯 7	8 庚申⑥	7 己丑 4
10戊辰17	10戊戌19	**10**丁卯17	10丁酉⑰	10丙寅15	10乙未14	10乙丑13	10甲午11	9 壬戌 9	9 壬辰⑧	9 辛酉 7	8 庚寅 5
11己巳18	11己亥20	11戊辰18	**11**戊戌18	11丁卯16	11丙申15	11丙寅14	11乙未12	10癸亥10	10癸巳 9	10壬戌 8	9 辛卯 6
12庚午19	12庚子21	12己巳⑲	12己亥19	**12**戊辰17	12丁酉16	12丁卯15	12丙申⑬	11甲子⑪	11甲午10	11癸亥 9	10壬辰 7
13辛未20	13辛丑㉒	13庚午20	13庚子20	13己巳18	13戊戌17	13戊辰⑯	13丁酉14	12乙丑12	12乙未11	12甲子10	11癸巳 8
14壬申21	14壬寅23	14辛未21	14辛丑21	14庚午19	**14**己亥18	**14**己巳17	14戊戌15	13丙寅13	13丙申12	13乙丑11	12甲午 9
15癸酉㉒	15癸卯24	15壬申22	15壬寅22	15辛未20	15庚子⑲	15庚午18	**15**己亥16	14丁卯14	14丁酉13	14丙寅12	13乙未⑩
16甲戌23	16甲辰25	16癸酉23	16癸卯23	16壬申㉑	16辛丑20	16辛未19	16庚子17	15戊辰15	15戊戌14	15丁卯⑬	14丙申11
17乙亥24	17乙巳26	17甲戌24	17甲辰㉔	17癸酉22	17壬寅21	17壬申20	17辛丑18	16己巳16	16己亥⑮	16戊辰14	15丁酉12
18丙子25	18丙午27	18乙亥25	18乙巳25	18甲戌23	18癸卯22	18癸酉21	18壬寅19	**17**庚午17	**17**庚子16	17己巳15	16戊戌13
19丁丑26	19丁未28	19丙子㉖	19丙午26	19乙亥24	19甲辰23	19甲戌22	19癸卯⑳	18辛未⑱	18辛丑17	18庚午16	17己亥14
20戊寅27	20戊申㉙	20丁丑27	20丁未27	20丙子25	20乙巳24	20乙亥㉓	20甲辰21	19壬申19	19壬寅18	**19**辛未17	18庚子15
21己卯28	21己酉30	21戊寅28	21戊申28	21丁丑26	21丙午25	21丙子24	21乙巳22	20癸酉20	20癸卯19	20壬申18	**19**辛丑16
《3月》	22庚戌31	22己卯29	22己酉29	22戊寅27	22丁未㉖	22丁丑25	22丙午23	21甲戌21	21甲辰20	21癸酉19	20壬寅⑰
22庚辰①	《4月》	23庚辰30	23庚戌30	23己卯㉘	23戊申27	23戊寅26	23丁未24	22乙亥22	22乙巳21	22甲戌⑳	21癸卯18
23辛巳 2	23辛亥 1	《5月》	24辛亥㉛	24庚辰29	24己酉28	24己卯27	24戊申25	23丙子23	23丙午㉒	23乙亥21	22甲辰19
24壬午 3	**24**壬子 2	24辛巳 1	《6月》	25辛巳30	25庚戌29	25庚辰28	25己酉26	24丁丑24	24丁未23	24丙子22	23乙巳20
25癸未 4	25癸丑 3	**25**壬午 2	25壬子 1	《7月》	26辛亥30	26辛巳29	26庚戌㉗	25戊寅㉕	25戊申24	25丁丑23	24丙午21
26甲申 5	26甲寅 4	26癸未③	**26**癸丑 2	26壬午 1	27壬子31	27壬午㉚	27辛亥28	26己卯26	26己酉25	26戊寅24	25丁未22
27乙酉 6	27乙卯⑤	27甲申 4	27甲寅 3	**27**癸未 2	《8月》	28癸未31	28壬子29	27庚辰27	27庚戌26	27己卯25	26戊申23
28丙戌 7	28丙辰 6	28乙酉 5	28乙卯 4	28甲申 3	28癸丑 1	《9月》	29癸丑30	28辛巳28	28辛亥27	28庚辰26	27己酉㉔
29丁亥⑧	29丁巳 7	29丙戌 6	29丙辰 5	29乙酉 4	**29**甲寅②	**29**甲申 1		29壬午29	29壬子28	29辛巳㉗	28庚戌25
30戊子 9		30丁亥 7			30乙卯 3			30癸未30		30壬午28	29辛亥26
											30壬子27
雨水 8日 啓蟄 24日	春分 9日 清明 24日	穀雨 10日 立夏 25日	小満 11日 芒種 26日	夏至 12日 小暑 27日	大暑 14日 立秋 29日	処暑 14日 白露 29日	秋分 15日	寒露 2日 霜降 17日	立冬 2日 小雪 17日	大雪 3日 冬至 19日	小寒 4日 大寒 19日

寛仁4年（1020－1021） 庚申

1月	2月	3月	4月	5月	6月	7月	8月	9月	10月	11月	12月	閏12月
1 癸丑28	1 癸未27	1 壬子㉗	1 壬午26	1 辛亥25	1 辛巳24	1 庚戌23	1 庚辰22	1 己酉20	1 戊寅19	1 戊申18	1 丁丑17	1 丁未16
2 甲寅29	2 甲申㉘	2 癸丑28	2 癸未27	2 壬子26	2 壬午25	2 辛亥㉔	2 辛巳23	2 庚戌21	2 己卯20	2 己酉19	2 戊寅⑱	2 戊申17
3 乙卯30	3 乙酉29	3 甲寅29	3 甲申28	3 癸丑27	3 癸未㉖	3 壬子25	3 壬午24	3 辛亥22	3 庚辰21	3 庚戌⑳	3 己卯19	3 己酉18
4 丙辰㉛	《3月》	4 乙卯30	4 乙酉29	4 甲寅28	4 甲申27	4 癸丑26	4 癸未25	4 壬子23	4 辛巳22	4 辛亥21	4 庚辰20	4 庚戌19
《2月》	4 丙戌 1	5 丙辰31	5 丙戌30	5 乙卯㉙	5 乙酉28	5 甲寅27	5 甲申26	5 癸丑24	5 壬午㉓	5 壬子22	5 辛巳21	5 辛亥20
5 丁巳 1	**5** 丁亥 2	《4月》	《5月》	6 丙辰30	6 丙戌29	6 乙卯28	6 乙酉27	6 甲寅㉕	6 癸未24	6 癸丑23	6 壬午22	6 壬子21
6 戊午 2	6 戊子 3	**6** 丁巳 1	6 丁亥①	7 丁巳31	7 丁亥30	7 丙辰29	7 丙戌㉘	7 乙卯26	7 甲申25	7 甲寅24	7 癸未23	7 癸丑㉒
7 己未 3	7 己丑 4	7 戊午 2	**7** 戊子 2	《6月》	《7月》	8 丁巳30	8 丁亥29	8 丙辰27	8 乙酉26	8 乙卯25	8 甲申24	8 甲寅23
8 庚申 4	8 庚寅 5	8 己未③	8 己丑 3	**8** 戊午 1	8 戊子 1	9 戊午㉛	9 戊子30	9 丁巳28	9 丙戌27	9 丙辰26	9 乙酉㉕	9 乙卯24
9 辛酉 5	9 辛卯⑥	9 庚申 4	9 庚寅 4	9 己未 2	**9** 己丑 2	《8月》	**10**己丑31	10戊午29	10丁亥28	10丁巳㉗	10丙戌26	10丙辰25
10壬戌 6	10壬辰 7	10辛酉 5	10辛卯 5	10庚申 3	10庚寅③	**10**己未 1	《9月》	11己未30	11戊子29	11戊午28	11丁亥27	11丁巳26
11癸亥⑦	11癸巳 8	11壬戌 6	11壬辰 6	11辛酉 4	11辛卯 4	11庚申 2	11庚寅 1	《10月》	12己丑㉚	12己未29	12戊子28	12戊午27
12甲子 8	12甲午 9	12癸亥 7	12癸巳 7	12壬戌⑤	12壬辰 5	12辛酉 3	12辛卯 2	**12**庚申 1	**13**庚寅31	13庚申30	13己丑29	13己未28
13乙丑 9	13乙未10	13甲子 8	13甲午⑧	13癸亥 6	13癸巳 6	13壬戌 4	13壬辰 3	13辛酉②	《11月》	《12月》	14庚寅30	14庚申㉙
14丙寅10	14丙申11	14乙丑 9	14乙未 9	14甲子 7	14甲午 7	14癸亥 5	14癸巳④	14壬戌 3	14辛卯 1	**14**辛酉 1	**15**辛卯31	15辛酉30
15丁卯11	15丁酉12	15丙寅⑩	15丙申10	15乙丑 8	15乙未 8	15甲子 6	15甲午 5	15癸亥 4	15壬辰 2	15壬戌 2	**1021年**	**16**壬戌31
16戊辰12	16戊戌⑬	16丁卯11	16丁酉11	16丙寅 9	16丙申 9	16乙丑⑦	16乙未 6	16甲子 5	16癸巳 3	16癸亥 3	《1月》	《2月》
17己巳13	17己亥14	17戊辰12	17戊戌12	17丁卯10	17丁酉⑩	17丙寅 8	17丙申 7	17乙丑 6	17甲午 4	17甲子④	16壬辰①	17癸亥 1
18庚午⑭	18庚子15	18己巳13	18己亥13	18戊辰11	18戊戌11	18丁卯 9	18丁酉 8	18丙寅 7	18乙未 5	18乙丑 5	17癸巳 2	18甲子 2
19辛未15	19辛丑16	19庚午14	19庚子14	19己巳⑫	19己亥12	19戊辰10	19戊戌 9	19丁卯 8	19丙申⑥	19丙寅 6	18甲午 3	19乙丑 3
20壬申16	**20**壬寅17	20辛未15	20辛丑⑮	20庚午13	20庚子13	20己巳11	20己亥10	20戊辰⑨	20丁酉 7	20丁卯 7	19乙未 4	20丙寅 4
21癸酉17	21癸卯18	**21**壬申16	21壬寅16	21辛未14	21辛丑14	21庚午12	21庚子⑪	21己巳10	21戊戌 8	21戊辰 8	20丙申 5	21丁卯⑤
22甲戌18	22甲辰19	22癸酉⑰	**22**癸卯17	22壬申15	22壬寅15	22辛未13	22辛丑12	22庚午11	22己亥 9	22己巳 9	21丁酉 6	22戊辰 6
23乙亥19	23乙巳⑳	23甲戌18	23甲辰18	**23**癸酉16	23癸卯16	23壬申⑭	23壬寅13	23辛未12	23庚子10	23庚午10	22戊戌 7	23己巳 7
24丙子20	24丙午21	24乙亥19	24乙巳19	24甲戌17	**24**甲辰⑰	24癸酉15	24癸卯14	24壬申13	24辛丑11	24辛未⑪	23己亥⑧	24庚午 8
25丁丑㉑	25丁未22	25丙子20	25丙午20	25乙亥18	25乙巳18	**25**甲戌16	25甲辰15	25癸酉14	25壬寅12	25壬申12	24庚子 9	25辛未 9
26戊寅22	26戊申23	26丁丑21	26丁未21	26丙子⑲	26丙午19	26乙亥17	**26**乙巳16	26甲戌15	26癸卯⑬	26癸酉13	25辛丑10	26壬申10
27己卯23	27己酉24	27戊寅22	27戊申㉒	27丁丑20	27丁未20	27丙子18	27丙午17	**27**乙亥⑯	27甲辰14	27甲戌14	26壬寅11	27癸酉11
28庚辰24	28庚戌25	28己卯23	28己酉23	28戊寅21	28戊申21	28丁丑19	28丁未⑱	28丙子17	28乙巳15	28乙亥15	27癸卯12	28甲戌⑫
29辛巳25	29辛亥26	29庚辰㉔	29庚戌24	29己卯22	29己酉22	29戊寅20	29戊申19	29丁丑18	**29**丙午16	**29**丙子16	28甲辰13	29乙亥13
30壬午26		30辛巳25		30庚辰23		30己卯㉑			30丁未17		29乙巳14	30丙子14
											30丙午⑮	
立春 4日 雨水 20日	啓蟄 5日 春分 20日	清明 6日 穀雨 21日	立夏 7日 小満 22日	芒種 8日 夏至 23日	小暑 9日 大暑 24日	立秋 10日 処暑 25日	白露 10日 秋分 26日	寒露 12日 霜降 27日	立冬 13日 小雪 29日	大雪 14日 冬至 29日	小寒 15日 大寒 30日	立春16日

治安元年〔寛仁5年〕（1021－1022） 辛酉

改元 2/2（寛仁→治安）

1月	2月	3月	4月	5月	6月	7月	8月	9月	10月	11月	12月
1 丁丑15	1 丙午16	1 丙子15	1 丙午15	1 乙亥13	1 乙巳13	1 甲戌11	1 甲辰⑩	1 癸酉 9	1 癸卯 8	1 壬申 7	1 辛丑 5
2 戊寅16	**2** 丁未17	2 丁丑⑯	2 丁未16	2 丙子14	2 丙午14	2 乙亥12	2 乙巳11	2 甲戌10	2 甲辰 9	2 癸酉 8	2 壬寅 6
3 己卯17	3 戊申18	**3** 戊寅17	**3** 戊申17	3 丁丑15	3 丁未15	3 丙子⑬	3 丙午12	3 乙亥11	3 乙巳10	3 甲戌 9	3 癸卯⑦
4 庚辰18	4 己酉⑲	4 己卯18	4 己酉18	4 戊寅16	4 戊申⑯	4 丁丑14	4 丁未13	4 丙子12	4 丙午11	4 乙亥⑩	4 甲辰 8
5 辛巳⑲	5 庚戌20	5 庚辰19	5 庚戌19	**5** 己卯17	**5** 己酉17	5 戊寅15	5 戊申14	5 丁丑13	5 丁未⑫	5 丙子11	5 乙巳 9
6 壬午20	6 辛亥21	6 辛巳20	6 辛亥20	6 庚辰⑱	6 庚戌18	**6** 己卯16	6 己酉15	6 戊寅14	6 戊申13	6 丁丑12	6 丙午10
7 癸未21	7 壬子22	7 壬午21	7 壬子㉑	7 辛巳19	7 辛亥19	7 庚辰17	**7** 庚戌16	7 己卯⑮	7 己酉14	7 戊寅13	7 丁未11
8 甲申22	8 癸丑23	8 癸未22	8 癸丑22	8 壬午20	8 壬子20	8 辛巳18	8 辛亥⑰	**8** 庚辰16	8 庚戌15	8 己卯14	8 戊申12
9 乙酉23	9 甲寅24	9 甲申㉓	9 甲寅23	9 癸未21	9 癸丑21	9 壬午19	9 壬子18	9 辛巳17	**9** 辛亥16	9 庚辰15	9 己酉13
10丙戌24	10乙卯25	10乙酉24	10乙卯24	10甲申22	10甲寅22	10癸未⑳	10癸丑19	10壬午18	10壬子17	**10**辛巳16	10庚戌⑭
11丁亥25	11丙辰㉖	11丙戌25	11丙辰25	11乙酉23	11乙卯㉓	11甲申21	11甲寅20	11癸未19	11癸丑18	11壬午⑰	11辛亥15
12戊子㉖	12丁巳27	12丁亥26	12丁巳26	12丙戌24	12丙辰24	12乙酉22	12乙卯21	12甲申20	12甲寅⑲	12癸未18	**12**壬子16
13己丑27	13戊午28	13戊子27	13戊午27	13丁亥㉕	13丁巳25	13丙戌23	13丙辰22	13乙酉21	13乙卯20	13甲申19	13癸丑17
14庚寅28	14己未29	14己丑28	14己未㉘	14戊子26	14戊午26	14丁亥24	14丁巳23	14丙戌㉒	14丙辰21	14乙酉20	14甲寅18
《3月》	15庚申30	15庚寅29	15庚申29	15己丑27	15己未27	15戊子25	15戊午㉔	15丁亥23	15丁巳22	15丙戌21	15乙卯19
15辛卯 1	16辛酉31	16辛卯㉚	16辛酉30	16庚寅28	16庚申28	16己丑26	16己未25	16戊子24	16戊午23	16丁亥22	16丙辰20
16壬辰 2	《4月》	《5月》	17壬戌31	17辛卯29	17辛酉29	17庚寅㉗	17庚申26	17己丑25	17己未24	17戊子23	17丁巳㉑
17癸巳 3	**17**壬戌 1	17壬辰 1	《6月》	18壬辰30	18壬戌㉚	18辛卯28	18辛酉27	18庚寅26	18庚申25	18己丑㉔	18戊午22
18甲午 4	18癸亥②	**18**癸巳 2	**18**癸亥 1	《7月》	19癸亥31	19壬辰29	19壬戌28	19辛卯27	19辛酉㉖	19庚寅25	19己未23
19乙未⑤	19甲子 3	19甲午 3	19甲子 2	19癸巳 1	《8月》	20癸巳30	20癸亥29	20壬辰28	20壬戌27	20辛卯26	20庚申24
20丙申 6	20乙丑 4	20乙未 4	20乙丑 3	**20**甲午②	**20**甲子 1	21甲午31	21甲子30	21癸巳㉙	21癸亥28	21壬辰27	21辛酉25
21丁酉 7	21丙寅 5	21丙申 5	21丙寅④	21乙未 3	21乙丑 2	《9月》	《10月》	22甲午30	22甲子29	22癸巳28	22壬戌26
22戊戌 8	22丁卯 6	22丁酉 6	22丁卯 5	22丙申 4	22丙寅 3	**22**乙未 1	**22**乙丑①	23乙未31	23乙丑30	23甲午29	23癸亥27
23己亥 9	23戊辰 7	23戊戌⑦	23戊辰 6	23丁酉 5	23丁卯 4	23丙申 2	23丙寅 2	《11月》	《12月》	24乙未30	24甲子㉘
24庚子10	24己巳 8	24己亥 8	24己巳 7	24戊戌 6	24戊辰 5	24丁酉③	24丁卯 3	**24**丙申 1	**24**丙寅 1	**25**丙申㉛	25乙丑29
25辛丑11	25庚午⑨	25庚子 9	25庚午 8	25己亥 7	25己巳⑥	25戊戌 4	25戊辰 4	25丁酉 2	25丁卯 2	**1022年**	26丙寅30
26壬寅⑫	26辛未10	26辛丑10	26辛未 9	26庚子 8	26庚午 7	26己亥 5	26己巳 5	26戊戌 3	26戊辰③	《1月》	**27**丁卯31
27癸卯13	27壬申11	27壬寅11	27壬申10	27辛丑⑨	27辛未 8	27庚子 6	27庚午 6	27己亥 4	27己巳 4	26丁酉 1	《2月》
28甲辰14	28癸酉12	28癸卯12	28癸酉⑪	28壬寅10	28壬申 9	28辛丑 7	28辛未 7	28庚子⑤	28庚午 5	27戊戌 2	28戊辰 1
29乙巳15	29甲戌13	29甲辰13	29甲戌12	29癸卯11	29癸酉10	29壬寅 8	29壬申⑧	29辛丑 6	29辛未 6	28己亥 3	29己巳 2
	30乙亥14	30乙巳⑭		30甲辰12		30癸卯 9		30壬寅 7		29庚子 4	30庚午 3

雨水 1日	春分 2日	穀雨 3日	小満 3日	夏至 5日	大暑 5日	処暑 6日	秋分 7日	霜降 8日	小雪 9日	冬至 10日	大寒 12日
啓蟄 16日	清明 17日	立夏 18日	芒種 18日	小暑 20日	立秋 20日	白露 22日	寒露 22日	立冬 24日	大雪 24日	小寒 25日	立春 27日

治安2年（1022－1023） 壬戌

1月	2月	3月	4月	5月	6月	7月	8月	9月	10月	11月	12月
1 辛未④	1 辛丑 6	1 庚午 4	1 庚子 4	**1** 己巳 2	**1** 己亥 2	《8月》	1 戊戌30	1 戊辰29	1 丁酉㉘	1 丁卯27	1 丙申26
2 壬申 5	2 壬寅 7	2 辛未 5	2 辛丑 5	2 庚午③	2 庚子 3	**1** 己巳 1	2 己亥31	2 己巳㉚	2 戊戌29	2 戊辰28	2 丁酉27
3 癸酉 6	3 癸卯 8	3 壬申 6	3 壬寅⑥	3 辛未 4	3 辛丑 4	2 庚午 2	《9月》	《10月》	3 己亥30	3 己巳29	3 戊戌28
4 甲戌 7	4 甲辰 9	4 癸酉 7	4 癸卯 7	4 壬申 5	4 壬寅 5	3 辛未 3	**3** 庚子 1	**3** 庚午 1	4 庚子31	4 庚午30	4 己亥29
5 乙亥 8	5 乙巳10	5 甲戌⑧	5 甲辰 8	5 癸酉 6	5 癸卯 6	4 壬申 4	4 辛丑②	4 辛未 2	《11月》	《12月》	5 庚子㉚
6 丙子 9	6 丙午⑪	6 乙亥 9	6 乙巳 9	6 甲戌 7	6 甲辰 7	5 癸酉⑤	5 壬寅 3	5 壬申 3	**5** 辛丑 1	**5** 辛未 1	6 辛丑31
7 丁丑10	7 丁未12	7 丙子10	7 丙午10	7 乙亥 8	7 乙巳⑧	6 甲戌 6	6 癸卯 4	6 癸酉 4	6 壬寅 2	6 壬申②	**1023年**
8 戊寅⑪	8 戊申13	8 丁丑11	8 丁未11	8 丙子 9	8 丙午 9	7 乙亥 7	7 甲辰 5	7 甲戌 5	7 癸卯 3	7 癸酉 3	《1月》
9 己卯12	9 己酉14	9 戊寅12	9 戊申12	9 丁丑⑩	9 丁未10	8 丙子 8	8 乙巳 6	8 乙亥 6	8 甲辰④	8 甲戌 4	**7** 壬寅 1
10庚辰13	10庚戌15	10己卯13	10己酉⑬	10戊寅11	10戊申11	9 丁丑 9	9 丙午 7	9 丙子⑦	9 乙巳 5	9 乙亥 5	8 癸卯 2
11辛巳14	11辛亥16	11庚辰14	11庚戌14	11己卯12	11己酉12	10戊寅10	10丁未 8	10丁丑 8	10丙午 6	10丙子 6	9 甲辰 3
12壬午15	12壬子17	12辛巳⑮	12辛亥15	12庚辰13	12庚戌13	11己卯11	11戊申⑨	11戊寅 9	11丁未 7	11丁丑 7	10乙巳 4
13癸未16	**13**癸丑⑱	13壬午16	13壬子16	13辛巳14	13辛亥14	12庚辰⑫	12己酉10	12己卯10	12戊申 8	12戊寅 8	11丙午 5
14甲申17	14甲寅19	**14**癸未17	**14**癸丑17	14壬午15	14壬子⑮	13辛巳13	13庚戌11	13庚辰11	13己酉 9	13己卯⑨	12丁未⑥
15乙酉⑱	15乙卯20	15甲申18	15甲寅18	15癸未16	15癸丑16	14壬午14	14辛亥12	14辛巳12	14庚戌10	14庚辰10	13戊申 7
16丙戌19	16丙辰21	16乙酉19	16乙卯19	**16**甲申⑰	**16**甲寅17	15癸未15	15壬子13	15壬午13	15辛亥⑪	15辛巳11	14己酉 8
17丁亥20	17丁巳22	17丙戌20	17丙辰⑳	17乙酉18	17乙卯18	16甲申16	16癸丑14	16癸未⑭	16壬子12	16壬午12	15庚戌 9
18戊子21	18戊午23	18丁亥21	18丁巳21	18丙戌19	18丙辰19	**17**乙酉17	17甲寅15	17甲申15	17癸丑13	17癸未13	16辛亥10
19己丑22	19己未24	19戊子㉒	19戊午22	19丁亥20	19丁巳20	18丙戌18	**18**乙卯⑯	18乙酉16	18甲寅14	18甲申14	17壬子11
20庚寅23	20庚申㉕	20己丑23	20己未23	20戊子21	20戊午21	19丁亥⑲	19丙辰17	**19**丙戌17	19乙卯15	19乙酉15	18癸丑12
21辛卯24	21辛酉26	21庚寅24	21庚申24	21己丑22	21己未㉒	20戊子20	20丁巳18	20丁亥18	**20**丙辰16	**20**丙戌⑯	19甲寅⑬
22壬辰㉕	22壬戌27	22辛卯25	22辛酉25	22庚寅23	22庚申23	21己丑21	21戊午19	21戊子19	21丁巳17	21丁亥17	20乙卯14
23癸巳26	23癸亥28	23壬辰26	23壬戌26	23辛卯㉔	23辛酉24	22庚寅22	22己未20	22己丑20	22戊午⑱	22戊子18	21丙辰15
24甲午27	24甲子29	24癸巳27	24癸亥㉗	24壬辰25	24壬戌25	23辛卯23	23庚申21	23庚寅㉑	23己未19	23己丑19	**22**丁巳16
25乙未28	25乙丑30	25甲午28	25甲子28	25癸巳26	25癸亥26	24壬辰24	24辛酉22	24辛卯22	24庚申20	24庚寅20	23戊午17
《3月》	26丙寅31	26乙未㉙	26乙丑29	26甲午27	26甲子27	25癸巳25	25壬戌㉓	25壬辰23	25辛酉21	25辛卯21	24己未18
26丙申 1	《4月》	27丙申30	27丙寅30	27乙未28	27乙丑28	26甲午㉖	26癸亥24	26癸巳24	26壬戌22	26壬辰22	25庚申19
27丁酉 2	27丁卯①	《5月》	28丁卯31	28丙申29	28丙寅㉙	27乙未27	27甲子25	27甲午25	27癸亥23	27癸巳㉓	26辛酉⑳
28戊戌 3	**28**戊辰 2	28丁酉 1	《6月》	29丁酉30	29丁卯30	28丙申28	28乙丑26	28乙未26	28甲子24	28甲午24	27壬戌21
29己亥④	29己巳 3	**29**戊戌 2	29戊辰 1	《7月》	30戊辰31	29丁酉29	29丙寅27	29丙申27	29乙丑㉕	29乙未25	28癸亥22
30庚子 5		30己亥 3		30戊戌①			30丁卯28		30丙寅26		29甲子23
											30乙丑24

雨水 12日	春分 13日	穀雨 14日	小満 14日	芒種 1日	小暑 1日	立秋 1日	白露 3日	寒露 3日	立冬 5日	大雪 5日	小寒 7日
啓蟄 27日	清明 28日	立夏 29日		夏至 16日	大暑 16日	処暑 17日	秋分 18日	霜降 19日	小雪 20日	冬至 20日	大寒 22日

治安**3**年（1023－1024） 癸亥

1月	2月	3月	4月	5月	6月	7月	8月	9月	閏9月	10月	11月	12月
1 丙寅25	1 乙未23	1 甲子㉔	1 甲午23	1 癸亥22	1 癸巳21	1 癸亥㉑	1 壬辰19	1 壬戌18	1 壬辰18	**1** 辛酉16	1 辛卯16	1 庚申14
2 丁卯26	2 丙申㉔	2 乙丑25	2 乙未24	2 甲子23	2 甲午22	2 甲子22	2 癸巳20	2 癸亥19	2 癸巳19	2 壬戌⑰	**2** 壬辰17	2 辛酉15
3 戊辰㉗	3 丁酉25	3 丙寅26	3 丙申25	3 乙丑24	3 乙未㉓	3 乙丑23	3 甲午21	3 甲子20	3 甲午⑳	3 癸亥18	3 癸巳18	**3** 壬戌16
4 己巳28	4 戊戌26	4 丁卯27	4 丁酉26	4 丙寅25	4 丙申24	4 丙寅24	4 乙未22	4 乙丑21	4 乙未21	4 甲子19	4 甲午19	4 癸亥17
5 庚午29	5 己亥27	5 戊辰28	5 戊戌27	5 丁卯㉖	5 丁酉25	5 丁卯25	5 丙申23	5 丙寅㉒	5 丙申22	5 乙丑20	5 乙未20	5 甲子18
6 辛未30	6 庚子28	6 己巳29	6 己亥㉘	6 戊辰27	6 戊戌26	6 戊辰26	6 丁酉24	6 丁卯23	6 丁酉23	6 丙寅21	6 丙申21	6 乙丑⑲
7 壬申31	《3月》	7 庚午30	7 庚子29	7 己巳28	7 己亥27	7 己巳27	7 戊戌㉕	7 戊辰24	7 戊戌24	7 丁卯22	7 丁酉㉒	7 丙寅20
《2月》	7 辛丑 1	8 辛未㉛	8 辛丑30	8 庚午29	8 庚子28	8 庚午㉘	8 己亥26	8 己巳25	8 己亥25	8 戊辰23	8 戊戌23	8 丁卯21
8 癸酉 1	8 壬寅 2	《4月》	《5月》	9 辛未30	9 辛丑29	9 辛未29	9 庚子27	9 庚午26	9 庚子26	9 己巳㉔	9 己亥24	9 戊辰22
9 甲戌 2	**9** 癸卯③	9 壬申 1	9 壬寅 1	10壬申31	10壬寅㉚	10壬申30	10辛丑28	10辛未27	10辛丑㉗	10庚午25	10庚子25	10己巳23
10乙亥③	10甲辰 4	**10**癸酉 2	**10**癸卯 2	《6月》	《7月》	11癸酉31	11壬寅29	11壬申28	11壬寅28	11辛未26	11辛丑26	11庚午24
11丙子 4	11乙巳 5	11甲戌 3	11甲辰 3	11癸酉 1	11癸卯 1	《8月》	12癸卯30	12癸酉㉙	12癸卯29	12壬申27	12壬寅27	12辛未25
12丁丑 5	12丙午 6	12乙亥 4	12乙巳 4	**12**甲戌②	**12**甲辰 2	12甲戌 1	13甲辰31	13甲戌30	13甲辰30	13癸酉28	13癸卯28	13壬申㉖
13戊寅 6	13丁未 7	13丙子 5	13丙午⑤	13乙亥 3	13乙巳 3	**13**乙亥 2	《9月》	《10月》	14乙巳31	14甲戌29	14甲辰㉙	14癸酉27
14己卯 7	14戊申 8	14丁丑 6	14丁未 6	14丙子 4	14丙午 4	14丙子 3	**14**乙巳①	14乙亥 1	《11月》	15乙亥30	15乙巳30	15甲戌28
15庚辰 8	15己酉 9	15戊寅⑦	15戊申 7	15丁丑 5	15丁未 5	15丁丑④	15丙午 2	**15**丙子 2	**15**丙午 1	《12月》	16丙午31	16乙亥29
16辛巳 9	16庚戌⑩	16己卯 8	16己酉 8	16戊寅 6	16戊申 6	16戊寅 5	16丁未 3	16丁丑 3	16丁未 2	**16**丙子①	**1024年**	17丙子30
17壬午⑩	17辛亥11	17庚辰 9	17庚戌 9	17己卯 7	17己酉⑦	17己卯 6	17戊申 4	17戊寅 4	17戊申③	17丁丑 2	《1月》	**18**丁丑31
18癸未11	18壬子12	18辛巳10	18辛亥10	18庚辰 8	18庚戌 8	18庚辰 7	18己酉 5	18己卯 5	18己酉 4	18戊寅 3	**17**丁未 1	《2月》
19甲申12	19癸丑13	19壬午11	19壬子11	19辛巳⑨	19辛亥 9	19辛巳 8	19庚戌 6	19庚辰⑥	19庚戌 5	19己卯 4	18戊申 2	19戊寅 1
20乙酉13	20甲寅14	20癸未12	20癸丑⑫	20壬午10	20壬子10	20壬午 9	20辛亥 7	20辛巳 7	20辛亥 6	20庚辰 5	19己酉 3	20己卯②
21丙戌14	21乙卯15	21甲申13	21甲寅13	21癸未11	21癸丑11	21癸未10	21壬子⑧	21壬午 8	21壬子 7	21辛巳 6	20庚戌 4	21庚辰 3
22丁亥15	22丙辰16	22乙酉⑭	22乙卯14	22甲申12	22甲寅12	22甲申⑪	22癸丑 9	22癸未 9	22癸丑 8	22壬午 7	21辛亥⑤	22辛巳 4
23戊子16	23丁巳⑰	23丙戌15	23丙辰15	23乙酉13	23乙卯13	23乙酉12	23甲寅10	23甲申10	23甲寅 9	23癸未⑧	22壬子 6	23壬午 5
24己丑⑰	**24**戊午18	24丁亥16	24丁巳16	24丙戌14	24丙辰⑭	24丙戌13	24乙卯11	24乙酉11	24乙卯⑩	24甲申 9	23癸丑 7	24癸未 6
25庚寅18	25己未19	**25**戊子17	25戊午17	25丁亥15	25丁巳15	25丁亥14	25丙辰12	25丙戌12	25丙辰11	25乙酉10	24甲寅 8	25甲申 7
26辛卯19	26庚申20	26己丑18	**26**己未18	26戊子⑯	26戊午16	26戊子15	26丁巳13	26丁亥⑬	26丁巳12	26丙戌11	25乙卯 9	26乙酉 8
27壬辰20	27辛酉21	27庚寅19	27庚申⑲	**27**己丑17	**27**己未17	27己丑16	27戊午14	27戊子14	27戊午13	27丁亥12	26丙辰10	27丙戌⑨
28癸巳21	28壬戌22	28辛卯20	28辛酉20	28庚寅18	28庚申18	**28**庚寅17	28己未⑮	28己丑15	28己未14	28戊子13	27丁巳11	28丁亥10
29甲午22	29癸亥23	29壬辰㉑	29壬戌21	29辛卯19	29辛酉19	29辛卯⑱	**29**庚申16	29庚寅16	29庚申15	29己丑14	28戊午⑫	29戊子11
		30癸巳22		30壬辰20	30壬戌20		30辛酉17	**30**辛卯17		30庚寅⑮	29己未13	30己丑12
立春 7日 雨水 22日	啓蟄 9日 春分 24日	清明 10日 穀雨 25日	立夏 10日 小満 26日	芒種 12日 夏至 27日	小暑 12日 大暑 27日	立秋 13日 処暑 28日	白露 14日 秋分 29日	寒露 15日 霜降 30日	立冬15日	小雪 1日 大雪 16日	冬至 2日 小寒 17日	大寒 3日 立春 18日

万寿元年〔治安**4**年〕（1024－1025） 甲子

改元 7/13（治安→万寿）

1月	2月	3月	4月	5月	6月	7月	8月	9月	10月	11月	12月
1 庚寅13	1 己未13	1 戊子11	1 戊午11	1 丁亥 9	1 丁巳 9	1 丙戌 7	1 丙辰⑥	1 丙戌 6	1 乙卯 4	1 乙酉 4	1 乙卯③
2 辛卯14	2 庚申14	2 己丑⑫	2 己未12	2 戊子10	2 戊午10	2 丁亥 8	2 丁巳 7	2 丁亥 7	2 丙辰 5	2 丙戌 5	2 丙辰 4
3 壬辰15	3 辛酉⑮	3 庚寅13	3 庚申13	3 己丑11	3 己未11	3 戊子⑨	3 戊午 8	3 戊子 8	3 丁巳 6	3 丁亥⑥	3 丁巳 5
4 癸巳⑯	4 壬戌16	4 辛卯14	4 辛酉14	4 庚寅12	4 庚申⑫	4 己丑10	4 己未 9	4 己丑 9	4 戊午 7	4 戊子 7	4 戊午 6
5 甲午17	**5** 癸亥17	5 壬辰15	5 壬戌15	5 辛卯13	5 辛酉13	5 庚寅11	5 庚申10	5 庚寅10	5 己未⑧	5 己丑 8	5 己未 7
6 乙未18	6 甲子18	**6** 癸巳16	6 癸亥16	6 壬辰⑭	6 壬戌14	6 辛卯12	6 辛酉11	6 辛卯⑪	6 庚申 9	6 庚寅 9	6 庚申 8
7 丙申19	7 乙丑19	7 甲午17	**7** 甲子⑰	7 癸巳15	7 癸亥15	7 壬辰13	7 壬戌12	7 壬辰12	7 辛酉10	7 辛卯10	7 辛酉 9
8 丁酉20	8 丙寅20	8 乙未18	8 乙丑18	**8** 甲午16	8 甲子16	8 癸巳14	8 癸亥⑬	8 癸巳13	8 壬戌11	8 壬辰11	8 壬戌⑩
9 戊戌21	9 丁卯21	9 丙申⑲	9 丙寅19	9 乙未17	**9** 乙丑17	9 甲午15	9 甲子14	9 甲午14	9 癸亥12	9 癸巳12	9 癸亥11
10己亥22	10戊辰㉒	10丁酉20	10丁卯20	10丙申18	10丙寅18	**10**乙未⑯	10乙丑15	10乙未15	10甲子13	10甲午⑬	10甲子12
11庚子㉓	11己巳23	11戊戌21	11戊辰21	11丁酉19	11丁卯⑲	11丙申17	**11**丙寅16	**11**丙申16	11乙丑14	11乙未14	11乙丑13
12辛丑24	12庚午24	12己亥22	12己巳22	12戊戌20	12戊辰20	12丁酉18	12丁卯17	12丁酉17	**12**丙寅⑮	12丙申15	12丙寅14
13壬寅25	13辛未25	13庚子23	13庚午23	13己亥㉑	13己巳21	*13*戊戌19	13戊辰18	13戊戌⑱	13丁卯16	**13**丁酉16	**13**丁卯15
14癸卯26	14壬申26	14辛丑24	14辛未㉔	14庚子22	14庚午22	14己亥20	14己巳19	14己亥19	14戊辰17	14戊戌17	14戊辰16
15甲辰27	15癸酉27	15壬寅25	15壬申25	15辛丑23	15辛未23	15庚子21	15庚午⑳	15庚子20	15己巳18	15己亥18	15己巳⑰
16乙巳28	16甲戌28	16癸卯㉖	16癸酉26	16壬寅24	16壬申24	16辛丑22	16辛未21	16辛丑21	16庚午19	16庚子19	16庚午18
17丙午29	17乙亥㉙	17甲辰27	17甲戌27	17癸卯25	17癸酉25	17壬寅㉓	17壬申22	17壬寅22	17辛未20	17辛丑⑳	17辛未19
《3月》	18丙子30	18乙巳28	18乙亥28	18甲辰26	18甲戌㉖	18癸卯24	18癸酉23	18癸卯23	18壬申21	18壬寅21	18壬申20
18丁未①	19丁丑31	19丙午29	19丙子29	19乙巳27	19乙亥27	19甲辰25	19甲戌24	19甲辰24	19癸酉㉒	19癸卯22	19癸酉21
19戊申 2	《4月》	20丁未30	20丁丑30	20丙午㉘	20丙子28	20乙巳26	20乙亥25	20乙巳㉕	20甲戌23	20甲辰23	20甲戌22
20己酉 3	**20**戊寅 1	《5月》	21戊寅㉛	21丁未29	21丁丑29	21丙午27	21丙子26	21丙午26	21乙亥24	21乙巳24	21乙亥23
21庚戌 4	21己卯 2	21戊申 1	《6月》	22戊申30	22戊寅30	22丁未28	22丁丑㉗	22丁未27	22丙子25	22丙午25	22丙子㉔
22辛亥 5	22庚辰 3	**22**己酉 2	**22**己卯 1	《7月》	23己卯31	23戊申29	23戊寅28	23戊申28	23丁丑26	23丁未26	23丁丑25
23壬子 6	23辛巳 4	23庚戌③	23庚辰 2	23己酉 1	《8月》	24己酉㉚	24己卯29	24己酉29	24戊寅27	24戊申㉗	24戊寅26
24癸丑 7	24壬午⑤	24辛亥 4	24辛巳 3	**24**庚戌 2	**24**庚辰 1	**25**庚戌31	25庚辰30	25庚戌30	25己卯28	25己酉28	25己卯27
25甲寅⑧	25癸未 6	25壬子 5	25壬午 4	25辛亥 3	25辛巳②	《9月》	《10月》	**26**辛亥31	26庚辰㉙	26庚戌29	26庚辰28
26乙卯 9	26甲申 7	26癸丑 6	26癸未 5	26壬子 4	26壬午 3	26辛亥 1	**26**辛巳 1	《11月》	27辛巳30	27辛亥30	27辛巳29
27丙辰10	27乙酉 8	27甲寅 7	27甲申 6	27癸丑⑤	27癸未 4	27壬子 2	27壬午 2	27壬子①	《12月》	**28**壬子31	28壬午30
28丁巳11	28丙戌 9	28乙卯 8	28乙酉⑦	28甲寅 6	28甲申 5	28癸丑 3	28癸未 3	28癸丑 2	**28**壬午 1	**1025年**	**29**癸未㉛
29戊午12	29丁亥10	29丙辰 9	29丙戌 8	29乙卯 7	29乙酉 6	29甲寅 4	29甲申④	29甲寅 3	29癸未 2	《1月》	
		30丁巳⑩		30丙辰 8		30乙卯 5	30乙酉 5		30甲申 3	29癸丑 1	
										30甲寅 2	
雨水 4日 啓蟄 19日	春分 5日 清明 20日	穀雨 6日 立夏 22日	小満 7日 芒種 22日	夏至 8日 小暑 24日	大暑 9日 立秋 24日	処暑 10日 白露 25日	秋分 11日 寒露 26日	霜降 11日 立冬 26日	小雪 12日 大雪 28日	冬至 13日 小寒 28日	大寒 13日 立春 29日

万寿 2 年（1025－1026） 乙丑

1月	2月	3月	4月	5月	6月	7月	8月	9月	10月	11月	12月
《2月》	1 甲寅 3	《4月》	1 壬子30	1 壬午㉚	1 辛亥28	1 辛巳28	1 庚戌26	1 庚辰25	1 己酉㉔	1 己卯23	1 己酉23
1 甲申 1	2 乙卯 4	**1** 癸未 1	《5月》	2 癸未31	2 壬子29	2 壬午29	2 辛亥27	2 辛巳㉖	2 庚戌25	2 庚辰24	2 庚戌24
2 乙酉 2	3 丙辰 5	2 甲申 2	2 癸丑 1	《6月》	3 癸丑30	3 癸未30	3 壬子28	3 壬午27	3 辛亥26	3 辛巳25	3 辛亥25
3 丙戌 3	4 丁巳 6	3 乙酉 3	**3** 甲寅②	**3** 甲申 1	《7月》	4 甲申31	4 癸丑㉙	4 癸未28	4 壬子27	4 壬午26	4 壬子㉖
4 丁亥 4	5 戊午⑦	4 丙戌④	4 乙卯 3	4 乙酉 2	4 甲寅 1	《8月》	5 甲寅30	5 甲申29	5 癸丑28	5 癸未27	5 癸丑27
5 戊子 5	6 己未 8	5 丁亥 5	5 丙辰 4	5 丙戌 3	**5** 乙卯 2	**5** 乙酉①	6 乙卯31	6 乙酉30	6 甲寅29	6 甲申㉘	6 甲寅28
6 己丑 6	7 庚申 9	6 戊子 6	6 丁巳 5	6 丁亥 4	6 丙辰 3	6 丙戌 2	《9月》	《10月》	7 乙卯30	7 乙酉29	7 乙卯29
7 庚寅⑦	8 辛酉10	7 己丑 7	7 戊午 6	7 戊子 5	7 丁巳④	7 丁亥 3	**7** 丙辰 1	**7** 丙戌 1	8 丙辰㉛	8 丙戌30	8 丙辰30
8 辛卯 8	9 壬戌11	8 庚寅 8	8 己未 7	8 己丑⑥	8 戊午 5	8 戊子 4	8 丁巳 2	8 丁亥 2	《11月》	《12月》	**9** 丁巳31
9 壬辰 9	10癸亥12	9 辛卯 9	9 庚申 8	9 庚寅 7	9 己未 6	9 己丑 5	9 戊午 3	9 戊子③	**9** 丁巳 1	**9** 丁亥 1	**1026年**
10癸巳10	11甲子13	10壬辰10	10辛酉⑨	10辛卯 8	10庚申 7	10庚寅 6	10己未 4	10己丑 4	10戊午 2	10戊子 2	《1月》
11甲午11	12乙丑⑭	11癸巳⑪	11壬戌10	11壬辰 9	11辛酉 8	11辛卯 7	11庚申⑤	11庚寅 5	11己未 3	11己丑 3	10戊午 1
12乙未12	13丙寅15	12甲午12	12癸亥11	12癸巳10	12壬戌 9	12壬辰⑧	12辛酉 6	12辛卯 6	12庚申 4	12庚寅 4	11己未②
13丙申13	14丁卯16	13乙未13	13甲子12	13甲午11	13癸亥10	13癸巳 9	13壬戌 7	13壬辰 7	13辛酉 5	13辛卯⑤	12庚申 3
14丁酉⑭	**15**戊辰17	14丙申14	14乙丑13	14乙未12	14甲子⑪	14甲午10	14癸亥 8	14癸巳 8	14壬戌 6	14壬辰 6	13辛酉 4
15戊戌15	16己巳18	15丁酉15	15丙寅14	15丙申⑬	15乙丑12	15乙未11	15甲子 9	15甲午 9	15癸亥⑦	15癸巳 7	14壬戌 5
16己亥16	17庚午19	16戊戌16	16丁卯15	16丁酉14	16丙寅13	16丙申12	16乙丑10	16乙未⑩	16甲子 8	16甲午 8	15癸亥 6
17庚子17	18辛未20	**17**己亥17	17戊辰⑯	17戊戌15	17丁卯14	17丁酉13	17丙寅11	17丙申11	17乙丑 9	17乙未 9	16甲子 7
18辛丑18	19壬申㉑	18庚子⑱	**18**己巳17	18己亥16	18戊辰15	18戊戌14	18丁卯⑫	18丁酉12	18丙寅10	18丙申10	17乙丑 8
19壬寅19	20癸酉22	19辛丑19	19庚午18	**19**庚子17	19己巳16	19己亥⑮	19戊辰13	19戊戌13	19丁卯11	19丁酉11	18丙寅⑨
20癸卯20	21甲戌23	20壬寅20	20辛未19	20辛丑18	**20**庚午17	**20**庚子16	20己巳14	20己亥14	20戊辰12	20戊戌⑫	19丁卯10
21甲辰㉑	22乙亥24	21癸卯21	21壬申20	21壬寅19	21辛未⑱	21辛丑17	21庚午15	21庚子15	21己巳13	21己亥13	20戊辰11
22乙巳22	23丙子25	22甲辰22	22癸酉21	22癸卯⑳	22壬申19	22壬寅18	**22**辛未16	**22**辛丑16	22庚午⑭	22庚子14	21己巳12
23丙午23	24丁丑26	23乙巳23	23甲戌22	23甲辰21	23癸酉20	23癸卯19	23壬申17	23壬寅⑰	23辛未15	23辛丑15	22庚午13
24丁未24	25戊寅27	24丙午24	24乙亥㉓	24乙巳22	24甲戌21	24甲辰20	24癸酉18	24癸卯18	**24**壬申16	**24**壬寅16	23辛未14
25戊申25	26己卯㉘	25丁未㉕	25丙子24	25丙午23	25乙亥22	25乙巳21	25甲戌⑲	25甲辰19	25癸酉17	25癸卯17	24壬申15
26己酉26	27庚辰29	26戊申26	26丁丑25	26丁未24	26丙子23	26丙午㉒	26乙亥20	26乙巳20	26甲戌18	26甲辰18	**25**癸酉⑯
27庚戌27	28辛巳30	27己酉27	27戊寅26	27戊申25	27丁丑24	27丁未23	27丙子21	27丙午21	27乙亥19	27乙巳⑲	26甲戌17
28辛亥㉘	29壬午31	28庚戌28	28己卯27	28己酉26	28戊寅㉕	28戊申24	28丁丑22	28丁未22	28丙子20	28丙午20	27乙亥18
《3月》		29辛亥29	29庚辰28	29庚戌㉗	29己卯26	29己酉25	29戊寅23	29戊申23	29丁丑㉑	29丁未21	28丙子19
29壬子 1			30辛巳29		30庚辰27		30己卯24		30戊寅22	30戊申22	29丁丑20
30癸丑 2											30戊寅21
雨水 15日 啓蟄 30日	春分 15日	清明 1日 穀雨 17日	立夏 3日 小満 18日	芒種 3日 夏至 19日	小暑 5日 大暑 20日	立秋 5日 処暑 20日	白露 7日 秋分 22日	寒露 7日 霜降 22日	立冬 9日 小雪 24日	大雪 9日 冬至 24日	小寒 9日 大寒 25日

万寿 3 年（1026－1027） 丙寅

1月	2月	3月	4月	5月	閏5月	6月	7月	8月	9月	10月	11月	12月
1 己卯22	1 戊申⑳	1 戊寅22	1 丁未20	1 丙子19	1 丙午18	**1** 乙亥⑰	1 甲辰15	1 甲戌14	1 甲辰14	1 癸酉12	1 癸卯12	1 癸酉11
2 庚辰㉓	2 己酉21	2 己卯23	2 戊申21	2 丁丑20	2 丁未⑲	2 丙子18	2 乙巳16	2 乙亥15	2 乙巳15	2 甲戌⑬	2 甲辰13	2 甲戌12
3 辛巳24	3 庚戌22	3 庚辰24	3 己酉22	3 戊寅21	3 戊申20	3 丁丑19	**3** 丙午17	**3** 丙子16	3 丙午⑯	3 乙亥14	3 乙巳14	3 乙亥13
4 壬午25	4 辛亥23	4 辛巳25	4 庚戌23	4 己卯㉒	4 己酉21	4 戊寅20	4 丁未18	4 丁丑17	**4** 丁未17	4 丙子15	4 丙午15	4 丙子14
5 癸未26	5 壬子24	5 壬午26	5 辛亥㉔	5 庚辰23	5 庚戌22	5 己卯21	5 戊申19	5 戊寅⑱	5 戊申18	**5** 丁丑16	**5** 丁未16	5 丁丑⑮
6 甲申27	6 癸丑25	6 癸未㉗	6 壬子25	6 辛巳24	6 辛亥23	6 庚辰22	6 己酉20	6 己卯19	6 己酉19	6 戊寅17	6 戊申17	**6** 戊寅16
7 乙酉28	7 甲寅26	7 甲申28	7 癸丑26	7 壬午25	7 壬子24	7 辛巳23	7 庚戌㉑	7 庚辰20	7 庚戌20	7 己卯18	7 己酉⑱	7 己卯17
8 丙戌29	8 乙卯㉗	8 乙酉29	8 甲寅27	8 癸未26	8 癸丑25	8 壬午㉔	8 辛亥22	8 辛巳21	8 辛亥21	8 庚辰19	8 庚戌19	8 庚辰18
9 丁亥㉚	9 丙辰28	9 丙戌30	9 乙卯28	9 甲申27	9 甲寅㉖	9 癸未25	9 壬子23	9 壬午22	9 壬子22	9 辛巳⑳	9 辛亥20	9 辛巳19
10戊子31	《3月》	10丁亥31	10丙辰29	10乙酉28	10乙卯27	10甲申26	10癸丑24	10癸未23	10癸丑㉓	10壬午21	10壬子21	10壬午20
《2月》	10丁巳 1	《4月》	11丁巳30	11丙戌㉙	11丙辰28	11乙酉27	11甲寅25	11甲申24	11甲寅24	11癸未22	11癸丑22	11癸未21
11己丑 1	**11**戊午 2	11戊子 1	《5月》	12丁亥30	12丁巳29	12丙戌28	12乙卯26	12乙酉㉕	12乙卯25	12甲申23	12甲寅23	12甲申㉒
12庚寅 2	12己未 3	**12**己丑 2	12戊午①	13戊子31	13戊午30	13丁亥29	13丙辰27	13丙戌26	13丙辰26	13乙酉24	13乙卯24	13乙酉23
13辛卯 3	13庚申 4	13庚寅③	**13**己未 2	《6月》	《7月》	14戊子30	14丁巳㉘	14丁亥27	14丁巳27	14丙戌25	14丙辰㉕	14丙戌24
14壬辰 4	14辛酉 5	14辛卯 4	14庚申 3	14己丑 1	14己未 1	15己丑㉛	15戊午29	15戊子28	15戊午28	15丁亥26	15丁巳26	15丁亥25
15癸巳 5	15壬戌⑥	15壬辰 5	15辛酉 4	**15**庚寅 2	**15**庚申 2	《8月》	16己未30	16己丑29	16己未29	16戊子㉗	16戊午27	16戊子26
16甲午⑥	16癸亥 7	16癸巳 6	16壬戌 5	16辛卯 3	16辛酉③	**16**庚寅 1	17庚申31	17庚寅30	17庚申㉚	17己丑28	17己未28	17己丑27
17乙未 7	17甲子 8	17甲午 7	17癸亥 6	17壬辰 4	17壬戌 4	17辛卯 2	《9月》	《10月》	18辛酉31	18庚寅29	18庚申29	18庚寅28
18丙申 8	18乙丑 9	18乙未 8	18甲子 7	18癸巳⑤	18癸亥 5	18壬辰 3	**18**辛酉 1	**18**辛卯 1	《11月》	19辛卯30	19辛酉30	19辛卯㉙
19丁酉 9	19丙寅10	19丙申 9	19乙丑⑧	19甲午 6	19甲子 6	19癸巳 4	19壬戌 2	19壬辰②	**19**壬戌 1	《12月》	20壬戌31	20壬辰30
20戊戌10	20丁卯11	20丁酉⑩	20丙寅 9	20乙未 7	20乙丑 7	20甲午 5	20癸亥 3	20癸巳 3	20癸亥 2	**20**壬辰 1	**1027年**	**21**癸巳31
21己亥11	21戊辰12	21戊戌11	21丁卯10	21丙申 8	21丙寅 8	21乙未 6	21甲子④	21甲午 4	21甲子 3	21癸巳 2	《1月》	《2月》
22庚子12	22己巳⑬	22己亥12	22戊辰11	22丁酉 9	22丁卯 9	22丙申⑦	22乙丑 5	22乙未 5	22乙丑 4	22甲午 3	**21**癸亥①	22甲午 1
23辛丑⑬	23庚午14	23庚子13	23己巳12	23戊戌10	23戊辰⑩	23丁酉 8	23丙寅 6	23丙申 6	23丙寅 5	23乙未④	22甲子 2	23乙未 2
24壬寅14	24辛未15	24辛丑14	24庚午13	24己亥11	24己巳11	24戊戌 9	24丁卯 7	24丁酉 7	24丁卯⑥	24丙申 5	23乙丑 3	24丙申 3
25癸卯15	25壬申16	25壬寅15	25辛未14	25庚子⑫	25庚午12	25己亥10	25戊辰 8	25戊戌 8	25戊辰 7	25丁酉 6	24丙寅 4	25丁酉 4
26甲辰16	**26**癸酉17	26癸卯16	26壬申⑮	26辛丑13	26辛未13	26庚子11	26己巳 9	26己亥⑨	26己巳 8	26戊戌 7	25丁卯 5	26戊戌⑤
27乙巳17	27甲戌18	**27**甲辰⑰	27癸酉16	27壬寅14	27壬申14	27辛丑12	27庚午10	27庚子10	27庚午 9	27己亥 8	26戊辰 6	27己亥 6
28丙午18	28乙亥19	28乙巳18	**28**甲戌17	28癸卯15	28癸酉15	28壬寅13	28辛未⑪	28辛丑11	28辛未10	28庚子 9	27己巳 7	28庚子 7
29丁未19	29丙子⑳	29丙午19	29乙亥18	29甲辰16	29甲戌16	29癸卯⑭	29壬申12	29壬寅12	29壬申11	29辛丑10	28庚午⑧	29辛丑 8
	30丁丑21			**30**乙巳17			30癸酉13	30癸卯13		30壬寅⑪	29辛未 9	30壬寅 9
											30壬申10	
立春 10日 雨水 25日	啓蟄 11日 春分 26日	清明 12日 穀雨 27日	立夏 13日 小満 28日	芒種 15日 夏至 30日	小暑15日	大暑 1日 立秋 16日	処暑 3日 白露 18日	秋分 3日 寒露 18日	霜降 4日 立冬 19日	小雪 5日 大雪 20日	冬至 5日 小寒 21日	大寒 6日 立春 21日

万寿**4**年（1027－1028） 丁卯

1月	2月	3月	4月	5月	6月	7月	8月	9月	10月	11月	12月
1 癸卯10	1 壬申11	1 壬寅10	1 辛未 9	1 庚子 7	1 庚午 7	1 己亥 5	1 戊辰③	1 戊戌 3	《11月》	《12月》	1 丁卯㉛
2 甲辰11	2 癸酉⑫	2 癸卯11	2 壬申10	2 辛丑 8	2 辛未 8	2 庚子⑥	2 己巳 4	2 己亥 4	**1** 丁卯 1	**1** 丁酉 1	**1028年**
3 乙巳⑫	3 甲戌13	3 甲辰12	3 癸酉11	3 壬寅 9	3 壬申⑨	3 辛丑 7	3 庚午 5	3 庚子 5	2 戊辰 2	2 戊戌 2	《1月》
4 丙午13	4 乙亥14	4 乙巳13	4 甲戌12	4 癸卯10	4 癸酉10	4 壬寅 8	4 辛未 6	4 辛丑 6	3 己巳 3	3 己亥③	**2** 戊辰 1
5 丁未14	5 丙子15	5 丙午14	5 乙亥13	5 甲辰⑪	5 甲戌11	5 癸卯 9	5 壬申 7	5 壬寅 7	4 庚午 4	4 庚子 4	3 己巳 2
6 戊申15	6 丁丑16	6 丁未15	6 丙子⑭	6 乙巳12	6 乙亥12	6 甲辰10	6 癸酉 8	6 癸卯⑧	5 辛未⑤	5 辛丑 5	4 庚午 3
7 己酉16	7 戊寅17	7 戊申⑯	7 丁丑15	7 丙午13	7 丙子13	7 乙巳11	7 甲戌 9	7 甲辰 9	6 壬申 6	6 壬寅 6	5 辛未 4
8 庚戌17	**8** 己卯18	**8** 己酉17	8 戊寅16	8 丁未14	8 丁丑14	8 丙午12	8 乙亥⑩	8 乙巳10	7 癸酉 7	7 癸卯 7	6 壬申 5
9 辛亥18	9 庚辰⑲	9 庚戌18	9 己卯17	9 戊申15	9 戊寅15	9 丁未⑬	9 丙子11	9 丙午11	8 甲戌 8	8 甲辰 8	7 癸酉 6
10壬子⑲	10辛巳20	10辛亥19	**10**庚辰18	10己酉16	10己卯⑯	10戊申14	10丁丑12	10丁未12	9 乙亥 9	9 乙巳 9	8 甲戌⑦
11癸丑20	11壬午21	11壬子20	11辛巳19	**11**庚戌17	**11**庚辰17	11己酉15	11戊寅13	11戊申13	10丙子10	10丙午⑩	9 乙亥 8
12甲寅21	12癸未22	12癸丑21	12壬午20	12辛亥⑱	12辛巳18	12庚戌16	12己卯14	12己酉14	11丁丑11	11丁未11	10丙子 9
13乙卯22	13甲申23	13甲寅22	13癸未㉑	13壬子19	13壬午19	**13**辛亥17	13庚辰15	13庚戌⑮	12戊寅⑫	12戊申12	11丁丑10
14丙辰23	14乙酉24	14乙卯㉓	14甲申22	14癸丑20	14癸未20	14壬子18	**14**辛巳16	14辛亥16	13己卯13	13己酉13	12戊寅11
15丁巳24	15丙戌25	15丙辰24	15乙酉23	15甲寅21	15甲申21	15癸丑19	15壬午⑰	**15**壬子17	14庚辰14	14庚戌14	13己卯12
16戊午25	16丁亥㉖	16丁巳25	16丙戌24	16乙卯22	16乙酉22	16甲寅⑳	16癸未18	16癸丑18	15辛巳15	15辛亥15	14庚辰13
17己未㉖	17戊子27	17戊午26	17丁亥25	17丙辰23	17丙戌㉓	17乙卯21	17甲申19	17甲寅19	**16**壬午16	16壬子16	15辛巳⑭
18庚申27	18己丑28	18己未27	18戊子26	18丁巳24	18丁亥24	18丙辰22	18乙酉20	18乙卯20	17癸未17	**17**癸丑⑰	16壬午15
19辛酉28	19庚寅29	19庚申28	19己丑27	19戊午㉕	19戊子25	19丁巳23	19丙戌21	19丙辰21	18甲申18	18甲寅18	**17**癸未16
《3月》	20辛卯30	20辛酉29	20庚寅㉘	20己未26	20己丑26	20戊午24	20丁亥22	20丁巳㉒	19乙酉⑲	19乙卯19	18甲申17
20壬戌 1	21壬辰31	21壬戌㉚	21辛卯29	21庚申27	21庚寅27	21己未25	21戊子23	21戊午23	20丙戌20	20丙辰20	19乙酉18
21癸亥 2	《4月》	《5月》	22壬辰30	22辛酉28	22辛卯28	22庚申26	22己丑㉔	22己未24	21丁亥21	21丁巳21	20丙戌19
22甲子 3	22癸巳 1	22癸亥 1	23癸巳31	23壬戌29	23壬辰29	23辛酉㉗	23庚寅25	23庚申25	22戊子22	22戊午22	21丁亥20
23乙丑 4	**23**甲午②	**23**甲子 2	《6月》	24癸亥30	24癸巳㉚	24壬戌28	24辛卯26	24辛酉26	23己丑23	23己未23	22戊子㉑
24丙寅⑤	24乙未 3	24乙丑 3	24甲午 1	《7月》	25甲午31	25癸亥29	25壬辰27	25壬戌27	24庚寅24	24庚申㉔	23己丑22
25丁卯 6	25丙申 4	25丙寅 4	**25**乙未 2	25甲子 1	《8月》	26甲子30	26癸巳28	26癸亥28	25辛卯25	25辛酉25	24庚寅23
26戊辰 7	26丁酉 5	26丁卯 5	26丙申 3	**26**乙丑②	26乙未 1	27乙丑31	27甲午29	27甲子㉙	26壬辰㉖	26壬戌26	25辛卯24
27己巳 8	27戊戌 6	27戊辰 6	27丁酉④	27丙寅 3	**27**丙申 2	《9月》	28乙未30	28乙丑30	27癸巳27	27癸亥27	26壬辰25
28庚午 9	28己亥 7	28己巳⑦	28戊戌 5	28丁卯 4	28丁酉 3	**28**丙寅 1	《10月》	29丙寅31	28甲午28	28甲子28	27癸巳26
29辛未10	29庚子 8	29庚午 8	29己亥 6	29戊辰 5	29戊戌 4	29丁卯 2	29丙申①		29乙未29	29乙丑29	28甲午27
	30辛丑⑨			30己巳 6			**30**丁酉 2		30丙申30	30丙寅30	29乙未㉘
											30丙申29

雨水 6日	春分 8日	穀雨 8日	小満 10日	夏至 11日	大暑 11日	処暑 13日	秋分 14日	霜降 15日	立冬 1日	大雪 1日	小寒 2日
啓蟄 22日	清明 23日	立夏 23日	芒種 25日	小暑 26日	立秋 27日	白露 28日	寒露 30日		小雪 16日	冬至 17日	大寒 17日

長元元年〔万寿**5**年〕（1028－1029） 戊辰

改元 7/25（万寿→長元）

1月	2月	3月	4月	5月	6月	7月	8月	9月	10月	11月	12月
1 丁酉30	1 丙寅28	1 丙申29	1 丙寅㉘	1 乙未27	1 甲子25	1 甲午25	1 癸亥23	1 壬辰21	1 壬戌21	1 辛卯19	1 辛酉19
2 戊戌31	2 丁卯29	2 丁酉30	2 丁卯29	2 丙申28	2 乙丑26	2 乙未26	2 甲子24	2 癸巳㉒	2 癸亥22	2 壬辰20	2 壬戌20
《2月》	《3月》	3 戊戌㉛	3 戊辰30	3 丁酉29	3 丙寅27	3 丙申27	3 乙丑㉕	3 甲午23	3 甲子23	3 癸巳21	3 癸亥21
3 己亥 1	3 戊辰 1	《4月》	《5月》	4 戊戌30	4 丁卯28	4 丁酉㉘	4 丙寅26	4 乙未24	4 乙丑24	4 甲午22	4 甲子㉒
4 庚子 2	**4** 己巳 2	**4** 己亥 1	4 己巳 1	5 己亥31	5 戊辰29	5 戊戌29	5 丁卯27	5 丙申25	5 丙寅25	5 乙未23	5 乙丑23
5 辛丑 3	5 庚午③	5 庚子 2	**5** 庚午 2	《6月》	6 己巳㉚	6 己亥30	6 戊辰28	6 丁酉26	6 丁卯26	6 丙申㉔	6 丙寅24
6 壬寅④	6 辛未 4	6 辛丑 3	6 辛未 3	**6** 庚子 1	《7月》	7 庚子31	7 己巳29	7 戊戌27	7 戊辰㉗	7 丁酉25	7 丁卯25
7 癸卯 5	7 壬申 5	7 壬寅 4	7 壬申 4	7 辛丑②	**7** 庚午 1	《8月》	8 庚午30	8 己亥28	8 己巳28	8 戊戌26	8 戊辰26
8 甲辰 6	8 癸酉 6	8 癸卯 5	8 癸酉⑤	8 壬寅 3	8 辛未 2	**8** 辛丑 1	**9** 辛未31	9 庚子㉙	9 庚午29	9 己亥27	9 己巳27
9 乙巳 7	9 甲戌 7	9 甲辰 6	9 甲戌 6	9 癸卯 4	9 壬申 3	9 壬寅 2	《9月》	10辛丑30	10辛未30	10庚子28	10庚午28
10丙午 8	10乙亥 8	10乙巳⑦	10乙亥 7	10甲辰 5	10癸酉 4	10癸卯 3	10壬申①	《10月》	**11**壬申31	11辛丑29	11辛未㉙
11丁未 9	11丙子 9	11丙午 8	11丙子 8	11乙巳 6	11甲戌 5	11甲辰④	11癸酉 2	**11**壬寅 1	《11月》	12壬寅30	12壬申30
12戊申10	12丁丑⑩	12丁未 9	12丁丑 9	12丙午 7	12乙亥 6	12乙巳 5	12甲戌 3	12癸卯 2	12癸酉 1	《12月》	**13**癸酉31
13己酉⑪	13戊寅11	13戊申10	13戊寅10	13丁未 8	13丙子⑦	13丙午 6	13乙亥 4	13甲辰 3	13甲戌 2	**13**癸卯①	**1029年**
14庚戌12	14己卯12	14己酉11	14己卯11	14戊申⑨	14丁丑 8	14丁未 7	14丙子 5	14乙巳 4	14乙亥③	14甲辰 2	《1月》
15辛亥13	15庚辰13	15庚戌12	15庚辰⑫	15己酉10	15戊寅 9	15戊申 8	15丁丑 6	15丙午 5	15丙子 4	15乙巳 3	14甲戌 1
16壬子14	16辛巳14	16辛亥13	16辛巳13	16庚戌11	16己卯10	16己酉 9	16戊寅 7	16丁未⑥	16丁丑 5	16丙午 4	15乙亥 2
17癸丑15	17壬午15	17壬子⑭	17壬午14	17辛亥12	17庚辰11	17庚戌10	17己卯⑧	17戊申 7	17戊寅 6	17丁未 5	16丙子 3
18甲寅16	18癸未16	18癸丑15	18癸未15	18壬子13	18辛巳12	18辛亥⑪	18庚辰 9	18己酉 8	18己卯 7	18戊申 6	17丁丑 4
19乙卯17	**19**甲申⑰	**19**甲寅16	19甲申16	19癸丑14	19壬午13	19壬子12	19辛巳10	19庚戌 9	19庚辰 8	19己酉 7	18戊寅⑤
20丙辰⑱	20乙酉18	20乙卯17	**20**乙酉17	20甲寅15	20癸未⑭	20癸丑13	20壬午11	20辛亥10	20辛巳 9	20庚戌⑧	19己卯 6
21丁巳19	21丙戌19	21丙辰18	21丙戌18	**21**乙卯⑯	21甲申15	21甲寅14	21癸未12	21壬子11	21壬午⑩	21辛亥 9	20庚辰 7
22戊午20	22丁亥20	22丁巳19	22丁亥⑲	22丙辰17	22乙酉16	22乙卯15	22甲申13	22癸丑12	22癸未11	22壬子10	21辛巳 8
23己未21	23戊子21	23戊午20	23戊子20	23丁巳18	**23**丙戌17	**23**丙辰16	23乙酉14	23甲寅⑬	23甲申12	23癸丑11	22壬午 9
24庚申22	24己丑22	24己未㉑	24己丑21	24戊午19	24丁亥18	24丁巳17	24丙戌⑮	24乙卯14	24乙酉13	24甲寅12	23癸未10
25辛酉23	25庚寅23	25庚申22	25庚寅22	25己未20	25戊子19	*25*戊午⑱	**25**丁亥16	25丙辰15	25丙戌14	25乙卯13	24甲申11
26壬戌24	26辛卯㉔	26辛酉23	26辛卯23	26庚申21	26己丑20	26己未19	26戊子17	**26**丁巳16	**26**丁亥15	26丙辰14	25乙酉⑫
27癸亥㉕	27壬辰25	27壬戌24	27壬辰24	27辛酉22	27庚寅㉑	27庚申20	27己丑18	27戊午17	27戊子16	27丁巳⑮	26丙戌13
28甲子26	28癸巳26	28癸亥25	28癸巳25	28壬戌㉓	28辛卯22	28辛酉21	28庚寅19	28己未18	28己丑⑰	**28**戊午16	27丁亥14
29乙丑27	29甲午27	29甲子26	29甲午㉖	29癸亥24	29壬辰23	29壬戌22	29辛卯20	29庚申19	29庚寅18	29己未17	**28**戊子15
	30乙未28	30乙丑27			30癸巳24			30辛酉⑳		30庚申18	29己丑16
											30庚寅17

立春 2日	啓蟄 4日	清明 4日	立夏 5日	芒種 6日	小暑 7日	立秋 8日	白露 9日	寒露 11日	立冬 11日	大雪 13日	小寒 13日
雨水 18日	春分 19日	穀雨 19日	小満 20日	夏至 21日	大暑 23日	処暑 23日	秋分 25日	霜降 26日	小雪 26日	冬至 28日	大寒 28日

長元**2**年（1029－1030） 己巳

1月	2月	閏2月	3月	4月	5月	6月	7月	8月	9月	10月	11月	12月
1 辛卯18	1 庚申⑯	1 庚寅18	**1** 庚申17	1 己丑16	1 己未⑮	1 戊子14	1 戊午13	1 丁亥11	1 丙辰10	1 丙戌⑨	1 乙卯 8	1 乙酉 7
2 壬辰⑲	2 辛酉17	2 辛卯19	2 辛酉18	**2** 庚寅17	2 庚申16	2 己丑15	2 己未14	2 戊子12	2 丁巳11	2 丁亥10	2 丙辰 9	2 丙戌 8
3 癸巳20	3 壬戌18	3 壬辰20	3 壬戌19	3 辛卯⑱	**3** 辛酉17	3 庚寅16	3 庚申15	3 己丑13	3 戊午⑫	3 戊子11	3 丁巳10	3 丁亥 9
4 甲午21	4 癸亥19	4 癸巳21	4 癸亥⑳	4 壬辰19	4 壬戌18	**4** 辛卯17	**4** 辛酉16	4 庚寅⑭	4 己未13	4 己丑12	4 戊午11	4 戊子10
5 乙未22	5 甲子20	5 甲午22	5 甲子21	5 癸巳20	5 癸亥19	5 壬辰18	5 壬戌⑰	5 辛卯15	5 庚申14	5 庚寅13	5 己未12	5 己丑⑪
6 丙申23	6 乙丑21	6 乙未㉓	6 乙丑22	6 甲午21	6 甲子20	6 癸巳19	6 癸亥18	**6** 壬辰16	6 辛酉15	6 辛卯14	6 庚申13	6 庚寅12
7 丁酉24	7 丙寅22	7 丙申24	7 丙寅23	7 乙未22	7 乙丑21	7 甲午⑳	7 甲子19	7 癸巳17	**7** 壬戌16	7 壬辰15	7 辛酉⑭	7 辛卯13
8 戊戌25	8 丁卯㉓	8 丁酉25	8 丁卯24	8 丙申23	8 丙寅㉒	8 乙未21	8 乙丑20	8 甲午18	8 癸亥17	**8** 癸巳⑯	8 壬戌15	8 壬辰14
9 己亥㉖	9 戊辰24	9 戊戌26	9 戊辰25	9 丁酉24	9 丁卯23	9 丙申22	9 丙寅21	9 乙未19	9 甲子18	9 甲午17	**9** 癸亥16	9 癸巳15
10庚子27	10己巳25	10己亥27	10己巳26	10戊戌㉕	10戊辰24	10丁酉23	10丁卯22	10丙申20	10乙丑⑲	10乙未18	10甲子17	**10**甲午16
11辛丑28	11庚午26	11庚子28	11庚午㉗	11己亥26	11己巳25	11戊戌24	11戊辰23	11丁酉㉑	11丙寅20	11丙申19	11乙丑18	11乙未17
12壬寅29	12辛未27	12辛丑29	12辛未28	12庚子27	12庚午26	12己亥25	12己巳㉔	12戊戌22	12丁卯21	12丁酉20	12丙寅19	12丙申⑱
13癸卯30	13壬申28	13壬寅㉚	13壬申29	13辛丑28	13辛未27	13庚子26	13庚午25	13己亥23	13戊辰22	13戊戌21	13丁卯20	13丁酉19
14甲辰31	《3月》	14癸卯31	14癸酉30	14壬寅29	14壬申28	14辛丑㉗	14辛未26	14庚子24	14己巳23	14己亥22	14戊辰㉑	14戊戌20
《2月》	14癸酉 1	《4月》	《5月》	15癸卯30	15癸酉㉙	15壬寅28	15壬申27	15辛丑25	15庚午24	15庚子㉓	15己巳22	15己亥21
15乙巳 1	**15**甲戌②	**15**甲辰 1	15甲戌 1	16甲辰31	16甲戌30	16癸卯29	16癸酉28	16壬寅26	16辛未25	16辛丑24	16庚午23	16庚子22
16丙午②	16乙亥 3	16乙巳 2	**16**乙亥 2	《6月》	《7月》	17甲辰30	17甲戌29	17癸卯27	17壬申㉖	17壬寅25	17辛未24	17辛丑23
17丁未 3	17丙子 4	17丙午 3	17丙子 3	**17**乙巳①	17乙亥 1	18乙巳31	18乙亥30	18甲辰㉘	18癸酉27	18癸卯26	18壬申25	18壬寅24
18戊申 4	18丁丑 5	18丁未 4	18丁丑④	18丙午 2	**18**丙子 2	《8月》	19丙子㉛	19乙巳29	19甲戌28	19甲辰27	19癸酉26	19癸卯㉕
19己酉 5	19戊寅 6	19戊申 5	19戊寅 5	19丁未 3	19丁丑 3	**19**丙午 1	《9月》	20丙午30	20乙亥29	20乙巳28	20甲戌27	20甲辰26
20庚戌 6	20己卯 7	20己酉⑥	20己卯 6	20戊申 4	20戊寅 4	20丁未 2	**20**丁丑 1	《10月》	21丙子30	21丙午29	21乙亥㉘	21乙巳27
21辛亥 7	21庚辰 8	21庚戌 7	21庚辰 7	21己酉 5	21己卯 5	21戊申③	21戊寅 2	**21**丁未 1	**22**丁丑31	22丁未㉚	22丙子29	22丙午28
22壬子 8	22辛巳⑨	22辛亥 8	22辛巳 8	22庚戌 6	22庚辰⑥	22己酉 4	22己卯 3	22戊申 2	《11月》	《12月》	23丁丑30	23丁未29
23癸丑⑨	23壬午10	23壬子 9	23壬午 9	23辛亥 7	23辛巳 7	23庚戌 5	23庚辰 4	23己酉 3	23戊寅 1	**23**戊申 1	**24**戊寅31	24戊申30
24甲寅10	24癸未11	24癸丑10	24癸未10	24壬子⑧	24壬午 8	24辛亥 6	24辛巳 5	24庚戌 4	24己卯②	24己酉 2	**1030年**	**25**己酉31
25乙卯11	25甲申12	25甲寅11	25甲申⑪	25癸丑 9	25癸未 9	25壬子 7	25壬午 6	25辛亥⑤	25庚辰 3	25庚戌 3	《1月》	《2月》
26丙辰12	26乙酉13	26乙卯12	26乙酉12	26甲寅10	26甲申10	26癸丑 8	26癸未⑦	26壬子 6	26辛巳 4	26辛亥 4	25己卯 1	26庚戌①
27丁巳13	27丙戌14	27丙辰⑬	27丙戌13	27乙卯11	27乙酉11	27甲寅 9	27甲申 8	27癸丑 7	27壬午 5	27壬子 5	26庚辰 2	27辛亥 2
28戊午14	28丁亥15	28丁巳14	28丁亥14	28丙辰12	28丙戌12	28乙卯⑩	28乙酉 9	28甲寅 8	28癸未 6	28癸丑 6	27辛巳 3	28壬子 3
29己未15	29戊子⑯	29戊午15	29戊子15	29丁巳13	29丁亥⑬	29丙辰11	29丙戌10	29乙卯 9	29甲申 7	29甲寅⑦	28壬午④	29癸丑 4
	30己丑17	30己未16		30戊午14		30丁巳12			30乙酉 8		29癸未 5	30甲寅 5
											30甲申 6	
立春 14日 雨水 29日	啓蟄 15日 春分 30日	清明15日	穀雨 1日 立夏 16日	小満 2日 芒種 17日	夏至 3日 小暑 18日	大暑 4日 立秋 19日	処暑 4日 白露 20日	秋分 6日 寒露 21日	霜降 7日 立冬 22日	小雪 8日 大雪 23日	冬至 9日 小寒 24日	大寒 10日 立春 25日

長元**3**年（1030－1031） 庚午

1月	2月	3月	4月	5月	6月	7月	8月	9月	10月	11月	12月
1 乙卯 6	1 甲申 7	1 甲寅 6	1 癸未 5	1 癸丑 4	1 癸未 4	1 壬子②	《9月》	1 辛亥30	1 辛巳30	1 庚戌28	1 己卯㉗
2 丙辰 7	2 乙酉⑧	2 乙卯 7	2 甲申 6	2 甲寅 5	2 甲申⑤	2 癸丑 3	**1** 壬午 1	《10月》	2 壬午31	2 辛亥㉙	2 庚辰28
3 丁巳⑧	3 丙戌 9	3 丙辰 8	3 乙酉 7	3 乙卯 6	3 乙酉 6	3 甲寅 4	2 癸未 2	**2** 壬子 1	《11月》	3 壬子30	3 辛巳29
4 戊午 9	4 丁亥10	4 丁巳 9	4 丙戌 8	4 丙辰⑦	4 丙戌 7	4 乙卯 5	3 甲申 3	3 癸丑 2	**3** 癸未①	《12月》	4 壬午30
5 己未10	5 戊子11	5 戊午10	5 丁亥 9	5 丁巳 8	5 丁亥 8	5 丙辰 6	4 乙酉 4	4 甲寅 3	4 甲申 2	**4** 癸丑 1	5 癸未31
6 庚申11	6 己丑12	6 己未11	6 戊子⑩	6 戊午 9	6 戊子 9	6 丁巳 7	5 丙戌 5	5 乙卯④	5 乙酉 3	5 甲寅 2	**1031年**
7 辛酉12	7 庚寅13	7 庚申⑫	7 己丑11	7 己未10	7 己丑10	7 戊午 8	6 丁亥⑥	6 丙辰 5	6 丙戌 4	6 乙卯 3	《1月》
8 壬戌13	8 辛卯14	8 辛酉13	8 庚寅12	8 庚申11	8 庚寅11	8 己未⑨	7 戊子 7	7 丁巳 6	7 丁亥 5	7 丙辰 4	**6** 甲申 1
9 癸亥14	9 壬辰⑮	9 壬戌14	9 辛卯13	9 辛酉12	9 辛卯⑫	9 庚申10	8 己丑 8	8 戊午 7	8 戊子 6	8 丁巳 5	7 乙酉 2
10甲子⑮	10癸巳16	10癸亥15	10壬辰14	10壬戌13	10壬辰13	10辛酉11	9 庚寅 9	9 己未 8	9 己丑 7	9 戊午⑥	8 丙戌③
11乙丑16	**11**甲午17	11甲子16	11癸巳15	11癸亥⑭	11癸巳14	11壬戌12	10辛卯10	10庚申 9	10庚寅⑧	10己未 7	9 丁亥 4
12丙寅17	12乙未18	**12**乙丑17	12甲午16	12甲子15	12甲午15	12癸亥13	11壬辰11	11辛酉10	11辛卯 9	11庚申 8	10戊子 5
13丁卯18	13丙申19	13丙寅18	**13**乙未⑰	13乙丑16	13乙未16	13甲子14	12癸巳12	12壬戌⑪	12壬辰10	12辛酉 9	11己丑 6
14戊辰19	14丁酉20	14丁卯⑲	14丙申18	**14**丙寅17	**14**丙申17	14乙丑15	13甲午⑬	13癸亥12	13癸巳11	13壬戌10	12庚寅 7
15己巳20	15戊戌21	15戊辰20	15丁酉19	15丁卯18	15丁酉18	15丙寅⑯	14乙未14	14甲子13	14甲午12	14癸亥11	13辛卯 8
16庚午21	16己亥㉒	16己巳21	16戊戌20	16戊辰19	16戊戌⑲	**16**丁卯17	15丙申15	15乙丑14	15乙未13	15甲子12	14壬辰 9
17辛未㉒	17庚子23	17庚午22	17己亥21	17己巳20	17己亥20	17戊辰18	**16**丁酉16	16丙寅15	16丙申14	16乙丑⑬	15癸巳⑩
18壬申23	18辛丑24	18辛未23	18庚子22	18庚午㉑	18庚子21	18己巳19	17戊戌17	17丁卯16	17丁酉⑮	17丙寅14	16甲午11
19癸酉24	19壬寅25	19壬申24	19辛丑23	19辛未22	19辛丑22	19庚午20	18己亥18	**18**戊辰17	**18**戊戌16	18丁卯15	17乙未12
20甲戌25	20癸卯26	20癸酉25	20壬寅㉔	20壬申23	20壬寅23	20辛未21	19庚子19	19己巳⑱	19己亥17	**19**戊辰16	18丙申13
21乙亥26	21甲辰27	21甲戌㉖	21癸卯25	21癸酉24	21癸卯24	21壬申22	20辛丑⑳	20庚午19	20庚子18	20己巳17	19丁酉14
22丙子27	22乙巳28	22乙亥27	22甲辰26	22甲戌25	22甲辰25	22癸酉㉓	21壬寅21	21辛未20	21辛丑19	21庚午18	20戊戌15
23丁丑28	23丙午㉙	23丙子28	23乙巳27	23乙亥26	23乙巳㉖	23甲戌24	22癸卯22	22壬申21	22壬寅20	22辛未19	**21**己亥16
《3月》	24丁未30	24丁丑29	24丙午28	24丙子27	24丙午27	24乙亥25	23甲辰23	23癸酉22	23癸卯21	23壬申⑳	22庚子⑰
24戊寅①	25戊申31	25戊寅30	25丁未29	25丁丑㉘	25丁未28	25丙子26	24乙巳24	24甲戌23	24甲辰㉒	24癸酉21	23辛丑18
25己卯 2	《4月》	《5月》	26戊申30	26戊寅29	26戊申29	26丁丑27	25丙午25	25乙亥24	25乙巳23	25甲戌22	24壬寅19
26庚辰 3	26己酉 1	26己卯 1	27己酉㉛	27己卯30	27己酉30	27戊寅28	26丁未26	26丙子㉕	26丙午24	26乙亥23	25癸卯20
27辛巳 4	**27**庚戌 2	**27**庚辰 2	《6月》	《7月》	28庚戌31	28己卯29	27戊申㉗	27丁丑26	27丁未25	27丙子24	26甲辰21
28壬午 5	28辛亥 3	28辛巳③	28庚戌 1	28庚辰 1	《8月》	29庚辰㉚	28己酉28	28戊寅27	28戊申26	28丁丑25	27乙巳22
29癸未 6	29壬子 4	29壬午 4	**29**辛亥 2	**29**辛巳 2	**29**辛亥 1	30辛巳31	29庚戌29	29己卯28	29己酉27	29戊寅26	28丙午23
	30癸丑⑤		30壬子 3	30壬午 3				30庚辰29			29丁未㉔
											30戊申25
雨水 10日 啓蟄 25日	春分 11日 清明 27日	穀雨 12日 立夏 27日	小満 13日 芒種 29日	夏至 14日 小暑 29日	大暑 14日 立秋 29日	処暑 16日	白露 1日 秋分 16日	寒露 2日 霜降 18日	立冬 3日 小雪 18日	大雪 4日 冬至 19日	小寒 6日 大寒 21日

長元4年（1031－1032） 辛未

1月	2月	3月	4月	5月	6月	7月	8月	9月	10月	閏10月	11月	12月
1 己酉26	1 戊寅24	1 戊申26	1 戊寅㉕	1 丁未24	1 丁丑23	1 丙午22	1 丙子21	1 丙午20	1 乙亥19	1 乙巳18	1 甲戌17	1 甲辰⑯
2 庚戌27	2 己卯25	2 己酉27	2 己卯26	2 戊申25	2 戊寅24	2 丁未23	2 丁丑㉒	2 丁未21	2 丙子20	2 丙午19	2 乙亥18	2 乙巳17
3 辛亥28	3 庚辰26	3 庚戌㉘	3 庚辰27	3 己酉26	3 己卯25	3 戊申24	3 戊寅23	3 戊申22	3 丁丑21	3 丁未20	3 丙子⑲	3 丙午18
4 壬子29	4 辛巳27	4 辛亥29	4 辛巳28	4 庚戌27	4 庚辰26	4 己酉㉕	4 己卯24	4 己酉23	4 戊寅22	4 戊申㉑	4 丁丑20	4 丁未19
5 癸丑30	5 壬午㉘	5 壬子30	5 壬午29	5 辛亥28	5 辛巳㉗	5 庚戌26	5 庚辰25	5 庚戌24	5 己卯23	5 己酉22	5 戊寅21	5 戊申20
6 甲寅㉛	《3月》	6 癸丑31	6 癸未30	6 壬子29	6 壬午28	6 辛亥27	6 辛巳26	6 辛亥25	6 庚辰㉔	6 庚戌23	6 己卯22	6 己酉21
《2月》	6 癸未 1	《4月》	《5月》	7 癸丑㉚	7 癸未29	7 壬子28	7 壬午27	7 壬子㉖	7 辛巳25	7 辛亥24	7 庚辰23	7 庚戌22
7 乙卯 1	7 甲申 2	7 甲寅 1	7 甲申 1	8 甲寅31	8 甲申30	8 癸丑29	8 癸未28	8 癸丑27	8 壬午26	8 壬子25	8 辛巳24	8 辛亥㉓
8 丙辰 2	8 乙酉 3	8 乙卯 2	8 乙酉②	《6月》	《7月》	9 甲寅30	9 甲申㉙	9 甲寅28	9 癸未27	9 癸丑26	9 壬午25	9 壬子24
9 丁巳 3	9 丙戌 4	9 丙辰 3	9 丙戌 3	9 乙卯 1	9 乙酉 1	10乙卯31	10乙酉30	10乙卯29	10甲申28	10甲寅27	10癸未㉖	10癸丑25
10戊午 4	10丁亥 5	10丁巳④	10丁亥 4	10丙辰 2	10丙戌 2	《8月》	11丙戌31	11丙辰30	11乙酉29	11乙卯㉘	11甲申27	11甲寅26
11己未 5	11戊子 6	11戊午 5	11戊子 5	11丁巳 3	11丁亥 3	11丙辰①	《9月》	《10月》	12丙戌30	12丙辰29	12乙酉28	12乙卯27
12庚申 6	12己丑⑦	12己未 6	12己丑 6	12戊午 4	12戊子④	12丁巳 2	12丁亥 1	12丁巳 1	13丁亥㉛	13丁巳30	13丙戌29	13丙辰28
13辛酉⑦	13庚寅 8	13庚申 7	13庚寅 7	13己未 5	13己丑 5	13戊午 3	13戊子 2	13戊午 2	《11月》	《12月》	14丁亥30	14丁巳29
14壬戌 8	14辛卯 9	14辛酉 8	14辛卯 8	14庚申⑥	14庚寅 6	14己未 4	14己丑 3	14己未③	14戊子 1	14戊午 1	15戊子31	15戊午㉚
15癸亥 9	15壬辰10	15壬戌 9	15壬辰⑨	15辛酉 7	15辛卯 7	15庚申 5	15庚寅 4	15庚申 4	15己丑 2	15己未 2	1032年	16己未31
16甲子10	16癸巳11	16癸亥10	16癸巳10	16壬戌 8	16壬辰 8	16辛酉 6	16辛卯⑤	16辛酉 5	16庚寅 3	16庚申 3	《1月》	《2月》
17乙丑11	17甲午12	17甲子⑪	17甲午11	17癸亥 9	17癸巳 9	17壬戌 7	17壬辰 6	17壬戌 6	17辛卯 4	17辛酉 4	16己丑 1	17庚申 1
18丙寅12	18乙未13	18乙丑12	18乙未12	18甲子10	18甲午10	18癸亥⑧	18癸巳 7	18癸亥 7	18壬辰 5	18壬戌⑤	17庚寅②	18辛酉 2
19丁卯13	19丙申⑭	19丙寅13	19丙申13	19乙丑11	19乙未⑪	19甲子 9	19甲午 8	19甲子 8	19癸巳 6	19癸亥 6	18辛卯 3	19壬戌 3
20戊辰⑭	20丁酉15	20丁卯14	20丁酉14	20丙寅12	20丙申12	20乙丑10	20乙未 9	20乙丑 9	20甲午⑦	20甲子 7	19壬辰 4	20癸亥 4
21己巳15	21戊戌16	21戊辰15	21戊戌15	21丁卯⑬	21丁酉13	21丙寅11	21丙申10	21丙寅⑩	21乙未 8	21乙丑 8	20癸巳 5	21甲子 5
22庚午16	22己亥17	22己巳16	22己亥⑯	22戊辰14	22戊戌14	22丁卯12	22丁酉11	22丁卯11	22丙申 9	22丙寅 9	21甲午 6	22乙丑⑥
23辛未17	23庚子18	23庚午17	23庚子17	23己巳15	23己亥15	23戊辰13	23戊戌⑫	23戊辰12	23丁酉10	23丁卯10	22乙未 7	23丙寅 7
24壬申18	24辛丑19	24辛未⑱	24辛丑18	24庚午16	24庚子16	24己巳14	24己亥13	24己巳13	24戊戌11	24戊辰11	23丙申 8	24丁卯 8
25癸酉19	25壬寅20	25壬申19	25壬寅19	25辛未17	25辛丑17	25庚午⑮	25庚子14	25庚午14	25己亥12	25己巳⑫	24丁酉⑨	25戊辰 9
26甲戌20	26癸卯㉑	26癸酉20	26癸卯20	26壬申18	26壬寅⑱	26辛未16	26辛丑15	26辛未15	26庚子13	26庚午13	25戊戌10	26己巳10
27乙亥㉑	27甲辰22	27甲戌21	27甲辰21	27癸酉19	27癸卯19	27壬申17	27壬寅16	27壬申16	27辛丑⑭	27辛未14	26己亥11	27庚午11
28丙子22	28乙巳23	28乙亥22	28乙巳22	28甲戌⑳	28甲辰20	28癸酉18	28癸卯17	28癸酉⑰	28壬寅15	28壬申15	27庚子12	28辛未12
29丁丑23	29丙午24	29丙子23	29丙午㉓	29乙亥21	29乙巳21	29甲戌19	29甲辰18	29甲戌18	29癸卯16	29癸酉16	28辛丑13	29壬申⑬
	30丁未25	30丁丑24		30丙子22		30乙亥20	30乙巳⑲		30甲辰17		29壬寅14	
											30癸卯15	
立春 6日 雨水 21日	啓蟄 7日 春分 23日	清明 8日 穀雨 23日	立夏 8日 小満 24日	芒種 10日 夏至 25日	小暑 10日 大暑 25日	立秋 12日 処暑 27日	白露 12日 秋分 27日	寒露 13日 霜降 28日	立冬 14日 小雪 29日	大雪14日	冬至 1日 小寒 16日	大寒 1日 立春 16日

長元5年（1032－1033） 壬申

1月	2月	3月	4月	5月	6月	7月	8月	9月	10月	11月	12月
1 癸酉14	1 壬寅14	1 壬申13	1 辛丑12	1 辛未⑪	1 庚子10	1 庚午 9	1 庚子 8	1 己巳 7	1 己亥 6	1 己巳 6	1 戊戌 4
2 甲戌15	2 癸卯15	2 癸酉14	2 壬寅13	2 壬申12	2 辛丑11	2 辛未10	2 辛丑 9	2 庚午⑧	2 庚子 7	2 庚午 7	2 己亥 5
3 乙亥16	3 甲辰16	3 甲戌15	3 癸卯⑭	3 癸酉13	3 壬寅12	3 壬申11	3 壬寅⑩	3 辛未 9	3 辛丑 8	3 辛未 8	3 庚子 6
4 丙子17	4 乙巳17	4 乙亥⑯	4 甲辰15	4 甲戌14	4 癸卯13	4 癸酉12	4 癸卯11	4 壬申10	4 壬寅 9	4 壬申 9	4 辛丑⑦
5 丁丑18	5 丙午18	5 丙子17	5 乙巳16	5 乙亥15	5 甲辰14	5 甲戌⑬	5 甲辰12	5 癸酉11	5 癸卯10	5 癸酉⑩	5 壬寅 8
6 戊寅19	6 丁未⑲	6 丁丑18	6 丙午17	6 丙子16	6 乙巳15	6 乙亥14	6 乙巳13	6 甲戌12	6 甲辰11	6 甲戌11	6 癸卯 9
7 己卯⑳	7 戊申20	7 戊寅19	7 丁未18	7 丁丑17	7 丙午⑯	7 丙子15	7 丙午14	7 乙亥13	7 乙巳⑫	7 乙亥12	7 甲辰10
8 庚辰21	8 己酉21	8 己卯20	8 戊申19	8 戊寅⑱	8 丁未17	8 丁丑16	8 丁未15	8 丙子14	8 丙午13	8 丙子13	8 乙巳11
9 辛巳22	9 庚戌22	9 庚辰21	9 己酉20	9 己卯19	9 戊申18	9 戊寅17	9 戊申16	9 丁丑⑮	9 丁未14	9 丁丑14	9 丙午12
10壬午23	10辛亥23	10辛巳22	10庚戌㉑	10庚辰20	10己酉19	10己卯18	10己酉⑰	10戊寅16	10戊申15	10戊寅15	10丁未13
11癸未24	11壬子24	11壬午㉓	11辛亥22	11辛巳21	11庚戌20	11庚辰19	11庚戌18	11己卯17	11己酉16	11己卯16	11戊申⑭
12甲申25	12癸丑25	12癸未24	12壬子23	12壬午22	12辛亥21	12辛巳⑳	12辛亥19	12庚辰18	12庚戌17	12庚辰⑰	12己酉15
13乙酉26	13甲寅㉖	13甲申25	13癸丑24	13癸未23	13壬子22	13壬午21	13壬子20	13辛巳19	13辛亥18	13辛巳18	13庚戌16
14丙戌㉗	14乙卯27	14乙酉26	14甲寅25	14甲申24	14癸丑㉓	14癸未22	14癸丑21	14壬午20	14壬子⑲	14壬午19	14辛亥17
15丁亥28	15丙辰28	15丙戌27	15乙卯26	15乙酉㉕	15甲寅24	15甲申23	15甲寅22	15癸未21	15癸丑20	15癸未20	15壬子18
16戊子29	16丁巳29	16丁亥28	16丙辰27	16丙戌26	16乙卯25	16乙酉24	16乙卯23	16甲申㉒	16甲寅21	16甲申21	16癸丑19
《3月》	17戊午30	17戊子29	17丁巳㉘	17丁亥27	17丙辰26	17丙戌25	17丙辰㉔	17乙酉23	17乙卯22	17乙酉22	17甲寅20
17己丑 1	18己未31	18己丑㉚	18戊午29	18戊子28	18丁巳27	18丁亥26	18丁巳25	18丙戌24	18丙辰23	18丙戌23	18乙卯㉑
18庚寅 2	《4月》	《5月》	19己未30	19己丑29	19戊午28	19戊子㉗	19戊午26	19丁亥25	19丁巳24	19丁亥㉔	19丙辰22
19辛卯 3	19庚申 1	19庚寅 1	20庚申31	20庚寅30	20己未29	20己丑28	20己未27	20戊子26	20戊午25	20戊子25	20丁巳23
20壬辰 4	20辛酉②	20辛卯 2	《6月》	《7月》	21庚申㉚	21庚寅29	21庚申28	21己丑27	21己未㉖	21己丑26	21戊午24
21癸巳⑤	21壬戌 3	21壬辰 3	21辛酉 1	21辛卯 1	22辛酉31	22辛卯30	22辛酉29	22庚寅28	22庚申27	22庚寅27	22己未25
22甲午 6	22癸亥 4	22癸巳 4	22壬戌 2	22壬辰②	《8月》	23壬辰31	23壬戌30	23辛卯㉙	23辛酉28	23辛卯28	23庚申26
23乙未 7	23甲子 5	23甲午 5	23癸亥 3	23癸巳 3	23壬戌 1	《9月》	《10月》	24壬辰30	24壬戌29	24壬辰29	24辛酉27
24丙申 8	24乙丑 6	24乙未 6	24甲子④	24甲午 4	24癸亥 2	24癸巳 1	24癸亥①	25癸巳31	25癸亥30	25癸巳30	25壬戌㉘
25丁酉 9	25丙寅 7	25丙申⑦	25乙丑 5	25乙未 5	25甲子 3	25甲午 2	25甲子 2	《11月》	《12月》	26甲午㉛	26癸亥29
26戊戌10	26丁卯 8	26丁酉 8	26丙寅 6	26丙申 6	26乙丑 4	26乙未③	26乙丑 3	26甲午 1	26甲子 1	1033年	27甲子30
27己亥11	27戊辰⑨	27戊戌 9	27丁卯 7	27丁酉 7	27丙寅 5	27丙申 4	27丙寅 4	27乙未 2	27乙丑 2	《1月》	28乙丑31
28庚子⑫	28己巳10	28己亥10	28戊辰 8	28戊戌 8	28丁卯⑥	28丁酉 5	28丁卯 5	28丙申 3	28丙寅③	27乙未 1	《2月》
29辛丑13	29庚午11	29庚子11	29己巳 9	29己亥⑨	29戊辰 7	29戊戌 6	29戊辰 6	29丁酉 4	29丁卯 4	28丙申 2	29丙寅 1
	30辛未12		30庚午10		30己巳 8	30己亥 7		30戊戌⑤	30戊辰 5	29丁酉 3	30丁卯 2
雨水 3日 啓蟄 18日	春分 4日 清明 19日	穀雨 4日 立夏 20日	小満 6日 芒種 21日	夏至 6日 小暑 21日	大暑 8日 立秋 23日	処暑 8日 白露 23日	秋分 9日 寒露 24日	霜降 10日 立冬 25日	小雪 10日 大雪 26日	冬至 11日 小寒 26日	大寒 12日 立春 28日

長元**6**年（1033－1034） 癸酉

1月	2月	3月	4月	5月	6月	7月	8月	9月	10月	11月	12月
1 戊辰 3	1 丁酉 ④	1 丙寅 2	**1** 丙申 2	1 乙丑 31	1 乙未 30	1 甲子 ㉙	1 甲午 28	1 癸亥 26	1 癸巳 26	1 癸亥 ㉕	1 癸巳 25
2 己巳 ④	2 戊戌 5	2 丁卯 3	2 丁酉 3	《6月》	《7月》	2 乙丑 30	2 乙未 29	2 甲子 27	2 甲午 27	2 甲子 26	2 甲午 26
3 庚午 5	3 己亥 6	3 戊辰 4	3 戊戌 4	**2** 丙寅 1	2 丙申 ①	3 丙寅 31	3 丙申 30	3 乙丑 28	3 乙未 ㉘	3 乙丑 27	3 乙未 27
4 辛未 6	4 庚子 7	4 己巳 5	4 己亥 5	3 丁卯 2	**3** 丁酉 2	《8月》	4 丁酉 31	4 丙寅 29	4 丙申 29	4 丙寅 28	4 丙申 28
5 壬申 7	5 辛丑 8	5 庚午 6	5 庚子 ⑥	4 戊辰 ③	4 戊戌 3	**4** 丁卯 1	《9月》	5 丁卯 ㉚	5 丁酉 30	5 丁卯 29	5 丁酉 29
6 癸酉 8	6 壬寅 9	6 辛未 7	6 辛丑 7	5 己巳 4	5 己亥 4	5 戊辰 2	**5** 戊戌 1	《10月》	**6** 戊戌 31	6 戊辰 30	6 戊戌 ㉚
7 甲戌 9	7 癸卯 10	7 壬申 ⑧	7 壬寅 8	6 庚午 5	6 庚子 5	6 己巳 3	6 己亥 ②	**6** 戊辰 1	《11月》	《12月》	**7** 己亥 31
8 乙亥 10	8 甲辰 ⑪	8 癸酉 9	8 癸卯 9	7 辛未 6	7 辛丑 6	7 庚午 4	7 庚子 3	7 己巳 2	7 己亥 1	**7** 己巳 1	**1034** 年
9 丙子 ⑪	9 乙巳 12	9 甲戌 10	9 甲辰 10	8 壬申 7	8 壬寅 7	8 辛未 ⑤	8 辛丑 4	8 庚午 3	8 庚子 2	8 庚午 ②	《1月》
10 丁丑 12	10 丙午 13	10 乙亥 11	10 乙巳 11	9 癸酉 8	9 癸卯 ⑧	9 壬申 6	9 壬寅 5	9 辛未 4	9 辛丑 3	9 辛未 3	8 庚子 1
11 戊寅 13	11 丁未 14	11 丙子 12	11 丙午 12	10 甲戌 9	10 甲辰 9	10 癸酉 7	10 癸卯 6	10 壬申 5	10 壬寅 ④	10 壬申 4	9 辛丑 2
12 己卯 14	12 戊申 15	12 丁丑 13	12 丁未 ⑬	11 乙亥 ⑩	11 乙巳 10	11 甲戌 8	11 甲辰 7	11 癸酉 6	11 癸卯 5	11 癸酉 5	10 壬寅 3
13 庚辰 15	13 己酉 16	13 戊寅 14	13 戊申 14	12 丙子 11	12 丙午 11	12 乙亥 9	12 乙巳 8	12 甲戌 ⑦	12 甲辰 6	12 甲戌 6	11 癸卯 4
14 辛巳 16	**14** 庚戌 17	14 己卯 ⑮	14 己酉 15	13 丁丑 12	13 丁未 12	13 丙子 10	13 丙午 ⑨	13 乙亥 8	13 乙巳 7	13 乙亥 7	12 甲辰 5
15 壬午 17	15 辛亥 ⑱	15 庚辰 16	15 庚戌 16	14 戊寅 13	14 戊申 13	14 丁丑 11	14 丁未 10	14 丙子 9	14 丙午 8	14 丙子 8	13 乙巳 ⑥
16 癸未 ⑱	16 壬子 19	**16** 辛巳 17	**16** 辛亥 17	15 己卯 14	15 己酉 14	15 戊寅 ⑫	15 戊申 11	15 丁丑 10	15 丁未 9	15 丁丑 ⑨	14 丙午 7
17 甲申 19	17 癸丑 20	17 壬午 18	17 壬子 18	16 庚辰 15	16 庚戌 ⑮	16 己卯 13	16 己酉 12	16 戊寅 11	16 戊申 10	16 戊寅 10	15 丁未 8
18 乙酉 20	18 甲寅 21	18 癸未 19	18 癸丑 19	17 辛巳 16	17 辛亥 16	17 庚辰 14	17 庚戌 13	17 己卯 12	17 己酉 ⑪	17 己卯 11	16 戊申 9
19 丙戌 21	19 乙卯 22	19 甲申 20	19 甲寅 ⑳	**18** 壬午 ⑰	**18** 壬子 17	18 辛巳 15	18 辛亥 14	18 庚辰 13	18 庚戌 12	18 庚辰 12	17 己酉 10
20 丁亥 22	20 丙辰 23	20 乙酉 21	20 乙卯 21	19 癸未 18	19 癸丑 18	**19** 壬午 16	19 壬子 15	19 辛巳 ⑭	19 辛亥 13	19 辛巳 13	18 庚戌 11
21 戊子 23	21 丁巳 24	21 丙戌 ㉒	21 丙辰 22	20 甲申 19	20 甲寅 19	20 癸未 17	**20** 癸丑 ⑯	20 壬午 15	20 壬子 14	20 壬午 14	19 辛亥 12
22 己丑 24	22 戊午 ㉕	22 丁亥 23	22 丁巳 23	21 乙酉 20	21 乙卯 20	21 甲申 18	21 甲寅 17	**21** 癸未 16	21 癸丑 15	21 癸未 15	20 壬子 ⑬
23 庚寅 ㉕	23 己未 26	23 戊子 24	23 戊午 24	22 丙戌 21	22 丙辰 21	22 乙酉 ⑲	22 乙卯 18	22 甲申 17	**22** 甲寅 16	**22** 甲申 ⑯	21 癸丑 14
24 辛卯 26	24 庚申 27	24 己丑 25	24 己未 25	23 丁亥 22	23 丁巳 ㉒	23 丙戌 20	23 丙辰 19	23 乙酉 18	23 乙卯 17	23 乙酉 17	22 甲寅 15
25 壬辰 27	25 辛酉 28	25 庚寅 26	25 庚申 26	24 戊子 23	24 戊午 23	24 丁亥 21	24 丁巳 20	24 丙戌 19	24 丙辰 ⑱	24 丙戌 18	**23** 乙卯 16
26 癸巳 28	26 壬戌 29	26 辛卯 27	26 辛酉 ㉗	25 己丑 ㉔	25 己未 24	25 戊子 22	25 戊午 21	25 丁亥 20	25 丁巳 19	25 丁亥 19	24 丙辰 17
《3月》	27 癸亥 30	27 壬辰 28	27 壬戌 28	26 庚寅 25	26 庚申 25	26 己丑 23	26 己未 22	26 戊子 ㉑	26 戊午 20	26 戊子 20	25 丁巳 18
27 甲午 1	28 甲子 31	28 癸巳 ㉙	28 癸亥 29	27 辛卯 26	27 辛酉 26	27 庚寅 24	27 庚申 ㉓	27 己丑 22	27 己未 21	27 己丑 21	26 戊午 19
28 乙未 2	《4月》	29 甲午 30	29 甲子 30	28 壬辰 27	28 壬戌 27	28 辛卯 25	28 辛酉 24	28 庚寅 23	28 庚申 22	28 庚寅 22	27 己未 ⑳
29 丙申 3	**29** 乙丑 ①	《5月》		29 癸巳 28	29 癸亥 28	29 壬辰 ㉖	29 壬戌 25	29 辛卯 24	29 辛酉 23	29 辛卯 ㉓	28 庚申 21
		30 乙未 1		30 甲午 29		30 癸巳 27		30 壬辰 25	30 壬戌 24	30 壬辰 24	29 辛酉 22
雨水 13日 啓蟄 28日	春分 14日 清明 29日	穀雨 16日	立夏 1日 小満 16日	芒種 2日 夏至 18日	小暑 3日 大暑 18日	立秋 4日 処暑 19日	白露 5日 秋分 20日	寒露 6日 霜降 21日	立冬 6日 小雪 22日	大雪 7日 冬至 22日	小寒 7日 大寒 23日

長元**7**年（1034－1035） 甲戌

1月	2月	3月	4月	5月	6月	閏6月	7月	8月	9月	10月	11月	12月
1 壬戌 23	1 壬辰 22	1 辛酉 23	1 庚寅 ㉑	1 庚申 21	1 己丑 19	1 戊午 18	**1** 戊子 17	**1** 戊午 16	1 丁亥 15	1 丁巳 14	1 丁亥 14	1 丁巳 13
2 癸亥 24	2 癸巳 23	2 壬戌 ㉔	2 辛卯 22	2 辛酉 22	2 庚寅 20	2 己未 19	2 己丑 ⑱	2 己未 17	**2** 戊子 16	2 戊午 15	2 戊子 ⑮	2 戊午 14
3 甲子 25	3 甲午 ㉔	3 癸亥 25	3 壬辰 23	3 壬戌 23	3 辛卯 21	3 庚申 20	3 庚寅 19	3 庚申 18	3 己丑 17	**3** 己未 16	**3** 己丑 16	3 己未 15
4 乙丑 26	4 乙未 25	4 甲子 26	4 癸巳 24	4 癸亥 24	4 壬辰 22	4 辛酉 ㉑	4 辛卯 20	4 辛酉 19	4 庚寅 18	4 庚申 ⑰	4 庚寅 17	**4** 庚申 16
5 丙寅 ㉗	5 丙申 26	5 乙丑 27	5 甲午 25	5 甲子 25	5 癸巳 ㉓	5 壬戌 22	5 壬辰 21	5 壬戌 20	5 辛卯 19	5 辛酉 18	5 辛卯 18	5 辛酉 17
6 丁卯 28	6 丁酉 27	6 丙寅 28	6 乙未 26	6 乙丑 ㉖	6 甲午 24	6 癸亥 23	6 癸巳 22	6 癸亥 21	6 壬辰 ⑳	6 壬戌 19	6 壬辰 19	6 壬戌 18
7 戊辰 29	7 戊戌 28	7 丁卯 29	7 丙申 27	7 丙寅 27	7 乙未 25	7 甲子 24	7 甲午 23	7 甲子 ㉒	7 癸巳 21	7 癸亥 20	7 癸巳 20	7 癸亥 ⑲
8 己巳 30	《3月》	8 戊辰 30	8 丁酉 ㉘	8 丁卯 28	8 丙申 26	8 乙丑 25	8 乙未 24	8 乙丑 23	8 甲午 22	8 甲子 21	8 甲午 21	8 甲子 20
9 庚午 31	8 己亥 1	9 己巳 ㉛	9 戊戌 29	9 戊辰 29	9 丁酉 27	9 丙寅 26	9 丙申 ㉕	9 丙寅 24	9 乙未 23	9 乙丑 22	9 乙未 ㉒	9 乙丑 21
《2月》	**9** 庚子 2	《4月》	10 己亥 30	10 己巳 30	10 戊戌 28	10 丁卯 27	10 丁酉 26	10 丁卯 25	10 丙申 24	10 丙寅 23	10 丙申 23	10 丙寅 22
10 辛未 1	10 辛丑 ③	10 庚午 1	《5月》	11 庚午 31	11 己亥 29	11 戊辰 ㉘	11 戊戌 27	11 戊辰 26	11 丁酉 25	11 丁卯 ㉔	11 丁酉 24	11 丁卯 23
11 壬申 2	11 壬寅 4	**11** 辛未 2	11 庚子 1	《6月》	12 庚子 ㉚	12 己巳 29	12 己亥 28	12 己巳 27	12 戊戌 26	12 戊辰 25	12 戊戌 25	12 戊辰 24
12 癸酉 ③	12 癸卯 5	12 壬申 3	**12** 辛丑 2	12 辛未 1	《7月》	13 庚午 30	13 庚子 29	13 庚午 28	13 己亥 ㉗	13 己巳 26	13 己亥 26	13 己巳 25
13 甲戌 4	13 甲辰 6	13 癸酉 4	13 壬寅 3	**13** 壬申 ②	13 辛丑 1	14 辛未 31	14 辛丑 30	14 辛未 ㉙	14 庚子 28	14 庚午 27	14 庚子 27	14 庚午 ㉖
14 乙亥 5	14 乙巳 7	14 甲戌 5	14 癸卯 4	14 癸酉 3	**14** 壬寅 2	《8月》	15 壬寅 31	15 壬申 30	15 辛丑 29	15 辛未 28	15 辛丑 28	15 辛未 27
15 丙子 6	15 丙午 8	15 乙亥 6	15 甲辰 ⑤	15 甲戌 4	15 癸卯 3	**15** 壬申 1	《9月》	《10月》	16 壬寅 30	16 壬申 29	16 壬寅 ㉙	16 壬申 28
16 丁丑 7	16 丁未 9	16 丙子 ⑦	16 乙巳 6	16 乙亥 5	16 甲辰 4	16 癸酉 2	**16** 癸卯 ①	**16** 癸酉 1	17 癸卯 31	17 癸酉 30	17 癸卯 30	17 癸酉 29
17 戊寅 8	17 戊申 ⑩	17 丁丑 8	17 丙午 7	17 丙子 6	17 乙巳 5	17 甲戌 3	17 甲辰 2	17 甲戌 2	《11月》	《12月》	18 甲辰 31	18 甲戌 30
18 己卯 9	18 己酉 11	18 戊寅 9	18 丁未 8	18 丁丑 7	18 丙午 6	18 乙亥 ④	18 乙巳 3	18 乙亥 3	**18** 甲辰 1	**18** 甲戌 ①	**1035** 年	**19** 乙亥 31
19 庚辰 ⑩	19 庚戌 12	19 己卯 10	19 戊申 9	19 戊寅 8	19 丁未 ⑦	19 丙子 5	19 丙午 4	19 丙子 4	19 乙巳 2	19 乙亥 2	《1月》	《2月》
20 辛巳 11	20 辛亥 13	20 庚辰 11	20 己酉 10	20 己卯 ⑨	20 戊申 8	20 丁丑 6	20 丁未 5	20 丁丑 5	20 丙午 ③	20 丙子 3	**19** 乙巳 1	20 丙子 1
21 壬午 12	21 壬子 14	21 辛巳 12	21 庚戌 11	21 庚辰 10	21 己酉 9	21 戊寅 7	21 戊申 6	21 戊寅 ⑥	21 丁未 4	21 丁丑 4	20 丙午 2	21 丁丑 ②
22 癸未 13	22 癸丑 15	22 壬午 13	22 辛亥 ⑫	22 辛巳 11	22 庚戌 10	22 己卯 8	22 己酉 7	22 己卯 7	22 戊申 5	22 戊寅 5	21 丁未 3	22 戊寅 3
23 甲申 14	23 甲寅 16	23 癸未 ⑭	23 壬子 13	23 壬午 12	23 辛亥 11	23 庚辰 9	23 庚戌 ⑧	23 庚辰 8	23 己酉 6	23 己卯 6	22 戊申 4	23 己卯 4
24 乙酉 15	**24** 乙卯 ⑰	24 甲申 15	24 癸丑 14	24 癸未 13	24 壬子 12	24 辛巳 10	24 辛亥 9	24 辛巳 9	24 庚戌 7	24 庚辰 7	23 己酉 ⑤	24 庚辰 5
25 丙戌 16	25 丙辰 18	25 乙酉 16	25 甲寅 15	25 甲申 14	25 癸丑 13	25 壬午 ⑪	25 壬子 10	25 壬午 10	25 辛亥 8	25 辛巳 ⑧	24 庚戌 6	25 辛巳 6
26 丁亥 ⑰	26 丁巳 19	**26** 丙戌 17	26 乙卯 16	26 乙酉 15	26 甲寅 ⑭	26 癸未 12	26 癸丑 11	26 癸未 11	26 壬子 9	26 壬午 9	25 辛亥 7	26 壬午 7
27 戊子 18	27 戊午 20	27 丁亥 18	**27** 丙辰 17	27 丙戌 ⑯	27 乙卯 15	27 甲申 13	27 甲寅 12	27 甲申 12	27 癸丑 ⑩	27 癸未 10	26 壬子 8	27 癸未 8
28 己丑 19	28 己未 21	28 戊子 19	28 丁巳 18	**28** 丁亥 17	28 丙辰 16	28 乙酉 14	28 乙卯 13	28 乙酉 ⑬	28 甲寅 11	28 甲申 11	27 癸丑 9	28 甲申 ⑨
29 庚寅 20	29 庚申 22	29 己丑 20	29 戊午 ⑲	29 戊子 18	**29** 丁巳 17	29 丙戌 15	29 丙辰 14	29 丙戌 14	29 乙卯 12	29 乙酉 12	28 甲寅 10	29 乙酉 10
30 辛卯 21			30 己未 20			30 丁亥 16	30 丁巳 ⑮		30 丙辰 13	30 丙戌 13	29 乙卯 11	
											30 丙辰 ⑫	
立春 9日 雨水 24日	啓蟄 9日 春分 24日	清明 11日 穀雨 26日	立夏 12日 小満 27日	芒種 13日 夏至 28日	小暑 14日 大暑 29日	立秋15日	処暑 1日 白露 16日	秋分 1日 寒露 16日	霜降 2日 立冬 18日	小雪 3日 大雪 18日	冬至 3日 小寒 19日	大寒 4日 立春 19日

長元**8**年（1035－1036） 乙亥

1月	2月	3月	4月	5月	6月	7月	8月	9月	10月	11月	12月
1 丙戌11	1 丙辰13	1 乙酉11	1 甲寅10	1 甲申 9	1 癸丑 8	1 壬午 6	1 壬子 5	1 辛巳 4	1 辛亥 3	1 辛巳 3	1 辛亥 2
2 丁亥12	2 丁巳14	2 丙戌12	2 乙卯⑪	2 乙酉10	2 甲寅 9	2 癸未 7	2 癸丑 6	2 壬午⑤	2 壬子 4	2 壬午 4	2 壬子 3
3 戊子13	3 戊午15	3 丁亥⑬	3 丙辰12	3 丙戌11	3 乙卯10	3 甲申 8	3 甲寅⑦	3 癸未 6	3 癸丑 5	3 癸未 5	3 癸丑④
4 己丑14	4 己未⑯	4 戊子14	4 丁巳13	4 丁亥12	4 丙辰11	4 乙酉 9	4 乙卯 8	4 甲申 7	4 甲寅 6	4 甲申 6	4 甲寅 5
5 庚寅15	5 庚申17	5 己丑15	5 戊午14	5 戊子13	5 丁巳12	5 丙戌⑩	5 丙辰 9	5 乙酉 8	5 乙卯 7	5 乙酉⑦	5 乙卯 6
6 辛卯⑯	**6** 辛酉18	6 庚寅16	6 己未15	6 己丑14	6 戊午⑬	6 丁亥11	6 丁巳10	6 丙戌 9	6 丙辰 8	6 丙戌 8	6 丙辰 7
7 壬辰17	7 壬戌19	**7** 辛卯17	7 庚申16	7 庚寅⑮	7 己未14	7 戊子12	7 戊午11	7 丁亥10	7 丁巳⑨	7 丁亥 9	7 丁巳 8
8 癸巳18	8 癸亥20	8 壬辰18	8 辛酉17	8 辛卯16	8 庚申15	8 己丑13	8 己未12	8 戊子11	8 戊午10	8 戊子10	8 戊午 9
9 甲午19	9 甲子21	9 癸巳19	**9** 壬戌⑱	**9** 壬辰17	9 辛酉16	9 庚寅14	9 庚申13	9 己丑⑫	9 己未11	9 己丑11	9 己未10
10 乙未20	10 乙丑22	10 甲午⑳	10 癸亥19	10 癸巳18	**10** 壬戌17	10 辛卯15	10 辛酉⑭	10 庚寅13	10 庚申12	10 庚寅12	10 庚申⑪
11 丙申21	11 丙寅㉓	11 乙未21	11 甲子20	11 甲午19	11 癸亥18	11 壬辰16	11 壬戌15	11 辛卯14	11 辛酉13	11 辛卯13	11 辛酉12
12 丁酉22	12 丁卯24	12 丙申22	12 乙丑21	12 乙未20	12 甲子19	**12** 癸巳⑰	**12** 癸亥16	12 壬辰15	12 壬戌14	12 壬辰⑭	12 壬戌13
13 戊戌㉓	13 戊辰25	13 丁酉23	13 丙寅22	13 丙申21	13 乙丑⑳	13 甲午18	13 甲子17	13 癸巳16	13 癸亥15	13 癸巳15	13 癸亥14
14 己亥24	14 己巳26	14 戊戌24	14 丁卯23	14 丁酉㉒	14 丙寅21	14 乙未19	14 乙丑18	**14** 甲午17	**14** 甲子⑯	14 甲午16	14 甲子15
15 庚子25	15 庚午27	15 己亥25	15 戊辰24	15 戊戌23	15 丁卯22	15 丙申20	15 丙寅19	15 乙未18	15 乙丑17	**15** 乙未17	**15** 乙丑16
16 辛丑26	16 辛未28	16 庚子26	16 己巳㉕	16 己亥24	16 戊辰23	16 丁酉21	16 丁卯20	16 丙申⑲	16 丙寅18	16 丙申18	16 丙寅17
17 壬寅27	17 壬申29	17 辛丑㉗	17 庚午26	17 庚子25	17 己巳24	17 戊戌22	17 戊辰㉑	17 丁酉20	17 丁卯19	17 丁酉19	17 丁卯⑱
18 癸卯28	18 癸酉㉚	18 壬寅28	18 辛未27	18 辛丑26	18 庚午25	18 己亥23	18 己巳22	18 戊戌21	18 戊辰20	18 戊戌20	18 戊辰19
《3月》	19 甲戌31	19 癸卯29	19 壬申28	19 壬寅27	19 辛未26	19 庚子㉔	19 庚午23	19 己亥22	19 己巳21	19 己亥㉑	19 己巳20
19 甲辰 1	《4月》	20 甲辰30	20 癸酉29	20 癸卯28	20 壬申㉗	20 辛丑25	20 辛未24	20 庚子23	20 庚午22	20 庚子22	20 庚午21
20 乙巳②	20 乙亥 1	《5月》	21 甲戌30	21 甲辰㉙	21 癸酉28	21 壬寅26	21 壬申25	21 辛丑24	21 辛未㉓	21 辛丑23	21 辛未22
21 丙午 3	**21** 丙子 2	21 乙巳 1	22 乙亥31	22 乙巳30	22 甲戌29	22 癸卯27	22 癸酉26	22 壬寅25	22 壬申24	22 壬寅24	22 壬申23
22 丁未 4	22 丁丑 3	**22** 丙午 2	《6月》	《7月》	23 乙亥30	23 甲辰28	23 甲戌27	23 癸卯㉖	23 癸酉25	23 癸卯25	23 癸酉24
23 戊申 5	23 戊寅 4	23 丁未 3	23 丙子①	23 丙午 1	24 丙子31	24 乙巳29	24 乙亥㉘	24 甲辰27	24 甲戌26	24 甲辰26	24 甲戌㉕
24 己酉 6	24 己卯 5	24 戊申④	**24** 丁丑 2	**24** 丁未 2	《8月》	25 丙午30	25 丙子29	25 乙巳28	25 乙亥27	25 乙巳27	25 乙亥26
25 庚戌 7	25 庚辰⑥	25 己酉 5	25 戊寅 3	25 戊申 3	25 丁丑 1	26 丁未㉛	26 丁丑30	26 丙午29	26 丙子28	26 丙午㉘	26 丙子27
26 辛亥 8	26 辛巳 7	26 庚戌 6	26 己卯 4	26 己酉 4	**26** 戊寅 2	《9月》	《10月》	27 丁未30	27 丁丑29	27 丁未29	27 丁丑28
27 壬子⑨	27 壬午 8	27 辛亥 7	27 庚辰 5	27 庚戌 5	27 己卯③	**27** 戊申 1	27 戊寅 1	28 戊申31	28 戊寅㉚	28 戊申30	28 戊寅29
28 癸丑10	28 癸未 9	28 壬子 8	28 辛巳 6	28 辛亥⑥	28 庚辰 4	28 己酉 2	**28** 己卯 2	《11月》	《12月》	29 己酉31	29 己卯30
29 甲寅11	29 甲申10	29 癸丑 9	29 壬午 7	29 壬子 7	29 辛巳 5	29 庚戌 3	29 庚辰 3	**29** 己酉 1	**29** 己卯 1	**1036年**	
30 乙卯12			30 癸未⑧			30 辛亥 4		30 庚戌②	30 庚辰 2	《1月》	
										30 庚戌 1	
雨水 5日 啓蟄 20日	春分 6日 清明 21日	穀雨 7日 立夏 22日	小満 9日 芒種 24日	夏至 9日 小暑 24日	大暑 10日 立秋 26日	処暑 12日 白露 27日	秋分 12日 寒露 28日	霜降 14日 立冬 29日	小雪 14日 大雪 29日	冬至 15日 小寒 30日	大寒 15日

長元**9**年（1036－1037） 丙子

1月	2月	3月	4月	5月	6月	7月	8月	9月	10月	11月	12月
1 庚辰31	《3月》	1 庚辰31	1 己酉29	1 戊寅28	1 戊申㉗	1 丁丑26	1 丙午24	1 丙子23	1 乙巳22	1 乙亥㉑	1 乙巳21
《2月》	1 庚戌 1	《4月》	2 庚戌30	2 己卯29	2 己酉28	2 戊寅27	2 丁未25	2 丁丑24	2 丙午23	2 丙子22	2 丙午22
2 辛巳①	**2** 辛亥 2	**2** 辛巳 1	《5月》	3 庚辰㉚	3 庚戌29	3 己卯28	3 戊申26	3 戊寅25	3 丁未㉔	3 丁丑23	3 丁未23
3 壬午 2	3 壬子 3	3 壬午 2	3 辛亥 1	4 辛巳31	4 辛亥30	4 庚辰29	4 己酉27	4 己卯㉖	4 戊申25	4 戊寅24	4 戊申24
4 癸未 3	4 癸丑 4	4 癸未 3	**4** 壬子②	《6月》	《7月》	5 辛巳30	5 庚戌28	5 庚辰27	5 己酉26	5 己卯25	5 己酉25
5 甲申 4	5 甲寅 5	5 甲申④	5 癸丑 3	**5** 壬午 1	**5** 壬子 1	6 壬午31	6 辛亥㉙	6 辛巳28	6 庚戌27	6 庚辰26	6 庚戌㉖
6 乙酉 5	6 乙卯 6	6 乙酉 5	6 甲寅 4	6 癸未 2	6 癸丑 2	《8月》	7 壬子30	7 壬午29	7 辛亥28	7 辛巳27	7 辛亥27
7 丙戌 6	7 丙辰⑦	7 丙戌 6	7 乙卯 5	7 甲申 3	7 甲寅 3	**7** 癸未①	**8** 癸丑31	8 癸未30	8 壬子29	8 壬午㉘	8 壬子28
8 丁亥 7	8 丁巳 8	8 丁亥 7	8 丙辰 6	8 乙酉 4	8 乙卯④	8 甲申 2	《9月》	《10月》	9 癸丑30	9 癸未29	9 癸丑29
9 戊子⑧	9 戊午 9	9 戊子 8	9 丁巳 7	9 丙戌 5	9 丙辰 5	9 乙酉 3	9 甲寅 1	**9** 甲申 1	**10** 甲寅㉛	10 甲申30	10 甲寅30
10 己丑 9	10 己未10	10 己丑 9	10 戊午 8	10 丁亥⑥	10 丁巳 6	10 丙戌 4	10 乙卯 2	10 乙酉 2	《11月》	《12月》	**11** 乙卯31
11 庚寅10	11 庚申11	11 庚寅10	11 己未⑨	11 戊子 7	11 戊午 7	11 丁亥 5	11 丙辰 3	11 丙戌③	11 乙卯 1	**11** 乙酉 1	**1037年**
12 辛卯11	12 辛酉12	12 辛卯⑪	12 庚申10	12 己丑 8	12 己未 8	12 戊子 6	12 丁巳 4	12 丁亥 4	12 丙辰 2	12 丙戌 2	《1月》
13 壬辰12	13 壬戌13	13 壬辰12	13 辛酉11	13 庚寅 9	13 庚申 9	13 己丑 7	13 戊午⑤	13 戊子 5	13 丁巳 3	13 丁亥 3	12 丙辰 1
14 癸巳13	14 癸亥⑭	14 癸巳13	14 壬戌12	14 辛卯10	14 辛酉10	14 庚寅⑧	14 己未 6	14 己丑 6	14 戊午 4	14 戊子 4	13 丁巳②
15 甲午14	15 甲子15	15 甲午14	15 癸亥13	15 壬辰11	15 壬戌⑪	15 辛卯 9	15 庚申 7	15 庚寅 7	15 己未 5	15 己丑⑤	14 戊午 3
16 乙未⑮	16 乙丑16	16 乙未15	16 甲子14	16 癸巳12	16 癸亥12	16 壬辰10	16 辛酉 8	16 辛卯 8	16 庚申 6	16 庚寅 6	15 己未 4
17 丙申16	**17** 丙寅17	**17** 丙申16	17 乙丑15	17 甲午⑬	17 甲子13	17 癸巳11	17 壬戌 9	17 壬辰 9	17 辛酉⑦	17 辛卯 7	16 庚申 5
18 丁酉17	18 丁卯18	18 丁酉17	18 丙寅⑯	18 乙未14	18 乙丑14	18 甲午12	18 癸亥10	18 癸巳⑩	18 壬戌 8	18 壬辰 8	17 辛酉 6
19 戊戌18	19 戊辰19	19 戊戌⑱	**19** 丁卯17	19 丙申15	19 丙寅15	19 乙未13	19 甲子11	19 甲午11	19 癸亥 9	19 癸巳 9	18 壬戌 7
20 己亥19	20 己巳20	20 己亥19	20 戊辰18	**20** 丁酉16	20 丁卯16	20 丙申14	20 乙丑⑫	20 乙未12	20 甲子10	20 甲午10	19 癸亥 8
21 庚子20	21 庚午㉑	21 庚子20	21 己巳19	21 戊戌17	**21** 戊辰17	21 丁酉⑮	21 丙寅13	21 丙申13	21 乙丑11	21 乙未11	20 甲子⑨
22 辛丑21	22 辛未22	22 辛丑21	22 庚午20	22 己亥18	22 己巳⑱	**22** 戊戌16	22 丁卯14	22 丁酉14	22 丙寅12	22 丙申⑫	21 乙丑10
23 壬寅㉒	23 壬申23	23 壬寅22	23 辛未21	23 庚子19	23 庚午19	23 己亥17	23 戊辰15	23 戊戌15	23 丁卯13	23 丁酉13	22 丙寅11
24 癸卯23	24 癸酉24	24 癸卯23	24 壬申22	24 辛丑⑳	24 辛未20	24 庚子18	**24** 己巳16	**24** 己亥16	24 戊辰⑭	24 戊戌14	23 丁卯12
25 甲辰24	25 甲戌25	25 甲辰24	25 癸酉㉓	25 壬寅21	25 壬申21	25 辛丑19	25 庚午17	25 庚子⑰	**25** 己巳15	25 己亥15	24 戊辰13
26 乙巳25	26 乙亥26	26 乙巳㉕	26 甲戌24	26 癸卯22	26 癸酉22	26 壬寅20	26 辛未18	26 辛丑18	26 庚午16	**26** 庚子16	25 己巳14
27 丙午26	27 丙子27	27 丙午26	27 乙亥25	27 甲辰23	27 甲戌23	27 癸卯21	27 壬申⑲	27 壬寅19	27 辛未17	27 辛丑17	**26** 庚午15
28 丁未27	28 丁丑㉘	28 丁未27	28 丙子26	28 乙巳24	28 乙亥24	28 甲辰㉒	28 癸酉20	28 癸卯20	28 壬申18	28 壬寅18	27 辛未⑯
29 戊申28	29 戊寅29	29 戊申28	29 丁丑27	29 丙午25	29 丙子㉕	29 乙巳23	29 甲戌21	29 甲辰21	29 癸酉19	29 癸卯⑲	28 壬申17
30 己酉㉙	30 己卯30			30 丁未26			30 乙亥22		30 甲戌20	30 甲辰20	29 癸酉18
立春 1日 雨水 16日	啓蟄 2日 春分 17日	清明 2日 穀雨 17日	立夏 4日 小満 19日	芒種 5日 夏至 20日	小暑 5日 大暑 21日	立秋 7日 処暑 22日	白露 8日 秋分 24日	寒露 9日 霜降 24日	立冬 10日 小雪 25日	大雪 11日 冬至 26日	小寒 11日 大寒 26日

長暦元年〔長元10年〕（1037－1038） 丁丑

改元 4/21（長元→長暦）

1月	2月	3月	4月	閏4月	5月	6月	7月	8月	9月	10月	11月	12月
1 甲戌19	1 甲辰18	1 甲戌⑳	1 甲辰19	1 癸酉18	**1** 壬寅16	1 壬申16	1 辛丑⑭	1 庚午12	1 庚子12	1 己巳10	1 己亥10	1 戊辰⑧
2 乙亥20	2 乙巳19	2 乙亥21	2 乙巳20	2 甲戌19	2 癸卯17	**2** 癸酉⑰	2 壬寅15	2 辛未13	2 辛丑13	2 庚午11	2 庚子⑪	2 己巳 9
3 丙子21	3 丙午⑳	3 丙子22	3 丙午21	3 乙亥20	3 甲辰18	3 甲戌18	**3** 癸卯16	3 壬申14	3 壬寅14	3 辛未12	3 辛丑12	3 庚午10
4 丁丑22	4 丁未21	4 丁丑23	4 丁未22	4 丙子21	4 乙巳⑲	4 乙亥19	4 甲辰17	4 癸酉15	4 癸卯15	4 壬申⑬	4 壬寅13	4 辛未11
5 戊寅㉓	5 戊申22	5 戊寅24	5 戊申23	5 丁丑㉒	5 丙午20	5 丙子20	5 乙巳18	**5** 甲戌16	**5** 甲辰⑯	5 癸酉14	5 癸卯14	5 壬申12
6 己卯24	6 己酉23	6 己卯25	6 己酉㉔	6 戊寅23	6 丁未21	6 丁丑21	6 丙午19	6 乙亥17	6 乙巳17	6 甲戌15	6 甲辰15	6 癸酉13
7 庚辰25	7 庚戌24	7 庚辰26	7 庚戌25	7 己卯24	7 戊申22	7 戊寅22	7 丁未20	7 丙子⑱	7 丙午18	**7** 乙亥16	**7** 乙巳16	7 甲戌14
8 辛巳26	8 辛亥25	8 辛巳㉗	8 辛亥26	8 庚辰25	8 己酉23	8 己卯23	8 戊申㉑	8 丁丑19	8 丁未19	8 丙子17	8 丙午17	8 乙亥⑮
9 壬午27	9 壬子26	9 壬午28	9 壬子27	9 辛巳26	9 庚戌24	9 庚辰㉔	9 己酉22	9 戊寅20	9 戊申20	9 丁丑18	9 丁未⑱	**9** 丙子16
10癸未28	10癸丑㉗	10癸未29	10癸丑28	10壬午27	10辛亥25	10辛巳25	10庚戌23	10己卯21	10己酉21	10戊寅19	10戊申19	10丁丑17
11甲申29	11甲寅28	11甲申30	11甲寅29	11癸未28	11壬子㉖	11壬午26	11辛亥24	11庚辰22	11庚戌22	11己卯⑳	11己酉20	11戊寅18
12乙酉㉚	《3月》	12乙酉31	12乙卯30	12甲申㉙	12癸丑27	12癸未27	12壬子25	12辛巳23	12辛亥㉓	12庚辰21	12庚戌21	12己卯19
13丙戌31	12乙卯 1	《4月》	《5月》	13乙酉30	13甲寅28	13甲申28	13癸丑26	13壬午24	13壬子24	13辛巳22	13辛亥22	13庚辰20
《2月》	**13**丙辰 2	**13**丙戌 1	13丙辰①	14丙戌31	14乙卯29	14乙酉29	14甲寅27	14癸未㉕	14癸丑25	14壬午23	14壬子23	14辛巳21
14丁亥 1	14丁巳 3	14丁亥 2	**14**丁巳 2	《6月》	15丙辰30	15丙戌30	15乙卯㉘	15甲申26	15甲寅26	15癸未24	15癸丑24	15壬午㉒
15戊子 2	15戊午 4	15戊子③	15戊午 3	**15**丁亥 1	《7月》	16丁亥㉛	16丙辰29	16乙酉27	16乙卯27	16甲申25	16甲寅㉕	16癸未23
16己丑 3	16己未 5	16己丑 4	16己未 4	16戊子 2	16丁巳 1	《8月》	17丁巳30	17丙戌28	17丙辰28	17乙酉26	17乙卯26	17甲申24
17庚寅 4	17庚申⑥	17庚寅 5	17庚申 5	17己丑 3	**17**戊午 2	**17**戊子 1	18戊午31	18丁亥29	18丁巳29	18丙戌㉗	18丙辰27	18乙酉25
18辛卯 5	18辛酉 7	18辛卯 6	18辛酉 6	18庚寅 4	18己未③	18己丑 2	《9月》	19戊子30	19戊午㉚	19丁亥28	19丁巳28	19丙戌26
19壬辰⑥	19壬戌 8	19壬辰 7	19壬戌 7	19辛卯⑤	19庚申 4	19庚寅 3	**19**己未 1	《10月》	**20**己未31	20戊子29	20戊午29	20丁亥27
20癸巳 7	20癸亥 9	20癸巳 8	20癸亥⑧	20壬辰 6	20辛酉 5	20辛卯 4	20庚申 2	**20**己丑 1	《11月》	21己丑30	21己未30	21戊子28
21甲午 8	21甲子10	21甲午 9	*21*甲子 9	21癸巳 7	21壬戌 6	21壬辰 5	21辛酉 3	21庚寅②	21庚申 1	《12月》	**22**庚申31	22己丑㉙
22乙未 9	22乙丑11	22乙未⑩	22乙丑10	22甲午 8	22癸亥 7	22癸巳 6	22壬戌④	22辛卯 3	22辛酉 2	**22**庚寅 1	**1038年**	23庚寅30
23丙申10	23丙寅12	23丙申11	23丙寅11	23乙未 9	23甲子 8	23甲午⑦	23癸亥 5	23壬辰 4	23壬戌 3	23辛卯 2	《1月》	**24**辛卯31
24丁酉11	24丁卯⑬	24丁酉12	24丁卯12	24丙申10	24乙丑 9	24乙未 8	24甲子 6	24癸巳 5	24癸亥 4	24壬辰 3	23辛酉①	《2月》
25戊戌12	25戊辰14	25戊戌13	25戊辰13	25丁酉11	25丙寅⑩	25丙申 9	25乙丑 7	25甲午 6	25甲子 5	25癸巳④	24壬戌 2	25壬辰 1
26己亥⑬	26己巳15	26己亥14	26己巳14	26戊戌⑫	26丁卯11	26丁酉10	26丙寅 8	26乙未 7	26乙丑⑥	26甲午 5	25癸亥 3	26癸巳 2
27庚子14	27庚午16	27庚子15	27庚午⑮	27己亥13	27戊辰12	27戊戌11	27丁卯 9	27丙申 8	27丙寅 7	27乙未 6	26甲子 4	27甲午 3
28辛丑15	**28**辛未17	28辛丑16	28辛未16	28庚子14	28己巳13	28己亥12	28戊辰10	28丁酉⑨	28丁卯 8	28丙申 7	27乙丑 5	28乙未 4
29壬寅16	29壬申18	**29**壬寅⑰	**29**壬申17	29辛丑15	29庚午14	29庚子13	29己巳⑪	29戊戌10	29戊辰 9	29丁酉 8	28丙寅 6	29丙申⑤
30癸卯17	30癸酉19	30癸卯18			30辛未15			30己亥11		30戊戌 9	29丁卯 7	30丁酉 6
立春 13日 雨水 28日	啓蟄 13日 春分 28日	清明 13日 穀雨 29日	立夏 14日 小満 29日	芒種15日	夏至 1日 小暑 17日	大暑 2日 立秋 17日	処暑 3日 白露 19日	秋分 5日 寒露 20日	霜降 5日 立冬 20日	小雪 7日 大雪 22日	冬至 7日 小寒 22日	大寒 9日 立春 24日

長暦2年（1038－1039） 戊寅

1月	2月	3月	4月	5月	6月	7月	8月	9月	10月	11月	12月
1 戊戌 7	1 戊辰 9	1 戊戌 8	1 丁卯⑦	1 丁酉 6	1 丙寅 5	1 丙申 4	1 乙丑 2	《10月》	1 甲子31	1 癸巳29	1 癸亥29
2 己亥 8	2 己巳10	2 己亥⑨	2 戊辰 8	2 戊戌 7	2 丁卯 6	2 丁酉 5	2 丙寅③	**1** 甲午①	《11月》	2 甲午30	2 甲子30
3 庚子 9	3 庚午11	3 庚子10	3 己巳 9	3 己亥 8	3 戊辰 7	3 戊戌⑥	3 丁卯 4	2 乙未 2	**2** 乙丑 1	《12月》	3 乙丑㉛
4 辛丑10	4 辛未⑫	4 辛丑11	4 庚午10	4 庚子 9	4 己巳 8	4 己亥 7	4 戊辰 5	3 丙申 3	3 丙寅 2	**3** 乙未 1	**1039年**
5 壬寅11	5 壬申13	5 壬寅12	5 辛未11	5 辛丑10	5 庚午⑨	5 庚子 8	5 己巳 6	4 丁酉 4	4 丁卯 3	4 丙申 2	《1月》
6 癸卯⑫	6 癸酉14	6 癸卯13	6 壬申12	6 壬寅⑪	6 辛未10	6 辛丑 9	6 庚午 7	5 戊戌 5	5 戊辰 4	5 丁酉③	**4** 丙寅 1
7 甲辰13	7 甲戌15	7 甲辰14	7 癸酉13	7 癸卯12	7 壬申11	7 壬寅10	7 辛未 8	6 己亥 6	6 己巳⑤	6 戊戌 4	5 丁卯 2
8 乙巳14	8 乙亥16	8 乙巳15	8 甲戌⑭	8 甲辰13	8 癸酉12	8 癸卯11	8 壬申 9	7 庚子 7	7 庚午 6	7 己亥 5	6 戊辰 3
9 丙午15	**9** 丙子17	9 丙午⑯	9 乙亥15	9 乙巳14	9 甲戌13	9 甲辰12	9 癸酉⑩	8 辛丑⑧	8 辛未 7	8 庚子 6	7 己巳 4
10丁未16	10丁丑18	**10**丁未17	10丙子16	10丙午15	10乙亥14	10乙巳⑬	10甲戌11	9 壬寅 9	9 壬申 8	9 辛丑 7	8 庚午 5
11戊申17	11戊寅⑲	11戊申18	**11**丁丑17	11丁未16	11丙子15	11丙午14	11乙亥12	10癸卯10	10癸酉 9	10壬寅 8	9 辛未 6
12己酉18	12己卯20	12己酉19	12戊寅18	**12**戊申17	12丁丑⑯	12丁未15	12丙子13	11甲辰11	11甲戌10	11癸卯 9	10壬申⑦
13庚戌⑲	13庚辰21	13庚戌20	13己卯19	13己酉⑱	**13**戊寅17	13戊申16	13丁丑14	12乙巳12	12乙亥11	12甲辰⑩	11癸酉 8
14辛亥20	14辛巳22	14辛亥21	14庚辰20	14庚戌19	14己卯18	**14**己酉17	14戊寅15	13丙午13	13丙子⑫	13乙巳11	12甲戌 9
15壬子21	15壬午23	15壬子22	15辛巳㉑	15辛亥20	15庚辰19	15庚戌18	**15**己卯16	14丁未14	14丁丑13	14丙午12	13乙亥10
16癸丑22	16癸未24	16癸丑㉓	16壬午22	16壬子21	16辛巳20	16辛亥19	16庚辰⑰	15戊申⑮	15戊寅14	15丁未13	14丙子11
17甲寅23	17甲申25	17甲寅24	17癸未23	17癸丑22	17壬午21	17壬子⑳	17辛巳18	**16**己酉16	16己卯15	16戊申14	15丁丑12
18乙卯24	18乙酉㉖	18乙卯25	18甲申24	18甲寅23	18癸未22	18癸丑21	18壬午19	17庚戌17	**17**庚辰16	17己酉15	16戊寅13
19丙辰25	19丙戌27	19丙辰26	19乙酉25	19乙卯24	19甲申㉓	19甲寅22	19癸未20	18辛亥18	18辛巳17	**18**庚戌16	17己卯⑭
20丁巳㉖	20丁亥28	20丁巳27	20丙戌26	20丙辰㉕	20乙酉24	20乙卯23	20甲申21	19壬子19	19壬午18	19辛亥⑰	18庚辰15
21戊午27	21戊子29	21戊午28	21丁亥27	21丁巳26	21丙戌25	21丙辰24	21乙酉22	20癸丑20	20癸未⑲	20壬子18	**19**辛巳16
22己未28	22己丑30	22己未29	22戊子㉘	22戊午27	22丁亥26	22丁巳25	22丙戌23	21甲寅21	21甲申20	21癸丑19	20壬午17
《3月》	23庚寅31	23庚申㉚	23己丑29	23己未28	23戊子27	23戊午26	23丁亥㉔	22乙卯㉒	22乙酉21	22甲寅20	21癸未18
23庚申 1	《4月》	《5月》	24庚寅30	24庚申29	24己丑28	24己未㉗	24戊子25	23丙辰23	23丙戌22	23乙卯21	22甲申19
24辛酉 2	24辛卯 1	24辛酉 1	25辛卯31	25辛酉30	25庚寅29	25庚申28	25己丑26	24丁巳24	24丁亥23	24丙辰22	23乙酉20
25壬戌 3	**25**壬辰②	**25**壬戌 2	《6月》	《7月》	26辛卯㉚	26辛酉29	26庚寅27	25戊午25	25戊子24	25丁巳23	24丙戌㉑
26癸亥 4	26癸巳 3	26癸亥 3	26壬辰 1	26壬戌 1	27壬辰31	27壬戌30	27辛卯28	26己未26	26己丑25	26戊午㉔	25丁亥22
27甲子⑤	27甲午 4	27甲子 4	**27**癸巳 2	**27**癸亥②	《8月》	28癸亥31	28壬辰29	27庚申27	27庚寅㉖	27己未25	26戊子23
28乙丑 6	28乙未 5	28乙丑 5	28甲午 3	28甲子 3	**28**癸巳 1	《9月》	29癸巳30	28辛酉28	28辛卯27	28庚申26	27己丑24
29丙寅 7	29丙申 6	29丙寅 6	29乙未④	29乙丑 4	29甲午 2	**29**甲子 1		29壬戌㉙	29壬辰28	29辛酉27	28庚寅25
30丁卯 8	30丁酉 7		30丙申 5		30乙未 3			30癸亥30		30壬戌28	29辛卯26
雨水 9日 啓蟄 24日	春分 9日 清明 25日	穀雨 10日 立夏 25日	小満 11日 芒種 27日	夏至 12日 小暑 27日	大暑 13日 立秋 28日	処暑 14日 白露 29日	秋分 15日	寒露 1日 霜降 16日	立冬 2日 小雪 17日	大雪 3日 冬至 18日	小寒 4日 大寒 19日

長暦3年（1039－1040） 己卯

1月	2月	3月	4月	5月	6月	7月	8月	9月	10月	11月	12月	閏12月
1 壬辰27	1 壬戌26	1 壬辰28	1 辛酉26	1 辛卯26	1 庚申㉔	1 庚寅24	1 庚申23	1 己丑21	1 戊午20	1 戊子19	1 丁巳18	1 丁亥17
2 癸巳㉘	2 癸亥27	2 癸巳29	2 壬戌27	2 壬辰㉗	2 辛酉25	2 辛卯25	2 辛酉24	2 庚寅22	2 己未㉑	2 己丑20	2 戊午19	2 戊子18
3 甲午29	3 甲子28	3 甲午30	3 癸亥28	3 癸巳28	3 壬戌26	3 壬辰26	3 壬戌25	3 辛卯㉓	3 庚申22	3 庚寅21	3 己未20	3 己丑19
4 乙未30	《3月》	4 乙未31	4 甲子㉙	4 甲午29	4 癸亥27	4 癸巳27	4 癸亥㉖	4 壬辰24	4 辛酉23	4 辛卯22	4 庚申21	4 庚寅⑳
5 丙申31	4 乙丑 1	《4月》	5 乙丑30	5 乙未30	5 甲子28	5 甲午28	5 甲子27	5 癸巳25	5 壬戌24	5 壬辰23	5 辛酉22	5 辛卯21
《2月》	**5** 丙寅 2	5 丙申①	《5月》	6 丙申31	6 乙丑29	6 乙未㉙	6 乙丑28	6 甲午26	6 癸亥25	6 癸巳24	6 壬戌㉓	6 壬辰22
6 丁酉 1	6 丁卯 3	**6** 丁酉 2	6 丙寅 1	《6月》	7 丙寅30	7 丙申30	7 丙寅29	7 乙未27	7 甲子26	7 甲午㉕	7 癸亥24	7 癸巳23
7 戊戌 2	7 戊辰④	7 戊戌 3	**7** 丁卯 2	7 丁酉 1	《7月》	8 丁酉31	8 丁卯30	8 丙申28	8 乙丑27	8 乙未26	8 甲子25	8 甲午24
8 己亥 3	8 己巳 5	8 己亥 4	8 戊辰 3	**8** 戊戌 2	8 丁卯①	《8月》	9 戊辰31	9 丁酉29	9 丙寅㉘	9 丙申27	9 乙丑26	9 乙未25
9 庚子④	9 庚午 6	9 庚子 5	9 己巳 4	9 己亥③	**9** 戊辰 2	9 戊戌 1	《9月》	10戊戌㉚	10丁卯29	10丁酉28	10丙寅27	10丙申26
10辛丑 5	10辛未 7	10辛丑 6	10庚午 5	10庚子 4	10己巳 3	**10**己亥 2	**10**己巳 1	《10月》	11戊辰30	11戊戌29	11丁卯28	11丁酉㉗
11壬寅 6	11壬申 8	11壬寅 7	11辛未⑥	11辛丑 5	11庚午 4	11庚子 3	11庚午②	11己亥 1	12己巳31	12己亥30	12戊辰29	12戊戌28
12癸卯 7	12癸酉 9	12癸卯⑧	12壬申 7	12壬寅 6	12辛未 5	12辛丑 4	12辛未 3	**12**庚子 2	《11月》	《12月》	13己巳㉚	13己亥29
13甲辰 8	13甲戌10	13甲辰 9	13癸酉 8	13癸卯 7	13壬申 6	13壬寅⑤	13壬申 4	13辛丑 3	**13**庚午 1	**13**庚子 1	14庚午31	14庚子30
14乙巳 9	14乙亥⑪	14乙巳10	14甲戌 9	14甲辰 8	14癸酉 7	14癸卯 6	14癸酉 5	14壬寅 4	14辛未 2	14辛丑②	**1040 年**	**15**辛丑31
15丙午10	15丙子12	15丙午11	15乙亥10	15乙巳 9	15甲戌⑧	15甲辰 7	15甲戌 6	15癸卯 5	15壬申 3	15壬寅 3	《1月》	《2月》
16丁未⑪	16丁丑13	16丁未12	16丙子11	16丙午⑩	16乙亥 9	16乙巳 8	16乙亥 7	16甲辰 6	16癸酉④	16癸卯 4	**15**辛未 1	16壬寅 1
17戊申12	17戊寅14	17戊申13	17丁丑12	17丁未11	17丙子10	17丙午 9	17丙子 8	17乙巳⑦	17甲戌 5	17甲辰 5	16壬申 2	17癸卯 2
18己酉13	18己卯15	18己酉14	18戊寅⑬	18戊申12	18丁丑11	18丁未10	18丁丑⑨	18丙午 8	18乙亥 6	18乙巳 6	17癸酉 3	18甲辰③
19庚戌14	19庚辰16	19庚戌⑮	19己卯14	19己酉13	19戊寅12	19戊申11	19戊寅10	19丁未 9	19丙子 7	19丙午 7	18甲戌 4	19乙巳 4
20辛亥15	20辛巳17	20辛亥16	20庚辰15	20庚戌14	20己卯13	20己酉⑫	20己卯11	20戊申10	20丁丑 8	20丁未 8	19乙亥 5	20丙午 5
21壬子16	**21** 壬午⑱	**21** 壬子17	21辛巳16	21辛亥15	21庚辰14	21庚戌13	21庚辰12	21己酉11	21戊寅 9	21戊申⑨	20丙子⑥	21丁未 6
22癸丑17	22癸未19	22癸丑18	22壬午17	22壬子16	22辛巳⑮	22辛亥14	22辛巳13	22庚戌12	22己卯10	22己酉10	21丁丑 7	22戊申 7
23甲寅⑱	23甲申20	23甲寅19	**23**癸未18	**23**癸丑⑰	23壬午16	23壬子15	23壬午14	23辛亥13	23庚辰⑪	23庚戌11	22戊寅 8	23己酉 8
24乙卯19	24乙酉21	24乙卯20	24甲申19	24甲寅18	**24**癸未17	24癸丑16	24癸未15	24壬子⑭	24辛巳12	24辛亥12	23己卯 9	24庚戌 9
25丙辰20	25丙戌22	25丙辰21	25乙酉⑳	25乙卯19	25甲申18	**25**甲寅17	**25**甲申⑯	25癸丑15	25壬午13	25壬子13	24庚辰10	25辛亥⑩
26丁巳21	26丁亥23	26丁巳㉒	26丙戌21	26丙辰20	26乙酉19	26乙卯18	26乙酉17	26甲寅16	26癸未14	26癸丑14	25辛巳11	26壬子11
27戊午22	27戊子24	27戊午23	27丁亥22	27丁巳21	27丙戌20	27丙辰⑲	27丙戌18	**27**乙卯17	27甲申15	27甲寅15	26壬午12	27癸丑12
28己未23	28己丑㉕	28己未24	28戊子23	28戊午22	28丁亥21	28丁巳20	28丁亥19	28丙辰18	**28**乙酉16	28乙卯⑯	27癸未⑬	28甲寅13
29庚申24	29庚寅26	29庚申25	29己丑24	29己未23	29戊子㉒	29戊午21	29戊子20	29丁巳19	29丙戌17	**29**丙辰17	28甲申14	29乙卯14
30辛酉㉕	30辛卯27		30庚寅25		30己丑23	30己未22			30丁亥⑱		29乙酉15	
											30丙戌16	
立春 5日 雨水 20日	啓蟄 5日 春分 21日	清明 6日 穀雨 21日	立夏 7日 小満 23日	芒種 8日 夏至 23日	小暑 9日 大暑 24日	立秋 10日 処暑 25日	白露 10日 秋分 25日	寒露 12日 霜降 27日	立冬 13日 小雪 28日	大雪 13日 冬至 29日	小寒 15日 大寒 30日	立春15日

長久元年〔長暦4年〕（1040－1041） 庚辰

改元 11/10（長暦→長久）

1月	2月	3月	4月	5月	6月	7月	8月	9月	10月	11月	12月
1 丙辰15	1 丙戌⑯	1 乙卯14	1 乙酉14	1 乙卯13	1 甲申12	1 甲寅11	1 癸未 9	1 癸丑 9	1 癸未 8	1 壬子⑦	1 壬午 6
2 丁巳16	**2** 丁亥17	2 丙辰15	2 丙戌15	2 丙辰14	2 乙酉⑬	2 乙卯12	2 甲申10	2 甲寅10	2 甲申⑨	2 癸丑 8	2 癸未 7
3 戊午⑰	3 戊子18	**3** 丁巳16	3 丁亥16	3 丁巳⑮	3 丙戌14	3 丙辰13	3 乙酉11	3 乙卯11	3 乙酉10	3 甲寅 9	3 甲申 8
4 己未18	4 己丑19	4 戊午17	**4** 戊子17	**4** 戊午16	4 丁亥15	4 丁巳14	4 丙戌12	4 丙辰⑫	4 丙戌11	4 乙卯10	4 乙酉 9
5 庚申19	5 庚寅20	5 己未18	5 己丑⑱	5 己未17	5 戊子16	5 戊午15	5 丁亥13	5 丁巳13	5 丁亥12	5 丙辰11	5 丙戌10
6 辛酉20	6 辛卯21	6 庚申19	6 庚寅19	6 庚申18	**6** 己丑17	**6** 己未16	6 戊子⑭	6 戊午14	6 戊子13	6 丁巳12	6 丁亥⑪
7 壬戌21	7 壬辰22	7 辛酉⑳	7 辛卯20	7 辛酉19	7 庚寅18	7 庚申⑰	7 己丑15	7 己未15	7 己丑14	7 戊午13	7 戊子12
8 癸亥22	8 癸巳㉓	8 壬戌21	8 壬辰21	8 壬戌20	8 辛卯19	8 辛酉18	**8** 庚寅16	**8** 庚申16	**8** 庚寅15	8 己未⑭	8 己丑13
9 甲子23	9 甲午24	9 癸亥22	9 癸巳22	9 癸亥21	9 壬辰⑳	9 壬戌19	9 辛卯17	9 辛酉17	9 辛卯⑯	9 庚申15	9 庚寅14
10乙丑㉔	10乙未25	10甲子23	10甲午23	10甲子㉒	10癸巳21	10癸亥20	10壬辰18	10壬戌18	10壬辰17	***10***辛酉16	**10**辛卯15
11丙寅25	11丙申26	11乙丑24	11乙未24	11乙丑23	11甲午22	11甲子21	11癸巳19	11癸亥⑲	11癸巳18	11壬戌17	11壬辰16
12丁卯26	12丁酉27	12丙寅25	12丙申㉕	12丙寅24	12乙未23	12乙丑22	12甲午20	12甲子20	12甲午19	12癸亥18	12癸巳17
13戊辰27	13戊戌28	13丁卯26	13丁酉26	13丁卯25	13丙申24	13丙寅23	13乙未㉑	13乙丑21	13乙未20	13甲子19	13甲午⑱
14己巳28	14己亥29	14戊辰㉗	14戊戌27	14戊辰26	14丁酉25	14丁卯㉔	14丙申22	14丙寅22	14丙申21	14乙丑20	14乙未19
15庚午29	15庚子㉚	15己巳28	15己亥28	15己巳27	15戊戌26	15戊辰25	15丁酉23	15丁卯23	15丁酉22	15丙寅㉑	15丙申20
《3月》	16辛丑31	16庚午29	16庚子29	16庚午28	16己亥㉗	16己巳26	16戊戌24	16戊辰24	16戊戌㉓	16丁卯22	16丁酉21
16辛未 1	《4月》	17辛未30	17辛丑30	17辛未㉙	17庚子28	17庚午27	17己亥25	17己巳25	17己亥24	17戊辰23	17戊戌22
17壬申②	**17**壬寅 1	《5月》	18壬寅31	18壬申30	18辛丑29	18辛未28	18庚子26	18庚午㉖	18庚子25	18己巳24	18己亥23
18癸酉 3	18癸卯 2	18壬申 1	《6月》	《7月》	19壬寅30	19壬申29	19辛丑27	19辛未27	19辛丑26	19庚午25	19庚子24
19甲戌 4	19甲辰 3	**19**癸酉 2	**19**癸卯①	**19**癸酉 1	20癸卯31	20癸酉30	20壬寅㉘	20壬申28	20壬寅27	20辛未26	20辛丑㉕
20乙亥 5	20乙巳 4	20甲戌 3	20甲辰 2	20甲戌 2	《8月》	**21** 甲戌㉛	21癸卯29	21癸酉29	21癸卯28	21壬申27	21壬寅26
21丙子 6	21丙午 5	21乙亥④	21乙巳 3	21乙亥 3	**21** 甲辰 1	《9月》	22甲辰30	22甲戌30	22甲辰29	22癸酉㉘	22癸卯27
22丁丑 7	22丁未⑥	22丙子 5	22丙午 4	22丙子 4	22乙巳 2	22乙亥 1	《10月》	**23**乙亥31	23乙巳㉚	23甲戌29	23甲辰28
23戊寅 8	23戊申 7	23丁丑 6	23丁未 5	23丁丑 5	23丙午③	23丙子 2	**23**乙巳 1	《11月》	《12月》	24乙亥30	24乙巳29
24己卯⑨	24己酉 8	24戊寅 7	24戊申 6	24戊寅⑥	24丁未 4	24丁丑 3	24丙午 2	24丙子 1	**24**丙午 1	**25**丙子31	**25**丙午30
25庚辰10	25庚戌 9	25己卯 8	25己酉 7	25己卯 7	25戊申 5	25戊寅 4	25丁未 3	25丁丑②	25丁未 2	**1041 年**	26丁未31
26辛巳11	26辛亥10	26庚辰 9	26庚戌⑧	26庚辰 8	26己酉 6	26己卯 5	26戊申 4	26戊寅 3	26戊申 3	《1月》	《2月》
27壬午12	27壬子11	27辛巳10	27辛亥 9	27辛巳 9	27庚戌 7	27庚辰 6	27己酉⑤	27己卯 4	27己酉 4	26丁丑 1	27戊申①
28癸未13	28癸丑12	28壬午⑪	28壬子10	28壬午10	28辛亥 8	28辛巳⑦	28庚戌 6	28庚辰 5	28庚戌 5	27戊寅 2	28己酉 2
29甲申14	29甲寅⑬	29癸未12	29癸丑11	29癸未11	29壬子 9	29壬午 8	29辛亥 7	29辛巳 6	29辛亥 6	28己卯 3	29庚戌 3
30乙酉15		30甲申13	30甲寅12		30癸丑⑩		30壬子 8	30壬午 7		29庚辰④	
										30辛巳 5	
雨水 1日 啓蟄 17日	春分 2日 清明 17日	穀雨 3日 立夏 19日	小満 4日 芒種 19日	夏至 4日 小暑 19日	大暑 6日 立秋 21日	処暑 6日 白露 21日	秋分 8日 寒露 23日	霜降 8日 立冬 23日	小雪 8日 大雪 24日	冬至 10日 小寒 25日	大寒 10日 立春 25日

長久**2**年（1041－1042） 辛巳

1月	2月	3月	4月	5月	6月	7月	8月	9月	10月	11月	12月
1 辛亥 4	1 庚辰 5	1 庚戌 4	1 己卯③	1 己酉 2	《7月》	1 戊申31	1 戊寅㉚	1 丁未28	1 丁丑28	1 丙午26	1 丙子26
2 壬子 5	2 辛巳 6	2 辛亥⑤	2 庚辰 4	2 庚戌 3	1 戊寅 1	《8月》	2 己卯31	2 戊申29	2 戊寅29	2 丁未27	2 丁丑㉗
3 癸丑 6	3 壬午 7	3 壬子 6	3 辛巳 5	3 辛亥 4	**2** 己卯 2	**2** 己酉 1	《9月》	3 己酉30	3 己卯30	3 戊申28	3 戊寅28
4 甲寅 7	4 癸未⑧	4 癸丑 7	4 壬午 6	4 壬子 5	3 庚辰 3	3 庚戌②	**3** 庚辰 1	《10月》	**4** 庚辰31	4 己酉㉙	4 己卯29
5 乙卯⑧	5 甲申 9	5 甲寅 8	5 癸未 7	5 癸丑 6	4 辛巳 4	4 辛亥 3	4 辛巳 2	**4** 庚戌 1	《11月》	5 庚戌30	5 庚辰30
6 丙辰 9	6 乙酉10	6 乙卯 9	6 甲申 8	6 甲寅⑦	5 壬午⑤	5 壬子 4	5 壬午 3	5 辛亥 2	5 辛巳①	《12月》	**6** 辛巳31
7 丁巳10	7 丙戌11	7 丙辰10	7 乙酉 9	7 乙卯 8	6 癸未 6	6 癸丑 5	6 癸未 4	6 壬子 3	6 壬午 2	**6** 辛亥 1	**1042年**
8 戊午11	8 丁亥12	8 丁巳11	8 丙戌⑩	8 丙辰 9	7 甲申 7	7 甲寅 6	7 甲申 5	7 癸丑④	7 癸未 3	7 壬子 2	《1月》
9 己未12	9 戊子13	9 戊午⑫	9 丁亥11	9 丁巳10	8 乙酉 8	8 乙卯 7	8 乙酉⑥	8 甲寅 5	8 甲申 4	8 癸丑 3	7 壬午 1
10 庚申13	10 己丑14	10 己未13	10 戊子12	10 戊午11	9 丙戌 9	9 丙辰 8	9 丙戌 7	9 乙卯 6	9 乙酉 5	9 甲寅 4	8 癸未 2
11 辛酉14	11 庚寅⑮	11 庚申14	11 己丑13	11 己未12	10 丁亥10	10 丁巳⑨	10 丁亥 8	10 丙辰 7	10 丙戌 6	10 乙卯 5	9 甲申③
12 壬戌⑮	12 辛卯16	12 辛酉15	12 庚寅14	12 庚申13	11 戊子11	11 戊午10	11 戊子 9	11 丁巳 8	11 丁亥 7	11 丙辰⑥	10 乙酉 4
13 癸亥16	**13** 壬辰17	13 壬戌16	13 辛卯15	13 辛酉⑭	12 己丑⑫	12 己未11	12 己丑10	12 戊午 9	12 戊子⑧	12 丁巳 7	11 丙戌 5
14 甲子17	14 癸巳18	**14** 癸亥17	14 壬辰16	14 壬戌15	13 庚寅13	13 庚申12	13 庚寅11	13 己未10	13 己丑 9	13 戊午 8	12 丁亥 6
15 乙丑18	15 甲午19	15 甲子18	**15** 癸巳⑰	**15** 癸亥16	14 辛卯14	14 辛酉13	14 辛卯12	14 庚申⑪	14 庚寅10	14 己未 9	13 戊子 7
16 丙寅19	16 乙未20	16 乙丑⑲	16 甲午18	16 甲子17	15 壬辰15	15 壬戌14	15 壬辰⑬	15 辛酉12	15 辛卯11	15 庚申10	14 己丑 8
17 丁卯20	17 丙申21	17 丙寅20	17 乙未19	17 乙丑18	16 癸巳16	16 癸亥15	16 癸巳14	16 壬戌13	16 壬辰12	16 辛酉11	15 庚寅 9
18 戊辰21	18 丁酉㉒	18 丁卯21	18 丙申20	18 丙寅19	**17** 甲午17	**17** 甲子⑯	17 甲午15	17 癸亥14	17 癸巳13	17 壬戌12	16 辛卯⑩
19 己巳㉒	19 戊戌23	19 戊辰22	19 丁酉21	19 丁卯20	18 乙未18	18 乙丑17	**18** 乙未16	18 甲子15	18 甲午14	18 癸亥⑬	17 壬辰11
20 庚午23	20 己亥24	20 己巳23	20 戊戌22	20 戊辰㉑	19 丙申⑲	19 丙寅18	19 丙申17	**19** 乙丑16	19 乙未⑮	19 甲子14	18 癸巳12
21 辛未24	21 庚子25	21 庚午24	21 己亥23	21 己巳22	20 丁酉20	20 丁卯19	20 丁酉18	20 丙寅17	**20** 丙申16	20 乙丑15	19 甲午13
22 壬申25	22 辛丑26	22 辛未25	22 庚子㉔	22 庚午23	21 戊戌21	21 戊辰20	21 戊戌19	21 丁卯⑱	21 丁酉17	**21** 丙寅16	20 乙未14
23 癸酉26	23 壬寅27	23 壬申㉖	23 辛丑25	23 辛未24	22 己亥22	22 己巳21	22 己亥⑳	22 戊辰19	22 戊戌18	22 丁卯17	21 丙申15
24 甲戌27	24 癸卯28	24 癸酉27	24 壬寅26	24 壬申25	23 庚子23	23 庚午22	23 庚子21	23 己巳20	23 己亥19	23 戊辰18	**22** 丁酉16
25 乙亥28	25 甲辰㉙	25 甲戌28	25 癸卯27	25 癸酉26	24 辛丑24	24 辛未㉓	24 辛丑22	24 庚午21	24 庚子20	24 己巳19	23 戊戌⑰
《3月》	26 乙巳30	26 乙亥29	26 甲辰28	26 甲戌27	25 壬寅25	25 壬申24	25 壬寅23	25 辛未22	25 辛丑21	25 庚午⑳	24 己亥18
26 丙子①	27 丙午31	27 丙子30	27 乙巳29	27 乙亥㉘	26 癸卯㉖	26 癸酉25	26 癸卯24	26 壬申23	26 壬寅㉒	26 辛未21	25 庚子19
27 丁丑 2	《4月》	《5月》	28 丙午30	28 丙子29	27 甲辰27	27 甲戌26	27 甲辰25	27 癸酉24	27 癸卯23	27 壬申22	26 辛丑20
28 戊寅 3	**28** 丁未 1	28 丁丑 1	29 丁未㉛	29 丁丑30	28 乙巳28	28 乙亥27	28 乙巳26	28 甲戌㉕	28 甲辰24	28 癸酉23	27 壬寅21
29 己卯 4	29 戊申 2	**29** 戊寅 2	《6月》		29 丙午29	29 丙子28	29 丙午㉗	29 乙亥26	29 乙巳25	29 甲戌24	28 癸卯22
	30 己酉 3		**30** 戊申 1		30 丁未30	30 丁丑29		30 丙子27		30 乙亥25	29 甲辰23
											30 乙巳㉔
雨水 12日 啓蟄 27日	春分 13日 清明 28日	穀雨 14日 立夏 29日	小満 15日 芒種 30日	夏至 15日	小暑 2日 大暑 17日	立秋 2日 処暑 17日	白露 3日 秋分 18日	寒露 4日 霜降 19日	立冬 4日 小雪 20日	大雪 6日 冬至 21日	小寒 6日 大寒 22日

長久**3**年（1042－1043） 壬午

1月	2月	3月	4月	5月	6月	7月	8月	9月	閏9月	10月	11月	12月
1 丙午25	1 乙亥23	1 甲辰24	1 甲戌23	1 癸卯22	1 癸酉21	1 壬寅20	1 壬申19	1 辛丑17	1 辛未⑰	**1** 辛丑16	1 庚午15	1 庚子14
2 丁未26	2 丙子24	2 乙巳25	2 乙亥24	2 甲辰㉓	2 甲戌22	2 癸卯21	2 癸酉20	2 壬寅18	2 壬申18	2 壬寅17	**2** 辛未16	2 辛丑15
3 戊申27	3 丁丑25	3 丙午26	3 丙子㉕	3 乙巳24	3 乙亥23	3 甲辰22	3 甲戌21	3 癸卯⑲	3 癸酉19	3 癸卯18	3 壬申17	**3** 壬寅⑯
4 己酉28	4 戊寅26	4 丁未27	4 丁丑26	4 丙午25	4 丙子24	4 乙巳23	4 乙亥㉒	4 甲辰20	4 甲戌20	4 甲辰19	4 癸酉18	4 癸卯17
5 庚戌29	5 己卯27	5 戊申㉘	5 戊寅27	5 丁未26	5 丁丑25	5 丙午24	5 丙子23	5 乙巳21	5 乙亥21	5 乙巳20	5 甲戌⑲	5 甲辰18
6 辛亥30	6 庚辰㉘	6 己酉29	6 己卯28	6 戊申27	6 戊寅26	6 丁未㉕	6 丁丑24	6 丙午22	6 丙子22	6 丙午㉑	6 乙亥20	6 乙巳19
7 壬子㉛	《3月》	7 庚戌30	7 庚辰29	7 己酉28	7 己卯㉗	7 戊申26	7 戊寅25	7 丁未23	7 丁丑23	7 丁未22	7 丙子21	7 丙午20
《2月》	7 辛巳 1	8 辛亥31	8 辛巳30	8 庚戌29	8 庚辰28	8 己酉27	8 己卯26	8 戊申24	8 戊寅㉔	8 戊申23	8 丁丑22	8 丁未21
8 癸丑 1	**8** 壬午 2	《4月》	《5月》	9 辛亥㉚	9 辛巳29	9 庚戌28	9 庚辰27	9 己酉25	9 己卯25	9 己酉24	9 戊寅23	9 戊申22
9 甲寅 2	9 癸未 3	9 壬子 1	9 壬午 1	10 壬子31	10 壬午30	10 辛亥29	10 辛巳28	10 庚戌㉖	10 庚辰26	10 庚戌25	10 己卯24	10 己酉㉓
10 乙卯 3	10 甲申 4	**10** 癸丑 2	**10** 癸未②	《6月》	《7月》	11 壬子30	11 壬午㉙	11 辛亥27	11 辛巳27	11 辛亥26	11 庚辰25	11 庚戌24
11 丙辰 4	11 乙酉 5	11 甲寅 3	11 甲申 3	**11** 癸丑 1	11 癸未 1	12 癸丑31	12 癸未30	12 壬子28	12 壬午28	12 壬子27	12 辛巳㉖	12 辛亥25
12 丁巳 5	12 丙戌 6	12 乙卯④	12 乙酉 4	12 甲寅 2	**12** 甲申 2	《8月》	13 甲申31	13 癸丑29	13 癸未29	13 癸丑㉘	13 壬午27	13 壬子26
13 戊午 6	13 丁亥⑦	13 丙辰 5	13 丙戌 5	13 乙卯 3	13 乙酉 3	**13** 甲寅①	《9月》	14 甲寅30	14 甲申30	14 甲寅29	14 癸未28	14 癸丑27
14 己未⑦	14 戊子 8	14 丁巳 6	14 丁亥 6	14 丙辰 4	14 丙戌④	14 乙卯 2	**14** 乙酉 1	《10月》	15 乙酉㉛	15 乙卯30	15 甲申29	15 甲寅28
15 庚申 8	15 己丑 9	15 戊午 7	15 戊子 7	15 丁巳 5	15 丁亥 5	15 丙辰 3	15 丙戌 2	**15** 乙卯 1	《11月》	《12月》	16 乙酉30	16 乙卯29
16 辛酉 9	16 庚寅10	16 己未 8	16 己丑 8	16 戊午⑥	16 戊子 6	16 丁巳 4	16 丁亥 3	16 丙辰 2	**16** 丙戌 1	**16** 丙辰 1	17 丙戌31	17 丙辰㉚
17 壬戌10	17 辛卯11	17 庚申 9	17 庚寅⑨	17 己未 7	17 己丑 7	17 戊午 5	17 戊子 4	17 丁巳③	17 丁亥 2	17 丁巳 2	**1043年**	**18** 丁巳31
18 癸亥11	18 壬辰12	18 辛酉10	18 辛卯10	18 庚申 8	18 庚寅 8	18 己未 6	18 己丑⑤	18 戊午 4	18 戊子 3	18 戊午 3	《1月》	《2月》
19 甲子12	19 癸巳13	19 壬戌⑪	19 壬辰11	19 辛酉 9	19 辛卯 9	19 庚申 7	19 庚寅 6	19 己未 5	19 己丑 4	19 己未 4	**18** 丁亥 1	19 戊午 1
20 乙丑13	20 甲午⑭	20 癸亥12	20 癸巳12	20 壬戌10	20 壬辰10	20 辛酉⑧	20 辛卯 7	20 庚申 6	20 庚寅 5	20 庚申⑤	19 戊子②	20 己未 2
21 丙寅⑭	21 乙未15	21 甲子13	21 甲午13	21 癸亥11	21 癸巳⑪	21 壬戌 9	21 壬辰 8	21 辛酉 7	21 辛卯 6	21 辛酉 6	20 己丑 3	21 庚申 3
22 丁卯15	22 丙申16	22 乙丑14	22 乙未14	22 甲子12	22 甲午12	22 癸亥10	22 癸巳 9	22 壬戌 8	22 壬辰⑦	22 壬戌 7	21 庚寅 4	22 辛酉 4
23 戊辰16	**23** 丁酉17	23 丙寅15	23 丙申15	23 乙丑⑬	23 乙未13	23 甲子11	23 甲午10	23 癸亥 9	23 癸巳 8	23 癸亥 8	22 辛卯 5	23 壬戌 5
24 己巳17	24 戊戌18	24 丁卯16	24 丁酉⑯	24 丙寅14	24 丙申14	24 乙丑12	24 乙未11	24 甲子⑩	24 甲午 9	24 甲子 9	23 壬辰 6	24 癸亥⑥
25 庚午18	25 己亥19	**25** 戊辰17	**25** 戊戌17	25 丁卯15	25 丁酉15	25 丙寅13	25 丙申⑫	25 乙丑11	25 乙未10	25 乙丑10	24 癸巳 7	25 甲子 7
26 辛未19	26 庚子20	26 己巳⑱	26 己亥18	26 戊辰16	26 戊戌16	26 丁卯14	26 丁酉13	26 丙寅12	26 丙申11	26 丙寅11	25 甲午 8	26 乙丑 8
27 壬申20	27 辛丑㉑	27 庚午19	27 庚子19	**27** 己巳17	**27** 己亥17	27 戊辰⑮	27 戊戌14	27 丁卯13	27 丁酉12	27 丁卯⑫	26 乙未⑨	27 丙寅 9
28 癸酉㉑	28 壬寅22	28 辛未20	28 辛丑20	28 庚午18	28 庚子⑱	28 己巳16	28 己亥15	28 戊辰14	28 戊戌13	28 戊辰13	27 丙申10	28 丁卯10
29 甲戌22	29 癸卯23	29 壬申21	29 壬寅21	29 辛未19	29 辛丑19	**29** 庚午17	**29** 庚子16	29 己巳15	29 己亥⑭	29 己巳14	28 丁酉11	29 戊辰11
		30 癸酉22		30 壬申⑳		30 辛未18		**30** 庚午16	30 庚子15		29 戊戌12	30 己巳12
											30 己亥13	
立春 7日 雨水 22日	啓蟄 8日 春分 23日	清明 10日 穀雨 25日	立夏 10日 小満 25日	芒種 11日 夏至 27日	小暑 12日 大暑 27日	立秋 13日 処暑 29日	白露 14日 秋分 29日	寒露 15日 霜降 30日	立冬16日	小雪 1日 大雪 16日	冬至 2日 小寒 18日	大寒 3日 立春 18日

長久4年（1043－1044） 癸未

1月	2月	3月	4月	5月	6月	7月	8月	9月	10月	11月	12月
1 庚午⑬	1 己亥14	1 戊辰12	1 戊戌12	1 丁卯10	1 丙申 9	1 丙寅 8	1 乙未 6	1 乙丑 6	1 乙未 5	1 乙丑 5	1 甲午 3
2 辛未14	2 庚子15	2 己巳13	2 己亥13	2 戊辰11	2 丁酉⑩	2 丁卯 9	2 丙申 7	2 丙寅 7	2 丙申⑥	2 丙寅 6	2 乙未 4
3 壬申15	3 辛丑16	3 庚午14	3 庚子14	3 己巳⑫	3 戊戌11	3 戊辰10	3 丁酉 8	3 丁卯 8	3 丁酉 7	3 丁卯 7	3 丙申 5
4 癸酉16	4 壬寅17	4 辛未15	4 辛丑⑮	4 庚午13	4 己亥12	4 己巳11	4 戊戌 9	4 戊辰⑨	4 戊戌 8	4 戊辰 8	4 丁酉 6
5 甲戌17	**5** 癸卯18	5 壬申16	5 壬寅16	5 辛未14	5 庚子13	5 庚午12	5 己亥10	5 己巳10	5 己亥 9	5 己巳 9	5 戊戌 7
6 乙亥18	6 甲辰19	**6** 癸酉⑰	6 癸卯17	6 壬申15	6 辛丑14	6 辛未13	6 庚子⑪	6 庚午11	6 庚子10	6 庚午10	6 己亥⑧
7 丙子19	7 乙巳⑳	7 甲戌18	**7** 甲辰18	7 癸酉16	7 壬寅15	7 壬申⑭	7 辛丑12	7 辛未12	7 辛丑11	7 辛未⑪	7 庚子 9
8 丁丑⑳	8 丙午21	8 乙亥19	8 乙巳19	**8** 甲戌17	8 癸卯16	8 癸酉15	8 壬寅13	8 壬申13	8 壬寅12	8 壬申12	8 辛丑10
9 戊寅21	9 丁未22	9 丙子20	9 丙午20	9 乙亥18	**9** 甲辰⑰	9 甲戌16	9 癸卯14	9 癸酉14	9 癸卯⑬	9 癸酉13	9 壬寅11
10己卯22	10戊申23	10丁丑21	10丁未21	10丙子⑲	10乙巳18	**10**乙亥17	10甲辰15	10甲戌15	10甲辰14	10甲戌14	10癸卯12
11庚辰23	11己酉24	11戊寅22	11戊申㉒	11丁丑20	11丙午19	11丙子18	**11**乙巳16	11乙亥⑯	11乙巳15	11乙亥15	11甲辰13
12辛巳24	12庚戌25	12己卯23	12己酉23	12戊寅21	12丁未20	12丁丑19	12丙午17	**12**丙子17	**12**丙午16	12丙子16	12乙巳14
13壬午25	13辛亥26	13庚辰㉔	13庚戌24	13己卯22	13戊申21	13戊寅20	13丁未⑱	13丁丑18	13丁未17	**13**丁丑17	13丙午⑮
14癸未26	14壬子㉗	14辛巳25	14辛亥25	14庚辰23	14己酉22	14己卯㉑	14戊申19	14戊寅19	14戊申18	14戊寅⑱	**14**丁未16
15甲申㉗	15癸丑28	15壬午26	15壬子26	15辛巳24	15庚戌23	15庚辰22	15己酉20	15己卯20	15己酉19	15己卯19	15戊申17
16乙酉28	16甲寅29	16癸未27	16癸丑27	16壬午25	16辛亥㉔	16辛巳23	16庚戌21	16庚辰21	16庚戌⑳	16庚辰20	16己酉18
《3月》	17乙卯30	17甲申28	17甲寅28	17癸未㉖	17壬子25	17壬午24	17辛亥22	17辛巳22	17辛亥21	17辛巳21	17庚戌19
17丙戌 1	18丙辰31	18乙酉29	18乙卯㉙	18甲申27	18癸丑26	18癸未25	18壬子23	18壬午㉓	18壬子22	18壬午22	18辛亥20
18丁亥 2	《4月》	19丙戌30	19丙辰30	19乙酉28	19甲寅27	19甲申26	19癸丑24	19癸未24	19癸丑23	19癸未23	19壬子21
19戊子 3	19丁巳 1	《5月》	20丁巳31	20丙戌29	20乙卯28	20乙酉27	20甲寅㉕	20甲申25	20甲寅24	20甲申24	20癸丑㉒
20己丑 4	**20**戊午 2	20丁亥①	《6月》	21丁亥30	21丙辰29	21丙戌㉘	21乙卯26	21乙酉26	21乙卯25	21乙酉㉕	21甲寅23
21庚寅 5	21己未③	**21**戊子 2	21戊午 1	《7月》	22丁巳30	22丁亥29	22丙辰27	22丙戌27	22丙辰26	22丙戌26	22乙卯24
22辛卯⑥	22庚申 4	22己丑 3	**22**己未 2	22戊子 1	23戊午㉛	23戊子30	23丁巳28	23丁亥28	23丁巳㉗	23丁亥27	23丙辰25
23壬辰 7	23辛酉 5	23庚寅 4	23庚申 3	**23**己丑 2	《8月》	24己丑31	24戊午29	24戊子29	24戊午28	24戊子28	24丁巳26
24癸巳 8	24壬戌 6	24辛卯 5	24辛酉 4	24庚寅③	24己未 1	《9月》	25己未30	25己丑㉚	25己未29	25己丑29	25戊午27
25甲午 9	25癸亥 7	25壬辰 6	25壬戌⑤	25辛卯 4	**25**庚申 2	**25**庚寅 1	《10月》	26庚寅31	26庚申30	26庚寅30	26己未28
26乙未10	26甲子 8	26癸巳 7	26癸亥 6	26壬辰 5	26辛酉 3	26辛卯 2	**26**庚申 1	《11月》	《12月》	27辛卯31	27庚申㉙
27丙申11	27乙丑 9	27甲午⑧	27甲子 7	27癸巳 6	27壬戌 4	27壬辰 3	27辛酉②	**27**辛卯 1	**27**辛酉 1	**1044年**	28辛酉30
28丁酉12	28丙寅⑩	28乙未 9	28乙丑 8	28甲午 7	28癸亥 5	28癸巳④	28壬戌 3	28壬辰 2	28壬戌 2	《1月》	**29**壬戌31
29戊戌⑬	29丁卯11	29丙申10	29丙寅 9	29乙未 8	29甲子 6	29甲午 5	29癸亥 4	29癸巳 3	29癸亥 3	**28**壬辰①	《2月》
		30丁酉11			30乙丑⑦		30甲子 5	30甲午 4	30甲子④	29癸巳 2	30癸亥 1
雨水 3日 啓蟄 18日	春分 5日 清明 20日	穀雨 6日 立夏 21日	小満 7日 芒種 22日	夏至 8日 小暑 23日	大暑 9日 立秋 25日	処暑 10日 白露 25日	秋分 11日 寒露 26日	霜降 12日 立冬 27日	小雪 12日 大雪 27日	冬至 13日 小寒 28日	大寒 14日 立春 29日

寛徳元年〔長久5年〕（1044－1045） 甲申

改元 11/24（長久→寛徳）

1月	2月	3月	4月	5月	6月	7月	8月	9月	10月	11月	12月
1 甲子 2	1 甲午 3	《4月》	1 壬辰30	1 壬戌30	1 辛卯28	1 庚申27	1 庚寅㉖	1 己未24	1 己丑24	1 己未23	1 戊子22
2 乙丑 3	2 乙未④	**1** 癸亥①	《5月》	2 癸亥31	2 壬辰29	2 辛酉28	2 辛卯27	2 庚申25	2 庚寅25	2 庚申24	2 己丑㉓
3 丙寅 4	3 丙申 5	2 甲子 2	2 癸巳 1	《6月》	3 癸巳30	3 壬戌㉙	3 壬辰28	3 辛酉26	3 辛卯26	3 辛酉㉕	3 庚寅24
4 丁卯⑤	4 丁酉 6	3 乙丑 3	**3** 甲午 2	**3** 甲子 1	《7月》	4 癸亥30	4 癸巳29	4 壬戌27	4 壬辰27	4 壬戌26	4 辛卯25
5 戊辰 6	5 戊戌 7	4 丙寅 4	4 乙未 3	4 乙丑 2	**4** 甲午①	5 甲子31	5 甲午30	5 癸亥28	5 癸巳㉘	5 癸亥27	5 壬辰26
6 己巳 7	6 己亥 8	5 丁卯 5	5 丙申 4	5 丙寅③	5 乙未 2	《8月》	**6** 乙未31	6 甲子29	6 甲午29	6 甲子28	6 癸巳27
7 庚午 8	7 庚子 9	6 戊辰 6	6 丁酉 5	6 丁卯 4	6 丙申 3	**6** 乙丑 1	《9月》	7 乙丑㉚	7 乙未30	7 乙丑29	7 甲午28
8 辛未 9	8 辛丑10	7 己巳 7	7 戊戌⑥	7 戊辰 5	7 丁酉 4	7 丙寅 2	7 丙申 1	《10月》	**8** 丙申31	8 丙寅30	8 乙未29
9 壬申10	9 壬寅⑪	8 庚午⑧	8 己亥 7	8 己巳 6	8 戊戌 5	8 丁卯 3	8 丁酉②	**8** 丙寅 1	《11月》	《12月》	9 丙申㉚
10癸酉11	10癸卯12	9 辛未 9	9 庚子 8	9 庚午 7	9 己亥 6	9 戊辰 4	9 戊戌 3	9 丁卯 2	9 丁酉 1	**9** 丁卯 1	**10**丁酉31
11甲戌⑫	11甲辰13	10壬申10	10辛丑 9	10辛未 8	10庚子 7	10己巳⑤	10己亥 4	10戊辰 3	10戊戌 2	10戊辰②	**1045年**
12乙亥13	12乙巳14	11癸酉11	11壬寅10	11壬申 9	11辛丑⑧	11庚午 6	11庚子 5	11己巳 4	11己亥 3	11己巳 3	《1月》
13丙子14	13丙午15	12甲戌12	12癸卯11	12癸酉⑩	12壬寅 9	12辛未 7	12辛丑 6	12庚午 5	12庚子④	12庚午 4	11戊戌 1
14丁丑15	14丁未16	13乙亥13	13甲辰12	13甲戌11	13癸卯10	13壬申 8	13壬寅 7	13辛未 6	13辛丑 5	13辛未 5	12己亥 2
15戊寅16	**15**戊申17	14丙子14	14乙巳⑬	14乙亥12	14甲辰11	14癸酉 9	14癸卯 8	14壬申⑦	14壬寅 6	14壬申 6	13庚子 3
16己卯17	16己酉⑱	15丁丑⑮	15丙午14	15丙子13	15乙巳12	15甲戌10	15甲辰⑨	15癸酉 8	15癸卯 7	15癸酉 7	14辛丑 4
17庚辰18	17庚戌19	**16**戊寅16	16丁未15	16丁丑14	16丙午13	16乙亥11	16乙巳10	16甲戌 9	16甲辰 8	16甲戌 8	15壬寅 5
18辛巳⑲	18辛亥20	17己卯17	17戊申16	17戊寅15	17丁未14	17丙子⑫	17丙午11	17乙亥10	17乙巳 9	17乙亥⑨	16癸卯⑥
19壬午20	19壬子21	18庚辰18	**18**己酉17	**18**己卯16	18戊申⑮	18丁丑13	18丁未12	18丙子11	18丙午10	18丙子10	17甲辰 7
20癸未21	20癸丑22	19辛巳19	19庚戌18	19庚辰⑰	19己酉16	19戊寅14	19戊申13	19丁丑12	19丁未⑪	19丁丑11	18乙巳 8
21甲申22	21甲寅23	20壬午20	20辛亥19	20辛巳18	**20**庚戌17	20己卯15	20己酉14	20戊寅13	20戊申12	20戊寅12	19丙午 9
22乙酉23	22乙卯24	21癸未21	21壬子⑳	21壬午19	21辛亥18	**21**庚辰16	21庚戌15	21己卯⑭	21己酉13	21己卯13	20丁未10
23丙戌24	23丙辰㉕	22甲申㉒	22癸丑21	22癸未20	22壬子19	22辛巳17	**22**辛亥⑯	22庚辰15	22庚戌14	22庚辰14	21戊申11
24丁亥25	24丁巳26	23乙酉23	23甲寅22	23甲申21	23癸丑20	23壬午18	23壬子17	**23**辛巳16	**23**辛亥15	23辛巳15	22己酉12
25戊子㉖	25戊午27	24丙戌24	24乙卯23	24乙酉22	24甲寅21	24癸未⑲	24癸丑18	24壬午17	24壬子16	***24***壬午⑯	23庚戌⑬
26己丑27	26己未28	25丁亥25	25丙辰24	25丙戌23	25乙卯㉒	25甲申20	25甲寅19	25癸未18	25癸丑17	25癸未17	24辛亥14
27庚寅28	27庚申29	26戊子26	26丁巳25	26丁亥㉔	26丙辰23	26乙酉21	26乙卯20	26甲申19	26甲寅⑱	26甲申18	**25**壬子15
28辛卯29	28辛酉30	27己丑27	27戊午26	27戊子25	27丁巳24	27丙戌22	27丙辰21	27乙酉20	27乙卯19	27乙酉19	26癸丑16
《3月》	29壬戌31	28庚寅28	28己未㉗	28己丑26	28戊午25	28丁亥23	28丁巳22	28丙戌㉑	28丙辰20	28丙戌20	27甲寅17
29壬辰 1		29辛卯㉙	29庚申28	29庚寅27	29己未26	29戊子24	29戊午㉓	29丁亥22	29丁巳21	29丁亥21	28乙卯18
30癸巳 2			30辛酉29			30己丑25		30戊子23	30戊午22		29丙辰19
											30丁巳⑳
雨水 14日 啓蟄 30日	春分 15日	清明 1日 穀雨 16日	立夏 3日 小満 18日	芒種 3日 夏至 18日	小暑 4日 大暑 20日	立秋 6日 処暑 21日	白露 6日 秋分 22日	寒露 8日 霜降 23日	立冬 8日 小雪 23日	大雪 9日 冬至 24日	小寒 10日 大寒 25日

寛徳 2 年（1045－1046） 乙酉

1月	2月	3月	4月	5月	閏5月	6月	7月	8月	9月	10月	11月	12月
1 戊午21	1 戊子20	1 丁巳21	1 丁亥20	1 丙辰⑲	1 丙戌18	1 乙卯17	1 甲申15	1 甲寅14	1 癸未⑬	1 癸丑12	1 壬午11	1 壬子10
2 己未22	2 己丑21	2 戊午22	2 戊子㉑	2 丁巳20	2 丁亥19	2 丙辰18	2 乙酉16	2 乙卯⑮	2 甲申14	2 甲寅13	2 癸未12	2 癸丑11
3 庚申23	3 庚寅22	3 己未23	3 己丑22	3 戊午21	3 戊子20	3 丁巳19	3 丙戌17	3 丙辰16	3 乙酉15	3 乙卯14	3 甲申13	3 甲寅⑫
4 辛酉24	4 辛卯23	4 庚申㉔	4 庚寅23	4 己未22	4 己丑21	4 戊午20	4 丁亥⑱	4 丁巳17	4 丙戌16	4 丙辰15	4 乙酉14	4 乙卯13
5 壬戌25	5 壬辰㉔	5 辛酉25	5 辛卯24	5 庚申23	5 庚寅22	5 己未㉑	5 戊子19	5 戊午18	5 丁亥17	5 丁巳16	5 丙戌⑮	5 丙辰14
6 癸亥26	6 癸巳25	6 壬戌26	6 壬辰25	6 辛酉24	6 辛卯㉓	6 庚申22	6 己丑20	6 己未19	6 戊子18	6 戊午⑰	6 丁亥16	6 丁巳15
7 甲子㉗	7 甲午26	7 癸亥27	7 癸巳26	7 壬戌25	7 壬辰24	7 辛酉23	7 庚寅21	7 庚申20	7 己丑19	7 己未18	7 戊子17	7 戊午16
8 乙丑28	8 乙未27	8 甲子28	8 甲午27	8 癸亥㉖	8 癸巳25	8 壬戌24	8 辛卯22	8 辛酉21	8 庚寅⑳	8 庚申19	8 己丑18	8 己未17
9 丙寅29	9 丙申28	9 乙丑29	9 乙未㉘	9 甲子27	9 甲午26	9 癸亥25	9 壬辰23	9 壬戌㉒	9 辛卯21	9 辛酉20	9 庚寅19	9 庚申18
10丁卯30	《3月》	10丙寅30	10丙申29	10乙丑28	10乙未27	10甲子26	10癸巳24	10癸亥23	10壬辰22	10壬戌21	10辛卯20	10辛酉⑲
11戊辰31	10丁酉 1	11丁卯㉛	11丁酉30	11丙寅29	11丙申28	11乙丑27	11甲午㉕	11甲子24	11癸巳23	11癸亥22	11壬辰21	11壬戌20
《2月》	11戊戌 2	《4月》	《5月》	12丁卯30	12丁酉29	12丙寅㉘	12乙未26	12乙丑25	12甲午24	12甲子23	12癸巳㉒	12癸亥21
12己巳 1	12己亥③	12戊辰 1	12戊戌 1	13戊辰31	13戊戌㉚	13丁卯29	13丙申27	13丙寅26	13乙未25	13乙丑㉔	13甲午23	13甲子22
13庚午 2	13庚子 4	13己巳 2	13己亥 2	《6月》	《7月》	14戊辰30	14丁酉28	14丁卯27	14丙申26	14丙寅25	14乙未24	14乙丑23
14辛未③	14辛丑 5	14庚午 3	14庚子 3	14己巳 1	14己亥 1	15己巳31	15戊戌29	15戊辰28	15丁酉㉗	15丁卯26	15丙申25	15丙寅24
15壬申 4	15壬寅 6	15辛未 4	15辛丑 4	15庚午②	15庚子 2	《8月》	16己亥30	16己巳㉙	16戊戌28	16戊辰27	16丁酉26	16丁卯25
16癸酉 5	16癸卯 7	16壬申 5	16壬寅⑤	16辛未 3	16辛丑 3	16庚午 1	17庚子31	17庚午30	17己亥29	17己巳28	17戊戌27	17戊辰㉖
17甲戌 6	17甲辰 8	17癸酉 6	17癸卯 6	17壬申 4	17壬寅 4	17辛未 2	《9月》	《10月》	18庚子30	18庚午29	18己亥28	18己巳27
18乙亥 7	18乙巳 9	18甲戌⑦	18甲辰 7	18癸酉 5	18癸卯 5	18壬申 3	18辛丑①	18辛未 1	19辛丑31	19辛未30	19庚子㉙	19庚午28
19丙子 8	19丙午⑩	19乙亥 8	19乙巳 8	19甲戌 6	19甲辰 6	19癸酉④	19壬寅 2	19壬申 2	《11月》	《12月》	20辛丑30	20辛未29
20丁丑 9	20丁未11	20丙子 9	20丙午 9	20乙亥 7	20乙巳⑦	20甲戌 5	20癸卯 3	20癸酉 3	20壬寅 1	20壬申①	21壬寅31	21壬申30
21戊寅⑩	21戊申12	21丁丑10	21丁未10	21丙子 8	21丙午 8	21乙亥 6	21甲辰 4	21甲戌 4	21癸卯 2	21癸酉 2	1046年	22癸酉31
22己卯11	22己酉13	22戊寅11	22戊申11	22丁丑⑨	22丁未 9	22丙子 7	22乙巳 5	22乙亥 5	22甲辰③	22甲戌 3	《1月》	《2月》
23庚辰12	23庚戌14	23己卯12	23己酉⑫	23戊寅10	23戊申10	23丁丑 8	23丙午 6	23丙子⑥	23乙巳 4	23乙亥 4	22癸卯 1	23甲戌 1
24辛巳13	24辛亥15	24庚辰13	24庚戌13	24己卯11	24己酉11	24戊寅 9	24丁未 7	24丁丑 7	24丙午 5	24丙子 5	23甲辰 2	24乙亥②
25壬午14	25壬子16	25辛巳⑭	25辛亥14	25庚辰12	25庚戌12	25己卯10	25戊申⑧	25戊寅 8	25丁未 6	25丁丑 6	24乙巳 3	25丙子 3
26癸未15	26癸丑⑰	26壬午15	26壬子15	26辛巳13	26辛亥13	26庚辰⑪	26己酉 9	26己卯 9	26戊申 7	26戊寅 7	25丙午 4	26丁丑 4
27甲申16	27甲寅18	27癸未16	27癸丑16	27壬午14	27壬子⑭	27辛巳12	27庚戌10	27庚辰10	27己酉 8	27己卯⑧	26丁未⑤	27戊寅 5
28乙酉⑰	28乙卯19	28甲申17	28甲寅17	28癸未15	28癸丑15	28壬午13	28辛亥11	28辛巳11	28庚戌 9	28庚辰 9	27戊申 6	28己卯 6
29丙戌18	29丙辰20	29乙酉18	29乙卯18	29甲申⑯	29甲寅16	29癸未14	29壬子12	29壬午12	29辛亥⑩	29辛巳10	28己酉 7	29庚辰 7
30丁亥19		30丙戌19		30乙酉17			30癸丑13		30壬子11		29庚戌 8	30辛巳 8
											30辛亥 9	
立春 10日 雨水 26日	啓蟄 11日 春分 26日	清明 12日 穀雨 28日	立夏 13日 小満 28日	芒種 14日 夏至 29日	小暑15日	大暑 1日 立秋 16日	処暑 2日 白露 18日	秋分 3日 寒露 18日	霜降 4日 立冬 19日	小雪 5日 大雪 20日	冬至 6日 小寒 21日	大寒 6日 立春 22日

永承元年〔寛徳 3 年〕（1046－1047） 丙戌

改元 4/14（寛徳→永承）

1月	2月	3月	4月	5月	6月	7月	8月	9月	10月	11月	12月
1 壬午⑨	1 壬子11	1 辛巳 9	1 辛亥 9	1 庚辰 7	1 庚戌 7	1 己卯 5	1 戊申 3	1 戊寅 3	《11月》	《12月》	1 丙午30
2 癸未10	2 癸丑12	2 壬午10	2 壬子10	2 辛巳⑧	2 辛亥 8	2 庚辰 6	2 己酉 4	2 己卯 4	1 丁未 1	1 丁丑 1	2 丁未31
3 甲申11	3 甲寅13	3 癸未11	3 癸丑⑪	3 壬午 9	3 壬子 9	3 辛巳 7	3 庚戌 5	3 庚辰⑤	2 戊申②	2 戊寅 2	1047年
4 乙酉12	4 乙卯14	4 甲申12	4 甲寅12	4 癸未10	4 癸丑10	4 壬午 8	4 辛亥 6	4 辛巳 6	3 己酉 3	3 己卯 3	《1月》
5 丙戌13	5 丙辰15	5 乙酉⑬	5 乙卯13	5 甲申11	5 甲寅11	5 癸未 9	5 壬子⑦	5 壬午 7	4 庚戌 4	4 庚辰 4	3 戊申 1
6 丁亥14	6 丁巳⑯	6 丙戌14	6 丙辰14	6 乙酉12	6 乙卯12	6 甲申⑩	6 癸丑 8	6 癸未 8	5 辛亥 5	5 辛巳 5	4 己酉 2
7 戊子15	7 戊午17	7 丁亥15	7 丁巳15	7 丙戌13	7 丙辰⑬	7 乙酉11	7 甲寅 9	7 甲申 9	6 壬子 6	6 壬午 6	5 庚戌 3
8 己丑⑯	8 己未18	8 戊子16	8 戊午16	8 丁亥14	8 丁巳14	8 丙戌12	8 乙卯10	8 乙酉10	7 癸丑 7	7 癸未⑦	6 辛亥④
9 庚寅17	9 庚申19	9 己丑17	9 己未17	9 戊子⑮	9 戊午15	9 丁亥13	9 丙辰11	9 丙戌11	8 甲寅 8	8 甲申 8	7 壬子 5
10辛卯18	10辛酉20	10庚寅18	10庚申⑱	10己丑16	10己未16	10戊子14	10丁巳12	10丁亥⑫	9 乙卯⑨	9 乙酉 9	8 癸丑 6
11壬辰19	11壬戌21	11辛卯19	11辛酉19	11庚寅17	11庚申17	11己丑15	11戊午13	11戊子13	10丙辰10	10丙戌10	9 甲寅 7
12癸巳20	12癸亥22	12壬辰⑳	12壬戌20	12辛卯18	12辛酉18	12庚寅16	12己未⑭	12己丑14	11丁巳11	11丁亥11	10乙卯 8
13甲午21	13甲子㉓	13癸巳21	13癸亥21	13壬辰19	13壬戌19	13辛卯⑰	13庚申15	13庚寅15	12戊午12	12戊子12	11丙辰 9
14乙未22	14乙丑24	14甲午22	14甲子22	14癸巳20	14癸亥⑳	14壬辰18	14辛酉16	14辛卯16	13己未13	13己丑13	12丁巳10
15丙申㉓	15丙寅25	15乙未23	15乙丑23	15甲午21	15甲子21	15癸巳19	15壬戌17	15壬辰17	14庚申14	14庚寅⑭	13戊午⑪
16丁酉24	16丁卯26	16丙申24	16丙寅24	16乙未㉒	16乙丑22	16甲午20	16癸亥18	16癸巳18	15辛酉15	15辛卯15	14己未12
17戊戌25	17戊辰27	17丁酉25	17丁卯㉕	17丙申23	17丙寅23	17乙未21	17甲子19	17甲午⑲	16壬戌⑯	16壬辰16	15庚申13
18己亥26	18己巳28	18戊戌26	18戊辰26	18丁酉24	18丁卯24	18丙申22	18乙丑20	18乙未20	17癸亥17	17癸巳17	16辛酉14
19庚子27	19庚午29	19己亥㉗	19己巳27	19戊戌25	19戊辰25	19丁酉23	19丙寅㉑	19丙申21	18甲子18	18甲午18	17壬戌15
20辛丑28	20辛未㉚	20庚子28	20庚午28	20己亥26	20己巳26	20戊戌㉔	20丁卯22	20丁酉22	19乙丑19	19乙未19	18癸亥16
《3月》	21壬申31	21辛丑29	21辛未29	21庚子27	21庚午㉗	21己亥25	21戊辰23	21戊戌23	20丙寅20	20丙申20	19甲子17
21壬寅 1	《4月》	22壬寅30	22壬申30	22辛丑28	22辛未28	22庚子26	22己巳24	22己亥24	21丁卯21	21丁酉㉑	20乙丑⑱
22癸卯②	22癸酉 1	《5月》	23癸酉31	23壬寅㉙	23壬申29	23辛丑27	23庚午25	23庚子25	22戊辰22	22戊戌22	21丙寅19
23甲辰 3	23甲戌 2	23癸卯 1	《6月》	24癸卯30	24癸酉30	24壬寅28	24辛未26	24辛丑㉖	23己巳㉓	23己亥23	22丁卯20
24乙巳 4	24乙亥 3	24甲辰 2	24甲戌①	《7月》	25甲戌31	25癸卯29	25壬申27	25壬寅27	24庚午24	24庚子24	23戊辰21
25丙午 5	25丙子 4	25乙巳 3	25乙亥 2	25甲辰 1	《8月》	26甲辰30	26癸酉㉘	26癸卯28	25辛未25	25辛丑25	24己巳22
26丁未 6	26丁丑 5	26丙午④	26丙子 3	26乙巳 2	26乙亥 1	27乙巳㉛	27甲戌29	27甲辰29	26壬申26	26壬寅26	25庚午23
27戊申 7	27戊寅⑥	27丁未 5	27丁丑 4	27丙午 3	27丙子 2	《9月》	28乙亥30	28乙巳30	27癸酉27	27癸卯27	26辛未24
28己酉 8	28己卯 7	28戊申 6	28戊寅 5	28丁未 4	28丁丑③	28丙午 1	《10月》	29丙午31	28甲戌28	28甲辰㉘	27壬申㉕
29庚戌⑨	29庚辰 8	29己酉 7	29己卯 6	29戊申 5	29戊寅 4	29丁未 2	29丙子 1		29乙亥29	29乙巳29	28癸酉26
30辛亥10		30庚戌 8		30己酉⑥			30丁丑 2		30丙子㉚		29甲戌27
											30乙亥28
雨水 7日 啓蟄 22日	春分 7日 清明 23日	穀雨 9日 立夏 24日	小満 9日 芒種 24日	夏至 11日 小暑 26日	大暑 11日 立秋 26日	処暑 13日 白露 28日	秋分 14日 寒露 29日	霜降 14日	立冬 1日 小雪 16日	大雪 1日 冬至 16日	小寒 3日 大寒 18日

永承**2**年（1047－1048） 丁亥

1月	2月	3月	4月	5月	6月	7月	8月	9月	10月	11月	12月
1 丙子29	1 丙午28	1 乙亥㉙	1 乙巳28	1 乙亥28	1 甲辰26	1 甲戌㉖	1 癸卯24	1 壬申22	1 壬寅22	1 辛未20	1 辛丑⑳
2 丁丑30	《3月》	2 丙子30	2 丙午29	2 丙子29	2 乙巳27	2 乙亥27	2 甲辰25	2 癸酉23	2 癸卯23	2 壬申21	2 壬寅21
3 戊寅31	2 丁未①	3 丁丑31	3 丁未30	3 丁丑30	3 丙午㉘	3 丙子28	3 乙巳26	3 甲戌24	3 甲辰24	3 癸酉㉒	3 癸卯22
《2月》	**3** 戊申 2	《4月》	《5月》	4 戊寅㉛	4 丁未29	4 丁丑29	4 丙午27	4 乙亥25	4 乙巳㉕	4 甲戌23	4 甲辰23
4 己卯①	4 己酉 3	4 戊寅 1	4 戊申 1	《6月》	5 戊申30	5 戊寅30	5 丁未28	5 丙子26	5 丙午26	5 乙亥24	5 乙巳24
5 庚辰 2	5 庚戌 4	**5** 己卯 2	**5** 己酉 2	5 己卯 1	《7月》	6 己卯31	6 戊申29	6 丁丑㉗	6 丁未27	6 丙子25	6 丙午25
6 辛巳 3	6 辛亥 5	6 庚辰 3	6 庚戌③	**6** 庚辰 2	6 己酉 1	《8月》	7 己酉㉚	7 戊寅28	7 戊申28	7 丁丑26	7 丁未26
7 壬午 4	7 壬子 6	7 辛巳 4	7 辛亥 4	7 辛巳 3	**7** 庚戌 2	7 庚辰 1	8 庚戌31	8 己卯29	8 己酉29	8 戊寅27	8 戊申㉗
8 癸未 5	8 癸丑 7	8 壬午⑤	8 壬子 5	8 壬午 4	8 辛亥 3	**8** 辛巳②	《9月》	9 庚辰30	9 庚戌30	9 己卯28	9 己酉28
9 甲申 6	9 甲寅⑧	9 癸未 6	9 癸丑 6	9 癸未 5	9 壬子 4	9 壬午 3	**9** 辛亥 1	《10月》	10辛亥31	10庚辰㉙	10庚戌29
10乙酉 7	10乙卯 9	10甲申 7	10甲寅 7	10甲申 6	10癸丑⑤	10癸未 4	10壬子 2	**10**辛巳 1	《11月》	11辛巳30	11辛亥30
11丙戌⑧	11丙辰10	11乙酉 8	11乙卯 8	11乙酉⑦	11甲寅 6	11甲申 5	11癸丑 3	11壬午 2	**11**壬子①	《12月》	12壬子31
12丁亥 9	12丁巳11	12丙戌 9	12丙辰 9	12丙戌 8	12乙卯 7	12乙酉 6	12甲寅 4	12癸未 3	12癸丑 2	**12**壬午 1	**1048年**
13戊子10	13戊午12	13丁亥10	13丁巳⑩	13丁亥 9	13丙辰 8	13丙戌 7	13乙卯 5	13甲申④	13甲寅 3	13癸未 2	《1月》
14己丑11	14己未13	14戊子11	14戊午11	14戊子10	14丁巳 9	14丁亥 8	14丙辰⑥	14乙酉 5	14乙卯 4	14甲申 3	**13**癸丑 1
15庚寅12	15庚申14	15己丑⑫	15己未12	15己丑11	15戊午10	15戊子⑨	15丁巳 7	15丙戌 6	15丙辰 5	15乙酉 4	14甲寅 2
16辛卯13	16辛酉⑮	16庚寅13	16庚申13	16庚寅12	16己未11	16己丑10	16戊午 8	16丁亥 7	16丁巳 6	16丙戌 5	15乙卯③
17壬辰14	17壬戌16	17辛卯14	17辛酉14	17辛卯13	17庚申⑫	17庚寅11	17己未 9	17戊子 8	17戊午 7	17丁亥⑥	16丙辰 4
18癸巳⑮	18癸亥17	18壬辰15	18壬戌15	18壬辰⑭	18辛酉13	18辛卯12	18庚申10	18己丑 9	18己未⑧	18戊子 7	17丁巳 5
19甲午16	**19**甲子18	19癸巳16	19癸亥16	19癸巳15	19壬戌14	19壬辰13	19辛酉11	19庚寅10	19庚申 9	19己丑 8	18戊午 6
20乙未17	20乙丑19	**20**甲午17	**20**甲子⑰	20甲午16	20癸亥15	20癸巳14	20壬戌12	20辛卯⑪	20辛酉10	20庚寅 9	19己未 7
21丙申18	21丙寅20	21乙未18	21乙丑18	**21**乙未17	21甲子16	21甲午15	21癸亥⑬	21壬辰12	21壬戌11	21辛卯10	20庚申 8
22丁酉19	22丁卯21	22丙申⑲	22丙寅19	22丙申18	**22**乙丑17	22乙未⑯	22甲子14	22癸巳13	22癸亥12	22壬辰11	21辛酉 9
23戊戌20	23戊辰㉒	23丁酉20	23丁卯20	23丁酉19	23丙寅18	**23**丙申17	23乙丑15	23甲午14	23甲子13	23癸巳12	22壬戌⑩
24己亥21	24己巳23	24戊戌21	24戊辰21	24戊戌20	24丁卯⑲	24丁酉18	**24**丙寅16	24乙未15	24乙丑14	24甲午⑬	23癸亥11
25庚子㉒	25庚午24	25己亥22	25己巳22	25己亥㉑	25戊辰20	25戊戌19	25丁卯17	25丙申16	25丙寅⑮	25乙未14	24甲子12
26辛丑23	26辛未25	26庚子23	26庚午23	26庚子22	26己巳21	26己亥20	26戊辰18	**26**丁酉17	**26**丁卯16	26丙申15	25乙丑13
27壬寅24	27壬申26	27辛丑24	27辛未㉔	27辛丑23	27庚午22	27庚子21	27己巳19	27戊戌⑱	27戊辰17	27丁酉16	26丙寅14
28癸卯25	28癸酉27	28壬寅25	28壬申25	28壬寅24	28辛未23	28辛丑22	28庚午⑳	28己亥19	28己巳18	**28**戊戌17	27丁卯15
29甲辰26	29甲戌28	29癸卯㉖	29癸酉26	29癸卯25	29壬申24	29壬寅㉓	29辛未21	29庚子20	29庚午19	29己亥18	**28**戊辰16
30乙巳27		30甲辰27	30甲戌27		30癸酉25			30辛丑21		30庚子19	29己巳⑰
立春 3日	啓蟄 3日	清明 5日	立夏 5日	芒種 6日	小暑 7日	立秋 8日	白露 9日	寒露 10日	立冬 11日	大雪 12日	小寒 13日
雨水 18日	春分 19日	穀雨 20日	小満 20日	夏至 21日	大暑 22日	処暑 23日	秋分 24日	霜降 26日	小雪 26日	冬至 28日	大寒 28日

永承**3**年（1048－1049） 戊子

1月	閏1月	2月	3月	4月	5月	6月	7月	8月	9月	10月	11月	12月
1 庚午18	1 庚子17	**1** 己巳17	**1** 己亥16	1 己巳16	1 戊戌14	1 戊辰14	1 丁酉12	1 丁卯⑪	1 丙申10	1 丙寅 9	1 乙未 8	1 乙丑 7
2 辛未19	2 辛丑18	2 庚午18	2 庚子⑰	**2** 庚午17	2 己亥15	2 己巳15	2 戊戌13	2 戊辰12	2 丁酉11	2 丁卯10	2 丙申 9	2 丙寅⑧
3 壬申20	3 壬寅19	3 辛未19	3 辛丑18	3 辛未18	**3** 庚子16	3 庚午16	3 己亥⑭	3 己巳13	3 戊戌12	3 戊辰11	3 丁酉10	3 丁卯 9
4 癸酉21	4 癸卯20	4 壬申⑳	4 壬寅19	4 壬申19	4 辛丑17	**4** 辛未⑰	4 庚子15	4 庚午14	4 己亥13	4 己巳12	4 戊戌⑪	4 戊辰10
5 甲戌22	5 甲辰㉑	5 癸酉21	5 癸卯20	5 癸酉20	5 壬寅18	5 壬申18	**5** 辛丑16	**5** 辛未15	5 庚子14	5 庚午⑬	5 己亥12	5 己巳11
6 乙亥23	6 乙巳22	6 甲戌22	6 甲辰21	6 甲戌21	6 癸卯⑲	6 癸酉19	6 壬寅17	6 壬申16	6 辛丑15	6 辛未14	6 庚子13	6 庚午12
7 丙子㉔	7 丙午23	7 乙亥23	7 乙巳22	7 乙亥㉒	7 甲辰20	7 甲戌20	7 癸卯18	7 癸酉17	**7** 壬寅⑯	**7** 壬申15	7 辛丑14	7 辛未13
8 丁丑25	8 丁未24	8 丙子24	8 丙午23	8 丙子23	8 乙巳21	8 乙亥21	8 甲辰19	8 甲戌⑱	8 癸卯17	8 癸酉16	8 壬寅15	8 壬申14
9 戊寅26	9 戊申25	9 丁丑25	9 丁未㉔	9 丁丑24	9 丙午22	9 丙子22	9 乙巳20	9 乙亥19	9 甲辰18	9 甲戌17	**9** 癸卯16	**9** 癸酉⑮
10己卯27	10己酉26	10戊寅26	10戊申25	10戊寅25	10丁未23	10丁丑23	10丙午㉑	10丙子20	10乙巳19	10乙亥18	10甲辰17	10甲戌16
11庚辰28	11庚戌27	11己卯㉗	11己酉26	11己卯26	11戊申24	11戊寅㉔	11丁未22	11丁丑21	11丙午20	11丙子19	11乙巳⑱	11乙亥17
12辛巳29	12辛亥㉘	12庚辰28	12庚戌27	12庚辰27	12己酉25	12己卯25	12戊申23	12戊寅22	12丁未21	12丁丑⑳	12丙午19	12丙子18
13壬午30	13壬子29	13辛巳29	13辛亥28	13辛巳28	13庚戌㉖	13庚辰26	13己酉24	13己卯23	13戊申22	13戊寅21	13丁未20	13丁丑19
14癸未㉛	《3月》	14壬午30	14壬子29	14壬午㉙	14辛亥27	14辛巳27	14庚戌25	14庚辰24	14己酉㉓	14己卯22	14戊申21	14戊寅20
《2月》	14癸丑 1	15癸未31	15癸丑30	15癸未30	15壬子28	15壬午28	15辛亥26	15辛巳㉕	15庚戌24	15庚辰23	15己酉22	15己卯21
15甲申 1	**15**甲寅 2	《4月》	《5月》	16甲申31	16癸丑29	16癸未29	16壬子27	16壬午26	16辛亥25	16辛巳24	16庚戌23	16庚辰㉒
16乙酉 2	16乙卯 3	**16**甲申 1	16甲寅①	《6月》	17甲寅30	17甲申30	17癸丑㉘	17癸未27	17壬子26	17壬午25	17辛亥24	17辛巳23
17丙戌 3	17丙辰 4	17乙酉 2	**17**乙卯 2	**17**乙酉 1	《7月》	18乙酉㉛	18甲寅29	18甲申28	18癸丑27	18癸未26	18壬子㉕	18壬午24
18丁亥 4	18丁巳 5	18丙戌③	18丙辰 3	18丙戌 2	**18**乙卯 1	《8月》	19乙卯30	19乙酉29	19甲寅28	19甲申㉗	19癸丑26	19癸未25
19戊子 5	19戊午⑥	19丁亥 4	19丁巳 4	19丁亥 3	19丙辰 2	**19**丙戌 1	**20**丙辰31	20丙戌30	20乙卯29	20乙酉28	20甲寅27	20甲申26
20己丑 6	20己未 7	20戊子 5	20戊午 5	20戊子 4	20丁巳③	20丁亥 2	《9月》	《10月》	21丙辰㉚	21丙戌29	21乙卯28	21乙酉27
21庚寅⑦	21庚申 8	21己丑 6	21己未 6	21己丑⑤	21戊午 4	21戊子 3	21丁巳 1	**21**丁亥 1	**22**丁巳31	22丁亥30	22丙辰29	22丙戌28
22辛卯 8	22辛酉 9	22庚寅 7	22庚申 7	22庚寅 6	22己未 5	22己丑 4	22戊午 2	22戊子②	《11月》	《12月》	23丁巳30	23丁亥㉙
23壬辰 9	23壬戌10	23辛卯 8	23辛酉⑧	23辛卯 7	23庚申 6	23庚寅 5	23己未 3	23己丑 3	23戊午 1	**23**戊子 1	**24**戊午31	**24**戊子30
24癸巳10	24癸亥11	24壬辰 9	24壬戌 9	24壬辰 8	24辛酉 7	24辛卯 6	24庚申④	24庚寅 4	24己未 2	24己丑 2	**1049年**	25己丑31
25甲午11	25甲子12	25癸巳⑩	25癸亥10	25癸巳 9	25壬戌 8	25壬辰⑦	25辛酉 5	25辛卯 5	25庚申 3	25庚寅 3	《1月》	《2月》
26乙未12	26乙丑⑬	26甲午11	26甲子11	26甲午10	26癸亥 9	26癸巳 8	26壬戌 6	26壬辰 6	26辛酉 4	26辛卯④	25己未①	26庚寅 1
27丙申13	27丙寅14	27乙未12	27乙丑12	27乙未11	27甲子⑩	27甲午 9	27癸亥 7	27癸巳 7	27壬戌 5	27壬辰 5	26庚申 2	27辛卯 2
28丁酉⑭	28丁卯15	28丙申13	28丙寅13	28丙申⑫	28乙丑11	28乙未10	28甲子 8	28甲午 8	28癸亥⑥	28癸巳 6	27辛酉 3	28壬辰 3
29戊戌15	29戊辰16	29丁酉14	29丁卯14	29丁酉13	29丙寅12	29丙申11	29乙丑 9	29乙未⑨	29甲子 7	29甲午 7	28壬戌 4	29癸巳 4
30己亥16		30戊戌15	30戊辰⑮		30丁卯13		30丙寅10		30乙丑 8		29癸亥 5	
											30甲子 6	
立春 14日	啓蟄15日	春分 1日	穀雨 1日	小満 2日	夏至 3日	大暑 4日	処暑 5日	秋分 5日	霜降 7日	小雪 7日	冬至 9日	大寒 9日
雨水 29日		清明 16日	立夏 17日	芒種 17日	小暑 18日	立秋 19日	白露 20日	寒露 21日	立冬 22日	大雪 23日	小寒 24日	立春 24日

永承**4**年（1049－1050） 己丑

1月	2月	3月	4月	5月	6月	7月	8月	9月	10月	11月	12月
1 甲午⑤ 2 乙未 6 3 丙申 7 4 丁酉 8 5 戊戌 9 6 己亥10 7 庚子11 8 辛丑⑫ 9 壬寅13 10癸卯14 **11**甲辰15 12乙巳16 13丙午17 14丁未18 15戊申⑲ 16己酉20 17庚戌21 18辛亥22 19壬子23 20癸丑24 21甲寅25 22乙卯㉖ 23丙辰27 24丁巳28 《3月》 25戊午 1 **26**己未 2 27庚申 3 28辛酉 4 29壬戌⑤ 30癸亥 6	1 甲子 7 2 乙丑 8 3 丙寅 9 4 丁卯10 5 戊辰11 6 己巳⑫ 7 庚午13 8 辛未14 9 壬申15 10癸酉16 **11**甲戌17 12乙亥18 13丙子⑲ 14丁丑20 15戊寅21 16己卯22 17庚辰23 18辛巳24 19壬午25 20癸未㉖ 21甲申27 22乙酉28 23丙戌29 24丁亥30 25戊子31 《4月》 **26**己丑 1 27庚寅② 28辛卯 3 29壬辰 4	1 癸巳 5 2 甲午 6 3 乙未 7 4 丙申 8 5 丁酉⑨ 6 戊戌10 7 己亥11 8 庚子12 9 辛丑13 10壬寅14 11癸卯15 12甲辰⑯ **13**乙巳17 14丙午18 15丁未19 16戊申20 17己酉21 18庚戌22 19辛亥㉓ 20壬子24 21癸丑25 22甲寅26 23乙卯27 24丙辰28 25丁巳29 26戊午㉚ 《5月》 27己未 1 **28**庚申 2 29辛酉 3 30壬戌 4	1 癸亥 5 2 甲子 6 3 乙丑⑦ 4 丙寅 8 5 丁卯 9 6 戊辰10 7 己巳11 8 庚午12 9 辛未13 10壬申⑭ 11癸酉15 12甲戌16 **13**乙亥17 14丙子18 15丁丑19 16戊寅20 17己卯㉑ 18庚辰22 19辛巳23 20壬午24 21癸未25 22甲申26 23乙酉27 24丙戌㉘ 25丁亥29 26戊子30 27己丑31 《6月》 **28**庚寅 1 29辛卯 2	1 壬辰 3 2 癸巳④ 3 甲午 5 4 乙未 6 5 丙申 7 6 丁酉 8 7 戊戌 9 8 己亥10 9 庚子⑪ 10辛丑12 11壬寅13 12癸卯14 13甲辰15 **14**乙巳16 15丙午17 16丁未⑱ 17戊申19 18己酉20 19庚戌21 20辛亥22 21壬子23 22癸丑24 23甲寅㉕ 24乙卯26 25丙辰27 26丁巳28 27戊午29 28己未30 《7月》 29庚申 1 **30**辛酉②	1 壬戌 3 2 癸亥 4 3 甲子 5 4 乙丑 6 5 丙寅 7 6 丁卯 8 7 戊辰⑨ 8 己巳10 9 庚午11 10辛未12 11壬申13 12癸酉14 13甲戌15 14乙亥⑯ **15**丙子17 16丁丑18 17戊寅19 18己卯20 19庚辰21 20辛巳22 21壬午㉓ 22癸未24 23甲申25 24乙酉26 25丙戌27 26丁亥28 27戊子29 28己丑㉚ 29庚寅31 《8月》 **30**辛卯 1	1 壬辰 2 2 癸巳 3 3 甲午 4 4 乙未 5 5 丙申⑥ 6 丁酉 7 7 戊戌 8 8 己亥 9 9 庚子10 10辛丑11 11壬寅12 12癸卯⑬ 13甲辰14 14乙巳15 **15**丙午16 16丁未17 17戊申18 18己酉19 19庚戌⑳ 20辛亥21 21壬子22 22癸丑23 23甲寅24 24乙卯25 25丙辰26 26丁巳㉗ 27戊午28 28己未29 29庚申30	1 辛酉31 《9月》 **2** 壬戌 1 3 癸亥 2 4 甲子③ 5 乙丑 4 6 丙寅 5 7 丁卯 6 8 戊辰 7 9 己巳 8 10庚午 9 11辛未⑩ 12壬申11 13癸酉12 14甲戌13 15乙亥14 16丙子15 **17**丁丑16 18戊寅⑰ 19己卯18 20庚辰19 21辛巳20 22壬午21 23癸未22 24甲申23 25乙酉㉔ 26丙戌25 27丁亥26 28戊子27 29己丑28 30庚寅29	1 辛卯30 《10月》 **2** 壬辰① 3 癸巳 2 4 甲午 3 5 乙未 4 6 丙申 5 7 丁酉 6 8 戊戌 7 9 己亥⑧ 10庚子 9 11辛丑10 12壬寅11 13癸卯12 14甲辰13 15乙巳14 16丙午⑮ **17**丁未16 18戊申17 19己酉18 20庚戌19 21辛亥20 22壬子21 23癸丑㉒ 24甲寅23 25乙卯24 26丙辰25 27丁巳26 28戊午27 29己未28	1 庚申㉙ 2 辛酉30 **3** 壬戌31 《11月》 4 癸亥 1 5 甲子 2 6 乙丑 3 7 丙寅 4 8 丁卯⑤ 9 戊辰 6 10己巳 7 11庚午 8 12辛未 9 13壬申10 14癸酉11 15甲戌⑫ 16乙亥13 17丙子14 18丁丑15 **19**戊寅16 20己卯17 21庚辰18 22辛巳⑲ 23壬午20 24癸未21 25甲申22 26乙酉23 27丙戌24 28丁亥25 29戊子㉖ 30己丑27	1 庚寅28 2 辛卯29 3 壬辰30 《12月》 **4** 癸巳 1 5 甲午 2 6 乙未③ 7 丙申 4 8 丁酉 5 9 戊戌 6 10己亥 7 11庚子 8 12辛丑 9 13壬寅⑩ 14癸卯11 15甲辰12 16乙巳13 17丙午14 18丁未15 **19**戊申16 20己酉⑰ 21庚戌18 22辛亥19 23壬子20 24癸丑21 25甲寅22 26乙卯23 27丙辰㉔ 28丁巳25 29戊午26	1 己未27 2 庚申28 3 辛酉29 4 壬戌30 **5** 癸亥㉛ **1050年** 《1月》 6 甲子 1 7 乙丑 2 8 丙寅 3 9 丁卯 4 10戊辰 5 11己巳 6 12庚午⑦ 13辛未 8 14壬申 9 15癸酉10 16甲戌11 17乙亥12 18丙子13 19丁丑⑭ **20**戊寅15 21己卯16 22庚辰17 23辛巳18 24壬午19 25癸未20 26甲申㉑ 27乙酉22 28丙戌23 29丁亥24 30戊子25
雨水 11日 啓蟄 26日	春分 11日 清明 26日	穀雨 13日 立夏 28日	小満 13日 芒種 28日	夏至 14日 小暑 30日	大暑 15日 立秋 30日	処暑 15日	白露 2日 秋分 17日	寒露 2日 霜降 17日	立冬 3日 小雪 19日	大雪 4日 冬至 19日	小寒 5日 大寒 20日

永承**5**年（1050－1051） 庚寅

1月	2月	3月	4月	5月	6月	7月	8月	9月	10月	閏10月	11月	12月
1 己丑26 2 庚寅27 3 辛卯㉘ 4 壬辰29 5 癸巳30 **6** 甲午31 《2月》 7 乙未 1 8 丙申 2 9 丁酉 3 10戊戌④ 11己亥 5 12庚子 6 13辛丑 7 14壬寅 8 15癸卯 9 16甲辰10 17乙巳⑪ 18丙午12 19丁未13 20戊申14 **21**己酉15 22庚戌16 23辛亥17 24壬子⑱ 25癸丑19 26甲寅20 27乙卯21 28丙辰22 29丁巳23	1 戊午24 2 己未㉕ 3 庚申26 4 辛酉27 5 壬戌28 《3月》 6 癸亥 1 **7** 甲子 2 8 乙丑 3 9 丙寅④ 10丁卯 5 11戊辰 6 12己巳 7 13庚午 8 14辛未 9 15壬申10 16癸酉⑪ 17甲戌12 18乙亥13 19丙子14 20丁丑15 21戊寅16 **22**己卯17 23庚辰⑱ 24辛巳19 25壬午20 26癸未21 27甲申22 28乙酉23 29丙戌24 30丁亥㉕	1 戊子26 2 己丑27 3 庚寅28 4 辛卯29 5 壬辰30 6 癸巳31 《4月》 7 甲午① **8** 乙未 2 9 丙申 3 10丁酉 4 11戊戌 5 12己亥 6 13庚子 7 14辛丑⑧ 15壬寅 9 16癸卯10 17甲辰11 18乙巳12 19丙午13 20丁未14 21戊申⑮ 22己酉16 **23**庚戌17 24辛亥18 25壬子19 26癸丑20 27甲寅21 28乙卯㉒ 29丙辰23	1 丁巳24 2 戊午25 3 己未26 4 庚申27 5 辛酉28 6 壬戌㉙ 7 癸亥30 《5月》 8 甲子 1 **9** 乙丑 2 10丙寅 3 11丁卯 4 12戊辰 5 13己巳⑥ 14庚午 7 15辛未 8 16壬申 9 17癸酉10 18甲戌11 19乙亥12 20丙子⑬ 21丁丑14 22戊寅15 23己卯16 **24**庚辰17 25辛巳18 26壬午19 27癸未⑳ 28甲申21 29乙酉22 30丙戌23	1 丁亥24 2 戊子25 3 己丑26 4 庚寅㉗ 5 辛卯28 6 壬辰29 7 癸巳30 8 甲午31 《6月》 **9** 乙未 1 10丙申 2 11丁酉③ 12戊戌 4 13己亥 5 14庚子 6 15辛丑 7 16壬寅 8 17癸卯 9 18甲辰⑩ 19乙巳11 20丙午12 21丁未13 22戊申14 23己酉15 24庚戌16 **25**辛亥⑰ 26壬子18 27癸丑19 28甲寅20 29乙卯21	1 丙辰22 2 丁巳23 3 戊午㉔ 4 己未25 5 庚申26 6 辛酉27 7 壬戌28 8 癸亥29 9 甲子30 《7月》 10乙丑① **11**丙寅 2 12丁卯 3 13戊辰 4 14己巳 5 15庚午 6 16辛未 7 17壬申⑧ 18癸酉 9 19甲戌10 20乙亥11 21丙子12 22丁丑13 23戊寅14 24己卯⑮ 25庚辰16 **26**辛巳17 27壬午18 28癸未19 29甲申20 30乙酉21	1 丙戌㉒ 2 丁亥23 3 戊子24 4 己丑25 5 庚寅26 6 辛卯27 7 壬辰28 8 癸巳㉙ 9 甲午30 10乙未31 《8月》 **11**丙申 1 12丁酉 2 13戊戌 3 14己亥 4 15庚子⑤ 16辛丑 6 17壬寅 7 18癸卯 8 19甲辰 9 20乙巳10 21丙午11 22丁未⑫ 23戊申13 24己酉14 25庚戌15 26辛亥16 **27**壬子17 28癸丑18 29甲寅⑲	1 乙卯20 2 丙辰21 3 丁巳22 4 戊午23 5 己未24 6 庚申25 7 辛酉㉖ 8 壬戌27 9 癸亥28 10甲子29 11乙丑30 12丙寅31 《9月》 **13**丁卯 1 14戊辰② 15己巳 3 16庚午 4 17辛未 5 18壬申 6 19癸酉 7 20甲戌 8 21乙亥⑨ 22丙子10 23丁丑11 24戊寅12 25己卯13 26庚辰14 27辛巳15 **28**壬午⑯ 29癸未17 30甲申18	1 乙酉19 2 丙戌20 3 丁亥21 4 戊子22 5 己丑㉓ 6 庚寅24 7 辛卯25 8 壬辰26 9 癸巳27 10甲午28 11乙未29 12丙申㉚ 《10月》 **13**丁酉 1 14戊戌 2 15己亥 3 16庚子 4 17辛丑 5 18壬寅 6 19癸卯⑦ 20甲辰 8 21乙巳 9 22丙午10 23丁未11 24戊申12 25己酉13 26庚戌⑭ 27辛亥15 **28**壬子16 29癸丑17 30甲寅18	1 乙卯19 2 丙辰20 3 丁巳㉑ 4 戊午22 5 己未23 6 庚申24 7 辛酉25 8 壬戌26 9 癸亥27 10甲子㉘ 11乙丑29 12丙寅30 13丁卯31 《11月》 **14**戊辰 1 15己巳 2 16庚午 3 17辛未④ 18壬申 5 19癸酉 6 20甲戌 7 21乙亥 8 22丙子 9 23丁丑10 24戊寅⑪ 25己卯12 26庚辰13 27辛巳14 28壬午15 **29**癸未16	1 甲申17 2 乙酉⑱ 3 丙戌19 4 丁亥20 5 戊子21 6 己丑22 7 庚寅23 8 辛卯24 9 壬辰㉕ 10癸巳26 11甲午27 12乙未28 13丙申29 14丁酉30 《12月》 **15**戊戌 1 16己亥② 17庚子 3 18辛丑 4 19壬寅 5 20癸卯 6 21甲辰 7 22乙巳 8 23丙午⑨ 24丁未10 25戊申11 26己酉12 27庚戌13 28辛亥14 29壬子15	**1** 癸丑⑯ 2 甲寅17 3 乙卯18 4 丙辰19 5 丁巳20 6 戊午21 7 己未22 8 庚申㉓ 9 辛酉24 10壬戌25 11癸亥26 12甲子27 13乙丑28 14丙寅29 15丁卯㉚ 16戊辰31 **1051年** 《1月》 **17**己巳 1 18庚午 2 19辛未 3 20壬申 4 21癸酉 5 22甲戌⑥ 23乙亥 7 24丙子 8 25丁丑 9 26戊寅10 27己卯11 28庚辰12 29辛巳⑬ 30壬午14	1 癸未15 **2** 甲申16 3 乙酉17 4 丙戌18 5 丁亥19 6 戊子⑳ 7 己丑21 8 庚寅22 9 辛卯23 10壬辰24 11癸巳25 12甲午26 13乙未㉗ 14丙申28 15丁酉29 16戊戌30 **17**己亥31 《2月》 18庚子 1 19辛丑 2 20壬寅③ 21癸卯 4 22甲辰 5 23乙巳 6 24丙午 7 25丁未 8 26戊申 9 27己酉⑩ 28庚戌11 29辛亥12 30壬子13
立春 6日 雨水 21日	啓蟄 7日 春分 22日	清明 8日 穀雨 23日	立夏 9日 小満 24日	芒種 9日 夏至 25日	小暑 11日 大暑 26日	立秋 11日 処暑 27日	白露 13日 秋分 28日	寒露 13日 霜降 28日	立冬 14日 小雪 29日	大雪15日	冬至 1日 小寒 17日	大寒 2日 立春 17日

永承**6**年（1051－1052）　辛卯

1月	2月	3月	4月	5月	6月	7月	8月	9月	10月	11月	12月
1 癸丑14 **2** 甲寅15 3 乙卯16 4 丙辰⑰ 5 丁巳18 6 戊午19 7 己未20 8 庚申21 9 辛酉22 10 壬戌23 11 癸亥㉔ 12 甲子25 13 乙丑26 14 丙寅27 15 丁卯28 《3月》 16 戊辰 1 **17** 己巳 2 18 庚午③ 19 辛未 4 20 壬申 5 21 癸酉 6 22 甲戌 7 23 乙亥 8 24 丙子 9 25 丁丑⑩ 26 戊寅11 27 己卯12 28 庚辰13 29 辛巳14	1 壬午15 2 癸未16 3 甲申⑰ **4** 乙酉18 5 丙戌19 6 丁亥20 7 戊子21 8 己丑22 9 庚寅23 10 辛卯㉔ 11 壬辰25 12 癸巳26 13 甲午27 14 乙未28 15 丙申29 16 丁酉30 17 戊戌㉛ 《4月》 18 己亥 1 **19** 庚子 2 20 辛丑 3 21 壬寅 4 22 癸卯 5 23 甲辰 6 24 乙巳⑦ 25 丙午 8 26 丁未 9 27 戊申10 28 己酉11 29 庚戌12 30 辛亥13	1 壬子⑭ 2 癸丑15 3 甲寅16 **4** 乙卯17 5 丙辰18 6 丁巳19 7 戊午20 8 己未㉑ 9 庚申22 10 辛酉23 11 壬戌24 12 癸亥25 13 甲子26 14 乙丑27 15 丙寅㉘ 16 丁卯29 17 戊辰30 《5月》 18 己巳 1 **19** 庚午 2 20 辛未 3 21 壬申 4 22 癸酉⑤ 23 甲戌 6 24 乙亥 7 25 丙子 8 26 丁丑 9 27 戊寅10 28 己卯11 29 庚辰⑫	1 辛巳13 2 壬午14 3 癸未15 4 甲申16 **5** 乙酉17 6 丙戌18 7 丁亥⑲ 8 戊子20 9 己丑21 10 庚寅22 11 辛卯23 12 壬辰24 13 癸巳25 14 甲午㉖ 15 乙未27 16 丙申28 17 丁酉29 18 戊戌30 19 己亥31 《6月》 20 庚子 1 **21** 辛丑② 22 壬寅 3 23 癸卯 4 24 甲辰 5 25 乙巳 6 26 丙午 7 27 丁未 8 28 戊申⑨ 29 己酉10	1 庚戌11 2 辛亥12 3 壬子13 4 癸丑14 5 甲寅15 6 乙卯⑯ **7** 丙辰17 8 丁巳18 9 戊午19 10 己未20 11 庚申21 12 辛酉22 13 壬戌㉓ 14 癸亥24 15 甲子25 16 乙丑26 17 丙寅27 18 丁卯28 19 戊辰29 20 己巳㉚ 《7月》 21 庚午 1 **22** 辛未 2 23 壬申 3 24 癸酉 4 25 甲戌 5 26 乙亥 6 27 丙子⑦ 28 丁丑 8 29 戊寅 9 30 己卯10	1 庚辰11 2 辛巳12 3 壬午13 4 癸未⑭ 5 甲申15 6 乙酉16 **7** 丙戌17 8 丁亥18 9 戊子19 10 己丑20 11 庚寅㉑ 12 辛卯22 13 壬辰23 14 癸巳24 15 甲午25 16 乙未26 17 丙申27 18 丁酉㉘ 19 戊戌29 20 己亥30 21 庚子31 《8月》 22 辛丑 1 **23** 壬寅 2 24 癸卯 3 25 甲辰④ 26 乙巳 5 27 丙午 6 28 丁未 7 29 戊申 8	1 己酉 9 2 庚戌10 3 辛亥⑪ 4 壬子12 5 癸丑13 6 甲寅14 7 乙卯15 8 丙辰16 **9** 丁巳17 10 戊午⑱ 11 己未19 12 庚申20 13 辛酉21 14 壬戌22 15 癸亥23 16 甲子24 17 乙丑㉕ 18 丙寅26 19 丁卯27 20 戊辰28 21 己巳29 22 庚午30 23 辛未31 《9月》 **24** 壬申① 25 癸酉 2 26 甲戌 3 27 乙亥 4 28 丙子 5 29 丁丑 6 30 戊寅 7	1 己卯⑧ 2 庚辰 9 3 辛巳10 4 壬午11 5 癸未12 6 甲申13 7 乙酉14 8 丙戌⑮ **9** 丁亥16 10 戊子17 11 己丑18 12 庚寅19 13 辛卯20 14 壬辰21 15 癸巳㉒ 16 甲午23 17 乙未24 18 丙申25 19 丁酉26 20 戊戌27 21 己亥28 22 庚子㉙ 23 辛丑30 《10月》 **24** 壬寅 1 25 癸卯 2 26 甲辰 3 27 乙巳 4 28 丙午 5 29 丁未⑥ 30 戊申 7	1 己酉 8 2 庚戌 9 3 辛亥10 4 壬子11 5 癸丑12 6 甲寅⑬ 7 乙卯14 8 丙辰15 9 丁巳16 **10** 戊午17 11 己未18 12 庚申19 13 辛酉⑳ 14 壬戌21 15 癸亥22 16 甲子23 17 乙丑24 18 丙寅25 19 丁卯26 20 戊辰㉗ 21 己巳28 22 庚午29 23 辛未30 24 壬申31 《11月》 **25** 癸酉 1 26 甲戌 2 27 乙亥③ 28 丙子 4 29 丁丑 5 30 戊寅 6	1 己卯 7 2 庚辰 8 3 辛巳 9 4 壬午⑩ 5 癸未11 6 甲申12 7 乙酉13 8 丙戌14 9 丁亥15 **10** 戊子16 11 己丑⑰ 12 庚寅18 13 辛卯19 14 壬辰20 15 癸巳21 16 甲午22 17 乙未23 18 丙申㉔ 19 丁酉25 20 戊戌26 21 己亥27 22 庚子28 23 辛丑29 24 壬寅30 《12月》 **25** 癸卯① 26 甲辰 2 27 乙巳 3 28 丙午 4 29 丁未 5	1 戊申 6 2 己酉 7 3 庚戌⑧ 4 辛亥 9 5 壬子10 6 癸丑11 7 甲寅12 8 乙卯13 9 丙辰14 10 丁巳⑮ 11 戊午16 **12** 己未17 13 庚申18 14 辛酉19 15 壬戌20 16 癸亥21 17 甲子㉒ 18 乙丑23 19 丙寅24 20 丁卯25 21 戊辰26 22 己巳27 23 庚午28 24 辛未㉙ 25 壬申30 26 癸酉31 **1052年** 《1月》 **27** 甲戌 1 28 乙亥 2 29 丙子 3 30 丁丑 4	1 戊寅⑤ 2 己卯 6 3 庚辰 7 4 辛巳 8 5 壬午 9 6 癸未10 7 甲申11 8 乙酉⑫ 9 丙戌13 10 丁亥14 11 戊子15 **12** 己丑16 13 庚寅17 14 辛卯18 15 壬辰⑲ 16 癸巳20 17 甲午21 18 乙未22 19 丙申23 20 丁酉24 21 戊戌25 22 己亥㉖ 23 庚子27 24 辛丑28 25 壬寅29 26 癸卯30 **27** 甲辰31 《2月》 28 乙巳 1 29 丙午② 30 丁未 3
雨水 2日 啓蟄 17日	春分 4日 清明 19日	穀雨 4日 立夏 19日	小満 5日 芒種 21日	夏至 7日 小暑 22日	大暑 7日 立秋 23日	処暑 9日 白露 24日	秋分 9日 寒露 24日	霜降 10日 立冬 25日	小雪 10日 大雪 25日	冬至 12日 小寒 27日	大寒 12日 立春 27日

永承**7**年（1052－1053）　壬辰

1月	2月	3月	4月	5月	6月	7月	8月	9月	10月	11月	12月
1 戊申 4 2 己酉 5 3 庚戌 6 4 辛亥 7 5 壬子 8 6 癸丑⑨ 7 甲寅10 8 乙卯11 9 丙辰12 10 丁巳13 11 戊午14 **12** 己未15 13 庚申⑯ 14 辛酉17 15 壬戌18 16 癸亥19 17 甲子20 18 乙丑21 19 丙寅22 20 丁卯㉓ 21 戊辰24 22 己巳25 23 庚午26 24 辛未27 25 壬申28 26 癸酉29 《3月》 27 甲戌① **28** 乙亥 2 29 丙子 3	1 丁丑 4 2 戊寅 5 3 己卯 6 4 庚辰 7 5 辛巳⑧ 6 壬午 9 7 癸未10 8 甲申11 9 乙酉12 10 丙戌13 11 丁亥14 12 戊子⑮ 13 己丑16 **14** 庚寅17 15 辛卯18 16 壬辰19 17 癸巳20 18 甲午21 19 乙未㉒ 20 丙申23 21 丁酉24 22 戊戌25 23 己亥26 24 庚子27 25 辛丑28 26 壬寅㉙ 27 癸卯30 28 甲辰31 《4月》 **29** 乙巳 1	1 丙午 2 2 丁未 3 3 戊申 4 4 己酉⑤ 5 庚戌 6 6 辛亥 7 7 壬子 8 8 癸丑 9 9 甲寅10 10 乙卯11 11 丙辰⑫ 12 丁巳13 13 戊午14 14 己未15 **15** 庚申16 16 辛酉17 17 壬戌18 18 癸亥⑲ 19 甲子20 20 乙丑21 21 丙寅22 22 丁卯23 23 戊辰24 24 己巳25 25 庚午㉖ 26 辛未27 27 壬申28 28 癸酉29 29 甲戌30 《5月》 **30** 乙亥 1	1 丙子 2 2 丁丑③ 3 戊寅 4 4 己卯 5 5 庚辰 6 6 辛巳 7 7 壬午 8 8 癸未 9 9 甲申⑩ 10 乙酉11 11 丙戌12 12 丁亥13 13 戊子14 14 己丑15 15 庚寅16 **16** 辛卯⑰ 17 壬辰18 18 癸巳19 19 甲午20 20 乙未21 21 丙申22 22 丁酉23 23 戊戌㉔ 24 己亥25 25 庚子26 26 辛丑27 27 壬寅28 28 癸卯29 29 甲辰30	1 乙巳㉛ 《6月》 **2** 丙午 1 3 丁未 2 4 戊申 3 5 己酉 4 6 庚戌 5 7 辛亥 6 8 壬子⑦ 9 癸丑 8 10 甲寅 9 11 乙卯10 12 丙辰11 13 丁巳12 14 戊午13 15 己未⑭ 16 庚申15 **17** 辛酉16 18 壬戌17 19 癸亥18 20 甲子19 21 乙丑20 22 丙寅㉑ 23 丁卯22 24 戊辰23 25 己巳24 26 庚午25 27 辛未26 28 壬申27 29 癸酉㉘	1 甲戌29 2 乙亥30 《7月》 **3** 丙子 1 4 丁丑 2 5 戊寅 3 6 己卯 4 7 庚辰⑤ 8 辛巳 6 9 壬午 7 10 癸未 8 11 甲申 9 12 乙酉10 13 丙戌11 14 丁亥⑫ 15 戊子13 16 己丑14 17 庚寅15 18 辛卯16 **19** 壬辰17 20 癸巳18 21 甲午⑲ 22 乙未20 23 丙申21 24 丁酉22 25 戊戌23 26 己亥24 27 庚子25 28 辛丑㉖ 29 壬寅27 30 癸卯28	1 甲辰29 2 乙巳30 3 丙午31 《8月》 **4** 丁未 1 5 戊申② 6 己酉 3 7 庚戌 4 8 辛亥 5 9 壬子 6 10 癸丑 7 11 甲寅 8 12 乙卯⑨ 13 丙辰10 14 丁巳11 15 戊午12 16 己未13 17 庚申14 18 辛酉15 **19** 壬戌⑯ 20 癸亥17 21 甲子18 22 乙丑19 23 丙寅20 24 丁卯21 25 戊辰22 26 己巳㉓ 27 庚午24 28 辛未25 29 壬申26	1 癸酉27 2 甲戌28 3 乙亥29 4 丙子㉚ **5** 丁丑31 《9月》 6 戊寅 1 7 己卯 2 8 庚辰 3 9 辛巳 4 10 壬午 5 11 癸未⑥ 12 甲申 7 13 乙酉 8 14 丙戌 9 15 丁亥10 16 戊子11 17 己丑12 18 庚寅⑬ 19 辛卯14 **20** 壬辰15 21 癸巳16 22 甲午17 23 乙未18 24 丙申19 25 丁酉⑳ 26 戊戌21 27 己亥22 28 庚子23 29 辛丑24 30 壬寅25	1 癸卯26 2 甲辰㉗ 3 乙巳28 4 丙午29 5 丁未30 《10月》 **6** 戊申 1 7 己酉 2 8 庚戌 3 9 辛亥④ 10 壬子 5 11 癸丑 6 12 甲寅 7 13 乙卯 8 14 丙辰 9 15 丁巳10 16 戊午⑪ 17 己未12 18 庚申13 19 辛酉14 20 壬戌15 **21** 癸亥16 22 甲子17 23 乙丑⑱ 24 丙寅19 25 丁卯20 26 戊辰21 27 己巳22 28 庚午23 29 辛未24 30 壬申㉕	1 癸酉26 2 甲戌27 3 乙亥28 4 丙子29 5 丁丑30 **6** 戊寅31 《11月》 7 己卯① 8 庚辰 2 9 辛巳 3 10 壬午 4 11 癸未 5 12 甲申 6 13 乙酉 7 14 丙戌⑧ 15 丁亥 9 16 戊子10 17 己丑11 18 庚寅12 19 辛卯13 20 壬辰14 **21** 癸巳⑮ 22 甲午16 23 乙未17 24 丙申18 25 丁酉19 26 戊戌20 27 己亥21 28 庚子㉒ 29 辛丑23	1 壬寅24 2 癸卯25 3 甲辰26 4 乙巳27 5 丙午28 6 丁未㉙ 7 戊申30 《12月》 **8** 己酉 1 9 庚戌 2 10 辛亥 3 11 壬子 4 12 癸丑 5 13 甲寅⑥ 14 乙卯 7 15 丙辰 8 16 丁巳 9 17 戊午10 18 己未11 19 庚申12 20 辛酉⑬ 21 壬戌14 22 癸亥15 **23** 甲子16 24 乙丑17 25 丙寅18 26 丁卯19 27 戊辰⑳ 28 己巳21 29 庚午22 30 辛未23	1 壬申24 2 癸酉25 3 甲戌26 4 乙亥㉗ 5 丙子28 6 丁丑29 7 戊寅30 **8** 己卯31 **1053年** 《1月》 9 庚辰 1 10 辛巳 2 11 壬午③ 12 癸未 4 13 甲申 5 14 乙酉 6 15 丙戌 7 16 丁亥 8 17 戊子 9 18 己丑⑩ 19 庚寅11 20 辛卯12 21 壬辰13 22 癸巳14 **23** 甲午15 24 乙未16 25 丙申⑰ 26 丁酉18 27 戊戌19 28 己亥20 29 庚子21 30 辛丑22
雨水 12日 啓蟄 28日	春分 14日 清明 29日	穀雨 15日 立夏 30日	小満 16日	芒種 2日 夏至 17日	小暑 3日 大暑 19日	立秋 4日 処暑 19日	白露 5日 秋分 20日	寒露 6日 霜降 21日	立冬 6日 小雪 21日	大雪 8日 冬至 23日	小寒 8日 大寒 23日

天喜元年〔永承**8**年〕（1053－1054） 癸巳

改元 1/11（永承→天喜）

1月	2月	3月	4月	5月	6月	7月	閏7月	8月	9月	10月	11月	12月
1 壬寅23	1 辛未㉑	1 辛丑23	1 庚午21	1 庚子21	1 己巳19	1 戊戌⑱	1 戊辰17	1 丁酉15	1 丁卯15	1 丙申13	1 丙寅13	1 丙申12
2 癸卯㉔	2 壬申22	2 壬寅24	2 辛未22	2 辛丑22	2 庚午⑳	2 己亥19	2 己巳18	**2** 戊戌16	**2** 戊辰16	2 丁酉⑭	2 丁卯14	2 丁酉13
3 甲辰25	3 癸酉23	3 癸卯25	3 壬申23	3 壬寅㉓	3 辛未21	3 庚子20	3 庚午19	3 己亥17	3 己巳⑰	3 戊戌15	3 戊辰15	3 戊戌14
4 乙巳26	4 甲戌24	4 甲辰26	4 癸酉24	4 癸卯24	4 壬申22	4 辛丑21	4 辛未20	4 庚子18	4 庚午18	**4** 己亥16	**4** 己巳16	**4** 己亥15
5 丙午27	5 乙亥25	5 乙巳27	5 甲戌㉕	5 甲辰25	5 癸酉23	5 壬寅22	5 壬申21	5 辛丑⑲	5 辛未19	5 庚子17	5 庚午17	5 庚子⑯
6 丁未28	6 丙子26	6 丙午㉘	6 乙亥26	6 乙巳26	6 甲戌24	6 癸卯23	6 癸酉㉒	6 壬寅20	6 壬申20	6 辛丑18	6 辛未18	6 辛丑17
7 戊申29	7 丁丑27	7 丁未29	7 丙子27	7 丙午27	7 乙亥25	7 甲辰24	7 甲戌23	7 癸卯21	7 癸酉21	7 壬寅19	7 壬申⑲	7 壬寅18
8 己酉30	8 戊寅㉘	8 戊申30	8 丁丑28	8 丁未28	8 丙子26	8 乙巳㉕	8 乙亥24	8 甲辰22	8 甲戌22	8 癸卯20	8 癸酉20	8 癸卯19
9 庚戌㉛	《3月》	9 己酉31	9 戊寅29	9 戊申29	9 丁丑㉗	9 丙午26	9 丙子25	9 乙巳23	9 乙亥23	9 甲辰㉑	9 甲戌21	9 甲辰20
《2月》	9 己卯 1	《4月》	10己卯30	10己酉㉚	10戊寅28	10丁未27	10丁丑26	10丙午24	10丙子㉔	10乙巳22	10乙亥22	10乙巳21
10辛亥 1	**10**庚辰 2	**10**庚戌 1	《5月》	11庚戌31	11己卯29	11戊申28	11戊寅27	11丁未25	11丁丑25	11丙午23	11丙子23	11丙午22
*11*壬子 2	11辛巳 3	11辛亥 2	11庚辰 1	《6月》	12庚辰30	12己酉29	12己卯28	12戊申㉖	12戊寅26	12丁未24	12丁丑24	12丁未㉓
12癸丑 3	12壬午 4	12壬子 3	**12**辛巳②	**12**辛亥 1	《7月》	13庚戌30	13庚辰㉙	13己酉27	13己卯27	13戊申25	13戊寅25	13戊申24
13甲寅 4	13癸未 5	13癸丑④	13壬午 3	13壬子 2	13辛巳 1	14辛亥31	14辛巳30	14庚戌28	14庚辰28	14己酉26	14己卯㉖	14己酉25
14乙卯 5	14甲申 6	14甲寅 5	14癸未 4	14癸丑 3	**14**壬午 2	《8月》	**15**壬午31	15辛亥29	15辛巳29	15庚戌27	15庚辰27	15庚戌26
15丙辰 6	15乙酉⑦	15乙卯 6	15甲申 5	15甲寅 4	15癸未 3	**15**壬子①	《9月》	16壬子30	16壬午30	16辛亥㉘	16辛巳28	16辛亥27
16丁巳⑦	16丙戌 8	16丙辰 7	16乙酉 6	16乙卯 5	16甲申④	16癸丑 2	16癸未 1	《10月》	**17**癸未㉛	17壬子29	17壬午29	17壬子28
17戊午 8	17丁亥 9	17丁巳 8	17丙戌 7	17丙辰⑥	17乙酉 5	17甲寅 3	17甲申 2	**17**癸丑 1	《11月》	18癸丑30	18癸未30	18癸丑29
18己未 9	18戊子10	18戊午 9	18丁亥 8	18丁巳 7	18丙戌 6	18乙卯 4	18乙酉 3	18甲寅 2	18甲申 1	《12月》	**19**甲申31	19甲寅㉚
19庚申10	19己丑11	19己未10	19戊子⑨	19戊午 8	19丁亥 7	19丙辰 5	19丙戌 4	19乙卯③	19乙酉 2	**19**甲寅 1	**1054年**	**20**乙卯31
20辛酉11	20庚寅12	20庚申⑪	20己丑10	20己未 9	20戊子 8	20丁巳 6	20丁亥⑤	20丙辰 4	20丙戌 3	20乙卯 2	《1月》	《2月》
21壬戌12	21辛卯13	21辛酉12	21庚寅11	21庚申10	21己丑 9	21戊午 7	21戊子 6	21丁巳 5	21丁亥 4	21丙辰 3	20乙酉 1	21丙辰 1
22癸亥13	22壬辰⑭	22壬戌13	22辛卯12	22辛酉11	22庚寅10	22己未⑧	22己丑 7	22戊午 6	22戊子 5	22丁巳 4	21丙戌②	22丁巳 2
23甲子⑭	23癸巳15	23癸亥14	23壬辰13	23壬戌12	23辛卯⑪	23庚申 9	23庚寅 8	23己未 7	23己丑 6	23戊午⑤	22丁亥 3	23戊午 3
24乙丑15	24甲午16	24甲子15	24癸巳14	24癸亥⑬	24壬辰12	24辛酉10	24辛卯 9	24庚申 8	24庚寅⑦	24己未 6	23戊子 4	24己未 4
25丙寅16	**25**乙未17	25乙丑16	25甲午15	25甲子14	25癸巳13	25壬戌11	25壬辰10	25辛酉 9	25辛卯 8	25庚申 7	24己丑 5	25庚申 5
26丁卯17	26丙申18	**26**丙寅17	26乙未⑯	26乙丑15	26甲午14	26癸亥12	26癸巳11	26壬戌⑩	26壬辰 9	26辛酉 8	25庚寅 6	26辛酉⑥
27戊辰18	27丁酉19	27丁卯⑱	**27**丙申17	**27**丙寅16	27乙未15	27甲子13	27甲午⑫	27癸亥11	27癸巳10	27壬戌 9	26辛卯 7	27壬戌 7
28己巳19	28戊戌20	28戊辰19	28丁酉18	28丁卯17	28丙申16	28乙丑14	28乙未13	28甲子12	28甲午11	28癸亥10	27壬辰 8	28癸亥 8
29庚午20	29己亥㉑	29己巳20	29戊戌19	29戊辰18	**29**丁酉17	29丙寅⑮	29丙申14	29乙丑13	29乙未12	29甲子11	28癸巳⑨	29甲子 9
	30庚子22		30己亥20			**30**丁卯16		30丙寅14		30乙丑⑫	29甲午10	30乙丑10
											30乙未11	

立春 8日	啓蟄 10日	清明 10日	立夏 12日	芒種 12日	小暑 14日	立秋 15日	白露15日	秋分 2日	霜降 2日	小雪 4日	冬至 4日	大寒 4日
雨水 24日	春分 25日	穀雨 26日	小満 27日	夏至 27日	大暑 29日	処暑 30日		寒露 17日	立冬 17日	大雪 19日	小寒 19日	立春 20日

天喜**2**年（1054－1055） 甲午

1月	2月	3月	4月	5月	6月	7月	8月	9月	10月	11月	12月
1 丙寅11	1 乙未12	1 乙丑11	1 甲午10	1 甲子 9	1 癸巳 8	1 壬戌 6	1 壬辰 5	1 辛酉 4	1 辛卯 3	1 庚申 2	**1055年**
2 丁卯12	2 丙申⑬	2 丙寅12	2 乙未11	2 乙丑10	2 甲午 9	2 癸亥⑦	2 癸巳 6	2 壬戌 5	2 壬辰 4	2 辛酉 3	《1月》
3 戊辰⑬	3 丁酉14	3 丁卯13	3 丙申12	3 丙寅11	3 乙未⑩	3 甲子 8	3 甲午 7	3 癸亥 6	3 癸巳 5	3 壬戌④	1 庚寅①
4 己巳14	4 戊戌15	4 戊辰14	4 丁酉13	4 丁卯⑫	4 丙申11	4 乙丑 9	4 乙未 8	4 甲子 7	4 甲午⑥	4 癸亥 5	2 辛卯 2
5 庚午15	5 己亥16	5 己巳15	5 戊戌14	5 戊辰13	5 丁酉12	5 丙寅10	5 丙申 9	5 乙丑 8	5 乙未 7	5 甲子 6	3 壬辰 3
6 辛未16	**6** 庚子17	6 庚午16	6 己亥⑮	6 己巳14	6 戊戌13	6 丁卯11	6 丁酉10	6 丙寅⑨	6 丙申 8	6 乙丑 7	4 癸巳 4
7 壬申17	7 辛丑18	**7** 辛未⑰	7 庚子16	7 庚午15	7 己亥14	7 戊辰12	7 戊戌⑪	7 丁卯10	7 丁酉 9	7 丙寅 8	5 甲午 5
8 癸酉18	8 壬寅19	8 壬申18	**8** 辛丑17	8 辛未16	8 庚子15	8 己巳13	8 己亥12	8 戊辰11	8 戊戌10	8 丁卯 9	6 乙未 6
9 甲戌19	9 癸卯⑳	9 癸酉19	9 壬寅18	**9** 壬申17	9 辛丑16	9 庚午⑭	9 庚子13	9 己巳12	9 己亥11	9 戊辰10	7 丙申 7
10乙亥⑳	10甲辰21	10甲戌20	10癸卯19	10癸酉18	**10**壬寅⑰	10辛未15	10辛丑14	10庚午13	10庚子12	10己巳⑪	8 丁酉⑧
11丙子21	11乙巳22	11乙亥21	11甲辰20	11甲戌⑲	11癸卯18	11壬申16	11壬寅15	11辛未14	11辛丑⑬	11庚午12	9 戊戌 9
12丁丑22	12丙午23	12丙子22	12乙巳21	12乙亥20	12甲辰19	**12**癸酉17	**12**癸卯16	12壬申15	12壬寅14	12辛未13	10己亥10
13戊寅23	13丁未24	13丁丑23	13丙午㉒	13丙子21	13乙巳20	13甲戌18	13甲辰17	**13**癸酉⑯	13癸卯15	13壬申14	11庚子11
14己卯24	14戊申25	14戊寅㉔	14丁未23	14丁丑22	14丙午21	14乙亥19	14乙巳⑱	14甲戌17	**14**甲辰16	14癸酉15	12辛丑12
15庚辰25	15己酉26	15己卯25	15戊申24	15戊寅23	15丁未22	15丙子20	15丙午19	15乙亥18	15乙巳17	**15**甲戌16	13壬寅13
16辛巳26	16庚戌㉗	16庚辰26	16己酉25	16己卯24	16戊申23	16丁丑㉑	16丁未20	16丙子19	16丙午18	16乙亥17	14癸卯14
17壬午㉗	17辛亥28	17辛巳27	17庚戌26	17庚辰25	17己酉㉔	17戊寅22	17戊申21	17丁丑20	17丁未19	17丙子⑱	15甲辰⑮
18癸未28	18壬子29	18壬午28	18辛亥27	18辛巳㉖	18庚戌25	18己卯23	18己酉22	18戊寅21	18戊申⑳	18丁丑19	**16**乙巳16
《3月》	19癸丑30	19癸未29	19壬子28	19壬午27	19辛亥26	19庚辰24	19庚戌23	19己卯22	19己酉21	19戊寅20	17丙午17
19甲申 1	20甲寅31	20甲申30	20癸丑㉙	20癸未28	20壬子27	20辛巳25	20辛亥24	20庚辰㉓	20庚戌22	20己卯21	18丁未18
20乙酉 2	《4月》	《5月》	21甲寅30	21甲申29	21癸丑28	21壬午26	21壬子㉕	21辛巳24	21辛亥23	21庚辰22	19戊申19
21丙戌 3	21乙卯 1	21乙酉①	22乙卯31	22乙酉30	22甲寅29	22癸未27	22癸丑26	22壬午25	22壬子24	22辛巳23	20己酉20
22丁亥 4	**22**丙辰 2	**22**丙戌 2	《6月》	《7月》	23乙卯30	23甲申㉘	23甲寅27	23癸未26	23癸丑25	23壬午24	21庚戌21
23戊子 5	23丁巳③	23丁亥 3	**23**丙辰 1	23丙戌 1	24丙辰㉛	24乙酉29	24乙卯28	24甲申27	24甲寅26	24癸未㉕	22辛亥㉒
24己丑⑥	24戊午 4	24戊子 4	24丁巳 2	**24**丁亥 2	《8月》	25丙戌30	25丙辰29	25乙酉28	25乙卯㉗	25甲申26	23壬子23
25庚寅 7	25己未 5	25己丑 5	25戊午 3	25戊子③	**25**丁巳 1	26丁亥31	26丁巳30	26丙戌29	26丙辰28	26乙酉27	24癸丑24
26辛卯 8	26庚申 6	26庚寅 6	26己未 4	26己丑 4	26戊午 2	《9月》	《10月》	27丁亥㉚	27丁巳29	27丙戌28	25甲寅25
27壬辰 9	27辛酉 7	27辛卯 7	27庚申⑤	27庚寅 5	27己未 3	**27**戊子 1	**27**戊午 1	28戊子31	28戊午30	28丁亥29	26乙卯26
28癸巳10	28壬戌 8	28壬辰⑧	28辛酉 6	28辛卯 6	28庚申 4	28己丑 2	28己未②	《11月》	《12月》	29戊子30	27丙辰27
29甲午11	29癸亥 9	29癸巳 9	29壬戌 7	29壬辰 7	29辛酉 5	29庚寅 3	29庚申 3	**29**己丑 1	**29**己未 1	**30**己丑31	28丁巳28
	30甲子⑩		30癸亥 8			30辛卯④		30庚寅 2			29戊午㉙
											30己未30

雨水 5日	春分 6日	穀雨 7日	小満 8日	夏至 9日	大暑 10日	処暑 12日	秋分 12日	霜降 13日	小雪 14日	冬至 15日	大寒 16日
啓蟄 20日	清明 22日	立夏 22日	芒種 23日	小暑 24日	立秋 25日	白露 27日	寒露 27日	立冬 29日	大雪 29日	小寒 30日	

天喜**3**年（1055－1056） 乙未

1月	2月	3月	4月	5月	6月	7月	8月	9月	10月	11月	12月
1 庚申31	《3月》	1 己未31	1 己丑㉚	1 戊午29	1 戊子28	1 丁巳27	1 丙戌25	1 丙辰㉔	1 乙酉23	1 乙卯22	1 甲申21
《2月》	1 己丑 1	《4月》	《5月》	2 己未30	2 己丑29	2 戊午28	2 丁亥26	2 丁巳25	2 丙戌24	2 丙辰23	2 乙酉22
2 辛酉 1	**2** 庚寅 2	2 庚申 1	2 庚寅 1	3 庚申31	3 庚寅30	3 己未29	3 戊子㉗	3 戊午26	3 丁亥25	3 丁巳24	3 丙戌23
3 壬戌 2	3 辛卯 3	**3** 辛酉②	**3** 辛卯 2	《6月》	《7月》	4 庚申㉚	4 己丑28	4 己未27	4 戊子26	4 戊午25	4 丁亥㉔
4 癸亥 3	4 壬辰 4	4 壬戌 3	4 壬辰 3	4 辛酉 1	4 辛卯 1	5 辛酉31	5 庚寅29	5 庚申28	5 己丑27	5 己未㉖	5 戊子25
5 甲子 4	5 癸巳⑤	5 癸亥 4	5 癸巳 4	**5** 壬戌 2	**5** 壬辰②	《8月》	6 辛卯30	6 辛酉29	6 庚寅28	6 庚申27	6 己丑26
6 乙丑⑤	6 甲午 6	6 甲子 5	6 甲午 5	6 癸亥 3	6 癸巳 3	6 壬戌 1	7 壬辰31	7 壬戌30	7 辛卯㉙	7 辛酉28	7 庚寅27
7 丙寅 6	7 乙未 7	7 乙丑 6	7 乙未 6	7 甲子④	7 甲午 4	**7** 癸亥 2	《9月》	《10月》	8 壬辰30	8 壬戌29	8 辛卯28
8 丁卯 7	8 丙申 8	8 丙寅 7	8 丙申⑦	8 乙丑 5	8 乙未 5	8 甲子 3	**8** 癸巳 1	**8** 癸亥①	9 癸巳31	9 癸亥30	9 壬辰29
9 戊辰 8	9 丁酉 9	9 丁卯 8	9 丁酉 8	9 丙寅 6	9 丙申 6	9 乙丑 4	9 甲午 2	9 甲子 2	《11月》	《12月》	10癸巳30
10己巳 9	10戊戌10	10戊辰⑨	10戊戌 9	10丁卯 7	10丁酉 7	10丙寅 5	10乙未③	10乙丑 3	**10**甲午 1	**10**甲子 1	11甲午㉛
11庚午10	11己亥11	11己巳10	11己亥10	11戊辰 8	11戊戌 8	11丁卯⑥	11丙申 4	11丙寅 4	11乙未 2	11乙丑 2	**1056**年
12辛未11	12庚子⑫	12庚午11	12庚子11	12己巳 9	12己亥⑨	12戊辰 7	12丁酉 5	12丁卯 5	12丙申 3	12丙寅③	《1月》
13壬申⑫	13辛丑13	13辛未12	13辛丑12	13庚午10	13庚子10	13己巳 8	13戊戌 6	13戊辰 6	13丁酉 4	13丁卯 4	**12**乙未 1
14癸酉13	14壬寅14	14壬申13	14壬寅13	14辛未⑪	14辛丑11	14庚午 9	14己亥 7	14己巳 7	14戊戌⑤	14戊辰 5	13丙申 2
15甲戌14	15癸卯15	15癸酉14	15癸卯⑭	15壬申12	15壬寅12	15辛未10	15庚子 8	15庚午⑧	15己亥 6	15己巳 6	14丁酉 3
16乙亥15	16甲辰16	16甲戌15	16甲辰15	16癸酉13	16癸卯13	16壬申11	16辛丑 9	16辛未 9	16庚子 7	16庚午 7	15戊戌 4
17丙子16	17乙巳17	17乙亥⑯	17乙巳16	17甲戌14	17甲辰14	17癸酉12	17壬寅⑩	17壬申10	17辛丑 8	17辛未 8	16己亥 5
18丁丑17	**18**丙午18	**18**丙子17	**18**丙午17	18乙亥15	18乙巳15	18甲戌⑬	18癸卯11	18癸酉11	18壬寅 9	18壬申 9	17庚子 6
19戊寅18	19丁未⑲	19丁丑18	19丁未18	19丙子16	19丙午⑯	19乙亥14	19甲辰12	19甲戌12	19癸卯10	19癸酉⑩	18辛丑⑦
20己卯⑲	20戊申20	20戊寅19	20戊申19	**20**丁丑17	**20**丁未17	20丙子15	20乙巳13	20乙亥13	20甲辰11	20甲戌11	19壬寅 8
21庚辰20	21己酉21	21己卯20	21己酉20	21戊寅⑱	21戊申18	21丁丑16	21丙午14	21丙子14	21乙巳⑫	21乙亥12	20癸卯 9
22辛巳21	22庚戌22	22庚辰21	22庚戌㉑	22己卯19	22己酉19	**22**戊寅17	22丁未15	22丁丑⑮	22丙午13	22丙子13	21甲辰10
23壬午22	23辛亥23	23辛巳22	23辛亥22	23庚辰20	23庚戌20	23己卯18	**23**戊申16	23戊寅16	23丁未14	23丁丑14	22乙巳11
24癸未23	24壬子24	24壬午㉓	24壬子23	24辛巳21	24辛亥21	24庚辰19	24己酉⑰	**24**己卯17	24戊申15	24戊寅15	23丙午12
25甲申24	25癸丑25	25癸未24	25癸丑24	25壬午22	25壬子22	25辛巳⑳	25庚戌18	25庚辰18	**25**己酉16	25己卯16	24丁未13
26乙酉25	26甲寅㉖	26甲申25	26甲寅25	26癸未23	26癸丑㉓	26壬午21	26辛亥19	26辛巳19	26庚戌17	**26**庚辰⑰	25戊申⑭
27丙戌㉖	27乙卯27	27乙酉26	27乙卯26	27甲申24	27甲寅24	27癸未22	27壬子20	27壬午20	27辛亥18	27辛巳18	26己酉15
28丁亥27	28丙辰28	28丙戌27	28丙辰27	28乙酉㉕	28乙卯25	28甲申23	28癸丑21	28癸未21	28壬子⑲	28壬午19	**27**庚戌16
29戊子28	29丁巳29	29丁亥28	29丁巳㉘	29丙戌26	29丙辰26	29乙酉24	29甲寅22	29甲申㉒	29癸丑20	29癸未20	28辛亥17
	30戊午30	30戊子29		30丁亥27			30乙卯23		30甲寅21		29壬子18
											30癸丑19
立春 1日 雨水 16日	啓蟄 2日 春分 18日	清明 3日 穀雨 18日	立夏 3日 小満 18日	芒種 5日 夏至 20日	小暑 5日 大暑 20日	立秋 7日 処暑 22日	白露 8日 秋分 23日	寒露 8日 霜降 24日	立冬 10日 小雪 25日	大雪 10日 冬至 26日	小寒 12日 大寒 27日

天喜**4**年（1056－1057） 丙申

1月	2月	3月	閏3月	4月	5月	6月	7月	8月	9月	10月	11月	12月
1 甲寅20	1 癸未⑱	1 癸丑19	1 癸未18	**1** 壬子17	**1** 壬午⑯	1 壬子16	1 辛巳14	1 庚戌12	1 庚辰12	1 己酉⑩	1 己卯10	1 戊申 8
2 乙卯㉑	2 甲申19	2 甲寅20	2 甲申19	2 癸丑18	2 癸未17	**2** 癸丑17	2 壬午15	2 辛亥13	2 辛巳⑬	2 庚戌11	2 庚辰11	2 己酉 9
3 丙辰22	3 乙酉20	3 乙卯21	3 乙酉20	3 甲寅⑲	3 甲申18	3 甲寅18	**3** 癸未16	3 壬子14	3 壬午14	3 辛亥12	3 辛巳12	3 庚戌10
4 丁巳23	4 丙戌21	4 丙辰22	4 丙戌㉑	4 乙卯20	4 乙酉19	4 乙卯19	4 甲申17	**4** 癸丑⑮	4 癸未15	4 壬子13	4 壬午13	4 辛亥11
5 戊午24	5 丁亥22	5 丁巳23	5 丁亥22	5 丙辰21	5 丙戌20	5 丙辰20	5 乙酉⑱	5 甲寅16	**5** 甲申16	5 癸丑14	5 癸未14	5 壬子⑫
6 己未25	6 戊子23	6 戊午㉔	6 戊子23	6 丁巳22	6 丁亥21	6 丁巳㉑	6 丙戌19	6 乙卯17	6 乙酉17	**6** 甲寅15	6 甲申⑮	6 癸丑13
7 庚申26	7 己丑24	7 己未25	7 己丑24	7 戊午23	7 戊子22	7 戊午22	7 丁亥20	7 丙辰18	7 丙戌18	7 乙卯16	**7** 乙酉16	7 甲寅14
8 辛酉27	8 庚寅㉕	8 庚申26	8 庚寅25	8 己未24	8 己丑㉓	8 己未23	8 戊子21	8 丁巳19	8 丁亥19	8 丙辰⑰	8 丙戌17	**8** 乙卯15
9 壬戌㉘	9 辛卯26	9 辛酉27	9 辛卯26	9 庚申25	9 庚寅24	9 庚申24	9 己丑22	9 戊午20	9 戊子⑳	9 丁巳18	9 丁亥18	9 丙辰16
10癸亥29	10壬辰27	10壬戌28	10壬辰27	10辛酉㉖	10辛卯25	10辛酉25	10庚寅23	10己未21	10己丑21	10戊午19	10戊子19	10丁巳17
11甲子30	11癸巳28	11癸亥29	11癸巳㉘	11壬戌27	11壬辰26	11壬戌26	11辛卯24	11庚申㉒	11庚寅22	11己未20	11己丑20	11戊午18
12乙丑31	12甲午29	12甲子30	12甲午29	12癸亥28	12癸巳27	12癸亥27	12壬辰㉕	12辛酉23	12辛卯23	12庚申21	12庚寅21	12己未⑲
《2月》	《3月》	13乙丑㉛	13乙未30	13甲子29	13甲午28	13甲子㉘	13癸巳26	13壬戌24	13壬辰24	13辛酉22	13辛卯㉒	13庚申20
13丙寅 1	13乙未 1	《4月》	《5月》	14乙丑30	14乙未29	14乙丑29	14甲午27	14癸亥25	14癸巳25	14壬戌23	14壬辰23	14辛酉21
14丁卯 2	**14**丙申 2	**14**丙寅 1	**14**丙申 1	15丙寅31	15丙申㉚	15丙寅30	15乙未28	15甲子26	15甲午26	15癸亥㉔	15癸巳24	15壬戌22
15戊辰 3	15丁酉③	15丁卯 2	15丁酉 2	《6月》	《7月》	16丁卯31	16丙申29	16乙丑27	16乙未㉗	16甲子25	16甲午25	16癸亥23
16己巳④	16戊戌 4	16戊辰 3	16戊戌 3	**16**丁卯 1	**16**丁酉 1	《8月》	17丁酉30	17丙寅28	17丙申28	17乙丑26	17乙未26	17甲子24
17庚午 5	17己亥 5	17己巳 4	17己亥 4	17戊辰②	17戊戌 2	**17**戊辰 1	**18**戊戌31	18丁卯㉙	18丁酉29	18丙寅27	18丙申27	18乙丑25
18辛未 6	18庚子 6	18庚午 5	18庚子⑤	18己巳 3	18己亥 3	18己巳 2	《9月》	19戊辰30	19戊戌30	19丁卯28	19丁酉28	19丙寅㉖
19壬申 7	19辛丑 7	19辛未 6	19辛丑 6	19庚午 4	19庚子 4	19庚午 3	19己亥①	《10月》	**20**己亥31	20戊辰29	20戊戌㉙	20丁卯27
20癸酉 8	20壬寅 8	20壬申⑦	20壬寅 7	20辛未 5	20辛丑 5	20辛未④	20庚子 2	**20**己巳 1	《11月》	21己巳30	21己亥30	21戊辰28
21甲戌 9	21癸卯 9	21癸酉 8	21癸卯 8	21壬申 6	21壬寅 6	21壬申 5	21辛丑 3	21庚午 2	21庚子 1	《12月》	**22**庚子31	22己巳29
22乙亥10	22甲辰⑩	22甲戌 9	22甲辰 9	22癸酉 7	22癸卯⑦	22癸酉 6	22壬寅 4	22辛未 3	22辛丑 2	**22**庚午①	**1057**年	**23**庚午30
23丙子⑪	23乙巳11	23乙亥10	23乙巳10	23甲戌 8	23甲辰 8	23甲戌 7	23癸卯 5	23壬申 4	23壬寅③	23辛未 2	《1月》	24辛未31
24丁丑12	24丙午12	24丙子11	24丙午11	24乙亥⑨	24乙巳 9	24乙亥 8	24甲辰 6	24癸酉 5	24癸卯 4	24壬申 3	23辛丑 1	《2月》
25戊寅13	25丁未13	25丁丑12	25丁未⑫	25丙子10	25丙午10	25丙子 9	25乙巳 7	25甲戌⑥	25甲辰 5	25癸酉 4	24壬寅 2	25壬申 1
26己卯14	26戊申14	26戊寅13	26戊申13	26丁丑11	26丁未11	26丁丑10	26丙午⑧	26乙亥 7	26乙巳 6	26甲戌 5	25癸卯 3	26癸酉②
27庚辰15	27己酉15	27己卯⑭	27己酉14	27戊寅12	27戊申12	27戊寅⑪	27丁未 9	27丙子 8	27丙午 7	27乙亥 6	26甲辰 4	27甲戌 3
28辛巳16	28庚戌16	28庚辰15	28庚戌15	28己卯13	28己酉13	28己卯12	28戊申10	28丁丑 9	28丁未 8	28丙子 7	27乙巳⑤	28乙亥 4
29壬午17	**29**辛亥⑰	**29**辛巳16	29辛亥16	29庚辰14	29庚戌⑭	29庚辰13	29己酉11	29戊寅10	29戊申 9	29丁丑⑧	28丙午 6	29丙子 5
	30壬子18	30壬午17		30辛巳15	30辛亥15			30己卯11		30戊寅 9	29丁未 7	30丁丑 6
立春 12日 雨水 27日	啓蟄 14日 春分 29日	清明 14日 穀雨 29日	立夏14日	小満 1日 芒種 16日	夏至 1日 小暑 16日	大暑 2日 立秋 17日	処暑 3日 白露 18日	秋分 4日 寒露 20日	霜降 5日 立冬 20日	小雪 6日 大雪 22日	冬至 7日 小寒 22日	大寒 8日 立春 23日

天喜5年（1057－1058） 丁酉

1月	2月	3月	4月	5月	6月	7月	8月	9月	10月	11月	12月
1 戊寅 7 2 己卯 8 3 庚辰⑨ 4 辛巳10 5 壬午11 6 癸未12 7 甲申13 8 乙酉14 9 丙戌15 10丁亥⑯ 11戊子17 12己丑18 13庚寅19 14辛卯20 15壬辰21 16癸巳22 17甲午㉓ 18乙未24 19丙申25 20丁酉26 21戊戌27 22己亥28 《3月》 23庚子 1 24辛丑② 25壬寅 3 26癸卯 4 27甲辰 5 28乙巳 6 29丙午 7	1 丁未 8 2 戊申⑨ 3 己酉10 4 庚戌11 5 辛亥12 6 壬子13 7 癸丑14 8 甲寅15 9 乙卯⑯ 10丙辰17 11丁巳18 12戊午19 13己未20 14庚申21 15辛酉22 16壬戌㉓ 17癸亥24 18甲子25 19乙丑26 20丙寅27 21丁卯28 22戊辰29 23己巳㉚ 24庚午31 《4月》 25辛未 1 26壬申 2 27癸酉 3 28甲戌 4 29乙亥 5 30丙子⑥	1 丁丑 7 2 戊寅 8 3 己卯 9 4 庚辰10 5 辛巳11 6 壬午12 7 癸未⑬ 8 甲申14 9 乙酉15 10丙戌16 11丁亥17 12戊子18 13己丑19 14庚寅⑳ 15辛卯21 16壬辰22 17癸巳23 18甲午24 19乙未25 20丙申26 21丁酉㉗ 22戊戌28 23己亥29 24庚子30 《5月》 25辛丑 1 26壬寅 2 27癸卯 3 28甲辰④ 29乙巳 5 30丙午 6	1 丁未 7 2 戊申 8 3 己酉 9 4 庚戌10 5 辛亥⑪ 6 壬子12 7 癸丑13 8 甲寅14 9 乙卯15 10丙辰16 11丁巳17 12戊午⑱ 13己未19 14庚申20 15辛酉21 16壬戌22 17癸亥23 18甲子24 19乙丑㉕ 20丙寅26 21丁卯27 22戊辰28 23己巳29 24庚午30 25辛未31 《6月》 26壬申① 27癸酉 2 28甲戌 3 29乙亥 4	1 丙子 5 2 丁丑 6 3 戊寅 7 4 己卯⑧ 5 庚辰 9 6 辛巳10 7 壬午11 8 癸未12 9 甲申13 10乙酉14 11丙戌⑮ 12丁亥16 13戊子17 14己丑18 15庚寅19 16辛卯20 17壬辰21 18癸巳㉒ 19甲午23 20乙未24 21丙申25 22丁酉26 23戊戌27 24己亥28 25庚子㉙ 26辛丑30 《7月》 27壬寅 1 28癸卯 2 29甲辰 3 30乙巳 4	1 丙午 5 2 丁未⑥ 3 戊申 7 4 己酉 8 5 庚戌 9 6 辛亥10 7 壬子11 8 癸丑12 9 甲寅⑬ 10乙卯14 11丙辰15 12丁巳16 13戊午17 14己未18 15庚申19 16辛酉⑳ 17壬戌21 18癸亥22 19甲子23 20乙丑24 21丙寅25 22丁卯26 23戊辰㉗ 24己巳28 25庚午29 26辛未30 27壬申31 《8月》 28癸酉 1 29甲戌 2	1 乙亥③ 2 丙子 4 3 丁丑 5 4 戊寅 6 5 己卯 7 6 庚辰 8 7 辛巳 9 8 壬午⑩ 9 癸未11 10甲申12 11乙酉13 12丙戌14 13丁亥15 14戊子16 15己丑⑰ 16庚寅18 17辛卯19 18壬辰20 19癸巳21 20甲午22 21乙未23 22丙申㉔ 23丁酉25 24戊戌26 25己亥27 26庚子28 27辛丑29 28壬寅30 29癸卯㉛ 《9月》 30甲辰 1	1 乙巳 2 2 丙午 3 3 丁未 4 4 戊申 5 5 己酉 6 6 庚戌⑦ 7 辛亥 8 8 壬子 9 9 癸丑10 10甲寅11 11乙卯12 12丙辰13 13丁巳⑭ 14戊午15 15己未16 16庚申17 17辛酉18 18壬戌19 19癸亥20 20甲子㉑ 21乙丑22 22丙寅23 23丁卯24 24戊辰25 25己巳26 26庚午27 27辛未㉘ 28壬申29 29癸酉30	《10月》 1 甲戌 1 2 乙亥 2 3 丙子 3 4 丁丑 4 5 戊寅⑤ 6 己卯 6 7 庚辰 7 8 辛巳 8 9 壬午 9 10癸未10 11甲申11 12乙酉⑫ 13丙戌13 14丁亥14 15戊子15 16己丑16 17庚寅17 18辛卯18 19壬辰⑲ 20癸巳20 21甲午21 22乙未22 23丙申23 24丁酉24 25戊戌25 26己亥㉖ 27庚子27 28辛丑28 29壬寅29 30癸卯30	1 甲辰31 《11月》 2 乙巳 1 3 丙午② 4 丁未 3 5 戊申 4 6 己酉 5 7 庚戌 6 8 辛亥 7 9 壬子 8 10癸丑⑨ 11甲寅10 12乙卯11 13丙辰12 14丁巳13 15戊午14 16己未15 17庚申⑯ 18辛酉17 19壬戌18 20癸亥19 21甲子20 22乙丑21 23丙寅22 24丁卯㉓ 25戊辰24 26己巳25 27庚午26 28辛未27 29壬申28	1 癸酉29 2 甲戌㉚ 《12月》 3 乙亥 1 4 丙子 2 5 丁丑 3 6 戊寅 4 7 己卯 5 8 庚辰 6 9 辛巳⑦ 10壬午 8 11癸未 9 12甲申10 13乙酉11 14丙戌12 15丁亥13 16戊子⑭ 17己丑15 18庚寅16 19辛卯17 20壬辰18 21癸巳19 22甲午20 23乙未㉑ 24丙申22 25丁酉23 26戊戌24 27己亥25 28庚子26 29辛丑27 30壬寅㉘	1 癸卯29 2 甲辰30 3 乙巳31 1058年 《1月》 4 丙午 1 5 丁未 2 6 戊申 3 7 己酉④ 8 庚戌 5 9 辛亥 6 10壬子 7 11癸丑 8 12甲寅 9 13乙卯10 14丙辰⑪ 15丁巳12 16戊午13 17己未14 18庚申15 19辛酉16 20壬戌17 21癸亥⑱ 22甲子19 23乙丑20 24丙寅21 25丁卯22 26戊辰23 27己巳24 28庚午㉕ 29辛未26
雨水 9日 啓蟄 24日	春分 10日 清明 25日	穀雨 11日 立夏 26日	小満 11日 芒種 26日	夏至 12日 小暑 28日	大暑 13日 立秋 28日	処暑 14日 白露 29日	秋分 15日	寒露 1日 霜降 16日	立冬 1日 小雪 17日	大雪 3日 冬至 18日	小寒 3日 大寒 18日

康平元年〔天喜6年〕（1058－1059） 戊戌

改元 8/29（天喜→康平）

1月	2月	3月	4月	5月	6月	7月	8月	9月	10月	11月	12月	閏12月
1 壬申27 2 癸酉28 3 甲戌29 4 乙亥30 5 丙子31 《2月》 6 丁丑① 7 戊寅 2 8 己卯 3 9 庚辰 4 10辛巳 5 11壬午 6 12癸未 7 13甲申⑧ 14乙酉 9 15丙戌10 16丁亥11 17戊子12 18己丑13 19庚寅14 20辛卯⑮ 21壬辰16 22癸巳17 23甲午18 24乙未19 25丙申20 26丁酉21 27戊戌㉒ 28己亥23 29庚子24 30辛丑25	1 壬寅26 2 癸卯27 3 甲辰28 《3月》 4 乙巳① 5 丙午 2 6 丁未 3 7 戊申 4 8 己酉 5 9 庚戌 6 10辛亥 7 11壬子⑧ 12癸丑 9 13甲寅10 14乙卯11 15丙辰12 16丁巳13 17戊午14 18己未⑮ 19庚申16 20辛酉17 21壬戌18 22癸亥19 23甲子20 24乙丑21 25丙寅㉒ 26丁卯23 27戊辰24 28己巳25 29庚午26	1 辛未27 2 壬申28 3 癸酉㉙ 4 甲戌30 5 乙亥31 《4月》 6 丙子 1 7 丁丑 2 8 戊寅 3 9 己卯 4 10庚辰⑤ 11辛巳 6 12壬午 7 13癸未 8 14甲申 9 15乙酉10 16丙戌11 17丁亥⑫ 18戊子13 19己丑14 20庚寅15 21辛卯16 22壬辰17 23癸巳18 24甲午⑲ 25乙未20 26丙申21 27丁酉22 28戊戌23 29己亥24 30庚子25	1 辛丑㉖ 2 壬寅27 3 癸卯28 4 甲辰29 5 乙巳30 《5月》 6 丙午 1 7 丁未 2 8 戊申③ 9 己酉 4 10庚戌 5 11辛亥 6 12壬子 7 13癸丑 8 14甲寅 9 15乙卯⑩ 16丙辰11 17丁巳12 18戊午13 19己未14 20庚申15 21辛酉16 22壬戌⑰ 23癸亥18 24甲子19 25乙丑20 26丙寅21 27丁卯22 28戊辰23 29己巳㉔	1 庚午25 2 辛未26 3 壬申27 4 癸酉28 5 甲戌29 6 乙亥30 7 丙子㉛ 《6月》 8 丁丑 1 9 戊寅 2 10己卯 3 11庚辰 4 12辛巳 5 13壬午 6 14癸未⑦ 15甲申 8 16乙酉 9 17丙戌10 18丁亥11 19戊子12 20己丑13 21庚寅⑭ 22辛卯15 23壬辰16 24癸巳17 25甲午18 26乙未19 27丙申20 28丁酉㉑ 29戊戌22 30己亥23	1 庚子24 2 辛丑25 3 壬寅26 4 癸卯27 5 甲辰㉘ 6 乙巳29 7 丙午30 《7月》 8 丁未 1 9 戊申 2 10己酉 3 11庚戌 4 12辛亥⑤ 13壬子 6 14癸丑 7 15甲寅 8 16乙卯 9 17丙辰10 18丁巳11 19戊午⑫ 20己未13 21庚申14 22辛酉15 23壬戌16 24癸亥17 25甲子18 26乙丑⑲ 27丙寅20 28丁卯21 29戊辰22	1 己巳23 2 庚午24 3 辛未25 4 壬申㉖ 5 癸酉27 6 甲戌28 7 乙亥29 8 丙子30 9 丁丑31 《8月》 10戊寅 1 11己卯② 12庚辰 3 13辛巳 4 14壬午 5 15癸未 6 16甲申 7 17乙酉 8 18丙戌⑨ 19丁亥10 20戊子11 21己丑12 22庚寅13 23辛卯14 24壬辰15 25癸巳⑯ 26甲午17 27乙未18 28丙申19 29丁酉20 30戊戌21	1 己亥22 2 庚子㉓ 3 辛丑24 4 壬寅25 5 癸卯26 6 甲辰27 7 乙巳28 8 丙午29 9 丁未㉚ 10戊申31 《9月》 11己酉 1 12庚戌 2 13辛亥 3 14壬子 4 15癸丑 5 16甲寅⑥ 17乙卯 7 18丙辰 8 19丁巳 9 20戊午10 21己未11 22庚申12 23辛酉⑬ 24壬戌14 25癸亥15 26甲子16 27乙丑17 28丙寅18 29丁卯19 30戊辰⑳	1 己巳21 2 庚午22 3 辛未23 4 壬申24 5 癸酉25 6 甲戌26 7 乙亥㉗ 8 丙子28 9 丁丑29 10戊寅30 《10月》 11己卯 1 12庚辰 2 13辛巳 3 14壬午④ 15癸未 5 16甲申 6 17乙酉 7 18丙戌 8 19丁亥 9 20戊子10 21己丑⑪ 22庚寅12 23辛卯13 24壬辰14 25癸巳15 26甲午16 27乙未17 28丙申⑱ 29丁酉19	1 戊戌20 2 己亥21 3 庚子22 4 辛丑23 5 壬寅24 6 癸卯㉕ 7 甲辰26 8 乙巳27 9 丙午28 10丁未29 11戊申30 12己酉31 《11月》 13庚戌① 14辛亥 2 15壬子 3 16癸丑 4 17甲寅 5 18乙卯 6 19丙辰 7 20丁巳⑧ 21戊午 9 22己未10 23庚申11 24辛酉12 25壬戌13 26癸亥14 27甲子⑮ 28乙丑16 29丙寅17 30丁卯18	1 戊辰19 2 己巳20 3 庚午21 4 辛未㉒ 5 壬申23 6 癸酉24 7 甲戌25 8 乙亥26 9 丙子27 10丁丑28 11戊寅㉙ 12己卯30 《12月》 13庚辰 1 14辛巳 2 15壬午 3 16癸未 4 17甲申 5 18乙酉⑥ 19丙戌 7 20丁亥 8 21戊子 9 22己丑10 23庚寅11 24辛卯12 25壬辰⑬ 26癸巳14 27甲午15 28乙未16 29丙申17	1 丁酉18 2 戊戌19 3 己亥⑳ 4 庚子21 5 辛丑22 6 壬寅23 7 癸卯24 8 甲辰25 9 乙巳26 10丙午㉗ 11丁未28 12戊申29 13己酉30 14庚戌31 1059年 《1月》 15辛亥 1 16壬子 2 17癸丑③ 18甲寅 4 19乙卯 5 20丙辰 6 21丁巳 7 22戊午 8 23己未 9 24庚申⑩ 25辛酉11 26壬戌12 27癸亥13 28甲子14 29乙丑15 30丙寅16	1 丁卯⑰ 2 戊辰18 3 己巳19 4 庚午20 5 辛未21 6 壬申22 7 癸酉23 8 甲戌㉔ 9 乙亥25 10丙子26 11丁丑27 12戊寅28 13己卯29 14庚辰30 15辛巳㉛ 《2月》 16壬午 1 17癸未 2 18甲申 3 19乙酉 4 20丙戌 5 21丁亥 6 22戊子⑦ 23己丑 8 24庚寅 9 25辛卯10 26壬辰11 27癸巳12 28甲午13 29乙未⑭
立春 5日 雨水 20日	啓蟄 5日 春分 20日	清明 7日 穀雨 22日	立夏 7日 小満 22日	芒種 8日 夏至 24日	小暑 9日 大暑 24日	立秋 10日 処暑 25日	白露 11日 秋分 26日	寒露 11日 霜降 26日	立冬 13日 小雪 28日	大雪 13日 冬至 28日	小寒 14日 大寒 30日	立春15日

康平**2**年（1059－1060） 己亥

1月	2月	3月	4月	5月	6月	7月	8月	9月	10月	11月	12月
1 丙申 15	1 丙寅 17	1 乙未 15	1 乙丑 15	1 甲午 ⑬	1 甲子 13	1 癸巳 11	1 癸亥 10	1 癸巳 ⑩	1 壬戌 8	1 壬辰 8	1 辛酉 6
2 丁酉 16	**2** 丁卯 18	2 丙申 16	2 丙寅 ⑯	2 乙未 14	2 乙丑 14	2 甲午 12	2 甲子 11	2 甲午 11	2 癸亥 9	2 癸巳 9	2 壬戌 7
3 戊戌 17	3 戊辰 19	**3** 丁酉 17	**3** 丁卯 17	3 丙申 15	3 丙寅 15	3 乙未 13	3 乙丑 ⑫	3 乙未 12	3 甲子 10	3 甲午 10	3 癸亥 8
4 己亥 18	4 己巳 20	4 戊戌 ⑱	4 戊辰 18	4 丁酉 16	4 丁卯 16	4 丙申 14	4 丙寅 13	4 丙申 13	4 乙丑 11	4 乙未 11	4 甲子 ⑨
5 庚子 19	5 庚午 ㉑	5 己亥 19	5 己巳 19	**5** 戊戌 17	**5** 戊辰 17	5 丁酉 ⑮	5 丁卯 14	5 丁酉 14	5 丙寅 12	5 丙申 ⑫	5 乙丑 10
6 辛丑 20	6 辛未 22	6 庚子 20	6 庚午 20	6 己亥 18	6 己巳 ⑱	6 戊戌 16	6 戊辰 15	6 戊戌 15	6 丁卯 13	6 丁酉 13	6 丙寅 11
7 壬寅 ㉑	7 壬申 23	7 辛丑 21	7 辛未 21	7 庚子 19	7 庚午 19	**7** 己亥 17	**7** 己巳 16	7 己亥 16	7 戊辰 ⑭	7 戊戌 14	7 丁卯 12
8 癸卯 22	8 癸酉 24	8 壬寅 22	8 壬申 22	8 辛丑 ⑳	8 辛未 20	8 庚子 18	8 庚午 17	**8** 庚子 ⑰	8 己巳 15	8 己亥 15	8 戊辰 13
9 甲辰 23	9 甲戌 25	9 癸卯 23	9 癸酉 ㉓	9 壬寅 21	9 壬申 21	9 辛丑 19	9 辛未 18	9 辛丑 18	**9** 庚午 16	**9** 庚子 16	9 己巳 14
10 乙巳 24	10 乙亥 26	10 甲辰 24	10 甲戌 24	10 癸卯 22	10 癸酉 22	10 壬寅 20	10 壬申 ⑲	10 壬寅 19	10 辛未 17	10 辛丑 17	10 庚午 15
11 丙午 25	11 丙子 27	11 乙巳 ㉕	11 乙亥 25	11 甲辰 23	11 甲戌 23	11 癸卯 21	11 癸酉 20	11 癸卯 20	11 壬申 18	11 壬寅 18	**11** 辛未 ⑯
12 丁未 26	12 丁丑 ㉘	12 丙午 26	12 丙子 26	12 乙巳 24	12 乙亥 24	12 甲辰 ㉒	12 甲戌 21	12 甲辰 21	12 癸酉 19	12 癸卯 ⑲	12 壬申 17
13 戊申 27	13 戊寅 29	13 丁未 27	13 丁丑 27	13 丙午 25	13 丙子 ㉕	13 乙巳 23	13 乙亥 22	13 乙巳 22	13 甲戌 20	13 甲辰 20	13 癸酉 18
14 己酉 ㉘	14 己卯 30	14 戊申 28	14 戊寅 28	14 丁未 26	14 丁丑 26	14 丙午 24	14 丙子 23	14 丙午 23	14 乙亥 ㉑	14 乙巳 21	14 甲戌 19
《3月》	15 庚辰 31	15 己酉 29	15 己卯 29	15 戊申 ㉗	15 戊寅 27	15 丁未 25	15 丁丑 24	15 丁未 ㉔	15 丙子 22	15 丙午 22	15 乙亥 20
15 庚戌 1	《4月》	16 庚戌 30	16 庚辰 ㉚	16 己酉 28	16 己卯 28	16 戊申 26	16 戊寅 25	16 戊申 25	16 丁丑 23	16 丁未 23	16 丙子 21
16 辛亥 2	16 辛巳 1	《5月》	17 辛巳 31	17 庚戌 29	17 庚辰 29	17 己酉 27	17 己卯 ㉖	17 己酉 26	17 戊寅 24	17 戊申 24	17 丁丑 22
17 壬子 3	**17** 壬午 2	17 辛亥 1	《6月》	18 辛亥 30	18 辛巳 30	18 庚戌 28	18 庚辰 27	18 庚戌 27	18 己卯 25	18 己酉 25	18 戊寅 ㉓
18 癸丑 4	18 癸未 3	**18** 壬子 ②	18 壬午 1	《7月》	19 壬午 31	19 辛亥 ㉙	19 辛巳 28	19 辛亥 28	19 庚辰 26	19 庚戌 ㉖	19 己卯 24
19 甲寅 5	19 甲申 ④	19 癸丑 3	**19** 癸未 2	19 壬子 1	《8月》	20 壬子 30	20 壬午 29	20 壬子 29	20 辛巳 27	20 辛亥 27	20 庚辰 25
20 乙卯 6	20 乙酉 5	20 甲寅 4	20 甲申 3	**20** 癸丑 2	20 癸未 ①	21 癸丑 31	21 癸未 30	21 癸丑 30	21 壬午 ㉘	21 壬子 28	21 辛巳 26
21 丙辰 ⑦	21 丙戌 6	21 乙卯 5	21 乙酉 4	21 甲寅 3	**21** 甲申 2	《9月》	《10月》	22 甲寅 ㉛	22 癸未 29	22 癸丑 29	22 壬午 27
22 丁巳 8	22 丁亥 7	22 丙辰 6	22 丙戌 5	22 乙卯 ④	22 乙酉 3	**22** 甲寅 1	**22** 甲申 1	《11月》	23 甲申 30	23 甲寅 30	23 癸未 28
23 戊午 9	23 戊子 8	23 丁巳 7	23 丁亥 ⑥	23 丙辰 5	23 丙戌 4	23 乙卯 2	23 乙酉 2	**23** 乙卯 1	《12月》	24 乙卯 31	24 甲申 29
24 己未 10	24 己丑 9	24 戊午 8	24 戊子 7	24 丁巳 6	24 丁亥 5	24 丙辰 3	24 丙戌 ③	24 丙辰 2	**24** 乙酉 1	**1060年**	25 乙酉 ㉚
25 庚申 11	25 庚寅 10	25 己未 ⑨	25 己丑 8	25 戊午 7	25 戊子 6	25 丁巳 4	25 丁亥 4	25 丁巳 3	25 丙戌 2	《1月》	**26** 丙戌 31
26 辛酉 12	26 辛卯 ⑪	26 庚申 10	26 庚寅 9	26 己未 8	26 己丑 7	26 戊午 ⑤	26 戊子 5	26 戊午 4	26 丁亥 3	**25** 丙辰 1	《2月》
27 壬戌 13	27 壬辰 12	27 辛酉 11	27 辛卯 10	27 庚申 9	27 庚寅 ⑧	27 己未 6	27 己丑 6	27 己未 5	27 戊子 4	26 丁巳 ②	27 丁亥 1
28 癸亥 ⑭	28 癸巳 13	28 壬戌 12	28 壬辰 11	28 辛酉 10	28 辛卯 9	28 庚申 7	28 庚寅 7	28 庚申 6	28 己丑 ⑤	27 戊午 3	28 戊子 2
29 甲子 15	29 甲午 14	29 癸亥 13	29 癸巳 12	29 壬戌 ⑪	29 壬辰 10	29 辛酉 8	29 辛卯 8	29 辛酉 ⑦	29 庚寅 6	28 己未 4	29 己丑 3
30 乙丑 16		30 甲子 14		30 癸亥 12		30 壬戌 9	30 壬辰 9		30 辛卯 7	29 庚申 5	30 庚寅 4
雨水 1日 啓蟄 16日	春分 2日 清明 17日	穀雨 3日 立夏 18日	小満 3日 芒種 19日	夏至 5日 小暑 20日	大暑 5日 立秋 21日	処暑 7日 白露 22日	秋分 7日 寒露 22日	霜降 8日 立冬 23日	小雪 9日 大雪 24日	冬至 9日 小寒 25日	大寒 11日 立春 26日

康平**3**年（1060－1061） 庚子

1月	2月	3月	4月	5月	6月	7月	8月	9月	10月	11月	12月
1 辛卯 5	1 庚申 ⑤	1 庚寅 4	1 己未 3	《6月》	《7月》	1 丁亥 ㉚	1 丁巳 29	1 丁亥 28	1 丙辰 27	1 丙戌 ㉖	1 丙辰 26
2 壬辰 ⑥	2 辛酉 6	2 辛卯 5	2 庚申 4	**1** 戊子 1	**1** 戊午 1	2 戊子 31	2 戊午 30	2 戊子 29	2 丁巳 28	2 丁亥 27	2 丁巳 27
3 癸巳 7	3 壬戌 7	3 壬辰 6	3 辛酉 5	2 己丑 2	2 己未 ②	《8月》	**3** 己未 31	3 己丑 30	3 戊午 ㉙	3 戊子 28	3 戊午 28
4 甲午 8	4 癸亥 8	4 癸巳 7	4 壬戌 6	3 庚寅 3	3 庚申 3	**3** 己丑 1	《9月》	《10月》	4 己未 30	4 己丑 29	4 己未 29
5 乙未 9	5 甲子 9	5 甲午 8	5 癸亥 ⑦	4 辛卯 ④	4 辛酉 4	4 庚寅 2	4 庚申 1	**4** 庚寅 ①	**5** 庚申 31	5 庚寅 30	5 庚申 30
6 丙申 10	6 乙丑 10	6 乙未 ⑨	6 甲子 8	5 壬辰 5	5 壬戌 5	5 辛卯 3	5 辛酉 2	5 辛卯 2	《11月》	《12月》	**6** 辛酉 ㉛
7 丁酉 11	7 丙寅 11	7 丙申 10	7 乙丑 9	6 癸巳 6	6 癸亥 6	6 壬辰 4	6 壬戌 ③	6 壬辰 3	6 辛酉 1	**6** 辛卯 1	**1061年**
8 戊戌 12	8 丁卯 ⑫	8 丁酉 11	8 丙寅 10	7 甲午 7	7 甲子 7	7 癸巳 5	7 癸亥 4	7 癸巳 4	7 壬戌 2	7 壬辰 2	《1月》
9 己亥 ⑬	9 戊辰 13	9 戊戌 12	9 丁卯 11	8 乙未 8	8 乙丑 8	8 甲午 ⑥	8 甲子 5	8 甲午 5	8 癸亥 3	8 癸巳 ③	7 壬戌 1
10 庚子 14	10 己巳 14	10 己亥 13	10 戊辰 12	9 丙申 9	9 丙寅 ⑨	9 乙未 7	9 乙丑 6	9 乙未 6	9 甲子 4	9 甲午 4	8 癸亥 2
11 辛丑 15	11 庚午 15	11 庚子 14	11 己巳 13	10 丁酉 10	10 丁卯 10	10 丙申 8	10 丙寅 7	10 丙申 7	10 乙丑 ⑤	10 乙未 5	9 甲子 3
12 壬寅 16	12 辛未 16	12 辛丑 15	12 庚午 ⑭	11 戊戌 ⑪	11 戊辰 11	11 丁酉 9	11 丁卯 8	11 丁酉 ⑧	11 丙寅 6	11 丙申 6	10 乙丑 4
13 癸卯 17	**13** 壬申 17	**13** 壬寅 ⑯	13 辛未 15	12 己亥 12	12 己巳 12	12 戊戌 10	12 戊辰 9	12 戊戌 9	12 丁卯 7	12 丁酉 7	11 丙寅 5
14 甲辰 18	14 癸酉 18	14 癸卯 17	14 壬申 16	13 庚子 13	13 庚午 13	13 己亥 11	13 己巳 ⑩	13 己亥 10	13 戊辰 8	13 戊戌 8	12 丁卯 6
15 乙巳 19	15 甲戌 ⑲	15 甲辰 18	**15** 癸酉 17	14 辛丑 14	14 辛未 14	14 庚子 12	14 庚午 11	14 庚子 11	14 己巳 9	14 己亥 9	13 戊辰 ⑦
16 丙午 ⑳	16 乙亥 20	16 乙巳 19	16 甲戌 18	15 壬寅 15	15 壬申 15	15 辛丑 ⑬	15 辛未 12	15 辛丑 12	15 庚午 10	15 庚子 ⑩	14 己巳 8
17 丁未 21	17 丙子 21	17 丙午 20	17 乙亥 19	**16** 癸卯 16	16 癸酉 ⑯	16 壬寅 14	16 壬申 13	16 壬寅 13	16 辛未 11	16 辛丑 11	15 庚午 9
18 戊申 22	18 丁丑 22	18 丁未 21	18 丙子 20	17 甲辰 17	**17** 甲戌 17	17 癸卯 15	17 癸酉 14	17 癸卯 14	17 壬申 ⑫	17 壬寅 12	16 辛未 10
19 己酉 23	19 戊寅 23	19 戊申 22	19 丁丑 ㉑	18 乙巳 ⑱	18 乙亥 18	**18** 甲辰 16	**18** 甲戌 15	18 甲辰 ⑮	18 癸酉 13	18 癸卯 13	17 壬申 11
20 庚戌 24	20 己卯 24	20 己酉 ㉓	20 戊寅 22	19 丙午 19	19 丙子 19	19 乙巳 17	19 乙亥 16	**19** 乙巳 16	19 甲戌 14	19 甲辰 14	18 癸酉 12
21 辛亥 25	21 庚辰 25	21 庚戌 24	21 己卯 23	20 丁未 20	20 丁丑 20	20 丙午 18	20 丙子 ⑰	20 丙午 17	**20** 乙亥 15	20 乙巳 15	19 甲戌 13
22 壬子 26	22 辛巳 ㉖	22 辛亥 25	22 庚辰 24	21 戊申 21	21 戊寅 21	21 丁未 19	21 丁丑 18	21 丁未 18	21 丙子 16	**21** 丙午 16	20 乙亥 ⑭
23 癸丑 ㉗	23 壬午 27	23 壬子 26	23 辛巳 25	22 己酉 22	22 己卯 22	22 戊申 ⑳	22 戊寅 19	22 戊申 19	22 丁丑 17	22 丁未 ⑰	**21** 丙子 15
24 甲寅 28	24 癸未 28	24 癸丑 27	24 壬午 26	23 庚戌 23	23 庚辰 ㉓	23 己酉 21	23 己卯 20	23 己酉 20	23 戊寅 18	23 戊申 18	22 丁丑 16
25 乙卯 29	25 甲申 29	25 甲寅 28	25 癸未 27	24 辛亥 24	24 辛巳 24	24 庚戌 22	24 庚辰 21	24 庚戌 21	24 己卯 ⑲	24 己酉 19	23 戊寅 17
《3月》	26 乙酉 30	26 乙卯 29	26 甲申 ㉘	25 壬子 ㉕	25 壬午 25	25 辛亥 23	25 辛巳 22	25 辛亥 ㉒	25 庚辰 20	25 庚戌 20	24 己卯 18
26 丙辰 1	27 丙戌 31	27 丙辰 ㉚	27 乙酉 29	26 癸丑 26	26 癸未 26	26 壬子 24	26 壬午 23	26 壬子 23	26 辛巳 21	26 辛亥 21	25 庚辰 19
27 丁巳 2	《4月》	《5月》	28 丙戌 30	27 甲寅 27	27 甲申 27	27 癸丑 25	27 癸未 ㉔	27 癸丑 24	27 壬午 22	27 壬子 22	26 辛巳 20
28 戊午 3	**28** 丁亥 1	**28** 丁巳 1	29 丁亥 31	28 乙卯 28	28 乙酉 28	28 甲寅 26	28 甲申 25	28 甲寅 25	28 癸未 23	28 癸丑 23	27 壬午 ㉑
29 己未 4	29 戊子 ②	29 戊午 2		29 丙辰 29	29 丙戌 29	29 乙卯 ㉗	29 乙酉 26	29 乙卯 26	29 甲申 24	29 甲寅 ㉔	28 癸未 22
	30 己丑 3			30 丁巳 30		30 丙辰 28	30 丙戌 27		30 乙酉 25	30 乙卯 25	29 甲申 23
雨水 11日 啓蟄 27日	春分 13日 清明 28日	穀雨 13日 立夏 28日	小満 15日	芒種 1日 夏至 16日	小暑 1日 大暑 17日	立秋 3日 処暑 18日	白露 3日 秋分 18日	寒露 4日 霜降 19日	立冬 5日 小雪 20日	大雪 6日 冬至 21日	小寒 6日 大寒 21日

康平4年（1061－1062） 辛丑

1月	2月	3月	4月	5月	6月	7月	8月	閏8月	9月	10月	11月	12月
1 乙酉24 2 丙戌25 3 丁亥26 4 戊子27 5 己丑㉘ 6 庚寅29 7 辛卯30 8 壬辰31 《2月》 9 癸巳 1 10甲午 2 11乙未 3 12丙申④ 13丁酉 5 14戊戌 6 15己亥 7 16庚子 8 17辛丑 9 18壬寅10 19癸卯⑪ 20甲辰12 21乙巳13 22丙午14 23丁未15 24戊申16 25己酉17 26庚戌⑱ 27辛亥19 28壬子20 29癸丑21 30甲寅22	1 乙卯23 2 丙辰24 3 丁巳㉕ 4 戊午26 5 己未27 6 庚申28 《3月》 7 辛酉 1 8 壬戌 2 9 癸亥 3 10甲子④ 11乙丑 5 12丙寅 6 13丁卯 7 14戊辰 8 15己巳 9 16庚午10 17辛未⑪ 18壬申12 19癸酉13 20甲戌14 21乙亥15 22丙子16 23丁丑17 24戊寅⑱ 25己卯19 26庚辰20 27辛巳21 28壬午22 29癸未23	1 甲申24 2 乙酉㉕ 3 丙戌26 4 丁亥27 5 戊子28 6 己丑29 7 庚寅30 8 辛卯31 《4月》 9 壬辰① 10癸巳 2 11甲午 3 12乙未 4 13丙申 5 14丁酉 6 15戊戌 7 16己亥⑧ 17庚子 9 18辛丑10 19壬寅11 20癸卯12 21甲辰13 22乙巳14 23丙午⑮ 24丁未16 25戊申17 26己酉18 27庚戌19 28辛亥20 29壬子21 30癸丑㉒	1 甲寅23 2 乙卯24 3 丙辰25 4 丁巳26 5 戊午27 6 己未28 7 庚申㉙ 8 辛酉30 《5月》 9 壬戌 1 10癸亥 2 11甲子 3 12乙丑 4 13丙寅 5 14丁卯⑥ 15戊辰 7 16己巳 8 17庚午 9 18辛未10 19壬申11 20癸酉12 21甲戌⑬ 22乙亥14 23丙子15 24丁丑16 25戊寅17 26己卯18 27庚辰19 28辛巳⑳ 29壬午21	1 癸未22 2 甲申23 3 乙酉24 4 丙戌25 5 丁亥26 6 戊子㉗ 7 己丑28 8 庚寅29 9 辛卯30 10壬辰31 《6月》 11癸巳 1 12甲午 2 13乙未③ 14丙申 4 15丁酉 5 16戊戌 6 17己亥 7 18庚子 8 19辛丑 9 20壬寅⑩ 21癸卯11 22甲辰12 23乙巳13 24丙午14 25丁未15 26戊申16 27己酉⑰ 28庚戌18 29辛亥19	1 壬子20 2 癸丑21 3 甲寅22 4 乙卯23 5 丙辰㉔ 6 丁巳25 7 戊午26 8 己未27 9 庚申28 10辛酉29 11壬戌30 《7月》 12癸亥① 13甲子 2 14乙丑 3 15丙寅 4 16丁卯 5 17戊辰 6 18己巳 7 19庚午⑧ 20辛未 9 21壬申10 22癸酉11 23甲戌12 24乙亥13 25丙子14 26丁丑⑮ 27戊寅16 28己卯17 29庚辰18 30辛巳19	1 壬午20 2 癸未21 3 甲申㉒ 4 乙酉23 5 丙戌24 6 丁亥25 7 戊子26 8 己丑27 9 庚寅28 10辛卯㉙ 11壬辰30 12癸巳31 《8月》 13甲午 1 14乙未 2 15丙申 3 16丁酉 4 17戊戌⑤ 18己亥 6 19庚子 7 20辛丑 8 21壬寅 9 22癸卯10 23甲辰11 24乙巳⑫ 25丙午13 26丁未14 27戊申15 28己酉16 29庚戌17	1 辛亥18 2 壬子⑲ 3 癸丑20 4 甲寅21 5 乙卯22 6 丙辰23 7 丁巳24 8 戊午25 9 己未㉖ 10庚申27 11辛酉28 12壬戌29 13癸亥30 14甲子31 《9月》 15乙丑 1 16丙寅② 17丁卯 3 18戊辰 4 19己巳 5 20庚午 6 21辛未 7 22壬申 8 23癸酉⑨ 24甲戌10 25乙亥11 26丙子12 27丁丑13 28戊寅14 29己卯15 30庚辰⑯	1 辛巳17 2 壬午18 3 癸未19 4 甲申20 5 乙酉21 6 丙戌22 7 丁亥㉓ 8 戊子24 9 己丑25 10庚寅26 11辛卯27 12壬辰28 13癸巳29 14甲午㉚ 《10月》 15乙未 1 16丙申 2 17丁酉 3 18戊戌 4 19己亥 5 20庚子 6 21辛丑⑦ 22壬寅 8 23癸卯 9 24甲辰10 25乙巳11 26丙午12 27丁未13 28戊申⑭ 29己酉15	1 庚戌16 2 辛亥17 3 壬子18 4 癸丑19 5 甲寅20 6 乙卯㉑ 7 丙辰22 8 丁巳23 9 戊午24 10己未25 11庚申26 12辛酉27 13壬戌㉘ 14癸亥29 15甲子30 16乙丑31 《11月》 17丙寅 1 18丁卯 2 19戊辰 3 20己巳④ 21庚午 5 22辛未 6 23壬申 7 24癸酉 8 25甲戌 9 26乙亥10 27丙子⑪ 28丁丑12 29戊寅13 30己卯14	1 庚辰15 2 辛巳16 3 壬午17 4 癸未⑱ 5 甲申19 6 乙酉20 7 丙戌21 8 丁亥22 9 戊子23 10己丑24 11庚寅㉕ 12辛卯26 13壬辰27 14癸巳28 15甲午29 16乙未30 《12月》 17丙申 1 18丁酉② 19戊戌 3 20己亥 4 21庚子 5 22辛丑 6 23壬寅 7 24癸卯 8 25甲辰⑨ 26乙巳10 27丙午11 28丁未12 29戊申13 30己酉14	1 庚戌15 2 辛亥⑯ 3 壬子17 4 癸丑18 5 甲寅19 6 乙卯20 7 丙辰21 8 丁巳22 9 戊午㉓ 10己未24 11庚申25 12辛酉26 13壬戌27 14癸亥28 15甲子29 16乙丑㉚ 17丙寅31 1062年 《1月》 18丁卯 1 19戊辰 2 20己巳 3 21庚午 4 22辛未 5 23壬申⑥ 24癸酉 7 25甲戌 8 26乙亥 9 27丙子10 28丁丑11 29戊寅12 30己卯⑬	1 庚辰14 2 辛巳15 3 壬午16 4 癸未17 5 甲申18 6 乙酉19 7 丙戌⑳ 8 丁亥21 9 戊子22 10己丑23 11庚寅24 12辛卯25 13壬辰26 14癸巳㉗ 15甲午28 16乙未29 17丙申30 18丁酉31 《2月》 19戊戌 1 20己亥 2 21庚子③ 22辛丑 4 23壬寅 5 24癸卯 6 25甲辰 7 26乙巳 8 27丙午 9 28丁未⑩ 29戊申11
立春7日 雨水23日	啓蟄8日 春分23日	清明9日 穀雨24日	立夏10日 小満25日	芒種11日 夏至26日	小暑13日 大暑28日	立秋13日 処暑28日	白露14日 秋分30日	寒露15日	霜降1日 立冬16日	小雪2日 大雪17日	冬至2日 小寒17日	大寒2日 立春18日

康平5年（1062－1063） 壬寅

1月	2月	3月	4月	5月	6月	7月	8月	9月	10月	11月	12月
1 己酉12 2 庚戌13 3 辛亥14 4 壬子15 5 癸丑16 6 甲寅⑰ 7 乙卯18 8 丙辰19 9 丁巳20 10戊午21 11己未22 12庚申23 13辛酉㉔ 14壬戌25 15癸亥26 16甲子27 17乙丑28 《3月》 18丙寅 1 19丁卯 2 20戊辰③ 21己巳 4 22庚午 5 23辛未 6 24壬申 7 25癸酉 8 26甲戌 9 27乙亥⑩ 28丙子11 29丁丑12 30戊寅13	1 己卯14 2 庚辰15 3 辛巳16 4 壬午⑰ 5 癸未18 6 甲申19 7 乙酉20 8 丙戌21 9 丁亥22 10戊子23 11己丑㉔ 12庚寅25 13辛卯26 14壬辰27 15癸巳28 16甲午29 17乙未30 18丙申㉛ 《4月》 19丁酉 1 20戊戌 2 21己亥 3 22庚子 4 23辛丑 5 24壬寅 6 25癸卯⑦ 26甲辰 8 27乙巳 9 28丙午10 29丁未11	1 戊申12 2 己酉13 3 庚戌⑭ 4 辛亥15 5 壬子16 6 癸丑17 7 甲寅18 8 乙卯19 9 丙辰20 10丁巳㉑ 11戊午22 12己未23 13庚申24 14辛酉25 15壬戌26 16癸亥27 17甲子㉘ 18乙丑29 19丙寅30 《5月》 20丁卯 1 21戊辰 2 22己巳 3 23庚午 4 24辛未⑤ 25壬申 6 26癸酉 7 27甲戌 8 28乙亥 9 29丙子10 30丁丑11	1 戊寅⑫ 2 己卯13 3 庚辰14 4 辛巳15 5 壬午16 6 癸未17 7 甲申18 8 乙酉⑲ 9 丙戌20 10丁亥21 11戊子22 12己丑23 13庚寅24 14辛卯25 15壬辰㉖ 16癸巳27 17甲午28 18乙未29 19丙申30 20丁酉31 《6月》 21戊戌 1 22己亥② 23庚子 3 24辛丑 4 25壬寅 5 26癸卯 6 27甲辰 7 28乙巳 8 29丙午⑨	1 丁未10 2 戊申11 3 己酉12 4 庚戌13 5 辛亥14 6 壬子15 7 癸丑⑯ 8 甲寅17 9 乙卯18 10丙辰19 11丁巳20 12戊午21 13己未22 14庚申㉓ 15辛酉24 16壬戌25 17癸亥26 18甲子27 19乙丑28 20丙寅29 21丁卯㉚ 《7月》 22戊辰 1 23己巳 2 24庚午 3 25辛未 4 26壬申 5 27癸酉 6 28甲戌⑦ 29乙亥 8	1 丙子 9 2 丁丑10 3 戊寅11 4 己卯12 5 庚辰13 6 辛巳⑭ 7 壬午15 8 癸未16 9 甲申17 10乙酉18 11丙戌19 12丁亥20 13戊子㉑ 14己丑22 15庚寅23 16辛卯24 17壬辰25 18癸巳26 19甲午27 20乙未㉘ 21丙申29 22丁酉30 23戊戌31 《8月》 24己亥 1 25庚子 2 26辛丑 3 27壬寅④ 28癸卯 5 29甲辰 6 30乙巳 7	1 丙午 8 2 丁未 9 3 戊申10 4 己酉⑪ 5 庚戌12 6 辛亥13 7 壬子14 8 癸丑15 9 甲寅16 10乙卯17 11丙辰⑱ 12丁巳19 13戊午20 14己未21 15庚申22 16辛酉23 17壬戌24 18癸亥㉕ 19甲子26 20乙丑27 21丙寅28 22丁卯29 23戊辰30 24己巳31 《9月》 25庚午① 26辛未 2 27壬申 3 28癸酉 4 29甲戌 5	1 乙亥 6 2 丙子 7 3 丁丑⑧ 4 戊寅 9 5 己卯10 6 庚辰11 7 辛巳12 8 壬午13 9 癸未14 10甲申⑮ 11乙酉16 12丙戌17 13丁亥18 14戊子19 15己丑20 16庚寅21 17辛卯㉒ 18壬辰23 19癸巳24 20甲午25 21乙未26 22丙申27 23丁酉28 24戊戌㉙ 25己亥30 《10月》 26庚子 1 27辛丑 2 28壬寅 3 29癸卯 4 30甲辰 5	1 乙巳⑥ 2 丙午 7 3 丁未 8 4 戊申 9 5 己酉10 6 庚戌11 7 辛亥12 8 壬子⑬ 9 癸丑14 10甲寅15 11乙卯16 12丙辰17 13丁巳18 14戊午19 15己未⑳ 16庚申21 17辛酉22 18壬戌23 19癸亥24 20甲子25 21乙丑26 22丙寅㉗ 23丁卯28 24戊辰29 25己巳30 26庚午31 《11月》 27辛未 1 28壬申 2 29癸酉③	1 甲戌 4 2 乙亥 5 3 丙子 6 4 丁丑 7 5 戊寅 8 6 己卯 9 7 庚辰⑩ 8 辛巳11 9 壬午12 10癸未13 11甲申14 12乙酉15 13丙戌16 14丁亥⑰ 15戊子18 16己丑19 17庚寅20 18辛卯21 19壬辰22 20癸巳23 21甲午㉔ 22乙未25 23丙申26 24丁酉27 25戊戌28 26己亥29 27庚子30 《12月》 28辛丑① 29壬寅 2 30癸卯 3	1 甲辰 4 2 乙巳 5 3 丙午 6 4 丁未 7 5 戊申⑧ 6 己酉 9 7 庚戌10 8 辛亥11 9 壬子12 10癸丑13 11甲寅14 12乙卯⑮ 13丙辰16 14丁巳17 15戊午18 16己未19 17庚申20 18辛酉21 19壬戌㉒ 20癸亥23 21甲子24 22乙丑25 23丙寅26 24丁卯27 25戊辰28 26己巳㉙ 27庚午30 28辛未31 1063年 《1月》 29壬申 1 30癸酉 2	1 甲戌 3 2 乙亥 4 3 丙子⑤ 4 丁丑 6 5 戊寅 7 6 己卯 8 7 庚辰 9 8 辛巳10 9 壬午11 10癸未⑫ 11甲申13 12乙酉14 13丙戌15 14丁亥16 15戊子17 16己丑18 17庚寅⑲ 18辛卯20 19壬辰21 20癸巳22 21甲午23 22乙未24 23丙申25 24丁酉㉖ 25戊戌27 26己亥28 27庚子29 28辛丑30 29壬寅31
雨水4日 啓蟄19日	春分4日 清明20日	穀雨6日 立夏21日	小満6日 芒種21日	夏至8日 小暑23日	大暑9日 立秋24日	処暑9日 白露25日	秋分11日 寒露26日	霜降11日 立冬27日	小雪13日 大雪28日	冬至13日 小寒28日	大寒14日 立春29日

康平**6**年（1063－1064） 癸卯

1月	2月	3月	4月	5月	6月	7月	8月	9月	10月	11月	12月
《2月》	1癸酉3	1癸卯2	《5月》	1壬寅31	1辛未㉙	1庚子28	1庚午27	1己亥25	1己巳25	1戊戌㉓	1戊辰23
1癸卯1	2甲戌4	2甲辰3	1壬申1	《6月》	2壬申30	2辛丑29	2辛未28	2庚子26	2庚午㉖	2己亥24	2己巳24
2甲辰②	3乙亥5	3乙巳4	**2**癸酉2	2癸卯①	《7月》	3壬寅30	3壬申29	3辛丑27	3辛未27	3庚子25	3庚午25
3乙巳3	4丙子6	4丙午5	3甲戌3	**3**甲辰2	3癸酉1	4癸卯31	4癸酉30	4壬寅㉘	4壬申28	4辛丑26	4辛未26
4丙午4	5丁丑7	5丁未⑥	4乙亥④	4乙巳3	**4**甲戌2	《8月》	5甲戌㉛	5癸卯29	5癸酉29	5壬寅27	5壬申27
5丁未5	6戊寅8	6戊申7	5丙子5	5丙午4	5乙亥3	**5**甲辰1	《9月》	6甲辰30	6甲戌30	6癸卯28	6癸酉㉘
6戊申6	7己卯⑨	7己酉8	6丁丑6	6丁未5	6丙子4	6乙巳2	**6**乙亥1	《10月》	7乙亥31	7甲辰29	7甲戌29
7己酉7	8庚辰10	8庚戌9	7戊寅7	7戊申6	7丁丑5	7丙午③	7丙子2	**7**乙巳1	《11月》	8乙巳㉚	8乙亥30
8庚戌8	9辛巳11	9辛亥10	8己卯8	8己酉7	8戊寅⑥	8丁未4	8丁丑3	8丙午2	**8**丙子1	《12月》	9丙子31
9辛亥⑨	10壬午12	10壬子11	9庚辰9	9庚戌⑧	9己卯7	9戊申5	9戊寅4	9丁未3	9丁丑②	**9**丙午1	**1064年**
10壬子10	11癸未13	11癸丑12	10辛巳10	10辛亥9	10庚辰8	10己酉6	10己卯5	10戊申4	10戊寅3	10丁未2	《1月》
11癸丑11	12甲申14	12甲寅⑬	11壬午⑪	11壬子10	11辛巳9	11庚戌7	11庚辰6	11己酉⑤	11己卯4	11戊申3	**10**丁丑1
12甲寅12	13乙酉15	13乙卯14	12癸未12	12癸丑11	12壬午10	12辛亥8	12辛巳⑦	12庚戌6	12庚辰5	12己酉4	11戊寅2
13乙卯13	14丙戌⑯	14丙辰15	13甲申13	13甲寅12	13癸未11	13壬子9	13壬午8	13辛亥7	13辛巳6	13庚戌5	12己卯3
14丙辰14	15丁亥17	15丁巳16	14乙酉14	14乙卯13	14甲申12	14癸丑⑩	14癸未9	14壬子8	14壬午7	14辛亥6	13庚辰④
15丁巳15	**16**戊子18	**16**戊午17	15丙戌15	15丙辰14	15乙酉⑬	15甲寅11	15甲申10	15癸丑9	15癸未8	15壬子⑦	14辛巳5
16戊午⑯	17己丑19	17己未18	16丁亥16	16丁巳⑮	16丙戌14	16乙卯12	16乙酉11	16甲寅10	16甲申⑨	16癸丑8	15壬午6
17己未17	18庚寅20	18庚申19	**17**戊子17	17戊午16	17丁亥15	17丙辰13	17丙戌12	17乙卯11	17乙酉10	17甲寅9	16癸未7
18庚申18	19辛卯21	19辛酉⑳	18己丑⑱	**18**己未17	18戊子16	18丁巳14	18丁亥13	18丙辰⑫	18丙戌11	18乙卯10	17甲申8
19辛酉19	20壬辰22	20壬戌21	19庚寅19	19庚申18	**19**己丑17	19戊午15	19戊子⑭	19丁巳13	19丁亥12	19丙辰11	18乙酉9
20壬戌20	21癸巳㉓	21癸亥22	20辛卯20	20辛酉19	20庚寅18	20己未16	20己丑15	20戊午14	20戊子13	20丁巳12	19丙戌10
21癸亥21	22甲午24	22甲子23	21壬辰21	21壬戌20	21辛卯19	**21**庚申⑰	**21**庚寅16	21己未15	21己丑14	21戊午13	20丁亥⑪
22甲子22	23乙未25	23乙丑24	22癸巳22	22癸亥21	22壬辰⑳	22辛酉18	22辛卯17	22庚申16	22庚寅15	22己未⑭	21戊子12
23乙丑㉓	24丙申26	24丙寅25	23甲午23	23甲子㉒	23癸巳21	23壬戌19	23壬辰18	**23**辛酉17	**23**辛卯⑯	23庚申15	22己丑13
24丙寅24	25丁酉27	25丁卯26	24乙未24	24乙丑23	24甲午22	24癸亥20	24癸巳19	24壬戌18	24壬辰17	**24**辛酉16	23庚寅14
25丁卯25	26戊戌28	26戊辰㉗	25丙申㉕	25丙寅24	25乙未23	25甲子21	25甲午20	25癸亥⑲	25癸巳18	25壬戌17	24辛卯15
26戊辰26	27己亥29	27己巳28	26丁酉26	26丁卯25	26丙申24	26乙丑22	26乙未㉑	26甲子20	26甲午19	26癸亥18	**25**壬辰16
27己巳27	28庚子㉚	28庚午29	27戊戌27	27戊辰26	27丁酉25	27丙寅23	27丙申22	27乙丑21	27乙未20	27甲子19	26癸巳17
28庚午28	29辛丑31	29辛未30	28己亥28	28己巳27	28戊戌26	28丁卯㉔	28丁酉23	28丙寅22	28丙申21	28乙丑20	27甲午⑱
《3月》	《4月》		29庚子29	29庚午28	29己亥㉗	29戊辰25	29戊戌24	29丁卯23	29丁酉22	29丙寅㉑	28乙未19
29辛未1	30壬寅1		30辛丑30			30己巳26		30戊辰24		30丁卯22	29丙申20
30壬申②											
雨水15日 啓蟄30日	春分16日	清明1日 穀雨16日	立夏2日 小満17日	芒種3日 夏至18日	小暑4日 大暑19日	立秋5日 処暑21日	白露6日 秋分21日	寒露7日 霜降23日	立冬8日 小雪23日	大雪9日 冬至24日	小寒10日 大寒25日

康平**7**年（1064－1065） 甲辰

1月	2月	3月	4月	5月	閏5月	6月	7月	8月	9月	10月	11月	12月
1丁酉21	1丁卯20	1丁酉㉑	1丁卯20	1丙申19	1丙寅18	**1**乙未17	1甲子⑮	1甲午14	1癸亥13	1壬辰11	1壬戌11	1壬辰10
2戊戌22	2戊辰21	2戊戌22	2戊辰21	2丁酉20	2丁卯19	2丙申⑱	**2**乙丑16	**2**乙未15	2甲子14	2癸巳12	2癸亥⑫	2癸巳11
3己亥23	3己巳㉒	3己亥23	3己巳22	3戊戌21	3戊辰⑳	3丁酉19	3丙寅17	3丙申16	3乙丑15	3甲午13	3甲子13	3甲午12
4庚子24	4庚午23	4庚子24	4庚午23	4己亥22	4己巳21	4戊戌20	4丁卯18	4丁酉17	**4**丙寅16	4乙未⑭	4乙丑14	4乙未13
5辛丑㉕	5辛未24	5辛丑25	5辛未24	5庚子㉓	5庚午22	5己亥21	5戊辰19	5戊戌18	5丁卯⑰	**5**丙申15	5丙寅15	5丙申14
6壬寅26	6壬申25	6壬寅26	6壬申㉕	6辛丑24	6辛未23	6庚子22	6己巳20	6己亥⑲	6戊辰18	6丁酉16	**6**丁卯16	**6**丁酉15
7癸卯27	7癸酉26	7癸卯27	7癸酉26	7壬寅25	7壬申24	7辛丑23	7庚午21	7庚子20	7己巳19	7戊戌17	7戊辰17	7戊戌⑯
8甲辰28	8甲戌27	8甲辰㉘	8甲戌27	8癸卯26	8癸酉25	8壬寅24	8辛未㉒	8辛丑21	8庚午20	8己亥18	8己巳18	8己亥17
9乙巳29	9乙亥28	9乙巳29	9乙亥28	9甲辰27	9甲戌26	9癸卯㉕	9壬申23	9壬寅22	9辛未21	9庚子19	9庚午⑲	9庚子18
10丙午30	10丙子㉙	10丙午30	10丙子29	10乙巳28	10乙亥㉗	10甲辰26	10癸酉24	10癸卯23	10壬申22	10辛丑20	10辛未20	10辛丑19
11丁未31	《3月》	11丁未31	11丁丑30	11丙午29	11丙子28	11乙巳27	11甲戌25	11甲辰24	11癸酉23	11壬寅㉑	11壬申21	11壬寅20
《2月》	11丁丑1	《4月》	《5月》	12丁未㉚	12丁丑29	12丙午28	12乙亥26	12乙巳25	12甲戌㉔	12癸卯22	12癸酉22	12癸卯21
12戊申①	**12**戊寅2	**12**戊申1	**12**戊寅1	13戊申31	13戊寅30	13丁未29	13丙子27	13丙午㉖	13乙亥25	13甲辰23	13甲戌23	13甲辰22
13己酉2	13己卯3	13己酉2	13己卯②	《6月》	《7月》	14戊申30	14丁丑28	14丁未27	14丙子26	14乙巳24	14乙亥24	14乙巳㉓
14庚戌3	14庚辰4	14庚戌3	14庚辰3	**14**己酉1	**14**己卯1	15己酉31	15戊寅㉙	15戊申28	15丁丑27	15丙午25	15丙子25	15丙午24
15辛亥4	15辛巳5	15辛亥④	15辛巳4	15庚戌2	15庚辰2	《8月》	16己卯30	16己酉29	16戊寅28	16丁未26	16丁丑㉖	16丁未25
16壬子5	16壬午6	16壬子5	16壬午5	16辛亥3	16辛巳3	**16**庚戌①	**17**庚辰31	17庚戌30	17己卯29	17戊申27	17戊寅27	17戊申26
17癸丑6	17癸未⑦	17癸丑6	17癸未6	17壬子4	17壬午④	17辛亥2	《9月》	《10月》	18庚辰30	18己酉㉘	18己卯28	18己酉27
18甲寅7	18甲申8	18甲寅7	18甲申7	18癸丑5	18癸未5	18壬子3	18辛巳1	**18**辛亥1	**19**辛巳㉛	19庚戌29	19庚辰29	19庚戌28
19乙卯⑧	19乙酉9	19乙卯8	19乙酉8	19甲寅⑥	19甲申6	19癸丑4	19壬午2	19壬子2	《11月》	**20**辛亥30	20辛巳30	20辛亥29
20丙辰9	20丙戌10	20丙辰9	20丙戌⑨	20乙卯7	20乙酉7	20甲寅5	20癸未3	20癸丑③	20壬午1	《12月》	**21**壬午31	**21**壬子㉚
21丁巳10	21丁亥11	21丁巳10	21丁亥10	21丙辰8	21丙戌8	21乙卯6	21甲申4	21甲寅4	21癸未2	21壬子1	**1065年**	22癸丑31
22戊午11	22戊子12	22戊午⑪	22戊子11	22丁巳9	22丁亥9	22丙辰7	22乙酉⑤	22乙卯5	22甲申3	22癸丑2	《1月》	《2月》
23己未12	23己丑13	23己未12	23己丑12	23戊午10	23戊子10	23丁巳⑧	23丙戌6	23丙辰6	23乙酉4	23甲寅3	22癸未1	23甲寅1
24庚申13	24庚寅⑭	24庚申13	24庚寅13	24己未11	24己丑⑪	24戊午9	24丁亥7	24丁巳7	24丙戌5	24乙卯4	23甲申②	24乙卯2
25辛酉14	25辛卯15	25辛酉14	25辛卯14	25庚申12	25庚寅12	25己未10	25戊子8	25戊午8	25丁亥6	25丙辰⑤	24乙酉3	25丙辰3
26壬戌⑮	26壬辰16	26壬戌15	26壬辰15	26辛酉⑬	26辛卯13	26庚申11	26己丑9	26己未9	26戊子⑦	26丁巳6	25丙戌4	26丁巳4
27癸亥16	**27**癸巳17	**27**癸亥16	27癸巳⑯	27壬戌14	27壬辰14	27辛酉12	27庚寅10	27庚申⑩	27己丑8	27戊午7	26丁亥5	27戊午5
28甲子17	28甲午18	28甲子17	**28**甲午17	28癸亥15	28癸巳15	28壬戌13	28辛卯11	28辛酉11	28庚寅9	28己未8	27戊子6	28己未⑥
29乙丑18	29乙未19	29乙丑⑱	29乙未18	**29**甲子16	29甲午16	29癸亥14	29壬辰⑫	29壬戌12	29辛卯10	29庚申9	28己丑7	29庚申7
30丙寅19	30丙申20	30丙寅19		30乙丑17			30癸巳13			30辛酉10	29庚寅8	
											30辛卯⑨	
立春11日 雨水26日	啓蟄12日 春分27日	清明12日 穀雨27日	立夏12日 小満28日	芒種14日 夏至29日	小暑14日	大暑1日 立秋16日	処暑2日 白露17日	秋分2日 寒露18日	霜降4日 立冬19日	小雪5日 大雪20日	冬至6日 小寒21日	大寒6日 立春21日

治暦元年〔康平**8**年〕（1065−1066） 乙巳

改元 8/2（康平→治暦）

1月	2月	3月	4月	5月	6月	7月	8月	9月	10月	11月	12月
1 辛酉 8	1 辛卯10	1 辛酉 9	1 庚寅⑧	1 庚申 7	1 己丑 6	1 己未 5	1 戊子 3	1 戊午 3	《11月》	《12月》	1 丙戌30
2 壬戌 9	2 壬辰11	2 壬戌⑩	2 辛卯 9	2 辛酉 8	2 庚寅 7	2 庚申 6	2 己丑④	2 己未 4	1 丁亥 1	**1** 丁巳 1	**2** 丁亥31
3 癸亥10	3 癸巳12	3 癸亥11	3 壬辰10	3 壬戌 9	3 辛卯 8	3 辛酉⑦	3 庚寅 5	3 庚申 5	2 戊子 2	2 戊午 2	**1066年**
4 甲子11	4 甲午⑬	4 甲子12	4 癸巳11	4 癸亥10	4 壬辰 9	4 壬戌 8	4 辛卯 6	4 辛酉 6	3 己丑 3	3 己未 3	《1月》
5 乙丑12	5 乙未14	5 乙丑13	5 甲午12	5 甲子11	5 癸巳⑩	5 癸亥 9	5 壬辰 7	5 壬戌 7	4 庚寅 4	4 庚申④	3 戊子①
6 丙寅⑬	6 丙申15	6 丙寅14	6 乙未13	6 乙丑⑫	6 甲午11	6 甲子10	6 癸巳 8	6 癸亥 8	5 辛卯 5	5 辛酉 5	4 己丑 2
7 丁卯14	7 丁酉16	7 丁卯15	7 丙申14	7 丙寅13	7 乙未12	7 乙丑11	7 甲午 9	7 甲子⑨	6 壬辰⑥	6 壬戌 6	5 庚寅 3
8 戊辰15	**8** 戊戌17	**8** 戊辰16	8 丁酉⑮	8 丁卯14	8 丙申13	8 丙寅12	8 乙未10	8 乙丑10	7 癸巳 7	7 癸亥 7	6 辛卯 4
9 己巳16	9 己亥18	9 己巳⑰	9 戊戌16	9 戊辰15	9 丁酉14	9 丁卯13	9 丙申⑪	9 丙寅11	8 甲午 8	8 甲子 8	7 壬辰 5
10 庚午17	10 庚子19	10 庚午18	**10** 己亥17	**10** 己巳16	10 戊戌15	10 戊辰⑭	10 丁酉12	10 丁卯12	9 乙未 9	9 乙丑 9	8 癸巳 6
11 辛未18	11 辛丑⑳	11 辛未19	11 庚子18	11 庚午17	11 己亥16	11 己巳15	11 戊戌13	11 戊辰13	10 丙申10	10 丙寅10	9 甲午 7
12 壬申19	12 壬寅21	12 壬申20	12 辛丑19	12 辛未18	**12** 庚子⑰	**12** 庚午16	12 己亥14	12 己巳14	11 丁酉11	11 丁卯⑪	10 乙未⑧
13 癸酉⑳	13 癸卯22	13 癸酉21	13 壬寅20	13 壬申⑲	13 辛丑18	13 辛未17	13 庚子15	13 庚午15	12 戊戌12	12 戊辰12	11 丙申 9
14 甲戌21	14 甲辰23	14 甲戌22	14 癸卯21	14 癸酉20	14 壬寅19	14 壬申18	**14** 辛丑16	**14** 辛未⑯	13 己亥⑬	13 己巳13	12 丁酉10
15 乙亥22	15 乙巳24	15 乙亥23	15 甲辰㉒	15 甲戌21	15 癸卯20	15 癸酉19	15 壬寅17	15 壬申17	14 庚子14	14 庚午14	13 戊戌11
16 丙子23	16 丙午25	16 丙子㉔	16 乙巳23	16 乙亥22	16 甲辰21	16 甲戌20	16 癸卯⑱	16 癸酉18	15 辛丑15	15 辛未15	14 己亥12
17 丁丑24	17 丁未26	17 丁丑25	17 丙午24	17 丙子23	17 乙巳22	17 乙亥㉑	17 甲辰19	17 甲戌19	**16** 壬寅16	**16** 壬申16	15 庚子13
18 戊寅25	18 戊申㉗	18 戊寅26	18 丁未25	18 丁丑24	18 丙午23	18 丙子22	18 乙巳20	18 乙亥20	17 癸卯17	17 癸酉17	16 辛丑14
19 己卯26	19 己酉28	19 己卯27	19 戊申26	19 戊寅25	19 丁未㉔	19 丁丑23	19 丙午21	19 丙子21	18 甲辰18	18 甲戌⑱	**17** 壬寅⑮
20 庚辰㉗	20 庚戌29	20 庚辰28	20 己酉27	20 己卯㉖	20 戊申25	20 戊寅24	20 丁未22	20 丁丑22	19 乙巳19	19 乙亥19	18 癸卯16
21 辛巳28	21 辛亥30	21 辛巳29	21 庚戌28	21 庚辰27	21 己酉26	21 己卯25	21 戊申23	21 戊寅㉓	20 丙午⑳	20 丙子20	19 甲辰17
《3月》	22 壬子31	22 壬午30	22 辛亥㉙	22 辛巳28	22 庚戌27	22 庚辰26	22 己酉24	22 己卯24	21 丁未21	21 丁丑21	20 乙巳18
22 壬午 1	《4月》	《5月》	23 壬子30	23 壬午29	23 辛亥28	23 辛巳27	23 庚戌㉕	23 庚辰25	22 戊申22	22 戊寅22	21 丙午19
23 癸未 2	**23** 癸丑 1	23 癸未①	24 癸丑31	24 癸未30	24 壬子29	24 壬午㉘	24 辛亥26	24 辛巳26	23 己酉23	23 己卯23	22 丁未20
24 甲申 3	24 甲寅 2	**24** 甲申 2	《6月》	《7月》	25 癸丑30	25 癸未29	25 壬子27	25 壬午27	24 庚戌24	24 庚辰24	23 戊申21
25 乙酉 4	25 乙卯③	25 乙酉 3	**25** 甲寅 1	25 甲申 1	26 甲寅㉛	26 甲申30	26 癸丑28	26 癸未28	25 辛亥25	25 辛巳㉕	24 己酉㉒
26 丙戌 5	26 丙辰 4	26 丙戌 4	26 乙卯 2	**26** 乙酉 2	《8月》	**27** 乙酉31	27 甲寅29	27 甲申29	26 壬子26	26 壬午26	25 庚戌23
27 丁亥⑥	27 丁巳 5	27 丁亥 5	27 丙辰 3	27 丙戌③	**27** 乙卯 1	《9月》	28 乙卯30	28 乙酉㉚	27 癸丑㉗	27 癸未27	26 辛亥24
28 戊子 7	28 戊午 6	28 戊子 6	28 丁巳 4	28 丁亥 4	28 丙辰 2	28 丙戌 1	《10月》	**29** 丙戌31	28 甲寅28	28 甲申28	27 壬子25
29 己丑 8	29 己未 7	29 己丑 7	29 戊午⑤	29 戊子 5	29 丁巳 3	29 丁亥 2	**29** 丙辰 1		29 乙卯29	29 乙酉29	28 癸丑26
30 庚寅 9	30 庚申 8		30 己未 6		30 戊午 4		30 丁巳②		30 丙辰30		29 甲寅27
											30 乙卯28
雨水 8日 啓蟄 23日	春分 8日 清明 23日	穀雨 8日 立夏 24日	小満 10日 芒種 25日	夏至 10日 小暑 26日	大暑 12日 立秋 27日	処暑 12日 白露 27日	秋分 14日 寒露 29日	霜降 14日 立冬 29日	小雪 16日	大雪 1日 冬至 16日	小寒 2日 大寒 17日

治暦**2**年（1066−1067） 丙午

1月	2月	3月	4月	5月	6月	7月	8月	9月	10月	11月	12月
1 丙辰㉙	1 乙酉27	1 乙卯29	1 甲申27	1 甲寅27	1 甲申26	1 癸丑25	1 癸未24	1 壬子22	1 壬午㉒	1 辛亥20	1 辛巳20
2 丁巳30	2 丙戌28	2 丙辰30	2 乙酉28	2 乙卯㉘	2 乙酉27	2 甲寅26	2 甲申25	2 癸丑23	2 癸未23	2 壬子21	2 壬午21
3 戊午31	《3月》	3 丁巳31	3 丙戌29	3 丙辰29	3 丙戌28	3 乙卯27	3 乙酉26	3 甲寅㉔	3 甲申24	3 癸丑22	3 癸未22
《2月》	3 丁亥 1	《4月》	4 丁亥㉚	4 丁巳30	4 丁亥29	4 丙辰28	4 丙戌㉗	4 乙卯25	4 乙酉25	4 甲寅23	4 甲申23
4 己未 1	**4** 戊子 2	**4** 戊午 1	《5月》	5 戊午31	5 戊子30	5 丁巳29	5 丁亥28	5 丙辰26	5 丙戌26	5 乙卯24	5 乙酉㉔
5 庚申 2	5 己丑 3	5 己未②	5 戊子 1	《6月》	《7月》	6 戊午㉚	6 戊子29	6 丁巳27	6 丁亥27	6 丙辰25	6 丙戌25
6 辛酉 3	6 庚寅 4	6 庚申 3	**6** 己丑 2	**6** 己未 1	6 己丑 1	7 己未31	7 己丑30	7 戊午28	7 戊子28	7 丁巳㉖	7 丁亥26
7 壬戌 4	7 辛卯⑤	7 辛酉 4	7 庚寅 3	7 庚申 2	**7** 庚寅②	《8月》	8 庚寅31	8 己未29	8 己丑㉙	8 戊午27	8 戊子27
8 癸亥⑤	8 壬辰 6	8 壬戌 5	8 辛卯 4	8 辛酉 3	8 辛卯 3	**8** 庚申 1	《9月》	9 庚申30	9 庚寅30	9 己未28	9 己丑28
9 甲子 6	9 癸巳 7	9 癸亥 6	9 壬辰 5	9 壬戌④	9 壬辰 4	9 辛酉 2	**9** 辛卯 1	《10月》	10 辛卯31	10 庚申29	10 庚寅29
10 乙丑 7	10 甲午 8	10 甲子 7	10 癸巳 6	10 癸亥 5	10 癸巳 5	10 壬戌 3	10 壬辰 2	**10** 辛酉①	《11月》	11 辛酉30	11 辛卯30
11 丙寅 8	11 乙未 9	11 乙丑 8	11 甲午⑦	11 甲子 6	11 甲午 6	11 癸亥 4	11 癸巳③	11 壬戌 2	**11** 壬辰 1	《12月》	**12** 壬辰㉛
12 丁卯 9	12 丙申10	12 丙寅⑨	12 乙未 8	12 乙丑 7	12 乙未 7	12 甲子 5	12 甲午 4	12 癸亥 3	12 癸巳 2	**12** 壬戌 1	**1067年**
13 戊辰10	13 丁酉11	13 丁卯10	13 丙申 9	13 丙寅 8	13 丙申 8	13 乙丑⑥	13 乙未 5	13 甲子 4	13 甲午 3	13 癸亥 2	《1月》
14 己巳11	14 戊戌⑫	14 戊辰11	14 丁酉10	14 丁卯 9	14 丁酉⑨	14 丙寅 7	14 丙申 6	14 乙丑 5	14 乙未 4	14 甲子③	13 癸巳 1
15 庚午⑫	15 己亥13	15 己巳12	15 戊戌11	15 戊辰10	15 戊戌10	15 丁卯 8	15 丁酉 7	15 丙寅 6	15 丙申⑤	15 乙丑 4	14 甲午 2
16 辛未13	16 庚子14	16 庚午13	16 己亥12	16 己巳⑪	16 己亥11	16 戊辰 9	16 戊戌 8	16 丁卯 7	16 丁酉 6	16 丙寅 5	15 乙未 3
17 壬申14	17 辛丑15	17 辛未14	17 庚子13	17 庚午12	17 庚子12	17 己巳10	17 己亥 9	17 戊辰⑧	17 戊戌 7	17 丁卯 6	16 丙申 4
18 癸酉15	18 壬寅16	18 壬申15	18 辛丑⑭	18 辛未13	18 辛丑13	18 庚午11	18 庚子⑩	18 己巳 9	18 己亥 8	18 戊辰 7	17 丁酉 5
19 甲戌16	**19** 癸卯17	19 癸酉⑯	19 壬寅15	19 壬申14	19 壬寅14	19 辛未12	19 辛丑11	19 庚午10	19 庚子 9	19 己巳 8	18 戊戌 6
20 乙亥17	20 甲辰18	**20** 甲戌17	20 癸卯16	20 癸酉15	20 癸卯15	20 壬申⑬	20 壬寅12	20 辛未11	20 辛丑10	20 庚午 9	19 己亥⑦
21 丙子18	21 乙巳⑲	21 乙亥18	**21** 甲辰17	21 甲戌16	21 甲辰⑯	21 癸酉14	21 癸卯13	21 壬申12	21 壬寅11	21 辛未⑩	20 庚子 8
22 丁丑⑲	22 丙午20	22 丙子19	22 乙巳18	**22** 乙亥17	**22** 乙巳17	22 甲戌15	22 甲辰14	22 癸酉13	22 癸卯⑫	22 壬申11	21 辛丑 9
23 戊寅20	23 丁未21	23 丁丑20	23 丙午19	23 丙子⑱	23 丙午18	**23** 乙亥16	23 乙巳15	23 甲戌14	23 甲辰13	23 癸酉12	22 壬寅10
24 己卯21	24 戊申22	24 戊寅21	24 丁未20	24 丁丑19	24 丁未19	24 丙子17	**24** 丙午16	24 乙亥⑮	24 乙巳14	24 甲戌13	23 癸卯11
25 庚辰22	25 己酉23	25 己卯22	25 戊申㉑	25 戊寅20	25 戊申20	25 丁丑18	25 丁未⑰	**25** 丙子16	25 丙午15	25 乙亥14	24 甲辰12
26 辛巳23	26 庚戌24	26 庚辰㉓	26 己酉22	26 己卯21	26 己酉21	26 戊寅19	26 戊申18	26 丁丑17	**26** 丁未16	26 丙子15	25 乙巳13
27 壬午24	27 辛亥25	27 辛巳24	27 庚戌23	27 庚辰22	27 庚戌22	27 己卯⑳	27 己酉19	27 戊寅18	27 戊申17	**27** 丁丑16	26 丙午⑭
28 癸未25	28 壬子㉖	28 壬午25	28 辛亥24	28 辛巳23	28 辛亥㉓	28 庚辰21	28 庚戌20	28 己卯19	28 己酉18	28 戊寅⑰	27 丁未15
29 甲申㉖	29 癸丑27	29 癸未26	29 壬子25	29 壬午24	29 壬子24	29 辛巳22	29 辛亥21	29 庚辰20	29 庚戌⑲	29 己卯18	**28** 戊申16
	30 甲寅28		30 癸丑26	30 癸未㉕		30 壬午23		30 辛巳21		30 庚辰19	29 己酉17
立春 3日 雨水 18日	啓蟄 4日 春分 19日	清明 4日 穀雨 20日	立夏 6日 小満 21日	芒種 6日 夏至 22日	小暑 7日 大暑 22日	立秋 8日 処暑 23日	白露 9日 秋分 24日	寒露 10日 霜降 25日	立冬 11日 小雪 26日	大雪 12日 冬至 27日	小寒 12日 大寒 28日

治暦3年（1067－1068） 丁未

1月	閏1月	2月	3月	4月	5月	6月	7月	8月	9月	10月	11月	12月
1 庚戌18	1 庚辰17	**1** 己酉⑱	**1** 己卯17	1 戊申16	1 戊寅15	1 丁未14	1 丁丑13	1 丁未12	1 丙子11	1 丙午10	1 乙亥⑨	1 乙巳 8
2 辛亥19	2 辛巳⑱	2 庚戌19	2 庚辰18	**2** 己酉17	2 己卯16	2 戊申⑮	2 戊寅14	2 戊申13	2 丁丑12	2 丁未⑪	2 丙子10	2 丙午 9
3 壬子20	3 壬午19	3 辛亥20	3 辛巳19	3 庚戌18	**3** 庚辰⑰	3 己酉16	3 己卯15	3 己酉14	3 戊寅13	3 戊申12	3 丁丑11	3 丁未10
4 癸丑㉑	4 癸未20	4 壬子21	4 壬午20	4 辛亥19	4 辛巳18	**4** 庚戌17	4 庚辰16	4 庚戌15	4 己卯⑭	4 己酉13	4 戊寅12	4 戊申11
5 甲寅22	5 甲申21	5 癸丑22	5 癸未21	5 壬子⑳	5 壬午19	5 辛亥18	**5** 辛巳17	**5** 辛亥⑯	5 庚辰15	5 庚戌14	5 己卯13	5 己酉12
6 乙卯23	6 乙酉22	6 甲寅23	6 甲申㉒	6 癸丑21	6 癸未20	6 壬子19	6 壬午18	6 壬子17	6 辛巳16	6 辛亥15	6 庚辰14	6 庚戌⑬
7 丙辰24	7 丙戌23	7 乙卯24	7 乙酉23	7 甲寅22	7 甲申21	7 癸丑20	7 癸未⑲	7 癸丑18	**7** 壬午17	**7** 壬子16	7 辛巳15	7 辛亥14
8 丁巳25	8 丁亥24	8 丙辰㉕	8 丙戌24	8 乙卯23	8 乙酉22	8 甲寅21	8 甲申20	8 甲寅19	8 癸未18	8 癸丑17	**8** 壬午⑯	8 壬子15
9 戊午26	9 戊子㉕	9 丁巳26	9 丁亥25	9 丙辰24	9 丙戌23	9 乙卯㉒	9 乙酉21	9 乙卯20	9 甲申19	9 甲寅⑱	9 癸未17	**9** 癸丑16
10己未27	10己丑26	10戊午27	10戊子26	10丁巳25	10丁亥㉔	10丙辰23	10丙戌22	10丙辰21	10乙酉20	10乙卯19	10甲申18	10甲寅17
11庚申㉘	11庚寅27	11己未28	11己丑27	11戊午26	11戊子25	11丁巳24	11丁亥23	11丁巳22	11丙戌㉑	11丙辰20	11乙酉19	11乙卯18
12辛酉29	12辛卯28	12庚申29	12庚寅28	12己未㉗	12己丑26	12戊午25	12戊子24	12戊午㉓	12丁亥22	12丁巳21	12丙戌20	12丙辰19
13壬戌30	《3月》	13辛酉30	13辛卯㉙	13庚申28	13庚寅27	13己未26	13己丑25	13己未24	13戊子23	13戊午22	13丁亥21	13丁巳⑳
14癸亥31	13壬辰 1	14壬戌31	14壬辰30	14辛酉29	14辛卯28	14庚申27	14庚寅㉖	14庚申25	14己丑24	14己未23	14戊子22	14戊午21
《2月》	**14**癸巳 2	《4月》	《5月》	15壬戌30	15壬辰29	15辛酉28	15辛卯27	15辛酉26	15庚寅25	15庚申24	15己丑㉓	15己未22
15甲子 1	15甲午 3	15癸亥①	15癸巳 1	16癸亥31	16癸巳30	16壬戌㉙	16壬辰28	16壬戌27	16辛卯26	16辛酉㉕	16庚寅24	16庚申23
16乙丑 2	16乙未④	**16**甲子 2	**16**甲午 2	《6月》	《7月》	17癸亥30	17癸巳29	17癸亥28	17壬辰27	17壬戌26	17辛卯25	17辛酉24
17丙寅 3	17丙申 5	17乙丑 3	17乙未 3	17甲子 1	17甲午①	18甲子31	18甲午30	18甲子29	18癸巳㉘	18癸亥27	18壬辰26	18壬戌25
18丁卯④	18丁酉 6	18丙寅 4	18丙申 4	**18**乙丑 2	**18**乙未 2	《8月》	19乙未31	19乙丑㉚	19甲午29	19甲子28	19癸巳27	19癸亥26
19戊辰 5	19戊戌 7	19丁卯 5	19丁酉 5	19丙寅③	19丙申 3	**19**乙丑 1	《9月》	《10月》	20乙未30	20乙丑29	20甲午28	20甲子㉗
20己巳 6	20己亥 8	20戊辰 6	20戊戌⑥	20丁卯 4	20丁酉 4	20丙寅 2	**20**丙申 1	**20**丙寅 1	21丙申31	21丙寅30	21乙未29	21乙丑28
21庚午 7	21庚子 9	21己巳 7	21己亥 7	21戊辰 5	21戊戌 5	21丁卯 3	21丁酉②	21丁卯 2	《11月》	《12月》	22丙申㉚	22丙寅29
22辛未 8	22辛丑10	22庚午⑧	22庚子 8	22己巳 6	22己亥 6	22戊辰 4	22戊戌 3	22戊辰 3	**22**丁酉 1	**22**丁卯 1	23丁酉31	23丁卯30
23壬申 9	23壬寅⑪	23辛未 9	23辛丑 9	23庚午 7	23庚子 7	23己巳⑤	23己亥 4	23己巳 4	23戊戌 2	23戊辰②	**1068年**	**24**戊辰31
24癸酉10	24癸卯12	24壬申10	24壬寅10	24辛未 8	24辛丑⑧	24庚午 6	24庚子 5	24庚午 5	24己亥 3	24己巳 3	《1月》	《2月》
25甲戌⑪	25甲辰13	25癸酉11	25癸卯11	25壬申 9	25壬寅 9	25辛未 7	25辛丑 6	25辛未 6	25庚子④	25庚午 4	**24**戊戌 1	25己巳 1
26乙亥12	26乙巳14	26甲戌12	26甲辰12	26癸酉⑩	26癸卯10	26壬申 8	26壬寅 7	26壬申⑦	26辛丑 5	26辛未 5	25己亥 2	26庚午 2
27丙子13	27丙午15	27乙亥13	27乙巳⑬	27甲戌11	27甲辰11	27癸酉 9	27癸卯 8	27癸酉 8	27壬寅 6	27壬申 6	26庚子 3	27辛未③
28丁丑14	28丁未16	28丙子14	28丙午14	28乙亥12	28乙巳12	28甲戌10	28甲辰⑨	28甲戌 9	28癸卯 7	28癸酉 7	27辛丑 4	28壬申 4
29戊寅15	29戊申17	29丁丑⑮	29丁未15	29丙子13	29丙午13	29乙亥11	29乙巳10	29乙亥10	29甲辰 8	29甲戌 8	28壬寅 5	29癸酉 5
30己卯16		30戊寅16		30丁丑14		30丙子⑫	30丙午11		30乙巳 9		29癸卯⑥	
											30甲辰 7	
立春 14日 雨水 29日	啓蟄14日	春分 1日 清明 16日	穀雨 1日 立夏 16日	小満 2日 芒種 18日	夏至 3日 小暑 18日	大暑 4日 立秋 19日	処暑 5日 白露 20日	秋分 5日 寒露 20日	霜降 7日 立冬 22日	小雪 7日 大雪 22日	冬至 8日 小寒 24日	大寒 9日 立春 24日

治暦4年（1068－1069） 戊申

1月	2月	3月	4月	5月	6月	7月	8月	9月	10月	11月	12月
1 甲戌 6	1 甲辰 7	1 癸酉 5	1 壬寅④	1 壬申 3	1 辛丑 2	《8月》	**1** 辛丑㉛	1 庚午29	1 庚子29	1 庚午28	1 己亥27
2 乙亥 7	2 乙巳 8	2 甲戌⑥	2 癸卯 5	2 癸酉 4	2 壬寅 3	**1** 辛未 1	《9月》	2 辛未30	2 辛丑30	2 辛未29	2 庚子㉘
3 丙子 8	3 丙午⑨	3 乙亥 7	3 甲辰 6	3 甲戌 5	3 癸卯 4	2 壬申 2	2 壬寅 1	《10月》	**3** 壬寅31	**3** 壬申㉚	3 辛丑29
4 丁丑 9	4 丁未10	4 丙子 8	4 乙巳 7	4 乙亥 6	4 甲辰 5	3 癸酉③	3 癸卯 2	**3** 壬申 1	《11月》	《12月》	4 壬寅30
5 戊寅⑩	5 戊申11	5 丁丑 9	5 丙午 8	5 丙子 7	5 乙巳⑥	4 甲戌 4	4 甲辰 3	4 癸酉 2	4 癸卯 1	4 癸酉 1	**5** 癸卯31
6 己卯11	6 己酉12	6 戊寅10	6 丁未 9	6 丁丑⑧	6 丙午 7	5 乙亥 5	5 乙巳 4	5 甲戌 3	5 甲辰②	5 甲戌 2	**1069年**
7 庚辰12	7 庚戌13	7 己卯11	7 戊申10	7 戊寅 9	7 丁未 8	6 丙子 6	6 丙午 5	6 乙亥 4	6 乙巳 3	6 乙亥 3	《1月》
8 辛巳13	8 辛亥14	8 庚辰12	8 己酉⑪	8 己卯10	8 戊申 9	7 丁丑 7	7 丁未 6	7 丙子⑤	7 丙午 4	7 丙子 4	6 甲辰 1
9 壬午14	9 壬子15	9 辛巳⑬	9 庚戌12	9 庚辰11	9 己酉10	8 戊寅 8	8 戊申⑦	8 丁丑 6	8 丁未 5	8 丁丑 5	7 乙巳 2
10癸未15	10癸丑⑯	10壬午14	10辛亥13	10辛巳12	10庚戌11	9 己卯 9	9 己酉 8	9 戊寅 7	9 戊申 6	9 戊寅 6	8 丙午 3
11甲申16	**11**甲寅17	11癸未15	11壬子14	11壬午13	11辛亥12	10庚辰⑩	10庚戌 9	10己卯 8	10己酉 7	10己卯⑦	9 丁未④
12乙酉⑰	12乙卯18	**12**甲申16	12癸丑15	12癸未14	12壬子⑬	11辛巳11	11辛亥10	11庚辰 9	11庚戌 8	11庚辰 8	10戊申 5
13丙戌18	13丙辰19	13乙酉17	13甲寅16	13甲申⑮	13癸丑14	12壬午12	12壬子11	12辛巳10	12辛亥⑨	12辛巳 9	11己酉 6
14丁亥19	14丁巳20	14丙戌18	**14**乙卯17	**14**乙酉16	14甲寅15	13癸未13	13癸丑12	13壬午11	13壬子10	13壬午10	12庚戌 7
15戊子20	15戊午21	15丁亥19	15丙辰⑱	15丙戌17	15乙卯16	14甲申14	14甲寅13	14癸未⑫	14癸丑11	14癸未11	13辛亥 8
16己丑21	16己未22	16戊子⑳	16丁巳19	16丁亥18	**16**丙辰17	15乙酉15	15乙卯⑭	15甲申13	15甲寅12	15甲申12	14壬子 9
17庚寅22	17庚申㉓	17己丑21	17戊午20	17戊子19	17丁巳18	**16**丙戌16	**16**丙辰15	16乙酉14	16乙卯13	16乙酉13	15癸丑10
18辛卯23	18辛酉24	18庚寅22	18己未21	18己丑20	18戊午19	17丁亥⑰	17丁巳16	17丙戌15	17丙辰14	17丙戌⑭	16甲寅⑪
19壬辰㉔	19壬戌25	19辛卯23	19庚申22	19庚寅21	19己未⑳	18戊子18	18戊午17	**18**丁亥16	**18**丁巳15	18丁亥15	17乙卯12
20癸巳25	20癸亥26	20壬辰24	20辛酉23	20辛卯㉒	20庚申21	19己丑19	19己未18	19戊子17	19戊午⑯	**19**戊子16	18丙辰13
21甲午26	21甲子27	21癸巳25	21壬戌24	21壬辰23	21辛酉22	20庚寅20	20庚申19	20己丑18	20己未17	20己丑17	19丁巳14
22乙未27	22乙丑28	22甲午26	22癸亥㉕	22癸巳24	22壬戌23	21辛卯21	21辛酉20	21庚寅⑲	21庚申18	21庚寅18	**20**戊午15
23丙申28	23丙寅29	23乙未㉗	23甲子26	23甲午25	23癸亥24	22壬辰22	22壬戌㉑	22辛卯20	22辛酉19	22辛卯19	21己未16
24丁酉29	24丁卯㉚	24丙申28	24乙丑27	24乙未26	24甲子25	23癸巳23	23癸亥22	23壬辰21	23壬戌20	23壬辰20	22庚申17
《3月》	25戊辰31	25丁酉29	25丙寅28	25丙申27	25乙丑26	24甲午㉔	24甲子23	24癸巳22	24癸亥21	24癸巳㉑	23辛酉⑱
25戊戌 1	《4月》	26戊戌30	26丁卯29	26丁酉28	26丙寅㉗	25乙未25	25乙丑24	25甲午23	25甲子22	25甲午22	24壬戌19
26己亥②	**26**己巳 1	《5月》	27戊辰30	27戊戌㉙	27丁卯28	26丙申26	26丙寅25	26乙未24	26乙丑㉓	26乙未23	25癸亥20
27庚子 3	27庚午 2	**27**己亥 1	28己巳31	28己亥30	28戊辰29	27丁酉27	27丁卯26	27丙申25	27丙寅24	27丙申24	26甲子21
28辛丑 4	28辛未 3	28庚子 2	《6月》	《7月》	29己巳30	28戊戌28	28戊辰27	28丁酉㉖	28丁卯25	28丁酉25	27乙丑22
29壬寅 5	29壬申 4	29辛丑 3	**29**庚午①	**29**庚子 1	30庚午31	29己亥29	29己巳㉘	29戊戌27	29戊辰26	29戊戌26	28丙寅23
30癸卯 6			30辛未 2			30庚子30		30己亥28	30己巳27		29丁卯24
											30戊辰㉕
雨水 10日 啓蟄 26日	春分 11日 清明 26日	穀雨 12日 立夏 27日	小満 14日 芒種 29日	夏至 14日 小暑 29日	大暑 16日	立秋 1日 処暑 16日	白露 1日 秋分 16日	寒露 3日 霜降 18日	立冬 3日 小雪 18日	大雪 3日 冬至 19日	小寒 5日 大寒 20日

延久元年〔治暦5年〕（1069－1070） 己酉

改元 4/13（治暦→延久）

1月	2月	3月	4月	5月	6月	7月	8月	9月	10月	閏10月	11月	12月
1 己巳26	1 戊戌24	1 戊辰26	1 丁酉24	1 丙寅23	1 丙申22	1 乙丑21	1 乙未20	1 甲子18	1 甲午⑱	1 甲子17	**1** 癸巳16	**1** 癸亥15
2 庚午27	2 己亥25	2 己巳27	2 戊戌25	2 丁卯㉔	2 丁酉23	2 丙寅22	2 丙申21	2 乙丑19	2 乙未19	2 乙丑18	2 甲午17	2 甲子16
3 辛未28	3 庚子26	3 庚午28	3 己亥㉖	3 戊辰25	3 戊戌24	3 丁卯23	3 丁酉22	3 丙寅⑳	3 丙申20	3 丙寅19	3 乙未18	3 乙丑⑰
4 壬申29	4 辛丑27	4 辛未㉙	4 庚子27	4 己巳26	4 己亥25	4 戊辰24	4 戊戌㉓	4 丁卯21	4 丁酉21	4 丁卯20	4 丙申19	4 丙寅18
5 癸酉30	5 壬寅28	5 壬申30	5 辛丑28	5 庚午27	5 庚子26	5 己巳25	5 己亥24	5 戊辰22	5 戊戌22	5 戊辰21	5 丁酉⑳	5 丁卯19
6 甲戌31	《3月》	6 癸酉31	6 壬寅29	6 辛未28	6 辛丑27	6 庚午㉖	6 庚子25	6 己巳23	6 己亥23	6 己巳㉒	6 戊戌21	6 戊辰20
《2月》	6 癸卯①	《4月》	7 癸卯30	7 壬申29	7 壬寅㉘	7 辛未27	7 辛丑26	7 庚午24	7 庚子24	7 庚午23	7 己亥22	7 己巳21
7 乙亥①	**7** 甲辰 2	**7** 甲戌 1	《5月》	8 癸酉30	8 癸卯29	8 壬申28	8 壬寅27	8 辛未25	8 辛丑㉕	8 辛未24	8 庚子23	8 庚午22
8 丙子 2	8 乙巳 3	8 乙亥 2	8 甲辰 1	9 甲戌㉛	9 甲辰30	9 癸酉29	9 癸卯28	9 壬申26	9 壬寅26	9 壬申25	9 辛丑24	9 辛未23
9 丁丑 3	9 丙午 4	9 丙子 3	**9** 乙巳 2	《6月》	《7月》	10 甲戌30	10 甲辰29	10 癸酉㉗	10 癸卯27	10 癸酉26	10 壬寅25	10 壬申㉔
10 戊寅 4	10 丁未 5	10 丁丑 4	10 丙午③	**10** 乙亥 1	10 乙巳 1	11 乙亥31	11 乙巳㉚	11 甲戌28	11 甲辰28	11 甲戌27	11 癸卯26	11 癸酉25
11 己卯 5	11 戊申 6	11 戊寅⑤	11 丁未 4	11 丙子 2	**11** 丙午 2	《8月》	**12** 丙午31	12 乙亥29	12 乙巳28	12 乙亥28	12 甲辰㉗	12 甲戌26
12 庚辰 6	12 己酉 7	12 己卯 6	12 戊申 5	12 丁丑 3	12 丁未 3	**12** 丙子 1	《9月》	13 丙子30	13 丙午30	13 丙子㉙	13 乙巳28	13 乙亥27
13 辛巳 7	13 庚戌⑧	13 庚辰 7	*13* 己酉 6	13 戊寅 4	13 戊申 4	13 丁丑②	13 丁未 1	《10月》	**14** 丁未31	14 丁丑30	14 丙午29	14 丙子28
14 壬午⑧	14 辛亥 9	14 辛巳 8	14 庚戌 7	14 己卯 5	14 己酉⑤	14 戊寅 3	14 戊申 2	**14** 丁丑 1	《11月》	《12月》	15 丁未30	15 丁丑29
15 癸未 9	15 壬子10	15 壬午 9	15 辛亥 8	15 庚辰 6	15 庚戌 6	15 己卯 4	15 己酉 3	15 戊寅 2	15 戊申①	**15** 戊寅 1	**16** 戊申31	16 戊寅30
16 甲申10	16 癸丑11	16 癸未10	16 壬子 9	16 辛巳⑦	16 辛亥 7	16 庚辰 5	16 庚戌 4	16 己卯 3	16 己酉 2	16 己卯 2	**1070年**	**17** 己卯㉛
17 乙酉11	17 甲寅12	17 甲申11	17 癸丑⑩	17 壬午 8	17 壬子 8	17 辛巳 6	17 辛亥 5	17 庚辰④	17 庚戌 3	17 庚辰 3	《1月》	《2月》
18 丙戌12	18 乙卯13	18 乙酉⑫	18 甲寅11	18 癸未 9	18 癸丑 9	18 壬午 7	18 壬子⑥	18 辛巳 5	18 辛亥 4	18 辛巳 4	17 己酉 1	18 庚辰 1
19 丁亥13	19 丙辰14	19 丙戌13	19 乙卯12	19 甲申10	19 甲寅10	19 癸未 8	19 癸丑 7	19 壬午 6	19 壬子 5	19 壬午 5	18 庚戌 2	19 辛巳 2
20 戊子14	20 丁巳⑮	20 丁亥14	20 丙辰13	20 乙酉11	20 乙卯11	20 甲申⑨	20 甲寅 8	20 癸未 7	20 癸丑 6	20 癸未⑥	19 辛亥③	20 壬午 3
21 己丑⑮	21 戊午16	21 戊子15	21 丁巳14	21 丙戌12	21 丙辰⑫	21 乙酉10	21 乙卯 9	21 甲申 8	21 甲寅 7	21 甲申 7	20 壬子 4	21 癸未 4
22 庚寅16	**22** 己未17	**22** 己丑16	22 戊午15	22 丁亥13	22 丁巳13	22 丙戌11	22 丙辰10	22 乙酉 9	22 乙卯⑧	22 乙酉 8	21 癸丑 5	22 甲申 5
23 辛卯17	23 庚申18	23 庚寅17	23 己未16	23 戊子⑭	23 戊午14	23 丁亥12	23 丁巳11	23 丙戌10	23 丙辰 9	23 丙戌 9	22 甲寅 6	23 乙酉 6
24 壬辰18	24 辛酉19	24 辛卯18	**24** 庚申⑰	24 己丑15	24 己未15	24 戊子13	24 戊午12	24 丁亥⑪	24 丁巳10	24 丁亥10	23 乙卯 7	24 丙戌⑦
25 癸巳19	25 壬戌20	25 壬辰⑲	25 辛酉18	**25** 庚寅16	25 庚申16	25 己丑14	25 己未⑬	25 戊子12	25 戊午11	25 戊子11	24 丙辰 8	25 丁亥 8
26 甲午20	26 癸亥21	26 癸巳20	26 壬戌19	26 辛卯17	**26** 辛酉17	26 庚寅15	26 庚申14	26 己丑13	26 己未12	26 己丑12	25 丁巳 9	26 戊子 9
27 乙未21	27 甲子㉒	27 甲午21	27 癸亥20	27 壬辰18	27 壬戌18	**27** 辛卯⑯	27 辛酉15	27 庚寅14	27 庚申13	27 庚寅⑬	26 戊午⑩	27 己丑10
28 丙申㉒	28 乙丑23	28 乙未22	28 甲子21	28 癸巳19	28 癸亥⑲	28 壬辰17	**28** 壬戌16	28 辛卯15	28 辛酉14	28 辛卯14	27 己未11	28 庚寅11
29 丁酉23	29 丙寅24	29 丙申23	29 乙丑22	29 甲午20	29 甲子20	29 癸巳18	29 癸亥17	**29** 壬辰16	**29** 壬戌⑮	29 壬辰15	28 庚申12	29 辛卯12
	30 丁卯25			30 乙未㉑		30 甲午19		30 癸巳17	30 癸亥16		29 辛酉13	30 壬辰13
											30 壬戌14	
立春 5日 雨水 21日	啓蟄 7日 春分 22日	清明 7日 穀雨 22日	立夏 9日 小満 24日	芒種 10日 夏至 25日	小暑 11日 大暑 26日	立秋 12日 処暑 27日	白露 12日 秋分 28日	寒露 14日 霜降 29日	立冬 14日 小雪 29日	大雪15日	冬至 1日 小寒 16日	大寒 1日 立春 17日

延久2年（1070－1071） 庚戌

1月	2月	3月	4月	5月	6月	7月	8月	9月	10月	11月	12月
1 癸巳⑭	1 壬戌15	1 壬辰14	1 辛酉13	1 庚寅11	1 庚申⑪	1 己丑 9	1 己未 8	1 戊子 7	1 戊午 6	1 戊子 6	1 丁巳 4
2 甲午15	2 癸亥16	2 癸巳15	2 壬戌14	2 辛卯12	2 辛酉12	2 庚寅10	2 庚申 9	2 己丑 8	2 己未⑦	2 己丑 7	2 戊午 5
3 乙未16	**3** 甲子17	3 甲午16	3 癸亥15	3 壬辰⑬	3 壬戌13	3 辛卯11	3 辛酉10	3 庚寅 9	3 庚申 8	3 庚寅 8	3 己未 6
4 丙申17	4 乙丑18	**4** 乙未17	4 甲子⑯	4 癸巳14	4 癸亥14	4 壬辰12	4 壬戌11	4 辛卯⑩	4 辛酉 9	4 辛卯 9	4 庚申 7
5 丁酉18	5 丙寅19	5 丙申⑱	**5** 乙丑17	5 甲午15	5 甲子15	5 癸巳13	5 癸亥⑫	5 壬辰11	5 壬戌10	5 壬辰10	5 辛酉 8
6 戊戌19	6 丁卯20	6 丁酉19	6 丙寅18	6 乙未16	6 乙丑16	6 甲午14	6 甲子13	6 癸巳12	6 癸亥11	6 癸巳11	6 壬戌⑨
7 己亥20	7 戊辰㉑	7 戊戌20	7 丁卯19	**7** 丙申17	**7** 丙寅17	7 乙未⑮	7 乙丑14	7 甲午13	7 甲子12	7 甲午⑫	7 癸亥10
8 庚子㉑	8 己巳22	8 己亥21	8 戊辰20	8 丁酉18	8 丁卯⑱	**8** 丙申16	8 丙寅15	8 乙未14	8 乙丑13	8 乙未13	8 甲子11
9 辛丑22	9 庚午23	9 庚子22	9 己巳21	9 戊戌19	9 戊辰19	9 丁酉17	**9** 丁卯16	9 丙申15	9 丙寅⑭	9 丙申14	9 乙丑12
10 壬寅23	10 辛未24	10 辛丑23	10 庚午22	10 己亥⑳	10 己巳20	10 戊戌18	10 戊辰17	**10** 丁酉16	10 丁卯15	10 丁酉15	10 丙寅13
11 癸卯24	11 壬申25	11 壬寅24	11 辛未㉓	11 庚子21	11 庚午21	11 己亥19	11 己巳18	11 戊戌⑰	**11** 戊辰16	**11** 戊戌16	11 丁卯14
12 甲辰25	12 癸酉26	12 癸卯㉕	12 壬申24	12 辛丑22	12 辛未22	12 庚子20	12 庚午⑲	12 己亥18	12 己巳17	12 己亥17	12 戊辰15
13 乙巳26	13 甲戌27	13 甲辰26	13 癸酉25	13 壬寅23	13 壬申23	13 辛丑21	13 辛未20	13 庚子19	13 庚午18	13 庚子18	**13** 己巳⑯
14 丙午27	14 乙亥㉘	14 乙巳27	14 甲戌26	14 癸卯24	14 癸酉24	14 壬寅㉒	14 壬申21	14 辛丑20	14 辛未19	14 辛丑⑲	14 庚午17
15 丁未㉘	15 丙子29	15 丙午28	15 乙亥27	15 甲辰25	15 甲戌㉕	15 癸卯23	15 癸酉22	15 壬寅21	15 壬申20	15 壬寅20	15 辛未18
《3月》	16 丁丑30	16 丁未29	16 丙子28	16 乙巳26	16 乙亥26	16 甲辰24	16 甲戌23	16 癸卯22	16 癸酉㉑	16 癸卯21	16 壬申19
16 戊申 1	17 戊寅31	17 戊申30	17 丁丑29	17 丙午㉗	17 丙子27	17 乙巳25	17 乙亥24	17 甲辰23	17 甲戌22	17 甲辰22	17 癸酉20
17 己酉 2	《4月》	《5月》	18 戊寅㉚	18 丁未28	18 丁丑28	18 丙午26	18 丙子25	18 乙巳㉔	18 乙亥23	18 乙巳23	18 甲戌21
18 庚戌 3	**18** 己卯 1	18 己酉 1	19 己卯31	19 戊申29	19 戊寅29	19 丁未27	19 丁丑㉖	19 丙午25	19 丙子24	19 丙午24	19 乙亥22
19 辛亥 4	19 庚辰 2	**19** 庚戌②	《6月》	20 己酉30	20 己卯30	20 戊申28	20 戊寅27	20 丁未26	20 丁丑25	20 丁未25	20 丙子㉓
20 壬子 5	20 辛巳 3	20 辛亥 3	**20** 庚辰 1	《7月》	21 庚辰31	21 己酉㉙	21 己卯28	21 戊申27	21 戊寅26	21 戊申㉖	21 丁丑24
21 癸丑 6	21 壬午④	21 壬子 4	21 辛巳 2	21 庚戌 1	《8月》	22 庚戌30	22 庚辰29	22 己酉28	22 己卯27	22 己酉27	22 戊寅25
22 甲寅⑦	22 癸未 5	22 癸丑 5	22 壬午 3	**22** 辛亥 2	**22** 辛巳①	23 辛亥31	23 辛巳30	23 庚戌29	23 庚辰㉘	23 庚戌28	23 己卯26
23 乙卯 8	23 甲申 6	23 甲寅 6	23 癸未 4	23 壬子 3	23 壬午 2	《9月》	《10月》	24 辛亥30	24 辛巳29	24 辛亥29	24 庚辰27
24 丙辰 9	24 乙酉 7	24 乙卯 7	24 甲申 5	24 癸丑④	24 癸未 3	**24** 壬子 1	**24** 壬午 1	25 壬子㉛	25 壬午30	25 壬子30	25 辛巳28
25 丁巳10	25 丙戌 8	25 丙辰 8	25 乙酉⑥	25 甲寅 5	25 甲申 4	25 癸丑 2	25 癸未 2	《11月》	《12月》	**26** 癸丑31	26 壬午29
26 戊午11	26 丁亥 9	26 丁巳⑨	26 丙戌 7	26 乙卯 6	26 乙酉 5	26 甲寅 3	26 甲申③	**26** 癸丑 1	**26** 癸未 1	**1071年**	27 癸未㉚
27 己未12	27 戊子10	27 戊午10	27 丁亥 8	27 丙辰 7	27 丙戌 6	27 乙卯 4	27 乙酉 4	27 甲寅 2	27 甲申 2	《1月》	**28** 甲申31
28 庚申13	28 己丑⑪	28 己未11	28 戊子 9	28 丁巳 8	28 丁亥 7	28 丙辰⑤	28 丙戌 5	28 乙卯 3	28 乙酉 3	27 甲寅 1	《2月》
29 辛酉⑭	29 庚寅12	29 庚申12	29 己丑10	29 戊午 9	29 戊子⑧	29 丁巳 6	29 丁亥 6	29 丙辰 4	29 丙戌 4	28 乙卯②	29 乙酉 1
	30 辛卯13			30 己未10		30 戊午 7		30 丁巳 5	30 丁亥⑤	29 丙辰 3	30 丙戌 2
雨水 2日 啓蟄 17日	春分 3日 清明 18日	穀雨 4日 立夏 19日	小満 5日 芒種 20日	夏至 7日 小暑 22日	大暑 7日 立秋 22日	処暑 8日 白露 24日	秋分 9日 寒露 24日	霜降 10日 立冬 26日	小雪 11日 大雪 26日	冬至 11日 小寒 26日	大寒 13日 立春 28日

延久**3**年（1071－1072） 辛亥

1月	2月	3月	4月	5月	6月	7月	8月	9月	10月	11月	12月
1 丁亥 3	1 丁巳 5	1 丙戌 ③	1 丙辰 3	《6月》	1 甲寅 30	1 甲申 30	1 癸丑 ㉘	1 壬午 26	1 壬子 26	1 壬午 25	1 辛亥 24
2 戊子 4	2 戊午 ⑥	2 丁亥 4	2 丁巳 4	1 乙酉 1	《7月》	2 乙酉 ㉛	2 甲寅 29	2 癸未 27	2 癸丑 27	2 癸未 26	2 壬子 ㉕
3 己丑 5	3 己未 7	3 戊子 5	3 戊午 5	**2** 丙戌 2	2 乙卯 1	《8月》	3 乙卯 30	3 甲申 28	3 甲寅 28	3 甲申 ㉗	3 癸丑 26
4 庚寅 ⑥	4 庚申 8	4 己丑 6	4 己未 6	3 丁亥 3	**3** 丙辰 2	**3** 丙戌 1	4 丙辰 31	4 乙酉 29	4 乙卯 29	4 乙酉 28	4 甲寅 27
5 辛卯 7	5 辛酉 9	5 庚寅 7	5 庚申 7	4 戊子 4	4 丁巳 ③	4 丁亥 2	《9月》	5 丙戌 30	5 丙辰 ㉚	5 丙戌 29	5 乙卯 28
6 壬辰 8	6 壬戌 10	6 辛卯 8	6 辛酉 ⑧	5 己丑 ⑤	5 戊午 4	5 戊子 3	**5** 丁巳 1	《10月》	6 丁巳 31	6 丁亥 30	6 丙辰 29
7 癸巳 9	7 癸亥 11	7 壬辰 9	7 壬戌 9	6 庚寅 6	6 己未 5	6 己丑 4	6 戊午 2	**6** 丁亥 1	《11月》	《12月》	7 丁巳 30
8 甲午 10	8 甲子 12	8 癸巳 ⑩	8 癸亥 10	7 辛卯 7	7 庚申 6	7 庚寅 5	7 己未 3	7 戊子 ②	**7** 戊午 1	**7** 戊子 1	8 戊午 31
9 乙未 11	9 乙丑 ⑬	9 甲午 11	9 甲子 11	8 壬辰 8	8 辛酉 7	8 辛卯 6	8 庚申 ④	8 己丑 3	8 己未 2	8 己丑 2	**1072年**
10 丙申 12	10 丙寅 14	10 乙未 12	10 乙丑 12	9 癸巳 9	9 壬戌 8	9 壬辰 ⑦	9 辛酉 5	9 庚寅 4	9 庚申 3	9 庚寅 3	《1月》
11 丁酉 ⑬	11 丁卯 15	11 丙申 13	11 丙寅 13	10 甲午 10	10 癸亥 9	10 癸巳 8	10 壬戌 6	10 辛卯 5	10 辛酉 4	10 辛卯 ④	**9** 己未 ①
12 戊戌 14	12 戊辰 16	12 丁酉 14	12 丁卯 14	11 乙未 11	11 甲子 ⑩	11 甲午 9	11 癸亥 7	11 壬辰 6	11 壬戌 5	11 壬辰 5	10 庚申 2
13 己亥 15	**13** 己巳 17	13 戊戌 15	13 戊辰 ⑮	12 丙申 ⑫	12 乙丑 11	12 乙未 10	12 甲子 8	12 癸巳 7	12 癸亥 ⑥	12 癸巳 6	11 辛酉 3
14 庚子 16	14 庚午 18	14 己亥 16	14 己巳 16	13 丁酉 13	13 丙寅 12	13 丙申 11	13 乙丑 9	13 甲午 8	13 甲子 7	13 甲午 7	12 壬戌 4
15 辛丑 17	15 辛未 19	**15** 庚子 ⑰	**15** 庚午 17	14 戊戌 14	14 丁卯 13	14 丁酉 12	14 丙寅 10	14 乙未 ⑨	14 乙丑 8	14 乙未 8	13 癸亥 5
16 壬寅 18	16 壬申 ⑳	16 辛丑 18	16 辛未 18	15 己亥 15	15 戊辰 14	15 戊戌 13	15 丁卯 ⑪	15 丙申 10	15 丙寅 9	15 丙申 9	14 甲子 6
17 癸卯 19	17 癸酉 21	17 壬寅 19	17 壬申 19	16 庚子 16	16 己巳 15	16 己亥 ⑭	16 戊辰 12	16 丁酉 11	16 丁卯 10	16 丁酉 10	15 乙丑 7
18 甲辰 ⑳	18 甲戌 22	18 癸卯 20	18 癸酉 20	**17** 辛丑 17	17 庚午 16	17 庚子 15	17 己巳 13	17 戊戌 12	17 戊辰 11	17 戊戌 ⑪	16 丙寅 ⑧
19 乙巳 21	19 乙亥 23	19 甲辰 21	19 甲戌 21	18 壬寅 18	**18** 辛未 ⑰	18 辛丑 16	18 庚午 14	18 己亥 13	18 己巳 12	18 己亥 12	17 丁卯 9
20 丙午 22	20 丙子 24	20 乙巳 22	20 乙亥 ㉒	19 癸卯 ⑲	19 壬申 18	**19** 壬寅 17	19 辛未 15	19 庚子 14	19 庚午 ⑬	19 庚子 13	18 戊辰 10
21 丁未 23	21 丁丑 25	21 丙午 23	21 丙子 23	20 甲辰 20	20 癸酉 19	20 癸卯 18	**20** 壬申 16	20 辛丑 15	20 辛未 14	20 辛丑 14	19 己巳 11
22 戊申 24	22 戊寅 26	22 丁未 ㉔	22 丁丑 24	21 乙巳 21	21 甲戌 20	21 甲辰 19	21 癸酉 17	21 壬寅 ⑯	21 壬申 15	21 壬寅 15	20 庚午 12
23 己酉 25	23 己卯 ㉗	23 戊申 25	23 戊寅 25	22 丙午 22	22 乙亥 21	22 乙巳 20	22 甲戌 ⑱	**22** 癸卯 17	**22** 癸酉 16	**22** 癸卯 16	21 辛未 13
24 庚戌 26	24 庚辰 28	24 己酉 26	24 己卯 26	23 丁未 23	23 丙子 22	23 丙午 ㉑	23 乙亥 19	23 甲辰 18	23 甲戌 17	23 甲辰 17	22 壬申 14
25 辛亥 ㉗	25 辛巳 29	25 庚戌 27	25 庚辰 27	24 戊申 24	24 丁丑 23	24 丁未 22	24 丙子 20	24 乙巳 19	24 乙亥 18	24 乙巳 ⑱	23 癸酉 ⑮
26 壬子 28	26 壬午 30	26 辛亥 28	26 辛巳 28	25 己酉 25	25 戊寅 ㉔	25 戊申 23	25 丁丑 21	25 丙午 20	25 丙子 19	25 丙午 19	**24** 甲戌 16
《3月》	27 癸未 31	27 壬子 29	27 壬午 ㉙	26 庚戌 ㉖	26 己卯 25	26 己酉 24	26 戊寅 22	26 丁未 21	26 丁丑 ⑳	26 丁未 20	25 乙亥 17
27 癸丑 1	《4月》	28 癸丑 30	28 癸未 30	27 辛亥 27	27 庚辰 26	27 庚戌 25	27 己卯 23	27 戊申 22	27 戊寅 21	27 戊申 21	26 丙子 18
28 甲寅 2	28 甲申 1	《5月》	29 甲申 31	28 壬子 28	28 辛巳 27	28 辛亥 26	28 庚辰 24	28 己酉 ㉓	28 己卯 22	28 己酉 22	27 丁丑 19
29 乙卯 3	**29** 乙酉 2	29 甲寅 ①		29 癸丑 29	29 壬午 28	29 壬子 27	29 辛巳 ㉕	29 庚戌 24	29 庚辰 23	29 庚戌 23	28 戊寅 20
30 丙辰 4		**30** 乙卯 2			30 癸未 29			30 辛亥 25	30 辛巳 24		29 己卯 21
											30 庚辰 ㉒
雨水 13日	春分 13日	穀雨 15日	小満 15日	芒種 2日	小暑 3日	立秋 3日	白露 5日	寒露 6日	立冬 7日	大雪 7日	小寒 9日
啓蟄 28日	清明 29日	立夏 30日		夏至 17日	大暑 18日	処暑 19日	秋分 20日	霜降 22日	小雪 22日	冬至 22日	大寒 24日

延久**4**年（1072－1073） 壬子

1月	2月	3月	4月	5月	6月	7月	閏7月	8月	9月	10月	11月	12月
1 辛巳 23	1 辛亥 22	1 辛巳 23	1 庚戌 21	1 庚辰 21	1 己酉 19	1 戊寅 18	1 戊申 17	**1** 丁丑 15	1 丙午 ⑭	1 丙子 13	1 丙午 13	1 乙亥 11
2 壬午 24	2 壬子 23	2 壬午 24	2 辛亥 ㉒	2 辛巳 22	2 庚戌 20	2 己卯 19	2 己酉 18	2 戊寅 ⑯	2 丁未 15	2 丁丑 14	2 丁未 14	2 丙子 12
3 癸未 25	3 癸丑 24	3 癸未 ㉕	3 壬子 23	3 壬午 23	3 辛亥 21	3 庚辰 20	3 庚戌 ⑲	3 己卯 17	**3** 戊申 16	**3** 戊寅 15	3 戊申 15	3 丁丑 ⑬
4 甲申 26	4 甲寅 25	4 甲申 26	4 癸丑 24	4 癸未 24	4 壬子 22	4 辛巳 21	4 辛亥 20	4 庚辰 18	4 己酉 17	4 己卯 16	**4** 己酉 ⑯	4 戊寅 14
5 乙酉 27	5 乙卯 ㉖	5 乙酉 27	5 甲寅 25	5 甲申 25	5 癸丑 23	5 壬午 ㉒	5 壬子 21	5 辛巳 19	5 庚戌 18	5 庚辰 17	5 庚戌 17	**5** 己卯 15
6 丙戌 28	6 丙辰 27	6 丙戌 28	6 乙卯 26	6 乙酉 26	6 甲寅 ㉔	6 癸未 23	6 癸丑 22	6 壬午 20	6 辛亥 19	6 辛巳 ⑱	6 辛亥 18	6 庚辰 16
7 丁亥 ㉙	7 丁巳 28	7 丁亥 29	7 丙辰 27	7 丙戌 ㉗	7 乙卯 25	7 甲申 24	7 甲寅 23	7 癸未 21	7 壬子 20	7 壬午 19	7 壬子 19	7 辛巳 17
8 戊子 30	8 戊午 29	8 戊子 30	8 丁巳 28	8 丁亥 28	8 丙辰 26	8 乙酉 25	8 乙卯 24	8 甲申 22	8 癸丑 ㉑	8 癸未 20	8 癸丑 20	8 壬午 18
9 己丑 31	《3月》	9 己丑 31	9 戊午 ㉙	9 戊子 29	9 丁巳 27	9 丙戌 26	9 丙辰 25	9 乙酉 ㉓	9 甲寅 22	9 甲申 21	9 甲寅 21	9 癸未 19
《2月》	9 己未 1	《4月》	10 己未 30	10 己丑 30	10 戊午 28	10 丁亥 27	10 丁巳 ㉖	10 丙戌 24	10 乙卯 23	10 乙酉 22	10 乙卯 22	10 甲申 ⑳
10 庚寅 1	**10** 庚申 2	**10** 庚寅 ①	《5月》	11 庚寅 31	11 己未 29	11 戊子 28	11 戊午 27	11 丁亥 25	11 丙辰 24	11 丙戌 23	11 丙辰 ㉓	11 乙酉 21
11 辛卯 2	11 辛酉 3	11 辛卯 2	**11** 庚申 1	《6月》	12 庚申 30	12 己丑 ㉙	12 己未 28	12 戊子 26	12 丁巳 25	12 丁亥 24	12 丁巳 24	12 丙戌 22
12 壬辰 3	12 壬戌 ④	12 壬辰 3	12 辛酉 2	**12** 辛卯 1	《7月》	13 庚寅 30	13 庚申 29	13 己丑 27	13 戊午 26	13 戊子 ㉕	13 戊午 25	13 丁亥 23
13 癸巳 4	13 癸亥 5	13 癸巳 4	13 壬戌 3	13 壬辰 2	**13** 辛酉 ①	14 辛卯 31	14 辛酉 30	14 庚寅 28	14 己未 27	14 己丑 26	14 己未 26	14 戊子 24
14 甲午 ⑤	14 甲子 6	14 甲午 5	14 癸亥 4	14 癸巳 ③	14 壬戌 2	《8月》	**15** 壬戌 31	15 辛卯 29	15 庚申 ㉘	15 庚寅 27	15 庚申 27	15 己丑 25
15 乙未 6	15 乙丑 7	15 乙未 6	15 甲子 5	15 甲午 4	15 癸亥 3	**15** 壬辰 1	《9月》	16 壬辰 ㉚	16 辛酉 29	16 辛卯 28	16 辛酉 28	16 庚寅 26
16 丙申 7	16 丙寅 8	16 丙申 7	16 乙丑 ⑥	16 乙未 5	16 甲子 4	16 癸巳 2	16 癸亥 1	《10月》	17 壬戌 30	17 壬辰 29	17 壬戌 29	17 辛卯 ㉗
17 丁酉 8	17 丁卯 9	17 丁酉 ⑧	17 丙寅 7	17 丙申 6	17 乙丑 5	17 甲午 3	17 甲子 ②	**17** 癸巳 1	**18** 癸亥 31	**18** 癸巳 30	18 癸亥 ㉚	18 壬辰 28
18 戊戌 9	18 戊辰 10	18 戊戌 9	18 丁卯 8	18 丁酉 7	18 丙寅 6	18 乙未 4	18 乙丑 3	18 甲午 2	《11月》	《12月》	**19** 甲子 31	19 癸巳 29
19 己亥 10	19 己巳 ⑪	19 己亥 10	19 戊辰 9	19 戊戌 8	19 丁卯 7	19 丙申 ⑤	19 丙寅 4	19 乙未 3	19 甲子 1	19 甲午 1	**1073年**	**20** 甲午 30
20 庚子 11	20 庚午 12	20 庚子 11	20 己巳 10	20 己亥 9	20 戊辰 ⑧	20 丁酉 6	20 丁卯 5	20 丙申 4	20 乙丑 2	20 乙未 ②	《1月》	21 乙未 31
21 辛丑 ⑫	21 辛未 13	21 辛丑 12	21 庚午 11	21 庚子 ⑩	21 己巳 9	21 戊戌 7	21 戊辰 6	21 丁酉 5	21 丙寅 3	21 丙申 3	20 乙丑 1	《2月》
22 壬寅 13	22 壬申 14	22 壬寅 13	22 辛未 12	22 辛丑 11	22 庚午 10	22 己亥 8	22 己巳 7	22 戊戌 6	22 丁卯 ④	22 丁酉 4	21 丙寅 2	22 丙申 1
23 癸卯 14	23 癸酉 15	23 癸卯 14	23 壬申 ⑬	23 壬寅 12	23 辛未 11	23 庚子 9	23 庚午 8	23 己亥 ⑦	23 戊辰 5	23 戊戌 5	22 丁卯 3	23 丁酉 2
24 甲辰 15	24 甲戌 16	24 甲辰 ⑮	24 癸酉 14	24 癸卯 13	24 壬申 12	24 辛丑 10	24 辛未 ⑨	24 庚子 8	24 己巳 6	24 己亥 6	23 戊辰 4	24 戊戌 ③
25 乙巳 16	**25** 乙亥 17	**25** 乙巳 16	25 甲戌 15	25 甲辰 14	25 癸酉 13	25 壬寅 11	25 壬申 10	25 辛丑 9	25 庚午 7	25 庚子 7	24 己巳 5	25 己亥 4
26 丙午 17	26 丙子 ⑱	26 丙午 17	26 乙亥 16	26 乙巳 15	26 甲戌 14	26 癸卯 ⑫	26 癸酉 11	26 壬寅 10	26 辛未 8	26 辛丑 8	25 庚午 ⑥	26 庚子 5
27 丁未 18	27 丁丑 19	27 丁未 18	**27** 丙子 17	**27** 丙午 16	27 乙亥 ⑮	27 甲辰 13	27 甲戌 12	27 癸卯 11	27 壬申 9	27 壬寅 ⑨	26 辛未 7	27 辛丑 6
28 戊申 ⑲	28 戊寅 20	28 戊申 19	28 丁丑 18	28 丁未 ⑰	**28** 丙子 16	28 乙巳 14	28 乙亥 13	28 甲辰 12	28 癸酉 10	28 癸卯 10	27 壬申 8	28 壬寅 7
29 己酉 20	29 己卯 21	29 己酉 20	29 戊寅 19	29 戊申 18	29 丁丑 17	29 丙午 15	29 丙子 14	29 乙巳 13	29 甲戌 ⑪	29 甲辰 11	28 癸酉 9	29 癸卯 8
30 庚戌 21	30 庚辰 22		30 己卯 ⑳			**30** 丁未 16			30 乙亥 12	30 乙巳 12	29 甲戌 10	30 甲辰 9
立春 9日	啓蟄 10日	清明 10日	立夏 11日	芒種 12日	小暑 13日	立秋 15日	白露15日	秋分 1日	霜降 3日	小雪 3日	冬至 4日	大寒 5日
雨水 24日	春分 25日	穀雨 25日	小満 27日	夏至 27日	大暑 28日	処暑 30日		寒露 17日	立冬 18日	大雪 18日	小寒 19日	立春 20日

延久**5**年（1073－1074） 癸丑

1月	2月	3月	4月	5月	6月	7月	8月	9月	10月	11月	12月
1 乙巳⑩	1 乙亥12	1 甲辰10	1 甲戌10	1 甲辰⑨	1 癸酉 8	1 壬寅 6	1 壬申 5	1 辛丑 4	1 庚午 2	1 庚子 2	**1074年**
2 丙午11	2 丙子13	2 乙巳11	2 乙亥11	2 乙巳10	2 甲戌 9	2 癸卯 7	2 癸酉 6	2 壬寅 5	2 辛未③	2 辛丑 3	《1月》
3 丁未12	3 丁丑14	3 丙午12	3 丙子⑫	3 丙午11	3 乙亥10	3 甲辰 8	3 甲戌 7	3 癸卯⑥	3 壬申 4	3 壬寅 4	1 庚午 1
4 戊申13	4 戊寅15	4 丁未13	4 丁丑13	4 丁未12	4 丙子11	4 乙巳 9	4 乙亥⑧	4 甲辰 7	4 癸酉 5	4 癸卯 5	2 辛未 2
5 己酉14	5 己卯16	5 戊申⑭	5 戊寅14	5 戊申13	5 丁丑12	5 丙午10	5 丙子 9	5 乙巳 8	5 甲戌 6	5 甲辰 6	3 壬申 3
6 庚戌15	**6** 庚辰⑰	6 己酉15	6 己卯15	6 己酉14	6 戊寅13	6 丁未⑪	6 丁丑10	6 丙午 9	6 乙亥 7	6 乙巳 7	4 癸酉 4
7 辛亥16	7 辛巳18	**7** 庚戌16	7 庚辰16	7 庚戌15	7 己卯⑭	7 戊申12	7 戊寅11	7 丁未10	7 丙子 8	7 丙午⑧	5 甲戌⑤
8 壬子⑰	8 壬午19	8 辛亥17	**8** 辛巳17	**8** 辛亥⑯	8 庚辰15	8 己酉13	8 己卯12	8 戊申11	8 丁丑 9	8 丁未 9	6 乙亥 6
9 癸丑18	9 癸未20	9 壬子18	9 壬午18	9 壬子17	9 辛巳16	9 庚戌14	9 庚辰13	9 己酉12	9 戊寅⑩	9 戊申10	7 丙子 7
10甲寅19	10甲申21	10癸丑19	10癸未⑲	10癸丑18	**10**壬午17	10辛亥15	10辛巳14	10庚戌⑬	10己卯11	10己酉11	8 丁丑 8
11乙卯20	11乙酉22	11甲寅20	11甲申20	11甲寅19	11癸未18	**11**壬子16	11壬午⑮	11辛亥14	11庚辰12	11庚戌12	9 戊寅 9
12丙辰21	12丙戌23	12乙卯㉑	12乙酉21	12乙卯20	12甲申19	12癸丑17	**12**癸未16	12壬子15	12辛巳13	12辛亥13	10己卯10
13丁巳22	13丁亥㉔	13丙辰22	13丙戌22	13丙辰21	13乙酉20	13甲寅⑱	13甲申17	**13**癸丑16	13壬午14	13壬子14	11庚辰11
14戊午23	14戊子25	14丁巳23	14丁亥23	14丁巳22	14丙戌㉑	14乙卯19	14乙酉18	14甲寅17	**14**癸未15	14癸丑⑮	12辛巳⑫
15己未㉔	15己丑26	15戊午24	15戊子24	15戊午㉓	15丁亥22	15丙辰20	15丙戌19	15乙卯18	15甲申16	**15**甲寅16	13壬午13
16庚申25	16庚寅27	16己未25	16己丑25	16己未24	16戊子23	16丁巳21	16丁亥20	16丙辰19	16乙酉⑰	16乙卯17	14癸未14
17辛酉26	17辛卯28	17庚申26	17庚寅㉖	17庚申25	17己丑24	17戊午22	17戊子21	17丁巳⑳	17丙戌18	17丙辰18	**15**甲申15
18壬戌27	18壬辰29	18辛酉27	18辛卯27	18辛酉26	18庚寅25	18己未23	18己丑㉒	18戊午21	18丁亥19	18丁巳19	16乙酉16
19癸亥28	19癸巳30	19壬戌㉘	19壬辰28	19壬戌27	19辛卯26	19庚申24	19庚寅23	19己未22	19戊子20	19戊午20	17丙戌17
《3月》	20甲午㉛	20癸亥29	20癸巳29	20癸亥28	20壬辰27	20辛酉㉕	20辛卯24	20庚申23	20己丑21	20己未21	18丁亥18
20甲子 1	《4月》	21甲子30	21甲午30	21甲子29	21癸巳㉘	21壬戌26	21壬辰25	21辛酉24	21庚寅22	21庚申㉒	19戊子⑲
21乙丑 2	**21**乙未 1	《5月》	22乙未31	22乙丑㉚	22甲午29	22癸亥27	22癸巳26	22壬戌25	22辛卯23	22辛酉23	20己丑20
22丙寅③	22丙申 2	22乙丑 1	《6月》	《7月》	23乙未30	23甲子28	23甲午27	23癸亥26	23壬辰㉔	23壬戌24	21庚寅21
23丁卯 4	23丁酉 3	**23**丙寅 2	**23**丙申 1	23丙寅 1	24丙申31	24乙丑29	24乙未28	24甲子㉗	24癸巳25	24癸亥25	22辛卯22
24戊辰 5	24戊戌 4	24丁卯 3	24丁酉②	**24**丁卯 2	《8月》	25丙寅30	25丙申㉙	25乙丑28	25甲午26	25甲子26	23壬辰23
25己巳 6	25己亥 5	25戊辰 4	25戊戌 3	25戊辰 3	**25**丁酉 1	**26**丁卯31	26丁酉30	26丙寅29	26乙未27	26乙丑27	24癸巳24
26庚午 7	26庚子 6	26己巳⑤	26己亥 4	26己巳 4	26戊戌 2	《9月》	《10月》	27丁卯30	27丙申28	27丙寅28	25甲午25
27辛未 8	27辛丑⑦	27庚午 6	27庚子 5	27庚午 5	27己亥 3	27戊辰①	**27**戊戌 1	**28**戊辰31	28丁酉29	28丁卯㉙	26乙未㉖
28壬申 9	28壬寅 8	28辛未 7	28辛丑 6	28辛未 6	28庚子④	28己巳 2	28己亥 2	《11月》	29戊戌30	29戊辰30	27丙申27
29癸酉⑩	29癸卯 9	29壬申 8	29壬寅 7	29壬申⑦	29辛丑 5	29庚午 3	29庚子 3	29己巳 1	《12月》	**30**己巳31	28丁酉28
30甲戌11		30癸酉 9	30癸卯 8			30辛未 4			**30**己亥①		29戊戌29
雨水 6日	春分 6日	穀雨 7日	小満 8日	夏至 8日	大暑 10日	処暑 11日	秋分 12日	霜降 13日	小雪 14日	冬至 15日	大寒 15日
啓蟄 21日	清明 21日	立夏 23日	芒種 23日	小暑 24日	立秋 25日	白露 26日	寒露 27日	立冬 28日	大雪 30日	小寒 30日	

承保元年〔延久**6**年〕（1074－1075） 甲寅

改元 8/23（延久→承保）

1月	2月	3月	4月	5月	6月	7月	8月	9月	10月	11月	12月
1 己亥30	《3月》	1 戊戌㉚	1 戊辰29	1 戊戌29	1 丁卯27	1 丁酉㉗	1 丙寅25	1 丙申24	1 乙丑23	1 乙未22	1 甲子㉑
2 庚子31	1 己巳 1	2 己亥31	2 己巳30	2 己亥30	2 戊辰28	2 戊戌28	2 丁卯26	2 丁酉25	2 丙寅24	2 丙申㉓	2 乙丑22
《2月》	**2** 庚午②	《4月》	《5月》	3 庚子31	3 己巳㉙	3 己亥29	3 戊辰27	3 戊戌26	3 丁卯25	3 丁酉24	3 丙寅23
3 辛丑 1	3 辛未 3	**3** 庚子 1	3 庚午 1	《6月》	4 庚午30	4 庚子30	4 己巳28	4 己亥27	4 戊辰㉖	4 戊戌25	4 丁卯24
4 壬寅②	4 壬申 4	4 辛丑 2	**4** 辛未 2	**4** 辛丑①	《7月》	5 辛丑31	5 庚午29	5 庚子㉘	5 己巳27	5 己亥26	5 戊辰25
5 癸卯 3	5 癸酉 5	5 壬寅 3	5 壬申 3	5 壬寅 2	5 辛未 1	《8月》	6 辛未30	6 辛丑29	6 庚午28	6 庚子27	6 己巳26
6 甲辰 4	6 甲戌 6	6 癸卯 4	6 癸酉④	6 癸卯 3	**6** 壬申 2	**6** 壬寅 1	7 壬申㉛	7 壬寅30	7 辛未29	7 辛丑28	7 庚午27
7 乙巳 5	7 乙亥 7	7 甲辰 5	7 甲戌 5	7 甲辰 4	7 癸酉 3	7 癸卯 2	《9月》	《10月》	8 壬申30	8 壬寅29	8 辛未㉘
8 丙午 6	8 丙子 8	8 乙巳⑥	8 乙亥 6	8 乙巳 5	8 甲戌 4	8 甲辰③	**8** 癸酉 1	**8** 癸卯 1	**9** 癸酉31	9 癸卯㉚	9 壬申29
9 丁未 7	9 丁丑⑨	9 丙午 7	9 丙子 7	9 丙午 6	9 乙亥 5	9 乙巳 4	9 甲戌 2	9 甲辰 2	《11月》	《12月》	10癸酉30
10戊申 8	10戊寅10	10丁未 8	10丁丑 8	10丁未 7	10丙子⑥	10丙午 5	10乙亥 3	10乙巳 3	10甲戌 1	**10**甲辰 1	**11**甲戌31
11己酉⑨	11己卯11	11戊申 9	11戊寅 9	11戊申⑧	11丁丑 7	11丁未 6	11丙子 4	11丙午 4	11乙亥②	11乙巳 2	**1075年**
12庚戌10	12庚辰12	12己酉10	12己卯10	12己酉 9	12戊寅 8	12戊申 7	12丁丑 5	12丁未⑤	12丙子 3	12丙午 3	《1月》
13辛亥11	13辛巳13	13庚戌11	13庚辰⑪	13庚戌10	13己卯 9	13己酉 8	13戊寅 6	13戊申 6	13丁丑 4	13丁未 4	12乙亥 1
14壬子12	14壬午14	14辛亥12	14辛巳12	14辛亥11	14庚辰10	14庚戌 9	14己卯⑦	14己酉 7	14戊寅 5	14戊申 5	13丙子 2
15癸丑13	15癸未15	15壬子⑬	15壬午13	15壬子12	15辛巳11	15辛亥⑩	15庚辰 8	15庚戌 8	15己卯 6	15己酉 6	14丁丑 3
16甲寅14	16甲申⑯	16癸丑14	16癸未14	16癸丑13	16壬午12	16壬子11	16辛巳 9	16辛亥 9	16庚辰 7	16庚戌⑦	15戊寅④
17乙卯15	**17**乙酉17	17甲寅15	17甲申15	17甲寅14	17癸未⑬	17癸丑12	17壬午10	17壬子10	17辛巳 8	17辛亥 8	16己卯 5
18丙辰⑯	18丙戌18	18乙卯16	18乙酉16	18乙卯⑮	18甲申14	18甲寅13	18癸未11	18癸丑11	18壬午⑨	18壬子 9	17庚辰 6
19丁巳17	19丁亥19	**19**丙辰17	**19**丙戌17	19丙辰16	19乙酉15	19乙卯14	19甲申12	19甲寅⑫	19癸未10	19癸丑10	18辛巳 7
20戊午18	20戊子20	20丁巳18	20丁亥⑱	**20**丁巳17	20丙戌16	20丙辰15	20乙酉13	20乙卯13	20甲申11	20甲寅11	19壬午 8
21己未19	21己丑21	21戊午19	21戊子19	21戊午18	**21**丁亥17	**21**丁巳16	21丙戌⑭	21丙辰14	21乙酉12	21乙卯12	20癸未 9
22庚申20	22庚寅22	22己未⑳	22己丑20	22己未19	22戊子18	22戊午⑰	22丁亥15	22丁巳15	22丙戌13	22丙辰13	21甲申10
23辛酉21	23辛卯㉓	23庚申21	23庚寅21	23庚申20	23己丑19	23己未18	**23**戊子16	**23**戊午16	23丁亥14	23丁巳⑭	22乙酉⑪
24壬戌22	24壬辰24	24辛酉22	24辛卯22	24辛酉21	24庚寅⑳	24庚申19	24己丑17	24己未17	24戊子15	24戊午15	23丙戌12
25癸亥㉓	25癸巳25	25壬戌23	25壬辰23	25壬戌㉒	25辛卯21	25辛酉20	25庚寅18	25庚申18	**25**己丑⑯	**25**己未16	24丁亥13
26甲子24	26甲午26	26癸亥24	26癸巳24	26癸亥23	26壬辰22	26壬戌21	26辛卯19	26辛酉⑲	26庚寅17	26庚申17	25戊子14
27乙丑25	27乙未27	27甲子25	27甲午㉕	27甲子24	27癸巳23	27癸亥22	27壬辰20	27壬戌20	27辛卯18	27辛酉18	26己丑15
28丙寅26	28丙申28	28乙丑26	28乙未26	28乙丑25	28甲午24	28甲子23	28癸巳㉑	28癸亥21	28壬辰19	28壬戌19	**27**庚寅16
29丁卯27	29丁酉29	29丙寅㉗	29丙申27	29丙寅26	29乙未25	29乙丑㉔	29甲午22	29甲子22	29癸巳20	29癸亥20	28辛卯17
30戊辰28		30丁卯28	30丁酉28		30丙申26		30乙未23		30甲午21		29壬辰⑱
											30癸巳19
立春 2日	啓蟄 2日	清明 3日	立夏 4日	芒種 4日	小暑 6日	立秋 6日	白露 8日	寒露 8日	立冬 9日	大雪 10日	小寒 11日
雨水 17日	春分 17日	穀雨 19日	小満 19日	夏至 20日	大暑 21日	処暑 21日	秋分 23日	霜降 23日	小雪 25日	冬至 25日	大寒 27日

承保2年（1075－1076） 乙卯

1月	2月	3月	4月	閏4月	5月	6月	7月	8月	9月	10月	11月	12月
1 甲午20	1 癸亥18	1 癸巳20	1 壬戌18	1 壬辰18	1 辛酉16	1 辛卯16	1 辛酉15	1 庚寅⑬	1 庚申13	1 己丑11	1 己未11	1 戊子 9
2 乙未21	2 甲子19	2 甲午21	2 癸亥⑲	2 癸巳19	**2** 壬戌17	**2** 壬辰17	2 壬戌⑯	2 辛卯14	2 辛酉14	2 庚寅12	2 庚申12	2 己丑⑩
3 丙申22	3 乙丑20	3 乙未㉒	3 甲子20	3 甲午20	3 癸亥18	3 癸巳18	**3** 癸亥17	3 壬辰15	3 壬戌15	3 辛卯13	3 辛酉⑬	3 庚寅11
4 丁酉23	4 丙寅21	4 丙申23	4 乙丑21	4 乙未21	4 甲子19	4 甲午⑲	4 甲子18	**4** 癸巳16	4 癸亥16	4 壬辰14	4 壬戌14	4 辛卯12
5 戊戌24	5 丁卯㉒	5 丁酉24	5 丙寅22	5 丙申22	5 乙丑20	5 乙未20	5 乙丑19	5 甲午17	**5** 甲子17	5 癸巳⑮	5 癸亥15	5 壬辰13
6 己亥㉕	6 戊辰23	6 戊戌25	6 丁卯23	6 丁酉23	6 丙寅㉑	6 丙申21	6 丙寅20	6 乙未18	6 乙丑⑱	**6** 甲午16	**6** 甲子16	6 癸巳14
7 庚子26	7 己巳24	7 己亥26	7 戊辰24	7 戊戌㉔	7 丁卯22	7 丁酉22	7 丁卯21	7 丙申19	7 丙寅19	7 乙未17	7 乙丑17	7 甲午15
8 辛丑27	8 庚午25	8 庚子27	8 己巳25	8 己亥25	8 戊辰23	8 戊戌23	8 戊辰22	8 丁酉⑳	8 丁卯20	8 丙申18	8 丙寅18	**8** 乙未16
9 壬寅28	9 辛未26	9 辛丑28	9 庚午㉖	9 庚子26	9 己巳24	9 己亥24	9 己巳㉓	9 戊戌21	9 戊辰21	9 丁酉19	9 丁卯19	9 丙申⑰
10癸卯29	10壬申27	10壬寅㉙	10辛未27	10辛丑27	10庚午25	10庚子25	10庚午24	10己亥22	10己巳22	10戊戌20	10戊辰⑳	10丁酉18
11甲辰30	11癸酉28	11癸卯30	11壬申28	11壬寅28	11辛未26	11辛丑㉖	11辛未25	11庚子23	11庚午23	11己亥21	11己巳21	11戊戌19
12乙巳31	《3月》	12甲辰31	12癸酉29	12癸卯29	12壬申27	12壬寅27	12壬申26	12辛丑24	12辛未24	12庚子㉒	12庚午22	12己亥20
《2月》	12甲戌①	《4月》	13甲戌30	13甲辰30	13癸酉㉘	13癸卯28	13癸酉27	13壬寅25	13壬申㉕	13辛丑23	13辛未23	13庚子21
13丙午①	**13**乙亥 2	13乙巳 1	《5月》	14乙巳㉛	14甲戌29	14甲辰29	14甲戌28	14癸卯26	14癸酉26	14壬寅24	14壬申24	14辛丑22
14丁未 2	14丙子 3	**14**丙午 2	14乙亥 1	《6月》	15乙亥30	15乙巳30	15乙亥29	15甲辰㉗	15甲戌27	15癸卯25	15癸酉25	15壬寅23
15戊申 3	15丁丑 4	15丁未 3	**15**丙子 2	15丙午 1	《7月》	16丙午31	16丙子㉚	16乙巳28	16乙亥28	16甲辰26	16甲戌26	16癸卯㉔
16己酉 4	16戊寅 5	16戊申 4	16丁丑③	**16**丁未 2	16丙子 1	《8月》	17丁丑31	17丙午29	17丙子29	17乙巳27	17乙亥㉗	17甲辰25
17庚戌 5	17己卯 6	17己酉⑤	17戊寅 4	17戊申 3	**17**丁丑 2	**17**丁未 1	《9月》	18丁未30	18丁丑30	18丙午28	18丙子28	18乙巳26
18辛亥 6	18庚辰 7	18庚戌 6	18己卯 5	18己酉 4	18戊寅 3	18戊申②	**18**戊寅 1	《10月》	19戊寅31	19丁未㉙	19丁丑29	19丙午27
19壬子 7	19辛巳⑧	19辛亥 7	19庚辰 6	19庚戌 5	19己卯 4	19己酉 3	19己卯 2	**19**戊申 1	《11月》	20戊申30	20戊寅30	20丁未28
20癸丑⑧	20壬午 9	20壬子 8	20辛巳 7	20辛亥 6	20庚辰⑤	20庚戌 4	20庚辰 3	20己酉 2	**20**己卯①	《12月》	21己卯31	21戊申29
21甲寅 9	21癸未10	21癸丑 9	21壬午 8	21壬子⑦	21辛巳 6	21辛亥 5	21辛巳 4	21庚戌 3	21庚辰 2	**21**己酉 1	**1076年**	22己酉30
22乙卯10	22甲申11	22甲寅10	22癸未 9	22癸丑 8	22壬午 7	22壬子 6	22壬午 5	22辛亥④	22辛巳 3	22庚戌 2	《1月》	**23**庚戌㉛
23丙辰11	23乙酉12	23乙卯11	23甲申⑩	23甲寅 9	23癸未 8	23癸丑 7	23癸未⑥	23壬子 5	23壬午 4	23辛亥 3	**22**庚辰 1	《2月》
24丁巳12	24丙戌13	24丙辰⑫	24乙酉11	24乙卯10	24甲申 9	24甲寅 8	24甲申 7	24癸丑 6	24癸未 5	24壬子 4	23辛巳 2	24辛亥 1
25戊午13	25丁亥14	25丁巳13	25丙戌12	25丙辰11	25乙酉10	25乙卯⑨	25乙酉 8	25甲寅 7	25甲申 6	25癸丑 5	24壬午③	25壬子 2
26己未14	26戊子⑮	26戊午14	26丁亥13	26丁巳12	26丙戌11	26丙辰10	26丙戌 9	26乙卯 8	26乙酉 7	26甲寅⑥	25癸未 4	26癸丑 3
27庚申⑮	27己丑16	27己未15	27戊子14	27戊午13	27丁亥⑫	27丁巳11	27丁亥10	27丙辰 9	27丙戌⑧	27乙卯 7	26甲申 5	27甲寅 4
28辛酉16	**28**庚寅17	28庚申16	28己丑15	28己未⑭	28戊子13	28戊午12	28戊子11	28丁巳10	28丁亥 9	28丙辰 8	27乙酉 6	28乙卯 5
29壬戌17	29辛卯18	**29**辛酉17	29庚寅16	29庚申15	29己丑14	29己未13	29己丑12	29戊午⑪	29戊子10	29丁巳 9	28丙戌 7	29丙辰 6
	30壬辰19		**30**辛卯⑰		30庚寅15	30庚申14		30己未12		30戊午10	29丁亥 8	30丁巳⑦
立春 12日 雨水 27日	啓蟄 13日 春分 28日	清明 14日 穀雨 29日	立夏 15日 小満 30日	芒種16日	夏至 2日 小暑 17日	大暑 2日 立秋 17日	処暑 3日 白露 18日	秋分 4日 寒露 19日	霜降 5日 立冬 20日	小雪 6日 大雪 21日	冬至 6日 小寒 22日	大寒 8日 立春 23日

承保3年（1076－1077） 丙辰

1月	2月	3月	4月	5月	6月	7月	8月	9月	10月	11月	12月
1 戊午 8	1 丁亥 8	1 丙辰 6	1 丙戌 6	1 丙辰⑤	1 乙酉 4	1 乙卯 3	《9月》	《10月》	**1** 甲申31	1 癸丑29	1 癸未29
2 己未 9	2 戊子 9	2 丁巳 7	2 丁亥 7	2 丁巳 6	2 丙戌 5	2 丙辰 4	1 甲申 1	**1** 甲寅 1	《11月》	**2** 甲寅30	2 甲申30
3 庚申10	3 己丑10	3 戊午 8	3 戊子⑧	3 戊午 7	3 丁亥 6	3 丁巳 5	2 乙酉 2	2 乙卯②	2 乙酉 1	《12月》	**3** 乙酉31
4 辛酉11	4 庚寅11	4 己未 9	4 己丑 9	4 己未 8	4 戊子 7	4 戊午 6	3 丙戌 3	3 丙辰 3	3 丙戌 2	3 乙卯 1	**1077年**
5 壬戌12	5 辛卯12	5 庚申⑩	5 庚寅10	5 庚申 9	5 己丑 8	5 己未⑦	4 丁亥④	4 丁巳 4	4 丁亥 3	4 丙辰 2	《1月》
6 癸亥13	6 壬辰⑬	6 辛酉11	6 辛卯11	6 辛酉10	6 庚寅 9	6 庚申 8	5 戊子 5	5 戊午 5	5 戊子 4	5 丁巳 3	4 丙戌①
7 甲子⑭	7 癸巳14	7 壬戌12	7 壬辰12	7 壬戌11	7 辛卯⑩	7 辛酉 9	6 己丑 6	6 己未 6	6 己丑 5	6 戊午④	5 丁亥 2
8 乙丑15	8 甲午15	8 癸亥13	8 癸巳13	8 癸亥⑫	8 壬辰11	8 壬戌10	7 庚寅 7	7 庚申 7	7 庚寅⑥	7 己未 5	6 戊子 3
9 丙寅16	9 乙未16	9 甲子14	9 甲午14	9 甲子13	9 癸巳12	9 癸亥11	8 辛卯 8	8 辛酉 8	8 辛卯 7	8 庚申 6	7 己丑 4
10丁卯17	**10**丙申17	10乙丑15	10乙未⑮	10乙丑14	10甲午13	10甲子12	9 壬辰 9	9 壬戌⑨	9 壬辰 8	9 辛酉 7	8 庚寅 5
11戊辰18	11丁酉18	**11**丙寅16	11丙申16	11丙寅15	11乙未14	11乙丑13	10癸巳10	10癸亥10	10癸巳 9	10壬戌 8	9 辛卯 6
12己巳19	12戊戌19	12丁卯⑰	**12**丁酉17	**12**丁卯16	12丙申15	12丙寅⑭	11甲午⑪	11甲子11	11甲午10	11癸亥 9	10壬辰 7
13庚午20	13己亥⑳	13戊辰18	13戊戌18	13戊辰17	**13**丁酉16	13丁卯15	12乙未12	12乙丑12	12乙未11	12甲子10	11癸巳⑧
14辛未㉑	14庚子21	14己巳19	14己亥19	14己巳18	14戊戌⑰	**14**戊辰16	13丙申13	13丙寅13	13丙申12	13乙丑⑪	12甲午 9
15壬申22	15辛丑22	15庚午20	15庚子20	15庚午⑲	15己亥18	15己巳17	14丁酉14	14丁卯14	14丁酉⑬	14丙寅12	13乙未10
16癸酉23	16壬寅23	16辛未21	16辛丑21	16辛未20	16庚子19	16庚午18	**15**戊戌15	15戊辰15	15戊戌14	15丁卯13	14丙申11
17甲戌24	17癸卯24	17壬申22	17壬寅㉒	17壬申21	17辛丑20	17辛未19	16己亥16	**16**己巳⑯	**16**己亥15	16戊辰14	15丁酉12
18乙亥25	18甲辰25	18癸酉23	18癸卯23	18癸酉22	18壬寅21	18壬申20	17庚子17	17庚午17	17庚子16	17己巳15	16戊戌13
19丙子26	19乙巳26	19甲戌㉔	19甲辰24	19甲戌23	19癸卯22	19癸酉㉑	18辛丑⑱	18辛未18	18辛丑17	**18**庚午16	17己亥14
20丁丑27	20丙午㉗	20乙亥25	20乙巳25	20乙亥24	20甲辰23	20甲戌22	19壬寅19	19壬申19	19壬寅18	19辛未17	**18**庚子⑮
21戊寅㉘	21丁未28	21丙子26	21丙午26	21丙子25	21乙巳㉔	21乙亥23	20癸卯20	20癸酉20	20癸卯19	20壬申⑱	19辛丑16
22己卯29	22戊申29	22丁丑27	22丁未27	22丁丑㉖	22丙午25	22丙子24	21甲辰21	21甲戌21	21甲辰⑳	21癸酉19	20壬寅17
《3月》	23己酉30	23戊寅28	23戊申28	23戊寅27	23丁未26	23丁丑25	22乙巳22	22乙亥22	22乙巳21	22甲戌20	21癸卯18
23庚辰 1	24庚戌31	24己卯29	24己酉㉙	24己卯28	24戊申27	24戊寅26	23丙午23	23丙子㉓	23丙午22	23乙亥21	22甲辰19
24辛巳 2	《4月》	25庚辰30	25庚戌30	25庚辰29	25己酉28	25己卯27	24丁未24	24丁丑24	24丁未23	24丙子22	23乙巳20
25壬午 3	**25**辛亥 1	《5月》	26辛亥31	26辛巳30	26庚戌29	26庚辰㉘	25戊申㉕	25戊寅25	25戊申24	25丁丑23	24丙午21
26癸未 4	26壬子 2	**26**辛巳①	《6月》	《7月》	27辛亥30	27辛巳29	26己酉26	26己卯26	26己酉25	26戊寅24	25丁未㉒
27甲申 5	27癸丑③	27壬午 2	**27**壬子 1	**27**壬午 1	28壬子㉛	28壬午30	27庚戌27	27庚辰27	27庚戌26	27己卯㉕	26戊申23
28乙酉⑥	28甲寅 4	28癸未 3	28癸丑 2	28癸未 2	《8月》	**29**癸未31	28辛亥28	28辛巳28	28辛亥㉗	28庚辰26	27己酉24
29丙戌 7	29乙卯 5	29甲申 4	29甲寅 3	29甲申③	**29**癸丑 1		29壬子29	29壬午29	29壬子28	29辛巳27	28庚戌25
		30乙酉 5	30乙卯 4		30甲寅 2		30癸丑30	30癸未㉚		30壬午28	29辛亥26
雨水 8日 啓蟄 23日	春分 10日 清明 25日	穀雨 11日 立夏 26日	小満 12日 芒種 27日	夏至 12日 小暑 27日	大暑 13日 立秋 29日	処暑 14日 白露 29日	秋分 15日	寒露 1日 霜降 16日	立冬 1日 小雪 16日	大雪 2日 冬至 18日	小寒 3日 大寒 18日

承曆元年〔承保 4 年〕（1077－1078） 丁巳

改元 11/17（承保→承曆）

1 月	2 月	3 月	4 月	5 月	6 月	7 月	8 月	9 月	10月	11月	12月	閏12月
1 壬子27 2 癸丑28 3 甲寅㉙ **4** 乙卯30 5 丙辰31 《2月》 6 丁巳 1 7 戊午 2 8 己未 3 9 庚申 4 10辛酉⑤ 11壬戌 6 12癸亥 7 13甲子 8 14乙丑 9 15丙寅10 16丁卯11 17戊辰⑫ 18己巳13 19庚午14 **20**辛未15 21壬申16 22癸酉17 23甲戌18 24乙亥⑲ 25丙子20 26丁丑21 27戊寅22 28己卯23 29庚辰24 30辛巳25	1 壬午㉖ 2 癸未27 3 甲申28 《3月》 4 乙酉 1 **5** 丙戌 2 6 丁亥 3 7 戊子 4 8 己丑⑤ 9 庚寅 6 10辛卯 7 11壬辰 8 12癸巳 9 13甲午10 14乙未11 15丙申⑫ 16丁酉13 17戊戌14 18己亥15 19庚子16 **20**辛丑17 21壬寅18 22癸卯⑲ 23甲辰20 24乙巳21 25丙午22 26丁未23 27戊申24 28己酉25 29庚戌㉖	1 辛亥27 2 壬子28 3 癸丑29 4 甲寅30 5 乙卯31 《4月》 **6** 丙辰 1 7 丁巳② 8 戊午 3 9 己未 4 10庚申 5 11辛酉 6 12壬戌 7 13癸亥 8 14甲子⑨ 15乙丑10 16丙寅11 17丁卯12 18戊辰13 19己巳14 20庚午15 **21**辛未⑯ 22壬申17 23癸酉18 24甲戌19 25乙亥20 26丙子21 27丁丑22 28戊寅㉓ 29己卯24	1 庚辰25 2 辛巳26 3 壬午27 4 癸未28 5 甲申29 6 乙酉㉚ 《5月》 7 丙戌 1 **8** 丁亥 2 9 戊子 3 10己丑 4 11庚寅 5 12辛卯 6 13壬辰⑦ 14癸巳 8 15甲午 9 16乙未10 17丙申11 18丁酉12 19戊戌13 20己亥⑭ 21庚子15 22辛丑16 **23**壬寅17 24癸卯18 25甲辰19 26乙巳20 27丙午㉑ 28丁未22 29戊申23 30己酉24	1 庚戌25 2 辛亥26 3 壬子27 4 癸丑㉘ 5 甲寅29 6 乙卯30 7 丙辰31 《6月》 **8** 丁巳 1 9 戊午 2 10己未 3 11庚申④ 12辛酉 5 13壬戌 6 14癸亥 7 15甲子 8 16乙丑 9 17丙寅10 18丁卯⑪ 19戊辰12 20己巳13 21庚午14 22辛未15 **23**壬申16 24癸酉17 25甲戌⑱ 26乙亥19 27丙子20 28丁丑21 29戊寅22	1 己卯23 2 庚辰24 3 辛巳㉕ 4 壬午26 5 癸未27 6 甲申28 7 乙酉29 8 丙戌30 《7月》 **9** 丁亥 1 10戊子② 11己丑 3 12庚寅 4 13辛卯 5 14壬辰 6 15癸巳 7 16甲午 8 17乙未⑨ 18丙申10 19丁酉11 20戊戌12 21己亥13 22庚子14 23辛丑15 24壬寅⑯ **25**癸卯17 26甲辰18 27乙巳19 28丙午20 29丁未21 30戊申22	1 己酉㉓ 2 庚戌24 3 辛亥25 4 壬子26 5 癸丑27 6 甲寅28 7 乙卯29 8 丙辰㉚ 9 丁巳31 《8月》 **10**戊午 1 11己未 2 12庚申 3 13辛酉 4 14壬戌 5 15癸亥⑥ 16甲子 7 17乙丑 8 18丙寅 9 19丁卯10 20戊辰11 21己巳12 22庚午⑬ 23辛未14 24壬申15 **25**癸酉16 26甲戌17 27乙亥18 28丙子19 29丁丑⑳	1 戊寅21 2 己卯22 3 庚辰23 4 辛巳24 5 壬午25 6 癸未26 7 甲申㉗ 8 乙酉28 9 丙戌29 10丁亥30 **11**戊子31 《9月》 12己丑 1 13庚寅 2 14辛卯③ 15壬辰 4 16癸巳 5 17甲午 6 18乙未 7 19丙申 8 20丁酉 9 21戊戌⑩ 22己亥11 23庚子12 24辛丑13 25壬寅14 26癸卯15 **27**甲辰16 28乙巳⑰ 29丙午18 30丁未19	1 戊申20 2 己酉21 3 庚戌22 4 辛亥23 5 壬子㉔ 6 癸丑25 7 甲寅26 8 乙卯27 9 丙辰28 10丁巳29 11戊午30 《10月》 **12**己未① 13庚申 2 14辛酉 3 15壬戌 4 16癸亥 5 17甲子 6 18乙丑 7 19丙寅⑧ 20丁卯 9 21戊辰10 22己巳11 23庚午12 24辛未13 25壬申14 26癸酉⑮ **27**甲戌16 28乙亥17 29丙子18 30丁丑19	1 戊寅20 2 己卯21 3 庚辰㉒ 4 辛巳23 5 壬午24 6 癸未25 7 甲申26 8 乙酉27 9 丙戌28 10丁亥㉙ 11戊子30 **12**己丑31 《11月》 13庚寅 1 14辛卯 2 15壬辰 3 16癸巳 4 17甲午⑤ 18乙未 6 19丙申 7 20丁酉 8 21戊戌 9 22己亥10 23庚子11 24辛丑⑫ 25壬寅13 26癸卯14 **27**甲辰15 28乙巳16 29丙午17 30丁未18	1 戊申⑲ 2 己酉20 3 庚戌21 4 辛亥22 5 壬子23 6 癸丑24 7 甲寅25 8 乙卯㉖ 9 丙辰27 10丁巳28 11戊午29 12己未30 《12月》 **13**庚申 1 14辛酉 2 15壬戌③ 16癸亥 4 *17*甲子 5 18乙丑 6 19丙寅 7 20丁卯 8 21戊辰 9 22己巳⑩ 23庚午11 24辛未12 25壬申13 26癸酉14 27甲戌15 **28**乙亥16 29丙子⑰	1 丁丑18 2 戊寅19 3 己卯20 4 庚辰21 5 辛巳22 6 壬午23 7 癸未㉔ 8 甲申25 9 乙酉26 10丙戌27 11丁亥28 12戊子29 13己丑30 **14**庚寅㉛ **1078 年** 《1月》 15辛卯 1 16壬辰 2 17癸巳 3 18甲午 4 19乙未 5 20丙申 6 21丁酉⑦ 22戊戌 8 23己亥 9 24庚子10 25辛丑11 26壬寅12 27癸卯13 28甲辰⑭ **29**乙巳15 30丙午16	1 丁未17 2 戊申18 3 己酉19 4 庚戌20 5 辛亥㉑ 6 壬子22 7 癸丑23 8 甲寅24 9 乙卯25 10丙辰26 11丁巳27 12戊午㉘ 13己未29 14庚申30 **15**辛酉31 《2月》 16壬戌 1 17癸亥 2 18甲子 3 19乙丑④ 20丙寅 5 21丁卯 6 22戊辰 7 23己巳 8 24庚午 9 25辛未10 26壬申⑪ 27癸酉12 28甲戌13 29乙亥14
立春 4日 雨水 20日	啓蟄 5日 春分 20日	清明 6日 穀雨 21日	立夏 8日 小満 23日	芒種 8日 夏至 23日	小暑 9日 大暑 25日	立秋 10日 処暑 25日	白露 11日 秋分 27日	寒露 12日 霜降 27日	立冬 12日 小雪 27日	大雪 13日 冬至 28日	小寒 14日 大寒 29日	立春15日

承曆 2 年（1078－1079） 戊午

1 月	2 月	3 月	4 月	5 月	6 月	7 月	8 月	9 月	10月	11月	12月
1 丙子15 2 丁丑16 3 戊寅17 4 己卯⑱ 5 庚辰19 6 辛巳20 7 壬午21 8 癸未22 9 甲申23 10乙酉24 11丙戌㉕ 12丁亥26 13戊子27 14己丑28 《3月》 15庚寅 1 **16**辛卯 2 17壬辰 3 18癸巳④ 19甲午 5 20乙未 6 21丙申 7 22丁酉 8 23戊戌 9 24己亥10 25庚子⑪ 26辛丑12 27壬寅13 28癸卯14 29甲辰15 30乙巳16	**1** 丙午17 2 丁未⑱ 3 戊申19 4 己酉20 5 庚戌21 6 辛亥22 7 壬子23 8 癸丑24 9 甲寅㉕ 10乙卯26 11丙辰27 12丁巳28 13戊午29 14己未30 15庚申31 《4月》 **16**辛酉① 17壬戌 2 18癸亥 3 19甲子 4 20乙丑 5 21丙寅 6 22丁卯 7 23戊辰⑧ 24己巳 9 25庚午10 26辛未11 27壬申12 28癸酉13 29甲戌14	1 乙亥⑮ 2 丙子16 **3** 丁丑17 4 戊寅18 5 己卯19 6 庚辰20 7 辛巳21 8 壬午㉒ 9 癸未23 10甲申24 11乙酉25 12丙戌26 13丁亥27 14戊子28 15己丑㉙ 16庚寅30 《5月》 17辛卯 1 **18**壬辰 2 19癸巳 3 20甲午 4 21乙未 5 22丙申⑥ 23丁酉 7 24戊戌 8 25己亥 9 26庚子10 27辛丑11 28壬寅12 29癸卯⑬	1 甲辰14 2 乙巳15 3 丙午16 **4** 丁未17 5 戊申18 6 己酉19 7 庚戌⑳ 8 辛亥21 9 壬子22 10癸丑23 11甲寅24 12乙卯25 13丙辰26 14丁巳㉗ 15戊午28 16己未29 17庚申30 18辛酉31 《6月》 **19**壬戌 1 20癸亥 2 21甲子③ 22乙丑 4 23丙寅 5 24丁卯 6 25戊辰 7 26己巳 8 27庚午 9 28辛未⑩ 29壬申11 30癸酉12	1 甲戌13 2 乙亥14 3 丙子15 4 丁丑16 **5** 戊寅⑰ 6 己卯18 7 庚辰19 8 辛巳20 9 壬午21 10癸未22 11甲申23 12乙酉㉔ 13丙戌25 14丁亥26 15戊子27 16己丑28 17庚寅29 18辛卯30 《7月》 19壬辰① **20**癸巳 2 21甲午 3 22乙未 4 23丙申 5 24丁酉 6 25戊戌 7 26己亥⑧ 27庚子 9 28辛丑10 29壬寅11	1 癸卯12 2 甲辰13 3 乙巳14 4 丙午⑮ 5 丁未16 **6** 戊申17 7 己酉18 8 庚戌19 9 辛亥20 10壬子21 11癸丑㉒ 12甲寅23 13乙卯24 14丙辰25 15丁巳26 16戊午27 17己未28 18庚申㉙ 19辛酉30 20壬戌31 《8月》 **21**癸亥 1 22甲子 2 23乙丑 3 24丙寅 4 25丁卯⑤ 26戊辰 6 27己巳 7 28庚午 8 29辛未 9 30壬申10	1 癸酉11 2 甲戌⑫ 3 乙亥13 4 丙子14 5 丁丑15 **6** 戊寅16 7 己卯17 8 庚辰18 9 辛巳⑲ 10壬午20 11癸未21 12甲申22 13乙酉23 14丙戌24 15丁亥25 16戊子㉖ 17己丑27 18庚寅28 19辛卯29 20壬辰30 21癸巳31 《9月》 **22**甲午 1 23乙未② 24丙申 3 25丁酉 4 26戊戌 5 27己亥 6 28庚子 7 29辛丑 8	1 壬寅⑨ 2 癸卯10 3 甲辰11 4 乙巳12 5 丙午13 6 丁未14 7 戊申15 **8** 己酉⑯ 9 庚戌17 10辛亥18 11壬子19 12癸丑20 13甲寅21 14乙卯22 15丙辰㉓ 16丁巳24 17戊午25 18己未26 19庚申27 20辛酉28 21壬戌29 22癸亥㉚ 《10月》 **23**甲子 1 24乙丑 2 25丙寅 3 26丁卯 4 27戊辰 5 28己巳 6 29庚午⑦ 30辛未 8	1 壬申 9 2 癸酉10 3 甲戌11 4 乙亥12 5 丙子13 6 丁丑⑭ 7 戊寅15 **8** 己卯16 9 庚辰17 10辛巳18 11壬午19 12癸未20 13甲申㉑ 14乙酉22 15丙戌23 16丁亥24 17戊子25 18己丑26 19庚寅27 20辛卯㉘ 21壬辰29 22癸巳30 **23**甲午31 《11月》 24乙未 1 25丙申 2 26丁酉 3 27戊戌④ 28己亥 5 29庚子 6 30辛丑 7	1 壬寅 8 2 癸卯 9 3 甲辰10 4 乙巳⑪ 5 丙午12 6 丁未13 7 戊申14 8 己酉15 **9** 庚戌16 10辛亥17 11壬子⑱ 12癸丑19 13甲寅20 14乙卯21 15丙辰22 16丁巳23 17戊午24 18己未㉕ 19庚申26 20辛酉27 21壬戌28 22癸亥29 23甲子30 《12月》 **24**乙丑 1 25丙寅② 26丁卯 3 27戊辰 4 28己巳 5 29庚午 6	1 辛未 7 2 壬申 8 3 癸酉⑨ 4 甲戌10 5 乙亥11 6 丙子12 7 丁丑13 8 戊寅14 9 己卯15 **10**庚辰⑯ 11辛巳17 12壬午18 13癸未19 14甲申20 15乙酉21 16丙戌22 17丁亥㉓ 18戊子24 19己丑25 20庚寅26 21辛卯27 22壬辰28 23癸巳29 24甲午㉚ **25**乙未31 **1079 年** 《1月》 26丙申 1 27丁酉 2 28戊戌 3 29己亥 4 30庚子 5	1 辛丑⑥ 2 壬寅 7 3 癸卯 8 4 甲辰 9 5 乙巳10 6 丙午11 7 丁未12 8 戊申⑬ 9 己酉14 10庚戌15 **11**辛亥16 12壬子17 13癸丑18 14甲寅19 15乙卯⑳ 16丙辰21 17丁巳22 18戊午23 19己未24 20庚申25 21辛酉26 22壬戌㉗ 23癸亥28 24甲子29 25乙丑30 **26**丙寅31 《2月》 27丁卯 1 28戊辰 2 29己巳③ 30庚午 4
雨水 1日 啓蟄 16日	春分 1日 清明 16日	穀雨 3日 立夏 18日	小満 4日 芒種 19日	夏至 5日 小暑 20日	大暑 6日 立秋 21日	処暑 6日 白露 22日	秋分 8日 寒露 23日	霜降 8日 立冬 23日	小雪 9日 大雪 24日	冬至 10日 小寒 25日	大寒 11日 立春 26日

承暦3年（1079－1080） 己未

1月	2月	3月	4月	5月	6月	7月	8月	9月	10月	11月	12月
1辛未5	1庚子6	1庚午5	1己亥4	**1**戊辰②	**1**戊戌2	1丁卯31	1丙申29	1丙寅28	1丙申28	1乙丑26	1乙未26
2壬申6	2辛丑7	2辛未6	2庚子⑤	2己巳3	2己亥3	《8月》	2丁酉30	2丁卯㉙	2丁酉29	2丙寅27	2丙申27
3癸酉7	3壬寅8	3壬申⑦	3辛丑6	3庚午4	3庚子4	**2**戊辰1	3戊戌31	3戊辰30	3戊戌30	3丁卯28	3丁酉28
4甲戌8	4癸卯9	4癸酉8	4壬寅7	4辛未5	4辛丑5	3己巳2	《9月》	《10月》	4己亥31	4戊辰29	4戊戌㉙
5乙亥9	5甲辰⑩	5甲戌9	5癸卯8	5壬申6	5壬寅6	4庚午3	**4**己亥①	**4**己巳1	《11月》	5己巳30	5己亥30
6丙子⑩	6乙巳11	6乙亥10	6甲辰9	6癸酉7	6癸卯⑦	5辛未④	5庚子2	5庚午2	**5**庚子1	《12月》	6庚子31
7丁丑11	7丙午12	7丙子11	7乙巳10	7甲戌8	7甲辰8	6壬申5	6辛丑3	6辛未3	6辛丑2	**6**庚午①	**1080年**
8戊寅12	8丁未13	8丁丑12	8丙午11	8乙亥⑨	8乙巳9	7癸酉6	7壬寅4	7壬申4	7壬寅③	7辛未2	《1月》
9己卯13	9戊申14	9戊寅13	9丁未⑫	9丙子10	9丙午10	8甲戌7	8癸卯5	8癸酉5	8癸卯4	8壬申3	**7**辛丑1
10庚辰14	10己酉15	10己卯⑭	10戊申13	10丁丑11	10丁未11	9乙亥8	9甲辰6	9甲戌⑥	9甲辰5	9癸酉4	8壬寅2
11辛巳15	11庚戌16	11庚辰15	11己酉14	11戊寅12	11戊申12	10丙子9	10乙巳7	10乙亥7	10乙巳6	10甲戌5	9癸卯3
12壬午16	**12**辛亥⑰	12辛巳16	12庚戌15	12己卯13	12己酉13	11丁丑10	11丙午⑧	11丙子8	11丙午7	11乙亥6	10甲辰4
13癸未⑰	13壬子18	**13**壬午17	13辛亥16	13庚辰14	13庚戌⑭	12戊寅⑪	12丁未9	12丁丑9	12丁未8	12丙子7	11乙巳⑤
14甲申18	14癸丑19	14癸未18	**14**壬子17	14辛巳15	14辛亥15	13己卯12	13戊申10	13戊寅10	13戊申9	13丁丑⑧	12丙午6
15乙酉19	15甲寅20	15甲申19	15癸丑18	15壬午⑯	15壬子16	14庚辰13	14己酉11	14己卯11	14己酉⑩	14戊寅9	13丁未7
16丙戌20	16乙卯21	16乙酉20	16甲寅⑲	**16**癸未17	**16**癸丑17	15辛巳14	15庚戌12	15庚辰12	15庚戌11	15己卯10	14戊申8
17丁亥21	17丙辰22	17丙戌㉑	17乙卯20	17甲申18	17甲寅18	16壬午15	16辛亥13	16辛巳⑬	16辛亥12	16庚辰11	15己酉9
18戊子22	18丁巳23	18丁亥22	18丙辰21	18乙酉19	18乙卯19	17癸未16	17壬子14	17壬午14	17壬子13	17辛巳12	16庚戌10
19己丑23	19戊午㉔	19戊子23	19丁巳22	19丙戌20	19丙辰20	**18**甲申17	18癸丑⑮	18癸未15	18癸丑14	18壬午13	17辛亥11
20庚寅㉔	20己未25	20己丑24	20戊午23	20丁亥21	20丁巳㉑	19乙酉⑱	**19**甲寅16	19甲申16	19甲寅15	19癸未14	18壬子⑫
21辛卯25	21庚申26	21庚寅25	21己未24	21戊子22	21戊午22	20丙戌19	20乙卯17	**20**乙酉17	**20**乙卯16	20甲申⑮	19癸丑13
22壬辰26	22辛酉27	22辛卯26	22庚申25	22己丑㉓	22己未23	21丁亥20	21丙辰18	21丙戌18	21丙辰⑰	**21**乙酉16	20甲寅14
23癸巳27	23壬戌28	23壬辰27	23辛酉㉖	23庚寅24	23庚申24	22戊子21	22丁巳19	22丁亥19	22丁巳18	22丙戌17	21乙卯15
24甲午28	24癸亥29	24癸巳㉘	24壬戌27	24辛卯25	24辛酉25	23己丑22	23戊午20	23戊子⑳	23戊午19	23丁亥18	**22**丙辰16
《3月》	25甲子30	25甲午29	25癸亥28	25壬辰26	25壬戌26	24庚寅23	24己未21	24己丑21	24己未20	24戊子19	23丁巳17
25乙未1	26乙丑㉛	26乙未30	26甲子29	26癸巳27	26癸亥27	25辛卯24	25庚申㉒	25庚寅22	25庚申21	25己丑20	24戊午18
26丙申2	《4月》	《5月》	27乙丑30	27甲午28	27甲子㉘	26壬辰㉕	26辛酉23	26辛卯23	26辛酉22	26庚寅21	25己未⑲
27丁酉③	27丙寅1	27丙申1	28丙寅31	28乙未29	28乙丑29	27癸巳26	27壬戌24	27壬辰24	27壬戌23	27辛卯㉒	26庚申20
28戊戌4	**28**丁卯2	**28**丁酉2	《6月》	29丙申㉚	29丙寅30	28甲午27	28癸亥25	28癸巳25	28癸亥㉔	28壬辰23	27辛酉21
29己亥5	29戊辰3	29戊戌3	29丁卯1	《7月》		29乙未28	29甲子26	29甲午26	29甲子25	29癸巳24	28壬戌22
	30己巳4			30丁酉1			30乙丑27	30乙未㉗		30甲午25	29癸亥23
											30甲子24
雨水11日 啓蟄26日	春分12日 清明28日	穀雨13日 立夏28日	小満14日	芒種1日 夏至16日	小暑1日 大暑16日	立秋2日 処暑18日	白露4日 秋分19日	寒露4日 霜降20日	立冬5日 小雪20日	大雪6日 冬至21日	小寒7日 大寒22日

承暦4年（1080－1081） 庚申

1月	2月	3月	4月	5月	6月	7月	8月	閏8月	9月	10月	11月	12月
1乙丑25	1乙未24	1甲子24	1甲午23	1癸亥22	1壬辰20	1壬戌20	1辛卯18	1庚申16	**1**庚寅16	1己未14	1己丑14	1己未13
2丙寅㉖	2丙申25	2乙丑25	2乙未24	2甲子23	2癸巳㉑	2癸亥21	2壬辰19	2辛酉17	2辛卯17	**2**庚申⑮	2庚寅15	2庚申14
3丁卯27	3丁酉26	3丙寅26	3丙申25	3乙丑㉔	3甲午22	3甲子22	3癸巳20	3壬戌18	3壬辰⑱	3辛酉16	**3**辛卯16	**3**辛酉15
4戊辰28	4戊戌27	4丁卯27	4丁酉㉖	4丙寅25	4乙未23	4乙丑23	4甲午21	4癸亥19	4癸巳19	4壬戌17	4壬辰17	4壬戌16
5己巳29	5己亥28	5戊辰28	5戊戌27	5丁卯26	5丙申24	5丙寅24	5乙未22	5甲子⑳	5甲午20	5癸亥18	5癸巳18	5癸亥⑰
6庚午30	6庚子29	6己巳㉙	6己亥28	6戊辰27	6丁酉25	6丁卯25	6丙申㉓	6乙丑21	6乙未21	6甲子19	6甲午19	6甲子18
7辛未31	《3月》	7庚午30	7庚子29	7己巳28	7戊戌26	7戊辰㉖	7丁酉24	7丙寅22	7丙申22	7乙丑20	7乙未⑳	7乙丑19
《2月》	**7**辛丑①	8辛未31	8辛丑30	8庚午29	8己亥27	8己巳27	8戊戌25	8丁卯23	8丁酉23	8丙寅21	8丙申21	8丙寅20
8壬申1	8壬寅2	《4月》	《5月》	9辛未30	9庚子㉘	9庚午28	9己亥26	9戊辰24	9戊戌24	9丁卯㉒	9丁酉22	9丁卯21
9癸酉②	9癸卯3	**9**壬申1	**9**壬寅1	10壬申㉛	10辛丑29	10辛未29	10庚子27	10己巳25	10己亥㉕	10戊辰23	10戊戌23	10戊辰22
10甲戌3	10甲辰4	10癸酉2	10癸卯2	《6月》	11壬寅30	11壬申30	11辛丑28	11庚午26	11庚子26	11己巳24	11己亥24	11己巳23
11乙亥4	11乙巳5	11甲戌3	11甲辰③	**11**癸酉1	《7月》	12癸酉31	12壬寅29	12辛未㉗	12辛丑27	12庚午25	12庚子25	12庚午㉔
12丙子5	12丙午6	12乙亥4	12乙巳4	12甲戌2	**12**癸卯1	《8月》	13癸卯㉚	13壬申28	13壬寅28	13辛未26	13辛丑26	13辛未25
13丁丑6	13丁未7	13丙子⑤	13丙午5	13乙亥3	13甲辰2	**13**甲戌1	**14**甲辰31	14癸酉29	14癸卯29	14壬申27	14壬寅㉗	14壬申26
14戊寅7	14戊申⑧	14丁丑6	14丁未6	14丙子4	14乙巳3	14乙亥②	《9月》	15甲戌30	15甲辰30	15癸酉28	15癸卯28	15癸酉27
15己卯8	15己酉9	15戊寅7	15戊申7	15丁丑5	15丙午4	15丙子3	15乙巳1	《10月》	**16**乙巳31	16甲戌㉙	16甲辰29	16甲戌28
16庚辰⑨	16庚戌10	16己卯8	16己酉8	16戊寅6	16丁未⑤	16丁丑4	16丙午2	**16**乙亥1	《11月》	**17**乙亥30	17乙巳30	17乙亥29
17辛巳10	17辛亥11	17庚辰9	17庚戌9	17己卯7	17戊申6	17戊寅5	17丁未3	17丙子2	17丙午①	《12月》	**18**丙午31	**18**丙子30
18壬午11	18壬子12	18辛巳10	18辛亥⑩	18庚辰8	18己酉7	18己卯6	18戊申4	18丁丑3	18丁未2	18丙子1	**1081年**	19丁丑㉛
19癸未12	19癸丑13	19壬午11	19壬子11	19辛巳9	19庚戌8	19庚辰7	19己酉5	19戊寅④	19戊申3	19丁丑2	《1月》	《2月》
20甲申13	20甲寅14	20癸未⑫	20癸丑12	20壬午10	20辛亥9	20辛巳8	20庚戌⑥	20己卯5	20己酉4	20戊寅3	19丁未1	20戊寅1
21乙酉14	21乙卯⑮	21甲申13	21甲寅13	21癸未11	21壬子10	21壬午⑨	21辛亥7	21庚辰6	21庚戌5	21己卯4	20戊申2	21己卯2
22丙戌15	22丙辰16	22乙酉14	22乙卯14	22甲申12	22癸丑11	22癸未10	22壬子8	22辛巳7	22辛亥6	22庚辰5	21己酉③	22庚辰3
23丁亥⑯	**23**丁巳17	23丙戌15	23丙辰15	23乙酉13	23甲寅⑫	23甲申11	23癸丑9	23壬午8	23壬子7	23辛巳⑥	22庚戌4	23辛巳4
24戊子17	24戊午18	**24**丁亥16	24丁巳16	24丙戌⑭	24乙卯13	24乙酉12	24甲寅10	24癸未9	24癸丑⑧	24壬午7	23辛亥5	24壬午5
25己丑18	25己未19	25戊子17	**25**戊午⑰	25丁亥15	25丙辰14	25丙戌13	25乙卯11	25甲申10	25甲寅9	25癸未8	24壬子6	25癸未6
26庚寅19	26庚申20	26己丑18	26己未18	**26**戊子16	26丁巳15	26丁亥14	26丙辰12	26乙酉⑪	26乙卯10	26甲申9	25癸丑7	26甲申⑦
27辛卯20	27辛酉21	27庚寅⑲	27庚申19	27己丑17	**27**戊午16	27戊子15	27丁巳⑬	27丙戌12	27丙辰11	27乙酉10	26甲寅8	27乙酉8
28壬辰21	28壬戌㉒	28辛卯20	28辛酉20	28庚寅18	28己未17	**28**己丑⑯	28戊午14	28丁亥13	28丁巳12	28丙戌11	27乙卯9	28丙戌9
29癸巳22	29癸亥23	29壬辰21	29壬戌21	29辛卯19	29庚申18	29庚寅17	**29**己未15	29戊子14	29戊午13	29丁亥12	28丙辰⑩	29丁亥10
30甲午㉓		30癸巳22			30辛酉⑲			30己丑15		30戊子⑬	29丁巳11	30戊子11
											30戊午12	
立春7日 雨水22日	啓蟄7日 春分23日	清明9日 穀雨24日	立夏9日 小満25日	芒種11日 夏至26日	小暑12日 大暑27日	立秋13日 処暑28日	白露14日 秋分29日	寒露16日	霜降1日 立冬16日	小雪2日 大雪17日	冬至3日 小寒18日	大寒3日 立春18日

永保元年〔承暦5年〕（1081－1082） 辛酉

改元 2/10（承暦→永保）

1月	2月	3月	4月	5月	6月	7月	8月	9月	10月	11月	12月
1己丑12	1戊午13	1戊子12	1戊午12	1丁亥10	1丙辰9	1丙戌⑧	1乙卯6	1甲申5	1甲寅4	1癸未3	1癸丑②
2庚寅13	2己未⑭	2己丑13	2己未13	2戊子11	2丁巳10	2丁亥9	2丙辰7	2乙酉6	2乙卯5	2甲申4	2甲寅3
3辛卯⑭	3庚申15	3庚寅14	3庚申14	3己丑12	3戊午⑪	3戊子10	3丁巳8	3丙戌7	3丙辰6	3乙酉⑤	3乙卯4
4壬辰15	4辛酉16	4辛卯15	4辛酉15	4庚寅⑬	4己未12	4己丑11	4戊午9	4丁亥8	4丁巳⑦	4丙戌6	4丙辰5
5癸巳16	**5**壬戌17	**5**壬辰16	5壬戌⑯	5辛卯14	5庚申13	5庚寅12	5己未10	5戊子9	5戊午8	5丁亥7	5丁巳6
6甲午17	6癸亥18	6癸巳17	**6**癸亥17	6壬辰15	6辛酉14	6辛卯13	6庚申11	6己丑⑩	6己未9	6戊子8	6戊午7
7乙未18	7甲子19	7甲午⑱	7甲子18	**7**癸巳16	7壬戌15	7壬辰14	7辛酉⑫	7庚寅11	7庚申10	7己丑9	7己未8
8丙申19	8乙丑20	8乙未19	8乙丑19	8甲午17	8癸亥16	8癸巳⑮	8壬戌13	8辛卯12	8辛酉11	8庚寅10	8庚申⑨
9丁酉20	9丙寅㉑	9丙申20	9丙寅20	9乙未18	**9**甲子17	**9**甲午16	9癸亥14	9壬辰13	9壬戌12	9辛卯11	9辛酉10
10戊戌㉑	*10*丁卯22	10丁酉21	10丁卯21	10丙申19	10乙丑⑱	10乙未17	10甲子15	10癸巳14	10癸亥13	10壬辰⑫	10壬戌11
11己亥22	11戊辰23	11戊戌22	11戊辰22	11丁酉⑳	11丙寅19	11丙申18	**11**乙丑16	11甲午15	11甲子⑭	11癸巳13	11癸亥12
12庚子23	12己巳24	12己亥23	12己巳㉓	12戊戌21	12丁卯20	12丁酉19	12丙寅17	**12**乙未16	**12**乙丑15	12甲午14	12甲子13
13辛丑24	13庚午25	13庚子24	13庚午24	13己亥22	13戊辰21	13戊戌20	13丁卯18	13丙申⑰	13丙寅16	13乙未15	13乙丑14
14壬寅25	14辛未26	14辛丑㉕	14辛未25	14庚子23	14己巳22	14己亥21	14戊辰⑲	14丁酉18	14丁卯17	**14**丙申16	**14**丙寅15
15癸卯26	15壬申27	15壬寅26	15壬申26	15辛丑24	15庚午23	15庚子㉒	15己巳20	15戊戌19	15戊辰18	15丁酉17	15丁卯⑯
16甲辰27	16癸酉㉘	16癸卯27	16癸酉27	16壬寅25	16辛未24	16辛丑23	16庚午21	16己亥20	16己巳19	16戊戌18	16戊辰17
17乙巳㉘	17甲戌29	17甲辰28	17甲戌28	17癸卯26	17壬申㉕	17壬寅24	17辛未22	17庚子21	17庚午20	17己亥⑲	17己巳18
《3月》	18乙亥30	18乙巳29	18乙亥29	18甲辰㉗	18癸酉26	18癸卯25	18壬申23	18辛丑22	18辛未㉑	18庚子20	18庚午19
18丙午1	19丙子31	19丙午30	19丙子㉚	19乙巳28	19甲戌27	19甲辰26	19癸酉24	19壬寅23	19壬申22	19辛丑21	19辛未20
19丁未2	《4月》	《5月》	20丁丑31	20丙午29	20乙亥28	20乙巳27	20甲戌25	20癸卯㉔	20癸酉23	20壬寅22	20壬申21
20戊申3	**20**丁丑1	20丁未1	《6月》	21丁未30	21丙子29	21丙午28	21乙亥㉖	21甲辰25	21甲戌24	21癸卯23	21癸酉22
21己酉4	21戊寅2	**21**戊申②	**21**戊寅1	《7月》	22丁丑30	22丁未㉙	22丙子27	22乙巳26	22乙亥25	22甲辰24	22甲戌㉓
22庚戌5	22己卯3	22己酉3	22己卯2	**22**戊申1	23戊寅31	23戊申30	23丁丑28	23丙午27	23丙子26	23乙巳25	23乙亥24
23辛亥6	23庚辰④	23庚戌4	23庚辰3	23己酉2	《8月》	**24**己酉31	24戊寅29	24丁未28	24丁丑27	24丙午㉖	24丙子25
24壬子⑦	24辛巳5	24辛亥5	24辛巳4	24庚戌3	**24**己卯①	《9月》	25己卯30	25戊申29	25戊寅㉘	25丁未27	25丁丑26
25癸丑8	25壬午6	25壬子6	25壬午5	25辛亥④	25庚辰2	25庚戌1	《10月》	26己酉30	26己卯29	26戊申28	26戊寅27
26甲寅9	26癸未7	26癸丑7	26癸未⑥	26壬子5	26辛巳3	26辛亥2	**26**庚辰1	**27**庚戌㉛	27庚辰30	27己酉29	27己卯28
27乙卯10	27甲申8	27甲寅8	27甲申7	27癸丑6	27壬午4	27壬子3	27辛巳2	《11月》	《12月》	28庚戌30	28庚辰29
28丙辰11	28乙酉9	28乙卯⑨	28乙酉8	28甲寅7	28癸未5	28癸丑4	28壬午③	28辛亥1	**28**辛巳1	**29**辛亥31	29辛巳㉚
29丁巳12	29丙戌10	29丙辰10	29丙戌9	29乙卯8	29甲申6	29甲寅⑤	29癸未4	29壬子2	29壬午2	**1082年**	**30**壬午31
	30丁亥⑪	30丁巳11			30乙酉7			30癸丑3		《1月》	
										30壬子1	
雨水3日 啓蟄19日	春分5日 清明20日	穀雨5日 立夏21日	小満6日 芒種21日	夏至7日 小暑22日	大暑9日 立秋24日	処暑9日 白露24日	秋分11日 寒露26日	霜降12日 立冬27日	小雪12日 大雪28日	冬至14日 小寒29日	大寒14日 立春30日

永保2年（1082－1083） 壬戌

1月	2月	3月	4月	5月	6月	7月	8月	9月	10月	11月	12月
《2月》	1癸丑3	《4月》	《5月》	1壬午31	1辛亥29	1庚辰28	1庚戌27	1己卯㉕	1戊申24	1戊寅23	1丁未22
1癸未1	2甲寅4	**1**壬午1	1壬子①	《6月》	2壬子30	2辛巳29	2辛亥㉘	2庚辰26	2己酉25	2己卯24	2戊申23
2甲申2	3乙卯5	2癸未2	**2**癸丑2	**2**癸未1	《7月》	3壬午30	3壬子29	3辛巳27	3庚戌26	3庚辰25	3己酉24
3乙酉3	4丙辰⑥	3甲申③	3甲寅3	3甲申2	3癸丑1	4癸未㉛	4癸丑30	4壬午28	4辛亥27	4辛巳26	4庚戌㉕
4丙戌4	5丁巳7	4乙酉4	4乙卯4	4乙酉3	**4**甲寅2	《8月》	5甲寅31	5癸未29	5壬子28	5壬午㉗	5辛亥26
5丁亥5	6戊午8	5丙戌5	5丙辰5	5丙戌4	5乙卯③	**5**甲申1	《9月》	6甲申30	6癸丑29	6癸未28	6壬子27
6戊子⑥	7己未9	6丁亥6	6丁巳6	6丁亥⑤	6丙辰4	6乙酉2	**6**乙卯1	《10月》	7甲寅㉚	7甲申29	7癸丑28
7己丑7	8庚申10	7戊子7	7戊午7	7戊子6	7丁巳5	7丙戌3	7丙辰2	**7**乙酉1	**8**乙卯31	8乙酉30	8甲寅29
8庚寅8	9辛酉11	8己丑8	8己未⑧	8己丑7	8戊午6	8丁亥4	8丁巳3	8丙戌②	《11月》	《12月》	9乙卯30
9辛卯9	10壬戌12	9庚寅9	9庚申9	9庚寅8	9己未7	9戊子5	9戊午④	9丁亥3	9丙辰1	**9**丙戌1	**10**丙辰31
10壬辰10	11癸亥⑬	10辛卯⑩	10辛酉10	10辛卯9	10庚申8	10己丑6	10己未5	10戊子4	10丁巳2	10丁亥2	**1083年**
11癸巳11	12甲子14	11壬辰11	11壬戌11	11壬辰10	11辛酉9	11庚寅⑦	11庚申6	11己丑5	11戊午3	11戊子3	《1月》
12甲午12	13乙丑15	12癸巳12	12癸亥12	12癸巳11	12壬戌⑩	12辛卯8	12辛酉7	12庚寅6	12己未4	12己丑④	11丁巳①
13乙未⑬	14丙寅16	13甲午13	13甲子13	13甲午⑫	13癸亥11	13壬辰9	13壬戌8	13辛卯7	13庚申5	13庚寅5	12戊午2
14丙申14	**15**丁卯17	14乙未14	14乙丑14	14乙未13	14甲子12	14癸巳10	14癸亥9	14壬辰8	14辛酉⑥	14辛卯6	13己未3
15丁酉15	16戊辰18	15丙申15	15丙寅⑮	15丙申14	15乙丑13	15甲午11	15甲子10	15癸巳⑨	15壬戌7	15壬辰7	14庚申4
16戊戌16	17己巳19	16丁酉16	16丁卯16	16丁酉15	16丙寅14	16乙未12	16乙丑⑪	16甲午10	16癸亥8	16癸巳8	15辛酉5
17己亥17	18庚午⑳	**17**戊戌⑰	**17**戊辰17	**17**戊戌16	17丁卯15	17丙申13	17丙寅12	17乙未11	17甲子9	17甲午9	16壬戌6
18庚子18	19辛未21	18己亥18	18己巳18	18己亥17	18戊辰16	18丁酉⑭	18丁卯13	18丙申12	18乙丑10	18乙未10	17癸亥7
19辛丑19	20壬申22	19庚子19	19庚午19	19庚子18	**19**己巳⑰	19戊戌15	19戊辰14	19丁酉13	19丙寅11	19丙申⑪	18甲子⑧
20壬寅⑳	21癸酉23	20辛丑20	20辛未20	20辛丑⑲	20庚午18	**20**己亥16	20己巳15	20戊戌14	20丁卯12	20丁酉12	19乙丑9
21癸卯21	22甲戌24	21壬寅21	21壬申21	21壬寅20	21辛未19	21庚子17	**21**庚午16	21己亥15	21戊辰⑬	21戊戌13	20丙寅10
22甲辰22	23乙亥25	22癸卯22	22癸酉㉒	22癸卯21	22壬申20	22辛丑18	22辛未17	**22**庚子⑯	22己巳14	22己亥14	21丁卯11
23乙巳23	24丙子26	23甲辰23	23甲戌23	23甲辰22	23癸酉21	23壬寅19	23壬申⑱	23辛丑17	23庚午15	23庚子15	22戊辰12
24丙午24	25丁丑㉗	24乙巳㉔	24乙亥24	24乙巳23	24甲戌22	24癸卯20	24癸酉19	24壬寅18	**24**辛未16	**24**辛丑16	23己巳13
25丁未25	26戊寅28	25丙午25	25丙子25	25丙午24	25乙亥23	25甲辰㉑	25甲戌20	25癸卯19	25壬申17	25壬寅17	24庚午14
26戊申26	27己卯29	26丁未26	26丁丑26	26丁未25	26丙子㉔	26乙巳22	26乙亥21	26甲辰20	26癸酉18	26癸卯⑱	25辛未⑮
27己酉㉗	28庚辰30	27戊申27	27戊寅27	27戊申㉖	27丁丑25	27丙午23	27丙子22	27乙巳21	27甲戌19	27甲辰19	**26**壬申16
28庚戌28	29辛巳31	28己酉28	28己卯28	28己酉27	28戊寅26	28丁未24	28丁丑23	28丙午22	28乙亥⑳	28乙巳20	27癸酉17
《3月》		29庚戌29	29庚辰㉙	29庚戌28	29己卯27	29戊申25	29戊寅24	29丁未㉓	29丙子21	29丙午21	28甲戌18
29辛亥1		30辛亥30	30辛巳30			30己酉26			30丁丑22		29乙亥19
30壬子2											30丙子20
雨水15日 啓蟄30日	春分15日	清明1日 穀雨17日	立夏2日 小満17日	芒種2日 夏至17日	小暑4日 大暑19日	立秋5日 処暑20日	白露6日 秋分21日	寒露7日 霜降22日	立冬8日 小雪24日	大雪9日 冬至24日	小寒10日 大寒26日

永保3年（1083−1084） 癸亥

1月	2月	3月	4月	5月	6月	閏6月	7月	8月	9月	10月	11月	12月
1 丁丑21	1 丁未20	1 丙子21	1 丙午20	1 丙子20	1 乙巳⑱	1 乙亥18	1 甲辰16	1 甲戌15	1 癸卯14	1 癸酉13	1 壬寅12	1 辛未10
2 戊寅㉒	2 戊申21	2 丁丑22	2 丁未21	2 丁丑㉑	2 丙午19	2 丙子19	**2** 乙巳17	**2** 乙亥16	2 甲辰⑮	2 甲戌14	2 癸卯13	2 壬申11
3 己卯23	3 己酉22	3 戊寅23	3 戊申22	3 戊寅22	3 丁未20	3 丁丑20	3 丙午18	3 丙子⑰	**3** 乙巳16	3 乙亥15	3 甲辰14	3 癸酉12
4 庚辰24	4 庚戌23	4 己卯24	4 己酉㉓	4 己卯23	4 戊申21	4 戊寅21	4 丁未19	4 丁丑18	4 丙午17	**4** 丙子16	4 乙巳15	4 甲戌13
5 辛巳25	5 辛亥24	5 庚辰25	5 庚戌24	5 庚辰24	5 己酉22	5 己卯22	5 戊申⑳	5 戊寅19	5 丁未18	5 丁丑17	**5** 丙午16	5 乙亥⑭
6 壬午26	6 壬子25	6 辛巳㉖	6 辛亥25	6 辛巳25	6 庚戌23	6 庚辰㉓	6 己酉21	6 己卯20	6 戊申19	6 戊寅18	6 丁未⑰	6 丙子15
7 癸未27	7 癸丑㉖	7 壬午27	7 壬子26	7 壬午26	7 辛亥24	7 辛巳24	7 庚戌22	7 庚辰21	7 己酉20	7 己卯⑲	7 戊申18	**7** 丁丑16
8 甲申28	8 甲寅27	8 癸未28	8 癸丑27	8 癸未27	8 壬子㉕	8 壬午25	8 辛亥23	8 辛巳22	8 庚戌21	8 庚辰20	8 己酉19	8 戊寅17
9 乙酉㉙	9 乙卯28	9 甲申29	9 甲寅28	9 甲申㉘	9 癸丑26	9 癸未26	9 壬子24	9 壬午23	9 辛亥㉒	9 辛巳21	9 庚戌20	9 己卯18
10丙戌30	《3月》	10乙酉30	10乙卯29	10乙酉29	10甲寅27	10甲申27	10癸丑25	10癸未㉔	10壬子23	10壬午22	10辛亥21	10庚辰19
11丁亥31	10丙辰 1	11丙戌31	11丙辰㉚	11丙戌30	11乙卯28	11乙酉28	11甲寅26	11甲申25	11癸丑24	11癸未23	11壬子22	11辛巳20
《2月》	**11**丁巳 2	《4月》	《5月》	12丁亥31	12丙辰29	12丙戌29	12乙卯㉗	12乙酉26	12甲寅25	12甲申24	12癸丑23	12壬午㉑
12戊子 1	12戊午 3	12丁亥 1	12丁巳 1	《6月》	13丁巳30	13丁亥㉚	13丙辰28	13丙戌27	13乙卯26	13乙酉25	13甲寅㉔	13癸未22
13己丑 2	13己未 4	**13**戊子②	**13**戊午 2	13戊子 1	《7月》	14戊子31	14丁巳29	14丁亥28	14丙辰27	14丙戌㉖	14乙卯25	14甲申23
14庚寅 3	14庚申⑤	14己丑 3	14己未 3	**14**己丑 2	14戊午 1	《8月》	15戊午30	15戊子29	15丁巳28	15丁亥27	15丙辰26	15乙酉24
15辛卯 4	15辛酉 6	15庚寅 4	15庚申 4	15庚寅 3	**15**己未②	**15**己丑 1	16己未31	16己丑30	16戊午㉙	16戊子28	16丁巳27	16丙戌25
16壬辰⑤	16壬戌 7	16辛卯 5	16辛酉 5	16辛卯④	16庚申 3	16庚寅 2	《9月》	《10月》	17己未30	17己丑29	17戊午28	17丁亥26
17癸巳 6	17癸亥 8	17壬辰 6	17壬戌 6	17壬辰 5	17辛酉 4	17辛卯 3	**17**庚申 1	**17**庚寅①	18庚申31	18庚寅30	18己未29	18戊子27
18甲午 7	18甲子 9	18癸巳 7	18癸亥⑦	18癸巳 6	18壬戌 5	18壬辰 4	18辛酉 2	18辛卯 2	《11月》	《12月》	19庚申30	19己丑㉘
19乙未 8	19乙丑10	19甲午 8	19甲子 8	19甲午 7	19癸亥 6	19癸巳 5	19壬戌③	19壬辰 3	**19**辛酉 1	**19**辛卯 1	20辛酉㉛	20庚寅29
20丙申 9	20丙寅11	20乙未⑨	20乙丑 9	20乙未 8	20甲子 7	20甲午⑥	20癸亥 4	20癸巳 4	20壬戌 2	20壬辰 2	**1084年**	21辛卯30
21丁酉10	21丁卯⑫	21丙申10	21丙寅10	21丙申 9	21乙丑 8	21乙未 7	21甲子 5	21甲午 5	21癸亥 3	21癸巳③	《1月》	**22**壬辰31
22戊戌11	22戊辰13	22丁酉11	22丁卯11	22丁酉10	22丙寅⑨	22丙申 8	22乙丑 6	22乙未 6	22甲子 4	22甲午 4	**21** 壬戌 1	《2月》
23己亥⑫	23己巳14	23戊戌12	23戊辰12	23戊戌⑪	23丁卯10	23丁酉 9	23丙寅 7	23丙申 7	23乙丑⑤	23乙未 5	22癸亥 2	23癸巳 1
24庚子13	24庚午15	24己亥13	24己巳13	24己亥12	24戊辰11	24戊戌10	24丁卯 8	24丁酉⑧	24丙寅 6	24丙申 6	23甲子 3	24甲午 2
25辛丑14	25辛未16	25庚子14	25庚午⑭	25庚子13	25己巳12	25己亥11	25戊辰 9	25戊戌 9	25丁卯 7	25丁酉 7	24乙丑 4	25乙未 3
26壬寅15	**26**壬申17	26辛丑15	26辛未15	26辛丑14	26庚午13	26庚子12	26己巳⑩	26己亥10	26戊辰 8	26戊戌 8	25丙寅 5	26丙申④
27癸卯16	27癸酉18	27壬寅⑯	27壬申16	27壬寅15	27辛未14	27辛丑⑬	27庚午11	27庚子11	27己巳 9	27己亥 9	26丁卯 6	27丁酉 5
28甲辰17	28甲戌⑲	**28**癸卯17	**28**癸酉17	28癸卯16	28壬申15	28壬寅14	28辛未12	28辛丑12	28庚午10	28庚子⑩	27戊辰⑦	28戊戌 6
29乙巳18	29乙亥20	29甲辰18	29甲戌18	**29**甲辰17	29癸酉⑯	29癸卯15	29壬申13	29壬寅13	29辛未11	29辛丑11	28己巳 8	29己亥 7
30丙午⑲		30乙巳19	30乙亥19		**30**甲戌17		30癸酉14		30壬申⑫		29庚午 9	30庚子 8
立春 11日 雨水 26日	啓蟄 11日 春分 26日	清明 13日 穀雨 28日	立夏 13日 小満 28日	芒種 14日 夏至 29日	小暑 15日 大暑 30日	立秋15日	処暑 2日 白露 17日	秋分 2日 寒露 17日	霜降 3日 立冬 19日	小雪 4日 大雪 19日	冬至 5日 小寒 21日	大寒 7日 立春 22日

応徳元年〔永保4年〕（1084−1085） 甲子

改元 2/7（永保→応徳）

1月	2月	3月	4月	5月	6月	7月	8月	9月	10月	11月	12月
1 辛丑 9	1 庚午 9	1 庚子 8	1 庚午 8	1 己亥 6	1 己巳 6	1 戊戌④	1 戊辰 3	1 戊戌 3	《11月》	《12月》	1 丙寅30
2 壬寅10	2 辛未⑩	2 辛丑 9	2 辛未 9	2 庚子 7	2 庚午⑦	2 己亥 5	2 己巳 4	2 己亥 4	1 丁卯 1	1 丁酉①	**2** 丁卯31
3 癸卯⑪	3 壬申11	3 壬寅10	3 壬申10	3 辛丑 8	3 辛未 8	3 庚子 6	3 庚午 5	3 庚子 5	2 戊辰 2	2 戊戌 2	**1085年**
4 甲辰12	4 癸酉12	4 癸卯11	4 癸酉11	4 壬寅⑨	4 壬申 9	4 辛丑 7	4 辛未 6	4 辛丑⑥	3 己巳③	3 己亥 3	《1月》
5 乙巳13	5 甲戌13	5 甲辰12	5 甲戌⑫	5 癸卯10	5 癸酉10	5 壬寅 8	5 壬申 7	5 壬寅 7	4 庚午 4	4 庚子 4	3 戊辰 1
6 丙午14	6 乙亥14	6 乙巳13	6 乙亥13	6 甲辰11	6 甲戌11	6 癸卯 9	6 癸酉⑧	6 癸卯 8	5 辛未 5	5 辛丑 5	4 己巳 2
7 丁未15	7 丙子15	7 丙午⑭	7 丙子14	7 乙巳12	7 乙亥12	7 甲辰10	7 甲戌 9	7 甲辰 9	6 壬申 6	6 壬寅 6	5 庚午 3
8 戊申16	8 丁丑16	8 丁未15	8 丁丑15	8 丙午13	8 丙子13	8 乙巳⑪	8 乙亥10	8 乙巳10	7 癸酉 7	7 癸卯 7	6 辛未 4
9 己酉17	**9** 戊寅⑰	**9** 戊申16	9 戊寅16	9 丁未14	9 丁丑⑭	9 丙午12	9 丙子11	9 丙午11	8 甲戌 8	8 甲辰⑧	7 壬申⑤
10庚戌⑱	10己卯18	10己酉17	**10**己卯17	10戊申15	10戊寅15	10丁未13	10丁丑12	10丁未12	9 乙亥 9	9 乙巳 9	8 癸酉 6
11辛亥19	11庚辰19	11庚戌18	11庚辰18	**11**己酉⑯	**11**己卯16	11戊申14	11戊寅13	11戊申⑬	10丙子⑩	10丙午10	9 甲戌 7
12壬子20	12辛巳20	12辛亥19	12辛巳⑲	12庚戌17	12庚辰17	12己酉15	12己卯14	12己酉14	11丁丑11	11丁未11	10乙亥 8
13癸丑21	13壬午21	13壬子20	13壬午20	13辛亥18	13辛巳18	**13**庚戌16	**13**庚辰⑮	13庚戌15	12戊寅12	12戊申12	11丙子 9
14甲寅22	14癸未22	14癸丑㉑	14癸未21	14壬子19	14壬午19	14辛亥17	14辛巳16	**14**辛亥16	13己卯13	13己酉13	12丁丑10
15乙卯23	15甲申23	15甲寅22	15甲申22	15癸丑20	15癸未20	15壬子⑱	15壬午17	15壬子17	14庚辰14	14庚戌14	13戊寅11
16丙辰24	16乙酉㉔	16乙卯23	16乙酉23	16甲寅21	16甲申㉑	16癸丑19	16癸未18	16癸丑18	**15**辛巳15	15辛亥⑮	14己卯⑫
17丁巳㉕	17丙戌25	17丙辰24	17丙戌24	17乙卯22	17乙酉22	17甲寅20	17甲申19	17甲寅19	16壬午16	**16**壬子16	15庚辰13
18戊午26	18丁亥26	18丁巳25	18丁亥25	18丙辰㉓	18丙戌23	18乙卯21	18乙酉20	18乙卯⑳	17癸未⑰	17癸丑17	16辛巳14
19己未27	19戊子27	19戊午26	19戊子㉖	19丁巳24	19丁亥24	19丙辰22	19丙戌21	19丙辰21	18甲申18	18甲寅18	**17**壬午15
20庚申28	20己丑28	20己未27	20己丑27	20戊午25	20戊子25	20丁巳23	20丁亥㉒	20丁巳22	19乙酉19	19乙卯19	18癸未16
21辛酉29	21庚寅29	21庚申㉘	21庚寅28	21己未26	21己丑26	21戊午24	21戊子23	21戊午23	20丙戌20	20丙辰20	19甲申17
《3月》	22辛卯30	22辛酉29	22辛卯29	22庚申27	22庚寅27	22己未㉕	22己丑24	22己未24	21丁亥21	21丁巳21	20乙酉18
22壬戌 1	23壬辰㉛	23壬戌30	23壬辰30	23辛酉28	23辛卯㉘	23庚申26	23庚寅25	23庚申25	22戊子22	22戊午㉒	21丙戌⑲
23癸亥 2	《4月》	《5月》	24癸巳31	24壬戌29	24壬辰29	24辛酉27	24辛卯26	24辛酉26	23己丑23	23己未23	22丁亥20
24甲子③	**24**癸巳 1	**24**癸亥 1	《6月》	25癸亥㉚	25癸巳30	25壬戌28	25壬辰27	25壬戌㉗	24庚寅㉔	24庚申24	23戊子21
25乙丑 4	25甲午 2	25甲子 2	**25**甲午 1	《7月》	26甲午31	26癸亥29	26癸巳28	26癸亥28	25辛卯25	25辛酉25	24己丑22
26丙寅 5	26乙未 3	26乙丑 3	26乙未②	**26**甲子 1	《8月》	27甲子30	27甲午㉙	27甲子29	26壬辰26	26壬戌26	25庚寅23
27丁卯 6	27丙申 4	27丙寅 4	27丙申 3	27乙丑 2	**27**乙未 1	**28**乙丑31	28乙未30	28乙丑30	27癸巳27	27癸亥27	26辛卯24
28戊辰 7	28丁酉 5	28丁卯⑤	28丁酉 4	28丙寅 3	28丙申 2	《9月》	《10月》	**29**丙寅31	28甲午28	28甲子·28	27壬辰25
29己巳 8	29戊戌 6	29戊辰 6	29戊戌 5	29丁卯 4	29丁酉 3	29丙寅①	**29**丙申 1		29乙未29	29乙丑·㉙	28癸巳㉖
	30己亥⑦	30己巳 7		30戊辰 5		30丁卯 2	30丁酉 2		**30**丙申30		29甲午27
											30乙未28
雨水 7日 啓蟄 22日	春分 9日 清明 24日	穀雨 9日 立夏 24日	小満 10日 芒種 25日	夏至 11日 小暑 26日	大暑 11日 立秋 27日	処暑 13日 白露 28日	秋分 13日 寒露 29日	霜降 14日 立冬 29日	小雪 15日 大雪 30日	冬至 16日	小寒 2日 大寒 17日

応徳2年（1085－1086） 乙丑

1月	2月	3月	4月	5月	6月	7月	8月	9月	10月	11月	12月
1 丙申29	1 乙丑27	1 甲午28	1 甲子㉗	1 癸巳26	1 癸亥25	1 癸巳25	1 壬戌23	1 壬辰22	1 壬戌22	1 辛卯20	1 辛酉20
2 丁酉30	2 丙寅28	2 乙未29	2 乙丑28	2 甲午27	2 甲子26	2 甲午26	2 癸亥㉔	2 癸巳23	2 癸亥23	2 壬辰21	2 壬戌㉑
3 戊戌31	《3月》	3 丙申㉚	3 丙寅29	3 乙未28	3 乙丑27	3 乙未㉗	3 甲子25	3 甲午24	3 甲子24	3 癸巳22	3 癸亥22
《2月》	3 丁卯 1	4 丁酉31	4 丁卯30	4 丙申29	4 丙寅28	4 丙申28	4 乙丑26	4 乙未25	4 乙丑25	4 甲午㉓	4 甲子23
4 己亥 1	4 戊辰②	《4月》	《5月》	5 丁酉30	5 丁卯㉙	5 丁酉29	5 丙寅27	5 丙申26	5 丙寅㉖	5 乙未24	5 乙丑24
5 庚子②	5 己巳 3	5 戊戌 1	5 戊辰 1	6 戊戌31	6 戊辰30	6 戊戌30	6 丁卯28	6 丁酉27	6 丁卯27	6 丙申25	6 丙寅25
6 辛丑 3	6 庚午 4	6 己亥 2	6 己巳 2	《6月》	《7月》	7 己亥31	7 戊辰29	7 戊戌㉘	7 戊辰28	7 丁酉26	7 丁卯26
7 壬寅 4	7 辛未 5	7 庚子 3	7 庚午 3	7 己亥①	7 己巳 1	《8月》	8 己巳30	8 己亥29	8 己巳29	8 戊戌27	8 戊辰27
8 癸卯 5	8 壬申 6	8 辛丑 4	8 辛未④	8 庚子 2	8 庚午 2	8 庚子 1	9 庚午㉛	9 庚子30	9 庚午30	9 己亥28	9 己巳㉘
9 甲辰 6	9 癸酉 7	9 壬寅 5	9 壬申 5	9 辛丑 3	9 辛未 3	9 辛丑 2	《9月》	《10月》	10 辛未31	10 庚子29	10 庚午29
10 乙巳 7	10 甲戌 8	10 癸卯⑥	10 癸酉 6	10 壬寅 4	10 壬申 4	10 壬寅③	10 辛未 1	10 辛丑 1	《11月》	11 辛丑㉚	11 辛未30
11 丙午 8	11 乙亥⑨	11 甲辰 7	11 甲戌 7	11 癸卯 5	11 癸酉 5	11 癸卯 4	11 壬申 2	11 壬寅 2	11 壬申 1	《12月》	12 壬申31
12 丁未⑨	12 丙子10	12 乙巳 8	12 乙亥 8	12 甲辰 6	12 甲戌⑥	12 甲辰 5	12 癸酉 3	12 癸卯 3	12 癸酉②	12 壬寅 1	1086年
13 戊申10	13 丁丑11	13 丙午 9	13 丙子 9	13 乙巳 7	13 乙亥 7	13 乙巳 6	13 甲戌 4	13 甲辰 4	13 甲戌 3	13 癸卯 2	《1月》
14 己酉11	14 戊寅12	14 丁未10	14 丁丑10	14 丙午⑧	14 丙子 8	14 丙午 7	14 乙亥 5	14 乙巳⑤	14 乙亥 4	14 甲辰 3	13 癸酉 1
15 庚戌12	15 己卯13	15 戊申11	15 戊寅⑪	15 丁未 9	15 丁丑 9	15 丁未 8	15 丙子 6	15 丙午 6	15 丙子 5	15 乙巳 4	14 甲戌 2
16 辛亥13	16 庚辰14	16 己酉12	16 己卯12	16 戊申10	16 戊寅10	16 戊申 9	16 丁丑⑦	16 丁未 7	16 丁丑 6	16 丙午 5	15 乙亥 3
17 壬子14	17 辛巳15	17 庚戌⑬	17 庚辰13	17 己酉11	17 己卯11	17 己酉⑩	17 戊寅 8	17 戊申 8	17 戊寅 7	17 丁未 6	16 丙子④
18 癸丑15	18 壬午⑯	18 辛亥14	18 辛巳14	18 庚戌12	18 庚辰12	18 庚戌11	18 己卯 9	18 己酉 9	18 己卯 8	18 戊申⑦	17 丁丑 5
19 甲寅⑯	19 癸未17	19 壬子15	19 壬午15	19 辛亥13	19 辛巳⑬	19 辛亥12	19 庚辰10	19 庚戌10	19 庚辰⑨	19 己酉 8	18 戊寅 6
20 乙卯17	20 甲申18	20 癸丑16	20 癸未16	20 壬子14	20 壬午14	20 壬子13	20 辛巳11	20 辛亥11	20 辛巳10	20 庚戌 9	19 己卯 7
21 丙辰18	21 乙酉19	21 甲寅17	21 甲申17	21 癸丑⑮	21 癸未15	21 癸丑14	21 壬午12	21 壬子⑫	21 壬午11	21 辛亥10	20 庚辰 8
22 丁巳19	22 丙戌20	22 乙卯18	22 乙酉⑱	22 甲寅16	22 甲申16	22 甲寅15	22 癸未13	22 癸丑13	22 癸未12	22 壬子11	21 辛巳 9
23 戊午20	23 丁亥21	23 丙辰19	23 丙戌19	23 乙卯17	23 乙酉17	23 乙卯16	23 甲申⑭	23 甲寅14	23 甲申13	23 癸丑12	22 壬午10
24 己未21	24 戊子22	24 丁巳⑳	24 丁亥20	24 丙辰18	24 丙戌18	24 丙辰⑰	24 乙酉15	24 乙卯15	24 乙酉14	24 甲寅13	23 癸未⑪
25 庚申22	25 己丑㉓	25 戊午21	25 戊子21	25 丁巳19	25 丁亥19	25 丁巳18	25 丙戌16	25 丙辰16	25 丙戌15	25 乙卯⑭	24 甲申12
26 辛酉㉓	26 庚寅24	26 己未22	26 己丑22	26 戊午20	26 戊子⑳	26 戊午19	26 丁亥17	26 丁巳17	26 丁亥⑯	26 丙辰15	25 乙酉13
27 壬戌24	27 辛卯25	27 庚申23	27 庚寅23	27 己未21	27 己丑21	27 己未20	27 戊子18	27 戊午18	27 戊子17	27 丁巳16	26 丙戌14
28 癸亥25	28 壬辰26	28 辛酉24	28 辛卯24	28 庚申㉒	28 庚寅22	28 庚申21	28 己丑19	28 己未⑲	28 己丑18	28 戊午17	27 丁亥15
29 甲子26	29 癸巳27	29 壬戌25	29 壬辰㉕	29 辛酉23	29 辛卯23	29 辛酉22	29 庚寅20	29 庚申20	29 庚寅19	29 己未18	28 戊子16
		30 癸亥26		30 壬戌24	30 壬辰24		30 辛卯㉑	30 辛酉21		30 庚申19	29 己丑17
立春 2日 雨水 17日	啓蟄 4日 春分 19日	清明 5日 穀雨 20日	立夏 6日 小満 21日	芒種 7日 夏至 22日	小暑 7日 大暑 23日	立秋 8日 処暑 23日	白露 9日 秋分 25日	寒露 10日 霜降 25日	立冬 10日 小雪 25日	大雪 12日 冬至 27日	小寒 12日 大寒 27日

応徳3年（1086－1087） 丙寅

1月	2月	閏2月	3月	4月	5月	6月	7月	8月	9月	10月	11月	12月
1 庚寅⑱	1 庚申17	1 己丑18	1 戊午16	1 戊子16	1 丁巳⑭	1 丁亥14	1 丙辰12	1 丙戌11	1 丙辰⑪	1 乙酉 9	1 乙卯 9	1 乙酉 8
2 辛卯19	2 辛酉18	2 庚寅19	2 己未17	2 己丑⑰	2 戊午15	2 戊子15	2 丁巳13	2 丁亥12	2 丁巳12	2 丙戌10	2 丙辰10	2 丙戌 9
3 壬辰20	3 壬戌19	3 辛卯20	3 庚申18	3 庚寅18	3 己未16	3 己丑16	3 戊午14	3 戊子⑬	3 戊午13	3 丁亥11	3 丁巳11	3 丁亥⑩
4 癸巳21	4 癸亥20	4 壬辰21	4 辛酉⑲	4 辛卯19	4 庚申17	4 庚寅17	4 己未15	4 己丑14	4 己未14	4 戊子12	4 戊午12	4 戊子11
5 甲午22	5 甲子21	5 癸巳㉒	5 壬戌20	5 壬辰20	5 辛酉18	5 辛卯18	5 庚申⑯	5 庚寅15	5 庚申15	5 己丑13	5 己未⑬	5 己丑12
6 乙未23	6 乙丑㉒	6 甲午23	6 癸亥21	6 癸巳21	6 壬戌19	6 壬辰⑲	6 辛酉17	6 辛卯16	6 辛酉16	6 庚寅14	6 庚申14	6 庚寅13
7 丙申24	7 丙寅23	7 乙未24	7 甲子22	7 甲午22	7 癸亥20	7 癸巳20	7 壬戌18	7 壬辰17	7 壬戌17	7 辛卯⑮	7 辛酉15	7 辛卯14
8 丁酉㉕	8 丁卯24	8 丙申25	8 乙丑23	8 乙未23	8 甲子㉑	8 甲午21	8 癸亥19	8 癸巳18	8 癸亥⑱	8 壬辰16	8 壬戌16	8 壬辰15
9 戊戌26	9 戊辰25	9 丁酉26	9 丙寅24	9 丙申㉔	9 乙丑22	9 乙未22	9 甲子20	9 甲午19	9 甲子19	9 癸巳17	9 癸亥17	9 癸巳16
10 己亥27	10 己巳26	10 戊戌27	10 丁卯25	10 丁酉25	10 丙寅23	10 丙申23	10 乙丑21	10 乙未⑳	10 乙丑20	10 甲午18	10 甲子18	10 甲午⑰
11 庚子28	11 庚午27	11 己亥28	11 戊辰㉖	11 戊戌26	11 丁卯24	11 丁酉24	11 丙寅22	11 丙申21	11 丙寅21	11 乙未19	11 乙丑19	11 乙未18
12 辛丑29	12 辛未28	12 庚子㉙	12 己巳27	12 己亥27	12 戊辰25	12 戊戌25	12 丁卯㉓	12 丁酉22	12 丁卯22	12 丙申20	12 丙寅⑳	12 丙申19
13 壬寅30	《3月》	13 辛丑30	13 庚午28	13 庚子28	13 己巳26	13 己亥㉖	13 戊辰24	13 戊戌23	13 戊辰23	13 丁酉21	13 丁卯21	13 丁酉20
14 癸卯31	13 壬申①	14 壬寅31	14 辛未29	14 辛丑29	14 庚午27	14 庚子27	14 己巳25	14 己亥24	14 己巳24	14 戊戌㉒	14 戊辰22	14 戊戌21
《2月》	14 癸酉 2	《4月》	15 壬申30	15 壬寅30	15 辛未㉘	15 辛丑28	15 庚午26	15 庚子25	15 庚午㉕	15 己亥23	15 己巳23	15 己亥22
15 甲辰①	15 甲戌 3	15 癸卯 1	《5月》	16 癸卯㉛	16 壬申29	16 壬寅29	16 辛未27	16 辛丑26	16 辛未26	16 庚子24	16 庚午24	16 庚子23
16 乙巳 2	16 乙亥 4	16 甲辰 2	16 癸酉 1	《6月》	17 癸酉30	17 癸卯30	17 壬申28	17 壬寅㉗	17 壬申27	17 辛丑25	17 辛未25	17 辛丑㉔
17 丙午 3	17 丙子 5	17 乙巳 3	17 甲戌 2	17 甲辰 1	《7月》	18 甲辰31	18 癸酉29	18 癸卯28	18 癸酉28	18 壬寅26	18 壬申26	18 壬寅25
18 丁未 4	18 丁丑 6	18 丙午 4	18 乙亥③	18 乙巳 2	18 甲戌 1	《8月》	19 甲戌㉚	19 甲辰29	19 甲戌29	19 癸卯27	19 癸酉㉗	19 癸卯26
19 戊申 5	19 戊寅 7	19 丁未⑤	19 丙子 4	19 丙午 3	19 乙亥 2	19 乙巳 1	20 乙亥31	20 乙巳30	20 乙亥30	20 甲辰28	20 甲戌28	20 甲辰27
20 己酉 6	20 己卯⑧	20 戊申 6	20 丁丑 5	20 丁未 4	20 丙子 3	20 丙午②	《9月》	《10月》	21 丙子31	21 乙巳㉙	21 乙亥29	21 乙巳28
21 庚戌 7	21 庚辰 9	21 己酉 7	21 戊寅 6	21 戊申 5	21 丁丑 4	21 丁未 3	21 丙子 1	21 丙午 1	《11月》	22 丙午30	22 丙子30	22 丙午29
22 辛亥⑧	22 辛巳10	22 庚戌 8	22 己卯 7	22 己酉 6	22 戊寅⑤	22 戊申 4	22 丁丑 2	22 丁未 2	22 丁丑①	《12月》	23 丁丑31	23 丁未30
23 壬子 9	23 壬午11	23 辛亥 9	23 庚辰 8	23 庚戌⑦	23 己卯 6	23 己酉 5	23 戊寅 3	23 戊申 3	23 戊寅 2	23 丁未 1	1087年	24 戊申㉛
24 癸丑10	24 癸未12	24 壬子10	24 辛巳 9	24 辛亥 8	24 庚辰 7	24 庚戌 6	24 己卯 4	24 己酉④	24 己卯 3	24 戊申 2	《1月》	《2月》
25 甲寅11	25 甲申13	25 癸丑11	25 壬午⑩	25 壬子 9	25 辛巳 8	25 辛亥 7	25 庚辰 5	25 庚戌 5	25 庚辰 4	25 己酉 3	24 戊寅 1	25 己酉 1
26 乙卯12	26 乙酉14	26 甲寅⑫	26 癸未11	26 癸丑10	26 壬午 9	26 壬子 8	26 辛巳⑥	26 辛亥 6	26 辛巳 5	26 庚戌 4	25 己卯 2	26 庚戌 2
27 丙辰13	27 丙戌⑮	27 乙卯13	27 甲申12	27 甲寅11	27 癸未10	27 癸丑⑨	27 壬午 7	27 壬子 7	27 壬午 6	27 辛亥 5	26 庚辰③	27 辛亥 3
28 丁巳14	28 丁亥16	28 丙辰14	28 乙酉13	28 乙卯12	28 甲申11	28 甲寅10	28 癸未 8	28 癸丑 8	28 癸未 7	28 壬子⑥	27 辛巳 4	28 壬子 4
29 戊午⑮	29 戊子17	29 丁巳15	29 丙戌14	29 丙辰13	29 乙酉⑫	29 乙卯11	29 甲申 9	29 甲寅 9	29 甲申⑧	29 癸丑 7	28 壬午 5	29 癸丑 5
30 己未16			30 丁亥15		30 丙戌13		30 乙酉10	30 乙卯10		30 甲寅 8	29 癸未 6	
											30 甲申 7	
立春 14日 雨水 29日	啓蟄 14日 春分 29日	清明15日	穀雨 2日 立夏 17日	小満 2日 芒種 17日	夏至 3日 小暑 19日	大暑 4日 立秋 19日	処暑 5日 白露 21日	秋分 6日 寒露 21日	霜降 6日 立冬 21日	小雪 8日 大雪 23日	冬至 8日 小寒 23日	大寒 9日 立春 24日

寛治元年〔応徳**4**年〕（1087－1088） 丁卯

改元 4/7（応徳→寛治）

1月	2月	3月	4月	5月	6月	7月	8月	9月	10月	11月	12月
1 甲寅 6	1 甲申 8	1 癸丑 6	1 壬午 5	1 壬子 4	1 辛巳 3	《8月》	1 庚辰31	1 庚戌30	1 己卯29	1 己酉㉘	1 己卯28
2 乙卯⑦	2 乙酉 9	2 甲寅 7	2 癸未 6	2 癸丑 5	2 壬午④	**1** 庚戌①	《9月》	《10月》	2 庚辰30	2 庚戌29	2 庚辰29
3 丙辰 8	3 丙戌10	3 乙卯 8	3 甲申 7	3 甲寅⑥	3 癸未 5	2 辛亥 2	**2** 辛巳 1	**2** 辛亥 1	3 辛巳㉛	3 辛亥30	3 辛巳30
4 丁巳 9	4 丁亥11	4 丙辰 9	4 乙酉 8	4 乙卯 7	4 甲申 6	3 壬子 3	3 壬午 2	3 壬子 2	《11月》	《12月》	4 壬午31
5 戊午10	5 戊子12	5 丁巳10	5 丙戌⑨	5 丙辰 8	5 乙酉 7	4 癸丑 4	4 癸未 3	4 癸丑③	**4** 壬午 1	**4** 壬子 1	**1088年**
6 己未11	6 己丑13	6 戊午⑪	6 丁亥10	6 丁巳 9	6 丙戌 8	5 甲寅 5	5 甲申 4	5 甲寅 4	5 癸未 2	5 癸丑 2	《1月》
7 庚申12	7 庚寅⑭	7 己未12	7 戊子11	7 戊午10	7 丁亥 9	6 乙卯 6	6 乙酉⑤	6 乙卯 5	6 甲申 3	6 甲寅 3	**5** 癸未 1
8 辛酉13	8 辛卯15	8 庚申13	8 己丑12	8 己未11	8 戊子10	7 丙辰 7	7 丙戌 6	7 丙辰 6	7 乙酉 4	7 乙卯 4	6 甲申②
9 壬戌⑭	9 壬辰16	9 辛酉14	9 庚寅13	9 庚申12	9 己丑⑪	8 丁巳⑧	8 丁亥 7	8 丁巳 7	8 丙戌 5	8 丙辰⑤	7 乙酉 3
10癸亥15	**10**癸巳17	10壬戌15	10辛卯14	10辛酉⑬	10庚寅12	9 戊午 9	9 戊子 8	9 戊午 8	9 丁亥 6	9 丁巳 6	8 丙戌 4
11甲子16	11甲午18	11癸亥16	11壬辰15	11壬戌14	11辛卯13	10己未10	10己丑 9	10己未 9	10戊子⑦	10戊午 7	9 丁亥 5
12乙丑17	12乙未19	**12**甲子17	12癸巳⑯	12癸亥15	12壬辰14	11庚申11	11庚寅10	11庚申⑩	11己丑 8	11己未 8	10戊子 6
13丙寅18	13丙申20	13乙丑⑱	**13**甲午17	13甲子16	13癸巳15	12辛酉12	12辛卯11	12辛酉11	12庚寅 9	12庚申 9	11己丑 7
14丁卯19	14丁酉㉑	14丙寅19	14乙未18	**14**乙丑17	14甲午16	13壬戌13	13壬辰⑫	13壬戌12	13辛卯10	13辛酉10	12庚寅 8
15戊辰20	15戊戌22	15丁卯20	15丙申19	15丙寅18	**15**乙未17	14癸亥14	14癸巳13	14癸亥13	14壬辰11	14壬戌11	13辛卯⑨
16己巳㉑	16己亥23	16戊辰21	16丁酉20	16丁卯19	16丙申⑱	15甲子⑮	15甲午14	15甲子14	15癸巳12	15癸亥⑫	14壬辰10
17庚午22	17庚子24	17己巳22	17戊戌21	17戊辰⑳	17丁酉19	16乙丑16	16乙未15	16乙丑15	16甲午13	16甲子13	15癸巳11
18辛未23	18辛丑25	18庚午23	18己亥22	18己巳21	18戊戌20	**17**丙寅17	**17**丙申16	**17**丙寅16	17乙未⑭	17乙丑14	16甲午12
19壬申24	19壬寅26	19辛未24	19庚子㉓	19庚午22	19己亥21	18丁卯18	18丁酉17	18丁卯⑰	18丙申15	18丙寅15	17乙未13
20癸酉25	20癸卯27	20壬申㉕	20辛丑24	20辛未23	20庚子22	19戊辰19	19戊戌18	19戊辰18	**19**丁酉16	**19**丁卯16	18丙申14
21甲戌26	21甲辰㉘	21癸酉26	21壬寅25	21壬申24	21辛丑23	20己巳20	20己亥⑲	20己巳19	20戊戌17	20戊辰17	19丁酉15
22乙亥27	22乙巳29	22甲戌27	22癸卯26	22癸酉25	22壬寅24	21庚午21	21庚子20	21庚午20	21己亥18	21己巳18	**20**戊戌⑯
23丙子㉘	23丙午30	23乙亥28	23甲辰27	23甲戌26	23癸卯㉕	22辛未㉒	22辛丑21	22辛未21	22庚子19	22庚午⑲	21己亥17
《3月》	24丁未31	24丙子29	24乙巳28	24乙亥㉗	24甲辰26	23壬申23	23壬寅22	23壬申22	23辛丑20	23辛未20	22庚子18
24丁丑 1	《4月》	25丁丑30	25丙午29	25丙子28	25乙巳27	24癸酉24	24癸卯23	24癸酉23	24壬寅㉑	24壬申21	23辛丑19
25戊寅 2	25戊申 1	《5月》	26丁未㉚	26丁丑29	26丙午28	25甲戌25	25甲辰24	25甲戌㉔	25癸卯22	25癸酉22	24壬寅20
26己卯 3	**26**己酉 2	26戊寅 1	27戊申31	27戊寅30	27丁未29	26乙亥26	26乙巳25	26乙亥25	26甲辰23	26甲戌23	25癸卯21
27庚辰 4	27庚戌 3	**27**己卯②	《6月》	《7月》	28戊申30	27丙子27	27丙午㉖	27丙子26	27乙巳24	27乙亥24	26甲辰22
28辛巳 5	28辛亥④	28庚辰 3	**28**己酉 1	28己卯 1	29己酉31	28丁丑28	28丁未27	28丁丑27	28丙午25	28丙子25	27乙巳㉓
29壬午 6	29壬子 5	29辛巳 4	29庚戌 2	**29**庚辰 2		29戊寅㉙	29戊申28	29戊寅28	29丁未26	29丁丑㉖	28丙午24
30癸未⑦			30辛亥 3			30己卯30	30己酉29		30戊申27	30戊寅27	29丁未25
											30戊申26
雨水 10日	春分 10日	穀雨 12日	小満 13日	夏至 14日	大暑 15日	立秋 1日	白露 2日	寒露 2日	立冬 4日	大雪 4日	小寒 5日
啓蟄 25日	清明 26日	立夏 27日	芒種 28日	小暑 29日		処暑 17日	秋分 17日	霜降 17日	小雪 19日	冬至 19日	大寒 20日

寛治**2**年（1088－1089） 戊辰

1月	2月	3月	4月	5月	6月	7月	8月	9月	10月	閏10月	11月	12月
1 己酉27	1 戊寅25	1 戊申㉖	1 丁丑24	1 丙午23	1 丙子22	1 乙巳21	1 甲戌19	1 甲辰18	1 癸酉17	1 癸卯16	**1** 癸酉16	**1** 癸卯15
2 庚戌28	2 己卯26	2 己酉27	2 戊寅25	2 丁未24	2 丁丑23	2 丙午22	2 乙亥⑳	2 乙巳19	2 甲戌18	2 甲辰17	2 甲戌⑰	2 甲辰16
3 辛亥29	3 庚辰㉗	3 庚戌28	3 己卯26	3 戊申25	3 戊寅24	3 丁未㉓	3 丙子21	3 丙午20	3 乙亥19	3 乙巳18	3 乙亥18	3 乙巳17
4 壬子㉚	4 辛巳28	4 辛亥29	4 庚辰27	4 己酉26	4 己卯㉕	4 戊申24	4 丁丑22	4 丁未21	4 丙子20	4 丙午⑲	4 丙子19	4 丙午18
5 癸丑31	5 壬午29	5 壬子30	5 辛巳28	5 庚戌27	5 庚辰26	5 己酉25	5 戊寅23	5 戊申22	5 丁丑21	5 丁未20	5 丁丑20	5 丁未19
《2月》	《3月》	6 癸丑31	6 壬午29	6 辛亥㉘	6 辛巳27	6 庚戌26	6 己卯24	6 己酉23	6 戊寅㉒	6 戊申21	6 戊寅21	6 戊申20
6 甲寅 1	**6** 癸未 1	《4月》	7 癸未㉚	7 壬子29	7 壬午28	7 辛亥27	7 庚辰25	7 庚戌㉔	7 己卯23	7 己酉22	7 己卯22	7 己酉㉑
7 乙卯 2	7 甲申 2	**7** 甲寅 1	《5月》	8 癸丑30	8 癸未29	8 壬子28	8 辛巳26	8 辛亥25	8 庚辰24	8 庚戌23	8 庚辰23	8 庚戌22
8 丙辰 3	8 乙酉 3	8 乙卯②	**8** 甲申 1	9 甲寅31	9 甲申30	9 癸丑29	9 壬午㉗	9 壬子26	9 辛巳25	9 辛亥24	9 辛巳㉔	9 辛亥23
9 丁巳 4	9 丙戌 4	9 丙辰 3	9 乙酉 2	《6月》	《7月》	10甲寅㉚	10癸未28	10癸丑27	10壬午26	10壬子25	10壬午25	10壬子24
10戊午 5	10丁亥⑤	10丁巳 4	10丙戌 3	**10**乙卯 1	**10**乙酉 1	11乙卯31	11甲申29	11甲寅28	11癸未27	11癸丑㉖	11癸未26	11癸丑25
11己未⑥	11戊子 6	11戊午 5	11丁亥 4	11丙辰 2	11丙戌②	《8月》	12乙酉30	12乙卯29	12甲申28	12甲寅27	12甲申27	12甲寅26
12庚申 7	12己丑 7	12己未 6	12戊子 5	12丁巳 3	12丁亥 3	**12**丙辰 1	**13**丙戌31	**13**丙辰30	13乙酉㉙	13乙卯28	13乙酉28	13乙卯27
13辛酉 8	13庚寅 8	13庚申 7	13己丑 6	13戊午④	13戊子 4	13丁巳 2	《9月》	《10月》	14丙戌30	14丙辰29	14丙戌29	14丙辰㉘
14壬戌 9	14辛卯 9	14辛酉 8	14庚寅⑦	14己未 5	14己丑 5	14戊午 3	14丁亥 1	14丁巳①	**15**丁亥31	**15**丁巳30	15丁亥30	15丁巳29
15癸亥10	15壬辰10	15壬戌⑨	15辛卯 8	15庚申 6	15庚寅 6	15己未 4	15戊子 2	15戊午 2	《11月》	《12月》	**16**戊子㉛	**16**戊午30
16甲子11	16癸巳11	16癸亥10	16壬辰 9	16辛酉 7	16辛卯 7	16庚申 5	16己丑③	16己未 3	16戊子 1	16戊午 1	**1089年**	17己未31
17乙丑12	17甲午⑫	17甲子11	17癸巳10	17壬戌 8	17壬辰 8	17辛酉⑥	17庚寅 4	17庚申 4	17己丑 2	17己未 2	《1月》	《2月》
18丙寅⑬	18乙未13	18乙丑12	18甲午11	18癸亥 9	18癸巳⑨	18壬戌 7	18辛卯 5	18辛酉 5	18庚寅 3	18庚申③	17己丑 1	18庚申 1
19丁卯14	19丙申14	19丙寅13	19乙未12	19甲子10	19甲午10	19癸亥 8	19壬辰 6	19壬戌 6	19辛卯 4	19辛酉 4	18庚寅 2	19辛酉 2
20戊辰15	20丁酉15	20丁卯14	20丙申13	20乙丑⑪	20乙未11	20甲子 9	20癸巳 7	20癸亥 7	20壬辰⑤	20壬戌 5	19辛卯 3	20壬戌 3
21己巳16	21戊戌16	21戊辰15	21丁酉⑭	21丙寅12	21丙申12	21乙丑10	21甲午 8	21甲子⑧	21癸巳 6	21癸亥 6	20壬辰 4	21癸亥④
22庚午17	**22**己亥17	**22**己巳⑯	22戊戌15	22丁卯13	22丁酉13	22丙寅11	22乙未 9	22乙丑 9	22甲午 7	22甲子 7	21癸巳 5	22甲子 5
23辛未18	23庚子18	23庚午17	23己亥16	23戊辰14	23戊戌14	23丁卯12	23丙申⑩	23丙寅10	23乙未 8	23乙丑 8	22甲午 6	23乙丑 6
24壬申19	24辛丑⑲	24辛未18	**24**庚子17	24己巳15	24己亥15	24戊辰⑬	24丁酉11	24丁卯11	24丙申 9	24丙寅 9	23乙未⑦	24丙寅 7
25癸酉⑳	25壬寅20	25壬申19	25辛丑18	**25**庚午16	**25**庚子⑯	25己巳14	25戊戌12	25戊辰12	25丁酉10	25丁卯⑩	24丙申 8	25丁卯 8
26甲戌21	26癸卯21	26癸酉20	26壬寅19	26辛未17	26辛丑17	26庚午15	26己亥13	26己巳13	26戊戌11	26戊辰11	25丁酉 9	26戊辰 9
27乙亥22	27甲辰22	27甲戌21	27癸卯20	27壬申⑱	27壬寅18	**27**辛未16	27庚子14	27庚午14	27己亥⑫	27己巳12	26戊戌10	27己巳10
28丙子23	28乙巳23	28乙亥22	28甲辰㉑	28癸酉19	28癸卯19	28壬申17	**28**辛丑15	28辛未⑮	28庚子13	28庚午13	27己亥11	28庚午⑪
29丁丑24	29丙午24	29丙子㉓	29乙巳22	29甲戌20	29甲辰20	29癸酉18	29壬寅16	**29**壬申16	29辛丑14	29辛未14	28庚子12	29辛未12
	30丁未25			30乙亥21			30癸卯⑰		**30**壬寅15	30壬申15	29辛丑13	
											30壬寅⑭	
立春 5日	啓蟄 6日	清明 7日	立夏 8日	芒種 10日	小暑 10日	立秋 12日	白露 13日	寒露 13日	立冬 15日	大雪15日	冬至 1日	大寒 1日
雨水 20日	春分 22日	穀雨 22日	小満 24日	夏至 25日	大暑 25日	処暑 27日	秋分 28日	霜降 29日	小雪 30日		小寒 16日	立春 16日

寛治 3 年（1089－1090） 己巳

1月	2月	3月	4月	5月	6月	7月	8月	9月	10月	11月	12月
1 壬申13	1 壬寅15	1 壬申14	1 辛丑⑬	1 庚午11	1 庚子11	1 己巳 9	1 戊戌 7	1 戊辰⑦	1 丁酉 5	1 丁卯 5	1 丁酉 4
2 癸酉14	2 癸卯16	2 癸酉⑮	2 壬寅14	2 辛未12	2 辛丑12	2 庚午10	2 己亥 8	2 己巳 8	2 戊戌 6	2 戊辰 6	2 戊戌 5
3 甲戌15	**3** 甲辰17	**3** 甲戌16	3 癸卯15	3 壬申13	3 壬寅13	3 辛未11	3 庚子⑨	3 庚午 9	3 己亥 7	3 己巳 7	3 己亥⑥
4 乙亥16	4 乙巳⑱	4 乙亥17	4 甲辰16	4 癸酉14	4 癸卯14	4 壬申⑫	4 辛丑10	4 辛未10	4 庚子 8	4 庚午 8	4 庚子 7
5 丙子17	5 丙午19	5 丙子18	**5** 乙巳17	5 甲戌15	5 甲辰⑮	5 癸酉13	5 壬寅11	5 壬申11	5 辛丑 9	5 辛未⑨	5 辛丑 8
6 丁丑⑱	6 丁未20	6 丁丑19	6 丙午18	**6** 乙亥16	6 乙巳16	6 甲戌14	6 癸卯12	6 癸酉12	6 壬寅10	6 壬申10	6 壬寅 9
7 戊寅19	7 戊申21	7 戊寅20	7 丁未19	7 丙子⑰	**7** 丙午17	7 乙亥15	7 甲辰13	7 甲戌13	7 癸卯⑪	7 癸酉11	7 癸卯10
8 己卯20	8 己酉22	8 己卯21	8 戊申⑳	8 丁丑18	8 丁未18	**8** 丙子16	8 乙巳14	8 乙亥⑭	8 甲辰12	8 甲戌12	8 甲辰11
9 庚辰21	9 庚戌23	9 庚辰㉒	9 己酉21	9 戊寅19	9 戊申19	9 丁丑17	9 丙午15	9 丙子15	9 乙巳13	9 乙亥13	9 乙巳12
10辛巳22	10辛亥24	10辛巳23	10庚戌22	10己卯20	10己酉20	10戊寅18	**10**丁未⑯	**10**丁丑16	10丙午14	10丙子14	10丙午⑬
11壬午23	11壬子㉕	11壬午24	11辛亥23	11庚辰21	11庚戌21	11己卯⑲	11戊申17	11戊寅17	**11**丁未15	11丁丑15	11丁未14
12癸未24	12癸丑26	12癸未25	12壬子24	12辛巳22	12辛亥㉒	12庚辰20	12己酉18	12己卯18	12戊申16	**12**戊寅⑯	**12**戊申15
13甲申㉕	13甲寅27	13甲申26	13癸丑25	13壬午23	13壬子23	13辛巳21	13庚戌19	13庚辰19	13己酉17	13己卯17	13己酉16
14乙酉26	14乙卯28	14乙酉27	14甲寅26	14癸未㉔	14癸丑24	14壬午22	14辛亥20	14辛巳20	14庚戌⑱	14庚辰18	14庚戌17
15丙戌27	15丙辰29	15丙戌28	15乙卯㉗	15甲申25	15甲寅25	15癸未23	15壬子21	15壬午㉑	15辛亥19	15辛巳19	15辛亥18
16丁亥28	16丁巳30	16丁亥㉙	16丙辰28	16乙酉26	16乙卯26	16甲申24	16癸丑22	16癸未22	16壬子20	16壬午20	16壬子19
《3月》	17戊午31	17戊子30	17丁巳29	17丙戌27	17丙辰27	17乙酉25	17甲寅㉓	17甲申23	17癸丑21	17癸未21	17癸丑⑳
17戊子 1	《4月》	《5月》	18戊午30	18丁亥28	18丁巳28	18丙戌㉖	18乙卯24	18乙酉24	18甲寅22	18甲申22	18甲寅21
18己丑 2	**18**己未①	18己丑 1	19己未31	19戊子29	19戊午㉙	19丁亥27	19丙辰25	19丙戌25	19乙卯23	19乙酉㉓	19乙卯22
19庚寅 3	19庚申 2	**19**庚寅 2	《6月》	20己丑30	20己未30	20戊子28	20丁巳26	20丁亥26	20丙辰24	20丙戌24	20丙辰23
20辛卯④	20辛酉 3	20辛卯 3	**20**庚申 1	《7月》	21庚申31	21己丑29	21戊午27	21戊子27	21丁巳㉕	21丁亥25	21丁巳24
21壬辰 5	21壬戌 4	21壬辰 4	21辛酉 2	**21**庚寅①	《8月》	22庚寅30	22己未28	22己丑㉘	22戊午26	22戊子26	22戊午25
22癸巳 6	22癸亥 5	22癸巳 5	22壬戌③	22辛卯 2	**22**辛酉 1	**23**辛卯31	23庚申29	23庚寅29	23己未27	23己丑27	23己未26
23甲午 7	23甲子 6	23甲午⑥	23癸亥 4	23壬辰 3	23壬戌 2	《9月》	24辛酉㉚	24辛卯30	24庚申28	24庚寅28	24庚申㉗
24乙未 8	24乙丑 7	24乙未 7	24甲子 5	24癸巳 4	24癸亥 3	24壬辰 1	《10月》	**25**壬辰31	25辛酉29	25辛卯29	25辛酉28
25丙申 9	25丙寅⑧	25丙申 8	25乙丑 6	25甲午 5	25甲子 4	25癸巳②	**25**壬戌 1	《11月》	26壬戌30	26壬辰㉚	26壬戌29
26丁酉10	26丁卯 9	26丁酉 9	26丙寅 7	26乙未 6	26乙丑⑤	26甲午 3	26癸亥 2	26癸巳 1	《12月》	**27**癸巳31	**27**癸亥30
27戊戌⑪	27戊辰10	27戊戌10	27丁卯 8	27丙申 7	27丙寅 6	27乙未 4	27甲子 3	27甲午 2	**27**癸亥 1	**1090 年**	28甲子31
28己亥12	28己巳11	28己亥11	28戊辰 9	28丁酉⑧	28丁卯 7	28丙申 5	28乙丑 4	28乙未 3	28甲子②	《1月》	《2月》
29庚子13	29庚午12	29庚子12	29己巳⑩	29戊戌 9	29戊辰 8	29丁酉 6	29丙寅 5	29丙申④	29乙丑 3	28甲午 1	29乙丑 1
30辛丑14	30辛未13			30己亥10			30丁卯 6		30丙寅 4	29乙未 2	30丙寅 2
										30丙申 3	

雨水 2日	春分 3日	穀雨 3日	小満 5日	夏至 6日	大暑 7日	処暑 8日	秋分 10日	霜降 10日	小雪 11日	冬至 12日	大寒 12日
啓蟄 18日	清明 18日	立夏 19日	芒種 20日	小暑 21日	立秋 22日	白露 23日	寒露 25日	立冬 25日	大雪 27日	小寒 27日	立春 27日

寛治 4 年（1090－1091） 庚午

1月	2月	3月	4月	5月	6月	7月	8月	9月	10月	11月	12月
1 丁卯③	1 丙申 4	1 丙寅 3	1 丙申 3	《6月》	1 甲午㉚	1 甲子30	1 癸巳28	1 壬戌26	1 壬辰26	1 辛酉㉔	1 辛卯24
2 戊辰 4	2 丁酉 5	2 丁卯 4	2 丁酉 4	**1** 乙丑 1	《7月》	2 乙丑31	2 甲午29	2 癸亥27	2 癸巳㉗	2 壬戌25	2 壬辰25
3 己巳 5	3 戊戌 6	3 戊辰 5	3 戊戌⑤	2 丙寅②	2 乙未 1	《8月》	3 乙未30	3 甲子28	3 甲午28	3 癸亥26	3 癸巳26
4 庚午 6	4 己亥 7	4 己巳 6	4 己亥 6	3 丁卯 3	**3** 丙申 2	**3** 丙寅 1	4 丙申31	4 乙丑㉙	4 乙未29	4 甲子27	4 甲午27
5 辛未 7	5 庚子 8	5 庚午⑦	5 庚子 7	4 戊辰 4	4 丁酉 3	4 丁卯 2	《9月》	5 丙寅30	5 丙申30	5 乙丑28	5 乙未28
6 壬申 8	6 辛丑 9	6 辛未 8	6 辛丑 8	5 己巳 5	5 戊戌 4	5 戊辰 3	**5** 丁酉①	《10月》	**6** 丁酉31	6 丙寅29	6 丙申㉙
7 癸酉 9	7 壬寅⑩	7 壬申 9	7 壬寅 9	6 庚午 6	6 己亥 5	6 己巳④	6 戊戌 2	**6** 丁卯 1	《11月》	7 丁卯30	7 丁酉30
8 甲戌⑩	8 癸卯11	8 癸酉10	8 癸卯10	7 辛未 7	7 庚子 6	7 庚午 5	7 己亥 3	7 戊辰 2	7 戊戌 1	《12月》	**8** 戊戌31
9 乙亥11	9 甲辰12	9 甲戌11	9 甲辰11	8 壬申 8	8 辛丑⑦	8 辛未 6	8 庚子 4	8 己巳 3	8 己亥 2	**8** 戊辰①	**1091 年**
10丙子12	10乙巳13	10乙亥12	10乙巳⑫	9 癸酉⑨	9 壬寅 8	9 壬申 7	9 辛丑 5	9 庚午 4	9 庚子③	9 己巳 2	《1月》
11丁丑13	11丙午14	11丙子13	11丙午13	10甲戌10	10癸卯 9	10癸酉 8	10壬寅 6	10辛未 5	10辛丑 4	10庚午 3	9 己亥 1
12戊寅14	12丁未15	12丁丑⑭	12丁未14	11乙亥11	11甲辰10	11甲戌 9	11癸卯 7	11壬申⑥	11壬寅 5	11辛未 4	10庚子 2
13己卯15	13戊申16	13戊寅15	13戊申15	12丙子12	12乙巳11	12乙亥10	12甲辰⑧	12癸酉 7	12癸卯 6	12壬申 5	11辛丑 3
14庚辰16	**14**己酉⑰	14己卯16	14己酉16	13丁丑13	13丙午12	13丙子⑪	13乙巳 9	13甲戌 8	13甲辰 7	13癸酉 6	12壬寅 4
15辛巳⑰	15庚戌18	**15**庚辰17	**15**庚戌17	14戊寅14	14丁未13	14丁丑12	14丙午10	14乙亥 9	14乙巳 8	14甲戌 7	13癸卯⑤
16壬午18	16辛亥19	16辛巳18	16辛亥18	15己卯15	15戊申⑭	15戊寅13	15丁未11	15丙子10	15丙午 9	15乙亥⑧	14甲辰 6
17癸未19	17壬子20	17壬午19	17壬子⑲	**16**庚辰⑯	16己酉15	16己卯14	16戊申12	16丁丑11	16丁未⑩	16丙子 9	15乙巳 7
18甲申20	18癸丑21	18癸未20	18癸丑20	17辛巳17	17庚戌16	17庚辰15	17己酉13	17戊寅12	17戊申11	17丁丑10	16丙午 8
19乙酉21	19甲寅22	19甲申㉑	19甲寅21	18壬午18	**18**辛亥17	**18**辛巳16	18庚戌14	18己卯⑬	18己酉12	18戊寅11	17丁未 9
20丙戌22	20乙卯23	20乙酉22	20乙卯22	19癸未19	19壬子18	19壬午17	19辛亥⑮	19庚辰14	19庚戌13	19己卯12	18戊申10
21丁亥23	21丙辰㉔	21丙戌23	21丙辰23	20甲申20	20癸丑19	20癸未⑱	**20**壬子16	20辛巳15	20辛亥14	20庚辰13	19己酉11
22戊子㉔	22丁巳25	22丁亥24	22丁巳24	21乙酉21	21甲寅20	21甲申19	21癸丑17	**21**壬午16	21壬子15	21辛巳14	20庚戌⑫
23己丑25	23戊午26	23戊子25	23戊午25	22丙戌22	22乙卯㉑	22乙酉20	22甲寅18	22癸未17	**22**癸丑16	22壬午⑮	21辛亥13
24庚寅26	24己未27	24己丑26	24己未㉖	23丁亥㉓	23丙辰22	23丙戌21	23乙卯19	23甲申18	23甲寅⑰	**23**癸未16	22壬子14
25辛卯27	25庚申28	25庚寅27	25庚申27	24戊子24	24丁巳23	24丁亥22	24丙辰20	24乙酉19	24乙卯18	24甲申17	23癸丑15
26壬辰28	26辛酉29	26辛卯㉘	26辛酉28	25己丑25	25戊午24	25戊子23	25丁巳21	25丙戌⑳	25丙辰19	25乙酉18	**24**甲寅16
《3月》	27壬戌30	27壬辰29	27壬戌29	26庚寅26	26己未25	26己丑24	26戊午㉒	26丁亥21	26丁巳20	26丙戌19	25乙卯17
27癸巳 1	28癸亥㉛	28癸巳30	28癸亥30	27辛卯27	27庚申26	27庚寅㉕	27己未23	27戊子22	27戊午21	27丁亥20	26丙辰18
28甲午 2	《4月》	《5月》	29甲子31	28壬辰28	28辛酉27	28辛卯26	28庚申24	28己丑23	28己未22	28戊子21	27丁巳⑲
29乙未③	**29**甲子 1	29甲午 1		29癸巳29	29壬戌㉘	29壬辰27	29辛酉25	29庚寅24	29庚申23	29己丑㉒	28戊午20
	30乙丑 2	**30**乙未 2			30癸亥29			30辛卯25		30庚寅23	29己未21
											30庚申22

雨水 13日	春分 14日	穀雨 15日	小満 15日	芒種 1日	小暑 3日	立秋 3日	白露 5日	寒露 6日	立冬 6日	大雪 8日	小寒 8日
啓蟄 28日	清明 29日	立夏 30日		夏至 16日	大暑 18日	処暑 18日	秋分 20日	霜降 21日	小雪 22日	冬至 23日	大寒 24日

寛治5年（1091－1092） 辛未

1月	2月	3月	4月	5月	6月	7月	閏7月	8月	9月	10月	11月	12月
1辛酉23	1庚寅21	1庚申㉓	1庚寅22	1己未21	1己丑20	1戊午19	1戊子18	1丁巳16	1丙戌15	1丙辰14	1乙酉13	1乙卯12
2壬戌24	2辛卯22	2辛酉24	2辛卯23	2庚申22	2庚寅21	2己未⑳	2己丑19	2戊午17	2丁亥16	2丁巳15	2丙戌⑭	2丙辰13
3癸亥25	3壬辰㉓	3壬戌25	3壬辰24	3辛酉23	3辛卯㉒	3庚申21	3庚寅20	3己未18	3戊子17	3戊午⑯	3丁亥15	3丁巳14
4甲子㉖	4癸巳24	4癸亥26	4癸巳25	4壬戌24	4壬辰23	4辛酉22	4辛卯21	4庚申19	4己丑18	4己未17	4戊子16	4戊午15
5乙丑27	5甲午25	5甲子27	5甲午26	5癸亥㉕	5癸巳24	5壬戌23	5壬辰22	5辛酉20	5庚寅⑲	5庚申18	5己丑17	5己未16
6丙寅28	6乙未26	6乙丑28	6乙未㉗	6甲子26	6甲午25	6癸亥24	6癸巳23	6壬戌㉑	6辛卯20	6辛酉19	6庚寅18	6庚申17
7丁卯29	7丙申27	7丙寅29	7丙申28	7乙丑27	7乙未26	7甲子25	7甲午㉔	7癸亥22	7壬辰21	7壬戌20	7辛卯19	7辛酉⑱
8戊辰30	8丁酉28	8丁卯㉚	8丁酉29	8丙寅28	8丙申27	8乙丑26	8乙未25	8甲子23	8癸巳22	8癸亥21	8壬辰20	8壬戌19
9己巳31	《3月》	9戊辰31	9戊戌30	9丁卯29	9丁酉28	9丙寅㉗	9丙申26	9乙丑24	9甲午23	9甲子22	9癸巳㉑	9癸亥20
《2月》	9戊戌1	《4月》	《5月》	10戊辰30	10戊戌㉙	10丁卯28	10丁酉27	10丙寅25	10乙未24	10乙丑㉓	10甲午22	10甲子21
10庚午1	10己亥②	10己巳1	10己亥1	11己巳31	11己亥30	11戊辰29	11戊戌28	11丁卯26	11丙申25	11丙寅24	11乙未23	11乙丑22
11辛未②	11庚子3	11庚午2	11庚子2	《6月》	《7月》	12己巳30	12己亥29	12戊辰27	12丁酉㉖	12丁卯25	12丙申24	12丙寅23
12壬申3	12辛丑4	12辛未3	12辛丑3	12庚午①	12庚子1	13庚午31	13庚子30	13己巳㉘	13戊戌27	13戊辰26	13丁酉25	13丁卯24
13癸酉4	13壬寅5	13壬申4	13壬寅④	13辛未2	13辛丑2	《8月》	14辛丑㉛	14庚午29	14己亥28	14己巳27	14戊戌26	14戊辰㉕
14甲戌5	14癸卯6	14癸酉5	14癸卯5	14壬申3	14壬寅3	14辛未1	《9月》	15辛未30	15庚子29	15庚午28	15己亥27	15己巳26
15乙亥6	15甲辰7	15甲戌⑥	15甲辰6	15癸酉4	15癸卯4	15壬申2	15壬寅1	《10月》	16辛丑30	16辛未29	16庚子㉘	16庚午27
16丙子7	16乙巳8	16乙亥7	16乙巳7	16甲戌5	16甲辰5	16癸酉③	16癸卯2	16壬申1	17壬寅31	17壬申㉚	17辛丑29	17辛未28
17丁丑8	17丙午⑨	17丙子8	17丙午8	17乙亥6	17乙巳⑥	17甲戌4	17甲辰3	17癸酉2	《11月》	《12月》	18壬寅30	18壬申29
18戊寅⑨	18丁未10	18丁丑9	18丁未9	18丙子7	18丙午7	18乙亥5	18乙巳4	18甲戌3	18癸卯1	18癸酉1	19癸卯31	19癸酉30
19己卯10	19戊申11	19戊寅10	19戊申10	19丁丑⑧	19丁未8	19丙子6	19丙午5	19乙亥4	19甲辰②	19甲戌2	1092年	20甲戌31
20庚辰11	20己酉12	20己卯11	20己酉⑪	20戊寅9	20戊申9	20丁丑7	20丁未6	20丙子⑤	20乙巳3	20乙亥3	《1月》	《2月》
21辛巳12	21庚戌13	21庚辰12	21庚戌12	21己卯10	21己酉10	21戊寅8	21戊申⑦	21丁丑6	21丙午4	21丙子4	20甲辰1	21乙亥①
22壬午13	22辛亥14	22辛巳⑬	22辛亥13	22庚辰11	22庚戌11	22己卯9	22己酉8	22戊寅7	22丁未5	22丁丑5	21乙巳2	22丙子2
23癸未14	23壬子15	23壬午14	23壬子14	23辛巳12	23辛亥12	23庚辰⑩	23庚戌9	23己卯8	23戊申6	23戊寅6	22丙午3	23丁丑3
24甲申15	24癸丑⑯	24癸未15	24癸丑15	24壬午13	24壬子⑬	24辛巳11	24辛亥10	24庚辰9	24己酉7	24己卯⑦	23丁未④	24戊寅4
25乙酉⑯	25甲寅17	25甲申16	25甲寅16	25癸未14	25癸丑14	25壬午12	25壬子11	25辛巳10	25庚戌8	25庚辰8	24戊申5	25己卯5
26丙戌17	26乙卯18	26乙酉17	26乙卯17	26甲申⑮	26甲寅15	26癸未13	26癸丑12	26壬午11	26辛亥⑨	26辛巳9	25己酉6	26庚辰6
27丁亥18	27丙辰19	27丙戌18	27丙辰⑱	27乙酉16	27乙卯16	27甲申14	27甲寅13	27癸未⑫	27壬子10	27壬午10	26庚戌7	27辛巳7
28戊子19	28丁巳20	28丁亥19	28丁巳19	28丙戌17	28丙辰17	28乙酉15	28乙卯⑭	28甲申13	28癸丑11	28癸未11	27辛亥8	28壬午⑧
29己丑20	29戊午21	29戊子⑳	29戊午20	29丁亥18	29丁巳18	29丙戌16	29丙辰15	29乙酉14	29甲寅12	29甲申12	28壬子9	29癸未9
	30己未22	30己丑21		30戊子19		30丁亥⑰			30乙卯13		29癸丑10	
											30甲寅⑪	

立春9日	啓蟄10日	清明11日	立夏11日	芒種12日	小暑13日	立秋14日	白露15日	秋分1日	霜降2日	小雪3日	冬至4日	大寒5日
雨水24日	春分25日	穀雨26日	小満26日	夏至28日	大暑28日	処暑30日		寒露16日	立冬18日	大雪18日	小寒20日	立春20日

寛治6年（1092－1093） 壬申

1月	2月	3月	4月	5月	6月	7月	8月	9月	10月	11月	12月
1甲申10	1甲寅11	1甲申10	1癸丑⑨	1癸未8	1癸丑8	1壬午6	1壬子⑤	1辛巳4	1庚戌2	1庚辰2	1己酉31
2乙酉11	2乙卯12	2乙酉⑪	2甲寅10	2甲申9	2甲寅9	2癸未7	2癸丑6	2壬午5	2辛亥3	2辛巳3	1093年
3丙戌12	3丙辰13	3丙戌12	3乙卯11	3乙酉10	3乙卯10	3甲申⑧	3甲寅7	3癸未6	3壬子4	3壬午4	《1月》
4丁亥13	4丁巳⑭	4丁亥13	4丙辰12	4丙戌11	4丙辰⑪	4乙酉9	4乙卯8	4甲申7	4癸丑5	4癸未⑤	2庚戌1
5戊子14	5戊午15	5戊子14	5丁巳13	5丁亥12	5丁巳12	5丙戌10	5丙辰9	5乙酉8	5甲寅6	5甲申6	3辛亥②
6己丑⑮	6己未16	6己丑15	6戊午14	6戊子⑬	6戊午13	6丁亥11	6丁巳10	6丙戌9	6乙卯⑦	6乙酉7	4壬子3
7庚寅16	7庚申17	7庚寅16	7己未15	7己丑14	7己未14	7戊子12	7戊午11	7丁亥⑩	7丙辰8	7丙戌8	5癸丑4
8辛卯17	8辛酉18	8辛卯17	8庚申⑯	8庚寅15	8庚申15	8己丑13	8己未⑫	8戊子11	8丁巳9	8丁亥9	6甲寅5
9壬辰18	9壬戌19	9壬辰⑱	9辛酉17	9辛卯16	9辛酉16	9庚寅14	9庚申13	9己丑12	9戊午10	9戊子10	7乙卯6
10癸巳19	10癸亥20	10癸巳19	10壬戌18	10壬辰17	10壬戌17	10辛卯⑮	10辛酉14	10庚寅13	10己未11	10己丑11	8丙辰7
11甲午20	11甲子㉑	11甲午20	11癸亥19	11癸巳18	11癸亥⑱	11壬辰16	11壬戌15	11辛卯14	11庚申12	11庚寅⑫	9丁巳8
12乙未21	12乙丑22	12乙未21	12甲子20	12甲午19	12甲子19	12癸巳17	12癸亥16	12壬辰15	12辛酉13	12辛卯13	10戊午⑨
13丙申㉒	13丙寅23	13丙申22	13乙丑21	13乙未⑳	13乙丑20	13甲午18	13甲子17	13癸巳16	13壬戌⑭	13壬辰14	11己未10
14丁酉23	14丁卯24	14丁酉23	14丙寅22	14丙申21	14丙寅21	14乙未19	14乙丑18	14甲午⑰	14癸亥15	14癸巳15	12庚申11
15戊戌24	15戊辰25	15戊戌24	15丁卯㉓	15丁酉22	15丁卯22	15丙申20	15丙寅⑲	15乙未18	15甲子16	15甲午16	13辛酉12
16己亥25	16己巳26	16己亥㉕	16戊辰24	16戊戌23	16戊辰23	16丁酉21	16丁卯20	16丙申19	16乙丑17	16乙未17	14壬戌13
17庚子26	17庚午27	17庚子26	17己巳25	17己亥24	17己巳24	17戊戌㉒	17戊辰21	17丁酉20	17丙寅18	17丙申18	15癸亥14
18辛丑27	18辛未㉘	18辛丑27	18庚午26	18庚子25	18庚午㉕	18己亥23	18己巳22	18戊戌21	18丁卯19	18丁酉⑲	16甲子15
19壬寅28	19壬申29	19壬寅28	19辛未27	19辛丑26	19辛未26	19庚子24	19庚午23	19己亥22	19戊辰20	19戊戌20	17乙丑⑯
20癸卯㉙	20癸酉30	20癸卯29	20壬申28	20壬寅㉗	20壬申27	20辛丑25	20辛未24	20庚子23	20己巳㉑	20己亥21	18丙寅17
《3月》	21甲戌31	21甲辰30	21癸酉29	21癸卯28	21癸酉28	21壬寅26	21壬申25	21辛丑㉔	21庚午22	21庚子22	19丁卯18
21甲辰1	《4月》	《5月》	22甲戌㉚	22甲辰29	22甲戌29	22癸卯27	22癸酉㉖	22壬寅25	22辛未23	22辛丑23	20戊辰19
22乙巳2	22乙亥1	22乙巳1	23乙亥31	23乙巳30	23乙亥30	23甲辰28	23甲戌27	23癸卯26	23壬申24	23壬寅24	21己巳20
23丙午3	23丙子2	23丙午②	《6月》	《7月》	24丙子31	24乙巳㉙	24乙亥28	24甲辰27	24癸酉25	24癸卯25	22庚午21
24丁未4	24丁丑3	24丁未3	24丙子1	24丙午1	《8月》	25丙午30	25丙子29	25乙巳28	25甲戌26	25甲辰㉖	23辛未22
25戊申5	25戊寅④	25戊申4	25丁丑2	25丁未2	25丁丑①	26丁未31	26丁丑30	26丙午29	26乙亥27	26乙巳27	24壬申㉓
26己酉6	26己卯5	26己酉5	26戊寅3	26戊申3	26戊寅2	《9月》	《10月》	27丁未30	27丙子㉘	27丙午28	25癸酉24
27庚戌⑦	27庚辰6	27庚戌6	27己卯4	27己酉④	27己卯3	27戊申1	27戊寅1	28戊申㉛	28丁丑29	28丁未29	26甲戌25
28辛亥8	28辛巳7	28辛亥7	28庚辰5	28庚戌5	28庚辰4	28己酉2	28己卯2	《11月》	29戊寅30	29戊申30	27乙亥26
29壬子9	29壬午8	29壬子8	29辛巳⑥	29辛亥6	29辛巳5	29庚戌3	29庚辰③	29己酉1	《12月》		28丙子27
30癸丑10	30癸未9		30壬午7	30壬子7		30辛亥4			30己卯1		29丁丑28
											30戊寅29

雨水6日	春分7日	穀雨7日	小満8日	夏至9日	大暑9日	処暑11日	秋分11日	霜降13日	小雪14日	冬至15日	小寒1日
啓蟄21日	清明22日	立夏22日	芒種24日	小暑24日	立秋25日	白露26日	寒露26日	立冬28日	大雪29日		大寒16日

寛治7年（1093－1094） 癸酉

1月	2月	3月	4月	5月	6月	7月	8月	9月	10月	11月	12月
1 己卯㉚	1 戊申28	1 戊寅30	1 丁未28	1 丁丑28	1 丁未27	1 丙子26	1 丙午25	1 乙亥23	1 乙巳㉓	1 乙亥22	1 甲辰21
2 庚辰31	《3月》	2 己卯31	2 戊申29	2 戊寅㉙	2 戊申28	2 丁丑27	2 丁未26	2 丙子24	2 丙午24	2 丙子23	2 乙巳22
《2月》	2 己酉 1	《4月》	3 己酉30	3 己卯30	3 己酉29	3 戊寅28	3 戊申27	3 丁丑㉕	3 丁未25	3 丁丑24	3 丙午23
3 辛巳 1	3 庚戌 2	3 庚辰 1	《5月》	4 庚辰31	4 庚戌30	4 己卯29	4 己酉㉘	4 戊寅26	4 戊申26	4 戊寅25	4 丁未24
4 壬午 2	4 辛亥 3	4 辛巳 2	4 庚戌①	《6月》	《7月》	5 庚辰30	5 庚戌29	5 己卯27	5 己酉27	5 己卯26	5 戊申㉕
5 癸未 3	5 壬子 4	5 壬午③	5 辛亥 2	5 辛巳 1	5 辛亥 1	6 辛巳㉛	6 辛亥30	6 庚辰28	6 庚戌28	6 庚辰㉗	6 己酉26
6 甲申 4	6 癸丑 5	6 癸未 4	6 壬子 3	6 壬午 2	6 壬子 2	《8月》	7 壬子31	7 辛巳29	7 辛亥29	7 辛巳28	7 庚戌27
7 乙酉 5	7 甲寅⑥	7 甲申 5	7 癸丑 4	7 癸未 3	7 癸丑③	7 壬午 1	《9月》	8 壬午30	8 壬子㉚	8 壬午29	8 辛亥28
8 丙戌⑥	8 乙卯 7	8 乙酉 6	8 甲寅 5	8 甲申 4	8 甲寅 4	8 癸未 2	8 癸丑 1	《10月》	9 癸丑31	9 癸未30	9 壬子29
9 丁亥 7	9 丙辰 8	9 丙戌 7	9 乙卯 6	9 乙酉⑤	9 乙卯 5	9 甲申 3	9 甲寅 2	9 癸未 1	《11月》	《12月》	10 癸丑30
10 戊子 8	10 丁巳 9	10 丁亥 8	10 丙辰 7	10 丙戌 6	10 丙辰 6	10 乙酉 4	10 乙卯 3	10 甲申②	10 甲寅 1	10 甲申 1	11 甲寅31
11 己丑 9	11 戊午10	11 戊子 9	11 丁巳⑧	11 丁亥 7	11 丁巳 7	11 丙戌 5	11 丙辰④	11 乙酉 3	11 乙卯 2	11 乙酉 2	1094年
12 庚寅10	12 己未11	12 己丑⑩	12 戊午 9	12 戊子 8	12 戊午 8	12 丁亥 6	12 丁巳 5	12 丙戌 4	12 丙辰 3	12 丙戌 3	《1月》
13 辛卯11	13 庚申12	13 庚寅11	13 己未10	13 己丑 9	13 己未 9	13 戊子⑦	13 戊午 6	13 丁亥 5	13 丁巳 4	13 丁亥④	12 乙卯①
14 壬辰12	14 辛酉⑬	14 辛卯12	14 庚申11	14 庚寅10	14 庚申⑩	14 己丑 8	14 己未 7	14 戊子 6	14 戊午 5	14 戊子 5	13 丙辰 2
15 癸巳⑬	15 壬戌14	15 壬辰13	15 辛酉12	15 辛卯11	15 辛酉11	15 庚寅 9	15 庚申 8	15 己丑 7	15 己未⑥	15 己丑 6	14 丁巳 3
16 甲午14	16 癸亥15	16 癸巳14	16 壬戌13	16 壬辰⑫	16 壬戌12	16 辛卯10	16 辛酉 9	16 庚寅 8	16 庚申 7	16 庚寅 7	15 戊午 4
17 乙未15	17 甲子16	17 甲午15	17 癸亥14	17 癸巳13	17 癸亥13	17 壬辰11	17 壬戌10	17 辛卯⑨	17 辛酉 8	17 辛卯 8	16 己未 5
18 丙申16	18 乙丑17	18 乙未16	18 甲子⑮	18 甲午14	18 甲子14	18 癸巳12	18 癸亥⑪	18 壬辰10	18 壬戌 9	18 壬辰 9	17 庚申 6
19 丁酉17	19 丙寅18	19 丙申⑰	19 乙丑16	19 乙未15	19 乙丑15	19 甲午13	19 甲子12	19 癸巳11	19 癸亥10	19 癸巳10	18 辛酉 7
20 戊戌18	20 丁卯19	20 丁酉18	20 丙寅17	20 丙申16	20 丙寅16	20 乙未⑭	20 乙丑13	20 甲午12	20 甲子11	20 甲午⑪	19 壬戌⑧
21 己亥19	21 戊辰⑳	21 戊戌19	21 丁卯18	21 丁酉17	21 丁卯⑰	21 丙申15	21 丙寅14	21 乙未13	21 乙丑12	21 乙未12	20 癸亥 9
22 庚子⑳	22 己巳21	22 己亥20	22 戊辰19	22 戊戌18	22 戊辰18	22 丁酉16	22 丁卯15	22 丙申14	22 丙寅⑬	22 丙申13	21 甲子10
23 辛丑21	23 庚午22	23 庚子21	23 己巳20	23 己亥⑲	23 己巳19	23 戊戌17	23 戊辰16	23 丁酉15	23 丁卯14	23 丁酉14	22 乙丑11
24 壬寅22	24 辛未23	24 辛丑22	24 庚午21	24 庚子20	24 庚午20	24 己亥18	24 己巳17	24 戊戌⑯	24 戊辰15	24 戊戌15	23 丙寅12
25 癸卯23	25 壬申24	25 壬寅23	25 辛未㉒	25 辛丑21	25 辛未21	25 庚子19	25 庚午⑱	25 己亥17	25 己巳16	25 己亥16	24 丁卯13
26 甲辰24	26 癸酉25	26 癸卯㉔	26 壬申23	26 壬寅22	26 壬申22	26 辛丑20	26 辛未19	26 庚子18	26 庚午17	26 庚子17	25 戊辰14
27 乙巳25	27 甲戌26	27 甲辰25	27 癸酉24	27 癸卯23	27 癸酉23	27 壬寅㉑	27 壬申20	27 辛丑19	27 辛未18	27 辛丑⑱	26 己巳⑮
28 丙午26	28 乙亥㉗	28 乙巳26	28 甲戌25	28 甲辰24	28 甲戌㉔	28 癸卯22	28 癸酉21	28 壬寅20	28 壬申19	28 壬寅19	27 庚午16
29 丁未㉗	29 丙子28	29 丙午27	29 乙亥26	29 乙巳25	29 乙亥25	29 甲辰23	29 甲戌22	29 癸卯21	29 癸酉⑳	29 癸卯20	28 辛未17
	30 丁丑29		30 丙子27	30 丙午㉖		30 乙巳24		30 甲辰22	30 甲戌21		29 壬申18
立春 1日	啓蟄 3日	清明 3日	立夏 5日	芒種 5日	小暑 5日	立秋 7日	白露 7日	寒露 9日	立冬 9日	大雪 10日	小寒 11日
雨水 16日	春分 18日	穀雨 18日	小満 20日	夏至 20日	大暑 21日	処暑 22日	秋分 22日	霜降 24日	小雪 24日	冬至 25日	大寒 26日

嘉保元年〔寛治8年〕（1094－1095） 甲戌

改元 12/15（寛治→嘉保）

1月	2月	3月	閏3月	4月	5月	6月	7月	8月	9月	10月	11月	12月
1 癸酉19	1 癸卯18	1 壬申⑲	1 壬寅18	1 辛未17	1 辛丑16	1 庚午15	1 庚子14	1 庚午13	1 己亥12	1 己巳11	1 己亥11	1 戊辰 9
2 甲戌20	2 甲辰⑲	2 癸酉20	2 癸卯19	2 壬申18	2 壬寅17	2 辛未⑯	2 辛丑15	2 辛未14	2 庚子13	2 庚午⑫	2 庚子12	2 己巳10
3 乙亥21	3 乙巳20	3 甲戌21	3 甲辰20	3 癸酉19	3 癸卯⑱	3 壬申17	3 壬寅16	3 壬申15	3 辛丑14	3 辛未13	3 辛丑13	3 庚午11
4 丙子㉒	4 丙午21	4 乙亥22	4 乙巳21	4 甲戌20	4 甲辰19	4 癸酉18	4 癸卯17	4 癸酉16	4 壬寅⑮	4 壬申14	4 壬寅14	4 辛未12
5 丁丑23	5 丁未22	5 丙子23	5 丙午22	5 乙亥㉑	5 乙巳20	5 甲戌19	5 甲辰18	5 甲戌⑰	5 癸卯16	5 癸酉15	5 癸卯15	5 壬申13
6 戊寅24	6 戊申23	6 丁丑24	6 丁未㉓	6 丙子22	6 丙午21	6 乙亥20	6 乙巳19	6 乙亥18	6 甲辰17	6 甲戌16	6 甲辰16	6 癸酉⑭
7 己卯25	7 己酉24	7 戊寅25	7 戊申24	7 丁丑23	7 丁未22	7 丙子21	7 丙午⑳	7 丙子19	7 乙巳18	7 乙亥17	7 乙巳⑰	7 甲戌15
8 庚辰26	8 庚戌25	8 己卯㉖	8 己酉25	8 戊寅24	8 戊申23	8 丁丑22	8 丁未21	8 丁丑20	8 丙午19	8 丙子18	8 丙午18	8 乙亥16
9 辛巳27	9 辛亥㉖	9 庚辰27	9 庚戌26	9 己卯25	9 己酉24	9 戊寅㉓	9 戊申22	9 戊寅21	9 丁未20	9 丁丑⑲	9 丁未19	9 丙子17
10 壬午28	10 壬子27	10 辛巳28	10 辛亥27	10 庚辰26	10 庚戌㉕	10 己卯24	10 己酉23	10 己卯22	10 戊申21	10 戊寅20	10 戊申20	10 丁丑18
11 癸未㉙	11 癸丑28	11 壬午29	11 壬子28	11 辛巳27	11 辛亥26	11 庚辰25	11 庚戌24	11 庚辰23	11 己酉㉒	11 己卯21	11 己酉21	11 戊寅19
12 甲申30	《3月》	12 癸未30	12 癸丑29	12 壬午㉘	12 壬子27	12 辛巳26	12 辛亥25	12 辛巳㉔	12 庚戌23	12 庚辰22	12 庚戌22	12 己卯20
13 乙酉31	12 甲寅 1	13 甲申31	13 甲寅㉚	13 癸未29	13 癸丑28	13 壬午27	13 壬子26	13 壬午25	13 辛亥24	13 辛巳23	13 辛亥23	13 庚辰㉑
《2月》	13 乙卯 2	《4月》	《5月》	14 甲申30	14 甲寅29	14 癸未28	14 癸丑㉗	14 癸未26	14 壬子25	14 壬午24	14 壬子㉔	14 辛巳22
14 丙戌 1	14 丙辰 3	14 乙酉 1	14 乙卯 1	15 乙酉31	15 乙卯30	15 甲申29	15 甲寅28	15 甲申27	15 癸丑26	15 癸未25	15 癸丑25	15 壬午23
15 丁亥 2	15 丁巳 4	15 丙戌②	15 丙辰 2	《6月》	《7月》	16 乙酉㉚	16 乙卯29	16 乙酉28	16 甲寅27	16 甲申㉖	16 甲寅26	16 癸未24
16 戊子 3	16 戊午⑤	16 丁亥 3	16 丁巳 3	16 丙戌 1	16 丙辰 1	17 丙戌31	17 丙辰30	17 丙戌29	17 乙卯28	17 乙酉27	17 乙卯27	17 甲申25
17 己丑 4	17 己未 6	17 戊子 4	17 戊午 4	17 丁亥 2	17 丁巳②	《8月》	18 丁巳31	18 丁亥30	18 丙辰㉙	18 丙戌28	18 丙辰28	18 乙酉26
18 庚寅⑤	18 庚申 7	18 己丑 5	18 己未 5	18 戊子 3	18 戊午 3	18 丁亥 1	《9月》	《10月》	19 丁巳30	19 丁亥29	19 丁巳29	19 丙戌27
19 辛卯 6	19 辛酉 8	19 庚寅 6	19 庚申 6	19 己丑④	19 己未 4	19 戊子 2	19 戊午 1	19 戊子①	20 戊午31	20 戊子30	20 戊午30	20 丁亥㉘
20 壬辰 7	20 壬戌 9	20 辛卯 7	20 辛酉⑦	20 庚寅 5	20 庚申 5	20 己丑 3	20 己未 2	20 己丑 2	《11月》	《12月》	21 己未㉛	21 戊子29
21 癸巳 8	21 癸亥10	21 壬辰 8	21 壬戌 8	21 辛卯 6	21 辛酉 6	21 庚寅 4	21 庚申③	21 庚寅 3	21 己未 1	21 己丑 1	1095年	22 己丑30
22 甲午 9	22 甲子11	22 癸巳⑨	22 癸亥 9	22 壬辰 7	22 壬戌 7	22 辛卯 5	22 辛酉 4	22 辛卯 4	22 庚申 2	22 庚寅 2	《1月》	23 庚寅31
23 乙未10	23 乙丑⑫	23 甲午10	23 甲子10	23 癸巳 8	23 癸亥 8	23 壬辰⑥	23 壬戌 5	23 壬辰 5	23 辛酉 3	23 辛卯③	22 庚申 1	《2月》
24 丙申11	24 丙寅13	24 乙未11	24 乙丑11	24 甲午 9	24 甲子⑨	24 癸巳 7	24 癸亥 6	24 癸巳 6	24 壬戌 4	24 壬辰 4	23 辛酉 2	24 辛卯 1
25 丁酉⑫	25 丁卯14	25 丙申12	25 丙寅12	25 乙未10	25 乙丑10	25 甲午 8	25 甲子 7	25 甲午 7	25 癸亥⑤	25 癸巳 5	24 壬戌 3	25 壬辰 2
26 戊戌13	26 戊辰15	26 丁酉13	26 丁卯13	26 丙申⑪	26 丙寅11	26 乙未 9	26 乙丑 8	26 乙未⑧	26 甲子 6	26 甲午 6	25 癸亥 4	26 癸巳 3
27 己亥14	27 己巳16	27 戊戌14	27 戊辰⑭	27 丁酉12	27 丁卯12	27 丙申10	27 丙寅 9	27 丙申 9	27 乙丑 7	27 乙未 7	26 甲子 5	27 甲午④
28 庚子15	28 庚午17	28 己亥15	28 己巳15	28 戊戌13	28 戊辰13	28 丁酉11	28 丁卯⑩	28 丁酉10	28 丙寅 8	28 丙申 8	27 乙丑 6	28 乙未 5
29 辛丑16	29 辛未18	29 庚子⑯	29 庚午16	29 己亥14	29 己巳14	29 戊戌12	29 戊辰11	29 戊戌11	29 丁卯 9	29 丁酉 9	28 丙寅⑦	29 丙申 6
30 壬寅17		30 辛丑17		30 庚子15		30 己亥⑬	30 己巳12		30 戊辰10	30 戊戌⑩	29 丁卯 8	
立春 12日	啓蟄 13日	清明 14日	立夏15日	小満 1日	夏至 1日	大暑 3日	処暑 3日	秋分 4日	霜降 5日	小雪 6日	冬至 6日	大寒 7日
雨水 28日	春分 28日	穀雨 30日		芒種 16日	小暑 17日	立秋 18日	白露 19日	寒露 19日	立冬 20日	大雪 21日	小寒 21日	立春 23日

嘉保 2 年（1095－1096） 乙亥

1月	2月	3月	4月	5月	6月	7月	8月	9月	10月	11月	12月
1 丁酉 7	1 丁卯 9	1 丙申 7	1 丙寅 7	1 乙未 5	1 乙丑 5	1 甲午 3	1 甲子 ②	《10月》	1 癸亥 31	1 癸巳 30	1 癸亥 ㉚
2 戊戌 8	2 戊辰 10	2 丁酉 ⑧	2 丁卯 8	2 丙申 6	2 丙寅 6	2 乙未 4	2 乙丑 3	**1** 癸巳 1	《11月》	《12月》	2 甲子 31
3 己亥 9	3 己巳 ⑪	3 戊戌 9	3 戊辰 9	3 丁酉 7	3 丁卯 7	3 丙申 ⑤	3 丙寅 4	2 甲午 2	**2** 甲子 1	**2** 甲午 1	**1096 年**
4 庚子 10	4 庚午 12	4 己亥 10	4 己巳 10	4 戊戌 8	4 戊辰 ⑧	4 丁酉 6	4 丁卯 5	3 乙未 3	3 乙丑 2	3 乙未 ②	《1月》
5 辛丑 ⑪	5 辛未 13	5 庚子 11	5 庚午 11	5 己亥 9	5 己巳 9	5 戊戌 7	5 戊辰 6	4 丙申 4	4 丙寅 3	4 丙申 3	**3** 乙丑 1
6 壬寅 12	6 壬申 14	6 辛丑 12	6 辛未 12	6 庚子 ⑩	6 庚午 10	6 己亥 8	6 己巳 7	5 丁酉 5	5 丁卯 ④	5 丁酉 4	4 丙寅 2
7 癸卯 13	7 癸酉 15	7 壬寅 13	7 壬申 ⑬	7 辛丑 11	7 辛未 11	7 庚子 9	7 庚午 8	6 戊戌 6	6 戊辰 5	6 戊戌 5	5 丁卯 3
8 甲辰 14	8 甲戌 16	8 癸卯 14	8 癸酉 14	8 壬寅 12	8 壬申 12	8 辛丑 10	8 辛未 ⑨	7 己亥 ⑦	7 己巳 6	7 己亥 6	6 戊辰 4
9 乙巳 15	**9** 乙亥 17	9 甲辰 ⑮	9 甲戌 15	9 癸卯 13	9 癸酉 13	9 壬寅 11	9 壬申 10	8 庚子 8	8 庚午 7	8 庚子 7	7 己巳 5
10 丙午 16	10 丙子 ⑱	10 乙巳 16	10 乙亥 16	10 甲辰 14	10 甲戌 14	10 癸卯 ⑫	10 癸酉 11	9 辛丑 9	9 辛未 8	9 辛丑 8	8 庚午 ⑥
11 丁未 17	11 丁丑 19	**11** 丙午 17	**11** 丙子 17	11 乙巳 15	11 乙亥 ⑮	11 甲辰 13	11 甲戌 12	10 壬寅 10	10 壬申 9	10 壬寅 ⑨	9 辛未 7
12 戊申 ⑱	12 戊寅 20	12 丁未 18	12 丁丑 18	12 丙午 16	12 丙子 16	12 乙巳 14	12 乙亥 13	11 癸卯 11	11 癸酉 10	11 癸卯 10	10 壬申 8
13 己酉 19	13 己卯 21	13 戊申 19	13 戊寅 19	**13** 丁未 ⑰	**13** 丁丑 17	13 丙午 15	13 丙子 14	12 甲辰 12	12 甲戌 ⑪	12 甲辰 11	11 癸酉 9
14 庚戌 20	14 庚辰 22	14 己酉 20	14 己卯 ⑳	14 戊申 18	14 戊寅 18	14 丁未 16	14 丁丑 15	13 乙巳 13	13 乙亥 12	13 乙巳 12	12 甲戌 10
15 辛亥 21	15 辛巳 23	15 庚戌 21	15 庚辰 21	15 己酉 19	15 己卯 19	**15** 戊申 17	**15** 戊寅 ⑯	14 丙午 ⑭	14 丙子 13	14 丙午 13	13 乙亥 11
16 壬子 22	16 壬午 24	16 辛亥 ㉒	16 辛巳 22	16 庚戌 20	16 庚辰 20	16 己酉 18	16 己卯 17	15 丁未 15	15 丁丑 14	15 丁未 14	14 丙子 12
17 癸丑 23	17 癸未 ㉕	17 壬子 23	17 壬午 23	17 辛亥 21	17 辛巳 21	17 庚戌 ⑲	17 庚辰 18	**16** 戊申 16	16 戊寅 15	16 戊申 15	15 丁丑 ⑬
18 甲寅 24	18 甲申 26	18 癸丑 24	18 癸未 24	18 壬子 22	18 壬午 ㉒	18 辛亥 20	18 辛巳 19	17 己酉 17	**17** 己卯 16	**17** 己酉 ⑯	16 戊寅 14
19 乙卯 ㉕	19 乙酉 27	19 甲寅 25	19 甲申 25	19 癸丑 23	19 癸未 23	19 壬子 21	19 壬午 20	18 庚戌 18	18 庚辰 17	18 庚戌 17	17 己卯 15
20 丙辰 26	20 丙戌 28	20 乙卯 26	20 乙酉 26	20 甲寅 ㉔	20 甲申 24	20 癸丑 22	20 癸未 21	19 辛亥 19	19 辛巳 ⑱	19 辛亥 18	**18** 庚辰 16
21 丁巳 27	21 丁亥 29	21 丙辰 27	21 丙戌 ㉗	21 乙卯 25	21 乙酉 25	21 甲寅 23	21 甲申 22	20 壬子 20	20 壬午 19	20 壬子 19	19 辛巳 17
22 戊午 28	22 戊子 30	22 丁巳 28	22 丁亥 28	22 丙辰 26	22 丙戌 26	22 乙卯 24	22 乙酉 ㉓	21 癸丑 ㉑	21 癸未 20	21 癸丑 20	20 壬午 18
《3月》	23 己丑 31	23 戊午 ㉙	23 戊子 29	23 丁巳 27	23 丁亥 27	23 丙辰 25	23 丙戌 24	22 甲寅 22	22 甲申 21	22 甲寅 21	21 癸未 19
23 己未 1	《4月》	24 己未 30	24 己丑 30	24 戊午 28	24 戊子 28	24 丁巳 ㉖	24 丁亥 25	23 乙卯 23	23 乙酉 22	23 乙卯 22	22 甲申 ⑳
24 庚申 2	24 庚寅 ①	《5月》	25 庚寅 31	25 己未 29	25 己丑 ㉙	25 戊午 27	25 戊子 26	24 丙辰 24	24 丙戌 23	24 丙辰 ㉓	23 乙酉 21
25 辛酉 3	**25** 辛卯 2	25 庚申 1	《6月》	26 庚申 30	26 庚寅 30	26 己未 28	26 己丑 27	25 丁巳 25	25 丁亥 24	25 丁巳 24	24 丙戌 22
26 壬戌 ④	26 壬辰 3	**26** 辛酉 2	**26** 辛卯 1	《7月》	27 辛卯 31	27 庚申 29	27 庚寅 28	26 戊午 26	26 戊子 ㉕	26 戊午 25	25 丁亥 23
27 癸亥 5	27 癸巳 4	27 壬戌 3	27 壬辰 2	27 辛酉 ①	《8月》	28 辛酉 30	28 辛卯 29	27 己未 27	27 己丑 26	27 己未 26	26 戊子 24
28 甲子 6	28 甲午 5	28 癸亥 4	28 癸巳 ③	**28** 壬戌 2	**28** 壬辰 1	29 壬戌 31	29 壬辰 ㉚	28 庚申 ㉘	28 庚寅 27	28 庚申 27	27 己丑 25
29 乙丑 7	29 乙未 6	29 甲子 5	29 甲午 4	29 癸亥 3	29 癸巳 2	《9月》		29 辛酉 29	29 辛卯 28	29 辛酉 28	28 庚寅 26
30 丙寅 8		30 乙丑 ⑥		30 甲子 4		**30** 癸亥 1		30 壬戌 30	30 壬辰 29	30 壬戌 29	29 辛卯 ㉗
雨水 9日 啓蟄 24日	春分 9日 清明 25日	穀雨 11日 立夏 26日	小満 11日 芒種 26日	夏至 13日 小暑 28日	大暑 13日 立秋 28日	処暑 15日 白露 30日	秋分 15日	寒露 1日 霜降 16日	立冬 2日 小雪 17日	大雪 2日 冬至 17日	小寒 3日 大寒 18日

永長元年〔嘉保 3 年〕（1096－1097） 丙子

改元 12/17（嘉保→永長）

1月	2月	3月	4月	5月	6月	7月	8月	9月	10月	11月	12月
1 壬辰 28	1 壬戌 27	1 辛卯 27	1 庚申 25	1 庚寅 ㉕	1 己未 23	1 戊子 22	1 戊午 21	1 丁亥 19	1 丁巳 ⑲	1 丁亥 18	1 丁巳 18
2 癸巳 29	2 癸亥 28	2 壬辰 28	2 辛酉 26	2 辛卯 26	2 庚申 24	2 己丑 23	2 己未 22	2 戊子 20	2 戊午 20	2 戊子 19	2 戊午 19
3 甲午 30	3 甲子 29	3 癸巳 29	3 壬戌 ㉗	3 壬辰 27	3 辛酉 25	3 庚寅 24	3 庚申 23	3 己丑 ㉑	3 己未 21	3 己丑 20	3 己未 20
4 乙未 31	《3月》	4 甲午 ㉚	4 癸亥 28	4 癸巳 28	4 壬戌 26	4 辛卯 25	4 辛酉 ㉔	4 庚寅 22	4 庚申 22	4 庚寅 21	4 庚申 ㉑
《2月》	**4** 乙丑 1	5 乙未 31	5 甲子 29	5 甲午 29	5 癸亥 27	5 壬辰 26	5 壬戌 25	5 辛卯 23	5 辛酉 23	5 辛卯 22	5 辛酉 22
5 丙申 1	5 丙寅 ②	《4月》	6 乙丑 30	6 乙未 30	6 甲子 28	6 癸巳 27	6 癸亥 26	6 壬辰 24	6 壬戌 24	6 壬辰 ㉓	6 壬戌 23
6 丁酉 2	6 丁卯 3	**6** 丙申 1	《5月》	7 丙申 31	7 乙丑 ㉙	7 甲午 28	7 甲子 27	7 癸巳 25	7 癸亥 25	7 癸巳 24	7 癸亥 24
7 戊戌 ③	7 戊辰 4	7 丁酉 2	**7** 丙寅 1	《6月》	8 丙寅 30	8 乙未 29	8 乙丑 28	8 甲午 26	8 甲子 ㉖	8 甲午 25	8 甲子 25
8 己亥 4	8 己巳 5	8 戊戌 3	8 丁卯 2	**8** 丁酉 ①	《7月》	9 丙申 30	9 丙寅 29	9 乙未 27	9 乙丑 27	9 乙未 26	9 乙丑 26
9 庚子 5	9 庚午 6	9 己亥 4	9 戊辰 3	9 戊戌 2	**9** 丁卯 1	10 丁酉 31	10 丁卯 30	10 丙申 ㉘	10 丙寅 28	10 丙申 27	10 丙寅 27
10 辛丑 6	10 辛未 7	10 庚子 5	10 己巳 ④	10 己亥 3	10 戊辰 2	《8月》	**11** 戊辰 ㉛	11 丁酉 29	11 丁卯 29	11 丁酉 28	11 丁卯 ㉘
11 壬寅 7	11 壬申 8	11 辛丑 ⑥	11 庚午 5	11 庚子 4	11 己巳 3	**11** 戊戌 1	《9月》	**12** 戊戌 30	12 戊辰 30	12 戊戌 29	12 戊辰 29
12 癸卯 8	12 癸酉 ⑨	12 壬寅 7	12 辛未 6	12 辛丑 5	12 庚午 4	12 己亥 2	12 己巳 1	《10月》	**13** 己巳 31	**13** 己亥 ㉚	13 己巳 30
13 甲辰 9	13 甲戌 10	13 癸卯 8	13 壬申 7	13 壬寅 6	13 辛未 5	13 庚子 ③	13 庚午 2	13 己亥 1	《11月》	《12月》	**14** 庚午 31
14 乙巳 ⑩	14 乙亥 11	14 甲辰 9	14 癸酉 8	14 癸卯 7	14 壬申 ⑥	14 辛丑 4	14 辛未 3	14 庚子 2	14 庚午 1	14 庚子 1	**1097 年**
15 丙午 11	15 丙子 12	15 乙巳 10	15 甲戌 9	15 甲辰 ⑧	15 癸酉 7	15 壬寅 5	15 壬申 4	15 辛丑 3	15 辛未 ②	15 辛丑 2	《1月》
16 丁未 12	16 丁丑 13	16 丙午 11	16 乙亥 10	16 乙巳 9	16 甲戌 8	16 癸卯 6	16 癸酉 5	16 壬寅 4	16 壬申 3	16 壬寅 3	15 辛未 1
17 戊申 13	17 戊寅 14	17 丁未 12	17 丙子 ⑪	17 丙午 10	17 乙亥 9	17 甲辰 7	17 甲戌 6	17 癸卯 ⑤	17 癸酉 4	17 癸卯 4	16 壬申 2
18 己酉 14	18 己卯 15	18 戊申 ⑬	18 丁丑 12	18 丁未 11	18 丙子 10	18 乙巳 8	18 乙亥 ⑦	18 甲辰 6	18 甲戌 5	18 甲辰 5	17 癸酉 3
19 庚戌 15	19 庚辰 ⑯	19 己酉 14	19 戊寅 13	19 戊申 12	19 丁丑 11	19 丙午 9	19 丙子 8	19 乙巳 7	19 乙亥 6	19 乙巳 6	18 甲戌 ④
20 辛亥 16	**20** 辛巳 17	20 庚戌 15	20 己卯 14	20 己酉 13	20 戊寅 12	20 丁未 ⑩	20 丁丑 9	20 丙午 8	20 丙子 7	20 丙午 ⑦	19 乙亥 5
21 壬子 ⑰	21 壬午 18	**21** 辛亥 16	21 庚辰 15	21 庚戌 14	21 己卯 ⑬	21 戊申 11	21 戊寅 10	21 丁未 9	21 丁丑 8	21 丁未 8	20 丙子 6
22 癸丑 18	22 癸未 19	22 壬子 17	**22** 辛巳 16	22 辛亥 ⑮	22 庚辰 14	22 己酉 12	22 己卯 11	22 戊申 10	22 戊寅 ⑨	22 戊申 9	21 丁丑 7
23 甲寅 19	23 甲申 20	23 癸丑 18	23 壬午 17	**23** 壬子 16	23 辛巳 15	23 庚戌 13	23 庚辰 12	23 己酉 11	23 己卯 10	23 己酉 10	22 戊寅 8
24 乙卯 20	24 乙酉 21	24 甲寅 19	24 癸未 ⑱	24 癸丑 17	**24** 壬午 16	24 辛亥 14	24 辛巳 13	24 庚戌 ⑫	24 庚辰 11	24 庚戌 11	23 己卯 9
25 丙辰 21	25 丙戌 22	25 乙卯 ⑳	25 甲申 19	25 甲寅 18	25 癸未 17	25 壬子 15	25 壬午 ⑭	25 辛亥 13	25 辛巳 12	25 辛亥 12	24 庚辰 10
26 丁巳 22	26 丁亥 ㉓	26 丙辰 21	26 乙酉 20	26 乙卯 19	26 甲申 18	**26** 癸丑 16	**26** 癸未 15	26 壬子 14	26 壬午 13	26 壬子 13	25 辛巳 ⑪
27 戊午 23	27 戊子 24	27 丁巳 22	27 丙戌 21	27 丙辰 20	27 乙酉 19	27 甲寅 ⑰	27 甲申 16	27 癸丑 15	27 癸未 14	27 癸丑 ⑭	26 壬午 12
28 己未 ㉔	28 己丑 25	28 戊午 23	28 丁亥 22	28 丁巳 21	28 丙戌 ⑳	28 乙卯 18	28 乙酉 17	**28** 甲寅 16	**28** 甲申 15	28 甲寅 15	27 癸未 13
29 庚申 25	29 庚寅 26	29 己未 24	29 戊子 23	29 戊午 ㉒	29 丁亥 21	29 丙辰 19	29 丙戌 18	29 乙卯 17	29 乙酉 ⑯	**29** 乙卯 16	28 甲申 14
30 辛酉 26			30 己丑 24			30 丁巳 20		30 丙辰 18	30 丙戌 17	30 丙辰 17	**29** 乙酉 15
立春 4日 雨水 19日	啓蟄 4日 春分 20日	清明 6日 穀雨 21日	立夏 7日 小満 22日	芒種 8日 夏至 23日	小暑 9日 大暑 24日	立秋 11日 処暑 26日	白露 11日 秋分 26日	寒露 12日 霜降 28日	立冬 13日 小雪 28日	大雪 13日 冬至 29日	小寒 14日 大寒 29日

承徳元年〔永長2年〕（1097－1098） 丁丑

改元 11/21（永長→承徳）

1月	閏1月	2月	3月	4月	5月	6月	7月	8月	9月	10月	11月	12月
1 丙戌16 2 丁亥17 3 戊子⑱ 4 己丑19 5 庚寅20 6 辛卯21 7 壬辰22 8 癸巳23 9 甲午24 10乙未㉕ 11丙申26 12丁酉27 13戊戌28 14己亥29 **15**庚子30 16辛丑31 《2月》 17壬寅① 18癸卯 2 19甲辰 3 20乙巳 4 21丙午 5 22丁未 6 23戊申 7 24己酉⑧ 25庚戌 9 26辛亥10 27壬子11 28癸丑12 29甲寅13 **30**乙卯14	1 丙辰⑮ 2 丁巳16 3 戊午17 4 己未18 5 庚申19 6 辛酉20 7 壬戌21 8 癸亥㉒ 9 甲子23 10乙丑24 11丙寅25 12丁卯26 13戊辰27 14己巳28 《3月》 15庚午① **16**辛未 2 17壬申 3 18癸酉 4 19甲戌 5 20乙亥 6 21丙子 7 22丁丑⑧ 23戊寅 9 24己卯10 25庚辰11 26辛巳12 27壬午13 28癸未14 29甲申⑮ 30乙酉16	**1** 丙戌17 2 丁亥18 3 戊子19 4 己丑20 5 庚寅21 6 辛卯㉒ 7 壬辰23 8 癸巳24 9 甲午25 10乙未26 11丙申27 12丁酉28 13戊戌㉙ 14己亥30 15庚子31 《4月》 **16**辛丑 1 17壬寅 2 18癸卯 3 19甲辰 4 20乙巳⑤ 21丙午 6 22丁未 7 23戊申 8 24己酉 9 25庚戌10 26辛亥11 27壬子⑫ 28癸丑13 29甲寅14	1 乙卯15 **2** 丙辰16 3 丁巳17 4 戊午18 5 己未⑲ 6 庚申20 7 辛酉21 8 壬戌22 9 癸亥23 10甲子24 11乙丑25 12丙寅㉖ 13丁卯27 14戊辰28 15己巳29 16庚午30 《5月》 17辛未 1 **18**壬申 2 19癸酉③ 20甲戌 4 21乙亥 5 22丙子 6 23丁丑 7 24戊寅 8 25己卯 9 26庚辰⑩ 27辛巳11 28壬午12 29癸未13	1 甲申14 2 乙酉15 3 丙戌16 **4** 丁亥⑰ 5 戊子18 6 己丑19 7 庚寅20 8 辛卯21 9 壬辰22 10癸巳23 11甲午㉔ 12乙未25 13丙申26 14丁酉27 15戊戌28 16己亥29 17庚子30 18辛丑㉛ 《6月》 **19**壬寅 1 20癸卯 2 21甲辰 3 22乙巳 4 23丙午 5 24丁未 6 25戊申⑦ 26己酉 8 27庚戌 9 28辛亥10 29壬子11 30癸丑12	1 甲寅13 2 乙卯⑭ 3 丙辰15 **4** 丁巳16 5 戊午17 6 己未18 7 庚申19 8 辛酉20 9 壬戌㉑ 10癸亥22 11甲子23 12乙丑24 13丙寅25 14丁卯26 15戊辰27 16己巳㉘ 17庚午29 18辛未30 《7月》 **19**壬申 1 20癸酉 2 21甲戌 3 22乙亥 4 23丙子⑤ 24丁丑 6 25戊寅 7 26己卯 8 27庚辰 9 28辛巳10 29壬午11	1 癸未⑫ 2 甲申13 3 乙酉14 4 丙戌15 5 丁亥16 **6** 戊子17 7 己丑18 8 庚寅⑲ 9 辛卯20 10壬辰21 11癸巳22 12甲午23 13乙未24 14丙申25 15丁酉㉖ 16戊戌27 17己亥28 18庚子29 19辛丑30 20壬寅31 《8月》 **21**癸卯 1 22甲辰② 23乙巳 3 24丙午 4 25丁未 5 26戊申 6 27己酉 7 28庚戌 8 29辛亥⑨	1 壬子10 2 癸丑11 3 甲寅12 4 乙卯13 5 丙辰14 6 丁巳15 **7** 戊午⑯ 8 己未17 9 庚申18 10辛酉19 11壬戌20 12癸亥21 13甲子22 14乙丑㉓ 15丙寅24 16丁卯25 17戊辰26 18己巳27 19庚午28 20辛未29 21壬申㉚ **22**癸酉31 《9月》 23甲戌 1 24乙亥 2 25丙子 3 26丁丑 4 27戊寅 5 28己卯⑥ 29庚辰 7 30辛巳 8	1 壬午 9 2 癸未10 3 甲申11 4 乙酉12 5 丙戌⑬ 6 丁亥14 **7** 戊子15 8 己丑16 9 庚寅17 10辛卯18 11壬辰19 12癸巳⑳ 13甲午21 14乙未22 15丙申23 16丁酉24 17戊戌25 18己亥26 19庚子㉗ 20辛丑28 21壬寅29 22癸卯30 《10月》 **23**甲辰 1 24乙巳 2 25丙午 3 26丁未④ 27戊申 5 28己酉 6 29庚戌 7	1 辛亥 8 2 壬子 9 3 癸丑10 4 甲寅⑪ 5 乙卯12 6 丙辰13 7 丁巳14 8 戊午15 **9** 己未16 10庚申17 11辛酉⑱ 12壬戌19 13癸亥20 14甲子21 15乙丑22 16丙寅23 17丁卯24 18戊辰㉕ 19己巳26 20庚午27 21辛未28 22壬申29 23癸酉30 **24**甲戌31 《11月》 25乙亥① 26丙子 2 27丁丑 3 28戊寅 4 29己卯 5 30庚辰 6	1 辛巳 7 2 壬午⑧ 3 癸未 9 4 甲申10 5 乙酉11 6 丙戌12 7 丁亥13 8 戊子14 **9** 己丑⑮ 10庚寅16 11辛卯17 12壬辰18 13癸巳19 14甲午20 15乙未21 16丙申㉒ 17丁酉23 18戊戌24 19己亥25 20庚子26 21辛丑27 22壬寅28 23癸卯㉙ 24甲辰30 《12月》 **25**乙巳 1 26丙午 2 27丁未 3 28戊申 4 29己酉 5 30庚戌⑥	1 辛亥 7 2 壬子 8 3 癸丑 9 4 甲寅10 5 乙卯11 6 丙辰12 7 丁巳⑬ 8 戊午14 9 己未15 **10**庚申16 11辛酉17 12壬戌18 13癸亥19 14甲子⑳ 15乙丑21 16丙寅22 17丁卯23 18戊辰24 19己巳25 20庚午26 *21*辛未㉗ 22壬申28 23癸酉29 24甲戌30 **25**乙亥31 **1098年** 《1月》 26丙子 1 27丁丑 2 28戊寅③ 29己卯 4 30庚辰 5	1 辛巳 6 2 壬午 7 3 癸未 8 4 甲申 9 5 乙酉⑩ 6 丙戌11 7 丁亥12 8 戊子13 9 己丑14 **10**庚寅15 11辛卯16 12壬辰⑰ 13癸巳18 14甲午19 15乙未20 16丙申21 17丁酉22 18戊戌23 19己亥㉔ 20庚子25 21辛丑26 22壬寅27 23癸卯28 24甲辰29 **25**乙巳30 26丙午㉛ 《2月》 27丁未 1 28戊申 2 29己酉 3
立春 15日 雨水 30日	啓蟄16日	春分 1日 清明 16日	穀雨 2日 立夏 18日	小満 4日 芒種 19日	夏至 4日 小暑 19日	大暑 6日 立秋 21日	処暑 7日 白露 22日	秋分 7日 寒露 23日	霜降 9日 立冬 24日	小雪 9日 大雪 25日	冬至 10日 小寒 25日	大寒 10日 立春 25日

承徳2年（1098－1099） 戊寅

1月	2月	3月	4月	5月	6月	7月	8月	9月	10月	11月	12月
1 庚戌 4 2 辛亥 5 3 壬子 6 4 癸丑⑦ 5 甲寅 8 6 乙卯 9 7 丙辰10 8 丁巳11 9 戊午12 10己未13 11庚申⑭ **12**辛酉15 13壬戌16 14癸亥17 15甲子18 16乙丑19 17丙寅20 18丁卯㉑ 19戊辰22 20己巳23 21庚午24 22辛未25 23壬申26 24癸酉27 25甲戌㉘ 《3月》 26乙亥 1 **27**丙子 2 28丁丑 3 29戊寅 4 30己卯 5	1 庚辰 6 2 辛巳⑦ 3 壬午 8 4 癸未 9 5 甲申10 6 乙酉11 7 丙戌12 8 丁亥13 9 戊子⑭ 10己丑15 11庚寅16 **12**辛卯17 13壬辰18 14癸巳19 15甲午20 16乙未㉑ 17丙申22 18丁酉23 19戊戌24 20己亥25 21庚子26 22辛丑27 23壬寅㉘ 24癸卯29 25甲辰30 26乙巳31 《4月》 **27**丙午 1 28丁未 2 29戊申 3 30己酉④	1 庚戌 5 2 辛亥 6 3 壬子 7 4 癸丑 8 5 甲寅 9 6 乙卯10 7 丙辰⑪ 8 丁巳12 9 戊午13 10己未14 11庚申15 12辛酉16 **13**壬戌17 14癸亥⑱ 15甲子19 16乙丑20 17丙寅21 18丁卯22 19戊辰23 20己巳24 21庚午㉕ 22辛未26 23壬申27 24癸酉28 25甲戌29 26乙亥30 《5月》 27丙子 1 **28**丁丑② 29戊寅 3	1 己卯 4 2 庚辰 5 3 辛巳 6 4 壬午 7 5 癸未 8 6 甲申⑨ 7 乙酉10 8 丙戌11 9 丁亥12 10戊子13 11己丑14 12庚寅15 13辛卯⑯ **14**壬辰17 15癸巳18 16甲午19 17乙未20 18丙申21 19丁酉22 20戊戌㉓ 21己亥24 22庚子25 23辛丑26 24壬寅27 25癸卯28 26甲辰29 27乙巳㉚ 28丙午31 《6月》 **29**丁未 1	1 戊申 2 2 己酉 3 3 庚戌 4 4 辛亥 5 5 壬子⑥ 6 癸丑 7 7 甲寅 8 8 乙卯 9 9 丙辰10 10丁巳11 11戊午12 12己未⑬ 13庚申14 14辛酉15 **15**壬戌16 16癸亥17 17甲子18 18乙丑19 19丙寅⑳ 20丁卯21 21戊辰22 22己巳23 23庚午24 24辛未25 25壬申26 26癸酉㉗ 27甲戌28 28乙亥29 29丙子30 《7月》 30丁丑 1	**1** 戊寅 2 2 己卯 3 3 庚辰④ 4 辛巳 5 5 壬午 6 6 癸未 7 7 甲申 8 8 乙酉 9 9 丙戌10 10丁亥⑪ 11戊子12 12己丑13 13庚寅14 14辛卯15 15壬辰16 **16**癸巳17 17甲午⑱ 18乙未19 19丙申20 20丁酉21 21戊戌22 22己亥23 23庚子24 24辛丑㉕ 25壬寅26 26癸卯27 27甲辰28 28乙巳29 29丙午30	1 丁未31 《8月》 **2** 戊申① 3 己酉 2 4 庚戌 3 5 辛亥 4 6 壬子 5 7 癸丑 6 8 甲寅 7 9 乙卯⑧ 10丙辰 9 11丁巳10 12戊午11 13己未12 14庚申13 15辛酉14 16壬戌⑮ **17**癸亥16 18甲子17 19乙丑18 20丙寅19 21丁卯20 22戊辰21 23己巳㉒ 24庚午23 25辛未24 26壬申25 27癸酉26 28甲戌27 29乙亥28	1 丙子㉙ 2 丁丑30 **3** 戊寅31 《9月》 4 己卯 1 5 庚辰 2 6 辛巳 3 7 壬午 4 8 癸未⑤ 9 甲申 6 10乙酉 7 11丙戌 8 12丁亥 9 13戊子10 14己丑11 15庚寅⑫ 16辛卯13 17壬辰14 18癸巳15 **19**甲午16 20乙未17 21丙申18 22丁酉⑲ 23戊戌20 24己亥21 25庚子22 26辛丑23 27壬寅24 28癸卯25 29甲辰㉖ 30乙巳27	1 丙午28 2 丁未29 3 戊申30 《10月》 **4** 己酉 1 5 庚戌 2 6 辛亥③ 7 壬子 4 8 癸丑 5 9 甲寅 6 10乙卯 7 11丙辰 8 12丁巳 9 13戊午⑩ 14己未11 15庚申12 16辛酉13 17壬戌14 18癸亥15 **19**甲子16 20乙丑⑰ 21丙寅18 22丁卯19 23戊辰20 24己巳21 25庚午22 26辛未23 27壬申㉔ 28癸酉25 29甲戌26	1 乙亥27 2 丙子28 3 丁丑29 4 戊寅30 **5** 己卯㉛ 《11月》 6 庚辰 1 7 辛巳 2 8 壬午 3 9 癸未 4 10甲申 5 11乙酉 6 12丙戌⑦ 13丁亥 8 14戊子 9 15己丑10 16庚寅11 17辛卯12 18壬辰13 19癸巳⑭ 20甲午15 **21**乙未16 22丙申17 23丁酉18 24戊戌19 25己亥20 26庚子㉑ 27辛丑22 28壬寅23 29癸卯24 30甲辰25	1 乙巳26 2 丙午27 3 丁未㉘ 4 戊申29 5 己酉30 《12月》 **6** 庚戌 1 7 辛亥 2 8 壬子 3 9 癸丑 4 10甲寅⑤ 11乙卯 6 12丙辰 7 13丁巳 8 14戊午 9 15己未10 16庚申11 17辛酉⑫ 18壬戌13 19癸亥14 20甲子15 **21**乙丑16 22丙寅17 23丁卯18 24戊辰⑲ 25己巳20 26庚午21 27辛未22 28壬申23 29癸酉24 30甲戌25	1 乙亥㉖ 2 丙子27 3 丁丑28 4 戊寅29 5 己卯30 **6** 庚辰31 **1099年** 《1月》 7 辛巳 1 8 壬午② 9 癸未 3 10甲申 4 11乙酉 5 12丙戌 6 13丁亥 7 14戊子 8 15己丑⑨ 16庚寅10 17辛卯11 18壬辰12 19癸巳13 20甲午14 **21**乙未15 22丙申⑯ 23丁酉17 24戊戌18 25己亥19 26庚子20 27辛丑21 28壬寅22 29癸卯㉓
雨水 12日 啓蟄 27日	春分 12日 清明 27日	穀雨 13日 立夏 28日	小満 14日 芒種 29日	夏至 15日	小暑 1日 大暑 16日	立秋 2日 処暑 17日	白露 3日 秋分 19日	寒露 4日 霜降 19日	立冬 5日 小雪 21日	大雪 6日 冬至 21日	小寒 6日 大寒 21日

康和元年〔承徳3年〕（1099－1100） 己卯

改元 8/28（承徳→康和）

1月	2月	3月	4月	5月	6月	7月	8月	9月	閏9月	10月	11月	12月
1 甲辰24	1 甲戌23	1 甲辰25	1 癸酉23	1 癸卯23	1 壬申21	1 壬寅21	1 辛未19	1 庚子17	1 庚午17	1 己亥15	1 己巳15	1 戊戌13
2 乙巳25	2 乙亥24	2 乙巳26	2 甲戌㉔	2 甲辰24	2 癸酉22	2 癸卯22	2 壬申20	2 辛丑⑱	2 辛未18	**2** 庚子16	**2** 庚午16	2 己亥14
3 丙午26	3 丙子25	3 丙午㉗	3 乙亥25	3 乙巳25	3 甲戌23	3 甲辰23	3 癸酉㉑	3 壬寅19	3 壬申19	3 辛丑17	3 辛未17	3 庚子⑮
4 丁未27	4 丁丑26	4 丁未28	4 丙子26	4 丙午26	4 乙亥24	4 乙巳㉔	4 甲戌22	4 癸卯20	4 癸酉20	4 壬寅18	4 壬申⑱	**4** 辛丑16
5 戊申28	5 戊寅㉗	5 戊申29	5 丁丑27	5 丁未27	5 丙子25	5 丙午25	5 乙亥23	5 甲辰21	5 甲戌21	5 癸卯19	5 癸酉19	5 壬寅17
6 己酉29	6 己卯28	6 己酉30	6 戊寅28	6 戊申28	6 丁丑㉖	6 丁未26	6 丙子24	6 乙巳22	6 乙亥22	6 甲辰⑳	6 甲戌20	6 癸卯18
7 庚戌㉚	《3月》	7 庚戌31	7 己卯29	7 己酉㉙	7 戊寅27	7 戊申27	7 丁丑25	7 丙午23	7 丙子㉓	7 乙巳21	7 乙亥21	7 甲辰19
8 辛亥31	7 庚辰 1	《4月》	8 庚辰30	8 庚戌30	8 己卯28	8 己酉28	8 戊寅26	8 丁未24	8 丁丑24	8 丙午22	8 丙子22	8 乙巳20
《2月》	**8** 辛巳 2	8 辛亥 1	《5月》	9 辛亥31	9 庚辰29	9 庚戌29	9 己卯27	9 戊申㉕	9 戊寅25	9 丁未23	9 丁丑23	9 丙午21
9 壬子 1	9 壬午 3	**9** 壬子 2	9 辛巳①	《6月》	10辛巳30	10辛亥30	10庚辰㉘	10己酉26	10己卯26	10戊申24	10戊寅24	10丁未㉒
10癸丑 2	10癸未 4	10癸丑③	**10**壬午 2	**10**壬子 1	《7月》	11壬子㉛	11辛巳29	11庚戌27	11庚辰27	11己酉25	11己卯㉕	11戊申23
11甲寅 3	11甲申 5	11甲寅 4	11癸未 3	11癸丑 2	11壬午 1	《8月》	12壬午30	12辛亥28	12辛巳28	12庚戌26	12庚辰26	12己酉24
12乙卯 4	12乙酉⑥	12乙卯 5	12甲申 4	12甲寅 3	**12**癸未 2	**12**癸丑 1	13癸未31	13壬子29	13壬午29	13辛亥㉗	13辛巳27	13庚戌25
13丙辰 5	13丙戌 7	13丙辰 6	13乙酉 5	13乙卯 4	13甲申③	13甲寅 2	《9月》	14癸丑30	14癸未㉚	14壬子28	14壬午28	14辛亥26
14丁巳⑥	14丁亥 8	14丁巳 7	14丙戌 6	14丙辰⑤	14乙酉 4	14乙卯 3	**14**甲申 1	《10月》	15甲申31	15癸丑29	15癸未29	15壬子27
15戊午 7	15戊子 9	15戊午 8	15丁亥 7	15丁巳 6	15丙戌 5	15丙辰 4	15乙酉 2	**15**甲寅 1	《11月》	16甲寅30	16甲申30	16癸丑28
16己未 8	16己丑10	16己未 9	16戊子⑧	16戊午 7	16丁亥 6	16丁巳 5	16丙戌 3	16乙卯②	**16**乙酉 1	《12月》	**17**乙酉31	17甲寅㉙
17庚申 9	17庚寅11	17庚申⑩	17己丑 9	17己未 8	17戊子 7	17戊午 6	17丁亥④	17丙辰 3	17丙戌 2	**17**乙卯 1	**1100年**	18乙卯30
18辛酉10	18辛卯12	18辛酉11	18庚寅10	18庚申 9	18己丑 8	18己未⑦	18戊子 5	18丁巳 4	18丁亥 3	18丙辰 2	《1月》	**19**丙辰31
19壬戌11	19壬辰⑬	19壬戌12	19辛卯11	19辛酉10	19庚寅 9	19庚申 8	19己丑 6	19戊午 5	19戊子 4	19丁巳 3	18丙戌①	《2月》
20癸亥12	20癸巳14	20癸亥13	20壬辰12	20壬戌11	20辛卯⑩	20辛酉 9	20庚寅 7	20己未 6	20己丑 5	20戊午④	19丁亥 2	20丁巳 1
21甲子⑬	21甲午15	21甲子14	21癸巳13	21癸亥⑫	21壬辰11	21壬戌10	21辛卯 8	21庚申 7	21庚寅⑥	21己未 5	20戊子 3	21戊午 2
22乙丑14	22乙未16	22乙丑15	22甲午14	22甲子13	22癸巳12	22癸亥11	22壬辰 9	22辛酉 8	22辛卯 7	22庚申 6	21己丑 4	22己未 3
23丙寅15	**23**丙申17	23丙寅16	23乙未⑮	23乙丑14	23甲午13	23甲子12	23癸巳10	23壬戌⑨	23壬辰 8	23辛酉 7	22庚寅 5	23庚申 4
24丁卯16	24丁酉18	**24**丁卯⑰	24丙申16	24丙寅15	24乙未14	24乙丑13	24甲午⑪	24癸亥10	24癸巳 9	24壬戌 8	23辛卯 6	24辛酉⑤
25戊辰17	25戊戌19	25戊辰18	**25**丁酉17	25丁卯16	25丙申15	25丙寅⑭	25乙未12	25甲子11	25甲午10	25癸亥 9	24壬辰 7	25壬戌 6
26己巳18	26己亥⑳	26己巳19	26戊戌18	**26**戊辰17	26丁酉16	26丁卯15	26丙申13	26乙丑12	26乙未11	26甲子10	25癸巳⑧	26癸亥 7
27庚午19	27庚子21	27庚午20	27己亥19	27己巳18	**27**戊戌⑰	27戊辰16	27丁酉14	27丙寅13	27丙申12	27乙丑⑪	26甲午 9	27甲子 8
28辛未⑳	28辛丑22	28辛未21	28庚子20	28庚午⑲	28己亥18	**28**己巳17	28戊戌15	28丁卯14	28丁酉⑬	28丙寅12	27乙未10	28乙丑 9
29壬申21	29壬寅23	29壬申22	29辛丑21	29辛未20	29庚子19	29庚午18	**29**己亥16	29戊辰15	29戊戌14	29丁卯13	28丙申11	29丙寅10
30癸酉22	30癸卯24		30壬寅㉒		30辛丑20			**30**己巳⑯		30戊辰14	29丁酉12	30丁卯11
立春 8日	啓蟄 8日	清明 9日	立夏 10日	芒種 10日	小暑 12日	立秋 12日	白露 14日	寒露 15日	立冬16日	小雪 2日	冬至 2日	大寒 4日
雨水 23日	春分 23日	穀雨 24日	小満 25日	夏至 26日	大暑 27日	処暑 28日	秋分 29日	霜降 30日		大雪 17日	小寒 17日	立春 19日

康和2年（1100－1101） 庚辰

1月	2月	3月	4月	5月	6月	7月	8月	9月	10月	11月	12月
1 戊辰⑫	1 戊戌13	1 戊辰12	1 丁酉11	1 丁卯⑩	1 丙申 9	1 丙寅 8	1 乙未 6	1 甲子 5	1 甲午④	1 癸亥 3	1 癸巳 2
2 己巳13	2 己亥14	2 己巳13	2 戊戌12	2 戊辰11	2 丁酉10	2 丁卯 9	2 丙申 7	2 乙丑 6	2 乙未 5	2 甲子 4	2 甲午 3
3 庚午14	3 庚子15	3 庚午14	3 己亥⑬	3 己巳12	3 戊戌11	3 戊辰10	3 丁酉 8	3 丙寅⑦	3 丙申 6	3 乙丑 5	3 乙未 4
4 辛未15	4 辛丑16	4 辛未⑮	4 庚子14	4 庚午13	4 己亥12	4 己巳11	4 戊戌⑨	4 丁卯 8	4 丁酉 7	4 丙寅 6	4 丙申 5
5 壬申16	**5** 壬寅17	**5** 壬申16	5 辛丑15	5 辛未14	5 庚子13	5 庚午⑫	5 己亥10	5 戊辰 9	5 戊戌 8	5 丁卯 7	5 丁酉⑥
6 癸酉17	6 癸卯⑱	6 癸酉17	**6** 壬寅16	6 壬申15	6 辛丑14	6 辛未13	6 庚子11	6 己巳10	6 己亥 9	6 戊辰 8	6 戊戌 7
7 甲戌18	7 甲辰19	7 甲戌18	7 癸卯17	**7** 癸酉16	7 壬寅⑮	7 壬申14	7 辛丑12	7 庚午11	7 庚子10	7 己巳⑨	7 己亥 8
8 乙亥⑲	8 乙巳20	8 乙亥19	8 甲辰18	8 甲戌⑰	**8** 癸卯16	8 癸酉15	8 壬寅13	8 辛未12	8 辛丑⑪	8 庚午10	8 庚子 9
9 丙子20	9 丙午21	9 丙子20	9 乙巳19	9 乙亥18	9 甲辰17	**9** 甲戌16	9 癸卯14	9 壬申13	9 壬寅12	9 辛未11	9 辛丑10
10丁丑21	10丁未22	10丁丑21	10丙午⑳	10丙子19	10乙巳18	10乙亥17	**10**甲辰15	10癸酉⑭	10癸卯13	10壬申12	10壬寅11
11戊寅22	11戊申23	11戊寅㉒	11丁未21	11丁丑20	11丙午19	11丙子18	11乙巳⑯	11甲戌15	11甲辰14	11癸酉13	11癸卯12
12己卯23	12己酉24	12己卯23	12戊申22	12戊寅21	12丁未20	12丁丑⑲	12丙午17	**12**乙亥16	**12**乙巳15	12甲戌14	12甲辰⑬
13庚辰24	13庚戌㉕	13庚辰24	13己酉23	13己卯22	13戊申21	13戊寅20	13丁未18	13丙子17	13丙午16	13乙亥15	13乙巳14
14辛巳25	14辛亥26	14辛巳25	14庚戌24	14庚辰23	14己酉㉒	14己卯21	14戊申19	14丁丑18	14丁未17	**14**丙子⑯	**14**丙午15
15壬午㉖	15壬子27	15壬午26	15辛亥25	15辛巳㉔	15庚戌23	15庚辰22	15己酉20	15戊寅19	15戊申⑱	15丁丑17	15丁未16
16癸未27	16癸丑28	16癸未27	16壬子26	16壬午25	16辛亥24	16辛巳23	16庚戌21	16己卯20	16己酉19	16戊寅18	16戊申17
17甲申28	17甲寅29	17甲申28	17癸丑㉗	17癸未26	17壬子25	17壬午24	17辛亥22	17庚辰㉑	17庚戌20	17己卯19	17己酉18
18乙酉29	18乙卯30	18乙酉㉙	18甲寅28	18甲申27	18癸丑26	18癸未25	18壬子㉓	18辛巳22	18辛亥21	18庚辰20	18庚戌19
《3月》	19丙辰31	19丙戌30	19乙卯29	19乙酉28	19甲寅27	19甲申㉖	19癸丑24	19壬午23	19壬子22	19辛巳21	19辛亥⑳
19丙戌 1	《4月》	《5月》	20丙辰30	20丙戌29	20乙卯28	20乙酉27	20甲寅25	20癸未24	20癸丑23	20壬午22	20壬子21
20丁亥 2	**20**丁巳①	**20**丁亥 1	21丁巳31	21丁亥30	21丙辰㉙	21丙戌28	21乙卯26	21甲申25	21甲寅24	21癸未㉓	21癸丑22
21戊子 3	21戊午 2	21戊子 2	《6月》	《7月》	22丁巳30	22丁亥29	22丙辰27	22乙酉26	22乙卯㉕	22甲申24	22甲寅23
22己丑④	22己未 3	22己丑 3	**22**戊午 1	**22**戊子①	23戊午31	23戊子30	23丁巳28	23丙戌27	23丙辰26	23乙酉25	23乙卯24
23庚寅 5	23庚申 4	23庚寅 4	23己未 2	23己丑 2	《8月》	**24**己丑31	24戊午29	24丁亥㉘	24丁巳27	24丙戌26	24丙辰25
24辛卯 6	24辛酉 5	24辛卯 5	24庚申③	24庚寅 3	**24**己未 1	《9月》	**25**己未㉚	25戊子29	25戊午28	25丁亥27	25丁巳26
25壬辰 7	25壬戌 6	25壬辰⑥	25辛酉 4	25辛卯 4	25庚申 2	25庚寅 1	《10月》	26己丑30	26己未29	26戊子28	26戊午㉗
26癸巳 8	26癸亥 7	26癸巳 7	26壬戌 5	26壬辰 5	26辛酉 3	26辛卯②	26庚申 1	**27**庚寅31	**27**庚申30	27己丑29	27己未28
27甲午 9	27甲子⑧	27甲午 8	27癸亥 6	27癸巳 6	27壬戌 4	27壬辰 3	27辛酉 2	《11月》	《12月》	28庚寅㉚	28庚申29
28乙未10	28乙丑 9	28乙未 9	28甲子 7	28甲午 7	28癸亥⑤	28癸巳 4	28壬戌 3	28辛卯 1	28辛酉 1	**29**辛卯31	**29**辛酉30
29丙申⑪	29丙寅10	29丙申10	29乙丑 8	29乙未⑧	29甲子 6	29甲午 5	29癸亥 4	29壬辰 2	29壬戌②	**1101年**	
30丁酉12	30丁卯11		30丙寅 9		30乙丑 7			30癸巳 3		《1月》	
										30壬辰 1	
雨水 4日	春分 5日	穀雨 5日	小満 6日	夏至 7日	大暑 8日	処暑 9日	秋分 10日	霜降 12日	小雪 12日	冬至 14日	大寒 14日
啓蟄 19日	清明 20日	立夏 20日	芒種 22日	小暑 22日	立秋 24日	白露 24日	寒露 25日	立冬 27日	大雪 27日	小寒 29日	立春 29日

康和**3**年（1101−1102） 辛巳

1月	2月	3月	4月	5月	6月	7月	8月	9月	10月	11月	12月
1 壬戌31	**1** 壬辰 2	《4月》	1 辛卯30	1 辛酉30	1 庚寅28	1 庚申㉘	1 庚寅27	1 己未25	1 戊子24	1 戊午23	1 丁亥㉒
《2月》	2 癸巳③	**1** 壬戌 1	《5月》	2 壬戌31	2 辛卯29	2 辛酉29	2 辛卯28	2 庚申26	2 己丑25	2 己未㉔	2 戊子23
2 癸亥 1	3 甲午 4	2 癸亥 2	**2** 壬辰 1	《6月》	3 壬辰㉚	3 壬戌30	3 壬辰29	3 辛酉27	3 庚寅26	3 庚申25	3 己丑24
3 甲子 2	4 乙未 5	3 甲子 3	3 癸巳 2	**3** 癸亥 1	《7月》	4 癸亥31	4 癸巳30	4 壬戌28	4 辛卯㉗	4 辛酉26	4 庚寅25
4 乙丑③	5 丙申 6	4 乙丑 4	4 甲午 3	4 甲子②	**4** 癸巳 1	《8月》	**5** 甲午31	5 癸亥㉙	5 壬辰28	5 壬戌27	5 辛卯26
5 丙寅 4	6 丁酉 7	5 丙寅 5	5 乙未 4	5 乙丑 3	5 甲午 2	**5** 甲子 1	《9月》	6 甲子30	6 癸巳29	6 癸亥28	6 壬辰27
6 丁卯 5	7 戊戌 8	6 丁卯 6	6 丙申⑤	6 丙寅 4	6 乙未 3	6 乙丑 2	6 乙未①	《10月》	7 甲午30	7 甲子29	7 癸巳28
7 戊辰 6	8 己亥 9	7 戊辰⑦	7 丁酉 6	7 丁卯 5	7 丙申 4	7 丙寅 3	7 丙申 2	**7** 乙丑 1	**8** 乙未31	8 乙丑30	8 甲午㉙
8 己巳 7	9 庚子⑩	8 己巳 8	8 戊戌 7	8 戊辰 6	8 丁酉 5	8 丁卯④	8 丁酉 3	8 丙寅 2	《11月》	《12月》	9 乙未30
9 庚午 8	10辛丑11	9 庚午 9	9 己亥 8	9 己巳 7	9 戊戌 6	9 戊辰 5	9 戊戌 4	9 丁卯 3	9 丙申 1	**9** 丙寅①	**10**丙申31
10辛未 9	11壬寅12	10辛未10	10庚子 9	10庚午 8	10己亥⑦	10己巳 6	10己亥 5	10戊辰 4	10丁酉 2	10丁卯 2	**1102年**
11壬申⑩	12癸卯13	11壬申11	11辛丑10	11辛未⑨	11庚子 8	11庚午 7	11庚子 6	11己巳 5	11戊戌③	11戊辰 3	《1月》
12癸酉11	13甲辰14	12癸酉12	12壬寅11	12壬申10	12辛丑 9	12辛未 8	12辛丑 7	12庚午⑥	12己亥 4	12己巳 4	11丁酉 1
13甲戌12	14乙巳15	13甲戌13	13癸卯⑫	13癸酉11	13壬寅10	13壬申 9	13壬寅⑧	13辛未 7	13庚子 5	13庚午 5	12戊戌 2
14乙亥13	15丙午16	14乙亥⑭	14甲辰13	14甲戌12	14癸卯11	14癸酉10	14癸卯 9	14壬申 8	14辛丑 6	14辛未 6	13己亥 3
15丙子14	**16**丁未⑰	15丙子15	15乙巳14	15乙亥13	15甲辰12	15甲戌⑪	15甲辰10	15癸酉 9	15壬寅 7	15壬申 7	14庚子 4
16丁丑15	17戊申18	**16**丁丑16	16丙午15	16丙子14	16乙巳13	16乙亥12	16乙巳11	16甲戌10	16癸卯 8	16癸酉⑧	15辛丑⑤
17戊寅16	18己酉19	17戊寅17	17丁未16	17丁丑15	17丙午⑭	17丙子13	17丙午12	17乙亥11	17甲辰 9	17甲戌 9	16壬寅 6
18己卯⑰	19庚戌20	18己卯18	**18**戊申17	**18**戊寅⑯	18丁未15	18丁丑14	18丁未13	18丙子12	18乙巳⑩	18乙亥10	17癸卯 7
19庚辰18	20辛亥21	19庚辰19	19己酉18	19己卯17	19戊申16	19戊寅15	19戊申14	19丁丑⑬	19丙午11	19丙子11	18甲辰 8
20辛巳19	21壬子22	20辛巳20	20庚戌⑲	20庚辰18	**20**己酉17	**20**己卯16	**20**己酉⑮	20戊寅14	20丁未12	20丁丑12	19乙巳 9
21壬午20	22癸丑23	21壬午㉑	21辛亥20	21辛巳19	21庚戌18	21庚辰17	21庚戌16	21己卯15	21戊申13	21戊寅13	20丙午10
22癸未21	23甲寅㉔	22癸未22	22壬子21	22壬午20	22辛亥19	22辛巳⑱	22辛亥17	**22**庚辰16	22己酉14	22己卯14	21丁未11
23甲申22	24乙卯25	23甲申23	23癸丑22	23癸未21	23壬子20	23壬午19	23壬子18	23辛巳17	**23**庚戌15	23庚辰⑮	22戊申⑫
24乙酉23	25丙辰26	24乙酉24	24甲寅23	24甲申22	24癸丑㉑	24癸未20	24癸丑19	24壬午18	24辛亥16	**24**辛巳16	23己酉13
25丙戌㉔	26丁巳27	25丙戌25	25乙卯24	25乙酉㉓	25甲寅22	25甲申21	25甲寅20	25癸未19	25壬子⑰	25壬午17	24庚戌14
26丁亥25	27戊午28	26丁亥26	26丙辰25	26丙戌24	26乙卯23	26乙酉22	26乙卯21	26甲申⑳	26癸丑18	26癸未18	**25**辛亥15
27戊子26	28己未29	27戊子27	27丁巳㉖	27丁亥25	27丙辰24	27丙戌23	27丙辰㉒	27乙酉21	27甲寅19	27甲申19	26壬子16
28己丑27	29庚申30	28己丑㉘	28戊午27	28戊子26	28丁巳25	28丁亥24	28丁巳23	28丙戌22	28乙卯20	28乙酉20	27癸丑17
29庚寅28	30辛酉㉛	29庚寅29	29己未28	29己丑27	29戊午26	29戊子㉕	29戊午24	29丁亥23	29丙辰21	29丙戌21	28甲寅18
《3月》			30庚申29		30己未27	30己丑26			30丁巳22		29乙卯⑲
30辛卯 1											30丙辰20
雨水 15日	啓蟄 1日 春分 16日	清明 1日 穀雨 16日	立夏 2日 小満 18日	芒種 3日 夏至 18日	小暑 4日 大暑 20日	立秋 5日 処暑 20日	白露 5日 秋分 20日	寒露 7日 霜降 22日	立冬 8日 小雪 23日	大雪 9日 冬至 24日	小寒 10日 大寒 25日

康和**4**年（1102−1103） 壬午

1月	2月	3月	4月	5月	閏5月	6月	7月	8月	9月	10月	11月	12月
1 丁巳21	1 丙戌19	1 丙辰21	1 乙酉19	1 乙卯19	1 乙酉18	**1** 甲寅17	**1** 甲申16	1 癸丑⑭	1 癸未14	1 壬子12	1 壬午12	1 辛亥10
2 戊午22	2 丁亥20	2 丁巳22	2 丙戌⑳	2 丙辰20	2 丙戌19	2 乙卯18	2 乙酉⑰	2 甲寅15	2 甲申15	2 癸丑13	2 癸未13	2 壬子⑪
3 己未23	3 戊子21	3 戊午㉓	3 丁亥21	3 丁巳21	3 丁亥20	3 丙辰19	3 丙戌18	**3** 乙卯16	**3** 乙酉16	3 甲寅14	3 甲申⑭	3 癸丑12
4 庚申24	4 己丑22	4 己未24	4 戊子22	4 戊午22	4 戊子21	4 丁巳⑳	4 丁亥19	4 丙辰17	4 丙戌17	4 乙卯15	4 乙酉15	4 甲寅13
5 辛酉25	5 庚寅㉓	5 庚申25	5 己丑23	5 己未23	5 己丑㉒	5 戊午21	5 戊子20	5 丁巳18	5 丁亥18	**5** 丙辰⑯	**5** 丙戌16	5 乙卯14
6 壬戌㉖	6 辛卯24	6 辛酉26	6 庚寅24	6 庚申24	6 庚寅23	6 己未22	6 己丑21	6 戊午19	6 戊子⑲	6 丁巳17	6 丁亥17	**6** 丙辰15
7 癸亥27	7 壬辰25	7 壬戌27	7 辛卯25	7 辛酉㉕	7 辛卯24	7 庚申23	7 庚寅22	7 己未20	7 己丑20	7 戊午18	7 戊子18	7 丁巳16
8 甲子28	8 癸巳26	8 癸亥28	8 壬辰26	8 壬戌26	8 壬辰25	8 辛酉24	8 辛卯23	8 庚申㉑	8 庚寅21	8 己未19	8 己丑19	8 戊午17
9 乙丑29	9 甲午27	9 甲子29	9 癸巳㉗	9 癸亥27	9 癸巳26	9 壬戌25	9 壬辰㉔	9 辛酉22	9 辛卯22	9 庚申20	9 庚寅20	9 己未⑱
10丙寅30	10乙未28	10乙丑㉚	10甲午28	10甲子28	10甲午27	10癸亥26	10癸巳25	10壬戌23	10壬辰23	10辛酉21	10辛卯㉑	10庚申19
11丁卯31	《3月》	11丙寅31	11乙未29	11乙丑29	11乙未28	11甲子㉗	11甲午26	11癸亥24	11癸巳24	11壬戌22	11壬辰22	11辛酉20
《2月》	11丙申 1	《4月》	12丙申30	12丙寅30	12丙申㉙	12乙丑28	12乙未27	12甲子25	12甲午25	12癸亥㉓	12癸巳23	12壬戌21
12戊辰 1	**12**丁酉②	**12**丁卯 1	《5月》	13丁卯31	13丁酉30	13丙寅29	13丙申28	13乙丑26	13乙未㉖	13甲子24	13甲午24	13癸亥22
13己巳②	13戊戌 3	13戊辰 2	13丁酉 1	《6月》	《7月》	14丁卯30	14丁酉29	14丙寅27	14丙申27	14乙丑25	14乙未25	14甲子23
14庚午 3	14己亥 4	14己巳 3	**14**戊戌 2	**14**戊辰①	14戊戌 1	15戊辰31	15戊戌30	15丁卯㉘	15丁酉28	15丙寅26	15丙申26	15乙丑24
15辛未 4	15庚子 5	15庚午 4	15己亥 3	15己巳 2	**15**己亥 2	《8月》	**16**己亥㉛	16戊辰29	16戊戌29	16丁卯27	16丁酉27	16丙寅㉕
16壬申 5	16辛丑 6	16辛未 5	16庚子④	16庚午 3	16庚子 3	**16**己巳 1	《9月》	17己巳30	17己亥30	17戊辰28	17戊戌㉘	17丁卯26
17癸酉 6	17壬寅 7	17壬申⑥	17辛丑 5	17辛未 4	17辛丑 4	17庚午 2	17庚子 1	《10月》	**18**庚子31	18己巳29	18己亥29	18戊辰27
18甲戌 7	18癸卯 8	18癸酉 7	18壬寅 6	18壬申 5	18壬寅 5	18辛未③	18辛丑 2	**18**庚午 1	《11月》	19庚午㉚	19庚子30	19己巳28
19乙亥 8	19甲辰⑨	19甲戌 8	19癸卯 7	19癸酉 6	19癸卯⑥	19壬申 4	19壬寅 3	19辛未 2	19辛丑 1	《12月》	**20**辛丑31	20庚午29
20丙子⑨	20乙巳10	20乙亥 9	20甲辰 8	20甲戌 7	20甲辰 7	20癸酉 5	20癸卯 4	20壬申 3	20壬寅②	**20**辛未 1	**1103年**	21辛未30
21丁丑10	21丙午11	21丙子10	21乙巳 9	21乙亥⑧	21乙巳 8	21甲戌 6	21甲辰 5	21癸酉 4	21癸卯 3	21壬申 2	《1月》	**22**壬申31
22戊寅11	22丁未12	22丁丑11	22丙午10	22丙子 9	22丙午 9	22乙亥 7	22乙巳 6	22甲戌⑤	22甲辰 4	22癸酉 3	21壬寅 1	《2月》
23己卯12	23戊申13	23戊寅12	23丁未⑪	23丁丑10	23丁未10	23丙子 8	23丙午⑦	23乙亥 6	23乙巳 5	23甲戌 4	22癸卯 2	23癸酉①
24庚辰13	24己酉14	24己卯⑬	24戊申12	24戊寅11	24戊申11	24丁丑 9	24丁未 8	24丙子 7	24丙午 6	24乙亥 5	23甲辰 3	24甲戌 2
25辛巳14	25庚戌15	25庚辰14	25己酉13	25己卯12	25己酉12	25戊寅⑩	25戊申 9	25丁丑 8	25丁未 7	25丙子 6	24乙巳④	25乙亥 3
26壬午15	26辛亥⑯	26辛巳15	26庚戌14	26庚辰13	26庚戌⑬	26己卯11	26己酉10	26戊寅 9	26戊申 8	26丁丑⑦	25丙午 5	26丙子 4
27癸未⑯	**27**壬子17	27壬午16	27辛亥15	27辛巳14	27辛亥14	27庚辰12	27庚戌11	27己卯10	27己酉⑨	27戊寅 8	26丁未 6	27丁丑 5
28甲申17	28癸丑18	**28**癸未17	28壬子16	28壬午⑮	28壬子15	28辛巳13	28辛亥12	28庚辰11	28庚戌10	28己卯 9	27戊申 7	28戊寅 6
29乙酉18	29甲寅19	29甲申18	**29**癸丑17	**29**癸未16	29癸丑16	29壬午14	29壬子13	29辛巳⑫	29辛亥11	29庚辰10	28己酉 8	29己卯 7
	30乙卯20		30甲寅⑱	30甲申17		30癸未15		30壬午13		30辛巳11	29庚戌 9	30庚辰⑧
立春 10日 雨水 26日	啓蟄 12日 春分 27日	清明 12日 穀雨 28日	立夏 14日 小満 29日	芒種 14日 夏至 29日	小暑15日	大暑 1日 立秋 16日	処暑 1日 白露 16日	秋分 3日 寒露 18日	霜降 3日 立冬 18日	小雪 5日 大雪 20日	冬至 5日 小寒 20日	大寒 6日 立春 22日

康和5年（1103－1104） 癸未

1月	2月	3月	4月	5月	6月	7月	8月	9月	10月	11月	12月
1 辛巳 9	1 庚戌10	1 庚辰 9	1 己酉 8	1 己卯⑦	1 戊申 6	1 戊寅 5	1 戊申 4	1 丁丑 3	1 丁未 2	《12月》	**1** 丙午31
2 壬午10	2 辛亥11	2 辛巳10	2 庚戌 9	2 庚辰 8	2 己酉 7	2 己卯 6	2 己酉 5	2 戊寅④	2 戊申 3	**1** 丙子 1	**1104年**
3 癸未11	3 壬子12	3 壬午11	3 辛亥⑩	3 辛巳 9	3 庚戌 8	3 庚辰 7	3 庚戌⑥	3 己卯 5	3 己酉 4	2 丁丑 2	《1月》
4 甲申12	4 癸丑13	4 癸未⑫	4 壬子11	4 壬午10	4 辛亥 9	4 辛巳 8	4 辛亥 7	4 庚辰 6	4 庚戌 5	3 戊寅 3	2 丁未 1
5 乙酉13	5 甲寅14	5 甲申13	5 癸丑12	5 癸未11	5 壬子10	5 壬午⑨	5 壬子 8	5 辛巳 7	5 辛亥 6	4 己卯 4	3 戊申 2
6 丙戌14	6 乙卯⑮	6 乙酉14	6 甲寅13	6 甲申12	6 癸丑11	6 癸未10	6 癸丑 9	6 壬午 8	6 壬子 7	5 庚辰 5	4 己酉③
7 丁亥⑮	7 丙辰16	7 丙戌15	7 乙卯14	7 乙酉13	7 甲寅⑫	7 甲申11	7 甲寅10	7 癸未 9	7 癸丑⑧	6 辛巳⑥	5 庚戌 4
8 戊子16	**8** 丁巳17	8 丁亥16	8 丙辰15	8 丙戌⑭	8 乙卯13	8 乙酉12	8 乙卯11	8 甲申10	8 甲寅 9	7 壬午 7	6 辛亥 5
9 己丑17	9 戊午18	**9** 戊子17	9 丁巳16	9 丁亥15	9 丙辰14	9 丙戌13	9 丙辰12	9 乙酉⑪	9 乙卯10	8 癸未 8	7 壬子 6
10庚寅18	10己未19	10己丑18	**10**戊午⑰	10戊子16	10丁巳15	10丁亥14	10丁巳⑬	10丙戌12	10丙辰11	9 甲申 9	8 癸丑 7
11辛卯19	11庚申20	11庚寅⑲	11己未18	**11**己丑17	11戊午16	11戊子15	11戊午14	11丁亥13	11丁巳12	10乙酉10	9 甲寅 8
12壬辰20	12辛酉21	12辛卯20	12庚申19	12庚寅18	**12**己未17	12己丑⑯	12己未15	12戊子14	12戊午13	11丙戌11	10乙卯 9
13癸巳21	13壬戌㉒	13壬辰21	13辛酉20	13辛卯19	13庚申18	**13**庚寅17	**13**庚申16	13己丑15	13己未14	12丁亥12	11丙辰⑩
14甲午㉒	14癸亥23	14癸巳22	14壬戌21	14壬辰20	14辛酉⑲	14辛卯18	14辛酉17	**14**庚寅16	14庚申⑮	13戊子⑬	12丁巳11
15乙未23	15甲子24	15甲午23	15癸亥22	15癸巳㉑	15壬戌20	15壬辰19	15壬戌18	15辛卯17	**15**辛酉16	14己丑14	13戊午12
16丙申24	16乙丑25	16乙未24	16甲子23	16甲午22	16癸亥21	16癸巳20	16癸亥19	16壬辰⑱	16壬戌17	15庚寅15	14己未13
17丁酉25	17丙寅26	17丙申25	17乙丑㉔	17乙未23	17甲子22	17甲午21	17甲子⑳	17癸巳19	17癸亥18	**16**辛卯16	15庚申14
18戊戌26	18丁卯27	18丁酉㉖	18丙寅25	18丙申24	18乙丑23	18乙未22	18乙丑21	18甲午20	18甲子19	17壬辰17	16辛酉15
19己亥27	19戊辰28	19戊戌27	19丁卯26	19丁酉25	19丙寅24	19丙申㉓	19丙寅22	19乙未21	19乙丑20	18癸巳18	**17**壬戌16
20庚子28	20己巳㉙	20己亥28	20戊辰27	20戊戌26	20丁卯25	20丁酉24	20丁卯23	20丙申22	20丙寅21	19甲午19	18癸亥⑰
《3月》	21庚午30	21庚子29	21己巳28	21己亥27	21戊辰㉖	21戊戌25	21戊辰24	21丁酉23	21丁卯㉒	20乙未⑳	19甲子18
21辛丑①	22辛未31	22辛丑30	22庚午29	22庚子㉘	22己巳27	22己亥26	22己巳25	22戊戌24	22戊辰23	21丙申21	20乙丑19
22壬寅 2	《4月》	《5月》	23辛未30	23辛丑29	23庚午28	23庚子27	23庚午26	23己亥㉕	23己巳24	22丁酉22	21丙寅20
23癸卯 3	23壬申 1	23壬寅 1	24壬申㉛	24壬寅30	24辛未29	24辛丑28	24辛未㉗	24庚子26	24庚午25	23戊戌23	22丁卯21
24甲辰 4	**24**癸酉 2	**24**癸卯 2	《6月》	《7月》	25壬申30	25壬寅29	25壬申28	25辛丑27	25辛未26	24己亥24	23戊辰22
25乙巳 5	25甲戌 3	25甲辰③	**25**癸酉 1	25癸卯 1	26癸酉31	26癸卯㉚	26癸酉29	26壬寅28	26壬申27	25庚子25	24己巳23
26丙午 6	26乙亥 4	26乙巳 4	26甲戌 2	**26**甲辰 2	《8月》	27甲辰31	27甲戌30	27癸卯29	27癸酉28	26辛丑26	25庚午㉔
27丁未 7	27丙子⑤	27丙午 5	27乙亥 3	27乙巳 3	**27**甲戌 1	《9月》	《10月》	28甲辰30	28甲戌㉙	27壬寅㉗	26辛未25
28戊申⑧	28丁丑 6	28丁未 6	28丙子 4	28丙午 4	28乙亥②	**28**乙巳 1	**28**乙亥 1	29乙巳31	29乙亥30	28癸卯28	27壬申26
29己酉 9	29戊寅 7	29戊申 7	29丁丑 5	29丁未⑤	29丙子 3	29丙午 2	29丙子 2	《11月》		29甲辰29	28癸酉27
	30己卯 8		30戊寅 6		30丁丑 4	30丁未 3		**30**丙午①		30乙巳30	29甲戌28
											30乙亥29
雨水 7日 啓蟄 22日	春分 8日 清明 24日	穀雨 9日 立夏 24日	小満 10日 芒種 25日	夏至 11日 小暑 26日	大暑 12日 立秋 27日	処暑 13日 白露 28日	秋分 13日 寒露 28日	霜降 14日 立冬 30日	小雪 15日	大雪 1日 冬至 16日	小寒 1日 大寒 17日

長治元年〔康和6年〕（1104－1105） 甲申

改元 2/10（康和→長治）

1月	2月	3月	4月	5月	6月	7月	8月	9月	10月	11月	12月
1 丙子30	1 乙巳㉘	1 甲戌28	1 甲辰27	1 癸酉26	1 壬寅24	1 壬申㉔	1 壬寅23	1 辛未21	1 辛丑21	1 辛未⑳	1 庚子19
2 丁丑㉛	2 丙午29	2 乙亥29	2 乙巳28	2 甲戌27	2 癸卯25	2 癸酉25	2 癸卯24	2 壬申22	2 壬寅22	2 壬申21	2 辛丑20
《2月》	《3月》	3 丙子30	3 丙午29	3 乙亥28	3 甲辰㉖	3 甲戌26	3 甲辰25	3 癸酉23	3 癸卯㉓	3 癸酉22	3 壬寅21
3 戊寅 1	**3** 丁未 1	4 丁丑31	4 丁未30	4 丙子㉙	4 乙巳27	4 乙亥27	4 乙巳26	4 甲戌24	4 甲辰24	4 甲戌23	4 癸卯22
4 己卯 2	4 戊申 2	《4月》	《5月》	5 丁丑30	5 丙午28	5 丙子28	5 丙午27	5 乙亥㉕	5 乙巳25	5 乙亥24	5 甲辰23
5 庚辰 3	5 己酉 3	**5** 戊寅 1	**5** 戊申①	6 戊寅31	6 丁未29	6 丁丑29	6 丁未㉘	6 丙子26	6 丙午26	6 丙子25	6 乙巳24
6 辛巳 4	6 庚戌 4	6 己卯 2	6 己酉 2	《6月》	7 戊申30	7 戊寅30	7 戊申29	7 丁丑27	7 丁未27	7 丁丑26	7 丙午㉕
7 壬午 5	7 辛亥 5	7 庚辰③	7 庚戌 3	**7** 己卯 1	《7月》	8 己卯㉛	8 己酉30	8 戊寅28	8 戊申28	8 戊寅㉗	8 丁未26
8 癸未 6	8 壬子⑥	8 辛巳 4	8 辛亥 4	8 庚辰 2	**8** 己酉 1	《8月》	**9** 庚戌31	9 己卯29	9 己酉29	9 己卯28	9 戊申27
9 甲申⑦	9 癸丑 7	9 壬午 5	9 壬子 5	9 辛巳 3	9 庚戌 2	**9** 庚辰 1	《9月》	**10**庚辰30	10庚戌㉚	10庚辰29	10己酉28
10乙酉 8	10甲寅 8	10癸未 6	10癸丑 6	10壬午 4	10辛亥③	10辛巳 2	10辛亥 1	《10月》	**11**辛亥31	**11**辛巳30	11庚戌29
11丙戌 9	11乙卯 9	11甲申 7	11甲寅 7	11癸未⑤	11壬子 4	11壬午 3	11壬子 2	11辛巳 1	《11月》	《12月》	12辛亥30
12丁亥10	12丙辰10	12乙酉 8	12乙卯⑧	12甲申 6	12癸丑 5	12癸未 4	12癸丑 3	12壬午②	12壬子 1	12壬午 1	**13**壬子31
13戊子11	13丁巳11	13丙戌 9	13丙辰 9	13乙酉 7	13甲寅 6	13甲申 5	13甲寅④	13癸未 3	13癸丑 2	13癸未 2	**1105年**
14己丑12	14戊午12	14丁亥⑩	14丁巳10	14丙戌 8	14乙卯 7	14乙酉 6	14乙卯 5	14甲申 4	14甲寅 3	14甲申 3	《1月》
15庚寅13	15己未⑬	15戊子11	15戊午11	15丁亥 9	15丙辰 8	15丙戌⑦	15丙辰 6	15乙酉 5	15乙卯 4	15乙酉④	14癸丑①
16辛卯⑭	16庚申14	16己丑12	16己未12	16戊子10	16丁巳 9	16丁亥 8	16丁巳 7	16丙戌 6	16丙辰 5	16丙戌 5	15甲寅 2
17壬辰15	17辛酉15	17庚寅13	17庚申13	17己丑11	17戊午⑩	17戊子 9	17戊午 8	17丁亥 7	17丁巳⑥	17丁亥 6	16乙卯 3
18癸巳16	18壬戌16	18辛卯14	18辛酉14	18庚寅⑫	18己未11	18己丑10	18己未 9	18戊子 8	18戊午 7	18戊子 7	17丙辰 4
19甲午17	**19**癸亥17	19壬辰15	19壬戌⑮	19辛卯13	19庚申12	19庚寅11	19庚申10	19己丑⑨	19己未 8	19己丑 8	18丁巳 5
20乙未18	20甲子18	**20**癸巳16	**20**癸亥16	20壬辰14	20辛酉13	20辛卯12	20辛酉⑪	20庚寅10	20庚申 9	20庚寅 9	19戊午 6
21丙申19	21乙丑19	21甲午⑰	21甲子17	21癸巳15	21壬戌14	21壬辰13	21壬戌12	21辛卯11	21辛酉10	21辛卯10	20己未 7
22丁酉20	22丙寅⑳	22乙未18	22乙丑18	**22**甲午16	22癸亥15	22癸巳⑭	22癸亥13	22壬辰12	22壬戌11	22壬辰⑪	21庚申⑧
23戊戌㉑	23丁卯21	23丙申19	23丙寅19	23乙未17	**23**甲子16	23甲午15	23甲子14	23癸巳13	23癸亥12	23癸巳12	22辛酉 9
24己亥22	24戊辰22	24丁酉20	24丁卯20	24丙申18	24乙丑⑰	**24**乙未16	**24**乙丑15	24甲午14	24甲子⑬	24甲午13	23壬戌10
25庚子23	25己巳23	25戊戌21	25戊辰21	25丁酉⑲	25丙寅18	25丙申17	25丙寅16	25乙未15	25乙丑14	25乙未14	24癸亥11
26辛丑24	26庚午24	26己亥22	26己巳㉒	26戊戌20	26丁卯19	26丁酉18	26丁卯17	**26**丙申⑯	**26**丙寅15	**26**丙申15	25甲子12
27壬寅25	27辛未25	27庚子23	27庚午23	27己亥21	27戊辰20	27戊戌19	27戊辰⑱	27丁酉17	27丁卯16	27丁酉16	26乙丑13
28癸卯26	28壬申26	28辛丑㉔	28辛未24	28庚子22	28己巳21	28己亥20	28己巳19	28戊戌18	28戊辰17	28戊戌17	27丙寅14
29甲辰27	29癸酉㉗	29壬寅25	29壬申25	29辛丑23	29庚午22	29庚子㉑	29庚午20	29己亥19	29己巳18	29己亥⑱	**28**丁卯⑮
		30癸卯26			30辛未23	30辛丑22		30庚子20	30庚午19		29戊辰16
											30己巳17
立春 2日 雨水 17日	啓蟄 3日 春分 19日	清明 5日 穀雨 20日	立夏 5日 小満 20日	芒種 7日 夏至 22日	小暑 8日 大暑 23日	立秋 9日 処暑 24日	白露 9日 秋分 24日	寒露 10日 霜降 26日	立冬 11日 小雪 26日	大雪 11日 冬至 26日	小寒 13日 大寒 28日

長治 2 年（1105－1106） 乙酉

1月	2月	閏2月	3月	4月	5月	6月	7月	8月	9月	10月	11月	12月
1 庚午18	1 庚子17	1 己巳18	**1** 戊戌⑯	1 戊辰16	1 丁酉14	1 丙寅13	1 丙申12	1 乙丑⑩	1 乙未10	1 乙丑 9	1 乙未 9	1 甲子⑦
2 辛未19	2 辛丑18	2 庚午⑲	2 己亥17	**2** 己巳17	2 戊戌15	2 丁卯14	2 丁酉⑬	2 丙寅11	2 丙申11	2 丙寅10	2 丙申⑩	2 乙丑 8
3 壬申20	3 壬寅⑲	3 辛未20	3 庚子18	3 庚午18	**3** 己亥16	3 戊辰15	3 戊戌14	3 丁卯12	3 丁酉12	3 丁卯11	3 丁酉11	3 丙寅 9
4 癸酉21	4 癸卯20	4 壬申21	4 辛丑19	4 辛未19	4 庚子17	4 己巳⑯	4 己亥15	4 戊辰13	4 戊戌13	4 戊辰⑫	4 戊戌12	4 丁卯10
5 甲戌㉒	5 甲辰21	5 癸酉22	5 壬寅20	5 壬申20	5 辛丑⑱	**5** 庚午17	**5** 庚子16	5 己巳14	5 己亥14	5 己巳13	5 己亥13	5 戊辰11
6 乙亥23	6 乙巳22	6 甲戌23	6 癸卯21	6 癸酉㉑	6 壬寅19	6 辛未18	6 辛丑17	**6** 庚午15	6 庚子⑮	6 庚午14	6 庚子14	6 己巳12
7 丙子24	7 丙午23	7 乙亥24	7 甲辰22	7 甲戌22	7 癸卯20	7 壬申19	7 壬寅18	7 辛未16	**7** 辛丑16	**7** 辛未15	7 辛丑15	7 庚午13
8 丁丑25	8 丁未24	8 丙子25	8 乙巳㉓	8 乙亥23	8 甲辰21	8 癸酉20	8 癸卯19	8 壬申⑰	8 壬寅17	8 壬申16	**8** 壬寅16	8 辛未⑭
9 戊寅26	9 戊申25	9 丁丑㉖	9 丙午24	9 丙子24	9 乙巳22	9 甲戌21	9 甲辰⑳	9 癸酉18	9 癸卯18	9 癸酉17	9 癸卯⑰	**9** 壬申15
10己卯27	10己酉㉖	10戊寅27	10丁未25	10丁丑25	10丙午23	10乙亥22	10乙巳21	10甲戌19	10甲辰19	10甲戌18	10甲辰18	10癸酉16
11庚辰28	11庚戌27	11己卯28	11戊申26	11戊寅26	11丁未24	11丙子㉓	11丙午22	11乙亥20	11乙巳20	11乙亥⑲	11乙巳19	11甲戌17
12辛巳㉙	12辛亥28	12庚辰29	12己酉27	12己卯27	12戊申㉕	12丁丑24	12丁未23	12丙子21	12丙午21	12丙子20	12丙午20	12乙亥18
13壬午30	《3月》	13辛巳30	13庚戌28	13庚辰㉘	13己酉26	13戊寅25	13戊申24	13丁丑22	13丁未㉒	13丁丑21	13丁未21	13丙子19
14癸未31	13壬子 1	14壬午31	14辛亥29	14辛巳29	14庚戌27	14己卯26	14己酉25	14戊寅23	14戊申23	14戊寅22	14戊申22	14丁丑20
《2月》	**14**癸丑 2	《4月》	15壬子㉚	15壬午30	15辛亥28	15庚辰27	15庚戌26	15己卯㉔	15己酉24	15己卯23	15己酉23	15戊寅㉑
15甲申 1	15甲寅 3	**15**癸未 1	《5月》	16癸未31	16壬子29	16辛巳28	16辛亥㉗	16庚辰25	16庚戌25	16庚辰24	16庚戌㉔	16己卯22
16乙酉 2	16乙卯 4	16甲申②	**16**癸丑 1	《6月》	17癸丑30	17壬午29	17壬子28	17辛巳26	17辛亥26	17辛巳25	17辛亥25	17庚辰23
17丙戌 3	17丙辰⑤	17乙酉 3	17甲寅 2	**17**甲申 1	《7月》	18癸未㉚	18癸丑29	18壬午27	18壬子27	18壬午㉖	18壬子26	18辛巳24
18丁亥 4	18丁巳 6	18丙戌 4	18乙卯 3	18乙酉 2	**18**甲寅 1	19甲申31	19甲寅30	19癸未28	19癸丑28	19癸未27	19癸丑27	19壬午25
19戊子⑤	19戊午 7	19丁亥 5	19丙辰 4	19丙戌 3	19乙卯②	《8月》	**20**乙卯31	20甲申29	20甲寅㉙	20甲申28	20甲寅28	20癸未26
20己丑 6	20己未 8	20戊子 6	20丁巳 5	20丁亥④	20丙辰 3	**20**乙酉 1	《9月》	21乙酉30	21乙卯30	21乙酉29	21乙卯29	21甲申27
21庚寅 7	21庚申 9	21己丑 7	21戊午 6	21戊子 5	21丁巳 4	21丙戌 2	21丙辰 1	《10月》	**22**丙辰31	22丙戌30	22丙辰30	22乙酉㉘
22辛卯 8	22辛酉10	22庚寅 8	22己未⑦	22己丑 6	22戊午 5	22丁亥 3	22丁巳 2	**22**丙戌①	《11月》	《12月》	**23**丁巳㉛	23丙戌29
23壬辰 9	23壬戌11	23辛卯⑨	23庚申 8	23庚寅 7	23己未 6	23戊子 4	23戊午③	23丁亥 2	23丁巳 1	**23**丁亥 1	**1106年**	**24**丁亥30
24癸巳10	24癸亥⑫	24壬辰10	24辛酉 9	24辛卯 8	24庚申 7	24己丑 5	24己未 4	24戊子 3	24戊午 2	24戊子 2	《1月》	25戊子31
25甲午11	25甲子13	25癸巳11	25壬戌10	25壬辰 9	25辛酉 8	25庚寅⑥	25庚申 5	25己丑 4	25己未 3	25己丑③	24戊午 1	《2月》
26乙未⑫	26乙丑14	26甲午12	26癸亥11	26癸巳10	26壬戌⑨	26辛卯 7	26辛酉 6	26庚寅 5	26庚申 4	26庚寅 4	25己未 2	26己丑 1
27丙申13	27丙寅15	27乙未13	27甲子12	27甲午⑪	27癸亥10	27壬辰 8	27壬戌 7	27辛卯 6	27辛酉⑤	27辛卯 5	26庚申 3	27庚寅 2
28丁酉14	28丁卯16	28丙申14	28乙丑13	28乙未12	28甲子11	28癸巳 9	28癸亥 8	28壬辰 7	28壬戌 6	28壬辰 6	27辛酉 4	28辛卯 3
29戊戌15	**29**戊辰17	29丁酉15	29丙寅⑭	29丙申13	29乙丑12	29甲午10	29甲子 9	29癸巳⑧	29癸亥 7	29癸巳 7	28壬戌 5	29壬辰④
30己亥16			30丁卯15			30乙未11		30甲午 9	30甲子 8	30甲午 8	29癸亥 6	30癸巳 5
立春 13日 雨水 28日	啓蟄 14日 春分 29日	清明15日	穀雨 1日 立夏 16日	小満 2日 芒種 17日	夏至 3日 小暑 18日	大暑 5日 立秋 20日	処暑 5日 白露 20日	秋分 6日 寒露 22日	霜降 7日 立冬 22日	小雪 7日 大雪 23日	冬至 8日 小寒 23日	大寒 9日 立春 24日

嘉承元年〔長治 3 年〕（1106－1107） 丙戌

改元 4/9（長治→嘉承）

1月	2月	3月	4月	5月	6月	7月	8月	9月	10月	11月	12月
1 甲午 6	1 甲子 8	1 癸巳 6	1 壬戌 5	1 壬辰 4	1 辛酉 3	《8月》	**1** 庚申31	1 己丑29	1 己未29	1 己丑28	1 戊午27
2 乙未 7	2 乙丑 9	2 甲午 7	2 癸亥⑥	2 癸巳 5	2 壬戌 4	**1** 庚寅 1	《9月》	2 庚寅㉚	2 庚申30	2 庚寅29	2 己未28
3 丙申 8	3 丙寅10	3 乙未⑧	3 甲子 7	3 甲午 6	3 癸亥 5	2 辛卯 2	2 辛酉 1	《10月》	**3** 辛酉31	3 辛卯30	3 庚申29
4 丁酉 9	4 丁卯⑪	4 丙申 9	4 乙丑 8	4 乙未 7	4 甲子 6	3 壬辰 3	3 壬戌②	**3** 辛卯 1	《11月》	《12月》	4 辛酉㉚
5 戊戌10	5 戊辰12	5 丁酉10	5 丙寅 9	5 丙申 8	5 乙丑 7	4 癸巳 4	4 癸亥 3	4 壬辰 2	4 壬戌 1	**4** 壬辰 1	**5** 壬戌31
6 己亥⑪	6 己巳13	6 戊戌11	6 丁卯10	6 丁酉 9	6 丙寅⑧	5 甲午⑤	5 甲子 4	5 癸巳 3	5 癸亥 2	5 癸巳②	**1107年**
7 庚子12	7 庚午14	7 己亥12	7 戊辰11	7 戊戌⑩	7 丁卯 9	6 乙未 6	6 乙丑 5	6 甲午 4	6 甲子 3	6 甲午 3	《1月》
8 辛丑13	8 辛未15	8 庚子13	8 己巳12	8 己亥11	8 戊辰10	7 丙申 7	7 丙寅 6	7 乙未 5	7 乙丑④	7 乙未 4	6 癸亥 1
9 壬寅14	9 壬申16	9 辛丑14	9 庚午⑬	9 庚子12	9 己巳11	8 丁酉 8	8 丁卯 7	8 丙申 6	8 丙寅 5	8 丙申 5	7 甲子 2
10癸卯15	**10**癸酉17	10壬寅⑮	10辛未14	10辛丑13	10庚午12	9 戊戌 9	9 戊辰 8	9 丁酉⑦	9 丁卯 6	9 丁酉 6	8 乙丑 3
11甲辰16	11甲戌⑱	**11**癸卯16	11壬申15	11壬寅14	11辛未13	10己亥10	10己巳⑨	10戊戌 8	10戊辰 7	10戊戌 7	9 丙寅 4
12乙巳17	12乙亥19	12甲辰17	12癸酉16	12癸卯15	12壬申14	11庚子11	11庚午10	11己亥 9	11己巳 8	11己亥 8	10丁卯 5
13丙午⑱	13丙子20	13乙巳18	**13**甲戌17	**13**甲辰16	13癸酉⑮	12辛丑⑫	12辛未11	12庚子10	12庚午 9	12庚子⑨	11戊辰⑥
14丁未19	14丁丑21	14丙午19	14乙亥18	14乙巳⑰	14甲戌16	13壬寅13	13壬申12	13辛丑11	13辛未10	13辛丑10	12己巳 7
15戊申20	15戊寅22	15丁未20	15丙子19	15丙午18	**15**乙亥17	14癸卯14	14癸酉13	14壬寅12	14壬申⑪	14壬寅11	13庚午 8
16己酉21	16己卯23	16戊申21	16丁丑⑳	16丁未19	16丙子18	15甲辰15	15甲戌14	15癸卯13	15癸酉12	15癸卯12	14辛未 9
17庚戌22	17庚辰24	17己酉㉒	17戊寅21	17戊申20	17丁丑19	**16**乙巳16	16乙亥15	16甲辰⑭	16甲戌13	16甲辰13	15壬申10
18辛亥23	18辛巳㉕	18庚戌23	18己卯22	18己酉21	18戊寅20	17丙午17	**17**丙子⑯	17乙巳15	17乙亥14	17乙巳14	**16**癸酉11
19壬子24	19壬午26	19辛亥24	19庚辰23	19庚戌22	19己卯21	18丁未18	18丁丑17	**18**丙午16	18丙子15	18丙午15	17甲戌12
20癸丑㉕	20癸未27	20壬子25	20辛巳24	20辛亥23	20庚辰㉒	19戊申⑲	19戊寅18	19丁未17	**19**丁丑16	**19**丁未⑯	18乙亥⑬
21甲寅26	21甲申28	21癸丑26	21壬午25	21壬子㉔	21辛巳23	20己酉20	20己卯19	20戊申18	20戊寅17	20戊申17	19丙子14
22乙卯27	22乙酉29	22甲寅27	22癸未26	22癸丑25	22壬午24	21庚戌21	21庚辰20	21己酉19	21己卯⑱	21己酉18	**20**丁丑15
23丙辰28	23丙戌30	23乙卯28	23甲申㉗	23甲寅26	23癸未25	22辛亥22	22辛巳21	22庚戌20	22庚辰19	22庚戌19	21戊寅16
《3月》	24丁亥31	24丙辰㉙	24乙酉28	24乙卯27	24甲申26	23壬子23	23壬午22	23辛亥㉑	23辛巳20	23辛亥20	22己卯17
24丁巳 1	《4月》	25丁巳30	25丙戌29	25丙辰28	25乙酉27	24癸丑24	24癸未㉓	24壬子22	24壬午21	24壬子21	23庚辰18
25戊午 2	**25**戊子①	《5月》	26丁亥30	26丁巳29	26丙戌28	25甲寅25	25甲申24	25癸丑23	25癸未22	25癸丑22	24辛巳19
26己未 3	26己丑 2	26戊午 1	27戊子31	27戊午30	27丁亥㉙	26乙卯㉖	26乙酉25	26甲寅24	26甲申23	26甲寅㉓	25壬午⑳
27庚申④	27庚寅 3	**27**己未 2	《6月》	《7月》	28戊子30	27丙辰27	27丙戌26	27乙卯25	27乙酉24	27乙卯24	26癸未21
28辛酉 5	28辛卯 4	28庚申 3	**28**己丑 1	28己未①	29己丑31	28丁巳28	28丁亥27	28丙辰26	28丙戌㉕	28丙辰25	27甲申22
29壬戌 6	29壬辰 5	29辛酉 4	29庚寅 2	**29**庚申 2		29戊午29	29戊子28	29丁巳27	29丁亥26	29丁巳26	28乙酉23
30癸亥 7			30辛卯③			30己未30		30戊午㉘	30戊子27		29丙戌24
											30丁亥25
雨水 10日 啓蟄 25日	春分 10日 清明 25日	穀雨 11日 立夏 27日	小満 13日 芒種 28日	夏至 13日 小暑 29日	大暑 15日	立秋 1日 処暑 16日	白露 1日 秋分 17日	寒露 3日 霜降 18日	立冬 3日 小雪 19日	大雪 4日 冬至 19日	小寒 5日 大寒 20日

嘉承2年（1107－1108） 丁亥

1月	2月	3月	4月	5月	6月	7月	8月	9月	10月	閏10月	11月	12月
1 戊子26	1 戊午25	1 丁亥26	1 丁巳25	1 丙戌24	1 丙辰㉓	1 乙酉22	1 甲寅20	1 甲申19	1 癸丑18	1 癸未⑰	**1** 壬子16	1 壬午15
2 己丑㉗	2 己未26	2 戊子27	2 戊午26	2 丁亥25	2 丁巳24	2 丙戌23	2 乙卯21	2 乙酉20	2 甲寅19	2 甲申18	2 癸丑17	**2** 癸未16
3 庚寅28	3 庚申27	3 己丑28	3 己未27	3 戊子㉖	3 戊午25	3 丁亥24	3 丙辰22	3 丙戌21	3 乙卯⑳	3 乙酉19	3 甲寅18	3 甲申17
4 辛卯29	4 辛酉28	4 庚寅29	4 庚申㉘	4 己丑27	4 己未26	4 戊子25	4 丁巳23	4 丁亥㉒	4 丙辰21	4 丙戌20	4 乙卯19	4 乙酉18
5 壬辰30	《3月》	5 辛卯30	5 辛酉29	5 庚寅28	5 庚申27	5 己丑26	5 戊午24	5 戊子23	5 丁巳22	5 丁亥21	5 丙辰20	5 丙戌⑲
6 癸巳31	5 壬戌 1	6 壬辰㉛	6 壬戌30	6 辛卯29	6 辛酉28	6 庚寅27	6 己未㉕	6 己丑24	6 戊午23	6 戊子22	6 丁巳21	6 丁亥20
《2月》	**6** 癸亥 2	《4月》	《5月》	7 壬辰30	7 壬戌29	7 辛卯㉘	7 庚申26	7 庚寅25	7 己未24	7 己丑23	7 戊午㉒	7 戊子21
7 甲午 1	7 甲子③	7 癸巳 1	7 癸亥 1	8 癸巳31	8 癸亥㉚	8 壬辰29	8 辛酉27	8 辛卯26	8 庚申25	8 庚寅㉔	8 己未23	8 己丑22
8 乙未 2	8 乙丑 4	**8** 甲午 2	**8** 甲子 2	《6月》	《7月》	9 癸巳30	9 壬戌28	9 壬辰27	9 辛酉26	9 辛卯25	9 庚申24	9 庚寅23
9 丙申③	9 丙寅 5	9 乙未 3	9 乙丑 3	**9** 甲午 1	9 甲子 1	10甲午31	10癸亥29	10癸巳28	10壬戌㉗	10壬辰26	10辛酉25	10辛卯24
10丁酉 4	10丁卯 6	10丙申 4	10丙寅 4	10乙未②	**10**乙丑 2	《8月》	11甲子30	11甲午㉙	11癸亥28	11癸巳27	11壬戌26	11壬辰25
11戊戌 5	11戊辰 7	11丁酉 5	11丁卯⑤	11丙申 3	11丙寅 3	**11**乙未 1	12乙丑31	12乙未30	12甲子29	12甲午28	12癸亥27	12癸巳㉖
12己亥 6	12己巳 8	12戊戌 6	12戊辰 6	12丁酉 4	12丁卯 4	12丙申 2	《9月》	《10月》	13乙丑30	13乙未29	13甲子28	13甲午27
13庚子 7	13庚午 9	13己亥⑦	13己巳 7	13戊戌 5	13戊辰 5	13丁酉 3	**13**丙寅①	**13**丙申 1	14丙寅31	14丙申30	14乙丑㉙	14乙未28
14辛丑 8	14辛未⑩	14庚子 8	14庚午 8	14己亥 6	14己巳 6	14戊戌④	14丁卯 2	14丁酉 2	《11月》	《12月》	15丙寅30	15丙申29
15壬寅 9	15壬申11	15辛丑 9	15辛未 9	15庚子 7	15庚午⑦	15己亥 5	15戊辰 3	15戊戌 3	**15**丁卯 1	**15**丁酉①	**16**丁卯31	16丁酉30
16癸卯⑩	16癸酉12	16壬寅10	16壬申10	16辛丑 8	16辛未 8	16庚子 6	16己巳 4	16己亥 4	16戊辰 2	16戊戌 2	**1108年**	**17**戊戌31
17甲辰11	17甲戌13	17癸卯11	17癸酉11	17壬寅⑨	17壬申 9	17辛丑 7	17庚午 5	17庚子 5	17己巳③	17己亥 3	《1月》	《2月》
18乙巳12	18乙亥14	18甲辰12	18甲戌⑫	18癸卯10	18癸酉10	18壬寅 8	18辛未 6	18辛丑⑥	18庚午 4	18庚子 4	17戊辰 1	18己亥 1
19丙午13	19丙子15	19乙巳13	19乙亥13	19甲辰11	19甲戌11	19癸卯 9	19壬申 7	19壬寅 7	19辛未 5	19辛丑 5	18己巳 2	19庚子②
20丁未14	20丁丑16	20丙午⑭	20丙子14	20乙巳12	20乙亥12	20甲辰10	20癸酉⑧	20癸卯 8	20壬申 6	20壬寅 6	19庚午 3	20辛丑 3
21戊申15	**21**戊寅⑰	21丁未15	21丁丑15	21丙午13	21丙子13	21乙巳⑪	21甲戌 9	21甲辰 9	21癸酉 7	21癸卯 7	20辛未 4	21壬寅 4
22己酉16	22己卯18	22戊申16	22戊寅16	22丁未14	22丁丑⑭	22丙午12	22乙亥10	22乙巳10	22甲戌 8	22甲辰⑧	21壬申⑤	22癸卯 5
23庚戌⑰	23庚辰19	**23**己酉17	**23**己卯17	23戊申15	23戊寅15	23丁未13	23丙子11	23丙午11	23乙亥 9	23乙巳 9	22癸酉 6	23甲辰 6
24辛亥18	24辛巳20	24庚戌18	24庚辰18	24己酉⑯	24己卯16	24戊申14	24丁丑12	24丁未12	24丙子⑩	24丙午10	23甲戌 7	24乙巳 7
25壬子19	25壬午21	25辛亥19	25辛巳⑲	**25**庚戌17	**25**庚辰17	25己酉15	25戊寅13	25戊申⑬	25丁丑11	25丁未11	24乙亥 8	25丙午 8
26癸丑20	26癸未22	26壬子20	26壬午20	26辛亥18	26辛巳18	**26**庚戌16	26己卯14	26己酉14	26戊寅12	26戊申12	25丙子 9	26丁未⑨
27甲寅21	27甲申23	27癸丑㉑	27癸未21	27壬子19	27壬午19	27辛亥17	27庚辰⑮	27庚戌15	27己卯13	27己酉13	26丁丑10	27戊申10
28乙卯22	28乙酉㉔	28甲寅22	28甲申22	28癸丑20	28癸未20	28壬子⑱	**28**辛巳16	**28**辛亥16	28庚辰14	28庚戌14	27戊寅11	28己酉11
29丙辰23	29丙戌25	29乙卯23	29乙酉23	29甲寅21	29甲申㉑	29癸丑19	29壬午17	29壬子17	29辛巳15	29辛亥⑮	28己卯⑫	29庚戌12
30丁巳㉔		30丙辰24		30乙卯22			30癸未18		**30**壬午16		29庚辰13	30辛亥13
											30辛巳14	
立春 6日 雨水 21日	啓蟄 6日 春分 21日	清明 8日 穀雨 23日	立夏 8日 小満 23日	芒種 9日 夏至 25日	小暑 10日 大暑 25日	立秋 11日 処暑 26日	白露 13日 秋分 28日	寒露 13日 霜降 28日	立冬 15日 小雪 30日	大雪15日	冬至 1日 小寒 16日	大寒 2日 立春 17日

天仁元年〔嘉承3年〕（1108－1109） 戊子

改元 8/3（嘉承→天仁）

1月	2月	3月	4月	5月	6月	7月	8月	9月	10月	11月	12月
1 壬子14	1 壬午⑮	1 辛亥13	1 辛巳13	1 庚戌11	1 庚辰11	1 己酉⑨	1 戊寅 7	1 戊申 7	1 丁丑 5	1 丁未 5	1 丙子③
2 癸丑15	2 癸未16	2 壬子14	2 壬午14	2 辛亥12	2 辛巳⑫	2 庚戌10	2 己卯 8	2 己酉 8	2 戊寅 6	2 戊申⑥	2 丁丑 4
3 甲寅⑯	**3** 甲申17	3 癸丑15	3 癸未15	3 壬子13	3 壬午13	3 辛亥11	3 庚辰 9	3 庚戌 9	3 己卯 7	3 己酉 7	3 戊寅 5
4 乙卯17	4 乙酉18	**4** 甲寅16	**4** 甲申16	4 癸丑⑭	4 癸未14	4 壬子12	4 辛巳10	4 辛亥10	4 庚辰⑧	4 庚戌 8	4 己卯 6
5 丙辰18	5 丙戌19	5 乙卯17	5 乙酉⑰	5 甲寅15	5 甲申15	5 癸丑13	5 壬午11	5 壬子⑪	5 辛巳 9	5 辛亥 9	5 庚辰 7
6 丁巳19	6 丁亥20	6 丙辰18	6 丙戌18	**6** 乙卯16	**6** 乙酉16	6 甲寅14	6 癸未12	6 癸丑12	6 壬午10	6 壬子10	6 辛巳 8
7 戊午20	7 戊子21	7 丁巳⑲	7 丁亥19	7 丙辰17	7 丙戌17	7 乙卯15	7 甲申⑬	7 甲寅13	7 癸未11	7 癸丑11	7 壬午 9
8 己未21	8 己丑㉒	8 戊午20	8 戊子20	8 丁巳18	8 丁亥18	**8** 丙辰⑯	8 乙酉14	8 乙卯14	8 甲申12	8 甲寅12	8 癸未⑩
9 庚申22	9 庚寅23	9 己未21	9 己丑21	9 戊午19	9 戊子⑲	9 丁巳17	**9** 丙戌15	9 丙辰15	9 乙酉13	9 乙卯⑬	9 甲申11
10辛酉㉓	10辛卯24	10庚申22	10庚寅22	10己未20	10己丑20	10戊午18	10丁亥16	**10**丁巳16	10丙戌14	10丙辰14	10乙酉12
11壬戌24	11壬辰25	11辛酉23	11辛卯23	11庚申㉑	11庚寅21	11己未19	11戊子17	11戊午17	**11**丁亥⑮	**11**丁巳15	11丙戌13
12癸亥25	12癸巳26	12壬戌24	12壬辰㉔	12辛酉22	12辛卯22	12庚申20	12己丑18	12己未⑱	12戊子16	12戊午16	12丁亥14
13甲子26	13甲午27	13癸亥25	13癸巳25	13壬戌23	13壬辰23	13辛酉21	13庚寅19	13庚申19	13己丑17	13己未17	**13**戊子15
14乙丑27	14乙未28	14甲子㉖	14甲午26	14癸亥24	14癸巳24	14壬戌22	14辛卯⑳	14辛酉20	14庚寅18	14庚申18	14己丑16
15丙寅28	15丙申㉙	15乙丑27	15乙未27	15甲子25	15甲午25	15癸亥㉓	15壬辰21	15壬戌21	15辛卯19	15辛酉19	15庚寅⑰
16丁卯29	16丁酉30	16丙寅28	16丙申28	16乙丑26	16乙未㉖	16甲子24	16癸巳22	16癸亥22	16壬辰20	16壬戌⑳	16辛卯18
《3月》	17戊戌31	17丁卯29	17丁酉29	17丙寅27	17丙申27	17乙丑25	17甲午23	17甲子23	17癸巳21	17癸亥21	17壬辰19
17戊辰①	《4月》	18戊辰30	18戊戌30	18丁卯㉘	18丁酉28	18丙寅26	18乙未24	18乙丑24	18甲午㉒	18甲子22	18癸巳20
18己巳 2	**18**己亥 1	《5月》	19己亥㉛	19戊辰29	19戊戌29	19丁卯27	19丙申25	19丙寅㉕	19乙未23	19乙丑23	19甲午21
19庚午 3	19庚子 2	**19**己巳 1	《6月》	20己巳30	20己亥30	20戊辰28	20丁酉26	20丁卯26	20丙申24	20丙寅24	20乙未22
20辛未 4	20辛丑 3	20庚午 2	**20**庚子 1	《7月》	21庚子31	21己巳29	21戊戌㉗	21戊辰27	21丁酉25	21丁卯25	21丙申23
21壬申 5	21壬寅 4	21辛未③	21辛丑 2	**21**庚午 1	《8月》	22庚午㉚	22己亥28	22己巳28	22戊戌26	22戊辰26	22丁酉㉔
22癸酉 6	22癸卯⑤	22壬申 4	22壬寅 3	22辛未 2	**22**辛丑 1	**23**辛未31	23庚子29	23庚午29	23己亥27	23己巳㉗	23戊戌25
23甲戌 7	23甲辰 6	23癸酉 5	23癸卯 4	23壬申 3	23壬寅②	《9月》	**24**辛丑30	24辛未30	24庚子28	24庚午28	24己亥26
24乙亥⑧	24乙巳 7	24甲戌 6	24甲辰 5	24癸酉 4	24癸卯 3	24壬申 1	《10月》	**25**壬申31	25辛丑㉙	25辛未29	25庚子27
25丙子 9	25丙午 8	25乙亥 7	25乙巳 6	25甲戌⑤	25甲辰 4	25癸酉 2	25壬寅 1	《11月》	**26**壬寅30	26壬申30	26辛丑28
26丁丑10	26丁未 9	26丙子 8	26丙午⑦	26乙亥 6	26乙巳 5	26甲戌 3	26癸卯 2	26癸酉①	《12月》	**27**癸酉31	27壬寅29
27戊寅11	27戊申10	27丁丑 9	27丁未 8	27丙子 7	27丙午 6	27乙亥 4	27甲辰 3	27甲戌 2	27癸卯 1	**1109年**	**28**癸卯30
28己卯12	28己酉11	28戊寅⑩	28戊申 9	28丁丑 8	28丁未 7	28丙子 5	28乙巳④	28乙亥 3	28甲辰 2	《1月》	29甲辰㉛
29庚辰13	29庚戌⑫	29己卯11	29己酉10	29戊寅 9	29戊申 8	29丁丑⑥	29丙午 5	29丙子 4	29乙巳 3	28甲戌 1	《2月》
30辛巳14		30庚辰12		30己卯10			30丁未 6		30丙午 4	29乙亥 2	30乙巳 1
雨水 2日 啓蟄 17日	春分 3日 清明 18日	穀雨 4日 立夏 19日	小満 4日 芒種 20日	夏至 6日 小暑 21日	大暑 6日 立秋 22日	処暑 8日 白露 23日	秋分 9日 寒露 24日	霜降 10日 立冬 25日	小雪 11日 大雪 26日	冬至 11日 小寒 27日	大寒 13日 立春 28日

天仁 2 年（1109－1110） 己丑

1月	2月	3月	4月	5月	6月	7月	8月	9月	10月	11月	12月
1 丙午 2	1 丙子 4	1 乙巳 2	1 乙亥②	《6月》	1 甲戌30	1 甲辰30	1 癸酉28	1 壬寅㉖	1 壬申26	1 辛丑24	1 辛未24
2 丁未 3	2 丁丑 5	2 丙午 3	2 丙子 3	**1** 乙巳 1	《7月》	2 乙巳31	2 甲戌㉙	2 癸卯27	2 癸酉27	2 壬寅25	2 壬申25
3 戊申 4	3 戊寅 6	3 丁未④	3 丁丑 4	2 丙午 2	**2** 乙亥 1	《8月》	3 乙亥30	3 甲辰28	3 甲戌28	3 癸卯26	3 癸酉㉖
4 己酉 5	4 己卯⑦	4 戊申 5	4 戊寅 5	3 丁未 3	3 丙子 2	**3** 丙午①	**4** 丙子31	4 乙巳29	4 乙亥29	4 甲辰27	4 甲戌27
5 庚戌 6	5 庚辰 8	5 己酉 6	5 己卯 6	4 戊申 4	4 丁丑 3	4 丁未 2	《9月》	5 丙午30	5 丙子30	5 乙巳㉘	5 乙亥28
6 辛亥⑦	6 辛巳 9	6 庚戌 7	6 庚辰 7	5 己酉 5	5 戊寅④	5 戊申 3	5 丁丑 1	《10月》	**6** 丁丑㉛	6 丙午29	6 丙子29
7 壬子 8	7 壬午10	7 辛亥 8	7 辛巳 8	6 庚戌⑥	6 己卯 5	6 己酉 4	6 戊寅 2	**6** 丁未 1	《11月》	**7** 丁未30	7 丁丑30
8 癸丑 9	8 癸未11	8 壬子 9	8 壬午⑨	7 辛亥 7	7 庚辰 6	7 庚戌 5	7 己卯 3	7 戊申 2	7 戊寅 1	《12月》	**8** 戊寅31
9 甲寅10	9 甲申12	9 癸丑10	9 癸未10	8 壬子 8	8 辛巳 7	8 辛亥 6	8 庚辰 4	8 己酉③	8 己卯 2	8 戊申 1	**1110 年**
10 乙卯11	10 乙酉13	10 甲寅⑪	10 甲申11	9 癸丑 9	9 壬午 8	9 壬子 7	9 辛巳⑤	9 庚戌 4	9 庚辰 3	9 己酉 2	《1月》
11 丙辰12	11 丙戌⑭	11 乙卯12	11 乙酉12	10 甲寅10	10 癸未 9	10 癸丑⑧	10 壬午 6	10 辛亥 5	10 辛巳 4	10 庚戌 3	9 己卯 1
12 丁巳13	12 丁亥15	12 丙辰13	12 丙戌13	11 乙卯11	11 甲申10	11 甲寅 9	11 癸未 7	11 壬子 6	11 壬午 5	11 辛亥 4	10 庚辰②
13 戊午⑭	13 戊子16	13 丁巳14	13 丁亥14	12 丙辰12	12 乙酉⑪	12 乙卯10	12 甲申 8	12 癸丑 7	12 癸未 6	12 壬子⑤	11 辛巳 3
14 己未15	**14** 己丑17	14 戊午15	14 戊子15	13 丁巳⑬	13 丙戌12	13 丙辰11	13 乙酉 9	13 甲寅 8	13 甲申⑦	13 癸丑 6	12 壬午 4
15 庚申16	15 庚寅18	**15** 己未16	15 己丑⑯	14 戊午14	14 丁亥13	14 丁巳12	14 丙戌10	14 乙卯 9	14 乙酉 8	14 甲寅 7	13 癸未 5
16 辛酉17	16 辛卯19	16 庚申17	**16** 庚寅17	15 己未15	15 戊子14	15 戊午13	15 丁亥11	15 丙辰⑩	15 丙戌 9	15 乙卯 8	14 甲申 6
17 壬戌18	17 壬辰20	17 辛酉⑱	17 辛卯18	**16** 庚申16	16 己丑15	16 己未14	16 戊子⑫	16 丁巳11	16 丁亥10	16 丙辰 9	15 乙酉 7
18 癸亥19	18 癸巳㉑	18 壬戌19	18 壬辰19	17 辛酉17	17 庚寅16	17 庚申⑮	17 己丑13	17 戊午12	17 戊子11	17 丁巳10	16 丙戌 8
19 甲子20	19 甲午22	19 癸亥20	19 癸巳20	18 壬戌18	**18** 辛卯17	**18** 辛酉16	18 庚寅14	18 己未13	18 己丑12	18 戊午11	17 丁亥⑨
20 乙丑㉑	20 乙未23	20 甲子21	20 甲午21	19 癸亥19	19 壬辰⑱	19 壬戌17	**19** 辛卯15	19 庚申14	19 庚寅13	19 己未⑫	18 戊子10
21 丙寅22	21 丙申24	21 乙丑22	21 乙未22	20 甲子⑳	20 癸巳19	20 癸亥18	20 壬辰16	20 辛酉15	20 辛卯⑭	20 庚申13	19 己丑11
22 丁卯23	22 丁酉25	22 丙寅23	22 丙申㉓	21 乙丑21	21 甲午20	21 甲子19	21 癸巳17	**21** 壬戌16	**21** 壬辰15	21 辛酉14	20 庚寅12
23 戊辰24	23 戊戌26	23 丁卯24	23 丁酉24	22 丙寅22	22 乙未21	22 乙丑20	22 甲午18	22 癸亥⑰	22 癸巳16	22 壬戌15	21 辛卯13
24 己巳25	24 己亥27	24 戊辰㉕	24 戊戌25	23 丁卯23	23 丙申22	23 丙寅21	23 乙未⑲	23 甲子18	23 甲午17	**23** 癸亥16	22 壬辰14
25 庚午26	25 庚子㉘	25 己巳26	25 己亥26	24 戊辰24	24 丁酉23	24 丁卯㉒	24 丙申20	24 乙丑19	24 乙未18	24 甲子17	**23** 癸巳15
26 辛未27	26 辛丑29	26 庚午27	26 庚子27	25 己巳25	25 戊戌24	25 戊辰23	25 丁酉21	25 丙寅20	25 丙申19	25 乙丑18	24 甲午⑯
27 壬申㉘	27 壬寅30	27 辛未28	27 辛丑28	26 庚午26	26 己亥㉕	26 己巳24	26 戊戌22	26 丁卯21	26 丁酉20	26 丙寅⑲	25 乙未17
《3月》	28 癸卯31	28 壬申29	28 壬寅29	27 辛未㉗	27 庚子26	27 庚午25	27 己亥23	27 戊辰22	27 戊戌㉑	27 丁卯20	26 丙申18
28 癸酉 1	《4月》	29 癸酉30	29 癸卯㉚	28 壬申28	28 辛丑27	28 辛未26	28 庚子24	28 己巳23	28 己亥22	28 戊辰21	27 丁酉19
29 甲戌 2	**29** 甲辰 1	《5月》	30 甲辰31	29 癸酉29	29 壬寅28	29 壬申27	29 辛丑25	29 庚午㉔	29 庚子23	29 己巳22	28 戊戌20
30 乙亥 3		**30** 甲戌 1			30 癸卯29			30 辛未25		30 庚午23	29 己亥21
雨水 13日 啓蟄 29日	春分 14日 清明 29日	穀雨 15日 立夏 30日	小満 16日	芒種 1日 夏至 16日	小暑 2日 大暑 18日	立秋 3日 処暑 18日	白露 4日 秋分 19日	寒露 6日 霜降 21日	立冬 6日 小雪 21日	大雪 7日 冬至 23日	小寒 8日 大寒 23日

天永元年〔天仁 3 年〕（1110－1111） 庚寅

改元 7/13（天仁→天永）

1月	2月	3月	4月	5月	6月	7月	閏7月	8月	9月	10月	11月	12月
1 庚子22	1 庚午21	1 己亥22	1 己巳21	1 己亥21	1 戊辰⑲	1 戊戌19	1 丁卯17	**1** 丁酉16	1 丙寅15	1 丙申14	1 乙丑13	1 乙未12
2 辛丑㉓	2 辛未22	2 庚子23	2 庚午22	2 庚子㉒	2 己巳20	2 己亥20	2 戊辰18	2 戊戌17	**2** 丁卯⑯	2 丁酉15	2 丙寅14	2 丙申13
3 壬寅24	3 壬申23	3 辛丑24	3 辛未23	3 辛丑23	3 庚午21	3 庚子21	3 己巳19	3 己亥⑱	3 戊辰17	**3** 戊戌16	3 丁卯15	3 丁酉14
4 癸卯25	4 癸酉24	4 壬寅25	4 壬申㉔	4 壬寅24	4 辛未22	4 辛丑22	4 庚午20	4 庚子19	4 己巳18	4 己亥17	**4** 戊辰16	**4** 戊戌⑮
5 甲辰26	5 甲戌25	5 癸卯26	5 癸酉25	5 癸卯25	5 壬申23	5 壬寅23	5 辛未㉑	5 辛丑20	5 庚午19	5 庚子18	5 己巳17	5 己亥16
6 乙巳27	6 乙亥26	6 甲辰㉗	6 甲戌26	6 甲辰26	6 癸酉24	6 癸卯㉔	6 壬申22	6 壬寅21	6 辛未20	6 辛丑19	6 庚午⑱	6 庚子17
7 丙午28	7 丙子㉗	7 乙巳28	7 乙亥27	7 乙巳27	7 甲戌25	7 甲辰25	7 癸酉23	7 癸卯22	7 壬申21	7 壬寅⑳	7 辛未19	7 辛丑18
8 丁未29	8 丁丑28	8 丙午29	8 丙子28	8 丙午28	8 乙亥㉖	8 乙巳26	8 甲戌24	8 甲辰23	8 癸酉22	8 癸卯21	8 壬申20	8 壬寅19
9 戊申㉚	《3月》	9 丁未30	9 丁丑29	9 丁未㉙	9 丙子27	9 丙午27	9 乙亥25	9 乙巳24	9 甲戌㉓	9 甲辰22	9 癸酉21	9 癸卯20
10 己酉31	9 戊寅 1	10 戊申31	10 戊寅30	10 戊申30	10 丁丑28	10 丁未28	10 丙子26	10 丙午㉕	10 乙亥24	10 乙巳23	10 甲戌22	10 甲辰21
《2月》	**10** 己卯 2	《4月》	《5月》	11 己酉31	11 戊寅29	11 戊申29	11 丁丑27	11 丁未26	11 丙子25	11 丙午24	11 乙亥23	11 乙巳㉒
11 庚戌 1	11 庚辰 3	**11** 己酉 1	11 己卯①	《6月》	12 己卯30	12 己酉30	12 戊寅㉘	12 戊申27	12 丁丑26	12 丁未25	12 丙子24	12 丙午23
12 辛亥 2	12 辛巳 4	12 庚戌 2	**12** 庚辰 2	**12** 庚戌 1	《7月》	*13* 庚戌㉛	13 己卯29	13 己酉28	13 戊寅27	13 戊申26	13 丁丑㉕	13 丁未24
13 壬子 3	13 壬午 5	13 辛亥③	13 辛巳 3	13 辛亥 2	13 庚辰 1	《8月》	14 庚辰30	14 庚戌29	14 己卯28	14 己酉㉗	14 戊寅26	14 戊申25
14 癸丑 4	14 癸未⑥	14 壬子 4	14 壬午 4	14 壬子 3	**14** 辛巳 2	**14** 辛亥 1	**15** 辛巳31	15 辛亥30	15 庚辰29	15 庚戌28	15 己卯27	15 己酉26
15 甲寅 5	15 甲申 7	15 癸丑 5	15 癸未 5	15 癸丑 4	15 壬午③	15 壬子 2	《9月》	《10月》	16 辛巳㉚	16 辛亥29	16 庚辰28	16 庚戌27
16 乙卯⑥	16 乙酉 8	16 甲寅 6	16 甲申 6	16 甲寅⑤	16 癸未 4	16 癸丑 3	16 壬午 1	**16** 壬子 1	**17** 壬午31	17 壬子30	17 辛巳29	17 辛亥28
17 丙辰 7	17 丙戌 9	17 乙卯 7	17 乙酉 7	17 乙卯 6	17 甲申 5	17 甲寅 4	17 癸未 2	17 癸丑②	《11月》	《12月》	18 壬午30	18 壬子㉙
18 丁巳 8	18 丁亥10	18 丙辰 8	18 丙戌⑧	18 丙辰 7	18 乙酉 6	18 乙卯 5	18 甲申 3	18 甲寅 3	18 癸未 1	**18** 癸丑 1	**19** 癸未31	19 癸丑30
19 戊午 9	19 戊子11	19 丁巳 9	19 丁亥 9	19 丁巳 8	19 丙戌 7	19 丙辰 6	19 乙酉④	19 乙卯 4	19 甲申 2	19 甲寅 2	**1111 年**	**20** 甲寅31
20 己未10	20 己丑12	20 戊午⑩	20 戊子10	20 戊午 9	20 丁亥 8	20 丁巳⑦	20 丙戌 5	20 丙辰 5	20 乙酉 3	20 乙卯 3	《1月》	《2月》
21 庚申11	21 庚寅⑬	21 己未11	21 己丑11	21 己未10	21 戊子 9	21 戊午 8	21 丁亥 6	21 丁巳 6	21 丙戌 4	21 丙辰④	20 甲申①	21 乙卯 1
22 辛酉12	22 辛卯14	22 庚申12	22 庚寅12	22 庚申11	22 己丑⑩	22 己未 9	22 戊子 7	22 戊午 7	22 丁亥 5	22 丁巳 5	21 乙酉 2	22 丙辰 2
23 壬戌⑬	23 壬辰15	23 辛酉13	23 辛卯13	23 辛酉⑫	23 庚寅11	23 庚申10	23 己丑 8	23 己未 8	23 戊子⑥	23 戊午 6	22 丙戌 3	23 丁巳 3
24 癸亥14	24 癸巳16	24 壬戌14	24 壬辰14	24 壬戌13	24 辛卯12	24 辛酉11	24 庚寅 9	24 庚申⑨	24 己丑 7	24 己未 7	23 丁亥 4	24 戊午 4
25 甲子15	**25** 甲午17	25 癸亥15	25 癸巳⑮	25 癸亥14	25 壬辰13	25 壬戌12	25 辛卯10	25 辛酉10	25 庚寅 8	25 庚申 8	24 戊子 5	25 己未⑤
26 乙丑16	26 乙未18	**26** 甲子16	26 甲午16	26 甲子15	26 癸巳14	26 癸亥13	26 壬辰⑪	26 壬戌11	26 辛卯 9	26 辛酉 9	25 己丑 6	26 庚申 6
27 丙寅17	27 丙申19	27 乙丑⑰	**27** 乙未17	**27** 乙丑16	27 甲午15	27 甲子⑭	27 癸巳12	27 癸亥12	27 壬辰10	27 壬戌10	26 庚寅 7	27 辛酉 7
28 丁卯18	28 丁酉⑳	28 丙寅18	28 丙申18	28 丙寅17	28 乙未16	28 乙丑15	28 甲午13	28 甲子13	28 癸巳11	28 癸亥⑪	27 辛卯⑧	28 壬戌 8
29 戊辰19	29 戊戌21	29 丁卯19	29 丁酉19	29 丁卯18	**29** 丙申⑰	**29** 丙寅16	29 乙未14	29 乙丑14	29 甲午12	29 甲子12	28 壬辰 9	29 癸亥 9
30 己巳⑳		30 戊辰20	30 戊戌20		30 丁酉18		30 丙申15		30 乙未⑬		29 癸巳10	
											30 甲午11	
立春 9日 雨水 25日	啓蟄 10日 春分 25日	清明 11日 穀雨 26日	立夏 12日 小満 27日	芒種 12日 夏至 27日	小暑 14日 大暑 29日	立秋 14日 処暑 29日	白露15日	秋分 1日 寒露 16日	霜降 2日 立冬 17日	小雪 3日 大雪 18日	冬至 4日 小寒 19日	大寒 4日 立春 20日

天永**2**年（1111－1112） 辛卯

1月	2月	3月	4月	5月	6月	7月	8月	9月	10月	11月	12月
1 甲子10	1 甲午⑫	1 癸亥10	1 癸巳10	1 壬戌 8	1 壬辰 8	1 壬戌 7	1 辛卯 5	1 辛酉 5	1 庚寅 3	1 庚申③	**1112**年
2 乙丑11	2 乙未13	2 甲子11	2 甲午11	2 癸亥 9	2 癸巳⑨	2 癸亥 8	2 壬辰 6	2 壬戌 6	2 辛卯 4	2 辛酉 4	《1月》
3 丙寅⑫	3 丙申14	3 乙丑12	3 乙未12	3 甲子10	3 甲午10	3 甲子 9	3 癸巳 7	3 癸亥 7	3 壬辰⑤	3 壬戌 5	1 己丑 1
4 丁卯13	4 丁酉15	4 丙寅13	4 丙申13	4 乙丑⑪	4 乙未11	4 乙丑10	4 甲午 8	4 甲子⑧	4 癸巳 6	4 癸亥 6	2 庚寅 2
5 戊辰14	5 戊戌16	5 丁卯14	5 丁酉⑭	5 丙寅12	5 丙申12	5 丙寅11	5 乙未 9	5 乙丑 9	5 甲午 7	5 甲子 7	3 辛卯 3
6 己巳15	**6** 己亥17	6 戊辰15	6 戊戌15	6 丁卯13	6 丁酉13	6 丁卯12	6 丙申⑩	6 丙寅10	6 乙未 8	6 乙丑 8	4 壬辰 4
7 庚午16	7 庚子18	7 己巳⑯	7 己亥16	7 戊辰14	7 戊戌14	7 戊辰⑬	7 丁酉11	7 丁卯11	7 丙申 9	7 丙寅 9	5 癸巳 5
8 辛未17	8 辛丑⑲	**8** 庚午17	**8** 庚子17	8 己巳15	8 己亥15	8 己巳14	8 戊戌12	8 戊辰12	8 丁酉10	8 丁卯⑩	6 甲午 6
9 壬申18	9 壬寅20	9 辛未18	9 辛丑18	9 庚午16	9 庚子⑯	9 庚午15	9 己亥13	9 己巳13	9 戊戌11	9 戊辰11	7 乙未⑦
10癸酉⑲	10癸卯21	10壬申19	10壬寅19	**10**辛未17	**10**辛丑17	**10**辛未16	10庚子14	10庚午14	10己亥⑫	10己巳12	8 丙申 8
11甲戌20	11甲辰22	11癸酉20	11癸卯20	11壬申⑱	11壬寅18	11壬申17	11辛丑15	11辛未⑮	11庚子13	11庚午13	9 丁酉 9
12乙亥21	12乙巳23	12甲戌21	12甲辰㉑	12癸酉19	12癸卯19	12癸酉18	**12**壬寅16	**12**壬申16	12辛丑14	12辛未14	10戊戌10
13丙子22	13丙午24	13乙亥22	13乙巳22	13甲戌20	13甲辰20	13甲戌19	13癸卯⑰	13癸酉17	13壬寅15	13壬申15	11己亥11
14丁丑23	14丁未25	14丙子㉓	14丙午23	14乙亥21	14乙巳21	14乙亥⑳	14甲辰18	14甲戌18	**14**癸卯16	**14**癸酉16	12庚子12
15戊寅24	15戊申㉖	15丁丑24	15丁未24	15丙子22	15丙午22	15丙子21	15乙巳19	15乙亥19	15甲辰17	15甲戌⑰	13辛丑13
16己卯25	16己酉27	16戊寅25	16戊申25	16丁丑23	16丁未㉓	16丁丑22	16丙午20	16丙子20	16乙巳18	16乙亥18	14壬寅⑭
17庚辰㉖	17庚戌28	17己卯26	17己酉26	17戊寅24	17戊申24	17戊寅23	17丁未21	17丁丑21	17丙午⑲	17丙子19	15癸卯15
18辛巳27	18辛亥29	18庚辰27	18庚戌27	18己卯㉕	18己酉25	18己卯24	18戊申22	18戊寅㉒	18丁未20	18丁丑20	**16**甲辰16
19壬午28	19壬子30	19辛巳28	19辛亥㉘	19庚辰26	19庚戌26	19庚辰25	19己酉23	19己卯23	19戊申21	19戊寅21	17乙巳17
《3月》	20癸丑31	20壬午29	20壬子29	20辛巳27	20辛亥27	20辛巳26	20庚戌㉔	20庚辰24	20己酉22	20己卯22	18丙午18
20癸未 1	《4月》	21癸未㉚	21癸丑30	21壬午28	21壬子28	21壬午㉗	21辛亥25	21辛巳25	21庚戌23	21庚辰23	19丁未19
21甲申 2	**21**甲寅 1	《5月》	22甲寅31	22癸未29	22癸丑29	22癸未28	22壬子26	22壬午26	22辛亥24	22辛巳㉔	20戊申20
22乙酉 3	22乙卯②	22甲申 1	《6月》	23甲申30	23甲寅㉚	23甲申29	23癸丑27	23癸未27	23壬子25	23壬午25	21己酉㉑
23丙戌 4	23丙辰 3	**23**乙酉 2	**23**乙卯 1	《7月》	24乙卯31	24乙酉30	24甲寅28	24甲申28	24癸丑㉖	24癸未26	22庚戌22
24丁亥⑤	24丁巳 4	24丙戌 3	24丙辰 2	24乙酉 1	《8月》	25丙戌31	25乙卯29	25乙酉㉙	25甲寅27	25甲申27	23辛亥23
25戊子 6	25戊午 5	25丁亥 4	25丁巳 3	**25**丙戌②	**25**丙辰 1	《9月》	26丙辰30	26丙戌30	26乙卯28	26乙酉28	24壬子24
26己丑 7	26己未 6	26戊子 5	26戊午④	26丁亥 3	26丁巳 2	**26**丁亥 1	《10月》	27丁亥31	27丙辰29	27丙戌29	25癸丑25
27庚寅 8	27庚申 7	27己丑 6	27己未 5	27戊子 4	27戊午 3	27戊子 2	**27**丁巳①	《11月》	28丁巳30	28丁亥30	26甲寅26
28辛卯 9	28辛酉 8	28庚寅⑦	28庚申 6	28己丑 5	28己未 4	28己丑③	28戊午 2	**28**戊子 1	《12月》	**29**戊子㉛	27乙卯27
29壬辰10	29壬戌⑨	29辛卯 8	29辛酉 7	29庚寅 6	29庚申 5	29庚寅 4	29己未 3	29己丑 2	**29**戊午 1		28丙辰㉘
30癸巳11		30壬辰 9		30辛卯 7	30辛酉⑥		30庚申 4		30己未 2		29丁巳29
											30戊午30

雨水 6日 啓蟄 21日	春分 6日 清明 21日	穀雨 8日 立夏 23日	小満 8日 芒種 23日	夏至 10日 小暑 25日	大暑 10日 立秋 25日	処暑 10日 白露 26日	秋分 12日 寒露 27日	霜降 12日 立冬 28日	小雪 14日 大雪 29日	冬至 14日 小寒 29日	大寒 16日

天永**3**年（1112－1113） 壬辰

1月	2月	3月	4月	5月	6月	7月	8月	9月	10月	11月	12月
1 己未31	1 戊子29	1 戊午30	1 丁亥㉘	1 丁巳28	1 丙戌26	1 丙辰26	1 乙酉24	1 乙卯23	1 乙酉23	1 甲寅21	1 甲申21
《2月》	《3月》	2 己未㉛	2 戊子29	2 戊午29	2 丁亥27	2 丁巳27	2 丙戌㉕	2 丙辰24	2 丙戌24	2 乙卯22	2 乙酉㉒
2 庚申 1	**2** 己丑 1	《4月》	3 己丑30	3 己未30	3 戊子28	3 戊午㉘	3 丁亥26	3 丁巳25	3 丁亥25	3 丙辰23	3 丙戌23
3 辛酉 2	3 庚寅 2	**3** 庚申 1	《5月》	4 庚申31	4 己丑29	4 己未29	4 戊子27	4 戊午26	4 戊子26	4 丁巳㉔	4 丁亥24
4 壬戌 3	4 辛卯③	4 辛酉 2	**4** 庚寅 1	《6月》	5 庚寅㉚	5 庚申30	5 己丑28	5 己未27	5 己丑㉗	5 戊午25	5 戊子25
5 癸亥④	5 壬辰 4	5 壬戌 3	5 辛卯 2	**5** 辛酉 1	《7月》	**6** 辛酉31	6 庚寅29	6 庚申28	6 庚寅28	6 己未26	6 己丑26
6 甲子 5	6 癸巳 5	6 癸亥 4	6 壬辰 3	6 壬戌②	**6** 辛卯 1	《8月》	7 辛卯30	7 辛酉㉙	7 辛卯29	7 庚申27	7 庚寅27
7 乙丑 6	7 甲午 6	7 甲子 5	7 癸巳 4	7 癸亥 3	7 壬辰 2	7 壬戌 1	**8** 壬辰31	**8** 壬戌30	8 壬辰30	8 辛酉28	8 辛卯28
8 丙寅 7	8 乙未 7	8 乙丑 6	8 甲午⑤	8 甲子 4	8 癸巳 3	8 癸亥 2	《9月》	《10月》	**9** 癸巳31	9 壬戌29	9 壬辰㉙
9 丁卯 8	9 丙申 8	9 丙寅⑦	9 乙未 6	9 乙丑 5	9 甲午 4	9 甲子 3	9 癸巳①	9 癸亥 1	《11月》	**10**癸亥30	10癸巳30
10戊辰 9	10丁酉 9	10丁卯 8	10丙申 7	10丙寅 6	10乙未 5	10乙丑④	10甲午 2	10甲子 2	10甲午 1	《12月》	**11**甲午31
11己巳10	11戊戌⑩	11戊辰 9	11丁酉 8	11丁卯 7	11丙申 6	11丙寅 5	11乙未 3	11乙丑 3	11乙未 2	11甲子①	**1113**年
12庚午⑪	12己亥11	12己巳10	12戊戌 9	12戊辰 8	12丁酉⑦	12丁卯 6	12丙申 4	12丙寅 4	12丙申③	12乙丑 2	《1月》
13辛未12	13庚子12	13庚午11	13己亥10	13己巳⑨	13戊戌 8	13戊辰 7	13丁酉 5	13丁卯 5	13丁酉 4	13丙寅 3	12乙未 1
14壬申13	14辛丑13	14辛未12	14庚子11	14庚午10	14己亥 9	14己巳 8	14戊戌 6	14戊辰⑥	14戊戌 5	14丁卯 4	13丙申 2
15癸酉14	15壬寅14	15壬申13	15辛丑⑫	15辛未11	15庚子10	15庚午 9	15己亥 7	15己巳 7	15己亥 6	15戊辰 5	14丁酉 3
16甲戌15	16癸卯15	16癸酉⑭	16壬寅13	16壬申12	16辛丑11	16辛未10	16庚子⑧	16庚午 8	16庚子 7	16己巳 6	15戊戌 4
17乙亥16	17甲辰16	17甲戌15	17癸卯14	17癸酉13	17壬寅12	17壬申⑪	17辛丑 9	17辛未 9	17辛丑 8	17庚午 7	16己亥⑤
18丙子17	**18**乙巳⑰	**18**乙亥16	18甲辰15	18甲戌14	18癸卯13	18癸酉12	18壬寅10	18壬申10	18壬寅 9	18辛未⑧	17庚子 6
19丁丑⑱	19丙午18	19丙子17	**19**乙巳16	19乙亥15	19甲辰⑭	19甲戌13	19癸卯11	19癸酉11	19癸卯⑩	19壬申 9	18辛丑 7
20戊寅19	20丁未19	20丁丑18	20丙午17	**20**丙子⑯	20乙巳15	20乙亥14	20甲辰12	20甲戌12	20甲辰11	20癸酉10	19壬寅 8
21己卯20	21戊申20	21戊寅19	21丁未18	21丁丑17	**21**丙午16	21丙子15	21乙巳13	21乙亥⑬	21乙巳12	21甲戌11	20癸卯 9
22庚辰21	22己酉21	22己卯20	22戊申⑲	22戊寅18	22丁未17	**22**丁丑16	22丙午14	22丙子14	22丙午13	22乙亥12	21甲辰10
23辛巳22	23庚戌22	23庚辰㉑	23己酉20	23己卯19	23戊申18	23戊寅17	**23**丁未⑮	23丁丑15	23丁未14	23丙子13	22乙巳11
24壬午23	24辛亥23	24辛巳22	24庚戌21	24庚辰20	24己酉19	24己卯⑱	24戊申16	**24**戊寅16	**24**戊申15	24丁丑14	23丙午⑫
25癸未24	25壬子㉔	25壬午23	25辛亥22	25辛巳21	25庚戌20	25庚辰19	25己酉17	25己卯17	25己酉16	**25**戊寅⑮	24丁未13
26甲申㉕	26癸丑25	26癸未24	26壬子23	26壬午22	26辛亥㉑	26辛巳20	26庚戌18	26庚辰18	26庚戌⑰	26己卯16	25戊申14
27乙酉26	27甲寅26	27甲申25	27癸丑24	27癸未㉓	27壬子22	27壬午21	27辛亥19	27辛巳19	27辛亥18	27庚辰17	**26**己酉15
28丙戌27	28乙卯27	28乙酉26	28甲寅25	28甲申24	28癸丑23	28癸未22	28壬子20	28壬午⑳	28壬子19	28辛巳18	27庚戌16
29丁亥28	29丙辰28	29丙戌27	29乙卯㉖	29乙酉25	29甲寅24	29甲申23	29癸丑21	29癸未21	29癸丑20	29壬午19	28辛亥17
	30丁巳29		30丙辰27		30乙卯25		30甲寅㉒	30甲申22		30癸未20	29壬子18
											30癸丑⑲

立春 1日 雨水 16日	啓蟄 2日 春分 18日	清明 3日 穀雨 18日	立夏 4日 小満 19日	芒種 5日 夏至 20日	小暑 6日 大暑 21日	立秋 6日 処暑 22日	白露 8日 秋分 23日	寒露 8日 霜降 24日	立冬 9日 小雪 24日	大雪 10日 冬至 25日	小寒 11日 大寒 26日

永久元年〔天永 4 年〕（1113－1114） 癸巳

改元 7/13（天永→永久）

1月	2月	3月	閏3月	4月	5月	6月	7月	8月	9月	10月	11月	12月
1 甲寅20	1 癸未18	1 壬子19	1 壬午18	**1** 辛亥17	1 庚辰⑮	1 庚戌15	1 己卯13	1 己酉12	1 己卯⑫	1 己酉11	1 戊寅10	1 戊申 9
2 乙卯21	2 甲申19	2 癸丑20	2 癸未19	2 壬子⑱	**2** 辛巳16	2 辛亥16	2 庚辰14	2 庚戌13	2 庚辰13	2 庚戌12	2 己卯11	2 己酉10
3 丙辰22	3 乙酉20	3 甲寅21	3 甲申⑳	3 癸丑19	3 壬午17	**3** 壬子17	3 辛巳15	3 辛亥⑭	3 辛巳14	3 辛亥13	3 庚辰12	3 庚戌⑪
4 丁巳23	4 丙戌21	4 乙卯22	4 乙酉21	4 甲寅20	4 癸未18	4 癸丑18	**4** 壬午16	**4** 壬子15	4 壬午15	4 壬子14	4 辛巳13	4 辛亥12
5 戊午24	5 丁亥22	5 丙辰㉓	5 丙戌22	5 乙卯21	5 甲申19	5 甲寅19	5 癸未⑰	5 癸丑16	**5** 癸未16	**5** 癸丑15	5 壬午⑭	5 壬子13
6 己未25	6 戊子㉓	6 丁巳24	6 丁亥23	6 丙辰22	6 乙酉20	6 乙卯⑳	6 甲申18	6 甲寅17	6 甲申17	6 甲寅⑯	6 癸未15	6 癸丑14
7 庚申㉖	7 己丑24	7 戊午25	7 戊子24	7 丁巳23	7 丙戌21	7 丙辰21	7 乙酉19	7 乙卯18	7 乙酉18	7 乙卯17	**7** 甲申16	**7** 甲寅15
8 辛酉27	8 庚寅25	8 己未26	8 己丑25	8 戊午24	8 丁亥㉒	8 丁巳22	8 丙戌20	8 丙辰19	8 丙戌⑲	8 丙辰18	8 乙酉17	8 乙卯16
9 壬戌28	9 辛卯26	9 庚申27	9 庚寅26	9 己未㉕	9 戊子23	9 戊午23	9 丁亥21	9 丁巳20	9 丁亥20	9 丁巳19	9 丙戌18	9 丙辰17
10癸亥29	10壬辰27	10辛酉28	10辛卯㉗	10庚申26	10己丑24	10己未24	10戊子22	10戊午㉑	10戊子21	10戊午20	10丁亥19	10丁巳⑱
11甲子30	11癸巳28	11壬戌29	11壬辰28	11辛酉27	11庚寅25	11庚申25	11己丑23	11己未22	11己丑22	11己未21	11戊子20	11戊午19
12乙丑31	《3月》	12癸亥㉚	12癸巳29	12壬戌28	12辛卯26	12辛酉26	12庚寅㉔	12庚申23	12庚寅23	12庚申22	12己丑㉑	12己未20
《2月》	12甲午 1	13甲子31	13甲午30	13癸亥29	13壬辰27	13壬戌㉗	*13*辛卯25	13辛酉24	13辛卯24	13辛酉㉓	13庚寅22	13庚申21
13丙寅 1	**13**乙未②	《4月》	《5月》	14甲子30	14癸巳28	14癸亥28	14壬辰26	14壬戌25	14壬辰25	14壬戌24	14辛卯23	14辛酉22
14丁卯②	14丙申 3	**14**乙丑 1	**14**乙未 1	15乙丑31	15甲午㉙	15甲子29	15癸巳27	15癸亥26	15癸巳㉖	15癸亥25	15壬辰24	15壬戌23
15戊辰 3	15丁酉 4	15丙寅 2	15丙申 2	《6月》	16乙未30	16乙丑30	16甲午28	16甲子27	16甲午27	16甲子26	16癸巳25	16癸亥24
16己巳 4	16戊戌 5	16丁卯 3	16丁酉 3	**16**丙寅①	《7月》	17丙寅31	17乙未29	17乙丑㉘	17乙未28	17乙丑27	17甲午26	17甲子㉕
17庚午 5	17己亥 6	17戊辰 4	17戊戌④	17丁卯 2	**17**丙申 1	《8月》	18丙申30	18丙寅29	18丙申29	18丙寅28	18乙未27	18乙丑26
18辛未 6	18庚子 7	18己巳 5	18己亥 5	18戊辰 3	18丁酉 2	**18**丁卯 1	**19**丁酉㉛	19丁卯30	19丁酉30	19丁卯29	19丙申㉘	19丙寅27
19壬申 7	19辛丑 8	19庚午⑥	19庚子 6	19己巳 4	19戊戌 3	19戊辰 2	《9月》	《10月》	**20**戊戌31	**20**戊辰㉚	20丁酉29	20丁卯28
20癸酉 8	20壬寅⑨	20辛未 7	20辛丑 7	20庚午 5	20己亥 4	20己巳③	20戊戌 1	**20**戊辰 1	《11月》	《12月》	21戊戌30	21戊辰29
21甲戌⑨	21癸卯10	21壬申 8	21壬寅 8	21辛未 6	21庚子 5	21庚午 4	21己亥 2	21己巳 2	21己亥 1	21己巳 1	**22**己亥31	**22**己巳30
22乙亥10	22甲辰11	22癸酉 9	22癸卯 9	22壬申 7	22辛丑⑥	22辛未 5	22庚子 3	22庚午 3	22庚子②	22庚午 2	1114 年	23庚午31
23丙子11	23乙巳12	23甲戌10	23甲辰10	23癸酉⑧	23壬寅 7	23壬申 6	23辛丑 4	23辛未 4	23辛丑 3	23辛未 3	《1月》	《2月》
24丁丑12	24丙午13	24乙亥11	24乙巳⑪	24甲戌 9	24癸卯 8	24癸酉 7	24壬寅 5	24壬申⑤	24壬寅 4	24壬申 4	23庚子 1	24辛未①
25戊寅13	25丁未14	25丙子12	25丙午12	25乙亥10	25甲辰 9	25甲戌 8	25癸卯 6	25癸酉 6	25癸卯 5	25癸酉 5	24辛丑 2	25壬申 2
26己卯14	26戊申15	26丁丑⑬	26丁未13	26丙子11	26乙巳10	26乙亥 9	26甲辰⑦	26甲戌 7	26甲辰 6	26甲戌 6	25壬寅 3	26癸酉 3
27庚辰15	27己酉⑯	27戊寅14	27戊申14	27丁丑12	27丙午11	27丙子⑩	27乙巳 8	27乙亥 8	27乙巳 7	27乙亥⑦	26癸卯④	27甲戌 4
28辛巳⑯	**28**庚戌17	28己卯15	28己酉15	28戊寅13	28丁未12	28丁丑11	28丙午 9	28丙子 9	28丙午 8	28丙子 8	27甲辰 5	28乙亥 5
29壬午17	29辛亥18	**29**庚辰16	29庚戌16	29己卯14	29戊申⑬	29戊寅12	29丁未10	29丁丑10	29丁未⑨	29丁丑 9	28乙巳 6	29丙子 6
		30辛巳17			30己酉14		30戊申11	30戊寅11	30戊申10		29丙午 7	30丁丑 7
											30丁未 8	

1月	2月	3月	閏3月	4月	5月	6月	7月	8月	9月	10月	11月	12月
立春 11日	啓蟄 13日	清明 14日	立夏14日	小満 1日	夏至 2日	大暑 3日	処暑 4日	秋分 4日	霜降 5日	小雪 5日	冬至 7日	大寒 7日
雨水 26日	春分 28日	穀雨 29日		芒種 16日	小暑 17日	立秋 18日	白露 19日	寒露 20日	立冬 20日	大雪 20日	小寒 22日	立春 22日

永久 2 年（1114－1115） 甲午

1月	2月	3月	4月	5月	6月	7月	8月	9月	10月	11月	12月
1 戊寅⑧	1 丁未 9	1 丙子 7	1 丙午 7	1 乙亥 5	1 甲辰 4	1 甲戌 3	《9月》	《10月》	1 壬寅30	1 壬申㉙	1 壬寅29
2 己卯 9	2 戊申10	2 丁丑 8	2 丁未 8	2 丙子 6	2 乙巳⑤	2 乙亥 4	1 癸卯 1	**1** 癸酉 1	**2** 癸卯31	2 癸酉30	2 癸卯30
3 庚辰10	3 己酉11	3 戊寅 9	3 戊申 9	3 丁丑⑦	3 丙午 6	3 丙子 5	2 甲辰 2	2 甲戌 2	《11月》	《12月》	**3** 甲辰31
4 辛巳11	4 庚戌12	4 己卯10	4 己酉⑩	4 戊寅 8	4 丁未 7	4 丁丑 6	3 乙巳 3	3 乙亥 3	3 甲辰①	**3** 甲戌 1	1115 年
5 壬午12	5 辛亥13	5 庚辰11	5 庚戌11	5 己卯 9	5 戊申 8	5 戊寅 7	4 丙午 4	4 丙子④	4 乙巳 2	4 乙亥 2	《1月》
6 癸未13	6 壬子14	6 辛巳⑫	6 辛亥12	6 庚辰10	6 己酉 9	6 己卯 8	5 丁未 5	5 丁丑 5	5 丙午 3	5 丙子 3	4 乙巳 1
7 甲申14	7 癸丑⑮	7 壬午13	7 壬子13	7 辛巳11	7 庚戌10	7 庚辰⑨	6 戊申⑥	6 戊寅 6	6 丁未 4	6 丁丑 4	5 丙午 2
8 乙酉⑮	8 甲寅16	8 癸未14	8 癸丑14	8 壬午12	8 辛亥11	8 辛巳10	7 己酉 7	7 己卯 7	7 戊申 5	7 戊寅 5	6 丁未③
9 丙戌16	**9** 乙卯17	9 甲申15	9 甲寅15	9 癸未13	9 壬子⑫	9 壬午11	8 庚戌 8	8 庚辰 8	8 己酉 6	8 己卯⑥	7 戊申 4
10丁亥17	10丙辰18	**10**乙酉16	10乙卯16	10甲申⑭	10癸丑13	10癸未12	9 辛亥 9	9 辛巳 9	9 庚戌 7	9 庚辰 7	8 己酉 5
11戊子18	11丁巳19	11丙戌17	**11**丙辰⑰	11乙酉15	11甲寅14	11甲申13	10壬子10	10壬午10	10辛亥⑧	10辛巳 8	9 庚戌 6
12己丑19	12戊午20	12丁亥18	12丁巳18	**12**丙戌16	12乙卯15	12乙酉14	11癸丑11	11癸未⑪	11壬子 9	11壬午 9	10辛亥 7
13庚寅20	13己未21	13戊子⑲	13戊午19	13丁亥17	13丙辰16	13丙戌15	12甲寅12	12甲申12	12癸丑10	12癸未10	11壬子 8
14辛卯21	14庚申㉒	14己丑20	14己未20	14戊子18	**14**丁巳17	**14**丁亥⑯	13乙卯⑬	13乙酉13	13甲寅11	13甲申11	12癸丑 9
15壬辰㉒	15辛酉23	15庚寅21	15庚申21	15己丑19	15戊午18	15戊子17	14丙辰14	14丙戌14	14乙卯12	14乙酉12	13甲寅⑩
16癸巳23	16壬戌24	16辛卯22	16辛酉22	16庚寅20	16己未⑲	16己丑18	15丁巳15	15丁亥15	15丙辰13	15丙戌⑬	14乙卯11
17甲午24	17癸亥25	17壬辰23	17壬戌23	17辛卯㉑	17庚申20	17庚寅19	**16**戊午16	**16**戊子16	16丁巳14	16丁亥14	15丙辰12
18乙未25	18甲子26	18癸巳24	18癸亥㉔	18壬辰22	18辛酉21	18辛卯20	17己未17	17己丑17	17戊午⑮	17戊子15	16丁巳13
19丙申26	19乙丑27	19甲午25	19甲子25	19癸巳23	19壬戌22	19壬辰21	18庚申18	18庚寅⑱	**18**己未16	**18**己丑16	17戊午14
20丁酉27	20丙寅28	20乙未㉖	20乙丑26	20甲午24	20癸亥23	20癸巳22	19辛酉19	19辛卯19	19庚申17	19庚寅17	**18**己未15
21戊戌28	21丁卯㉙	21丙申27	21丙寅27	21乙未25	21甲子24	21甲午㉓	20壬戌⑳	20壬辰20	20辛酉18	20辛卯18	19庚申16
《3月》	22戊辰30	22丁酉28	22丁卯28	22丙申26	22乙丑25	22乙未24	21癸亥21	21癸巳21	21壬戌19	21壬辰19	20辛酉⑰
22己亥①	23己巳31	23戊戌29	23戊辰29	23丁酉27	23丙寅㉖	23丙申25	22甲子22	22甲午22	22癸亥20	22癸巳⑳	21壬戌18
23庚子 2	《4月》	24己亥30	24己巳30	24戊戌㉘	24丁卯27	24丁酉26	23乙丑23	23乙未23	23甲子21	23甲午21	22癸亥19
24辛丑 3	**24**庚午 1	《5月》	25庚午㉛	25己亥29	25戊辰28	25戊戌27	24丙寅24	24丙申24	24乙丑㉒	24乙未22	23甲子20
25壬寅 4	25辛未 2	25庚子 1	《6月》	26庚子30	26己巳29	26己亥28	25丁卯25	25丁酉㉕	25丙寅23	25丙申23	24乙丑21
26癸卯 5	26壬申 3	**26**辛丑 2	**26**辛未 1	《7月》	27庚午30	27庚子29	26戊辰26	26戊戌26	26丁卯24	26丁酉24	25丙寅22
27甲辰 6	27癸酉 4	27壬寅③	27壬申 2	27辛丑 1	28辛未31	28辛丑㉚	27己巳㉗	27己亥27	27戊辰25	27戊戌25	26丁卯23
28乙巳 7	28甲戌⑤	28癸卯 4	28癸酉 3	**28**壬寅 2	《8月》	**29**壬寅31	28庚午28	28庚子28	28己巳26	28己亥26	27戊辰㉔
29丙午⑧	29乙亥 6	29甲辰 5	29甲戌 4	29癸卯 3	**29**壬申 1		29辛未29	29辛丑29	29庚午27	29庚子㉗	28己巳25
		30乙巳 6			30癸酉②		30壬申30		30辛未28	30辛丑28	29庚午26
											30辛未27

1月	2月	3月	4月	5月	6月	7月	8月	9月	10月	11月	12月
雨水 8日	春分 9日	穀雨 10日	小満 11日	夏至 12日	大暑 14日	処暑 14日	秋分 16日	寒露 1日	立冬 2日	大雪 3日	小寒 3日
啓蟄 23日	清明 24日	立夏 26日	芒種 26日	小暑 28日	立秋 29日	白露 29日		霜降 16日	小雪 18日	冬至 18日	大寒 18日

永久**3**年（1115－1116） 乙未

1月	2月	3月	4月	5月	6月	7月	8月	9月	10月	11月	12月
1 壬申28	1 辛丑26	1 辛未㉘	1 庚子26	1 庚午26	1 己亥24	1 戊辰23	1 戊戌㉒	1 丁卯20	1 丁酉20	1 丙寅18	1 丙申18
2 癸酉29	2 壬寅27	2 壬申29	2 辛丑27	2 辛未27	2 庚子25	2 己巳24	2 己亥23	2 戊辰21	2 戊戌21	2 丁卯19	2 丁酉⑲
3 甲戌30	3 癸卯㉘	3 癸酉30	3 壬寅28	3 壬申28	3 辛丑26	3 庚午㉕	3 庚子24	3 己巳22	3 己亥22	3 戊辰20	3 戊戌20
4 乙亥㉛	《3月》	4 甲戌31	4 癸卯29	4 癸酉29	4 壬寅㉗	4 辛未26	4 辛丑25	4 庚午23	4 庚子23	4 己巳㉑	4 己亥21
《2月》	4 甲辰 1	《4月》	5 甲辰30	5 甲戌㉚	5 癸卯28	5 壬申27	5 壬寅26	5 辛未24	5 辛丑㉔	5 庚午22	5 庚子22
5 丙子 1	**5** 乙巳 2	**5** 乙亥 1	《5月》	6 乙亥31	6 甲辰29	6 癸酉28	6 癸卯27	6 壬申25	6 壬寅25	6 辛未23	6 辛丑23
6 丁丑 2	6 丙午 3	6 丙子 2	6 乙巳 1	《6月》	7 乙巳30	7 甲戌29	7 甲辰28	7 癸酉㉖	7 癸卯26	7 壬申24	7 壬寅24
7 戊寅 3	7 丁未 4	7 丁丑 3	**7** 丙午②	**7** 丙子 1	《7月》	8 乙亥30	8 乙巳㉙	8 甲戌27	8 甲辰27	8 癸酉25	8 癸卯25
8 己卯 4	8 戊申 5	8 戊寅④	8 丁未 3	8 丁丑 2	8 丙午 1	9 丙子31	9 丙午30	9 乙亥28	9 乙巳28	9 甲戌26	9 甲辰㉖
9 庚辰 5	9 己酉 6	9 己卯 5	9 戊申 4	9 戊寅 3	**9** 丁未 2	《8月》	10丁未31	10丙子29	10丙午29	10乙亥27	10乙巳27
10辛巳 6	10庚戌⑦	10庚辰 6	10己酉 5	10己卯 4	10戊申 3	**10**丁丑①	《9月》	11丁丑30	11丁未30	11丙子㉘	11丙午28
11壬午⑦	11辛亥 8	11辛巳 7	11庚戌 6	11庚辰 5	11己酉④	11戊寅 2	**11**戊申 1	《10月》	12戊申㉛	12丁丑29	12丁未29
12癸未 8	12壬子 9	12壬午 8	12辛亥 7	12辛巳⑥	12庚戌 5	12己卯 3	12己酉 2	**12**戊寅 1	《11月》	13戊寅30	13戊申30
13甲申 9	13癸丑10	13癸未 9	13壬子 8	13壬午 7	13辛亥 6	13庚辰 4	13庚戌 3	13己卯 2	**13**己酉 1	《12月》	**14**己酉31
14乙酉10	14甲寅11	14甲申10	14癸丑⑨	14癸未 8	14壬子 7	14辛巳 5	14辛亥 4	14庚辰③	14庚戌 2	**14**己卯 1	**1116年**
15丙戌11	15乙卯12	15乙酉⑪	15甲寅10	15甲申 9	15癸丑 8	15壬午 6	15壬子⑤	15辛巳 4	15辛亥 3	15庚辰 2	《1月》
16丁亥12	16丙辰13	16丙戌12	16乙卯11	16乙酉10	16甲寅 9	16癸未 7	16癸丑 6	16壬午 5	16壬子 4	16辛巳 3	15庚戌 1
17戊子13	17丁巳⑭	17丁亥13	17丙辰12	17丙戌11	17乙卯10	17甲申⑧	17甲寅 7	17癸未 6	17癸丑 5	17壬午 4	16辛亥②
18己丑⑭	18戊午15	18戊子14	18丁巳13	18丁亥12	18丙辰⑪	18乙酉 9	18乙卯 8	18甲申 7	18甲寅 6	18癸未⑤	17壬子 3
19庚寅15	19己未16	19己丑15	19戊午14	19戊子⑬	19丁巳12	19丙戌10	19丙辰 9	19乙酉 8	19乙卯⑦	19甲申 6	18癸丑 4
20辛卯16	**20**庚申17	20庚寅16	20己未15	20己丑14	20戊午13	20丁亥11	20丁巳10	20丙戌 9	20丙辰 8	20乙酉 7	19甲寅 5
21壬辰17	21辛酉18	**21**辛卯17	21庚申⑯	21庚寅15	21己未14	21戊子12	21戊午11	21丁亥⑩	21丁巳 9	21丙戌 8	20乙卯 6
22癸巳18	22壬戌19	22壬辰⑱	**22**辛酉17	22辛卯16	22庚申15	22己丑13	22己未⑫	22戊子11	22戊午10	22丁亥 9	21丙辰 7
23甲午19	23癸亥20	23癸巳19	23壬戌18	**23**壬辰17	23辛酉16	23庚寅14	23庚申13	23己丑12	23己未11	23戊子10	22丁巳 8
24乙未20	24甲子㉑	24甲午20	24癸亥19	24癸巳18	**24**壬戌17	24辛卯⑮	24辛酉14	24庚寅13	24庚申12	24己丑11	23戊午⑨
25丙申㉑	25乙丑22	25乙未21	25甲子20	25甲午19	25癸亥⑱	**25**壬辰16	25壬戌15	25辛卯14	25辛酉13	25庚寅⑫	24己未10
26丁酉22	26丙寅23	26丙申22	26乙丑21	26乙未⑳	26甲子19	26癸巳17	**26**癸亥16	26壬辰15	26壬戌⑭	26辛卯13	25庚申11
27戊戌23	27丁卯24	27丁酉23	27丙寅22	27丙申21	27乙丑20	27甲午18	27甲子17	**27**癸巳16	27癸亥15	27壬辰14	26辛酉12
28己亥24	28戊辰25	28戊戌24	28丁卯㉓	28丁酉22	28丙寅21	28乙未19	28乙丑18	28甲午⑰	**28**甲子16	28癸巳15	27壬戌13
29庚子25	29己巳26	29己亥㉕	29戊辰24	29戊戌23	29丁卯22	29丙申20	29丙寅⑲	29乙未18	29乙丑17	**29**甲午16	28癸亥14
	30庚午27		30己巳25			30丁酉21		30丙申19		30乙未17	29甲子15
											30乙丑⑯

立春 4日 雨水 19日	啓蟄 5日 春分 20日	清明 5日 穀雨 21日	立夏 7日 小満 22日	芒種 7日 夏至 23日	小暑 9日 大暑 24日	立秋 10日 処暑 25日	白露 11日 秋分 26日	寒露 12日 霜降 27日	立冬 13日 小雪 28日	大雪 14日 冬至 29日	小寒 14日 大寒 30日

永久**4**年（1116－1117） 丙申

1月	閏1月	2月	3月	4月	5月	6月	7月	8月	9月	10月	11月	12月
1 丙寅17	1 丙申16	**1** 乙丑16	1 乙未15	1 甲子⑭	1 甲午13	1 癸亥12	1 壬辰10	1 壬戌 9	1 辛卯⑧	1 辛酉 7	1 庚寅 6	1 庚申 5
2 丁卯18	2 丁酉17	2 丙寅17	**2** 丙申⑯	2 乙丑15	2 乙未14	2 甲子13	2 癸巳11	2 癸亥⑩	2 壬辰 9	2 壬戌 8	2 辛卯 7	2 辛酉 6
3 戊辰19	3 戊戌18	3 丁卯18	3 丁酉17	**3** 丙寅16	3 丙申15	3 乙丑14	3 甲午12	3 甲子11	3 癸巳10	3 癸亥 9	3 壬辰 8	3 壬戌⑦
4 己巳20	4 己亥19	4 戊辰⑲	4 戊戌18	4 丁卯17	**4** 丁酉16	4 丙寅15	4 乙未⑬	4 乙丑12	4 甲午11	4 甲子10	4 癸巳 9	4 癸亥 8
5 庚午21	5 庚子⑳	5 己巳20	5 己亥19	5 戊辰18	5 戊戌17	**5** 丁卯⑯	5 丙申14	5 丙寅13	5 乙未12	5 乙丑11	5 甲午⑩	5 甲子 9
6 辛未22	6 辛丑21	6 庚午21	6 庚子20	6 己巳19	6 己亥⑱	6 戊辰17	6 丁酉15	6 丁卯14	6 丙申13	6 丙寅⑫	6 乙未11	6 乙丑10
7 壬申㉓	7 壬寅22	7 辛未22	7 辛丑21	7 庚午20	7 庚子19	7 己巳18	**7** 戊戌16	**7** 戊辰15	7 丁酉14	7 丁卯13	7 丙申12	7 丙寅11
8 癸酉24	8 癸卯23	8 壬申23	8 壬寅22	8 辛未㉑	8 辛丑20	8 庚午19	8 己亥17	8 己巳16	8 戊戌⑮	8 戊辰14	8 丁酉13	8 丁卯12
9 甲戌25	9 甲辰24	9 癸酉24	9 癸卯㉓	9 壬申22	9 壬寅21	9 辛未20	9 庚子18	9 庚午⑰	**9** 己亥16	**9** 己巳15	9 戊戌14	9 戊辰13
10乙亥26	10乙巳25	10甲戌25	10甲辰24	10癸酉23	10癸卯22	10壬申21	10辛丑19	10辛未18	10庚子17	10庚午16	**10**己亥15	10己巳⑭
11丙子27	11丙午26	11乙亥㉖	11乙巳25	11甲戌24	11甲辰23	11癸酉22	11壬寅⑳	11壬申19	11辛丑18	11辛未17	11庚子16	**11**庚午15
12丁丑28	12丁未㉗	12丙子27	12丙午26	12乙亥25	12乙巳24	12甲戌㉓	12癸卯21	12癸酉20	12壬寅19	12壬申18	12辛丑⑰	12辛未16
13戊寅29	13戊申28	13丁丑28	13丁未27	13丙子26	13丙午㉕	13乙亥24	13甲辰22	13甲戌21	13癸卯20	13癸酉⑲	13壬寅18	13壬申17
14己卯㉚	14己酉29	14戊寅29	14戊申28	14丁丑27	14丁未26	14丙子25	14乙巳23	14乙亥22	14甲辰21	14甲戌20	14癸卯19	14癸酉18
15庚辰31	《3月》	15己卯30	15己酉29	15戊寅㉘	15戊申27	15丁丑26	15丙午24	15丙子23	15乙巳㉒	15乙亥21	15甲辰20	15甲戌19
《2月》	**15**庚戌 1	16庚辰31	16庚戌㉚	16己卯29	16己酉28	16戊寅27	16丁未25	16丁丑㉔	16丙午23	16丙子22	16乙巳21	16乙亥20
16辛巳 1	16辛亥 2	《4月》	《5月》	17庚辰30	17庚戌29	17己卯28	17戊申26	17戊寅25	17丁未24	17丁丑23	17丙午22	17丙子㉑
17壬午 2	17壬子 3	**17**辛巳 1	**17**辛亥 1	18辛巳31	18辛亥30	18庚辰29	18己酉㉗	18己卯26	18戊申25	18戊寅24	18丁未23	18丁丑22
18癸未 3	18癸丑 4	18壬午②	18壬子 2	《6月》	《7月》	19辛巳㉚	19庚戌28	19庚辰27	19己酉26	19己卯25	19戊申㉔	19戊寅23
19甲申 4	19甲寅⑤	19癸未 3	19癸丑 3	**19**壬午 1	**19**壬子 1	**20**壬午31	20辛亥29	20辛巳28	20庚戌27	20庚辰㉖	20己酉25	20己卯24
20乙酉 5	20乙卯 6	20甲申 4	20甲寅 4	20癸未 2	20癸丑②	《8月》	21壬子30	21壬午29	21辛亥28	21辛巳27	21庚戌26	21庚辰25
21丙戌⑥	21丙辰 7	21乙酉 5	21乙卯 5	21甲申 3	21甲寅 3	21癸未 1	**22**癸丑31	**22**癸未30	22壬子㉙	22壬午28	22辛亥27	22辛巳26
22丁亥 7	22丁巳 8	22丙戌 6	22丙辰 6	22乙酉④	22乙卯 4	22甲申 2	《9月》	《10月》	23癸丑30	23癸未29	23壬子28	23壬午27
23戊子 8	23戊午 9	23丁亥 7	23丁巳⑦	23丙戌 5	23丙辰 5	23乙酉 3	23甲寅 1	23甲申①	**24**甲寅31	**24**甲申30	24癸丑29	24癸未㉘
24己丑 9	24己未10	24戊子 8	24戊午 8	24丁亥 6	24丁巳 6	24丙戌 4	24乙卯 2	24乙酉 2	《11月》	《12月》	25甲寅30	25甲申29
25庚寅10	25庚申11	25己丑⑨	25己未 9	25戊子 7	25戊午 7	25丁亥 5	25丙辰③	25丙戌 3	25乙卯 1	25乙酉 1	**26**乙卯㉛	**26**乙酉30
26辛卯11	26辛酉⑫	26庚寅10	26庚申10	26己丑 8	26己未 8	26戊子⑥	26丁巳 4	26丁亥 4	26丙辰 2	26丙戌 2	**1117年**	27丙戌31
27壬辰12	27壬戌13	27辛卯11	27辛酉11	27庚寅 9	27庚申⑨	27己丑 7	27戊午 5	27戊子 5	27丁巳 3	27丁亥③	《1月》	《2月》
28癸巳⑬	28癸亥14	28壬辰12	28壬戌12	28辛卯10	28辛酉10	28庚寅 8	28己未 6	28己丑 6	28戊午 4	28戊子 4	27丙辰 1	28丁亥 1
29甲午14	29甲子15	29癸巳13	29癸亥13	29壬辰⑪	29壬戌11	29辛卯 9	29庚申 7	29庚寅 7	29己未⑤	29己丑 5	28丁巳 2	29戊子 2
30乙未15		30甲午14		30癸巳12			30辛酉 8		30庚申 6		29戊午 3	30己丑 3
											30己未 4	

立春 15日 雨水 30日	啓蟄15日	春分 1日 清明 17日	穀雨 2日 立夏 17日	小満 3日 芒種 19日	夏至 4日 小暑 19日	大暑 5日 立秋 20日	処暑 7日 白露 22日	秋分 7日 寒露 22日	霜降 9日 立冬 24日	小雪 9日 大雪 24日	冬至 10日 小寒 26日	大寒 11日 立春 26日

永久**5**年（1117－1118） 丁酉

1月	2月	3月	4月	5月	6月	7月	8月	9月	10月	11月	12月
1 庚寅④	1 己未 5	1 己丑 4	1 己未 4	1 戊子 2	1 戊午 2	1 丁亥31	1 丙辰29	1 丙戌28	1 乙卯27	1 乙酉26	1 甲寅25
2 辛卯 5	2 庚申 6	2 庚寅 5	2 庚申 5	2 己丑③	2 己未 3	《8月》	2 丁巳30	2 丁亥29	2 丙辰㉘	2 丙戌27	2 乙卯26
3 壬辰 6	3 辛酉 7	3 辛卯 6	3 辛酉⑥	3 庚寅 4	3 庚申 4	**2** 戊子 1	**3** 戊午31	3 戊子㉚	3 丁巳29	3 丁亥28	3 丙辰27
4 癸巳 7	4 壬戌 8	4 壬辰 7	4 壬戌 7	4 辛卯 5	4 辛酉 5	3 己丑 2	《9月》	《10月》	4 戊午30	4 戊子29	4 丁巳28
5 甲午 8	5 癸亥 9	5 癸巳⑧	5 癸亥 8	5 壬辰 6	5 壬戌 6	4 庚寅 3	4 己未 1	**4** 己丑 1	**5** 己未31	**5** 己丑30	5 戊午29
6 乙未 9	6 甲子10	6 甲午 9	6 甲子 9	6 癸巳 7	6 癸亥 7	5 辛卯 4	5 庚申②	5 庚寅 2	《11月》	《12月》	6 己未㉚
7 丙申10	7 乙丑⑪	7 乙未10	7 乙丑10	7 甲午 8	7 甲子⑧	6 壬辰⑤	6 辛酉 3	6 辛卯 3	6 庚申 1	6 庚寅 1	**7** 庚申31
8 丁酉⑪	8 丙寅12	8 丙申11	8 丙寅11	8 乙未 9	8 乙丑 9	7 癸巳 6	7 壬戌 4	7 壬辰 4	7 辛酉 2	7 辛卯②	**1118年**
9 戊戌12	9 丁卯13	9 丁酉12	9 丁卯12	9 丙申⑩	9 丙寅10	8 甲午 7	8 癸亥 5	8 癸巳 5	8 壬戌 3	8 壬辰 3	《1月》
10己亥13	10戊辰14	10戊戌13	10戊辰⑬	10丁酉11	10丁卯11	9 乙未 8	9 甲子 6	9 甲午 6	9 癸亥④	9 癸巳 4	8 辛酉 1
11庚子14	11己巳15	11己亥14	11己巳14	11戊戌12	11戊辰12	10丙申 9	10乙丑 7	10乙未⑦	10甲子 5	10甲午 5	9 壬戌 2
12辛丑15	12庚午16	12庚子⑮	12庚午15	12己亥13	12己巳13	11丁酉10	11丙寅 8	11丙申 8	11乙丑 6	11乙未 6	10癸亥 3
13壬寅16	**13**辛未17	**13**辛丑16	13辛未16	13庚子14	13庚午14	12戊戌11	12丁卯⑨	12丁酉 9	12丙寅 7	12丙申 7	11甲子 4
14癸卯17	14壬申⑱	14壬寅17	**14**壬申17	14辛丑15	14辛未⑮	13己亥⑫	13戊辰10	13戊戌10	13丁卯 8	13丁酉 8	12乙丑 5
15甲辰⑱	15癸酉19	15癸卯18	15癸酉18	**15**壬寅16	**15**壬申16	14庚子13	14己巳11	14己亥11	14戊辰 9	14戊戌⑨	13丙寅⑥
16乙巳19	16甲戌20	16甲辰19	16甲戌19	16癸卯⑰	16癸酉17	15辛丑14	15庚午12	15庚子12	15己巳10	15己亥10	14丁卯 7
17丙午20	17乙亥21	17乙巳20	17乙亥⑳	17甲辰18	17甲戌18	16壬寅15	16辛未13	16辛丑13	16庚午⑪	16庚子11	15戊辰 8
18丁未21	18丙子22	18丙午21	18丙子21	18乙巳19	18乙亥19	**17**癸卯16	17壬申14	17壬寅⑭	17辛未12	17辛丑12	16己巳 9
19戊申22	19丁丑23	19丁未㉒	19丁丑22	19丙午20	19丙子20	18甲辰17	**18**癸酉15	18癸卯15	18壬申13	18壬寅13	17庚午10
20己酉23	20戊寅24	20戊申23	20戊寅23	20丁未21	20丁丑21	19乙巳18	19甲戌⑯	**19**甲辰16	19癸酉14	19癸卯14	18辛未11
21庚戌24	21己卯㉕	21己酉24	21己卯24	21戊申22	21戊寅㉒	20丙午⑲	20乙亥17	20乙巳17	**20**甲戌15	20甲辰15	19壬申12
22辛亥㉕	22庚辰26	22庚戌25	22庚辰25	22己酉23	22己卯23	21丁未20	21丙子18	21丙午18	21乙亥16	**21**乙巳⑯	20癸酉⑬
23壬子26	23辛巳27	23辛亥26	23辛巳26	23庚戌㉔	23庚辰24	22戊申21	22丁丑19	22丁未19	22丙子17	22丙午17	21甲戌14
24癸丑27	24壬午28	24壬子27	24壬午㉗	24辛亥25	24辛巳25	23己酉22	23戊寅20	23戊申20	23丁丑⑱	23丁未18	**22**乙亥15
25甲寅28	25癸未29	25癸丑28	25癸未28	25壬子26	25壬午26	24庚戌23	24己卯21	24己酉㉑	24戊寅19	24戊申19	23丙子16
《3月》	26甲申30	26甲寅㉙	26甲申29	26癸丑27	26癸未27	25辛亥24	25庚辰22	25庚戌22	25己卯20	25己酉20	24丁丑17
26乙卯 1	27乙酉31	27乙卯30	27乙酉30	27甲寅28	27甲申28	26壬子25	26辛巳㉓	26辛亥23	26庚辰21	26庚戌21	25戊寅18
27丙辰 2	《4月》	《5月》	28丙戌31	28乙卯29	28乙酉㉙	27癸丑㉖	27壬午24	27壬子24	27辛巳22	27辛亥22	26己卯19
28丁巳 3	**28**丙戌①	**28**丙辰 1	《6月》	29丙辰30	29丙戌30	28甲寅27	28癸未25	28癸丑25	28壬午23	28壬子㉓	27庚辰⑳
29戊午④	29丁亥 2	29丁巳 2	**29**丁亥 1	《7月》		29乙卯28	29甲申26	29甲寅26	29癸未24	29癸丑24	28辛巳21
	30戊子 3	30戊午 3		**30**丁巳①			30乙酉27		30甲申㉕		29壬午22
											30癸未23
雨水 11日 啓蟄 27日	春分 13日 清明 28日	穀雨 13日 立夏 28日	小満 14日 芒種 29日	夏至 15日 小暑 30日	大暑 15日	立秋 2日 処暑 17日	白露 3日 秋分 18日	寒露 4日 霜降 19日	立冬 5日 小雪 20日	大雪 5日 冬至 21日	小寒 7日 大寒 22日

元永元年〔永久**6**年〕（1118－1119） 戊戌

改元 4/3（永久→元永）

1月	2月	3月	4月	5月	6月	7月	8月	9月	閏9月	10月	11月	12月
1 甲申24	1 癸丑22	1 癸未㉔	1 癸丑23	1 壬午22	1 壬子21	1 辛巳20	1 辛亥19	1 庚辰17	1 庚戌17	**1** 己卯15	1 己酉⑮	1 戊寅13
2 乙酉25	2 甲寅23	2 甲申25	2 甲寅24	2 癸未23	2 癸丑22	2 壬午㉑	2 壬子20	2 辛巳18	2 辛亥18	2 庚辰16	**2** 庚戌16	2 己卯14
3 丙戌26	3 乙卯㉔	3 乙酉26	3 乙卯25	3 甲申24	3 甲寅㉓	3 癸未22	3 癸丑21	3 壬午19	3 壬子19	3 辛巳⑰	3 辛亥17	**3** 庚辰15
4 丁亥㉗	4 丙辰25	4 丙戌27	4 丙辰26	4 乙酉25	4 乙卯24	4 甲申23	4 甲寅22	4 癸未20	4 癸丑⑳	4 壬午18	4 壬子18	4 辛巳16
5 戊子28	5 丁巳26	5 丁亥28	5 丁巳27	5 丙戌㉖	5 丙辰25	5 乙酉24	5 乙卯23	5 甲申21	5 甲寅21	5 癸未19	5 癸丑19	5 壬午17
6 己丑29	6 戊午27	6 戊子29	6 戊午㉘	6 丁亥27	6 丁巳26	6 丙戌25	6 丙辰24	6 乙酉㉒	6 乙卯22	6 甲申20	6 甲寅20	6 癸未18
7 庚寅30	7 己未28	7 己丑30	7 己未29	7 戊子28	7 戊午27	7 丁亥26	7 丁巳㉕	7 丙戌23	7 丙辰23	7 乙酉21	7 乙卯21	7 甲申⑲
8 辛卯31	《3月》	8 庚寅㉛	8 庚申30	8 己丑29	8 己未28	8 戊子27	8 戊午26	8 丁亥24	8 丁巳24	8 丙戌22	8 丙辰㉒	8 乙酉20
《2月》	8 庚申 1	《4月》	《5月》	9 庚寅30	9 庚申29	9 己丑㉘	9 己未27	9 戊子25	9 戊午25	9 丁亥23	9 丁巳23	9 丙戌21
9 壬辰 1	**9** 辛酉 2	**9** 辛卯 1	9 辛酉 1	10辛卯31	10辛酉㉚	10庚寅29	10庚申28	10己丑26	10己未26	10戊子㉔	10戊午24	10丁亥22
10癸巳 2	10壬戌③	10壬辰 2	**10**壬戌 2	《6月》	《7月》	11辛卯30	11辛酉29	11庚寅27	11庚申㉗	11己丑25	11己未25	11戊子23
11甲午③	11癸亥 4	11癸巳 3	11癸亥 3	**11**壬辰 1	11壬戌 1	12壬辰31	12壬戌30	12辛卯28	12辛酉28	12庚寅26	12庚申26	12己丑24
12乙未 4	12甲子 5	12甲午 4	12甲子 4	12癸巳②	**12**癸亥 2	《8月》	**13**癸亥31	13壬辰㉙	13壬戌29	13辛卯27	13辛酉27	13庚寅25
13丙申 5	13乙丑 6	13乙未 5	13乙丑⑤	13甲午 3	13甲子 3	**13**癸巳 1	《9月》	14癸巳30	14癸亥30	14壬辰28	14壬戌28	14辛卯㉖
14丁酉 6	14丙寅 7	14丙申 6	14丙寅 6	14乙未 4	14乙丑 4	14甲午 2	14甲子①	《10月》	**15**甲子31	15癸巳29	15癸亥㉙	15壬辰27
15戊戌 7	15丁卯 8	15丁酉⑦	15丁卯 7	15丙申 5	15丙寅 5	15乙未 3	15乙丑 2	**15**甲午 1	《11月》	16甲午30	16甲子30	16癸巳28
16己亥 8	16戊辰 9	16戊戌 8	16戊辰 8	16丁酉 6	16丁卯 6	16丙申④	16丙寅 3	16乙未 2	16乙丑 1	《12月》	**17**乙丑31	17甲午29
17庚子 9	17己巳⑩	17己亥 9	17己巳 9	17戊戌 7	17戊辰⑦	17丁酉 5	17丁卯 4	17丙申 3	17丙寅 2	**17**乙未①	**1119年**	18乙未30
18辛丑⑩	18庚午11	18庚子10	18庚午10	18己亥 8	18己巳 8	18戊戌 6	18戊辰 5	18丁酉 4	18丁卯③	18丙申 2	《1月》	**19**丙申31
19壬寅11	19辛未12	19辛丑11	19辛未11	19庚子⑨	19庚午 9	19己亥 7	19己巳 6	19戊戌 5	19戊辰 4	19丁酉 3	18丙寅 1	《2月》
20癸卯12	20壬申13	20壬寅12	20壬申⑫	20辛丑10	20辛未10	20庚子 8	20庚午 7	20己亥⑥	20己巳 5	20戊戌 4	19丁卯 2	20丁酉 1
21甲辰13	21癸酉14	21癸卯13	21癸酉13	21壬寅11	21壬申11	21辛丑 9	21辛未⑧	21庚子 7	21庚午 6	21己亥 5	20戊辰 3	21戊戌②
22乙巳14	22甲戌15	22甲辰⑭	22甲戌14	22癸卯12	22癸酉12	22壬寅10	22壬申 9	22辛丑 8	22辛未 7	22庚子 6	21己巳 4	22己亥 3
23丙午15	23乙亥16	23乙巳15	23乙亥15	23甲辰13	23甲戌13	23癸卯⑪	23癸酉10	23壬寅 9	23壬申 8	23辛丑 7	22庚午⑤	23庚子 4
24丁未16	**24**丙子⑰	**24**丙午16	24丙子16	24乙巳14	24乙亥⑭	24甲辰12	24甲戌11	24癸卯10	24癸酉 9	24壬寅⑧	23辛未 6	24辛丑 5
25戊申⑰	25丁丑18	25丁未17	**25**丁丑17	25丙午15	25丙子15	25乙巳13	25乙亥12	25甲辰11	25甲戌⑩	25癸卯 9	24壬申 7	25壬寅 6
26己酉18	26戊寅19	26戊申18	26戊寅18	**26**丁未⑯	26丁丑16	26丙午14	26丙子13	26乙巳12	26乙亥11	26甲辰10	25癸酉 8	26癸卯 7
27庚戌19	27己卯20	27己酉19	27己卯⑲	27戊申17	**27**戊寅17	27丁未15	27丁丑14	27丙午⑬	27丙子12	27乙巳11	26甲戌 9	27甲辰 8
28辛亥20	28庚辰21	28庚戌20	28庚辰20	28己酉18	28己卯18	**28**戊申16	28戊寅⑮	28丁未14	28丁丑13	28丙午12	27乙亥10	28乙巳⑨
29壬子21	29辛巳22	29辛亥㉑	29辛巳21	29庚戌19	29庚辰19	29己酉17	**29**己卯16	29戊申15	29戊寅14	29丁未13	28丙子11	29丙午10
	30壬午23	30壬子22		30辛亥20		30庚戌⑱		**30**己酉16		30戊申14	29丁丑⑫	30丁未11
立春 7日 雨水 23日	啓蟄 9日 春分 24日	清明 9日 穀雨 24日	立夏 10日 小満 25日	芒種 11日 夏至 26日	小暑 12日 大暑 27日	立秋 13日 処暑 28日	白露 13日 秋分 29日	寒露 15日 霜降 30日	立冬15日	小雪 1日 大雪 17日	冬至 2日 小寒 17日	大寒 3日 立春 19日

元永 2 年（1119－1120） 己亥

1月	2月	3月	4月	5月	6月	7月	8月	9月	10月	11月	12月
1 戊申12	1 丁丑13	1 丁未12	1 丙子⑪	1 丙午10	1 丙子10	1 乙巳 8	1 乙亥⑦	1 甲辰 6	1 甲戌 5	1 癸卯 4	1 癸酉 3
2 己酉13	2 戊寅14	2 戊申⑬	2 丁丑12	2 丁未11	2 丁丑11	2 丙午 9	2 丙子 8	2 乙巳 7	2 乙亥 6	2 甲辰 5	2 甲戌④
3 庚戌14	3 己卯15	3 己酉14	3 戊寅13	3 戊申12	3 戊寅12	3 丁未⑩	3 丁丑 9	3 丙午 8	3 丙子 7	3 乙巳 6	3 乙亥 5
4 辛亥15	4 庚辰⑯	4 庚戌15	4 己卯14	4 己酉13	4 己卯⑬	4 戊申11	4 戊寅10	4 丁未 9	4 丁丑 8	4 丙午⑦	4 丙子 6
5 壬子⑯	**5** 辛巳17	5 辛亥16	5 庚辰15	5 庚戌14	5 庚辰14	5 己酉12	5 己卯11	5 戊申10	5 戊寅⑨	5 丁未 8	5 丁丑 7
6 癸丑17	6 壬午18	**6** 壬子17	6 辛巳16	6 辛亥⑮	6 辛巳15	6 庚戌13	6 庚辰12	6 己酉11	6 己卯10	6 戊申 9	6 戊寅 8
7 甲寅18	7 癸未19	7 癸丑18	**7** 壬午17	7 壬子16	7 壬午16	7 辛亥14	7 辛巳13	7 庚戌⑫	7 庚辰11	7 己酉10	7 己卯 9
8 乙卯19	8 甲申20	8 甲寅19	8 癸未⑱	**8** 癸丑17	**8** 癸未17	8 壬子15	8 壬午⑭	8 辛亥13	8 辛巳12	8 庚戌11	8 庚辰10
9 丙辰20	9 乙酉21	9 乙卯⑳	9 甲申19	9 甲寅18	9 甲申18	**9** 癸丑16	9 癸未15	9 壬子14	9 壬午13	9 辛亥12	9 辛巳⑪
10 丁巳21	10 丙戌22	10 丙辰21	10 乙酉20	10 乙卯19	10 乙酉19	10 甲寅⑰	**10** 甲申16	10 癸丑15	10 癸未14	10 壬子13	10 壬午12
11 戊午22	11 丁亥㉓	11 丁巳22	11 丙戌21	11 丙辰20	11 丙戌⑳	11 乙卯18	11 乙酉17	**11** 甲寅16	11 甲申15	11 癸丑⑭	11 癸未13
12 己未㉓	12 戊子24	12 戊午23	12 丁亥22	12 丁巳21	12 丁亥21	12 丙辰19	12 丙戌18	12 乙卯17	**12** 乙酉⑯	12 甲寅15	12 甲申14
13 庚申24	13 己丑25	13 己未24	13 戊子23	13 戊午㉒	13 戊子22	13 丁巳20	13 丁亥19	13 丙辰18	13 丙戌17	**13** 乙卯16	13 乙酉15
14 辛酉25	14 庚寅26	14 庚申25	14 己丑24	14 己未23	14 己丑23	14 戊午21	14 戊子20	14 丁巳⑲	14 丁亥18	14 丙辰17	**14** 丙戌16
15 壬戌26	15 辛卯27	15 辛酉26	15 庚寅㉕	15 庚申24	15 庚寅24	15 己未22	15 己丑㉑	15 戊午20	15 戊子19	15 丁巳18	15 丁亥17
16 癸亥27	16 壬辰28	16 壬戌㉗	16 辛卯26	16 辛酉25	16 辛卯25	16 庚申23	16 庚寅22	16 己未21	16 己丑20	16 戊午19	16 戊子⑱
17 甲子28	17 癸巳29	17 癸亥28	17 壬辰27	17 壬戌26	17 壬辰26	17 辛酉㉔	17 辛卯23	17 庚申22	17 庚寅21	17 己未20	17 己丑19
《3月》	18 甲午㉚	18 甲子29	18 癸巳28	18 癸亥27	18 癸巳㉗	18 壬戌25	18 壬辰24	18 辛酉23	18 辛卯22	18 庚申㉑	18 庚寅20
18 乙丑 1	19 乙未31	19 乙丑30	19 甲午29	19 甲子28	19 甲午28	19 癸亥26	19 癸巳25	19 壬戌24	19 壬辰㉓	19 辛酉22	19 辛卯21
19 丙寅②	《4月》	《5月》	20 乙未30	20 乙丑㉙	20 乙未29	20 甲子27	20 甲午26	20 癸亥25	20 癸巳24	20 壬戌23	20 壬辰22
20 丁卯 3	**20** 丙申 1	20 丙寅 1	21 丙申31	21 丙寅30	21 丙申30	21 乙丑28	21 乙未27	21 甲子㉖	21 甲午25	21 癸亥24	21 癸巳23
21 戊辰 4	21 丁酉 2	**21** 丁卯 2	《6月》	《7月》	22 丁酉31	22 丙寅29	22 丙申㉘	22 乙丑27	22 乙未26	22 甲子25	22 甲午24
22 己巳 5	22 戊戌 3	22 戊辰 3	**22** 丁酉①	22 丁卯 1	《8月》	23 丁卯30	23 丁酉29	23 丙寅28	23 丙申27	23 乙丑26	23 乙未㉕
23 庚午 6	23 己亥 4	23 己巳④	23 戊戌 2	**23** 戊辰 2	**23** 戊戌 1	24 戊辰㉛	24 戊戌30	24 丁卯29	24 丁酉28	24 丙寅27	24 丙申26
24 辛未 7	24 庚子 5	24 庚午 5	24 己亥 3	24 己巳 3	24 己亥 2	《9月》	《10月》	25 戊辰30	25 戊戌29	25 丁卯㉘	25 丁酉27
25 壬申 8	25 辛丑⑥	25 辛未 6	25 庚子 4	25 庚午 4	25 庚子③	**25** 己巳 1	**25** 己亥 1	26 己巳31	26 己亥㉚	26 戊辰29	26 戊戌28
26 癸酉⑨	26 壬寅 7	26 壬申 7	26 辛丑 5	26 辛未 5	26 辛丑 4	26 庚午 2	26 庚子 2	《11月》	《12月》	27 己巳30	27 己亥29
27 甲戌10	27 癸卯 8	27 癸酉 8	27 壬寅 6	27 壬申⑥	27 壬寅 5	27 辛未 3	27 辛丑 3	**27** 庚午 1	**27** 庚子 1	**28** 庚午31	28 庚子30
28 乙亥11	28 甲辰 9	28 甲戌 9	28 癸卯 7	28 癸酉 7	28 癸卯 6	28 壬申 4	28 壬寅 4	28 辛未②	28 辛丑 2	**1120 年**	**29** 辛丑31
29 丙子12	29 乙巳10	29 乙亥10	29 甲辰⑧	29 甲戌 8	29 甲辰 7	29 癸酉 5	29 癸卯⑤	29 壬申 3	29 壬寅 3	《1月》	
	30 丙午11		30 乙巳 9	30 乙亥 9		30 甲戌 6		30 癸酉 4		29 辛未 1	
										30 壬申 2	
雨水 4日 啓蟄 19日	春分 5日 清明 20日	穀雨 6日 立夏 21日	小満 7日 芒種 22日	夏至 8日 小暑 23日	大暑 8日 立秋 23日	処暑 9日 白露 25日	秋分 10日 寒露 25日	霜降 11日 立冬 27日	小雪 12日 大雪 27日	冬至 13日 小寒 28日	大寒 14日 立春 29日

保安元年〔元永 3 年〕（1120－1121） 庚子

改元 4/10（元永→保安）

1月	2月	3月	4月	5月	6月	7月	8月	9月	10月	11月	12月
《2月》	1 壬申 2	1 辛丑31	1 辛未30	1 庚子29	1 庚午28	1 己亥27	1 己巳26	1 己亥25	1 戊辰㉔	1 戊戌23	1 丁卯22
1 壬寅①	2 癸酉 3	《4月》	《5月》	2 辛丑㉚	2 辛未29	2 庚子28	2 庚午27	2 庚子㉖	2 己巳25	2 己亥24	2 戊辰23
2 癸卯 2	3 甲戌 4	**2** 壬寅 1	**2** 壬申 1	3 壬寅31	3 壬申30	3 辛丑29	3 辛未28	3 辛丑27	3 庚午26	3 庚子25	3 己巳24
3 甲辰 3	4 乙亥 5	3 癸卯 2	3 癸酉②	《6月》	《7月》	4 壬寅30	4 壬申㉙	4 壬寅28	4 辛未27	4 辛丑26	4 庚午25
4 乙巳 4	5 丙子 6	4 甲辰 3	4 甲戌 3	**4** 癸卯 1	**4** 癸酉 1	**5** 癸卯31	5 癸酉30	5 癸卯29	5 壬申28	5 壬寅27	5 辛未㉖
5 丙午 5	6 丁丑⑦	5 乙巳④	5 乙亥 4	5 甲辰 2	5 甲戌 2	《8月》	**6** 甲戌31	**6** 甲辰30	6 癸酉29	6 癸卯㉘	6 壬申27
6 丁未 6	7 戊寅 8	6 丙午 5	6 丙子 5	6 乙巳 3	6 乙亥 3	6 甲辰①	《9月》	《10月》	7 甲戌30	7 甲辰29	7 癸酉28
7 戊申 7	8 己卯 9	7 丁未 6	7 丁丑 6	7 丙午 4	7 丙子④	7 乙巳 2	7 乙亥 1	7 乙巳 1	**8** 乙亥㉛	**8** 乙巳30	8 甲戌29
8 己酉⑧	9 庚辰10	8 戊申 7	8 戊寅 7	8 丁未 5	8 丁丑 5	8 丙午 3	8 丙子 2	8 丙午 2	《11月》	《12月》	9 乙亥30
9 庚戌 9	10 辛巳11	9 己酉 8	9 己卯 8	9 戊申⑥	9 戊寅 6	9 丁未 4	9 丁丑 3	9 丁未③	9 丙子 1	9 丙午 1	**10** 丙子31
10 辛亥10	11 壬午12	10 庚戌 9	*10* 庚辰⑨	10 己酉 7	10 己卯 7	10 戊申 5	10 戊寅 4	10 戊申 4	10 丁丑 2	10 丁未 2	**1121 年**
11 壬子11	12 癸未13	11 辛亥10	11 辛巳10	11 庚戌 8	11 庚辰 8	11 己酉 6	11 己卯⑤	11 己酉 5	11 戊寅 3	11 戊申 3	《1月》
12 癸丑12	13 甲申⑭	12 壬子⑪	12 壬午11	12 辛亥 9	12 辛巳 9	12 庚戌 7	12 庚辰 6	12 庚戌 6	12 己卯 4	12 己酉 4	11 丁丑 1
13 甲寅13	14 乙酉15	13 癸丑12	13 癸未12	13 壬子10	13 壬午10	13 辛亥⑧	13 辛巳 7	13 辛亥 7	13 庚辰 5	13 庚戌⑤	12 戊寅②
14 乙卯14	**15** 丙戌16	14 甲寅13	14 甲申13	14 癸丑11	14 癸未⑪	14 壬子 9	14 壬午 8	14 壬子 8	14 辛巳 6	14 辛亥 6	13 己卯 3
15 丙辰⑮	16 丁亥17	15 乙卯14	15 乙酉14	15 甲寅12	15 甲申12	15 癸丑10	15 癸未 9	15 癸丑 9	15 壬午⑦	15 壬子 7	14 庚辰 4
16 丁巳16	17 戊子18	16 丙辰15	16 丙戌15	16 乙卯⑬	16 乙酉13	16 甲寅11	16 甲申10	16 甲寅⑩	16 癸未 8	16 癸丑 8	15 辛巳 5
17 戊午17	18 己丑19	**17** 丁巳16	**17** 丁亥⑯	17 丙辰14	17 丙戌14	17 乙卯12	17 乙酉11	17 乙卯11	17 甲申 9	17 甲寅 9	16 壬午 6
18 己未18	19 庚寅20	18 戊午17	18 戊子17	18 丁巳15	18 丁亥15	18 丙辰13	18 丙戌⑫	18 丙辰12	18 乙酉10	18 乙卯10	17 癸未 7
19 庚申19	20 辛卯㉑	19 己未⑱	19 己丑18	**19** 戊午16	**19** 戊子16	19 丁巳14	19 丁亥13	19 丁巳13	19 丙戌11	19 丙辰11	18 甲申 8
20 辛酉20	21 壬辰22	20 庚申19	20 庚寅19	20 己未17	20 己丑17	20 戊午⑮	20 戊子14	20 戊午14	20 丁亥12	20 丁巳⑫	19 乙酉⑨
21 壬戌21	22 癸巳23	21 辛酉20	21 辛卯20	21 庚申18	21 庚寅⑱	**21** 己未16	**21** 己丑15	21 己未15	21 戊子13	21 戊午13	20 丙戌10
22 癸亥㉒	23 甲午24	22 壬戌21	22 壬辰21	22 辛酉19	22 辛卯19	22 庚申17	22 庚寅16	**22** 庚申16	22 己丑⑭	22 己未14	21 丁亥11
23 甲子23	24 乙未25	23 癸亥22	23 癸巳22	23 壬戌⑳	23 壬辰20	23 辛酉18	23 辛卯17	23 辛酉⑰	**23** 庚寅15	**23** 庚申15	22 戊子12
24 乙丑24	25 丙申26	24 甲子23	24 甲午㉓	24 癸亥21	24 癸巳21	24 壬戌19	24 壬辰18	24 壬戌18	24 辛卯16	24 辛酉16	23 己丑13
25 丙寅25	26 丁酉27	25 乙丑24	25 乙未24	25 甲子22	25 甲午22	25 癸亥20	25 癸巳⑲	25 癸亥19	25 壬辰17	25 壬戌17	24 庚寅14
26 丁卯26	27 戊戌㉘	26 丙寅㉕	26 丙申25	26 乙丑23	26 乙未23	26 甲子21	26 甲午20	26 甲子20	26 癸巳18	26 癸亥18	**25** 辛卯15
27 戊辰27	28 己亥29	27 丁卯26	27 丁酉26	27 丙寅24	27 丙申24	27 乙丑㉒	27 乙未21	27 乙丑21	27 甲午19	27 甲子⑲	26 壬辰⑯
28 己巳28	29 庚子30	28 戊辰27	28 戊戌27	28 丁卯25	28 丁酉㉕	28 丙寅23	28 丙申22	28 丙寅22	28 乙未20	28 乙丑20	27 癸巳17
29 庚午㉙		29 己巳28	29 己亥28	29 戊辰26	29 戊戌26	29 丁卯24	29 丁酉23	29 丁卯23	29 丙申㉑	29 丙寅21	28 甲午18
《3月》		30 庚午29		30 己巳㉗		30 戊辰25	30 戊戌24		30 丁酉22		29 乙未19
30 辛未 1											30 丙申20
雨水 15日 啓蟄 30日	春分 15日	清明 2日 穀雨 17日	立夏 2日 小満 17日	芒種 4日 夏至 19日	小暑 4日 大暑 19日	立秋 5日 処暑 21日	白露 6日 秋分 21日	寒露 6日 霜降 22日	立冬 8日 小雪 23日	大雪 8日 冬至 23日	小寒 10日 大寒 25日

保安2年（1121－1122） 辛丑

1月	2月	3月	4月	5月	閏5月	6月	7月	8月	9月	10月	11月	12月
1 丁酉21	1 丙寅19	1 丙申21	1 乙丑19	1 甲午18	1 甲子17	**1** 癸巳16	1 癸亥15	1 癸巳14	1 癸亥14	1 壬辰12	1 壬戌12	1 辛卯10
2 戊戌22	2 丁卯⑳	2 丁酉22	2 丙寅20	2 乙未19	2 乙丑18	2 甲午⑰	**2** 甲子16	**2** 甲午15	2 甲子15	2 癸巳⑬	2 癸亥13	2 壬辰11
3 己亥㉓	3 戊辰21	3 戊戌23	3 丁卯21	3 丙申20	3 丙寅⑲	3 乙未18	3 乙丑17	3 乙未16	**3** 乙丑⑯	3 甲午14	3 甲子14	3 癸巳12
4 庚子24	4 己巳22	4 己亥24	4 戊辰22	4 丁酉21	4 丁卯20	4 丙申19	4 丙寅18	4 丙申17	4 丙寅17	**4** 乙未15	4 乙丑15	4 甲午13
5 辛丑25	5 庚午23	5 庚子25	5 己巳23	5 戊戌㉒	5 戊辰21	5 丁酉20	5 丁卯19	5 丁酉⑱	5 丁卯18	5 丙申16	**5** 丙寅16	5 乙未14
6 壬寅26	6 辛未24	6 辛丑26	6 庚午㉔	6 己亥23	6 己巳22	6 戊戌21	6 戊辰20	6 戊戌19	6 戊辰19	6 丁酉17	6 丁卯17	**6** 丙申⑮
7 癸卯27	7 壬申25	7 壬寅㉗	7 辛未25	7 庚子24	7 庚午23	7 己亥22	7 己巳㉑	7 己亥20	7 己巳20	7 戊戌18	7 戊辰⑱	7 丁酉16
8 甲辰28	8 癸酉26	8 癸卯28	8 壬申26	8 辛丑25	8 辛未24	8 庚子23	8 庚午22	8 庚子21	8 庚午21	8 己亥19	8 己巳19	8 戊戌17
9 乙巳29	9 甲戌㉗	9 甲辰29	9 癸酉27	9 壬寅26	9 壬申25	9 辛丑㉔	9 辛未23	9 辛丑22	9 辛未22	9 庚子⑳	9 庚午20	9 己亥18
10丙午㉚	10乙亥28	10乙巳30	10甲戌28	10癸卯27	10癸酉㉖	10壬寅25	10壬申24	10壬寅23	10壬申㉓	10辛丑21	10辛未21	10庚子19
11丁未31	《3月》	11丙午31	11乙亥29	11甲辰28	11甲戌27	11癸卯26	11癸酉25	11癸卯24	11癸酉24	11壬寅22	11壬申22	11辛丑20
《2月》	11丙子 1	《4月》	12丙子30	12乙巳㉙	12乙亥28	12甲辰27	12甲戌26	12甲辰㉕	12甲戌25	12癸卯23	12癸酉23	12壬寅21
12戊申 1	**12**丁丑 2	**12**丁未 1	《5月》	13丙午30	13丙子29	13乙巳28	13乙亥27	13乙巳26	13乙亥26	13甲辰24	13甲戌24	13癸卯㉒
13己酉 2	13戊寅 3	13戊申 2	**13**丁丑①	14丁未31	14丁丑30	14丙午29	14丙子㉘	14丙午27	14丙子27	14乙巳25	14乙亥㉕	14甲辰23
14庚戌 3	14己卯 4	14己酉③	14戊寅 2	《6月》	《7月》	15丁未30	15丁丑29	15丁未28	15丁丑28	15丙午26	15丙子26	15乙巳24
15辛亥 4	15庚辰 5	15庚戌 4	15己卯 3	**15**戊申 1	**15**戊寅 1	16戊申㉛	16戊寅30	16戊申29	16戊寅29	16丁未㉗	16丁丑27	16丙午25
16壬子 5	16辛巳⑥	16辛亥 5	16庚辰 4	16己酉 2	16己卯 2	《8月》	**17**己卯31	17己酉30	17己卯㉚	17戊申28	17戊寅28	17丁未26
17癸丑⑥	17壬午 7	17壬子 6	17辛巳 5	17庚戌 3	17庚辰③	**17**己酉 1	《9月》	《10月》	**18**庚辰31	18己酉29	18己卯29	18戊申27
18甲寅 7	18癸未 8	18癸丑 7	18壬午 6	18辛亥 4	18辛巳 4	18庚戌 2	18庚辰 1	**18**庚戌 1	《11月》	**19**庚戌30	19庚辰30	19己酉28
19乙卯 8	19甲申 9	19甲寅 8	19癸未 7	19壬子⑤	19壬午 5	19辛亥 3	19辛巳 2	19辛亥②	19辛巳 1	《12月》	**20**辛巳31	20庚戌㉙
20丙辰 9	20乙酉10	20乙卯 9	20甲申⑧	20癸丑 6	20癸未 6	20壬子 4	20壬午 3	20壬子 3	20壬午 2	20辛亥 1	**1122年**	**21**辛亥30
21丁巳10	21丙戌11	21丙辰⑩	21乙酉 9	21甲寅 7	21甲申 7	21癸丑 5	21癸未④	21癸丑 4	21癸未 3	21壬子 2	《1月》	22壬子31
22戊午11	22丁亥12	22丁巳11	22丙戌10	22乙卯 8	22乙酉 8	22甲寅 6	22甲申 5	22甲寅 5	22甲申 4	22癸丑 3	21壬午①	《2月》
23己未12	23戊子⑬	23戊午12	23丁亥11	23丙辰 9	23丙戌 9	23乙卯⑦	23乙酉 6	23乙卯 6	23乙酉 5	23甲寅④	22癸未 2	23癸丑 1
24庚申⑬	24己丑14	24己未13	24戊子12	24丁巳10	24丁亥⑩	24丙辰 8	24丙戌 7	24丙辰 7	24丙戌⑥	24乙卯 5	23甲申 3	24甲寅 2
25辛酉14	25庚寅15	25庚申14	25己丑13	25戊午11	25戊子11	25丁巳 9	25丁亥 8	25丁巳 8	25丁亥 7	25丙辰 6	24乙酉 4	25乙卯 3
26壬戌15	26辛卯16	26辛酉15	26庚寅14	26己未⑫	26己丑12	26戊午10	26戊子 9	26戊午⑨	26戊子 8	26丁巳 7	25丙戌 5	26丙辰 4
27癸亥16	**27**壬辰17	**27**壬戌16	27辛卯⑮	27庚申13	27庚寅13	27己未11	27己丑10	27己未10	27己丑 9	27戊午 8	26丁亥 6	27丁巳⑤
28甲子17	28癸巳18	28癸亥⑰	28壬辰16	28辛酉14	28辛卯14	28庚申12	28庚寅⑪	28庚申11	28庚寅10	28己未 9	27戊子 7	28戊午 6
29乙丑18	29甲午19	29甲子18	**29**癸巳17	29壬戌15	29壬辰15	29辛酉13	29辛卯12	29辛酉12	29辛卯11	29庚申10	28己丑⑧	29己未 7
	30乙未⑳			**30**癸亥16		30壬戌⑭	30壬辰13	30壬戌13		30辛酉⑪	29庚寅 9	30庚申 8
立春 10日 雨水 25日	啓蟄 12日 春分 27日	清明 12日 穀雨 27日	立夏 13日 小満 29日	芒種 15日 夏至 30日	小暑15日	大暑 1日 立秋 17日	処暑 2日 白露 17日	秋分 2日 寒露 18日	霜降 3日 立冬 18日	小雪 4日 大雪 19日	冬至 5日 小寒 20日	大寒 6日 立春 21日

保安3年（1122－1123） 壬寅

1月	2月	3月	4月	5月	6月	7月	8月	9月	10月	11月	12月
1 辛酉 9	1 庚寅10	1 庚申⑨	1 己丑 8	1 戊午 6	1 戊子 6	1 丁巳 4	1 丁亥③	1 丁巳 3	《11月》	《12月》	**1** 丙戌㉛
2 壬戌10	2 辛卯11	2 辛酉10	2 庚寅 9	2 己未 7	2 己丑 7	2 戊午 5	2 戊子 4	2 戊午 4	1 丙戌 1	**1** 丙辰 1	**1123年**
3 癸亥11	3 壬辰⑫	3 壬戌11	3 辛卯10	3 庚申 8	3 庚寅 8	3 己未⑥	3 己丑 5	3 己未 5	2 丁亥 2	2 丁巳 2	《1月》
4 甲子⑫	4 癸巳13	4 癸亥12	4 壬辰11	4 辛酉 9	4 辛卯⑨	4 庚申 7	4 庚寅 6	4 庚申 6	3 戊子 3	3 戊午③	2 丁亥 1
5 乙丑13	5 甲午14	5 甲子13	5 癸巳12	5 壬戌10	5 壬辰10	5 辛酉 8	5 辛卯 7	5 辛酉 7	4 己丑 4	4 己未 4	3 戊子 2
6 丙寅14	6 乙未15	6 乙丑14	6 甲午13	6 癸亥⑪	6 癸巳11	6 壬戌 9	6 壬辰 8	6 壬戌⑧	5 庚寅⑤	5 庚申 5	4 己丑 3
7 丁卯15	7 丙申16	7 丙寅15	7 乙未⑭	7 甲子12	7 甲午12	7 癸亥10	7 癸巳 9	7 癸亥 9	6 辛卯 6	6 辛酉 6	5 庚寅 4
8 戊辰16	**8** 丁酉17	**8** 丁卯⑯	8 丙申15	8 乙丑13	8 乙未13	8 甲子11	8 甲午⑩	8 甲子10	7 壬辰 7	7 壬戌 7	6 辛卯 5
9 己巳17	9 戊戌18	9 戊辰17	9 丁酉16	9 丙寅14	9 丙申14	9 乙丑12	9 乙未11	9 乙丑11	8 癸巳 8	8 癸亥 8	7 壬辰 6
10庚午18	10己亥⑲	10己巳18	**10**戊戌17	10丁卯15	10丁酉15	10丙寅⑬	10丙申12	10丙寅12	9 甲午 9	9 甲子 9	8 癸巳⑦
11辛未⑲	11庚子20	11庚午19	11己亥18	**11**戊辰16	11戊戌⑯	11丁卯14	11丁酉13	11丁卯13	10乙未10	10乙丑⑩	9 甲午 8
12壬申20	12辛丑21	12辛未20	12庚子19	12己巳17	**12**己亥17	12戊辰15	12戊戌14	12戊辰14	11丙申11	11丙寅11	10乙未 9
13癸酉21	13壬寅22	13壬申21	13辛丑20	13庚午⑱	13庚子18	**13**己巳16	13己亥15	13己巳⑮	12丁酉⑫	12丁卯12	11丙申10
14甲戌22	14癸卯23	14癸酉22	14壬寅㉑	14辛未19	14辛丑19	14庚午17	**14**庚子16	**14**庚午16	13戊戌13	13戊辰13	12丁酉11
15乙亥23	15甲辰24	15甲戌㉓	15癸卯22	15壬申20	15壬寅20	15辛未18	15辛丑⑰	15辛未17	14己亥14	14己巳14	13戊戌12
16丙子24	16乙巳25	16乙亥24	16甲辰23	16癸酉21	16癸卯21	16壬申19	16壬寅18	16壬申18	**15**庚子15	15庚午15	14己亥13
17丁丑25	17丙午㉖	17丙子25	17乙巳24	17甲戌22	17甲辰22	17癸酉⑳	17癸卯19	17癸酉19	16辛丑16	**16**辛未16	15庚子⑭
18戊寅㉖	18丁未27	18丁丑26	18丙午25	18乙亥23	18乙巳㉓	18甲戌21	18甲辰20	18甲戌20	17壬寅17	17壬申⑰	**16**辛丑15
19己卯27	19戊申28	19戊寅27	19丁未26	19丙子24	19丙午24	19乙亥22	19乙巳21	19乙亥21	18癸卯18	18癸酉18	17壬寅16
20庚辰28	20己酉29	20己卯28	20戊申27	20丁丑㉕	20丁未25	20丙子23	20丙午22	20丙子㉒	19甲辰⑲	19甲戌19	18癸卯17
《3月》	21庚戌30	21庚辰29	21己酉㉘	21戊寅26	21戊申26	21丁丑24	21丁未23	21丁丑23	20乙巳20	20乙亥20	19甲辰18
21辛巳 1	22辛亥31	22辛巳㉚	22庚戌29	22己卯27	22己酉27	22戊寅25	22戊申㉔	22戊寅24	21丙午21	21丙子21	20乙巳19
22壬午 2	《4月》	《5月》	23辛亥30	23庚辰28	23庚戌28	23己卯26	23己酉25	23己卯25	22丁未22	22丁丑22	21丙午20
23癸未 3	**23**壬子 1	23壬午 1	24壬子31	24辛巳29	24辛亥29	24庚辰㉗	24庚戌26	24庚辰26	23戊申23	23戊寅23	22丁未㉑
24甲申 4	24癸丑②	**24**癸未 2	《6月》	25壬午30	25壬子㉚	25辛巳28	25辛亥27	25辛巳27	24己酉24	24己卯㉔	23戊申22
25乙酉⑤	25甲寅 3	25甲申 3	**25**癸丑 1	《7月》	26癸丑31	26壬午29	26壬子28	26壬午28	25庚戌25	25庚辰25	24己酉23
26丙戌 6	26乙卯 4	26乙酉 4	26甲寅 2	**26**癸未 1	《8月》	27癸未30	27癸丑29	27癸未㉙	26辛亥㉖	26辛巳26	25庚戌24
27丁亥 7	27丙辰 5	27丙戌 5	27乙卯 3	27甲申②	**27**甲寅 1	**28**甲申31	28甲寅30	28甲申30	27壬子27	27壬午27	26辛亥25
28戊子 8	28丁巳 6	28丁亥 6	28丙辰④	28乙酉 3	28乙卯 2	《9月》	《10月》	**29**乙酉31	28癸丑28	28癸未28	27壬子26
29己丑 9	29戊午 7	29戊子⑦	29丁巳 5	29丙戌 4	29丙辰 3	29乙酉 1	**29**乙卯①		29甲寅29	29甲申29	28癸丑27
	30己未 8			30丁亥 5		30丙戌 2	30丙辰 2		30乙卯30	30乙酉30	29甲寅㉘
雨水 7日 啓蟄 22日	春分 8日 清明 23日	穀雨 8日 立夏 24日	小満 10日 芒種 25日	夏至 11日 小暑 26日	大暑 12日 立秋 27日	処暑 13日 白露 28日	秋分 14日 寒露 29日	霜降 14日 立冬 29日	小雪 15日	大雪 1日 冬至 16日	小寒 1日 大寒 16日

保安4年（1123－1124） 癸卯

1月	2月	3月	4月	5月	6月	7月	8月	9月	10月	11月	12月
1 乙卯29 2 丙辰30 **3** 丁巳31 《2月》 4 戊午 1 5 己未 2 6 庚申 3 7 辛酉④ 8 壬戌 5 9 癸亥 6 10甲子 7 11乙丑 8 12丙寅 9 13丁卯10 14戊辰⑪ 15己巳12 16庚午13 17辛未14 **18**壬申15 19癸酉16 20甲戌17 21乙亥⑱ 22丙子19 23丁丑20 24戊寅21 25己卯22 26庚辰23 27辛巳24 28壬午㉕ 29癸未26 30甲申27	1 乙酉28 《3月》 2 丙戌 1 **3** 丁亥 2 4 戊子 3 5 己丑④ 6 庚寅 5 7 辛卯 6 8 壬辰 7 9 癸巳 8 10甲午 9 11乙未10 12丙申⑪ 13丁酉12 14戊戌13 15己亥14 16庚子15 17辛丑16 **18**壬寅17 19癸卯⑱ 20甲辰19 21乙巳20 22丙午21 23丁未22 24戊申23 25己酉24 26庚戌㉕ 27辛亥26 28壬子27 29癸丑28	1 甲寅29 2 乙卯30 3 丙辰31 《4月》 **4** 丁巳① 5 戊午 2 6 己未 3 7 庚申 4 8 辛酉 5 9 壬戌 6 10癸亥 7 11甲子⑧ 12乙丑 9 13丙寅10 14丁卯11 15戊辰12 16己巳13 17庚午14 18辛未⑮ 19壬申16 **20**癸酉17 21甲戌18 22乙亥19 23丙子20 24丁丑21 25戊寅㉒ 26己卯23 27庚辰24 28辛巳25 29壬午26 30癸未27	1 甲申28 2 乙酉㉙ 3 丙戌30 《5月》 4 丁亥 1 **5** 戊子 2 6 己丑 3 7 庚寅 4 8 辛卯 5 9 壬辰⑥ 10癸巳 7 11甲午 8 12乙未 9 13丙申10 14丁酉11 15戊戌12 16己亥⑬ 17庚子14 18辛丑15 19壬寅16 **20**癸卯17 21甲辰18 22乙巳19 23丙午⑳ 24丁未21 25戊申22 26己酉23 27庚戌24 28辛亥25 29壬子26	1 癸丑㉗ 2 甲寅28 3 乙卯29 4 丙辰30 5 丁巳31 《6月》 **6** 戊午 1 7 己未 2 8 庚申③ 9 辛酉 4 10壬戌 5 11癸亥 6 12甲子 7 13乙丑 8 14丙寅 9 15丁卯⑩ 16戊辰11 17己巳12 18庚午13 19辛未14 20壬申15 21癸酉16 **22**甲戌⑰ 23乙亥18 24丙子19 25丁丑20 26戊寅21 27己卯22 28庚辰23 29辛巳㉔	1 壬午25 2 癸未26 3 甲申27 4 乙酉28 5 丙戌29 6 丁亥30 《7月》 7 戊子① **8** 己丑 2 9 庚寅 3 10辛卯 4 11壬辰 5 12癸巳 6 13甲午 7 14乙未⑧ 15丙申 9 16丁酉10 17戊戌11 18己亥12 19庚子13 20辛丑14 21壬寅⑮ 22癸卯16 **23**甲辰17 24乙巳18 25丙午19 26丁未20 27戊申21 28己酉㉒ 29庚戌23 30辛亥24	1 壬子25 2 癸丑26 3 甲寅27 4 乙卯28 5 丙辰㉙ 6 丁巳30 7 戊午31 《8月》 **8** 己未 1 9 庚申 2 10辛酉 3 11壬戌 4 12癸亥⑤ 13甲子 6 14乙丑 7 15丙寅 8 16丁卯 9 17戊辰10 18己巳11 19庚午⑫ 20辛未13 21壬申14 22癸酉15 **23**甲戌16 24乙亥17 25丙子18 26丁丑⑲ 27戊寅20 28己卯21 29庚辰22	1 辛巳23 2 壬午24 3 癸未25 4 甲申㉖ 5 乙酉27 6 丙戌28 7 丁亥29 8 戊子30 9 己丑31 《9月》 **10**庚寅 1 11辛卯② 12壬辰 3 13癸巳 4 14甲午 5 15乙未 6 16丙申 7 17丁酉 8 18戊戌⑨ 19己亥10 20庚子11 21辛丑12 22壬寅13 23癸卯14 24甲辰15 **25**乙巳⑯ 26丙午17 27丁未18 28戊申19 29己酉20 30庚戌21	1 辛亥22 2 壬子㉓ 3 癸丑24 4 甲寅25 5 乙卯26 6 丙辰27 7 丁巳28 8 戊午29 9 己未㉚ 《10月》 **10**庚申 1 11辛酉 2 12壬戌 3 13癸亥 4 14甲子 5 15乙丑 6 16丙寅⑦ 17丁卯 8 18戊辰 9 19己巳10 20庚午11 21辛未12 22壬申13 23癸酉⑭ 24甲戌15 **25**乙亥16 26丙子17 27丁丑18 28戊寅19 29己卯20	1 庚辰㉑ 2 辛巳22 3 壬午23 4 癸未24 5 甲申25 6 乙酉26 7 丙戌27 8 丁亥㉘ 9 戊子29 10己丑30 **11**庚寅31 《11月》 12辛卯 1 13壬辰 2 14癸巳 3 15甲午④ 16乙未 5 17丙申 6 18丁酉 7 19戊戌 8 20己亥 9 21庚子10 22辛丑⑪ 23壬寅12 24癸卯13 25甲辰14 26乙巳15 **27**丙午16 28丁未17 29戊申⑱ 30己酉19	1 庚戌20 2 辛亥21 3 壬子22 4 癸丑23 5 甲寅24 6 乙卯㉕ 7 丙辰26 8 丁巳27 9 戊午28 10己未29 11庚申30 《12月》 **12**辛酉 1 13壬戌② 14癸亥 3 15甲子 4 16乙丑 5 17丙寅 6 18丁卯 7 19戊辰 8 20己巳⑨ 21庚午10 22辛未11 23壬申12 24癸酉13 25甲戌14 26乙亥15 **27**丙子⑯ 28丁丑17 29戊寅18 30己卯19	1 庚辰20 2 辛巳21 3 壬午22 4 癸未㉓ 5 甲申24 6 乙酉25 7 丙戌26 8 丁亥27 9 戊子28 10己丑29 11庚寅㉚ **12**辛卯31 **1124**年 《1月》 13壬辰 1 14癸巳 2 15甲午 3 16乙未 4 17丙申 5 18丁酉⑥ 19戊戌 7 20己亥 8 21庚子 9 22辛丑10 23壬寅11 24癸卯12 25甲辰⑬ 26乙巳14 27丙午15 **28**丁未16 29戊申17 30己酉18
立春 3日 雨水 18日	啓蟄 3日 春分 18日	清明 4日 穀雨 20日	立夏 5日 小満 20日	芒種 6日 夏至 22日	小暑 8日 大暑 23日	立秋 8日 処暑 23日	白露 10日 秋分 25日	寒露 10日 霜降 25日	立冬 11日 小雪 27日	大雪 12日 冬至 27日	小寒 12日 大寒 28日

天治元年〔保安5年〕（1124－1125） 甲辰

改元 4/3（保安→天治）

1月	2月	閏2月	3月	4月	5月	6月	7月	8月	9月	10月	11月	12月
1 庚戌19 2 辛亥⑳ 3 壬子21 4 癸丑22 5 甲寅23 6 乙卯24 7 丙辰25 8 丁巳26 9 戊午㉗ 10己未28 11庚申29 12辛酉30 **13**壬戌31 《2月》 14癸亥 1 15甲子 2 16乙丑③ 17丙寅 4 18丁卯 5 19戊辰 6 20己巳 7 21庚午 8 22辛未 9 23壬申⑩ 24癸酉11 25甲戌12 26乙亥13 27丙子14 **28**丁丑15 29戊寅16	1 己卯⑰ 2 庚辰18 3 辛巳19 4 壬午20 5 癸未21 6 甲申22 7 乙酉23 8 丙戌㉔ 9 丁亥25 10戊子26 11己丑27 12庚寅28 13辛卯29 《3月》 **14**壬辰 1 15癸巳② 16甲午 3 17乙未 4 18丙申 5 19丁酉 6 20戊戌 7 21己亥 8 22庚子⑨ 23辛丑10 24壬寅11 25癸卯12 26甲辰13 27乙巳14 28丙午15 **29**丁未⑯ 30戊申17	1 己酉18 2 庚戌19 3 辛亥20 4 壬子21 5 癸丑22 6 甲寅㉓ 7 乙卯24 8 丙辰25 9 丁巳26 10戊午27 11己未28 12庚申29 13辛酉㉚ 14壬戌31 《4月》 **15**癸亥 1 16甲子 2 17乙丑 3 18丙寅 4 19丁卯 5 20戊辰⑥ 21己巳 7 22庚午 8 23辛未 9 24壬申10 25癸酉11 26甲戌12 27乙亥⑬ 28丙子14 29丁丑15	**1** 戊寅16 2 己卯17 3 庚辰18 4 辛巳19 5 壬午⑳ 6 癸未21 7 甲申22 8 乙酉23 9 丙戌24 10丁亥25 11戊子26 12己丑㉗ 13庚寅28 14辛卯29 15壬辰30 《5月》 **16**癸巳 1 17甲午 2 18乙未 3 19丙申④ 20丁酉 5 21戊戌 6 22己亥 7 23庚子 8 24辛丑 9 25壬寅10 26癸卯⑪ 27甲辰12 28乙巳13 29丙午14 30丁未15	**1** 戊申16 2 己酉17 3 庚戌⑱ 4 辛亥19 5 壬子20 6 癸丑21 7 甲寅22 8 乙卯23 9 丙辰24 10丁巳㉕ 11戊午26 12己未27 13庚申28 14辛酉29 15壬戌30 16癸亥31 《6月》 **17**甲子① 18乙丑 2 19丙寅 3 20丁卯 4 21戊辰 5 22己巳 6 23庚午 7 24辛未⑧ 25壬申 9 26癸酉10 27甲戌11 28乙亥12 29丙子13	1 丁丑14 2 戊寅⑮ **3** 己卯16 4 庚辰17 5 辛巳18 6 壬午19 7 癸未20 8 甲申21 9 乙酉㉒ 10丙戌23 11丁亥24 12戊子25 13己丑26 14庚寅27 15辛卯28 16壬辰㉙ 17癸巳30 《7月》 **18**甲午 1 19乙未 2 20丙申 3 21丁酉 4 22戊戌 5 23己亥⑥ 24庚子 7 25辛丑 8 26壬寅 9 27癸卯10 28甲辰11 29乙巳12	1 丙午⑬ 2 丁未14 3 戊申15 **4** 己酉16 5 庚戌17 6 辛亥18 7 壬子19 8 癸丑⑳ 9 甲寅21 10乙卯22 11丙辰23 12丁巳24 13戊午25 14己未26 15庚申㉗ 16辛酉28 17壬戌29 18癸亥30 **19**甲子31 《8月》 20乙丑 1 21丙寅 2 22丁卯③ 23戊辰 4 24己巳 5 25庚午 6 26辛未 7 27壬申 8 28癸酉 9 29甲戌⑩ 30乙亥11	1 丙子12 2 丁丑13 3 戊寅14 4 己卯15 **5** 庚辰16 6 辛巳⑰ 7 壬午18 8 癸未19 9 甲申20 10乙酉21 11丙戌22 12丁亥23 13戊子㉔ 14己丑25 15庚寅26 16辛卯27 17壬辰28 18癸巳29 19甲午30 **20**乙未㉛ 《9月》 21丙申 1 22丁酉 2 23戊戌 3 24己亥 4 25庚子 5 26辛丑 6 27壬寅⑦ 28癸卯 8 29甲辰 9	1 乙巳10 2 丙午11 3 丁未12 4 戊申13 5 己酉⑭ **6** 庚戌15 7 辛亥16 8 壬子17 9 癸丑18 10甲寅19 11乙卯20 12丙辰㉑ 13丁巳22 14戊午23 15己未24 16庚申25 17辛酉26 18壬戌27 19癸亥㉘ 20甲子29 **21** 乙丑30 《10月》 22丙寅 1 23丁卯 2 24戊辰 3 25己巳 4 26庚午⑤ 27辛未 6 28壬申 7 29癸酉 8	1 甲戌 9 2 乙亥10 3 丙子11 4 丁丑⑫ 5 戊寅13 6 己卯14 7 庚辰15 **8** 辛巳16 9 壬午17 10癸未18 11甲申⑲ 12乙酉20 13丙戌21 14丁亥22 15戊子23 16己丑24 17庚寅25 18辛卯㉖ 19壬辰27 20癸巳28 21甲午29 22乙未30 **23**丙申31 《11月》 24丁酉 1 25戊戌② 26己亥 3 27庚子 4 28辛丑 5 29壬寅 6 30癸卯 7	1 甲辰 8 2 乙巳⑨ 3 丙午10 4 丁未11 5 戊申12 6 己酉13 7 庚戌14 **8** 辛亥15 9 壬子⑯ 10癸丑17 11甲寅18 12乙卯19 13丙辰20 14丁巳21 15戊午22 16己未㉓ 17庚申24 18辛酉25 19壬戌26 20癸亥27 21甲子28 22乙丑29 **23**丙寅㉚ 《12月》 24丁卯 1 25戊辰 2 26己巳 3 27庚午 4 28辛未 5 29壬申 6 30癸酉⑦	1 甲戌 8 2 乙亥 9 3 丙子10 4 丁丑11 5 戊寅12 6 己卯13 7 庚辰⑭ **8** 辛巳15 9 壬午16 10癸未17 11甲申18 12乙酉19 13丙戌20 14丁亥㉑ 15戊子22 16己丑23 17庚寅24 18辛卯25 19壬辰26 20癸巳27 21甲午㉘ 22乙未29 23丙申30 **24**丁酉31 **1125**年 《1月》 25戊戌 1 26己亥 2 27庚子 3 28辛丑④ 29壬寅 5 30癸卯 6	1 甲辰 7 2 乙巳 8 3 丙午 9 4 丁未10 5 戊申⑪ 6 己酉12 7 庚戌13 8 辛亥14 **9** 壬子15 10癸丑16 11甲寅17 12乙卯⑱ 13丙辰19 14丁巳20 15戊午21 16己未22 17庚申23 18辛酉24 19壬戌㉕ 20癸亥26 21甲子27 22乙丑28 23丙寅29 **24**丁卯30 25戊辰31 《2月》 26己巳① 27庚午 2 28辛未 3 29壬申 4
立春 13日 雨水 28日	啓蟄 14日 春分 29日	清明15日	穀雨 1日 立夏 16日	小満 1日 芒種 17日	夏至 3日 小暑 18日	大暑 4日 立秋 19日	処暑 5日 白露 20日	秋分 6日 寒露 21日	霜降 8日 立冬 23日	小雪 8日 大雪 23日	冬至 8日 小寒 24日	大寒 9日 立春 24日

天治**2**年（1125－1126） 乙巳

1月	2月	3月	4月	5月	6月	7月	8月	9月	10月	11月	12月
1 癸酉 5	1 癸卯 7	1 癸酉 6	1 壬寅 5	1 壬申 4	1 辛丑 3	《8月》	**1** 庚子 31	1 己巳 29	1 戊戌 28	1 戊辰 27	1 戊戌 ㉗
2 甲戌 6	2 甲辰 ⑧	2 甲戌 7	2 癸卯 6	2 癸酉 5	2 壬寅 4	**1** 庚午 1	《9月》	2 庚午 30	2 己亥 29	2 己巳 28	2 己亥 28
3 乙亥 7	3 乙巳 9	3 乙亥 8	3 甲辰 7	3 甲戌 6	3 癸卯 ⑤	2 辛未 ②	2 辛丑 1	《10月》	3 庚子 30	3 庚午 ㉙	3 庚子 29
4 丙子 ⑧	4 丙午 10	4 丙子 9	4 乙巳 8	4 乙亥 ⑦	4 甲辰 6	3 壬申 3	3 壬寅 2	**3** 辛未 1	**4** 辛丑 31	**4** 辛未 30	4 辛丑 30
5 丁丑 9	5 丁未 11	5 丁丑 10	5 丙午 9	5 丙子 8	5 乙巳 7	4 癸酉 4	4 癸卯 3	4 壬申 2	《11月》	《12月》	**5** 壬寅 31
6 戊寅 10	6 戊申 12	6 戊寅 11	6 丁未 ⑩	6 丁丑 9	6 丙午 8	5 甲戌 5	5 甲辰 4	5 癸酉 3	5 壬寅 ①	5 壬申 1	**1126年**
7 己卯 11	7 己酉 13	7 己卯 ⑫	7 戊申 11	7 戊寅 10	7 丁未 9	6 乙亥 6	6 乙巳 5	6 甲戌 ④	6 癸卯 2	6 癸酉 2	《1月》
8 庚辰 12	8 庚戌 14	8 庚辰 13	8 己酉 12	8 己卯 11	8 戊申 10	7 丙子 7	7 丙午 ⑥	7 乙亥 5	7 甲辰 3	7 甲戌 3	6 癸卯 1
9 辛巳 13	9 辛亥 ⑮	9 辛巳 14	9 庚戌 13	9 庚辰 12	9 己酉 11	8 丁丑 8	8 丁未 7	8 丙子 6	8 乙巳 4	8 乙亥 4	7 甲辰 2
10 壬午 14	10 壬子 16	10 壬午 15	10 辛亥 14	10 辛巳 13	10 庚戌 ⑫	9 戊寅 ⑨	9 戊申 8	9 丁丑 7	9 丙午 5	9 丙子 5	8 乙巳 ③
11 癸未 ⑮	**11** 癸丑 17	**11** 癸未 16	11 壬子 15	11 壬午 ⑭	11 辛亥 13	10 己卯 10	10 己酉 9	10 戊寅 8	10 丁未 6	10 丁丑 ⑥	9 丙午 4
12 甲申 16	12 甲寅 18	12 甲申 17	12 癸丑 16	12 癸未 15	12 壬子 14	11 庚辰 11	11 庚戌 10	11 己卯 9	11 戊申 7	11 戊寅 7	10 丁未 5
13 乙酉 17	13 乙卯 19	13 乙酉 18	**13** 甲寅 ⑰	**13** 甲申 16	13 癸丑 15	12 辛巳 12	12 辛亥 11	12 庚辰 10	12 己酉 ⑧	12 己卯 8	11 戊申 6
14 丙戌 18	14 丙辰 20	14 丙戌 ⑲	14 乙卯 18	14 乙酉 17	**14** 甲寅 16	13 壬午 13	13 壬子 12	13 辛巳 ⑪	13 庚戌 9	13 庚辰 9	12 己酉 7
15 丁亥 19	15 丁巳 21	15 丁亥 20	15 丙辰 19	15 丙戌 18	15 乙卯 17	14 癸未 14	14 癸丑 ⑬	14 壬午 12	14 辛亥 10	14 辛巳 10	13 庚戌 8
16 戊子 20	16 戊午 ㉒	16 戊子 21	16 丁巳 20	16 丁亥 19	16 丙辰 18	15 甲申 15	15 甲寅 14	15 癸未 13	15 壬子 11	15 壬午 11	14 辛亥 9
17 己丑 21	17 己未 23	17 己丑 22	17 戊午 21	17 戊子 20	17 丁巳 ⑲	**16** 乙酉 ⑯	**16** 乙卯 15	16 甲申 14	16 癸丑 12	16 癸未 12	15 壬子 ⑩
18 庚寅 ㉒	18 庚申 24	18 庚寅 23	18 己未 22	18 己丑 ㉑	18 戊午 20	17 丙戌 17	17 丙辰 16	17 乙酉 15	17 甲寅 13	17 甲申 ⑬	16 癸丑 11
19 辛卯 23	19 辛酉 25	19 辛卯 24	19 庚申 23	19 庚寅 22	19 己未 21	18 丁亥 18	18 丁巳 17	**18** 丙戌 16	18 乙卯 14	18 乙酉 14	17 甲寅 12
20 壬辰 24	20 壬戌 26	20 壬辰 25	20 辛酉 ㉔	20 辛卯 23	20 庚申 22	19 戊子 19	19 戊午 18	19 丁亥 17	**19** 丙辰 ⑮	19 丙戌 15	18 乙卯 13
21 癸巳 25	21 癸亥 27	21 癸巳 ㉖	21 壬戌 25	21 壬辰 24	21 辛酉 23	20 己丑 20	20 己未 19	20 戊子 ⑱	20 丁巳 16	**20** 丁亥 16	19 丙辰 14
22 甲午 26	22 甲子 28	22 甲午 27	22 癸亥 26	22 癸巳 25	22 壬戌 24	21 庚寅 21	21 庚申 ⑳	21 己丑 19	21 戊午 17	21 戊子 17	**20** 丁巳 15
23 乙未 27	23 乙丑 ㉙	23 乙未 28	23 甲子 27	23 甲午 26	23 癸亥 25	22 辛卯 22	22 辛酉 21	22 庚寅 20	22 己未 18	22 己丑 18	21 戊午 16
24 丙申 28	24 丙寅 30	24 丙申 29	24 乙丑 28	24 乙未 27	24 甲子 ㉖	23 壬辰 ㉓	23 壬戌 22	23 辛卯 21	23 庚申 19	23 庚寅 19	22 己未 ⑰
《3月》	25 丁卯 31	25 丁酉 30	25 丙寅 29	25 丙申 ㉘	25 乙丑 27	24 癸巳 24	24 癸亥 23	24 壬辰 22	24 辛酉 20	24 辛卯 ⑳	23 庚申 18
25 丁酉 ①	《4月》	《5月》	26 丁卯 30	26 丁酉 29	26 丙寅 28	25 甲午 25	25 甲子 24	25 癸巳 23	25 壬戌 21	25 壬辰 21	24 辛酉 19
26 戊戌 2	**26** 戊辰 1	**26** 戊戌 1	27 戊辰 ㉛	27 戊戌 30	27 丁卯 29	26 乙未 26	26 乙丑 25	26 甲午 24	26 癸亥 ㉒	26 癸巳 22	25 壬戌 20
27 己亥 3	27 己巳 2	27 己亥 2	《6月》	《7月》	28 戊辰 30	27 丙申 27	27 丙寅 26	27 乙未 ㉕	27 甲子 23	27 甲午 23	26 癸亥 21
28 庚子 4	28 庚午 3	28 庚子 ③	**28** 己巳 1	**28** 己亥 1	29 己巳 31	28 丁酉 28	28 丁卯 ㉗	28 丙申 26	28 乙丑 24	28 乙未 24	27 甲子 22
29 辛丑 5	29 辛未 4	29 辛丑 4	29 庚午 2	29 庚子 2		29 戊戌 29	29 戊辰 28	29 丁酉 27	29 丙寅 25	29 丙申 25	28 乙丑 23
30 壬寅 6	30 壬申 ⑤		30 辛未 3			30 己亥 ㉚			30 丁卯 26	30 丁酉 26	29 丙寅 ㉔
雨水 10日 啓蟄 25日	春分 11日 清明 26日	穀雨 11日 立夏 26日	小満 13日 芒種 28日	夏至 13日 小暑 28日	大暑 14日	立秋 1日 処暑 16日	白露 1日 秋分 16日	寒露 3日 霜降 18日	立冬 4日 小雪 19日	大雪 4日 冬至 20日	小寒 5日 大寒 20日

大治元年〔天治**3**年〕（1126－1127） 丙午

改元 1/22（天治→大治）

1月	2月	3月	4月	5月	6月	7月	8月	9月	10月	閏10月	11月	12月
1 丁卯 25	1 丁酉 24	1 丁卯 26	1 丁酉 ㉕	1 丙寅 24	1 丙申 23	1 乙丑 22	1 甲午 20	1 甲子 ⑲	1 癸巳 18	1 壬戌 16	**1** 壬辰 16	**1** 壬戌 15
2 戊辰 26	2 戊戌 25	2 戊辰 27	2 戊戌 26	2 丁卯 25	2 丁酉 24	2 丙寅 23	2 乙未 21	2 乙丑 20	2 甲午 19	2 癸亥 17	2 癸巳 17	2 癸亥 ⑯
3 己巳 27	3 己亥 26	3 己巳 ㉘	3 己亥 27	3 戊辰 26	3 戊戌 25	3 丁卯 24	3 丙申 ㉒	3 丙寅 21	3 乙未 20	3 甲子 18	3 甲午 18	3 甲子 17
4 庚午 28	4 庚子 27	4 庚午 29	4 庚子 28	4 己巳 27	4 己亥 26	4 戊辰 ㉕	4 丁酉 23	4 丁卯 22	4 丙申 21	4 乙丑 19	4 乙未 ⑲	4 乙丑 18
5 辛未 29	5 辛丑 ㉘	5 辛未 30	5 辛丑 29	5 庚午 28	5 庚子 ㉗	5 己巳 26	5 戊戌 24	5 戊辰 23	5 丁酉 22	5 丙寅 20	5 丙申 20	5 丙寅 19
6 壬申 30	《3月》	6 壬申 31	6 壬寅 30	6 辛未 29	6 辛丑 28	6 庚午 27	6 己亥 25	6 己巳 24	6 戊戌 23	6 丁卯 ㉑	6 丁酉 21	6 丁卯 20
7 癸酉 ㉛	6 壬寅 1	《4月》	《5月》	7 壬申 ㉚	7 壬寅 29	7 辛未 28	7 庚子 26	7 庚午 25	7 己亥 ㉔	7 戊辰 22	7 戊戌 22	7 戊辰 21
《2月》	**7** 癸卯 2	**7** 癸酉 1	7 癸卯 1	8 癸酉 31	8 癸卯 30	8 壬申 29	8 辛丑 27	8 辛未 ㉖	8 庚子 25	8 己巳 23	8 己亥 23	8 己巳 22
8 甲戌 1	8 甲辰 3	8 甲戌 2	**8** 甲辰 ②	《6月》	《7月》	9 癸酉 30	9 壬寅 28	9 壬申 27	9 辛丑 26	9 庚午 24	9 庚子 24	9 庚午 ㉓
9 乙亥 2	9 乙巳 4	9 乙亥 3	9 乙巳 3	**9** 甲戌 1	**9** 甲辰 1	10 甲戌 31	10 癸卯 ㉙	10 癸酉 28	10 壬寅 27	10 辛未 25	10 辛丑 25	10 辛未 24
10 丙子 3	10 丙午 5	10 丙子 ④	10 丙午 4	10 乙亥 2	10 乙巳 2	《8月》	11 甲辰 30	11 甲戌 29	11 癸卯 28	11 壬申 26	11 壬寅 ㉖	11 壬申 25
11 丁丑 4	11 丁未 6	11 丁丑 5	11 丁未 5	11 丙子 3	11 丙午 3	**11** 乙亥 ①	**12** 乙巳 31	12 乙亥 30	12 甲辰 29	12 癸酉 27	12 癸卯 27	12 癸酉 26
12 戊寅 5	12 戊申 ⑦	12 戊寅 6	12 戊申 6	12 丁丑 4	12 丁未 ④	12 丙子 2	《9月》	《10月》	13 乙巳 30	13 甲戌 ㉘	13 甲辰 28	13 甲戌 27
13 己卯 6	13 己酉 8	13 己卯 7	13 己酉 7	13 戊寅 5	13 戊申 5	13 丁丑 3	13 丙午 1	**13** 丙子 1	**14** 丙午 ㉛	14 乙亥 29	14 乙巳 29	14 乙亥 28
14 庚辰 ⑦	14 庚戌 9	14 庚辰 8	14 庚戌 8	14 己卯 ⑥	14 己酉 6	14 戊寅 4	14 丁未 2	14 丁丑 2	《11月》	15 丙子 30	15 丙午 30	15 丙子 29
15 辛巳 8	15 辛亥 10	15 辛巳 9	15 辛亥 ⑨	15 庚辰 7	15 庚戌 7	15 己卯 5	15 戊申 3	15 戊寅 ③	15 丁未 1	《12月》	**16** 丁未 31	16 丁丑 ㉚
16 壬午 9	16 壬子 11	16 壬午 10	16 壬子 10	16 辛巳 8	16 辛亥 8	16 庚辰 6	16 己酉 4	16 己卯 4	16 戊申 2	**16** 丁丑 1	**1127年**	**17** 戊寅 31
17 癸未 10	17 癸丑 12	17 癸未 ⑪	17 癸丑 11	17 壬午 9	17 壬子 9	17 辛巳 7	17 庚戌 ⑤	17 庚辰 5	17 己酉 3	17 戊寅 2	《1月》	《2月》
18 甲申 11	18 甲寅 13	18 甲申 12	18 甲寅 12	18 癸未 10	18 癸丑 10	18 壬午 ⑧	18 辛亥 6	18 辛巳 6	18 庚戌 4	18 己卯 3	17 戊申 1	18 己卯 1
19 乙酉 12	19 乙卯 ⑭	19 乙酉 13	19 乙卯 13	19 甲申 11	19 甲寅 ⑪	19 癸未 9	19 壬子 7	19 壬午 7	19 辛亥 5	19 庚辰 4	18 己酉 ②	19 庚辰 2
20 丙戌 13	20 丙辰 15	20 丙戌 14	20 丙辰 14	20 乙酉 12	20 乙卯 12	20 甲申 10	20 癸丑 8	20 癸未 8	20 壬子 6	20 辛巳 ⑤	19 庚戌 3	20 辛巳 3
21 丁亥 ⑭	21 丁巳 16	21 丁亥 15	21 丁巳 15	21 丙戌 ⑬	21 丙辰 13	21 乙酉 11	21 甲寅 9	21 甲申 9	21 癸丑 ⑦	21 壬午 6	20 辛亥 4	21 壬午 4
22 戊子 15	**22** 戊午 17	**22** 戊子 16	22 戊午 ⑯	22 丁亥 14	22 丁巳 14	22 丙戌 12	22 乙卯 10	22 乙酉 ⑩	22 甲寅 8	22 癸未 7	21 壬子 5	22 癸未 5
23 己丑 16	23 己未 18	23 己丑 17	**23** 己未 17	23 戊子 15	23 戊午 15	23 丁亥 13	23 丙辰 11	23 丙戌 11	23 乙卯 9	23 甲申 8	22 癸丑 6	23 甲申 ⑥
24 庚寅 17	24 庚申 19	24 庚寅 ⑱	24 庚申 18	**24** 己丑 16	24 己未 16	24 戊子 14	24 丁巳 ⑫	24 丁亥 12	24 丙辰 10	24 乙酉 9	23 甲寅 7	24 乙酉 7
25 辛卯 18	25 辛酉 20	25 辛卯 19	25 辛酉 19	25 庚寅 17	**25** 庚申 17	25 己丑 ⑮	25 戊午 13	25 戊子 13	25 丁巳 11	25 丙戌 10	24 乙卯 8	25 丙戌 8
26 壬辰 19	26 壬戌 ㉑	26 壬辰 20	26 壬戌 20	26 辛卯 18	26 辛酉 ⑱	**26** 庚寅 16	26 己未 14	26 己丑 14	26 戊午 12	26 丁亥 11	25 丙辰 ⑨	26 丁亥 9
27 癸巳 20	27 癸亥 22	27 癸巳 21	27 癸亥 21	27 壬辰 19	27 壬戌 19	27 辛卯 17	27 庚申 15	27 庚寅 15	27 己未 13	27 戊子 ⑫	26 丁巳 10	27 戊子 10
28 甲午 ㉑	28 甲子 23	28 甲午 22	28 甲子 22	28 癸巳 ⑳	28 癸亥 20	28 壬辰 18	**28** 辛酉 16	**28** 辛卯 16	28 庚申 ⑭	28 己丑 13	27 戊午 11	28 己丑 11
29 乙未 22	29 乙丑 24	29 乙未 23	29 乙丑 ㉓	29 甲午 21	29 甲子 21	29 癸巳 19	29 壬戌 17	29 壬辰 ⑰	**29** 辛酉 15	29 庚寅 14	28 己未 12	29 庚寅 12
30 丙申 23	30 丙寅 25	30 丙申 24		30 乙未 22			30 癸亥 18			30 辛卯 15	29 庚申 13	
											30 辛酉 14	
立春 6日 雨水 22日	啓蟄 7日 春分 22日	清明 7日 穀雨 22日	立夏 8日 小満 23日	芒種 9日 夏至 24日	小暑 9日 大暑 25日	立秋 11日 処暑 26日	白露 12日 秋分 28日	寒露 13日 霜降 28日	立冬 14日 小雪 29日	大雪 16日	冬至 1日 小寒 16日	大寒 1日 立春 17日

大治**2**年（1127－1128） 丁未

1月	2月	3月	4月	5月	6月	7月	8月	9月	10月	11月	12月
1 辛卯⑬	1 辛酉15	1 辛卯14	1 庚申13	1 庚寅⑫	1 己未11	1 己丑10	1 戊午 8	1 戊子 8	1 丁巳⑥	1 丁亥 6	1 丙辰 4
2 壬辰14	2 壬戌16	2 壬辰15	2 辛酉14	2 辛卯13	2 庚申12	2 庚寅11	2 己未 9	2 己丑⑨	2 戊午 7	2 戊子 7	2 丁巳 5
3 癸巳15	**3** 癸亥17	3 癸巳16	3 壬戌⑮	3 壬辰14	3 辛酉13	3 辛卯12	3 庚申10	3 庚寅10	3 己未 8	3 己丑 8	3 戊午 6
4 甲午16	4 甲子18	**4** 甲午⑰	4 癸亥16	4 癸巳15	4 壬戌14	4 壬辰13	4 辛酉⑪	4 辛卯11	4 庚申 9	4 庚寅 9	4 己未 7
5 乙未17	5 乙丑19	5 乙未18	**5** 甲子17	**5** 甲午16	5 癸亥15	5 癸巳⑭	5 壬戌12	5 壬辰12	5 辛酉10	5 辛卯10	5 庚申⑧
6 丙申18	6 丙寅⑳	6 丙申19	6 乙丑18	6 乙未17	6 甲子16	6 甲午15	6 癸亥13	6 癸巳13	6 壬戌11	6 壬辰⑪	6 辛酉 9
7 丁酉19	7 丁卯21	7 丁酉20	7 丙寅19	7 丙申18	**7** 乙丑⑰	**7** 乙未16	7 甲子14	7 甲午14	7 癸亥12	7 癸巳12	7 壬戌10
8 戊戌⑳	8 戊辰22	8 戊戌21	8 丁卯20	8 丁酉⑲	8 丙寅18	8 丙申17	8 乙丑15	8 乙未15	8 甲子⑬	8 甲午13	8 癸亥11
9 己亥21	9 己巳23	9 己亥22	9 戊辰21	9 戊戌20	9 丁卯19	9 丁酉18	**9** 丙寅16	**9** 丙申⑯	9 乙丑14	9 乙未14	9 甲子12
10 庚子22	10 庚午24	10 庚子23	10 己巳㉒	10 己亥21	10 戊辰20	10 戊戌19	10 丁卯17	10 丁酉17	10 丙寅15	10 丙申15	10 乙丑13
11 辛丑23	11 辛未25	11 辛丑㉔	11 庚午23	11 庚子22	11 己巳21	11 己亥20	11 戊辰⑱	11 戊戌18	**11** 丁卯16	**11** 丁酉16	11 丙寅14
12 壬寅24	12 壬申26	12 壬寅25	12 辛未24	12 辛丑23	12 庚午22	12 庚子㉑	12 己巳19	12 己亥19	12 戊辰17	12 戊戌17	12 丁卯⑮
13 癸卯25	13 癸酉㉗	13 癸卯26	13 壬申25	13 壬寅24	13 辛未23	13 辛丑22	13 庚午20	13 庚子20	13 己巳18	13 己亥⑱	**13** 戊辰16
14 甲辰26	14 甲戌28	14 甲辰27	14 癸酉26	14 癸卯25	14 壬申㉔	14 壬寅23	14 辛未21	14 辛丑21	14 庚午19	14 庚子19	14 己巳17
15 乙巳㉗	15 乙亥29	15 乙巳28	15 甲戌27	15 甲辰㉖	15 癸酉25	15 癸卯24	15 壬申22	15 壬寅22	15 辛未⑳	15 辛丑20	15 庚午18
16 丙午28	16 丙子30	16 丙午29	16 乙亥28	16 乙巳27	16 甲戌26	16 甲辰25	16 癸酉23	16 癸卯㉓	16 壬申21	16 壬寅21	16 辛未19
《3月》	17 丁丑31	17 丁未30	17 丙子㉙	17 丙午28	17 乙亥27	17 乙巳26	17 甲戌24	17 甲辰24	17 癸酉22	17 癸卯22	17 壬申20
17 丁未 1	《4月》	《5月》	18 丁丑30	18 丁未29	18 丙子28	18 丙午27	18 乙亥㉕	18 乙巳25	18 甲戌23	18 甲辰23	18 癸酉21
18 戊申 2	**18** 戊寅 1	18 戊申①	19 戊寅31	19 戊申30	19 丁丑29	19 丁未㉘	19 丙子26	19 丙午26	19 乙亥24	19 乙巳24	19 甲戌㉒
19 己酉 3	19 己卯 2	**19** 己酉 2	《6月》	《7月》	20 戊寅30	20 戊申29	20 丁丑27	20 丁未27	20 丙子25	20 丙午㉕	20 乙亥23
20 庚戌 4	20 庚辰③	20 庚戌 3	**20** 己卯 1	20 己酉 1	21 己卯㉛	21 己酉30	21 戊寅28	21 戊申28	21 丁丑26	21 丁未26	21 丙子24
21 辛亥 5	21 辛巳 4	21 辛亥 4	21 庚辰 2	**21** 庚戌 2	《8月》	22 庚戌31	22 己卯29	22 己酉29	22 戊寅㉗	22 戊申27	22 丁丑25
22 壬子⑥	22 壬午 5	22 壬子 5	22 辛巳 3	22 辛亥③	**22** 庚辰 1	《9月》	23 庚辰30	23 庚戌㉚	23 己卯28	23 己酉28	23 戊寅26
23 癸丑 7	23 癸未 6	23 癸丑 6	23 壬午 4	23 壬子 4	23 辛巳 2	**23** 辛亥 1	《10月》	**24** 辛亥31	24 庚辰29	24 庚戌29	24 己卯27
24 甲寅 8	24 甲申 7	24 甲寅 7	24 癸未⑤	24 癸丑 5	24 壬午 3	24 壬子 2	**24** 辛巳 1	《11月》	25 辛巳30	25 辛亥30	25 庚辰28
25 乙卯 9	25 乙酉 8	25 乙卯⑧	25 甲申 6	25 甲寅 6	25 癸未 4	25 癸丑 3	25 壬午②	25 壬子 1	《12月》	**26** 壬子31	26 辛巳㉙
26 丙辰10	26 丙戌 9	26 丙辰 9	26 乙酉 7	26 乙卯 7	26 甲申 5	26 甲寅④	26 癸未 3	26 癸丑 2	**26** 壬午 1	**1128年**	27 壬午30
27 丁巳11	27 丁亥⑩	27 丁巳10	27 丙戌 8	27 丙辰 8	27 乙酉 6	27 乙卯 5	27 甲申 4	27 甲寅 3	27 癸未 2	《1月》	**28** 癸未31
28 戊午12	28 戊子11	28 戊午11	28 丁亥 9	28 丁巳 9	28 丙戌⑦	28 丙辰 6	28 乙酉 5	28 乙卯 4	28 甲申 3	27 癸丑①	《2月》
29 己未⑬	29 己丑12	29 己未12	29 戊子10	29 戊午⑩	29 丁亥 8	29 丁巳 7	29 丙戌 6	29 丙辰 5	29 乙酉④	28 甲寅 2	29 甲申 1
30 庚申14	30 庚寅13		30 己丑11		30 戊子 9		30 丁亥 7		30 丙戌 5	29 乙卯 3	30 乙酉 2

雨水 3日	春分 3日	穀雨 4日	小満 5日	夏至 5日	大暑 7日	処暑 7日	秋分 9日	霜降 9日	小雪 11日	冬至 11日	大寒 13日
啓蟄 18日	清明 18日	立夏 19日	芒種 20日	小暑 21日	立秋 22日	白露 23日	寒露 24日	立冬 24日	大雪 26日	小寒 26日	立春 28日

大治**3**年（1128－1129） 戊申

1月	2月	3月	4月	5月	6月	7月	8月	9月	10月	11月	12月
1 丙戌 3	1 乙卯 3	1 乙酉 2	《5月》	1 甲申31	1 甲寅30	1 癸未㉙	1 癸丑28	1 壬午26	1 壬子26	1 辛巳24	1 辛亥24
2 丁亥 4	2 丙辰④	2 丙戌 3	**1** 甲寅 1	《6月》	《7月》	2 甲申30	2 甲寅29	2 癸未27	2 癸丑27	2 壬午㉕	2 壬子25
3 戊子⑤	3 丁巳 5	3 丁亥 4	2 乙卯 2	**2** 乙酉 1	**2** 乙卯①	**3** 乙酉31	3 乙卯30	3 甲申28	3 甲寅㉘	3 癸未26	3 癸丑26
4 己丑 6	4 戊午 6	4 戊子 5	3 丙辰 3	3 丙戌 2	3 丙辰 2	《8月》	**4** 丙辰31	4 乙酉29	4 乙卯29	4 甲申27	4 甲寅27
5 庚寅 7	5 己未 7	5 己丑 6	4 丁巳 4	4 丁亥③	4 丁巳 3	4 丙戌 1	《9月》	**5** 丙戌㉚	5 丙辰30	5 乙酉28	5 乙卯28
6 辛卯 8	6 庚申 8	6 庚寅 7	5 戊午 5	5 戊子 4	5 戊午 4	5 丁亥 2	5 丁巳 1	《10月》	**6** 丁巳31	6 丙戌29	6 丙辰29
7 壬辰 9	7 辛酉 9	7 辛卯⑧	6 己未⑥	6 己丑 5	6 己未 5	6 戊子 3	6 戊午②	6 丁亥 1	《11月》	**7** 丁亥30	7 丁巳㉚
8 癸巳10	8 壬戌10	8 壬辰 9	7 庚申 7	7 庚寅 6	7 庚申 6	7 己丑 4	7 己未 3	7 戊子 2	7 戊午 1	《12月》	**8** 戊午31
9 甲午11	9 癸亥⑪	9 癸巳10	8 辛酉 8	8 辛卯 7	8 辛酉 7	8 庚寅⑤	8 庚申 4	8 己丑 3	8 己未 2	8 戊子 1	**1129年**
10 乙未⑫	10 甲子12	10 甲午11	9 壬戌 9	9 壬辰 8	9 壬戌⑧	9 辛卯 6	9 辛酉 5	9 庚寅 4	9 庚申 3	9 己丑②	《1月》
11 丙申13	11 乙丑13	11 乙未12	10 癸亥10	10 癸巳 9	10 癸亥 9	10 壬辰 7	10 壬戌 6	10 辛卯 5	10 辛酉④	10 庚寅 3	9 己未 1
12 丁酉14	12 丙寅14	12 丙申13	11 甲子11	11 甲午⑩	11 甲子10	11 癸巳 8	11 癸亥 7	11 壬辰 6	11 壬戌 5	11 辛卯 4	10 庚申 2
13 戊戌15	13 丁卯15	13 丁酉14	12 乙丑12	12 乙未11	12 乙丑11	12 甲午 9	12 甲子 8	12 癸巳⑦	12 癸亥 6	12 壬辰 5	11 辛酉 3
14 己亥16	**14** 戊辰16	14 戊戌⑮	13 丙寅⑬	13 丙申12	13 丙寅12	13 乙未10	13 乙丑⑨	13 甲午 8	13 甲子 7	13 癸巳 6	12 壬戌 4
15 庚子17	15 己巳17	**15** 己亥16	14 丁卯14	14 丁酉13	14 丁卯13	14 丙申11	14 丙寅10	14 乙未 9	14 乙丑 8	14 甲午 7	13 癸亥 5
16 辛丑18	16 庚午⑱	16 庚子17	15 戊辰15	15 戊戌14	15 戊辰14	15 丁酉⑫	15 丁卯11	15 丙申10	15 丙寅 9	15 乙未 8	14 甲子⑥
17 壬寅⑲	17 辛未19	17 辛丑18	**16** 己巳16	16 己亥15	16 己巳⑮	16 戊戌13	16 戊辰12	16 丁酉11	16 丁卯10	16 丙申⑨	15 乙丑 7
18 癸卯20	18 壬申20	18 壬寅19	17 庚午17	**17** 庚子16	**17** 庚午16	17 己亥14	17 己巳13	17 戊戌12	17 戊辰⑪	17 丁酉10	16 丙寅 8
19 甲辰21	19 癸酉21	19 癸卯20	18 辛未18	18 辛丑⑰	18 辛未17	18 庚子15	18 庚午14	18 己亥13	18 己巳12	18 戊戌11	17 丁卯 9
20 乙巳22	20 甲戌22	20 甲辰21	19 壬申19	19 壬寅18	19 壬申18	**19** 辛丑16	**19** 辛未15	19 庚子⑭	19 庚午13	19 己亥12	18 戊辰10
21 丙午23	21 乙亥23	21 乙巳㉒	20 癸酉⑳	20 癸卯19	20 癸酉19	20 壬寅17	20 壬申⑯	**20** 辛丑15	20 辛未14	20 庚子13	19 己巳11
22 丁未24	22 丙子24	22 丙午23	21 甲戌21	21 甲辰20	21 甲戌20	21 癸卯18	21 癸酉17	21 壬寅16	**21** 壬申15	21 辛丑14	20 庚午12
23 戊申25	23 丁丑㉕	23 丁未24	22 乙亥22	22 乙巳21	22 乙亥21	22 甲辰⑲	22 甲戌18	22 癸卯17	22 癸酉16	**22** 壬寅15	21 辛未⑬
24 己酉㉖	24 戊寅26	24 戊申25	23 丙子23	23 丙午22	23 丙子㉒	23 乙巳20	23 乙亥19	23 甲辰18	23 甲戌17	23 癸卯⑯	22 壬申14
25 庚戌27	25 己卯27	25 己酉26	24 丁丑24	24 丁未23	24 丁丑23	24 丙午21	24 丙子20	24 乙巳19	24 乙亥⑱	24 甲辰17	**23** 癸酉15
26 辛亥28	26 庚辰28	26 庚戌27	25 戊寅25	25 戊申㉔	25 戊寅24	25 丁未22	25 丁丑21	25 丙午20	25 丙子19	25 乙巳18	24 甲戌16
27 壬子29	27 辛巳29	27 辛亥28	26 己卯26	26 己酉25	26 己卯25	26 戊申23	26 戊寅22	26 丁未㉑	26 丁丑20	26 丙午19	25 乙亥17
《3月》	28 壬午30	28 壬子㉙	27 庚辰㉗	27 庚戌26	27 庚辰26	27 己酉24	27 己卯㉓	27 戊申22	27 戊寅21	27 丁未20	26 丙子18
28 癸丑 1	29 癸未31	29 癸丑30	28 辛巳28	28 辛亥27	28 辛巳27	28 庚戌25	28 庚辰24	28 己酉23	28 己卯22	28 戊申21	27 丁丑19
29 甲寅 2	《4月》		29 壬午29	29 壬子28	29 壬午28	29 辛亥㉖	29 辛巳25	29 庚戌24	29 庚辰23	29 己酉22	28 戊寅⑳
	30 甲申①		30 癸未30	30 癸丑29		30 壬子27		30 辛亥25		30 庚戌㉓	29 己卯21

雨水 13日	春分 14日	穀雨 15日	立夏 1日	芒種 2日	小暑 2日	立秋 3日	白露 4日	寒露 5日	立冬 6日	大雪 7日	小寒 8日
啓蟄 28日	清明 30日		小満 16日	夏至 17日	大暑 17日	処暑 19日	秋分 19日	霜降 20日	小雪 21日	冬至 22日	大寒 23日

大治 **4** 年（1129－1130） 己酉

1月	2月	3月	4月	5月	6月	7月	閏7月	8月	9月	10月	11月	12月
1 庚辰22 2 辛巳23 3 壬午24 4 癸未25 5 甲申26 6 乙酉㉗ 7 丙戌28 8 丁亥29 **9** 戊子30 10 己丑31 《2月》 11 庚寅 1 12 辛卯 2 13 壬辰③ 14 癸巳 4 15 甲午 5 16 乙未 6 17 丙申 7 18 丁酉 8 19 戊戌 9 20 己亥⑩ 21 庚子11 22 辛丑12 23 壬寅13 **24** 癸卯14 25 甲辰15 26 乙巳16 27 丙午⑰ 28 丁未18 29 戊申19 30 己酉20	1 庚戌21 2 辛亥22 3 壬子23 4 癸丑㉔ 5 甲寅25 6 乙卯26 7 丙辰27 8 丁巳28 《3月》 **9** 戊午 1 10 己未 2 11 庚申③ 12 辛酉 4 13 壬戌 5 14 癸亥 6 15 甲子 7 16 乙丑 8 17 丙寅 9 18 丁卯⑩ 19 戊辰11 20 己巳12 21 庚午13 22 辛未14 23 壬申15 24 癸酉16 **25** 甲戌⑰ 26 乙亥18 27 丙子19 28 丁丑20 29 戊寅21	1 己卯22 2 庚辰23 3 辛巳㉔ 4 壬午25 5 癸未26 6 甲申27 7 乙酉28 8 丙戌29 9 丁亥30 10 戊子㉛ 《4月》 **11** 己丑 1 12 庚寅 2 13 辛卯 3 14 壬辰 4 15 癸巳 5 16 甲午 6 17 乙未⑦ 18 丙申 8 19 丁酉 9 20 戊戌10 21 己亥11 22 庚子12 23 辛丑13 24 壬寅⑭ 25 癸卯15 **26** 甲辰16 27 乙巳17 28 丙午18 29 丁未19 30 戊申20	1 己酉㉑ 2 庚戌22 3 辛亥23 4 壬子24 5 癸丑25 6 甲寅26 7 乙卯27 8 丙辰㉘ 9 丁巳29 10 戊午30 《5月》 **11** 己未 1 12 庚申 2 13 辛酉 3 14 壬戌 4 15 癸亥⑤ 16 甲子 6 17 乙丑 7 18 丙寅 8 19 丁卯 9 20 戊辰10 21 己巳11 22 庚午⑫ 23 辛未13 24 壬申14 25 癸酉15 26 甲戌16 **27** 乙亥17 28 丙子18 29 丁丑⑲	1 戊寅20 2 己卯21 3 庚辰22 4 辛巳23 5 壬午24 6 癸未25 7 甲申㉖ 8 乙酉27 9 丙戌28 10 丁亥29 11 戊子30 12 己丑31 《6月》 **13** 庚寅 1 14 辛卯② 15 壬辰 3 16 癸巳 4 17 甲午 5 18 乙未 6 19 丙申 7 20 丁酉 8 21 戊戌⑨ 22 己亥10 23 庚子11 24 辛丑12 25 壬寅13 26 癸卯14 27 甲辰15 **28** 乙巳⑯ 29 丙午17 30 丁未18	1 戊申19 2 己酉20 3 庚戌21 4 辛亥22 5 壬子㉓ 6 癸丑24 7 甲寅25 8 乙卯26 9 丙辰27 10 丁巳28 11 戊午29 12 己未㉚ 《7月》 **13** 庚申 1 14 辛酉 2 15 壬戌 3 16 癸亥 4 17 甲子 5 18 乙丑 6 19 丙寅⑦ 20 丁卯 8 21 戊辰 9 22 己巳10 23 庚午11 24 辛未12 25 壬申13 26 癸酉⑭ 27 甲戌15 **28** 乙亥16 29 丙子17	1 丁丑18 2 戊寅19 3 己卯20 4 庚辰㉑ 5 辛巳22 6 壬午23 7 癸未24 8 甲申25 9 乙酉26 10 丙戌27 11 丁亥㉘ 12 戊子29 13 己丑30 14 庚寅31 《8月》 **15** 辛卯 1 16 壬辰 2 17 癸巳 3 18 甲午④ 19 乙未 5 20 丙申 6 21 丁酉 7 22 戊戌 8 23 己亥 9 24 庚子10 25 辛丑⑪ 26 壬寅12 27 癸卯13 28 甲辰14 29 乙巳15 **30** 丙午16	1 丁未17 2 戊申⑱ 3 己酉19 4 庚戌20 5 辛亥21 6 壬子22 7 癸丑23 8 甲寅24 9 乙卯㉕ 10 丙辰26 11 丁巳27 12 戊午28 13 己未29 14 庚申30 **15** 辛酉31 《9月》 16 壬戌① 17 癸亥 2 18 甲子 3 19 乙丑 4 20 丙寅 5 21 丁卯 6 22 戊辰 7 23 己巳⑧ 24 庚午 9 25 辛未10 26 壬申11 27 癸酉12 28 甲戌13 29 乙亥14	**1** 丙子⑮ 2 丁丑16 3 戊寅17 4 己卯18 5 庚辰19 6 辛巳20 7 壬午21 8 癸未㉒ 9 甲申23 10 乙酉24 11 丙戌25 12 丁亥26 13 戊子27 14 己丑28 15 庚寅㉙ 16 辛卯30 《10月》 **17** 壬辰 1 18 癸巳 2 19 甲午 3 20 乙未 4 21 丙申 5 22 丁酉⑥ 23 戊戌 7 24 己亥 8 25 庚子 9 26 辛丑10 27 壬寅11 28 癸卯12 29 甲辰⑬ 30 乙巳14	1 丙午15 **2** 丁未16 3 戊申17 4 己酉18 5 庚戌19 6 辛亥⑳ 7 壬子21 8 癸丑22 9 甲寅23 10 乙卯24 11 丙辰25 12 丁巳26 13 戊午㉗ 14 己未28 15 庚申29 16 辛酉30 **17** 壬戌31 《11月》 18 癸亥 1 19 甲子 2 20 乙丑③ 21 丙寅 4 22 丁卯 5 23 戊辰 6 24 己巳 7 25 庚午 8 26 辛未 9 27 壬申⑩ 28 癸酉11 29 甲戌12 30 乙亥13	1 丙子14 **2** 丁丑15 3 戊寅16 4 己卯⑰ 5 庚辰18 6 辛巳19 7 壬午20 8 癸未21 9 甲申22 10 乙酉23 11 丙戌㉔ 12 丁亥25 13 戊子26 14 己丑27 15 庚寅28 16 辛卯29 **17** 壬辰30 《12月》 18 癸巳① 19 甲午 2 20 乙未 3 21 丙申 4 22 丁酉 5 23 戊戌 6 24 己亥 7 25 庚子⑧ 26 辛丑 9 27 壬寅10 28 癸卯11 29 甲辰12	1 乙巳13 2 丙午14 3 丁未⑮ **4** 戊申16 5 己酉17 6 庚戌18 7 辛亥19 8 壬子20 9 癸丑21 10 甲寅㉒ 11 乙卯23 12 丙辰24 13 丁巳25 14 戊午26 15 己未27 16 庚申28 17 辛酉㉙ 18 壬戌30 **19** 癸亥31 **1130 年** 《1月》 20 甲子 1 21 乙丑 2 22 丙寅 3 23 丁卯 4 24 戊辰⑤ 25 己巳 6 26 庚午 7 27 辛未 8 28 壬申 9 29 癸酉10 30 甲戌11	1 乙亥⑫ 2 丙子13 3 丁丑14 **4** 戊寅15 5 己卯16 6 庚辰17 7 辛巳18 8 壬午⑲ 9 癸未20 10 甲申21 11 乙酉22 12 丙戌23 13 丁亥24 14 戊子25 15 己丑㉖ 16 庚寅27 17 辛卯28 18 壬辰29 **19** 癸巳30 20 甲午31 《2月》 21 乙未 1 22 丙申② 23 丁酉 3 24 戊戌 4 25 己亥 5 26 庚子 6 27 辛丑 7 28 壬寅 8 29 癸卯⑨
立春 9日 雨水 24日	啓蟄 9日 春分 25日	清明 11日 穀雨 26日	立夏 11日 小満 27日	芒種 13日 夏至 28日	小暑 13日 大暑 28日	立秋 15日 処暑 30日	白露15日	秋分 1日 寒露 17日	霜降 2日 立冬 17日	小雪 2日 大雪 17日	冬至 4日 小寒 19日	大寒 4日 立春 19日

大治 **5** 年（1130－1131） 庚戌

1月	2月	3月	4月	5月	6月	7月	8月	9月	10月	11月	12月
1 甲辰10 2 乙巳11 3 丙午12 4 丁未13 **5** 戊申14 6 己酉15 7 庚戌⑯ 8 辛亥17 9 壬子18 10 癸丑19 11 甲寅20 12 乙卯21 13 丙辰22 14 丁巳㉓ 15 戊午24 16 己未25 17 庚申26 18 辛酉27 19 壬戌28 《3月》 20 癸亥 1 **21** 甲子② 22 乙丑 3 23 丙寅 4 24 丁卯 5 25 戊辰 6 26 己巳 7 27 庚午 8 28 辛未⑨ 29 壬申10 30 癸酉11	1 甲戌12 2 乙亥13 3 丙子14 4 丁丑15 5 戊寅⑯ **6** 己卯17 7 庚辰18 8 辛巳19 9 壬午20 10 癸未21 11 甲申22 12 乙酉㉓ 13 丙戌24 14 丁亥25 15 戊子26 16 己丑27 17 庚寅28 18 辛卯29 19 壬辰㉚ 20 癸巳31 《4月》 **21** 甲午 1 22 乙未 2 23 丙申 3 24 丁酉 4 25 戊戌 5 26 己亥⑥ 27 庚子 7 28 辛丑 8 29 壬寅 9	1 癸卯10 2 甲辰11 3 乙巳12 4 丙午⑬ 5 丁未14 6 戊申15 **7** 己酉16 8 庚戌17 9 辛亥18 10 壬子19 11 癸丑⑳ 12 甲寅21 13 乙卯22 14 丙辰23 15 丁巳24 16 戊午25 17 己未26 18 庚申㉗ 19 辛酉28 20 壬戌29 21 癸亥30 《5月》 22 甲子 1 **23** 乙丑 2 24 丙寅 3 25 丁卯④ 26 戊辰 5 27 己巳 6 28 庚午 7 29 辛未 8	1 壬申 9 2 癸酉10 3 甲戌⑪ 4 乙亥12 5 丙子13 6 丁丑14 7 戊寅15 8 己卯16 **9** 庚辰17 10 辛巳⑱ 11 壬午19 12 癸未20 13 甲申21 14 乙酉22 15 丙戌23 16 丁亥24 17 戊子㉕ 18 己丑26 19 庚寅27 20 辛卯28 21 壬辰29 22 癸巳30 23 甲午31 《6月》 **24** 乙未① 25 丙申 2 26 丁酉 3 27 戊戌 4 28 己亥 5 29 庚子 6 30 辛丑 7	1 壬寅⑧ 2 癸卯 9 3 甲辰10 4 乙巳11 5 丙午12 6 丁未13 7 戊申14 8 己酉⑮ **9** 庚戌16 10 辛亥17 11 壬子18 12 癸丑19 13 甲寅20 14 乙卯21 15 丙辰㉒ 16 丁巳23 17 戊午24 18 己未25 19 庚申26 20 辛酉27 21 壬戌28 22 癸亥㉙ 23 甲子30 《7月》 **24** 乙丑 1 25 丙寅 2 26 丁卯 3 27 戊辰 4 28 己巳 5 29 庚午⑥	1 辛未 7 2 壬申 8 3 癸酉 9 4 甲戌10 5 乙亥11 6 丙子12 7 丁丑⑬ 8 戊寅14 9 己卯15 10 庚辰16 **11** 辛巳17 12 壬午18 13 癸未19 14 甲申⑳ 15 乙酉21 16 丙戌22 17 丁亥23 18 戊子24 19 己丑25 20 庚寅26 21 辛卯㉗ 22 壬辰28 23 癸巳29 24 甲午30 25 乙未31 《8月》 **26** 丙申 1 27 丁酉 2 28 戊戌③ 29 己亥 4 30 庚子 5	1 辛丑 6 2 壬寅 7 3 癸卯 8 4 甲辰 9 5 乙巳⑩ 6 丙午11 7 丁未12 8 戊申13 9 己酉14 10 庚戌15 **11** 辛亥16 12 壬子⑰ 13 癸丑18 14 甲寅19 15 乙卯20 16 丙辰21 17 丁巳22 18 戊午23 19 己未㉔ 20 庚申25 21 辛酉26 22 壬戌27 23 癸亥28 24 甲子29 25 乙丑30 **26** 丙寅㉛ 《9月》 27 丁卯 1 28 戊辰 2 29 己巳 3 30 庚午 4	1 辛未 5 2 壬申 6 3 癸酉⑦ 4 甲戌 8 5 乙亥 9 6 丙子10 7 丁丑11 8 戊寅12 9 己卯13 10 庚辰⑭ 11 辛巳15 **12** 壬午16 13 癸未17 14 甲申18 15 乙酉19 16 丙戌20 17 丁亥㉑ 18 戊子22 19 己丑23 20 庚寅24 21 辛卯25 22 壬辰26 23 癸巳27 24 甲午㉘ 25 乙未29 26 丙申30 《10月》 **27** 丁酉 1 28 戊戌 2 29 己亥 3	1 庚子 4 2 辛丑⑤ 3 壬寅 6 4 癸卯 7 5 甲辰 8 6 乙巳 9 7 丙午10 8 丁未11 9 戊申⑫ 10 己酉13 11 庚戌14 12 辛亥15 **13** 壬子16 14 癸丑17 15 甲寅18 16 乙卯⑲ 17 丙辰20 18 丁巳21 19 戊午22 20 己未23 21 庚申24 22 辛酉25 23 壬戌㉖ 24 癸亥27 25 甲子28 26 乙丑29 27 丙寅30 **28** 丁卯31 《11月》 29 戊辰 1 30 己巳②	1 庚午 3 2 辛未 4 3 壬申 5 4 癸酉 6 5 甲戌 7 6 乙亥 8 7 丙子⑨ 8 丁丑10 9 戊寅11 10 己卯12 11 庚辰13 12 辛巳14 **13** 壬午15 14 癸未⑯ 15 甲申17 16 乙酉18 17 丙戌19 18 丁亥20 19 戊子21 20 己丑22 21 庚寅㉓ 22 辛卯24 23 壬辰25 24 癸巳26 25 甲午27 26 乙未28 27 丙申29 28 丁酉㉚ 《12月》 **29** 戊戌 1 30 己亥 2	1 庚子 3 2 辛丑 4 3 壬寅 5 4 癸卯 6 5 甲辰⑦ 6 乙巳 8 7 丙午 9 8 丁未10 9 戊申11 10 己酉12 11 庚戌13 12 辛亥⑭ 13 壬子15 **14** 癸丑16 15 甲寅17 16 乙卯18 17 丙辰19 18 丁巳20 19 戊午㉑ 20 己未22 21 庚申23 22 辛酉24 23 壬戌25 24 癸亥26 25 甲子27 26 乙丑㉘ 27 丙寅29 28 丁卯30 **29** 戊辰31	**1131 年** 《1月》 1 己巳 1 2 庚午 2 3 辛未 3 4 壬申④ 5 癸酉 5 6 甲戌 6 7 乙亥 7 8 丙子 8 9 丁丑 9 10 戊寅10 11 己卯⑪ 12 庚辰12 13 辛巳13 14 壬午14 **15** 癸未15 16 甲申16 17 乙酉17 18 丙戌⑱ 19 丁亥19 20 戊子20 21 己丑21 22 庚寅22 23 辛卯23 24 壬辰24 25 癸巳㉕ 26 甲午26 27 乙未27 28 丙申28 29 丁酉29 30 戊戌30
雨水 5日 啓蟄 21日	春分 6日 清明 21日	穀雨 7日 立夏 23日	小満 9日 芒種 24日	夏至 9日 小暑 24日	大暑 11日 立秋 26日	処暑 11日 白露 26日	秋分 12日 寒露 27日	霜降 13日 立冬 28日	小雪 13日 大雪 29日	冬至 14日 小寒 29日	大寒 15日

天承元年〔大治 **6** 年〕（1131－1132） 辛亥

改元 1/29（大治→天承）

1月	2月	3月	4月	5月	6月	7月	8月	9月	10月	11月	12月
1 己亥31	《3月》	1 戊戌31	1 丁卯29	1 丙申28	1 丙寅27	1 乙未㉖	1 乙丑25	1 甲午23	1 甲子23	1 甲午㉒	1 甲子22
《2月》	1 戊辰①	《4月》	2 戊辰30	2 丁酉29	2 丁卯㉘	2 丙申27	2 丙寅26	2 乙未24	2 乙丑24	2 乙未23	2 乙丑23
2 庚子①	**2** 己巳 2	**2** 己亥 1	《5月》	3 戊戌30	3 戊辰29	3 丁酉28	3 丁卯27	3 丙申25	3 丙寅㉕	3 丙申24	3 丙寅24
3 辛丑 2	3 庚午 3	3 庚子 2	3 己巳 1	4 己亥㉛	4 己巳30	4 戊戌29	4 戊辰28	4 丁酉26	4 丁卯26	4 丁酉25	4 丁卯25
4 壬寅 3	4 辛未 4	4 辛丑 3	**4** 庚午 2	《6月》	《7月》	5 己亥30	5 己巳29	5 戊戌㉗	5 戊辰27	5 戊戌26	5 戊辰26
5 癸卯 4	5 壬申 5	5 壬寅 4	5 辛未③	**5** 庚子 1	5 庚午 1	6 庚子31	6 庚午㉚	6 己亥28	6 己巳28	6 己亥27	6 己巳㉗
6 甲辰 5	6 癸酉 6	6 癸卯⑤	6 壬申 4	6 辛丑 2	**6** 辛未 2	《8月》	7 辛未31	7 庚子29	7 庚午29	7 庚子28	7 庚午28
7 乙巳 6	7 甲戌 7	7 甲辰 6	7 癸酉 5	7 壬寅 3	7 壬申 3	**7** 辛丑 1	《9月》	8 辛丑30	8 辛未30	8 辛丑㉙	8 辛未29
8 丙午 7	8 乙亥⑧	8 乙巳 7	8 甲戌 6	8 癸卯 4	8 癸酉 4	8 壬寅②	**8** 壬申 1	《10月》	**9** 壬申31	9 壬寅30	9 壬申30
9 丁未⑧	9 丙子 9	9 丙午 8	9 乙亥 7	9 甲辰 5	9 甲戌⑤	9 癸卯 3	9 癸酉 2	**9** 壬寅 1	《11月》	《12月》	**10**癸酉31
10戊申 9	10丁丑10	10丁未 9	10丙子 8	10乙巳 6	10乙亥 6	10甲辰 4	10甲戌 3	10癸卯 2	10癸酉①	**10**癸卯 1	**1132 年**
11己酉10	11戊寅11	11戊申10	11丁丑 9	11丙午⑦	11丙子 7	11乙巳 5	11乙亥 4	11甲辰 3	11甲戌 2	11甲辰 2	《1月》
12庚戌11	12己卯12	12己酉11	12戊寅⑩	12丁未 8	12丁丑 8	12丙午 6	12丙子 5	12乙巳④	12乙亥 3	12乙巳 3	11甲戌 1
13辛亥12	13庚辰13	13庚戌⑫	13己卯11	13戊申 9	13戊寅 9	13丁未 7	13丁丑⑥	13丙午 5	13丙子 4	13丙午 4	12乙亥 2
14壬子13	14辛巳14	14辛亥13	14庚辰12	14己酉10	14己卯10	14戊申 8	14戊寅 7	14丁未 6	14丁丑 5	14丁未 5	13丙子③
15癸丑14	15壬午⑮	15壬子14	15辛巳13	15庚戌11	15庚辰11	15己酉⑨	15己卯 8	15戊申 7	15戊寅 6	15戊申⑥	14丁丑 4
16甲寅⑮	16癸未16	16癸丑15	16壬午14	16辛亥12	16辛巳⑫	16庚戌10	16庚辰 9	16己酉 8	16己卯 7	16己酉 7	15戊寅 5
17乙卯16	**17**甲申17	17甲寅16	17癸未15	17壬子13	17壬午13	17辛亥11	17辛巳10	17庚戌 9	17庚辰⑧	17庚戌 8	16己卯 6
18丙辰17	18乙酉18	**18**乙卯17	18甲申16	18癸丑⑭	18癸未14	18壬子12	18壬午11	18辛亥10	18辛巳 9	18辛亥 9	17庚辰 7
19丁巳18	19丙戌19	19丙辰18	**19**乙酉⑰	19甲寅15	19甲申15	19癸丑13	19癸未12	19壬子⑪	19壬午10	19壬子10	18辛巳 8
20戊午19	20丁亥20	20丁巳⑲	20丙戌18	**20**乙卯16	20乙酉16	20甲寅14	20甲申⑬	20癸丑12	20癸未11	20癸丑11	19壬午 9
21己未20	21戊子21	21戊午20	21丁亥19	21丙辰17	**21**丙戌17	21乙卯15	21乙酉14	21甲寅13	21甲申12	21甲寅12	20癸未⑩
22庚申21	22己丑㉒	22己未21	22戊子20	22丁巳18	22丁亥18	**22**丙辰⑯	22丙戌15	22乙卯14	22乙酉13	22乙卯⑬	21甲申11
23辛酉㉒	23庚寅23	23庚申22	23己丑21	23戊午19	23戊子⑲	23丁巳17	**23**丁亥16	23丙辰15	23丙戌14	23丙辰14	22乙酉12
24壬戌23	24辛卯24	24辛酉23	24庚寅22	24己未20	24己丑20	24戊午18	24戊子17	**24**丁巳16	24丁亥⑮	24丁巳15	23丙戌13
25癸亥24	25壬辰25	25壬戌24	25辛卯23	25庚申㉑	25庚寅21	25己未19	25己丑18	25戊午17	**25**戊子16	**25**戊午16	24丁亥14
26甲子25	26癸巳26	26癸亥25	26壬辰㉔	26辛酉22	26辛卯22	26庚申20	26庚寅19	26己未⑱	26己丑17	26己未17	25戊子15
27乙丑26	27甲午27	27甲子㉖	27癸巳25	27壬戌23	27壬辰23	27辛酉21	27辛卯⑳	27庚申19	27庚寅18	27庚申18	**26**己丑16
28丙寅27	28乙未28	28乙丑27	28甲午26	28癸亥24	28癸巳24	28壬戌22	28壬辰21	28辛酉20	28辛卯19	28辛酉19	27庚寅⑰
*29*丁卯28	29丙申㉙	29丙寅28	29乙未27	29甲子25	29甲午25	29癸亥㉓	29癸巳22	29壬戌21	29壬辰20	29壬戌⑳	28辛卯18
	30丁酉30			30乙丑26		30甲子24		30癸亥22	30癸巳21	30癸亥21	29壬辰19

立春 1日	啓蟄 2日	清明 2日	立夏 4日	芒種 5日	小暑 6日	立秋 7日	白露 8日	寒露 9日	立冬 9日	大雪 10日	小寒 10日
雨水 16日	春分 17日	穀雨 18日	小満 19日	夏至 20日	大暑 21日	処暑 22日	秋分 23日	霜降 24日	小雪 25日	冬至 25日	大寒 26日

長承元年〔天承 **2** 年〕（1132－1133） 壬子

改元 8/11（天承→長承）

1月	2月	3月	4月	閏4月	5月	6月	7月	8月	9月	10月	11月	12月
1 癸巳20	1 癸亥19	1 壬辰19	1 壬戌18	1 辛卯17	1 庚申15	1 庚寅15	1 己未13	1 戊子⑪	1 戊午11	1 戊子10	1 戊午10	1 丁亥⑧
2 甲午21	2 甲子20	2 癸巳⑳	2 癸亥19	2 壬辰18	**2** 辛酉16	**2** 辛卯16	2 庚申⑭	2 己丑12	2 己未12	2 己丑11	2 己未⑪	2 戊子 9
3 乙未22	3 乙丑㉑	3 甲午21	3 甲子20	3 癸巳19	3 壬戌17	3 壬辰⑰	3 辛酉15	3 庚寅13	3 庚申13	3 庚寅12	3 庚申12	3 己丑10
4 丙申23	4 丙寅22	4 乙未22	4 乙丑21	4 甲午20	4 癸亥18	4 癸巳18	**4** 壬戌16	4 辛卯14	4 辛酉14	4 辛卯⑬	4 辛酉13	4 庚寅11
5 丁酉㉔	5 丁卯23	5 丙申23	5 丙寅22	5 乙未21	5 甲子⑲	5 甲午19	5 癸亥17	**5** 壬辰15	**5** 壬戌15	5 壬辰14	5 壬戌14	5 辛卯12
6 戊戌25	6 戊辰24	6 丁酉24	6 丁卯23	6 丙申㉒	6 乙丑20	6 乙未20	6 甲子18	6 癸巳16	6 癸亥⑯	**6** 癸巳15	**6** 癸亥15	6 壬辰13
7 己亥26	7 己巳25	7 戊戌25	7 戊辰㉔	7 丁酉23	7 丙寅21	7 丙申21	7 乙丑19	7 甲午17	7 甲子17	7 甲午16	7 甲子16	7 癸巳14
8 庚子27	8 庚午26	8 己亥26	8 己巳25	8 戊戌24	8 丁卯22	8 丁酉22	8 丙寅20	8 乙未⑱	8 乙丑18	8 乙未17	8 乙丑17	**8** 甲午⑮
9 辛丑28	9 辛未27	9 庚子㉗	9 庚午26	9 己亥25	9 戊辰23	9 戊戌23	9 丁卯㉑	9 丙申19	9 丙寅19	9 丙申18	9 丙寅⑱	9 乙未16
10壬寅29	10壬申㉘	10辛丑28	10辛未27	10庚子26	10己巳24	10己亥㉔	10戊辰22	10丁酉20	10丁卯20	10丁酉19	10丁卯19	10丙申17
11癸卯30	11癸酉29	11壬寅29	11壬申28	11辛丑27	11庚午25	11庚子25	11己巳23	*11*戊戌21	11戊辰21	11戊戌⑳	11戊辰20	11丁酉18
12甲辰㉛	《3月》	12癸卯30	12癸酉29	12壬寅28	12辛未㉖	12辛丑26	12庚午24	12己亥22	12己巳22	12己亥21	12己巳21	12戊戌19
《2月》	**12**甲戌 1	13甲辰31	13甲戌30	13癸卯㉙	13壬申27	13壬寅27	13辛未25	13庚子23	13庚午㉓	13庚子22	13庚午22	13己亥20
13乙巳 1	13乙亥 2	《4月》	《5月》	14甲辰30	14癸酉28	14癸卯28	14壬申26	14辛丑24	14辛未24	14辛丑23	14辛未23	14庚子21
14丙午 2	14丙子 3	**14**乙巳 1	**14**乙亥①	15乙巳31	15甲戌29	15甲辰29	15癸酉27	15壬寅㉕	15壬申25	15壬寅24	15壬申24	15辛丑㉒
15丁未 3	15丁丑 4	15丙午 2	15丙子 2	《6月》	16乙亥30	16乙巳30	16甲戌㉘	16癸卯26	16癸酉26	16癸卯25	16癸酉㉕	16壬寅23
16戊申 4	16戊寅 5	16丁未③	16丁丑 3	**16**丙午 1	《7月》	**17**丙午㉛	17乙亥29	17甲辰27	17甲戌27	17甲辰26	17甲戌26	17癸卯24
17己酉 5	17己卯⑥	17戊申 4	17戊寅 4	17丁未 2	**17**丙子 1	《8月》	18丙子30	18乙巳28	18乙亥28	18乙巳㉗	18乙亥27	18甲辰25
18庚戌 6	18庚辰 7	18己酉 5	18己卯 5	18戊申 3	18丁丑 2	18丁未 1	**19**丁丑31	19丙午29	19丙子29	19丙午28	19丙子28	19乙巳26
19辛亥⑦	19辛巳 8	19庚戌 6	19庚辰 6	19己酉 4	19戊寅③	19戊申 2	《9月》	**20**丁未30	20丁丑㉚	20丁未29	20丁丑29	20丙午27
20壬子 8	20壬午 9	20辛亥 7	20辛巳 7	20庚戌⑤	20己卯 4	20己酉 3	20戊寅 1	《10月》	**21**戊寅31	**21**戊申30	21戊寅30	21丁未28
21癸丑 9	21癸未10	21壬子 8	21壬午⑧	21辛亥 6	21庚辰 5	21庚戌 4	21己卯 2	21戊申 1	《11月》	《12月》	**22**己卯31	22戊申㉙
22甲寅10	22甲申11	22癸丑 9	22癸未 9	22壬子 7	22辛巳 6	22辛亥 5	22庚辰 3	22己酉②	22己卯 1	22己酉 1	**1133 年**	**23**己酉30
23乙卯11	23乙酉12	23甲寅⑩	23甲申10	23癸丑 8	23壬午 7	23壬子 6	23辛巳④	23庚戌 3	23庚辰 2	23庚戌 2	《1月》	24庚戌31
24丙辰12	24丙戌⑬	24乙卯11	24乙酉11	24甲寅 9	24癸未 8	24癸丑⑦	24壬午 5	24辛亥 4	24辛巳 3	24辛亥 3	23庚辰①	《2月》
25丁巳13	25丁亥14	25丙辰12	25丙戌12	25乙卯10	25甲申 9	25甲寅 8	25癸未 6	25壬子 5	25壬午 4	25壬子④	24辛巳 2	25辛亥 1
26戊午⑭	26戊子15	26丁巳13	26丁亥13	26丙辰11	26乙酉⑩	26乙卯 9	26甲申 7	26癸丑 6	26癸未 5	26癸丑 5	25壬午 3	26壬子 2
27己未15	**27**己丑16	27戊午14	27戊子14	27丁巳⑫	27丙戌11	27丙辰10	27乙酉 8	27甲寅 7	27甲申⑥	27甲寅 6	26癸未 4	27癸丑 3
28庚申16	28庚寅17	28己未15	28己丑⑮	28戊午13	28丁亥12	28丁巳11	28丙戌 9	28乙卯 8	28乙酉 7	28乙卯 7	27甲申 5	28甲寅 4
29辛酉17	29辛卯18	**29**庚申16	**29**庚寅16	29己未14	29戊子13	29戊午12	29丁亥10	29丙辰⑨	29丙戌 8	29丙辰 8	28乙酉 6	29乙卯⑤
30壬戌18		30辛酉⑰			30己丑14			30丁巳10	30丁亥 9	30丁巳 9	29丙戌 7	30丙辰 6

立春 12日	啓蟄 12日	清明 14日	立夏 14日	芒種16日	夏至 2日	大暑 2日	処暑 4日	秋分 5日	霜降 5日	小雪 6日	冬至 6日	大寒 8日
雨水 27日	春分 27日	穀雨 29日	小満 29日		小暑 17日	立秋 17日	白露 19日	寒露 20日	立冬 21日	大雪 21日	小寒 22日	立春 23日

長承 2 年（1133－1134） 癸丑

1月	2月	3月	4月	5月	6月	7月	8月	9月	10月	11月	12月
1 丁巳 7	1 丁亥 9	1 丙辰 7	1 丙戌⑦	1 乙卯 5	1 甲申 4	1 甲寅 3	《9月》	1 壬子30	1 壬午30	1 壬子29	1 辛巳28
2 戊午 8	2 戊子10	2 丁巳 8	2 丁亥 8	2 丙辰 6	2 乙酉 5	2 乙卯 4	1 癸未 1	《10月》	2 癸未31	2 癸丑30	2 壬午29
3 己未 9	3 己丑11	3 戊午⑨	3 戊子 9	3 丁巳 7	3 丙戌 6	3 丙辰 5	2 甲申 2	2 癸丑①	《11月》	《12月》	3 癸未30
4 庚申10	4 庚寅⑫	4 己未10	4 己丑10	4 戊午 8	4 丁亥 7	4 丁巳⑥	3 乙酉③	3 甲寅 2	3 甲申 1	3 甲寅 1	4 甲申㉛
5 辛酉11	5 辛卯13	5 庚申11	5 庚寅11	5 己未 9	5 戊子 8	5 戊午 7	4 丙戌 4	4 乙卯 3	4 乙酉 2	4 乙卯 2	1134年
6 壬戌⑫	6 壬辰14	6 辛酉12	6 辛卯12	6 庚申10	6 己丑⑨	6 己未 8	5 丁亥 5	5 丙辰 4	5 丙戌 3	5 丙辰③	《1月》
7 癸亥13	7 癸巳15	7 壬戌13	7 壬辰13	7 辛酉⑪	7 庚寅10	7 庚申 9	6 戊子 6	6 丁巳 5	6 丁亥 4	6 丁巳 4	5 乙酉 1
8 甲子14	8 甲午16	8 癸亥14	8 癸巳⑭	8 壬戌12	8 辛卯11	8 辛酉10	7 己丑 7	7 戊午 6	7 戊子⑤	7 戊午 5	6 丙戌 2
9 乙丑15	9 乙未17	9 甲子15	9 甲午15	9 癸亥13	9 壬辰12	9 壬戌11	8 庚寅 8	8 己未 7	8 己丑 6	8 己未 6	7 丁亥 3
10丙寅16	10丙申18	10乙丑⑯	10乙未16	10甲子14	10癸巳13	10癸亥12	9 辛卯 9	9 庚申⑧	9 庚寅 7	9 庚申 7	8 戊子 4
11丁卯17	11丁酉⑲	11丙寅17	11丙申17	11乙丑15	11甲午14	11甲子⑬	10壬辰⑩	10辛酉 9	10辛卯 8	10辛酉 8	9 己丑 5
12戊辰18	12戊戌20	12丁卯18	12丁酉18	12丙寅16	12乙未15	12乙丑14	11癸巳11	11壬戌10	11壬辰 9	11壬戌 9	10庚寅 6
13己巳⑲	13己亥21	13戊辰19	13戊戌19	13丁卯17	13丙申⑯	13丙寅15	12甲午12	12癸亥11	12癸巳10	12癸亥⑩	11辛卯⑦
14庚午20	14庚子22	14己巳20	14己亥20	14戊辰⑱	14丁酉17	14丁卯16	13乙未13	13甲子12	13甲午11	13甲子11	12壬辰 8
15辛未21	15辛丑23	15庚午21	15庚子㉑	15己巳19	15戊戌18	15戊辰17	14丙申14	14乙丑13	14乙未⑫	14乙丑12	13癸巳 9
16壬申22	16壬寅24	16辛未22	16辛丑22	16庚午20	16己亥19	16己巳18	15丁酉15	15丙寅14	15丙申13	15丙寅13	14甲午10
17癸酉23	17癸卯25	17壬申㉓	17壬寅23	17辛未21	17庚子20	17庚午19	16戊戌16	16丁卯⑮	16丁酉14	16丁卯14	15乙未11
18甲戌24	18甲辰㉖	18癸酉24	18癸卯24	18壬申22	18辛丑21	18辛未⑳	17己亥⑰	17戊辰16	17戊戌15	17戊辰15	16丙申12
19乙亥25	19乙巳27	19甲戌25	19甲辰25	19癸酉23	19壬寅22	19壬申21	18庚子18	18己巳17	18己亥16	18己巳16	17丁酉13
20丙子㉖	20丙午28	20乙亥26	20乙巳26	20甲戌24	20癸卯㉓	20癸酉22	19辛丑19	19庚午18	19庚子17	19庚午⑰	18戊戌⑭
21丁丑27	21丁未29	21丙子27	21丙午27	21乙亥㉕	21甲辰24	21甲戌23	20壬寅20	20辛未19	20辛丑18	20辛未18	19己亥15
22戊寅28	22戊申30	22丁丑28	22丁未㉘	22丙子26	22乙巳25	22乙亥24	21癸卯21	21壬申20	21壬寅⑲	21壬申19	20庚子16
《3月》	23己酉31	23戊寅29	23戊申29	23丁丑27	23丙午26	23丙子25	22甲辰22	22癸酉21	22癸卯20	22癸酉20	21辛丑17
23己卯 1	《4月》	24己卯㉚	24己酉30	24戊寅28	24丁未27	24丁丑26	23乙巳23	23甲戌㉒	23甲辰21	23甲戌21	22壬寅18
24庚辰 2	24庚戌 1	《5月》	25庚戌31	25己卯29	25戊申28	25戊寅㉗	24丙午㉔	24乙亥23	24乙巳22	24乙亥22	23癸卯19
25辛巳 3	25辛亥②	25庚辰 1	《6月》	26庚辰30	26己酉29	26己卯28	25丁未25	25丙子24	25丙午23	25丙子23	24甲辰20
26壬午 4	26壬子 3	26辛巳 2	26辛亥 1	《7月》	27庚戌㉚	27庚辰29	26戊申26	26丁丑25	26丁未24	26丁丑㉔	25乙巳㉑
27癸未⑤	27癸丑 4	27壬午 3	27壬子 2	27辛巳 1	28辛亥31	28辛巳30	27己酉27	27戊寅26	27戊申25	27戊寅25	26丙午22
28甲申 6	28甲寅 5	28癸未 4	28癸丑 3	28壬午②	《8月》	29壬午31	28庚戌28	28己卯27	28己酉㉖	28己卯26	27丁未23
29乙酉 7	29乙卯 6	29甲申 5	29甲寅④	29癸未 3	29壬子 1		29辛亥29	29庚辰28	29庚戌27	29庚辰27	28戊申24
30丙戌 8		30乙酉 6			30癸丑 2			30辛巳㉙	30辛亥28		29己酉25
											30庚戌26
雨水 8日 啓蟄 23日	春分 9日 清明 24日	穀雨 10日 立夏 25日	小満 11日 芒種 26日	夏至 12日 小暑 27日	大暑 13日 立秋 29日	処暑 14日 白露 29日	秋分 15日	寒露 1日 霜降 17日	立冬 2日 小雪 17日	大雪 2日 冬至 18日	小寒 4日 大寒 19日

長承 3 年（1134－1135） 甲寅

1月	2月	3月	4月	5月	6月	7月	8月	9月	10月	11月	12月	閏12月
1 辛亥27	1 辛巳26	1 辛亥28	1 庚辰26	1 庚戌26	1 己卯㉔	1 戊申23	1 戊寅22	1 丁未20	1 丙子19	1 丙午⑱	1 丙子18	1 乙巳16
2 壬子㉘	2 壬午27	2 壬子29	2 辛巳27	2 辛亥㉗	2 庚辰25	2 己酉24	2 己卯23	2 戊申21	2 丁丑20	2 丁未19	2 丁丑19	2 丙午17
3 癸丑29	3 癸未28	3 癸丑30	3 壬午28	3 壬子28	3 辛巳26	3 庚戌25	3 庚辰24	3 己酉22	3 戊寅㉑	3 戊申20	3 戊寅20	3 丁未18
4 甲寅30	《3月》	4 甲寅31	4 癸未㉙	4 癸丑29	4 壬午27	4 辛亥26	4 辛巳25	4 庚戌㉓	4 己卯22	4 己酉21	4 己卯21	4 戊申19
5 乙卯31	4 甲申 1	《4月》	5 甲申30	5 甲寅30	5 癸未28	5 壬子27	5 壬午㉖	5 辛亥24	5 庚辰23	5 庚戌22	5 庚辰22	5 己酉⑳
《2月》	5 乙酉 2	5 乙卯①	《5月》	6 乙卯31	6 甲申29	6 癸丑28	6 癸未27	6 壬子25	6 辛巳24	6 辛亥23	6 辛巳㉓	6 庚戌21
6 丙辰 1	6 丙戌 3	6 丙辰 2	6 乙酉 1	《6月》	7 乙酉30	7 甲寅㉙	7 甲申28	7 癸丑26	7 壬午25	7 壬子24	7 壬午24	7 辛亥22
7 丁巳 2	7 丁亥④	7 丁巳 3	7 丙戌 2	7 丙辰 1	《7月》	8 乙卯30	8 乙酉29	8 甲寅27	8 癸未26	8 癸丑㉕	8 癸未25	8 壬子23
8 戊午 3	8 戊子 5	8 戊午 4	8 丁亥 3	8 丁巳 2	8 丙戌①	9 丙辰31	9 丙戌30	9 乙卯28	9 甲申27	9 甲寅26	9 甲申26	9 癸丑24
9 己未④	9 己丑 6	9 己未 5	9 戊子 4	9 戊午③	9 丁亥 2	《8月》	10丁亥31	10丙辰29	10乙酉㉘	10乙卯27	10乙酉27	10甲寅25
10庚申 5	10庚寅 7	10庚申 6	10己丑 5	10己未 4	10戊子 3	10丁巳 1	《9月》	11丁巳㉚	11丙戌29	11丙辰28	11丙戌28	11乙卯26
11辛酉 6	11辛卯 8	11辛酉 7	11庚寅⑥	11庚申 5	11己丑 4	11戊午 2	11戊子 1	《10月》	12丁亥30	12丁巳29	12丁亥29	12丙辰㉗
12壬戌 7	12壬辰 9	12壬戌⑧	12辛卯 7	12辛酉 6	12庚寅 5	12己未 3	12己丑②	12戊午 1	13戊子31	13戊午30	13戊子㉚	13丁巳28
13癸亥 8	13癸巳10	13癸亥 9	13壬辰 8	13壬戌 7	13辛卯 6	13庚申 4	13庚寅 3	13己未 2	《11月》	《12月》	14己丑31	14戊午29
14甲子 9	14甲午⑪	14甲子10	14癸巳 9	14癸亥 8	14壬辰 7	14辛酉⑤	14辛卯 4	14庚申 3	14己丑 1	14己未 1	1135年	15己未30
15乙丑10	15乙未12	15乙丑11	15甲午10	15甲子 9	15癸巳⑧	15壬戌 6	15壬辰 5	15辛酉 4	15庚寅 2	15庚申②	《1月》	16庚申31
16丙寅⑪	16丙申13	16丙寅12	16乙未11	16乙丑⑩	16甲午 9	16癸亥 7	16癸巳 6	16壬戌 5	16辛卯 3	16辛酉 3	15庚寅 1	《2月》
17丁卯12	17丁酉14	17丁卯13	17丙申12	17丙寅11	17乙未10	17甲子 8	17甲午 7	17癸亥 6	17壬辰④	17壬戌 4	16辛卯 2	17辛酉 1
18戊辰13	18戊戌15	18戊辰14	18丁酉⑬	18丁卯12	18丙申11	18乙丑 9	18乙未 8	18甲子⑦	18癸巳 5	18癸亥 5	17壬辰 3	18壬戌 2
19己巳14	19己亥16	19己巳⑮	19戊戌14	19戊辰13	19丁酉12	19丙寅10	19丙申⑨	19乙丑 8	19甲午 6	19甲子 6	18癸巳 4	19癸亥③
20庚午15	20庚子17	20庚午16	20己亥15	20己巳14	20戊戌13	20丁卯11	20丁酉10	20丙寅 9	20乙未 7	20乙丑 7	19甲午 5	20甲子 4
21辛未16	21辛丑⑱	21辛未17	21庚子16	21庚午15	21己亥14	21戊辰⑫	21戊戌11	21丁卯10	21丙申 8	21丙寅 8	20乙未⑥	21乙丑 5
22壬申17	22壬寅19	22壬申18	22辛丑17	22辛未16	22庚子⑮	22己巳13	22己亥12	22戊辰11	22丁酉 9	22丁卯⑨	21丙申 7	22丙寅 6
23癸酉⑱	23癸卯20	23癸酉19	23壬寅18	23壬申⑰	23辛丑16	23庚午14	23庚子13	23己巳12	23戊戌10	23戊辰10	22丁酉 8	23丁卯 7
24甲戌19	24甲辰21	24甲戌20	24癸卯19	24癸酉18	24壬寅17	24辛未15	24辛丑14	24庚午13	24己亥⑪	24己巳11	23戊戌 9	24戊辰 8
25乙亥20	25乙巳22	25乙亥21	25甲辰⑳	25甲戌19	25癸卯18	25壬申16	25壬寅15	25辛未⑭	25庚子12	25庚午12	24己亥10	25己巳 9
26丙子21	26丙午23	26丙子㉒	26乙巳21	26乙亥20	26甲辰19	26癸酉17	26癸卯⑯	26壬申15	26辛丑13	26辛未13	25庚子11	26庚午⑩
27丁丑22	27丁未24	27丁丑23	27丙午22	27丙子21	27乙巳20	27甲戌18	27甲辰17	27癸酉16	27壬寅14	27壬申14	26辛丑12	27辛未11
28戊寅23	28戊申㉕	28戊寅24	28丁未23	28丁丑22	28丙午21	28乙亥⑲	28乙巳18	28甲戌17	28癸卯15	28癸酉15	27壬寅⑬	28壬申12
29己卯24	29己酉26	29己卯25	29戊申24	29戊寅23	29丁未㉒	29丙子20	29丙午19	29乙亥18	29甲辰16	29甲戌⑯	28癸卯14	29癸酉13
30庚辰㉕	30庚戌27		30己酉25			30丁丑21			30乙巳17	30乙亥17	29甲辰15	30甲戌14
立春 4日 雨水 19日	啓蟄 5日 春分 20日	清明 5日 穀雨 20日	立夏 7日 小満 22日	芒種 7日 夏至 22日	小暑 8日 大暑 24日	立秋 10日 処暑 25日	白露 10日 秋分 26日	寒露 12日 霜降 27日	立冬 13日 小雪 28日	大雪 14日 冬至 29日	小寒 14日 大寒 29日	立春15日

保延元年〔長承4年〕（1135－1136） 乙卯

改元 4/27（長承→保延）

1月	2月	3月	4月	5月	6月	7月	8月	9月	10月	11月	12月
1 乙亥15	1 乙巳⑰	1 甲戌15	1 甲辰15	1 癸酉13	1 癸卯13	1 壬申⑪	1 壬寅10	1 辛未 9	1 庚子 7	1 庚午 7	1 己亥⑤
2 丙子16	2 丙午18	2 乙亥16	2 乙巳16	2 甲戌14	2 甲辰⑭	2 癸酉12	2 癸卯11	2 壬申10	2 辛丑 8	2 辛未⑧	2 庚子 6
3 丁丑⑰	3 丁未19	**3** 丙子17	**3** 丙午17	3 乙亥15	3 乙巳15	3 甲戌13	3 甲辰12	3 癸酉11	3 壬寅 9	3 壬申 9	3 辛丑 7
4 戊寅18	4 戊申20	4 丁丑18	4 丁未18	**4** 丙子⑯	4 丙午16	4 乙亥14	4 乙巳13	4 甲戌12	4 癸卯⑩	4 癸酉10	4 壬寅 8
5 己卯19	5 己酉21	5 戊寅19	5 戊申⑲	5 丁丑17	**5** 丁未17	5 丙子15	5 丙午14	5 乙亥⑬	5 甲辰11	5 甲戌11	5 癸卯 9
6 庚辰20	6 庚戌22	6 己卯20	6 己酉20	6 戊寅18	6 戊申18	**6** 丁丑16	6 丁未⑮	6 丙子14	6 乙巳12	6 乙亥12	6 甲辰10
7 辛巳21	7 辛亥23	7 庚辰㉑	7 庚戌21	7 己卯19	7 己酉19	7 戊寅17	**7** 戊申16	7 丁丑15	7 丙午13	7 丙子13	7 乙巳11
8 壬午22	8 壬子㉔	8 辛巳22	8 辛亥22	8 庚辰20	8 庚戌20	8 己卯⑱	8 己酉17	**8** 戊寅16	8 丁未14	8 丁丑14	8 丙午⑫
9 癸未23	9 癸丑25	9 壬午23	9 壬子23	9 辛巳21	9 辛亥㉑	9 庚辰19	9 庚戌18	9 己卯17	9 戊申15	9 戊寅⑮	9 丁未13
10甲申㉔	10甲寅26	10癸未24	10癸丑24	10壬午22	10壬子22	10辛巳20	10辛亥19	10庚辰18	**10**己酉16	**10**己卯16	10戊申14
11乙酉25	11乙卯27	11甲申25	11甲寅25	11癸未㉓	11癸丑23	11壬午21	11壬子20	11辛巳19	11庚戌⑰	11庚辰17	11己酉15
12丙戌26	12丙辰28	12乙酉26	12乙卯㉖	12甲申24	12甲寅24	12癸未22	12癸丑21	12壬午⑳	12辛亥18	12辛巳18	**12**庚戌16
13丁亥27	13丁巳29	13丙戌27	13丙辰27	13乙酉25	13乙卯25	13甲申23	13甲寅㉒	13癸未21	13壬子19	13壬午19	13辛亥17
14戊子28	14戊午30	14丁亥㉘	14丁巳28	14丙戌26	14丙辰26	14乙酉24	14乙卯23	14甲申22	14癸丑20	14癸未20	14壬子18
《3月》	15己未㉛	15戊子29	15戊午29	15丁亥27	15丁巳27	15丙戌㉕	15丙辰24	15乙酉23	15甲寅21	15甲申21	15癸丑⑲
15己丑 1	《4月》	16己丑30	16己未30	16戊子28	16戊午㉘	16丁亥26	16丁巳25	16丙戌24	16乙卯22	16乙酉㉒	16甲寅20
16庚寅 2	**16**庚申 1	《5月》	17庚申31	17己丑29	17己未29	17戊子27	17戊午26	17丁亥25	17丙辰23	17丙戌23	17乙卯21
17辛卯③	17辛酉 2	17庚寅 1	《6月》	18庚寅㉚	18庚申30	18己丑28	18己未27	18戊子26	18丁巳㉔	18丁亥24	18丙辰22
18壬辰 4	18壬戌 3	**18**辛卯 2	**18**辛酉 1	《7月》	19辛酉31	19庚寅29	19庚申28	19己丑㉗	19戊午25	19戊子25	19丁巳23
19癸巳 5	19癸亥 4	19壬辰 3	19壬戌②	19辛卯 1	《8月》	20辛卯30	20辛酉㉙	20庚寅28	20己未26	20己丑26	20戊午24
20甲午 6	20甲子 5	20癸巳 4	20癸亥 3	**20**壬辰 2	**20**壬戌 1	21壬辰31	21壬戌30	21辛卯29	21庚申27	21庚寅27	21己未25
21乙未 7	21乙丑 6	21甲午⑤	21甲子 4	21癸巳 3	21癸亥 2	《9月》	《10月》	22壬辰30	22辛酉28	22辛卯28	22庚申㉖
22丙申 8	22丙寅⑦	22乙未 6	22乙丑 5	22甲午 4	22甲子 3	**22**癸巳①	**22**癸亥 1	**23**癸巳31	23壬戌29	23壬辰㉙	23辛酉27
23丁酉 9	23丁卯 8	23丙申 7	23丙寅 6	23乙未 5	23乙丑④	23甲午 2	23甲子 2	《11月》	24癸亥30	24癸巳30	24壬戌28
24戊戌⑩	24戊辰 9	24丁酉 8	24丁卯 7	24丙申 6	24丙寅 5	24乙未 3	24乙丑 3	24甲午 1	《12月》	**25**甲午31	25癸亥29
25己亥11	25己巳10	25戊戌 9	25戊辰 8	25丁酉⑦	25丁卯 6	25丙申 4	25丙寅 4	25乙未 2	**25**甲子①	**1136年**	26甲子30
26庚子12	26庚午11	26己亥10	26己巳⑨	26戊戌 8	26戊辰 7	26丁酉 5	26丁卯 5	26丙申③	26乙丑 2	《1月》	**27**乙丑31
27辛丑13	27辛未12	27庚子11	27庚午10	27己亥 9	27己巳 8	27戊戌 6	27戊辰⑥	27丁酉 4	27丙寅 3	26乙未 1	《2月》
28壬寅14	28壬申13	28辛丑⑫	28辛未11	28庚子10	28庚午 9	28己亥 7	28己巳 7	28戊戌 5	28丁卯 4	27丙申 2	28丙寅 1
29癸卯15	29癸酉⑭	29壬寅13	29壬申12	29辛丑11	29辛未10	29庚子⑧	29庚午 8	29己亥 6	29戊辰 5	28丁酉 3	29丁卯②
30甲辰16		30癸卯14		30壬寅12		30辛丑 9			30己巳 6	29戊戌 4	30戊辰 3
雨水 1日 啓蟄 16日	春分 1日 清明 16日	穀雨 3日 立夏 18日	小満 3日 芒種 18日	夏至 4日 小暑 20日	大暑 5日 立秋 20日	処暑 6日 白露 22日	秋分 7日 寒露 22日	霜降 8日 立冬 23日	小雪 10日 大雪 25日	冬至 10日 小寒 25日	大寒 12日 立春 27日

保延2年（1136－1137） 丙辰

1月	2月	3月	4月	5月	6月	7月	8月	9月	10月	11月	12月
1 己巳 4	1 己亥 5	1 戊辰 3	1 戊戌③	1 戊辰 2	《7月》	**1** 丁卯31	1 丙申29	1 丙寅28	1 乙未27	1 乙丑26	1 甲午25
2 庚午 5	2 庚子 6	2 己巳 4	2 己亥 4	2 己巳 3	**1** 丁酉 1	《8月》	2 丁酉㉚	2 丁卯29	2 丙申28	2 丙寅27	2 乙未26
3 辛未 6	3 辛丑 7	3 庚午⑤	3 庚子 5	3 庚午 4	2 戊戌 2	2 戊辰 1	**3** 戊戌31	**3** 戊辰30	3 丁酉29	3 丁卯28	3 丙申㉗
4 壬申 7	4 壬寅⑧	4 辛未 6	4 辛丑 6	4 辛未 5	3 己亥 3	3 己巳②	《9月》	《10月》	4 戊戌30	4 戊辰㉙	4 丁酉28
5 癸酉 8	5 癸卯 9	5 壬申 7	5 壬寅 7	5 壬申 6	4 庚子 4	4 庚午 3	4 己亥 1	4 己巳 1	**5** 己亥31	**5** 己巳30	5 戊戌29
6 甲戌⑨	6 甲辰10	6 癸酉 8	6 癸卯 8	6 癸酉⑦	5 辛丑⑤	5 辛未 4	5 庚子 2	5 庚午 2	《11月》	《12月》	6 己亥30
7 乙亥10	7 乙巳11	7 甲戌 9	7 甲辰 9	7 甲戌 8	6 壬寅 6	6 壬申 5	6 辛丑 3	6 辛未 3	6 庚子①	6 庚午 1	**7** 庚子31
8 丙子11	8 丙午12	8 乙亥10	8 乙巳⑩	8 乙亥 9	7 癸卯 7	7 癸酉 6	7 壬寅 4	7 壬申④	7 辛丑 2	7 辛未 2	**1137年**
9 丁丑12	9 丁未13	9 丙子11	9 丙午11	9 丙子10	8 甲辰 8	8 甲戌 7	8 癸卯 5	8 癸酉 5	8 壬寅 3	8 壬申 3	《1月》
10戊寅13	10戊申14	10丁丑⑫	10丁未12	10丁丑11	9 乙巳 9	9 乙亥 8	9 甲辰⑥	9 甲戌 6	9 癸卯 4	9 癸酉 4	8 辛丑 1
11己卯14	11己酉⑮	11戊寅13	11戊申13	11戊寅12	10丙午10	10丙子⑨	10乙巳 7	10乙亥 7	10甲辰 5	10甲戌 5	9 壬寅 2
12庚辰15	**12**庚戌16	12己卯14	12己酉14	12己卯13	11丁未11	11丁丑10	11丙午 8	11丙子 8	11乙巳 6	11乙亥⑥	10癸卯③
13辛巳⑯	13辛亥17	13庚辰15	13庚戌15	13庚辰⑭	12戊申⑫	12戊寅11	12丁未 9	12丁丑 9	12丙午 7	12丙子 7	11甲辰 4
14壬午17	14壬子18	**14**辛巳16	**14**辛亥16	14辛巳15	13己酉13	13己卯12	13戊申10	13戊寅10	13丁未⑧	13丁丑 8	12乙巳 5
15癸未18	15癸丑19	15壬午17	15壬子⑰	**15**壬午16	14庚戌14	14庚辰13	14己酉11	14己卯⑪	14戊申 9	14戊寅 9	13丙午 6
16甲申19	16甲寅20	16癸未18	16癸丑18	16癸未17	15辛亥15	15辛巳14	15庚戌12	15庚辰12	15己酉10	15己卯10	14丁未 7
17乙酉20	17乙卯21	17甲申⑲	17甲寅19	17甲申18	**16**壬子16	16壬午15	16辛亥⑬	16辛巳13	16庚戌11	16庚辰11	15戊申 8
18丙戌21	18丙辰㉒	18乙酉20	18乙卯20	18乙酉19	17癸丑17	**17**癸未⑯	17壬子14	17壬午14	17辛亥12	17辛巳12	16己酉 9
19丁亥22	19丁巳23	19丙戌21	19丙辰21	19丙戌20	18甲寅18	18甲申17	**18**癸丑15	**18**癸未15	18壬子13	18壬午⑬	17庚戌⑩
20戊子㉓	20戊午24	20丁亥22	20丁巳22	20丁亥㉑	19乙卯⑲	19乙酉18	19甲寅16	19甲申16	19癸丑14	19癸未14	18辛亥11
21己丑24	21己未25	21戊子23	21戊午23	21戊子22	20丙辰20	20丙戌19	20乙卯17	20乙酉17	**20**甲寅⑮	**20**甲申15	19壬子12
22庚寅25	22庚申26	22己丑24	22己未㉔	22己丑23	21丁巳21	21丁亥20	21丙辰18	21丙戌⑱	21乙卯16	21乙酉16	20癸丑13
23辛卯26	23辛酉27	23庚寅25	23庚申25	23庚寅24	22戊午22	22戊子21	22丁巳19	22丁亥19	22丙辰17	22丙戌17	21甲寅14
24壬辰27	24壬戌28	24辛卯㉖	24辛酉26	24辛卯25	23己未23	23己丑22	23戊午⑳	23戊子20	23丁巳18	23丁亥18	**22**乙卯15
25癸巳28	25癸亥㉙	25壬辰27	25壬戌27	25壬辰26	24庚申24	24庚寅㉓	24己未21	24己丑21	24戊午19	24戊子19	23丙辰16
26甲午29	26甲子30	26癸巳28	26癸亥28	26癸巳27	25辛酉25	25辛卯24	25庚申22	25庚寅22	25己未20	25己丑⑳	24丁巳⑰
《3月》	27乙丑31	27甲午29	27甲子29	27甲午㉘	26壬戌㉖	26壬辰25	26辛酉23	26辛卯23	26庚申21	26庚寅21	25戊午18
27乙未①	《4月》	28乙未30	28乙丑30	28乙未29	27癸亥27	27癸巳26	27壬戌24	27壬辰24	27辛酉㉒	27辛卯22	26己未19
28丙申 2	**28**丙寅 1	《5月》	**29**丙寅㉛	29丙申30	28甲子28	28甲午27	28癸亥25	28癸巳㉕	28壬戌23	28壬辰23	27庚申20
29丁酉 3	29丁卯 2	**29**丙申 1	《6月》		29乙丑29	29乙未28	29甲子26	29甲午26	29癸亥24	29癸巳24	28辛酉21
30戊戌 4		30丁酉 2	30丁卯 1		30丙寅30		30乙丑㉗		30甲子25		29壬戌22
雨水 12日 啓蟄 27日	春分 12日 清明 28日	穀雨 14日 立夏 29日	小満 14日 芒種 29日	夏至 15日	小暑 1日 大暑 16日	立秋 1日 処暑 17日	白露 3日 秋分 18日	寒露 3日 霜降 18日	立冬 5日 小雪 20日	大雪 5日 冬至 20日	小寒 7日 大寒 22日

保延3年（1137－1138） 丁巳

1月	2月	3月	4月	5月	6月	7月	8月	9月	閏9月	10月	11月	12月
1 癸亥23	1 癸巳22	1 癸亥24	1 壬辰22	1 壬戌22	1 辛卯⑳	1 辛酉20	1 辛卯19	1 庚申17	1 庚寅⑰	**1** 己未15	1 己丑15	1 戊午13
2 甲子㉔	2 甲午23	2 甲子25	2 癸巳23	2 癸亥㉓	2 壬辰21	2 壬戌21	2 壬辰20	2 辛酉18	2 辛卯18	2 庚申16	**2** 庚寅16	2 己未14
3 乙丑25	3 乙未24	3 乙丑26	3 甲午24	3 甲子24	3 癸巳22	3 癸亥22	3 癸巳21	3 壬戌⑲	3 壬辰19	3 辛酉17	3 辛卯17	**3** 庚申15
4 丙寅26	4 丙申25	4 丙寅27	4 乙未㉕	4 乙丑25	4 甲午23	4 甲子23	4 甲午㉒	4 癸亥20	4 癸巳20	4 壬戌18	4 壬辰18	4 辛酉⑯
5 丁卯27	5 丁酉26	5 丁卯㉘	5 丙申26	5 丙寅26	5 乙未24	5 乙丑24	5 乙未23	5 甲子21	5 甲午21	5 癸亥19	5 癸巳⑲	5 壬戌17
6 戊辰28	6 戊戌27	6 戊辰29	6 丁酉27	6 丁卯27	6 丙申25	6 丙寅㉕	6 丙申24	6 乙丑22	6 乙未22	6 甲子20	6 甲午20	6 癸亥18
7 己巳29	7 己亥㉘	7 己巳30	7 戊戌28	7 戊辰28	7 丁酉26	7 丁卯26	7 丁酉25	7 丙寅23	7 丙申23	7 乙丑㉑	7 乙未21	7 甲子19
8 庚午30	《3月》	8 庚午31	8 己亥29	8 己巳29	8 戊戌㉗	8 戊辰27	8 戊戌26	8 丁卯24	8 丁酉㉔	8 丙寅22	8 丙申22	8 乙丑20
9 辛未㉛	**8** 庚子 1	《4月》	9 庚子30	9 庚午㉚	9 己亥28	9 己巳28	9 己亥27	9 戊辰25	9 戊戌25	9 丁卯23	9 丁酉23	9 丙寅21
《2月》	9 辛丑 2	**9** 辛未 1	《5月》	10辛未31	10庚子29	10庚午29	10庚子28	10己巳㉖	10己亥26	10戊辰24	10戊戌24	10丁卯22
10壬申 1	10壬寅 3	10壬申 2	**10**辛丑 1	《6月》	11辛丑30	11辛未30	11辛丑㉙	11庚午27	11庚子27	11己巳25	11己亥25	11戊辰㉓
11癸酉 2	11癸卯 4	11癸酉 3	11壬寅②	**11**壬申 1	《7月》	12壬申31	12壬寅30	12辛未28	12辛丑28	12庚午26	12庚子㉖	12己巳24
12甲戌 3	12甲辰 5	12甲戌④	12癸卯 3	12癸酉 2	**12**壬寅 1	《8月》	**13**癸卯31	13壬申29	13壬寅29	13辛未27	13辛丑27	13庚午25
13乙亥 4	13乙巳 6	13乙亥 5	13甲辰 4	13甲戌 3	13癸卯 2	**13**癸酉①	《9月》	**14**癸酉30	14癸卯30	14壬申㉘	14壬寅28	14辛未26
14丙子 5	14丙午⑦	14丙子 6	14乙巳 5	14乙亥 4	14甲辰 3	14甲戌 2	14甲辰 1	《10月》	**15**甲辰㉛	15癸酉29	15癸卯29	15壬申27
15丁丑 6	15丁未 8	15丁丑 7	15丙午 6	15丙子 5	15乙巳④	15乙亥 3	15乙巳 2	15甲戌 1	《11月》	**16**甲戌30	16甲辰30	16癸酉28
16戊寅⑦	16戊申 9	16戊寅 8	16丁未 7	16丁丑⑥	16丙午 5	16丙子 4	16丙午 3	16乙亥 2	16乙巳 1	《12月》	**17**乙巳31	17甲戌29
17己卯 8	17己酉10	17己卯 9	17戊申 8	17戊寅 7	17丁未 6	17丁丑 5	17丁未 4	17丙子③	17丙午 2	17乙亥 1	**1138年**	**18**乙亥㉚
18庚辰 9	18庚戌11	18庚辰10	18己酉⑨	18己卯 8	18戊申 7	18戊寅 6	18戊申⑤	18丁丑 4	18丁未 3	18丙子 2	《1月》	19丙子31
19辛巳10	19辛亥12	19辛巳⑪	19庚戌10	19庚辰 9	19己酉 8	19己卯 7	19己酉 6	19戊寅 5	19戊申 4	19丁丑 3	18丙午 1	《2月》
20壬午11	20壬子13	20壬午12	20辛亥11	20辛巳10	20庚戌 9	20庚辰⑧	20庚戌 7	20己卯 6	20己酉 5	20戊寅 4	19丁未②	20丁丑 1
21癸未12	21癸丑⑭	21癸未13	21壬子12	21壬午11	21辛亥10	21辛巳 9	21辛亥 8	21庚辰 7	21庚戌 6	21己卯⑤	20戊申 3	21戊寅 2
22甲申13	22甲寅15	22甲申14	22癸丑13	22癸未12	22壬子⑪	22壬午10	22壬子 9	22辛巳 8	22辛亥⑦	22庚辰 6	21己酉 4	22己卯 3
23乙酉⑭	23乙卯16	23乙酉15	23甲寅14	23甲申⑬	23癸丑12	23癸未11	23癸丑10	23壬午 9	23壬子 8	23辛巳 7	22庚戌 5	23庚辰 4
24丙戌15	**24**丙辰17	**24**丙戌16	24乙卯15	24乙酉14	24甲寅13	24甲申12	24甲寅11	24癸未⑩	24癸丑 9	24壬午 8	23辛亥 6	24辛巳 5
25丁亥16	25丁巳18	25丁亥17	25丙辰⑯	25丙戌15	25乙卯14	25乙酉13	25乙卯⑫	25甲申11	25甲寅10	25癸未 9	24壬子 7	25壬午⑥
26戊子17	26戊午19	26戊子⑱	**26**丁巳17	**26**丁亥16	26丙辰15	26丙戌14	26丙辰13	26乙酉12	26乙卯11	26甲申10	25癸丑 8	26癸未 7
27己丑18	27己未20	27己丑19	27戊午18	27戊子17	**27**丁巳16	27丁亥⑮	27丁巳14	27丙戌13	27丙辰12	27乙酉11	26甲寅⑨	27甲申 8
28庚寅19	28庚申㉑	28庚寅20	28己未19	28己丑18	28戊午17	**28**戊子16	**28**戊午15	28丁亥14	28丁巳13	28丙戌⑫	27乙卯10	28乙酉 9
29辛卯20	29辛酉22	29辛卯21	29庚申20	29庚寅19	29己未⑱	29己丑17	29己未16	29戊子15	29戊午⑭	29丁亥13	28丙辰11	29丙戌10
30壬辰㉑	30壬戌23		30辛酉21		30庚申19	30庚寅18		**30**己丑16		30戊子14	29丁巳12	
立春 8日	啓蟄 8日	清明 9日	立夏 10日	芒種 11日	小暑 12日	立秋 13日	白露 13日	寒露 14日	立冬15日	小雪 1日	冬至 2日	大寒 3日
雨水 23日	春分 24日	穀雨 24日	小満 26日	夏至 26日	大暑 27日	処暑 28日	秋分 28日	霜降 30日		大雪 16日	小寒 17日	立春 18日

保延4年（1138－1139） 戊午

1月	2月	3月	4月	5月	6月	7月	8月	9月	10月	11月	12月
1 丁亥11	1 丁巳⑬	1 丙戌11	1 丙辰11	1 乙酉 9	1 乙卯 9	1 乙酉 8	1 甲寅 6	1 甲申 6	1 甲寅 5	1 癸未④	1 癸丑 3
2 戊子12	2 戊午14	2 丁亥12	2 丁巳12	2 丙戌10	2 丙辰⑩	2 丙戌 9	2 乙卯 7	2 乙酉 7	2 乙卯⑥	2 甲申 5	2 甲寅 4
3 己丑⑬	3 己未15	3 戊子13	3 戊午13	3 丁亥11	3 丁巳11	3 丁亥10	3 丙辰 8	3 丙戌 8	3 丙辰 7	3 乙酉 6	3 乙卯 5
4 庚寅14	4 庚申16	4 己丑14	4 己未14	4 戊子⑫	4 戊午12	4 戊子11	4 丁巳 9	4 丁亥⑨	4 丁巳 8	4 丙戌 7	4 丙辰 6
5 辛卯15	**5** 辛酉17	5 庚寅15	5 庚申⑮	5 己丑13	5 己未13	5 己丑12	5 戊午10	5 戊子10	5 戊午 9	5 丁亥 8	5 丁巳 7
6 壬辰16	6 壬戌18	**6** 辛卯16	6 辛酉16	6 庚寅14	6 庚申14	6 庚寅13	6 己未⑪	6 己丑11	6 己未10	6 戊子 9	6 戊午⑧
7 癸巳17	7 癸亥19	7 壬辰⑰	**7** 壬戌17	7 辛卯15	7 辛酉15	7 辛卯⑭	7 庚申12	7 庚寅12	7 庚申11	7 己丑10	7 己未 9
8 甲午18	8 甲子⑳	8 癸巳18	8 癸亥18	**8** 壬辰16	8 壬戌16	8 壬辰15	8 辛酉13	8 辛卯13	8 辛酉12	8 庚寅⑪	8 庚申10
9 乙未19	9 乙丑21	9 甲午19	9 甲子19	9 癸巳17	**9** 癸亥⑰	**9** 癸巳16	9 壬戌14	9 壬辰14	9 壬戌⑬	9 辛卯12	9 辛酉11
10丙申⑳	10丙寅22	10乙未20	10乙丑20	10甲午18	10甲子18	10甲午17	10癸亥15	10癸巳15	10癸亥14	10壬辰13	10壬戌12
11丁酉21	11丁卯23	11丙申21	11丙寅21	11乙未⑲	11乙丑19	11乙未18	**11**甲子16	**11**甲午⑯	**11**甲子15	11癸巳14	11癸亥13
12戊戌22	12戊辰24	12丁酉22	12丁卯㉒	12丙申20	12丙寅20	12丙申19	12乙丑17	12乙未17	12乙丑16	12甲午15	12甲子14
13己亥23	13己巳25	13戊戌23	13戊辰23	13丁酉21	13丁卯21	13丁酉20	13丙寅⑱	13丙申18	13丙寅17	**13**乙未16	**13**乙丑⑮
14庚子24	14庚午26	14己亥㉔	14己巳24	14戊戌22	14戊辰22	14戊戌㉑	14丁卯19	14丁酉19	14丁卯18	14丙申17	14丙寅16
15辛丑25	15辛未㉗	15庚子25	15庚午25	15己亥23	15己巳23	15己亥22	15戊辰20	15戊戌20	15戊辰19	15丁酉⑱	15丁卯17
16壬寅26	16壬申28	16辛丑26	16辛未26	16庚子24	16庚午㉔	16庚子23	16己巳21	16己亥21	16己巳⑳	16戊戌19	16戊辰18
17癸卯㉗	17癸酉29	17壬寅27	17壬申27	17辛丑25	17辛未25	17辛丑24	17庚午22	17庚子22	17庚午21	17己亥20	17己巳19
18甲辰28	18甲戌30	18癸卯28	18癸酉28	18壬寅㉖	18壬申26	18壬寅25	18辛未23	18辛丑㉓	18辛未22	18庚子21	18庚午20
《3月》	19乙亥31	19甲辰29	19甲戌㉙	19癸卯27	19癸酉27	19癸卯26	19壬申24	19壬寅24	19壬申23	19辛丑22	19辛未21
19乙巳 1	《4月》	20乙巳30	20乙亥30	20甲辰28	20甲戌28	20甲辰27	20癸酉㉕	20癸卯25	20癸酉24	20壬寅23	20壬申㉒
20丙午 2	**20**丙子 1	《5月》	21丙子31	21乙巳29	21乙亥29	21乙巳㉘	21甲戌26	21甲辰26	21甲戌25	21癸卯24	21癸酉23
21丁未 3	21丁丑 2	21丙午①	《6月》	22丙午30	22丙子30	22丙午29	22乙亥27	22乙巳27	22乙亥26	22甲辰㉕	22甲戌24
22戊申 4	22戊寅③	**22**丁未 2	**22**丁丑 1	《7月》	23丁丑㉛	23丁未30	23丙子28	23丙午28	23丙子㉗	23乙巳26	23乙亥25
23己酉 5	23己卯 4	23戊申 3	23戊寅 2	**23**丁未 1	《8月》	**24**戊申31	24丁丑29	24丁未29	24丁丑28	24丙午27	24丙子26
24庚戌⑥	24庚辰 5	24己酉 4	24己卯 3	24戊申 2	**24**戊寅 1	《9月》	25戊寅30	25戊申㉚	25戊寅29	25丁未28	25丁丑27
25辛亥 7	25辛巳 6	25庚戌 5	25庚辰 4	25己酉③	25己卯 2	25己酉 1	《10月》	**26**己酉31	26己卯30	26戊申29	26戊寅28
26壬子 8	26壬午 7	26辛亥 6	26辛巳⑤	26庚戌 4	26庚辰 3	26庚戌 2	**26**己卯 1	《11月》	《12月》	27己酉30	27己卯㉙
27癸丑 9	27癸未 8	27壬子 7	27壬午 6	27辛亥 5	27辛巳 4	27辛亥 3	27庚辰②	27庚戌 1	**27**庚辰 1	**28**庚戌31	**28**庚辰30
28甲寅10	28甲申 9	28癸丑⑧	28癸未 7	28壬子 6	28壬午 5	28壬子④	28辛巳 3	28辛亥 2	28辛巳 2	**1139年**	29辛巳31
29乙卯11	29乙酉⑩	29甲寅 9	29甲申 8	29癸丑 7	29癸未 6	29癸丑 5	29壬午 4	29壬子 3	29壬午 3	《1月》	
30丙辰12		30乙卯10		30甲寅 8	30甲申⑦		30癸未 5	30癸丑 4		29辛亥①	
										30壬子 2	
雨水 4日	春分 5日	穀雨 6日	小満 7日	夏至 8日	大暑 9日	処暑 9日	秋分 11日	霜降 11日	小雪 11日	冬至 13日	大寒 13日
啓蟄 20日	清明 20日	立夏 22日	芒種 22日	小暑 23日	立秋 24日	白露 24日	寒露 26日	立冬 26日	大雪 27日	小寒 28日	立春 28日

保延5年（1139－1140） 己未

1月	2月	3月	4月	5月	6月	7月	8月	9月	10月	11月	12月
《2月》	1 壬子 3	《4月》	1 庚戌㉚	1 庚辰30	1 己酉28	1 己卯28	1 戊申26	1 戊寅25	1 戊申25	1 戊寅24	1 丁未23
1 壬午 1	2 癸丑 4	1 辛巳 1	《5月》	2 辛巳31	2 庚戌29	2 庚辰29	2 己酉㉗	2 己卯26	2 己酉26	2 己卯25	2 戊申㉔
2 癸未 2	3 甲寅⑤	2 壬午②	2 辛亥 1	《6月》	3 辛亥30	3 辛巳㉚	3 庚戌28	3 庚辰27	3 庚戌27	3 庚辰㉖	3 己酉25
3 甲申 3	4 乙卯 6	3 癸未 3	3 壬子 2	3 壬午 1	《7月》	4 壬午31	4 辛亥29	4 辛巳28	4 辛亥28	4 辛巳27	4 庚戌26
4 乙酉 4	5 丙辰 7	4 甲申 4	4 癸丑 3	4 癸未 2	4 壬子 1	《8月》	5 壬子30	5 壬午29	5 壬子㉙	5 壬午28	5 辛亥27
5 丙戌⑤	6 丁巳 8	5 乙酉 5	5 甲寅 4	5 甲申 3	5 癸丑②	5 癸未 1	6 癸丑31	6 癸未30	6 癸丑30	6 癸未29	6 壬子28
6 丁亥 6	7 戊午 9	6 丙戌 6	6 乙卯 5	6 乙酉④	6 甲寅 3	6 甲申 2	《9月》	《10月》	7 甲寅31	7 甲申30	7 癸丑29
7 戊子 7	8 己未10	7 丁亥 7	7 丙辰 6	7 丙戌 5	7 乙卯 4	7 乙酉 3	7 甲寅 1	7 甲申①	《11月》	《12月》	8 甲寅30
8 己丑 8	9 庚申11	8 戊子 8	8 丁巳⑦	8 丁亥 6	8 丙辰 5	8 丙戌 4	8 乙卯 2	8 乙酉 2	8 乙卯 1	8 乙酉 1	9 乙卯㉛
9 庚寅 9	10辛酉⑫	9 己丑⑨	9 戊午 8	9 戊子 7	9 丁巳 6	9 丁亥 5	9 丙辰③	9 丙戌 3	9 丙辰 2	9 丙戌 2	1140年
10辛卯10	11壬戌13	10庚寅10	10己未 9	10己丑 8	10戊午 7	10戊子⑥	10丁巳 4	10丁亥 4	10丁巳 3	10丁亥③	《1月》
11壬辰11	12癸亥14	11辛卯11	11庚申10	11庚寅 9	11己未 8	11己丑 7	11戊午 5	11戊子 5	11戊午 4	11戊子 4	10丙辰 1
12癸巳⑫	13甲子15	12壬辰12	12辛酉11	12辛卯10	12庚申⑨	12庚寅 8	12己未 6	12己丑 6	12己未⑤	12己丑 5	11丁巳 2
13甲午13	14乙丑16	13癸巳13	13壬戌12	13壬辰⑪	13辛酉10	13辛卯 9	13庚申 7	13庚寅 7	13庚申 6	13庚寅 6	12戊午 3
14乙未14	15丙寅17	14甲午14	14癸亥13	14癸巳12	14壬戌11	14壬辰10	14辛酉 8	14辛卯⑧	14辛酉 7	14辛卯 7	13己未 4
15丙申15	16丁卯18	15乙未15	15甲子⑭	15甲午13	15癸亥12	15癸巳11	15壬戌 9	15壬辰 9	15壬戌 8	15壬辰 8	14庚申 5
16丁酉16	17戊辰⑲	16丙申⑯	16乙丑15	16乙未14	16甲子13	16甲午12	16癸亥⑩	16癸巳10	16癸亥 9	16癸巳 9	15辛酉 6
17戊戌17	18己巳20	17丁酉17	17丙寅16	17丙申15	17乙丑14	17乙未⑬	17甲子11	17甲午11	17甲子10	17甲午⑩	16壬戌⑦
18己亥18	19庚午21	18戊戌18	18丁卯17	18丁酉16	18丙寅15	18丙申14	18乙丑12	18乙未12	18乙丑11	18乙未11	17癸亥 8
19庚子⑲	20辛未22	19己亥19	19戊辰18	19戊戌17	19丁卯⑯	19丁酉15	19丙寅13	19丙申13	19丙寅⑫	19丙申12	18甲子 9
20辛丑20	21壬申23	20庚子20	20己巳19	20己亥⑱	20戊辰17	20戊戌16	20丁卯14	20丁酉14	20丁卯13	20丁酉13	19乙丑10
21壬寅21	22癸酉24	21辛丑21	21庚午20	21庚子19	21己巳18	21己亥17	21戊辰15	21戊戌⑮	21戊辰14	21戊戌14	20丙寅11
22癸卯22	23甲戌25	22壬寅22	22辛未㉑	22辛丑20	22庚午19	22庚子18	22己巳16	22己亥16	22己巳15	22己亥15	21丁卯12
23甲辰23	24乙亥㉖	23癸卯㉓	23壬申22	23壬寅21	23辛未20	23辛丑19	23庚午⑰	23庚子17	23庚午16	23庚子16	22戊辰13
24乙巳24	25丙子27	24甲辰24	24癸酉23	24癸卯22	24壬申21	24壬寅⑳	24辛未18	24辛丑18	24辛未17	24辛丑⑰	23己巳⑭
25丙午25	26丁丑28	25乙巳25	25甲戌24	25甲辰23	25癸酉22	25癸卯21	25壬申19	25壬寅19	25壬申18	25壬寅18	24庚午15
26丁未㉖	27戊寅29	26丙午26	26乙亥25	26乙巳24	26甲戌㉓	26甲辰22	26癸酉20	26癸卯20	26癸酉⑲	26癸卯19	25辛未16
27戊申27	28己卯30	27丁未27	27丙子26	27丙午㉕	27乙亥24	27乙巳23	27甲戌21	27甲辰21	27甲戌20	27甲辰20	26壬申17
28己酉28	29庚辰31	28戊申28	28丁丑27	28丁未26	28丙子25	28丙午24	28乙亥22	28乙巳㉒	28乙亥21	28乙巳21	27癸酉18
《3月》		29己酉29	29戊寅㉘	29戊申27	29丁丑26	29丁未25	29丙子23	29丙午23	29丙子22	29丙午22	28甲戌19
29庚戌 1			30己卯29		30戊寅27		30丁丑㉔	30丁未24	30丁丑23		29乙亥20
30辛亥 2											30丙子㉑
雨水 15日 啓蟄 30日	春分 15日	清明 1日 穀雨 17日	立夏 3日 小満 18日	芒種 3日 夏至 18日	小暑 5日 大暑 20日	立秋 5日 処暑 20日	白露 7日 秋分 22日	寒露 7日 霜降 22日	立冬 7日 小雪 23日	大雪 8日 冬至 23日	小寒 9日 大寒 24日

保延6年（1140－1141） 庚申

1月	2月	3月	4月	5月	閏5月	6月	7月	8月	9月	10月	11月	12月
1 丁丑22	1 丙午20	1 丙子21	1 乙巳19	1 甲戌18	1 甲辰17	1 癸酉16	1 癸卯15	1 壬申13	1 壬寅⑬	1 壬申12	1 辛丑11	1 辛未10
2 戊寅23	2 丁未21	2 丁丑22	2 丙午20	2 乙亥⑲	2 乙巳18	2 甲戌17	2 甲辰16	2 癸酉14	2 癸卯14	2 癸酉13	2 壬寅12	2 壬申11
3 己卯24	3 戊申22	3 戊寅23	3 丁未㉑	3 丙子20	3 丙午19	3 乙亥18	3 乙巳17	3 甲戌⑮	3 甲辰15	3 甲戌14	3 癸卯13	3 癸酉⑫
4 庚辰25	4 己酉23	4 己卯㉔	4 戊申22	4 丁丑21	4 丁未20	4 丙子19	4 丙午⑱	4 乙亥16	4 乙巳16	4 乙亥15	4 甲辰14	4 甲戌13
5 辛巳26	5 庚戌24	5 庚辰25	5 己酉23	5 戊寅22	5 戊申21	5 丁丑20	5 丁未19	5 丙子17	5 丙午17	5 丙子16	5 乙巳⑮	5 乙亥14
6 壬午27	6 辛亥㉕	6 辛巳26	6 庚戌24	6 己卯23	6 己酉22	6 戊寅㉑	6 戊申20	6 丁丑18	6 丁未18	6 丁丑⑰	6 丙午16	6 丙子15
7 癸未㉘	7 壬子26	7 壬午27	7 辛亥25	7 庚辰24	7 庚戌㉓	7 己卯22	7 己酉21	7 戊寅19	7 戊申19	7 戊寅18	7 丁未17	7 丁丑16
8 甲申29	8 癸丑27	8 癸未28	8 壬子26	8 辛巳25	8 辛亥24	8 庚辰23	8 庚戌22	8 己卯20	8 己酉⑳	8 己卯19	8 戊申18	8 戊寅17
9 乙酉30	9 甲寅28	9 甲申29	9 癸丑27	9 壬午㉖	9 壬子25	9 辛巳24	9 辛亥23	9 庚辰21	9 庚戌21	9 庚辰20	9 己酉19	9 己卯18
10丙戌31	10乙卯29	10乙酉30	10甲寅㉘	10癸未27	10癸丑26	10壬午25	10壬子24	10辛巳㉒	10辛亥22	10辛巳21	10庚戌20	10庚辰⑲
《2月》	《3月》	11丙戌㉛	11乙卯29	11甲申28	11甲寅27	11癸未26	11癸丑㉕	11壬午23	11壬子23	11壬午22	11辛亥21	11辛巳20
11丁亥 1	11丙辰 1	《4月》	12丙辰30	12乙酉29	12乙卯28	12甲申27	12甲寅26	12癸未24	12癸丑24	12癸未23	12壬子㉒	12壬午21
12戊子 2	12丁巳 2	12丁亥 1	《5月》	13丙戌30	13丙辰29	13乙酉㉘	13乙卯27	13甲申25	13甲寅25	13甲申㉔	13癸丑23	13癸未22
13己丑 3	13戊午③	13戊子 2	13丁巳 1	14丁亥31	14丁巳㉚	14丙戌29	14丙辰28	14乙酉26	14乙卯26	14乙酉25	14甲寅24	14甲申23
14庚寅④	14己未 4	14己丑 3	14戊午 2	《6月》	《7月》	15丁亥30	15丁巳29	15丙戌27	15丙辰㉗	15丙戌26	15乙卯25	15乙酉24
15辛卯 5	15庚申 5	15庚寅 4	15己未 3	15戊子 1	15戊午 1	16戊子31	16戊午30	16丁亥28	16丁巳28	16丁亥27	16丙辰26	16丙戌25
16壬辰 6	16辛酉 6	16辛卯 5	16庚申 4	16己丑②	16己未 2	《8月》	17己未31	17戊子㉙	17戊午29	17戊子28	17丁巳27	17丁亥㉖
17癸巳 7	17壬戌 7	17壬辰 6	17辛酉⑤	17庚寅 3	17庚申 3	17己丑 1	《9月》	18己丑30	18己未30	18己丑29	18戊午28	18戊子27
18甲午 8	18癸亥 8	18癸巳⑦	18壬戌 6	18辛卯 4	18辛酉 4	18庚寅 2	18庚申①	《10月》	19庚申31	19庚寅30	19己未㉙	19己丑28
19乙未 9	19甲子 9	19甲午 8	19癸亥 7	19壬辰 5	19壬戌 5	19辛卯 3	19辛酉 2	19庚寅 1	《11月》	《12月》	20庚申30	20庚寅29
20丙申10	20乙丑⑩	20乙未 9	20甲子 8	20癸巳 6	20癸亥 6	20壬辰④	20壬戌 3	20辛卯 2	20辛酉 1	20辛卯①	21辛酉31	21辛卯30
21丁酉⑪	21丙寅11	21丙申10	21乙丑 9	21甲午 7	21甲子⑦	21癸巳 5	21癸亥 4	21壬辰 3	21壬戌 2	21壬辰 2	1141年	22壬辰31
22戊戌12	22丁卯12	22丁酉11	22丙寅10	22乙未 8	22乙丑 8	22甲午 6	22甲子 5	22癸巳 4	22癸亥③	22癸巳 3	《1月》	《2月》
23己亥13	23戊辰13	23戊戌12	23丁卯11	23丙申⑨	23丙寅 9	23乙未 7	23乙丑 6	23甲午 5	23甲子 4	23甲午 4	22壬戌 1	23癸巳 1
24庚子14	24己巳14	24己亥13	24戊辰⑫	24丁酉10	24丁卯10	24丙申 8	24丙寅 7	24乙未⑥	24乙丑 5	24乙未 5	23癸亥 2	24甲午②
25辛丑15	25庚午15	25庚子⑭	25己巳13	25戊戌11	25戊辰11	25丁酉 9	25丁卯⑧	25丙申 7	25丙寅 6	25丙申 6	24甲子 3	25乙未 3
26壬寅16	26辛未16	26辛丑15	26庚午14	26己亥12	26己巳12	26戊戌10	26戊辰 9	26丁酉 8	26丁卯 7	26丁酉 7	25乙丑 4	26丙申 4
27癸卯17	27壬申⑰	27壬寅16	27辛未15	27庚子13	27庚午13	27己亥⑪	27己巳10	27戊戌 9	27戊辰 8	27戊戌⑧	26丙寅⑤	27丁酉 5
28甲辰⑱	28癸酉18	28癸卯17	28壬申16	28辛丑14	28辛未⑭	28庚子12	28庚午11	28己亥10	28己巳 9	28己亥 9	27丁卯 6	28戊戌 6
29乙巳19	29甲戌19	29甲辰18	29癸酉17	29壬寅15	29壬申15	29辛丑13	29辛未12	29庚子11	29庚午⑩	29庚子10	28戊辰 7	29己亥 7
	30乙亥20			30癸卯⑯		30壬寅14		30辛丑12	30辛未11		29己巳 8	30庚子 8
											30庚午 9	
立春 10日 雨水 25日	啓蟄 11日 春分 26日	清明 12日 穀雨 27日	立夏 13日 小満 28日	芒種 14日 夏至 30日	小暑15日	大暑 1日 立秋 16日	処暑 2日 白露 17日	秋分 3日 寒露 18日	霜降 3日 立冬 19日	小雪 4日 大雪 19日	冬至 5日 小寒 21日	大寒 6日 立春 21日

永治元年〔保延**7**年〕（1141－1142） 辛酉

改元 7/10（保延→永治）

1月	2月	3月	4月	5月	6月	7月	8月	9月	10月	11月	12月
1 辛丑⑨ 2 壬寅10 3 癸卯11 4 甲辰12 5 乙巳13 **6** 丙午14 7 丁未15 8 戊申⑯ 9 己酉17 10庚戌18 11辛亥19 12壬子20 13癸丑21 14甲寅22 15乙卯㉓ 16丙辰24 17丁巳25 18戊午26 19己未27 20庚申28 《3月》 **21**辛酉 1 22壬戌② 23癸亥 3 24甲子 4 25乙丑 5 26丙寅 6 27丁卯 7 28戊辰 8 29己巳⑨	1 庚午10 2 辛未11 3 壬申12 4 癸酉13 5 甲戌14 6 乙亥15 7 丙子⑯ **8** 丁丑17 9 戊寅18 10己卯19 11庚辰20 12辛巳21 13壬午22 14癸未㉓ 15甲申24 16乙酉25 17丙戌26 18丁亥27 19戊子28 20己丑29 21庚寅㉚ 22辛卯31 《4月》 **23**壬辰 1 24癸巳 2 25甲午 3 26乙未 4 27丙申 5 28丁酉⑥ 29戊戌 7 30己亥 8	1 庚子 9 2 辛丑10 3 壬寅11 4 癸卯12 5 甲辰⑬ 6 乙巳14 7 丙午15 **8** 丁未16 9 戊申17 10己酉18 11庚戌19 12辛亥⑳ 13壬子21 14癸丑22 15甲寅23 16乙卯24 17丙辰25 18丁巳26 19戊午㉗ 20己未28 21庚申29 22辛酉30 《5月》 **23**壬戌 1 24癸亥 2 25甲子 3 26乙丑④ 27丙寅 5 28丁卯 6 29戊辰 7	1 己巳 8 2 庚午 9 3 辛未10 4 壬申⑪ 5 癸酉12 6 甲戌13 7 乙亥14 8 丙子15 **9** 丁丑16 10戊寅17 11己卯⑱ 12庚辰19 13辛巳20 14壬午21 15癸未22 16甲申23 17乙酉24 18丙戌㉕ 19丁亥26 20戊子27 21己丑28 22庚寅29 23辛卯30 24壬辰31 《6月》 **25**癸巳① 26甲午 2 27乙未 3 28丙申 4 29丁酉 5	1 戊戌 6 2 己亥 7 3 庚子⑧ 4 辛丑 9 5 壬寅10 6 癸卯11 7 甲辰12 8 乙巳13 9 丙午14 10丁未⑮ **11**戊申16 12己酉17 13庚戌18 14辛亥19 15壬子20 16癸丑21 17甲寅㉒ 18乙卯23 19丙辰24 20丁巳25 21戊午26 22己未27 23庚申28 24辛酉㉙ 25壬戌30 《7月》 **26**癸亥 1 27甲子 2 28乙丑 3 29丙寅 4 30丁卯 5	1 戊辰⑥ 2 己巳 7 3 庚午 8 4 辛未 9 5 壬申10 6 癸酉11 7 甲戌12 8 乙亥⑬ 9 丙子14 10丁丑15 **11**戊寅16 12己卯17 13庚辰18 14辛巳19 15壬午⑳ 16癸未21 17甲申22 18乙酉23 19丙戌24 20丁亥25 21戊子26 22己丑㉗ 23庚寅28 24辛卯29 25壬辰30 26癸巳31 《8月》 **27**甲午 1 28乙未 2 29丙申③	1 丁酉 4 2 戊戌 5 3 己亥 6 4 庚子 7 5 辛丑 8 6 壬寅 9 7 癸卯⑩ 8 甲辰11 9 乙巳12 *10*丙午13 11丁未14 12戊申15 **13**己酉16 14庚戌⑰ 15辛亥18 16壬子19 17癸丑20 18甲寅21 19乙卯22 20丙辰23 21丁巳㉔ 22戊午25 23己未26 24庚申27 25辛酉28 26壬戌29 27癸亥30 **28**甲子㉛ 《9月》 29乙丑 1	1 丙寅 2 2 丁卯 3 3 戊辰 4 4 己巳 5 5 庚午 6 6 辛未⑦ 7 壬申 8 8 癸酉 9 9 甲戌10 10乙亥11 11丙子12 12丁丑13 13戊寅⑭ **14**己卯15 15庚辰16 16辛巳17 17壬午18 18癸未19 19甲申20 20乙酉㉑ 21丙戌22 22丁亥23 23戊子24 24己丑25 25庚寅26 26辛卯27 27壬辰㉘ 28癸巳29 **29**甲午30 《10月》 30乙未 1	1 丙申 2 2 丁酉 3 3 戊戌 4 4 己亥⑤ 5 庚子 6 6 辛丑 7 7 壬寅 8 8 癸卯 9 9 甲辰10 10乙巳11 11丙午⑫ 12丁未13 13戊申14 14己酉15 **15**庚戌16 16辛亥17 17壬子18 18癸丑⑲ 19甲寅20 20乙卯21 21丙辰22 22丁巳23 23戊午24 24己未25 25庚申㉖ 26辛酉27 27壬戌28 28癸亥29 29甲子30 **30**乙丑31	《11月》 1 丙寅 1 2 丁卯② 3 戊辰 3 4 己巳 4 5 庚午 5 6 辛未 6 7 壬申 7 8 癸酉 8 9 甲戌⑨ 10乙亥10 11丙子11 12丁丑12 13戊寅13 14己卯14 **15**庚辰15 16辛巳⑯ 17壬午17 18癸未18 19甲申19 20乙酉20 21丙戌21 22丁亥22 23戊子㉓ 24己丑24 25庚寅25 26辛卯26 27壬辰27 28癸巳28 29甲午29	**1** 乙未㉚ 《12月》 2 丙申 1 3 丁酉 2 4 戊戌 3 5 己亥 4 6 庚子 5 7 辛丑 6 8 壬寅⑦ 9 癸卯 8 10甲辰 9 11乙巳10 12丙午11 13丁未12 14戊申13 15己酉⑭ 16庚戌15 **17**辛亥16 18壬子17 19癸丑18 20甲寅19 21乙卯20 22丙辰㉑ 23丁巳22 24戊午23 25己未24 26庚申25 27辛酉26 28壬戌27 29癸亥㉘ 30甲子29	1 乙丑30 **2** 丙寅31 **1142**年 《1月》 3 丁卯 1 4 戊辰 2 5 己巳 3 6 庚午④ 7 辛未 5 8 壬申 6 9 癸酉 7 10甲戌 8 11乙亥 9 12丙子10 13丁丑⑪ 14戊寅12 15己卯13 16庚辰14 **17**辛巳15 18壬午16 19癸未17 20甲申⑱ 21乙酉19 22丙戌20 23丁亥21 24戊子22 25己丑23 26庚寅24 27辛卯㉕ 28壬辰26 29癸巳27 30甲午28
雨水 6日 啓蟄 21日	春分 8日 清明 23日	穀雨 8日 立夏 23日	小満 9日 芒種 25日	夏至 11日 小暑 26日	大暑 11日 立秋 27日	処暑 13日 白露 28日	秋分 14日 寒露 29日	霜降 15日 立冬 30日	小雪 15日	大雪 1日 冬至 17日	小寒 2日 大寒 17日

康治元年〔永治**2**年〕（1142－1143） 壬戌

改元 4/28（永治→康治）

1月	2月	3月	4月	5月	6月	7月	8月	9月	10月	11月	12月
1 乙未29 **2** 丙申30 3 丁酉31 《2月》 4 戊戌① 5 己亥 2 6 庚子 3 7 辛丑 4 8 壬寅 5 9 癸卯 6 10甲辰 7 11乙巳⑧ 12丙午 9 13丁未10 14戊申11 15己酉12 16庚戌13 **17**辛亥14 18壬子⑮ 19癸丑16 20甲寅17 21乙卯18 22丙辰19 23丁巳20 24戊午21 25己未㉒ 26庚申23 27辛酉24 28壬戌25 29癸亥26 30甲子27	1 乙丑28 《3月》 2 丙寅① **3** 丁卯 2 4 戊辰 3 5 己巳 4 6 庚午 5 7 辛未 6 8 壬申 7 9 癸酉⑧ 10甲戌 9 11乙亥10 12丙子11 13丁丑12 14戊寅13 15己卯14 16庚辰⑮ 17辛巳16 **18**壬午17 19癸未18 20甲申19 21乙酉20 22丙戌21 23丁亥㉒ 24戊子23 25己丑24 26庚寅25 27辛卯26 28壬辰27 29癸巳28	1 甲午㉙ 2 乙未30 3 丙申31 《4月》 **4** 丁酉 1 5 戊戌 2 6 己亥 3 7 庚子 4 8 辛丑⑤ 9 壬寅 6 10癸卯 7 11甲辰 8 12乙巳 9 13丙午10 14丁未11 15戊申⑫ 16己酉13 17庚戌14 18辛亥15 **19**壬子16 20癸丑17 21甲寅18 22乙卯⑲ 23丙辰20 24丁巳21 25戊午22 26己未23 27庚申24 28辛酉25 29壬戌㉖ 30癸亥27	1 甲子28 2 乙丑29 3 丙寅30 《5月》 4 丁卯 1 **5** 戊辰 2 6 己巳③ 7 庚午 4 8 辛未 5 9 壬申 6 10癸酉 7 11甲戌 8 12乙亥 9 13丙子⑩ 14丁丑11 15戊寅12 16己卯13 17庚辰14 18辛巳15 19壬午16 **20**癸未⑰ 21甲申18 22乙酉19 23丙戌20 24丁亥21 25戊子22 26己丑23 27庚寅㉔ *28*辛卯25 29壬辰26	1 癸巳27 2 甲午28 3 乙未29 4 丙申30 5 丁酉㉛ 《6月》 **6** 戊戌 1 7 己亥 2 8 庚子 3 9 辛丑 4 10壬寅 5 11癸卯 6 12甲辰⑦ 13乙巳 8 14丙午 9 15丁未10 16戊申11 17己酉12 18庚戌13 19辛亥⑭ 20壬子15 **21** 癸丑16 22甲寅17 23乙卯18 24丙辰19 25丁巳20 26戊午㉑ 27己未22 28庚申23 29辛酉24	1 壬戌25 2 癸亥26 3 甲子27 4 乙丑㉘ 5 丙寅29 6 丁卯30 《7月》 **7** 戊辰 1 8 己巳 2 9 庚午 3 10辛未 4 11壬申⑤ 12癸酉 6 13甲戌 7 14乙亥 8 15丙子 9 16丁丑10 17戊寅11 18己卯⑫ 19庚辰13 20辛巳14 21壬午15 22癸未16 **23**甲申17 24乙酉18 25丙戌⑲ 26丁亥20 27戊子21 28己丑22 29庚寅23 30辛卯24	1 壬辰25 2 癸巳㉖ 3 甲午27 4 乙未28 5 丙申29 6 丁酉30 7 戊戌31 《8月》 **8** 己亥 1 9 庚子② 10辛丑 3 11壬寅 4 12癸卯 5 13甲辰 6 14乙巳 7 15丙午 8 16丁未⑨ 17戊申10 18己酉11 19庚戌12 20辛亥13 21壬子14 22癸丑15 **23**甲寅⑯ 24乙卯17 25丙辰18 26丁巳19 27戊午20 28己未21 29庚申22	1 辛酉㉓ 2 壬戌24 3 癸亥25 4 甲子26 5 乙丑27 6 丙寅28 7 丁卯29 8 戊辰㉚ **9** 己巳31 《9月》 10庚午 1 11辛未 2 12壬申 3 13癸酉 4 14甲戌 5 15乙亥⑥ 16丙子 7 17丁丑 8 18戊寅 9 19己卯10 20庚辰11 21辛巳12 22壬午⑬ 23癸未14 **24**甲申15 25乙酉16 26丙戌17 27丁亥18 28戊子19 29己丑⑳	1 庚寅21 2 辛卯22 3 壬辰23 4 癸巳24 5 甲午25 6 乙未26 7 丙申㉗ 8 丁酉28 9 戊戌29 10己亥30 《10月》 **11**庚子 1 12辛丑 2 13壬寅 3 14癸卯④ 15甲辰 5 16乙巳 6 17丙午 7 18丁未 8 19戊申 9 20己酉10 21庚戌⑪ 22辛亥12 23壬子13 24癸丑14 25甲寅15 **26**乙卯16 27丙辰17 28丁巳⑱ 29戊午19 30己未20	1 庚申21 2 辛酉22 3 壬戌23 4 癸亥24 5 甲子㉕ 6 乙丑26 7 丙寅27 8 丁卯28 9 戊辰29 10己巳30 **11**庚午31 《11月》 12辛未① 13壬申 2 14癸酉 3 15甲戌 4 16乙亥 5 17丙子 6 18丁丑 7 19戊寅⑧ 20己卯 9 21庚辰10 22辛巳11 23壬午12 24癸未13 25甲申14 **26**乙酉⑮ 27丙戌16 28丁亥17 29戊子18	1 己丑19 2 庚寅20 3 辛卯21 4 壬辰㉒ 5 癸巳23 6 甲午24 7 乙未25 8 丙申26 9 丁酉27 10戊戌28 11己亥㉙ 12庚子30 《12月》 **13**辛丑 1 14壬寅 2 15癸卯 3 16甲辰 4 17乙巳 5 18丙午⑥ 19丁未 7 20戊申 8 21己酉 9 22庚戌10 23辛亥11 24壬子12 25癸丑⑬ 26甲寅14 27乙卯15 **28**丙辰16 29丁巳17 30戊午18	1 己未19 2 庚申⑳ 3 辛酉21 4 壬戌22 5 癸亥23 6 甲子24 7 乙丑25 8 丙寅26 9 丁卯㉗ 10戊辰28 11己巳29 12庚午30 **13**辛未31 **1143**年 《1月》 14壬申 1 15癸酉 2 16甲戌③ 17乙亥 4 18丙子 5 19丁丑 6 20戊寅 7 21己卯 8 22庚辰 9 23辛巳⑩ 24壬午11 25癸未12 26甲申13 27乙酉14 **28**丙戌15 29丁亥16 30戊子⑰
立春 2日 雨水 17日	啓蟄 3日 春分 18日	清明 4日 穀雨 19日	立夏 5日 小満 20日	芒種 6日 夏至 21日	小暑 7日 大暑 23日	立秋 8日 処暑 23日	白露 9日 秋分 24日	寒露 11日 霜降 26日	立冬 11日 小雪 26日	大雪 13日 冬至 28日	小寒 13日 大寒 28日

康治2年（1143－1144） 癸亥

1月	2月	閏2月	3月	4月	5月	6月	7月	8月	9月	10月	11月	12月
1 己丑18	1 己未17	1 戊子18	1 戊午17	1 戊子17	1 丁巳15	1 丙戌14	1 丙辰13	1 乙酉11	1 甲寅⑩	1 甲申 9	1 癸丑 8	1 癸未 7
2 庚寅19	2 庚申18	2 己丑19	2 己未⑱	2 己丑18	2 戊午16	2 丁亥15	2 丁巳14	2 丙戌⑫	2 乙卯11	2 乙酉10	2 甲寅 9	2 甲申 8
3 辛卯20	3 辛酉19	3 庚寅20	3 庚申19	3 庚寅19	3 己未17	3 戊子16	3 戊午⑮	3 丁亥13	3 丙辰12	3 丙戌11	3 乙卯10	3 乙酉⑨
4 壬辰21	4 壬戌20	4 辛卯㉑	4 辛酉20	4 辛卯20	4 庚申18	4 己丑17	4 己未16	4 戊子14	4 丁巳13	4 丁亥12	4 丙辰11	4 丙戌10
5 癸巳22	5 癸亥㉑	5 壬辰22	5 壬戌21	5 壬辰21	5 辛酉19	5 庚寅⑱	5 庚申17	5 己丑15	5 戊午14	5 戊子13	5 丁巳⑫	5 丁亥11
6 甲午23	6 甲子22	6 癸巳23	6 癸亥22	6 癸巳22	6 壬戌⑳	6 辛卯19	6 辛酉18	6 庚寅16	6 己未15	6 己丑⑭	6 戊午13	6 戊子12
7 乙未㉔	7 乙丑23	7 甲午24	7 甲子23	7 甲午㉓	7 癸亥21	7 壬辰20	7 壬戌19	7 辛卯17	7 庚申16	7 庚寅15	7 己未14	7 己丑13
8 丙申25	8 丙寅24	8 乙未25	8 乙丑24	8 乙未24	8 甲子22	8 癸巳21	8 癸亥20	8 壬辰18	8 辛酉⑰	8 辛卯16	8 庚申15	8 庚寅14
9 丁酉26	9 丁卯25	9 丙申26	9 丙寅㉕	9 丙申25	9 乙丑23	9 甲午22	9 甲子21	9 癸巳⑲	9 壬戌18	9 壬辰17	9 辛酉16	9 辛卯15
10戊戌27	10戊辰26	10丁酉27	10丁卯26	10丁酉26	10丙寅24	10乙未23	10乙丑㉒	10甲午20	10癸亥19	10癸巳18	10壬戌17	10壬辰⑯
11己亥28	11己巳27	11戊戌㉘	11戊辰27	11戊戌27	11丁卯25	11丙申24	11丙寅23	11乙未21	11甲子20	11甲午19	11癸亥18	11癸巳17
12庚子29	12庚午㉘	12己亥29	12己巳28	12己亥28	12戊辰26	12丁酉㉕	12丁卯24	12丙申22	12乙丑21	12乙未20	12甲子⑲	12甲午18
13辛丑30	《3月》	13庚子30	13庚午29	13庚子29	13己巳㉗	13戊戌26	13戊辰25	13丁酉23	13丙寅22	13丙申㉑	13乙丑20	13乙未19
14壬寅㉛	13辛未 1	14辛丑31	14辛未30	14辛丑㉚	14庚午28	14己亥27	14己巳26	14戊戌24	14丁卯23	14丁酉22	14丙寅21	14丙申20
《2月》	14壬申 2	《4月》	《5月》	15壬寅31	15辛未29	15庚子28	15庚午27	15己亥25	15戊辰㉔	15戊戌23	15丁卯22	15丁酉21
15癸卯 1	15癸酉 3	15壬寅 1	15壬申 1	《6月》	16壬申30	16辛丑29	16辛未28	16庚子㉖	16己巳25	16己亥24	16戊辰23	16戊戌22
16甲辰 2	16甲戌 4	16癸卯 2	16癸酉②	16癸卯 1	《7月》	17壬寅30	17壬申㉙	17辛丑27	17庚午26	17庚子25	17己巳24	17己亥㉓
17乙巳 3	17乙亥 5	17甲辰 3	17甲戌 3	17甲辰 2	17癸酉 1	18癸卯31	18癸酉30	18壬寅28	18辛未27	18辛丑26	18庚午25	18庚子24
18丙午 4	18丙子 6	18乙巳④	18乙亥 4	18乙巳 3	18甲戌 2	《8月》	19甲戌31	19癸卯29	19壬申28	19壬寅27	19辛未㉖	19辛丑25
19丁未 5	19丁丑⑦	19丙午 5	19丙子 5	19丙午 4	19乙亥 3	19甲辰①	《9月》	20甲辰30	20癸酉29	20癸卯㉘	20壬申27	20壬寅26
20戊申 6	20戊寅 8	20丁未 6	20丁丑 6	20丁未 5	20丙子④	20乙巳 2	20乙亥 1	《10月》	21甲戌30	21甲辰29	21癸酉28	21癸卯27
21己酉⑦	21己卯 9	21戊申 7	21戊寅 7	21戊申⑥	21丁丑 5	21丙午 3	21丙子 2	21乙巳 1	22乙亥㉛	22乙巳30	22甲戌29	22甲辰28
22庚戌 8	22庚辰10	22己酉 8	22己卯 8	22己酉 7	22戊寅 6	22丁未 4	22丁丑 3	22丙午 2	《11月》	《12月》	23乙亥30	23乙巳29
23辛亥 9	23辛巳11	23庚戌 9	23庚辰⑨	23庚戌 8	23己卯 7	23戊申 5	23戊寅 4	23丁未③	23丙子 1	23丙午 1	24丙子31	24丙午㉚
24壬子10	24壬午12	24辛亥10	24辛巳10	24辛亥 9	24庚辰 8	24己酉 6	24己卯⑤	24戊申 4	24丁丑 2	24丁未 2	1144年	25丁未31
25癸丑11	25癸未13	25壬子⑪	25壬午11	25壬子10	25辛巳 9	25庚戌 7	25庚辰 6	25己酉 5	25戊寅 3	25戊申 3	《1月》	《2月》
26甲寅12	26甲申⑭	26癸丑12	26癸未12	26癸丑11	26壬午10	26辛亥⑧	26辛巳 7	26庚戌 6	26己卯 4	26己酉 4	25丁丑 1	26戊申 1
27乙卯13	27乙酉15	27甲寅13	27甲申13	27甲寅12	27癸未⑪	27壬子 9	27壬午 8	27辛亥 7	27庚辰 5	27庚戌⑤	26戊寅②	27己酉 2
28丙辰⑭	28丙戌16	28乙卯14	28乙酉14	28乙卯⑬	28甲申12	28癸丑10	28癸未 9	28壬子 8	28辛巳 6	28辛亥 6	27己卯 3	28庚戌 3
29丁巳15	29丁亥17	29丙辰15	29丙戌15	29丙辰14	29乙酉13	29甲寅11	29甲申10	29癸丑 9	29壬午⑦	29壬子 7	28庚辰 4	29辛亥 4
30戊午16		30丁巳16	30丁亥⑯			30乙卯12			30癸未 8		29辛巳 5	30壬子 5
											30壬午 6	
立春 13日 雨水 29日	啓蟄 14日 春分 29日	清明15日	穀雨 1日 立夏 16日	小満 1日 芒種 16日	夏至 2日 小暑 18日	大暑 4日 立秋 19日	処暑 4日 白露 20日	秋分 6日 寒露 21日	霜降 7日 立冬 22日	小雪 8日 大雪 23日	冬至 9日 小寒 24日	大寒 9日 立春 25日

天養元年〔康治3年〕（1144－1145） 甲子

改元 2/23（康治→天養）

1月	2月	3月	4月	5月	6月	7月	8月	9月	10月	11月	12月
1 癸丑⑥	1 壬午 6	1 壬子 5	1 壬午 5	1 辛亥 3	1 辛巳 3	《8月》	1 庚辰31	1 己酉29	1 戊寅28	1 戊申27	1 丁丑26
2 甲寅 7	2 癸未 7	2 癸丑 6	2 癸未 6	2 壬子④	2 壬午 4	1 庚戌 1	《9月》	2 庚戌30	2 己卯㉙	2 己酉28	2 戊寅27
3 乙卯 8	3 甲申 8	3 甲寅 7	3 甲申⑦	3 癸丑 5	3 癸未 5	2 辛亥 2	2 辛巳 1	《10月》	3 庚辰30	3 庚戌29	3 己卯28
4 丙辰 9	4 乙酉 9	4 乙卯 8	4 乙酉 8	4 甲寅 6	4 甲申 6	3 壬子 3	3 壬午 2	3 辛亥①	4 辛巳31	4 辛亥30	4 庚辰29
5 丁巳10	5 丙戌10	5 丙辰⑨	5 丙戌 9	5 乙卯 7	5 乙酉 7	4 癸丑 4	4 癸未③	4 壬子 2	《11月》	《12月》	5 辛巳30
6 戊午11	6 丁亥11	6 丁巳10	6 丁亥10	6 丙辰 8	6 丙戌 8	5 甲寅 5	5 甲申 4	5 癸丑 3	5 壬午 1	5 壬子 1	6 壬午㉛
7 己未12	7 戊子⑫	7 戊午11	7 戊子11	7 丁巳 9	7 丁亥⑨	6 乙卯⑥	6 乙酉 5	6 甲寅 4	6 癸未 2	6 癸丑 2	1145年
8 庚申⑬	8 己丑13	8 己未12	8 己丑12	8 戊午10	8 戊子10	7 丙辰 7	7 丙戌 6	7 乙卯 5	7 甲申 3	7 甲寅③	《1月》
9 辛酉14	9 庚寅14	9 庚申13	9 庚寅13	9 己未⑪	9 己丑11	8 丁巳 8	8 丁亥 7	8 丙辰 6	8 乙酉 4	8 乙卯 4	7 癸未 1
10壬戌15	10辛卯15	10辛酉14	10辛卯⑭	10庚申12	10庚寅12	9 戊午 9	9 戊子 8	9 丁巳 7	9 丙戌⑤	9 丙辰 5	8 甲申 2
11癸亥16	11壬辰16	11壬戌15	11壬辰15	11辛酉13	11辛卯13	10己未10	10己丑 9	10戊午⑧	10丁亥 6	10丁巳 6	9 乙酉 3
12甲子17	12癸巳17	12癸亥⑯	12癸巳16	12壬戌14	12壬辰14	11庚申11	11庚寅⑩	11己未 9	11戊子 7	11戊午 7	10丙戌 4
13乙丑18	13甲午18	13甲子17	13甲午17	13癸亥15	13癸巳15	12辛酉12	12辛卯11	12庚申10	12己丑 8	12己未 8	11丁亥 5
14丙寅19	14乙未⑲	14乙丑18	14乙未18	14甲子16	14甲午⑯	13壬戌⑬	13壬辰12	13辛酉11	13庚寅 9	13庚申 9	12戊子 6
15丁卯⑳	15丙申20	15丙寅19	15丙申19	15乙丑17	15乙未17	14癸亥14	14癸巳13	14壬戌12	14辛卯10	14辛酉⑩	13己丑⑦
16戊辰21	16丁酉21	16丁卯20	16丁酉20	16丙寅⑱	16丙申18	15甲子15	15甲午14	15癸亥13	15壬辰11	15壬戌11	14庚寅 8
17己巳22	17戊戌22	17戊辰21	17戊戌㉑	17丁卯19	17丁酉19	16乙丑16	16乙未15	16甲子14	16癸巳⑫	16癸亥12	15辛卯 9
18庚午23	18己亥23	18己巳22	18己亥22	18戊辰20	18戊戌20	17丙寅17	17丙申16	17乙丑⑮	17甲午13	17甲子13	16壬辰10
19辛未24	19庚子24	19庚午㉓	19庚子23	19己巳21	19己亥21	18丁卯18	18丁酉⑰	18丙寅16	18乙未14	18乙丑14	17癸巳11
20壬申25	20辛丑25	20辛未24	20辛丑24	20庚午22	20庚子22	19戊辰19	19戊戌18	19丁卯17	19丙申15	19丙寅15	18甲午12
21癸酉26	21壬寅㉖	21壬申25	21壬寅25	21辛未23	21辛丑㉓	20己巳⑳	20己亥19	20戊辰18	20丁酉16	20丁卯16	19乙未13
22甲戌㉗	22癸卯27	22癸酉26	22癸卯26	22壬申24	22壬寅24	21庚午21	21庚子20	21己巳19	21戊戌17	21戊辰⑰	20丙申⑭
23乙亥28	23甲辰28	23甲戌27	23甲辰27	23癸酉㉕	23癸卯25	22辛未22	22辛丑21	22庚午20	22己亥18	22己巳18	21丁酉15
24丙子29	24乙巳29	24乙亥28	24乙巳㉘	24甲戌26	24甲辰26	23壬申23	23壬寅22	23辛未21	23庚子⑲	23庚午19	22戊戌16
《3月》	25丙午30	25丙子29	25丙午29	25乙亥27	25乙巳27	24癸酉24	24癸卯23	24壬申㉒	24辛丑20	24辛未20	23己亥17
25丁丑 1	26丁未31	26丁丑㉚	26丁未30	26丙子28	26丙午28	25甲戌25	25甲辰㉔	25癸酉23	25壬寅21	25壬申21	24庚子18
26戊寅 2	《4月》	《5月》	27戊申31	27丁丑29	27丁未29	26乙亥26	26乙巳25	26甲戌24	26癸卯22	26癸酉22	25辛丑19
27己卯 3	27戊申 1	27戊寅 1	《6月》	28戊寅30	28戊申㉚	27丙子㉗	27丙午26	27乙亥25	27甲辰23	27甲戌23	26壬寅20
28庚辰 4	28己酉②	28己卯 2	28己酉 1	《7月》	29己酉31	28丁丑28	28丁未27	28丙子26	28乙巳24	28乙亥㉔	27癸卯㉑
29辛巳⑤	29庚戌 3	29庚辰 3	29庚戌 2	29己卯 1		29戊寅29	29戊申28	29丁丑27	29丙午25	29丙子25	28甲辰22
	30辛亥 4	30辛巳 4		30庚辰②		30己卯30			30丁未㉖		29乙巳23
											30丙午24
雨水 10日 啓蟄 25日	春分 11日 清明 27日	穀雨 12日 立夏 27日	小満 12日 芒種 27日	夏至 14日 小暑 29日	大暑 14日 立秋 29日	処暑 16日	白露 1日 秋分 16日	寒露 2日 霜降 17日	立冬 4日 小雪 19日	大雪 4日 冬至 19日	小寒 5日 大寒 21日

久安元年〔天養**2**年〕（1145－1146） 乙丑

改元 7/22（天養→久安）

1月	2月	3月	4月	5月	6月	7月	8月	9月	10月	閏10月	11月	12月
1 丁未25	1 丁丑24	1 丙午㉕	1 丙子24	1 丙午24	1 乙亥22	1 乙巳㉒	1 甲戌20	1 甲辰19	1 癸酉18	1 壬寅16	**1** 壬申⑯	1 辛丑14
2 戊申26	2 戊寅㉕	2 丁未26	2 丁丑25	2 丁未25	2 丙子23	2 丙午23	2 乙亥21	2 乙巳20	2 甲戌19	2 癸卯17	2 癸酉17	**2** 壬寅15
3 己酉27	3 己卯26	3 戊申27	3 戊寅26	3 戊申26	3 丁丑㉔	3 丁未24	3 丙子22	3 丙午21	3 乙亥20	3 甲辰⑱	3 甲戌18	3 癸卯16
4 庚戌㉘	4 庚辰27	4 己酉28	4 己卯27	4 己酉㉗	4 戊寅25	4 戊申25	4 丁丑23	4 丁未22	4 丙子㉑	4 乙巳19	4 乙亥19	4 甲辰17
5 辛亥29	5 辛巳28	5 庚戌29	5 庚辰28	5 庚戌28	5 己卯26	5 己酉26	5 戊寅24	5 戊申㉓	5 丁丑22	5 丙午20	5 丙子20	5 乙巳18
6 壬子30	《3月》	6 辛亥30	6 辛巳㉙	6 辛亥29	6 庚辰27	6 庚戌27	6 己卯25	6 己酉24	6 戊寅23	6 丁未21	6 丁丑21	6 丙午19
7 癸丑31	**6** 壬午 1	7 壬子31	7 壬午30	7 壬子30	7 辛巳28	7 辛亥28	7 庚辰㉖	7 庚戌25	7 己卯24	7 戊申22	7 戊寅22	7 丁未⑳
《2月》	7 癸未 2	《4月》	《5月》	8 癸丑31	8 壬午29	8 壬子㉙	8 辛巳27	8 辛亥26	8 庚辰25	8 己酉23	8 己卯㉓	8 戊申21
8 甲寅 1	8 甲申 3	**8** 癸丑①	**8** 癸未 1	《6月》	9 癸未30	9 癸丑30	9 壬午28	9 壬子27	9 辛巳26	9 庚戌24	9 庚辰24	9 己酉22
9 乙卯 2	9 乙酉④	9 甲寅 2	9 甲申 2	**9** 甲寅 1	《7月》	10甲寅31	10癸未29	10癸丑28	10壬午27	10辛亥㉕	10辛巳25	10庚戌23
10丙辰 3	10丙戌 5	10乙卯 3	10乙酉 3	10乙卯 2	**10**甲申①	《8月》	11甲申30	11甲寅29	11癸未㉘	11壬子26	11壬午26	11辛亥24
11丁巳④	11丁亥 6	11丙辰 4	11丙戌 4	11丙辰③	11乙酉 2	**11**乙卯 1	**12**乙酉31	**12**乙卯㉚	12甲申29	12癸丑27	12癸未27	12壬子25
12戊午 5	12戊子 7	12丁巳 5	12丁亥 5	12丁巳 4	12丙戌 3	12丙辰 2	《9月》	《10月》	13乙酉30	13甲寅28	13甲申28	13癸丑26
13己未 6	13己丑 8	13戊午 6	13戊子⑥	13戊午 5	13丁亥 4	13丁巳 3	13丙戌 1	13丙辰 1	**14**丙戌31	14乙卯29	14乙酉29	14甲寅㉗
14庚申 7	14庚寅 9	14己未 7	14己丑 7	14己未 6	14戊子 5	14戊午 4	14丁亥②	14丁巳 2	《11月》	**15**丙辰30	15丙戌㉚	15乙卯28
15辛酉 8	15辛卯10	15庚申⑧	15庚寅 8	15庚申 7	15己丑 6	15己未⑤	15戊子 3	15戊午 3	15丁亥 1	《12月》	**16**丁亥31	16丙辰29
16壬戌 9	16壬辰⑪	16辛酉 9	16辛卯 9	16辛酉 8	16庚寅 7	16庚申 6	16己丑 4	16己未 4	16戊子 2	16丁巳 1	**1146年**	**17**丁巳30
17癸亥10	17癸巳12	17壬戌10	17壬辰10	17壬戌 9	17辛卯⑧	17辛酉 7	17庚寅 5	17庚申 5	17己丑 3	17戊午②	《1月》	18戊午31
18甲子⑪	18甲午13	18癸亥11	18癸巳11	18癸亥⑩	18壬辰 9	18壬戌 8	18辛卯 6	18辛酉 6	18庚寅④	18己未 3	17戊子 1	《2月》
19乙丑12	19乙未14	19甲子12	19甲午12	19甲子11	19癸巳10	19癸亥 9	19壬辰 7	19壬戌⑦	19辛卯 5	19庚申 4	18己丑 2	19己未 1
20丙寅13	20丙申15	20乙丑13	20乙未⑬	20乙丑12	20甲午11	20甲子10	20癸巳 8	20癸亥 8	20壬辰 6	20辛酉 5	19庚寅 3	20庚申 2
21丁卯14	21丁酉16	21丙寅14	21丙申14	21丙寅13	21乙未12	21乙丑11	21甲午⑨	21甲子 9	21癸巳 7	21壬戌 6	20辛卯 4	21辛酉③
22戊辰15	**22**戊戌17	22丁卯⑮	22丁酉15	22丁卯14	22丙申13	22丙寅⑫	22乙未10	22乙丑10	22甲午 8	22癸亥 7	21壬辰 5	22壬戌 4
23己巳16	23己亥⑱	**23**戊辰16	**23**戊戌16	23戊辰15	23丁酉14	23丁卯13	23丙申11	23丙寅11	23乙未 9	23甲子 8	22癸巳⑥	23癸亥 5
24庚午17	24庚子19	24己巳17	24己亥17	**24**己巳16	24戊戌⑮	24戊辰14	24丁酉12	24丁卯12	24丙申10	24乙丑⑨	23甲午 7	24甲子 6
25辛未⑱	25辛丑20	25庚午18	25庚子18	25庚午⑰	**25**己亥16	25己巳15	25戊戌13	25戊辰13	25丁酉⑪	25丙寅10	24乙未 8	25乙丑 7
26壬申19	26壬寅21	26辛未19	26辛丑19	26辛未18	26庚子17	**26**庚午16	26己亥14	26己巳⑭	26戊戌12	26丁卯11	25丙申 9	26丙寅 8
27癸酉20	27癸卯22	27壬申20	27壬寅⑳	27壬申19	27辛丑18	27辛未17	**27**庚子15	27庚午15	27己亥13	27戊辰12	26丁酉10	27丁卯 9
28甲戌21	28甲辰23	28癸酉21	28癸卯21	28癸酉20	28壬寅19	28壬申18	28辛丑⑯	**28**辛未16	28庚子14	28己巳13	27戊戌11	28戊辰⑩
29乙亥22	29乙巳24	29甲戌㉒	29甲辰22	29甲戌21	29癸卯20	29癸酉⑲	29壬寅17	29壬申17	**29**辛丑15	29庚午14	28己亥12	29己巳11
30丙子23		30乙亥23	30乙巳23		30甲辰21		30癸卯18			30辛未15	29庚子⑬	30庚午12

立春 6日	啓蟄 6日	清明 8日	立夏 8日	芒種 9日	小暑 10日	立秋 11日	白露 12日	寒露 12日	立冬 14日	大雪15日	冬至 1日	大寒 2日
雨水 21日	春分 22日	穀雨 23日	小満 23日	夏至 24日	大暑 25日	処暑 26日	秋分 27日	霜降 28日	小雪 29日		小寒 16日	立春 17日

久安**2**年（1146－1147） 丙寅

1月	2月	3月	4月	5月	6月	7月	8月	9月	10月	11月	12月
1 辛未13	1 庚子14	1 庚午13	1 庚子13	1 己巳11	1 己亥11	1 戊辰 9	1 戊戌⑧	1 戊辰 8	1 丁酉 6	1 丁卯 6	1 丙申 4
2 壬申14	2 辛丑15	2 辛未⑭	2 辛丑14	2 庚午12	2 庚子12	2 己巳10	2 己亥 9	2 己巳 9	2 戊戌 7	2 戊辰 7	2 丁酉⑤
3 癸酉15	3 壬寅16	3 壬申15	3 壬寅15	3 辛未13	3 辛丑13	3 庚午⑪	3 庚子10	3 庚午10	3 己亥 8	3 己巳⑧	3 戊戌 6
4 甲戌16	**4** 癸卯⑰	**4** 癸酉16	4 癸卯16	4 壬申14	4 壬寅⑭	4 辛未12	4 辛丑11	4 辛未11	4 庚子 9	4 庚午 9	4 己亥 7
5 乙亥⑰	5 甲辰18	5 甲戌17	**5** 甲辰17	5 癸酉15	5 癸卯15	5 壬申13	5 壬寅12	5 壬申12	5 辛丑⑩	5 辛未10	5 庚子 8
6 丙子18	6 乙巳19	6 乙亥18	6 乙巳18	**6** 甲戌⑯	6 甲辰16	6 癸酉14	6 癸卯13	6 癸酉⑬	6 壬寅11	6 壬申11	6 辛丑 9
7 丁丑19	7 丙午20	7 丙子19	7 丙午⑲	7 乙亥17	**7** 乙巳17	7 甲戌15	7 甲辰14	7 甲戌14	7 癸卯12	7 癸酉12	7 壬寅10
8 戊寅20	8 丁未21	8 丁丑20	8 丁未20	8 丙子18	8 丙午18	**8** 乙亥16	**8** 乙巳⑮	8 乙亥15	8 甲辰13	8 甲戌13	8 癸卯11
9 己卯21	9 戊申22	9 戊寅㉑	9 戊申21	9 丁丑19	9 丁未19	9 丙子17	9 丙午16	**9** 丙子16	9 乙巳14	9 乙亥14	9 甲辰⑫
10庚辰22	10己酉23	10己卯22	10己酉22	10戊寅20	10戊申20	10丁丑⑱	10丁未17	10丁丑17	**10**丙午15	10丙子⑮	10乙巳13
11辛巳23	11庚戌㉔	11庚辰23	11庚戌23	11己卯21	11己酉㉑	11戊寅19	11戊申18	11戊寅18	11丁未16	**11**丁丑16	11丙午14
12壬午㉔	12辛亥25	12辛巳24	12辛亥24	12庚辰22	12庚戌22	12己卯20	12己酉19	12己卯19	12戊申⑰	12戊寅17	**12**丁未15
13癸未25	13壬子26	13壬午25	13壬子25	13辛巳㉓	13辛亥23	13庚辰21	13庚戌20	13庚辰⑳	13己酉18	13己卯18	13戊申16
14甲申26	14癸丑27	14癸未26	14癸丑㉖	14壬午24	14壬子24	14辛巳22	14辛亥21	14辛巳21	14庚戌19	14庚辰19	14己酉17
15乙酉27	15甲寅28	15甲申27	15甲寅27	15癸未25	15癸丑25	15壬午23	15壬子㉒	15壬午22	15辛亥20	15辛巳20	15庚戌18
16丙戌28	16乙卯29	16乙酉㉘	16乙卯28	16甲申26	16甲寅26	16癸未24	16癸丑23	16癸未23	16壬子21	16壬午21	16辛亥⑲
《3月》	17丙辰30	17丙戌29	17丙辰29	17乙酉27	17乙卯27	17甲申㉕	17甲寅24	17甲申24	17癸丑22	17癸未㉒	17壬子20
17丁亥 1	18丁巳㉛	18丁亥30	18丁巳30	18丙戌28	18丙辰㉘	18乙酉26	18乙卯25	18乙酉25	18甲寅23	18甲申23	18癸丑21
18戊子 2	《4月》	《5月》	19戊午31	19丁亥29	19丁巳29	19丙戌27	19丙辰26	19丙戌26	19乙卯㉔	19乙酉24	19甲寅22
19己丑③	**19**戊午 1	**19**戊子 1	《6月》	20戊子㉚	20戊午30	20丁亥28	20丁巳27	20丁亥㉗	20丙辰25	20丙戌25	20乙卯23
20庚寅 4	20己未 2	20己丑 2	**20**己未 1	《7月》	21己未31	21戊子29	21戊午28	21戊子28	21丁巳26	21丁亥26	21丙辰24
21辛卯 5	21庚申 3	21庚寅 3	21庚申②	**21**己丑 1	《8月》	22己丑30	22己未㉙	22己丑29	22戊午27	22戊子27	22丁巳25
22壬辰 6	22辛酉 4	22辛卯 4	22辛酉 3	22庚寅 2	**22**庚申 1	**23**庚寅31	23庚申30	23庚寅30	23己未28	23己丑28	23戊午㉖
23癸巳 7	23壬戌 5	23壬辰⑤	23壬戌 4	23辛卯 3	23辛酉 2	《9月》	《10月》	**24**辛卯31	24庚申29	24庚寅㉙	24己未27
24甲午 8	24癸亥 6	24癸巳 6	24癸亥 5	24壬辰 4	24壬戌 3	24辛卯①	**24**辛酉 1	《11月》	25辛酉30	25辛卯30	25庚申28
25乙未 9	25甲子⑦	25甲午 7	25甲子 6	25癸巳 5	25癸亥④	25壬辰 2	25壬戌 2	25壬辰 1	《12月》	**26**壬辰31	26辛酉29
26丙申⑩	26乙丑 8	26乙未 8	26乙丑 7	26甲午 6	26甲子 5	26癸巳 3	26癸亥 3	26癸巳 2	**26**壬戌①	**1147年**	**27**壬戌30
27丁酉11	27丙寅 9	27丙申 9	27丙寅 8	27乙未⑦	27乙丑 6	27甲午 4	27甲子 4	27甲午③	27癸亥 2	《1月》	28癸亥31
28戊戌12	28丁卯10	28丁酉10	28丁卯⑨	28丙申 8	28丙寅 7	28乙未 5	28乙丑 5	28乙未 4	28甲子 3	27癸巳 1	《2月》
29己亥13	29戊辰11	29戊戌11	29戊辰10	29丁酉 9	29丁卯 8	29丙申 6	29丙寅⑥	29丙申 5	29乙丑 4	28甲午 2	29甲子 1
	30己巳12	30己亥⑫		30戊戌10		30丁酉 7	30丁卯 7		30丙寅 5	29乙未 3	

雨水 2日	春分 4日	穀雨 4日	小満 5日	夏至 6日	大暑 7日	処暑 8日	秋分 8日	霜降 9日	小雪 10日	冬至 11日	大寒 12日
啓蟄 18日	清明 19日	立夏 19日	芒種 20日	小暑 21日	立秋 22日	白露 23日	寒露 24日	立冬 24日	大雪 26日	小寒 26日	立春 27日

久安**3**年（1147－1148） 丁卯

1月	2月	3月	4月	5月	6月	7月	8月	9月	10月	11月	12月
1 乙丑② 2 丙寅 3 3 丁卯 4 4 戊辰 5 5 己巳 6 6 庚午 7 7 辛未 8 8 壬申⑨ 9 癸酉10 10甲戌11 11乙亥12 12丙子13 13丁丑14 **14**戊寅15 15己卯⑯ 16庚辰17 17辛巳18 18壬午19 19癸未20 20甲申21 21乙酉22 22丙戌㉓ 23丁亥24 24戊子25 25己丑26 26庚寅27 27辛卯28 《3月》 28壬辰 1 **29**癸巳② 30甲午 3	1 乙未 4 2 丙申 5 3 丁酉 6 4 戊戌 7 5 己亥 8 6 庚子⑨ 7 辛丑10 8 壬寅11 9 癸卯12 10甲辰13 11乙巳14 12丙午15 13丁未⑯ **14**戊申17 15己酉18 16庚戌19 17辛亥20 18壬子21 19癸丑22 20甲寅㉓ 21乙卯24 22丙辰25 23丁巳26 24戊午27 25己未28 26庚申29 27辛酉㉚ 28壬戌31 《4月》 **29**癸亥 1	1 甲子 2 2 乙丑 3 3 丙寅 4 4 丁卯 5 5 戊辰⑥ 6 己巳 7 7 庚午 8 8 辛未 9 9 壬申10 10癸酉11 11甲戌12 12乙亥⑬ 13丙子14 14丁丑15 15戊寅16 **16**己卯17 17庚辰18 18辛巳19 19壬午⑳ 20癸未21 21甲申22 22乙酉23 23丙戌24 24丁亥25 25戊子26 26己丑㉗ 27庚寅28 28辛卯29 29壬辰30 《5月》 30癸巳 1	**1** 甲午 2 2 乙未 3 3 丙申④ 4 丁酉 5 5 戊戌 6 6 己亥 7 7 庚子 8 8 辛丑 9 9 壬寅10 10癸卯⑪ 11甲辰12 12乙巳13 13丙午14 14丁未15 15戊申16 **16**己酉17 17庚戌⑱ 18辛亥19 19壬子20 20癸丑21 21甲寅22 22乙卯23 23丙辰24 24丁巳㉕ 25戊午26 26己未27 27庚申28 28辛酉29 29壬戌30	1 癸亥31 《6月》 **2** 甲子① 3 乙丑 2 4 丙寅 3 5 丁卯 4 6 戊辰 5 7 己巳 6 8 庚午 7 9 辛未⑧ 10壬申 9 11癸酉10 12甲戌11 13乙亥12 14丙子13 15丁丑14 16戊寅⑮ **17**己卯16 18庚辰17 19辛巳18 20壬午19 21癸未20 22甲申21 23乙酉㉒ 24丙戌23 25丁亥24 26戊子25 27己丑26 28庚寅27 29辛卯28 30壬辰㉙	1 癸巳30 《7月》 2 甲午 1 **3** 乙未 2 4 丙申 3 5 丁酉 4 6 戊戌 5 7 己亥⑥ 8 庚子 7 9 辛丑 8 10壬寅 9 11癸卯10 12甲辰11 13乙巳12 14丙午⑬ 15丁未14 16戊申15 17己酉16 **18**庚戌17 19辛亥18 20壬子19 21癸丑⑳ 22甲寅21 23乙卯22 24丙辰23 25丁巳24 26戊午25 27己未26 28庚申㉗ 29辛酉28 30壬戌29	1 癸亥30 2 甲子31 《8月》 **3** 乙丑 1 4 丙寅 2 5 丁卯③ 6 戊辰 4 7 己巳 5 8 庚午 6 9 辛未 7 10壬申 8 11癸酉 9 12甲戌⑩ 13乙亥11 14丙子12 15丁丑13 16戊寅14 17己卯15 **18**庚辰16 19辛巳⑰ 20壬午18 21癸未19 22甲申20 23乙酉21 24丙戌22 25丁亥23 26戊子㉔ 27己丑25 28庚寅26 29辛卯27	1 壬辰28 2 癸巳29 3 甲午30 **4** 乙未㉛ 《9月》 5 丙申 1 6 丁酉 2 7 戊戌 3 8 己亥 4 9 庚子 5 10辛丑 6 11壬寅⑦ 12癸卯 8 13甲辰 9 14乙巳10 15丙午11 16丁未12 17戊申13 18己酉⑭ 19庚戌15 **20**辛亥16 21壬子17 22癸丑18 23甲寅19 24乙卯20 25丙辰㉑ 26丁巳22 27戊午23 28己未24 29庚申25 30辛酉26	1 壬戌27 2 癸亥㉘ 3 甲子29 4 乙丑30 《10月》 **5** 丙寅 1 6 丁卯 2 7 戊辰 3 8 己巳 4 9 庚午⑤ 10辛未 6 11壬申 7 12癸酉 8 13甲戌 9 14乙亥10 15丙子11 16丁丑⑫ 17戊寅13 18己卯14 19庚辰15 **20**辛巳16 21壬午17 22癸未18 23甲申⑲ 24乙酉20 25丙戌21 26丁亥22 27戊子23 28己丑24 29庚寅25	1 辛卯㉖ 2 壬辰27 3 癸巳28 4 甲午29 5 乙未30 **6** 丙申31 《11月》 7 丁酉 1 8 戊戌② 9 己亥 3 10庚子 4 11辛丑 5 12壬寅 6 13癸卯 7 14甲辰 8 15乙巳⑨ 16丙午10 17丁未11 18戊申12 19己酉13 20庚戌14 21辛亥15 **22**壬子⑯ 23癸丑17 24甲寅18 25乙卯19 26丙辰20 27丁巳21 28戊午22 29己未㉓ 30庚申24	1 辛酉25 2 壬戌26 3 癸亥27 4 甲子28 5 乙丑29 6 丙寅㉚ 《12月》 **7** 丁卯 1 8 戊辰 2 9 己巳 3 10庚午 4 11辛未 5 12壬申 6 13癸酉⑦ 14甲戌 8 15乙亥 9 16丙子10 17丁丑11 18戊寅12 19己卯13 20庚辰⑭ 21辛巳15 **22**壬午16 23癸未17 24甲申18 25乙酉19 26丙戌20 27丁亥㉑ 28戊子22 29己丑23 30庚寅24	1 辛卯25 2 壬辰26 3 癸巳27 4 甲午㉘ 5 乙未29 6 丙申30 **7** 丁酉31 **1148年** 《1月》 8 戊戌 1 9 己亥 2 10庚子 3 11辛丑④ 12壬寅 5 13癸卯 6 14甲辰 7 15乙巳 8 16丙午 9 17丁未10 18戊申⑪ 19己酉12 20庚戌13 21辛亥14 **22**壬子15 23癸丑16 24甲寅17 25乙卯⑱ 26丙辰19 27丁巳20 28戊午21 29己未22
雨水 14日 啓蟄 29日	春分 14日 清明 29日	穀雨 16日	立夏 1日 小満 16日	芒種 2日 夏至 17日	小暑 3日 大暑 18日	立秋 3日 処暑 18日	白露 4日 秋分 20日	寒露 5日 霜降 20日	立冬 6日 小雪 22日	大雪 7日 冬至 22日	小寒 7日 大寒 22日

久安**4**年（1148－1149） 戊辰

1月	2月	3月	4月	5月	6月	閏6月	7月	8月	9月	10月	11月	12月
1 庚申23 2 辛酉24 3 壬戌㉕ 4 癸亥26 5 甲子27 6 乙丑28 7 丙寅29 8 丁卯30 **9** 戊辰31 《2月》 10己巳① 11庚午 2 12辛未 3 13壬申 4 14癸酉 5 15甲戌 6 16乙亥 7 17丙子⑧ 18丁丑 9 19戊寅10 20己卯11 21庚辰12 22辛巳13 23壬午14 **24**癸未⑮ 25甲申16 26乙酉17 27丙戌18 28丁亥19 29戊子20 30己丑21	1 庚寅㉒ 2 辛卯23 3 壬辰24 4 癸巳25 5 甲午26 6 乙未27 7 丙申28 8 丁酉㉙ 《3月》 **9** 戊戌 1 10己亥 2 11庚子 3 12辛丑 4 13壬寅 5 14癸卯 6 15甲辰⑦ 16乙巳 8 17丙午 9 18丁未10 19戊申11 20己酉12 21庚戌13 22辛亥⑭ 23壬子15 **24**癸丑16 25甲寅17 26乙卯18 27丙辰19 28丁巳20 29戊午㉑	1 己未22 2 庚申23 3 辛酉24 4 壬戌25 5 癸亥26 6 甲子27 7 乙丑㉘ 8 丙寅29 9 丁卯30 10戊辰31 《4月》 **11**己巳 1 12庚午 2 13辛未 3 14壬申④ 15癸酉 5 16甲戌 6 17乙亥 7 18丙子 8 19丁丑 9 20戊寅10 21己卯⑪ 22庚辰12 23辛巳13 24壬午14 25癸未15 **26**甲申16 27乙酉17 28丙戌⑱ 29丁亥19	1 戊子20 2 己丑21 3 庚寅22 4 辛卯23 5 壬辰24 6 癸巳㉕ 7 甲午26 8 乙未27 9 丙申28 10丁酉29 11戊戌30 《5月》 **12**己亥 1 13庚子② 14辛丑 3 15壬寅 4 16癸卯 5 17甲辰 6 18乙巳 7 19丙午 8 20丁未⑨ 21戊申10 22己酉11 23庚戌12 24辛亥13 25壬子14 26癸丑15 **27**甲寅⑯ 28乙卯17 29丙辰18 30丁巳19	1 戊午20 2 己未21 3 庚申22 4 辛酉㉓ 5 壬戌24 6 癸亥25 7 甲子26 8 乙丑27 9 丙寅28 10丁卯29 11戊辰㉚ **12**己巳31 《6月》 13庚午 1 14辛未 2 15壬申 3 16癸酉 4 17甲戌 5 18乙亥⑥ 19丙子 7 20丁丑 8 21戊寅 9 22己卯10 23庚辰11 24辛巳12 25壬午⑬ 26癸未14 27甲申15 **28**乙酉16 29丙戌17	1 丁亥18 2 戊子19 3 己丑⑳ 4 庚寅21 5 辛卯22 6 壬辰23 7 癸巳24 8 甲午25 9 乙未26 10丙申㉗ 11丁酉28 12戊戌29 13己亥30 《7月》 **14**庚子 1 15辛丑 2 16壬寅 3 17癸卯④ 18甲辰 5 19乙巳 6 20丙午 7 21丁未 8 22戊申 9 23己酉10 24庚戌⑪ 25辛亥12 26壬子13 27癸丑14 28甲寅15 **29**乙卯16 30丙辰17	1 丁巳⑱ 2 戊午19 3 己未20 4 庚申21 5 辛酉22 6 壬戌23 7 癸亥24 8 甲子㉕ 9 乙丑26 10丙寅27 11丁卯28 12戊辰29 13己巳30 **14**庚午31 《8月》 15辛未① 16壬申 2 17癸酉 3 18甲戌 4 19乙亥 5 20丙子 6 21丁丑 7 22戊寅⑧ 23己卯 9 24庚辰10 25辛巳11 26壬午12 27癸未13 28甲申14 29乙酉⑮	**1** 丙戌16 2 丁亥17 3 戊子18 4 己丑19 5 庚寅20 6 辛卯21 7 壬辰㉒ 8 癸巳23 9 甲午24 10乙未25 11丙申26 12丁酉27 13戊戌28 14己亥㉙ 15庚子30 **16**辛丑31 《9月》 17壬寅 1 18癸卯 2 19甲辰 3 20乙巳 4 21丙午⑤ 22丁未 6 23戊申 7 24己酉 8 25庚戌 9 26辛亥10 27壬子11 28癸丑⑫ 29甲寅13 30乙卯14	**1** 丙辰15 2 丁巳16 3 戊午17 4 己未18 5 庚申⑲ 6 辛酉20 7 壬戌21 8 癸亥22 9 甲子23 10乙丑24 11丙寅25 12丁卯㉖ 13戊辰27 14己巳28 15庚午29 **16**辛未30 《10月》 17壬申 1 18癸酉 2 19甲戌③ 20乙亥 4 21丙子 5 22丁丑 6 23戊寅 7 24己卯 8 25庚辰 9 26辛巳⑩ 27壬午11 28癸未12 29甲申13 30乙酉14	**1** 丙戌15 2 丁亥16 3 戊子⑰ 4 己丑18 5 庚寅19 6 辛卯20 7 壬辰21 8 癸巳22 9 甲午23 10乙未㉔ 11丙申25 12丁酉26 13戊戌27 14己亥28 15庚子29 16辛丑30 **17**壬寅㉛ 《11月》 18癸卯 1 19甲辰 2 20乙巳 3 21丙午 4 22丁未 5 23戊申 6 24己酉⑦ 25庚戌 8 26辛亥 9 27壬子10 28癸丑11 29甲寅12	1 乙卯13 2 丙辰⑭ **3** 丁巳15 4 戊午16 5 己未17 6 庚申18 7 辛酉19 8 壬戌20 9 癸亥㉑ 10甲子22 11乙丑23 12丙寅24 13丁卯25 14戊辰26 15己巳27 16庚午㉘ 17辛未29 **18**壬申30 《12月》 19癸酉 1 20甲戌 2 21乙亥 3 22丙子 4 23丁丑⑤ 24戊寅 6 25己卯 7 26庚辰 8 27辛巳 9 28壬午10 29癸未11 30甲申⑫	1 乙酉13 2 丙戌14 **3** 丁亥15 4 戊子16 5 己丑17 6 庚寅18 7 辛卯⑲ 8 壬辰20 9 癸巳21 10甲午22 11乙未23 12丙申24 13丁酉25 14戊戌㉖ 15己亥27 16庚子28 17辛丑29 **18**壬寅30 19癸卯31 **1149年** 《1月》 20甲辰 1 21乙巳② 22丙午 3 23丁未 4 24戊申 5 25己酉 6 26庚戌 7 27辛亥 8 28壬子⑨ 29癸丑10 30甲寅11	1 乙卯12 2 丙辰13 3 丁巳14 **4** 戊午15 5 己未⑯ 6 庚申17 7 辛酉18 8 壬戌19 9 癸亥20 10甲子21 11乙丑22 12丙寅㉓ 13丁卯24 14戊辰25 15己巳26 16庚午27 17辛未28 18壬申29 **19**癸酉㉚ 20甲戌31 《2月》 21乙亥 1 22丙子 2 23丁丑 3 24戊寅 4 25己卯 5 26庚辰⑥ 27辛巳 7 28壬午 8 29癸未 9
立春 9日 雨水 24日	啓蟄 9日 春分 24日	清明 11日 穀雨 26日	立夏 12日 小満 27日	芒種 12日 夏至 28日	小暑 14日 大暑 29日	立秋14日	処暑 1日 白露 16日	秋分 1日 寒露 16日	霜降 1日 立冬 17日	小雪 3日 大雪 18日	冬至 3日 小寒 18日	大寒 4日 立春 19日

久安**5**年（1149－1150） 己巳

1月	2月	3月	4月	5月	6月	7月	8月	9月	10月	11月	12月
1 甲申10	1 甲寅12	1 癸未⑩	1 壬子 9	1 壬午 8	1 辛亥 7	1 庚辰 5	1 庚戌④	1 庚辰 4	1 己酉 2	1 己卯 2	**1150年**
2 乙酉11	2 乙卯⑬	2 甲申11	2 癸丑10	2 癸未 9	2 壬子 8	2 辛巳 6	2 辛亥 5	2 辛巳 5	2 庚戌 3	2 庚辰 3	《1月》
3 丙戌12	3 丙辰14	3 乙酉12	3 甲寅11	3 甲申10	3 癸丑 9	3 壬午⑦	3 壬子 6	3 壬午 6	3 辛亥 4	3 辛巳④	1 己酉①
4 丁亥⑬	4 丁巳15	4 丙戌13	4 乙卯12	4 乙酉11	4 甲寅⑩	4 癸未 8	4 癸丑 7	4 癸未 7	4 壬子 5	4 壬午 5	2 庚戌 2
5 戊子14	5 戊午16	5 丁亥14	5 丙辰13	5 丙戌⑫	5 乙卯11	5 甲申 9	5 甲寅 8	5 甲申 8	5 癸丑⑥	5 癸未 6	3 辛亥 3
6 己丑15	**6** 己未17	6 戊子15	6 丁巳14	6 丁亥13	6 丙辰12	6 乙酉10	6 乙卯 9	6 乙酉⑨	6 甲寅 7	6 甲申 7	4 壬子 4
7 庚寅16	7 庚申18	**7** 己丑16	7 戊午⑮	7 戊子14	7 丁巳13	7 丙戌11	7 丙辰10	7 丙戌10	7 乙卯 8	7 乙酉 8	5 癸丑 5
8 辛卯17	8 辛酉19	8 庚寅⑰	**8** 己未16	8 己丑15	8 戊午14	8 丁亥12	8 丁巳⑪	8 丁亥11	8 丙辰 9	8 丙戌 9	6 甲寅 6
9 壬辰18	9 壬戌⑳	9 辛卯18	9 庚申17	**9** 庚寅16	9 己未15	9 戊子13	9 戊午12	9 戊子12	9 丁巳10	9 丁亥10	7 乙卯 7
10 癸巳19	10 癸亥21	10 壬辰19	10 辛酉18	10 辛卯17	**10** 庚申16	10 己丑⑭	10 己未13	10 己丑13	10 戊午11	10 戊子⑪	8 丙辰⑧
11 甲午⑳	11 甲子22	11 癸巳20	11 壬戌19	11 壬辰18	11 辛酉⑰	11 庚寅15	11 庚申14	11 庚寅14	11 己未12	11 己丑12	9 丁巳 9
12 乙未21	12 乙丑23	12 甲午21	12 癸亥20	12 癸巳⑲	12 壬戌18	**12** 辛卯16	**12** 辛酉15	12 辛卯15	12 庚申⑬	12 庚寅13	10 戊午10
13 丙申22	13 丙寅24	13 乙未22	13 甲子21	13 甲午20	13 癸亥19	13 壬辰17	13 壬戌16	**13** 壬辰⑯	13 辛酉14	13 辛卯14	11 己未11
14 丁酉23	14 丁卯25	14 丙申23	14 乙丑㉒	14 乙未21	14 甲子20	14 癸巳18	14 癸亥17	14 癸巳17	**14** 壬戌15	14 壬辰15	12 庚申12
15 戊戌24	15 戊辰26	15 丁酉㉔	15 丙寅23	15 丙申22	15 乙丑21	15 甲午19	15 甲子⑱	15 甲午18	15 癸亥16	**15** 癸巳16	13 辛酉13
16 己亥25	16 己巳㉗	16 戊戌25	16 丁卯24	16 丁酉23	16 丙寅22	16 乙未20	16 乙丑19	16 乙未19	16 甲子17	16 甲午17	14 壬戌14
17 庚子26	17 庚午28	17 己亥26	17 戊辰25	17 戊戌24	17 丁卯23	17 丙申㉑	17 丙寅20	17 丙申20	17 乙丑18	17 乙未⑱	**15** 癸亥⑮
18 辛丑㉗	18 辛未29	18 庚子27	18 己巳26	18 己亥25	18 戊辰㉔	18 丁酉22	18 丁卯21	18 丁酉21	18 丙寅19	18 丙申19	16 甲子16
19 壬寅28	19 壬申30	19 辛丑28	19 庚午27	19 庚子㉖	19 己巳25	19 戊戌23	19 戊辰22	19 戊戌22	19 丁卯⑳	19 丁酉20	17 乙丑17
《3月》	20 癸酉31	20 壬寅29	20 辛未28	20 辛丑27	20 庚午26	20 己亥24	20 己巳23	20 己亥㉓	20 戊辰21	20 戊戌21	18 丙寅18
20 癸卯 1	《4月》	21 癸卯30	21 壬申㉙	21 壬寅28	21 辛未27	21 庚子25	21 庚午24	21 庚子24	21 己巳22	21 己亥22	19 丁卯19
21 甲辰 2	**21** 甲戌 1	《5月》	22 癸酉30	22 癸卯29	22 壬申28	22 辛丑26	22 辛未㉕	22 辛丑25	22 庚午23	22 庚子23	20 戊辰20
22 乙巳 3	22 乙亥 2	**22** 甲辰①	23 甲戌31	23 甲辰30	23 癸酉29	23 壬寅27	23 壬申26	23 壬寅26	23 辛未24	23 辛丑24	21 己巳21
23 丙午 4	23 丙子③	23 乙巳 2	《6月》	《7月》	24 甲戌30	24 癸卯㉘	24 癸酉27	24 癸卯27	24 壬申25	24 壬寅㉕	22 庚午㉒
24 丁未 5	24 丁丑 4	24 丙午 3	**24** 乙亥 1	**24** 乙巳 1	25 乙亥㉛	25 甲辰29	25 甲戌28	25 甲辰28	25 癸酉26	25 癸卯26	23 辛未23
25 戊申⑥	25 戊寅 5	25 丁未 4	25 丙子 2	25 丙午 2	《8月》	26 乙巳30	26 乙亥29	26 乙巳29	26 甲戌㉗	26 甲辰27	24 壬申24
26 己酉 7	26 己卯 6	26 戊申 5	26 丁丑 3	26 丁未③	**26** 丙子 1	**27** 丙午31	**27** 丙子30	27 丙午㉚	27 乙亥28	27 乙巳28	25 癸酉25
27 庚戌 8	27 庚辰 7	27 己酉 6	27 戊寅 4	27 戊申 4	27 丁丑 2	《9月》	《10月》	**28** 丁未31	28 丙子29	28 丙午29	26 甲戌26
28 辛亥 9	28 辛巳 8	28 庚戌 7	28 己卯⑤	28 己酉 5	28 戊寅 3	28 丁未 1	28 丁丑 1	《11月》	**29** 丁丑30	29 丁未30	27 乙亥27
29 壬子10	29 壬午 9	29 辛亥⑧	29 庚辰 6	29 庚戌 6	29 己卯 4	29 戊申 2	29 戊寅②	29 戊申 1	《12月》	**30** 戊申31	28 丙子28
30 癸丑11			30 辛巳 7			30 己酉 3	30 己卯 3		30 戊寅 1		29 丁丑㉙
											30 戊寅30
雨水 5日 啓蟄 20日	春分 6日 清明 21日	穀雨 7日 立夏 22日	小満 8日 芒種 24日	夏至 9日 小暑 24日	大暑 10日 立秋 26日	処暑 12日 白露 27日	秋分 12日 寒露 27日	霜降 13日 立冬 28日	小雪 14日 大雪 29日	冬至 15日 小寒 30日	大寒 15日 立春 30日

久安**6**年（1150－1151） 庚午

1月	2月	3月	4月	5月	6月	7月	8月	9月	10月	11月	12月
1 己卯31	《3月》	1 戊寅31	1 丁未29	1 丙子㉘	1 丙午27	1 乙亥26	1 甲辰24	1 甲戌23	1 癸卯㉒	1 癸酉21	1 癸卯21
《2月》	1 戊申 1	《4月》	2 戊申㉚	2 丁丑29	2 丁未28	2 丙子27	2 乙巳25	2 乙亥㉔	2 甲辰23	2 甲戌22	2 甲辰22
2 庚辰 1	**2** 己酉 2	**2** 己卯 1	《5月》	3 戊寅30	3 戊申29	3 丁丑28	3 丙午26	3 丙子25	3 乙巳24	3 乙亥23	3 乙巳23
3 辛巳 2	3 庚戌 3	3 庚辰②	**3** 己酉 1	4 己卯31	4 己酉30	4 戊寅29	4 丁未㉗	4 丁丑26	4 丙午25	4 丙子24	4 丙午㉔
4 壬午 3	4 辛亥 4	4 辛巳 3	4 庚戌 2	《6月》	《7月》	5 己卯㉚	5 戊申28	5 戊寅27	5 丁未26	5 丁丑25	5 丁未25
5 癸未 4	5 壬子⑤	5 壬午 4	5 辛亥 3	**5** 庚辰 1	**5** 庚戌 1	6 庚辰31	6 己酉29	6 己卯28	6 戊申27	6 戊寅㉖	6 戊申26
6 甲申⑤	6 癸丑 6	6 癸未 5	6 壬子 4	6 辛巳 2	6 辛亥②	《8月》	7 庚戌30	7 庚辰29	7 己酉28	7 己卯27	7 己酉27
7 乙酉 6	7 甲寅 7	7 甲申 6	7 癸丑 5	7 壬午 3	7 壬子 3	**7** 辛巳 1	**8** 辛亥31	8 辛巳30	8 庚戌㉙	8 庚辰28	8 庚戌28
8 丙戌 7	8 乙卯 8	8 乙酉 7	8 甲寅 6	8 癸未④	8 癸丑 4	8 壬午 2	《9月》	《10月》	9 辛亥30	9 辛巳29	9 辛亥29
9 丁亥 8	9 丙辰 9	9 丙戌 8	9 乙卯⑦	9 甲申 5	9 甲寅 5	9 癸未 3	9 壬子 1	**9** 壬午①	**10** 壬子31	10 壬午30	10 壬子30
10 戊子 9	10 丁巳10	10 丁亥⑨	10 丙辰 8	10 乙酉 6	10 乙卯 6	10 甲申 4	10 癸丑 2	10 癸未 2	《11月》	《12月》	**11** 癸丑㉛
11 己丑10	11 戊午11	11 戊子10	11 丁巳 9	11 丙戌 7	11 丙辰 7	11 乙酉 5	11 甲寅③	11 甲申 3	11 癸丑 1	**11** 癸未 1	**1151年**
12 庚寅11	12 己未⑫	12 己丑11	12 戊午10	12 丁亥 8	12 丁巳 8	12 丙戌⑥	12 乙卯 4	12 乙酉 4	12 甲寅 2	12 甲申 2	《1月》
13 辛卯⑫	13 庚申13	13 庚寅12	13 己未11	13 戊子 9	13 戊午⑨	13 丁亥 7	13 丙辰 5	13 丙戌 5	13 乙卯 3	13 乙酉③	12 甲寅 1
14 壬辰13	14 辛酉14	14 辛卯13	14 庚申12	14 己丑10	14 己未10	14 戊子 8	14 丁巳 6	14 丁亥 6	14 丙辰 4	14 丙戌 4	13 乙卯 2
15 癸巳14	15 壬戌15	15 壬辰14	15 辛酉13	15 庚寅⑪	15 庚申11	15 己丑 9	15 戊午 7	15 戊子 7	15 丁巳⑤	15 丁亥 5	14 丙辰 3
16 甲午15	16 癸亥16	16 癸巳15	16 壬戌⑭	16 辛卯12	16 辛酉12	16 庚寅10	16 己未 8	16 己丑⑧	16 戊午 6	16 戊子 6	15 丁巳 4
17 乙未16	**17** 甲子17	**17** 甲午⑯	17 癸亥15	17 壬辰13	17 壬戌13	17 辛卯11	17 庚申 9	17 庚寅 9	17 己未 7	17 己丑 7	16 戊午 5
18 丙申17	18 乙丑18	18 乙未17	18 甲子16	18 癸巳14	18 癸亥14	18 壬辰12	18 辛酉⑩	18 辛卯10	18 庚申 8	18 庚寅 8	17 己未 6
19 丁酉18	19 丙寅⑲	19 丙申18	**19** 乙丑17	19 甲午15	19 甲子15	19 癸巳⑬	19 壬戌11	19 壬辰11	19 辛酉 9	19 辛卯 9	18 庚申⑦
20 戊戌⑲	20 丁卯20	20 丁酉19	20 丙寅18	**20** 乙未16	20 乙丑⑯	20 甲午14	20 癸亥12	20 癸巳12	20 壬戌10	20 壬辰⑩	19 辛酉 8
21 己亥20	21 戊辰21	21 戊戌20	21 丁卯19	21 丙申17	**21** 丙寅17	21 乙未15	21 甲子13	21 甲午13	21 癸亥11	21 癸巳11	20 壬戌 9
22 庚子21	22 己巳22	22 己亥21	22 戊辰20	22 丁酉⑱	22 丁卯18	**22** 丙申16	22 乙丑14	22 乙未14	22 甲子⑫	22 甲午12	21 癸亥10
23 辛丑22	23 庚午23	23 庚子22	23 己巳㉑	23 戊戌19	23 戊辰19	23 丁酉17	**23** 丙寅15	23 丙申⑮	23 乙丑13	23 乙未13	22 甲子11
24 壬寅23	24 辛未24	24 辛丑㉓	24 庚午22	24 己亥20	24 己巳20	24 戊戌18	24 丁卯16	**24** 丁酉16	24 丙寅14	24 丙申14	23 乙丑12
25 癸卯24	25 壬申25	25 壬寅24	25 辛未23	25 庚子21	25 庚午21	25 己亥19	25 戊辰⑰	25 戊戌17	**25** 丁卯15	25 丁酉15	24 丙寅13
26 甲辰25	26 癸酉㉖	26 癸卯25	26 壬申24	26 辛丑22	26 辛未22	26 庚子⑳	26 己巳18	26 己亥18	26 戊辰16	**26** 戊戌16	25 丁卯⑭
27 乙巳㉖	27 甲戌27	27 甲辰26	27 癸酉25	27 壬寅23	27 壬申㉓	27 辛丑21	27 庚午19	27 庚子19	27 己巳17	27 己亥⑰	**26** 戊辰15
28 丙午27	28 乙亥28	28 乙巳27	28 甲戌26	28 癸卯24	28 癸酉24	28 壬寅22	28 辛未20	28 辛丑20	28 庚午18	28 庚子18	27 己巳16
29 丁未28	29 丙子29	29 丙午28	29 乙亥27	29 甲辰㉕	29 甲戌25	29 癸卯23	29 壬申21	29 壬寅21	29 辛未⑲	29 辛丑19	28 庚午17
	30 丁丑30			30 乙巳26			30 癸酉22		30 壬申20	30 壬寅20	29 辛未18
											30 壬申19
雨水 15日	啓蟄 2日 春分 17日	清明 2日 穀雨 17日	立夏 3日 小満 19日	芒種 5日 夏至 20日	小暑 5日 大暑 21日	立秋 7日 処暑 22日	白露 8日 秋分 23日	寒露 9日 霜降 24日	立冬 10日 小雪 25日	大雪 11日 冬至 26日	小寒 11日 大寒 26日

仁平元年〔久安7年〕（1151－1152） 辛未

改元 1/26（久安→仁平）

1月	2月	3月	4月	閏4月	5月	6月	7月	8月	9月	10月	11月	12月
1癸酉20	1壬寅⑱	1壬申20	1壬寅19	1辛未18	1庚子16	1庚午16	1己亥14	1戊辰12	1戊戌12	1丁卯10	1丁酉10	1丁卯9
2甲戌㉑	2癸卯19	2癸酉21	2癸卯20	2壬申19	2辛丑⑰	2辛未17	2庚子15	2己巳13	2己亥13	2戊辰⑪	2戊戌11	2戊辰10
3乙亥22	3甲辰20	3甲戌22	3甲辰21	3癸酉⑳	3壬寅18	3壬申18	3辛丑16	3庚午14	3庚子⑭	3己巳12	3己亥12	3己巳11
4丙子23	4乙巳21	4乙亥23	4乙巳㉒	4甲戌21	4癸卯19	4癸酉19	4壬寅17	4辛未15	4辛丑15	4庚午13	4庚子13	4庚午12
5丁丑24	5丙午22	5丙子24	5丙午23	5乙亥22	5甲辰20	5甲戌20	5癸卯18	5壬申⑯	5壬寅16	5辛未14	5辛丑14	5辛未⑬
6戊寅25	6丁未23	6丁丑㉕	6丁未24	6丙子23	6乙巳21	6乙亥21	6甲辰⑲	6癸酉17	6癸卯17	6壬申15	6壬寅15	6壬申14
7己卯26	7戊申24	7戊寅26	7戊申25	7丁丑24	7丙午22	7丙子㉒	7乙巳20	7甲戌18	7甲辰18	7癸酉16	7癸卯⑯	7癸酉15
8庚辰27	8己酉㉕	8己卯27	8己酉26	8戊寅25	8丁未23	8丁丑23	8丙午21	8乙亥19	8乙巳19	8甲戌17	8甲辰17	8甲戌16
9辛巳㉘	9庚戌26	9庚辰28	9庚戌27	9己卯26	9戊申㉔	9戊寅24	9丁未22	9丙子20	9丙午20	9乙亥⑱	9乙巳18	9乙亥17
10壬午29	10辛亥27	10辛巳29	10辛亥28	10庚辰㉗	10己酉25	10己卯25	10戊申23	10丁丑21	10丁未㉑	10丙子19	10丙午19	10丙子18
11癸未30	11壬子28	11壬午30	11壬子㉙	11辛巳28	11庚戌26	11庚辰26	11己酉24	11戊寅22	11戊申22	11丁丑20	11丁未20	11丁丑19
12甲申31	《3月》	12癸未31	12癸丑30	12壬午29	12壬子27	12辛巳27	12庚戌25	12己卯㉓	12己酉23	12戊寅21	12戊申21	12戊寅⑳
《2月》	12癸丑1	《4月》	《5月》	13癸未30	13癸丑28	13壬午28	13辛亥㉖	13庚辰24	13庚戌24	13己卯22	13己酉22	13己卯21
13乙酉1	13甲寅2	13甲申①	13甲寅1	14甲申31	14甲寅29	14癸未㉙	14壬子27	14辛巳25	14辛亥25	14庚辰23	14庚戌㉓	14庚辰22
14丙戌2	14乙卯3	14乙酉2	14乙卯2	《6月》	15甲寅30	15甲申30	15癸丑28	15壬午26	15壬子26	15辛巳24	15辛亥24	15辛巳23
15丁亥3	15丙辰④	15丙戌3	15丙辰3	15乙酉1	《7月》	16乙酉31	16甲寅29	16癸未27	16癸丑27	16壬午㉕	16壬子25	16壬午24
16戊子④	16丁巳5	16丁亥4	16丁巳4	16丙戌2	16乙卯①	《8月》	17乙卯30	17甲申28	17甲寅㉘	17癸未26	17癸丑26	17癸未25
17己丑5	17戊午6	17戊子5	17戊午5	17丁亥③	17丙辰2	17丙戌1	18丙辰31	18乙酉29	18乙卯29	18甲申27	18甲寅27	18甲申26
18庚寅6	18己未7	18己丑6	18己未⑥	18戊子4	18丁巳3	18丁亥2	《9月》	19丙戌㉚	19丙辰30	19乙酉28	19乙卯28	19乙酉㉗
19辛卯7	19庚申8	19庚寅7	19庚申7	19己丑5	19戊午4	19戊子3	19丁巳1	《10月》	20丁巳31	20丙戌29	20丙辰29	20丙戌28
20壬辰8	20辛酉9	20辛卯⑧	20辛酉8	20庚寅6	20己未5	20己丑4	20戊午②	20丁亥1	《11月》	21丁亥30	21丁巳㉚	21丁亥29
21癸巳9	21壬戌10	21壬辰9	21壬戌9	21辛卯7	21庚申6	21庚寅⑤	21己未3	21戊子2	21戊午1	《12月》	22戊午31	22戊子30
22甲午10	22癸亥⑪	22癸巳10	22癸亥10	22壬辰8	22辛酉7	22辛卯6	22庚申4	22己丑3	22己未2	22戊子1	1152年	23己丑31
23乙未⑪	23甲子12	23甲午11	23甲子11	23癸巳9	23壬戌⑧	23壬辰7	23辛酉5	23庚寅4	23庚申3	23己丑②	《1月》	《2月》
24丙申12	24乙丑13	24乙未12	24乙丑12	24甲午⑩	24癸亥9	24癸巳8	24壬戌6	24辛卯5	24辛酉④	24庚寅3	23己未1	24庚寅1
25丁酉13	25丙寅14	25丙申13	25丙寅⑬	25乙未11	25甲子10	25甲午9	25癸亥7	25壬辰6	25壬戌5	25辛卯4	24庚申2	25辛卯2
26戊戌14	26丁卯15	26丁酉14	26丁卯14	26丙申12	26乙丑11	26乙未10	26甲子8	26癸巳⑦	26癸亥6	26壬辰5	25辛酉3	26壬辰③
27己亥15	27戊辰16	27戊戌⑮	27戊辰15	27丁酉13	27丙寅12	27丙申11	27乙丑⑨	27甲午8	27甲子7	27癸巳6	26壬戌4	27癸巳4
28庚子16	28己巳17	28己亥16	28己巳16	28戊戌14	28丁卯13	28丁酉⑫	28丙寅10	28乙未9	28乙丑8	28甲午7	27癸亥5	28甲午5
29辛丑17	29庚午⑱	29庚子17	29庚午17	29己亥15	29戊辰14	29戊戌13	29丁卯11	29丙申10	29丙寅9	29乙未8	28甲子⑥	29乙未6
	30辛未19	30辛丑18			30己巳⑮			30丁酉11		30丙申⑨	29乙丑7	30丙申7
											30丙寅8	
立春11日 雨水27日	啓蟄13日 春分28日	清明13日 穀雨28日	立夏14日 小満29日	芒種15日	夏至1日 小暑17日	大暑2日 立秋17日	処暑3日 白露18日	秋分5日 寒露20日	霜降5日 立冬20日	小雪7日 大雪22日	冬至7日 小寒22日	大寒7日 立春23日

仁平2年（1152－1153） 壬申

1月	2月	3月	4月	5月	6月	7月	8月	9月	10月	11月	12月
1丁酉8	1丙寅8	1丙申7	1乙丑6	1乙未5	1甲子4	1甲午③	《9月》	1壬辰30	1壬戌30	1辛卯28	1辛酉㉘
2戊戌9	2丁卯⑨	2丁酉8	2丙寅7	2丙申6	2乙丑5	2乙未4	1癸亥1	《10月》	2癸亥31	2壬辰29	2壬戌29
3己亥⑩	3戊辰10	3戊戌9	3丁卯8	3丁酉7	3丙寅⑥	3丙申5	2甲子2	2癸巳1	《11月》	3癸巳㉚	3癸亥30
4庚子11	4己巳11	4己亥10	4戊辰9	4戊戌⑧	4丁卯7	4丁酉6	3乙丑3	3甲午2	3甲子1	《12月》	4甲子31
5辛丑12	5庚午12	5庚子11	5己巳10	5己亥9	5戊辰8	5戊戌7	4丙寅4	4乙未3	4乙丑②	4甲午1	1153年
6壬寅13	6辛未13	6辛丑12	6庚午⑪	6庚子10	6己巳9	6己亥8	5丁卯5	5丙申4	5丙寅3	5乙未2	《1月》
7癸卯14	7壬申14	7壬寅⑬	7辛未12	7辛丑11	7庚午10	7庚子9	6戊辰6	6丁酉⑤	6丁卯4	6丙申3	5乙丑1
8甲辰15	8癸酉15	8癸卯14	8壬申13	8壬寅12	8辛未11	8辛丑⑩	7己巳⑦	7戊戌6	7戊辰5	7丁酉4	6丙寅2
9乙巳16	9甲戌⑯	9甲辰15	9癸酉14	9癸卯13	9壬申12	9壬寅11	8庚午8	8己亥7	8己巳6	8戊戌5	7丁卯3
10丙午⑰	10乙亥17	10乙巳16	10甲戌15	10甲辰14	10癸酉⑬	10癸卯12	9辛未9	9庚子8	9庚午7	9己亥6	8戊辰④
11丁未18	11丙子18	11丙午17	11乙亥16	11乙巳⑮	11甲戌14	11甲辰13	10壬申10	10辛丑9	10辛未8	10庚子⑦	9己巳5
12戊申19	12丁丑19	12丁未18	12丙子17	12丙午16	12乙亥15	12乙巳14	11癸酉11	11壬寅10	11壬申⑨	11辛丑8	10庚午6
13己酉20	13戊寅20	13戊申19	13丁丑⑱	13丁未17	13丙子16	13丙午15	12甲戌12	12癸卯11	12癸酉10	12壬寅9	11辛未7
14庚戌21	14己卯21	14己酉⑳	14戊寅19	14戊申18	14丁丑17	14丁未16	13乙亥13	13甲辰⑫	13甲戌11	13癸卯10	12壬申8
15辛亥22	15庚辰22	15庚戌21	15己卯20	15己酉19	15戊寅18	15戊申⑰	14丙子⑭	14乙巳13	14乙亥12	14甲辰11	13癸酉9
16壬子23	16辛巳㉓	16辛亥22	16庚辰21	16庚戌20	16己卯19	16己酉18	15丁丑15	15丙午14	15丙子13	15乙巳12	14甲戌10
17癸丑㉔	17壬午24	17壬子23	17辛巳22	17辛亥21	17庚辰⑳	17庚戌19	16戊寅16	16丁未15	16丁丑14	16丙午13	15乙亥⑪
18甲寅25	18癸未25	18癸丑24	18壬午23	18壬子㉒	18辛巳21	18辛亥20	17己卯17	17戊申16	17戊寅15	17丁未⑭	16丙子12
19乙卯26	19甲申26	19甲寅25	19癸未24	19癸丑23	19壬午22	19壬子21	18庚辰18	18己酉17	18己卯⑯	18戊申15	17丁丑13
20丙辰27	20乙酉27	20乙卯26	20甲申㉕	20甲寅24	20癸未23	20癸丑22	19辛巳19	19庚戌18	19庚辰17	19己酉16	18戊寅14
21丁巳28	21丙戌28	21丙辰㉗	21乙酉26	21乙卯25	21甲申24	21甲寅23	20壬午20	20辛亥⑲	20辛巳18	20庚戌17	19己卯15
22戊午29	22丁亥29	22丁巳28	22丙戌27	22丙辰26	22乙酉25	22乙卯㉔	21癸未㉑	21壬子20	21壬午19	21辛亥18	20庚辰16
《3月》	23戊子㉚	23戊午29	23丁亥28	23丁巳27	23丙戌26	23丙辰25	22甲申22	22癸丑21	22癸未20	22壬子19	21辛巳17
23己未1	24己丑31	24己未30	24戊子29	24戊午28	24丁亥㉗	24丁巳26	23乙酉23	23甲寅22	23甲申21	23癸丑20	22壬午⑱
24庚申②	《4月》	《5月》	25己丑30	25己未㉙	25戊子28	25戊午27	24丙戌24	24乙卯23	24乙酉22	24甲寅㉑	23癸未19
25辛酉3	25庚寅1	25庚申1	26庚寅31	26庚申30	26己丑29	26己未28	25丁亥25	25丙辰24	25丙戌㉓	25乙卯22	24甲申20
26壬戌4	26辛卯2	26辛酉2	《6月》	《7月》	27庚寅30	27庚申29	26戊子26	26丁巳25	26丁亥24	26丙辰23	25乙酉21
27癸亥5	27壬辰3	27壬戌3	27辛卯①	27辛酉1	28辛卯31	28辛酉30	27己丑27	27戊午㉖	27戊子25	27丁巳24	26丙戌22
28甲子6	28癸巳4	28癸亥④	28壬辰2	28壬戌2	《8月》	29壬戌㉛	28庚寅㉘	28己未27	28己丑26	28戊午25	27丁亥23
29乙丑7	29甲午5	29甲子5	29癸巳3	29癸亥3	29壬辰1		29辛卯29	29庚申28	29庚寅27	29己未26	28戊子24
	30乙未⑥		30甲午4		30癸巳2			30辛酉29		30庚申27	29己丑㉕
											30庚寅26
雨水8日 啓蟄23日	春分9日 清明25日	穀雨10日 立夏25日	小満11日 芒種26日	夏至12日 小暑27日	大暑13日 立秋28日	処暑13日 白露29日	秋分15日	寒露1日 霜降16日	立冬2日 小雪17日	大雪3日 冬至18日	小寒3日 大寒19日

仁平**3**年（1153－1154） 癸酉

1月	2月	3月	4月	5月	6月	7月	8月	9月	10月	11月	12月	閏12月
1 辛卯27 2 壬辰28 3 癸巳29 **4** 甲午30 5 乙未31 《2月》 6 丙申① 7 丁酉 2 8 戊戌 3 9 己亥 4 10庚子 5 11辛丑 6 12壬寅 7 13癸卯⑧ 14甲辰 9 15乙巳10 16丙午11 17丁未12 18戊申13 **19**己酉14 20庚戌⑮ 21辛亥16 22壬子17 23癸丑18 24甲寅19 25乙卯20 26丙辰21 27丁巳㉒ 28戊午23 29己未24	1 庚申25 2 辛酉26 3 壬戌27 4 癸亥28 《3月》 **5** 甲子① 6 乙丑 2 7 丙寅 3 8 丁卯 4 9 戊辰 5 10己巳 6 11庚午 7 12辛未⑧ 13壬申 9 14癸酉10 15甲戌11 16乙亥12 17丙子13 18丁丑14 19戊寅⑮ 20己卯16 **21** 庚辰17 22辛巳18 23壬午19 24癸未20 25甲申21 26乙酉㉒ 27丙戌23 28丁亥24 29戊子25 30己丑26	1 庚寅27 2 辛卯28 3 壬辰㉙ 4 癸巳30 5 甲午31 《4月》 **6** 乙未 1 7 丙申 2 8 丁酉 3 9 戊戌 4 10己亥⑤ 11庚子 6 12辛丑 7 13壬寅 8 14癸卯 9 15甲辰10 16乙巳11 17丙午⑫ 18丁未13 19戊申14 20己酉15 **21** 庚戌16 22辛亥17 23壬子18 24癸丑⑲ 25甲寅20 26乙卯21 27丙辰22 28丁巳23 29戊午24 30己未25	1 庚申㉖ 2 辛酉27 3 壬戌28 4 癸亥29 5 甲子30 《5月》 **6** 乙丑 1 7 丙寅 2 8 丁卯③ 9 戊辰 4 10己巳 5 11庚午 6 12辛未 7 13壬申 8 14癸酉 9 15甲戌⑩ 16乙亥11 17丙子12 18丁丑13 19戊寅14 20己卯15 **21** 庚辰16 22辛巳⑰ 23壬午18 24癸未19 25甲申20 26乙酉21 27丙戌22 28丁亥23 29戊子㉔	1 己丑25 2 庚寅26 3 辛卯27 4 壬辰28 5 癸巳29 6 甲午30 7 乙未㉛ 《6月》 **8** 丙申 1 9 丁酉 2 10戊戌 3 11己亥 4 12庚子 5 13辛丑 6 14壬寅⑦ 15癸卯 8 16甲辰 9 17乙巳10 18丙午11 19丁未12 20戊申13 21己酉⑭ 22庚戌15 **23**辛亥16 24壬子17 25癸丑18 26甲寅19 27乙卯20 28丙辰㉑ 29丁巳22 30戊午23	1 己未24 2 庚申25 3 辛酉26 4 壬戌27 5 癸亥㉘ 6 甲子29 7 乙丑30 《7月》 **8** 丙寅 1 9 丁卯 2 10戊辰 3 11己巳 4 12庚午⑤ 13辛未 6 14壬申 7 15癸酉 8 16甲戌 9 17乙亥10 18丙子11 19丁丑⑫ 20戊寅13 21己卯14 22庚辰15 **23**辛巳16 24壬午17 25癸未18 26甲申⑲ 27乙酉20 28丙戌21 29丁亥22	1 戊子23 2 己丑24 3 庚寅25 4 辛卯㉖ 5 壬辰27 6 癸巳28 7 甲午29 8 乙未30 9 丙申31 《8月》 **10**丁酉 1 11戊戌② 12己亥 3 13庚子 4 14辛丑 5 15壬寅 6 16癸卯 7 17甲辰 8 18乙巳⑨ 19丙午10 20丁未11 21戊申12 22己酉13 23庚戌14 24辛亥15 **25**壬子⑯ 26癸丑17 27甲寅18 28乙卯19 29丙辰20 30丁巳21	1 戊午22 2 己未㉓ 3 庚申24 4 辛酉25 5 壬戌26 6 癸亥27 7 甲子28 8 乙丑29 9 丙寅㉚ **10**丁卯31 《9月》 11戊辰 1 12己巳 2 13庚午 3 14辛未 4 15壬申 5 16癸酉⑥ 17甲戌 7 18乙亥 8 19丙子 9 20丁丑10 21戊寅11 22己卯12 23庚辰⑬ 24辛巳14 **25**壬午15 26癸未16 27甲申17 28乙酉18 29丙戌19	1 丁亥⑳ 2 戊子21 3 己丑22 4 庚寅23 5 辛卯24 6 壬辰25 7 癸巳26 8 甲午㉗ 9 乙未28 10丙申29 **11**丁酉30 《10月》 12戊戌 1 13己亥 2 14庚子 3 15辛丑④ 16壬寅 5 17癸卯 6 18甲辰 7 19乙巳 8 20丙午 9 21丁未10 22戊申⑪ 23己酉12 24庚戌13 25辛亥14 26壬子15 **27**癸丑16 28甲寅17 29乙卯⑱	1 丙辰19 2 丁巳20 3 戊午21 4 己未22 5 庚申23 6 辛酉24 7 壬戌㉕ 8 癸亥26 9 甲子27 10乙丑28 11丙寅29 12丁卯30 **13**戊辰31 《11月》 14己巳① 15庚午 2 16辛未 3 17壬申 4 18癸酉 5 19甲戌 6 20乙亥 7 21丙子⑧ 22丁丑 9 23戊寅10 24己卯11 25庚辰12 26辛巳13 27壬午14 **28**癸未⑮ 29甲申16 30乙酉17	1 丙戌18 2 丁亥19 3 戊子20 4 己丑21 5 庚寅㉒ 6 辛卯23 7 壬辰24 8 癸巳25 9 甲午26 10乙未27 11丙申28 12丁酉㉙ **13**戊戌30 《12月》 14己亥 1 15庚子 2 16辛丑 3 17壬寅 4 18癸卯 5 19甲辰⑥ 20乙巳 7 21丙午 8 22丁未 9 23戊申10 24己酉11 25庚戌12 26辛亥⑬ 27壬子14 **28**癸丑15 29甲寅16	1 乙卯17 2 丙辰18 3 丁巳19 4 戊午⑳ 5 己未21 6 庚申22 7 辛酉23 8 壬戌24 9 癸亥25 10甲子26 11乙丑㉗ 12丙寅28 13丁卯29 14戊辰30 **15**己巳31 **1154**年 《1月》 16庚午 1 17辛未 2 18壬申③ 19癸酉 4 20甲戌 5 21乙亥 6 22丙子 7 23丁丑 8 24戊寅 9 25己卯⑩ 26庚辰11 27辛巳12 28壬午13 29癸未14 **30**甲申15	1 乙酉16 2 丙戌⑰ 3 丁亥18 4 戊子19 5 己丑20 6 庚寅21 7 辛卯22 8 壬辰23 9 癸巳㉔ 10甲午25 11乙未26 12丙申27 13丁酉28 14戊戌29 **15**己亥30 16庚子㉛ 《2月》 17辛丑 1 18壬寅 2 19癸卯 3 20甲辰 4 21乙巳 5 22丙午 6 23丁未⑦ 24戊申 8 25己酉 9 26庚戌10 27辛亥11 28壬子12 29癸丑13
立春 4日 雨水 19日	啓蟄 5日 春分 21日	清明 6日 穀雨 21日	立夏 6日 小満 21日	芒種 8日 夏至 23日	小暑 8日 大暑 23日	立秋 10日 処暑 25日	白露 10日 秋分 25日	寒露 11日 霜降 27日	立冬 13日 小雪 28日	大雪 13日 冬至 28日	小寒 15日 大寒 30日	立春15日

久寿元年〔仁平**4**年〕（1154－1155） 甲戌

改元 10/28（仁平→久寿）

1月	2月	3月	4月	5月	6月	7月	8月	9月	10月	11月	12月
1 甲寅⑭ 2 乙卯15 3 丙辰16 4 丁巳17 5 戊午18 6 己未19 7 庚申20 8 辛酉㉑ 9 壬戌22 10癸亥23 11甲子24 12乙丑25 13丙寅26 14丁卯27 15戊辰㉘ 《3月》 16己巳 1 **17**庚午 2 18辛未 3 19壬申 4 20癸酉 5 21甲戌 6 22乙亥⑦ 23丙子 8 24丁丑 9 25戊寅10 26己卯11 27庚辰12 28辛巳13 29壬午⑭ 30癸未15	1 甲申16 **2** 乙酉17 3 丙戌18 4 丁亥19 5 戊子20 6 己丑㉑ 7 庚寅22 8 辛卯23 9 壬辰24 10癸巳25 11甲午26 12乙未27 13丙申㉘ 14丁酉29 15戊戌30 16己亥31 《4月》 **17**庚子 1 18辛丑 2 19壬寅 3 20癸卯④ 21甲辰 5 22乙巳 6 23丙午 7 24丁未 8 25戊申 9 26己酉10 27庚戌⑪ 28辛亥12 29壬子13 30癸丑14	1 甲寅15 **2** 乙卯16 3 丙辰17 4 丁巳⑱ 5 戊午19 6 己未20 7 庚申21 8 辛酉22 9 壬戌23 10癸亥24 11甲子㉕ 12乙丑26 13丙寅27 14丁卯28 15戊辰29 16己巳30 《5月》 **17**庚午 1 18辛未② 19壬申 3 20癸酉 4 21甲戌 5 22乙亥 6 23丙子 7 24丁丑 8 25戊寅⑨ 26己卯10 27庚辰11 28辛巳12 29壬午13	1 癸未14 2 甲申15 3 乙酉⑯ **4** 丙戌17 5 丁亥18 6 戊子19 7 己丑20 8 庚寅21 9 辛卯22 10壬辰㉓ 11癸巳24 12甲午25 13乙未26 14丙申27 15丁酉28 16戊戌29 17己亥㉚ 18庚子31 《6月》 **19**辛丑 1 20壬寅 2 21癸卯 3 22甲辰 4 23乙巳 5 24丙午⑥ 25丁未 7 26戊申 8 27己酉 9 28庚戌10 29辛亥11 30壬子12	1 癸丑⑬ 2 甲寅14 3 乙卯15 **4** 丙辰16 5 丁巳17 6 戊午18 7 己未19 8 庚申⑳ 9 辛酉21 10壬戌22 11癸亥23 12甲子24 13乙丑25 14丙寅26 15丁卯㉗ 16戊辰28 17己巳29 18庚午30 《7月》 **19**辛未 1 20壬申 2 21癸酉 3 22甲戌④ 23乙亥 5 24丙子 6 25丁丑 7 26戊寅 8 27己卯 9 28庚辰10 29辛巳⑪ 30壬午12	1 癸未13 2 甲申14 3 乙酉15 4 丙戌16 **5** 丁亥17 6 戊子⑱ 7 己丑19 8 庚寅20 9 辛卯21 10壬辰22 11癸巳23 12甲午24 13乙未㉕ 14丙申26 15丁酉27 16戊戌28 17己亥29 18庚子30 19辛丑31 《8月》 **20**壬寅① 21癸卯 2 22甲辰 3 23乙巳 4 24丙午 5 25丁未 6 26戊申 7 27己酉⑧ 28庚戌 9 29辛亥10	1 壬子11 2 癸丑12 3 甲寅13 4 乙卯14 5 丙辰⑮ **6** 丁巳16 7 戊午17 8 己未18 9 庚申19 10辛酉20 11壬戌21 12癸亥㉒ 13甲子23 14乙丑24 15丙寅25 16丁卯26 17戊辰27 18己巳28 19庚午㉙ 20辛未30 **21**壬申31 《9月》 22癸酉 1 23甲戌 2 24乙亥 3 25丙子 4 26丁丑⑤ 27戊寅 6 28己卯 7 29庚辰 8 30辛巳 9	1 壬午10 2 癸未11 3 甲申⑫ 4 乙酉13 5 丙戌14 **6** 丁亥15 7 戊子16 8 己丑17 9 庚寅18 10辛卯⑲ 11壬辰20 12癸巳21 13甲午22 14乙未23 15丙申24 16丁酉25 17戊戌㉖ 18己亥27 19庚子28 20辛丑29 21壬寅30 《10月》 **22**癸卯 1 23甲辰 2 24乙巳③ 25丙午 4 26丁未 5 27戊申 6 28己酉 7 29庚戌 8	1 辛亥 9 2 壬子⑩ 3 癸丑11 4 甲寅12 5 乙卯13 6 丙辰14 7 丁巳15 **8** 戊午16 9 己未⑰ 10庚申18 11辛酉19 12壬戌20 13癸亥21 14甲子22 15乙丑23 16丙寅㉔ 17丁卯25 18戊辰26 19己巳27 20庚午28 21辛未29 22壬申30 **23**癸酉㉛ 《11月》 24甲戌 1 25乙亥 2 26丙子 3 27丁丑 4 28戊寅 5 29己卯 6	1 庚辰⑦ 2 辛巳 8 3 壬午 9 4 癸未10 5 甲申11 6 乙酉12 7 丙戌13 8 丁亥⑭ **9** 戊子15 10己丑16 11庚寅17 12辛卯18 13壬辰19 14癸巳20 15甲午㉑ 16乙未22 17丙申23 18丁酉24 19戊戌25 20己亥26 21庚子27 22辛丑㉘ 23壬寅29 24癸卯30 《12月》 **25**甲辰 1 26乙巳 2 27丙午 3 28丁未 4 29戊申⑤ 30己酉 6	1 庚戌 7 2 辛亥 8 3 壬子 9 4 癸丑10 5 甲寅11 6 乙卯⑫ 7 丙辰13 8 丁巳14 9 戊午15 **10**己未16 11庚申17 12辛酉18 13壬戌⑲ 14癸亥20 15甲子21 16乙丑22 17丙寅23 18丁卯24 19戊辰25 20己巳㉖ 21庚午27 22辛未28 23壬申29 24癸酉30 **25**甲戌31 **1155**年 《1月》 26乙亥 1 27丙子② 28丁丑 3 29戊寅 4	1 己卯 5 2 庚辰 6 3 辛巳 7 4 壬午 8 5 癸未⑨ 6 甲申10 7 乙酉11 8 丙戌12 9 丁亥13 10戊子14 **11**己丑15 12庚寅⑯ 13辛卯17 14壬辰18 15癸巳19 16甲午20 17乙未21 18丙申22 19丁酉㉓ 20戊戌24 21己亥25 22庚子26 23辛丑27 24壬寅28 25癸卯29 **26**甲辰㉚ 27乙巳31 《2月》 28丙午 1 29丁未 2 30戊申 3
雨水 1日 啓蟄 17日	春分 2日 清明 17日	穀雨 2日 立夏 17日	小満 4日 芒種 19日	夏至 4日 小暑 19日	大暑 5日 立秋 20日	処暑 6日 白露 21日	秋分 6日 寒露 22日	霜降 8日 立冬 23日	小雪 9日 大雪 25日	冬至 10日 小寒 25日	大寒 11日 立春 26日

久寿**2**年（1155－1156） 乙亥

1月	1 己酉 4　2 庚戌 5　3 辛亥⑥　4 壬子 7　5 癸丑 8　6 甲寅 9　7 乙卯10　8 丙辰11　9 丁巳12　10戊午⑬　11己未14　**12**庚申15　13辛酉16　14壬戌17　15癸亥18　16甲子19　17乙丑⑳　18丙寅21　19丁卯22　20戊辰23　21己巳24　22庚午25　23辛未26　24壬申㉗　25癸酉28　《3月》　26甲戌 1　**27**乙亥 2　28丙子 3　29丁丑 4	雨水 12日　啓蟄 27日
2月	1 戊寅 5　2 己卯⑥　3 庚辰 7　4 辛巳 8　5 壬午 9　6 癸未10　7 甲申11　8 乙酉12　9 丙戌⑬　10丁亥14　11戊子15　12己丑16　**13**庚寅17　14辛卯18　15壬辰19　16癸巳⑳　17甲午21　18乙未22　19丙申23　20丁酉24　21戊戌25　22己亥26　23庚子㉗　24辛丑28　25壬寅29　26癸卯30　27甲辰31　《4月》　**28**乙巳 1　29丙午 2　30丁未③	春分 13日　清明 28日
3月	1 戊申 4　2 己酉 5　3 庚戌 6　4 辛亥 7　5 壬子 8　6 癸丑 9　7 甲寅⑩　8 乙卯11　9 丙辰12　10丁巳13　11戊午14　12己未15　**13**庚申16　14辛酉⑰　15壬戌18　16癸亥19　17甲子20　18乙丑21　19丙寅22　20丁卯23　21戊辰㉔　22己巳25　23庚午26　24辛未27　25壬申28　26癸酉29　27甲戌30　《5月》　28乙亥①　**29**丙子 2	穀雨 13日　立夏 29日
4月	1 丁丑 3　2 戊寅 4　3 己卯 5　4 庚辰 6　5 辛巳 7　6 壬午⑧　7 癸未 9　8 甲申10　9 乙酉11　10丙戌12　11丁亥13　12戊子14　13己丑⑮　14庚寅16　**15**辛卯17　16壬辰18　17癸巳19　18甲午20　19乙未21　20丙申㉒　21丁酉23　22戊戌24　23己亥25　24庚子26　25辛丑27　26壬寅28　27癸卯㉙　28甲辰30　29乙巳31　《6月》　**30**丙午 1	小満 15日　芒種 30日
5月	1 丁未 2　2 戊申 3　3 己酉 4　4 庚戌⑤　5 辛亥 6　6 壬子 7　7 癸丑 8　8 甲寅 9　9 乙卯10　10丙辰11　11丁巳⑫　12戊午13　13己未14　14庚申15　**15**辛酉16　16壬戌17　17癸亥18　18甲子⑲　19乙丑20　20丙寅21　21丁卯22　22戊辰23　23己巳24　24庚午25　25辛未㉖　26壬申27　27癸酉28　28甲戌29　29乙亥30　《7月》　30丙子 1	夏至 15日
6月	1 丁丑 2　2 戊寅③　3 己卯 4　4 庚辰 5　5 辛巳 6　6 壬午 7　7 癸未 8　8 甲申 9　9 乙酉⑩　10丙戌11　11丁亥12　12戊子13　13己丑14　14庚寅15　15辛卯16　**16**壬辰⑰　17癸巳18　18甲午19　19乙未20　20丙申21　21丁酉22　22戊戌23　23己亥㉔　24庚子25　25辛丑26　26壬寅27　27癸卯28　28甲辰29　29乙巳30	小暑 1日　大暑 16日
7月	1 丙午㉛　《8月》　**2** 丁未 1　3 戊申 2　4 己酉 3　5 庚戌 4　6 辛亥 5　7 壬子 6　8 癸丑⑦　9 甲寅 8　10乙卯 9　11丙辰10　12丁巳11　13戊午12　14己未13　15庚申⑭　16辛酉15　**17**壬戌16　18癸亥17　19甲子18　20乙丑19　21丙寅20　22丁卯㉑　23戊辰22　24己巳23　25庚午24　26辛未25　27壬申26　28癸酉27　29甲戌㉘　30乙亥29	立秋 2日　処暑 17日
8月	1 丙子30　**2** 丁丑31　《9月》　3 戊寅 1　4 己卯 2　5 庚辰 3　6 辛巳④　7 壬午 5　8 癸未 6　9 甲申 7　10乙酉 8　11丙戌 9　12丁亥10　13戊子⑪　14己丑12　15庚寅13　16辛卯14　17壬辰15　**18**癸巳16　19甲午17　20乙未⑱　21丙申19　22丁酉20　23戊戌21　24己亥22　25庚子23　26辛丑24　27壬寅㉕　28癸卯26　29甲辰27	白露 2日　秋分 18日
9月	1 乙巳28　2 丙午29　3 丁未30　《10月》　**4** 戊申 1　5 己酉②　6 庚戌 3　7 辛亥 4　8 壬子 5　9 癸丑 6　10甲寅 7　11乙卯 8　12丙辰⑨　13丁巳10　14戊午11　15己未12　16庚申13　17辛酉14　18壬戌15　**19**癸亥⑯　20甲子17　21乙丑18　22丙寅19　23丁卯20　24戊辰21　25己巳22　26庚午㉓　27辛未24　28壬申25　29癸酉26　30甲戌27	寒露 4日　霜降 19日
10月	1 乙亥28　2 丙子29　3 丁丑㉚　**4** 戊寅31　《11月》　5 己卯 1　6 庚辰 2　7 辛巳 3　8 壬午 4　9 癸未 5　10甲申⑥　11乙酉 7　12丙戌 8　13丁亥 9　14戊子10　15己丑11　16庚寅12　17辛卯⑬　18壬辰14　19癸巳15　**20**甲午16　21乙未17　22丙申18　23丁酉19　24戊戌⑳　25己亥21　26庚子22　27辛丑23　28壬寅24　29癸卯25　30甲辰26	立冬 4日　小雪 20日
11月	1 乙巳㉗　2 丙午28　3 丁未29　4 戊申30　《12月》　**5** 己酉 1　6 庚戌 2　7 辛亥 3　8 壬子④　9 癸丑 5　10甲寅 6　11乙卯 7　12丙辰 8　13丁巳 9　14戊午10　15己未⑪　16庚申12　17辛酉13　18壬戌14　19癸亥15　**20**甲子16　21乙丑17　22丙寅⑱　23丁卯19　24戊辰20　25己巳21　26庚午22　27辛未23　28壬申24　29癸酉㉕	大雪 5日　冬至 20日
12月	1 甲戌26　2 乙亥27　3 丙子28　4 丁丑29　5 戊寅30　**6** 己卯31　**1156年**　《1月》　7 庚辰①　8 辛巳 2　9 壬午 3　10癸未 4　11甲申 5　12乙酉 6　13丙戌 7　14丁亥⑧　15戊子 9　16己丑10　17庚寅11　18辛卯12　19壬辰13　20癸巳14　**21**甲午⑮　22乙未16　23丙申17　24丁酉18　25戊戌19　26己亥20　27庚子21　28辛丑㉒　29壬寅23	小寒 6日　大寒 21日

保元元年〔久寿**3**年〕（1156－1157） 丙子

改元 4/27（久寿→保元）

1月	1 癸卯24　2 甲辰25　3 乙巳26　4 丙午27　5 丁未28　6 戊申㉙　7 己酉30　**8** 庚戌31　《2月》　9 辛亥 1　10壬子 2　11癸丑 3　12甲寅 4　13乙卯⑤　14丙辰 6　15丁巳 7　16戊午 8　17己未 9　18庚申10　19辛酉11　20壬戌⑫　21癸亥13　22甲子14　**23**乙丑15　24丙寅16　25丁卯17　26戊辰18　27己巳⑲　28庚午20　29辛未21　30壬申22	立春 8日　雨水 23日
2月	1 癸酉23　2 甲戌24　3 乙亥25　4 丙子㉖　5 丁丑27　6 戊寅28　7 己卯29　《3月》　**8** 庚辰 1　9 辛巳 2　10壬午 3　11癸未④　12甲申 5　13乙酉 6　14丙戌 7　15丁亥 8　16戊子 9　17己丑10　18庚寅⑪　19辛卯12　20壬辰13　21癸巳14　22甲午15　**23**乙未16　24丙申17　25丁酉⑱　26戊戌19　27己亥20　28庚子21　29辛丑22	啓蟄 8日　春分 23日
3月	1 壬寅23　2 癸卯24　3 甲辰㉕　4 乙巳26　5 丙午27　6 丁未28　7 戊申29　8 己酉30　9 庚戌31　《4月》　**10**辛亥①　11壬子 2　12癸丑 3　13甲寅 4　14乙卯 5　15丙辰 6　16丁巳 7　17戊午⑧　18己未 9　19庚申10　20辛酉11　21壬戌12　22癸亥13　23甲子14　24乙丑⑮　**25**丙寅16　26丁卯17　27戊辰18　28己巳19　29庚午20　30辛未21	清明 10日　穀雨 25日
4月	1 壬申㉒　2 癸酉23　3 甲戌24　4 乙亥25　5 丙子26　6 丁丑27　7 戊寅28　8 己卯㉙　9 庚辰30　《5月》　**10**辛巳 1　11壬午 2　12癸未 3　13甲申 4　14乙酉 5　15丙戌⑥　16丁亥 7　17戊子 8　18己丑 9　19庚寅10　20辛卯11　21壬辰12　22癸巳⑬　23甲午14　24乙未15　**25**丙申16　26丁酉17　27戊戌18　28己亥19　29庚子⑳	立夏 10日　小満 25日
5月	1 辛丑21　2 壬寅22　3 癸卯23　4 甲辰24　5 乙巳25　6 丙午26　7 丁未㉗　8 戊申28　9 己酉29　10庚戌30　**11**辛亥31　《6月》　12壬子 1　13癸丑 2　14甲寅③　15乙卯 4　16丙辰 5　17丁巳 6　18戊午 7　19己未 8　20庚申 9　21辛酉⑩　22壬戌11　23癸亥12　24甲子13　25乙丑14　26丙寅15　**27**丁卯16　28戊辰⑰　29己巳18　30庚午19	芒種 11日　夏至 27日
6月	1 辛未20　2 壬申21　3 癸酉22　4 甲戌23　5 乙亥㉔　6 丙子25　7 丁丑26　8 戊寅27　9 己卯28　10庚辰29　11辛巳30　《7月》　**12**壬午①　13癸未 2　14甲申 3　15乙酉 4　16丙戌 5　17丁亥 6　18戊子 7　19己丑⑧　20庚寅 9　21辛卯10　22壬辰11　23癸巳12　24甲午13　25乙未14　26丙申⑮　**27**丁酉16　28戊戌17　29己亥18	小暑 12日　大暑 27日
7月	1 庚子19　2 辛丑20　3 壬寅21　4 癸卯㉒　5 甲辰23　6 乙巳24　7 丙午25　8 丁未26　9 戊申27　10己酉28　11庚戌㉙　12辛亥30　**13**壬子31　《8月》　14癸丑 1　15甲寅 2　16乙卯 3　17丙辰 4　18丁巳⑤　19戊午 6　20己未 7　21庚申 8　22辛酉 9　23壬戌10　24癸亥11　25甲子⑫　26乙丑13　27丙寅14　**28**丁卯15　29戊辰16　30己巳17	立秋 13日　処暑 28日
8月	1 庚午18　2 辛未⑲　3 壬申20　4 癸酉21　5 甲戌22　6 乙亥23　7 丙子24　8 丁丑25　9 戊寅㉖　10己卯27　11庚辰28　12辛巳29　13壬午30　**14**癸未31　《9月》　15甲申 1　16乙酉②　17丙戌 3　18丁亥 4　19戊子 5　20己丑 6　21庚寅 7　22辛卯 8　23壬辰⑨　24癸巳10　25甲午11　26乙未12　27丙申13　28丁酉14　**29**戊戌15　30己亥⑯	白露 14日　秋分 29日
9月	1 庚子17　2 辛丑18　3 壬寅19　4 癸卯20　5 甲辰21　6 乙巳22　7 丙午㉓　8 丁未24　9 戊申25　10己酉26　11庚戌27　12辛亥28　13壬子29　**14**癸丑㉚　《10月》　15甲寅 1　16乙卯 2　17丙辰 3　18丁巳 4　19戊午 5　20己未 6　21庚申⑦　22辛酉 8　23壬戌 9　24癸亥10　25甲子11　26乙丑12　27丙寅13　28丁卯⑭　**29**戊辰15	寒露 14日　霜降 29日
閏9月	1 己巳16　2 庚午17　3 辛未18　4 壬申19　5 癸酉20　6 甲戌㉑　7 乙亥22　8 丙子23　9 丁丑24　10戊寅25　11己卯26　12庚辰27　13辛巳㉘　14壬午29　15癸未30　**16**甲申31　《11月》　17乙酉 1　18丙戌 2　19丁亥 3　20戊子④　21己丑 5　22庚寅 6　23辛卯 7　24壬辰 8　25癸巳 9　26甲午10　27乙未⑪　28丙申12　29丁酉13　30戊戌14	立冬16日
10月	**1** 己亥15　2 庚子16　3 辛丑17　4 壬寅⑱　5 癸卯19　6 甲辰20　7 乙巳21　8 丙午22　9 丁未23　10戊申24　11己酉㉕　12庚戌26　13辛亥27　14壬子28　15癸丑29　**16**甲寅30　《12月》　17乙卯 1　18丙辰②　19丁巳 3　20戊午 4　21己未 5　22庚申 6　23辛酉 7　24壬戌 8　25癸亥⑨　26甲子10　27乙丑11　28丙寅12　29丁卯13	小雪 1日　大雪 16日
11月	1 戊辰14　**2** 己巳15　3 庚午⑯　4 辛未17　5 壬申18　6 癸酉19　7 甲戌20　8 乙亥21　9 丙子22　10丁丑㉓　11戊寅24　12己卯25　13庚辰26　14辛巳27　15壬午28　16癸未29　**17**甲申㉚　18乙酉31　**1157年**　《1月》　19丙戌 1　20丁亥 2　21戊子 3　22己丑 4　23庚寅 5　24辛卯⑥　25壬辰 7　26癸巳 8　27甲午 9　28乙未10　29丙申11　30丁酉12	冬至 2日　小寒 17日
12月	1 戊戌⑬　2 己亥14　**3** 庚子15　4 辛丑16　5 壬寅17　6 癸卯18　7 甲辰19　8 乙巳⑳　9 丙午21　10丁未22　11戊申23　12己酉24　13庚戌25　14辛亥26　15壬子㉗　16癸丑28　17甲寅29　**18**乙卯30　19丙辰31　《2月》　20丁巳 1　21戊午 2　22己未③　23庚申 4　24辛酉 5　25壬戌 6　26癸亥 7　27甲子 8　28乙丑 9　29丙寅⑩	大寒 3日　立春 18日

保元**2**年（1157－1158） 丁丑

1月	2月	3月	4月	5月	6月	7月	8月	9月	10月	11月	12月
1 丁卯11	1 丁酉13	1 丙寅11	1 丙申11	1 乙丑⑨	1 乙未 9	1 甲子 7	1 甲午 6	1 癸亥 5	1 癸巳 4	1 癸亥 4	1 癸巳 3
2 戊辰12	2 戊戌14	2 丁卯12	2 丁酉⑫	2 丙寅10	2 丙申10	2 乙丑 8	2 乙未 7	2 甲子⑥	2 甲午 5	2 甲子 5	2 甲午 4
3 己巳13	3 己亥15	3 戊辰13	3 戊戌13	3 丁卯11	3 丁酉11	3 丙寅 9	3 丙申⑧	3 乙丑 7	3 乙未 6	3 乙丑 6	3 乙未⑤
4 庚午14	4 庚子16	4 己巳⑭	4 己亥14	4 戊辰12	4 戊戌12	4 丁卯10	4 丁酉 9	4 丙寅 8	4 丙申 7	4 丙寅 7	4 丙申 6
5 辛未15	**5** 辛丑⑰	5 庚午15	5 庚子15	5 己巳13	5 己亥13	5 戊辰⑪	5 戊戌10	5 丁卯 9	5 丁酉 8	5 丁卯⑧	5 丁酉 7
6 壬申16	6 壬寅18	**6** 辛未16	**6** 辛丑16	6 庚午14	6 庚子⑭	6 己巳12	6 己亥11	6 戊辰10	6 戊戌 9	6 戊辰 9	6 戊戌 8
7 癸酉⑰	7 癸卯19	7 壬申17	7 壬寅17	7 辛未15	7 辛丑15	7 庚午13	7 庚子12	7 己巳11	7 己亥⑩	7 己巳10	7 己亥 9
8 甲戌18	8 甲辰20	8 癸酉18	8 癸卯18	**8** 壬申⑯	**8** 壬寅16	8 辛未14	8 辛丑13	8 庚午12	8 庚子11	8 庚午11	8 庚子10
9 乙亥19	9 乙巳21	9 甲戌19	9 甲辰⑲	9 癸酉17	9 癸卯17	9 壬申15	9 壬寅14	9 辛未⑬	9 辛丑12	9 辛未12	9 辛丑11
10丙子20	10丙午22	10乙亥20	10乙巳20	10甲戌18	10甲辰18	**10**癸酉16	**10**癸卯⑮	10壬申14	10壬寅13	10壬申13	10壬寅⑫
11丁丑21	11丁未23	11丙子㉑	11丙午21	11乙亥19	11乙巳19	11甲戌17	11甲辰16	11癸酉15	11癸卯14	11癸酉14	11癸卯13
12戊寅22	12戊申㉔	12丁丑22	12丁未22	12丙子20	12丙午20	12乙亥⑱	12乙巳17	**12**甲戌16	**12**甲辰15	**12**甲戌⑮	12甲辰14
13己卯23	13己酉25	13戊寅23	13戊申23	13丁丑21	13丁未㉑	13丙子19	13丙午18	13乙亥17	13乙巳16	13乙亥16	**13**乙巳15
14庚辰㉔	14庚戌26	14己卯24	14己酉24	14戊寅22	14戊申22	14丁丑20	14丁未19	14丙子18	14丙午⑰	14丙子17	14丙午16
15辛巳25	15辛亥27	15庚辰25	15庚戌25	15己卯㉓	15己酉23	15戊寅21	15戊申20	15丁丑19	15丁未18	15丁丑18	15丁未17
16壬午26	16壬子28	16辛巳26	16辛亥㉖	16庚辰24	16庚戌24	16己卯22	16己酉21	16戊寅⑳	16戊申19	16戊寅19	16戊申18
17癸未27	17癸丑29	17壬午27	17壬子27	17辛巳25	17辛亥25	17庚辰23	17庚戌㉒	17己卯21	17己酉20	17己卯20	17己酉⑲
18甲申28	18甲寅30	18癸未㉘	18癸丑28	18壬午26	18壬子26	18辛巳24	18辛亥23	18庚辰22	18庚戌21	18庚辰21	18庚戌20
《3月》	19乙卯㉛	19甲申29	19甲寅29	19癸未27	19癸丑27	19壬午㉕	19壬子24	19辛巳23	19辛亥22	19辛巳㉒	19辛亥21
19乙酉 1	《4月》	20乙酉30	20乙卯30	20甲申28	20甲寅㉘	20癸未26	20癸丑25	20壬午24	20壬子23	20壬午23	20壬子22
20丙戌 2	**20**丙辰 1	《5月》	21丙辰31	21乙酉29	21乙卯29	21甲申27	21甲寅26	21癸未25	21癸丑㉔	21癸未24	21癸丑23
21丁亥③	21丁巳 2	**21**丙戌 1	《6月》	22丙戌㉚	22丙辰30	22乙酉28	22乙卯27	22甲申26	22甲寅25	22甲申25	22甲寅24
22戊子 4	22戊午 3	22丁亥 2	**22**丁巳 1	《7月》	**23**丁巳31	23丙戌29	23丙辰28	23乙酉㉗	23乙卯26	23乙酉26	23乙卯25
23己丑 5	23己未 4	23戊子 3	23戊午②	**23**丁亥 1	《8月》	24丁亥30	24丁巳㉙	24丙戌28	24丙辰27	24丙戌27	24丙辰㉖
24庚寅 6	24庚申 5	24己丑 4	24己未 3	24戊子 2	24戊午 1	**25**戊子31	**25**戊午30	25丁亥29	25丁巳28	25丁亥28	25丁巳27
25辛卯 7	25辛酉 6	25庚寅⑤	25庚申 4	25己丑 3	25己未 2	《9月》	《10月》	26戊子30	26戊午29	26戊子㉙	26戊午28
26壬辰 8	26壬戌⑦	26辛卯 6	26辛酉 5	26庚寅 4	26庚申 3	26己丑①	26己未 1	**27**己丑31	**27**己未30	27己丑30	27己未29
27癸巳 9	27癸亥 8	27壬辰 7	27壬戌 6	27辛卯 5	27辛酉④	27庚寅 2	27庚申 2	《11月》	《12月》	**28**庚寅31	**28**庚申30
28甲午⑩	28甲子 9	28癸巳 8	28癸亥 7	28壬辰 6	28壬戌 5	28辛卯 3	28辛酉 3	28庚寅 1	28庚申①	**1158**年	29辛酉31
29乙未11	29乙丑10	29甲午 9	29甲子 8	29癸巳⑦	29癸亥 6	29壬辰 4	29壬戌 4	29辛卯 2	29辛酉 2	《1月》	
30丙申12		30乙未10		30甲午 8		30癸巳 5		30壬辰③	30壬戌 3	29辛卯 1	
										30壬辰 2	
雨水 4日	春分 5日	穀雨 6日	小満 6日	夏至 8日	大暑 8日	処暑 10日	秋分 10日	霜降 12日	小雪 12日	冬至 12日	大寒 13日
啓蟄 19日	清明 20日	立夏 21日	芒種 22日	小暑 23日	立秋 23日	白露 25日	寒露 25日	立冬 27日	大雪 27日	小寒 28日	立春 28日

保元**3**年（1158－1159） 戊寅

1月	2月	3月	4月	5月	6月	7月	8月	9月	10月	11月	12月
《2月》	1 壬辰 3	《4月》	1 庚寅30	1 庚申30	1 己丑28	1 戊午㉗	1 戊子26	1 丁巳24	1 丁亥24	1 丁巳㉓	1 丁亥23
1 壬戌 1	2 癸巳 4	**1** 辛酉 1	《5月》	2 辛酉31	2 庚寅㉙	2 己未28	2 己丑27	2 戊午25	2 戊子25	2 戊午24	2 戊子24
2 癸亥②	3 甲午 5	2 壬戌 2	**2** 辛卯 1	《6月》	3 辛卯30	3 庚申29	3 庚寅28	3 己未26	3 己丑㉖	3 己未25	3 己丑25
3 甲子 3	4 乙未 6	3 癸亥 3	3 壬辰 2	**3** 壬戌①	《7月》	4 辛酉30	4 辛卯29	4 庚申27	4 庚寅27	4 庚申26	4 庚寅26
4 乙丑 4	5 丙申 7	4 甲子 4	4 癸巳 3	4 癸亥 2	**4** 壬辰 1	5 壬戌31	5 壬辰30	5 辛酉㉘	5 辛卯28	5 辛酉27	5 辛卯27
5 丙寅 5	6 丁酉 8	5 乙丑 5	5 甲午④	5 甲子 3	5 癸巳 2	《8月》	**6** 癸巳㉛	6 壬戌29	6 壬辰29	6 壬戌28	6 壬辰㉘
6 丁卯 6	7 戊戌⑨	6 丙寅⑥	6 乙未 5	6 乙丑 4	6 甲午 3	**6** 癸亥 1	《9月》	7 癸亥30	7 癸巳30	7 癸亥29	7 癸巳29
7 戊辰 7	8 己亥10	7 丁卯 7	7 丙申 6	7 丙寅 5	7 乙未 4	7 甲子 2	7 甲午 1	《10月》	8 甲午31	**8** 甲子㉚	8 甲午30
8 己巳 8	9 庚子11	8 戊辰 8	8 丁酉 7	8 丁卯 6	8 丙申 5	8 乙丑③	8 乙未 2	**8** 甲子 1	《11月》	《12月》	**9** 乙未31
9 庚午⑨	10辛丑12	9 己巳 9	9 戊戌 8	9 戊辰 7	9 丁酉⑥	9 丙寅 4	9 丙申 3	9 乙丑 2	9 乙未 1	9 乙丑 1	**1159**年
10辛未10	11壬寅13	10庚午10	10己亥 9	10己巳⑧	10戊戌 7	10丁卯 5	10丁酉 4	10丙寅 3	10丙申②	10丙寅 2	《1月》
11壬申11	12癸卯14	11辛未11	11庚子10	11庚午 9	11己亥 8	11戊辰 6	11戊戌 5	11丁卯 4	11丁酉 3	11丁卯 3	10丙申 1
12癸酉12	13甲辰15	12壬申12	12辛丑⑪	12辛未10	12庚子 9	12己巳 7	12己亥 6	12戊辰⑤	12戊戌 4	12戊辰 4	11丁酉 2
13甲戌13	14乙巳⑯	13癸酉⑬	13壬寅12	13壬申11	13辛丑10	13庚午 8	13庚子⑦	13己巳 6	13己亥 5	13己巳 5	12戊戌 3
14乙亥14	**15**丙午17	14甲戌14	14癸卯13	14癸酉12	14壬寅11	14辛未 9	14辛丑 8	14庚午 7	14庚子 6	14庚午 6	13己亥④
15丙子15	16丁未18	15乙亥15	15甲辰14	15甲戌13	15癸卯12	15壬申⑩	15壬寅 9	15辛未 8	15辛丑 7	15辛未⑦	14庚子 5
16丁丑⑯	17戊申19	**16**丙子16	16乙巳15	16乙亥14	16甲辰⑬	16癸酉11	16癸卯10	16壬申 9	16壬寅 8	16壬申 8	15辛丑 6
17戊寅17	18己酉20	17丁丑17	17丙午16	17丙子⑮	17乙巳14	17甲戌12	17甲辰11	17癸酉10	17癸卯⑨	17癸酉 9	16壬寅 7
18己卯18	19庚戌21	18戊寅18	**18**丁未17	**18**丁丑16	18丙午15	18乙亥13	18乙巳12	18甲戌11	18甲辰10	18甲戌10	17癸卯 8
19庚辰19	20辛亥22	19己卯19	19戊申⑱	19戊寅17	19丁未16	19丙子14	19丙午13	19乙亥⑫	19乙巳11	19乙亥11	18甲辰 9
20辛巳20	21壬子㉓	20庚辰⑳	20己酉19	20己卯18	**20**戊申17	20丁丑15	20丁未⑭	20丙子13	20丙午12	20丙子12	19乙巳10
21壬午21	22癸丑24	21辛巳21	21庚戌20	21庚辰19	21己酉18	**21**戊寅16	**21**戊申15	21丁丑14	21丁未13	21丁丑13	20丙午⑪
22癸未22	23甲寅25	22壬午22	22辛亥21	22辛巳20	22庚戌19	22己卯⑰	22己酉16	22戊寅15	22戊申14	22戊寅⑭	21丁未12
23甲申㉓	24乙卯26	23癸未23	23壬子22	23壬午21	23辛亥⑳	23庚辰18	23庚戌17	**23**己卯16	**23**己酉15	23己卯15	22戊申13
24乙酉24	25丙辰27	24甲申24	24癸丑23	24癸未㉒	24壬子21	24辛巳19	24辛亥18	24庚辰17	24庚戌⑯	**24**庚辰16	23己酉14
25丙戌25	26丁巳28	25乙酉25	25甲寅24	25甲申23	25癸丑22	25壬午20	25壬子19	25辛巳18	25辛亥17	25辛巳17	**24**庚戌15
26丁亥26	27戊午29	26丙戌26	26乙卯㉕	26乙酉24	26甲寅23	26癸未21	26癸丑20	26壬午⑲	26壬子18	26壬午18	25辛亥16
27戊子27	28己未㉚	27丁亥㉗	27丙辰26	27丙戌25	27乙卯24	27甲申22	27甲寅㉑	27癸未20	27癸丑19	27癸未19	26壬子17
28己丑28	29庚申31	28戊子28	28丁巳27	28丁亥26	28丙辰25	28乙酉23	28乙卯22	28甲申21	28甲寅20	28甲申20	27癸丑⑱
《3月》		29己丑29	29戊午28	29戊子27	29丁巳26	29丙戌㉔	29丙辰23	29乙酉22	29乙卯21	29乙酉㉑	28甲寅19
29庚寅 1			30己未29			30丁亥25		30丙戌23	30丙辰22	30丙戌22	29乙卯20
30辛卯②											
雨水 14日	春分 15日	清明 1日	立夏 2日	芒種 3日	小暑 4日	立秋 6日	白露 6日	寒露 8日	立冬 8日	大雪 8日	小寒 9日
啓蟄 30日		穀雨 16日	小満 18日	夏至 18日	大暑 20日	処暑 21日	秋分 21日	霜降 23日	小雪 23日	冬至 24日	大寒 24日

平治元年〔保元4年〕（1159－1160） 己卯

改元 4/20（保元→平治）

1月	2月	3月	4月	5月	閏5月	6月	7月	8月	9月	10月	11月	12月
1丙辰21	1丙戌20	1丙辰㉒	1乙酉20	1甲寅19	1甲申18	**1**癸丑17	1壬午15	1壬子14	1辛巳13	1辛亥12	1辛巳12	1辛亥11
2丁巳22	2丁亥21	2丁巳23	2丙戌21	2乙卯20	2乙酉19	2甲寅18	**2**癸未⑯	2癸丑15	2壬午14	2壬子13	2壬午⑬	2壬子12
3戊午23	3戊子㉒	3戊午24	3丁亥22	3丙辰21	3丙戌20	3乙卯⑲	3甲申17	**3**甲寅16	3癸未15	3癸丑14	3癸未14	3癸丑13
4己未24	4己丑23	4己未25	4戊子23	4丁巳22	4丁亥㉑	4丙辰20	4乙酉18	4乙卯17	**4**甲申16	4甲寅⑮	4甲申15	4甲寅14
5庚申㉕	5庚寅24	5庚申26	5己丑24	5戊午23	5戊子22	5丁巳21	5丙戌19	5丙辰18	5乙酉17	**5**乙卯16	**5**乙酉16	**5**乙卯15
6辛酉26	6辛卯25	6辛酉27	6庚寅25	6己未㉔	6己丑23	6戊午22	6丁亥20	6丁巳19	6丙戌⑱	6丙辰17	6丙戌17	6丙辰16
7壬戌27	7壬辰26	7壬戌28	7辛卯㉖	7庚申25	7庚寅24	7己未23	7戊子21	7戊午⑳	7丁亥19	7丁巳18	7丁亥18	7丁巳⑰
8癸亥28	8癸巳27	8癸亥㉙	8壬辰27	8辛酉26	8辛卯25	8庚申24	8己丑22	8己未21	8戊子20	8戊午19	8戊子19	8戊午18
9甲子29	9甲午28	9甲子30	9癸巳28	9壬戌27	9壬辰26	9辛酉25	9庚寅㉓	9庚申22	9己丑21	9己未20	9己丑⑳	9己未19
10乙丑30	《3月》	10乙丑31	10甲午29	10癸亥28	10癸巳27	10壬戌㉖	10辛卯24	10辛酉23	10庚寅22	10庚申21	10庚寅21	10庚申20
11丙寅31	10乙未①	《4月》	11乙未30	11甲子29	11甲午㉘	11癸亥27	11壬辰25	11壬戌24	11辛卯23	11辛酉㉒	11辛卯22	11辛酉21
《2月》	**11**丙申2	**11**丙寅1	《5月》	12乙丑30	12乙未29	12甲子28	12癸巳26	12癸亥25	12壬辰24	12壬戌23	12壬辰23	12壬戌22
12丁卯①	12丁酉3	12丁卯2	12丙申1	13丙寅㉛	13丙申30	13乙丑29	13甲午27	13甲子26	13癸巳㉕	13癸亥24	13癸巳24	13癸亥23
13戊辰2	13戊戌4	13戊辰3	**13**丁酉2	《6月》	《7月》	14丙寅30	14乙未28	14乙丑㉗	14甲午26	14甲子25	14甲午25	14甲子㉔
14己巳3	14己亥5	14己巳4	14戊戌③	**14**丁卯1	14丁酉1	15丁卯31	15丙申29	15丙寅28	15乙未27	15乙丑26	15乙未26	15乙丑25
15庚午4	15庚子6	15庚午⑤	15己亥4	15戊辰2	**15**戊戌2	《8月》	16丁酉㉚	16丁卯29	16丙申28	16丙寅27	16丙申㉗	16丙寅26
16辛未5	16辛丑7	16辛未6	16庚子5	16己巳3	16己亥3	**16**戊辰1	**17**戊戌31	17戊辰30	17丁酉29	17丁卯28	17丁酉28	17丁卯27
17壬申6	17壬寅⑧	17壬申7	17辛丑6	17庚午4	17庚子4	17己巳②	《9月》	《10月》	18戊戌30	18戊辰㉙	18戊戌29	18戊辰28
18癸酉7	18癸卯9	18癸酉8	18壬寅7	18辛未5	18辛丑⑤	18庚午3	18己亥1	**18**己巳1	**19**己亥31	19己巳30	19己亥30	19己巳29
19甲戌⑧	19甲辰10	19甲戌9	19癸卯8	19壬申6	19壬寅6	19辛未4	19庚子2	19庚午2	《11月》	《12月》	**20**庚子31	20庚午30
20乙亥9	20乙巳11	20乙亥10	20甲辰9	20癸酉⑦	20癸卯7	20壬申5	20辛丑3	20辛未3	20庚子①	**20**庚午1	1160年	**21**辛未㉛
21丙子10	21丙午12	21丙子11	21乙巳⑩	21甲戌8	21甲辰8	21癸酉6	21壬寅4	21壬申④	21辛丑2	21辛未2	《1月》	《2月》
22丁丑11	22丁未13	22丁丑⑫	22丙午11	22乙亥9	22乙巳9	22甲戌7	22癸卯5	22癸酉5	22壬寅3	22壬申3	21辛丑1	22壬申1
23戊寅12	23戊申14	23戊寅13	23丁未12	23丙子10	23丙午10	23乙亥8	23甲辰⑥	23甲戌6	23癸卯4	23癸酉4	22壬寅2	23癸酉2
24己卯13	24己酉⑮	24己卯14	24戊申13	24丁丑11	24丁未11	24丙子⑨	24乙巳7	24乙亥7	24甲辰5	24甲戌5	23癸卯③	24甲戌3
25庚辰14	25庚戌16	25庚辰15	25己酉14	25戊寅12	25戊申⑫	25丁丑10	25丙午8	25丙子8	25乙巳6	25乙亥⑥	24甲辰4	25乙亥4
26辛巳⑮	**26**辛亥17	**26**辛巳16	26庚戌15	26己卯13	26己酉13	26戊寅11	26丁未9	26丁丑9	26丙午7	26丙子7	25乙巳5	26丙子5
27壬午16	27壬子18	27壬午17	27辛亥16	27庚辰⑭	27庚戌14	27己卯12	27戊申10	27戊寅10	27丁未⑧	27丁丑8	26丙午6	27丁丑6
28癸未17	28癸丑19	28癸未18	**28**壬子⑰	28辛巳15	28辛亥15	28庚辰13	28己酉11	28己卯⑪	28戊申9	28戊寅9	27丁未7	28戊寅⑦
29甲申18	29甲寅20	29甲申⑲	29癸丑18	**29**壬午16	29壬子16	29辛巳14	29庚戌12	29庚辰12	29己酉10	29己卯10	28戊申8	29己卯8
30乙酉19	30乙卯21			30癸未17			30辛亥⑬		30庚戌11	30庚辰11	29己酉9	
											30庚戌⑩	
立春10日 雨水26日	啓蟄11日 春分26日	清明11日 穀雨26日	立夏13日 小満28日	芒種14日 夏至29日	小暑15日	大暑1日 立秋16日	処暑2日 白露17日	秋分3日 寒露18日	霜降4日 立冬19日	小雪5日 大雪20日	冬至5日 小寒20日	大寒5日 立春21日

永暦元年〔平治2年〕（1160－1161） 庚辰

改元 1/10（平治→永暦）

1月	2月	3月	4月	5月	6月	7月	8月	9月	10月	11月	12月
1庚辰9	1庚戌10	1庚辰9	1己酉⑧	1戊寅6	1戊申6	1丁丑4	1丙午2	1丙子②	**1**乙巳31	**1**乙亥30	**1**乙巳30
2辛巳10	2辛亥11	2辛巳⑩	2庚戌9	2己卯7	2己酉7	2戊寅5	2丁未3	2丁丑3	《11月》	《12月》	2丙午31
3壬午11	3壬子12	3壬午11	3辛亥10	3庚辰8	3庚戌8	3己卯6	3戊申④	3戊寅4	2丙午1	2丙子1	1161年
4癸未12	4癸丑⑬	4癸未12	4壬子11	4辛巳9	4辛亥9	4庚辰⑦	4己酉5	4己卯5	3丁未2	3丁丑2	《1月》
5甲申13	5甲寅14	5甲申13	5癸丑12	5壬午10	5壬子⑩	5辛巳8	5庚戌6	5庚辰6	4戊申3	4戊寅3	3丁未①
6乙酉⑭	6乙卯15	6乙酉14	6甲寅13	6癸未11	6癸丑11	6壬午9	6辛亥7	6辛巳7	5己酉4	5己卯④	4戊申2
7丙戌15	**7**丙辰16	7丙戌15	7乙卯14	7甲申⑫	7甲寅12	7癸未10	7壬子8	7壬午8	6庚戌5	6庚辰5	5己酉3
8丁亥16	8丁巳17	**8**丁亥16	8丙辰⑮	8乙酉13	8乙卯13	8甲申11	8癸丑9	8癸未⑨	7辛亥⑥	7辛巳6	6庚戌4
9戊子17	9戊午18	9戊子⑰	**9**丁巳16	9丙戌14	9丙辰14	9乙酉12	9甲寅10	9甲申10	8壬子7	8壬午7	7辛亥5
10己丑18	10己未19	10己丑18	10戊午17	10丁亥15	10丁巳15	10丙戌13	10乙卯⑪	10乙酉11	9癸丑8	9癸未8	8壬子6
11庚寅19	11庚申⑳	11庚寅19	11己未18	**11**戊子16	**11**戊午16	11丁亥⑭	11丙辰12	11丙戌12	10甲寅9	10甲申9	9癸丑7
12辛卯20	12辛酉21	12辛卯20	12庚申19	12己丑17	12己未⑰	**12**戊子15	12丁巳13	12丁亥13	11乙卯10	11乙酉10	10甲寅⑧
13壬辰㉑	13壬戌22	13壬辰21	13辛酉20	13庚寅18	13庚申18	13己丑16	13戊午14	13戊子14	12丙辰11	12丙戌⑪	11乙卯9
14癸巳22	14癸亥23	14癸巳22	14壬戌21	14辛卯⑲	14辛酉19	14庚寅17	**14**己未15	**14**己丑15	13丁巳12	13丁亥12	12丙辰10
15甲午23	15甲子24	15甲午23	15癸亥㉒	15壬辰20	15壬戌20	15辛卯18	15庚申16	15庚寅⑯	14戊午⑬	14戊子13	13丁巳11
16乙未24	16乙丑25	16乙未㉔	16甲子23	16癸巳21	16癸亥21	16壬辰19	16辛酉17	16辛卯17	15己未14	15己丑14	14戊午12
17丙申25	17丙寅26	17丙申25	17乙丑24	17甲午22	17甲子22	17癸巳20	17壬戌⑱	17壬辰18	**16**庚申15	**16**庚寅15	15己未13
18丁酉26	18丁卯㉗	18丁酉26	18丙寅25	18乙未23	18乙丑23	18甲午㉑	18癸亥19	18癸巳19	17辛酉16	17辛卯16	16庚申14
19戊戌27	19戊辰28	19戊戌27	19丁卯26	19丙申24	19丙寅㉔	19乙未22	19甲子20	19甲午20	18壬戌17	18壬辰17	**17**辛酉⑮
20己亥㉘	20己巳29	20己亥28	20戊辰27	20丁酉25	20丁卯25	20丙申23	20乙丑21	20乙未21	19癸亥18	19癸巳⑱	18壬戌16
21庚子29	21庚午30	21庚子29	21己巳28	21戊戌㉖	21戊辰26	21丁酉24	21丙寅22	21丙申22	20甲子19	20甲午19	19癸亥17
《3月》	**22**辛未31	22辛丑30	22庚午㉙	22己亥27	22己巳27	22戊戌25	22丁卯23	22丁酉㉓	21乙丑⑳	21乙未20	20甲子18
22辛丑1	《4月》	《5月》	23辛未30	23庚子28	23庚午28	23己亥26	23戊辰24	23戊戌24	22丙寅21	22丙申21	21乙丑19
23壬寅2	23壬申1	**23**壬寅①	**24**壬申31	24辛丑29	24辛未29	24庚子27	24己巳㉕	24己亥25	23丁卯22	23丁酉22	22丙寅20
24癸卯3	24癸酉2	24癸卯2	《6月》	25壬寅30	25壬申30	25辛丑㉘	25庚午26	25庚子26	24戊辰23	24戊戌23	23丁卯21
25甲辰4	25甲戌③	25甲辰3	25癸酉1	《7月》	**26**癸酉㉛	26壬寅29	26辛未27	26辛丑27	25己巳24	25己亥24	24戊辰㉒
26乙巳5	26乙亥4	26乙巳4	26甲戌2	**26**癸卯1	《8月》	27癸卯30	27壬申28	27壬寅28	26庚午25	26庚子㉕	25己巳23
27丙午⑥	27丙子5	27丙午5	27乙亥3	27甲辰2	27甲戌1	**28**甲辰31	28癸酉29	28癸卯29	27辛未26	27辛丑26	26庚午24
28丁未7	28丁丑6	28丁未6	28丙子4	28乙巳③	28乙亥2	《9月》	**29**甲戌30	29甲辰㉚	28壬申㉗	28壬寅27	27辛未25
29戊申8	29戊寅7	29戊申7	29丁丑⑤	29丙午4	29丙子3	29乙巳1	《10月》		29癸酉28	29癸卯28	28壬申26
30己酉9	30己卯8			30丁未5			30乙亥1		30甲戌29	30甲辰29	29癸酉27
雨水7日 啓蟄22日	春分7日 清明22日	穀雨8日 立夏23日	小満9日 芒種24日	夏至11日 小暑26日	大暑11日 立秋26日	処暑12日 白露28日	秋分14日 寒露29日	霜降14日	立冬1日 小雪16日	大雪1日 冬至16日	小寒1日 大寒17日

応保元年〔永暦2年〕（1161－1162） 辛巳

改元 9/4（永暦→応保）

1月	2月	3月	4月	5月	6月	7月	8月	9月	10月	11月	12月
1 甲戌28	1 甲辰27	1 甲戌29	1 癸卯27	1 癸酉27	1 壬寅㉕	1 壬申25	1 辛丑23	1 庚午21	1 庚子21	1 己巳⑲	1 己亥19
2 乙亥㉙	2 乙巳28	2 乙亥30	2 甲辰28	2 甲戌㉘	2 癸卯26	2 癸酉26	2 壬寅24	2 辛未22	2 辛丑㉒	2 庚午20	2 庚子20
3 丙子30	《3月》	3 丙子31	3 乙巳29	3 乙亥29	3 甲辰27	3 甲戌27	3 癸卯25	3 壬申23	3 壬寅23	3 辛未21	3 辛丑21
4 丁丑31	**3** 丙午1	《4月》	4 丙午㉚	4 丙子30	4 乙巳28	4 乙亥28	4 甲辰26	*4* 癸酉㉔	4 癸卯24	4 壬申22	4 壬寅22
《2月》	4 丁未2	**4** 丁丑1	《5月》	5 丁丑31	5 丙午29	5 丙子29	5 乙巳㉗	5 甲戌25	5 甲辰25	5 癸酉23	5 癸卯23
5 戊寅1	5 戊申3	5 戊寅②	**5** 丁未1	《6月》	6 丁未30	6 丁丑㉚	6 丙午28	6 乙亥26	6 乙巳26	6 甲戌24	6 甲辰㉔
6 己卯2	6 己酉4	6 己卯3	6 戊申2	**6** 戊寅1	《7月》	**7** 戊寅31	7 丁未29	7 丙子27	7 丙午27	7 乙亥25	7 乙巳25
7 庚辰3	7 庚戌⑤	7 庚辰4	7 己酉3	7 己卯2	**7** 戊申1	《8月》	8 戊申30	8 丁丑28	8 丁未28	8 丙子㉖	8 丙午26
8 辛巳4	8 辛亥6	8 辛巳5	8 庚戌4	8 庚辰3	8 己酉②	8 己卯1	**9** 己酉31	9 戊寅29	9 戊申㉙	9 丁丑27	9 丁未27
9 壬午⑤	9 壬子7	9 壬午6	9 辛亥5	9 辛巳④	9 庚戌3	9 庚辰2	《9月》	**10** 己卯30	10 己酉30	10 戊寅28	10 戊申28
10 癸未6	10 癸丑8	10 癸未7	10 壬子6	10 壬午5	10 辛亥4	10 辛巳3	10 庚戌1	《10月》	**11** 庚戌31	11 己卯29	11 己酉29
11 甲申7	11 甲寅9	11 甲申8	11 癸丑⑦	11 癸未6	11 壬子5	11 壬午4	11 辛亥2	11 庚辰①	《11月》	**12** 庚辰30	12 庚戌30
12 乙酉8	12 乙卯10	12 乙酉⑨	12 甲寅8	12 甲申7	12 癸丑6	12 癸未5	12 壬子③	12 辛巳2	12 辛亥1	《12月》	**13** 辛亥㉛
13 丙戌9	13 丙辰11	13 丙戌10	13 乙卯9	13 乙酉8	13 甲寅7	13 甲申⑥	13 癸丑4	13 壬午3	13 壬子2	13 辛巳1	**1162年**
14 丁亥10	14 丁巳⑫	14 丁亥11	14 丙辰10	14 丙戌9	14 乙卯8	14 乙酉7	14 甲寅5	14 癸未4	14 癸丑3	14 壬午2	《1月》
15 戊子11	15 戊午13	15 戊子12	15 丁巳11	15 丁亥10	15 丙辰⑨	15 丙戌8	15 乙卯6	15 甲申5	15 甲寅4	15 癸未③	14 壬子1
16 己丑⑫	16 己未14	16 己丑13	16 戊午12	16 戊子⑪	16 丁巳10	16 丁亥9	16 丙辰7	16 乙酉6	16 乙卯⑤	16 甲申4	15 癸丑2
17 庚寅13	17 庚申15	17 庚寅14	17 己未13	17 己丑12	17 戊午11	17 戊子10	17 丁巳8	17 丙戌7	17 丙辰6	17 乙酉5	16 甲寅3
18 辛卯14	18 辛酉16	18 辛卯15	18 庚申⑭	18 庚寅13	18 己未12	18 己丑11	18 戊午9	18 丁亥⑧	18 丁巳7	18 丙戌6	17 乙卯4
19 壬辰15	**19** 壬戌17	**19** 壬辰⑯	19 辛酉15	19 辛卯14	19 庚申13	19 庚寅12	19 己未⑩	19 戊子9	19 戊午8	19 丁亥7	18 丙辰5
20 癸巳16	20 癸亥18	20 癸巳17	**20** 壬戌16	20 壬辰15	20 辛酉14	20 辛卯⑬	20 庚申11	20 己丑10	20 己未9	20 戊子8	19 丁巳6
21 甲午17	21 甲子⑲	21 甲午18	21 癸亥17	**21** 癸巳16	21 壬戌15	21 壬辰14	21 辛酉12	21 庚寅11	21 庚申10	21 己丑9	20 戊午⑦
22 乙未18	22 乙丑20	22 乙未19	22 甲子18	22 甲午17	**22** 癸亥⑯	22 癸巳15	22 壬戌13	22 辛卯12	22 辛酉11	22 庚寅⑩	21 己未8
23 丙申⑲	23 丙寅21	23 丙申20	23 乙丑19	23 乙未⑱	23 甲子17	**23** 甲午16	23 癸亥14	23 壬辰13	23 壬戌⑫	23 辛卯11	22 庚申9
24 丁酉20	24 丁卯22	24 丁酉21	24 丙寅20	24 丙申19	24 乙丑18	24 乙未17	**24** 甲子15	24 癸巳14	24 癸亥13	24 壬辰12	23 辛酉10
25 戊戌21	25 戊辰23	25 戊戌22	25 丁卯㉑	25 丁酉20	25 丙寅19	25 丙申18	25 乙丑16	25 甲午⑮	25 甲子14	25 癸巳13	24 壬戌11
26 己亥22	26 己巳24	26 己亥㉓	26 戊辰22	26 戊戌21	26 丁卯20	26 丁酉19	26 丙寅⑰	**26** 乙未16	**26** 乙丑15	26 甲午14	25 癸亥12
27 庚子23	27 庚午25	27 庚子24	27 己巳23	27 己亥22	27 戊辰21	27 戊戌⑳	27 丁卯18	27 丙申17	27 丙寅16	**27** 乙未15	26 甲子13
28 辛丑24	28 辛未㉖	28 辛丑25	28 庚午24	28 庚子23	28 己巳22	28 己亥21	28 戊辰19	28 丁酉18	28 丁卯17	28 丙申16	27 乙丑⑭
29 壬寅25	29 壬申27	29 壬寅26	29 辛未25	29 辛丑24	29 庚午㉓	29 庚子22	29 己巳20	29 戊戌19	29 戊辰18	29 丁酉⑰	**28** 丙寅15
30 癸卯㉖	30 癸酉28		30 壬申26		30 辛未24			30 己亥20		30 戊戌18	29 丁卯16
立春 3日	啓蟄 3日	清明 4日	立夏 5日	芒種 6日	小暑 7日	立秋 7日	白露 9日	寒露 10日	立冬 11日	大雪 12日	小寒 13日
雨水 18日	春分 19日	穀雨 19日	小満 20日	夏至 21日	大暑 22日	処暑 23日	秋分 24日	霜降 26日	小雪 26日	冬至 27日	大寒 28日

応保2年（1162－1163） 壬午

1月	2月	閏2月	3月	4月	5月	6月	7月	8月	9月	10月	11月	12月
1 戊辰17	1 戊戌16	1 戊辰⑱	**1** 丁酉16	1 丁卯16	1 丁酉15	1 丙寅14	1 丙申13	1 乙丑11	1 甲午10	1 甲子9	1 癸巳8	1 癸亥7
2 己巳18	2 己亥17	2 己巳19	2 戊戌17	**2** 戊辰17	**2** 戊戌16	2 丁卯⑮	2 丁酉14	2 丙寅12	2 乙未11	2 乙丑10	2 甲午⑨	2 甲子8
3 庚午19	3 庚子⑱	3 庚午20	3 己亥18	3 己巳18	3 己亥⑰	**3** 戊辰16	3 戊戌15	3 丁卯13	3 丙申12	3 丙寅⑪	3 乙未10	3 乙丑9
4 辛未20	4 辛丑19	4 辛未21	4 庚子19	4 庚午19	4 庚子18	4 己巳17	**4** 己亥16	4 戊辰14	4 丁酉13	4 丁卯12	4 丙申11	4 丙寅10
5 壬申㉑	5 壬寅20	5 壬申22	5 辛丑20	5 辛未⑳	5 辛丑19	5 庚午18	5 庚子17	**5** 己巳15	5 戊戌⑭	5 戊辰13	5 丁酉12	5 丁卯11
6 癸酉22	6 癸卯21	6 癸酉23	6 壬寅21	6 壬申21	6 壬寅20	6 辛未19	6 辛丑18	6 庚午⑯	6 己亥15	6 己巳14	6 戊戌13	6 戊辰12
7 甲戌23	7 甲辰22	7 甲戌24	7 癸卯㉒	7 癸酉22	7 癸卯21	7 壬申20	7 壬寅⑲	7 辛未17	**7** 庚子16	**7** 庚午15	7 己亥14	7 己巳⑬
8 乙亥24	8 乙巳23	8 乙亥㉕	8 甲辰23	8 甲戌23	8 甲辰22	8 癸酉21	8 癸卯20	8 壬申18	8 辛丑17	8 辛未16	8 庚子15	8 庚午14
9 丙子25	9 丙午24	9 丙子26	9 乙巳24	9 乙亥24	9 乙巳23	9 甲戌㉒	9 甲辰21	9 癸酉19	9 壬寅18	9 壬申17	**9** 辛丑⑯	**9** 辛未15
10 丁丑26	10 丁未㉕	10 丁丑27	10 丙午25	10 丙子25	10 丙午㉔	10 乙亥23	10 乙巳22	10 甲戌20	10 癸卯19	10 癸酉⑱	10 壬寅17	10 壬申16
11 戊寅27	11 戊申26	11 戊寅28	11 丁未26	11 丁丑26	11 丁未25	11 丙子24	11 丙午23	11 乙亥21	11 甲辰20	11 甲戌19	11 癸卯18	11 癸酉17
12 己卯㉘	12 己酉27	12 己卯29	12 戊申27	12 戊寅㉗	12 戊申26	12 丁丑25	12 丁未24	12 丙子22	12 乙巳㉑	12 乙亥20	12 甲辰19	12 甲戌18
13 庚辰29	13 庚戌28	13 庚辰30	13 己酉28	13 己卯28	13 己酉27	13 戊寅26	13 戊申25	13 丁丑㉓	13 丙午22	13 丙子21	13 乙巳20	13 乙亥19
14 辛巳30	《3月》	14 辛巳31	14 庚戌㉙	14 庚辰29	14 庚戌28	14 己卯27	14 己酉㉖	14 戊寅24	14 丁未23	14 丁丑22	14 丙午21	14 丙子⑳
15 壬午31	14 辛亥1	《4月》	15 辛亥30	15 辛巳30	15 辛亥29	15 庚辰28	15 庚戌27	15 己卯25	15 戊申24	15 戊寅23	15 丁未22	15 丁丑21
《2月》	**15** 壬子2	**15** 壬午①	《5月》	16 壬午31	16 壬子30	16 辛巳㉙	16 辛亥28	16 庚辰26	16 己酉25	16 己卯24	16 戊申㉓	16 戊寅22
16 癸未1	16 癸丑3	16 癸未2	**16** 壬子1	《6月》	《7月》	17 壬午30	17 壬子29	17 辛巳27	17 庚戌26	17 庚辰㉕	17 己酉24	17 己卯23
17 甲申2	17 甲寅④	17 甲申3	17 癸丑2	**17** 癸未1	**17** 癸丑①	18 癸未31	18 癸丑30	18 壬午28	18 辛亥27	18 辛巳26	18 庚戌25	18 庚辰24
18 乙酉3	18 乙卯5	18 乙酉4	18 甲寅3	18 甲申2	18 甲寅2	《8月》	**19** 甲寅31	19 癸未29	19 壬子㉘	19 壬午27	19 辛亥26	19 辛巳25
19 丙戌④	19 丙辰6	19 丙戌5	19 乙卯4	19 乙酉③	19 乙卯3	**19** 甲申1	《9月》	20 甲申㉚	20 癸丑29	20 癸未28	20 壬子27	20 壬午26
20 丁亥5	20 丁巳7	20 丁亥6	20 丙辰5	20 丙戌4	20 丙辰4	20 乙酉2	20 乙卯1	《10月》	21 甲寅30	21 甲申29	21 癸丑28	21 癸未㉗
21 戊子6	21 戊午8	21 戊子7	21 丁巳⑥	21 丁亥5	21 丁巳5	21 丙戌3	21 丙辰②	**21** 乙酉1	**22** 乙卯31	**22** 乙酉30	22 甲寅29	22 甲申28
22 己丑7	22 己未9	22 己丑⑧	22 戊午7	22 戊子6	22 戊午6	22 丁亥4	22 丁巳3	22 丙戌2	《11月》	《12月》	23 乙卯㉚	23 乙酉29
23 庚寅8	23 庚申10	23 庚寅9	23 己未8	23 己丑7	23 己未7	23 戊子⑤	23 戊午4	23 丁亥3	23 丙辰1	23 丙戌1	**24** 丙辰31	**24** 丙戌30
24 辛卯9	24 辛酉⑪	24 辛卯10	24 庚申9	24 庚寅8	24 庚申⑧	24 己丑6	24 己未5	24 戊子4	24 丁巳2	24 丁亥②	**1163年**	25 丁亥31
25 壬辰10	25 壬戌12	25 壬辰11	25 辛酉10	25 辛卯9	25 辛酉9	25 庚寅7	25 庚申6	25 己丑5	25 戊午3	25 戊子3	《1月》	《2月》
26 癸巳⑪	26 癸亥13	26 癸巳12	26 壬戌11	26 壬辰⑩	26 壬戌10	26 辛卯8	26 辛酉7	26 庚寅6	26 己未④	26 己丑4	25 丁巳1	26 戊子1
27 甲午12	27 甲子14	27 甲午13	27 癸亥12	27 癸巳11	27 癸亥11	27 壬辰9	27 壬戌8	27 辛卯⑦	27 庚申5	27 庚寅5	26 戊午2	27 己丑2
28 乙未13	28 乙丑15	28 乙未14	28 甲子⑬	28 甲午12	28 甲子12	28 癸巳10	28 癸亥⑨	28 壬辰8	28 辛酉6	28 辛卯6	27 己未3	28 庚寅③
29 丙申14	29 丙寅16	29 丙申⑮	29 乙丑14	29 乙未13	29 乙丑13	29 甲午11	29 甲子10	29 癸巳9	29 壬戌7	29 壬辰7	28 庚申4	29 辛卯4
30 丁酉15	**30** 丁卯17		30 丙寅15	30 丙申14		30 乙未⑫			30 癸亥8		29 辛酉5	
											30 壬戌⑥	
立春 14日	啓蟄 15日	清明15日	穀雨 1日	小満 2日	夏至 2日	大暑 3日	処暑 4日	秋分 5日	霜降 7日	小雪 7日	冬至 9日	大寒 9日
雨水 29日	春分 30日		立夏 16日	芒種 17日	小暑 17日	立秋 19日	白露 19日	寒露 21日	立冬 22日	大雪 22日	小寒 24日	立春 24日

長寛元年〔応保3年〕（1163－1164） 癸未

改元 3/29（応保→長寛）

1月	2月	3月	4月	5月	6月	7月	8月	9月	10月	11月	12月
1 壬辰 5	1 壬戌 7	1 壬辰 6	1 辛酉 ⑤	1 辛卯 4	1 庚申 3	1 庚寅 2	**1** 己未 31	1 己丑 30	1 戊午 29	1 戊子 28	1 丁巳 27
2 癸巳 6	2 癸亥 8	2 癸巳 ⑦	2 壬戌 6	2 壬辰 5	2 辛酉 4	2 辛卯 3	《9月》	《10月》	2 己未 30	2 己丑 29	2 戊午 28
3 甲午 7	3 甲子 9	3 甲午 8	3 癸亥 7	3 癸巳 6	3 壬戌 5	3 壬辰 ④	2 庚申 ①	**2** 庚寅 1	**3** 庚申 31	3 庚寅 30	3 己未 ㉙
4 乙未 8	4 乙丑 ⑩	4 乙未 9	4 甲子 8	4 甲午 7	4 癸亥 6	4 癸巳 5	3 辛酉 2	3 辛卯 2	《11月》	《12月》	4 庚申 30
5 丙申 9	5 丙寅 11	5 丙申 10	5 乙丑 9	5 乙未 8	5 甲子 ⑦	5 甲午 6	4 壬戌 3	4 壬辰 3	4 辛酉 1	**4** 辛卯 ①	**5** 辛酉 31
6 丁酉 ⑩	6 丁卯 12	6 丁酉 11	6 丙寅 10	6 丙申 ⑨	6 乙丑 8	6 乙未 7	5 癸亥 4	5 癸巳 4	5 壬戌 2	5 壬辰 2	**1164年**
7 戊戌 11	7 戊辰 13	7 戊戌 12	7 丁卯 11	7 丁酉 10	7 丙寅 9	7 丙申 8	6 甲子 5	6 甲午 5	6 癸亥 ③	6 癸巳 3	《1月》
8 己亥 12	8 己巳 14	8 己亥 13	8 戊辰 ⑫	8 戊戌 11	8 丁卯 10	8 丁酉 9	7 乙丑 6	7 乙未 ⑥	7 甲子 4	7 甲午 4	6 壬戌 1
9 庚子 13	9 庚午 15	9 庚子 ⑭	9 己巳 13	9 己亥 12	9 戊辰 11	9 戊戌 10	8 丙寅 7	8 丙申 7	8 乙丑 5	8 乙未 5	7 癸亥 2
10 辛丑 14	10 辛未 16	10 辛丑 15	10 庚午 14	10 庚子 13	10 己巳 12	10 己亥 ⑪	9 丁卯 ⑧	9 丁酉 8	9 丙寅 6	9 丙申 6	8 甲子 3
11 壬寅 15	**11** 壬申 ⑰	**11** 壬寅 16	11 辛未 15	11 辛丑 14	11 庚午 13	11 庚子 12	10 戊辰 9	10 戊戌 9	10 丁卯 7	10 丁酉 7	9 乙丑 4
12 癸卯 16	12 癸酉 18	12 癸卯 17	12 壬申 16	12 壬寅 15	12 辛未 ⑭	12 辛丑 13	11 己巳 10	11 己亥 10	11 戊辰 8	11 戊戌 ⑧	10 丙寅 ⑤
13 甲辰 ⑰	13 甲戌 19	13 甲辰 18	**13** 癸酉 17	**13** 癸卯 ⑯	13 壬申 15	13 壬寅 14	12 庚午 11	12 庚子 11	12 己巳 9	12 己亥 9	11 丁卯 6
14 乙巳 18	14 乙亥 20	14 乙巳 19	14 甲戌 18	14 甲辰 17	14 癸酉 16	14 癸卯 15	13 辛未 12	13 辛丑 12	13 庚午 ⑩	13 庚子 10	12 戊辰 7
15 丙午 19	15 丙子 21	15 丙午 20	15 乙亥 ⑲	15 乙巳 18	**15** 甲戌 17	**15** 甲辰 16	14 壬申 13	14 壬寅 ⑬	14 辛未 11	14 辛丑 11	13 己巳 8
16 丁未 20	16 丁丑 22	16 丁未 ㉑	16 丙子 20	16 丙午 19	16 乙亥 18	16 乙巳 17	15 癸酉 14	15 癸卯 14	15 壬申 12	15 壬寅 12	14 庚午 9
17 戊申 21	17 戊寅 23	17 戊申 22	17 丁丑 21	17 丁未 20	17 丙子 19	17 丙午 ⑱	16 甲戌 ⑮	16 甲辰 15	16 癸酉 13	16 癸卯 13	15 辛未 10
18 己酉 22	18 己卯 ㉔	18 己酉 23	18 戊寅 22	18 戊申 21	18 丁丑 20	18 丁未 19	**17** 乙亥 16	**17** 乙巳 16	17 甲戌 14	17 甲辰 14	16 壬申 11
19 庚戌 23	19 庚辰 25	19 庚戌 24	19 己卯 23	19 己酉 22	19 戊寅 ㉑	19 戊申 20	18 丙子 17	18 丙午 17	**18** 乙亥 15	18 乙巳 ⑮	17 癸酉 ⑫
20 辛亥 ㉔	20 辛巳 26	20 辛亥 25	20 庚辰 24	20 庚戌 ㉓	20 己卯 22	20 己酉 21	19 丁丑 18	19 丁未 18	19 丙子 16	**19** 丙午 16	18 甲戌 13
21 壬子 25	21 壬午 27	21 壬子 26	21 辛巳 25	21 辛亥 24	21 庚辰 23	21 庚戌 22	20 戊寅 19	20 戊申 19	20 丁丑 ⑰	20 丁未 17	19 乙亥 14
22 癸丑 26	22 癸未 28	22 癸丑 27	22 壬午 ㉖	22 壬子 25	22 辛巳 24	22 辛亥 23	21 己卯 20	21 己酉 ⑳	21 戊寅 18	21 戊申 18	**20** 丙子 15
23 甲寅 27	23 甲申 29	23 甲寅 ㉘	23 癸未 27	23 癸丑 26	23 壬午 25	23 壬子 24	22 庚辰 21	22 庚戌 21	22 己卯 19	22 己酉 19	21 丁丑 16
24 乙卯 28	24 乙酉 30	24 乙卯 29	24 甲申 28	24 甲寅 27	24 癸未 26	24 癸丑 ㉕	23 辛巳 ㉒	23 辛亥 22	23 庚辰 20	23 庚戌 20	22 戊寅 17
《3月》	25 丙戌 ㉛	25 丙辰 30	25 乙酉 29	25 乙卯 28	25 甲申 27	25 甲寅 26	24 壬午 23	24 壬子 23	24 辛巳 21	24 辛亥 21	23 己卯 18
25 丙辰 1	《4月》	《5月》	26 丙戌 30	26 丙辰 29	26 乙酉 ㉘	26 乙卯 27	25 癸未 24	25 癸丑 24	25 壬午 22	25 壬子 ㉒	24 庚辰 ⑲
26 丁巳 2	**26** 丁亥 1	26 丁巳 1	27 丁亥 31	27 丁巳 ㉚	27 丙戌 29	27 丙辰 28	26 甲申 25	26 甲寅 25	26 癸未 23	26 癸丑 23	25 辛巳 20
27 戊午 ③	27 戊子 2	**27** 戊午 2	《6月》	《7月》	28 丁亥 30	28 丁巳 29	27 乙酉 26	27 乙卯 26	27 甲申 ㉔	27 甲寅 24	26 壬午 21
28 己未 4	28 己丑 3	28 己未 3	**28** 戊子 1	28 戊午 1	29 戊子 31	29 戊午 30	28 丙戌 27	28 丙辰 ㉗	28 乙酉 25	28 乙卯 25	27 癸未 22
29 庚申 5	29 庚寅 4	29 庚申 4	29 己丑 ②	**29** 己未 2	《8月》		29 丁亥 28	29 丁巳 28	29 丙戌 26	29 丙辰 26	28 甲申 23
30 辛酉 6	30 辛卯 5		30 庚寅 3		**30** 己丑 1		30 戊子 ㉙		30 丁亥 27		29 乙酉 24
											30 丙戌 25
雨水 11日 啓蟄 26日	春分 11日 清明 26日	穀雨 11日 立夏 27日	小満 13日 芒種 28日	夏至 13日 小暑 29日	大暑 15日 立秋 30日	処暑 15日	白露 1日 秋分 17日	寒露 2日 霜降 17日	立冬 3日 小雪 18日	大雪 4日 冬至 19日	小寒 5日 大寒 20日

長寛2年（1164－1165） 甲申

1月	2月	3月	4月	5月	6月	7月	8月	9月	10月	閏10月	11月	12月
1 丁亥 ㉖	1 丙辰 24	1 丙戌 25	1 乙卯 23	1 乙酉 23	1 甲寅 ㉑	1 甲申 21	1 甲寅 20	1 癸未 18	1 癸丑 ⑱	1 壬午 16	**1** 辛亥 15	1 辛巳 14
2 戊子 27	2 丁巳 25	2 丁亥 26	2 丙辰 24	2 丙戌 ㉔	2 乙卯 22	2 乙酉 22	2 乙卯 21	2 甲申 19	2 甲寅 19	2 癸未 17	2 壬子 16	**2** 壬午 15
3 己丑 28	3 戊午 26	3 戊子 27	3 丁巳 25	3 丁亥 25	3 丙辰 23	3 丙戌 23	3 丙辰 22	3 乙酉 ⑳	3 乙卯 20	3 甲申 18	3 癸丑 17	3 癸未 16
4 庚寅 29	4 己未 27	4 己丑 28	4 戊午 ㉖	4 戊子 26	4 丁巳 24	4 丁亥 24	4 丁巳 ㉓	4 丙戌 21	4 丙辰 21	4 乙酉 19	4 甲寅 18	4 甲申 ⑰
5 辛卯 30	5 庚申 28	5 庚寅 ㉙	5 己未 27	5 己丑 27	5 戊午 25	5 戊子 25	5 戊午 24	5 丁亥 22	5 丁巳 22	5 丙戌 20	5 乙卯 19	5 乙酉 18
6 壬辰 31	6 辛酉 29	6 辛卯 30	6 庚申 28	6 庚寅 28	6 己未 26	6 己丑 ㉖	6 己未 25	6 戊子 23	6 戊午 23	6 丁亥 21	6 丙辰 ⑳	6 丙戌 19
《2月》	《3月》	**7** 壬辰 31	7 辛酉 29	7 辛卯 29	7 庚申 27	7 庚寅 27	7 庚申 26	7 己丑 24	7 己未 24	7 戊子 ㉒	7 丁巳 21	7 丁亥 20
7 癸巳 1	**7** 壬戌 ①	《4月》	8 壬戌 30	8 壬辰 30	8 辛酉 ㉘	8 辛卯 28	8 辛酉 27	8 庚寅 25	8 庚申 ㉕	8 己丑 23	8 戊午 22	8 戊子 21
8 甲午 ②	8 癸亥 2	8 癸巳 1	《5月》	**9** 癸巳 ㉛	9 壬戌 29	9 壬辰 29	9 壬戌 28	9 辛卯 26	9 辛酉 26	9 庚寅 24	9 己未 23	9 己丑 22
9 乙未 3	9 甲子 3	9 甲午 2	**9** 癸亥 1	《6月》	10 癸亥 30	10 癸巳 30	10 癸亥 29	10 壬辰 ㉗	10 壬戌 27	10 辛卯 25	10 庚申 24	10 庚寅 23
10 丙申 4	10 乙丑 4	10 乙未 3	10 甲子 2	10 甲午 1	《7月》	**11** 甲午 31	11 甲子 ㉚	11 癸巳 28	11 癸亥 28	11 壬辰 26	11 辛酉 25	11 辛卯 ㉔
11 丁酉 5	11 丙寅 5	11 丙申 4	11 乙丑 ③	11 乙未 2	**11** 甲子 1	《8月》	**12** 乙丑 31	12 甲午 29	12 甲子 29	12 癸巳 27	12 壬戌 26	12 壬辰 25
12 戊戌 6	12 丁卯 6	12 丁酉 ⑤	12 丙寅 4	12 丙申 3	12 乙丑 2	12 乙未 1	《9月》	**13** 乙未 30	13 乙丑 30	13 甲午 28	13 癸亥 ㉗	13 癸巳 26
13 己亥 7	13 戊辰 7	13 戊戌 6	13 丁卯 5	13 丁酉 4	13 丙寅 3	13 丙申 ②	13 丙寅 1	《10月》	**14** 丙寅 31	14 乙未 ㉙	14 甲子 28	14 甲午 27
14 庚子 8	14 己巳 ⑧	14 己亥 7	14 戊辰 6	14 戊戌 5	14 丁卯 4	14 丁酉 3	14 丁卯 2	14 丙申 1	《11月》	**15** 丙申 30	15 乙丑 29	15 乙未 28
15 辛丑 ⑨	15 庚午 9	15 庚子 8	15 己巳 7	15 己亥 6	15 戊辰 ⑤	15 戊戌 4	15 戊辰 3	15 丁酉 2	15 丁卯 ①	《12月》	**16** 丙寅 30	16 丙申 29
16 壬寅 10	16 辛未 10	16 辛丑 9	16 庚午 8	16 庚子 ⑦	16 己巳 6	16 己亥 5	16 己巳 4	16 戊戌 3	16 戊辰 2	16 丁酉 1	17 丁卯 31	**17** 丁酉 30
17 癸卯 11	17 壬申 11	17 壬寅 10	17 辛未 9	17 辛丑 8	17 庚午 7	17 庚子 6	17 庚午 5	17 己亥 ④	17 己巳 3	17 戊戌 2	**1165年**	18 戊戌 ㉛
18 甲辰 12	18 癸酉 12	18 癸卯 11	18 壬申 ⑩	18 壬寅 9	18 辛未 8	18 辛丑 7	18 辛未 ⑥	18 庚子 5	18 庚午 4	18 己亥 3	《1月》	《2月》
19 乙巳 13	19 甲戌 13	19 甲辰 ⑫	19 癸酉 11	19 癸卯 10	19 壬申 9	19 壬寅 8	19 壬申 7	19 辛丑 6	19 辛未 5	19 庚子 4	18 戊辰 1	19 己亥 1
20 丙午 14	20 乙亥 14	20 乙巳 13	20 甲戌 12	20 甲辰 11	20 癸酉 10	20 癸卯 ⑨	20 癸酉 8	20 壬寅 7	20 壬申 6	20 辛丑 5	19 己巳 2	20 庚子 2
21 丁未 15	21 丙子 ⑮	21 丙午 14	21 乙亥 13	21 乙巳 12	21 甲戌 11	21 甲辰 10	21 甲戌 9	21 癸卯 8	21 癸酉 7	21 壬寅 ⑥	20 庚午 ③	21 辛丑 3
22 戊申 ⑯	**22** 丁丑 16	22 丁未 15	22 丙子 14	22 丙午 13	22 乙亥 ⑫	22 乙巳 11	22 乙亥 10	22 甲辰 9	22 甲戌 ⑧	22 癸卯 7	21 辛未 4	22 壬寅 4
23 己酉 17	23 戊寅 17	**23** 戊申 16	23 丁丑 15	23 丁未 ⑭	23 丙子 13	23 丙午 12	23 丙子 11	23 乙巳 10	23 乙亥 9	23 甲辰 8	22 壬申 5	23 癸卯 5
24 庚戌 18	24 己卯 18	24 己酉 17	**24** 戊寅 16	24 戊申 15	24 丁丑 14	24 丁未 13	24 丁丑 12	24 丙午 ⑪	24 丙子 10	24 乙巳 9	23 癸酉 6	24 甲辰 6
25 辛亥 19	25 庚辰 19	25 庚戌 18	25 己卯 ⑰	**25** 己酉 16	25 戊寅 15	25 戊申 14	25 戊寅 ⑬	25 丁未 12	25 丁丑 11	25 丙午 10	24 甲戌 7	25 乙巳 ⑦
26 壬子 20	26 辛巳 20	26 辛亥 ⑲	26 庚辰 18	26 庚戌 17	**26** 己卯 16	**26** 己酉 15	26 己卯 14	26 戊申 13	26 戊寅 12	26 丁未 11	25 乙亥 8	26 丙午 8
27 癸丑 21	27 壬午 21	27 壬子 20	27 辛巳 19	27 辛亥 18	27 庚辰 17	27 庚戌 ⑯	**27** 庚辰 15	27 己酉 14	27 己卯 13	27 戊申 12	26 丙子 9	27 丁未 9
28 甲寅 22	28 癸未 ㉒	28 癸丑 21	28 壬午 20	28 壬子 19	28 辛巳 18	28 辛亥 17	28 辛巳 16	**28** 庚戌 15	28 庚辰 14	28 己酉 ⑬	27 丁丑 ⑩	28 戊申 10
29 乙卯 ㉓	29 甲申 23	29 甲寅 22	29 癸未 21	29 癸丑 20	29 壬午 ⑲	29 壬子 18	29 壬午 17	29 辛亥 16	**29** 辛巳 ⑮	29 庚戌 14	28 戊寅 11	29 己酉 11
	30 乙酉 24		30 甲申 22		30 癸未 20	30 癸丑 19		30 壬子 17			29 己卯 12	30 庚戌 12
											30 庚辰 13	
立春 6日 雨水 21日	啓蟄 7日 春分 22日	清明 7日 穀雨 23日	立夏 9日 小満 24日	芒種 9日 夏至 25日	小暑 11日 大暑 26日	立秋 11日 処暑 26日	白露 12日 秋分 27日	寒露 13日 霜降 28日	立冬 14日 小雪 29日	大雪15日	冬至 1日 小寒 16日	大寒 2日 立春 17日

永万元年〔長寛3年〕（1165－1166） 乙酉

改元 6/5（長寛→永万）

1月	2月	3月	4月	5月	6月	7月	8月	9月	10月	11月	12月
1 辛亥13	1 庚辰⑭	1 庚戌13	1 己卯12	1 己酉11	1 戊寅10	1 戊申9	1 丁丑7	1 丁未7	1 丁丑6	1 丙午⑤	1 丙子4
2 壬子⑭	2 辛巳15	2 辛亥14	2 庚辰13	2 庚戌12	2 己卯⑪	2 己酉10	2 戊寅8	2 戊申8	2 戊寅⑦	2 丁未6	2 丁丑5
3 癸丑15	**3** 壬午16	3 壬子15	3 辛巳14	3 辛亥⑬	3 庚辰12	3 庚戌11	3 己卯9	3 己酉9	3 己卯8	3 戊申7	3 戊寅6
4 甲寅16	4 癸未17	**4** 癸丑16	4 壬午15	4 壬子14	4 辛巳13	4 辛亥12	4 庚辰10	4 庚戌⑩	4 庚辰9	4 己酉8	4 己卯7
5 乙卯17	5 甲申18	5 甲寅17	**5** 癸未⑯	5 癸丑15	5 壬午14	5 壬子13	5 辛巳11	5 辛亥11	5 辛巳10	5 庚戌9	5 庚辰8
6 丙辰18	6 乙酉19	6 乙卯⑱	6 甲申17	**6** 甲寅16	6 癸未15	6 癸丑14	6 壬午⑫	6 壬子12	6 壬午11	6 辛亥10	6 辛巳⑨
7 丁巳19	7 丙戌20	7 丙辰19	7 乙酉18	7 乙卯17	**7** 甲申16	7 甲寅⑮	7 癸未13	7 癸丑13	7 癸未12	7 壬子11	7 壬午10
8 戊午20	8 丁亥㉑	8 丁巳20	8 丙戌19	8 丙辰18	8 乙酉17	**8** 乙卯16	8 甲申14	8 甲寅14	8 甲申13	8 癸丑⑫	8 癸未11
9 己未㉑	9 戊子22	9 戊午21	9 丁亥20	9 丁巳19	9 丙戌⑱	9 丙辰17	**9** 乙酉15	9 乙卯15	9 乙酉⑭	9 甲寅13	9 甲申12
10 庚申22	10 己丑23	10 己未22	10 戊子21	10 戊午⑳	10 丁亥19	10 丁巳18	10 丙戌16	**10** 丙辰16	**10** 丙戌15	10 乙卯14	10 乙酉13
11 辛酉23	11 庚寅24	11 庚申23	11 己丑22	11 己未21	11 戊子20	11 戊午19	11 丁亥17	11 丁巳⑰	11 丁亥16	**11** 丙辰15	11 丙戌14
12 壬戌24	12 辛卯25	12 辛酉24	12 庚寅㉓	12 庚申22	12 己丑21	12 己未20	12 戊子18	12 戊午18	12 戊子17	12 丁巳16	**12** 丁亥15
13 癸亥25	13 壬辰26	13 壬戌㉕	13 辛卯24	13 辛酉23	13 庚寅22	13 庚申21	13 己丑⑲	13 己未19	13 己丑18	13 戊午17	13 戊子⑯
14 甲子26	14 癸巳27	14 癸亥26	14 壬辰25	14 壬戌24	14 辛卯23	14 辛酉㉒	14 庚寅20	14 庚申20	14 庚寅19	14 己未18	14 己丑17
15 乙丑27	15 甲午㉘	15 甲子27	15 癸巳26	15 癸亥25	15 壬辰24	15 壬戌23	15 辛卯21	15 辛酉21	15 辛卯20	15 庚申⑲	15 庚寅18
16 丙寅㉘	16 乙未29	16 乙丑28	16 甲午27	16 甲子26	16 癸巳㉕	16 癸亥24	16 壬辰22	16 壬戌22	16 壬辰㉑	16 辛酉20	16 辛卯19
《3月》	17 丙申30	17 丙寅29	17 乙未28	17 乙丑㉗	17 甲午26	17 甲子25	17 癸巳23	17 癸亥23	17 癸巳22	17 壬戌21	17 壬辰20
17 丁卯1	18 丁酉31	18 丁卯30	18 丙申29	18 丙寅28	18 乙未27	18 乙丑26	18 甲午24	18 甲子㉔	18 甲午23	18 癸亥22	18 癸巳21
18 戊辰2	《4月》	《5月》	19 丁酉㉚	19 丁卯29	19 丙申28	19 丙寅27	19 乙未25	19 乙丑25	19 乙未24	19 甲子23	19 甲午22
19 己巳3	**19** 戊戌1	**19** 戊辰1	20 戊戌31	20 戊辰30	20 丁酉29	20 丁卯28	20 丙申㉖	20 丙寅26	20 丙申25	20 乙丑24	20 乙未㉓
20 庚午4	20 己亥2	20 己巳②	《6月》	《7月》	21 戊戌30	21 戊辰㉙	21 丁酉27	21 丁卯27	21 丁酉26	21 丙寅25	21 丙申24
21 辛未5	21 庚子3	21 庚午3	**21** 己亥1	**21** 己巳1	**22** 己亥31	22 己巳30	22 戊戌28	22 戊辰28	22 戊戌27	22 丁卯㉖	22 丁酉25
22 壬申6	22 辛丑④	22 辛未4	22 庚子2	22 庚午2	《8月》	**23** 庚午31	23 己亥29	23 己巳29	23 己亥㉘	23 戊辰27	23 戊戌26
23 癸酉⑦	23 壬寅5	23 壬申5	23 辛丑3	23 辛未3	23 庚子①	《9月》	**24** 庚子30	24 庚午30	24 庚子29	24 己巳28	24 己亥27
24 甲戌8	24 癸卯6	24 癸酉6	24 壬寅4	24 壬申④	24 辛丑2	24 辛未1	《10月》	**25** 辛未㉛	**25** 辛丑30	25 庚午29	25 庚子28
25 乙亥9	25 甲辰7	25 甲戌7	25 癸卯5	25 癸酉5	25 壬寅3	25 壬申2	25 辛丑1	《11月》	《12月》	26 辛未30	26 辛丑29
26 丙子10	26 乙巳8	26 乙亥8	26 甲辰⑥	26 甲戌6	26 癸卯4	26 癸酉3	26 壬寅2	26 壬申1	26 壬寅1	**27** 壬申31	**27** 壬寅㉚
27 丁丑11	27 丙午9	27 丙子⑨	27 乙巳7	27 乙亥7	27 甲辰5	27 甲戌4	27 癸卯③	27 癸酉2	27 癸卯2	**1166年**	28 癸卯31
28 戊寅12	28 丁未10	28 丁丑10	28 丙午8	28 丙子8	28 乙巳6	28 乙亥⑤	28 甲辰4	28 甲戌3	28 甲辰3	《1月》	《2月》
29 己卯13	29 戊申⑪	29 戊寅11	29 丁未9	29 丁丑9	29 丙午7	29 丙子6	29 乙巳5	29 乙亥4	29 乙巳4	28 癸酉1	29 甲辰1
	30 己酉12		30 戊申10		30 丁未⑧		30 丙午6	30 丙子5		29 甲戌②	30 乙巳2
										30 乙亥3	

雨水 2日 啓蟄 17日	春分 3日 清明 19日	穀雨 4日 立夏 19日	小満 5日 芒種 21日	夏至 6日 小暑 21日	大暑 7日 立秋 22日	処暑 8日 白露 23日	秋分 9日 寒露 24日	霜降 10日 立冬 25日	小雪 10日 大雪 25日	冬至 11日 小寒 27日	大寒 12日 立春 27日

仁安元年〔永万2年〕（1166－1167） 丙戌

改元 8/27（永万→仁安）

1月	2月	3月	4月	5月	6月	7月	8月	9月	10月	11月	12月
1 丙午3	1 乙亥4	1 甲辰2	1 甲戌2	1 癸卯31	1 壬申29	1 壬寅29	1 壬申㉘	1 辛丑26	1 辛未26	1 辛丑25	1 庚午24
2 丁未4	2 丙子5	2 乙巳③	2 乙亥3	《6月》	2 癸酉30	2 癸卯30	2 癸酉29	2 壬寅27	2 壬申27	2 壬寅26	2 辛未㉕
3 戊申5	3 丁丑⑥	3 丙午4	3 丙子4	**2** 甲辰1	《7月》	3 甲辰㉛	3 甲戌30	3 癸卯28	3 癸酉28	3 癸卯㉗	3 壬申26
4 己酉⑥	4 戊寅7	4 丁未5	4 丁丑5	3 乙巳2	**3** 甲戌1	《8月》	**4** 乙亥31	4 甲辰29	4 甲戌29	4 甲辰28	4 癸酉27
5 庚戌7	5 己卯8	5 戊申6	5 戊寅6	4 丙午3	4 乙亥2	**4** 乙巳1	《9月》	5 乙巳30	5 乙亥㉚	5 乙巳29	5 甲戌28
6 辛亥8	6 庚辰9	6 己酉7	6 己卯7	5 丁未4	5 丙子③	5 丙午2	5 丙子1	《10月》	**6** 丙子31	**6** 丙午30	6 乙亥29
7 壬子9	7 辛巳10	7 庚戌8	7 庚辰⑧	6 戊申⑤	6 丁丑4	6 丁未3	6 丁丑2	**6** 丙午1	《11月》	《12月》	7 丙子30
8 癸丑10	8 壬午11	8 辛亥9	8 辛巳9	7 己酉6	7 戊寅5	7 戊申4	7 戊寅3	7 丁未②	7 丁丑1	7 丁未1	**8** 丁丑31
9 甲寅11	9 癸未12	9 壬子⑩	9 壬午10	8 庚戌7	8 己卯6	8 己酉5	8 己卯④	8 戊申3	8 戊寅2	8 戊申2	**1167年**
10 乙卯12	10 甲申⑬	10 癸丑11	10 癸未11	9 辛亥8	9 庚辰7	9 庚戌6	9 庚辰5	9 己酉4	9 己卯3	9 己酉3	《1月》
11 丙辰⑬	11 乙酉14	11 甲寅12	11 甲申12	10 壬子9	10 辛巳8	10 辛亥⑦	10 辛巳6	10 庚戌5	10 庚辰4	10 庚戌④	9 戊寅①
12 丁巳14	12 丙戌15	12 乙卯13	12 乙酉13	11 癸丑10	11 壬午9	11 壬子8	11 壬午7	11 辛亥6	11 辛巳5	11 辛亥5	10 己卯2
13 戊午15	13 丁亥16	13 丙辰14	13 丙戌14	12 甲寅11	12 癸未⑩	12 癸丑9	12 癸未8	12 壬子7	12 壬午⑥	12 壬子6	11 庚辰3
14 己未16	**14** 戊子17	14 丁巳15	14 丁亥⑮	13 乙卯⑫	13 甲申11	13 甲寅10	13 甲申9	13 癸丑8	13 癸未7	13 癸丑7	12 辛巳4
15 庚申17	15 己丑18	**15** 戊午16	15 戊子16	14 丙辰13	14 乙酉12	14 乙卯11	14 乙酉10	14 甲寅⑨	14 甲申8	14 甲寅8	13 壬午5
16 辛酉18	16 庚寅19	16 己未⑰	**16** 己丑17	15 丁巳14	15 丙戌13	15 丙辰12	15 丙戌⑪	15 乙卯10	15 乙酉9	15 乙卯9	14 癸未6
17 壬戌19	17 辛卯⑳	17 庚申18	17 庚寅18	16 戊午15	16 丁亥14	16 丁巳13	16 丁亥12	16 丙辰11	16 丙戌10	16 丙辰10	15 甲申7
18 癸亥⑳	18 壬辰21	18 辛酉19	18 辛卯19	**17** 己未16	17 戊子15	17 戊午⑭	17 戊子13	17 丁巳12	17 丁亥11	17 丁巳⑪	16 乙酉⑧
19 甲子21	19 癸巳22	19 壬戌20	19 壬辰20	18 庚申17	**18** 己丑16	18 己未15	18 己丑14	18 戊午13	18 戊子12	18 戊午12	17 丙戌9
20 乙丑22	20 甲午23	20 癸亥21	20 癸巳21	19 辛酉18	19 庚寅⑰	**19** 庚申16	**19** 庚寅15	19 己未14	19 己丑⑬	19 己未13	18 丁亥10
21 丙寅23	21 乙未24	21 甲子22	21 甲午㉒	20 壬戌⑲	20 辛卯18	20 辛酉17	20 辛卯16	20 庚申15	20 庚寅14	20 庚申14	19 戊子11
22 丁卯24	22 丙申25	22 乙丑23	22 乙未23	21 癸亥20	21 壬辰19	21 壬戌18	21 壬辰17	**21** 辛酉⑯	**21** 辛卯15	21 辛酉15	20 己丑12
23 戊辰25	23 丁酉26	23 丙寅㉔	23 丙申24	22 甲子21	22 癸巳20	22 癸亥19	22 癸巳⑱	22 壬戌17	22 壬辰16	**22** 壬戌16	21 庚寅13
24 己巳26	24 戊戌㉗	24 丁卯25	24 丁酉25	23 乙丑22	23 甲午21	23 甲子20	23 甲午19	23 癸亥18	23 癸巳17	23 癸亥17	22 辛卯14
25 庚午㉗	25 己亥28	25 戊辰26	25 戊戌26	24 丙寅23	24 乙未22	24 乙丑㉑	24 乙未20	24 甲子19	24 甲午18	24 甲子⑱	**23** 壬辰⑮
26 辛未28	26 庚子29	26 己巳27	26 己亥27	25 丁卯24	25 丙申23	25 丙寅22	25 丙申21	25 乙丑20	25 乙未19	25 乙丑19	24 癸巳16
《3月》	27 辛丑30	27 庚午28	27 庚子28	26 戊辰25	26 丁酉㉔	26 丁卯23	26 丁酉22	26 丙寅21	26 丙申⑳	26 丙寅20	25 甲午17
27 壬申1	28 壬寅31	28 辛未29	28 辛丑㉙	27 己巳㉖	27 戊戌25	27 戊辰24	27 戊戌23	27 丁卯22	27 丁酉21	27 丁卯21	26 乙未18
28 癸酉2	《4月》	29 壬申30	29 壬寅30	28 庚午27	28 己亥26	28 己巳25	28 己亥24	28 戊辰㉓	28 戊戌22	28 戊辰22	27 丙申19
29 甲戌3	**29** 癸卯1	《5月》		29 辛未28	29 庚子27	29 庚午26	29 庚子㉕	29 己巳24	29 己亥23	29 己巳23	28 丁酉20
		30 癸酉①			30 辛丑28	30 辛未27		30 庚午25	30 庚子24		29 戊戌21
											30 己亥㉒

雨水 12日 啓蟄 28日	春分 14日 清明 29日	穀雨 15日 立夏 30日	小満 16日	芒種 2日 夏至 17日	小暑 3日 大暑 18日	立秋 4日 処暑 19日	白露 4日 秋分 19日	寒露 6日 霜降 21日	立冬 6日 小雪 21日	大雪 6日 冬至 22日	小寒 8日 大寒 23日

仁安**2**年（1167－1168） 丁亥

1月	2月	3月	4月	5月	6月	7月	閏7月	8月	9月	10月	11月	12月
1 庚子23	1 庚午22	1 己亥23	1 戊辰21	1 戊戌㉑	1 丁卯19	1 丙申18	1 丙寅17	1 乙未15	1 乙丑⑮	1 乙未14	1 乙丑14	1 甲午12
2 辛丑24	2 辛未23	2 庚子24	2 己巳22	2 己亥22	2 戊辰20	2 丁酉19	2 丁卯18	**2** 丙申16	**2** 丙寅16	**2** 丙申15	2 丙寅15	2 乙未13
3 壬寅25	3 壬申24	3 辛丑25	3 庚午㉓	3 庚子23	3 己巳21	3 戊戌20	3 戊辰19	3 丁酉⑰	3 丁卯17	3 丁酉16	**3** 丁卯16	3 丙申⑭
4 癸卯26	4 癸酉25	4 壬寅㉖	4 辛未24	4 辛丑24	4 庚午22	4 己亥21	4 己巳⑳	4 戊戌18	4 戊辰18	4 戊戌17	4 戊辰⑰	**4** 丁酉15
5 甲辰27	5 甲戌㉖	5 癸卯27	5 壬申25	5 壬寅25	5 辛未23	5 庚子22	5 庚午21	5 己亥19	5 己巳19	5 己亥18	5 己巳18	5 戊戌16
6 乙巳28	6 乙亥27	6 甲辰28	6 癸酉26	6 癸卯26	6 壬申24	6 辛丑㉓	6 辛未22	6 庚子20	6 庚午20	6 庚子⑲	6 庚午19	6 己亥17
7 丙午㉙	7 丙子28	7 乙巳29	7 甲戌27	7 甲辰27	7 癸酉㉕	7 壬寅24	7 壬申23	7 辛丑21	7 辛未21	7 辛丑20	7 辛未20	7 庚子18
8 丁未30	《3月》	8 丙午30	8 乙亥28	8 乙巳㉘	8 甲戌26	8 癸卯25	8 癸酉24	8 壬寅22	8 壬申㉒	8 壬寅21	8 壬申21	8 辛丑19
9 戊申31	8 丁丑 1	9 丁未31	9 丙子29	9 丙午29	9 乙亥27	9 甲辰26	9 甲戌25	9 癸卯23	9 癸酉23	9 癸卯22	9 癸酉22	9 壬寅20
《2月》	**9** 戊寅 2	《4月》	10 丁丑㉚	10 丁未30	10 丙子28	10 乙巳27	10 乙亥26	10 甲辰㉔	10 甲戌24	10 甲辰23	10 甲戌23	10 癸卯㉑
10 己酉 1	10 己卯 3	**10** 戊申 1	《5月》	11 戊申31	11 丁丑29	11 丙午28	11 丙子㉗	11 乙巳25	11 乙亥25	11 乙巳24	11 乙亥㉔	11 甲辰22
11 庚戌 2	11 庚辰 4	11 己酉②	11 戊寅 1	《6月》	12 戊寅30	12 丁未29	12 丁丑28	12 丙午26	12 丙子26	12 丙午25	12 丙子25	12 乙巳23
12 辛亥 3	12 辛巳⑤	12 庚戌 3	**12** 己卯 2	**12** 己酉 1	《7月》	13 戊申㉚	13 戊寅29	13 丁未27	13 丁丑27	13 丁未㉖	13 丁丑26	13 丙午24
13 壬子 4	13 壬午 6	13 辛亥 4	13 庚辰 3	13 庚戌 2	13 己卯 1	14 己酉31	14 己卯30	14 戊申28	14 戊寅28	14 戊申27	14 戊寅27	14 丁未25
14 癸丑⑤	14 癸未 7	14 壬子 5	14 辛巳 4	14 辛亥 3	**14** 庚辰②	《8月》	**15** 庚辰31	15 己酉29	15 己卯㉙	15 己酉28	15 己卯28	15 戊申26
15 甲寅 6	15 甲申 8	15 癸丑 6	15 壬午 5	15 壬子④	15 辛巳 3	**15** 庚戌 1	《9月》	16 庚戌30	16 庚辰30	16 庚戌29	16 庚辰29	16 己酉27
16 乙卯 7	16 乙酉 9	16 甲寅 7	16 癸未 6	16 癸丑 5	16 壬午 4	16 辛亥 2	16 辛巳 1	《10月》	**17** 辛巳31	17 辛亥30	17 辛巳30	17 庚戌㉘
17 丙辰 8	17 丙戌10	17 乙卯 8	17 甲申⑦	17 甲寅 6	17 癸未 5	17 壬子 3	17 壬午 2	**17** 辛亥①	《11月》	《12月》	**18** 壬午㉛	18 辛亥29
18 丁巳 9	18 丁亥11	18 丙辰⑨	18 乙酉 8	18 乙卯 7	18 甲申 6	18 癸丑 4	18 癸未③	18 壬子 2	18 壬午 1	**18** 壬子 1	**1168年**	19 壬子30
19 戊午10	19 戊子⑫	19 丁巳10	19 丙戌 9	19 丙辰 8	19 乙酉 7	19 甲寅 5	19 甲申 4	19 癸丑 3	19 癸未 2	19 癸丑 2	《1月》	**20** 癸丑31
20 己未11	20 己丑13	20 戊午11	20 丁亥10	20 丁巳 9	20 丙戌 8	20 乙卯⑥	20 乙酉 5	20 甲寅 4	20 甲申 3	20 甲寅③	19 癸未 1	《2月》
21 庚申⑫	21 庚寅14	21 己未12	21 戊子11	21 戊午10	21 丁亥⑨	21 丙辰 7	21 丙戌 6	21 乙卯 5	21 乙酉 4	21 乙卯 4	20 甲申 2	21 甲寅 1
22 辛酉13	22 辛卯15	22 庚申13	22 己丑12	22 己未⑪	22 戊子10	22 丁巳 8	22 丁亥 7	22 丙辰 6	22 丙戌⑤	22 丙辰 5	21 乙酉 3	22 乙卯 2
23 壬戌14	23 壬辰16	23 辛酉14	23 庚寅13	23 庚申12	23 己丑11	23 戊午 9	23 戊子 8	23 丁巳 7	23 丁亥 6	23 丁巳 6	22 丙戌 4	23 丙辰 3
24 癸亥15	**24** 癸巳17	24 壬戌15	24 辛卯⑭	24 辛酉13	24 庚寅12	24 己未10	24 己丑 9	24 戊午⑧	24 戊子 7	24 戊午 7	23 丁亥 5	24 丁巳④
25 甲子16	25 甲午18	**25** 癸亥⑯	25 壬辰15	25 壬戌14	25 辛卯13	25 庚申11	25 庚寅⑩	25 己未 9	25 己丑 8	25 己未 8	24 戊子 6	25 戊午 5
26 乙丑17	26 乙未⑲	26 甲子17	26 癸巳16	26 癸亥15	26 壬辰14	26 辛酉12	26 辛卯11	26 庚申10	26 庚寅 9	26 庚申 9	25 己丑⑦	26 己未 6
27 丙寅18	27 丙申20	27 乙丑18	**27** 甲午17	**27** 甲子16	27 癸巳15	27 壬戌⑬	27 壬辰12	27 辛酉11	27 辛卯10	27 辛酉⑩	26 庚寅 8	27 庚申 7
28 丁卯⑲	28 丁酉21	28 丙寅19	28 乙未18	28 乙丑17	28 甲午⑯	28 癸亥14	28 癸巳13	28 壬戌12	28 壬辰11	28 壬戌11	27 辛卯 9	28 辛酉 8
29 戊辰20	29 戊戌22	29 丁卯20	29 丙申19	29 丙寅⑱	**29** 乙未17	29 甲子15	29 甲午14	29 癸亥13	29 癸巳⑫	29 癸亥12	28 壬辰10	29 壬戌 9
30 己巳21			30 丁酉20			**30** 乙丑16		30 甲子14	30 甲午13	30 甲子13	29 癸巳11	30 癸亥10
立春 8日 雨水 24日	啓蟄 9日 春分 24日	清明 10日 穀雨 25日	立夏 12日 小満 27日	芒種 12日 夏至 27日	小暑 14日 大暑 29日	立秋 15日 処暑 30日	白露15日	秋分 2日 寒露 17日	霜降 2日 立冬 17日	小雪 2日 大雪 18日	冬至 3日 小寒 18日	大寒 4日 立春 20日

仁安**3**年（1168－1169） 戊子

1月	2月	3月	4月	5月	6月	7月	8月	9月	10月	11月	12月
1 甲子⑪	1 甲午12	1 癸亥10	1 壬辰 9	1 壬戌 8	1 辛卯⑦	1 庚申 5	1 庚寅 4	1 己未 3	1 己丑 2	《12月》	1 戊子31
2 乙丑12	2 乙未13	2 甲子11	2 癸巳10	2 癸亥⑨	2 壬辰 8	2 辛酉 6	2 辛卯 5	2 庚申 4	2 庚寅③	1 戊午①	**1169年**
3 丙寅13	3 丙申14	3 乙丑12	3 甲午11	3 甲子10	3 癸巳 9	3 壬戌 7	3 壬辰 6	3 辛酉 5	3 辛卯 4	2 己未 2	《1月》
4 丁卯14	4 丁酉15	4 丙寅13	4 乙未⑫	4 乙丑11	4 甲午10	4 癸亥 8	4 癸巳 7	4 壬戌⑥	4 壬辰 5	3 庚申 3	2 己丑 1
5 戊辰15	**5** 戊戌16	5 丁卯⑭	5 丙申13	5 丙寅12	5 乙未11	5 甲子 9	5 甲午⑧	5 癸亥 7	5 癸巳 6	4 辛酉 4	3 庚寅 2
6 己巳16	6 己亥⑰	6 戊辰15	6 丁酉14	6 丁卯13	6 丙申12	6 乙丑10	6 乙未 9	6 甲子 8	6 甲午 7	5 壬戌 5	4 辛卯 3
7 庚午17	7 庚子18	**7** 己巳16	7 戊戌15	7 戊辰14	7 丁酉13	7 丙寅⑪	7 丙申10	7 乙丑 9	7 乙未 8	6 癸亥 6	5 壬辰 4
8 辛未⑱	8 辛丑19	8 庚午17	**8** 己亥16	8 己巳15	8 戊戌⑭	8 丁卯12	8 丁酉11	8 丙寅10	8 丙申 9	7 甲子 7	6 癸巳⑤
9 壬申19	9 壬寅20	9 辛未18	9 庚子17	**9** 庚午⑯	9 己亥15	9 戊辰13	9 戊戌12	9 丁卯11	9 丁酉⑩	8 乙丑⑧	7 甲午 6
10 癸酉20	10 癸卯21	10 壬申19	10 辛丑18	10 辛未17	**10** 庚子16	10 己巳14	10 己亥13	10 戊辰12	10 戊戌11	9 丙寅 9	8 乙未 7
11 甲戌21	11 甲辰22	11 癸酉20	11 壬寅⑲	11 壬申18	11 辛丑17	**11** 庚午15	11 庚子14	11 己巳⑬	11 己亥12	10 丁卯10	9 丙申 8
12 乙亥22	12 乙巳23	12 甲戌㉑	12 癸卯20	12 癸酉19	12 壬寅18	12 辛未16	**12** 辛丑⑮	12 庚午14	12 庚子13	11 戊辰11	10 丁酉 9
13 丙子23	13 丙午㉔	13 乙亥22	13 甲辰21	13 甲戌20	13 癸卯19	13 壬申17	13 壬寅16	**13** 辛未15	13 辛丑14	12 己巳12	11 戊戌10
14 丁丑24	14 丁未25	14 丙子23	14 乙巳22	14 乙亥21	14 甲辰20	14 癸酉⑱	14 癸卯17	14 壬申16	**14** 壬寅15	13 庚午13	12 己亥11
15 戊寅㉕	15 戊申26	15 丁丑24	15 丙午23	15 丙子22	15 乙巳㉑	15 甲戌19	15 甲辰18	15 癸酉17	15 癸卯16	14 辛未14	13 庚子⑫
16 己卯26	16 己酉27	16 戊寅25	16 丁未24	16 丁丑㉓	16 丙午22	16 乙亥20	16 乙巳19	16 甲戌18	16 甲辰⑰	**15** 壬申⑮	14 辛丑13
17 庚辰27	17 庚戌28	17 己卯26	17 戊申25	17 戊寅24	17 丁未23	17 丙子21	17 丙午20	17 乙亥19	17 乙巳18	16 癸酉16	15 壬寅14
18 辛巳28	18 辛亥29	18 庚辰27	18 己酉㉖	18 己卯25	18 戊申24	18 丁丑22	18 丁未21	18 丙子⑳	18 丙午19	17 甲戌17	**16** 癸卯15
19 壬午29	19 壬子30	19 辛巳㉘	19 庚戌27	19 庚辰26	19 己酉25	19 戊寅23	19 戊申㉒	19 丁丑21	19 丁未20	18 乙亥18	17 甲辰16
《3月》	**20** 癸丑㉛	20 壬午29	20 辛亥28	20 辛巳27	20 庚戌26	20 己卯24	20 己酉23	20 戊寅22	20 戊申21	19 丙子19	18 乙巳17
20 癸未 1	《4月》	21 癸未30	21 壬子29	21 壬午28	21 辛亥27	21 庚辰㉕	21 庚戌24	21 己卯23	21 己酉22	20 丁丑20	19 丙午18
21 甲申 2	21 甲寅 1	《5月》	22 癸丑30	22 癸未29	22 壬子㉘	22 辛巳26	22 辛亥25	22 庚辰24	22 庚戌23	21 戊寅21	20 丁未⑲
22 乙酉③	22 乙卯 2	**22** 甲申 1	**23** 甲寅31	23 甲申㉚	23 癸丑29	23 壬午27	23 壬子26	23 辛巳25	23 辛亥㉔	22 己卯㉒	21 戊申20
23 丙戌 4	23 丙辰 3	23 乙酉 2	《6月》	《7月》	24 甲寅30	24 癸未28	24 癸丑27	24 壬午26	24 壬子25	23 庚辰23	22 己酉21
24 丁亥 5	24 丁巳 4	24 丙戌 3	24 乙卯 1	**24** 乙酉 1	**25** 乙卯31	25 甲申29	25 甲寅28	25 癸未㉗	25 癸丑26	24 辛巳24	23 庚戌22
25 戊子 6	25 戊午 5	25 丁亥 4	25 丙辰②	25 丙戌 2	《8月》	26 乙酉30	26 乙卯㉙	26 甲申28	26 甲寅27	25 壬午25	24 辛亥23
26 己丑 7	26 己未 6	26 戊子⑤	26 丁巳 3	26 丁亥 3	26 丙辰 1	**27** 丙戌31	**27** 丙辰30	27 乙酉29	27 乙卯28	26 癸未26	25 壬子24
27 庚寅 8	27 庚申⑦	27 己丑 6	27 戊午 4	27 戊子 4	27 丁巳 2	《9月》	《10月》	**28** 丙戌30	28 丙辰29	27 甲申27	26 癸丑25
28 辛卯 9	28 辛酉 8	28 庚寅 7	28 己未 5	28 己丑 5	28 戊午 3	28 丁亥①	28 丁巳 1	29 丁亥31	**29** 丁巳30	28 乙酉28	27 甲寅㉖
29 壬辰⑩	29 壬戌 9	29 辛卯 8	29 庚申 6	29 庚寅 6	29 己未④	29 戊子 2	29 戊午 2	《11月》		29 丙戌㉙	28 乙卯27
30 癸巳11			30 辛酉 7			30 己丑 3		30 戊子 1		**30** 丁亥30	29 丙辰28
											30 丁巳29
雨水 5日 啓蟄 20日	春分 5日 清明 20日	穀雨 7日 立夏 22日	小満 8日 芒種 23日	夏至 9日 小暑 24日	大暑 10日 立秋 25日	処暑 11日 白露 27日	秋分 12日 寒露 27日	霜降 13日 立冬 28日	小雪 14日 大雪 29日	冬至 15日 小寒 30日	大寒 16日

嘉応元年〔仁安4年〕（1169－1170） 己丑

改元 4/8（仁安→嘉応）

1月	2月	3月	4月	5月	6月	7月	8月	9月	10月	11月	12月
1 戊午30	《3月》	1 丁巳㉚	1 丁亥29	1 丙辰28	1 丙戌27	1 乙卯26	1 甲申㉔	1 甲寅23	1 癸未22	1 癸丑21	1 壬午20
2 己未31	**1** 戊子 1	2 戊午31	2 戊子30	2 丁巳29	2 丁亥28	2 丙辰㉗	2 乙酉25	2 乙卯24	2 甲申23	2 甲寅22	2 癸未㉑
《2月》	2 己丑②	《4月》	《5月》	3 戊午30	3 戊子㉙	3 丁巳28	3 丙戌26	3 丙辰25	3 乙酉24	3 乙卯㉓	3 甲申22
3 庚申 1	3 庚寅 3	**3** 己未 1	**3** 己丑 1	4 己未31	4 己丑30	4 戊午29	4 丁亥27	4 丁巳26	4 丙戌25	4 丙辰24	4 乙酉23
4 辛酉②	4 辛卯 4	4 庚申 2	4 庚寅 2	《6月》	《7月》	5 己未30	5 戊子28	5 戊午27	5 丁亥㉖	5 丁巳25	5 丙戌24
5 壬戌 3	5 壬辰 5	5 辛酉 3	5 辛卯 3	**5** 庚申①	**5** 庚寅 1	**6** 庚申31	6 己丑29	6 己未㉘	6 戊子27	6 戊午26	6 丁亥25
6 癸亥 4	6 癸巳 6	6 壬戌 4	6 壬辰④	6 辛酉 2	6 辛卯 2	《8月》	7 庚寅30	7 庚申29	7 己丑28	7 己未27	7 戊子26
7 甲子 5	7 甲午 7	7 癸亥 5	7 癸巳 5	7 壬戌 3	7 壬辰 3	7 辛酉 1	**8** 辛卯㉛	**8** 辛酉30	8 庚寅29	8 庚申28	8 己丑27
8 乙丑 6	8 乙未 8	8 甲子⑥	8 甲午 6	8 癸亥 4	8 癸巳 4	8 壬戌 2	《9月》	《10月》	9 辛卯30	9 辛酉29	9 庚寅㉘
9 丙寅 7	9 丙申⑨	9 乙丑 7	9 乙未 7	9 甲子 5	9 甲午 5	9 癸亥③	9 壬辰 1	9 壬戌 1	**10**壬辰31	**10**壬戌㉚	10辛卯29
10丁卯 8	10丁酉10	10丙寅 8	10丙申 8	10乙丑 6	10乙未⑥	10甲子 4	10癸巳 2	10癸亥 2	《11月》	《12月》	11壬辰30
11戊辰⑨	11戊戌11	11丁卯 9	11丁酉 9	11丙寅 7	11丙申 7	11乙丑 5	11甲午 3	11甲子 3	11癸巳 1	11癸亥 1	**12**癸巳31
12己巳10	12己亥12	12戊辰10	12戊戌10	12丁卯⑧	12丁酉 8	12丙寅 6	12乙未 4	12乙丑 4	12甲午②	12甲子 2	**1170 年**
13庚午11	13庚子13	13己巳11	13己亥⑪	13戊辰 9	13戊戌 9	13丁卯 7	13丙申 5	13丙寅⑤	13乙未 3	13乙丑 3	《1月》
14辛未12	14辛丑14	14庚午12	14庚子12	14己巳10	14己亥10	14戊辰 8	14丁酉 6	14丁卯 6	14丙申 4	14丙寅 4	13甲午 1
15壬申13	15壬寅15	15辛未⑬	15辛丑13	15庚午11	15庚子11	15己巳 9	15戊戌⑦	15戊辰 7	15丁酉 5	15丁卯 5	14乙未 2
16癸酉14	**16**癸卯⑯	16壬申14	16壬寅14	16辛未12	16辛丑12	16庚午⑩	16己亥 8	16己巳 8	16戊戌 6	16戊辰 6	15丙申 3
17甲戌15	17甲辰17	17癸酉15	17癸卯15	17壬申13	17壬寅⑬	17辛未11	17庚子 9	17庚午 9	17己亥 7	17己巳⑦	16丁酉④
18乙亥⑯	18乙巳18	**18**甲戌16	**18**甲辰16	18癸酉14	18癸卯14	18壬申12	18辛丑10	18辛未10	18庚子 8	18庚午 8	17戊戌 5
19丙子17	19丙午19	19乙亥17	19乙巳17	19甲戌⑮	19甲辰15	19癸酉13	19壬寅11	19壬申11	19辛丑⑨	19辛未 9	18己亥 6
20丁丑18	20丁未20	20丙子18	20丙午⑱	**20**乙亥16	**20**乙巳16	20甲戌14	20癸卯12	20癸酉⑫	20壬寅10	20壬申10	19庚子 7
21戊寅19	21戊申21	21丁丑19	21丁未19	21丙子17	21丙午17	21乙亥15	21甲辰13	21甲戌13	21癸卯11	21癸酉11	20辛丑 8
22己卯20	22己酉22	22戊寅⑳	22戊申20	22丁丑18	22丁未18	**22**丙子16	22乙巳⑭	22乙亥14	22甲辰12	22甲戌12	21壬寅 9
23庚辰21	23庚戌㉓	23己卯21	23己酉21	23戊寅19	23戊申19	23丁丑⑰	**23**丙午15	23丙子15	23乙巳13	23乙亥13	22癸卯10
24辛巳22	24辛亥24	24庚辰22	24庚戌22	24己卯20	24己酉⑳	24戊寅18	24丁未16	**24**丁丑16	24丙午⑭	24丙子⑭	23甲辰⑪
25壬午㉓	25壬子25	25辛巳23	25辛亥23	25庚辰21	25庚戌21	25己卯19	25戊申17	25戊寅17	**25**丁未15	**25**丁丑15	24乙巳12
26癸未24	26癸丑26	26壬午24	26壬子24	26辛巳㉒	26辛亥22	26庚辰20	26己酉18	26己卯18	26戊申⑯	26戊寅16	25丙午13
27甲申25	27甲寅27	27癸未25	27癸丑㉕	27壬午23	27壬子23	27辛巳21	27庚戌19	27庚辰⑲	27己酉17	27己卯17	26丁未14
28乙酉26	28乙卯28	28甲申26	28甲寅26	28癸未24	28癸丑24	28壬午22	28辛亥20	28辛巳20	28庚戌18	28庚辰18	**27**戊申15
29丙戌27	29丙辰29	29乙酉㉗	29乙卯27	29甲申25	29甲寅25	29癸未23	29壬子㉑	29壬午21	29辛亥19	29辛巳19	28己酉16
30丁亥28		30丙戌28		30乙酉26			30癸丑22		30壬子20		29庚戌17
											30辛亥⑱
立春 1日 雨水 16日	啓蟄 1日 春分 16日	清明 3日 穀雨 18日	立夏 3日 小満 18日	芒種 5日 夏至 20日	小暑 5日 大暑 20日	立秋 6日 処暑 22日	白露 8日 秋分 23日	寒露 8日 霜降 24日	立冬 10日 小雪 25日	大雪 10日 冬至 25日	小寒 12日 大寒 27日

嘉応2年（1170－1171） 庚寅

1月	2月	3月	4月	閏4月	5月	6月	7月	8月	9月	10月	11月	12月
1 壬子19	1 壬午18	1 壬子20	1 辛巳18	1 辛亥18	**1** 庚辰16	**1** 庚戌16	1 己卯14	1 戊申12	1 戊寅12	1 丁未10	1 丁丑10	1 丙午 8
2 癸丑20	2 癸未19	2 癸丑21	2 壬午⑲	2 壬子19	2 辛巳17	2 辛亥17	2 庚辰15	2 己酉⑬	2 己卯13	2 戊申11	2 戊寅11	2 丁未 9
3 甲寅21	3 甲申20	3 甲寅㉒	3 癸未20	3 癸丑20	3 壬午18	3 壬子18	**3** 辛巳⑯	3 庚戌14	3 庚辰14	3 己酉12	3 己卯12	3 戊申⑩
4 乙卯22	4 乙酉21	4 乙卯23	4 甲申21	4 甲寅21	4 癸未19	4 癸丑⑲	4 壬午17	**4** 辛亥15	4 辛巳15	4 庚戌13	4 庚辰⑬	4 己酉11
5 丙辰23	5 丙戌㉒	5 丙辰24	5 乙酉22	5 乙卯22	5 甲申20	5 甲寅20	5 癸未18	5 壬子16	**5** 壬午16	5 辛亥14	5 辛巳14	5 庚戌12
6 丁巳24	6 丁亥23	6 丁巳25	6 丙戌23	6 丙辰23	6 乙酉㉑	6 乙卯21	6 甲申19	6 癸丑17	6 癸未17	**6** 壬子⑮	6 壬午15	6 辛亥13
7 戊午㉕	7 戊子24	7 戊午26	7 丁亥24	7 丁巳㉔	7 丙戌22	7 丙辰22	7 乙酉20	7 甲寅18	7 甲申⑱	7 癸丑16	**7** 癸未16	7 壬子14
8 己未26	8 己丑25	8 己未27	8 戊子25	8 戊午25	8 丁亥23	8 丁巳23	8 丙戌21	8 乙卯19	8 乙酉19	8 甲寅17	8 甲申17	**8** 癸丑15
9 庚申27	9 庚寅26	9 庚申28	9 己丑㉖	9 己未26	9 戊子24	9 戊午24	9 丁亥22	9 丙辰⑳	9 丙戌20	9 乙卯18	9 乙酉18	9 甲寅16
10辛酉28	10辛卯27	10辛酉㉙	10庚寅27	10庚申27	10己丑25	10己未25	10戊子㉓	10丁巳21	10丁亥21	10丙辰19	10丙戌19	10乙卯⑰
11壬戌29	11壬辰28	11壬戌30	11辛卯28	11辛酉28	11庚寅26	11庚申㉖	11己丑24	11戊午22	11戊子22	11丁巳20	11丁亥⑳	11丙辰18
12癸亥30	《3月》	12癸亥31	12壬辰29	12壬戌29	12辛卯27	12辛酉27	12庚寅25	12己未23	12己丑23	12戊午21	12戊子21	12丁巳19
13甲子31	**12**癸巳①	《4月》	13癸巳30	13癸亥30	13壬辰㉘	13壬戌28	13辛卯26	13庚申24	13庚寅24	13己未㉒	13己丑22	13戊午20
《2月》	13甲午 2	**13**甲子 1	《5月》	14甲子㉛	14癸巳29	14癸亥29	14壬辰27	14辛酉25	14辛卯㉕	14庚申23	14庚寅23	14己未21
14乙丑①	14乙未 3	14乙丑 2	**14**甲午 1	《6月》	15甲午30	15甲子30	15癸巳28	15壬戌26	15壬辰26	15辛酉24	15辛卯24	15庚申22
15丙寅 2	15丙申 4	15丙寅 3	15乙未 2	**15**乙丑 1	《7月》	16乙丑31	16甲午29	16癸亥㉗	16癸巳27	16壬戌25	16壬辰25	16辛酉23
16丁卯 3	16丁酉 5	16丁卯 4	16丙申③	16丙寅 2	**16**乙未 1	《8月》	17乙未㉚	17甲子28	17甲午28	17癸亥26	17癸巳26	17壬戌㉔
17戊辰 4	17戊戌 6	17戊辰⑤	17丁酉 4	17丁卯 3	17丙申 2	**17**丙寅 1	**18**丙申31	18乙丑29	18乙未29	18甲子27	18甲午㉗	18癸亥25
18己巳 5	18己亥 7	18己巳 6	18戊戌 5	18戊辰 4	18丁酉 3	18丁卯②	《9月》	19丙寅30	19丙申30	19乙丑28	19乙未28	19甲子26
19庚午 6	19庚子⑧	19庚午 7	19己亥 6	19己巳 5	19戊戌 4	19戊辰 3	19丁酉 1	《10月》	**20**丁酉31	20丙寅㉙	20丙申29	20乙丑27
20辛未 7	20辛丑 9	20辛未 8	20庚子 7	20庚午 6	20己亥⑤	20己巳 4	20戊戌 2	**20**丁卯 1	《11月》	**21**丁卯30	21丁酉30	21丙寅28
21壬申⑧	21壬寅10	21壬申 9	21辛丑 8	21辛未⑦	21庚子 6	21庚午 5	21己亥 3	21戊辰 2	21戊戌①	《12月》	**22**戊戌31	22丁卯29
22癸酉 9	22癸卯11	22癸酉10	22壬寅 9	22壬申 8	22辛丑 7	22辛未 6	22庚子 4	22己巳 3	22己亥 2	22戊辰 1	**1171 年**	**23**戊辰30
23甲戌10	23甲辰12	23甲戌11	23癸卯⑩	23癸酉 9	23壬寅 8	23壬申 7	23辛丑 5	23庚午④	23庚子 3	23己巳 2	《1月》	24己巳㉛
24乙亥11	24乙巳13	24乙亥⑫	24甲辰11	24甲戌10	24癸卯 9	24癸酉 8	24壬寅⑥	24辛未 5	24辛丑 4	24庚午 3	23己亥 1	《2月》
25丙子12	25丙午14	25丙子13	25乙巳12	25乙亥11	25甲辰10	25甲戌⑨	25癸卯 7	25壬申 6	25壬寅 5	25辛未 4	24庚子 2	25庚午 1
26丁丑13	26丁未⑮	26丁丑14	26丙午13	26丙子12	26乙巳11	26乙亥10	26甲辰 8	26癸酉 7	26癸卯 6	26壬申 5	25辛丑③	26辛未 2
27戊寅14	27戊申16	27戊寅15	27丁未14	27丁丑13	27丙午⑫	27丙子11	27乙巳 9	27甲戌 8	27甲辰 7	27癸酉⑥	26壬寅 4	27壬申 3
28己卯⑮	**28**己酉17	**28**己卯16	28戊申15	28戊寅⑭	28丁未13	28丁丑12	28丙午10	28乙亥 9	28乙巳⑧	28甲戌 7	27癸卯 5	28癸酉 4
29庚辰16	29庚戌18	29庚辰17	29己酉16	29己卯15	29戊申14	29戊寅13	29丁未11	29丙子10	29丙午 9	29乙亥 8	28甲辰 6	29甲戌 5
30辛巳17	30辛亥19		**30**庚戌⑰		30己酉15			30丁丑⑪		30丙子 9	29乙巳 7	30乙亥 6
立春 12日 雨水 27日	啓蟄 12日 春分 28日	清明 13日 穀雨 28日	立夏 14日 小満 30日	芒種15日	夏至 1日 小暑 16日	大暑 1日 立秋 17日	処暑 3日 白露 18日	秋分 4日 寒露 20日	霜降 5日 立冬 20日	小雪 6日 大雪 21日	冬至 7日 小寒 22日	大寒 8日 立春 23日

承安元年〔嘉応3年〕（1171－1172） 辛卯

改元 4/21（嘉応→承安）

1月	2月	3月	4月	5月	6月	7月	8月	9月	10月	11月	12月
1丙子⑦	1丙午9	1乙亥7	1乙巳7	1乙亥⑥	1甲辰5	1癸酉3	1癸卯2	《10月》	**1**壬寅㉛	1辛未29	1辛丑29
2丁丑8	2丁未10	2丙子8	2丙午8	2丙子7	2乙巳6	2甲戌4	2甲辰3	**1**壬申1	《11月》	2壬申30	2壬寅30
3戊寅9	3戊申11	3丁丑9	3丁未⑨	3丁丑8	3丙午7	3乙亥5	3乙巳4	2癸酉2	2癸卯1	《12月》	**3**癸卯31
4己卯10	4己酉12	4戊寅10	4戊申10	4戊寅9	4丁未8	4丙子6	4丙午⑤	3甲戌③	3甲辰2	**3**癸酉1	**1172年**
5庚辰11	5庚戌13	5己卯⑪	5己酉11	5己卯10	5戊申9	5丁丑7	5丁未6	4乙亥4	4乙巳3	4甲戌2	《1月》
6辛巳12	6辛亥⑭	6庚辰12	6庚戌12	6庚辰11	6己酉10	6戊寅⑧	6戊申7	5丙子5	5丙午4	5乙亥3	4甲辰1
7壬午13	7壬子15	7辛巳13	7辛亥13	7辛巳12	7庚戌⑪	7己卯9	7己酉8	6丁丑6	6丁未5	6丙子4	5乙巳②
8癸未⑭	8癸丑16	8壬午14	8壬子14	8壬午⑬	8辛亥12	8庚辰10	8庚戌9	7戊寅7	7戊申6	7丁丑⑤	6丙午3
9甲申15	**9**甲寅17	9癸未15	9癸丑15	9癸未14	9壬子13	9辛巳11	9辛亥10	8己卯8	8己酉⑦	8戊寅6	7丁未4
10乙酉16	10乙卯18	**10**甲申16	10甲寅⑯	10甲申15	10癸丑14	10壬午12	10壬子11	9庚辰9	9庚戌8	9己卯7	8戊申5
11丙戌17	11丙辰19	11乙酉17	**11**乙卯17	**11**乙酉16	11甲寅15	11癸未13	11癸丑⑫	10辛巳⑩	10辛亥9	10庚辰8	9己酉6
12丁亥18	12丁巳20	12丙戌⑱	12丙辰18	12丙戌17	12乙卯16	12甲申14	12甲寅13	11壬午11	11壬子10	11辛巳9	10庚戌7
13戊子19	13戊午㉑	13丁亥19	13丁巳19	13丁亥18	**13**丙辰17	13乙酉⑮	13乙卯14	12癸未12	12癸丑11	12壬午10	11辛亥8
14己丑20	14己未22	14戊子20	14戊午20	14戊子19	14丁巳⑱	**14**丙戌16	14丙辰15	13甲申13	13甲寅12	13癸未11	12壬子⑨
15庚寅㉑	15庚申23	15己丑21	15己未21	15己丑⑳	15戊午19	15丁亥17	**15**丁巳16	14乙酉14	14乙卯13	14甲申⑫	13癸丑10
16辛卯22	16辛酉24	16庚寅22	16庚申22	16庚寅21	16己未20	16戊子18	16戊午17	15丙戌15	15丙辰⑭	15乙酉13	14甲寅11
17壬辰23	17壬戌25	17辛卯23	17辛酉㉓	17辛卯22	17庚申21	17己丑19	17己未18	**16**丁亥16	**16**丁巳15	16丙戌14	15乙卯12
18癸巳24	18癸亥26	18壬辰24	18壬戌24	18壬辰23	18辛酉22	18庚寅20	18庚申⑲	17戊子⑰	17戊午16	17丁亥15	16丙辰13
19甲午25	19甲子27	19癸巳㉕	19癸亥25	19癸巳24	19壬戌23	19辛卯21	19辛酉20	18己丑18	18己未17	**18**戊子16	17丁巳14
20乙未26	20乙丑㉘	20甲午26	20甲子26	20甲午25	20癸亥24	20壬辰㉒	20壬戌21	19庚寅19	19庚申18	19己丑17	**18**戊午15
21丙申27	21丙寅29	21乙未27	21乙丑27	21乙未26	21甲子㉕	21癸巳23	21癸亥22	20辛卯20	20辛酉19	20庚寅18	19己未⑯
22丁酉㉘	22丁卯30	22丙申28	22丙寅28	22丙申㉗	22乙丑26	22甲午24	22甲子23	21壬辰21	21壬戌20	21辛卯⑲	20庚申17
《3月》	23戊辰31	23丁酉29	23丁卯29	23丁酉28	23丙寅27	23乙未25	23乙丑24	22癸巳22	22癸亥㉑	22壬辰20	21辛酉18
23戊戌1	《4月》	24戊戌30	24戊辰㉚	24戊戌29	24丁卯28	24丙申26	24丙寅25	23甲午23	23甲子22	23癸巳21	22壬戌19
24己亥2	**24**己巳1	《5月》	25己巳31	25己亥30	25戊辰29	25丁酉27	25丁卯㉖	24乙未㉔	24乙丑23	24甲午22	23癸亥20
25庚子3	25庚午2	25己亥1	《6月》	《7月》	26己巳30	26戊戌28	26戊辰27	25丙申25	25丙寅24	25乙未23	24甲子21
26辛丑4	26辛未3	**26**庚子②	**26**庚午1	**26**庚子1	27庚午31	27己亥㉙	27己巳28	26丁酉26	26丁卯25	26丙申24	25乙丑22
27壬寅5	27壬申④	27辛丑3	27辛未2	27辛丑2	《8月》	28庚子30	28庚午29	27戊戌27	27戊辰26	27丁酉25	26丙寅㉓
28癸卯6	28癸酉5	28壬寅4	28壬申3	28壬寅3	**28**辛未①	**29**辛丑31	29辛未30	28己亥28	28己巳27	28戊戌㉖	27丁卯24
29甲辰⑦	29甲戌6	29癸卯5	29癸酉4	29癸卯④	29壬申2	《9月》		29庚子29	29庚午㉘	29己亥27	28戊辰25
30乙巳8		30甲辰6	30甲戌5			30壬寅1		30辛丑30		30庚子28	29己巳26
雨水9日 啓蟄24日	春分9日 清明24日	穀雨10日 立夏26日	小満11日 芒種26日	夏至11日 小暑26日	大暑13日 立秋28日	処暑14日 白露29日	秋分15日	寒露1日 霜降16日	立冬1日 小雪16日	大雪3日 冬至18日	小寒3日 大寒18日

承安2年（1172－1173） 壬辰

1月	2月	3月	4月	5月	6月	7月	8月	9月	10月	11月	12月	閏12月
1庚午27	1庚子26	1己巳㉖	1己亥25	1己巳25	1戊戌23	1戊辰㉓	1丁酉21	1丁卯20	1丙申19	1丙寅18	1乙未⑰	1乙丑16
2辛未28	2辛丑㉗	2庚午27	2庚子26	2庚午26	2己亥24	2己巳24	2戊戌22	2戊辰21	2丁酉20	2丁卯⑲	2丙申18	2丙寅17
3壬申29	3壬寅28	3辛未28	3辛丑27	3辛未27	3庚子㉕	3庚午25	3己亥23	3己巳22	3戊戌21	3戊辰20	3丁酉19	3丁卯18
4癸酉㉚	4癸卯29	4壬申29	4壬寅28	4壬申㉘	4辛丑26	4辛未26	4庚子24	4庚午23	4己亥㉒	4己巳21	4戊戌20	4戊辰19
5甲戌31	《3月》	5癸酉30	5癸卯29	5癸酉29	5壬寅27	5壬申27	5辛丑25	5辛未㉔	5庚子23	5庚午22	5己亥21	5己巳20
《2月》	**5**甲辰1	**6**甲戌31	6甲辰㉚	6甲戌30	6癸卯28	6癸酉28	6壬寅26	6壬申25	6辛丑24	6辛未23	6庚子22	6庚午㉑
6乙亥1	6乙巳2	《4月》	《5月》	**7**乙亥31	7甲辰29	7甲戌29	7癸卯㉗	7癸酉26	7壬寅25	7壬申24	7辛丑23	7辛未22
7丙子2	7丙午3	7乙亥1	**7**乙巳1	《6月》	8乙巳30	8乙亥㉚	8甲辰28	8甲戌27	8癸卯26	8癸酉25	8壬寅㉔	8壬申23
8丁丑3	8丁未4	8丙子②	8丙午2	8丙子1	《7月》	**9**丙子31	9乙巳29	9乙亥28	9甲辰27	9甲戌㉖	9癸卯25	9癸酉24
9戊寅4	9戊申⑤	9丁丑3	9丁未3	9丁丑2	**9**丙午1	《8月》	10丙午30	10丙子29	10乙巳28	10乙亥27	10甲辰26	10甲戌25
10己卯5	10己酉6	10戊寅4	10戊申4	10戊寅3	10丁未②	10丁丑1	**11**丁未31	**11**丁丑30	11丙午㉙	11丙子28	11乙巳27	11乙亥26
11庚辰⑥	11庚戌7	11己卯5	11己酉5	11己卯④	11戊申3	11戊寅2	《9月》	《10月》	**12**丁未30	12丁丑29	12丙午28	12丙子27
12辛巳7	12辛亥8	12庚辰6	12庚戌6	12庚辰5	12己酉4	12己卯3	12戊申1	12戊寅①	13戊申31	**13**戊寅30	13丁未29	13丁丑㉘
13壬午8	13壬子9	13辛巳7	13辛亥⑦	13辛巳6	13庚戌5	13庚辰4	13己酉2	13己卯2	《11月》	《12月》	**14**戊申30	14戊寅29
14癸未9	14癸丑10	14壬午8	14壬子8	14壬午7	14辛亥6	14辛巳5	14庚戌③	14庚辰3	14己酉1	14己卯1	15己酉㉛	**15**己卯30
15甲申10	15甲寅11	15癸未⑨	15癸丑9	15癸未8	15壬子7	15壬午⑥	15辛亥4	15辛巳4	15庚戌2	15庚辰2	**1173年**	16庚辰31
16乙酉11	16乙卯⑫	16甲申10	16甲寅10	16甲申9	16癸丑8	16癸未7	16壬子5	16壬午5	16辛亥3	16辛巳③	《1月》	《2月》
17丙戌12	17丙辰13	17乙酉11	17乙卯11	17乙酉10	17甲寅⑨	17甲申8	17癸丑6	17癸未6	17壬子4	17壬午4	16庚戌1	17辛巳1
18丁亥⑬	18丁巳14	18丙戌12	18丙辰12	18丙戌⑪	18乙卯10	18乙酉9	18甲寅7	18甲申7	18癸丑⑤	18癸未5	17辛亥2	18壬午2
19戊子14	19戊午15	19丁亥13	19丁巳13	19丁亥12	19丙辰11	19丙戌10	19乙卯8	19乙酉⑧	19甲寅6	19甲申6	18壬子3	19癸未3
20己丑15	**20**己未16	20戊子14	20戊午⑭	20戊子13	20丁巳12	20丁亥11	20丙辰9	20丙戌9	20乙卯7	20乙酉7	19癸丑4	20甲申④
21庚寅16	21庚申17	21己丑15	21己未15	21己丑14	21戊午13	21戊子12	21丁巳⑩	21丁亥10	21丙辰8	21丙戌8	20甲寅5	21乙酉5
22辛卯17	22辛酉18	**22**庚寅⑯	**22**庚申16	22庚寅15	22己未14	22己丑⑬	22戊午11	22戊子11	22丁巳9	22丁亥9	21乙卯6	22丙戌6
23壬辰18	23壬戌⑲	23辛卯17	23辛酉17	**23**辛卯16	23庚申15	23庚寅14	23己未12	23己丑12	23戊午10	23戊子⑩	22丙辰⑦	23丁亥7
24癸巳19	24癸亥20	24壬辰18	24壬戌18	24壬辰17	**24**辛酉⑯	**24**辛卯15	24庚申13	24庚寅13	24己未11	24己丑11	23丁巳8	24戊子8
25甲午⑳	25甲子21	25癸巳19	25癸亥19	25癸巳⑱	25壬戌17	25壬辰16	25辛酉14	25辛卯14	25庚申⑫	25庚寅12	24戊午9	25己丑9
26乙未21	26乙丑22	26甲午20	26甲子20	26甲午19	26癸亥18	26癸巳17	**26**壬戌15	**26**壬辰⑮	26辛酉13	26辛卯13	25己未10	26庚寅10
27丙申22	27丙寅23	27乙未21	27乙丑㉑	27乙未20	27甲子19	27甲午18	27癸亥16	27癸巳16	27壬戌14	27壬辰14	26庚申11	27辛卯⑪
28丁酉23	28丁卯24	28丙申22	28丙寅22	28丙申21	28乙丑20	28乙未19	28甲子⑰	28甲午17	**28**癸亥15	**28**癸巳15	27辛酉12	28壬辰12
29戊戌24	29戊辰25	29丁酉㉓	29丁卯23	29丁酉22	29丙寅21	29丙申⑳	29乙丑18	29乙未18	29甲子16	29甲午16	28壬戌13	29癸巳13
30己亥25		30戊戌24	30戊辰24		30丁卯22		30丙寅19		30乙丑17		29癸亥⑭	
											30甲子15	
立春5日 雨水20日	啓蟄5日 春分20日	清明6日 穀雨22日	立夏7日 小満22日	芒種7日 夏至23日	小暑9日 大暑24日	立秋9日 処暑24日	白露11日 秋分26日	寒露11日 霜降26日	立冬12日 小雪28日	大雪13日 冬至28日	小寒14日 大寒30日	立春15日

承安3年（1173－1174） 癸巳

1月	2月	3月	4月	5月	6月	7月	8月	9月	10月	11月	12月
1 甲午14	**1** 甲子16	1 癸巳14	1 癸亥14	1 壬辰12	1 壬戌12	1 壬辰11	1 辛酉⑨	1 辛卯 9	1 庚申 7	1 庚寅 7	1 己未 5
2 乙未15	2 乙丑17	2 甲午⑮	2 甲子15	2 癸巳13	2 癸亥13	2 癸巳⑫	2 壬戌10	2 壬辰10	2 辛酉 8	2 辛卯 8	2 庚申⑥
3 丙申16	3 丙寅⑱	**3** 乙未16	**3** 乙丑16	3 甲午14	3 甲子14	3 甲午13	3 癸亥11	3 癸巳11	3 壬戌 9	3 壬辰⑨	3 辛酉 7
4 丁酉17	4 丁卯19	4 丙申17	4 丙寅17	4 乙未15	4 乙丑⑮	4 乙未14	4 甲子12	4 甲午12	4 癸亥10	4 癸巳10	4 壬戌 8
5 戊戌⑱	5 戊辰20	5 丁酉18	5 丁卯18	**5** 丙申16	**5** 丙寅16	5 丙申15	5 乙丑13	5 乙未13	5 甲子⑪	5 甲午11	5 癸亥 9
6 己亥19	6 己巳21	6 戊戌19	6 戊辰19	6 丁酉⑰	6 丁卯17	**6** 丁酉16	6 丙寅14	6 丙申⑭	6 乙丑12	6 乙未12	6 甲子10
7 庚子20	7 庚午22	7 己亥20	7 己巳⑳	7 戊戌18	7 戊辰18	7 戊戌17	**7** 丁卯15	7 丁酉15	7 丙寅13	7 丙申13	7 乙丑11
8 辛丑21	8 辛未23	8 庚子21	8 庚午21	8 己亥19	8 己巳19	8 己亥18	8 戊辰⑯	**8** 戊戌16	8 丁卯14	8 丁酉14	8 丙寅12
9 壬寅22	9 壬申24	9 辛丑㉒	9 辛未22	9 庚子20	9 庚午20	9 庚子⑲	9 己巳17	9 己亥17	**9** 戊辰15	**9** 戊戌15	9 丁卯⑬
10癸卯23	10癸酉㉕	10壬寅23	10壬申23	10辛丑21	10辛未21	10辛丑20	10庚午18	10庚子18	10己巳16	10己亥⑯	10戊辰14
11甲辰24	11甲戌26	11癸卯24	11癸酉24	11壬寅22	11壬申㉒	11壬寅21	11辛未19	11辛丑19	11庚午17	11庚子17	**11**己巳15
12乙巳㉕	12乙亥27	12甲辰25	12甲戌25	12癸卯23	12癸酉23	12癸卯22	12壬申20	12壬寅20	12辛未⑱	12辛丑18	12庚午16
13丙午26	13丙子28	13乙巳26	13乙亥26	13甲辰㉔	13甲戌24	13甲辰23	13癸酉21	13癸卯㉑	13壬申19	13壬寅19	13辛未17
14丁未27	14丁丑29	14丙午27	14丙子㉗	14乙巳25	14乙亥25	14乙巳24	14甲戌22	14甲辰22	14癸酉20	14癸卯20	14壬申18
15戊申28	15戊寅30	15丁未28	15丁丑28	15丙午26	15丙子26	15丙午25	15乙亥㉓	15乙巳23	15甲戌21	15甲辰21	15癸酉19
《3月》	16己卯31	16戊申㉙	16戊寅29	16丁未27	16丁丑27	16丁未㉖	16丙子24	16丙午24	16乙亥22	16乙巳22	16甲戌⑳
16己酉 1	《4月》	17己酉30	17己卯30	17戊申28	17戊寅28	17戊申27	17丁丑25	17丁未25	17丙子23	17丙午㉓	17乙亥21
17庚戌 2	**17**庚辰①	《5月》	18庚辰31	18己酉29	18己卯㉙	18己酉28	18戊寅26	18戊申26	18丁丑24	18丁未24	18丙子22
18辛亥 3	18辛巳 2	**18**庚戌 1	《6月》	19庚戌30	19庚辰30	19庚戌29	19己卯27	19己酉27	19戊寅㉕	19戊申25	19丁丑23
19壬子④	19壬午 3	19辛亥 2	**19**辛巳 1	《7月》	**20**辛巳31	20辛亥30	20庚辰28	20庚戌㉘	20己卯26	20己酉26	20戊寅24
20癸丑 5	20癸未 4	20壬子 3	20壬午 2	**20**辛亥①	《8月》	**21** 壬子31	21辛巳29	21辛亥29	21庚辰27	21庚戌27	21己卯25
21甲寅 6	21甲申 5	21癸丑 4	21癸未③	21壬子 2	21壬午 1	《9月》	**22**壬午㉚	22壬子30	22辛巳28	22辛亥28	22庚辰26
22乙卯 7	22乙酉 6	22甲寅 5	22甲申 4	22癸丑 3	22癸未 2	22癸丑 1	《10月》	**23**癸丑31	23壬午29	23壬子29	23辛巳㉗
23丙辰 8	23丙戌 7	23乙卯⑥	23乙酉 5	23甲寅 4	23甲申 3	23甲寅②	23癸未 1	《11月》	**24**癸未30	24癸丑㉚	24壬午28
24丁巳 9	24丁亥⑧	24丙辰 7	24丙戌 6	24乙卯 5	24乙酉 4	24乙卯 3	24甲申 2	24甲寅 1	《12月》	**25**甲寅31	25癸未29
25戊午10	25戊子 9	25丁巳 8	25丁亥 7	25丙辰 6	25丙戌⑤	25丙辰 4	25乙酉 3	25乙卯 2	25甲申 1	**1174年**	**26**甲申30
26己未⑪	26己丑10	26戊午 9	26戊子 8	26丁巳 7	26丁亥 6	26丁巳 5	26丙戌 4	26丙辰 3	26乙酉②	《1月》	27乙酉31
27庚申12	27庚寅11	27己未10	27己丑 9	27戊午⑧	27戊子 7	27戊午 6	27丁亥 5	27丁巳④	27丙戌 3	26乙卯 1	《2月》
28辛酉13	28辛卯12	28庚申11	28庚寅⑩	28己未 9	28己丑 8	28己未 7	28戊子 6	28戊午 5	28丁亥 4	27丙辰 2	28丙戌 1
29壬戌14	29壬辰13	29辛酉12	29辛卯11	29庚申10	29庚寅 9	29庚申 8	29己丑⑦	29己未 6	29戊子 5	28丁巳 3	29丁亥 2
30癸亥15		30壬戌⑬		30辛酉11	30辛卯10		30庚寅 8		30己丑 6	29戊午 4	30戊子③

雨水 1日	春分 1日	穀雨 3日	小満 3日	夏至 5日	大暑 5日	処暑 6日	秋分 7日	霜降 8日	小雪 9日	冬至 9日	大寒 11日
啓蟄 16日	清明 17日	立夏 18日	芒種 19日	小暑 20日	立秋 20日	白露 21日	寒露 22日	立冬 23日	大雪 24日	小寒 25日	立春 26日

承安4年（1174－1175） 甲午

1月	2月	3月	4月	5月	6月	7月	8月	9月	10月	11月	12月
1 己丑 4	1 戊午 5	1 戊子 4	1 丁巳 3	1 丁亥②	《7月》	1 丙戌31	1 乙卯29	1 乙酉28	1 乙卯28	1 甲申26	1 甲寅26
2 庚寅 5	2 己未 6	2 己丑 5	2 戊午 4	2 戊子 3	**1** 丙辰 1	《8月》	2 丙辰30	2 丙戌㉙	2 丙辰29	2 乙酉27	2 乙卯27
3 辛卯 6	3 庚申 7	3 庚寅 6	3 己未⑤	3 己丑 4	2 丁巳 2	**2** 丁亥 1	**3** 丁巳31	3 丁亥30	3 丁巳30	3 丙戌28	3 丙辰28
4 壬辰 7	4 辛酉 8	4 辛卯⑦	4 庚申 6	4 庚寅 5	3 戊午 3	3 戊子 2	《9月》	《10月》	**4** 戊午31	4 丁亥29	4 丁巳㉙
5 癸巳 8	5 壬戌 9	5 壬辰 8	5 辛酉 7	5 辛卯 6	4 己未 4	4 己丑 3	4 戊午①	**4** 戊子 1	《11月》	**5** 戊子30	5 戊午30
6 甲午 9	6 癸亥⑩	6 癸巳 9	6 壬戌 8	6 壬辰 7	5 庚申 5	5 庚寅④	5 己未 2	5 己丑 2	5 己未 1	《12月》	**6** 己未31
7 乙未⑩	7 甲子11	7 甲午10	7 癸亥 9	7 癸巳 8	6 辛酉 6	6 辛卯 5	6 庚申 3	6 庚寅 3	6 庚申 2	6 己丑①	**1175年**
8 丙申11	8 乙丑12	8 乙未11	8 甲子10	8 甲午⑨	7 壬戌⑦	7 壬辰 6	7 辛酉 4	7 辛卯 4	7 辛酉③	7 庚寅 2	《1月》
9 丁酉12	9 丙寅13	9 丙申12	9 乙丑11	9 乙未10	8 癸亥 8	8 癸巳 7	8 壬戌 5	8 壬辰 5	8 壬戌 4	8 辛卯 3	7 庚申 1
10戊戌13	10丁卯14	10丁酉13	10丙寅⑫	10丙申11	9 甲子 9	9 甲午 8	9 癸亥 6	9 癸巳⑥	9 癸亥 5	9 壬辰 4	8 辛酉 2
11己亥14	11戊辰15	11戊戌⑭	11丁卯13	11丁酉12	10乙丑10	10乙未 9	10甲子 7	10甲午 7	10甲子 6	10癸巳 5	9 壬戌 3
12庚子15	12己巳16	12己亥15	12戊辰14	12戊戌13	11丙寅11	11丙申10	11乙丑⑧	11乙未 8	11乙丑 7	11甲午 6	10癸亥 4
13辛丑16	**13**庚午⑰	**13**庚子16	13己巳15	13己亥14	12丁卯12	12丁酉⑪	12丙寅 9	12丙申 9	12丙寅 8	12乙未 7	11甲子⑤
14壬寅⑰	14辛未18	14辛丑17	14庚午16	14庚子15	13戊辰13	13戊戌12	13丁卯10	13丁酉10	13丁卯 9	13丙申⑧	12乙丑 6
15癸卯18	15壬申19	15壬寅18	**15**辛未17	**15**辛丑⑯	14己巳⑭	14己亥13	14戊辰11	14戊戌11	14戊辰⑩	14丁酉 9	13丙寅 7
16甲辰19	16癸酉20	16癸卯19	16壬申18	16壬寅17	15庚午15	15庚子14	15己巳12	15己亥12	15己巳11	15戊戌10	14丁卯 8
17乙巳20	17甲戌21	17甲辰20	17癸酉⑲	17癸卯18	**16**辛未16	16辛丑15	16庚午13	16庚子⑬	16庚午12	16己亥11	15戊辰 9
18丙午21	18乙亥22	18乙巳㉑	18甲戌20	18甲辰19	17壬申17	**17**壬寅16	17辛未14	17辛丑14	17辛未13	17庚子12	16己巳10
19丁未22	19丙子23	19丙午22	19乙亥21	19乙巳20	18癸酉18	18癸卯17	**18**壬申⑮	18壬寅15	18壬申14	18辛丑13	17庚午11
20戊申23	20丁丑㉔	20丁未23	20丙子22	20丙午21	19甲戌19	19甲辰⑱	19癸酉16	**19**癸卯16	**19**癸酉15	19壬寅14	18辛未⑫
21己酉㉔	21戊寅25	21戊申24	21丁丑23	21丁未22	20乙亥20	20乙巳19	20甲戌17	20甲辰17	20甲戌16	20癸卯⑮	19壬申13
22庚戌25	22己卯26	22己酉25	22戊寅24	22戊申㉓	21丙子㉑	21丙午20	21乙亥18	21乙巳18	21乙亥⑰	**21** 甲辰16	20癸酉14
23辛亥26	23庚辰27	23庚戌26	23己卯25	23己酉24	22丁丑22	22丁未21	22丙子19	22丙午19	22丙子18	22乙巳17	**21** 甲戌15
24壬子27	24辛巳28	24辛亥27	24庚辰㉖	24庚戌25	23戊寅23	23戊申22	23丁丑20	23丁未⑳	23丁丑19	23丙午18	22乙亥16
25癸丑28	25壬午29	25壬子㉘	25辛巳27	25辛亥26	24己卯24	24己酉23	24戊寅21	24戊申21	24戊寅20	24丁未19	23丙子17
《3月》	26癸未30	26癸丑29	26壬午28	26壬子27	25庚辰25	25庚戌24	25己卯㉒	25己酉22	25己卯21	25戊申20	24丁丑18
26甲寅 1	27甲申㉛	27甲寅30	27癸未29	27癸丑28	26辛巳26	26辛亥㉕	26庚辰23	26庚戌23	26庚辰22	26己酉21	25戊寅⑲
27乙卯 2	《4月》	《5月》	28甲申30	28甲寅29	27壬午27	27壬子26	27辛巳24	27辛亥24	27辛巳23	27庚戌㉒	26己卯20
28丙辰③	**28**乙酉 1	**28**乙卯 1	29乙酉31	29乙卯㉚	28癸未㉘	28癸丑27	28壬午25	28壬子25	28壬午㉔	28辛亥23	27庚辰21
29丁巳 4	29丙戌 2	29丙辰 2	《6月》		29甲申29	29甲寅28	29癸未26	29癸丑26	29癸未25	29壬子24	28辛巳22
	30丁亥 3		**30**丙戌 1		30乙酉30		30甲申27	30甲寅㉗		30癸丑25	29壬午23

雨水 11日	春分 13日	穀雨 13日	小満 15日	夏至 15日	小暑 1日	立秋 2日	白露 3日	寒露 4日	立冬 4日	大雪 5日	小寒 6日
啓蟄 26日	清明 28日	立夏 28日	芒種 30日		大暑 16日	処暑 17日	秋分 18日	霜降 19日	小雪 19日	冬至 21日	大寒 21日

安元元年〔承安**5**年〕（1175－1176） 乙未

改元 7/28（承安→安元）

1月	2月	3月	4月	5月	6月	7月	8月	9月	閏9月	10月	11月	12月
1 癸未24	1 癸丑㉓	1 壬午24	1 壬子23	1 辛巳22	1 庚戌20	1 庚辰⑳	1 己酉18	1 己卯17	1 己酉17	**1** 戊寅15	1 戊申15	1 戊寅14
2 甲申25	2 甲寅24	2 癸未25	2 癸丑24	2 壬午23	2 辛亥21	2 辛巳21	2 庚戌19	2 庚辰18	2 庚戌18	2 己卯⑯	**2** 己酉16	**2** 己卯15
3 乙酉㉖	3 乙卯25	3 甲申26	3 甲寅25	3 癸未24	3 壬子㉒	3 壬午22	3 辛亥20	3 辛巳19	3 辛亥⑲	3 庚辰17	3 庚戌17	3 庚辰16
4 丙戌27	4 丙辰26	4 乙酉27	4 乙卯26	4 甲申㉕	4 癸丑23	4 癸未23	4 壬子21	4 壬午20	4 壬子20	4 辛巳18	4 辛亥18	4 辛巳17
5 丁亥28	5 丁巳27	5 丙戌28	5 丙辰㉗	5 乙酉26	5 甲寅24	5 甲申24	5 癸丑22	5 癸未㉑	5 癸丑21	5 壬午19	5 壬子19	5 壬午⑱
6 戊子29	6 戊午28	6 丁亥29	6 丁巳28	6 丙戌27	6 乙卯25	6 乙酉25	6 甲寅23	6 甲申22	6 甲寅22	6 癸未20	6 癸丑20	6 癸未19
7 己丑30	《3月》	7 戊子㉚	7 戊午29	7 丁亥28	7 丙辰26	7 丙戌26	7 乙卯㉔	7 乙酉23	7 乙卯23	7 甲申21	7 甲寅㉑	7 甲申20
8 庚寅31	7 己未 1	8 己丑31	8 己未30	8 戊子29	8 丁巳27	8 丁亥㉗	8 丙辰25	8 丙戌24	8 丙辰24	8 乙酉22	8 乙卯22	8 乙酉21
《2月》	**8** 庚申②	《4月》	《5月》	9 己丑30	9 戊午28	9 戊子28	9 丁巳26	9 丁亥25	9 丁巳25	9 丙戌㉓	9 丙辰23	9 丙戌22
9 辛卯 1	9 辛酉 3	**9** 庚寅 1	9 庚申 1	10庚寅31	10己未㉙	10己丑29	10戊午27	10戊子26	10戊午㉖	10丁亥24	10丁巳24	10丁亥23
10壬辰②	10壬戌 4	10辛卯 2	**10**辛酉 2	《6月》	11庚申30	11庚寅30	11己未28	11己丑27	11己未27	11戊子25	11戊午25	11戊子24
11癸巳 3	11癸亥 5	11壬辰 3	11壬戌 3	**11**辛卯①	《7月》	12辛卯31	12庚申29	12庚寅㉘	12庚申28	12己丑26	12己未26	12己丑㉕
12甲午 4	12甲子 6	12癸巳 4	12癸亥④	12壬辰 2	**12**辛酉 1	《8月》	13辛酉30	13辛卯29	13辛酉29	13庚寅27	13庚申27	13庚寅26
13乙未 5	13乙丑 7	13甲午 5	13甲子 5	13癸巳 3	13壬戌 2	**13**壬辰 1	**14**壬戌㉛	14壬辰30	14壬戌30	14辛卯28	14辛酉㉘	14辛卯27
14丙申 6	14丙寅 8	14乙未⑥	14乙丑 6	14甲午 4	14癸亥 3	14癸巳 2	《9月》	《10月》	**15**癸亥31	15壬辰29	15壬戌29	15壬辰28
15丁酉 7	15丁卯⑨	15丙申 7	15丙寅 7	15乙未 5	15甲子 4	15甲午③	15癸亥 1	**15**癸巳 1	《11月》	16癸巳㉚	16癸亥30	16癸巳29
16戊戌 8	16戊辰10	16丁酉 8	16丁卯 8	16丙申 6	16乙丑 5	16乙未 4	16甲子 2	16甲午 2	16甲子 1	《12月》	**17**甲子31	17甲午30
17己亥⑨	17己巳11	17戊戌 9	17戊辰 9	17丁酉 7	17丙寅⑥	17丙申 5	17乙丑 3	17乙未 3	17乙丑②	**17**甲午 1	**1176年**	**18**乙未31
18庚子10	18庚午12	18己亥10	18己巳10	18戊戌⑧	18丁卯 7	18丁酉 6	18丙寅 4	18丙申 4	18丙寅 3	18乙未 2	《1月》	《2月》
19辛丑11	19辛未13	19庚子11	19庚午⑪	19己亥 9	19戊辰 8	19戊戌 7	19丁卯 5	19丁酉⑤	19丁卯 4	19丙申 3	18乙丑 1	19丙申①
20壬寅12	20壬申14	20辛丑12	20辛未12	20庚子10	20己巳 9	20己亥 8	20戊辰 6	20戊戌 6	20戊辰 5	20丁酉 4	19丙寅 2	20丁酉 2
21癸卯13	21癸酉15	21壬寅⑬	21壬申13	21辛丑11	21庚午10	21庚子 9	21己巳⑦	21己亥 7	21己巳 6	21戊戌 5	20丁卯 3	21戊戌 3
22甲辰14	22甲戌⑯	22癸卯14	22癸酉14	22壬寅12	22辛未11	22辛丑⑩	22庚午 8	22庚子 8	22庚午 7	22己亥 6	21戊辰④	22己亥 4
23乙巳15	**23**乙亥17	23甲辰15	23甲戌15	23癸卯13	23壬申12	23壬寅11	23辛未 9	23辛丑 9	23辛未 8	23庚子⑦	22己巳 5	23庚子 5
24丙午⑯	24丙子18	**24**乙巳16	24乙亥16	24甲辰14	24癸酉⑬	24癸卯12	24壬申10	24壬寅10	24壬申⑨	24辛丑 8	23庚午 6	24辛丑 6
25丁未17	25丁丑19	25丙午17	**25**丙子17	25乙巳⑮	25甲戌14	25甲辰13	25癸酉11	25癸卯11	25癸酉10	25壬寅 9	24辛未 7	25壬寅 7
26戊申18	26戊寅20	26丁未18	26丁丑⑱	**26**丙午16	26乙亥15	26乙巳14	26甲戌12	26甲辰⑫	26甲戌11	26癸卯10	25壬申 8	26癸卯⑧
27己酉19	27己卯21	27戊申19	27戊寅19	27丁未17	27丙子16	27丙午15	27乙亥13	27乙巳13	27乙亥12	27甲辰11	26癸酉 9	27甲辰 9
28庚戌20	28庚辰22	28己酉⑳	28己卯20	28戊申18	**28**丁丑17	**28**丁未16	28丙子⑭	28丙午14	28丙子13	28乙巳12	27甲戌10	28乙巳10
29辛亥21	29辛巳㉓	29庚戌21	29庚辰21	29己酉19	29戊寅18	29戊申⑰	29丁丑15	29丁未15	29丁丑14	29丙午13	28乙亥⑪	29丙午11
30壬子22		30辛亥22			30己卯19		**30**戊寅16	**30**戊申16		30丁未⑭	29丙子12	
											30丁丑13	
立春 7日 雨水 22日	啓蟄 8日 春分 23日	清明 9日 穀雨 24日	立夏 10日 小満 25日	芒種 11日 夏至 26日	小暑 12日 大暑 28日	立秋 13日 処暑 28日	白露 14日 秋分 30日	寒露 15日 霜降 30日	立冬15日	小雪 1日 大雪 17日	冬至 2日 小寒 17日	大寒 2日 立春 18日

安元**2**年（1176－1177） 丙申

1月	2月	3月	4月	5月	6月	7月	8月	9月	10月	11月	12月
1 丁未12	1 丁丑13	1 丙午⑪	1 丙子11	1 乙巳 9	1 甲戌 8	1 甲辰 7	1 癸酉⑤	1 癸卯 5	1 壬申 3	1 壬寅 3	1 壬申②
2 戊申13	2 戊寅⑭	2 丁未12	2 丁丑12	2 丙午10	2 乙亥 9	2 乙巳⑧	2 甲戌 6	2 甲辰 6	2 癸酉 4	2 癸卯 4	2 癸酉 3
3 己酉14	3 己卯15	3 戊申13	3 戊寅13	3 丁未11	3 丙子10	3 丙午 9	3 乙亥 7	3 乙巳 7	3 甲戌 5	3 甲辰⑤	3 甲戌 4
4 庚戌⑮	**4** 庚辰16	4 己酉14	4 己卯14	4 戊申12	4 丁丑⑪	4 丁未10	4 丙子 8	4 丙午 8	4 乙亥 6	4 乙巳 6	4 乙亥 5
5 辛亥16	5 辛巳17	5 庚戌15	5 庚辰15	5 己酉⑬	5 戊寅12	5 戊申11	5 丁丑 9	5 丁未 9	5 丙子⑦	5 丙午 7	5 丙子 6
6 壬子17	6 壬午18	**6** 辛亥16	**6** 辛巳⑯	6 庚戌14	6 己卯13	6 己酉12	6 戊寅10	6 戊申⑩	6 丁丑 8	6 丁未 8	6 丁丑 7
7 癸丑18	7 癸未19	7 壬子17	7 壬午17	**7** 辛亥15	7 庚辰14	7 庚戌13	7 己卯11	7 己酉11	7 戊寅 9	7 戊申 9	7 戊寅 8
8 甲寅19	8 甲申20	8 癸丑⑱	8 癸未18	8 壬子16	8 辛巳15	8 辛亥14	8 庚辰⑫	8 庚戌12	8 己卯10	8 己酉10	8 己卯⑨
9 乙卯20	9 乙酉㉑	9 甲寅19	9 甲申19	9 癸丑17	**9** 壬午16	**9** 壬子⑮	9 辛巳13	9 辛亥13	9 庚辰11	9 庚戌11	9 庚辰10
10丙辰21	10丙戌22	10乙卯20	10乙酉20	10甲寅18	10癸未17	10癸丑16	10壬午14	10壬子14	10辛巳12	10辛亥⑫	10辛巳11
11丁巳㉒	11丁亥23	11丙辰21	11丙戌21	11乙卯19	11甲申⑱	11甲寅17	**11**癸未15	**11**癸丑15	11壬午13	11壬子13	11壬午12
12戊午23	12戊子24	12丁巳22	12丁亥22	12丙辰⑳	12乙酉19	12乙卯18	12甲申16	12甲寅16	12癸未⑭	12癸丑14	12癸未13
13己未24	13己丑25	13戊午23	13戊子㉓	13丁巳21	13丙戌20	13丙辰19	13乙酉17	13乙卯⑰	**13**甲申15	**13**甲寅15	13甲申14
14庚申25	14庚寅26	14己未24	14己丑24	14戊午22	14丁亥21	14丁巳20	14丙戌18	14丙辰18	14乙酉16	14乙卯16	**14**乙酉15
15辛酉26	15辛卯27	15庚申㉕	15庚寅25	15己未23	15戊子22	15戊午21	15丁亥⑲	15丁巳19	15丙戌17	15丙辰17	15丙戌⑯
16壬戌27	16壬辰㉘	16辛酉26	16辛卯26	16庚申24	16己丑23	16己未㉒	16戊子20	16戊午20	16丁亥18	16丁巳18	16丁亥17
17癸亥28	17癸巳29	17壬戌27	17壬辰27	17辛酉25	17庚寅24	17庚申23	17己丑21	17己未21	17戊子19	17戊午⑲	17戊子18
18甲子㉙	18甲午30	18癸亥28	18癸巳28	18壬戌26	18辛卯㉕	18辛酉24	18庚寅22	18庚申22	18己丑20	18己未20	18己丑19
《3月》	**19**乙未31	19甲子29	19甲午29	19癸亥㉗	19壬辰26	19壬戌25	19辛卯23	19辛酉23	19庚寅㉑	19庚申21	19庚寅20
19乙丑 1	《4月》	20乙丑30	20乙未㉚	20甲子28	20癸巳27	20癸亥26	20壬辰24	20壬戌㉔	20辛卯22	20辛酉22	20辛卯21
20丙寅 2	20丙申 1	《5月》	**21**丙申31	21乙丑29	21甲午28	21甲子27	21癸巳25	21癸亥25	21壬辰23	21壬戌23	21壬辰22
21丁卯 3	21丁酉 2	**21**丙寅 1	《6月》	22丙寅30	22乙未29	22乙丑28	22甲午㉖	22甲子26	22癸巳24	22癸亥24	22癸巳㉓
22戊辰 4	22戊戌 3	22丁卯②	22丁酉 1	《7月》	23丙申30	23丙寅㉙	23乙未27	23乙丑27	23甲午25	23甲子25	23甲午24
23己巳 5	23己亥④	23戊辰 3	23戊戌 2	**23**丁卯 1	**24**丁酉31	24丁卯30	24丙申28	24丙寅28	24乙未26	24乙丑㉖	24乙未25
24庚午 6	24庚子 5	24己巳 4	24己亥 3	24戊辰 2	《8月》	**25**戊辰31	25丁酉29	25丁卯29	25丙申27	25丙寅27	25丙申26
25辛未⑦	25辛丑 6	25庚午 5	25庚子 4	25己巳 3	25戊戌①	《9月》	**26**戊戌30	**26**戊辰30	26丁酉㉘	26丁卯28	26丁酉27
26壬申 8	26壬寅 7	26辛未 6	26辛丑 5	26庚午④	26己亥 2	26己巳 1	《10月》	27己巳㉛	27戊戌29	27戊辰29	27戊戌28
27癸酉 9	27癸卯 8	27壬申 7	27壬寅⑥	27辛未 5	27庚子 3	27庚午 2	27己亥 1	《11月》	**28**己亥30	**28**己巳30	28己亥29
28甲戌10	28甲辰 9	28癸酉 8	28癸卯 7	28壬申 6	28辛丑 4	28辛未 3	28庚子 2	28庚午 1	《12月》	29庚午31	**29**庚子㉚
29乙亥11	29乙巳10	29甲戌⑨	29甲辰 8	29癸酉 7	29壬寅 5	29壬申 4	29辛丑③	29辛未 2	29庚子 1	**1177年**	30辛丑31
30丙子12		30乙亥10			30癸卯 6		30壬寅 4		30辛丑 2	《1月》	
										30辛未 1	
雨水 4日 啓蟄 19日	春分 4日 清明 19日	穀雨 6日 立夏 21日	小満 6日 芒種 21日	夏至 7日 小暑 23日	大暑 9日 立秋 24日	処暑 9日 白露 25日	秋分 11日 寒露 26日	霜降 11日 立冬 26日	小雪 13日 大雪 28日	冬至 13日 小寒 28日	大寒 14日 立春 29日

治承元年〔安元 **3** 年〕（1177－1178） 丁酉

改元 8/4（安元→治承）

1月	2月	3月	4月	5月	6月	7月	8月	9月	10月	11月	12月
《2月》	1 辛未 2	《4月》	1 庚午30	1 庚子30	1 己巳28	1 戊戌27	1 戊辰26	1 丁酉24	1 丁卯24	1 丙申22	1 丙寅22
1 壬寅 1	2 壬申 3	**1** 辛丑 1	《5月》	2 辛丑31	2 庚午29	2 己亥28	2 己巳27	2 戊戌㉕	2 戊辰25	2 丁酉23	2 丁卯23
2 癸卯 2	3 癸酉 4	2 壬寅 2	**2** 辛未①	《6月》	3 辛未30	3 庚子29	3 庚午㉘	3 己亥26	3 己巳26	3 戊戌24	3 戊辰24
3 甲辰 3	4 甲戌 5	3 癸卯③	3 壬申 2	**3** 壬寅 1	《7月》	4 辛丑30	4 辛未29	4 庚子27	4 庚午27	4 己亥25	4 己巳㉕
4 乙巳 4	5 乙亥⑥	4 甲辰 4	4 癸酉 3	4 癸卯 2	**4** 壬申 1	**5** 壬寅㉛	5 壬申30	5 辛丑28	5 辛未28	5 庚子26	5 庚午26
5 丙午 5	6 丙子 7	5 乙巳 5	5 甲戌 4	5 甲辰 3	5 癸酉 2	《8月》	**6** 癸酉31	6 壬寅29	6 壬申29	6 辛丑㉗	6 辛未27
6 丁未⑥	7 丁丑 8	6 丙午 6	6 乙亥 5	6 乙巳 4	6 甲戌③	6 癸卯 1	《9月》	**7** 癸卯30	7 癸酉㉚	7 壬寅28	7 壬申28
7 戊申 7	8 戊寅 9	7 丁未 7	7 丙子 6	7 丙午⑤	7 乙亥 4	7 甲辰 2	7 甲戌 1	《10月》	**8** 甲戌31	8 癸卯29	8 癸酉29
8 己酉 8	9 己卯10	8 戊申 8	8 丁丑 7	8 丁未 6	8 丙子 5	8 乙巳 3	8 乙亥 2	8 甲辰 1	《11月》	**9** 甲辰30	9 甲戌30
9 庚戌 9	10庚辰11	9 己酉 9	9 戊寅⑧	9 戊申 7	9 丁丑 6	9 丙午 4	9 丙子 3	9 乙巳②	9 乙亥 1	《12月》	**10**乙亥31
10辛亥10	11辛巳12	10庚戌⑩	10己卯 9	10己酉 8	10戊寅 7	10丁未 5	10丁丑④	10丙午 3	10丙子 2	10乙巳 1	**1178年**
11壬子11	12壬午⑬	11辛亥11	11庚辰10	11庚戌 9	11己卯 8	11戊申 6	11戊寅 5	11丁未 4	11丁丑 3	11丙午 2	《1月》
12癸丑12	13癸未14	12壬子12	12辛巳11	12辛亥10	12庚辰 9	12己酉⑦	12己卯 6	12戊申 5	12戊寅 4	12丁未 3	11丙子①
13甲寅⑬	14甲申15	13癸丑13	13壬午12	13壬子11	13辛巳⑩	13庚戌 8	13庚辰 7	13己酉 6	13己卯 5	13戊申④	12丁丑 2
14乙卯14	**15**乙酉16	14甲寅14	14癸未13	14癸丑⑫	14壬午11	14辛亥 9	14辛巳 8	14庚戌 7	14庚辰⑥	14己酉 5	13戊寅 3
15丙辰15	16丙戌17	15乙卯15	15甲申14	15甲寅13	15癸未12	15壬子10	15壬午 9	15辛亥 8	15辛巳 7	15庚戌 6	14己卯 4
16丁巳16	17丁亥18	**16**丙辰16	16乙酉⑮	16乙卯14	16甲申13	16癸丑11	16癸未10	16壬子⑨	16壬午 8	16辛亥 7	15庚辰 5
17戊午17	18戊子19	17丁巳⑰	**17**丙戌16	17丙辰15	17乙酉14	17甲寅12	17甲申⑪	17癸丑10	17癸未 9	17壬子 8	16辛巳 6
18己未18	19己丑⑳	18戊午18	18丁亥17	**18**丁巳16	18丙戌15	18乙卯13	18乙酉12	18甲寅11	18甲申10	18癸丑 9	17壬午 7
19庚申19	20庚寅21	19己未19	19戊子18	19戊午17	**19**丁亥16	19丙辰⑭	19丙戌13	19乙卯12	19乙酉11	19甲寅10	18癸未⑧
20辛酉⑳	21辛卯22	20庚申20	20己丑19	20己未18	20戊子⑰	20丁巳15	20丁亥14	20丙辰13	20丙戌12	20乙卯⑪	19甲申 9
21壬戌21	22壬辰23	21辛酉21	21庚寅20	21庚申⑲	21己丑18	**21** 戊午16	**21** 戊子15	21丁巳14	21丁亥⑬	21丙辰12	20乙酉10
22癸亥22	23癸巳24	22壬戌22	22辛卯21	22辛酉20	22庚寅19	22己未17	22己丑16	**22**戊午15	22戊子14	22丁巳13	21丙戌11
23甲子23	24甲午25	23癸亥23	23壬辰㉒	23壬戌21	23辛卯20	23庚申18	23庚寅17	23己未⑯	**23**己丑15	23戊午14	22丁亥12
24乙丑24	25乙未26	24甲子㉔	24癸巳23	24癸亥22	24壬辰21	24辛酉19	24辛卯⑱	24庚申17	24庚寅16	**24**己未15	23戊子13
25丙寅25	26丙申㉗	25乙丑25	25甲午24	25甲子23	25癸巳22	25壬戌20	25壬辰19	25辛酉18	25辛卯17	25庚申16	24己丑14
26丁卯26	27丁酉28	26丙寅26	26乙未25	26乙丑24	26甲午23	26癸亥㉑	26癸巳20	26壬戌19	26壬辰18	26辛酉17	**25**庚寅⑮
27戊辰㉗	28戊戌29	27丁卯27	27丙申26	27丙寅25	27乙未㉔	27甲子22	27甲午21	27癸亥20	27癸巳19	27壬戌⑱	26辛卯16
28己巳28	29己亥30	28戊辰28	28丁酉27	28丁卯㉖	28丙申25	28乙丑23	28乙未22	28甲子21	28甲午⑳	28癸亥19	27壬辰17
《3月》	30庚子31	29己巳29	29戊戌28	29戊辰27	29丁酉26	29丙寅24	29丙申23	29乙丑22	29乙未21	29甲子20	28癸巳18
29庚午 1			30己亥㉙			30丁卯25		30丙寅㉓		30乙丑21	29甲午19
											30乙未20
雨水 14日 啓蟄 29日	春分 15日	清明 1日 穀雨 16日	立夏 2日 小満 17日	芒種 3日 夏至 18日	小暑 4日 大暑 19日	立秋 5日 処暑 21日	白露 6日 秋分 21日	寒露 7日 霜降 22日	立冬 8日 小雪 23日	大雪 9日 冬至 24日	小寒 10日 大寒 25日

治承 **2** 年（1178－1179） 戊戌

1月	2月	3月	4月	5月	6月	閏6月	7月	8月	9月	10月	11月	12月
1 丙申21	1 丙寅20	1 乙未21	1 乙丑20	1 甲午19	1 甲子⑱	1 癸巳17	1 壬戌15	1 壬辰14	1 辛酉13	1 辛卯⑫	1 庚申11	1 庚寅10
2 丁酉㉒	2 丁卯21	2 丙申22	2 丙寅21	2 乙未20	2 乙丑19	2 甲午18	**2** 癸亥16	**2** 癸巳15	2 壬戌14	2 壬辰13	2 辛酉12	2 辛卯11
3 戊戌23	3 戊辰22	3 丁酉23	3 丁卯22	3 丙申㉑	3 丙寅20	3 乙未19	3 甲子17	3 甲午16	3 癸亥⑮	3 癸巳14	3 壬戌13	3 壬辰12
4 己亥24	4 己巳23	4 戊戌24	4 戊辰㉓	4 丁酉22	4 丁卯21	4 丙申20	4 乙丑18	4 乙未⑰	**4** 甲子16	**4** 甲午15	4 癸亥14	4 癸巳13
5 庚子25	5 庚午24	5 己亥25	5 己巳24	5 戊戌23	5 戊辰22	5 丁酉21	5 丙寅19	5 丙申18	5 乙丑17	5 乙未16	5 甲子15	5 甲午⑭
6 辛丑26	6 辛未25	6 庚子㉖	6 庚午25	6 己亥24	6 己巳23	6 戊戌22	6 丁卯⑳	6 丁酉19	6 丙寅18	6 丙申17	**6** 乙丑16	**6** 乙未15
7 壬寅27	7 壬申㉖	7 辛丑27	7 辛未26	7 庚子25	7 庚午24	7 己亥㉓	7 戊辰21	7 戊戌20	7 丁卯19	7 丁酉18	7 丙寅⑰	7 丙申16
8 癸卯28	8 癸酉27	8 壬寅28	8 壬申27	8 辛丑26	8 辛未㉕	8 庚子24	8 己巳22	8 己亥21	8 戊辰20	8 戊戌⑲	8 丁卯18	8 丁酉17
9 甲辰㉙	9 甲戌28	9 癸卯29	9 癸酉28	9 壬寅27	9 壬申26	9 辛丑25	9 庚午23	9 庚子22	9 己巳21	9 己亥20	9 戊辰19	9 戊戌18
10乙巳30	《3月》	10甲辰30	10甲戌29	10癸卯㉘	10癸酉27	10壬寅26	10辛未24	10辛丑23	10庚午㉒	10庚子21	10己巳20	10己亥19
11丙午31	**10**乙亥 1	11乙巳31	11乙亥㉚	11甲辰29	11甲戌28	11癸卯27	11壬申25	11壬寅㉔	11辛未23	11辛丑22	11庚午21	11庚子20
《2月》	11丙子 2	《4月》	《5月》	12乙巳30	12乙亥29	12甲辰28	12癸酉26	12癸卯25	12壬申24	12壬寅23	12辛未22	12辛丑㉑
12丁未 1	12丁丑 3	**12**丙午 1	**12**丙子 1	13丙午31	13丙子30	13乙巳29	13甲戌㉗	13甲辰26	13癸酉25	13癸卯24	13壬申23	13壬寅22
13戊申 2	13戊寅 4	13丁未②	13丁丑 2	《6月》	《7月》	14丙午㉚	14乙亥28	14乙巳27	14甲戌26	14甲辰25	14癸酉㉔	14癸卯23
14己酉 3	14己卯⑤	14戊申 3	14戊寅 3	**14**丁未 1	**14**丁丑 1	15丁未31	15丙子29	15丙午28	15乙亥27	15乙巳㉖	15甲戌25	15甲辰24
15庚戌 4	15庚辰 6	15己酉 4	15己卯 4	15戊申 2	15戊寅②	《8月》	16丁丑30	16丁未29	16丙子28	16丙午27	16乙亥26	16乙巳25
16辛亥⑤	16辛巳 7	16庚戌 5	16庚辰 5	16己酉 3	16己卯 3	**16**戊申 1	**17**戊寅31	17戊申30	17丁丑㉙	17丁未28	17丙子27	17丙午26
17壬子 6	17壬午 8	17辛亥 6	17辛巳 6	17庚戌④	17庚辰 4	17己酉 2	《9月》	《10月》	18戊寅30	18戊申29	18丁丑28	18丁未27
18癸丑 7	18癸未 9	18壬子 7	18壬午⑦	18辛亥 5	18辛巳 5	18庚戌 3	18己卯 1	**18**己酉①	**19**己卯31	**19**己酉30	19戊寅29	19戊申㉘
19甲寅 8	19甲申10	19癸丑 8	19癸未 8	19壬子 6	19壬午 6	19辛亥 4	19庚辰 2	19庚戌 2	《11月》	《12月》	20己卯30	20己酉29
20乙卯 9	20乙酉11	20甲寅⑨	20甲申 9	20癸丑 7	20癸未 7	20壬子 5	20辛巳③	20辛亥 3	20庚辰 1	20庚戌 1	**21**庚辰㉛	**21**庚戌30
21丙辰10	21丙戌⑫	21乙卯10	21乙酉10	21甲寅 8	21甲申 8	21癸丑⑥	21壬午 4	21壬子 4	21辛巳 2	21辛亥 2	**1179年**	22辛亥31
22丁巳11	22丁亥13	22丙辰11	22丙戌11	22乙卯 9	22乙酉⑨	22甲寅 7	22癸未 5	22癸丑 5	22壬午 3	22壬子③	《1月》	《2月》
23戊午⑫	23戊子14	23丁巳12	23丁亥12	23丙辰10	23丙戌10	23乙卯 8	23甲申 6	23甲寅 6	23癸未 4	23癸丑 4	22辛巳 1	23壬子 1
24己未13	24己丑15	24戊午13	24戊子13	24丁巳⑪	24丁亥11	24丙辰 9	24乙酉 7	24乙卯 7	24甲申⑤	24甲寅 5	23壬午 2	24癸丑 2
25庚申14	25庚寅16	25己未14	25己丑⑭	25戊午12	25戊子12	25丁巳10	25丙戌 8	25丙辰⑧	25乙酉 6	25乙卯 6	24癸未 3	25甲寅 3
26辛酉15	**26**辛卯17	26庚申15	26庚寅15	26己未13	26己丑13	26戊午11	26丁亥 9	26丁巳 9	26丙戌 7	26丙辰 7	25甲申 4	26乙卯④
27壬戌16	27壬辰18	**27**辛酉⑯	27辛卯16	27庚申14	27庚寅14	27己未12	27戊子⑩	27戊午10	27丁亥 8	27丁巳 8	26乙酉 5	27丙辰 5
28癸亥17	28癸巳⑲	28壬戌17	**28**壬辰17	28辛酉15	28辛卯15	28庚申⑬	28己丑11	28己未11	28戊子 9	28戊午 9	27丙戌 6	28丁巳 6
29甲子18	29甲午20	29癸亥18	29癸巳18	**29**壬戌16	**29**壬辰⑯	29辛酉14	29庚寅12	29庚申12	29己丑10	29己未⑩	28丁亥⑦	29戊午 7
30乙丑⑲		30甲子19		30癸亥17			30辛卯13		30庚寅11		29戊子 8	30己未 8
											30己丑 9	
立春 10日 雨水 25日	啓蟄 10日 春分 26日	清明 12日 穀雨 27日	立夏 12日 小満 28日	芒種 14日 夏至 29日	小暑 14日 大暑 29日	立秋16日	処暑 2日 白露 17日	秋分 2日 寒露 18日	霜降 4日 立冬 19日	小雪 4日 大雪 19日	冬至 6日 小寒 21日	大寒 6日 立春 21日

治承3年（1179－1180） 己亥

1月	2月	3月	4月	5月	6月	7月	8月	9月	10月	11月	12月
1 庚申 9	1 己丑10	1 己未 9	1 己丑 9	1 戊午 7	1 戊子 7	1 丁巳⑤	1 丙戌 3	1 丙辰 3	《11月》	《12月》	1 甲申㉚
2 辛酉10	2 庚寅⑪	2 庚申10	2 庚寅10	2 己未 8	2 己丑⑧	2 戊午 6	2 丁亥 4	2 丁巳 4	1 乙酉 1	**1** 乙卯 1	**2** 乙酉31
3 壬戌⑪	3 辛卯12	3 辛酉11	3 辛卯11	3 庚申 9	3 庚寅 9	3 己未 7	3 戊子 5	3 戊午 5	2 丙戌 2	2 丙辰②	**1180年**
4 癸亥12	4 壬辰13	4 壬戌12	4 壬辰12	4 辛酉⑩	4 辛卯10	4 庚申 8	4 己丑 6	4 己未 6	3 丁亥 3	3 丁巳 3	《1月》
5 甲子13	5 癸巳14	5 癸亥13	5 癸巳⑬	5 壬戌11	5 壬辰11	5 辛酉 9	5 庚寅 7	5 庚申⑦	4 戊子④	4 戊午 4	3 丙戌 1
6 乙丑14	6 甲午15	6 甲子14	6 甲午14	6 癸亥12	6 癸巳12	6 壬戌10	6 辛卯 8	6 辛酉 8	5 己丑 5	5 己未 5	4 丁亥 2
7 丙寅15	7 乙未16	7 乙丑⑮	7 乙未15	7 甲子13	7 甲午13	7 癸亥11	7 壬辰⑨	7 壬戌 9	6 庚寅 6	6 庚申 6	5 戊子 3
8 丁卯16	**8** 丙申17	**8** 丙寅16	8 丙申16	8 乙丑14	8 乙未14	8 甲子⑫	8 癸巳10	8 癸亥10	7 辛卯 7	7 辛酉 7	6 己丑 4
9 戊辰17	9 丁酉⑱	9 丁卯17	**9** 丁酉17	9 丙寅15	9 丙申⑮	9 乙丑13	9 甲午11	9 甲子11	8 壬辰 8	8 壬戌 8	7 庚寅 5
10己巳⑱	10戊戌19	10戊辰18	10戊戌18	**10**丁卯16	10丁酉16	10丙寅14	10乙未12	10乙丑12	9 癸巳 9	9 癸亥⑨	8 辛卯⑥
11庚午19	11己亥20	11己巳19	11己亥19	11戊辰⑰	**11**戊戌17	11丁卯15	11丙申13	11丙寅13	10甲午10	10甲子10	9 壬辰 7
12辛未20	12庚子21	12庚午20	12庚子⑳	12己巳18	12己亥18	**12**戊辰16	12丁酉14	12丁卯⑭	11乙未⑪	11乙丑11	10癸巳 8
13壬申21	13辛丑22	13辛未21	13辛丑21	13庚午19	13庚子19	13己巳17	13戊戌15	13戊辰15	12丙申12	12丙寅12	11甲午 9
14癸酉22	14壬寅23	14壬申㉒	14壬寅22	14辛未20	14辛丑20	14庚午18	**14**己亥⑯	**14**己巳16	13丁酉13	13丁卯13	12乙未10
15甲戌23	15癸卯24	15癸酉23	15癸卯23	15壬申21	15壬寅21	15辛未⑲	15庚子17	15庚午17	14戊戌14	14戊辰14	13丙申11
16乙亥24	16甲辰㉕	16甲戌24	16甲辰24	16癸酉22	16癸卯㉒	16壬申20	16辛丑18	16辛未18	**15**己亥15	15己巳15	14丁酉12
17丙子㉕	17乙巳26	17乙亥25	17乙巳25	17甲戌23	17甲辰23	17癸酉21	17壬寅19	17壬申19	16庚子16	**16**庚午⑯	15戊戌⑬
18丁丑26	18丙午27	18丙子26	18丙午26	18乙亥㉔	18乙巳24	18甲戌22	18癸卯20	18癸酉20	17辛丑17	17辛未17	16己亥14
19戊寅27	19丁未28	19丁丑27	19丁未㉗	19丙子25	19丙午25	19乙亥23	19甲辰21	19甲戌㉑	18壬寅⑱	18壬申18	**17**庚子15
20己卯28	20戊申29	20戊寅28	20戊申28	20丁丑26	20丁未26	20丙子24	20乙巳22	20乙亥22	19癸卯19	19癸酉19	18辛丑16
《3月》	21己酉30	21己卯㉙	21己酉29	21戊寅27	21戊申27	21丁丑25	21丙午㉓	21丙子23	20甲辰20	20甲戌20	19壬寅17
21庚辰 1	22庚戌31	22庚辰30	22庚戌30	22己卯28	22己酉28	22戊寅㉖	22丁未24	22丁丑24	21乙巳21	21乙亥21	20癸卯18
22辛巳 2	《4月》	《5月》	23辛亥31	23庚辰29	23庚戌㉙	23己卯27	23戊申25	23戊寅25	22丙午22	22丙子22	21甲辰19
23壬午 3	**23**辛亥①	23辛巳 1	《6月》	24辛巳30	24辛亥30	24庚辰28	24己酉26	24己卯26	23丁未23	23丁丑㉓	22乙巳⑳
24癸未④	24壬子 2	**24**壬午 2	**24**壬子 1	《7月》	25壬子31	25辛巳29	25庚戌27	25庚辰27	24戊申24	24戊寅24	23丙午21
25甲申 5	25癸丑 3	25癸未 3	25癸丑 2	**25**壬午①	《8月》	26壬午30	26辛亥28	26辛巳㉘	25己酉㉕	25己卯25	24丁未22
26乙酉 6	26甲寅 4	26甲申 4	26甲寅③	26癸未 2	**26**癸丑 1	**27**癸未31	27壬子29	27壬午29	26庚戌26	26庚辰26	25戊申23
27丙戌 7	27乙卯 5	27乙酉 5	27乙卯 4	27甲申 3	27甲寅 2	《9月》	28癸丑㉚	28癸未30	27辛亥27	27辛巳27	26己酉24
28丁亥 8	28丙辰 6	28丙戌⑥	28丙辰 5	28乙酉 4	28乙卯 3	28甲申 1	《10月》	**29**甲申31	28壬子28	28壬午28	27庚戌25
29戊子 9	29丁巳 7	29丁亥 7	29丁巳 6	29丙戌 5	29丙辰 4	29乙酉②	**29**甲寅 1		29癸丑29	29癸未29	28辛亥26
	30戊午⑧	30戊子 8		30丁亥 6			30乙卯 2		30甲寅30		29壬子㉗
											30癸丑28

1月	2月	3月	4月	5月	6月	7月	8月	9月	10月	11月	12月
雨水 6日	春分 8日	穀雨 8日	小満 9日	夏至 10日	大暑 11日	処暑 12日	秋分 14日	霜降 14日	小雪 15日	大雪 1日	小寒 2日
啓蟄 22日	清明 23日	立夏 24日	芒種 24日	小暑 25日	立秋 26日	白露 27日	寒露 29日	立冬 29日		冬至 16日	大寒 17日

治承4年（1180－1181） 庚子

1月	2月	3月	4月	5月	6月	7月	8月	9月	10月	11月	12月
1 甲寅29	1 癸未27	1 癸丑28	1 癸未㉗	1 壬子26	1 壬午25	1 辛亥24	1 辛巳23	1 庚戌㉑	1 庚辰21	1 己酉19	1 己卯19
2 乙卯30	2 甲申28	2 甲寅29	2 甲申28	2 癸丑27	2 癸未26	2 壬子25	2 壬午㉔	2 辛亥22	2 辛巳22	2 庚戌20	2 庚辰20
3 丙辰31	3 乙酉29	3 乙卯㉚	3 乙酉29	3 甲寅28	3 甲申27	3 癸丑26	3 癸未25	3 壬子23	3 壬午23	3 辛亥21	3 辛巳㉑
《2月》	《3月》	**4** 丙辰31	4 丙戌30	4 乙卯29	4 乙酉28	4 甲寅㉗	4 甲申26	4 癸丑24	4 癸未24	4 壬子22	4 壬午22
4 丁巳 1	**4** 丙戌 1	《4月》	《5月》	5 丙辰30	5 丙戌㉙	5 乙卯28	5 乙酉27	5 甲寅25	5 甲申25	5 癸丑㉓	5 癸未23
5 戊午 2	5 丁亥②	5 丁巳 1	**5** 丁亥 1	**6** 丁巳31	6 丁亥30	6 丙辰29	6 丙戌28	6 乙卯26	6 乙酉㉖	6 甲寅24	6 甲申24
6 己未③	6 戊子 3	6 戊午 2	6 戊子 2	《6月》	《7月》	7 丁巳30	7 丁亥29	7 丙辰27	7 丙戌27	7 乙卯25	7 乙酉25
7 庚申 4	7 己丑 4	7 己未 3	7 己丑 3	7 戊午①	**7** 戊子 1	**8** 戊午31	8 戊子30	8 丁巳㉘	8 丁亥28	8 丙辰26	8 丙戌26
8 辛酉 5	8 庚寅 5	8 庚申 4	8 庚寅④	8 己未 2	8 己丑 2	《8月》	**9** 己丑㉛	9 戊午29	9 戊子29	9 丁巳27	9 丁亥27
9 壬戌 6	9 辛卯 6	9 辛酉 5	9 辛卯 5	9 庚申 3	9 庚寅 3	9 己未 1	《9月》	**10**己未30	**10**己丑30	10戊午28	10戊子㉘
10癸亥 7	10壬辰 7	10壬戌⑥	10壬辰 6	10辛酉 4	10辛卯 4	10庚申 2	10庚寅 1	《10月》	11庚寅31	11己未29	11己丑29
11甲子 8	11癸巳 8	11癸亥 7	11癸巳 7	11壬戌 5	11壬辰 5	11辛酉③	11辛卯 2	11庚申 1	《11月》	**12**庚申㉚	**12**庚寅30
12乙丑 9	12甲午⑨	12甲子 8	12甲午 8	12癸亥 6	12癸巳⑥	12壬戌 4	12壬辰 3	12辛酉 2	12辛卯 1	《12月》	13辛卯31
13丙寅⑩	13乙未10	13乙丑 9	13乙未 9	13甲子 7	13甲午 7	13癸亥 5	13癸巳 4	13壬戌 3	13壬辰②	13辛酉 1	**1181年**
14丁卯11	14丙申11	14丙寅10	14丙申10	14乙丑⑧	14乙未 8	14甲子 6	14甲午 5	14癸亥 4	14癸巳 3	14壬戌 2	《1月》
15戊辰12	15丁酉12	15丁卯11	15丁酉⑪	15丙寅 9	15丙申 9	15乙丑 7	15乙未 6	15甲子⑤	15甲午 4	15癸亥 3	14壬辰 1
16己巳13	16戊戌13	16戊辰12	16戊戌12	16丁卯10	16丁酉10	16丙寅 8	16丙申⑦	16乙丑 6	16乙未 5	16甲子 4	15癸巳 2
17庚午14	17己亥14	17己巳⑬	17己亥13	17戊辰11	17戊戌11	17丁卯 9	17丁酉 8	17丙寅 7	17丙申 6	17乙丑 5	16甲午 3
18辛未15	18庚子15	18庚午14	18庚子14	18己巳12	18己亥12	18戊辰⑩	18戊戌 9	18丁卯 8	18丁酉 7	18丙寅 6	17乙未④
19壬申16	**19**辛丑⑯	19辛未15	19辛丑15	19庚午13	19庚子⑬	19己巳11	19己亥10	19戊辰 9	19戊戌 8	19丁卯⑦	18丙申 5
20癸酉⑰	20壬寅17	**20**壬申16	**20**壬寅16	20辛未14	20辛丑14	20庚午12	20庚子11	20己巳10	20己亥⑨	20戊辰 8	19丁酉 6
21甲戌18	21癸卯18	21癸酉17	21癸卯17	**21**壬申⑮	21壬寅15	21辛未13	21辛丑12	21庚午11	21庚子10	21己巳 9	20戊戌 7
22乙亥19	22甲辰19	22甲戌18	22甲辰⑱	22癸酉16	**22**癸卯16	22壬申14	22壬寅13	22辛未⑫	22辛丑11	22庚午10	21己亥 8
23丙子20	23乙巳20	23乙亥19	23乙巳19	23甲戌17	23甲辰17	**23**癸酉15	23癸卯⑭	23壬申13	23壬寅12	23辛未11	22庚子 9
24丁丑21	24丙午21	24丙子⑳	24丙午20	24乙亥18	24乙巳18	24甲戌16	**24**甲辰15	24癸酉14	24癸卯13	24壬申12	23辛丑10
25戊寅22	25丁未22	25丁丑21	25丁未21	25丙子19	25丙午19	25乙亥⑰	25乙巳16	**25**甲戌15	25甲辰14	25癸酉13	24壬寅⑪
26己卯23	26戊申㉓	26戊寅22	26戊申22	26丁丑20	26丁未⑳	26丙子18	26丙午17	26乙亥16	**26**乙巳15	26甲戌⑭	25癸卯12
27庚辰㉔	27己酉24	27己卯23	27己酉23	27戊寅21	27戊申21	27丁丑19	27丁未18	27丙子17	27丙午⑯	**27**乙亥15	26甲辰13
28辛巳25	28庚戌25	28庚辰24	28庚戌24	28己卯㉒	28己酉22	28戊寅20	28戊申19	28丁丑18	28丁未17	28丙子16	27乙巳14
29壬午26	29辛亥26	29辛巳25	29辛亥㉕	29庚辰23	29庚戌23	29己卯21	29己酉20	29戊寅⑲	29戊申18	29丁丑17	**28**丙午15
	30壬子27	30壬午26		30辛巳24		30庚辰22		30己卯20		30戊寅18	29丁未16

1月	2月	3月	4月	5月	6月	7月	8月	9月	10月	11月	12月
立春 2日	啓蟄 4日	清明 4日	立夏 5日	芒種 6日	小暑 7日	立秋 8日	白露 9日	寒露 10日	立冬 10日	大雪 12日	小寒 12日
雨水 18日	春分 19日	穀雨 20日	小満 20日	夏至 21日	大暑 22日	処暑 23日	秋分 24日	霜降 25日	小雪 26日	冬至 27日	大寒 28日

養和元年〔治承 5 年〕/治承 5 年（1181－1182） 辛丑

改元 7/14（治承→養和）

1 月	2 月	閏2月	3 月	4 月	5 月	6 月	7 月	8 月	9 月	10月	11月	12月
1 戊申17	1 戊寅16	1 丁未17	**1** 丁丑16	1 丙午15	1 丙子⑭	1 丙午14	1 乙亥12	1 乙巳11	1 甲戌10	1 甲辰 9	1 癸酉 8	1 癸卯 7
2 己酉⑱	2 己卯17	2 戊申18	2 戊寅17	**2** 丁未16	2 丁丑15	2 丁未15	2 丙子13	2 丙午12	2 乙亥⑪	2 乙巳10	2 甲戌 9	2 甲辰 8
3 庚戌19	3 庚辰18	3 己酉19	3 己卯18	3 戊申⑰	**3** 戊寅16	**3** 戊申16	3 丁丑14	3 丁未⑬	3 丙子12	3 丙午11	3 乙亥10	3 乙巳 9
4 辛亥20	4 辛巳19	4 庚戌20	4 庚辰⑲	4 己酉18	4 己卯17	4 己酉17	4 戊寅15	4 戊申14	4 丁丑13	4 丁未12	4 丙子11	4 丙午⑩
5 壬子21	5 壬午20	5 辛亥21	5 辛巳20	5 庚戌19	5 庚辰18	5 庚戌18	**5** 己卯⑯	**5** 己酉15	5 戊寅14	5 戊申13	5 丁丑12	5 丁未11
6 癸丑22	6 癸未21	6 壬子㉒	6 壬午21	6 辛亥20	6 辛巳19	6 辛亥⑲	6 庚辰17	6 庚戌16	**6** 己卯15	6 己酉14	6 戊寅⑬	6 戊申12
7 甲寅23	7 甲申㉒	7 癸丑23	7 癸未22	7 壬子21	7 壬午20	7 壬子20	7 辛巳18	7 辛亥17	7 庚辰16	**7** 庚戌⑮	7 己卯14	7 己酉13
8 乙卯24	8 乙酉23	8 甲寅24	8 甲申23	8 癸丑22	8 癸未㉑	8 癸丑21	8 壬午19	8 壬子18	8 辛巳17	8 辛亥16	**8** 庚辰15	8 庚戌14
9 丙辰㉕	9 丙戌24	9 乙卯25	9 乙酉24	9 甲寅23	9 甲申22	9 甲寅22	9 癸未20	9 癸丑19	9 壬午⑱	9 壬子17	9 辛巳16	**9** 辛亥15
10丁巳26	10丁亥25	10丙辰26	10丙戌25	10乙卯㉔	10乙酉23	10乙卯23	10甲申21	10甲寅⑳	10癸未19	10癸丑18	10壬午17	10壬子16
11戊午27	11戊子26	11丁巳27	11丁亥㉖	11丙辰25	11丙戌24	11丙辰24	11乙酉22	11乙卯21	11甲申20	11甲寅19	11癸未18	11癸丑⑰
12己未28	12己丑27	12戊午28	12戊子27	12丁巳26	12丁亥25	12丁巳25	12丙戌㉓	12丙辰22	12乙酉21	12乙卯20	12甲申19	12甲寅18
13庚申29	13庚寅28	13己未㉙	13己丑28	13戊午27	13戊子26	13戊午㉖	13丁亥24	13丁巳23	13丙戌22	13丙辰21	13乙酉⑳	13乙卯19
14辛酉30	《3月》	14庚申30	14庚寅29	14己未28	14己丑27	14己未27	*14*戊子25	14戊午24	14丁亥23	14丁巳㉒	14丙戌21	14丙辰20
15壬戌31	**14**辛卯①	15辛酉31	15辛卯30	15庚申29	15庚寅㉘	15庚申28	15己丑26	15己未25	15戊子24	15戊午23	15丁亥22	15丁巳21
《2月》	15壬辰 2	《4月》	《5月》	16辛酉30	16辛卯29	16辛酉29	16庚寅27	16庚申26	16己丑㉕	16己未24	16戊子23	16戊午22
16癸亥①	16癸巳 3	**16**壬戌 1	**16**壬辰 1	**17**壬戌㉛	17壬辰30	17壬戌30	17辛卯28	17辛酉㉗	17庚寅26	17庚申25	17己丑24	17己未23
17甲子 2	17甲午 4	17癸亥 2	17癸巳 2	《6月》	《7月》	**18**癸亥31	18壬辰29	18壬戌28	18辛卯27	18辛酉26	18庚寅25	18庚申㉔
18乙丑 3	18乙未 5	18甲子 3	18甲午③	18癸亥 1	**18**癸巳 1	《8月》	19癸巳㉚	19癸亥29	19壬辰28	19壬戌27	19辛卯26	19辛酉25
19丙寅 4	19丙申 6	19乙丑 4	19乙未 4	19甲子 2	19甲午 2	19甲子 1	**20**甲午31	**20**甲子30	20癸巳29	20癸亥28	20壬辰㉗	20壬戌26
20丁卯 5	20丁酉 7	20丙寅⑤	20丙申 5	20乙丑 3	20乙未 3	20乙丑②	《9月》	《10月》	21甲午30	21甲子㉙	21癸巳28	21癸亥27
21戊辰 6	21戊戌⑧	21丁卯 6	21丁酉 6	21丙寅 4	21丙申 4	21丙寅 3	21乙未 1	21乙丑 1	**22**乙未31	**22**乙丑30	22甲午29	22甲子28
22己巳 7	22己亥 9	22戊辰 7	22戊戌 7	22丁卯 5	22丁酉⑤	22丁卯 4	22丙申 2	22丙寅 2	《11月》	《12月》	23乙未30	23乙丑29
23庚午⑧	23庚子10	23己巳 8	23己亥 8	23戊辰 6	23戊戌 6	23戊辰 5	23丁酉 3	23丁卯 3	23丙申①	23丙寅 1	**24**丙申31	**24**丙寅30
24辛未 9	24辛丑11	24庚午 9	24庚子 9	24己巳⑦	24己亥 7	24己巳 6	24戊戌 4	24戊辰④	24丁酉 2	24丁卯 2	**1182年**	25丁卯㉛
25壬申10	25壬寅12	25辛未10	25辛丑⑩	25庚午 8	25庚子 8	25庚午 7	25己亥 5	25己巳 5	25戊戌 3	25戊辰 3	《1月》	《2月》
26癸酉11	26癸卯13	26壬申11	26壬寅11	26辛未 9	26辛丑 9	26辛未 8	26庚子⑥	26庚午 6	26己亥 4	26己巳 4	25丁酉 1	26戊辰 1
27甲戌12	27甲辰14	27癸酉⑫	27癸卯12	27壬申10	27壬寅10	27壬申⑨	27辛丑 7	27辛未 7	27庚子 5	27庚午 5	26戊戌 2	27己巳 2
28乙亥13	28乙巳⑮	28甲戌13	28甲辰13	28癸酉11	28癸卯11	28癸酉10	28壬寅 8	28壬申 8	28辛丑 6	28辛未⑥	27己亥③	28庚午 3
29丙子14	**29**丙午16	29乙亥14	29乙巳14	29甲戌12	29甲辰⑫	29甲戌11	29癸卯 9	29癸酉 9	29壬寅 7	29壬申 7	28庚子 4	29辛未 4
30丁丑⑮		30丙子15		30乙亥13	30乙巳13		30甲辰10		30癸卯⑧		29辛丑 5	
											30壬寅 6	
立春 14日 雨水 29日	啓蟄 14日 春分 29日	清明16日	穀雨 1日 立夏 16日	小満 2日 芒種 17日	夏至 3日 小暑 18日	大暑 3日 立秋 18日	処暑 5日 白露 20日	秋分 5日 寒露 20日	霜降 6日 立冬 22日	小雪 7日 大雪 22日	冬至 8日 小寒 24日	大寒 9日 立春 24日

寿永元年〔養和 2 年〕/治承 6 年（1182－1183） 壬寅

改元 5/27（養和→寿永）

1 月	2 月	3 月	4 月	5 月	6 月	7 月	8 月	9 月	10月	11月	12月
1 壬申 5	1 壬寅⑦	1 辛未 5	1 辛丑 5	1 庚午 3	1 庚子 3	《8月》	**1** 己亥31	**1** 己巳30	1 戊戌29	1 戊辰㉘	1 丁酉27
2 癸酉 6	2 癸卯 8	2 壬申 6	2 壬寅 6	2 辛未 4	2 辛丑④	**1** 己巳①	《9月》	《10月》	2 己亥30	2 己巳29	2 戊戌28
3 甲戌⑦	3 甲辰 9	3 癸酉 7	3 癸卯 7	3 壬申 5	3 壬寅 5	2 庚午 2	2 庚子 1	2 庚午 1	**3** 庚子㉛	**3** 庚午30	3 己亥29
4 乙亥 8	4 乙巳10	4 甲戌 8	4 甲辰 8	4 癸酉⑥	4 癸卯 6	3 辛未 3	3 辛丑 2	3 辛未 2	《11月》	《12月》	4 庚子30
5 丙子 9	5 丙午11	5 乙亥 9	5 乙巳⑨	5 甲戌 7	5 甲辰 7	4 壬申 4	4 壬寅 3	4 壬申③	4 辛丑 1	4 辛未 1	**5** 辛丑31
6 丁丑10	6 丁未12	6 丙子10	6 丙午10	6 乙亥 8	6 乙巳 8	5 癸酉 5	5 癸卯 4	5 癸酉 4	5 壬寅 2	5 壬申 2	**1183年**
7 戊寅11	7 戊申13	7 丁丑⑪	7 丁未11	7 丙子 9	7 丙午 9	6 甲戌 6	6 甲辰⑤	6 甲戌 5	6 癸卯 3	6 癸酉 3	《1月》
8 己卯12	8 己酉⑭	8 戊寅12	8 戊申12	8 丁丑10	8 丁未10	7 乙亥 7	7 乙巳 6	7 乙亥 6	7 甲辰 4	7 甲戌 4	6 壬寅 1
9 庚辰13	9 庚戌15	9 己卯13	9 己酉13	9 戊寅11	9 戊申⑪	8 丙子⑧	8 丙午 7	8 丙子 7	8 乙巳 5	8 乙亥⑤	7 癸卯②
10辛巳⑭	10辛亥16	10庚辰14	10庚戌14	10己卯12	10己酉12	9 丁丑 9	9 丁未 8	9 丁丑 8	9 丙午 6	9 丙子 6	8 甲辰 3
11壬午15	**11**壬子17	11辛巳15	11辛亥15	11庚辰⑬	11庚戌13	10戊寅10	10戊申 9	10戊寅 9	10丁未⑦	10丁丑 7	9 乙巳 4
12癸未16	12癸丑18	**12**壬午16	12壬子⑯	12辛巳14	12辛亥14	11己卯11	11己酉10	11己卯⑩	11戊申 8	11戊寅 8	10丙午 5
13甲申17	13甲寅19	13癸未17	**13**癸丑17	13壬午15	13壬子15	12庚辰12	12庚戌11	12庚辰11	12己酉 9	12己卯 9	11丁未 6
14乙酉18	14乙卯20	14甲申⑱	14甲寅18	**14**癸未16	**14**癸丑16	13辛巳13	13辛亥⑫	13辛巳12	13庚戌10	13庚辰10	12戊申 7
15丙戌19	15丙辰㉑	15乙酉19	15乙卯19	15甲申17	15甲寅17	14壬午14	14壬子13	14壬午13	14辛亥11	14辛巳11	13己酉 8
16丁亥20	16丁巳22	16丙戌20	16丙辰20	16乙酉18	16乙卯⑱	15癸未⑮	15癸丑14	15癸未14	15壬子12	15壬午⑫	14庚戌⑨
17戊子㉑	17戊午23	17丁亥21	17丁巳21	17丙戌19	17丙辰19	**16**甲申16	**16**甲寅15	16甲申15	16癸丑13	16癸未13	15辛亥10
18己丑22	18己未24	18戊子22	18戊午22	18丁亥⑳	18丁巳20	17乙酉17	17乙卯16	**17**乙酉16	17甲寅⑭	17甲申14	16壬子11
19庚寅23	19庚申25	19己丑23	19己未㉓	19戊子21	19戊午21	18丙戌18	18丙辰17	18丙戌⑰	**18**乙卯15	18乙酉15	17癸丑12
20辛卯24	20辛酉26	20庚寅24	20庚申24	20己丑22	20己未22	19丁亥19	19丁巳18	19丁亥18	19丙辰16	**19**丙戌16	18甲寅13
21壬辰25	21壬戌27	21辛卯㉕	21辛酉25	21庚寅23	21庚申23	20戊子20	20戊午⑲	20戊子19	20丁巳17	20丁亥17	19乙卯14
22癸巳26	22癸亥㉘	22壬辰26	22壬戌26	22辛卯24	22辛酉24	21己丑21	21己未20	21己丑20	21戊午18	21戊子18	**20**丙辰15
23甲午27	23甲子29	23癸巳27	23癸亥27	23壬辰25	23壬戌㉕	22庚寅㉒	22庚申21	22庚寅21	22己未19	22己丑⑲	21丁巳⑯
24乙未㉘	24乙丑30	24甲午28	24甲子28	24癸巳26	24癸亥26	23辛卯23	23辛酉22	23辛卯22	23庚申20	23庚寅20	22戊午17
《3月》	25丙寅31	25乙未29	25乙丑29	25甲午㉗	25甲子27	24壬辰24	24壬戌23	24壬辰23	24辛酉㉑	24辛卯21	23己未18
25丙申 1	《4月》	26丙申30	26丙寅㉚	26乙未28	26乙丑28	25癸巳25	25癸亥24	25癸巳㉔	25壬戌22	25壬辰22	24庚申19
26丁酉 2	**26**丁卯 1	《5月》	27丁卯31	27丙申29	27丙寅29	26甲午26	26甲子25	26甲午25	26癸亥23	26癸巳23	25辛酉20
27戊戌 3	27戊辰 2	**27**丁酉 1	《6月》	28丁酉30	28丁卯30	27乙未27	27乙丑㉖	27乙未26	27甲子24	27甲午24	26壬戌21
28己亥 4	28己巳 3	28戊戌②	**28**戊辰 1	《7月》	29戊辰31	28丙申28	28丙寅27	28丙申27	28乙丑25	28乙未25	27癸亥22
29庚子 5	29庚午④	29己亥 3	29己巳 2	**29**戊戌 1		29丁酉㉙	29丁卯28	29丁酉28	29丙寅26	29丙申㉖	28甲子㉓
30辛丑 6		30庚子 4		30己亥 2		30戊戌30	30戊辰29		30丁卯27		29乙丑24
											30丙寅25
雨水 10日 啓蟄 25日	春分 11日 清明 26日	穀雨 12日 立夏 27日	小満 13日 芒種 28日	夏至 14日 小暑 29日	大暑 14日	立秋 1日 処暑 16日	白露 1日 秋分 16日	寒露 1日 霜降 17日	立冬 3日 小雪 18日	大雪 3日 冬至 19日	小寒 5日 大寒 20日

寿永2年〔寿永2年/治承7年〕（1183－1184） 癸卯

1月	2月	3月	4月	5月	6月	7月	8月	9月	10月	閏10月	11月	12月
1 丁卯26	1 丙申24	1 丙寅26	1 乙未㉔	1 甲子23	1 甲午22	1 癸亥21	1 癸巳20	1 癸亥19	1 壬辰18	1 壬戌17	1 辛卯16	1 辛酉⑮
2 戊辰27	2 丁酉25	2 丁卯㉗	2 丙申25	2 乙丑24	2 乙未23	2 甲子22	2 甲午㉑	2 甲子20	2 癸巳19	2 癸亥18	2 壬辰17	2 壬戌16
3 己巳28	3 戊戌26	3 戊辰28	3 丁酉26	3 丙寅25	3 丙申24	3 乙丑23	3 乙未22	3 乙丑21	3 甲午20	3 甲子19	3 癸巳⑱	3 癸亥17
4 庚午29	4 己亥㉗	4 己巳29	4 戊戌27	4 丁卯26	4 丁酉25	4 丙寅㉔	4 丙申23	4 丙寅22	4 乙未21	4 乙丑⑳	4 甲午19	4 甲子18
5 辛未㉚	5 庚子28	5 庚午30	5 己亥28	5 戊辰27	5 戊戌㉖	5 丁卯25	5 丁酉24	5 丁卯23	5 丙申22	5 丙寅21	5 乙未20	5 乙丑19
6 壬申31	《3月》	6 辛未31	6 庚子29	6 己巳28	6 己亥27	6 戊辰26	6 戊戌25	6 戊辰24	6 丁酉㉓	6 丁卯22	6 丙申21	6 丙寅20
《2月》	6 辛丑 1	《4月》	7 辛丑30	7 庚午㉙	7 庚子28	7 己巳27	7 己亥26	7 己巳㉕	7 戊戌24	7 戊辰23	7 丁酉22	7 丁卯21
7 癸酉 1	7 壬寅 2	7 壬申 1	《5月》	8 辛未30	8 辛丑29	8 庚午28	8 庚子27	8 庚午26	8 己亥25	8 己巳24	8 戊戌23	8 戊辰㉒
8 甲戌 2	8 癸卯 3	8 癸酉 2	8 壬寅①	9 壬申31	9 壬寅30	9 辛未29	9 辛丑㉘	9 辛未27	9 庚子26	9 庚午25	9 己亥24	9 己巳23
9 乙亥 3	9 甲辰 4	9 甲戌③	9 癸卯 2	《6月》	《7月》	10 壬申30	10 壬寅29	10 壬申28	10 辛丑27	10 辛未26	10 庚子㉕	10 庚午24
10 丙子 4	10 乙巳 5	10 乙亥 4	10 甲辰 3	10 癸酉 1	10 癸卯 1	11 癸酉㉛	11 癸卯30	11 癸酉29	11 壬寅28	11 壬申㉗	11 辛丑26	11 辛未25
11 丁丑 5	11 丙午⑥	11 丙子 5	11 乙巳 4	11 甲戌 2	11 甲辰 2	《8月》	12 甲辰31	12 甲戌30	12 癸卯29	12 癸酉28	12 壬寅27	12 壬申26
12 戊寅⑥	12 丁未 7	12 丁丑 6	12 丙午 5	12 乙亥 3	12 乙巳③	12 甲戌 1	《9月》	《10月》	13 甲辰㉚	13 甲戌29	13 癸卯28	13 癸酉27
13 己卯 7	13 戊申 8	13 戊寅 7	13 丁未 6	13 丙子 4	13 丙午 4	13 乙亥 2	13 乙巳 1	13 乙亥 1	14 乙巳31	14 乙亥30	14 甲辰29	14 甲戌28
14 庚辰 8	14 己酉 9	14 己卯 8	14 戊申 7	14 丁丑⑤	14 丁未 5	14 丙子 3	14 丙午 2	14 丙子②	《11月》	《12月》	15 乙巳30	15 乙亥㉙
15 辛巳 9	15 庚戌10	15 庚辰 9	15 己酉⑧	15 戊寅 6	15 戊申 6	15 丁丑 4	15 丁未 3	15 丁丑 3	15 丙午 1	15 丙子 1	16 丙午31	16 丙子30
16 壬午10	16 辛亥11	16 辛巳⑩	16 庚戌 9	16 己卯 7	16 己酉 7	16 戊寅 5	16 戊申④	16 戊寅 4	16 丁未 2	16 丁丑 2	1184年	17 丁丑31
17 癸未11	17 壬子12	17 壬午11	17 辛亥10	17 庚辰 8	17 庚戌 8	17 己卯 6	17 己酉 5	17 己卯 5	17 戊申 3	17 戊寅 3	《1月》	《2月》
18 甲申12	18 癸丑⑬	18 癸未12	18 壬子11	18 辛巳 9	18 辛亥 9	18 庚辰⑦	18 庚戌 6	18 庚辰 6	18 己酉 4	18 己卯④	17 丁未①	18 戊寅 1
19 乙酉⑬	19 甲寅14	19 甲申13	19 癸丑12	19 壬午10	19 壬子⑩	19 辛巳 8	19 辛亥 7	19 辛巳 7	19 庚戌 5	19 庚辰 5	18 戊申 2	19 己卯 2
20 丙戌14	20 乙卯15	20 乙酉14	20 甲寅13	20 癸未11	20 癸丑11	20 壬午 9	20 壬子 8	20 壬午 8	20 辛亥⑥	20 辛巳 6	19 己酉 3	20 庚辰 3
21 丁亥15	21 丙辰16	21 丙戌15	21 乙卯14	21 甲申⑫	21 甲寅12	21 癸未10	21 癸丑 9	21 癸未⑨	21 壬子 7	21 壬午 7	20 庚戌 4	21 辛巳 4
22 戊子16	22 丁巳17	22 丁亥16	22 丙辰⑮	22 乙酉13	22 乙卯13	22 甲申11	22 甲寅10	22 甲申10	22 癸丑 8	22 癸未 8	21 辛亥 5	22 壬午⑤
23 己丑17	23 戊午18	23 戊子⑰	23 丁巳16	23 丙戌14	23 丙辰14	23 乙酉12	23 乙卯⑪	23 乙酉11	23 甲寅 9	23 甲申 9	22 壬子 6	23 癸未 6
24 庚寅18	24 己未19	24 己丑18	24 戊午17	24 丁亥15	24 丁巳15	24 丙戌13	24 丙辰12	24 丙戌12	24 乙卯10	24 乙酉10	23 癸丑 7	24 甲申 7
25 辛卯19	25 庚申⑳	25 庚寅19	25 己未18	25 戊子16	25 戊午16	25 丁亥⑭	25 丁巳13	25 丁亥13	25 丙辰11	25 丙戌⑪	24 甲寅⑧	25 乙酉 8
26 壬辰⑳	26 辛酉21	26 辛卯20	26 庚申19	26 己丑17	26 己未⑰	26 戊子15	26 戊午14	26 戊子14	26 丁巳12	26 丁亥12	25 乙卯 9	26 丙戌 9
27 癸巳21	27 壬戌22	27 壬辰21	27 辛酉20	27 庚寅18	27 庚申18	27 己丑16	27 己未15	27 己丑15	27 戊午⑬	27 戊子13	26 丙辰10	27 丁亥10
28 甲午22	28 癸亥23	28 癸巳22	28 壬戌21	28 辛卯⑲	28 辛酉19	28 庚寅17	28 庚申16	28 庚寅⑯	28 己未14	28 己丑14	27 丁巳11	28 戊子11
29 乙未23	29 甲子24	29 甲午23	29 癸亥㉒	29 壬辰20	29 壬戌20	29 辛卯18	29 辛酉17	29 辛卯17	29 庚申15	29 庚寅15	28 戊午12	29 己丑⑫
	30 乙丑25			30 癸巳21		30 壬辰19	30 壬戌⑱		30 辛酉16		29 己未13	30 庚寅13
											30 庚申14	
立春 5日 雨水 20日	啓蟄 7日 春分 22日	清明 7日 穀雨 22日	立夏 9日 小満 24日	芒種 10日 夏至 25日	小暑 10日 大暑 26日	立秋 12日 処暑 27日	白露 12日 秋分 28日	寒露 13日 霜降 28日	立冬 14日 小雪 29日	大雪15日	冬至 1日 小寒 16日	大寒 1日 立春 16日

元暦元年〔寿永3年〕/寿永3年（1184－1185） 甲辰

改元 4/16（寿永→元暦）

1月	2月	3月	4月	5月	6月	7月	8月	9月	10月	11月	12月
1 辛卯14	1 庚申14	1 庚寅13	1 己未12	1 戊子⑩	1 戊午10	1 丁亥 8	1 丁巳 7	1 丁亥⑦	1 丙辰 5	1 丙戌 5	1 丙辰 4
2 壬辰15	2 辛酉15	2 辛卯14	2 庚申⑬	2 己丑11	2 己未11	2 戊子 9	2 戊午 8	2 戊子 8	2 丁巳 6	2 丁亥 6	2 丁巳 5
3 癸巳16	3 壬戌16	3 壬辰⑮	3 辛酉14	3 庚寅12	3 庚申12	3 己丑10	3 己未⑨	3 己丑 9	3 戊午 7	3 戊子 7	3 戊午⑥
4 甲午17	4 癸亥17	4 癸巳16	4 壬戌15	4 辛卯13	4 辛酉13	4 庚寅11	4 庚申10	4 庚寅10	4 己未 8	4 己丑 8	4 己未 7
5 乙未18	5 甲子⑱	5 甲午17	5 癸亥16	5 壬辰14	5 壬戌14	5 辛卯⑫	5 辛酉11	5 辛卯11	5 庚申 9	5 庚寅⑨	5 庚申 8
6 丙申⑲	6 乙丑19	6 乙未18	6 甲子17	6 癸巳15	6 癸亥⑮	6 壬辰13	6 壬戌12	6 壬辰12	6 辛酉10	6 辛卯10	6 辛酉 9
7 丁酉20	7 丙寅20	7 丙申19	7 乙丑18	7 甲午16	7 甲子16	7 癸巳14	7 癸亥13	7 癸巳13	7 壬戌⑪	7 壬辰11	7 壬戌10
8 戊戌21	8 丁卯21	8 丁酉20	8 丙寅19	8 乙未⑰	8 乙丑17	8 甲午15	8 甲子14	8 甲午⑭	8 癸亥12	8 癸巳12	8 癸亥11
9 己亥22	9 戊辰22	9 戊戌21	9 丁卯⑳	9 丙申18	9 丙寅18	9 乙未16	9 乙丑15	9 乙未15	9 甲子13	9 甲午13	9 甲子12
10 庚子23	10 己巳23	10 己亥㉒	10 戊辰21	10 丁酉19	10 丁卯19	10 丙申17	10 丙寅⑯	10 丙申16	10 乙丑14	10 乙未14	10 乙丑⑬
11 辛丑24	11 庚午24	11 庚子23	11 己巳22	11 戊戌20	11 戊辰20	11 丁酉18	11 丁卯17	11 丁酉17	11 丙寅15	11 丙申15	11 丙寅14
12 壬寅25	12 辛未㉕	12 辛丑24	12 庚午23	12 己亥21	12 己巳21	12 戊戌⑲	12 戊辰18	12 戊戌18	12 丁卯16	12 丁酉⑯	12 丁卯15
13 癸卯㉖	13 壬申26	13 壬寅25	13 辛未24	13 庚子22	13 庚午㉒	13 己亥20	13 己巳19	13 己亥19	13 戊辰17	13 戊戌17	13 戊辰16
14 甲辰27	14 癸酉27	14 癸卯26	14 壬申25	14 辛丑23	14 辛未23	14 庚子21	14 庚午20	14 庚子20	14 己巳⑱	14 己亥18	14 己巳17
15 乙巳28	15 甲戌28	15 甲辰27	15 癸酉26	15 壬寅㉔	15 壬申24	15 辛丑22	15 辛未21	15 辛丑㉑	15 庚午19	15 庚子19	15 庚午18
16 丙午29	16 乙亥29	16 乙巳28	16 甲戌㉗	16 癸卯25	16 癸酉25	16 壬寅23	16 壬申22	16 壬寅22	16 辛未20	16 辛丑20	16 辛未19
《3月》	17 丙子30	17 丙午㉙	17 乙亥28	17 甲辰26	17 甲戌26	17 癸卯24	17 癸酉㉓	17 癸卯23	17 壬申21	17 壬寅21	17 壬申⑳
17 丁未 1	18 丁丑31	18 丁未30	18 丙子29	18 乙巳27	18 乙亥27	18 甲辰25	18 甲戌24	18 甲辰24	18 癸酉22	18 癸卯22	18 癸酉21
18 戊申 2	《4月》	《5月》	19 丁丑30	19 丙午28	19 丙子28	19 乙巳㉖	19 乙亥25	19 乙巳25	19 甲戌23	19 甲辰㉓	19 甲戌22
19 己酉 3	19 戊寅①	19 戊申 1	20 戊寅31	20 丁未29	20 丁丑㉙	20 丙午27	20 丙子26	20 丙午26	20 乙亥24	20 乙巳24	20 乙亥23
20 庚戌④	20 己卯 2	20 己酉 2	《6月》	21 戊申30	21 戊寅30	21 丁未28	21 丁丑27	21 丁未27	21 丙子㉕	21 丙午25	21 丙子24
21 辛亥 5	21 庚辰 3	21 庚戌 3	21 己卯 1	《7月》	22 己卯31	22 戊申29	22 戊寅28	22 戊申㉘	22 丁丑26	22 丁未26	22 丁丑25
22 壬子 6	22 辛巳 4	22 辛亥 4	22 庚辰 2	22 己酉①	《8月》	23 己酉30	23 己卯29	23 己酉29	23 戊寅27	23 戊申27	23 戊寅26
23 癸丑 7	23 壬午 5	23 壬子 5	23 辛巳③	23 庚戌 2	23 庚辰 1	24 庚戌31	24 庚辰㉚	24 庚戌30	24 己卯28	24 己酉28	24 己卯㉗
24 甲寅 8	24 癸未 6	24 癸丑⑥	24 壬午 4	24 辛亥 3	24 辛巳 2	《9月》	《10月》	25 辛亥31	25 庚辰29	25 庚戌29	25 庚辰28
25 乙卯 9	25 甲申 7	25 甲寅 7	25 癸未 5	25 壬子 4	25 壬午 3	25 辛亥 1	25 辛巳 1	《11月》	26 辛巳30	26 辛亥㉚	26 辛巳29
26 丙辰10	26 乙酉⑧	26 乙卯 8	26 甲申 6	26 癸丑 5	26 癸未 4	26 壬子②	26 壬午 2	26 壬子 1	《12月》	27 壬子31	27 壬午30
27 丁巳⑪	27 丙戌 9	27 丙辰 9	27 乙酉 7	27 甲寅 6	27 甲申⑤	27 癸丑 3	27 癸未 3	27 癸丑 2	27 壬午 1	1185年	28 癸未31
28 戊午12	28 丁亥10	28 丁巳10	28 丙戌 8	28 乙卯 7	28 乙酉 6	28 甲寅 4	28 甲申 4	28 甲寅 3	28 癸未②	《1月》	《2月》
29 己未13	29 戊子11	29 戊午11	29 丁亥 9	29 丙辰⑧	29 丙戌 7	29 乙卯 5	29 乙酉 5	29 乙卯④	29 甲申 3	28 癸丑 1	29 甲申 1
	30 己丑12			30 丁巳 9		30 丙辰 6	30 丙戌 6		30 乙酉 4	29 甲寅 2	
										30 乙卯 3	
雨水 2日 啓蟄 17日	春分 3日 清明 18日	穀雨 4日 立夏 19日	小満 5日 芒種 20日	夏至 6日 小暑 22日	大暑 7日 立秋 22日	処暑 8日 白露 24日	秋分 9日 寒露 24日	霜降 9日 立冬 24日	小雪 11日 大雪 26日	冬至 11日 小寒 26日	大寒 12日 立春 27日

文治元年〔元暦 2 年〕/寿永 4 年（1185－1186） 乙巳

改元 8/14（元暦→文治）

1 月	2 月	3 月	4 月	5 月	6 月	7 月	8 月	9 月	10月	11月	12月
1 乙酉 2 2 丙戌③ 3 丁亥 4 4 戊子 5 5 己丑 6 6 庚寅 7 7 辛卯 8 8 壬辰 9 9 癸巳⑩ 10甲午11 11乙未12 12丙申13 **13**丁酉14 14戊戌15 15己亥16 16庚子⑰ 17辛丑18 18壬寅19 19癸卯20 20甲辰21 21乙巳22 22丙午23 23丁未㉔ 24戊申25 25己酉26 26庚戌27 27辛亥28 《3月》 **28**壬子 1 29癸丑 2 30甲寅③	1 乙卯 4 2 丙辰 5 3 丁巳 6 4 戊午 7 5 己未 8 6 庚申 9 7 辛酉⑩ 8 壬戌11 9 癸亥12 10甲子13 11乙丑14 12丙寅15 **13**丁卯16 14戊辰⑰ 15己巳18 16庚午19 17辛未20 18壬申21 19癸酉22 20甲戌23 21乙亥㉔ 22丙子25 23丁丑26 24戊寅27 25己卯28 26庚辰29 27辛巳30 28壬午㉛ 《4月》 **29**癸未 1	1 甲申 2 2 乙酉 3 3 丙戌 4 4 丁亥 5 5 戊子 6 6 己丑⑦ 7 庚寅 8 8 辛卯 9 9 壬辰10 10癸巳11 11甲午12 12乙未13 13丙申⑭ 14丁酉15 **15**戊戌16 16己亥17 17庚子18 18辛丑19 19壬寅20 20癸卯㉑ 21甲辰22 22乙巳23 23丙午24 24丁未25 25戊申26 26己酉27 27庚戌㉘ 28辛亥29 29壬子30 《5月》 **30**癸丑 1	1 甲寅 2 2 乙卯 3 3 丙辰 4 4 丁巳⑤ 5 戊午 6 6 己未 7 7 庚申 8 8 辛酉 9 9 壬戌10 10癸亥11 11甲子⑫ 12乙丑13 13丙寅14 14丁卯15 **15**戊辰16 16己巳17 17庚午18 18辛未⑲ 19壬申20 20癸酉21 21甲戌22 22乙亥23 23丙子24 24丁丑25 25戊寅㉖ 26己卯27 27庚辰28 28辛巳29 29壬午30	**1** 癸未31 《6月》 2 甲申 1 3 乙酉② 4 丙戌 3 5 丁亥 4 6 戊子 5 7 己丑 6 8 庚寅 7 9 辛卯 8 10壬辰⑨ 11癸巳10 12甲午11 13乙未12 14丙申13 15丁酉14 16戊戌15 **17**己亥⑯ 18庚子17 19辛丑18 20壬寅19 21癸卯20 22甲辰21 23乙巳22 24丙午㉓ 25丁未24 26戊申25 27己酉26 28庚戌27 29辛亥28	1 壬子29 2 癸丑㉚ 《7月》 **3** 甲寅 1 4 乙卯 2 5 丙辰 3 6 丁巳 4 7 戊午 5 8 己未 6 9 庚申⑦ 10辛酉 8 11壬戌 9 12癸亥10 13甲子11 14乙丑12 15丙寅13 16丁卯⑭ 17戊辰15 **18**己巳16 19庚午17 20辛未18 21壬申19 22癸酉20 23甲戌㉑ 24乙亥22 25丙子23 26丁丑24 27戊寅25 28己卯26 29庚辰27 30辛巳㉘	1 壬午29 2 癸未30 **3** 甲申31 《8月》 4 乙酉 1 5 丙戌 2 6 丁亥 3 7 戊子④ 8 己丑 5 9 庚寅 6 10辛卯 7 11壬辰 8 12癸巳 9 13甲午10 14乙未⑪ 15丙申12 16丁酉13 17戊戌14 18己亥15 **19**庚子16 20辛丑17 21壬寅⑱ 22癸卯19 23甲辰20 24乙巳21 25丙午22 26丁未23 27戊申24 28己酉㉕ 29庚戌26	1 辛亥27 2 壬子28 3 癸丑29 4 甲寅30 **5** 乙卯31 《9月》 6 丙辰① 7 丁巳 2 8 戊午 3 9 己未 4 10庚申 5 11辛酉 6 12壬戌 7 13癸亥⑧ ***14***甲子 9 15乙丑10 16丙寅11 17丁卯12 18戊辰13 19己巳14 **20**庚午⑮ 21辛未16 22壬申17 23癸酉18 24甲戌19 25乙亥20 26丙子21 27丁丑㉒ 28戊寅23 29己卯24 30庚辰25	1 辛巳26 2 壬午27 3 癸未28 4 甲申㉙ **5** 乙酉30 《10月》 6 丙戌 1 7 丁亥 2 8 戊子 3 9 己丑 4 10庚寅 5 11辛卯⑥ 12壬辰 7 13癸巳 8 14甲午 9 15乙未10 16丙申11 17丁酉12 18戊戌⑬ 19己亥14 **20**庚子15 21辛丑16 22壬寅17 23癸卯18 24甲辰19 25乙巳⑳ 26丙午21 27丁未22 28戊申23 29己酉24	1 庚戌25 2 辛亥26 3 壬子㉗ 4 癸丑28 5 甲寅29 6 乙卯30 **7** 丙辰31 《11月》 8 丁巳 1 9 戊午 2 10己未③ 11庚申 4 12辛酉 5 13壬戌 6 14癸亥 7 15甲子 8 16乙丑 9 17丙寅⑩ 18丁卯11 19戊辰12 20己巳13 21庚午14 **22**辛未15 23壬申16 24癸酉⑰ 25甲戌18 26乙亥19 27丙子20 28丁丑21 29戊寅22 30己卯23	1 庚辰㉔ 2 辛巳25 3 壬午26 4 癸未27 5 甲申28 6 乙酉29 **7** 丙戌30 《12月》 8 丁亥① 9 戊子 2 10己丑 3 11庚寅 4 12辛卯 5 13壬辰 6 14癸巳 7 15甲午⑧ 16乙未 9 17丙申10 18丁酉11 19戊戌12 20己亥13 21庚子14 **22**辛丑⑮ 23壬寅16 24癸卯17 25甲辰18 26乙巳19 27丙午20 28丁未21 29戊申㉒ 30己酉23	1 庚戌24 2 辛亥25 3 壬子26 4 癸丑27 5 甲寅28 6 乙卯㉙ 7 丙辰30 **8** 丁巳31 **1186 年** 《1月》 9 戊午 1 10己未 2 11庚申 3 12辛酉 4 13壬戌⑤ **14**癸亥 6 15甲子 7 16乙丑 8 17丙寅 9 18丁卯10 19戊辰11 20己巳⑫ 21庚午13 22辛未14 **23**壬申15 24癸酉16 25甲戌17 26乙亥18 27丙子⑲ 28丁丑20 29戊寅21 30己卯22
雨水 13日 啓蟄 28日	春分 13日 清明 29日	穀雨 15日 立夏 30日	小満 15日	芒種 1日 夏至 17日	小暑 3日 大暑 18日	立秋 3日 処暑 19日	白露 5日 秋分 20日	寒露 5日 霜降 20日	立冬 7日 小雪 22日	大雪 7日 冬至 22日	小寒 8日 大寒 23日

文治 2 年（1186－1187） 丙午

1 月	2 月	3 月	4 月	5 月	6 月	7 月	閏7月	8 月	9 月	10月	11月	12月
1 庚辰23 2 辛巳24 3 壬午25 4 癸未㉖ 5 甲申27 6 乙酉28 7 丙戌29 **8** 丁亥30 9 戊子31 《2月》 10己丑 1 11庚寅② 12辛卯 3 13壬辰 4 14癸巳 5 15甲午 6 16乙未 7 17丙申 8 18丁酉⑨ 19戊戌10 20己亥11 21庚子12 22辛丑13 **23**壬寅14 24癸卯15 25甲辰⑯ 26乙巳17 27丙午18 28丁未19 29戊申20	1 己酉21 2 庚戌22 3 辛亥㉓ 4 壬子24 5 癸丑25 6 甲寅26 7 乙卯27 8 丙辰28 《3月》 **9** 丁巳 1 10戊午② 11己未 3 12庚申 4 13辛酉 5 14壬戌 6 15癸亥 7 16甲子 8 17乙丑⑨ 18丙寅10 19丁卯11 20戊辰12 21己巳13 22庚午14 23辛未15 24壬申⑯ **25**癸酉17 26甲戌18 27乙亥19 28丙子20 29丁丑21 30戊寅22	1 己卯㉓ 2 庚辰24 3 辛巳25 4 壬午26 5 癸未27 6 甲申28 7 乙酉29 8 丙戌㉚ 9 丁亥31 《4月》 **10**戊子 1 11己丑 2 12庚寅 3 13辛卯 4 14壬辰 5 15癸巳⑥ 16甲午 7 17乙未 8 18丙申 9 19丁酉10 20戊戌11 21己亥12 22庚子⑬ 23辛丑14 24壬寅15 **25**癸卯16 26甲辰17 27乙巳18 28丙午19 29丁未⑳	1 戊申21 2 己酉22 3 庚戌23 4 辛亥24 5 壬子25 6 癸丑26 7 甲寅㉗ 8 乙卯28 9 丙辰29 10丁巳30 《5月》 **11**戊午 1 12己未 2 13庚申 3 14辛酉④ 15壬戌 5 16癸亥 6 17甲子 7 18乙丑 8 19丙寅 9 20丁卯10 21戊辰⑪ 22己巳12 23庚午13 24辛未14 25壬申15 **26**癸酉16 27甲戌17 28乙亥⑱ 29丙子19 30丁丑20	1 戊寅21 2 己卯22 3 庚辰23 4 辛巳24 5 壬午㉕ 6 癸未26 7 甲申27 8 乙酉28 9 丙戌29 10丁亥30 11戊子31 《6月》 **12**己丑① 13庚寅 2 14辛卯 3 15壬辰 4 16癸巳 5 17甲午 6 18乙未 7 19丙申⑧ 20丁酉 9 21戊戌10 22己亥11 23庚子12 24辛丑13 25壬寅14 26癸卯⑮ **27**甲辰16 28乙巳17 29丙午18	1 丁未19 2 戊申20 3 己酉21 4 庚戌㉒ 5 辛亥23 6 壬子24 7 癸丑25 8 甲寅26 9 乙卯27 10丙辰28 11丁巳㉙ 12戊午30 《7月》 **13**己未 1 14庚申 2 15辛酉 3 16壬戌 4 17癸亥 5 18甲子⑥ 19乙丑 7 20丙寅 8 21丁卯 9 22戊辰10 23己巳11 24庚午12 25辛未⑬ 26壬申14 27癸酉15 **28**甲戌16 29乙亥17	1 丙子18 2 丁丑19 3 戊寅⑳ 4 己卯21 5 庚辰22 6 辛巳23 7 壬午24 8 癸未25 9 甲申26 10乙酉㉗ 11丙戌28 12丁亥29 13戊子30 14己丑31 《8月》 **15**庚寅 1 16辛卯 2 17壬辰③ 18癸巳 4 19甲午 5 20乙未 6 21丙申 7 22丁酉 8 23戊戌 9 24己亥⑩ 25庚子11 26辛丑12 27壬寅13 28癸卯14 29甲辰15 **30**乙巳16	1 丙午⑰ 2 丁未18 3 戊申19 4 己酉20 5 庚戌21 6 辛亥22 7 壬子23 8 癸丑㉔ 9 甲寅25 10乙卯26 11丙辰27 12丁巳28 13戊午29 14己未30 **15**庚申㉛ 《9月》 16辛酉 1 17壬戌 2 18癸亥 3 19甲子 4 20乙丑 5 21丙寅 6 22丁卯⑦ 23戊辰 8 24己巳 9 25庚午10 26辛未11 27壬申12 28癸酉13 29甲戌⑭	**1** 乙亥15 2 丙子16 3 丁丑17 4 戊寅18 5 己卯19 6 庚辰20 7 辛巳㉑ 8 壬午22 9 癸未23 10甲申24 11乙酉25 12丙戌26 13丁亥27 14戊子㉘ 15己丑29 **16**庚寅30 《10月》 17辛卯 1 18壬辰 2 19癸巳 3 20甲午 4 21乙未⑤ 22丙申 6 23丁酉 7 24戊戌 8 25己亥 9 26庚子10 27辛丑11 28壬寅⑫ 29癸卯13	1 甲辰14 2 乙巳15 **3** 丙午16 4 丁未17 5 戊申18 6 己酉⑲ 7 庚戌20 8 辛亥21 9 壬子22 10癸丑23 11甲寅24 12乙卯25 13丙辰㉖ 14丁巳27 15戊午28 16己未29 17庚申30 **18**辛酉31 《11月》 19壬戌 1 20癸亥② 21甲子 3 22乙丑 4 23丙寅 5 24丁卯 6 25戊辰 7 26己巳 8 27庚午⑨ 28辛未10 29壬申11 30癸酉12	1 甲戌13 2 乙亥14 **3** 丙子15 4 丁丑⑯ 5 戊寅17 6 己卯18 7 庚辰19 8 辛巳20 9 壬午21 10癸未22 11甲申㉓ 12乙酉24 13丙戌25 14丁亥26 15戊子27 16己丑28 17庚寅29 **18**辛卯㉚ 《12月》 19壬辰 1 20癸巳 2 21甲午 3 22乙未 4 23丙申 5 24丁酉 6 25戊戌⑦ 26己亥 8 27庚子 9 28辛丑10 29壬寅11 30癸卯12	1 甲辰13 2 乙巳⑭ 3 丙午15 **4** 丁未16 5 戊申17 6 己酉18 7 庚戌19 8 辛亥20 9 壬子㉑ 10癸丑22 11甲寅23 12乙卯24 13丙辰25 14丁巳26 15戊午27 16己未㉘ 17庚申29 18辛酉30 **19**壬戌31 **1187 年** 《1月》 20癸亥 1 21甲子 2 22乙丑 3 23丙寅④ 24丁卯 5 25戊辰 6 26己巳 7 27庚午 8 28辛未 9 29壬申10 30癸酉⑪	1 甲戌12 2 乙亥13 3 丙子14 **4** 丁丑15 5 戊寅16 6 己卯17 7 庚辰⑱ 8 辛巳19 9 壬午20 10癸未21 11甲申22 12乙酉23 13丙戌24 14丁亥㉕ 15戊子26 16己丑27 17庚寅28 18辛卯29 **19**壬辰30 20癸巳31 《2月》 21甲午① 22乙未 2 23丙申 3 24丁酉 4 25戊戌 5 26己亥 6 27庚子 7 28辛丑⑧ 29壬寅 9
立春 8日 雨水 23日	啓蟄 9日 春分 25日	清明 10日 穀雨 25日	立夏 11日 小満 26日	芒種 12日 夏至 27日	小暑 13日 大暑 28日	立秋 15日 処暑 30日	白露15日	秋分 1日 寒露 16日	霜降 3日 立冬 18日	小雪 3日 大雪 18日	冬至 4日 小寒 19日	大寒 4日 立春 19日

文治 3 年（1187－1188） 丁未

1月	2月	3月	4月	5月	6月	7月	8月	9月	10月	11月	12月
1 癸卯10	1 癸酉12	1 癸卯11	1 壬申⑩	1 壬寅 9	1 辛未 8	1 庚子 6	1 己巳 4	1 己亥④	1 戊辰 2	1 戊戌 2	**1188 年**
2 甲辰11	2 甲戌13	2 甲辰⑫	2 癸酉11	2 癸卯10	2 壬申 9	2 辛丑 7	2 庚午 5	2 庚子 5	2 己巳 3	2 己亥 3	《1月》
3 乙巳12	3 乙亥14	3 乙巳13	3 甲戌12	3 甲辰11	3 癸酉10	3 壬寅 8	3 辛未⑥	3 辛丑 6	3 庚午 4	3 庚子 4	1 戊辰 1
4 丙午13	4 丙子⑮	4 丙午14	4 乙亥13	4 乙巳12	4 甲戌11	4 癸卯⑨	4 壬申 7	4 壬寅 7	4 辛未 5	4 辛丑 5	2 己巳 2
5 丁未14	5 丁丑16	5 丁未15	5 丙子14	5 丙午13	5 乙亥⑫	5 甲辰10	5 癸酉 8	5 癸卯 8	5 壬申 6	5 壬寅⑥	3 庚午③
6 戊申⑮	**6** 戊寅17	**6** 戊申16	6 丁丑15	6 丁未⑭	6 丙子13	6 乙巳11	6 甲戌 9	6 甲辰 9	6 癸酉 7	6 癸卯 7	4 辛未 4
7 己酉16	7 己卯18	7 己酉17	7 戊寅16	7 戊申15	7 丁丑14	7 丙午12	7 乙亥10	7 乙巳10	7 甲戌⑧	7 甲辰 8	5 壬申 5
8 庚戌17	8 庚辰19	8 庚戌18	**8** 己卯⑰	**8** 己酉16	8 戊寅15	8 丁未13	8 丙子11	8 丙午⑪	8 乙亥 9	8 乙巳 9	6 癸酉 6
9 辛亥18	9 辛巳20	9 辛亥⑲	9 庚辰18	9 庚戌17	9 己卯16	9 戊申14	9 丁丑12	9 丁未12	9 丙子10	9 丙午10	7 甲戌 7
10 壬子19	10 壬午21	10 壬子20	10 辛巳19	10 辛亥18	**10** 庚辰17	10 己酉15	10 戊寅⑬	10 戊申13	10 丁丑11	10 丁未11	8 乙亥 8
11 癸丑20	11 癸未㉒	11 癸丑21	11 壬午20	11 壬子19	11 辛巳18	**11** 庚戌⑯	11 己卯14	11 己酉14	11 戊寅12	11 戊申12	9 丙子 9
12 甲寅21	12 甲申23	12 甲寅22	12 癸未21	12 癸丑20	12 壬午⑲	12 辛亥17	**12** 庚辰15	12 庚戌15	12 己卯13	12 己酉⑬	10 丁丑⑩
13 乙卯㉒	13 乙酉24	13 乙卯23	13 甲申22	13 甲寅㉑	13 癸未20	13 壬子18	13 辛巳16	**13** 辛亥16	13 庚辰14	13 庚戌14	11 戊寅11
14 丙辰23	14 丙戌25	14 丙辰24	14 乙酉23	14 乙卯22	14 甲申21	14 癸丑19	14 壬午17	14 壬子17	**14** 辛巳⑮	14 辛亥15	12 己卯12
15 丁巳24	15 丁亥26	15 丁巳25	15 丙戌㉔	15 丙辰23	15 乙酉22	15 甲寅20	15 癸未18	15 癸丑⑱	15 壬午16	**15** 壬子16	13 庚辰13
16 戊午25	16 戊子27	16 戊午㉖	16 丁亥25	16 丁巳24	16 丙戌23	16 乙卯21	16 甲申19	16 甲寅19	16 癸未17	16 癸丑17	14 辛巳14
17 己未26	17 己丑28	17 己未27	17 戊子26	17 戊午25	17 丁亥24	17 丙辰22	17 乙酉⑳	17 乙卯20	17 甲申18	17 甲寅18	**15** 壬午15
18 庚申27	18 庚寅㉙	18 庚申28	18 己丑27	18 己未26	18 戊子25	18 丁巳㉓	18 丙戌21	18 丙辰21	18 乙酉19	18 乙卯19	16 癸未16
19 辛酉28	19 辛卯30	19 辛酉29	19 庚寅28	19 庚申27	19 己丑㉖	19 戊午24	19 丁亥22	19 丁巳22	19 丙戌20	19 丙辰⑳	17 甲申⑰
《3月》	20 壬辰31	20 壬戌30	20 辛卯29	20 辛酉㉘	20 庚寅27	20 己未25	20 戊子23	20 戊午23	20 丁亥21	20 丁巳21	18 乙酉18
20 壬戌①	《4月》	《5月》	21 壬辰30	21 壬戌29	21 辛卯28	21 庚申26	21 己丑24	21 己未24	21 戊子㉒	21 戊午22	19 丙戌19
21 癸亥 2	**21** 癸巳 1	21 癸亥 1	22 癸巳㉛	22 癸亥30	22 壬辰29	22 辛酉27	22 庚寅25	22 庚申㉕	22 己丑23	22 己未23	20 丁亥20
22 甲子 3	22 甲午 2	**22** 甲子 2	《6月》	《7月》	23 癸巳30	23 壬戌28	23 辛卯26	23 辛酉26	23 庚寅24	23 庚申24	21 戊子21
23 乙丑 4	23 乙未 3	23 乙丑③	**23** 甲午 1	**23** 甲子 1	24 甲午31	24 癸亥29	24 壬辰㉗	24 壬戌27	24 辛卯25	24 辛酉25	22 己丑22
24 丙寅 5	24 丙申 4	24 丙寅 4	24 乙未 2	24 乙丑 2	《8月》	25 甲子㉚	25 癸巳28	25 癸亥28	25 壬辰26	25 壬戌26	23 庚寅23
25 丁卯 6	25 丁酉⑤	25 丁卯 5	25 丙申 3	25 丙寅 3	**25** 乙未 1	**26** 乙丑31	26 甲午29	26 甲子29	26 癸巳27	26 癸亥㉗	24 辛卯㉔
26 戊辰 7	26 戊戌 6	26 戊辰 6	26 丁酉 4	26 丁卯 4	26 丙申②	《9月》	27 乙未30	27 乙丑30	27 甲午28	27 甲子28	25 壬辰25
27 己巳⑧	27 己亥 7	27 己巳 7	27 戊戌 5	27 戊辰⑤	27 丁酉 3	27 丙寅 1	《10月》	**28** 丙寅31	28 乙未㉙	28 乙丑29	26 癸巳26
28 庚午 9	28 庚子 8	28 庚午 8	28 己亥 6	28 己巳 6	28 戊戌 4	28 丁卯 2	**28** 丙申 1	《11月》	29 丙申30	29 丙寅30	27 甲午27
29 辛未10	29 辛丑 9	29 辛未 9	29 庚子⑦	29 庚午 7	29 己亥 5	29 戊辰 3	29 丁酉 2	29 丁卯①	《12月》	**30** 丁卯31	28 乙未28
30 壬申11	30 壬寅10		30 辛丑 8				30 戊戌 3		**30** 丁酉 1		29 丙申29

雨水 5日	春分 6日	穀雨 6日	小満 8日	夏至 8日	大暑 10日	処暑 11日	秋分 12日	霜降 13日	小雪 14日	冬至 15日	大寒 15日
啓蟄 21日	清明 21日	立夏 22日	芒種 23日	小暑 23日	立秋 25日	白露 26日	寒露 28日	立冬 28日	大雪 30日	小寒 30日	

文治 4 年（1188－1189） 戊申

1月	2月	3月	4月	5月	6月	7月	8月	9月	10月	11月	12月
1 丁酉30	1 丁卯29	1 丁酉30	1 丁卯29	1 丙申28	1 乙丑㉖	1 乙未26	1 甲子24	1 甲午23	1 癸亥22	1 壬辰⑳	1 壬戌20
2 戊戌㉛	《3月》	**2** 戊戌31	2 戊辰30	2 丁酉㉙	2 丙寅27	2 丙申27	2 乙丑25	2 乙未24	2 甲子㉓	2 癸巳21	2 癸亥21
《2月》	**2** 戊辰 1	《4月》	《5月》	3 戊戌30	3 丁卯28	3 丁酉28	3 丙寅26	3 丙申㉕	3 乙丑24	3 甲午22	3 甲子22
3 己亥 1	3 己巳 2	3 己亥 1	**3** 己巳①	**4** 己亥31	4 戊辰29	4 戊戌29	4 丁卯27	4 丁酉26	4 丙寅25	4 乙未23	4 乙丑23
4 庚子 2	4 庚午 3	4 庚子 2	4 庚午 2	《6月》	5 己巳30	5 己亥30	5 戊辰㉘	5 戊戌27	5 丁卯26	5 丙申24	5 丙寅24
5 辛丑 3	5 辛未 4	5 辛丑③	5 辛未 3	5 庚子 1	《7月》	**6** 庚子㉛	6 己巳29	6 己亥28	6 戊辰27	6 丁酉25	6 丁卯㉕
6 壬寅 4	6 壬申 5	6 壬寅 4	6 壬申 4	6 辛丑 2	**6** 庚午 1	《8月》	7 庚午30	7 庚子29	7 己巳28	7 戊戌26	7 戊辰26
7 癸卯 5	7 癸酉⑥	7 癸卯 5	7 癸酉 5	7 壬寅 3	7 辛未 2	7 辛丑 1	**8** 辛未31	**8** 辛丑30	8 庚午29	8 己亥㉗	8 己巳27
8 甲辰 6	8 甲戌 7	8 甲辰 6	8 甲戌 6	8 癸卯 4	8 壬申③	8 壬寅 2	《9月》	《10月》	**9** 辛未㉚	9 庚子28	9 庚午28
9 乙巳⑦	9 乙亥 8	9 乙巳 7	9 乙亥 7	9 甲辰⑤	9 癸酉 4	9 癸卯 3	9 壬申 1	9 壬寅 1	10 壬申31	10 辛丑29	10 辛未29
10 丙午 8	10 丙子 9	10 丙午 8	10 丙子⑧	10 乙巳 6	10 甲戌 5	10 甲辰 4	10 癸酉 2	10 癸卯②	《11月》	**11** 壬寅30	**11** 壬申30
11 丁未 9	11 丁丑10	11 丁未 9	11 丁丑 9	11 丙午 7	11 乙亥 6	11 乙巳 5	11 甲戌 3	11 甲辰 3	11 癸酉 1	《12月》	12 癸酉31
12 戊申10	12 戊寅11	12 戊申⑩	12 戊寅10	12 丁未 8	12 丙子 7	12 丙午 6	12 乙亥④	12 乙巳 4	12 甲戌 2	12 癸卯 1	**1189 年**
13 己酉11	13 己卯12	13 己酉11	13 己卯11	13 戊申 9	13 丁丑 8	13 丁未⑦	13 丙子 5	13 丙午 5	13 乙亥 3	13 甲辰 2	《1月》
14 庚戌12	14 庚辰⑬	14 庚戌12	14 庚辰12	14 己酉10	14 戊寅 9	14 戊申 8	14 丁丑 6	14 丁未 6	14 丙子 4	14 乙巳 3	13 甲戌①
15 辛亥13	15 辛巳14	15 辛亥13	15 辛巳13	15 庚戌11	15 己卯⑩	15 己酉 9	15 戊寅 7	15 戊申 7	15 丁丑 5	15 丙午④	14 乙亥 2
16 壬子⑭	16 壬午15	16 壬子14	16 壬午14	16 辛亥⑫	16 庚辰11	16 庚戌10	16 己卯 8	16 己酉 8	16 戊寅⑥	16 丁未 5	15 丙子 3
17 癸丑15	**17** 癸未16	17 癸丑15	17 癸未⑮	17 壬子13	17 辛巳12	17 辛亥11	17 庚辰 9	17 庚戌⑨	17 己卯 7	17 戊申 6	16 丁丑 4
18 甲寅16	18 甲申17	**18** 甲寅16	**18** 甲申16	18 癸丑14	18 壬午13	18 壬子12	18 辛巳10	18 辛亥10	18 庚辰 8	18 己酉 7	17 戊寅 5
19 乙卯17	19 乙酉18	19 乙卯⑰	19 乙酉17	**19** 甲寅15	19 癸未14	19 癸丑13	19 壬午⑪	19 壬子11	19 辛巳 9	19 庚戌 8	18 己卯 6
20 丙辰18	20 丙戌19	20 丙辰18	20 丙戌18	20 乙卯16	20 甲申15	20 甲寅⑭	20 癸未12	20 癸丑12	20 壬午10	20 辛亥 9	19 庚辰 7
21 丁巳19	21 丁亥⑳	21 丁巳19	21 丁亥19	21 丙辰17	**21** 乙酉16	**21** 乙卯15	21 甲申13	21 甲寅13	21 癸未11	21 壬子10	20 辛巳⑧
22 戊午20	22 戊子21	22 戊午20	22 戊子20	22 丁巳18	22 丙戌⑰	22 丙辰16	22 乙酉14	22 乙卯14	22 甲申12	22 癸丑⑪	21 壬午 9
23 己未㉑	23 己丑22	23 己未21	23 己丑21	23 戊午⑲	23 丁亥18	23 丁巳17	**23** 丙戌15	**23** 丙辰15	23 乙酉⑬	23 甲寅12	22 癸未10
24 庚申22	24 庚寅23	24 庚申22	24 庚寅㉒	24 己未20	24 戊子19	24 戊午18	24 丁亥16	24 丁巳⑯	24 丙戌14	24 乙卯13	23 甲申11
25 辛酉23	25 辛卯24	25 辛酉23	25 辛卯23	25 庚申21	25 己丑20	25 己未19	25 戊子17	25 戊午17	**25** 丁亥15	25 丙辰14	24 乙酉12
26 壬戌24	26 壬辰25	26 壬戌㉔	26 壬辰24	26 辛酉22	26 庚寅21	26 庚申20	26 己丑⑱	26 己未18	26 戊子16	**26** 丁巳15	25 丙戌13
27 癸亥25	27 癸巳26	27 癸亥25	27 癸巳25	27 壬戌23	27 辛卯22	27 辛酉㉑	27 庚寅19	27 庚申19	27 己丑17	27 戊午16	**26** 丁亥14
28 甲子26	28 甲午㉗	28 甲子26	28 甲午26	28 癸亥24	28 壬辰23	28 壬戌22	28 辛卯20	28 辛酉20	28 庚寅18	28 己未17	27 戊子⑮
29 乙丑27	29 乙未28	29 乙丑27	29 乙未27	29 甲子25	29 癸巳㉔	29 癸亥23	29 壬辰21	29 壬戌21	29 辛卯19	29 庚申⑱	28 己丑16
30 丙寅㉘	30 丙申29	30 丙寅28			30 甲午25		30 癸巳22			30 辛酉19	29 庚寅17
											30 辛卯18

立春 1日	啓蟄 2日	清明 2日	立夏 3日	芒種 4日	小暑 6日	立秋 6日	白露 8日	寒露 8日	立冬 9日	大雪 11日	小寒 11日
雨水 17日	春分 17日	穀雨 18日	小満 18日	夏至 19日	大暑 21日	処暑 21日	秋分 23日	霜降 23日	小雪 25日	冬至 26日	大寒 26日

文治5年（1189－1190） 己酉

1月	2月	3月	4月	閏4月	5月	6月	7月	8月	9月	10月	11月	12月
1 壬辰19	1 辛酉17	1 辛卯⑲	1 辛酉18	1 庚寅17	**1** 庚申16	1 己丑15	1 己未14	1 戊子12	1 戊午12	1 丁亥10	1 丁巳⑩	1 丙戌 8
2 癸巳20	2 壬戌18	2 壬辰20	2 壬戌19	2 辛卯18	2 辛酉17	**2** 庚寅⑯	2 庚申15	2 己丑13	2 己未13	2 戊子11	2 戊午11	2 丁亥 9
3 甲午21	3 癸亥⑲	3 癸巳21	3 癸亥20	3 壬辰19	3 壬戌⑱	3 辛卯17	**3** 辛酉16	3 庚寅14	3 庚申14	3 己丑⑫	3 己未12	3 戊子10
4 乙未㉒	4 甲子20	4 甲午22	4 甲子21	4 癸巳20	4 癸亥19	4 壬辰18	4 壬戌17	**4** 辛卯15	**4** 辛酉⑮	4 庚寅13	4 庚申13	4 己丑11
5 丙申23	5 乙丑21	5 乙未23	5 乙丑22	5 甲午㉑	5 甲子20	5 癸巳19	5 癸亥18	5 壬辰16	5 壬戌16	5 辛卯14	5 辛酉14	5 庚寅12
6 丁酉24	6 丙寅22	6 丙申24	6 丙寅㉓	6 乙未22	6 乙丑21	6 甲午20	6 甲子19	6 癸巳⑰	6 癸亥17	**6** 壬辰15	**6** 壬戌15	6 辛卯13
7 戊戌25	7 丁卯23	7 丁酉25	7 丁卯24	7 丙申23	7 丙寅22	7 乙未21	7 乙丑⑳	7 甲午18	7 甲子18	7 癸巳16	7 癸亥16	7 壬辰⑭
8 己亥26	8 戊辰24	8 戊戌㉖	8 戊辰25	8 丁酉24	8 丁卯23	8 丙申22	8 丙寅21	8 乙未19	8 乙丑19	8 甲午17	8 甲子⑰	**8** 癸巳15
9 庚子27	9 己巳25	9 己亥27	9 己巳26	9 戊戌25	9 戊辰24	9 丁酉㉓	9 丁卯22	9 丙申20	9 丙寅20	9 乙未18	9 乙丑18	9 甲午16
10辛丑28	10庚午㉖	10庚子28	10庚午27	10己亥26	10己巳㉕	10戊戌24	10戊辰23	10丁酉21	10丁卯21	10丙申⑲	10丙寅19	10乙未17
11壬寅㉙	11辛未27	11辛丑29	11辛未28	11庚子27	11庚午26	11己亥25	11己巳24	11戊戌22	11戊辰㉒	11丁酉20	11丁卯20	11丙申18
12癸卯30	12壬申28	12壬寅30	12壬申29	12辛丑㉘	12辛未27	12庚子26	12庚午25	12己亥23	12己巳23	12戊戌21	12戊辰21	12丁酉19
13甲辰31	《3月》	13癸卯31	13癸酉㉚	13壬寅29	13壬申28	13辛丑27	13辛未26	13庚子㉔	13庚午24	13己亥22	13己巳22	13戊戌20
《2月》	**13**癸酉 1	《4月》	《5月》	14癸卯30	14癸酉29	14壬寅28	14壬申㉗	14辛丑25	14辛未25	14庚子23	14庚午23	14己亥㉑
14乙巳 1	14甲戌 2	**14**甲辰 1	**14**甲戌 1	**15**甲辰31	15甲戌30	15癸卯29	15癸酉28	15壬寅26	15壬申26	15辛丑24	15辛未㉔	15庚子22
15丙午 2	15乙亥 3	15乙巳②	15乙亥 2	《6月》	《7月》	16甲辰㉚	16甲戌29	16癸卯27	16癸酉27	16壬寅25	16壬申25	16辛丑23
16丁未 3	16丙子 4	16丙午 3	16丙子 3	16乙巳 1	**16**乙亥 1	**17**乙巳31	17乙亥30	17甲辰28	17甲戌28	17癸卯㉖	17癸酉26	17壬寅24
17戊申 4	17丁丑⑤	17丁未 4	17丁丑 4	17丙午 2	17丙子②	《8月》	**18**丙子31	18乙巳29	18乙亥㉙	18甲辰27	18甲戌27	18癸卯25
18己酉⑤	18戊寅 6	18戊申 5	18戊寅 5	18丁未 3	18丁丑 3	18丙午 1	《9月》	**19**丙午30	19丙子30	19乙巳28	19乙亥28	19甲辰26
19庚戌 6	19己卯 7	19己酉 6	19己卯 6	19戊申④	19戊寅 4	19丁未 2	19丁丑 1	《10月》	**20**丁丑31	20丙午29	20丙子29	20乙巳27
20辛亥 7	20庚辰 8	20庚戌 7	20庚辰⑦	20己酉 5	20己卯 5	20戊申 3	20戊寅 2	20丁未①	《11月》	**21**丁未30	21丁丑30	21丙午㉘
21壬子 8	21辛巳 9	21辛亥 8	21辛巳 8	21庚戌 6	21庚辰 6	21己酉 4	21己卯③	21戊申 2	21戊寅 1	《12月》	**22**戊寅㉛	22丁未29
22癸丑 9	22壬午10	22壬子⑨	22壬午 9	22辛亥 7	22辛巳 7	22庚戌 5	22庚辰 4	22己酉 3	22己卯 2	22戊申 1	**1190年**	**23**戊申30
23甲寅10	23癸未11	23癸丑10	23癸未10	23壬子 8	23壬午 8	23辛亥⑥	23辛巳 5	23庚戌 4	23庚辰 3	23己酉 2	《1月》	24己酉31
24乙卯11	24甲申⑫	24甲寅11	24甲申11	24癸丑 9	24癸未⑨	24壬子 7	24壬午 6	24辛亥 5	24辛巳 4	24庚戌③	23己卯 1	《2月》
25丙辰⑫	25乙酉13	25乙卯12	25乙酉12	25甲寅10	25甲申10	25癸丑 8	25癸未 7	25壬子 6	25壬午⑤	25辛亥 4	24庚辰 2	25庚戌 1
26丁巳13	26丙戌14	26丙辰13	26丙戌13	26乙卯⑪	26乙酉11	26甲寅 9	26甲申 8	26癸丑 7	26癸未 6	26壬子 5	25辛巳 3	26辛亥 2
27戊午14	27丁亥15	27丁巳14	27丁亥⑭	27丙辰12	27丙戌12	27乙卯10	27乙酉 9	27甲寅⑧	27甲申 7	27癸丑 6	26壬午 4	27壬子 3
28己未15	**28**戊子16	28戊午15	28戊子15	28丁巳13	28丁亥13	28丙辰11	28丙戌⑩	28乙卯 9	28乙酉 8	28甲寅 7	27癸未 5	28癸丑④
29庚申16	29己丑17	**29**己未⑯	**29**己丑16	29戊午14	29戊子14	29丁巳12	29丁亥11	29丙辰10	29丙戌 9	29乙卯 8	28甲申 6	29甲寅 5
	30庚寅18	30庚申17		30己未15		30戊午⑬		30丁巳11		30丙辰 9	29乙酉⑦	30乙卯 6
立春 12日	啓蟄 13日	清明 14日	立夏 14日	芒種15日	夏至 1日	大暑 2日	処暑 3日	秋分 4日	霜降 4日	小雪 6日	冬至 6日	大寒 8日
雨水 27日	春分 28日	穀雨 29日	小満 29日		小暑 16日	立秋 17日	白露 18日	寒露 19日	立冬 20日	大雪 21日	小寒 22日	立春 23日

建久元年〔文治6年〕（1190－1191） 庚戌

改元 4/11（文治→建久）

1月	2月	3月	4月	5月	6月	7月	8月	9月	10月	11月	12月
1 丙辰 7	1 乙酉 8	1 乙卯 7	1 甲申⑥	1 甲寅 5	1 甲申 5	1 癸丑 3	1 癸未②	《10月》	**1** 壬午31	1 辛亥29	1 辛巳29
2 丁巳 8	2 丙戌 9	2 丙辰⑧	2 乙酉 7	2 乙卯 6	2 乙酉 6	2 甲寅 4	2 甲申 3	1 壬子 1	《11月》	**2** 壬子30	2 壬午㉚
3 戊午 9	3 丁亥10	3 丁巳 9	3 丙戌 8	3 丙辰 7	3 丙戌 7	3 乙卯⑤	3 乙酉 4	2 癸丑 2	2 癸未 1	《12月》	**3** 癸未31
4 己未10	4 戊子⑪	4 戊午10	4 丁亥 9	4 丁巳 8	4 丁亥⑧	4 丙辰 6	4 丙戌 5	3 甲寅 3	3 甲申 2	3 癸丑 1	**1191年**
5 庚申⑪	5 己丑12	5 己未11	5 戊子10	5 戊午 9	5 戊子 9	5 丁巳 7	5 丁亥 6	4 乙卯 4	4 乙酉 3	4 甲寅②	《1月》
6 辛酉12	6 庚寅13	6 庚申12	6 己丑11	6 己未⑩	6 己丑10	6 戊午 8	6 戊子 7	5 丙辰 5	5 丙戌④	5 乙卯 3	4 甲申 1
7 壬戌13	7 辛卯14	7 辛酉13	7 庚寅12	7 庚申11	7 庚寅11	7 己未 9	7 己丑 8	6 丁巳 6	6 丁亥 5	6 丙辰 4	5 乙酉 2
8 癸亥14	8 壬辰15	8 壬戌14	8 辛卯⑬	8 辛酉12	8 辛卯12	8 庚申10	8 庚寅⑨	7 戊午⑦	7 戊子 6	7 丁巳 5	6 丙戌 3
9 甲子15	9 癸巳16	9 癸亥⑮	9 壬辰14	9 壬戌13	9 壬辰13	9 辛酉11	9 辛卯10	8 己未 8	8 己丑 7	8 戊午 6	7 丁亥 4
10乙丑16	**10**甲午17	**10**甲子16	10癸巳15	10癸亥14	10癸巳14	10壬戌⑫	10壬辰11	9 庚申 9	9 庚寅 8	9 己未 7	8 戊子 5
11丙寅17	11乙未⑱	11乙丑17	***11***甲午16	11甲子15	11甲午⑮	11癸亥13	11癸巳12	10辛酉10	10辛卯 9	10庚申 8	9 己丑⑥
12丁卯⑱	12丙申19	12丙寅18	12乙未17	**12**乙丑16	**12**乙未16	12甲子14	12甲午13	11壬戌11	11壬辰10	11辛酉⑨	10庚寅 7
13戊辰19	13丁酉20	13丁卯19	13丙申18	13丙寅⑰	13丙申17	13乙丑15	13乙未14	12癸亥12	12癸巳⑪	12壬戌10	11辛卯 8
14己巳20	14戊戌21	14戊辰20	14丁酉19	14丁卯18	14丁酉18	**14**丙寅16	**14**丙申15	13甲子13	13甲午12	13癸亥11	12壬辰 9
15庚午21	15己亥22	15己巳21	15戊戌⑳	15戊辰19	15戊戌19	15丁卯17	15丁酉⑯	14乙丑⑭	14乙未13	14甲子12	13癸巳10
16辛未22	16庚子23	16庚午㉒	16己亥21	16己巳20	16己亥20	16戊辰18	16戊戌17	15丙寅15	15丙申14	15乙丑13	14甲午11
17壬申23	17辛丑24	17辛未23	17庚子22	17庚午21	17庚子21	17己巳⑲	17己亥18	**16**丁卯16	**16**丁酉15	16丙寅14	15乙未12
18癸酉24	18壬寅㉕	18壬申24	18辛丑23	18辛未22	18辛丑㉒	18庚午20	18庚子19	17戊辰17	17戊戌16	17丁卯15	16丙申⑬
19甲戌㉕	19癸卯26	19癸酉25	19壬寅24	19壬申23	19壬寅23	19辛未21	19辛丑20	18己巳18	18己亥17	**18**戊辰⑯	17丁酉14
20乙亥26	20甲辰27	20甲戌26	20癸卯25	20癸酉㉔	20癸卯24	20壬申22	20壬寅21	19庚午19	19庚子⑱	19己巳17	**18**戊戌15
21丙子27	21乙巳28	21乙亥27	21甲辰26	21甲戌25	21甲辰25	21癸酉23	21癸卯22	20辛未20	20辛丑19	20庚午18	19己亥16
22丁丑28	22丙午29	22丙子28	22乙巳㉗	22乙亥26	22乙巳26	22甲戌24	22甲辰㉓	21壬申㉑	21壬寅20	21辛未19	20庚子17
《3月》	23丁未30	23丁丑㉙	23丙午28	23丙子27	23丙午27	23乙亥25	23乙巳24	22癸酉22	22癸卯21	22壬申20	21辛丑18
23戊寅 1	24戊申31	24戊寅30	24丁未29	24丁丑28	24丁未28	24丙子㉖	24丙午25	23甲戌23	23甲辰22	23癸酉21	22壬寅19
24己卯 2	《4月》	《5月》	25戊申30	25戊寅29	25戊申㉙	25丁丑27	25丁未26	24乙亥24	24乙巳23	24甲戌22	23癸卯⑳
25庚辰 3	**25**己酉①	**25**己卯 1	26己酉31	26己卯30	26己酉30	26戊寅28	26戊申27	25丙子25	25丙午24	25乙亥㉓	24甲辰21
26辛巳④	26庚戌 2	26庚辰 2	《6月》	《7月》	27庚戌31	27己卯29	27己酉28	26丁丑26	26丁未㉕	26丙子24	25乙巳22
27壬午 5	27辛亥 3	27辛巳 3	**27**庚戌 1	**27**庚辰①	《8月》	28庚辰30	28庚戌29	27戊寅27	27戊申26	27丁丑25	26丙午23
28癸未 6	28壬子 4	28壬午 4	28辛亥 2	28辛巳 2	**28**辛亥 1	**29**辛巳31	**29**辛亥㉚	28己卯㉘	28己酉27	28戊寅26	27丁未24
29甲申 7	29癸丑 5	29癸未 5	29壬子③	29壬午 3	29壬子 2	《9月》		29庚辰29	29庚戌28	29己卯27	28戊申25
	30甲寅 6		30癸丑 4	30癸未 4		30壬午 1		30辛巳30		30庚辰28	29己酉26
雨水 8日	春分 10日	穀雨 10日	小満 11日	夏至 12日	大暑 12日	処暑 14日	秋分 14日	霜降 16日	立冬 1日	大雪 2日	小寒 3日
啓蟄 23日	清明 25日	立夏 25日	芒種 27日	小暑 27日	立秋 28日	白露 29日	寒露 29日		小雪 16日	冬至 18日	大寒 18日

建久2年（1191－1192） 辛亥

1月	2月	3月	4月	5月	6月	7月	8月	9月	10月	11月	12月	閏12月
1 庚戌㉗	1 庚辰26	1 己酉27	1 戊寅25	1 戊申25	1 戊寅24	1 丁未23	1 丁丑22	1 丁未21	1 丙子⑳	1 丙午19	1 乙亥18	1 乙巳17
2 辛亥28	2 辛巳27	2 庚戌28	2 己卯26	2 己酉㉖	2 己卯25	2 戊申24	2 戊寅23	2 戊申㉒	2 丁丑21	2 丁未20	2 丙子19	2 丙午18
3 壬子29	3 壬午28	3 辛亥29	3 庚辰27	3 庚戌27	3 庚辰26	3 己酉25	3 己卯24	3 己酉23	3 戊寅22	3 戊申21	3 丁丑20	3 丁未⑲
4 癸丑30	《3月》	4 壬子30	4 辛巳㉘	4 辛亥28	4 辛巳27	4 庚戌26	4 庚辰㉕	4 庚戌24	4 己卯23	4 己酉22	4 戊寅21	4 戊申20
5 甲寅31	4 癸未 1	5 癸丑㉛	5 壬午29	5 壬子29	5 壬午28	5 辛亥27	5 辛巳26	5 辛亥25	5 庚辰24	5 庚戌23	5 己卯㉒	5 己酉21
《2月》	**5** 甲申 2	《4月》	6 癸未30	6 癸丑30	6 癸未29	6 壬子㉘	6 壬午27	6 壬子26	6 辛巳25	6 辛亥㉔	6 庚辰23	6 庚戌22
6 乙卯 1	6 乙酉③	**6** 甲寅 1	《5月》	7 甲寅31	7 甲申㉚	7 癸丑29	7 癸未28	7 癸丑27	7 壬午26	7 壬子25	7 辛巳24	7 辛亥23
7 丙辰 2	7 丙戌 4	7 乙卯 2	7 甲申 1	《6月》	《7月》	8 甲寅30	8 甲申29	8 甲寅28	8 癸未㉗	8 癸丑26	8 壬午25	8 壬子24
8 丁巳③	8 丁亥 5	8 丙辰 3	**8** 乙酉 2	**8** 乙卯 1	**8** 乙酉 1	9 乙卯31	9 乙酉30	9 乙卯㉙	9 甲申28	9 甲寅27	9 癸未26	9 癸丑25
9 戊午 4	9 戊子 6	9 丁巳 4	9 丙戌 3	9 丙辰②	9 丙戌 2	《8月》	**10**丙戌31	10丙辰30	10乙酉29	10乙卯28	10甲申27	10甲寅㉖
10己未 5	10己丑 7	10戊午 5	10丁亥 4	10丁巳 3	10丁亥 3	**10**丙辰 1	《9月》	《10月》	11丙戌30	11丙辰29	11乙酉28	11乙卯27
11庚申 6	11庚寅 8	11己未 6	11戊子⑤	11戊午 4	11戊子 4	11丁巳 2	11丁亥①	**11**丁巳 1	**12**丁亥31	12丁巳30	12丙戌㉙	12丙辰28
12辛酉 7	12辛卯 9	12庚申⑦	12己丑 6	12己未 5	12己丑 5	12戊午 3	12戊子 2	12戊午 2	《11月》	《12月》	13丁亥30	13丁巳29
13壬戌 8	13壬辰⑩	13辛酉 8	13庚寅 7	13庚申 6	13庚寅 6	13己未④	13己丑 3	13己未 3	13戊子 1	**13**戊午①	**14**戊子31	**14**戊午30
14癸亥 9	14癸巳11	14壬戌 9	14辛卯 8	14辛酉 7	14辛卯⑦	14庚申 5	14庚寅 4	14庚申 4	14己丑 2	14己未 2	**1192** 年	15己未31
15甲子⑩	15甲午12	15癸亥10	15壬辰 9	15壬戌 8	15壬辰 8	15辛酉 6	15辛卯 5	15辛酉 5	15庚寅③	15庚申 3	《1月》	《2月》
16乙丑11	16乙未13	16甲子11	16癸巳10	16癸亥⑨	16癸巳 9	16壬戌 7	16壬辰 6	16壬戌⑥	16辛卯 4	16辛酉 4	15己丑 1	16庚申 1
17丙寅12	17丙申14	17乙丑12	17甲午11	17甲子10	17甲午10	17癸亥 8	17癸巳 7	17癸亥 7	17壬辰 5	17壬戌 5	16庚寅 2	17辛酉②
18丁卯13	18丁酉15	18丙寅13	18乙未⑫	18乙丑11	18乙未11	18甲子 9	18甲午⑧	18甲子 8	18癸巳 6	18癸亥 6	17辛卯 3	18壬戌 3
19戊辰14	19戊戌16	19丁卯⑭	19丙申13	19丙寅12	19丙申12	19乙丑10	19乙未 9	19乙丑 9	19甲午 7	19甲子 7	18壬辰 4	19癸亥 4
20己巳15	**20**己亥⑰	20戊辰15	20丁酉14	20丁卯13	20丁酉13	20丙寅⑪	20丙申10	20丙寅10	20乙未 8	20乙丑⑧	19癸巳⑤	20甲子 5
21庚午16	21庚子18	**21** 己巳16	21戊戌15	21戊辰14	21戊戌⑭	21丁卯12	21丁酉11	21丁卯11	21丙申 9	21丙寅 9	20甲午 6	21乙丑 6
22辛未⑰	22辛丑19	22庚午17	22己亥16	22己巳15	22己亥15	22戊辰13	22戊戌12	22戊辰12	22丁酉⑩	22丁卯10	21乙未 7	22丙寅 7
23壬申18	23壬寅20	23辛未18	**23**庚子17	**23**庚午⑯	23庚子16	23己巳14	23己亥13	23己巳⑬	23戊戌11	23戊辰11	22丙申 8	23丁卯 8
24癸酉19	24癸卯21	24壬申19	24辛丑18	24辛未17	**24**辛丑17	24庚午15	24庚子14	24庚午14	24己亥12	24己巳12	23丁酉 9	24戊辰⑨
25甲戌20	25甲辰22	25癸酉20	25壬寅⑲	25壬申18	25壬寅18	**25**辛未16	**25**辛丑⑮	25辛未15	25庚子13	25庚午13	24戊戌10	25己巳10
26乙亥21	26乙巳23	26甲戌㉑	26癸卯20	26癸酉19	26癸卯19	26壬申17	26壬寅16	**26**壬申16	26辛丑14	26辛未14	25己亥11	26庚午11
27丙子22	27丙午㉔	27乙亥22	27甲辰21	27甲戌20	27甲辰20	27癸酉⑱	27癸卯17	27癸酉17	**27**壬寅15	27壬申⑮	26庚子⑫	27辛未12
28丁丑23	28丁未25	28丙子23	28乙巳22	28乙亥21	28乙巳㉑	28甲戌19	28甲辰18	28甲戌18	28癸卯16	**28**癸酉16	27辛丑13	28壬申13
29戊寅㉔	29戊申26	29丁丑24	29丙午23	29丙子22	29丙午22	29乙亥20	29乙巳19	29乙亥19	29甲辰⑰	29甲戌17	28壬寅14	29癸酉14
30己卯25			30丁未24	30丁丑㉓		30丙子21	30丙午20		30乙巳18		**29**癸卯15	
											30甲辰16	
立春 4日 雨水 19日	啓蟄 5日 春分 20日	清明 6日 穀雨 21日	立夏 8日 小満 23日	芒種 8日 夏至 23日	小暑 8日 大暑 24日	立秋 10日 処暑 25日	白露 10日 秋分 25日	寒露 11日 霜降 26日	立冬 12日 小雪 27日	大雪 13日 冬至 28日	小寒 14日 大寒 29日	立春14日

建久3年（1192－1193） 壬子

1月	2月	3月	4月	5月	6月	7月	8月	9月	10月	11月	12月
1 甲戌15	**1** 甲辰16	1 癸酉14	1 壬寅13	1 壬申12	1 辛丑11	1 辛未10	1 辛丑 9	1 庚午 8	1 庚子 7	1 庚午 7	1 己亥 5
2 乙亥⑯	2 乙巳17	2 甲戌15	2 癸卯14	2 癸酉13	2 壬寅⑫	2 壬申11	2 壬寅10	2 辛未 9	2 辛丑⑧	2 辛未 8	2 庚子 6
3 丙子17	3 丙午18	**3** 乙亥16	3 甲辰15	3 甲戌⑭	3 癸卯13	3 癸酉12	3 癸卯11	3 壬申10	3 壬寅 9	3 壬申 9	3 辛丑 7
4 丁丑18	4 丁未19	4 丙子17	**4** 乙巳16	**4** 乙亥15	4 甲辰14	4 甲戌13	4 甲辰12	4 癸酉⑪	4 癸卯10	4 癸酉10	4 壬寅 8
5 戊寅19	5 戊申20	5 丁丑18	5 丙午⑰	5 丙子16	5 乙巳15	5 乙亥14	5 乙巳⑬	5 甲戌12	5 甲辰11	5 甲戌11	5 癸卯 9
6 己卯20	6 己酉21	6 戊寅⑲	6 丁未18	6 丁丑17	**6** 丙午16	**6** 丙子15	6 丙午14	6 乙亥13	6 乙巳12	6 乙亥12	6 甲辰⑩
7 庚辰21	7 庚戌㉒	7 己卯20	7 戊申19	7 戊寅18	7 丁未17	7 丁丑⑯	**7** 丁未15	7 丙子14	7 丙午13	7 丙子⑬	7 乙巳11
8 辛巳22	8 辛亥23	8 庚辰21	8 己酉20	8 己卯19	8 戊申18	8 戊寅17	8 戊申16	**8** 丁丑15	8 丁未14	8 丁丑14	8 丙午12
9 壬午㉓	9 壬子24	9 辛巳22	9 庚戌21	9 庚辰20	9 己酉⑲	9 己卯18	9 己酉17	9 戊寅16	**9** 戊申⑮	**9** 戊寅15	9 丁未13
10癸未24	10癸丑25	10壬午23	10辛亥22	10辛巳㉑	10庚戌20	10庚辰19	10庚戌18	10己卯17	10己酉16	10己卯16	**10**戊申14
11甲申25	11甲寅26	11癸未24	11壬子23	11壬午22	11辛亥21	11辛巳20	11辛亥19	11庚辰⑱	11庚戌17	11庚辰17	11己酉15
12乙酉26	12乙卯27	12甲申25	12癸丑㉔	12癸未23	12壬子22	12壬午21	12壬子⑳	12辛巳19	12辛亥18	12辛巳18	12庚戌16
13丙戌27	13丙辰28	13乙酉㉖	13甲寅25	13甲申24	13癸丑23	13癸未22	13癸丑21	13壬午20	13壬子19	13壬午19	13辛亥⑰
14丁亥28	14丁巳㉙	14丙戌27	14乙卯26	14乙酉25	14甲寅24	14甲申㉓	14甲寅22	14癸未21	14癸丑20	14癸未⑳	14壬子18
15戊子29	15戊午30	15丁亥28	15丙辰27	15丙戌26	15乙卯25	15乙酉24	15乙卯23	15甲申22	15甲寅21	15甲申21	15癸丑19
《3月》	**16**己未31	16戊子29	16丁巳28	16丁亥27	16丙辰㉖	16丙戌25	16丙辰24	16乙酉23	16乙卯㉒	16乙酉22	16甲寅20
16己丑①	《4月》	17己丑30	17戊午29	17戊子㉘	17丁巳27	17丁亥26	17丁巳25	17丙戌24	17丙辰23	17丙戌23	17乙卯21
17庚寅 2	17庚申 1	《5月》	18己未30	18己丑29	18戊午28	18戊子27	18戊午26	18丁亥㉕	18丁巳24	18丁亥24	18丙辰22
18辛卯 3	18辛酉 2	**18**庚寅 1	**19**庚申㉛	19庚寅30	19己未29	19己丑28	19己未㉗	19戊子26	19戊午25	19戊子25	19丁巳23
19壬辰 4	19壬戌 3	19辛卯 2	《6月》	《7月》	20庚申30	20庚寅29	20庚申28	20己丑27	20己未26	20己丑26	20戊午㉔
20癸巳 5	20癸亥 4	20壬辰③	20辛酉 1	**20**辛卯 1	**21** 辛酉31	**21** 辛卯㉚	21辛酉29	21庚寅28	21庚申27	21庚寅㉗	21己未25
21甲午 6	21甲子⑤	21癸巳 4	21壬戌 2	21壬辰 2	《8月》	22壬辰31	**22**壬戌30	22辛卯29	22辛酉28	22辛卯28	22庚申26
22乙未 7	22乙丑 6	22甲午 5	22癸亥 3	22癸巳 3	22壬戌 1	《9月》	《10月》	**23**壬辰30	23壬戌㉙	23壬辰29	23辛酉27
23丙申⑧	23丙寅 7	23乙未 6	23甲子 4	23甲午 4	23癸亥②	23癸巳 1	23癸亥 1	24癸巳31	**24**癸亥30	**24**癸巳30	24壬戌28
24丁酉 9	24丁卯 8	24丙申 7	24乙丑 5	24乙未⑤	24甲子 3	24甲午 2	24甲子 2	《11月》	《12月》	25甲午31	25癸亥29
25戊戌10	25戊辰 9	25丁酉 8	25丙寅 6	25丙申 6	25乙丑 4	25乙未 3	25乙丑 3	25甲午①	25甲子 1	**1193** 年	**26**甲子30
26己亥11	26己巳10	26戊戌 9	26丁卯⑦	26丁酉 7	26丙寅 5	26丙申 4	26丙寅④	26乙未 2	26乙丑 2	《1月》	27乙丑㉛
27庚子12	27庚午11	27己亥⑩	27戊辰 8	27戊戌 8	27丁卯 6	27丁酉 5	27丁卯 5	27丙申 3	27丙寅 3	26乙未 1	《2月》
28辛丑13	28辛未⑫	28庚子11	28己巳 9	28己亥 9	28戊辰 7	28戊戌⑥	28戊辰 6	28丁酉 4	28丁卯 4	27丙申 2	28丙寅 1
29壬寅14	29壬申13	29辛丑12	29庚午10	29庚子10	29己巳 8	29己亥 7	29己巳 7	29戊戌 5	29戊辰 5	28丁酉③	29丁卯 2
30癸卯⑮			30辛未11		30庚午⑨	30庚子 8		30己亥 6	30己巳⑥	29戊戌 4	30戊辰 3
雨水 1日 啓蟄 16日	春分 1日 清明 16日	穀雨 3日 立夏 18日	小満 4日 芒種 19日	夏至 4日 小暑 20日	大暑 6日 立秋 21日	処暑 6日 白露 21日	秋分 7日 寒露 22日	霜降 8日 立冬 23日	小雪 9日 大雪 24日	冬至 9日 小寒 24日	大寒 10日 立春 26日

建久4年（1193－1194） 癸丑

1月	2月	3月	4月	5月	6月	7月	8月	9月	10月	11月	12月
1 己巳 4	1 戊戌 5	1 戊辰 ④	1 丁酉 3	《6月》	《7月》	1 乙丑 30	1 乙未 ㉙	1 甲子 27	1 甲午 27	1 甲子 26	1 甲午 ㉖
2 庚午 5	2 己亥 6	2 己巳 5	2 戊戌 4	1 丙寅 1	**1** 丙申 1	**2** 丙寅 31	2 丙申 30	2 乙丑 28	2 乙未 28	2 乙丑 27	2 乙未 27
3 辛未 6	3 庚子 ⑦	3 庚午 6	3 己亥 5	2 丁卯 2	2 丁酉 2	《8月》	**3** 丁酉 31	3 丙寅 29	3 丙申 29	3 丙寅 ㉘	3 丙申 28
4 壬申 ⑦	4 辛丑 8	4 辛未 7	4 庚子 6	3 戊辰 3	3 戊戌 3	3 丁卯 ①	《9月》	**4** 丁卯 30	4 丁酉 30	4 丁卯 29	4 丁酉 29
5 癸酉 8	5 壬寅 9	5 壬申 8	5 辛丑 7	4 己巳 4	4 己亥 ④	4 戊辰 2	4 戊戌 1	《10月》	**5** 戊戌 ㉛	**5** 戊辰 30	**5** 戊戌 30
6 甲戌 9	6 癸卯 10	6 癸酉 9	6 壬寅 8	5 庚午 5	5 庚子 5	5 己巳 3	5 己亥 2	5 戊辰 1	《11月》	《12月》	6 己亥 31
7 乙亥 10	7 甲辰 11	7 甲戌 10	7 癸卯 ⑨	6 辛未 ⑥	6 辛丑 6	6 庚午 4	6 庚子 3	6 己巳 2	6 己亥 1	6 己巳 1	**1194** 年
8 丙子 11	8 乙巳 12	8 乙亥 ⑪	8 甲辰 10	7 壬申 7	7 壬寅 7	7 辛未 5	7 辛丑 4	7 庚午 ③	7 庚子 2	7 庚午 2	《1月》
9 丁丑 12	9 丙午 13	9 丙子 12	9 乙巳 11	8 癸酉 8	8 癸卯 8	8 壬申 6	8 壬寅 ⑤	8 辛未 4	8 辛丑 3	8 辛未 3	7 庚子 1
10 戊寅 13	10 丁未 ⑭	10 丁丑 13	10 丙午 12	9 甲戌 9	9 甲辰 9	9 癸酉 7	9 癸卯 6	9 壬申 5	9 壬寅 4	9 壬申 4	8 辛丑 ②
11 己卯 ⑭	11 戊申 15	11 戊寅 14	11 丁未 13	10 乙亥 10	10 乙巳 10	10 甲戌 ⑧	10 甲辰 7	10 癸酉 6	10 癸卯 5	10 癸酉 ⑤	9 壬寅 3
12 庚辰 15	**12** 己酉 16	12 己卯 15	12 戊申 14	11 丙子 11	11 丙午 ⑪	11 乙亥 9	11 乙巳 8	11 甲戌 7	11 甲辰 6	11 甲戌 6	10 癸卯 4
13 辛巳 16	13 庚戌 17	**13** 庚辰 16	13 己酉 15	12 丁丑 12	12 丁未 12	12 丙子 10	12 丙午 9	12 乙亥 8	12 乙巳 ⑦	12 乙亥 7	11 甲辰 5
14 壬午 17	14 辛亥 18	14 辛巳 17	**14** 庚戌 ⑯	13 戊寅 ⑬	13 戊申 13	13 丁丑 11	13 丁未 10	13 丙子 9	13 丙午 8	13 丙子 8	12 乙巳 6
15 癸未 18	15 壬子 19	15 壬午 ⑱	15 辛亥 17	14 己卯 14	14 己酉 14	14 戊寅 12	14 戊申 11	14 丁丑 ⑩	14 丁未 9	14 丁丑 9	13 丙午 7
16 甲申 19	16 癸丑 20	16 癸未 19	16 壬子 18	15 庚辰 15	15 庚戌 15	15 己卯 13	15 己酉 ⑫	15 戊寅 11	15 戊申 10	15 戊寅 10	14 丁未 8
17 乙酉 20	17 甲寅 ㉑	17 甲申 20	17 癸丑 19	**16** 辛巳 16	**16** 辛亥 16	16 庚辰 14	16 庚戌 13	16 己卯 12	16 己酉 11	16 己卯 11	15 戊申 ⑨
18 丙戌 ㉑	18 乙卯 22	18 乙酉 21	18 甲寅 20	17 壬午 17	17 壬子 17	17 辛巳 ⑮	17 辛亥 14	17 庚辰 13	17 庚戌 12	17 庚辰 ⑫	16 己酉 10
19 丁亥 22	19 丙辰 23	19 丙戌 22	19 乙卯 21	18 癸未 18	18 癸丑 ⑱	**18** 壬午 16	**18** 壬子 15	18 辛巳 14	18 辛亥 13	18 辛巳 13	17 庚戌 11
20 戊子 23	20 丁巳 24	20 丁亥 23	20 丙辰 22	19 甲申 19	19 甲寅 19	19 癸未 17	19 癸丑 16	**19** 壬午 15	19 壬子 ⑭	19 壬午 14	18 辛亥 12
21 己丑 24	21 戊午 25	21 戊子 24	21 丁巳 ㉓	20 乙酉 ⑳	20 乙卯 20	20 甲申 18	20 甲寅 17	20 癸未 16	**20** 癸丑 15	**20** 癸未 15	19 壬子 13
22 庚寅 25	22 己未 26	22 己丑 ㉕	22 戊午 24	21 丙戌 21	21 丙辰 21	21 乙酉 19	21 乙卯 18	21 甲申 ⑰	21 甲寅 16	21 甲申 16	20 癸丑 14
23 辛卯 26	23 庚申 27	23 庚寅 26	23 己未 25	22 丁亥 22	22 丁巳 22	22 丙戌 20	22 丙辰 ⑲	22 乙酉 18	22 乙卯 17	22 乙酉 17	**21** 甲寅 15
24 壬辰 27	24 辛酉 ㉘	24 辛卯 27	24 庚申 26	23 戊子 23	23 戊午 23	23 丁亥 21	23 丁巳 20	23 丙戌 19	23 丙辰 18	23 丙戌 18	22 乙卯 ⑯
25 癸巳 ㉘	25 壬戌 29	25 壬辰 28	25 辛酉 27	24 己丑 24	24 己未 24	24 戊子 ㉒	24 戊午 21	24 丁亥 20	24 丁巳 19	24 丁亥 ⑲	23 丙辰 17
《3月》	26 癸亥 30	26 癸巳 29	26 壬戌 28	25 庚寅 25	25 庚申 ㉕	25 己丑 23	25 己未 22	25 戊子 21	25 戊午 20	25 戊子 20	24 丁巳 18
26 甲午 1	27 甲子 31	27 甲午 30	27 癸亥 29	26 辛卯 26	26 辛酉 26	26 庚寅 24	26 庚申 23	26 己丑 22	26 己未 ㉑	26 己丑 21	25 戊午 19
27 乙未 2	《4月》	《5月》	28 甲子 ㉚	27 壬辰 ㉗	27 壬戌 27	27 辛卯 25	27 辛酉 24	27 庚寅 23	27 庚申 22	27 庚寅 22	26 己未 20
28 丙申 3	**28** 乙丑 1	**28** 乙未 1	**29** 乙丑 31	28 癸巳 28	28 癸亥 28	28 壬辰 26	28 壬戌 25	28 辛卯 ㉔	28 辛酉 23	28 辛卯 23	27 庚申 21
29 丁酉 4	29 丙寅 2	29 丙申 ②		29 甲午 29	29 甲子 29	29 癸巳 27	29 癸亥 ㉖	29 壬辰 25	29 壬戌 24	29 壬辰 24	28 辛酉 22
	30 丁卯 3			30 乙未 30		30 甲午 28		30 癸巳 26	30 癸亥 25	30 癸巳 25	29 壬戌 ㉓

雨水 11日	春分 12日	穀雨 13日	小満 14日	夏至 16日	小暑 1日	立秋 2日	白露 3日	寒露 4日	立冬 5日	大雪 5日	小寒 5日
啓蟄 26日	清明 28日	立夏 28日	芒種 29日		大暑 16日	処暑 18日	秋分 18日	霜降 19日	小雪 20日	冬至 20日	大寒 21日

建久5年（1194－1195） 甲寅

1月	2月	3月	4月	5月	6月	7月	8月	閏8月	9月	10月	11月	12月
1 癸亥 24	1 癸巳 23	1 壬戌 24	1 壬辰 23	1 辛酉 ㉒	1 庚寅 20	1 庚申 20	1 己丑 18	1 戊午 16	**1** 戊子 ⑯	**1** 戊午 15	1 戊子 15	1 丁巳 13
2 甲子 25	2 甲午 24	2 癸亥 25	2 癸巳 ㉔	2 壬戌 23	2 辛卯 21	2 辛酉 21	2 庚寅 19	2 己未 17	2 己丑 17	2 己未 16	**2** 己丑 16	2 戊午 14
3 乙丑 26	3 乙未 25	3 甲子 26	3 甲午 25	3 癸亥 24	3 壬辰 22	3 壬戌 22	3 辛卯 20	3 庚申 ⑱	3 庚寅 18	3 庚申 17	3 庚寅 17	**3** 己未 ⑮
4 丙寅 27	4 丙申 26	4 乙丑 ㉗	4 乙未 26	4 甲子 25	4 癸巳 23	4 癸亥 23	4 壬辰 ㉑	4 辛酉 19	4 辛卯 19	4 辛酉 18	4 辛卯 ⑱	4 庚申 16
5 丁卯 28	5 丁酉 ㉗	5 丙寅 28	5 丙申 27	5 乙丑 26	5 甲午 24	5 甲子 ㉔	5 癸巳 22	5 壬戌 20	5 壬辰 20	5 壬戌 19	5 壬辰 19	5 辛酉 17
6 戊辰 29	6 戊戌 28	6 丁卯 29	6 丁酉 28	6 丙寅 27	6 乙未 25	6 乙丑 25	6 甲午 23	6 癸亥 21	6 癸巳 21	6 癸亥 ⑳	6 癸巳 20	6 壬戌 18
7 己巳 ㉚	《3月》	7 戊辰 30	7 戊戌 29	7 丁卯 28	7 丙申 ㉖	7 丙寅 26	7 乙未 24	7 甲子 22	7 甲午 22	7 甲子 21	7 甲午 21	7 癸亥 19
8 庚午 31	**7** 己亥 1	8 己巳 31	8 己亥 30	8 戊辰 ㉙	8 丁酉 27	8 丁卯 27	8 丙申 25	8 乙丑 23	8 乙未 ㉓	8 乙丑 22	8 乙未 22	8 甲子 20
《2月》	8 庚子 2	《4月》	《5月》	9 己巳 30	9 戊戌 28	9 戊辰 28	9 丁酉 26	9 丙寅 24	9 丙申 24	9 丙寅 23	9 丙申 23	9 乙丑 21
9 辛未 1	9 辛丑 3	**9** 庚午 1	**9** 庚子 ①	10 庚午 31	10 己亥 29	10 己巳 29	10 戊戌 27	10 丁卯 ㉕	10 丁酉 25	10 丁卯 24	10 丁酉 24	10 丙寅 ㉒
10 壬申 2	10 壬寅 4	10 辛未 2	10 辛丑 2	《6月》	11 庚子 30	11 庚午 30	11 己亥 ㉘	11 戊辰 26	11 戊戌 26	11 戊辰 25	11 戊戌 ㉕	11 丁卯 23
11 癸酉 3	11 癸卯 5	11 壬申 ③	11 壬寅 3	**11** 辛未 1	《7月》	12 辛未 ㉛	12 庚子 29	12 己巳 27	12 己亥 27	12 己巳 26	12 己亥 26	12 戊辰 24
12 甲戌 4	12 甲辰 ⑥	12 癸酉 4	12 癸卯 4	12 壬申 2	**12** 辛丑 1	《8月》	13 辛丑 30	13 庚午 28	13 庚子 28	13 庚午 ㉗	13 庚子 27	13 己巳 25
13 乙亥 5	13 乙巳 7	13 甲戌 5	13 甲辰 5	13 癸酉 3	13 壬寅 2	**13** 壬申 1	**14** 壬寅 31	14 辛未 29	14 辛丑 29	14 辛未 28	14 辛丑 28	14 庚午 26
14 丙子 ⑥	14 丙午 8	14 乙亥 6	14 乙巳 6	14 甲戌 4	14 癸卯 ③	14 癸酉 2	《9月》	**15** 壬申 30	15 壬寅 ㉚	15 壬申 29	15 壬寅 29	15 辛未 27
15 丁丑 7	15 丁未 9	15 丙子 7	15 丙午 7	15 乙亥 ⑤	15 甲辰 4	15 甲戌 3	15 癸卯 1	《10月》	**16** 癸卯 31	**16** 癸酉 30	16 癸卯 30	16 壬申 28
16 戊寅 8	16 戊申 10	16 丁丑 8	16 丁未 ⑧	16 丙子 6	16 乙巳 5	16 乙亥 4	16 甲辰 2	16 癸酉 1	《11月》	《12月》	**17** 甲辰 31	17 癸酉 ㉙
17 己卯 9	17 己酉 11	17 戊寅 9	17 戊申 9	17 丁丑 7	17 丙午 6	17 丙子 5	17 乙巳 3	17 甲戌 ②	17 甲辰 1	17 甲戌 1	**1195** 年	**18** 甲戌 30
18 庚辰 10	18 庚戌 12	18 己卯 ⑩	18 己酉 10	18 戊寅 8	18 丁未 7	18 丁丑 6	18 丙午 ④	18 乙亥 3	18 乙巳 2	18 乙亥 2	《1月》	19 乙亥 31
19 辛巳 11	19 辛亥 ⑬	19 庚辰 11	19 庚戌 11	19 己卯 9	19 戊申 8	19 戊寅 ⑦	19 丁未 5	19 丙子 4	19 丙午 3	19 丙子 3	18 乙巳 ①	《2月》
20 壬午 12	20 壬子 14	20 辛巳 12	20 辛亥 12	20 庚辰 10	20 己酉 9	20 己卯 8	20 戊申 6	20 丁丑 5	20 丁未 4	20 丁丑 ④	19 丙午 2	20 丙子 1
21 癸未 ⑬	21 癸丑 15	21 壬午 13	21 壬子 13	21 辛巳 11	21 庚戌 ⑩	21 庚辰 9	21 己酉 7	21 戊寅 6	21 戊申 5	21 戊寅 5	20 丁未 3	21 丁丑 2
22 甲申 14	22 甲寅 16	22 癸未 14	22 癸丑 14	22 壬午 ⑫	22 辛亥 11	22 辛巳 10	22 庚戌 8	22 己卯 7	22 己酉 ⑥	22 己卯 6	21 戊申 4	22 戊寅 3
23 乙酉 15	**23** 乙卯 17	23 甲申 15	23 甲寅 ⑮	23 癸未 13	23 壬子 12	23 壬午 11	23 辛亥 9	23 庚辰 8	23 庚戌 7	23 庚辰 7	22 己酉 5	23 己卯 4
24 丙戌 16	24 丙辰 18	**24** 乙酉 16	**24** 乙卯 16	24 甲申 14	24 癸丑 13	24 癸未 12	24 壬子 10	24 辛巳 ⑨	24 辛亥 8	24 辛巳 8	23 庚戌 6	24 庚辰 ⑤
25 丁亥 17	25 丁巳 19	25 丙戌 ⑰	25 丙辰 17	25 乙酉 15	25 甲寅 14	25 甲申 13	25 癸丑 ⑪	25 壬午 10	25 壬子 9	25 壬午 9	24 辛亥 7	25 辛巳 6
26 戊子 18	26 戊午 ⑳	26 丁亥 18	26 丁巳 18	**26** 丙戌 16	26 乙卯 15	26 乙酉 ⑭	26 甲寅 12	26 癸未 11	26 癸丑 10	26 癸未 10	25 壬子 ⑧	26 壬午 7
27 己丑 19	27 己未 21	27 戊子 19	27 戊午 19	27 丁亥 17	**27** 丙辰 16	27 丙戌 15	27 乙卯 13	27 甲申 12	27 甲寅 11	27 甲申 ⑪	26 癸丑 9	27 癸未 8
28 庚寅 ⑳	28 庚申 22	28 己丑 20	28 己未 20	28 戊子 18	28 丁巳 ⑰	**28** 丁亥 16	28 丙辰 14	28 乙酉 13	28 乙卯 12	28 乙酉 12	27 甲寅 10	28 甲申 9
29 辛卯 21	29 辛酉 23	29 庚寅 21	29 庚申 21	29 己丑 ⑲	29 戊午 18	29 戊子 17	**29** 丁巳 15	29 丙戌 14	29 丙辰 ⑬	29 丙戌 13	28 乙卯 11	29 乙酉 10
30 壬辰 22		30 辛卯 22			30 己未 19			30 丁亥 15	30 丁巳 14	30 丁亥 14	29 丙辰 12	30 丙戌 11

立春 7日	啓蟄 7日	清明 9日	立夏 9日	芒種 11日	小暑 12日	立秋 13日	白露 14日	寒露15日	霜降 1日	小雪 1日	冬至 2日	大寒 3日
雨水 22日	春分 23日	穀雨 24日	小満 24日	夏至 26日	大暑 27日	処暑 28日	秋分 29日		立冬 16日	大雪 16日	小寒 17日	立春 18日

建久 **6** 年（1195－1196） 乙卯

1月	2月	3月	4月	5月	6月	7月	8月	9月	10月	11月	12月
1 丁亥⑫	1 丁巳14	1 丙戌12	1 丙辰12	1 乙酉10	1 甲寅⑨	1 癸未 7	1 癸丑 6	1 壬午 5	1 壬子 4	1 壬午 4	1 辛亥 2
2 戊子13	2 戊午15	2 丁亥13	2 丁巳13	2 丙戌⑪	2 乙卯10	2 甲申 8	2 甲寅 7	2 癸未 6	2 癸丑⑤	2 癸未 5	2 壬子 3
3 己丑14	3 己未16	3 戊子14	3 戊午⑭	3 丁亥12	3 丙辰11	3 乙酉 9	3 乙卯 8	3 甲申 7	3 甲寅 6	3 甲申 6	3 癸丑 4
4 庚寅15	**4** 庚申17	4 己丑15	4 己未15	4 戊子13	4 丁巳12	4 丙戌10	4 丙辰 9	4 乙酉⑧	4 乙卯 7	4 乙酉 7	4 甲寅 5
5 辛卯16	5 辛酉18	**5** 庚寅⑯	5 庚申16	5 己丑14	5 戊午13	5 丁亥11	5 丁巳⑩	5 丙戌 9	5 丙辰 8	5 丙戌 8	5 乙卯 6
6 壬辰17	6 壬戌⑲	6 辛卯17	**6** 辛酉17	6 庚寅15	6 己未14	6 戊子12	6 戊午11	6 丁亥10	6 丁巳 9	6 丁亥 9	6 丙辰⑦
7 癸巳18	7 癸亥20	7 壬辰18	7 壬戌18	**7** 辛卯16	7 庚申15	7 己丑⑬	7 己未12	7 戊子11	7 戊午10	7 戊子⑩	7 丁巳 8
8 甲午⑲	8 甲子21	8 癸巳19	8 癸亥19	8 壬辰17	8 辛酉⑯	8 庚寅14	8 庚申13	8 己丑12	8 己未11	8 己丑11	8 戊午 9
9 乙未20	9 乙丑22	9 甲午20	9 甲子20	9 癸巳⑱	**9** 壬戌17	9 辛卯15	9 辛酉14	9 庚寅13	9 庚申⑫	9 庚寅12	9 己未10
10丙申21	10丙寅23	10乙未21	10乙丑㉑	10甲午19	10癸亥18	**10**壬辰16	**10**壬戌15	10辛卯14	10辛酉13	10辛卯13	10庚申11
11丁酉22	11丁卯24	11丙申22	11丙寅22	11乙未20	11甲子19	11癸巳17	11癸亥16	11壬辰⑮	11壬戌14	11壬辰14	11辛酉12
12戊戌23	12戊辰25	12丁酉㉓	12丁卯23	12丙申21	12乙丑20	12甲午18	12甲子⑰	**12**癸巳16	**12**癸亥15	12癸巳15	12壬戌13
13己亥24	13己巳㉖	13戊戌24	13戊辰24	13丁酉22	13丙寅21	13乙未19	13乙丑18	13甲午17	13甲子16	**13**甲午16	13癸亥⑭
14庚子25	14庚午27	14己亥25	14己巳25	14戊戌23	14丁卯22	14丙申⑳	14丙寅19	14乙未18	14乙丑17	14乙未⑰	**14**甲子15
15辛丑㉖	15辛未28	15庚子26	15庚午26	15己亥24	15戊辰㉓	15丁酉21	15丁卯20	15丙申19	15丙寅18	15丙申18	15乙丑16
16壬寅27	16壬申29	16辛丑27	16辛未27	16庚子㉕	16己巳24	16戊戌22	16戊辰21	16丁酉20	16丁卯⑲	16丁酉19	16丙寅17
17癸卯28	17癸酉30	17壬寅28	17壬申㉘	17辛丑26	17庚午25	17己亥23	17己巳22	17戊戌21	17戊辰20	17戊戌20	17丁卯18
《3月》	18甲戌31	18癸卯29	18癸酉29	18壬寅27	18辛未26	18庚子24	18庚午23	18己亥㉒	18己巳21	18己亥21	18戊辰19
18甲辰 1	《4月》	19甲辰㉚	19甲戌30	19癸卯28	19壬申27	19辛丑25	19辛未㉔	19庚子23	19庚午22	19庚子22	19己巳20
19乙巳 2	**19**乙亥 1	《5月》	20乙亥31	20甲辰29	20癸酉28	20壬寅26	20壬申25	20辛丑24	20辛未23	20辛丑23	20庚午㉑
20丙午 3	20丙子②	**20**乙巳 1	《6月》	21乙巳30	21甲戌29	21癸卯㉗	21癸酉26	21壬寅25	21壬申24	21壬寅㉔	21辛未22
21丁未 4	21丁丑 3	21丙午 2	**21**丙子 1	《7月》	22乙亥㉚	22甲辰28	22甲戌27	22癸卯26	22癸酉25	22癸卯25	22壬申23
22戊申⑤	22戊寅 4	22丁未 3	22丁丑 2	**22**丙午 1	23丙子31	23乙巳29	23乙亥28	23甲辰27	23甲戌㉖	23甲辰26	23癸酉24
23己酉 6	23己卯 5	23戊申 4	23戊寅 3	23丁未②	《8月》	24丙午30	24丙子29	24乙巳28	24乙亥27	24乙巳27	24甲戌25
24庚戌 7	24庚辰 6	24己酉 5	24己卯④	24戊申 3	**24**丁丑 1	**25**丁未31	25丁丑30	25丙午㉙	25丙子28	25丙午28	25乙亥26
25辛亥 8	25辛巳 7	25庚戌 6	25庚辰 5	25己酉 4	25戊寅 2	《9月》	《10月》	26丁未30	26丁丑29	26丁未29	26丙子27
26壬子 9	26壬午 8	26辛亥⑦	26辛巳 6	26庚戌 5	26己卯 3	26戊申 1	**26**戊寅①	**27**戊申31	27戊寅30	27戊申30	27丁丑㉘
27癸丑10	27癸未⑨	27壬子 8	27壬午 7	27辛亥 6	27庚辰 4	27己酉 2	27己卯 2	《11月》	《12月》	**28**己酉㉛	28戊寅29
28甲寅11	28甲申10	28癸丑 9	28癸未 8	28壬子 7	28辛巳 5	28庚戌③	28庚辰 3	28己酉 1	**28**己卯 1	**1196 年**	**29**己卯30
29乙卯⑫	29乙酉11	29甲寅10	29甲申 9	29癸丑 8	29壬午⑥	29辛亥 4	29辛巳 4	29庚戌 2	29庚辰 2	《1月》	30庚辰31
30丙辰13		30乙卯11				30壬子 5		30辛亥 3	30辛巳③	29庚戌 1	
雨水 3日	春分 4日	穀雨 5日	小満 6日	夏至 7日	大暑 9日	処暑 10日	秋分 10日	霜降 12日	小雪 12日	冬至 13日	大寒 14日
啓蟄 19日	清明 19日	立夏 20日	芒種 21日	小暑 22日	立秋 24日	白露 25日	寒露 26日	立冬 27日	大雪 28日	小寒 28日	立春 29日

建久 **7** 年（1196－1197） 丙辰

1月	2月	3月	4月	5月	6月	7月	8月	9月	10月	11月	12月
《2月》	1 辛亥 2	《4月》	1 庚戌30	1 庚辰30	1 己酉28	1 戊寅27	1 戊申26	1 丁丑24	1 丙午23	1 丙子22	1 丙午㉒
1 辛巳 1	2 壬子③	1 辛巳 1	《5月》	**2** 辛巳31	2 庚戌29	2 己卯㉘	2 己酉27	2 戊寅25	2 丁未24	2 丁丑23	2 丁未23
2 壬午 2	3 癸丑 4	2 壬午 2	**2** 辛亥 1	《6月》	3 辛亥㉚	3 庚辰29	3 庚戌28	3 己卯26	3 戊申25	3 戊寅㉔	3 戊申24
3 癸未 3	4 甲寅 5	3 癸未 3	3 壬子 2	3 壬午 1	《7月》	4 辛巳30	4 辛亥29	4 庚辰27	4 己酉26	4 己卯25	4 己酉25
4 甲申④	5 乙卯 6	4 甲申 4	4 癸丑 3	4 癸未②	**4** 壬子 1	**5** 壬午31	**5** 壬子30	5 辛巳28	5 庚戌㉗	5 庚辰26	5 庚戌26
5 乙酉 5	6 丙辰 7	5 乙酉 5	5 甲寅 4	5 甲申 3	5 癸丑 2	《8月》	6 癸丑31	6 壬午㉙	6 辛亥28	6 辛巳27	6 辛亥27
6 丙戌 6	7 丁巳 8	6 丙戌 6	6 乙卯⑤	6 乙酉 4	6 甲寅 3	6 癸未 1	《9月》	**7** 癸未30	7 壬子29	7 壬午28	7 壬子28
7 丁亥 7	8 戊午 9	7 丁亥⑦	7 丙辰 6	7 丙戌 5	7 乙卯 4	7 甲申 2	7 甲寅①	《10月》	**8** 癸丑30	8 癸未29	8 癸丑㉙
8 戊子 8	9 己未⑩	8 戊子 8	8 丁巳 7	8 丁亥 6	8 丙辰 5	8 乙酉 3	8 乙卯 2	8 甲申 1	9 甲寅31	**9** 甲申30	**9** 甲寅30
9 己丑 9	10庚申11	9 己丑 9	9 戊午 8	9 戊子 7	9 丁巳 6	9 丙戌④	9 丙辰 3	9 乙酉 2	《11月》	《12月》	10乙卯31
10庚寅10	11辛酉12	10庚寅10	10己未 9	10己丑 8	10戊午⑦	10丁亥 5	10丁巳 4	10丙戌 3	10乙卯 1	10乙酉①	**1197 年**
11辛卯⑪	12壬戌13	11辛卯11	11庚申10	11庚寅⑨	11己未 8	11戊子 6	11戊午 5	11丁亥 4	11丙辰 2	11丙戌 2	《1月》
12壬辰12	13癸亥14	12壬辰12	12辛酉11	12辛卯10	12庚申 9	12己丑 7	12己未 6	12戊子 5	12丁巳③	12丁亥 3	11丙辰 1
13癸巳13	14甲子15	13癸巳13	13壬戌⑫	13壬辰11	13辛酉10	13庚寅 8	13庚申 7	13己丑⑥	13戊午 4	13戊子 4	12丁巳 2
14甲午14	**15**乙丑16	14甲午⑭	14癸亥13	14癸巳12	14壬戌11	14辛卯 9	14辛酉⑧	14庚寅 7	14己未 5	14己丑 5	13戊午 3
15乙未15	16丙寅⑰	15乙未15	15甲子14	15甲午13	15癸亥12	15壬辰10	15壬戌 9	15辛卯 8	15庚申 6	15庚寅 6	14己未 4
16丙申16	17丁卯18	**16**丙申16	16乙丑15	16乙未14	16甲子13	16癸巳⑪	16癸亥10	16壬辰 9	16辛酉 7	16辛卯 7	15庚申⑤
17丁酉17	18戊辰19	17丁酉17	**17**丙寅16	**17**丙申15	17乙丑⑭	17甲午12	17甲子11	17癸巳10	17壬戌 8	17壬辰⑧	16辛酉 6
18戊戌⑱	19己巳20	18戊戌18	18丁卯17	18丁酉⑯	18丙寅15	18乙未13	18乙丑12	18甲午11	18癸亥 9	18癸巳 9	17壬戌 7
19己亥19	20庚午21	19己亥19	19戊辰18	19戊戌17	**19**丁卯16	19丙申14	19丙寅13	19乙未12	19甲子⑩	19甲午10	18癸亥 8
20庚子20	21辛未22	20庚子20	20己巳⑲	20己亥18	20戊辰17	**20**丁酉15	20丁卯14	20丙申⑬	20乙丑11	20乙未11	19甲子 9
21辛丑21	22壬申23	21辛丑㉑	21庚午20	21庚子19	21己巳18	21戊戌16	**21**戊辰⑮	21丁酉14	21丙寅12	21丙申12	20乙丑10
22壬寅22	23癸酉㉔	22壬寅22	22辛未21	22辛丑20	22庚午19	22己亥17	22己巳16	**22**戊戌15	22丁卯13	22丁酉13	21丙寅11
23癸卯23	24甲戌25	23癸卯23	23壬申22	23壬寅21	23辛未20	23庚子⑱	23庚午17	23己亥16	23戊辰14	23戊戌14	22丁卯⑫
24甲辰24	25乙亥26	24甲辰24	24癸酉23	24癸卯22	24壬申㉑	24辛丑19	24辛未18	24庚子17	**24**己巳15	**24**己亥⑮	23戊辰13
25乙巳㉕	26丙子27	25乙巳25	25甲戌24	25甲辰㉓	25癸酉22	25壬寅20	25壬申19	25辛丑18	25庚午16	25庚子16	**24**己巳14
26丙午26	27丁丑28	26丙午26	26乙亥25	26乙巳24	26甲戌23	26癸卯21	26癸酉20	26壬寅19	26辛未⑰	26辛丑17	25庚午15
27丁未27	28戊寅29	27丁未27	27丙子㉖	27丙午25	27乙亥24	27甲辰22	27甲戌21	27癸卯⑳	27壬申18	27壬寅18	26辛未16
28戊申28	29己卯30	28戊申㉘	28丁丑27	28丁未26	28丙子25	28乙巳23	28乙亥㉒	28甲辰21	28癸酉19	28癸卯19	27壬申17
29己酉29	**30**庚辰㉛	29己酉29	29戊寅28	29戊申27	29丁丑26	29丙午24	29丙子23	29乙巳22	29甲戌20	29甲辰20	28癸酉18
《3月》			30己卯29			30丁未㉕			30乙亥21	30乙巳21	29甲戌⑲
30庚戌 1											
雨水 15日	春分 15日	穀雨 16日	立夏 2日	芒種 2日	小暑 4日	立秋 5日	白露 5日	寒露 7日	立冬 8日	大雪 9日	小寒 9日
啓蟄 30日	清明 30日		小満 17日	夏至 17日	大暑 19日	処暑 20日	秋分 21日	霜降 22日	小雪 24日	冬至 24日	大寒 24日

建久8年（1197－1198） 丁巳

1月	2月	3月	4月	5月	6月	閏6月	7月	8月	9月	10月	11月	12月
1乙亥20	1乙巳19	1乙亥21	1甲辰19	1甲戌19	1癸卯17	1癸酉17	**1**壬寅15	1壬申⑭	1辛丑13	1庚午11	1庚子11	1己巳9
2丙子21	2丙午20	2丙子22	2乙巳⑳	2乙亥20	2甲辰18	2甲戌18	2癸卯16	**2**癸酉15	2壬寅14	2辛未12	2辛丑12	2庚午10
3丁丑22	3丁未21	3丁丑㉓	3丙午21	3丙子21	3乙巳19	3乙亥19	3甲辰⑰	3甲戌16	**3**癸卯15	3壬申13	3壬寅13	3辛未⑪
4戊寅23	4戊申22	4戊寅24	4丁未22	4丁丑22	4丙午20	4丙子⑳	4乙巳18	4乙亥17	4甲辰16	4癸酉14	4癸卯⑭	4壬申12
5己卯24	5己酉㉓	5己卯25	5戊申23	5戊寅23	5丁未21	5丁丑21	5丙午19	5丙子18	5乙巳17	**5**甲戌15	**5**甲辰15	5癸酉13
6庚辰25	6庚戌24	6庚辰26	6己酉24	6己卯24	6戊申㉒	6戊寅22	6丁未20	6丁丑19	6丙午18	6乙亥⑯	6乙巳16	6甲戌14
7辛巳㉖	7辛亥25	7辛巳27	7庚戌25	7庚辰㉕	7己酉23	7己卯23	7戊申21	7戊寅20	7丁未⑲	7丙子17	7丙午17	**7**乙亥15
8壬午27	8壬子26	8壬午28	8辛亥26	8辛巳26	8庚戌24	8庚辰24	8己酉22	8己卯㉑	8戊申20	8丁丑18	8丁未18	8丙子16
9癸未28	9癸丑27	9癸未29	9壬子㉗	9壬午27	9辛亥25	9辛巳25	9庚戌23	9庚辰22	9己酉21	9戊寅19	9戊申19	9丁丑17
10甲申29	10甲寅28	10甲申㉚	10癸丑28	10癸未28	10壬子26	10壬午26	10辛亥㉔	10辛巳23	10庚戌22	10己卯20	10己酉20	10戊寅⑱
11乙酉30	《3月》	11乙酉31	11甲寅29	11甲申29	11癸丑27	11癸未㉗	11壬子25	11壬午24	11辛亥23	11庚辰21	11庚戌㉑	11己卯19
12丙戌31	**11**乙卯1	《4月》	12乙卯30	12乙酉30	12甲寅28	12甲申28	12癸丑26	12癸未25	12壬子24	12辛巳22	12辛亥22	12庚辰20
《2月》	12丙辰②	**12**丙戌1	《5月》	**13**丙戌31	13乙卯㉙	13乙酉29	13甲寅27	13甲申26	13癸丑25	13壬午㉓	13壬子23	13辛巳21
13丁亥1	13丁巳3	13丁亥2	**13**丙辰1	《6月》	14丙辰30	14丙戌30	14乙卯28	14乙酉27	14甲寅㉖	14癸未24	14癸丑24	14壬午22
14戊子②	14戊午4	14戊子3	14丁巳2	14丁亥①	《7月》	**15**丁亥31	15丙辰29	15丙戌㉘	15乙卯27	15甲申25	15甲寅25	15癸未23
15己丑3	15己未5	15己丑4	15戊午3	15戊子2	**15**丁巳1	《8月》	16丁巳30	16丁亥29	16丙辰28	16乙酉26	16乙卯26	16甲申24
16庚寅4	16庚申6	16庚寅5	16己未④	16己丑3	16戊午2	16戊子1	**17**戊午㉛	**17**戊子30	17丁巳29	17丙戌27	17丙辰27	17乙酉㉕
17辛卯5	17辛酉7	17辛卯⑥	17庚申5	17庚寅4	17己未3	17己丑2	《9月》	《10月》	18戊午30	18丁亥28	18丁巳㉘	18丙戌26
18壬辰6	18壬戌8	18壬辰7	18辛酉6	18辛卯5	18庚申4	18庚寅③	18己未1	18己丑1	**19**己未31	19戊子29	19戊午29	19丁亥27
19癸巳7	19癸亥⑨	19癸巳8	19壬戌7	19壬辰6	19辛酉5	19辛卯4	19庚申2	19庚寅2	《11月》	**20**己丑㉚	**20**己未30	20戊子28
20甲午8	20甲子10	20甲午9	20癸亥8	20癸巳7	20壬戌⑥	20壬辰5	20辛酉3	20辛卯3	20庚申1	《12月》	21庚申31	21己丑29
21乙未⑨	21乙丑11	21乙未10	21甲子9	21甲午⑧	21癸亥7	21癸巳6	21壬戌4	21壬辰4	21辛酉②	21庚寅1	**1198年**	**22**庚寅30
22丙申10	22丙寅12	22丙申11	22乙丑10	22乙未9	22甲子8	22甲午7	22癸亥5	22癸巳⑤	22壬戌3	22辛卯2	《1月》	23辛卯31
23丁酉11	23丁卯13	23丁酉12	23丙寅⑪	23丙申10	23乙丑9	23乙未8	23甲子6	23甲午6	23癸亥4	23壬辰3	22辛酉1	《2月》
24戊戌12	24戊辰14	24戊戌⑬	24丁卯12	24丁酉11	24丙寅10	24丙申9	24乙丑⑦	24乙未7	24甲子5	24癸巳4	23壬戌2	24壬辰①
25己亥13	25己巳15	25己亥14	25戊辰13	25戊戌12	25丁卯11	25丁酉⑩	25丙寅8	25丙申8	25乙丑6	25甲午5	24癸亥3	25癸巳2
26庚子14	**26**庚午⑯	26庚子15	26己巳14	26己亥13	26戊辰12	26戊戌11	26丁卯9	26丁酉9	26丙寅7	26乙未6	25甲子④	26甲午3
27辛丑15	27辛未17	**27**辛丑16	27庚午15	27庚子14	27己巳⑬	27己亥12	27戊辰10	27戊戌10	27丁卯8	27丙申⑦	26乙丑5	27乙未4
28壬寅⑯	28壬申18	28壬寅17	**28**辛未16	28辛丑⑮	28庚午14	28庚子13	28己巳11	28己亥11	28戊辰⑨	28丁酉8	27丙寅6	28丙申5
29癸卯17	29癸酉19	29癸卯18	29壬申17	**29**壬寅16	29辛未15	29辛丑14	29庚午12	29庚子⑫	29己巳10	29戊戌9	28丁卯7	29丁酉6
30甲辰18	30甲戌20		30癸酉⑱		**30**壬申16		30辛未13			30己亥10	29戊辰8	30戊戌7
立春11日 雨水26日	啓蟄11日 春分26日	清明12日 穀雨27日	立夏13日 小満28日	芒種13日 夏至29日	小暑15日 大暑30日	立秋15日	処暑1日 白露17日	秋分2日 寒露17日	霜降3日 立冬19日	小雪5日 大雪20日	冬至5日 小寒20日	大寒7日 立春22日

建久9年（1198－1199） 戊午

1月	2月	3月	4月	5月	6月	7月	8月	9月	10月	11月	12月
1己亥⑧	1己巳10	1戊戌8	1戊辰8	1戊戌⑦	1丁卯6	1丁酉5	1丙寅3	1丙申3	《11月》	**1**甲午30	1甲子30
2庚子9	2庚午11	2己亥9	2己巳9	2己亥8	2戊辰7	2戊戌6	2丁卯4	2丁酉④	1乙丑①	《12月》	**2**乙丑31
3辛丑10	3辛未12	3庚子10	3庚午⑩	3庚子9	3己巳8	3己亥7	3戊辰5	3戊戌5	2丙寅2	2乙未1	**1199年**
4壬寅11	4壬申13	4辛丑11	4辛未11	4辛丑10	4庚午9	4庚子8	4己巳⑥	4己亥6	3丁卯3	3丙申2	《1月》
5癸卯12	5癸酉14	5壬寅⑫	5壬申12	5壬寅11	5辛未10	5辛丑⑨	5庚午7	5庚子7	4戊辰4	4丁酉3	3丙寅1
6甲辰13	6甲戌⑮	6癸卯13	6癸酉13	6癸卯12	6壬申11	6壬寅10	6辛未8	6辛丑8	5己巳5	5戊戌4	4丁卯2
7乙巳14	7乙亥16	7甲辰14	7甲戌14	7甲辰13	7癸酉⑫	7癸卯11	7壬申9	7壬寅9	6庚午6	6己亥5	5戊辰③
8丙午⑮	**8**丙子17	8乙巳15	8乙亥15	8乙巳⑭	8甲戌13	8甲辰12	8癸酉10	8癸卯10	7辛未7	7庚子⑥	6己巳4
9丁未16	9丁丑18	**9**丙午16	**9**丙子16	9丙午15	9乙亥14	9乙巳13	9甲戌11	9甲辰⑪	8壬申⑧	8辛丑7	7庚午5
10戊申17	10戊寅19	10丁未17	10丁丑⑰	**10**丁未16	10丙子15	10丙午14	10乙亥12	10乙巳12	9癸酉9	9壬寅8	8辛未6
11己酉18	11己卯20	11戊申18	11戊寅18	11戊申17	**11**丁丑16	11丁未15	11丙子⑬	11丙午13	10甲戌10	10癸卯9	9壬申7
12庚戌19	12庚辰21	12己酉⑲	12己卯19	12己酉18	12戊寅17	**12**戊申⑯	12丁丑14	12丁未14	11乙亥11	11甲辰10	10癸酉8
13辛亥20	13辛巳㉒	13庚戌20	13庚辰20	13庚戌19	13己卯18	13己酉17	**13**戊寅15	13戊申15	12丙子12	12乙巳11	11甲戌9
14壬子21	14壬午23	14辛亥21	14辛巳21	14辛亥20	14庚辰⑲	14庚戌18	14己卯16	**14**己酉16	13丁丑13	13丙午12	12乙亥⑩
15癸丑㉒	15癸未24	15壬子22	15壬午22	15壬子㉑	15辛巳20	15辛亥19	15庚辰17	15庚戌17	14戊寅14	14丁未⑬	13丙子11
16甲寅23	16甲申25	16癸丑23	16癸未23	16癸丑22	16壬午21	16壬子20	16辛巳18	16辛亥⑱	**15**己卯⑮	15戊申14	14丁丑12
17乙卯24	17乙酉26	17甲寅24	17甲申㉔	17甲寅23	17癸未22	17癸丑21	17壬午19	17壬子19	16庚辰16	**16**己酉15	15戊寅13
18丙辰25	18丙戌27	18乙卯25	18乙酉25	18乙卯24	18甲申23	18甲寅22	18癸未⑳	18癸丑20	17辛巳17	17庚戌16	16己卯14
19丁巳26	19丁亥28	19丙辰㉖	19丙戌26	19丙辰25	19乙酉24	19乙卯㉓	19甲申21	19甲寅21	18壬午18	18辛亥17	**17**庚辰15
20戊午27	20戊子㉙	20丁巳27	20丁亥27	20丁巳26	20丙戌25	20丙辰24	20乙酉22	20乙卯22	19癸未19	19壬子18	18辛巳16
21己未28	21己丑30	21戊午28	21戊子28	21戊午27	21丁亥㉖	21丁巳25	21丙戌23	21丙辰23	20甲申20	20癸丑19	19壬午⑰
《3月》	22庚寅31	22己未29	22己丑29	22己未㉘	22戊子27	22戊午26	22丁亥24	22丁巳24	21乙酉21	21甲寅⑳	20癸未18
22庚申①	《4月》	23庚申30	23庚寅30	23庚申29	23己丑28	23己未27	23戊子25	23戊午㉕	22丙戌㉒	22乙卯21	21甲申19
23辛酉2	**23**辛卯1	《5月》	24辛卯㉛	24辛酉30	24庚寅29	24庚申28	24己丑26	24己未26	23丁亥23	23丙辰22	22乙酉20
24壬戌3	24壬辰2	**24**辛酉1	《6月》	《7月》	25辛卯30	25辛酉29	25庚寅㉗	25庚申27	24戊子24	24丁巳23	23丙戌21
25癸亥4	25癸巳3	25壬戌2	**25**壬辰1	**25**壬戌1	26壬辰31	26壬戌㉚	26辛卯28	26辛酉28	25己丑25	25戊午24	24丁亥22
26甲子5	26甲午4	26癸亥③	26癸巳2	26癸亥2	《8月》	**27**癸亥31	27壬辰29	27壬戌29	26庚寅26	26己未25	25戊子23
27乙丑6	27乙未⑤	27甲子4	27甲午3	27甲子3	**27**癸巳1	《9月》	**28**癸巳30	28癸亥30	27辛卯27	27庚申26	26己丑㉔
28丙寅7	28丙申6	28乙丑5	28乙未4	28乙丑4	28甲午②	28甲子1	《10月》	**29**甲子31	28壬辰28	28辛酉㉗	27庚寅25
29丁卯⑧	29丁酉7	29丙寅6	29丙申5	29丙寅⑤	29乙未3	29乙丑2	29甲午1		29癸巳㉙	29壬戌28	28辛卯26
30戊辰9		30丁卯7	30丁酉6		30丙申4		30乙未2			30癸亥29	29壬辰27
雨水7日 啓蟄22日	春分8日 清明23日	穀雨9日 立夏24日	小満9日 芒種25日	夏至10日 小暑25日	大暑11日 立秋27日	処暑12日 白露27日	秋分13日 寒露28日	霜降14日 立冬29日	小雪15日	大雪1日 冬至16日	小寒2日 大寒17日

正治元年〔建久**10**年〕（1199－1200） 己未

改元 4/27（建久→正治）

1月	2月	3月	4月	5月	6月	7月	8月	9月	10月	11月	12月
1 癸巳28	1 癸亥27	1 癸巳29	1 壬戌27	1 壬辰27	1 辛酉25	1 辛卯㉕	1 辛酉24	1 庚寅22	1 庚申22	1 己丑20	1 己未20
2 甲午29	2 甲子㉘	2 甲午30	2 癸亥28	2 癸巳28	2 壬戌26	2 壬辰26	2 壬戌25	2 辛卯23	2 辛酉23	2 庚寅㉑	2 庚申21
3 乙未30	《3月》	3 乙未31	3 甲子29	3 甲午29	3 癸亥㉗	3 癸巳27	3 癸亥26	3 壬辰24	3 壬戌㉔	3 辛卯22	3 辛酉22
4 丙申㉛	3 乙丑 1	《4月》	4 乙丑30	4 乙未㉚	4 甲子28	4 甲午28	4 甲子27	4 癸巳25	4 癸亥25	4 壬辰23	4 壬戌23
《2月》	**4** 丙寅 2	**4** 丙申 1	《5月》	5 丙申31	5 乙丑29	5 乙未29	5 乙丑28	5 甲午㉖	5 甲子26	5 癸巳24	5 癸亥24
5 丁酉 1	5 丁卯 3	5 丁酉 2	**5** 丙寅 1	《6月》	6 丙寅30	6 丙申30	6 丙寅㉙	6 乙未27	6 乙丑27	6 甲午25	6 甲子25
6 戊戌 2	6 戊辰 4	6 戊戌 3	6 丁卯②	**6** 丁酉 1	《7月》	7 丁酉31	7 丁卯30	7 丙申28	7 丙寅28	7 乙未26	7 乙丑㉖
7 己亥 3	7 己巳 5	7 己亥④	7 戊辰 3	7 戊戌 2	**7** 丁卯 1	《8月》	**8** 戊辰31	8 丁酉29	8 丁卯29	8 丙申27	8 丙寅27
8 庚子 4	8 庚午 6	8 庚子 5	8 己巳 4	8 己亥 3	8 戊辰 2	**8** 戊戌①	《9月》	9 戊戌30	9 戊辰30	9 丁酉㉘	9 丁卯28
9 辛丑 5	9 辛未⑦	9 辛丑 6	9 庚午 5	9 庚子 4	9 己巳 3	9 己亥 2	9 己巳 1	《10月》	**10**己巳㉛	10戊戌29	10戊辰29
10壬寅 6	10壬申 8	10壬寅 7	10辛未 6	10辛丑 5	10庚午④	10庚子 3	10庚午 2	**10**己亥 1	《11月》	11己亥30	11己巳30
11癸卯⑦	11癸酉 9	11癸卯 8	11壬申 7	11壬寅⑥	11辛未 5	11辛丑 4	11辛未 3	11庚子 2	11庚午 1	《12月》	**12**庚午31
12甲辰 8	12甲戌10	12甲辰 9	12癸酉 8	12癸卯 7	12壬申 6	12壬寅 5	12壬申 4	12辛丑③	12辛未 2	**12**庚子 1	**1200 年**
13乙巳 9	13乙亥11	13乙巳10	13甲戌⑨	13甲辰 8	13癸酉 7	13癸卯 6	13癸酉⑤	13壬寅 4	13壬申 3	13辛丑 2	《1月》
14丙午10	14丙子12	14丙午⑪	14乙亥10	14乙巳 9	14甲戌 8	14甲辰 7	14甲戌 6	14癸卯 5	14癸酉 4	14壬寅 3	13辛未 1
15丁未11	15丁丑13	15丁未12	15丙子11	15丙午10	15乙亥 9	15乙巳⑧	15乙亥 7	15甲辰 6	15甲戌 5	15癸卯 4	14壬申②
16戊申12	16戊寅⑭	16戊申13	16丁丑12	16丁未11	16丙子10	16丙午 9	16丙子 8	16乙巳 7	16乙亥 6	16甲辰⑤	15癸酉 3
17己酉13	17己卯15	17己酉14	17戊寅13	17戊申12	17丁丑⑪	17丁未10	17丁丑 9	17丙午 8	17丙子⑦	17乙巳 6	16甲戌 4
18庚戌⑭	18庚辰16	18庚戌15	18己卯14	18己酉⑬	18戊寅12	18戊申11	18戊寅10	18丁未 9	18丁丑 8	18丙午 7	17乙亥 5
19辛亥15	**19**辛巳17	**19**辛亥16	19庚辰15	19庚戌14	19己卯13	19己酉12	19己卯11	19戊申⑩	19戊寅 9	19丁未 8	18丙子 6
20壬子16	20壬午18	20壬子17	20辛巳⑯	20辛亥15	20庚辰14	20庚戌13	20庚辰⑫	20己酉11	20己卯10	20戊申 9	19丁丑 7
21癸丑17	21癸未19	21癸丑⑱	**21** 壬午17	**21** 壬子16	21辛巳15	21辛亥14	21辛巳13	21庚戌12	21庚辰11	21己酉10	20戊寅 8
22甲寅18	22甲申20	22甲寅19	22癸未18	22癸丑17	22壬午16	22壬子⑮	22壬午14	22辛亥13	22辛巳12	22庚戌11	21己卯⑨
23乙卯19	23乙酉㉑	23乙卯20	23甲申19	23甲寅18	**23**癸未17	**23**癸丑16	**23**癸未15	23壬子14	23壬午13	23辛亥⑫	22庚辰10
24丙辰20	24丙戌22	24丙辰21	24乙酉20	24乙卯19	24甲申⑱	24甲寅17	24甲申16	24癸丑15	24癸未⑭	24壬子13	23辛巳11
25丁巳㉑	25丁亥23	25丁巳22	25丙戌21	25丙辰⑳	25乙酉19	25乙卯18	25乙酉17	**25**甲寅16	**25**甲申15	25癸丑14	24壬午12
26戊午22	26戊子24	26戊午23	26丁亥22	26丁巳21	26丙戌20	26丙辰19	26丙戌18	26乙卯⑰	26乙酉16	26甲寅15	25癸未13
27己未23	27己丑25	27己未24	27戊子㉓	27戊午22	27丁亥21	27丁巳20	27丁亥⑲	27丙辰18	27丙戌17	**27**乙卯16	26甲申14
28庚申24	28庚寅26	28庚申㉕	28己丑24	28己未23	28戊子22	28戊午21	28戊子20	28丁巳19	28丁亥18	28丙辰17	**27**乙酉15
29辛酉25	29辛卯27	29辛酉26	29庚寅25	29庚申24	29己丑23	29己未㉒	29己丑21	29戊午20	29戊子19	29丁巳18	28丙戌⑯
30壬戌26	30壬辰㉘		30辛卯26		30庚寅24	30庚申23		30己未21		30戊午⑲	29丁亥17
立春 3日 雨水 18日	啓蟄 4日 春分 19日	清明 4日 穀雨 19日	立夏 5日 小満 21日	芒種 6日 夏至 21日	小暑 7日 大暑 23日	立秋 8日 処暑 23日	白露 8日 秋分 23日	寒露 10日 霜降 25日	立冬 10日 小雪 25日	大雪 12日 冬至 27日	小寒 12日 大寒 27日

正治**2**年（1200－1201） 庚申

1月	2月	閏2月	3月	4月	5月	6月	7月	8月	9月	10月	11月	12月
1 戊子18	1 丁巳16	1 丁亥17	**1** 丙辰15	1 丙戌15	1 乙卯13	1 乙酉13	1 乙卯12	1 甲申⑩	1 甲寅10	1 甲申 9	1 癸丑 8	1 癸未⑦
2 己丑19	2 戊午17	2 戊子18	2 丁巳⑯	**2** 丁亥16	2 丙辰14	2 丙戌14	2 丙辰⑬	2 乙酉11	2 乙卯11	2 乙酉10	2 甲寅 9	2 甲申 8
3 庚寅20	3 己未18	3 己丑⑲	3 戊午17	3 戊子17	**3** 丁巳15	3 丁亥15	3 丁巳14	3 丙戌12	3 丙辰12	3 丙戌11	3 乙卯⑩	3 乙酉 9
4 辛卯21	4 庚申19	4 庚寅20	4 己未18	4 己丑18	4 戊午16	**4** 戊子⑯	**4** 戊午15	4 丁亥13	4 丁巳13	4 丁亥⑫	4 丙辰11	4 丙戌10
5 壬辰22	5 辛酉⑳	5 辛卯21	5 庚申19	5 庚寅19	5 己未17	5 己丑17	5 己未16	5 戊子14	5 戊午14	5 戊子13	5 丁巳12	5 丁亥11
6 癸巳㉓	6 壬戌21	6 壬辰22	6 辛酉20	6 辛卯20	6 庚申⑱	6 庚寅18	6 庚申17	**6** 己丑15	**6** 己未⑮	6 己丑14	6 戊午13	6 戊子12
7 甲午24	7 癸亥22	7 癸巳23	7 壬戌21	7 壬辰㉑	7 辛酉19	7 辛卯19	7 辛酉18	7 庚寅16	7 庚申16	**7** 庚寅15	7 己未14	7 己丑13
8 乙未25	8 甲子23	8 甲午24	8 癸亥22	8 癸巳22	8 壬戌20	8 壬辰20	8 壬戌19	8 辛卯⑰	8 辛酉17	8 辛卯16	**8** 庚申15	**8** 庚寅⑭
9 丙申26	9 乙丑24	9 乙未25	9 甲子㉓	9 甲午23	9 癸亥21	9 癸巳21	9 癸亥⑳	9 壬辰18	9 壬戌18	9 壬辰17	9 辛酉16	9 辛卯15
10丁酉27	10丙寅25	10丙申㉖	10乙丑24	10乙未24	10甲子22	10甲午22	10甲子21	10癸巳19	10癸亥19	10癸巳18	10壬戌⑰	10壬辰16
11戊戌28	11丁卯26	11丁酉27	11丙寅25	11丙申25	11乙丑23	11乙未㉓	11乙丑22	11甲午20	11甲子20	11甲午⑲	11癸亥18	11癸巳17
12己亥29	12戊辰㉗	12戊戌28	12丁卯26	12丁酉26	12丙寅24	12丙申24	12丙寅23	12乙未21	12乙丑21	12乙未20	12甲子19	12甲午18
13庚子㉚	13己巳28	13己亥29	13戊辰27	13戊戌27	13丁卯㉕	13丁酉25	13丁卯24	13丙申22	13丙寅㉒	13丙申21	13乙丑20	13乙未19
14辛丑31	14庚午29	14庚子30	14己巳28	14己亥㉘	14戊辰26	14戊戌26	14戊辰25	14丁酉23	14丁卯23	14丁酉22	14丙寅21	14丙申20
《2月》	《3月》	**15**辛丑31	15庚午29	15庚子29	15己巳27	15己亥27	15己巳26	15戊戌㉔	15戊辰24	15戊戌23	15丁卯22	15丁酉㉑
15壬寅 1	**15**辛未 1	《4月》	16辛未㉚	16辛丑30	16庚午28	16庚子28	16庚午㉗	16己亥25	16己巳25	16己亥24	16戊辰23	16戊戌22
16癸卯 2	16壬申 2	16壬寅 1	《5月》	**17**壬寅31	17辛未29	17辛丑29	17辛未28	17庚子26	17庚午26	17庚子25	17己巳㉔	17己亥23
17甲辰 3	17癸酉 3	17癸卯②	**17**壬申 1	《6月》	18壬申30	18壬寅㉚	18壬申29	18辛丑27	18辛未27	18辛丑㉖	18庚午25	18庚子24
18乙巳 4	18甲戌 4	18甲辰 3	18癸酉 2	18癸卯 1	《7月》	**19**癸卯31	**19**癸酉30	19壬寅28	19壬申28	19壬寅27	19辛未26	19辛丑25
19丙午 5	19乙亥⑤	19乙巳 4	19甲戌 3	19甲辰 2	**19**癸酉 1	《8月》	20甲戌31	20癸卯29	20癸酉㉙	20癸卯28	20壬申27	20壬寅26
20丁未⑥	20丙子 6	20丙午 5	20乙亥 4	20乙巳 3	20甲戌②	20甲辰 1	《9月》	**21**甲辰30	**21**甲戌30	21甲辰29	21癸酉28	21癸卯27
21戊申 7	21丁丑 7	21丁未 6	21丙子 5	21丙午④	21乙亥 3	21乙巳 2	21乙亥 1	《10月》	22乙亥31	**22**乙巳30	22甲戌29	22甲辰㉘
22己酉 8	22戊寅 8	22戊申 7	22丁丑 6	22丁未 5	22丙子 4	22丙午 3	22丙子 2	22乙巳①	《11月》	《12月》	**23**乙亥30	23乙巳29
23庚戌 9	23己卯 9	23己酉 8	23戊寅⑦	23戊申 6	23丁丑 5	23丁未 4	23丁丑③	23丙午 2	23丙子 1	23丙午 1	24丙子㉛	**24**丙午30
24辛亥10	24庚辰10	24庚戌⑨	24己卯 8	24己酉 7	24戊寅 6	24戊申 5	24戊寅 4	24丁未 3	24丁丑 2	24丁未 2	**1201 年**	25丁未31
25壬子11	25辛巳11	25辛亥10	25庚辰 9	25庚戌 8	25己卯 7	25己酉⑥	25己卯 5	25戊申 4	25戊寅 3	25戊申③	《1月》	《2月》
26癸丑12	26壬午⑫	26壬子11	26辛巳10	26辛亥 9	26庚辰 8	26庚戌 7	26庚辰 6	26己酉 5	26己卯 4	26己酉 4	25丁丑 1	26戊申 1
27甲寅⑬	27癸未13	27癸丑12	27壬午11	27壬子10	27辛巳⑨	27辛亥 8	27辛巳 7	27庚戌 6	27庚辰⑤	27庚戌 5	26戊寅 2	27己酉 2
28乙卯14	28甲申14	28甲寅13	28癸未12	28癸丑⑪	28壬午10	28壬子 9	28壬午 8	28辛亥 7	28辛巳 6	28辛亥 6	27己卯 3	28庚戌 3
29丙辰15	29乙酉15	29乙卯14	29甲申13	29甲寅12	29癸未11	29癸丑10	29癸未 9	29壬子⑧	29壬午 7	29壬子 7	28庚辰 4	29辛亥④
	30丙戌16		30乙酉⑭		30甲申12	30甲寅11		30癸丑 9	30癸未 8		29辛巳 5	
											30壬午 6	
立春 13日 雨水 29日	啓蟄 15日 春分 30日	清明15日	穀雨 1日 立夏 17日	小満 2日 芒種 17日	夏至 3日 小暑 19日	大暑 4日 立秋 19日	処暑 4日 白露 19日	秋分 6日 寒露 21日	霜降 6日 立冬 21日	小雪 7日 大雪 22日	冬至 8日 小寒 23日	大寒 8日 立春 24日

建仁元年〔正治**3**年〕（1201－1202） 辛酉

改元 2/13（正治→建仁）

1月	2月	3月	4月	5月	6月	7月	8月	9月	10月	11月	12月
1 壬子 5	1 壬午 7	1 辛亥 5	1 庚辰 4	1 庚戌③	1 己卯 2	《8月》	1 戊寅30	1 戊申29	1 戊寅29	1 戊申28	1 丁丑27
2 癸丑 6	2 癸未 8	2 壬子 6	2 辛巳 5	2 辛亥 4	2 庚辰 3	1 己酉 1	**2** 己卯31	**2** 己酉㉚	2 己卯30	2 己酉29	2 戊寅28
3 甲寅 7	3 甲申 9	3 癸丑 7	3 壬午⑥	3 壬子 5	3 辛巳 4	2 庚戌 2	《9月》	《10月》	**3** 庚辰31	**3** 庚戌30	3 己卯29
4 乙卯 8	4 乙酉10	4 甲寅⑧	4 癸未 7	4 癸丑 6	4 壬午 5	3 辛亥 3	3 庚辰 1	3 庚戌 1	《11月》	《12月》	**4** 庚辰㉚
5 丙辰 9	5 丙戌⑪	5 乙卯 9	5 甲申 8	5 甲寅 7	5 癸未 6	4 壬子 4	4 辛巳②	4 辛亥 2	4 辛巳 1	4 辛亥 1	5 辛巳31
6 丁巳10	6 丁亥12	6 丙辰10	6 乙酉 9	6 乙卯 8	6 甲申 7	5 癸丑⑤	5 壬午 3	5 壬子 3	5 壬午 2	5 壬子②	**1202年**
7 戊午⑪	7 戊子13	7 丁巳11	7 丙戌10	7 丙辰 9	7 乙酉⑧	6 甲寅 6	6 癸未 4	6 癸丑 4	6 癸未 3	6 癸丑 3	《1月》
8 己未12	8 己丑14	8 戊午12	8 丁亥11	8 丁巳⑩	8 丙戌 9	7 乙卯 7	7 甲申 5	7 甲寅 5	7 甲申④	7 甲寅 4	6 壬午 1
9 庚申13	9 庚寅15	9 己未13	9 戊子12	9 戊午11	9 丁亥10	8 丙辰 8	8 乙酉 6	8 乙卯 6	8 乙酉 5	8 乙卯 5	7 癸未 2
10辛酉14	**10**辛卯16	10庚申14	10己丑⑬	10己未12	10戊子11	9 丁巳 9	9 丙戌 7	9 丙辰⑦	9 丙戌 6	9 丙辰 6	8 甲申 3
11壬戌15	11壬辰17	11辛酉⑮	11庚寅14	11庚申13	11己丑12	10戊午10	10丁亥 8	10丁巳 8	10丁亥 7	10丁巳 7	9 乙酉 4
12癸亥16	12癸巳⑱	**12**壬戌16	12辛卯15	12辛酉14	12庚寅13	11己未11	11戊子⑨	11戊午 9	11戊子 8	11戊午 8	10丙戌 5
13甲子17	*13*甲午19	13癸亥17	**13**壬辰16	13壬戌15	13辛卯14	12庚申⑫	12己丑10	12己未10	12己丑 9	12己未⑨	11丁亥⑥
14乙丑⑱	14乙未20	14甲子18	14癸巳17	**14**癸亥16	14壬辰⑮	13辛酉13	13庚寅11	13庚申11	13庚寅10	13庚申10	12戊子 7
15丙寅19	15丙申21	15乙丑19	15甲午18	15甲子⑰	**15**癸巳16	14壬戌14	14辛卯12	14辛酉12	14辛卯⑪	14辛酉11	13己丑 8
16丁卯20	16丁酉22	16丙寅20	16乙未19	16乙丑18	16甲午17	**15**癸亥15	15壬辰13	15壬戌13	15壬辰12	15壬戌12	14庚寅 9
17戊辰21	17戊戌23	17丁卯21	17丙申⑳	17丙寅19	17乙未18	16甲子16	16癸巳14	16癸亥⑭	16癸巳13	16癸亥13	15辛卯10
18己巳22	18己亥24	18戊辰㉒	18丁酉21	18丁卯20	18丙申19	17乙丑17	**17**甲午15	**17**甲子15	17甲午14	17甲子14	16壬辰11
19庚午23	19庚子㉕	19己巳23	19戊戌22	19戊辰21	19丁酉20	18丙寅18	18乙未⑯	18乙丑16	**18**乙未15	**18**乙丑15	17癸巳12
20辛未24	20辛丑26	20庚午24	20己亥23	20己巳22	20戊戌21	19丁卯⑲	19丙申17	19丙寅17	19丙申16	19丙寅⑯	18甲午⑬
21壬申㉕	21壬寅27	21辛未25	21庚子24	21庚午23	21己亥㉒	20戊辰20	20丁酉18	20丁卯18	20丁酉17	20丁卯17	19乙未14
22癸酉26	22癸卯28	22壬申26	22辛丑25	22辛未㉔	22庚子23	21己巳21	21戊戌19	21戊辰19	21戊戌⑱	21戊辰18	**20**丙申15
23甲戌27	23甲辰29	23癸酉27	23壬寅26	23壬申25	23辛丑24	22庚午22	22己亥20	22己巳20	22己亥19	22己巳19	21丁酉16
24乙亥28	24乙巳30	24甲戌28	24癸卯㉗	24癸酉26	24壬寅25	23辛未23	23庚子21	23庚午㉑	23庚子20	23庚午20	22戊戌17
《3月》	25丙午31	25乙亥㉙	25甲辰28	25甲戌27	25癸卯26	24壬申24	24辛丑22	24辛未22	24辛丑21	24辛未21	23己亥18
25丙子 1	《4月》	26丙子30	26乙巳29	26乙亥28	26甲辰27	25癸酉25	25壬寅㉓	25壬申23	25壬寅22	25壬申22	24庚子19
26丁丑 2	**26**丁未①	《5月》	27丙午30	27丙子29	27乙巳28	26甲戌㉖	26癸卯24	26癸酉24	26癸卯23	26癸酉㉓	25辛丑⑳
27戊寅 3	27戊申 2	**27**丁丑 1	**28**丁未31	28丁丑30	28丙午㉙	27乙亥27	27甲辰25	27甲戌25	27甲辰24	27甲戌24	26壬寅21
28己卯④	28己酉 3	28戊寅 2	《6月》	《7月》	29丁未30	28丙子28	28乙巳26	28乙亥26	28乙巳㉕	28乙亥25	27癸卯22
29庚辰 5	29庚戌 4	29己卯 3	29戊申 1	**29**戊寅①	**30**戊申31	29丁丑29	29丙午27	29丙子27	29丙午26	29丙子26	28甲辰23
30辛巳 6			30己酉 2				30丁未28	30丁丑㉘	30丁未27		29乙巳24
											30丙午25

雨水 10日	春分 10日	穀雨 12日	小満 13日	夏至 14日	大暑 15日	処暑 15日	白露 2日	寒露 2日	立冬 3日	大雪 3日	小寒 4日
啓蟄 25日	清明 26日	立夏 27日	芒種 28日	小暑 29日	立秋 30日		秋分 17日	霜降 17日	小雪 18日	冬至 18日	大寒 20日

建仁**2**年（1202－1203） 壬戌

1月	2月	3月	4月	5月	6月	7月	8月	9月	10月	閏10月	11月	12月
1 丁未26	1 丙子㉔	1 丙午26	1 乙亥24	1 甲辰23	1 甲戌22	1 癸卯㉑	1 壬申19	1 壬寅18	1 壬申18	1 壬寅⑰	**1** 辛未16	**1** 辛丑15
2 戊申㉗	2 丁丑25	2 丁未27	2 丙子25	2 乙巳24	2 乙亥㉓	2 甲辰22	2 癸酉20	2 癸卯19	2 癸酉19	2 癸卯18	2 壬申17	2 壬寅16
3 己酉28	3 戊寅26	3 戊申28	3 丁丑26	3 丙午25	3 丙子24	3 乙巳23	3 甲戌21	3 甲辰20	3 甲戌⑳	3 甲辰19	3 癸酉18	3 癸卯17
4 庚戌29	4 己卯27	4 己酉29	4 戊寅27	4 丁未㉖	4 丁丑25	4 丙午24	4 乙亥22	4 乙巳21	4 乙亥21	4 乙巳20	4 甲戌19	4 甲辰18
5 辛亥30	5 庚辰28	5 庚戌30	5 己卯㉘	5 戊申27	5 戊寅26	5 丁未25	5 丙子23	5 丙午㉒	5 丙子22	5 丙午21	5 乙亥20	5 乙巳⑲
6 壬子31	《3月》	6 辛亥㉛	6 庚辰29	6 己酉28	6 己卯27	6 戊申26	6 丁丑24	6 丁未23	6 丁丑23	6 丁未22	6 丙子21	6 丙午20
《2月》	**6** 辛巳 1	《4月》	7 辛巳30	7 庚戌29	7 庚辰28	7 己酉27	7 戊寅㉕	7 戊申24	7 戊寅24	7 戊申23	7 丁丑㉒	7 丁未21
7 癸丑 1	7 壬午 2	**7** 壬子 1	《5月》	8 辛亥30	8 辛巳29	8 庚戌㉘	8 己卯26	8 己酉25	8 己卯25	8 己酉㉔	8 戊寅23	8 戊申22
8 甲寅 2	8 癸未③	8 癸丑 2	**8** 壬午 1	9 壬子31	9 壬午㉚	9 辛亥29	9 庚辰27	9 庚戌26	9 庚辰26	9 庚戌25	9 己卯24	9 己酉23
9 乙卯③	9 甲申 4	9 甲寅 3	9 癸未 2	《6月》	《7月》	10壬子30	10辛巳28	10辛亥27	10辛巳㉗	10辛亥26	10庚辰25	10庚戌24
10丙辰 4	10乙酉 5	10乙卯 4	10甲申 3	**10**癸丑 1	**10**癸未 1	11癸丑31	11壬午29	11壬子28	11壬午28	11壬子27	11辛巳26	11辛亥25
11丁巳 5	11丙戌 6	11丙辰 5	11乙酉 4	11甲寅②	11甲申 2	《8月》	12癸未30	12癸丑㉙	12癸未29	12癸丑28	12壬午27	12壬子㉖
12戊午 6	12丁亥 7	12丁巳 6	12丙戌⑤	12乙卯 3	12乙酉 3	**12**甲寅 1	**13**甲申31	**13**甲寅30	13甲申30	13甲寅29	13癸未28	13癸丑27
13己未 7	13戊子 8	13戊午⑦	13丁亥 6	13丙辰 4	13丙戌 4	13乙卯 2	《9月》	《10月》	**14**乙酉31	**14**乙卯30	14甲申㉙	14甲寅28
14庚申 8	14己丑 9	14己未 8	14戊子 7	14丁巳 5	14丁亥 5	14丙辰 3	14乙酉①	14乙卯 1	《11月》	《12月》	15乙酉30	15乙卯29
15辛酉 9	15庚寅⑩	15庚申 9	15己丑 8	15戊午 6	15戊子 6	15丁巳④	15丙戌 2	15丙辰 2	15丙戌 1	15丙辰①	**16**丙戌31	**16**丙辰30
16壬戌⑩	16辛卯11	16辛酉10	16庚寅 9	16己未 7	16己丑⑦	16戊午 5	16丁亥 3	16丁巳 3	16丁亥 2	16丁巳 2	**1203年**	17丁巳31
17癸亥11	17壬辰12	17壬戌11	17辛卯10	17庚申 8	17庚寅 8	17己未 6	17戊子 4	17戊午 4	17戊子③	17戊午 3	《1月》	《2月》
18甲子12	18癸巳13	18癸亥12	18壬辰11	18辛酉⑨	18辛卯 9	18庚申 7	18己丑 5	18己未 5	18己丑 4	18己未 4	17丁亥 1	18戊午 1
19乙丑13	19甲午14	19甲子13	19癸巳⑫	19壬戌10	19壬辰10	19辛酉 8	19庚寅 6	19庚申⑥	19庚寅 5	19庚申 5	18戊子 2	19己未②
20丙寅14	20乙未15	20乙丑⑭	20甲午13	20癸亥11	20癸巳11	20壬戌 9	20辛卯 7	20辛酉 7	20辛卯 6	20辛酉 6	19己丑 3	20庚申 3
21丁卯15	21丙申16	21丙寅15	21乙未14	21甲子12	21甲午12	21癸亥10	21壬辰⑧	21壬戌 8	21壬辰 7	21壬戌 7	20庚寅 4	21辛酉 4
22戊辰16	**22**丁酉⑰	**22**丁卯16	22丙申15	22乙丑13	22乙未13	22甲子⑪	22癸巳 9	22癸亥 9	22癸巳 8	22癸亥⑧	21辛卯⑤	22壬戌 5
23己巳⑰	23戊戌18	23戊辰17	**23**丁酉16	23丙寅14	23丙申⑭	23乙丑12	23甲午10	23甲子10	23甲午 9	23甲子 9	22壬辰 6	23癸亥 6
24庚午18	24己亥19	24己巳18	24戊戌17	24丁卯15	24丁酉15	24丙寅13	24乙未11	24乙丑11	24乙未⑩	24乙丑10	23癸巳 7	24甲子 7
25辛未19	25庚子20	25庚午19	25己亥18	**25**戊辰⑯	**25**戊戌16	25丁卯14	25丙申12	25丙寅12	25丙申11	25丙寅11	24甲午 8	25乙丑 8
26壬申20	26辛丑21	26辛未20	26庚子⑲	26己巳17	26己亥17	26戊辰15	26丁酉13	26丁卯⑬	26丁酉12	26丁卯12	25乙未 9	26丙寅⑨
27癸酉21	27壬寅22	27壬申㉑	27辛丑20	27庚午18	27庚子18	**27**己巳16	27戊戌14	27戊辰14	27戊戌13	27戊辰13	26丙申10	27丁卯10
28甲戌22	28癸卯23	28癸酉22	28壬寅21	28辛未19	28辛丑19	28庚午17	**28**己亥⑮	28己巳15	28己亥14	28己巳14	27丁酉11	28戊辰11
29乙亥23	29甲辰㉔	29甲戌23	29癸卯22	29壬申20	29壬寅20	29辛未⑱	29庚子16	**29**庚午16	**29**庚子15	29庚午⑮	28戊戌⑫	29己巳12
	30乙巳25			30癸酉21			30辛丑17	30辛未17	30辛丑16		29己亥13	30庚午13
											30庚子14	

立春 5日	啓蟄 6日	清明 7日	立夏 8日	芒種 10日	小暑 10日	立秋 12日	白露 13日	寒露 13日	立冬 14日	大雪14日	冬至 1日	大寒 1日
雨水 20日	春分 22日	穀雨 22日	小満 23日	夏至 25日	大暑 25日	処暑 27日	秋分 28日	霜降 29日	小雪 29日		小寒 16日	立春 16日

建仁3年（1203－1204） 癸亥

1月	2月	3月	4月	5月	6月	7月	8月	9月	10月	11月	12月
1 辛未 14	1 庚子 15	1 庚午 14	1 己亥 13	1 戊辰 11	1 丁酉 10	1 丁卯 9	1 丙申 ⑦	1 丙寅 7	1 丙申 6	1 乙丑 5	1 乙未 ④
2 壬申 15	2 辛丑 ⑯	2 辛未 15	2 庚子 14	2 己巳 12	2 戊戌 11	2 戊辰 ⑩	2 丁酉 8	2 丁卯 8	2 丁酉 7	2 丙寅 6	2 丙申 5
3 癸酉 ⑯	**3** 壬寅 17	**3** 壬申 16	3 辛丑 15	3 庚午 13	3 己亥 12	3 己巳 11	3 戊戌 9	3 戊辰 9	3 戊戌 8	3 丁卯 ⑦	3 丁酉 6
4 甲戌 17	4 癸卯 18	4 癸酉 17	4 壬寅 16	4 辛未 14	4 庚子 ⑬	4 庚午 12	4 己亥 10	4 己巳 10	4 己亥 ⑨	4 戊辰 8	4 戊戌 7
5 乙亥 18	5 甲辰 19	5 甲戌 18	**5** 癸卯 17	5 壬申 ⑮	5 辛丑 14	5 辛未 13	5 庚子 11	5 庚午 11	5 庚子 10	5 己巳 9	5 己亥 8
6 丙子 19	6 乙巳 20	6 乙亥 19	6 甲辰 ⑱	**6** 癸酉 16	6 壬寅 15	6 壬申 14	6 辛丑 12	6 辛未 ⑫	6 辛丑 11	6 庚午 10	6 庚子 9
7 丁丑 20	7 丙午 21	7 丙子 ⑳	7 乙巳 19	7 甲戌 17	7 癸卯 16	7 癸酉 15	7 壬寅 13	7 壬申 13	7 壬寅 12	7 辛未 11	7 辛丑 10
8 戊寅 21	8 丁未 22	8 丁丑 21	8 丙午 20	8 乙亥 18	**8** 甲辰 17	**8** 甲戌 16	8 癸卯 ⑭	8 癸酉 14	8 癸卯 13	8 壬申 12	8 壬寅 ⑪
9 己卯 22	9 戊申 ㉓	9 戊寅 22	9 丁未 21	9 丙子 19	9 乙巳 18	9 乙亥 ⑰	**9** 甲辰 15	9 甲戌 15	9 甲辰 14	9 癸酉 13	9 癸卯 12
10 庚辰 ㉓	10 己酉 24	10 己卯 23	10 戊申 22	10 丁丑 20	10 丙午 19	10 丙子 18	10 乙巳 16	**10** 乙亥 16	**10** 乙巳 15	10 甲戌 ⑭	10 甲辰 13
11 辛巳 24	11 庚戌 25	11 庚辰 24	11 己酉 23	11 戊寅 21	11 丁未 ⑳	11 丁丑 19	11 丙午 17	11 丙子 17	11 丙午 ⑯	11 乙亥 15	11 乙巳 14
12 壬午 25	12 辛亥 26	12 辛巳 25	12 庚戌 24	12 己卯 ㉒	12 戊申 21	12 戊寅 20	12 丁未 18	12 丁丑 18	12 丁未 17	**12** 丙子 16	**12** 丙午 15
13 癸未 26	13 壬子 27	13 壬午 26	13 辛亥 ㉕	13 庚辰 23	13 己酉 22	13 己卯 21	13 戊申 19	13 戊寅 ⑲	13 戊申 18	13 丁丑 17	13 丁未 16
14 甲申 27	14 癸丑 28	14 癸未 ㉗	14 壬子 26	14 辛巳 24	14 庚戌 23	14 庚辰 22	14 己酉 20	14 己卯 20	14 己酉 19	14 戊寅 18	14 戊申 17
15 乙酉 28	15 甲寅 29	15 甲申 28	15 癸丑 27	15 壬午 25	15 辛亥 24	15 辛巳 23	15 庚戌 ㉑	15 庚辰 21	15 庚戌 20	15 己卯 19	15 己酉 ⑱
《3月》	16 乙卯 ㉚	16 乙酉 29	16 甲寅 28	16 癸未 26	16 壬子 25	16 壬午 ㉔	16 辛亥 22	16 辛巳 22	16 辛亥 21	16 庚辰 20	16 庚戌 19
16 丙戌 1	17 丙辰 31	17 丙戌 30	17 乙卯 29	17 甲申 27	17 癸丑 26	17 癸未 25	17 壬子 23	17 壬午 23	17 壬子 22	17 辛巳 ㉑	17 辛亥 20
17 丁亥 ②	《4月》	《5月》	18 丙辰 30	18 乙酉 28	18 甲寅 ㉗	18 甲申 26	18 癸丑 24	18 癸未 24	18 癸丑 ㉓	18 壬午 22	18 壬子 21
18 戊子 3	**18** 丁巳 1	**18** 丁亥 1	19 丁巳 31	19 丙戌 ㉙	19 乙卯 28	19 乙酉 27	19 甲寅 25	19 甲申 25	19 甲寅 24	19 癸未 23	19 癸丑 22
19 己丑 4	19 戊午 2	19 戊子 2	《6月》	20 丁亥 30	20 丙辰 29	20 丙戌 28	20 乙卯 26	20 乙酉 ㉖	20 乙卯 25	20 甲申 24	20 甲寅 23
20 庚寅 5	20 己未 3	20 己丑 3	**20** 戊午 ①	《7月》	21 丁巳 30	21 丁亥 29	21 丙辰 27	21 丙戌 27	21 丙辰 26	21 乙酉 25	21 乙卯 24
21 辛卯 6	21 庚申 4	21 庚寅 ④	21 己未 2	**21** 戊子 1	22 戊午 31	22 戊子 30	22 丁巳 ㉘	22 丁亥 28	22 丁巳 27	22 丙戌 26	22 丙辰 ㉕
22 壬辰 7	22 辛酉 5	22 辛卯 5	22 庚申 3	22 己丑 2	《8月》	**23** 己丑 ㉛	23 戊午 29	23 戊子 29	23 戊午 28	23 丁亥 27	23 丁巳 26
23 癸巳 8	23 壬戌 ⑥	23 壬辰 6	23 辛酉 4	23 庚寅 3	**23** 己未 1	《9月》	24 己未 30	24 己丑 30	24 己未 29	24 戊子 ㉘	24 戊午 27
24 甲午 ⑨	24 癸亥 7	24 癸巳 7	24 壬戌 5	24 辛卯 4	24 庚申 2	24 庚寅 1	《10月》	**25** 庚寅 31	**25** 庚申 ㉚	25 己丑 29	25 己未 28
25 乙未 10	25 甲子 8	25 甲午 8	25 癸亥 6	25 壬辰 5	25 辛酉 ③	25 辛卯 2	**25** 庚申 1	《11月》	《12月》	26 庚寅 30	26 庚申 29
26 丙申 11	26 乙丑 9	26 乙未 9	26 甲子 7	26 癸巳 ⑥	26 壬戌 4	26 壬辰 3	26 辛酉 2	26 辛卯 1	26 辛酉 1	**27** 辛卯 31	**27** 辛酉 30
27 丁酉 12	27 丙寅 10	27 丙申 10	27 乙丑 ⑧	27 甲午 7	27 癸亥 5	27 癸巳 4	27 壬戌 3	27 壬辰 ②	27 壬戌 2	**1204年**	28 壬戌 31
28 戊戌 13	28 丁卯 11	28 丁酉 ⑪	28 丙寅 9	28 乙未 8	28 甲子 6	28 甲午 5	28 癸亥 4	28 癸巳 3	28 癸亥 3	《1月》	《2月》
29 己亥 14	29 戊辰 12	29 戊戌 12	29 丁卯 10	29 丙申 9	29 乙丑 7	29 乙未 6	29 甲子 ⑤	29 甲午 4	29 甲子 4	28 壬辰 1	29 癸亥 ①
	30 己巳 ⑬				30 丙寅 8		30 乙丑 6	30 乙未 5		29 癸巳 2	30 甲子 2
										30 甲午 3	
雨水 1日	春分 3日	穀雨 3日	小満 5日	夏至 6日	大暑 8日	処暑 8日	秋分 9日	霜降 10日	小雪 10日	冬至 12日	大寒 12日
啓蟄 17日	清明 18日	立夏 18日	芒種 20日	小暑 21日	立秋 23日	白露 23日	寒露 25日	立冬 25日	大雪 25日	小寒 27日	立春 27日

元久元年〔建仁4年〕（1204－1205） 甲子

改元 2/20（建仁→元久）

1月	2月	3月	4月	5月	6月	7月	8月	9月	10月	11月	12月
1 乙丑 3	1 乙未 4	1 甲子 2	1 甲午 ②	**1** 癸亥 31	1 壬辰 29	1 辛酉 28	1 辛卯 27	1 庚申 25	1 庚寅 25	1 己未 23	1 己丑 23
2 丙寅 4	2 丙申 5	2 乙丑 3	2 乙未 3	《6月》	2 癸巳 30	2 壬戌 29	2 壬辰 28	2 辛酉 ㉖	2 辛卯 26	2 庚申 24	2 庚寅 24
3 丁卯 5	3 丁酉 6	3 丙寅 ④	3 丙申 4	2 甲子 1	《7月》	3 癸亥 30	3 癸巳 ㉙	3 壬戌 27	3 壬辰 27	3 辛酉 25	3 辛卯 25
4 戊辰 6	4 戊戌 ⑦	4 丁卯 5	4 丁酉 5	3 乙丑 2	**3** 甲午 1	**4** 甲子 31	**4** 甲午 30	4 癸亥 28	4 癸巳 28	4 壬戌 26	4 壬辰 ㉖
5 己巳 7	5 己亥 8	5 戊辰 6	5 戊戌 6	4 丙寅 3	4 乙未 2	《8月》	5 乙未 31	5 甲子 29	5 甲午 29	5 癸亥 27	5 癸巳 27
6 庚午 ⑧	6 庚子 9	6 己巳 7	6 己亥 7	5 丁卯 4	5 丙申 3	5 乙丑 ①	《9月》	**6** 乙丑 30	**6** 乙未 30	6 甲子 ㉘	6 甲午 28
7 辛未 9	7 辛丑 10	7 庚午 8	7 庚子 8	6 戊辰 5	6 丁酉 ④	6 丙寅 2	6 丙申 1	《10月》	7 丙申 ㉛	7 乙丑 29	7 乙未 29
8 壬申 10	8 壬寅 11	8 辛未 9	8 辛丑 ⑨	7 己巳 ⑥	7 戊戌 5	7 丁卯 3	7 丁酉 2	7 丙寅 1	《11月》	**8** 丙寅 30	**8** 丙申 30
9 癸酉 11	9 癸卯 12	9 壬申 10	9 壬寅 10	8 庚午 7	8 己亥 6	8 戊辰 4	8 戊戌 3	8 丁卯 2	8 丁酉 1	《12月》	9 丁酉 31
10 甲戌 12	10 甲辰 13	10 癸酉 ⑪	10 癸卯 11	9 辛未 8	9 庚子 7	9 己巳 5	9 己亥 4	9 戊辰 ③	9 戊戌 2	9 丁卯 1	**1205年**
11 乙亥 13	11 乙巳 ⑭	11 甲戌 12	11 甲辰 12	10 壬申 9	10 辛丑 8	10 庚午 6	10 庚子 ⑤	10 己巳 4	10 己亥 3	10 戊辰 2	《1月》
12 丙子 14	12 丙午 15	12 乙亥 13	12 乙巳 13	11 癸酉 10	11 壬寅 9	11 辛未 7	11 辛丑 6	11 庚午 5	11 庚子 4	11 己巳 3	10 戊戌 1
13 丁丑 ⑮	**13** 丁未 16	13 丙子 14	13 丙午 14	12 甲戌 11	12 癸卯 10	12 壬申 ⑧	12 壬寅 7	12 辛未 6	12 辛丑 5	12 庚午 4	11 己亥 ②
14 戊寅 16	14 戊申 17	**14** 丁丑 15	14 丁未 15	13 乙亥 12	13 甲辰 ⑪	13 癸酉 9	13 癸卯 8	13 壬申 7	13 壬寅 6	13 辛未 ⑤	12 庚子 3
15 己卯 17	15 己酉 18	15 戊寅 16	**15** 戊申 ⑯	14 丙子 ⑬	14 乙巳 12	14 甲戌 10	14 甲辰 9	14 癸酉 8	14 癸卯 ⑦	14 壬申 6	13 辛丑 4
16 庚辰 18	16 庚戌 19	16 己卯 17	16 己酉 17	15 丁丑 14	15 丙午 13	15 乙亥 11	15 乙巳 10	15 甲戌 9	15 甲辰 8	15 癸酉 7	14 壬寅 5
17 辛巳 19	17 辛亥 20	17 庚辰 ⑱	17 庚戌 18	**16** 戊寅 15	16 丁未 14	16 丙子 12	16 丙午 11	16 乙亥 ⑩	16 乙巳 9	16 甲戌 8	15 癸卯 6
18 壬午 20	18 壬子 ㉑	18 辛巳 19	18 辛亥 19	17 己卯 16	17 戊申 15	17 丁丑 13	17 丁未 ⑫	17 丙子 11	17 丙午 10	17 乙亥 9	16 甲辰 7
19 癸未 21	19 癸丑 22	19 壬午 20	19 壬子 20	18 庚辰 17	**18** 己酉 16	18 戊寅 14	18 戊申 13	18 丁丑 12	18 丁未 11	18 丙子 10	17 乙巳 8
20 甲申 ㉒	20 甲寅 23	20 癸未 21	20 癸丑 21	19 辛巳 18	19 庚戌 17	**19** 己卯 ⑮	19 己酉 14	19 戊寅 13	19 戊申 12	19 丁丑 11	18 丙午 ⑨
21 乙酉 23	21 乙卯 24	21 甲申 22	21 甲寅 22	20 壬午 19	20 辛亥 ⑱	20 庚辰 16	**20** 庚戌 15	20 己卯 14	20 己酉 13	20 戊寅 ⑫	19 丁未 10
22 丙戌 24	22 丙辰 25	22 乙酉 23	22 乙卯 ㉓	21 癸未 ⑳	21 壬子 19	21 辛巳 17	21 辛亥 16	**21** 庚辰 15	21 庚戌 ⑭	21 己卯 13	20 戊申 11
23 丁亥 25	23 丁巳 26	23 丙戌 24	23 丙辰 24	22 甲申 21	22 癸丑 20	22 壬午 18	22 壬子 17	22 辛巳 16	**22** 辛亥 15	22 庚辰 14	21 己酉 12
24 戊子 26	24 戊午 27	24 丁亥 ㉕	24 丁巳 25	23 乙酉 22	23 甲寅 21	23 癸未 19	23 癸丑 18	23 壬午 ⑰	23 壬子 16	**23** 辛巳 15	22 庚戌 13
25 己丑 27	25 己未 ㉘	25 戊子 26	25 戊午 26	24 丙戌 23	24 乙卯 22	24 甲申 20	24 甲寅 ⑲	24 癸未 18	24 癸丑 17	24 壬午 16	**23** 辛亥 14
26 庚寅 28	26 庚申 29	26 己丑 27	26 己未 27	25 丁亥 24	25 丙辰 23	25 乙酉 21	25 乙卯 20	25 甲申 19	25 甲寅 18	25 癸未 17	24 壬子 15
27 辛卯 ㉙	27 辛酉 30	27 庚寅 28	27 庚申 28	26 戊子 25	26 丁巳 24	26 丙戌 ㉒	26 丙辰 21	26 乙酉 20	26 乙卯 19	26 甲申 18	25 癸丑 ⑯
《3月》	**28** 壬戌 31	28 辛卯 29	28 辛酉 29	27 己丑 26	27 戊午 ㉕	27 丁亥 23	27 丁巳 22	27 丙戌 21	27 丙辰 20	27 乙酉 ⑲	26 甲寅 17
28 壬辰 1	《4月》	29 壬辰 30	29 壬戌 ㉚	28 庚寅 ㉗	28 己未 26	28 戊子 24	28 戊午 23	28 丁亥 22	28 丁巳 ㉑	28 丙戌 20	27 乙卯 18
29 癸巳 2	29 癸亥 1	《5月》		29 辛卯 28	29 庚申 27	29 己丑 25	29 己未 24	29 戊子 23	29 戊午 22	29 丁亥 21	28 丙辰 19
30 甲午 3		**30** 癸巳 1				30 庚寅 26		30 己丑 ㉔		30 戊子 22	29 丁巳 20
											30 戊午 21
雨水 13日	春分 13日	穀雨 14日	小満 15日	芒種 1日	小暑 3日	立秋 4日	白露 4日	寒露 6日	立冬 6日	大雪 8日	小寒 8日
啓蟄 28日	清明 28日	立夏 30日		夏至 16日	大暑 18日	処暑 19日	秋分 20日	霜降 21日	小雪 22日	冬至 23日	大寒 23日

元久**2**年（1205－1206） 乙丑

1月	2月	3月	4月	5月	6月	7月	閏7月	8月	9月	10月	11月	12月
1 己未22	1 己丑21	1 戊午22	1 戊子21	1 戊午21	1 丁亥⑲	1 丙辰18	1 丙戌17	**1** 乙卯15	1 甲申14	1 甲寅⑬	1 癸未12	1 癸丑11
2 庚申㉓	2 庚寅22	2 己未23	2 己丑22	2 己未㉒	2 戊子20	2 丁巳19	2 丁亥18	2 丙辰16	**2** 乙酉15	2 乙卯14	2 甲申13	2 甲寅12
3 辛酉24	3 辛卯23	3 庚申24	3 庚寅23	3 庚申23	3 己丑21	3 戊午20	3 戊子19	3 丁巳17	3 丙戌⑯	**3** 丙辰15	3 乙酉14	3 乙卯13
4 壬戌25	4 壬辰24	4 辛酉25	4 辛卯㉔	4 辛酉24	4 庚寅22	4 己未21	4 己丑20	4 戊午⑱	4 丁亥17	4 丁巳16	**4** 丙戌15	4 丙辰14
5 癸亥26	5 癸巳25	5 壬戌26	5 壬辰25	5 壬戌25	5 辛卯23	5 庚申22	5 庚寅㉑	5 己未19	5 戊子18	5 戊午17	5 丁亥16	**5** 丁巳⑮
6 甲子27	6 甲午26	6 癸亥㉗	6 癸巳26	6 癸亥26	6 壬辰24	6 辛酉23	6 辛卯22	6 庚申20	6 己丑19	6 己未18	6 戊子17	6 戊午16
7 乙丑28	7 乙未㉗	7 甲子28	7 甲午27	7 甲子27	7 癸巳25	7 壬戌㉔	7 壬辰23	7 辛酉21	7 庚寅20	7 庚申19	7 己丑⑱	7 己未17
8 丙寅29	8 丙申28	8 乙丑29	8 乙未28	8 乙丑28	8 甲午㉖	8 癸亥25	8 癸巳24	8 壬戌22	8 辛卯21	8 辛酉⑳	8 庚寅19	8 庚申18
9 丁卯㉚	《3月》	9 丙寅30	9 丙申29	9 丙寅㉙	9 乙未27	9 甲子26	9 甲午25	9 癸亥23	9 壬辰22	9 壬戌21	9 辛卯20	9 辛酉19
10 戊辰31	**9** 丁酉 1	**10** 丁卯31	10 丁酉30	10 丁卯30	10 丙申28	10 乙丑27	10 乙未26	10 甲子24	10 癸巳㉓	10 癸亥22	10 壬辰21	10 壬戌20
《2月》	10 戊戌 2	《4月》	《5月》	**11** 戊辰31	11 丁酉29	11 丙寅28	11 丙申27	11 乙丑㉕	11 甲午24	11 甲子23	11 癸巳22	11 癸亥21
11 己巳 1	11 己亥 3	11 戊辰 1	**11** 戊戌①	《6月》	12 戊戌30	12 丁卯29	12 丁酉㉘	12 丙寅26	12 乙未25	12 乙丑24	12 甲午23	12 甲子㉒
12 庚午 2	12 庚子 4	12 己巳 2	12 己亥 2	12 己巳 1	《7月》	13 戊辰30	13 戊戌29	13 丁卯27	13 丙申26	13 丙寅25	13 乙未24	13 乙丑23
13 辛未 3	13 辛丑 5	13 庚午③	13 庚子 3	13 庚午 2	**13** 己亥 1	**14** 己巳㉛	14 己亥30	14 戊辰28	14 丁酉27	14 丁卯26	14 丙申㉕	14 丙寅24
14 壬申 4	14 壬寅⑥	14 辛未 4	14 辛丑 4	14 辛未 3	14 庚子 2	《8月》	**15** 庚子31	15 己巳29	15 戊戌28	15 戊辰㉗	15 丁酉26	15 丁卯25
15 癸酉 5	15 癸卯 7	15 壬申 5	15 壬寅 5	15 壬申 4	15 辛丑③	15 庚午 1	《9月》	**16** 庚午30	16 己亥29	16 己巳28	16 戊戌27	16 戊辰26
16 甲戌⑥	16 甲辰 8	16 癸酉 6	16 癸卯 6	16 癸酉⑤	16 壬寅 4	16 辛未 2	16 辛丑 1	《10月》	17 庚子㉚	17 庚午29	17 己亥28	17 己巳27
17 乙亥 7	17 乙巳 9	17 甲戌 7	17 甲辰 7	17 甲戌 6	17 癸卯 5	17 壬申 3	17 壬寅 2	17 辛未 1	**18** 辛丑31	**18** 辛未30	18 庚子29	18 庚午28
18 丙子 8	18 丙午10	18 乙亥 8	18 乙巳⑧	18 乙亥 7	18 甲辰 6	18 癸酉 4	18 癸卯 3	18 壬申②	《11月》	《12月》	**19** 辛丑30	19 辛未㉙
19 丁丑 9	19 丁未11	19 丙子 9	19 丙午 9	19 丙子 8	19 乙巳 7	19 甲戌 5	19 甲辰④	19 癸酉 3	19 壬寅 1	19 壬申 1	20 壬寅31	**20** 壬申30
20 戊寅10	20 戊申12	20 丁丑⑩	20 丁未10	20 丁丑 9	20 丙午 8	20 乙亥 6	20 乙巳 5	20 甲戌 4	20 癸卯 2	20 癸酉 2	**1206年**	21 癸酉31
21 己卯11	21 己酉⑬	21 戊寅11	21 戊申11	21 戊寅10	21 丁未 9	21 丙子⑦	21 丙午 6	21 乙亥 5	21 甲辰 3	21 甲戌 3	《1月》	《2月》
22 庚辰12	22 庚戌14	22 己卯12	22 己酉12	22 己卯11	22 戊申⑩	22 丁丑 8	22 丁未 7	22 丙子 6	22 乙巳 4	22 乙亥④	21 癸卯①	22 甲戌 1
23 辛巳⑬	23 辛亥15	23 庚辰13	23 庚戌13	23 庚辰⑫	23 己酉11	23 戊寅 9	23 戊申 8	23 丁丑 7	23 丙午 5	23 丙子 5	22 甲辰 2	23 乙亥 2
24 壬午14	**24** 壬子16	24 辛巳14	24 辛亥14	24 辛巳13	24 庚戌12	24 己卯10	24 己酉 9	24 戊寅 8	24 丁未⑥	24 丁丑 6	23 乙巳 3	24 丙子 3
25 癸未15	25 癸丑17	25 壬午15	25 壬子⑮	25 壬午14	25 辛亥13	25 庚辰11	25 庚戌10	25 己卯⑨	25 戊申 7	25 戊寅 7	24 丙午 4	25 丁丑 4
26 甲申16	26 甲寅18	**26** 癸未16	**26** 癸丑16	26 癸未15	26 壬子14	26 辛巳12	26 辛亥⑪	26 庚辰10	26 己酉 8	26 己卯 8	25 丁未 5	26 戊寅⑤
27 乙酉17	27 乙卯19	27 甲申⑰	27 甲寅17	**27** 甲申16	27 癸丑15	27 壬午13	27 壬子12	27 辛巳11	27 庚戌 9	27 庚辰 9	26 戊申 6	27 己卯 6
28 丙戌18	28 丙辰⑳	28 乙酉18	28 乙卯18	28 乙酉17	**28** 甲寅16	28 癸未⑭	28 癸丑13	28 壬午12	28 辛亥10	28 辛巳10	27 己酉 7	28 庚辰 7
29 丁亥19	29 丁巳21	29 丙戌19	29 丙辰19	29 丙戌18	29 乙卯⑰	**29** 甲申15	29 甲寅14	29 癸未13	29 壬子11	29 壬午⑪	28 庚戌⑧	29 辛巳 8
30 戊子⑳		30 丁亥20	30 丁巳20			30 乙酉16			30 癸丑12		29 辛亥 9	30 壬午 9
											30 壬子10	

1月	2月	3月	4月	5月	6月	7月	閏7月	8月	9月	10月	11月	12月
立春 9日 雨水 24日	啓蟄 9日 春分 24日	清明 10日 穀雨 26日	立夏 11日 小満 26日	芒種 11日 夏至 27日	小暑 13日 大暑 28日	立秋 14日 処暑 29日	白露15日	秋分 1日 寒露 16日	霜降 2日 立冬 18日	小雪 3日 大雪 18日	冬至 4日 小寒 19日	大寒 5日 立春 20日

建永元年〔元久**3**年〕（1206－1207） 丙寅

改元 4/27（元久→建永）

1月	2月	3月	4月	5月	6月	7月	8月	9月	10月	11月	12月
1 癸未10	1 壬子11	1 壬午10	1 壬子10	1 辛巳 8	1 辛亥 8	1 庚辰⑥	1 庚戌 5	1 己卯 4	1 戊申 2	1 戊寅 2	**1** 丁未㉛
2 甲申11	2 癸丑⑫	2 癸未11	2 癸丑11	2 壬午 9	2 壬子⑨	2 辛巳 7	2 辛亥 6	2 庚辰 5	2 己酉 3	2 己卯③	**1207年**
3 乙酉⑫	3 甲寅13	3 甲申12	3 甲寅12	3 癸未10	3 癸丑10	3 壬午 8	3 壬子 7	3 辛巳 6	3 庚戌 4	3 庚辰 4	《1月》
4 丙戌13	4 乙卯14	4 乙酉13	4 乙卯13	4 甲申⑪	4 甲寅11	4 癸未 9	4 癸丑 8	4 壬午 7	4 辛亥⑤	4 辛巳 5	2 戊申 1
5 丁亥14	5 丙辰15	5 丙戌14	5 丙辰⑭	5 乙酉12	5 乙卯12	5 甲申10	5 甲寅 9	5 癸未⑧	5 壬子 6	5 壬午 6	3 己酉 2
6 戊子15	6 丁巳16	6 丁亥15	6 丁巳15	6 丙戌13	6 丙辰13	6 乙酉11	6 乙卯⑩	6 甲申 9	6 癸丑 7	6 癸未 7	4 庚戌 3
7 己丑16	**7** 戊午17	**7** 戊子⑯	**7** 戊午16	7 丁亥14	7 丁巳14	7 丙戌12	7 丙辰11	7 乙酉10	7 甲寅 8	7 甲申 8	5 辛亥 4
8 庚寅17	8 己未18	8 己丑17	8 己未17	8 戊子15	8 戊午15	8 丁亥⑬	8 丁巳12	8 丙戌11	8 乙卯 9	8 乙酉 9	6 壬子 5
9 辛卯18	9 庚申⑲	9 庚寅18	9 庚申18	**9** 己丑16	**9** 己未⑯	9 戊子14	9 戊午13	9 丁亥12	9 丙辰10	9 丙戌⑩	7 癸丑 6
10 壬辰⑲	10 辛酉20	10 辛卯19	10 辛酉19	10 庚寅17	10 庚申17	10 己丑15	10 己未14	10 戊子13	10 丁巳11	10 丁亥11	8 甲寅⑦
11 癸巳20	11 壬戌21	11 壬辰20	11 壬戌20	11 辛卯⑱	11 辛酉18	**11** 庚寅16	**11** 庚申15	11 己丑14	11 戊午⑫	11 戊子12	9 乙卯 8
12 甲午21	12 癸亥22	12 癸巳21	12 癸亥㉑	12 壬辰19	12 壬戌19	12 辛卯17	12 辛酉16	12 庚寅⑮	12 己未13	12 己丑13	10 丙辰 9
13 乙未22	13 甲子23	13 甲午22	13 甲子22	13 癸巳20	13 癸亥20	13 壬辰18	13 壬戌⑰	**13** 辛卯16	13 庚申14	13 庚寅14	11 丁巳10
14 丙申23	14 乙丑24	14 乙未㉓	14 乙丑23	14 甲午21	14 甲子21	14 癸巳19	14 癸亥18	14 壬辰17	**14** 辛酉15	**14** 辛卯15	12 戊午11
15 丁酉24	15 丙寅25	15 丙申24	15 丙寅24	15 乙未22	15 乙丑22	15 甲午⑳	15 甲子19	15 癸巳18	15 壬戌16	15 壬辰16	13 己未12
16 戊戌25	16 丁卯㉖	16 丁酉25	16 丁卯25	16 丙申23	16 丙寅㉓	16 乙未21	16 乙丑20	16 甲午19	16 癸亥17	16 癸巳⑰	14 庚申13
17 己亥㉖	17 戊辰27	17 戊戌26	17 戊辰26	17 丁酉24	17 丁卯24	17 丙申22	17 丙寅21	17 乙未20	17 甲子18	17 甲午18	15 辛酉⑭
18 庚子27	18 己巳28	18 己亥27	18 己巳27	18 戊戌㉕	18 戊辰25	18 丁酉23	18 丁卯22	18 丙申21	18 乙丑⑲	18 乙未19	**16** 壬戌15
19 辛丑28	19 庚午29	19 庚子28	19 庚午㉘	19 己亥26	19 己巳26	19 戊戌24	19 戊辰23	19 丁酉㉒	19 丙寅20	19 丙申20	17 癸亥16
《3月》	20 辛未30	20 辛丑29	20 辛未29	20 庚子27	20 庚午27	20 己亥25	20 己巳㉔	20 戊戌23	20 丁卯21	20 丁酉21	18 甲子17
20 壬寅 1	21 壬申31	21 壬寅㉚	21 壬申30	21 辛丑28	21 辛未28	21 庚子26	21 庚午25	21 己亥24	21 戊辰22	21 戊戌22	19 乙丑18
21 癸卯 2	《4月》	《5月》	22 癸酉31	22 壬寅29	22 壬申29	22 辛丑㉗	22 辛未26	22 庚子25	22 己巳23	22 己亥23	20 丙寅19
22 甲辰 3	**22** 癸酉 1	**22** 癸卯 1	《6月》	23 癸卯30	23 癸酉㉚	23 壬寅28	23 壬申27	23 辛丑26	23 庚午24	23 庚子㉔	21 丁卯20
23 乙巳 4	23 甲戌②	23 甲辰 2	**23** 甲戌 1	《7月》	**24** 甲戌31	24 癸卯29	24 癸酉28	24 壬寅27	24 辛未25	24 辛丑25	22 戊辰㉑
24 丙午⑤	24 乙亥 3	24 乙巳 3	24 乙亥 2	**24** 甲辰 1	《8月》	25 甲辰30	25 甲戌29	25 癸卯28	25 壬申㉖	25 壬寅26	23 己巳22
25 丁未 6	25 丙子 4	25 丙午 4	25 丙子 3	25 乙巳②	25 乙亥 1	**26** 乙巳31	**26** 乙亥30	26 甲辰㉙	26 癸酉27	26 癸卯27	24 庚午23
26 戊申 7	26 丁丑 5	26 丁未 5	26 丁丑④	26 丙午 3	26 丙子 2	《9月》	《10月》	27 乙巳30	27 甲戌28	27 甲辰28	25 辛未24
27 己酉 8	27 戊寅 6	27 戊申 6	27 戊寅 5	27 丁未 4	27 丁丑 3	27 丙午 1	27 丙子①	**28** 丙午31	28 乙亥29	28 乙巳29	26 壬申25
28 庚戌 9	28 己卯 7	28 己酉⑦	28 己卯 6	28 戊申 5	28 戊寅 4	28 丁未 2	28 丁丑 2	《11月》	**29** 丙子30	29 丙午30	27 癸酉26
29 辛亥10	29 庚辰 8	29 庚戌 8	29 庚辰 7	29 己酉 6	29 己卯 5	29 戊申③	29 戊寅 3	29 丁未 1	《12月》		28 甲戌27
	30 辛巳⑨	30 辛亥 9		30 庚戌 7		30 己酉 4			30 丁丑 1		29 乙亥㉘
											30 丙子29

1月	2月	3月	4月	5月	6月	7月	8月	9月	10月	11月	12月
雨水 5日 啓蟄 20日	春分 7日 清明 22日	穀雨 7日 立夏 22日	小満 7日 芒種 23日	夏至 9日 小暑 24日	大暑 9日 立秋 24日	処暑 11日 白露 26日	秋分 11日 寒露 26日	霜降 13日 立冬 28日	小雪 14日 大雪 29日	冬至 14日	小寒 1日 大寒 16日

承元元年〔建永 2 年〕（1207－1208） 丁卯

改元 10/25（建永→承元）

1月	2月	3月	4月	5月	6月	7月	8月	9月	10月	11月	12月
1 丁丑30	《3月》	1 丙子30	1 丙午㉙	1 丙子29	1 乙巳27	1 乙亥27	1 甲辰25	1 甲戌24	1 癸卯23	1 壬申21	1 壬寅21
2 戊寅31	1 丁未 1	2 丁丑31	2 丁未30	2 丁丑30	2 丙午28	2 丙子28	2 乙巳㉖	2 乙亥25	2 甲辰24	2 癸酉22	2 癸卯22
《2月》	**2** 戊申 2	《4月》	《5月》	3 戊寅31	3 丁未29	3 丁丑㉙	3 丙午27	3 丙子26	3 乙巳25	3 甲戌23	3 甲辰㉓
3 己卯 1	3 己酉 3	**3** 戊寅①	**3** 戊申 1	《6月》	4 戊申30	4 戊寅30	4 丁未28	4 丁丑27	4 丙午26	4 乙亥24	4 乙巳24
4 庚辰 2	4 庚戌④	4 己卯 2	4 己酉 2	**4** 己卯 1	《7月》	5 己卯31	5 戊申29	5 戊寅28	5 丁未27	5 丙子㉕	5 丙午25
5 辛巳 3	5 辛亥 5	5 庚辰 3	5 庚戌 3	5 庚辰 2	**5** 己酉①	《8月》	6 己酉30	6 己卯29	6 戊申㉘	6 丁丑26	6 丁未26
6 壬午④	6 壬子 6	6 辛巳 4	6 辛亥 4	6 辛巳③	6 庚戌 2	**6** 庚辰 1	**7** 庚戌31	7 庚辰㉚	7 己酉29	7 戊寅27	7 戊申27
7 癸未 5	7 癸丑 7	7 壬午 5	7 壬子 5	7 壬午 4	7 辛亥 3	7 辛巳 2	《9月》	《10月》	8 庚戌30	8 己卯28	8 己酉28
8 甲申 6	8 甲寅 8	8 癸未 6	8 癸丑⑥	8 癸未 5	8 壬子 4	8 壬午 3	8 辛亥 1	**8** 辛巳 1	**9** 辛亥31	9 庚辰29	9 庚戌29
9 乙酉 7	9 乙卯 9	9 甲申 7	9 甲寅 7	9 甲申 6	9 癸丑 5	9 癸未 4	9 壬子②	9 壬午 2	《11月》	**10**辛巳30	10辛亥㉚
10丙戌 8	10丙辰10	10乙酉⑧	10乙卯 8	10乙酉 7	10甲寅 6	10甲申⑤	10癸丑 3	10癸未 3	10壬子 1	《12月》	**11**壬子31
11丁亥 9	11丁巳⑪	11丙戌 9	11丙辰 9	11丙戌 8	11乙卯 7	11乙酉 6	11甲寅 4	11甲申 4	11癸丑 2	11壬午 1	**1208年**
12戊子10	12戊午12	12丁亥10	12丁巳10	12丁亥 9	12丙辰⑧	12丙戌 7	12乙卯 5	12乙酉 5	12甲寅 3	12癸未②	《1月》
13己丑⑪	13己未13	13戊子11	13戊午11	13戊子⑩	13丁巳 9	13丁亥 8	13丙辰 6	13丙戌 6	13乙卯④	13甲申 3	12癸丑 1
14庚寅12	14庚申14	14己丑12	14己未12	14己丑11	14戊午10	14戊子 9	14丁巳 7	14丁亥⑦	14丙辰 5	14乙酉 4	13甲寅 2
15辛卯13	15辛酉15	15庚寅13	15庚申⑬	15庚寅12	15己未11	15己丑10	15戊午 8	15戊子 8	15丁巳 6	15丙戌 5	14乙卯 3
16壬辰14	16壬戌16	16辛卯14	16辛酉14	16辛卯13	16庚申12	16庚寅11	16己未⑨	16己丑 9	16戊午 7	16丁亥 6	15丙辰 4
17癸巳15	**17**癸亥17	17壬辰⑮	17壬戌15	17壬辰14	17辛酉13	17辛卯⑫	17庚申10	17庚寅10	17己未 8	17戊子 7	16丁巳 5
18甲午16	18甲子⑱	**18**癸巳16	18癸亥16	18癸巳15	18壬戌14	18壬辰13	18辛酉11	18辛卯11	18庚申 9	18己丑 8	17戊午⑥
19乙未17	19乙丑19	19甲午17	**19**甲子17	**19**甲午16	19癸亥⑮	19癸巳14	19壬戌12	19壬辰12	19辛酉10	19庚寅⑨	18己未 7
20丙申⑱	20丙寅20	20乙未18	20乙丑18	20乙未⑰	20甲子16	20甲午15	20癸亥13	20癸巳13	20壬戌⑪	20辛卯10	19庚申 8
21丁酉19	21丁卯21	21丙申19	21丙寅19	21丙申18	**21** 乙丑17	**21** 乙未16	21甲子14	21甲午⑭	21癸亥12	21壬辰11	20辛酉 9
22戊戌20	22戊辰22	22丁酉20	22丁卯⑳	22丁酉19	22丙寅18	22丙申17	**22**乙丑15	22乙未15	22甲子13	22癸巳12	21壬戌10
23己亥21	23己巳23	23戊戌21	23戊辰21	23戊戌20	23丁卯19	23丁酉18	23丙寅⑯	**23**丙申16	23乙丑14	23甲午13	22癸亥11
24庚子22	24庚午24	24己亥㉒	24己巳22	24己亥21	24戊辰20	24戊戌⑲	24丁卯17	24丁酉17	**24**丙寅15	24乙未14	23甲子12
25辛丑23	25辛未㉕	25庚子23	25庚午23	25庚子22	25己巳21	25己亥20	25戊辰18	25戊戌18	25丁卯16	25丙申15	24乙丑⑬
26壬寅24	26壬申26	26辛丑24	26辛未24	26辛丑23	26庚午㉒	26庚子21	26己巳19	26己亥19	26戊辰17	**26**丁酉⑯	25丙寅14
27癸卯㉕	27癸酉27	27壬寅25	27壬申25	27壬寅㉔	27辛未23	27辛丑22	27庚午20	27庚子20	27己巳⑱	27戊戌17	**26**丁卯15
28甲辰26	28甲戌28	28癸卯26	28癸酉26	28癸卯25	28壬申24	28壬寅23	28辛未21	28辛丑㉑	28庚午19	28己亥18	27戊辰16
29乙巳27	29乙亥29	29甲辰27	29甲戌㉗	29甲辰26	29癸酉25	29癸卯24	29壬申22	29壬寅22	29辛未20	29庚子19	28己巳17
30丙午28		30乙巳28	30乙亥28		30甲戌26		30癸酉㉓			30辛丑20	29庚午18
立春 1日 雨水 16日	啓蟄 2日 春分 17日	清明 3日 穀雨 18日	立夏 3日 小満 19日	芒種 4日 夏至 19日	小暑 5日 大暑 21日	立秋 6日 処暑 21日	白露 7日 秋分 22日	寒露 8日 霜降 23日	立冬 9日 小雪 24日	大雪 10日 冬至 26日	小寒 11日 大寒 26日

承元 2 年（1208－1209） 戊辰

1月	2月	3月	4月	閏4月	5月	6月	7月	8月	9月	10月	11月	12月
1 辛未19	1 辛丑18	1 庚午18	1 庚子17	1 庚午17	**1** 己亥⑮	1 己巳15	1 戊戌13	1 戊辰12	1 戊戌⑫	1 丁卯10	1 丁酉10	1 丙寅 8
2 壬申⑳	2 壬寅19	2 辛未19	2 辛丑18	2 辛未⑱	2 庚子16	**2** 庚午16	2 己亥14	2 己巳13	2 己亥13	2 戊辰11	2 戊戌11	2 丁卯 9
3 癸酉21	3 癸卯20	3 壬申20	3 壬寅19	3 壬申19	3 辛丑17	3 辛未17	**3** 庚子15	3 庚午⑭	3 庚子14	3 己巳12	3 己亥12	3 戊辰10
4 甲戌22	4 甲辰21	4 癸酉21	4 癸卯⑳	4 癸酉20	4 壬寅18	4 壬申18	4 辛丑16	**4** 辛未15	**4** 辛丑15	4 庚午13	4 庚子13	4 己巳⑪
5 乙亥23	5 乙巳22	5 甲戌22	5 甲辰21	5 甲戌21	5 癸卯19	5 癸酉19	5 壬寅⑰	5 壬申16	5 壬寅16	5 辛未14	5 辛丑⑭	5 庚午12
6 丙子24	6 丙午23	6 乙亥㉓	6 乙巳22	6 乙亥22	6 甲辰20	6 甲戌⑳	6 癸卯18	6 癸酉17	6 癸卯17	**6** 壬申15	**6** 壬寅15	6 辛未13
7 丁丑25	7 丁未㉔	7 丙子24	7 丙午23	7 丙子23	7 乙巳21	7 乙亥21	7 甲辰19	7 甲戌18	7 甲辰18	7 癸酉⑯	7 癸卯16	**7** 壬申14
8 戊寅26	8 戊申25	8 丁丑25	8 丁未24	8 丁丑24	8 丙午㉒	8 丙子22	8 乙巳20	8 乙亥19	8 乙巳⑲	8 甲戌17	8 甲辰17	8 癸酉15
9 己卯㉗	9 己酉26	9 戊寅26	9 戊申25	9 戊寅㉕	9 丁未23	9 丁丑23	9 丙午21	9 丙子20	9 丙午20	9 乙亥18	9 乙巳18	9 甲戌16
10庚辰28	10庚戌27	10己卯27	10己酉26	10己卯26	10戊申24	10戊寅24	10丁未22	10丁丑㉑	10丁未21	10丙子19	10丙午19	10乙亥17
11辛巳29	11辛亥28	11庚辰28	11庚戌㉗	11庚辰27	11己酉25	11己卯25	11戊申23	11戊寅22	11戊申22	11丁丑20	11丁未20	11丙子⑱
12壬午30	12壬子29	12辛巳29	12辛亥28	12辛巳28	12庚戌26	12庚辰26	12己酉㉔	12己卯23	12己酉23	12戊寅21	12戊申㉑	12丁丑19
13癸未31	《3月》	13壬午㉚	13壬子29	13壬午29	13辛亥27	13辛巳㉗	13庚戌25	13庚辰24	13庚戌24	13己卯22	13己酉22	13戊寅20
《2月》	**13**癸丑 1	**14**癸未31	14癸丑30	14癸未30	14壬子28	14壬午28	14辛亥26	14辛巳25	14辛亥25	14庚辰㉓	14庚戌23	14己卯21
14甲申 1	14甲寅②	《4月》	《5月》	**15**甲申31	15癸丑㉙	15癸未29	15壬子27	15壬午26	15壬子㉖	15辛巳24	15辛亥24	15庚辰22
15乙酉 2	15乙卯 3	15甲申 1	**15**甲寅 1	《6月》	16甲寅30	16甲申30	16癸丑28	16癸未27	16癸丑27	16壬午25	16壬子25	16辛巳23
16丙戌③	16丙辰 4	16乙酉 2	16乙卯 2	16乙酉①	《7月》	**17**乙酉31	17甲寅29	17甲申㉘	17甲寅28	17癸未26	17癸丑26	17壬午24
17丁亥 4	17丁巳 5	17丙戌 3	17丙辰 3	17丙戌 2	**17**乙卯 1	《8月》	**18**乙卯30	18乙酉29	18乙卯29	18甲申27	18甲寅27	18癸未㉕
18戊子 5	18戊午 6	18丁亥 4	18丁巳④	18丁亥 3	18丙辰 2	18丙戌 1	19丙辰㉛	**19**丙戌30	**19**丙辰30	19乙酉28	19乙卯㉘	19甲申26
19己丑 6	19己未 7	19戊子 5	19戊午 5	19戊子 4	19丁巳 3	19丁亥 2	《9月》	《10月》	20丁巳31	20丙戌29	20丙辰29	20乙酉27
20庚寅 7	20庚申 8	20己丑⑥	20己未 6	20己丑 5	20戊午 4	20戊子③	20丁巳 1	20丁亥 1	《11月》	**21**丁亥㉚	**21**丁巳30	21丙戌28
21辛卯 8	21辛酉⑨	21庚寅 7	21庚申 7	21庚寅 6	21己未 5	21己丑 4	21戊午 2	21戊子 2	21戊午 1	《12月》	22戊午31	22丁亥29
22壬辰 9	22壬戌10	22辛卯 8	22辛酉 8	22辛卯 7	22庚申⑥	22庚寅 5	22己未 3	22己丑 3	22己未②	22戊子 1	**1209年**	**23**戊子30
23癸巳⑩	23癸亥11	23壬辰 9	23壬戌 9	23壬辰⑧	23辛酉 7	23辛卯 6	23庚申 4	23庚寅 4	23庚申 3	23己丑 2	《1月》	24己丑31
24甲午11	24甲子12	24癸巳10	24癸亥10	24癸巳 9	24壬戌 8	24壬辰 7	24辛酉 5	24辛卯⑤	24辛酉 4	24庚寅 3	23己未 1	《2月》
25乙未12	25乙丑13	25甲午11	25甲子⑪	25甲午10	25癸亥 9	25癸巳 8	25壬戌 6	25壬辰 6	25壬戌 5	25辛卯 4	24庚申 2	25庚寅①
26丙申13	26丙寅14	26乙未12	26乙丑12	26乙未11	26甲子10	26甲午 9	26癸亥⑦	26癸巳 7	26癸亥 6	26壬辰 5	25辛酉 3	26辛卯 2
27丁酉14	27丁卯15	27丙申⑬	27丙寅13	27丙申12	27乙丑11	27乙未⑩	27甲子 8	27甲午 8	27甲子 7	27癸巳 6	26壬戌④	27壬辰 3
28戊戌15	**28**戊辰⑯	28丁酉14	28丁卯14	28丁酉13	28丙寅12	28丙申11	28乙丑 9	28乙未 9	28乙丑 8	28甲午⑦	27癸亥 5	28癸巳 4
29己亥16	29己巳17	**29**戊戌15	29戊辰15	29戊戌14	29丁卯⑬	29丁酉12	29丙寅10	29丙申10	29丙寅⑨	29乙未 8	28甲子 6	29甲午 5
30庚子⑰		30己亥16	**30**己巳16		30戊辰14		30丁卯11	30丁酉11		30丙申 9	29乙丑 7	
立春 12日 雨水 28日	啓蟄 13日 春分 28日	清明 14日 穀雨 29日	立夏 15日 小満 30日	芒種15日	夏至 1日 小暑 17日	大暑 2日 立秋 17日	処暑 3日 白露 18日	秋分 4日 寒露 19日	霜降 4日 立冬 19日	小雪 6日 大雪 21日	冬至 6日 小寒 21日	大寒 7日 立春 23日

承元3年（1209－1210） 己巳

1月	2月	3月	4月	5月	6月	7月	8月	9月	10月	11月	12月
1 乙未 6	1 乙丑 ⑧	1 甲午 6	1 甲子 6	1 癸巳 4	1 癸亥 4	1 壬辰 ②	《9月》	《10月》	1 辛酉 30	1 辛卯 ㉙	1 辛酉 29
2 丙申 7	2 丙寅 9	2 乙未 7	2 乙丑 7	2 甲午 5	2 甲子 ⑤	2 癸巳 3	1 壬戌 1	1 壬辰 1	**2** 壬戌 31	**2** 壬辰 30	**2** 壬戌 30
3 丁酉 ⑧	3 丁卯 10	3 丙申 8	3 丙寅 8	3 乙未 6	3 乙丑 6	3 甲午 4	2 癸亥 2	2 癸巳 2	《11月》	《12月》	3 癸亥 31
4 戊戌 9	4 戊辰 11	4 丁酉 9	4 丁卯 9	4 丙申 ⑦	4 丙寅 7	4 乙未 5	3 甲子 3	3 甲午 3	3 癸亥 ①	3 癸巳 1	**1210年**
5 己亥 10	5 己巳 12	5 戊戌 10	5 戊辰 ⑩	5 丁酉 8	5 丁卯 8	5 丙申 6	4 乙丑 4	4 乙未 ④	4 甲子 2	4 甲午 2	《1月》
6 庚子 11	6 庚午 13	6 己亥 11	6 己巳 11	6 戊戌 9	6 戊辰 9	6 丁酉 7	5 丙寅 5	5 丙申 5	5 乙丑 3	5 乙未 3	4 甲子 1
7 辛丑 12	7 辛未 14	7 庚子 ⑫	7 庚午 12	7 己亥 10	7 己巳 10	7 戊戌 8	6 丁卯 ⑥	6 丁酉 6	6 丙寅 4	6 丙申 4	5 乙丑 2
8 壬寅 13	8 壬申 ⑮	8 辛丑 13	8 辛未 13	8 庚子 11	8 庚午 11	8 己亥 ⑨	7 戊辰 7	7 戊戌 7	7 丁卯 5	7 丁酉 5	6 丙寅 ③
9 癸卯 14	**9** 癸酉 16	9 壬寅 14	9 壬申 14	9 辛丑 12	9 辛未 ⑫	9 庚子 10	8 己巳 8	8 己亥 8	8 戊辰 6	8 戊戌 ⑥	7 丁卯 4
10 甲辰 ⑮	10 甲戌 17	10 癸卯 15	10 癸酉 15	10 壬寅 13	10 壬申 13	10 辛丑 11	9 庚午 9	9 庚子 9	9 己巳 7	9 己亥 7	8 戊辰 5
11 乙巳 16	11 乙亥 18	**11** 甲辰 16	**11** 甲戌 16	11 癸卯 ⑭	11 癸酉 14	11 壬寅 12	10 辛未 10	10 辛丑 10	10 庚午 ⑧	10 庚子 8	9 己巳 6
12 丙午 17	12 丙子 19	12 乙巳 17	12 乙亥 ⑰	12 甲辰 15	12 甲戌 15	12 癸卯 13	11 壬申 11	11 壬寅 ⑪	11 辛未 9	11 辛丑 9	10 庚午 7
13 丁未 18	13 丁丑 20	13 丙午 18	13 丙子 18	**13** 乙巳 16	**13** 乙亥 16	13 甲辰 14	12 癸酉 12	12 癸卯 12	12 壬申 10	12 壬寅 10	11 辛未 8
14 戊申 19	14 戊寅 21	14 丁未 ⑲	14 丁丑 19	14 丙午 17	14 丙子 17	**14** 乙巳 15	13 甲戌 ⑬	13 甲辰 13	13 癸酉 11	13 癸卯 11	12 壬申 9
15 己酉 20	15 己卯 ㉒	15 戊申 20	15 戊寅 20	15 丁未 18	15 丁丑 18	15 丙午 ⑯	14 乙亥 14	14 乙巳 14	14 甲戌 12	14 甲辰 12	13 癸酉 ⑩
16 庚戌 21	16 庚辰 23	16 己酉 21	16 己卯 21	16 戊申 19	16 戊寅 ⑲	16 丁未 17	**15** 丙子 15	**15** 丙午 15	15 乙亥 13	15 乙巳 ⑬	14 甲戌 11
17 辛亥 ㉒	17 辛巳 24	17 庚戌 22	17 庚辰 22	17 己酉 20	17 己卯 20	17 戊申 18	16 丁丑 16	16 丁未 16	16 丙子 14	16 丙午 14	15 乙亥 12
18 壬子 23	18 壬午 25	18 辛亥 23	18 辛巳 23	18 庚戌 ㉑	18 庚辰 21	18 己酉 19	17 戊寅 17	17 戊申 17	**17** 丁丑 ⑮	**17** 丁未 15	16 丙子 13
19 癸丑 24	19 癸未 26	19 壬子 24	19 壬午 ㉔	19 辛亥 22	19 辛巳 22	19 庚戌 20	18 己卯 18	18 己酉 ⑱	18 戊寅 16	18 戊申 16	17 丁丑 14
20 甲寅 25	20 甲申 27	20 癸丑 25	20 癸未 25	20 壬子 23	20 壬午 23	20 辛亥 21	19 庚辰 19	19 庚戌 19	19 己卯 17	19 己酉 17	**18** 戊寅 15
21 乙卯 26	21 乙酉 28	21 甲寅 ㉖	21 甲申 26	21 癸丑 24	21 癸未 24	21 壬子 22	20 辛巳 ⑳	20 辛亥 20	20 庚辰 18	20 庚戌 18	19 己卯 16
22 丙辰 27	22 丙戌 ㉙	22 乙卯 27	22 乙酉 27	22 甲寅 25	22 甲申 25	22 癸丑 ㉓	21 壬午 21	21 壬子 21	21 辛巳 19	21 辛亥 19	20 庚辰 ⑰
23 丁巳 28	23 丁亥 30	23 丙辰 28	23 丙戌 28	23 乙卯 26	23 乙酉 ㉖	23 甲寅 24	22 癸未 22	22 癸丑 22	22 壬午 20	22 壬子 ⑳	21 辛巳 18
《3月》	**24** 戊子 31	24 丁巳 29	24 丁亥 29	24 丙辰 27	24 丙戌 27	24 乙卯 25	23 甲申 23	23 甲寅 23	23 癸未 21	23 癸丑 21	22 壬午 19
24 戊午 ①	《4月》	25 戊午 30	25 戊子 30	25 丁巳 ㉘	25 丁亥 28	25 丙辰 26	24 乙酉 24	24 乙卯 24	24 甲申 ㉒	24 甲寅 22	23 癸未 20
25 己未 2	25 己丑 1	《5月》	**26** 己丑 ㉛	26 戊午 29	26 戊子 29	26 丁巳 27	25 丙戌 25	25 丙辰 ㉕	25 乙酉 23	25 乙卯 23	24 甲申 21
26 庚申 3	26 庚寅 2	**26** 己未 1	《6月》	27 己未 30	27 己丑 30	27 戊午 28	26 丁亥 26	26 丁巳 26	26 丙戌 24	26 丙辰 24	25 乙酉 22
27 辛酉 4	27 辛卯 3	27 庚申 2	27 庚寅 1	《7月》	**28** 庚寅 31	28 己未 29	27 戊子 ㉗	27 戊午 27	27 丁亥 25	27 丁巳 25	26 丙戌 23
28 壬戌 5	28 壬辰 4	28 辛酉 ③	28 辛卯 2	**28** 庚申 1	《8月》	29 庚申 ㉚	28 己丑 28	28 己未 28	28 戊子 26	28 戊午 26	27 丁亥 ㉔
29 癸亥 6	29 癸巳 ⑤	29 壬戌 4	29 壬辰 3	29 辛酉 2	29 辛卯 1	**30** 辛酉 31	29 庚寅 29	29 庚申 29	29 己丑 27	29 己未 ㉗	28 戊子 25
30 甲子 7		30 癸亥 5		30 壬戌 3			**30** 辛卯 30		30 庚寅 28	30 庚申 28	29 己丑 26
雨水 9日 啓蟄 24日	春分 9日 清明 24日	穀雨 11日 立夏 26日	小満 11日 芒種 26日	夏至 13日 小暑 28日	大暑 13日 立秋 28日	処暑 14日 白露 30日	秋分 15日 寒露 30日	霜降 15日	立冬 2日 小雪 17日	大雪 2日 冬至 17日	小寒 2日 大寒 18日

承元4年（1210－1211） 庚午

1月	2月	3月	4月	5月	6月	7月	8月	9月	10月	11月	12月
1 庚寅 27	1 庚申 26	1 己丑 27	1 戊午 ㉕	1 戊子 25	1 丁巳 23	1 丁亥 23	1 丙辰 21	1 丙戌 20	1 丙辰 20	1 乙酉 18	1 乙卯 18
2 辛卯 28	2 辛酉 27	2 庚寅 ㉘	2 己未 26	2 己丑 26	2 戊午 24	2 戊子 24	2 丁巳 ㉒	2 丁亥 21	2 丁巳 21	2 丙戌 19	2 丙辰 ⑲
3 壬辰 29	3 壬戌 ㉘	3 辛卯 29	3 庚申 27	3 庚寅 27	3 己未 25	3 己丑 ㉕	3 戊午 23	3 戊子 22	3 戊午 22	3 丁亥 20	3 丁巳 20
4 癸巳 30	《3月》	4 壬辰 30	4 辛酉 28	4 辛卯 28	4 庚申 26	4 庚寅 26	4 己未 24	4 己丑 23	4 己未 23	4 戊子 ㉑	4 戊午 21
5 甲午 ㉛	**4** 癸亥 1	5 癸巳 31	5 壬戌 29	5 壬辰 29	5 辛酉 ㉗	5 辛卯 27	5 庚申 25	5 庚寅 24	5 庚申 ㉔	5 己丑 22	5 己未 22
《2月》	5 甲子 2	《4月》	6 癸亥 30	6 癸巳 ㉚	6 壬戌 28	6 壬辰 28	6 辛酉 26	6 辛卯 25	6 辛酉 25	6 庚寅 23	6 庚申 23
6 乙未 1	6 乙丑 3	**6** 甲午 1	《5月》	7 甲午 31	7 癸亥 29	7 癸巳 29	7 壬戌 27	7 壬辰 ㉖	7 壬戌 26	7 辛卯 24	7 辛酉 24
7 丙申 2	7 丙寅 4	7 乙未 2	**7** 甲子 1	《6月》	8 甲子 30	8 甲午 30	8 癸亥 28	8 癸巳 27	8 癸亥 27	8 壬辰 25	8 壬戌 25
8 丁酉 3	8 丁卯 5	8 丙申 3	8 乙丑 ②	**8** 乙未 1	《7月》	**9** 乙未 31	9 甲子 ㉙	9 甲午 28	9 甲子 28	9 癸巳 26	9 癸亥 ㉖
9 戊戌 4	9 戊辰 6	9 丁酉 ④	9 丙寅 3	9 丙申 2	**9** 乙丑 1	《8月》	10 乙丑 30	10 乙未 29	10 乙丑 29	10 甲午 27	10 甲子 27
10 己亥 5	10 己巳 ⑦	10 戊戌 5	10 丁卯 4	10 丁酉 3	10 丙寅 2	10 丙申 ①	**11** 丙寅 31	**11** 丙申 30	11 丙寅 30	11 乙未 ㉘	11 乙丑 28
11 庚子 6	11 庚午 8	11 己亥 6	11 戊辰 5	11 戊戌 4	11 丁卯 3	11 丁酉 2	《9月》	《10月》	**12** 丁卯 ㉛	12 丙申 29	12 丙寅 29
12 辛丑 ⑦	12 辛未 9	12 庚子 7	12 己巳 6	12 己亥 5	12 戊辰 ④	12 戊戌 3	12 丁卯 1	12 丁酉 1	《11月》	**13** 丁酉 30	13 丁卯 30
13 壬寅 8	13 壬申 10	13 辛丑 8	13 庚午 7	13 庚子 ⑥	13 己巳 5	13 己亥 4	13 戊辰 2	13 戊戌 2	13 戊辰 1	《12月》	**14** 戊辰 31
14 癸卯 9	14 癸酉 11	14 壬寅 9	14 辛未 8	14 辛丑 7	14 庚午 6	14 庚子 5	14 己巳 3	14 己亥 ③	14 己巳 2	14 戊戌 1	**1211年**
15 甲辰 10	15 甲戌 12	15 癸卯 10	15 壬申 ⑨	15 壬寅 8	15 辛未 7	15 辛丑 6	15 庚午 4	15 庚子 4	15 庚午 3	15 己亥 2	《1月》
16 乙巳 11	16 乙亥 13	16 甲辰 ⑪	16 癸酉 10	16 癸卯 9	16 壬申 8	16 壬寅 7	16 辛未 ⑤	16 辛丑 5	16 辛未 4	16 庚子 3	15 己巳 1
17 丙午 12	17 丙子 ⑭	17 乙巳 12	17 甲戌 11	17 甲辰 10	17 癸酉 9	17 癸卯 ⑧	17 壬申 6	17 壬寅 6	17 壬申 5	17 辛丑 4	16 庚午 ②
18 丁未 13	18 丁丑 15	18 丙午 13	18 乙亥 12	18 乙巳 11	18 甲戌 10	18 甲辰 9	18 癸酉 7	18 癸卯 7	18 癸酉 6	18 壬寅 ⑤	17 辛未 3
19 戊申 ⑭	**19** 戊寅 16	19 丁未 14	19 丙子 13	19 丙午 12	19 乙亥 ⑪	19 乙巳 10	19 甲戌 8	19 甲辰 8	19 甲戌 ⑦	19 癸卯 6	18 壬申 4
20 己酉 15	20 己卯 17	20 戊申 15	20 丁丑 14	20 丁未 ⑬	20 丙子 12	20 丙午 11	20 乙亥 9	20 乙巳 9	20 乙亥 8	20 甲辰 7	19 癸酉 5
21 庚戌 16	21 庚辰 18	**21** 己酉 16	21 戊寅 15	21 戊申 14	21 丁丑 13	21 丁未 12	21 丙子 10	21 丙午 ⑩	21 丙子 9	21 乙巳 8	20 甲戌 6
22 辛亥 17	22 辛巳 19	22 庚戌 17	**22** 己卯 ⑯	22 己酉 15	22 戊寅 14	22 戊申 13	22 丁丑 11	22 丁未 11	22 丁丑 10	22 丙午 9	21 乙亥 7
23 壬子 18	23 壬午 20	23 辛亥 ⑱	23 庚辰 17	**23** 庚戌 16	23 己卯 15	23 己酉 14	23 戊寅 ⑫	23 戊申 12	23 戊寅 11	23 丁未 10	22 丙子 8
24 癸丑 19	24 癸未 ㉑	24 壬子 19	24 辛巳 18	24 辛亥 17	**24** 庚辰 16	24 庚戌 ⑮	24 己卯 13	24 己酉 13	24 己卯 12	24 戊申 11	23 丁丑 ⑨
25 甲寅 20	25 甲申 22	25 癸丑 20	25 壬午 19	25 壬子 18	25 辛巳 17	**25** 辛亥 16	25 庚辰 14	25 庚戌 14	25 庚辰 13	25 己酉 ⑫	24 戊寅 10
26 乙卯 ㉑	26 乙酉 23	26 甲寅 21	26 癸未 20	26 癸丑 19	26 壬午 ⑱	26 壬子 17	**26** 辛巳 15	26 辛亥 15	26 辛巳 ⑭	26 庚戌 13	25 己卯 11
27 丙辰 22	27 丙戌 24	27 乙卯 22	27 甲申 21	27 甲寅 ⑳	27 癸未 19	27 癸丑 18	27 壬午 16	**27** 壬子 16	**27** 壬午 15	27 辛亥 14	26 庚辰 12
28 丁巳 23	28 丁亥 25	28 丙辰 23	28 乙酉 22	28 乙卯 21	28 甲申 20	28 甲寅 19	28 癸未 17	28 癸丑 ⑰	28 癸未 16	**28** 壬子 15	27 辛巳 13
29 戊午 24	29 戊子 26	29 丁巳 24	29 丙戌 ㉓	29 丙辰 22	29 乙酉 21	29 乙卯 20	29 甲申 18	29 甲寅 18	29 甲申 17	29 癸丑 16	28 壬午 14
30 己未 25			30 丁亥 24		30 丙戌 22		30 乙酉 ⑲	30 乙卯 19		30 甲寅 17	**29** 癸未 15
											30 甲申 ⑯
立春 4日 雨水 19日	啓蟄 4日 春分 19日	清明 6日 穀雨 21日	立夏 7日 小満 22日	芒種 8日 夏至 23日	小暑 9日 大暑 24日	立秋 9日 処暑 25日	白露 11日 秋分 26日	寒露 11日 霜降 27日	立冬 12日 小雪 27日	大雪 13日 冬至 28日	小寒 14日 大寒 29日

建暦元年〔承元5年〕（1211－1212） 辛未

改元 3/9（承元→建暦）

1月	閏1月	2月	3月	4月	5月	6月	7月	8月	9月	10月	11月	12月
1 乙酉17	1 甲寅15	1 甲申17	1 癸丑15	1 壬午14	1 壬子13	1 辛巳12	1 庚戌10	1 庚辰 9	1 庚戌⑨	1 己卯 7	1 己酉 7	1 己卯 6
2 丙戌18	2 乙卯16	2 乙酉18	2 甲寅16	2 癸未⑮	2 癸丑14	2 壬午13	2 辛亥11	2 辛巳10	2 辛亥10	2 庚辰 8	2 庚戌 8	2 庚辰 7
3 丁亥19	3 丙辰17	3 丙戌19	3 乙卯⑰	3 甲申16	3 甲寅15	3 癸未14	3 壬子12	3 壬午⑪	3 壬子11	3 辛巳 9	3 辛亥 9	3 辛巳⑧
4 戊子20	4 丁巳18	4 丁亥⑳	4 丙辰18	4 乙酉17	4 乙卯16	4 甲申15	4 癸丑13	4 癸未12	4 癸丑12	4 壬午10	4 壬子10	4 壬午 9
5 己丑21	5 戊午19	5 戊子21	5 丁巳19	5 丙戌18	5 丙辰17	5 乙酉16	5 甲寅⑭	5 甲申13	5 甲寅13	5 癸未11	5 癸丑⑪	5 癸未10
6 庚寅22	6 己未⑳	6 己丑22	6 戊午20	6 丁亥19	6 丁巳18	6 丙戌⑰	6 乙卯15	6 乙酉14	6 乙卯14	6 甲申12	6 甲寅12	6 甲申11
7 辛卯㉓	7 庚申21	7 庚寅23	7 己未21	7 戊子20	7 戊午⑲	7 丁亥18	7 丙辰16	7 丙戌15	7 丙辰15	7 乙酉⑬	7 乙卯13	7 乙酉12
8 壬辰24	8 辛酉22	8 辛卯24	8 庚申22	8 己丑21	8 己未20	8 戊子19	8 丁巳17	8 丁亥16	8 丁巳⑯	8 丙戌14	8 丙辰14	8 丙戌13
9 癸巳25	9 壬戌23	9 壬辰25	9 辛酉23	9 庚寅㉒	9 庚申21	9 己丑20	9 戊午18	9 戊子17	9 戊午17	9 丁亥15	9 丁巳15	9 丁亥14
10甲午26	10癸亥24	10癸巳26	10壬戌㉔	10辛卯23	10辛酉22	10庚寅21	10己未19	10己丑⑱	10己未18	10戊子16	10戊午16	10戊子⑮
11乙未27	11甲子25	11甲午㉗	11癸亥25	11壬辰24	11壬戌23	11辛卯22	11庚申20	11庚寅19	11庚申19	11己丑17	11己未17	11己丑16
12丙申28	12乙丑26	12乙未28	12甲子26	12癸巳25	12癸亥24	12壬辰23	12辛酉㉑	12辛卯20	12辛酉20	12庚寅18	12庚申⑱	12庚寅17
13丁酉29	13丙寅㉗	13丙申29	13乙丑27	13甲午26	13甲子25	13癸巳㉔	13壬戌22	13壬辰21	13壬戌21	13辛卯19	13辛酉19	13辛卯18
14戊戌㉚	14丁卯28	14丁酉30	14丙寅28	14乙未27	14乙丑㉖	14甲午25	14癸亥23	14癸巳22	14癸亥22	14壬辰⑳	14壬戌20	14壬辰19
15己亥31	《3月》	15戊戌31	15丁卯29	15丙申28	15丙寅27	15乙未26	15甲子24	15甲午23	15甲子㉓	15癸巳21	15癸亥21	15癸巳20
《2月》	15戊辰 1	《4月》	16戊辰30	16丁酉㉙	16丁卯28	16丙申27	16乙丑25	16乙未24	16乙丑24	16甲午22	16甲子22	16甲午21
16庚子 1	16己巳 2	16己亥 1	《5月》	17戊戌30	17戊辰29	17丁酉28	17丙寅26	17丙申㉕	17丙寅25	17乙未23	17乙丑23	17乙未㉒
17辛丑 2	17庚午 3	17庚子 2	17己巳①	18己亥31	18己巳30	18戊戌29	18丁卯27	18丁酉26	18丁卯26	18丙申24	18丙寅24	18丙申23
18壬寅 3	18辛未 4	18辛丑③	18庚午 2	《6月》	《7月》	19己亥30	19戊辰㉘	19戊戌27	19戊辰27	19丁酉25	19丁卯㉕	19丁酉24
19癸卯 4	19壬申 5	19壬寅 4	19辛未 3	19庚子 1	19庚午 1	20庚子㉛	20己巳29	20己亥28	20己巳28	20戊戌26	20戊辰26	20戊戌25
20甲辰 5	20癸酉⑥	20癸卯 5	20壬申 4	20辛丑 2	20辛未 2	《8月》	21庚午30	21庚子29	21庚午29	21己亥㉗	21己巳27	21己亥26
21乙巳⑥	21甲戌 7	21甲辰 6	21癸酉 5	21壬寅 3	21壬申③	21辛丑 1	22辛未31	22辛丑30	22辛未㉚	22庚子28	22庚午28	22庚子27
22丙午 7	22乙亥 8	22乙巳 7	22甲戌 6	22癸卯 4	22癸酉 4	22壬寅 2	《9月》	《10月》	23壬申31	23辛丑29	23辛未29	23辛丑28
23丁未 8	23丙子 9	23丙午 8	23乙亥 7	23甲辰⑤	23甲戌 5	23癸卯 3	23壬申 1	23壬寅 1	《11月》	24壬寅30	24壬申30	24壬寅㉙
24戊申 9	24丁丑10	24丁未 9	24丙子⑧	24乙巳 6	24乙亥 6	24甲辰 4	24癸酉 2	24癸卯②	24癸酉 1	《12月》	25癸酉31	25癸卯30
25己酉10	25戊寅11	25戊申⑩	25丁丑 9	25丙午 7	25丙子 7	25乙巳 5	25甲戌 3	25甲辰 3	25甲戌 2	25癸卯 1	1212年	26甲辰31
26庚戌11	26己卯12	26己酉11	26戊寅10	26丁未 8	26丁丑 8	26丙午 6	26乙亥④	26乙巳 4	26乙亥 3	26甲辰 2	《1月》	《2月》
27辛亥12	27庚辰⑬	27庚戌12	27己卯11	27戊申 9	27戊寅 9	27丁未⑦	27丙子 5	27丙午 5	27丙子 4	27乙巳 3	26甲戌①	27乙巳 1
28壬子⑬	28辛巳14	28辛亥13	28庚辰12	28己酉10	28己卯⑩	28戊申 8	28丁丑 6	28丁未 6	28丁丑 5	28丙午④	27乙亥 2	28丙午 2
29癸丑14	29壬午15	29壬子14	29辛巳13	29庚戌11	29庚辰11	29己酉 9	29戊寅 7	29戊申 7	29戊寅⑥	29丁未 5	28丙子 3	29丁未 3
	30癸未16			30辛亥⑫			30己卯 8	30己酉 8		30戊申 6	29丁丑 4	30戊申 4
											30戊寅 5	
立春 14日 雨水 29日	啓蟄16日	春分 1日 清明 16日	穀雨 2日 立夏 17日	小満 4日 芒種 19日	夏至 4日 小暑 19日	大暑 5日 立秋 21日	処暑 7日 白露 22日	秋分 7日 寒露 23日	霜降 8日 立冬 23日	小雪 9日 大雪 24日	冬至 10日 小寒 25日	大寒 10日 立春 25日

建暦2年（1212－1213） 壬申

1月	2月	3月	4月	5月	6月	7月	8月	9月	10月	11月	12月
1 己酉⑤	1 戊寅 5	1 戊申 4	1 丁丑 3	《6月》	1 乙亥30	1 乙巳30	1 甲戌28	1 甲辰27	1 癸酉26	1 癸卯㉕	1 癸酉25
2 庚戌 6	2 己卯 6	2 己酉 5	2 戊寅 4	1 丙午 1	《7月》	2 丙午31	2 乙亥29	2 乙巳28	2 甲戌27	2 甲辰26	2 甲戌26
3 辛亥 7	3 庚辰 7	3 庚戌 6	3 己卯 5	2 丁未 2	2 丙子①	《8月》	3 丙子30	3 丙午29	3 乙亥㉘	3 乙巳27	3 乙亥27
4 壬子 8	4 辛巳 8	4 辛亥 7	4 庚辰⑥	3 戊申③	3 丁丑 2	3 丁未 1	4 丁丑31	4 丁未㉚	4 丙子29	4 丙午28	4 丙子28
5 癸丑 9	5 壬午 9	5 壬子⑧	5 辛巳 7	4 己酉 4	4 戊寅 3	4 戊申 2	《9月》	《10月》	5 丁丑30	5 丁未29	5 丁丑29
6 甲寅10	6 癸未10	6 癸丑 9	6 壬午 8	5 庚戌 5	5 己卯 4	5 己酉 3	5 戊寅 1	5 戊申 1	6 戊寅31	6 戊申30	6 戊寅㉚
7 乙卯11	7 甲申⑪	7 甲寅10	7 癸未 9	6 辛亥 6	6 庚辰 5	6 庚戌 4	6 己卯②	6 己酉 2	《11月》	《12月》	7 己卯31
8 丙辰⑫	8 乙酉12	8 乙卯11	8 甲申10	7 壬子 7	7 辛巳 6	7 辛亥⑤	7 庚辰 3	7 庚戌 3	7 己卯 1	7 己酉 1	1213年
9 丁巳13	9 丙戌13	9 丙辰12	9 乙酉11	8 癸丑 8	8 壬午 7	8 壬子 6	8 辛巳 4	8 辛亥 4	8 庚辰 2	8 庚戌②	《1月》
10戊午14	10丁亥14	10丁巳13	10丙戌12	9 甲寅 9	9 癸未⑧	9 癸丑 7	9 壬午 5	9 壬子 5	9 辛巳 3	9 辛亥 3	8 庚辰 1
11己未15	11戊子15	11戊午14	11丁亥⑬	10乙卯⑩	10甲申 9	10甲寅 8	10癸未 6	10癸丑 6	10壬午④	10壬子 4	9 辛巳 2
12庚申16	12己丑16	12己未⑮	12戊子14	11丙辰11	11乙酉10	11乙卯 9	11甲申 7	11甲寅⑦	11癸未 5	11癸丑 5	10壬午 3
13辛酉17	13庚寅17	13庚申16	13己丑15	12丁巳12	12丙戌11	12丙辰10	12乙酉 8	12乙卯 8	12甲申 6	12甲寅 6	11癸未 4
14壬戌18	14辛卯⑱	14辛酉17	14庚寅16	13戊午13	13丁亥12	13丁巳11	13丙戌⑨	13丙辰 9	13乙酉 7	13乙卯 7	12甲申 5
15癸亥⑲	15壬辰19	15壬戌18	15辛卯17	14己未14	14戊子13	14戊午⑫	14丁亥10	14丁巳10	14丙戌 8	14丙辰 8	13乙酉⑥
16甲子20	16癸巳20	16癸亥19	16壬辰18	15庚申15	15己丑14	15己未13	15戊子11	15戊午11	15丁亥 9	15丁巳⑨	14丙戌 7
17乙丑21	17甲午21	17甲子20	17癸巳19	16辛酉16	16庚寅⑮	16庚申14	16己丑12	16己未12	16戊子10	16戊午10	15丁亥 8
18丙寅22	18乙未22	18乙丑21	18甲午⑳	17壬戌⑰	17辛卯16	17辛酉15	17庚寅13	17庚申13	17己丑⑪	17己未11	16戊子 9
19丁卯23	19丙申23	19丙寅㉒	19乙未21	18癸亥18	18壬辰17	18壬戌16	18辛卯14	18辛酉⑭	18庚寅12	18庚申12	17己丑10
20戊辰24	20丁酉24	20丁卯23	20丙申22	19甲子19	19癸巳18	19癸亥17	19壬辰15	19壬戌15	19辛卯13	19辛酉13	18庚寅11
21己巳25	21戊戌㉕	21戊辰24	21丁酉23	20乙丑20	20甲午19	20甲子18	20癸巳⑯	20癸亥16	20壬辰14	20壬戌14	19辛卯12
22庚午㉖	22己亥26	22己巳25	22戊戌24	21丙寅21	21乙未20	21乙丑⑲	21甲午17	21甲子17	21癸巳15	21癸亥15	20壬辰⑬
23辛未27	23庚子27	23庚午26	23己亥25	22丁卯22	22丙申21	22丙寅20	22乙未18	22乙丑18	22甲午16	22甲子⑯	21癸巳14
24壬申28	24辛丑28	24辛未27	24庚子26	23戊辰23	23丁酉㉒	23丁卯21	23丙申19	23丙寅19	23乙未17	23乙丑17	22甲午15
25癸酉29	25壬寅29	25壬申28	25辛丑㉗	24己巳㉔	24戊戌23	24戊辰22	24丁酉20	24丁卯20	24丙申⑱	24丙寅18	23乙未16
《3月》	26癸卯30	26癸酉㉙	26壬寅28	25庚午25	25己亥24	25己巳23	25戊戌21	25戊辰㉑	25丁酉19	25丁卯19	24丙申17
26甲戌 1	27甲辰31	27甲戌30	27癸卯29	26辛未26	26庚子25	26庚午24	26己亥22	26己巳22	26戊戌20	26戊辰20	25丁酉18
27乙亥 2	《4月》	《5月》	28甲辰30	27壬申27	27辛丑26	27辛未25	27庚子㉓	27庚午23	27己亥21	27己巳21	26戊戌19
28丙子 3	28乙巳①	28乙亥 1	29乙巳31	28癸酉28	28壬寅27	28壬申㉖	28辛丑24	28辛未24	28庚子22	28庚午22	27己亥⑳
29丁丑④	29丙午 2	29丙子 2		29甲戌29	29癸卯28	29癸酉27	29壬寅25	29壬申25	29辛丑23	29辛未㉓	28庚子21
	30丁未 3				30甲辰㉙		30癸卯26		30壬寅24	30壬申24	29辛丑22
											30壬寅23
雨水 11日 啓蟄 26日	春分 12日 清明 27日	穀雨 12日 立夏 28日	小満 14日 芒種 29日	夏至 15日	小暑 2日 大暑 17日	立秋 2日 処暑 17日	白露 3日 秋分 19日	寒露 4日 霜降 19日	立冬 5日 小雪 20日	大雪 6日 冬至 21日	小寒 6日 大寒 21日

建保元年〔建暦**3**年〕（1213－1214） 癸酉

改元 12/6（建暦→建保）

1月	2月	3月	4月	5月	6月	7月	8月	9月	閏9月	10月	11月	12月
1 癸卯24	1 壬申22	1 壬寅㉔	1 壬申23	1 辛丑22	1 庚午20	1 庚子20	1 己巳⑱	1 戊戌16	1 戊辰16	1 丁酉14	1 丁卯14	1 丁酉13
2 甲辰25	2 癸酉23	2 癸卯25	2 癸酉24	2 壬寅23	2 辛未21	2 辛丑㉑	2 庚午19	2 己亥17	2 己巳17	**2** 戊戌15	**2** 戊辰⑮	2 戊戌14
3 乙巳26	3 甲戌㉔	3 甲辰26	3 甲戌25	3 癸卯24	3 壬申22	3 壬寅22	3 辛未20	3 庚子18	3 庚午18	3 己亥16	3 己巳16	**3** 己亥15
4 丙午㉗	4 乙亥25	4 乙巳27	4 乙亥26	4 甲辰25	4 癸酉㉓	4 癸卯23	4 壬申21	4 辛丑19	4 辛未19	4 庚子⑰	4 庚午17	4 庚子16
5 丁未28	5 丙子26	5 丙午28	5 丙子27	5 乙巳㉖	5 甲戌24	5 甲辰24	5 癸酉22	5 壬寅20	5 壬申⑳	5 辛丑18	5 辛未18	5 辛丑17
6 戊申29	6 丁丑27	6 丁未29	6 丁丑㉘	6 丙午27	6 乙亥25	6 乙巳25	6 甲戌23	6 癸卯21	6 癸酉21	6 壬寅19	6 壬申19	6 壬寅18
7 己酉30	7 戊寅28	7 戊申30	7 戊寅29	7 丁未28	7 丙子26	7 丙午26	7 乙亥24	7 甲辰㉒	7 甲戌22	7 癸卯20	7 癸酉20	7 癸卯⑲
8 庚戌31	《3月》	**8** 己酉㉛	8 己卯30	8 戊申29	8 丁丑27	8 丁未27	8 丙子㉕	8 乙巳23	8 乙亥23	8 甲辰21	8 甲戌21	8 甲辰20
《2月》	**8** 己卯 1	《4月》	《5月》	9 己酉30	9 戊寅28	9 戊申㉘	9 丁丑26	9 丙午24	9 丙子24	9 乙巳22	9 乙亥㉒	9 乙巳21
9 辛亥 1	9 庚辰 2	9 庚戌 1	**9** 庚辰 1	**10** 庚戌31	10 己卯29	10 己酉29	10 戊寅27	10 丁未25	10 丁丑25	10 丙午23	10 丙子23	10 丙午22
10 壬子 2	10 辛巳③	10 辛亥 2	10 辛巳 2	《6月》	11 庚辰㉚	11 庚戌30	11 己卯28	11 戊申26	11 戊寅26	11 丁未㉔	11 丁丑24	11 丁未23
11 癸丑③	11 壬午 4	11 壬子 3	11 壬午 3	11 辛亥 1	《7月》	**12** 辛亥31	12 庚辰29	12 己酉27	12 己卯㉗	12 戊申25	12 戊寅25	12 戊申24
12 甲寅 4	12 癸未 5	12 癸丑 4	12 癸未 4	12 壬子②	**12** 辛巳 1	《8月》	13 辛巳30	13 庚戌28	13 庚辰28	13 己酉26	13 己卯26	13 己酉25
13 乙卯 5	13 甲申 6	13 甲寅 5	13 甲申⑤	13 癸丑 3	13 壬午 2	13 壬子 1	**14** 壬午31	14 辛亥㉙	14 辛巳29	14 庚戌27	14 庚辰27	14 庚戌㉖
14 丙辰 6	14 乙酉 7	14 乙卯 6	14 乙酉 6	14 甲寅 4	14 癸未 3	14 癸丑 2	《9月》	**15** 壬子30	15 壬午30	15 辛亥28	15 辛巳28	15 辛亥27
15 丁巳 7	15 丙戌 8	15 丙辰⑦	15 丙戌 7	15 乙卯 5	15 甲申 4	15 甲寅 3	15 癸未①	《10月》	**16** 癸未31	16 壬子29	16 壬午㉙	16 壬子28
16 戊午 8	16 丁亥 9	16 丁巳 8	16 丁亥 8	16 丙辰 6	16 乙酉 5	16 乙卯④	16 甲申 2	16 癸丑 1	《11月》	**17** 癸丑30	**17** 癸未30	17 癸丑29
17 己未 9	17 戊子⑩	17 戊午 9	17 戊子 9	17 丁巳 7	17 丙戌 6	17 丙辰 5	17 乙酉 3	17 甲寅 2	17 甲申 1	《12月》	18 甲申31	**18** 甲寅30
18 庚申⑩	18 己丑11	18 己未10	18 己丑10	18 戊午 8	18 丁亥⑦	18 丁巳 6	18 丙戌 4	18 乙卯 3	18 乙酉 2	18 甲寅①	**1214年**	19 乙卯31
19 辛酉11	19 庚寅12	19 庚申11	19 庚寅11	19 己未⑨	19 戊子 8	19 戊午 7	19 丁亥 5	19 丙辰 4	19 丙戌③	19 乙卯 2	《1月》	《2月》
20 壬戌12	20 辛卯13	20 辛酉12	20 辛卯⑫	20 庚申10	20 己丑 9	20 己未 8	20 戊子 6	20 丁巳 5	20 丁亥 4	20 丙辰 3	19 乙酉 1	20 丙辰 1
21 癸亥13	21 壬辰14	21 壬戌13	21 壬辰13	21 辛酉11	21 庚寅10	21 庚申 9	21 己丑 7	21 戊午⑥	21 戊子 5	21 丁巳 4	20 丙戌 2	21 丁巳②
22 甲子14	22 癸巳15	22 癸亥⑭	22 癸巳14	22 壬戌12	22 辛卯11	22 辛酉10	22 庚寅⑧	22 己未 7	22 己丑 6	22 戊午 5	21 丁亥 3	22 戊午 3
23 乙丑15	**23** 甲午16	23 甲子15	23 甲午15	23 癸亥13	23 壬辰12	23 壬戌⑪	23 辛卯 9	23 庚申 8	23 庚寅 7	23 己未 6	22 戊子 4	23 己未 4
24 丙寅16	24 乙未⑰	**24** 乙丑16	**24** 乙未16	24 甲子14	24 癸巳13	24 癸亥12	24 壬辰10	24 辛酉 9	24 辛卯 8	24 庚申 7	23 己丑⑤	24 庚申 5
25 丁卯⑰	25 丙申18	25 丙寅17	25 丙申17	25 乙丑15	25 甲午⑭	25 甲子13	25 癸巳11	25 壬戌10	25 壬辰 9	25 辛酉⑧	24 庚寅 6	25 辛酉 6
26 戊辰18	26 丁酉19	26 丁卯18	26 丁酉18	**26** 丙寅⑯	26 乙未15	26 乙丑14	26 甲午12	26 癸亥11	26 癸巳⑩	26 壬戌 9	25 辛卯 7	26 壬戌 7
27 己巳19	27 戊戌20	27 戊辰19	27 戊戌⑲	27 丁卯17	**27** 丙申16	**27** 丙寅15	27 乙未13	27 甲子12	27 甲午11	27 癸亥10	26 壬辰 8	27 癸亥 8
28 庚午20	28 己亥21	28 己巳20	28 己亥20	28 戊辰18	28 丁酉17	28 丁卯16	28 丙申14	28 乙丑⑬	28 乙未12	28 甲子11	27 癸巳 9	28 甲子⑨
29 辛未21	29 庚子22	29 庚午㉑	29 庚子21	29 己巳19	29 戊戌18	29 戊辰17	**29** 丁酉⑮	29 丙寅14	29 丙申13	29 乙丑12	28 甲午10	29 乙丑10
	30 辛丑23	30 辛未22			30 己亥19			**30** 丁卯15		30 丙寅13	29 乙未11	30 丙寅11
											30 丙申⑫	

1月	2月	3月	4月	5月	6月	7月	8月	9月	閏9月	10月	11月	12月
立春 7日	啓蟄 8日	清明 8日	立夏 9日	芒種 10日	小暑 12日	立秋 12日	白露 14日	寒露 15日	立冬16日	小雪 2日	冬至 2日	大寒 3日
雨水 22日	春分 23日	穀雨 24日	小満 24日	夏至 26日	大暑 27日	処暑 27日	秋分 29日	霜降 30日		大雪 17日	小寒 17日	立春 18日

建保**2**年（1214－1215） 甲戌

1月	2月	3月	4月	5月	6月	7月	8月	9月	10月	11月	12月
1 丁卯12	1 丙申13	1 丙寅12	1 乙未⑪	1 乙丑10	1 甲午 9	1 甲子 8	1 癸巳 6	1 壬戌⑤	1 壬辰 4	1 辛酉 3	1 辛卯 2
2 戊辰13	2 丁酉14	2 丁卯⑬	2 丙申12	2 丙寅11	2 乙未10	2 乙丑 9	2 甲午⑦	2 癸亥 6	2 癸巳 5	2 壬戌 4	2 壬辰 3
3 己巳14	3 戊戌15	3 戊辰14	3 丁酉13	3 丁卯12	3 丙申11	3 丙寅⑩	3 乙未 8	3 甲子 7	3 甲午 6	3 癸亥 5	3 癸巳④
4 庚午15	**4** 己亥⑯	4 己巳15	4 戊戌14	4 戊辰13	4 丁酉12	4 丁卯11	4 丙申 9	4 乙丑 8	4 乙未 7	4 甲子 6	4 甲午 5
5 辛未⑯	5 庚子17	**5** 庚午16	5 己亥15	5 己巳14	5 戊戌⑬	5 戊辰12	5 丁酉10	5 丙寅 9	5 丙申 8	5 乙丑⑦	5 乙未 6
6 壬申17	6 辛丑18	6 辛未17	**6** 庚子16	6 庚午⑮	6 己亥14	6 己巳13	6 戊戌11	6 丁卯10	6 丁酉⑨	6 丙寅 8	6 丙申 7
7 癸酉18	7 壬寅19	7 壬申18	7 辛丑17	**7** 辛未16	7 庚子15	7 庚午14	7 己亥12	7 戊辰11	7 戊戌10	7 丁卯 9	7 丁酉 8
8 甲戌19	8 癸卯20	8 癸酉19	8 壬寅⑱	8 壬申17	**8** 辛丑16	8 辛未15	8 庚子13	8 己巳⑫	8 己亥11	8 戊辰10	8 戊戌 9
9 乙亥20	9 甲辰21	9 甲戌⑳	9 癸卯19	9 癸酉18	9 壬寅17	**9** 壬申16	9 辛丑⑭	9 庚午13	9 庚子12	9 己巳11	9 己亥10
10 丙子21	10 乙巳22	10 乙亥21	10 甲辰20	10 甲戌19	10 癸卯18	10 癸酉⑰	**10** 壬寅15	10 辛未14	10 辛丑13	10 庚午12	10 庚子⑪
11 丁丑22	11 丙午㉓	11 丙子22	11 乙巳21	11 乙亥20	11 甲辰19	11 甲戌18	11 癸卯16	11 壬申15	11 壬寅14	11 辛未13	11 辛丑12
12 戊寅㉓	12 丁未24	12 丁丑23	12 丙午22	12 丙子21	12 乙巳⑳	12 乙亥19	12 甲辰17	**12** 癸酉16	**12** 癸卯15	12 壬申⑭	12 壬寅13
13 己卯24	13 戊申25	13 戊寅24	13 丁未23	13 丁丑㉒	13 丙午21	13 丙子20	13 乙巳18	13 甲戌17	13 甲辰⑯	**13** 癸酉15	13 癸卯14
14 庚辰25	14 己酉26	14 己卯25	14 戊申24	14 戊寅23	14 丁未22	14 丁丑21	14 丙午19	14 乙亥18	14 乙巳17	14 甲戌16	**14** 甲辰15
15 辛巳26	15 庚戌27	15 庚辰26	15 己酉㉕	15 己卯24	15 戊申23	15 戊寅22	15 丁未20	15 丙子⑲	15 丙午18	15 乙亥17	15 乙巳16
16 壬午27	16 辛亥28	16 辛巳㉗	16 庚戌26	16 庚辰25	16 己酉24	16 己卯23	16 戊申㉑	16 丁丑20	16 丁未19	16 丙子18	16 丙午17
17 癸未28	17 壬子29	17 壬午28	17 辛亥27	17 辛巳26	17 庚戌25	17 庚辰㉔	17 己酉22	17 戊寅21	17 戊申20	17 丁丑19	17 丁未⑱
《3月》	18 癸丑㉚	18 癸未29	18 壬子28	18 壬午27	18 辛亥26	18 辛巳25	18 庚戌23	18 己卯22	18 己酉21	18 戊寅20	18 戊申19
18 甲申 1	19 甲寅31	19 甲申30	19 癸丑29	19 癸未28	19 壬子㉗	19 壬午26	19 辛亥24	19 庚辰23	19 庚戌22	19 己卯㉑	19 己酉20
19 乙酉②	《4月》	《5月》	20 甲寅30	20 甲申㉙	20 癸丑28	20 癸未27	20 壬子25	20 辛巳24	20 辛亥㉓	20 庚辰22	20 庚戌21
20 丙戌 3	**20** 乙卯 1	**20** 乙酉 1	21 乙卯31	21 乙酉30	21 甲寅29	21 甲申28	21 癸丑26	21 壬午25	21 壬子24	21 辛巳23	21 辛亥22
21 丁亥 4	21 丙辰 2	21 丙戌 2	《6月》	《7月》	22 乙卯30	22 乙酉29	22 甲寅27	22 癸未㉖	22 癸丑25	22 壬午24	22 壬子23
22 戊子 5	22 丁巳 3	22 丁亥 3	**22** 丙辰①	**22** 丙戌 1	**23** 丙辰31	23 丙戌30	23 乙卯㉘	23 甲申27	23 甲寅26	23 癸未25	23 癸丑24
23 己丑 6	23 戊午 4	23 戊子④	23 丁巳 2	23 丁亥 2	《8月》	**24** 丁亥㉛	24 丙辰29	24 乙酉28	24 乙卯27	24 甲申26	24 甲寅㉕
24 庚寅 7	24 己未 5	24 己丑 5	24 戊午 3	24 戊子 3	24 丁巳 1	《9月》	**25** 丁巳30	25 丙戌29	25 丙辰28	25 乙酉27	25 乙卯26
25 辛卯 8	25 庚申⑥	25 庚寅 6	25 己未 4	25 己丑 4	25 戊午 2	25 戊子 1	《10月》	26 丁亥30	26 丁巳29	26 丙戌㉘	26 丙辰27
26 壬辰⑨	26 辛酉 7	26 辛卯 7	26 庚申 5	26 庚寅 5	26 己未③	26 己丑 2	26 戊午 1	**27** 戊子31	**27** 戊午㉚	27 丁亥29	27 丁巳28
27 癸巳10	27 壬戌 8	27 壬辰 8	27 辛酉 6	27 辛卯⑥	27 庚申 4	27 庚寅 3	27 己未 2	《11月》	《12月》	28 戊子30	28 戊午29
28 甲午11	28 癸亥 9	28 癸巳 9	28 壬戌 7	28 壬辰 7	28 辛酉 5	28 辛卯 4	28 庚申 3	28 己丑 1	28 己未 1	**29** 己丑31	**29** 己未30
29 乙未12	29 甲子10	29 甲午10	29 癸亥⑧	29 癸巳 8	29 壬戌 6	29 壬辰 5	29 辛酉 4	29 庚寅②	29 庚申 2	**1215年**	30 庚申31
	30 乙丑11		30 甲子 9		30 癸亥 7			30 辛卯 3		《1月》	
										30 庚寅 1	

1月	2月	3月	4月	5月	6月	7月	8月	9月	10月	11月	12月
雨水 3日	春分 4日	穀雨 5日	小満 6日	夏至 7日	大暑 8日	処暑 9日	秋分 10日	霜降 12日	小雪 12日	冬至 13日	大寒 14日
啓蟄 18日	清明 20日	立夏 20日	芒種 22日	小暑 22日	立秋 23日	白露 24日	寒露 25日	立冬 27日	大雪 27日	小寒 29日	立春 29日

建保3年（1215－1216） 乙亥

1月	2月	3月	4月	5月	6月	7月	8月	9月	10月	11月	12月
《2月》	1庚寅2	《4月》	《5月》	1己未30	1己丑29	1戊午28	1戊子27	1丁巳25	1丙戌24	1丙辰23	1乙酉22
1辛酉①	2辛卯3	**1**庚申1	1庚寅1	2庚申㉛	2庚寅30	2己未29	2己丑28	2戊午26	2丁亥㉕	2丁巳24	2丙戌23
2壬戌2	3壬辰4	2辛酉2	2辛卯2	《6月》	《7月》	3庚申30	3庚寅29	3己未㉗	3戊子26	3戊午25	3丁亥24
3癸亥3	4癸巳5	3壬戌3	3壬辰③	**3**辛酉1	**3**辛卯1	4辛酉31	4辛卯㉚	4庚申28	4己丑27	4己未26	4戊子25
4甲子4	5甲午6	4癸亥4	4癸巳4	4壬戌2	4壬辰2	《8月》	**5**壬辰31	5辛酉29	5庚寅28	5庚申27	5己丑26
5乙丑5	6乙未7	5甲子⑤	5甲午5	5癸亥3	5癸巳3	**5**壬戌1	《9月》	6壬戌30	6辛卯29	6辛酉28	6庚寅㉗
6丙寅6	7丙申⑧	6乙丑6	6乙未6	6甲子4	6甲午4	6癸亥②	6癸巳1	《10月》	7壬辰30	7壬戌㉙	7辛卯28
7丁卯7	8丁酉9	7丙寅7	7丙申7	7乙丑5	7乙未⑤	7甲子3	7甲午2	**7**癸亥1	**8**癸巳31	**8**癸亥30	8壬辰29
8戊辰⑧	9戊戌10	8丁卯8	8丁酉8	8丙寅6	8丙申6	8乙丑4	8乙未3	8甲子2	《11月》	《12月》	9癸巳30
9己巳9	10己亥11	9戊辰9	9戊戌9	9丁卯⑦	9丁酉7	9丙寅5	9丙申4	9乙丑3	9甲午①	9甲子1	**10**甲午31
10庚午10	11庚子12	10己巳10	10己亥⑩	10戊辰8	10戊戌8	10丁卯6	10丁酉5	10丙寅④	10乙未2	10乙丑2	**1216年**
11辛未11	12辛丑13	11庚午11	11庚子11	11己巳9	11己亥9	11戊辰7	11戊戌⑥	11丁卯5	11丙申3	11丙寅3	《1月》
12壬申12	13壬寅14	12辛未⑫	12辛丑12	12庚午10	12庚子10	12己巳8	12己亥7	12戊辰6	12丁酉4	12丁卯4	11乙未1
13癸酉13	14癸卯⑮	13壬申13	13壬寅13	13辛未11	13辛丑11	13庚午⑨	13庚子8	13己巳7	13戊戌5	13戊辰5	12丙申2
14甲戌14	15甲辰16	14癸酉14	14癸卯14	14壬申12	14壬寅⑫	14辛未10	14辛丑9	14庚午8	14己亥6	14己巳⑥	13丁酉③
15乙亥⑮	**16**乙巳17	15甲戌15	15甲辰15	15癸酉13	15癸卯13	15壬申11	15壬寅10	15辛未9	15庚子7	15庚午7	14戊戌4
16丙子16	17丙午18	**16**乙亥16	16乙巳16	16甲戌⑭	16甲辰14	16癸酉12	16癸卯11	16壬申10	16辛丑⑧	16辛未8	15己亥5
17丁丑17	18丁未19	17丙子17	**17**丙午⑰	17乙亥15	17乙巳15	17甲戌13	17甲辰12	17癸酉⑪	17壬寅9	17壬申9	16庚子6
18戊寅18	19戊申20	18丁丑18	18丁未18	**18**丙子16	**18**丙午16	18乙亥14	18乙巳⑬	18甲戌12	18癸卯10	18癸酉10	17辛丑7
19己卯19	20己酉21	19戊寅⑲	19戊申19	19丁丑17	19丁未17	19丙子15	19丙午14	19乙亥13	19甲辰11	19甲戌11	18壬寅8
20庚辰20	21庚戌㉒	20己卯20	20己酉20	20戊寅18	20戊申18	**20**丁丑⑯	**20**丁未15	20丙子14	20乙巳12	20乙亥12	19癸卯9
21辛巳21	**22**辛亥23	21庚辰21	21庚戌21	21己卯19	21己酉⑲	21戊寅17	21戊申16	21丁丑15	21丙午13	21丙子⑬	20甲辰⑩
22壬午㉒	23壬子24	22辛巳22	22辛亥22	22庚辰20	22庚戌20	22己卯18	22己酉17	**22**戊寅16	22丁未14	22丁丑14	21乙巳11
23癸未23	24癸丑25	23壬午23	23壬子23	23辛巳㉑	23辛亥21	23庚辰19	23庚戌18	23己卯17	**23**戊申⑮	23戊寅15	22丙午12
24甲申24	25甲寅26	24癸未24	24癸丑㉔	24壬午22	24壬子22	24辛巳20	24辛亥19	24庚辰⑱	24己酉16	**24**己卯16	23丁未13
25乙酉25	26乙卯27	25甲申25	25甲寅25	25癸未23	25癸丑23	25壬午21	25壬子⑳	25辛巳19	25庚戌17	25庚辰17	24戊申14
26丙戌26	27丙辰28	26乙酉㉖	26乙卯26	26甲申24	26甲寅24	26癸未22	26癸丑21	26壬午20	26辛亥18	26辛巳18	**25**己酉15
27丁亥27	28丁巳㉙	27丙戌27	27丙辰27	27乙酉25	27乙卯25	27甲申㉓	27甲寅22	27癸未21	27壬子19	27壬午19	26庚戌16
28戊子28	29戊午30	28丁亥28	28丁巳28	28丙戌26	28丙辰㉖	28乙酉24	28乙卯23	28甲申22	28癸丑20	28癸未⑳	27辛亥⑰
《3月》	30己未31	29戊子29	29戊午29	29丁亥27	29丁巳27	29丙戌25	29丙辰24	29乙酉23	29甲寅21	29甲申21	28壬子18
29己丑①		30己丑30		30戊子㉘		30丁亥26			30乙卯㉒		29癸丑19
											30甲寅20
雨水 14日 啓蟄 29日	春分 16日	清明 1日 穀雨 16日	立夏 1日 小満 17日	芒種 3日 夏至 18日	小暑 3日 大暑 18日	立秋 5日 処暑 20日	白露 5日 秋分 20日	寒露 7日 霜降 22日	立冬 8日 小雪 23日	大雪 8日 冬至 24日	小寒 10日 大寒 25日

建保4年（1216－1217） 丙子

1月	2月	3月	4月	5月	6月	閏6月	7月	8月	9月	10月	11月	12月
1乙卯21	1甲申19	1甲寅⑳	1甲申19	1癸丑18	1癸未17	1癸丑⑰	**1**壬午15	1壬子14	1辛巳13	1庚戌11	1庚辰⑪	1己酉9
2丙辰22	2乙酉20	2乙卯21	2乙酉20	2甲寅19	2甲申18	2甲寅18	2癸未16	**2**癸丑15	2壬午14	2辛亥12	2辛巳12	2庚戌10
3丁巳23	3丙戌㉑	3丙辰22	3丙戌21	3乙卯20	3乙酉⑲	3乙卯19	3甲申17	3甲寅16	**3**癸未15	3壬子⑬	3壬午13	3辛亥11
4戊午㉔	4丁亥22	4丁巳23	4丁亥22	4丙辰21	4丙戌20	4丙辰20	4乙酉18	4乙卯17	4甲申⑯	**4**癸丑14	4癸未14	4壬子12
5己未25	5戊子23	5戊午24	5戊子23	5丁巳㉒	5丁亥21	5丁巳21	5丙戌19	5丙辰⑱	5乙酉17	5甲寅15	**5**甲申15	5癸丑13
6庚申26	6己丑24	6己未25	6己丑㉔	6戊午23	6戊子22	6戊午22	6丁亥20	6丁巳19	6丙戌18	6乙卯16	6乙酉16	**6**甲寅14
7辛酉27	7庚寅25	7庚申26	7庚寅25	7己未24	7己丑23	7己未23	7戊子㉑	7戊午20	7丁亥19	7丙辰17	7丙戌17	7乙卯⑮
8壬戌28	8辛卯26	8辛酉㉗	8辛卯26	8庚申25	8庚寅24	8庚申㉔	8己丑22	8己未21	8戊子20	8丁巳18	8丁亥⑱	8丙辰16
9癸亥29	9壬辰27	9壬戌28	9壬辰27	9辛酉26	9辛卯25	9辛酉25	9庚寅23	9庚申22	9己丑21	9戊午19	9戊子19	9丁巳17
10甲子30	10癸巳㉘	10癸亥29	10癸巳28	10壬戌27	10壬辰㉖	10壬戌26	10辛卯24	10辛酉23	10庚寅22	10己未⑳	10己丑20	10戊午18
11乙丑㉛	11甲午29	11甲子30	11甲午29	11癸亥28	11癸巳27	11癸亥27	11壬辰25	11壬戌24	11辛卯㉓	11庚申21	11庚寅21	11己未19
《2月》	《3月》	**12**乙丑31	12乙未30	12甲子㉙	12甲午28	12甲子28	12癸巳26	12癸亥㉕	12壬辰24	12辛酉22	12辛卯22	12庚申20
12丙寅1	**12**乙未1	《4月》	《5月》	13乙丑30	13乙未29	13乙丑29	13甲午27	13甲子26	13癸巳25	13壬戌23	13壬辰23	13辛酉21
13丁卯2	13丙申2	13丙寅1	**13**丙申①	**14**丙寅31	**14**丙申30	14丙寅30	14乙未㉘	14乙丑27	14甲午26	14癸亥24	14癸巳24	14壬戌㉒
14戊辰3	14丁酉3	14丁卯2	14丁酉2	《6月》	《7月》	**15**丁卯㉛	15丙申29	15丙寅28	15乙未27	15甲子25	15甲午㉕	15癸亥23
15己巳4	15戊戌4	15戊辰③	15戊戌3	15丁卯1	15丁酉1	《8月》	**16**丁酉30	16丁卯29	16丙申28	16乙丑26	16乙未26	16甲子24
16庚午5	16己亥5	16己巳4	16己亥4	16戊辰2	16戊戌2	16戊辰1	17戊戌31	**17**戊辰30	17丁酉29	17丙寅㉗	17丙申27	17乙丑25
17辛未6	17庚子⑥	17庚午5	17庚子5	17己巳3	17己亥③	17己巳2	《9月》	《10月》	**18**戊戌㉚	18丁卯28	18丁酉28	18丙寅26
18壬申⑦	18辛丑7	18辛未6	18辛丑6	18庚午4	18庚子4	18庚午3	18己亥1	18己巳1	19己亥31	19戊辰29	19戊戌29	19丁卯27
19癸酉8	19壬寅8	19壬申7	19壬寅7	19辛未⑤	19辛丑5	19辛未4	19庚子2	19庚午②	《11月》	**20**己巳30	**20**己亥30	20戊辰28
20甲戌9	20癸卯9	20癸酉8	20癸卯⑧	20壬申6	20壬寅6	20壬申5	20辛丑3	20辛未3	20庚子1	《12月》	21庚子31	21己巳㉙
21乙亥10	21甲辰10	21甲戌9	21甲辰9	21癸酉7	21癸卯7	21癸酉6	21壬寅④	21壬申4	21辛丑2	21庚午1	**1217年**	**22**庚午30
22丙子11	22乙巳11	22乙亥⑩	22乙巳10	22甲戌8	22甲辰8	22甲戌⑦	22癸卯5	22癸酉5	22壬寅3	22辛未2	《1月》	23辛未31
23丁丑12	23丙午12	23丙子11	23丙午11	23乙亥9	23乙巳9	23乙亥8	23甲辰6	23甲戌6	23癸卯4	23壬申3	22辛丑①	《2月》
24戊寅13	24丁未⑬	24丁丑12	24丁未12	24丙子10	24丙午⑩	24丙子9	24乙巳7	24乙亥7	24甲辰5	24癸酉④	23壬寅2	24壬申1
25己卯⑭	25戊申14	25戊寅13	25戊申13	25丁丑11	25丁未11	25丁丑10	25丙午8	25丙子8	25乙巳⑥	25甲戌5	24癸卯3	25癸酉2
26庚辰15	26己酉15	26己卯14	26己酉14	26戊寅⑫	26戊申12	26戊寅11	26丁未9	26丁丑⑨	26丙午7	26乙亥6	25甲辰4	26甲戌3
27辛巳16	**27**庚戌16	**27**庚辰15	27庚戌⑮	27己卯13	27己酉13	27己卯12	27戊申10	27戊寅10	27丁未8	27丙子7	26乙巳5	27乙亥4
28壬午17	28辛亥17	28辛巳16	**28**辛亥16	28庚辰14	28庚戌14	28庚辰13	28己酉⑪	28己卯11	28戊申9	28丁丑8	27丙午6	28丙子⑤
29癸未18	29壬子18	29壬午⑰	29壬子17	**29**辛巳15	29辛亥15	29辛巳⑭	29庚戌12	29庚辰12	29己酉10	29戊寅9	28丁未7	29丁丑6
	30癸丑19	30癸未18		30壬午16	**30**壬子16		30辛亥13			30己卯10	29戊申⑧	30戊寅7
立春 10日 雨水 26日	啓蟄 12日 春分 27日	清明 12日 穀雨 27日	立夏 13日 小満 28日	芒種 14日 夏至 29日	小暑 14日 大暑 30日	立秋15日	処暑 1日 白露 16日	秋分 2日 寒露 17日	霜降 3日 立冬 18日	小雪 4日 大雪 20日	冬至 5日 小寒 20日	大寒 6日 立春 22日

建保5年（1217－1218） 丁丑

1月	2月	3月	4月	5月	6月	7月	8月	9月	10月	11月	12月
1 己卯 8	1 戊申 9	1 戊寅 8	1 丁未⑦	1 丁丑 6	1 丁未 6	1 丙子 4	1 丙午③	1 乙亥 2	《11月》	《12月》	**1** 甲辰30
2 庚辰 9	2 己酉10	2 己卯⑨	2 戊申 8	2 戊寅 7	2 戊申 7	2 丁丑 5	2 丁未 4	2 丙子 3	1 乙巳 1	1 乙亥 1	2 乙巳㉛
3 辛巳10	3 庚戌11	3 庚辰10	3 己酉 9	3 己卯 8	3 己酉 8	3 戊寅⑥	3 戊申 5	3 丁丑 4	2 丙午 2	2 丙子 2	**1218年**
4 壬午11	4 辛亥⑫	4 辛巳11	4 庚戌10	4 庚辰 9	4 庚戌⑨	4 己卯 7	4 己酉 6	4 戊寅 5	3 丁未 3	3 丁丑③	《1月》
5 癸未⑫	5 壬子13	5 壬午12	5 辛亥11	5 辛巳10	5 辛亥10	5 庚辰 8	5 庚戌 7	5 己卯 6	4 戊申 4	4 戊寅 4	3 丙午 1
6 甲申13	6 癸丑14	6 癸未13	6 壬子12	6 壬午⑪	6 壬子11	6 辛巳 9	6 辛亥 8	6 庚辰 7	5 己酉⑤	5 己卯 5	4 丁未 2
7 乙酉14	7 甲寅15	7 甲申14	7 癸丑13	7 癸未12	7 癸丑12	7 壬午10	7 壬子 9	7 辛巳⑧	6 庚戌 6	6 庚辰 6	5 戊申 3
8 丙戌15	**8** 乙卯16	8 乙酉15	8 甲寅⑭	8 甲申13	8 甲寅13	8 癸未11	8 癸丑⑩	8 壬午 9	7 辛亥 7	7 辛巳 7	6 己酉 4
9 丁亥16	9 丙辰17	**9** 丙戌⑯	9 乙卯15	9 乙酉14	9 乙卯14	9 甲申12	9 甲寅11	9 癸未10	8 壬子 8	8 壬午 8	7 庚戌 5
10戊子17	10丁巳18	10丁亥17	**10**丙辰16	10丙戌15	10丙辰15	10乙酉⑬	10乙卯12	10甲申11	9 癸丑 9	9 癸未 9	8 辛亥 6
11己丑18	11戊午⑲	11戊子18	11丁巳17	**11**丁亥16	**11**丁巳⑯	11丙戌14	11丙辰13	11乙酉12	10甲寅10	10甲申⑩	9 壬子⑦
12庚寅⑲	12己未20	12己丑19	12戊午18	12戊子17	12戊午17	**12**丁亥15	12丁巳14	12丙戌13	11乙卯11	11乙酉11	10癸丑 8
13辛卯20	13庚申21	13庚寅20	13己未19	13己丑⑱	13己未18	13戊子16	**13**戊午15	13丁亥14	12丙辰⑫	12丙戌12	11甲寅 9
14壬辰21	14辛酉22	14辛卯21	14庚申20	14庚寅19	14庚申19	14己丑17	14己未16	**14**戊子⑮	13丁巳13	13丁亥13	12乙卯10
15癸巳22	15壬戌23	15壬辰22	15辛酉㉑	15辛卯20	15辛酉20	15庚寅18	15庚申⑰	15己丑16	14戊午14	14戊子14	13丙辰11
16甲午23	16癸亥24	16癸巳㉓	16壬戌22	16壬辰21	16壬戌21	16辛卯19	16辛酉18	16庚寅17	**15**己未15	**15**己丑15	14丁巳12
17乙未24	17甲子25	17甲午24	17癸亥23	17癸巳22	17癸亥22	17壬辰⑳	17壬戌19	17辛卯18	16庚申16	16庚寅16	15戊午13
18丙申25	18乙丑㉖	18乙未25	18甲子24	18甲午23	18甲子㉓	18癸巳21	18癸亥20	18壬辰19	17辛酉17	17辛卯⑰	16己未⑭
19丁酉㉖	19丙寅27	19丙申26	19乙丑25	19乙未24	19乙丑24	19甲午22	19甲子21	19癸巳20	18壬戌18	18壬辰18	**17**庚申15
20戊戌27	20丁卯28	20丁酉27	20丙寅26	20丙申㉕	20丙寅25	20乙未23	20乙丑22	20甲午21	19癸亥⑲	19癸巳19	18辛酉16
21己亥28	21戊辰29	21戊戌28	21丁卯27	21丁酉26	21丁卯26	21丙申24	21丙寅23	21乙未㉒	20甲子20	20甲午20	19壬戌17
《3月》	22己巳30	22己亥29	22戊辰㉘	22戊戌27	22戊辰27	22丁酉25	22丁卯㉔	22丙申23	21乙丑21	21乙未21	20癸亥18
22庚子 1	**23**庚午31	23庚子㉚	23己巳29	23己亥28	23己巳28	23戊戌26	23戊辰25	23丁酉24	22丙寅22	22丙申22	21甲子19
23辛丑 2	《4月》	《5月》	24庚午30	24庚子29	24庚午29	24己亥㉗	24己巳26	24戊戌25	23丁卯23	23丁酉23	22乙丑20
24壬寅 3	24辛未 1	**24**辛丑 1	**25**辛未31	25辛丑30	25辛未㉚	25庚子28	25庚午27	25己亥26	24戊辰24	24戊戌㉔	23丙寅㉑
25癸卯 4	25壬申②	25壬寅 2	《6月》	《7月》	**26**壬申31	26辛丑29	26辛未28	26庚子27	25己巳25	25己亥25	24丁卯22
26甲辰⑤	26癸酉 3	26癸卯 3	26壬申 1	**26**壬寅 1	《8月》	27壬寅30	27壬申29	27辛丑28	26庚午㉖	26庚子26	25戊辰23
27乙巳 6	27甲戌 4	27甲辰 4	27癸酉 2	27癸卯②	27癸酉 1	**28**癸卯31	**28**癸酉30	28壬寅㉙	27辛未27	27辛丑27	26己巳24
28丙午 7	28乙亥 5	28乙巳 5	28甲戌 3	28甲辰 3	28甲戌 2	《9月》	《10月》	**29**癸卯30	28壬申28	28壬寅28	27庚午25
29丁未 8	29丙子 6	29丙午 6	29乙亥④	29乙巳 4	29乙亥 3	29甲辰 1	29甲戌①	30甲辰31	29癸酉29	29癸卯29	28辛未26
	30丁丑 7		30丙子 5	30丙午 5		30乙巳 2			**30**甲戌30		29壬申27
雨水 7日 啓蟄 22日	春分 8日 清明 23日	穀雨 9日 立夏 24日	小満 10日 芒種 25日	夏至 11日 小暑 26日	大暑 11日 立秋 26日	処暑 12日 白露 28日	秋分 13日 寒露 28日	霜降 14日 立冬 29日	小雪 15日 大雪 30日	冬至 15日	小寒 1日 大寒 17日

建保6年（1218－1219） 戊寅

1月	2月	3月	4月	5月	6月	7月	8月	9月	10月	11月	12月
1 癸酉㉘	1 癸卯27	1 壬申28	1 壬寅27	1 辛未26	1 辛丑25	1 庚午24	1 庚子23	1 庚午22	1 己亥㉑	1 己巳20	1 己亥20
2 甲戌29	2 甲辰28	2 癸酉29	2 癸卯28	2 壬申㉗	2 壬寅26	2 辛未25	2 辛丑24	2 辛未㉓	2 庚子22	2 庚午21	2 庚子21
3 乙亥30	《3月》	3 甲戌30	3 甲辰㉙	3 癸酉28	3 癸卯27	3 壬申26	3 壬寅25	3 壬申24	3 辛丑23	3 辛未22	3 辛丑22
4 丙子31	**3** 乙巳 1	4 乙亥31	4 乙巳30	4 甲戌29	4 甲辰28	4 癸酉27	4 癸卯㉖	4 癸酉25	4 壬寅24	4 壬申23	4 壬寅㉓
《2月》	4 丙午 2	《4月》	《5月》	5 乙亥30	5 乙巳29	5 甲戌28	5 甲辰27	5 甲戌26	5 癸卯25	5 癸酉24	5 癸卯24
5 丁丑 1	5 丁未 3	**5** 丙子①	**5** 丙午 1	6 丙子31	6 丙午30	6 乙亥㉙	6 乙巳28	6 乙亥27	6 甲辰26	6 甲戌㉕	6 甲辰25
6 戊寅 2	6 戊申④	6 丁丑 2	6 丁未 2	《6月》	《7月》	7 丙子30	7 丙午29	7 丙子28	7 乙巳27	7 乙亥26	7 乙巳26
7 己卯 3	7 己酉 5	7 戊寅 3	7 戊申 3	**7** 丁丑 1	**7** 丁未①	**8** 丁丑31	8 丁未30	8 丁丑29	8 丙午㉘	8 丙子27	8 丙午27
8 庚辰④	8 庚戌 6	8 己卯 4	8 己酉 4	8 戊寅 2	8 戊申 2	《8月》	**9** 戊申31	**9** 戊寅㉚	9 丁未29	9 丁丑28	9 丁未28
9 辛巳 5	9 辛亥 7	9 庚辰 5	9 庚戌 5	9 己卯③	9 己酉 3	9 戊寅 1	《9月》	《10月》	10戊申30	10戊寅29	10戊申29
10壬午 6	10壬子 8	10辛巳 6	10辛亥⑥	10庚辰 4	10庚戌 4	10己卯 2	10己酉 1	10己卯 1	**11**己酉31	**11**己卯30	11己酉㉚
11癸未 7	11癸丑 9	11壬午 7	11壬子 7	11辛巳 5	11辛亥 5	11庚辰 3	11庚戌②	11庚辰 2	《11月》	《12月》	**12**庚戌31
12甲申 8	12甲寅10	12癸未⑧	12癸丑 8	12壬午 6	12壬子 6	12辛巳 4	12辛亥 3	12辛巳 3	12庚戌 1	12庚辰 1	**1219年**
13乙酉 9	13乙卯⑪	13甲申 9	13甲寅 9	13癸未 7	13癸丑 7	13壬午⑤	13壬子 4	13壬午 4	13辛亥 2	13辛巳②	《1月》
14丙戌10	14丙辰12	14乙酉10	14乙卯10	14甲申 8	14甲寅⑧	14癸未 6	14癸丑 5	14癸未 5	14壬子 3	14壬午 3	13辛亥 1
15丁亥⑪	15丁巳13	15丙戌11	15丙辰11	15乙酉 9	15乙卯 9	15甲申 7	15甲寅 6	15甲申 6	15癸丑④	15癸未 4	14壬子 2
16戊子12	16戊午14	16丁亥12	16丁巳12	16丙戌⑩	16丙辰10	16乙酉 8	16乙卯 7	16乙酉⑦	16甲寅 5	16甲申 5	15癸丑 3
17己丑13	17己未15	17戊子13	17戊午⑬	17丁亥11	17丁巳11	17丙戌 9	17丙辰 8	17丙戌 8	17乙卯 6	17乙酉 6	16甲寅 4
18庚寅14	**18**庚申16	18己丑14	18己未14	18戊子12	18戊午12	18丁亥10	18丁巳⑨	18丁亥 9	18丙辰 7	18丙戌 7	17乙卯 5
19辛卯15	19辛酉17	19庚寅⑮	19庚申15	19己丑13	19己未13	19戊子11	19戊午10	19戊子10	19丁巳 8	19丁亥 8	18丙辰⑥
20壬辰16	20壬戌⑱	**20**辛卯16	**20**辛酉16	20庚寅14	20庚申14	20己丑⑫	20己未11	20己丑11	20戊午 9	20戊子⑨	19丁巳 7
21癸巳17	21癸亥19	21壬辰17	21壬戌17	21辛卯15	21辛酉⑮	21庚寅13	21庚申12	21庚寅12	21己未10	21己丑10	20戊午 8
22甲午⑱	22甲子20	22癸巳18	22癸亥18	**22**壬辰16	**22**壬戌16	22辛卯14	22辛酉13	22辛卯13	22庚申⑪	22庚寅11	21己未 9
23乙未19	23乙丑21	23甲午19	23甲子19	23癸巳⑰	23癸亥17	23壬辰15	23壬戌14	23壬辰⑭	23辛酉12	23辛卯12	22庚申10
24丙申20	24丙寅22	24乙未20	24乙丑⑳	24甲午18	24甲子18	**24**癸巳16	**24**癸亥15	24癸巳15	24壬戌13	24壬辰13	23辛酉11
25丁酉21	25丁卯23	25丙申21	25丙寅21	25乙未19	25乙丑19	25甲午17	25甲子⑯	**25**甲午16	25癸亥14	25癸巳14	24壬戌12
26戊戌22	26戊辰24	26丁酉㉒	26丁卯22	26丙申20	26丙寅20	26乙未18	26乙丑17	26乙未17	**26**甲子15	**26**甲午15	25癸亥⑬
27己亥23	27己巳㉕	27戊戌23	27戊辰23	27丁酉21	27丁卯21	27丙申⑲	27丙寅18	27丙申18	27乙丑16	27乙未⑯	26甲子14
28庚子24	28庚午26	28己亥24	28己巳24	28戊戌22	28戊辰㉒	28丁酉20	28丁卯19	28丁酉19	28丙寅17	28丙申17	**27**乙丑15
29辛丑㉕	29辛未27	29庚子25	29庚午25	29己亥23	29己巳23	29戊戌21	29戊辰20	29戊戌20	29丁卯⑱	29丁酉18	28丙寅16
30壬寅26		30辛丑26		30庚子㉔		30己亥22	30己巳21		30戊辰19	30戊戌19	29丁卯17
立春 3日 雨水 18日	啓蟄 3日 春分 18日	清明 5日 穀雨 20日	立夏 5日 小満 20日	芒種 7日 夏至 22日	小暑 7日 大暑 22日	立秋 8日 処暑 24日	白露 9日 秋分 24日	寒露 9日 霜降 25日	立冬 11日 小雪 26日	大雪 11日 冬至 26日	小寒 12日 大寒 27日

承久元年〔建保7年〕（1219－1220） 己卯

改元 4/12（建保→承久）

1月	2月	閏2月	3月	4月	5月	6月	7月	8月	9月	10月	11月	12月
1戊辰18	1戊戌⑰	1丁卯18	**1**丙申16	1丙寅16	1乙未14	1甲子13	1甲午12	1甲子11	1癸巳10	1癸亥9	1癸巳9	1癸亥8
2己巳19	2己亥18	2戊辰19	2丁酉17	**2**丁卯17	2丙申15	2乙丑⑭	2乙未13	2乙丑12	2甲午11	2甲子⑩	2甲午10	2甲子9
3庚午⑳	3庚子19	3己巳20	3戊戌18	3戊辰18	**3**丁酉⑯	3丙寅15	3丙申14	3丙寅13	3乙未12	3乙丑11	3乙未11	3乙丑10
4辛未21	4辛丑20	4庚午21	4己亥19	4己巳⑲	4戊戌17	**4**丁卯16	4丁酉15	4丁卯14	4丙申⑬	4丙寅12	4丙申12	4丙寅11
5壬申22	5壬寅21	5辛未22	5庚子20	5庚午20	5己亥18	5戊辰17	**5**戊戌16	**5**戊辰⑮	5丁酉14	5丁卯13	5丁酉13	5丁卯⑫
6癸酉23	6癸卯22	6壬申23	6辛丑㉑	6辛未21	6庚子19	6己巳18	6己亥17	6己巳16	6戊戌15	6戊辰14	6戊戌14	6戊辰13
7甲戌24	7甲辰23	7癸酉㉔	7壬寅22	7壬申22	7辛丑20	7庚午19	7庚子⑱	7庚午17	**7**己亥16	**7**己巳15	7己亥⑮	7己巳14
8乙亥25	8乙巳㉔	8甲戌25	8癸卯23	8癸酉23	8壬寅21	8辛未20	8辛丑19	8辛未18	8庚子17	8庚午16	**8**庚子16	**8**庚午15
9丙子26	9丙午25	9乙亥26	9甲辰24	9甲戌24	9癸卯22	9壬申㉑	9壬寅20	9壬申19	9辛丑18	9辛未⑰	9辛丑17	9辛未16
10丁丑㉗	10丁未26	10丙子27	10乙巳25	10乙亥25	10甲辰㉓	10癸酉22	10癸卯21	10癸酉20	10壬寅19	10壬申18	10壬寅18	10壬申17
11戊寅28	11戊申27	11丁丑28	11丙午26	11丙子㉖	11乙巳24	11甲戌23	11甲辰22	11甲戌21	11癸卯⑳	11癸酉19	11癸卯19	11癸酉18
12己卯29	12己酉28	12戊寅29	12丁未27	12丁丑27	12丙午25	12乙亥24	12乙巳23	12乙亥㉒	12甲辰21	12甲戌20	12甲辰20	12甲戌⑲
13庚辰30	《3月》	13己卯30	13戊申㉘	13戊寅28	13丁未26	13丙子25	13丙午24	13丙子23	13乙巳22	13乙亥21	13乙巳21	13乙亥20
14辛巳31	**13**庚戌1	14庚辰㉛	14己酉29	14己卯29	14戊申27	14丁丑26	14丁未㉕	14丁丑24	14丙午23	14丙子22	14丙午㉒	14丙子21
《2月》	14辛亥2	《4月》	15庚戌30	15庚辰30	15己酉28	15戊寅27	15戊申26	15戊寅25	15丁未24	15丁丑23	15丁未23	15丁丑22
15壬午1	15壬子③	**15**辛巳1	《5月》	16辛巳31	16庚戌29	16己卯㉘	16己酉27	16己卯26	16戊申25	16戊寅㉔	16戊申24	16戊寅23
16癸未2	16癸丑4	16壬午2	**16**辛亥1	《6月》	17辛亥㉚	17庚辰29	17庚戌28	17庚辰27	17己酉26	17己卯25	17己酉25	17己卯24
17甲申③	17甲寅5	17癸未3	17壬子2	**17**壬午1	《7月》	18辛巳30	18辛亥29	18辛巳28	18庚戌㉗	18庚辰26	18庚戌26	18庚辰25
18乙酉4	18乙卯6	18甲申4	18癸丑3	18癸未②	**18**壬子1	19壬午31	19壬子30	19壬午㉙	19辛亥28	19辛巳27	19辛亥27	19辛巳㉖
19丙戌5	19丙辰7	19乙酉5	19甲寅4	19甲申3	19癸丑2	《8月》	**20**癸丑31	20癸未30	20壬子29	20壬午28	20壬子28	20壬午27
20丁亥6	20丁巳8	20丙戌6	20乙卯⑤	20乙酉4	20甲寅3	**20**癸未1	《9月》	《10月》	21癸丑30	21癸未29	21癸丑㉙	21癸未28
21戊子7	21戊午9	21丁亥⑦	21丙辰6	21丙戌5	21乙卯4	21甲申2	21甲寅①	**21**甲申1	**22**甲寅31	**22**甲申30	22甲寅30	22甲申29
22己丑8	22己未⑩	22戊子8	22丁巳7	22丁亥6	22丙辰5	22乙酉3	22乙卯2	22乙酉2	《11月》	《12月》	**23**乙卯31	**23**乙酉30
23庚寅9	23庚申11	23己丑9	23戊午8	23戊子7	23丁巳6	23丙戌④	23丙辰3	23丙戌3	23乙卯1	23乙酉①	**1220年**	24丙戌31
24辛卯⑩	24辛酉12	24庚寅10	24己未9	24己丑8	24戊午⑦	24丁亥5	24丁巳4	24丁亥4	24丙辰2	24丙戌2	《1月》	《2月》
25壬辰11	25壬戌13	25辛卯11	25庚申10	25庚寅⑨	25己未8	25戊子6	25戊午5	25戊子5	25丁巳③	25丁亥3	24丙辰1	25丁亥1
26癸巳12	26癸亥14	26壬辰12	26辛酉11	26辛卯10	26庚申9	26己丑7	26己未6	26己丑⑥	26戊午4	26戊子4	25丁巳2	26戊子②
27甲午13	27甲子15	27癸巳13	27壬戌⑫	27壬辰11	27辛酉10	27庚寅8	27庚申7	27庚寅7	27己未5	27己丑5	26戊午3	27己丑3
28乙未14	28乙丑16	28甲午⑭	28癸亥13	28癸巳12	28壬戌11	28辛卯9	28辛酉⑧	28辛卯8	28庚申6	28庚寅6	27己未4	28庚寅4
29丙申15	**29**丙寅⑰	29乙未15	29甲子14	29甲午13	29癸亥12	29壬辰10	29壬戌9	29壬辰9	29辛酉7	29辛卯7	28庚申⑤	29辛卯5
30丁酉16			30乙丑15			30癸巳⑪	30癸亥10		30壬戌8	30壬辰⑧	29辛酉6	
											30壬戌7	
立春 13日	啓蟄 13日	清明15日	穀雨 1日	小満 2日	夏至 3日	大暑 4日	処暑 5日	秋分 5日	霜降 7日	小雪 7日	冬至 8日	大寒 8日
雨水 28日	春分 29日		立夏 16日	芒種 17日	小暑 18日	立秋 20日	白露 20日	寒露 21日	立冬 22日	大雪 22日	小寒 23日	立春 23日

承久2年（1220－1221） 庚辰

1月	2月	3月	4月	5月	6月	7月	8月	9月	10月	11月	12月
1壬辰6	1壬戌7	1辛卯⑤	1庚申4	1庚寅3	1己未2	**1**戊子31	**1**戊午㉚	1丁亥28	1丁巳28	1丁亥27	1丁巳㉗
2癸巳7	2癸亥⑧	2壬辰6	2辛酉5	2辛卯4	2庚申3	《8月》	2己未31	2戊子29	2戊午29	2戊子28	2戊午28
3甲午8	3甲子9	3癸巳7	3壬戌6	3壬辰5	3辛酉4	2己丑1	《9月》	**3**己丑30	**3**己未30	3己丑㉙	3己未29
4乙未⑨	4乙丑10	4甲午8	4癸亥7	4癸巳6	4壬戌⑤	3庚寅②	3庚申1	《10月》	4庚申31	**4**庚寅30	**4**庚申30
5丙申10	5丙寅11	5乙未9	5甲子8	5甲午⑦	5癸亥6	4辛卯3	4辛酉2	4庚寅1	《11月》	《12月》	5辛酉31
6丁酉11	6丁卯12	6丙申10	6乙丑9	6乙未8	6甲子7	5壬辰4	5壬戌3	5辛卯2	5辛酉①	5辛卯1	**1221年**
7戊戌12	7戊辰13	7丁酉11	7丙寅⑩	7丙申9	7乙丑8	6癸巳5	6癸亥4	6壬辰3	6壬戌2	6壬辰2	《1月》
8己亥13	8己巳14	8戊戌⑫	8丁卯11	8丁酉10	8丙寅9	7甲午6	7甲子5	7癸巳④	7癸亥3	7癸巳3	6壬戌1
9庚子14	9庚午⑮	9己亥13	9戊辰12	9戊戌11	9丁卯10	8乙未7	8乙丑⑥	8甲午5	8甲子4	8甲午4	7癸亥2
10辛丑15	**10**辛未16	10庚子14	10己巳13	10己亥12	10戊辰11	9丙申8	9丙寅7	9乙未6	9乙丑5	9乙未5	8甲子③
11壬寅⑯	11壬申17	**11**辛丑15	11庚午14	11庚子13	11己巳⑫	10丁酉⑨	10丁卯8	10丙申7	10丙寅6	10丙申⑥	9乙丑4
12癸卯17	12癸酉18	12壬寅16	12辛未15	12辛丑⑭	12庚午13	11戊戌10	11戊辰9	11丁酉8	11丁卯7	11丁酉7	10丙寅5
13甲辰18	13甲戌19	13癸卯17	**13**壬申16	**13**壬寅15	13辛未14	12己亥11	12己巳10	12戊戌9	12戊辰⑧	12戊戌8	11丁卯6
14乙巳19	14乙亥20	14甲辰18	14癸酉⑰	14癸卯16	14壬申15	13庚子12	13庚午11	13己亥10	13己巳9	13己亥9	12戊辰7
15丙午20	15丙子21	15乙巳⑲	15甲戌18	15甲辰17	**15**癸酉16	14辛丑13	14辛未12	14庚子⑪	14庚午10	14庚子10	13己巳8
16丁未21	16丁丑㉒	16丙午20	16乙亥19	16乙巳18	16甲戌17	15壬寅14	15壬申⑬	15辛丑12	15辛未11	15辛丑11	14庚午9
17戊申22	17戊寅23	17丁未21	17丙子20	17丙午19	17乙亥18	**16**癸卯15	16癸酉14	16壬寅13	16壬申12	16壬寅12	15辛未⑩
18己酉㉓	18己卯24	18戊申22	18丁丑21	18丁未20	18丙子⑲	17甲辰⑯	**17**甲戌15	17癸卯14	17癸酉13	17癸卯⑬	16壬申11
19庚戌24	19庚辰25	19己酉23	19戊寅22	19戊申㉑	19丁丑20	18乙巳17	18乙亥16	**18**甲辰15	**18**甲戌14	18甲辰14	17癸酉12
20辛亥25	20辛巳26	20庚戌24	20己卯23	20己酉22	20戊寅21	19丙午18	19丙子17	19乙巳16	19乙亥⑮	**19**乙巳15	18甲戌13
21壬子26	21壬午27	21辛亥25	21庚辰㉔	21庚戌23	21己卯22	20丁未19	20丁丑18	20丙午17	20丙子16	20丙午16	**19**乙亥14
22癸丑27	22癸未28	22壬子㉖	22辛巳25	22辛亥24	22庚辰23	21戊申20	21戊寅19	21丁未⑱	21丁丑17	21丁未17	20丙子15
23甲寅28	23甲申㉙	23癸丑27	23壬午26	23壬子25	23辛巳24	22己酉21	22己卯⑳	22戊申19	22戊寅18	22戊申18	21丁丑16
24乙卯29	24乙酉30	24甲寅28	24癸未27	24癸丑26	24壬午25	23庚戌22	23庚辰21	23己酉20	23己卯19	23己酉19	22戊寅⑰
《3月》	**25**丙戌31	25乙卯29	25甲申28	25甲寅27	25癸未㉖	24辛亥㉓	24辛巳22	24庚戌21	24庚辰20	24庚戌⑳	23己卯18
25丙辰①	《4月》	26丙辰30	26乙酉29	26乙卯㉘	26甲申27	25壬子24	25壬午23	25辛亥22	25辛巳21	25辛亥21	24庚辰19
26丁巳2	26丁亥1	《5月》	27丙戌30	27丙辰29	27乙酉28	26癸丑25	26癸未24	26壬子23	26壬午㉒	26壬子22	25辛巳20
27戊午3	27戊子2	**27**丁巳1	**28**丁亥㉛	**28**丁巳30	28丙戌29	27甲寅26	27甲申25	27癸丑24	27癸未23	27癸丑23	26壬午21
28己未4	28己丑3	28戊午2	《6月》	《7月》	29丁亥30	28乙卯27	28乙酉26	28甲寅㉕	28甲申24	28甲寅24	27癸未22
29庚申5	29庚寅4	29己未③	29戊子1	29戊午1		29丙辰28	29丙戌㉗	29乙卯26	29乙酉25	29乙卯25	28甲申23
30辛酉6			30己丑2			30丁巳29		30丙辰27	30丙戌26	30丙辰26	29乙酉㉔
雨水 10日	春分 10日	穀雨 11日	小満 13日	夏至 13日	大暑 15日	立秋 1日	白露 1日	寒露 3日	立冬 3日	大雪 4日	小寒 4日
啓蟄 25日	清明 25日	立夏 27日	芒種 28日	小暑 28日		処暑 16日	秋分 17日	霜降 18日	小雪 18日	冬至 19日	大寒 19日

承久3年（1221－1222） 辛巳

1月	2月	3月	4月	5月	6月	7月	8月	9月	10月	閏10月	11月	12月
1 丙戌25	1 丙辰24	1 丙戌26	1 乙卯24	1 甲申㉓	1 甲寅22	1 癸未21	1 壬子19	1 壬午18	1 辛亥⑰	1 辛巳16	**1** 庚戌15	1 庚辰14
2 丁亥26	2 丁巳25	2 丁亥27	2 丙辰㉕	2 乙酉24	2 乙卯23	2 甲申22	2 癸丑20	2 癸未⑲	2 壬子18	2 壬午17	2 辛亥16	**2** 辛巳15
3 戊子27	3 戊午26	3 戊子㉘	3 丁巳26	3 丙戌25	3 丙辰24	3 乙酉23	3 甲寅21	3 甲申20	3 癸丑19	3 癸未18	3 壬子17	3 壬午⑯
4 己丑28	4 己未27	4 己丑29	4 戊午27	4 丁亥26	4 丁巳25	4 丙戌24	4 乙卯㉒	4 乙酉21	4 甲寅20	4 甲申19	4 癸丑18	4 癸未17
5 庚寅29	5 庚申㉘	5 庚寅30	5 己未28	5 戊子27	5 戊午26	5 丁亥㉕	5 丙辰23	5 丙戌22	5 乙卯21	5 乙酉20	5 甲寅⑲	5 甲申18
6 辛卯30	《3月》	**6** 辛卯31	6 庚申29	6 己丑28	6 己未㉗	6 戊子26	6 丁巳24	6 丁亥23	6 丙辰22	6 丙戌㉑	6 乙卯20	6 乙酉19
7 壬辰㉛	**6** 辛酉1	《4月》	7 辛酉30	7 庚寅29	7 庚申28	7 己丑27	7 戊午25	7 戊子24	7 丁巳23	7 丁亥22	7 丙辰21	7 丙戌20
《2月》	7 壬戌2	7 壬辰1	《5月》	8 辛卯㉚	8 辛酉29	8 庚寅28	8 己未26	8 己丑25	8 戊午㉔	8 戊子23	8 丁巳22	8 丁亥21
8 癸巳1	8 癸亥3	8 癸巳2	**8** 壬戌1	**9** 壬辰31	9 壬戌30	9 辛卯29	9 庚申27	9 庚寅㉖	9 己未25	9 己丑24	9 戊午23	9 戊子22
9 甲午2	9 甲子4	9 甲午3	9 癸亥②	《6月》	《7月》	10 壬辰30	10 辛酉28	10 辛卯27	10 庚申26	10 庚寅25	10 己未24	10 己丑㉓
10 乙未3	10 乙丑5	10 乙未④	10 甲子3	10 癸巳1	**10** 癸亥1	**11** 癸巳31	11 壬戌㉙	11 壬辰28	11 辛酉27	11 辛卯26	11 庚申25	11 庚寅24
11 丙申4	11 丙寅6	11 丙申5	11 乙丑4	11 甲午2	11 甲子2	《8月》	12 癸亥30	12 癸巳29	12 壬戌28	12 壬辰27	12 辛酉㉖	12 辛卯25
12 丁酉5	12 丁卯⑦	12 丁酉6	12 丙寅5	12 乙未3	12 乙丑3	12 甲午①	**13** 甲子31	**13** 甲午30	13 癸亥29	13 癸巳㉘	13 壬戌27	13 壬辰26
13 戊戌6	13 戊辰8	13 戊戌7	13 丁卯6	13 丙申4	13 丙寅④	13 乙未2	《9月》	《10月》	**14** 甲子30	14 甲午29	14 癸亥28	14 癸巳27
14 己亥⑦	14 己巳9	14 己亥8	14 戊辰7	14 丁酉5	14 丁卯5	14 丙申3	14 乙丑1	14 乙未1	15 乙丑㉛	**15** 乙未30	15 甲子29	15 甲午28
15 庚子8	15 庚午10	15 庚子9	15 己巳8	15 戊戌⑥	15 戊辰6	15 丁酉4	15 丙寅2	15 丙申2	《11月》	《12月》	**16** 乙丑30	16 乙未29
16 辛丑9	16 辛未11	16 辛丑10	16 庚午⑨	16 己亥7	16 己巳7	16 戊戌5	16 丁卯3	16 丁酉③	16 丙寅1	16 丙申1	17 丙寅31	**17** 丙申㉚
17 壬寅10	17 壬申12	17 壬寅⑪	17 辛未10	17 庚子8	17 庚午8	17 己亥6	17 戊辰4	17 戊戌4	17 丁卯2	17 丁酉2	**1222年**	18 丁酉31
18 癸卯11	18 癸酉13	18 癸卯12	18 壬申11	18 辛丑9	18 辛未9	18 庚子7	18 己巳⑤	18 己亥5	18 戊辰3	18 戊戌3	《1月》	《2月》
19 甲辰12	19 甲戌⑭	19 甲辰13	19 癸酉12	19 壬寅10	19 壬申10	19 辛丑⑧	19 庚午6	19 庚子6	19 己巳4	19 己亥4	18 丁卯1	19 戊戌1
20 乙巳13	20 乙亥15	20 乙巳14	20 甲戌13	20 癸卯11	20 癸酉⑪	20 壬寅9	20 辛未7	20 辛丑7	20 庚午5	20 庚子⑤	19 戊辰②	20 己亥2
21 丙午⑭	**21** 丙子16	21 丙午15	21 乙亥14	21 甲辰12	21 甲戌12	21 癸卯10	21 壬申8	21 壬寅8	21 辛未6	21 辛丑6	20 己巳3	21 庚子3
22 丁未15	22 丁丑17	**22** 丁未16	22 丙子15	22 乙巳⑬	22 乙亥13	22 甲辰11	22 癸酉9	22 癸卯9	22 壬申⑦	22 壬寅7	21 庚午4	22 辛丑4
23 戊申16	23 戊寅18	23 戊申17	**23** 丁丑⑯	23 丙午14	23 丙子14	23 乙巳12	23 甲戌10	23 甲辰⑩	23 癸酉8	23 癸卯8	22 辛未5	23 壬寅5
24 己酉17	24 己卯19	24 己酉⑱	24 戊寅17	**24** 丁未15	24 丁丑15	24 丙午13	24 乙亥11	24 乙巳11	24 甲戌9	24 甲辰9	23 壬申6	24 癸卯⑥
25 庚戌18	25 庚辰20	25 庚戌19	25 己卯18	25 戊申16	**25** 戊寅16	25 丁未14	25 丙子⑫	25 丙午12	25 乙亥10	25 乙巳10	24 癸酉7	25 甲辰7
26 辛亥19	26 辛巳㉑	26 辛亥20	26 庚辰19	26 己酉17	26 己卯17	**26** 戊申⑮	26 丁丑13	26 丁未13	26 丙子11	26 丙午11	25 甲戌8	26 乙巳8
27 壬子20	27 壬午22	27 壬子21	27 辛巳20	27 庚戌18	27 庚辰⑱	27 己酉16	27 戊寅14	27 戊申14	27 丁丑12	27 丁未⑫	26 乙亥⑨	27 丙午9
28 癸丑㉑	28 癸未23	28 癸丑22	28 壬午21	28 辛亥19	28 辛巳19	28 庚戌17	**28** 己卯15	**28** 己酉15	28 戊寅13	28 戊申13	27 丙子10	28 丁未10
29 甲寅22	29 甲申24	29 甲寅23	29 癸未22	29 壬子⑳	29 壬午20	29 辛亥18	29 庚辰16	29 庚戌16	29 己卯⑭	29 己酉14	28 丁丑11	29 戊申11
30 乙卯23	30 乙酉25			30 癸丑21			30 辛巳17		**30** 庚辰15		29 戊寅12	30 己酉12
											30 己卯13	
立春 6日	啓蟄 6日	清明 6日	立夏 8日	芒種 9日	小暑 10日	立秋 11日	白露 13日	寒露 13日	立冬 14日	大雪15日	冬至 1日	大寒 2日
雨水 21日	春分 21日	穀雨 22日	小満 23日	夏至 24日	大暑 25日	処暑 26日	秋分 28日	霜降 28日	小雪 30日		小寒 16日	立春 17日

貞応元年〔承久4年〕（1222－1223） 壬午

改元 4/13（承久→貞応）

1月	2月	3月	4月	5月	6月	7月	8月	9月	10月	11月	12月
1 庚戌⑬	1 庚辰15	1 己酉13	1 己卯13	1 戊申11	1 戊寅11	1 丁未9	1 丙子7	1 丙午7	1 乙亥5	1 乙巳5	1 乙亥4
2 辛亥14	**2** 辛巳16	2 庚戌14	2 庚辰14	2 己酉⑫	2 己卯12	2 戊申10	2 丁丑8	2 丁未8	2 丙子⑥	2 丙午6	2 丙子5
3 壬子15	3 壬午17	3 辛亥15	3 辛巳⑮	3 庚戌13	3 庚辰13	3 己酉11	3 戊寅9	3 戊申⑨	3 丁丑7	3 丁未7	3 丁丑6
4 癸丑16	4 癸未18	**4** 壬子16	**4** 壬午16	4 辛亥14	4 辛巳14	4 庚戌12	4 己卯10	4 己酉10	4 戊寅8	4 戊申8	4 戊寅7
5 甲寅17	5 甲申19	5 癸丑⑰	5 癸未17	5 壬子15	5 壬午15	5 辛亥13	5 庚辰⑪	5 庚戌11	5 己卯9	5 己酉9	5 己卯⑧
6 乙卯18	6 乙酉⑳	6 甲寅18	6 甲申18	**6** 癸丑16	**6** 癸未16	6 壬子⑭	6 辛巳12	6 辛亥12	6 庚辰10	6 庚戌10	6 庚辰9
7 丙辰19	7 丙戌21	7 乙卯19	7 乙酉19	7 甲寅17	7 甲申⑰	7 癸丑15	7 壬午13	7 壬子13	7 辛巳11	7 辛亥⑪	7 辛巳10
8 丁巳⑳	8 丁亥22	8 丙辰20	8 丙戌20	8 乙卯18	8 乙酉18	**8** 甲寅16	8 癸未14	8 癸丑14	8 壬午12	8 壬子12	8 壬午11
9 戊午21	9 戊子23	9 丁巳21	9 丁亥21	9 丙辰⑲	9 丙戌19	9 乙卯17	**9** 甲申15	**9** 甲寅15	9 癸未⑬	9 癸丑13	9 癸未12
10 己未22	10 己丑24	10 戊午22	10 戊子㉒	10 丁巳20	10 丁亥20	10 丙辰18	10 乙酉16	10 乙卯⑯	10 甲申14	10 甲寅14	10 甲申13
11 庚申23	11 庚寅25	11 己未23	11 己丑23	11 戊午21	11 戊子21	11 丁巳19	11 丙戌17	11 丙辰17	**11** 乙酉15	**11** 乙卯15	11 乙酉14
12 辛酉24	12 辛卯26	12 庚申㉔	12 庚寅24	12 己未22	12 己丑22	12 戊午20	12 丁亥⑱	12 丁巳18	12 丙戌16	12 丙辰16	**12** 丙戌⑮
13 壬戌25	13 壬辰㉗	13 辛酉25	*13* 辛卯25	13 庚申23	13 庚寅23	13 己未㉑	13 戊子19	13 戊午19	13 丁亥17	13 丁巳17	13 丁亥16
14 癸亥26	14 癸巳28	14 壬戌26	14 壬辰26	14 辛酉24	14 辛卯㉔	14 庚申22	14 己丑20	14 己未20	14 戊子18	14 戊午⑱	14 戊子17
15 甲子㉗	15 甲午29	15 癸亥27	15 癸巳27	15 壬戌25	15 壬辰25	15 辛酉23	15 庚寅21	15 庚申21	15 己丑19	15 己未19	15 己丑18
16 乙丑28	16 乙未30	16 甲子28	16 甲午28	16 癸亥㉖	16 癸巳26	16 壬戌24	16 辛卯22	16 辛酉22	16 庚寅⑳	16 庚申20	16 庚寅19
《3月》	17 丙申31	17 乙丑29	17 乙未㉙	17 甲子27	17 甲午27	17 癸亥25	17 壬辰23	17 壬戌㉓	17 辛卯21	17 辛酉21	17 辛卯20
17 丙寅1	《4月》	18 丙寅30	18 丙申30	18 乙丑28	18 乙未28	18 甲子26	18 癸巳24	18 癸亥24	18 壬辰22	18 壬戌22	18 壬辰21
18 丁卯2	**18** 丁酉1	《5月》	19 丁酉31	19 丙寅29	19 丙申29	19 乙丑27	19 甲午㉕	19 甲子25	19 癸巳23	19 癸亥23	19 癸巳㉒
19 戊辰3	19 戊戌2	**19** 丁卯①	《6月》	20 丁卯30	20 丁酉30	20 丙寅㉘	20 乙未26	20 乙丑26	20 甲午24	20 甲子24	20 甲午23
20 己巳4	20 己亥③	20 戊辰2	**20** 戊戌1	《7月》	**21** 戊戌㉛	21 丁卯29	21 丙申27	21 丙寅27	21 乙未25	21 乙丑㉕	21 乙未24
21 庚午5	21 庚子4	21 己巳3	21 己亥2	**21** 戊辰1	《8月》	22 戊辰30	22 丁酉28	22 丁卯28	22 丙申26	22 丙寅26	22 丙申25
22 辛未⑥	22 辛丑5	22 庚午4	22 庚子3	22 己巳2	22 己亥1	**23** 己巳31	23 戊戌29	23 戊辰29	23 丁酉㉗	23 丁卯27	23 丁酉26
23 壬申7	23 壬寅6	23 辛未5	23 辛丑4	23 庚午③	23 庚子2	《9月》	**24** 己亥30	24 己巳㉚	24 戊戌28	24 戊辰28	24 戊戌27
24 癸酉8	24 癸卯7	24 壬申6	24 壬寅⑤	24 辛未4	24 辛丑3	24 庚午1	《10月》	**25** 庚午31	25 己亥29	25 己巳29	25 己亥28
25 甲戌9	25 甲辰8	25 癸酉7	25 癸卯6	25 壬申5	25 壬寅4	25 辛未2	25 庚子1	《11月》	**26** 庚子30	26 庚午30	26 庚子㉙
26 乙亥10	26 乙巳9	26 甲戌⑧	26 甲辰7	26 癸酉6	26 癸卯5	26 壬申3	26 辛丑②	26 辛未1	《12月》	**27** 辛未31	**27** 辛丑30
27 丙子11	27 丙午⑩	27 乙亥9	27 乙巳8	27 甲戌7	27 甲辰6	27 癸酉④	27 壬寅3	27 壬申2	27 辛丑1	**1223年**	28 壬寅31
28 丁丑12	28 丁未11	28 丙子10	28 丙午9	28 乙亥8	28 乙巳⑦	28 甲戌5	28 癸卯4	28 癸酉3	28 壬寅2	《1月》	《2月》
29 戊寅⑬	29 戊申12	29 丁丑11	29 丁未10	29 丙子9	29 丙午8	29 乙亥6	29 甲辰5	29 甲戌4	29 癸卯3	28 壬申①	29 癸卯1
30 己卯14		30 戊寅12		30 丁丑⑩			30 乙巳6		30 甲辰④	29 癸酉2	
										30 甲戌3	
雨水 2日	春分 2日	穀雨 4日	小満 4日	夏至 6日	大暑 6日	処暑 8日	秋分 9日	霜降 9日	小雪 11日	冬至 11日	大寒 12日
啓蟄 17日	清明 18日	立夏 19日	芒種 20日	小暑 21日	立秋 21日	白露 23日	寒露 24日	立冬 25日	大雪 26日	小寒 27日	立春 27日

貞応2年（1223－1224） 癸未

1月	2月	3月	4月	5月	6月	7月	8月	9月	10月	11月	12月
1 甲辰 2 2 乙巳 3 3 丙午 4 4 丁未⑤ 5 戊申 6 6 己酉 7 7 庚戌 8 8 辛亥 9 9 壬子10 10癸丑11 11甲寅⑫ 12乙卯13 **13**丙辰14 14丁巳15 15戊午16 16己未17 17庚申18 18辛酉⑲ 19壬戌20 20癸亥21 21甲子22 22乙丑23 23丙寅24 24丁卯25 25戊辰㉖ 26己巳27 27庚午28 《3月》 **28**辛未 1 29壬申 2 30癸酉 3	1 甲戌 4 2 乙亥⑤ 3 丙子 6 4 丁丑 7 5 戊寅 8 6 己卯 9 7 庚辰10 8 辛巳11 9 壬午⑫ 10癸未13 11甲申14 12乙酉15 13丙戌16 **14**丁亥17 15戊子18 16己丑⑲ 17庚寅20 18辛卯21 19壬辰22 20癸巳23 21甲午24 22乙未25 23丙申㉖ 24丁酉27 25戊戌28 26己亥29 27庚子30 28辛丑31 《4月》 **29**壬寅 1 30癸卯②	1 甲辰 3 2 乙巳 4 3 丙午 5 4 丁未 6 5 戊申 7 6 己酉 8 7 庚戌⑨ 8 辛亥10 9 壬子11 10癸丑12 11甲寅13 12乙卯14 13丙辰15 **14**丁巳⑯ 15戊午17 16己未18 17庚申19 18辛酉20 19壬戌21 20癸亥22 21甲子㉓ 22乙丑24 23丙寅25 24丁卯26 25戊辰27 26己巳28 27庚午29 28辛未㉚ 《5月》 **29**壬申 1	1 癸酉 2 2 甲戌 3 3 乙亥 4 4 丙子 5 5 丁丑 6 6 戊寅⑦ 7 己卯 8 8 庚辰 9 9 辛巳10 10壬午11 11癸未12 12甲申13 13乙酉⑭ 14丙戌15 15丁亥16 **16**戊子17 17己丑18 18庚寅19 19辛卯20 20壬辰㉑ 21癸巳22 22甲午23 23乙未24 24丙申25 25丁酉26 26戊戌27 27己亥㉘ 28庚子29 29辛丑30 30壬寅31	《6月》 **1** 癸卯 1 2 甲辰 2 3 乙巳 3 4 丙午④ 5 丁未 5 6 戊申 6 7 己酉 7 8 庚戌 8 9 辛亥 9 10壬子10 11癸丑⑪ 12甲寅12 13乙卯13 14丙辰14 15丁巳15 **16**戊午16 17己未17 18庚申⑱ 19辛酉19 20壬戌20 21癸亥21 22甲子22 23乙丑23 24丙寅24 25丁卯㉕ 26戊辰26 27己巳27 28庚午28 29辛未29	1 壬申30 《7月》 **2** 癸酉 1 3 甲戌② 4 乙亥 3 5 丙子 4 6 丁丑 5 7 戊寅 6 8 己卯 7 9 庚辰 8 10辛巳⑨ 11壬午10 12癸未11 13甲申12 14乙酉13 15丙戌14 16丁亥15 **17**戊子⑯ 18己丑17 19庚寅18 20辛卯19 21壬辰20 22癸巳21 23甲午22 24乙未㉓ 25丙申24 26丁酉25 27戊戌26 28己亥27 29庚子28 30辛丑29	1 壬寅㉚ 2 癸卯31 《8月》 **3** 甲辰 1 4 乙巳 2 5 丙午 3 6 丁未 4 7 戊申 5 8 己酉⑥ 9 庚戌 7 10辛亥 8 11壬子 9 12癸丑10 13甲寅11 14乙卯12 15丙辰⑬ 16丁巳14 17戊午15 **18**己未16 19庚申17 20辛酉18 21壬戌19 22癸亥⑳ 23甲子21 24乙丑22 25丙寅23 26丁卯24 27戊辰25 28己巳26 29庚午㉗	1 辛未28 2 壬申29 3 癸酉30 **4** 甲戌31 《9月》 5 乙亥 1 6 丙子 2 7 丁丑③ 8 戊寅 4 9 己卯 5 10庚辰 6 11辛巳 7 12壬午 8 13癸未 9 14甲申⑩ 15乙酉11 16丙戌12 17丁亥13 18戊子14 **19**己丑15 20庚寅16 21辛卯⑰ 22壬辰18 23癸巳19 24甲午20 25乙未21 26丙申22 27丁酉23 28戊戌㉔ 29己亥25	1 庚子26 2 辛丑27 3 壬寅28 4 癸卯29 5 甲辰30 《10月》 **6** 乙巳① 7 丙午 2 8 丁未 3 9 戊申 4 10己酉 5 11庚戌 6 12辛亥 7 13壬子⑧ 14癸丑 9 15甲寅10 16乙卯11 17丙辰12 18丁巳13 19戊午14 20己未⑮ **21** 庚申16 22辛酉17 23壬戌18 24癸亥19 25甲子20 26乙丑21 27丙寅㉒ 28丁卯23 29戊辰24 30己巳25	1 庚午26 2 辛未27 3 壬申28 4 癸酉㉙ 5 甲戌30 **6** 乙亥31 《11月》 7 丙子 1 8 丁丑 2 9 戊寅 3 10己卯 4 11庚辰⑤ 12辛巳 6 13壬午 7 14癸未 8 15甲申 9 16乙酉10 17丙戌11 18丁亥⑫ 19戊子13 20己丑14 **21** 庚寅15 22辛卯16 23壬辰17 24癸巳18 25甲午⑲ 26乙未20 27丙申21 28丁酉22 29戊戌23	1 己亥24 2 庚子25 3 辛丑㉖ 4 壬寅27 5 癸卯28 6 甲辰29 **7** 乙巳30 《12月》 8 丙午 1 9 丁未 2 10戊申③ 11己酉 4 12庚戌 5 13辛亥 6 14壬子 7 15癸丑 8 16甲寅 9 17乙卯⑩ 18丙辰11 19丁巳12 20戊午13 21己未14 22庚申15 **23**辛酉16 24壬戌⑰ 25癸亥18 26甲子19 27乙丑20 28丙寅21 29丁卯22 30戊辰23	1 己巳㉔ 2 庚午25 3 辛未26 4 壬申27 5 癸酉28 6 甲戌29 7 乙亥30 **8** 丙子㉛ **1224**年 《1月》 9 丁丑 1 10戊寅 2 11己卯 3 12庚辰 4 13辛巳 5 14壬午 6 15癸未⑦ 16甲申 8 17乙酉 9 18丙戌10 19丁亥11 20戊子12 21己丑13 22庚寅⑭ **23**辛卯15 24壬辰16 25癸巳17 26甲午18 27乙未19 28丙申20 29丁酉㉑
雨水 13日 啓蟄 28日	春分 14日 清明 29日	穀雨 14日 立夏 29日	小満 16日	芒種 1日 夏至 16日	小暑 2日 大暑 17日	立秋 3日 処暑 18日	白露 4日 秋分 19日	寒露 6日 霜降 21日	立冬 6日 小雪 21日	大雪 7日 冬至 23日	小寒 8日 大寒 23日

元仁元年〔貞応3年〕（1224－1225） 甲申

改元 11/20（貞応→元仁）

1月	2月	3月	4月	5月	6月	7月	閏7月	8月	9月	10月	11月	12月
1 戊戌22 2 己亥23 3 庚子24 4 辛丑25 5 壬寅26 6 癸卯27 7 甲辰㉘ 8 乙巳29 **9** 丙午30 10丁未31 《2月》 11戊申 1 12己酉 2 13庚戌 3 14辛亥④ 15壬子 5 16癸丑 6 17甲寅 7 18乙卯 8 19丙辰 9 20丁巳10 21戊午⑪ 22己未12 23庚申13 **24**辛酉14 25壬戌15 26癸亥16 27甲子17 28乙丑⑱ 29丙寅19 30丁卯20	1 戊辰21 2 己巳22 3 庚午23 4 辛未24 5 壬申㉕ 6 癸酉26 7 甲戌27 8 乙亥28 9 丙子29 《3月》 **10**丁丑 1 11戊寅 2 12己卯③ 13庚辰 4 14辛巳 5 15壬午 6 16癸未 7 17甲申 8 18乙酉 9 19丙戌⑩ 20丁亥11 21戊子12 22己丑13 23庚寅14 24辛卯15 **25**壬辰16 26癸巳⑰ 27甲午18 28乙未19 29丙申20 30丁酉21	1 戊戌22 2 己亥23 3 庚子㉔ 4 辛丑25 5 壬寅26 6 癸卯27 7 甲辰28 8 乙巳29 9 丙午30 **10**丁未㉛ 《4月》 11戊申 1 12己酉 2 13庚戌 3 14辛亥 4 15壬子 5 16癸丑 6 17甲寅⑦ 18乙卯 8 19丙辰 9 20丁巳10 21戊午11 22己未12 23庚申13 24辛酉⑭ **25**壬戌15 26癸亥16 27甲子17 28乙丑18 29丙寅19	1 丁卯20 2 戊辰㉑ 3 己巳22 4 庚午23 5 辛未24 6 壬申25 7 癸酉26 8 甲戌27 9 乙亥㉘ 10丙子29 11丁丑30 《5月》 **12**戊寅 1 13己卯 2 14庚辰 3 15辛巳 4 16壬午⑤ 17癸未 6 18甲申 7 19乙酉 8 20丙戌 9 21丁亥10 22戊子11 23己丑⑫ 24庚寅13 25辛卯14 26壬辰15 **27**癸巳16 28甲午17 29乙未18 30丙申⑲	1 丁酉20 2 戊戌21 3 己亥22 4 庚子23 5 辛丑24 6 壬寅25 7 癸卯㉖ 8 甲辰27 9 乙巳28 10丙午29 11丁未30 **12**戊申31 《6月》 13己酉 1 14庚戌② 15辛亥 3 16壬子 4 17癸丑 5 18甲寅 6 19乙卯 7 20丙辰 8 21丁巳⑨ 22戊午10 23己未11 24庚申12 25辛酉13 26壬戌14 **27**癸亥15 28甲子⑯ 29乙丑17 30丙寅18	1 丁卯19 2 戊辰20 3 己巳21 4 庚午22 5 辛未㉓ 6 壬申24 7 癸酉25 8 甲戌26 9 乙亥27 10丙子28 11丁丑29 **12**戊寅㉚ 《7月》 13己卯 1 14庚辰 2 15辛巳 3 16壬午 4 17癸未 5 18甲申 6 19乙酉⑦ 20丙戌 8 21丁亥 9 22戊子10 23己丑11 24庚寅12 25辛卯13 26壬辰⑭ 27癸巳15 **28**甲午16 29乙未17	1 丙申18 2 丁酉19 3 戊戌20 4 己亥㉑ 5 庚子22 6 辛丑23 7 壬寅24 8 癸卯25 9 甲辰26 10乙巳27 11丙午㉘ 12丁未29 13戊申30 **14**己酉31 《8月》 15庚戌 1 16辛亥 2 17壬子 3 18癸丑④ 19甲寅 5 20乙卯 6 21丙辰 7 22丁巳 8 23戊午 9 24己未10 25庚申⑪ 26辛酉12 27壬戌13 28癸亥14 **29**甲子15 30乙丑16	1 丙寅17 2 丁卯⑱ 3 戊辰19 4 己巳20 5 庚午21 6 辛未22 7 壬申23 8 癸酉24 9 甲戌㉕ 10乙亥26 11丙子27 12丁丑28 13戊寅29 **14**己卯30 15庚辰31 《9月》 16辛巳① 17壬午 2 18癸未 3 19甲申 4 20乙酉 5 21丙戌 6 22丁亥 7 23戊子⑧ 24己丑 9 25庚寅10 26辛卯11 27壬辰12 28癸巳13 29甲午14	**1** 乙未⑮ 2 丙申16 3 丁酉17 4 戊戌18 5 己亥19 6 庚子20 7 辛丑21 8 壬寅㉒ 9 癸卯23 10甲辰24 11乙巳25 12丙午26 13丁未27 14戊申28 15己酉㉙ **16**庚戌30 《10月》 17辛亥 1 18壬子 2 19癸丑 3 20甲寅 4 21乙卯 5 22丙辰⑥ 23丁巳 7 24戊午 8 25己未 9 26庚申10 27辛酉11 28壬戌12 29癸亥⑬	1 甲子14 **2** 乙丑15 3 丙寅16 4 丁卯17 5 戊辰18 6 己巳19 7 庚午⑳ 8 辛未21 9 壬申22 10癸酉23 11甲戌24 12乙亥25 13丙子26 14丁丑㉗ 15戊寅28 16己卯29 **17**庚辰30 18辛巳31 《11月》 19壬午 1 20癸未 2 21甲申③ 22乙酉 4 23丙戌 5 24丁亥 6 25戊子 7 26己丑 8 27庚寅 9 28辛卯⑩ 29壬辰11 30癸巳12	1 甲午13 **2** 乙未14 3 丙申15 4 丁酉16 5 戊戌⑰ 6 己亥18 7 庚子19 8 辛丑20 9 壬寅21 10癸卯22 11甲辰23 12乙巳㉔ 13丙午25 14丁未26 15戊申27 16己酉28 17庚戌29 **18**辛亥30 《12月》 19壬子① 20癸丑 2 21甲寅 3 22乙卯 4 23丙辰 5 24丁巳 6 25戊午 7 26己未⑧ 27庚申 9 28辛酉10 29壬戌11	1 癸亥12 2 甲子13 3 乙丑14 **4** 丙寅⑮ 5 丁卯16 6 戊辰17 7 己巳18 8 庚午19 9 辛未20 10壬申21 11癸酉㉒ 12甲戌23 13乙亥24 14丙子25 15丁丑26 16戊寅27 17己卯28 18庚辰㉙ **19**辛巳30 *20*壬午31 **1225**年 《1月》 21癸未 1 22甲申 2 23乙酉 3 24丙戌 4 25丁亥⑤ 26戊子 6 27己丑 7 28庚寅 8 29辛卯 9 30壬辰10	1 癸巳11 2 甲午⑫ 3 乙未13 **4** 丙申14 5 丁酉15 6 戊戌16 7 己亥17 8 庚子18 9 辛丑⑲ 10壬寅20 11癸卯21 12甲辰22 13乙巳23 14丙午24 15丁未25 16戊申㉖ 17己酉27 18庚戌28 19辛亥29 **20**壬子30 21癸丑31 《2月》 22甲寅 1 23乙卯② 24丙辰 3 25丁巳 4 26戊午 5 27己未 6 28庚申 7 29辛酉 8
立春 9日 雨水 24日	啓蟄 10日 春分 25日	清明 10日 穀雨 25日	立夏 12日 小満 27日	芒種 12日 夏至 27日	小暑 12日 大暑 28日	立秋 14日 処暑 29日	白露14日	秋分 1日 寒露 16日	霜降 2日 立冬 17日	小雪 2日 大雪 18日	冬至 4日 小寒 19日	大寒 4日 立春 20日

嘉禄元年〔元仁 2 年〕（1225－1226） 乙酉

改元 4/20（元仁→嘉禄）

1月	2月	3月	4月	5月	6月	7月	8月	9月	10月	11月	12月
1 壬戌⑨	1 壬辰11	1 壬戌10	1 辛卯9	1 辛酉⑧	1 庚寅7	1 庚申6	1 己丑4	1 己未4	1 戊子②	1 戊午2	1 丁亥31
2 癸亥10	2 癸巳12	2 癸亥11	2 壬辰10	2 壬戌9	2 辛卯8	2 辛酉7	2 庚寅5	2 庚申⑤	2 己丑3	2 己未3	**1226年**
3 甲子11	3 甲午13	3 甲子12	3 癸巳⑪	3 癸亥10	3 壬辰9	3 壬戌8	3 辛卯6	3 辛酉6	3 庚寅4	3 庚申4	《1月》
4 乙丑12	4 乙未14	4 乙丑⑬	4 甲午12	4 甲子11	4 癸巳10	4 癸亥9	4 壬辰⑦	4 壬戌7	4 辛卯5	4 辛酉5	2 戊子1
5 丙寅13	5 丙申15	5 丙寅14	5 乙未13	5 乙丑12	5 甲午11	5 甲子⑩	5 癸巳8	5 癸亥8	5 壬辰6	5 壬戌6	3 己丑2
6 丁卯14	**6** 丁酉⑯	6 丁卯15	6 丙申14	6 丙寅13	6 乙未12	6 乙丑11	6 甲午9	6 甲子9	6 癸巳7	6 癸亥⑦	4 庚寅3
7 戊辰15	7 戊戌17	**7** 戊辰16	7 丁酉15	7 丁卯14	7 丙申⑬	7 丙寅12	7 乙未10	7 乙丑10	7 甲午8	7 甲子8	5 辛卯④
8 己巳⑯	8 己亥18	8 己巳17	**8** 戊戌16	**8** 戊辰⑮	8 丁酉14	8 丁卯13	8 丙申11	8 丙寅11	8 乙未⑨	8 乙丑9	6 壬辰5
9 庚午17	9 庚子19	9 庚午18	9 己亥17	9 己巳16	9 戊戌15	9 戊辰14	9 丁酉12	9 丁卯⑫	9 丙申10	9 丙寅10	7 癸巳6
10 辛未18	10 辛丑20	10 辛未19	10 庚子⑱	10 庚午17	**10** 己亥16	**10** 己巳15	10 戊戌13	10 戊辰13	10 丁酉11	10 丁卯11	8 甲午7
11 壬申19	11 壬寅21	11 壬申⑳	11 辛丑19	11 辛未18	11 庚子17	11 庚午16	11 己亥⑭	11 己巳14	11 戊戌12	11 戊辰12	9 乙未8
12 癸酉20	12 癸卯22	12 癸酉21	12 壬寅20	12 壬申19	12 辛丑18	12 辛未⑰	**12** 庚子15	**12** 庚午15	12 己亥13	12 己巳13	10 丙申9
13 甲戌21	13 甲辰㉓	13 甲戌22	13 癸卯21	13 癸酉20	13 壬寅19	13 壬申18	13 辛丑16	13 辛未16	13 庚子14	13 庚午⑭	11 丁酉10
14 乙亥22	14 乙巳24	14 乙亥23	14 甲辰22	14 甲戌21	14 癸卯⑳	14 癸酉19	14 壬寅17	14 壬申17	**14** 辛丑15	**14** 辛未15	12 戊戌⑪
15 丙子㉓	15 丙午25	15 丙子24	15 乙巳23	15 乙亥㉒	15 甲辰21	15 甲戌20	15 癸卯18	15 癸酉18	15 壬寅⑯	15 壬申16	13 己亥12
16 丁丑24	16 丁未26	16 丁丑25	16 丙午24	16 丙子23	16 乙巳22	16 乙亥21	16 甲辰19	16 甲戌⑲	16 癸卯17	16 癸酉17	14 庚子13
17 戊寅25	17 戊申27	17 戊寅26	17 丁未㉕	17 丁丑24	17 丙午23	17 丙子22	17 乙巳20	17 乙亥20	17 甲辰18	17 甲戌18	15 辛丑14
18 己卯26	18 己酉28	18 己卯㉗	18 戊申26	18 戊寅25	18 丁未24	18 丁丑23	18 丙午㉑	18 丙子21	18 乙巳19	18 乙亥19	**16** 壬寅15
19 庚辰27	19 庚戌29	19 庚辰28	19 己酉27	19 己卯26	19 戊申25	19 戊寅㉔	19 丁未22	19 丁丑22	19 丙午20	19 丙子20	17 癸卯16
20 辛巳28	20 辛亥㉚	20 辛巳29	20 庚戌28	20 庚辰27	20 己酉26	20 己卯25	20 戊申23	20 戊寅23	20 丁未21	20 丁丑㉑	18 甲辰17
《3月》	**21** 壬子31	21 壬午30	21 辛亥29	21 辛巳28	21 庚戌㉗	21 庚辰26	21 己酉24	21 己卯24	21 戊申22	21 戊寅22	19 乙巳⑱
21 壬午1	《4月》	《5月》	22 壬子30	22 壬午㉙	22 辛亥28	22 辛巳27	22 庚戌25	22 庚辰25	22 己酉㉓	22 己卯23	20 丙午19
22 癸未②	22 癸丑1	**22** 癸未1	**23** 癸丑31	23 癸未30	23 壬子29	23 壬午28	23 辛亥26	23 辛巳㉖	23 庚戌24	23 庚辰24	21 丁未20
23 甲申3	23 甲寅2	23 甲申2	《6月》	《7月》	24 癸丑30	24 癸未29	24 壬子27	24 壬午27	24 辛亥25	24 辛巳25	22 戊申21
24 乙酉4	24 乙卯3	24 乙酉3	24 甲寅①	**24** 甲申1	**25** 甲寅31	25 甲申30	25 癸丑㉘	25 癸未28	25 壬子26	25 壬午26	23 己酉22
25 丙戌5	25 丙辰4	25 丙戌④	25 乙卯2	25 乙酉2	《8月》	**26** 乙酉㉛	26 甲寅29	26 甲申29	26 癸丑27	26 癸未27	24 庚戌23
26 丁亥6	26 丁巳5	26 丁亥5	26 丙辰3	26 丙戌3	26 乙卯1	《9月》	**27** 乙卯30	**27** 乙酉30	27 甲寅28	27 甲申㉘	25 辛亥24
27 戊子7	27 戊午⑥	27 戊子6	27 丁巳4	27 丁亥4	27 丙辰2	27 丙戌1	《10月》	28 丙戌31	28 乙卯29	28 乙酉29	26 壬子㉕
28 己丑8	28 己未7	28 己丑7	28 戊午5	28 戊子5	28 丁巳③	28 丁亥2	28 丙辰1	《11月》	**29** 丙辰㉚	**29** 丙戌30	27 癸丑26
29 庚寅⑨	29 庚申8	29 庚寅8	29 己未6	29 己丑⑥	29 戊午4	29 戊子3	29 丁巳2	29 丁亥1	《12月》		28 甲寅27
30 辛卯10	30 辛酉9		30 庚申7		30 己未5		30 戊午3		30 丁巳1		29 乙卯28
											30 丙辰29

雨水 6日	春分 6日	穀雨 7日	小満 8日	夏至 8日	大暑 10日	処暑 10日	秋分 12日	霜降 12日	小雪 14日	冬至 14日	大寒 16日
啓蟄 21日	清明 21日	立夏 22日	芒種 23日	小暑 24日	立秋 25日	白露 26日	寒露 27日	立冬 27日	大雪 29日	小寒 29日	

嘉禄 2 年（1226－1227） 丙戌

1月	2月	3月	4月	5月	6月	7月	8月	9月	10月	11月	12月
1 丁巳30	1 丙戌28	1 丙辰30	1 乙酉28	1 乙卯28	1 甲申26	1 甲寅㉖	1 甲申25	1 癸丑23	1 癸未23	1 壬子21	1 壬午21
2 戊午31	《3月》	2 丁巳31	2 丙戌29	2 丙辰29	2 乙酉27	2 乙卯27	2 乙酉26	2 甲寅24	2 甲申24	2 癸丑㉒	2 癸未22
《2月》	**2** 丁亥①	《4月》	3 丁亥30	3 丁巳30	3 丙戌㉘	3 丙辰28	3 丙戌27	3 乙卯25	3 乙酉㉕	3 甲寅23	3 甲申23
3 己未①	3 戊子2	**3** 戊午1	《5月》	4 戊午㉛	4 丁亥29	4 丁巳29	4 丁亥28	4 丙辰26	4 丙戌26	4 乙卯24	4 乙酉24
4 庚申2	4 己丑3	4 己未2	**4** 戊子1	《6月》	5 戊子30	5 戊午30	5 戊子29	5 丁巳㉗	5 丁亥27	5 丙辰25	5 丙戌25
5 辛酉3	5 庚寅4	5 庚申3	5 己丑2	**5** 己未1	《7月》	**6** 己未31	6 己丑㉚	6 戊午28	6 戊子28	6 丁巳26	6 丁亥26
6 壬戌4	6 辛卯5	6 辛酉4	6 庚寅③	6 庚申2	**6** 己丑1	《8月》	**7** 庚寅31	7 己未29	7 己丑29	7 戊午27	7 戊子㉗
7 癸亥5	7 壬辰6	7 壬戌⑤	7 辛卯4	7 辛酉3	7 庚寅2	7 庚申1	《9月》	**8** 庚申30	8 庚寅30	8 己未28	8 己丑28
8 甲子6	8 癸巳7	8 癸亥6	8 壬辰5	8 壬戌4	8 辛卯3	8 辛酉②	8 辛卯1	《10月》	**9** 辛卯31	9 庚申㉙	9 庚寅29
9 乙丑7	9 甲午⑧	9 甲子7	9 癸巳6	9 癸亥5	9 壬辰4	9 壬戌3	9 壬辰2	9 辛酉1	《11月》	**10** 辛酉30	10 辛卯30
10 丙寅⑧	10 乙未9	10 乙丑8	10 甲午7	10 甲子6	10 癸巳⑤	10 癸亥4	10 癸巳3	10 壬戌2	10 壬辰①	《12月》	**11** 壬辰31
11 丁卯9	11 丙申10	11 丙寅9	11 乙未8	11 乙丑⑦	11 甲午6	11 甲子5	11 甲午4	11 癸亥3	11 癸巳2	11 壬戌1	**1227年**
12 戊辰10	12 丁酉11	12 丁卯10	12 丙申9	12 丙寅8	12 乙未7	12 乙丑6	12 乙未5	12 甲子④	12 甲午3	12 癸亥2	《1月》
13 己巳11	13 戊戌12	13 戊辰11	13 丁酉⑩	13 丁卯9	13 丙申8	13 丙寅7	13 丙申⑥	13 乙丑5	13 乙未4	13 甲子3	12 癸巳1
14 庚午12	14 己亥13	14 己巳⑫	14 戊戌11	14 戊辰10	14 丁酉9	14 丁卯8	14 丁酉7	14 丙寅6	14 丙申5	14 乙丑4	13 甲午2
15 辛未13	15 庚子14	15 庚午13	15 己亥12	15 己巳11	15 戊戌10	15 戊辰⑨	15 戊戌8	15 丁卯7	15 丁酉6	15 丙寅5	14 乙未③
16 壬申14	16 辛丑⑮	16 辛未14	16 庚子13	16 庚午12	16 己亥11	16 己巳10	16 己亥9	16 戊辰8	16 戊戌7	16 丁卯⑥	15 丙申4
17 癸酉⑮	**17** 壬寅16	17 壬申15	17 辛丑14	17 辛未13	17 庚子⑫	17 庚午11	17 庚子10	17 己巳9	17 己亥⑧	17 戊辰7	16 丁酉5
18 甲戌16	18 癸卯17	**18** 癸酉16	18 壬寅15	18 壬申⑭	18 辛丑13	18 辛未12	18 辛丑11	18 庚午10	18 庚子9	18 己巳8	17 戊戌6
19 乙亥17	19 甲辰18	19 甲戌17	**19** 癸卯16	19 癸酉15	19 壬寅14	19 壬申13	19 壬寅12	19 辛未⑪	19 辛丑10	19 庚午9	18 己亥7
20 丙子18	20 乙巳19	20 乙亥18	20 甲辰⑰	**20** 甲戌16	20 癸卯15	20 癸酉14	20 癸卯⑬	20 壬申12	20 壬寅11	20 辛未10	19 庚子8
21 丁丑19	21 丙午20	21 丙子⑲	21 乙巳18	21 乙亥17	**21** 甲辰16	21 甲戌15	21 甲辰14	21 癸酉13	21 癸卯12	21 壬申11	20 辛丑9
22 戊寅20	22 丁未21	22 丁丑20	22 丙午19	22 丙子18	22 乙巳17	**22** 乙亥⑯	**22** 乙巳15	22 甲戌14	22 甲辰13	22 癸酉12	21 壬寅⑩
23 己卯21	23 戊申㉒	23 戊寅21	23 丁未20	23 丁丑19	23 丙午18	23 丙子17	23 丙午16	**23** 乙亥15	23 乙巳14	23 甲戌⑬	22 癸卯11
24 庚辰㉒	24 己酉23	24 己卯22	24 戊申21	24 戊寅20	24 丁未⑲	24 丁丑18	24 丁未17	24 丙子16	**24** 丙午⑮	24 乙亥14	23 甲辰12
25 辛巳23	25 庚戌24	25 庚辰23	25 己酉22	25 己卯㉑	25 戊申20	25 戊寅19	25 戊申18	25 丁丑17	25 丁未16	**25** 丙子15	24 乙巳13
26 壬午24	26 辛亥25	26 辛巳24	26 庚戌23	26 庚辰22	26 己酉21	26 己卯20	26 己酉19	26 戊寅⑱	26 戊申17	26 丁丑16	25 丙午14
27 癸未25	27 壬子26	27 壬午25	27 辛亥㉔	27 辛巳23	27 庚戌22	27 庚辰21	27 庚戌⑳	27 己卯19	27 己酉18	27 戊寅17	**26** 丁未15
28 甲申26	28 癸丑27	28 癸未㉖	28 壬子25	28 壬午24	28 辛亥23	28 辛巳22	28 辛亥21	28 庚辰20	28 庚戌19	28 己卯18	27 戊申16
29 乙酉27	29 甲寅28	29 甲申27	29 癸丑26	29 癸未25	29 壬子24	29 壬午㉓	29 壬子22	29 辛巳21	29 辛亥20	29 庚辰19	28 己酉⑰
	30 乙卯㉙		30 甲寅27		30 癸丑25	30 癸未24		30 壬午22		30 辛巳⑳	29 庚戌18

立春 1日	啓蟄 2日	清明 3日	立夏 4日	芒種 5日	小暑 6日	立秋 6日	白露 7日	寒露 8日	立冬 9日	大雪 10日	小寒 11日
雨水 16日	春分 17日	穀雨 18日	小満 19日	夏至 20日	大暑 21日	処暑 22日	秋分 22日	霜降 23日	小雪 24日	冬至 25日	大寒 26日

安貞元年〔嘉禄3年〕（1227－1228） 丁亥

改元 12/10（嘉禄→安貞）

1月	2月	3月	閏3月	4月	5月	6月	7月	8月	9月	10月	11月	12月
1辛亥19 2壬子20 3癸丑21 4甲寅22 5乙卯23 6丙辰㉔ 7丁巳25 8戊午26 9己未27 10庚申28 11辛酉29 **12**壬戌30 13癸亥㉛ 《2月》 14甲子1 15乙丑2 16丙寅3 17丁卯4 18戊辰5 19己巳6 20庚午⑦ 21辛未8 22壬申9 23癸酉10 24甲戌11 25乙亥12 26丙子13 **27**丁丑⑭ 28戊寅15 29己卯16 30庚辰17	1辛巳18 2壬午19 3癸未20 4甲申㉑ 5乙酉22 6丙戌23 7丁亥24 8戊子25 9己丑26 10庚寅27 11辛卯㉘ 《3月》 **12**壬辰1 13癸巳2 14甲午3 15乙未4 16丙申5 17丁酉6 18戊戌⑦ 19己亥8 20庚子9 21辛丑10 22壬寅11 23癸卯12 24甲辰13 25乙巳⑭ 26丙午15 27丁未16 **28**戊申17 29己酉18	1庚戌19 2辛亥20 3壬子㉑ 4癸丑22 5甲寅23 6乙卯24 7丙辰25 8丁巳26 9戊午27 10己未㉘ 11庚申29 12辛酉30 13壬戌31 《4月》 **14**癸亥1 15甲子2 16乙丑3 17丙寅④ 18丁卯5 19戊辰6 20己巳7 21庚午8 22辛未9 23壬申10 24癸酉⑪ 25甲戌12 26乙亥13 27丙子14 28丁丑15 **29**戊寅16 30己卯17	1庚辰⑱ 2辛巳19 3壬午20 4癸未21 5甲申22 6乙酉23 7丙戌24 8丁亥㉕ 9戊子26 10己丑27 11庚寅28 12辛卯29 13壬辰30 《5月》 **14**癸巳1 15甲午② 16乙未3 17丙申4 18丁酉5 19戊戌6 20己亥7 21庚子8 22辛丑⑨ 23壬寅10 24癸卯11 25甲辰12 26乙巳13 27丙午14 28丁未15 29戊申⑯	**1**己酉17 2庚戌18 3辛亥19 4壬子20 5癸丑21 6甲寅22 7乙卯㉓ 8丙辰24 9丁巳25 10戊午26 11己未27 12庚申28 13辛酉29 14壬戌㉚ 15癸亥31 《6月》 **16**甲子1 17乙丑2 18丙寅3 19丁卯4 20戊辰5 21己巳⑥ 22庚午7 23辛未8 24壬申9 25癸酉10 26甲戌11 27乙亥12 28丙子⑬ 29丁丑14 30戊寅15	**1**己卯16 2庚辰17 3辛巳18 4壬午19 5癸未⑳ 6甲申21 7乙酉22 8丙戌23 9丁亥24 10戊子25 11己丑26 12庚寅㉗ 13辛卯28 14壬辰29 15癸巳30 《7月》 **16**甲午1 17乙未2 18丙申3 19丁酉④ 20戊戌5 21己亥6 22庚子7 23辛丑8 24壬寅9 25癸卯10 26甲辰⑪ 27乙巳12 28丙午13 29丁未14	1戊申15 **2**己酉16 3庚戌17 4辛亥⑱ 5壬子19 6癸丑20 7甲寅21 8乙卯22 9丙辰23 10丁巳24 11戊午㉕ 12己未26 13庚申27 14辛酉28 15壬戌29 16癸亥30 17甲子31 《8月》 **18**乙丑① 19丙寅2 20丁卯3 21戊辰4 22己巳5 23庚午6 24辛未7 25壬申⑧ 26癸酉9 27甲戌10 28乙亥11 29丙子12 30丁丑13	1戊寅14 2己卯⑮ **3**庚辰16 4辛巳17 5壬午18 6癸未19 7甲申20 8乙酉21 9丙戌㉒ 10丁亥23 11戊子24 12己丑25 13庚寅26 14辛卯27 15壬辰28 16癸巳㉙ 17甲午30 **18**乙未31 《9月》 19丙申1 20丁酉2 21戊戌3 22己亥4 23庚子⑤ 24辛丑6 25壬寅7 26癸卯8 27甲辰9 28乙巳10 29丙午11	1丁未⑫ 2戊申13 3己酉14 **4**庚戌15 5辛亥16 6壬子17 7癸丑18 8甲寅⑲ 9乙卯20 10丙辰21 11丁巳22 12戊午23 13己未24 14庚申25 15辛酉㉖ 16壬戌27 17癸亥28 18甲子29 **19**乙丑30 《10月》 20丙寅1 21丁卯2 22戊辰③ 23己巳4 24庚午5 25辛未6 26壬申7 27癸酉8 28甲戌9 29乙亥⑩ 30丙子11	1丁丑12 2戊寅13 3己卯14 4庚辰15 **5**辛巳16 6壬午⑰ 7癸未18 8甲申19 9乙酉20 10丙戌21 11丁亥22 12戊子23 13己丑㉔ 14庚寅25 15辛卯26 16壬辰27 17癸巳28 18甲午29 19乙未30 **20**丙申㉛ 《11月》 21丁酉1 22戊戌2 23己亥3 24庚子4 25辛丑5 26壬寅6 27癸卯⑦ 28甲辰8 29乙巳9 30丙午10	1丁未11 2戊申12 3己酉13 4庚戌⑭ **5**辛亥15 6壬子16 7癸丑17 8甲寅18 9乙卯19 10丙辰20 11丁巳㉑ 12戊午22 13己未23 14庚申24 15辛酉25 16壬戌26 17癸亥27 18甲子㉘ 19乙丑29 **20**丙寅30 《12月》 21丁卯1 22戊辰2 23己巳3 24庚午4 25辛未⑤ 26壬申6 27癸酉7 28甲戌8 29乙亥9	1丙子10 2丁丑11 3戊寅⑫ 4己卯13 5庚辰14 6辛巳15 **7**壬午16 8癸未17 9甲申18 10乙酉⑲ 11丙戌20 12丁亥21 13戊子22 14己丑23 15庚寅24 16辛卯25 17壬辰㉖ 18癸巳27 19甲午28 20乙未29 21丙申30 **22**丁酉31 **1228**年 《1月》 23戊戌1 24己亥② 25庚子3 26辛丑4 27壬寅5 28癸卯6 29甲辰7 30乙巳8	1丙午⑨ 2丁未10 3戊申11 4己酉12 5庚戌13 6辛亥14 **7**壬子15 8癸丑⑯ 9甲寅17 *10*乙卯18 11丙辰19 12丁巳20 13戊午21 14己未22 15庚申㉓ 16辛酉24 17壬戌25 18癸亥26 19甲子27 20乙丑28 21丙寅29 **22**丁卯㉚ 23戊辰31 《2月》 24己巳1 25庚午2 26辛未3 27壬申4 28癸酉5 29甲戌⑥
立春12日 雨水27日	啓蟄12日 春分28日	清明14日 穀雨29日	立夏14日	小満1日 芒種16日	夏至1日 小暑16日	大暑2日 立秋18日	処暑3日 白露18日	秋分4日 寒露19日	霜降5日 立冬20日	小雪5日 大雪20日	冬至7日 小寒22日	大寒7日 立春22日

安貞2年（1228－1229） 戊子

1月	2月	3月	4月	5月	6月	7月	8月	9月	10月	11月	12月
1乙亥7 2丙子8 3丁丑9 4戊寅10 5己卯11 6庚辰12 7辛巳⑬ **8**壬午14 9癸未15 10甲申16 11乙酉17 12丙戌18 13丁亥19 14戊子⑳ 15己丑21 16庚寅22 17辛卯23 18壬辰24 19癸巳25 20甲午26 21乙未㉗ 22丙申28 23丁酉29 《3月》 **24**戊戌1 25己亥2 26庚子3 27辛丑4 28壬寅⑤ 29癸卯6 30甲辰7	1乙巳8 2丙午9 3丁未10 4戊申11 5己酉⑫ 6庚戌13 7辛亥14 8壬子15 **9**癸丑16 10甲寅17 11乙卯18 12丙辰⑲ 13丁巳20 14戊午21 15己未22 16庚申23 17辛酉24 18壬戌25 19癸亥㉖ 20甲子27 21乙丑28 22丙寅29 23丁卯30 **24**戊辰31 《4月》 25己巳1 26庚午② 27辛未3 28壬申4 29癸酉5	1甲戌6 2乙亥7 3丙子8 4丁丑⑨ 5戊寅10 6己卯11 7庚辰12 8辛巳13 9壬午14 **10**癸未15 11甲申⑯ 12乙酉17 13丙戌18 14丁亥19 15戊子20 16己丑21 17庚寅22 18辛卯㉓ 19壬辰24 20癸巳25 21甲午26 22乙未27 23丙申28 24丁酉29 25戊戌㉚ 《5月》 **26**己亥1 27庚子2 28辛丑3 29壬寅4 30癸卯5	1甲辰6 2乙巳⑦ 3丙午8 4丁未9 5戊申10 6己酉11 7庚戌12 8辛亥13 9壬子⑭ 10癸丑15 **11**甲寅16 12乙卯17 13丙辰18 14丁巳19 15戊午20 16己未㉑ 17庚申22 18辛酉23 19壬戌24 20癸亥25 21甲子26 22乙丑27 23丙寅㉘ 24丁卯29 25戊辰30 **26**己巳31 《6月》 27庚午1 28辛未2 29壬申3	1癸酉④ 2甲戌5 3乙亥6 4丙子7 5丁丑8 6戊寅9 7己卯10 8庚辰⑪ 9辛巳12 10壬午13 11癸未14 **12**甲申15 13乙酉16 14丙戌17 15丁亥⑱ 16戊子19 17己丑20 18庚寅21 19辛卯22 20壬辰23 21癸巳24 22甲午㉕ 23乙未26 24丙申27 25丁酉28 26戊戌29 **27**己亥30 《7月》 28庚子1 29辛丑②	1壬寅3 2癸卯4 3甲辰5 4乙巳6 5丙午7 6丁未8 7戊申⑨ 8己酉10 9庚戌11 10辛亥12 11壬子13 12癸丑14 13甲寅15 **14**乙卯⑯ 15丙辰17 16丁巳18 17戊午19 18己未20 19庚申21 20辛酉22 21壬戌㉓ 22癸亥24 23甲子25 24乙丑26 25丙寅27 26丁卯28 27戊辰29 28己巳㉚ **29**庚午31 《8月》 30辛未1	1壬申2 2癸酉3 3甲戌4 4乙亥5 5丙子⑥ 6丁丑7 7戊寅8 8己卯9 9庚辰10 10辛巳11 11壬午12 12癸未⑬ 13甲申14 **14**乙酉15 15丙戌16 16丁亥17 17戊子18 18己丑19 19庚寅⑳ 20辛卯21 21壬辰22 22癸巳23 23甲午24 24乙未25 25丙申26 26丁酉㉗ 27戊戌28 28己亥29 **29**庚子30	1辛丑31 《9月》 2壬寅1 3癸卯2 4甲辰③ 5乙巳4 6丙午5 7丁未6 8戊申7 9己酉8 10庚戌9 11辛亥⑩ 12壬子11 13癸丑12 14甲寅13 15乙卯14 **16**丙辰15 17丁巳16 18戊午⑰ 19己未18 20庚申19 21辛酉20 22壬戌21 23癸亥22 24甲子23 25乙丑㉔ 26丙寅25 27丁卯26 28戊辰27 29己巳28 30庚午29	**1**辛未30 《10月》 2壬申① 3癸酉2 4甲戌3 5乙亥4 6丙子5 7丁丑6 8戊寅7 9己卯⑧ 10庚辰9 11辛巳10 12壬午11 13癸未12 14甲申13 15乙酉14 **16**丙戌⑮ 17丁亥16 18戊子17 19己丑18 20庚寅19 21辛卯20 22壬辰21 23癸巳㉒ 24甲午23 25乙未24 26丙申25 27丁酉26 28戊戌27 29己亥28 30庚子㉙	**1**辛丑30 2壬寅31 《11月》 3癸卯1 4甲辰2 5乙巳3 6丙午4 7丁未⑤ 8戊申6 9己酉7 10庚戌8 11辛亥9 12壬子10 13癸丑11 14甲寅⑫ 15乙卯13 **16**丙辰14 17丁巳15 18戊午16 19己未17 20庚申18 21辛酉⑲ 22壬戌20 23癸亥21 24甲子22 25乙丑23 26丙寅24 27丁卯25 28戊辰㉖ 29己巳27 30庚午28	1辛未29 **2**壬申30 《12月》 3癸酉1 4甲戌2 5乙亥③ 6丙子4 7丁丑5 8戊寅6 9己卯7 10庚辰8 11辛巳9 12壬午⑩ 13癸未11 14甲申12 15乙酉13 16丙戌14 **17**丁亥15 18戊子16 19己丑⑰ 20庚寅18 21辛卯19 22壬辰20 23癸巳21 24甲午22 25乙未23 26丙申㉔ 27丁酉25 28戊戌26 29己亥27	1庚子28 2辛丑29 **3**壬寅30 4癸卯㉛ **1229**年 《1月》 5甲辰1 6乙巳2 7丙午3 8丁未4 9戊申5 10己酉6 11庚戌⑦ 12辛亥8 13壬子9 14癸丑10 15甲寅11 16乙卯12 17丙辰13 **18**丁巳⑭ 19戊午15 20己未16 21庚申17 22辛酉18 23壬戌19 24癸亥20 25甲子㉑ 26乙丑22 27丙寅23 28丁卯24 29戊辰25 30己巳26
雨水8日 啓蟄24日	春分9日 清明24日	穀雨10日 立夏26日	小満11日 芒種26日	夏至12日 小暑27日	大暑14日 立秋29日	処暑14日 白露29日	秋分16日	寒露1日 霜降16日	立冬1日 小雪16日	大雪2日 冬至17日	小寒3日 大寒18日

寛喜元年〔安貞3年〕（1229－1230） 己丑

改元 3/5（安貞→寛喜）

1月	2月	3月	4月	5月	6月	7月	8月	9月	10月	11月	12月
1 庚午27	1 庚子26	1 己巳27	1 戊戌25	1 戊辰25	1 丁酉23	1 丙寅㉒	1 丙申21	1 乙丑19	1 乙未19	1 乙丑⑱	1 乙未18
2 辛未㉘	2 辛丑27	2 庚午28	2 己亥26	2 己巳26	2 戊戌㉔	2 丁卯23	2 丁酉22	2 丙寅20	2 丙申20	2 丙寅19	2 丙申19
3 壬申29	3 壬寅28	3 辛未29	3 庚子27	3 庚午㉗	3 己亥25	3 戊辰24	3 戊戌23	3 丁卯21	3 丁酉㉑	3 丁卯20	3 丁酉20
4 癸酉30	《3月》	4 壬申30	4 辛丑28	4 辛未28	4 庚子26	4 己巳25	4 己亥24	4 戊辰22	4 戊戌22	4 戊辰21	4 戊戌21
5 甲戌31	**4** 癸卯 1	**5** 癸酉31	5 壬寅㉙	5 壬申29	5 辛丑27	5 庚午26	5 庚子25	5 己巳㉓	5 己亥23	5 己巳22	5 己亥22
《2月》	5 甲辰 2	《4月》	6 癸卯30	6 癸酉30	6 壬寅28	6 辛未27	6 辛丑㉖	6 庚午24	6 庚子24	6 庚午23	6 庚子㉓
6 乙亥 1	6 乙巳 3	6 甲戌①	《5月》	**7** 甲戌31	7 癸卯29	7 壬申28	7 壬寅27	7 辛未25	7 辛丑25	7 辛未24	7 辛丑24
7 丙子 2	7 丙午④	7 乙亥 2	**7** 甲辰 1	《6月》	8 甲辰30	8 癸酉㉙	8 癸卯28	8 壬申26	8 壬寅26	8 壬申㉕	8 壬寅25
8 丁丑 3	8 丁未 5	8 丙子 3	8 乙巳 2	8 乙亥 1	《7月》	9 甲戌30	9 甲辰29	9 癸酉27	9 癸卯27	9 癸酉26	9 癸卯26
9 戊寅④	9 戊申 6	9 丁丑 4	9 丙午 3	9 丙子 2	**9** 乙巳①	**10** 乙亥31	10 乙巳30	10 甲戌28	10 甲辰㉘	10 甲戌27	10 甲辰27
10 己卯 5	10 己酉 7	10 戊寅 5	10 丁未 4	10 丁丑③	10 丙午 2	《8月》	**11** 丙午31	11 乙亥29	11 乙巳29	11 乙亥28	11 乙巳28
11 庚辰 6	11 庚戌 8	11 己卯 6	11 戊申 5	11 戊寅 4	11 丁未 3	11 丙子 1	《9月》	**12** 丙子㉚	**12** 丙午30	12 丙子29	12 丙午29
12 辛巳 7	12 辛亥 9	12 庚辰 7	12 己酉⑥	12 己卯 5	12 戊申 4	12 丁丑 2	12 丁未 1	《10月》	13 丁未31	**13** 丁丑30	**13** 丁未㉚
13 壬午 8	13 壬子10	13 辛巳⑧	13 庚戌 7	13 庚辰 6	13 己酉 5	13 戊寅 3	13 戊申②	13 丁丑 1	《11月》	《12月》	14 戊申31
14 癸未 9	14 癸丑⑪	14 壬午 9	14 辛亥 8	14 辛巳 7	14 庚戌 6	14 己卯 4	14 己酉 3	14 戊寅 2	14 戊申 1	14 戊寅 1	**1230年**
15 甲申10	15 甲寅12	15 癸未10	15 壬子 9	15 壬午 8	15 辛亥 7	15 庚辰⑤	15 庚戌 4	15 己卯 3	15 己酉 2	15 己卯②	《1月》
16 乙酉⑪	16 乙卯13	16 甲申11	16 癸丑10	16 癸未 9	16 壬子⑧	16 辛巳 6	16 辛亥 5	16 庚辰 4	16 庚戌 3	16 庚辰 3	15 己酉 1
17 丙戌12	17 丙辰14	17 乙酉12	17 甲寅11	17 甲申⑩	17 癸丑 9	17 壬午 7	17 壬子 6	17 辛巳 5	17 辛亥④	17 辛巳 4	16 庚戌 2
18 丁亥13	18 丁巳15	18 丙戌13	18 乙卯12	18 乙酉11	18 甲寅10	18 癸未 8	18 癸丑 7	18 壬午 6	18 壬子 5	18 壬午 5	17 辛亥 3
19 戊子14	**19** 戊午16	19 丁亥14	19 丙辰⑬	19 丙戌12	19 乙卯11	19 甲申 9	19 甲寅 8	19 癸未⑦	19 癸丑 6	19 癸未 6	18 壬子 4
20 己丑15	20 己未17	20 戊子⑮	20 丁巳14	20 丁亥13	20 丙辰12	20 乙酉10	20 乙卯⑨	20 甲申 8	20 甲寅 7	20 甲申 7	19 癸丑 5
21 庚寅16	21 庚申⑱	**21** 己丑16	21 戊午15	21 戊子14	21 丁巳13	21 丙戌11	21 丙辰10	21 乙酉 9	21 乙卯 8	21 乙酉 8	20 甲寅⑥
22 辛卯17	22 辛酉19	22 庚寅17	**22** 己未16	**22** 己丑15	22 戊午14	22 丁亥⑫	22 丁巳11	22 丙戌10	22 丙辰 9	22 丙戌⑨	21 乙卯 7
23 壬辰⑱	23 壬戌20	23 辛卯18	23 庚申17	23 庚寅16	23 己未⑮	23 戊子13	23 戊午12	23 丁亥11	23 丁巳10	23 丁亥10	22 丙辰 8
24 癸巳19	24 癸亥21	24 壬辰19	24 辛酉18	24 辛卯⑰	**24** 庚申16	24 己丑14	24 己未13	24 戊子12	24 戊午⑪	24 戊子11	23 丁巳 9
25 甲午20	25 甲子22	25 癸巳20	25 壬戌19	25 壬辰18	25 辛酉17	**25** 庚寅15	25 庚申14	25 己丑13	25 己未12	25 己丑12	24 戊午10
26 乙未21	26 乙丑23	26 甲午21	26 癸亥⑳	26 癸巳19	26 壬戌18	26 辛卯16	**26** 辛酉15	26 庚寅⑭	26 庚申13	26 庚寅13	25 己未11
27 丙申22	27 丙寅24	27 乙未㉒	27 甲子21	27 甲午20	27 癸亥19	27 壬辰17	27 壬戌⑯	**27** 辛卯15	27 辛酉14	27 辛卯14	26 庚申12
28 丁酉23	28 丁卯㉕	28 丙申23	28 乙丑22	28 乙未21	28 甲子20	28 癸巳18	28 癸亥17	28 壬辰16	**28** 壬戌15	**28** 壬辰15	27 辛酉⑬
29 戊戌24	29 戊辰26	29 丁酉24	29 丙寅23	29 丙申22	29 乙丑21	29 甲午⑲	29 甲子18	29 癸巳17	29 癸亥16	29 癸巳⑯	28 壬戌14
30 己亥㉕			30 丁卯24			30 乙未20		30 甲午18	30 甲子17	30 甲午17	**29** 癸亥15
立春 3日	啓蟄 4日	清明 5日	立夏 7日	芒種 7日	小暑 9日	立秋 10日	白露 11日	寒露 12日	立冬 12日	大雪 13日	小寒 13日
雨水 19日	春分 19日	穀雨 21日	小満 22日	夏至 22日	大暑 24日	処暑 25日	秋分 26日	霜降 27日	小雪 28日	冬至 28日	大寒 29日

寛喜2年（1230－1231） 庚寅

1月	閏1月	2月	3月	4月	5月	6月	7月	8月	9月	10月	11月	12月
1 甲子16	1 甲午15	**1** 癸亥16	1 癸巳15	1 壬戌14	1 壬辰13	1 辛酉12	1 庚寅10	1 庚申 9	1 己丑 8	1 己未 7	1 戊子 6	1 戊午⑤
2 乙丑17	2 乙未16	2 甲子⑰	**2** 甲午16	2 癸亥15	2 癸巳14	2 壬戌13	2 辛卯⑪	2 辛酉10	2 庚寅 9	2 庚申 8	2 己丑 7	2 己未 6
3 丙寅18	3 丙申⑰	3 乙丑18	3 乙未17	**3** 甲子16	3 甲午15	3 癸亥⑭	3 壬辰12	3 壬戌11	3 辛卯10	3 辛酉 9	3 庚寅⑧	3 庚申 7
4 丁卯19	4 丁酉18	4 丙寅19	4 丙申18	4 乙丑17	**4** 乙未⑯	4 甲子15	4 癸巳13	4 癸亥12	4 壬辰11	4 壬戌⑩	4 辛卯 9	4 辛酉 8
5 戊辰⑳	5 戊戌19	5 丁卯20	5 丁酉19	5 丙寅18	5 丙申17	**5** 乙丑16	5 甲午14	5 甲子13	5 癸巳12	5 癸亥11	5 壬辰10	5 壬戌 9
6 己巳21	6 己亥20	6 戊辰21	6 戊戌20	6 丁卯⑲	6 丁酉18	6 丙寅17	6 乙未15	6 乙丑14	6 甲午⑬	6 甲子12	6 癸巳11	6 癸亥10
7 庚午22	7 庚子21	7 己巳22	7 己亥㉑	7 戊辰20	7 戊戌19	7 丁卯18	**7** 丙申16	**7** 丙寅⑮	7 乙未14	7 乙丑13	7 甲午12	7 甲子11
8 辛未23	8 辛丑22	8 庚午23	8 庚子22	8 己巳21	8 己亥20	8 戊辰19	8 丁酉17	8 丁卯16	**8** 丙申15	8 丙寅14	8 乙未13	8 乙丑⑫
9 壬申24	9 壬寅23	9 辛未㉔	9 辛丑23	9 庚午22	9 庚子21	9 己巳20	9 戊戌⑱	9 戊辰17	9 丁酉16	**9** 丁卯15	9 丙申14	9 丙寅13
10 癸酉25	10 癸卯㉔	10 壬申25	10 壬寅24	10 辛未23	10 辛丑22	10 庚午㉑	10 己亥19	10 己巳18	10 戊戌17	10 戊辰16	**10** 丁酉⑮	10 丁卯14
11 甲戌26	11 甲辰25	11 癸酉26	11 癸卯25	11 壬申24	11 壬寅㉓	11 辛未22	11 庚子20	11 庚午19	11 己亥18	11 己巳⑰	11 戊戌16	**11** 戊辰15
12 乙亥㉗	12 乙巳26	12 甲戌27	12 甲辰26	12 癸酉25	12 癸卯24	12 壬申23	12 辛丑21	12 辛未20	12 庚子19	12 庚午18	12 己亥17	12 己巳16
13 丙子28	13 丙午27	13 乙亥28	13 乙巳27	13 甲戌㉖	13 甲辰25	13 癸酉24	13 壬寅22	13 壬申21	13 辛丑⑳	13 辛未19	13 庚子18	13 庚午17
14 丁丑29	14 丁未28	14 丙子29	14 丙午㉘	14 乙亥27	14 乙巳26	14 甲戌25	14 癸卯23	14 癸酉㉒	14 壬寅21	14 壬申20	14 辛丑19	14 辛未18
15 戊寅30	《3月》	15 丁丑30	15 丁未29	15 丙子28	15 丙午27	15 乙亥26	15 甲辰24	15 甲戌23	15 癸卯22	15 癸酉21	15 壬寅20	15 壬申⑲
16 己卯31	**15** 戊申 1	16 戊寅㉛	16 戊申30	16 丁丑29	16 丁未28	16 丙子27	16 乙巳㉕	16 乙亥24	16 甲辰23	16 甲戌22	16 癸卯21	16 癸酉20
《2月》	16 己酉 2	《4月》	《5月》	17 戊寅30	17 戊申29	17 丁丑㉘	17 丙午26	17 丙子25	17 乙巳24	17 乙亥23	17 甲辰㉒	17 甲戌21
17 庚辰 1	17 庚戌③	**17** 己卯 1	**17** 己酉 1	**18** 己卯31	18 己酉㉚	18 戊寅29	18 丁未27	18 丁丑26	18 丙午25	18 丙子㉔	18 乙巳23	18 乙亥22
18 辛巳 2	18 辛亥 4	18 庚辰 2	18 庚戌 2	《6月》	《7月》	19 己卯30	19 戊申28	19 戊寅27	19 丁未26	19 丁丑25	19 丙午24	19 丙子23
19 壬午③	19 壬子 5	19 辛巳 3	19 辛亥 3	19 庚辰 1	**19** 庚戌 1	**20** 庚辰31	20 己酉29	20 己卯28	20 戊申㉗	20 戊寅26	20 丁未25	20 丁丑24
20 癸未 4	20 癸丑 6	20 壬午 4	20 壬子 4	20 辛巳②	20 辛亥 2	《8月》	21 庚戌30	21 庚辰㉙	21 己酉28	21 己卯27	21 戊申26	21 戊寅25
21 甲申 5	21 甲寅 7	21 癸未 5	21 癸丑⑤	21 壬午 3	21 壬子 3	21 辛巳 1	**22** 辛亥31	**22** 辛巳30	22 庚戌29	22 庚辰28	22 己酉27	22 己卯㉖
22 乙酉 6	22 乙卯 8	22 甲申 6	22 甲寅 6	22 癸未 4	22 癸丑 4	22 壬午 2	《9月》	《10月》	23 辛亥30	23 辛巳29	23 庚戌28	23 庚辰27
23 丙戌 7	23 丙辰 9	23 乙酉⑦	23 乙卯 7	23 甲申 5	23 甲寅 5	23 癸未 3	23 壬子①	23 壬午 1	**24** 壬子31	**24** 壬午30	24 辛亥㉙	24 辛巳28
24 丁亥 8	24 丁巳⑩	24 丙戌 8	24 丙辰 8	24 乙酉 6	24 乙卯 6	24 甲申④	24 癸丑 2	24 癸未 2	《11月》	《12月》	25 壬子30	25 壬午29
25 戊子 9	25 戊午11	25 丁亥 9	25 丁巳 9	25 丙戌 7	25 丙辰⑦	25 乙酉 5	25 甲寅 3	25 甲申 3	25 癸丑 1	25 癸未①	**26** 癸丑31	**26** 癸未30
26 己丑⑩	26 己未12	26 戊子10	26 戊午10	26 丁亥 8	26 丁巳 8	26 丙戌 6	26 乙卯 4	26 乙酉 4	26 甲寅 2	26 甲申 2	**1231年**	27 甲申31
27 庚寅11	27 庚申13	27 己丑11	27 己未11	27 戊子⑨	27 戊午 9	27 丁亥 7	27 丙辰 5	27 丙戌 5	27 乙卯③	27 乙酉 3	《1月》	《2月》
28 辛卯12	28 辛酉14	28 庚寅12	28 庚申⑫	28 己丑10	28 己未10	28 戊子 8	28 丁巳 6	28 丁亥⑥	28 丙辰 4	28 丙戌 4	27 甲寅 1	28 乙酉 1
29 壬辰13	29 壬戌15	29 辛卯13	29 辛酉13	29 庚寅11	29 庚申11	29 己丑 9	29 戊午 7	29 戊子 7	29 丁巳 5	29 丁亥 5	28 乙卯 2	29 丙戌②
30 癸巳14		30 壬辰⑭		30 辛卯12			30 己未⑧		30 戊午 6		29 丙辰 3	30 丁亥 3
											30 丁巳 4	
立春 15日	啓蟄15日	春分 1日	穀雨 2日	小満 3日	夏至 4日	大暑 5日	処暑 7日	秋分 7日	霜降 8日	小雪 9日	冬至 10日	大寒 11日
雨水 30日		清明 17日	立夏 17日	芒種 18日	小暑 19日	立秋 20日	白露 22日	寒露 22日	立冬 24日	大雪 24日	小寒 26日	立春 26日

寛喜 3 年（1231－1232） 辛卯

1月	2月	3月	4月	5月	6月	7月	8月	9月	10月	11月	12月
1 戊子 4	1 戊午 6	1 丁亥 4	1 丁巳 ④	1 丙戌 2	1 丙辰 2	1 乙酉 31	1 甲寅 29	1 甲申 ㉘	1 癸丑 27	1 癸未 26	1 壬子 25
2 己丑 5	2 己未 7	2 戊子 5	2 戊午 5	2 丁亥 3	2 丁巳 3	《8月》	2 乙卯 30	2 乙酉 29	2 甲寅 28	2 甲申 27	2 癸丑 26
3 庚寅 6	3 庚申 8	3 己丑 ⑥	3 己未 6	3 戊子 4	3 戊午 4	**2** 丙戌 1	**3** 丙辰 ㉛	**3** 丙戌 30	3 乙卯 29	3 乙酉 28	3 甲寅 27
4 辛卯 7	4 辛酉 ⑨	4 庚寅 7	4 庚申 7	4 己丑 5	4 己未 5	3 丁亥 2	《9月》	《10月》	4 丙辰 30	4 丙戌 29	4 乙卯 ㉘
5 壬辰 8	5 壬戌 10	5 辛卯 8	5 辛酉 8	5 庚寅 6	5 庚申 ⑥	4 戊子 ③	4 丁巳 1	4 丁亥 1	**5** 丁巳 31	**5** 丁亥 ㉚	5 丙辰 29
6 癸巳 ⑨	6 癸亥 11	6 壬辰 9	6 壬戌 9	6 辛卯 7	6 辛酉 7	5 己丑 4	5 戊午 2	5 戊子 2	《11月》	《12月》	6 丁巳 30
7 甲午 10	7 甲子 12	7 癸巳 10	7 癸亥 10	7 壬辰 ⑧	7 壬戌 8	6 庚寅 5	6 己未 3	6 己丑 3	6 戊午 1	6 戊子 1	**7** 戊午 31
8 乙未 11	8 乙丑 13	8 甲午 11	8 甲子 ⑪	8 癸巳 9	8 癸亥 9	7 辛卯 6	7 庚申 4	7 庚寅 4	7 己未 ②	7 己丑 2	**1232 年**
9 丙申 12	9 丙寅 14	9 乙未 12	9 乙丑 12	9 甲午 10	9 甲子 10	8 壬辰 7	8 辛酉 5	8 辛卯 ⑤	8 庚申 3	8 庚寅 3	《1月》
10 丁酉 13	10 丁卯 15	10 丙申 ⑬	10 丙寅 13	10 乙未 11	10 乙丑 11	9 癸巳 8	9 壬戌 6	9 壬辰 6	9 辛酉 4	9 辛卯 4	8 己未 1
11 戊戌 14	11 戊辰 ⑯	11 丁酉 14	11 丁卯 14	11 丙申 12	11 丙寅 12	10 甲午 9	10 癸亥 ⑦	10 癸巳 7	10 壬戌 5	10 壬辰 5	9 庚申 2
12 己亥 15	**12** 己巳 17	12 戊戌 15	12 戊辰 15	12 丁酉 13	12 丁卯 ⑬	11 乙未 ⑩	11 甲子 8	11 甲午 8	11 癸亥 6	11 癸巳 6	10 辛酉 3
13 庚子 ⑯	13 庚午 18	**13** 己亥 16	13 己巳 16	13 戊戌 14	13 戊辰 14	12 丙申 11	12 乙丑 9	12 乙未 9	12 甲子 7	12 甲午 ⑦	11 壬戌 ④
14 辛丑 17	14 辛未 19	14 庚子 17	**14** 庚午 17	14 己亥 ⑮	**14** 己巳 15	13 丁酉 12	13 丙寅 10	13 丙申 10	13 乙丑 8	13 乙未 8	12 癸亥 5
15 壬寅 18	15 壬申 20	15 辛丑 18	15 辛未 ⑱	**15** 庚子 16	**15** 庚午 16	14 戊戌 13	14 丁卯 11	14 丁酉 11	14 丙寅 ⑨	14 丙申 9	13 甲子 6
16 癸卯 19	16 癸酉 21	16 壬寅 19	16 壬申 19	16 辛丑 17	16 辛未 17	15 己亥 14	15 戊辰 12	15 戊戌 ⑫	15 丁卯 10	15 丁酉 10	14 乙丑 7
17 甲辰 20	17 甲戌 22	17 癸卯 ⑳	17 癸酉 20	17 壬寅 18	17 壬申 18	16 庚子 15	16 己巳 13	16 己亥 13	16 戊辰 11	16 戊戌 11	15 丙寅 8
18 乙巳 21	18 乙亥 ㉓	18 甲辰 21	18 甲戌 21	18 癸卯 19	18 癸酉 19	**17** 辛丑 16	17 庚午 ⑭	17 庚子 14	17 己巳 12	17 己亥 12	16 丁卯 9
19 丙午 22	19 丙子 24	19 乙巳 22	19 乙亥 22	19 甲辰 20	19 甲戌 ⑳	18 壬寅 ⑰	**18** 辛未 15	18 辛丑 15	18 庚午 13	18 庚子 13	17 戊辰 10
20 丁未 ㉓	20 丁丑 25	20 丙午 23	20 丙子 23	20 乙巳 21	20 乙亥 21	19 癸卯 18	19 壬申 16	**19** 壬寅 16	19 辛未 14	19 辛丑 ⑭	18 己巳 ⑪
21 戊申 24	21 戊寅 26	21 丁未 24	21 丁丑 24	21 丙午 ㉒	21 丙子 22	20 甲辰 19	20 癸酉 17	20 癸卯 17	**20** 壬申 15	20 壬寅 15	19 庚午 12
22 己酉 25	22 己卯 27	22 戊申 25	22 戊寅 ㉕	22 丁未 23	22 丁丑 23	21 乙巳 20	21 甲戌 18	21 甲辰 18	21 癸酉 ⑯	**21** 癸卯 16	20 辛未 13
23 庚戌 26	23 庚辰 28	23 己酉 26	23 己卯 26	23 戊申 24	23 戊寅 24	22 丙午 21	22 乙亥 19	22 乙巳 ⑲	22 甲戌 17	22 甲辰 17	21 壬申 14
24 辛亥 27	24 辛巳 29	24 庚戌 ㉗	24 庚辰 27	24 己酉 25	24 己卯 25	23 丁未 22	23 丙子 20	23 丙午 20	23 乙亥 18	23 乙巳 18	**22** 癸酉 15
25 壬子 28	25 壬午 ㉚	25 辛亥 28	25 辛巳 28	25 庚戌 26	25 庚辰 26	24 戊申 23	24 丁丑 ㉑	24 丁未 21	24 丙子 19	24 丙午 19	23 甲戌 16
《3月》	26 癸未 31	26 壬子 29	26 壬午 29	26 辛亥 27	26 辛巳 ㉗	25 己酉 ㉔	25 戊寅 22	25 戊申 22	25 丁丑 20	25 丁未 20	24 乙亥 17
26 癸丑 1	《4月》	27 癸丑 30	27 癸未 30	27 壬子 28	27 壬午 28	26 庚戌 25	26 己卯 23	26 己酉 23	26 戊寅 21	26 戊申 ㉑	25 丙子 ⑱
27 甲寅 ②	**27** 甲申 1	《5月》	28 甲申 31	28 癸丑 ㉙	28 癸未 29	27 辛亥 26	27 庚辰 24	27 庚戌 24	27 己卯 22	27 己酉 22	26 丁丑 19
28 乙卯 3	28 乙酉 2	**28** 甲寅 1	《6月》	29 甲寅 30	29 甲申 30	28 壬子 27	28 辛巳 25	28 辛亥 25	28 庚辰 ㉓	28 庚戌 23	27 戊寅 20
29 丙辰 4	29 丙戌 3	29 乙卯 2	**29** 乙酉 ①	《7月》		29 癸丑 28	29 壬午 26	29 壬子 ㉖	29 辛巳 24	29 辛亥 24	28 己卯 21
30 丁巳 5		30 丙辰 3		**30** 乙卯 1			30 癸未 27		30 壬午 25		29 庚辰 22
											30 辛巳 23
雨水 11日 啓蟄 26日	春分 12日 清明 27日	穀雨 13日 立夏 28日	小満 14日 芒種 29日	夏至 15日 小暑 30日	大暑 15日	立秋 2日 処暑 17日	白露 3日 秋分 18日	寒露 3日 霜降 19日	立冬 5日 小雪 20日	大雪 5日 冬至 21日	小寒 7日 大寒 22日

貞永元年〔寛喜 4 年〕（1232－1233） 壬辰

改元 4/2（寛喜→貞永）

1月	2月	3月	4月	5月	6月	7月	8月	9月	閏9月	10月	11月	12月
1 壬午 24	1 壬子 23	1 壬午 24	1 辛亥 22	1 辛巳 22	1 庚戌 ⑳	1 庚辰 20	1 己酉 18	1 戊寅 16	1 戊申 16	**1** 丁丑 ⑭	1 丁未 14	1 丙子 12
2 癸未 ㉕	2 癸丑 24	2 癸未 25	2 壬子 23	2 壬午 ㉓	2 辛亥 21	2 辛巳 21	2 庚戌 19	2 己卯 17	2 己酉 ⑰	2 戊寅 15	**2** 戊申 15	2 丁丑 13
3 甲申 26	3 甲寅 25	3 甲申 26	3 癸丑 24	3 癸未 24	3 壬子 22	3 壬午 22	3 辛亥 20	3 庚辰 18	3 庚戌 18	3 己卯 16	3 己酉 16	**3** 戊寅 14
4 乙酉 27	4 乙卯 26	4 乙酉 27	4 甲寅 ㉕	4 甲申 25	4 癸丑 23	4 癸未 23	4 壬子 21	4 辛巳 ⑲	4 辛亥 19	4 庚辰 17	4 庚戌 17	4 己卯 15
5 丙戌 28	5 丙辰 27	5 丙戌 ㉘	5 乙卯 26	5 乙酉 26	5 甲寅 24	5 甲申 24	5 癸丑 ㉒	5 壬午 20	5 壬子 20	5 辛巳 18	5 辛亥 18	5 庚辰 ⑯
6 丁亥 29	6 丁巳 28	6 丁亥 29	6 丙辰 27	6 丙戌 27	6 乙卯 25	6 乙酉 ㉕	6 甲寅 23	6 癸未 21	6 癸丑 21	6 壬午 19	6 壬子 ⑲	6 辛巳 17
7 戊子 30	7 戊午 ㉙	7 戊子 30	7 丁巳 28	7 丁亥 28	7 丙辰 26	7 丙戌 26	7 乙卯 24	7 甲申 22	7 甲寅 22	7 癸未 20	7 癸丑 20	7 壬午 18
8 己丑 31	《3月》	**8** 己丑 31	8 戊午 29	8 戊子 29	8 丁巳 ㉗	8 丁亥 27	8 丙辰 25	8 乙酉 23	8 乙卯 23	8 甲申 ㉑	8 甲寅 21	8 癸未 19
《2月》	**8** 己未 1	《4月》	9 己未 30	9 己丑 ㉚	9 戊午 28	9 戊子 28	9 丁巳 26	9 丙戌 24	9 丙辰 ㉔	9 乙酉 22	9 乙卯 22	9 甲申 20
9 庚寅 ①	9 庚申 2	9 庚寅 1	《5月》	**10** 庚寅 31	10 己未 29	10 己丑 29	10 戊午 27	10 丁亥 25	10 丁巳 25	10 丙戌 23	10 丙辰 23	10 乙酉 21
10 辛卯 2	10 辛酉 3	10 辛卯 2	**10** 庚申 1	《6月》	**11** 庚申 30	11 庚寅 30	11 己未 28	11 戊子 ㉖	11 戊午 26	11 丁亥 24	11 丁巳 24	11 丙戌 22
11 壬辰 3	11 壬戌 4	11 壬辰 3	11 辛酉 ②	11 辛卯 1	《7月》	**12** 辛卯 31	12 庚申 ㉙	12 己丑 27	12 己未 27	12 戊子 25	12 戊午 25	12 丁亥 ㉓
12 癸巳 4	12 癸亥 5	12 癸巳 ④	12 壬戌 3	12 壬辰 2	12 辛酉 1	《8月》	**13** 辛酉 30	13 庚寅 28	13 庚申 28	13 己丑 26	13 己未 ㉖	13 戊子 24
13 甲午 5	13 甲子 6	13 甲午 5	13 癸亥 4	13 癸巳 3	13 壬戌 2	13 壬辰 ①	14 壬戌 31	14 辛卯 29	14 辛酉 29	14 庚寅 27	14 庚申 27	14 己丑 25
14 乙未 6	14 乙丑 ⑦	14 乙未 6	14 甲子 5	14 甲午 4	14 癸亥 3	14 癸巳 2	《9月》	**15** 壬辰 30	**15** 壬戌 30	15 辛卯 ㉘	15 辛酉 28	15 庚寅 26
15 丙申 7	15 丙寅 8	15 丙申 7	15 乙丑 6	15 乙未 5	15 甲子 ④	15 甲午 3	15 癸亥 1	《10月》	16 癸亥 ㉛	16 壬辰 29	16 壬戌 29	16 辛卯 27
16 丁酉 ⑧	16 丁卯 9	16 丁酉 8	16 丙寅 7	16 丙申 ⑥	16 乙丑 5	16 乙未 4	16 甲子 2	16 癸巳 1	《11月》	**17** 癸巳 30	**17** 癸亥 30	17 壬辰 28
17 戊戌 9	17 戊辰 10	17 戊戌 9	17 丁卯 8	17 丁酉 7	17 丙寅 6	17 丙申 5	17 乙丑 3	17 甲午 2	17 甲子 1	《12月》	18 甲子 31	**18** 癸巳 29
18 己亥 10	18 己巳 11	18 己亥 10	18 戊辰 ⑨	18 戊戌 8	18 丁卯 7	18 丁酉 6	18 丙寅 4	18 乙未 ③	18 乙丑 2	18 甲午 1	**1233 年**	19 甲午 ㉚
19 庚子 11	19 庚午 12	19 庚子 ⑪	19 己巳 10	19 己亥 9	19 戊辰 8	19 戊戌 7	19 丁卯 ⑤	19 丙申 4	19 丙寅 3	19 乙未 2	《1月》	20 乙未 31
20 辛丑 12	20 辛未 13	20 辛丑 12	20 庚午 11	20 庚子 10	20 己巳 9	20 己亥 ⑧	20 戊辰 6	20 丁酉 5	20 丁卯 4	20 丙申 3	19 乙丑 1	《2月》
21 壬寅 13	21 壬申 ⑭	21 壬寅 13	21 辛未 12	21 辛丑 11	21 庚午 10	21 庚子 9	21 己巳 7	21 戊戌 6	21 戊辰 5	21 丁酉 4	20 丙寅 ②	21 丙申 1
22 癸卯 14	22 癸酉 15	22 癸卯 14	22 壬申 13	22 壬寅 12	22 辛未 ⑪	22 辛丑 10	22 庚午 8	22 己亥 7	22 己巳 6	22 戊戌 ⑤	21 丁卯 3	22 丁酉 2
23 甲辰 ⑮	**23** 甲戌 16	**23** 甲辰 15	23 癸酉 14	23 癸卯 ⑬	23 壬申 12	23 壬寅 11	23 辛未 9	23 庚子 8	23 庚午 ⑦	23 己亥 6	22 戊辰 4	23 戊戌 3
24 乙巳 16	24 乙亥 17	24 乙巳 16	24 甲戌 15	24 甲辰 14	24 癸酉 13	24 癸卯 12	24 壬申 10	24 辛丑 9	24 辛未 8	24 庚子 7	23 己巳 5	24 己亥 4
25 丙午 17	25 丙子 18	25 丙午 17	**25** 乙亥 ⑯	**25** 乙巳 15	25 甲戌 14	25 甲辰 13	25 癸酉 11	25 壬寅 ⑩	25 壬申 9	25 辛丑 8	24 庚午 6	25 庚子 5
26 丁未 18	26 丁丑 19	26 丁未 ⑱	26 丙子 17	26 丙午 16	26 乙亥 15	26 乙巳 14	26 甲戌 ⑫	26 癸卯 11	26 癸酉 10	26 壬寅 9	25 辛未 7	26 辛丑 ⑥
27 戊申 19	27 戊寅 20	27 戊申 19	27 丁丑 18	27 丁未 17	**27** 丙子 16	**27** 丙午 ⑮	27 乙亥 13	27 甲辰 12	27 甲戌 11	27 癸卯 10	26 壬申 8	27 壬寅 7
28 己酉 20	28 己卯 ㉑	28 己酉 20	28 戊寅 19	28 戊申 18	28 丁丑 17	28 丁未 16	**28** 丙子 14	28 乙巳 13	28 乙亥 12	28 甲辰 11	27 癸酉 ⑨	28 癸卯 8
29 庚戌 21	29 庚辰 22	29 庚戌 21	29 己卯 20	29 己酉 19	29 戊寅 ⑱	29 戊申 17	29 丁丑 15	29 丙午 14	29 丙子 13	29 乙巳 ⑫	28 甲戌 10	29 甲辰 9
30 辛亥 ㉒	30 辛巳 23		30 庚辰 21		30 己卯 19			**30** 丁未 15		30 丙午 13	29 乙亥 11	30 乙巳 10
立春 7日 雨水 22日	啓蟄 8日 春分 23日	清明 8日 穀雨 23日	立夏 10日 小満 25日	芒種 10日 夏至 25日	小暑 11日 大暑 27日	立秋 12日 処暑 27日	白露 13日 秋分 28日	寒露 15日 霜降 30日	立冬15日	小雪 1日 大雪 17日	冬至 2日 小寒 17日	大寒 3日 立春 18日

天福元年〔貞永 2 年〕（1233－1234） 癸巳

改元 4/15（貞永→天福）

1月	2月	3月	4月	5月	6月	7月	8月	9月	10月	11月	12月
1 丙午11 2 丁未12 3 戊申⑬ **4** 己酉14 5 庚戌15 6 辛亥16 7 壬子17 8 癸丑18 9 甲寅19 10乙卯⑳ 11丙辰21 12丁巳22 13戊午23 14己未24 15庚申25 16辛酉26 17壬戌㉗ 18癸亥28 《3月》 **19**甲子 1 20乙丑 2 21丙寅 3 22丁卯 4 23戊辰 5 24己巳⑥ 25庚午 7 26辛未 8 27壬申 9 28癸酉10 29甲戌11 30乙亥12	1 丙子⑬ 2 丁丑14 3 戊寅15 **4** 己卯16 5 庚辰17 6 辛巳18 7 壬午19 8 癸未⑳ 9 甲申21 10乙酉22 11丙戌23 12丁亥24 13戊子25 14己丑26 15庚寅㉗ 16辛卯28 17壬辰29 18癸巳30 **19**甲午31 《4月》 20乙未 1 21丙申 2 22丁酉③ 23戊戌 4 24己亥 5 25庚子 6 26辛丑 7 27壬寅 8 28癸卯 9 29甲辰⑩	1 乙巳11 2 丙午12 3 丁未13 4 戊申14 5 己酉15 **6** 庚戌16 7 辛亥⑰ 8 壬子18 9 癸丑19 10甲寅20 11乙卯21 12丙辰22 13丁巳23 14戊午㉔ 15己未25 16庚申26 17辛酉27 18壬戌28 19癸亥29 20甲子30 《5月》 **21** 乙丑① 22丙寅 2 23丁卯 3 24戊辰 4 25己巳 5 26庚午 6 27辛未 7 28壬申⑧ 29癸酉 9 30甲戌10	1 乙亥11 2 丙子12 3 丁丑13 4 戊寅14 5 己卯⑮ **6** 庚辰16 7 辛巳17 8 壬午18 9 癸未19 10甲申20 11乙酉21 12丙戌㉒ 13丁亥23 14戊子24 *15*己丑25 16庚寅26 17辛卯27 18壬辰28 19癸巳㉙ 20甲午30 **21** 乙未31 《6月》 22丙申 1 23丁酉 2 24戊戌 3 25己亥 4 26庚子⑤ 27辛丑 6 28壬寅 7 29癸卯 8 30甲辰 9	1 乙巳10 2 丙午11 3 丁未⑫ 4 戊申13 5 己酉14 **6** 庚戌15 7 辛亥16 8 壬子17 9 癸丑18 10甲寅⑲ 11乙卯20 12丙辰21 13丁巳22 14戊午23 15己未24 16庚申25 17辛酉㉖ 18壬戌27 19癸亥28 20甲子29 21乙丑30 《7月》 **22**丙寅 1 23丁卯 2 24戊辰③ 25己巳 4 26庚午 5 27辛未 6 28壬申 7 29癸酉 8	1 甲戌 9 2 乙亥⑩ 3 丙子11 4 丁丑12 5 戊寅13 6 己卯14 7 庚辰15 **8** 辛巳16 9 壬午⑰ 10癸未18 11甲申19 12乙酉20 13丙戌21 14丁亥22 15戊子23 16己丑㉔ 17庚寅25 18辛卯26 19壬辰27 20癸巳28 21甲午29 22乙未30 **23**丙申㉛ 《8月》 24丁酉 1 25戊戌 2 26己亥 3 27庚子 4 28辛丑 5 29壬寅 6	1 癸卯⑦ 2 甲辰 8 3 乙巳 9 4 丙午10 5 丁未11 6 戊申12 7 己酉13 8 庚戌⑭ **9** 辛亥15 10壬子16 11癸丑17 12甲寅18 13乙卯19 14丙辰20 15丁巳㉑ 16戊午22 17己未23 18庚申24 19辛酉25 20壬戌26 21癸亥27 22甲子㉘ 23乙丑29 24丙寅30 **25**丁卯31 《9月》 26戊辰 1 27己巳 2 28庚午 3 29辛未④ 30壬申 5	1 癸酉 6 2 甲戌 7 3 乙亥 8 4 丙子 9 5 丁丑10 6 戊寅⑪ 7 己卯12 8 庚辰13 9 辛巳14 **10**壬午15 11癸未16 12甲申17 13乙酉⑱ 14丙戌19 15丁亥20 16戊子21 17己丑22 18庚寅23 19辛卯24 20壬辰㉕ 21癸巳26 22甲午27 23乙未28 24丙申29 **25**丁酉30 《10月》 26戊戌 1 27己亥② 28庚子 3 29辛丑 4	1 壬寅 5 2 癸卯 6 3 甲辰 7 4 乙巳 8 5 丙午⑨ 6 丁未10 7 戊申11 8 己酉12 9 庚戌13 10辛亥14 **11**壬子15 12癸丑⑯ 13甲寅17 14乙卯18 15丙辰19 16丁巳20 17戊午21 18己未22 19庚申㉓ 20辛酉24 21壬戌25 22癸亥26 23甲子27 24乙丑28 25丙寅29 **26**丁卯㉚ 27戊辰31 《11月》 28己巳 1 29庚午 2 30辛未 3	1 壬申 4 2 癸酉 5 3 甲戌⑥ 4 乙亥 7 5 丙子 8 6 丁丑 9 7 戊寅10 8 己卯11 9 庚辰12 10辛巳⑬ 11壬午14 **12**癸未15 13甲申16 14乙酉17 15丙戌18 16丁亥19 17戊子⑳ 18己丑21 19庚寅22 20辛卯23 21壬辰24 22癸巳25 23甲午26 24乙未㉗ 25丙申28 26丁酉29 **27**戊戌30 《12月》 28己亥 1 29庚子 2	1 辛丑 3 2 壬寅④ 3 癸卯 5 4 甲辰 6 5 乙巳 7 6 丙午 8 7 丁未 9 8 戊申10 9 己酉⑪ 10庚戌12 11辛亥13 12壬子14 **13**癸丑15 14甲寅16 15乙卯17 16丙辰⑱ 17丁巳19 18戊午20 19己未21 20庚申22 21辛酉23 22壬戌24 23癸亥㉕ 24甲子26 25乙丑27 26丙寅28 27丁卯29 **28**戊辰30 29己巳31 **1234年** 《1月》 30庚午①	1 辛未 2 2 壬申 3 3 癸酉 4 4 甲戌 5 5 乙亥 6 6 丙子 7 7 丁丑⑧ 8 戊寅 9 9 己卯10 10庚辰11 11辛巳12 12壬午13 **13**癸未14 14甲申⑮ 15乙酉16 16丙戌17 17丁亥18 18戊子19 19己丑20 20庚寅21 21辛卯㉒ 22壬辰23 23癸巳24 24甲午25 25乙未26 26丙申27 27丁酉28 28戊戌㉙ **29**己亥30
雨水 4日 啓蟄 19日	春分 4日 清明 19日	穀雨 6日 立夏 21日	小満 6日 芒種 21日	夏至 6日 小暑 22日	大暑 8日 立秋 23日	処暑 9日 白露 25日	秋分 10日 寒露 25日	霜降 11日 立冬 26日	小雪 12日 大雪 27日	冬至 13日 小寒 28日	大寒 13日 立春 29日

文暦元年〔天福 2 年〕（1234－1235） 甲午

改元 11/5（天福→文暦）

1月	2月	3月	4月	5月	6月	7月	8月	9月	10月	11月	12月
1 庚子31 《2月》 2 辛丑 1 3 壬寅 2 4 癸卯 3 5 甲辰 4 6 乙巳⑤ 7 丙午 6 8 丁未 7 9 戊申 8 10己酉 9 11庚戌10 12辛亥11 13壬子⑫ 14癸丑13 **15**甲寅14 16乙卯15 17丙辰16 18丁巳17 19戊午18 20己未⑲ 21庚申20 22辛酉21 23壬戌22 24癸亥23 25甲子24 26乙丑25 27丙寅㉖ 28丁卯27 29戊辰28 《3月》 **30**己巳 1	1 庚午 2 2 辛未 3 3 壬申 4 4 癸酉⑤ 5 甲戌 6 6 乙亥 7 7 丙子 8 8 丁丑 9 9 戊寅10 10己卯11 11庚辰⑫ 12辛巳13 13壬午14 14癸未15 **15**甲申16 16乙酉17 17丙戌18 18丁亥⑲ 19戊子20 20己丑21 21庚寅22 22辛卯23 23壬辰24 24癸巳25 25甲午㉖ 26乙未27 27丙申28 28丁酉29 29戊戌30	1 己亥31 《4月》 **2** 庚子 1 3 辛丑② 4 壬寅 3 5 癸卯 4 6 甲辰 5 7 乙巳 6 8 丙午 7 9 丁未 8 10戊申⑨ 11己酉10 12庚戌11 13辛亥12 14壬子13 15癸丑14 16甲寅15 **17**乙卯⑯ 18丙辰17 19丁巳18 20戊午19 21己未20 22庚申21 23辛酉22 24壬戌㉓ 25癸亥24 26甲子25 27乙丑26 28丙寅27 29丁卯28 30戊辰29	1 己巳㉚ 《5月》 **2** 庚午 1 3 辛未 2 4 壬申 3 5 癸酉 4 6 甲戌 5 7 乙亥 6 8 丙子⑦ 9 丁丑 8 10戊寅 9 11己卯10 12庚辰11 13辛巳12 14壬午13 15癸未⑭ 16甲申15 **17**乙酉16 18丙戌17 19丁亥18 20戊子19 21己丑20 22庚寅㉑ 23辛卯22 24壬辰23 25癸巳24 26甲午25 27乙未26 28丙申27 29丁酉㉘ 30戊戌29	1 己亥30 **2** 庚子31 《6月》 3 辛丑 1 4 壬寅 2 5 癸卯 3 6 甲辰④ 7 乙巳 5 8 丙午 6 9 丁未 7 10戊申 8 11己酉 9 12庚戌10 13辛亥⑪ 14壬子12 15癸丑13 16甲寅14 17乙卯15 **18**丙辰16 19丁巳17 20戊午⑱ 21己未19 22庚申20 23辛酉21 24壬戌22 25癸亥23 26甲子24 27乙丑㉕ 28丙寅26 29丁卯27	1 戊辰28 2 己巳29 3 庚午30 《7月》 **4** 辛未 1 5 壬申② 6 癸酉 3 7 甲戌 4 8 乙亥 5 9 丙子 6 10丁丑 7 11戊寅 8 12己卯⑨ 13庚辰10 14辛巳11 15壬午12 16癸未13 17甲申14 18乙酉15 **19**丙戌⑯ 20丁亥17 21戊子18 22己丑19 23庚寅20 24辛卯21 25壬辰22 26癸巳㉓ 27甲午24 28乙未25 29丙申26 30丁酉27	1 戊戌28 2 己亥29 3 庚子㉚ **4** 辛丑31 《8月》 5 壬寅 1 6 癸卯 2 7 甲辰 3 8 乙巳 4 9 丙午 5 10丁未⑥ 11戊申 7 12己酉 8 13庚戌 9 14辛亥10 15壬子11 16癸丑12 17甲寅⑬ 18乙卯14 19丙辰15 **20**丁巳16 21戊午17 22己未18 23庚申19 24辛酉⑳ 25壬戌21 26癸亥22 27甲子23 28乙丑24 29丙寅25	1 丁卯26 2 戊辰㉗ 3 己巳28 4 庚午29 5 辛未30 **6** 壬申31 《9月》 7 癸酉 1 8 甲戌 2 9 乙亥③ 10丙子 4 11丁丑 5 12戊寅 6 13己卯 7 14庚辰 8 15辛巳 9 16壬午⑩ 17癸未11 18甲申12 19乙酉13 20丙戌14 **21** 丁亥15 22戊子16 23己丑⑰ 24庚寅18 25辛卯19 26壬辰20 27癸巳21 28甲午22 29乙未23 30丙申㉔	1 丁酉25 2 戊戌26 3 己亥27 4 庚子28 5 辛丑29 **6** 壬寅30 《10月》 7 癸卯① 8 甲辰 2 9 乙巳 3 10丙午 4 11丁未 5 12戊申 6 13己酉 7 14庚戌⑧ 15辛亥 9 16壬子10 17癸丑11 18甲寅12 19乙卯13 20丙辰14 **21** 丁巳⑮ 22戊午16 23己未17 24庚申18 25辛酉19 26壬戌20 27癸亥21 28甲子㉒ 29乙丑23	1 丙寅24 2 丁卯25 3 戊辰26 4 己巳27 5 庚午28 6 辛未㉙ 7 壬申30 **8** 癸酉31 《11月》 9 甲戌 1 10乙亥 2 11丙子 3 12丁丑 4 13戊寅⑤ 14己卯 6 15庚辰 7 16辛巳 8 17壬午 9 18癸未10 19甲申11 20乙酉⑫ 21丙戌13 22丁亥14 **23**戊子15 24己丑16 25庚寅17 26辛卯18 27壬辰⑲ 28癸巳20 29甲午21 30乙未22	1 丙申23 2 丁酉24 3 戊戌25 4 己亥㉖ *5* 庚子27 6 辛丑28 7 壬寅29 **8** 癸卯30 《12月》 9 甲辰 1 10乙巳 2 11丙午③ 12丁未 4 13戊申 5 14己酉 6 15庚戌 7 16辛亥 8 17壬子 9 18癸丑⑩ 19甲寅11 20乙卯12 21丙辰13 22丁巳14 **23**戊午15 24己未16 25庚申⑰ 26辛酉18 27壬戌19 28癸亥20 29甲子21	1 乙丑22 2 丙寅23 3 丁卯㉔ 4 戊辰25 5 己巳26 6 庚午27 7 辛未28 8 壬申29 9 癸酉30 **10**甲戌㉛ **1235年** 《1月》 11乙亥 1 12丙子 2 13丁丑 3 14戊寅 4 15己卯 5 16庚辰 6 17辛巳⑦ 18壬午 8 19癸未 9 20甲申10 21乙酉11 22丙戌12 23丁亥13 24戊子⑭ **25**己丑15 26庚寅16 27辛卯17 28壬辰18 29癸巳19 30甲午20
雨水 15日 啓蟄 30日	春分 15日	清明 2日 穀雨 17日	立夏 2日 小満 17日	芒種 2日 夏至 18日	小暑 4日 大暑 19日	立秋 4日 処暑 20日	白露 6日 秋分 21日	寒露 6日 霜降 21日	立冬 8日 小雪 23日	大雪 8日 冬至 23日	小寒 10日 大寒 25日

嘉禎元年〔文暦**2**年〕（1235－1236）　乙未

改元 9/19（文暦→嘉禎）

1月	2月	3月	4月	5月	6月	閏6月	7月	8月	9月	10月	11月	12月
1 乙未㉑	1 甲子19	1 甲午21	1 癸亥19	1 癸巳19	1 壬戌⑰	1 壬辰17	1 壬戌16	1 辛卯14	1 辛酉⑭	1 庚寅12	1 庚申12	1 己丑10
2 丙申22	2 乙丑20	2 乙未22	2 甲子20	2 甲午⑳	2 癸亥18	2 癸巳18	2 癸亥17	**2** 壬辰15	2 壬戌15	2 辛卯13	2 辛酉13	2 庚寅11
3 丁酉23	3 丙寅21	3 丙申23	3 乙丑21	3 乙未21	3 甲子19	3 甲午19	3 甲子18	3 癸巳⑯	**3** 癸亥16	3 壬辰14	3 壬戌14	3 辛卯12
4 戊戌24	4 丁卯22	4 丁酉24	4 丙寅㉒	4 丙申22	4 乙丑20	4 乙未20	4 乙丑⑲	4 甲午17	4 甲子17	**4** 癸巳15	4 癸亥15	4 壬辰⑬
5 己亥25	5 戊辰23	5 戊戌㉕	5 丁卯23	5 丁酉23	5 丙寅21	5 丙申21	5 丙寅20	5 乙未18	5 乙丑18	5 甲午16	**5** 甲子⑯	5 癸巳14
6 庚子26	6 己巳24	6 己亥26	6 戊辰24	6 戊戌24	6 丁卯22	6 丁酉㉒	6 丁卯21	6 丙申19	6 丙寅19	6 乙未17	6 乙丑17	**6** 甲午15
7 辛丑27	7 庚午㉕	7 庚子27	7 己巳25	7 己亥25	7 戊辰23	7 戊戌23	7 戊辰22	7 丁酉20	7 丁卯20	7 丙申⑱	7 丙寅18	7 乙未16
8 壬寅㉘	8 辛未26	8 辛丑28	8 庚午26	8 庚子26	8 己巳㉔	8 己亥24	8 己巳23	8 戊戌21	8 戊辰㉑	8 丁酉19	8 丁卯19	8 丙申17
9 癸卯29	9 壬申27	9 壬寅29	9 辛未27	9 辛丑㉗	9 庚午25	9 庚子25	9 庚午24	9 己亥22	9 己巳22	9 戊戌20	9 戊辰20	9 丁酉18
10甲辰30	10癸酉28	10癸卯30	10壬申28	10壬寅28	10辛未26	10辛丑26	10辛未25	10庚子㉓	10庚午23	10己亥21	10己巳21	10戊戌19
11乙巳31	《3月》	11甲辰31	11癸酉㉙	11癸卯29	11壬申27	11壬寅27	11壬申㉖	11辛丑24	11辛未24	11庚子22	11庚午22	11己亥⑳
《2月》	**11**甲戌 1	《4月》	12甲戌30	12甲辰30	12癸酉28	12癸卯28	12癸酉27	12壬寅25	12壬申25	12辛丑23	12辛未㉓	12庚子21
12丙午 1	12乙亥 2	**12**乙巳①	《5月》	13乙巳31	13甲戌29	13甲辰㉙	13甲戌28	13癸卯26	13癸酉26	13壬寅24	13壬申24	13辛丑22
13丁未 2	13丙子 3	13丙午 2	**13**乙亥 1	《6月》	14乙亥30	14乙巳30	14乙亥29	14甲辰27	14甲戌27	14癸卯㉕	14癸酉25	14壬寅23
14戊申 3	14丁丑④	14丁未 3	14丙子 2	**14**丙午 1	《7月》	15丙午31	15丙子30	15乙巳28	15乙亥㉘	15甲辰26	15甲戌26	15癸卯24
15己酉④	15戊寅 5	15戊申 4	15丁丑 3	15丁未 2	**15**丙子①	《8月》	**16**丁丑31	16丙午29	16丙子29	16乙巳27	16乙亥27	16甲辰25
16庚戌 5	16己卯 6	16己酉 5	16戊寅 4	16戊申③	16丁丑 2	**16**丁未 1	《9月》	**17**丁未㉚	17丁丑30	17丙午28	17丙子28	17乙巳26
17辛亥 6	17庚辰 7	17庚戌 6	17己卯 5	17己酉 4	17戊寅 3	17戊申 2	17戊寅 1	《10月》	**18**戊寅31	18丁未29	18丁丑29	18丙午㉗
18壬子 7	18辛巳 8	18辛亥 7	18庚辰⑥	18庚戌 5	18己卯 4	18己酉 3	18己卯②	18戊申 1	《11月》	**19**戊申30	19戊寅㉚	19丁未28
19癸丑 8	19壬午 9	19壬子⑧	19辛巳 7	19辛亥 6	19庚辰 5	19庚戌 4	19庚辰 3	19己酉 2	*19*己卯 1	《12月》	**20**己卯31	20戊申29
20甲寅 9	20癸未10	20癸丑 9	20壬午 8	20壬子 7	20辛巳 6	20辛亥⑤	20辛巳 4	20庚戌 3	20庚辰 2	20己酉 1	**1236年**	**21**己酉30
21乙卯10	21甲申⑪	21甲寅10	21癸未 9	21癸丑 8	21壬午 7	21壬子 6	21壬午 5	21辛亥 4	21辛巳 3	21庚戌②	《1月》	22庚戌31
22丙辰⑪	22乙酉12	22乙卯11	22甲申10	22甲寅 9	22癸未⑧	22癸丑 7	22癸未 6	22壬子 5	22壬午④	22辛亥 3	21庚辰 1	《2月》
23丁巳12	23丙戌13	23丙辰12	23乙酉11	23乙卯⑩	23甲申 9	23甲寅 8	23甲申 7	23癸丑 6	23癸未 5	23壬子 4	22辛巳 2	23辛亥 1
24戊午13	24丁亥14	24丁巳13	24丙戌12	24丙辰11	24乙酉10	24乙卯 9	24乙酉 8	24甲寅⑦	24甲申 6	24癸丑 5	23壬午 3	24壬子 2
25己未14	25戊子15	25戊午14	25丁亥⑬	25丁巳12	25丙戌11	25丙辰10	25丙戌⑨	25乙卯 8	25乙酉 7	25甲寅 6	24癸未 4	25癸丑③
26庚申15	26己丑16	26己未⑮	26戊子14	26戊午13	26丁亥12	26丁巳11	26丁亥10	26丙辰 9	26丙戌 8	26乙卯 7	25甲申 5	26甲寅 4
27辛酉16	**27**庚寅17	**27**庚申16	27己丑15	27己未14	27戊子13	27戊午⑫	27戊子11	27丁巳10	27丁亥 9	27丙辰 8	26乙酉⑥	27乙卯 5
28壬戌17	28辛卯⑱	28辛酉17	**28**庚寅16	28庚申15	28己丑14	28己未13	28己丑12	28戊午11	28戊子10	28丁巳⑨	27丙戌 7	28丙辰 6
29癸亥⑱	29壬辰19	29壬戌18	29辛卯17	**29**辛酉16	29庚寅⑮	29庚申14	29庚寅13	29己未12	29己丑⑪	29戊午10	28丁亥 8	29丁巳 7
	30癸巳20		30壬辰18		**30**辛卯16	30辛酉15		30庚申13		30己未11	29戊子 9	30戊午 8
立春 10日 雨水 25日	啓蟄 11日 春分 27日	清明 12日 穀雨 27日	立夏 13日 小満 28日	芒種 14日 夏至 29日	小暑 15日 大暑 30日	立秋16日	処暑 1日 白露 16日	秋分 2日 寒露 17日	霜降 3日 立冬 18日	小雪 4日 大雪 19日	冬至 5日 小寒 20日	大寒 6日 立春 21日

嘉禎**2**年（1236－1237）　丙申

1月	2月	3月	4月	5月	6月	7月	8月	9月	10月	11月	12月
1 己未 9	1 戊子⑨	1 戊午 8	1 丁亥 7	1 丙辰 5	1 丙戌 5	1 丙辰 4	1 乙酉 2	1 乙卯 2	《11月》	**1** 甲寅㉚	**1** 甲申30
2 庚申⑩	2 己丑10	2 己未 9	2 戊子 8	2 丁巳 6	2 丁亥⑥	2 丁巳 5	2 丙戌 3	2 丙辰 3	1 乙酉 1	《12月》	2 乙酉31
3 辛酉11	3 庚寅11	3 庚申10	3 己丑 9	3 戊午 7	3 戊子 7	3 戊午 6	3 丁亥 4	3 丁巳 4	2 丙戌②	2 乙卯 1	**1237年**
4 壬戌12	4 辛卯12	4 辛酉11	4 庚寅10	4 己未⑧	4 己丑 8	4 己未 7	4 戊子 5	4 戊午⑤	3 丁亥 3	3 丙辰 2	《1月》
5 癸亥13	5 壬辰13	5 壬戌12	5 辛卯⑪	5 庚申 9	5 庚寅 9	5 庚申 8	5 己丑 6	5 己未 6	4 戊子 4	4 丁巳 3	3 丙戌 1
6 甲子14	6 癸巳14	6 癸亥⑬	6 壬辰12	6 辛酉10	6 辛卯10	6 辛酉 9	6 庚寅⑦	6 庚申 7	5 己丑 5	5 戊午 4	4 丁亥 2
7 乙丑15	7 甲午15	7 甲子14	7 癸巳13	7 壬戌11	7 壬辰11	7 壬戌⑩	7 辛卯 8	7 辛酉 8	6 庚寅 6	6 己未 5	5 戊子 3
8 丙寅16	**8** 乙未⑯	**8** 乙丑15	8 甲午14	8 癸亥12	8 癸巳12	8 癸亥11	8 壬辰 9	8 壬戌 9	7 辛卯 7	7 庚申 6	6 己丑④
9 丁卯⑰	9 丙申17	9 丙寅16	9 乙未15	9 甲子13	9 甲午⑬	9 甲子12	9 癸巳10	9 癸亥10	8 壬辰 8	8 辛酉⑦	7 庚寅 5
10戊辰18	10丁酉18	10丁卯17	**10**丙申16	10乙丑14	10乙未14	10乙丑13	10甲午11	10甲子11	9 癸巳⑨	9 壬戌 8	8 辛卯 6
11己巳19	11戊戌19	11戊辰18	11丁酉17	**11**丙寅⑮	11丙申15	11丙寅14	11乙未12	11乙丑⑫	10甲午10	10癸亥 9	9 壬辰 7
12庚午20	12己亥20	12己巳19	12戊戌⑱	12丁卯16	**12**丁酉16	**12**丁卯15	12丙申13	12丙寅13	11乙未11	11甲子10	10癸巳 8
13辛未21	13庚子21	13庚午⑳	13己亥19	13戊辰17	13戊戌17	13戊辰16	**13**丁酉⑭	13丁卯14	12丙申12	12乙丑11	11甲午 9
14壬申22	14辛丑22	14辛未21	14庚子20	14己巳18	14己亥18	14己巳⑰	14戊戌15	**14**戊辰15	13丁酉13	13丙寅12	12乙未10
15癸酉23	15壬寅㉓	15壬申22	15辛丑21	15庚午19	15庚子19	15庚午18	15己亥16	15己巳16	**14**戊戌14	14丁卯13	13丙申⑪
16甲戌㉔	16癸卯24	16癸酉23	16壬寅22	16辛未20	16辛丑⑳	16辛未19	16庚子17	16庚午17	15己亥15	15戊辰⑭	14丁酉12
17乙亥25	17甲辰25	17甲戌24	17癸卯23	17壬申21	17壬寅21	17壬申20	17辛丑18	17辛未18	16庚子⑯	**16**己巳15	15戊戌13
18丙子26	18乙巳26	18乙亥25	18甲辰24	18癸酉㉒	18癸卯22	18癸酉21	18壬寅19	18壬申⑲	17辛丑17	17庚午16	**16**己亥14
19丁丑27	19丙午27	19丙子26	19乙巳㉕	19甲戌23	19甲辰23	19甲戌22	19癸卯20	19癸酉20	18壬寅18	18辛未17	17庚子15
20戊寅28	20丁未28	20丁丑㉗	20丙午26	20乙亥24	20乙巳24	20乙亥23	20甲辰㉑	20甲戌21	19癸卯19	19壬申18	18辛丑16
21己卯29	21戊申29	21戊寅28	21丁未27	21丙子25	21丙午25	21丙子㉔	21乙巳22	21乙亥22	20甲辰20	20癸酉19	19壬寅17
《3月》	22己酉㉚	22己卯29	22戊申28	22丁丑26	22丁未26	22丁丑25	22丙午23	22丙子23	21乙巳21	21甲戌20	20癸卯⑱
22庚辰 1	**23**庚戌31	23庚辰30	23己酉29	23戊寅27	23戊申㉗	23戊寅26	23丁未24	23丁丑24	22丙午22	22乙亥㉑	21甲辰19
23辛巳②	《4月》	《5月》	24庚戌30	24己卯28	24己酉28	24己卯27	24戊申25	24戊寅25	23丁未㉓	23丙子22	22乙巳20
24壬午 3	24辛亥 1	**24**辛巳 1	**25**辛亥31	25庚辰㉙	25庚戌29	25庚辰28	25己酉26	25己卯㉖	24戊申24	24丁丑23	23丙午21
25癸未 4	25壬子 2	25壬午 2	《6月》	**26**辛巳30	26辛亥30	26辛巳29	26庚戌27	26庚辰27	25己酉25	25戊寅24	24丁未22
26甲申 5	26癸丑 3	26癸未 3	26壬子①	《7月》	**27**壬子31	**27**壬午30	27辛亥㉘	27辛巳28	26庚戌26	26己卯25	25戊申23
27乙酉 6	27甲寅 4	27甲申④	27癸丑 2	27壬午 1	《8月》	28癸未㉛	28壬子29	28壬午29	27辛亥27	27庚辰26	26己酉24
28丙戌 7	28乙卯 5	28乙酉 5	28甲寅 3	28癸未 2	28癸丑 1	《9月》	**29**癸丑30	**29**癸未30	28壬子28	28辛巳27	27庚戌㉕
29丁亥 8	29丙辰⑥	29丙戌 6	29乙卯 4	29甲申 3	29甲寅 2	29甲申 1	《10月》	30甲申31	29癸丑29	29壬午㉘	28辛亥26
	30丁巳 7			30乙酉 4	30乙卯③		30甲寅 1			30癸未29	29壬子27
雨水 6日 啓蟄 22日	春分 8日 清明 23日	穀雨 8日 立夏 24日	小満 10日 芒種 25日	夏至 11日 小暑 26日	大暑 12日 立秋 27日	処暑 12日 白露 27日	秋分 13日 寒露 29日	霜降 14日 立冬 29日	小雪 14日	大雪 1日 冬至 16日	小寒 1日 大寒 16日

嘉禎**3**年（1237－1238） 丁酉

1月	2月	3月	4月	5月	6月	7月	8月	9月	10月	11月	12月
1 癸丑28	1 癸未27	1 壬子28	1 壬午27	1 辛亥26	1 庚辰24	1 庚戌24	1 己卯22	1 己酉21	1 己卯21	1 戊申19	1 戊寅19
2 甲寅29	2 甲申28	2 癸丑㉙	2 癸未28	2 壬子27	2 辛巳25	2 辛亥25	2 庚辰㉓	2 庚戌22	2 庚辰22	2 己酉20	2 己卯⑳
3 乙卯30	《3月》	3 甲寅30	3 甲申29	3 癸丑28	3 壬午26	3 壬子㉖	3 辛巳24	3 辛亥23	3 辛巳23	3 庚戌21	3 庚辰21
4 丙辰31	**3** 乙酉①	**4** 乙卯31	4 乙酉30	4 甲寅29	4 癸未27	4 癸丑27	4 壬午25	4 壬子24	4 壬午24	4 辛亥㉒	4 辛巳22
《2月》	4 丙戌 2	《4月》	《5月》	5 乙卯30	5 甲申㉘	5 甲寅28	5 癸未26	5 癸丑25	5 癸未㉕	5 壬子23	5 壬午23
5 丁巳①	5 丁亥 3	5 丙辰 1	**5** 丙戌 1	**6** 丙辰㉛	6 乙酉29	6 乙卯29	6 甲申27	6 甲寅26	6 甲申26	6 癸丑24	6 癸未24
6 戊午 2	6 戊子 4	6 丁巳 2	6 丁亥 2	《6月》	7 丙戌30	7 丙辰30	7 乙酉28	7 乙卯㉗	7 乙酉27	7 甲寅25	7 甲申25
7 己未 3	7 己丑 5	7 戊午 3	7 戊子③	7 丁巳 1	《7月》	**8** 丁巳31	8 丙戌29	8 丙辰28	8 丙戌28	8 乙卯26	8 乙酉26
8 庚申 4	8 庚寅 6	8 己未 4	8 己丑 4	8 戊午 2	**8** 丁亥 1	《8月》	9 丁亥㉚	9 丁巳29	9 丁亥29	9 丙辰27	9 丙戌㉗
9 辛酉 5	9 辛卯 7	9 庚申⑤	9 庚寅 5	9 己未 3	9 戊子 2	9 戊午 1	**10**戊子31	**10**戊午30	**10**戊子30	10丁巳28	10丁亥28
10壬戌 6	10壬辰⑧	10辛酉 6	10辛卯 6	10庚申 4	10己丑 3	10己未②	《9月》	《10月》	11己丑31	11戊午㉙	11戊子29
11癸亥 7	11癸巳 9	11壬戌 7	11壬辰 7	11辛酉 5	11庚寅 4	11庚申 3	11己丑 1	11己未 1	《11月》	**12**己未30	**12**己丑30
12甲子⑧	12甲午10	12癸亥 8	12癸巳 8	12壬戌 6	12辛卯⑤	12辛酉 4	12庚寅 2	12庚申 2	12庚寅①	《12月》	13庚寅31
13乙丑 9	13乙未11	13甲子 9	13甲午 9	13癸亥⑦	13壬辰 6	13壬戌 5	13辛卯 3	13辛酉 3	13辛卯 2	13庚申 1	**1238年**
14丙寅10	14丙申12	14乙丑10	14乙未⑩	14甲子 8	14癸巳 7	14癸亥 6	14壬辰 4	14壬戌④	14壬辰 3	14辛酉 2	《1月》
15丁卯11	15丁酉13	15丙寅11	15丙申11	15乙丑 9	15甲午 8	15甲子 7	15癸巳 5	15癸亥 5	15癸巳 4	15壬戌 3	14辛卯 1
16戊辰12	16戊戌14	16丁卯⑫	16丁酉12	16丙寅10	16乙未 9	16乙丑 8	16甲午⑥	16甲子 6	16甲午 5	16癸亥 4	15壬辰 2
17己巳13	17己亥⑮	17戊辰13	17戊戌13	17丁卯11	17丙申10	17丙寅⑨	17乙未 7	17乙丑 7	17乙未 6	17甲子 5	16癸巳③
18庚午14	**18**庚子16	18己巳14	18己亥14	18戊辰12	18丁酉11	18丁卯10	18丙申 8	18丙寅 8	18丙申 7	18乙丑⑥	17甲午 4
19辛未⑮	19辛丑17	19庚午15	19庚子15	19己巳13	19戊戌⑫	19戊辰11	19丁酉 9	19丁卯 9	19丁酉⑧	19丙寅 7	18乙未 5
20壬申16	20壬寅18	**20**辛未16	**20**辛丑16	20庚午⑭	20己亥13	20己巳12	20戊戌10	20戊辰10	20戊戌 9	20丁卯 8	19丙申 6
21癸酉17	21癸卯19	21壬申17	21壬寅⑰	**21**辛未15	21庚子14	21庚午13	21己亥11	21己巳⑪	21己亥10	21戊辰 9	20丁酉 7
22甲戌18	22甲辰20	22癸酉18	22癸卯18	22壬申16	22辛丑15	22辛未14	22庚子12	22庚午12	22庚子11	22己巳10	21戊戌 8
23乙亥19	23乙巳21	23甲戌⑲	23甲辰19	23癸酉17	**23**壬寅16	**23**壬申15	23辛丑⑬	23辛未13	23辛丑12	23庚午11	22己亥 9
24丙子20	24丙午㉒	24乙亥20	24乙巳20	24甲戌18	24癸卯17	24癸酉⑯	24壬寅14	24壬申14	24壬寅13	24辛未12	23庚子⑩
25丁丑21	25丁未23	25丙子21	25丙午21	25乙亥19	25甲辰18	25甲戌17	**25**癸卯15	**25**癸酉15	25癸卯14	25壬申⑬	24辛丑11
26戊寅㉒	26戊申24	26丁丑22	26丁未22	26丙子20	26乙巳⑲	26乙亥16	26甲辰16	26甲戌16	**26**甲辰⑮	26癸酉14	25壬寅12
27己卯23	27己酉25	27戊寅23	27戊申23	27丁丑㉑	27丙午20	27丙子19	27乙巳17	27乙亥17	27乙巳16	**27**甲戌15	26癸卯13
28庚辰24	28庚戌26	28己卯24	28己酉㉔	28戊寅22	28丁未21	28丁丑20	28丙午18	28丙子⑱	28丙午17	28乙亥16	**27**甲辰14
29辛巳25	29辛亥27	29庚辰25	29庚戌25	29己卯23	29戊申22	29戊寅21	29丁未19	29丁丑19	29丁未18	29丙子17	28乙巳15
30壬午26		30辛巳㉖			30己酉23		30戊申⑳	30戊寅20		30丁丑18	29丙午16
											30丁未⑰
立春 2日 雨水 18日	啓蟄 3日 春分 18日	清明 4日 穀雨 20日	立夏 5日 小満 20日	芒種 6日 夏至 21日	小暑 8日 大暑 23日	立秋 8日 処暑 23日	白露 10日 秋分 25日	寒露 10日 霜降 25日	立冬 10日 小雪 26日	大雪 12日 冬至 27日	小寒 12日 大寒 27日

暦仁元年〔嘉禎**4**年〕（1238－1239） 戊戌

改元 11/23（嘉禎→暦仁）

1月	2月	閏2月	3月	4月	5月	6月	7月	8月	9月	10月	11月	12月
1 戊申18	1 丁丑16	1 丁未18	**1** 丙子16	**1** 丙午⑯	1 乙亥14	1 甲辰13	1 甲戌12	1 癸卯10	1 癸酉⑩	1 壬寅 8	1 壬申 8	1 壬寅 7
2 己酉19	2 戊寅17	2 戊申19	2 丁丑17	2 丁未17	2 丙子15	2 乙巳14	2 乙亥13	2 甲辰11	2 甲戌11	2 癸卯 9	2 癸酉 9	2 癸卯 8
3 庚戌20	3 己卯18	3 己酉20	3 戊寅⑱	3 戊申18	**3** 丁丑16	3 丙午15	3 丙子14	3 乙巳⑫	3 乙亥12	3 甲辰10	3 甲戌10	3 甲辰⑨
4 辛亥21	4 庚辰19	4 庚戌㉑	4 己卯19	4 己酉19	4 戊寅17	**4** 丁未16	4 丁丑⑮	4 丙午13	4 丙子13	4 乙巳11	4 乙亥11	4 乙巳10
5 壬子22	5 辛巳20	5 辛亥22	5 庚辰20	5 庚戌20	5 己卯18	5 戊申17	**5** 戊寅16	5 丁未14	5 丁丑14	5 丙午12	5 丙子⑫	5 丙午11
6 癸丑23	6 壬午㉑	6 壬子23	6 辛巳21	6 辛亥21	6 庚辰19	6 己酉⑱	6 己卯17	**6** 戊申15	**6** 戊寅15	6 丁未13	6 丁丑13	6 丁未12
7 甲寅㉔	7 癸未22	7 癸丑24	7 壬午22	7 壬子22	7 辛巳⑳	7 庚戌19	7 庚辰18	7 己酉16	7 己卯16	7 戊申⑭	7 戊寅14	7 戊申13
8 乙卯25	8 甲申23	8 甲寅25	8 癸未23	8 癸丑㉓	8 壬午21	8 辛亥20	8 辛巳19	8 庚戌17	8 庚辰⑰	**8** 己酉15	**8** 己卯15	8 己酉14
9 丙辰26	9 乙酉24	9 乙卯26	9 甲申24	9 甲寅24	9 癸未22	9 壬子21	9 壬午20	9 辛亥18	9 辛巳18	9 庚戌16	9 庚辰16	**9** 庚戌15
10丁巳27	10丙戌25	10丙辰27	10乙酉㉕	10乙卯25	10甲申23	10癸丑22	10癸未21	10壬子⑲	10壬午19	10辛亥17	10辛巳17	10辛亥⑯
11戊午28	11丁亥26	11丁巳㉘	11丙戌26	11丙辰26	11乙酉24	11甲寅23	11甲申㉒	11癸丑20	11癸未20	11壬子18	11壬午18	11壬子17
12己未29	12戊子27	12戊午29	12丁亥27	12丁巳27	12丙戌25	12乙卯24	12乙酉23	12甲寅21	12甲申21	12癸丑19	12癸未⑲	12癸丑18
13庚申30	13己丑㉘	13己未30	13戊子28	13戊午28	13丁亥26	13丙辰㉕	13丙戌24	13乙卯22	13乙酉22	13甲寅20	13甲申20	13甲寅19
14辛酉㉛	《3月》	14庚申31	14己丑29	14己未29	14戊子㉗	14丁巳26	14丁亥25	14丙辰23	14丙戌23	14乙卯㉑	14乙酉21	14乙卯20
《2月》	**14**庚寅 1	《4月》	15庚寅30	15庚申㉚	15己丑28	15戊午27	15戊子26	15丁巳24	15丁亥㉔	15丙辰22	15丙戌22	15丙辰21
15壬戌 1	15辛卯 2	**15**辛酉 1	《5月》	**16**辛酉31	16庚寅29	16己未28	16己丑27	16戊午25	16戊子25	16丁巳23	16丁亥23	16丁巳22
16癸亥 2	16壬辰 3	16壬戌 2	**16**辛卯 1	《6月》	17辛卯30	17庚申29	17庚寅28	17己未㉖	17己丑26	17戊午24	17戊子24	17戊午㉓
17甲子 3	17癸巳 4	17癸亥 3	17壬辰②	17壬戌 1	《7月》	18辛酉30	18辛卯㉙	18庚申27	18庚寅27	18己未25	18己丑25	18己未24
18乙丑 4	18甲午 5	18甲子④	18癸巳 3	18癸亥 2	**18**壬辰 1	**19**壬戌31	19壬辰30	19辛酉28	19辛卯28	19庚申26	19庚寅㉖	19庚申25
19丙寅 5	19乙未 6	19乙丑 5	19甲午 4	19甲子 3	19癸巳 2	《8月》	**20**癸巳31	20壬戌29	20壬辰29	20辛酉27	20辛卯27	20辛酉26
20丁卯 6	20丙申⑦	20丙寅 6	20乙未 5	20乙丑 4	20甲午 3	20癸亥①	《9月》	**21**癸亥30	21癸巳30	21壬戌㉘	21壬辰28	21壬戌27
21戊辰⑦	21丁酉 8	21丁卯 7	21丙申 6	21丙寅 5	21乙未④	21甲子 2	21甲午 1	《10月》	**22**甲午㉛	22癸亥29	22癸巳29	22癸亥28
22己巳 8	22戊戌 9	22戊辰 8	22丁酉 7	22丁卯⑥	22丙申 5	22乙丑 3	22乙未 2	22甲子 1	《11月》	**23**甲子30	**23**甲午30	23甲子29
23庚午 9	23己亥10	23己巳 9	23戊戌 8	23戊辰 7	23丁酉 6	23丙寅 4	23丙申 3	23乙丑 2	23乙未 1	《12月》	24乙未31	**24**乙丑㉚
24辛未10	24庚子11	24庚午10	24己亥⑨	24己巳 8	24戊戌 7	24丁卯 5	24丁酉 4	24丙寅③	24丙申 2	24乙丑 1	**1239年**	25丙寅31
25壬申11	25辛丑12	25辛未⑪	25庚子10	25庚午 9	25己亥 8	25戊辰 6	25戊戌⑤	25丁卯 4	25丁酉 3	25丙寅 2	《1月》	《2月》
26癸酉12	26壬寅13	26壬申12	26辛丑11	26辛未10	26庚子 9	26己巳 7	26己亥 6	26戊辰 5	26戊戌 4	26丁卯 3	25丙申 1	26丁卯 1
27甲戌13	27癸卯⑭	27癸酉13	27壬寅12	27壬申11	27辛丑10	27庚午⑧	27庚子 7	27己巳 6	27己亥 5	27戊辰 4	26丁酉②	27戊辰 2
28乙亥⑭	28甲辰15	28甲戌14	28癸卯13	28癸酉12	28壬寅⑪	28辛未 9	28辛丑 8	28庚午 7	28庚子 6	28己巳⑤	27戊戌 3	28己巳 3
29丙子15	**29**乙巳16	29乙亥15	29甲辰14	29甲戌⑬	29癸卯12	29壬申10	29壬寅 9	29辛未 8	29辛丑⑦	29庚午 6	28己亥 4	29庚午 4
	30丙午17		30乙巳15			30癸酉11		30壬申 9		30辛未 7	29庚子 5	30辛未 5
											30辛丑 6	
立春 13日 雨水 28日	啓蟄 14日 春分 29日	清明15日	穀雨 1日 立夏 16日	小満 1日 芒種 16日	夏至 3日 小暑 18日	大暑 4日 立秋 19日	処暑 5日 白露 20日	秋分 6日 寒露 21日	霜降 6日 立冬 22日	小雪 8日 大雪 23日	冬至 8日 小寒 23日	大寒 9日 立春 24日

延応元年〔暦仁 2 年〕（1239－1240） 己亥

改元 2/7（暦仁→延応）

1月	2月	3月	4月	5月	6月	7月	8月	9月	10月	11月	12月
1 壬申⑥	1 辛丑 7	1 辛未 6	1 庚子 5	1 庚午 4	1 己亥③	《8月》	**1** 戊戌31	1 丁卯29	1 丁酉29	1 丙寅㉗	1 丙申27
2 癸酉 7	2 壬寅 8	2 壬申 7	2 辛丑 6	2 辛未⑤	2 庚子 4	**1** 戊辰 1	《9月》	**2** 戊辰30	2 戊戌㉚	2 丁卯28	2 丁酉28
3 甲戌 8	3 癸卯 9	3 癸酉 8	3 壬寅 7	3 壬申 6	3 辛丑 5	2 己巳 2	2 己亥 1	《10月》	**3** 己亥31	3 戊辰29	3 戊戌29
4 乙亥 9	4 甲辰10	4 甲戌 9	4 癸卯⑧	4 癸酉 7	4 壬寅 6	3 庚午 3	3 庚子 2	3 己巳 1	《11月》	**4** 己巳30	4 己亥30
5 丙子10	5 乙巳11	5 乙亥⑩	5 甲辰 9	5 甲戌 8	5 癸卯 7	4 辛未 4	4 辛丑 3	4 庚午②	4 庚子 1	《12月》	**5** 庚子31
6 丁丑11	6 丙午12	6 丙子11	6 乙巳10	6 乙亥 9	6 甲辰 8	5 壬申 5	5 壬寅④	5 辛未 3	5 辛丑 2	5 庚午 1	**1240 年**
7 戊寅12	7 丁未⑬	7 丁丑12	7 丙午11	7 丙子10	7 乙巳 9	6 癸酉 6	6 癸卯 5	6 壬申 4	6 壬寅 3	6 辛未 2	《1月》
8 己卯⑬	8 戊申14	8 戊寅13	8 丁未12	8 丁丑11	8 丙午⑩	7 甲戌⑦	7 甲辰 6	7 癸酉 5	7 癸卯 4	7 壬申 3	6 辛丑①
9 庚辰14	9 己酉15	9 己卯14	9 戊申13	9 戊寅⑫	9 丁未11	8 乙亥 8	8 乙巳 7	8 甲戌 6	8 甲辰 5	8 癸酉④	7 壬寅 2
10辛巳15	10庚戌16	10庚辰15	10己酉14	10己卯13	10戊申12	9 丙子 9	9 丙午 8	9 乙亥 7	9 乙巳⑥	9 甲戌 5	8 癸卯 3
11壬午16	**11**辛亥17	**11**辛巳16	11庚戌⑮	11庚辰14	11己酉13	10丁丑10	10丁未 9	10丙子 8	10丙午 7	10乙亥 6	9 甲辰 4
12癸未17	12壬子18	12壬午⑰	**12**辛亥16	12辛巳15	12庚戌14	11戊寅11	11戊申10	11丁丑⑨	11丁未 8	11丙子 7	10乙巳 5
13甲申18	13癸丑19	13癸未18	13壬子17	**13**壬午16	13辛亥15	12己卯12	12己酉⑪	12戊寅10	12戊申 9	12丁丑 8	11丙午 6
14乙酉19	**14**甲寅⑳	14甲申19	14癸丑18	14癸未17	**14**壬子16	13庚辰13	13庚戌12	13己卯11	13己酉10	13戊寅 9	12丁未 7
15丙戌⑳	15乙卯21	15乙酉20	15甲寅19	15甲申18	15癸丑⑰	14辛巳⑭	14辛亥13	14庚辰12	14庚戌11	14己卯10	13戊申⑧
16丁亥21	16丙辰22	16丙戌21	16乙卯20	16乙酉⑲	16甲寅18	15壬午15	15壬子14	15辛巳13	15辛亥12	15庚辰⑪	14己酉 9
17戊子22	17丁巳23	17丁亥22	17丙辰21	17丙戌20	17乙卯19	**16**癸未16	**16**癸丑15	16壬午14	16壬子⑬	16辛巳12	15庚戌10
18己丑23	18戊午24	18戊子23	18丁巳㉒	18丁亥21	18丙辰20	17甲申17	17甲寅16	17癸未15	17癸丑14	17壬午13	16辛亥11
19庚寅24	19己未25	19己丑㉔	19戊午23	19戊子22	19丁巳21	18乙酉18	18乙卯17	**18**甲申⑯	**18**甲寅15	18癸未14	17壬子12
20辛卯25	20庚申26	20庚寅25	20己未24	20己丑23	20戊午22	19丙戌19	19丙辰⑱	19乙酉17	19乙卯16	19甲申15	18癸丑13
21壬辰26	21辛酉㉗	21辛卯26	21庚申25	21庚寅24	21己未23	20丁亥20	20丁巳19	20丙戌18	20丙辰17	**20**乙酉16	19甲寅14
22癸巳㉗	22壬戌28	22壬辰27	22辛酉26	22辛卯25	22庚申㉔	21戊子㉑	21戊午20	21丁亥19	21丁巳18	21丙戌17	**20**乙卯⑮
23甲午28	23癸亥29	23癸巳28	23壬戌27	23壬辰㉖	23辛酉25	22己丑22	22己未21	22戊子20	22戊午19	22丁亥⑱	21丙辰16
《3月》	24甲子30	24甲午29	24癸亥28	24癸巳27	24壬戌26	23庚寅23	23庚申22	23己丑21	23己未⑳	23戊子19	22丁巳17
24乙未 1	25乙丑31	25乙未30	25甲子㉙	25甲午28	25癸亥27	24辛卯24	24辛酉23	24庚寅22	24庚申21	24己丑20	23戊午18
25丙申 2	《4月》	《5月》	26乙丑30	26乙未29	26甲子28	25壬辰25	25壬戌24	25辛卯㉓	25辛酉22	25庚寅21	24己未19
26丁酉 3	**26**丙寅 1	**26**丙申①	27丙寅31	27丙申30	27乙丑29	26癸巳26	26癸亥㉕	26壬辰24	26壬戌23	26辛卯22	25庚申20
27戊戌 4	27丁卯 2	27丁酉 2	《6月》	《7月》	28丙寅30	27甲午27	27甲子26	27癸巳25	27癸亥24	27壬辰23	26辛酉21
28己亥 5	28戊辰③	28戊戌 3	**28**丁卯 1	**28**丁酉 1	29丁卯㉛	28乙未㉘	28乙丑27	28甲午26	28甲子25	28癸巳24	27壬戌㉒
29庚子⑥	29己巳 4	29己亥 4	29戊辰 2	29戊戌 2		29丙申29	29丙寅28	29乙未27	29乙丑26	29甲午㉕	28癸亥23
	30庚午 5		30己巳 3			30丁酉30		30丙申28		30乙未26	29甲子24
											30乙丑25
雨水 9日 啓蟄 24日	春分 11日 清明 26日	穀雨 11日 立夏 26日	小満 12日 芒種 28日	夏至 13日 小暑 28日	大暑 14日	立秋 1日 処暑 16日	白露 1日 秋分 16日	寒露 2日 霜降 18日	立冬 3日 小雪 18日	大雪 4日 冬至 20日	小寒 5日 大寒 20日

仁治元年〔延応 2 年〕（1240－1241） 庚子

改元 7/16（延応→仁治）

1月	2月	3月	4月	5月	6月	7月	8月	9月	10月	閏10月	11月	12月
1 丙寅26	1 丙申25	1 乙丑㉕	1 乙未24	1 甲子23	1 甲午22	1 癸亥21	1 壬辰⑲	1 辛酉17	1 辛卯17	1 庚申15	**1** 庚寅15	**1** 庚申14
2 丁卯27	2 丁酉㉖	2 丙寅26	2 丙申25	2 乙丑24	2 乙未23	2 甲子㉒	2 癸巳20	2 壬戌18	2 壬辰18	2 辛酉16	2 辛卯⑯	2 辛酉15
3 戊辰28	3 戊戌27	3 丁卯27	3 丁酉26	3 丙寅25	3 丙申㉔	3 乙丑23	3 甲午21	3 癸亥19	3 癸巳19	3 壬戌17	3 壬辰17	3 壬戌16
4 己巳㉙	4 己亥28	4 戊辰28	4 戊戌27	4 丁卯26	4 丁酉25	4 丙寅24	4 乙未22	4 甲子20	4 甲午20	4 癸亥⑱	4 癸巳18	4 癸亥17
5 庚午30	5 庚子29	5 己巳29	5 己亥28	5 戊辰㉗	5 戊戌26	5 丁卯25	5 丙申23	5 乙丑21	5 乙未㉑	5 甲子19	5 甲午19	5 甲子18
6 辛未31	《3月》	6 庚午30	6 庚子㉙	6 己巳28	6 己亥27	6 戊辰26	6 丁酉24	6 丙寅22	6 丙申22	6 乙丑20	6 乙未20	6 乙丑19
《2月》	**6** 辛丑 1	**7** 辛未31	**7** 辛丑30	7 庚午29	7 庚子28	7 己巳27	7 戊戌25	7 丁卯㉓	7 丁酉23	7 丙寅21	7 丙申21	7 丙寅⑳
7 壬申 1	7 壬寅 2	《4月》	《5月》	8 辛未30	8 辛丑29	8 庚午28	8 己亥㉖	8 戊辰24	8 戊戌24	8 丁卯22	8 丁酉22	8 丁卯21
8 癸酉 2	8 癸卯 3	8 壬申①	8 壬寅 1	**9** 壬申31	**9** 壬寅30	9 辛未㉙	9 庚子27	9 己巳25	9 己亥25	9 戊辰23	9 戊戌㉓	9 戊辰22
9 甲戌 3	9 甲辰④	9 癸酉 2	9 癸卯 2	《6月》	《7月》	10壬申30	10辛丑28	10庚午26	10庚子26	10己巳24	10己亥24	10己巳23
10乙亥 4	10乙巳 5	10甲戌 3	10甲辰 3	10癸酉 1	10癸卯①	**11**癸酉31	11壬寅29	11辛未27	11辛丑27	11庚午㉕	11庚子25	11庚午24
11丙子⑤	11丙午 6	11乙亥 4	11乙巳 4	11甲戌 2	11甲辰 2	《8月》	**12**癸卯30	12壬申28	12壬寅㉘	12辛未26	12辛丑26	12辛未25
12丁丑 6	12丁未 7	12丙子 5	12丙午 5	12乙亥③	12乙巳 3	12甲戌 1	13甲辰31	13癸酉29	13癸卯29	13壬申27	13壬寅27	13壬申26
13戊寅 7	13戊申 8	13丁丑 6	13丁未⑥	13丙子 4	13丙午 4	13乙亥 2	《9月》	**14**甲戌㉚	**14**甲辰30	14癸酉28	14癸卯28	14癸酉㉗
14己卯 8	14己酉 9	14戊寅 7	14戊申 7	14丁丑 5	14丁未 5	14丙子 3	14乙巳 1	《10月》	15乙巳31	15甲戌29	15甲辰29	15甲戌28
15庚辰 9	15庚戌10	15己卯⑧	15己酉 8	15戊寅 6	15戊申 6	15丁丑 4	15丙午②	15乙亥 1	《11月》	**16**乙亥30	**16**乙巳㉚	**16**乙亥29
16辛巳10	16辛亥⑪	16庚辰 9	16庚戌 9	16己卯 7	16己酉 7	16戊寅⑤	16丁未 3	16丙子 2	16丙午 1	《12月》	17丙午31	17丙子30
17壬午11	17壬子12	17辛巳10	17辛亥10	17庚辰 8	17庚戌⑧	17己卯 6	17戊申 4	17丁丑 3	17丁未 2	17丙子 1	**1241 年**	18丁丑31
18癸未⑫	18癸丑13	18壬午11	18壬子11	18辛巳 9	18辛亥 9	18庚辰 7	18己酉 5	18戊寅 4	18戊申 3	18丁丑②	《1月》	《2月》
19甲申13	19甲寅14	19癸未12	19癸丑12	19壬午⑩	19壬子10	19辛巳 8	19庚戌 6	19己卯 5	19己酉④	19戊寅 3	18丁未 1	19戊寅 1
20乙酉14	20乙卯15	20甲申13	20甲寅⑬	20癸未11	20癸丑11	20壬午 9	20辛亥 7	20庚辰 6	20庚戌 5	20己卯 4	19戊申 2	20己卯 2
21丙戌15	**21**丙辰16	21乙酉14	21乙卯14	21甲申12	21甲寅12	21癸未10	21壬子 8	21辛巳⑦	21辛亥 6	21庚辰 5	20己酉 3	21庚辰③
22丁亥16	22丁巳17	**22**丙戌⑮	22丙辰15	22乙酉13	22乙卯13	22甲申11	22癸丑⑨	22壬午 8	22壬子 7	22辛巳 6	21庚戌 4	22辛巳 4
23戊子17	23戊午⑱	23丁亥16	**23**丁巳16	23丙戌14	23丙辰14	23乙酉⑫	23甲寅10	23癸未 9	23癸丑 8	23壬午 7	22辛亥 5	23壬午 5
24己丑18	24己未19	24戊子17	24戊午17	**24**丁亥15	24丁巳⑮	24丙戌13	24乙卯11	24甲申10	24甲寅 9	24癸未 8	23壬子⑥	24癸未 6
25庚寅⑲	25庚申20	25己丑18	25己未18	25戊子16	**25**戊午16	25丁亥14	25丙辰12	25乙酉11	25乙卯10	25甲申⑨	24癸丑 7	25甲申 7
26辛卯20	26辛酉21	26庚寅19	26庚申19	26己丑⑰	26己未17	**26**戊子15	26丁巳13	26丙戌12	26丙辰⑪	26乙酉10	25甲寅 8	26乙酉 8
27壬辰21	27壬戌22	27辛卯20	27辛酉⑳	27庚寅18	27庚申18	27己丑16	**27**戊午14	27丁亥13	27丁巳12	27丙戌11	26乙卯 9	27丙戌 9
28癸巳22	28癸亥23	28壬辰21	28壬戌21	28辛卯19	28辛酉19	28庚寅17	28己未15	28戊子⑭	28戊午13	28丁亥12	27丙辰10	28丁亥⑩
29甲午23	29甲子24	29癸巳㉒	29癸亥22	29壬辰20	29壬戌20	29辛卯18	29庚申⑯	**29**己丑15	**29**己未14	29戊子13	28丁巳11	29戊子11
30乙未24		30甲午23		30癸巳21				30庚寅16		30己丑14	29戊午12	30己丑12
											30己未⑬	
立春 5日 雨水 20日	啓蟄 6日 春分 21日	清明 7日 穀雨 22日	立夏 7日 小満 23日	芒種 9日 夏至 24日	小暑 9日 大暑 25日	立秋 11日 処暑 26日	白露 12日 秋分 27日	寒露 14日 霜降 29日	立冬 14日 小雪 29日	大雪16日	冬至 1日 小寒 16日	大寒 1日 立春 16日

仁治**2**年（1241－1242） 辛丑

1月	2月	3月	4月	5月	6月	7月	8月	9月	10月	11月	12月
1 庚寅13	1 己未14	1 己丑13	1 己未13	1 戊子11	1 丁巳10	1 丁亥 9	1 丙辰 7	1 丙戌 7	1 乙卯 5	1 甲申 4	1 甲寅 3
2 辛卯14	2 庚申15	2 庚寅⑭	2 庚申14	2 己丑12	2 戊午11	2 戊子10	2 丁巳⑧	2 丁亥 8	2 丙辰 6	2 乙酉 5	2 乙卯 4
3 壬辰15	**3** 辛酉16	3 辛卯15	3 辛酉15	3 庚寅13	3 己未12	3 己丑⑪	3 戊午 9	3 戊子 9	3 丁巳 7	3 丙戌 6	3 丙辰⑤
4 癸巳16	4 壬戌⑰	**4** 壬辰16	**4** 壬戌16	4 辛卯14	4 庚申13	4 庚寅12	4 己未10	4 己丑10	4 戊午 8	4 丁亥 7	4 丁巳 6
5 甲午⑰	5 癸亥18	5 癸巳17	5 癸亥17	**5** 壬辰15	5 辛酉⑭	5 辛卯13	5 庚申11	5 庚寅11	5 己未 9	5 戊子⑧	5 戊午 7
6 乙未18	6 甲子19	6 甲午18	6 甲子18	6 癸巳⑯	6 壬戌15	6 壬辰14	6 辛酉12	6 辛卯12	6 庚申⑩	6 己丑 9	6 己未 8
7 丙申19	7 乙丑20	7 乙未19	7 乙丑⑲	7 甲午17	**7** 癸亥16	**7** 癸巳15	7 壬戌13	7 壬辰⑬	7 辛酉11	7 庚寅10	7 庚申 9
8 丁酉20	8 丙寅21	8 丙申20	8 丙寅20	8 乙未18	8 甲子17	8 甲午16	8 癸亥14	8 癸巳14	8 壬戌12	8 辛卯11	8 辛酉10
9 戊戌21	9 丁卯22	9 丁酉㉑	9 丁卯21	9 丙申19	9 乙丑18	9 乙未17	**9** 甲子⑮	**9** 甲午15	9 癸亥13	9 壬辰12	9 壬戌11
10己亥22	10戊辰23	10戊戌22	10戊辰22	10丁酉20	10丙寅19	10丙申⑱	10乙丑16	10乙未16	10甲子14	10癸巳13	10癸亥⑫
11庚子23	11己巳㉔	11己亥23	11己巳23	11戊戌21	11丁卯20	11丁酉19	11丙寅17	11丙申17	**11**乙丑15	11甲午14	11甲子13
12辛丑㉔	12庚午25	12庚子24	12庚午24	12己亥22	12戊辰㉑	12戊戌20	12丁卯18	12丁酉18	12丙寅16	**12**乙未⑮	**12**乙丑14
13壬寅25	13辛未26	13辛丑25	13辛未25	13庚子㉓	13己巳22	13己亥21	13戊辰19	13戊戌19	13丁卯⑰	13丙申16	13丙寅15
14癸卯26	14壬申27	14壬寅26	14壬申㉖	14辛丑24	14庚午23	14庚子22	14己巳20	14己亥⑳	14戊辰18	14丁酉17	14丁卯16
15甲辰27	15癸酉28	15癸卯27	15癸酉27	15壬寅25	15辛未24	15辛丑23	15庚午21	15庚子21	15己巳19	15戊戌18	15戊辰17
16乙巳28	16甲戌29	16甲辰㉘	16甲戌28	16癸卯26	16壬申25	16壬寅24	16辛未㉒	16辛丑22	16庚午20	16己亥19	16己巳18
《3月》	17乙亥30	17乙巳29	17乙亥29	17甲辰27	17癸酉26	17癸卯㉕	17壬申23	17壬寅23	17辛未21	17庚子20	17庚午⑲
17丙午 1	**18**丙子㉛	18丙午30	18丙子30	18乙巳28	18甲戌27	18甲辰26	18癸酉24	18癸卯24	18壬申22	18辛丑21	18辛未20
18丁未 2	《4月》	《5月》	**19**丁丑31	19丙午29	19乙亥㉘	19乙巳27	19甲戌25	19甲辰25	19癸酉23	19壬寅㉒	19壬申21
19戊申③	19丁丑 1	**19**丁未 1	《6月》	20丁未㉚	20丙子29	20丙午28	20乙亥26	20乙巳26	20甲戌㉔	20癸卯23	20癸酉22
20己酉 4	20戊寅 2	20戊申 2	20戊寅 1	《7月》	21丁丑30	21丁未29	21丙子27	21丙午㉗	21乙亥25	21甲辰24	21甲戌23
21庚戌 5	21己卯 3	21己酉 3	21己卯②	**21**戊申 1	**22**戊寅31	**22**戊申30	22丁丑28	22丁未28	22丙子26	22乙巳25	22乙亥24
22辛亥 6	22庚辰 4	22庚戌 4	22庚辰 3	22己酉 2	《8月》	23己酉31	23戊寅㉙	23戊申29	23丁丑27	23丙午26	23丙子25
23壬子 7	23辛巳 5	23辛亥⑤	23辛巳 4	23庚戌 3	23己卯 1	《9月》	**24**己卯30	**24**己酉30	24戊寅28	24丁未27	24丁丑㉖
24癸丑 8	24壬午 6	24壬子 6	24壬午 5	24辛亥 4	24庚辰 2	24庚戌①	《10月》	25庚戌31	25己卯29	25戊申28	25戊寅27
25甲寅 9	25癸未⑦	25癸丑 7	25癸未 6	25壬子 5	25辛巳 3	25辛亥 2	25庚辰 1	《11月》	**26**庚辰30	26己酉㉙	26己卯28
26乙卯⑩	26甲申 8	26甲寅 8	26甲申 7	26癸丑 6	26壬午④	26壬子 3	26辛巳 2	26辛亥 1	《12月》	**27**庚戌30	27庚辰29
27丙辰11	27乙酉 9	27乙卯 9	27乙酉 8	27甲寅⑦	27癸未 5	27癸丑 4	27壬午 3	27壬子 2	27辛巳①	28辛亥31	**28**辛巳30
28丁巳12	28丙戌10	28丙辰10	28丙戌⑨	28乙卯 8	28甲申 6	28甲寅 5	28癸未 4	28癸丑③	28壬午 2	**1242年**	29壬午31
29戊午13	29丁亥11	29丁巳11	29丁亥10	29丙辰 9	29乙酉 7	29乙卯 6	29甲申 5	29甲寅 4	29癸未 3	《1月》	《2月》
	30戊子12	30戊午⑫			30丙戌 8		30乙酉⑥			29壬子 1	30癸未 1
										30癸丑 2	

雨水 2日	春分 3日	穀雨 4日	小満 4日	夏至 5日	大暑 7日	処暑 7日	秋分 9日	霜降 9日	小雪 11日	冬至 12日	大寒 12日
啓蟄 17日	清明 18日	立夏 19日	芒種 19日	小暑 21日	立秋 22日	白露 22日	寒露 24日	立冬 24日	大雪 26日	小寒 27日	立春 28日

仁治**3**年（1242－1243） 壬寅

1月	2月	3月	4月	5月	6月	7月	8月	9月	10月	11月	12月
1 甲申②	1 癸丑 3	1 癸未 2	1 癸丑 2	**1** 壬午31	1 壬子30	1 辛巳29	1 辛亥28	1 庚辰26	1 庚戌㉖	1 己卯24	1 己酉24
2 乙酉 3	2 甲寅 4	2 甲申 3	2 甲寅 3	《6月》	《7月》	2 壬午30	2 壬子29	2 辛巳27	2 辛亥27	2 庚辰25	2 庚戌25
3 丙戌 4	3 乙卯 5	3 乙酉 4	3 乙卯④	2 癸未①	**2** 癸丑 1	**3** 癸未31	3 癸丑30	3 壬午㉘	3 壬子28	3 辛巳26	3 辛亥26
4 丁亥 5	4 丙辰 6	4 丙戌 5	4 丙辰 5	3 甲申 2	3 甲寅 2	《8月》	**4** 甲寅㉛	4 癸未29	4 癸丑29	4 壬午27	4 壬子27
5 戊子 6	5 丁巳 7	5 丁亥⑥	5 丁巳 6	4 乙酉 3	4 乙卯 3	4 甲申 1	《9月》	**5** 甲申30	5 甲寅30	5 癸未28	5 癸丑㉘
6 己丑 7	6 戊午 8	6 戊子 7	6 戊午 7	5 丙戌 4	5 丙辰 4	5 乙酉 2	5 乙卯 1	《10月》	**6** 乙卯31	6 甲申29	6 甲寅29
7 庚寅 8	7 己未⑨	7 己丑 8	7 己未 8	6 丁亥 5	6 丁巳 5	6 丙戌③	6 丙辰 2	6 乙酉 1	《11月》	**7** 乙酉㉚	**7** 乙卯30
8 辛卯⑨	8 庚申10	8 庚寅 9	8 庚申 9	7 戊子 6	7 戊午⑥	7 丁亥 4	7 丁巳 3	7 丙戌 2	7 丙辰 1	《12月》	8 丙辰31
9 壬辰10	9 辛酉11	9 辛卯10	9 辛酉10	8 己丑 7	8 己未 7	8 戊子 5	8 戊午 4	8 丁亥 3	8 丁巳②	8 丙戌 1	**1243年**
10癸巳11	10壬戌12	10壬辰11	10壬戌⑪	9 庚寅⑧	9 庚申 8	9 己丑 6	9 己未 5	9 戊子 4	9 戊午 3	9 丁亥 2	《1月》
11甲午12	11癸亥13	11癸巳12	11癸亥12	10辛卯 9	10辛酉 9	10庚寅 7	10庚申 6	10己丑⑤	10己未 4	10戊子 3	9 丁巳 1
12乙未13	12甲子14	12甲午⑬	12甲子13	11壬辰10	11壬戌10	11辛卯 8	11辛酉⑦	11庚寅 6	11庚申 5	11己丑 4	10戊午 2
13丙申14	13乙丑15	13乙未14	13乙丑14	12癸巳11	12癸亥11	12壬辰 9	12壬戌 8	12辛卯 7	12辛酉 6	12庚寅 5	11己未 3
14丁酉15	**14**丙寅⑯	14丙申15	14丙寅15	13甲午12	13甲子12	13癸巳⑩	13癸亥 9	13壬辰 8	13壬戌 7	13辛卯 6	12庚申④
15戊戌⑯	15丁卯17	**15**丁酉16	**15**丁卯16	14乙未13	14乙丑⑬	14甲午11	14甲子10	14癸巳 9	14癸亥 8	14壬辰⑦	13辛酉 5
16己亥17	16戊辰18	16戊戌17	16戊辰17	15丙申14	15丙寅14	15乙未12	15乙丑11	15甲午10	15甲子⑨	15癸巳 8	14壬戌 6
17庚子18	17己巳19	17己亥18	17己巳⑱	16丁酉⑮	16丁卯15	16丙申13	16丙寅12	16乙未11	16乙丑10	16甲午 9	15癸亥 7
18辛丑19	18庚午20	18庚子19	18庚午19	**17**戊戌16	**17**戊辰16	17丁酉14	17丁卯13	17丙申⑫	17丙寅11	17乙未10	16甲子 8
19壬寅20	19辛未21	19辛丑⑳	19辛未20	18己亥17	18己巳17	18戊戌15	18戊辰⑭	18丁酉13	18丁卯12	18丙申11	17乙丑 9
20癸卯21	20壬申22	20壬寅21	20壬申21	19庚子18	19庚午18	**19**己亥16	**19**己巳15	19戊戌14	19戊辰13	19丁酉12	18丙寅10
21甲辰22	21癸酉㉓	21癸卯22	21癸酉22	20辛丑19	20辛未19	20庚子⑰	20庚午16	**20**己亥15	20己巳14	20戊戌13	19丁卯⑪
22乙巳㉓	22甲戌24	22甲辰23	22甲戌23	21壬寅20	21壬申⑳	21辛丑18	21辛未17	21庚子16	**21**庚午15	21己亥⑭	20戊辰12
23丙午24	23乙亥25	23乙巳24	23乙亥24	22癸卯21	22癸酉21	22壬寅19	22壬申18	22辛丑17	22辛未⑯	**22**庚子15	21己巳13
24丁未25	24丙子26	24丙午25	24丙子㉕	23甲辰㉒	23甲戌22	23癸卯20	23癸酉19	23壬寅18	23壬申17	23辛丑16	22庚午14
25戊申26	25丁丑27	25丁未26	25丁丑26	24乙巳23	24乙亥23	24甲辰21	24甲戌20	24癸卯⑲	24癸酉18	24壬寅17	**23**辛未15
26己酉27	26戊寅28	26戊申㉗	26戊寅27	25丙午24	25丙子24	25乙巳22	25乙亥㉑	25甲辰20	25甲戌19	25癸卯18	24壬申16
27庚戌28	27己卯29	27己酉28	27己卯28	26丁未25	26丁丑25	26丙午23	26丙子22	26乙巳21	26乙亥20	26甲辰19	25癸酉17
《3月》	28庚辰㉚	28庚戌29	28庚辰29	27戊申26	27戊寅26	27丁未㉔	27丁丑23	27丙午22	27丙子21	27乙巳20	26甲戌⑱
28辛亥 1	29辛巳31	29辛亥30	29辛巳30	28己酉27	28己卯㉗	28戊申25	28戊寅24	28丁未23	28丁丑22	28丙午㉑	27乙亥19
29壬子②	《4月》	《5月》		29庚戌28	29庚辰28	29己酉26	29己卯25	29戊申24	29戊寅㉓	29丁未22	28丙子20
	30壬午 1	**30**壬子 1		30辛亥㉙		30庚戌27		30己酉25		30戊申23	29丁丑21

雨水 13日	春分 14日	穀雨 15日	小満 15日	芒種 1日	小暑 2日	立秋 3日	白露 4日	寒露 5日	立冬 6日	大雪 7日	小寒 7日
啓蟄 28日	清明 30日	立夏 30日		夏至 17日	大暑 17日	処暑 19日	秋分 19日	霜降 20日	小雪 21日	冬至 22日	大寒 23日

寛元元年〔仁治４年〕（1243－1244） 癸卯

改元 2/26（仁治→寛元）

1月	2月	3月	4月	5月	6月	7月	閏7月	8月	9月	10月	11月	12月
1 戊寅22	1 戊申21	1 丁丑㉒	1 丁未21	1 丙子20	1 丙午19	1 丙子⑲	1 乙巳17	1 甲戌15	1 甲辰15	1 甲戌14	1 癸卯⑬	1 癸酉12
2 己卯23	2 己酉㉒	2 戊寅23	2 戊申22	2 丁丑21	2 丁未20	2 丁丑20	2 丙午18	2 乙亥16	2 乙巳16	2 乙亥⑮	2 甲辰14	2 甲戌13
3 庚辰24	3 庚戌23	3 己卯24	3 己酉23	3 戊寅22	3 戊申㉑	3 戊寅21	3 丁未19	3 丙子17	3 丙午17	3 丙子16	3 乙巳15	3 乙亥14
4 辛巳㉕	4 辛亥24	4 庚辰25	4 庚戌24	4 己卯23	4 己酉22	4 己卯22	4 戊申20	4 丁丑18	4 丁未⑱	4 丁丑17	4 丙午16	4 丙子15
5 壬午26	5 壬子25	5 辛巳26	5 辛亥25	5 庚辰㉔	5 庚戌23	5 庚辰23	5 己酉21	5 戊寅19	5 戊申19	5 戊寅18	5 丁未17	5 丁丑16
6 癸未27	6 癸丑26	6 壬午27	6 壬子㉖	6 辛巳25	6 辛亥24	6 辛巳24	6 庚戌22	6 己卯⑳	6 己酉20	6 己卯19	6 戊申18	6 戊寅⑰
7 甲申28	7 甲寅27	7 癸未28	7 癸丑27	7 壬午26	7 壬子25	7 壬午25	7 辛亥㉓	7 庚辰21	7 庚戌21	7 庚辰20	7 己酉19	7 己卯18
8 乙酉29	8 乙卯28	8 甲申㉙	8 甲寅28	8 癸未27	8 癸丑26	8 癸未㉖	8 壬子24	8 辛巳22	8 辛亥22	8 辛巳21	8 庚戌⑳	8 庚辰19
9 丙戌30	《3月》	9 乙酉30	9 乙卯29	9 甲申28	9 甲寅27	9 甲申27	9 癸丑25	9 壬午23	9 壬子23	9 壬午㉒	9 辛亥21	9 辛巳20
10丁亥31	9 丙辰①	10丙戌31	10丙辰30	10乙酉29	10乙卯㉘	10乙酉28	10甲寅26	10癸未24	10癸丑24	10癸未23	10壬子22	10壬午21
《2月》	10丁巳2	《4月》	《5月》	11丙戌30	11丙辰29	11丙戌29	11乙卯27	11甲申25	11甲寅㉕	11甲申24	11癸丑23	11癸未22
11戊子①	11戊午3	11丁亥1	11丁巳1	12丁亥㉛	12丁巳30	12丁亥30	12丙辰28	12乙酉26	12乙卯26	12乙酉25	12甲寅24	12甲申23
12己丑2	12己未4	12戊子2	12戊午2	《6月》	《7月》	13戊子31	13丁巳29	13丙戌㉗	13丙辰27	13丙戌26	13乙卯25	13乙酉㉔
13庚寅3	13庚申5	13己丑3	13己未③	13戊子1	13戊午1	《8月》	14戊午㉚	14丁亥28	14丁巳28	14丁亥27	14丙辰26	14丙戌25
14辛卯4	14辛酉6	14庚寅4	14庚申4	14己丑2	14己未2	14己丑1	15己未31	15戊子29	15戊午29	15戊子28	15丁巳㉗	15丁亥26
15壬辰5	15壬戌7	15辛卯⑤	15辛酉5	15庚寅3	15庚申3	15庚寅②	《9月》	16己丑30	16己未30	16己丑㉙	16戊午28	16戊子27
16癸巳6	16癸亥⑧	16壬辰6	16壬戌6	16辛卯4	16辛酉4	16辛卯3	16庚申1	《10月》	17庚申31	17庚寅30	17己未29	17己丑28
17甲午7	17甲子9	17癸巳7	17癸亥7	17壬辰5	17壬戌⑤	17壬辰4	17辛酉2	17庚寅1	《11月》	《12月》	18庚申30	18庚寅29
18乙未⑧	18乙丑10	18甲午8	18甲子8	18癸巳6	18癸亥6	18癸巳5	18壬戌3	18辛卯2	18辛酉①	18辛卯1	19辛酉31	19辛卯30
19丙申9	19丙寅11	19乙未9	19乙丑9	19甲午⑦	19甲子7	19甲午6	19癸亥4	19壬辰3	19壬戌2	19壬辰2	1244年	20壬辰㉛
20丁酉10	20丁卯12	20丙申10	20丙寅⑩	20乙未8	20乙丑8	20乙未7	20甲子5	20癸巳④	20癸亥3	20癸巳3	《1月》	《2月》
21戊戌11	21戊辰13	21丁酉11	21丁卯11	21丙申9	21丙寅9	21丙申8	21乙丑⑥	21甲午5	21甲子4	21甲午4	20壬戌1	21癸巳1
22己亥12	22己巳14	22戊戌⑫	22戊辰12	22丁酉10	22丁卯10	22丁酉⑨	22丙寅7	22乙未6	22乙丑5	22乙未5	21癸亥2	22甲午2
23庚子13	23庚午⑮	23己亥13	23己巳13	23戊戌11	23戊辰11	23戊戌10	23丁卯8	23丙申7	23丙寅6	23丙申⑥	22甲子③	23乙未3
24辛丑14	24辛未16	24庚子14	24庚午14	24己亥12	24己巳⑫	24己亥11	24戊辰9	24丁酉8	24丁卯7	24丁酉7	23乙丑4	24丙申4
25壬寅⑮	25壬申17	25辛丑15	25辛未15	25庚子13	25庚午13	25庚子12	25己巳10	25戊戌9	25戊辰⑧	25戊戌8	24丙寅5	25丁酉5
26癸卯16	26癸酉18	26壬寅16	26壬申16	26辛丑⑭	26辛未14	26辛丑13	26庚午11	26己亥10	26己巳9	26己亥9	25丁卯6	26戊戌6
27甲辰17	27甲戌19	27癸卯17	27癸酉⑰	27壬寅15	27壬申15	27壬寅14	27辛未12	27庚子⑪	27庚午10	27庚子10	26戊辰7	27己亥⑦
28乙巳18	28乙亥20	28甲辰18	28甲戌18	28癸卯16	28癸酉16	28癸卯15	28壬申⑬	28辛丑12	28辛未11	28辛丑11	27己巳8	28庚子8
29丙午19	29丙子21	29乙巳⑲	29乙亥19	29甲辰17	29甲戌17	29甲辰⑯	29癸酉14	29壬寅13	29壬申12	29壬寅12	28庚午9	29辛丑9
30丁未20		30丙午20		30乙巳18	30乙亥18			30癸卯14	30癸酉13		29辛未⑩	
											30壬申11	
立春9日 雨水24日	啓蟄9日 春分25日	清明11日 穀雨26日	立夏11日 小満26日	芒種13日 夏至28日	小暑13日 大暑28日	立秋14日 処暑29日	白露15日	秋分1日 寒露16日	霜降2日 立冬17日	小雪2日 大雪17日	冬至4日 小寒19日	大寒4日 立春19日

寛元２年（1244－1245） 甲辰

1月	2月	3月	4月	5月	6月	7月	8月	9月	10月	11月	12月
1 壬寅10	1 壬申11	1 辛丑9	1 辛未9	1 庚子7	1 庚午7	1 己亥5	1 己巳④	1 己亥4	1 戊辰2	1 戊戌2	1 丁卯31
2 癸卯11	2 癸酉12	2 壬寅⑩	2 壬申10	2 辛丑8	2 辛未8	2 庚子6	2 庚午5	2 庚子5	2 己巳3	2 己亥3	1245年
3 甲辰12	3 甲戌⑬	3 癸卯11	3 癸酉11	3 壬寅9	3 壬申9	3 辛丑⑦	3 辛未6	3 辛丑6	3 庚午4	3 庚子④	《1月》
4 乙巳13	4 乙亥14	4 甲辰12	4 甲戌12	4 癸卯10	4 癸酉⑩	4 壬寅8	4 壬申7	4 壬寅7	4 辛未5	4 辛丑5	2 戊辰①
5 丙午⑭	5 丙子15	5 乙巳13	5 乙亥13	5 甲辰11	5 甲戌11	5 癸卯9	5 癸酉8	5 癸卯8	5 壬申⑥	5 壬寅6	3 己巳2
6 丁未15	6 丁丑16	6 丙午14	6 丙子14	6 乙巳⑫	6 乙亥12	6 甲辰10	6 甲戌9	6 甲辰⑨	6 癸酉7	6 癸卯7	4 庚午3
7 戊申16	7 戊寅17	7 丁未15	7 丁丑⑮	7 丙午13	7 丙子13	7 乙巳11	7 乙亥10	7 乙巳10	7 甲戌8	7 甲辰8	5 辛未4
8 己酉17	8 己卯18	8 戊申16	8 戊寅16	8 丁未14	8 丁丑14	8 丙午12	8 丙子⑪	8 丙午11	8 乙亥9	8 乙巳9	6 壬申5
9 庚戌18	9 庚辰19	9 己酉⑰	9 己卯17	9 戊申15	9 戊寅15	9 丁未13	9 丁丑12	9 丁未12	9 丙子10	9 丙午10	7 癸酉6
10辛亥19	10辛巳⑳	10庚戌18	10庚辰18	10己酉16	10己卯16	10戊申⑭	10戊寅13	10戊申13	10丁丑11	10丁未⑪	8 甲戌7
11壬子20	11壬午21	11辛亥19	11辛巳19	11庚戌17	11庚辰⑰	11己酉15	11己卯14	11己酉14	11戊寅12	11戊申12	9 乙亥⑧
12癸丑㉑	12癸未22	12壬子20	12壬午20	12辛亥18	12辛巳18	12庚戌16	12庚辰15	12庚戌15	12己卯⑬	12己酉13	10丙子9
13甲寅22	13甲申23	13癸丑21	13癸未21	13壬子⑲	13壬午19	13辛亥17	13辛巳16	13辛亥⑯	13庚辰14	13庚戌14	11丁丑10
14乙卯23	14乙酉24	14甲寅22	14甲申㉒	14癸丑20	14癸未20	14壬子18	14壬午17	14壬子17	14辛巳15	14辛亥15	12戊寅11
15丙辰24	15丙戌25	15乙卯23	15乙酉23	15甲寅21	15甲申21	15癸丑19	15癸未⑱	15癸丑18	15壬午16	15壬子16	13己卯12
16丁巳25	16丁亥26	16丙辰㉔	16丙戌24	16乙卯22	16乙酉22	16甲寅20	16甲申19	16甲寅19	16癸未17	16癸丑17	14庚辰13
17戊午26	17戊子㉗	17丁巳25	17丁亥25	17丙辰23	17丙戌23	17乙卯㉑	17乙酉20	17乙卯20	17甲申18	17甲寅⑱	15辛巳14
18己未27	18己丑28	18戊午26	18戊子26	18丁巳24	18丁亥㉔	18丙辰22	18丙戌21	18丙辰21	18乙酉19	18乙卯19	16壬午⑮
19庚申㉘	19庚寅29	19己未27	19己丑27	19戊午25	19戊子25	19丁巳23	19丁亥22	19丁巳22	19丙戌⑳	19丙辰20	17癸未16
20辛酉29	20辛卯30	20庚申28	20庚寅28	20己未㉖	20己丑26	20戊午24	20戊子23	20戊午㉓	20丁亥21	20丁巳21	18甲申17
《3月》	21壬辰31	21辛酉29	21辛卯㉙	21庚申27	21庚寅27	21己未25	21己丑24	21己未24	21戊子22	21戊午22	19乙酉18
21壬戌1	《4月》	22壬戌30	22壬辰30	22辛酉28	22辛卯28	22庚申26	22庚寅㉕	22庚申25	22己丑23	22己未23	20丙戌19
22癸亥2	22癸巳1	《5月》	23癸巳31	23壬戌29	23壬辰29	23辛酉27	23辛卯26	23辛酉26	23庚寅24	23庚申24	21丁亥20
23甲子3	23甲午2	23癸亥①	《6月》	24癸亥30	24癸巳30	24壬戌㉘	24壬辰27	24壬戌27	24辛卯25	24辛酉㉕	22戊子21
24乙丑4	24乙未③	24甲子2	24甲午1	《7月》	25甲午㉛	25癸亥29	25癸巳28	25癸亥28	25壬辰26	25壬戌26	23己丑㉒
25丙寅5	25丙申4	25乙丑3	25乙未2	25甲子1	《8月》	26甲子30	26甲午29	26甲子29	26癸巳㉗	26癸亥27	24庚寅23
26丁卯⑥	26丁酉5	26丙寅4	26丙申3	26乙丑2	26乙未1	27乙丑31	27乙未30	27乙丑㉚	27甲午28	27甲子28	25辛卯24
27戊辰7	27戊戌6	27丁卯5	27丁酉4	27丙寅③	27丙申2	《9月》	《10月》	28丙寅31	28乙未29	28乙丑29	26壬辰25
28己巳8	28己亥7	28戊辰6	28戊戌⑤	28丁卯4	28丁酉3	28丙寅1	28丙申1	《11月》	29丙申30	29丙寅30	27癸巳26
29庚午9	29庚子8	29己巳7	29己亥6	29戊辰5	29戊戌4	29丁卯2	29丁酉②	29丁卯1	《12月》		28甲午27
30辛未10		30庚午⑧		30己巳6		30戊辰3	30戊戌3		30丁酉1		29乙未28
											30丙申㉙
雨水5日 啓蟄21日	春分6日 清明21日	穀雨7日 立夏22日	小満8日 芒種23日	夏至9日 小暑24日	大暑10日 立秋25日	処暑11日 白露26日	秋分11日 寒露27日	霜降12日 立冬27日	小雪13日 大雪29日	冬至14日 小寒29日	大寒15日 立春30日

寛元**3**年（1245－1246） 乙巳

1月	2月	3月	4月	5月	6月	7月	8月	9月	10月	11月	12月
1 丁酉30	1 丙寅28	1 丙申30	1 乙丑28	1 甲午27	1 甲子26	1 癸巳25	1 癸亥24	1 癸巳23	1 壬戌㉒	1 壬辰21	1 壬戌21
2 戊戌31	《3月》	**2** 丁酉31	2 丙寅29	2 乙未㉘	2 乙丑27	2 甲午26	2 甲子25	2 甲午㉔	2 癸亥23	2 癸巳22	2 癸亥22
《2月》	**2** 丁卯 1	《4月》	3 丁卯㉚	3 丙申29	3 丙寅28	3 乙未27	3 乙丑26	3 乙未25	3 甲子24	3 甲午23	3 甲子23
3 己亥 1	3 戊辰 2	3 戊戌 1	《5月》	4 丁酉30	4 丁卯29	4 丙申28	4 丙寅㉗	4 丙申26	4 乙丑25	4 乙未24	4 乙丑㉔
4 庚子 2	4 己巳 3	4 己亥②	**4** 戊辰 1	**5** 戊戌31	5 戊辰30	5 丁酉29	5 丁卯28	5 丁酉27	5 丙寅26	5 丙申25	5 丙寅25
5 辛丑 3	5 庚午 4	5 庚子 3	5 己巳 2	《6月》	《7月》	6 戊戌㉚	6 戊辰29	6 戊戌28	6 丁卯27	6 丁酉㉖	6 丁卯26
6 壬寅 4	6 辛未⑤	6 辛丑 4	6 庚午 3	6 己亥 1	**6** 己巳 1	**7** 己亥31	**7** 己巳30	7 己亥29	7 戊辰28	7 戊戌27	7 戊辰27
7 癸卯⑤	7 壬申 6	7 壬寅 5	7 辛未 4	7 庚子 2	7 庚午②	《8月》	8 庚午31	**8** 庚子30	8 己巳㉙	8 己亥28	8 己巳28
8 甲辰 6	8 癸酉 7	8 癸卯 6	8 壬申 5	8 辛丑 3	8 辛未 3	8 庚子 1	《9月》	《10月》	**9** 庚午30	9 庚子29	9 庚午29
9 乙巳 7	9 甲戌 8	9 甲辰 7	9 癸酉 6	9 壬寅④	9 壬申 4	9 辛丑 2	9 辛未 1	9 辛丑①	10辛未31	**10**辛丑30	**10**辛未30
10丙午 8	10乙亥 9	10乙巳 8	10甲戌⑦	10癸卯 5	10癸酉 5	10壬寅 3	10壬申 2	10壬寅 2	《11月》	《12月》	11壬申㉛
11丁未 9	11丙子10	11丙午⑨	11乙亥 8	11甲辰 6	11甲戌 6	11癸卯 4	11癸酉③	11癸卯 3	11壬申 1	11壬寅 1	**1246**年
12戊申10	12丁丑11	12丁未10	12丙子 9	12乙巳 7	12乙亥 7	12甲辰 5	12甲戌 4	12甲辰 4	12癸酉 2	12癸卯 2	《1月》
13己酉11	13戊寅⑫	13戊申11	13丁丑10	13丙午 8	13丙子 8	13乙巳⑥	13乙亥 5	13乙巳 5	13甲戌 3	13甲辰③	12癸酉 1
14庚戌⑫	14己卯13	14己酉12	14戊寅11	14丁未 9	14丁丑⑨	14丙午 7	14丙子 6	14丙午 6	14乙亥 4	14乙巳 4	13甲戌 2
15辛亥13	15庚辰14	15庚戌13	15己卯12	15戊申10	15戊寅10	15丁未 8	15丁丑 7	15丁未 7	15丙子⑤	15丙午 5	14乙亥 3
16壬子14	16辛巳15	16辛亥14	16庚辰13	16己酉⑪	16己卯11	16戊申 9	16戊寅 8	16戊申⑧	16丁丑 6	16丁未 6	15丙子 4
17癸丑15	**17**壬午16	**17**壬子15	17辛巳⑭	17庚戌12	17庚辰12	17己酉10	17己卯 9	17己酉 9	17戊寅 7	17戊申 7	16丁丑 5
18甲寅16	18癸未17	18癸丑⑯	18壬午15	18辛亥13	18辛巳13	18庚戌11	18庚辰⑩	18庚戌10	18己卯 8	18己酉 8	17戊寅 6
19乙卯17	19甲申18	19甲寅17	**19**癸未16	19壬子14	19壬午14	19辛亥12	19辛巳11	19辛亥11	19庚辰 9	19庚戌 9	18己卯⑦
20丙辰18	20乙酉⑲	20乙卯18	20甲申17	**20**癸丑15	20癸未15	20壬子⑬	20壬午12	20壬子12	20辛巳10	20辛亥⑩	19庚辰 8
21丁巳⑲	21丙戌20	21丙辰19	21乙酉18	21甲寅16	**21**甲申⑯	21癸丑14	21癸未13	21癸丑13	21壬午11	21壬子11	20辛巳 9
22戊午20	22丁亥21	22丁巳20	22丙戌19	22乙卯17	22乙酉17	**22**甲寅15	22甲申14	22甲寅14	22癸未⑫	22癸丑12	21壬午10
23己未21	23戊子22	23戊午21	23丁亥20	23丙辰⑱	23丙戌18	23乙卯16	**23**乙酉15	**23**乙卯⑮	23甲申13	23甲寅13	22癸未11
24庚申22	24己丑23	24己未22	24戊子㉑	24丁巳19	24丁亥19	24丙辰17	24丙戌16	24丙辰16	24乙酉14	24乙卯14	23甲申12
25辛酉23	25庚寅24	25庚申㉓	25己丑22	25戊午20	25戊子20	25丁巳18	25丁亥⑰	25丁巳17	**25**丙戌15	**25**丙辰15	24乙酉13
26壬戌24	26辛卯25	26辛酉24	26庚寅23	26己未21	26己丑21	26戊午19	26戊子18	26戊午18	26丁亥16	26丁巳16	**25**丙戌⑭
27癸亥25	27壬辰㉖	27壬戌25	27辛卯24	27庚申22	27庚寅22	27己未⑳	27己丑19	27己未19	27戊子17	27戊午⑰	26丁亥15
28甲子㉖	28癸巳27	28癸亥26	28壬辰25	28辛酉23	28辛卯㉓	28庚申21	28庚寅20	28庚申20	28己丑18	28己未18	27戊子16
29乙丑27	29甲午28	29甲子27	29癸巳26	29壬戌24	29壬辰24	29辛酉22	29辛卯21	29辛酉21	29庚寅⑲	29庚申19	28己丑17
	30乙未29			30癸亥㉕		30壬戌23	30壬辰22		30辛卯20	30辛酉20	29庚寅18
雨水 16日	啓蟄 2日 春分 17日	清明 2日 穀雨 17日	立夏 4日 小満 19日	芒種 5日 夏至 20日	小暑 6日 大暑 21日	立秋 7日 処暑 22日	白露 7日 秋分 23日	寒露 8日 霜降 23日	立冬 9日 小雪 25日	大雪 10日 冬至 25日	小寒 10日 大寒 25日

寛元**4**年（1246－1247） 丙午

1月	2月	3月	4月	閏4月	5月	6月	7月	8月	9月	10月	11月	12月
1 辛卯19	1 辛酉⑱	1 庚寅19	1 庚申18	1 己丑17	1 戊午15	1 戊子⑮	1 丁巳13	1 丁亥12	1 丙辰11	1 丙戌10	1 丙辰10	1 丙戌 9
2 壬辰20	2 壬戌19	2 辛卯20	2 辛酉19	2 庚寅18	**2** 己未16	**2** 己丑16	2 戊午14	2 戊子13	2 丁巳12	2 丁亥⑪	2 丁巳11	2 丁亥10
3 癸巳㉑	3 癸亥20	3 壬辰21	3 壬戌20	3 辛卯19	3 庚申⑰	3 庚寅17	**3** 己未15	3 己丑14	3 戊午13	3 戊子12	3 戊午12	3 戊子11
4 甲午22	4 甲子21	4 癸巳22	4 癸亥21	4 壬辰⑳	4 辛酉18	4 辛卯18	4 庚申16	**4** 庚寅15	4 己未⑭	4 己丑13	4 己未13	4 己丑12
5 乙未23	5 乙丑22	5 甲午23	5 甲子㉒	5 癸巳21	5 壬戌19	5 壬辰19	5 辛酉17	5 辛卯⑯	**5** 庚申15	5 庚寅14	5 庚申14	5 庚寅⑬
6 丙申24	6 丙寅23	6 乙未24	6 乙丑23	6 甲午22	6 癸亥20	6 癸巳20	6 壬戌18	6 壬辰17	6 辛酉16	**6** 辛卯15	**6** 辛酉15	6 辛卯14
7 丁酉25	7 丁卯24	7 丙申㉕	7 丙寅24	7 乙未23	7 甲子21	7 甲午21	7 癸亥⑲	7 癸巳18	7 壬戌17	7 壬辰16	7 壬戌⑯	**7** 壬辰15
8 戊戌26	8 戊辰㉕	8 丁酉26	8 丁卯25	8 丙申24	8 乙丑22	8 乙未㉒	8 甲子20	8 甲午19	8 癸亥18	8 癸巳17	8 癸亥17	8 癸巳16
9 己亥27	9 己巳26	9 戊戌27	9 戊辰26	9 丁酉25	9 丙寅23	9 丙申23	9 乙丑21	9 乙未20	9 甲子19	9 甲午⑱	9 甲子18	9 甲午17
10庚子㉘	10庚午27	10己亥28	10己巳27	10戊戌26	10丁卯㉔	10丁酉24	10丙寅22	10丙申21	10乙丑20	10乙未19	10乙丑19	10乙未18
11辛丑29	11辛未28	11庚子29	11庚午28	11己亥㉗	11戊辰25	11戊戌25	11丁卯23	11丁酉22	11丙寅㉑	11丙申20	11丙寅20	11丙申19
12壬寅30	《3月》	12辛丑30	12辛未㉙	12庚子28	12己巳26	12己亥26	12戊辰24	12戊戌㉓	12丁卯22	12丁酉21	12丁卯21	12丁酉⑳
13癸卯31	**12**壬申 1	13壬寅31	13壬申30	13辛丑29	13庚午27	13庚子27	13己巳25	13己亥24	13戊辰23	13戊戌22	13戊辰22	13戊戌21
《2月》	13癸酉 2	《4月》	《5月》	14壬寅30	14辛未28	14辛丑28	14庚午㉖	14庚子25	14己巳24	14己亥23	14己巳㉓	14己亥22
14甲辰 1	14甲戌 3	**14**癸卯①	**14**癸酉 1	**15**癸卯31	15壬申29	15壬寅㉙	15辛未27	15辛丑26	15庚午25	15庚子24	15庚午24	15庚子23
15乙巳 2	15乙亥④	15甲辰 2	15甲戌 2	《6月》	16癸酉30	16癸卯30	16壬申28	16壬寅27	16辛未26	16辛丑㉕	16辛未25	16辛丑24
16丙午 3	16丙子 5	16乙巳 3	16乙亥 3	16甲辰 1	《7月》	**17**甲辰31	17癸酉29	17癸卯28	17壬申27	17壬寅26	17壬申26	17壬寅25
17丁未④	17丁丑 6	17丙午 4	17丙子 4	17乙巳 2	**17**甲戌①	《8月》	18甲戌30	18甲辰29	18癸酉㉘	18癸卯27	18癸酉27	18癸卯26
18戊申 5	18戊寅 7	18丁未 5	18丁丑 5	18丙午③	18乙亥 2	18乙巳 1	**19**乙亥31	**19**乙巳㉚	19甲戌29	19甲辰28	19甲戌28	19甲辰㉗
19己酉 6	19己卯 8	19戊申 6	19戊寅⑥	19丁未 4	19丙子 3	19丙午 2	《9月》	《10月》	20乙亥30	20乙巳29	20乙亥29	20乙巳28
20庚戌 7	20庚辰 9	20己酉 7	20己卯 7	20戊申 5	20丁丑 4	20丁未 3	20丙子 1	20丙午 1	**21** 丙子31	**21** 丙午30	**21** 丙子㉚	21丙午29
21辛亥 8	21辛巳10	21庚戌⑧	21庚辰 8	21己酉 6	21戊寅 5	21戊申 4	21丁丑②	21丁未 2	《11月》	《12月》	22丁丑31	**22**丁未30
22壬子 9	22壬午⑪	22辛亥 9	22辛巳 9	22庚戌 7	22己卯 6	22己酉⑤	22戊寅 3	22戊申 3	22丁丑 1	22丁未 1	**1247**年	23戊申31
23癸丑10	23癸未12	23壬子10	23壬午10	23辛亥 8	23庚辰 7	23庚戌 6	23己卯 4	23己酉 4	23戊寅 2	23戊申②	《1月》	《2月》
24甲寅⑪	24甲申13	24癸丑11	24癸未11	24壬子 9	24辛巳⑧	24辛亥 7	24庚辰 5	24庚戌 5	24己卯 3	24己酉 3	23戊寅 1	24己酉 1
25乙卯12	25乙酉14	25甲寅12	25甲申12	25癸丑⑩	25壬午 9	25壬子 8	25辛巳 6	25辛亥 6	25庚辰④	25庚戌 4	24己卯 2	25庚戌 2
26丙辰13	26丙戌15	26乙卯13	26乙酉⑬	26甲寅11	26癸未10	26癸丑 9	26壬午 7	26壬子⑦	26辛巳 5	26辛亥 5	25庚辰 3	26辛亥③
27丁巳14	**27**丁亥16	27丙辰14	27丙戌14	27乙卯12	27甲申11	27甲寅10	27癸未 8	27癸丑 8	27壬午 6	27壬子 6	26辛巳 4	27壬子 4
28戊午15	28戊子17	28丁巳⑮	28丁亥15	28丙辰13	28乙酉12	28乙卯11	28甲申⑨	28甲寅 9	28癸未 7	28癸丑 7	27壬午 5	28癸丑 5
29己未16	29己丑⑱	**29**戊午16	**29**戊子16	29丁巳14	29丙戌13	29丙辰⑫	29乙酉10	29乙卯10	29甲申 8	29甲寅 8	28癸未⑥	29甲寅 6
30庚申17		30己未17			30丁亥14		30丙戌11		30乙酉 9	30乙卯⑨	29甲申 7	
											30乙酉 8	
立春 12日 雨水 27日	啓蟄 12日 春分 27日	清明 14日 穀雨 29日	立夏 14日 小満 29日	芒種15日	夏至 2日 小暑 17日	大暑 2日 立秋 17日	処暑 3日 白露 19日	秋分 4日 寒露 19日	霜降 5日 立冬 21日	小雪 6日 大雪 21日	冬至 6日 小寒 21日	大寒 7日 立春 22日

宝治元年〔寛元**5**年〕（1247－1248） 丁未

改元 2/28（寛元→宝治）

1月	2月	3月	4月	5月	6月	7月	8月	9月	10月	11月	12月
1 乙卯 7	1 乙酉 9	1 甲寅⑦	1 甲申 7	1 癸丑 5	1 壬午 4	1 壬子 3	《9月》	《10月》	1 庚辰30	1 庚戌29	1 庚辰㉙
2 丙辰 8	2 丙戌⑩	2 乙卯 8	2 乙酉 8	2 甲寅 6	2 癸未 5	2 癸丑④	1 辛巳①	1 辛亥 1	**2** 辛巳31	**2** 辛亥30	2 辛巳30
3 丁巳 9	3 丁亥11	3 丙辰 9	3 丙戌 9	3 乙卯 7	3 甲申 6	3 甲寅 5	2 壬午 2	2 壬子 2	《11月》	《12月》	**3** 壬午31
4 戊午⑩	4 戊子12	4 丁巳10	4 丁亥10	4 丙辰 8	4 乙酉⑦	4 乙卯 6	3 癸未 3	3 癸丑 3	3 壬午 1	3 壬子①	**1248年**
5 己未11	5 己丑13	5 戊午11	5 戊子11	5 丁巳⑨	5 丙戌 8	5 丙辰 7	4 甲申 4	4 甲寅 4	4 癸未 2	4 癸丑 2	《1月》
6 庚申12	6 庚寅14	6 己未12	6 己丑⑫	6 戊午10	6 丁亥 9	6 丁巳 8	5 乙酉 5	5 乙卯 5	5 甲申③	5 甲寅 3	4 癸未 1
7 辛酉13	7 辛卯15	7 庚申13	7 庚寅13	7 己未11	7 戊子10	7 戊午 9	6 丙戌 6	6 丙辰⑥	6 乙酉 4	6 乙卯 4	5 甲申 2
8 壬戌14	8 壬辰16	8 辛酉⑭	8 辛卯14	8 庚申12	8 己丑11	8 己未10	7 丁亥 7	7 丁巳 7	7 丙戌 5	7 丙辰 5	6 乙酉 3
9 癸亥15	**9** 癸巳⑰	9 壬戌15	9 壬辰15	9 辛酉13	9 庚寅12	9 庚申⑪	8 戊子⑧	8 戊午 8	8 丁亥 6	8 丁巳 6	7 丙戌 4
10甲子16	10甲午18	**10**癸亥16	**10**癸巳16	10壬戌14	10辛卯13	10辛酉12	9 己丑 9	9 己未 9	9 戊子 7	9 戊午 7	8 丁亥⑤
11乙丑⑰	11乙未19	11甲子17	11甲午17	11癸亥15	11壬辰⑭	11壬戌13	10庚寅10	10庚申10	10己丑 8	10己未⑧	9 戊子 6
12丙寅18	12丙申20	12乙丑18	12乙未18	**12**甲子⑯	12癸巳15	12癸亥14	11辛卯11	11辛酉11	11庚寅 9	11庚申 9	10己丑 7
13丁卯19	13丁酉21	13丙寅19	13丙申⑲	13乙丑17	**13**甲午16	13甲子15	12壬辰12	12壬戌12	12辛卯⑩	12辛酉10	11庚寅 8
14戊辰20	14戊戌22	14丁卯20	14丁酉20	14丙寅18	14乙未17	**14**乙丑16	13癸巳13	13癸亥⑬	13壬辰11	13壬戌11	12辛卯 9
15己巳21	15己亥23	15戊辰㉑	15戊戌21	15丁卯19	15丙申18	15丙寅17	14甲午14	14甲子14	14癸巳12	14癸亥12	13壬辰10
16庚午22	16庚子㉔	16己巳22	16己亥22	16戊辰20	16丁酉19	16丁卯⑱	**15**乙未⑮	15乙丑15	15甲午13	15甲子13	14癸巳11
17辛未23	17辛丑25	17庚午23	17庚子23	17己巳21	17戊戌20	17戊辰19	16丙申16	**16**丙寅16	16乙未14	16乙丑14	15甲午⑫
18壬申㉔	18壬寅26	18辛未24	18辛丑24	18庚午22	18己亥㉑	18己巳20	17丁酉17	17丁卯17	**17**丙申15	**17**丙寅⑮	16乙未13
19癸酉25	19癸卯27	19壬申25	19壬寅25	19辛未㉓	19庚子22	19庚午21	18戊戌18	18戊辰18	18丁酉16	18丁卯16	17丙申14
20甲戌26	20甲辰28	20癸酉26	20癸卯㉖	20壬申24	20辛丑23	20辛未22	19己亥19	19己巳19	19戊戌⑰	19戊辰17	**18**丁酉15
21乙亥27	21乙巳29	21甲戌27	21甲辰27	21癸酉25	21壬寅24	21壬申23	20庚子20	20庚午⑳	20己亥18	20己巳18	19戊戌16
22丙子28	22丙午30	22乙亥㉘	22乙巳28	22甲戌26	22癸卯25	22癸酉24	21辛丑21	21辛未21	21庚子19	21庚午19	20己亥17
《3月》	23丁未㉛	23丙子29	23丙午29	23乙亥27	23甲辰26	23甲戌㉕	22壬寅㉒	22壬申22	22辛丑20	22辛未20	21庚子18
23丁丑 1	《4月》	24丁丑30	24丁未30	24丙子28	24乙巳27	24乙亥26	23癸卯23	23癸酉23	23壬寅21	23壬申21	22辛丑⑲
24戊寅 2	**24**戊申 1	《5月》	25戊申31	25丁丑29	25丙午㉘	25丙子27	24甲辰24	24甲戌24	24癸卯22	24癸酉㉒	23壬寅20
25己卯③	25己酉 2	**25**戊寅 1	《6月》	26戊寅㉚	26丁未29	26丁丑28	25乙巳25	25乙亥25	25甲辰23	25甲戌23	24癸卯21
26庚辰 4	26庚戌 3	26己卯 2	**26**己酉 1	《7月》	27戊申30	27戊寅29	26丙午26	26丙子26	26乙巳㉔	26乙亥24	25甲辰22
27辛巳 5	27辛亥 4	27庚辰 3	27庚戌②	**27**己卯 1	28己酉31	28己卯30	27丁未27	27丁丑㉗	27丙午25	27丙子25	26乙巳23
28壬午 6	28壬子 5	28辛巳 4	28辛亥 3	28庚辰 2	《8月》	**29**庚辰31	28戊申28	28戊寅28	28丁未26	28丁丑26	27丙午24
29癸未 7	29癸丑 6	29壬午⑤	29壬子 4	29辛巳 3	**29**庚戌 1		29己酉㉙	29己卯29	29戊申27	29戊寅27	28丁未25
30甲申 8		30癸未 6			30辛亥 2		**30**庚戌30		30己酉28	30己卯28	29戊申㉖
											30己酉27
雨水 8日 啓蟄 23日	春分 9日 清明 24日	穀雨 10日 立夏 25日	小満 10日 芒種 26日	夏至 12日 小暑 27日	大暑 13日 立秋 29日	処暑 14日 白露 29日	秋分 15日 寒露 30日	霜降 16日	立冬 2日 小雪 17日	大雪 2日 冬至 17日	小寒 3日 大寒 18日

宝治**2**年（1248－1249） 戊申

1月	2月	3月	4月	5月	6月	7月	8月	9月	10月	11月	12月	閏12月
1 庚戌28	1 己卯26	1 己酉27	1 戊寅25	1 戊申25	1 丁丑23	1 丙午22	1 乙亥20	1 乙巳19	1 甲戌⑱	1 甲辰17	1 甲戌17	1 甲辰16
2 辛亥29	2 庚辰27	2 庚戌28	2 己卯㉖	2 己酉26	2 戊寅24	2 丁未23	2 丙子21	2 丙午⑳	2 乙亥19	2 乙巳18	2 乙亥18	2 乙巳⑰
3 壬子30	3 辛巳28	3 辛亥㉙	3 庚辰27	3 庚戌27	3 己卯25	3 戊申24	3 丁丑22	3 丁未21	3 丙子20	3 丙午19	3 丙子19	3 丙午18
4 癸丑31	4 壬午29	4 壬子30	4 辛巳28	4 辛亥28	4 庚辰26	4 己酉25	4 戊寅㉓	4 戊申22	4 丁丑21	4 丁未20	4 丁丑⑳	4 丁未19
《2月》	《3月》	**5** 癸丑31	5 壬午29	5 壬子29	5 辛巳27	5 庚戌㉖	5 己卯24	5 己酉23	5 戊寅22	5 戊申21	5 戊寅21	5 戊申20
5 甲寅 1	**5** 癸未①	《4月》	**6** 癸未30	6 癸丑30	6 壬午㉘	6 辛亥27	6 庚辰25	6 庚戌24	6 己卯23	6 己酉㉒	6 己卯22	6 己酉21
6 乙卯②	6 甲申 2	6 甲寅 1	《5月》	**7** 甲寅㉛	7 癸未29	7 壬子28	7 辛巳26	7 辛亥25	7 庚辰24	7 庚戌23	7 庚辰23	7 庚戌22
7 丙辰 3	7 乙酉 3	7 乙卯 2	7 甲申 1	《6月》	**8** 甲申30	8 癸丑29	8 壬午27	8 壬子26	8 辛巳㉕	8 辛亥24	8 辛巳24	8 辛亥23
8 丁巳 4	8 丙戌 4	8 丙辰 3	8 乙酉 2	8 乙卯 1	《7月》	9 甲寅30	9 癸未28	9 癸丑㉗	9 壬午26	9 壬子25	9 壬午25	9 壬子㉔
9 戊午 5	9 丁亥 5	9 丁巳 4	9 丙戌③	9 丙辰 2	9 乙酉 1	**10**乙卯31	10甲申29	10甲寅28	10癸未27	10癸丑26	10癸未26	10癸丑25
10己未 6	10戊子 6	10戊午⑤	10丁亥 4	10丁巳 3	10丙戌 2	《8月》	**11**乙酉㉚	11乙卯29	11甲申28	11甲寅27	11甲申㉗	11甲寅26
11庚申 7	11己丑 7	11己未 6	11戊子 5	11戊午 4	11丁亥 3	11丙辰 1	12丙戌31	**12**丙辰30	12乙酉29	12乙卯28	12乙酉28	12乙卯27
12辛酉 8	12庚寅⑧	12庚申 7	12己丑 6	12己未 5	12戊子 4	12丁巳②	《9月》	《10月》	**13**丙戌30	13丙辰㉙	13丙戌29	13丙辰28
13壬戌⑨	13辛卯 9	13辛酉 8	13庚寅 7	13庚申 6	13己丑⑤	13戊午 3	13丁亥 1	13丁巳 1	14丁亥31	**14**丁巳30	**14**丁亥30	**14**丁巳29
14癸亥10	14壬辰10	14壬戌 9	14辛卯 8	14辛酉⑦	14庚寅 6	14己未 4	14戊子 2	14戊午 2	《11月》	《12月》	15戊子31	15戊午30
15甲子11	15癸巳11	15癸亥10	15壬辰 9	15壬戌 8	15辛卯 7	15庚申 5	15己丑 3	15己未 3	15戊子①	15戊午 1	**1249年**	16己未㉛
16乙丑12	16甲午12	16甲子11	16癸巳⑩	16癸亥 9	16壬辰 8	16辛酉 6	16庚寅 4	16庚申④	16己丑 2	16己未 2	《1月》	《2月》
17丙寅13	17乙未13	17乙丑⑫	17甲午11	17甲子10	17癸巳 9	17壬戌 7	17辛卯 5	17辛酉 5	17庚寅 3	17庚申 3	16己丑 1	17庚申 1
18丁卯14	18丙申14	18丙寅13	18乙未12	18乙丑11	18甲午10	18癸亥 8	18壬辰⑥	18壬戌 6	18辛卯 4	18辛酉 4	17庚寅 2	18辛酉 2
19戊辰15	19丁酉⑮	19丁卯14	19丙申13	19丙寅12	19乙未11	19甲子⑨	19癸巳 7	19癸亥 7	19壬辰 5	19壬戌 5	18辛卯③	19壬戌 3
20己巳⑯	**20**戊戌16	**20**戊辰15	20丁酉14	20丁卯13	20丙申⑫	20乙丑10	20甲午 8	20甲子 8	20癸巳 6	20癸亥⑥	19壬辰 4	20癸亥 4
21庚午17	21己亥17	21己巳16	21戊戌15	21戊辰⑭	21丁酉13	21丙寅11	21乙未 9	21乙丑 9	21甲午 7	21甲子 7	20癸巳 5	21甲子 5
22辛未18	22庚子18	22庚午17	**22**己亥16	**22**己巳15	22戊戌14	22丁卯12	22丙申10	22丙寅10	22乙未⑧	22乙丑 8	21甲午 6	22乙丑 6
23壬申19	23辛丑19	23辛未18	23庚子⑰	23庚午16	23己亥15	23戊辰13	23丁酉11	23丁卯⑪	23丙申 9	23丙寅 9	22乙未 7	23丙寅⑦
24癸酉20	24壬寅20	24壬申⑲	24辛丑18	24辛未17	**24**庚子16	24己巳14	24戊戌12	24戊辰12	24丁酉10	24丁卯10	23丙申 8	24丁卯 8
25甲戌21	25癸卯21	25癸酉20	25壬寅19	25壬申18	25辛丑17	**25**庚午15	25己亥⑬	25己巳13	25戊戌11	25戊辰11	24丁酉 9	25戊辰 9
26乙亥22	26甲辰㉒	26甲戌21	26癸卯20	26癸酉19	26壬寅18	26辛未⑯	**26**庚子14	26庚午14	26己亥12	26己巳12	25戊戌⑩	26己巳10
27丙子㉓	27乙巳23	27乙亥22	27甲辰21	27甲戌20	27癸卯⑲	27壬申17	27辛丑15	**27**辛未15	27庚子13	27庚午⑬	26己亥11	27庚午11
28丁丑24	28丙午24	28丙子23	28乙巳22	28乙亥㉑	28甲辰20	28癸酉18	28壬寅16	28壬申16	**28**辛丑14	28辛未14	27庚子12	28辛未12
29戊寅25	29丁未25	29丁丑24	29丙午23	29丙子22	29乙巳21	29甲戌19	29癸卯17	29癸酉17	29壬寅⑮	**29**壬申15	28辛丑13	29壬申13
	30戊申26		30丁未㉔				30甲辰18		30癸卯16	30癸酉16	**29**壬寅14	
											30癸卯15	
立春 3日 雨水 18日	啓蟄 5日 春分 20日	清明 5日 穀雨 20日	立夏 6日 小満 22日	芒種 7日 夏至 22日	小暑 8日 大暑 24日	立秋 10日 処暑 25日	白露 11日 秋分 26日	寒露 12日 霜降 27日	立冬 13日 小雪 28日	大雪 14日 冬至 29日	小寒 14日 大寒 29日	立春14日

建長元年〔宝治 3 年〕（1249－1250） 己酉

改元 3/18（宝治→建長）

1 月	2 月	3 月	4 月	5 月	6 月	7 月	8 月	9 月	10月	11月	12月
1 癸酉⑭	**1** 癸卯16	**1** 癸酉15	1 壬寅14	1 壬申⑬	1 辛丑12	1 庚午10	1 己亥 8	1 己巳 8	1 戊戌 6	1 戊辰 6	1 戊戌 5
2 甲戌15	2 甲辰17	2 甲戌16	2 癸卯15	2 癸酉14	2 壬寅13	2 辛未11	2 庚子 9	2 庚午 9	2 己亥⑦	2 己巳 7	2 己亥 6
3 乙亥16	3 乙巳18	3 乙亥17	**3** 甲辰⑯	**3** 甲戌15	3 癸卯14	3 壬申12	3 辛丑10	3 辛未⑩	3 庚子 8	3 庚午 8	3 庚子 7
4 丙子17	4 丙午19	4 丙子⑱	4 乙巳17	4 乙亥16	4 甲辰15	4 癸酉13	4 壬寅11	4 壬申11	4 辛丑 9	4 辛未 9	4 辛丑 8
5 丁丑18	5 丁未20	5 丁丑19	5 丙午18	5 丙子17	**5** 乙巳16	5 甲戌14	5 癸卯⑫	5 癸酉12	5 壬寅10	5 壬申10	5 壬寅⑨
6 戊寅19	6 戊申㉑	6 戊寅20	6 丁未19	6 丁丑18	6 丙午17	**6** 乙亥⑮	6 甲辰13	6 甲戌13	6 癸卯11	6 癸酉11	6 癸卯10
7 己卯20	7 己酉22	7 己卯21	7 戊申20	7 戊寅19	7 丁未⑱	7 丙子16	7 乙巳14	7 乙亥14	7 甲辰12	7 甲戌⑫	7 甲辰11
8 庚辰㉑	8 庚戌23	8 庚辰22	8 己酉21	8 己卯⑳	8 戊申19	8 丁丑17	**8** 丙午15	**8** 丙子15	8 乙巳13	8 乙亥13	8 乙巳12
9 辛巳22	9 辛亥24	9 辛巳23	9 庚戌22	9 庚辰21	9 己酉20	9 戊寅18	9 丁未16	9 丁丑16	9 丙午⑭	9 丙子14	9 丙午13
10壬午23	10壬子25	10壬午24	10辛亥㉓	10辛巳22	10庚戌21	10己卯19	10戊申17	10戊寅⑰	**10**丁未15	**10**丁丑15	**10**丁未14
11癸未24	11癸丑26	11癸未㉕	11壬子24	11壬午23	11辛亥22	11庚辰20	11己酉18	11己卯18	11戊申16	11戊寅16	11戊申15
12甲申25	12甲寅27	12甲申26	12癸丑25	12癸未24	12壬子23	12辛巳21	12庚戌⑲	12庚辰19	12己酉17	12己卯17	12己酉⑯
13乙酉26	13乙卯㉘	13乙酉27	13甲寅26	13甲申25	13癸丑24	13壬午㉒	13辛亥20	13辛巳20	13庚戌18	13庚辰18	13庚戌17
14丙戌27	14丙辰29	14丙戌28	14乙卯27	14乙酉26	14甲寅㉕	14癸未23	14壬子21	14壬午21	14辛亥19	14辛巳⑲	14辛亥18
15丁亥㉘	15丁巳30	15丁亥29	15丙辰28	15丙戌㉗	15乙卯26	15甲申24	15癸丑22	15癸未22	15壬子20	15壬午20	15壬子19
《3月》	**16**戊午31	16戊子30	16丁巳29	16丁亥28	16丙辰27	16乙酉25	16甲寅23	16甲申23	16癸丑㉑	16癸未21	16癸丑20
16戊子 1	《4月》	《5月》	17戊午㉚	17戊子29	17丁巳28	17丙戌26	17乙卯24	17乙酉㉔	17甲寅22	17甲申22	17甲寅21
17己丑 2	17己未 1	**17**己丑 1	**18**己未31	18己丑30	18戊午29	18丁亥27	18丙辰25	18丙戌25	18乙卯23	18乙酉23	18乙卯22
18庚寅 3	18庚申 2	*18*庚寅②	《6月》	《7月》	19己未30	19戊子28	19丁巳㉖	19丁亥26	19丙辰24	19丙戌24	19丙辰㉓
19辛卯 4	19辛酉 3	19辛卯 3	19庚申 1	**19**庚寅 1	**20**庚申31	20己丑㉙	20戊午27	20戊子27	20丁巳25	20丁亥25	20丁巳24
20壬辰 5	20壬戌④	20壬辰 4	20辛酉 2	20辛卯 2	《8月》	**21**庚寅30	21己未28	21己丑28	21戊午26	21戊子㉖	21戊午25
21癸巳 6	21癸亥 5	21癸巳 5	21壬戌 3	21壬辰 3	21辛酉①	22辛卯31	22庚申29	22庚寅29	22己未27	22己丑27	22己未26
22甲午⑦	22甲子 6	22甲午 6	22癸亥 4	22癸巳④	22壬戌 2	《9月》	**23**辛酉30	**23**辛卯30	23庚申㉘	23庚寅28	23庚申27
23乙未 8	23乙丑 7	23乙未 7	23甲子 5	23甲午 5	23癸亥 3	23壬辰 1	《10月》	24壬辰㉛	24辛酉29	24辛卯29	24辛酉28
24丙申 9	24丙寅 8	24丙申 8	24乙丑⑥	24乙未 6	24甲子 4	24癸巳 2	24壬戌 1	《11月》	**25**壬戌30	**25**壬辰30	25壬戌29
25丁酉10	25丁卯 9	25丁酉⑨	25丙寅 7	25丙申 7	25乙丑 5	25甲午 3	25癸亥 2	25癸巳 1	《12月》	26癸巳31	**26**癸亥㉚
26戊戌11	26戊辰10	26戊戌10	26丁卯 8	26丁酉 8	26丙寅 6	26乙未 4	26甲子③	26甲午 2	26癸亥 1	**1250 年**	27甲子31
27己亥12	27己巳⑪	27己亥11	27戊辰 9	27戊戌 9	27丁卯 7	27丙申⑤	27乙丑 4	27乙未 3	27甲子 2	《1月》	《2月》
28庚子13	28庚午12	28庚子12	28己巳10	28己亥10	28戊辰⑧	28丁酉 6	28丙寅 5	28丙申 4	28乙丑 3	27甲午 1	28乙丑 1
29辛丑⑭	29辛未13	29辛丑13	29庚午11	29庚子⑪	29己巳 9	29戊戌 7	29丁卯 6	29丁酉 5	**29**丙寅 4	28乙未②	29丙寅 2
30壬寅15	30壬申14		30辛未12				30戊辰 7		30丁卯⑤	29丙申 3	
										30丁酉 4	
雨水 1日	春分 1日	穀雨 1日	小満 3日	夏至 3日	大暑 5日	処暑 6日	秋分 8日	霜降 8日	小雪 10日	冬至 10日	大寒 10日
啓蟄 16日	清明 16日	立夏 17日	芒種 18日	小暑 19日	立秋 20日	白露 21日	寒露 23日	立冬 23日	大雪 25日	小寒 25日	立春 26日

建長 2 年（1250－1251） 庚戌

1 月	2 月	3 月	4 月	5 月	6 月	7 月	8 月	9 月	10月	11月	12月
1 丁卯 3	1 丁酉 5	1 丁卯 4	1 丙申 3	1 丙寅 2	《7月》	**1** 乙丑㉛	1 甲午29	1 甲子28	1 癸巳27	1 壬戌25	1 壬辰㉕
2 戊辰 4	2 戊戌⑥	2 戊辰 5	2 丁酉 4	2 丁卯 3	**1** 乙未 1	《8月》	2 乙未30	2 乙丑29	2 甲午28	2 癸亥26	2 癸巳26
3 己巳 5	3 己亥 7	3 己巳 6	3 戊戌 5	3 戊辰 4	2 丙申 2	2 丙寅 1	**3** 丙申31	**3** 丙寅30	3 乙未29	3 甲子㉗	3 甲午27
4 庚午⑥	4 庚子 8	4 庚午 7	4 己亥 6	4 己巳⑤	3 丁酉③	3 丁卯 2	《9月》	《10月》	4 丙申㉚	4 乙丑28	4 乙未28
5 辛未 7	5 辛丑 9	5 辛未 8	5 庚子 7	5 庚午 6	4 戊戌 4	4 戊辰 3	4 丁酉 1	4 丁卯 1	**5** 丁酉31	5 丙寅29	5 丙申29
6 壬申 8	6 壬寅10	6 壬申 9	6 辛丑⑧	6 辛未 7	5 己亥 5	5 己巳 4	5 戊戌 2	5 戊辰②	《11月》	**6** 丁卯30	**6** 丁酉30
7 癸酉 9	7 癸卯11	7 癸酉⑩	7 壬寅 9	7 壬申 8	6 庚子 6	6 庚午 5	6 己亥 3	6 己巳 3	6 戊戌 1	《12月》	7 戊戌31
8 甲戌10	8 甲辰12	8 甲戌11	8 癸卯10	8 癸酉 9	7 辛丑 7	7 辛未 6	7 庚子④	7 庚午 4	7 己亥 2	7 戊辰 1	**1251 年**
9 乙亥11	9 乙巳⑬	9 乙亥12	9 甲辰11	9 甲戌10	8 壬寅 8	8 壬申⑦	8 辛丑 5	8 辛未 5	8 庚子 3	8 己巳 2	《1月》
10丙子12	10丙午14	10丙子13	10乙巳12	10乙亥11	9 癸卯 9	9 癸酉 8	9 壬寅 6	9 壬申 6	9 辛丑 4	9 庚午 3	8 己亥①
11丁丑⑬	11丁未15	11丁丑14	11丙午13	11丙子⑫	10甲辰⑩	10甲戌 9	10癸卯 7	10癸酉 7	10壬寅 5	10辛未④	9 庚子 2
12戊寅14	**12**戊申16	12戊寅15	12丁未14	12丁丑13	11乙巳11	11乙亥10	11甲辰 8	11甲戌 8	11癸卯⑥	11壬申 5	10辛丑 3
13己卯15	13己酉17	**13**己卯16	13戊申⑮	13戊寅14	12丙午12	12丙子11	12乙巳 9	12乙亥⑨	12甲辰 7	12癸酉 6	11壬寅 4
14庚辰16	14庚戌18	14庚辰⑰	**14**己酉16	14己卯15	13丁未13	13丁丑12	13丙午10	13丙子10	13乙巳 8	13甲戌 7	12癸卯 5
15辛巳17	15辛亥19	15辛巳18	15庚戌17	**15**庚辰16	14戊申14	14戊寅13	14丁未⑪	14丁丑11	14丙午 9	14乙亥 8	13甲辰 6
16壬午18	16壬子⑳	16壬午19	16辛亥18	16辛巳17	15己酉15	15己卯⑭	15戊申12	15戊寅12	15丁未10	15丙子 9	14乙巳 7
17癸未19	17癸丑21	17癸未20	17壬子19	17壬午18	**16**庚戌16	**16**庚辰15	16己酉13	16己卯13	16戊申11	16丁丑10	15丙午⑧
18甲申⑳	18甲寅22	18甲申21	18癸丑20	18癸未⑲	17辛亥⑰	17辛巳16	17庚戌14	17庚辰14	17己酉12	17戊寅⑪	16丁未 9
19乙酉21	19乙卯23	19乙酉22	19甲寅21	19甲申20	18壬子18	18壬午17	**18**辛亥15	**18**辛巳15	18庚戌⑬	18己卯12	17戊申10
20丙戌22	20丙辰24	20丙戌23	20乙卯㉒	20乙酉21	19癸丑19	19癸未18	19壬子16	19壬午⑯	19辛亥14	19庚辰13	18己酉11
21丁亥23	21丁巳25	21丁亥㉔	21丙辰23	21丙戌22	20甲寅20	20甲申19	20癸丑17	20癸未17	**20**壬子15	20辛巳14	19庚戌12
22戊子24	22戊午26	22戊子25	22丁巳24	22丁亥23	21乙卯21	21乙酉20	21甲寅⑱	21甲申18	21癸丑16	**21**壬午15	20辛亥13
23己丑25	23己未㉗	23己丑26	23戊午25	23戊子24	22丙辰22	22丙戌㉑	22乙卯19	22乙酉19	22甲寅17	22癸未16	21壬子14
24庚寅26	24庚申28	24庚寅27	24己未26	24己丑25	23丁巳23	23丁亥22	23丙辰20	23丙戌20	23乙卯18	23甲申17	**22**癸丑⑮
25辛卯㉗	25辛酉29	25辛卯28	25庚申27	25庚寅㉖	24戊午㉔	24戊子23	24丁巳21	24丁亥21	24丙辰19	24乙酉⑱	23甲寅16
26壬辰28	26壬戌30	26壬辰29	26辛酉28	26辛卯27	25己未25	25己丑24	25戊午22	25戊子22	25丁巳⑳	25丙戌19	24乙卯17
《3月》	**27**癸亥31	27癸巳30	27壬戌㉙	27壬辰28	26庚申26	26庚寅25	26己未23	26己丑㉓	26戊午21	26丁亥20	25丙辰18
27癸巳 1	《4月》	《5月》	28癸亥30	28癸巳29	27辛酉27	27辛卯26	27庚申24	27庚寅24	27己未22	27戊子21	26丁巳19
28甲午 2	28甲子 1	**28**甲午①	**29**甲子31	29甲午30	28壬戌28	28壬辰27	28辛酉㉕	28辛卯25	28庚申23	28己丑22	27戊午20
29乙未 3	29乙丑 2	29乙未 2	《6月》		29癸亥29	29癸巳㉘	29壬戌26	29壬辰26	29辛酉24	29庚寅23	28己未21
30丙申 4	30丙寅③		30乙丑 1		30甲子30		30癸亥27			30辛卯24	29庚申㉒
											30辛酉23
雨水 12日	春分 12日	穀雨 13日	小満 14日	夏至 15日	小暑 1日	立秋 1日	白露 3日	寒露 3日	立冬 5日	大雪 6日	小寒 6日
啓蟄 27日	清明 27日	立夏 28日	芒種 29日		大暑 16日	処暑 16日	秋分 18日	霜降 18日	小雪 20日	冬至 21日	大寒 22日

建長**3**年（1251－1252） 辛亥

1月	2月	3月	4月	5月	6月	7月	8月	9月	閏9月	10月	11月	12月
1 壬戌24	1 辛卯22	1 辛酉24	1 辛卯㉓	1 庚申22	1 庚寅21	1 己未20	1 己丑19	1 戊午⑰	1 戊子17	**1** 丁巳15	1 丙戌14	1 丙辰13
2 癸亥25	2 壬辰23	2 壬戌25	2 壬辰24	2 辛酉23	2 辛卯22	2 庚申21	2 庚寅⑳	2 己未18	2 己丑18	2 戊午16	**2** 丁亥15	2 丁巳⑭
3 甲子26	3 癸巳24	3 癸亥㉖	3 癸巳25	3 壬戌24	3 壬辰23	3 辛酉22	3 辛卯21	3 庚申19	3 庚寅19	3 己未17	3 戊子16	**3** 戊午15
4 乙丑27	4 甲午25	4 甲子27	4 甲午26	4 癸亥25	4 癸巳24	4 壬戌㉓	4 壬辰22	4 辛酉20	4 辛卯20	4 庚申18	4 己丑⑰	4 己未16
5 丙寅28	5 乙未㉖	5 乙丑28	5 乙未27	5 甲子26	5 甲午㉕	5 癸亥24	5 癸巳23	5 壬戌21	5 壬辰21	5 辛酉⑲	5 庚寅18	5 庚申17
6 丁卯㉙	6 丙申27	6 丙寅29	6 丙申28	6 乙丑27	6 乙未26	6 甲子25	6 甲午24	6 癸亥22	6 癸巳㉒	6 壬戌20	6 辛卯19	6 辛酉18
7 戊辰30	7 丁酉28	7 丁卯30	7 丁酉29	7 丙寅㉘	7 丙申27	7 乙丑26	7 乙未25	7 甲子23	7 甲午23	7 癸亥21	7 壬辰20	7 壬戌19
8 己巳31	《3月》	8 戊辰31	8 戊戌㉚	8 丁卯29	8 丁酉28	8 丙寅27	8 丙申26	8 乙丑㉔	8 乙未24	8 甲子22	8 癸巳21	8 癸亥20
《2月》	**8** 戊戌1	《4月》	《5月》	9 戊辰30	9 戊戌29	9 丁卯28	9 丁酉㉗	9 丙寅25	9 丙申25	9 乙丑23	9 甲午22	9 甲子㉑
9 庚午1	9 己亥2	**9** 己巳1	**9** 己亥1	10 己巳31	10 己亥30	10 戊辰29	10 戊戌28	10 丁卯26	10 丁酉26	10 丙寅24	10 乙未23	10 乙丑22
10 辛未2	10 庚子3	10 庚午②	10 庚子2	《6月》	《7月》	11 己巳㉚	11 己亥29	11 戊辰27	11 戊戌27	11 丁卯25	11 丙申㉔	11 丙寅23
11 壬申3	11 辛丑4	11 辛未3	11 辛丑3	**11** 庚午1	**11** 庚子1	**12** 庚午31	12 庚子30	12 己巳28	12 己亥28	12 戊辰㉖	12 丁酉25	12 丁卯24
12 癸酉4	12 壬寅⑤	12 壬申4	12 壬寅4	12 辛未2	12 辛丑②	《8月》	**13** 辛丑31	13 庚午29	13 庚子㉙	13 己巳27	13 戊戌26	13 戊辰25
13 甲戌⑤	13 癸卯6	13 癸酉5	13 癸卯5	13 壬申3	13 壬寅3	13 辛未1	《9月》	**14** 辛未30	14 辛丑30	14 庚午28	14 己亥27	14 己巳26
14 乙亥6	14 甲辰7	14 甲戌6	14 甲辰6	14 癸酉④	14 癸卯4	14 壬申2	14 壬寅1	《10月》	**15** 壬寅31	15 辛未29	15 庚子28	15 庚午27
15 丙子7	15 乙巳8	15 乙亥7	15 乙巳⑦	15 甲戌5	15 甲辰5	15 癸酉3	15 癸卯2	15 壬申①	《11月》	**16** 壬申30	16 辛丑29	16 辛未㉘
16 丁丑8	16 丙午9	16 丙子8	16 丙午8	16 乙亥6	16 乙巳6	16 甲戌4	16 甲辰③	16 癸酉2	16 癸卯1	《12月》	17 壬寅30	17 壬申29
17 戊寅9	17 丁未10	17 丁丑⑨	17 丁未9	17 丙子7	17 丙午7	17 乙亥5	17 乙巳4	17 甲戌3	17 甲辰2	17 癸酉1	**18** 癸卯㉛	**18** 癸酉30
18 己卯10	18 戊申11	18 戊寅10	18 戊申10	18 丁丑8	18 丁未8	18 丙子⑥	18 丙午5	18 乙亥4	18 乙巳3	18 甲戌2	**1252** 年	19 甲戌31
19 庚辰11	19 己酉⑫	19 己卯11	19 己酉11	19 戊寅9	19 戊申⑨	19 丁丑7	19 丁未6	19 丙子5	19 丙午4	19 乙亥③	《1月》	《2月》
20 辛巳⑫	20 庚戌13	20 庚辰12	20 庚戌12	20 己卯10	20 己酉10	20 戊寅8	20 戊申7	20 丁丑6	20 丁未⑤	20 丙子4	19 甲辰1	20 乙亥1
21 壬午13	21 辛亥14	21 辛巳13	21 辛亥13	21 庚辰⑪	21 庚戌11	21 己卯9	21 己酉8	21 戊寅7	21 戊申6	21 丁丑5	20 乙巳2	21 丙子2
22 癸未14	22 壬子15	22 壬午14	22 壬子⑭	22 辛巳12	22 辛亥12	22 庚辰10	22 庚戌9	22 己卯⑧	22 己酉7	22 戊寅6	21 丙午3	22 丁丑3
23 甲申15	23 癸丑16	23 癸未15	23 癸丑15	23 壬午13	23 壬子13	23 辛巳11	23 辛亥⑩	23 庚辰9	23 庚戌8	23 己卯7	22 丁未4	23 戊寅④
24 乙酉16	**24** 甲寅17	**24** 甲申⑯	**24** 甲寅16	24 癸未14	24 癸丑14	24 壬午12	24 壬子11	24 辛巳10	24 辛亥9	24 庚辰8	23 戊申5	24 己卯5
25 丙戌17	25 乙卯18	25 乙酉17	25 乙卯17	25 甲申15	25 甲寅15	25 癸未⑬	25 癸丑12	25 壬午11	25 壬子10	25 辛巳9	24 己酉6	25 庚辰6
26 丁亥18	26 丙辰⑲	26 丙戌18	26 丙辰18	**26** 乙酉16	**26** 乙卯⑯	26 甲申14	26 甲寅13	26 癸未12	26 癸丑11	26 壬午⑩	25 庚戌⑦	26 辛巳7
27 戊子⑲	27 丁巳20	27 丁亥19	27 丁巳19	27 丙戌17	27 丙辰17	27 乙酉15	27 乙卯14	27 甲申13	27 甲寅⑫	27 癸未11	26 辛亥8	27 壬午8
28 己丑20	28 戊午21	28 戊子20	28 戊午20	28 丁亥⑱	28 丁巳18	**28** 丙戌16	**28** 丙辰15	28 乙酉14	28 乙卯13	28 甲申12	27 壬子9	28 癸未9
29 庚寅21	29 己未22	29 己丑21	29 己未㉑	29 戊子19	29 戊午19	29 丁亥17	29 丁巳16	29 丙戌⑮	29 丙辰14	29 乙酉13	28 癸丑10	29 甲申10
	30 庚申23	30 庚寅22		30 己丑20		30 戊子18		**30** 丁亥16			29 甲寅11	30 乙酉⑪
											30 乙卯12	
立春 7日 雨水 22日	啓蟄 8日 春分 24日	清明 9日 穀雨 24日	立夏 9日 小満 24日	芒種 11日 夏至 26日	小暑 11日 大暑 26日	立秋 12日 処暑 28日	白露 13日 秋分 28日	寒露 14日 霜降 30日	立冬15日	小雪 1日 大雪 16日	冬至 2日 小寒 18日	大寒 3日 立春 18日

建長**4**年（1252－1253） 壬子

1月	2月	3月	4月	5月	6月	7月	8月	9月	10月	11月	12月
1 丙戌12	1 乙卯12	1 乙酉11	1 甲寅10	1 甲申⑨	1 癸丑8	1 癸未7	1 癸丑6	1 壬午5	1 壬子4	1 辛巳3	1 辛亥2
2 丁亥13	2 丙辰13	2 丙戌12	2 乙卯11	2 乙酉10	2 甲寅9	2 甲申8	2 甲寅7	2 癸未⑥	2 癸丑5	2 壬午4	2 壬子3
3 戊子14	3 丁巳14	3 丁亥13	3 丙辰⑫	3 丙戌11	3 乙卯10	3 乙酉9	3 乙卯⑧	3 甲申7	3 甲寅6	3 癸未5	3 癸丑4
4 己丑15	4 戊午15	4 戊子⑭	4 丁巳13	4 丁亥12	4 丙辰11	4 丙戌10	4 丙辰9	4 乙酉8	4 乙卯7	4 甲申6	4 甲寅⑤
5 庚寅16	**5** 己未16	**5** 己丑15	5 戊午14	5 戊子13	5 丁巳12	5 丁亥⑪	5 丁巳10	5 丙戌9	5 丙辰8	5 乙酉7	5 乙卯6
6 辛卯17	6 庚申⑰	6 庚寅16	6 己未15	6 己丑14	6 戊午13	6 戊子12	6 戊午11	6 丁亥10	6 丁巳9	6 丙戌⑧	6 丙辰7
7 壬辰⑱	7 辛酉18	7 辛卯17	**7** 庚申16	**7** 庚寅15	7 己未⑭	7 己丑13	7 己未12	7 戊子11	7 戊午⑩	7 丁亥9	7 丁巳8
8 癸巳19	8 壬戌19	8 壬辰18	8 辛酉17	8 辛卯⑯	8 庚申15	8 庚寅14	8 庚申13	8 己丑12	8 己未11	8 戊子10	8 戊午9
9 甲午20	9 癸亥20	9 癸巳19	9 壬戌18	9 壬辰17	**9** 辛酉16	**9** 辛卯15	**9** 辛酉14	9 庚寅⑬	9 庚申12	9 己丑11	9 己未10
10 乙未21	10 甲子21	10 甲午20	10 癸亥⑲	10 癸巳18	10 壬戌17	10 壬辰16	10 壬戌⑮	10 辛卯14	10 辛酉13	10 庚寅12	10 庚申11
11 丙申22	11 乙丑22	11 乙未㉑	11 甲子20	11 甲午19	11 癸亥18	11 癸巳17	11 癸亥16	**11** 壬辰15	**11** 壬戌14	11 辛卯13	11 辛酉⑫
12 丁酉23	12 丙寅23	12 丙申22	12 乙丑21	12 乙未20	12 甲子19	12 甲午⑱	12 甲子17	12 癸巳16	12 癸亥15	12 壬辰14	12 壬戌13
13 戊戌24	13 丁卯㉔	13 丁酉23	13 丙寅22	13 丙申21	13 乙丑20	13 乙未19	13 乙丑18	13 甲午17	13 甲子16	**13** 癸巳⑮	**13** 癸亥14
14 己亥㉕	14 戊辰25	14 戊戌24	14 丁卯23	14 丁酉22	14 丙寅㉑	14 丙申20	14 丙寅19	14 乙未18	14 乙丑⑰	14 甲午16	14 甲子15
15 庚子26	15 己巳26	15 己亥25	15 戊辰24	15 戊戌㉓	15 丁卯22	15 丁酉21	15 丁卯20	15 丙申19	15 丙寅18	15 乙未17	15 乙丑16
16 辛丑27	16 庚午27	16 庚子26	16 己巳25	16 己亥24	16 戊辰23	16 戊戌22	16 戊辰21	16 丁酉⑳	16 丁卯19	16 丙申18	16 丙寅17
17 壬寅28	17 辛未28	17 辛丑27	17 庚午㉖	17 庚子25	17 己巳24	17 己亥23	17 己巳㉒	17 戊戌21	17 戊辰20	17 丁酉19	17 丁卯18
18 癸卯29	18 壬申29	18 壬寅㉘	18 辛未27	18 辛丑26	18 庚午25	18 庚子24	18 庚午23	18 己亥22	18 己巳21	18 戊戌20	18 戊辰⑲
《3月》	19 癸酉30	19 癸卯29	19 壬申28	19 壬寅27	19 辛未26	19 辛丑㉕	19 辛未24	19 庚子23	19 庚午22	19 己亥21	19 己巳20
19 甲辰1	**20** 甲戌㉛	**20** 甲辰30	20 癸酉29	20 癸卯28	20 壬申27	20 壬寅26	20 壬申25	20 辛丑24	20 辛未23	20 庚子㉒	20 庚午21
20 乙巳2	《4月》	《5月》	21 甲戌30	21 甲辰29	21 癸酉㉘	21 癸卯27	21 癸酉26	21 壬寅25	21 壬申㉔	21 辛丑23	21 辛未22
21 丙午③	21 乙亥1	21 乙巳1	**22** 乙亥31	**22** 乙巳㉚	22 甲戌29	22 甲辰28	22 甲戌27	22 癸卯26	22 癸酉25	22 壬寅24	22 壬申23
22 丁未4	22 丙子2	22 丙午2	《6月》	《7月》	23 乙亥30	23 乙巳29	23 乙亥28	23 甲辰㉗	23 甲戌26	23 癸卯25	23 癸酉24
23 戊申5	23 丁丑3	23 丁未3	23 丙子1	23 丙午1	**24** 丙子31	**24** 丙午30	24 丙子㉙	24 乙巳28	24 乙亥27	24 甲辰26	24 甲戌25
24 己酉6	24 戊寅4	24 戊申4	24 丁丑②	24 丁未2	《8月》	25 丁未31	**25** 丁丑30	25 丙午29	25 丙子28	25 乙巳27	25 乙亥㉖
25 庚戌7	25 己卯5	25 己酉⑤	25 戊寅3	25 戊申3	25 丁丑1	《9月》	《10月》	**26** 丁未30	**26** 丁丑29	26 丙午28	26 丙子27
26 辛亥8	26 庚辰6	26 庚戌6	26 己卯4	26 己酉4	26 戊寅2	26 戊申①	26 戊寅1	27 戊申31	27 戊寅30	27 丁未㉙	27 丁丑28
27 壬子9	27 辛巳⑦	27 辛亥7	27 庚辰5	27 庚戌5	27 己卯3	27 己酉2	27 己卯2	《11月》	《12月》	**28** 戊申30	**28** 戊寅29
28 癸丑⑩	28 壬午8	28 壬子8	28 辛巳6	28 辛亥6	28 庚辰④	28 庚戌3	28 庚辰3	28 己酉1	28 己卯①	29 己酉31	29 己卯30
29 甲寅11	29 癸未9	29 癸丑9	29 壬午7	29 壬子⑦	29 辛巳5	29 辛亥4	29 辛巳4	29 庚戌2	29 庚辰2	**1253** 年	
	30 甲申10		30 癸未8		30 壬午6	30 壬子5		30 辛亥③		《1月》	
										30 庚戌1	
雨水 3日 啓蟄 19日	春分 5日 清明 20日	穀雨 5日 立夏 20日	小満 7日 芒種 22日	夏至 7日 小暑 22日	大暑 9日 立秋 24日	処暑 9日 白露 24日	秋分 9日 寒露 25日	霜降 11日 立冬 26日	小雪 11日 大雪 26日	冬至 13日 小寒 28日	大寒 13日 立春 28日

建長**5**年（1253－1254） 癸丑

1月	2月	3月	4月	5月	6月	7月	8月	9月	10月	11月	12月
1 庚辰31	《3月》	**1** 己卯31	1 戊申29	1 戊寅29	1 戊申28	1 丁丑㉗	1 丁未26	1 丙子24	1 丙午24	1 丙子㉓	1 乙巳22
《2月》	**1** 己酉 1	《4月》	2 己酉30	2 己卯30	2 己酉㉙	2 戊寅28	2 戊申27	2 丁丑25	2 丁未25	2 丁丑24	2 丙午23
2 辛巳 1	2 庚戌②	2 庚辰 1	《5月》	**3** 庚辰31	3 庚戌30	3 己卯29	3 己酉28	3 戊寅26	3 戊申㉖	3 戊寅25	3 丁未24
3 壬午②	3 辛亥 3	3 辛巳 2	**3** 庚戌 1	《6月》	《7月》	4 庚辰30	4 庚戌29	4 己卯27	4 己酉27	4 己卯26	4 戊申25
4 癸未 3	4 壬子 4	4 壬午 3	4 辛亥 2	4 辛巳①	**4** 辛亥 1	**5** 辛巳31	**5** 辛亥30	5 庚辰㉘	5 庚戌28	5 庚辰27	5 己酉26
5 甲申 4	5 癸丑 5	5 癸未 4	5 壬子 3	5 壬午 2	5 壬子 2	《8月》	6 壬子㉛	6 辛巳29	6 辛亥29	6 辛巳28	6 庚戌27
6 乙酉 5	6 甲寅 6	6 甲申 5	6 癸丑④	6 癸未 3	6 癸丑 3	6 壬午 1	《9月》	**7** 壬午30	**7** 壬子30	7 壬午29	7 辛亥㉘
7 丙戌 6	7 乙卯 7	7 乙酉⑥	7 甲寅 5	7 甲申 4	7 甲寅 4	7 癸未 2	7 癸丑 1	《10月》	8 癸丑31	**8** 癸未㉚	8 壬子29
8 丁亥 7	8 丙辰 8	8 丙戌 7	8 乙卯 6	8 乙酉 5	8 乙卯 5	8 甲申③	8 甲寅 2	8 癸未 1	《11月》	《12月》	**9** 癸丑30
9 戊子 8	9 丁巳⑨	9 丁亥 8	9 丙辰 7	9 丙戌 6	9 丙辰⑥	9 乙酉 4	9 乙卯 3	9 甲申 2	9 甲寅 1	9 甲申 1	10甲寅31
10己丑⑨	10戊午10	10戊子 9	10丁巳 8	10丁亥 7	10丁巳 7	10丙戌 5	10丙辰 4	10乙酉 3	10乙卯②	10乙酉 2	**1254年**
11庚寅10	11己未11	11己丑10	11戊午 9	11戊子⑧	11戊午 8	11丁亥 6	11丁巳 5	11丙戌 4	11丙辰 3	11丙戌 3	《1月》
12辛卯11	12庚申12	12庚寅11	12己未10	12己丑 9	12己未 9	12戊子 7	12戊午 6	12丁亥⑤	12丁巳 4	12丁亥 4	11乙卯 1
13壬辰12	13辛酉13	13辛卯12	13庚申⑪	13庚寅10	13庚申10	13己丑 8	13己未⑦	13戊子 6	13戊午 5	13戊子 5	12丙辰 2
14癸巳13	14壬戌14	14壬辰⑬	14辛酉12	14辛卯11	14辛酉11	14庚寅 9	14庚申 8	14己丑 7	14己未 6	14己丑 6	13丁巳 3
15甲午14	15癸亥15	15癸巳14	15壬戌13	15壬辰12	15壬戌12	15辛卯⑩	15辛酉 9	15庚寅 8	15庚申 7	15庚寅⑦	14戊午④
16乙未15	**16**甲子⑯	**16**甲午15	16癸亥14	16癸巳13	16癸亥⑬	16壬辰11	16壬戌10	16辛卯 9	16辛酉 8	16辛卯 8	15己未 5
17丙申⑯	17乙丑17	17乙未16	17甲子15	17甲午14	17甲子14	17癸巳12	17癸亥11	17壬辰10	17壬戌⑨	17壬辰 9	16庚申 6
18丁酉17	18丙寅18	18丙申17	**18**乙丑16	**18**乙未⑮	18乙丑15	18甲午13	18甲子12	18癸巳11	18癸亥10	18癸巳10	17辛酉 7
19戊戌18	19丁卯19	19丁酉18	19丙寅17	19丙申16	**19**丙寅16	19乙未14	19乙丑13	19甲午⑫	19甲子11	19甲午11	18壬戌 8
20己亥19	20戊辰20	20戊戌19	20丁卯⑱	20丁酉17	20丁卯17	**20**丙申15	20丙寅⑭	20乙未13	20乙丑12	20乙未12	19癸亥 9
21庚子20	21己巳21	21己亥⑳	21戊辰19	21戊戌18	21戊辰18	21丁酉16	**21**丁卯15	21丙申14	21丙寅13	21丙申13	20甲子10
22辛丑21	22庚午22	22庚子21	22己巳20	22己亥19	22己巳19	22戊戌⑰	22戊辰16	**22**丁酉15	22丁卯14	22丁酉⑭	21乙丑⑪
23壬寅22	23辛未㉓	23辛丑22	23庚午21	23庚子20	23庚午⑳	23己亥18	23己巳17	23戊戌16	**23**戊辰15	**23**戊戌15	22丙寅12
24癸卯㉓	24壬申24	24壬寅23	24辛未22	24辛丑21	24辛未21	24庚子19	24庚午18	24己亥17	24己巳⑯	24己亥16	23丁卯13
25甲辰24	25癸酉25	25癸卯24	25壬申23	25壬寅㉒	25壬申22	25辛丑20	25辛未19	25庚子18	25庚午17	25庚子17	**24**戊辰14
26乙巳25	26甲戌26	26甲辰25	26癸酉24	26癸卯23	26癸酉23	26壬寅21	26壬申20	26辛丑⑲	26辛未18	26辛丑18	25己巳15
27丙午26	27乙亥27	27乙巳26	27甲戌㉕	27甲辰24	27甲戌24	27癸卯22	27癸酉㉑	27壬寅20	27壬申19	27壬寅19	26庚午16
28丁未27	28丙子28	28丙午㉗	28乙亥26	28乙巳25	28乙亥25	28甲辰23	28甲戌22	28癸卯21	28癸酉20	28癸卯20	27辛未17
29戊申28	29丁丑29	29丁未28	29丙子27	29丙午26	29丙子26	29乙巳㉔	29乙亥23	29甲辰22	29甲戌21	29甲辰㉑	28壬申⑱
	30戊寅㉚		30丁丑28	30丁未27		30丙午25		30乙巳23	30乙亥22		29癸酉19
											30甲戌20

雨水 15日	啓蟄 1日 春分 16日	清明 1日 穀雨 16日	立夏 3日 小満 18日	芒種 3日 夏至 18日	小暑 4日 大暑 19日	立秋 5日 処暑 20日	白露 5日 秋分 21日	寒露 7日 霜降 22日	立冬 7日 小雪 23日	大雪 8日 冬至 23日	小寒 9日 大寒 24日

建長**6**年（1254－1255） 甲寅

1月	2月	3月	4月	5月	閏5月	6月	7月	8月	9月	10月	11月	12月
1 乙亥21	1 甲辰19	1 甲戌21	1 癸卯⑲	1 壬申18	1 壬寅17	**1** 辛未16	**1** 辛丑15	1 辛未14	1 庚子13	1 庚午12	1 庚子12	1 己巳⑩
2 丙子22	2 乙巳20	2 乙亥㉒	2 甲辰20	2 癸酉19	2 癸卯18	2 壬申17	2 壬寅⑯	**2** 壬申15	2 辛丑14	2 辛未13	2 辛丑⑬	2 庚午11
3 丁丑23	3 丙午21	3 丙子23	3 乙巳21	3 甲戌20	3 甲辰19	3 癸酉18	3 癸卯17	3 癸酉16	**3** 壬寅15	3 壬申14	3 壬寅14	3 辛未12
4 戊寅24	4 丁未㉒	4 丁丑24	4 丙午22	4 乙亥21	4 乙巳20	4 甲戌⑲	4 甲辰18	4 甲戌17	4 癸卯16	**4** 癸酉⑮	**4** 癸卯15	4 壬申13
5 己卯㉕	5 戊申23	5 戊寅25	5 丁未23	5 丙子22	5 丙午㉑	5 乙亥20	5 乙巳19	5 乙亥18	5 甲辰17	5 甲戌16	5 甲辰16	5 癸酉14
6 庚辰26	6 己酉24	6 己卯26	6 戊申24	6 丁丑23	6 丁未22	6 丙子21	6 丙午20	6 丙子19	6 乙巳⑱	6 乙亥17	6 乙巳17	**6** 甲戌15
7 辛巳27	7 庚戌25	7 庚辰27	7 己酉25	7 戊寅㉔	7 戊申23	7 丁丑22	7 丁未21	7 丁丑⑳	7 丙午19	7 丙子18	7 丙午18	7 乙亥16
8 壬午28	8 辛亥26	8 辛巳28	8 庚戌㉖	8 己卯25	8 己酉24	8 戊寅23	8 戊申22	8 戊寅21	8 丁未20	8 丁丑19	8 丁未19	8 丙子⑰
9 癸未29	9 壬子27	9 壬午㉙	9 辛亥27	9 庚辰26	9 庚戌25	9 己卯24	9 己酉㉓	9 己卯22	9 戊申21	9 戊寅20	9 戊申⑳	9 丁丑18
10甲申30	10癸丑28	10癸未30	10壬子28	10辛巳27	10辛亥26	10庚辰25	10庚戌24	10庚辰23	10己酉22	10己卯21	10己酉21	10戊寅19
11乙酉31	《3月》	**11**甲申31	11癸丑29	11壬午28	11壬子27	11辛巳㉖	11辛亥25	11辛巳24	11庚戌23	11庚辰㉒	11庚戌22	11己卯20
《2月》	**11**甲寅①	《4月》	12甲寅30	12癸未29	12癸丑㉘	12壬午27	12壬子26	12壬午25	12辛亥24	12辛巳23	12辛亥23	12庚辰21
12丙戌①	12乙卯 2	12乙酉 1	《5月》	13甲申30	13甲寅29	13癸未28	13癸丑27	13癸未26	13壬子㉕	13壬午24	13壬子24	13辛巳22
13丁亥 2	13丙辰 3	13丙戌 2	**13**乙卯 1	**14**乙酉㉛	14乙卯30	14甲申29	14甲寅28	14甲申㉗	14癸丑26	14癸未25	14癸丑25	14壬午23
14戊子 3	14丁巳 4	14丁亥 3	14丙辰 2	《6月》	《7月》	15乙酉30	15乙卯29	15乙酉28	15甲寅27	15甲申26	15甲寅26	15癸未㉔
15己丑 4	15戊午 5	15戊子 4	15丁巳③	15丙戌 1	**15**丙辰 1	**16**丙戌31	16丙辰㉚	16丙戌29	16乙卯28	16乙酉27	16乙卯㉗	16甲申25
16庚寅 5	16己未 6	16己丑⑤	16戊午 4	16丁亥 2	16丁巳 2	《8月》	**17**丁巳31	**17**丁亥30	17丙辰29	17丙戌28	17丙辰28	17乙酉26
17辛卯 6	17庚申 7	17庚寅 6	17己未 5	17戊子 3	17戊午 3	17丁亥 1	《9月》	《10月》	18丁巳30	18丁亥㉙	18丁巳29	18丙戌27
18壬辰 7	18辛酉⑧	18辛卯 7	18庚申 6	18己丑 4	18己未 4	18戊子②	18戊午 1	18戊子 1	**19**戊午31	**19**戊子30	**19**戊午30	19丁亥28
19癸巳⑧	19壬戌 9	19壬辰 8	19辛酉 7	19庚寅 5	19庚申⑤	19己丑 3	19己未 2	19己丑 2	《11月》	《12月》	20己未31	20戊子29
20甲午 9	20癸亥10	20癸巳 9	20壬戌 8	20辛卯 6	20辛酉 6	20庚寅 4	20庚申 3	20庚寅 3	20己未①	20己丑 1	**1255年**	**21**己丑30
21乙未10	21甲子11	21甲午10	21癸亥 9	21壬辰⑦	21壬戌 7	21辛卯 5	21辛酉 4	21辛卯④	21庚申 2	21庚寅 2	《1月》	22庚寅㉛
22丙申11	22乙丑12	22乙未11	22甲子⑩	22癸巳 8	22癸亥 8	22壬辰 6	22壬戌 5	22壬辰 5	22辛酉 3	22辛卯 3	21庚申 1	《2月》
23丁酉12	23丙寅13	23丙申⑫	23乙丑11	23甲午 9	23甲子 9	23癸巳 7	23癸亥⑥	23癸巳 6	23壬戌 4	23壬辰 4	22辛酉 2	23辛卯 1
24戊戌13	24丁卯14	24丁酉13	24丙寅12	24乙未10	24乙丑10	24甲午 8	24甲子 7	24甲午 7	24癸亥 5	24癸巳 5	23壬戌③	24壬辰 2
25己亥14	25戊辰⑮	25戊戌14	25丁卯13	25丙申11	25丙寅11	25乙未⑨	25乙丑 8	25乙未 8	25甲子 6	25甲午⑥	24癸亥 4	25癸巳 3
26庚子⑮	**26**己巳16	26己亥15	26戊辰14	26丁酉12	26丁卯⑫	26丙申10	26丙寅 9	26丙申 9	26乙丑 7	26乙未 7	25甲子 5	26甲午 4
27辛丑16	27庚午17	**27**庚子16	27己巳15	27戊戌13	27戊辰13	27丁酉11	27丁卯10	27丁酉10	27丙寅⑧	27丙申 8	26乙丑 6	27乙未 5
28壬寅17	28辛未18	28辛丑17	**28**庚午16	28己亥⑭	28己巳14	28戊戌12	28戊辰11	28戊戌⑪	28丁卯 9	28丁酉 9	27丙寅 7	28丙申 6
29癸卯18	29壬申19	29壬寅18	29辛未⑰	29庚子15	29庚午15	29己亥13	29己巳12	29己亥12	29戊辰10	29戊戌10	28丁卯 8	29丁酉⑦
	30癸酉20			**30**辛丑16		30庚子14	30庚午⑬		30己巳11	30己亥11	29戊辰 9	30戊戌 8

立春 10日 雨水 25日	啓蟄 11日 春分 26日	清明 11日 穀雨 27日	立夏 13日 小満 28日	芒種 14日 夏至 30日	小暑15日	大暑 1日 立秋 16日	処暑 1日 白露 17日	秋分 2日 寒露 17日	霜降 3日 立冬 19日	小雪 4日 大雪 19日	冬至 4日 小寒 19日	大寒 6日 立春 21日

建長7年（1255－1256） 乙卯

1月	2月	3月	4月	5月	6月	7月	8月	9月	10月	11月	12月
1 己亥 9 2 庚子 10 3 辛丑 11 4 壬寅 12 5 癸卯 13 6 甲辰 ⑭ 7 乙巳 15 8 丙午 16 9 丁未 17 10 戊申 18 11 己酉 19 12 庚戌 20 13 辛亥 ㉑ 14 壬子 22 15 癸丑 23 16 甲寅 24 17 乙卯 25 18 丙辰 26 19 丁巳 27 20 戊午 ㉘ 《3月》 21 己未 1 22 庚申 2 23 辛酉 3 24 壬戌 4 25 癸亥 5 26 甲子 6 27 乙丑 ⑦ 28 丙寅 8 29 丁卯 9	1 戊辰 10 2 己巳 11 3 庚午 12 4 辛未 13 5 壬申 ⑭ 6 癸酉 15 7 甲戌 16 8 乙亥 17 9 丙子 18 10 丁丑 19 11 戊寅 20 12 己卯 ㉑ 13 庚辰 22 14 辛巳 23 15 壬午 24 16 癸未 25 17 甲申 26 18 乙酉 27 19 丙戌 ㉘ 20 丁亥 29 21 戊子 30 22 己丑 31 《4月》 23 庚寅 1 24 辛卯 2 25 壬辰 3 26 癸巳 ④ 27 甲午 5 28 乙未 6 29 丙申 7 30 丁酉 8	1 戊戌 9 2 己亥 10 3 庚子 ⑪ 4 辛丑 12 5 壬寅 13 6 癸卯 14 7 甲辰 15 8 乙巳 16 9 丙午 17 10 丁未 ⑱ 11 戊申 19 12 己酉 20 13 庚戌 21 14 辛亥 22 15 壬子 23 16 癸丑 24 17 甲寅 ㉕ 18 乙卯 26 19 丙辰 27 20 丁巳 28 21 戊午 29 22 己未 30 《5月》 23 庚申 1 24 辛酉 ② 25 壬戌 3 26 癸亥 4 27 甲子 5 28 乙丑 6 29 丙寅 7	1 丁卯 8 2 戊辰 ⑨ 3 己巳 10 4 庚午 11 5 辛未 12 6 壬申 13 7 癸酉 14 8 甲戌 15 9 乙亥 ⑯ 10 丙子 17 11 丁丑 18 12 戊寅 19 13 己卯 20 14 庚辰 21 15 辛巳 22 16 壬午 ㉓ 17 癸未 24 18 甲申 25 19 乙酉 26 20 丙戌 27 21 丁亥 28 22 戊子 29 23 己丑 ㉚ 24 庚寅 31 《6月》 25 辛卯 1 26 壬辰 2 27 癸巳 3 28 甲午 4 29 乙未 5	1 丙申 ⑥ 2 丁酉 7 3 戊戌 8 4 己亥 9 5 庚子 10 6 辛丑 11 7 壬寅 12 8 癸卯 ⑬ 9 甲辰 14 10 乙巳 15 11 丙午 16 12 丁未 17 13 戊申 18 14 己酉 19 15 庚戌 ⑳ 16 辛亥 21 17 壬子 22 18 癸丑 23 19 甲寅 24 20 乙卯 25 21 丙辰 26 22 丁巳 ㉗ 23 戊午 28 24 己未 29 25 庚申 30 《7月》 26 辛酉 1 27 壬戌 2 28 癸亥 3 29 甲子 ④ 30 乙丑 5	1 丙寅 6 2 丁卯 7 3 戊辰 8 4 己巳 9 5 庚午 10 6 辛未 ⑪ 7 壬申 12 8 癸酉 13 9 甲戌 14 10 乙亥 15 11 丙子 16 12 丁丑 17 13 戊寅 ⑱ 14 己卯 19 15 庚辰 20 16 辛巳 21 17 壬午 22 18 癸未 23 19 甲申 24 20 乙酉 ㉕ 21 丙戌 26 22 丁亥 27 23 戊子 28 24 己丑 29 25 庚寅 30 26 辛卯 31 《8月》 27 壬辰 ① 28 癸巳 2 29 甲午 3	1 乙未 4 2 丙申 5 3 丁酉 6 4 戊戌 7 5 己亥 ⑧ 6 庚子 9 7 辛丑 10 8 壬寅 11 9 癸卯 12 10 甲辰 13 11 乙巳 14 12 丙午 ⑮ 13 丁未 16 14 戊申 17 15 己酉 18 16 庚戌 19 17 辛亥 20 18 壬子 21 19 癸丑 ㉒ 20 甲寅 23 21 乙卯 24 22 丙辰 25 23 丁巳 26 24 戊午 27 25 己未 28 26 庚申 ㉙ 27 辛酉 30 28 壬戌 31 《9月》 29 癸亥 1 30 甲子 2	1 乙丑 3 2 丙寅 4 3 丁卯 ⑤ 4 戊辰 6 5 己巳 7 6 庚午 8 7 辛未 9 8 壬申 10 9 癸酉 11 10 甲戌 ⑫ 11 乙亥 13 12 丙子 14 13 丁丑 15 14 戊寅 16 15 己卯 17 16 庚辰 18 17 辛巳 ⑲ 18 壬午 20 19 癸未 21 20 甲申 22 21 乙酉 23 22 丙戌 24 23 丁亥 25 24 戊子 ㉖ 25 己丑 27 26 庚寅 28 27 辛卯 29 28 壬辰 30 《10月》 29 癸巳 1	1 甲午 2 2 乙未 ③ 3 丙申 4 4 丁酉 5 5 戊戌 6 6 己亥 7 7 庚子 8 8 辛丑 9 9 壬寅 ⑩ 10 癸卯 11 11 甲辰 12 12 乙巳 13 13 丙午 14 14 丁未 15 15 戊申 16 16 己酉 ⑰ 17 庚戌 18 18 辛亥 19 19 壬子 20 20 癸丑 21 21 甲寅 22 22 乙卯 23 23 丙辰 ㉔ 24 丁巳 25 25 戊午 26 26 己未 27 27 庚申 28 28 辛酉 29 29 壬戌 30 30 癸亥 ㉛	《11月》 1 甲子 1 2 乙丑 2 3 丙寅 3 4 丁卯 4 5 戊辰 5 6 己巳 6 7 庚午 ⑦ 8 辛未 8 9 壬申 9 10 癸酉 10 11 甲戌 11 12 乙亥 12 13 丙子 13 14 丁丑 ⑭ 15 戊寅 15 16 己卯 16 17 庚辰 17 18 辛巳 18 19 壬午 19 20 癸未 20 21 甲申 ㉑ 22 乙酉 22 23 丙戌 23 24 丁亥 24 25 戊子 25 26 己丑 26 27 庚寅 27 28 辛卯 ㉘ 29 壬辰 29 30 癸巳 30	《12月》 1 甲午 1 2 乙未 2 3 丙申 3 4 丁酉 4 5 戊戌 ⑤ 6 己亥 6 7 庚子 7 8 辛丑 8 9 壬寅 9 10 癸卯 10 11 甲辰 11 12 乙巳 ⑫ 13 丙午 13 14 丁未 14 15 戊申 15 16 己酉 16 17 庚戌 17 18 辛亥 18 19 壬子 ⑲ 20 癸丑 20 21 甲寅 21 22 乙卯 22 23 丙辰 23 24 丁巳 24 25 戊午 25 26 己未 ㉖ 27 庚申 27 28 辛酉 28 29 壬戌 29 30 癸亥 30	1 甲子 31 1256年 《1月》 2 乙丑 1 3 丙寅 ② 4 丁卯 3 5 戊辰 4 6 己巳 5 7 庚午 6 8 辛未 7 9 壬申 8 10 癸酉 ⑨ 11 甲戌 10 12 乙亥 11 13 丙子 12 14 丁丑 13 15 戊寅 14 16 己卯 15 17 庚辰 ⑯ 18 辛巳 17 19 壬午 18 20 癸未 19 21 甲申 20 22 乙酉 21 23 丙戌 22 24 丁亥 ㉓ 25 戊子 24 26 己丑 25 27 庚寅 26 28 辛卯 27 29 壬辰 28
雨水 6日 啓蟄 21日	春分 8日 清明 23日	穀雨 8日 立夏 23日	小満 9日 芒種 25日	夏至 11日 小暑 26日	大暑 11日 立秋 26日	処暑 13日 白露 28日	秋分 13日 寒露 28日	霜降 15日 立冬 30日	小雪 15日 大雪 30日	冬至 15日	小寒 1日 大寒 16日

康元元年〔建長8年〕（1256－1257） 丙辰

改元 10/5（建長→康元）

1月	2月	3月	4月	5月	6月	7月	8月	9月	10月	11月	12月
1 癸巳 29 2 甲午 ㉚ 3 乙未 31 《2月》 4 丙申 1 5 丁酉 2 6 戊戌 3 7 己亥 4 8 庚子 5 9 辛丑 ⑥ 10 壬寅 7 11 癸卯 8 12 甲辰 9 13 乙巳 10 14 丙午 11 15 丁未 12 16 戊申 ⑬ 17 己酉 14 18 庚戌 15 19 辛亥 16 20 壬子 17 21 癸丑 18 22 甲寅 19 23 乙卯 ⑳ 24 丙辰 21 25 丁巳 22 26 戊午 23 27 己未 24 28 庚申 25 29 辛酉 26 30 壬戌 ㉗	1 癸亥 28 2 甲子 29 《3月》 3 乙丑 1 4 丙寅 2 5 丁卯 3 6 戊辰 4 7 己巳 ⑤ 8 庚午 6 9 辛未 7 10 壬申 8 11 癸酉 9 12 甲戌 10 13 乙亥 11 14 丙子 ⑫ 15 丁丑 13 16 戊寅 14 17 己卯 15 18 庚辰 16 19 辛巳 17 20 壬午 18 21 癸未 ⑲ 22 甲申 20 23 乙酉 21 24 丙戌 22 25 丁亥 23 26 戊子 24 27 己丑 25 28 庚寅 ㉖ 29 辛卯 27	1 壬辰 28 2 癸巳 29 3 甲午 30 4 乙未 31 《4月》 5 丙申 1 6 丁酉 ② 7 戊戌 3 8 己亥 4 9 庚子 5 10 辛丑 6 11 壬寅 7 12 癸卯 8 13 甲辰 ⑨ 14 乙巳 10 15 丙午 11 16 丁未 12 17 戊申 13 18 己酉 14 19 庚戌 15 20 辛亥 ⑯ 21 壬子 17 22 癸丑 18 23 甲寅 19 24 乙卯 20 25 丙辰 21 26 丁巳 22 27 戊午 ㉓ 28 己未 24 29 庚申 25 30 辛酉 26	1 壬戌 27 2 癸亥 28 3 甲子 29 4 乙丑 ㉚ 《5月》 5 丙寅 1 6 丁卯 2 7 戊辰 3 8 己巳 4 9 庚午 5 10 辛未 6 11 壬申 ⑦ 12 癸酉 8 13 甲戌 9 14 乙亥 10 15 丙子 11 16 丁丑 12 17 戊寅 13 18 己卯 ⑭ 19 庚辰 15 20 辛巳 16 21 壬午 17 22 癸未 18 23 甲申 19 24 乙酉 20 25 丙戌 ㉑ 26 丁亥 22 27 戊子 23 28 己丑 24 29 庚寅 25	1 辛卯 26 2 壬辰 27 3 癸巳 ㉘ 4 甲午 29 5 乙未 30 6 丙申 31 《6月》 7 丁酉 1 8 戊戌 2 9 己亥 3 10 庚子 ④ 11 辛丑 5 12 壬寅 6 13 癸卯 7 14 甲辰 8 15 乙巳 9 16 丙午 10 17 丁未 ⑪ 18 戊申 12 19 己酉 13 20 庚戌 14 21 辛亥 15 22 壬子 16 23 癸丑 17 24 甲寅 ⑱ 25 乙卯 19 26 丙辰 20 27 丁巳 21 28 戊午 22 29 己未 23	1 庚申 24 2 辛酉 ㉕ 3 壬戌 26 4 癸亥 27 5 甲子 28 6 乙丑 29 7 丙寅 30 《7月》 8 丁卯 1 9 戊辰 ② 10 己巳 3 11 庚午 4 12 辛未 5 13 壬申 6 14 癸酉 7 15 甲戌 8 16 乙亥 ⑨ 17 丙子 10 18 丁丑 11 19 戊寅 12 20 己卯 13 21 庚辰 14 22 辛巳 15 23 壬午 ⑯ 24 癸未 17 25 甲申 18 26 乙酉 19 27 丙戌 20 28 丁亥 21 29 戊子 22	1 己丑 ㉓ 2 庚寅 24 3 辛卯 25 4 壬辰 26 5 癸巳 27 6 甲午 28 7 乙未 29 8 丙申 ㉚ 9 丁酉 31 《8月》 10 戊戌 1 11 己亥 2 12 庚子 3 13 辛丑 4 14 壬寅 5 15 癸卯 ⑥ 16 甲辰 7 17 乙巳 8 18 丙午 9 19 丁未 10 20 戊申 11 21 己酉 12 22 庚戌 ⑬ 23 辛亥 14 24 壬子 15 25 癸丑 16 26 甲寅 17 27 乙卯 18 28 丙辰 19 29 丁巳 ⑳ 30 戊午 21	1 己未 22 2 庚申 23 3 辛酉 24 4 壬戌 25 5 癸亥 26 6 甲子 ㉗ 7 乙丑 28 8 丙寅 29 9 丁卯 30 10 戊辰 31 《9月》 11 己巳 1 12 庚午 2 13 辛未 ③ 14 壬申 4 15 癸酉 5 16 甲戌 6 17 乙亥 7 18 丙子 8 19 丁丑 9 20 戊寅 ⑩ 21 己卯 11 22 庚辰 12 23 辛巳 13 24 壬午 14 25 癸未 15 26 甲申 16 27 乙酉 ⑰ 28 丙戌 18 29 丁亥 19	1 戊子 20 2 己丑 21 3 庚寅 22 4 辛卯 23 5 壬辰 ㉔ 6 癸巳 25 7 甲午 26 8 乙未 27 9 丙申 28 10 丁酉 29 11 戊戌 30 《10月》 12 己亥 ① 13 庚子 2 14 辛丑 3 15 壬寅 4 16 癸卯 5 17 甲辰 6 18 乙巳 7 19 丙午 ⑧ 20 丁未 9 21 戊申 10 22 己酉 11 23 庚戌 12 24 辛亥 13 25 壬子 14 26 癸丑 ⑮ 27 甲寅 16 28 乙卯 17 29 丙辰 18 30 丁巳 19	1 戊午 20 2 己未 21 3 庚申 ㉒ 4 辛酉 23 5 壬戌 24 6 癸亥 25 7 甲子 26 8 乙丑 27 9 丙寅 28 10 丁卯 ㉙ 11 戊辰 30 12 己巳 31 《11月》 13 庚午 1 14 辛未 2 15 壬申 3 16 癸酉 4 17 甲戌 ⑤ 18 乙亥 6 19 丙子 7 20 丁丑 8 21 戊寅 9 22 己卯 10 23 庚辰 11 24 辛巳 ⑫ 25 壬午 13 26 癸未 14 27 甲申 15 28 乙酉 16 29 丙戌 17 30 丁亥 18	1 戊子 ⑲ 2 己丑 20 3 庚寅 21 4 辛卯 22 5 壬辰 23 6 癸巳 24 7 甲午 25 8 乙未 ㉖ 9 丙申 27 10 丁酉 28 11 戊戌 29 12 己亥 30 《12月》 13 庚子 1 14 辛丑 2 15 壬寅 ③ 16 癸卯 4 17 甲辰 5 18 乙巳 6 19 丙午 7 20 丁未 8 21 戊申 9 22 己酉 ⑩ 23 庚戌 11 24 辛亥 12 25 壬子 13 26 癸丑 14 27 甲寅 15 28 乙卯 16 29 丙辰 ⑰ 30 丁巳 18	1 戊午 19 2 己未 20 3 庚申 21 4 辛酉 22 5 壬戌 23 6 癸亥 ㉔ 7 甲子 25 8 乙丑 26 9 丙寅 27 10 丁卯 28 11 戊辰 29 12 己巳 30 13 庚午 ㉛ 1257年 《1月》 14 辛未 1 15 壬申 2 16 癸酉 3 17 甲戌 4 18 乙亥 5 19 丙子 6 20 丁丑 ⑦ 21 戊寅 8 22 己卯 9 23 庚辰 10 24 辛巳 11 25 壬午 12 26 癸未 13 27 甲申 ⑭ 28 乙酉 15 29 丙戌 16
立春 2日 雨水 17日	啓蟄 3日 春分 18日	清明 4日 穀雨 19日	立夏 4日 小満 20日	芒種 6日 夏至 21日	小暑 7日 大暑 22日	立秋 9日 処暑 24日	白露 9日 秋分 24日	寒露 11日 霜降 26日	立冬 11日 小雪 26日	大雪 11日 冬至 27日	小寒 12日 大寒 27日

正嘉元年〔康元2年〕（1257－1258） 丁巳

改元 3/14（康元→正嘉）

1月	2月	3月	閏3月	4月	5月	6月	7月	8月	9月	10月	11月	12月
1 丁亥17	1 丁巳16	1 丁亥⑱	1 丙辰16	1 丙戌16	1 乙卯14	1 甲申13	1 癸丑11	1 癸未10	1 壬子9	1 壬午8	1 壬子8	1 辛巳⑥
2 戊子18	2 戊午17	2 戊子19	2 丁巳17	2 丁亥17	2 丙辰15	2 乙酉14	2 甲寅⑫	2 甲申11	2 癸丑10	2 癸未9	2 癸丑⑨	2 壬午7
3 己丑19	3 己未⑱	3 己丑20	3 戊午18	3 戊子18	3 丁巳16	3 丙戌⑮	3 乙卯13	3 乙酉12	3 甲寅11	3 甲申10	3 甲寅10	3 癸未8
4 庚寅20	4 庚申19	4 庚寅21	4 己未19	4 己丑19	4 戊午⑰	4 丁亥16	4 丙辰14	4 丙戌13	4 乙卯12	4 乙酉⑪	4 乙卯11	4 甲申9
5 辛卯㉑	5 辛酉20	5 辛卯22	5 庚申20	5 庚寅⑳	5 己未18	5 戊子17	5 丁巳15	5 丁亥14	5 丙辰13	5 丙戌12	5 丙辰12	5 乙酉10
6 壬辰22	6 壬戌21	6 壬辰23	6 辛酉21	6 辛卯21	6 庚申19	6 己丑18	6 戊午16	6 戊子15	6 丁巳⑭	6 丁亥13	6 丁巳13	6 丙戌11
7 癸巳23	7 癸亥22	7 癸巳24	7 壬戌㉒	7 壬辰22	7 辛酉20	7 庚寅19	7 己未17	7 己丑⑯	7 戊午15	7 戊子14	7 戊午14	7 丁亥12
8 甲午24	8 甲子23	8 甲午㉕	8 癸亥23	8 癸巳23	8 壬戌21	8 辛卯20	8 庚申18	8 庚寅17	8 己未16	8 己丑15	8 己未15	8 戊子⑬
9 乙未25	9 乙丑24	9 乙未26	9 甲子24	9 甲午24	9 癸亥22	9 壬辰21	9 辛酉⑲	9 辛卯18	9 庚申17	9 庚寅16	9 庚申⑯	9 己丑14
10丙申26	10丙寅㉕	10丙申27	10乙丑25	10乙未25	10甲子23	10癸巳㉒	10壬戌20	10壬辰19	10辛酉18	10辛卯17	10辛酉17	10庚寅15
11丁酉27	11丁卯26	11丁酉28	11丙寅26	11丙申26	11乙丑㉔	11甲午23	11癸亥21	11癸巳20	11壬戌19	11壬辰⑱	11壬戌18	11辛卯16
12戊戌㉘	12戊辰27	12戊戌29	12丁卯27	12丁酉㉗	12丙寅25	12乙未24	12甲子22	12甲午21	12癸亥20	12癸巳19	12癸亥19	12壬辰17
13己亥29	13己巳28	13己亥30	13戊辰28	13戊戌28	13丁卯26	13丙申25	13乙丑23	13乙未22	13甲子㉑	13甲午20	13甲子20	13癸巳18
14庚子30	《3月》	14庚子31	14己巳㉙	14己亥29	14戊辰27	14丁酉26	14丙寅24	14丙申㉓	14乙丑22	14乙未21	14乙丑21	14甲午19
15辛丑31	14庚午1	《4月》	15庚午30	15庚子30	15己巳28	15戊戌27	15丁卯25	15丁酉24	15丙寅23	15丙申22	15丙寅22	15乙未⑳
《2月》	15辛未2	15辛丑①	《5月》	16辛丑31	16庚午29	16己亥28	16戊辰㉖	16戊戌25	16丁卯24	16丁酉23	16丁卯㉓	16丙申21
16壬寅1	16壬申3	16壬寅2	16辛未1	《6月》	17辛未30	17庚子㉙	17己巳27	17己亥26	17戊辰25	17戊戌24	17戊辰24	17丁酉22
17癸卯2	17癸酉④	17癸卯3	17壬申2	17壬寅1	《7月》	18辛丑30	18庚午28	18庚子27	18己巳26	18己亥㉕	18己巳25	18戊戌23
18甲辰3	18甲戌5	18甲辰4	18癸酉3	18癸卯2	18壬申①	19壬寅31	19辛未29	19辛丑28	19庚午27	19庚子26	19庚午26	19己亥24
19乙巳④	19乙亥6	19乙巳5	19甲戌4	19甲辰③	19癸酉2	《8月》	20壬申30	20壬寅29	20辛未㉘	20辛丑27	20辛未27	20庚子25
20丙午5	20丙子7	20丙午6	20乙亥5	20乙巳4	20甲戌3	20癸卯1	21癸酉31	21癸卯㉚	21壬申29	21壬寅28	21壬申28	21辛丑26
21丁未6	21丁丑8	21丁未7	21丙子⑥	21丙午5	21乙亥4	21甲辰2	《9月》	《10月》	22癸酉30	22癸卯29	22癸酉29	22壬寅㉗
22戊申7	22戊寅9	22戊申⑧	22丁丑7	22丁未6	22丙子5	22乙巳3	22甲戌1	22甲辰1	23甲戌31	23甲辰30	23甲戌㉚	23癸卯28
23己酉8	23己卯10	23己酉9	23戊寅8	23戊申7	23丁丑6	23丙午4	23乙亥②	23乙巳2	《11月》	《12月》	24乙亥31	24甲辰29
24庚戌9	24庚辰⑪	24庚戌10	24己卯9	24己酉8	24戊寅7	24丁未⑤	24丙子3	24丙午3	24乙亥1	24乙巳1	1258年	25乙巳30
25辛亥10	25辛巳12	25辛亥11	25庚辰10	25庚戌9	25己卯⑧	25戊申6	25丁丑4	25丁未4	25丙子2	25丙午②	《1月》	26丙午31
26壬子⑪	26壬午13	26壬子12	26辛巳11	26辛亥⑩	26庚辰9	26己酉7	26戊寅5	26戊申5	26丁丑3	26丁未3	25丙子1	《2月》
27癸丑12	27癸未14	27癸丑13	27壬午12	27壬子11	27辛巳10	27庚戌8	27己卯6	27己酉6	27戊寅④	27戊申4	26丁丑2	27丁未1
28甲寅13	28甲申15	28甲寅14	28癸未⑬	28癸丑12	28壬午11	28辛亥9	28庚辰7	28庚戌⑦	28己卯5	28己酉5	27戊寅3	28戊申2
29乙卯14	29乙酉16	29乙卯⑮	29甲申14	29甲寅13	29癸未12	29壬子10	29辛巳8	29辛亥8	29庚辰6	29庚戌6	28己卯4	29己酉③
30丙辰15	30丙戌17		30乙酉15				30壬午⑨		30辛巳7	30辛亥7	29庚辰5	30庚戌4
立春13日 雨水29日	啓蟄14日 春分29日	清明14日 穀雨29日	立夏16日	小満1日 芒種16日	夏至2日 小暑18日	大暑4日 立秋19日	処暑5日 白露20日	秋分6日 寒露21日	霜降7日 立冬22日	小雪7日 大雪23日	冬至8日 小寒23日	大寒9日 立春25日

正嘉2年（1258－1259） 戊午

1月	2月	3月	4月	5月	6月	7月	8月	9月	10月	11月	12月
1 辛亥5	1 辛巳7	1 辛亥6	1 庚辰⑤	1 庚戌4	1 己卯3	《8月》	1 丁丑30	1 丁未㉙	1 丙子28	1 丙午27	1 丙子27
2 壬子6	2 壬午8	2 壬子⑦	2 辛巳6	2 辛亥5	2 庚辰4	1 戊申1	2 戊寅31	2 戊申30	2 丁丑29	2 丁未28	2 丁丑28
3 癸丑7	3 癸未9	3 癸丑8	3 壬午7	3 壬子6	3 辛巳5	2 己酉2	《9月》	《10月》	3 戊寅30	3 戊申29	3 戊寅㉙
4 甲寅8	4 甲申⑩	4 甲寅9	4 癸未8	4 癸丑7	4 壬午6	3 庚戌3	3 己卯①	3 己酉1	4 己卯31	4 己酉30	4 己卯30
5 乙卯9	5 乙酉11	5 乙卯10	5 甲申9	5 甲寅8	5 癸未⑦	4 辛亥④	4 庚辰2	4 庚戌2	《11月》	《12月》	5 庚辰31
6 丙辰⑩	6 丙戌12	6 丙辰11	6 乙酉10	6 乙卯⑨	6 甲申8	5 壬子5	5 辛巳3	5 辛亥3	5 庚辰1	5 庚戌①	1259年
7 丁巳11	7 丁亥13	7 丁巳12	7 丙戌11	7 丙辰10	7 乙酉9	6 癸丑6	6 壬午4	6 壬子4	6 辛巳2	6 辛亥2	《1月》
8 戊午12	8 戊子14	8 戊午13	8 丁亥⑫	8 丁巳11	8 丙戌10	7 甲寅7	7 癸未5	7 癸丑5	7 壬午③	7 壬子3	6 辛巳1
9 己未13	9 己丑15	9 己未⑭	9 戊子13	9 戊午12	9 丁亥11	8 乙卯8	8 甲申6	8 甲寅⑥	8 癸未4	8 癸丑4	7 壬午2
10庚申14	10庚寅16	10庚申15	10己丑14	10己未13	10戊子12	9 丙辰9	9 乙酉7	9 乙卯7	9 甲申5	9 甲寅5	8 癸未3
11辛酉15	11辛卯⑰	11辛酉16	11庚寅15	11庚申14	11己丑13	10丁巳10	10丙戌⑧	10丙辰8	10乙酉6	10乙卯6	9 甲申4
12壬戌16	12壬辰18	12壬戌17	12辛卯16	12辛酉15	12庚寅⑭	11戊午⑪	11丁亥9	11丁巳9	11丙戌7	11丙辰7	10乙酉⑤
13癸亥⑰	13癸巳19	13癸亥18	13壬辰17	13壬戌⑯	13辛卯15	12己未12	12戊子10	12戊午10	12丁亥8	12丁巳⑧	11丙戌6
14甲子18	14甲午20	14甲子19	14癸巳18	14癸亥17	14壬辰16	13庚申13	13己丑11	13己未11	13戊子9	13戊午9	12丁亥7
15乙丑19	15乙未21	15乙丑20	15甲午⑲	15甲子18	15癸巳17	14辛酉14	14庚寅12	14庚申12	14己丑⑩	14己未10	13戊子8
16丙寅20	16丙申22	16丙寅㉑	16乙未20	16乙丑19	16甲午18	15壬戌15	15辛卯13	15辛酉⑬	15庚寅11	15庚申11	14己丑9
17丁卯21	17丁酉23	17丁卯22	17丙申21	17丙寅20	17乙未19	16癸亥16	16壬辰14	16壬戌14	16辛卯12	16辛酉12	15庚寅10
18戊辰22	18戊戌㉔	18戊辰23	18丁酉22	18丁卯21	18丙申20	17甲子17	17癸巳⑮	17癸亥15	17壬辰13	17壬戌13	16辛卯11
19己巳23	19己亥25	19己巳24	19戊戌23	19戊辰22	19丁酉㉑	18乙丑⑱	18甲午16	18甲子16	18癸巳14	18癸亥14	17壬辰⑫
20庚午㉔	20庚子26	20庚午25	20己亥24	20己巳㉓	20戊戌22	19丙寅19	19乙未17	19乙丑17	19甲午15	19甲子⑮	18癸巳13
21辛未25	21辛丑27	21辛未26	21庚子25	21庚午24	21己亥23	20丁卯20	20丙申18	20丙寅18	20乙未16	20乙丑16	19甲午14
22壬申26	22壬寅28	22壬申27	22辛丑㉖	22辛未25	22庚子24	21戊辰21	21丁酉19	21丁卯19	21丙申⑰	21丙寅17	20乙未15
23癸酉27	23癸卯29	23癸酉㉘	23壬寅27	23壬申26	23辛丑25	22己巳22	22戊戌20	22戊辰⑳	22丁酉18	22丁卯18	21丙申16
24甲戌28	24甲辰30	24甲戌29	24癸卯28	24癸酉27	24壬寅26	23庚午23	23己亥21	23己巳21	23戊戌19	23戊辰19	22丁酉17
《3月》	25乙巳㉛	25乙亥30	25甲辰29	25甲戌28	25癸卯27	24辛未24	24庚子㉒	24庚午22	24己亥20	24己巳20	23戊戌18
25乙亥1	《4月》	《5月》	26乙巳30	26乙亥29	26甲辰㉘	25壬申㉕	25辛丑23	25辛未23	25庚子21	25庚午21	24己亥⑲
26丙子2	26丙午1	26丙子1	27丙午31	27丙子㉚	27乙巳29	26癸酉26	26壬寅24	26壬申24	26辛丑22	26辛未㉒	25庚子20
27丁丑③	27丁未2	27丁丑2	《6月》	《7月》	28丙午30	27甲戌27	27癸卯25	27癸酉25	27壬寅23	27壬申23	26辛丑21
28戊寅4	28戊申3	28戊寅3	28丁未1	28丁丑1	29丁未31	28乙亥28	28甲辰26	28甲戌26	28癸卯㉔	28癸酉24	27壬寅22
29己卯5	29己酉4	29己卯4	29戊申②	29戊寅2		29丙子29	29乙巳27	29乙亥㉗	29甲辰25	29甲戌25	28癸卯23
30庚辰6	30庚戌5		30己酉3				30丙午28		30乙巳26	30乙亥26	29甲辰24
雨水10日 啓蟄25日	春分10日 清明25日	穀雨11日 立夏26日	小満12日 芒種27日	夏至13日 小暑28日	大暑14日 立秋29日	処暑15日	白露2日 秋分17日	寒露2日 霜降17日	立冬4日 小雪19日	大雪4日 冬至19日	小寒4日 大寒20日

正元元年〔正嘉３年〕（1259－1260） 己未

改元 3/26（正嘉→正元）

1 月	2 月	3 月	4 月	5 月	6 月	7 月	8 月	9 月	10月	閏10月	11月	12月
1 乙巳25 2 丙午㉖ 3 丁未27 4 戊申28 5 己酉29 **6** 庚戌30 7 辛亥31 《2月》 8 壬子 1 9 癸丑② 10甲寅 3 11乙卯 4 12丙辰 5 13丁巳 6 14戊午 7 15己未 8 16庚申⑨ 17辛酉10 18壬戌11 19癸亥12 20甲子13 **21** 乙丑14 22丙寅15 23丁卯⑯ 24戊辰17 25己巳18 26庚午19 27辛未20 28壬申21 29癸酉22 30甲戌㉓	1 乙亥24 2 丙子25 3 丁丑26 4 戊寅27 5 己卯28 《3月》 **6** 庚辰 1 7 辛巳② 8 壬午 3 9 癸未 4 10甲申 5 11乙酉 6 12丙戌 7 13丁亥 8 14戊子⑨ 15己丑10 16庚寅11 17辛卯12 18壬辰13 19癸巳14 20甲午15 **21** 乙未⑯ 22丙申17 23丁酉18 24戊戌19 25己亥20 26庚子21 27辛丑22 28壬寅㉓ 29癸卯24 30甲辰25	1 乙巳26 2 丙午27 3 丁未28 4 戊申29 5 己酉㉚ 6 庚戌31 《4月》 **7** 辛亥 1 8 壬子 2 9 癸丑 3 10甲寅 4 11乙卯 5 12丙辰⑥ 13丁巳 7 14戊午 8 15己未 9 16庚申10 17辛酉11 18壬戌12 19癸亥⑬ 20甲子14 21乙丑15 **22**丙寅16 23丁卯17 24戊辰18 25己巳19 *26*庚午⑳ 27辛未21 28壬申22 29癸酉23	1 甲戌24 2 乙亥25 3 丙子26 4 丁丑㉗ 5 戊寅28 6 己卯29 7 庚辰30 《5月》 **8** 辛巳 1 9 壬午 2 10癸未 3 11甲申④ 12乙酉 5 13丙戌 6 14丁亥 7 15戊子 8 16己丑 9 17庚寅10 18辛卯⑪ 19壬辰12 20癸巳13 21甲午14 22乙未15 **23**丙申16 24丁酉17 25戊戌⑱ 26己亥19 27庚子20 28辛丑21 29壬寅22 30癸卯23	1 甲辰24 2 乙巳㉕ 3 丙午26 4 丁未27 5 戊申28 6 己酉29 7 庚戌30 8 辛亥31 《6月》 **9** 壬子① 10癸丑 2 11甲寅 3 12乙卯 4 13丙辰 5 14丁巳 6 15戊午 7 16己未⑧ 17庚申 9 18辛酉10 19壬戌11 20癸亥12 21甲子13 22乙丑14 23丙寅⑮ **24**丁卯16 25戊辰17 26己巳18 27庚午19 28辛未20 29壬申21	1 癸酉㉒ 2 甲戌23 3 乙亥24 4 丙子25 5 丁丑26 6 戊寅27 7 己卯28 8 庚辰㉙ 9 辛巳30 《7月》 **10**壬午 1 11癸未 2 12甲申 3 13乙酉 4 14丙戌 5 15丁亥⑥ 16戊子 7 17己丑 8 18庚寅 9 19辛卯10 20壬辰11 21癸巳12 22甲午⑬ 23乙未14 24丙申15 **25**丁酉16 26戊戌17 27己亥18 28庚子19 29辛丑⑳ 30壬寅21	1 癸卯22 2 甲辰23 3 乙巳24 4 丙午25 5 丁未26 6 戊申㉗ 7 己酉28 8 庚戌29 9 辛亥30 **10**壬子31 《8月》 11癸丑 1 12甲寅 2 13乙卯③ 14丙辰 4 15丁巳 5 16戊午 6 17己未 7 18庚申 8 19辛酉 9 20壬戌⑩ 21癸亥11 22甲子12 23乙丑13 24丙寅14 25丁卯15 **26**戊辰16 27己巳⑰ 28庚午18 29辛未19	1 壬申20 2 癸酉21 3 甲戌22 4 乙亥23 5 丙子㉔ 6 丁丑25 7 戊寅26 8 己卯27 9 庚辰28 10辛巳29 11壬午30 **12**癸未㉛ 《9月》 13甲申 1 14乙酉 2 15丙戌 3 16丁亥 4 17戊子 5 18己丑 6 19庚寅⑦ 20辛卯 8 21壬辰 9 22癸巳10 23甲午11 24乙未12 25丙申13 26丁酉⑭ **27**戊戌15 28己亥16 29庚子17 30辛丑18	1 壬寅19 2 癸卯20 3 甲辰㉑ 4 乙巳22 5 丙午23 6 丁未24 7 戊申25 8 己酉26 9 庚戌27 10辛亥㉘ 11壬子29 **12**癸丑30 《10月》 13甲寅 1 14乙卯 2 15丙辰 3 16丁巳 4 17戊午⑤ 18己未 6 19庚申 7 20辛酉 8 21壬戌 9 22癸亥10 23甲子11 24乙丑⑫ 25丙寅13 26丁卯14 27戊辰15 **28**己巳16 29庚午17	1 辛未18 2 壬申⑲ 3 癸酉20 4 甲戌21 5 乙亥22 6 丙子23 7 丁丑24 8 戊寅25 9 己卯㉖ 10庚辰27 11辛巳28 12壬午29 13癸未30 **14**甲申31 《11月》 15乙酉 1 16丙戌② 17丁亥 3 18戊子 4 19己丑 5 20庚寅 6 21辛卯 7 22壬辰 8 23癸巳⑨ 24甲午10 25乙未11 26丙申12 27丁酉13 28戊戌14 **29**己亥15	1 庚子⑯ 2 辛丑17 3 壬寅18 4 癸卯19 5 甲辰20 6 乙巳21 7 丙午22 8 丁未㉓ 9 戊申24 10己酉25 11庚戌26 12辛亥27 13壬子28 14癸丑29 **15**甲寅㉚ 《12月》 16乙卯 1 17丙辰 2 18丁巳 3 19戊午 4 20己未 5 21庚申 6 22辛酉⑦ 23壬戌 8 24癸亥 9 25甲子10 26乙丑11 27丙寅12 28丁卯13 29戊辰⑭	**1** 己巳15 2 庚午16 3 辛未17 4 壬申18 5 癸酉19 6 甲戌20 7 乙亥㉑ 8 丙子22 9 丁丑23 10戊寅24 11己卯25 12庚辰26 13辛巳27 14壬午㉘ 15癸未29 16甲申30 **17**乙酉31 **1260 年** 《1月》 18丙戌 1 19丁亥 2 20戊子 3 21己丑④ 22庚寅 5 23辛卯 6 24壬辰 7 25癸巳 8 26甲午 9 27乙未10 28丙申⑪ 29丁酉12 30戊戌13	1 己亥14 **2** 庚子15 3 辛丑16 4 壬寅17 5 癸卯⑱ 6 甲辰19 7 乙巳20 8 丙午21 9 丁未22 10戊申23 11己酉24 12庚戌㉕ 13辛亥26 14壬子27 15癸丑28 16甲寅29 **17**乙卯30 18丙辰31 《2月》 19丁巳① 20戊午 2 21己未 3 22庚申 4 23辛酉 5 24壬戌 6 25癸亥 7 26甲子⑧ 27乙丑 9 28丙寅10 29丁卯11 30戊辰12
立春 6日 雨水 21日	啓蟄 6日 春分 21日	清明 7日 穀雨 22日	立夏 8日 小満 23日	芒種 9日 夏至 24日	小暑 10日 大暑 25日	立秋 10日 処暑 26日	白露 12日 秋分 27日	寒露 12日 霜降 28日	立冬 14日 小雪 29日	大雪15日	冬至 1日 小寒 17日	大寒 2日 立春 17日

文応元年〔正元２年〕（1260－1261） 庚申

改元 4/13（正元→文応）

1 月	2 月	3 月	4 月	5 月	6 月	7 月	8 月	9 月	10月	11月	12月
1 己巳13 **2** 庚午14 3 辛未⑮ 4 壬申16 5 癸酉17 6 甲戌18 7 乙亥19 8 丙子20 9 丁丑21 10戊寅㉒ 11己卯23 12庚辰24 13辛巳25 14壬午26 15癸未27 16甲申28 17乙酉㉙ 《3月》 **18**丙戌 1 19丁亥 2 20戊子 3 21己丑 4 22庚寅 5 23辛卯 6 24壬辰⑦ 25癸巳 8 26甲午 9 27乙未10 28丙申11 29丁酉12 30戊戌13	1 己亥⑭ 2 庚子15 **3** 辛丑16 4 壬寅17 5 癸卯18 6 甲辰19 7 乙巳20 8 丙午㉑ 9 丁未22 10戊申23 11己酉24 12庚戌25 13辛亥26 14壬子27 15癸丑㉘ 16甲寅29 17乙卯30 **18**丙辰31 《4月》 19丁巳 1 20戊午 2 21己未 3 22庚申④ 23辛酉 5 24壬戌 6 25癸亥 7 26甲子 8 27乙丑 9 28丙寅10 29丁卯⑪	1 戊辰12 2 己巳13 3 庚午14 **4** 辛未15 5 壬申16 6 癸酉17 7 甲戌⑱ 8 乙亥19 9 丙子20 10丁丑21 11戊寅22 12己卯23 13庚辰24 14辛巳㉕ 15壬午26 16癸未27 17甲申28 18乙酉29 **19**丙戌30 《5月》 20丁亥 1 21戊子② 22己丑 3 23庚寅 4 24辛卯 5 25壬辰 6 26癸巳 7 27甲午 8 28乙未⑨ 29丙申10 30丁酉11	1 戊戌12 2 己亥13 3 庚子14 4 辛丑15 **5** 壬寅⑯ 6 癸卯17 7 甲辰18 8 乙巳19 9 丙午20 10丁未21 11戊申22 12己酉㉓ *13*庚戌24 14辛亥25 15壬子26 16癸丑27 17甲寅28 18乙卯29 19丙辰㉚ **20**丁巳31 《6月》 21戊午 1 22己未 2 23庚申 3 24辛酉 4 25壬戌 5 26癸亥⑥ 27甲子 7 28乙丑 8 29丙寅 9 30丁卯10	1 戊辰11 2 己巳12 3 庚午⑬ 4 辛未14 **5** 壬申15 6 癸酉16 7 甲戌17 8 乙亥18 9 丙子19 10丁丑⑳ 11戊寅21 12己卯22 13庚辰23 14辛巳24 15壬午25 16癸未26 17甲申㉗ 18乙酉28 19丙戌29 **20**丁亥30 《7月》 21戊子 1 22己丑 2 23庚寅 3 24辛卯④ 25壬辰 5 26癸巳 6 27甲午 7 28乙未 8 29丙申 9	1 丁酉10 2 戊戌⑪ 3 己亥12 4 庚子13 5 辛丑14 **6** 壬寅15 7 癸卯16 8 甲辰17 9 乙巳⑱ 10丙午19 11丁未20 12戊申21 13己酉22 14庚戌23 15辛亥24 16壬子㉕ 17癸丑26 18甲寅27 19乙卯28 20丙辰29 21丁巳30 **22**戊午31 《8月》 23己未① 24庚申 2 25辛酉 3 26壬戌 4 27癸亥 5 28甲子 6 29乙丑 7 30丙寅⑧	1 丁卯 9 2 戊辰10 3 己巳11 4 庚午12 5 辛未13 6 壬申14 **7** 癸酉⑮ 8 甲戌16 9 乙亥17 10丙子18 11丁丑19 12戊寅20 13己卯21 14庚辰㉒ 15辛巳23 16壬午24 17癸未25 18甲申26 19乙酉27 20丙戌28 21丁亥㉙ **22**戊子30 23己丑31 《9月》 24庚寅 1 25辛卯 2 26壬辰 3 27癸巳 4 28甲午⑤ 29乙未 6	1 丙申 7 2 丁酉 8 3 戊戌 9 4 己亥10 5 庚子11 6 辛丑⑫ 7 壬寅13 **8** 癸卯14 9 甲辰15 10乙巳16 11丙午17 12丁未18 13戊申⑲ 14己酉20 15庚戌21 16辛亥22 17壬子23 18癸丑24 19甲寅25 20乙卯㉖ 21丙辰27 22丁巳28 23戊午29 **24**己未30 《10月》 25庚申 1 26辛酉 2 27壬戌③ 28癸亥 4 29甲子 5 30乙丑 6	1 丙寅 7 2 丁卯 8 3 戊辰 9 4 己巳⑩ 5 庚午11 6 辛未12 7 壬申13 8 癸酉14 **9** 甲戌15 10乙亥16 11丙子⑰ 12丁丑18 13戊寅19 14己卯20 15庚辰21 16辛巳22 17壬午23 18癸未㉔ 19甲申25 20乙酉26 21丙戌27 22丁亥28 23戊子29 **24**己丑30 25庚寅㉛ 《11月》 26辛卯 1 27壬辰 2 28癸巳 3 29甲午 4	1 乙未 5 2 丙申 6 3 丁酉⑦ 4 戊戌 8 5 己亥 9 6 庚子10 7 辛丑11 8 壬寅12 9 癸卯13 **10**甲辰⑭ 11乙巳15 12丙午16 13丁未17 14戊申18 15己酉19 16庚戌20 17辛亥㉑ 18壬子22 19癸丑23 20甲寅24 21乙卯25 22丙辰26 23丁巳27 24戊午㉘ **25**己未29 26庚申30 《12月》 27辛酉 1 28壬戌 2 29癸亥 3	1 甲子 4 2 乙丑⑤ 3 丙寅 6 4 丁卯 7 5 戊辰 8 6 己巳 9 7 庚午10 8 辛未11 9 壬申⑫ 10癸酉13 11甲戌14 **12**乙亥15 13丙子16 14丁丑17 15戊寅18 16己卯⑲ 17庚辰20 18辛巳21 19壬午22 20癸未23 21甲申24 22乙酉25 23丙戌㉖ 24丁亥27 25戊子28 26己丑29 **27**庚寅30 28辛卯31 **1261 年** 《1月》 29壬辰 1 30癸巳②	1 甲午 3 2 乙未 4 3 丙申 5 4 丁酉 6 5 戊戌 7 6 己亥 8 7 庚子⑨ 8 辛丑10 9 壬寅11 10癸卯12 11甲辰13 **12**乙巳14 13丙午15 14丁未⑯ 15戊申17 16己酉18 17庚戌19 18辛亥20 19壬子21 20癸丑22 21甲寅㉓ 22乙卯24 23丙辰25 24丁巳26 25戊午27 26己未28 **27**庚申29 28辛酉㉚ 29壬戌31
雨水 2日 啓蟄 18日	春分 3日 清明 18日	穀雨 4日 立夏 19日	小満 5日 芒種 20日	夏至 5日 小暑 20日	大暑 6日 立秋 22日	処暑 7日 白露 22日	秋分 8日 寒露 24日	霜降 9日 立冬 24日	小雪 10日 大雪 25日	冬至 12日 小寒 27日	大寒 12日 立春 27日

弘長元年〔文応 2 年〕（1261－1262） 辛酉

改元 2/20（文応→弘長）

1月	2月	3月	4月	5月	6月	7月	8月	9月	10月	11月	12月
《2月》	1 癸巳 3	1 癸亥 2	《5月》	**1** 壬戌31	1 辛卯29	1 辛酉29	1 辛卯㉘	1 庚申26	1 庚寅26	1 己未24	1 己丑24
1 癸亥 1	2 甲午 4	2 甲子③	**1** 壬辰①	《6月》	**2** 壬辰30	2 壬戌30	2 壬辰29	2 辛酉27	2 辛卯27	2 庚申25	2 庚寅㉕
2 甲子 2	3 乙未 5	3 乙丑 4	2 癸巳 2	2 癸亥 1	《7月》	**3** 癸亥㉛	**3** 癸巳30	3 壬戌28	3 壬辰28	3 辛酉26	3 辛卯26
3 乙丑 3	4 丙申⑥	4 丙寅 5	3 甲午 3	3 甲子 2	3 癸巳 1	《8月》	4 甲午31	4 癸亥29	4 癸巳29	4 壬戌㉗	4 壬辰27
4 丙寅 4	5 丁酉 7	5 丁卯 6	4 乙未 4	4 乙丑 3	4 甲午 2	4 甲子 1	《9月》	**5** 甲子30	**5** 甲午㉚	5 癸亥28	5 癸巳28
5 丁卯 5	6 戊戌 8	6 戊辰 7	5 丙申 5	5 丙寅 4	5 乙未③	5 乙丑 2	5 乙未 1	《10月》	6 乙未31	6 甲子29	6 甲午29
6 戊辰⑥	7 己亥 9	7 己巳 8	6 丁酉 6	6 丁卯⑤	6 丙申 4	6 丙寅 3	6 丙申 2	6 乙丑 1	《11月》	**7** 乙丑30	**7** 乙未30
7 己巳 7	8 庚子10	8 庚午 9	7 戊戌 7	7 戊辰 6	7 丁酉 5	7 丁卯 4	7 丁酉 3	7 丙寅②	7 丙申 1	《12月》	8 丙申31
8 庚午 8	9 辛丑11	9 辛未⑩	8 己亥⑧	8 己巳 7	8 戊戌 6	8 戊辰 5	8 戊戌④	8 丁卯 3	8 丁酉 2	8 丙寅 1	**1262 年**
9 辛未 9	10壬寅12	10壬申11	9 庚子 9	9 庚午 8	9 己亥 7	9 己巳 6	9 己亥 5	9 戊辰 4	9 戊戌 3	9 丁卯 2	《1月》
10壬申10	11癸卯⑬	11癸酉12	10辛丑10	10辛未 9	10庚子 8	10庚午⑦	10庚子 6	10己巳 5	10己亥 4	10戊辰 3	9 丁酉①
11癸酉11	12甲辰14	12甲戌13	11壬寅11	11壬申10	11辛丑 9	11辛未 8	11辛丑 7	11庚午 6	11庚子 5	11己巳④	10戊戌 2
12甲戌12	13乙巳15	13乙亥14	12癸卯12	12癸酉11	12壬寅⑩	12壬申 9	12壬寅 8	12辛未 7	12辛丑⑥	12庚午 5	11己亥 3
13乙亥⑬	**14**丙午16	**14**丙子15	13甲辰13	13甲戌⑫	13癸卯11	13癸酉10	13癸卯 9	13壬申 8	13壬寅 7	13辛未 6	12庚子 4
14丙子14	15丁未17	15丁丑16	14乙巳14	14乙亥13	14甲辰12	14甲戌11	14甲辰10	14癸酉⑨	14癸卯 8	14壬申 7	13辛丑 5
15丁丑15	16戊申18	16戊寅⑰	15丙午⑮	15丙子14	15乙巳13	15乙亥12	15乙巳⑪	15甲戌10	15甲辰 9	15癸酉 8	14壬寅 6
16戊寅16	17己酉19	17己卯18	**16**丁未16	**16**丁丑15	16丙午14	16丙子13	16丙午12	16乙亥11	16乙巳10	16甲戌 9	15癸卯 7
17己卯17	18庚戌⑳	18庚辰19	17戊申17	17戊寅16	17丁未15	17丁丑⑭	17丁未13	17丙子12	17丙午11	17乙亥10	16甲辰⑧
18庚辰18	19辛亥21	19辛巳20	18己酉18	18己卯17	**18**戊申16	**18**戊寅15	18戊申14	18丁丑13	18丁未12	18丙子⑪	17乙巳 9
19辛巳19	*20*壬子22	20壬午21	19庚戌19	19庚辰18	19己酉⑰	19己卯16	**19**己酉15	19戊寅14	19戊申⑬	19丁丑12	18丙午10
20壬午⑳	21癸丑23	21癸未22	20辛亥20	20辛巳⑲	20庚戌18	20庚辰17	20庚戌16	**20**己卯15	**20**己酉14	20戊寅13	19丁未11
21癸未21	22甲寅24	22甲申23	21壬子21	21壬午20	21辛亥19	21辛巳18	21辛亥17	21庚辰⑯	21庚戌15	21己卯14	20戊申12
22甲申22	23乙卯25	23乙酉㉔	22癸丑㉒	22癸未21	22壬子20	22壬午19	22壬子⑱	22辛巳17	22辛亥16	**22**庚辰15	21己酉13
23乙酉23	24丙辰26	24丙戌25	23甲寅23	23甲申22	23癸丑21	23癸未20	23癸丑19	23壬午18	23壬子17	23辛巳16	**22**庚戌14
24丙戌24	25丁巳㉗	25丁亥26	24乙卯24	24乙酉23	24甲寅22	24甲申㉑	24甲寅20	24癸未19	24癸丑18	24壬午17	23辛亥⑮
25丁亥25	26戊午28	26戊子27	25丙辰25	25丙戌24	25乙卯23	25乙酉22	25乙卯21	25甲申20	25甲寅19	25癸未⑱	24壬子16
26戊子26	27己未29	27己丑28	26丁巳26	26丁亥25	26丙辰㉔	26丙戌23	26丙辰22	26乙酉21	26乙卯⑳	26甲申19	25癸丑17
27己丑㉗	28庚申30	28庚寅29	27戊午27	27戊子㉖	27丁巳25	27丁亥24	27丁巳23	27丙戌22	27丙辰21	27乙酉20	26甲寅18
28庚寅28	**29**辛酉31	29辛卯30	28己未28	28己丑27	28戊午26	28戊子25	28戊午24	28丁亥㉓	28丁巳22	28丙戌21	27乙卯19
《3月》	《4月》		29庚申㉙	29庚寅28	29己未27	29己丑26	29己未㉕	29戊子24	29戊午23	29丁亥22	28丙辰20
29辛卯 1	30壬戌 1		30辛酉30		30庚申28	30庚寅27		30己丑25		30戊子23	29丁巳21
30壬辰 2											
雨水 14日 啓蟄 29日	春分 14日 清明 29日	穀雨 14日	立夏 1日 小満 16日	芒種 1日 夏至 16日	小暑 2日 大暑 18日	立秋 3日 処暑 18日	白露 3日 秋分 19日	寒露 5日 霜降 20日	立冬 5日 小雪 20日	大雪 7日 冬至 22日	小寒 7日 大寒 22日

弘長 2 年（1262－1263） 壬戌

1月	2月	3月	4月	5月	6月	7月	閏7月	8月	9月	10月	11月	12月
1 戊午㉒	1 丁亥20	1 丁巳22	1 丙戌20	1 丙辰20	1 乙酉⑱	1 乙卯18	1 乙酉17	**1** 甲寅15	**1** 甲申⑮	1 甲寅14	1 癸未13	1 癸丑12
2 己未23	2 戊子21	2 戊午23	2 丁亥21	2 丁巳㉑	2 丙戌19	2 丙辰19	2 丙戌18	2 乙卯16	2 乙酉16	**2** 乙卯15	2 甲申14	2 甲寅13
3 庚申24	3 己丑22	3 己未24	3 戊子22	3 戊午22	3 丁亥20	3 丁巳20	3 丁亥19	3 丙辰⑰	3 丙戌17	3 丙辰16	**3** 乙酉15	3 乙卯⑭
4 辛酉25	4 庚寅23	4 庚申25	4 己丑㉓	4 己未23	4 戊子21	4 戊午21	4 戊子⑳	4 丁巳18	4 丁亥18	4 丁巳17	4 丙戌16	**4** 丙辰15
5 壬戌26	5 辛卯24	5 辛酉㉖	5 庚寅24	5 庚申24	5 己丑22	5 己未22	5 己丑21	5 戊午19	5 戊子19	5 戊午18	5 丁亥⑰	5 丁巳16
6 癸亥27	6 壬辰25	6 壬戌27	6 辛卯25	6 辛酉25	6 庚寅23	6 庚申㉓	6 庚寅22	6 己未20	6 己丑20	6 己未⑲	6 戊子18	6 戊午17
7 甲子28	7 癸巳㉖	7 癸亥28	7 壬辰26	7 壬戌26	7 辛卯24	7 辛酉24	7 辛卯23	7 庚申21	7 庚寅21	7 庚申20	7 己丑19	7 己未18
8 乙丑㉙	8 甲午27	8 甲子29	8 癸巳27	8 癸亥27	8 壬辰㉕	8 壬戌25	8 壬辰24	8 辛酉22	8 辛卯㉒	8 辛酉21	8 庚寅20	8 庚申19
9 丙寅30	9 乙未28	9 乙丑30	9 甲午28	9 甲子㉘	9 癸巳26	9 癸亥26	9 癸巳25	9 壬戌23	9 壬辰23	9 壬戌22	9 辛卯21	9 辛酉20
10丁卯31	《3月》	**10**丙寅31	10乙未29	10乙丑29	10甲午27	10甲子27	10甲午26	10癸亥㉔	10癸巳24	10癸亥23	10壬辰22	10壬戌㉑
《2月》	**10**丙申 1	《4月》	11丙申㉚	11丙寅30	11乙未28	11乙丑28	11乙未㉗	11甲子25	11甲午25	11甲子24	11癸巳23	11癸亥22
11戊辰 1	11丁酉 2	11丁卯 1	《5月》	**12**丁卯31	12丙申29	12丙寅29	12丙申28	12乙丑26	12乙未26	12乙丑25	12甲午㉔	12甲子23
12己巳 2	12戊戌 3	12戊辰②	**12**丁酉 1	《6月》	13丁酉30	13丁卯㉚	13丁酉29	13丙寅27	13丙申27	13丙寅㉖	13乙未25	13乙丑24
13庚午 3	13己亥 4	13己巳 3	13戊戌 2	13戊辰 1	《7月》	**14**戊辰31	14戊戌30	14丁卯28	14丁酉28	14丁卯27	14丙申26	14丙寅25
14辛未 4	14庚子⑤	14庚午 4	14己亥 3	14己巳 2	**14**戊戌 1	《8月》	**15**己亥31	15戊辰29	15戊戌㉙	15戊辰28	15丁酉27	15丁卯26
15壬申⑤	15辛丑 6	15辛未 5	15庚子 4	15庚午 3	15己亥②	15己巳 1	《9月》	**16**己巳30	**16**己亥30	16己巳29	16戊戌28	16戊辰27
16癸酉 6	16壬寅 7	16壬申 6	16辛丑 5	16辛未④	16庚子 3	16庚午 2	16庚子 1	《10月》	17庚子31	**17**庚午30	17己亥29	17己巳㉘
17甲戌 7	17癸卯 8	17癸酉 7	17壬寅 6	17壬申 5	17辛丑 4	17辛未 3	17辛丑 2	17庚午①	《11月》	《12月》	**18**庚子30	18庚午29
18乙亥 8	18甲辰 9	18甲戌 8	18癸卯⑦	18癸酉 6	18壬寅 5	18壬申 4	18壬寅③	18辛未 2	18辛丑 1	18辛未 1	19辛丑㉛	**19**辛未30
19丙子 9	19乙巳10	19乙亥⑨	19甲辰 8	19甲戌 7	19癸卯 6	19癸酉 5	19癸卯 4	19壬申 3	19壬寅 2	19壬申 2	**1263 年**	20壬申31
20丁丑10	20丙午11	20丙子10	20乙巳 9	20乙亥 8	20甲辰 7	20甲戌⑥	20甲辰 5	20癸酉 4	20癸卯 3	20癸酉③	《1月》	《2月》
21戊寅11	21丁未⑫	21丁丑11	21丙午10	21丙子 9	21乙巳 8	21乙亥 7	21乙巳 6	21甲戌 5	21甲辰 4	21甲戌 4	20壬寅 1	21癸酉 1
22己卯⑫	22戊申13	22戊寅12	22丁未11	22丁丑10	22丙午⑨	22丙子 8	22丙午 7	22乙亥 6	22乙巳⑤	22乙亥 5	21癸卯 2	22甲戌 2
23庚辰13	23己酉14	23己卯13	23戊申12	23戊寅⑪	23丁未10	23丁丑 9	23丁未 8	23丙子 7	23丙午 6	23丙子 6	22甲辰 3	23乙亥 3
24辛巳14	24庚戌15	24庚辰14	24己酉13	24己卯12	24戊申11	24戊寅10	24戊申 9	24丁丑⑧	24丁未 7	24丁丑 7	23乙巳 4	24丙子④
25壬午15	**25**辛亥16	25辛巳15	25庚戌⑭	25庚辰13	25己酉12	25己卯11	25己酉⑩	25戊寅 9	25戊申 8	25戊寅 8	24丙午 5	25丁丑 5
26癸未16	26壬子17	**26**壬午⑯	26辛亥15	26辛巳14	26庚戌13	26庚辰12	26庚戌11	26己卯10	26己酉 9	26己卯 9	25丁未 6	26戊寅 6
27甲申17	27癸丑18	27癸未17	**27**壬子16	27壬午15	27辛亥14	27辛巳⑬	27辛亥12	27庚辰11	27庚戌10	27庚辰⑩	26戊申⑦	27己卯 7
28乙酉18	28甲寅⑲	28甲申18	28癸丑17	**28**癸未16	28壬子15	28壬午14	28壬子13	28辛巳12	28辛亥11	28辛巳11	27己酉 8	28庚辰 8
29丙戌⑲	29乙卯20	29乙酉19	29甲寅18	29甲申17	**29**癸丑⑯	**29**癸未15	29癸丑14	29壬午13	29壬子⑫	29壬午12	28庚戌 9	29辛巳 9
	30丙辰21		30乙卯19		30甲寅17	30甲申16		30癸未14	30癸丑13		29辛亥10	
											30壬子11	
立春 9日 雨水 24日	啓蟄 10日 春分 25日	清明 10日 穀雨 26日	立夏 12日 小満 27日	芒種 12日 夏至 28日	小暑 14日 大暑 29日	立秋 14日 処暑 29日	白露15日	秋分 1日 寒露 16日	霜降 1日 立冬 16日	小雪 2日 大雪 17日	冬至 3日 小寒 18日	大寒 4日 立春 19日

弘長3年（1263－1264） 癸亥

1月	2月	3月	4月	5月	6月	7月	8月	9月	10月	11月	12月
1 壬午10	1 辛亥⑪	1 辛巳10	1 庚戌 9	1 庚辰 8	1 己酉 7	1 己卯 6	1 戊申 4	1 戊寅 4	1 戊申 3	1 戊寅 3	**1264** 年
2 癸未⑪	2 壬子12	2 壬午11	2 辛亥10	2 辛巳 9	2 庚戌⑧	2 庚辰 7	2 己酉 5	2 己卯 5	2 己酉④	2 己卯 4	《1月》
3 甲申12	3 癸丑13	3 癸未12	3 壬子11	3 壬午⑩	3 辛亥 9	3 辛巳 8	3 庚戌 6	3 庚辰 6	3 庚戌 5	3 庚辰 5	1 丁未 1
4 乙酉13	4 甲寅14	4 甲申13	4 癸丑12	4 癸未11	4 壬子10	4 壬午 9	4 辛亥 7	4 辛巳⑦	4 辛亥 6	4 辛巳 6	2 戊申 2
5 丙戌14	5 乙卯15	5 乙酉14	5 甲寅⑬	5 甲申12	5 癸丑11	5 癸未10	5 壬子 8	5 壬午 8	5 壬子 7	5 壬午 7	3 己酉 3
6 丁亥15	**6** 丙辰16	6 丙戌⑮	6 乙卯14	6 乙酉13	6 甲寅12	6 甲申11	6 癸丑⑨	6 癸未 9	6 癸丑 8	6 癸未 8	4 庚戌 4
7 戊子16	7 丁巳17	**7** 丁亥16	7 丙辰15	7 丙戌14	7 乙卯13	7 乙酉⑫	7 甲寅10	7 甲申10	7 甲寅 9	7 甲申⑨	5 辛亥 5
8 己丑17	8 戊午⑱	8 戊子17	**8** 丁巳16	8 丁亥15	8 丙辰14	8 丙戌13	8 乙卯11	8 乙酉11	8 乙卯10	8 乙酉10	6 壬子⑥
9 庚寅⑱	9 己未19	9 己丑18	9 戊午17	**9** 戊子16	9 丁巳⑮	9 丁亥14	9 丙辰12	9 丙戌12	9 丙辰⑪	9 丙戌11	7 癸丑 7
10辛卯19	10庚申20	10庚寅19	10己未18	10己丑⑰	**10**戊午16	10戊子15	10丁巳13	10丁亥13	10丁巳12	10丁亥12	8 甲寅 8
11壬辰20	11辛酉21	11辛卯20	11庚申19	11庚寅18	11己未17	**11**己丑16	11戊午14	11戊子⑭	11戊午13	11戊子13	9 乙卯 9
12癸巳21	12壬戌22	12壬辰21	12辛酉⑳	12辛卯19	12庚申18	12庚寅17	**12**己未15	12己丑15	12己未14	12己丑14	10丙辰10
13甲午22	13癸亥23	13癸巳㉒	13壬戌21	13壬辰20	13辛酉19	13辛卯18	13庚申⑯	**13**庚寅16	**13**庚申15	**13**庚寅15	11丁巳11
14乙未23	14甲子24	14甲午23	14癸亥22	14癸巳21	14壬戌20	14壬辰⑲	14辛酉17	14辛卯17	14辛酉16	14辛卯⑯	12戊午12
15丙申24	15乙丑㉕	15乙未24	15甲子23	15甲午22	15癸亥21	15癸巳20	15壬戌18	15壬辰18	15壬戌17	15壬辰17	13己未⑬
16丁酉㉕	16丙寅26	16丙申25	16乙丑24	16乙未23	16甲子㉒	16甲午21	16癸亥19	16癸巳19	16癸亥⑱	16癸巳18	14庚申14
17戊戌26	17丁卯27	17丁酉26	17丙寅25	17丙申㉔	17乙丑23	17乙未22	17甲子20	17甲午20	17甲子19	17甲午19	**15**辛酉15
18己亥27	18戊辰28	18戊戌27	18丁卯26	18丁酉25	18丙寅24	18丙申23	18乙丑21	18乙未㉑	18乙丑20	18乙未20	16壬戌16
19庚子28	19己巳29	19己亥28	19戊辰㉗	19戊戌26	19丁卯25	19丁酉24	19丙寅22	19丙申22	19丙寅21	19丙申21	17癸亥17
《3月》	20庚午30	20庚子㉙	20己巳28	20己亥27	20戊辰26	20戊戌25	20丁卯㉓	20丁酉23	20丁卯22	20丁酉22	18甲子18
20辛丑 1	21辛未31	21辛丑30	21庚午29	21庚子28	21己巳27	21己亥㉖	21戊辰24	21戊戌24	21戊辰23	21戊戌㉓	19乙丑19
21壬寅 2	《4月》	《5月》	22辛未30	22辛丑29	22庚午28	22庚子27	22己巳25	22己亥25	22己巳24	22己亥24	20丙寅⑳
22癸卯 3	**22**壬申①	**22**壬寅 1	23壬申31	23壬寅30	23辛未㉙	23辛丑28	23庚午26	23庚子26	23庚午㉕	23庚子25	21丁卯21
23甲辰④	23癸酉 2	23癸卯 2	《6月》	《7月》	24壬申30	24壬寅29	24辛未27	24辛丑27	24辛未26	24辛丑26	22戊辰22
24乙巳 5	24甲戌 3	24甲辰 3	**24**癸酉 1	**24**癸卯①	**25**癸酉31	25癸卯30	25壬申28	25壬寅㉘	25壬申27	25壬寅27	23己巳23
25丙午 6	25乙亥 4	25乙巳 4	25甲戌 2	25甲辰 2	《8月》	**26**甲辰31	26癸酉29	26癸卯29	26癸酉28	26癸卯28	24庚午24
26丁未 7	26丙子 5	26丙午 5	26乙亥③	26乙巳 3	26甲戌 1	《9月》	**27**甲戌㉚	27甲辰30	27甲戌29	27甲辰29	25辛未25
27戊申 8	27丁丑 6	27丁未⑥	27丙子 4	27丙午 4	27乙亥 2	27乙巳 1	《10月》	**28**乙巳31	**28**乙亥30	28乙巳㉚	26壬申26
28己酉 9	28戊寅 7	28戊申 7	28丁丑 5	28丁未 5	28丙子 3	28丙午②	28乙亥 1	《11月》	《12月》	**29**丙午31	27癸酉㉗
29庚戌10	29己卯⑧	29己酉 8	29戊寅 6	29戊申 6	29丁丑 4	29丁未 3	29丙子 2	29丙午 1	29丙子 1		28甲戌28
	30庚辰 9		30己卯 7		30戊寅⑤		30丁丑 3	30丁未 2	30丁丑②		29乙亥29
											30丙子30
雨水 5日	春分 6日	穀雨 7日	小満 8日	夏至 9日	大暑 10日	処暑 11日	秋分 12日	霜降 13日	小雪 13日	冬至 13日	大寒 15日
啓蟄 20日	清明 22日	立夏 22日	芒種 24日	小暑 24日	立秋 25日	白露 26日	寒露 27日	立冬 28日	大雪 28日	小寒 29日	立春 30日

文永元年〔弘長4年〕（1264－1265） 甲子

改元 2/28（弘長→文永）

1月	2月	3月	4月	5月	6月	7月	8月	9月	10月	11月	12月
1 丁丑31	**1** 丙午29	1 丙子㉚	1 乙巳28	1 甲戌27	1 甲辰26	1 癸酉25	1 壬寅23	1 壬申22	1 壬寅22	1 壬申21	1 辛丑20
《2月》	《3月》	**2** 丁丑31	2 丙午29	2 乙亥28	2 乙巳27	2 甲戌26	2 癸卯㉔	2 癸酉23	2 癸卯23	2 癸酉22	2 壬寅㉑
2 戊寅 1	2 丁未 1	《4月》	**3** 丁未30	3 丙子29	3 丙午28	3 乙亥㉗	3 甲辰25	3 甲戌24	3 甲辰24	3 甲戌㉓	3 癸卯22
3 己卯 2	3 戊申②	3 戊寅 1	《5月》	4 丁丑30	4 丁未㉙	4 丙子28	4 乙巳26	4 乙亥25	4 乙巳25	4 乙亥24	4 甲辰23
4 庚辰③	4 己酉 3	4 己卯 2	4 戊申 1	**5** 戊寅31	**5** 戊申30	5 丁丑29	5 丙午27	5 丙子26	5 丙午㉖	5 丙子25	5 乙巳24
5 辛巳 4	5 庚戌 4	5 庚辰 3	5 己酉 2	《6月》	《7月》	6 戊寅30	6 丁未28	6 丁丑27	6 丁未27	6 丁丑26	6 丙午25
6 壬午 5	6 辛亥 5	6 辛巳 4	6 庚戌 3	6 己卯①	6 己酉 1	**7** 己卯31	7 戊申29	7 戊寅㉘	7 戊申28	7 戊寅27	7 丁未26
7 癸未 6	7 壬子 6	7 壬午 5	7 辛亥④	7 庚辰 2	7 庚戌 2	《8月》	**8** 己酉30	8 己卯29	8 己酉29	8 己卯28	8 戊申27
8 甲申 7	8 癸丑 7	8 癸未⑥	8 壬子 5	8 辛巳 3	8 辛亥 3	8 庚辰 1	9 庚戌㉛	**9** 庚辰30	**9** 庚戌30	**9** 庚辰29	9 己酉㉘
9 乙酉 8	9 甲寅 8	9 甲申 7	9 癸丑 6	9 壬午 4	9 壬子 4	9 辛巳 2	《9月》	《10月》	10辛亥31	10辛巳㉚	10庚戌29
10丙戌 9	10乙卯⑨	10乙酉 8	10甲寅 7	10癸未 5	10癸丑 5	10壬午③	10辛亥 1	10辛巳 1	《11月》	《12月》	**11**辛亥30
11丁亥⑩	11丙辰10	11丙戌 9	11乙卯 8	11甲申 6	11甲寅⑥	11癸未 4	11壬子 2	11壬午 2	11壬子 1	11壬午 1	12壬子31
12戊子11	12丁巳11	12丁亥10	12丙辰 9	12乙酉 7	12乙卯 7	12甲申 5	12癸丑 3	12癸未 3	12癸丑②	12癸未 2	**1265** 年
13己丑12	13戊午12	13戊子11	13丁巳10	13丙戌⑧	13丙辰 8	13乙酉 6	13甲寅 4	13甲申 4	13甲寅 3	13甲申 3	《1月》
14庚寅13	14己未13	14己丑12	14戊午⑪	14丁亥 9	14丁巳 9	14丙戌 7	14乙卯 5	14乙酉⑤	14乙卯 4	14乙酉 4	13癸丑 1
15辛卯14	15庚申14	15庚寅⑬	15己未12	15戊子10	15戊午10	15丁亥 8	15丙辰 6	15丙戌 6	15丙辰 5	15丙戌 5	14甲寅 2
16壬辰15	16辛酉15	16辛卯14	16庚申13	16己丑11	16己未11	16戊子 9	16丁巳⑦	16丁亥 7	16丁巳 6	16丁亥 6	15乙卯 3
17癸巳16	**17**壬戌⑯	**17**壬辰15	17辛酉14	17庚寅12	17庚申12	17己丑⑩	17戊午 8	17戊子 8	17戊午 7	17戊子⑦	16丙辰④
18甲午⑰	18癸亥17	18癸巳16	18壬戌15	18辛卯13	18辛酉⑬	18庚寅11	18己未 9	18己丑 9	18己未 8	18己丑 8	17丁巳 5
19乙未18	19甲子18	19甲午17	**19**癸亥16	19壬辰14	19壬戌14	19辛卯12	19庚申10	19庚寅10	19庚申⑨	19庚寅 9	18戊午 6
20丙申19	20乙丑19	20乙未18	20甲子17	**20**癸巳⑮	**20**癸亥15	20壬辰13	20辛酉11	20辛卯11	20辛酉10	20辛卯10	19己未 7
21丁酉20	21丙寅20	21丙申19	21乙丑⑱	21甲午16	21甲子16	21癸巳14	21壬戌12	21壬辰⑫	21壬戌11	21壬辰11	20庚申 8
22戊戌21	22丁卯21	22丁酉⑳	22丙寅19	22乙未17	22乙丑17	**22**甲午15	22癸亥13	22癸巳13	22癸亥12	22癸巳12	21辛酉 9
23己亥22	23戊辰22	23戊戌21	23丁卯20	23丙申18	23丙寅18	23乙未16	**23**甲子⑭	23甲午14	23甲子13	23甲午13	22壬戌10
24庚子23	24己巳㉓	24己亥22	24戊辰21	24丁酉19	24丁卯19	24丙申⑰	24乙丑15	**24**乙未15	**24**乙丑14	24乙未⑭	23癸亥⑪
25辛丑㉔	25庚午24	25庚子23	25己巳22	25戊戌20	25戊辰⑳	25丁酉18	25丙寅16	25丙申16	25丙寅15	**25**丙申15	24甲子12
26壬寅25	26辛未25	26辛丑24	26庚午23	26己亥21	26己巳21	26戊戌19	26丁卯17	26丁酉17	26丁卯⑯	26丁酉16	25乙丑13
27癸卯26	27壬申26	27壬寅25	27辛未24	27庚子㉒	27庚午22	27己亥20	27戊辰18	27戊戌18	27戊辰17	27戊戌17	**26**丙寅14
28甲辰27	28癸酉27	28癸卯26	28壬申㉕	28辛丑23	28辛未23	28庚子21	28己巳19	28己亥⑲	28己巳18	28己亥18	27丁卯15
29乙巳28	29甲戌28	29甲辰㉗	29癸酉26	29壬寅24	29壬申24	29辛丑22	29庚午20	29庚子20	29庚午19	29庚子19	28戊辰16
	30乙亥29			30癸卯25			30辛未㉑	30辛丑21	30辛未20		29己巳17
											30庚午⑱
雨水 15日	啓蟄 1日	清明 2日	立夏 3日	芒種 5日	小暑 5日	立秋 7日	白露 8日	寒露 9日	立冬 9日	大雪 9日	小寒 11日
	春分 17日	穀雨 17日	小満 19日	夏至 20日	大暑 20日	処暑 22日	秋分 23日	霜降 24日	小雪 24日	冬至 25日	大寒 26日

文永**2**年（1265－1266） 乙丑

1月	2月	3月	4月	閏4月	5月	6月	7月	8月	9月	10月	11月	12月
1辛未19	1辛丑18	1庚午19	1庚子18	1己巳⑰	**1**戊戌15	1丁卯14	1丁酉13	1丙寅11	1丙申⑪	1丙寅10	1乙未9	1乙丑8
2壬申20	2壬寅19	2辛未20	2辛丑⑲	2庚午18	2己亥16	2戊辰15	2戊戌14	2丁卯12	2丁酉12	2丁卯11	2丙申10	2丙寅9
3癸酉21	3癸卯20	3壬申21	3壬寅20	3辛未19	3庚子17	**3**己巳16	**3**己亥15	3戊辰⑬	3戊戌13	3戊辰12	3丁酉11	3丁卯⑩
4甲戌22	4甲辰21	4癸酉㉒	4癸卯21	4壬申20	4辛丑18	4庚午17	4庚子⑯	4己巳14	4己亥14	4己巳13	4戊戌12	4戊辰11
5乙亥23	5乙巳㉒	5甲戌23	5甲辰22	5癸酉21	5壬寅19	5辛未18	5辛丑17	**5**庚午15	**5**庚子15	**5**庚午14	5己亥⑬	5己巳12
6丙子24	6丙午23	6乙亥24	6乙巳23	6甲戌22	6癸卯20	6壬申⑲	6壬寅18	6辛未16	6辛丑16	6辛未⑮	6庚子14	6庚午13
7丁丑㉕	7丁未24	7丙子25	7丙午24	7乙亥23	7甲辰㉑	7癸酉20	7癸卯19	7壬申17	7壬寅17	7壬申16	**7**辛丑15	**7**辛未14
8戊寅26	8戊申25	8丁丑26	8丁未25	8丙子㉔	8乙巳22	8甲戌21	8甲辰20	8癸酉18	8癸卯⑱	8癸酉17	8壬寅16	8壬申15
9己卯27	9己酉26	9戊寅27	9戊申㉖	9丁丑25	9丙午23	9乙亥22	9乙巳21	9甲戌19	9甲辰19	9甲戌18	9癸卯17	9癸酉16
10庚辰28	10庚戌27	10己卯28	10己酉27	10戊寅26	10丁未24	10丙子23	10丙午22	10乙亥⑳	10乙巳20	10乙亥19	10甲辰18	10甲戌⑰
11辛巳29	11辛亥28	11庚辰㉙	11庚戌28	11己卯27	11戊申25	11丁丑24	11丁未㉓	11丙子21	11丙午21	11丙子20	11乙巳19	11乙亥18
12壬午30	《3月》	12辛巳30	12辛亥29	12庚辰28	12己酉26	12戊寅25	12戊申24	12丁丑22	12丁未22	12丁丑21	12丙午⑳	12丙子19
13癸未31	**12**壬子①	**13**壬午31	13壬子30	13辛巳29	13庚戌27	13己卯㉖	13己酉25	13戊寅23	13戊申23	13戊寅㉒	13丁未21	13丁丑20
《2月》	13癸丑2	《4月》	《5月》	14壬午30	14辛亥㉘	14庚辰27	14庚戌26	14己卯24	14己酉24	14己卯23	14戊申22	14戊寅21
14甲申①	14甲寅3	14癸未1	**14**癸丑1	**15**癸未㉛	15壬子29	15辛巳28	15辛亥27	15庚辰25	15庚戌㉕	15庚辰24	15己酉23	15己卯22
15乙酉2	15乙卯4	15甲申2	15甲寅2	《6月》	**16**癸丑30	16壬午29	16壬子28	16辛巳26	16辛亥26	16辛巳25	16庚戌24	16庚辰23
16丙戌3	16丙辰5	16乙酉3	16乙卯③	16甲申1	《7月》	17癸未30	17癸丑29	17壬午㉗	17壬子27	17壬午26	17辛亥25	17辛巳㉔
17丁亥4	17丁巳6	17丙戌4	17丙辰4	17乙酉2	17甲寅1	**18**甲申31	**18**甲寅㉚	18癸未28	18癸丑28	18癸未27	18壬子26	18壬午25
18戊子5	18戊午7	18丁亥⑤	18丁巳5	18丙戌3	18乙卯2	《8月》	19乙卯31	19甲申29	19甲寅29	19甲申28	19癸丑㉗	19癸未26
19己丑6	19己未⑧	19戊子6	19戊午6	19丁亥4	19丙辰3	19乙酉1	《9月》	**20**乙酉30	**20**乙卯30	20乙酉㉙	20甲寅28	20甲申27
20庚寅7	20庚申9	20己丑7	20己未7	20戊子5	20丁巳4	20丙戌②	20丙辰1	《10月》	21丙辰31	**21**丙戌30	21乙卯29	21乙酉28
21辛卯⑧	21辛酉10	21庚寅8	21庚申8	21己丑6	21戊午⑤	21丁亥3	21丁巳2	21丙戌1	《11月》	《12月》	**22**丙辰30	22丙戌29
22壬辰9	22壬戌11	22辛卯9	22辛酉9	22庚寅⑦	22己未6	22戊子4	22戊午3	22丁亥2	22丁巳①	22丁亥1	23丁巳31	**23**丁亥30
23癸巳10	23癸亥12	23壬辰10	23壬戌⑩	23辛卯8	23庚申7	23己丑5	23己未4	23戊子3	23戊午2	23戊子2	**1266**年	24戊子㉛
24甲午11	24甲子13	24癸巳11	24癸亥11	24壬辰9	24辛酉8	24庚寅6	24庚申5	24己丑④	24己未3	24己丑3	《1月》	《2月》
25乙未12	25乙丑14	25甲午⑫	25甲子12	25癸巳10	25壬戌9	25辛卯7	25辛酉⑥	25庚寅5	25庚申4	25庚寅4	24戊午1	25己丑1
26丙申13	26丙寅⑮	26乙未13	26乙丑13	26甲午11	26癸亥10	26壬辰8	26壬戌7	26辛卯6	26辛酉5	26辛卯5	25己未2	26庚寅2
27丁酉14	**27**丁卯16	27丙申14	27丙寅14	27乙未12	27甲子11	27癸巳⑨	27癸亥8	27壬辰7	27壬戌6	27壬辰⑥	26庚申③	27辛卯3
28戊戌⑮	28戊辰17	**28**丁酉15	28丁卯15	28丙申13	28乙丑⑫	28甲午10	28甲子9	28癸巳8	28癸亥7	28癸巳7	27辛酉4	28壬辰4
29己亥16	29己巳18	29戊戌16	**29**戊辰16	29丁酉⑭	29丙寅13	29乙未11	29乙丑10	29甲午9	29甲子⑧	29甲午8	28壬戌5	29癸巳5
30庚子17		30己亥17				30丙申12		30乙未10	30乙丑9		29癸亥6	30甲午6
											30甲子7	
立春11日 雨水27日	啓蟄12日 春分27日	清明13日 穀雨28日	立夏14日 小満29日	芒種15日	夏至1日 小暑16日	大暑3日 立秋18日	処暑3日 白露18日	秋分5日 寒露20日	霜降5日 立冬20日	小雪5日 大雪21日	冬至7日 小寒22日	大寒7日 立春23日

文永**3**年（1266－1267） 丙寅

1月	2月	3月	4月	5月	6月	7月	8月	9月	10月	11月	12月
1乙未⑦	1乙丑9	1甲午7	1甲子7	1癸巳5	1壬戌④	1辛卯2	《9月》	**1**庚寅30	**1**庚申30	1己丑㉘	1己未28
2丙申8	2丙寅10	2乙未8	2乙丑8	2甲午⑥	2癸亥5	2壬辰3	1辛酉1	《10月》	2辛酉㉛	2庚寅29	2庚申29
3丁酉9	3丁卯11	3丙申9	3丙寅⑨	3乙未7	3甲子6	3癸巳4	2壬戌2	2辛卯1	《11月》	**3**辛卯30	**3**辛酉30
4戊戌10	4戊辰12	4丁酉10	4丁卯10	4丙申8	4乙丑7	4甲午5	3癸亥3	3壬辰2	3壬戌1	《12月》	4壬戌31
5己亥11	5己巳13	5戊戌⑪	5戊辰11	5丁酉9	5丙寅8	5乙未6	4甲子4	4癸巳③	4癸亥2	4壬辰1	**1267**年
6庚子12	6庚午⑭	6己亥12	6己巳12	6戊戌10	6丁卯9	6丙申7	5乙丑⑤	5甲午4	5甲子3	5癸巳2	《1月》
7辛丑13	7辛未15	7庚子13	7庚午13	7己亥11	7戊辰10	7丁酉⑧	6丙寅6	6乙未5	6乙丑4	6甲午3	5癸亥1
8壬寅⑭	**8**壬申16	8辛丑14	8辛未14	8庚子12	8己巳⑪	8戊戌9	7丁卯7	7丙申6	7丙寅5	7乙未4	6甲子②
9癸卯15	9癸酉17	9壬寅15	9壬申15	9辛丑⑬	9庚午12	9己亥10	8戊辰8	8丁酉7	8丁卯6	8丙申⑤	7乙丑3
10甲辰16	10甲戌18	**10**癸卯16	**10**癸酉⑯	10壬寅14	10辛未13	10庚子11	9己巳9	9戊戌8	9戊辰⑦	9丁酉6	8丙寅4
11乙巳17	11乙亥19	11甲辰17	11甲戌17	11癸卯15	11壬申14	11辛丑12	10庚午10	10己亥9	10己巳8	10戊戌7	9丁卯5
12丙午18	12丙子20	12乙巳⑱	12乙亥18	**12**甲辰16	12癸酉15	12壬寅13	11辛未11	11庚子⑩	11庚午9	11己亥8	10戊辰6
13丁未19	13丁丑㉑	13丙午19	13丙子19	13乙巳17	**13**甲戌16	13癸卯14	12壬申⑫	12辛丑11	12辛未10	12庚子9	11己巳7
14戊申20	14戊寅22	14丁未20	14丁丑20	14丙午18	14乙亥17	**14**甲辰⑮	13癸酉13	13壬寅12	13壬申11	13辛丑10	12庚午8
15己酉㉑	15己卯23	15戊申21	15戊寅21	15丁未19	15丙子⑱	15乙巳16	14甲戌14	14癸卯13	14癸酉12	14壬寅11	13辛未⑨
16庚戌22	16庚辰24	16己酉22	16己卯22	16戊申⑳	16丁丑19	16丙午17	**15**乙亥15	15甲辰14	15甲戌13	15癸卯⑫	14壬申10
17辛亥23	17辛巳25	17庚戌23	17庚辰㉓	17己酉21	17戊寅20	17丁未18	16丙子16	**16**乙巳15	16乙亥⑭	16甲辰13	15癸酉11
18壬子24	18壬午26	18辛亥24	18辛巳24	18庚戌22	18己卯21	18戊申19	17丁丑17	17丙午16	**17**丙子15	17乙巳14	16甲戌12
19癸丑25	19癸未27	19壬子㉕	19壬午25	19辛亥23	19庚辰22	19己酉20	18戊寅18	18丁未⑰	18丁丑16	**18**丙午15	17乙亥13
20甲寅26	20甲申㉘	20癸丑26	20癸未26	20壬子24	20辛巳23	20庚戌21	19己卯⑲	19戊申18	19戊寅17	19丁未16	18丙子14
21乙卯27	21乙酉29	21甲寅27	21甲申27	21癸丑25	21壬午24	21辛亥㉒	20庚辰20	20己酉19	20己卯18	20戊申17	**19**丁丑15
22丙辰㉘	22丙戌30	22乙卯28	22乙酉28	22甲寅26	22癸未㉕	22壬子23	21辛巳21	21庚戌20	21庚辰19	21己酉18	20戊寅⑯
《3月》	**23**丁亥31	23丙辰29	23丙戌29	23乙卯㉗	23甲申26	23癸丑24	22壬午22	22辛亥21	22辛巳20	22庚戌⑲	21己卯17
23丁巳1	《4月》	24丁巳30	24丁亥㉚	24丙辰28	24乙酉27	24甲寅25	23癸未23	23壬子22	23壬午㉑	23辛亥20	22庚辰18
24戊午2	24戊子1	《5月》	**25**戊子31	25丁巳29	25丙戌28	25乙卯26	24甲申24	24癸丑23	24癸未22	24壬子21	23辛巳19
25己未3	25己丑2	**25**戊午1	《6月》	26戊午30	26丁亥29	26丙辰27	25乙酉25	25甲寅㉔	25甲申23	25癸丑22	24壬午20
26庚申4	26庚寅3	26己未②	26己丑1	《7月》	27戊子30	27丁巳28	26丙戌㉖	26乙卯25	26乙酉24	26甲寅23	25癸未21
27辛酉5	27辛卯④	27庚申3	27庚寅2	**27**己未1	**28**己丑31	28戊午㉙	27丁亥27	27丙辰26	27丙戌25	27乙卯24	26甲申22
28壬戌6	28壬辰5	28辛酉4	28辛卯3	28庚申2	《8月》	29己未30	28戊子28	28丁巳27	28丁亥26	28丙辰25	27乙酉㉓
29癸亥⑦	29癸巳6	29壬戌5	29壬辰4	29辛酉3	29庚寅①	**30**庚申31	29己丑29	29戊午28	29戊子27	29丁巳㉖	28丙戌24
30甲子8		30癸亥6						30己未29		30戊午27	29丁亥25
											30戊子26
雨水8日 啓蟄23日	春分8日 清明23日	穀雨10日 立夏25日	小満10日 芒種25日	夏至12日 小暑27日	大暑13日 立秋28日	処暑14日 白露30日	秋分15日	寒露1日 霜降16日	立冬1日 小雪17日	大雪3日 冬至18日	小寒3日 大寒19日

文永**4**年（1267－1268） 丁卯

1月	2月	3月	4月	5月	6月	7月	8月	9月	10月	11月	12月
1 己丑27	1 己未26	1 戊子㉗	1 戊午26	1 丁亥25	1 丁巳24	1 丙戌23	1 乙卯㉑	1 乙酉20	1 甲寅19	1 甲申18	1 癸丑17
2 庚寅28	2 庚申㉗	2 己丑28	2 己未27	2 戊子26	2 戊午25	2 丁亥㉔	2 丙辰22	2 丙戌21	2 乙卯20	2 乙酉19	2 甲寅⑱
3 辛卯29	3 辛酉28	3 庚寅29	3 庚申28	3 己丑27	3 己未㉖	3 戊子25	3 丁巳23	3 丁亥22	3 丙辰21	3 丙戌⑳	3 乙卯19
4 壬辰㉚	《3月》	4 辛卯30	4 辛酉29	4 庚寅28	4 庚申27	4 己丑26	4 戊午24	4 戊子23	4 丁巳22	4 丁亥21	4 丙辰20
5 癸巳31	**4** 壬戌1	5 壬辰31	5 壬戌30	5 辛卯㉙	5 辛酉28	5 庚寅27	5 己未25	5 己丑24	5 戊午㉓	5 戊子22	5 丁巳21
《2月》	5 癸亥2	《4月》	《5月》	6 壬辰30	6 壬戌29	6 辛卯28	6 庚申26	6 庚寅㉕	6 己未24	6 己丑23	6 戊午22
6 甲午1	6 甲子3	**6** 癸巳1	**6** 癸亥①	7 癸巳31	7 癸亥30	7 壬辰29	7 辛酉27	7 辛卯26	7 庚申25	7 庚寅24	7 己未23
7 乙未2	7 乙丑4	7 甲午2	7 甲子2	《6月》	《7月》	8 癸巳30	8 壬戌㉘	8 壬辰27	8 辛酉26	8 辛卯25	8 庚申24
8 丙申3	8 丙寅5	8 乙未③	8 乙丑3	**8** 甲午1	**8** 甲子1	**9** 甲午㉛	9 癸亥29	9 癸巳28	9 壬戌27	9 壬辰26	9 辛酉㉕
9 丁酉4	9 丁卯⑥	9 丙申4	9 丙寅4	9 乙未2	9 乙丑2	《8月》	10 甲子30	10 甲午29	10 癸亥28	10 癸巳㉗	10 壬戌26
10 戊戌5	10 戊辰7	10 丁酉5	10 丁卯5	10 丙申3	10 丙寅③	10 乙未1	**11** 乙丑31	**11** 乙未30	11 甲子29	11 甲午28	11 癸亥27
11 己亥⑥	11 己巳8	11 戊戌6	11 戊辰6	11 丁酉4	11 丁卯4	11 丙申2	《9月》	《10月》	12 乙丑㉚	12 乙未29	12 甲子28
12 庚子7	12 庚午9	12 己亥7	12 己巳7	12 戊戌⑤	12 戊辰5	12 丁酉3	12 丙寅1	12 丙申1	**13** 丙寅31	**13** 丙申30	13 乙丑29
13 辛丑8	13 辛未10	13 庚子8	13 庚午⑧	13 己亥6	13 己巳6	13 戊戌4	13 丁卯2	13 丁酉②	《11月》	《12月》	14 丙寅30
14 壬寅9	14 壬申11	14 辛丑9	14 辛未9	14 庚子7	14 庚午7	14 己亥5	14 戊辰3	14 戊戌3	14 丁卯1	14 丁酉1	**15** 丁卯31
15 癸卯10	15 癸酉12	15 壬寅⑩	15 壬申10	15 辛丑8	15 辛未8	15 庚子6	15 己巳④	15 己亥4	15 戊辰2	15 戊戌2	**1268** 年
16 甲辰11	16 甲戌⑬	16 癸卯11	16 癸酉11	16 壬寅9	16 壬申9	16 辛丑⑦	16 庚午5	16 庚子5	16 己巳3	16 己亥3	《1月》
17 乙巳12	17 乙亥14	17 甲辰12	17 甲戌12	17 癸卯10	17 癸酉⑩	17 壬寅8	17 辛未6	17 辛丑6	17 庚午4	17 庚子④	16 戊辰①
18 丙午⑬	18 丙子15	18 乙巳13	18 乙亥13	18 甲辰11	18 甲戌11	18 癸卯9	18 壬申7	18 壬寅7	18 辛未5	18 辛丑5	17 己巳2
19 丁未14	**19** 丁丑16	19 丙午14	19 丙子14	19 乙巳⑫	19 乙亥12	19 甲辰10	19 癸酉8	19 癸卯8	19 壬申⑥	19 壬寅6	18 庚午3
20 戊申15	20 戊寅17	20 丁未15	20 丁丑⑮	20 丙午13	20 丙子13	20 乙巳11	20 甲戌9	20 甲辰⑨	20 癸酉7	20 癸卯7	19 辛未4
21 己酉16	21 己卯18	**21** 戊申16	**21** 戊寅16	21 丁未14	21 丁丑14	21 丙午12	21 乙亥10	21 乙巳10	21 甲戌8	21 甲辰8	20 壬申5
22 庚戌17	22 庚辰19	22 己酉⑰	22 己卯17	22 戊申15	22 戊寅15	22 丁未13	22 丙子⑪	22 丙午11	22 乙亥9	22 乙巳9	21 癸酉6
23 辛亥18	23 辛巳⑳	23 庚戌18	23 庚辰18	**23** 己酉16	**23** 己卯16	23 戊申⑭	23 丁丑12	23 丁未12	23 丙子10	23 丙午10	22 甲戌7
24 壬子19	24 壬午21	24 辛亥19	24 辛巳19	24 庚戌17	24 庚辰⑰	24 己酉15	24 戊寅13	24 戊申13	24 丁丑11	24 丁未⑪	23 乙亥⑧
25 癸丑⑳	25 癸未22	25 壬子20	25 壬午20	25 辛亥18	25 辛巳18	**25** 庚戌16	25 己卯14	25 己酉14	25 戊寅12	25 戊申12	24 丙子9
26 甲寅21	26 甲申23	26 癸丑21	26 癸未21	26 壬子⑲	26 壬午19	26 辛亥17	**26** 庚辰15	**26** 庚戌15	26 己卯⑬	26 己酉13	25 丁丑10
27 乙卯22	27 乙酉24	27 甲寅22	27 甲申㉒	27 癸丑20	27 癸未20	27 壬子18	27 辛巳16	27 辛亥⑯	27 庚辰14	27 庚戌14	26 戊寅11
28 丙辰23	28 丙戌25	28 乙卯23	28 乙酉23	28 甲寅21	28 甲申21	28 癸丑19	28 壬午17	28 壬子17	**28** 辛巳15	**28** 辛亥15	27 己卯12
29 丁巳24	29 丁亥26	29 丙辰㉔	29 丙戌24	29 乙卯22	29 乙酉22	29 甲寅20	29 癸未⑱	29 癸丑18	29 壬午16	29 壬子16	28 庚辰13
30 戊午25		30 丁巳25		30 丙辰23			30 甲申19		30 癸未17		29 辛巳14
											30 壬午⑮
立春 4日 雨水 19日	啓蟄 4日 春分 19日	清明 6日 穀雨 21日	立夏 6日 小満 21日	芒種 8日 夏至 23日	小暑 8日 大暑 23日	立秋 9日 処暑 25日	白露 11日 秋分 26日	寒露 11日 霜降 26日	立冬 13日 小雪 28日	大雪 13日 冬至 28日	小寒 15日 大寒 30日

文永**5**年（1268－1269） 戊辰

1月	閏1月	2月	3月	4月	5月	6月	7月	8月	9月	10月	11月	12月
1 癸未16	1 癸丑15	1 壬午15	1 壬子14	1 壬午14	1 辛亥12	1 辛巳12	1 庚戌10	1 庚辰⑨	1 己酉8	1 戊寅6	1 戊申6	1 丁丑4
2 甲申17	2 甲寅16	**2** 癸未16	**2** 癸丑⑮	2 癸未15	2 壬子13	2 壬午13	2 辛亥11	2 辛巳10	2 庚戌9	2 己卯7	2 己酉7	2 戊寅5
3 乙酉18	3 乙卯17	3 甲申17	3 甲寅16	**3** 甲申16	3 癸丑14	3 癸未14	3 壬子⑫	3 壬午11	3 辛亥10	3 庚辰8	3 庚戌8	3 己卯⑥
4 丙戌19	4 丙辰18	4 乙酉⑱	4 乙卯17	4 乙酉17	**4** 甲寅15	**4** 甲申⑮	4 癸丑13	4 癸未12	4 壬子11	4 辛巳9	4 辛亥⑨	4 庚辰7
5 丁亥20	5 丁巳⑲	5 丙戌19	5 丙辰18	5 丙戌18	5 乙卯16	5 乙酉16	5 甲寅14	5 甲申13	5 癸丑12	5 壬午10	5 壬子10	5 辛巳8
6 戊子21	6 戊午20	6 丁亥20	6 丁巳19	6 丁亥19	6 丙辰⑰	6 丙戌17	**6** 乙卯15	**6** 乙酉14	6 甲寅13	6 癸未⑪	6 癸丑11	6 壬午9
7 己丑㉒	7 己未21	7 戊子21	7 戊午20	7 戊子⑳	7 丁巳18	7 丁亥18	7 丙辰16	7 丙戌15	7 乙卯⑭	7 甲申12	7 甲寅12	7 癸未10
8 庚寅23	8 庚申22	8 己丑22	8 己未21	8 己丑21	8 戊午19	8 戊子19	8 丁巳17	8 丁亥⑯	**8** 丙辰15	8 乙酉13	8 乙卯13	8 甲申11
9 辛卯24	9 辛酉23	9 庚寅23	9 庚申㉒	9 庚寅22	9 己未20	9 己丑20	9 戊午18	9 戊子17	9 丁巳16	**9** 丙戌14	9 丙辰14	9 乙酉12
10 壬辰25	10 壬戌24	10 辛卯24	10 辛酉23	10 辛卯23	10 庚申21	10 庚寅21	10 己未⑲	10 己丑18	10 戊午17	10 丁亥15	**10** 丁巳15	10 丙戌⑬
11 癸巳26	11 癸亥25	11 壬辰㉕	11 壬戌24	11 壬辰24	11 辛酉22	11 辛卯㉒	11 庚申20	11 庚寅19	11 己未18	11 戊子16	11 戊午⑯	**11** 丁亥14
12 甲午27	12 甲子㉖	12 癸巳26	12 癸亥25	12 癸巳25	12 壬戌23	12 壬辰23	12 辛酉21	12 辛卯20	12 庚申19	12 己丑17	12 己未17	12 戊子15
13 乙未28	13 乙丑27	13 甲午27	13 甲子26	13 甲午26	13 癸亥㉔	13 癸巳24	13 壬戌22	13 壬辰21	13 辛酉20	13 庚寅⑱	13 庚申18	13 己丑16
14 丙申㉙	14 丙寅28	14 乙未28	14 乙丑27	14 乙未㉗	14 甲子25	14 甲午25	14 癸亥23	14 癸巳22	14 壬戌㉑	14 辛卯19	14 辛酉19	14 庚寅17
15 丁酉30	**15** 丁卯29	15 丙申29	15 丙寅28	15 丙申28	15 乙丑26	15 乙未26	15 甲子24	15 甲午㉓	15 癸亥22	15 壬辰20	15 壬戌20	15 辛卯18
16 戊戌31	《3月》	16 丁酉30	16 丁卯㉙	16 丁酉29	16 丙寅27	16 丙申27	16 乙丑25	16 乙未24	16 甲子23	16 癸巳21	16 癸亥21	16 壬辰19
《2月》	16 戊辰1	**17** 戊戌31	**17** 戊辰30	17 戊戌30	17 丁卯28	17 丁酉28	17 丙寅㉖	17 丙申25	17 乙丑24	17 甲午22	17 甲子22	17 癸巳⑳
17 己亥1	17 己巳2	《4月》	《5月》	**18** 己亥31	18 戊辰29	18 戊戌㉙	18 丁卯27	18 丁酉26	18 丙寅25	18 乙未23	18 乙丑㉓	18 甲午21
18 庚子2	18 庚午3	18 己亥①	18 己巳1	《6月》	**19** 己巳30	19 己亥30	19 戊辰28	19 戊戌27	19 丁卯26	19 丙申24	19 丙寅24	19 乙未22
19 辛丑3	19 辛未④	19 庚子2	19 庚午2	19 庚子1	《7月》	**20** 庚子31	20 己巳29	20 己亥28	20 戊辰27	20 丁酉㉕	20 丁卯25	20 丙申23
20 壬寅4	20 壬申5	20 辛丑3	20 辛未3	20 辛丑2	20 庚午①	《8月》	**21** 庚午30	21 庚子29	21 己巳㉘	21 戊戌26	21 戊辰26	21 丁酉24
21 癸卯⑤	21 癸酉6	21 壬寅4	21 壬申4	21 壬寅③	21 辛未2	21 辛丑1	22 辛未31	**22** 辛丑㉚	22 庚午29	22 己亥27	22 己巳27	22 戊戌25
22 甲辰6	22 甲戌7	22 癸卯5	22 癸酉5	22 癸卯4	22 壬申3	22 壬寅2	《9月》	《10月》	**23** 辛未30	23 庚子28	23 庚午28	23 己亥26
23 乙巳7	23 乙亥8	23 甲辰6	23 甲戌⑥	23 甲辰5	23 癸酉4	23 癸卯3	23 壬申1	23 壬寅1	24 壬申31	**24** 辛丑29	24 辛未29	24 庚子㉗
24 丙午8	24 丙子9	24 乙巳7	24 乙亥7	24 乙巳6	24 甲戌5	24 甲辰4	24 癸酉②	24 癸卯2	《11月》	25 壬寅30	**25** 壬申㉚	25 辛丑28
25 丁未9	25 丁丑10	25 丙午⑧	25 丙子8	25 丙午7	25 乙亥6	25 乙巳⑤	25 甲戌3	25 甲辰3	25 癸酉1	《12月》	26 癸酉31	**26** 壬寅29
26 戊申10	26 戊寅⑪	26 丁未9	26 丁丑9	26 丁未8	26 丙子7	26 丙午6	26 乙亥4	26 乙巳4	26 甲戌2	26 癸卯1	**1269** 年	27 癸卯30
27 己酉11	27 己卯12	27 戊申10	27 戊寅10	27 戊申9	27 丁丑⑧	27 丁未7	27 丙子5	27 丙午5	27 乙亥3	27 甲辰②	《1月》	28 甲辰31
28 庚戌⑫	28 庚辰13	28 己酉11	28 己卯11	28 己酉⑩	28 戊寅9	28 戊申8	28 丁丑6	28 丁未6	28 丙子④	28 乙巳3	27 甲戌1	《2月》
29 辛亥13	29 辛巳14	29 庚戌12	29 庚辰12	29 庚戌11	29 己卯10	29 己酉9	29 戊寅7	29 戊申⑦	29 丁丑5	29 丙午4	28 乙亥2	29 乙巳1
30 壬子14		30 辛亥13	30 辛巳⑬		30 庚辰11		30 己卯8			30 丁未5	29 丙子3	30 丙午2
立春 15日 雨水 30日	啓蟄15日	春分 2日 清明 17日	穀雨 2日 立夏 17日	小満 3日 芒種 18日	夏至 4日 小暑 19日	大暑 4日 立秋 20日	処暑 6日 白露 21日	秋分 6日 寒露 22日	霜降 8日 立冬 23日	小雪 9日 大雪 24日	冬至 10日 小寒 25日	大寒 11日 立春 26日

文永6年（1269－1270） 己巳

1月	2月	3月	4月	5月	6月	7月	8月	9月	10月	11月	12月
1丁未③	1丁丑5	1丙午3	1丙子3	《6月》	《7月》	**1**乙巳31	1甲戌29	1甲辰28	1癸酉㉗	1壬寅25	1壬申25
2戊申4	2戊寅6	2丁未4	2丁丑4	1乙巳1	1乙亥1	《8月》	**2**乙亥30	2乙巳㉙	2甲戌28	2癸卯26	2癸酉26
3己酉5	3己卯7	3戊申5	3戊寅⑤	2丙午②	2丙子2	2丙午1	3丙子31	**3**丙午30	3乙亥29	3甲辰27	3甲戌27
4庚戌6	4庚辰8	4己酉6	4己卯6	3丁未3	3丁丑3	3丁未2	《9月》	《10月》	**4**丙子30	4乙巳28	4乙亥28
5辛亥7	5辛巳9	5庚戌⑦	5庚辰7	4戊申4	4戊寅4	4戊申3	4丁丑①	4丁未1	5丁丑31	5丙午29	5丙子㉙
6壬子8	6壬午⑩	6辛亥8	6辛巳8	5己酉5	5己卯5	5己酉④	5戊寅2	5戊申2	《11月》	**6**丁未30	**6**丁丑30
7癸丑9	7癸未11	7壬子9	7壬午9	6庚戌6	6庚辰6	6庚戌5	6己卯3	6己酉3	6戊寅1	《12月》	7戊寅31
8甲寅⑩	8甲申12	8癸丑10	8癸未10	7辛亥7	7辛巳⑦	7辛亥6	7庚辰4	7庚戌4	7己卯2	7戊申①	**1270年**
9乙卯11	9乙酉13	9甲寅11	9甲申11	8壬子8	8壬午8	8壬子7	8辛巳5	8辛亥5	8庚辰③	8己酉2	《1月》
10丙辰12	10丙戌14	10乙卯12	10乙酉⑫	9癸丑⑨	9癸未9	9癸丑8	9壬午6	9壬子⑥	9辛巳4	9庚戌3	8己卯1
11丁巳13	11丁亥15	11丙辰13	11丙戌13	10甲寅10	10甲申10	10甲寅9	10癸未7	10癸丑7	10壬午5	10辛亥4	9庚辰2
12戊午14	**12**戊子16	12丁巳⑭	12丁亥14	11乙卯11	11乙酉11	11乙卯10	11甲申⑧	11甲寅8	11癸未6	11壬子5	10辛巳3
13己未15	13己丑⑰	**13**戊午15	13戊子15	12丙辰12	12丙戌12	12丙辰⑪	12乙酉9	12乙卯9	12甲申7	12癸丑6	11壬午4
14庚申16	14庚寅18	14己未16	**14**己丑16	13丁巳13	13丁亥13	13丁巳12	13丙戌10	13丙辰10	13乙酉8	13甲寅7	12癸未⑤
15辛酉⑰	15辛卯19	15庚申17	15庚寅17	14戊午14	14戊子⑭	14戊午13	14丁亥11	14丁巳11	14丙戌9	14乙卯⑧	13甲申6
16壬戌18	16壬辰20	16辛酉18	16辛卯18	**15**己未15	15己丑15	15己未14	15戊子12	15戊午12	15丁亥⑩	15丙辰9	14乙酉7
17癸亥19	17癸巳21	17壬戌19	17壬辰⑲	16庚申⑯	**16**庚寅16	**16**庚申15	16己丑13	16己未⑬	16戊子11	16丁巳10	15丙戌8
18甲子20	18甲午22	18癸亥20	18癸巳20	17辛酉17	17辛卯17	17辛酉16	17庚寅14	17庚申14	17己丑12	17戊午11	16丁亥9
19乙丑21	19乙未23	19甲子㉑	19甲午21	18壬戌18	18壬辰18	18壬戌17	**18**辛卯⑮	**18**辛酉15	18庚寅13	18己未12	17戊子10
20丙寅22	20丙申㉔	20乙丑22	20乙未22	19癸亥19	19癸巳19	19癸亥⑱	19壬辰16	19壬戌16	**19**辛卯14	19庚申13	18己丑11
21丁卯23	21丁酉25	21丙寅23	21丙申23	20甲子20	20甲午20	20甲子19	20癸巳17	20癸亥17	20壬辰15	20辛酉14	19庚寅⑫
22戊辰㉔	22戊戌26	22丁卯24	22丁酉24	21乙丑21	21乙未㉑	21乙丑20	21甲午18	21甲子18	21癸巳16	**21**壬戌⑮	20辛卯13
23己巳25	23己亥27	23戊辰25	23戊戌25	22丙寅22	22丙申22	22丙寅21	22乙未19	22乙丑19	22甲午⑰	22癸亥16	**21**壬辰14
24庚午26	24庚子28	24己巳26	24己亥㉖	23丁卯㉓	23丁酉23	23丁卯22	23丙申20	23丙寅⑳	23乙未18	23甲子17	22癸巳15
25辛未27	25辛丑29	25庚午27	25庚子27	24戊辰24	24戊戌24	24戊辰23	24丁酉21	24丁卯21	24丙申19	24乙丑18	23甲午16
26壬申28	26壬寅30	26辛未㉘	26辛丑28	25己巳25	25己亥25	25己巳24	25戊戌㉒	25戊辰22	25丁酉20	25丙寅19	24乙未17
《3月》	**27**癸卯㉛	27壬申29	27壬寅29	26庚午26	26庚子26	26庚午㉕	26己亥23	26己巳23	26戊戌21	26丁卯20	25丙申18
27癸酉1	《4月》	28癸酉30	28癸卯30	27辛未27	27辛丑27	27辛未26	27庚子24	27庚午24	27己亥22	27戊辰21	26丁酉⑲
28甲戌2	28甲辰1	《5月》	**29**甲辰31	28壬申28	28壬寅㉘	28壬申27	28辛丑25	28辛未25	28庚子23	28己巳㉒	27戊戌20
29乙亥③	29乙巳2	**29**甲戌1		29癸酉29	29癸卯29	29癸酉28	29壬寅26	29壬申26	29辛丑㉔	29庚午23	28己亥21
30丙子4		30乙亥2		**30**甲戌㉚	30甲辰30		30癸卯27			30辛未24	29庚子22
雨水11日 啓蟄27日	春分12日 清明27日	穀雨13日 立夏29日	小満14日 芒種29日	夏至15日 小暑30日	大暑16日	立秋1日 処暑16日	白露2日 秋分18日	寒露3日 霜降18日	立冬4日 小雪19日	大雪6日 冬至21日	小寒6日 大寒21日

文永7年（1270－1271） 庚午

1月	2月	3月	4月	5月	6月	7月	8月	9月	閏9月	10月	11月	12月
1辛丑23	1辛未22	1庚子㉓	1庚午22	1庚子22	1己巳20	1己亥⑳	1戊辰18	1戊戌17	1戊辰17	**1**丁酉15	1丙寅⑭	1丙申13
2壬寅24	2壬申㉓	2辛丑24	2辛未23	2辛丑23	2庚午21	2庚子21	2己巳19	2己亥18	2己巳18	2戊戌⑯	**2**丁卯15	2丁酉14
3癸卯25	3癸酉24	3壬寅25	3壬申24	3壬寅24	3辛未㉒	3辛丑22	3庚午20	3庚子19	3庚午⑲	3己亥17	3戊辰16	**3**戊戌15
4甲辰㉖	4甲戌25	4癸卯26	4癸酉25	4癸卯㉕	4壬申23	4壬寅23	4辛未21	4辛丑20	4辛未20	4庚子18	4己巳17	4己亥16
5乙巳27	5乙亥26	5甲辰27	5甲戌26	5甲辰26	5癸酉24	5癸卯24	5壬申22	5壬寅㉑	5壬申21	5辛丑19	5庚午18	5庚子17
6丙午28	6丙子27	6乙巳28	6乙亥㉗	6乙巳27	6甲戌25	6甲辰25	6癸酉23	6癸卯22	6癸酉22	6壬寅20	6辛未19	6辛丑⑱
7丁未29	7丁丑28	7丙午29	7丙子28	7丙午28	7乙亥26	7乙巳26	7甲戌㉔	7甲辰23	7甲戌23	7癸卯21	7壬申20	7壬寅19
8戊申30	《3月》	8丁未㉚	8丁丑29	8丁未29	8丙子27	8丙午㉗	8乙亥25	8乙巳24	8乙亥24	8甲辰22	8癸酉㉑	8癸卯20
9己酉31	**8**戊寅1	**9**戊申31	9戊寅30	9戊申30	9丁丑28	9丁未28	9丙子26	9丙午25	9丙子25	9乙巳㉓	9甲戌22	9甲辰21
《2月》	9己卯②	《4月》	《5月》	**10**己酉31	10戊寅㉙	10戊申29	10丁丑27	10丁未26	10丁丑㉖	10丙午24	10乙亥23	10乙巳22
10庚戌1	10庚辰3	10己酉1	**10**己卯1	《6月》	11己卯30	11己酉30	11戊寅28	11戊申27	11戊寅27	11丁未25	11丙子24	11丙午23
11辛亥②	11辛巳4	11庚戌2	11庚辰2	11庚戌①	《7月》	**12**庚戌31	12己卯29	12己酉㉘	12己卯28	12戊申26	12丁丑25	12丁未24
12壬子3	12壬午5	12辛亥3	12辛巳3	12辛亥2	**12**庚辰1	《8月》	13庚辰30	13庚戌29	13庚辰29	13己酉27	13戊寅26	13戊申㉕
13癸丑4	13癸未6	13壬子4	13壬午④	13壬子3	13辛巳2	13辛亥1	**14**辛巳㉛	**14**辛亥30	**14**辛巳30	14庚戌28	14己卯27	14己酉26
14甲寅5	14甲申7	14癸丑5	14癸未5	14癸丑4	14壬午3	14壬子2	《9月》	《10月》	15壬午31	15辛亥29	15庚辰㉘	15庚戌27
15乙卯6	15乙酉8	15甲寅⑥	15甲申6	15甲寅5	15癸未4	15癸丑③	15壬午1	15壬子1	《11月》	**16**壬子㉚	16辛巳29	16辛亥28
16丙辰7	16丙戌⑨	16乙卯7	16乙酉7	16乙卯6	16甲申5	16甲寅4	16癸未2	16癸丑2	16癸未1	《12月》	**17**壬午30	17壬子29
17丁巳8	17丁亥10	17丙辰8	17丙戌8	17丙辰7	17乙酉⑥	17乙卯5	17甲申3	17甲寅3	17甲申②	17癸丑1	18癸未31	**18**癸丑30
18戊午⑨	18戊子11	18丁巳9	18丁亥9	18丁巳⑧	18丙戌7	18丙辰6	18乙酉4	18乙卯4	18乙酉3	18甲寅2	**1271年**	19甲寅31
19己未10	19己丑12	19戊午10	19戊子10	19戊午9	19丁亥8	19丁巳7	19丙戌5	19丙辰⑤	19丙戌4	19乙卯3	《1月》	《2月》
20庚申11	20庚寅13	20己未11	20己丑⑪	20己未10	20戊子9	20戊午8	20丁亥6	20丁巳6	20丁亥5	20丙辰4	19甲申1	20乙卯①
21辛酉12	21辛卯14	21庚申12	21庚寅12	21庚申11	21己丑10	21己未9	21戊子⑦	21戊午7	21戊子6	21丁巳5	20乙酉2	21丙辰2
22壬戌13	22壬辰15	22辛酉⑬	22辛卯13	22辛酉12	22庚寅11	22庚申⑩	22己丑8	22己未8	22己丑7	22戊午6	21丙戌3	22丁巳3
23癸亥14	**23**癸巳⑯	23壬戌14	23壬辰14	23壬戌13	23辛卯12	23辛酉11	23庚寅9	23庚申9	23庚寅8	23己未⑦	22丁亥④	23戊午4
24甲子15	24甲午17	24癸亥15	24癸巳15	24癸亥14	24壬辰⑬	24壬戌12	24辛卯10	24辛酉10	24辛卯⑨	24庚申8	23戊子5	24己未5
25乙丑⑯	25乙未18	**25**甲子16	**25**甲午16	**25**甲子⑮	25癸巳14	25癸亥13	25壬辰11	25壬戌11	25壬辰10	25辛酉9	24己丑6	25庚申6
26丙寅17	26丙申19	26乙丑17	26乙未17	26乙丑16	26甲午15	26甲子14	26癸巳12	26癸亥⑫	26癸巳11	26壬戌10	25庚寅7	26辛酉7
27丁卯18	27丁酉20	27丙寅18	27丙申⑱	27丙寅17	**27**乙未16	**27**乙丑15	27甲午13	27甲子13	27甲午12	27癸亥11	26辛卯8	27壬戌⑧
28戊辰19	28戊戌21	28丁卯19	28丁酉19	28丁卯18	28丙申17	28丙寅16	28乙未⑭	28乙丑14	28乙未13	28甲子12	27壬辰9	28癸亥9
29己巳20	29己亥22	29戊辰⑳	29戊戌20	29戊辰19	29丁酉18	29丁卯⑰	**29**丙申15	**29**丙寅15	29丙申14	29乙丑13	28癸巳10	29甲子10
30庚午21		30己巳21	30己亥21		30戊戌19		30丁酉16	30丁卯16			29甲午⑪	
											30乙未12	
立春8日 雨水23日	啓蟄8日 春分23日	清明9日 穀雨25日	立夏10日 小満25日	芒種10日 夏至25日	小暑12日 大暑27日	立秋12日 処暑27日	白露14日 秋分29日	寒露14日 霜降29日	立冬14日	小雪1日 大雪16日	冬至2日 小寒17日	大寒3日 立春18日

文永 8 年（1271－1272） 辛未

1月	2月	3月	4月	5月	6月	7月	8月	9月	10月	11月	12月
1 乙丑11	1 乙未13	1 甲子11	1 甲午11	1 癸亥 9	1 癸巳 9	1 壬戌 7	1 壬辰⑥	1 壬戌 6	1 辛卯 4	1 辛酉 4	1 辛卯③
2 丙寅12	2 丙申14	2 乙丑⑫	2 乙未12	2 甲子10	2 甲午10	2 癸亥 8	2 癸巳 7	2 癸亥 7	2 壬辰 5	2 壬戌 5	2 壬辰 4
3 丁卯13	3 丁酉⑮	3 丙寅13	3 丙申13	3 乙丑11	3 乙未11	3 甲子⑨	3 甲午 8	3 甲子 8	3 癸巳 6	3 癸亥⑥	3 癸巳 5
4 戊辰14	**4** 戊戌16	4 丁卯14	4 丁酉14	4 丙寅12	4 丙申⑫	4 乙丑10	4 乙未 9	4 乙丑 9	4 甲午 7	4 甲子 7	4 甲午 6
5 己巳⑮	5 己亥17	5 戊辰15	5 戊戌15	5 丁卯13	5 丁酉13	5 丙寅11	5 丙申10	5 丙寅10	5 乙未⑧	5 乙丑 8	5 乙未 7
6 庚午16	6 庚子18	**6** 己巳16	**6** 己亥16	6 戊辰⑭	6 戊戌14	6 丁卯12	6 丁酉11	6 丁卯⑪	6 丙申 9	6 丙寅 9	6 丙申 8
7 辛未17	7 辛丑19	7 庚午17	7 庚子⑰	7 己巳15	7 己亥15	7 戊辰13	7 戊戌12	7 戊辰12	7 丁酉10	7 丁卯10	7 丁酉 9
8 壬申18	8 壬寅20	8 辛未18	8 辛丑18	**8** 庚午16	**8** 庚子16	8 己巳14	8 己亥⑬	8 己巳13	8 戊戌11	8 戊辰11	8 戊戌⑩
9 癸酉19	9 癸卯21	9 壬申⑲	9 壬寅19	9 辛未17	9 辛丑17	9 庚午15	9 庚子14	9 庚午14	9 己亥12	9 己巳12	9 己亥11
10甲戌20	10甲辰㉒	10癸酉20	10癸卯20	10壬申18	10壬寅18	**10**辛未⑯	**10**辛丑15	**10**辛未15	10庚子13	10庚午⑬	10庚子12
11乙亥21	11乙巳23	11甲戌21	11甲辰21	11癸酉19	11癸卯⑲	11壬申17	11壬寅16	11壬申16	11辛丑14	11辛未14	11辛丑13
12丙子㉒	12丙午24	12乙亥22	12乙巳22	12甲戌20	12甲辰20	12癸酉18	12癸卯17	12癸酉17	**12**壬寅⑮	**12**壬申15	12壬寅14
13丁丑23	13丁未25	13丙子23	13丙午23	13乙亥㉑	13乙巳21	13甲戌19	13甲辰18	13甲戌⑱	13癸卯16	13癸酉16	**13**癸卯15
14戊寅24	14戊申26	14丁丑24	14丁未㉔	14丙子22	14丙午22	14乙亥20	14乙巳19	14乙亥19	14甲辰17	14甲戌17	14甲辰16
15己卯25	15己酉27	15戊寅25	15戊申25	15丁丑23	15丁未23	15丙子21	15丙午⑳	15丙子20	15乙巳18	15乙亥18	15乙巳⑰
16庚辰26	16庚戌28	16己卯㉖	16己酉26	16戊寅24	16戊申24	16丁丑22	16丁未21	16丁丑21	16丙午19	16丙子19	16丙午18
17辛巳27	17辛亥㉙	17庚辰27	17庚戌27	17己卯25	17己酉25	17戊寅㉓	17戊申22	17戊寅22	17丁未20	17丁丑⑳	17丁未19
18壬午28	18壬子30	18辛巳28	18辛亥28	18庚辰26	18庚戌㉖	18己卯24	18己酉23	18己卯23	18戊申21	18戊寅21	18戊申20
《3月》	19癸丑31	19壬午29	19壬子29	19辛巳27	19辛亥27	19庚辰25	19庚戌24	19庚辰24	19己酉㉒	19己卯22	19己酉21
19癸未①	《4月》	20癸未30	20癸丑30	20壬午㉘	20壬子28	20辛巳26	20辛亥25	20辛巳㉕	20庚戌23	20庚辰23	20庚戌22
20甲申 2	**20**甲寅 1	《5月》	21甲寅㉛	21癸未29	21癸丑29	21壬午27	21壬子26	21壬午26	21辛亥24	21辛巳24	21辛亥23
21乙酉 3	21乙卯 2	**21**甲申 1	《6月》	22甲申30	22甲寅30	22癸未28	22癸丑㉗	22癸未27	22壬子25	22壬午25	22壬子㉔
22丙戌 4	22丙辰 3	22乙酉 2	**22**乙卯 1	《7月》	**23**乙卯31	23甲申29	23甲寅28	23甲申28	23癸丑26	23癸未26	23癸丑25
23丁亥 5	23丁巳 4	23丙戌③	23丙辰 2	**23**乙酉 1	《8月》	24乙酉㉚	24乙卯29	24乙酉29	24甲寅27	24甲申㉗	24甲寅26
24戊子 6	24戊午⑤	24丁亥 4	24丁巳 3	24丙戌 2	24丙辰 1	**25**丙戌31	**25**丙辰30	25丙戌30	25乙卯28	25乙酉28	25乙卯27
25己丑 7	25己未 6	25戊子 5	25戊午 4	25丁亥 3	25丁巳②	《9月》	《10月》	**26**丁亥31	26丙辰㉙	26丙戌29	26丙辰28
26庚寅⑧	26庚申 7	26己丑 6	26己未 5	26戊子 4	26戊午 3	26丁亥 1	26丁巳 1	《11月》	**27**丁巳30	27丁亥30	27丁巳29
27辛卯 9	27辛酉 8	27庚寅 7	27庚申 6	27己丑⑤	27己未 4	27戊子 2	27戊午 2	27戊子①	《12月》	**28**戊子31	**28**戊午30
28壬辰10	28壬戌 9	28辛卯 8	28辛酉⑦	28庚寅 6	28庚申 5	28己丑 3	28己未 3	28己丑 2	28戊午 1	**1272 年**	29己未㉛
29癸巳11	29癸亥10	29壬辰 9	29壬戌 8	29辛卯 7	29辛酉 6	29庚寅 4	29庚申④	29庚寅 3	29己未 2	《1月》	
30甲午12		30癸巳⑩		30壬辰 8		30辛卯 5	30辛酉 5		30庚申 3	29己丑 1	
										30庚寅 2	
雨水 4日	春分 4日	穀雨 6日	小満 6日	夏至 8日	大暑 8日	処暑 10日	秋分 10日	霜降 10日	小雪 12日	冬至 12日	大寒 13日
啓蟄 19日	清明 20日	立夏 21日	芒種 22日	小暑 23日	立秋 23日	白露 25日	寒露 25日	立冬 26日	大雪 27日	小寒 28日	立春 28日

文永 9 年（1272－1273） 壬申

1月	2月	3月	4月	5月	6月	7月	8月	9月	10月	11月	12月
《2月》	《3月》	1 己未31	1 戊子29	1 戊午㉙	1 丁亥27	1 丁巳27	1 丙戌25	1 丙辰24	1 丙戌24	1 乙卯22	1 乙酉22
1 庚申 1	1 己丑 1	《4月》	**2** 己丑30	2 己未30	2 戊子28	2 戊午28	2 丁亥26	2 丁巳㉕	2 丁亥25	2 丙辰23	2 丙戌23
2 辛酉 2	2 庚寅 2	2 庚申 1	《5月》	**3** 庚申31	3 己丑29	3 己未29	3 戊子27	3 戊午26	3 戊子26	3 丁巳24	3 丁亥24
3 壬戌 3	3 辛卯 3	3 辛酉 2	3 庚寅①	《6月》	**4** 庚寅30	4 庚申30	4 己丑㉘	4 己未27	4 己丑27	4 戊午25	4 戊子㉕
4 癸亥 4	4 壬辰 4	4 壬戌③	4 辛卯 2	4 辛酉 1	《7月》	**5** 辛酉㉛	5 庚寅29	5 庚申28	5 庚寅28	5 己未26	5 己丑26
5 甲子 5	5 癸巳 5	5 癸亥 4	5 壬辰 3	5 壬戌 2	5 辛卯 1	《8月》	**6** 辛卯30	6 辛酉29	6 辛卯29	6 庚申㉗	6 庚寅27
6 乙丑 6	6 甲午⑥	6 甲子 5	6 癸巳 4	6 癸亥 3	6 壬辰 2	6 壬戌 1	7 壬辰31	**7** 壬戌30	**7** 壬辰㉚	7 辛酉28	7 辛卯28
7 丙寅⑦	7 乙未 7	7 乙丑 6	7 甲午 5	7 甲子 4	7 癸巳③	7 癸亥 2	《9月》	《10月》	8 癸巳31	**8** 壬戌29	8 壬辰29
8 丁卯 8	8 丙申 8	8 丙寅 7	8 乙未 6	8 乙丑⑤	8 甲午 4	8 甲子 3	8 癸巳 1	8 癸亥 1	《11月》	9 癸亥30	**9** 癸巳30
9 戊辰 9	9 丁酉 9	9 丁卯 8	9 丙申 7	9 丙寅 6	9 乙未 5	9 乙丑 4	9 甲午 2	9 甲子②	9 甲午 1	《12月》	10甲午31
10己巳10	10戊戌10	10戊辰 9	10丁酉⑧	10丁卯 7	10丙申 6	10丙寅 5	10乙未 3	10乙丑 3	10乙未 2	10甲子 1	**1273 年**
11庚午11	11己亥11	11己巳⑩	11戊戌 9	11戊辰 8	11丁酉 7	11丁卯 6	11丙申④	11丙寅 4	11丙申 3	11乙丑 2	《1月》
12辛未12	12庚子12	12庚午11	12己亥10	12己巳 9	12戊戌 8	12戊辰⑦	12丁酉 5	12丁卯 5	12丁酉 4	12丙寅 3	11乙未①
13壬申13	13辛丑⑬	13辛未12	13庚子11	13庚午10	13己亥 9	13己巳 8	13戊戌 6	13戊辰 6	13戊戌 5	13丁卯④	12丙申 2
14癸酉⑭	14壬寅14	14壬申13	14辛丑12	14辛未11	14庚子⑩	14庚午 9	14己亥 7	14己巳 7	14己亥⑥	14戊辰 5	13丁酉 3
15甲戌15	15癸卯15	15癸酉14	15壬寅13	15壬申⑫	15辛丑11	15辛未10	15庚子 8	15庚午 8	15庚子 7	15己巳 6	14戊戌 4
16乙亥16	**16**甲辰16	**16**甲戌15	16癸卯14	16癸酉13	16壬寅12	16壬申11	16辛丑 9	16辛未⑨	16辛丑 8	16庚午 7	15己亥 5
17丙子17	17乙巳17	17乙亥16	17甲辰⑮	17甲戌14	17癸卯13	17癸酉12	17壬寅10	17壬申10	17壬寅 9	17辛未 8	16庚子 6
18丁丑18	18丙午18	18丙子⑰	**18**乙巳16	**18**乙亥15	18甲辰14	18甲戌13	18癸卯⑪	18癸酉11	18癸卯10	18壬申 9	17辛丑 7
19戊寅19	19丁未19	19丁丑18	19丙午17	19丙子16	**19**乙巳15	19乙亥⑭	19甲辰12	19甲戌12	19甲辰11	19癸酉10	18壬寅⑧
20己卯20	20戊申⑳	20戊寅19	20丁未18	20丁丑17	20丙午16	**20**丙子15	20乙巳13	20乙亥13	20乙巳12	20甲戌⑪	19癸卯 9
21庚辰㉑	21己酉21	21己卯20	21戊申19	21戊寅18	21丁未⑰	21丁丑16	**21** 丙午14	21丙子14	21丙午⑬	21乙亥12	20甲辰10
22辛巳22	22庚戌22	22庚辰21	22己酉20	22己卯⑲	22戊申18	22戊寅17	22丁未15	**22**丁丑15	**22**丁未14	22丙子13	21乙巳11
23壬午23	23辛亥23	23辛巳22	23庚戌21	23庚辰20	23己酉19	23己卯18	23戊申16	23戊寅⑯	23戊申15	23丁丑14	22丙午12
24癸未24	24壬子24	24壬午23	24辛亥㉒	24辛巳21	24庚戌20	24庚辰19	24己酉17	24己卯17	24己酉16	**24**戊寅15	23丁未13
25甲申25	25癸丑25	25癸未㉔	25壬子23	25壬午22	25辛亥21	25辛巳20	25庚戌⑱	25庚辰18	25庚戌17	25己卯16	**24**戊申14
26乙酉26	26甲寅26	26甲申25	26癸丑24	26癸未23	26壬子22	26壬午㉑	26辛亥19	26辛巳19	26辛亥18	26庚辰17	25己酉⑮
27丙戌27	27乙卯㉗	27乙酉26	27甲寅25	27甲申24	27癸丑23	27癸未22	27壬子20	27壬午20	27壬子19	27辛巳⑱	26庚戌16
28丁亥㉘	28丙辰28	28丙戌27	28乙卯26	28乙酉25	28甲寅㉔	28甲申23	28癸丑21	28癸未21	28癸丑⑳	28壬午19	27辛亥17
29戊子29	29丁巳29	29丁亥28	29丙辰27	29丙戌㉖	29乙卯25	29乙酉24	29甲寅22	29甲申22	29甲寅21	29癸未20	28壬子18
	30戊午30		30丁巳28		30丙辰26		30乙卯23	30乙酉㉓		30甲申21	29癸丑19
											30甲寅20
雨水 14日	春分 16日	清明 1日	立夏 2日	芒種 3日	小暑 4日	立秋 5日	白露 6日	寒露 7日	立冬 7日	大雪 8日	小寒 9日
啓蟄 29日		穀雨 16日	小満 18日	夏至 18日	大暑 19日	処暑 20日	秋分 21日	霜降 22日	小雪 22日	冬至 24日	大寒 24日

文永10年（1273－1274） 癸酉

1月	2月	3月	4月	5月	閏5月	6月	7月	8月	9月	10月	11月	12月
1 乙卯21	1 甲申⑲	1 甲寅21	1 癸未19	1 壬子18	1 辛巳16	1 辛亥⑯	1 庚辰14	1 庚戌13	1 庚辰13	1 己酉11	1 己卯11	1 己酉10
2 丙辰㉒	2 乙酉20	2 乙卯22	2 甲申20	2 癸丑19	2 壬午17	2 壬子17	2 辛巳15	2 辛亥14	2 辛巳14	2 庚戌⑫	2 庚辰12	2 庚戌11
3 丁巳23	3 丙戌21	3 丙辰23	3 乙酉21	3 甲寅20	3 癸未⑱	3 癸丑18	3 壬午16	3 壬子15	3 壬午⑮	3 辛亥13	3 辛巳13	3 辛亥12
4 戊午24	4 丁亥22	4 丁巳24	4 丙戌22	4 乙卯㉑	4 甲申19	4 甲寅19	4 癸未17	4 癸丑16	4 癸未16	4 壬子14	4 壬午14	4 壬子13
5 己未25	5 戊子23	5 戊午25	5 丁亥㉓	5 丙辰22	5 乙酉20	5 乙卯20	5 甲申18	5 甲寅⑰	5 甲申17	5 癸丑15	5 癸未15	5 癸丑⑭
6 庚申26	6 己丑24	6 己未㉖	6 戊子24	6 丁巳23	6 丙戌21	6 丙辰21	6 乙酉19	6 乙卯18	6 乙酉18	6 甲寅16	6 甲申16	6 甲寅15
7 辛酉27	7 庚寅25	7 庚申27	7 己丑25	7 戊午24	7 丁亥22	7 丁巳22	7 丙戌⑳	7 丙辰19	7 丙戌19	7 乙卯17	7 乙酉⑰	7 乙卯16
8 壬戌28	8 辛卯㉖	8 辛酉28	8 庚寅26	8 己未25	8 戊子23	8 戊午㉓	8 丁亥21	8 丁巳20	8 丁亥20	8 丙辰18	8 丙戌18	8 丙辰17
9 癸亥㉙	9 壬辰27	9 壬戌29	9 辛卯27	9 庚申26	9 己丑24	9 己未24	9 戊子22	9 戊午21	9 戊子21	9 丁巳⑲	9 丁亥19	9 丁巳18
10甲子30	10癸巳28	10癸亥30	10壬辰28	10辛酉27	10庚寅㉕	10庚申25	10己丑23	10己未22	10己丑㉒	10戊午20	10戊子20	10戊午19
11乙丑31	《3月》	11甲子31	11癸巳29	11壬戌㉘	11辛卯26	11辛酉26	11庚寅24	11庚申23	11庚寅23	11己未21	11己丑21	11己未20
《2月》	11甲午 1	《4月》	12甲午㉚	12癸亥29	12壬辰27	12壬戌27	12辛卯25	12辛酉㉔	12辛卯24	12庚申22	12庚寅22	12庚申㉑
12丙寅 1	12乙未 2	12乙丑 1	《5月》	13甲子30	13癸巳28	13癸亥28	13壬辰26	13壬戌25	13壬辰25	13辛酉23	13辛卯23	13辛酉22
13丁卯 2	13丙申 3	13丙寅②	13乙未 1	14乙丑31	14甲午29	14甲子29	14癸巳㉗	14癸亥26	14癸巳26	14壬戌24	14壬辰㉔	14壬戌23
14戊辰 3	14丁酉 4	14丁卯 3	14丙申 2	《6月》	15乙未30	15乙丑㉚	15甲午28	15甲子27	15甲午27	15癸亥25	15癸巳25	15癸亥24
15己巳 4	15戊戌⑤	15戊辰 4	15丁酉 3	15丙寅 1	《7月》	16丙寅31	16乙未29	16乙丑28	16乙未28	16甲子㉖	16甲午26	16甲子25
16庚午⑤	16己亥 6	16己巳 5	16戊戌 4	16丁卯 2	16丙申 1	《8月》	17丙申30	17丙寅29	17丙申㉙	17乙丑27	17乙未27	17乙丑26
17辛未 6	17庚子 7	17庚午 6	17己亥 5	17戊辰 3	17丁酉②	17丁卯 1	18丁酉31	18丁卯30	18丁酉30	18丙寅28	18丙申28	18丙寅27
18壬申 7	18辛丑 8	18辛未 7	18庚子 6	18己巳④	18戊戌 3	18戊辰 2	《9月》	《10月》	19戊戌31	19丁卯29	19丁酉29	19丁卯㉘
19癸酉 8	19壬寅 9	19壬申 8	19辛丑⑦	19庚午 5	19己亥 4	19己巳 3	19戊戌 1	19戊辰①	《11月》	20戊辰30	20戊戌30	20戊辰29
20甲戌 9	20癸卯10	20癸酉⑨	20壬寅 8	20辛未 6	20庚子 5	20庚午 4	20己亥 2	20己巳 2	20己亥 1	《12月》	21己亥㉛	21己巳30
21乙亥10	21甲辰11	21甲戌10	21癸卯 9	21壬申 7	21辛丑 6	21辛未 5	21庚子③	21庚午 3	21庚子 2	21己巳 1	1274年	22庚午31
22丙子11	22乙巳⑫	22乙亥11	22甲辰10	22癸酉 8	22壬寅 7	22壬申⑥	22辛丑 4	22辛未 4	22辛丑 3	22庚午 2	《1月》	《2月》
23丁丑⑫	23丙午13	23丙子12	23乙巳11	23甲戌 9	23癸卯 8	23癸酉 7	23壬寅 5	23壬申 5	23壬寅 4	23辛未③	22庚子 1	23辛未 1
24戊寅13	24丁未14	24丁丑13	24丙午12	24乙亥10	24甲辰⑨	24甲戌 8	24癸卯 6	24癸酉 6	24癸卯⑤	24壬申 4	23辛丑 2	24壬申 2
25己卯14	25戊申15	25戊寅14	25丁未13	25丙子⑪	25乙巳10	25乙亥 9	25甲辰 7	25甲戌 7	25甲辰 6	25癸酉 5	24壬寅 3	25癸酉 3
26庚辰15	26己酉16	26己卯15	26戊申⑭	26丁丑12	26丙午11	26丙子10	26乙巳 8	26乙亥⑧	26乙巳 7	26甲戌 6	25癸卯 4	26甲戌④
27辛巳16	27庚戌17	27庚辰⑯	27己酉15	27戊寅13	27丁未12	27丁丑11	27丙午 9	27丙子 9	27丙午 8	27乙亥 7	26甲辰 5	27乙亥 5
28壬午17	28辛亥18	28辛巳17	28庚戌16	28己卯14	28戊申13	28戊寅12	28丁未⑩	28丁丑10	28丁未 9	28丙子 8	27乙巳 6	28丙子 6
29癸未18	29壬子⑲	29壬午18	29辛亥17	29庚辰15	29己酉14	29己卯⑬	29戊申11	29戊寅11	29戊申10	29丁丑 9	28丙午⑦	29丁丑 7
	30癸丑20				30庚戌15		30己酉12	30己卯12		30戊寅⑩	29丁未 8	30戊寅 8
											30戊申 9	
立春 9日 雨水 24日	啓蟄 11日 春分 26日	清明 11日 穀雨 26日	立夏 13日 小満 28日	芒種 14日 夏至 29日	小暑15日	大暑 1日 立秋 16日	処暑 2日 白露 17日	秋分 3日 寒露 18日	霜降 3日 立冬 18日	小雪 4日 大雪 20日	冬至 5日 小寒 20日	大寒 5日 立春 20日

文永11年（1274－1275） 甲戌

1月	2月	3月	4月	5月	6月	7月	8月	9月	10月	11月	12月
1 己卯 9	1 戊申10	1 戊寅 9	1 丁未 8	1 丙子 6	1 乙巳 5	1 乙亥 4	1 甲辰②	1 甲戌 2	1 癸卯31	1 癸酉30	1 癸卯㉚
2 庚辰10	2 己酉⑪	2 己卯10	2 戊申 9	2 丁丑 7	2 丙午 6	2 丙子⑤	2 乙巳 3	2 乙亥 3	《11月》	《12月》	2 甲辰31
3 辛巳⑪	3 庚戌12	3 庚辰11	3 己酉10	3 戊寅 8	3 丁未 7	3 丁丑 6	3 丙午 4	3 丙子 4	2 甲辰 1	2 甲戌 1	1275年
4 壬午12	4 辛亥13	4 辛巳12	4 庚戌11	4 己卯 9	4 戊申⑧	4 戊寅 7	4 丁未 5	4 丁丑 5	3 乙巳 2	3 乙亥②	《1月》
5 癸未13	5 壬子14	5 壬午13	5 辛亥12	5 庚辰⑩	5 己酉 9	5 己卯 8	5 戊申 6	5 戊寅 6	4 丙午 3	4 丙子 3	3 乙巳 1
6 甲申14	6 癸丑15	6 癸未14	6 壬子⑬	6 辛巳11	6 庚戌10	6 庚辰 9	6 己酉 7	6 己卯⑦	5 丁未④	5 丁丑 4	4 丙午 2
7 乙酉15	7 甲寅16	7 甲申⑮	7 癸丑14	7 壬午12	7 辛亥11	7 辛巳10	7 庚戌 8	7 庚辰 8	6 戊申 5	6 戊寅 5	5 丁未 3
8 丙戌16	8 乙卯17	8 乙酉16	8 甲寅15	8 癸未13	8 壬子12	8 壬午11	8 辛亥⑨	8 辛巳 9	7 己酉 6	7 己卯 6	6 戊申 4
9 丁亥17	9 丙辰⑱	9 丙戌17	9 乙卯16	9 甲申14	9 癸丑13	9 癸未⑫	9 壬子10	9 壬午10	8 庚戌 7	8 庚辰 7	7 己酉 5
10戊子⑱	10丁巳19	10丁亥18	10丙辰17	10乙酉15	10甲寅14	10甲申13	10癸丑11	10癸未11	9 辛亥 8	9 辛巳 8	8 庚戌⑥
11己丑19	11戊午20	11戊子19	11丁巳18	11丙戌16	11乙卯⑮	11乙酉14	11甲寅12	11甲申12	10壬子 9	10壬午⑨	9 辛亥 7
12庚寅20	12己未21	12己丑20	12戊午19	12丁亥⑰	12丙辰16	12丙戌15	12乙卯13	12乙酉13	11癸丑10	11癸未10	10壬子 8
13辛卯21	13庚申22	13庚寅21	13己未⑳	13戊子18	13丁巳17	13丁亥16	13丙辰14	13丙戌⑭	12甲寅⑪	12甲申11	11癸丑 9
14壬辰22	14辛酉23	14辛卯㉒	14庚申21	14己丑19	14戊午18	14戊子17	14丁巳15	14丁亥15	13乙卯12	13乙酉12	12甲寅10
15癸巳23	15壬戌24	15壬辰23	15辛酉22	15庚寅20	15己未19	15己丑18	15戊午⑯	15戊子16	14丙辰13	14丙戌13	13乙卯11
16甲午24	16癸亥㉕	16癸巳24	16壬戌23	16辛卯21	16庚申20	16庚寅⑲	16己未17	16己丑17	15丁巳14	15丁亥14	14丙辰12
17乙未㉕	17甲子26	17甲午25	17癸亥24	17壬辰22	17辛酉21	17辛卯20	17庚申18	17庚寅18	16戊午15	16戊子15	15丁巳⑬
18丙申26	18乙丑27	18乙未26	18甲子25	18癸巳23	18壬戌㉒	18壬辰21	18辛酉19	18辛卯19	17己未16	17己丑⑯	16戊午14
19丁酉27	19丙寅28	19丙申27	19乙丑26	19甲午㉔	19癸亥23	19癸巳22	19壬戌20	19壬辰20	18庚申17	18庚寅17	17己未15
20戊戌28	20丁卯29	20丁酉28	20丙寅㉗	20乙未25	20甲子24	20甲午23	20癸亥21	20癸巳㉑	19辛酉⑱	19辛卯18	18庚申16
《3月》	21戊辰30	21戊戌㉙	21丁卯28	21丙申26	21乙丑25	21乙未24	21甲子22	21甲午22	20壬戌19	20壬辰19	19辛酉17
21己亥 1	22己巳31	22己亥30	22戊辰29	22丁酉27	22丙寅26	22丙申25	22乙丑㉓	22乙未23	21癸亥20	21癸巳20	20壬戌18
22庚子 2	《4月》	《5月》	23己巳30	23戊戌28	23丁卯27	23丁酉㉖	23丙寅24	23丙申24	22甲子21	22甲午21	21癸亥19
23辛丑 3	23庚午①	23庚子 1	24庚午31	24己亥29	24戊辰28	24戊戌27	24丁卯25	24丁酉25	23乙丑22	23乙未22	22甲子⑳
24壬寅④	24辛未 2	24辛丑 2	《6月》	25庚子30	25己巳㉙	25己亥28	25戊辰26	25戊戌26	24丙寅23	24丙申㉓	23乙丑21
25癸卯 5	25壬申 3	25壬寅 3	25辛未 1	《7月》	26庚午30	26庚子29	26己巳27	26己亥27	25丁卯24	25丁酉24	24丙寅22
26甲辰 6	26癸酉 4	26癸卯 4	26壬申 2	26辛丑①	27辛未31	27辛丑30	27庚午28	27庚子㉘	26戊辰㉕	26戊戌25	25丁卯23
27乙巳 7	27甲戌 5	27甲辰 5	27癸酉③	27壬寅 2	《8月》	28壬寅31	28辛未29	28辛丑29	27己巳26	27己亥26	26戊辰24
28丙午 8	28乙亥 6	28乙巳⑥	28甲戌 4	28癸卯 3	28壬申 1	《9月》	29壬申㉚	29壬寅30	28庚午27	28庚子27	27己巳25
29丁未 9	29丙子 7	29丙午 7	29乙亥 5	29甲辰 4	29癸酉 2	29癸卯 1	《10月》		29辛未28	29辛丑28	28庚午26
	30丁丑⑧				30甲戌 3		30癸酉 1		30壬申29	30壬寅29	29辛未㉗
											30壬申28
雨水 6日 啓蟄 21日	春分 7日 清明 22日	穀雨 8日 立夏 23日	小満 9日 芒種 24日	夏至 10日 小暑 26日	大暑 12日 立秋 27日	処暑 12日 白露 28日	秋分 14日 寒露 29日	霜降 14日 立冬 29日	小雪 16日	大雪 1日 冬至 16日	小寒 1日 大寒 17日

建治元年〔文永 12 年〕（1275－1276） 乙亥

改元 4/25（文永→建治）

1月	2月	3月	4月	5月	6月	7月	8月	9月	10月	11月	12月
1 癸酉29	1 壬寅27	1 壬申29	1 壬寅㉘	1 辛未27	1 庚子25	1 己巳24	1 己亥23	1 戊辰21	1 戊戌21	1 丁卯19	1 丁酉19
2 甲戌30	2 癸卯28	2 癸酉30	2 癸卯29	2 壬申28	2 辛丑26	2 庚午25	2 庚子24	2 己巳㉒	2 己亥22	2 戊辰20	2 戊戌20
3 乙亥31	《3月》	3 甲戌㉛	3 甲辰30	3 癸酉29	3 壬寅27	3 辛未26	3 辛丑㉕	3 庚午23	3 庚子23	3 己巳21	3 己亥21
《2月》	**3** 甲辰 1	《4月》	《5月》	4 甲戌30	4 癸卯28	4 壬申27	4 壬寅26	4 辛未24	4 辛丑24	4 庚午22	4 庚子㉒
4 丙子 1	4 乙巳 2	**4** 乙亥 1	**4** 乙巳 1	**5** 乙亥31	5 甲辰29	5 癸酉㉘	5 癸卯27	5 壬申25	5 壬寅25	5 辛未23	5 辛丑23
5 丁丑 2	5 丙午③	5 丙子 2	5 丙午 2	《6月》	6 乙巳㉚	6 甲戌29	6 甲辰28	6 癸酉26	6 癸卯26	6 壬申㉔	6 壬寅24
6 戊寅③	6 丁未 4	6 丁丑 3	6 丁未 3	6 丙子 1	《7月》	7 乙亥30	7 乙巳29	7 甲戌27	7 甲辰㉗	7 癸酉25	7 癸卯25
7 己卯 4	7 戊申 5	7 戊寅 4	7 戊申 4	7 丁丑②	**7** 丙午 1	**8** 丙子31	8 丙午30	8 乙亥28	8 乙巳28	8 甲戌26	8 甲辰26
8 庚辰 5	8 己酉 6	8 己卯 5	8 己酉⑤	8 戊寅 3	8 丁未 2	《8月》	**9** 丁未31	9 丙子㉙	9 丙午29	9 乙亥27	9 乙巳27
9 辛巳 6	9 庚戌 7	9 庚辰 6	9 庚戌 6	9 己卯 4	9 戊申 3	9 丁丑 1	《9月》	**10** 丁丑30	10 丁未30	10 丙子28	10 丙午28
10 壬午 7	10 辛亥 8	10 辛巳⑦	10 辛亥 7	10 庚辰 5	10 己酉 4	10 戊寅 2	10 戊申①	《10月》	**11** 戊申31	11 丁丑29	11 丁未㉙
11 癸未 8	11 壬子 9	11 壬午 8	11 壬子 8	11 辛巳 6	11 庚戌 5	11 己卯 3	11 己酉 2	11 戊寅 1	《11月》	**12** 戊寅30	12 戊申30
12 甲申 9	12 癸丑⑩	12 癸未 9	12 癸丑 9	12 壬午 7	12 辛亥 6	12 庚辰④	12 庚戌 3	12 己卯 2	12 己酉 1	《12月》	**13** 己酉31
13 乙酉⑩	13 甲寅11	13 甲申10	13 甲寅10	13 癸未 8	13 壬子⑦	13 辛巳 5	13 辛亥 4	13 庚辰 3	13 庚戌 2	13 己卯①	**1276 年**
14 丙戌11	14 乙卯12	14 乙酉11	14 乙卯11	14 甲申⑨	14 癸丑 8	14 壬午 6	14 壬子 5	14 辛巳 4	14 辛亥③	14 庚辰 2	《1月》
15 丁亥12	15 丙辰13	15 丙戌12	15 丙辰⑫	15 乙酉10	15 甲寅 9	15 癸未 7	15 癸丑 6	15 壬午 5	15 壬子 4	15 辛巳 3	14 庚戌 1
16 戊子13	16 丁巳14	16 丁亥13	16 丁巳13	16 丙戌11	16 乙卯10	16 甲申 8	16 甲寅 7	16 癸未⑥	16 癸丑 5	16 壬午 4	15 辛亥 2
17 己丑14	17 戊午15	17 戊子⑭	17 戊午14	17 丁亥12	17 丙辰11	17 乙酉 9	17 乙卯⑧	17 甲申 7	17 甲寅 6	17 癸未 5	16 壬子 3
18 庚寅15	**18** 己未16	18 己丑15	18 己未15	18 戊子13	18 丁巳12	18 丙戌10	18 丙辰 9	18 乙酉 8	18 乙卯 7	18 甲申 6	17 癸丑 4
19 辛卯16	19 庚申⑰	**19** 庚寅16	**19** 庚申16	19 己丑14	19 戊午13	19 丁亥⑪	19 丁巳10	19 丙戌 9	19 丙辰 8	19 乙酉 7	18 甲寅⑤
20 壬辰⑰	20 辛酉18	20 辛卯17	20 辛酉17	20 庚寅15	20 己未⑭	20 戊子12	20 戊午11	20 丁亥10	20 丁巳 9	20 丙戌⑧	19 乙卯 6
21 癸巳18	21 壬戌19	21 壬辰18	21 壬戌18	**21** 辛卯⑯	21 庚申15	21 己丑13	21 己未12	21 戊子11	21 戊午⑩	21 丁亥 9	20 丙辰 7
22 甲午19	22 癸亥20	22 癸巳19	22 癸亥⑲	22 壬辰17	**22** 辛酉16	22 庚寅14	22 庚申13	22 己丑12	22 己未11	22 戊子10	21 丁巳 8
23 乙未20	23 甲子21	23 甲午20	23 甲子20	23 癸巳18	23 壬戌17	23 辛卯15	23 辛酉14	23 庚寅⑬	23 庚申12	23 己丑11	22 戊午 9
24 丙申21	24 乙丑22	24 乙未㉑	24 乙丑21	24 甲午19	24 癸亥18	**24** 壬辰16	**24** 壬戌⑮	24 辛卯14	24 辛酉13	24 庚寅12	23 己未10
25 丁酉22	25 丙寅23	25 丙申22	25 丙寅22	25 乙未20	25 甲子19	25 癸巳17	25 癸亥16	**25** 壬辰15	25 壬戌14	25 辛卯13	24 庚申11
26 戊戌23	26 丁卯㉔	26 丁酉23	26 丁卯23	26 丙申21	26 乙丑20	26 甲午⑱	26 甲子17	26 癸巳16	**26** 癸亥15	26 壬辰14	25 辛酉⑫
27 己亥㉔	27 戊辰25	27 戊戌24	27 戊辰24	27 丁酉22	27 丙寅㉑	27 乙未19	27 乙丑18	27 甲午17	27 甲子16	**27** 癸巳⑮	26 壬戌13
28 庚子25	28 己巳26	28 己亥25	28 己巳25	28 戊戌㉓	28 丁卯22	28 丙申20	28 丙寅19	28 乙未18	28 乙丑⑰	28 甲午16	27 癸亥14
29 辛丑26	29 庚午27	29 庚子26	29 庚午㉖	29 己亥24	29 戊辰23	29 丁酉21	29 丁卯20	29 丙申19	29 丙寅18	29 乙未17	**28** 甲子15
	30 辛未28	30 辛丑27				30 戊戌22		30 丁酉⑳		30 丙申18	29 乙丑16
											30 丙寅17
立春 2日 雨水 17日	啓蟄 3日 春分 18日	清明 4日 穀雨 19日	立夏 4日 小満 19日	芒種 5日 夏至 21日	小暑 7日 大暑 22日	立秋 8日 処暑 24日	白露 9日 秋分 24日	寒露 10日 霜降 25日	立冬 11日 小雪 26日	大雪 12日 冬至 27日	小寒 13日 大寒 28日

建治 2 年（1276－1277） 丙子

1月	2月	3月	閏3月	4月	5月	6月	7月	8月	9月	10月	11月	12月
1 丁卯18	1 丁酉17	1 丙寅17	1 丙申16	1 乙丑15	1 乙未⑭	1 甲子13	1 癸巳11	1 癸亥10	1 壬辰 9	1 壬戌⑧	1 辛卯 7	1 辛酉 6
2 戊辰⑲	2 戊戌18	2 丁卯18	2 丁酉17	**2** 丙寅16	**2** 丙申15	2 乙丑14	2 甲午12	2 甲子11	2 癸巳10	2 癸亥 9	2 壬辰 8	2 壬戌 7
3 己巳20	3 己亥19	3 戊辰19	3 戊戌18	3 丁卯⑰	3 丁酉16	**3** 丙寅15	3 乙未13	3 乙丑12	3 甲午⑪	3 甲子10	3 癸巳 9	3 癸亥 8
4 庚午21	4 庚子20	4 己巳20	4 己亥⑲	4 戊辰18	4 戊戌17	4 丁卯16	4 丙申14	4 丙寅⑬	4 乙未12	4 乙丑11	4 甲午10	4 甲子 9
5 辛未22	5 辛丑21	5 庚午21	5 庚子20	5 己巳19	5 己亥18	5 戊辰17	**5** 丁酉15	**5** 丁卯14	5 丙申13	5 丙寅12	5 乙未11	5 乙丑⑩
6 壬申23	6 壬寅22	6 辛未㉒	6 辛丑21	6 庚午20	6 庚子19	6 己巳18	6 戊戌⑯	6 戊辰15	6 丁酉14	6 丁卯13	6 丙申12	6 丙寅11
7 癸酉24	7 癸卯㉓	7 壬申23	7 壬寅22	7 辛未21	7 辛丑20	7 庚午⑲	7 己亥17	7 己巳16	**7** 戊戌15	**7** 戊辰14	7 丁酉⑬	7 丁卯12
8 甲戌25	8 甲辰24	8 癸酉24	8 癸卯23	8 壬申22	8 壬寅㉑	8 辛未20	8 庚子18	8 庚午17	8 己亥16	8 己巳⑮	8 戊戌14	8 戊辰13
9 乙亥㉖	9 乙巳25	9 甲戌25	9 甲辰24	9 癸酉23	9 癸卯22	9 壬申21	9 辛丑19	9 辛未18	9 庚子17	9 庚午16	**9** 己亥15	**9** 己巳14
10 丙子27	10 丙午26	10 乙亥26	10 乙巳25	10 甲戌㉔	10 甲辰23	10 癸酉22	10 壬寅20	10 壬申19	10 辛丑⑱	10 辛未17	10 庚子16	10 庚午15
11 丁丑28	11 丁未27	11 丙子27	11 丙午㉖	11 乙亥25	11 乙巳24	11 甲戌23	11 癸卯21	11 癸酉⑳	11 壬寅19	11 壬申18	11 辛丑17	11 辛未16
12 戊寅29	12 戊申28	12 丁丑28	12 丁未27	12 丙子26	12 丙午25	12 乙亥24	12 甲辰22	12 甲戌21	12 癸卯20	12 癸酉19	12 壬寅18	12 壬申⑰
13 己卯30	**13** 己酉29	13 戊寅㉙	13 戊申28	13 丁丑27	13 丁未26	13 丙子25	13 乙巳㉓	13 乙亥22	13 甲辰21	13 甲戌20	13 癸卯19	13 癸酉18
14 庚辰31	《3月》	14 己卯30	14 己酉29	14 戊寅28	14 戊申27	14 丁丑㉖	14 丙午24	14 丙子23	14 乙巳22	14 乙亥21	14 甲辰⑳	14 甲戌19
《2月》	14 庚戌①	**15** 庚辰31	**15** 庚戌30	15 己卯29	15 己酉㉘	15 戊寅27	15 丁未25	15 丁丑24	15 丙午23	15 丙子㉒	15 乙巳21	15 乙亥20
15 辛巳 1	15 辛亥 2	《4月》	《5月》	16 庚辰30	16 庚戌29	16 己卯28	16 戊申26	16 戊寅25	16 丁未24	16 丁丑23	16 丙午22	16 丙子21
16 壬午②	16 壬子 3	16 辛巳 1	16 辛亥 1	**17** 辛巳㉛	**17** 辛亥30	17 庚辰29	17 己酉27	17 己卯26	17 戊申㉕	17 戊寅24	17 丁未23	17 丁丑22
17 癸未 3	17 癸丑 4	17 壬午 2	17 壬子 2	《6月》	《7月》	18 辛巳30	18 庚戌28	18 庚辰㉗	18 己酉26	18 己卯25	18 戊申24	18 戊寅23
18 甲申 4	18 甲寅 5	18 癸未 3	18 癸丑③	18 壬午 1	18 壬子 1	**19** 壬午31	19 辛亥29	19 辛巳28	19 庚戌27	19 庚辰26	19 己酉25	19 己卯㉔
19 乙酉 5	19 乙卯 6	19 甲申 4	19 甲寅 4	19 癸未 2	19 癸丑 2	《8月》	**20** 壬子㉚	**20** 壬午29	20 辛亥28	20 辛巳27	20 庚戌26	20 庚辰25
20 丙戌 6	20 丙辰 7	20 乙酉⑤	20 乙卯 5	20 甲申 3	20 甲寅 3	20 癸未 1	21 癸丑31	21 癸未30	21 壬子29	21 壬午28	21 辛亥㉗	21 辛巳26
21 丁亥 7	21 丁巳⑧	21 丙戌 6	21 丙辰 6	21 乙酉 4	21 乙卯 4	21 甲申②	《9月》	《10月》	**22** 癸丑30	**22** 癸未㉙	22 壬子28	22 壬午27
22 戊子 8	22 戊午 9	22 丁亥 7	22 丁巳 7	22 丙戌 5	22 丙辰⑤	22 乙酉 3	22 甲寅 1	22 甲申 1	23 甲寅31	23 甲申30	23 癸丑29	23 癸未28
23 己丑⑨	23 己未10	23 戊子 8	23 戊午 8	23 丁亥 6	23 丁巳 6	23 丙戌 4	23 乙卯 2	23 乙酉 2	《11月》	《12月》	**24** 甲寅30	**24** 甲申29
24 庚寅10	24 庚申11	24 己丑 9	24 己未 9	24 戊子⑦	24 戊午 7	24 丁亥 5	24 丙辰 3	24 丙戌 3	24 乙卯①	24 乙酉 1	25 乙卯31	25 乙酉30
25 辛卯11	25 辛酉12	25 庚寅10	25 庚申⑩	25 己丑 8	25 己未 8	25 戊子 6	25 丁巳 4	25 丁亥④	25 丙辰 2	25 丙戌 2	**1277 年**	26 丙戌㉛
26 壬辰12	26 壬戌13	26 辛卯11	26 辛酉11	26 庚寅 9	26 庚申 9	26 己丑 7	26 戊午 5	26 戊子 5	26 丁巳 3	26 丁亥 3	《1月》	《2月》
27 癸巳13	27 癸亥14	27 壬辰⑫	27 壬戌12	27 辛卯10	27 辛酉10	27 庚寅 8	27 己未⑥	27 己丑 6	27 戊午 4	27 戊子 4	26 丙辰 1	27 丁亥 1
28 甲午14	28 甲子⑮	28 癸巳13	28 癸亥13	28 壬辰11	28 壬戌11	28 辛卯⑨	28 庚申 7	28 庚寅 7	28 己未 5	28 己丑 5	27 丁巳 2	28 戊子 2
29 乙未15	**29** 乙丑16	29 甲午14	29 甲子14	29 癸巳12	29 癸亥⑫	29 壬辰10	29 辛酉 8	29 辛卯 8	29 庚申 6	29 庚寅⑥	28 戊午③	29 己丑 3
30 丙申⑯		**30** 乙未15		30 甲午13			30 壬戌 9		30 辛酉 7		29 己未 4	30 庚寅 4
											30 庚申 5	
立春 13日 雨水 28日	啓蟄 13日 春分 29日	清明 15日 穀雨 30日	立夏15日	小満 2日 芒種 17日	夏至 2日 小暑 17日	大暑 3日 立秋 19日	処暑 5日 白露 20日	秋分 5日 寒露 20日	霜降 7日 立冬 22日	小雪 7日 大雪 22日	冬至 9日 小寒 24日	大寒 9日 立春 24日

建治**3**年（1277－1278） 丁丑

1月	2月	3月	4月	5月	6月	7月	8月	9月	10月	11月	12月
1 辛卯 5	1 庚申 6	1 庚寅 5	1 庚申 5	1 己丑 3	1 己未 3	《8月》	1 戊午31	1 丁亥29	1 丙辰28	1 丙戌27	1 乙卯㉖
2 壬辰 6	2 辛酉⑦	2 辛卯 6	2 辛酉 6	2 庚寅 4	2 庚申④	1 戊子①	《9月》	**2** 戊子30	2 丁巳29	2 丁亥㉘	2 丙辰27
3 癸巳⑦	3 壬戌 8	3 壬辰 7	3 壬戌 7	3 辛卯 5	3 辛酉 5	2 己丑 2	2 己未 1	《10月》	**3** 戊午30	3 戊子29	3 丁巳28
4 甲午 8	4 癸亥 9	4 癸巳 8	4 癸亥 8	4 壬辰⑥	4 壬戌 6	3 庚寅 3	3 庚申 2	3 己丑 1	4 己未㉛	**4** 己丑30	4 戊午29
5 乙未 9	5 甲子10	5 甲午 9	5 甲子⑨	5 癸巳 7	5 癸亥 7	4 辛卯 4	4 辛酉 3	4 庚寅 2	《11月》	《12月》	**5** 己未30
6 丙申10	6 乙丑11	6 乙未10	6 乙丑10	6 甲午 8	6 甲子 8	5 壬辰 5	5 壬戌 4	5 辛卯③	5 庚申 1	5 庚寅 1	6 庚申31
7 丁酉11	7 丙寅12	7 丙申⑪	7 丙寅11	7 乙未 9	7 乙丑 9	6 癸巳 6	6 癸亥⑤	6 壬辰 4	6 辛酉 2	6 辛卯 2	**1278年**
8 戊戌12	8 丁卯13	8 丁酉12	8 丁卯12	8 丙申10	8 丙寅10	7 甲午 7	7 甲子 6	7 癸巳 5	7 壬戌 3	7 壬辰 3	《1月》
9 己亥13	9 戊辰⑭	9 戊戌13	9 戊辰13	9 丁酉11	9 丁卯⑪	8 乙未⑧	8 乙丑 7	8 甲午 6	8 癸亥 4	8 癸巳 4	7 辛酉 1
10庚子⑭	10己巳15	10己亥14	10己巳14	10戊戌12	10戊辰12	9 丙申 9	9 丙寅 8	9 乙未 7	9 甲子 5	9 甲午⑤	8 壬戌②
11辛丑15	**11**庚午16	**11**庚子15	11庚午15	11己亥⑬	11己巳13	10丁酉10	10丁卯 9	10丙申 8	10乙丑 6	10乙未 6	9 癸亥 3
12壬寅16	12辛未17	12辛丑16	**12**辛未⑯	12庚子14	12庚午14	11戊戌11	11戊辰10	11丁酉 9	11丙寅⑦	11丙申 7	10甲子 4
13癸卯17	13壬申18	13壬寅17	13壬申17	**13**辛丑15	13辛未15	12己亥12	12己巳11	12戊戌⑩	12丁卯 8	12丁酉 8	11乙丑 5
14甲辰18	14癸酉19	14癸卯⑱	14癸酉18	14壬寅16	**14**壬申16	13庚子13	13庚午⑫	13己亥11	13戊辰 9	13戊戌 9	12丙寅 6
15乙巳19	15甲戌20	15甲辰19	15甲戌19	15癸卯17	15癸酉17	14辛丑14	14辛未13	14庚子12	14己巳10	14己亥10	13丁卯 7
16丙午20	16乙亥㉑	16乙巳20	16乙亥20	16甲辰18	16甲戌⑱	**15**壬寅⑮	15壬申14	15辛丑13	15庚午11	15庚子11	14戊辰 8
17丁未㉑	17丙子22	17丙午21	17丙子21	17乙巳19	17乙亥19	16癸卯16	**16**癸酉15	16壬寅14	16辛未12	16辛丑⑫	15己巳⑨
18戊申22	18丁丑23	18丁未22	18丁丑22	18丙午⑳	18丙子20	17甲辰17	17甲戌16	**17**癸卯15	17壬申13	17壬寅13	16庚午10
19己酉23	19戊寅24	19戊申23	19戊寅㉓	19丁未21	19丁丑21	18乙巳18	18乙亥17	18甲辰16	**18**癸酉⑭	18癸卯14	17辛未11
20庚戌24	20己卯25	20己酉24	20己卯24	20戊申22	20戊寅22	19丙午19	19丙子18	19乙巳⑰	19甲戌15	**19**甲辰15	18壬申12
21辛亥25	21庚辰26	21庚戌㉕	21庚辰25	21己酉23	21己卯23	20丁未20	20丁丑⑲	20丙午18	20乙亥16	20乙巳16	19癸酉13
22壬子26	22辛巳27	22辛亥26	22辛巳26	22庚戌24	22庚辰24	21戊申21	21戊寅20	21丁未19	21丙子17	21丙午17	**20**甲戌14
23癸丑27	23壬午㉘	23壬子27	23壬午27	23辛亥25	23辛巳㉕	22己酉㉒	22己卯21	22戊申20	22丁丑18	22丁未18	21乙亥15
24甲寅㉘	24癸未29	24癸丑28	24癸未28	24壬子26	24壬午26	23庚戌23	23庚辰22	23己酉21	23戊寅19	23戊申⑲	22丙子⑯
《3月》	25甲申30	25甲寅29	25甲申29	25癸丑㉗	25癸未27	24辛亥24	24辛巳23	24庚戌22	24己卯20	24己酉20	23丁丑17
25乙卯 1	**26**乙酉31	26乙卯30	26乙酉㉚	26甲寅28	26甲申28	25壬子25	25壬午24	25辛亥23	25庚辰㉑	25庚戌21	24戊寅18
26丙辰 2	《4月》	《5月》	**27**丙戌31	27乙卯29	27乙酉29	26癸丑26	26癸未25	26壬子㉔	26辛巳22	26辛亥22	25己卯19
27丁巳 3	27丙戌 1	**27**丙辰 1	《6月》	**28**丙辰30	28丙戌30	27甲寅27	27甲申㉖	27癸丑25	27壬午23	27壬子23	26庚辰20
28戊午 4	28丁亥 2	28丁巳②	28丁亥 1	《7月》	**29**丁亥31	28乙卯28	28乙酉27	28甲寅26	28癸未24	28癸丑24	27辛巳21
29己未 5	29戊子 3	29戊午 3	29戊子 2	29丁巳 1		29丙辰㉙	29丙戌28	29乙卯27	29甲申25	29甲寅25	28壬午22
	30己丑④	30己未 4		30戊午 2		**30**丁巳30			30乙酉26		29癸未㉓
											30甲申24

雨水 9日 啓蟄 25日	春分 11日 清明 26日	穀雨 11日 立夏 27日	小満 12日 芒種 27日	夏至 13日 小暑 28日	大暑 14日 立秋 29日	処暑 15日 白露 30日	秋分 16日	寒露 2日 霜降 17日	立冬 3日 小雪 18日	大雪 4日 冬至 19日	小寒 5日 大寒 20日

弘安元年〔建治**4**年〕（1278－1279） 戊寅

改元 2/29（建治→弘安）

1月	2月	3月	4月	5月	6月	7月	8月	9月	10月	閏10月	11月	12月
1 乙酉25	1 甲寅23	1 甲申25	1 甲寅㉔	1 癸未23	1 癸丑22	1 壬午21	1 壬子20	1 辛巳⑱	1 辛亥18	1 庚辰16	**1** 己酉15	**1** 己卯14
2 丙戌26	2 乙卯24	2 乙酉26	2 乙卯25	2 甲申24	2 甲寅23	2 癸未22	2 癸丑㉑	2 壬午19	2 壬子19	2 辛巳17	2 庚戌16	2 庚辰⑮
3 丁亥27	3 丙辰25	3 丙戌㉗	3 丙辰26	3 乙酉25	3 乙卯24	3 甲申23	3 甲寅22	3 癸未20	3 癸丑20	3 壬午18	3 辛亥17	3 辛巳16
4 戊子28	4 丁巳26	4 丁亥28	4 丁巳27	4 丙戌26	4 丙辰25	4 乙酉㉔	4 乙卯23	4 甲申21	4 甲寅21	4 癸未19	4 壬子⑱	4 壬午17
5 己丑29	5 戊午㉗	5 戊子29	5 戊午28	5 丁亥27	5 丁巳㉖	5 丙戌25	5 丙辰24	5 乙酉22	5 乙卯22	5 甲申⑳	5 癸丑19	5 癸未18
6 庚寅㉚	6 己未28	6 己丑30	6 己未29	6 戊子28	6 戊午27	6 丁亥26	6 丁巳25	6 丙戌23	6 丙辰㉓	6 乙酉21	6 甲寅20	6 甲申19
7 辛卯31	《3月》	**7** 庚寅31	7 庚申30	7 己丑㉙	7 己未28	7 戊子27	7 戊午26	7 丁亥24	7 丁巳24	7 丙戌22	7 乙卯21	7 乙酉20
《2月》	**7** 庚申 1	《4月》	《5月》	8 庚寅30	8 庚申29	8 己丑28	8 己未27	8 戊子㉕	8 戊午25	8 丁亥23	8 丙辰22	8 丙戌21
8 壬辰 1	8 辛酉 2	8 辛卯 1	**8** 辛酉①	**9** 辛卯31	9 辛酉30	9 庚寅29	9 庚申㉘	9 己丑26	9 己未26	9 戊子24	9 丁巳23	9 丁亥㉒
9 癸巳 2	9 壬戌 3	9 壬辰 2	9 壬戌 2	《6月》	《7月》	10辛卯30	10辛酉29	10庚寅27	10庚申27	10己丑25	10戊午24	10戊子23
10甲午 3	10癸亥 4	10癸巳③	10癸亥 3	10壬辰 1	**10**壬戌 1	**11**壬辰㉛	11壬戌30	11辛卯28	11辛酉28	11庚寅26	11己未㉕	11己丑24
11乙未 4	11甲子 5	11甲午 4	11甲子 4	11癸巳 2	11癸亥 2	《8月》	**12**癸亥31	12壬辰29	12壬戌29	12辛卯㉗	12庚申26	12庚寅25
12丙申 5	12乙丑⑥	12乙未 5	12乙丑 5	12甲午 3	12甲子③	12癸巳 1	《9月》	**13**癸巳30	**13**癸亥㉚	13壬辰28	13辛酉27	13辛卯26
13丁酉⑥	13丙寅 7	13丙申 6	13丙寅 6	13乙未 4	13乙丑 4	13甲午 2	13甲子 1	《10月》	14甲子31	14癸巳29	14壬戌28	14壬辰27
14戊戌 7	14丁卯 8	14丁酉 7	14丁卯 7	14丙申⑤	14丙寅 5	14乙未 3	14乙丑 2	14甲午 1	《11月》	**15**甲午30	15癸亥29	15癸巳28
15己亥 8	15戊辰 9	15戊戌 8	15戊辰⑧	15丁酉 6	15丁卯 6	15丙申 4	15丙寅 3	15乙未②	15乙丑 1	《12月》	**16**甲子30	16甲午㉙
16庚子 9	16己巳10	16己亥 9	16己巳 9	16戊戌 7	16戊辰 7	16丁酉 5	16丁卯④	16丙申 3	16丙寅 2	16乙未 1	17乙丑31	**17**乙未30
17辛丑10	17庚午11	17庚子⑩	17庚午10	17己亥 8	17己巳 8	17戊戌 6	17戊辰 5	17丁酉 4	17丁卯 3	17丙申 2	**1279年**	18丙申31
18壬寅11	18辛未12	18辛丑11	18辛未11	18庚子 9	18庚午 9	18己亥⑦	18己巳 6	18戊戌 5	18戊辰 4	18丁酉 3	《1月》	《2月》
19癸卯12	19壬申⑬	19壬寅12	19壬申12	19辛丑10	19辛未⑩	19庚子 8	19庚午 7	19己亥 6	19己巳 5	19戊戌④	18丙寅①	19丁酉 1
20甲辰⑬	20癸酉14	20癸卯13	20癸酉13	20壬寅11	20壬申11	20辛丑 9	20辛未 8	20庚子 7	20庚午⑥	20己亥 5	19丁卯 2	20戊戌 2
21乙巳14	21甲戌15	21甲辰14	21甲戌14	21癸卯⑫	21癸酉12	21壬寅10	21壬申 9	21辛丑 8	21辛未 7	21庚子 6	20戊辰 3	21己亥 3
22丙午15	**22**乙亥16	22乙巳15	22乙亥⑮	22甲辰13	22甲戌13	22癸卯11	22癸酉10	22壬寅⑨	22壬申 8	22辛丑 7	21己巳 4	22庚子 4
23丁未16	23丙子17	**23**丙午16	**23**丙子16	23乙巳14	23乙亥14	23甲辰12	23甲戌⑪	23癸卯10	23癸酉 9	23壬寅 8	22庚午 5	23辛丑⑤
24戊申17	24丁丑18	24丁未⑰	24丁丑17	**24**丙午15	24丙子15	24乙巳13	24乙亥12	24甲辰11	24甲戌10	24癸卯 9	23辛未 6	24壬寅 6
25己酉18	25戊寅19	25戊申18	25戊寅18	25丁未16	**25**丁丑16	25丙午⑭	25丙子13	25乙巳12	25乙亥11	25甲辰10	24壬申 7	25癸卯 7
26庚戌19	26己卯⑳	26己酉19	26己卯19	26戊申17	26戊寅⑰	**26**丁未15	26丁丑14	26丙午13	26丙子12	26乙巳⑪	25癸酉⑧	26甲辰 8
27辛亥⑳	27庚辰21	27庚戌20	27庚辰20	27己酉18	27己卯18	27戊申16	**27**戊寅15	27丁未14	27丁丑⑬	27丙午12	26甲戌 9	27乙巳 9
28壬子21	28辛巳22	28辛亥21	28辛巳21	28庚戌⑲	28庚辰19	28己酉17	28己卯16	**28**戊申15	28戊寅14	28丁未13	27乙亥10	28丙午10
29癸丑22	29壬午23	29壬子22	29壬午㉒	29辛亥20	29辛巳20	29庚戌18	29庚辰17	29己酉⑯	**29**己卯15	29戊申14	28丙子11	29丁未11
	30癸未24	30癸丑23		30壬子21		30辛亥19		30庚戌17			29丁丑12	30戊申⑫
											30戊寅13	

立春 5日 雨水 21日	啓蟄 7日 春分 22日	清明 7日 穀雨 23日	立夏 8日 小満 23日	芒種 9日 夏至 24日	小暑 10日 大暑 25日	立秋 11日 処暑 26日	白露 12日 秋分 27日	寒露 13日 霜降 28日	立冬 13日 小雪 29日	大雪15日	冬至 1日 小寒 16日	大寒 1日 立春 17日

弘安**2**年（1279－1280） 己卯

1月	2月	3月	4月	5月	6月	7月	8月	9月	10月	11月	12月
1 己酉 13	1 戊寅 14	1 戊申 13	1 丁丑 12	1 丁未 ⑪	1 丁丑 11	1 丙午 9	1 丙子 8	1 乙巳 7	1 乙亥 6	1 甲辰 5	1 甲戌 4
2 庚戌 14	2 己卯 15	2 己酉 14	2 戊寅 13	2 戊申 12	2 戊寅 12	2 丁未 10	2 丁丑 9	2 丙午 ⑧	2 丙子 7	2 乙巳 6	2 乙亥 5
3 辛亥 15	**3** 庚辰 16	3 庚戌 15	3 己卯 ⑭	3 己酉 13	3 己卯 13	3 戊申 11	3 戊寅 ⑩	3 丁未 9	3 丁丑 8	3 丙午 7	3 丙子 6
4 壬子 16	4 辛巳 17	**4** 辛亥 ⑯	4 庚辰 15	4 庚戌 14	4 庚辰 14	4 己酉 12	4 己卯 11	4 戊申 10	4 戊寅 9	4 丁未 8	4 丁丑 ⑦
5 癸丑 17	5 壬午 18	5 壬子 17	**5** 辛巳 16	5 辛亥 15	5 辛巳 15	5 庚戌 ⑬	5 庚辰 12	5 己酉 11	5 己卯 10	5 戊申 9	5 戊寅 8
6 甲寅 18	6 癸未 ⑲	6 癸丑 18	6 壬午 17	**6** 壬子 16	**6** 壬午 ⑯	6 辛亥 14	6 辛巳 13	6 庚戌 12	6 庚辰 11	6 己酉 ⑩	6 己卯 9
7 乙卯 ⑲	7 甲申 20	7 甲寅 19	7 癸未 18	7 癸丑 17	7 癸未 17	7 壬子 15	7 壬午 14	7 辛亥 13	7 辛巳 ⑫	7 庚戌 11	7 庚辰 10
8 丙辰 20	8 乙酉 21	8 乙卯 20	8 甲申 19	8 甲寅 ⑱	8 甲申 18	**8** 癸丑 16	**8** 癸未 15	8 壬子 14	8 壬午 13	8 辛亥 12	8 辛巳 11
9 丁巳 21	9 丙戌 22	9 丙辰 21	9 乙酉 20	9 乙卯 19	9 乙酉 19	9 甲寅 17	9 甲申 16	**9** 癸丑 ⑮	9 癸未 14	9 壬子 13	9 壬午 12
10 戊午 22	10 丁亥 23	10 丁巳 22	10 丙戌 ㉑	10 丙辰 20	10 丙戌 20	10 乙卯 18	10 乙酉 ⑰	10 甲寅 16	**10** 甲申 15	10 癸丑 14	10 癸未 13
11 己未 23	11 戊子 24	11 戊午 ㉓	11 丁亥 22	11 丁巳 21	11 丁亥 21	11 丙辰 19	11 丙戌 18	11 乙卯 17	11 乙酉 16	**11** 甲寅 15	11 甲申 ⑭
12 庚申 24	12 己丑 25	12 己未 24	12 戊子 23	12 戊午 22	12 戊子 22	12 丁巳 ⑳	12 丁亥 19	12 丙辰 18	12 丙戌 17	12 乙卯 16	**12** 乙酉 15
13 辛酉 25	13 庚寅 ㉖	13 庚申 25	13 己丑 24	13 己未 23	13 己丑 ㉓	13 戊午 21	13 戊子 20	13 丁巳 19	13 丁亥 18	13 丙辰 ⑰	13 丙戌 16
14 壬戌 ㉖	14 辛卯 27	14 辛酉 26	14 庚寅 25	14 庚申 24	14 庚寅 24	14 己未 22	14 己丑 21	14 戊午 20	14 戊子 ⑲	14 丁巳 18	14 丁亥 17
15 癸亥 27	15 壬辰 28	15 壬戌 27	15 辛卯 26	15 辛酉 ㉕	15 辛卯 25	15 庚申 23	15 庚寅 22	15 己未 21	15 己丑 20	15 戊午 19	15 戊子 18
16 甲子 28	16 癸巳 29	16 癸亥 28	16 壬辰 27	16 壬戌 26	16 壬辰 26	16 辛酉 24	16 辛卯 23	16 庚申 ㉒	16 庚寅 21	16 己未 20	16 己丑 19
《3月》	17 甲午 30	17 甲子 29	17 癸巳 ㉘	17 癸亥 27	17 癸巳 27	17 壬戌 25	17 壬辰 ㉔	17 辛酉 23	17 辛卯 22	17 庚申 21	17 庚寅 20
17 乙丑 1	18 乙未 31	18 乙丑 ㉚	18 甲午 29	18 甲子 28	18 甲午 28	18 癸亥 26	18 癸巳 25	18 壬戌 24	18 壬辰 23	18 辛酉 22	18 辛卯 ㉑
18 丙寅 2	《4月》	《5月》	19 乙未 30	19 乙丑 29	19 乙未 29	19 甲子 ㉗	19 甲午 26	19 癸亥 25	19 癸巳 24	19 壬戌 23	19 壬辰 22
19 丁卯 3	**19** 丙申 1	**19** 丙寅 1	**20** 丙申 31	20 丙寅 30	20 丙申 ㉚	20 乙丑 28	20 乙未 27	20 甲子 26	20 甲午 25	20 癸亥 ㉔	20 癸巳 23
20 戊辰 4	20 丁酉 ②	20 丁卯 2	《6月》	《7月》	**21** 丁酉 31	21 丙寅 29	21 丙申 28	21 乙丑 27	21 乙未 ㉖	21 甲子 25	21 甲午 24
21 己巳 ⑤	21 戊戌 3	21 戊辰 3	21 丁酉 1	**21** 丁卯 1	《8月》	22 丁卯 30	22 丁酉 29	22 丙寅 28	22 丙申 27	22 乙丑 26	22 乙未 25
22 庚午 6	22 己亥 4	22 己巳 4	22 戊戌 2	22 戊辰 ②	22 戊戌 1	**23** 戊辰 31	**23** 戊戌 30	23 丁卯 ㉙	23 丁酉 28	23 丙寅 27	23 丙申 26
23 辛未 7	23 庚子 5	23 庚午 5	23 己亥 3	23 己巳 3	23 己亥 2	《9月》	《10月》	24 戊辰 30	24 戊戌 29	24 丁卯 28	24 丁酉 27
24 壬申 8	24 辛丑 6	24 辛未 6	24 庚子 ④	24 庚午 4	24 庚子 3	24 己巳 1	24 己亥 ①	**25** 己巳 31	**25** 己亥 30	25 戊辰 29	25 戊戌 ㉘
25 癸酉 9	25 壬寅 7	25 壬申 ⑦	25 辛丑 5	25 辛未 5	25 辛丑 4	25 庚午 2	25 庚子 2	《11月》	《12月》	26 己巳 30	26 己亥 29
26 甲戌 10	26 癸卯 8	26 癸酉 8	26 壬寅 6	26 壬申 6	26 壬寅 5	26 辛未 ③	26 辛丑 3	26 庚午 1	26 庚子 1	**27** 庚午 ㉛	**27** 庚子 30
27 乙亥 11	27 甲辰 ⑨	27 甲戌 9	27 癸卯 7	27 癸酉 7	27 癸卯 ⑥	27 壬申 4	27 壬寅 4	27 辛未 2	27 辛丑 2	1280 年	28 辛丑 31
28 丙子 ⑫	28 乙巳 10	28 乙亥 10	28 甲辰 8	28 甲戌 8	28 甲辰 7	28 癸酉 5	28 癸卯 5	28 壬申 3	28 壬寅 ③	《1月》	《2月》
29 丁丑 13	29 丙午 11	29 丙子 11	29 乙巳 9	29 乙亥 ⑨	29 乙巳 8	29 甲戌 6	29 甲辰 6	29 癸酉 4	29 癸卯 4	28 辛未 1	29 壬寅 1
	30 丁未 12		30 丙午 10	30 丙子 10		30 乙亥 7		30 甲戌 ⑤		29 壬申 2	
										30 癸酉 3	

雨水 2日	春分 3日	穀雨 4日	小満 5日	夏至 6日	大暑 6日	処暑 8日	秋分 8日	霜降 9日	小雪 10日	冬至 11日	大寒 12日
啓蟄 17日	清明 19日	立夏 19日	芒種 20日	小暑 21日	立秋 21日	白露 23日	寒露 23日	立冬 25日	大雪 25日	小寒 27日	立春 27日

弘安**3**年（1280－1281） 庚辰

1月	2月	3月	4月	5月	6月	7月	8月	9月	10月	11月	12月
1 癸卯 2	1 癸酉 ③	《4月》	《5月》	1 辛丑 30	1 辛未 29	1 庚子 ㉘	1 庚午 27	1 庚子 26	1 己巳 25	1 己亥 ㉔	1 己巳 24
2 甲辰 3	2 甲戌 4	1 壬寅 1	1 壬申 1	**2** 壬寅 31	**2** 壬申 ㉚	2 辛丑 29	2 辛未 28	2 辛丑 27	2 庚午 26	2 庚子 25	2 庚午 25
3 乙巳 ④	3 乙亥 5	2 癸卯 2	2 癸酉 2	《6月》	《7月》	3 壬寅 30	3 壬申 29	3 壬寅 28	3 辛未 ㉗	3 辛丑 26	3 辛未 26
4 丙午 5	4 丙子 6	3 甲辰 3	3 甲戌 3	3 癸卯 1	3 癸酉 1	**4** 癸卯 31	**4** 癸酉 30	**4** 癸卯 ㉙	4 壬申 28	4 壬寅 27	4 壬申 27
5 丁未 6	5 丁丑 7	4 乙巳 4	4 乙亥 4	4 甲辰 ②	4 甲戌 2	《8月》	5 甲戌 31	5 甲辰 30	5 癸酉 29	5 癸卯 28	5 癸酉 28
6 戊申 7	6 戊寅 8	5 丙午 5	5 丙子 ⑤	5 乙巳 3	5 乙亥 3	5 甲辰 1	《9月》	《10月》	**6** 甲戌 30	**6** 甲辰 29	6 甲戌 ㉙
7 己酉 8	7 己卯 9	6 丁未 6	6 丁丑 6	6 丙午 4	6 丙子 4	6 乙巳 2	6 乙亥 ①	6 乙巳 1	7 乙亥 31	7 乙巳 30	**7** 乙亥 30
8 庚戌 9	8 庚辰 ⑩	7 戊申 ⑦	7 戊寅 7	7 丁未 5	7 丁丑 5	7 丙午 3	7 丙子 2	7 丙午 2	《11月》	《12月》	8 丙子 31
9 辛亥 10	9 辛巳 11	8 己酉 8	8 己卯 8	8 戊申 6	8 戊寅 6	8 丁未 ④	8 丁丑 3	8 丁未 3	8 丙子 1	8 丙午 ①	1281 年
10 壬子 ⑪	10 壬午 12	9 庚戌 9	9 庚辰 9	9 己酉 7	9 己卯 ⑦	9 戊申 5	9 戊寅 4	9 戊申 4	9 丁丑 2	9 丁未 2	《1月》
11 癸丑 12	11 癸未 13	10 辛亥 10	10 辛巳 10	10 庚戌 8	10 庚辰 8	10 己酉 6	10 己卯 5	10 己酉 5	10 戊寅 ③	10 戊申 3	9 丁丑 1
12 甲寅 13	12 甲申 14	11 壬子 11	11 壬午 11	11 辛亥 ⑨	11 辛巳 9	11 庚戌 7	11 庚辰 6	11 庚戌 ⑥	11 己卯 4	11 己酉 4	10 戊寅 2
13 乙卯 14	13 乙酉 15	12 癸丑 12	12 癸未 ⑫	12 壬子 10	12 壬午 10	12 辛亥 8	12 辛巳 7	12 辛亥 7	12 庚辰 5	12 庚戌 5	11 己卯 3
14 丙辰 15	**14** 丙戌 16	13 甲寅 13	13 甲申 13	13 癸丑 11	13 癸未 11	13 壬子 9	13 壬午 ⑧	13 壬子 8	13 辛巳 6	13 辛亥 6	12 庚辰 4
15 丁巳 16	15 丁亥 ⑰	14 乙卯 ⑭	14 乙酉 14	14 甲寅 12	14 甲申 12	14 癸丑 10	14 癸未 9	14 癸丑 9	14 壬午 7	14 壬子 7	13 辛巳 ⑤
16 戊午 17	16 戊子 18	**15** 丙辰 15	**15** 丙戌 15	15 乙卯 13	15 乙酉 13	15 甲寅 ⑪	15 甲申 10	15 甲寅 10	15 癸未 8	15 癸丑 ⑧	14 壬午 6
17 己未 ⑱	17 己丑 19	16 丁巳 16	16 丁亥 16	16 丙辰 14	16 丙戌 ⑭	16 乙卯 12	16 乙酉 11	16 乙卯 11	16 甲申 9	16 甲寅 9	15 癸未 7
18 庚申 19	18 庚寅 20	17 戊午 17	17 戊子 17	**17** 丁巳 15	**17** 丁亥 15	17 丙辰 13	17 丙戌 12	17 丙辰 12	17 乙酉 ⑩	17 乙卯 10	16 甲申 8
19 辛酉 20	19 辛卯 21	18 己未 18	18 己丑 18	18 戊午 ⑯	18 戊子 16	18 丁巳 14	18 丁亥 13	18 丁巳 ⑬	18 丙戌 11	18 丙辰 11	17 乙酉 9
20 壬戌 21	20 壬辰 22	19 庚申 19	19 庚寅 ⑲	19 己未 17	19 己丑 17	**19** 戊午 15	**19** 戊子 14	19 戊午 14	19 丁亥 12	19 丁巳 12	18 丙戌 10
21 癸亥 22	21 癸巳 23	20 辛酉 20	20 辛卯 20	20 庚申 18	20 庚寅 18	20 己未 16	20 己丑 ⑮	**20** 己未 15	20 戊子 13	20 戊午 13	19 丁亥 11
22 甲子 23	22 甲午 ㉔	21 壬戌 ㉑	21 壬辰 21	21 辛酉 19	21 辛卯 19	21 庚申 17	21 庚寅 16	21 庚申 16	**21** 己丑 14	21 己未 14	20 戊子 ⑫
23 乙丑 24	23 乙未 25	22 癸亥 22	22 癸巳 22	22 壬戌 20	22 壬辰 20	22 辛酉 ⑱	22 辛卯 17	22 辛酉 17	22 庚寅 15	**22** 庚申 ⑮	21 己丑 13
24 丙寅 ㉕	24 丙申 26	23 甲子 23	23 甲午 23	23 癸亥 21	23 癸巳 ㉑	23 壬戌 19	23 壬辰 18	23 壬戌 18	23 辛卯 16	23 辛酉 16	**22** 庚寅 14
25 丁卯 26	25 丁酉 27	24 乙丑 24	24 乙未 24	24 甲子 22	24 甲午 22	24 癸亥 20	24 癸巳 19	24 癸亥 19	24 壬辰 ⑰	24 壬戌 17	23 辛卯 15
26 戊辰 27	26 戊戌 28	25 丙寅 25	25 丙申 25	25 乙丑 ㉓	25 乙未 23	25 甲子 21	25 甲午 20	25 甲子 ⑳	25 癸巳 18	25 癸亥 18	24 壬辰 16
27 己巳 28	27 己亥 29	26 丁卯 26	26 丁酉 ㉖	26 丙寅 24	26 丙申 24	26 乙丑 22	26 乙未 21	26 乙丑 21	26 甲午 19	26 甲子 19	25 癸巳 17
28 庚午 29	28 庚子 30	27 戊辰 27	27 戊戌 27	27 丁卯 25	27 丁酉 25	27 丙寅 23	27 丙申 ㉒	27 丙寅 22	27 乙未 20	27 乙丑 20	26 甲午 18
《3月》	**29** 辛丑 ㉛	28 己巳 ㉘	28 己亥 28	28 戊辰 26	28 戊戌 26	28 丁卯 24	28 丁酉 23	28 丁卯 23	28 丙申 21	28 丙寅 21	27 乙未 ⑲
29 辛未 1		29 庚午 29	29 庚子 29	29 己巳 27	29 己亥 27	29 戊辰 ㉕	29 戊戌 24	29 戊辰 24	29 丁酉 22	29 丁卯 ㉒	28 丙申 20
30 壬申 2		**30** 辛未 30		30 庚午 28		30 己巳 26	30 己亥 25		30 戊戌 23	30 戊辰 23	29 丁酉 21

雨水 13日	春分 14日	穀雨 15日	小満 15日	芒種 2日	小暑 2日	立秋 4日	白露 4日	寒露 4日	立冬 6日	大雪 6日	小寒 7日
啓蟄 28日	清明 29日	立夏 30日		夏至 17日	大暑 17日	処暑 19日	秋分 19日	霜降 20日	小雪 21日	冬至 22日	大寒 22日

弘安**4**年（1281－1282） 辛巳

1月	2月	3月	4月	5月	6月	7月	閏7月	8月	9月	10月	11月	12月
1 戊戌 22	1 丁卯 20	1 丁酉 22	1 丙寅 ⑳	1 丙申 20	1 乙丑 18	1 甲午 17	1 甲子 16	**1** 甲午 15	1 癸亥 14	1 癸巳 13	1 癸亥 13	1 癸巳 12
2 己亥 23	2 戊辰 21	2 戊戌 ㉓	2 丁卯 21	2 丁酉 21	2 丙寅 19	2 乙未 18	2 乙丑 ⑰	2 乙未 16	**2** 甲子 15	**2** 甲午 14	2 甲子 ⑭	2 甲午 13
3 庚子 24	3 己巳 22	3 己亥 24	3 戊辰 22	3 戊戌 22	3 丁卯 20	3 丙申 19	3 丙寅 18	3 丙申 17	3 乙丑 16	3 乙未 15	**3** 乙丑 15	**3** 乙未 14
4 辛丑 25	4 庚午 ㉓	4 庚子 25	4 己巳 23	4 己亥 23	4 戊辰 21	4 丁酉 ⑳	4 丁卯 19	4 丁酉 18	4 丙寅 17	4 丙申 ⑯	4 丙寅 16	4 丙申 15
5 壬寅 ㉖	5 辛未 24	5 辛丑 26	5 庚午 24	5 庚子 24	5 己巳 ㉒	5 戊戌 21	5 戊辰 20	5 戊戌 19	5 丁卯 18	5 丁酉 17	5 丁卯 17	5 丁酉 16
6 癸卯 27	6 壬申 25	6 壬寅 27	6 辛未 25	6 辛丑 ㉕	6 庚午 23	6 己亥 22	6 己巳 21	6 己亥 20	6 戊辰 ⑲	6 戊戌 18	6 戊辰 18	6 戊戌 17
7 甲辰 28	7 癸酉 26	7 癸卯 28	7 壬申 26	7 壬寅 26	7 辛未 24	7 庚子 23	7 庚午 22	7 庚子 ㉑	7 己巳 20	7 己亥 19	7 己巳 19	7 己亥 ⑱
8 乙巳 29	8 甲戌 27	8 甲辰 29	8 癸酉 ㉗	8 癸卯 27	8 壬申 25	8 辛丑 24	8 辛未 23	8 辛丑 22	8 庚午 21	8 庚子 20	8 庚午 20	8 庚子 19
9 丙午 30	9 乙亥 28	9 乙巳 ㉚	9 甲戌 28	9 甲辰 28	9 癸酉 26	9 壬寅 25	9 壬申 ㉔	9 壬寅 23	9 辛未 22	9 辛丑 21	9 辛未 ㉑	9 辛丑 20
10 丁未 31	《3月》	**10** 丙午 31	10 乙亥 29	10 乙巳 29	10 甲戌 27	10 癸卯 26	10 癸酉 25	10 癸卯 24	10 壬申 23	10 壬寅 22	10 壬申 22	10 壬寅 21
《2月》	**10** 丙子 1	《4月》	11 丙子 30	11 丙午 30	11 乙亥 28	11 甲辰 ㉗	11 甲戌 26	11 甲辰 25	11 癸酉 24	11 癸卯 ㉓	11 癸酉 23	11 癸卯 22
11 戊申 1	11 丁丑 ②	11 丁未 1	《5月》	**12** 丁未 31	12 丙子 ㉙	12 乙巳 28	12 乙亥 27	12 乙巳 26	12 甲戌 25	12 甲辰 24	12 甲戌 24	12 甲辰 23
12 己酉 ②	12 戊寅 3	12 戊申 2	**12** 丁丑 1	《6月》	**13** 丁丑 30	13 丙午 29	13 丙子 28	13 丙午 27	13 乙亥 ㉖	13 乙巳 25	13 乙亥 25	13 乙巳 24
13 庚戌 3	13 己卯 4	13 己酉 3	13 戊寅 2	13 戊申 ①	《7月》	14 丁未 30	14 丁丑 29	14 丁未 ㉘	14 丙子 27	14 丙午 26	14 丙子 26	14 丙午 ㉕
14 辛亥 4	14 庚辰 5	14 庚戌 4	14 己卯 3	14 己酉 2	14 戊寅 1	**15** 戊申 31	**15** 戊寅 30	15 戊申 29	15 丁丑 28	15 丁未 27	15 丁丑 27	15 丁未 26
15 壬子 5	15 辛巳 6	15 辛亥 5	15 庚辰 ④	15 庚戌 3	15 己卯 2	《8月》	16 己卯 ㉛	**16** 己酉 30	16 戊寅 29	16 戊申 28	16 戊寅 ㉘	16 戊申 27
16 癸丑 6	16 壬午 7	16 壬子 ⑥	16 辛巳 5	16 辛亥 4	16 庚辰 3	16 己酉 1	《9月》	《10月》	**17** 己卯 30	17 己酉 29	17 己卯 29	17 己酉 28
17 甲寅 7	17 癸未 8	17 癸丑 7	17 壬午 6	17 壬子 5	17 辛巳 4	17 庚戌 2	17 庚辰 1	17 庚戌 1	18 庚辰 31	**18** 庚戌 ㉚	**18** 庚辰 30	**18** 庚戌 29
18 乙卯 8	18 甲申 ⑨	18 甲寅 8	18 癸未 7	18 癸丑 6	18 壬午 5	18 辛亥 ③	18 辛巳 2	18 辛亥 2	《11月》	《12月》	19 辛巳 31	19 辛亥 30
19 丙辰 ⑨	19 乙酉 10	19 乙卯 9	19 甲申 8	19 甲寅 7	19 癸未 ⑥	19 壬子 4	19 壬午 3	19 壬子 3	19 辛巳 1	19 辛亥 1	**1282年**	20 壬子 31
20 丁巳 10	20 丙戌 11	20 丙辰 10	20 乙酉 9	20 乙卯 ⑧	20 甲申 7	20 癸丑 5	20 癸未 4	20 癸丑 4	20 壬午 ②	20 壬子 2	《1月》	《2月》
21 戊午 11	21 丁亥 12	21 丁巳 11	21 丙戌 10	21 丙辰 9	21 乙酉 8	21 甲寅 6	21 甲申 5	21 甲寅 ⑤	21 癸未 3	21 癸丑 3	20 壬午 1	21 癸丑 ①
22 己未 12	22 戊子 13	22 戊午 12	22 丁亥 ⑪	22 丁巳 10	22 丙戌 9	22 乙卯 7	22 乙酉 6	22 乙卯 6	22 甲申 4	22 甲寅 4	21 癸未 2	22 甲寅 2
23 庚申 13	23 己丑 14	23 己未 ⑬	23 戊子 12	23 戊午 11	23 丁亥 10	23 丙辰 8	23 丙戌 ⑦	23 丙辰 7	23 乙酉 5	23 乙卯 5	22 甲申 3	23 乙卯 3
24 辛酉 14	24 庚寅 15	24 庚申 14	24 己丑 13	24 己未 12	24 戊子 11	24 丁巳 9	24 丁亥 8	24 丁巳 8	24 丙戌 6	24 丙辰 6	23 乙酉 ④	24 丙辰 4
25 壬戌 15	**25** 辛卯 ⑯	**25** 辛酉 15	25 庚寅 14	25 庚申 13	25 己丑 12	25 戊午 ⑩	25 戊子 9	25 戊午 9	25 丁亥 7	25 丁巳 ⑦	24 丙戌 5	25 丁巳 5
26 癸亥 ⑯	26 壬辰 17	26 壬戌 16	26 辛卯 15	26 辛酉 14	26 庚寅 ⑬	26 己未 11	26 己丑 10	26 己未 10	26 戊子 8	26 戊午 8	25 丁亥 6	26 戊午 6
27 甲子 17	27 癸巳 18	27 癸亥 17	**27** 壬辰 16	**27** 壬戌 ⑮	27 辛卯 14	27 庚申 12	27 庚寅 11	27 庚申 11	27 己丑 ⑨	27 己未 9	26 戊子 7	27 己未 7
28 乙丑 18	28 甲午 19	28 甲子 18	28 癸巳 17	28 癸亥 16	28 壬辰 15	28 辛酉 13	28 辛卯 12	28 辛酉 ⑫	28 庚寅 10	28 庚申 10	27 己丑 8	28 庚申 ⑧
29 丙寅 19	29 乙未 20	29 乙丑 19	29 甲午 ⑱	29 甲子 17	**29** 癸巳 16	29 壬戌 14	29 壬辰 13	29 壬戌 13	29 辛卯 11	29 辛酉 11	28 庚寅 9	29 辛酉 9
	30 丙申 21		30 乙未 19			**30** 癸亥 15	30 癸巳 ⑭		30 壬辰 12	30 壬戌 12	29 辛卯 10	
											30 壬辰 ⑪	
立春 8日 雨水 23日	啓蟄 10日 春分 25日	清明 10日 穀雨 25日	立夏 12日 小満 27日	芒種 12日 夏至 27日	小暑 13日 大暑 29日	立秋 15日 処暑 30日	白露15日	秋分 1日 寒露 16日	霜降 2日 立冬 17日	小雪 2日 大雪 18日	冬至 3日 小寒 18日	大寒 3日 立春 18日

弘安**5**年（1282－1283） 壬午

1月	2月	3月	4月	5月	6月	7月	8月	9月	10月	11月	12月
1 壬戌 10	1 壬辰 12	1 辛酉 10	1 庚寅 9	1 己未 ⑦	1 己丑 7	1 戊午 5	1 戊子 4	1 丁巳 3	1 丁亥 2	1 丁巳 2	**1283年**
2 癸亥 11	2 癸巳 13	2 壬戌 11	2 辛卯 ⑩	2 庚申 8	2 庚寅 8	2 己未 6	2 己丑 5	2 戊午 ④	2 戊子 3	2 戊午 3	《1月》
3 甲子 12	3 甲午 14	3 癸亥 ⑫	3 壬辰 11	3 辛酉 9	3 辛卯 9	3 庚申 7	3 庚寅 ⑥	3 己未 5	3 己丑 4	3 己未 4	1 丁亥 1
4 乙丑 13	4 乙未 ⑮	4 甲子 13	4 癸巳 12	4 壬戌 10	4 壬辰 10	4 辛酉 8	4 辛卯 7	4 庚申 6	4 庚寅 5	4 庚申 5	2 戊子 2
5 丙寅 14	**5** 丙申 16	5 乙丑 14	5 甲午 13	5 癸亥 11	5 癸巳 11	5 壬戌 ⑨	5 壬辰 8	5 辛酉 7	5 辛卯 6	5 辛酉 ⑥	3 己丑 ③
6 丁卯 ⑮	6 丁酉 17	6 丙寅 15	6 乙未 14	6 甲子 12	6 甲午 ⑫	6 癸亥 10	6 癸巳 9	6 壬戌 8	6 壬辰 7	6 壬戌 7	4 庚寅 4
7 戊辰 16	7 戊戌 18	**7** 丁卯 16	7 丙申 15	7 乙丑 13	7 乙未 13	7 甲子 11	7 甲午 10	7 癸亥 9	7 癸巳 ⑧	7 癸亥 8	5 辛卯 5
8 己巳 17	8 己亥 19	8 戊辰 17	**8** 丁酉 16	8 丙寅 ⑭	8 丙申 14	8 乙丑 12	8 乙未 11	8 甲子 10	8 甲午 9	8 甲子 9	6 壬辰 6
9 庚午 18	9 庚子 20	9 己巳 18	9 戊戌 ⑰	**9** 丁卯 15	9 丁酉 15	9 丙寅 13	9 丙申 12	9 乙丑 ⑪	9 乙未 10	9 乙丑 10	7 癸巳 7
10 辛未 19	10 辛丑 21	10 庚午 ⑲	10 己亥 18	10 戊辰 16	**10** 戊戌 16	10 丁卯 14	10 丁酉 ⑬	10 丙寅 12	10 丙申 11	10 丙寅 11	8 甲午 8
11 壬申 20	11 壬寅 ㉒	11 辛未 20	11 庚子 19	11 己巳 17	11 己亥 17	**11** 戊辰 15	11 戊戌 14	11 丁卯 13	11 丁酉 12	11 丁卯 12	9 乙未 9
12 癸酉 21	12 癸卯 23	12 壬申 21	12 辛丑 20	12 庚午 18	12 庚子 18	12 己巳 ⑯	**12** 己亥 15	12 戊辰 14	12 戊戌 13	12 戊辰 ⑬	10 丙申 ⑩
13 甲戌 ㉒	13 甲辰 24	13 癸酉 22	13 壬寅 21	13 辛未 19	13 辛丑 ⑲	13 庚午 17	13 庚子 16	**13** 己巳 15	13 己亥 14	13 己巳 14	11 丁酉 11
14 乙亥 23	14 乙巳 25	14 甲戌 23	14 癸卯 22	14 壬申 20	14 壬寅 20	14 辛未 18	14 辛丑 17	14 庚午 16	**14** 庚子 ⑮	**14** 庚午 15	12 戊戌 12
15 丙子 24	15 丙午 26	15 乙亥 24	15 甲辰 23	15 癸酉 ㉑	15 癸卯 21	15 壬申 19	15 壬寅 18	15 辛未 17	15 辛丑 16	15 辛未 16	13 己亥 13
16 丁丑 25	16 丁未 27	16 丙子 25	16 乙巳 ㉔	16 甲戌 22	16 甲辰 22	16 癸酉 20	16 癸卯 19	16 壬申 ⑱	16 壬寅 17	16 壬申 17	**14** 庚子 14
17 戊寅 26	17 戊申 28	17 丁丑 ㉖	17 丙午 25	17 乙亥 23	17 乙巳 23	17 甲戌 21	17 甲辰 ⑳	17 癸酉 19	17 癸卯 18	17 癸酉 18	15 辛丑 15
18 己卯 27	18 己酉 ㉙	18 戊寅 27	18 丁未 26	18 丙子 24	18 丙午 24	18 乙亥 22	18 乙巳 21	18 甲戌 20	18 甲辰 19	18 甲戌 19	16 壬寅 16
19 庚辰 28	19 庚戌 30	19 己卯 28	19 戊申 27	19 丁丑 25	19 丁未 25	19 丙子 ㉓	19 丙午 22	19 乙亥 21	19 乙巳 20	19 乙亥 ⑳	17 癸卯 ⑰
《3月》	**20** 辛亥 31	20 庚辰 29	20 己酉 28	20 戊寅 26	20 戊申 ㉖	20 丁丑 24	20 丁未 23	20 丙子 22	20 丙午 21	20 丙子 21	18 甲辰 18
20 辛巳 ①	《4月》	21 辛巳 30	21 庚戌 29	21 己卯 27	21 己酉 27	21 戊寅 25	21 戊申 24	21 丁丑 23	21 丁未 ㉒	21 丁丑 22	19 乙巳 19
21 壬午 2	21 壬子 1	《5月》	22 辛亥 30	22 庚辰 ㉘	22 庚戌 28	22 己卯 26	22 己酉 25	22 戊寅 24	22 戊申 23	22 戊寅 23	20 丙午 20
22 癸未 3	22 癸丑 2	**22** 壬午 1	**23** 壬子 ㉛	23 辛巳 29	23 辛亥 29	23 庚辰 27	23 庚戌 26	23 己卯 ㉕	23 己酉 24	23 己卯 24	21 丁未 21
23 甲申 4	23 甲寅 3	23 癸未 2	《6月》	24 壬午 30	24 壬子 30	24 辛巳 28	24 辛亥 ㉗	24 庚辰 26	24 庚戌 25	24 庚辰 25	22 戊申 22
24 乙酉 5	24 乙卯 4	24 甲申 ③	24 癸丑 1	《7月》	**25** 癸丑 31	25 壬午 29	25 壬子 28	25 辛巳 27	25 辛亥 26	25 辛巳 26	23 己酉 23
25 丙戌 6	25 丙辰 ⑤	25 乙酉 4	25 甲寅 2	**25** 癸未 1	《8月》	26 癸未 ㉚	26 癸丑 29	26 壬午 28	26 壬子 27	26 壬午 ㉗	24 庚戌 ㉔
26 丁亥 7	26 丁巳 6	26 丙戌 5	26 乙卯 3	26 甲申 2	26 甲寅 1	**27** 甲申 31	**27** 甲寅 30	27 癸未 29	27 癸丑 28	27 癸未 28	25 辛亥 25
27 戊子 ⑧	27 戊午 7	27 丁亥 6	27 丙辰 4	27 乙酉 3	27 乙卯 ②	《9月》	《10月》	**28** 甲申 30	28 甲寅 ㉙	28 甲申 29	26 壬子 26
28 己丑 9	28 己未 8	28 戊子 7	28 丁巳 5	28 丙戌 4	28 丙辰 3	28 乙酉 1	28 乙卯 1	29 乙酉 31	**29** 乙卯 30	**29** 乙酉 30	27 癸丑 27
29 庚寅 10	29 庚申 9	29 己丑 8	29 戊午 6	29 丁亥 ⑤	29 丁巳 4	29 丙戌 2	29 丙辰 2	《11月》	《12月》	30 丙戌 31	28 甲寅 28
30 辛卯 11				30 戊子 6		30 丁亥 3		30 丙戌 ①	30 丙辰 1		29 乙卯 29
雨水 5日 啓蟄 20日	春分 5日 清明 20日	穀雨 7日 立夏 22日	小満 8日 芒種 23日	夏至 9日 小暑 25日	大暑 10日 立秋 25日	処暑 11日 白露 27日	秋分 12日 寒露 27日	霜降 13日 立冬 28日	小雪 14日 大雪 29日	冬至 14日 小寒 29日	大寒 14日

弘安6年（1283－1284） 癸未

1月	2月	3月	4月	5月	6月	7月	8月	9月	10月	11月	12月
1 丙辰30	《3月》	1 丙辰31	1 乙酉29	1 甲寅28	1 癸未26	1 癸丑26	1 壬午24	1 壬子23	1 辛巳22	1 辛亥㉑	1 辛巳21
2 丁巳㉛	1 丙戌1	《4月》	2 丙戌30	2 乙卯29	2 甲申㉗	2 甲寅27	2 癸未25	2 癸丑24	2 壬午23	2 壬子22	2 壬午22
《2月》	2 丁亥2	2 丁巳1	《5月》	3 丙辰㉚	3 乙酉28	3 乙卯28	3 甲申26	3 甲寅25	3 癸未㉔	3 癸丑23	3 癸未23
3 戊午1	3 戊子3	3 戊午2	3 丁亥1	4 丁巳31	4 丙戌29	4 丙辰29	4 乙酉27	4 乙卯㉖	4 甲申25	4 甲寅24	4 甲申24
4 己未2	4 己丑4	4 己未3	4 戊子②	《6月》	5 丁亥30	5 丁巳30	5 丙戌28	5 丙辰27	5 乙酉26	5 乙卯25	5 乙酉25
5 庚申3	5 庚寅5	5 庚申④	5 己丑3	5 戊午1	《7月》	6 戊午31	6 丁亥㉙	6 丁巳28	6 丙戌27	6 丙辰26	6 丙戌㉖
6 辛酉4	6 辛卯6	6 辛酉5	6 庚寅4	6 己未2	6 戊子1	《8月》	7 戊子30	7 戊午29	7 丁亥28	7 丁巳27	7 丁亥27
7 壬戌5	7 壬辰⑦	7 壬戌6	7 辛卯5	7 庚申3	7 己丑2	7 己未①	8 己丑31	8 己未30	8 戊子29	8 戊午㉘	8 戊子28
8 癸亥6	8 癸巳8	8 癸亥7	8 壬辰6	8 辛酉4	8 庚寅3	8 庚申2	《9月》	《10月》	9 己丑30	9 己未29	9 己丑29
9 甲子⑦	9 甲午9	9 甲子8	9 癸巳7	9 壬戌5	9 辛卯④	9 辛酉3	9 庚寅1	9 庚申1	10 庚寅㉛	10 庚申30	10 庚寅30
10 乙丑8	10 乙未10	10 乙丑9	10 甲午8	10 癸亥⑥	10 壬辰5	10 壬戌4	10 辛卯2	10 辛酉2	《11月》	《12月》	11 辛卯31
11 丙寅9	11 丙申11	11 丙寅10	11 乙未⑨	11 甲子7	11 癸巳6	11 癸亥5	11 壬辰3	11 壬戌③	11 辛卯1	11 辛酉1	1284年
12 丁卯10	12 丁酉12	12 丁卯⑪	12 丙申10	12 乙丑8	12 甲午7	12 甲子6	12 癸巳4	12 癸亥4	12 壬辰2	12 壬戌2	《1月》
13 戊辰11	13 戊戌13	13 戊辰12	13 丁酉11	13 丙寅9	13 乙未8	13 乙丑7	13 甲午⑤	13 甲子5	13 癸巳3	13 癸亥3	12 壬辰1
14 己巳12	14 己亥⑭	14 己巳13	14 戊戌12	14 丁卯10	14 丙申9	14 丙寅⑧	14 乙未6	14 乙丑6	14 甲午4	14 甲子4	13 癸巳②
15 庚午13	15 庚子15	15 庚午14	15 己亥13	15 戊辰11	15 丁酉10	15 丁卯9	15 丙申7	15 丙寅7	15 乙未5	15 乙丑⑤	14 甲午3
16 辛未⑭	16 辛丑16	16 辛未15	16 庚子14	16 己巳12	16 戊戌⑪	16 戊辰10	16 丁酉8	16 丁卯8	16 丙申6	16 丙寅6	15 乙未4
17 壬申15	17 壬寅17	17 壬申16	17 辛丑15	17 庚午⑬	17 己亥12	17 己巳11	17 戊戌9	17 戊辰9	17 丁酉⑦	17 丁卯7	16 丙申5
18 癸酉16	18 癸卯18	18 癸酉17	18 壬寅⑯	18 辛未14	18 庚子13	18 庚午12	18 己亥10	18 己巳⑩	18 戊戌8	18 戊辰8	17 丁酉6
19 甲戌17	19 甲辰19	19 甲戌⑱	19 癸卯17	19 壬申15	19 辛丑14	19 辛未13	19 庚子11	19 庚午11	19 己亥9	19 己巳9	18 戊戌7
20 乙亥18	20 乙巳20	20 乙亥19	20 甲辰18	20 癸酉16	20 壬寅15	20 壬申14	20 辛丑⑫	20 辛未12	20 庚子10	20 庚午10	19 己亥8
21 丙子19	21 丙午㉑	21 丙子20	21 乙巳19	21 甲戌17	21 癸卯16	21 癸酉⑮	21 壬寅13	21 壬申13	21 辛丑11	21 辛未11	20 庚子⑨
22 丁丑20	22 丁未22	22 丁丑21	22 丙午20	22 乙亥18	22 甲辰17	22 甲戌16	22 癸卯14	22 癸酉14	22 壬寅12	22 壬申⑫	21 辛丑10
23 戊寅㉑	23 戊申23	23 戊寅22	23 丁未21	23 丙子19	23 乙巳⑱	23 乙亥17	23 甲辰15	23 甲戌15	23 癸卯13	23 癸酉13	22 壬寅11
24 己卯22	24 己酉24	24 己卯23	24 戊申22	24 丁丑⑳	24 丙午19	24 丙子18	24 乙巳16	24 乙亥16	24 甲辰⑭	24 甲戌14	23 癸卯12
25 庚辰23	25 庚戌25	25 庚辰24	25 己酉㉓	25 戊寅21	25 丁未20	25 丁丑19	25 丙午17	25 丙子⑰	25 乙巳15	25 乙亥15	24 甲辰13
26 辛巳24	26 辛亥26	26 辛巳㉕	26 庚戌24	26 己卯22	26 戊申21	26 戊寅20	26 丁未18	26 丁丑18	26 丙午16	26 丙子16	25 乙巳14
27 壬午25	27 壬子27	27 壬午26	27 辛亥25	27 庚辰23	27 己酉22	27 己卯21	27 戊申⑲	27 戊寅19	27 丁未17	27 丁丑17	26 丙午15
28 癸未26	28 癸丑㉘	28 癸未27	28 壬子26	28 辛巳24	28 庚戌23	28 庚辰㉒	28 己酉20	28 己卯20	28 戊申18	28 戊寅18	27 丁未⑯
29 甲申27	29 甲寅29	29 甲申28	29 癸丑27	29 壬午25	29 辛亥24	29 辛巳23	29 庚戌21	29 庚辰21	29 己酉19	29 己卯⑲	28 戊申17
30 乙酉㉘	30 乙卯30				30 壬子㉕		30 辛亥22		30 庚戌20	30 庚辰20	29 己酉18
											30 庚戌19

立春 1日	啓蟄 1日	清明 2日	立夏 3日	芒種 4日	小暑 6日	立秋 6日	白露 8日	寒露 8日	立冬 10日	大雪 10日	小寒 11日
雨水 16日	春分 16日	穀雨 17日	小満 18日	夏至 20日	大暑 21日	処暑 22日	秋分 23日	霜降 23日	小雪 25日	冬至 25日	大寒 26日

弘安7年（1284－1285） 甲申

1月	2月	3月	4月	閏4月	5月	6月	7月	8月	9月	10月	11月	12月
1 辛亥20	1 庚辰18	1 庚戌⑲	1 己卯17	1 己酉17	1 戊寅15	1 丁未14	1 丁丑⑬	1 丙午11	1 丙子11	1 乙巳9	1 乙亥9	1 乙巳8
2 壬子21	2 辛巳19	2 辛亥20	2 庚辰18	2 庚戌18	2 己卯16	2 戊申15	2 戊寅14	2 丁未12	2 丁丑12	2 丙午10	2 丙子⑩	2 丙午9
3 癸丑22	3 壬午⑳	3 壬子21	3 辛巳19	3 辛亥19	3 庚辰17	3 己酉⑯	3 己卯15	3 戊申13	3 戊寅13	3 丁未11	3 丁丑11	3 丁未10
4 甲寅㉓	4 癸未21	4 癸丑22	4 壬午20	4 壬子20	4 辛巳⑱	4 庚戌17	4 庚辰16	4 己酉14	4 己卯14	4 戊申⑫	4 戊寅12	4 戊申11
5 乙卯24	5 甲申22	5 甲寅23	5 癸未21	5 癸丑㉑	5 壬午19	5 辛亥18	5 辛巳17	5 庚戌15	5 庚辰⑮	5 己酉13	5 己卯13	5 己酉12
6 丙辰25	6 乙酉23	6 乙卯24	6 甲申22	6 甲寅22	6 癸未20	6 壬子19	6 壬午18	6 辛亥16	6 辛巳16	6 庚戌14	6 庚辰14	6 庚戌13
7 丁巳26	7 丙戌24	7 丙辰25	7 乙酉㉓	7 乙卯23	7 甲申21	7 癸丑20	7 癸未19	7 壬子⑰	7 壬午17	7 辛亥15	7 辛巳15	7 辛亥⑭
8 戊午27	8 丁亥25	8 丁巳㉖	8 丙戌24	8 丙辰24	8 乙酉22	8 甲寅21	8 甲申⑳	8 癸丑18	8 癸未18	8 壬子16	8 壬午16	8 壬子15
9 己未28	9 戊子26	9 戊午27	9 丁亥25	9 丁巳25	9 丙戌23	9 乙卯22	9 乙酉21	9 甲寅19	9 甲申19	9 癸丑17	9 癸未⑰	9 癸丑16
10 庚申29	10 己丑㉗	10 己未28	10 戊子26	10 戊午26	10 丁亥24	10 丙辰㉓	10 丙戌22	10 乙卯20	10 乙酉20	10 甲寅18	10 甲申18	10 甲寅17
11 辛酉㉚	11 庚寅28	11 庚申29	11 己丑27	11 己未27	11 戊子㉕	11 丁巳24	11 丁亥23	11 丙辰21	11 丙戌21	11 乙卯⑲	11 乙酉19	11 乙卯18
12 壬戌31	12 辛卯29	12 辛酉30	12 庚寅28	12 庚申㉘	12 己丑26	12 戊午25	12 戊子24	12 丁巳22	12 丁亥㉒	12 丙辰20	12 丙戌20	12 丙辰19
《2月》	《3月》	13 壬戌31	13 辛卯29	13 辛酉29	13 庚寅27	13 己未26	13 己丑25	13 戊午23	13 戊子23	13 丁巳21	13 丁亥21	13 丁巳20
13 癸亥1	13 壬辰1	《4月》	14 壬辰㉚	14 壬戌30	14 辛卯28	14 庚申27	14 庚寅26	14 己未㉔	14 己丑24	14 戊午22	14 戊子22	14 戊午㉑
14 甲子2	14 癸巳2	14 癸亥1	《5月》	15 癸亥31	15 壬辰29	15 辛酉28	15 辛卯㉗	15 庚申25	15 庚寅25	15 己未23	15 己丑23	15 己未22
15 乙丑3	15 甲午3	15 甲子②	15 癸巳1	《6月》	16 癸巳30	16 壬戌29	16 壬辰28	16 辛酉26	16 辛卯26	16 庚申24	16 庚寅㉔	16 庚申23
16 丙寅4	16 乙未4	16 乙丑3	16 甲午2	16 甲子1	《7月》	17 癸亥㉚	17 癸巳29	17 壬戌27	17 壬辰27	17 辛酉25	17 辛卯25	17 辛酉24
17 丁卯5	17 丙申⑤	17 丙寅4	17 乙未3	17 乙丑2	17 甲午1	18 甲子31	18 甲午30	18 癸亥28	18 癸巳28	18 壬戌㉖	18 壬辰26	18 壬戌25
18 戊辰⑥	18 丁酉6	18 丁卯5	18 丙申4	18 丙寅3	18 乙未②	《8月》	19 乙未31	19 甲子29	19 甲午㉙	19 癸亥27	19 癸巳27	19 癸亥26
19 己巳7	19 戊戌7	19 戊辰6	19 丁酉5	19 丁卯④	19 丙申3	19 乙丑1	《9月》	20 乙丑30	20 乙未30	20 甲子28	20 甲午28	20 甲子27
20 庚午8	20 己亥8	20 己巳7	20 戊戌6	20 戊辰5	20 丁酉4	20 丙寅2	20 丙申1	《10月》	21 丙申31	21 乙丑29	21 乙未29	21 乙丑㉘
21 辛未9	21 庚子9	21 庚午8	21 己亥⑦	21 己巳6	21 戊戌5	21 丁卯3	21 丁酉2	21 丙寅①	《11月》	22 丙寅30	22 丙申30	22 丙寅29
22 壬申10	22 辛丑10	22 辛未⑨	22 庚子8	22 庚午7	22 己亥6	22 戊辰4	22 戊戌③	22 丁卯2	22 丁酉1	《12月》	23 丁酉㉛	23 丁卯30
23 癸酉11	23 壬寅11	23 壬申10	23 辛丑9	23 辛未8	23 庚子7	23 己巳5	23 己亥4	23 戊辰3	23 戊戌2	23 丁卯1	1285年	24 戊辰31
24 甲戌12	24 癸卯⑫	24 癸酉11	24 壬寅10	24 壬申9	24 辛丑8	24 庚午⑥	24 庚子5	24 己巳4	24 己亥3	24 戊辰2	《1月》	《2月》
25 乙亥⑬	25 甲辰13	25 甲戌12	25 癸卯11	25 癸酉10	25 壬寅⑨	25 辛未7	25 辛丑6	25 庚午5	25 庚子4	25 己巳③	24 戊戌1	25 己巳1
26 丙子14	26 乙巳14	26 乙亥13	26 甲辰12	26 甲戌⑪	26 癸卯10	26 壬申8	26 壬寅7	26 辛未6	26 辛丑⑤	26 庚午4	25 己亥2	26 庚午2
27 丁丑15	27 丙午15	27 丙子14	27 乙巳13	27 乙亥12	27 甲辰11	27 癸酉9	27 癸卯8	27 壬申7	27 壬寅6	27 辛未5	26 庚子3	27 辛未3
28 戊寅16	28 丁未16	28 丁丑15	28 丙午⑭	28 丙子13	28 乙巳12	28 甲戌10	28 甲辰9	28 癸酉⑧	28 癸卯7	28 壬申6	27 辛丑4	28 壬申④
29 己卯17	29 戊申17	29 戊寅⑯	29 丁未15	29 丁丑14	29 丙午13	29 乙亥11	29 乙巳⑩	29 甲戌9	29 甲辰8	29 癸酉7	28 壬寅5	29 癸酉5
	30 己酉18		30 戊申16			30 丙子12		30 乙亥10		30 甲戌8	29 癸卯6	
											30 甲辰⑦	

立春 11日	啓蟄 12日	清明 13日	立夏 14日	芒種15日	夏至 1日	大暑 2日	処暑 3日	秋分 4日	霜降 5日	小雪 6日	冬至 7日	大寒 7日
雨水 26日	春分 28日	穀雨 28日	小満 29日		小暑 16日	立秋 18日	白露 18日	寒露 19日	立冬 20日	大雪 21日	小寒 22日	立春 22日

弘安8年（1285－1286） 乙酉

1月	2月	3月	4月	5月	6月	7月	8月	9月	10月	11月	12月
1 甲戌 6	1 甲辰 8	1 甲戌 7	1 癸卯⑥	1 癸酉 5	1 壬寅 4	1 辛未 2	《9月》	**1** 庚午㉚	**1** 庚子30	1 己巳28	1 己亥28
2 乙亥 7	2 乙巳 9	2 乙亥⑧	2 甲辰 7	2 甲戌 6	2 癸卯 5	2 壬申 3	1 辛丑 1	《10月》	2 辛丑31	2 庚午29	2 庚子29
3 丙子 8	3 丙午10	3 丙子 9	3 乙巳 8	3 乙亥 7	3 甲辰 6	3 癸酉 4	2 壬寅②	2 辛未 1	《11月》	**3** 辛未30	**3** 辛丑㉚
4 丁丑 9	4 丁未⑪	4 丁丑10	4 丙午 9	4 丙子 8	4 乙巳 7	4 甲戌⑤	3 癸卯 3	3 壬申 2	3 壬寅 1	《12月》	4 壬寅31
5 戊寅10	5 戊申12	5 戊寅11	5 丁未10	5 丁丑 9	5 丙午⑧	5 乙亥 6	4 甲辰 4	4 癸酉 3	4 癸卯 2	4 壬申 1	**1286年**
6 己卯⑪	6 己酉13	6 己卯12	6 戊申11	6 戊寅⑩	6 丁未 9	6 丙子 7	5 乙巳 5	5 甲戌 4	5 甲辰 3	5 癸酉②	《1月》
7 庚辰12	7 庚戌14	7 庚辰13	7 己酉12	7 己卯11	7 戊申10	7 丁丑 8	6 丙午 6	6 乙亥 5	6 乙巳④	6 甲戌 3	5 癸卯 1
8 辛巳13	8 辛亥15	8 辛巳14	8 庚戌⑬	8 庚辰12	8 己酉11	8 戊寅 9	7 丁未 7	7 丙子 6	7 丙午 5	7 乙亥 4	6 甲辰 2
9 壬午14	**9** 壬子16	**9** 壬午⑮	9 辛亥14	9 辛巳13	9 庚戌12	9 己卯10	8 戊申 8	8 丁丑⑦	8 丁未 6	8 丙子 5	7 乙巳 3
10癸未15	10癸丑17	10癸未16	10壬子15	10壬午14	10辛亥13	10庚辰11	9 己酉⑨	9 戊寅 8	9 戊申 7	9 丁丑 6	8 丙午 4
11甲申16	11甲寅⑱	11甲申17	**11**癸丑16	**11**癸未15	11壬子14	11辛巳⑫	10庚戌10	10己卯 9	10己酉 8	10戊寅 7	9 丁未 5
12乙酉17	12乙卯19	12乙酉18	12甲寅17	12甲申16	12癸丑⑮	12壬午13	11辛亥11	11庚辰10	11庚戌 9	11己卯 8	10戊申⑥
13丙戌⑱	13丙辰20	13丙戌19	13乙卯18	13乙酉⑰	**13**甲寅16	13癸未14	12壬子12	12辛巳11	12辛亥10	12庚辰⑨	11己酉 7
14丁亥19	14丁巳21	14丁亥20	14丙辰19	14丙戌18	14乙卯17	**14**甲申15	13癸丑13	13壬午12	13壬子⑪	13辛巳10	12庚戌 8
15戊子20	15戊午22	15戊子21	15丁巳⑳	15丁亥19	15丙辰18	15乙酉16	**14**甲寅14	14癸未13	14癸丑12	14壬午11	13辛亥 9
16己丑21	16己未23	16己丑㉒	16戊午21	16戊子20	16丁巳19	16丙戌17	15乙卯15	15甲申⑭	15甲寅13	15癸未12	14壬子10
17庚寅22	17庚申24	17庚寅23	17己未22	17己丑21	17戊午20	17丁亥18	16丙辰⑯	**16**乙酉15	**16**乙卯14	16甲申13	15癸丑11
18辛卯23	18辛酉㉕	18辛卯24	18庚申23	18庚寅22	18己未21	18戊子⑲	17丁巳17	17丙戌16	17丙辰15	17乙酉14	16甲寅12
19壬辰24	19壬戌26	19壬辰25	19辛酉24	19辛卯23	19庚申㉒	19己丑20	18戊午18	18丁亥17	18丁巳16	**18**丙戌15	17乙卯⑬
20癸巳㉕	20癸亥27	20癸巳26	20壬戌25	20壬辰㉔	20辛酉23	20庚寅21	19己未19	19戊子18	19戊午17	19丁亥⑯	**18**丙辰14
21甲午26	21甲子28	21甲午27	21癸亥26	21癸巳25	21壬戌24	21辛卯22	20庚申20	20己丑19	20己未⑱	20戊子17	19丁巳15
22乙未27	22乙丑29	22乙未28	22甲子㉗	22甲午26	22癸亥25	22壬辰23	21辛酉21	21庚寅20	21庚申19	21己丑18	20戊午16
23丙申28	23丙寅30	23丙申㉙	23乙丑28	23乙未27	23甲子26	23癸巳24	22壬戌22	22辛卯㉑	22辛酉20	22庚寅19	21己未17
《3月》	**24**丁卯31	**24**丁酉30	24丙寅29	24丙申28	24乙丑27	24甲午25	23癸亥㉓	23壬辰22	23壬戌21	23辛卯20	22庚申18
24丁酉 1	《4月》	《5月》	25丁卯30	25丁酉29	25丙寅28	25乙未㉖	24甲子24	24癸巳23	24癸亥22	24壬辰21	23辛酉19
25戊戌 2	25戊辰①	25戊戌 1	**26**戊辰31	**26**戊戌30	26丁卯㉙	26丙申27	25乙丑25	25甲午24	25甲子23	25癸巳22	24壬戌⑳
26己亥 3	26己巳 2	26己亥 2	《6月》	《7月》	27戊辰30	27丁酉28	26丙寅26	26乙未25	26乙丑24	26甲午㉓	25癸亥21
27庚子④	27庚午 3	27庚子 3	27己巳 1	27己亥①	**28**己巳31	28戊戌29	27丁卯27	27丙申26	27丙寅㉕	27乙未24	26甲子22
28辛丑 5	28辛未 4	28辛丑 4	28庚午 2	28庚子 2	《8月》	**29**己亥30	28戊辰28	28丁酉27	28丁卯26	28丙申25	27乙丑23
29壬寅 6	29壬申 5	29壬寅 5	29辛未③	29辛丑 3	29庚午 1	30庚子31	29己巳29	29戊戌㉘	29戊辰27	29丁酉26	28丙寅24
30癸卯 7	30癸酉 6		30壬申 4					30己亥29		30戊戌27	29丁卯25
雨水 8日 啓蟄 24日	春分 9日 清明 24日	穀雨 9日 立夏 24日	小満 11日 芒種 26日	夏至 11日 小暑 26日	大暑 13日 立秋 28日	処暑 14日 白露 29日	秋分 14日	寒露 1日 霜降 16日	立冬 1日 小雪 16日	大雪 3日 冬至 18日	小寒 3日 大寒 18日

弘安9年（1286－1287） 丙戌

1月	2月	3月	4月	5月	6月	7月	8月	9月	10月	11月	12月	閏12月
1 戊辰26	1 戊戌25	1 戊辰27	1 丁酉25	1 丁卯25	1 丁酉24	1 丙寅23	1 乙未21	1 乙丑20	1 甲午19	1 甲子18	1 癸巳17	1 癸亥16
2 己巳㉗	2 己亥26	2 己巳28	2 戊戌26	2 戊辰㉖	2 戊戌25	2 丁卯24	2 丙申22	2 丙寅21	2 乙未⑳	2 乙丑19	2 甲午18	2 甲子17
3 庚午28	3 庚子27	3 庚午29	3 己亥27	3 己巳27	3 己亥26	3 戊辰25	3 丁酉23	3 丁卯㉒	3 丙申21	3 丙寅20	3 乙未19	3 乙丑18
4 辛未29	4 辛丑28	4 辛未30	4 庚子㉘	4 庚午28	4 庚子27	4 己巳26	4 戊戌24	4 戊辰23	4 丁酉22	4 丁卯21	4 丙申20	4 丙寅⑲
5 壬申30	《3月》	**5** 壬申㉛	5 辛丑29	5 辛未29	5 辛丑28	5 庚午27	5 己亥㉕	5 己巳24	5 戊戌23	5 戊辰22	5 丁酉㉑	5 丁卯20
6 癸酉31	**5** 壬寅 1	《4月》	6 壬寅30	6 壬申30	6 壬寅29	6 辛未㉘	6 庚子26	6 庚午25	6 己亥24	6 己巳23	6 戊戌㉒	6 戊辰21
《2月》	6 癸卯 2	6 癸酉 1	《5月》	**7** 癸酉31	7 癸卯㉚	7 壬申29	7 辛丑27	7 辛未26	7 庚子25	7 庚午㉔	7 己亥23	7 己巳22
7 甲戌 1	7 甲辰③	7 甲戌 2	**7** 癸卯 1	《6月》	《7月》	8 癸酉30	8 壬寅28	8 壬申27	8 辛丑26	8 辛未25	8 庚子24	8 庚午23
8 乙亥 2	8 乙巳 4	8 乙亥 3	8 甲辰 2	8 甲戌 1	**8** 甲辰 1	**9** 甲戌31	9 癸卯29	9 癸酉28	9 壬寅㉗	9 壬申26	9 辛丑25	9 辛未24
9 丙子③	9 丙午 5	9 丙子 4	9 乙巳 3	9 乙亥②	9 乙巳 2	《8月》	**10**甲辰30	10甲戌㉙	10癸卯28	10癸酉27	10壬寅26	10壬申25
10丁丑 4	10丁未 6	10丁丑 5	10丙午 4	10丙子 3	10丙午 3	10乙亥 1	11乙巳31	**11**乙亥30	11甲辰29	11甲戌28	11癸卯27	11癸酉㉖
11戊寅 5	11戊申 7	11戊寅 6	11丁未⑤	11丁丑 4	11丁未 4	11丙子 2	《9月》	《10月》	**12**乙巳30	12乙亥29	12甲辰28	12甲戌27
12己卯 6	12己酉 8	12己卯⑦	12戊申 6	12戊寅 5	12戊申 5	12丁丑 3	12丙午①	12丙子 1	13丙午31	**13**丙子30	13乙巳㉙	13乙亥28
13庚辰 7	13庚戌 9	13庚辰 8	13己酉 7	13己卯 6	13己酉 6	13戊寅④	13丁未 2	13丁丑 2	《11月》	《12月》	**14**丙午30	14丙子29
14辛巳 8	14辛亥⑩	14辛巳 9	14庚戌 8	14庚辰 7	14庚戌⑦	14己卯 5	14戊申 3	14戊寅 3	14丁未 1	14丁丑①	15丁未31	**15**丁丑30
15壬午 9	15壬子11	15壬午10	15辛亥 9	15辛巳 8	15辛亥 8	15庚辰 6	15己酉 4	15己卯 4	15戊申 2	15戊寅 2	**1287年**	16戊寅31
16癸未⑩	16癸丑12	16癸未11	16壬子10	16壬午⑨	16壬子 9	16辛巳 7	16庚戌 5	16庚辰 5	16己酉③	16己卯 3	《1月》	《2月》
17甲申11	17甲寅13	17甲申12	17癸丑11	17癸未10	17癸丑10	17壬午 8	17辛亥 6	17辛巳⑥	17庚戌 4	17庚辰 4	16戊申 1	17己卯 1
18乙酉12	18乙卯14	18乙酉13	18甲寅⑫	18甲申11	18甲寅11	18癸未 9	18壬子 7	18壬午 7	18辛亥 5	18辛巳 5	17己酉 2	18庚辰②
19丙戌13	19丙辰15	19丙戌⑭	19乙卯13	19乙酉12	19乙卯12	19甲申10	19癸丑⑧	19癸未 8	19壬子 6	19壬午 6	18庚戌 3	19辛巳 3
20丁亥14	**20**丁巳16	20丁亥15	20丙辰14	20丙戌13	20丙辰13	20乙酉⑪	20甲寅 9	20甲申 9	20癸丑 7	20癸未 7	19辛亥 4	20壬午 4
21戊子15	21戊午⑰	**21**戊子16	21丁巳15	21丁亥14	21丁巳⑭	21丙戌12	21乙卯10	21乙酉10	21甲寅 8	21甲申⑧	20壬子⑤	21癸未 5
22己丑16	22己未18	22己丑17	**22**戊午16	**22**戊子15	22戊午15	22丁亥13	22丙辰11	22丙戌11	22乙卯 9	22乙酉 9	21癸丑 6	22甲申 6
23庚寅⑰	23庚申19	23庚寅18	23己未17	23己丑⑯	**23**己未16	23戊子14	23丁巳12	23丁亥12	23丙辰⑩	23丙戌10	22甲寅 7	23乙酉 7
24辛卯18	24辛酉20	24辛卯19	24庚申18	24庚寅17	24庚申17	**24**己丑15	24戊午13	24戊子⑬	24丁巳11	24丁亥11	23乙卯 8	24丙戌 8
25壬辰19	25壬戌21	25壬辰20	25辛酉⑲	25辛卯18	25辛酉18	25庚寅16	25己未14	25己丑14	25戊午12	25戊子12	24丙辰 9	25丁亥⑨
26癸巳20	26癸亥22	26癸巳㉑	26壬戌20	26壬辰19	26壬戌19	26辛卯17	**26**庚申⑮	**26**庚寅15	26己未13	26己丑13	25丁巳10	26戊子10
27甲午21	27甲子23	27甲午22	27癸亥21	27癸巳20	27癸亥20	27壬辰⑱	27辛酉16	27辛卯16	27庚申14	27庚寅14	26戊午11	27己丑11
28乙未22	28乙丑㉔	28乙未23	28甲子22	28甲午21	28甲子㉑	28癸巳19	28壬戌17	28壬辰17	**28**辛酉15	**28**辛卯⑮	27己未⑫	28庚寅12
29丙申23	29丙寅25	29丙申24	29乙丑23	29乙未22	29乙丑22	29甲午20	29癸亥18	29癸巳18	29壬戌16	29壬辰16	28庚申13	29辛卯13
30丁酉㉔	30丁卯26		30丙寅24	30丙申㉓			30甲子19		30癸亥⑰		**29**辛酉14	
											30壬戌15	
立春 4日 雨水 20日	啓蟄 5日 春分 20日	清明 5日 穀雨 21日	立夏 7日 小満 22日	芒種 7日 夏至 22日	小暑 8日 大暑 23日	立秋 9日 処暑 24日	白露 10日 秋分 26日	寒露 11日 霜降 26日	立冬 12日 小雪 28日	大雪 13日 冬至 28日	小寒 14日 大寒 29日	立春15日

弘安 10 年（1287－1288） 丁亥

1月	2月	3月	4月	5月	6月	7月	8月	9月	10月	11月	12月
1 壬辰14	**1** 壬戌⑯	1 辛卯14	1 辛酉14	1 辛卯13	1 庚申12	1 庚寅11	1 己未9	1 己丑9	1 戊午7	1 戊子⑦	1 丁巳5
2 癸巳15	2 癸亥17	2 壬辰15	2 壬戌15	2 壬辰14	2 辛酉⑬	2 辛卯12	2 庚申10	2 庚寅10	2 己未8	2 己丑8	2 戊午6
3 甲午⑯	3 甲子18	**3** 癸巳16	**3** 癸亥16	3 癸巳⑮	3 壬戌14	3 壬辰13	3 辛酉11	3 辛卯11	3 庚申⑨	3 庚寅9	3 己未7
4 乙未17	4 乙丑19	4 甲午17	4 甲子17	**4** 甲午16	4 癸亥15	4 癸巳14	4 壬戌12	4 壬辰⑫	4 辛酉10	4 辛卯10	4 庚申8
5 丙申18	5 丙寅20	5 乙未18	5 乙丑⑱	5 乙未17	**5** 甲子16	5 甲午15	5 癸亥13	5 癸巳13	5 壬戌11	5 壬辰11	5 辛酉9
6 丁酉19	6 丁卯21	6 丙申19	6 丙寅19	6 丙申18	6 乙丑17	**6** 乙未16	6 甲子⑭	6 甲午14	6 癸亥12	6 癸巳12	6 壬戌10
7 戊戌20	7 戊辰22	7 丁酉⑳	7 丁卯20	7 丁酉19	7 丙寅18	7 丙申⑰	**7** 乙丑15	**7** 乙未15	7 甲子13	7 甲午13	7 癸亥⑪
8 己亥21	8 己巳㉓	8 戊戌21	8 戊辰21	8 戊戌20	8 丁卯19	8 丁酉18	8 丙寅16	8 丙申16	8 乙丑14	8 乙未⑭	8 甲子12
9 庚子22	9 庚午24	9 己亥22	9 己巳22	9 己亥21	9 戊辰⑳	9 戊戌19	9 丁卯17	9 丁酉17	**9** 丙寅15	**9** 丙申15	9 乙丑13
10 辛丑㉓	10 辛未25	10 庚子23	10 庚午23	10 庚子㉒	10 己巳21	10 己亥20	10 戊辰18	10 戊戌18	10 丁卯⑯	10 丁酉16	10 丙寅14
11 壬寅24	11 壬申26	11 辛丑24	11 辛未24	11 辛丑23	11 庚午22	11 庚子21	11 己巳19	11 己亥⑲	11 戊辰17	11 戊戌17	**11** 丁卯15
12 癸卯25	12 癸酉27	12 壬寅25	12 壬申㉕	12 壬寅24	12 辛未23	12 辛丑22	12 庚午20	12 庚子20	12 己巳18	12 己亥18	12 戊辰16
13 甲辰26	13 甲戌28	13 癸卯26	13 癸酉26	13 癸卯25	13 壬申24	13 壬寅23	13 辛未㉑	13 辛丑21	13 庚午19	13 庚子19	13 己巳17
14 乙巳27	14 乙亥29	14 甲辰㉗	14 甲戌27	14 甲辰26	14 癸酉25	14 癸卯㉔	14 壬申22	14 壬寅22	14 辛未20	14 辛丑20	14 庚午⑱
15 丙午28	15 丙子㉚	15 乙巳28	15 乙亥28	15 乙巳27	15 甲戌26	15 甲辰25	15 癸酉23	15 癸卯23	15 壬申21	15 壬寅㉑	15 辛未19
《3月》	16 丁丑31	16 丙午29	16 丙子29	16 丙午28	16 乙亥㉗	16 乙巳26	16 甲戌24	16 甲辰24	16 癸酉22	16 癸卯22	16 壬申20
16 丁未1	《4月》	17 丁未30	17 丁丑30	17 丁未㉙	17 丙子28	17 丙午27	17 乙亥25	17 乙巳25	17 甲戌㉓	17 甲辰23	17 癸酉21
17 戊申②	**17** 戊寅1	《5月》	**18** 戊寅31	18 戊申30	18 丁丑29	18 丁未28	18 丙子26	18 丙午㉖	18 乙亥24	18 乙巳24	18 甲戌22
18 己酉3	18 己卯2	**18** 戊申1	《6月》	《7月》	19 戊寅30	19 戊申29	19 丁丑27	19 丁未27	19 丙子25	19 丙午25	19 乙亥23
19 庚戌4	19 庚辰3	19 己酉2	19 己卯①	**19** 己酉1	**20** 己卯31	20 己酉30	20 戊寅㉘	20 戊申28	20 丁丑26	20 丁未26	20 丙子24
20 辛亥5	20 辛巳4	20 庚戌3	20 庚辰2	20 庚戌2	《8月》	**21** 庚戌㉛	21 己卯29	21 己酉29	21 戊寅27	21 戊申27	21 丁丑㉕
21 壬子6	21 壬午5	21 辛亥④	21 辛巳3	21 辛亥3	21 庚辰1	《9月》	**22** 庚辰30	22 庚戌30	22 己卯28	22 己酉㉘	22 戊寅26
22 癸丑7	22 癸未⑥	22 壬子5	22 壬午4	22 壬子4	22 辛巳2	22 辛亥1	《10月》	**23** 辛亥31	23 庚辰29	23 庚戌29	23 己卯27
23 甲寅8	23 甲申7	23 癸丑6	23 癸未5	23 癸丑5	23 壬午③	23 壬子2	23 辛巳1	《11月》	**24** 辛巳㉚	**24** 辛亥30	24 庚辰28
24 乙卯⑨	24 乙酉8	24 甲寅7	24 甲申6	24 甲寅⑥	24 癸未4	24 癸丑3	24 壬午2	24 壬子1	《12月》	25 壬子31	25 辛巳29
25 丙辰10	25 丙戌9	25 乙卯8	25 乙酉7	25 乙卯7	25 甲申5	25 甲寅4	25 癸未3	25 癸丑②	25 壬午1	**1288年**	**26** 壬午30
26 丁巳11	26 丁亥10	26 丙辰9	26 丙戌⑧	26 丙辰8	26 乙酉6	26 乙卯5	26 甲申4	26 甲寅3	26 癸未2	《1月》	27 癸未31
27 戊午12	27 戊子11	27 丁巳10	27 丁亥9	27 丁巳9	27 丙戌7	27 丙辰6	27 乙酉⑤	27 乙卯4	27 甲申3	26 癸丑1	《2月》
28 己未13	28 己丑12	28 戊午⑪	28 戊子10	28 戊午10	28 丁亥8	28 丁巳⑦	28 丙戌6	28 丙辰5	28 乙酉4	27 甲寅2	28 甲申①
29 庚申14	29 庚寅⑬	29 己未12	29 己丑11	29 己未11	29 戊子9	29 戊午8	29 丁亥7	29 丁巳6	29 丙戌5	28 乙卯3	29 乙酉2
30 辛酉15		30 庚申13	30 庚寅12		30 己丑⑩		30 戊子8		30 丁亥6	29 丙辰④	30 丙戌3

雨水 1日	春分 1日	穀雨 3日	小満 3日	夏至 4日	大暑 5日	処暑 6日	秋分 7日	霜降 7日	小雪 9日	冬至 9日	大寒 11日
啓蟄 16日	清明 17日	立夏 18日	芒種 18日	小暑 19日	立秋 20日	白露 21日	寒露 22日	立冬 23日	大雪 24日	小寒 24日	立春 26日

正応元年〔弘安 11 年〕（1288－1289） 戊子

改元 4/28（弘安→正応）

1月	2月	3月	4月	5月	6月	7月	8月	9月	10月	11月	12月
1 丁亥4	1 丙辰4	1 丙戌3	1 乙卯②	《6月》	**1** 甲寅30	1 甲申30	1 甲寅㉙	1 癸未27	1 癸丑27	1 壬午25	1 壬子25
2 戊子5	2 丁巳5	2 丁亥④	2 丙辰3	1 乙酉1	《7月》	**2** 乙酉31	**2** 乙卯30	2 甲申28	2 甲寅28	2 癸未26	2 癸丑㉖
3 己丑6	3 戊午6	3 戊子5	3 丁巳4	2 丙戌2	2 乙卯1	《8月》	3 丙辰31	**3** 乙酉29	3 乙卯29	3 甲申27	3 甲寅27
4 庚寅7	4 己未⑦	4 己丑6	4 戊午5	3 丁亥3	3 丙辰2	3 丙戌①	《9月》	4 丙戌30	**4** 丙辰30	4 乙酉㉘	4 乙卯28
5 辛卯⑧	5 庚申8	5 庚寅7	5 己未6	4 戊子4	4 丁巳3	4 丁亥2	4 丁巳1	《10月》	5 丁巳㉛	**5** 丙戌29	5 丙辰29
6 壬辰9	6 辛酉9	6 辛卯8	6 庚申7	5 己丑5	5 戊午④	5 戊子3	5 戊午2	5 丁亥1	《11月》	6 丁亥30	**6** 丁巳30
7 癸巳10	7 壬戌10	7 壬辰9	7 辛酉8	6 庚寅⑥	6 己未5	6 己丑4	6 己未3	6 戊子2	6 戊午1	《12月》	7 戊午31
8 甲午11	8 癸亥11	8 癸巳10	8 壬戌⑨	7 辛卯7	7 庚申6	7 庚寅5	7 庚申4	7 己丑③	7 己未2	7 戊子1	**1289年**
9 乙未12	9 甲子12	9 甲午⑪	9 癸亥10	8 壬辰8	8 辛酉7	8 辛卯6	8 辛酉⑤	8 庚寅4	8 庚申3	8 己丑2	《1月》
10 丙申13	10 乙丑13	10 乙未12	10 甲子11	9 癸巳9	9 壬戌8	9 壬辰7	9 壬戌6	9 辛卯5	9 辛酉4	9 庚寅3	8 己未1
11 丁酉14	11 丙寅⑭	11 丙申13	11 乙丑12	10 甲午10	10 癸亥9	10 癸巳⑧	10 癸亥7	10 壬辰6	10 壬戌5	10 辛卯4	9 庚申②
12 戊戌⑮	12 丁卯15	12 丁酉14	12 丙寅13	11 乙未11	11 甲子10	11 甲午9	11 甲子8	11 癸巳7	11 癸亥6	11 壬辰⑤	10 辛酉3
13 己亥16	**13** 戊辰16	**13** 戊戌15	13 丁卯14	12 丙申12	12 乙丑⑪	12 乙未10	12 乙丑9	12 甲午8	12 甲子⑦	12 癸巳6	11 壬戌4
14 庚子17	14 己巳17	14 己亥16	**14** 戊辰15	13 丁酉⑬	13 丙寅12	13 丙申11	13 丙寅10	13 乙未9	13 乙丑8	13 甲午7	12 癸亥5
15 辛丑18	15 庚午18	15 庚子17	15 己巳⑯	14 戊戌14	14 丁卯13	14 丁酉12	14 丁卯11	14 丙申⑩	14 丙寅9	14 乙未8	13 甲子6
16 壬寅19	16 辛未19	16 辛丑⑱	16 庚午17	**15** 己亥15	15 戊辰14	15 戊戌13	15 戊辰⑫	15 丁酉11	15 丁卯10	15 丙申9	14 乙丑7
17 癸卯20	17 壬申20	17 壬寅19	17 辛未18	16 庚子16	**16** 己巳15	16 己亥14	16 己巳13	16 戊戌12	16 戊辰11	16 丁酉10	15 丙寅8
18 甲辰21	18 癸酉㉑	18 癸卯20	18 壬申19	17 辛丑17	17 庚午16	**17** 庚子⑮	**17** 庚午14	17 己亥13	17 己巳12	17 戊戌11	16 丁卯⑨
19 乙巳㉒	19 甲戌22	19 甲辰21	19 癸酉20	18 壬寅18	18 辛未17	18 辛丑16	18 辛未15	18 庚子14	18 庚午13	18 己亥⑫	17 戊辰10
20 丙午23	20 乙亥23	20 乙巳22	20 甲戌21	19 癸卯19	19 壬申⑱	19 壬寅17	19 壬申16	**19** 辛丑15	**19** 辛未⑭	19 庚子13	18 己巳11
21 丁未24	21 丙子24	21 丙午23	21 乙亥22	20 甲辰⑳	20 癸酉19	20 癸卯18	20 癸酉17	20 壬寅16	20 壬申15	20 辛丑14	19 庚午12
22 戊申25	22 丁丑25	22 丁未24	22 丙子㉓	21 乙巳21	21 甲戌20	21 甲辰19	21 甲戌18	21 癸卯⑰	21 癸酉16	**21** 壬寅15	20 辛未13
23 己酉26	23 戊寅26	23 戊申㉕	23 丁丑24	22 丙午22	22 乙亥21	22 乙巳20	22 乙亥⑲	22 甲辰18	22 甲戌17	22 癸卯16	**21** 壬申14
24 庚戌27	24 己卯27	24 己酉26	24 戊寅25	23 丁未23	23 丙子22	23 丙午21	23 丙子20	23 乙巳19	23 乙亥18	23 甲辰17	22 癸酉15
25 辛亥28	25 庚辰㉘	25 庚戌27	25 己卯26	24 戊申24	24 丁丑23	24 丁未㉒	24 丁丑21	24 丙午20	24 丙子19	24 乙巳18	23 甲戌⑯
26 壬子㉙	26 辛巳29	26 辛亥28	26 庚辰27	25 己酉25	25 戊寅24	25 戊申23	25 戊寅22	25 丁未21	25 丁丑20	25 丙午⑲	24 乙亥17
《3月》	27 壬午30	27 壬子29	27 辛巳28	26 庚戌26	26 己卯㉕	26 己酉24	26 己卯23	26 戊申22	26 戊寅㉑	26 丁未20	25 丙子18
27 癸丑1	**28** 癸未31	**28** 癸丑30	28 壬午29	27 辛亥㉗	27 庚辰26	27 庚戌25	27 庚辰24	27 己酉23	27 己卯22	27 戊申21	26 丁丑19
28 甲寅2	《4月》	《5月》	29 癸未㉚	28 壬子28	28 辛巳27	28 辛亥26	28 辛巳25	28 庚戌㉔	28 庚辰23	28 己酉22	27 戊寅20
29 乙卯3	29 甲申1	29 甲寅1	**30** 甲申31	29 癸丑29	29 壬午28	29 壬子27	29 壬午㉖	29 辛亥25	29 辛巳24	29 庚戌23	28 己卯21
	30 乙酉2				30 癸未29	30 癸丑28		30 壬子26		30 辛亥24	29 庚辰22

雨水 11日	春分 13日	穀雨 13日	小満 14日	夏至 15日	小暑 1日	立秋 2日	白露 2日	寒露 3日	立冬 4日	大雪 5日	小寒 6日
啓蟄 26日	清明 28日	立夏 28日	芒種 30日		大暑 16日	処暑 17日	秋分 17日	霜降 19日	小雪 19日	冬至 21日	大寒 21日

正応2年（1289－1290） 己丑

1月	2月	3月	4月	5月	6月	7月	8月	9月	10月	閏10月	11月	12月
1 辛巳㉓	1 辛亥22	1 庚辰23	1 庚戌22	1 己卯21	1 己酉20	1 戊寅19	1 戊申18	1 丁丑16	1 丁未⑯	1 丁丑15	1 丙午14	1 丙子13
2 壬午24	2 壬子23	2 辛巳24	2 辛亥23	2 庚辰㉒	2 庚戌21	2 己卯20	2 己酉19	2 戊寅17	2 戊申17	2 戊寅16	**2** 丁未15	**2** 丁丑14
3 癸未25	3 癸丑24	3 壬午25	3 壬子㉔	3 辛巳23	3 辛亥22	3 庚辰21	3 庚戌20	3 己卯⑱	3 己酉18	3 己卯17	3 戊申16	3 戊寅⑮
4 甲申26	4 甲寅25	4 癸未26	4 癸丑25	4 壬午24	4 壬子23	4 辛巳22	4 辛亥㉑	4 庚辰19	4 庚戌19	4 庚辰18	4 己酉17	4 己卯16
5 乙酉27	5 乙卯26	5 甲申㉗	5 甲寅26	5 癸未25	5 癸丑24	5 壬午23	5 壬子22	5 辛巳20	5 辛亥20	5 辛巳19	5 庚戌⑱	5 庚辰17
6 丙戌28	6 丙辰㉗	6 乙酉28	6 乙卯27	6 甲申26	6 甲寅25	6 癸未㉔	6 癸丑23	6 壬午21	6 壬子21	6 壬午⑳	6 辛亥19	6 辛巳18
7 丁亥29	7 丁巳28	7 丙戌29	7 丙辰28	7 乙酉27	7 乙卯㉖	7 甲申25	7 甲寅24	7 癸未22	7 癸丑22	7 癸未21	7 壬子20	7 壬午19
8 戊子㉚	《3月》	8 丁亥30	8 丁巳29	8 丙戌28	8 丙辰27	8 乙酉26	8 乙卯25	8 甲申23	8 甲寅㉓	8 甲申22	8 癸丑21	8 癸未20
9 己丑31	**8** 戊午 1	**9** 戊子31	**9** 戊午30	9 丁亥㉙	9 丁巳28	9 丙戌27	9 丙辰26	9 乙酉24	9 乙卯24	9 乙酉23	9 甲寅22	9 甲申21
《2月》	9 己未 2	《4月》	《5月》	10戊子30	10戊午29	10丁亥28	10丁巳27	10丙戌㉕	10丙辰25	10丙戌24	10乙卯23	10乙酉㉒
10庚寅 1	10庚申 3	10己丑 1	10己未①	**11**己丑31	**11**己未30	11戊子29	11戊午㉘	11丁亥26	11丁巳26	11丁亥25	11丙辰24	11丙戌23
11辛卯 2	11辛酉 4	11庚寅 2	11庚申 2	《6月》	《7月》	12己丑30	12己未29	12戊子27	12戊午27	12戊子26	12丁巳㉕	12丁亥24
12壬辰 3	12壬戌 5	12辛卯③	12辛酉 3	12庚寅 1	12庚申 1	**13**庚寅㉛	**13**庚申30	13己丑28	13己未28	13己丑㉗	13戊午26	13戊子25
13癸巳 4	13癸亥⑥	13壬辰 4	13壬戌 4	13辛卯 2	13辛酉 2	《8月》	14辛酉31	14庚寅29	14庚申29	14庚寅28	14己未27	14己丑26
14甲午 5	14甲子 7	14癸巳 5	14癸亥 5	14壬辰 3	14壬戌③	14辛卯 1	《9月》	**15**辛卯30	**15**辛酉㉚	15辛卯29	15庚申28	15庚寅27
15乙未⑥	15乙丑 8	15甲午 6	15甲子 6	15癸巳 4	15癸亥 4	15壬辰 2	15壬戌 1	《10月》	16壬戌31	**16**壬辰30	16辛酉29	16辛卯28
16丙申 7	16丙寅 9	16乙未 7	16乙丑 7	16甲午⑤	16甲子 5	16癸巳 3	16癸亥 2	16壬辰 1	《11月》	《12月》	**17**壬戌30	**17**壬辰㉙
17丁酉 8	17丁卯10	17丙申 8	17丙寅⑧	17乙未 6	17乙丑 6	17甲午 4	17甲子 3	17癸巳②	17癸亥 1	17癸巳 1	18癸亥31	18癸巳30
18戊戌 9	18戊辰11	18丁酉 9	18丁卯 9	18丙申 7	18丙寅 7	18乙未 5	18乙丑④	18甲午 3	18甲子 2	18甲午 2	**1290 年**	19甲午31
19己亥10	19己巳12	19戊戌⑩	19戊辰10	19丁酉 8	19丁卯 8	19丙申 6	19丙寅 5	19乙未 4	19乙丑 3	19乙未 3	《1月》	《2月》
20庚子11	20庚午⑬	20己亥11	20己巳11	20戊戌 9	20戊辰 9	20丁酉⑦	20丁卯 6	20丙申 5	20丙寅 4	20丙申④	19甲子①	20乙未 1
21辛丑12	21辛未14	21庚子12	21庚午12	21己亥10	21己巳⑩	21戊戌 8	21戊辰 7	21丁酉 6	21丁卯 5	21丁酉 5	20乙丑 2	21丙申 2
22壬寅⑬	22壬申15	22辛丑13	22辛未13	22庚子11	22庚午11	22己亥 9	22己巳 8	22戊戌 7	22戊辰⑥	22戊戌 6	21丙寅 3	22丁酉 3
23癸卯14	**23**癸酉16	23壬寅14	23壬申14	23辛丑⑫	23辛未12	23庚子10	23庚午 9	23己亥 8	23己巳 7	23己亥 7	22丁卯 4	23戊戌 4
24甲辰15	24甲戌17	**24**癸卯15	24癸酉⑮	24壬寅13	24壬申13	24辛丑11	24辛未10	24庚子⑨	24庚午 8	24庚子 8	23戊辰 5	24己亥⑤
25乙巳16	25乙亥18	25甲辰16	**25**甲戌16	25癸卯14	25癸酉14	25壬寅12	25壬申⑪	25辛丑10	25辛未 9	25辛丑 9	24己巳 6	25庚子 6
26丙午17	26丙子19	26乙巳⑰	26乙亥17	**26**甲辰15	26甲戌15	26癸卯13	26癸酉12	26壬寅11	26壬申11	26壬寅10	25庚午 7	26辛丑 7
27丁未18	27丁丑⑳	27丙午18	27丙子18	27乙巳16	**27**乙亥16	27甲辰⑭	27甲戌13	27癸卯12	27癸酉11	27癸卯⑪	26辛未⑧	27壬寅 8
28戊申19	28戊寅21	28丁未19	28丁丑19	28丙午17	28丙子⑰	**28**乙巳15	**28**乙亥14	28甲辰13	28甲戌12	28甲辰12	27壬申 9	28癸卯 9
29己酉⑳	29己卯22	29戊申20	29戊寅20	29丁未18	29丁丑18	29丙午16	29丙子15	29乙巳14	29乙亥⑬	29乙巳13	28癸酉10	29甲辰10
30庚戌21		30己酉21		30戊申⑲		30丁未17		**30**丙午15	**30**丙子14		29甲戌11	
											30乙亥12	
立春 7日 雨水 22日	啓蟄 8日 春分 23日	清明 9日 穀雨 24日	立夏 9日 小満 25日	芒種 11日 夏至 26日	小暑 11日 大暑 27日	立秋 13日 処暑 28日	白露 13日 秋分 28日	寒露 15日 霜降 30日	立冬 15日 小雪 30日	大雪16日	冬至 2日 小寒 17日	大寒 2日 立春 17日

正応3年（1290－1291） 庚寅

1月	2月	3月	4月	5月	6月	7月	8月	9月	10月	11月	12月
1 乙巳11	1 乙亥13	1 甲辰11	1 甲戌11	1 癸卯 9	1 壬申 8	1 壬寅 7	1 辛未 5	1 辛丑 5	1 辛未 4	1 辛丑 4	1 庚午 2
2 丙午⑫	2 丙子14	2 乙巳12	2 乙亥12	2 甲辰10	2 癸酉⑨	2 癸卯 8	2 壬申 6	2 壬寅 6	2 壬申⑤	2 壬寅 5	2 辛未 3
3 丁未13	3 丁丑15	3 丙午13	3 丙子13	3 乙巳⑪	3 甲戌10	3 甲辰 9	3 癸酉 7	3 癸卯 7	3 癸酉 6	3 癸卯 6	3 壬申 4
4 戊申14	**4** 戊寅16	4 丁未14	4 丁丑⑭	4 丙午12	4 乙亥11	4 乙巳10	4 甲戌 8	4 甲辰⑧	4 甲戌 7	4 甲辰 7	4 癸酉 5
5 己酉15	5 己卯17	5 戊申15	5 戊寅15	5 丁未13	5 丙子12	5 丙午11	5 乙亥 9	5 乙巳 9	5 乙亥 8	5 乙巳 8	5 甲戌 6
6 庚戌16	6 庚辰18	**6** 己酉⑯	**6** 己卯16	6 戊申14	6 丁丑13	6 丁未12	6 丙子⑩	6 丙午10	6 丙子 9	6 丙午 9	6 乙亥⑦
7 辛亥17	7 辛巳⑲	7 庚戌17	7 庚辰17	**7** 己酉15	7 戊寅14	7 戊申⑬	7 丁丑11	7 丁未11	7 丁丑10	7 丁未⑩	7 丙子 8
8 壬子18	8 壬午20	8 辛亥18	8 辛巳18	8 庚戌16	8 己卯15	8 己酉14	8 戊寅12	8 戊申12	8 戊寅11	8 戊申11	8 丁丑 9
9 癸丑⑲	9 癸未21	9 壬子19	9 壬午19	9 辛亥17	**9** 庚辰⑯	**9** 庚戌15	9 己卯13	9 己酉13	9 己卯⑫	9 己酉12	9 戊寅10
10甲寅20	10甲申22	10癸丑20	10癸未20	10壬子⑱	10辛巳17	10辛亥16	10庚辰14	10庚戌14	10庚辰13	10庚戌13	10己卯11
11乙卯21	11乙酉23	11甲寅21	11甲申㉑	11癸丑19	11壬午18	11壬子17	**11**辛巳15	**11**辛亥⑮	11辛巳14	11辛亥14	11庚辰12
12丙辰22	12丙戌24	12乙卯22	12乙酉22	12甲寅20	12癸未19	12癸丑18	12壬午16	12壬子16	**12**壬午15	**12**壬子15	12辛巳13
13丁巳23	13丁亥25	13丙辰㉓	13丙戌23	13乙卯21	13甲申20	13甲寅19	13癸未⑰	13癸丑17	13癸未16	13癸丑16	**13**壬午⑭
14戊午24	14戊子㉖	14丁巳24	14丁亥24	14丙辰22	14乙酉21	14乙卯⑳	14甲申18	14甲寅18	14甲申17	14甲寅⑰	14癸未15
15己未25	15己丑27	15戊午25	15戊子25	15丁巳23	15丙戌22	15丙辰21	15乙酉19	15乙卯19	15乙酉18	15乙卯18	15甲申16
16庚申㉖	16庚寅28	16己未26	16己丑26	16戊午24	16丁亥㉓	16丁巳22	16丙戌20	16丙辰20	16丙戌⑲	16丙辰19	16乙酉17
17辛酉27	17辛卯29	17庚申27	17庚寅27	17己未㉕	17戊子24	17戊午23	17丁亥21	17丁巳21	17丁亥20	17丁巳20	17丙戌18
18壬戌28	18壬辰30	18辛酉28	18辛卯㉘	18庚申26	18己丑25	18己未24	18戊子22	18戊午㉒	18戊子21	18戊午21	18丁亥19
《3月》	**19**癸巳31	19壬戌29	19壬辰29	19辛酉27	19庚寅26	19庚申25	19己丑23	19己未23	19己丑22	19己未22	19戊子20
19癸亥 1	《4月》	20癸亥㉚	20癸巳30	20壬戌28	20辛卯27	20辛酉26	20庚寅㉔	20庚申24	20庚寅23	20庚申23	20己丑㉑
20甲子 2	20甲午 1	《5月》	**21**甲午31	21癸亥29	21壬辰28	21壬戌㉗	21辛卯25	21辛酉25	21辛卯24	21辛酉㉔	21庚寅22
21乙丑 3	21乙未②	**21** 甲子 1	《6月》	22甲子30	22癸巳29	22癸亥28	22壬辰26	22壬戌26	22壬辰25	22壬戌25	22辛卯23
22丙寅 4	22丙申 3	22乙丑 2	22乙未 1	《7月》	23甲午㉚	23甲子29	23癸巳27	23癸亥27	23癸巳㉖	23癸亥26	23壬辰24
23丁卯⑤	23丁酉 4	23丙寅 3	23丙申 2	**23**乙丑 1	**24**乙未31	**24**乙丑30	24甲午28	24甲子28	24甲午27	24甲子27	24癸巳25
24戊辰 6	24戊戌 5	24丁卯 4	24丁酉 3	24丙寅②	《8月》	25丙寅31	25乙未29	25乙丑㉙	25乙未28	25乙丑28	25甲午26
25己巳 7	25己亥 6	25戊辰 5	25戊戌④	25丁卯 3	25丙申 1	《9月》	**26**丙申30	**26**丙寅30	26丙申29	26丙寅29	26乙未27
26庚午 8	26庚子 7	26己巳 6	26己亥 5	26戊辰 4	26丁酉 2	26丁卯 1	《10月》	27丁卯31	**27**丁酉30	**27**丁卯30	27丙申㉘
27辛未 9	27辛丑 8	27庚午⑦	27庚子 6	27己巳 5	27戊戌 3	27戊辰 2	27丁酉①	《11月》	《12月》	28戊辰㉛	28丁酉29
28壬申10	28壬寅⑨	28辛未 8	28辛丑 7	28庚午 6	28己亥 4	28己巳③	28戊戌 2	28戊辰 1	28戊戌 1	**1291 年**	**29**戊戌30
29癸酉11	29癸卯10	29壬申 9	29壬寅 8	29辛未 7	29庚子 5	29庚午 4	29己亥 3	29己巳 2	29己亥 2	《1月》	30己亥31
30甲戌⑫		30癸酉10			30辛丑⑥		30庚子 4	30庚午 3	30庚子③	29己巳 1	
雨水 4日 啓蟄 19日	春分 4日 清明 19日	穀雨 6日 立夏 21日	小満 6日 芒種 21日	夏至 7日 小暑 23日	大暑 9日 立秋 24日	処暑 9日 白露 24日	秋分 11日 寒露 26日	霜降 11日 立冬 26日	小雪 12日 大雪 27日	冬至 12日 小寒 27日	大寒 13日 立春 29日

正応**4**年（1291－1292） 辛卯

1月	2月	3月	4月	5月	6月	7月	8月	9月	10月	11月	12月
《2月》	1 庚午 3	《4月》	1 戊辰30	1 丁酉29	1 丁卯28	1 丙申27	1 丙寅㉖	1 乙未24	1 乙丑24	1 乙未23	1 乙丑㉓
1 庚子 1	2 辛未④	**1** 己亥①	《5月》	2 戊戌30	2 戊辰29	2 丁酉28	2 丁卯27	2 丙申25	2 丙寅25	2 丙申24	2 丙寅24
2 辛丑 2	3 壬申 5	2 庚子 2	**2** 己巳 1	**3** 己亥31	3 己巳30	3 戊戌㉙	3 戊辰28	3 丁酉26	3 丁卯26	3 丁酉㉕	3 丁卯25
3 壬寅 3	4 癸酉 6	3 辛丑 3	3 庚午 2	《6月》	《7月》	4 己亥30	4 己巳29	4 戊戌27	4 戊辰27	4 戊戌26	4 戊辰26
4 癸卯④	5 甲戌 7	4 壬寅 4	4 辛未 3	4 庚子 1	**4** 庚午①	**5** 庚子31	5 庚午30	5 己亥28	5 己巳㉘	5 己亥27	5 己巳27
5 甲辰 5	6 乙亥 8	5 癸卯 5	5 壬申 4	5 辛丑 2	5 辛未 2	《8月》	**6** 辛未31	6 庚子29	6 庚午29	6 庚子28	6 庚午28
6 乙巳 6	7 丙子 9	6 甲辰 6	6 癸酉 5	6 壬寅③	6 壬申 3	6 辛丑 1	《9月》	**7** 辛丑㉚	7 辛未30	7 辛丑29	7 辛未29
7 丙午 7	8 丁丑10	7 乙巳 7	7 甲戌⑥	7 癸卯 4	7 癸酉 4	7 壬寅 2	7 壬申 1	《10月》	**8** 壬申31	**8** 壬寅30	**8** 壬申㉚
8 丁未 8	9 戊寅⑪	8 丙午⑧	8 乙亥 7	8 甲辰 5	8 甲戌 5	8 癸卯 3	8 癸酉②	8 壬寅 1	《11月》	《12月》	9 癸酉31
9 戊申 9	10 己卯12	9 丁未 9	9 丙子 8	9 乙巳 6	9 乙亥 6	9 甲辰 4	9 甲戌 3	9 癸卯 2	9 癸酉 1	9 癸卯 1	**1292**年
10 己酉10	11 庚辰13	10 戊申10	10 丁丑 9	10 丙午 7	10 丙子 7	10 乙巳⑤	10 乙亥 4	10 甲辰 3	10 甲戌 2	10 甲辰②	《1月》
11 庚戌⑪	12 辛巳14	11 己酉11	11 戊寅10	11 丁未 8	11 丁丑⑧	11 丙午 6	11 丙子 5	11 乙巳 4	11 乙亥 3	11 乙巳 3	10 甲戌 1
12 辛亥12	13 壬午15	12 庚戌12	12 己卯11	12 戊申 9	12 戊寅 9	12 丁未 7	12 丁丑 6	12 丙午 5	12 丙子④	12 丙午 4	11 乙亥 2
13 壬子13	**14** 癸未16	13 辛亥13	13 庚辰12	13 己酉⑩	13 己卯10	13 戊申 8	13 戊寅 7	13 丁未 6	13 丁丑 5	13 丁未 5	12 丙子 3
14 癸丑14	15 甲申17	14 壬子14	14 辛巳⑬	14 庚戌11	14 庚辰11	14 己酉 9	14 己卯 8	14 戊申⑦	14 戊寅 6	14 戊申 6	13 丁丑 4
15 甲寅15	16 乙酉⑱	15 癸丑⑮	15 壬午14	15 辛亥12	15 辛巳12	15 庚戌10	15 庚辰⑨	15 己酉 8	15 己卯 7	15 己酉 7	14 戊寅 5
16 乙卯16	17 丙戌19	**16** 甲寅16	16 癸未15	16 壬子13	16 壬午13	16 辛亥11	16 辛巳10	16 庚戌 9	16 庚辰 8	16 庚戌 8	15 己卯⑥
17 丙辰17	18 丁亥20	17 乙卯17	**17** 甲申16	17 癸丑14	17 癸未14	17 壬子⑫	17 壬午11	17 辛亥10	17 辛巳 9	17 辛亥⑨	16 庚辰 7
18 丁巳⑱	19 戊子21	18 丙辰18	18 乙酉17	18 甲寅15	18 甲申⑮	18 癸丑13	18 癸未12	18 壬子11	18 壬午10	18 壬子10	17 辛巳 8
19 戊午19	20 己丑22	19 丁巳19	19 丙戌18	**19** 乙卯16	**19** 乙酉16	19 甲寅14	19 甲申13	19 癸丑12	19 癸未⑪	19 癸丑11	18 壬午 9
20 己未20	21 庚寅23	20 戊午20	20 丁亥19	20 丙辰⑰	20 丙戌17	**20** 乙卯15	20 乙酉14	20 甲寅13	20 甲申12	20 甲寅12	19 癸未10
21 庚申21	22 辛卯24	21 己未21	21 戊子⑳	21 丁巳18	21 丁亥18	21 丙辰16	**21** 丙戌15	21 乙卯⑭	21 乙酉13	21 乙卯13	20 甲申11
22 辛酉22	23 壬辰㉕	22 庚申㉒	22 己丑21	22 戊午19	22 戊子19	22 丁巳17	22 丁亥⑯	**22** 丙辰15	22 丙戌14	22 丙辰14	21 乙酉12
23 壬戌23	24 癸巳26	23 辛酉23	23 庚寅22	23 己未20	23 己丑20	23 戊午18	23 戊子17	23 丁巳16	**23** 丁亥15	**23** 丁巳15	22 丙戌⑬
24 癸亥24	25 甲午27	24 壬戌24	24 辛卯23	24 庚申21	24 庚寅21	24 己未⑲	24 己丑18	24 戊午17	24 戊子16	24 戊午⑯	23 丁亥14
25 甲子㉕	26 乙未28	25 癸亥25	25 壬辰24	25 辛酉22	25 辛卯㉒	25 庚申20	25 庚寅19	25 己未18	25 己丑17	25 己未17	**24** 戊子15
26 乙丑26	27 丙申29	26 甲子26	26 癸巳25	26 壬戌23	26 壬辰23	26 辛酉21	26 辛卯20	26 庚申19	26 庚寅⑱	26 庚申18	25 己丑16
27 丙寅27	28 丁酉30	27 乙丑27	27 甲午26	27 癸亥㉔	27 癸巳24	27 壬戌22	27 壬辰21	27 辛酉20	27 辛卯19	27 辛酉19	26 庚寅17
28 丁卯28	29 戊戌31	28 丙寅28	28 乙未㉗	28 甲子25	28 甲午25	28 癸亥23	28 癸巳22	28 壬戌㉑	28 壬辰20	28 壬戌20	27 辛卯18
《3月》		29 丁卯㉙	29 丙申28	29 乙丑26	29 乙未26	29 甲子24	29 甲午㉓	29 癸亥22	29 癸巳21	29 癸亥21	28 壬辰19
29 戊辰 1				30 丙寅27		30 乙丑25		30 甲子23	30 甲午22	30 甲子22	29 癸巳⑳
30 己巳 2											
雨水 14日 啓蟄 29日	春分 14日	清明 1日 穀雨 16日	立夏 2日 小満 17日	芒種 3日 夏至 19日	小暑 4日 大暑 19日	立秋 5日 処暑 20日	白露 6日 秋分 21日	寒露 7日 霜降 22日	立冬 8日 小雪 23日	大雪 8日 冬至 23日	小寒 8日 大寒 24日

正応**5**年（1292－1293） 壬辰

1月	2月	3月	4月	5月	6月	閏6月	7月	8月	9月	10月	11月	12月
1 甲午21	1 甲子20	1 癸巳20	1 癸亥19	1 壬辰⑱	1 辛酉16	1 辛卯16	1 庚申14	1 庚寅13	1 己未⑫	1 己丑11	1 戊午10	1 戊子 9
2 乙未22	2 乙丑21	2 甲午21	2 甲子⑳	2 癸巳19	2 壬戌17	2 壬辰17	**2** 辛酉15	**2** 辛卯⑭	2 庚申13	2 庚寅12	2 己未11	2 己丑10
3 丙申23	3 丙寅22	3 乙未22	3 乙丑21	3 甲午20	3 癸亥18	3 癸巳18	3 壬戌16	3 壬辰15	3 辛酉14	3 辛卯13	3 庚申12	3 庚寅⑪
4 丁酉24	4 丁卯23	4 丙申㉓	4 丙寅22	4 乙未21	4 甲子19	4 甲午19	4 癸亥⑰	4 癸巳16	**4** 壬戌15	**4** 壬辰14	4 辛酉13	4 辛卯12
5 戊戌25	5 戊辰㉔	5 丁酉24	5 丁卯23	5 丙申22	5 乙丑20	5 乙未⑳	5 甲子18	5 甲午17	5 癸亥16	5 癸巳15	**5** 壬戌⑭	5 壬辰13
6 己亥26	6 己巳25	6 戊戌25	6 戊辰24	6 丁酉23	6 丙寅21	6 丙申21	6 乙丑19	6 乙未18	6 甲子17	6 甲午⑯	6 癸亥15	**6** 癸巳14
7 庚子㉗	7 庚午26	7 己亥26	7 己巳25	7 戊戌24	7 丁卯㉒	7 丁酉22	7 丙寅20	7 丙申19	7 乙丑18	7 乙未17	7 甲子16	7 甲午15
8 辛丑28	8 辛未27	8 庚子27	8 庚午26	8 己亥㉕	8 戊辰23	8 戊戌23	8 丁卯21	8 丁酉20	8 丙寅⑲	8 丙申18	8 乙丑17	8 乙未16
9 壬寅29	9 壬申28	9 辛丑28	9 辛未㉗	9 庚子26	9 己巳24	9 己亥24	9 戊辰22	9 戊戌㉑	9 丁卯20	9 丁酉19	9 丙寅18	9 丙申17
10 癸卯30	**10** 癸酉29	10 壬寅29	10 壬申28	10 辛丑27	10 庚午25	10 庚子25	10 己巳23	10 己亥22	10 戊辰21	10 戊戌20	10 丁卯19	10 丁酉⑱
11 甲辰31	《3月》	11 癸卯㉚	11 癸酉29	11 壬寅28	11 辛未26	11 辛丑26	11 庚午㉔	11 庚子23	11 己巳22	11 己亥21	11 戊辰20	11 戊戌19
《2月》	11 甲戌 1	**12** 甲辰31	**12** 甲戌30	12 癸卯29	12 壬申27	12 壬寅㉗	12 辛未25	12 辛丑24	12 庚午23	12 庚子22	12 己巳㉑	12 己亥20
12 乙巳 1	12 乙亥②	《4月》	《5月》	13 甲辰30	13 癸酉28	13 癸卯28	13 壬申26	13 壬寅25	13 辛未24	13 辛丑㉓	13 庚午22	13 庚子21
13 丙午 2	13 丙子 3	13 乙巳 1	13 乙亥 1	**14** 乙巳31	14 甲戌㉙	14 甲辰29	14 癸酉27	14 癸卯26	14 壬申25	14 壬寅24	14 辛未23	14 辛丑22
14 丁未③	14 丁丑 4	14 丙午 2	14 丙子 2	《6月》	**15** 乙亥30	15 乙巳30	15 甲戌28	15 甲辰27	15 癸酉㉖	15 癸卯25	15 壬申24	15 壬寅23
15 戊申 4	15 戊寅 5	15 丁未 3	15 丁丑 3	15 丙午①	《7月》	**16** 丙午31	16 乙亥29	16 乙巳㉘	16 甲戌27	16 甲辰26	16 癸酉25	16 癸卯24
16 己酉 5	16 己卯 6	16 戊申 4	16 戊寅④	16 丁未 2	16 丙子 1	《8月》	**17** 丙子30	**17** 丙午29	17 乙亥28	17 乙巳27	17 甲戌26	17 甲辰㉕
17 庚戌 6	17 庚辰 7	17 己酉 5	17 己卯 5	17 戊申 3	17 丁丑 2	17 丁未 1	18 丁丑㉛	18 丁未30	18 丙子29	18 丙午28	18 乙亥27	18 乙巳26
18 辛亥 7	18 辛巳 8	18 庚戌⑥	18 庚辰 6	18 己酉 4	18 戊寅 3	18 戊申 2	《9月》	《10月》	**19** 丁丑30	**19** 丁未29	19 丙子㉘	19 丙午27
19 壬子 8	19 壬午⑨	19 辛亥 7	19 辛巳 7	19 庚戌 5	19 己卯 4	19 己酉③	19 戊寅 1	19 戊申 1	20 戊寅31	20 戊申㉚	20 丁丑29	20 丁未28
20 癸丑 9	20 癸未10	20 壬子 8	20 壬午 8	20 辛亥 6	20 庚辰 5	20 庚戌 4	20 己卯 2	20 己酉 2	《11月》	《12月》	**21** 戊寅30	**21** 戊申29
21 甲寅⑩	21 甲申11	21 癸丑 9	21 癸未 9	21 壬子 7	21 辛巳⑥	21 辛亥 5	21 庚辰 3	21 庚戌 3	21 己卯 1	21 己酉 1	22 己卯31	22 己酉30
22 乙卯11	22 乙酉12	22 甲寅10	22 甲申10	22 癸丑⑧	22 壬午 7	22 壬子 6	22 辛巳 4	22 辛亥 4	22 庚辰②	22 庚戌 2	**1293**年	23 庚戌31
23 丙辰12	23 丙戌13	23 乙卯11	23 乙酉⑪	23 甲寅 9	23 癸未 8	23 癸丑 7	23 壬午 5	23 壬子⑤	23 辛巳 3	23 辛亥 3	《1月》	《2月》
24 丁巳13	24 丁亥14	24 丙辰12	24 丙戌12	24 乙卯10	24 甲申 9	24 甲寅 8	24 癸未 6	24 癸丑 6	24 壬午 4	24 壬子 4	23 庚辰 1	24 辛亥①
25 戊午14	25 戊子15	25 丁巳⑬	25 丁亥13	25 丙辰11	25 乙酉10	25 乙卯 9	25 甲申⑦	25 甲寅 7	25 癸未 5	25 癸丑 5	24 辛巳 2	25 壬子 2
26 己未15	**26** 己丑⑯	26 戊午14	26 戊子14	26 丁巳12	26 丙戌11	26 丙辰⑩	26 乙酉 8	26 乙卯 8	26 甲申 6	26 甲寅 6	25 壬午 3	26 癸丑 3
27 庚申16	27 庚寅17	**27** 己未15	**27** 己丑15	27 戊午13	27 丁亥12	27 丁巳11	27 丙戌 9	27 丙辰 9	27 乙酉 7	27 乙卯⑦	26 癸未④	27 甲寅 4
28 辛酉⑰	28 辛卯18	28 庚申16	28 庚寅16	28 己未14	28 戊子⑬	28 戊午12	28 丁亥10	28 丁巳10	28 丙戌 8	28 丙辰 8	27 甲申 5	28 乙卯 5
29 壬戌18	29 壬辰19	29 辛酉17	29 辛卯17	**29** 庚申⑮	29 己丑14	29 己未13	29 戊子11	29 戊午11	29 丁亥⑨	29 丁巳 9	28 乙酉 6	29 丙辰 6
30 癸亥19		30 壬戌18			**30** 庚寅15		30 己丑12		30 戊子10		29 丙戌 7	30 丁巳 7
											30 丁亥 8	
立春 10日 雨水 25日	啓蟄 10日 春分 26日	清明 12日 穀雨 27日	立夏 12日 小満 27日	芒種 14日 夏至 29日	小暑 15日 大暑 30日	立秋16日	処暑 2日 白露 17日	秋分 2日 寒露 17日	霜降 4日 立冬 19日	小雪 4日 大雪 19日	冬至 5日 小寒 21日	大寒 6日 立春 21日

永仁元年〔正応**6**年〕（1293－1294） 癸巳

改元 8/5（正応→永仁）

1月	2月	3月	4月	5月	6月	7月	8月	9月	10月	11月	12月
1 戊午⑧	1 戊子10	1 丁巳8	1 丁亥8	1 丙辰6	1 丙戌6	1 乙卯4	1 甲申2	《10月》	1 癸未31	**1** 癸丑30	1 壬午29
2 己未9	2 己丑11	2 戊午9	2 戊子9	2 丁巳⑦	2 丁亥7	2 丙辰5	2 乙酉3	1 癸丑1	《11月》	《12月》	**2** 癸未30
3 庚申10	3 庚寅12	3 己未10	3 己丑⑩	3 戊午8	3 戊子8	3 丁巳6	3 丙戌4	2 甲寅2	2 甲申①	2 甲寅1	3 甲申31
4 辛酉11	4 辛卯13	4 庚申11	4 庚寅11	4 己未9	4 己丑9	4 戊午7	4 丁亥5	3 乙卯3	3 乙酉2	3 乙卯2	**1294年**
5 壬戌12	5 壬辰14	5 辛酉⑫	5 辛卯12	5 庚申10	5 庚寅10	5 己未8	5 戊子⑥	4 丙辰④	4 丙戌3	4 丙辰3	《1月》
6 癸亥13	6 癸巳⑮	6 壬戌13	6 壬辰13	6 辛酉11	6 辛卯11	6 庚申⑨	6 己丑7	5 丁巳5	5 丁亥4	5 丁巳4	4 乙酉1
7 甲子14	**7** 甲午16	7 癸亥14	7 癸巳14	7 壬戌12	7 壬辰⑫	7 辛酉10	7 庚寅8	6 戊午6	6 戊子5	6 戊午5	5 丙戌2
8 乙丑⑮	8 乙未17	**8** 甲子15	8 甲午15	8 癸亥13	8 癸巳13	8 壬戌11	8 辛卯9	7 己未7	7 己丑6	7 己未⑥	6 丁亥③
9 丙寅16	9 丙申18	9 乙丑16	**9** 乙未16	9 甲子⑭	9 甲午14	9 癸亥12	9 壬辰10	8 庚申8	8 庚寅7	8 庚申7	7 戊子4
10丁卯17	10丁酉19	10丙寅17	10丙申⑰	**10**乙丑15	10乙未15	10甲子13	10癸巳11	9 辛酉9	9 辛卯⑧	9 辛酉8	8 己丑5
11戊辰18	11戊戌20	11丁卯18	11丁酉18	11丙寅16	**11**丙申16	11乙丑14	11甲午12	10壬戌10	10壬辰9	10壬戌9	9 庚寅6
12己巳19	12己亥21	12戊辰⑲	12戊戌19	12丁卯17	12丁酉17	**12**丙寅15	12乙未⑬	11癸亥⑪	11癸巳10	11癸亥10	10辛卯7
13庚午20	13庚子㉒	13己巳20	13己亥20	13戊辰18	13戊戌18	13丁卯⑯	**13**丙申14	12甲子12	12甲午11	12甲子11	11壬辰8
14辛未21	14辛丑23	14庚午21	14庚子21	14己巳19	14己亥⑲	14戊辰17	14丁酉15	13乙丑13	13乙未12	13乙丑12	12癸巳9
15壬申㉒	15壬寅24	15辛未22	15辛丑22	15庚午20	15庚子20	15己巳18	15戊戌16	14丙寅14	14丙申13	14丙寅⑬	13甲午⑩
16癸酉23	16癸卯25	16壬申23	16壬寅23	16辛未㉑	16辛丑21	16庚午19	16己亥17	**15**丁卯15	**15**丁酉14	15丁卯14	14乙未11
17甲戌24	17甲辰26	17癸酉24	17癸卯㉔	17壬申22	17壬寅22	17辛未20	17庚子18	16戊辰16	16戊戌⑮	**16**戊辰15	15丙申12
18乙亥25	18乙巳27	18甲戌25	18甲辰25	18癸酉23	18癸卯23	18壬申21	18辛丑19	17己巳17	17己亥16	17己巳16	16丁酉13
19丙子26	19丙午28	19乙亥㉖	19乙巳26	19甲戌24	19甲辰24	19癸酉22	19壬寅⑳	18庚午⑱	18庚子17	18庚午17	**17**戊戌14
20丁丑27	20丁未㉙	20丙子27	20丙午27	20乙亥25	20乙巳25	20甲戌㉓	20癸卯21	19辛未19	19辛丑18	19辛未18	18己亥15
21戊寅28	21戊申30	21丁丑28	21丁未28	21丙子26	21丙午㉖	21乙亥24	21甲辰22	20壬申20	20壬寅19	20壬申19	19庚子16
《3月》	**22**己酉31	22戊寅29	22戊申29	22丁丑27	22丁未27	22丙子25	22乙巳23	21癸酉21	21癸卯20	21癸酉⑳	20辛丑⑰
22己卯①	《4月》	**23**己卯30	23己酉30	23戊寅㉘	23戊申28	23丁丑26	23丙午24	22甲戌22	22甲辰21	22甲戌21	21壬寅18
23庚辰2	23庚戌1	《5月》	**24**庚戌㉛	24己卯29	24己酉29	24戊寅27	24丁未25	23乙亥23	23乙巳㉒	23乙亥22	22癸卯19
24辛巳3	24辛亥2	24庚辰1	《6月》	**25**庚辰30	25庚戌30	25己卯28	25戊申26	24丙子24	24丙午23	24丙子23	23甲辰20
25壬午4	25壬子3	25辛巳2	25辛亥1	《7月》	**26**辛亥31	26庚辰29	26己酉㉗	25丁丑㉕	25丁未24	25丁丑24	24乙巳21
26癸未5	26癸丑4	26壬午③	26壬子2	26辛巳1	《8月》	**27**辛巳㉚	27庚戌28	26戊寅26	26戊申25	26戊寅25	25丙午22
27甲申6	27甲寅⑤	27癸未4	27癸丑3	27壬午2	27壬子1	28壬午31	28辛亥29	27己卯27	27己酉26	27己卯26	26丁未23
28乙酉7	28乙卯6	28甲申5	28甲寅4	28癸未3	28癸丑②	《9月》	**29**壬子30	28庚辰28	28庚戌27	28庚辰㉗	27戊申㉔
29丙戌⑧	29丙辰7	29乙酉6	29乙卯5	29甲申4	29甲寅3	29癸未1		29辛巳29	29辛亥28	29辛巳28	28己酉25
30丁亥9		30丙戌7		30乙酉⑤				**30**壬午30	30壬子㉙		29庚戌26
											30辛亥27
雨水 6日 啓蟄 22日	春分 7日 清明 22日	穀雨 8日 立夏 23日	小満 9日 芒種 24日	夏至 10日 小暑 25日	大暑 11日 立秋 26日	処暑 12日 白露 27日	秋分 13日 寒露 29日	霜降 15日 立冬 30日	小雪 15日	大雪 1日 冬至 16日	小寒 2日 大寒 17日

永仁**2**年（1294－1295） 甲午

1月	2月	3月	4月	5月	6月	7月	8月	9月	10月	11月	12月
1 壬子28	1 壬午27	1 壬子29	1 辛巳27	1 辛亥27	1 庚辰25	1 己酉24	1 己卯23	1 戊申21	1 戊寅21	1 丁未19	1 丁丑⑲
2 癸丑29	2 癸未㉘	2 癸丑30	2 壬午28	2 壬子28	2 辛巳26	2 庚戌㉕	2 庚辰24	2 己酉22	2 己卯22	2 戊申20	2 戊寅20
3 甲寅30	《3月》	**3** 甲寅31	3 癸未29	3 癸丑29	3 壬午㉗	3 辛亥26	3 辛巳25	3 庚戌23	3 庚辰23	3 己酉㉑	3 己卯21
4 乙卯㉛	**3** 甲申1	《4月》	4 甲申30	4 甲寅㉚	4 癸未28	4 壬子27	4 壬午26	4 辛亥24	4 辛巳㉔	4 庚戌22	4 庚辰22
《2月》	4 乙酉2	4 乙卯1	《5月》	**5** 乙卯31	5 甲申29	5 癸丑28	5 癸未27	5 壬子25	5 壬午25	5 辛亥23	5 辛巳23
5 丙辰1	5 丙戌3	5 丙辰2	**5** 乙酉1	《6月》	6 乙酉30	6 甲寅29	6 甲申28	6 癸丑㉖	6 癸未26	6 壬子24	6 壬午24
6 丁巳2	6 丁亥4	6 丁巳3	6 丙戌②	6 丙辰1	《7月》	7 乙卯30	7 乙酉㉙	7 甲寅27	7 甲申27	7 癸丑25	7 癸未25
7 戊午3	7 戊子5	7 戊午④	7 丁亥3	7 丁巳2	**7** 丙戌1	**8** 丙辰31	**8** 丙戌30	8 乙卯28	8 乙酉28	8 甲寅26	8 甲申㉖
8 己未4	8 己丑6	8 己未5	8 戊子4	8 戊午3	8 丁亥2	《8月》	9 丁亥31	9 丙辰29	9 丙戌29	9 乙卯27	9 乙酉27
9 庚申5	9 庚寅⑦	9 庚申6	9 己丑5	9 己未4	9 戊子3	9 丁巳①	《9月》	**10**丁巳30	**10**丁亥30	10丙辰㉘	10丙戌28
10辛酉6	10辛卯8	10辛酉7	10庚寅6	10庚申5	10己丑④	10戊午2	10戊子1	《10月》	11戊子㉛	11丁巳29	11丁亥29
11壬戌⑦	11壬辰9	11壬戌8	11辛卯7	11辛酉⑥	11庚寅5	11己未3	11己丑2	11戊午1	《11月》	**12**戊午30	**12**戊子30
12癸亥8	12癸巳10	12癸亥9	12壬辰8	12壬戌7	12辛卯6	12庚申4	12庚寅3	12己未2	12己丑1	《12月》	13己丑31
13甲子9	13甲午11	13甲子10	13癸巳⑨	13癸亥8	13壬辰7	13辛酉5	13辛卯4	13庚申③	13庚寅2	13己未1	**1295年**
14乙丑10	14乙未12	14乙丑⑪	14甲午10	14甲子9	14癸巳8	14壬戌6	14壬辰⑤	14辛酉4	14辛卯3	14庚申2	《1月》
15丙寅11	15丙申13	15丙寅12	15乙未11	15乙丑10	15甲午9	15癸亥7	15癸巳6	15壬戌5	15壬辰4	15辛酉3	14庚寅1
16丁卯12	16丁酉⑭	16丁卯13	16丙申12	16丙寅11	16乙未10	16甲子⑧	16甲午7	16癸亥6	16癸巳5	16壬戌4	15辛卯②
17戊辰13	17戊戌15	17戊辰14	17丁酉13	17丁卯12	17丙申⑪	17乙丑9	17乙未8	17甲子7	17甲午6	17癸亥⑤	16壬辰3
18己巳⑭	**18**己亥16	**18**己巳15	18戊戌14	18戊辰⑬	18丁酉12	18丙寅10	18丙申9	18乙丑8	18乙未⑦	18甲子6	17癸巳4
19庚午15	19庚子17	19庚午16	19己亥15	19己巳14	19戊戌13	19丁卯11	19丁酉10	19丙寅9	19丙申8	19乙丑7	18甲午5
20辛未16	20辛丑18	20辛未17	**20**庚子⑯	**20**庚午15	20己亥14	20戊辰12	20戊戌11	20丁卯⑩	20丁酉9	20丙寅8	19乙未6
21壬申17	21壬寅19	21壬申⑱	21辛丑17	21辛未16	21庚子15	21己巳13	21己亥⑫	21戊辰11	21戊戌10	21丁卯9	20丙申7
22癸酉18	22癸卯20	22癸酉19	22壬寅18	22壬申17	**22**辛丑16	22庚午14	22庚子13	22己巳12	22己亥11	22戊辰10	21丁酉8
23甲戌19	23甲辰㉑	23甲戌20	23癸卯19	23癸酉18	23壬寅17	**23**辛未⑮	23辛丑14	23庚午13	23庚子12	23己巳11	22戊戌⑨
24乙亥20	24乙巳22	24乙亥21	24甲辰20	24甲戌19	24癸卯⑱	24壬申16	**24**壬寅15	24辛未14	24辛丑13	24庚午⑫	23己亥10
25丙子㉑	25丙午23	25丙子22	25乙巳21	25乙亥⑳	25甲辰19	25癸酉17	25癸卯16	**25**壬申15	25壬寅⑭	25辛未13	24庚子11
26丁丑22	26丁未24	26丁丑23	26丙午22	26丙子21	26乙巳20	26甲戌18	26甲辰17	26癸酉16	**26**癸卯15	26壬申14	25辛丑12
27戊寅23	27戊申25	27戊寅24	27丁未㉓	27丁丑22	27丙午21	27乙亥19	27乙巳18	27甲戌⑰	27甲辰16	**27**癸酉15	26壬寅13
28己卯24	28己酉26	28己卯㉕	28戊申24	28戊寅23	28丁未22	28丙子20	28丙午⑲	28乙亥18	28乙巳17	28甲戌16	**27**癸卯14
29庚辰25	29庚戌27	29庚辰26	29己酉25	29己卯24	29戊申23	29丁丑21	29丁未20	29丙子19	29丙午18	29乙亥17	28甲辰15
30辛巳26	30辛亥㉘		30庚戌26			30戊寅㉒		30丁丑20		30丙子18	29乙巳⑯
立春 2日 雨水 18日	啓蟄 3日 春分 18日	清明 3日 穀雨 18日	立夏 5日 小満 20日	芒種 5日 夏至 20日	小暑 7日 大暑 22日	立秋 8日 処暑 23日	白露 8日 秋分 24日	寒露 10日 霜降 25日	立冬 10日 小雪 26日	大雪 12日 冬至 27日	小寒 12日 大寒 27日

永仁**3**年（1295－1296） 乙未

1月	2月	閏2月	3月	4月	5月	6月	7月	8月	9月	10月	11月	12月
1 丙午17 2 丁未18 3 戊申19 4 己酉20 5 庚戌21 6 辛亥22 7 壬子㉓ 8 癸丑24 9 甲寅25 10乙卯26 11丙辰27 12丁巳28 13戊午29 **14**己未㉚ 15庚申31 《2月》 16辛酉 1 17壬戌 2 18癸亥 3 19甲子 4 20乙丑 5 21丙寅⑥ 22丁卯 7 23戊辰 8 24己巳 9 25庚午10 26辛未11 27壬申12 28癸酉⑬ **29**甲戌14 30乙亥15	1 丙子16 2 丁丑17 3 戊寅18 4 己卯19 5 庚辰⑳ 6 辛巳21 7 壬午22 8 癸未23 9 甲申24 10乙酉25 11丙戌26 12丁亥㉗ 13戊子28 《3月》 **14**己丑 1 15庚寅 2 16辛卯 3 17壬辰 4 18癸巳 5 19甲午⑥ 20乙未 7 21丙申 8 22丁酉 9 23戊戌10 24己亥11 25庚子12 26辛丑⑬ 27壬寅14 28癸卯15 **29**甲辰16 30乙巳17	1 丙午18 2 丁未19 3 戊申⑳ 4 己酉21 5 庚戌22 6 辛亥23 7 壬子24 8 癸丑25 9 甲寅26 10乙卯㉗ 11丙辰28 12丁巳29 13戊午30 14己未31 《4月》 **15**庚申 1 16辛酉 2 17壬戌③ 18癸亥 4 19甲子 5 20乙丑 6 21丙寅 7 22丁卯 8 23戊辰 9 24己巳⑩ 25庚午11 26辛未12 27壬申13 28癸酉14 29甲戌15	1 乙亥16 2 丙子⑰ 3 丁丑18 4 戊寅19 5 己卯20 6 庚辰21 7 辛巳22 8 壬午23 9 癸未㉔ 10甲申25 11乙酉26 12丙戌27 13丁亥28 14戊子29 15己丑30 《5月》 **16**庚寅① 17辛卯 2 18壬辰 3 19癸巳 4 20甲午 5 21乙未 6 22丙申 7 23丁酉⑧ 24戊戌 9 25己亥10 26庚子11 27辛丑12 28壬寅13 29癸卯14 30甲辰⑮	**1** 乙巳16 2 丙午17 3 丁未18 4 戊申19 5 己酉20 6 庚戌21 7 辛亥㉒ 8 壬子23 9 癸丑24 10甲寅25 11乙卯26 12丙辰27 13丁巳28 14戊午㉙ 15己未30 **16**庚申31 《6月》 17辛酉 1 18壬戌 2 19癸亥 3 20甲子 4 21乙丑⑤ 22丙寅 6 23丁卯 7 24戊辰 8 25己巳 9 26庚午10 27辛未11 28壬申⑫ 29癸酉13	1 甲戌14 2 乙亥15 **3** 丙子16 4 丁丑17 5 戊寅18 6 己卯⑲ 7 庚辰20 8 辛巳21 9 壬午22 10癸未23 11甲申24 12乙酉25 13丙戌㉖ 14丁亥27 15戊子28 16己丑29 17庚寅30 《7月》 **18**辛卯 1 19壬辰 2 20癸巳③ 21甲午 4 22乙未 5 23丙申 6 24丁酉 7 25戊戌 8 26己亥 9 27庚子⑩ 28辛丑11 29壬寅12 30癸卯13	1 甲辰14 2 乙巳15 **3** 丙午16 4 丁未⑰ 5 戊申18 6 己酉19 7 庚戌20 8 辛亥21 9 壬子22 10癸丑23 11甲寅㉔ 12乙卯25 13丙辰26 14丁巳27 15戊午28 16己未29 17庚申30 **18**辛酉㉛ 《8月》 19壬戌 1 20癸亥 2 21甲子 3 22乙丑 4 23丙寅 5 24丁卯 6 25戊辰⑦ 26己巳 8 27庚午 9 28辛未10 29壬申11	1 癸酉12 2 甲戌13 3 乙亥⑭ **4** 丙子15 5 丁丑16 6 戊寅17 7 己卯18 8 庚辰19 9 辛巳20 10壬午㉑ 11癸未22 12甲申23 13乙酉24 14丙戌25 15丁亥26 16戊子27 17己丑㉘ 18庚寅29 19辛卯30 **20**壬辰31 《9月》 21癸巳 1 22甲午 2 23乙未 3 24丙申④ 25丁酉 5 26戊戌 6 27己亥 7 28庚子 8 29辛丑 9 30壬寅10	1 癸卯⑪ 2 甲辰12 3 乙巳13 4 丙午14 **5** 丁未15 6 戊申16 7 己酉17 8 庚戌⑱ 9 辛亥19 10壬子20 11癸丑21 12甲寅22 13乙卯23 14丙辰24 15丁巳㉕ 16戊午26 17己未27 18庚申28 19辛酉29 **20**壬戌30 《10月》 21癸亥 1 22甲子② 23乙丑 3 24丙寅 4 25丁卯 5 26戊辰 6 27己巳 7 28庚午 8 29辛未⑨	1 壬申10 2 癸酉11 3 甲戌12 4 乙亥13 5 丙子14 **6** 丁丑15 7 戊寅⑯ 8 己卯17 9 庚辰18 10辛巳19 11壬午20 12癸未21 13甲申22 14乙酉㉓ 15丙戌24 16丁亥25 17戊子26 18己丑27 19庚寅28 20辛卯29 21壬辰㉚ **22**癸巳31 《11月》 23甲午 1 24乙未 2 25丙申 3 26丁酉 4 27戊戌 5 28己亥⑥ 29庚子 7 30辛丑 8	1 壬寅 9 2 癸卯10 3 甲辰11 4 乙巳12 5 丙午⑬ 6 丁未14 **7** 戊申15 8 己酉16 9 庚戌17 10辛亥18 11壬子19 12癸丑⑳ 13甲寅21 14乙卯22 15丙辰23 16丁巳24 17戊午25 18己未26 19庚申㉗ 20辛酉28 21壬戌29 **22**癸亥30 《12月》 23甲子 1 24乙丑 2 25丙寅 3 26丁卯④ 27戊辰 5 28己巳 6 29庚午 7	1 辛未 8 2 壬申 9 3 癸酉10 4 甲戌⑪ 5 乙亥12 6 丙子13 7 丁丑14 **8** 戊寅15 9 己卯16 10庚辰17 11辛巳⑱ 12壬午19 13癸未20 14甲申21 15乙酉22 16丙戌23 17丁亥24 18戊子㉕ 19己丑26 20庚寅27 21辛卯28 22壬辰29 **23**癸巳30 24甲午31 **1296**年 《1月》 25乙未① 26丙申 2 27丁酉 3 28戊戌 4 29己亥 5 30庚子 6	1 辛丑 7 2 壬寅⑧ 3 癸卯 9 4 甲辰10 5 乙巳11 6 丙午12 7 丁未13 8 戊申14 **9** 己酉⑮ 10庚戌16 11辛亥17 12壬子18 13癸丑19 14甲寅20 15乙卯21 16丙辰㉒ 17丁巳23 18戊午24 19己未25 20庚申26 21辛酉27 22壬戌28 23癸亥㉙ **24**甲子30 25乙丑31 《2月》 26丙寅 1 27丁卯 2 28戊辰 3 29己巳 4
立春 14日 雨水 29日	啓蟄 14日 春分 29日	清明15日	穀雨 1日 立夏 16日	小満 1日 芒種 16日	夏至 3日 小暑 18日	大暑 3日 立秋 18日	処暑 4日 白露 20日	秋分 5日 寒露 20日	霜降 6日 立冬 22日	小雪 7日 大雪 22日	冬至 8日 小寒 23日	大寒 9日 立春 24日

永仁**4**年（1296－1297） 丙申

1月	2月	3月	4月	5月	6月	7月	8月	9月	10月	11月	12月
1 庚午⑤ 2 辛未 6 3 壬申 7 4 癸酉 8 5 甲戌 9 6 乙亥10 7 丙子11 8 丁丑⑫ 9 戊寅13 **10**己卯14 11庚辰15 12辛巳16 13壬午17 14癸未18 15甲申⑲ 16乙酉20 17丙戌21 18丁亥22 19戊子23 20己丑24 21庚寅25 22辛卯㉖ 23壬辰27 24癸巳28 **25**甲午29 《3月》 26乙未 1 27丙申 2 28丁酉 3 29戊戌④ 30己亥 5	1 庚子 6 2 辛丑 7 3 壬寅 8 4 癸卯 9 5 甲辰10 6 乙巳⑪ 7 丙午12 8 丁未13 9 戊申14 10己酉15 **11**庚戌16 12辛亥17 13壬子⑱ 14癸丑19 15甲寅20 16乙卯21 17丙辰22 18丁巳23 19戊午24 20己未㉕ 21庚申26 22辛酉27 23壬戌28 24癸亥29 25甲子30 **26**乙丑31 《4月》 27丙寅① 28丁卯 2 29戊辰 3	1 己巳 4 2 庚午 5 3 辛未 6 4 壬申 7 5 癸酉⑧ 6 甲戌 9 7 乙亥10 8 丙子11 9 丁丑12 10戊寅13 11己卯14 **12**庚辰⑮ 13辛巳16 14壬午17 15癸未18 16甲申19 17乙酉20 18丙戌21 19丁亥㉒ 20戊子23 21己丑24 22庚寅25 23辛卯26 24壬辰27 25癸巳28 26甲午㉙ **27**乙未30 《5月》 28丙申 1 29丁酉 2 30戊戌 3	1 己亥 4 2 庚子 5 3 辛丑⑥ 4 壬寅 7 5 癸卯 8 6 甲辰 9 7 乙巳10 8 丙午11 9 丁未12 10戊申⑬ 11己酉14 **12**庚戌15 13辛亥16 14壬子17 15癸丑18 16甲寅19 17乙卯⑳ 18丙辰21 19丁巳22 20戊午23 21己未24 22庚申25 23辛酉26 24壬戌㉗ 25癸亥28 26甲子29 27乙丑30 **28**丙寅31 《6月》 29丁卯 1 30戊辰 2	1 己巳③ 2 庚午 4 3 辛未 5 4 壬申 6 5 癸酉 7 6 甲戌 8 7 乙亥 9 8 丙子⑩ 9 丁丑11 10戊寅12 11己卯13 12庚辰14 **13**辛巳15 14壬午16 15癸未⑰ 16甲申18 17乙酉19 18丙戌20 19丁亥21 20戊子22 21己丑23 22庚寅㉔ 23辛卯25 24壬辰26 25癸巳27 26甲午28 27乙未29 **28**丙申30 《7月》 29丁酉①	1 戊戌 2 2 己亥 3 3 庚子 4 4 辛丑 5 5 壬寅 6 6 癸卯 7 7 甲辰⑧ 8 乙巳 9 9 丙午10 10丁未11 11戊申12 12己酉13 13庚戌14 **14**辛亥⑮ 15壬子16 16癸丑17 17甲寅18 18乙卯19 19丙辰20 20丁巳21 21戊午㉒ 22己未23 23庚申24 24辛酉25 25壬戌26 26癸亥27 27甲子28 28乙丑㉙ **29**丙寅30 30丁卯31	《8月》 1 戊辰 1 2 己巳 2 3 庚午 3 4 辛未 4 5 壬申⑤ 6 癸酉 6 7 甲戌 7 8 乙亥 8 9 丙子 9 10丁丑10 11戊寅11 12己卯⑫ 13庚辰13 14辛巳14 **15**壬午15 16癸未16 17甲申17 18乙酉18 19丙戌⑲ 20丁亥20 21戊子21 22己丑22 23庚寅23 24辛卯24 25壬辰25 26癸巳㉖ 27甲午27 28乙未28 29丙申29	**1** 丁酉30 2 戊戌31 《9月》 3 己亥 1 4 庚子② 5 辛丑 3 6 壬寅 4 7 癸卯 5 8 甲辰 6 9 乙巳 7 10丙午 8 11丁未⑨ 12戊申10 13己酉11 14庚戌12 15辛亥13 **16**壬子14 17癸丑15 18甲寅⑯ 19乙卯17 20丙辰18 21丁巳19 22戊午20 23己未21 24庚申22 25辛酉㉓ 26壬戌24 27癸亥25 28甲子26 29乙丑27 30丙寅28	**1** 丁卯29 2 戊辰㉚ 《10月》 3 己巳 1 4 庚午 2 5 辛未 3 6 壬申 4 7 癸酉 5 8 甲戌 6 9 乙亥⑦ 10丙子 8 11丁丑 9 12戊寅10 13己卯11 14庚辰12 15辛巳13 16壬午⑭ **17**癸未15 18甲申16 19乙酉17 20丙戌18 21丁亥19 22戊子20 23己丑㉑ 24庚寅22 25辛卯23 26壬辰24 27癸巳25 28甲午26 29乙未27	1 丙申㉘ 2 丁酉29 **3** 戊戌30 4 己亥31 《11月》 5 庚子 1 6 辛丑 2 7 壬寅 3 8 癸卯④ 9 甲辰 5 10乙巳 6 11丙午 7 12丁未 8 13戊申 9 14己酉10 15庚戌⑪ 16辛亥12 17壬子13 **18**癸丑14 19甲寅15 20乙卯16 21丙辰17 22丁巳⑱ 23戊午19 24己未20 25庚申21 26辛酉22 27壬戌23 28癸亥24 29甲子㉕ 30乙丑26	1 丙寅27 2 丁卯28 **3** 戊辰29 4 己巳30 《12月》 5 庚午 1 6 辛未② 7 壬申 3 8 癸酉 4 9 甲戌 5 10乙亥 6 11丙子 7 12丁丑 8 13戊寅⑨ 14己卯10 15庚辰11 16辛巳12 17壬午13 **18**癸未14 19甲申15 20乙酉⑯ 21丙戌17 22丁亥18 23戊子19 24己丑20 25庚寅21 26辛卯22 27壬辰㉓ 28癸巳24 29甲午25	1 乙未26 2 丙申27 3 丁酉28 4 戊戌29 **5** 己亥㉚ 6 庚子31 **1297**年 《1月》 7 辛丑 1 8 壬寅 2 9 癸卯 3 10甲辰 4 11乙巳 5 12丙午⑥ 13丁未 7 14戊申 8 15己酉 9 16庚戌10 17辛亥11 18壬子12 19癸丑⑬ **20**甲寅14 21乙卯15 22丙辰16 23丁巳17 24戊午18 25己未19 26庚申⑳ 27辛酉21 28壬戌22 29癸亥23 30甲子24
雨水 10日 啓蟄 25日	春分 11日 清明 26日	穀雨 12日 立夏 27日	小満 12日 芒種 28日	夏至 13日 小暑 28日	大暑 14日 立秋 29日	処暑 15日	白露 1日 秋分 16日	寒露 1日 霜降 17日	立冬 3日 小雪 18日	大雪 3日 冬至 18日	小寒 5日 大寒 20日

永仁5年（1297－1298） 丁酉

1月	2月	3月	4月	5月	6月	7月	8月	9月	10月	閏10月	11月	12月
1 乙丑25	1 甲午23	1 甲子25	1 癸巳23	1 癸亥23	1 壬辰21	1 壬戌㉑	1 壬辰20	1 辛酉18	1 辛卯18	1 庚申16	1 己丑⑮	1 己未14
2 丙寅26	2 乙未㉔	2 乙丑26	2 甲午24	2 甲子24	2 癸巳22	2 癸亥22	2 癸巳21	2 壬戌19	2 壬辰19	2 辛酉⑰	2 庚寅16	2 庚申15
3 丁卯㉗	3 丙申25	3 丙寅27	3 乙未25	3 乙丑25	3 甲午㉓	3 甲子23	3 甲午22	3 癸亥20	3 癸巳⑳	3 壬戌18	3 辛卯17	3 辛酉16
4 戊辰28	4 丁酉26	4 丁卯28	4 丙申26	4 丙寅㉖	4 乙未24	4 乙丑24	4 乙未23	4 甲子21	4 甲午21	4 癸亥19	4 壬辰18	4 壬戌17
5 己巳29	5 戊戌27	5 戊辰29	5 丁酉27	5 丁卯27	5 丙申25	5 丙寅25	5 丙申24	5 乙丑㉒	5 乙未22	5 甲子20	5 癸巳19	5 癸亥18
6 庚午30	6 己亥28	6 己巳30	6 戊戌㉘	6 戊辰28	6 丁酉26	6 丁卯26	6 丁酉㉕	6 丙寅23	6 丙申23	6 乙丑21	6 甲午20	6 甲子⑲
7 辛未31	《3月》	7 庚午㉛	7 己亥29	7 己巳29	7 戊戌27	7 戊辰27	7 戊戌26	7 丁卯24	7 丁酉24	7 丙寅22	7 乙未21	7 乙丑20
《2月》	7 庚子 1	《4月》	8 庚子30	8 庚午30	8 己亥28	8 己巳㉘	8 己亥27	8 戊辰25	8 戊戌25	8 丁卯23	8 丙申㉒	8 丙寅21
8 壬申 1	8 辛丑 2	8 辛未 1	《5月》	9 辛未31	9 庚子29	9 庚午29	9 庚子28	9 己巳26	9 己亥26	9 戊辰㉔	9 丁酉23	9 丁卯22
9 癸酉 2	9 壬寅③	9 壬申 2	9 辛丑 1	《6月》	10 辛丑㉚	10 辛未30	10 辛丑29	10 庚午27	10 庚子㉗	10 己巳25	10 戊戌24	10 戊辰23
10 甲戌③	10 癸卯 4	10 癸酉 3	10 壬寅 2	10 壬申 1	《7月》	11 壬申31	11 壬寅30	11 辛未28	11 辛丑28	11 庚午26	11 己亥25	11 己巳24
11 乙亥 4	11 甲辰 5	11 甲戌 4	11 癸卯 3	11 癸酉②	11 壬寅 1	《8月》	12 癸卯31	12 壬申㉙	12 壬寅29	12 辛未27	12 庚子26	12 庚午25
12 丙子 5	12 乙巳 6	12 乙亥 5	12 甲辰 4	12 甲戌 3	12 癸卯 2	12 癸酉 1	《9月》	13 癸酉30	13 癸卯30	13 壬申28	13 辛丑27	13 辛未㉖
13 丁丑 6	13 丙午 7	13 丙子 6	13 乙巳⑤	13 乙亥 4	13 甲辰 3	13 甲戌 2	13 甲辰①	《10月》	14 甲辰31	14 癸酉29	14 壬寅28	14 壬申27
14 戊寅 7	14 丁未 8	14 丁丑⑦	14 丙午 6	14 丙子 5	14 乙巳 4	14 乙亥 3	14 乙巳 2	14 甲戌 1	《11月》	15 甲戌30	15 癸卯㉙	15 癸酉28
15 己卯 8	15 戊申 9	15 戊寅 8	15 丁未 7	15 丁丑 6	15 丙午 5	15 丙子④	15 丙午 3	15 乙亥 2	15 乙巳 1	《12月》	16 甲辰30	16 甲戌29
16 庚辰 9	16 己酉⑩	16 己卯 9	16 戊申 8	16 戊寅 7	16 丁未 6	16 丁丑 5	16 丁未 4	16 丙子 3	16 丙午 2	16 乙亥①	17 乙巳31	17 乙亥30
17 辛巳⑩	17 庚戌11	17 庚辰10	17 己酉 9	17 己卯 8	17 戊申⑦	17 戊寅 6	17 戊申 5	17 丁丑 4	17 丁未③	17 丙子 2	1298年	18 丙子31
18 壬午11	18 辛亥12	18 辛巳11	18 庚戌10	18 庚辰⑨	18 己酉 8	18 己卯 7	18 己酉 6	18 戊寅 5	18 戊申 4	18 丁丑 3	《1月》	《2月》
19 癸未12	19 壬子13	19 壬午12	19 辛亥11	19 辛巳10	19 庚戌 9	19 庚辰 8	19 庚戌 7	19 己卯⑥	19 己酉 5	19 戊寅 4	18 丙午 1	19 丁丑 1
20 甲申13	20 癸丑14	20 癸未13	20 壬子⑫	20 壬午11	20 辛亥10	20 辛巳 9	20 辛亥⑧	20 庚辰 7	20 庚戌 6	20 己卯 5	19 丁未 2	20 戊寅②
21 乙酉14	21 甲寅15	21 甲申⑭	21 癸丑13	21 癸未12	21 壬子11	21 壬午10	21 壬子 9	21 辛巳 8	21 辛亥 7	21 庚辰 6	20 戊申 3	21 己卯 3
22 丙戌15	22 乙卯16	22 乙酉15	22 甲寅14	22 甲申13	22 癸丑12	22 癸未⑪	22 癸丑10	22 壬午 9	22 壬子 8	22 辛巳 7	21 己酉 4	22 庚辰 4
23 丁亥16	23 丙辰⑰	23 丙戌16	23 乙卯15	23 乙酉14	23 甲寅13	23 甲申12	23 甲寅11	23 癸未10	23 癸丑 9	23 壬午⑧	22 庚戌⑤	23 辛巳 5
24 戊子⑰	24 丁巳18	24 丁亥17	24 丙辰16	24 丙戌15	24 乙卯⑭	24 乙酉13	24 乙卯12	24 甲申11	24 甲寅⑩	24 癸未 9	23 辛亥 6	24 壬午 6
25 己丑18	25 戊午19	25 戊子18	25 丁巳17	25 丁亥⑯	25 丙辰15	25 丙戌14	25 丙辰13	25 乙酉12	25 乙卯11	25 甲申10	24 壬子 7	25 癸未 7
26 庚寅19	26 己未20	26 己丑19	26 戊午18	26 戊子17	26 丁巳16	26 丁亥15	26 丁巳14	26 丙戌⑬	26 丙辰12	26 乙酉11	25 癸丑 8	26 甲申 8
27 辛卯20	27 庚申21	27 庚寅20	27 己未⑲	27 己丑18	27 戊午17	27 戊子16	27 戊午⑮	27 丁亥14	27 丁巳13	27 丙戌12	26 甲寅 9	27 乙酉⑨
28 壬辰21	28 辛酉22	28 辛卯㉑	28 庚申20	28 庚寅19	28 己未18	28 己丑17	28 己未16	28 戊子15	28 戊午14	28 丁亥13	27 乙卯10	28 丙戌10
29 癸巳22	29 壬戌23	29 壬辰22	29 辛酉21	29 辛卯20	29 庚申19	29 庚寅⑱	29 庚申17	29 己丑16	29 己未15	29 戊子14	28 丙辰11	29 丁亥11
	30 癸亥㉔		30 壬戌22		30 辛酉20	30 辛卯19		30 庚寅17			29 丁巳⑫	30 戊子12
											30 戊午13	
立春 5日 雨水 20日	啓蟄 7日 春分 22日	清明 7日 穀雨 22日	立夏 8日 小満 24日	芒種 9日 夏至 24日	小暑 10日 大暑 26日	立秋 11日 処暑 26日	白露 11日 秋分 26日	寒露 13日 霜降 28日	立冬 13日 小雪 28日	大雪14日	冬至 1日 小寒 16日	大寒 1日 立春 16日

永仁6年（1298－1299） 戊戌

1月	2月	3月	4月	5月	6月	7月	8月	9月	10月	11月	12月
1 己丑13	1 戊午14	1 戊子⑬	1 丁巳12	1 丙戌10	1 丙辰10	1 丙戌 9	1 乙卯⑦	1 乙酉 7	1 乙卯 6	1 甲申 5	1 甲寅④
2 庚寅14	2 己未15	2 己丑14	2 戊午13	2 丁亥11	2 丁巳11	2 丁亥⑩	2 丙辰 8	2 丙戌 8	2 丙辰 7	2 乙酉 6	2 乙卯 5
3 辛卯15	3 庚申⑯	3 庚寅15	3 己未14	3 戊子12	3 戊午12	3 戊子11	3 丁巳 9	3 丁亥 9	3 丁巳 8	3 丙戌⑦	3 丙辰 6
4 壬辰⑯	4 辛酉17	4 辛卯16	4 庚申15	4 己丑13	4 己未⑬	4 己丑12	4 戊午10	4 戊子10	4 戊午⑨	4 丁亥 8	4 丁巳 7
5 癸巳17	5 壬戌18	5 壬辰17	5 辛酉16	5 庚寅14	5 庚申14	5 庚寅13	5 己未11	5 己丑11	5 己未10	5 戊子 9	5 戊午 8
6 甲午18	6 癸亥19	6 癸巳18	6 壬戌17	6 辛卯⑮	6 辛酉15	6 辛卯14	6 庚申12	6 庚寅⑫	6 庚申11	6 己丑10	6 己未 9
7 乙未19	7 甲子20	7 甲午19	7 癸亥⑱	7 壬辰16	7 壬戌16	7 壬辰15	7 辛酉13	7 辛卯13	7 辛酉12	7 庚寅11	7 庚申10
8 丙申20	8 乙丑21	8 乙未⑳	8 甲子19	8 癸巳17	8 癸亥17	8 癸巳16	8 壬戌⑭	8 壬辰14	8 壬戌13	8 辛卯12	8 辛酉⑪
9 丁酉21	9 丙寅22	9 丙申21	9 乙丑20	9 甲午18	9 甲子18	9 甲午⑰	9 癸亥15	9 癸巳15	9 癸亥14	9 壬辰13	9 壬戌12
10 戊戌22	10 丁卯㉓	10 丁酉22	10 丙寅21	10 乙未19	10 乙丑19	10 乙未18	10 甲子16	10 甲午16	10 甲子15	10 癸巳⑭	10 癸亥13
11 己亥㉓	11 戊辰24	11 戊戌23	11 丁卯22	11 丙申20	11 丙寅⑳	11 丙申19	11 乙丑17	11 乙未17	11 乙丑⑯	11 甲午15	11 甲子14
12 庚子24	12 己巳25	12 己亥24	12 戊辰23	12 丁酉21	12 丁卯21	12 丁酉20	12 丙寅18	12 丙申18	12 丙寅17	12 乙未16	12 乙丑15
13 辛丑25	13 庚午26	13 庚子25	13 己巳24	13 戊戌㉒	13 戊辰22	13 戊戌21	13 丁卯19	13 丁酉⑲	13 丁卯18	13 丙申17	13 丙寅16
14 壬寅26	14 辛未27	14 辛丑26	14 庚午㉕	14 己亥23	14 己巳23	14 己亥22	14 戊辰20	14 戊戌20	14 戊辰19	14 丁酉18	14 丁卯17
15 癸卯27	15 壬申28	15 壬寅㉗	15 辛未26	15 庚子24	15 庚午24	15 庚子23	15 己巳㉑	15 己亥21	15 己巳20	15 戊戌19	15 戊辰⑱
16 甲辰28	16 癸酉29	16 癸卯28	16 壬申27	16 辛丑25	16 辛未25	16 辛丑㉔	16 庚午22	16 庚子22	16 庚午21	16 己亥20	16 己巳19
《3月》	17 甲戌㉚	17 甲辰29	17 癸酉28	17 壬寅26	17 壬申26	17 壬寅25	17 辛未23	17 辛丑23	17 辛未22	17 庚子㉑	17 庚午20
17 乙巳 1	18 乙亥31	18 乙巳30	18 甲戌29	18 癸卯27	18 癸酉㉗	18 癸卯26	18 壬申24	18 壬寅24	18 壬申㉓	18 辛丑22	18 辛未21
18 丙午②	《4月》	《5月》	19 乙亥30	19 甲辰28	19 甲戌28	19 甲辰27	19 癸酉25	19 癸卯25	19 癸酉24	19 壬寅23	19 壬申22
19 丁未 3	19 丙子 1	19 丙午 1	20 丙子31	20 乙巳㉙	20 乙亥29	20 乙巳28	20 甲戌26	20 甲辰㉖	20 甲戌25	20 癸卯24	20 癸酉23
20 戊申 4	20 丁丑 2	20 丁未 2	《6月》	21 丙午30	21 丙子30	21 丙午29	21 乙亥27	21 乙巳27	21 乙亥26	21 甲辰25	21 甲戌24
21 己酉 5	21 戊寅 3	21 戊申 3	21 丁丑①	《7月》	22 丁丑31	22 丁未30	22 丙子㉘	22 丙午28	22 丙子27	22 乙巳26	22 乙亥㉕
22 庚戌 6	22 己卯 4	22 己酉④	22 戊寅 2	22 丁未 1	《8月》	23 戊申㉛	23 丁丑29	23 丁未29	23 丁丑28	23 丙午27	23 丙子26
23 辛亥 7	23 庚辰 5	23 庚戌 5	23 己卯 3	23 戊申 2	23 戊寅 1	《9月》	24 戊寅30	24 戊申30	24 戊寅29	24 丁未㉘	24 丁丑27
24 壬子 8	24 辛巳⑥	24 辛亥 6	24 庚辰 4	24 己酉 3	24 己卯 2	24 己酉 1	《10月》	25 己酉31	25 己卯㉚	25 戊申29	25 戊寅28
25 癸丑⑨	25 壬午 7	25 壬子 7	25 辛巳 5	25 庚戌 4	25 庚辰③	25 庚戌 2	25 己卯 1	《11月》	《12月》	26 己酉30	26 己卯29
26 甲寅10	26 癸未 8	26 癸丑 8	26 壬午 6	26 辛亥 5	26 辛巳 4	26 辛亥 3	26 庚辰 2	26 庚戌 1	26 庚辰 1	27 庚戌31	27 庚辰30
27 乙卯11	27 甲申 9	27 甲寅 9	27 癸未 7	27 壬子⑥	27 壬午 5	27 壬子 4	27 辛巳 3	27 辛亥②	27 辛巳 2	1299年	28 辛巳31
28 丙辰12	28 乙酉10	28 乙卯10	28 甲申⑧	28 癸丑 7	28 癸未 6	28 癸丑 5	28 壬午 4	28 壬子 3	28 壬午 3	《1月》	《2月》
29 丁巳13	29 丙戌11	29 丙辰⑪	29 乙酉 9	29 甲寅 8	29 甲申 7	29 甲寅 6	29 癸未⑤	29 癸丑 4	29 癸未 4	28 辛亥 1	29 壬午①
	30 丁亥12			30 乙卯 9	30 乙酉 8		30 甲申 6	30 甲寅 5		29 壬子 2	
										30 癸丑 3	
雨水 2日 啓蟄 17日	春分 3日 清明 18日	穀雨 3日 立夏 19日	小満 5日 芒種 20日	夏至 6日 小暑 22日	大暑 7日 立秋 22日	処暑 7日 白露 22日	秋分 9日 寒露 24日	霜降 9日 立冬 24日	小雪 10日 大雪 25日	冬至 11日 小寒 26日	大寒 11日 立春 27日

正安元年〔永仁**7**年〕（1299－1300） 己亥

改元 4/25（永仁→正安）

1月	2月	3月	4月	5月	6月	7月	8月	9月	10月	11月	12月
1癸未2	1癸丑4	1壬午2	《5月》	**1**辛巳㉛	1庚戌29	1庚辰29	1己酉27	1己卯26	1己酉26	1戊寅24	1戊申24
2甲申3	2甲寅5	2癸未3	**1**辛亥1	《6月》	2辛亥30	2辛巳30	2庚戌28	2庚辰㉗	2庚戌27	2己卯25	2己酉25
3乙酉4	3乙卯6	3甲申4	2壬子2	2壬午1	《7月》	**3**壬午31	3辛亥29	3辛巳28	3辛亥28	3庚辰26	3庚戌26
4丙戌5	4丙辰7	4乙酉⑤	3癸丑③	3癸未2	**3**壬子1	《8月》	4壬子㉚	4壬午29	4壬子29	4辛巳27	4辛亥㉗
5丁亥6	5丁巳⑧	5丙戌6	4甲寅4	4甲申3	4癸丑2	4癸未1	**5**癸丑31	**5**癸未30	5癸丑30	5壬午28	5壬子28
6戊子7	6戊午9	6丁亥7	5乙卯5	5乙酉4	5甲寅3	5甲申②	《9月》	《10月》	**6**甲寅31	6癸未㉙	6癸丑29
7己丑⑧	7己未10	7戊子8	6丙辰6	6丙戌5	6乙卯4	6乙酉3	6甲寅1	6甲申1	《11月》	**7**甲申30	**7**甲寅30
8庚寅9	8庚申11	8己丑9	7丁巳7	7丁亥6	7丙辰⑤	7丙戌4	7乙卯2	7乙酉2	7乙卯①	《12月》	8乙卯31
9辛卯10	9辛酉12	9庚寅10	8戊午8	8戊子⑦	8丁巳6	8丁亥5	8丙辰3	8丙戌3	8丙辰2	8乙酉1	**1300年**
10壬辰11	10壬戌13	10辛卯11	9己未9	9己丑8	9戊午7	9戊子6	9丁巳4	9丁亥④	9丁巳3	9丙戌2	《1月》
11癸巳12	11癸亥14	11壬辰⑫	10庚申⑩	10庚寅9	10己未8	10己丑7	10戊午5	10戊子5	10戊午4	10丁亥3	9丙辰1
12甲午13	12甲子⑮	12癸巳13	11辛酉11	11辛卯10	11庚申9	11庚寅8	11己未⑥	11己丑6	11己未5	11戊子4	10丁巳2
13乙未14	**13**乙丑16	13甲午14	12壬戌12	12壬辰11	12辛酉10	12辛卯⑨	12庚申7	12庚寅7	12庚申6	12己丑5	11戊午③
14丙申⑮	14丙寅17	14乙未15	13癸亥13	13癸巳12	13壬戌11	13壬辰10	13辛酉8	13辛卯8	13辛酉7	13庚寅⑥	12己未4
15丁酉16	15丁卯18	**15**丙申16	14甲子14	14甲午13	14癸亥⑫	14癸巳11	14壬戌9	14壬辰9	14壬戌⑧	14辛卯7	13庚申5
16戊戌17	16戊辰19	16丁酉17	15乙丑15	15乙未⑭	15甲子13	15甲午12	15癸亥10	15癸巳10	15癸亥9	15壬辰8	14辛酉6
17己亥18	17己巳20	17戊戌18	**16**丙寅16	16丙申15	16乙丑14	16乙未13	16甲子11	16甲午⑪	16甲子10	16癸巳9	15壬戌7
18庚子19	18庚午21	18己亥⑲	17丁卯⑰	**17**丁酉16	17丙寅15	17丙申14	17乙丑12	17乙未12	17乙丑11	17甲午10	16癸亥8
19辛丑20	19辛未㉒	19庚子20	18戊辰18	18戊戌17	**18**丁卯16	**18**丁酉15	18丙寅⑬	18丙申13	18丙寅12	18乙未11	17甲子9
20壬寅21	20壬申23	20辛丑21	19己巳19	19己亥18	19戊辰17	19戊戌⑯	19丁卯14	19丁酉14	19丁卯13	19丙申12	18乙丑⑩
21癸卯㉒	21癸酉24	21壬寅22	20庚午20	20庚子19	20己巳18	20己亥17	**20**戊辰15	**20**戊戌15	20戊辰14	20丁酉⑬	19丙寅11
22甲辰23	22甲戌25	22癸卯23	21辛未21	21辛丑20	21庚午⑲	21庚子18	21己巳16	21己亥16	**21**己巳⑮	21戊戌14	20丁卯12
23乙巳24	23乙亥26	23甲辰24	22壬申22	22壬寅㉑	22辛未20	22辛丑19	22庚午17	22庚子17	22庚午16	**22**己亥15	21戊辰13
24丙午25	24丙子27	24乙巳25	23癸酉23	23癸卯22	23壬申21	23壬寅20	23辛未18	23辛丑⑱	23辛未17	23庚子16	22己巳14
25丁未26	25丁丑28	25丙午㉖	24甲戌㉔	24甲辰23	24癸酉22	24癸卯21	24壬申19	24壬寅19	24壬申18	24辛丑17	**23**庚午15
26戊申27	26戊寅㉙	26丁未27	25乙亥25	25乙巳24	25甲戌23	25甲辰22	25癸酉⑳	25癸卯20	25癸酉19	25壬寅18	24辛未16
27己酉28	27己卯30	27戊申28	26丙子26	26丙午25	26乙亥24	26乙巳㉓	26甲戌21	26甲辰21	26甲戌20	26癸卯19	25壬申⑰
《3月》	**28**庚辰31	28己酉29	27丁丑27	27丁未26	27丙子25	27丙午24	27乙亥22	27乙巳22	27乙亥21	27甲辰⑳	26癸酉18
28庚戌①	《4月》	29庚戌30	28戊寅28	28戊申27	28丁丑㉖	28丁未25	28丙子23	28丙午23	28丙子㉒	28乙巳21	27甲戌19
29辛亥2	29辛巳1		29己卯29	29己酉㉘	29戊寅27	29戊申26	29丁丑24	29丁未24	29丁丑23	29丙午22	28乙亥20
30壬子3			30庚辰30		30己卯28		30戊寅25	30戊申㉕		30丁未23	29丙子21
											30丁丑22
雨水 13日	春分 13日	穀雨 15日	立夏 1日	芒種 1日	小暑 3日	立秋 3日	白露 5日	寒露 5日	立冬 6日	大雪 7日	小寒 7日
啓蟄 28日	清明 28日		小満 16日	夏至 17日	大暑 18日	処暑 18日	秋分 20日	霜降 20日	小雪 21日	冬至 22日	大寒 23日

正安**2**年（1300－1301） 庚子

1月	2月	3月	4月	5月	6月	7月	閏7月	8月	9月	10月	11月	12月
1戊寅23	1丁未㉑	1丁丑22	1丙午20	1丙子20	1乙巳18	1甲戌⑰	1甲辰16	**1**癸酉14	1癸卯14	1壬申12	1壬寅12	1壬申11
2己卯㉔	2戊申22	2戊寅23	2丁未21	2丁丑21	2丙午⑲	2乙亥18	2乙巳17	2甲戌15	**2**甲辰15	2癸酉⑬	2癸卯13	2癸酉12
3庚辰25	3己酉23	3己卯24	3戊申22	3戊寅㉒	3丁未20	3丙子19	3丙午18	3乙亥16	3乙巳⑯	**3**甲戌14	**3**甲辰14	3甲戌13
4辛巳26	4庚戌24	4庚辰25	4己酉23	4己卯23	4戊申21	4丁丑20	4丁未19	4丙子17	4丙午17	4乙亥15	4乙巳15	**4**乙亥14
5壬午27	5辛亥25	5辛巳26	5庚戌㉔	5庚辰24	5己酉22	5戊寅21	5戊申20	5丁丑⑱	5丁未18	5丙子16	5丙午16	5丙子⑮
6癸未28	6壬子26	6壬午㉗	6辛亥25	6辛巳25	6庚戌23	6己卯22	6己酉㉑	6戊寅19	6戊申19	6丁丑17	6丁未17	6丁丑16
7甲申29	7癸丑27	7癸未28	7壬子26	7壬午26	7辛亥24	7庚辰23	7庚戌22	7己卯20	7己酉20	7戊寅18	7戊申⑱	7戊寅17
8乙酉30	8甲寅㉘	8甲申29	8癸丑27	8癸未27	8壬子25	8辛巳㉔	8辛亥23	8庚辰21	8庚戌21	8己卯19	8己酉19	8己卯18
9丙戌㉛	**9**乙卯29	9乙酉30	9甲寅28	9甲申28	9癸丑㉖	9壬午25	9壬子24	9辛巳22	9辛亥22	9庚辰⑳	9庚戌20	9庚辰19
《2月》	《3月》	**10**丙戌31	10乙卯29	10乙酉㉙	10甲寅27	10癸未26	10癸丑25	10壬午23	10壬子㉓	10辛巳21	10辛亥21	10辛巳20
10丁亥1	10丙辰1	《4月》	**11**丙辰30	11丙戌30	11乙卯28	11甲申27	11甲寅26	11癸未24	11癸丑24	11壬午22	11壬子22	11壬午21
11戊子2	11丁巳2	11丁亥1	《5月》	**12**丁亥31	12丙辰29	12乙酉28	12乙卯27	12甲申㉕	12甲寅25	12癸未23	12癸丑23	12癸未㉒
12己丑3	12戊午3	12戊子2	12丁巳①	《6月》	**13**丁巳30	13丙戌29	13丙辰㉘	13乙酉26	13乙卯26	13甲申24	13甲寅24	13甲申23
13庚寅4	13己未4	13己丑③	13戊午2	13戊子1	《7月》	**14**丁亥30	14丁巳29	14丙戌27	14丙辰27	14乙酉25	14乙卯㉕	14乙酉24
14辛卯5	14庚申5	14庚寅4	14己未3	14己丑2	14戊午1	15戊子㉛	**15**戊午30	15丁亥28	15丁巳28	15丙戌26	15丙辰26	15丙戌25
15壬辰6	15辛酉⑥	15辛卯5	15庚申4	15庚寅3	15己未2	《8月》	16己未31	**16**戊子29	16戊午29	16丁亥㉗	16丁巳27	16丁亥26
16癸巳⑦	16壬戌7	16壬辰6	16辛酉5	16辛卯4	16庚申③	16己丑1	《9月》	17己丑30	**17**己未㉚	17戊子28	17戊午28	17戊子27
17甲午8	17癸亥8	17癸巳7	17壬戌6	17壬辰⑤	17辛酉4	17庚寅2	17庚申1	《10月》	18庚申31	**18**己丑29	18己未29	18己丑28
18乙未9	18甲子9	18甲午8	18癸亥7	18癸巳6	18壬戌5	18辛卯3	18辛酉2	18庚寅1	《11月》	19庚寅30	**19**庚申30	**19**庚寅㉙
19丙申10	19乙丑10	19乙未9	19甲子⑧	19甲午7	19癸亥6	19壬辰4	19壬戌3	19辛卯②	19辛酉1	《12月》	20辛酉31	20辛卯30
20丁酉11	20丙寅11	20丙申⑩	20乙丑9	20乙未8	20甲子7	20癸巳5	20癸亥④	20壬辰3	20壬戌2	20辛卯1	**1301年**	21壬辰31
21戊戌12	21丁卯12	21丁酉11	21丙寅10	21丙申9	21乙丑8	21甲午6	21甲子5	21癸巳4	21癸亥3	21壬辰2	《1月》	《2月》
22己亥13	22戊辰⑬	22戊戌12	22丁卯11	22丁酉10	22丙寅9	22乙未⑦	22乙丑6	22甲午5	22甲子4	22癸巳3	21壬戌①	22癸巳1
23庚子⑭	23己巳14	23己亥13	23戊辰12	23戊戌11	23丁卯⑩	23丙申8	23丙寅7	23乙未6	23乙丑5	23甲午④	22癸亥2	23甲午2
24辛丑15	24庚午15	24庚子14	24己巳13	24己亥⑫	24戊辰11	24丁酉9	24丁卯8	24丙申7	24丙寅⑥	24乙未5	23甲子3	24乙未3
25壬寅16	**25**辛未16	**25**辛丑15	25庚午14	25庚子13	25己巳12	25戊戌10	25戊辰9	25丁酉8	25丁卯7	25丙申6	24乙丑4	25丙申4
26癸卯17	26壬申17	26壬寅16	**26**辛未⑮	26辛丑14	26庚午13	26己亥11	26己巳10	26戊戌⑨	26戊辰8	26丁酉7	25丙寅5	26丁酉⑤
27甲辰18	27癸酉18	27癸卯⑰	27壬申16	**27**壬寅15	27辛未14	27庚子12	27庚午⑪	27己亥10	27己巳9	27戊戌8	26丁卯6	27戊戌6
28乙巳19	28甲戌19	28甲辰18	28癸酉17	28癸卯16	**28**壬申15	28辛丑13	28辛未12	28庚子11	28庚午10	28己亥9	27戊辰7	28己亥7
29丙午20	29乙亥⑳	29乙巳19	29甲戌18	29甲辰17	29癸酉16	29壬寅⑭	29壬申13	29辛丑12	29辛未11	29庚子10	28己巳⑧	29庚子8
	30丙子21		30乙亥19			**30**癸卯15		30壬寅13		30辛丑⑪	29庚午9	30辛丑9
											30辛未10	
立春 8日	啓蟄 9日	清明 10日	立夏 11日	芒種 12日	小暑 13日	立秋 14日	白露15日	秋分 1日	霜降 2日	小雪 3日	冬至 3日	大寒 4日
雨水 23日	春分 25日	穀雨 25日	小満 26日	夏至 27日	大暑 28日	処暑 30日		寒露 16日	立冬 17日	大雪 18日	小寒 19日	立春 19日

正安**3**年（1301－1302） 辛丑

1月	2月	3月	4月	5月	6月	7月	8月	9月	10月	11月	12月
1 壬寅 10	1 辛未 11	1 辛丑 10	1 庚午 9	1 庚子 8	1 己巳 7	1 戊戌 5	1 丁卯 ③	1 丁酉 3	1 丁卯 2	《12月》	1 丙寅 ㉛
2 癸卯 11	2 壬申 ⑫	2 壬寅 11	2 辛未 10	2 辛丑 9	2 庚午 8	2 己亥 ⑥	2 戊辰 4	2 戊戌 4	2 戊辰 3	1 丙申 1	**1302年**
3 甲辰 ⑫	3 癸酉 13	3 癸卯 12	3 壬申 11	3 壬寅 10	3 辛未 ⑨	3 庚子 7	3 己巳 5	3 己亥 5	3 己巳 4	2 丁酉 2	《1月》
4 乙巳 13	4 甲戌 14	4 甲辰 13	4 癸酉 12	4 癸卯 ⑪	4 壬申 10	4 辛丑 8	4 庚午 6	4 庚子 6	4 庚午 ⑤	3 戊戌 ③	2 丁卯 1
5 丙午 14	5 乙亥 15	5 乙巳 14	5 甲戌 13	5 甲辰 12	5 癸酉 11	5 壬寅 9	5 辛未 7	5 辛丑 7	5 辛未 6	4 己亥 4	3 戊辰 2
6 丁未 15	**6** 丙子 16	**6** 丙午 15	6 乙亥 ⑭	6 乙巳 13	6 甲戌 12	6 癸卯 10	6 壬申 8	6 壬寅 ⑧	6 壬申 7	5 庚子 5	4 己巳 3
7 戊申 16	7 丁丑 17	7 丁未 ⑯	7 丙子 15	7 丙午 14	7 乙亥 13	7 甲辰 11	7 癸酉 9	7 癸卯 9	7 癸酉 8	6 辛丑 6	5 庚午 4
8 己酉 17	8 戊寅 18	8 戊申 17	**8** 丁丑 16	**8** 丁未 15	8 丙子 14	8 乙巳 12	8 甲戌 ⑩	8 甲辰 10	8 甲戌 9	7 壬寅 7	6 辛未 5
9 庚戌 18	9 己卯 ⑲	9 己酉 18	9 戊寅 17	9 戊申 16	9 丁丑 15	9 丙午 ⑬	9 乙亥 11	9 乙巳 11	9 乙亥 10	8 癸卯 8	7 壬申 6
10 辛亥 ⑲	10 庚辰 20	10 庚戌 19	10 己卯 18	10 己酉 17	**10** 戊寅 ⑯	10 丁未 14	10 丙子 12	10 丙午 12	10 丙子 11	9 甲辰 9	8 癸酉 ⑦
11 壬子 20	11 辛巳 21	11 辛亥 20	11 庚辰 19	11 庚戌 ⑱	11 己卯 17	**11** 戊申 15	11 丁丑 13	11 丁未 13	11 丁丑 ⑫	10 乙巳 ⑩	9 甲戌 8
12 癸丑 21	12 壬午 22	12 壬子 21	12 辛巳 20	12 辛亥 19	12 庚辰 18	12 己酉 16	**12** 戊寅 14	12 戊申 14	12 戊寅 13	11 丙午 11	10 乙亥 9
13 甲寅 22	13 癸未 23	13 癸丑 22	13 壬午 ㉑	13 壬子 20	13 辛巳 19	13 庚戌 17	13 己卯 15	**13** 己酉 ⑮	**13** 己卯 14	12 丁未 12	11 丙子 10
14 乙卯 23	14 甲申 24	14 甲寅 ㉓	14 癸未 22	14 癸丑 21	14 壬午 20	14 辛亥 18	14 庚辰 16	14 庚戌 16	14 庚辰 15	13 戊申 13	12 丁丑 11
15 丙辰 24	15 乙酉 25	15 乙卯 24	15 甲申 23	15 甲寅 22	15 癸未 21	15 壬子 19	15 辛巳 ⑰	15 辛亥 17	15 辛巳 16	14 己酉 14	13 戊寅 12
16 丁巳 25	16 丙戌 ㉖	16 丙辰 25	16 乙酉 24	16 乙卯 23	16 甲申 22	16 癸丑 ⑳	16 壬午 18	16 壬子 18	16 壬午 17	**15** 庚戌 15	14 己卯 13
17 戊午 ㉖	17 丁亥 27	17 丁巳 26	17 丙戌 25	17 丙辰 24	17 乙酉 ㉓	17 甲寅 21	17 癸未 19	17 癸丑 19	17 癸未 18	16 辛亥 16	**15** 庚辰 ⑭
18 己未 27	18 戊子 28	18 戊午 27	18 丁亥 26	18 丁巳 ㉕	18 丙戌 24	18 乙卯 22	18 甲申 20	18 甲寅 20	18 甲申 ⑲	17 壬子 ⑰	16 辛巳 15
19 庚申 28	19 己丑 29	19 己未 28	19 戊子 27	19 戊午 26	19 丁亥 25	19 丙辰 23	19 乙酉 21	19 乙卯 21	19 乙酉 20	18 癸丑 18	17 壬午 16
《3月》	20 庚寅 30	20 庚申 29	20 己丑 ㉘	20 己未 27	20 戊子 26	20 丁巳 24	20 丙戌 22	20 丙辰 ㉒	20 丙戌 21	19 甲寅 19	18 癸未 17
20 辛酉 1	**21** 辛卯 31	**21** 辛酉 ㉚	21 庚寅 29	21 庚申 28	21 己丑 27	21 戊午 25	21 丁亥 23	21 丁巳 23	21 丁亥 22	20 乙卯 20	19 甲申 18
21 壬戌 2	《4月》	《5月》	22 辛卯 30	22 辛酉 29	22 庚寅 28	22 己未 26	22 戊子 ㉔	22 戊午 24	22 戊子 23	21 丙辰 21	20 乙酉 19
22 癸亥 3	22 壬辰 1	22 壬戌 1	**23** 壬辰 31	**23** 壬戌 30	23 辛卯 29	23 庚申 ㉗	23 己丑 25	23 己未 25	23 己丑 24	22 丁巳 22	21 丙戌 20
23 甲子 4	23 癸巳 ②	23 癸亥 2	《6月》	《7月》	24 壬辰 ㉚	24 辛酉 28	24 庚寅 26	24 庚申 26	24 庚寅 25	23 戊午 23	22 丁亥 ㉑
24 乙丑 ⑤	24 甲午 3	24 甲子 3	24 癸巳 1	24 癸亥 1	**25** 癸巳 31	25 壬戌 29	25 辛卯 27	25 辛酉 27	25 辛卯 ㉖	24 己未 ㉔	23 戊子 22
25 丙寅 6	25 乙未 4	25 乙丑 4	25 甲午 2	25 甲子 ②	《8月》	**26** 癸亥 30	26 壬辰 28	26 壬戌 28	26 壬辰 27	25 庚申 25	24 己丑 23
26 丁卯 7	26 丙申 5	26 丙寅 5	26 乙未 3	26 乙丑 3	26 甲午 1	27 甲子 31	27 癸巳 29	27 癸亥 ㉙	27 癸巳 28	26 辛酉 26	25 庚寅 24
27 戊辰 8	27 丁酉 6	27 丁卯 6	27 丙申 ④	27 丙寅 4	27 乙未 2	《9月》	**28** 甲午 30	**28** 甲子 30	**28** 甲午 29	27 壬戌 27	26 辛卯 25
28 己巳 9	28 戊戌 7	28 戊辰 ⑦	28 丁酉 5	28 丁卯 5	28 丙申 3	28 乙丑 1	《10月》	29 乙丑 31	29 乙未 30	28 癸亥 28	27 壬辰 26
29 庚午 10	29 己亥 8	29 己巳 8	29 戊戌 6	29 戊辰 6	29 丁酉 4	29 丙寅 2	29 乙未 ①	《11月》		29 甲子 29	28 癸巳 27
	30 庚子 ⑨		30 己亥 7				30 丙申 2	30 丙寅 1		**30** 乙丑 30	29 甲午 ㉘
											30 乙未 29

雨水 4日	春分 6日	穀雨 6日	小満 8日	夏至 8日	大暑 10日	処暑 11日	秋分 12日	霜降 13日	小雪 13日	冬至 15日	大寒 15日
啓蟄 20日	清明 21日	立夏 21日	芒種 23日	小暑 23日	立秋 25日	白露 26日	寒露 28日	立冬 28日	大雪 28日	小寒 30日	立春 30日

乾元元年〔正安**4**年〕（1302－1303） 壬寅

改元 11/21（正安→乾元）

1月	2月	3月	4月	5月	6月	7月	8月	9月	10月	11月	12月
1 丙申 30	《3月》	1 乙未 30	1 乙丑 ㉙	1 甲午 28	1 甲子 27	1 癸巳 26	1 壬戌 24	1 辛卯 22	1 辛酉 22	1 庚寅 20	1 庚申 20
2 丁酉 31	**1** 丙寅 1	**2** 丙申 31	2 丙寅 30	2 乙未 29	2 乙丑 28	2 甲午 27	2 癸亥 25	2 壬辰 ㉓	2 壬戌 23	2 辛卯 21	2 辛酉 21
《2月》	2 丁卯 2	《4月》	《5月》	3 丙申 30	3 丙寅 29	3 乙未 28	3 甲子 ㉖	3 癸巳 24	3 癸亥 24	3 壬辰 22	3 壬戌 22
3 戊戌 1	3 戊辰 3	3 丁酉 ①	**3** 丁卯 1	**4** 丁酉 31	4 丁卯 30	4 丙申 ㉙	4 乙丑 27	4 甲午 25	4 甲子 25	4 癸巳 23	4 癸亥 ㉓
4 己亥 2	4 己巳 ④	4 戊戌 2	4 戊辰 2	《6月》	《7月》	5 丁酉 30	5 丙寅 28	5 乙未 26	5 乙丑 26	5 甲午 24	5 甲子 24
5 庚子 3	5 庚午 5	5 己亥 3	5 己巳 3	5 戊戌 1	**5** 戊辰 ①	**6** 戊戌 31	6 丁卯 29	6 丙申 27	6 丙寅 27	6 乙未 ㉕	6 乙丑 25
6 辛丑 ④	6 辛未 6	6 庚子 4	6 庚午 4	6 己亥 2	6 己巳 2	《8月》	**7** 戊辰 30	7 丁酉 28	7 丁卯 ㉘	7 丙申 26	7 丙寅 26
7 壬寅 5	7 壬申 7	7 辛丑 5	7 辛未 5	7 庚子 ③	7 庚午 3	7 己亥 1	8 己巳 31	8 戊戌 29	8 戊辰 29	8 丁酉 27	8 丁卯 27
8 癸卯 6	8 癸酉 8	8 壬寅 6	8 壬申 ⑥	8 辛丑 4	8 辛未 4	8 庚子 2	《9月》	**9** 己亥 ㉚	**9** 己巳 30	9 戊戌 28	9 戊辰 28
9 甲辰 7	9 甲戌 9	9 癸卯 7	9 癸酉 7	9 壬寅 5	9 壬申 5	9 辛丑 3	9 庚午 1	《10月》	10 庚午 31	10 己亥 29	10 己巳 29
10 乙巳 8	10 乙亥 10	10 甲辰 ⑧	10 甲戌 8	10 癸卯 6	10 癸酉 6	10 壬寅 4	10 辛未 ②	10 庚子 1	《11月》	**11** 庚子 30	**11** 庚午 ㉚
11 丙午 9	11 丙子 ⑪	11 乙巳 9	11 乙亥 9	11 甲辰 7	11 甲戌 7	11 癸卯 ⑤	11 壬申 3	11 辛丑 2	11 辛未 1	《12月》	12 辛未 31
12 丁未 10	12 丁丑 12	12 丙午 10	12 丙子 10	12 乙巳 8	12 乙亥 ⑧	12 甲辰 6	12 癸酉 4	12 壬寅 3	12 壬申 2	12 辛丑 1	**1303年**
13 戊申 ⑪	13 戊寅 13	13 丁未 11	13 丁丑 11	13 丙午 9	13 丙子 9	13 乙巳 7	13 甲戌 5	13 癸卯 4	13 癸酉 3	13 壬寅 ②	《1月》
14 己酉 12	14 己卯 14	14 戊申 12	14 戊寅 12	14 丁未 ⑩	14 丁丑 10	14 丙午 8	14 乙亥 6	14 甲辰 5	14 甲戌 ④	14 癸卯 3	13 壬申 1
15 庚戌 13	15 庚辰 15	15 己酉 13	15 己卯 ⑬	15 戊申 11	15 戊寅 11	15 丁未 9	15 丙子 7	15 乙巳 6	15 乙亥 5	15 甲辰 4	14 癸酉 2
16 辛亥 14	**16** 辛巳 16	16 庚戌 14	16 庚辰 14	16 己酉 12	16 己卯 12	16 戊申 10	16 丁丑 8	16 丙午 ⑦	16 丙子 6	16 乙巳 5	15 甲戌 3
17 壬子 15	17 壬午 17	**17** 辛亥 ⑮	17 辛巳 15	17 庚戌 13	17 庚辰 13	17 己酉 11	17 戊寅 ⑨	17 丁未 8	17 丁丑 7	17 丙午 6	16 乙亥 4
18 癸丑 16	18 癸未 ⑱	18 壬子 16	**18** 壬午 16	18 辛亥 14	18 辛巳 14	18 庚戌 ⑫	18 己卯 10	18 戊申 9	18 戊寅 8	18 丁未 7	17 丙子 5
19 甲寅 17	19 甲申 19	19 癸丑 17	19 癸未 17	**19** 壬子 15	19 壬午 ⑮	19 辛亥 13	19 庚辰 11	19 己酉 10	19 己卯 9	19 戊申 8	18 丁丑 ⑥
20 乙卯 ⑱	20 乙酉 20	20 甲寅 18	20 甲申 18	20 癸丑 16	**20** 癸未 16	20 壬子 14	20 辛巳 12	20 庚戌 11	20 庚辰 10	20 己酉 ⑨	19 戊寅 7
21 丙辰 19	21 丙戌 21	21 乙卯 19	21 乙酉 19	21 甲寅 ⑰	21 甲申 17	**21** 癸丑 15	21 壬午 13	21 辛亥 12	21 辛巳 ⑪	*21* 庚戌 10	20 己卯 8
22 丁巳 20	22 丁亥 22	22 丙辰 20	22 丙戌 ⑳	22 乙卯 18	22 乙酉 18	22 甲寅 16	22 癸未 14	22 壬子 13	22 壬午 12	22 辛亥 11	21 庚辰 9
23 戊午 21	23 戊子 23	23 丁巳 21	23 丁亥 21	23 丙辰 19	23 丙戌 19	23 乙卯 17	**23** 甲申 15	23 癸丑 ⑭	23 癸未 13	23 壬子 12	22 辛巳 10
24 己未 22	24 己丑 24	24 戊午 ㉒	24 戊子 22	24 丁巳 20	24 丁亥 20	24 丙辰 18	24 乙酉 ⑯	**24** 甲寅 15	**24** 甲申 14	24 癸丑 13	23 壬午 11
25 庚申 23	25 庚寅 ㉕	25 己未 23	25 己丑 23	25 戊午 21	25 戊子 21	25 丁巳 ⑲	25 丙戌 17	25 乙卯 16	25 乙酉 15	25 甲寅 14	24 癸未 12
26 辛酉 24	26 辛卯 26	26 庚申 24	26 庚寅 24	26 己未 22	26 己丑 ㉒	26 戊午 20	26 丁亥 18	26 丙辰 17	26 丙戌 16	**26** 乙卯 15	25 甲申 ⑬
27 壬戌 ㉕	27 壬辰 27	27 辛酉 25	27 辛卯 25	27 庚申 23	27 庚寅 23	27 己未 21	27 戊子 19	27 丁巳 18	27 丁亥 17	27 丙辰 ⑯	**26** 乙酉 14
28 癸亥 26	28 癸巳 28	28 壬戌 26	28 壬辰 26	28 辛酉 ㉔	28 辛卯 24	28 庚申 22	28 己丑 20	28 戊午 19	28 戊子 ⑱	28 丁巳 17	27 丙戌 15
29 甲子 27	29 甲午 29	29 癸亥 27	29 癸巳 ㉗	29 壬戌 25	29 壬辰 25	29 辛酉 23	29 庚寅 21	29 己未 20	29 己丑 19	29 戊午 18	28 丁亥 16
30 乙丑 28		30 甲子 28		30 癸亥 26				30 庚申 ㉑		30 己未 19	29 戊子 17
											30 己丑 18

雨水 16日	啓蟄 1日	清明 2日	立夏 3日	芒種 4日	小暑 5日	立秋 6日	白露 7日	寒露 9日	立冬 9日	大雪 11日	小寒 11日
	春分 16日	穀雨 17日	小満 18日	夏至 19日	大暑 20日	処暑 21日	秋分 23日	霜降 24日	小雪 24日	冬至 26日	大寒 26日

嘉元元年〔乾元 2 年〕（1303－1304） 癸卯

改元 8/5（乾元→嘉元）

1月	2月	3月	4月	閏4月	5月	6月	7月	8月	9月	10月	11月	12月
1 庚寅19	1 庚申18	1 己丑19	1 己未18	1 己丑18	**1** 戊午⑯	1 丁亥15	1 丁巳14	1 丙戌12	1 丙辰12	1 乙酉⑩	1 甲寅9	1 甲申8
2 辛卯⑳	2 辛酉19	2 庚寅20	2 庚申19	2 庚寅⑲	2 己未17	**2** 戊子16	**2** 戊午15	2 丁亥13	2 丁巳⑬	2 丙戌11	2 乙卯10	2 乙酉9
3 壬辰21	3 壬戌20	3 辛卯21	3 辛酉20	3 辛卯20	3 庚申18	3 己丑17	3 己未16	3 戊子14	3 戊午14	3 丁亥12	3 丙辰11	3 丙戌10
4 癸巳22	4 癸亥21	4 壬辰22	4 壬戌㉑	4 壬辰21	4 辛酉19	4 庚寅18	4 庚申17	**4** 己丑⑮	**4** 己未15	4 戊子13	4 丁巳12	4 丁亥11
5 甲午23	5 甲子22	5 癸巳23	5 癸亥22	5 癸巳22	5 壬戌20	5 辛卯19	5 辛酉⑱	5 庚寅16	5 庚申16	5 己丑14	5 戊午13	5 戊子⑫
6 乙未24	6 乙丑23	6 甲午㉔	6 甲子23	6 甲午23	6 癸亥21	6 壬辰20	6 壬戌19	6 辛卯17	6 辛酉17	**6** 庚寅15	6 己未14	6 己丑13
7 丙申25	7 丙寅㉔	7 乙未25	7 乙丑24	7 乙未24	7 甲子22	7 癸巳㉑	7 癸亥20	7 壬辰18	7 壬戌18	7 辛卯16	**7** 庚申⑮	7 庚寅14
8 丁酉26	8 丁卯25	8 丙申26	8 丙寅25	8 丙申25	8 乙丑㉓	8 甲午22	8 甲子21	8 癸巳19	8 癸亥19	8 壬辰⑰	8 辛酉16	**8** 辛卯15
9 戊戌㉗	9 戊辰26	9 丁酉27	9 丁卯26	9 丁酉㉖	9 丙寅24	9 乙未23	9 乙丑22	9 甲午20	9 甲子⑳	9 癸巳18	9 壬戌17	9 壬辰16
10 己亥28	10 己巳27	10 戊戌28	10 戊辰27	10 戊戌27	10 丁卯25	10 丙申24	10 丙寅23	10 乙未21	10 乙丑21	10 甲午19	10 癸亥18	10 癸巳17
11 庚子29	11 庚午28	11 己亥29	11 己巳㉘	11 己亥28	11 戊辰26	11 丁酉25	11 丁卯24	11 丙申㉒	11 丙寅22	11 乙未20	11 甲子19	11 甲午18
12 辛丑30	《3月》	12 庚子30	12 庚午29	12 庚子29	12 己巳27	12 戊戌26	12 戊辰㉕	12 丁酉23	12 丁卯23	12 丙申21	12 乙丑20	12 乙未⑲
13 壬寅31	**12** 辛未1	**13** 辛丑㉛	13 辛未30	13 辛丑30	13 庚午28	13 己亥27	13 己巳26	13 戊戌24	13 戊辰24	13 丁酉22	13 丙寅21	13 丙申20
《2月》	13 壬申2	《4月》	《5月》	**14** 壬寅31	14 辛未29	14 庚子㉘	14 庚午27	14 己亥25	14 己巳25	14 戊戌23	14 丁卯㉒	14 丁酉21
14 癸卯1	14 癸酉③	14 壬寅1	**14** 壬申1	《6月》	15 壬申㉚	15 辛丑29	15 辛未28	15 庚子26	15 庚午26	15 己亥㉔	15 戊辰23	15 戊戌22
15 甲辰2	15 甲戌4	15 癸卯2	15 癸酉2	15 癸卯1	《7月》	16 壬寅30	16 壬申29	16 辛丑27	16 辛未㉗	16 庚子25	16 己巳24	16 己亥23
16 乙巳③	16 乙亥5	16 甲辰3	16 甲戌3	16 甲辰②	**16** 癸酉1	**17** 癸卯31	17 癸酉30	17 壬寅28	17 壬申28	17 辛丑26	17 庚午25	17 庚子24
17 丙午4	17 丙子6	17 乙巳4	17 乙亥4	17 乙巳3	17 甲戌2	《8月》	**18** 甲戌31	18 癸卯㉙	18 癸酉29	18 壬寅27	18 辛未26	18 辛丑25
18 丁未5	18 丁丑7	18 丙午5	18 丙子⑤	18 丙午4	18 乙亥3	18 甲辰1	《9月》	**19** 甲辰30	19 甲戌30	19 癸卯28	19 壬申27	19 壬寅㉖
19 戊申6	19 戊寅8	19 丁未6	19 丁丑6	19 丁未5	19 丙子4	19 乙巳2	19 乙亥①	《10月》	**20** 乙亥31	20 甲辰29	20 癸酉28	20 癸卯27
20 己酉7	20 己卯9	20 戊申⑦	20 戊寅7	20 戊申6	20 丁丑5	20 丙午3	20 丙子2	20 乙巳1	《11月》	**21** 乙巳30	21 甲戌㉙	21 甲辰28
21 庚戌8	21 庚辰⑩	21 己酉8	21 己卯8	21 己酉7	21 戊寅6	21 丁未④	21 丁丑3	21 丙午2	21 丙子1	《12月》	**22** 乙亥30	22 乙巳29
22 辛亥9	22 辛巳11	22 庚戌9	22 庚辰9	22 庚戌8	22 己卯⑦	22 戊申5	22 戊寅4	22 丁未3	22 丁丑2	22 丙午①	23 丙子31	**23** 丙午30
23 壬子⑩	23 壬午12	23 辛亥10	23 辛巳10	23 辛亥⑨	23 庚辰8	23 己酉6	23 己卯5	23 戊申4	23 戊寅③	23 丁未2	**1304年**	24 丁未31
24 癸丑11	24 癸未13	24 壬子11	24 壬午11	24 壬子10	24 辛巳9	24 庚戌7	24 庚辰6	24 己酉5	24 己卯4	24 戊申3	《1月》	《2月》
25 甲寅12	25 甲申14	25 癸丑12	25 癸未⑫	25 癸丑11	25 壬午10	25 辛亥8	25 辛巳7	25 庚戌⑥	25 庚辰5	25 己酉4	24 丁丑1	25 戊申1
26 乙卯13	26 乙酉15	26 甲寅13	26 甲申13	26 甲寅12	26 癸未11	26 壬子9	26 壬午⑧	26 辛亥7	26 辛巳6	26 庚戌5	25 戊寅2	26 己酉②
27 丙辰14	**27** 丙戌16	27 乙卯⑭	27 乙酉14	27 乙卯13	27 甲申12	27 癸丑10	27 癸未9	27 壬子8	27 壬午7	27 辛亥6	26 己卯3	27 庚戌3
28 丁巳15	28 丁亥⑰	28 丙辰15	28 丙戌15	28 丙辰14	28 乙酉13	28 甲寅⑪	28 甲申10	28 癸丑9	28 癸未8	28 壬子7	27 庚辰4	28 辛亥4
29 戊午16	29 戊子18	**29** 丁巳16	**29** 丁亥16	29 丁巳15	29 丙戌⑭	29 乙卯12	29 乙酉11	29 甲寅10	29 甲申9	29 癸丑⑧	28 辛巳⑤	29 壬子5
30 己未⑰		30 戊午17	30 戊子17			30 丙辰13		30 乙卯11			29 壬午6	30 癸丑6
											30 癸未7	
立春12日 雨水27日	啓蟄12日 春分27日	清明13日 穀雨29日	立夏14日 小満29日	芒種14日	夏至1日 小暑16日	大暑2日 立秋17日	処暑2日 白露18日	秋分4日 寒露19日	霜降4日 立冬20日	小雪6日 大雪21日	冬至7日 小寒22日	大寒8日 立春23日

嘉元 2 年（1304－1305） 甲辰

1月	2月	3月	4月	5月	6月	7月	8月	9月	10月	11月	12月
1 甲寅7	1 癸未7	1 癸丑6	1 癸未6	1 壬子4	1 壬午4	1 辛亥②	《9月》	1 庚戌30	**1** 庚辰30	1 己酉28	1 己卯28
2 乙卯8	2 甲申⑧	2 甲寅7	2 甲申7	2 癸丑5	2 癸未⑤	2 壬子3	1 辛巳1	《10月》	2 辛巳31	**2** 庚戌㉙	2 庚辰29
3 丙辰⑨	3 乙酉9	3 乙卯8	3 乙酉8	3 甲寅6	3 甲申6	3 癸丑4	2 壬午2	2 辛亥1	《11月》	3 辛亥30	**3** 辛巳30
4 丁巳10	4 丙戌10	4 丙辰9	4 丙戌9	4 乙卯⑦	4 乙酉7	4 甲寅5	3 癸未3	3 壬子2	3 壬午①	《12月》	4 壬午31
5 戊午11	5 丁亥11	5 丁巳10	5 丁亥⑩	5 丙辰8	5 丙戌8	5 乙卯6	4 甲申4	4 癸丑3	4 癸未2	4 壬子1	**1305年**
6 己未12	6 戊子12	6 戊午11	6 戊子11	6 丁巳9	6 丁亥9	6 丙辰7	5 乙酉5	5 甲寅④	5 甲申3	5 癸丑2	《1月》
7 庚申13	7 己丑13	7 己未⑫	7 己丑12	7 戊午10	7 戊子10	7 丁巳8	6 丙戌⑥	6 乙卯5	6 乙酉4	6 甲寅3	5 癸未1
8 辛酉14	8 庚寅14	8 庚申13	8 庚寅13	8 己未11	8 己丑11	8 戊午⑨	7 丁亥7	7 丙辰6	7 丙戌5	7 乙卯4	6 甲申2
9 壬戌15	**9** 辛卯⑮	9 辛酉14	9 辛卯14	9 庚申12	9 庚寅⑫	9 己未10	8 戊子8	8 丁巳7	8 丁亥6	8 丙辰5	7 乙酉③
10 癸亥⑯	10 壬辰16	**10** 壬戌15	**10** 壬辰15	10 辛酉13	10 辛卯13	10 庚申11	9 己丑9	9 戊午8	9 戊子7	9 丁巳⑥	8 丙戌4
11 甲子17	11 癸巳17	11 癸亥16	11 癸巳16	11 壬戌⑭	11 壬辰14	11 辛酉12	10 庚寅10	10 己未9	10 己丑⑧	10 戊午7	9 丁亥5
12 乙丑18	12 甲午18	12 甲子17	12 甲午⑰	**12** 癸亥15	**12** 癸巳15	12 壬戌13	11 辛卯11	11 庚申10	11 庚寅9	11 己未8	10 戊子6
13 丙寅19	13 乙未19	13 乙丑18	13 乙未18	13 甲子16	13 甲午16	13 癸亥14	12 壬辰12	12 辛酉⑪	12 辛卯10	12 庚申9	11 己丑7
14 丁卯20	14 丙申20	14 丙寅⑲	14 丙申19	14 乙丑17	14 乙未17	**14** 甲子15	13 癸巳⑬	13 壬戌12	13 壬辰11	13 辛酉10	12 庚寅8
15 戊辰21	15 丁酉21	15 丁卯20	15 丁酉20	15 丙寅18	15 丙申18	15 乙丑⑯	**14** 甲午14	14 癸亥13	14 癸巳12	14 壬戌11	13 辛卯9
16 己巳22	16 戊戌㉒	16 戊辰21	16 戊戌21	16 丁卯19	16 丁酉⑲	16 丙寅17	15 乙未15	15 甲子14	15 甲午13	15 癸亥12	14 壬辰⑩
17 庚午㉓	17 己亥23	17 己巳22	17 己亥22	17 戊辰20	17 戊戌20	17 丁卯18	16 丙申16	**16** 乙丑15	**16** 乙未14	16 甲子⑬	15 癸巳11
18 辛未24	18 庚子24	18 庚午23	18 庚子23	18 己巳㉑	18 己亥21	18 戊辰19	17 丁酉17	17 丙寅16	17 丙申⑮	**17** 乙丑14	16 甲午12
19 壬申25	19 辛丑25	19 辛未24	19 辛丑㉔	19 庚午22	19 庚子22	19 己巳20	18 戊戌18	18 丁卯17	18 丁酉16	18 丙寅15	17 乙未13
20 癸酉26	20 壬寅26	20 壬申25	20 壬寅25	20 辛未23	20 辛丑23	20 庚午21	19 己亥19	19 戊辰⑱	19 戊戌17	19 丁卯16	**18** 丙申14
21 甲戌27	21 癸卯27	21 癸酉㉖	21 癸卯26	21 壬申24	21 壬寅24	21 辛未22	20 庚子⑳	20 己巳19	20 己亥18	20 戊辰17	19 丁酉15
22 乙亥28	22 甲辰28	22 甲戌27	22 甲辰27	22 癸酉25	22 癸卯25	22 壬申㉓	21 辛丑21	21 庚午20	21 庚子19	21 己巳18	20 戊戌16
23 丙子29	23 乙巳㉙	23 乙亥28	23 乙巳28	23 甲戌26	23 甲辰㉖	23 癸酉24	22 壬寅22	22 辛未21	22 辛丑20	22 庚午19	21 己亥⑰
《3月》	24 丙午30	24 丙子29	24 丙午29	24 乙亥27	24 乙巳27	24 甲戌25	23 癸卯23	23 壬申22	23 壬寅21	23 辛未⑳	22 庚子18
24 丁丑①	**25** 丁未31	**25** 丁丑30	25 丁未30	25 丙子㉘	25 丙午28	25 乙亥26	24 甲辰24	24 癸酉23	24 癸卯㉒	24 壬申21	23 辛丑19
25 戊寅2	《4月》	《5月》	**26** 戊申㉛	26 丁丑29	26 丁未29	26 丙子27	25 乙巳25	25 甲戌24	25 甲辰23	25 癸酉22	24 壬寅20
26 己卯3	26 戊申1	26 戊寅1	《6月》	**27** 戊寅30	**27** 戊申30	27 丁丑28	26 丙午26	26 乙亥㉕	26 乙巳24	26 甲戌23	25 癸卯㉑
27 庚辰4	27 己酉2	27 己卯2	27 己酉1	《7月》	28 己酉31	28 戊寅29	27 丁未㉗	27 丙子26	27 丙午25	27 乙亥24	26 甲辰22
28 辛巳5	28 庚戌3	28 庚辰③	28 庚戌2	28 己卯1	《8月》	**29** 己卯㉚	28 戊申28	28 丁丑27	28 丁未26	28 丙子25	27 乙巳23
29 壬午6	29 辛亥4	29 辛巳4	29 辛亥3	29 庚辰2	29 庚戌1	30 庚辰31	**29** 己酉29	29 戊寅28	29 戊申27	29 丁丑26	28 丙午㉔
	30 壬子⑤	30 壬午5		30 辛巳3				30 己卯29		30 戊寅㉗	29 丁未25
雨水8日 啓蟄23日	春分9日 清明25日	穀雨10日 立夏25日	小満10日 芒種26日	夏至12日 小暑27日	大暑12日 立秋27日	処暑14日 白露29日	秋分14日 寒露29日	霜降16日	立冬1日 小雪16日	大雪2日 冬至17日	小寒3日 大寒18日

嘉元3年（1305－1306） 乙巳

1月	2月	3月	4月	5月	6月	7月	8月	9月	10月	11月	12月	閏12月
1 戊申26	1 戊寅25	1 丁未26	1 丁丑㉕	1 丙午24	1 丙子23	1 丙午23	1 乙亥21	1 乙巳20	1 甲戌19	1 甲辰18	1 癸酉17	1 癸卯⑯
2 己酉27	2 己卯26	2 戊申27	2 戊寅26	2 丁未25	2 丁丑24	2 丁未24	2 丙子㉒	2 丙午21	2 乙亥20	2 乙巳19	2 甲戌18	2 甲辰17
3 庚戌28	3 庚辰27	3 己酉㉘	3 己卯27	3 戊申26	3 戊寅25	3 戊申㉕	3 丁丑23	3 丁未22	3 丙子21	3 丙午20	3 乙亥⑲	3 乙巳18
4 辛亥29	4 辛巳㉘	4 庚戌29	4 庚辰28	4 己酉27	4 己卯26	4 己酉26	4 戊寅24	4 戊申23	4 丁丑22	4 丁未㉑	4 丙子20	4 丙午19
5 壬子30	《3月》	5 辛亥30	5 辛巳29	5 庚戌28	5 庚辰㉗	5 庚戌27	5 己卯25	5 己酉24	5 戊寅23	5 戊申22	5 丁丑21	5 丁未20
6 癸丑㉛	5 壬午 1	6 壬子31	6 壬午30	6 辛亥29	6 辛巳28	6 辛亥28	6 庚辰26	6 庚戌25	6 己卯㉔	6 己酉23	6 戊寅22	6 戊申21
《2月》	6 癸未 2	《4月》	《5月》	7 壬子㉚	7 壬午29	7 壬子29	7 辛巳27	7 辛亥㉖	7 庚辰25	7 庚戌24	7 己卯23	7 己酉22
7 甲寅 1	7 甲申 3	7 癸丑 1	7 癸未 1	8 癸丑31	8 癸未30	8 癸丑30	8 壬午28	8 壬子27	8 辛巳26	8 辛亥25	8 庚辰24	8 庚戌㉓
8 乙卯 2	8 乙酉 4	8 甲寅 2	8 甲申②	《6月》	《7月》	9 甲寅31	9 癸未㉙	9 癸丑28	9 壬午27	9 壬子26	9 辛巳25	9 辛亥24
9 丙辰 3	9 丙戌 5	9 乙卯 3	9 乙酉 3	9 甲寅 1	9 甲申 1	《8月》	10甲申30	10甲寅29	10癸未28	10癸丑27	10壬午㉖	10壬子25
10丁巳 4	10丁亥 6	10丙辰④	10丙戌 4	10乙卯 2	10乙酉 2	10乙卯①	11乙酉31	11乙卯30	11甲申29	11甲寅㉘	11癸未27	11癸丑26
11戊午 5	11戊子⑦	11丁巳 5	11丁亥 5	11丙辰 3	11丙戌 3	11丙辰 2	《9月》	《10月》	12乙酉30	12乙卯29	12甲申28	12甲寅27
12己未 6	12己丑 8	12戊午 6	12戊子 6	12丁巳 4	12丁亥④	12丁巳 3	12丙戌 1	12丙辰 1	13丙戌㉛	13丙辰30	13乙酉29	13乙卯28
13庚申⑦	13庚寅 9	13己未 7	13己丑 7	13戊午 5	13戊子 5	13戊午 4	13丁亥 2	13丁巳 2	《11月》	《12月》	14丙戌30	14丙辰29
14辛酉 8	14辛卯10	14庚申 8	14庚寅 8	14己未⑥	14己丑 6	14己未 5	14戊子 3	14戊午③	14丁亥 1	14丁巳 1	15丁亥31	15丁巳㉚
15壬戌 9	15壬辰11	15辛酉 9	15辛卯⑨	15庚申 7	15庚寅 7	15庚申 6	15己丑 4	15己未 4	15戊子 2	15戊午 2	1306年	16戊午31
16癸亥10	16癸巳12	16壬戌10	16壬辰10	16辛酉 8	16辛卯 8	16辛酉 7	16庚寅⑤	16庚申 5	16己丑 3	16己未 3	《1月》	《2月》
17甲子11	17甲午13	17癸亥⑪	17癸巳11	17壬戌 9	17壬辰 9	17壬戌⑧	17辛卯 6	17辛酉 6	17庚寅 4	17庚申 4	16戊子 1	17己未 1
18乙丑12	18乙未⑭	18甲子12	18甲午12	18癸亥10	18癸巳10	18癸亥 9	18壬辰 7	18壬戌 7	18辛卯 5	18辛酉⑤	17己丑②	18庚申 2
19丙寅13	19丙申15	19乙丑13	19乙未13	19甲子11	19甲午⑪	19甲子10	19癸巳 8	19癸亥 8	19壬辰 6	19壬戌 6	18庚寅 3	19辛酉 3
20丁卯⑭	20丁酉16	20丙寅14	20丙申14	20乙丑12	20乙未12	20乙丑11	20甲午 9	20甲子 9	20癸巳⑦	20癸亥 7	19辛卯 4	20壬戌 4
21戊辰15	21戊戌17	21丁卯15	21丁酉15	21丙寅⑬	21丙申13	21丙寅12	21乙未10	21乙丑⑩	21甲午 8	21甲子 8	20壬辰 5	21癸亥 5
22己巳16	22己亥18	22戊辰16	22戊戌⑯	22丁卯14	22丁酉14	22丁卯13	22丙申11	22丙寅11	22乙未 9	22乙丑 9	21癸巳 6	22甲子⑥
23庚午17	23庚子19	23己巳17	23己亥17	23戊辰15	23戊戌15	23戊辰14	23丁酉⑫	23丁卯12	23丙申10	23丙寅10	22甲午 7	23乙丑 7
24辛未18	24辛丑20	24庚午⑱	24庚子18	24己巳16	24己亥16	24己巳⑮	24戊戌13	24戊辰13	24丁酉11	24丁卯11	23乙未 8	24丙寅 8
25壬申19	25壬寅㉑	25辛未19	25辛丑19	25庚午17	25庚子17	25庚午16	25己亥14	25己巳14	25戊戌12	25戊辰⑫	24丙申⑨	25丁卯 9
26癸酉20	26癸卯22	26壬申20	26壬寅20	26辛未18	26辛丑⑱	26辛未17	26庚子15	26庚午15	26己亥13	26己巳13	25丁酉10	26戊辰10
27甲戌㉑	27甲辰23	27癸酉21	27癸卯21	27壬申19	27壬寅19	27壬申18	27辛丑16	27辛未16	27庚子⑭	27庚午14	26戊戌11	27己巳11
28乙亥22	28乙巳24	28甲戌22	28甲辰22	28癸酉⑳	28癸卯20	28癸酉19	28壬寅17	28壬申⑰	28辛丑15	28辛未15	27己亥12	28庚午12
29丙子23	29丙午25	29乙亥23	29乙巳㉓	29甲戌21	29甲辰21	29甲戌20	29癸卯18	29癸酉18	29壬寅16	29壬申16	28庚子13	29辛未⑬
30丁丑24		30丙子24		30乙亥22	30乙巳22		30甲辰⑲		30癸卯17		29辛丑14	
											30壬寅15	
立春 4日 雨水 19日	啓蟄 5日 春分 20日	清明 6日 穀雨 21日	立夏 6日 小満 22日	芒種 8日 夏至 23日	小暑 8日 大暑 23日	立秋 9日 処暑 24日	白露 10日 秋分 25日	寒露 11日 霜降 26日	立冬 12日 小雪 27日	大雪 12日 冬至 28日	小寒 14日 大寒 29日	立春14日

徳治元年〔嘉元4年〕（1306－1307） 丙午

改元 12/14（嘉元→徳治）

1月	2月	3月	4月	5月	6月	7月	8月	9月	10月	11月	12月
1 壬申14	1 壬寅16	1 辛未14	1 辛丑14	1 庚午⑫	1 庚子12	1 己巳10	1 己亥 9	1 己巳⑨	1 戊戌 7	1 戊辰 7	1 丁酉 5
2 癸酉15	2 癸卯17	2 壬申15	2 壬寅⑮	2 辛未13	2 辛丑13	2 庚午11	2 庚子10	2 庚午10	2 己亥 8	2 己巳 8	2 戊戌 6
3 甲戌16	3 甲辰18	3 癸酉16	3 癸卯16	3 壬申14	3 壬寅14	3 辛未12	3 辛丑⑪	3 辛未11	3 庚子 9	3 庚午 9	3 己亥 7
4 乙亥17	4 乙巳19	4 甲戌⑰	4 甲辰17	4 癸酉15	4 癸卯15	4 壬申13	4 壬寅12	4 壬申12	4 辛丑10	4 辛未10	4 庚子⑧
5 丙子18	5 丙午⑳	5 乙亥18	5 乙巳18	5 甲戌16	5 甲辰16	5 癸酉⑭	5 癸卯13	5 癸酉13	5 壬寅11	5 壬申⑪	5 辛丑 9
6 丁丑19	6 丁未21	6 丙子19	6 丙午19	6 乙亥17	6 乙巳⑰	6 甲戌15	6 甲辰14	6 甲戌14	6 癸卯12	6 癸酉12	6 壬寅10
7 戊寅⑳	7 戊申22	7 丁丑20	7 丁未20	7 丙子18	7 丙午18	7 乙亥16	7 乙巳15	7 乙亥15	7 甲辰⑬	7 甲戌13	7 癸卯11
8 己卯21	8 己酉23	8 戊寅21	8 戊申21	8 丁丑⑲	8 丁未19	8 丙子17	8 丙午16	8 丙子⑯	8 乙巳14	8 乙亥14	8 甲辰12
9 庚辰22	9 庚戌24	9 己卯22	9 己酉㉒	9 戊寅20	9 戊申20	9 丁丑18	9 丁未17	9 丁丑17	9 丙午15	9 丙子15	9 乙巳13
10辛巳23	10辛亥25	10庚辰23	10庚戌23	10己卯21	10己酉21	10戊寅19	10戊申⑱	10戊寅18	10丁未16	10丁丑16	10丙午14
11壬午24	11壬子26	11辛巳㉔	11辛亥24	11庚辰22	11庚戌22	11己卯20	11己酉19	11己卯19	11戊申17	11戊寅17	11丁未⑮
12癸未25	12癸丑㉗	12壬午25	12壬子25	12辛巳23	12辛亥23	12庚辰㉑	12庚戌20	12庚辰20	12己酉18	12己卯⑱	12戊申16
13甲申26	13甲寅28	13癸未26	13癸丑26	13壬午24	13壬子㉔	13辛巳22	13辛亥21	13辛巳21	13庚戌19	13庚辰19	13己酉17
14乙酉㉗	14乙卯29	14甲申27	14甲寅27	14癸未25	14癸丑25	14壬午23	14壬子22	14壬午22	14辛亥⑳	14辛巳20	14庚戌18
15丙戌28	15丙辰30	15乙酉28	15乙卯28	15甲申㉖	15甲寅26	15癸未24	15癸丑23	15癸未㉓	15壬子21	15壬午21	15辛亥19
《3月》	16丁巳31	16丙戌29	16丙辰㉙	16乙酉27	16乙卯27	16甲申25	16甲寅24	16甲申24	16癸丑22	16癸未22	16壬子20
16丁亥 1	《4月》	17丁亥30	17丁巳30	17丙戌28	17丙辰28	17乙酉26	17乙卯㉕	17乙酉25	17甲寅23	17甲申23	17癸丑21
17戊子 2	17戊午 1	《5月》	18戊午31	18丁亥29	18丁巳29	18丙戌27	18丙辰26	18丙戌26	18乙卯24	18乙酉24	18甲寅㉒
18己丑 3	18己未 2	18戊子①	《6月》	19戊子30	19戊午30	19丁亥㉘	19丁巳27	19丁亥27	19丙辰25	19丙戌㉕	19乙卯23
19庚寅 4	19庚申③	19己丑 2	19己未 1	《7月》	20己未㉛	20戊子29	20戊午28	20戊子28	20丁巳26	20丁亥26	20丙辰24
20辛卯 5	20辛酉 4	20庚寅 3	20庚申 2	20己丑 1	《8月》	21己丑30	21己未29	21己丑29	21戊午㉗	21戊子27	21丁巳25
21壬辰⑥	21壬戌 5	21辛卯 4	21辛酉 3	21庚寅 2	21庚申 1	22庚寅31	22庚申30	22庚寅㉚	22己未28	22己丑28	22戊午26
22癸巳 7	22癸亥 6	22壬辰 5	22壬戌 4	22辛卯③	22辛酉 2	《9月》	《10月》	23辛卯31	23庚申29	23庚寅29	23己未27
23甲午 8	23甲子 7	23癸巳 6	23癸亥⑤	23壬辰 4	23壬戌 3	23辛卯 1	23辛酉 1	《11月》	24辛酉30	24辛卯30	24庚申28
24乙未 9	24乙丑 8	24甲午 7	24甲子 6	24癸巳 5	24癸亥 4	24壬辰 2	24壬戌②	24壬辰 1	《12月》	25壬辰31	25辛酉㉙
25丙申10	25丙寅 9	25乙未⑧	25乙丑 7	25甲午 6	25甲子 5	25癸巳 3	25癸亥 3	25癸巳 2	25壬戌 1	1307年	26壬戌30
26丁酉11	26丁卯⑩	26丙申 9	26丙寅 8	26乙未 7	26乙丑 6	26甲午④	26甲子 4	26甲午 3	26癸亥 2	《1月》	27癸亥31
27戊戌12	27戊辰11	27丁酉10	27丁卯 9	27丙申 8	27丙寅⑦	27乙未 5	27乙丑 5	27乙未 4	27甲子 3	26癸巳①	《2月》
28己亥⑬	28己巳12	28戊戌11	28戊辰10	28丁酉 9	28丁卯 8	28丙申 6	28丙寅 6	28丙申 5	28乙丑④	27甲午 2	28甲子 1
29庚子14	29庚午13	29己亥12	29己巳11	29戊戌⑩	29戊辰 9	29丁酉 7	29丁卯 7	29丁酉⑥	29丙寅 5	28乙未 3	29乙丑 2
30辛丑15		30庚子13		30己亥11		30戊戌 8	30戊辰 8		30丁卯 6	29丙申 4	30丙寅 3
雨水 1日 啓蟄 16日	春分 1日 清明 16日	穀雨 2日 立夏 18日	小満 3日 芒種 18日	夏至 4日 小暑 20日	大暑 5日 立秋 20日	処暑 6日 白露 21日	秋分 7日 寒露 22日	霜降 7日 立冬 22日	小雪 8日 大雪 24日	冬至 9日 小寒 24日	大寒 10日 立春 26日

徳治2年（1307－1308） 丁未

1月	2月	3月	4月	5月	6月	7月	8月	9月	10月	11月	12月
1丁卯4	1丙申⑤	1乙丑3	1乙未3	《6月》	《7月》	1癸亥㉚	1癸巳29	1癸亥28	1壬辰27	1壬戌㉖	1壬辰26
2戊辰⑤	2丁酉6	2丙寅4	2丙申4	1甲子1	**1**甲午1	**2**甲子31	2甲午30	2甲子29	2癸巳28	2癸亥27	2癸巳27
3己巳6	3戊戌7	3丁卯5	3丁酉5	2乙丑2	2乙未②	《8月》	**3**乙未31	**3**乙丑30	3甲午㉙	3甲子28	3甲午28
4庚午7	4己亥8	4戊辰6	4戊戌6	3丙寅3	3丙申3	3乙丑1	《9月》	《10月》	4乙未30	4乙丑29	4乙未29
5辛未8	5庚子9	5己巳7	5己亥⑦	4丁卯④	4丁酉4	4丙寅2	4丙申1	4丙寅①	**5**丙申31	**5**丙寅30	**5**丙申30
6壬申9	6辛丑10	6庚午8	6庚子8	5戊辰5	5戊戌5	5丁卯3	5丁酉2	5丁卯2	《11月》	《12月》	6丁酉㉛
7癸酉10	7壬寅11	7辛未⑨	7辛丑9	6己巳6	6己亥6	6戊辰4	6戊戌③	6戊辰3	6丁酉1	6丁卯1	**1308**年
8甲戌11	8癸卯⑫	8壬申10	8壬寅10	7庚午7	7庚子7	7己巳5	7己亥4	7己巳4	7戊戌2	7戊辰2	《1月》
9乙亥⑫	9甲辰13	9癸酉11	9癸卯11	8辛未8	8辛丑8	8庚午⑥	8庚子5	8庚午5	8己亥3	8己巳③	7戊戌1
10丙子13	10乙巳14	10甲戌12	10甲辰12	9壬申9	9壬寅⑨	9辛未7	9辛丑6	9辛未6	9庚子4	9庚午4	8己亥2
11丁丑14	11丙午15	11乙亥13	11乙巳13	10癸酉10	10癸卯10	10壬申8	10壬寅7	10壬申7	10辛丑⑤	10辛未5	9庚子3
12戊寅15	**12**丁未16	12丙子14	12丙午⑭	11甲戌⑪	11甲辰11	11癸酉9	11癸卯8	11癸酉⑧	11壬寅6	11壬申6	10辛丑4
13己卯16	13戊申17	13丁丑15	13丁未15	12乙亥12	12乙巳12	12甲戌10	12甲辰9	12甲戌9	12癸卯7	12癸酉7	11壬寅5
14庚辰17	14己酉18	**14**戊寅⑯	**14**戊申16	13丙子13	13丙午13	13乙亥11	13乙巳⑩	13乙亥10	13甲辰8	13甲戌8	12癸卯6
15辛巳18	15庚戌⑲	15己卯17	15己酉17	14丁丑14	14丁未14	14丙子12	14丙午11	14丙子11	14乙巳9	14乙亥9	13甲辰⑦
16壬午⑲	16辛亥20	16庚辰18	16庚戌18	15戊寅15	15戊申15	15丁丑⑬	15丁未12	15丁丑12	15丙午10	15丙子⑩	14乙巳8
17癸未20	17壬子21	17辛巳19	17辛亥19	**16**己卯16	**16**己酉⑯	16戊寅14	16戊申13	16戊寅13	16丁未11	16丁丑11	15丙午9
18甲申21	18癸丑22	18壬午20	18壬子20	17庚辰17	17庚戌17	**17**己卯15	17己酉14	17己卯14	17戊申⑫	17戊寅12	16丁未10
19乙酉22	19甲寅23	19癸未21	19癸丑㉑	18辛巳⑱	18辛亥18	18庚辰16	**18**庚戌15	**18**庚辰⑮	18己酉13	18己卯13	17戊申11
20丙戌23	20乙卯24	20甲申22	20甲寅22	19壬午19	19壬子19	19辛巳17	19辛亥16	19辛巳16	19庚戌14	19庚辰14	18己酉12
21丁亥24	21丙辰25	21乙酉㉓	21乙卯23	20癸未20	20癸丑20	20壬午18	20壬子⑰	20壬午17	**20**辛亥15	**20**辛巳15	19庚戌13
22戊子25	22丁巳㉖	22丙戌24	22丙辰24	21甲申21	21甲寅21	21癸未19	21癸丑18	21癸未18	21壬子16	21壬午16	20辛亥⑭
23己丑㉖	23戊午27	23丁亥25	23丁巳25	22乙酉22	22乙卯22	22甲申⑳	22甲寅19	22甲申19	22癸丑17	22癸未⑰	**21**壬子15
24庚寅27	24己未28	24戊子26	24戊午26	23丙戌23	23丙辰㉓	23乙酉21	23乙卯20	23乙酉20	23甲寅18	23甲申18	22癸丑16
25辛卯28	25庚申29	25己丑27	25己未27	24丁亥24	24丁巳24	24丙戌22	24丙辰21	24丙戌21	24乙卯⑲	24乙酉19	23甲寅17
《3月》	26辛酉30	26庚寅28	26庚申㉘	25戊子㉕	25戊午25	25丁亥23	25丁巳22	25丁亥㉒	25丙辰20	25丙戌20	24乙卯18
26壬辰1	**27**壬戌31	27辛卯29	27辛酉29	26己丑26	26己未26	26戊子24	26戊午23	26戊子23	26丁巳21	26丁亥21	25丙辰19
27癸巳2	《4月》	28壬辰㉚	28壬戌30	27庚寅27	27庚申27	27己丑25	27己未㉔	27己丑24	27戊午22	27戊子22	26丁巳20
28甲午3	28癸亥1	《5月》	**29**癸亥31	28辛卯28	28辛酉28	28庚寅26	28庚申25	28庚寅25	28己未23	28己丑23	27戊午㉑
29乙未4	29甲子②	**29**癸巳1		29壬辰29	29壬戌29	29辛卯㉗	29辛酉26	29辛卯26	29庚申24	29庚寅㉔	28己未㉒
		30甲午2		30癸巳30		30壬辰28	30壬戌27		30辛酉25	30辛卯25	29庚申23
雨水 11日 啓蟄 26日	春分 12日 清明 27日	穀雨 14日 立夏 29日	小満 14日 芒種 29日	夏至 16日	小暑 1日 大暑 16日	立秋 2日 処暑 17日	白露 3日 秋分 18日	寒露 3日 霜降 18日	立冬 5日 小雪 20日	大雪 5日 冬至 20日	小寒 5日 大寒 21日

延慶元年〔徳治3年〕（1308－1309） 戊申

改元 10/9（徳治→延慶）

1月	2月	3月	4月	5月	6月	7月	8月	閏8月	9月	10月	11月	12月
1辛酉24	1辛卯23	1庚申23	1己丑㉑	1己未21	1戊子19	1戊午19	1丁亥17	1丁巳16	**1**丙戌15	**1**丙辰14	1乙酉13	1乙卯⑫
2壬戌25	2壬辰24	2辛酉㉔	2庚寅22	2庚申22	2己丑20	2己未20	2戊子⑱	2戊午17	2丁亥16	2丁巳15	**2**丙戌14	2丙辰13
3癸亥26	3癸巳㉕	3壬戌25	3辛卯23	3辛酉23	3庚寅21	3庚申㉑	3己丑19	3己未18	3戊子17	3戊午16	3丁亥⑮	**3**丁巳14
4甲子27	4甲午26	4癸亥26	4壬辰24	4壬戌24	4辛卯22	4辛酉22	4庚寅20	4庚申19	4己丑18	4己未⑰	4戊子16	4戊午15
5乙丑㉘	5乙未27	5甲子27	5癸巳25	5癸亥25	5壬辰㉓	5壬戌23	5辛卯21	5辛酉20	5庚寅19	5庚申18	5己丑17	5己未16
6丙寅29	6丙申28	6乙丑28	6甲午26	6甲子㉖	6癸巳24	6癸亥24	6壬辰22	6壬戌21	6辛卯⑳	6辛酉19	6庚寅18	6庚申17
7丁卯30	**7**丁酉29	7丙寅29	7乙未27	7乙丑27	7甲午25	7甲子25	7癸巳23	7癸亥㉒	7壬辰21	7壬戌20	7辛卯19	7辛酉18
8戊辰31	《3月》	8丁卯30	8丙申㉘	8丙寅28	8乙未26	8乙丑26	8甲午24	8甲子23	8癸巳22	8癸亥21	8壬辰20	8壬戌⑲
《2月》	8戊戌1	**9**戊辰㉛	9丁酉29	9丁卯29	9丙申27	9丙寅27	9乙未㉕	9乙丑24	9甲午23	9甲子22	9癸巳21	9癸亥20
9己巳1	9己亥2	《4月》	**10**戊戌30	10戊辰30	10丁酉28	10丁卯㉘	10丙申26	10丙寅25	10乙未24	10乙丑23	10甲午㉒	10甲子21
10庚午2	10庚子③	10己巳1	《5月》	**11**己巳31	11戊戌29	11戊辰29	11丁酉27	11丁卯26	11丙申25	11丙寅㉔	11乙未23	11乙丑22
11辛未3	11辛丑4	11庚午2	11己亥1	《6月》	**12**己亥㉚	**12**己巳30	12戊戌28	12戊辰27	12丁酉26	12丁卯25	12丙申24	12丙寅23
12壬申④	12壬寅5	12辛未3	12庚子2	12庚午1	《7月》	13庚午31	13己亥29	13己巳28	13戊戌㉗	13戊辰26	13丁酉25	13丁卯24
13癸酉5	13癸卯6	13壬申4	13辛丑3	13辛未②	13庚子1	《8月》	**14**庚子30	**14**庚午㉙	14己亥28	14己巳27	14戊戌26	14戊辰25
14甲戌6	14甲辰7	14癸酉5	14壬寅4	14壬申3	14辛丑2	14辛未1	15辛丑31	15辛未30	15庚子29	15庚午28	15己亥27	15己巳㉖
15乙亥7	15乙巳8	15甲戌6	15癸卯⑤	15癸酉4	15壬寅3	15壬申2	《9月》	《10月》	**16**辛丑30	**16**辛未29	16庚子28	16庚午27
16丙子8	16丙午9	16乙亥⑦	16甲辰6	16甲戌5	16癸卯4	16癸酉3	16壬寅①	16壬申1	17壬寅31	17壬申30	17辛丑㉙	17辛未28
17丁丑9	17丁未⑩	17丙子8	17乙巳7	17乙亥6	17甲辰5	17甲戌④	17癸卯2	17癸酉2	《11月》	《12月》	**18**壬寅30	**18**壬申29
18戊寅10	18戊申11	18丁丑9	18丙午8	18丙子7	18乙巳6	18乙亥5	18甲辰3	18甲戌3	18癸卯1	18癸酉①	19癸卯31	19癸酉30
19己卯⑪	19己酉12	19戊寅10	19丁未9	19丁丑8	19丙午⑦	19丙子6	19乙巳4	19乙亥4	19甲辰2	19甲戌2	**1309**年	20甲戌31
20庚辰12	20庚戌13	20己卯11	20戊申10	20戊寅⑨	20丁未8	20丁丑7	20丙午5	20丙子5	20乙巳③	20乙亥3	《1月》	《2月》
21辛巳13	21辛亥14	21庚辰12	21己酉11	21己卯10	21戊申9	21戊寅8	21丁未6	21丁丑⑥	21丙午4	21丙子4	20甲辰1	21乙亥1
22壬午14	**22**壬子15	22辛巳13	22庚戌⑫	22庚辰11	22己酉10	22己卯9	22戊申7	22戊寅7	22丁未5	22丁丑5	21乙巳2	22丙子②
23癸未15	23癸丑16	23壬午⑭	23辛亥13	23辛巳12	23庚戌11	23庚辰10	23己酉⑧	23己卯8	23戊申6	23戊寅6	22丙午3	23丁丑3
24甲申16	24甲寅⑰	**24**癸未15	24壬子14	24壬午13	24辛亥12	24辛巳⑪	24庚戌9	24庚辰9	24己酉7	24己卯7	23丁未4	24戊寅4
25乙酉17	25乙卯18	25甲申16	**25**癸丑15	25癸未14	25壬子13	25壬午12	25辛亥10	25辛巳10	25庚戌8	25庚辰⑧	24戊申⑤	25己卯5
26丙戌⑱	26丙辰19	26乙酉17	26甲寅16	**26**甲申15	26癸丑⑭	26癸未13	26壬子11	26壬午11	26辛亥9	26辛巳9	25己酉6	26庚辰6
27丁亥19	27丁巳20	27丙戌18	27乙卯17	27乙酉⑯	**27**甲寅15	27甲申14	27癸丑12	27癸未12	27壬子⑩	27壬午10	26庚戌7	27辛巳7
28戊子20	28戊午21	28丁亥19	28丙辰18	28丙戌17	28乙卯16	**28**乙酉15	28甲寅13	28甲申⑬	28癸丑11	28癸未11	27辛亥8	28壬午8
29己丑21	29己未22	29戊子20	29丁巳⑲	29丁亥18	29丙辰17	29丙戌16	**29**乙卯14	29乙酉14	29甲寅12	29甲申12	28壬子9	29癸未⑨
30庚寅22			30戊午20		30丁巳18		30丙辰⑮		30乙卯13		29癸丑10	30甲申10
											30甲寅11	
立春 7日 雨水 22日	啓蟄 7日 春分 22日	清明 9日 穀雨 24日	立夏 10日 小満 25日	芒種 11日 夏至 26日	小暑 12日 大暑 27日	立秋 12日 処暑 28日	白露 14日 秋分 29日	寒露14日	霜降 1日 立冬 16日	小雪 1日 大雪 16日	冬至 2日 小寒 18日	大寒 3日 立春 18日

延慶2年（1309－1310） 己酉

1月	2月	3月	4月	5月	6月	7月	8月	9月	10月	11月	12月
1 乙酉11	1 乙卯13	1 甲申11	1 甲寅⑪	1 癸未 9	1 壬子 8	1 辛巳 6	1 辛亥 5	1 辛巳⑤	1 庚戌 3	1 庚辰 3	1 庚戌 2
2 丙戌12	2 丙辰14	2 乙酉12	2 乙卯12	2 甲申10	2 癸丑 9	2 壬午 7	2 壬子 6	2 壬午 6	2 辛亥 4	2 辛巳 4	2 辛亥 3
3 丁亥13	3 丁巳15	3 丙戌⑬	3 丙辰13	3 乙酉11	3 甲寅10	3 癸未 8	3 癸丑⑦	3 癸未 7	3 壬子 5	3 壬午 5	3 壬子④
4 戊子14	**4** 戊午⑯	4 丁亥14	4 丁巳14	4 丙戌12	4 乙卯11	4 甲申 9	4 甲寅 8	4 甲申 8	4 癸丑 6	4 癸未 6	4 癸丑 5
5 己丑15	5 己未17	**5** 戊子15	5 戊午15	5 丁亥13	5 丙辰12	5 乙酉⑩	5 乙卯 9	5 乙酉 9	5 甲寅 7	5 甲申⑦	5 甲寅 6
6 庚寅⑯	6 庚申18	6 己丑16	**6** 己未16	6 戊子14	6 丁巳⑬	6 丙戌11	6 丙辰10	6 丙戌10	6 乙卯 8	6 乙酉 8	6 乙卯 7
7 辛卯17	7 辛酉19	7 庚寅17	7 庚申17	**7** 己丑⑮	7 戊午14	7 丁亥12	7 丁巳11	7 丁亥11	7 丙辰⑨	7 丙戌 9	7 丙辰 8
8 壬辰18	8 壬戌20	8 辛卯18	8 辛酉⑱	8 庚寅16	**8** 己未15	8 戊子13	8 戊午12	8 戊子⑫	8 丁巳10	8 丁亥10	8 丁巳 9
9 癸巳19	9 癸亥21	9 壬辰19	9 壬戌19	9 辛卯17	9 庚申16	9 己丑14	9 己未13	9 己丑13	9 戊午11	9 戊子11	9 戊午10
10甲午20	10甲子22	10癸巳⑳	10癸亥20	10壬辰18	10辛酉17	**10**庚寅15	**10**庚申⑭	10庚寅14	10己未12	10己丑12	10己未⑪
11乙未21	11乙丑㉓	11甲午21	11甲子21	11癸巳19	11壬戌18	11辛卯16	11辛酉15	**11**辛卯15	11庚申13	11庚寅13	11庚申12
12丙申22	12丙寅24	12乙未22	12乙丑22	12甲午20	12癸亥19	12壬辰⑰	12壬戌16	12壬辰16	**12**辛酉14	12辛卯⑭	12辛酉13
13丁酉㉓	13丁卯25	13丙申23	13丙寅23	13乙未21	13甲子⑳	13癸巳18	13癸亥17	13癸巳17	13壬戌15	**13**壬辰15	**13**壬戌14
14戊戌24	14戊辰26	14丁酉24	14丁卯24	14丙申㉒	14乙丑21	14甲午19	14甲子18	14甲午18	14癸亥⑯	14癸巳16	14癸亥15
15己亥25	15己巳27	15戊戌25	15戊辰㉕	15丁酉23	15丙寅22	15乙未20	15乙丑19	15乙未⑲	15甲子17	15甲午17	15甲子16
16庚子26	16庚午28	16己亥26	16己巳26	16戊戌24	16丁卯23	16丙申21	16丙寅20	16丙申20	16乙丑18	16乙未18	16乙丑17
17辛丑27	17辛未29	17庚子㉗	17庚午27	17己亥25	17戊辰24	17丁酉22	17丁卯㉑	17丁酉21	17丙寅19	17丙申19	17丙寅⑱
18壬寅28	18壬申㉚	18辛丑28	18辛未28	18庚子26	18己巳25	18戊戌23	18戊辰22	18戊戌22	18丁卯20	18丁酉20	18丁卯19
《3月》	**19**癸酉31	19壬寅29	19壬申29	19辛丑27	19庚午26	19己亥㉔	19己巳23	19己亥23	19戊辰21	19戊戌㉑	19戊辰20
19癸卯 1	《4月》	**20**癸卯30	20癸酉30	20壬寅28	20辛未㉗	20庚子25	20庚午24	20庚子24	20己巳22	20己亥22	20己巳21
20甲辰②	20甲戌 1	《5月》	**21**甲戌31	21癸卯㉙	21壬申28	21辛丑26	21辛未25	21辛丑25	21庚午㉓	21庚子23	21庚午22
21乙巳 3	21乙亥 2	21甲辰 1	《6月》	**22**甲辰30	22癸酉29	22壬寅27	22壬申26	22壬寅㉖	22辛未24	22辛丑24	22辛未23
22丙午 4	22丙子 3	22乙巳 2	22乙亥①	《7月》	23甲戌30	23癸卯28	23癸酉27	23癸卯27	23壬申25	23壬寅25	23壬申24
23丁未 5	23丁丑 4	23丙午 3	23丙子 2	23乙巳 1	**24**乙亥31	24甲辰29	24甲戌㉘	24甲辰28	24癸酉26	24癸卯26	24癸酉㉕
24戊申 6	24戊寅 5	24丁未④	24丁丑 3	24丙午 2	《8月》	**25**乙巳30	25乙亥29	25乙巳29	25甲戌27	25甲辰27	25甲戌26
25己酉 7	25己卯⑥	25戊申 5	25戊寅 4	25丁未 3	25丙子 1	26丙午㉛	**26**丙子30	**26**丙午30	26乙亥28	26乙巳㉘	26乙亥27
26庚戌 8	26庚辰 7	26己酉 6	26己卯 5	26戊申 4	26丁丑 2	《9月》	《10月》	27丁未31	**27**丙子29	27丙午29	27丙子28
27辛亥⑨	27辛巳 8	27庚戌 7	27庚辰 6	27己酉 5	27戊寅③	27丁未 1	27丁丑 1	《11月》	28丁丑㉚	**28**丁未30	**28**丁丑29
28壬子10	28壬午 9	28辛亥 8	28辛巳 7	28庚戌⑥	28己卯 4	28戊申 2	28戊寅 2	28戊申 1	《12月》	29戊申31	29戊寅30
29癸丑11	29癸未10	29壬子 9	29壬午⑧	29辛亥 7	29庚辰 5	29己酉 3	29己卯 3	29己酉②	29戊寅 1	**1310年**	30己卯31
30甲寅12		30癸丑10				30庚戌 4	30庚辰 4		30己卯 2	《1月》	
										30己酉 1	

雨水 3日	春分 4日	穀雨 5日	小満 6日	夏至 7日	大暑 8日	処暑 10日	秋分 10日	霜降 11日	小雪 12日	冬至 13日	大寒 13日
啓蟄 18日	清明 19日	立夏 20日	芒種 21日	小暑 22日	立秋 24日	白露 25日	寒露 26日	立冬 26日	大雪 27日	小寒 28日	立春 28日

延慶3年（1310－1311） 庚戌

1月	2月	3月	4月	5月	6月	7月	8月	9月	10月	11月	12月
《2月》	1 己酉 2	《4月》	1 戊申30	1 戊寅30	1 丁未㉘	1 丙子27	1 乙巳25	1 乙亥24	1 甲辰23	1 甲戌㉒	1 甲辰22
1 庚辰①	2 庚戌 3	1 己卯 1	《5月》	**2** 己卯㉛	2 戊申29	2 丁丑28	2 丙午26	2 丙子25	2 乙巳24	2 乙亥23	2 乙巳23
2 辛巳 2	3 辛亥 4	2 庚辰 2	**2** 己酉 1	《6月》	**3** 己酉30	3 戊寅29	3 丁未27	3 丁丑26	3 丙午㉕	3 丙子24	3 丙午24
3 壬午 3	4 壬子 5	3 辛巳 3	3 庚戌 2	3 庚辰 1	《7月》	4 己卯30	4 戊申28	4 戊寅㉗	4 丁未26	4 丁丑25	4 丁未25
4 癸未 4	5 癸丑 6	4 壬午 4	4 辛亥③	4 辛巳 2	4 庚戌 1	**5** 庚辰31	5 己酉29	5 己卯28	5 戊申27	5 戊寅26	5 戊申26
5 甲申 5	6 甲寅 7	5 癸未⑤	5 壬子 4	5 壬午 3	5 辛亥 2	《8月》	**6** 庚戌㉚	6 庚辰29	6 己酉28	6 己卯27	6 己酉㉗
6 乙酉 6	7 乙卯⑧	6 甲申 6	6 癸丑 5	6 癸未 4	6 壬子 3	6 辛巳 1	7 辛亥31	**7** 辛巳30	7 庚戌29	7 庚辰28	7 庚戌28
7 丙戌 7	8 丙辰 9	7 乙酉 7	7 甲寅 6	7 甲申 5	7 癸丑 4	7 壬午②	《9月》	《10月》	**8** 辛亥30	8 辛巳㉙	8 辛亥29
8 丁亥⑧	9 丁巳10	8 丙戌 8	8 乙卯 7	8 乙酉 6	8 甲寅⑤	8 癸未 3	8 壬子 1	8 壬午 1	9 壬子31	**9** 壬午30	**9** 壬子30
9 戊子 9	10戊午11	9 丁亥 9	9 丙辰 8	9 丙戌⑦	9 乙卯 6	9 甲申 4	9 癸丑 2	9 癸未 2	《11月》	《12月》	10癸丑31
10己丑10	11己未12	10戊子10	10丁巳 9	10丁亥 8	10丙辰 7	10乙酉 5	10甲寅 3	10甲申 3	10癸丑①	10癸未 1	**1311年**
11庚寅11	12庚申13	11己丑11	11戊午⑩	11戊子 9	11丁巳 8	11丙戌 6	11乙卯 4	11乙酉④	11甲寅 2	11甲申 2	《1月》
12辛卯12	13辛酉14	12庚寅⑫	12己未11	12己丑10	12戊午 9	12丁亥 7	12丙辰 5	12丙戌 5	12乙卯 3	12乙酉 3	11甲寅 1
13壬辰13	14壬戌⑮	13辛卯13	13庚申12	13庚寅11	13己未10	13戊子 8	13丁巳⑥	13丁亥 6	13丙辰 4	13丙戌 4	12乙卯 2
14癸巳14	**15**癸亥16	14壬辰14	14辛酉13	14辛卯12	14庚申11	14己丑⑨	14戊午 7	14戊子 7	14丁巳 5	14丁亥 5	13丙辰③
15甲午⑮	16甲子17	**15**癸巳15	15壬戌14	15壬辰13	15辛酉⑫	15庚寅10	15己未 8	15己丑 8	15戊午 6	15戊子⑥	14丁巳 4
16乙未16	17乙丑18	16甲午16	16癸亥15	16癸巳⑭	16壬戌13	16辛卯11	16庚申 9	16庚寅 9	16己未 7	16己丑 7	15戊午 5
17丙申17	18丙寅19	17乙未17	**17**甲子16	**17**甲午15	17癸亥14	17壬辰12	17辛酉10	17辛卯10	17庚申⑧	17庚寅 8	16己未 6
18丁酉18	19丁卯20	18丙申18	18乙丑⑰	18乙未16	18甲子15	18癸巳13	18壬戌11	18壬辰⑪	18辛酉 9	18辛卯 9	17庚申 7
19戊戌19	20戊辰21	19丁酉⑲	19丙寅18	19丙申17	**19**乙丑16	19甲午14	19癸亥12	19癸巳12	19壬戌10	19壬辰10	18辛酉 8
20己亥20	21己巳㉒	20戊戌20	20丁卯19	20丁酉18	20丙寅17	**20**乙未15	20甲子⑬	20甲午13	20癸亥11	20癸巳11	19壬戌 9
21庚子21	22庚午23	21己亥21	21戊辰20	21戊戌19	21丁卯18	21丙申⑯	21乙丑14	21乙未14	21甲子12	21甲午12	20癸亥⑩
22辛丑㉒	23辛未24	22庚子22	22己巳21	22己亥20	22戊辰⑲	22丁酉17	**22**丙寅15	**22**丙申15	22乙丑13	22乙未⑬	21甲子11
23壬寅23	24壬申25	23辛丑23	23庚午22	23庚子㉑	23己巳20	23戊戌18	23丁卯16	23丁酉16	**23**丙寅14	23丙申14	22乙丑12
24癸卯24	25癸酉26	24壬寅24	24辛未23	24辛丑22	24庚午21	24己亥19	24戊辰17	24戊戌17	24丁卯⑮	**24**丁酉15	23丙寅13
25甲辰25	26甲戌27	25癸卯25	25壬申㉔	25壬寅23	25辛未22	25庚子20	25己巳18	25己亥⑱	25戊辰16	25戊戌16	**24**丁卯14
26乙巳26	27乙亥28	26甲辰㉖	26癸酉25	26癸卯24	26壬申23	26辛丑21	26庚午19	26庚子19	26己巳17	26己亥17	25戊辰15
27丙午27	28丙子㉙	27乙巳27	27甲戌26	27甲辰25	27癸酉24	27壬寅22	27辛未⑳	27辛丑20	27庚午18	27庚子18	26己巳16
28丁未28	29丁丑30	28丙午28	28乙亥27	28乙巳26	28甲戌25	28癸卯㉓	28壬申21	28壬寅21	28辛未19	28辛丑19	27庚午⑰
《3月》	**30**戊寅31	29丁未29	29丙子28	29丙午27	29乙亥㉖	29甲辰24	29癸酉22	29癸卯22	29壬申20	29壬寅⑳	28辛未18
29戊申①			30丁丑29				30甲戌23		30癸酉21	30癸卯21	29壬申19
											30癸酉20

雨水 14日	春分 15日	穀雨 15日	立夏 2日	芒種 2日	小暑 3日	立秋 5日	白露 6日	寒露 7日	立冬 8日	大雪 9日	小寒 9日
啓蟄 29日	清明 30日		小満 17日	夏至 17日	大暑 19日	処暑 20日	秋分 22日	霜降 22日	小雪 23日	冬至 24日	大寒 24日

応長元年〔延慶4年〕（1311－1312） 辛亥

改元 4/28（延慶→応長）

1月	2月	3月	4月	5月	6月	閏6月	7月	8月	9月	10月	11月	12月
1 甲戌21	1 癸卯19	1 癸酉㉑	1 癸卯20	1 壬申19	1 辛丑17	1 辛未17	1 庚子⑮	1 己巳13	1 己亥13	1 戊辰11	1 戊戌11	1 戊辰10
2 乙亥22	2 甲辰20	2 甲戌22	2 甲辰21	2 癸酉20	2 壬寅18	2 壬申⑱	2 辛丑16	2 庚午14	2 庚子14	2 己巳12	2 己亥⑫	2 己巳11
3 丙子23	3 乙巳㉑	3 乙亥23	3 乙巳22	3 甲戌21	3 癸卯19	3 癸酉19	3 壬寅17	3 辛未15	3 辛丑15	3 庚午13	3 庚子13	3 庚午12
4 丁丑㉔	4 丙午22	4 丙子24	4 丙午23	4 乙亥22	4 甲辰⑳	4 甲戌20	4 癸卯18	4 壬申16	4 壬寅16	4 辛未⑭	4 辛丑14	4 辛未13
5 戊寅25	5 丁未23	5 丁丑25	5 丁未24	5 丙子㉓	5 乙巳21	5 乙亥21	5 甲辰19	5 癸酉17	5 癸卯⑰	5 壬申15	5 壬寅15	5 壬申14
6 己卯26	6 戊申24	6 戊寅26	6 戊申㉕	6 丁丑24	6 丙午22	6 丙子22	6 乙巳20	6 甲戌18	6 甲辰18	6 癸酉16	6 癸卯16	6 癸酉15
7 庚辰27	7 己酉25	7 己卯27	7 己酉26	7 戊寅25	7 丁未23	7 丁丑23	7 丙午21	7 乙亥⑲	7 乙巳19	7 甲戌17	7 甲辰17	7 甲戌⑯
8 辛巳28	8 庚戌26	8 庚辰㉘	8 庚戌27	8 己卯26	8 戊申24	8 戊寅24	8 丁未㉒	8 丙子20	8 丙午20	8 乙亥18	8 乙巳18	8 乙亥17
9 壬午29	9 辛亥27	9 辛巳29	9 辛亥28	9 庚辰27	9 己酉25	9 己卯㉕	9 戊申23	9 丁丑21	9 丁未21	9 丙子19	9 丙午⑲	9 丙子18
10癸未30	10壬子㉘	10壬午30	10壬子29	10辛巳28	10庚戌26	10庚辰26	10己酉24	10戊寅22	10戊申22	10丁丑20	10丁未20	10丁丑19
11甲申㉛	《3月》	11癸未31	11癸丑30	11壬午29	11辛亥㉗	11辛巳27	11庚戌25	11己卯23	11己酉23	11戊寅㉑	11戊申21	11戊寅20
《2月》	11癸丑 1	《4月》	《5月》	12癸未㉚	12壬子28	12壬午28	12辛亥26	12庚辰24	12庚戌㉔	12己卯22	12己酉22	12己卯21
12乙酉 1	12甲寅 2	12甲申 1	12甲寅 1	13甲申31	13癸丑29	13癸未29	13壬子27	13辛巳25	13辛亥25	13庚辰23	13庚戌23	13庚辰22
13丙戌 2	13乙卯 3	13乙酉 2	13乙卯②	《6月》	14甲寅30	14甲申30	14癸丑28	14壬午㉖	14壬子26	14辛巳24	14辛亥24	14辛巳㉓
14丁亥 3	14丙辰 4	14丙戌 3	14丙辰 3	14乙酉 1	《7月》	15乙酉31	15甲寅㉙	15癸未27	15癸丑27	15壬午25	15壬子25	15壬午24
15戊子 4	15丁巳 5	15丁亥④	15丁巳 4	15丙戌 2	15乙卯 1	《8月》	16乙卯30	16甲申28	16甲寅28	16癸未26	16癸丑㉖	16癸未25
16己丑 5	16戊午 6	16戊子 5	16戊午 5	16丁亥 3	16丙辰 2	16丙戌①	17丙辰31	17乙酉29	17乙卯29	17甲申27	17甲寅27	17甲申26
17庚寅 6	17己未⑦	17己丑 6	17己未 6	17戊子 4	17丁巳 3	17丁亥 2	《9月》	18丙戌30	18丙辰30	18乙酉㉘	18乙卯28	18乙酉27
18辛卯⑦	18庚申 8	18庚寅 7	18庚申 7	18己丑 5	18戊午④	18戊子 3	18丁巳 1	《10月》	19丁巳㉛	19丙戌29	19丙辰29	19丙戌28
19壬辰 8	19辛酉 9	19辛卯 8	19辛酉 8	19庚寅⑥	19己未 5	19己丑 4	19戊午 2	19丁亥 1	《11月》	20丁亥30	20丁巳30	20丁亥29
20癸巳 9	20壬戌10	20壬辰 9	20壬戌⑨	20辛卯 7	20庚申 6	20庚寅 5	20己未 3	20戊子 2	20戊午 1	《12月》	21戊午31	21戊子㉚
21甲午10	21癸亥11	21癸巳10	21癸亥10	21壬辰 8	21辛酉 7	21辛卯 6	21庚申 4	21己丑③	21己未 2	21戊子 1	1312年	22己丑31
22乙未11	22甲子12	22甲午⑪	22甲子11	22癸巳 9	22壬戌 8	22壬辰 7	22辛酉⑤	22庚寅 4	22庚申 3	22己丑 2	《1月》	《2月》
23丙申12	23乙丑13	23乙未12	23乙丑12	23甲午10	23癸亥 9	23癸巳⑧	23壬戌 6	23辛卯 5	23辛酉 4	23庚寅 3	22己未 1	23庚寅 1
24丁酉13	24丙寅⑭	24丙申13	24丙寅13	24乙未11	24甲子10	24甲午 9	24癸亥 7	24壬辰 6	24壬戌 5	24辛卯 4	23庚申②	24辛卯 2
25戊戌⑭	25丁卯15	25丁酉14	25丁卯14	25丙申12	25乙丑⑪	25乙未10	25甲子 8	25癸巳 7	25癸亥 6	25壬辰⑤	24辛酉 3	25壬辰 3
26己亥15	26戊辰16	26戊戌15	26戊辰15	26丁酉⑬	26丙寅12	26丙申11	26乙丑 9	26甲午 8	26甲子⑦	26癸巳 6	25壬戌 4	26癸巳 4
27庚子16	27己巳17	27己亥16	27己巳⑯	27戊戌14	27丁卯13	27丁酉12	27丙寅10	27乙未 9	27乙丑 8	27甲午 7	26癸亥 5	27甲午 5
28辛丑17	28庚午18	28庚子17	28庚午17	28己亥15	28戊辰14	28戊戌13	28丁卯11	28丙申⑩	28丙寅 9	28乙未 8	27甲子 6	28乙未⑥
29壬寅18	29辛未19	29辛丑⑱	29辛未18	29庚子16	29己巳15	29己亥14	29戊辰⑫	29丁酉11	29丁卯10	29丙申 9	28乙丑 7	29丙申 7
	30壬申20	30壬寅19			30庚午16			30戊戌12		30丁酉10	29丙寅 8	
											30丁卯⑨	
立春 10日 雨水 25日	啓蟄 11日 春分 26日	清明 11日 穀雨 27日	立夏 12日 小満 27日	芒種 13日 夏至 29日	小暑 15日 大暑 30日	立秋15日	処暑 1日 白露 17日	秋分 3日 寒露 18日	霜降 3日 立冬 18日	小雪 5日 大雪 20日	冬至 5日 小寒 20日	大寒 6日 立春 21日

正和元年〔応長2年〕（1312－1313） 壬子

改元 3/20（応長→正和）

1月	2月	3月	4月	5月	6月	7月	8月	9月	10月	11月	12月
1 丁酉 8	1 丁卯 9	1 丁酉 8	1 丙寅⑦	1 丙申 6	1 乙丑 5	1 乙未 4	1 甲子 2	1 甲午 2	1 癸亥31	1 壬辰29	1 壬戌29
2 戊戌 9	2 戊辰10	2 戊戌⑨	2 丁卯 8	2 丁酉 7	2 丙寅 6	2 丙申 5	2 乙丑③	2 乙未 3	《11月》	2 癸巳30	2 癸亥30
3 己亥10	3 己巳11	3 己亥10	3 戊辰 9	3 戊戌 8	3 丁卯 7	3 丁酉⑥	3 丙寅 4	3 丙申 4	2 甲子 1	《12月》	3 甲子㉛
4 庚子11	4 庚午⑫	4 庚子11	4 己巳10	4 己亥 9	4 戊辰 8	4 戊戌 7	4 丁卯 5	4 丁酉 5	3 乙丑 2	3 甲午 1	1313年
5 辛丑12	5 辛未13	5 辛丑12	5 庚午11	5 庚子10	5 己巳⑨	5 己亥 8	5 戊辰 6	5 戊戌 6	4 丙寅 3	4 乙未 2	《1月》
6 壬寅⑬	6 壬申14	6 壬寅13	6 辛未12	6 辛丑⑪	6 庚午10	6 庚子 9	6 己巳 7	6 己亥 7	5 丁卯 4	5 丙申③	4 乙丑 1
7 癸卯14	7 癸酉15	7 癸卯14	7 壬申13	7 壬寅12	7 辛未11	7 辛丑10	7 庚午 8	7 庚子⑧	6 戊辰⑤	6 丁酉 4	5 丙寅 2
8 甲辰15	8 甲戌16	8 甲辰15	8 癸酉⑭	8 癸卯13	8 壬申12	8 壬寅11	8 辛未 9	8 辛丑 9	7 己巳 6	7 戊戌 5	6 丁卯 3
9 乙巳16	9 乙亥17	9 乙巳⑯	9 甲戌15	9 甲辰14	9 癸酉13	9 癸卯12	9 壬申⑩	9 壬寅10	8 庚午 7	8 己亥 6	7 戊辰 4
10丙午17	10丙子18	10丙午17	10乙亥16	10乙巳15	10甲戌14	10甲辰⑬	10癸酉11	10癸卯11	9 辛未 8	9 庚子 7	8 己巳 5
11丁未18	11丁丑⑲	11丁未18	11丙子17	11丙午16	11乙亥15	11乙巳14	11甲戌12	11甲辰12	10壬申 9	10辛丑 8	9 庚午 6
12戊申19	12戊寅20	12戊申19	12丁丑18	12丁未17	12丙子⑯	12丙午15	12乙亥13	12乙巳13	11癸酉10	11壬寅 9	10辛未⑦
13己酉⑳	13己卯21	13己酉20	13戊寅19	13戊申⑱	13丁丑17	13丁未16	13丙子14	13丙午14	12甲戌11	12癸卯⑩	11壬申 8
14庚戌21	14庚辰22	14庚戌21	14己卯20	14己酉19	14戊寅18	14戊申17	14丁丑15	14丁未⑮	13乙亥⑫	13甲辰11	12癸酉 9
15辛亥22	15辛巳23	15辛亥22	15庚辰㉑	15庚戌20	15己卯19	15己酉18	15戊寅16	15戊申16	14丙子13	14乙巳12	13甲戌10
16壬子23	16壬午24	16壬子㉓	16辛巳22	16辛亥21	16庚辰20	16庚戌19	16己卯⑰	16己酉17	15丁丑14	15丙午13	14乙亥11
17癸丑24	17癸未25	17癸丑24	17壬午23	17壬子22	17辛巳21	17辛亥⑳	17庚辰18	17庚戌18	16戊寅15	16丁未14	15丙子12
18甲寅25	18甲申㉖	18甲寅25	18癸未24	18癸丑23	18壬午22	18壬子21	18辛巳19	18辛亥19	17己卯16	17戊申15	16丁丑13
19乙卯26	19乙酉27	19乙卯26	19甲申25	19甲寅24	19癸未㉓	19癸丑22	19壬午20	19壬子20	18庚辰17	18己酉16	17戊寅⑭
20丙辰㉗	20丙戌28	20丙辰27	20乙酉26	20乙卯㉕	20甲申24	20甲寅23	20癸未21	20癸丑21	19辛巳18	19庚戌⑰	18己卯15
21丁巳28	21丁亥29	21丁巳28	21丙戌27	21丙辰26	21乙酉25	21乙卯24	21甲申22	21甲寅㉒	20壬午⑲	20辛亥18	19庚辰16
22戊午29	22戊子30	22戊午29	22丁亥㉘	22丁巳27	22丙戌26	22丙辰25	22乙酉23	22乙卯23	21癸未20	21壬子19	20辛巳17
《3月》	23己丑31	23己未㉚	23戊子29	23戊午28	23丁亥27	23丁巳26	23丙戌㉔	23丙辰24	22甲申21	22癸丑20	21壬午18
23己未 1	《4月》	《5月》	24己丑30	24己未29	24戊子28	24戊午㉗	24丁亥25	24丁巳25	23乙酉22	23甲寅21	22癸未19
24庚申 2	24庚寅 1	24庚申 1	25庚寅31	25庚申30	25己丑29	25己未28	25戊子26	25戊午26	24丙戌23	24乙卯22	23甲申20
25辛酉 3	25辛卯②	25辛酉 2	《6月》	《7月》	26庚寅㉚	26庚申29	26己丑27	26己未27	25丁亥24	25丙辰23	24乙酉㉑
26壬戌 4	26壬辰 3	26壬戌 3	26辛卯 1	26辛酉 1	27辛卯31	27辛酉30	27庚寅28	27庚申28	26戊子25	26丁巳㉔	25丙戌22
27癸亥⑤	27癸巳 4	27癸亥 4	27壬辰 2	27壬戌②	《8月》	28壬戌31	28辛卯29	28辛酉㉙	27己丑㉖	27戊午25	26丁亥23
28甲子 6	28甲午 5	28甲子 5	28癸巳 3	28癸亥 3	28壬辰 1	《9月》	29壬辰30	29壬戌30	28庚寅27	28己未26	27戊子24
29乙丑 7	29乙未 6	29乙丑 6	29甲午④	29甲子 4	29癸巳 2	29癸亥 1	《10月》		29辛卯28	29庚申27	28己丑25
30丙寅 8	30丙申 7		30乙未 5		30甲午 3		30癸巳①			30辛酉28	29庚寅26
											30辛卯27
雨水 7日 啓蟄 22日	春分 7日 清明 23日	穀雨 8日 立夏 23日	小満 9日 芒種 25日	夏至 10日 小暑 25日	大暑 11日 立秋 26日	処暑 12日 白露 27日	秋分 13日 寒露 28日	霜降 14日 立冬 29日	小雪 15日	大雪 1日 冬至 16日	小寒 2日 大寒 17日

正和**2**年（1313－1314） 癸丑

1月	2月	3月	4月	5月	6月	7月	8月	9月	10月	11月	12月
1 壬辰㉘	1 辛酉26	1 辛卯28	1 辛酉27	1 庚寅26	1 庚申25	1 己丑24	1 己未23	1 戊子21	1 戊午㉑	1 丁亥19	1 丙辰18
2 癸巳29	2 壬戌27	2 壬辰29	2 壬戌28	2 辛卯㉗	2 辛酉26	2 庚寅25	2 庚申24	2 己丑22	2 己未22	2 戊子20	2 丁巳19
3 甲午30	**3** 癸亥28	3 癸巳30	3 癸亥㉙	3 壬辰28	3 壬戌27	3 辛卯26	3 辛酉25	3 庚寅㉓	3 庚申23	3 己丑21	3 戊午20
4 乙未31	《3月》	**4** 甲午31	**4** 甲子30	4 癸巳29	4 癸亥28	4 壬辰27	4 壬戌㉖	4 辛卯24	4 辛酉24	4 庚寅22	4 己未21
《2月》	4 甲子1	《4月》	《5月》	5 甲午30	5 甲子29	5 癸巳28	5 癸亥27	5 壬辰25	5 壬戌25	5 辛卯23	5 庚申22
5 丙申1	5 乙丑2	5 乙未①	5 乙丑1	**6** 乙未31	**6** 乙丑30	6 甲午㉙	6 甲子28	6 癸巳26	6 癸亥26	6 壬辰24	6 辛酉㉓
6 丁酉2	6 丙寅3	6 丙申2	6 丙寅2	《6月》	《7月》	7 乙未30	7 乙丑29	7 甲午27	7 甲子27	7 癸巳㉕	7 壬戌24
7 戊戌3	7 丁卯④	7 丁酉3	7 丁卯3	7 丙申1	7 丙寅①	**8** 丙申31	**8** 丙寅30	8 乙未28	8 乙丑㉘	8 甲午26	8 癸亥25
8 己亥④	8 戊辰5	8 戊戌4	8 戊辰4	8 丁酉2	8 丁卯2	《8月》	9 丁卯31	9 丙申29	9 丙寅29	9 乙未27	9 甲子26
9 庚子5	9 己巳6	9 己亥5	9 己巳5	9 戊戌③	9 戊辰3	9 丁酉1	《9月》	**10**丁酉㉚	**10**丁卯30	10丙申28	10乙丑27
10辛丑6	10庚午7	10庚子6	10庚午⑥	10己亥4	10己巳4	10戊戌2	10戊辰1	《10月》	11戊辰31	**11**丁酉29	11丙寅28
11壬寅7	11辛未8	11辛丑7	11辛未7	11庚子5	11庚午5	11己亥3	11己巳②	11戊戌1	《11月》	12戊戌30	12丁卯29
12癸卯8	12壬申9	12壬寅⑧	12壬申8	12辛丑6	12辛未6	12庚子4	12庚午3	12己亥2	12己巳1	《12月》	**13**戊辰㉚
13甲辰9	13癸酉10	13癸卯9	13癸酉9	13壬寅7	13壬申7	13辛丑⑤	13辛未4	13庚子3	13庚午2	13己亥1	14己巳31
14乙巳10	14甲戌⑪	14甲辰10	14甲戌10	14癸卯8	14癸酉⑧	14壬寅6	14壬申5	14辛丑4	14辛未3	14庚子②	**1314年**
15丙午⑪	15乙亥12	15乙巳11	15乙亥11	15甲辰9	15甲戌9	15癸卯7	15癸酉6	15壬寅5	15壬申④	15辛丑3	《1月》
16丁未12	16丙子13	16丙午12	16丙子12	16乙巳⑩	16乙亥10	16甲辰8	16甲戌7	16癸卯6	16癸酉5	16壬寅4	15庚午1
17戊申13	17丁丑14	17丁未13	17丁丑⑬	17丙午11	17丙子11	17乙巳9	17乙亥8	17甲辰⑦	17甲戌6	17癸卯5	16辛未2
18己酉14	18戊寅15	18戊申14	18戊寅14	18丁未12	18丁丑12	18丙午10	18丙子⑨	18乙巳8	18乙亥7	18甲辰6	17壬申3
19庚戌15	**19**己卯16	**19**己酉⑮	19己卯15	19戊申13	19戊寅13	19丁未11	19丁丑10	19丙午9	19丙子8	19乙巳7	18癸酉4
20辛亥16	20庚辰17	20庚戌16	**20**庚辰16	20己酉14	20己卯14	20戊申⑫	20戊寅11	20丁未10	20丁丑9	20丙午8	19甲戌5
21壬子17	21辛巳⑱	21辛亥17	21辛巳17	**21**庚戌15	**21**庚辰⑮	21己酉13	21己卯12	21戊申11	21戊寅10	21丁未⑨	20乙亥⑥
22癸丑⑱	22壬午19	22壬子18	22壬午18	22辛亥16	22辛巳16	22庚戌14	22庚辰13	22己酉12	22己卯⑪	22戊申10	21丙子7
23甲寅19	23癸未20	23癸丑19	23癸未19	23壬子⑰	23壬午17	**23**辛亥15	**23**辛巳14	23庚戌13	23庚辰12	23己酉11	22丁丑8
24乙卯20	24甲申21	24甲寅20	24甲申⑳	24癸丑18	24癸未18	24壬子16	24壬午15	24辛亥⑭	24辛巳13	24庚戌12	23戊寅9
25丙辰21	25乙酉22	25乙卯21	25乙酉21	25甲寅19	25甲申19	25癸丑17	25癸未⑯	**25**壬子15	**25**壬午14	25辛亥13	24己卯10
26丁巳22	26丙戌23	26丙辰㉒	26丙戌22	26乙卯20	26乙酉20	26甲寅18	26甲申17	26癸丑16	26癸未15	26壬子14	25庚辰11
27戊午23	27丁亥24	27丁巳23	27丁亥23	27丙辰21	27丙戌21	27乙卯⑲	27乙酉18	27甲寅17	27甲申16	**27**癸丑15	26辛巳12
28己未24	28戊子㉕	28戊午24	28戊子24	28丁巳22	28丁亥㉒	28丙辰20	28丙戌19	28乙卯18	28乙酉17	28甲寅⑯	27壬午⑬
29庚申㉕	29己丑26	29己未25	29己丑25	29戊午23	29戊子23	29丁巳21	29丁亥20	29丙辰19	29丙戌⑱	29乙卯17	**28**癸未14
	30庚寅27	30庚申26		30己未㉔		30戊午22		30丁巳20			29甲申15
											30乙酉16

1月	2月	3月	4月	5月	6月	7月	8月	9月	10月	11月	12月
立春 2日	啓蟄 3日	清明 4日	立夏 4日	芒種 6日	小暑 6日	立秋 8日	白露 8日	寒露 10日	立冬 10日	大雪 11日	小寒 13日
雨水 17日	春分 19日	穀雨 19日	小満 20日	夏至 21日	大暑 21日	処暑 23日	秋分 23日	霜降 25日	小雪 25日	冬至 27日	大寒 28日

正和**3**年（1314－1315） 甲寅

1月	2月	3月	閏3月	4月	5月	6月	7月	8月	9月	10月	11月	12月
1 丙戌17	1 乙卯15	1 乙酉⑰	1 乙卯16	1 甲申15	1 甲寅14	1 癸未13	1 癸丑12	1 癸未11	1 壬子10	1 壬午9	1 辛亥⑧	1 辛巳7
2 丁亥18	2 丙辰16	2 丙戌18	2 丙辰17	**2** 乙酉16	**2** 乙卯15	2 甲申⑭	2 甲寅13	2 甲申12	2 癸丑11	2 癸未⑩	2 壬子9	2 壬午8
3 戊子19	3 丁巳⑰	3 丁亥19	3 丁巳18	3 丙戌17	3 丙辰⑯	3 乙酉15	3 乙卯14	3 乙酉13	3 甲寅12	3 甲申11	3 癸丑10	3 癸未9
4 己丑⑳	4 戊午18	4 戊子20	4 戊午19	4 丁亥18	4 丁巳17	**4** 丙戌16	**4** 丙辰15	4 丙戌14	4 乙卯⑬	4 乙酉12	4 甲寅11	4 甲申10
5 庚寅21	5 己未19	5 己丑21	5 己未20	5 戊子⑲	5 戊午18	5 丁亥17	5 丁巳16	**5** 丁亥⑮	5 丙辰14	5 丙戌13	5 乙卯12	5 乙酉11
6 辛卯22	6 庚申20	6 庚寅22	6 庚申㉑	6 己丑20	6 己未19	6 戊子18	6 戊午17	6 戊子16	**6** 丁巳15	**6** 丁亥14	6 丙辰13	6 丙戌⑫
7 壬辰23	7 辛酉21	7 辛卯23	7 辛酉22	7 庚寅21	7 庚申20	7 己丑19	7 己未⑱	7 己丑17	7 戊午16	7 戊子15	7 丁巳14	7 丁亥13
8 癸巳24	8 壬戌22	8 壬辰㉔	8 壬戌23	8 辛卯22	8 辛酉21	8 庚寅20	8 庚申19	8 庚寅18	8 己未17	8 己丑16	**8** 戊午⑮	**8** 戊子14
9 甲午25	9 癸亥23	9 癸巳25	9 癸亥24	9 壬辰23	9 壬戌22	9 辛卯㉑	9 辛酉20	9 辛卯19	9 庚申18	9 庚寅⑰	9 己未16	9 己丑15
10乙未26	10甲子㉔	10甲午26	10甲子25	10癸巳24	10癸亥㉓	10壬辰22	10壬戌21	10壬辰20	10辛酉19	10辛卯18	10庚申17	10庚寅16
11丙申㉗	11乙丑25	11乙未27	11乙丑26	11甲午25	11甲子24	11癸巳23	11癸亥22	11癸巳21	11壬戌⑳	11壬辰19	11辛酉18	11辛卯17
12丁酉28	12丙寅26	12丙申28	12丙寅27	12乙未㉖	12乙丑25	12甲午24	12甲子23	12甲午㉒	12癸亥21	12癸巳20	12壬戌19	12壬辰18
13戊戌29	13丁卯27	13丁酉29	13丁卯㉘	13丙申27	13丙寅26	13乙未25	13乙丑24	13乙未23	13甲子22	13甲午21	13癸亥20	13癸巳⑲
14己亥30	14戊辰28	14戊戌30	14戊辰29	14丁酉28	14丁卯27	14丙申26	14丙寅㉕	14丙申24	14乙丑23	14乙未22	14甲子21	14甲午20
15庚子31	《3月》	**15**己亥㉛	15己巳30	15戊戌29	15戊辰28	15丁酉27	15丁卯26	15丁酉25	15丙寅24	15丙申23	15乙丑㉒	15乙未21
《2月》	**15**己巳1	《4月》	《5月》	16己亥30	16己巳29	16戊戌㉘	16戊辰27	16戊戌26	16丁卯25	16丁酉㉔	16丙寅23	16丙申22
16辛丑1	16庚午2	16庚子1	**16**庚午1	**17**庚子31	**17**庚午㉚	17己亥29	17己巳28	17己亥27	17戊辰26	17戊戌25	17丁卯24	17丁酉23
17壬寅2	17辛未③	17辛丑2	17辛未2	《6月》	《7月》	18庚子30	18庚午29	18庚子28	18己巳㉗	18己亥26	18戊辰25	18戊戌24
18癸卯③	18壬申4	18壬寅3	18壬申3	18辛丑1	18辛未1	**19**辛丑31	**19**辛未30	19辛丑㉙	19庚午28	19庚子27	19己巳26	19己亥25
19甲辰4	19癸酉5	19癸卯4	19癸酉4	19壬寅②	19壬申2	《8月》	20壬申31	**20**壬寅30	20辛未29	20辛丑28	20庚午27	20庚子㉖
20乙巳5	20甲戌6	20甲辰5	20甲戌⑤	20癸卯3	20癸酉3	20壬寅1	《9月》	《10月》	**21**壬申30	21壬寅29	21辛未28	21辛丑27
21丙午6	21乙亥7	21乙巳6	21乙亥6	21甲辰4	21甲戌4	21癸卯2	21癸酉①	21癸卯1	22癸酉31	**22**癸卯30	22壬申㉙	22壬寅28
22丁未7	22丙子8	22丙午⑦	22丙子7	22乙巳5	22乙亥5	22甲辰3	22甲戌2	22甲辰2	《11月》	《12月》	**23**癸酉30	23癸卯29
23戊申8	23丁丑9	23丁未8	23丁丑8	23丙午6	23丙子6	23乙巳④	23乙亥3	23乙巳3	23甲戌1	23甲辰①	24甲戌31	**24**甲辰30
24己酉9	24戊寅⑩	24戊申9	24戊寅9	24丁未7	24丁丑⑦	24丙午5	24丙子4	24丙午4	24乙亥2	24乙巳2	**1315年**	25乙巳31
25庚戌⑩	25己卯11	25己酉10	25己卯10	25戊申8	25戊寅8	25丁未6	25丁丑5	25丁未5	25丙子③	25丙午3	《1月》	《2月》
26辛亥11	26庚辰12	26庚戌11	26庚辰11	26己酉⑨	26己卯9	26戊申7	26戊寅6	26戊申⑥	26丁丑4	26丁未4	25乙亥1	26丙午1
27壬子12	27辛巳13	27辛亥12	27辛巳⑫	27庚戌10	27庚辰10	27己酉8	27己卯7	27己酉7	27戊寅5	27戊申5	26丙子2	27丁未②
28癸丑13	28壬午14	28壬子13	28壬午13	28辛亥11	28辛巳11	28庚戌9	28庚辰⑧	28庚戌8	28己卯6	28己酉6	27丁丑3	28戊申3
29甲寅14	29癸未15	29癸丑⑭	29癸未14	29壬子12	29壬午12	29辛亥10	29辛巳9	29辛亥9	29庚辰7	29庚戌7	28戊寅4	29己酉4
	30甲申16	**30**甲寅15		30癸丑13		30壬子⑪	30壬午10		30辛巳8		29己卯⑤	
											30庚辰6	

1月	2月	3月	閏3月	4月	5月	6月	7月	8月	9月	10月	11月	12月
立春 13日	啓蟄 15日	清明 15日	立夏16日	小満 2日	夏至 2日	大暑 4日	処暑 4日	秋分 5日	霜降 6日	小雪 6日	冬至 8日	大寒 8日
雨水 28日	春分 30日	穀雨 30日		芒種 17日	小暑 17日	立秋 19日	白露 19日	寒露 20日	立冬 21日	大雪 22日	小寒 23日	立春 24日

正和4年（1315－1316） 乙卯

1月	2月	3月	4月	5月	6月	7月	8月	9月	10月	11月	12月
1庚戌5	1己卯6	1己酉5	1戊寅④	1戊申3	1丁丑2	《8月》	1丁丑㉛	1丙午29	1丙子29	1丙午28	1乙亥27
2辛亥6	2庚辰7	2庚戌⑥	2己卯5	2己酉4	2戊寅3	1丁未1	《9月》	2丁未30	2丁丑30	2丁未29	2丙子㉘
3壬子7	3辛巳8	3辛亥7	3庚辰6	3庚戌5	3己卯4	2戊申2	2戊寅1	《10月》	3戊寅31	3戊申㉚	3丁丑29
4癸丑8	4壬午⑨	4壬子8	4辛巳7	4辛亥6	4庚辰5	3己酉③	3己卯2	3戊申1	《11月》	《12月》	4戊寅30
5甲寅⑨	5癸未10	5癸丑9	5壬午8	5壬子7	5辛巳⑥	4庚戌4	4庚辰3	4己酉2	4己卯1	4己酉1	5己卯31
6乙卯10	6甲申11	6甲寅10	6癸未9	6癸丑⑧	6壬午7	5辛亥5	5辛巳4	5庚戌3	5庚辰②	5庚戌2	1316年
7丙辰11	7乙酉12	7乙卯11	7甲申10	7甲寅9	7癸未8	6壬子6	6壬午5	6辛亥4	6辛巳3	6辛亥3	《1月》
8丁巳12	8丙戌13	8丙辰12	8乙酉⑪	8乙卯10	8甲申9	7癸丑7	7癸未6	7壬子⑤	7壬午4	7壬子4	6庚辰1
9戊午13	9丁亥14	9丁巳⑬	9丙戌12	9丙辰11	9乙酉10	8甲寅8	8甲申⑦	8癸丑6	8癸未5	8癸丑5	7辛巳2
10己未14	10戊子15	10戊午14	10丁亥13	10丁巳12	10丙戌11	9乙卯9	9乙酉8	9甲寅7	9甲申6	9甲寅6	8壬午3
11庚申15	11己丑⑯	11己未15	11戊子14	11戊午13	11丁亥12	10丙辰⑩	10丙戌9	10乙卯8	10乙酉7	10乙卯⑦	9癸未④
12辛酉⑯	12庚寅17	12庚申16	12己丑15	12己未14	12戊子⑬	11丁巳11	11丁亥10	11丙辰9	11丙戌8	11丙辰8	10甲申5
13壬戌17	13辛卯18	13辛酉17	13庚寅16	13庚申⑮	13己丑14	12戊午12	12戊子11	12丁巳10	12丁亥⑨	12丁巳9	11乙酉6
14癸亥18	14壬辰19	14壬戌18	14辛卯17	14辛酉16	14庚寅15	13己未13	13己丑12	13戊午11	13戊子10	13戊午10	12丙戌7
15甲子19	15癸巳20	15癸亥19	15壬辰⑱	15壬戌17	15辛卯16	14庚申14	14庚寅13	14己未⑫	14己丑11	14己未11	13丁亥8
16乙丑20	16甲午21	16甲子⑳	16癸巳19	16癸亥18	16壬辰17	15辛酉15	15辛卯⑭	15庚申13	15庚寅12	15庚申12	14戊子9
17丙寅21	17乙未22	17乙丑21	17甲午20	17甲子19	17癸巳18	16壬戌16	16壬辰15	16辛酉14	16辛卯13	16辛酉13	15己丑10
18丁卯22	18丙申㉓	18丙寅22	18乙未21	18乙丑20	18甲午19	17癸亥⑰	17癸巳16	17壬戌15	17壬辰14	17壬戌⑭	16庚寅⑪
19戊辰㉓	19丁酉24	19丁卯23	19丙申22	19丙寅21	19乙未⑳	18甲子18	18甲午17	18癸亥16	18癸巳15	18癸亥15	17辛卯12
20己巳24	20戊戌25	20戊辰24	20丁酉23	20丁卯㉒	20丙申21	19乙丑19	19乙未18	19甲子17	19甲午⑯	19甲子16	18壬辰13
21庚午25	21己亥26	21己巳25	21戊戌24	21戊辰23	21丁酉22	20丙寅20	20丙申19	20乙丑18	20乙未17	20乙丑17	19癸巳14
22辛未26	22庚子27	22庚午26	22己亥㉕	22己巳24	22戊戌23	21丁卯21	21丁酉20	21丙寅⑲	21丙申18	21丙寅18	20甲午15
23壬申27	23辛丑28	23辛未㉗	23庚子26	23庚午25	23己亥24	22戊辰22	22戊戌㉑	22丁卯20	22丁酉19	22丁卯19	21乙未16
24癸酉28	24壬寅29	24壬申28	24辛丑27	24辛未26	24庚子25	23己巳23	23己亥22	23戊辰21	23戊戌20	23戊辰20	22丙申17
《3月》	25癸卯㉚	25癸酉29	25壬寅28	25壬申27	25辛丑26	24庚午㉔	24庚子23	24己巳22	24己亥21	24己巳㉑	23丁酉⑱
25甲戌1	26甲辰31	26甲戌30	26癸卯29	26癸酉28	26壬寅㉗	25辛未25	25辛丑24	25庚午23	25庚子22	25庚午22	24戊戌19
26乙亥②	《4月》	《5月》	27甲辰30	27甲戌㉙	27癸卯28	26壬申26	26壬寅25	26辛未24	26辛丑㉓	26辛未23	25己亥20
27丙子3	27乙巳1	27乙亥1	28乙巳31	28乙亥30	28甲辰29	27癸酉27	27癸卯26	27壬申25	27壬寅24	27壬申24	26庚子21
28丁丑4	28丙午2	28丙子2	《6月》	《7月》	29乙巳30	28甲戌28	28甲辰27	28癸酉㉖	28癸卯25	28癸酉25	27辛丑22
29戊寅5	29丁未3	29丁丑3	29丙午①	29丙子1	30丙午31	29乙亥29	29乙巳㉘	29甲戌27	29甲辰26	29甲戌26	28壬寅23
	30戊申4		30丁未2			30丙子30		30乙亥28	30乙巳27		29癸卯24
											30甲辰㉕
雨水10日 啓蟄25日	春分11日 清明26日	穀雨12日 立夏27日	小満13日 芒種28日	夏至13日 小暑29日	大暑15日 立秋30日	処暑15日	白露1日 秋分16日	寒露2日 霜降17日	立冬2日 小雪18日	大雪3日 冬至18日	小寒4日 大寒20日

正和5年（1316－1317） 丙辰

1月	2月	3月	4月	5月	6月	7月	8月	9月	10月	閏10月	11月	12月
1乙巳26	1甲戌24	1癸卯24	1癸酉23	1壬寅22	1壬申21	1辛丑20	1辛未19	1辛丑18	1庚午⑰	1己亥15	1戊辰14	1戊戌13
2丙午27	2乙亥25	2甲辰25	2甲戌24	2癸卯㉓	2癸酉22	2壬寅21	2壬申20	2壬寅⑲	2辛未18	2庚子16	2己巳15	2己亥14
3丁未28	3丙子26	3乙巳26	3乙亥㉕	3甲辰24	3甲戌23	3癸卯22	3癸酉21	3癸卯20	3壬申19	3辛丑17	3庚午16	3庚子15
4戊申29	4丁丑27	4丙午27	4丙子26	4乙巳25	4乙亥24	4甲辰23	4甲戌㉒	4甲辰21	4癸酉20	4壬寅18	4辛未17	4辛丑⑯
5己酉30	5戊寅28	5丁未㉘	5丁丑27	5丙午26	5丙子25	5乙巳24	5乙亥23	5乙巳22	5甲戌21	5癸卯19	5壬申18	5壬寅17
6庚戌31	6己卯㉙	6戊申29	6戊寅28	6丁未27	6丁丑26	6丙午㉕	6丙子24	6丙午23	6乙亥22	6甲辰20	6癸酉⑲	6癸卯18
《2月》	《3月》	7己酉30	7己卯29	7戊申28	7戊寅㉗	7丁未26	7丁丑25	7丁未24	7丙子23	7乙巳㉑	7甲戌20	7甲辰19
7辛亥①	7庚辰1	8庚戌31	8庚辰30	8己酉29	8己卯28	8戊申27	8戊寅26	8戊申25	8丁丑㉔	8丙午22	8乙亥21	8乙巳20
8壬子2	8辛巳2	《4月》	《5月》	9庚戌㉚	9庚辰29	9己酉28	9己卯27	9己酉㉖	9戊寅25	9丁未23	9丙子22	9丙午21
9癸丑3	9壬午3	9辛亥1	9辛巳1	10辛亥31	10辛巳30	10庚戌29	10庚辰28	10庚戌27	10己卯26	10戊申24	10丁丑23	10丁未22
10甲寅4	10癸未4	10壬子2	10壬午②	《6月》	《7月》	11辛亥30	11辛巳㉙	11辛亥28	11庚辰27	11己酉25	11戊寅24	11戊申㉓
11乙卯5	11甲申5	11癸丑3	11癸未3	11壬子1	11壬午1	12壬子31	12壬午30	12壬子29	12辛巳28	12庚戌26	12己卯25	12己酉24
12丙辰6	12乙酉6	12甲寅④	12甲申4	12癸丑2	12癸未2	《8月》	13癸未31	13癸丑30	13壬午29	13辛亥27	13庚辰㉖	13庚戌25
13丁巳7	13丙戌⑦	13乙卯5	13乙酉5	13甲寅3	13甲申3	13癸丑①	《9月》	《10月》	14癸未30	14壬子㉘	14辛巳27	14辛亥26
14戊午⑧	14丁亥8	14丙辰6	14丙戌6	14乙卯4	14乙酉④	14甲寅2	14甲申1	14甲寅1	15甲申㉛	15癸丑29	15壬午28	15壬子27
15己未9	15戊子9	15丁巳7	15丁亥7	15丙辰5	15丙戌5	15乙卯3	15乙酉2	15乙卯2	《11月》	16甲寅30	16癸未29	16癸丑28
16庚申10	16己丑10	16戊午8	16戊子8	16丁巳⑥	16丁亥6	16丙辰4	16丙戌3	16丙辰③	16乙酉1	《12月》	17甲申30	17甲寅29
17辛酉11	17庚寅11	17己未9	17己丑⑨	17戊午7	17戊子7	17丁巳5	17丁亥4	17丁巳4	17丙戌2	17乙卯1	18乙酉31	18乙卯㉚
18壬戌12	18辛卯12	18庚申10	18庚寅10	18己未8	18己丑8	18戊午6	18戊子⑤	18戊午5	18丁亥3	18丙辰2	1317年	19丙辰31
19癸亥13	19壬辰13	19辛酉⑪	19辛卯11	19庚申9	19庚寅9	19己未7	19己丑6	19己未6	19戊子4	19丁巳3	《1月》	《2月》
20甲子14	20癸巳⑭	20壬戌12	20壬辰12	20辛酉10	20辛卯10	20庚申⑧	20庚寅7	20庚申7	20己丑5	20戊午4	19丙戌1	20丁巳1
21乙丑⑮	21甲午15	21癸亥13	21癸巳13	21壬戌11	21壬辰⑪	21辛酉9	21辛卯8	21辛酉8	21庚寅6	21己未⑤	20丁亥②	21戊午2
22丙寅16	22乙未16	22甲子14	22甲午14	22癸亥12	22癸巳12	22壬戌10	22壬辰9	22壬戌9	22辛卯⑦	22庚申6	21戊子3	22己未3
23丁卯17	23丙申17	23乙丑15	23乙未15	23甲子⑬	23甲午13	23癸亥11	23癸巳10	23癸亥⑩	23壬辰8	23辛酉7	22己丑4	23庚申4
24戊辰18	24丁酉18	24丙寅16	24丙申⑯	24乙丑14	24乙未14	24甲子12	24甲午11	24甲子11	24癸巳9	24壬戌8	23庚寅5	24辛酉5
25己巳19	25戊戌19	25丁卯17	25丁酉17	25丙寅15	25丙申15	25乙丑13	25乙未⑫	25乙丑12	25甲午10	25癸亥9	24辛卯6	25壬戌⑥
26庚午20	26己亥20	26戊辰⑱	26戊戌18	26丁卯16	26丁酉16	26丙寅14	26丙申13	26丙寅13	26乙未11	26甲子10	25壬辰7	26癸亥7
27辛未21	27庚子㉑	27己巳19	27己亥19	27戊辰17	27戊戌17	27丁卯⑮	27丁酉14	27丁卯14	27丙申12	27乙丑11	26癸巳8	27甲子8
28壬申㉒	28辛丑22	28庚午20	28庚子20	28己巳18	28己亥⑱	28戊辰16	28戊戌15	28戊辰15	28丁酉13	28丙寅⑫	27甲午⑨	28乙丑9
29癸酉23	29壬寅23	29辛未21	29辛丑21	29庚午19	29庚子19	29己巳17	29己亥16	29己巳16	29戊戌⑭	29丁卯13	28乙未10	29丙寅10
		30壬申22		30辛未⑳		30庚午18	30庚子17				29丙申11	30丁卯11
											30丁酉12	
立春5日 雨水20日	啓蟄6日 春分21日	清明8日 穀雨23日	立夏8日 小満23日	芒種10日 夏至25日	小暑10日 大暑25日	立秋11日 処暑27日	白露12日 秋分27日	寒露12日 霜降27日	立冬14日 小雪29日	大雪15日	冬至1日 小寒17日	大寒2日 立春17日

文保元年〔正和6年〕（1317－1318） 丁巳

改元 2/3（正和→文保）

1月	2月	3月	4月	5月	6月	7月	8月	9月	10月	11月	12月
1 戊辰12	1 戊戌14	1 丁卯12	1 丁酉12	1 丙寅10	1 丙申⑩	1 乙丑8	1 乙未7	1 甲子6	1 甲午5	1 甲子5	1 甲午4
2 己巳⑬	2 己亥15	2 戊辰13	2 戊戌13	2 丁卯11	2 丁酉11	2 丙寅9	2 丙申8	2 乙丑7	2 乙未⑥	2 乙丑6	2 乙未5
3 庚午14	**3** 庚子16	3 己巳14	3 己亥14	3 戊辰⑫	3 戊戌12	3 丁卯10	3 丁酉9	3 丙寅8	3 丙申7	3 丙寅7	3 丙申6
4 辛未15	4 辛丑17	**4** 庚午15	4 庚子⑮	4 己巳13	4 己亥13	4 戊辰11	4 戊戌10	4 丁卯⑨	4 丁酉8	4 丁卯8	4 丁酉7
5 壬申16	5 壬寅18	5 辛未16	**5** 辛丑16	5 庚午14	5 庚子14	5 己巳12	5 己亥⑪	5 戊辰10	5 戊戌9	5 戊辰9	5 戊戌⑧
6 癸酉17	6 癸卯19	6 壬申⑰	6 壬寅17	**6** 辛未15	**6** 辛丑15	6 庚午13	6 庚子12	6 己巳11	6 己亥10	6 己巳10	6 己亥9
7 甲戌18	7 甲辰⑳	7 癸酉18	7 癸卯18	7 壬申16	7 壬寅16	7 辛未⑭	7 辛丑13	7 庚午12	7 庚子11	7 庚午⑪	7 庚子10
8 乙亥19	8 乙巳21	8 甲戌19	8 甲辰19	8 癸酉17	8 癸卯⑰	**8** 壬申15	**8** 壬寅14	8 辛未13	8 辛丑12	8 辛未12	8 辛丑11
9 丙子⑳	9 丙午22	9 乙亥20	9 乙巳20	9 甲戌18	9 甲辰18	9 癸酉16	9 癸卯15	9 壬申14	9 壬寅⑬	9 壬申13	9 壬寅12
10 丁丑21	10 丁未23	10 丙子21	10 丙午21	10 乙亥⑲	10 乙巳19	10 甲戌17	10 甲辰16	**10** 癸酉15	**10** 癸卯14	10 癸酉14	10 癸卯13
11 戊寅22	11 戊申24	11 丁丑22	11 丁未㉒	11 丙子20	11 丙午20	11 乙亥18	11 乙巳17	11 甲戌⑯	11 甲辰15	**11** 甲戌15	**11** 甲辰14
12 己卯23	12 己酉25	12 戊寅23	12 戊申23	12 丁丑21	12 丁未21	12 丙子19	12 丙午⑱	12 乙亥17	12 乙巳16	12 乙亥16	12 乙巳⑮
13 庚辰24	13 庚戌26	13 己卯㉔	13 己酉24	13 戊寅22	13 戊申22	13 丁丑20	13 丁未19	13 丙子18	13 丙午17	13 丙子17	13 丙午16
14 辛巳25	14 辛亥㉗	14 庚辰25	14 庚戌25	14 己卯23	14 己酉23	14 戊寅㉑	14 戊申20	14 丁丑19	14 丁未18	14 丁丑⑱	14 丁未17
15 壬午26	15 壬子28	15 辛巳26	15 辛亥26	15 庚辰24	15 庚戌㉔	15 己卯22	15 己酉21	15 戊寅20	15 戊申19	15 戊寅19	15 戊申18
16 癸未㉗	16 癸丑29	16 壬午27	16 壬子27	16 辛巳25	16 辛亥25	16 庚辰23	16 庚戌22	16 己卯21	16 己酉⑳	16 己卯20	16 己酉19
17 甲申28	17 甲寅30	17 癸未28	17 癸丑28	17 壬午㉖	17 壬子26	17 辛巳24	17 辛亥23	17 庚辰22	17 庚戌21	17 庚辰21	17 庚戌20
《3月》	**18** 乙卯31	18 甲申29	18 甲寅㉙	18 癸未27	18 癸丑27	18 壬午25	18 壬子24	18 辛巳㉓	18 辛亥22	18 辛巳22	18 辛亥21
18 乙酉1	《4月》	**19** 乙酉30	19 乙卯30	19 甲申28	19 甲寅28	19 癸未26	19 癸丑㉕	19 壬午24	19 壬子23	19 壬午23	19 壬子㉒
19 丙戌2	19 丙辰1	《5月》	**20** 丙辰31	20 乙酉29	20 乙卯29	20 甲申27	20 甲寅26	20 癸未25	20 癸丑24	20 癸未24	20 癸丑23
20 丁亥3	20 丁巳2	20 丙戌①	《6月》	**21** 丙戌30	21 丙辰30	21 乙酉㉘	21 乙卯27	21 甲申26	21 甲寅25	21 甲申㉕	21 甲寅24
21 戊子4	21 戊午③	21 丁亥2	21 丁巳1	《7月》	**22** 丁巳㉛	22 丙戌29	22 丙辰28	22 乙酉27	22 乙卯26	22 乙酉26	22 乙卯25
22 己丑5	22 己未4	22 戊子3	22 戊午2	22 丁亥1	《8月》	**23** 丁亥30	23 丁巳29	23 丙戌28	23 丙辰㉗	23 丙戌27	23 丙辰26
23 庚寅⑥	23 庚申5	23 己丑4	23 己未3	23 戊子2	23 戊午1	24 戊子31	**24** 戊午30	24 丁亥29	24 丁巳28	24 丁亥28	24 丁巳27
24 辛卯7	24 辛酉6	24 庚寅5	24 庚申4	24 己丑③	24 己未2	《9月》	《10月》	**25** 戊子㉚	**25** 戊午29	25 戊子29	25 戊午28
25 壬辰8	25 壬戌7	25 辛卯6	25 辛酉⑤	25 庚寅4	25 庚申3	25 己丑1	25 己未1	26 己丑31	26 己未30	**26** 己丑30	**26** 己未㉙
26 癸巳9	26 癸亥8	26 壬辰7	26 壬戌6	26 辛卯5	26 辛酉4	26 庚寅2	26 庚申②	《11月》	《12月》	27 庚寅31	27 庚申30
27 甲午10	27 甲子9	27 癸巳⑧	27 癸亥7	27 壬辰6	27 壬戌5	27 辛卯3	27 辛酉3	27 庚寅1	27 庚申1	**1318年**	28 辛酉31
28 乙未11	28 乙丑⑩	28 甲午9	28 甲子8	28 癸巳7	28 癸亥6	28 壬辰④	28 壬戌4	28 辛卯2	28 辛酉2	《1月》	《2月》
29 丙申12	29 丙寅11	29 乙未10	29 乙丑9	29 甲午8	29 甲子⑦	29 癸巳5	29 癸亥5	29 壬辰3	29 壬戌3	28 辛卯①	29 壬戌1
30 丁酉⑬		30 丙申11		30 乙未9		30 甲午6		30 癸巳4	30 癸亥④	29 壬辰2	
										30 癸巳3	

雨水2日	春分3日	穀雨4日	小満5日	夏至6日	大暑6日	処暑8日	秋分8日	霜降10日	小雪10日	冬至11日	大寒11日
啓蟄17日	清明18日	立夏19日	芒種20日	小暑21日	立秋22日	白露23日	寒露24日	立冬25日	大雪25日	小寒26日	立春26日

文保2年（1318－1319） 戊午

1月	2月	3月	4月	5月	6月	7月	8月	9月	10月	11月	12月
1 癸亥2	1 癸巳4	1 壬戌②	1 壬辰2	**1** 辛酉31	1 庚寅29	1 己未28	1 己丑㉗	1 戊午25	1 戊子25	1 戊午24	1 戊子㉔
2 甲子3	2 甲午⑤	2 癸亥3	2 癸巳3	《6月》	**2** 辛卯30	2 庚申29	2 庚寅28	2 己未26	2 己丑26	2 己未25	2 己丑25
3 乙丑4	3 乙未6	3 甲子4	3 甲午4	2 壬戌1	《7月》	3 辛酉㉚	3 辛卯29	3 庚申27	3 庚寅27	3 庚申㉖	3 庚寅26
4 丙寅⑤	4 丙申7	4 乙丑5	4 乙未5	3 癸亥2	3 壬辰1	**4** 壬戌31	**4** 壬辰30	4 辛酉28	4 辛卯28	4 辛酉27	4 辛卯27
5 丁卯6	5 丁酉8	5 丙寅6	5 丙申6	4 甲子3	4 癸巳②	《8月》	5 癸巳31	5 壬戌29	5 壬辰㉙	5 壬戌28	5 壬辰28
6 戊辰7	6 戊戌9	6 丁卯7	6 丁酉⑦	5 乙丑④	5 甲午3	5 癸亥1	《9月》	**6** 癸亥30	**6** 癸巳30	6 癸亥29	6 癸巳29
7 己巳8	7 己亥10	7 戊辰8	7 戊戌8	6 丙寅5	6 乙未4	6 甲子2	6 甲午1	《10月》	7 甲午31	**7** 甲子30	**7** 甲午30
8 庚午9	8 庚子11	8 己巳⑨	8 己亥9	7 丁卯6	7 丙申5	7 乙丑3	7 乙未2	7 甲子①	《11月》	《12月》	8 乙未㉛
9 辛未10	9 辛丑⑫	9 庚午10	9 庚子10	8 戊辰7	8 丁酉6	8 丙寅4	8 丙申③	8 乙丑2	8 乙未1	8 乙丑1	**1319年**
10 壬申11	10 壬寅13	10 辛未11	10 辛丑11	9 己巳8	9 戊戌7	9 丁卯5	9 丁酉4	9 丙寅3	9 丙申2	9 丙寅2	《1月》
11 癸酉⑫	11 癸卯14	11 壬申12	11 壬寅12	10 庚午9	10 己亥8	10 戊辰⑥	10 戊戌5	10 丁卯4	10 丁酉3	10 丁卯③	9 丙申1
12 甲戌13	12 甲辰15	12 癸酉13	12 癸卯13	11 辛未10	11 庚子⑨	11 己巳7	11 己亥6	11 戊辰5	11 戊戌4	11 戊辰4	10 丁酉2
13 乙亥14	**13** 乙巳16	13 甲戌14	13 甲辰⑭	12 壬申⑪	12 辛丑10	12 庚午8	12 庚子7	12 己巳6	12 己亥⑤	12 己巳5	11 戊戌3
14 丙子15	14 丙午17	**14** 乙亥15	14 乙巳15	13 癸酉12	13 壬寅11	13 辛未9	13 辛丑8	13 庚午7	13 庚子6	13 庚午6	12 己亥4
15 丁丑16	15 丁未18	15 丙子⑯	**15** 丙午16	14 甲戌13	14 癸卯12	14 壬申10	14 壬寅9	14 辛未⑧	14 辛丑7	14 辛未7	13 庚子5
16 戊寅17	16 戊申⑲	16 丁丑17	16 丁未17	15 乙亥14	15 甲辰13	15 癸酉11	15 癸卯⑩	15 壬申9	15 壬寅8	15 壬申8	14 辛丑6
17 己卯18	17 己酉20	17 戊寅18	17 戊申18	**16** 丙子15	16 乙巳14	16 甲戌12	16 甲辰11	16 癸酉10	16 癸卯9	16 癸酉9	15 壬寅⑦
18 庚辰⑲	18 庚戌21	18 己卯19	18 己酉19	17 丁丑16	17 丙午15	17 乙亥⑬	17 乙巳12	17 甲戌11	17 甲辰10	17 甲戌⑩	16 癸卯8
19 辛巳20	19 辛亥22	19 庚辰20	19 庚戌20	18 戊寅17	**18** 丁未⑯	18 丙子14	18 丙午13	18 乙亥12	18 乙巳11	18 乙亥11	17 甲辰9
20 壬午21	20 壬子23	20 辛巳21	20 辛亥㉑	19 己卯⑱	19 戊申17	**19** 丁丑15	19 丁未14	19 丙子13	19 丙午⑫	19 丙子12	18 乙巳10
21 癸未22	21 癸丑24	21 壬午22	21 壬子22	20 庚辰19	20 己酉18	20 戊寅16	**20** 戊申15	20 丁丑14	20 丁未13	20 丁丑13	19 丙午11
22 甲申23	22 甲寅25	22 癸未㉓	22 癸丑23	21 辛巳20	21 庚戌19	21 己卯17	21 己酉16	**21** 戊寅⑮	**21** 戊申14	21 戊寅14	20 丁未12
23 乙酉24	23 乙卯㉖	23 甲申24	23 甲寅24	22 壬午21	22 辛亥20	22 庚辰18	22 庚戌⑰	22 己卯16	22 己酉15	**22** 己卯15	21 戊申13
24 丙戌25	24 丙辰27	24 乙酉25	24 乙卯25	23 癸未22	23 壬子21	23 辛巳19	23 辛亥18	23 庚辰17	23 庚戌16	23 庚辰16	**22** 己酉⑭
25 丁亥㉖	25 丁巳28	25 丙戌26	25 丙辰26	24 甲申23	24 癸丑22	24 壬午⑳	24 壬子19	24 辛巳18	24 辛亥17	24 辛巳⑰	23 庚戌15
26 戊子27	26 戊午29	26 丁亥27	26 丁巳27	25 乙酉24	25 甲寅㉓	25 癸未21	25 癸丑20	25 壬午19	25 壬子18	25 壬午18	24 辛亥16
27 己丑28	27 己未30	27 戊子28	27 戊午㉘	26 丙戌㉕	26 乙卯24	26 甲申22	26 甲寅21	26 癸未20	26 癸丑⑲	26 癸未19	25 壬子17
《3月》	**28** 庚申31	28 己丑29	28 己未29	27 丁亥26	27 丙辰25	27 乙酉23	27 乙卯22	27 甲申21	27 甲寅20	27 甲申20	26 癸丑18
28 庚寅1	《4月》	29 庚寅㉚	29 庚申30	28 戊子27	28 丁巳26	28 丙戌24	28 丙辰23	28 乙酉㉒	28 乙卯21	28 乙酉21	27 甲寅19
29 辛卯2	29 辛酉1	《5月》		29 己丑28	29 戊午27	29 丁亥25	29 丁巳㉔	29 丙戌23	29 丙辰22	29 丙戌22	28 乙卯20
30 壬辰3		**30** 辛卯1				30 戊子26		30 丁亥24	30 丁巳23	30 丁亥23	29 丙辰㉑

雨水12日	春分13日	穀雨14日	小満15日	芒種1日	小暑2日	立秋4日	白露4日	寒露6日	立冬6日	大雪7日	小寒7日
啓蟄28日	清明28日	立夏30日		夏至16日	大暑18日	処暑19日	秋分20日	霜降21日	小雪21日	冬至22日	大寒22日

元応元年〔文保**3**年〕（1319－1320） 己未

改元 4/28（文保→元応）

1月	2月	3月	4月	5月	6月	7月	閏7月	8月	9月	10月	11月	12月
1 丁巳22	1 丁亥21	1 丁巳23	1 丙戌21	1 丙辰21	1 乙酉19	1 甲寅18	1 癸未16	**1** 癸丑15	1 壬午⑭	1 壬子13	1 壬午13	1 辛亥11
2 戊午23	2 戊子22	2 戊午24	2 丁亥㉒	2 丁巳22	2 丙戌20	2 乙卯19	2 甲申17	2 甲寅⑯	**2** 癸未15	2 癸丑14	2 癸未14	2 壬子12
3 己未24	3 己丑23	3 己未㉕	3 戊子23	3 戊午23	3 丁亥21	3 丙辰20	3 乙酉18	3 乙卯17	3 甲申16	**3** 甲寅15	**3** 甲申15	3 癸丑⑬
4 庚申25	4 庚寅24	4 庚申26	4 己丑24	4 己未24	4 戊子22	4 丁巳21	4 丙戌⑲	4 丙辰18	4 乙酉17	4 乙卯16	4 乙酉⑯	4 甲寅14
5 辛酉26	5 辛卯㉕	5 辛酉27	5 庚寅25	5 庚申25	5 己丑23	5 戊午㉒	5 丁亥20	5 丁巳19	5 丙戌18	5 丙辰17	5 丙戌17	**5** 乙卯15
6 壬戌27	6 壬辰26	6 壬戌28	6 辛卯26	6 辛酉26	6 庚寅㉔	6 己未23	6 戊子21	6 戊午20	6 丁亥19	6 丁巳⑱	6 丁亥18	6 丙辰16
7 癸亥㉘	7 癸巳27	7 癸亥29	7 壬辰27	7 壬戌㉗	7 辛卯25	7 庚申24	7 己丑22	7 己未21	7 戊子20	7 戊午19	7 戊子19	7 丁巳17
8 甲子29	8 甲午28	8 甲子30	8 癸巳28	8 癸亥28	8 壬辰26	8 辛酉25	8 庚寅23	8 庚申22	8 己丑㉑	8 己未20	8 己丑20	8 戊午18
9 乙丑30	《3月》	**9** 乙丑31	9 甲午㉙	9 甲子29	9 癸巳27	9 壬戌26	9 辛卯24	9 辛酉㉓	9 庚寅22	9 庚申21	9 庚寅21	9 己未19
10丙寅31	**9** 乙未 1	《4月》	10乙未30	10乙丑30	10甲午28	10癸亥27	10壬辰25	10壬戌24	10辛卯23	10辛酉22	10辛卯22	10庚申⑳
《2月》	10丙申 2	10丙寅①	《5月》	**11**丙寅31	11乙未29	11甲子28	11癸巳㉖	11癸亥25	11壬辰24	11壬戌23	11壬辰㉓	11辛酉21
11丁卯 1	11丁酉 3	11丁卯 2	**11**丙申 1	《6月》	12丙申30	12乙丑㉙	12甲午27	12甲子26	12癸巳25	12癸亥24	12癸巳24	12壬戌22
12戊辰 2	12戊戌④	12戊辰 3	12丁酉 2	12丁卯 1	《7月》	13丙寅30	13乙未28	13乙丑27	13甲午26	13甲子㉕	13甲午25	13癸亥23
13己巳 3	13己亥 5	13己巳 4	13戊戌 3	13戊辰 2	**13**丁酉①	**14**丁卯31	14丙申29	14丙寅28	14乙未27	14乙丑26	14乙未26	14甲子24
14庚午④	14庚子 6	14庚午 5	14己亥 4	14己巳③	14戊戌 2	《8月》	15丁酉30	15丁卯29	15丙申㉘	15丙寅27	15丙申27	15乙丑25
15辛未 5	15辛丑 7	15辛未 6	15庚子 5	15庚午 4	15己亥 3	15戊辰 1	**16**戊戌31	**16**戊辰㉚	16丁酉29	16丁卯28	16丁酉28	16丙寅26
16壬申 6	16壬寅 8	16壬申 7	16辛丑⑥	16辛未 5	16庚子 4	16己巳 2	《9月》	《10月》	**17**戊戌30	17戊辰29	17戊戌29	17丁卯㉗
17癸酉 7	17癸卯 9	17癸酉⑧	17壬寅 7	17壬申 6	17辛丑 5	17庚午 3	17己亥 1	17己巳 1	18己亥31	**18**己巳30	**18**己亥㉚	18戊辰28
18甲戌 8	18甲辰10	18甲戌 9	18癸卯 8	18癸酉 7	18壬寅 6	18辛未 4	18庚子②	18庚午 2	《11月》	《12月》	19庚子31	19己巳29
19乙亥 9	19乙巳⑪	19乙亥10	19甲辰 9	19甲戌 8	19癸卯 7	19壬申⑤	19辛丑 3	19辛未 3	19庚子 1	19庚午 1	**1320 年**	**20**庚午30
20丙子10	20丙午12	20丙子11	20乙巳10	20乙亥 9	20甲辰⑧	20癸酉 6	20壬寅 4	20壬申 4	20辛丑 2	20辛未②	《1月》	21辛未31
21丁丑⑪	21丁未13	21丁丑12	21丙午11	21丙子⑩	21乙巳 9	21甲戌 7	21癸卯 5	21癸酉 5	21壬寅 3	21壬申 3	20辛丑 1	《2月》
22戊寅12	22戊申14	22戊寅13	22丁未12	22丁丑11	22丙午10	22乙亥 8	22甲辰 6	22甲戌 6	22癸卯④	22癸酉 4	21壬寅 2	22壬申 1
23己卯13	23己酉15	23己卯14	23戊申⑬	23戊寅12	23丁未11	23丙子 9	23乙巳 7	23乙亥⑦	23甲辰 5	23甲戌 5	22癸卯 3	23癸酉 2
24庚辰14	**24**庚戌16	24庚辰⑮	24己酉14	24己卯13	24戊申12	24丁丑10	24丙午 8	24丙子 8	24乙巳 6	24乙亥 6	23甲辰 4	24甲戌③
25辛巳15	25辛亥17	**25**辛巳16	25庚戌15	25庚辰14	25己酉13	25戊寅11	25丁未⑨	25丁丑 9	25丙午 7	25丙子 7	24乙巳 5	25乙亥 4
26壬午16	26壬子⑱	26壬午17	**26**辛亥16	**26**辛巳15	26庚戌14	26己卯⑫	26戊申10	26戊寅10	26丁未 8	26丁丑 8	25丙午⑥	26丙子 5
27癸未17	27癸丑19	27癸未18	27壬子17	27壬午16	27辛亥⑮	27庚辰13	27己酉11	27己卯11	27戊申 9	27戊寅⑨	26丁未 7	27丁丑 6
28甲申⑱	28甲寅20	28甲申19	28癸丑18	28癸未⑰	**28**壬子16	28辛巳14	28庚戌12	28庚辰12	28己酉10	28己卯10	27戊申 8	28戊寅 7
29乙酉19	29乙卯21	29乙酉20	29甲寅19	29甲申18	29癸丑17	**29**壬午15	29辛亥13	29辛巳13	29庚戌⑪	29庚辰11	28己酉 9	29己卯 8
30丙戌20	30丙辰22		30乙卯⑳				30壬子14		30辛亥12	30辛巳12	29庚戌10	30庚辰 9
立春 9日	啓蟄 9日	清明 9日	立夏 11日	芒種 11日	小暑 13日	立秋 14日	白露16日	秋分 1日	霜降 2日	小雪 3日	冬至 3日	大寒 5日
雨水 24日	春分 24日	穀雨 25日	小満 26日	夏至 26日	大暑 28日	処暑 29日		寒露 16日	立冬 17日	大雪 18日	小寒 18日	立春 20日

元応**2**年（1320－1321） 庚申

1月	2月	3月	4月	5月	6月	7月	8月	9月	10月	11月	12月
1 辛巳⑩	1 辛亥11	1 辛巳10	1 庚戌 9	1 己卯 7	1 己酉 7	1 戊寅 5	1 丁未 3	1 丁丑 3	《11月》	《12月》	1 丙午31
2 壬午11	2 壬子12	2 壬午11	2 辛亥10	2 庚辰⑧	2 庚戌 8	2 己卯 6	2 戊申 4	2 戊寅 4	1 丙午 1	1 丙子 1	**1321 年**
3 癸未12	3 癸丑13	3 癸未12	3 壬子⑪	3 辛巳 9	3 辛亥 9	3 庚辰 7	3 己酉 5	3 己卯⑤	2 丁未②	2 丁丑 2	《1月》
4 甲申13	4 甲寅14	4 甲申⑬	4 癸丑12	4 壬午10	4 壬子10	4 辛巳 8	4 庚戌 6	4 庚辰 6	3 戊申 3	3 戊寅 3	2 丁未 1
5 乙酉14	**5** 乙卯15	5 乙酉14	5 甲寅13	5 癸未11	5 癸丑11	5 壬午 9	5 辛亥⑦	5 辛巳 7	4 己酉 4	4 己卯 4	3 戊申 2
6 丙戌15	6 丙辰⑯	**6** 丙戌15	6 乙卯14	6 甲申12	6 甲寅12	6 癸未⑩	6 壬子 8	6 壬午 8	5 庚戌 5	5 庚辰 5	4 己酉 3
7 丁亥16	7 丁巳17	7 丁亥16	**7** 丙辰15	7 乙酉13	7 乙卯⑬	7 甲申11	7 癸丑 9	7 癸未 9	6 辛亥 6	6 辛巳 6	5 庚戌④
8 戊子⑰	8 戊午18	8 戊子17	8 丁巳16	8 丙戌14	8 丙辰14	8 乙酉12	8 甲寅10	8 甲申10	7 壬子 7	7 壬午⑦	6 辛亥 5
9 己丑18	9 己未19	9 己丑18	9 戊午17	**9** 丁亥⑮	**9** 丁巳15	9 丙戌13	9 乙卯11	9 乙酉11	8 癸丑 8	8 癸未 8	7 壬子 6
10庚寅19	10庚申20	10庚寅19	10己未⑱	10戊子16	10戊午16	10丁亥14	10丙辰12	10丙戌⑫	9 甲寅⑨	9 甲申 9	8 癸丑 7
11辛卯20	11辛酉21	11辛卯⑳	11庚申19	11己丑17	11己未17	**11**戊子15	11丁巳13	11丁亥13	10乙卯10	10乙酉10	9 甲寅 8
12壬辰21	12壬戌22	12壬辰21	12辛酉20	12庚寅18	12庚申18	12己丑16	**12**戊午⑭	**12**戊子14	11丙辰11	11丙戌11	10乙卯 9
13癸巳22	13癸亥㉓	13癸巳22	13壬戌21	13辛卯19	13辛酉19	13庚寅⑰	13己未15	13己丑15	12丁巳12	12丁亥12	11丙辰10
14甲午23	14甲子24	14甲午23	14癸亥22	14壬辰20	14壬戌⑳	14辛卯18	14庚申16	14庚寅16	13戊午13	13戊子13	12丁巳⑪
15乙未㉔	15乙丑25	15乙未24	15甲子23	15癸巳21	15癸亥21	15壬辰19	15辛酉17	15辛卯17	**14**己未14	**14**己丑⑭	13戊午12
16丙申25	16丙寅26	16丙申25	16乙丑24	16甲午㉒	16甲子22	16癸巳20	16壬戌18	16壬辰18	15庚申15	15庚寅15	14己未13
17丁酉26	17丁卯27	17丁酉26	17丙寅㉕	17乙未23	17乙丑23	17甲午21	17癸亥19	17癸巳⑲	16辛酉⑯	16辛卯16	**15**庚申14
18戊戌27	18戊辰28	18戊戌㉗	18丁卯26	18丙申24	18丙寅24	18乙未22	18甲子20	18甲午20	17壬戌17	17壬辰17	16辛酉15
19己亥28	19己巳29	19己亥28	19戊辰27	19丁酉25	19丁卯25	19丙申23	19乙丑㉑	19乙未21	18癸亥18	18癸巳18	17壬戌16
20庚子29	20庚午㉚	20庚子29	20己巳28	20戊戌26	20戊辰26	20丁酉㉔	20丙寅22	20丙申22	19甲子19	19甲午19	18癸亥17
《3月》	**21**辛未31	**21**辛丑30	21庚午29	21己亥27	21己巳㉗	21戊戌25	21丁卯23	21丁酉23	20乙丑20	20乙未20	19甲子⑱
21辛丑 1	《4月》	《5月》	**22**辛未30	22庚子28	22庚午28	22己亥26	22戊辰24	22戊戌24	21丙寅21	21丙申㉑	20乙丑19
22壬寅②	22壬申 1	22壬寅 1	23壬申31	23辛丑㉙	23辛未29	23庚子27	23己巳25	23己亥25	22丁卯22	22丁酉22	21丙寅20
23癸卯 3	23癸酉 2	23癸卯 2	《6月》	**24**壬寅30	**24**壬申30	24辛丑28	24庚午26	24庚子㉖	23戊辰㉓	23戊戌23	22丁卯21
24甲辰 4	24甲戌 3	24甲辰 3	24癸酉①	《7月》	25癸酉31	25壬寅29	25辛未27	25辛丑27	24己巳24	24己亥24	23戊辰22
25乙巳 5	25乙亥 4	25乙巳④	25甲戌 2	25癸卯 1	《8月》	**26**癸卯30	26壬申㉘	26壬寅28	25庚午25	25庚子25	24己巳23
26丙午 6	26丙子 5	26丙午 5	26乙亥 3	26甲辰 2	26甲戌 1	27甲辰㉛	**27**癸酉29	27癸卯29	26辛未26	26辛丑26	25庚午24
27丁未 7	27丁丑⑥	27丁未 6	27丙子 4	27乙巳 3	27乙亥 2	《9月》	28甲戌30	**28**甲辰30	27壬申27	27壬寅27	26辛未㉕
28戊申 8	28戊寅 7	28戊申 7	28丁丑 5	28丙午 4	28丙子③	28乙巳 1	《10月》	29乙巳31	28癸酉28	28癸卯㉘	27壬申26
29己酉⑨	29己卯 8	29己酉 8	29戊寅 6	29丁未 5	29丁丑 4	29丙午 2	29乙亥 1		**29**甲戌29	29甲辰29	28癸酉27
30庚戌10	30庚辰 9			30戊申⑥			30丙子 2		30乙亥㉚	**30**乙巳30	29甲戌28
雨水 5日	春分 5日	穀雨 6日	小満 7日	夏至 9日	大暑 9日	処暑 11日	秋分 12日	霜降 12日	小雪 14日	冬至 14日	大寒 15日
啓蟄 20日	清明 21日	立夏 21日	芒種 22日	小暑 24日	立秋 24日	白露 26日	寒露 27日	立冬 28日	大雪 29日	小寒 30日	

元亨元年〔元応**3**年〕（1321－1322） 辛酉

改元 2/23（元応→元亨）

1月	2月	3月	4月	5月	6月	7月	8月	9月	10月	11月	12月
1 乙亥29	**1** 乙巳28	1 乙亥30	1 甲辰28	1 甲戌28	1 癸卯26	1 癸酉㉖	1 壬寅24	1 辛未22	1 辛丑22	1 庚午20	1 庚子⑳
2 丙子30	《3月》	**2** 丙子31	2 乙巳29	2 乙亥29	2 甲辰27	2 甲戌27	2 癸卯25	2 壬申23	2 壬寅23	2 辛未21	2 辛丑21
3 丁丑31	2 丙午①	《4月》	**3** 丙午30	3 丙子30	3 乙巳㉘	3 乙亥28	3 甲辰26	3 癸酉24	3 癸卯24	3 壬申㉒	3 壬寅22
《2月》	3 丁未 2	3 丁丑 1	《5月》	**4** 丁丑㉛	4 丙午29	4 丙子29	4 乙巳27	4 甲戌25	4 甲辰㉕	4 癸酉23	4 癸卯23
4 戊寅①	4 戊申 3	4 戊寅 2	4 丁未 1	《6月》	**5** 丁未30	5 丁丑30	5 丙午28	5 乙亥26	5 乙巳26	5 甲戌24	5 甲辰24
5 己卯 2	5 己酉 4	5 己卯 3	5 戊申 2	5 戊寅 1	《7月》	**6** 戊寅31	6 丁未29	6 丙子㉗	6 丙午27	6 乙亥25	6 乙巳25
6 庚辰 3	6 庚戌 5	6 庚辰 4	6 己酉③	6 己卯 2	6 戊申 1	《8月》	**7** 戊申㉚	7 丁丑28	7 丁未28	7 丙子26	7 丙午26
7 辛巳 4	7 辛亥 6	7 辛巳⑤	7 庚戌 4	7 庚辰 3	7 己酉 2	7 己卯 1	8 己酉31	**8** 戊寅29	8 戊申29	8 丁丑27	8 丁未㉗
8 壬午 5	8 壬子 7	8 壬午 6	8 辛亥 5	8 辛巳 4	8 庚戌 3	8 庚辰②	《9月》	9 己卯30	**9** 己酉30	9 戊寅28	9 戊申28
9 癸未 6	9 癸丑⑧	9 癸未 7	9 壬子 6	9 壬午 5	9 辛亥 4	9 辛巳 3	9 庚戌 1	《10月》	10庚戌31	**10**己卯㉙	10己酉29
10甲申 7	10甲寅 9	10甲申 8	10癸丑 7	10癸未 6	10壬子⑤	10壬午 4	10辛亥 2	10庚辰 1	《11月》	11庚辰30	**11**庚戌30
11乙酉⑧	11乙卯10	11乙酉 9	11甲寅 8	11甲申⑦	11癸丑 6	11癸未 5	11壬子 3	11辛巳 2	11辛亥①	《12月》	12辛亥31
12丙戌 9	12丙辰11	12丙戌10	12乙卯 9	12乙酉 8	12甲寅 7	12甲申 6	12癸丑 4	12壬午 3	12壬子 2	12辛巳 1	**1322**年
13丁亥10	13丁巳12	13丁亥11	13丙辰⑩	13丙戌 9	13乙卯 8	13乙酉 7	13甲寅 5	13癸未④	13癸丑 3	13壬午 2	《1月》
14戊子11	14戊午13	14戊子⑫	14丁巳11	14丁亥10	14丙辰 9	14丙戌 8	14乙卯⑥	14甲申 5	14甲寅 4	14癸未 3	13壬子 1
15己丑12	15己未14	15己丑13	15戊午12	15戊子11	15丁巳10	15丁亥⑨	15丙辰 7	15乙酉 6	15乙卯 5	15甲申 4	14癸丑 2
16庚寅13	16庚申⑮	16庚寅14	16己未13	16己丑12	16戊午11	16戊子10	16丁巳 8	16丙戌 7	16丙辰 6	16乙酉 5	15甲寅③
17辛卯14	**17**辛酉16	**17**辛卯15	17庚申14	17庚寅13	17己未⑫	17己丑11	17戊午 9	17丁亥 8	17丁巳 7	17丙戌⑥	16乙卯 4
18壬辰⑮	18壬戌17	18壬辰16	18辛酉15	18辛卯⑭	18庚申13	18庚寅12	18己未10	18戊子 9	18戊午⑧	18丁亥 7	17丙辰 5
19癸巳16	19癸亥18	19癸巳17	**19**壬戌16	**19**壬辰15	19辛酉14	19辛卯13	19庚申11	19己丑10	19己未 9	19戊子 8	18丁巳 6
20甲午17	20甲子19	20甲午18	20癸亥⑰	20癸巳16	**20**壬戌15	20壬辰14	20辛酉12	20庚寅⑪	20庚申10	20己丑 9	19戊午 7
21乙未18	21乙丑20	21乙未⑲	21甲子18	21甲午17	21癸亥16	**21** 癸巳15	21壬戌⑬	21辛卯12	21辛酉11	21庚寅10	20己未 8
22丙申19	22丙寅21	22丙申20	22乙丑19	22乙未18	22甲子17	22甲午⑯	**22**癸亥14	22壬辰13	22壬戌12	22辛卯11	21庚申 9
23丁酉20	23丁卯㉒	23丁酉21	23丙寅20	23丙申19	23乙丑18	23乙未17	23甲子15	23癸巳14	23癸亥13	23壬辰12	22辛酉⑩
24戊戌21	24戊辰23	24戊戌22	24丁卯21	24丁酉20	24丙寅⑲	24丙申18	24乙丑16	**24**甲午15	**24**甲子14	24癸巳⑬	23壬戌11
25己亥㉒	25己巳24	25己亥23	25戊辰22	25戊戌㉑	25丁卯20	25丁酉19	25丙寅17	25乙未16	25乙丑⑮	25甲午14	24癸亥12
26庚子23	26庚午25	26庚子24	26己巳23	26己亥22	26戊辰21	26戊戌20	26丁卯18	26丙申17	26丙寅16	**26**乙未15	25甲子13
27辛丑24	27辛未26	27辛丑25	27庚午㉔	27庚子23	27己巳22	27己亥21	27戊辰19	27丁酉⑱	27丁卯17	27丙申16	**26**乙丑14
28壬寅25	28壬申27	28壬寅㉖	28辛未25	28辛丑24	28庚午23	28庚子22	28己巳⑳	28戊戌19	28戊辰18	28丁酉17	27丙寅15
29癸卯26	29癸酉28	29癸卯27	29壬申26	29壬寅25	29辛未24	29辛丑㉓	29庚午21	29己亥20	29己巳19	29戊戌18	28丁卯16
30甲辰27	30甲戌㉙		30癸酉27		30壬申25			30庚子21		30己亥19	29戊辰⑰

立春 1日	啓蟄 1日	清明 2日	立夏 3日	芒種 4日	小暑 5日	立秋 6日	白露 7日	寒露 8日	立冬 9日	大雪 10日	小寒 11日
雨水 16日	春分 17日	穀雨 17日	小満 19日	夏至 19日	大暑 20日	処暑 21日	秋分 22日	霜降 24日	小雪 24日	冬至 26日	大寒 26日

元亨**2**年（1322－1323） 壬戌

1月	2月	3月	4月	5月	閏5月	6月	7月	8月	9月	10月	11月	12月
1 己巳18	1 己亥17	1 己巳19	1 戊戌17	1 戊辰17	1 戊戌16	1 丁卯15	1 丁酉14	1 丙寅⑫	1 丙申12	1 乙丑10	1 甲午 9	1 甲子 8
2 庚午19	2 庚子18	2 庚午20	2 己亥⑱	2 己巳18	2 己亥17	**2** 戊辰16	**2** 戊戌⑮	2 丁卯13	2 丁酉13	2 丙寅11	2 乙未10	2 乙丑⑨
3 辛未20	3 辛丑19	3 辛未㉑	3 庚子19	3 庚午19	3 庚子18	3 己巳17	3 己亥16	3 戊辰14	3 戊戌14	3 丁卯12	3 丙申11	3 丙寅10
4 壬申21	4 壬寅20	4 壬申22	4 辛丑20	4 辛未20	4 辛丑19	4 庚午⑱	4 庚子17	**4** 己巳15	**4** 己亥15	4 戊辰13	4 丁酉⑫	4 丁卯11
5 癸酉22	5 癸卯㉑	5 癸酉23	5 壬寅21	5 壬申21	5 壬寅20	5 辛未19	5 辛丑18	5 庚午16	5 庚子16	**5** 己巳⑭	5 戊戌13	5 戊辰12
6 甲戌23	6 甲辰22	6 甲戌24	6 癸卯22	6 癸酉22	6 癸卯㉑	6 壬申20	6 壬寅19	6 辛未17	6 辛丑⑰	6 庚午15	6 己亥14	6 己巳13
7 乙亥㉔	7 乙巳23	7 乙亥25	7 甲辰23	7 甲戌㉓	7 甲辰22	7 癸酉21	7 癸卯20	7 壬申18	7 壬寅18	7 辛未16	**7** 庚子15	**7** 庚午14
8 丙子25	8 丙午24	8 丙子26	8 乙巳24	8 乙亥24	8 乙巳23	8 甲戌22	8 甲辰21	8 癸酉⑲	8 癸卯19	8 壬申17	8 辛丑16	8 辛未15
9 丁丑26	9 丁未25	9 丁丑27	9 丙午㉕	9 丙子25	9 丙午24	9 乙亥23	9 乙巳㉒	9 甲戌20	9 甲辰20	9 癸酉18	9 壬寅17	9 壬申⑯
10戊寅27	10戊申26	10戊寅㉘	10丁未26	10丁丑26	10丁未25	10丙子24	10丙午23	10乙亥21	10乙巳21	10甲戌19	10癸卯18	10癸酉17
11己卯28	11己酉27	11己卯29	11戊申27	11戊寅27	11戊申26	11丁丑㉕	11丁未24	11丙子22	11丙午22	11乙亥20	11甲辰⑲	11甲戌18
12庚辰29	12庚戌㉘	12庚辰30	12己酉28	12己卯28	12己酉㉗	12戊寅26	12戊申25	12丁丑23	12丁未23	12丙子㉑	12乙巳20	12乙亥19
13辛巳30	《3月》	**13**辛巳31	13庚戌29	13庚辰29	13庚戌28	13己卯27	13己酉26	13戊寅24	13戊申㉔	13丁丑22	13丙午21	13丙子20
14壬午㉛	**13**辛亥 1	《4月》	14辛亥30	14辛巳㉚	14辛亥29	14庚辰28	14庚戌27	14己卯25	14己酉25	14戊寅23	14丁未22	14丁丑21
《2月》	14壬子 2	14壬午 1	《5月》	**15**壬午31	**15**壬子30	15辛巳29	15辛亥28	15庚辰㉖	15庚戌26	15己卯24	15戊申23	15戊寅22
15癸未 1	15癸丑 3	15癸未 2	**15**壬子 1	《6月》	《7月》	16壬午30	16壬子㉙	16辛巳27	16辛亥27	16庚辰25	16己酉24	16己卯㉓
16甲申 2	16甲寅 4	16甲申 3	16癸丑②	16癸未 1	16癸丑 1	**17**癸未31	**17**癸丑30	17壬午28	17壬子28	17辛巳26	17庚戌25	17庚辰24
17乙酉 3	17乙卯 5	17乙酉④	17甲寅 3	17甲申 2	17甲寅 2	《8月》	18甲寅31	18癸未29	18癸丑29	18壬午27	18辛亥㉖	18辛巳25
18丙戌 4	18丙辰 6	18丙戌 5	18乙卯 4	18乙酉 3	18乙卯 3	18甲申①	《9月》	**19**甲申30	**19**甲寅30	19癸未㉘	19壬子27	19壬午26
19丁亥 5	19丁巳⑦	19丁亥 6	19丙辰 5	19丙戌 4	19丙辰④	19乙酉 2	19乙卯 1	《10月》	20乙卯㉛	20甲申29	20癸丑28	20癸未27
20戊子 6	20戊午 8	20戊子 7	20丁巳 6	20丁亥 5	20丁巳 5	20丙戌 3	20丙辰 2	20乙酉 1	《11月》	**21** 乙酉30	21甲寅29	21甲申28
21己丑⑦	21己未 9	21己丑 8	21戊午 7	21戊子⑥	21戊午 6	21丁亥 4	21丁巳 3	21丙戌 2	21丙辰 1	《12月》	**22**乙卯30	**22**乙酉29
22庚寅 8	22庚申10	22庚寅 9	22己未 8	22己丑 7	22己未 7	22戊子 5	22戊午 4	22丁亥③	22丁巳 2	22丙戌 1	23丙辰31	23丙戌㉚
23辛卯 9	23辛酉11	23辛卯10	23庚申⑨	23庚寅 8	23庚申 8	23己丑 6	23己未⑤	23戊子 4	23戊午 3	23丁亥 2	**1323**年	24丁亥31
24壬辰10	24壬戌12	24壬辰⑪	24辛酉10	24辛卯 9	24辛酉 9	24庚寅 7	24庚申 6	24己丑 5	24己未 4	24戊子 3	《1月》	《2月》
25癸巳11	25癸亥13	25癸巳12	25壬戌11	25壬辰10	25壬戌10	25辛卯⑧	25辛酉 7	25庚寅 6	25庚申 5	25己丑 4	24丁巳 1	25戊子 1
26甲午12	26甲子⑭	26甲午13	26癸亥12	26癸巳11	26癸亥⑪	26壬辰 9	26壬戌 8	26辛卯 7	26辛酉 6	26庚寅⑤	25戊午②	26己丑 2
27乙未13	27乙丑15	27乙未14	27甲子13	27甲午12	27甲子12	27癸巳10	27癸亥 9	27壬辰 8	27壬戌⑦	27辛卯 6	26己未 3	27庚寅 3
28丙申⑭	**28**丙寅16	**28**丙申15	28乙丑14	28乙未⑬	28乙丑13	28甲午11	28甲子10	28癸巳 9	28癸亥 8	28壬辰 7	27庚申 4	28辛卯 4
29丁酉15	29丁卯17	29丁酉16	29丙寅15	29丙申14	29丙寅14	29乙未12	29乙丑11	29甲午⑩	29甲子 9	29癸巳 8	28辛酉 5	29壬辰 5
30戊戌16	30戊辰18		**30**丁卯⑯	**30**丁酉15		30丙申13		30乙未11			29壬戌 6	
											30癸亥 7	

立春 12日	啓蟄 13日	清明 13日	立夏 15日	芒種 15日	小暑15日	大暑 2日	処暑 2日	秋分 4日	霜降 4日	小雪 5日	冬至 7日	大寒 7日
雨水 27日	春分 28日	穀雨 28日	小満 30日	夏至 30日		立秋 17日	白露 17日	寒露 19日	立冬 19日	大雪 21日	小寒 22日	立春 22日

元亨3年（1323－1324） 癸亥

1月	2月	3月	4月	5月	6月	7月	8月	9月	10月	11月	12月
1 癸巳⑥	1 癸亥 8	1 壬辰 6	1 壬戌 6	1 壬辰⑤	1 辛酉 4	1 辛卯 3	《9月》	《10月》	1 庚申31	1 己丑29	1 己未29
2 甲午 7	2 甲子 9	2 癸巳 7	2 癸亥 7	2 癸巳 6	2 壬戌 5	2 壬辰 4	1 庚申 1	1 庚寅 1	《11月》	**2** 庚寅30	**2** 庚申30
3 乙未 8	3 乙丑10	3 甲午 8	3 甲子⑧	3 甲午 7	3 癸亥 6	3 癸巳 5	2 辛酉 2	2 辛卯②	2 辛酉 1	《12月》	3 辛酉31
4 丙申 9	4 丙寅11	4 乙未 9	4 乙丑 9	4 乙未 8	4 甲子 7	4 甲午 6	3 壬戌 3	3 壬辰 3	3 壬戌 2	3 辛卯 1	**1324年**
5 丁酉10	5 丁卯12	5 丙申⑩	5 丙寅10	5 丙申 9	5 乙丑 8	5 乙未⑦	4 癸亥④	4 癸巳 4	4 癸亥 3	4 壬辰 2	《1月》
6 戊戌11	6 戊辰⑬	6 丁酉11	6 丁卯11	6 丁酉10	6 丙寅 9	6 丙申 8	5 甲子 5	5 甲午 5	5 甲子 4	5 癸巳 3	4 壬戌①
7 己亥12	7 己巳14	7 戊戌12	7 戊辰12	7 戊戌11	7 丁卯⑩	7 丁酉 9	6 乙丑 6	6 乙未 6	6 乙丑 5	6 甲午④	5 癸亥 2
8 庚子⑬	8 庚午15	8 己亥13	8 己巳13	8 己亥⑫	8 戊辰11	8 戊戌10	7 丙寅 7	7 丙申 7	7 丙寅⑥	7 乙未 5	6 甲子 3
9 辛丑14	**9** 辛未16	9 庚子14	9 庚午14	9 庚子13	9 己巳12	9 己亥11	8 丁卯 8	8 丁酉 8	8 丁卯 7	8 丙申 6	7 乙丑 4
10壬寅15	10壬申17	10辛丑15	10辛未⑮	10辛丑14	10庚午13	10庚子12	9 戊辰 9	9 戊戌⑨	9 戊辰 8	9 丁酉 7	8 丙寅 5
11癸卯16	11癸酉18	**11**壬寅16	**11**壬申16	**11**壬寅15	11辛未14	11辛丑13	10己巳10	10己亥10	10己巳 9	10戊戌 8	9 丁卯 6
12甲辰17	12甲戌19	12癸卯⑰	12癸酉17	12癸卯16	12壬申15	12壬寅⑭	11庚午⑪	11庚子11	11庚午10	11己亥 9	10戊辰 7
13乙巳18	13乙亥⑳	13甲辰18	13甲戌18	13甲辰17	**13**癸酉16	**13**癸卯15	12辛未12	12辛丑12	12辛未11	12庚子10	11己巳⑧
14丙午19	14丙子21	14乙巳19	14乙亥19	14乙巳18	14甲戌⑰	14甲辰16	13壬申13	13壬寅13	13壬申12	13辛丑⑪	12庚午 9
15丁未⑳	15丁丑22	15丙午20	15丙子20	15丙午⑲	15乙亥18	15乙巳17	14癸酉14	14癸卯14	14癸酉⑬	14壬寅12	13辛未10
16戊申21	16戊寅23	16丁未21	16丁丑21	16丁未20	16丙子19	16丙午18	**15**甲戌15	**15**甲辰15	15甲戌14	15癸卯13	14壬申11
17己酉22	17己卯24	17戊申22	17戊寅㉒	17戊申21	17丁丑20	17丁未19	16乙亥16	16乙巳⑯	**16**乙亥15	16甲辰14	15癸酉12
18庚戌23	18庚辰25	18己酉23	18己卯23	18己酉22	18戊寅21	18戊申20	17丙子17	17丙午17	17丙子16	**17**乙巳15	16甲戌13
19辛亥24	19辛巳26	19庚戌㉔	19庚辰24	19庚戌23	19己卯22	19己酉㉑	18丁丑⑱	18丁未18	18丁丑17	18丙午16	17乙亥14
20壬子25	20壬午㉗	20辛亥25	20辛巳25	20辛亥24	20庚辰23	20庚戌22	19戊寅19	19戊申19	19戊寅18	19丁未17	**18**丙子⑮
21癸丑26	21癸未28	21壬子26	21壬午26	21壬子25	21辛巳㉔	21辛亥23	20己卯20	20己酉20	20己卯19	20戊申⑱	19丁丑16
22甲寅㉗	22甲申29	22癸丑27	22癸未27	22癸丑㉖	22壬午25	22壬子24	21庚辰21	21庚戌21	21庚辰⑳	21己酉19	20戊寅17
23乙卯28	23乙酉30	23甲寅28	23甲申28	23甲寅27	23癸未26	23癸丑25	22辛巳22	22辛亥22	22辛巳21	22庚戌20	21己卯18
《3月》	**24**丙戌31	24乙卯29	24乙酉㉙	24乙卯28	24甲申27	24甲寅26	23壬午23	23壬子㉓	23壬午22	23辛亥21	22庚辰19
24丙辰 1	《4月》	25丙辰30	25丙戌30	25丙辰29	25乙酉28	25乙卯27	24癸未24	24癸丑24	24癸未23	24壬子22	23辛巳20
25丁巳 2	25丁亥 1	《5月》	**26**丁亥31	26丁巳30	26丙戌29	26丙辰㉘	25甲申㉕	25甲寅25	25甲申24	25癸丑23	24壬午21
26戊午 3	26戊子 2	**26**丁巳①	《6月》	《7月》	27丁亥30	27丁巳29	26乙酉26	26乙卯26	26乙酉25	26甲寅24	25癸未㉒
27己未 4	27己丑③	27戊午 2	27戊子 1	**27**戊午 1	**28**戊子㉛	28戊午30	27丙戌27	27丙辰27	27丙戌26	27乙卯㉕	26甲申23
28庚申 5	28庚寅 4	28己未 3	28己丑 2	28己未 2	《8月》	**29**己未31	28丁亥28	28丁巳28	28丁亥㉗	28丙辰26	27乙酉24
29辛酉⑥	29辛卯 5	29庚申 4	29庚寅 3	29庚申③	29己丑 1		29戊子29	29戊午29	29戊子28	29丁巳27	28丙戌25
30壬戌 7		30辛酉 5	30辛卯 4		30庚寅 2		**30**己丑30	**30**己未㉚		30戊午28	29丁亥26
雨水 9日 啓蟄 24日	春分 9日 清明 24日	穀雨 11日 立夏 26日	小満 11日 芒種 26日	夏至 11日 小暑 27日	大暑 13日 立秋 28日	処暑 13日 白露 29日	秋分 15日 寒露 30日	霜降 15日 立冬 30日	小雪 16日	大雪 2日 冬至 17日	小寒 2日 大寒 18日

正中元年〔元亨4年〕（1324－1325） 甲子

改元 12/9（元亨→正中）

1月	2月	3月	4月	5月	6月	7月	8月	9月	10月	11月	12月
1 戊子27	1 丁巳25	1 丁亥26	1 丙辰24	1 丙戌24	1 乙卯22	1 乙酉㉒	1 乙卯21	1 甲申19	1 甲寅19	1 甲申⑱	1 癸丑17
2 己丑28	2 戊午㉖	2 戊子27	2 丁巳25	2 丁亥25	2 丙辰23	2 丙戌23	2 丙辰22	2 乙酉20	2 乙卯20	2 乙酉19	2 甲寅18
3 庚寅㉙	3 己未27	3 己丑28	3 戊午26	3 戊子26	3 丁巳㉔	3 丁亥24	3 丁巳23	3 丙戌21	3 丙辰㉑	3 丙戌20	3 乙卯19
4 辛卯30	4 庚申28	4 庚寅29	4 己未27	4 己丑㉗	4 戊午25	4 戊子25	4 戊午24	4 丁亥22	4 丁巳22	4 丁亥21	4 丙辰20
5 壬辰31	**5** 辛酉29	5 辛卯30	5 庚申28	5 庚寅28	5 己未26	5 己丑26	5 己未25	5 戊子㉓	5 戊午23	5 戊子22	5 丁巳21
《2月》	《3月》	**6** 壬辰31	6 辛酉㉙	6 辛卯29	6 庚申27	6 庚寅27	6 庚申㉖	6 己丑24	6 己未24	6 己丑23	6 戊午22
6 癸巳 1	6 壬戌 1	《4月》	**7** 壬戌30	**7** 壬辰30	7 辛酉28	7 辛卯28	7 辛酉27	7 庚寅25	7 庚申25	7 庚寅24	7 己未㉓
7 甲午 2	7 癸亥 2	7 癸巳①	《5月》	8 癸巳31	8 壬戌29	8 壬辰㉙	8 壬戌28	8 辛卯26	8 辛酉26	8 辛卯㉕	8 庚申24
8 乙未 3	8 甲子 3	8 甲午 2	8 癸亥 1	《6月》	**9** 癸亥30	**9** 癸巳30	9 癸亥29	9 壬辰27	9 壬戌27	9 壬辰26	9 辛酉25
9 丙申 4	9 乙丑④	9 乙未 3	9 甲子 2	9 甲午 1	《7月》	10甲午31	**10**甲子30	10癸巳28	10癸亥㉘	10癸巳27	10壬戌26
10丁酉⑤	10丙寅 5	10丙申 4	10乙丑 3	10乙未 2	10甲子①	《8月》	11乙丑31	**11**甲午29	11甲子29	11甲午28	11癸亥27
11戊戌 6	11丁卯 6	11丁酉 5	11丙寅 4	11丙申③	11乙丑 2	11乙未 1	《9月》	12乙未㉚	**12**乙丑30	**12**乙未29	12甲子28
12己亥 7	12戊辰 7	12戊戌 6	12丁卯 5	12丁酉 4	12丙寅 3	12丙申 2	12丙寅 1	《10月》	13丙寅31	13丙申30	13乙丑29
13庚子 8	13己巳 8	13己亥 7	13戊辰⑥	13戊戌 5	13丁卯 4	13丁酉 3	13丁卯②	13丙申 1	《11月》	《12月》	**14**丙寅㉚
14辛丑 9	14庚午 9	14庚子⑧	14己巳 7	14己亥 6	14戊辰 5	14戊戌 4	14戊辰 3	14丁酉 2	14丁卯 1	14丁酉 1	15丁卯31
15壬寅10	15辛未10	15辛丑 9	15庚午 8	15庚子 7	15己巳 6	15己亥⑤	15己巳 4	15戊戌 3	15戊辰 2	15戊戌②	**1325年**
16癸卯11	16壬申⑪	16壬寅10	16辛未 9	16辛丑 8	16庚午 7	16庚子 6	16庚午 5	16己亥 4	16己巳 3	16己亥 3	《1月》
17甲辰⑫	17癸酉12	17癸卯11	17壬申10	17壬寅 9	17辛未⑧	17辛丑 7	17辛未 6	17庚子 5	17庚午④	17庚子 4	16戊辰 1
18乙巳13	18甲戌13	18甲辰12	18癸酉11	18癸卯⑩	18壬申 9	18壬寅 8	18壬申 7	18辛丑 6	18辛未 5	18辛丑 5	17己巳 2
19丙午14	19乙亥14	19乙巳13	19甲戌12	19甲辰11	19癸酉10	19癸卯 9	19癸酉 8	19壬寅⑦	19壬申 6	19壬寅 6	18庚午 3
20丁未15	**20**丙子15	20丙午14	20乙亥⑬	20乙巳12	20甲戌11	20甲辰10	20甲戌⑨	20癸卯 8	20癸酉 7	20癸卯 7	19辛未 4
21戊申16	21丁丑16	**21**丁未⑮	21丙子14	21丙午13	21乙亥12	21乙巳11	21乙亥10	21甲辰 9	21甲戌 8	21甲辰 8	20壬申 5
22己酉17	22戊寅17	22戊申16	**22**丁丑15	22丁未14	22丙子13	22丙午⑫	22丙子11	22乙巳10	22乙亥 9	22乙巳⑨	21癸酉⑥
23庚戌18	23己卯⑱	23己酉17	23戊寅16	**23**戊申15	23丁丑14	23丁未13	23丁丑12	23丙午11	23丙子10	23丙午10	22甲戌 7
24辛亥⑲	24庚辰19	24庚戌18	24己卯17	24己酉16	**24**戊寅⑮	24戊申14	24戊寅13	24丁未12	24丁丑⑪	24丁未11	23乙亥 8
25壬子20	25辛巳20	25辛亥19	25庚辰18	25庚戌⑰	25己卯16	**25**己酉15	**25**己卯14	25戊申13	25戊寅12	25戊申12	24丙子 9
26癸丑21	26壬午21	26壬子20	26辛巳19	26辛亥18	26庚辰17	26庚戌16	26庚辰15	**26**己酉⑭	26己卯13	26己酉13	25丁丑10
27甲寅22	27癸未22	27癸丑21	27壬午⑳	27壬子19	27辛巳18	27辛亥17	27辛巳⑯	27庚戌15	**27**庚辰14	**27**庚戌14	26戊寅11
28乙卯23	28甲申23	28甲寅㉒	28癸未21	28癸丑20	28壬午19	28壬子18	28壬午17	28辛亥16	28辛巳15	28辛亥15	27己卯12
29丙辰24	29乙酉24	29乙卯23	29甲申22	29甲寅21	29癸未20	29癸丑⑲	29癸未18	29壬子17	29壬午16	29壬子⑯	28庚辰⑬
	30丙戌㉕		30乙酉23		30甲申21	30甲寅20		30癸丑18	30癸未17		**29**辛巳14
											30壬午15
立春 4日 雨水 19日	啓蟄 5日 春分 20日	清明 6日 穀雨 21日	立夏 7日 小満 22日	芒種 7日 夏至 23日	小暑 9日 大暑 24日	立秋 9日 処暑 25日	白露 10日 秋分 25日	寒露 11日 霜降 26日	立冬 12日 小雪 27日	大雪 12日 冬至 27日	小寒 14日 大寒 29日

正中**2**年（1325－1326） 乙丑

1月	閏1月	2月	3月	4月	5月	6月	7月	8月	9月	10月	11月	12月
1癸未16	1壬子14	1辛巳15	1辛亥⑭	1庚辰13	1庚戌12	1己卯11	1己酉10	1戊寅⑧	1戊申8	1戊寅7	1丁未6	1丁丑⑤
2甲申17	2癸丑15	**2**壬午16	**2**壬子15	2辛巳14	2辛亥13	2庚辰12	2庚戌⑪	2己卯9	2己酉9	2己卯8	2戊申7	2戊寅6
3乙酉18	3甲寅16	3癸未⑰	3癸丑16	3壬午15	3壬子14	3辛巳13	3辛亥12	3庚辰10	3庚戌10	3庚辰9	3己酉⑧	3己卯7
4丙戌19	4乙卯⑰	4甲申18	4甲寅17	**4**癸未16	**4**癸丑15	4壬午⑭	4壬子13	4辛巳11	4辛亥11	4辛巳⑩	4庚戌9	4庚辰8
5丁亥⑳	5丙辰18	5乙酉19	5乙卯18	5甲申17	5甲寅⑯	**5**癸未15	5癸丑14	5壬午12	5壬子12	5壬午11	5辛亥10	5辛巳9
6戊子21	6丁巳19	6丙戌20	6丙辰19	6乙酉18	6乙卯17	6甲申16	**6**甲寅15	6癸未13	6癸丑⑬	6癸未12	6壬子11	6壬午10
7己丑22	7戊午20	7丁亥21	7丁巳20	7丙戌⑲	7丙辰18	7乙酉17	7乙卯16	**7**甲申14	7甲寅14	7甲申13	7癸丑12	7癸未11
8庚寅23	8己未21	8戊子22	8戊午㉑	8丁亥20	8丁巳19	8丙戌18	8丙辰17	8乙酉⑮	**8**乙卯15	**8**乙酉14	8甲寅13	8甲申⑫
9辛卯24	9庚申22	9己丑23	9己未22	9戊子21	9戊午20	9丁亥19	9丁巳⑱	9丙戌16	9丙辰16	9丙戌15	9乙卯14	9乙酉13
10壬辰25	10辛酉23	10庚寅㉔	10庚申23	10己丑22	10己未21	10戊子20	10戊午19	10丁亥17	10丁巳17	10丁亥16	**10**丙辰⑮	**10**丙戌14
11癸巳26	11壬戌㉔	11辛卯25	11辛酉24	11庚寅23	11庚申22	11己丑㉑	11己未20	11戊子18	11戊午18	11戊子⑰	11丁巳16	11丁亥15
12甲午㉗	12癸亥25	12壬辰26	12壬戌25	12辛卯24	12辛酉㉓	12庚寅22	12庚申21	12己丑19	12己未19	12己丑18	12戊午17	12戊子16
13乙未28	13甲子26	13癸巳27	13癸亥26	13壬辰25	13壬戌24	13辛卯23	13辛酉22	13庚寅20	13庚申⑳	13庚寅19	13己未18	13己丑17
14丙申29	14乙丑27	14甲午28	14甲子27	14癸巳㉖	14癸亥25	14壬辰24	14壬戌23	14辛卯21	14辛酉21	14辛卯20	14庚申19	14庚寅18
15丁酉30	**15**丙寅28	15乙未29	15乙丑㉘	15甲午27	15甲子26	15癸巳25	15癸亥24	15壬辰㉒	15壬戌22	15壬辰21	15辛酉20	15辛卯⑲
16戊戌31	《3月》	16丙申30	16丙寅29	16乙未28	16乙丑27	16甲午26	16甲子㉕	16癸巳23	16癸亥23	16癸巳22	16壬戌21	16壬辰20
《2月》	16丁卯1	**17**丁酉㉛	**17**丁卯30	17丙申29	17丙寅28	17乙未27	17乙丑26	17甲午24	17甲子24	17甲午23	17癸亥㉒	17癸巳21
17己亥1	17戊辰2	《4月》	《5月》	18丁酉30	18丁卯29	18丙申㉘	18丙寅27	18乙未25	18乙丑25	18乙未㉔	18甲子23	18甲午22
18庚子2	18己巳③	18戊戌1	18戊辰1	**19**戊戌31	**19**戊辰㉚	19丁酉29	19丁卯28	19丙申26	19丙寅26	19丙申25	19乙丑24	19乙未23
19辛丑③	19庚午4	19己亥2	19己巳2	《6月》	《7月》	20戊戌30	20戊辰29	20丁酉27	20丁卯㉗	20丁酉26	20丙寅25	20丙申24
20壬寅4	20辛未5	20庚子3	20庚午3	20己亥1	20己巳1	**21**己亥31	**21**己巳30	21戊戌28	21戊辰28	21戊戌27	21丁卯26	21丁酉25
21癸卯5	21壬申6	21辛丑4	21辛未4	21庚子②	21庚午2	《8月》	22庚午31	**22**己亥㉙	22己巳29	22己亥28	22戊辰27	22戊戌㉖
22甲辰6	22癸酉7	22壬寅5	22壬申⑤	22辛丑3	22辛未3	22庚子1	《9月》	23庚子30	**23**庚午30	**23**庚子29	23己巳28	23己亥27
23乙巳7	23甲戌8	23癸卯6	23癸酉6	23壬寅4	23壬申4	23辛丑2	23辛未①	《10月》	24辛未31	24辛丑30	24庚午㉙	24庚子28
24丙午8	24乙亥9	24甲辰⑦	24甲戌7	24癸卯5	24癸酉5	24壬寅3	24壬申2	24辛丑1	《11月》	《12月》	**25**辛未30	**25**辛丑29
25丁未9	25丙子⑩	25乙巳8	25乙亥8	25甲辰6	25甲戌6	25癸卯④	25癸酉3	25壬寅2	25壬申1	25壬寅①	26壬申31	26壬寅30
26戊申⑩	26丁丑11	26丙午9	26丙子9	26乙巳7	26乙亥⑦	26甲辰5	26甲戌4	26癸卯3	26癸酉2	26癸卯2	**1326年**	27癸卯31
27己酉11	27戊寅12	27丁未10	27丁丑10	27丙午8	27丙子8	27乙巳6	27乙亥5	27甲辰4	27甲戌③	27甲辰3	《1月》	《2月》
28庚戌12	28己卯13	28戊申11	28戊寅11	28丁未⑨	28丁丑8	28丙午7	28丙子6	28乙巳5	28乙亥4	28乙巳4	27癸酉1	28甲辰1
29辛亥13	29庚辰14	29己酉12	29己卯⑫	29戊申10	29戊寅10	29丁未8	29丁丑7	29丙午⑥	29丙子5	29丙午5	28甲戌2	29乙巳②
		30庚戌13		30己酉11		30戊申9		30丁未7	30丁丑6		29乙亥3	30丙午3
											30丙子4	
立春14日 雨水29日	啓蟄15日	春分2日 清明17日	穀雨2日 立夏17日	小満4日 芒種19日	夏至4日 小暑19日	大暑5日 立秋21日	処暑6日 白露21日	秋分7日 寒露22日	霜降8日 立冬23日	小雪8日 大雪23日	冬至10日 小寒25日	大寒10日 立春25日

嘉暦元年〔正中**3**年〕（1326－1327） 丙寅

改元 4/26（正中→嘉暦）

1月	2月	3月	4月	5月	6月	7月	8月	9月	10月	11月	12月
1丁未4	1丙子5	1丙午4	1乙亥3	《6月》	**1**癸酉30	1癸卯30	1壬申28	1壬寅27	1壬申27	1壬寅26	1辛未25
2戊申5	2丁丑6	2丁未5	2丙子④	1甲辰①	《7月》	**2**甲辰31	2癸酉29	2癸卯㉘	2癸酉28	2癸卯27	2壬申26
3己酉6	3戊寅7	3戊申⑥	3丁丑5	2乙巳2	2甲戌1	《8月》	**3**甲戌30	3甲辰29	3甲戌29	3甲辰28	3癸酉27
4庚戌7	4己卯8	4己酉7	4戊寅6	3丙午3	3乙亥2	3乙巳1	4乙亥㉛	**4**乙巳30	**4**乙亥30	4乙巳29	4甲戌㉘
5辛亥8	5庚辰⑨	5庚戌8	5己卯7	4丁未4	4丙子3	4丙午2	《9月》	《10月》	5丙子31	**5**丙午㉚	5乙亥29
6壬子⑨	6辛巳10	6辛亥9	6庚辰8	5戊申5	5丁丑4	5丁未③	5丙子1	5丙午1	《11月》	《12月》	**6**丙子30
7癸丑10	7壬午11	7壬子10	7辛巳9	6己酉6	6戊寅5	6戊申4	6丁丑2	6丁未2	6丁丑1	6丁未1	7丁丑31
8甲寅11	8癸未12	8癸丑11	8壬午10	7庚戌7	7己卯⑥	7己酉5	7戊寅3	7戊申3	7戊寅②	7戊申2	**1327年**
9乙卯12	9甲申13	9甲寅12	9癸未⑪	8辛亥⑧	8庚辰7	8庚戌6	8己卯4	8己酉4	8己卯3	8己酉3	《1月》
10丙辰13	10乙酉14	10乙卯⑬	10甲申12	9壬子9	9辛巳8	9辛亥7	9庚辰5	9庚戌⑤	9庚辰4	9庚戌4	8戊寅1
11丁巳14	11丙戌15	11丙辰14	11乙酉13	10癸丑10	10壬午9	10壬子8	10辛巳6	10辛亥6	10辛巳5	10辛亥5	9己卯2
12戊午15	**12**丁亥⑯	**12**丁巳15	12丙戌14	11甲寅11	11癸未10	11癸丑9	11壬午⑦	11壬子7	11壬午6	11壬子6	10庚辰3
13己未⑯	13戊子17	13戊午16	13丁亥15	12乙卯12	12甲申11	12甲寅⑩	12癸未8	12癸丑8	12癸未7	12癸丑⑦	11辛巳④
14庚申17	14己丑18	14己未17	**14**戊子16	13丙辰13	13乙酉12	13乙卯11	13甲申9	13甲寅9	13甲申8	13甲寅8	12壬午5
15辛酉18	15庚寅19	15庚申18	15己丑17	14丁巳14	14丙戌⑬	14丙辰12	14乙酉10	14乙卯10	14乙酉⑨	14乙卯9	13癸未6
16壬戌19	16辛卯20	16辛酉19	16庚寅⑱	**15**戊午⑮	15丁亥14	15丁巳13	15丙戌11	15丙辰11	15丙戌10	15丙辰10	14甲申7
17癸亥20	17壬辰21	17壬戌⑳	17辛卯19	16己未16	16戊子15	16戊午14	16丁亥12	16丁巳⑫	16丁亥11	16丁巳11	15乙酉8
18甲子21	18癸巳22	18癸亥21	18壬辰20	17庚申17	**17**己丑16	**17**己未15	17戊子13	17戊午13	17戊子12	17戊午12	16丙戌9
19乙丑22	19甲午㉓	19甲子22	19癸巳21	18辛酉18	18庚寅17	18庚申16	**18**己丑⑭	18己未14	18己丑13	18己未13	17丁亥10
20丙寅㉓	20乙未24	20乙丑23	20甲午22	19壬戌19	19辛卯18	19辛酉⑰	19庚寅15	**19**庚申15	**19**庚寅14	19庚申⑭	18戊子⑪
21丁卯24	21丙申25	21丙寅24	21乙未23	20癸亥20	20壬辰19	20壬戌18	20辛卯16	20辛酉16	20辛卯15	**20**辛酉15	19己丑12
22戊辰25	22丁酉26	22丁卯25	22丙申24	21甲子21	21癸巳⑳	21癸亥19	21壬辰17	21壬戌17	21壬辰⑯	21壬戌16	20庚寅13
23己巳26	23戊戌27	23戊辰26	23丁酉㉕	22乙丑㉒	22甲午21	22甲子20	22癸巳18	22癸亥18	22癸巳17	22癸亥17	**21**辛卯14
24庚午27	24己亥28	24己巳㉗	24戊戌26	23丙寅23	23乙未22	23乙丑21	23甲午19	23甲子⑲	23甲午18	23甲子18	22壬辰15
25辛未28	25庚子29	25庚午28	25己亥27	24丁卯24	24丙申23	24丙寅22	24乙未20	24乙丑20	24乙未19	24乙丑19	23癸巳16
《3月》	26辛丑㉚	26辛未29	26庚子28	25戊辰25	25丁酉24	25丁卯23	25丙申㉑	25丙寅21	25丙申20	25丙寅20	24甲午17
26壬申1	**27**壬寅31	27壬申30	27辛丑29	26己巳26	26戊戌25	26戊辰㉔	26丁酉22	26丁卯22	26丁酉21	26丁卯㉑	25乙未⑱
27癸酉②	《4月》	《5月》	28壬寅30	27庚午27	27己亥26	27己巳25	27戊戌23	27戊辰23	27戊戌22	27戊辰22	26丙申19
28甲戌3	28癸卯1	**28**癸酉1	**29**癸卯31	28辛未28	28庚子㉗	28庚午26	28己亥24	28己巳24	28己亥㉓	28己巳23	27丁酉20
29乙亥4	29甲辰2	29甲戌2		29壬申㉙	29辛丑28	29辛未27	29庚子25	29庚午25	29庚子24	29庚午24	28戊戌21
	30乙巳3				30壬寅29		30辛丑26	30辛未㉖	30辛丑25		29己亥22
											30庚子23
雨水10日 啓蟄26日	春分12日 清明27日	穀雨12日 立夏28日	小満14日 芒種29日	夏至15日	小暑1日 大暑17日	立秋2日 処暑17日	白露3日 秋分18日	寒露4日 霜降19日	立冬4日 小雪19日	大雪5日 冬至20日	小寒6日 大寒21日

嘉暦**2**年（1327－1328） 丁卯

1月	2月	3月	4月	5月	6月	7月	8月	9月	閏9月	10月	11月	12月
1 辛丑24	1 辛未23	1 庚子24	1 庚午23	1 己亥22	1 戊辰20	1 丁酉⑲	1 丁卯18	1 丙申16	1 丙寅16	**1** 丙申⑮	1 乙丑14	1 乙未13
2 壬寅㉕	2 壬申24	2 辛丑25	2 辛未24	2 庚子23	2 己巳㉑	2 戊戌20	2 戊辰19	2 丁酉17	2 丁卯17	2 丁酉16	**2** 丙寅15	**2** 丙申14
3 癸卯26	3 癸酉25	3 壬寅26	3 壬申25	3 辛丑㉔	3 庚午22	3 己亥21	3 己巳20	3 戊戌18	3 戊辰⑱	3 戊戌17	3 丁卯16	3 丁酉15
4 甲辰27	4 甲戌26	4 癸卯27	4 癸酉㉖	4 壬寅25	4 辛未23	4 庚子22	4 庚午21	4 己亥19	4 己巳19	4 己亥18	4 戊辰17	4 戊戌16
5 乙巳28	5 乙亥27	5 甲辰28	5 甲戌27	5 癸卯26	5 壬申24	5 辛丑23	5 辛未22	5 庚子⑳	5 庚午20	5 庚子19	5 己巳18	5 己亥⑰
6 丙午29	6 丙子28	6 乙巳㉙	6 乙亥28	6 甲辰27	6 癸酉25	6 壬寅24	6 壬申㉓	6 辛丑21	6 辛未21	6 辛丑20	6 庚午19	6 庚子18
7 丁未30	《3月》	7 丙午30	7 丙子29	7 乙巳28	7 甲戌26	7 癸卯25	7 癸酉24	7 壬寅22	7 壬申22	7 壬寅21	7 辛未⑳	7 辛丑19
8 戊申31	**7** 丁丑①	**8** 丁未31	8 丁丑30	8 丙午29	8 乙亥27	8 甲辰㉖	8 甲戌25	8 癸卯23	8 癸酉23	8 癸卯㉒	8 壬申21	8 壬寅20
《2月》	8 戊寅 2	《4月》	《5月》	9 丁未30	9 丙子㉘	9 乙巳27	9 乙亥26	9 甲辰24	9 甲戌24	9 甲辰23	9 癸酉22	9 癸卯21
9 己酉①	9 己卯 3	9 戊申 1	**9** 戊寅 1	**10**戊申㉛	10丁丑29	10丙午28	10丙子27	10乙巳25	10乙亥㉕	10乙巳24	10甲戌23	10甲辰22
10庚戌 2	10庚辰 4	10己酉 2	10己卯 2	《6月》	11戊寅30	11丁未29	11丁丑28	11丙午26	11丙子26	11丙午25	11乙亥24	11乙巳23
11辛亥 3	11辛巳 5	11庚戌 3	11庚辰③	11己酉 1	《7月》	12戊申30	12戊寅29	12丁未㉗	12丁丑27	12丁未26	12丙子25	12丙午㉔
12壬子 4	12壬午 6	12辛亥 4	12辛巳 4	12庚戌 2	**12**己卯 1	**13**己酉31	13己卯㉚	13戊申28	13戊寅28	13戊申27	13丁丑26	13丁未25
13癸丑 5	13癸未 7	13壬子⑤	13壬午 5	13辛亥 3	13庚辰 2	《8月》	**14**庚辰31	14己酉29	14己卯29	14己酉28	14戊寅㉗	14戊申26
14甲寅 6	14甲申⑧	14癸丑 6	14癸未 6	14壬子 4	14辛巳 3	14庚戌 1	《9月》	**15**庚戌30	**15**庚辰30	15庚戌㉙	15己卯28	15己酉27
15乙卯 7	15乙酉 9	15甲寅 7	15甲申 7	15癸丑 5	15壬午 4	15辛亥②	15辛巳 1	《10月》	16辛巳31	**16**辛亥30	16庚辰29	16庚戌28
16丙辰⑧	16丙戌10	16乙卯 8	16乙酉 8	16甲寅 6	16癸未⑤	16壬子 3	16壬午 2	16辛亥 1	《11月》	《12月》	**17**辛巳30	17辛亥29
17丁巳 9	17丁亥11	17丙辰 9	17丙戌 9	17乙卯⑦	17甲申 6	17癸丑 4	17癸未 3	17壬子 2	17壬午①	17壬子 1	18壬午31	**18**壬子30
18戊午10	18戊子12	18丁巳10	18丁亥⑩	18丙辰 8	18乙酉 7	18甲寅 5	18甲申 4	18癸丑 3	18癸未 2	18癸丑 2	**1328年**	19癸丑㉛
19己未11	19己丑13	19戊午11	19戊子11	19丁巳 9	19丙戌 8	19乙卯 6	19乙酉 5	19甲寅④	19甲申 3	19甲寅 3	《1月》	《2月》
20庚申12	20庚寅14	20己未⑫	20己丑12	20戊午10	20丁亥 9	20丙辰 7	20丙戌⑥	20乙卯 5	20乙酉 4	20乙卯 4	19癸未 1	20甲寅 1
21辛酉13	21辛卯⑮	21庚申13	21庚寅13	21己未11	21戊子10	21丁巳 8	21丁亥 7	21丙辰 6	21丙戌 5	21丙辰 5	20甲申 2	21乙卯 2
22壬戌14	**22**壬辰16	22辛酉14	22辛卯14	22庚申12	22己丑11	22戊午⑨	22戊子 8	22丁巳 7	22丁亥 6	22丁巳⑥	21乙酉③	22丙辰 3
23癸亥⑮	23癸巳17	23壬戌15	23壬辰15	23辛酉13	23庚寅⑫	23己未10	23己丑 9	23戊午 8	23戊子 7	23戊午 7	22丙戌 4	23丁巳 4
24甲子16	24甲午18	**24**癸亥16	**24**癸巳16	24壬戌⑭	24辛卯13	24庚申11	24庚寅10	24己未 9	24己丑⑧	24己未 8	23丁亥 5	24戊午 5
25乙丑17	25乙未19	25甲子17	25甲午⑰	**25**癸亥15	25壬辰14	25辛酉12	25辛卯11	25庚申10	25庚寅 9	25庚申 9	24戊子 6	25己未 6
26丙寅18	26丙申20	26乙丑18	26乙未18	26甲子16	26癸巳15	26壬戌13	26壬辰12	26辛酉⑪	26辛卯10	26辛酉10	25己丑 7	26庚申⑦
27丁卯19	27丁酉21	27丙寅⑲	27丙申19	27乙丑17	**27**甲午16	27癸亥14	27癸巳⑬	27壬戌12	27壬辰11	27壬戌11	26庚寅 8	27辛酉 8
28戊辰20	28戊戌㉒	28丁卯20	28丁酉20	28丙寅18	28乙未17	**28**甲子15	28甲午14	28癸亥13	28癸巳12	28癸亥12	27辛卯 9	28壬戌 9
29己巳21	29己亥23	29戊辰21	29戊戌21	29丁卯19	29丙申18	29乙丑⑯	**29**乙未15	29甲子14	29甲午13	29甲子⑬	28壬辰⑩	29癸亥10
30庚午㉒		30己巳22				30丙寅17		**30**乙丑15	30乙未14		29癸巳11	30甲子11
											30甲午12	
立春 6日 雨水 22日	啓蟄 7日 春分 22日	清明 8日 穀雨 24日	立夏 9日 小満 24日	芒種 10日 夏至 25日	小暑 12日 大暑 27日	立秋 13日 処暑 28日	白露 14日 秋分 29日	寒露 15日 霜降 30日	立冬15日	小雪 1日 大雪 16日	冬至 2日 小寒 17日	大寒 2日 立春 18日

嘉暦**3**年（1328－1329） 戊辰

1月	2月	3月	4月	5月	6月	7月	8月	9月	10月	11月	12月
1 乙丑12	1 乙未⑬	1 甲子11	1 甲午11	1 癸亥 9	1 壬辰 8	1 辛酉 6	1 辛卯 5	1 庚申 4	1 庚寅 3	1 己未 2	**1329年**
2 丙寅13	2 丙申14	2 乙丑12	2 乙未12	2 甲子10	2 癸巳 9	2 壬戌⑦	2 壬辰 6	2 辛酉 5	2 辛卯 4	2 庚申 3	《1月》
3 丁卯⑭	**3** 丁酉15	3 丙寅13	3 丙申13	3 乙丑11	3 甲午⑩	3 癸亥 8	3 癸巳 7	3 壬戌 6	3 壬辰 5	3 辛酉④	1 己丑①
4 戊辰15	4 戊戌16	4 丁卯14	4 丁酉14	4 丙寅⑫	4 乙未11	4 甲子 9	4 甲午 8	4 癸亥 7	4 癸巳⑥	4 壬戌 5	2 庚寅 2
5 己巳16	5 己亥17	**5** 戊辰15	**5** 戊戌⑮	5 丁卯13	5 丙申12	5 乙丑10	5 乙未 9	5 甲子 8	5 甲午 7	5 癸亥 6	3 辛卯 3
6 庚午17	6 庚子18	6 己巳16	6 己亥16	6 戊辰14	6 丁酉13	6 丙寅11	6 丙申10	6 乙丑⑨	6 乙未 8	6 甲子 7	4 壬辰 4
7 辛未18	7 辛丑19	7 庚午⑰	7 庚子17	**7** 己巳15	7 戊戌14	7 丁卯12	7 丁酉⑪	7 丙寅10	7 丙申 9	7 乙丑 8	5 癸巳 5
8 壬申19	8 壬寅⑳	8 辛未18	8 辛丑18	8 庚午16	**8** 己亥15	8 戊辰13	8 戊戌12	8 丁卯11	8 丁酉10	8 丙寅 9	6 甲午 6
9 癸酉20	9 癸卯21	9 壬申19	9 壬寅19	9 辛未17	9 庚子16	9 己巳⑭	9 己亥13	9 戊辰12	9 戊戌11	9 丁卯10	7 乙未 7
10甲戌㉑	10甲辰22	10癸酉20	10癸卯20	10壬申18	10辛丑⑰	**10**庚午15	**10**庚子14	10己巳13	10己亥12	10戊辰⑪	8 丙申⑧
11乙亥22	11乙巳23	11甲戌21	11甲辰21	11癸酉⑲	11壬寅18	11辛未16	11辛丑15	**11**庚午14	11庚子⑬	11己巳12	9 丁酉 9
12丙子23	12丙午24	12乙亥22	12乙巳㉒	12甲戌20	12癸卯19	12壬申17	12壬寅16	12辛未15	**12**辛丑14	12庚午13	10戊戌10
13丁丑24	13丁未25	13丙子23	13丙午23	13乙亥21	13甲辰20	13癸酉18	13癸卯17	13壬申⑯	13壬寅15	**13**辛未14	11己亥11
14戊寅25	14戊申26	14丁丑㉔	14丁未24	14丙子22	14乙巳21	14甲戌19	14甲辰⑱	14癸酉17	14癸卯16	14壬申15	12庚子12
15己卯26	15己酉㉗	15戊寅25	15戊申25	15丁丑23	15丙午22	15乙亥20	15乙巳19	15甲戌18	15甲辰17	15癸酉16	13辛丑13
16庚辰27	16庚戌28	16己卯26	16己酉26	16戊寅24	16丁未23	16丙子㉑	16丙午20	16乙亥19	16乙巳18	16甲戌17	**14**壬寅14
17辛巳㉘	17辛亥29	17庚辰27	17庚戌27	17己卯25	17戊申㉔	17丁丑22	17丁未21	17丙子20	17丙午19	17乙亥⑱	15癸卯⑮
18壬午29	18壬子30	18辛巳28	18辛亥28	18庚辰㉖	18己酉25	18戊寅23	18戊申22	18丁丑21	18丁未⑳	18丙子19	16甲辰16
《3月》	**19**癸丑31	19壬午29	19壬子㉙	19辛巳27	19庚戌26	19己卯24	19己酉23	19戊寅22	19戊申21	19丁丑20	17乙巳17
19癸未 1	《4月》	**20**癸未30	**20**癸丑30	20壬午28	20辛亥27	20庚辰25	20庚戌24	20己卯㉓	20己酉22	20戊寅21	18丙午18
20甲申 2	20甲寅 1	《5月》	21甲寅31	21癸未29	21壬子28	21辛巳26	21辛亥㉕	21庚辰24	21庚戌23	21己卯22	19丁未19
21乙酉 3	21乙卯 2	21甲申①	《6月》	**22**甲申30	22癸丑29	22壬午27	22壬子26	22辛巳25	22辛亥24	22庚辰23	20戊申20
22丙戌 4	22丙辰③	22乙酉 2	22乙卯 1	《7月》	**23**甲寅30	23癸未㉘	23癸丑27	23壬午26	23壬子25	23辛巳24	21己酉21
23丁亥 5	23丁巳 4	23丙戌 3	23丙辰 2	23乙酉 1	24乙卯㉛	24甲申29	24甲寅28	24癸未27	24癸丑26	24壬午㉕	22庚戌㉒
24戊子⑥	24戊午 5	24丁亥 4	24丁巳 3	24丙戌 2	《8月》	**25**乙酉30	**25**乙卯29	25甲申28	25甲寅㉗	25癸未26	23辛亥23
25己丑 7	25己未 6	25戊子 5	25戊午 4	25丁亥③	25丙辰 1	26丙戌31	26丙辰30	26乙酉29	26乙卯28	26甲申27	24壬子24
26庚寅 8	26庚申 7	26己丑 6	26己未⑤	26戊子 4	26丁巳 2	《9月》	《10月》	**27**丙戌㉚	**27**丙辰29	27乙酉28	25癸丑25
27辛卯 9	27辛酉 8	27庚寅 7	27庚申 6	27己丑 5	27戊午 3	27丁亥 1	27丁巳 1	28丁亥31	28丁巳30	28丙戌29	26甲寅26
28壬辰10	28壬戌 9	28辛卯⑧	28辛酉 7	28庚寅 6	28己未 4	28戊子 2	28戊午②	《11月》	《12月》	**29**丁亥30	27乙卯27
29癸巳11	29癸亥⑩	29壬辰 9	29壬戌 8	29辛卯 7	29庚申 5	29己丑 3	29己未 3	29戊子 1	29戊午 1	30戊子31	28丙辰28
30甲午12		30癸巳10				30庚寅④		30己丑 2			**29**丁巳㉙
											30戊午30
雨水 3日 啓蟄 18日	春分 3日 清明 19日	穀雨 5日 立夏 20日	小満 5日 芒種 20日	夏至 7日 小暑 22日	大暑 8日 立秋 23日	処暑 10日 白露 25日	秋分 10日 寒露 25日	霜降 11日 立冬 27日	小雪 12日 大雪 27日	冬至 13日 小寒 29日	大寒 14日 立春 29日

元徳元年〔嘉暦**4**年〕（1329－1330） 己巳

改元 8/29（嘉暦→元徳）

1月	2月	3月	4月	5月	6月	7月	8月	9月	10月	11月	12月
1 己未31	1 己丑 2	**1** 戊午31	**1** 戊子㉚	1 丁巳29	1 丁亥28	1 丙辰27	1 乙酉25	1 乙卯㉔	1 甲申23	1 甲寅22	1 癸未21
《2月》	2 庚寅 3	《4月》	《5月》	2 戊午30	2 戊子29	2 丁巳28	2 丙戌26	2 丙辰25	2 乙酉24	2 乙卯23	2 甲申22
2 庚申 1	3 辛卯 4	2 己未 1	2 己丑 1	**3** 己未31	**3** 己丑30	3 戊午29	3 丁亥㉗	3 丁巳26	3 丙戌25	3 丙辰24	3 乙酉23
3 辛酉 2	4 壬辰⑤	3 庚申②	3 庚寅 2	《6月》	《7月》	4 己未㉚	4 戊子28	4 戊午27	4 丁亥26	4 丁巳25	4 丙戌㉔
4 壬戌 3	5 癸巳 6	4 辛酉 3	4 辛卯 3	4 庚申 1	4 庚寅 1	**5** 庚申31	5 己丑29	5 己未28	5 戊子27	5 戊午㉖	5 丁亥25
5 癸亥 4	6 甲午 7	5 壬戌 4	5 壬辰 4	5 辛酉 2	5 辛卯②	《8月》	**6** 庚寅30	**6** 庚申29	6 己丑28	6 己未27	6 戊子26
6 甲子⑤	7 乙未 8	6 癸亥 5	6 癸巳 5	6 壬戌 3	6 壬辰 3	6 辛酉 1	7 辛卯31	7 辛酉30	7 庚寅㉙	7 庚申28	7 己丑27
7 乙丑 6	8 丙申 9	7 甲子 6	7 甲午 6	7 癸亥④	7 癸巳 4	7 壬戌 2	《9月》	《10月》	**8** 辛卯30	**8** 辛酉29	8 庚寅28
8 丙寅 7	9 丁酉10	8 乙丑 7	8 乙未⑦	8 甲子 5	8 甲午 5	8 癸亥 3	8 壬辰 1	8 壬戌①	9 壬辰31	9 壬戌30	9 辛卯29
9 丁卯 8	10戊戌11	9 丙寅 8	9 丙申 8	9 乙丑 6	9 乙未 6	9 甲子 4	9 癸巳 2	9 癸亥 2	《11月》	《12月》	**10**壬辰30
10戊辰 9	11己亥⑫	10丁卯⑨	10丁酉 9	10丙寅 7	10丙申 7	10乙丑 5	10甲午③	10甲子 3	10癸巳 1	10癸亥 1	11癸巳㉛
11己巳10	12庚子13	11戊辰10	11戊戌10	11丁卯 8	11丁酉 8	11丙寅⑥	11乙未 4	11乙丑 4	11甲午 2	11甲子 2	**1330** 年
12庚午11	13辛丑14	12己巳11	12己亥11	12戊辰 9	12戊戌⑨	12丁卯 7	12丙申 5	12丙寅 5	12乙未 3	12乙丑③	《1月》
13辛未⑫	14壬寅15	13庚午12	13庚子12	13己巳10	13己亥10	13戊辰 8	13丁酉 6	13丁卯 6	13丙申 4	13丙寅 4	12甲午 1
14壬申13	**15**癸卯16	14辛未13	14辛丑13	14庚午⑪	14庚子11	14己巳 9	14戊戌 7	14戊辰 7	14丁酉⑤	14丁卯 5	13乙未 2
15癸酉14	16甲辰17	15壬申14	15壬寅⑭	15辛未12	15辛丑12	15庚午10	15己亥 8	15己巳⑧	15戊戌 6	15戊辰 6	14丙申 3
16甲戌15	17乙巳18	**16**癸酉15	**16**癸卯15	16壬申13	16壬寅13	16辛未11	16庚子 9	16庚午 9	16己亥 7	16己巳 7	15丁酉 4
17乙亥16	18丙午⑲	17甲戌⑯	17甲辰16	17癸酉14	17癸卯14	17壬申12	17辛丑⑩	17辛未10	17庚子 8	17庚午 8	16戊戌 5
18丙子17	19丁未20	18乙亥17	18乙巳17	**18**甲戌15	**18**甲辰15	18癸酉⑬	18壬寅11	18壬申11	18辛丑 9	18辛未 9	17己亥 6
19丁丑18	20戊申21	19丙子18	19丙午18	19乙亥16	19乙巳⑯	19甲戌14	19癸卯12	19癸酉12	19壬寅10	19壬申⑩	18庚子⑦
20戊寅⑲	21己酉22	20丁丑19	20丁未19	20丙子17	20丙午17	**20**乙亥15	20甲辰13	20甲戌13	20癸卯11	20癸酉11	19辛丑 8
21己卯20	22庚戌23	21戊寅20	21戊申20	21丁丑⑱	21丁未18	21丙子16	**21**乙巳14	21乙亥14	21甲辰⑫	21甲戌12	20壬寅 9
22庚辰21	23辛亥24	22己卯21	22己酉㉑	22戊寅19	22戊申19	22丁丑17	22丙午15	**22**丙子⑮	22乙巳13	22乙亥13	21癸卯10
23辛巳22	24壬子25	23庚辰22	23庚戌22	23己卯20	23己酉20	23戊寅18	23丁未16	23丁丑16	**23**丙午14	23丙子14	22甲辰11
24壬午23	25癸丑㉖	24辛巳㉓	24辛亥23	24庚辰21	24庚戌21	24己卯⑲	24戊申⑰	24戊寅17	24丁未15	**24**丁丑15	23乙巳12
25癸未24	26甲寅27	25壬午24	25壬子24	25辛巳22	25辛亥22	25庚辰20	25己酉18	25己卯18	25戊申16	25戊寅16	24丙午13
26甲申25	27乙卯28	26癸未25	26癸丑25	26壬午23	26壬子㉓	26辛巳21	26庚戌19	26庚辰19	26己酉17	26己卯⑰	**25**丁未⑭
27乙酉㉖	28丙辰29	27甲申26	27甲寅26	27癸未24	27癸丑24	27壬午22	27辛亥20	27辛巳20	27庚戌18	27庚辰18	26戊申15
28丙戌27	29丁巳30	28乙酉27	28乙卯27	28甲申㉕	28甲寅25	28癸未23	28壬子21	28壬午21	28辛亥⑲	28辛巳19	27己酉16
29丁亥28		29丙戌28	29丙辰㉘	29乙酉26	29乙卯26	29甲申24	29癸丑22	29癸未㉒	29壬子20	29壬午20	28庚戌17
《3月》		30丁亥29		30丙戌27			30甲寅23		30癸丑21		29辛亥18
30戊子 1											30壬子19
雨水 14日 啓蟄 29日	春分 15日	清明 1日 穀雨 16日	立夏 1日 小満 16日	芒種 3日 夏至 18日	小暑 3日 大暑 18日	立秋 5日 処暑 20日	白露 6日 秋分 21日	寒露 6日 霜降 22日	立冬 8日 小雪 23日	大雪 8日 冬至 24日	小寒 10日 大寒 25日

元徳**2**年（1330－1331） 庚午

1月	2月	3月	4月	5月	6月	閏6月	7月	8月	9月	10月	11月	12月
1 癸丑20	1 癸未19	1 壬子20	1 壬午19	1 壬子19	1 辛巳⑰	1 辛亥17	**1** 庚辰15	1 己酉13	1 己卯13	1 戊申⑪	1 戊寅11	1 丁未 9
2 甲寅㉑	2 甲申20	2 癸丑21	2 癸未20	2 癸丑⑳	2 壬午18	2 壬子18	2 辛巳16	**2** 庚戌14	2 庚辰⑭	2 己酉12	2 己卯12	2 戊申10
3 乙卯22	3 乙酉21	3 甲寅22	3 甲申21	3 甲寅21	3 癸未19	3 癸丑19	3 壬午17	3 辛亥15	**3** 辛巳15	3 庚戌13	3 庚辰13	3 己酉11
4 丙辰23	4 丙戌22	4 乙卯23	4 乙酉㉒	4 乙卯22	4 甲申20	4 甲寅20	4 癸未18	4 壬子⑯	4 壬午16	**4** 辛亥14	4 辛巳14	4 庚戌12
5 丁巳24	5 丁亥23	5 丙辰24	5 丙戌23	5 丙辰23	5 乙酉21	5 乙卯21	5 甲申⑲	5 癸丑17	5 癸未17	5 壬子15	**5** 壬午15	5 辛亥⑬
6 戊午25	6 戊子24	6 丁巳㉕	6 丁亥24	6 丁巳24	6 丙戌22	6 丙辰㉒	6 乙酉20	6 甲寅18	6 甲申18	6 癸丑16	6 癸未⑯	**6** 壬子14
7 己未26	7 己丑㉕	7 戊午26	7 戊子25	7 戊午25	7 丁亥23	7 丁巳23	7 丙戌21	7 乙卯19	7 乙酉19	7 甲寅17	7 甲申17	7 癸丑15
8 庚申27	8 庚寅26	8 己未27	8 己丑26	8 己未26	8 戊子㉔	8 戊午24	8 丁亥22	8 丙辰20	8 丙戌20	8 乙卯⑱	8 乙酉18	8 甲寅16
9 辛酉㉘	9 辛卯27	9 庚申28	9 庚寅27	9 庚申㉗	9 己丑25	9 己未25	9 戊子23	9 丁巳21	9 丁亥㉑	9 丙辰19	9 丙戌19	9 乙卯17
10壬戌29	10壬辰28	10辛酉29	10辛卯28	10辛酉28	10庚寅26	10庚申26	10己丑24	10戊午22	10戊子22	10丁巳20	10丁亥20	10丙辰18
11癸亥30	《3月》	11壬戌30	11壬辰㉙	11壬戌29	11辛卯27	11辛酉27	11庚寅25	11己未㉓	11己丑23	11戊午21	11戊子21	11丁巳19
12甲子31	**11**癸巳 1	**12**癸亥31	12癸巳30	12癸亥30	12壬辰28	12壬戌28	12辛卯㉖	12庚申24	12庚寅24	12己未22	12己丑22	12戊午⑳
《2月》	12甲午 2	《4月》	《5月》	**13**甲子31	13癸巳29	13癸亥㉙	13壬辰27	13辛酉25	13辛卯25	13庚申23	13庚寅㉓	13己未21
13乙丑 1	13乙未 3	13甲子①	**13**甲午 1	《6月》	**14**甲午30	14甲子30	14癸巳28	14壬戌26	14壬辰26	14辛酉24	14辛卯24	14庚申22
14丙寅 2	14丙申④	14乙丑 2	14乙未 2	14乙丑 1	《7月》	**15**乙丑31	15甲午29	15癸亥27	15癸巳27	15壬戌㉕	15壬辰25	15辛酉23
15丁卯 3	15丁酉 5	15丙寅 3	15丙申 3	15丙寅 2	15乙未①	《8月》	**16**乙未30	16甲子28	16甲午㉘	16癸亥26	16癸巳26	16壬戌24
16戊辰④	16戊戌 6	16丁卯 4	16丁酉 4	16丁卯③	16丙申 2	16丙寅 1	17丙申31	17乙丑29	17乙未29	17甲子27	17甲午27	17癸亥25
17己巳 5	17己亥 7	17戊辰 5	17戊戌 5	17戊辰 4	17丁酉 3	17丁卯 2	《9月》	**18**丙寅㉚	**18**丙申30	18乙丑28	18乙未28	18甲子26
18庚午 6	18庚子 8	18己巳 6	18己亥⑥	18己巳 5	18戊戌 4	18戊辰 3	18丁酉 1	《10月》	19丁酉31	19丙寅29	19丙申29	19乙丑㉗
19辛未 7	19辛丑 9	19庚午 7	19庚子 7	19庚午 6	19己亥 5	19己巳 4	19戊戌②	19丁卯 1	《11月》	**20**丁卯30	**20**丁酉㉚	20丙寅28
20壬申 8	20壬寅10	20辛未⑧	20辛丑 8	20辛未 7	20庚子 6	20庚午⑤	20己亥 3	20戊辰 2	20戊戌 1	《12月》	21戊戌31	**21**丁卯29
21癸酉 9	21癸卯⑪	21壬申 9	21壬寅 9	21壬申 8	21辛丑 7	21辛未 6	21庚子 4	21己巳 3	21己亥 2	21戊辰 1	**1331** 年	22戊辰30
22甲戌10	22甲辰12	22癸酉10	22癸卯10	22癸酉 9	22壬寅⑧	22壬申 7	22辛丑 5	22庚午 4	22庚子 3	22己巳②	《1月》	23己巳31
23乙亥⑪	23乙巳13	23甲戌11	23甲辰11	23甲戌⑩	23癸卯 9	23癸酉 8	23壬寅 6	23辛未 5	23辛丑④	23庚午 3	22己亥 1	《2月》
24丙子12	24丙午14	24乙亥12	24乙巳12	24乙亥11	24甲辰10	24甲戌 9	24癸卯 7	24壬申 6	24壬寅 5	24辛未 4	23庚子 2	24庚午 1
25丁丑13	25丁未15	25丙子13	25丙午⑬	25丙子12	25乙巳11	25乙亥10	25甲辰 8	25癸酉⑦	25癸卯 6	25壬申 5	24辛丑 3	25辛未 2
26戊寅14	**26**戊申16	26丁丑14	26丁未14	26丁丑13	26丙午12	26丙子11	26乙巳⑨	26甲戌 8	26甲辰 7	26癸酉 6	25壬寅 4	26壬申③
27己卯15	27己酉17	**27**戊寅⑮	27戊申15	27戊寅14	27丁未13	27丁丑⑫	27丙午10	27乙亥 9	27乙巳 8	27甲戌 7	26癸卯 5	27癸酉 4
28庚辰16	28庚戌⑱	28己卯16	**28**己酉16	**28**己卯15	28戊申14	28戊寅13	28丁未11	28丙子10	28丙午 9	28乙亥 8	27甲辰⑥	28甲戌 5
29辛巳17	29辛亥19	29庚辰17	29庚戌17	29庚辰16	29己酉⑮	29己卯14	29戊申12	29丁丑11	29丁未10	29丙子⑨	28乙巳 7	29乙亥 6
30壬午⑱		30辛巳18	30辛亥18		**30**庚戌16			30戊寅12		30丁丑10	29丙午 8	30丙子 7
立春 10日 雨水 25日	啓蟄 11日 春分 26日	清明 12日 穀雨 27日	立夏 13日 小満 28日	芒種 13日 夏至 28日	小暑 14日 大暑 30日	立秋15日	処暑 1日 白露 16日	秋分 2日 寒露 18日	霜降 3日 立冬 18日	小雪 4日 大雪 20日	冬至 5日 小寒 20日	大寒 6日 立春 21日

元弘元年〔元徳 3 年〕/元徳 3 年（1331－1332） 辛未

改元 8/9（元徳→元弘）

1 月	2 月	3 月	4 月	5 月	6 月	7 月	8 月	9 月	10月	11月	12月
1 丁丑 8	1 丁未 ⑩	1 丙子 8	1 丙午 8	1 乙亥 6	1 乙巳 6	1 乙亥 5	1 甲辰 3	1 甲戌 3	《11月》	**1** 壬申 30	**1** 壬寅 30
2 戊寅 9	2 戊申 11	2 丁丑 9	2 丁未 9	2 丙子 7	2 丙午 ⑦	2 丙子 6	2 乙巳 4	2 乙亥 4	1 癸卯 1	《12月》	2 癸卯 31
3 己卯 ⑩	3 己酉 12	3 戊寅 10	3 戊申 10	3 丁丑 8	3 丁未 8	3 丁丑 7	3 丙午 5	3 丙子 5	2 甲辰 2	2 癸酉 ①	**1332 年**
4 庚辰 11	4 庚戌 13	4 己卯 11	4 己酉 11	4 戊寅 ⑨	4 戊申 9	4 戊寅 8	4 丁未 6	4 丁丑 ⑥	3 乙巳 ③	3 甲戌 2	《1月》
5 辛巳 12	5 辛亥 14	5 庚辰 12	5 庚戌 ⑫	5 己卯 10	5 己酉 10	5 己卯 9	5 戊申 7	5 戊寅 7	4 丙午 4	4 乙亥 3	3 甲辰 1
6 壬午 13	6 壬子 15	6 辛巳 13	6 辛亥 13	6 庚辰 11	6 庚戌 11	6 庚辰 10	6 己酉 ⑧	6 己卯 8	5 丁未 5	5 丙子 4	4 乙巳 2
7 癸未 14	**7** 癸丑 16	7 壬午 ⑭	7 壬子 14	7 辛巳 12	7 辛亥 12	7 辛巳 ⑪	7 庚戌 9	7 庚辰 9	6 戊申 6	6 丁丑 5	5 丙午 3
8 甲申 15	8 甲寅 ⑰	8 癸未 15	8 癸丑 15	8 壬午 13	8 壬子 13	8 壬午 12	8 辛亥 10	8 辛巳 10	7 己酉 7	7 戊寅 6	6 丁未 4
9 乙酉 16	9 乙卯 18	**9** 甲申 16	**9** 甲寅 16	9 癸未 14	9 癸丑 ⑭	9 癸未 13	9 壬子 11	9 壬午 11	8 庚戌 8	8 己卯 7	7 戊申 ⑤
10 丙戌 ⑰	10 丙辰 19	10 乙酉 17	10 乙卯 17	**10** 甲申 15	10 甲寅 15	10 甲申 14	10 癸丑 12	10 癸未 12	9 辛亥 9	9 庚辰 ⑧	8 己酉 6
11 丁亥 18	11 丁巳 20	11 丙戌 18	11 丙辰 18	11 乙酉 ⑯	**11** 乙卯 16	**11** 乙酉 15	11 甲寅 13	11 甲申 ⑬	10 壬子 ⑩	10 辛巳 9	9 庚戌 7
12 戊子 19	12 戊午 21	12 丁亥 19	12 丁巳 ⑲	12 丙戌 17	12 丙辰 17	12 丙戌 16	12 乙卯 14	12 乙酉 14	11 癸丑 11	11 壬午 10	10 辛亥 8
13 己丑 20	13 己未 22	13 戊子 20	13 戊午 20	13 丁亥 18	13 丁巳 18	13 丁亥 17	**13** 丙辰 ⑮	**13** 丙戌 15	12 甲寅 12	12 癸未 11	11 壬子 9
14 庚寅 21	14 庚申 23	14 己丑 ㉑	14 己未 21	14 戊子 19	14 戊午 19	14 戊子 ⑱	14 丁巳 16	14 丁亥 16	13 乙卯 13	13 甲申 12	12 癸丑 10
15 辛卯 22	15 辛酉 ㉔	15 庚寅 22	15 庚申 22	15 己丑 20	15 己未 20	15 己丑 19	15 戊午 17	15 戊子 17	14 丙辰 14	14 乙酉 13	13 甲寅 11
16 壬辰 23	16 壬戌 25	16 辛卯 23	16 辛酉 23	16 庚寅 21	16 庚申 ㉑	16 庚寅 20	16 己未 18	16 己丑 18	**15** 丁巳 15	15 丙戌 14	14 乙卯 ⑫
17 癸巳 ㉔	17 癸亥 26	17 壬辰 24	17 壬戌 24	17 辛卯 22	17 辛酉 22	17 辛卯 21	17 庚申 19	17 庚寅 19	16 戊午 16	**16** 丁亥 ⑮	15 丙辰 13
18 甲午 25	18 甲子 27	18 癸巳 25	18 癸亥 25	18 壬辰 ㉓	18 壬戌 23	18 壬辰 22	18 辛酉 20	18 辛卯 ⑳	17 己未 ⑰	17 戊子 16	**16** 丁巳 14
19 乙未 26	19 乙丑 28	19 甲午 26	19 甲子 ㉖	19 癸巳 24	19 癸亥 24	19 癸巳 23	19 壬戌 21	19 壬辰 21	18 庚申 18	18 己丑 17	17 戊午 15
20 丙申 27	20 丙寅 29	20 乙未 27	20 乙丑 27	20 甲午 25	20 甲子 25	20 甲午 24	20 癸亥 ㉒	20 癸巳 22	19 辛酉 19	19 庚寅 18	18 己未 16
21 丁酉 28	21 丁卯 30	21 丙申 ㉘	21 丙寅 28	21 乙未 26	21 乙丑 26	21 乙未 ㉕	21 甲子 23	21 甲午 23	20 壬戌 20	20 辛卯 19	19 庚申 17
《3月》	**22** 戊辰 ㉛	22 丁酉 29	22 丁卯 29	22 丙申 27	22 丙寅 27	22 丙申 26	22 乙丑 24	22 乙未 24	21 癸亥 21	21 壬辰 20	20 辛酉 18
22 戊戌 1	《4月》	23 戊戌 30	23 戊辰 30	23 丁酉 28	23 丁卯 ㉘	23 丁酉 27	23 丙寅 25	23 丙申 25	22 甲子 22	22 癸巳 21	21 壬戌 ⑲
23 己亥 2	23 己巳 1	《5月》	**24** 己巳 31	24 戊戌 29	24 戊辰 29	24 戊戌 28	24 丁卯 26	24 丁酉 26	23 乙丑 23	23 甲午 ㉒	22 癸亥 20
24 庚子 ③	24 庚午 2	**24** 己亥 1	《6月》	25 己亥 ㉚	25 己巳 30	25 己亥 29	25 戊辰 27	25 戊戌 ㉗	24 丙寅 ㉔	24 乙未 23	23 甲子 21
25 辛丑 4	25 辛未 3	25 庚子 2	25 庚午 1	《7月》	**26** 庚午 31	**26** 庚子 30	26 己巳 28	26 己亥 28	25 丁卯 25	25 丙申 24	24 乙丑 22
26 壬寅 5	26 壬申 4	26 辛丑 3	26 辛未 ②	**26** 庚子 1	《8月》	27 辛丑 31	27 庚午 ㉙	27 庚子 29	26 戊辰 26	26 丁酉 25	25 丙寅 23
27 癸卯 6	27 癸酉 5	27 壬寅 4	27 壬申 3	27 辛丑 2	27 辛未 1	《9月》	**28** 辛未 30	**28** 辛丑 30	27 己巳 27	27 戊戌 26	26 丁卯 24
28 甲辰 7	28 甲戌 6	28 癸卯 ⑤	28 癸酉 4	28 壬寅 3	28 壬申 2	28 壬寅 ①	《10月》	29 壬寅 31	28 庚午 28	28 己亥 27	27 戊辰 25
29 乙巳 8	29 乙亥 ⑦	29 甲辰 6	29 甲戌 5	29 癸卯 4	29 癸酉 3	29 癸卯 2	29 壬申 1		29 辛未 29	29 庚子 28	28 己巳 ㉖
30 丙午 9		30 乙巳 7		30 甲辰 5	30 甲戌 ④		30 癸酉 2			30 辛丑 ㉙	29 庚午 27
雨水 7日 啓蟄 22日	春分 7日 清明 22日	穀雨 9日 立夏 24日	小満 9日 芒種 24日	夏至 10日 小暑 26日	大暑 11日 立秋 26日	処暑 11日 白露 26日	秋分 13日 寒露 28日	霜降 13日 立冬 28日	小雪 15日	大雪 1日 冬至 16日	小寒 1日 大寒 16日

元弘 2 年/正慶元年〔元徳 4 年〕（1332－1333） 壬申

改元 4/28（元徳→正慶）

1 月	2 月	3 月	4 月	5 月	6 月	7 月	8 月	9 月	10月	11月	12月
1 辛未 28	1 辛丑 27	1 庚午 27	1 庚子 ㉖	1 己巳 25	1 己亥 24	1 己巳 24	1 戊戌 22	1 戊辰 21	1 丁酉 20	1 丁卯 19	1 丁酉 19
2 壬申 29	2 壬寅 28	2 辛未 28	2 辛丑 27	2 庚午 26	2 庚子 25	2 庚午 25	2 己亥 ㉓	2 己巳 22	2 戊戌 21	2 戊辰 20	2 戊戌 ⑳
3 癸酉 30	**3** 癸卯 29	3 壬申 ㉙	3 壬寅 28	3 辛未 27	3 辛丑 26	3 辛未 ㉖	3 庚子 24	3 庚午 23	3 己亥 22	3 己巳 21	3 己亥 21
4 甲戌 31	《3月》	4 癸酉 30	4 癸卯 29	4 壬申 28	4 壬寅 27	4 壬申 27	4 辛丑 25	4 辛未 24	4 庚子 23	4 庚午 ㉒	4 庚子 22
《2月》	4 甲辰 ①	**5** 甲戌 31	**5** 甲辰 30	5 癸酉 29	5 癸卯 ㉘	5 癸酉 28	5 壬寅 26	5 壬申 25	5 辛丑 24	5 辛未 23	5 辛丑 23
5 乙亥 1	5 乙巳 2	《4月》	《5月》	**6** 甲戌 30	6 甲辰 29	6 甲戌 29	6 癸卯 27	6 癸酉 26	6 壬寅 ㉕	6 壬申 24	6 壬寅 24
6 丙子 ②	6 丙午 3	6 乙亥 1	6 乙巳 1	7 乙亥 ㉛	**7** 乙巳 30	**7** 乙亥 30	7 甲辰 28	7 甲戌 ㉗	7 癸卯 26	7 癸酉 25	7 癸卯 25
7 丁丑 3	7 丁未 4	7 丙子 2	7 丙午 2	《6月》	《7月》	8 丙子 31	8 乙巳 29	8 乙亥 28	8 甲辰 27	8 甲戌 26	8 甲辰 26
8 戊寅 4	8 戊申 5	8 丁丑 3	8 丁未 ③	8 丙子 1	8 丙午 1	《8月》	**9** 丙午 ㉚	**9** 丙子 29	9 乙巳 28	9 乙亥 27	9 乙巳 ㉗
9 己卯 5	9 己酉 6	9 戊寅 4	9 戊申 4	9 丁丑 2	9 丁未 2	9 丁丑 1	10 丁未 31	10 丁丑 30	10 丙午 29	10 丙子 28	10 丙午 28
10 庚辰 6	10 庚戌 7	10 己卯 ⑤	10 己酉 5	10 戊寅 3	10 戊申 3	10 戊寅 ②	《9月》	《10月》	**11** 丁未 30	**11** 丁丑 ㉙	**11** 丁未 29
11 辛巳 7	11 辛亥 ⑧	11 庚辰 6	11 庚戌 6	11 己卯 4	11 己酉 4	11 己卯 3	11 戊申 1	11 戊寅 1	12 戊申 31	12 戊寅 30	12 戊申 30
12 壬午 8	12 壬子 9	12 辛巳 7	12 辛亥 7	12 庚辰 5	12 庚戌 ⑤	12 庚辰 4	12 己酉 2	12 己卯 2	《11月》	《12月》	13 己酉 31
13 癸未 ⑨	13 癸丑 10	13 壬午 8	13 壬子 8	13 辛巳 6	13 辛亥 6	13 辛巳 5	13 庚戌 3	13 庚辰 3	13 己酉 ①	13 己卯 1	**1333 年**
14 甲申 10	14 甲寅 11	14 癸未 9	14 癸丑 9	14 壬午 ⑦	14 壬子 7	14 壬午 6	14 辛亥 4	14 辛巳 ④	14 庚戌 2	14 庚辰 2	《1月》
15 乙酉 11	15 乙卯 12	15 甲申 10	15 甲寅 ⑩	15 癸未 8	15 癸丑 8	15 癸未 7	15 壬子 5	15 壬午 5	15 辛亥 3	15 辛巳 3	14 庚戌 1
16 丙戌 12	16 丙辰 13	16 乙酉 11	16 乙卯 11	16 甲申 9	16 甲寅 9	16 甲申 8	16 癸丑 ⑥	16 癸未 6	16 壬子 4	16 壬午 4	15 辛亥 2
17 丁亥 13	17 丁巳 14	17 丙戌 ⑫	17 丙辰 12	17 乙酉 10	17 乙卯 10	17 乙酉 ⑨	17 甲寅 7	17 甲申 7	17 癸丑 5	17 癸未 5	16 壬子 ③
18 戊子 14	**18** 戊午 ⑮	18 丁亥 13	18 丁巳 13	18 丙戌 11	18 丙辰 11	18 丙戌 10	18 乙卯 8	18 乙酉 8	18 甲寅 6	18 甲申 ⑥	17 癸丑 4
19 己丑 15	19 己未 16	19 戊子 14	19 戊午 14	19 丁亥 12	19 丁巳 ⑫	19 丁亥 11	19 丙辰 9	19 丙戌 9	19 乙卯 7	19 乙酉 7	18 甲寅 5
20 庚寅 ⑯	20 庚申 17	**20** 己丑 15	**20** 己未 15	20 戊子 13	20 戊午 13	20 戊子 12	20 丁巳 10	20 丁亥 10	20 丙辰 ⑧	20 丙戌 8	19 乙卯 6
21 辛卯 17	21 辛酉 18	21 庚寅 16	21 庚申 16	21 己丑 ⑭	21 己未 14	21 己丑 13	21 戊午 11	21 戊子 ⑪	21 丁巳 9	21 丁亥 9	20 丙辰 7
22 壬辰 18	22 壬戌 19	22 辛卯 17	22 辛酉 ⑰	**22** 庚寅 15	**22** 庚申 15	22 庚寅 14	22 己未 12	22 己丑 12	22 戊午 10	22 戊子 10	21 丁巳 8
23 癸巳 19	23 癸亥 20	23 壬辰 18	23 壬戌 18	23 辛卯 16	23 辛酉 16	**23** 辛卯 15	23 庚申 ⑬	23 庚寅 13	23 己未 11	23 己丑 11	22 戊午 9
24 甲午 20	24 甲子 21	24 癸巳 ⑲	24 癸亥 19	24 壬辰 17	24 壬戌 17	24 壬辰 ⑯	**24** 辛酉 14	**24** 辛卯 14	24 庚申 12	24 庚寅 12	23 己未 ⑩
25 乙未 21	25 乙丑 ㉒	25 甲午 20	25 甲子 20	25 癸巳 18	25 癸亥 18	25 癸巳 17	25 壬戌 15	25 壬辰 15	25 辛酉 13	25 辛卯 ⑬	24 庚申 11
26 丙申 22	26 丙寅 23	26 乙未 21	26 乙丑 21	26 甲午 19	26 甲子 ⑲	26 甲午 18	26 癸亥 16	26 癸巳 16	**26** 壬戌 14	**26** 壬辰 14	25 辛酉 12
27 丁酉 ㉓	27 丁卯 24	27 丙申 22	27 丙寅 22	27 乙未 20	27 乙丑 20	27 乙未 19	27 甲子 17	27 甲午 17	27 癸亥 ⑮	27 癸巳 15	26 壬戌 13
28 戊戌 24	28 戊辰 25	28 丁酉 23	28 丁卯 23	28 丙申 ㉑	28 丙寅 21	28 丙申 20	28 乙丑 18	28 乙未 ⑱	28 甲子 16	28 甲午 16	**27** 癸亥 14
29 己亥 25	29 己巳 26	29 戊戌 24	29 戊辰 ㉔	29 丁酉 22	29 丁卯 22	29 丁酉 21	29 丙寅 19	29 丙申 19	29 乙丑 17	29 乙未 17	28 甲子 15
30 庚子 26		30 己亥 25		30 戊戌 23	30 戊辰 23		30 丁卯 ⑳		30 丙寅 18	30 丙申 18	29 乙丑 16
立春 3日 雨水 18日	啓蟄 3日 春分 18日	清明 5日 穀雨 20日	立夏 5日 小満 20日	芒種 6日 夏至 22日	小暑 7日 大暑 22日	立秋 7日 処暑 23日	白露 9日 秋分 24日	寒露 9日 霜降 24日	立冬 11日 小雪 26日	大雪 11日 冬至 26日	小寒 11日 大寒 27日

元弘3年〔元弘3年/正慶2年〕（1333－1334） 癸酉

1月	2月	閏2月	3月	4月	5月	6月	7月	8月	9月	10月	11月	12月
1 丙寅⑰	1 乙未15	1 乙丑17	**1** 甲午15	**1** 甲子15	1 癸巳⑬	1 癸亥13	1 壬辰11	1 壬戌10	1 壬辰⑩	1 辛酉 8	1 辛卯 8	1 辛酉 7
2 丁卯18	2 丙申16	2 丙寅18	2 乙未16	2 乙丑⑯	2 甲午14	2 甲子14	2 癸巳12	2 癸亥11	2 癸巳11	2 壬戌 9	2 壬辰 9	2 壬戌 8
3 戊辰19	3 丁酉17	3 丁卯19	3 丙申17	3 丙寅17	**3** 乙未15	**3** 乙丑15	3 甲午13	3 甲子⑫	3 甲午12	3 癸亥10	3 癸巳10	3 癸亥⑨
4 己巳20	4 戊戌18	4 戊辰20	4 丁酉⑱	4 丁卯18	4 丙申16	4 丙寅16	4 乙未14	4 乙丑13	4 乙未13	4 甲子11	4 甲午11	4 甲子10
5 庚午21	5 己亥19	5 己巳㉑	5 戊戌19	5 戊辰19	5 丁酉17	5 丁卯17	**5** 丙申⑮	**5** 丙寅14	5 丙申14	5 乙丑12	5 乙未⑫	5 乙丑11
6 辛未22	6 庚子20	6 庚午22	6 己亥20	6 己巳20	6 戊戌18	6 戊辰⑱	6 丁酉16	6 丁卯15	**6** 丁酉15	6 丙寅13	6 丙申13	6 丙寅12
7 壬申23	7 辛丑㉑	7 辛未23	7 庚子21	7 庚午21	7 己亥19	7 己巳19	7 戊戌17	7 戊辰16	7 戊戌16	**7** 丁卯⑭	7 丁酉14	7 丁卯13
8 癸酉㉔	8 壬寅22	8 壬申24	8 辛丑22	8 辛未22	8 庚子⑳	8 庚午20	8 己亥18	8 己巳17	8 己亥⑰	8 戊辰15	**8** 戊戌15	**8** 戊辰14
9 甲戌25	9 癸卯23	9 癸酉25	9 壬寅23	9 壬申㉓	9 辛丑21	9 辛未21	9 庚子19	9 庚午18	9 庚子18	9 己巳16	9 己亥16	9 己巳15
10乙亥26	10甲辰24	10甲戌26	10癸卯24	10癸酉24	10壬寅22	10壬申22	10辛丑20	10辛未⑲	10辛丑19	10庚午17	10庚子17	10庚午⑯
11丙子27	11乙巳25	11乙亥27	11甲辰㉕	11甲戌25	11癸卯23	11癸酉23	11壬寅21	11壬申20	11壬寅20	11辛未18	11辛丑18	11辛未17
12丁丑28	12丙午26	12丙子㉘	12乙巳26	12乙亥26	12甲辰24	12甲戌24	12癸卯㉒	12癸酉21	12癸卯21	12壬申19	12壬寅⑲	12壬申18
13戊寅29	13丁未27	13丁丑29	13丙午27	13丙子27	13乙巳25	13乙亥㉕	13甲辰23	13甲戌22	13甲辰22	13癸酉20	13癸卯20	13癸酉19
14己卯30	**14**戊申㉘	14戊寅30	14丁未28	14丁丑28	14丙午26	14丙子26	14乙巳24	14乙亥23	14乙巳23	14甲戌㉑	14甲辰21	14甲戌20
15庚辰㉛	《3月》	**15**己卯31	15戊申29	15戊寅29	15丁未㉗	15丁丑27	15丙午25	15丙子24	15丙午㉔	15乙亥22	15乙巳22	15乙亥21
《2月》	15己酉 1	《4月》	**16**己酉30	16己卯㉚	16戊申28	16戊寅28	16丁未26	16丁丑25	16丁未25	16丙子23	16丙午23	16丙子22
16辛巳 1	16庚戌 2	16庚辰 1	《5月》	**17**庚辰31	17己酉29	17己卯29	17戊申27	17戊寅㉖	17戊申26	17丁丑24	17丁未24	17丁丑㉓
17壬午 2	17辛亥 3	17辛巳 2	17庚戌 1	《6月》	**18**庚戌30	18庚辰30	18己酉28	18己卯27	18己酉27	18戊寅25	18戊申25	18戊寅24
18癸未 3	18壬子 4	18壬午 3	18辛亥②	18辛巳 1	《7月》	**19**辛巳31	19庚戌㉙	19庚辰28	19庚戌28	19己卯26	19己酉㉖	19己卯25
19甲申 4	19癸丑 5	19癸未④	19壬子 3	19壬午 2	19辛亥 1	《8月》	**20**辛亥30	**20**辛巳29	20辛亥29	20庚辰27	20庚戌27	20庚辰26
20乙酉 5	20甲寅 6	20甲申 5	20癸丑 4	20癸未 3	20壬子 2	20壬午①	21壬子31	21壬午30	**21**壬子30	21辛巳㉘	21辛亥28	21辛巳27
21丙戌 6	21乙卯⑦	21乙酉 6	21甲寅 5	21甲申 4	21癸丑 3	21癸未 2	《9月》	《10月》	22癸丑㉛	**22**壬午29	22壬子29	22壬午28
22丁亥⑦	22丙辰 8	22丙戌 7	22乙卯 6	22乙酉 5	22甲寅④	22甲申 3	22癸丑 1	22癸未 1	《11月》	23癸未30	**23**癸丑30	**23**癸未29
23戊子 8	23丁巳 9	23丁亥 8	23丙辰 7	23丙戌⑥	23乙卯 5	23乙酉 4	23甲寅 2	23甲申 2	23甲寅 1	《12月》	24甲寅31	24甲申㉚
24己丑 9	24戊午10	24戊子 9	24丁巳 8	24丁亥 7	24丙辰 6	24丙戌 5	24乙卯 3	24乙酉③	24乙卯 2	24甲申 1	**1334年**	25乙酉31
25庚寅10	25己未11	25己丑10	25戊午⑨	25戊子 8	25丁巳 7	25丁亥 6	25丙辰 4	25丙戌 4	25丙辰 3	25乙酉 2	《1月》	《2月》
26辛卯11	26庚申12	26庚寅⑪	26己未10	26己丑 9	26戊午 8	26戊子 7	26丁巳⑤	26丁亥 5	26丁巳 4	26丙戌 3	25乙卯 1	26丙戌 1
27壬辰12	27辛酉13	27辛卯12	27庚申11	27庚寅10	27己未 9	27己丑⑧	27戊午 6	27戊子 6	27戊午 5	27丁亥 4	26丙辰②	27丁亥 2
28癸巳13	28壬戌⑭	28壬辰13	28辛酉12	28辛卯11	28庚申10	28庚寅 9	28己未 7	28己丑 7	28己未 6	28戊子⑤	27丁巳 3	28戊子 3
29甲午⑭	29癸亥15	29癸巳14	29壬戌13	29壬辰12	29辛酉⑪	29辛卯10	29庚申 8	29庚寅 8	29庚申⑦	29己丑 6	28戊午 4	29己丑 4
	30甲子16		30癸亥14		30壬戌12		30辛酉 9	30辛卯 9		30庚寅 7	29己未 5	
											30庚申 6	
立春 13日 雨水 28日	啓蟄 14日 春分 30日	清明15日	穀雨 1日 立夏 16日	小満 1日 芒種 17日	夏至 3日 小暑 18日	大暑 3日 立秋 19日	処暑 5日 白露 20日	秋分 5日 寒露 20日	霜降 6日 立冬 21日	小雪 7日 大雪 22日	冬至 8日 小寒 23日	大寒 8日 立春 23日

建武元年〔元弘4年〕（1334－1335） 甲戌

改元 1/29（元弘→建武）

1月	2月	3月	4月	5月	6月	7月	8月	9月	10月	11月	12月
1 庚寅 5	1 己未⑥	1 己丑 5	1 戊午 4	1 戊子 3	1 丁巳 2	《8月》	**1** 丙辰30	1 丙戌29	1 丙辰29	1 乙酉㉗	1 乙卯27
2 辛卯⑥	2 庚申 7	2 庚寅 6	2 己未 5	2 己丑 4	2 戊午③	1 丁亥 1	2 丁巳31	**2** 丁亥30	**2** 丁巳㉚	2 丙戌28	2 丙辰28
3 壬辰 7	3 辛酉 8	3 辛卯 7	3 庚申 6	3 庚寅⑤	3 己未 4	2 戊子 2	《9月》	《10月》	3 戊午31	3 丁亥29	3 丁巳29
4 癸巳 8	4 壬戌 9	4 壬辰 8	4 辛酉 7	4 辛卯 6	4 庚申 5	3 己丑 3	3 戊午 1	3 戊子 1	《11月》	**4** 戊子30	**4** 戊午30
5 甲午 9	5 癸亥10	5 癸巳 9	5 壬戌⑧	5 壬辰 7	5 辛酉 6	4 庚寅 4	4 己未 2	4 己丑②	4 己未 1	《12月》	5 己未31
6 乙未10	6 甲子11	6 甲午⑩	6 癸亥 9	6 癸巳 8	6 壬戌 7	5 辛卯 5	5 庚申 3	5 庚寅 3	5 庚申 2	5 己丑 1	**1335年**
7 丙申11	7 乙丑12	7 乙未11	7 甲子10	7 甲午 9	7 癸亥 8	6 壬辰 6	6 辛酉④	6 辛卯 4	6 辛酉 3	6 庚寅 2	《1月》
8 丁酉12	8 丙寅⑬	8 丙申12	8 乙丑11	8 乙未10	8 甲子 9	7 癸巳⑦	7 壬戌 5	7 壬辰 5	7 壬戌 4	7 辛卯 3	6 庚申①
9 戊戌⑬	9 丁卯14	9 丁酉13	9 丙寅12	9 丙申11	9 乙丑⑩	8 甲午 8	8 癸亥 6	8 癸巳 6	8 癸亥 5	8 壬辰④	7 辛酉 2
10己亥14	10戊辰15	10戊戌14	10丁卯13	10丁酉⑫	10丙寅11	9 乙未 9	9 甲子 7	9 甲午 7	9 甲子⑥	9 癸巳 5	8 壬戌 3
11庚子15	**11**己巳16	**11**己亥15	11戊辰14	11戊戌13	11丁卯12	10丙申10	10乙丑 8	10乙未 8	10乙丑 7	10甲午 6	9 癸亥 4
12辛丑16	12庚午17	12庚子16	12己巳⑮	12己亥14	12戊辰13	11丁酉11	11丙寅 9	11丙申⑨	11丙寅 8	11乙未 7	10甲子 5
13壬寅17	13辛未18	13辛丑⑰	**13**庚午16	**13**庚子15	13己巳14	12戊戌12	12丁卯10	12丁酉10	12丁卯 9	12丙申 8	11乙丑 6
14癸卯18	14壬申19	14壬寅18	14辛未17	14辛丑16	14庚午15	13己亥13	13戊辰⑪	13戊戌11	13戊辰10	13丁酉 9	12丙寅 7
15甲辰19	15癸酉⑳	15癸卯19	15壬申18	15壬寅17	**15**辛未16	14庚子⑭	14己巳12	14己亥12	14己巳11	14戊戌10	13丁卯⑧
16乙巳⑳	16甲戌21	16甲辰20	16癸酉19	16癸卯18	16壬申⑰	**15**辛丑15	15庚午13	15庚子13	15庚午12	15己亥⑪	14戊辰 9
17丙午21	17乙亥22	17乙巳21	17甲戌20	17甲辰⑲	17癸酉18	16壬寅16	**16**辛未14	16辛丑14	16辛未⑬	16庚子12	15己巳10
18丁未22	18丙子23	18丙午22	18乙亥21	18乙巳20	18甲戌19	17癸卯17	17壬申15	**17**壬寅15	**17**壬申14	17辛丑13	16庚午11
19戊申23	19丁丑24	19丁未23	19丙子㉒	19丙午21	19乙亥20	18甲辰18	18癸酉16	18癸卯⑯	18癸酉15	18壬寅14	17辛未12
20己酉24	20戊寅25	20戊申㉔	20丁丑23	20丁未22	20丙子21	19乙巳19	19甲戌17	19甲辰17	19甲戌16	**19**癸卯15	18壬申13
21庚戌25	21己卯26	21己酉25	21戊寅24	21戊申23	21丁丑22	20丙午20	20乙亥⑱	20乙巳18	20乙亥17	20甲辰16	**19**癸酉14
22辛亥26	22庚辰㉗	22庚戌26	22己卯25	22己酉24	22戊寅23	21丁未㉑	21丙子19	21丙午19	21丙子18	21乙巳17	20甲戌⑮
23壬子㉗	23辛巳28	23辛亥27	23庚辰26	23庚戌25	23己卯㉔	22戊申22	22丁丑20	22丁未20	22丁丑19	22丙午⑱	21乙亥16
24癸丑28	24壬午29	24壬子28	24辛巳27	24辛亥㉖	24庚辰25	23己酉23	23戊寅21	23戊申21	23戊寅⑳	23丁未19	22丙子17
《3月》	25癸未30	25癸丑29	25壬午28	25壬子27	25辛巳26	24庚戌24	24己卯22	24己酉22	24己卯21	24戊申20	23丁丑18
25甲寅 1	**26**甲申31	**26**甲寅30	26癸未㉙	26癸丑28	26壬午27	25辛亥25	25庚辰23	25庚戌㉓	25庚辰22	25己酉21	24戊寅19
26乙卯 2	《4月》	《5月》	27甲申30	27甲寅29	27癸未28	26壬子26	26辛巳24	26辛亥24	26辛巳23	26庚戌22	25己卯20
27丙辰 3	27乙酉 1	27乙卯①	**28**乙酉31	**28**乙卯30	28甲申29	27癸丑27	27壬午㉕	27壬子25	27壬午24	27辛亥23	26庚辰21
28丁巳 4	28丙戌 2	28丙辰 2	《6月》	《7月》	29乙酉30	28甲寅㉘	28癸未26	28癸丑26	28癸未25	28壬子24	27辛巳㉒
*29*戊午 5	29丁亥③	29丁巳 3	29丙戌 1	29丙辰 1	**30**丙戌㉛	29乙卯29	29甲申27	29甲寅27	29甲申26	29癸丑㉕	28壬午23
	30戊子 4		30丁亥 2				30乙酉28	30乙卯28		30甲寅26	29癸未24
											30甲申25
雨水 9日 啓蟄 25日	春分 11日 清明 26日	穀雨 11日 立夏 26日	小満 13日 芒種 28日	夏至 13日 小暑 28日	大暑 15日 立秋 30日	処暑 15日	白露 1日 秋分 16日	寒露 2日 霜降 17日	立冬 2日 小雪 17日	大雪 4日 冬至 19日	小寒 4日 大寒 19日

建武2年（1335－1336） 乙亥

1月	2月	3月	4月	5月	6月	7月	8月	9月	10月	閏10月	11月	12月
1 乙酉26 2 丙戌27 3 丁亥28 **4** 戊子㉙ 5 己丑30 6 庚寅31 《2月》 7 辛卯 1 8 壬辰 2 9 癸巳 3 10甲午 4 11乙未⑤ 12丙申 6 13丁酉 7 14戊戌 8 15己亥 9 16庚子10 17辛丑11 18壬寅⑫ 19癸卯13 **20**甲辰14 21乙巳15 22丙午16 23丁未17 24戊申18 25己酉⑲ 26庚戌20 27辛亥21 28壬子22 29癸丑23	1 甲寅24 2 乙卯25 3 丙辰㉖ 4 丁巳27 5 戊午28 《3月》 **6** 己未 1 7 庚申 2 8 辛酉 3 9 壬戌 4 10癸亥⑤ 11甲子 6 12乙丑 7 13丙寅 8 14丁卯 9 15戊辰10 16己巳11 17庚午⑫ 18辛未13 19壬申14 20癸酉15 **21** 甲戌16 22乙亥17 23丙子18 24丁丑⑲ 25戊寅20 26己卯21 27庚辰22 28辛巳23 29壬午24 30癸未25	1 甲申㉖ 2 乙酉27 3 丙戌28 4 丁亥29 5 戊子30 **6** 己丑31 《4月》 7 庚寅 1 8 辛卯② 9 壬辰 3 10癸巳 4 11甲午 5 12乙未 6 13丙申 7 14丁酉 8 15戊戌⑨ 16己亥10 17庚子11 18辛丑12 19壬寅13 20癸卯14 21甲辰15 **22**乙巳⑯ 23丙午17 24丁未18 25戊申19 26己酉20 27庚戌21 28辛亥22 29壬子㉓	1 癸丑24 2 甲寅25 3 乙卯26 4 丙辰27 5 丁巳28 6 戊午29 7 己未㉚ 《5月》 **8** 庚申 1 9 辛酉 2 10壬戌 3 11癸亥 4 12甲子 5 13乙丑 6 14丙寅⑦ 15丁卯 8 16戊辰 9 17己巳10 18庚午11 19辛未12 20壬申13 21癸酉⑭ 22甲戌15 **23**乙亥16 24丙子17 25丁丑18 26戊寅19 27己卯20 28庚辰㉑ 29辛巳22	1 壬午23 2 癸未24 3 甲申25 4 乙酉26 5 丙戌27 6 丁亥㉘ 7 戊子29 8 己丑30 **9** 庚寅31 《6月》 10辛卯 1 11壬辰 2 12癸巳 3 13甲午④ 14乙未 5 15丙申 6 16丁酉 7 17戊戌 8 18己亥 9 19庚子10 20辛丑⑪ 21壬寅12 22癸卯13 23甲辰14 **24**乙巳15 25丙午16 26丁未17 27戊申⑱ 28己酉19 29庚戌20	1 辛亥21 2 壬子22 3 癸丑23 4 甲寅24 5 乙卯㉕ 6 丙辰26 7 丁巳27 8 戊午28 9 己未29 10庚申30 《7月》 **11**辛酉 1 12壬戌② 13癸亥 3 14甲子 4 15乙丑 5 16丙寅 6 17丁卯 7 18戊辰 8 19己巳⑨ 20庚午10 21辛未11 22壬申12 23癸酉13 24甲戌14 25乙亥15 **26**丙子⑯ 27丁丑17 28戊寅18 29己卯19 30庚辰20	1 辛巳21 2 壬午22 3 癸未㉓ 4 甲申24 5 乙酉25 6 丙戌26 7 丁亥27 8 戊子28 9 己丑29 10庚寅㉚ **11**辛卯31 《8月》 12壬辰 1 13癸巳 2 14甲午 3 15乙未 4 16丙申 5 17丁酉⑥ 18戊戌 7 19己亥 8 20庚子 9 21辛丑10 22壬寅11 23癸卯12 24甲辰⑬ 25乙巳14 **26**丙午15 27丁未16 28戊申17 29己酉18	1 庚戌19 2 辛亥⑳ 3 壬子21 4 癸丑22 5 甲寅23 6 乙卯24 7 丙辰25 8 丁巳26 9 戊午㉗ 10己未28 11庚申29 **12**辛酉30 13壬戌31 《9月》 14癸亥 1 15甲子 2 16乙丑③ 17丙寅 4 18丁卯 5 19戊辰 6 20己巳 7 21庚午 8 22辛未 9 23壬申⑩ 24癸酉11 25甲戌12 26乙亥13 27丙子14 **28**丁丑15 29戊寅16 30己卯⑰	1 庚辰18 2 辛巳19 3 壬午20 4 癸未21 5 甲申22 6 乙酉23 7 丙戌㉔ 8 丁亥25 9 戊子26 10己丑27 11庚寅28 12辛卯29 **13**壬辰30 《10月》 14癸巳① 15甲午 2 16乙未 3 17丙申 4 18丁酉 5 19戊戌 6 20己亥 7 21庚子⑧ 22辛丑 9 23壬寅10 24癸卯11 25甲辰12 26乙巳13 27丙午14 **28**丁未⑮ 29戊申16 30己酉17	1 庚戌18 2 辛亥19 3 壬子20 4 癸丑21 5 甲寅㉒ 6 乙卯23 7 丙辰24 8 丁巳25 9 戊午26 10己未27 11庚申28 12辛酉㉙ **13**壬戌30 14癸亥31 《11月》 15甲子 1 16乙丑 2 17丙寅 3 18丁卯 4 19戊辰⑤ 20己巳 6 21庚午 7 22辛未 8 23壬申 9 24癸酉10 25甲戌11 26乙亥⑫ 27丙子13 28丁丑14 **29**戊寅15	1 己卯16 2 庚辰17 3 辛巳18 4 壬午⑲ 5 癸未20 6 甲申21 7 乙酉22 8 丙戌23 9 丁亥24 10戊子25 11己丑㉖ 12庚寅27 13辛卯28 14壬辰29 **15**癸巳30 《12月》 16甲午 1 17乙未 2 18丙申③ 19丁酉 4 20戊戌 5 21己亥 6 22庚子 7 23辛丑 8 24壬寅 9 25癸卯⑩ 26甲辰11 27乙巳12 28丙午13 29丁未14	**1** 戊申15 2 己酉16 3 庚戌⑰ 4 辛亥18 5 壬子19 6 癸丑20 7 甲寅21 8 乙卯22 9 丙辰23 10丁巳㉔ 11戊午25 12己未26 13庚申27 14辛酉28 15壬戌29 **16**癸亥30 17甲子㉛ **1336 年** 《1月》 18乙丑 1 19丙寅 2 20丁卯 3 21戊辰 4 22己巳 5 23庚午 6 24辛未⑦ 25壬申 8 26癸酉 9 27甲戌10 28乙亥11 29丙子12 30丁丑13	**1** 戊寅⑭ 2 己卯15 3 庚辰16 4 辛巳17 5 壬午18 6 癸未19 7 甲申20 8 乙酉㉑ 9 丙戌22 10丁亥23 11戊子24 12己丑25 13庚寅26 14辛卯27 15壬辰㉘ 16癸巳29 **17**甲午30 18乙未31 《2月》 19丙申 1 20丁酉 2 21戊戌 3 22己亥④ 23庚子 5 24辛丑 6 25壬寅 7 26癸卯 8 27甲辰 9 28乙巳10 29丙午⑪ 30丁未12
立春 4日 雨水 20日	啓蟄 6日 春分 21日	清明 6日 穀雨 22日	立夏 8日 小満 23日	芒種 9日 夏至 24日	小暑 11日 大暑 26日	立秋 11日 処暑 26日	白露 12日 秋分 28日	寒露 13日 霜降 28日	立冬 13日 小雪 29日	大雪15日	冬至 1日 小寒 16日	大寒 1日 立春 17日

延元元年〔建武3年〕/建武3年（1336－1337） 丙子

改元 2/29（建武→延元）

1月	2月	3月	4月	5月	6月	7月	8月	9月	10月	11月	12月
1 戊申13 **2** 己酉14 3 庚戌15 4 辛亥16 5 壬子17 6 癸丑⑱ 7 甲寅19 8 乙卯20 9 丙辰21 10丁巳22 11戊午23 12己未24 13庚申㉕ 14辛酉26 15壬戌27 16癸亥28 **17**甲子29 《3月》 18乙丑 1 19丙寅 2 20丁卯③ 21戊辰 4 22己巳 5 23庚午 6 24辛未 7 25壬申 8 26癸酉 9 27甲戌⑩ 28乙亥11 29丙子12 30丁丑13	1 戊寅14 **2** 己卯15 3 庚辰16 4 辛巳⑰ 5 壬午18 6 癸未19 7 甲申20 8 乙酉21 9 丙戌22 10丁亥23 11戊子㉔ 12己丑25 13庚寅26 14辛卯27 15壬辰28 16癸巳29 17甲午30 **18**乙未㉛ 《4月》 19丙申 1 20丁酉 2 21戊戌 3 22己亥 4 23庚子 5 24辛丑 6 25壬寅⑦ 26癸卯 8 27甲辰 9 28乙巳10 29丙午11	1 丁未12 2 戊申13 3 己酉⑭ **4** 庚戌15 5 辛亥16 6 壬子17 7 癸丑18 8 甲寅19 9 乙卯20 10丙辰㉑ 11丁巳22 12戊午23 13己未24 14庚申25 15辛酉26 16壬戌27 17癸亥㉘ 18甲子29 **19**乙丑30 《5月》 20丙寅 1 21丁卯 2 22戊辰 3 23己巳 4 24庚午⑤ 25辛未 6 26壬申 7 27癸酉 8 28甲戌 9 29乙亥10 30丙子11	1 丁丑⑫ 2 戊寅13 3 己卯14 **4** 庚辰15 5 辛巳16 6 壬午17 7 癸未18 8 甲申⑲ 9 乙酉20 10丙戌21 11丁亥22 12戊子23 13己丑24 14庚寅25 15辛卯㉖ 16壬辰27 17癸巳28 18甲午29 **19**乙未30 20丙申31 《6月》 21丁酉 1 22戊戌② 23己亥 3 24庚子 4 25辛丑 5 26壬寅 6 27癸卯 7 28甲辰 8 29乙巳⑨	1 丙午10 2 丁未11 3 戊申12 4 己酉13 5 庚戌14 **6** 辛亥15 7 壬子⑯ 8 癸丑17 9 甲寅18 10乙卯19 11丙辰20 12丁巳21 13戊午22 14己未㉓ 15庚申24 16辛酉25 17壬戌26 18癸亥27 19甲子28 20乙丑29 **21** 丙寅㉚ 《7月》 22丁卯 1 23戊辰 2 24己巳 3 25庚午 4 26辛未 5 27壬申 6 28癸酉⑦ 29甲戌 8	1 乙亥 9 2 丙子10 3 丁丑11 4 戊寅12 5 己卯13 6 庚辰⑭ **7** 辛巳15 8 壬午16 9 癸未17 10甲申18 11乙酉19 12丙戌20 13丁亥㉑ 14戊子22 15己丑23 16庚寅24 17辛卯25 18壬辰26 19癸巳27 20甲午㉘ 21乙未29 **22**丙申30 23丁酉31 《8月》 24戊戌 1 25己亥 2 26庚子 3 27辛丑④ 28壬寅 5 29癸卯 6 30甲辰 7	1 乙巳 8 2 丙午 9 3 丁未10 4 戊申⑪ 5 己酉12 6 庚戌13 7 辛亥14 **8** 壬子15 9 癸丑16 10甲寅17 11乙卯⑱ 12丙辰19 13丁巳20 14戊午21 15己未22 16庚申23 17辛酉24 18壬戌㉕ 19癸亥26 20甲子27 21乙丑28 22丙寅29 **23**丁卯30 24戊辰31 《9月》 25己巳① 26庚午 2 27辛未 3 28壬申 4 29癸酉 5	1 甲戌 6 2 乙亥 7 3 丙子⑧ 4 丁丑 9 5 戊寅10 6 己卯11 7 庚辰12 8 辛巳13 **9** 壬午14 10癸未⑮ 11甲申16 12乙酉17 13丙戌18 14丁亥19 15戊子20 16己丑21 17庚寅㉒ 18辛卯23 19壬辰24 20癸巳25 21甲午26 22乙未27 23丙申28 **24**丁酉㉙ 25戊戌30 《10月》 26己亥 1 27庚子 2 28辛丑 3 29壬寅 4 30癸卯 5	1 甲辰⑥ 2 乙巳 7 3 丙午 8 4 丁未 9 5 戊申10 6 己酉11 7 庚戌12 8 辛亥⑬ **9** 壬子14 10癸丑15 11甲寅16 12乙卯17 13丙辰18 14丁巳19 15戊午⑳ 16己未21 17庚申22 18辛酉23 19壬戌24 20癸亥25 21甲子26 22乙丑㉗ 23丙寅28 24丁卯29 **25**戊辰30 26己巳31 《11月》 27庚午 1 28辛未 2 29壬申③	1 癸酉 4 2 甲戌 5 3 乙亥 6 4 丙子 7 5 丁丑 8 6 戊寅 9 7 己卯⑩ 8 庚辰11 9 辛巳12 10壬午13 **11**癸未14 12甲申15 13乙酉16 14丙戌⑰ 15丁亥18 16戊子19 17己丑20 18庚寅21 19辛卯22 20壬辰23 21癸巳㉔ 22甲午25 23乙未26 24丙申27 25丁酉28 **26**戊戌29 27己亥30 《12月》 28庚子① 29辛丑 2 30壬寅 3	1 癸卯 4 2 甲辰 5 3 乙巳 6 4 丙午 7 5 丁未⑧ 6 戊申 9 7 己酉10 8 庚戌11 9 辛亥12 10壬子13 **11**癸丑14 12甲寅⑮ 13乙卯16 14丙辰17 15丁巳18 16戊午19 17己未20 18庚申21 19辛酉㉒ 20壬戌23 21癸亥24 22甲子25 23乙丑26 24丙寅27 25丁卯28 **26**戊辰㉙ 27己巳30 28庚午31 **1337 年** 《1月》 29辛未 1 30壬申 2	1 癸酉 3 2 甲戌 4 3 乙亥⑤ 4 丙子 6 5 丁丑 7 6 戊寅 8 7 己卯 9 8 庚辰10 9 辛巳11 10壬午⑫ 11癸未13 **12**甲申14 13乙酉15 14丙戌16 15丁亥17 16戊子18 17己丑⑲ 18庚寅20 19辛卯21 20壬辰22 21癸巳23 22甲午24 23乙未25 24丙申㉖ 25丁酉27 26戊戌28 **27**己亥29 28庚子30 29辛丑31 《2月》 30壬寅 1
雨水 2日 啓蟄 17日	春分 2日 清明 18日	穀雨 4日 立夏 19日	小満 4日 芒種 19日	夏至 6日 小暑 21日	大暑 7日 立秋 22日	処暑 8日 白露 23日	秋分 9日 寒露 24日	霜降 9日 立冬 25日	小雪 11日 大雪 26日	冬至 11日 小寒 26日	大寒 12日 立春 27日

延元2年/建武4年（1337－1338） 丁丑

1月	2月	3月	4月	5月	6月	7月	8月	9月	10月	11月	12月
1癸卯②	1壬申3	1壬寅2	《5月》	**1**辛丑31	1庚午㉙	1己亥28	1己巳27	1戊戌25	1戊辰25	1丁酉㉓	1丁卯23
2甲辰3	2癸酉4	2癸卯3	1辛未1	《6月》	**2**辛未30	2庚子29	2庚午28	2己亥26	2己巳㉖	2戊戌24	2戊辰24
3乙巳4	3甲戌5	3甲辰4	2壬申2	2壬寅①	《7月》	3辛丑30	3辛未29	3庚子27	3庚午27	3己亥25	3己巳25
4丙午5	4乙亥6	4乙巳5	3癸酉3	3癸卯2	3壬申1	**4**壬寅31	**4**壬申30	4辛丑㉘	4辛未28	4庚子26	4庚午26
5丁未6	5丙子7	5丙午⑥	4甲戌④	4甲辰3	4癸酉2	《8月》	5癸酉㉛	**5**壬寅29	5壬申29	5辛丑27	5辛未27
6戊申7	6丁丑8	6丁未7	5乙亥5	5乙巳4	5甲戌3	5癸卯1	《9月》	6癸卯30	**6**癸酉30	6壬寅28	6壬申㉘
7己酉8	7戊寅⑨	7戊申8	6丙子6	6丙午5	6乙亥4	6甲辰2	6甲戌1	《10月》	7甲戌31	**7**癸卯29	7癸酉29
8庚戌⑨	8己卯10	8己酉9	7丁丑7	7丁未6	7丙子5	7乙巳③	7乙亥2	7甲辰1	《11月》	8甲辰㉚	**8**甲戌30
9辛亥10	9庚辰11	9庚戌10	8戊寅8	8戊申7	8丁丑⑥	8丙午4	8丙子3	8乙巳2	8乙亥1	《12月》	9乙亥31
10壬子11	10辛巳12	10辛亥11	9己卯9	9己酉⑧	9戊寅7	9丁未5	9丁丑4	9丙午3	9丙子②	9乙巳1	**1338年**
11癸丑12	11壬午13	11壬子12	10庚辰10	10庚戌9	10己卯8	10戊申6	10戊寅5	10丁未4	10丁丑3	10丙午2	《1月》
12甲寅13	12癸未14	12癸丑⑬	11辛巳⑪	11辛亥10	11庚辰9	11己酉7	11己卯6	11戊申⑤	11戊寅4	11丁未3	10丙子1
13乙卯14	13甲申15	13甲寅14	12壬午12	12壬子11	12辛巳10	12庚戌8	12庚辰⑦	12己酉6	12己卯5	12戊申4	11丁丑2
14丙辰15	**14**乙酉⑯	**14**乙卯15	13癸未13	13癸丑12	13壬午11	13辛亥9	13辛巳8	13庚戌7	13庚辰6	13己酉5	12戊寅3
15丁巳⑯	15丙戌17	15丙辰16	14甲申14	14甲寅13	14癸未12	14壬子⑩	14壬午9	14辛亥8	14辛巳7	14庚戌6	13己卯④
16戊午17	16丁亥18	16丁巳17	**15**乙酉15	15乙卯14	15甲申⑬	15癸丑11	15癸未10	15壬子9	15壬午8	15辛亥⑦	14庚辰5
17己未18	17戊子19	17戊午18	16丙戌16	**16**丙辰⑮	16乙酉14	16甲寅12	16甲申11	16癸丑10	16癸未⑨	16壬子8	15辛巳6
18庚申19	18己丑20	18己未19	17丁亥17	17丁巳16	**17**丙戌15	17乙卯13	17乙酉12	17甲寅11	17甲申10	17癸丑9	16壬午7
19辛酉20	19庚寅21	19庚申⑳	18戊子⑱	18戊午17	18丁亥16	18丙辰14	18丙戌13	18乙卯⑫	18乙酉11	18甲寅10	17癸未8
20壬戌21	20辛卯22	20辛酉21	19己丑19	19己未18	19戊子17	**19**丁巳15	**19**丁亥⑭	19丙辰13	19丙戌12	19乙卯11	18甲申9
21癸亥22	21壬辰㉓	21壬戌22	20庚寅20	20庚申19	20己丑18	20戊午16	20戊子15	20丁巳14	20丁亥13	20丙辰12	19乙酉10
22甲子㉓	22癸巳24	22癸亥23	21辛卯21	21辛酉20	21庚寅19	21己未⑰	21己丑16	**21**戊午15	**21**戊子14	21丁巳13	20丙戌⑪
23乙丑24	23甲午25	23甲子24	22壬辰22	22壬戌21	22辛卯⑳	22庚申18	22庚寅17	22己未16	22己丑15	**22**戊午⑭	21丁亥12
24丙寅25	24乙未26	24乙丑25	23癸巳23	23癸亥㉒	23壬辰21	23辛酉19	23辛卯18	23庚申17	23庚寅⑯	23己未15	22戊子13
25丁卯26	25丙申27	25丙寅26	24甲午24	24甲子23	24癸巳22	24壬戌20	24壬辰19	24辛酉18	24辛卯17	24庚申16	**23**己丑14
26戊辰27	26丁酉28	26丁卯㉗	25乙未㉕	25乙丑24	25甲午23	25癸亥21	25癸巳20	25壬戌⑲	25壬辰18	25辛酉17	24庚寅15
27己巳28	27戊戌29	27戊辰28	26丙申26	26丙寅25	26乙未24	26甲子22	26甲午㉑	26癸亥20	26癸巳19	26壬戌18	25辛卯16
《3月》	28己亥㉚	28己巳29	27丁酉27	27丁卯26	27丙申25	27乙丑23	27乙未22	27甲子21	27甲午20	27癸亥19	26壬辰17
28庚午1	**29**庚子31	**29**庚午30	28戊戌28	28戊辰27	28丁酉26	28丙寅㉔	28丙申23	28乙丑22	28乙未21	28甲子20	27癸巳⑱
29辛未②	《4月》		29己亥29	29己巳28	29戊戌㉗	29丁卯25	29丁酉24	29丙寅23	29丙申22	29乙丑㉑	28甲午19
	30辛丑1		30庚子30			30戊辰26		30丁卯24		30丙寅22	29乙未20
											30丙申21
雨水12日 啓蟄27日	春分14日 清明29日	穀雨14日 立夏29日	小満15日	芒種1日 夏至16日	小暑2日 大暑17日	立秋4日 処暑19日	白露4日 秋分19日	寒露5日 霜降21日	立冬6日 小雪21日	大雪7日 冬至22日	小寒8日 大寒23日

延元3年/暦応元年〔建武5年〕（1338－1339） 戊寅

改元 8/28（建武→暦応）

1月	2月	3月	4月	5月	6月	7月	閏7月	8月	9月	10月	11月	12月
1丁酉22	1丁卯21	1丙申㉒	1丙寅21	1乙未20	1乙丑19	1甲午18	1癸亥⑯	**1**壬辰14	1壬戌14	1壬辰13	1辛酉12	1辛卯11
2戊戌23	2戊辰㉒	2丁酉23	2丁卯22	2丙申21	2丙寅20	2乙未⑲	2甲子17	2癸巳15	**2**癸亥15	**2**癸巳14	2壬戌⑬	2壬辰12
3己亥24	3己巳23	3戊戌24	3戊辰23	3丁酉22	3丁卯㉑	3丙申20	3乙丑18	3甲午16	3甲子16	3甲午⑮	3癸亥14	3癸巳13
4庚子㉕	4庚午24	4己亥25	4己巳24	4戊戌23	4戊辰22	4丁酉21	4丙寅19	4乙未17	4乙丑17	4乙未16	**4**甲子15	**4**甲午14
5辛丑26	5辛未25	5庚子26	5庚午25	5己亥㉔	5己巳23	5戊戌22	5丁卯20	5丙申18	5丙寅⑱	5丙申17	5乙丑16	5乙未15
6壬寅27	6壬申26	6辛丑27	6辛未㉖	6庚子25	6庚午24	6己亥23	6戊辰21	6丁酉19	6丁卯19	6丁酉18	6丙寅17	6丙申16
7癸卯28	7癸酉27	7壬寅28	7壬申27	7辛丑26	7辛未25	7庚子24	7己巳22	7戊戌⑳	7戊辰20	7戊戌19	7丁卯18	7丁酉⑰
8甲辰29	8甲戌28	8癸卯㉙	8癸酉28	8壬寅27	8壬申26	8辛丑25	8庚午㉓	8己亥21	8己巳21	8己亥20	8戊辰19	8戊戌18
9乙巳30	《3月》	9甲辰30	9甲戌29	9癸卯28	9癸酉27	9壬寅㉖	9辛未24	9庚子22	9庚午22	9庚子21	9己巳⑳	9己亥19
10丙午31	**9**乙亥①	**10**乙巳31	**10**乙亥30	10甲辰29	10甲戌㉘	10癸卯27	10壬申25	10辛丑23	10辛未23	10辛丑㉒	10庚午21	10庚子20
《2月》	10丙子2	《4月》	《5月》	11乙巳30	11乙亥29	11甲辰28	11癸酉26	11壬寅24	11壬申24	11壬寅23	11辛未22	11辛丑21
11丁未①	11丁丑3	11丙午1	11丙子1	**12**丙午㉛	**12**丙子30	12乙巳29	12甲戌27	12癸卯25	12癸酉㉕	12癸卯24	12壬申23	12壬寅22
12戊申2	12戊寅4	12丁未2	12丁丑2	《6月》	《7月》	13丙午30	13乙亥28	13甲辰26	13甲戌26	13甲辰25	13癸酉24	13癸卯23
13己酉3	13己卯5	13戊申3	13戊寅③	13丁未1	13丁丑1	**14**丁未31	14丙子29	14乙巳㉗	14乙亥27	14乙巳26	14甲戌25	14甲辰㉔
14庚戌4	14庚辰6	14己酉4	14己卯4	14戊申2	14戊寅2	《8月》	**15**丁丑㉚	15丙午28	15丙子28	15丙午27	15乙亥26	15乙巳25
15辛亥5	15辛巳7	15庚戌⑤	15庚辰5	15己酉3	15己卯3	15戊申1	16戊寅31	16丁未29	16丁丑29	16丁未28	16丙子㉗	16丙午26
16壬子6	16壬午⑧	16辛亥6	16辛巳6	16庚戌4	16庚辰4	16己酉②	《9月》	**17**戊申30	**17**戊寅30	17戊申㉙	17丁丑28	17丁未27
17癸丑7	17癸未9	17壬子7	17壬午7	17辛亥5	17辛巳⑤	17庚戌3	17己卯1	《10月》	18己卯31	**18**己酉30	18戊寅29	18戊申28
18甲寅⑧	18甲申10	18癸丑8	18癸未8	18壬子6	18壬午6	18辛亥4	18庚辰2	18己酉1	《11月》	《12月》	**19**己卯30	**19**己酉29
19乙卯9	19乙酉11	19甲寅9	19甲申9	19癸丑⑦	19癸未7	19壬子5	19辛巳3	19庚戌2	19庚辰①	19庚戌1	20庚辰31	20庚戌30
20丙辰10	20丙戌12	20乙卯10	20乙酉⑩	20甲寅8	20甲申8	20癸丑6	20壬午4	20辛亥3	20辛巳2	20辛亥2	**1339年**	21辛亥㉛
21丁巳11	21丁亥13	21丙辰11	21丙戌11	21乙卯9	21乙酉9	21甲寅7	21癸未5	21壬子④	21壬午3	21壬子3	《1月》	《2月》
22戊午12	22戊子14	22丁巳⑫	22丁亥12	22丙辰10	22丙戌10	22乙卯8	22甲申⑥	22癸丑5	22癸未4	22癸丑4	21辛巳1	22壬子1
23己未13	23己丑⑮	23戊午13	23戊子13	23丁巳11	23丁亥11	23丙辰⑨	23乙酉7	23甲寅6	23甲申5	23甲寅5	22壬午2	23癸丑2
24庚申14	**24**庚寅16	24己未14	24己丑14	24戊午12	24戊子⑫	24丁巳10	24丙戌8	24乙卯7	24乙酉6	24乙卯⑥	23癸未③	24甲寅3
25辛酉⑮	25辛卯17	**25**庚申15	25庚寅15	25己未13	25己丑13	25戊午11	25丁亥9	25丙辰8	25丙戌7	25丙辰7	24甲申4	25乙卯4
26壬戌16	26壬辰18	26辛酉16	**26**辛卯16	26庚申⑭	26庚寅14	26己未12	26戊子10	26丁巳9	26丁亥⑧	26丁巳8	25乙酉5	26丙辰5
27癸亥17	27癸巳19	27壬戌17	27壬辰⑰	**27**辛酉15	27辛卯15	27庚申13	27己丑11	27戊午10	27戊子9	27戊午9	26丙戌6	27丁巳6
28甲子18	28甲午20	28癸亥18	28癸巳18	28壬戌16	**28**壬辰16	28辛酉14	28庚寅12	28己未⑪	28己丑10	28己未10	27丁亥7	28戊午⑦
29乙丑19	29乙未21	29甲子⑲	29甲午19	29癸亥17	29癸巳17	**29**壬戌15	29辛卯⑬	29庚申12	29庚寅11	29庚申11	28戊子8	29己未8
30丙寅20		30乙丑20		30甲子18				30辛酉13	30辛卯12		29己丑9	30庚申9
											30庚寅⑩	
立春8日 雨水23日	啓蟄9日 春分24日	清明10日 穀雨25日	立夏10日 小満26日	芒種12日 夏至27日	小暑12日 大暑28日	立秋14日 処暑29日	白露15日	秋分1日 寒露17日	霜降2日 立冬17日	小雪2日 大雪18日	冬至4日 小寒19日	大寒4日 立春19日

延元4年/暦応2年（1339－1340） 己卯

1月	2月	3月	4月	5月	6月	7月	8月	9月	10月	11月	12月
1 辛酉10	1 庚寅11	1 庚申10	1 庚寅10	1 己未 8	1 己丑 8	1 戊午 6	1 丁亥 4	1 丁巳 4	1 丙戌 2	1 丙辰 2	1 乙酉31
2 壬戌11	2 辛卯12	2 辛酉⑪	2 辛卯11	2 庚申 9	2 庚寅 9	2 己未 7	2 戊子⑤	2 戊午 5	2 丁亥 3	2 丁巳 3	1340年
3 癸亥12	3 壬辰13	3 壬戌12	3 壬辰12	3 辛酉10	3 辛卯10	3 庚申⑧	3 己丑 6	3 己未 6	3 戊子 4	3 戊午 4	《1月》
4 甲子13	4 癸巳⑭	4 癸亥13	4 癸巳13	4 壬戌11	4 壬辰⑪	4 辛酉 9	4 庚寅 7	4 庚申 7	4 己丑 5	4 己未⑤	2 丙戌 1
5 乙丑⑭	5 甲午15	5 甲子14	5 甲午14	5 癸亥12	5 癸巳12	5 壬戌10	5 辛卯 8	5 辛酉 8	5 庚寅 6	5 庚申 6	3 丁亥②
6 丙寅15	6 乙未16	6 乙丑15	6 乙未15	6 甲子⑬	6 甲午13	6 癸亥11	6 壬辰 9	6 壬戌 9	6 辛卯⑦	6 辛酉 7	4 戊子 3
7 丁卯16	7 丙申17	7 丙寅16	7 丙申⑯	7 乙丑14	7 乙未14	7 甲子12	7 癸巳10	7 癸亥⑩	7 壬辰 8	7 壬戌 8	5 己丑 4
8 戊辰17	8 丁酉18	8 丁卯17	8 丁酉17	8 丙寅15	8 丙申15	8 乙丑13	8 甲午11	8 甲子11	8 癸巳 9	8 癸亥 9	6 庚寅 5
9 己巳18	9 戊戌19	9 戊辰⑱	9 戊戌18	9 丁卯16	9 丁酉16	9 丙寅14	9 乙未⑫	9 乙丑12	9 甲午10	9 甲子10	7 辛卯 6
10庚午19	10己亥20	10己巳19	10己亥19	10戊辰17	10戊戌17	10丁卯⑮	10丙申13	10丙寅13	10乙未11	10乙丑11	8 壬辰 7
11辛未20	11庚子㉑	11庚午20	11庚子20	11己巳18	11己亥⑱	11戊辰16	11丁酉14	11丁卯14	11丙申12	11丙寅⑫	9 癸巳 8
12壬申㉑	12辛丑22	12辛未21	12辛丑21	12庚午19	12庚子19	12己巳17	12戊戌15	12戊辰15	12丁酉13	12丁卯13	10甲午⑨
13癸酉22	13壬寅23	13壬申22	13壬寅22	13辛未⑳	13辛丑20	13庚午18	13己亥16	13己巳16	13戊戌⑭	13戊辰14	11乙未10
14甲戌23	14癸卯24	14癸酉23	14癸卯㉓	14壬申21	14壬寅21	14辛未19	14庚子17	14庚午⑰	14己亥15	14己巳15	12丙申11
15乙亥24	15甲辰25	15甲戌24	15甲辰24	15癸酉22	15癸卯22	15壬申20	15辛丑18	15辛未18	15庚子16	15庚午16	13丁酉12
16丙子25	16乙巳26	16乙亥㉕	16乙巳25	16甲戌23	16甲辰23	16癸酉21	16壬寅⑲	16壬申19	16辛丑17	16辛未17	14戊戌13
17丁丑26	17丙午27	17丙子26	17丙午26	17乙亥24	17乙巳24	17甲戌㉒	17癸卯20	17癸酉20	17壬寅18	17壬申18	15己亥14
18戊寅27	18丁未㉘	18丁丑27	18丁未27	18丙子25	18丙午㉕	18乙亥23	18甲辰21	18甲戌21	18癸卯19	18癸酉⑲	16庚子15
19己卯㉘	19戊申29	19戊寅28	19戊申28	19丁丑26	19丁未26	19丙子24	19乙巳22	19乙亥22	19甲辰20	19甲戌20	17辛丑⑯
《3月》	20己酉30	20己卯29	20己酉29	20戊寅㉗	20戊申27	20丁丑25	20丙午23	20丙子23	20乙巳㉑	20乙亥21	18壬寅17
20庚辰 1	21庚戌31	21庚辰30	21庚戌㉚	21己卯28	21己酉28	21戊寅26	21丁未24	21丁丑㉔	21丙午22	21丙子22	19癸卯18
21辛巳 2	《4月》	《5月》	22辛亥31	22庚辰29	22庚戌29	22己卯27	22戊申25	22戊寅25	22丁未23	22丁丑23	20甲辰19
22壬午 3	22辛亥 1	22辛巳 1	《6月》	23辛巳30	23辛亥30	23庚辰28	23己酉㉖	23己卯26	23戊申24	23戊寅24	21乙巳20
23癸未 4	23壬子 2	23壬午②	23壬子 1	《7月》	24壬子31	24辛巳㉙	24庚戌27	24庚辰27	24己酉25	24己卯25	22丙午21
24甲申 5	24癸丑 3	24癸未 3	24癸丑 2	24壬午 1	《8月》	25壬午30	25辛亥28	25辛巳28	25庚戌26	25庚辰㉖	23丁未22
25乙酉 6	25甲寅④	25甲申 4	25甲寅 3	25癸未 2	25癸丑①	26癸未31	26壬子29	26壬午29	26辛亥27	26辛巳27	24戊申㉓
26丙戌⑦	26乙卯 5	26乙酉 5	26乙卯 4	26甲申 3	26甲寅 2	《9月》	27癸丑30	27癸未30	27壬子㉘	27壬午28	25己酉24
27丁亥 8	27丙辰 6	27丙戌 6	27丙辰 5	27乙酉④	27乙卯 3	27甲申 1	《10月》	28甲申㉛	28癸丑29	28癸未29	26庚戌25
28戊子 9	28丁巳 7	28丁亥 7	28丁巳⑥	28丙戌 5	28丙辰 4	28乙酉 2	28甲寅 1	《11月》	29甲寅30	29甲申30	27辛亥26
29己丑10	29戊午 8	29戊子 8	29戊午 7	29丁亥 6	29丁巳 5	29丙戌 3	29乙卯 2	29乙酉 1	《12月》		28壬子27
	30己未 9	30己丑⑨		30戊子 7			30丙辰③		30乙卯 1		29癸丑28
											30甲寅29

雨水 5日	春分 6日	穀雨 6日	小満 7日	夏至 8日	大暑 9日	処暑 10日	秋分 12日	霜降 12日	小雪 14日	冬至 14日	大寒 15日
啓蟄 20日	清明 21日	立夏 22日	芒種 22日	小暑 24日	立秋 24日	白露 25日	寒露 27日	立冬 27日	大雪 29日	小寒 29日	

興国元年〔延元5年〕/暦応3年（1340－1341） 庚辰

改元 4/28（延元→興国）

1月	2月	3月	4月	5月	6月	7月	8月	9月	10月	11月	12月
1 乙卯㉚	1 甲申28	1 甲寅29	1 甲申28	1 癸丑27	1 癸未26	1 壬子25	1 壬午24	1 辛亥22	1 辛巳㉒	1 庚戌20	1 庚辰20
2 丙辰31	2 乙酉29	2 乙卯30	2 乙酉29	2 甲寅㉘	2 甲申27	2 癸丑26	2 癸未25	2 壬子23	2 壬午23	2 辛亥21	2 辛巳21
《2月》	《3月》	3 丙辰31	3 丙戌㉚	3 乙卯29	3 乙酉28	3 甲寅27	3 甲申26	3 癸丑㉔	3 癸未24	3 壬子22	3 壬午22
3 丁巳 1	3 丙戌 1	《4月》	《5月》	4 丙辰30	4 丙戌29	4 乙卯28	4 乙酉㉗	4 甲寅25	4 甲申25	4 癸丑23	4 癸未23
4 戊午 2	4 丁亥 2	4 丁巳 1	4 丁亥 1	5 丁巳31	5 丁亥30	5 丙辰29	5 丙戌28	5 乙卯26	5 乙酉26	5 甲寅24	5 甲申㉔
5 己未 3	5 戊子 3	5 戊午②	5 戊子 2	《6月》	《7月》	6 丁巳㉚	6 丁亥29	6 丙辰27	6 丙戌27	6 乙卯25	6 乙酉25
6 庚申 4	6 己丑 4	6 己未 3	6 己丑 3	6 戊午 1	6 戊子 1	7 戊午31	7 戊子30	7 丁巳28	7 丁亥28	7 丙辰㉖	7 丙戌26
7 辛酉 5	7 庚寅⑤	7 庚申 4	7 庚寅 4	7 己未 2	7 己丑②	《8月》	8 己丑31	8 戊午29	8 戊子㉙	8 丁巳27	8 丁亥27
8 壬戌⑥	8 辛卯 6	8 辛酉 5	8 辛卯 5	8 庚申 3	8 庚寅 3	8 己未 1	《9月》	9 己未30	9 己丑30	9 戊午28	9 戊子28
9 癸亥 7	9 壬辰 7	9 壬戌 6	9 壬辰 6	9 辛酉④	9 辛卯 4	9 庚申 2	9 庚寅 1	《10月》	10庚寅31	10己未29	10己丑29
10甲子 8	10癸巳 8	10癸亥 7	10癸巳⑦	10壬戌 5	10壬辰 5	10辛酉 3	10辛卯 2	10庚申①	《11月》	11庚申30	11庚寅30
11乙丑 9	11甲午 9	11甲子 8	11甲午 8	11癸亥 6	11癸巳 6	11壬戌 4	11壬辰③	11辛酉 2	11辛卯 1	《12月》	12辛卯㉛
12丙寅10	12乙未10	12乙丑⑨	12乙未 9	12甲子 7	12甲午 7	12癸亥 5	12癸巳 4	12壬戌 3	12壬辰 2	12辛酉 1	1341年
13丁卯11	13丙申11	13丙寅10	13丙申10	13乙丑 8	13乙未 8	13甲子⑥	13甲午 5	13癸亥 4	13癸巳 3	13壬戌 2	《1月》
14戊辰12	14丁酉⑫	14丁卯11	14丁酉11	14丙寅 9	14丙申⑨	14乙丑 7	14乙未 6	14甲子 5	14甲午 4	14癸亥③	13壬辰 1
15己巳⑬	15戊戌13	15戊辰12	15戊戌12	15丁卯10	15丁酉10	15丙寅 8	15丙申 7	15乙丑 6	15乙未⑤	15甲子 4	14癸巳 2
16庚午14	16己亥14	16己巳13	16己亥13	16戊辰⑪	16戊戌11	16丁卯 9	16丁酉 8	16丙寅 7	16丙申 6	16乙丑 5	15甲午 3
17辛未15	17庚子15	17庚午14	17庚子⑭	17己巳12	17己亥12	17戊辰10	17戊戌 9	17丁卯⑧	17丁酉 7	17丙寅 6	16乙未 4
18壬申16	18辛丑16	18辛未15	18辛丑15	18庚午13	18庚子13	18己巳11	18己亥⑩	18戊辰 9	18戊戌 8	18丁卯 7	17丙申 5
19癸酉17	19壬寅17	19壬申⑯	19壬寅16	19辛未14	19辛丑14	19庚午12	19庚子11	19己巳10	19己亥 9	19戊辰 8	18丁酉 6
20甲戌18	20癸卯18	20癸酉17	20癸卯17	20壬申15	20壬寅15	20辛未⑬	20辛丑12	20庚午11	20庚子10	20己巳 9	19戊戌⑦
21乙亥19	21甲辰⑲	21甲戌18	21甲辰18	21癸酉16	21癸卯⑯	21壬申14	21壬寅13	21辛未12	21辛丑11	21庚午⑩	20己亥 8
22丙子⑳	22乙巳20	22乙亥19	22乙巳19	22甲戌17	22甲辰17	22癸酉15	22癸卯14	22壬申13	22壬寅⑫	22辛未11	21庚子 9
23丁丑21	23丙午21	23丙子20	23丙午20	23乙亥⑱	23乙巳18	23甲戌16	23甲辰15	23癸酉14	23癸卯13	23壬申12	22辛丑10
24戊寅22	24丁未22	24丁丑21	24丁未㉑	24丙子19	24丙午19	24乙亥17	24乙巳16	24甲戌⑮	24甲辰14	24癸酉13	23壬寅11
25己卯23	25戊申23	25戊寅22	25戊申22	25丁丑20	25丁未20	25丙子18	25丙午⑰	25乙亥16	25乙巳15	25甲戌14	24癸卯12
26庚辰24	26己酉24	26己卯㉓	26己酉23	26戊寅21	26戊申21	26丁丑19	26丁未18	26丙子17	26丙午16	26乙亥15	25甲辰13
27辛巳25	27庚戌25	27庚辰24	27庚戌24	27己卯22	27己酉22	27戊寅⑳	27戊申19	27丁丑18	27丁未17	27丙子16	26乙巳⑭
28壬午26	28辛亥㉖	28辛巳25	28辛亥25	28庚辰23	28庚戌㉓	28己卯21	28己酉20	28戊寅19	28戊申18	28丁丑⑰	27丙午15
29癸未㉗	29壬子27	29壬午26	29壬子26	29辛巳24	29辛亥24	29庚辰22	29庚戌21	29己卯20	29己酉⑲	29戊寅18	28丁未16
	30癸丑28	30癸未27		30壬午㉕		30辛巳23		30庚辰21		30己卯19	29戊申17

立春 1日	啓蟄 2日	清明 3日	立夏 3日	芒種 4日	小暑 5日	立秋 6日	白露 7日	寒露 8日	立冬 9日	大雪 10日	小寒 10日
雨水 16日	春分 17日	穀雨 18日	小満 18日	夏至 20日	大暑 20日	処暑 21日	秋分 22日	霜降 23日	小雪 24日	冬至 25日	大寒 26日

興国2年/暦応4年（1341－1342） 辛巳

1月	2月	3月	4月	閏4月	5月	6月	7月	8月	9月	10月	11月	12月
1己酉18 2庚戌19 3辛亥20 4壬子㉑ 5癸丑22 6甲寅23 7乙卯24 8丙辰25 9丁巳26 10戊午27 11己未㉘ **12**庚申29 13辛酉30 14壬戌31 《2月》 15癸亥 1 16甲子 2 17乙丑 3 18丙寅④ 19丁卯 5 20戊辰 6 21己巳 7 22庚午 8 23辛未 9 24壬申10 25癸酉⑪ 26甲戌12 **27**乙亥13 28丙子14 29丁丑15 30戊寅16	1己卯17 2庚辰⑱ 3辛巳19 4壬午20 5癸未21 6甲申22 7乙酉23 8丙戌24 9丁亥㉕ 10戊子26 11己丑27 **12**庚寅28 《3月》 13辛卯 1 14壬辰 2 15癸巳 3 16甲午④ 17乙未 5 18丙申 6 19丁酉 7 20戊戌 8 21己亥 9 22庚子10 23辛丑⑪ 24壬寅12 25癸卯13 26甲辰14 27乙巳15 **28**丙午16 29丁未17	1戊申⑱ 2己酉19 3庚戌20 4辛亥21 5壬子22 6癸丑23 7甲寅24 8乙卯㉕ 9丙辰26 10丁巳27 11戊午28 12己未29 13庚申30 **14**辛酉31 《4月》 15壬戌① 16癸亥 2 17甲子 3 18乙丑 4 19丙寅 5 20丁卯 6 21戊辰 7 22己巳⑧ 23庚午 9 24辛未10 25壬申11 26癸酉12 27甲戌13 28乙亥14 **29**丙子⑮ 30丁丑16	1戊寅17 2己卯18 3庚辰19 4辛巳20 5壬午21 6癸未㉒ 7甲申23 8乙酉24 9丙戌25 10丁亥26 11戊子27 12己丑28 13庚寅㉙ **14**辛卯30 《5月》 15壬辰 1 16癸巳 2 17甲午 3 18乙未 4 19丙申 5 20丁酉⑥ 21戊戌 7 22己亥 8 23庚子 9 24辛丑10 25壬寅11 26癸卯12 27甲辰⑬ 28乙巳14 **29**丙午15	1丁未16 2戊申17 3己酉18 4庚戌19 5辛亥⑳ 6壬子21 7癸丑22 8甲寅23 9乙卯24 10丙辰25 11丁巳26 12戊午㉗ 13己未28 14庚申29 15辛酉30 **16**壬戌31 《6月》 17癸亥 1 18甲子 2 19乙丑③ 20丙寅 4 21丁卯 5 22戊辰 6 23己巳 7 24庚午 8 25辛未 9 26壬申⑩ 27癸酉11 28甲戌12 29乙亥13 30丙子14	**1**丁丑15 2戊寅16 3己卯⑰ 4庚辰18 5辛巳19 6壬午20 7癸未21 8甲申22 9乙酉23 10丙戌㉔ 11丁亥25 12戊子26 13己丑27 14庚寅28 15辛卯29 **16**壬辰30 《7月》 17癸巳① 18甲午 2 19乙未 3 20丙申 4 21丁酉 5 22戊戌 6 23己亥 7 24庚子⑧ 25辛丑 9 26壬寅10 27癸卯11 28甲辰12 29乙巳13 30丙午14	**1**丁未⑮ 2戊申16 3己酉17 4庚戌18 5辛亥19 6壬子20 7癸丑21 8甲寅㉒ 9乙卯23 10丙辰24 11丁巳25 12戊午26 13己未27 14庚申28 15辛酉㉙ 16壬戌30 **17**癸亥31 《8月》 18甲子 1 19乙丑 2 20丙寅 3 21丁卯 4 22戊辰⑤ 23己巳 6 24庚午 7 25辛未 8 26壬申 9 27癸酉10 28甲戌11 29乙亥⑫	1丙子13 2丁丑14 **3**戊寅15 4己卯16 5庚辰17 6辛巳18 7壬午⑲ 8癸未20 9甲申21 10乙酉22 11丙戌23 12丁亥24 13戊子25 14己丑㉖ 15庚寅27 16辛卯28 17壬辰29 **18**癸巳30 19甲午31 《9月》 20乙未 1 21丙申② 22丁酉 3 23戊戌 4 24己亥 5 25庚子 6 26辛丑 7 27壬寅 8 28癸卯⑨ 29甲辰10 30乙巳11	1丙午12 2丁未13 **3**戊申14 4己酉15 5庚戌⑯ 6辛亥17 7壬子18 8癸丑19 9甲寅20 10乙卯21 11丙辰22 12丁巳㉓ 13戊午24 14己未25 15庚申26 16辛酉27 17壬戌28 **18**癸亥29 19甲子㉚ 《10月》 20乙丑 1 21丙寅 2 22丁卯 3 23戊辰 4 24己巳 5 25庚午 6 26辛未⑦ 27壬申 8 28癸酉 9 29甲戌10	1乙亥11 2丙子12 3丁丑13 4戊寅⑭ **5**己卯15 6庚辰16 7辛巳17 8壬午18 9癸未19 10甲申20 11乙酉㉑ 12丙戌22 13丁亥23 14戊子24 15己丑25 16庚寅26 17辛卯27 18壬辰㉘ 19癸巳29 **20**甲午30 21乙未31 《11月》 22丙申 1 23丁酉 2 24戊戌 3 25己亥④ 26庚子 5 27辛丑 6 28壬寅 7 29癸卯 8 30甲辰 9	1乙巳10 2丙午⑪ 3丁未12 4戊申13 **5**己酉14 6庚戌15 7辛亥16 8壬子17 9癸丑⑱ 10甲寅19 11乙卯20 12丙辰21 13丁巳22 14戊午23 15己未24 16庚申㉕ 17辛酉26 18壬戌27 19癸亥28 **20**甲子29 21乙丑30 《12月》 22丙寅 1 23丁卯② 24戊辰 3 25己巳 4 26庚午 5 27辛未 6 28壬申 7 29癸酉 8	1甲戌⑨ 2乙亥10 3丙子11 4丁丑12 5戊寅13 **6**己卯14 7庚辰15 8辛巳⑯ 9壬午17 10癸未18 11甲申19 12乙酉20 13丙戌21 14丁亥22 15戊子㉓ 16己丑24 17庚寅25 18辛卯26 19壬辰27 20癸巳28 21甲午29 **22**乙未㉚ 23丙申31 **1342年** 《1月》 24丁酉 1 25戊戌 2 26己亥 3 27庚子 4 28辛丑 5 29壬寅⑥ 30癸卯 7	1甲辰 8 2乙巳 9 3丙午10 4丁未11 5戊申12 6己酉⑬ **7**庚戌14 8辛亥15 9壬子16 10癸丑17 11甲寅18 12乙卯19 13丙辰⑳ 14丁巳21 15戊午22 16己未23 17庚申24 18辛酉25 19壬戌26 20癸亥㉗ 21甲子28 **22**乙丑29 23丙寅30 24丁卯31 《2月》 25戊辰 1 26己巳 2 27庚午③ 28辛未 4 29壬申 5
立春 12日 雨水 27日	啓蟄 12日 春分 28日	清明 14日 穀雨 29日	立夏 14日 小満 29日	芒種16日	夏至 1日 小暑 16日	大暑 1日 立秋 17日	処暑 3日 白露 18日	秋分 3日 寒露 18日	霜降 5日 立冬 20日	小雪 5日 大雪 20日	冬至 6日 小寒 22日	大寒 7日 立春 22日

興国3年/康永元年〔暦応5年〕（1342－1343） 壬午

改元 4/27（暦応→康永）

1月	2月	3月	4月	5月	6月	7月	8月	9月	10月	11月	12月
1癸酉 6 2甲戌 7 3乙亥 8 4丙子 9 5丁丑⑩ 6戊寅11 7己卯12 **8**庚辰13 9辛巳14 10壬午15 11癸未16 12甲申⑰ 13乙酉18 14丙戌19 15丁亥20 16戊子21 17己丑22 18庚寅23 19辛卯㉔ 20壬辰25 21癸巳26 22甲午27 23乙未28 《3月》 **24**丙申 1 25丁酉 2 26戊戌③ 27己亥 4 28庚子 5 29辛丑 6 30壬寅 7	1癸卯 8 2甲辰 9 3乙巳⑩ 4丙午11 5丁未12 6戊申13 7己酉14 8庚戌15 **9**辛亥16 10壬子⑰ 11癸丑18 12甲寅19 13乙卯20 14丙辰21 15丁巳22 16戊午23 17己未㉔ 18庚申25 19辛酉26 20壬戌27 21癸亥28 22甲子29 23乙丑30 **24**丙寅㉛ 《4月》 25丁卯 1 26戊辰 2 27己巳 3 28庚午 4 29辛未 5	1壬申 6 2癸酉⑦ 3甲戌 8 4乙亥 9 5丙子10 6丁丑11 7戊寅12 8己卯13 9庚辰⑭ **10**辛巳15 11壬午16 12癸未17 13甲申18 14乙酉19 15丙戌20 16丁亥㉑ 17戊子22 18己丑23 19庚寅24 20辛卯25 21壬辰26 22癸巳27 23甲午㉘ 24乙未29 **25**丙申30 《5月》 26丁酉 1 27戊戌 2 28己亥 3 29庚子 4 30辛丑⑤	1壬寅 6 2癸卯 7 3甲辰 8 4乙巳 9 5丙午10 6丁未11 7戊申⑫ 8己酉13 9庚戌14 10辛亥15 **11**壬子16 12癸丑17 13甲寅18 14乙卯⑲ 15丙辰20 16丁巳21 17戊午22 18己未23 19庚申24 20辛酉25 21壬戌㉖ 22癸亥27 23甲子28 24乙丑29 25丙寅30 **26**丁卯31 《6月》 27戊辰 1 28己巳② 29庚午 3	1辛未 4 2壬申 5 3癸酉 6 4甲戌 7 5乙亥 8 6丙子⑨ 7丁丑10 8戊寅11 9己卯12 10庚辰13 11辛巳14 **12**壬午15 13癸未⑯ 14甲申17 15乙酉18 16丙戌19 17丁亥20 18戊子21 19己丑22 20庚寅㉓ 21辛卯24 22壬辰25 23癸巳26 24甲午27 25乙未28 26丙申29 **27**丁酉㉚ 《7月》 28戊戌 1 29己亥 2 30庚子 3	1辛丑 4 2壬寅 5 3癸卯 6 4甲辰⑦ 5乙巳 8 6丙午 9 7丁未10 8戊申11 9己酉12 10庚戌13 11辛亥⑭ 12壬子15 **13**癸丑16 14甲寅17 15乙卯18 16丙辰19 17丁巳20 18戊午㉑ 19己未22 20庚申23 21辛酉24 22壬戌25 23癸亥26 24甲子27 25乙丑㉘ 26丙寅29 27丁卯30 **28**戊辰31 《8月》 29己巳 1	1庚午 2 2辛未 3 3壬申④ 4癸酉 5 5甲戌 6 6乙亥 7 7丙子 8 8丁丑 9 9戊寅10 10己卯⑪ 11庚辰12 12辛巳13 13壬午14 **14**癸未15 15甲申16 16乙酉17 17丙戌⑱ 18丁亥19 19戊子20 20己丑21 21庚寅22 22辛卯23 23壬辰24 24癸巳㉕ 25甲午26 26乙未27 27丙申28 28丁酉29 **29**戊戌30 30己亥31	《9月》 1庚子① 2辛丑 2 3壬寅 3 4癸卯 4 5甲辰 5 6乙巳 6 7丙午 7 8丁未⑧ 9戊申 9 10己酉10 11庚戌11 12辛亥12 13壬子13 **14**癸丑14 15甲寅⑮ 16乙卯16 17丙辰17 18丁巳18 19戊午19 20己未20 21庚申21 22辛酉㉒ 23壬戌23 24癸亥24 25甲子25 26乙丑26 27丙寅27 28丁卯28 29戊辰㉙ **30**己巳30	《10月》 1庚午 1 2辛未 2 3壬申 3 4癸酉 4 5甲戌 5 6乙亥⑥ 7丙子 7 8丁丑 8 9戊寅 9 10己卯10 11庚辰11 12辛巳12 13壬午⑬ 14癸未14 **15**甲申15 16乙酉16 17丙戌17 18丁亥18 19戊子19 20己丑⑳ 21庚寅21 22辛卯22 23壬辰23 24癸巳24 25甲午25 26乙未26 27丙申㉗ 28丁酉28 29戊戌29	**1**己亥30 2庚子31 《11月》 3辛丑 1 4壬寅 2 5癸卯③ 6甲辰 4 7乙巳 5 8丙午 6 9丁未 7 10戊申 8 11己酉 9 12庚戌⑩ 13辛亥11 14壬子12 15癸丑13 **16**甲寅14 17乙卯15 18丙辰16 19丁巳⑰ 20戊午18 21己未19 22庚申20 23辛酉21 24壬戌22 25癸亥23 26甲子㉔ 27乙丑25 28丙寅26 29丁卯27 30戊辰28	1己巳29 **2**庚午30 《12月》 3辛未① 4壬申 2 5癸酉 3 6甲戌 4 7乙亥 5 8丙子 6 9丁丑 7 10戊寅⑧ 11己卯 9 12庚辰10 13辛巳11 14壬午12 15癸未13 16甲申14 **17**乙酉⑮ 18丙戌16 19丁亥17 20戊子18 21己丑19 22庚寅20 23辛卯21 24壬辰㉒ 25癸巳23 26甲午24 27乙未25 28丙申26 29丁酉27 30戊戌28	1己亥㉙ **2**庚子30 3辛丑31 **1343年** 《1月》 4壬寅 1 5癸卯 2 6甲辰 3 7乙巳 4 8丙午⑤ 9丁未 6 10戊申 7 11己酉 8 12庚戌 9 13辛亥10 14壬子11 15癸丑⑫ 16甲寅13 **17**乙卯14 18丙辰15 19丁巳16 20戊午17 21己未18 22庚申⑲ 23辛酉20 24壬戌21 25癸亥22 26甲子23 27乙丑24 28丙寅25 29丁卯㉖
雨水 8日 啓蟄 24日	春分 9日 清明 24日	穀雨 10日 立夏 25日	小満 11日 芒種 26日	夏至 12日 小暑 27日	大暑 13日 立秋 28日	処暑 14日 白露 29日	秋分 14日 寒露 30日	霜降 15日	立冬 1日 小雪 16日	大雪 2日 冬至 17日	小寒 2日 大寒 17日

興国4年/康永2年（1343−1344） 癸未

1月	2月	3月	4月	5月	6月	7月	8月	9月	10月	11月	12月
1戊辰27	1丁酉25	1丁卯27	1丙申25	1乙丑24	1乙未23	1甲子22	1甲午21	1甲子20	1癸巳⑲	1癸亥18	1癸巳18
2己巳28	2戊戌26	2戊辰28	2丁酉26	2丙寅㉕	2丙申24	2乙丑23	2乙未22	2乙丑㉑	2甲午20	2甲子19	2甲午19
3庚午29	3己亥27	3己巳29	3戊戌㉗	3丁卯26	3丁酉25	3丙寅24	3丙申23	3丙寅22	3乙未21	3乙丑20	3乙未20
4辛未30	4庚子28	4庚午㉚	4己亥28	4戊辰27	4戊戌26	4丁卯25	4丁酉㉔	4丁卯23	4丙申22	4丙寅21	4丙申㉑
5壬申31	《3月》	**5**辛未31	5庚子29	5己巳28	5己亥27	5戊辰26	5戊戌25	5戊辰24	5丁酉23	5丁卯22	5丁酉22
《2月》	**5**辛丑1	《4月》	6辛丑30	6庚午29	6庚子28	6己巳㉗	6己亥26	6己巳25	6戊戌24	6戊辰㉓	6戊戌23
6癸酉1	6壬寅②	6壬申1	《5月》	7辛未30	7辛丑㉙	7庚午28	7庚子27	7庚午26	7己亥25	7己巳24	7己亥24
7甲戌②	7癸卯3	7癸酉2	**7**壬寅1	**8**壬申31	8壬寅30	8辛未29	8辛丑28	8辛未27	8庚子㉖	8庚午25	8庚子25
8乙亥3	8甲辰4	8甲戌3	8癸卯2	《6月》	《7月》	9壬申30	9壬寅29	9壬申㉘	9辛丑27	9辛未26	9辛丑26
9丙子4	9乙巳5	9乙亥4	9甲辰3	9癸酉①	**9**癸卯1	**10**癸酉31	**10**癸卯30	10癸酉29	10壬寅28	10壬申27	10壬寅27
10丁丑5	10丙午6	10丙子5	10乙巳④	10甲戌2	10甲辰2	《8月》	11甲辰㉛	**11**甲戌30	11癸卯29	11癸酉28	11癸卯㉘
11戊寅6	11丁未7	11丁丑⑥	11丙午5	11乙亥3	11乙巳3	11甲戌1	《9月》	《10月》	**12**甲辰30	12甲戌29	12甲辰29
12己卯7	12戊申8	12戊寅7	12丁未6	12丙子4	12丙午4	12乙亥2	12乙巳1	12乙亥1	13乙巳31	**13**乙亥㉚	**13**乙巳30
13庚辰8	13己酉⑨	13己卯8	13戊申7	13丁丑5	13丁未5	13丙子③	13丙午2	13丙子2	《11月》	《12月》	14丙午31
14辛巳⑨	14庚戌10	14庚辰9	14己酉8	14戊寅6	14戊申⑥	14丁丑4	14丁未3	14丁丑3	14丙午1	14丙子1	**1344年**
15壬午10	15辛亥11	15辛巳10	15庚戌9	15己卯7	15己酉7	15戊寅5	15戊申4	15戊寅4	15丁未②	15丁丑2	《1月》
16癸未11	16壬子12	16壬午11	16辛亥10	16庚辰⑧	16庚戌8	16己卯6	16己酉5	16己卯⑤	16戊申3	16戊寅3	15丁未1
17甲申12	17癸丑13	17癸未12	17壬子⑪	17辛巳9	17辛亥9	17庚辰7	17庚戌6	17庚辰6	17己酉4	17己卯4	16戊申2
18乙酉13	18甲寅14	18甲申⑬	18癸丑12	18壬午10	18壬子10	18辛巳8	18辛亥⑦	18辛巳7	18庚戌5	18庚辰5	17己酉3
19丙戌14	19乙卯15	19乙酉14	19甲寅13	19癸未11	19癸丑11	19壬午9	19壬子8	19壬午8	19辛亥6	19辛巳6	18庚戌④
20丁亥15	**20**丙辰⑯	**20**丙戌15	20乙卯14	20甲申12	20甲寅12	20癸未⑩	20癸丑9	20癸未9	20壬子7	20壬午⑦	19辛亥5
21戊子⑯	21丁巳17	21丁亥16	21丙辰15	21乙酉13	21乙卯⑬	21甲申11	21甲寅10	21甲申10	21癸丑8	21癸未8	20壬子6
22己丑17	22戊午18	22戊子17	**22**丁巳16	22丙戌14	22丙辰14	22乙酉12	22乙卯11	22乙酉11	22甲寅⑨	22甲申9	21癸丑7
23庚寅18	23己未19	23己丑18	23戊午17	**23**丁亥⑮	23丁巳15	23丙戌13	23丙辰12	23丙戌⑫	23乙卯10	23乙酉10	22甲寅8
24辛卯19	24庚申20	24庚寅19	24己未⑱	24戊子16	**24**戊午16	24丁亥14	24丁巳13	24丁亥13	24丙辰11	24丙戌11	23乙卯9
25壬辰20	25辛酉21	25辛卯⑳	25庚申19	25己丑17	25己未17	**25**戊子15	25戊午⑭	25戊子14	25丁巳12	25丁亥12	24丙辰10
26癸巳21	26壬戌22	26壬辰21	26辛酉20	26庚寅18	26庚申18	26己丑16	**26**己未15	**26**己丑15	26戊午13	26戊子13	25丁巳⑪
27甲午22	27癸亥㉓	27癸巳22	27壬戌21	27辛卯19	27辛酉19	27庚寅⑰	27庚申16	27庚寅16	27己未14	27己丑⑭	26戊午12
28乙未㉓	28甲子24	28甲午23	28癸亥22	28壬辰20	28壬戌⑳	28辛卯18	28辛酉17	28辛卯17	**28**庚申15	**28**庚寅15	27己未13
29丙申24	29乙丑25	29乙未24	29甲子23	29癸巳21	29癸亥21	29壬辰19	29壬戌18	29壬辰18	29辛酉⑯	29辛卯16	**28**庚申14
	30丙寅26			30甲午㉒		30癸巳20	30癸亥19		30壬戌17	30壬辰17	29辛酉15
立春3日 雨水19日	啓蟄5日 春分20日	清明5日 穀雨20日	立夏7日 小満22日	芒種8日 夏至23日	小暑9日 大暑24日	立秋10日 処暑25日	白露10日 秋分26日	寒露11日 霜降26日	立冬12日 小雪28日	大雪13日 冬至28日	小寒13日 大寒28日

興国5年/康永3年（1344−1345） 甲申

1月	2月	閏2月	3月	4月	5月	6月	7月	8月	9月	10月	11月	12月
1壬戌16	1壬辰⑮	1壬戌16	1辛卯14	1庚申13	1己丑11	1己未⑪	1戊子9	1戊午8	1丁亥7	1丁巳6	1丁亥6	1丁巳5
2癸亥17	2癸巳16	2癸亥17	**2**壬辰15	2辛酉14	2庚寅12	2庚申12	2己丑10	2己未9	2戊子8	2戊午⑦	2戊子7	2戊午6
3甲子⑱	3甲午17	3甲子18	3癸巳16	**3**壬戌15	3辛卯⑬	3辛酉13	3庚寅11	3庚申10	3己丑9	3己未8	3己丑8	3己未7
4乙丑19	4乙未18	4乙丑19	4甲午17	4癸亥⑯	4壬辰14	4壬戌14	4辛卯12	4辛酉11	4庚寅⑩	4庚申9	4庚寅9	4庚申8
5丙寅20	5丙申19	5丙寅20	5乙未⑱	5甲子17	**5**癸巳15	**5**癸亥15	5壬辰13	5壬戌⑫	5辛卯11	5辛酉10	5辛卯10	5辛酉⑨
6丁卯21	6丁酉20	6丁卯㉑	6丙申19	6乙丑18	6甲午16	6甲子16	**6**癸巳14	6癸亥13	6壬辰12	6壬戌11	6壬辰11	6壬戌10
7戊辰22	7戊戌21	7戊辰22	7丁酉20	7丙寅19	7乙未17	7乙丑17	7甲午⑮	**7**甲子14	7癸巳13	7癸亥12	7癸巳⑫	7癸亥11
8己巳23	8己亥㉒	8己巳23	8戊戌21	8丁卯20	8丙申18	8丙寅⑱	8乙未16	8乙丑15	**8**甲午14	8甲子13	8甲午13	8甲子12
9庚午24	9庚子23	9庚午24	9己亥22	9戊辰21	9丁酉19	9丁卯19	9丙申17	9丙寅16	9乙未15	**9**乙丑⑭	**9**乙未14	9乙丑13
10辛未㉕	10辛丑24	10辛未25	10庚子23	10己巳22	10戊戌⑳	10戊辰20	10丁酉18	10丁卯17	10丙申16	10丙寅15	10丙申15	**10**丙寅14
11壬申26	11壬寅25	11壬申26	11辛丑24	11庚午㉓	11己亥21	11己巳21	11戊戌19	11戊辰18	11丁酉⑰	11丁卯16	11丁酉16	11丁卯15
12癸酉27	12癸卯26	12癸酉27	12壬寅㉕	12辛未24	12庚子22	12庚午22	12己亥20	12己巳⑲	12戊戌18	12戊辰17	12戊戌17	12戊辰⑯
13甲戌28	13甲辰27	13甲戌㉘	13癸卯26	13壬申25	13辛丑23	13辛未23	13庚子21	13庚午20	13己亥19	13己巳18	13己亥18	13己巳17
14乙亥29	14乙巳28	14乙亥29	14甲辰27	14癸酉26	14壬寅24	14壬申24	14辛丑㉒	14辛未21	14庚子20	14庚午19	14庚子⑲	14庚午18
15丙子30	**15**丙午㉙	**15**丙子30	15乙巳28	15甲戌27	15癸卯25	15癸酉㉕	15壬寅23	15壬申22	15辛丑21	15辛未20	15辛丑20	15辛未19
16丁丑31	《3月》	16丁丑31	16丙午29	16乙亥28	16甲辰26	16甲戌26	16癸卯24	16癸酉23	16壬寅22	16壬申㉑	16壬寅21	16壬申20
《2月》	16丁未1	《4月》	**17**丁未30	17丙子29	17乙巳㉗	17乙亥27	17甲辰25	17甲戌24	17癸卯23	17癸酉22	17癸卯22	17癸酉21
17戊寅①	17戊申2	17戊寅1	《5月》	**18**丁丑㉚	18丙午28	18丙子28	18乙巳26	18乙亥25	18甲辰㉔	18甲戌23	18甲辰23	18甲戌22
18己卯2	18己酉3	18己卯2	18戊申1	19戊寅31	19丁未29	19丁丑29	19丙午27	19丙子㉖	19乙巳25	19乙亥24	19乙巳24	19乙亥㉓
19庚辰3	19庚戌4	19庚辰3	19己酉②	《6月》	**20**戊申30	**20**戊寅30	20丁未28	20丁丑27	20丙午26	20丙子25	20丙午25	20丙子24
20辛巳4	20辛亥5	20辛巳④	20庚戌3	20己卯1	《7月》	21己卯31	21戊申㉙	21戊寅28	21丁未27	21丁丑26	21丁未㉖	21丁丑25
21壬午5	21壬子6	21壬午5	21辛亥4	21庚辰2	21己酉1	《8月》	**22**己酉30	**22**己卯29	22戊申28	22戊寅27	22戊申27	22戊寅26
22癸未6	22癸丑⑦	22癸未6	22壬子5	22辛巳3	22庚戌2	22庚辰①	23庚戌31	23庚辰30	23己酉29	23己卯㉘	23己酉28	23己卯27
23甲申7	23甲寅8	23甲申7	23癸丑6	23壬午4	23辛亥3	23辛巳2	《9月》	《10月》	**24**庚戌30	**24**庚辰29	**24**庚戌29	24庚辰28
24乙酉⑧	24乙卯9	24乙酉8	24甲寅7	24癸未5	24壬子④	24壬午3	24辛亥1	24辛巳1	25辛亥㉛	25辛巳30	25辛亥30	**25**辛巳29
25丙戌9	25丙辰10	25丙戌9	25乙卯8	25甲申⑥	25癸丑5	25癸未4	25壬子2	25壬午2	《11月》	《12月》	26壬子31	26壬午㉚
26丁亥10	26丁巳11	26丁亥10	26丙辰⑨	26乙酉7	26甲寅6	26甲申5	26癸丑3	26癸未③	26壬子1	26壬午1	**1345年**	27癸未31
27戊子11	27戊午12	27戊子⑪	27丁巳10	27丙戌8	27乙卯7	27乙酉6	27甲寅4	27甲申4	27癸丑2	27癸未2	《1月》	《2月》
28己丑12	28己未13	28己丑12	28戊午11	28丁亥9	28丙辰8	28丙戌7	28乙卯⑤	28乙酉5	28甲寅3	28甲申3	27癸丑1	28甲申1
29庚寅13	29庚申⑭	29庚寅13	29己未12	29戊子10	29丁巳9	29丁亥⑧	29丙辰6	29丙戌6	29乙卯4	29乙酉4	28甲寅②	29乙酉2
30辛卯14	**30**辛酉15				30戊午10		30丁巳7		30丙辰5	30丙戌⑤	29乙卯3	
											30丙辰4	
立春15日 雨水30日	啓蟄15日 春分30日	清明15日	穀雨2日 立夏17日	小満3日 芒種18日	夏至5日 小暑20日	大暑5日 立秋20日	処暑6日 白露22日	秋分7日 寒露22日	霜降8日 立冬24日	小雪9日 大雪24日	冬至9日 小寒24日	大寒10日 立春25日

興国6年/貞和元年〔康永4年〕（1345－1346） 乙酉

改元 10/21（康永→貞和）

1月	2月	3月	4月	5月	6月	7月	8月	9月	10月	11月	12月
1 丙戌 3	1 丙辰 5	1 乙酉③	1 乙卯 3	《6月》	**1** 癸丑30	**1** 癸未30	1 壬子㉘	1 壬午27	1 辛亥26	1 辛巳25	1 辛亥㉕
2 丁亥 4	2 丁巳⑥	2 丙戌 4	2 丙辰 4	1 甲申 1	《7月》	2 甲申㉛	2 癸丑29	2 癸未28	2 壬子27	2 壬午26	2 壬子26
3 戊子 5	3 戊午 7	3 丁亥 5	3 丁巳 5	2 乙酉 2	2 甲寅 1	《8月》	**3** 甲寅30	**3** 甲申29	3 癸丑28	3 癸未㉗	3 癸丑27
4 己丑⑥	4 己未 8	4 戊子 6	4 戊午 6	3 丙戌 3	3 乙卯 2	3 乙酉 1	4 乙卯31	4 乙酉30	4 甲寅29	4 甲申28	4 甲寅28
5 庚寅 7	5 庚申 9	5 己丑 7	5 己未 7	**4** 丁亥 4	4 丙辰③	4 丙戌 2	《9月》	《10月》	**5** 乙卯㉚	**5** 乙酉29	5 乙卯29
6 辛卯 8	6 辛酉10	6 庚寅 8	6 庚申⑧	5 戊子⑤	5 丁巳 4	5 丁亥 3	5 丙辰 1	5 丙戌 1	6 丙辰31	6 丙戌30	**6** 丙辰30
7 壬辰 9	7 壬戌11	7 辛卯 9	7 辛酉 9	6 己丑 6	6 戊午 5	6 戊子 4	6 丁巳 2	6 丁亥②	《11月》	《12月》	7 丁巳31
8 癸巳10	8 癸亥12	8 壬辰⑩	8 壬戌10	7 庚寅 7	7 己未 6	7 己丑 5	7 戊午 3	7 戊子 3	7 丁巳 1	7 丁亥 1	**1346年**
9 甲午11	9 甲子⑬	9 癸巳11	9 癸亥11	8 辛卯 8	8 庚申 7	8 庚寅 6	8 己未④	8 己丑 4	8 戊午 2	8 戊子 2	《1月》
10 乙未12	10 乙丑14	10 甲午12	10 甲子12	9 壬辰 9	9 辛酉 8	9 辛卯⑦	9 庚申 5	9 庚寅 5	9 己未 3	9 己丑 3	8 戊午①
11 丙申⑬	11 丙寅15	11 乙未13	11 乙丑13	10 癸巳10	10 壬戌 9	10 壬辰 8	10 辛酉 6	10 辛卯 6	10 庚申 4	10 庚寅④	9 己未 2
12 丁酉14	**12** 丁卯16	12 丙申14	12 丙寅14	11 甲午11	11 癸亥⑩	11 癸巳 9	11 壬戌 7	11 壬辰 7	11 辛酉 5	11 辛卯 5	10 庚申 3
13 戊戌15	13 戊辰17	**13** 丁酉15	**13** 丁卯⑮	12 乙未⑫	12 甲子11	12 甲午10	12 癸亥 8	12 癸巳 8	12 壬戌⑥	12 壬辰 6	11 辛酉 4
14 己亥16	14 己巳18	14 戊戌16	14 戊辰16	13 丙申13	13 乙丑12	13 乙未11	13 甲子 9	13 甲午⑨	13 癸亥 7	13 癸巳 7	12 壬戌 5
15 庚子17	15 庚午19	15 己亥⑰	15 己巳17	14 丁酉14	14 丙寅13	14 丙申12	14 乙丑10	14 乙未10	14 甲子 8	14 甲午 8	13 癸亥 6
16 辛丑18	16 辛未⑳	16 庚子18	16 庚午18	**15** 戊戌15	15 丁卯14	15 丁酉13	15 丙寅⑪	15 丙申11	15 乙丑 9	15 乙未 9	14 甲子 7
17 壬寅19	17 壬申21	17 辛丑19	17 辛未19	16 己亥16	**16** 戊辰15	16 戊戌⑭	16 丁卯12	16 丁酉12	16 丙寅10	16 丙申10	15 乙丑⑧
18 癸卯⑳	18 癸酉22	18 壬寅20	18 壬申20	17 庚子17	17 己巳16	**17** 己亥15	17 戊辰13	17 戊戌13	17 丁卯11	17 丁酉⑪	16 丙寅 9
19 甲辰21	19 甲戌23	19 癸卯21	19 癸酉21	18 辛丑18	18 庚午⑰	18 庚子16	**18** 己巳14	18 己亥14	18 戊辰12	18 戊戌12	17 丁卯10
20 乙巳22	20 乙亥24	20 甲辰22	20 甲戌㉒	19 壬寅⑲	19 辛未18	19 辛丑17	19 庚午15	**19** 庚子15	19 己巳⑬	19 己亥13	18 戊辰11
21 丙午23	21 丙子25	21 乙巳23	21 乙亥23	20 癸卯20	20 壬申19	20 壬寅18	20 辛未16	20 辛丑⑯	**20** 庚午14	**20** 庚子14	19 己巳12
22 丁未24	22 丁丑26	22 丙午㉔	22 丙子24	21 甲辰21	21 癸酉20	21 癸卯19	21 壬申17	21 壬寅17	*21* 辛未15	21 辛丑15	20 庚午13
23 戊申25	23 戊寅㉗	23 丁未25	23 丁丑25	22 乙巳22	22 甲戌21	22 甲辰20	22 癸酉⑱	22 癸卯18	22 壬申16	22 壬寅16	**21** 辛未14
24 己酉26	24 己卯28	24 戊申26	24 戊寅26	23 丙午23	23 乙亥22	23 乙巳㉑	23 甲戌19	23 甲辰19	23 癸酉17	23 癸卯17	22 壬申⑮
25 庚戌㉗	25 庚辰29	25 己酉27	25 己卯27	24 丁未24	24 丙子23	24 丙午22	24 乙亥20	24 乙巳20	24 甲戌18	24 甲辰⑱	23 癸酉16
26 辛亥28	26 辛巳30	26 庚戌28	26 庚辰28	25 戊申25	25 丁丑㉔	25 丁未23	25 丙子21	25 丙午21	25 乙亥19	25 乙巳19	24 甲戌17
《3月》	**27** 壬午31	27 辛亥29	27 辛巳㉙	26 己酉㉖	26 戊寅25	26 戊申24	26 丁丑22	26 丁未22	26 丙子⑳	26 丙午20	25 乙亥18
27 壬子 1	《4月》	**28** 壬子30	28 壬午30	27 庚戌27	27 己卯26	27 己酉25	27 戊寅23	27 戊申㉓	27 丁丑21	27 丁未21	26 丙子19
28 癸丑 2	28 癸未 1	《5月》	**29** 癸未31	28 辛亥28	28 庚辰27	28 庚戌26	28 己卯24	28 己酉24	28 戊寅22	28 戊申22	27 丁丑20
29 甲寅 3	29 甲申 2	29 癸丑①		29 壬子29	29 辛巳28	29 辛亥27	29 庚辰㉕	29 庚戌25	29 己卯23	29 己酉23	28 戊寅21
30 乙卯 4		30 甲寅 2			30 壬午29		30 辛巳26		30 庚辰24	30 庚戌24	29 己卯㉒
											30 庚辰23
雨水 11日 啓蟄 26日	春分 12日 清明 27日	穀雨 13日 立夏 28日	小満 13日 芒種 29日	夏至 15日	小暑 1日 大暑 16日	立秋 1日 処暑 17日	白露 3日 秋分 18日	寒露 3日 霜降 19日	立冬 5日 小雪 20日	大雪 5日 冬至 20日	小寒 6日 大寒 21日

正平元年〔興国7年〕/貞和2年（1346－1347） 丙戌

改元 12/8（興国→正平）

1月	2月	3月	4月	5月	6月	7月	8月	9月	閏9月	10月	11月	12月
1 辛巳24	1 庚戌22	1 庚辰24	1 己酉22	1 己卯22	1 戊申20	1 丁丑19	1 丁未18	1 丙子16	1 丙午16	**1** 乙亥14	1 乙巳14	1 乙亥13
2 壬午25	2 辛亥23	2 辛巳25	2 庚戌㉓	2 庚辰23	2 己酉21	2 戊寅20	2 戊申19	2 丁丑⑰	2 丁未17	2 丙子15	**2** 丙午15	**2** 丙子⑭
3 癸未26	3 壬子24	3 壬午㉖	3 辛亥24	3 辛巳24	3 庚戌22	3 己卯21	3 己酉⑳	3 戊寅18	3 戊申18	3 丁丑16	3 丁未16	3 丁丑15
4 甲申27	4 癸丑25	4 癸未27	4 壬子25	4 壬午25	4 辛亥23	4 庚辰22	4 庚戌21	4 己卯19	4 己酉19	4 戊寅17	4 戊申⑰	4 戊寅16
5 乙酉28	5 甲寅㉖	5 甲申28	5 癸丑26	5 癸未26	5 壬子24	5 辛巳㉓	5 辛亥22	5 庚辰20	5 庚戌20	5 己卯18	5 己酉18	5 己卯17
6 丙戌㉙	6 乙卯27	6 乙酉29	6 甲寅27	6 甲申27	6 癸丑㉕	6 壬午24	6 壬子23	6 辛巳21	6 辛亥21	6 庚辰⑲	6 庚戌19	6 庚辰18
7 丁亥30	7 丙辰28	7 丙戌30	7 乙卯28	7 乙酉28	7 甲寅26	7 癸未25	7 癸丑24	7 壬午22	7 壬子㉒	7 辛巳20	7 辛亥20	7 辛巳19
8 戊子31	《3月》	**8** 丁亥31	8 丙辰29	8 丙戌29	8 乙卯27	8 甲申26	8 甲寅25	8 癸未23	8 癸丑23	8 壬午21	8 壬子21	*8* 壬午20
《2月》	**8** 丁巳 1	《4月》	**9** 丁巳㉚	9 丁亥30	9 丙辰28	9 乙酉27	9 乙卯26	9 甲申㉔	9 甲寅24	9 癸未22	9 癸丑22	9 癸未㉑
9 己丑 1	9 戊午 2	9 戊子 1	《5月》	**10** 戊子31	10 丁巳29	10 丙戌28	10 丙辰㉗	10 乙酉25	10 乙卯25	10 甲申23	10 甲寅23	10 甲申22
10 庚寅 2	10 己未 3	10 己丑②	10 戊午 1	《6月》	**11** 戊午30	11 丁亥29	11 丁巳28	11 丙戌26	11 丙辰26	11 乙酉24	11 乙卯㉔	11 乙酉23
11 辛卯 3	11 庚申 4	11 庚寅 3	11 己未 2	11 己丑 1	《7月》	12 戊子㉚	12 戊午29	12 丁亥27	12 丁巳27	12 丙戌25	12 丙辰25	12 丙戌24
12 壬辰 4	12 辛酉⑤	12 辛卯 4	12 庚申 3	12 庚寅 2	12 己未 1	**13** 己丑31	**13** 己未30	13 戊子28	13 戊午28	13 丁亥㉖	13 丁巳26	13 丁亥25
13 癸巳⑤	13 壬戌 6	13 壬辰 5	13 辛酉 4	13 辛卯 3	13 庚申②	《8月》	14 庚申31	14 己丑29	14 己未㉙	14 戊子27	14 戊午27	14 戊子26
14 甲午 6	14 癸亥 7	14 癸巳 6	14 壬戌 5	14 壬辰④	14 辛酉 3	14 庚寅 1	《9月》	**15** 庚寅30	**15** 庚申30	15 己丑28	15 己未28	15 己丑27
15 乙未 7	15 甲子 8	15 甲午 7	15 癸亥 6	15 癸巳 5	15 壬戌 4	15 辛卯 2	15 辛酉 1	《10月》	16 辛酉31	**16** 庚寅29	16 庚申29	16 庚寅㉘
16 丙申 8	16 乙丑 9	16 乙未 8	16 甲子⑦	16 甲午 6	16 癸亥 5	16 壬辰 3	16 壬戌 2	16 辛卯①	《11月》	17 辛卯30	**17** 辛酉30	**17** 辛卯29
17 丁酉 9	17 丙寅10	17 丙申⑨	17 乙丑 8	17 乙未 7	17 甲子 6	17 癸巳 4	17 癸亥③	17 壬辰 2	17 壬戌 1	《12月》	18 壬戌㉛	18 壬辰30
18 戊戌10	18 丁卯11	18 丁酉10	18 丙寅 9	18 丙申 8	18 乙丑 7	18 甲午 5	18 甲子 4	18 癸巳 3	18 癸亥 2	18 壬辰 1	**1347年**	19 癸巳31
19 己亥11	19 戊辰⑫	19 戊戌11	19 丁卯10	19 丁酉 9	19 丙寅 8	19 乙未⑥	19 乙丑 5	19 甲午 4	19 甲子 3	19 癸巳 2	《1月》	《2月》
20 庚子⑫	20 己巳13	20 己亥12	20 戊辰11	20 戊戌10	20 丁卯⑨	20 丙申 7	20 丙寅 6	20 乙未 5	20 乙丑 4	20 甲午③	19 癸亥 1	20 甲午 1
21 辛丑13	21 庚午14	21 庚子13	21 己巳12	21 己亥⑪	21 戊辰10	21 丁酉 8	21 丁卯 7	21 丙申 6	21 丙寅⑤	21 乙未 4	20 甲子 2	21 乙未 2
22 壬寅14	22 辛未15	22 辛丑14	22 庚午13	22 庚子12	22 己巳11	22 戊戌 9	22 戊辰 8	22 丁酉 7	22 丁卯 6	22 丙申 5	21 乙丑 3	22 丙申 3
23 癸卯15	**23** 壬申16	**23** 壬寅15	23 辛未⑭	23 辛丑13	23 庚午12	23 己亥10	23 己巳 9	23 戊戌⑧	23 戊辰 7	23 丁酉 6	22 丙寅 4	23 丁酉④
24 甲辰16	24 癸酉17	24 癸卯⑯	24 壬申15	24 壬寅14	24 辛未13	24 庚子11	24 庚午⑩	24 己亥 9	24 己巳 8	24 戊戌 7	23 丁卯 5	24 戊戌 5
25 乙巳17	25 甲戌18	25 甲辰17	**25** 癸酉16	**25** 癸卯15	25 壬申14	25 辛丑12	25 辛未11	25 庚子10	25 庚午 9	25 己亥 8	24 戊辰 6	25 己亥 6
26 丙午18	26 乙亥⑲	26 乙巳18	26 甲戌17	26 甲辰16	26 癸酉15	26 壬寅⑬	26 壬申12	26 辛丑11	26 辛未10	26 庚子 9	25 己巳⑦	26 庚子 7
27 丁未⑲	27 丙子20	27 丙午19	27 乙亥18	27 乙巳17	**27** 甲戌⑯	27 癸卯14	27 癸酉13	27 壬寅12	27 壬申11	27 辛丑⑩	26 庚午 8	27 辛丑 8
28 戊申20	28 丁丑21	28 丁未20	28 丙子19	28 丙午⑱	28 乙亥17	**28** 甲辰15	**28** 甲戌14	28 癸卯13	28 癸酉⑫	28 壬寅11	27 辛未 9	28 壬寅 9
29 己酉21	29 戊寅22	29 戊申21	29 丁丑20	29 丁未19	29 丙子18	29 乙巳16	29 乙亥15	29 甲辰14	29 甲戌13	29 癸卯12	28 壬申10	29 癸卯10
	30 己卯23		30 戊寅㉑			30 丙午17		**30** 乙巳⑮		30 甲辰13	29 癸酉11	
											30 甲戌12	
立春 6日 雨水 21日	啓蟄 8日 春分 23日	清明 8日 穀雨 23日	立夏 9日 小満 25日	芒種 10日 夏至 25日	小暑 11日 大暑 27日	立秋 13日 処暑 28日	白露 13日 秋分 28日	寒露 15日 霜降 30日	立冬15日	小雪 1日 大雪 16日	冬至 2日 小寒 17日	大寒 2日 立春 17日

正平 2 年 / 貞和 3 年（1347－1348） 丁亥

1月	2月	3月	4月	5月	6月	7月	8月	9月	10月	11月	12月
1 甲辰 ⑪	1 甲戌 13	1 甲辰 12	1 癸酉 11	1 癸卯 ⑩	1 壬申 9	1 辛丑 7	1 辛未 6	1 庚子 5	1 庚午 ④	1 己亥 3	1 己巳 2
2 乙巳 12	2 乙亥 14	2 乙巳 13	2 甲戌 12	2 甲辰 11	2 癸酉 10	2 壬寅 8	2 壬申 7	2 辛丑 6	2 辛未 5	2 庚子 4	2 庚午 3
3 丙午 13	3 丙子 15	3 丙午 14	3 乙亥 ⑬	3 乙巳 12	3 甲戌 11	3 癸卯 9	3 癸酉 8	3 壬寅 ⑦	3 壬申 6	3 辛丑 5	3 辛未 4
4 丁未 14	**4** 丁丑 16	**4** 丁未 ⑮	4 丙子 14	4 丙午 13	4 乙亥 12	4 甲辰 10	4 甲戌 ⑨	4 癸卯 8	4 癸酉 7	4 壬寅 6	4 壬申 5
5 戊申 15	5 戊寅 17	5 戊申 16	5 丁丑 15	5 丁未 14	5 丙子 13	5 乙巳 11	5 乙亥 10	5 甲辰 9	5 甲戌 8	5 癸卯 7	5 癸酉 ⑥
6 己酉 16	6 己卯 ⑱	6 己酉 17	**6** 戊寅 16	**6** 戊申 15	6 丁丑 14	6 丙午 ⑫	6 丙子 11	6 乙巳 10	6 乙亥 9	6 甲辰 8	6 甲戌 7
7 庚戌 17	7 庚辰 19	7 庚戌 18	7 己卯 17	7 己酉 16	7 戊寅 ⑮	7 丁未 13	7 丁丑 12	7 丙午 11	7 丙子 10	7 乙巳 ⑨	7 乙亥 8
8 辛亥 ⑱	8 辛巳 20	8 辛亥 19	8 庚辰 18	8 庚戌 ⑰	**8** 己卯 16	8 戊申 14	8 戊寅 13	8 丁未 12	8 丁丑 ⑪	8 丙午 10	8 丙子 9
9 壬子 19	9 壬午 21	9 壬子 20	9 辛巳 19	9 辛亥 18	9 庚辰 17	**9** 己酉 15	9 己卯 14	9 戊申 13	9 戊寅 12	9 丁未 11	9 丁丑 10
10 癸丑 20	10 癸未 22	10 癸丑 21	10 壬午 ⑳	10 壬子 19	10 辛巳 18	10 庚戌 16	**10** 庚辰 15	10 己酉 ⑭	10 己卯 13	10 戊申 12	10 戊寅 11
11 甲寅 21	11 甲申 23	11 甲寅 ㉒	11 癸未 21	11 癸丑 20	11 壬午 19	11 辛亥 17	11 辛巳 ⑯	**11** 庚戌 15	11 庚辰 14	11 己酉 13	11 己卯 12
12 乙卯 22	12 乙酉 24	12 乙卯 23	12 甲申 22	12 甲寅 21	12 癸未 20	12 壬子 18	12 壬午 17	12 辛亥 16	**12** 辛巳 15	12 庚戌 14	12 庚辰 ⑬
13 丙辰 23	13 丙戌 ㉕	13 丙辰 24	13 乙酉 23	13 乙卯 22	13 甲申 21	13 癸丑 ⑲	13 癸未 18	13 壬子 17	13 壬午 16	**13** 辛亥 15	**13** 辛巳 14
14 丁巳 24	14 丁亥 26	14 丁巳 25	14 丙戌 24	14 丙辰 23	14 乙酉 ㉒	14 甲寅 20	14 甲申 19	14 癸丑 18	14 癸未 17	14 壬子 ⑯	14 壬午 15
15 戊午 ㉕	15 戊子 27	15 戊午 26	15 丁亥 25	15 丁巳 ㉔	15 丙戌 23	15 乙卯 21	15 乙酉 20	15 甲寅 19	15 甲申 ⑱	15 癸丑 17	15 癸未 16
16 己未 26	16 己丑 28	16 己未 27	16 戊子 26	16 戊午 25	16 丁亥 24	16 丙辰 22	16 丙戌 21	16 乙卯 20	16 乙酉 19	16 甲寅 18	16 甲申 17
17 庚申 27	17 庚寅 29	17 庚申 28	17 己丑 ㉗	17 己未 26	17 戊子 25	17 丁巳 23	17 丁亥 22	17 丙辰 ㉑	17 丙戌 20	17 乙卯 19	17 乙酉 18
18 辛酉 28	18 辛卯 30	18 辛酉 ㉙	18 庚寅 28	18 庚申 27	18 己丑 26	18 戊午 24	18 戊子 ㉓	18 丁巳 22	18 丁亥 21	18 丙辰 20	18 丙戌 19
《3月》	**19** 壬辰 31	19 壬戌 30	19 辛卯 29	19 辛酉 28	19 庚寅 27	19 己未 25	19 己丑 24	19 戊午 23	19 戊子 22	19 丁巳 21	19 丁亥 ⑳
19 壬戌 1	《4月》	《5月》	20 壬辰 30	20 壬戌 29	20 辛卯 28	20 庚申 ㉖	20 庚寅 25	20 己未 24	20 己丑 23	20 戊午 22	20 戊子 21
20 癸亥 2	20 癸巳 ①	**20** 癸亥 1	**21** 癸巳 31	21 癸亥 30	21 壬辰 ㉙	21 辛酉 27	21 辛卯 26	21 庚申 25	21 庚寅 24	21 己未 ㉓	21 己丑 22
21 甲子 3	21 甲午 2	21 甲子 2	《6月》	《7月》	22 癸巳 30	22 壬戌 28	22 壬辰 27	22 辛酉 26	22 辛卯 ㉕	22 庚申 24	22 庚寅 23
22 乙丑 ④	22 乙未 3	22 乙丑 3	22 甲午 1	**22** 甲子 ①	**23** 甲午 31	23 癸亥 29	23 癸巳 28	23 壬戌 27	23 壬辰 26	23 辛酉 25	23 辛卯 24
23 丙寅 5	23 丙申 4	23 丙寅 4	23 乙未 2	23 乙丑 2	《8月》	**24** 甲子 30	24 甲午 29	24 癸亥 ㉘	24 癸巳 27	24 壬戌 26	24 壬辰 25
24 丁卯 6	24 丁酉 5	24 丁卯 5	24 丙申 ③	24 丙寅 3	24 乙未 1	25 乙丑 31	**25** 乙未 ㉚	25 甲子 29	25 甲午 28	25 癸亥 27	25 癸巳 26
25 戊辰 7	25 戊戌 6	25 戊辰 ⑥	25 丁酉 4	25 丁卯 4	25 丙申 2	《9月》	《10月》	**26** 乙丑 30	26 乙未 29	26 甲子 28	26 甲午 ㉗
26 己巳 8	26 己亥 7	26 己巳 7	26 戊戌 5	26 戊辰 5	26 丁酉 3	26 丙寅 1	26 丙申 1	27 丙寅 31	**27** 丙申 30	27 乙丑 29	27 乙未 28
27 庚午 9	27 庚子 ⑧	27 庚午 8	27 己亥 6	27 己巳 6	27 戊戌 4	27 丁卯 ②	27 丁酉 2	《11月》	《12月》	**28** 丙寅 ㉚	28 丙申 29
28 辛未 10	28 辛丑 9	28 辛未 9	28 庚子 7	28 庚午 7	28 己亥 ⑤	28 戊辰 3	28 戊戌 3	28 丁卯 1	28 丁酉 1	29 丁卯 31	**29** 丁酉 30
29 壬申 ⑪	29 壬寅 10	29 壬申 10	29 辛丑 8	29 辛未 ⑧	29 庚子 6	29 己巳 4	29 己亥 4	29 戊辰 2	29 戊戌 ②	**1348 年**	
30 癸酉 12	30 癸卯 11		30 壬寅 9			30 庚午 5		30 己巳 3		《1月》	
										30 戊辰 1	
雨水 4日	春分 4日	穀雨 4日	小満 6日	夏至 6日	大暑 8日	処暑 9日	秋分 10日	霜降 11日	小雪 12日	冬至 13日	大寒 13日
啓蟄 19日	清明 19日	立夏 20日	芒種 21日	小暑 22日	立秋 23日	白露 24日	寒露 25日	立冬 26日	大雪 27日	小寒 28日	立春 29日

正平 3 年 / 貞和 4 年（1348－1349） 戊子

1月	2月	3月	4月	5月	6月	7月	8月	9月	10月	11月	12月
1 戊戌 31	《3月》	1 戊戌 31	1 丁卯 29	1 丁酉 29	1 丁卯 28	1 丙申 ㉗	1 乙丑 25	1 乙未 24	1 甲子 23	1 甲午 22	1 癸亥 ㉑
《2月》	1 戊辰 1	《4月》	**2** 戊辰 30	**2** 戊戌 30	2 戊辰 ㉙	2 丁酉 28	2 丙寅 26	2 丙申 25	2 乙丑 24	2 乙未 ㉓	2 甲子 22
2 己亥 1	2 己巳 ②	2 己亥 1	《5月》	3 己亥 31	**3** 己巳 30	3 戊戌 29	3 丁卯 27	3 丁酉 26	3 丙寅 25	3 丙申 24	3 乙丑 23
3 庚子 2	3 庚午 3	3 庚子 2	3 己巳 1	《6月》	《7月》	**4** 己亥 30	4 戊辰 28	4 戊戌 27	4 丁卯 ㉖	4 丁酉 25	4 丙寅 24
4 辛丑 ③	4 辛未 4	4 辛丑 3	4 庚午 2	4 庚子 ①	4 庚午 1	5 庚子 31	5 己巳 29	5 己亥 ㉘	5 戊辰 27	5 戊戌 26	5 丁卯 25
5 壬寅 4	5 壬申 5	5 壬寅 4	5 辛未 3	5 辛丑 2	5 辛未 2	《8月》	**6** 庚午 30	**6** 庚子 29	6 己巳 28	6 己亥 27	6 戊辰 26
6 癸卯 5	6 癸酉 6	6 癸卯 5	6 壬申 ④	6 壬寅 3	6 壬申 3	6 辛丑 1	7 辛未 ㉛	7 辛丑 30	7 庚午 29	7 庚子 28	7 己巳 27
7 甲辰 6	7 甲戌 7	7 甲辰 ⑥	7 癸酉 5	7 癸卯 4	7 癸酉 4	7 壬寅 2	《9月》	《10月》	**8** 辛未 30	**8** 辛丑 29	8 庚午 ㉘
8 乙巳 7	8 乙亥 8	8 乙巳 7	8 甲戌 6	8 甲辰 5	8 甲戌 5	8 癸卯 ③	8 壬申 1	8 壬寅 1	9 壬申 31	9 壬寅 ㉚	**9** 辛未 29
9 丙午 8	9 丙子 ⑨	9 丙午 8	9 乙亥 7	9 乙巳 6	9 乙亥 ⑥	9 甲辰 4	9 癸酉 2	9 癸卯 2	《11月》	《12月》	10 壬申 30
10 丁未 9	10 丁丑 10	10 丁未 9	10 丙子 8	10 丙午 7	10 丙子 7	10 乙巳 5	10 甲戌 3	10 甲辰 3	10 癸酉 1	10 癸卯 1	11 癸酉 31
11 戊申 ⑩	11 戊寅 11	11 戊申 10	11 丁丑 9	11 丁未 ⑧	11 丁丑 8	11 丙午 6	11 乙亥 4	11 乙巳 4	11 甲戌 ②	11 甲辰 2	**1349 年**
12 己酉 11	12 己卯 12	12 己酉 11	12 戊寅 10	12 戊申 9	12 戊寅 9	12 丁未 7	12 丙子 5	12 丙午 ⑤	12 乙亥 3	12 乙巳 3	《1月》
13 庚戌 12	13 庚辰 13	13 庚戌 12	13 己卯 ⑪	13 己酉 10	13 己卯 10	13 戊申 8	13 丁丑 6	13 丁未 6	13 丙子 4	13 丙午 4	12 甲戌 1
14 辛亥 13	14 辛巳 14	14 辛亥 ⑬	14 庚辰 12	14 庚戌 11	14 庚辰 11	14 己酉 9	14 戊寅 ⑦	14 戊申 7	14 丁丑 5	14 丁未 5	13 乙亥 2
15 壬子 14	**15** 壬午 15	15 壬子 14	15 辛巳 13	15 辛亥 12	15 辛巳 12	15 庚戌 ⑩	15 己卯 8	15 己酉 8	15 戊寅 6	15 戊申 6	14 丙子 3
16 癸丑 15	16 癸未 ⑯	**16** 癸丑 15	16 壬午 14	16 壬子 13	16 壬午 ⑬	16 辛亥 11	16 庚辰 9	16 庚戌 9	16 己卯 7	16 己酉 ⑦	15 丁丑 ④
17 甲寅 16	17 甲申 17	17 甲寅 16	**17** 癸未 15	17 癸丑 14	17 癸未 14	17 壬子 12	17 辛巳 10	17 辛亥 10	17 庚辰 8	17 庚戌 8	16 戊寅 5
18 乙卯 ⑰	18 乙酉 18	18 乙卯 17	18 甲申 16	**18** 甲寅 ⑮	**18** 甲申 15	18 癸丑 13	18 壬午 11	18 壬子 11	18 辛巳 ⑨	18 辛亥 9	17 己卯 6
19 丙辰 18	19 丙戌 19	19 丙辰 18	19 乙酉 17	19 乙卯 16	19 乙酉 16	**19** 甲寅 14	19 癸未 12	19 癸丑 ⑫	19 壬午 10	19 壬子 10	18 庚辰 7
20 丁巳 19	20 丁亥 20	20 丁巳 19	20 丙戌 ⑱	20 丙辰 17	20 丙戌 17	20 乙卯 15	20 甲申 13	20 甲寅 13	20 癸未 11	20 癸丑 11	19 辛巳 8
21 戊午 20	21 戊子 21	21 戊午 ⑳	21 丁亥 19	21 丁巳 18	21 丁亥 18	21 丙辰 16	**21** 乙酉 ⑭	**21** 乙卯 14	21 甲申 12	21 甲寅 12	20 壬午 9
22 己未 21	22 己丑 22	22 己未 21	22 戊子 20	22 戊午 19	22 戊子 19	22 丁巳 ⑰	22 丙戌 15	22 丙辰 15	22 乙酉 13	22 乙卯 13	21 癸未 10
23 庚申 22	23 庚寅 ㉓	23 庚申 22	23 己丑 21	23 己未 20	23 己丑 ⑳	23 戊午 18	23 丁亥 16	23 丁巳 16	**23** 丙戌 14	**23** 丙辰 ⑭	22 甲申 ⑪
24 辛酉 23	24 辛卯 24	24 辛酉 23	24 庚寅 22	24 庚申 21	24 庚寅 21	24 己未 19	24 戊子 17	24 戊午 17	24 丁亥 15	24 丁巳 15	23 乙酉 12
25 壬戌 ㉔	25 壬辰 25	25 壬戌 24	25 辛卯 23	25 辛酉 ㉒	25 辛卯 22	25 庚申 20	25 己丑 18	25 己未 18	25 戊子 ⑯	25 戊午 16	24 丙戌 13
26 癸亥 25	26 癸巳 26	26 癸亥 25	26 壬辰 24	26 壬戌 23	26 壬辰 23	26 辛酉 21	26 庚寅 19	26 庚申 ⑲	26 己丑 17	26 己未 17	**25** 丁亥 14
27 甲子 26	27 甲午 27	27 甲子 26	27 癸巳 ㉕	27 癸亥 24	27 癸巳 24	27 壬戌 22	27 辛卯 20	27 辛酉 20	27 庚寅 18	27 庚申 18	26 戊子 15
28 乙丑 27	28 乙未 28	28 乙丑 ㉗	28 甲午 26	28 甲子 25	28 甲午 25	28 癸亥 23	28 壬辰 ㉑	28 壬戌 21	28 辛卯 19	28 辛酉 19	27 己丑 16
29 丙寅 28	29 丙申 29	29 丙寅 28	29 乙未 27	29 乙丑 26	29 乙未 26	29 甲子 ㉔	29 癸巳 22	29 癸亥 22	29 壬辰 20	29 壬戌 20	28 庚寅 17
30 丁卯 29	**30** 丁酉 ㉚		30 丙申 28	30 丙寅 27			30 甲午 23		30 癸巳 21		29 辛卯 ⑱
											30 壬辰 19
雨水 15日	春分 15日	穀雨 16日	立夏 2日	芒種 2日	小暑 3日	立秋 4日	白露 6日	寒露 6日	立冬 8日	大雪 8日	小寒 9日
啓蟄 30日	清明 30日		小満 17日	夏至 18日	大暑 18日	処暑 19日	秋分 21日	霜降 21日	小雪 23日	冬至 23日	大寒 25日

正平4年/貞和5年（1349－1350） 己丑

1月	2月	3月	4月	5月	6月	閏6月	7月	8月	9月	10月	11月	12月
1 癸巳20	1 壬戌18	1 壬辰20	1 辛酉18	1 辛卯18	1 辛酉17	1 庚寅16	**1** 庚申15	1 己丑⑬	1 己未13	1 戊子11	1 戊午11	1 丁亥 9
2 甲午21	2 癸亥19	2 癸巳21	2 壬戌⑲	2 壬辰19	2 壬戌18	2 辛卯17	2 辛酉⑯	**2** 庚寅14	2 庚申14	2 己丑12	2 己未12	2 戊子⑩
3 乙未22	3 甲子20	3 甲午㉒	3 癸亥20	3 癸巳20	3 癸亥19	3 壬辰18	3 壬戌17	3 辛卯15	**3** 辛酉15	3 庚寅13	3 庚申⑬	3 己丑11
4 丙申23	4 乙丑21	4 乙未23	4 甲子21	4 甲午21	4 甲子20	4 癸巳⑲	4 癸亥18	4 壬辰16	4 壬戌16	**4** 辛卯14	**4** 辛酉14	4 庚寅12
5 丁酉24	5 丙寅㉒	5 丙申24	5 乙丑22	5 乙未22	5 乙丑㉑	5 甲午20	5 甲子19	5 癸巳17	5 癸亥17	5 壬辰⑮	5 壬戌15	5 辛卯13
6 戊戌㉕	6 丁卯23	6 丁酉25	6 丙寅23	6 丙申23	6 丙寅22	6 乙未21	6 乙丑20	6 甲午18	6 甲子⑱	6 癸巳16	6 癸亥16	**6** 壬辰14
7 己亥26	7 戊辰24	7 戊戌26	7 丁卯24	7 丁酉㉔	7 丁卯23	7 丙申22	7 丙寅21	7 乙未19	7 乙丑19	7 甲午17	7 甲子17	7 癸巳15
8 庚子27	8 己巳25	8 己亥27	8 戊辰25	8 戊戌25	8 戊辰24	8 丁酉23	8 丁卯22	8 丙申⑳	8 丙寅20	8 乙未18	8 乙丑18	8 甲午16
9 辛丑28	9 庚午26	9 庚子28	9 己巳㉖	9 己亥26	9 己巳25	9 戊戌24	9 戊辰㉓	9 丁酉21	9 丁卯21	9 丙申19	9 丙寅19	9 乙未⑰
10壬寅29	10辛未27	10辛丑㉙	10庚午27	10庚子27	10庚午26	10己亥25	10己巳24	10戊戌22	10戊辰22	10丁酉20	10丁卯⑳	10丙申18
11癸卯30	**11**壬申28	11壬寅30	11辛未28	11辛丑28	11辛未27	11庚子㉖	11庚午25	11己亥23	11己巳23	11戊戌21	11戊辰21	11丁酉19
12甲辰31	《3月》	**12**癸卯31	12壬申29	12壬寅29	12壬申㉘	12辛丑27	12辛未26	12庚子24	12庚午24	12己亥㉒	12己巳22	12戊戌20
《2月》	12癸酉①	《4月》	**13**癸酉30	13癸卯30	13癸酉29	13壬寅28	13壬申27	13辛丑25	13辛未㉕	13庚子23	13庚午23	13己亥21
13乙巳①	13甲戌 2	13甲辰 1	《5月》	**14**甲辰㉛	**14**甲戌30	14癸卯29	14癸酉28	14壬寅26	14壬申26	14辛丑24	14辛未24	14庚子22
14丙午 2	14乙亥 3	14乙巳 2	14甲戌 1	《6月》	《7月》	**15**甲辰30	15甲戌29	15癸卯㉗	15癸酉27	15壬寅25	15壬申25	15辛丑23
15丁未 3	15丙子 4	15丙午 3	15乙亥 2	15乙巳 1	15乙亥 1	16乙巳31	**16**乙亥㉚	16甲辰28	16甲戌28	16癸卯26	16癸酉26	16壬寅㉔
16戊申 4	16丁丑 5	16丁未 4	16丙子③	16丙午 2	16丙子 2	《8月》	17丙子31	**17**乙巳29	17乙亥29	17甲辰27	17甲戌㉗	17癸卯25
17己酉 5	17戊寅 6	17戊申⑤	17丁丑 4	17丁未 3	17丁丑 3	17丙午 1	《9月》	18丙午30	**18**丙子30	18乙巳28	18乙亥28	18甲辰26
18庚戌 6	18己卯 7	18己酉 6	18戊寅 5	18戊申 4	18戊寅 4	18丁未②	18丁丑 1	《10月》	19丁丑31	**19**丙午㉙	19丙子29	19乙巳27
19辛亥 7	19庚辰⑧	19庚戌 7	19己卯 6	19己酉 5	19己卯⑤	19戊申 3	19戊寅 2	19丁未 1	《11月》	20丁未30	**20**丁丑30	20丙午28
20壬子⑧	20辛巳 9	20辛亥 8	20庚辰 7	20庚戌 6	20庚辰 6	20己酉 4	20己卯 3	20戊申 2	20戊寅①	《12月》	21戊寅31	**21**丁未29
21癸丑 9	21壬午10	21壬子 9	21辛巳 8	21辛亥⑦	21辛巳 7	21庚戌 5	21庚辰 4	21己酉 3	21己卯 2	21戊申 1	**1350年**	22戊申30
22甲寅10	22癸未11	22癸丑10	22壬午 9	22壬子 8	22壬午 8	22辛亥 6	22辛巳 5	22庚戌④	22庚辰 3	22己酉 2	《1月》	23己酉㉛
23乙卯11	23甲申12	23甲寅11	23癸未⑩	23癸丑 9	23癸未 9	23壬子 7	23壬午⑥	23辛亥 5	23辛巳 4	23庚戌 3	22己卯 1	《2月》
24丙辰12	24乙酉13	24乙卯⑫	24甲申11	24甲寅10	24甲申10	24癸丑 8	24癸未 7	24壬子 6	24壬午 5	24辛亥 4	23庚辰 2	24庚戌 1
25丁巳13	25丙戌14	25丙辰13	25乙酉12	25乙卯11	25乙酉11	25甲寅⑨	25甲申 8	25癸丑 7	25癸未 6	25壬子 5	24辛巳③	25辛亥 2
26戊午14	**26**丁亥⑮	26丁巳14	26丙戌13	26丙辰12	26丙戌⑫	26乙卯10	26乙酉 9	26甲寅 8	26甲申 7	26癸丑⑥	25壬午 4	26壬子 3
27己未⑮	27戊子16	**27**戊午15	27丁亥14	27丁巳13	27丁亥13	27丙辰11	27丙戌10	27乙卯 9	27乙酉⑧	27甲寅 7	26癸未 5	27癸丑 4
28庚申16	28己丑17	28己未16	**28**戊子15	28戊午⑭	28戊子14	28丁巳12	28丁亥11	28丙辰10	28丙戌 9	28乙卯 8	27甲申 6	28甲寅 5
29辛酉17	29庚寅18	29庚申17	29己丑16	**29**己未15	**29**己丑15	29戊午13	29戊子12	29丁巳⑪	29丁亥10	29丙辰 9	28乙酉 7	29乙卯 6
	30辛卯19		30庚寅⑰	30庚申16		30己未14		30戊午12		30丁巳10	29丙戌 8	30丙辰⑦

1月	2月	3月	4月	5月	6月	閏6月	7月	8月	9月	10月	11月	12月
立春 10日 雨水 25日	啓蟄 11日 春分 26日	清明 12日 穀雨 27日	立夏 13日 小満 28日	芒種 14日 夏至 29日	小暑 14日 大暑 29日	立秋15日	処暑 1日 白露 16日	秋分 2日 寒露 17日	霜降 3日 立冬 18日	小雪 4日 大雪 19日	冬至 4日 小寒 20日	大寒 6日 立春 21日

正平5年/観応元年〔貞和6年〕（1350－1351） 庚寅

改元 2/27（貞和→観応）

1月	2月	3月	4月	5月	6月	7月	8月	9月	10月	11月	12月
1 丁巳 8	1 丙戌 9	1 丙辰 8	1 乙酉 7	1 乙卯⑥	1 甲申 5	1 甲寅 4	1 甲申 3	1 癸丑 2	《11月》	1 壬子30	**1** 壬午30
2 戊午 9	2 丁亥10	2 丁巳 9	2 丙戌 8	2 丙辰 7	2 乙酉 6	2 乙卯 5	2 乙酉 4	2 甲寅③	1 癸未 1	《12月》	2 癸未31
3 己未10	3 戊子11	3 戊午10	3 丁亥⑨	3 丁巳 8	3 丙戌 7	3 丙辰 6	3 丙戌⑤	3 乙卯 4	2 甲申 2	2 癸丑 1	**1351年**
4 庚申11	4 己丑12	4 己未⑪	4 戊子10	4 戊午 9	4 丁亥 8	4 丁巳 7	4 丁亥 6	4 丙辰 5	3 乙酉 3	3 甲寅 2	《1月》
5 辛酉12	5 庚寅13	5 庚申12	5 己丑11	5 己未10	5 戊子 9	5 戊午⑧	5 戊子 7	5 丁巳 6	4 丙戌 4	4 乙卯 3	3 甲申 1
6 壬戌13	6 辛卯⑭	6 辛酉13	6 庚寅12	6 庚申11	6 己丑10	6 己未 9	6 己丑 8	6 戊午 7	5 丁亥 5	5 丙辰 4	4 乙酉②
7 癸亥⑭	7 壬辰15	7 壬戌14	7 辛卯13	7 辛酉12	7 庚寅⑪	7 庚申10	7 庚寅 9	7 己未 8	6 戊子 6	6 丁巳⑤	5 丙戌 3
8 甲子15	**8** 癸巳16	**8** 癸亥15	8 壬辰14	8 壬戌⑬	8 辛卯12	8 辛酉11	8 辛卯10	8 庚申 9	7 己丑⑦	7 戊午 6	6 丁亥 4
9 乙丑16	9 甲午17	9 甲子16	9 癸巳15	9 癸亥14	9 壬辰13	9 壬戌12	9 壬辰11	9 辛酉⑩	8 庚寅 8	8 己未 7	7 戊子 5
10丙寅17	10乙未18	10乙丑17	**10**甲午⑯	**10**甲子15	10癸巳14	10癸亥13	10癸巳⑫	10壬戌11	9 辛卯 9	9 庚申 8	8 己丑 6
11丁卯18	11丙申19	11丙寅⑱	11乙未17	11乙丑16	**11**甲午15	11甲子14	11甲午13	11癸亥12	10壬辰10	10辛酉 9	9 庚寅 7
12戊辰19	12丁酉20	12丁卯19	12丙申18	12丙寅17	12乙未16	**12**乙丑⑮	**12**乙未14	12甲子13	11癸巳11	11壬戌10	10辛卯 8
13己巳20	13戊戌㉑	13戊辰20	13丁酉19	13丁卯18	13丙申17	13丙寅16	13丙申15	13乙丑14	12甲午12	12癸亥11	11壬辰⑨
14庚午㉑	14己亥22	14己巳21	14戊戌20	14戊辰19	14丁酉⑱	14丁卯17	14丁酉16	**14**丙寅15	13乙未13	13甲子⑫	12癸巳10
15辛未22	15庚子23	15庚午22	15己亥21	15己巳⑳	15戊戌19	15戊辰18	15戊戌17	15丁卯16	**14**丙申⑭	14乙丑13	13甲午11
16壬申23	16辛丑24	16辛未23	16庚子22	16庚午21	16己亥20	16己巳19	16己亥18	16戊辰⑰	15丁酉15	15丙寅14	14乙未12
17癸酉24	17壬寅25	17壬申24	17辛丑㉓	17辛未22	17庚子21	17庚午20	17庚子⑲	17己巳18	16戊戌16	**16**丁卯15	15丙申13
18甲戌25	18癸卯26	18癸酉㉕	18壬寅24	18壬申23	18辛丑22	18辛未21	18辛丑20	18庚午19	17己亥17	17戊辰16	**16**丁酉14
19乙亥26	19甲辰27	19甲戌26	19癸卯25	19癸酉24	19壬寅23	19壬申㉒	19壬寅21	19辛未20	18庚子18	18己巳17	17戊戌15
20丙子27	20乙巳㉘	20乙亥27	20甲辰26	20甲戌25	20癸卯24	20癸酉23	20癸卯22	20壬申21	19辛丑19	19庚午18	18己亥⑯
21丁丑㉘	21丙午29	21丙子28	21乙巳27	21乙亥26	21甲辰㉕	21甲戌24	21甲辰23	21癸酉22	20壬寅20	20辛未⑲	19庚子17
《3月》	22丁未30	22丁丑29	22丙午28	22丙子㉗	22乙巳26	22乙亥25	22乙巳24	22甲戌23	21癸卯㉑	21壬申20	20辛丑18
22戊寅 1	**23**戊申31	**23**戊寅30	23丁未29	23丁丑28	23丙午27	23丙子26	23丙午25	23乙亥㉔	22甲辰22	22癸酉21	21壬寅19
23己卯 2	《4月》	《5月》	24戊申㉚	24戊寅29	24丁未28	24丁丑27	24丁未㉖	24丙子25	23乙巳23	23甲戌22	22癸卯20
24庚辰 3	24己酉 1	24己卯 1	**25**己酉31	**25**己卯30	25戊申29	25戊寅28	25戊申27	25丁丑26	24丙午24	24乙亥23	23甲辰21
25辛巳 4	25庚戌 2	25庚辰②	《6月》	《7月》	26己酉30	26己卯㉙	26己酉28	26戊寅27	25丁未25	25丙子24	24乙巳22
26壬午 5	26辛亥 3	26辛巳 3	26庚戌 1	26庚辰 1	**27**庚戌31	**27**庚辰30	27庚戌29	27己卯28	26戊申26	26丁丑25	25丙午㉓
27癸未 6	27壬子④	27壬午 4	27辛亥 2	27辛巳 2	《8月》	28辛巳31	**28**辛亥30	28庚辰29	27己酉27	27戊寅㉖	26丁未24
28甲申⑦	28癸丑 5	28癸未 5	28壬子 3	28壬午 3	28辛亥①	《9月》	《10月》	**29**辛巳30	28庚戌㉘	28己卯27	27戊申25
29乙酉 8	29甲寅 6	29甲申 6	29癸丑 4	29癸未④	29壬子 2	29壬午 1	29壬子 1	30壬午㉛	**29**辛亥29	29庚辰28	28己酉26
	30乙卯 7		30甲寅 5		30癸丑 3	30癸未 2				30辛巳29	29庚戌27

1月	2月	3月	4月	5月	6月	7月	8月	9月	10月	11月	12月
雨水 6日 啓蟄 22日	春分 8日 清明 23日	穀雨 8日 立夏 23日	小満 10日 芒種 25日	夏至 10日 小暑 25日	大暑 11日 立秋 27日	処暑 12日 白露 27日	秋分 12日 寒露 28日	霜降 14日 立冬 29日	小雪 14日 大雪 29日	冬至 16日	小寒 1日 大寒 16日

正平6年〔正平6年/観応2年〕（1351－1352） 辛卯

1月	2月	3月	4月	5月	6月	7月	8月	9月	10月	11月	12月
1 辛亥28	1 辛巳㉗	1 庚戌28	1 庚辰27	1 己酉26	1 戊寅24	1 戊申㉔	1 戊寅23	1 丁未21	1 丁丑21	1 丁未⑳	1 丙子19
2 壬子29	2 壬午28	2 辛亥29	2 辛巳28	2 庚戌27	2 己卯25	2 己酉25	2 己卯24	2 戊申22	2 戊寅22	2 戊申21	2 丁丑20
3 癸丑㉚	《3月》	3 壬子30	3 壬午29	3 辛亥28	3 庚辰㉖	3 庚戌26	3 庚辰25	3 己酉23	3 己卯㉓	3 己酉22	3 戊寅21
4 甲寅31	3 癸未 1	4 癸丑31	4 癸未30	4 壬子㉙	4 辛巳27	4 辛亥27	4 辛巳26	4 庚戌24	4 庚辰24	4 庚戌23	4 己卯22
《2月》	4 甲申 2	《4月》	《5月》	5 癸丑30	5 壬午28	5 壬子28	5 壬午27	5 辛亥㉕	5 辛巳25	5 辛亥24	5 庚辰23
5 乙卯 1	5 乙酉 3	5 甲寅 1	5 甲申①	6 甲寅31	6 癸未29	6 癸丑29	6 癸未㉘	6 壬子26	6 壬午26	6 壬子25	6 辛巳24
6 丙辰 2	6 丙戌 4	6 乙卯 2	6 乙酉 2	《6月》	7 甲申30	7 甲寅30	7 甲申29	7 癸丑27	7 癸未27	7 癸丑26	7 壬午㉕
7 丁巳 3	7 丁亥 5	7 丙辰③	7 丙戌 3	7 乙卯 1	《7月》	8 乙卯㉛	8 乙酉30	8 甲寅28	8 甲申28	8 甲寅㉗	8 癸未26
8 戊午 4	8 戊子⑥	8 丁巳 4	8 丁亥 4	8 丙辰 2	8 乙酉 1	《8月》	9 丙戌31	9 乙卯29	9 乙酉29	9 乙卯28	9 甲申27
9 己未 5	9 己丑 7	9 戊午 5	9 戊子 5	9 丁巳 3	9 丙戌 2	9 丙辰 1	《9月》	10丙辰30	10丙戌㉚	10丙辰29	10乙酉28
10庚申⑥	10庚寅 8	10己未 6	10己丑 6	10戊午 4	10丁亥③	10丁巳 2	10丁亥 1	《10月》	11丁亥31	11丁巳30	11丙戌29
11辛酉 7	11辛卯 9	11庚申 7	11庚寅 7	11己未⑤	11戊子 4	11戊午 3	11戊子 2	11丁巳 1	《11月》	《12月》	12丁亥30
12壬戌 8	12壬辰10	12辛酉 8	12辛卯⑧	12庚申 6	12己丑 5	12己未 4	12己丑 3	12戊午②	12戊子 1	12戊午 1	13戊子31
13癸亥 9	13癸巳11	13壬戌 9	13壬辰 9	13辛酉 7	13庚寅 6	13庚申 5	13庚寅④	13己未 3	13己丑 2	13己未 2	1352年
14甲子10	14甲午12	14癸亥⑩	14癸巳10	14壬戌 8	14辛卯 7	14辛酉 6	14辛卯 5	14庚申 4	14庚寅 3	14庚申 3	《1月》
15乙丑11	15乙未⑬	15甲子11	15甲午11	15癸亥 9	15壬辰 8	15壬戌⑦	15壬辰 6	15辛酉 5	15辛卯 4	15辛酉④	14己丑①
16丙寅12	16丙申14	16乙丑12	16乙未12	16甲子10	16癸巳 9	16癸亥 8	16癸巳 7	16壬戌 6	16壬辰 5	16壬戌 5	15庚寅 2
17丁卯⑬	17丁酉15	17丙寅13	17丙申13	17乙丑11	17甲午⑩	17甲子 9	17甲午 8	17癸亥 7	17癸巳⑥	17癸亥 6	16辛卯 3
18戊辰14	18戊戌16	18丁卯14	18丁酉14	18丙寅⑫	18乙未11	18乙丑10	18乙未 9	18甲子 8	18甲午 7	18甲子 7	17壬辰 4
19己巳15	19己亥17	19戊辰15	19戊戌⑮	19丁卯13	19丙申12	19丙寅11	19丙申10	19乙丑⑨	19乙未 8	19乙丑 8	18癸巳 5
20庚午16	20庚子18	20己巳16	20己亥16	20戊辰14	20丁酉13	20丁卯12	20丁酉⑪	20丙寅10	20丙申 9	20丙寅 9	19甲午 6
21辛未17	21辛丑19	21庚午⑰	21庚子17	21己巳15	21戊戌14	21戊辰13	21戊戌12	21丁卯11	21丁酉10	21丁卯10	20乙未 7
22壬申18	22壬寅⑳	22辛未18	22辛丑18	22庚午16	22己亥15	22己巳⑭	22己亥13	22戊辰12	22戊戌11	22戊辰⑪	21丙申⑧
23癸酉19	23癸卯21	23壬申19	23壬寅19	23辛未17	23庚子16	23庚午15	23庚子14	23己巳13	23己亥12	23己巳12	22丁酉 9
24甲戌⑳	24甲辰22	24癸酉20	24癸卯20	24壬申18	24辛丑⑰	24辛未16	24辛丑15	24庚午14	24庚子⑬	24庚午13	23戊戌10
25乙亥21	25乙巳23	25甲戌21	25甲辰21	25癸酉⑲	25壬寅18	25壬申17	25壬寅16	25辛未15	25辛丑14	25辛未14	24己亥11
26丙子22	26丙午24	26乙亥22	26乙巳㉒	26甲戌20	26癸卯19	26癸酉18	26癸卯17	26壬申⑯	26壬寅15	26壬申15	25庚子12
27丁丑23	27丁未25	27丙子23	27丙午23	27乙亥21	27甲辰20	27甲戌19	27甲辰⑱	27癸酉17	27癸卯16	27癸酉16	26辛丑13
28戊寅24	28戊申26	28丁丑㉔	28丁未24	28丙子22	28乙巳21	28乙亥20	28乙巳19	28甲戌18	28甲辰17	28甲戌17	27壬寅14
29己卯25	29己酉㉗	29戊寅25	29戊申25	29丁丑23	29丙午22	29丙子㉑	29丙午20	29乙亥19	29乙巳18	29乙亥⑱	28癸卯⑮
30庚辰26		30己卯26			30丁未23	30丁丑22		30丙子20	30丙午19		29甲辰16
											30乙巳17

立春 2日	啓蟄 3日	清明 4日	立夏 5日	芒種 6日	小暑 8日	立秋 8日	白露 8日	寒露 10日	立冬 10日	大雪 11日	小寒 12日
雨水 18日	春分 18日	穀雨 19日	小満 20日	夏至 21日	大暑 23日	処暑 23日	秋分 24日	霜降 25日	小雪 25日	冬至 26日	大寒 27日

正平7年/文和元年〔正平7年〕（1352－1353） 壬辰

改元 9/27（観応→文和）

1月	2月	閏2月	3月	4月	5月	6月	7月	8月	9月	10月	11月	12月
1 丙午18	1 乙亥16	1 乙巳17	1 甲戌⑮	1 癸卯14	1 癸酉13	1 壬寅12	1 壬申11	1 辛丑⑨	1 辛未 9	1 辛丑 8	1 辛未 8	1 庚子⑥
2 丁未19	2 丙子17	2 丙午⑱	2 乙亥16	2 甲辰15	2 甲戌14	2 癸卯13	2 癸酉⑫	2 壬寅10	2 壬申10	2 壬寅 9	2 壬申⑨	2 辛丑 7
3 戊申20	3 丁丑18	3 丁未19	3 丙子17	3 乙巳16	3 乙亥15	3 甲辰14	3 甲戌13	3 癸卯11	3 癸酉11	3 癸卯10	3 癸酉10	3 壬寅 8
4 己酉21	4 戊寅⑲	4 戊申20	4 丁丑18	4 丙午17	4 丙子16	4 乙巳⑮	4 乙亥14	4 甲辰12	4 甲戌12	4 甲辰⑪	4 甲戌11	4 癸卯 9
5 庚戌㉒	5 己卯20	5 己酉21	5 戊寅19	5 丁未18	5 丁丑⑰	5 丙午16	5 丙子15	5 乙巳13	5 乙亥13	5 乙巳12	5 乙亥12	5 甲辰10
6 辛亥23	6 庚辰21	6 庚戌22	6 己卯20	6 戊申19	6 戊寅18	6 丁未17	6 丁丑16	6 丙午14	6 丙子⑭	6 丙午13	6 丙子13	6 乙巳11
7 壬子24	7 辛巳22	7 辛亥23	7 庚辰21	7 己酉⑳	7 己卯19	7 戊申18	7 戊寅17	7 丁未15	7 丁丑15	7 丁未14	7 丁丑14	7 丙午12
8 癸丑25	8 壬午23	8 壬子24	8 辛巳㉒	8 庚戌21	8 庚辰20	8 己酉19	8 己卯18	8 戊申⑯	8 戊寅16	8 戊申15	8 戊寅15	8 丁未⑬
9 甲寅26	9 癸未24	9 癸丑㉕	9 壬午23	9 辛亥22	9 辛巳21	9 庚戌20	9 庚辰⑲	9 己酉17	9 己卯17	9 己酉16	9 己卯⑯	9 戊申14
10乙卯27	10甲申25	10甲寅26	10癸未24	10壬子23	10壬午22	10辛亥21	10辛巳20	10庚戌18	10庚辰18	10庚戌17	10庚辰17	10己酉15
11丙辰28	11乙酉㉖	11乙卯27	11甲申25	11癸丑24	11癸未23	11壬子㉒	11壬午21	11辛亥19	11辛巳19	11辛亥⑱	11辛巳18	11庚戌16
12丁巳㉙	12丙戌27	12丙辰28	12乙酉26	12甲寅25	12甲申㉔	12癸丑23	12癸未22	12壬子20	12壬午20	12壬子19	12壬午19	12辛亥17
13戊午30	13丁亥28	13丁巳29	13丙戌27	13乙卯26	13乙酉25	13甲寅24	13甲申23	13癸丑21	13癸未㉑	13癸丑20	13癸未20	13壬子18
14己未31	14戊子29	14戊午30	14丁亥28	14丙辰㉗	14丙戌26	14乙卯25	14乙酉24	14甲寅22	14甲申22	14甲寅21	14甲申21	14癸丑19
《2月》	《3月》	15己未31	15戊子㉙	15丁巳28	15丁亥27	15丙辰26	15丙戌25	15乙卯㉓	15乙酉23	15乙卯22	15乙酉22	15甲寅⑳
15庚申 1	15己丑 1	《4月》	16己丑30	16戊午29	16戊子28	16丁巳27	16丁亥㉖	16丙辰24	16丙戌24	16丙辰23	16丙戌㉓	16乙卯21
16辛酉 2	16庚寅 2	16庚申①	《5月》	17己未30	17己丑29	17戊午28	17戊子27	17丁巳25	17丁亥25	17丁巳24	17丁亥24	17丙辰22
17壬戌 3	17辛卯 3	17辛酉 2	17庚寅 1	18庚申31	18庚寅30	18己未㉙	18己丑28	18戊午26	18戊子26	18戊午㉕	18戊子25	18丁巳23
18癸亥 4	18壬辰④	18壬戌 3	18辛卯 2	《6月》	《7月》	19庚申30	19庚寅29	19己未27	19己丑27	19己未26	19己丑26	19戊午24
19甲子⑤	19癸巳 5	19癸亥 4	19壬辰 3	19辛酉 1	19辛卯①	20辛酉31	20辛卯30	20庚申28	20庚寅㉘	20庚申27	20庚寅27	20己未25
20乙丑 6	20甲午 6	20甲子 5	20癸巳 4	20壬戌 2	20壬辰 2	《8月》	21壬辰31	21辛酉29	21辛卯29	21辛酉28	21辛卯28	21庚申26
21丙寅 7	21乙未 7	21乙丑 6	21甲午 5	21癸亥③	21癸巳 3	21壬戌 1	《9月》	22壬戌㉚	22壬辰30	22壬戌29	22壬辰29	22辛酉㉗
22丁卯 8	22丙申 8	22丙寅 7	22乙未⑥	22甲子 4	22甲午 4	22癸亥 2	22癸巳 1	《10月》	23癸巳31	23癸亥30	23癸巳㉚	23壬戌28
23戊辰 9	23丁酉 9	23丁卯⑧	23丙申 7	23乙丑 5	23乙未 5	23甲子 3	23甲午②	23癸亥 1	《11月》	《12月》	24甲午31	24癸亥29
24己巳10	24戊戌10	24戊辰 9	24丁酉 8	24丙寅 6	24丙申 6	24乙丑 4	24乙未 3	24甲子 2	24甲午 1	24甲子 1	1353年	25甲子30
25庚午11	25己亥⑪	25己巳10	25戊戌 9	25丁卯 7	25丁酉 7	25丙寅⑤	25丙申 4	25乙丑 3	25乙未 2	25乙丑②	《1月》	26乙丑31
26辛未⑫	26庚子12	26庚午11	26己亥10	26戊辰 8	26戊戌⑧	26丁卯 6	26丁酉 5	26丙寅 4	26丙申 3	26丙寅 3	25乙未 1	《2月》
27壬申13	27辛丑13	27辛未12	27庚子11	27己巳 9	27己亥 9	27戊辰 7	27戊戌 6	27丁卯 5	27丁酉④	27丁卯 4	26丙申 2	27丙寅 1
28癸酉14	28壬寅14	28壬申13	28辛丑12	28庚午⑩	28庚子10	28己巳 8	28己亥 7	28戊辰 6	28戊戌 5	28戊辰 5	27丁酉 3	28丁卯 2
29甲戌15	29癸卯15	29癸酉14	29壬寅⑬	29辛未11	29辛丑11	29庚午 9	29庚子 8	29己巳⑦	29己亥 6	29己巳 6	28戊戌 4	29戊辰③
	30甲辰16			30壬申12		30辛未10		30庚午 8	30庚子 7	30庚午 7	29己亥 5	30己巳 4

立春 13日	啓蟄 14日	清明14日	穀雨 1日	小満 2日	夏至 3日	大暑 4日	処暑 4日	秋分 6日	霜降 6日	小雪 7日	冬至 7日	大寒 9日
雨水 28日	春分 29日		立夏 16日	芒種 17日	小暑 18日	立秋 19日	白露 20日	寒露 21日	立冬 22日	大雪 22日	小寒 22日	立春 24日

正平8年/文和2年（1353－1354） 癸巳

1月	2月	3月	4月	5月	6月	7月	8月	9月	10月	11月	12月
1庚午5	1己亥6	1己巳5	1戊戌4	1丁卯②	1丁酉2	1丙寅31	**1**丙申30	1乙丑28	1乙未28	1乙丑27	1乙未27
2辛未6	2庚子7	2庚午6	2己亥⑤	2戊辰3	2戊戌3	《8月》	2丁酉31	**2**丙寅㉙	2丙申29	2丙寅28	2丙申28
3壬申7	3辛丑8	3辛未⑦	3庚子6	3己巳4	3己亥4	2丁卯1	《9月》	3丁卯30	**3**丁酉30	**3**丁卯29	3丁酉㉙
4癸酉8	4壬寅9	4壬申8	4辛丑7	4庚午5	4庚子5	3戊辰2	3戊戌①	《10月》	4戊戌31	4戊辰30	**4**戊戌30
5甲戌9	5癸卯⑩	5癸酉9	5壬寅8	5辛未6	5辛丑6	4己巳3	4己亥2	4戊辰1	《11月》	《12月》	5己亥31
6乙亥⑩	6甲辰11	6甲戌10	6癸卯9	6壬申7	6壬寅⑦	5庚午④	5庚子3	5己巳2	5己亥1	5己巳①	**1354年**
7丙子11	7乙巳12	7乙亥11	7甲辰10	7癸酉8	7癸卯8	6辛未5	6辛丑4	6庚午3	6庚子2	6庚午2	《1月》
8丁丑12	8丙午13	8丙子12	8乙巳11	8甲戌⑨	8甲辰9	7壬申6	7壬寅5	7辛未4	7辛丑③	7辛未3	6庚子1
9戊寅13	9丁未14	9丁丑13	9丙午⑫	9乙亥10	9乙巳10	8癸酉7	8癸卯6	8壬申5	8壬寅4	8壬申4	7辛丑2
10己卯14	**10**戊申15	10戊寅⑭	10丁未13	10丙子11	10丙午11	9甲戌8	9甲辰7	9癸酉⑥	9癸卯5	9癸酉5	8壬寅3
11庚辰15	11己酉16	**11**己卯15	11戊申14	11丁丑12	11丁未12	10乙亥9	10乙巳⑧	10甲戌7	10甲辰6	10甲戌6	9癸卯4
12辛巳16	12庚戌⑰	12庚辰16	**12**己酉15	12戊寅13	12戊申13	11丙子10	11丙午9	11乙亥8	11乙巳7	11乙亥7	10甲辰⑤
13壬午⑰	13辛亥18	13辛巳17	13庚戌16	13己卯14	13己酉⑭	12丁丑⑪	12丁未10	12丙子9	12丙午8	12丙子⑧	11乙巳6
14癸未18	14壬子19	14壬午18	14辛亥17	**14**庚辰15	**14**庚戌15	13戊寅12	13戊申11	13丁丑10	13丁未9	13丁丑9	12丙午7
15甲申19	15癸丑20	15癸未19	15壬子18	15辛巳⑯	15辛亥16	14己卯13	14己酉12	14戊寅11	14戊申⑩	14戊寅10	13丁未8
16乙酉20	16甲寅21	16甲申20	16癸丑⑲	16壬午17	16壬子17	15庚辰14	15庚戌13	15己卯12	15己酉11	15己卯11	14戊申9
17丙戌21	17乙卯22	17乙酉㉑	17甲寅20	17癸未18	17癸丑18	**16**辛巳15	**16**辛亥14	16庚辰⑬	16庚戌12	16庚辰12	15己酉10
18丁亥22	18丙辰23	18丙戌22	18乙卯21	18甲申19	18甲寅19	17壬午16	17壬子⑮	17辛巳14	17辛亥13	17辛巳13	16庚戌11
19戊子23	19丁巳㉔	19丁亥23	19丙辰22	19乙酉20	19乙卯20	18癸未17	18癸丑16	**18**壬午15	**18**壬子14	**18**壬午14	17辛亥⑫
20己丑㉔	20戊午25	20戊子24	20丁巳23	20丙戌21	20丙辰㉑	19甲申⑱	19甲寅17	19癸未16	19癸丑15	19癸未⑮	18壬子13
21庚寅25	21己未26	21己丑25	21戊午24	21丁亥22	21丁巳22	20乙酉19	20乙卯18	20甲申17	20甲寅16	20甲申16	**19**癸丑14
22辛卯26	22庚申27	22庚寅26	22己未25	22戊子㉓	22戊午23	21丙戌20	21丙辰19	21乙酉18	21乙卯⑰	21乙酉17	20甲寅15
23壬辰27	23辛酉28	23辛卯27	23庚申㉖	23己丑24	23己未24	22丁亥21	22丁巳20	22丙戌19	22丙辰18	22丙戌18	21乙卯16
24癸巳28	24壬戌29	24壬辰㉘	24辛酉27	24庚寅25	24庚申25	23戊子22	23戊午21	23丁亥⑳	23丁巳19	23丁亥19	22丙辰17
《3月》	25癸亥30	25癸巳29	25壬戌28	25辛卯26	25辛酉26	24己丑23	24己未㉒	24戊子21	24戊午20	24戊子20	23丁巳18
25甲午1	**26**甲子㉛	**26**甲午30	26癸亥29	26壬辰27	26壬戌27	25庚寅24	25庚申23	25己丑22	25己未21	25己丑21	24戊午⑲
26乙未2	《4月》	《5月》	27甲子30	27癸巳28	27癸亥㉘	26辛卯㉕	26辛酉24	26庚寅23	26庚申22	26庚寅㉒	25己未20
27丙申③	27乙丑1	27乙未1	**28**乙丑31	28甲午29	28甲子29	27壬辰26	27壬戌25	27辛卯24	27辛酉23	27辛卯23	26庚申21
28丁酉4	28丙寅2	28丙申2	《6月》	**29**乙未㉚	**29**乙丑30	28癸巳27	28癸亥26	28壬辰25	28壬戌㉔	28壬辰24	27辛酉22
29戊戌5	29丁卯3	29丁酉3	29丙寅1	《7月》		29甲午28	29甲子27	29癸巳26	29癸亥25	29癸巳25	28壬戌23
	30戊辰4			30丙申1		30乙未29		30甲午㉗	30甲子26	30甲午26	29癸亥24
雨水9日 啓蟄24日	春分10日 清明26日	穀雨11日 立夏26日	小満12日 芒種28日	夏至14日 小暑29日	大暑14日 立秋29日	処暑16日	白露1日 秋分16日	寒露2日 霜降18日	立冬3日 小雪18日	大雪3日 冬至18日	小寒4日 大寒19日

正平9年/文和3年（1354－1355） 甲午

1月	2月	3月	4月	5月	6月	7月	8月	9月	10月	閏10月	11月	12月
1甲子25	1甲午24	1癸亥25	1癸巳24	1壬戌23	1辛卯21	1辛酉21	1庚寅19	1己未17	1己丑17	1己未⑯	**1**戊子15	**1**戊午14
2乙丑㉖	2乙未25	2甲子26	2甲午25	2癸亥24	2壬辰㉒	2壬戌22	2辛卯20	2庚申18	2庚寅18	2庚申17	2己丑16	2己未15
3丙寅27	3丙申26	3乙丑27	3乙未26	3甲子㉕	3癸巳23	3癸亥23	3壬辰21	3辛酉19	3辛卯⑲	3辛酉18	3庚寅17	3庚申16
4丁卯28	4丁酉27	4丙寅28	4丙申㉗	4乙丑26	4甲午24	4甲子24	4癸巳22	4壬戌20	4壬辰20	4壬戌19	4辛卯18	4辛酉17
5戊辰29	5戊戌28	5丁卯29	5丁酉28	5丙寅27	5乙未25	5乙丑25	5甲午23	5癸亥㉑	5癸巳21	5癸亥20	5壬辰19	5壬戌⑱
6己巳30	《3月》	6戊辰㉚	6戊戌29	6丁卯28	6丙申26	6丙寅26	6乙未㉔	6甲子22	6甲午22	6甲子21	6癸巳20	6癸亥19
7庚午31	**6**己亥1	**7**己巳31	**7**己亥30	7戊辰29	7丁酉27	7丁卯㉗	7丙申25	7乙丑23	7乙未23	7乙丑22	7甲午㉑	7甲子20
《2月》	7庚子②	《4月》	《5月》	8己巳30	8戊戌28	8戊辰28	8丁酉26	8丙寅24	8丙申24	8丙寅㉓	8乙未22	8乙丑21
8辛未1	8辛丑3	8庚午1	8庚子1	**9**庚午31	9己亥㉙	9己巳29	9戊戌27	9丁卯25	9丁酉25	9丁卯24	9丙申23	9丙寅22
9壬申②	9壬寅4	9辛未2	9辛丑2	《6月》	**10**庚子30	10庚午30	10己亥28	10戊辰26	10戊戌㉖	10戊辰25	10丁酉24	10丁卯23
10癸酉3	10癸卯5	10壬申3	10壬寅3	10辛未①	《7月》	**11**辛未31	11庚子29	11己巳27	11己亥27	11己巳26	11戊戌25	11戊辰24
11甲戌4	11甲辰6	11癸酉4	11癸卯④	11壬申2	11辛丑1	《8月》	**12**辛丑30	12庚午㉘	12庚子28	12庚午27	12己亥26	12己巳㉕
12乙亥5	12乙巳7	12甲戌5	12甲辰5	12癸酉3	12壬寅2	12壬申1	13壬寅㉛	13辛未29	13辛丑29	13辛未28	13庚子27	13庚午26
13丙子6	13丙午8	13乙亥⑥	13乙巳6	13甲戌4	13癸卯3	13癸酉2	《9月》	**14**壬申30	**14**壬寅30	**14**壬申29	14辛丑㉘	14辛未27
14丁丑7	14丁未⑨	14丙子7	14丙午7	14乙亥5	14甲辰4	14甲戌③	14癸卯1	《10月》	15癸卯31	15癸酉㉚	15壬寅29	15壬申28
15戊寅8	15戊申10	15丁丑8	15丁未8	15丙子6	15乙巳5	15乙亥4	15甲辰2	15癸酉1	《11月》	《12月》	**16**癸卯30	**16**癸酉29
16己卯⑨	16己酉11	16戊寅9	16戊申9	16丁丑7	16丙午⑥	16丙子5	16乙巳3	16甲戌2	16甲辰1	16甲戌1	17甲辰31	17甲戌30
17庚辰10	17庚戌12	17己卯10	17己酉10	17戊寅⑧	17丁未7	17丁丑6	17丙午4	17乙亥3	17乙巳②	17乙亥2	**1355年**	18乙亥31
18辛巳11	18辛亥13	18庚辰11	18庚戌⑪	18己卯9	18戊申8	18戊寅7	18丁未5	18丙子4	18丙午3	18丙子3	《1月》	《2月》
19壬午12	19壬子14	19辛巳12	19辛亥12	19庚辰10	19己酉9	19己卯8	19戊申6	19丁丑⑤	19丁未4	19丁丑4	18乙巳1	19丙子①
20癸未13	20癸丑15	20壬午⑬	20壬子13	20辛巳11	20庚戌10	20庚辰9	20己酉⑦	20戊寅6	20戊申5	20戊寅5	19丙午2	20丁丑2
21甲申14	**21**甲寅⑯	21癸未14	21癸丑14	21壬午12	21辛亥11	21辛巳⑩	21庚戌8	21己卯7	21己酉6	21己卯6	20丁未3	21戊寅3
22乙酉15	22乙卯17	**22**甲申15	22甲寅15	22癸未13	22壬子12	22壬午11	22辛亥9	22庚辰8	22庚戌7	22庚辰⑦	21戊申④	22己卯4
23丙戌⑯	23丙辰18	23乙酉16	**23**乙卯16	23甲申14	23癸丑⑬	23癸未12	23壬子10	23辛巳9	23辛亥8	23辛巳8	22己酉5	23庚辰5
24丁亥17	24丁巳19	24丙戌17	24丙辰17	**24**乙酉⑮	24甲寅14	24甲申13	24癸丑11	24壬午10	24壬子⑨	24壬午9	23庚戌6	24辛巳6
25戊子18	25戊午20	25丁亥18	25丁巳⑱	25丙戌16	**25**乙卯15	25乙酉14	25甲寅12	25癸未11	25癸丑10	25癸未10	24辛亥7	25壬午7
26己丑19	26己未21	26戊子19	26戊午19	26丁亥17	26丙辰16	**26**丙戌15	26乙卯13	26甲申⑫	26甲寅11	26甲申11	25壬子8	26癸未⑧
27庚寅20	27庚申22	27己丑⑳	27己未20	27戊子18	27丁巳17	27丁亥16	**27**丙辰⑭	27乙酉13	27乙卯12	27乙酉12	26癸丑9	27甲申9
28辛卯21	28辛酉㉓	28庚寅21	28庚申21	28己丑19	28戊午18	28戊子⑰	28丁巳15	28丙戌14	28丙辰13	28丙戌13	27甲寅10	28乙酉10
29壬辰22	29壬戌24	29辛卯22	29辛酉22	29庚寅20	29己未19	29己丑18	29戊午16	**29**丁亥15	**29**丁巳14	29丁亥⑭	28乙卯⑪	29丙戌11
30癸巳㉓		30壬辰23			30庚申⑳			30戊子16	30戊午15		29丙辰12	30丁亥12
											30丁巳13	
立春5日 雨水20日	啓蟄6日 春分21日	清明7日 穀雨22日	立夏7日 小満23日	芒種9日 夏至24日	小暑10日 大暑25日	立秋11日 処暑26日	白露12日 秋分27日	寒露14日 霜降29日	立冬14日 小雪29日	大雪14日	冬至1日 小寒16日	大寒1日 立春16日

正平10年/文和4年（1355－1356） 乙未

1月	2月	3月	4月	5月	6月	7月	8月	9月	10月	11月	12月
1 戊子13	1 戊午⑮	1 丁亥13	1 丁巳13	1 丙戌11	1 乙卯10	1 乙酉⑨	1 甲寅7	1 癸未6	1 癸丑5	1 癸未5	1 壬子③
2 己丑14	**2** 己未16	2 戊子14	2 戊午14	2 丁亥12	2 丙辰11	2 丙戌10	2 乙卯8	2 甲申7	2 甲寅6	2 甲申⑥	2 癸丑4
3 庚寅⑮	3 庚申17	**3** 己丑15	3 己未15	3 戊子13	3 丁巳⑫	3 丁亥11	3 丙辰9	3 乙酉8	3 乙卯7	3 乙酉7	3 甲寅5
4 辛卯16	4 辛酉18	4 庚寅16	**4** 庚申16	4 己丑⑭	4 戊午13	4 戊子12	4 丁巳10	4 丙戌9	4 丙辰⑧	4 丙戌8	4 乙卯6
5 壬辰17	5 壬戌19	5 辛卯17	5 辛酉⑰	**5** 庚寅15	5 己未14	5 己丑13	5 戊午11	5 丁亥10	5 丁巳9	5 丁亥9	5 丙辰7
6 癸巳18	6 癸亥20	6 壬辰18	6 壬戌18	6 辛卯16	6 庚申15	6 庚寅14	6 己未12	6 戊子⑪	6 戊午10	6 戊子10	6 丁巳8
7 甲午19	7 甲子21	7 癸巳⑲	7 癸亥19	7 壬辰17	**7** 辛酉16	**7** 辛卯15	7 庚申⑬	7 己丑12	7 己未11	7 己丑11	7 戊午9
8 乙未20	8 乙丑㉒	8 甲午20	8 甲子20	8 癸巳18	8 壬戌17	8 壬辰⑯	8 辛酉14	8 庚寅13	8 庚申12	8 庚寅12	8 己未⑩
9 丙申21	9 丙寅23	9 乙未21	9 乙丑21	9 甲午19	9 癸亥18	9 癸巳17	**9** 壬戌15	9 辛卯14	9 辛酉13	9 辛卯⑬	9 庚申11
10丁酉㉒	10丁卯24	10丙申22	10丙寅22	10乙未20	10甲子⑲	10甲午18	10癸亥16	**10**壬辰15	**10**壬戌14	10壬辰14	10辛酉12
11戊戌23	11戊辰25	11丁酉23	11丁卯23	11丙申㉑	11乙丑20	11乙未19	11甲子17	11癸巳16	11癸亥⑮	**11**癸巳15	11壬戌13
12己亥24	12己巳26	12戊戌24	12戊辰㉔	12丁酉22	12丙寅21	12丙申20	12乙丑18	12甲午17	12甲子16	12甲午16	**12**癸亥14
13庚子25	13庚午27	13己亥25	13己巳25	13戊戌23	13丁卯22	13丁酉21	13丙寅19	13乙未⑱	13乙丑17	13乙未17	13甲子15
14辛丑26	14辛未28	14庚子㉖	14庚午26	14己亥24	14戊辰23	14戊戌22	14丁卯⑳	14丙申19	14丙寅18	14丙申18	14乙丑16
15壬寅27	15壬申㉙	15辛丑27	15辛未27	15庚子25	15己巳24	15己亥㉓	15戊辰21	15丁酉20	15丁卯19	15丁酉19	15丙寅⑰
16癸卯28	16癸酉30	16壬寅28	16壬申28	16辛丑26	16庚午25	16庚子24	16己巳22	16戊戌21	16戊辰20	16戊戌⑳	16丁卯18
《3月》	**17**甲戌31	17癸卯29	17癸酉29	17壬寅27	17辛未㉖	17辛丑25	17庚午23	17己亥22	17己巳21	17己亥21	17戊辰19
17甲辰①	《4月》	18甲辰30	18甲戌30	18癸卯㉘	18壬申27	18壬寅26	18辛未24	18庚子23	18庚午㉒	18庚子22	18己巳20
18乙巳2	18乙亥1	《5月》	**19**乙亥㉛	19甲辰29	19癸酉28	19癸卯27	19壬申25	19辛丑24	19辛未23	19辛丑23	19庚午21
19丙午3	19丙子2	**19**乙巳1	《6月》	**20**乙巳30	20甲戌29	20甲辰28	20癸酉26	20壬寅㉕	20壬申24	20壬寅24	20辛未22
20丁未4	20丁丑3	20丙午2	20丙子1	《7月》	21乙亥30	21乙巳29	21甲戌㉗	21癸卯26	21癸酉25	21癸卯25	21壬申23
21戊申5	21戊寅4	21丁未③	21丁丑2	21丙午1	**22**丙子31	**22**丙午㉚	22乙亥28	22甲辰27	22甲戌26	22甲辰26	22癸酉㉔
22己酉6	22己卯⑤	22戊申4	22戊寅3	22丁未2	《8月》	23丁未31	23丙子29	23乙巳28	23乙亥27	23乙巳㉗	23甲戌25
23庚戌7	23庚辰6	23己酉5	23己卯4	23戊申3	23丁丑1	《9月》	**24**丁丑30	24丙午29	24丙子28	24丙午28	24乙亥26
24辛亥⑧	24辛巳7	24庚戌6	24庚辰5	24己酉4	24戊寅②	24戊申1	《10月》	**25**丁未30	25丁丑㉙	25丁未29	25丙子27
25壬子9	25壬午8	25辛亥7	25辛巳6	25庚戌⑤	25己卯3	25己酉2	25戊寅1	26戊申31	**26**戊寅30	**26**戊申30	26丁丑28
26癸丑10	26癸未9	26壬子8	26壬午⑦	26辛亥6	26庚辰4	26庚戌3	26己卯2	《11月》	《12月》	27己酉31	27戊寅29
27甲寅11	27甲申10	27癸丑9	27癸未8	27壬子7	27辛巳5	27辛亥4	27庚辰3	27己酉①	27己卯1	**1356年**	**28**己卯30
28乙卯12	28乙酉11	28甲寅⑩	28甲申9	28癸丑8	28壬午6	28壬子5	28辛巳④	28庚戌2	28庚辰2	《1月》	29庚辰㉛
29丙辰13	29丙戌⑫	29乙卯11	29乙酉10	29甲寅9	29癸未7	29癸丑⑥	29壬午5	29辛亥3	29辛巳3	28庚戌1	《2月》
30丁巳14		30丙辰12			30甲申8			30壬子4	30壬午4	29辛亥2	30辛巳1
雨水 2日	春分 2日	穀雨 3日	小満 4日	夏至 5日	大暑 7日	処暑 7日	秋分 9日	霜降 10日	小雪 10日	冬至 11日	大寒 12日
啓蟄 17日	清明 17日	立夏 19日	芒種 19日	小暑 20日	立秋 22日	白露 22日	寒露 24日	立冬 25日	大雪 26日	小寒 26日	立春 28日

正平11年/延文元年〔文和5年〕（1356－1357） 丙申

改元 3/28（文和→延文）

1月	2月	3月	4月	5月	6月	7月	8月	9月	10月	11月	12月
1 壬午2	1 壬子3	1 壬午2	《5月》	1 辛巳31	1 庚戌29	1 己卯28	1 己酉27	1 戊寅㉕	1 丁未24	1 丁丑23	1 丁未23
2 癸未3	2 癸丑4	2 癸未③	1 辛亥①	《6月》	**2** 辛亥30	2 庚辰29	2 庚戌㉘	2 己卯26	2 戊申25	2 戊寅24	2 戊申24
3 甲申4	3 甲寅5	3 甲申4	2 壬子2	2 壬午1	《7月》	**3** 辛巳30	3 辛亥29	3 庚辰27	3 己酉26	3 己卯25	3 己酉㉕
4 乙酉5	4 乙卯⑥	4 乙酉5	3 癸丑3	3 癸未2	3 壬子1	4 壬午㉛	**4** 壬子30	4 辛巳28	4 庚戌27	4 庚辰26	4 庚戌26
5 丙戌6	5 丙辰7	5 丙戌6	4 甲寅4	4 甲申3	4 癸丑2	《8月》	5 癸丑31	**5** 壬午29	5 辛亥28	5 辛巳㉗	5 辛亥27
6 丁亥⑦	6 丁巳8	6 丁亥7	5 乙卯5	5 乙酉4	5 甲寅③	5 癸未1	《9月》	6 癸未30	**6** 壬子29	6 壬午28	6 壬子28
7 戊子8	7 戊午9	7 戊子8	6 丙辰6	6 丙戌⑤	6 乙卯4	6 甲申2	6 甲寅1	《10月》	7 癸丑㉚	**7** 癸未29	**7** 癸丑29
8 己丑9	8 己未10	8 己丑9	7 丁巳7	7 丁亥6	7 丙辰5	7 乙酉3	7 乙卯2	7 甲申1	8 甲寅31	8 甲申30	8 甲寅30
9 庚寅10	9 庚申11	9 庚寅⑩	8 戊午⑧	8 戊子7	8 丁巳6	8 丙戌4	8 丙辰3	8 乙酉②	《11月》	《12月》	9 乙卯31
10辛卯11	10辛酉12	10辛卯11	9 己未9	9 己丑8	9 戊午7	9 丁亥5	9 丁巳④	9 丙戌3	9 乙卯1	9 乙酉1	**1357年**
11壬辰12	11壬戌⑬	11壬辰12	10庚申10	10庚寅9	10己未8	10戊子6	10戊午5	10丁亥4	10丙辰2	10丙戌2	《1月》
12癸巳13	12癸亥14	12癸巳13	11辛酉11	11辛卯10	11庚申9	11己丑⑦	11己未6	11戊子5	11丁巳3	11丁亥3	10丙辰①
13甲午⑭	**13**甲子15	13甲午14	12壬戌12	12壬辰11	12辛酉⑩	12庚寅8	12庚申7	12己丑6	12戊午4	12戊子④	11丁巳2
14乙未15	14乙丑16	**14**乙未15	13癸亥13	13癸巳⑫	13壬戌11	13辛卯9	13辛酉8	13庚寅7	13己未5	13己丑5	12戊午3
15丙申16	15丙寅17	15丙申16	14甲子14	14甲午13	14癸亥12	14壬辰10	14壬戌9	14辛卯8	14庚申⑥	14庚寅6	13己未4
16丁酉17	16丁卯18	16丁酉⑰	**15**乙丑⑮	15乙未14	15甲子13	15癸巳11	15癸亥10	15壬辰⑨	15辛酉7	15辛卯7	14庚申5
17戊戌18	17戊辰19	17戊戌18	16丙寅16	**16**丙申15	16乙丑14	16甲午12	16甲子⑪	16癸巳10	16壬戌8	16壬辰8	15辛酉6
18己亥19	18己巳⑳	18己亥19	17丁卯17	17丁酉16	**17**丙寅15	17乙未13	17乙丑12	17甲午11	17癸亥9	17癸巳9	16壬戌7
19庚子20	19庚午21	19庚子20	18戊辰18	18戊戌17	18丁卯16	**18**丙申⑭	18丙寅13	18乙未12	18甲子10	18甲午10	17癸亥⑧
20辛丑㉑	20辛未22	20辛丑21	19己巳19	19己亥18	19戊辰⑰	19丁酉15	**19**丁卯14	19丙申13	19乙丑11	19乙未⑪	18甲子9
21壬寅22	21壬申23	21壬寅22	20庚午20	20庚子⑲	20己巳18	20戊戌16	20戊辰15	**20**丁酉14	20丙寅12	20丙申12	19乙丑10
22癸卯23	22癸酉24	22癸卯23	21辛未21	21辛丑20	21庚午19	21己亥17	21己巳16	21戊戌15	21丁卯⑬	21丁酉13	20丙寅11
23甲辰24	23甲戌25	23甲辰㉔	22壬申㉒	22壬寅21	22辛未20	22庚子18	22庚午17	22己亥⑯	**22**戊辰14	**22**戊戌14	21丁卯12
24乙巳25	24乙亥26	24乙巳25	23癸酉23	23癸卯22	23壬申21	23辛丑19	23辛未⑱	23庚子17	23己巳15	23己亥15	22戊辰13
25丙午26	25丙子㉗	25丙午26	24甲戌24	24甲辰23	24癸酉22	24壬寅20	24壬申19	24辛丑18	24庚午16	24庚子16	**23**己巳14
26丁未27	26丁丑28	26丁未27	25乙亥25	25乙巳24	25甲戌23	25癸卯㉑	25癸酉20	25壬寅19	25辛未17	25辛丑17	24庚午⑮
27戊申㉘	27戊寅29	27戊申28	26丙子26	26丙午25	26乙亥㉔	26甲辰22	26甲戌21	26癸卯20	26壬申18	26壬寅⑱	25辛未16
28己酉29	**28**己卯30	28己酉29	27丁丑27	27丁未㉖	27丙子25	27乙巳23	27乙亥22	27甲辰21	27癸酉19	27癸卯19	26壬申17
《3月》	29庚辰31	**29**庚戌30	28戊寅28	28戊申27	28丁丑26	28丙午24	28丙子23	28乙巳22	28甲戌⑳	28甲辰20	27癸酉18
29庚戌1	《4月》		29己卯㉙	29己酉28	29戊寅27	29丁未25	29丁丑24	29丙午㉓	29乙亥21	29乙巳21	28甲戌19
30辛亥2	30辛巳1		**30**庚辰30			30戊申26			30丙子22	30丙午22	29乙亥20
雨水 13日	春分 13日	穀雨 14日	小満 15日	夏至 16日	小暑 2日	立秋 3日	白露 4日	寒露 5日	立冬 6日	大雪 7日	小寒 7日
啓蟄 28日	清明 28日	立夏 29日	芒種 30日		大暑 17日	処暑 18日	秋分 19日	霜降 20日	小雪 22日	冬至 22日	大寒 23日

正平12年/延文2年（1357－1358） 丁酉

1月	2月	3月	4月	5月	6月	7月	閏7月	8月	9月	10月	11月	12月
1丙子21	1丙午20	1丙子22	1乙巳20	1乙亥20	1甲辰⑱	1甲戌18	1癸卯16	**1**壬申14	1壬寅14	1壬申13	1辛丑12	1辛未11
2丁丑㉒	2丁未21	2丁丑23	2丙午21	2丙子㉑	2乙巳19	2乙亥19	2甲辰17	2癸酉15	**2**癸卯⑮	**2**癸酉14	2壬寅13	2壬申12
3戊寅23	3戊申22	3戊寅24	3丁未22	3丁丑22	3丙午20	3丙子20	3乙巳18	3甲戌16	3甲辰16	3甲戌15	**3**癸卯14	3癸酉13
4己卯24	4己酉23	4己卯25	4戊申㉓	4戊寅23	4丁未21	4丁丑21	4丙午19	4乙亥⑰	4乙巳17	4乙亥16	4甲辰15	**4**甲戌⑭
5庚辰25	5庚戌24	5庚辰㉖	5己酉24	5己卯24	5戊申22	5戊寅22	5丁未⑳	5丙子18	5丙午18	5丙子17	5乙巳16	5乙亥15
6辛巳26	6辛亥25	6辛巳27	6庚戌25	6庚辰25	6己酉23	6己卯㉓	6戊申21	6丁丑19	6丁未19	6丁丑18	6丙午⑰	6丙子16
7壬午27	7壬子㉖	7壬午28	7辛亥26	7辛巳26	7庚戌24	7庚辰24	7己酉22	7戊寅20	7戊申20	7戊寅⑲	7丁未18	7丁丑17
8癸未28	8癸丑27	8癸未29	8壬子27	8壬午27	8辛亥㉕	8辛巳25	8庚戌23	8己卯21	8己酉21	8己卯20	8戊申19	8戊寅18
9甲申㉙	**9**甲寅28 《3月》	9甲申30	9癸丑28	9癸未㉘	9壬子26	9壬午26	9辛亥24	9庚辰22	9庚戌㉒	9庚辰21	9己酉20	9己卯19
10乙酉30	10乙卯1	**10**乙酉31 《4月》	10甲寅29	10甲申29	10癸丑27	10癸未27	10壬子25	10辛巳23	10辛亥23	10辛巳22	10庚戌21	10庚辰20
11丙戌31 《2月》	11丙辰2	11丙戌1	**11**乙卯㉚ 《5月》	11乙酉30	11甲寅28	11甲申28	11癸丑26	11壬午㉔	11壬子24	11壬午23	11辛亥22	11辛巳㉑
12丁亥1	12丁巳3	12丁亥②	12丙辰1	**12**丙戌31 《6月》	12乙卯29	12乙酉29	12甲寅㉗	12癸未25	12癸丑25	12癸未24	12壬子23	12壬午22
13戊子2	13戊午4	13戊子3	13丁巳2	13丁亥1	**13**丙辰30 《7月》	**13**丙戌㉚	13乙卯28	13甲申26	13甲寅26	13甲申25	13癸丑㉔	13癸未23
14己丑3	14己未⑤	14己丑4	14戊午3	14戊子2	14丁巳1	14丁亥31 《8月》	14丙辰29	14乙酉27	14乙卯27	14乙酉㉖	14甲寅25	14甲申24
15庚寅4	15庚申6	15庚寅5	15己未4	15己丑3	15戊午②	15戊子1	**15**丁巳30	15丙戌28	15丙辰28	15丙戌27	15乙卯26	15乙酉25
16辛卯⑤	16辛酉7	16辛卯6	16庚申5	16庚寅④	16己未3	16己丑2	16戊午31 《9月》	**16**丁亥29	16丁巳㉙	16丁亥28	16丙辰27	16丙戌26
17壬辰6	17壬戌8	17壬辰7	17辛酉6	17辛卯5	17庚申4	17庚寅3	17己未1	17戊子30 《10月》	**17**戊午30	**17**戊子29	17丁巳28	17丁亥27
18癸巳7	18癸亥9	18癸巳8	18壬戌⑦	18壬辰6	18辛酉5	18辛卯4	18庚申2	18己丑①	18己未31 《11月》	18己丑30 《12月》	18戊午29	18戊子㉘
19甲午8	19甲子10	19甲午⑨	19癸亥8	19癸巳7	19壬戌6	19壬辰5	19辛酉③	19庚寅2	19庚申1	19庚寅1	**19**己未30	**19**己丑29
20乙未9	20乙丑11	20乙未10	20甲子9	20甲午8	20癸亥7	20癸巳⑥	20壬戌4	20辛卯3	20辛酉2	20辛卯2	20庚申㉛ **1358年** 《1月》	20庚寅30
21丙申10	21丙寅⑫	21丙申11	21乙丑10	21乙未9	21甲子8	21甲午7	21癸亥5	21壬辰4	21壬戌3	21壬辰③	21辛酉1	21辛卯31 《2月》
22丁酉11	22丁卯13	22丁酉12	22丙寅11	22丙申10	22乙丑⑨	22乙未8	22甲子6	22癸巳5	22癸亥4	22癸巳4	22壬戌2	22壬辰1
23戊戌⑫	23戊辰14	23戊戌13	23丁卯12	23丁酉⑪	23丙寅10	23丙申9	23乙丑7	23甲午6	23甲子⑤	23甲午5	23癸亥3	23癸巳2
24己亥13	**24**己巳15	24己亥14	24戊辰13	24戊戌12	24丁卯11	24丁酉10	24丙寅8	24乙未7	24乙丑6	24乙未6	24甲子4	24甲午3
25庚子14	25庚午16	**25**庚子15	25己巳⑭	25己亥13	25戊辰12	25戊戌11	25丁卯9	25丙申⑧	25丙寅7	25丙申7	25乙丑5	25乙未④
26辛丑15	26辛未17	26辛丑⑯	**26**庚午15	26庚子14	26己巳13	26己亥12	26戊辰⑩	26丁酉9	26丁卯8	26丁酉8	26丙寅6	26丙申5
27壬寅16	27壬申18	27壬寅17	27辛未16	**27**辛丑15	27庚午14	27庚子⑬	27己巳11	27戊戌10	27戊辰9	27戊戌9	27丁卯⑦	27丁酉6
28癸卯17	28癸酉⑲	28癸卯18	28壬申17	28壬寅16	**28**辛未15	28辛丑14	28庚午12	28己亥11	28己巳10	28己亥⑩	28戊辰8	28戊戌7
29甲辰18	29甲戌20	29甲辰19	29癸酉18	29癸卯17	29壬申⑯	**29**壬寅15	29辛未13	29庚子12	29庚午11	29庚子11	29己巳9	29己亥8
30乙巳⑲	30乙亥21		30甲戌19		30癸酉17			30辛丑13	30辛未⑫		30庚午10	
立春9日 雨水24日	啓蟄9日 春分24日	清明10日 穀雨25日	立夏11日 小満26日	芒種12日 夏至27日	小暑13日 大暑28日	立秋13日 処暑29日	白露15日	秋分1日 寒露16日	霜降2日 立冬17日	小雪2日 大雪17日	冬至3日 小寒19日	大寒4日 立春19日

正平13年/延文3年（1358－1359） 戊戌

1月	2月	3月	4月	5月	6月	7月	8月	9月	10月	11月	12月
1庚子9	1庚午⑪	1己亥9	1己巳9	1己亥8	1戊辰7	1戊戌6	1丁卯4	1丁酉4	1丙寅2	1丙申②	1乙丑31 **1359年** 《1月》
2辛丑10	2辛未12	2庚子10	2庚午10	2庚子9	2己巳⑧	2己亥7	2戊辰5	2戊戌5	2丁卯3	2丁酉3	2丙寅1
3壬寅⑪	3壬申13	3辛丑11	3辛未11	3辛丑⑩	3庚午9	3庚子8	3己巳6	3己亥6	3戊辰④	3戊戌4	3丁卯2
4癸卯12	4癸酉14	4壬寅12	4壬申12	4壬寅11	4辛未10	4辛丑9	4庚午7	4庚子⑦	4己巳5	4己亥5	4戊辰3
5甲辰13	5甲戌15	5癸卯13	5癸酉⑬	5癸卯12	5壬申11	5壬寅10	5辛未8	5辛丑8	5庚午6	5庚子6	5己巳4
6乙巳14	**6**乙亥16	6甲辰14	6甲戌14	6甲辰13	6癸酉12	6癸卯11	6壬申⑨	6壬寅9	6辛未7	6辛丑7	6庚午5
7丙午15	7丙子17	**7**乙巳⑮	7乙亥15	7乙巳14	7甲戌13	7甲辰⑫	7癸酉10	7癸卯10	7壬申8	7壬寅8	7辛未⑥
8丁未16	8丁丑⑱	8丙午16	**8**丙子16	**8**丙午15	8乙亥14	8乙巳13	8甲戌11	8甲辰11	8癸酉9	8癸卯⑨	8壬申7
9戊申17	9戊寅19	9丁未17	9丁丑17	9丁未16	**9**丙子⑮	9丙午14	9乙亥12	9乙巳12	9甲戌10	9甲辰10	9癸酉8
10己酉⑱	10己卯20	10戊申18	10戊寅18	10戊申⑰	10丁丑16	**10**丁未15	10丙子13	10丙午13	10乙亥⑪	10乙巳11	10甲戌9
11庚戌19	11庚辰21	11己酉19	11己卯19	11己酉18	11戊寅17	11戊申16	**11**丁丑14	11丁未⑭	11丙子12	11丙午12	11乙亥10
12辛亥20	12辛巳22	12庚戌20	12庚辰⑳	12庚戌19	12己卯18	12己酉17	12戊寅15	**12**戊申15	12丁丑13	12丁未13	12丙子11
13壬子21	13壬午23	13辛亥21	13辛巳21	13辛亥20	13庚辰19	13庚戌18	13己卯⑯	13己酉16	**13**戊寅14	13戊申14	13丁丑12
14癸丑22	14癸未24	14壬子㉒	14壬午22	14壬子21	14辛巳20	14辛亥⑲	14庚辰17	14庚戌17	14己卯15	**14**己酉15	14戊寅⑬
15甲寅23	15甲申㉕	15癸丑23	15癸未23	15癸丑22	15壬午21	15壬子20	15辛巳18	15辛亥18	15庚辰16	15庚戌⑯	**15**己卯14
16乙卯24	16乙酉26	16甲寅24	16甲申24	16甲寅23	16癸未㉒	16癸丑21	16壬午19	16壬子19	16辛巳17	16辛亥17	16庚辰15
17丙辰㉕	17丙戌27	17乙卯25	17乙酉25	17乙卯㉔	17甲申23	17甲寅22	17癸未20	17癸丑20	17壬午⑱	17壬子18	17辛巳16
18丁巳26	18丁亥28	18丙辰26	18丙戌26	18丙辰25	18乙酉24	18乙卯23	18甲申21	18甲寅㉑	18癸未19	18癸丑19	18壬午17
19戊午27	19戊子29	19丁巳27	19丁亥㉗	19丁巳26	19丙戌25	19丙辰24	19乙酉22	19乙卯22	19甲申20	19甲寅20	19癸未18
20己未28 《3月》	20己丑30	20戊午28	20戊子28	20戊午27	20丁亥26	20丁巳25	20丙戌㉓	20丙辰23	20乙酉21	20乙卯21	20甲申19
21庚申1	**21**庚寅31 《4月》	21己未㉙	21己丑29	21己未28	21戊子27	21戊午㉖	21丁亥24	21丁巳24	21丙戌22	21丙辰22	21乙酉⑳
22辛酉2	22辛卯①	**22**庚申30 《5月》	22庚寅30	22庚申29	22己丑28	22己未27	22戊子25	22戊午25	22丁亥23	22丁巳㉓	22丙戌21
23壬戌3	23壬辰2	23辛酉1	**23**辛卯31 《6月》	**23**辛酉30 《7月》	23庚寅㉙	23庚申28	23己丑26	23己未26	23戊子24	23戊午24	23丁亥22
24癸亥④	24癸巳3	24壬戌2	24壬辰1	24壬戌①	24辛卯30	24辛酉29	24庚寅27	24庚申27	24己丑㉕	24己未25	24戊子23
25甲子5	25甲午4	25癸亥3	25癸巳2	25癸亥2	**25**壬辰31 《8月》	**25**壬戌30	25辛卯28	25辛酉㉘	25庚寅26	25庚申26	25己丑24
26乙丑6	26乙未5	26甲子4	26甲午③	26甲子3	26癸巳1	26癸亥31 《9月》	26壬辰29	26壬戌29	26辛卯27	26辛酉27	26庚寅25
27丙寅7	27丙申6	27乙丑5	27乙未4	27乙丑4	27甲午2	27甲子1	**27**癸巳㉚ 《10月》	**27**癸亥30	27壬辰28	27壬戌28	27辛卯26
28丁卯8	28丁酉7	28丙寅⑥	28丙申5	28丙寅5	28乙未3	28乙丑②	28甲午1	28甲子31 《11月》	**28**癸巳29	28癸亥29	28壬辰㉗
29戊辰9	29戊戌⑧	29丁卯7	29丁酉6	29丁卯6	29丙申4	29丙寅3	29乙未2	29乙丑1	29甲午30 《12月》	**29**甲子㉚	29癸巳28
30己巳10		30戊辰8	30戊戌7		30丁酉⑤		30丙申3		30乙未1		**30**甲午29
雨水5日 啓蟄20日	春分6日 清明21日	穀雨7日 立夏22日	小満8日 芒種23日	夏至8日 小暑23日	大暑9日 立秋25日	処暑10日 白露25日	秋分11日 寒露27日	霜降12日 立冬27日	小雪13日 大雪28日	冬至14日 小寒29日	大寒15日 立春30日

正平14年/延文4年（1359－1360） 己亥

1月	2月	3月	4月	5月	6月	7月	8月	9月	10月	11月	12月
1 乙未30	1 甲子28	1 甲午30	1 癸亥㉘	1 癸巳28	1 壬戌26	1 壬辰26	1 辛酉24	1 辛卯23	1 辛酉23	1 庚寅21	1 庚申21
2 丙申31	《3月》	**2** 乙未㉛	2 甲子29	2 甲午29	2 癸亥27	2 癸巳27	2 壬戌㉕	2 壬辰24	2 壬戌24	2 辛卯22	2 辛酉㉒
《2月》	**2** 乙丑 1	《4月》	3 乙丑30	3 乙未30	3 甲子28	3 甲午㉘	3 癸亥26	3 癸巳25	3 癸亥25	3 壬辰23	3 壬戌23
3 丁酉 1	3 丙寅 2	3 丙申 1	《5月》	**4** 丙申31	4 乙丑29	4 乙未29	4 甲子27	4 甲午26	4 甲子26	4 癸巳㉔	4 癸亥24
4 戊戌 2	4 丁卯③	4 丁酉 2	**4** 丙寅 1	《6月》	**5** 丙寅㉚	5 丙申30	5 乙丑28	5 乙未27	5 乙丑㉗	5 甲午25	5 甲子25
5 己亥③	5 戊辰 4	5 戊戌 3	5 丁卯 2	5 丁酉 1	《7月》	**6** 丁酉31	6 丙寅29	6 丙申28	6 丙寅28	6 乙未26	6 乙丑26
6 庚子 4	6 己巳 5	6 己亥 4	6 戊辰 3	6 戊戌②	6 丁卯 1	《8月》	**7** 丁卯30	7 丁酉㉙	7 丁卯29	7 丙申27	7 丙寅27
7 辛丑 5	7 庚午 6	7 庚子 5	7 己巳 4	7 己亥 3	7 戊辰 2	7 戊戌 1	8 戊辰31	**8** 戊戌30	**8** 戊辰30	8 丁酉28	8 丁卯28
8 壬寅 6	8 辛未 7	8 辛丑 6	8 庚午⑤	8 庚子 4	8 己巳 3	8 己亥 2	《9月》	《10月》	9 己巳31	9 戊戌29	9 戊辰㉙
9 癸卯 7	9 壬申 8	9 壬寅⑦	9 辛未 6	9 辛丑 5	9 庚午 4	9 庚子 3	9 己巳①	9 己亥 1	《11月》	**10**己亥30	**10**己巳30
10甲辰 8	10癸酉 9	10癸卯 8	10壬申 7	10壬寅 6	10辛未 5	10辛丑④	10庚午 2	10庚子 2	10庚午 1	《12月》	11庚午31
11乙巳 9	11甲戌⑩	11甲辰 9	11癸酉 8	11癸卯 7	11壬申 6	11壬寅 5	11辛未 3	11辛丑 3	11辛未 2	11庚子①	**1360 年**
12丙午⑩	12乙亥11	12乙巳10	12甲戌 9	12甲辰 8	12癸酉⑦	12癸卯 6	12壬申 4	12壬寅 4	12壬申③	12辛丑 2	《1月》
13丁未11	13丙子12	13丙午11	13乙亥10	13乙巳⑨	13甲戌 8	13甲辰 7	13癸酉 5	13癸卯 5	13癸酉 4	13壬寅 3	12辛未 1
14戊申12	14丁丑13	14丁未12	14丙子11	14丙午10	14乙亥 9	14乙巳 8	14甲戌 6	14甲辰⑥	14甲戌 5	14癸卯 4	13壬申 2
15己酉13	15戊寅14	15戊申13	15丁丑⑫	15丁未11	15丙子10	15丙午 9	15乙亥 7	15乙巳 7	15乙亥 6	15甲辰 5	14癸酉 3
16庚戌14	16己卯15	16己酉⑭	16戊寅13	16戊申12	16丁丑11	16丁未10	16丙子⑧	16丙午 8	16丙子 7	16乙巳 6	15甲戌 4
17辛亥15	**17**庚辰16	**17**庚戌15	17己卯14	17己酉13	17戊寅12	17戊申⑪	17丁丑 9	17丁未 9	17丁丑 8	17丙午 7	16乙亥⑤
18壬子16	18辛巳⑰	18辛亥16	18庚辰15	18庚戌14	18己卯13	18己酉12	18戊寅10	18戊申10	18戊寅 9	18丁未⑧	17丙子 6
19癸丑⑰	19壬午18	19壬子17	**19**辛巳16	**19**辛亥15	19庚辰⑭	19庚戌13	19己卯11	19己酉11	19己卯⑩	19戊申 9	18丁丑 7
20甲寅18	20癸未19	20癸丑18	20壬午17	20壬子⑯	20辛巳15	20辛亥14	20庚辰12	20庚戌12	20庚辰11	20己酉10	19戊寅 8
21乙卯19	21甲申20	21甲寅19	21癸未18	21癸丑17	**21** 壬午16	**21** 壬子15	21辛巳13	21辛亥⑬	21辛巳12	21庚戌11	20己卯 9
22丙辰20	22乙酉21	22乙卯20	22甲申⑲	22甲寅18	22癸未17	22癸丑16	22壬午14	22壬子14	22壬午13	22辛亥12	21庚辰10
23丁巳21	23丙戌22	23丙辰㉑	23乙酉20	23乙卯19	23甲申18	23甲寅17	**23**癸未⑮	**23**癸丑15	**23**癸未14	23壬子13	22辛巳11
24戊午22	24丁亥23	24丁巳22	24丙戌21	24丙辰20	24乙酉19	24乙卯⑱	24甲申16	24甲寅16	24甲申15	24癸丑14	23壬午⑫
25己未23	25戊子㉔	25戊午23	25丁亥22	25丁巳21	25丙戌20	25丙辰19	25乙酉17	25乙卯17	25乙酉16	**25**甲寅⑮	24癸未13
26庚申㉔	26己丑25	26己未24	26戊子23	26戊午22	26丁亥㉑	26丁巳20	26丙戌18	26丙辰18	26丙戌⑰	26乙卯16	**25**甲申14
27辛酉25	27庚寅26	27庚申25	27己丑24	27己未㉓	27戊子22	27戊午21	27丁亥19	27丁巳19	27丁亥18	27丙辰17	26乙酉15
28壬戌26	28辛卯27	28辛酉26	28庚寅25	28庚申24	28己丑23	28己未22	28戊子20	28戊午⑳	28戊子19	28丁巳18	27丙戌16
29癸亥27	29壬辰28	29壬戌27	29辛卯㉖	29辛酉25	29庚寅24	29庚申23	29己丑21	29己未21	29己丑20	29戊午19	28丁亥17
	30癸巳29		30壬辰27		30辛卯25		30庚寅㉒	30庚申22		30己未20	29戊子18
雨水 16日	啓蟄 2日 春分 17日	清明 2日 穀雨 17日	立夏 4日 小満 19日	芒種 4日 夏至 19日	小暑 5日 大暑 21日	立秋 6日 処暑 21日	白露 7日 秋分 23日	寒露 8日 霜降 23日	立冬 8日 小雪 23日	大雪 10日 冬至 25日	小寒 10日 大寒 25日

正平15年/延文5年（1360－1361） 庚子

1月	2月	3月	4月	閏4月	5月	6月	7月	8月	9月	10月	11月	12月
1 己丑⑲	1 己未18	1 戊子18	1 丁巳16	1 丁亥16	1 丙辰⑭	1 丙戌14	1 丙辰13	1 乙酉11	1 乙卯⑪	1 乙酉10	1 甲寅 9	1 甲申 8
2 庚寅20	2 庚申19	2 己丑19	2 戊午17	2 戊子⑰	**2** 丁巳15	**2** 丁亥15	**2** 丁巳14	2 丙戌12	2 丙辰12	2 丙戌11	2 乙卯10	2 乙酉 9
3 辛卯21	3 辛酉20	3 庚寅20	3 己未18	3 己丑18	3 戊午16	3 戊子16	3 戊午15	3 丁亥⑬	3 丁巳13	3 丁亥12	3 丙辰11	3 丙戌⑩
4 壬辰22	4 壬戌21	4 辛卯21	4 庚申⑲	4 庚寅19	4 己未17	4 己丑17	4 己未⑯	**4** 戊子14	**4** 戊午14	4 戊子13	4 丁巳12	4 丁亥11
5 癸巳23	5 癸亥22	5 壬辰㉒	5 辛酉20	5 辛卯20	5 庚申18	5 庚寅18	5 庚申17	5 己丑15	5 己未15	**5** 己丑14	5 戊午⑬	5 戊子12
6 甲午24	6 甲子㉓	6 癸巳23	6 壬戌21	6 壬辰21	6 辛酉19	6 辛卯⑲	6 辛酉18	6 庚寅16	6 庚申16	6 庚寅⑮	**6** 己未14	6 己丑13
7 乙未25	7 乙丑24	7 甲午24	7 癸亥22	7 癸巳22	7 壬戌20	7 壬辰20	7 壬戌19	7 辛卯17	7 辛酉17	7 辛卯16	7 庚申15	**7** 庚寅14
8 丙申㉖	8 丙寅25	8 乙未25	8 甲子23	8 甲午23	8 癸亥㉑	8 癸巳21	8 癸亥20	8 壬辰18	8 壬戌⑱	8 壬辰17	8 辛酉16	8 辛卯15
9 丁酉27	9 丁卯26	9 丙申26	9 乙丑24	9 乙未㉔	9 甲子22	9 甲午22	9 甲子21	9 癸巳19	9 癸亥19	9 癸巳18	9 壬戌17	9 壬辰16
10戊戌28	10戊辰27	10丁酉27	10丙寅25	10丙申25	10乙丑23	10乙未23	10乙丑22	10甲午⑳	10甲子20	10甲午19	10癸亥18	10癸巳⑰
11己亥29	11己巳28	11戊戌28	11丁卯㉖	11丁酉26	11丙寅24	11丙申24	11丙寅㉓	11乙未21	11乙丑21	11乙未20	11甲子19	11甲午18
12庚子30	**12**庚午29	12己亥㉙	12戊辰27	12戊戌27	12丁卯25	12丁酉25	12丁卯24	12丙申22	12丙寅22	12丙申21	12乙丑⑳	12乙未19
13辛丑31	《3月》	**13**庚子30	13己巳28	13己亥28	13戊辰26	13戊戌㉖	13戊辰25	13丁酉23	13丁卯23	13丁酉㉒	13丙寅21	13丙申20
《2月》	13辛未①	14辛丑31	14庚午29	14庚子29	14己巳27	14己亥27	14己巳26	14戊戌24	14戊辰24	14戊戌23	14丁卯22	14丁酉21
14壬寅 1	14壬申 2	《4月》	**15**辛未30	**15**辛丑30	15庚午㉘	15庚子28	15庚午27	15己亥25	15己巳㉕	15己亥24	15戊辰23	15戊戌22
15癸卯②	15癸酉 3	15壬寅 1	《5月》	16壬寅㉛	16辛未29	16辛丑29	16辛未28	16庚子26	16庚午26	16庚子25	16己巳24	16己亥23
16甲辰 3	16甲戌 4	16癸卯 2	16壬申 1	《6月》	**17**壬申30	**17**壬寅30	17壬申29	17辛丑㉗	17辛未27	17辛丑26	17庚午25	17庚子㉔
17乙巳 4	17乙亥 5	17甲辰 3	17癸酉 2	17癸卯 1	《7月》	18癸卯31	**18**癸酉㉚	18壬寅28	18壬申28	18壬寅27	18辛未26	18辛丑25
18丙午 5	18丙子 6	18乙巳 4	18甲戌③	18甲辰 2	18癸酉 1	《8月》	19甲戌31	**19**癸卯29	**19**癸酉29	19癸卯28	19壬申㉗	19壬寅26
19丁未 6	19丁丑 7	19丙午⑤	19乙亥 4	19乙巳 3	19甲戌 2	19甲辰 1	《9月》	20甲辰30	20甲戌30	**20**甲辰㉙	20癸酉28	20癸卯27
20戊申 7	20戊寅⑧	20丁未 6	20丙子 5	20丙午 4	20乙亥 3	20乙巳②	20乙亥 1	《10月》	21乙亥31	21乙巳30	**21** 甲戌29	21甲辰28
21己酉 8	21己卯 9	21戊申 7	21丁丑 6	21丁未 5	21丙子 4	21丙午 3	21丙子 2	21乙巳 1	《11月》	《12月》	22乙亥30	**22**乙巳29
22庚戌⑨	22庚辰10	22己酉 8	22戊寅 7	22戊申 6	22丁丑⑤	22丁未 4	22丁丑 3	22丙午 2	22丙子①	22丙午 1	23丙子31	23丙午30
23辛亥10	23辛巳11	23庚戌 9	23己卯 8	23己酉⑦	23戊寅 6	23戊申 5	23戊寅 4	23丁未 3	23丁丑 2	23丁未 2	**1361 年**	24丁未㉛
24壬子11	24壬午12	24辛亥10	24庚辰 9	24庚戌 8	24己卯 7	24己酉 6	24己卯 5	24戊申④	24戊寅 3	24戊申 3	《1月》	《2月》
25癸丑12	25癸未13	25壬子11	25辛巳⑩	25辛亥 9	25庚辰 8	25庚戌 7	25庚辰⑥	25己酉 5	25己卯 4	25己酉 4	24丁丑 1	25戊申 1
26甲寅13	26甲申14	26癸丑⑫	26壬午11	26壬子10	26辛巳 9	26辛亥 8	26辛巳 7	26庚戌 6	26庚辰 5	26庚戌 5	25戊寅 2	26己酉 2
27乙卯14	**27**乙酉⑮	27甲寅13	27癸未12	27癸丑11	27壬午10	27壬子⑨	27壬午 8	27辛亥 7	27辛巳 6	27辛亥⑥	26己卯③	27庚戌 3
28丙辰15	28丙戌16	28乙卯14	28甲申13	28甲寅12	28癸未11	28癸丑10	28癸未 9	28壬子 8	28壬午 7	28壬子 7	27庚辰 4	28辛亥 4
29丁巳⑯	29丁亥17	**29**丙辰15	29乙酉14	29乙卯13	29甲申⑫	29甲寅11	29甲申10	29癸丑 9	29癸未⑧	29癸丑 8	28辛巳 5	29壬子 5
30戊午17			**30**丙戌15		30乙酉13	30乙卯12		30甲寅10	30甲申 9		29壬午 6	
											30癸未 7	
立春 12日 雨水 27日	啓蟄 12日 春分 27日	清明 13日 穀雨 29日	立夏 15日 小満 30日	芒種15日	夏至 2日 小暑 17日	大暑 2日 立秋 17日	処暑 2日 白露 18日	秋分 4日 寒露 19日	霜降 4日 立冬 19日	小雪 5日 大雪 20日	冬至 6日 小寒 21日	大寒 7日 立春 22日

正平 16 年/康安元年〔延文 6 年〕（1361－1362） 辛丑

改元 3/29（延文→康安）

1月	2月	3月	4月	5月	6月	7月	8月	9月	10月	11月	12月
1 癸丑 6	1 癸未 8	1 壬子 6	1 辛巳 5	1 辛亥 4	1 庚辰 3	1 庚戌 2	1 己卯 31	1 己酉 30	**1** 己卯 30	1 戊申 ㉘	1 戊寅 28
2 甲寅 ⑦	2 甲申 9	2 癸丑 7	2 壬午 6	2 壬子 5	2 辛巳 ④	2 辛亥 3	《9月》	《10月》	2 庚辰 ㉛	**2** 己酉 29	2 己卯 29
3 乙卯 8	3 乙酉 10	3 甲寅 8	3 癸未 7	3 癸丑 ⑥	3 壬午 5	3 壬子 4	2 庚辰 1	2 庚戌 1	《11月》	3 庚戌 30	**3** 庚辰 30
4 丙辰 9	4 丙戌 11	4 乙卯 9	4 甲申 8	4 甲寅 7	4 癸未 6	4 癸丑 5	3 辛巳 2	3 辛亥 2	3 辛巳 1	《12月》	4 辛巳 31
5 丁巳 10	5 丁亥 12	5 丙辰 10	5 乙酉 ⑨	5 乙卯 8	5 甲申 7	5 甲寅 6	4 壬午 3	4 壬子 ③	4 壬午 2	4 辛亥 1	**1362 年**
6 戊午 11	6 戊子 13	6 丁巳 ⑪	6 丙戌 10	6 丙辰 9	6 乙酉 8	6 乙卯 7	5 癸未 4	5 癸丑 4	5 癸未 3	5 壬子 2	《1月》
7 己未 12	7 己丑 ⑭	7 戊午 12	7 丁亥 11	7 丁巳 10	7 丙戌 9	7 丙辰 ⑧	6 甲申 ⑤	6 甲寅 5	6 甲申 4	6 癸丑 3	5 壬午 1
8 庚申 13	**8** 庚寅 15	8 己未 13	8 戊子 12	8 戊午 11	8 丁亥 10	8 丁巳 9	7 乙酉 6	7 乙卯 6	7 乙酉 5	7 甲寅 4	6 癸未 ②
9 辛酉 ⑭	9 辛卯 16	9 庚申 14	9 己丑 13	9 己未 12	9 戊子 ⑪	9 戊午 10	8 丙戌 7	8 丙辰 7	8 丙戌 6	8 乙卯 ⑤	7 甲申 3
10 壬戌 15	10 壬辰 17	**10** 辛酉 15	10 庚寅 14	10 庚申 ⑬	10 己丑 12	10 己未 11	9 丁亥 8	9 丁巳 8	9 丁亥 ⑦	9 丙辰 6	8 乙酉 4
11 癸亥 16	11 癸巳 18	11 壬戌 16	**11** 辛卯 15	11 辛酉 14	11 庚寅 13	11 庚申 12	10 戊子 9	10 戊午 9	10 戊子 8	10 丁巳 7	9 丙戌 5
12 甲子 17	12 甲午 19	12 癸亥 17	12 壬辰 ⑯	**12** 壬戌 15	12 辛卯 14	12 辛酉 13	11 己丑 10	11 己未 ⑩	11 己丑 9	11 戊午 8	10 丁亥 6
13 乙丑 18	13 乙未 20	13 甲子 ⑱	13 癸巳 17	13 癸亥 16	**13** 壬辰 15	13 壬戌 14	12 庚寅 11	12 庚申 11	12 庚寅 10	12 己未 9	11 戊子 7
14 丙寅 19	14 丙申 ㉑	14 乙丑 19	14 甲午 18	14 甲子 17	14 癸巳 16	**14** 癸亥 ⑮	13 辛卯 ⑫	13 辛酉 12	13 辛卯 11	13 庚申 10	12 己丑 8
15 丁卯 20	15 丁酉 22	15 丙寅 20	15 乙未 19	15 乙丑 18	15 甲午 17	15 甲子 16	14 壬辰 13	14 壬戌 13	14 壬辰 12	14 辛酉 11	13 庚寅 ⑨
16 戊辰 ㉑	16 戊戌 23	16 丁卯 21	16 丙申 20	16 丙寅 19	16 乙未 ⑱	16 乙丑 17	**15** 癸巳 14	**15** 癸亥 14	15 癸巳 13	15 壬戌 ⑫	14 辛卯 10
17 己巳 22	17 己亥 24	17 戊辰 22	17 丁酉 21	17 丁卯 ⑳	17 丙申 19	17 丙寅 18	16 甲午 15	16 甲子 15	**16** 甲午 ⑭	16 癸亥 13	15 壬辰 11
18 庚午 23	18 庚子 25	18 己巳 23	18 戊戌 22	18 戊辰 21	18 丁酉 20	18 丁卯 19	17 乙未 16	17 乙丑 16	17 乙未 15	**17** 甲子 14	16 癸巳 12
19 辛未 24	19 辛丑 26	19 庚午 24	19 己亥 ㉓	19 己巳 22	19 戊戌 21	19 戊辰 20	18 丙申 17	18 丙寅 ⑰	18 丙申 16	18 乙丑 15	17 甲午 13
20 壬申 25	20 壬寅 27	20 辛未 ㉕	20 庚子 24	20 庚午 23	20 己亥 22	20 己巳 21	19 丁酉 18	19 丁卯 18	19 丁酉 17	19 丙寅 16	**18** 乙未 14
21 癸酉 26	21 癸卯 ㉘	21 壬申 26	21 辛丑 25	21 辛未 24	21 庚子 23	21 庚午 ㉒	20 戊戌 ⑲	20 戊辰 19	20 戊戌 18	20 丁卯 17	19 丙申 15
22 甲戌 27	22 甲辰 29	22 癸酉 27	22 壬寅 26	22 壬申 25	22 辛丑 24	22 辛未 23	21 己亥 20	21 己巳 20	21 己亥 19	21 戊辰 18	20 丁酉 ⑯
23 乙亥 ㉘	23 乙巳 30	23 甲戌 28	23 癸卯 27	23 癸酉 26	23 壬寅 ㉕	23 壬申 24	22 庚子 21	22 庚午 21	22 庚子 20	22 己巳 ⑲	21 戊戌 17
《3月》	**24** 丙午 31	24 乙亥 29	24 甲辰 28	24 甲戌 ㉗	24 癸卯 26	24 癸酉 25	23 辛丑 22	23 辛未 22	23 辛丑 ㉑	23 庚午 20	22 己亥 18
24 丙子 1	《4月》	**25** 丙子 30	25 乙巳 29	25 乙亥 28	25 甲辰 27	25 甲戌 26	24 壬寅 23	24 壬申 23	24 壬寅 22	24 辛未 21	23 庚子 19
25 丁丑 2	25 丁未 1	《5月》	26 丙午 ㉚	26 丙子 29	26 乙巳 28	26 乙亥 27	25 癸卯 24	25 癸酉 ㉔	25 癸卯 23	25 壬申 22	24 辛丑 20
26 戊寅 3	26 戊申 2	26 丁丑 1	**27** 丁未 31	**27** 丁丑 30	27 丙午 29	27 丙子 28	26 甲辰 25	26 甲戌 25	26 甲辰 24	26 癸酉 23	25 壬寅 21
27 己卯 4	27 己酉 3	27 戊寅 ②	《6月》	《7月》	**28** 丁未 30	28 丁丑 ㉙	27 乙巳 ㉖	27 乙亥 26	27 乙巳 25	27 甲戌 24	26 癸卯 22
28 庚辰 5	28 庚戌 ④	28 己卯 3	28 戊申 1	28 戊寅 1	29 戊申 31	**29** 戊寅 30	28 丙午 27	28 丙子 27	28 丙午 26	28 乙亥 25	27 甲辰 ㉓
29 辛巳 6	29 辛亥 5	29 庚辰 4	29 己酉 2	29 己卯 2	《8月》		29 丁未 28	29 丁丑 28	29 丁未 27	29 丙子 ㉖	28 乙巳 24
30 壬午 ⑦			30 庚戌 3		30 己酉 ①		**30** 戊申 29	30 戊寅 29		30 丁丑 27	29 丙午 25
											30 丁未 26
雨水 8日 啓蟄 23日	春分 8日 清明 24日	穀雨 10日 立夏 25日	小満 11日 芒種 27日	夏至 12日 小暑 27日	大暑 13日 立秋 28日	処暑 14日 白露 29日	秋分 15日 寒露 30日	霜降 15日	立冬 1日 小雪 16日	大雪 2日 冬至 17日	小寒 3日 大寒 18日

正平 17 年/貞治元年〔康安 2 年〕（1362－1363） 壬寅

改元 9/23（康安→貞治）

1月	2月	3月	4月	5月	6月	7月	8月	9月	10月	11月	12月
1 戊申 27	1 丁丑 25	1 丁未 ㉗	1 丙子 25	1 乙巳 24	1 乙亥 23	1 甲辰 22	1 甲戌 ㉑	1 癸卯 19	1 癸酉 19	1 壬寅 17	1 壬申 17
2 己酉 28	2 戊寅 26	2 戊申 28	2 丁丑 26	2 丙午 25	2 丙子 24	2 乙巳 23	2 乙亥 22	2 甲辰 20	2 甲戌 20	2 癸卯 18	2 癸酉 ⑱
3 庚戌 29	3 己卯 ㉗	3 己酉 29	3 戊寅 27	3 丁未 26	3 丁丑 25	3 丙午 ㉔	3 丙子 23	3 乙巳 21	3 乙亥 21	3 甲辰 ⑲	3 甲戌 19
4 辛亥 ㉚	**4** 庚辰 28	4 庚戌 30	4 己卯 28	4 戊申 27	4 戊寅 ㉖	4 丁未 25	4 丁丑 24	4 丙午 22	4 丙子 22	4 乙巳 20	4 乙亥 20
5 壬子 31	《3月》	**5** 辛亥 31	5 庚辰 29	5 己酉 28	5 己卯 27	5 戊申 26	5 戊寅 25	5 丁未 23	5 丁丑 ㉓	5 丙午 21	5 丙子 21
《2月》	5 辛巳 1	《4月》	**6** 辛巳 30	6 庚戌 ㉙	6 庚辰 28	6 己酉 27	6 己卯 26	6 戊申 24	6 戊寅 24	6 丁未 22	6 丁丑 22
6 癸丑 1	6 壬午 2	6 壬子 1	《5月》	7 辛亥 30	7 辛巳 29	7 庚戌 28	7 庚辰 27	7 己酉 ㉕	7 己卯 25	7 戊申 23	7 戊寅 23
7 甲寅 2	7 癸未 3	7 癸丑 2	7 壬午 ①	**8** 壬子 31	**8** 壬午 30	8 辛亥 29	8 辛巳 ㉘	8 庚戌 26	8 庚辰 26	8 己酉 24	8 己卯 24
8 乙卯 3	8 甲申 4	8 甲寅 ③	8 癸未 2	《6月》	《7月》	9 壬子 30	9 壬午 29	9 辛亥 27	9 辛巳 27	9 庚戌 25	9 庚辰 ㉕
9 丙辰 4	9 乙酉 5	9 乙卯 4	9 甲申 3	9 癸丑 1	9 癸未 1	**10** 癸丑 ㉛	**10** 癸未 30	10 壬子 28	10 壬午 28	10 辛亥 26	10 辛巳 26
10 丁巳 5	10 丙戌 ⑥	10 丙辰 5	10 乙酉 4	10 甲寅 2	10 甲申 2	《8月》	11 甲申 31	11 癸丑 29	11 癸未 29	11 壬子 ㉗	11 壬午 27
11 戊午 ⑥	11 丁亥 7	11 丁巳 6	11 丙戌 5	11 乙卯 3	11 乙酉 ③	11 甲寅 1	《9月》	**12** 甲寅 30	**12** 甲申 ㉚	12 癸丑 28	12 癸未 28
12 己未 7	12 戊子 8	12 戊午 7	12 丁亥 6	12 丙辰 4	12 丙戌 4	12 乙卯 2	12 乙酉 1	《10月》	13 乙酉 31	**13** 甲寅 29	13 甲申 29
13 庚申 8	13 己丑 9	13 己未 8	13 戊子 7	13 丁巳 ⑤	13 丁亥 5	13 丙辰 3	13 丙戌 2	13 乙卯 1	《11月》	14 乙卯 30	**14** 乙酉 30
14 辛酉 9	14 庚寅 10	14 庚申 9	14 己丑 ⑧	14 戊午 6	14 戊子 6	14 丁巳 4	14 丁亥 3	14 丙辰 ②	14 丙戌 1	《12月》	15 丙戌 31
15 壬戌 10	15 辛卯 11	15 辛酉 ⑩	15 庚寅 9	15 己未 7	15 己丑 7	15 戊午 5	15 戊子 ④	15 丁巳 3	15 丁亥 2	15 丙辰 1	**1363 年**
16 癸亥 11	16 壬辰 12	16 壬戌 11	16 辛卯 10	16 庚申 8	16 庚寅 8	16 己未 6	16 己丑 5	16 戊午 4	16 戊子 3	16 丁巳 2	《1月》
17 甲子 12	17 癸巳 ⑬	17 癸亥 12	17 壬辰 11	17 辛酉 9	17 辛卯 9	17 庚申 ⑦	**17** 庚寅 6	17 己未 5	17 己丑 4	17 戊午 3	16 丁亥 ①
18 乙丑 ⑬	18 甲午 14	18 甲子 13	18 癸巳 12	18 壬戌 10	18 壬辰 ⑩	18 辛酉 8	18 辛卯 7	18 庚申 6	18 庚寅 5	18 己未 ④	17 戊子 2
19 丙寅 14	19 乙未 15	19 乙丑 14	19 甲午 13	19 癸亥 11	19 癸巳 11	19 壬戌 9	19 壬辰 8	19 辛酉 7	19 辛卯 ⑥	19 庚申 5	18 己丑 3
20 丁卯 15	**20** 丙申 16	**20** 丙寅 15	20 乙未 14	20 甲子 ⑫	20 甲午 12	20 癸亥 10	20 癸巳 9	20 壬戌 8	20 壬辰 7	20 辛酉 6	19 庚寅 4
21 戊辰 16	21 丁酉 17	21 丁卯 16	21 丙申 ⑮	21 乙丑 13	21 乙未 13	21 甲子 11	21 甲午 10	21 癸亥 ⑨	21 癸巳 8	21 壬戌 7	20 辛卯 5
22 己巳 17	22 戊戌 18	22 戊辰 ⑰	**22** 丁酉 16	22 丙寅 14	22 丙申 14	22 乙丑 12	22 乙未 ⑪	22 甲子 10	22 甲午 9	22 癸亥 8	21 壬辰 6
23 庚午 18	23 己亥 19	23 己巳 18	23 戊戌 17	**23** 丁卯 15	**23** 丁酉 15	23 丙寅 13	23 丙申 12	23 乙丑 11	23 乙未 10	23 甲子 9	22 癸巳 7
24 辛未 19	24 庚子 ⑳	24 庚午 19	24 己亥 18	24 戊辰 16	24 戊戌 16	24 丁卯 ⑭	24 丁酉 13	24 丙寅 12	24 丙申 11	24 乙丑 10	23 甲午 ⑧
25 壬申 ⑳	25 辛丑 21	25 辛未 20	25 庚子 19	25 己巳 17	25 己亥 ⑰	**25** 戊辰 15	**25** 戊戌 14	25 丁卯 13	25 丁酉 12	25 丙寅 ⑪	24 乙未 9
26 癸酉 21	26 壬寅 22	26 壬申 21	26 辛丑 20	26 庚午 18	26 庚子 18	26 己巳 16	26 己亥 15	26 戊辰 14	26 戊戌 ⑬	26 丁卯 12	25 丙申 10
27 甲戌 22	27 癸卯 23	27 癸酉 22	27 壬寅 21	27 辛未 ⑲	27 辛丑 19	27 庚午 17	27 庚子 16	**27** 己巳 15	**27** 己亥 14	27 戊辰 13	26 丁酉 11
28 乙亥 23	28 甲辰 24	28 甲戌 23	28 癸卯 ㉒	28 壬申 20	28 壬寅 20	28 辛未 18	28 辛丑 17	28 庚午 ⑯	28 庚子 15	28 己巳 14	27 戊戌 12
29 丙子 24	29 乙巳 25	29 乙亥 ㉔	29 甲辰 23	29 癸酉 21	29 癸卯 21	29 壬申 19	29 壬寅 ⑱	29 辛未 17	29 辛丑 16	**29** 庚午 15	28 己亥 13
	30 丙午 26			30 甲戌 22		30 癸酉 20		30 壬申 18		30 辛未 16	**29** 庚子 14
											30 辛丑 ⑮
立春 3日 雨水 18日	啓蟄 4日 春分 20日	清明 5日 穀雨 20日	立夏 6日 小満 22日	芒種 8日 夏至 23日	小暑 8日 大暑 23日	立秋 10日 処暑 25日	白露 10日 秋分 25日	寒露 12日 霜降 27日	立冬 12日 小雪 27日	大雪 13日 冬至 29日	小寒 14日 大寒 29日

正平18年/貞治2年（1363－1364） 癸卯

1月	閏1月	2月	3月	4月	5月	6月	7月	8月	9月	10月	11月	12月
1壬寅16 2癸卯17 3甲辰18 4乙巳19 5丙午20 6丁未21 7戊申㉒ 8己酉23 9庚戌24 10辛亥25 11壬子26 12癸丑27 13甲寅28 **14**乙卯㉙ 15丙辰30 16丁巳31 《2月》 17戊午1 18己未2 19庚申3 20辛酉4 21壬戌⑤ 22癸亥6 23甲子7 24乙丑8 25丙寅9 26丁卯10 27戊辰11 28己巳⑫ **29**庚午13 30辛未14	1壬申15 2癸酉16 3甲戌17 4乙亥18 5丙子⑲ 6丁丑20 7戊寅21 8己卯22 9庚辰23 10辛巳24 11壬午25 12癸未㉖ 13甲申27 14乙酉28 《3月》 **15**丙戌1 16丁亥2 17戊子3 18己丑4 19庚寅⑤ 20辛卯6 21壬辰7 22癸巳8 23甲午9 24乙未10 25丙申11 26丁酉⑫ 27戊戌13 28己亥14 29庚子15	**1**辛丑16 2壬寅17 3癸卯18 4甲辰⑲ 5乙巳20 6丙午21 7丁未22 8戊申23 9己酉24 10庚戌25 11辛亥㉖ 12壬子27 13癸丑28 14甲寅29 15乙卯30 **16**丙辰31 《4月》 17丁巳1 18戊午② 19己未3 20庚申4 21辛酉5 22壬戌6 23癸亥7 24甲子8 25乙丑⑨ 26丙寅10 27丁卯11 28戊辰12 29己巳13 30庚午14	1辛未15 2壬申⑯ 3癸酉17 4甲戌18 5乙亥19 6丙子20 7丁丑21 8戊寅22 9己卯㉓ 10庚辰24 11辛巳25 12壬午26 13癸未27 14甲申28 15乙酉29 16丙戌㉚ 《5月》 **17**丁亥1 18戊子2 19己丑3 20庚寅4 21辛卯5 22壬辰6 23癸巳⑦ 24甲午8 25乙未9 26丙申10 27丁酉11 28戊戌12 29己亥13	1庚子⑭ 2辛丑15 **3**壬寅16 4癸卯17 5甲辰18 6乙巳19 7丙午20 8丁未㉑ 9戊申22 10己酉23 11庚戌24 12辛亥25 13壬子26 14癸丑27 15甲寅㉘ 16乙卯29 17丙辰30 **18**丁巳31 《6月》 19戊午1 20己未2 21庚申3 22辛酉④ 23壬戌5 24癸亥6 25甲子7 26乙丑8 27丙寅9 28丁卯10 29戊辰⑪	1己巳12 2庚午13 3辛未14 **4**壬申15 5癸酉16 6甲戌17 7乙亥⑱ 8丙子19 9丁丑20 10戊寅21 11己卯22 12庚辰23 13辛巳24 14壬午㉕ 15癸未26 16甲申27 17乙酉28 18丙戌29 **19**丁亥30 《7月》 20戊子1 21己丑② 22庚寅3 23辛卯4 24壬辰5 25癸巳6 26甲午7 27乙未8 28丙申⑨ 29丁酉10 30戊戌11	1己亥12 2庚子13 3辛丑14 4壬寅15 **5**癸卯⑯ 6甲辰17 7乙巳18 8丙午19 9丁未20 10戊申21 11己酉22 12庚戌㉓ 13辛亥24 14壬子25 15癸丑26 16甲寅27 17乙卯28 18丙辰29 19丁巳㉚ **20**戊午31 《8月》 21己未1 22庚申2 23辛酉3 24壬戌4 25癸亥5 26甲子⑥ 27乙丑7 28丙寅8 29丁卯9	1戊辰10 2己巳11 3庚午12 4辛未⑬ 5壬申14 **6**癸酉15 7甲戌16 8乙亥17 9丙子18 10丁丑19 11戊寅⑳ 12己卯21 13庚辰22 14辛巳23 15壬午24 16癸未25 17甲申26 18乙酉㉗ 19丙戌28 20丁亥29 **21**戊子30 22己丑31 《9月》 23庚寅1 24辛卯2 25壬辰③ 26癸巳4 27甲午5 28乙未6 29丙申7	1丁酉8 2戊戌9 3己亥⑩ 4庚子11 5辛丑12 6壬寅13 7癸卯14 **8**甲辰15 9乙巳16 10丙午⑰ 11丁未18 12戊申19 13己酉20 14庚戌21 15辛亥22 16壬子23 17癸丑㉔ 18甲寅25 19乙卯26 20丙辰27 21丁巳28 22戊午29 **23**己未30 《10月》 24庚申① 25辛酉2 26壬戌3 27癸亥4 28甲子5 29乙丑6 30丙寅7	1丁卯⑧ 2戊辰9 3己巳10 4庚午11 5辛未12 6壬申13 7癸酉14 **8**甲戌⑮ 9乙亥16 10丙子17 11丁丑18 12戊寅19 13己卯20 14庚辰21 15辛巳㉒ 16壬午23 17癸未24 18甲申25 19乙酉26 20丙戌27 21丁亥28 22戊子㉙ **23**己丑30 24庚寅31 《11月》 25辛卯1 26壬辰2 27癸巳3 28甲午4 29乙未⑤ 30丙申6	1丁酉7 2戊戌8 3己亥9 4庚子10 5辛丑11 6壬寅⑫ 7癸卯13 **8**甲辰14 9乙巳15 10丙午16 11丁未17 12戊申18 13己酉⑲ 14庚戌20 15辛亥21 16壬子22 17癸丑23 18甲寅24 19乙卯25 20丙辰㉖ 21丁巳27 22戊午28 23己未29 **24**庚申30 《12月》 25辛酉1 26壬戌2 27癸亥③ 28甲子4 29乙丑5	1丙寅6 2丁卯7 3戊辰8 4己巳9 5庚午⑩ 6辛未11 7壬申12 8癸酉13 9甲戌14 **10**乙亥15 11丙子16 12丁丑⑰ 13戊寅18 14己卯19 15庚辰20 16辛巳21 17壬午22 18癸未23 19甲申㉔ 20乙酉25 21丙戌26 22丁亥27 23戊子28 24己丑29 **25**庚寅30 26辛卯㉛ **1364年** 《1月》 27壬辰1 28癸巳2 29甲午3 30乙未4	1丙申5 2丁酉6 3戊戌⑦ 4己亥8 5庚子9 6辛丑10 7壬寅11 8癸卯12 9甲辰13 **10**乙巳⑭ 11丙午15 12丁未16 13戊申17 14己酉18 15庚戌19 16辛亥20 17壬子㉑ 18癸丑22 19甲寅23 20乙卯24 21丙辰25 22丁巳26 23戊午27 24己未㉘ 25庚申29 **26**辛酉30 27壬戌31 《2月》 28癸亥1 29甲子2 30乙丑3
立春14日 雨水29日	啓蟄15日	春分1日 清明16日	穀雨1日 立夏17日	小満3日 芒種18日	夏至4日 小暑19日	大暑5日 立秋20日	処暑6日 白露21日	秋分8日 寒露23日	霜降8日 立冬23日	小雪8日 大雪24日	冬至10日 小寒25日	大寒10日 立春26日

正平19年/貞治3年（1364－1365） 甲辰

1月	2月	3月	4月	5月	6月	7月	8月	9月	10月	11月	12月
1丙寅④ 2丁卯5 3戊辰6 4己巳7 5庚午8 6辛未9 7壬申10 8癸酉⑪ 9甲戌12 10乙亥13 **11**丙子14 12丁丑15 13戊寅16 14己卯17 15庚辰⑱ 16辛巳19 17壬午20 18癸未21 19甲申22 20乙酉23 21丙戌24 22丁亥㉕ 23戊子26 24己丑27 25庚寅28 **26**辛卯29 《3月》 27壬辰1 28癸巳2 29甲午③ 30乙未4	1丙申5 2丁酉6 3戊戌7 4己亥8 5庚子9 6辛丑⑩ 7壬寅11 8癸卯12 9甲辰13 10乙巳14 **11**丙午15 12丁未16 13戊申⑰ 14己酉18 15庚戌19 16辛亥20 17壬子21 18癸丑22 19甲寅23 20乙卯㉔ 21丙辰25 22丁巳26 23戊午27 24己未28 25庚申29 **26**辛酉30 27壬戌㉛ 《4月》 28癸亥1 29甲子2	1乙丑3 2丙寅4 3丁卯5 4戊辰6 5己巳⑦ 6庚午8 7辛未9 8壬申10 9癸酉11 10甲戌12 11乙亥13 12丙子⑭ **13**丁丑15 14戊寅16 15己卯17 16庚辰18 17辛巳19 18壬午20 19癸未㉑ 20甲申22 21乙酉23 22丙戌24 23丁亥25 24戊子26 25己丑27 26庚寅㉘ 27辛卯29 **28**壬辰30 《5月》 29癸巳1 30甲午2	1乙未3 2丙申4 3丁酉⑤ 4戊戌6 5己亥7 6庚子8 7辛丑9 8壬寅10 9癸卯11 10甲辰⑫ 11乙巳13 12丙午14 **13**丁未15 14戊申16 15己酉17 16庚戌18 17辛亥⑲ 18壬子20 19癸丑21 20甲寅22 21乙卯23 22丙辰24 23丁巳25 24戊午㉖ 25己未27 26庚申28 27辛酉29 **28**壬戌30 29癸亥31	《6月》 1甲子1 2乙丑② 3丙寅3 4丁卯4 5戊辰5 6己巳6 7庚午7 8辛未8 9壬申⑨ 10癸酉10 11甲戌11 12乙亥12 13丙子13 **14**丁丑14 15戊寅15 16己卯⑯ 17庚辰17 18辛巳18 19壬午19 20癸未20 21甲申21 22乙酉22 23丙戌㉓ 24丁亥24 25戊子25 26己丑26 27庚寅27 28辛卯28 29壬辰29	**1**癸巳㉚ 《7月》 2甲午1 3乙未2 4丙申3 5丁酉4 6戊戌5 7己亥6 8庚子⑦ 9辛丑8 10壬寅9 11癸卯10 12甲辰11 13乙巳12 14丙午13 15丁未⑭ **16**戊申15 17己酉16 18庚戌17 19辛亥18 20壬子19 21癸丑20 22甲寅㉑ 23乙卯22 24丙辰23 25丁巳24 26戊午25 27己未26 28庚申27 29辛酉㉘ 30壬戌29	**1**癸亥30 2甲子31 《8月》 3乙丑1 4丙寅2 5丁卯3 6戊辰④ 7己巳5 8庚午6 9辛未7 10壬申8 11癸酉9 12甲戌10 13乙亥⑪ 14丙子12 15丁丑13 **16**戊寅14 17己卯15 18庚辰16 19辛巳17 20壬午⑱ 21癸未19 22甲申20 23乙酉21 24丙戌22 25丁亥23 26戊子24 27己丑㉕ 28庚寅26 29辛卯27	1壬辰28 2癸巳29 **3**甲午30 4乙未31 《9月》 5丙申① 6丁酉2 7戊戌3 8己亥4 9庚子5 10辛丑6 11壬寅7 12癸卯⑧ 13甲辰9 14乙巳10 15丙午11 16丁未12 17戊申13 **18**己酉14 19庚戌⑮ 20辛亥16 21壬子17 22癸丑18 23甲寅19 24乙卯20 25丙辰21 26丁巳㉒ 27戊午23 28己未24 29庚申25	1辛酉26 2壬戌27 3癸亥28 **4**甲子㉙ 5乙丑30 《10月》 6丙寅1 7丁卯2 8戊辰3 9己巳4 10庚午5 11辛未⑥ 12壬申7 13癸酉8 14甲戌9 15乙亥10 16丙子11 17丁丑12 18戊寅⑬ **19**己卯14 20庚辰15 21辛巳16 22壬午17 23癸未18 24甲申19 25乙酉⑳ 26丙戌21 27丁亥22 28戊子23 29己丑24 30庚寅25	1辛卯26 2壬辰㉗ 3癸巳28 **4**甲午29 5乙未30 6丙申31 《11月》 7丁酉1 8戊戌2 9己亥③ 10庚子4 11辛丑5 12壬寅6 13癸卯7 14甲辰8 15乙巳9 16丙午⑩ 17丁未11 18戊申12 19己酉13 **20**庚戌14 21辛亥15 22壬子16 23癸丑⑰ 24甲寅18 25乙卯19 26丙辰20 27丁巳21 28戊午22 29己未23	1庚申㉔ 2辛酉25 3壬戌26 4癸亥27 5甲子28 **6**乙丑29 7丙寅30 《12月》 8丁卯① 9戊辰2 10己巳3 11庚午4 12辛未5 13壬申6 14癸酉7 15甲戌⑧ 16乙亥9 17丙子10 18丁丑11 19戊寅12 20己卯13 **21**庚辰14 22辛巳⑮ 23壬午16 24癸未17 25甲申18 26乙酉19 27丙戌20 28丁亥21 29戊子㉒ 30己丑23	1庚寅24 2辛卯25 3壬辰26 4癸巳27 5甲午28 **6**乙未㉙ 7丙申30 8丁酉31 **1365年** 《1月》 9戊戌1 10己亥2 11庚子3 12辛丑4 13壬寅⑤ 14癸卯6 15甲辰7 16乙巳8 17丙午9 18丁未10 19戊申11 20己酉⑫ 21庚戌13 **22**辛亥14 23壬子15 24癸丑16 25甲寅17 26乙卯18 27丙辰⑲ 28丁巳20 29戊午21 30己未22
雨水11日 啓蟄26日	春分11日 清明26日	穀雨13日 立夏28日	小満13日 芒種28日	夏至14日	小暑1日 大暑16日	立秋1日 処暑16日	白露3日 秋分18日	寒露4日 霜降19日	立冬4日 小雪20日	大雪6日 冬至21日	小寒6日 大寒22日

正平**20**年/貞治**4**年（1365－1366） 乙巳

1月	2月	3月	4月	5月	6月	7月	8月	9月	閏9月	10月	11月	12月
1 庚申23	1 庚寅22	1 己未㉓	1 己丑22	1 己未22	1 戊子20	1 丁巳19	1 丁亥18	1 丙辰16	1 乙酉15	**1** 乙卯14	1 甲申13	1 甲寅12
2 辛酉24	2 辛卯㉓	2 庚申24	2 庚寅23	2 庚申23	2 己丑21	2 戊午⑳	2 戊子19	2 丁巳17	2 丙戌16	2 丙辰15	**2** 乙酉⑭	2 乙卯13
3 壬戌25	3 壬辰24	3 辛酉25	3 辛卯24	3 辛酉24	3 庚寅㉒	3 己未21	3 己丑20	3 戊午18	3 丁亥17	3 丁巳⑯	3 丙戌15	**3** 丙辰14
4 癸亥㉖	4 癸巳25	4 壬戌26	4 壬辰25	4 壬戌㉕	4 辛卯23	4 庚申22	4 庚寅21	4 己未19	4 戊子18	4 戊午17	4 丁亥16	4 丁巳15
5 甲子27	5 甲午26	5 癸亥27	5 癸巳26	5 癸亥26	5 壬辰24	5 辛酉23	5 辛卯22	5 庚申20	5 己丑⑲	5 己未18	5 戊子17	5 戊午16
6 乙丑28	6 乙未27	6 甲子28	6 甲午㉗	6 甲子27	6 癸巳25	6 壬戌24	6 壬辰23	6 辛酉㉑	6 庚寅20	6 庚申19	6 己丑18	6 己未17
7 丙寅29	**7** 丙申28	7 乙丑29	7 乙未28	7 乙丑28	7 甲午26	7 癸亥25	7 癸巳㉔	7 壬戌22	7 辛卯21	7 辛酉20	7 庚寅19	7 庚申⑱
8 丁卯30	《3月》	8 丙寅㉚	8 丙申29	8 丙寅29	8 乙未27	8 甲子26	8 甲午25	8 癸亥23	8 壬辰22	8 壬戌21	8 辛卯20	8 辛酉19
9 戊辰31	8 丁酉1	**9** 丁卯31	**9** 丁酉30	9 丁卯30	9 丙申28	9 乙丑㉗	9 乙未26	9 甲子24	9 癸巳23	9 癸亥22	9 壬辰㉑	9 壬戌20
《2月》	9 戊戌②	《4月》	《5月》	**10**戊辰31	10丁酉㉙	10丙寅28	10丙申27	10乙丑25	10甲午24	10甲子㉓	10癸巳22	10癸亥21
10己巳1	10己亥3	10戊辰1	10戊戌1	《6月》	**11**戊戌30	11丁卯29	11丁酉28	11丙寅26	11乙未25	11乙丑24	11甲午23	11甲子22
11庚午②	11庚子4	11己巳2	11己亥2	11己巳①	《7月》	**12**戊辰30	12戊戌29	12丁卯27	12丙申㉖	12丙寅25	12乙未24	12乙丑23
12辛未3	12辛丑5	12庚午3	12庚子3	12庚午2	12己亥1	13己巳31	**13**己亥30	13戊辰㉘	13丁酉27	13丁卯26	13丙申25	13丙寅24
13壬申4	13壬寅6	13辛未4	13辛丑④	13辛未3	13庚子2	《8月》	14庚子㉛	**14**己巳29	14戊戌28	14戊辰27	14丁酉26	14丁卯㉕
14癸酉5	14癸卯7	14壬申5	14壬寅5	14壬申4	14辛丑3	14庚午1	《9月》	15庚午30	15己亥29	15己巳28	15戊戌27	15戊辰26
15甲戌6	15甲辰8	15癸酉⑥	15癸卯6	15癸酉5	15壬寅4	15辛未2	15辛丑1	《10月》	**16**庚子30	**16**庚午29	16己亥㉘	16己巳27
16乙亥7	16乙巳⑨	16甲戌7	16甲辰7	16甲戌6	16癸卯5	16壬申③	16壬寅2	16辛未1	17辛丑31	17辛未㉚	17庚子29	17庚午28
17丙子8	17丙午10	17乙亥8	17乙巳8	17乙亥7	17甲辰⑥	17癸酉4	17癸卯3	17壬申2	《11月》	《12月》	**18**辛丑30	**18**辛未29
18丁丑⑨	18丁未11	18丙子9	18丙午9	18丙子⑧	18乙巳7	18甲戌5	18甲辰4	18癸酉3	18壬寅1	18壬申1	19壬寅31	19壬申30
19戊寅10	19戊申12	19丁丑10	19丁未10	19丁丑9	19丙午8	19乙亥6	19乙巳5	19甲戌4	19癸卯②	19癸酉2	**1366年**	20癸酉31
20己卯11	20己酉13	20戊寅11	20戊申⑪	20戊寅10	20丁未9	20丙子7	20丙午6	20乙亥⑤	20甲辰3	20甲戌3	《1月》	《2月》
21庚辰12	21庚戌14	21己卯12	21己酉12	21己卯11	21戊申10	21丁丑8	21丁未⑦	21丙子6	21乙巳4	21乙亥4	20癸卯1	21甲戌①
22辛巳13	**22**辛亥15	22庚辰⑬	22庚戌13	22庚辰12	22己酉11	22戊寅9	22戊申8	22丁丑7	22丙午5	22丙子5	21甲辰2	22乙亥2
23壬午14	23壬子⑯	23辛巳14	23辛亥14	23辛巳13	23庚戌12	23己卯⑩	23己酉9	23戊寅8	23丁未6	23丁丑6	22乙巳3	23丙子3
24癸未15	24癸丑17	**24**壬午15	**24**壬子15	24壬午14	24辛亥⑬	24庚辰11	24庚戌10	24己卯9	24戊申7	24戊寅⑦	23丙午④	24丁丑4
25甲申⑯	25甲寅18	25癸未16	25癸丑16	**25**癸未⑮	25壬子14	25辛巳12	25辛亥11	25庚辰10	25己酉8	25己卯8	24丁未5	25戊寅5
26乙酉17	26乙卯19	26甲申17	26甲寅17	26甲申16	**26**癸丑15	26壬午13	26壬子12	26辛巳11	26庚戌⑨	26庚辰9	25戊申6	26己卯6
27丙戌18	27丙辰20	27乙酉18	27乙卯⑱	27乙酉17	27甲寅16	27癸未14	27癸丑13	27壬午⑫	27辛亥10	27辛巳10	26己酉7	27庚辰7
28丁亥19	28丁巳21	28丙戌19	28丙辰19	28丙戌18	28乙卯17	**28**甲申15	**28**甲寅⑭	28癸未13	28壬子11	28壬午11	27庚戌8	28辛巳⑧
29戊子20	29戊午22	29丁亥⑳	29丁巳20	29丁亥19	29丙辰18	29乙酉16	29乙卯15	**29**甲申14	29癸丑12	29癸未12	28辛亥9	29壬午9
30己丑21		30戊子21	30戊午21			30丙戌⑰			30甲寅13		29壬子10	30癸未10
											30癸丑⑪	
立春7日	啓蟄7日	清明9日	立夏9日	芒種10日	小暑11日	立秋12日	白露13日	寒露14日	立冬16日	小雪1日	冬至2日	大寒3日
雨水22日	春分22日	穀雨24日	小満24日	夏至25日	大暑26日	処暑28日	秋分28日	霜降29日		大雪16日	小寒18日	立春18日

正平**21**年/貞治**5**年（1366－1367） 丙午

1月	2月	3月	4月	5月	6月	7月	8月	9月	10月	11月	12月
1 甲申11	1 癸丑12	1 癸未11	1 癸丑11	1 壬午9	1 壬子9	1 辛巳7	1 辛亥⑥	1 庚辰5	1 庚戌4	1 己卯3	**1367年**
2 乙酉12	2 甲寅13	2 甲申⑫	2 甲寅12	2 癸未10	2 癸丑10	2 壬午8	2 壬子7	2 辛巳6	2 辛亥5	2 庚辰4	《1月》
3 丙戌13	3 乙卯14	3 乙酉13	3 乙卯13	3 甲申11	3 甲寅11	3 癸未⑨	3 癸丑8	3 壬午7	3 壬子6	3 辛巳5	1 戊申1
4 丁亥14	4 丙辰⑮	4 丙戌14	4 丙辰14	4 乙酉12	4 乙卯⑫	4 甲申10	4 甲寅9	4 癸未8	4 癸丑7	4 壬午⑥	2 己酉2
5 戊子⑮	**5** 丁巳16	**5** 丁亥15	5 丁巳15	5 丙戌13	5 丙辰13	5 乙酉11	5 乙卯10	5 甲申9	5 甲寅⑧	5 癸未7	3 庚戌③
6 己丑16	6 戊午17	6 戊子16	**6** 戊午16	6 丁亥⑭	6 丁巳14	6 丙戌12	6 丙辰11	6 乙酉10	6 乙卯9	6 甲申8	4 辛亥4
7 庚寅17	7 己未18	7 己丑17	7 己未⑰	**7** 戊子15	**7** 戊午15	7 丁亥13	7 丁巳12	7 丙戌⑪	7 丙辰10	7 乙酉9	5 壬子5
8 辛卯18	8 庚申19	8 庚寅18	8 庚申18	8 己丑16	8 己未16	8 戊子14	8 戊午⑬	8 丁亥12	8 丁巳11	8 丙戌10	6 癸丑6
9 壬辰19	9 辛酉20	9 辛卯⑲	9 辛酉19	9 庚寅17	9 庚申17	**9** 己丑15	**9** 己未14	9 戊子13	9 戊午12	9 丁亥11	7 甲寅7
10癸巳20	10壬戌21	10壬辰20	10壬戌20	10辛卯18	10辛酉18	10庚寅⑯	10庚申15	10己丑14	10己未13	10戊子12	8 乙卯8
11甲午21	11癸亥㉒	11癸巳21	11癸亥21	11壬辰19	11壬戌⑲	11辛卯17	11辛酉16	**11**庚寅15	**11**庚申14	11己丑⑬	9 丙辰9
12乙未㉒	12甲子23	12甲午22	12甲子22	12癸巳20	12癸亥20	12壬辰18	12壬戌17	12辛卯16	12辛酉⑮	12庚寅14	10丁巳⑩
13丙申23	13乙丑24	13乙未23	13乙丑23	13甲午㉑	13甲子21	13癸巳19	13癸亥18	13壬辰17	13壬戌16	**13**辛卯15	11戊午11
14丁酉24	14丙寅25	14丙申24	14丙寅㉔	14乙未22	14乙丑22	14甲午20	14甲子19	14癸巳⑱	14癸亥17	14壬辰16	12己未12
15戊戌25	15丁卯26	15丁酉25	15丁卯25	15丙申23	15丙寅23	15乙未21	15乙丑⑳	15甲午19	15甲子18	15癸巳17	13庚申13
16己亥26	16戊辰27	16戊戌㉖	16戊辰26	16丁酉24	16丁卯24	16丙申22	16丙寅21	16乙未20	16乙丑19	16甲午18	**14**辛酉14
17庚子27	17己巳28	17己亥27	17己巳27	17戊戌25	17戊辰25	17丁酉㉓	17丁卯22	17丙申21	17丙寅20	17乙未19	15壬戌15
18辛丑28	18庚午㉙	18庚子28	18庚午28	18己亥26	18己巳㉖	18戊戌24	18戊辰23	18丁酉22	18丁卯21	18丙申⑳	**16**癸亥16
《3月》	19辛未30	19辛丑29	19辛未29	19庚子27	19庚午27	19己亥25	19己巳24	19戊戌23	19戊辰㉒	19丁酉21	17甲子⑰
19壬寅①	**20**壬申31	**20**壬寅30	20壬申30	20辛丑㉘	20辛未28	20庚子26	20庚午25	20己亥24	20己巳23	20戊戌22	18乙丑18
20癸卯2	《4月》	《5月》	**21**癸酉㉛	21壬寅29	21壬申29	21辛丑27	21辛未26	21庚子㉕	21庚午24	21己亥23	19丙寅19
21甲辰3	21癸酉1	21癸卯1	《6月》	**22**癸卯30	22癸酉30	22壬寅28	22壬申㉗	22辛丑26	22辛未25	22庚子24	20丁卯20
22乙巳4	22甲戌2	22甲辰2	22甲戌1	《7月》	**23**甲戌31	23癸卯29	23癸酉28	23壬寅27	23壬申26	23辛丑25	21戊辰21
23丙午5	23乙亥3	23乙巳③	23乙亥2	23甲辰1	《8月》	**24**甲辰㉚	**24**甲戌29	24癸卯28	24癸酉27	24壬寅26	22己巳22
24丁未6	24丙子4	24丙午4	24丙子3	24乙巳2	24乙亥1	25乙巳31	25乙亥30	25甲辰29	25甲戌28	25癸卯㉗	23庚午23
25戊申7	25丁丑⑤	25丁未5	25丁丑4	25丙午3	25丙子②	《9月》	《10月》	**26**乙巳30	**26**乙亥㉙	26甲辰28	24辛未㉔
26己酉⑧	26戊寅6	26戊申6	26戊寅5	26丁未4	26丁丑3	26丙午1	26丙子1	27丙午31	27丙子30	27乙巳29	25壬申25
27庚戌9	27己卯7	27己酉7	27己卯6	27戊申⑤	27戊寅4	27丁未2	27丁丑2	《11月》	《12月》	**28**丙午30	26癸酉26
28辛亥10	28庚辰8	28庚戌8	28庚辰⑦	28己酉6	28己卯5	28戊申3	28戊寅3	28丁未①	28丁丑1	29丁未31	27甲戌27
29壬子11	29辛巳9	29辛亥9	29辛巳8	29庚戌7	29庚辰6	29己酉4	29己卯④	29戊申2	29戊寅2		28乙亥28
	30壬午10	30壬子⑩		30辛亥8		30庚戌5		30己酉3			**29**丙子29
											30丁丑30
雨水3日	春分5日	穀雨5日	小満6日	夏至7日	大暑7日	処暑9日	秋分9日	霜降11日	小雪11日	冬至13日	大寒14日
啓蟄18日	清明20日	立夏20日	芒種21日	小暑22日	立秋23日	白露24日	寒露24日	立冬26日	大雪26日	小寒28日	立春29日

正平22年/貞治6年（1367－1368） 丁未

1月	2月	3月	4月	5月	6月	7月	8月	9月	10月	11月	12月
1 戊寅㉛	1 戊申 2	1 丁丑31	1 丁未30	1 丙子29	1 丙午28	1 丙子28	1 乙巳26	1 乙亥25	1 甲辰㉔	1 甲戌23	1 癸卯22
《2月》	2 己酉 3	《4月》	《5月》	2 丁丑㉚	2 丁未29	2 丁丑29	2 丙午27	2 丙子㉖	2 乙巳25	2 乙亥24	2 甲辰23
2 己卯 1	3 庚戌 4	2 戊寅 1	2 戊申 1	3 戊寅31	3 戊申30	3 戊寅30	3 丁未28	3 丁丑27	3 丙午26	3 丙子25	3 乙巳24
3 庚辰 2	4 辛亥 5	3 己卯 2	3 己酉②	《6月》	《7月》	4 己卯31	4 戊申㉙	4 戊寅28	4 丁未27	4 丁丑26	4 丙午25
4 辛巳 3	5 壬子 6	4 庚辰 3	4 庚戌 3	4 己卯 1	4 己酉 1	《8月》	5 己酉30	5 己卯29	5 戊申28	5 戊寅27	5 丁未㉖
5 壬午 4	6 癸丑⑦	5 辛巳④	5 辛亥 4	5 庚辰 2	5 庚戌 2	5 庚辰①	6 庚戌31	6 庚辰30	6 己酉29	6 己卯㉘	6 戊申27
6 癸未 5	7 甲寅 8	6 壬午 5	6 壬子 5	6 辛巳 3	6 辛亥 3	6 辛巳 2	《9月》	《10月》	7 庚戌30	7 庚辰29	7 己酉28
7 甲申 6	8 乙卯 9	7 癸未 6	7 癸丑 6	7 壬午 4	7 壬子④	7 壬午 3	7 辛亥 1	7 辛巳 1	8 辛亥㉛	8 辛巳30	8 庚戌29
8 乙酉⑦	9 丙辰10	8 甲申 7	8 甲寅 7	8 癸未 5	8 癸丑 5	8 癸未 4	8 壬子 2	8 壬午 2	《11月》	《12月》	9 辛亥30
9 丙戌 8	10丁巳11	9 乙酉 8	9 乙卯 8	9 甲申⑥	9 甲寅 6	9 甲申 5	9 癸丑 3	9 癸未③	9 壬子 1	9 壬午 1	10壬子31
10丁亥 9	11戊午12	10丙戌 9	10丙辰⑨	10乙酉 7	10乙卯 7	10乙酉 6	10甲寅 4	10甲申 4	10癸丑 2	10癸未 2	1368 年
11戊子10	12己未13	11丁亥10	11丁巳10	11丙戌 8	11丙辰 8	11丙戌 7	11乙卯⑤	11乙酉 5	11甲寅 3	11甲申 3	《1月》
12己丑11	13庚申⑭	12戊子⑪	12戊午11	12丁亥 9	12丁巳 9	12丁亥⑧	12丙辰 6	12丙戌 6	12乙卯 4	12乙酉 4	11癸丑 1
13庚寅12	14辛酉15	13己丑12	13己未12	13戊子10	13戊午10	13戊子 9	13丁巳 7	13丁亥 7	13丙辰 5	13丙戌⑤	12甲寅②
14辛卯13	15壬戌16	14庚寅13	14庚申13	14己丑11	14己未⑪	14己丑10	14戊午 8	14戊子 8	14丁巳 6	14丁亥 6	13乙卯 3
15壬辰⑭	16癸亥17	15辛卯14	15辛酉14	15庚寅12	15庚申12	15庚寅11	15己未 9	15己丑 9	15戊午⑦	15戊子 7	14丙辰 4
16癸巳15	17甲子18	16壬辰15	16壬戌15	16辛卯⑬	16辛酉13	16辛卯12	16庚申10	16庚寅⑩	16己未 8	16己丑 8	15丁巳 5
17甲午16	18乙丑19	17癸巳16	17癸亥⑯	17壬辰14	17壬戌14	17壬辰13	17辛酉11	17辛卯11	17庚申 9	17庚寅 9	16戊午 6
18乙未17	19丙寅20	18甲午17	18甲子17	18癸巳15	18癸亥15	18癸巳14	18壬戌⑫	18壬辰12	18辛酉10	18辛卯10	17己未 7
19丙申18	20丁卯㉑	19乙未⑱	19乙丑18	19甲午16	19甲子16	19甲午⑮	19癸亥13	19癸巳13	19壬戌11	19壬辰11	18庚申 8
20丁酉19	21戊辰22	20丙申19	20丙寅19	20乙未17	20乙丑17	20乙未16	20甲子14	20甲午14	20癸亥12	20癸巳⑫	19辛酉⑨
21戊戌20	22己巳23	21丁酉20	21丁卯20	21丙申18	21丙寅⑱	21丙申17	21乙丑15	21乙未15	21甲子13	21甲午13	20壬戌10
22己亥㉑	23庚午24	22戊戌21	22戊辰21	22丁酉19	22丁卯19	22丁酉18	22丙寅16	22丙申16	22乙丑⑭	22乙未14	21癸亥11
23庚子22	24辛未25	23己亥22	23己巳22	23戊戌⑳	23戊辰20	23戊戌19	23丁卯17	23丁酉⑰	23丙寅15	23丙申15	22甲子12
24辛丑23	25壬申26	24庚子23	24庚午㉓	24己亥21	24己巳21	24己亥20	24戊辰18	24戊戌18	24丁卯16	24丁酉16	23乙丑13
25壬寅24	26癸酉27	25辛丑24	25辛未24	25庚子22	25庚午22	25庚子21	25己巳⑲	25己亥19	25戊辰17	25戊戌17	24丙寅14
26癸卯25	27甲戌㉘	26壬寅㉕	26壬申25	26辛丑23	26辛未23	26辛丑㉒	26庚午20	26庚子20	26己巳18	26己亥18	25丁卯15
27甲辰26	28乙亥29	27癸卯26	27癸酉26	27壬寅24	27壬申24	27壬寅23	27辛未21	27辛丑21	27庚午19	27庚子⑲	26戊辰⑯
28乙巳27	29丙子30	28甲辰27	28甲戌27	28癸卯25	28癸酉㉕	28癸卯24	28壬申22	28壬寅22	28辛未20	28辛丑20	27己巳17
29丙午㉘		29乙巳28	29乙亥28	29甲辰26	29甲戌26	29甲辰25	29癸酉23	29癸卯23	29壬申㉑	29壬寅21	28庚午18
《3月》		30丙午29		30乙巳㉗	30乙亥27		30甲戌24		30癸酉22		29辛未19
30丁未 1											30壬申20
雨水 14日 啓蟄 30日	春分 15日	清明 1日 穀雨 16日	立夏 2日 小満 17日	芒種 3日 夏至 18日	小暑 3日 大暑 19日	立秋 4日 処暑 19日	白露 5日 秋分 21日	寒露 6日 霜降 21日	立冬 7日 小雪 22日	大雪 8日 冬至 23日	小寒 9日 大寒 24日

正平23年/応安元年〔貞治7年〕（1368－1369） 戊申

改元 2/18（貞治→応安）

1月	2月	3月	4月	5月	6月	閏6月	7月	8月	9月	10月	11月	12月
1 癸酉21	1 壬寅19	1 辛未⑲	1 辛丑18	1 庚午17	1 庚子16	1 庚午⑯	1 己亥14	1 己巳13	1 己亥13	1 戊辰11	1 戊戌11	1 丁卯 9
2 甲戌22	2 癸卯⑳	2 壬申20	2 壬寅19	2 辛未18	2 辛丑17	2 辛未17	2 庚子15	2 庚午14	2 庚子14	2 己巳⑫	2 己亥12	2 戊辰10
3 乙亥㉓	3 甲辰21	3 癸酉21	3 癸卯20	3 壬申19	3 壬寅⑱	3 壬申18	3 辛丑16	3 辛未15	3 辛丑⑮	3 庚午13	3 庚子13	3 己巳11
4 丙子24	4 乙巳22	4 甲戌22	4 甲辰21	4 癸酉20	4 癸卯19	4 癸酉19	4 壬寅17	4 壬申16	4 壬寅16	4 辛未14	4 辛丑14	4 庚午12
5 丁丑25	5 丙午23	5 乙亥23	5 乙巳22	5 甲戌㉑	5 甲辰20	5 甲戌20	5 癸卯18	5 癸酉⑰	5 癸卯17	5 壬申15	5 壬寅15	5 辛未13
6 戊寅26	6 丁未24	6 丙子24	6 丙午㉓	6 乙亥22	6 乙巳21	6 乙亥21	6 甲辰19	6 甲戌18	6 甲辰18	6 癸酉16	6 癸卯16	6 壬申⑭
7 己卯27	7 戊申25	7 丁丑25	7 丁未24	7 丙子23	7 丙午22	7 丙子22	7 乙巳⑳	7 乙亥19	7 乙巳19	7 甲戌17	7 甲辰⑰	7 癸酉15
8 庚辰28	8 己酉26	8 戊寅㉖	8 戊申25	8 丁丑24	8 丁未23	8 丁丑㉓	8 丙午21	8 丙子20	8 丙午20	8 乙亥18	8 乙巳18	8 甲戌16
9 辛巳29	9 庚戌㉗	9 己卯27	9 己酉26	9 戊寅25	9 戊申24	9 戊寅24	9 丁未22	9 丁丑21	9 丁未21	9 丙子⑲	9 丙午19	9 乙亥17
10壬午㉚	10辛亥28	10庚辰28	10庚戌27	10己卯26	10己酉㉕	10己卯25	10戊申23	10戊寅22	10戊申㉒	10丁丑20	10丁未20	10丙子18
11癸未31	11壬子29	11辛巳29	11辛亥28	11庚辰27	11庚戌26	11庚辰26	11己酉24	11己卯23	11己酉23	11戊寅21	11戊申21	11丁丑19
《2月》	《3月》	12壬午30	12壬子29	12辛巳㉘	12辛亥27	12辛巳27	12庚戌25	12庚辰㉔	12庚戌24	12己卯22	12己酉22	12戊寅20
12甲申 1	12癸丑 1	13癸未31	13癸丑㉚	13壬午29	13壬子28	13壬午28	13辛亥26	13辛巳25	13辛亥25	13庚辰23	13庚戌23	13己卯㉑
13乙酉 2	13甲寅 2	《4月》	《5月》	14癸未30	14癸丑29	14癸未29	14壬子㉗	14壬午26	14壬子26	14辛巳24	14辛亥㉔	14庚辰22
14丙戌 3	14乙卯 3	14甲申 1	14甲寅 1	15甲申31	15甲寅30	15甲申㉚	15癸丑28	15癸未27	15癸丑27	15壬午25	15壬子25	15辛巳23
15丁亥 4	15丙辰 4	15乙酉②	15乙卯 2	《6月》	《7月》	16乙酉31	16甲寅29	16甲申28	16甲寅28	16癸未㉖	16癸丑26	16壬午24
16戊子 5	16丁巳⑤	16丙戌 3	16丙辰 3	16乙酉 1	16乙卯 1	《8月》	17乙卯30	17乙酉29	17乙卯㉙	17甲申27	17甲寅27	17癸未25
17己丑⑥	17戊午 6	17丁亥 4	17丁巳 4	17丙戌 2	17丙辰②	17丙戌 1	18丙辰31	18丙戌30	18丙辰30	18乙酉28	18乙卯28	18甲申26
18庚寅 7	18己未 7	18戊子 5	18戊午 5	18丁亥 3	18丁巳 3	18丁亥 2	《9月》	《10月》	19丁巳31	19丙戌29	19丙辰29	19乙酉27
19辛卯 8	19庚申 8	19己丑 6	19己未 6	19戊子④	19戊午 4	19戊子 3	19丁巳 1	19丁亥①	《11月》	20丁亥30	20丁巳30	20丙戌㉘
20壬辰 9	20辛酉 9	20庚寅 7	20庚申⑦	20己丑 5	20己未 5	20己丑 4	20戊午 2	20戊子 2	20戊午 1	《12月》	21戊午㉛	21丁亥29
21癸巳10	21壬戌10	21辛卯 8	21辛酉 8	21庚寅 6	21庚申 6	21庚寅 5	21己未③	21己丑 3	21己未 2	21戊子 1	1369 年	22戊子30
22甲午11	22癸亥11	22壬辰⑨	22壬戌 9	22辛卯 7	22辛酉 7	22辛卯⑥	22庚申 4	22庚寅 4	22庚申 3	22己丑 2	《1月》	23己丑31
23乙未12	23甲子⑫	23癸巳10	23癸亥10	23壬辰 8	23壬戌 8	23壬辰 7	23辛酉 5	23辛卯 5	23辛酉 4	23庚寅③	22己未 1	《2月》
24丙申⑬	24乙丑13	24甲午11	24甲子11	24癸巳 9	24癸亥⑨	24癸巳 8	24壬戌 6	24壬辰 6	24壬戌⑤	24辛卯 4	23庚申 2	24庚寅 1
25丁酉14	25丙寅14	25乙未12	25乙丑12	25甲午10	25甲子10	25甲午 9	25癸亥 7	25癸巳 7	25癸亥 6	25壬辰 5	24辛酉 3	25辛卯 2
26戊戌15	26丁卯15	26丙申13	26丙寅13	26乙未⑪	26乙丑11	26乙未10	26甲子 8	26甲午⑧	26甲子 7	26癸巳 6	25壬戌 4	26壬辰 3
27己亥16	27戊辰16	27丁酉14	27丁卯⑭	27丙申12	27丙寅12	27丙申11	27乙丑 9	27乙未 9	27乙丑 8	27甲午 7	26癸亥 5	27癸巳④
28庚子17	28己巳17	28戊戌15	28戊辰15	28丁酉13	28丁卯13	28丁酉12	28丙寅⑩	28丙申10	28丙寅 9	28乙未 8	27甲子 6	28甲午 5
29辛丑18	29庚午18	29己亥⑯	29己巳16	29戊戌14	29戊辰14	29戊戌⑬	29丁卯11	29丁酉11	29丁卯10	29丙申 9	28乙丑⑦	29乙未 6
		30庚子17		30己亥15	30己巳15		30戊辰12	30戊戌12		30丁酉⑩	29丙寅 8	30丙申 7
立春 9日 雨水 25日	啓蟄 11日 春分 26日	清明 12日 穀雨 28日	立夏 13日 小満 28日	芒種 14日 夏至 29日	小暑 15日 大暑 30日	立秋15日	処暑 1日 白露 17日	秋分 2日 寒露 17日	霜降 2日 立冬 17日	小雪 4日 大雪 19日	冬至 4日 小寒 19日	大寒 6日 立春 21日

正平**24**年/応安**2**年（1369－1370） 己酉

1月	2月	3月	4月	5月	6月	7月	8月	9月	10月	11月	12月
1丁酉8	1丙寅9	1乙未7	1乙丑7	1甲午5	1甲子5	1癸巳3	1癸亥②	1癸巳2	1壬戌31	1壬辰30	**1**壬戌㉚
2戊戌9	2丁卯10	2丙申⑧	2丙寅8	2乙未6	2乙丑6	2甲午4	2甲子3	2甲午3	《11月》	《12月》	2癸亥31
3己亥10	3戊辰⑪	3丁酉9	3丁卯9	3丙申7	3丙寅7	3乙未⑤	3乙丑4	3乙未4	2癸亥1	2癸巳1	**1370年**
4庚子⑪	4己巳12	4戊戌10	4戊辰10	4丁酉8	4丁卯⑧	4丙申6	4丙寅5	4丙申5	3甲子2	3甲午②	《1月》
5辛丑12	5庚午13	5己亥11	5己巳11	5戊戌9	5戊辰9	5丁酉7	5丁卯6	5丁酉6	4乙丑3	4乙未3	3甲子1
6壬寅13	6辛未14	6庚子12	6庚午12	6己亥⑩	6己巳10	6戊戌8	6戊辰7	6戊戌⑦	5丙寅④	5丙申4	4乙丑2
7癸卯14	**7**壬申15	7辛丑13	7辛未⑬	7庚子11	7庚午11	7己亥9	7己巳8	7己亥8	6丁卯5	6丁酉5	5丙寅3
8甲辰15	8癸酉16	8壬寅14	8壬申14	8辛丑12	8辛未12	8庚子10	8庚午⑨	8庚子9	7戊辰6	7戊戌6	6丁卯4
9乙巳16	9甲戌17	**9**癸卯⑮	**9**癸酉15	9壬寅13	9壬申13	9辛丑11	9辛未10	9辛丑10	8己巳7	8己亥7	7戊辰5
10丙午17	10乙亥⑱	10甲辰16	10甲戌16	10癸卯14	10癸酉14	10壬寅⑫	10壬申11	10壬寅11	9庚午8	9庚子8	8己巳⑥
11丁未⑱	11丙子19	11乙巳17	11乙亥17	**11**甲辰15	**11**甲戌⑮	11癸卯13	11癸酉12	11癸卯12	10辛未9	10辛丑⑨	9庚午7
12戊申19	12丁丑20	12丙午18	12丙子18	12乙巳16	12乙亥16	12甲辰14	12甲戌13	12甲辰13	11壬申10	11壬寅10	10辛未8
13己酉20	13戊寅21	13丁未19	13丁丑19	13丙午⑰	13丙子17	**13**乙巳15	**13**乙亥14	**13**乙巳⑭	12癸酉⑪	12癸卯11	11壬申9
14庚戌21	14己卯22	14戊申20	14戊寅⑳	14丁未18	14丁丑18	14丙午16	14丙子15	14丙午15	13甲戌12	13甲辰12	12癸酉10
15辛亥22	15庚辰23	15己酉21	15己卯21	15戊申19	15戊寅19	15丁未17	15丁丑⑯	15丁未16	14乙亥13	14乙巳13	13甲戌11
16壬子23	16辛巳24	16庚戌㉒	16庚辰22	16己酉20	16己卯20	16戊申18	16戊寅17	16戊申17	**15**丙子14	**15**丙午14	14乙亥12
17癸丑24	17壬午㉕	17辛亥23	17辛巳23	17庚戌21	17庚辰21	17己酉⑲	17己卯18	17己酉18	16丁丑15	16丁未15	15丙子⑬
18甲寅㉕	18癸未26	18壬子24	18壬午24	18辛亥22	18辛巳㉒	18庚戌20	18庚辰19	18庚戌19	17戊寅16	17戊申⑯	**16**丁丑14
19乙卯26	19甲申27	19癸丑25	19癸未25	19壬子23	19壬午23	19辛亥21	19辛巳20	19辛亥20	18己卯17	18己酉17	17戊寅15
20丙辰27	20乙酉28	20甲寅26	20甲申26	20癸丑㉔	20癸未24	20壬子22	20壬午21	20壬子㉑	19庚辰⑱	19庚戌18	18己卯16
21丁巳28	21丙戌29	21乙卯27	21乙酉㉗	21甲寅25	21甲申25	21癸丑23	21癸未22	21癸丑22	20辛巳19	20辛亥19	19庚辰17
《3月》	22丁亥30	22丙辰28	22丙戌28	22乙卯26	22乙酉26	22甲寅24	22甲申㉓	22甲寅23	21壬午20	21壬子20	20辛巳18
22戊午1	**23**戊子31	23丁巳㉙	23丁亥29	23丙辰27	23丙戌27	23乙卯25	23乙酉24	23乙卯24	22癸未21	22癸丑21	21壬午19
23己未2	《4月》	**24**戊午30	**24**戊子30	24丁巳28	24丁亥28	24丙辰㉖	24丙戌25	24丙辰25	23甲申22	23甲寅22	22癸未⑳
24庚申3	24己丑①	《5月》	25己丑31	25戊午29	25戊子㉙	25丁巳27	25丁亥26	25丁巳26	24乙酉23	24乙卯㉓	23甲申21
25辛酉④	25庚寅2	25己未1	《6月》	**26**己未30	**26**己丑30	26戊午28	26戊子27	26戊午27	25丙戌24	25丙辰24	24乙酉22
26壬戌5	26辛卯3	26庚申2	26庚寅1	《7月》	27庚寅31	27己未29	27己丑28	27己未㉘	26丁亥㉕	26丁巳25	25丙戌23
27癸亥6	27壬辰4	27辛酉3	27辛卯2	27庚申①	《8月》	**28**庚申30	**28**庚寅29	28庚申29	27戊子26	27戊午26	26丁亥24
28甲子7	28癸巳5	28壬戌4	28壬辰③	28辛酉2	28辛卯1	29辛酉31	29辛卯㉚	**29**辛酉30	28己丑27	28己未27	27戊子25
29乙丑8	29甲午6	29癸亥5	29癸巳4	29壬戌3	29壬辰2	《9月》	《10月》		29庚寅28	29庚申28	28己丑26
		30甲子⑥		30癸亥4		30壬戌1	30壬辰1		**30**辛卯29	30辛酉29	29庚寅㉗
雨水6日 啓蟄21日	春分7日 清明23日	穀雨9日 立夏24日	小満9日 芒種24日	夏至11日 小暑26日	大暑11日 立秋26日	処暑13日 白露28日	秋分13日 寒露28日	霜降13日 立冬29日	小雪15日 大雪30日	冬至15日	小寒1日 大寒16日

建徳元年〔正平**25**年〕/応安**3**年（1370－1371） 庚戌

改元 7/24（正平→建徳）

1月	2月	3月	4月	5月	6月	7月	8月	9月	10月	11月	12月
1辛卯28	1辛酉27	1庚寅28	1己未26	1己丑㉖	1戊午24	1戊子24	1丁巳22	1丁亥21	1丙辰⑳	1丙戌19	1丙辰19
2壬辰29	**2**壬戌28	2辛卯29	2庚申27	2庚寅27	2己未25	2己丑25	2戊午23	2戊子㉒	2丁巳21	2丁亥20	2丁巳20
3癸巳30	《3月》	3壬辰30	3辛酉㉘	3辛卯28	3庚申26	3庚寅26	3己未24	3己丑23	3戊午22	3戊子21	3戊午21
4甲午31	3癸亥1	**4**癸巳㉛	4壬戌29	4壬辰29	4辛酉27	4辛卯27	4庚申㉕	4庚寅24	4己未23	4己丑22	4己未㉒
《2月》	4甲子2	《4月》	**5**癸亥30	5癸巳30	5壬戌28	5壬辰㉘	5辛酉26	5辛卯25	5庚申24	5庚寅23	5庚申23
5乙未1	5乙丑③	5甲午1	《5月》	**6**甲午31	6癸亥29	6癸巳29	6壬戌27	6壬辰26	6辛酉25	6辛卯㉔	6辛酉24
6丙申2	6丙寅4	6乙未2	6甲子1	《6月》	**7**甲子㉚	7甲午30	7癸亥28	7癸巳27	7壬戌26	7壬辰25	7壬戌25
7丁酉③	7丁卯5	7丙申3	7乙丑2	7乙未1	《7月》	**8**乙未31	8甲子29	8甲午28	8癸亥㉗	8癸巳26	8癸亥26
8戊戌4	8戊辰6	8丁酉4	8丙寅3	8丙申②	8乙丑1	《8月》	**9**乙丑30	**9**乙未㉙	9甲子28	9甲午27	9甲子27
9己亥5	9己巳7	9戊戌5	9丁卯4	9丁酉3	9丙寅2	9丙申1	10丙寅31	10丙申30	10乙丑29	10乙未28	10乙丑28
10庚子6	10庚午8	10己亥6	10戊辰⑤	10戊戌4	10丁卯3	10丁酉2	《9月》	《10月》	**11**丙寅30	**11**丙申29	11丙寅㉙
11辛丑7	11辛未9	11庚子⑦	11己巳6	11己亥5	11戊辰4	11戊戌3	11丁卯①	11丁酉1	12丁卯31	12丁酉30	**12**丁卯30
12壬寅8	12壬申⑩	12辛丑8	12庚午7	12庚子6	12己巳5	12己亥④	12戊辰2	12戊戌2	《11月》	《12月》	13戊辰31
13癸卯9	13癸酉11	13壬寅9	13辛未8	13辛丑7	13庚午6	13庚子5	13己巳3	13己亥3	13戊辰1	13戊戌①	**1371年**
14甲辰⑩	14甲戌12	14癸卯10	14壬申9	14壬寅8	14辛未⑦	14辛丑6	14庚午4	14庚子4	14己巳2	14己亥2	《1月》
15乙巳11	15乙亥13	15甲辰11	15癸酉10	15癸卯⑨	15壬申8	15壬寅7	15辛未5	15辛丑5	15庚午③	15庚子3	14己巳1
16丙午12	16丙子14	16乙巳12	16甲戌11	16甲辰10	16癸酉9	16癸卯8	16壬申6	16壬寅⑥	16辛未4	16辛丑4	15庚午2
17丁未13	17丁丑15	17丙午13	17乙亥⑫	17乙巳11	17甲戌10	17甲辰9	17癸酉7	17癸卯7	17壬申5	17壬寅5	16辛未3
18戊申14	**18**戊寅16	18丁未⑭	18丙子13	18丙午12	18乙亥11	18乙巳10	18甲戌⑧	18甲辰8	18癸酉6	18癸卯6	17壬申4
19己酉15	19己卯⑰	**19**戊申15	19丁丑14	19丁未13	19丙子12	19丙午⑪	19乙亥9	19乙巳9	19甲戌7	19甲辰7	18癸酉⑤
20庚戌16	20庚辰18	20己酉16	20戊寅15	20戊申14	20丁丑13	20丁未12	20丙子10	20丙午10	20乙亥8	20乙巳⑧	19甲戌6
21辛亥⑰	21辛巳19	21庚戌17	**21**己卯16	**21**己酉15	21戊寅⑭	21戊申13	21丁丑11	21丁未11	21丙子9	21丙午9	20乙亥7
22壬子18	22壬午20	22辛亥18	22庚辰17	22庚戌⑯	**22**己卯15	22己酉14	22戊寅12	22戊申12	22丁丑⑩	22丁未10	21丙子8
23癸丑19	23癸未21	23壬子19	23辛巳18	23辛亥17	23庚辰16	**23**庚戌15	23己卯13	23己酉⑬	23戊寅11	23戊申11	22丁丑9
24甲寅20	24甲申22	24癸丑20	24壬午⑲	24壬子18	24辛巳17	*24*辛亥16	**24**庚辰14	24庚戌14	24己卯12	24己酉12	23戊寅10
25乙卯21	25乙酉23	25甲寅㉑	25癸未20	25癸丑19	25壬午18	25壬子17	25辛巳⑮	**25**辛亥15	25庚辰13	25庚戌13	24己卯11
26丙辰22	26丙戌㉔	26乙卯22	26甲申21	26甲寅20	26癸未19	26癸丑⑱	26壬午16	26壬子16	**26**辛巳14	26辛亥14	25庚辰⑫
27丁巳23	27丁亥25	27丙辰23	27乙酉22	27乙卯21	27甲申20	27甲寅19	27癸未17	27癸丑17	27壬午15	**27**壬子⑮	26辛巳13
28戊午㉔	28戊子26	28丁巳24	28丙戌23	28丙辰22	28乙酉㉑	28乙卯20	28甲申18	28甲寅18	28癸未16	28癸丑16	**27**壬午14
29己未25	29己丑27	29戊午25	29丁亥24	29丁巳㉓	29丙戌22	29丙辰21	29乙酉19	29乙卯19	29甲申⑰	29甲寅17	28癸未15
30庚申26			30戊子25		30丁亥23		30丙戌20		30乙酉18	30乙卯18	29甲申16
											30乙酉17
立春2日 雨水17日	啓蟄2日 春分18日	清明4日 穀雨19日	立夏5日 小満21日	芒種6日 夏至21日	小暑7日 大暑22日	立秋8日 処暑23日	白露9日 秋分24日	寒露9日 霜降25日	立冬11日 小雪26日	大雪11日 冬至27日	小寒12日 大寒27日

建徳**2**年/応安**4**年（1371−1372） 辛亥

1月	2月	3月	閏3月	4月	5月	6月	7月	8月	9月	10月	11月	12月
1 丙戌18	1 乙卯⑯	1 乙酉18	1 甲寅16	1 癸未15	1 癸丑14	1 壬午⑬	1 辛亥11	1 辛巳10	1 辛亥10	1 庚辰 8	1 庚戌 8	1 庚辰 7
2 丁亥⑲	2 丙辰17	2 丙戌19	2 乙卯17	**2** 甲申16	**2** 甲寅⑮	2 癸未14	2 壬子12	2 壬午11	2 壬子11	2 辛巳⑨	2 辛亥 9	2 辛巳 8
3 戊子20	3 丁巳18	3 丁亥20	3 丙辰18	3 乙酉17	3 乙卯16	3 甲申15	3 癸丑13	3 癸未12	3 癸丑⑫	3 壬午10	3 壬子10	3 壬午 9
4 己丑21	4 戊午19	4 戊子21	4 丁巳19	4 丙戌⑱	4 丙辰17	**4** 乙酉16	4 甲寅14	4 甲申13	4 甲寅13	4 癸未11	4 癸丑11	4 癸未10
5 庚寅22	5 己未20	5 己丑22	5 戊午⑳	5 丁亥19	5 丁巳18	5 丙戌17	**5** 乙卯15	5 乙酉⑭	5 乙卯14	5 甲申12	5 甲寅12	5 甲申⑪
6 辛卯23	6 庚申21	6 庚寅㉓	6 己未21	6 戊子20	6 戊午19	6 丁亥18	6 丙辰16	**6** 丙戌15	**6** 丙辰15	6 乙酉13	6 乙卯13	6 乙酉12
7 壬辰24	7 辛酉22	7 辛卯24	7 庚申22	7 己丑21	7 己未20	7 戊子19	7 丁巳⑰	7 丁亥16	7 丁巳16	**7** 丙戌14	7 丙辰⑭	7 丙戌13
8 癸巳25	8 壬戌㉓	8 壬辰25	8 辛酉23	8 庚寅22	8 庚申21	8 己丑⑳	8 戊午18	8 戊子17	8 戊午17	8 丁亥15	**8** 丁巳15	**8** 丁亥14
9 甲午㉖	9 癸亥24	9 癸巳26	9 壬戌24	9 辛卯23	9 辛酉㉒	9 庚寅21	9 己未19	9 己丑18	9 己未18	9 戊子⑯	9 戊午16	9 戊子15
10乙未27	10甲子25	10甲午27	10癸亥25	10壬辰24	10壬戌23	10辛卯22	10庚申20	10庚寅19	10庚申⑲	10己丑17	10己未17	10己丑16
11丙申28	11乙丑26	11乙未28	11甲子26	11癸巳㉕	11癸亥24	11壬辰23	11辛酉21	11辛卯20	11辛酉20	11庚寅18	11庚申18	11庚寅17
12丁酉29	12丙寅27	12丙申29	12乙丑㉗	12甲午26	12甲子25	12癸巳24	12壬戌22	12壬辰㉑	12壬戌21	12辛卯19	12辛酉19	12辛卯⑱
13戊戌30	13丁卯28	13丁酉㉚	13丙寅28	13乙未27	13乙丑26	13甲午25	13癸亥23	13癸巳22	13癸亥22	13壬辰20	13壬戌20	13壬辰19
14己亥31	《3月》	**14**戊戌31	14丁卯29	14丙申28	14丙寅27	14乙未26	14甲子㉔	14甲午23	14甲子23	14癸巳21	14癸亥㉑	14癸巳20
《2月》	**14**戊辰 1	《4月》	15戊辰30	15丁酉29	15丁卯28	15丙申㉗	15乙丑25	15乙未24	15乙丑24	15甲午22	15甲子22	15甲午21
15庚子 1	15己巳②	15己亥 1	《5月》	16戊戌30	16戊辰㉙	16丁酉28	16丙寅26	16丙申25	16丙寅25	16乙未㉓	16乙丑23	16乙未22
16辛丑②	16庚午 3	16庚子 2	**16**己巳 1	**17**己亥31	**17**己巳30	17戊戌29	17丁卯27	17丁酉26	17丁卯㉖	17丙申24	17丙寅24	17丙申23
17壬寅 3	17辛未 4	17辛丑 3	17庚午 2	《6月》	《7月》	18己亥30	18戊辰28	18戊戌27	18戊辰27	18丁酉25	18丁卯25	18丁酉24
18癸卯 4	18壬申 5	18壬寅 4	18辛未 3	18庚子①	18庚午 1	**19**庚子31	19己巳29	19己亥㉘	19己巳28	19戊戌26	19戊辰26	19戊戌㉕
19甲辰 5	19癸酉 6	19癸卯 5	19壬申④	19辛丑 2	19辛未 2	《8月》	**20**庚午30	20庚子29	20庚午29	20己亥27	20己巳27	20己亥26
20乙巳 6	20甲戌 7	20甲辰⑥	20癸酉 5	20壬寅 3	20壬申 3	20辛丑 1	21辛未㉛	**21**辛丑30	**21**辛未30	21庚子28	21庚午㉘	21庚子27
21丙午 7	21乙亥 8	21乙巳 7	21甲戌 6	21癸卯 4	21癸酉 4	21壬寅 2	《9月》	《10月》	22壬申31	22辛丑29	22辛未29	22辛丑28
22丁未 8	22丙子⑨	22丙午 8	22乙亥 7	22甲辰 5	22甲戌 5	22癸卯③	22壬申 1	22壬寅 1	《11月》	**23**壬寅㉚	**23**壬申30	**23**壬寅29
23戊申⑨	23丁丑10	23丁未 9	23丙子 8	23乙巳 6	23乙亥⑥	23甲辰 4	23癸酉 2	23癸卯 2	23癸酉 1	《12月》	24癸酉31	24癸卯30
24己酉10	24戊寅11	24戊申10	24丁丑 9	24丙午 7	24丙子 7	24乙巳 5	24甲戌 3	24甲辰 3	24甲戌②	24癸卯 1	**1372年**	25甲辰31
25庚戌11	25己卯12	25己酉11	25戊寅10	25丁未⑧	25丁丑 8	25丙午 6	25乙亥 4	25乙巳 4	25乙亥 3	25甲辰 2	《1月》	《2月》
26辛亥12	26庚辰13	26庚戌12	26己卯⑪	26戊申 9	26戊寅 9	26丁未 7	26丙子 5	26丙午⑤	26丙子 4	26乙巳 3	25甲戌 1	26乙巳①
27壬子13	27辛巳14	27辛亥⑬	27庚辰12	27己酉10	27己卯10	27戊申 8	27丁丑 6	27丁未 6	27丁丑 5	27丙午 4	26乙亥 2	27丙午 2
28癸丑14	28壬午15	28壬子14	28辛巳13	28庚戌11	28庚辰11	28己酉 9	28戊寅⑦	28戊申 7	28戊寅 6	28丁未 5	27丙子 3	28丁未 3
29甲寅15	**29**癸未⑯	**29**癸丑15	29壬午14	29辛亥12	29辛巳12	29庚戌⑩	29己卯 8	29己酉 8	29己卯 7	29戊申 6	28丁丑④	29戊申 4
	30甲申17			30壬子13			30庚辰 9	30庚戌 9		30己酉⑦	29戊寅 5	30己酉 5
											30己卯 6	
立春 12日 雨水 27日	啓蟄 14日 春分 29日	清明 14日 穀雨 29日	立夏16日	小満 2日 芒種 17日	夏至 2日 小暑 17日	大暑 4日 立秋 19日	処暑 5日 白露 20日	秋分 6日 寒露 21日	霜降 6日 立冬 21日	小雪 7日 大雪 23日	冬至 8日 小寒 23日	大寒 8日 立春 23日

文中元年〔建徳**3**年〕/応安**5**年（1372−1373） 壬子

改元 4 月〔詳細不明〕（建徳→文中）

1月	2月	3月	4月	5月	6月	7月	8月	9月	10月	11月	12月
1 庚戌 6	1 己卯 6	1 己酉 5	1 戊寅 4	1 丁未 2	1 丁丑 2	1 丙午31	1 乙亥㉙	1 乙巳28	1 甲戌27	1 甲辰26	1 甲戌㉖
2 辛亥 7	2 庚辰⑦	2 庚戌 6	2 己卯 5	2 戊申 3	2 戊寅 3	《8月》	**2** 丙子30	**2** 丙午29	2 乙亥28	2 乙巳27	2 乙亥27
3 壬子⑧	3 辛巳 8	3 辛亥 7	3 庚辰 6	3 己酉 4	3 己卯④	2 丁未①	3 丁丑31	3 丁未30	**3** 丙子29	3 丙午㉘	3 丙子28
4 癸丑 9	4 壬午 9	4 壬子 8	4 辛巳 7	4 庚戌 5	4 庚辰 5	3 戊申 2	《9月》	《10月》	4 丁丑30	**4** 丁未29	**4** 丁丑29
5 甲寅10	5 癸未10	5 癸丑 9	5 壬午 8	5 辛亥⑥	5 辛巳 6	4 己酉 3	4 戊寅 1	4 戊申 1	5 戊寅㉛	5 戊申30	5 戊寅30
6 乙卯11	6 甲申11	6 甲寅10	6 癸未⑨	6 壬子 7	6 壬午 7	5 庚戌 4	5 己卯 2	5 己酉 2	《11月》	《12月》	6 己卯31
7 丙辰12	7 乙酉12	7 乙卯⑪	7 甲申10	7 癸丑 8	7 癸未 8	6 辛亥 5	6 庚辰 3	6 庚戌③	6 己卯 1	6 己酉 1	**1373年**
8 丁巳13	8 丙戌13	8 丙辰12	8 乙酉11	8 甲寅 9	8 甲申 9	7 壬子 6	7 辛巳 4	7 辛亥 4	7 庚辰 2	7 庚戌 2	《1月》
9 戊午14	9 丁亥⑭	9 丁巳13	9 丙戌12	9 乙卯10	9 乙酉10	8 癸丑 7	8 壬午⑤	8 壬子 5	8 辛巳 3	8 辛亥 3	7 庚辰 1
10己未⑮	**10**戊子15	10戊午14	10丁亥13	10丙辰11	10丙戌⑪	9 甲寅⑧	9 癸未 6	9 癸丑 6	9 壬午 4	9 壬子 4	8 辛巳②
11庚申16	11己丑16	**11**己未15	11戊子14	11丁巳12	11丁亥12	10乙卯 9	10甲申 7	10甲寅 7	10癸未 5	10癸丑⑤	9 壬午 3
12辛酉17	12庚寅17	12庚申16	**12**己丑15	12戊午⑬	12戊子13	11丙辰10	11乙酉 8	11乙卯 8	11甲申 6	11甲寅 6	10癸未 4
13壬戌18	13辛卯18	13辛酉17	13庚寅⑯	**13**己未14	13己丑14	12丁巳11	12丙戌 9	12丙辰 9	12乙酉⑦	12乙卯 7	11甲申 5
14癸亥19	14壬辰19	14壬戌⑱	14辛卯17	14庚申15	**14**庚寅15	13戊午12	13丁亥10	13丁巳⑩	13丙戌 8	13丙辰 8	12乙酉 6
15甲子20	15癸巳20	15癸亥19	15壬辰18	15辛酉16	15辛卯16	14己未13	14戊子11	14戊午11	14丁亥 9	14丁巳 9	13丙戌 7
16乙丑21	16甲午㉑	16甲子20	16癸巳19	16壬戌17	16壬辰17	**15**庚申14	15己丑⑫	15己未12	15戊子10	15戊午10	14丁亥 8
17丙寅㉒	17乙未22	17乙丑21	17甲午20	17癸亥18	17癸巳⑱	16辛酉⑮	16庚寅13	16庚申13	16己丑11	16己未11	15戊子⑨
18丁卯23	18丙申23	18丙寅22	18乙未21	18甲子19	18甲午19	17壬戌16	**17**辛卯14	**17**辛酉14	17庚寅12	17庚申⑫	16己丑10
19戊辰24	19丁酉24	19丁卯23	19丙申22	19乙丑⑳	19乙未20	18癸亥17	18壬辰15	18壬戌15	18辛卯13	18辛酉13	17庚寅11
20己巳25	20戊戌25	20戊辰24	20丁酉㉓	20丙寅21	20丙申21	19甲子18	19癸巳16	19癸亥16	**19**壬辰⑭	**19**壬戌14	18辛卯12
21庚午26	21己亥26	21己巳㉕	21戊戌24	21丁卯22	21丁酉22	20乙丑19	20甲午17	20甲子⑰	20癸巳15	20癸亥15	**19**壬辰13
22辛未27	22庚子27	22庚午26	22己亥25	22戊辰23	22戊戌23	21丙寅20	21乙未18	21乙丑18	21甲午16	21甲子16	20癸巳14
23壬申28	23辛丑㉘	23辛未27	23庚子26	23己巳24	23己亥24	22丁卯21	22丙申⑲	22丙寅19	22乙未17	22乙丑17	21甲午15
24癸酉㉙	24壬寅29	24壬申28	24辛丑27	24庚午25	24庚子㉕	23戊辰㉒	23丁酉20	23丁卯20	23丙申18	23丙寅18	22乙未⑯
《3月》	**25**癸卯30	25癸酉29	25壬寅28	25辛未26	25辛丑26	24己巳23	24戊戌21	24戊辰21	24丁酉19	24丁卯⑲	23丙申17
25甲戌 1	26甲辰31	**26**甲戌30	26癸卯29	26壬申㉗	26壬寅27	25庚午24	25己亥22	25己巳22	25戊戌20	25戊辰20	24丁酉18
26乙亥 2	《4月》	《5月》	**27**甲辰㉚	27癸酉28	27癸卯28	26辛未25	26庚子23	26庚午23	26己亥㉑	26己巳21	25戊戌19
27丙子 3	27乙巳 1	27乙亥 1	28乙巳31	28甲戌29	28甲辰29	27壬申26	27辛丑24	27辛未㉔	27庚子22	27庚午22	26己亥20
28丁丑 4	28丙午 2	28丙子②	《6月》	**29**乙亥30	**29**乙巳30	28癸酉27	28壬寅25	28壬申25	28辛丑23	28辛未23	27庚子21
29戊寅 5	29丁未 3	29丁丑 3	29丙午 1	《7月》		29甲戌28	29癸卯㉖	29癸酉26	29壬寅24	29壬申24	28辛丑22
	30戊申④			30丙子 1			30甲辰27		30癸卯25	30癸酉25	29壬寅㉓
											30癸卯24
雨水 9日 啓蟄 24日	春分 10日 清明 25日	穀雨 11日 立夏 26日	小満 12日 芒種 27日	夏至 13日 小暑 29日	大暑 14日 立秋 29日	処暑 15日	白露 2日 秋分 17日	寒露 2日 霜降 17日	立冬 3日 小雪 19日	大雪 4日 冬至 19日	小寒 4日 大寒 19日

文中**2**年/応安**6**年（1373－1374） 癸丑

1月	2月	3月	4月	5月	6月	7月	8月	9月	10月	閏10月	11月	12月
1 甲辰25	1 癸酉23	1 癸卯25	1 癸酉㉔	1 壬寅23	1 辛未21	1 辛丑21	1 庚午19	1 己亥17	1 己巳17	1 戊戌15	**1** 丁卯14	1 丁酉13
2 乙巳26	2 甲戌24	2 甲辰26	2 甲戌25	2 癸卯24	2 壬申22	2 壬寅22	2 辛未20	2 庚子⑱	2 庚午18	2 己亥16	2 戊辰15	**2** 戊戌14
3 丙午27	3 乙亥25	3 乙巳㉗	3 乙亥26	3 甲辰25	3 癸酉23	3 癸卯23	3 壬申㉑	3 辛丑19	3 辛未19	3 庚子17	3 己巳16	3 己亥⑮
4 丁未28	4 丙子26	4 丙午28	4 丙子27	4 乙巳26	4 甲戌24	4 甲辰㉔	4 癸酉22	4 壬寅20	4 壬申20	4 辛丑18	4 庚午17	4 庚子16
5 戊申29	5 丁丑㉗	5 丁未29	5 丁丑28	5 丙午27	5 乙亥25	5 乙巳25	5 甲戌23	5 癸卯21	5 癸酉21	5 壬寅19	5 辛未⑱	5 辛丑17
6 己酉㉚	**6** 戊寅28	6 戊申30	6 戊寅29	6 丁未28	6 丙子㉖	6 丙午26	6 乙亥24	6 甲辰22	6 甲戌22	6 癸卯⑳	6 壬申19	6 壬寅18
7 庚戌31	《3月》	**7** 己酉31	**7** 己卯30	7 戊申㉙	7 丁丑27	7 丁未27	7 丙子25	7 乙巳23	7 乙亥㉓	7 甲辰21	7 癸酉20	7 癸卯19
《2月》	7 己卯 1	《4月》	《5月》	**8** 己酉30	8 戊寅28	8 戊申28	8 丁丑26	8 丙午24	8 丙子24	8 乙巳22	8 甲戌21	8 甲辰20
8 辛亥 1	8 庚辰 2	8 庚戌 1	8 庚辰①	9 庚戌31	9 己卯29	9 己酉29	9 戊寅27	9 丁未㉕	9 丁丑25	9 丙午23	9 乙亥22	9 乙巳21
9 壬子 2	9 辛巳 3	9 辛亥 2	9 辛巳 2	《6月》	**10**庚辰30	**10**庚戌30	10己卯㉘	10戊申26	10戊寅26	10丁未24	10丙子23	10丙午㉒
10癸丑 3	10壬午 4	10壬子③	10壬午 3	10辛亥 1	《7月》	11辛亥㉛	11庚辰29	11己酉27	11己卯27	11戊申25	11丁丑24	11丁未23
11甲寅 4	11癸未 5	11癸丑 4	11癸未 4	11壬子 2	11辛巳 1	《8月》	**12**辛巳30	12庚戌28	12庚辰28	12己酉26	12戊寅㉕	12戊申24
12乙卯 5	12甲申⑥	12甲寅 5	12甲申 5	12癸丑 3	12壬午 2	12壬子 1	13壬午31	**13**辛亥29	13辛巳29	13庚戌㉗	13己卯26	13己酉25
13丙辰⑥	13乙酉 7	13乙卯 6	13乙酉 6	13甲寅 4	13癸未③	13癸丑 2	《9月》	14壬子30	**14**壬午㉚	14辛亥28	14庚辰27	14庚戌26
14丁巳 7	14丙戌 8	14丙辰 7	14丙戌 7	14乙卯⑤	14甲申 4	14甲寅 3	14癸未 1	《10月》	15癸未31	**15**壬子29	15辛巳28	15辛亥27
15戊午 8	15丁亥 9	15丁巳 8	15丁亥⑧	15丙辰 6	15乙酉 5	15乙卯 4	15甲申 2	15癸丑 1	《11月》	16癸丑30	16壬午29	16壬子28
16己未 9	16戊子10	16戊午 9	16戊子 9	16丁巳 7	16丙戌 6	16丙辰 5	16乙酉 3	16甲寅②	16甲申 1	《12月》	**17**癸未30	**17**癸丑㉙
17庚申10	17己丑11	17己未⑩	17己丑10	17戊午 8	17丁亥 7	17丁巳 6	17丙戌④	17乙卯 3	17乙酉 2	17甲寅 1	18甲申31	18甲寅30
18辛酉11	18庚寅12	18庚申11	18庚寅11	18己未 9	18戊子 8	18戊午⑦	18丁亥 5	18丙辰 4	18丙戌 3	18乙卯 2	**1374年**	19乙卯31
19壬戌12	19辛卯⑬	19辛酉12	19辛卯12	19庚申10	19己丑 9	19己未 8	19戊子 6	19丁巳 5	19丁亥 4	19丙辰 3	《1月》	《2月》
20癸亥⑬	20壬辰14	20壬戌13	20壬辰13	20辛酉11	20庚寅⑩	20庚申 9	20己丑 7	20戊午 6	20戊子 5	20丁巳④	19乙酉①	20丙辰 1
21甲子14	**21**癸巳15	21癸亥14	21癸巳14	21壬戌⑫	21辛卯11	21辛酉10	21庚寅 8	21己未 7	21己丑⑥	21戊午 5	20丙戌 2	21丁巳 2
22乙丑15	22甲午16	**22**甲子15	**22**甲午⑮	22癸亥13	22壬辰12	22壬戌11	22辛卯 9	22庚申 8	22庚寅 7	22己未 6	21丁亥 3	22戊午 3
23丙寅16	23乙未17	23乙丑16	23乙未16	23甲子14	23癸巳13	23癸亥12	23壬辰10	23辛酉⑨	23辛卯 8	23庚申 7	22戊子 4	23己未 4
24丁卯17	24丙申18	24丙寅⑰	24丙申17	**24**乙丑15	24甲午14	24甲子13	24癸巳⑪	24壬戌10	24壬辰 9	24辛酉 8	23己丑 5	24庚申⑤
25戊辰18	25丁酉19	25丁卯18	25丁酉18	25丙寅16	**25**乙未15	25乙丑⑭	25甲午12	25癸亥11	25癸巳10	25壬戌 9	24庚寅 6	25辛酉 6
26己巳19	26戊戌⑳	26戊辰19	26戊戌19	26丁卯17	26丙申16	**26**丙寅15	26乙未13	26甲子12	26甲午11	26癸亥10	25辛卯 7	26壬戌 7
27庚午⑳	27己亥21	27己巳20	27己亥20	27戊辰18	27丁酉⑰	27丁卯16	**27**丙申14	27乙丑13	27乙未12	27甲子⑪	26壬辰⑧	27癸亥 8
28辛未21	28庚子22	28庚午21	28庚子21	28己巳⑲	28戊戌18	28戊辰17	28丁酉15	**28**丙寅14	28丙申⑬	28乙丑12	27癸巳 9	28甲子 9
29壬申22	29辛丑23	29辛未22	29辛丑㉒	29庚午20	29己亥19	29己巳18	29戊戌16	29丁卯15	**29**丁酉14	29丙寅13	28甲午10	29乙丑10
	30壬寅24	30壬申23			30庚子20			30戊辰⑯			29乙未11	30丙寅11
											30丙申12	
立春 5日 雨水 20日	啓蟄 6日 春分 21日	清明 7日 穀雨 22日	立夏 7日 小満 22日	芒種 8日 夏至 24日	小暑 10日 大暑 25日	立秋 10日 処暑 26日	白露 12日 秋分 27日	寒露 13日 霜降 28日	立冬 14日 小雪 29日	大雪15日	冬至 1日 小寒 17日	大寒 2日 立春 17日

文中**3**年/応安**7**年（1374－1375） 甲寅

1月	2月	3月	4月	5月	6月	7月	8月	9月	10月	11月	12月
1 丁卯⑫	1 丁酉14	1 丙寅12	1 丙申12	1 丙寅⑪	1 乙未10	1 乙丑 9	1 甲午 7	1 癸亥 6	1 癸巳⑤	1 壬戌 4	1 壬辰 3
2 戊辰13	2 戊戌15	2 丁卯13	2 丁酉13	2 丁卯12	2 丙申11	2 丙寅10	2 乙未 8	2 甲子 7	2 甲午 6	2 癸亥 5	2 癸巳 4
3 己巳14	**3** 己亥16	3 戊辰14	3 戊戌⑭	3 戊辰13	3 丁酉12	3 丁卯11	3 丙申 9	3 乙丑⑧	3 乙未 7	3 甲子 6	3 甲午 5
4 庚午15	4 庚子17	**4** 己巳15	**4** 己亥15	4 己巳14	4 戊戌13	4 戊辰12	4 丁酉⑩	4 丙寅 9	4 丙申 8	4 乙丑 7	4 乙未 6
5 辛未16	5 辛丑18	5 庚午⑯	5 庚子16	**5** 庚午15	5 己亥14	5 己巳⑬	5 戊戌11	5 丁卯10	5 丁酉 9	5 丙寅 8	5 丙申⑦
6 壬申17	6 壬寅⑲	6 辛未17	6 辛丑17	6 辛未16	**6** 庚子15	6 庚午14	6 己亥12	6 戊辰11	6 戊戌10	6 丁卯 9	6 丁酉 8
7 癸酉18	7 癸卯20	7 壬申18	7 壬寅18	7 壬申17	7 辛丑⑯	**7** 辛未15	7 庚子13	7 己巳12	7 己亥11	7 戊辰⑩	7 戊戌 9
8 甲戌⑲	8 甲辰21	8 癸酉19	8 癸卯19	8 癸酉⑱	8 壬寅17	8 壬申16	**8** 辛丑14	8 庚午13	8 庚子⑫	8 己巳11	8 己亥10
9 乙亥20	9 乙巳22	9 甲戌20	9 甲辰20	9 甲戌19	9 癸卯18	9 癸酉17	9 壬寅15	9 辛未14	9 辛丑13	9 庚午12	9 庚子11
10丙子21	10丙午23	10乙亥21	10乙巳㉑	10乙亥20	10甲辰19	10甲戌18	10癸卯16	**10**壬申⑮	**10**壬寅14	10辛未13	10辛丑12
11丁丑22	11丁未24	11丙子22	11丙午22	11丙子21	11乙巳20	11乙亥19	11甲辰⑰	11癸酉16	11癸卯15	11壬申14	11壬寅13
12戊寅23	12戊申25	12丁丑㉓	12丁未23	12丁丑22	12丙午21	12丙子⑳	12乙巳18	12甲戌17	12甲辰16	**12**癸酉15	**12**癸卯⑭
13己卯24	13己酉㉖	13戊寅24	13戊申24	13戊寅23	13丁未22	13丁丑21	13丙午19	13乙亥18	13乙巳17	13甲戌16	13甲辰15
14庚辰25	14庚戌27	14己卯25	14己酉25	14己卯24	14戊申㉓	14戊寅22	14丁未20	14丙子19	14丙午18	14乙亥⑰	14乙巳16
15辛巳㉖	15辛亥28	15庚辰26	15庚戌26	15庚辰㉕	15己酉24	15己卯23	15戊申21	15丁丑20	15丁未⑲	15丙子18	15丙午17
16壬午27	16壬子29	16辛巳27	16辛亥27	16辛巳26	16庚戌25	16庚辰24	16己酉22	16戊寅21	16戊申20	16丁丑19	16丁未18
17癸未28	17癸丑30	17壬午28	17壬子㉘	17壬午27	17辛亥26	17辛巳25	17庚戌23	17己卯㉒	17己酉21	17戊寅20	17戊申19
《3月》	**18**甲寅31	18癸未29	18癸丑29	18癸未28	18壬子27	18壬午26	18辛亥㉔	18庚辰23	18庚戌22	18己卯21	18己酉20
18甲申 1	《4月》	**19**甲申㉚	19甲寅30	19甲申29	19癸丑28	19癸未㉗	19壬子25	19辛巳24	19辛亥23	19庚辰22	19庚戌㉑
19乙酉 2	19乙卯 1	《5月》	**20**乙卯31	**20**乙酉30	20甲寅29	20甲申28	20癸丑26	20壬午25	20壬子24	20辛巳23	20辛亥22
20丙戌 3	20丙辰②	20乙酉 1	《6月》	《7月》	21乙卯㉚	21乙酉29	21甲寅27	21癸未26	21癸丑25	21壬午㉔	21壬子23
21丁亥 4	21丁巳 3	21丙戌 2	21丙辰 1	21丙戌 1	**22**丙辰31	**22**丙戌30	22乙卯28	22甲申27	22甲寅㉖	22癸未25	22癸丑24
22戊子⑤	22戊午 4	22丁亥 3	22丁巳 2	22丁亥②	《8月》	23丁亥31	**23**丙辰29	23乙酉28	23乙卯27	23甲申26	23甲寅25
23己丑 6	23己未 5	23戊子 4	23戊午 3	23戊子 3	23丁巳 1	《9月》	24丁巳30	24丙戌㉙	24丙辰28	24乙酉27	24乙卯26
24庚寅 7	24庚申 6	24己丑 5	24己未④	24己丑 4	24戊午 2	24戊子 1	《10月》	**25**丁亥30	**25**丁巳29	25丙戌28	25丙辰27
25辛卯 8	25辛酉 7	25庚寅 6	25庚申 5	25庚寅 5	25己未 3	25己丑 2	25戊午①	26戊子31	26戊午30	26丁亥29	26丁巳㉘
26壬辰 9	26壬戌 8	26辛卯⑦	26辛酉 6	26辛卯 6	26庚申 4	26庚寅③	26己未 2	《11月》	《12月》	**27**戊子30	**27**戊午29
27癸巳10	27癸亥⑨	27壬辰 8	27壬戌 7	27壬辰 7	27辛酉 5	27辛卯 4	27庚申 3	27己丑 1	27己未 1	28己丑㉛	28己未30
28甲午11	28甲子10	28癸巳 9	28癸亥 8	28癸巳 8	28壬戌⑥	28壬辰 5	28辛酉 4	28庚寅 2	28庚申 2	**1375年**	29庚申31
29乙未⑫	29乙丑11	29甲午10	29甲子 9	29甲午⑨	29癸亥 7	29癸巳 6	29壬戌 5	29辛卯 3	29辛酉③	《1月》	《2月》
30丙申13		30乙未11	30乙丑10		30甲子 8			30壬辰 4		29庚寅 1	30辛酉 1
										30辛卯 2	
雨水 2日 啓蟄 17日	春分 3日 清明 18日	穀雨 4日 立夏 19日	小満 4日 芒種 20日	夏至 5日 小暑 20日	大暑 6日 立秋 22日	処暑 7日 白露 22日	秋分 8日 寒露 23日	霜降 10日 立冬 25日	小雪 10日 大雪 25日	冬至 12日 小寒 27日	大寒 12日 立春 27日

天授元年〔文中4年〕/永和元年〔応安8年〕（1375－1376） 乙卯

改元 2/27（応安→永和）
5/27（文中→天授）

1月	2月	3月	4月	5月	6月	7月	8月	9月	10月	11月	12月
1 壬戌 2	1 辛卯 3	1 辛酉 2	1 辛卯 2	**1** 庚申 31	**1** 庚寅 30	1 己未 ㉙	1 己丑 28	1 戊午 26	1 戊子 26	1 丁巳 24	1 丙戌 ㉓
2 癸亥 3	2 壬辰 ④	2 壬戌 3	2 壬辰 3	《6月》	《7月》	2 庚申 30	2 庚寅 29	2 己未 27	2 己丑 27	2 戊午 ㉕	2 丁亥 24
3 甲子 ④	3 癸巳 5	3 癸亥 4	3 癸巳 4	2 辛酉 1	2 辛卯 ①	**3** 辛酉 31	**3** 辛卯 30	3 庚申 28	3 庚寅 ㉘	3 己未 26	3 戊子 25
4 乙丑 5	4 甲午 6	4 甲子 5	4 甲午 5	3 壬戌 2	3 壬辰 2	《8月》	4 壬辰 31	4 辛酉 29	4 辛卯 29	4 庚申 27	4 己丑 26
5 丙寅 6	5 乙未 7	5 乙丑 6	5 乙未 ⑥	4 癸亥 ③	4 癸巳 3	4 壬戌 1	《9月》	**5** 壬戌 ㉚	**5** 壬辰 30	5 辛酉 28	5 庚寅 27
6 丁卯 7	6 丙申 8	6 丙寅 7	6 丙申 7	5 甲子 4	5 甲午 4	5 癸亥 2	5 癸巳 1	《10月》	6 癸巳 31	6 壬戌 29	6 辛卯 28
7 戊辰 8	7 丁酉 9	7 丁卯 ⑧	7 丁酉 8	6 乙丑 5	6 乙未 5	6 甲子 3	6 甲午 ②	6 癸亥 1	《11月》	**7** 癸亥 30	7 壬辰 29
8 己巳 9	8 戊戌 10	8 戊辰 9	8 戊戌 9	7 丙寅 6	7 丙申 6	7 乙丑 4	7 乙未 3	7 甲子 2	7 甲午 1	《12月》	**8** 癸巳 ㉚
9 庚午 10	9 己亥 ⑪	9 己巳 10	9 己亥 10	8 丁卯 7	8 丁酉 7	8 丙寅 ⑤	8 丙申 4	8 乙丑 3	8 乙未 2	8 甲子 1	9 甲午 31
10 辛未 ⑪	10 庚子 12	10 庚午 11	10 庚子 11	9 戊辰 8	9 戊戌 ⑧	9 丁卯 6	9 丁酉 5	9 丙寅 4	9 丙申 3	9 乙丑 ②	**1376 年**
11 壬申 12	11 辛丑 13	11 辛未 12	11 辛丑 12	10 己巳 9	10 己亥 9	10 戊辰 7	10 戊戌 6	10 丁卯 5	10 丁酉 ④	10 丙寅 3	《1月》
12 癸酉 13	12 壬寅 14	12 壬申 13	12 壬寅 ⑬	11 庚午 ⑩	11 庚子 10	11 己巳 8	11 己亥 7	11 戊辰 6	11 戊戌 5	11 丁卯 4	10 乙未 1
13 甲戌 14	13 癸卯 15	13 癸酉 14	13 癸卯 14	12 辛未 11	12 辛丑 11	12 庚午 9	12 庚子 8	12 己巳 ⑦	12 己亥 6	12 戊辰 5	11 丙申 2
14 乙亥 15	**14** 甲辰 16	**14** 甲戌 ⑮	14 甲辰 15	13 壬申 12	13 壬寅 12	13 辛未 10	13 辛丑 ⑨	13 庚午 8	13 庚子 7	13 己巳 6	12 丁酉 3
15 丙子 16	15 乙巳 17	15 乙亥 16	**15** 乙巳 16	14 癸酉 13	14 癸卯 13	14 壬申 11	14 壬寅 10	14 辛未 9	14 辛丑 8	14 庚午 7	13 戊戌 4
16 丁丑 17	16 丙午 ⑱	16 丙子 17	16 丙午 17	15 甲戌 14	15 甲辰 14	15 癸酉 ⑫	15 癸卯 11	15 壬申 10	15 壬寅 9	15 辛未 8	14 己亥 5
17 戊寅 ⑱	17 丁未 19	17 丁丑 18	17 丁未 18	**16** 乙亥 15	16 乙巳 ⑮	16 甲戌 13	16 甲辰 12	16 癸酉 11	16 癸卯 10	16 壬申 ⑨	15 庚子 ⑥
18 己卯 19	18 戊申 20	18 戊寅 19	18 戊申 19	17 丙子 16	**17** 丙午 16	17 乙亥 14	17 乙巳 13	17 甲戌 12	17 甲辰 ⑪	17 癸酉 10	16 辛丑 7
19 庚辰 20	19 己酉 21	19 己卯 20	19 己酉 ⑳	18 丁丑 ⑰	18 丁未 17	**18** 丙子 15	**18** 丙午 14	18 乙亥 13	18 乙巳 12	18 甲戌 11	17 壬寅 8
20 辛巳 21	20 庚戌 22	20 庚辰 21	20 庚戌 21	19 戊寅 18	19 戊申 18	19 丁丑 16	19 丁未 15	19 丙子 ⑭	19 丙午 13	19 乙亥 12	18 癸卯 9
21 壬午 22	21 辛亥 23	21 辛巳 ㉒	21 辛亥 22	20 己卯 19	20 己酉 19	20 戊寅 17	20 戊申 ⑯	**20** 丁丑 15	**20** 丁未 14	20 丙子 13	19 甲辰 10
22 癸未 23	22 壬子 24	22 壬午 23	22 壬子 23	21 庚辰 20	21 庚戌 20	21 己卯 18	21 己酉 17	21 戊寅 16	21 戊申 15	21 丁丑 14	20 乙巳 11
23 甲申 24	23 癸丑 ㉕	23 癸未 24	23 癸丑 24	22 辛巳 21	22 辛亥 21	22 庚辰 ⑲	22 庚戌 18	22 己卯 17	22 己酉 16	**22** 戊寅 15	21 丙午 12
24 乙酉 ㉕	24 甲寅 26	24 甲申 25	24 甲寅 25	23 壬午 22	23 壬子 ㉒	23 辛巳 20	23 辛亥 19	23 庚辰 18	23 庚戌 17	23 己卯 ⑯	22 丁未 ⑬
25 丙戌 26	25 乙卯 27	25 乙酉 26	25 乙卯 26	24 癸未 23	24 癸丑 23	24 壬午 21	24 壬子 20	24 辛巳 19	24 辛亥 ⑱	24 庚辰 17	**23** 戊申 14
26 丁亥 27	26 丙辰 28	26 丙戌 27	26 丙辰 ㉗	25 甲申 ㉔	25 甲寅 24	25 癸未 22	25 癸丑 21	25 壬午 20	25 壬子 19	25 辛巳 18	24 己酉 15
27 戊子 28	27 丁巳 29	27 丁亥 28	27 丁巳 28	26 乙酉 25	26 乙卯 25	26 甲申 23	26 甲寅 22	26 癸未 ㉑	26 癸丑 20	26 壬午 19	25 庚戌 16
《3月》	28 戊午 30	28 戊子 ㉙	28 戊午 29	27 丙戌 26	27 丙辰 26	27 乙酉 24	27 乙卯 ㉓	27 甲申 22	27 甲寅 21	27 癸未 20	26 辛亥 17
28 己丑 1	**29** 己未 31	29 己丑 30	29 己未 30	28 丁亥 27	28 丁巳 27	28 丙戌 25	28 丙辰 24	28 乙酉 23	28 乙卯 22	28 甲申 21	27 壬子 18
29 庚寅 2	《4月》	《5月》		29 戊子 28	29 戊午 28	29 丁亥 ㉖	29 丁巳 25	29 丙戌 24	29 丙辰 23	29 乙酉 22	28 癸丑 19
	30 庚申 ①	**30** 庚寅 1		30 己丑 29		30 戊子 27		30 丁亥 25			29 甲寅 ⑳
											30 乙卯 21
雨水 12日	春分 14日	穀雨 14日	小満 15日	芒種 1日	小暑 1日	立秋 3日	白露 3日	寒露 5日	立冬 5日	大雪 7日	小寒 8日
啓蟄 28日	清明 29日	立夏 30日		夏至 16日	大暑 17日	処暑 18日	秋分 18日	霜降 20日	小雪 20日	冬至 22日	大寒 23日

天授2年/永和2年（1376－1377） 丙辰

1月	2月	3月	4月	5月	6月	7月	閏7月	8月	9月	10月	11月	12月
1 丙辰 22	1 乙酉 20	1 乙卯 21	1 乙酉 ⑳	1 甲寅 19	1 甲申 18	1 癸丑 17	1 癸未 16	**1** 壬子 ⑭	**1** 壬午 14	1 壬子 13	1 辛巳 12	1 辛亥 ⑪
2 丁巳 23	2 丙戌 21	2 丙辰 22	2 丙戌 21	2 乙卯 20	2 乙酉 19	2 甲寅 18	2 甲申 ⑰	2 癸丑 15	2 癸未 15	**2** 癸丑 14	2 壬午 13	2 壬子 12
3 戊午 24	3 丁亥 22	3 丁巳 ㉓	3 丁亥 22	3 丙辰 21	3 丙戌 20	3 乙卯 19	3 乙酉 18	3 甲寅 16	3 甲申 16	3 甲寅 15	**3** 癸未 ⑭	**3** 癸丑 13
4 己未 25	4 戊子 23	4 戊午 24	4 戊子 23	4 丁巳 22	4 丁亥 21	4 丙辰 ⑳	4 丙戌 19	4 乙卯 17	4 乙酉 17	4 乙卯 ⑯	4 甲申 15	4 甲寅 14
5 庚申 26	5 己丑 ㉔	5 己未 25	5 己丑 24	5 戊午 23	5 戊子 ㉒	5 丁巳 21	5 丁亥 20	5 丙辰 18	5 丙戌 18	5 丙辰 17	5 乙酉 16	5 乙卯 15
6 辛酉 ㉗	6 庚寅 25	6 庚申 26	6 庚寅 25	6 己未 24	6 己丑 23	6 戊午 22	6 戊子 21	6 丁巳 19	6 丁亥 ⑲	6 丁巳 18	6 丙戌 17	6 丙辰 16
7 壬戌 28	7 辛卯 26	7 辛酉 27	7 辛卯 26	7 庚申 ㉕	7 庚寅 24	7 己未 23	7 己丑 22	7 戊午 20	7 戊子 20	7 戊午 19	7 丁亥 18	7 丁巳 17
8 癸亥 29	8 壬辰 27	8 壬戌 28	8 壬辰 ㉗	8 辛酉 26	8 辛卯 25	8 庚申 24	8 庚寅 23	8 己未 ㉑	8 己丑 21	8 己未 20	8 戊子 19	8 戊午 ⑱
9 甲子 30	9 癸巳 28	9 癸亥 29	9 癸巳 28	9 壬戌 27	9 壬辰 26	9 辛酉 25	9 辛卯 ㉔	9 庚申 22	9 庚寅 22	9 庚申 21	9 己丑 20	9 己未 19
10 乙丑 31	**10** 甲午 29	**10** 甲子 ㉚	10 甲午 29	10 癸亥 28	10 癸巳 27	10 壬戌 26	10 壬辰 25	10 辛酉 23	10 辛卯 23	10 辛酉 22	10 庚寅 ㉑	10 庚申 20
《2月》	《3月》	11 乙丑 31	**11** 乙未 30	11 甲子 29	11 甲午 28	11 癸亥 ㉗	11 癸巳 26	11 壬戌 24	11 壬辰 24	11 壬戌 ㉓	11 辛卯 22	11 辛酉 21
11 丙寅 1	11 乙未 1	《4月》	《5月》	**12** 乙丑 30	12 乙未 ㉙	12 甲子 28	12 甲午 27	12 癸亥 25	12 癸巳 25	12 癸亥 24	12 壬辰 23	12 壬戌 22
12 丁卯 2	12 丙申 ②	12 丙寅 1	12 丙申 1	13 丙寅 31	**13** 丙申 30	13 乙丑 29	13 乙未 28	13 甲子 26	13 甲午 ㉖	13 甲子 25	13 癸巳 24	13 癸亥 23
13 戊辰 ③	13 丁酉 3	13 丁卯 2	13 丁酉 2	《6月》	《7月》	**14** 丙寅 30	14 丙申 29	14 乙丑 27	14 乙未 27	14 乙丑 26	14 甲午 25	14 甲子 24
14 己巳 4	14 戊戌 4	14 戊辰 3	14 戊戌 3	14 丁卯 ①	14 丁酉 1	15 丁卯 31	**15** 丁酉 30	15 丙寅 ㉘	15 丙申 28	15 丙寅 27	15 乙未 26	15 乙丑 ㉕
15 庚午 5	15 己亥 5	15 己巳 4	15 己亥 ④	15 戊辰 2	15 戊戌 2	《8月》	16 戊戌 ㉛	**16** 丁卯 29	**16** 丁酉 29	16 丁卯 28	16 丙申 27	16 丙寅 26
16 辛未 6	16 庚子 6	16 庚午 5	16 庚子 5	16 己巳 3	16 己亥 3	16 戊辰 1	《9月》	17 戊辰 30	17 戊戌 30	**17** 戊辰 29	17 丁酉 ㉘	17 丁卯 27
17 壬申 7	17 辛丑 7	17 辛未 ⑥	17 辛丑 6	17 庚午 4	17 庚子 4	17 己巳 2	17 己亥 1	《10月》	18 己亥 31	18 己巳 ㉚	**18** 戊戌 29	18 戊辰 28
18 癸酉 8	18 壬寅 8	18 壬申 7	18 壬寅 7	18 辛未 5	18 辛丑 5	18 庚午 ③	18 庚子 2	18 己巳 1	《11月》	《12月》	19 己亥 30	**19** 己巳 29
19 甲戌 9	19 癸卯 ⑨	19 癸酉 8	19 癸卯 8	19 壬申 6	19 壬寅 ⑥	19 辛未 4	19 辛丑 3	19 庚午 2	19 庚子 1	19 庚午 1	20 庚子 31	20 庚午 30
20 乙亥 ⑩	20 甲辰 10	20 甲戌 9	20 甲辰 9	20 癸酉 7	20 癸卯 7	20 壬申 5	20 壬寅 4	20 辛未 3	20 辛丑 ②	20 辛未 2	**1377 年**	21 辛未 31
21 丙子 11	21 乙巳 11	21 乙亥 10	21 乙巳 10	21 甲戌 ⑧	21 甲辰 8	21 癸酉 6	21 癸卯 5	21 壬申 4	21 壬寅 3	21 壬申 3	《1月》	《2月》
22 丁丑 12	22 丙午 12	22 丙子 11	22 丙午 ⑪	22 乙亥 9	22 乙巳 9	22 甲戌 7	22 甲辰 6	22 癸酉 ⑤	22 癸卯 4	22 癸酉 4	21 辛丑 1	22 壬申 ①
23 戊寅 13	23 丁未 13	23 丁丑 12	23 丁未 12	23 丙子 10	23 丙午 10	23 乙亥 8	23 乙巳 ⑦	23 甲戌 6	23 甲辰 5	23 甲戌 5	22 壬寅 2	23 癸酉 2
24 己卯 14	24 戊申 14	24 戊寅 ⑬	24 戊申 13	24 丁丑 11	24 丁未 11	24 丙子 9	24 丙午 8	24 乙亥 7	24 乙巳 6	24 乙亥 6	23 癸卯 3	24 甲戌 3
25 庚辰 15	**25** 己酉 15	25 己卯 14	25 己酉 14	25 戊寅 12	25 戊申 12	25 丁丑 ⑩	25 丁未 9	25 丙子 8	25 丙午 7	25 丙子 ⑦	24 甲辰 ④	25 乙亥 4
26 辛巳 16	26 庚戌 ⑯	**26** 庚辰 15	**26** 庚戌 15	26 己卯 13	26 己酉 ⑬	26 戊寅 11	26 戊申 10	26 丁丑 9	26 丁未 8	26 丁丑 8	25 乙巳 5	26 丙子 5
27 壬午 ⑰	27 辛亥 17	27 辛巳 16	27 辛亥 16	**27** 庚辰 14	27 庚戌 14	27 己卯 12	27 己酉 11	27 戊寅 10	27 戊申 ⑨	27 戊寅 9	26 丙午 6	27 丁丑 6
28 癸未 18	28 壬子 18	28 壬午 17	28 壬子 17	28 辛巳 ⑮	**28** 辛亥 15	28 庚辰 13	28 庚戌 12	28 己卯 11	28 己酉 10	28 己卯 10	27 丁未 7	28 戊寅 7
29 甲申 19	29 癸丑 19	29 癸未 18	29 癸丑 ⑱	29 壬午 16	29 壬子 16	**29** 辛巳 14	29 辛亥 13	29 庚辰 ⑫	29 庚戌 11	29 庚辰 11	28 戊申 8	29 己卯 ⑧
	30 甲寅 20	30 甲申 19		30 癸未 17		30 壬午 15		30 辛巳 13	30 辛亥 12		29 己酉 9	
											30 庚戌 10	
立春 8日	啓蟄 10日	清明 10日	立夏 11日	芒種 12日	小暑 13日	立秋 14日	白露15日	秋分 1日	霜降 1日	小雪 2日	冬至 3日	大寒 3日
雨水 24日	春分 25日	穀雨 26日	小満 26日	夏至 27日	大暑 28日	処暑 29日		寒露 16日	立冬 16日	大雪 17日	小寒 18日	立春 19日

天授3年/永和3年（1377－1378） 丁巳

1月	2月	3月	4月	5月	6月	7月	8月	9月	10月	11月	12月
1庚辰9	1己酉10	1己卯9	1戊申8	1戊寅⑦	1丁未6	1丁丑5	1丁未4	1丙子3	1丙午2	1丙子2	1乙巳31
2辛巳10	2庚戌11	2庚辰10	2己酉9	2己卯8	2戊申7	2戊寅6	2戊申5	2丁丑④	2丁未3	2丁丑3	**1378**年
3壬午11	3辛亥12	3辛巳11	3庚戌⑩	3庚辰9	3己酉8	3己卯7	3己酉⑥	3戊寅5	3戊申4	3戊寅4	《1月》
4癸未12	4壬子13	4壬午⑫	4辛亥11	4辛巳10	4庚戌9	4庚辰8	4庚戌7	4己卯6	4己酉5	4己卯5	2丙午1
5甲申13	5癸丑14	5癸未13	5壬子12	5壬午11	5辛亥10	5辛巳⑨	5辛亥8	5庚辰7	5庚戌6	5庚辰⑥	3丁未2
6乙酉14	**6**甲寅⑮	6甲申14	6癸丑13	6癸未12	6壬子11	6壬午10	6壬子9	6辛巳8	6辛亥7	6辛巳7	4戊申③
7丙戌⑮	7乙卯16	**7**乙酉15	7甲寅14	7甲申13	7癸丑⑫	7癸未11	7癸丑10	7壬午9	7壬子⑧	7壬午8	5己酉4
8丁亥16	8丙辰17	8丙戌16	**8**乙卯15	8乙酉⑭	8甲寅13	8甲申12	8甲寅11	8癸未10	8癸丑9	8癸未9	6庚戌5
9戊子17	9丁巳18	9丁亥17	9丙辰16	**9**丙戌15	9乙卯14	9乙酉13	9乙卯12	9甲申⑪	9甲寅10	9甲申10	7辛亥6
10己丑18	10戊午19	10戊子18	10丁巳⑰	10丁亥16	**10**丙辰15	10丙戌14	10丙辰⑬	10乙酉12	10乙卯11	10乙酉11	8壬子7
11庚寅19	11己未20	11己丑⑲	11戊午18	11戊子17	11丁巳16	**11**丁亥15	**11**丁巳14	11丙戌13	11丙辰12	11丙戌12	9癸丑8
12辛卯20	12庚申21	12庚寅20	12己未19	12己丑18	12戊午17	12戊子⑯	12戊午15	**12**丁亥14	12丁巳13	12丁亥⑬	10甲寅9
13壬辰21	13辛酉㉒	13辛卯21	13庚申20	13庚寅19	13己未18	13己丑17	13己未16	13戊子15	**13**戊午14	**13**戊子14	11乙卯⑩
14癸巳㉒	14壬戌23	14壬辰22	14辛酉21	14辛卯20	14庚申⑲	14庚寅18	14庚申17	14己丑16	14己未⑮	14己丑15	12丙辰11
15甲午23	15癸亥24	15癸巳23	15壬戌22	15壬辰㉑	15辛酉20	15辛卯19	15辛酉18	15庚寅17	15庚申16	15庚寅16	13丁巳12
16乙未24	16甲子25	16甲午24	16癸亥23	16癸巳22	16壬戌21	16壬辰20	16壬戌19	16辛卯⑱	16辛酉17	16辛卯17	14戊午13
17丙申25	17乙丑26	17乙未25	17甲子㉔	17甲午23	17癸亥22	17癸巳21	17癸亥⑳	17壬辰19	17壬戌18	17壬辰18	**15**己未14
18丁酉26	18丙寅27	18丙申㉖	18乙丑25	18乙未24	18甲子23	18甲午22	18甲子21	18癸巳20	18癸亥19	18癸巳19	16庚申15
19戊戌27	19丁卯28	19丁酉27	19丙寅26	19丙申25	19乙丑24	19乙未㉓	19乙丑22	19甲午21	19甲子20	19甲午⑳	17辛酉16
20己亥28	20戊辰㉙	20戊戌28	20丁卯27	20丁酉26	20丙寅25	20丙申24	20丙寅23	20乙未22	20乙丑21	20乙未21	18壬戌⑰
《3月》	21己巳30	21己亥29	21戊辰28	21戊戌27	21丁卯㉖	21丁酉25	21丁卯24	21丙申23	21丙寅㉒	21丙申22	19癸亥18
21庚子①	**22**庚午31	**22**庚子30	22己巳29	22己亥㉘	22戊辰27	22戊戌26	22戊辰25	22丁酉24	22丁卯23	22丁酉23	20甲子19
22辛丑2	《4月》	《5月》	**23**庚午30	23庚子29	23己巳28	23己亥27	23己巳26	23戊戌㉕	23戊辰24	23戊戌24	21乙丑20
23壬寅3	23辛未1	23辛丑1	24辛未㉛	**24**辛丑30	24庚午29	24庚子28	24庚午㉗	24己亥26	24己巳25	24己亥25	22丙寅21
24癸卯4	24壬申2	24壬寅2	《6月》	《7月》	**25**辛未30	25辛丑29	25辛未28	25庚子27	25庚午26	25庚子26	23丁卯22
25甲辰5	25癸酉3	25癸卯③	25壬申1	25壬寅1	26壬申31	**26**壬寅㉚	**26**壬申29	26辛丑28	26辛未27	26辛丑㉗	24戊辰23
26乙巳6	26甲戌4	26甲辰4	26癸酉2	26癸卯2	《8月》	27癸卯31	27癸酉30	27壬寅29	27壬申28	27壬寅28	25己巳㉔
27丙午7	27乙亥⑤	27乙巳5	27甲戌3	27甲辰3	27癸酉1	《9月》	《10月》	**28**癸卯30	**28**癸酉㉙	28癸卯29	26庚午25
28丁未⑧	28丙子6	28丙午6	28乙亥4	28乙巳4	28甲戌②	28甲辰1	28甲戌1	29甲辰31	29甲戌30	**29**甲辰30	27辛未26
29戊申9	29丁丑7	29丁未7	29丙子5	29丙午⑤	29乙亥3	29乙巳2	29乙亥2	《11月》	《12月》		28壬申27
	30戊寅8		30丁丑6		30丙子4	30丙午3		30乙巳①	30乙亥1		29癸酉28
											30甲戌29
雨水5日 啓蟄20日	春分6日 清明22日	穀雨7日 立夏22日	小満8日 芒種23日	夏至9日 小暑24日	大暑10日 立秋25日	処暑11日 白露26日	秋分11日 寒露26日	霜降12日 立冬28日	小雪13日 大雪28日	冬至13日 小寒29日	大寒15日 立春30日

天授4年/永和4年（1378－1379） 戊午

1月	2月	3月	4月	5月	6月	7月	8月	9月	10月	11月	12月
1乙亥30	**1**甲辰㉘	1癸酉29	1癸卯28	1壬申27	1壬寅26	1辛未㉕	1辛丑24	1辛未23	1庚子22	1庚午㉑	1庚子21
2丙子㉛	《3月》	2甲戌30	2甲辰29	2癸酉28	2癸卯㉗	2壬申26	2壬寅25	2壬申24	2辛丑23	2辛未22	2辛丑22
《2月》	2乙巳1	**3**乙亥31	**3**乙巳30	3甲戌29	3甲辰28	3癸酉27	3癸卯26	3癸酉25	3壬寅㉔	3壬申23	3壬寅23
3丁丑1	3丙午2	《4月》	《5月》	4乙亥㉚	4乙巳29	4甲戌28	4甲辰27	4甲戌㉖	4癸卯25	4癸酉24	4癸卯24
4戊寅2	4丁未3	4丙子1	4丙午1	**5**丙子31	**5**丙午30	5乙亥29	5乙巳28	5乙亥27	5甲辰26	5甲戌25	5甲辰25
5己卯3	5戊申4	5丁丑2	5丁未②	《6月》	《7月》	6丙子30	6丙午㉙	6丙子28	6乙巳27	6乙亥26	6乙巳㉖
6庚辰4	6己酉5	6戊寅3	6戊申3	6丁丑1	6丁未1	**7**丁丑31	**7**丁未30	**7**丁丑29	7丙午28	7丙子27	7丙午27
7辛巳5	7庚戌6	7己卯④	7己酉4	7戊寅2	7戊申2	《8月》	8戊申31	8戊寅30	8丁未29	8丁丑㉘	8丁未28
8壬午6	8辛亥⑦	8庚辰5	8庚戌5	8己卯3	8己酉3	8戊寅①	《9月》	《10月》	**9**戊申30	**9**戊寅29	9戊申29
9癸未⑦	9壬子8	9辛巳6	9辛亥6	9庚辰4	9庚戌④	9己卯2	9己酉1	9己卯1	10己酉㉛	10己卯30	**10**己酉30
10甲申8	10癸丑9	10壬午7	10壬子7	10辛巳5	10辛亥5	10庚辰3	10庚戌2	10庚辰2	《11月》	《12月》	11庚戌31
11乙酉9	11甲寅10	11癸未8	11癸丑8	11壬午⑥	11壬子6	11辛巳4	11辛亥3	11辛巳③	11庚戌1	11庚辰1	**1379**年
12丙戌10	12乙卯11	12甲申9	12甲寅⑨	12癸未7	12癸丑7	12壬午5	12壬子4	12壬午4	12辛亥2	12辛巳2	《1月》
13丁亥11	13丙辰12	13乙酉10	13乙卯10	13甲申8	13甲寅8	13癸未6	13癸丑⑤	13癸未5	13壬子3	13壬午3	12辛亥1
14戊子12	14丁巳13	14丙戌⑪	14丙辰11	14乙酉9	14乙卯9	14甲申7	14甲寅6	14甲申6	14癸丑4	14癸未4	13壬子②
15己丑13	15戊午⑭	15丁亥12	15丁巳12	15丙戌10	15丙辰10	15乙酉⑧	15乙卯7	15乙酉7	15甲寅5	15甲申⑤	14癸丑3
16庚寅⑭	16己未15	16戊子13	16戊午13	16丁亥11	16丁巳⑪	16丙戌9	16丙辰8	16丙戌8	16乙卯6	16乙酉6	15甲寅4
17辛卯15	**17**庚申16	17己丑14	17己未14	17戊子12	17戊午12	17丁亥10	17丁巳9	17丁亥9	17丙辰⑦	17丙戌7	16乙卯5
18壬辰16	18辛酉17	**18**庚寅15	**18**庚申15	18己丑⑬	18己未13	18戊子11	18戊午10	18戊子⑩	18丁巳8	18丁亥8	17丙辰6
19癸巳17	19壬戌18	19辛卯16	19辛酉⑯	19庚寅14	19庚申14	19己丑12	19己未11	19己丑11	19戊午9	19戊子9	18丁巳7
20甲午18	20癸亥19	20壬辰17	20壬戌17	**20**辛卯15	**20**辛酉15	20庚寅13	20庚申⑫	20庚寅12	20己未10	20己丑10	19戊午8
21乙未19	21甲子20	21癸巳⑱	21癸亥18	21壬辰16	21壬戌16	21辛卯14	21辛酉13	21辛卯13	21庚申11	21庚寅11	20己未⑨
22丙申20	22乙丑㉑	22甲午19	22甲子19	22癸巳17	22癸亥17	**22**壬辰⑮	**22**壬戌14	22壬辰14	22辛酉12	22辛卯⑫	21庚申10
23丁酉㉑	23丙寅22	23乙未20	23乙丑20	23甲午18	23甲子⑱	23癸巳16	23癸亥15	**23**癸巳15	23壬戌13	23壬辰13	22辛酉11
24戊戌22	24丁卯23	24丙申21	24丙寅21	24乙未19	24乙丑19	24甲午17	24甲子16	24甲午16	**24**癸亥⑭	24癸巳14	23壬戌12
25己亥23	25戊辰24	25丁酉22	25丁卯22	25丙申⑳	25丙寅20	25乙未18	25乙丑17	25乙未⑰	25甲子15	**25**甲午15	24癸亥13
26庚子24	26己巳25	26戊戌23	26戊辰㉓	26丁酉21	26丁卯21	26丙申19	26丙寅18	26丙申18	26乙丑16	26乙未16	**25**甲子14
27辛丑25	27庚午26	27己亥24	27己巳24	27戊戌22	27戊辰22	27丁酉20	27丁卯⑲	27丁酉19	27丙寅17	27丙申17	26乙丑15
28壬寅26	28辛未27	28庚子㉕	28庚午25	28己亥23	28己巳23	28戊戌21	28戊辰20	28戊戌20	28丁卯18	28丁酉18	27丙寅⑯
29癸卯27	29壬申㉘	29辛丑26	29辛未26	29庚子24	29庚午24	29己亥㉒	29己巳21	29己亥21	29戊辰19	29戊戌⑲	28丁卯17
		30壬寅27		30辛丑25		30庚子23	30庚午22		30己巳20	30己亥20	29戊辰18
雨水15日	啓蟄1日 春分17日	清明3日 穀雨18日	立夏3日 小満18日	芒種5日 夏至20日	小暑5日 大暑20日	立秋7日 処暑22日	白露7日 秋分22日	寒露7日 霜降23日	立冬9日 小雪24日	大雪9日 冬至25日	小寒10日 大寒25日

天授5年/康暦元年〔永和5年〕（1379－1380） 己未

改元 3/22（永和→康暦）

1月	2月	3月	4月	閏4月	5月	6月	7月	8月	9月	10月	11月	12月
1 己巳19	1 己亥18	1 戊辰19	1 丁酉⑰	1 丁卯17	1 丙申15	1 乙丑14	1 乙未13	1 乙丑12	1 甲午11	1 甲子10	1 甲午10	1 甲子 9
2 庚午20	2 庚子19	2 己巳⑳	2 戊戌18	2 戊辰18	2 丁酉16	2 丙寅15	2 丙申⑭	2 丙寅13	2 乙未12	2 乙丑11	2 乙未⑪	2 乙丑10
3 辛未21	3 辛丑⑳	3 庚午21	3 己亥19	3 己巳19	3 戊戌17	3 丁卯16	3 丁酉15	3 丁卯14	3 丙申13	3 丙寅12	3 丙申12	3 丙寅11
4 壬申22	4 壬寅21	4 辛未22	4 庚子20	4 庚午20	4 己亥18	4 戊辰⑰	4 戊戌16	4 戊辰15	4 丁酉14	4 丁卯⑬	4 丁酉13	4 丁卯12
5 癸酉㉓	5 癸卯22	5 壬申23	5 辛丑21	5 辛未21	5 庚子⑲	5 己巳18	5 己亥17	5 己巳16	5 戊戌15	5 戊辰14	5 戊戌14	5 戊辰13
6 甲戌24	6 甲辰23	6 癸酉24	6 壬寅22	6 壬申㉒	6 辛丑20	6 庚午19	6 庚子18	6 庚午17	6 己亥⑯	6 己巳15	6 己亥15	6 己巳14
7 乙亥25	7 乙巳24	7 甲戌25	7 癸卯23	7 癸酉23	7 壬寅21	7 辛未20	7 辛丑19	7 辛未⑱	7 庚子17	7 庚午16	7 庚子16	7 庚午⑮
8 丙子26	8 丙午25	8 乙亥26	8 甲辰㉔	8 甲戌24	8 癸卯22	8 壬申21	8 壬寅20	8 壬申19	8 辛丑18	8 辛未17	8 辛丑17	8 辛未16
9 丁丑27	9 丁未26	9 丙子㉗	9 乙巳25	9 乙亥25	9 甲辰23	9 癸酉22	9 癸卯㉑	9 癸酉20	9 壬寅19	9 壬申18	9 壬寅⑱	9 壬申17
10戊寅28	10戊申㉗	10丁丑28	10丙午26	10丙子26	10乙巳24	10甲戌23	10甲辰22	10甲戌21	10癸卯20	10癸酉19	10癸卯19	10癸酉18
11己卯29	11己酉28	11戊寅29	11丁未27	11丁丑27	11丙午25	11乙亥㉔	11乙巳23	11乙亥22	11甲辰21	11甲戌⑳	11甲辰20	11甲戌19
12庚辰㉚	《3月》	12己卯30	12戊申28	12戊寅28	12丁未㉖	12丙子25	12丙午24	12丙子23	12乙巳22	12乙亥21	12乙巳21	12乙亥20
13辛巳31	12庚戌 1	13庚辰31	13己酉29	13己卯㉙	13戊申27	13丁丑26	13丁未25	13丁丑24	13丙午㉓	13丙子22	13丙午22	13丙子21
《2月》	13辛亥 2	《4月》	14庚戌30	14庚辰30	14己酉28	14戊寅27	14戊申26	14戊寅㉕	14丁未24	14丁丑23	14丁未23	14丁丑㉒
14壬午 1	14壬子 3	14辛巳 1	《5月》	15辛巳31	15庚戌29	15己卯28	15己酉27	15己卯26	15戊申25	15戊寅24	15戊申24	15戊寅23
15癸未 2	15癸丑 4	15壬午 2	15辛亥①	《6月》	16辛亥30	16庚辰29	16庚戌㉘	16庚辰27	16己酉26	16己卯25	16己酉㉕	16己卯24
16甲申 3	16甲寅 5	16癸未③	16壬子 2	16壬午 1	《7月》	17辛巳30	17辛亥29	17辛巳28	17庚戌27	17庚辰26	17庚戌26	17庚辰25
17乙酉 4	17乙卯⑥	17甲申 4	17癸丑 3	17癸未 2	17壬子 1	18壬午㉛	18壬子30	18壬午29	18辛亥28	18辛巳㉗	18辛亥27	18辛巳26
18丙戌 5	18丙辰 7	18乙酉 5	18甲寅 4	18甲申 3	18癸丑 2	《8月》	19癸丑31	19癸未30	19壬子29	19壬午28	19壬子28	19壬午27
19丁亥⑥	19丁巳 8	19丙戌 6	19乙卯 5	19乙酉 4	19甲寅③	19癸未 1	《9月》	《10月》	20癸丑㉚	20癸未29	20癸丑29	20癸未28
20戊子 7	20戊午 9	20丁亥 7	20丙辰 6	20丙戌⑤	20乙卯 4	20甲申 2	20甲寅 1	20甲申 1	21甲寅31	21甲申30	21甲寅30	21甲申㉙
21己丑 8	21己未10	21戊子 8	21丁巳 7	21丁亥 6	21丙辰 5	21乙酉 3	21乙卯 2	21乙酉②	《11月》	《12月》	22乙卯31	22乙酉30
22庚寅 9	22庚申11	22己丑 9	22戊午⑧	22戊子 7	22丁巳 6	22丙戌 4	22丙辰 3	22丙戌 3	22乙卯 1	22乙酉 1	1380年	23丙戌31
23辛卯10	23辛酉12	23庚寅⑩	23己未 9	23己丑 8	23戊午 7	23丁亥 5	23丁巳④	23丁亥 4	23丙辰 2	23丙戌 2	《1月》	《2月》
24壬辰11	24壬戌⑬	24辛卯11	24庚申10	24庚寅 9	24己未 8	24戊子 6	24戊午 5	24戊子 5	24丁巳 3	24丁亥 3	23丙辰①	24丁亥 1
25癸巳12	25癸亥14	25壬辰12	25辛酉11	25辛卯10	25庚申 9	25己丑⑦	25己未 6	25己丑 6	25戊午 4	25戊子④	24丁巳 2	25戊子 2
26甲午⑬	26甲子15	26癸巳13	26壬戌12	26壬辰11	26辛酉⑩	26庚寅 8	26庚申 7	26庚寅 7	26己未 5	26己丑 5	25戊午 3	26己丑 3
27乙未14	27乙丑16	27甲午14	27癸亥13	27癸巳⑫	27壬戌11	27辛卯 9	27辛酉 8	27辛卯 8	27庚申⑥	27庚寅 6	26己未 4	27庚寅 4
28丙申15	28丙寅17	28乙未15	28甲子14	28甲午13	28癸亥12	28壬辰10	28壬戌 9	28壬辰⑨	28辛酉 7	28辛卯 7	27庚申 5	28辛卯⑤
29丁酉16	29丁卯18	29丙申16	29乙丑⑮	29乙未14	29甲子13	29癸巳11	29癸亥10	29癸巳10	29壬戌 8	29壬辰 8	28辛酉 6	29壬辰 6
30戊戌17			30丙寅16			30甲午12	30甲子⑪		30癸亥 9	30癸巳 9	29壬戌 7	
											30癸亥⑧	

立春 11日	啓蟄 12日	清明 13日	立夏 14日	芒種15日	夏至 1日	大暑 3日	処暑 3日	秋分 3日	霜降 5日	小雪 5日	冬至 6日	大寒 6日
雨水 26日	春分 27日	穀雨 28日	小満 30日		小暑 16日	立秋 18日	白露 18日	寒露 19日	立冬 20日	大雪 21日	小寒 21日	立春 21日

天授6年/康暦2年（1380－1381） 庚申

1月	2月	3月	4月	5月	6月	7月	8月	9月	10月	11月	12月
1 癸巳 7	1 癸亥 8	1 壬辰 6	1 辛酉 5	1 辛卯 4	1 庚申 3	《8月》	1 己未31	1 戊子29	1 戊午29	1 戊子28	1 戊午28
2 甲午 8	2 甲子 9	2 癸巳 7	2 壬戌⑥	2 壬辰 5	2 辛酉 4	1 己丑 1	《9月》	2 己丑㉚	2 己未30	2 己丑29	2 己未29
3 乙未 9	3 乙丑10	3 甲午⑧	3 癸亥 7	3 癸巳 6	3 壬戌 5	2 庚寅 2	2 庚申 1	《10月》	3 庚申31	3 庚寅30	3 庚申㉚
4 丙申10	4 丙寅⑪	4 乙未 9	4 甲子 8	4 甲午 7	4 癸亥 6	3 辛卯 3	3 辛酉②	3 庚寅 1	《11月》	《12月》	4 辛酉31
5 丁酉11	5 丁卯12	5 丙申10	5 乙丑 9	5 乙未 8	5 甲子 7	4 壬辰 4	4 壬戌 3	4 辛卯 2	4 辛酉 1	4 辛卯 1	1381年
6 戊戌⑫	6 戊辰13	6 丁酉11	6 丙寅10	6 丙申 9	6 乙丑⑧	5 癸巳⑤	5 癸亥 4	5 壬辰 3	5 壬戌 2	5 壬辰②	《1月》
7 己亥13	7 己巳14	7 戊戌12	7 丁卯11	7 丁酉⑩	7 丙寅 9	6 甲午 6	6 甲子 5	6 癸巳 4	6 癸亥 3	6 癸巳 3	5 壬戌 1
8 庚子14	8 庚午15	8 己亥13	8 戊辰12	8 戊戌11	8 丁卯10	7 乙未 7	7 乙丑 6	7 甲午 5	7 甲子④	7 甲午 4	6 癸亥 2
9 辛丑15	9 辛未16	9 庚子14	9 己巳⑬	9 己亥12	9 戊辰11	8 丙申 8	8 丙寅 7	8 乙未 6	8 乙丑 5	8 乙未 5	7 甲子 3
10壬寅16	10壬申17	10辛丑⑮	10庚午14	10庚子13	10己巳12	9 丁酉 9	9 丁卯 8	9 丙申⑦	9 丙寅 6	9 丙申 6	8 乙丑 4
11癸卯17	11癸酉⑱	11壬寅16	11辛未15	11辛丑14	11庚午13	10戊戌10	10戊辰⑨	10丁酉 8	10丁卯 7	10丁酉 7	9 丙寅 5
12甲辰18	12甲戌19	12癸卯17	12壬申16	12壬寅15	12辛未14	11己亥11	11己巳10	11戊戌 9	11戊辰 8	11戊戌 8	10丁卯⑥
13乙巳⑲	13乙亥20	13甲辰18	13癸酉17	13癸卯16	13壬申⑮	12庚子⑫	12庚午11	12己亥10	12己巳 9	12己亥⑨	11戊辰 7
14丙午20	14丙子21	14乙巳19	14甲戌18	14甲辰⑰	14癸酉16	13辛丑13	13辛未12	13庚子11	13庚午10	13庚子10	12己巳 8
15丁未21	15丁丑22	15丙午20	15乙亥19	15乙巳18	15甲戌17	14壬寅14	14壬申13	14辛丑12	14辛未⑪	14辛丑11	13庚午 9
16戊申22	16戊寅23	16丁未21	16丙子⑳	16丙午19	16乙亥18	15癸卯15	15癸酉14	15壬寅13	15壬申12	15壬寅12	14辛未10
17己酉23	17己卯24	17戊申㉒	17丁丑21	17丁未20	17丙子19	16甲辰16	16甲戌15	16癸卯⑭	16癸酉13	16癸卯13	15壬申11
18庚戌24	18庚辰㉕	18己酉23	18戊寅22	18戊申21	18丁丑20	17乙巳17	17乙亥⑯	17甲辰15	17甲戌14	17甲辰14	16癸酉12
19辛亥25	19辛巳26	19庚戌24	19己卯23	19己酉22	19戊寅21	18丙午18	18丙子17	18乙巳16	18乙亥15	18乙巳15	17甲戌⑬
20壬子㉖	20壬午27	20辛亥25	20庚辰24	20庚戌23	20己卯㉒	19丁未⑲	19丁丑18	19丙午17	19丙子16	19丙午⑯	18乙亥14
21癸丑27	21癸未28	21壬子26	21辛巳25	21辛亥㉔	21庚辰23	20戊申20	20戊寅19	20丁未18	20丁丑17	20丁未17	19丙子15
22甲寅28	22甲申29	22癸丑27	22壬午26	22壬子25	22辛巳24	21己酉21	21己卯20	21戊申19	21戊寅⑱	21戊申18	20丁丑16
23乙卯29	23乙酉30	23甲寅28	23癸未㉗	23癸丑26	23壬午25	22庚戌22	22庚辰21	22己酉20	22己卯19	22己酉19	21戊寅17
《3月》	24丙戌31	24乙卯㉙	24甲申28	24甲寅27	24癸未26	23辛亥23	23辛巳22	23庚戌㉑	23庚辰20	23庚戌20	22己卯18
24丙辰 1	《4月》	25丙辰30	25乙酉29	25乙卯28	25甲申27	24壬子24	24壬午㉓	24辛亥22	24辛巳21	24辛亥21	23庚辰19
25丁巳 2	25丁亥①	《5月》	26丙戌30	26丙辰29	26乙酉28	25癸丑25	25癸未24	25壬子23	25壬午22	25壬子22	24辛巳⑳
26戊午 3	26戊子 2	26丁巳 1	27丁亥31	27丁巳30	27丙戌㉙	26甲寅㉖	26甲申25	26癸丑24	26癸未23	26癸丑㉓	25壬午21
27己未④	27己丑 3	27戊午 2	《6月》	《7月》	28丁亥30	27乙卯27	27乙酉26	27甲寅25	27甲申24	27甲寅24	26癸未22
28庚申 5	28庚寅 4	28己未 3	28戊子 1	28戊午①	29戊子31	28丙辰28	28丙戌27	28乙卯26	28乙酉㉕	28乙卯25	27甲申23
29辛酉 6	29辛卯 5	29庚申 4	29己丑 2	29己未 2		29丁巳29	29丁亥28	29丙辰27	29丙戌26	29丙辰26	28乙酉24
30壬戌 7			30庚寅③			30戊午30		30丁巳㉘	30丁亥27	30丁巳27	29丙戌25

雨水 8日	春分 8日	穀雨 10日	小満 11日	夏至 11日	大暑 13日	処暑 14日	秋分 15日	寒露 1日	立冬 1日	大雪 2日	小寒 2日
啓蟄 23日	清明 23日	立夏 25日	芒種 26日	小暑 27日	立秋 28日	白露 29日		霜降 16日	小雪 17日	冬至 17日	大寒 17日

改元 2/10（天授→弘和）
2/24（康暦→永徳）

弘和元年〔天授7年〕/ 永徳元年〔康暦3年〕（1381－1382） 辛酉

1月	2月	3月	4月	5月	6月	7月	8月	9月	10月	11月	12月
1 丁亥26	1 丁巳25	1 丁亥27	1 丙辰25	1 乙酉24	1 乙卯㉓	1 甲申22	1 癸丑20	1 癸未19	1 壬子18	1 壬午⑰	1 壬子17
2 戊子㉗	2 戊午26	2 戊子28	2 丁巳26	2 丙戌25	2 丙辰24	2 乙酉23	2 甲寅21	2 甲申20	2 癸丑19	2 癸未18	2 癸丑18
3 己丑28	3 己未27	3 己丑29	3 戊午27	3 丁亥㉖	3 丁巳25	3 丙戌24	3 乙卯22	3 乙酉21	3 甲寅⑳	3 甲申19	3 甲寅19
4 庚寅29	4 庚申28	4 庚寅30	4 己未㉘	4 戊子27	4 戊午26	4 丁亥25	4 丙辰23	4 丙戌㉒	4 乙卯21	4 乙酉20	4 乙卯20
5 辛卯30	《3月》	5 辛卯㉛	5 庚申29	5 己丑28	5 己未27	5 戊子26	5 丁巳24	5 丁亥23	5 丙辰22	5 丙戌21	5 丙辰21
6 壬辰31	5 辛酉 1	《4月》	6 辛酉30	6 庚寅29	6 庚申28	6 己丑27	6 戊午㉕	6 戊子24	6 丁巳23	6 丁亥22	6 丁巳㉒
《2月》	6 壬戌 2	6 壬辰 1	《5月》	7 辛卯30	7 辛酉29	7 庚寅㉘	7 己未26	7 己丑25	7 戊午24	7 戊子23	7 戊午23
7 癸巳 1	7 癸亥③	7 癸巳 2	7 壬戌 1	8 壬辰31	8 壬戌㉚	8 辛卯29	8 庚申27	8 庚寅26	8 己未25	8 己丑㉔	8 己未24
8 甲午 2	8 甲子 4	8 甲午 3	8 癸亥 2	《6月》	《7月》	9 壬辰30	9 辛酉28	9 辛卯27	9 庚申26	9 庚寅25	9 庚申25
9 乙未③	9 乙丑 5	9 乙未 4	9 甲子 3	9 癸巳 1	9 癸亥 1	10癸巳31	10壬戌29	10壬辰28	10辛酉㉗	10辛卯26	10辛酉26
10丙申 4	10丙寅 6	10丙申 5	10乙丑 4	10甲午②	10甲子 2	《8月》	11癸亥30	11癸巳㉙	11壬戌28	11壬辰27	11壬戌27
11丁酉 5	11丁卯 7	11丁酉 6	11丙寅⑤	11乙未 3	11乙丑 3	11甲午 1	12甲子31	12甲午30	12癸亥29	12癸巳28	12癸亥28
12戊戌 6	12戊辰 8	12戊戌⑦	12丁卯 6	12丙申 4	12丙寅 4	12乙未 2	《9月》	《10月》	13甲子30	13甲午29	13甲子㉙
13己亥 7	13己巳 9	13己亥 8	13戊辰 7	13丁酉 5	13丁卯 5	13丙申 3	13乙丑①	13乙未 1	14乙丑31	14乙未30	14乙丑30
14庚子 8	14庚午⑩	14庚子 9	14己巳 8	14戊戌 6	14戊辰 6	14丁酉④	14丙寅 2	14丙申 2	《11月》	《12月》	15丙寅31
15辛丑 9	15辛未11	15辛丑10	15庚午 9	15己亥 7	15己巳⑦	15戊戌 5	15丁卯 3	15丁酉 3	15丙寅 1	15丙申①	1382年
16壬寅⑩	16壬申12	16壬寅11	16辛未10	16庚子 8	16庚午 8	16己亥 6	16戊辰 4	16戊戌 4	16丁卯 2	16丁酉 2	《1月》
17癸卯11	17癸酉13	17癸卯12	17壬申11	17辛丑⑨	17辛未 9	17庚子 7	17己巳 5	17己亥 5	17戊辰③	17戊戌 3	16丁卯 1
18甲辰12	18甲戌14	18甲辰13	18癸酉⑫	18壬寅10	18壬申10	18辛丑 8	18庚午 6	18庚子⑥	18己巳 4	18己亥 4	17戊辰 2
19乙巳13	19乙亥15	19乙巳⑭	19甲戌13	19癸卯11	19癸酉11	19壬寅 9	19辛未 7	19辛丑 7	19庚午 5	19庚子 5	18己巳 3
20丙午14	20丙子16	20丙午15	20乙亥14	20甲辰12	20甲戌12	20癸卯10	20壬申⑧	20壬寅 8	20辛未 6	20辛丑 6	19庚午 4
21丁未15	21丁丑⑰	21丁未16	21丙子15	21乙巳13	21乙亥13	21甲辰⑪	21癸酉 9	21癸卯 9	21壬申 7	21壬寅 7	20辛未⑤
22戊申16	22戊寅18	22戊申17	22丁丑16	22丙午14	22丙子⑭	22乙巳12	22甲戌10	22甲辰10	22癸酉 8	22癸卯⑧	21壬申 6
23己酉⑰	23己卯19	23己酉18	23戊寅17	23丁未15	23丁丑15	23丙午13	23乙亥11	23乙巳11	23甲戌 9	23甲辰 9	22癸酉 7
24庚戌18	24庚辰20	24庚戌19	24己卯18	24戊申⑯	24戊寅16	24丁未14	24丙子12	24丙午12	24乙亥⑩	24乙巳10	23甲戌 8
25辛亥19	25辛巳21	25辛亥20	25庚辰⑲	25己酉17	25己卯17	25戊申15	25丁丑13	25丁未⑬	25丙子11	25丙午11	24乙亥 9
26壬子20	26壬午22	26壬子㉑	26辛巳20	26庚戌18	26庚辰18	26己酉16	26戊寅14	26戊申14	26丁丑12	26丁未12	25丙子10
27癸丑21	27癸未23	27癸丑22	27壬午21	27辛亥19	27辛巳19	27庚戌17	27己卯⑮	27己酉15	27戊寅13	27戊申13	26丁丑11
28甲寅22	28甲申㉔	28甲寅23	28癸未22	28壬子20	28壬午20	28辛亥⑱	28庚辰16	28庚戌16	28己卯14	28己酉14	27戊寅⑫
29乙卯23	29乙酉25	29乙卯24	29甲申23	29癸丑21	29癸未㉑	29壬子19	29辛巳17	29辛亥17	29庚辰15	29庚戌⑮	28己卯13
30丙辰㉔	30丙戌26			30甲寅22			30壬午18		30辛巳16	30辛亥16	29庚辰14
立春 4日 雨水 19日	啓蟄 4日 春分 19日	清明 5日 穀雨 20日	立夏 6日 小満 21日	芒種 7日 夏至 23日	小暑 8日 大暑 23日	立秋 9日 処暑 25日	白露 11日 秋分 26日	寒露 11日 霜降 26日	立冬 13日 小雪 28日	大雪 13日 冬至 28日	小寒 13日 大寒 29日

弘和2年 / 永徳2年（1382－1383） 壬戌

1月	閏1月	2月	3月	4月	5月	6月	7月	8月	9月	10月	11月	12月
1 辛巳15	1 辛亥14	1 辛巳⑯	1 庚戌14	1 庚辰14	1 己酉12	1 己卯12	1 戊申⑩	1 丁丑 8	1 丁未 8	1 丙子 6	1 丙午 6	1 乙亥④
2 壬午16	2 壬子15	2 壬午17	2 辛亥15	2 辛巳15	2 庚戌13	2 庚辰⑬	2 己酉11	2 戊寅 9	2 戊申 9	2 丁丑 7	2 丁未⑦	2 丙子 5
3 癸未17	3 癸丑⑯	3 癸未18	3 壬子16	3 壬午16	3 辛亥14	3 辛巳14	3 庚戌12	3 己卯10	3 己酉10	3 戊寅 8	3 戊申 8	3 丁丑 6
4 甲申18	4 甲寅17	4 甲申19	4 癸丑17	4 癸未17	4 壬子⑮	4 壬午15	4 辛亥13	4 庚辰11	4 庚戌11	4 己卯⑨	4 己酉 9	4 戊寅 7
5 乙酉⑲	5 乙卯18	5 乙酉20	5 甲寅18	5 甲申⑱	5 癸丑16	5 癸未16	5 壬子14	5 辛巳12	5 辛亥⑫	5 庚辰10	5 庚戌10	5 己卯 8
6 丙戌20	6 丙辰19	6 丙戌21	6 乙卯19	6 乙酉19	6 甲寅17	6 甲申17	6 癸丑15	6 壬午13	6 壬子13	6 辛巳11	6 辛亥11	6 庚辰 9
7 丁亥21	7 丁巳20	7 丁亥22	7 丙辰⑳	7 丙戌20	7 乙卯18	7 乙酉18	7 甲寅16	7 癸未⑭	7 癸丑14	7 壬午12	7 壬子12	7 辛巳10
8 戊子22	8 戊午21	8 戊子㉓	8 丁巳21	8 丁亥21	8 丙辰19	8 丙戌19	8 乙卯⑰	8 甲申15	8 甲寅15	8 癸未13	8 癸丑13	8 壬午⑪
9 己丑23	9 己未22	9 己丑24	9 戊午22	9 戊子22	9 丁巳20	9 丁亥⑳	9 丙辰18	9 乙酉16	9 乙卯16	9 甲申14	9 甲寅⑭	9 癸未12
10庚寅24	10庚申㉓	10庚寅25	10己未23	10己丑23	10戊午21	10戊子21	10丁巳19	10丙戌17	10丙辰17	10乙酉15	10乙卯15	10甲申13
11辛卯25	11辛酉24	11辛卯26	11庚申24	11庚寅24	11己未㉒	11己丑22	11戊午20	11丁亥18	11丁巳18	11丙戌⑯	11丙辰16	11乙酉14
12壬辰㉖	12壬戌25	12壬辰27	12辛酉25	12辛卯㉕	12庚申23	12庚寅23	12己未21	12戊子19	12戊午⑲	12丁亥17	12丁巳17	12丙戌15
13癸巳27	13癸亥26	13癸巳28	13壬戌26	13壬辰26	13辛酉24	13辛卯24	13庚申22	13己丑20	13己未20	13戊子18	13戊午18	13丁亥16
14甲午28	14甲子27	14甲午29	14癸亥㉗	14癸巳27	14壬戌25	14壬辰25	14辛酉23	14庚寅㉑	14庚申21	14己丑19	14己未19	14戊子17
15乙未29	15乙丑28	15乙未㉚	15甲子28	15甲午28	15癸亥26	15癸巳26	15壬戌㉔	15辛卯22	15辛酉22	15庚寅20	15庚申20	15己丑⑱
16丙申30	《3月》	16丙申31	16乙丑29	16乙未29	16甲子27	16甲午㉗	16癸亥25	16壬辰23	16壬戌23	16辛卯21	16辛酉㉑	16庚寅19
17丁酉31	16丙寅 1	《4月》	17丙寅30	17丙申30	17乙丑28	17乙未28	17甲子26	17癸巳24	17癸亥24	17壬辰22	17壬戌22	17辛卯20
《2月》	17丁卯②	17丁酉 1	《5月》	18丁酉31	18丙寅㉙	18丙申29	18乙丑27	18甲午25	18甲子25	18癸巳㉓	18癸亥23	18壬辰21
18戊戌 1	18戊辰 3	18戊戌 2	18丁卯 1	《6月》	19丁卯30	19丁酉30	19丙寅28	19乙未26	19乙丑㉖	19甲午24	19甲子24	19癸巳22
19己亥②	19己巳 4	19己亥 3	19戊辰 2	19戊戌①	《7月》	20戊戌31	20丁卯29	20丙申27	20丙寅27	20乙未25	20乙丑25	20甲午23
20庚子 3	20庚午 5	20庚子 4	20己巳 3	20己亥 2	20戊辰 1	《8月》	21戊辰30	21丁酉㉘	21丁卯28	21丙申26	21丙寅26	21乙未24
21辛丑 4	21辛未 6	21辛丑 5	21庚午④	21庚子 3	21己巳 2	21己亥 1	22己巳㉛	22戊戌29	22戊辰29	22丁酉27	22丁卯27	22丙申㉕
22壬寅 5	22壬申 7	22壬寅⑥	22辛未 5	22辛丑 4	22庚午 3	22庚子 2	《9月》	23己亥30	23己巳30	23戊戌28	23戊辰㉘	23丁酉26
23癸卯 6	23癸酉 8	23癸卯 7	23壬申 6	23壬寅 5	23辛未 4	23辛丑③	23庚午 1	《10月》	24庚午31	24己亥29	24己巳29	24戊戌27
24甲辰 7	24甲戌⑨	24甲辰 8	24癸酉 7	24癸卯 6	24壬申 5	24壬寅 4	24辛未 2	24庚子 1	《11月》	25庚子㉚	25庚午30	25己亥28
25乙巳 8	25乙亥10	25乙巳 9	25甲戌 8	25甲辰 7	25癸酉⑥	25癸卯 5	25壬申 3	25辛丑 2	25辛未 1	《12月》	26辛未31	26庚子29
26丙午⑨	26丙子11	26丙午10	26乙亥 9	26乙巳⑧	26甲戌 7	26甲辰 6	26癸酉 4	26壬寅 3	26壬申②	26辛丑 1	1383年	27辛丑30
27丁未10	27丁丑12	27丁未11	27丙子10	27丙午 9	27乙亥 8	27乙巳 7	27甲戌 5	27癸卯 4	27癸酉 3	27壬寅 2	《1月》	28壬寅31
28戊申11	28戊寅13	28戊申12	28丁丑⑪	28丁未10	28丙子 9	28丙午 8	28乙亥 6	28甲辰⑤	28甲戌 4	28癸卯 3	27壬申 1	《2月》
29己酉12	29己卯14	29己酉⑬	29戊寅12	29戊申11	29丁丑10	29丁未 9	29丙子⑦	29乙巳 6	29乙亥 5	29甲辰 4	28癸酉 2	29癸卯①
30庚戌13	30庚辰15		30己卯13		30戊寅11			30丙午 7		30乙巳 5	29甲戌 3	30甲辰 2
立春 15日 雨水 30日	啓蟄15日	春分 1日 清明 16日	穀雨 2日 立夏 17日	小満 2日 芒種 18日	夏至 4日 小暑 19日	大暑 4日 立秋 20日	処暑 6日 白露 21日	秋分 7日 寒露 22日	霜降 8日 立冬 23日	小雪 9日 大雪 24日	冬至 10日 小寒 25日	大寒 11日 立春 26日

弘和 3 年 / 永徳 3 年（1383－1384） 癸亥

1月	2月	3月	4月	5月	6月	7月	8月	9月	10月	11月	12月
1 乙巳 3	1 乙亥 5	1 乙巳 4	1 甲戌 ③	1 甲辰 2	《7月》	**1** 癸卯 31	1 壬申 29	1 辛丑 ㉗	1 辛未 27	1 庚子 25	1 庚午 25
2 丙午 4	2 丙子 6	2 丙午 ⑤	2 乙亥 4	2 乙巳 3	1 癸酉 1	《8月》	**2** 癸酉 ㉚	2 壬寅 28	2 壬申 28	2 辛丑 26	2 辛未 26
3 丁未 5	3 丁丑 7	3 丁未 6	3 丙子 5	3 丙午 4	2 甲戌 2	2 甲辰 1	3 甲戌 31	3 癸卯 29	3 癸酉 29	3 壬寅 27	3 壬申 ㉗
4 戊申 6	4 戊寅 ⑧	4 戊申 7	4 丁丑 6	4 丁未 5	3 乙亥 3	3 乙巳 ②	《9月》	**4** 甲辰 30	**4** 甲戌 30	4 癸卯 28	4 癸酉 28
5 己酉 7	5 己卯 9	5 己酉 8	5 戊寅 7	5 戊申 6	4 丙子 4	4 丙午 3	4 乙亥 1	《10月》	5 乙亥 31	5 甲辰 ㉙	5 甲戌 29
6 庚戌 ⑧	6 庚辰 10	6 庚戌 9	6 己卯 8	6 己酉 ⑦	5 丁丑 ⑤	5 丁未 4	5 丙子 2	5 乙巳 1	《11月》	**6** 乙巳 30	**6** 乙亥 30
7 辛亥 9	7 辛巳 11	7 辛亥 10	7 庚辰 9	7 庚戌 8	6 戊寅 6	6 戊申 5	6 丁丑 3	6 丙午 2	6 丙子 ①	《12月》	7 丙子 31
8 壬子 10	8 壬午 12	8 壬子 11	8 辛巳 ⑩	8 辛亥 9	7 己卯 7	7 己酉 6	7 戊寅 4	7 丁未 3	7 丁丑 2	7 丙午 1	**1384** 年
9 癸丑 11	9 癸未 13	9 癸丑 ⑫	9 壬午 11	9 壬子 10	8 庚辰 8	8 庚戌 7	8 己卯 5	8 戊申 ④	8 戊寅 3	8 丁未 2	《1月》
10 甲寅 12	10 甲申 14	10 甲寅 13	10 癸未 12	10 癸丑 11	9 辛巳 9	9 辛亥 8	9 庚辰 ⑥	9 己酉 5	9 己卯 4	9 戊申 3	8 丁丑 1
11 乙卯 13	11 乙酉 ⑮	11 乙卯 14	11 甲申 13	11 甲寅 12	10 壬午 10	10 壬子 ⑨	10 辛巳 7	10 庚戌 6	10 庚辰 5	10 己酉 4	9 戊寅 2
12 丙辰 14	**12** 丙戌 16	**12** 丙辰 15	12 乙酉 14	12 乙卯 13	11 癸未 11	11 癸丑 10	11 壬午 8	11 辛亥 7	11 辛巳 6	11 庚戌 5	10 己卯 ③
13 丁巳 ⑮	13 丁亥 17	13 丁巳 16	13 丙戌 15	13 丙辰 ⑭	12 甲申 ⑫	12 甲寅 11	12 癸未 9	12 壬子 8	12 壬午 7	12 辛亥 ⑥	11 庚辰 4
14 戊午 16	14 戊子 18	14 戊午 17	**14** 丁亥 16	**14** 丁巳 15	13 乙酉 13	13 乙卯 12	13 甲申 10	13 癸丑 9	13 癸未 ⑧	13 壬子 7	12 辛巳 5
15 己未 17	15 己丑 19	15 己未 18	15 戊子 ⑰	15 戊午 16	14 丙戌 14	14 丙辰 13	14 乙酉 11	14 甲寅 10	14 甲申 9	14 癸丑 8	13 壬午 6
16 庚申 18	16 庚寅 20	16 庚申 ⑲	16 己丑 18	16 己未 17	15 丁亥 15	15 丁巳 14	15 丙戌 12	15 乙卯 ⑪	15 乙酉 10	15 甲寅 9	14 癸未 7
17 辛酉 19	17 辛卯 21	17 辛酉 20	17 庚寅 19	17 庚申 18	**16** 戊子 16	**16** 戊午 15	16 丁亥 ⑬	16 丙辰 12	16 丙戌 11	16 乙卯 10	15 甲申 8
18 壬戌 20	18 壬辰 ㉒	18 壬戌 21	18 辛卯 20	18 辛酉 19	17 己丑 17	17 己未 ⑯	**17** 戊子 14	17 丁巳 13	17 丁亥 12	17 丙辰 11	16 乙酉 9
19 癸亥 21	19 癸巳 23	19 癸亥 22	19 壬辰 21	19 壬戌 20	18 庚寅 18	18 庚申 17	18 己丑 15	18 戊午 14	18 戊子 13	18 丁巳 12	17 丙戌 ⑩
20 甲子 ㉒	20 甲午 24	20 甲子 23	20 癸巳 22	20 癸亥 ㉑	19 辛卯 ⑲	19 辛酉 18	19 庚寅 16	**19** 己未 15	**19** 己丑 14	19 戊午 ⑬	18 丁亥 11
21 乙丑 23	21 乙未 25	21 乙丑 24	21 甲午 23	21 甲子 22	20 壬辰 20	20 壬戌 19	20 辛卯 17	20 庚申 16	20 庚寅 ⑮	20 己未 14	19 戊子 12
22 丙寅 24	22 丙申 26	22 丙寅 25	22 乙未 ㉔	22 乙丑 23	21 癸巳 21	21 癸亥 20	21 壬辰 18	21 辛酉 17	21 辛卯 16	**21** 庚申 15	20 己丑 13
23 丁卯 25	23 丁酉 27	23 丁卯 ㉖	23 丙申 25	23 丙寅 24	22 甲午 22	22 甲子 21	22 癸巳 19	22 壬戌 ⑱	22 壬辰 17	22 辛酉 16	**21** 庚寅 14
24 戊辰 26	24 戊戌 28	24 戊辰 27	24 丁酉 26	24 丁卯 25	23 乙未 23	23 乙丑 22	23 甲午 ⑳	23 癸亥 19	23 癸巳 18	23 壬戌 17	22 辛卯 15
25 己巳 27	25 己亥 ㉙	25 己巳 28	25 戊戌 27	25 戊辰 26	24 丙申 24	24 丙寅 ㉓	24 乙未 21	24 甲子 20	24 甲午 19	24 癸亥 18	23 壬辰 16
26 庚午 28	26 庚子 30	26 庚午 29	26 己亥 28	26 己巳 27	25 丁酉 25	25 丁卯 24	25 丙申 22	25 乙丑 21	25 乙未 20	25 甲子 19	24 癸巳 ⑰
《3月》	**27** 辛丑 31	**27** 辛未 30	27 庚子 29	27 庚午 ㉘	26 戊戌 ㉖	26 戊辰 25	26 丁酉 23	26 丙寅 22	26 丙申 21	26 乙丑 ⑳	25 甲午 18
27 辛未 ①	《4月》	《5月》	28 辛丑 30	28 辛未 29	27 己亥 27	27 己巳 26	27 戊戌 24	27 丁卯 23	27 丁酉 ㉒	27 丙寅 21	26 乙未 19
28 壬申 2	28 壬寅 1	28 壬申 1	**29** 壬寅 ㉛	**29** 壬申 30	28 庚子 28	28 庚午 27	28 己亥 25	28 戊辰 24	28 戊戌 23	28 丁卯 22	27 丙申 20
29 癸酉 3	29 癸卯 2	29 癸酉 2	《6月》		29 辛丑 29	29 辛未 28	29 庚子 26	29 己巳 ㉕	29 己亥 24	29 戊辰 23	28 丁酉 21
30 甲戌 4	30 甲辰 3		30 癸卯 1		30 壬寅 30			30 庚午 26		30 己巳 24	29 戊戌 22
雨水 11日 啓蟄 27日	春分 12日 清明 27日	穀雨 12日 立夏 27日	小満 14日 芒種 29日	夏至 14日 小暑 29日	大暑 16日	立秋 1日 処暑 16日	白露 2日 秋分 17日	寒露 4日 霜降 19日	立冬 4日 小雪 19日	大雪 6日 冬至 21日	小寒 6日 大寒 21日

改元 2/27（永徳→至徳）
4/28（弘和→元中）

元中元年〔弘和 4 年〕/ 至徳元年〔永徳 4 年〕（1384－1385） 甲子

1月	2月	3月	4月	5月	6月	7月	8月	9月	閏9月	10月	11月	12月
1 己亥 23	1 己巳 22	1 己亥 23	1 戊辰 21	1 戊戌 21	1 戊辰 20	1 丁酉 19	1 丁卯 18	1 丙申 16	1 丙寅 ⑯	**1** 乙未 14	1 甲子 13	1 甲午 12
2 庚子 ㉔	2 庚午 23	2 庚子 24	2 己巳 22	2 己亥 ㉒	2 己巳 21	2 戊戌 20	2 戊辰 19	2 丁酉 17	2 丁卯 17	2 丙申 15	**2** 乙丑 14	**2** 乙未 13
3 辛丑 25	3 辛未 24	3 辛丑 25	3 庚午 23	3 庚子 23	3 庚午 22	3 己亥 21	3 己巳 20	3 戊戌 ⑱	3 戊辰 18	3 丁酉 16	3 丙寅 15	3 丙申 14
4 壬寅 26	4 壬申 25	4 壬寅 26	4 辛未 ㉔	4 辛丑 24	4 辛未 23	4 庚子 22	4 庚午 ㉑	4 己亥 19	4 己巳 19	4 戊戌 17	4 丁卯 16	4 丁酉 ⑮
5 癸卯 27	5 癸酉 26	5 癸卯 ㉗	5 壬申 25	5 壬寅 25	5 壬申 24	5 辛丑 23	5 辛未 22	5 庚子 20	5 庚午 20	5 己亥 18	5 戊辰 17	5 戊戌 16
6 甲辰 28	6 甲戌 27	6 甲辰 28	6 癸酉 26	6 癸卯 26	6 癸酉 25	6 壬寅 ㉔	6 壬申 23	6 辛丑 21	6 辛未 21	6 庚子 19	6 己巳 ⑱	6 己亥 17
7 乙巳 29	7 乙亥 ㉘	7 乙巳 29	7 甲戌 27	7 甲辰 27	7 甲戌 ㉖	7 癸卯 25	7 癸酉 24	7 壬寅 22	7 壬申 22	7 辛丑 ⑳	7 庚午 19	7 庚子 18
8 丙午 30	**8** 丙子 29	**8** 丙午 30	8 乙亥 28	8 乙巳 28	8 乙亥 27	8 甲辰 26	8 甲戌 25	8 癸卯 23	8 癸酉 ㉓	8 壬寅 21	8 辛未 20	8 辛丑 19
9 丁未 ㉛	《3月》	9 丁未 31	9 丙子 29	9 丙午 ㉙	9 丙子 28	9 乙巳 27	9 乙亥 26	9 甲辰 24	9 甲戌 24	9 癸卯 22	9 壬申 21	9 壬寅 20
《2月》	9 丁丑 1	《4月》	**10** 丁丑 30	**10** 丁未 30	10 丁丑 29	10 丙午 28	10 丙子 27	10 乙巳 ㉕	10 乙亥 25	10 甲辰 23	10 癸酉 22	10 癸卯 21
10 戊申 1	10 戊寅 2	10 戊申 1	《5月》	11 戊申 31	**11** 戊寅 30	11 丁未 29	11 丁丑 ㉘	11 丙午 26	11 丙子 26	11 乙巳 24	11 甲戌 23	11 甲辰 ㉒
11 己酉 2	11 己卯 3	11 己酉 2	11 戊寅 ①	《6月》	《7月》	**12** 戊申 30	**12** 戊寅 29	12 丁未 27	12 丁丑 27	12 丙午 25	12 乙亥 24	12 乙巳 23
12 庚戌 3	12 庚辰 4	12 庚戌 ③	12 己卯 2	12 己酉 1	12 己卯 1	13 己酉 ㉛	13 己卯 30	13 戊申 28	13 戊寅 28	13 丁未 26	13 丙子 ㉕	13 丙午 24
13 辛亥 4	13 辛巳 5	13 辛亥 4	13 庚辰 3	13 庚戌 2	13 庚辰 2	《8月》	14 庚辰 31	**14** 己酉 29	**14** 己卯 29	14 戊申 ㉗	14 丁丑 26	14 丁未 25
14 壬子 5	14 壬午 ⑥	14 壬子 5	14 辛巳 4	14 辛亥 3	14 辛巳 ③	14 庚戌 1	《9月》	15 庚戌 30	15 庚辰 ㉚	15 己酉 28	15 戊寅 27	15 戊申 26
15 癸丑 6	15 癸未 7	15 癸丑 6	15 壬午 5	15 壬子 4	15 壬午 4	15 辛亥 2	15 辛巳 1	《10月》	16 辛巳 31	**16** 庚戌 29	16 己卯 28	16 己酉 27
16 甲寅 ⑦	16 甲申 8	16 甲寅 7	16 癸未 6	16 癸丑 ⑤	16 癸未 5	16 壬子 3	16 壬午 2	16 辛亥 1	《11月》	17 辛亥 30	**17** 庚辰 29	17 庚戌 28
17 乙卯 8	17 乙酉 9	17 乙卯 8	17 甲申 7	17 甲寅 6	17 甲申 6	17 癸丑 4	17 癸未 3	17 壬子 ②	17 壬午 1	《12月》	18 辛巳 30	**18** 辛亥 ㉙
18 丙辰 9	18 丙戌 10	18 丙辰 9	18 乙酉 ⑧	18 乙卯 7	18 乙酉 7	18 甲寅 5	18 甲申 ④	18 癸丑 3	18 癸未 2	18 壬子 1	19 壬午 31	19 壬子 30
19 丁巳 10	19 丁亥 11	19 丁巳 ⑩	19 丙戌 9	19 丙辰 8	19 丙戌 8	19 乙卯 6	19 乙酉 5	19 甲寅 4	19 甲申 3	19 癸丑 2	**1385** 年	20 癸丑 31
20 戊午 11	20 戊子 12	20 戊午 11	20 丁亥 10	20 丁巳 9	20 丁亥 9	20 丙辰 ⑦	20 丙戌 6	20 乙卯 5	20 乙酉 4	20 甲寅 3	《1月》	《2月》
21 己未 12	21 己丑 ⑬	21 己未 12	21 戊子 11	21 戊午 10	21 戊子 ⑩	21 丁巳 8	21 丁亥 7	21 丙辰 6	21 丙戌 5	21 乙卯 ④	20 癸未 ①	21 甲寅 1
22 庚申 13	22 庚寅 14	22 庚申 13	22 己丑 12	22 己未 11	22 己丑 11	22 戊午 9	22 戊子 8	22 丁巳 7	22 丁亥 ⑥	22 丙辰 5	21 甲申 2	22 乙卯 2
23 辛酉 ⑭	**23** 辛卯 15	**23** 辛酉 14	23 庚寅 13	23 庚申 ⑫	23 庚寅 12	23 己未 10	23 己丑 9	23 戊午 8	23 戊子 7	23 丁巳 6	22 乙酉 3	23 丙辰 3
24 壬戌 15	24 壬辰 16	24 壬戌 15	24 辛卯 14	24 辛酉 13	24 辛卯 13	24 庚申 11	24 庚寅 10	24 己未 ⑨	24 己丑 8	24 戊午 7	23 丙戌 4	24 丁巳 4
25 癸亥 16	25 癸巳 17	25 癸亥 16	**25** 壬辰 ⑮	**25** 壬戌 14	25 壬辰 14	25 辛酉 12	25 辛卯 ⑪	25 庚申 10	25 庚寅 9	25 己未 8	24 丁亥 5	25 戊午 ⑤
26 甲子 17	26 甲午 18	26 甲子 ⑰	26 癸巳 16	26 癸亥 15	**26** 癸巳 15	26 壬戌 13	26 壬辰 12	26 辛酉 11	26 辛卯 10	26 庚申 9	25 戊子 6	26 己未 6
27 乙丑 18	27 乙未 19	27 乙丑 18	27 甲午 17	27 甲子 16	27 甲午 16	**27** 癸亥 ⑭	27 癸巳 13	27 壬戌 12	27 壬辰 11	27 辛酉 10	26 己丑 7	27 庚申 7
28 丙寅 19	28 丙申 ⑳	28 丙寅 19	28 乙未 18	28 乙丑 17	28 乙未 ⑰	28 甲子 15	**28** 甲午 14	28 癸亥 13	28 癸巳 12	28 壬戌 ⑪	27 庚寅 ⑧	28 辛酉 8
29 丁卯 20	29 丁酉 21	29 丁卯 20	29 丙申 19	29 丙寅 18	29 丙申 18	29 乙丑 16	29 乙未 15	**29** 甲子 14	29 甲午 ⑬	29 癸亥 12	28 辛卯 9	29 壬戌 9
30 戊辰 ㉑	30 戊戌 22		30 丁酉 20	30 丁卯 ⑲		30 丙寅 17		30 乙丑 15			29 壬辰 10	
											30 癸巳 11	
立春 7日 雨水 23日	啓蟄 8日 春分 23日	清明 8日 穀雨 23日	立夏 10日 小満 25日	芒種 10日 夏至 25日	小暑 11日 大暑 26日	立秋 12日 処暑 27日	白露 12日 秋分 28日	寒露 14日 霜降 29日	立冬14日	小雪 1日 大雪 16日	冬至 2日 小寒 17日	大寒 2日 立春 18日

元中2年/至徳2年（1385－1386） 乙丑

1月	2月	3月	4月	5月	6月	7月	8月	9月	10月	11月	12月
1 癸亥10	1 癸巳⑫	1 壬戌10	1 壬辰10	1 壬戌 9	1 辛卯 8	1 辛酉 7	1 庚寅 5	1 庚申 5	1 庚寅 4	1 己未③	1 己丑 2
2 甲子11	2 甲午13	2 癸亥11	2 癸巳11	2 癸亥10	2 壬辰⑨	2 壬戌 8	2 辛卯 6	2 辛酉 6	2 辛卯⑤	2 庚申 4	2 庚寅 3
3 乙丑⑫	3 乙未14	3 甲子12	3 甲午12	3 甲子⑪	3 癸巳10	3 癸亥 9	3 壬辰 7	3 壬戌 7	3 壬辰 6	3 辛酉 5	3 辛卯 4
4 丙寅13	**4** 丙申15	4 乙丑13	4 乙未13	4 乙丑12	4 甲午11	4 甲子10	4 癸巳 8	4 癸亥⑧	4 癸巳 7	4 壬戌 6	4 壬辰 5
5 丁卯14	5 丁酉16	5 丙寅14	5 丙申⑭	5 丙寅13	5 乙未12	5 乙丑11	5 甲午 9	5 甲子 9	5 甲午 8	5 癸亥 7	5 癸巳 6
6 戊辰15	6 戊戌17	**6** 丁卯15	**6** 丁酉15	6 丁卯14	6 丙申13	6 丙寅12	6 乙未⑩	6 乙丑10	6 乙未 9	6 甲子 8	6 甲午⑦
7 己巳16	7 己亥18	7 戊辰⑯	7 戊戌16	**7** 戊辰15	7 丁酉14	7 丁卯⑬	7 丙申11	7 丙寅11	7 丙申10	7 乙丑 9	7 乙未 8
8 庚午17	8 庚子⑲	8 己巳17	8 己亥17	8 己巳16	**8** 戊戌15	**8** 戊辰14	8 丁酉12	8 丁卯12	8 丁酉11	8 丙寅⑩	8 丙申 9
9 辛未18	9 辛丑20	9 庚午18	9 庚子18	9 庚午17	9 己亥⑯	9 己巳15	9 戊戌13	9 戊辰13	9 戊戌⑫	9 丁卯11	9 丁酉10
10壬申⑲	10壬寅21	10辛未19	10辛丑19	10辛未⑱	10庚子17	10庚午16	**10**己亥14	**10**己巳14	10己亥13	10戊辰12	10戊戌11
11癸酉20	11癸卯22	11壬申20	11壬寅20	11壬申19	11辛丑18	11辛未17	11庚子15	11庚午⑮	**11**庚子14	11己巳13	11己亥12
12甲戌21	12甲辰23	12癸酉21	12癸卯㉑	12癸酉20	12壬寅19	12壬申18	12辛丑16	12辛未16	12辛丑15	**12**庚午14	12庚子13
13乙亥22	13乙巳24	13甲戌22	13甲辰22	13甲戌21	13癸卯20	13癸酉19	13壬寅⑰	13壬申17	13壬寅16	13辛未15	**13**辛丑⑭
14丙子23	14丙午25	14乙亥㉓	14乙巳23	14乙亥22	14甲辰21	14甲戌⑳	14癸卯18	14癸酉18	14癸卯17	14壬申16	14壬寅15
15丁丑24	15丁未㉖	15丙子24	15丙午24	15丙子23	15乙巳22	15乙亥21	15甲辰19	15甲戌19	15甲辰18	15癸酉⑰	15癸卯16
16戊寅25	16戊申27	16丁丑25	16丁未25	16丁丑24	16丙午㉓	16丙子22	16乙巳20	16乙亥20	16乙巳⑲	16甲戌18	16甲辰17
17己卯㉖	17己酉28	17戊寅26	17戊申26	17戊寅㉕	17丁未24	17丁丑23	17丙午21	17丙子21	17丙午20	17乙亥19	17乙巳18
18庚辰27	18庚戌29	18己卯27	18己酉27	18己卯26	18戊申25	18戊寅24	18丁未22	18丁丑㉒	18丁未21	18丙子20	18丙午19
19辛巳28	19辛亥30	19庚辰28	19庚戌㉘	19庚辰27	19己酉26	19己卯25	19戊申23	19戊寅23	19戊申22	19丁丑21	19丁未20
《3月》	**20**壬子31	20辛巳29	20辛亥29	20辛巳28	20庚戌27	20庚辰26	20己酉㉔	20己卯24	20己酉23	20戊寅22	20戊申㉑
20壬午 1	《4月》	**21**壬午㉚	**21**壬子30	21壬午29	21辛亥28	21辛巳㉗	21庚戌25	21庚辰25	21庚戌24	21己卯23	21己酉22
21癸未 2	21癸丑 1	《5月》	22癸丑31	**22**癸未30	22壬子29	22壬午28	22辛亥26	22辛巳26	22辛亥25	22庚辰㉔	22庚戌23
22甲申 3	22甲寅②	22癸未 1	《6月》	《7月》	**23**癸丑㉚	23癸未29	23壬子27	23壬午27	23壬子㉖	23辛巳25	23辛亥24
23乙酉 4	23乙卯 3	23甲申 2	23甲寅 1	23甲申 1	24甲寅31	**24**甲申30	24癸丑28	24癸未28	24癸丑27	24壬午26	24壬子25
24丙戌⑤	24丙辰 4	24乙酉 3	24乙卯 2	24乙酉②	《8月》	25乙酉31	**25**甲寅29	25甲申㉙	25甲寅28	25癸未27	25癸丑26
25丁亥 6	25丁巳 5	25丙戌 4	25丙辰 3	25丙戌 3	25乙卯 1	《9月》	26乙卯30	**26**乙酉30	**26**乙卯29	26甲申28	26甲寅27
26戊子 7	26戊午 6	26丁亥 5	26丁巳④	26丁亥 4	26丙辰 2	26丙戌 1	《10月》	27丙戌31	27丙辰30	**27**乙酉29	27乙卯㉘
27己丑 8	27己未 7	27戊子 6	27戊午 5	27戊子 5	27丁巳 3	27丁亥 2	27丙辰①	《11月》	《12月》	28丙戌30	**28**丙辰29
28庚寅 9	28庚申 8	28己丑⑦	28己未 6	28己丑 6	28戊午 4	28戊子③	28丁巳 2	28丁亥 1	28丁巳 1	29丁亥㉛	29丁巳30
29辛卯10	29辛酉⑨	29庚寅 8	29庚申 7	29庚寅 7	29己未 5	29己丑 4	29戊午 3	29戊子 2	29戊午 2	**1386年**	
30壬辰11		30辛卯 9	30辛酉 8		30庚申⑥		30己未 4	30己丑 3		《1月》	
										30戊子 1	

雨水 4日	春分 4日	穀雨 6日	小満 6日	夏至 7日	大暑 8日	処暑 8日	秋分 10日	霜降 10日	小雪 11日	冬至 12日	大寒 13日
啓蟄 19日	清明 20日	立夏 21日	芒種 21日	小暑 22日	立秋 23日	白露 24日	寒露 25日	立冬 26日	大雪 26日	小寒 27日	立春 28日

元中3年/至徳3年（1386－1387） 丙寅

1月	2月	3月	4月	5月	6月	7月	8月	9月	10月	11月	12月
1 戊午31	《3月》	**1** 丁巳31	1 丙戌㉙	1 丙辰29	1 乙酉27	1 乙卯27	1 乙酉㉖	1 甲寅24	1 甲申24	1 甲寅23	1 癸未22
《2月》	1 丁亥 1	《4月》	**2** 丁亥30	2 丁巳30	2 丙戌28	2 丙辰28	2 丙戌27	2 乙卯25	2 乙酉25	2 乙卯24	2 甲申㉓
2 己未 1	2 戊子 2	2 戊午①	《5月》	**3** 戊午31	3 丁亥29	3 丁巳㉙	3 丁亥28	3 丙辰26	3 丙戌26	3 丙辰㉕	3 乙酉24
3 庚申 2	3 己丑 3	3 己未 2	3 戊子 1	《6月》	**4** 戊子30	4 戊午30	4 戊子29	4 丁巳27	4 丁亥27	4 丁巳26	4 丙戌25
4 辛酉 3	4 庚寅④	4 庚申 3	4 己丑 2	4 己未 1	《7月》	**5** 己未31	**5** 己丑30	5 戊午28	5 戊子㉘	5 戊午27	5 丁亥26
5 壬戌④	5 辛卯 5	5 辛酉 4	5 庚寅 3	5 庚申 2	5 己丑①	《8月》	6 庚寅31	**6** 己未29	6 己丑29	6 己未28	6 戊子27
6 癸亥 5	6 壬辰 6	6 壬戌 5	6 辛卯 4	6 辛酉③	6 庚寅 2	6 庚申 1	《9月》	7 庚申㉚	**7** 庚寅30	**7** 庚申29	7 己丑28
7 甲子 6	7 癸巳 7	7 癸亥 6	7 壬辰 5	7 壬戌 4	7 辛卯 3	7 辛酉 2	7 辛卯 1	《10月》	8 辛卯31	8 辛酉30	8 庚寅29
8 乙丑 7	8 甲午 8	8 甲子 7	8 癸巳⑥	8 癸亥 5	8 壬辰 4	8 壬戌 3	8 壬辰②	8 辛酉 1	《11月》	《12月》	**9** 辛卯㉚
9 丙寅 8	9 乙未 9	9 乙丑⑧	9 甲午 7	9 甲子 6	9 癸巳 5	9 癸亥 4	9 癸巳 3	9 壬戌 2	9 壬辰 1	9 壬戌 1	10壬辰31
10丁卯 9	10丙申10	10丙寅 9	10乙未 8	10乙丑 7	10甲午 6	10甲子⑤	10甲午 4	10癸亥 3	10癸巳 2	10癸亥②	**1387年**
11戊辰10	11丁酉⑪	11丁卯10	11丙申 9	11丙寅 8	11乙未 7	11乙丑 6	11乙未 5	11甲子 4	11甲午 3	11甲子 3	《1月》
12己巳⑪	12戊戌12	12戊辰11	12丁酉10	12丁卯 9	12丙申⑧	12丙寅 7	12丙申 6	12乙丑 5	12乙未④	12乙丑 4	11癸巳 1
13庚午12	13己亥13	13己巳12	13戊戌11	13戊辰⑩	13丁酉 9	13丁卯 8	13丁酉 7	13丙寅 6	13丙申 5	13丙寅 5	12甲午 2
14辛未13	14庚子14	14庚午13	14己亥12	14己巳11	14戊戌10	14戊辰 9	14戊戌 8	14丁卯⑦	14丁酉 6	14丁卯 6	13乙未 3
15壬申14	15辛丑15	15辛未14	15庚子⑬	15庚午12	15己亥11	15己巳10	15己亥⑨	15戊辰 8	15戊戌 7	15戊辰 7	14丙申 4
16癸酉15	**16**壬寅16	**16**壬申⑮	16辛丑14	16辛未13	16庚子12	16庚午11	16庚子10	16己巳 9	16己亥 8	16己巳 8	15丁酉 5
17甲戌16	17癸卯17	17癸酉16	**17**壬寅15	17壬申14	17辛丑13	17辛未⑫	17辛丑11	17庚午10	17庚子 9	17庚午⑨	16戊戌⑥
18乙亥17	18甲辰⑱	18甲戌17	18癸卯16	**18**癸酉15	18壬寅14	18壬申13	18壬寅12	18辛未11	18辛丑10	18辛未10	17己亥 7
19丙子⑱	19乙巳19	19乙亥18	19甲辰17	19甲戌16	**19**癸卯⑮	19癸酉14	19癸卯13	19壬申12	19壬寅⑪	19壬申11	18庚子 8
20丁丑19	20丙午20	20丙子19	20乙巳18	20乙亥⑰	20甲辰16	**20**甲戌15	**20**甲辰14	20癸酉13	20癸卯12	20癸酉12	19辛丑 9
21戊寅20	21丁未21	21丁丑20	21丙午19	21丙子18	21乙巳17	21乙亥16	21乙巳15	21甲戌⑭	21甲辰13	21甲戌13	20壬寅10
22己卯21	22戊申22	22戊寅21	22丁未⑳	22丁丑19	22丙午18	22丙子17	22丙午⑯	**22**乙亥15	**22**乙巳14	**22**乙亥14	21癸卯11
23庚辰22	23己酉23	23己卯㉒	23戊申21	23戊寅20	23丁未19	23丁丑18	23丁未17	23丙子16	23丙午15	23丙子15	22甲辰12
24辛巳23	24庚戌24	24庚辰23	24己酉22	24己卯21	24戊申20	24戊寅⑲	24戊申18	24丁丑17	24丁未16	24丁丑⑯	23乙巳⑬
25壬午24	25辛亥㉕	25辛巳24	25庚戌23	25庚辰22	25己酉21	25己卯20	25己酉19	25戊寅18	25戊申17	25戊寅17	**24**丙午14
26癸未㉕	26壬子26	26壬午25	26辛亥24	26辛巳23	26庚戌㉒	26庚辰21	26庚戌20	26己卯19	26己酉⑱	26己卯18	25丁未15
27甲申26	27癸丑27	27癸未26	27壬子25	27壬午㉔	27辛亥23	27辛巳22	27辛亥21	27庚辰20	27庚戌19	27庚辰19	26戊申16
28乙酉27	28甲寅28	28甲申27	28癸丑26	28癸未25	28壬子24	28壬午23	28壬子22	28辛巳㉑	28辛亥20	28辛巳20	27己酉17
29丙戌28	29乙卯29	29乙酉28	29甲寅㉗	29甲申26	29癸丑25	29癸未24	29癸丑㉓	29壬午22	29壬子21	29壬午21	28庚戌18
	30丙辰30		30乙卯28		30甲寅26	30甲申25		30癸未23	30癸丑22		29辛亥19
											30壬子⑳

雨水 14日	春分 16日	清明 1日	立夏 2日	芒種 3日	小暑 4日	立秋 5日	白露 5日	寒露 6日	立冬 7日	大雪 7日	小寒 9日
啓蟄 29日		穀雨 16日	小満 17日	夏至 18日	大暑 19日	処暑 20日	秋分 20日	霜降 22日	小雪 22日	冬至 22日	大寒 24日

元中4年/嘉慶元年〔至徳4年〕（1387－1388） 丁卯

改元 8/23（至徳→嘉慶）

1月	2月	3月	4月	5月	閏5月	6月	7月	8月	9月	10月	11月	12月
1 癸丑21	1 壬午19	1 辛亥20	1 辛巳19	1 庚戌18	1 庚辰17	1 己酉16	1 己卯15	1 戊申13	1 戊寅⑬	1 戊申12	1 丁丑11	1 丁未10
2 甲寅22	2 癸未20	2 壬子21	2 壬午20	2 辛亥⑲	2 辛巳18	2 庚戌17	2 庚辰16	2 己酉14	2 己卯14	2 己酉13	2 戊寅12	2 戊申11
3 乙卯23	3 甲申21	3 癸丑22	3 癸未㉑	3 壬子20	3 壬午19	3 辛亥18	3 辛巳17	3 庚戌⑮	3 庚辰15	3 庚戌14	3 己卯13	3 己酉⑫
4 丙辰24	4 乙酉22	4 甲寅23	4 甲申22	4 癸丑21	4 癸未20	4 壬子19	4 壬午⑱	4 辛亥16	4 辛巳16	4 辛亥15	4 庚辰14	4 庚戌13
5 丁巳25	5 丙戌23	5 乙卯㉔	5 乙酉23	5 甲寅22	5 甲申21	5 癸丑20	5 癸未19	5 壬子17	5 壬午17	5 壬子16	5 辛巳⑮	5 辛亥14
6 戊午26	6 丁亥㉔	6 丙辰25	6 丙戌24	6 乙卯23	6 乙酉22	6 甲寅㉑	6 甲申20	6 癸丑18	6 癸未18	6 癸丑⑰	6 壬午16	6 壬子15
7 己未㉗	7 戊子25	7 丁巳26	7 丁亥25	7 丙辰24	7 丙戌㉓	7 乙卯22	7 乙酉21	7 甲寅19	7 甲申19	7 甲寅18	7 癸未17	7 癸丑16
8 庚申28	8 己丑26	8 戊午27	8 戊子26	8 丁巳25	8 丁亥24	8 丙辰23	8 丙戌22	8 乙卯20	8 乙酉⑳	8 乙卯19	8 甲申18	8 甲寅17
9 辛酉29	9 庚寅27	9 己未28	9 己丑27	9 戊午㉖	9 戊子25	9 丁巳24	9 丁亥23	9 丙辰21	9 丙戌21	9 丙辰20	9 乙酉19	9 乙卯18
10壬戌30	10辛卯28	10庚申29	10庚寅㉘	10己未27	10己丑26	10戊午25	10戊子24	10丁巳㉒	10丁亥22	10丁巳21	10丙戌20	10丙辰⑲
11癸亥31	《3月》	11辛酉30	11辛卯29	11庚申28	11庚寅27	11己未26	11己丑㉕	11戊午23	11戊子23	11戊午22	11丁亥21	11丁巳20
《2月》	11壬辰 1	12壬戌㉛	12壬辰30	12辛酉29	12辛卯28	12庚申27	12庚寅26	12己未24	12己丑24	12己未23	12戊子㉒	12戊午21
12甲子 1	12癸巳 2	《4月》	《5月》	13壬戌30	13壬辰29	13辛酉㉘	13辛卯27	13庚申25	13庚寅25	13庚申㉔	13己丑23	13己未22
13乙丑 2	13甲午③	13癸亥 1	13癸巳 1	14癸亥31	14癸巳㉚	14壬戌29	14壬辰28	14辛酉26	14辛卯26	14辛酉25	14庚寅24	14庚申23
14丙寅③	14乙未 4	14甲子 2	14甲午 2	《6月》	《7月》	15癸亥30	15癸巳29	15壬戌27	15壬辰㉗	15壬戌26	15辛卯25	15辛酉24
15丁卯 4	15丙申 5	15乙丑 3	15乙未 3	15甲子 1	15甲午 1	16甲子31	16甲午30	16癸亥28	16癸巳28	16癸亥27	16壬辰26	16壬戌25
16戊辰 5	16丁酉 6	16丙寅 4	16丙申 4	16乙丑②	16乙未 2	《8月》	17乙未31	17甲子㉙	17甲午29	17甲子28	17癸巳27	17癸亥㉖
17己巳 6	17戊戌 7	17丁卯 5	17丁酉⑤	17丙寅 3	17丙申 3	17乙丑 1	《9月》	18乙丑30	18乙未30	18乙丑29	18甲午28	18甲子27
18庚午 7	18己亥 8	18戊辰 6	18戊戌 6	18丁卯 4	18丁酉 4	18丙寅 2	18丙申①	《10月》	19丙申31	19丙寅30	19乙未㉙	19乙丑28
19辛未 8	19庚子 9	19己巳⑦	19己亥 7	19戊辰 5	19戊戌 5	19丁卯 3	19丁酉 2	19丙寅 1	《11月》	《12月》	20丙申30	20丙寅29
20壬申 9	20辛丑⑩	20庚午 8	20庚子 8	20己巳 6	20己亥 6	20戊辰④	20戊戌 3	20丁卯 2	20丁酉 1	20丁卯①	21丁酉31	21丁卯30
21癸酉⑩	21壬寅11	21辛未 9	21辛丑 9	21庚午 7	21庚子⑦	21己巳 5	21己亥 4	21戊辰 3	21戊戌 2	21戊辰 2	1388年	22戊辰31
22甲戌11	22癸卯12	22壬申10	22壬寅10	22辛未 8	22辛丑 8	22庚午 6	22庚子 5	22己巳 4	22己亥③	22己巳 3	《1月》	《2月》
23乙亥12	23甲辰13	23癸酉11	23癸卯11	23壬申⑨	23壬寅 9	23辛未 7	23辛丑 6	23庚午 5	23庚子 4	23庚午 4	22戊戌 1	23己巳 1
24丙子13	24乙巳14	24甲戌12	24甲辰⑫	24癸酉10	24癸卯10	24壬申 8	24壬寅 7	24辛未⑥	24辛丑 5	24辛未 5	23己亥 2	24庚午②
25丁丑14	25丙午15	25乙亥13	25乙巳13	25甲戌11	25甲辰11	25癸酉 9	25癸卯⑧	25壬申 7	25壬寅 6	25壬申 6	24庚子 3	25辛未 3
26戊寅15	26丁未16	26丙子⑭	26丙午14	26乙亥12	26乙巳12	26甲戌10	26甲辰 9	26癸酉 8	26癸卯 7	26癸酉 7	25辛丑 4	26壬申 4
27己卯16	27戊申⑰	27丁丑15	27丁未15	27丙子13	27丙午13	27乙亥⑪	27乙巳10	27甲戌 9	27甲辰 8	27甲戌⑧	26壬寅⑤	27癸酉 5
28庚辰⑰	28己酉18	28戊寅16	28戊申16	28丁丑14	28丁未⑭	28丙子12	28丙午11	28乙亥10	28乙巳 9	28乙亥 9	27癸卯 6	28甲戌 6
29辛巳18	29庚戌19	29己卯17	29己酉17	29戊寅15	29戊申15	29丁丑13	29丁未12	29丙子11	29丙午⑩	29丙子10	28甲辰 7	29乙亥 7
		30庚辰18		30己卯⑯		30戊寅14		30丁丑12	30丁未11		29乙巳 8	30丙子 8
											30丙午 9	
立春 9日 雨水 24日	啓蟄 11日 春分 26日	清明 12日 穀雨 27日	立夏 12日 小満 28日	芒種 14日 夏至 29日	小暑14日	大暑 1日 立秋 16日	処暑 1日 白露 16日	秋分 2日 寒露 18日	霜降 3日 立冬 18日	小雪 3日 大雪 19日	冬至 5日 小寒 20日	大寒 5日 立春 20日

元中5年/嘉慶2年（1388－1389） 戊辰

1月	2月	3月	4月	5月	6月	7月	8月	9月	10月	11月	12月
1 丁丑⑨	1 丙午 9	1 乙亥 7	1 乙巳 7	1 甲戌 5	1 癸卯 4	1 癸酉 3	《9月》	《10月》	1 壬寅31	1 壬申30	1 辛丑29
2 戊寅10	2 丁未10	2 丙子 8	2 丙午 8	2 乙亥 6	2 甲辰⑤	2 甲戌 4	1 壬寅 1	1 壬申 1	《11月》	《12月》	2 壬寅30
3 己卯11	3 戊申11	3 丁丑 9	3 丁未 9	3 丙子⑦	3 乙巳 6	3 乙亥 5	2 癸卯 2	2 癸酉 2	2 癸卯①	2 癸酉 1	3 癸卯31
4 庚辰12	4 己酉12	4 戊寅10	4 戊申⑩	4 丁丑 8	4 丙午 7	4 丙子 6	3 甲辰 3	3 甲戌 3	3 甲辰 2	3 甲戌 2	1389年
5 辛巳13	5 庚戌13	5 己卯11	5 己酉11	5 戊寅 9	5 丁未 8	5 丁丑 7	4 乙巳 4	4 乙亥④	4 乙巳 3	4 乙亥 3	《1月》
6 壬午14	6 辛亥14	6 庚辰⑫	6 庚戌12	6 己卯10	6 戊申 9	6 戊寅 8	5 丙午 5	5 丙子 5	5 丙午 4	5 丙子 4	4 甲辰 1
7 癸未15	7 壬子⑮	7 辛巳13	7 辛亥13	7 庚辰11	7 己酉10	7 己卯⑨	6 丁未⑥	6 丁丑 6	6 丁未 5	6 丁丑 5	5 乙巳 2
8 甲申⑯	8 癸丑16	8 壬午14	8 壬子14	8 辛巳12	8 庚戌11	8 庚辰10	7 戊申 7	7 戊寅 7	7 戊申 6	7 戊寅⑥	6 丙午③
9 乙酉17	9 甲寅17	9 癸未15	9 癸丑15	9 壬午13	9 辛亥⑫	9 辛巳11	8 己酉 8	8 己卯 8	8 己酉 7	8 己卯 7	7 丁未 4
10丙戌18	10乙卯18	10甲申16	10甲寅16	10癸未⑭	10壬子13	10壬午12	9 庚戌 9	9 庚辰 9	9 庚戌⑧	9 庚辰 8	8 戊申 5
11丁亥19	11丙辰19	11乙酉17	11乙卯⑰	11甲申15	11癸丑14	11癸未13	10辛亥10	10辛巳10	10辛亥 9	10辛巳 9	9 己酉 6
12戊子20	12丁巳20	12丙戌18	12丙辰18	12乙酉16	12甲寅15	12甲申14	11壬子11	11壬午⑪	11壬子10	11壬午10	10庚戌 7
13己丑21	13戊午21	13丁亥⑲	13丁巳19	13丙戌17	13乙卯16	13乙酉15	12癸丑12	12癸未12	12癸丑11	12癸未11	11辛亥 8
14庚寅22	14己未㉒	14戊子20	14戊午20	14丁亥18	14丙辰17	14丙戌⑯	13甲寅⑬	13甲申13	13甲寅12	13甲申12	12壬子 9
15辛卯㉓	15庚申23	15己丑21	15己未21	15戊子19	15丁巳18	15丁亥17	14乙卯14	14乙酉14	14乙卯13	14乙酉⑬	13癸丑⑩
16壬辰24	16辛酉24	16庚寅22	16庚申22	16己丑20	16戊午⑲	16戊子18	15丙辰15	15丙戌15	15丙辰14	15丙戌14	14甲寅11
17癸巳25	17壬戌25	17辛卯23	17辛酉23	17庚寅㉑	17己未20	17己丑18	16丁巳16	16丁亥16	16丁巳⑮	16丁亥15	15乙卯12
18甲午26	18癸亥26	18壬辰24	18壬戌㉔	18辛卯22	18庚申21	18庚寅20	17戊午17	17戊子17	17戊午16	17戊子16	16丙辰13
19乙未27	19甲子27	19癸巳25	19癸亥25	19壬辰23	19辛酉22	19辛卯21	18己未18	18己丑⑱	18己未17	18己丑17	17丁巳14
20丙申28	20乙丑28	20甲午㉖	20甲子26	20癸巳24	20壬戌23	20壬辰22	19庚申19	19庚寅19	19庚申18	19庚寅18	18戊午15
21丁酉29	21丙寅㉙	21乙未27	21乙丑27	21甲午25	21癸亥24	21癸巳㉓	20辛酉⑳	20辛卯20	20辛酉19	20辛卯19	19己未16
《3月》	22丁卯30	22丙申28	22丙寅28	22乙未26	22甲子25	22甲午24	21壬戌21	21壬辰21	21壬戌20	21壬辰⑳	20庚申⑰
22戊戌①	23戊辰31	23丁酉29	23丁卯29	23丙申27	23乙丑㉖	23乙未25	22癸亥22	22癸巳22	22癸亥21	22癸巳21	21辛酉18
23己亥 2	《4月》	24戊戌30	24戊辰30	24丁酉㉘	24丙寅27	24丙申26	23甲子23	23甲午23	23甲子㉒	23甲午22	22壬戌19
24庚子 3	24己巳 1	《5月》	25己巳㉛	25戊戌29	25丁卯28	25丁酉27	24乙丑24	24乙未24	24乙丑23	24乙未23	23癸亥20
25辛丑 4	25庚午 2	25己亥 1	《6月》	26己亥30	26戊辰29	26戊戌28	25丙寅25	25丙申㉕	25丙寅24	25丙申24	24甲子21
26壬寅 5	26辛未 3	26庚子 2	26庚午 1	《7月》	27己巳30	27己亥29	26丁卯26	26丁酉26	26丁卯25	26丁酉25	25乙丑22
27癸卯 6	27壬申 4	27辛丑③	27辛未 2	27庚子 1	28庚午31	28庚子㉚	27戊辰㉗	27戊戌27	27戊辰26	27戊戌26	26丙寅23
28甲辰 7	28癸酉⑤	28壬寅 4	28壬申 3	28辛丑 2	《8月》	29辛丑31	28己巳28	28己亥28	28己巳27	28己亥㉗	27丁卯㉔
29乙巳⑧	29甲戌 6	29癸卯 5	29癸酉 4	29壬寅 3	29辛未 1		29庚午29	29庚子29	29庚午28	29庚子28	28戊辰25
		30甲辰 6			30壬申②		30辛未30	30辛丑30	30辛未㉙		29己巳26
											30庚午27
雨水 6日 啓蟄 21日	春分 7日 清明 22日	穀雨 8日 立夏 24日	小満 9日 芒種 24日	夏至 10日 小暑 26日	大暑 12日 立秋 27日	処暑 12日 白露 27日	秋分 14日 寒露 29日	霜降 14日 立冬 29日	小雪 15日 大雪 30日	冬至 15日	小寒 1日 大寒 16日

元中6年/康応元年〔嘉慶3年〕（1389－1390） 己巳

改元 2/9（嘉慶→康応）

1月	2月	3月	4月	5月	6月	7月	8月	9月	10月	11月	12月
1 辛未28	1 辛丑27	1 庚午㉘	1 庚子27	1 己巳26	1 戊戌24	1 丁卯23	1 丁酉㉒	1 丙寅20	1 丙申20	1 丙寅19	1 乙未18
2 壬申29	**2** 壬寅㉘	2 辛未29	2 辛丑28	2 庚午27	2 己亥25	2 戊辰24	2 戊戌23	2 丁卯21	2 丁酉21	2 丁卯20	2 丙申⑲
3 癸酉30	《3月》	3 壬申30	3 壬寅29	3 辛未28	3 庚子26	3 己巳㉕	3 己亥24	3 戊辰22	3 戊戌22	3 戊辰㉑	3 丁酉20
4 甲戌㉛	3 癸卯 1	**4** 癸酉31	**4** 癸卯30	4 壬申29	4 辛丑㉗	4 庚午26	4 庚子25	4 己巳23	4 己亥23	4 己巳22	4 戊戌21
《2月》	4 甲辰 2	《4月》	《5月》	**5** 癸酉㉚	5 壬寅28	5 辛未27	5 辛丑26	5 庚午24	5 庚子㉔	5 庚午23	5 己亥22
5 乙亥 1	5 乙巳 3	5 甲戌 1	5 甲辰 1	6 甲戌31	6 癸卯29	6 壬申28	6 壬寅27	6 辛未25	6 辛丑25	6 辛未24	6 庚子23
6 丙子 2	6 丙午 4	6 乙亥 2	6 乙巳②	《6月》	**7** 甲辰30	7 癸酉29	7 癸卯28	7 壬申㉖	7 壬寅26	7 壬申25	7 辛丑24
7 丁丑 3	7 丁未 5	7 丙子 3	7 丙午 3	7 乙亥 1	《7月》	**8** 甲戌30	8 甲辰㉙	8 癸酉27	8 癸卯27	8 癸酉26	8 壬寅25
8 戊寅 4	8 戊申 6	8 丁丑④	8 丁未 4	8 丙子 2	8 乙巳 1	9 乙亥31	**9** 乙巳30	9 甲戌28	9 甲辰28	9 甲戌27	9 癸卯㉖
9 己卯 5	9 己酉⑦	9 戊寅 5	9 戊申 5	9 丁丑 3	9 丙午 2	《8月》	10丙午31	**10**乙亥29	10乙巳29	10乙亥㉘	10甲辰27
10庚辰 6	10庚戌 8	10己卯 6	10己酉 6	10戊寅 4	10丁未 3	10丙子①	《9月》	11丙子30	**11**丙午30	**11**丙子29	11乙巳28
11辛巳⑦	11辛亥 9	11庚辰 7	11庚戌 7	11己卯 5	11戊申④	11丁丑 2	11丁未 1	《10月》	12丁未㉛	12丁丑30	**12**丙午29
12壬午 8	12壬子10	12辛巳 8	12辛亥 8	12庚辰⑥	12己酉 5	12戊寅 3	12戊申 2	12丁丑 1	《11月》	《12月》	13丁未30
13癸未 9	13癸丑11	13壬午 9	13壬子⑨	13辛巳 7	13庚戌 6	13己卯 4	13己酉 3	13戊寅 2	13戊申 1	13戊寅 1	14戊申31
14甲申10	14甲寅12	14癸未10	14癸丑10	14壬午 8	14辛亥 7	14庚辰 5	14庚戌 4	14己卯③	14己酉 2	14己卯 2	**1390年**
15乙酉11	15乙卯13	15甲申⑪	15甲寅11	15癸未 9	15壬子 8	15辛巳 6	15辛亥⑤	15庚辰 4	15庚戌 3	15庚辰 3	《1月》
16丙戌12	16丙辰⑭	16乙酉12	16乙卯12	16甲申10	16癸丑 9	16壬午 7	16壬子 6	16辛巳 5	16辛亥 4	16辛巳 4	15己酉 1
17丁亥13	**17**丁巳15	17丙戌13	17丙辰13	17乙酉11	17甲寅10	17癸未⑧	17癸丑 7	17壬午 6	17壬子 5	17壬午⑤	16庚戌②
18戊子⑭	18戊午16	18丁亥14	18丁巳14	18丙戌12	18乙卯⑪	18甲申 9	18甲寅 8	18癸未 7	18癸丑 6	18癸未 6	17辛亥 3
19己丑15	19己未17	**19**戊子15	**19**戊午15	19丁亥⑬	19丙辰12	19乙酉10	19乙卯 9	19甲申 8	19甲寅⑦	19甲申 7	18壬子 4
20庚寅16	20庚申18	20己丑16	20己未⑯	20戊子14	20丁巳13	20丙戌11	20丙辰10	20乙酉 9	20乙卯 8	20乙酉 8	19癸丑 5
21辛卯17	21辛酉19	21庚寅17	21庚申17	**21**己丑15	21戊午14	21丁亥12	21丁巳11	21丙戌⑩	21丙辰 9	21丙戌 9	20甲寅 6
22壬辰18	22壬戌20	22辛卯⑱	22辛酉18	22庚寅16	**22**己未15	22戊子13	22戊午⑫	22丁亥11	22丁巳10	22丁亥10	21乙卯 7
23癸巳19	23癸亥㉑	23壬辰19	23壬戌19	23辛卯17	23庚申16	**23**己丑14	23己未13	23戊子12	23戊午11	23戊子11	22丙辰 8
24甲午20	24甲子22	24癸巳20	24癸亥20	24壬辰18	24辛酉17	24庚寅⑮	**24**庚申14	24己丑13	24己未12	24己丑⑫	23丁巳⑨
25乙未㉑	25乙丑23	25甲午21	25甲子21	25癸巳19	25壬戌⑱	25辛卯16	25辛酉15	**25**庚寅14	25庚申13	25庚寅13	24戊午10
26丙申22	26丙寅24	26乙未22	26乙丑22	26甲午⑳	26癸亥19	26壬辰17	26壬戌16	26辛卯15	**26**辛酉⑭	**26**辛卯14	25己未11
27丁酉23	27丁卯25	27丙申23	27丙寅㉓	27乙未21	27甲子20	27癸巳18	27癸亥17	27壬辰16	27壬戌15	27壬辰15	26庚申12
28戊戌24	28戊辰26	28丁酉24	28丁卯24	28丙申22	28乙丑21	28甲午19	28甲子18	28癸巳⑰	28癸亥16	28癸巳16	27辛酉13
29己亥25	29己巳27	29戊戌㉕	29戊辰25	29丁酉23	29丙寅22	29乙未20	29乙丑⑲	29甲午18	29甲子17	29甲午17	**28**壬戌14
30庚子26		30己亥26				30丙申21		30乙未19	30乙丑18		29癸亥15
											30甲子⑯
立春 2日 雨水 17日	啓蟄 2日 春分 17日	清明 4日 穀雨 19日	立夏 4日 小満 19日	芒種 5日 夏至 21日	小暑 7日 大暑 22日	立秋 8日 処暑 23日	白露 9日 秋分 24日	寒露 10日 霜降 25日	立冬 11日 小雪 26日	大雪 11日 冬至 26日	小寒 12日 大寒 28日

元中7年/明徳元年〔康応2年〕（1390－1391） 庚午

1月	2月	3月	閏3月	4月	5月	6月	7月	8月	9月	10月	11月	12月
1 乙丑17	1 乙未16	1 乙丑18	1 甲午16	**1** 癸亥⑮	1 癸巳14	1 壬戌13	1 辛卯11	1 辛酉10	1 庚寅⑨	1 庚申 8	1 己丑 7	1 己未 6
2 丙寅18	2 丙申17	2 丙寅19	2 乙未⑰	2 甲子16	**2** 甲午15	2 癸亥14	2 壬辰12	2 壬戌⑪	2 辛卯10	2 辛酉 9	2 庚寅 8	2 庚申 7
3 丁卯19	3 丁酉18	3 丁卯⑳	3 丙申18	3 乙丑17	3 乙未16	**3** 甲子15	3 癸巳13	3 癸亥12	3 壬辰11	3 壬戌10	3 辛卯 9	3 辛酉⑧
4 戊辰20	4 戊戌19	4 戊辰21	4 丁酉19	4 丙寅18	4 丙申17	4 乙丑16	4 甲午⑭	4 甲子13	4 癸巳12	4 癸亥11	4 壬辰10	4 壬戌 9
5 己巳21	5 己亥⑳	5 己巳22	5 戊戌20	5 丁卯19	5 丁酉18	5 丙寅⑰	**5** 乙未15	**5** 乙丑14	5 甲午13	5 甲子12	5 癸巳⑪	5 癸亥10
6 庚午22	6 庚子21	6 庚午23	6 己亥21	6 戊辰20	6 戊戌⑲	6 丁卯18	6 丙申16	6 丙寅15	6 乙未14	6 乙丑⑬	6 甲午12	6 甲子11
7 辛未㉓	7 辛丑22	7 辛未24	7 庚子22	7 己巳21	7 己亥20	7 戊辰19	7 丁酉17	7 丁卯16	**7** 丙申15	**7** 丙寅14	7 乙未13	7 乙丑12
8 壬申24	8 壬寅23	8 壬申25	8 辛丑23	8 庚午㉒	8 庚子21	8 己巳20	8 戊戌18	8 戊辰17	8 丁酉⑯	8 丁卯15	**8** 丙申14	8 丙寅13
9 癸酉25	9 癸卯24	9 癸酉26	9 壬寅㉔	9 辛未23	9 辛丑22	9 庚午21	9 己亥19	9 己巳⑱	9 戊戌17	9 戊辰16	9 丁酉15	**9** 丁卯14
10甲戌26	10甲辰25	10甲戌㉗	10癸卯25	10壬申24	10壬寅23	10辛未22	10庚子20	10庚午19	10己亥18	10己巳17	10戊戌16	10戊辰⑮
11乙亥27	11乙巳26	11乙亥28	11甲辰26	11癸酉25	11癸卯24	11壬申23	11辛丑㉑	11辛未20	11庚子19	11庚午18	11己亥17	11己巳16
12丙子28	12丙午㉗	12丙子29	12乙巳27	12甲戌26	12甲辰25	12癸酉㉔	12壬寅22	12壬申21	12辛丑20	12辛未19	12庚子⑱	12庚午17
13丁丑29	**13**丁未28	13丁丑30	13丙午28	13乙亥27	13乙巳㉖	13甲戌25	13癸卯23	13癸酉22	13壬寅21	13壬申⑳	13辛丑19	13辛未18
14戊寅㉚	《3月》	**14**戊寅31	14丁未29	14丙子28	14丙午27	14乙亥26	14甲辰24	14甲戌23	14癸卯22	14癸酉21	14壬寅20	14壬申19
15己卯31	14戊申 1	《4月》	**15**戊申30	15丁丑㉙	15丁未28	15丙子27	15乙巳25	15乙亥24	15甲辰㉓	15甲戌22	15癸卯21	15癸酉20
《2月》	15己酉 2	15己卯 1	《5月》	16戊寅30	16戊申29	16丁丑28	16丙午26	16丙子㉕	16乙巳24	16乙亥23	16甲辰22	16甲戌21
16庚辰 1	16庚戌 3	16庚辰 2	16己酉①	**17**己卯31	**17**己酉30	17戊寅29	17丁未27	17丁丑26	17丙午25	17丙子24	17乙巳23	17乙亥㉒
17辛巳 2	17辛亥 4	17辛巳③	17庚戌 2	《6月》	《7月》	**18**己卯30	18戊申㉘	18戊寅27	18丁未26	18丁丑25	18丙午24	18丙子23
18壬午 3	18壬子 5	18壬午 4	18辛亥 3	18庚辰 1	18庚戌 1	19庚辰㉛	19己酉29	19己卯28	19戊申27	19戊寅26	19丁未㉕	19丁丑24
19癸未 4	19癸丑⑥	19癸未 5	19壬子 4	19辛巳 2	19辛亥 2	《8月》	**20**庚戌30	**20**庚辰29	20己酉28	20己卯㉗	20戊申26	20戊寅25
20甲申 5	20甲寅 7	20甲申 6	20癸丑 5	20壬午 3	20壬子③	20辛巳 1	21辛亥31	21辛巳30	21庚戌29	21庚辰28	21己酉27	21己卯26
21乙酉⑥	21乙卯 8	21乙酉 7	21甲寅 6	21癸未 4	21癸丑 4	21壬午 2	《9月》	《10月》	**22**辛亥㉚	**22**辛巳29	22庚戌28	22庚辰27
22丙戌 7	22丙辰 9	22丙戌 8	22乙卯 7	22甲申⑤	22甲寅 5	22癸未 3	22壬子 1	22壬午 1	23壬子31	23壬午30	23辛亥29	23辛巳28
23丁亥 8	23丁巳10	23丁亥 9	23丙辰⑧	23乙酉 6	23乙卯 6	23甲申 4	23癸丑 2	23癸未②	《11月》	《12月》	**24**壬子30	**24**壬午㉙
24戊子 9	24戊午11	24戊子⑩	24丁巳 9	24丙戌 7	24丙辰 7	24乙酉 5	24甲寅 3	24甲申 3	24癸丑 1	24癸未 1	25癸丑31	25癸未30
25己丑10	25己未12	25己丑11	25戊午10	25丁亥 8	25丁巳 8	25丙戌 6	25乙卯④	25乙酉 4	25甲寅 2	25甲申 2	**1391年**	26甲申31
26庚寅11	26庚申⑬	26庚寅12	26己未11	26戊子 9	26戊午 9	26丁亥⑦	26丙辰 5	26丙戌 5	26乙卯 3	26乙酉 3	《1月》	《2月》
27辛卯12	27辛酉14	27辛卯13	27庚申12	27己丑10	27己未⑩	27戊子 8	27丁巳 6	27丁亥 6	27丙辰 4	27丙戌④	26甲寅①	27乙酉 1
28壬辰⑬	28壬戌15	28壬辰14	28辛酉13	28庚寅11	28庚申11	28己丑 9	28戊午 7	28戊子 7	28丁巳 5	28丁亥 5	27乙卯 2	28丙戌 2
29癸巳14	**29**癸亥16	**29**癸巳15	29壬戌14	29辛卯⑫	29辛酉12	29庚寅10	29己未 8	29己丑 8	29戊午⑥	29戊子 6	28丙辰 3	29丁亥 3
30甲午15	30甲子17			30壬辰13			30庚申 9		30己未 7		29丁巳 4	30戊子 4
											30戊午 5	
立春 13日 雨水 28日	啓蟄 13日 春分 29日	清明 14日 穀雨 29日	立夏15日	小満 1日 芒種 17日	夏至 2日 小暑 17日	大暑 3日 立秋 18日	処暑 5日 白露 20日	秋分 5日 寒露 20日	霜降 7日 立冬 22日	小雪 7日 大雪 22日	冬至 8日 小寒 24日	大寒 9日 立春 24日

元中 8 年/明徳 2 年（1391－1392） 辛未

1月	2月	3月	4月	5月	6月	7月	8月	9月	10月	11月	12月
1己丑⑤	1己未7	1戊子5	1戊午5	1丁亥3	1丁巳3	《8月》	**1**乙卯30	1乙酉29	1甲寅28	1甲申27	1癸丑26
2庚寅6	2庚申8	2己丑6	2己未6	2戊子④	2戊午4	1丙戌1	2丙辰31	**2**丙戌30	2乙卯㉙	2乙酉28	2甲寅27
3辛卯7	3辛酉9	3庚寅7	3庚申⑦	3己丑5	3己未5	2丁亥2	《9月》	《10月》	**3**丙辰30	**3**丙戌29	3乙卯28
4壬辰8	4壬戌10	4辛卯8	4辛酉8	4庚寅6	4庚申6	3戊子3	3丁巳1	3丁亥①	4丁巳31	4丁亥30	4丙辰29
5癸巳9	5癸亥11	5壬辰⑨	5壬戌9	5辛卯7	5辛酉7	4己丑4	4戊午2	4戊子2	《11月》	《12月》	**5**丁巳30
6甲午10	6甲子⑫	6癸巳10	6癸亥10	6壬辰8	6壬戌8	5庚寅5	5己未③	5己丑3	5戊午1	5戊子1	6戊午㉛
7乙未11	7乙丑13	7甲午11	7甲子11	7癸巳9	7癸亥⑨	6辛卯⑥	6庚申4	6庚寅4	6己未2	6己丑2	**1392年**
8丙申⑫	8丙寅14	8乙未12	8乙丑12	8甲午10	8甲子10	7壬辰7	7辛酉5	7辛卯5	7庚申3	7庚寅③	《1月》
9丁酉13	9丁卯15	9丙申13	9丙寅13	9乙未⑪	9乙丑11	8癸巳8	8壬戌6	8壬辰6	8辛酉4	8辛卯4	7己未1
10戊戌14	**10**戊辰16	10丁酉14	10丁卯⑭	10丙申12	10丙寅12	9甲午9	9癸亥7	9癸巳7	9壬戌⑤	9壬辰5	8庚申2
11己亥15	11己巳17	**11**戊戌15	11戊辰15	11丁酉13	11丁卯13	10乙未10	10甲子8	10甲午⑧	10癸亥6	10癸巳6	9辛酉3
12庚子16	12庚午18	12己亥⑯	**12**己巳16	12戊戌14	12戊辰14	11丙申11	11乙丑9	11乙未9	11甲子7	11甲午7	10壬戌4
13辛丑17	13辛未⑲	13庚子17	13庚午17	**13**己亥15	13己巳15	12丁酉12	12丙寅⑩	12丙申10	12乙丑8	12乙未8	11癸亥5
14壬寅18	14壬申20	14辛丑18	14辛未18	14庚子16	**14**庚午⑯	13戊戌⑬	13丁卯11	13丁酉11	13丙寅9	13丙申9	12甲子6
15癸卯⑲	15癸酉21	15壬寅19	15壬申19	15辛丑17	15辛未17	14己亥14	14戊辰12	14戊戌12	14丁卯10	14丁酉⑩	13乙丑⑦
16甲辰20	16甲戌22	16癸卯20	16癸酉20	16壬寅⑱	16壬申18	**15**庚子15	15己巳13	15己亥13	15戊辰11	15戊戌11	14丙寅8
17乙巳21	17乙亥23	17甲辰21	17甲戌㉑	17癸卯19	17癸酉19	16辛丑16	**16**庚午14	16庚子14	16己巳⑫	16己亥12	15丁卯9
18丙午22	18丙子24	18乙巳22	18乙亥22	18甲辰20	18甲戌20	17壬寅17	17辛未15	**17**辛丑⑮	17庚午13	17庚子13	16戊辰10
19丁未23	19丁丑25	19丙午㉓	19丙子23	19乙巳21	19乙亥21	18癸卯18	18壬申16	18壬寅16	**18**辛未14	18辛丑14	17己巳11
20戊申24	20戊寅㉖	20丁未24	20丁丑24	20丙午22	20丙子22	19甲辰19	19癸酉⑰	19癸卯17	19壬申15	**19**壬寅15	18庚午12
21己酉25	21己卯27	21戊申25	21戊寅25	21丁未23	21丁丑㉓	20乙巳⑳	20甲戌18	20甲辰18	20癸酉16	20癸卯16	19辛未13
22庚戌㉖	22庚辰28	22己酉26	22己卯26	22戊申24	22戊寅24	21丙午21	21乙亥19	21乙巳19	21甲戌17	21甲辰⑰	**20**壬申⑭
23辛亥27	23辛巳29	23庚戌27	23庚辰27	23己酉㉕	23己卯25	22丁未22	22丙子20	22丙午20	22乙亥18	22乙巳18	21癸酉15
24壬子28	24壬午30	24辛亥28	24辛巳㉘	24庚戌26	24庚辰26	23戊申23	23丁丑21	23丁未21	23丙子⑲	23丙午19	22甲戌16
《3月》	**25**癸未31	25壬子29	25壬午29	25辛亥27	25辛巳27	24己酉24	24戊寅22	24戊申㉒	24丁丑20	24丁未20	23乙亥17
25癸丑1	《4月》	**26**癸丑㉚	26癸未30	26壬子28	26壬午28	25庚戌25	25己卯23	25己酉23	25戊寅21	25戊申21	24丙子18
26甲寅2	26甲申1	《5月》	**27**甲申31	27癸丑29	27癸未29	26辛亥26	26庚辰㉔	26庚戌24	26己卯22	26己酉22	25丁丑19
27乙卯3	27乙酉②	27甲寅1	《6月》	**28**甲寅30	28甲申㉚	27壬子㉗	27辛巳25	27辛亥25	27庚辰23	27庚戌23	26戊寅20
28丙辰4	28丙戌3	28乙卯2	28乙酉1	《7月》	**29**乙酉31	28癸丑28	28壬午26	28壬子26	28辛巳24	28辛亥㉔	27己卯㉑
29丁巳⑤	29丁亥4	29丙辰3	29丙戌2	29乙卯1		29甲寅29	29癸未27	29癸丑27	29壬午25	29壬子25	28庚辰22
30戊午6		30丁巳4		30丙辰②			30甲申28		30癸未㉖		29辛巳23
											30壬午24
雨水9日 啓蟄25日	春分10日 清明25日	穀雨11日 立夏26日	小満12日 芒種27日	夏至13日 小暑28日	大暑14日 立秋29日	処暑15日	白露1日 秋分16日	寒露2日 霜降17日	立冬3日 小雪18日	大雪3日 冬至19日	小寒5日 大寒20日

明徳 3 年〔元中 9 年/明徳 3 年〕（1392－1393） 壬申

1月	2月	3月	4月	5月	6月	7月	8月	9月	10月	閏10月	11月	12月
1癸未25	1癸丑24	1壬午㉔	1壬子23	1壬午23	1辛亥21	1辛巳㉑	1庚戌19	1己卯17	1己酉17	1戊寅15	**1**丁未14	**1**丁丑13
2甲申26	2甲寅㉕	2癸未25	2癸丑24	2癸未24	2壬子22	2壬午22	2辛亥20	2庚辰18	2庚戌18	2己卯16	2戊申⑮	2戊寅14
3乙酉27	3乙卯26	3甲申26	3甲寅25	3甲申25	3癸丑㉓	3癸未23	3壬子21	3辛巳19	3辛亥19	3庚辰⑰	3己酉16	3己卯15
4丙戌㉘	4丙辰27	4乙酉27	4乙卯26	4乙酉㉖	4甲寅24	4甲申24	4癸丑22	4壬午20	4壬子⑳	4辛巳18	4庚戌17	4庚辰16
5丁亥29	5丁巳28	5丙戌28	5丙辰27	5丙戌27	5乙卯25	5乙酉25	5甲寅23	5癸未21	5癸丑21	5壬午19	5辛亥18	5辛巳17
6戊子30	**6**戊午29	6丁亥29	6丁巳㉘	6丁亥28	6丙辰26	6丙戌26	6乙卯24	6甲申㉒	6甲寅22	6癸未20	6壬子19	6壬午18
7己丑31	《3月》	**7**戊子30	7戊午29	7戊子29	7丁巳27	7丁亥27	7丙辰㉕	7乙酉23	7乙卯23	7甲申21	7癸丑20	7癸未⑲
《2月》	7己未1	8己丑㉛	**8**己未30	**8**己丑30	8戊午28	8戊子㉘	8丁巳26	8丙戌24	8丙辰24	8乙酉22	8甲寅21	8甲申20
8庚寅1	8庚申2	《4月》	《5月》	9庚寅31	9己未29	9己丑29	9戊午27	9丁亥25	9丁巳25	9丙戌23	9乙卯㉒	9乙酉21
9辛卯2	9辛酉③	9庚寅1	9庚申1	《6月》	**10**庚申㉚	**10**庚寅30	10己未28	10戊子26	10戊午26	10丁亥㉔	10丙辰23	10丙戌22
10壬辰3	10壬戌4	10辛卯2	10辛酉2	10辛卯1	《7月》	11辛卯31	**11**庚申29	11己丑27	11己未㉗	11戊子25	11丁巳24	11丁亥23
11癸巳④	11癸亥5	11壬辰3	11壬戌3	11壬辰②	11辛酉1	《8月》	12辛酉30	12庚寅28	12庚申28	12己丑26	12戊午25	12戊子24
12甲午5	12甲子6	12癸巳4	12癸亥4	12癸巳3	12壬戌2	12壬辰1	13壬戌31	**13**辛卯㉙	**13**辛酉29	13庚寅27	13己未26	13己丑25
13乙未6	13乙丑7	13甲午5	13甲子⑤	13甲午4	13癸亥3	13癸巳2	《9月》	14壬辰30	14壬戌30	14辛卯28	14庚申27	14庚寅㉖
14丙申7	14丙寅8	14乙未6	14乙丑6	14乙未5	14甲子4	14甲午3	14癸亥①	《10月》	15癸亥31	**15**壬辰29	15辛酉28	15辛卯27
15丁酉8	15丁卯9	15丙申⑦	15丙寅7	15丙申6	15乙丑5	15乙未④	15甲子2	15癸巳1	《11月》	16癸巳30	**16**壬戌㉙	16壬辰28
16戊戌9	16戊辰⑩	16丁酉8	16丁卯8	16丁酉7	16丙寅6	16丙申5	16乙丑3	16甲午2	16甲子1	《12月》	17癸亥30	**17**癸巳29
17己亥10	17己巳11	17戊戌9	17戊辰9	17戊戌8	17丁卯⑦	17丁酉6	17丙寅4	17乙未3	17乙丑2	17甲午①	18甲子31	18甲午30
18庚子⑪	18庚午12	18己亥10	18己巳10	18己亥⑨	18戊辰8	18戊戌7	18丁卯5	18丙申4	18丙寅③	18乙未2	**1393年**	19乙未31
19辛丑12	19辛未13	19庚子11	19庚午11	19庚子10	19己巳9	19己亥8	19戊辰6	19丁酉5	19丁卯4	19丙申3	《1月》	《2月》
20壬寅13	20壬申14	20辛丑12	20辛未⑫	20辛丑11	20庚午10	20庚子9	20己巳7	20戊戌⑥	20戊辰5	20丁酉4	19乙丑1	20丙申1
21癸卯14	**21**癸酉15	21壬寅13	21壬申13	21壬寅12	21辛未11	21辛丑10	21庚午⑧	21己亥7	21己巳6	21戊戌5	20丙寅2	21丁酉②
22甲辰15	22甲戌16	**22**癸卯⑭	22癸酉14	22癸卯13	22壬申12	22壬寅⑪	22辛未9	22庚子8	22庚午7	22己亥6	21丁卯3	22戊戌3
23乙巳16	23乙亥⑰	23甲辰15	**23**甲戌15	**23**甲辰14	23癸酉13	23癸卯12	23壬申10	23辛丑9	23辛未8	23庚子7	22戊辰4	23己亥4
24丙午17	24丙子18	24乙巳16	24乙亥16	24乙巳15	24甲戌⑭	24甲辰13	24癸酉11	24壬寅10	24壬申9	24辛丑⑧	23己巳⑤	24庚子5
25丁未⑱	25丁丑19	25丙午17	25丙子17	25丙午⑯	**25**乙亥15	**25**乙巳14	25甲戌12	25癸卯11	25癸酉⑩	25壬寅9	24庚午6	25辛丑6
26戊申19	26戊寅20	26丁未18	26丁丑18	26丁未17	26丙子16	26丙午15	26乙亥13	26甲辰12	26甲戌11	26癸卯10	25辛未7	26壬寅7
27己酉20	27己卯21	27戊申19	27戊寅⑲	27戊申18	27丁丑17	27丁未16	**27**丙子14	27乙巳⑬	27乙亥12	27甲辰11	26壬申8	27癸卯8
28庚戌21	28庚辰22	28己酉20	28己卯20	28己酉19	28戊寅18	28戊申17	28丁丑⑮	**28**丙午14	28丙子13	28乙巳12	27癸酉9	28甲辰⑨
29辛亥22	29辛巳23	29庚戌㉑	29庚辰21	29庚戌20	29己卯19	29己酉⑱	29戊寅16	29丁未15	**29**丁丑14	29丙午13	28甲戌10	29乙巳10
30壬子23		30辛亥22	30辛巳22		30庚辰20			30戊申16			29乙亥11	30丙午11
											30丙子⑫	
立春5日 雨水21日	啓蟄6日 春分21日	清明7日 穀雨22日	立夏8日 小満23日	芒種8日 夏至23日	小暑10日 大暑25日	立秋10日 処暑25日	白露11日 秋分27日	寒露13日 霜降28日	立冬13日 小雪29日	大雪15日	冬至1日 小寒16日	大寒1日 立春17日

明徳 4 年（1393－1394） 癸酉

1月	2月	3月	4月	5月	6月	7月	8月	9月	10月	11月	12月
1 丁未12	1 丙子13	1 丙午12	1 丙子12	1 乙巳10	1 乙亥10	1 甲辰8	1 甲戌⑦	1 癸卯6	1 癸酉5	1 壬寅4	1 壬申3
2 戊申13	2 丁丑14	2 丁未⑬	2 丁丑13	2 丙午11	2 丙子11	2 乙巳9	2 乙亥8	2 甲辰7	2 甲戌6	2 癸卯5	2 癸酉④
3 己酉14	**3** 戊寅15	3 戊申14	3 戊寅14	3 丁未12	3 丁丑12	3 丙午⑩	3 丙子9	3 乙巳8	3 乙亥7	3 甲辰6	3 甲戌5
4 庚戌15	4 己卯⑯	**4** 己酉15	**4** 己卯15	4 戊申13	4 戊寅⑬	4 丁未11	4 丁丑10	4 丙午9	4 丙子8	4 乙巳⑦	4 乙亥6
5 辛亥⑯	5 庚辰17	5 庚戌16	5 庚辰16	5 己酉14	5 己卯14	5 戊申12	5 戊寅11	5 丁未10	5 丁丑⑨	5 丙午8	5 丙子7
6 壬子17	6 辛巳18	6 辛亥17	6 辛巳17	**6** 庚戌⑮	**6** 庚辰15	6 己酉13	6 己卯12	6 戊申11	6 戊寅10	6 丁未9	6 丁丑8
7 癸丑18	7 壬午19	7 壬子18	7 壬午⑱	7 辛亥16	7 辛巳16	**7** 庚戌14	7 庚辰13	7 己酉⑫	7 己卯11	7 戊申10	7 戊寅9
8 甲寅19	8 癸未20	8 癸丑19	8 癸未19	8 壬子17	8 壬午17	8 辛亥15	**8** 辛巳⑭	8 庚戌13	8 庚辰12	8 己酉11	8 己卯10
9 乙卯20	9 甲申21	9 甲寅⑳	9 甲申20	9 癸丑18	9 癸未18	9 壬子16	9 壬午15	**9** 辛亥14	9 辛巳13	9 庚戌12	9 庚辰⑪
10 丙辰21	10 乙酉22	10 乙卯21	10 乙酉21	10 甲寅19	10 甲申19	10 癸丑⑰	10 癸未16	10 壬子15	**10** 壬午14	10 辛亥13	10 辛巳12
11 丁巳22	11 丙戌㉓	11 丙辰22	11 丙戌22	11 乙卯20	11 乙酉⑳	11 甲寅18	11 甲申17	11 癸丑16	11 癸未15	**11** 壬子⑭	11 壬午13
12 戊午㉓	12 丁亥24	12 丁巳23	12 丁亥23	12 丙辰21	12 丙戌21	12 乙卯19	12 乙酉18	12 甲寅17	12 甲申⑯	12 癸丑15	**12** 癸未14
13 己未24	13 戊子25	13 戊午24	13 戊子24	13 丁巳㉒	13 丁亥22	13 丙辰20	13 丙戌19	13 乙卯18	13 乙酉17	13 甲寅16	13 甲申15
14 庚申25	14 己丑26	14 己未25	14 己丑㉕	14 戊午23	14 戊子23	14 丁巳21	14 丁亥20	14 丙辰⑲	14 丙戌18	14 乙卯17	14 乙酉16
15 辛酉26	15 庚寅27	15 庚申26	15 庚寅26	15 己未24	15 己丑24	15 戊午22	15 戊子㉑	15 丁巳20	15 丁亥19	15 丙辰18	15 丙戌17
16 壬戌27	16 辛卯28	16 辛酉㉗	16 辛卯27	16 庚申25	16 庚寅25	16 己未23	16 己丑22	16 戊午21	16 戊子20	16 丁巳19	16 丁亥⑱
17 癸亥28	17 壬辰29	17 壬戌28	17 壬辰28	17 辛酉26	17 辛卯26	17 庚申㉔	17 庚寅23	17 己未22	17 己丑21	17 戊午20	17 戊子19
《3月》	**18** 癸巳㉚	18 癸亥29	18 癸巳29	18 壬戌27	18 壬辰㉗	18 辛酉25	18 辛卯24	18 庚申23	18 庚寅22	18 己未㉑	18 己丑20
18 甲子1	19 甲午31	**19** 甲子30	**19** 甲午30	19 癸亥28	19 癸巳28	19 壬戌26	19 壬辰25	19 辛酉24	19 辛卯㉓	19 庚申22	19 庚寅21
19 乙丑②	《4月》	《5月》	20 乙未31	20 甲子㉙	20 甲午29	20 癸亥27	20 癸巳26	20 壬戌25	20 壬辰24	20 辛酉23	20 辛卯22
20 丙寅3	20 乙未1	20 乙丑1	《6月》	**21** 乙丑30	**21** 乙未30	21 甲子28	21 甲午27	21 癸亥㉖	21 癸巳25	21 壬戌24	21 壬辰23
21 丁卯4	21 丙申2	21 丙寅2	21 丙申①	《7月》	22 丙申31	22 乙丑29	22 乙未㉘	22 甲子27	22 甲午26	22 癸亥25	22 癸巳24
22 戊辰5	22 丁酉3	22 丁卯3	22 丁酉2	22 丙寅1	《8月》	**23** 丙寅30	**23** 丙申29	23 乙丑28	23 乙未27	23 甲子26	23 甲午㉕
23 己巳6	23 戊戌4	23 戊辰④	23 戊戌3	23 丁卯2	23 丁酉1	24 丁卯㉛	24 丁酉30	24 丙寅29	24 丙申28	24 乙丑27	24 乙未26
24 庚午7	24 己亥5	24 己巳5	24 己亥4	24 戊辰3	24 戊戌2	《9月》	《10月》	**25** 丁卯30	**25** 丁酉29	25 丙寅㉘	25 丙申27
25 辛未8	25 庚子⑥	25 庚午6	25 庚子5	25 己巳4	25 己亥③	25 戊辰1	25 戊戌1	26 戊辰31	26 戊戌㉚	**26** 丁卯29	26 丁酉28
26 壬申⑨	26 辛丑7	26 辛未7	26 辛丑6	26 庚午5	26 庚子4	26 己巳2	26 己亥2	《11月》	《12月》	27 戊辰30	**27** 戊戌29
27 癸酉10	27 壬寅8	27 壬申8	27 壬寅7	27 辛未⑥	27 辛丑5	27 庚午3	27 庚子3	27 己巳1	27 己亥1	28 己巳31	28 己亥30
28 甲戌11	28 癸卯9	28 癸酉9	28 癸卯⑧	28 壬申7	28 壬寅6	28 辛未4	28 辛丑4	28 庚午②	28 庚子2	**1394年**	29 庚子31
29 乙亥12	29 甲辰10	29 甲戌10	29 甲辰9	29 癸酉8	29 癸卯7	29 壬申5	29 壬寅⑤	29 辛未3	29 辛丑3	《1月》	
	30 乙巳11	30 乙亥⑪		30 甲戌9		30 癸酉6		30 壬申4		29 庚午1	
										30 辛未2	
雨水 2日 啓蟄 17日	春分 3日 清明 18日	穀雨 4日 立夏 19日	小満 4日 芒種 19日	夏至 6日 小暑 21日	大暑 6日 立秋 21日	処暑 7日 白露 23日	秋分 8日 寒露 23日	霜降 9日 立冬 25日	小雪 10日 大雪 25日	冬至 11日 小寒 26日	大寒 12日 立春 27日

応永元年〔明徳 5 年〕（1394－1395） 甲戌

改元 7/5（明徳→応永）

1月	2月	3月	4月	5月	6月	7月	8月	9月	10月	11月	12月
《2月》	1 辛未3	《4月》	《5月》	1 己亥30	1 己巳29	1 己亥29	1 戊辰27	1 戊戌26	1 丁卯㉕	1 丁酉24	1 丙寅23
1 辛丑①	2 壬申4	1 庚子1	1 庚午1	**2** 庚子㉛	**2** 庚午30	**2** 庚子30	2 己巳28	2 己亥㉗	2 戊辰26	2 戊戌25	2 丁卯24
2 壬寅2	3 癸酉5	2 辛丑2	2 辛未2	《6月》	《7月》	3 辛丑31	3 庚午29	3 庚子28	3 己巳27	3 己亥26	3 戊辰25
3 癸卯3	4 甲戌6	3 壬寅3	3 壬申③	3 辛丑1	3 辛未1	《8月》	**4** 辛未㉚	**4** 辛丑29	4 庚午28	4 庚子27	4 己巳26
4 甲辰4	5 乙亥7	4 癸卯4	4 癸酉4	4 壬寅2	4 壬申2	4 壬寅1	5 壬申31	5 壬寅30	5 辛未29	5 辛丑28	5 庚午㉗
5 乙巳5	6 丙子⑧	5 甲辰⑤	5 甲戌5	5 癸卯3	5 癸酉3	5 癸卯②	《9月》	《10月》	**6** 壬申30	**6** 壬寅㉙	6 辛未28
6 丙午6	7 丁丑9	6 乙巳6	6 乙亥6	6 甲辰4	6 甲戌4	6 甲辰3	6 癸酉1	6 癸卯1	7 癸酉31	7 癸卯30	7 壬申29
7 丁未7	8 戊寅10	7 丙午7	7 丙子7	7 乙巳5	7 乙亥⑤	7 乙巳4	7 甲戌2	7 甲辰2	《11月》	《12月》	**8** 癸酉30
8 戊申⑧	9 己卯11	8 丁未8	8 丁丑8	8 丙午6	8 丙子6	8 丙午5	8 乙亥3	8 乙巳3	8 甲戌①	8 甲辰1	9 甲戌31
9 己酉9	10 庚辰12	9 戊申9	9 戊寅9	9 丁未⑦	9 丁丑7	9 丁未6	9 丙子4	9 丙午④	9 乙亥2	9 乙巳2	**1395年**
10 庚戌10	11 辛巳13	10 己酉10	10 己卯⑩	10 戊申8	10 戊寅8	10 戊申7	10 丁丑5	10 丁未5	10 丙子3	10 丙午3	《1月》
11 辛亥11	12 壬午14	11 庚戌11	11 庚辰11	11 己酉9	11 己卯9	11 己酉8	11 戊寅⑥	11 戊申6	11 丁丑4	11 丁未4	10 乙亥1
12 壬子12	13 癸未⑮	12 辛亥⑫	12 辛巳12	12 庚戌10	12 庚辰10	12 庚戌⑨	12 己卯7	12 己酉7	12 戊寅5	12 戊申5	11 丙子2
13 癸丑13	**14** 甲申16	13 壬子13	13 壬午13	13 辛亥11	13 辛巳11	13 辛亥10	13 庚辰8	13 庚戌8	13 己卯6	13 己酉⑥	12 丁丑③
14 甲寅14	15 乙酉17	14 癸丑14	14 癸未14	14 壬子12	14 壬午⑫	14 壬子11	14 辛巳9	14 辛亥9	14 庚辰7	14 庚戌7	13 戊寅4
15 乙卯⑮	16 丙戌18	**15** 甲寅15	**15** 甲申15	15 癸丑13	15 癸未13	15 癸丑12	15 壬午10	15 壬子10	15 辛巳⑧	15 辛亥8	14 己卯5
16 丙辰16	17 丁亥19	16 乙卯16	16 乙酉16	16 甲寅⑭	16 甲申14	16 甲寅13	16 癸未11	16 癸丑⑪	16 壬午9	16 壬子9	15 庚辰6
17 丁巳17	18 戊子20	17 丙辰17	17 丙戌⑰	**17** 乙卯15	**17** 乙酉15	17 乙卯14	17 甲申12	17 甲寅12	17 癸未10	17 癸丑10	16 辛巳7
18 戊午18	19 己丑21	18 丁巳18	18 丁亥18	18 丙辰16	18 丙戌16	**18** 丙辰15	18 乙酉⑬	18 乙卯13	18 甲申11	18 甲寅11	17 壬午8
19 己未19	20 庚寅㉒	19 戊午⑲	19 戊子19	19 丁巳17	19 丁亥17	19 丁巳⑯	**19** 丙戌14	19 丙辰14	19 乙酉12	19 乙卯12	18 癸未9
20 庚申20	21 辛卯23	20 己未20	20 己丑20	20 戊午18	20 戊子18	20 戊午17	20 丁亥15	**20** 丁巳15	20 丙戌13	20 丙辰⑬	19 甲申⑩
21 辛酉21	22 壬辰24	21 庚申21	21 庚寅21	21 己未19	21 己丑⑲	21 己未18	21 戊子16	21 戊午16	**21** 丁亥14	**21** 丁巳14	20 乙酉11
22 壬戌㉒	23 癸巳25	22 辛酉22	22 辛卯22	22 庚申20	22 庚寅20	22 庚申19	22 己丑17	22 己未17	22 戊子⑮	22 戊午15	21 丙戌12
23 癸亥23	24 甲午26	23 壬戌23	23 壬辰23	23 辛酉㉑	23 辛卯21	23 辛酉20	23 庚寅18	23 庚申⑱	23 己丑16	23 己未16	22 丁亥13
24 甲子24	25 乙未27	24 癸亥24	24 癸巳㉔	24 壬戌22	24 壬辰22	24 壬戌21	24 辛卯19	24 辛酉19	24 庚寅17	24 庚申17	**23** 戊子14
25 乙丑25	26 丙申28	25 甲子25	25 甲午25	25 癸亥23	25 癸巳23	25 癸亥22	25 壬辰⑳	25 壬戌20	25 辛卯18	25 辛酉18	24 己丑15
26 丙寅26	27 丁酉㉙	26 乙丑㉖	26 乙未26	26 甲子24	26 甲午24	26 甲子㉓	26 癸巳21	26 癸亥21	26 壬辰19	26 壬戌19	25 庚寅16
27 丁卯27	28 戊戌30	27 丙寅27	27 丙申27	27 乙丑25	27 乙未25	27 乙丑24	27 甲午22	27 甲子22	27 癸巳20	27 癸亥⑳	26 辛卯⑰
28 戊辰28	**29** 己亥31	28 丁卯28	28 丁酉28	28 丙寅26	28 丙申㉖	28 丙寅25	28 乙未23	28 乙丑23	28 甲午21	28 甲子21	27 壬辰18
《3月》		29 戊辰29	29 戊戌29	29 丁卯27	29 丁酉27	29 丁卯26	29 丙申24	29 丙寅24	29 乙未㉒	29 乙丑22	28 癸巳19
29 己巳①		**30** 己巳30		30 戊辰㉘	30 戊戌28		30 丁酉25		30 丙申23		29 甲午20
30 庚午2											30 乙未21
雨水 13日 啓蟄 28日	春分 14日 清明 29日	穀雨 15日 立夏 30日	小満 15日	芒種 2日 夏至 17日	小暑 2日 大暑 17日	立秋 2日 処暑 18日	白露 4日 秋分 19日	寒露 4日 霜降 20日	立冬 6日 小雪 21日	大雪 6日 冬至 21日	小寒 8日 大寒 23日

応永**2**年（1395－1396） 乙亥

1月	2月	3月	4月	5月	6月	7月	閏7月	8月	9月	10月	11月	12月
1丙申22	1乙丑20	1乙未22	1甲子20	1甲午20	1癸亥18	1癸巳⑱	1壬戌16	**1**辛卯14	1辛酉14	1辛卯13	1辛酉13	1庚寅11
2丁酉23	2丙寅㉑	2丙申23	2乙丑21	2乙未21	2甲子19	2甲午19	2癸亥17	2壬辰15	**2**壬戌15	**2**壬辰⑭	2壬戌14	2辛卯12
3戊戌㉔	3丁卯22	3丁酉24	3丙寅22	3丙申22	3乙丑⑳	3乙未20	3甲子18	3癸巳16	3癸亥16	3癸巳15	**3**癸亥15	3壬辰13
4己亥25	4戊辰23	4戊戌25	4丁卯23	4丁酉㉓	4丙寅21	4丙申21	4乙丑19	4甲午17	4甲子⑰	4甲午16	4甲子16	**4**癸巳14
5庚子26	5己巳24	5己亥26	5戊辰24	5戊戌24	5丁卯22	5丁酉22	5丙寅20	5乙未18	5乙丑18	5乙未17	5乙丑17	5甲午15
6辛丑27	6庚午25	6庚子27	6己巳㉕	6己亥25	6戊辰23	6戊戌23	6丁卯21	6丙申⑲	6丙寅19	6丙申18	6丙寅18	6乙未⑯
7壬寅28	7辛未26	7辛丑㉘	7庚午26	7庚子26	7己巳24	7己亥24	7戊辰㉒	7丁酉20	7丁卯20	7丁酉19	7丁卯⑲	7丙申17
8癸卯29	8壬申27	8壬寅29	8辛未27	8辛丑27	8庚午25	8庚子㉕	8己巳23	8戊戌21	8戊辰21	8戊戌20	8戊辰20	8丁酉18
9甲辰30	9癸酉㉘	9癸卯30	9壬申28	9壬寅28	9辛未26	9辛丑26	9庚午24	9己亥22	9己巳22	9己亥㉑	9己巳21	9戊戌19
10乙巳㉛	《3月》	**10**甲辰31	10癸酉29	10癸卯29	10壬申㉗	10壬寅27	10辛未25	10庚子23	10庚午23	10庚子22	10庚午22	10己亥20
《2月》	**10**甲戌1	《4月》	**11**甲戌30	11甲辰㉚	11癸酉28	11癸卯28	11壬申26	11辛丑24	11辛未㉔	11辛丑23	11辛未23	11庚子21
11丙午1	11乙亥2	11乙巳1	《5月》	**12**乙巳31	12甲戌29	12甲辰29	12癸酉27	12壬寅25	12壬申25	12壬寅24	12壬申24	12辛丑22
12丁未2	12丙子3	12丙午2	12乙亥1	《6月》	**13**乙亥30	13乙巳30	13甲戌28	13癸卯㉖	13癸酉26	13癸卯25	13癸酉25	13壬寅㉓
13戊申3	13丁丑4	13丁未3	13丙子②	13丙午1	《7月》	**14**丙午31	14乙亥㉙	14甲辰27	14甲戌27	14甲辰26	14甲戌㉖	14癸卯24
14己酉4	14戊寅5	14戊申④	14丁丑3	14丁未2	14丙子1	《8月》	**15**丙子30	15乙巳28	15乙亥28	15乙巳27	15乙亥27	15甲辰25
15庚戌5	15己卯6	15己酉5	15戊寅4	15戊申3	15丁丑2	15丁未①	16丁丑31	16丙午29	16丙子29	16丙午㉘	16丙子28	16乙巳26
16辛亥6	16庚辰⑦	16庚戌6	16己卯5	16己酉4	16戊寅3	16戊申2	《9月》	**17**丁未30	**17**丁丑30	**17**丁未29	17丁丑29	17丙午27
17壬子⑦	17辛巳8	17辛亥7	17庚辰6	17庚戌5	17己卯④	17己酉3	17戊寅1	《10月》	18戊寅㉛	18戊申30	**18**戊寅30	18丁未28
18癸丑8	18壬午9	18壬子8	18辛巳7	18辛亥⑥	18庚辰5	18庚戌4	18己卯2	18戊申1	《11月》	《12月》	19己卯31	**19**戊申29
19甲寅9	19癸未10	19癸丑9	19壬午8	19壬子7	19辛巳6	19辛亥5	19庚辰3	19己酉2	19己卯1	19己酉1	**1396年**	20己酉㉚
20乙卯10	20甲申11	20甲寅10	20癸未⑨	20癸丑8	20壬午7	20壬子6	20辛巳4	20庚戌③	20庚辰2	20庚戌2	《1月》	21庚戌31
21丙辰11	21乙酉12	21乙卯⑪	21甲申10	21甲寅9	21癸未8	21癸丑7	21壬午⑤	21辛亥4	21辛巳3	21辛亥3	20庚辰1	《2月》
22丁巳12	22丙戌13	22丙辰12	22乙酉11	22乙卯10	22甲申9	22甲寅⑧	22癸未6	22壬子5	22壬午4	22壬子4	21辛巳②	22辛亥1
23戊午13	23丁亥⑭	23丁巳13	23丙戌12	23丙辰11	23乙酉10	23乙卯9	23甲申7	23癸丑6	23癸未5	23癸丑⑤	22壬午3	23壬子2
24己未⑭	24戊子15	24戊午14	24丁亥13	24丁巳12	24丙戌⑪	24丙辰10	24乙酉8	24甲寅7	24甲申6	24甲寅6	23癸未4	24癸丑3
25庚申15	**25**己丑16	**25**己未15	25戊子14	25戊午⑬	25丁亥12	25丁巳11	25丙戌9	25乙卯8	25乙酉⑦	25乙卯7	24甲申5	25甲寅4
26辛酉16	26庚寅17	26庚申16	26己丑15	26己未14	26戊子13	26戊午12	26丁亥10	26丙辰9	26丙戌8	26丙辰8	25乙酉6	26乙卯5
27壬戌17	27辛卯18	27辛酉17	**27**庚寅⑯	**27**庚申15	27己丑14	27己未13	27戊子11	27丁巳⑩	27丁亥9	27丁巳9	26丙戌7	27丙辰⑥
28癸亥18	28壬辰19	28壬戌⑱	28辛卯17	28辛酉16	28庚寅15	28庚申14	28己丑⑫	28戊午11	28戊子10	28戊午10	27丁亥8	28丁巳7
29甲子19	29癸巳20	29癸亥19	29壬辰18	29壬戌17	**29**辛卯16	**29**辛酉⑮	29庚寅13	29己未12	29己丑11	29己未11	28戊子⑨	29戊午8
	30甲午㉑		30癸巳19		30壬辰17			30庚申13	30庚寅12	30庚申⑫	29己丑10	30己未9
立春8日 雨水23日	啓蟄10日 春分25日	清明10日 穀雨25日	立夏11日 小満27日	芒種12日 夏至27日	小暑13日 大暑29日	立秋14日 処暑29日	白露15日	秋分1日 寒露17日	霜降2日 立冬17日	小雪2日 大雪17日	冬至3日 小寒18日	大寒4日 立春19日

応永**3**年（1396－1397） 丙子

1月	2月	3月	4月	5月	6月	7月	8月	9月	10月	11月	12月
1庚申10	1己丑10	1己未⑨	1戊子8	1戊午7	1丁亥6	1丙辰4	1丙戌③	1丙辰3	1丙戌2	《12月》	1乙酉㉛
2辛酉11	2庚寅11	2庚申10	2己丑9	2己未8	2戊子7	2丁巳5	2丁亥4	2丁巳4	2丁亥3	1乙卯1	**1397年**
3壬戌12	3辛卯⑫	3辛酉11	3庚寅10	3庚申9	3己丑8	3戊午⑥	3戊子5	3戊午5	3戊子4	2丙辰2	《1月》
4癸亥⑬	4壬辰13	4壬戌12	4辛卯11	4辛酉10	4庚寅⑨	4己未7	4己丑6	4己未6	4己丑⑤	3丁巳③	2丙戌1
5甲子14	5癸巳14	5癸亥13	5壬辰12	5壬戌⑪	5辛卯10	5庚申8	5庚寅7	5庚申7	5庚寅6	4戊午4	3丁亥2
6乙丑15	**6**甲午15	**6**甲子14	6癸巳13	6癸亥12	6壬辰11	6辛酉9	6辛卯8	6辛酉⑧	6辛卯7	5己未5	4戊子3
7丙寅16	7乙未16	7乙丑15	7甲午⑭	7甲子13	7癸巳12	7壬戌10	7壬辰9	7壬戌9	7壬辰8	6庚申6	5己丑4
8丁卯17	8丙申17	8丙寅⑯	**8**乙未15	**8**乙丑14	8甲午13	8癸亥11	8癸巳⑩	8癸亥10	8癸巳9	7辛酉7	6庚寅5
9戊辰18	9丁酉18	9丁卯17	9丙申16	9丙寅15	9乙未14	9甲子12	9甲午11	9甲子11	9甲午10	8壬戌8	7辛卯6
10己巳19	10戊戌⑲	10戊辰18	10丁酉17	10丁卯16	**10**丙申15	10乙丑⑬	10乙未12	10乙丑12	10乙未11	9癸亥9	8壬辰⑦
11庚午⑳	11己亥20	11己巳19	11戊戌18	11戊辰17	11丁酉⑯	**11**丙寅14	11丙申13	11丙寅13	11丙申⑫	10甲子⑩	9癸巳8
12辛未21	12庚子21	12庚午20	12己亥19	12己巳⑱	12戊戌17	12丁卯15	**12**丁酉14	**12**丁卯14	**12**丁酉13	11乙丑11	10甲午9
13壬申22	13辛丑22	13辛未21	13庚子20	13庚午19	13己亥18	13戊辰16	13戊戌15	13戊辰⑮	13戊戌14	12丙寅12	11乙未10
14癸酉23	14壬寅23	14壬申22	14辛丑㉑	14辛未20	14庚子19	14己巳17	14己亥16	14己巳16	14己亥15	13丁卯13	12丙申11
15甲戌24	15癸卯24	15癸酉㉓	15壬寅22	15壬申21	15辛丑20	15庚午18	15庚子⑰	15庚午17	15庚子16	**14**戊辰14	13丁酉12
16乙亥25	16甲辰25	16甲戌24	16癸卯23	16癸酉22	16壬寅21	16辛未19	16辛丑18	16辛未18	16辛丑17	15己巳15	**14**戊戌13
17丙子26	17乙巳㉖	17乙亥25	17甲辰24	17甲戌23	17癸卯22	17壬申⑳	17壬寅19	17壬申19	17壬寅18	16庚午16	15己亥⑭
18丁丑㉗	18丙午27	18丙子26	18乙巳25	18乙亥24	18甲辰㉓	18癸酉21	18癸卯20	18癸酉20	18癸卯⑲	17辛未⑰	16庚子15
19戊寅28	19丁未28	19丁丑27	19丙午26	19丙子㉕	19乙巳24	19甲戌22	19甲辰21	19甲戌21	19甲辰20	18壬申18	17辛丑16
20己卯29	20戊申29	20戊寅28	20丁未27	20丁丑26	20丙午25	20乙亥23	20乙巳22	20乙亥㉒	20乙巳21	19癸酉19	18壬寅17
《3月》	**21**己酉30	21己卯29	21戊申㉘	21戊寅27	21丁未26	21丙子24	21丙午23	21丙子23	21丙午22	20甲戌20	19癸卯18
21庚辰1	22庚戌31	**22**庚辰㉚	22己酉29	22己卯28	22戊申27	22丁丑25	22丁未㉔	22丁丑24	22丁未23	21乙亥21	20甲辰19
22辛巳2	《4月》	《5月》	**23**庚戌30	23庚辰29	23己酉28	23戊寅26	23戊申25	23戊寅25	23戊申24	22丙子22	21乙巳20
23壬午3	23辛亥1	23辛巳1	24辛亥31	**24**辛巳30	24庚戌29	24己卯㉗	24己酉26	24己卯26	24己酉25	23丁丑23	22丙午㉑
24癸未4	24壬子②	24壬午2	《6月》	《7月》	**25**辛亥㉚	25庚辰28	25庚戌27	25庚辰27	25庚戌㉖	24戊寅㉔	23丁未22
25甲申⑤	25癸丑3	25癸未3	25壬子1	25壬午1	26壬子31	**26**辛巳29	26辛亥28	26辛巳28	26辛亥27	25己卯25	24戊申23
26乙酉6	26甲寅4	26甲申4	26癸丑2	26癸未②	《8月》	27壬午30	**27**壬子29	**27**壬午㉙	27壬子28	26庚辰26	25己酉24
27丙戌7	27乙卯5	27乙酉5	27甲寅3	27甲申3	27癸丑1	28癸未31	28癸丑30	28癸未30	**28**癸丑29	27辛巳27	26庚戌25
28丁亥8	28丙辰6	28丙戌6	28乙卯④	28乙酉4	28甲寅2	《9月》	《10月》	29甲申31	29甲寅30	28壬午28	27辛亥26
29戊子9	29丁巳7	29丁亥⑦	29丙辰5	29丙戌5	29乙卯3	29甲申1	29甲寅①	《11月》		**29**癸未29	28壬子27
	30戊午8		30丁巳6			30乙酉2	30乙卯2	30乙酉1		30甲申30	29癸丑㉘
											30甲寅29
雨水5日 啓蟄20日	春分6日 清明21日	穀雨6日 立夏22日	小満8日 芒種23日	夏至8日 小暑24日	大暑10日 立秋25日	処暑11日 白露26日	秋分12日 寒露27日	霜降12日 立冬27日	小雪12日 大雪28日	冬至14日 小寒29日	大寒14日 立春30日

応永**4**年（1397－1398） 丁丑

1月	2月	3月	4月	5月	6月	7月	8月	9月	10月	11月	12月
1 乙卯30	**1** 甲申28	1 癸丑29	1 癸未28	1 壬子㉗	1 辛巳25	1 辛亥25	1 庚辰23	1 庚戌22	1 庚辰22	1 己酉20	1 己卯20
2 丙辰31	《3月》	**2** 甲寅30	2 甲申㉙	2 癸丑28	2 壬午26	2 壬子26	2 辛巳24	2 辛亥㉓	2 辛巳23	2 庚戌21	2 庚辰21
《2月》	2 乙酉 1	3 乙卯31	**3** 乙酉30	3 甲寅29	3 癸未27	3 癸丑27	3 壬午25	3 壬子24	3 壬午24	3 辛亥22	3 辛巳22
3 丁巳 1	3 丙戌 2	《4月》	《5月》	**4** 乙卯30	4 甲申28	4 甲寅28	4 癸未㉖	4 癸丑25	4 癸未25	4 壬子23	4 壬午㉓
4 戊午 2	4 丁亥 3	4 丙辰①	4 丙戌 1	5 丙辰31	5 乙酉29	5 乙卯㉙	5 甲申27	5 甲寅26	5 甲申26	5 癸丑24	5 癸未24
5 己未 3	5 戊子④	5 丁巳 2	5 丁亥 2	《6月》	**6** 丙戌30	**6** 丙辰30	6 乙酉28	6 乙卯27	6 乙酉27	6 甲寅㉕	6 甲申25
6 庚申④	6 己丑 5	6 戊午 3	6 戊子 3	6 丁巳 1	《7月》	7 丁巳31	7 丙戌29	7 丙辰28	7 丙戌㉘	7 乙卯26	7 乙酉26
7 辛酉 5	7 庚寅 6	7 己未 4	7 己丑 4	7 戊午 2	7 丁亥①	《8月》	**8** 丁亥30	**8** 丁巳29	8 丁亥29	8 丙辰27	8 丙戌27
8 壬戌 6	8 辛卯 7	8 庚申 5	8 庚寅 5	8 己未③	8 戊子 2	8 戊午 1	9 戊子31	9 戊午㉚	**9** 戊子30	9 丁巳28	9 丁亥28
9 癸亥 7	9 壬辰 8	9 辛酉 6	9 辛卯⑥	9 庚申 4	9 己丑 3	9 己未 2	《9月》	《10月》	10 己丑31	**10** 戊午29	**10** 戊子29
10 甲子 8	10 癸巳 9	10 壬戌 7	10 壬辰 7	10 辛酉 5	10 庚寅 4	10 庚申 3	10 己丑 1	10 己未 1	《11月》	11 己未30	11 己丑㉚
11 乙丑 9	11 甲午10	11 癸亥⑧	11 癸巳 8	11 壬戌 6	11 辛卯 5	11 辛酉 4	11 庚寅②	11 庚申 2	11 庚寅 1	《12月》	12 庚寅31
12 丙寅10	12 乙未⑪	12 甲子 9	12 甲午 9	12 癸亥 7	12 壬辰 6	12 壬戌⑤	12 辛卯 3	12 辛酉 3	12 辛卯 2	12 庚申 1	**1398年**
13 丁卯⑪	13 丙申12	13 乙丑10	13 乙未10	13 甲子 8	13 癸巳 7	13 癸亥 6	13 壬辰 4	13 壬戌 4	13 壬辰 3	13 辛酉②	《1月》
14 戊辰12	14 丁酉13	14 丙寅11	14 丙申11	14 乙丑 9	14 甲午⑧	14 甲子 7	14 癸巳 5	14 癸亥 5	14 癸巳④	14 壬戌 3	13 辛卯 1
15 己巳13	15 戊戌14	15 丁卯12	15 丁酉12	15 丙寅⑩	15 乙未 9	15 乙丑 8	15 甲午 6	15 甲子 6	15 甲午 5	15 癸亥 4	14 壬辰 2
16 庚午14	**16** 己亥15	16 戊辰13	16 戊戌⑬	16 丁卯11	16 丙申10	16 丙寅 9	16 乙未 7	16 乙丑⑦	16 乙未 6	16 甲子 5	15 癸巳 3
17 辛未15	17 庚子16	17 己巳14	17 己亥14	17 戊辰12	17 丁酉11	17 丁卯10	17 丙申 8	17 丙寅 8	17 丙申 7	17 乙丑 6	16 甲午 4
18 壬申16	18 辛丑17	**18** 庚午⑮	**18** 庚子15	18 己巳13	18 戊戌12	18 戊辰11	18 丁酉⑨	18 丁卯 9	18 丁酉 8	18 丙寅 7	17 乙未 5
19 癸酉17	19 壬寅⑱	19 辛未16	19 辛丑16	19 庚午14	19 己亥13	19 己巳⑫	19 戊戌10	19 戊辰10	19 戊戌 9	19 丁卯 8	18 丙申⑥
20 甲戌⑱	20 癸卯19	20 壬申17	20 壬寅17	**20** 辛未15	20 庚子14	20 庚午13	20 己亥11	20 己巳11	20 己亥10	20 戊辰⑨	19 丁酉 7
21 乙亥19	21 甲辰20	21 癸酉18	21 癸卯18	21 壬申16	**21** 辛丑⑮	**21** 辛未14	21 庚子12	21 庚午12	21 庚子⑪	21 己巳10	20 戊戌 8
22 丙子20	22 乙巳21	22 甲戌19	22 甲辰19	22 癸酉⑰	22 壬寅16	22 壬申15	22 辛丑13	22 辛未13	22 辛丑12	22 庚午11	21 己亥 9
23 丁丑21	23 丙午22	23 乙亥20	23 乙巳⑳	23 甲戌18	23 癸卯17	23 癸酉16	**23** 壬寅14	**23** 壬申⑭	23 壬寅13	23 辛未12	22 庚子10
24 戊寅22	24 丁未23	24 丙子21	24 丙午21	24 乙亥19	24 甲辰18	24 甲戌17	24 癸卯15	24 癸酉15	**24** 癸卯14	24 壬申13	23 辛丑11
25 己卯23	25 戊申24	25 丁丑㉒	25 丁未22	25 丙子20	25 乙巳19	25 乙亥18	25 甲辰⑯	25 甲戌16	25 甲辰15	**25** 癸酉14	24 壬寅12
26 庚辰24	26 己酉㉕	26 戊寅23	26 戊申23	26 丁丑21	26 丙午20	26 丙子⑲	26 乙巳17	26 乙亥17	26 乙巳16	26 甲戌15	25 癸卯⑬
27 辛巳㉕	27 庚戌26	27 己卯24	27 己酉24	27 戊寅22	27 丁未21	27 丁丑20	27 丙午18	27 丙子18	27 丙午17	27 乙亥⑯	**26** 甲辰14
28 壬午26	28 辛亥27	28 庚辰25	28 庚戌25	28 己卯23	28 戊申㉒	28 戊寅21	28 丁未19	28 丁丑19	28 丁未⑱	28 丙子17	27 乙巳15
29 癸未27	29 壬子28	29 辛巳26	29 辛亥26	29 庚辰㉔	29 己酉23	29 己卯22	29 戊申20	29 戊寅20	29 戊申19	29 丁丑18	28 丙午16
		30 壬午27			30 庚戌24		30 己酉21	30 己卯㉑		30 戊寅19	29 丁未17
											30 戊申18
雨水 15日	啓蟄 1日 春分 16日	清明 2日 穀雨 18日	立夏 3日 小満 18日	芒種 4日 夏至 20日	小暑 6日 大暑 21日	立秋 6日 処暑 21日	白露 8日 秋分 23日	寒露 8日 霜降 23日	立冬 9日 小雪 24日	大雪 10日 冬至 25日	小寒 10日 大寒 26日

応永**5**年（1398－1399） 戊寅

1月	2月	3月	4月	閏4月	5月	6月	7月	8月	9月	10月	11月	12月
1 己酉19	1 己卯18	1 戊申19	1 丁丑17	1 丁未17	**1** 丙子15	1 乙巳⑭	1 乙亥13	1 甲辰11	1 甲戌11	1 癸卯 9	1 癸酉 9	1 癸卯 8
2 庚戌⑳	2 庚辰19	2 己酉20	2 戊寅18	2 戊申18	2 丁丑⑯	**2** 丙午15	2 丙子14	2 乙巳12	2 乙亥12	2 甲辰⑩	2 甲戌10	2 甲辰 9
3 辛亥21	3 辛巳20	3 庚戌21	3 己卯19	3 己酉⑲	3 戊寅17	3 丁未16	**3** 丁丑15	3 丙午13	3 丙子⑬	3 乙巳11	3 乙亥11	3 乙巳10
4 壬子22	4 壬午21	4 辛亥22	4 庚辰20	4 庚戌20	4 己卯18	4 戊申17	4 戊寅16	**4** 丁未14	4 丁丑14	4 丙午12	4 丙子12	4 丙午11
5 癸丑23	5 癸未22	5 壬子23	5 辛巳㉑	5 辛亥21	5 庚辰19	5 己酉18	5 己卯17	5 戊申⑮	**5** 戊寅15	5 丁未13	5 丁丑13	5 丁未⑫
6 甲寅24	6 甲申23	6 癸丑㉔	6 壬午22	6 壬子22	6 辛巳20	6 庚戌19	6 庚辰⑱	6 己酉16	6 己卯16	**6** 戊申14	**6** 戊寅14	6 戊申13
7 乙卯25	7 乙酉㉔	7 甲寅25	7 癸未23	7 癸丑23	7 壬午21	7 辛亥20	7 辛巳19	7 庚戌17	7 庚辰17	7 己酉15	7 己卯⑮	**7** 己酉14
8 丙辰26	8 丙戌25	8 乙卯26	8 甲申24	8 甲寅24	8 癸未22	8 壬子㉑	8 壬午20	8 辛亥18	8 辛巳18	8 庚戌16	8 庚辰16	8 庚戌15
9 丁巳㉗	9 丁亥26	9 丙辰27	9 乙酉25	9 乙卯25	9 甲申㉓	9 癸丑22	9 癸未21	9 壬子19	9 壬午19	9 辛亥⑰	9 辛巳17	9 辛亥16
10 戊午28	10 戊子27	10 丁巳28	10 丙戌26	10 丙辰㉖	10 乙酉24	10 甲寅23	10 甲申22	10 癸丑20	10 癸未⑳	10 壬子18	10 壬午18	10 壬子17
11 己未29	**11** 己丑28	11 戊午29	11 丁亥27	11 丁巳27	11 丙戌25	11 乙卯24	11 乙酉23	11 甲寅21	11 甲申21	11 癸丑19	11 癸未19	11 癸丑18
12 庚申30	《3月》	12 己未30	12 戊子㉘	12 戊午28	12 丁亥26	12 丙辰25	12 丙戌24	12 乙卯㉒	12 乙酉22	12 甲寅20	12 甲申20	12 甲寅⑲
13 辛酉31	12 庚寅 1	**13** 庚申㉛	13 己丑29	13 己未29	13 戊子27	13 丁巳26	13 丁亥㉕	13 丙辰23	13 丙戌23	13 乙卯21	13 乙酉21	13 乙卯20
《2月》	13 辛卯 2	《4月》	**14** 庚寅30	14 庚申30	14 己丑28	14 戊午27	14 戊子26	14 丁巳24	14 丁亥24	14 丙辰22	14 丙戌㉒	14 丙辰21
14 壬戌 1	14 壬辰③	14 辛酉 1	《5月》	**15** 辛酉31	15 庚寅29	15 己未㉘	15 己丑27	15 戊午25	15 戊子25	15 丁巳23	15 丁亥23	15 丁巳22
15 癸亥 2	15 癸巳 4	15 壬戌 2	15 辛卯 1	《6月》	**16** 辛卯㉚	16 庚申29	16 庚寅28	16 己未26	16 己丑26	16 戊午㉔	16 戊子24	16 戊午23
16 甲子③	16 甲午 5	16 癸亥 3	16 壬辰 2	16 壬戌 1	《7月》	**17** 辛酉30	17 辛卯29	17 庚申27	17 庚寅㉗	17 己未25	17 己丑25	17 己未24
17 乙丑 4	17 乙未 6	17 甲子 4	17 癸巳 3	17 癸亥②	17 壬辰 1	18 壬戌31	**18** 壬辰30	18 辛酉28	18 辛卯28	18 庚申26	18 庚寅26	18 庚申25
18 丙寅 5	18 丙申 7	18 乙丑 5	18 甲午 4	18 甲子 3	18 癸巳 2	《8月》	19 癸巳31	**19** 壬戌㉙	19 壬辰29	19 辛酉27	19 辛卯27	19 辛酉㉖
19 丁卯 6	19 丁酉 8	19 丙寅 6	19 乙未⑤	19 乙丑 4	19 甲午 3	19 癸亥 1	《9月》	20 癸亥30	**20** 癸巳30	20 壬戌28	20 壬辰28	20 壬戌27
20 戊辰 7	20 戊戌 9	20 丁卯⑦	20 丙申 6	20 丙寅 5	20 乙未 4	20 甲子 2	20 甲午①	《10月》	21 甲午31	**21** 癸亥29	21 癸巳㉙	21 癸亥28
21 己巳 8	21 己亥⑩	21 戊辰 8	21 丁酉 7	21 丁卯 6	21 丙申 5	21 乙丑 3	21 乙未 2	21 甲子 1	《11月》	22 甲子30	**22** 甲午30	**22** 甲子29
22 庚午 9	22 庚子11	22 己巳 9	22 戊戌 8	22 戊辰 7	22 丁酉 6	22 丙寅④	22 丙申 3	22 乙丑 2	22 乙未 1	《12月》	23 乙未31	23 乙丑30
23 辛未⑩	23 辛丑12	23 庚午10	23 己亥 9	23 己巳 8	23 戊戌⑦	23 丁卯 5	23 丁酉 4	23 丙寅 3	23 丙申 2	23 乙丑①	**1399年**	24 丙寅31
24 壬申11	24 壬寅13	24 辛未11	24 庚子10	24 庚午⑨	24 己亥 8	24 戊辰 6	24 戊戌 5	24 丁卯 4	24 丁酉③	24 丙寅 2	《1月》	《2月》
25 癸酉12	25 癸卯14	25 壬申12	25 辛丑11	25 辛未10	25 庚子 9	25 己巳 7	25 己亥 6	25 戊辰 5	25 戊戌 4	25 丁卯 3	24 丙申 1	25 丁卯 1
26 甲戌13	**26** 甲辰15	26 癸酉13	26 壬寅⑫	26 壬申11	26 辛丑10	26 庚午 8	26 庚子 7	26 己巳⑥	26 己亥 5	26 戊辰 4	25 丁酉 2	26 戊辰②
27 乙亥14	27 乙巳16	27 甲戌⑭	27 癸卯13	27 癸酉12	27 壬寅11	27 辛未 9	27 辛丑⑧	27 庚午 7	27 庚子 6	27 己巳 5	26 戊戌 3	27 己巳 3
28 丙子15	28 丙午⑰	**28** 乙亥15	28 甲辰14	28 甲戌13	28 癸卯12	28 壬申10	28 壬寅 9	28 辛未 8	28 辛丑 7	28 庚午 6	27 己亥 4	28 庚午 4
29 丁丑16	29 丁未18	29 丙子16	**29** 乙巳15	29 乙亥14	29 甲辰13	29 癸酉⑪	29 癸卯10	29 壬申 9	29 壬寅 8	29 辛未 7	28 庚子⑤	29 辛未 5
30 戊寅⑰			30 丙午16			30 甲戌12		30 癸酉10		30 壬申⑧	29 辛丑 6	30 壬申 6
											30 壬寅 7	
立春 11日 雨水 26日	啓蟄 11日 春分 26日	清明 13日 穀雨 28日	立夏 14日 小満 29日	芒種15日	夏至 1日 小暑 16日	大暑 2日 立秋 17日	処暑 3日 白露 18日	秋分 4日 寒露 19日	霜降 5日 立冬 20日	小雪 6日 大雪 21日	冬至 6日 小寒 22日	大寒 7日 立春 22日

応永**6**年（1399－1400） 己卯

1月	2月	3月	4月	5月	6月	7月	8月	9月	10月	11月	12月
1 癸酉 7	1 壬寅 8	1 壬申 7	1 辛丑 6	1 辛未 5	1 庚子 4	1 己巳 2	《9月》	**1** 戊辰 30	**1** 戊戌 30	1 丁卯 28	1 丁酉 ㉘
2 甲戌 8	2 癸卯 ⑨	2 癸酉 8	2 壬寅 7	2 壬申 6	2 辛丑 5	2 庚午 ③	1 己亥 1	《10月》	2 己亥 31	**2** 戊辰 29	2 戊戌 29
3 乙亥 ⑨	3 甲辰 10	3 甲戌 9	3 癸卯 8	3 癸酉 7	3 壬寅 ⑥	3 辛未 4	2 庚子 2	2 己巳 1	《11月》	**3** 己巳 ㉚	**3** 己亥 30
4 丙子 10	4 乙巳 11	4 乙亥 10	4 甲辰 9	4 甲戌 ⑧	4 癸卯 7	4 壬申 5	3 辛丑 3	3 庚午 2	3 庚子 1	《12月》	4 庚子 31
5 丁丑 11	5 丙午 12	5 丙子 11	5 乙巳 10	5 乙亥 9	5 甲辰 8	5 癸酉 6	4 壬寅 4	4 辛未 3	4 辛丑 ②	4 庚午 1	**1400年**
6 戊寅 12	6 丁未 13	6 丁丑 12	6 丙午 ⑪	6 丙子 10	6 乙巳 9	6 甲戌 7	5 癸卯 5	5 壬申 4	5 壬寅 3	5 辛未 2	《1月》
7 己卯 13	7 戊申 14	7 戊寅 ⑬	7 丁未 12	7 丁丑 11	7 丙午 10	7 乙亥 8	6 甲辰 6	6 癸酉 ⑤	6 癸卯 4	6 壬申 3	5 辛丑 1
8 庚辰 14	8 己酉 15	8 己卯 14	8 戊申 13	8 戊寅 12	8 丁未 11	8 丙子 9	7 乙巳 ⑦	7 甲戌 6	7 甲辰 5	7 癸酉 4	6 壬寅 2
9 辛巳 15	**9** 庚戌 ⑯	**9** 庚辰 15	9 己酉 14	9 己卯 13	9 戊申 12	9 丁丑 ⑩	8 丙午 8	8 乙亥 7	8 乙巳 6	8 甲戌 5	7 癸卯 3
10 壬午 ⑯	10 辛亥 17	10 辛巳 16	10 庚戌 15	10 庚辰 14	10 己酉 ⑬	10 戊寅 11	9 丁未 9	9 丙子 8	9 丙午 7	9 乙亥 6	8 甲辰 ④
11 癸未 17	11 壬子 18	11 壬午 17	**11** 辛亥 16	**11** 辛巳 ⑮	11 庚戌 14	11 己卯 12	10 戊申 10	10 丁丑 9	10 丁未 8	10 丙子 ⑦	9 乙巳 5
12 甲申 18	12 癸丑 19	12 癸未 18	12 壬子 17	12 壬午 16	**12** 辛亥 15	12 庚辰 13	11 己酉 11	11 戊寅 10	11 戊申 ⑨	11 丁丑 8	10 丙午 6
13 乙酉 19	13 甲寅 20	13 甲申 19	13 癸丑 ⑱	13 癸未 17	13 壬子 16	13 辛巳 14	12 庚戌 12	12 己卯 11	12 己酉 10	12 戊寅 9	11 丁未 7
14 丙戌 20	14 乙卯 21	14 乙酉 ⑳	14 甲寅 19	14 甲申 18	14 癸丑 17	**14** 壬午 15	13 辛亥 13	13 庚辰 ⑫	13 庚戌 11	13 己卯 10	12 戊申 8
15 丁亥 21	15 丙辰 22	15 丙戌 21	15 乙卯 20	15 乙酉 19	15 甲寅 18	15 癸未 16	**14** 壬子 ⑭	14 辛巳 13	14 辛亥 12	14 庚辰 11	13 己酉 9
16 戊子 22	16 丁巳 ㉓	16 丁亥 22	16 丙辰 21	16 丙戌 20	16 乙卯 19	16 甲申 ⑰	15 癸丑 15	15 壬午 14	15 壬子 13	15 辛巳 12	14 庚戌 10
17 己丑 ㉓	17 戊午 24	17 戊子 23	17 丁巳 22	17 丁亥 21	17 丙辰 ⑳	17 乙酉 18	16 甲寅 16	**16** 癸未 15	**16** 癸丑 14	16 壬午 13	15 辛亥 ⑪
18 庚寅 24	18 己未 25	18 己丑 24	18 戊午 23	18 戊子 ㉒	18 丁巳 21	18 丙戌 19	17 乙卯 17	17 甲申 16	17 甲寅 15	17 癸未 ⑭	16 壬子 12
19 辛卯 25	19 庚申 26	19 庚寅 25	19 己未 24	19 己丑 23	19 戊午 22	19 丁亥 20	18 丙辰 18	18 乙酉 17	18 乙卯 ⑯	**18** 甲申 15	17 癸丑 13
20 壬辰 26	20 辛酉 27	20 辛卯 26	20 庚申 ㉕	20 庚寅 24	20 己未 23	20 戊子 21	19 丁巳 19	19 丙戌 18	19 丙辰 17	19 乙酉 16	**18** 甲寅 14
21 癸巳 27	21 壬戌 28	21 壬辰 ㉗	21 辛酉 26	21 辛卯 25	21 庚申 24	21 己丑 22	20 戊午 20	20 丁亥 ⑲	20 丁巳 18	20 丙戌 17	19 乙卯 15
22 甲午 28	22 癸亥 29	22 癸巳 28	22 壬戌 27	22 壬辰 26	22 辛酉 25	22 庚寅 23	21 己未 ㉑	21 戊子 20	21 戊午 19	21 丁亥 18	20 丙辰 16
《3月》	23 甲子 ㉚	23 甲午 29	23 癸亥 28	23 癸巳 27	23 壬戌 26	23 辛卯 ㉔	22 庚申 22	22 己丑 21	22 己未 20	22 戊子 19	21 丁巳 17
23 乙未 1	**24** 乙丑 31	**24** 乙未 30	24 甲子 29	24 甲午 28	24 癸亥 ㉗	24 壬辰 25	23 辛酉 23	23 庚寅 22	23 庚申 21	23 己丑 20	22 戊午 ⑱
24 丙申 ②	《4月》	《5月》	25 乙丑 30	25 乙未 ㉙	25 甲子 28	25 癸巳 26	24 壬戌 24	24 辛卯 23	24 辛酉 22	24 庚寅 ㉑	23 己未 19
25 丁酉 3	25 丙寅 1	25 丙申 1	**26** 丙寅 31	**26** 丙申 30	26 乙丑 29	26 甲午 27	25 癸亥 25	25 壬辰 24	25 壬戌 ㉓	25 辛卯 22	24 庚申 20
26 戊戌 4	26 丁卯 2	26 丁酉 2	《6月》	《7月》	27 丙寅 30	27 乙未 28	26 甲子 26	26 癸巳 25	26 癸亥 24	26 壬辰 23	25 辛酉 21
27 己亥 5	27 戊辰 3	27 戊戌 3	27 丁卯 ①	27 丁酉 1	**28** 丁卯 31	28 丙申 29	27 乙丑 27	27 甲午 ㉖	27 甲子 25	27 癸巳 24	26 壬戌 22
28 庚子 6	28 己巳 4	28 己亥 ④	28 戊辰 2	28 戊戌 2	《8月》	**29** 丁酉 30	28 丙寅 ㉘	28 乙未 27	28 乙丑 26	28 甲午 25	27 癸亥 23
29 辛丑 7	29 庚午 5	29 庚子 5	29 己巳 3	29 己亥 3	29 戊辰 1	30 戊戌 ㉛	29 丁卯 29	29 丙申 28	29 丙寅 27	29 乙未 26	28 甲子 24
	30 辛未 ⑥		30 庚午 4					30 丁酉 29		30 丙申 27	29 乙丑 ㉕
											30 丙寅 26
雨水 7日 啓蟄 23日	春分 9日 清明 24日	穀雨 9日 立夏 24日	小満 11日 芒種 26日	夏至 11日 小暑 26日	大暑 12日 立秋 28日	処暑 14日 白露 29日	秋分 14日	寒露 1日 霜降 16日	立冬 1日 小雪 16日	大雪 2日 冬至 18日	小寒 3日 大寒 18日

応永**7**年（1400－1401） 庚辰

1月	2月	3月	4月	5月	6月	7月	8月	9月	10月	11月	12月
1 丁卯 27	1 丙申 25	1 丙寅 26	1 丙申 ㉕	1 乙丑 24	1 乙未 23	1 甲子 22	1 癸巳 20	1 癸亥 ⑲	1 壬辰 18	1 壬戌 17	1 辛卯 16
2 戊辰 28	2 丁酉 26	2 丁卯 27	2 丁酉 26	2 丙寅 25	2 丙申 24	2 乙丑 23	2 甲午 21	2 甲子 20	2 癸巳 19	2 癸亥 18	2 壬辰 17
3 己巳 29	3 戊戌 27	3 戊辰 ㉘	3 戊戌 27	3 丁卯 26	3 丁酉 25	3 丙寅 24	3 乙未 ㉒	3 乙丑 21	3 甲午 20	3 甲子 19	3 癸巳 18
4 庚午 30	4 己亥 28	4 己巳 29	4 己亥 28	4 戊辰 27	4 戊戌 26	4 丁卯 ㉕	4 丙申 23	4 丙寅 22	4 乙未 21	4 乙丑 20	4 甲午 ⑲
5 辛未 31	**5** 庚子 ㉙	**5** 庚午 30	5 庚子 29	5 己巳 28	5 己亥 ㉗	5 戊辰 26	5 丁酉 24	5 丁卯 23	5 丙申 22	5 丙寅 ㉑	5 乙未 20
《2月》	《3月》	6 辛未 31	**6** 辛丑 30	6 庚午 29	6 庚子 28	6 己巳 27	6 戊戌 25	6 戊辰 24	6 丁酉 23	6 丁卯 22	6 丙申 21
6 壬申 ①	6 辛丑 1	《4月》	《5月》	**7** 辛未 ㉚	7 辛丑 29	7 庚午 28	7 己亥 26	7 己巳 25	7 戊戌 ㉔	7 戊辰 23	7 丁酉 22
7 癸酉 2	7 壬寅 2	7 壬申 1	7 壬寅 1	8 壬申 31	**8** 壬寅 30	8 辛未 29	8 庚子 27	8 庚午 ㉖	8 己亥 25	8 己巳 24	8 戊戌 23
8 甲戌 3	8 癸卯 3	8 癸酉 2	8 癸卯 ②	《6月》	《7月》	**9** 壬申 30	9 辛丑 28	9 辛未 27	9 庚子 26	9 庚午 25	9 己亥 24
9 乙亥 4	9 甲辰 4	9 甲戌 3	9 甲辰 3	9 癸酉 1	9 癸卯 1	10 癸酉 31	**10** 壬寅 ㉙	10 壬申 28	10 辛丑 27	10 辛未 26	10 庚子 25
10 丙子 5	10 乙巳 5	10 乙亥 ④	10 乙巳 4	10 甲戌 2	10 甲辰 2	《8月》	11 癸卯 30	**11** 癸酉 29	11 壬寅 28	11 壬申 27	11 辛丑 ㉖
11 丁丑 6	11 丙午 6	11 丙子 5	11 丙午 5	11 乙亥 3	11 乙巳 3	11 甲戌 ①	12 甲辰 31	12 甲戌 30	**12** 癸卯 29	12 癸酉 ㉘	12 壬寅 27
12 戊寅 7	12 丁未 ⑦	12 丁丑 6	12 丁未 6	12 丙子 4	12 丙午 ④	12 乙亥 2	《9月》	《10月》	13 甲辰 30	**13** 甲戌 29	13 癸卯 28
13 己卯 ⑧	13 戊申 8	13 戊寅 7	13 戊申 7	13 丁丑 5	13 丁未 5	13 丙子 3	13 乙巳 1	13 乙亥 1	14 乙巳 ㉛	14 乙亥 30	**14** 甲辰 29
14 庚辰 9	14 己酉 9	14 己卯 8	14 己酉 8	14 戊寅 ⑥	14 戊申 6	14 丁丑 4	14 丙午 2	14 丙子 2	《11月》	《12月》	15 乙巳 30
15 辛巳 10	15 庚戌 10	15 庚辰 9	15 庚戌 ⑨	15 己卯 7	15 己酉 7	15 戊寅 5	15 丁未 3	15 丁丑 ③	15 丙午 1	15 丙子 1	16 丙午 31
16 壬午 11	16 辛亥 11	16 辛巳 10	16 辛亥 10	16 庚辰 8	16 庚戌 8	16 己卯 6	16 戊申 4	16 戊寅 4	16 丁未 2	16 丁丑 2	**1401年**
17 癸未 12	17 壬子 12	17 壬午 ⑪	17 壬子 11	17 辛巳 9	17 辛亥 9	17 庚辰 7	17 己酉 ⑤	17 己卯 5	17 戊申 3	17 戊寅 3	《1月》
18 甲申 13	18 癸丑 13	18 癸未 12	18 癸丑 12	18 壬午 10	18 壬子 10	18 辛巳 ⑧	18 庚戌 6	18 庚辰 6	18 己酉 4	18 己卯 4	17 丁未 1
19 乙酉 14	19 甲寅 ⑭	19 甲申 13	19 甲寅 13	19 癸未 11	19 癸丑 ⑪	19 壬午 9	19 辛亥 7	19 辛巳 7	19 庚戌 5	19 庚辰 ⑤	18 戊申 ②
20 丙戌 ⑮	**20** 乙卯 15	**20** 乙酉 14	20 乙卯 14	20 甲申 12	20 甲寅 12	20 癸未 10	20 壬子 8	20 壬午 8	20 辛亥 6	20 辛巳 6	19 己酉 3
21 丁亥 16	21 丙辰 16	21 丙戌 15	**21** 丙辰 15	21 乙酉 ⑬	21 乙卯 13	21 甲申 11	21 癸丑 9	21 癸未 9	21 壬子 ⑦	21 壬午 7	20 庚戌 4
22 戊子 17	22 丁巳 17	22 丁亥 16	22 丁巳 ⑯	**22** 丙戌 14	22 丙辰 14	22 乙酉 12	22 甲寅 10	22 甲申 ⑩	22 癸丑 8	22 癸未 8	21 辛亥 5
23 己丑 18	23 戊午 18	23 戊子 17	23 戊午 17	23 丁亥 15	**23** 丁巳 15	23 丙戌 13	23 乙卯 11	23 乙酉 11	23 甲寅 9	23 甲申 9	22 壬子 6
24 庚寅 19	24 己未 19	24 己丑 ⑱	24 己未 18	24 戊子 16	24 戊午 16	**24** 丁亥 14	24 丙辰 ⑫	24 丙戌 12	24 乙卯 10	24 乙酉 10	23 癸丑 7
25 辛卯 20	25 庚申 20	25 庚寅 19	25 庚申 19	25 己丑 17	25 己未 17	25 戊子 ⑮	25 丁巳 13	25 丁亥 13	25 丙辰 11	25 丙戌 11	24 甲寅 8
26 壬辰 21	26 辛酉 ㉑	26 辛卯 20	26 辛酉 20	26 庚寅 18	26 庚申 ⑱	26 己丑 16	**26** 戊午 14	**26** 戊子 14	26 丁巳 12	26 丁亥 ⑫	25 乙卯 ⑨
27 癸巳 ㉒	27 壬戌 22	27 壬辰 21	27 壬戌 21	27 辛卯 19	27 辛酉 19	27 庚寅 17	27 己未 15	27 己丑 15	**27** 戊午 13	27 戊子 13	26 丙辰 10
28 甲午 23	28 癸亥 23	28 癸巳 22	28 癸亥 22	28 壬辰 ⑳	28 壬戌 20	28 辛卯 18	28 庚申 16	28 庚寅 16	28 己未 ⑭	**28** 己丑 14	27 丁巳 11
29 乙未 24	29 甲子 24	29 甲午 23	29 甲子 ㉓	29 癸巳 21	29 癸亥 21	29 壬辰 19	29 辛酉 17	29 辛卯 ⑰	29 庚申 15	29 庚寅 15	28 戊午 12
	30 乙丑 25	30 乙未 24		30 甲午 22			30 壬戌 18		30 辛酉 16		**29** 己未 13
											30 庚申 14
立春 3日 雨水 19日	啓蟄 5日 春分 20日	清明 5日 穀雨 20日	立夏 6日 小満 21日	芒種 7日 夏至 22日	小暑 8日 大暑 23日	立秋 9日 処暑 24日	白露 10日 秋分 26日	寒露 11日 霜降 26日	立冬 12日 小雪 27日	大雪 13日 冬至 28日	小寒 14日 大寒 29日

応永8年（1401－1402） 辛巳

1月	閏1月	2月	3月	4月	5月	6月	7月	8月	9月	10月	11月	12月
1 辛酉15	1 辛卯14	**1** 庚申15	1 庚寅14	1 庚申14	1 己丑⑫	1 己未12	1 戊子10	1 丁巳8	1 丁亥8	1 丙辰⑥	1 丙戌6	1 乙卯4
2 壬戌⑯	2 壬辰15	2 辛酉16	**2** 辛卯15	**2** 辛酉⑮	2 庚寅13	2 庚申13	2 己丑11	2 戊午9	2 戊子⑨	2 丁巳7	2 丁亥7	2 丙辰5
3 癸亥17	3 癸巳16	3 壬戌17	3 壬辰16	3 壬戌16	3 辛卯14	3 辛酉14	3 庚寅12	3 己未10	3 己丑10	3 戊午8	3 戊子8	3 丁巳6
4 甲子18	4 甲午17	4 癸亥18	4 癸巳⑰	4 癸亥17	**4** 壬辰15	**4** 壬戌15	4 辛卯13	4 庚申⑪	4 庚寅11	4 己未9	4 己丑9	4 戊午7
5 乙丑19	5 乙未18	5 甲子19	5 甲午18	5 甲子18	5 癸巳16	5 癸亥16	**5** 壬辰⑭	5 辛酉12	5 辛卯12	5 庚申10	5 庚寅10	5 己未⑧
6 丙寅20	6 丙申19	6 乙丑⑳	6 乙未19	6 乙丑19	6 甲午17	6 甲子⑰	6 癸巳15	6 壬戌13	6 壬辰13	6 辛酉11	6 辛卯⑪	6 庚申9
7 丁卯21	7 丁酉⑳	7 丙寅21	7 丙申20	7 丙寅20	7 乙未18	7 乙丑18	7 甲午16	**7** 癸亥14	**7** 癸巳14	7 壬戌12	7 壬辰12	7 辛酉10
8 戊辰22	8 戊戌21	8 丁卯22	8 丁酉21	8 丁卯21	8 丙申⑲	8 丙寅19	8 乙未17	8 甲子15	8 甲午15	8 癸亥⑬	8 癸巳13	8 壬戌11
9 己巳㉓	9 己亥22	9 戊辰23	9 戊戌22	9 戊辰㉒	9 丁酉20	9 丁卯20	9 丙申18	9 乙丑16	9 乙未⑯	**9** 甲子14	**9** 甲午14	9 癸亥12
10庚午24	10庚子23	10己巳24	10己亥23	10己巳23	10戊戌21	10戊辰21	10丁酉19	10丙寅17	10丙申17	10乙丑15	10乙未15	10甲子13
11辛未25	11辛丑24	11庚午25	11庚子㉔	11庚午24	11己亥22	11己巳22	11戊戌20	11丁卯⑱	11丁酉18	11丙寅16	11丙申16	**11**乙丑14
12壬申26	12壬寅25	12辛未26	12辛丑25	12辛未25	12庚子23	12庚午23	12己亥㉑	12戊辰19	12戊戌19	12丁卯17	12丁酉17	12丙寅⑮
13癸酉27	13癸卯26	13壬申㉗	13壬寅26	13壬申26	13辛丑24	13辛未㉔	13庚子22	13己巳20	13己亥20	13戊辰18	13戊戌⑱	13丁卯16
14甲戌28	14甲辰㉗	14癸酉28	14癸卯27	14癸酉27	14壬寅25	14壬申25	14辛丑23	14庚午21	14庚子21	14己巳19	14己亥19	14戊辰17
15乙亥29	**15**乙巳28	15甲戌29	15甲辰28	15甲戌28	15癸卯㉖	15癸酉26	15壬寅24	15辛未22	15辛丑22	15庚午⑳	15庚子20	15己巳18
16丙子㉚	《3月》	**16**乙亥30	16乙巳29	16乙亥㉙	16甲辰27	16甲戌27	16癸卯25	16壬申23	16壬寅㉓	16辛未21	16辛丑21	16庚午19
17丁丑31	16丙午1	17丙子31	**17**丙午30	**17**丙子30	17乙巳28	17乙亥28	17甲辰26	17癸酉24	17癸卯24	17壬申22	17壬寅22	17辛未20
《2月》	17丁未2	《4月》	《5月》	18丁丑31	18丙午29	18丙子29	18乙巳27	18甲戌㉕	18甲辰25	18癸酉23	18癸卯23	18壬申21
18戊寅1	18戊申3	18丁丑1	18丁未①	《6月》	**19**丁未30	**19**丁丑30	19丙午㉘	19乙亥26	19乙巳26	19甲戌24	19甲辰24	19癸酉㉒
19己卯2	19己酉4	19戊寅2	19戊申2	19戊寅1	《7月》	20戊寅㉛	20丁未29	20丙子27	20丙午27	20乙亥25	20乙巳㉕	20甲戌23
20庚辰3	20庚戌5	20己卯③	20己酉3	20己卯2	20戊申1	《8月》	**21**戊申30	21丁丑28	21丁未28	21丙子26	21丙午26	21乙亥24
21辛巳4	21辛亥⑥	21庚辰4	21庚戌4	21庚辰3	21己酉2	21己卯1	22己酉31	**22**戊寅29	**22**戊申29	22丁丑㉗	22丁未27	22丙子25
22壬午5	22壬子7	22辛巳5	22辛亥5	22辛巳4	22庚戌③	22庚辰2	《9月》	23己卯30	23己酉㉚	23戊寅28	23戊申28	23丁丑26
23癸未⑥	23癸丑8	23壬午6	23壬子6	23壬午⑤	23辛亥4	23辛巳3	23庚戌1	《10月》	24庚戌31	**24**己卯29	**24**己酉29	24戊寅27
24甲申7	24甲寅9	24癸未7	24癸丑7	24癸未6	24壬子5	24壬午4	24辛亥2	24庚辰1	《11月》	25庚辰30	25庚戌30	25己卯28
25乙酉8	25乙卯10	25甲申8	25甲寅⑧	25甲申7	25癸丑6	25癸未5	25壬子3	25辛巳②	25辛亥1	《12月》	26辛亥31	**26**庚辰㉙
26丙戌9	26丙辰11	26乙酉9	26乙卯9	26乙酉8	26甲寅7	26甲申6	26癸丑④	26壬午3	26壬子2	26辛巳1	**1402年**	27辛巳30
27丁亥10	27丁巳12	27丙戌⑩	27丙辰10	27丙戌9	27乙卯8	27乙酉⑦	27甲寅5	27癸未4	27癸丑3	27壬午2	《1月》	28壬午31
28戊子11	28戊午⑬	28丁亥11	28丁巳11	28丁亥10	28丙辰9	28丙戌8	28乙卯6	28甲申5	28甲寅4	28癸未3	27壬子①	《2月》
29己丑12	29己未14	29戊子12	29戊午12	29戊子11	29丁巳⑩	29丁亥9	29丙辰7	29乙酉6	29乙卯5	29甲申④	28癸丑2	29癸未1
30庚寅⑬		30己丑13	30己未13		30戊午11			30丙戌7		30乙酉5	29甲寅3	30甲申2
立春15日 雨水30日	啓蟄15日	春分1日 清明16日	穀雨2日 立夏17日	小満2日 芒種17日	夏至4日 小暑19日	大暑4日 立秋19日	処暑5日 白露21日	秋分7日 寒露22日	霜降7日 立冬22日	小雪9日 大雪24日	冬至9日 小寒24日	大寒11日 立春26日

応永9年（1402－1403） 壬午

1月	2月	3月	4月	5月	6月	7月	8月	9月	10月	11月	12月
1 乙酉3	1 甲寅4	1 甲申3	1 甲寅3	《6月》	《7月》	**1** 壬午㉚	1 壬子29	1 辛巳27	1 辛亥27	1 庚辰25	1 庚戌25
2 丙戌4	2 乙卯⑤	2 乙酉4	2 乙卯4	1 癸未1	1 癸丑1	2 癸未31	**2** 癸丑30	2 壬午28	2 壬子28	2 辛巳㉖	2 辛亥26
3 丁亥⑤	3 丙辰6	3 丙戌5	3 丙辰5	2 甲申2	2 甲寅②	《8月》	3 甲寅31	**3** 癸未29	3 癸丑㉙	3 壬午27	3 壬子27
4 戊子6	4 丁巳7	4 丁亥6	4 丁巳6	3 乙酉3	3 乙卯3	3 甲申1	《9月》	4 甲申30	**4** 甲寅30	4 癸未28	4 癸丑28
5 己丑7	5 戊午8	5 戊子7	5 戊午⑦	4 丙戌④	4 丙辰4	4 乙酉2	4 乙卯1	《10月》	5 乙卯31	**5** 甲申29	5 甲寅29
6 庚寅8	6 己未9	6 己丑8	6 己未8	5 丁亥5	5 丁巳5	5 丙戌3	5 丙辰2	5 乙酉①	《11月》	6 乙酉30	**6** 乙卯30
7 辛卯9	7 庚申10	7 庚寅⑨	7 庚申9	6 戊子6	6 戊午6	6 丁亥4	6 丁巳③	6 丙戌2	6 丙辰1	《12月》	7 丙辰㉛
8 壬辰10	8 辛酉11	8 辛卯10	8 辛酉10	7 己丑7	7 己未7	7 戊子5	7 戊午4	7 丁亥3	7 丁巳2	7 丙戌1	**1403年**
9 癸巳11	9 壬戌⑫	9 壬辰11	9 壬戌11	8 庚寅8	8 庚申8	8 己丑⑥	8 己未5	8 戊子4	8 戊午3	8 丁亥2	《1月》
10甲午⑫	10癸亥13	10癸巳12	10癸亥12	9 辛卯9	9 辛酉⑨	9 庚寅7	9 庚申6	9 己丑5	9 己未4	9 戊子③	8 丁巳1
11乙未13	11甲子14	11甲午13	11甲子13	10壬辰10	10壬戌10	10辛卯8	10辛酉7	10庚寅6	10庚申⑤	10己丑4	9 戊午2
12丙申14	**12**乙丑15	12乙未14	12乙丑⑭	11癸巳⑪	11癸亥11	11壬辰9	11壬戌8	11辛卯7	11辛酉6	11庚寅5	10己未3
13丁酉15	13丙寅16	**13**丙申15	**13**丙寅15	12甲午12	12甲子12	12癸巳10	12癸亥9	12壬辰⑧	12壬戌7	12辛卯6	11庚申4
14戊戌16	14丁卯17	14丁酉⑯	14丁卯16	13乙未13	13乙丑13	13甲午11	13甲子⑩	13癸巳9	13癸亥8	13壬辰7	12辛酉5
15己亥17	15戊辰18	15戊戌17	15戊辰17	14丙申14	14丙寅14	14乙未12	14乙丑11	14甲午10	14甲子9	14癸巳8	13壬戌6
16庚子18	16己巳⑲	16己亥18	16己巳18	**15**丁酉15	**15**丁卯15	15丙申⑬	15丙寅12	15乙未11	15乙丑10	15甲午9	14癸亥⑦
17辛丑⑲	17庚午20	17庚子19	17庚午19	16戊戌16	16戊辰⑯	16丁酉14	16丁卯13	16丙申12	16丙寅11	16乙未⑩	15甲子8
18壬寅20	18辛未21	18辛丑20	18辛未20	17己亥17	17己巳17	**17**戊戌15	**17**戊辰14	17丁酉13	17丁卯⑫	17丙申11	16乙丑9
19癸卯21	19壬申22	19壬寅21	19壬申㉑	18庚子⑱	18庚午18	18己亥16	18己巳15	18戊戌14	18戊辰13	18丁酉12	17丙寅10
20甲辰22	20癸酉23	20癸卯22	20癸酉22	19辛丑19	19辛未19	19庚子17	19庚午16	**19**己亥⑮	**19**己巳14	19戊戌13	18丁卯11
21乙巳23	21甲戌24	21甲辰㉓	21甲戌23	20壬寅20	20壬申20	20辛丑18	20辛未⑰	20庚子16	20庚午15	**20**己亥14	19戊辰12
22丙午24	22乙亥25	22乙巳24	22乙亥24	21癸卯21	21癸酉21	21壬寅19	21壬申18	21辛丑17	21辛未16	21庚子15	20己巳13
23丁未25	23丙子㉖	23丙午25	23丙子25	22甲辰22	22甲戌22	22癸卯⑳	22癸酉19	22壬寅18	22壬申17	22辛丑16	**21**庚午⑭
24戊申㉖	24丁丑27	24丁未26	24丁丑26	23乙巳23	23乙亥㉓	23甲辰21	23甲戌20	23癸卯19	23癸酉18	23壬寅⑰	22辛未15
25己酉27	25戊寅28	25戊申27	25戊寅27	24丙午24	24丙子24	24乙巳22	24乙亥21	24甲辰20	24甲戌⑲	24癸卯18	23壬申16
26庚戌28	26己卯29	26己酉28	26己卯㉘	25丁未㉕	25丁丑25	25丙午23	25丙子22	25乙巳21	25乙亥20	25甲辰19	24癸酉17
《3月》	27庚辰30	27庚戌29	27庚辰29	26戊申26	26戊寅26	26丁未24	26丁丑23	26丙午㉒	26丙子21	26乙巳20	25甲戌18
27辛亥1	**28**辛巳31	**28**辛亥㉚	28辛巳30	27己酉27	27己卯27	27戊申25	27戊寅㉔	27丁未23	27丁丑22	27丙午21	26乙亥19
28壬子2	《4月》	《5月》	**29**壬午31	28庚戌28	28庚辰28	28己酉26	28己卯25	28戊申24	28戊寅23	28丁未22	27丙子20
29癸丑3	29壬午1	29壬子1		29辛亥29	29辛巳29	29庚戌㉗	29庚辰26	29己酉25	29己卯24	29戊申23	28丁丑㉑
	30癸未②	30癸丑2		**30**壬子30		30辛亥28		30庚戌26		30己酉㉔	29戊寅22
雨水11日 啓蟄26日	春分12日 清明28日	穀雨13日 立夏28日	小満13日 芒種29日	夏至15日 小暑30日	大暑15日	立秋1日 処暑17日	白露2日 秋分17日	寒露3日 霜降19日	立冬4日 小雪19日	大雪5日 冬至20日	小寒6日 大寒21日

応永 **10** 年（1403－1404） 癸未

1月	2月	3月	4月	5月	6月	7月	8月	9月	10月	閏10月	11月	12月
1 己卯23	1 己酉22	1 戊寅23	1 戊申㉒	1 丁丑21	1 丁未20	1 丁丑20	1 丙午18	1 丙子17	1 乙巳16	1 乙亥15	1 甲辰14	1 甲戌⑬
2 庚辰24	2 庚戌23	2 己卯24	2 己酉23	2 戊寅22	2 戊申21	2 戊寅21	2 丁未⑲	2 丁丑18	2 丙午17	2 丙子16	**2** 乙巳15	**2** 乙亥14
3 辛巳25	3 辛亥24	3 庚辰㉕	3 庚戌24	3 己卯23	3 己酉22	3 己卯㉒	3 戊申20	3 戊寅19	3 丁未18	3 丁丑17	3 丙午⑯	3 丙子15
4 壬午26	4 壬子㉕	4 辛巳26	4 辛亥25	4 庚辰24	4 庚戌23	4 庚辰23	4 己酉21	4 己卯20	4 戊申19	4 戊寅⑱	4 丁未17	4 丁丑16
5 癸未27	5 癸丑26	5 壬午27	5 壬子26	5 辛巳25	5 辛亥㉔	5 辛巳24	5 庚戌22	5 庚辰21	5 己酉20	5 己卯19	5 戊申18	5 戊寅17
6 甲申㉘	6 甲寅27	6 癸未28	6 癸丑27	6 壬午26	6 壬子25	6 壬午25	6 辛亥23	6 辛巳22	6 庚戌㉑	6 庚辰20	6 己酉19	6 己卯18
7 乙酉29	**7** 乙卯28	7 甲申29	7 甲寅28	7 癸未㉗	7 癸丑26	7 癸未26	7 壬子24	7 壬午㉓	7 辛亥22	7 辛巳21	7 庚戌20	7 庚辰19
8 丙戌30	《3月》	8 乙酉30	8 乙卯㉙	8 甲申28	8 甲寅27	8 甲申27	8 癸丑25	8 癸未24	8 壬子23	8 壬午22	8 辛亥21	8 辛巳⑳
9 丁亥31	8 丙辰 1	**9** 丙戌31	**9** 丙辰30	9 乙酉29	9 乙卯28	9 乙酉28	9 甲寅㉖	9 甲申25	9 癸丑24	9 癸未23	9 壬子22	9 壬午21
《2月》	9 丁巳 2	《4月》	《5月》	10丙戌30	10丙辰29	10丙戌㉙	10乙卯27	10乙酉26	10甲寅25	10甲申24	10癸丑㉓	10癸未22
10戊子 1	10戊午 3	10丁亥①	10丁巳 1	**11**丁亥31	**11**丁巳30	11丁亥30	11丙辰28	11丙戌27	11乙卯26	11乙酉㉕	11甲寅24	11甲申23
11己丑 2	11己未④	11戊子 2	11戊午 2	《6月》	《7月》	**12**戊子31	12丁巳29	12丁亥28	12丙辰27	12丙戌26	12乙卯25	12乙酉24
12庚寅 3	12庚申 5	12己丑 3	12己未 3	12戊子 1	12戊午①	《8月》	**13**戊午30	13戊子29	13丁巳㉘	13丁亥27	13丙辰26	13丙戌25
13辛卯④	13辛酉 6	13庚寅 4	13庚申 4	13己丑 2	13己未 2	13己丑 1	14己未31	**14**己丑㉚	14戊午29	14戊子28	14丁巳27	14丁亥26
14壬辰 5	14壬戌 7	14辛卯 5	14辛酉 5	14庚寅③	14庚申 3	14庚寅 2	《9月》	《10月》	**15**己未30	**15**己丑29	15戊午28	15戊子㉗
15癸巳 6	15癸亥 8	15壬辰 6	15壬戌⑥	15辛卯 4	15辛酉 4	15辛卯 3	15庚申 1	15庚寅 1	16庚申31	16庚寅30	16己未29	16己丑28
16甲午 7	16甲子 9	16癸巳 7	16癸亥 7	16壬辰 5	16壬戌 5	16壬辰 4	16辛酉②	16辛卯 2	《11月》	《12月》	**17**庚申㉚	**17**庚寅29
17乙未 8	17乙丑10	17甲午⑧	17甲子 8	17癸巳 6	17癸亥 6	17癸巳⑤	17壬戌 3	17壬辰 3	17辛酉 1	17辛卯 1	18辛酉31	18辛卯30
18丙申 9	18丙寅⑪	18乙未 9	18乙丑 9	18甲午 7	18甲子 7	18甲午 6	18癸亥 4	18癸巳 4	18壬戌 2	18壬辰②	**1404年**	19壬辰31
19丁酉10	19丁卯12	19丙申10	19丙寅10	19乙未 8	19乙丑⑧	19乙未 7	19甲子 5	19甲午 5	19癸亥 3	19癸巳 3	《1月》	《2月》
20戊戌⑪	20戊辰13	20丁酉11	20丁卯11	20丙申 9	20丙寅 9	20丙申 8	20乙丑 6	20乙未 6	20甲子④	20甲午 4	19壬戌 1	20癸巳 1
21己亥12	21己巳14	21戊戌12	21戊辰12	21丁酉⑩	21丁卯10	21丁酉 9	21丙寅 7	21丙申⑦	21乙丑 5	21乙未 5	20癸亥 2	21甲午 2
22庚子13	22庚午15	22己亥13	22己巳⑬	22戊戌11	22戊辰11	22戊戌10	22丁卯 8	22丁酉 8	22丙寅 6	22丙申 6	21甲子 3	22乙未③
23辛丑14	**23**辛未16	23庚子14	23庚午14	23己亥12	23己巳12	23己亥11	23戊辰⑨	23戊戌 9	23丁卯 7	23丁酉 7	22乙丑 4	23丙申 4
24壬寅15	24壬申17	**24**辛丑⑮	24辛未15	24庚子13	24庚午13	24庚子⑫	24己巳10	24己亥10	24戊辰 8	24戊戌 8	23丙寅 5	24丁酉 5
25癸卯16	25癸酉⑱	25壬寅16	**25**壬申16	25辛丑14	25辛未14	25辛丑13	25庚午11	25庚子11	25己巳 9	25己亥⑨	24丁卯⑥	25戊戌 6
26甲辰17	26甲戌19	26癸卯17	26癸酉17	**26**壬寅15	**26**壬申⑮	26壬寅14	26辛未12	26辛丑12	26庚午10	26庚子10	25戊辰 7	26己亥 7
27乙巳⑱	27乙亥20	27甲辰18	27甲戌18	27癸卯16	27癸酉16	**27**癸卯15	27壬申13	27壬寅13	27辛未⑪	27辛丑11	26己巳 8	27庚子 8
28丙午19	28丙子21	28乙巳19	28乙亥19	28甲辰⑰	28甲戌17	28甲辰16	**28**癸酉14	28癸卯⑭	28壬申12	28壬寅12	27庚午 9	28辛丑 9
29丁未20	29丁丑22	29丙午20	29丙子⑳	29乙巳18	29乙亥18	29乙巳17	29甲戌15	**29**甲辰15	29癸酉13	29癸卯13	28辛未10	29壬寅⑩
30戊申21		30丁未21		30丙午19	30丙子19		30乙亥⑯		**30**甲戌14		29壬申11	
											30癸酉12	
立春 7日 雨水 22日	啓蟄 7日 春分 23日	清明 9日 穀雨 24日	立夏 9日 小満 25日	芒種 11日 夏至 26日	小暑 11日 大暑 26日	立秋 12日 処暑 27日	白露 13日 秋分 28日	寒露 14日 霜降 29日	立冬 15日 小雪 30日	大雪15日	冬至 2日 小寒 17日	大寒 2日 立春 17日

応永 **11** 年（1404－1405） 甲申

1月	2月	3月	4月	5月	6月	7月	8月	9月	10月	11月	12月
1 癸卯11	1 癸酉12	1 壬寅10	1 壬申10	1 辛丑⑧	1 辛未 8	1 庚子 6	1 庚午 5	1 庚子⑤	1 己巳 3	1 己亥 3	**1405年**
2 甲辰12	2 甲戌13	2 癸卯11	2 癸酉⑪	2 壬寅 9	2 壬申 9	2 辛丑 7	2 辛未 6	2 辛丑 6	2 庚午 4	2 庚子 4	《1月》
3 乙巳13	3 乙亥14	3 甲辰12	3 甲戌12	3 癸卯10	3 癸酉10	3 壬寅 8	3 壬申⑦	3 壬寅 7	3 辛未 5	3 辛丑 5	1 戊辰 1
4 丙午14	**4** 丙子15	4 乙巳⑬	4 乙亥13	4 甲辰11	4 甲戌11	4 癸卯 9	4 癸酉 8	4 癸卯 8	4 壬申 6	4 壬寅 6	2 己巳 2
5 丁未15	5 丁丑⑯	**5** 丙午14	5 丙子14	5 乙巳12	5 乙亥12	5 甲辰⑩	5 甲戌 9	5 甲辰 9	5 癸酉 7	5 癸卯⑦	3 庚午 3
6 戊申16	6 戊寅17	6 丁未15	**6** 丁丑15	6 丙午13	6 丙子⑬	6 乙巳11	6 乙亥10	6 乙巳10	6 甲戌 8	6 甲辰 8	4 辛未④
7 己酉⑰	7 己卯18	7 戊申16	7 戊寅16	**7** 丁未14	7 丁丑14	7 丙午12	7 丙子11	7 丙午11	7 乙亥⑨	7 乙巳 9	5 壬申 5
8 庚戌18	8 庚辰19	8 己酉17	8 己卯17	8 戊申⑮	**8** 戊寅15	8 丁未13	8 丁丑12	8 丁未⑫	8 丙子10	8 丙午10	6 癸酉 6
9 辛亥19	9 辛巳20	9 庚戌18	9 庚辰⑱	9 己酉16	9 己卯16	**9** 戊申14	9 戊寅13	9 戊申13	9 丁丑11	9 丁未11	7 甲戌 7
10壬子20	10壬午21	10辛亥19	10辛巳19	10庚戌17	10庚辰17	10己酉15	**10**己卯⑭	**10**己酉14	10戊寅12	10戊申12	8 乙亥 8
11癸丑21	11癸未22	11壬子⑳	11壬午20	11辛亥18	11辛巳18	11庚戌16	11庚辰15	11庚戌15	**11**己卯13	11己酉13	9 丙子 9
12甲寅22	12甲申㉓	12癸丑21	12癸未21	12壬子19	12壬午19	12辛亥⑰	12辛巳16	12辛亥16	12庚辰14	**12**庚戌⑭	10丁丑10
13乙卯23	13乙酉24	13甲寅22	13甲申22	13癸丑20	13癸未⑳	13壬子18	13壬午17	13壬子17	13辛巳15	13辛亥15	11戊寅⑪
14丙辰㉔	14丙戌25	14乙卯23	14乙酉23	14甲寅21	14甲申21	14癸丑19	14癸未18	14癸丑18	14壬午⑯	14壬子16	12己卯12
15丁巳25	15丁亥26	15丙辰24	15丙戌24	15乙卯㉒	15乙酉22	15甲寅20	15甲申19	15甲寅⑲	15癸未17	15癸丑17	**13**庚辰13
16戊午26	16戊子27	16丁巳25	16丁亥㉕	16丙辰23	16丙戌23	16乙卯21	16乙酉20	16乙卯20	16甲申18	16甲寅18	14辛巳14
17己未27	17己丑28	17戊午26	17戊子26	17丁巳24	17丁亥24	17丙辰22	17丙戌㉑	17丙辰21	17乙酉19	17乙卯19	15壬午15
18庚申28	18庚寅29	18己未㉗	18己丑27	18戊午25	18戊子25	18丁巳23	18丁亥22	18丁巳22	18丙戌20	18丙辰20	16癸未16
19辛酉29	**19**辛卯㉚	19庚申28	19庚寅28	19己未26	19己丑26	19戊午㉔	19戊子23	19戊午23	19丁亥21	19丁巳㉑	17甲申17
《3月》	20壬辰31	20辛酉29	20辛卯29	20庚申27	20庚寅㉗	20己未25	20己丑24	20己未24	20戊子22	20戊午22	18乙酉⑱
20壬戌 1	《4月》	**21**壬戌30	**21**壬辰30	21辛酉28	21辛卯28	21庚申26	21庚寅25	21庚申25	21己丑㉓	21己未23	19丙戌19
21癸亥②	21癸巳 1	《5月》	22癸巳31	**22**壬戌㉙	22壬辰29	22辛酉27	22辛卯26	22辛酉㉖	22庚寅24	22庚申24	20丁亥20
22甲子 3	22甲午 2	22癸亥 1	《6月》	23癸亥30	**23**癸巳30	23壬戌28	23壬辰27	23壬戌27	23辛卯25	23辛酉25	21戊子21
23乙丑 4	23乙未 3	23甲子 2	23甲午①	《7月》	24甲午31	**24**癸亥29	24癸巳㉘	24癸亥28	24壬辰26	24壬戌26	22己丑22
24丙寅 5	24丙申 4	24乙丑 3	24乙未 2	24甲子 1	《8月》	25甲子30	**25**甲午29	**25**甲子29	25癸巳27	25癸亥27	23庚寅23
25丁卯 6	25丁酉 5	25丙寅④	25丙申 3	25乙丑 2	25乙未 1	26乙丑㉛	26乙未30	26乙丑30	26甲午28	26甲子㉘	24辛卯24
26戊辰 7	26戊戌⑥	26丁卯 5	26丁酉 4	26丙寅 3	26丙申 2	《9月》	《10月》	27丙寅31	**27**乙未29	**27**乙丑29	25壬辰㉕
27己巳 8	27己亥 7	27戊辰 6	27戊戌 5	27丁卯 4	27丁酉③	27丙寅 1	27丙申 1	《11月》	28丙申㉚	28丙寅30	26癸巳26
28庚午⑨	28庚子 8	28己巳 7	28己亥 6	28戊辰 5	28戊戌 4	28丁卯 2	28丁酉 2	28丁卯 1	《12月》	29丁卯31	27甲午27
29辛未10	29辛丑 9	29庚午 8	29庚子 7	29己巳⑥	29己亥 5	29戊辰 3	29戊戌 3	29戊辰②	29丁酉 1		28乙未28
30壬申11		30辛未 9		30庚午 7		30己巳 4	30己亥 4		30戊戌 2		**29**丙申29
											30丁酉30
雨水 4日 啓蟄 19日	春分 4日 清明 19日	穀雨 5日 立夏 21日	小満 6日 芒種 21日	夏至 7日 小暑 22日	大暑 8日 立秋 23日	処暑 9日 白露 24日	秋分 10日 寒露 25日	霜降 10日 立冬 25日	小雪 11日 大雪 27日	冬至 12日 小寒 27日	大寒 13日 立春 29日

応永 **12** 年（1405－1406） 乙酉

1月	2月	3月	4月	5月	6月	7月	8月	9月	10月	11月	12月
1 戊戌31	《3月》	1 丁酉31	1 丙寅29	1 乙未28	1 乙丑27	1 甲午㉖	1 甲子25	1 甲午24	1 癸亥23	1 癸巳㉒	1 癸亥22
《2月》	1 丁卯①	《4月》	**2** 丁卯30	2 丙申29	2 丙寅㉘	2 乙未27	2 乙丑26	2 乙未25	2 甲子24	2 甲午23	2 甲子23
2 己亥①	2 戊辰 2	2 戊戌 1	《5月》	**3** 丁酉30	3 丁卯29	3 丙申28	3 丙寅27	3 丙申26	3 乙丑㉕	3 乙未24	3 乙丑24
3 庚子 2	3 己巳 3	3 己亥 2	3 戊辰 1	4 戊戌㉛	**4** 戊辰30	4 丁酉29	4 丁卯28	4 丁酉㉗	4 丙寅26	4 丙申25	4 丙寅25
4 辛丑 3	4 庚午 4	4 庚子 3	4 己巳 2	《6月》	《7月》	**5** 戊戌30	5 戊辰29	5 戊戌28	5 丁卯27	5 丁酉26	5 丁卯26
5 壬寅 4	5 辛未 5	5 辛丑 4	5 庚午③	5 己亥 1	5 己巳 1	6 己亥31	**6** 己巳㉚	**6** 己亥29	6 戊辰28	6 戊戌27	6 戊辰㉗
6 癸卯 5	6 壬申 6	6 壬寅⑤	6 辛未 4	6 庚子 2	6 庚午 2	《8月》	7 庚午31	7 庚子30	**7** 己巳29	7 己亥28	7 己巳28
7 甲辰 6	7 癸酉 7	7 癸卯 6	7 壬申 5	7 辛丑 3	7 辛未 3	7 庚子 1	《9月》	《10月》	8 庚午30	**8** 庚子㉙	**8** 庚午29
8 乙巳 7	8 甲戌⑧	8 甲辰 7	8 癸酉 6	8 壬寅 4	8 壬申 4	8 辛丑②	8 辛未 1	8 辛丑 1	9 辛未31	9 辛丑30	9 辛未30
9 丙午⑧	9 乙亥 9	9 乙巳 8	9 甲戌 7	9 癸卯 5	9 癸酉⑤	9 壬寅 3	9 壬申 2	9 壬寅 2	《11月》	《12月》	10壬申31
10丁未 9	10丙子10	10丙午 9	10乙亥 8	10甲辰 6	10甲戌 6	10癸卯 4	10癸酉 3	10癸卯 3	10壬申①	10壬寅 1	**1406 年**
11戊申10	11丁丑11	11丁未10	11丙子 9	11乙巳⑦	11乙亥 7	11甲辰 5	11甲戌 4	11甲辰④	11癸酉 2	11癸卯 2	《1月》
12己酉11	12戊寅12	12戊申11	12丁丑⑩	12丙午 8	12丙子 8	12乙巳 6	12乙亥 5	12乙巳 5	12甲戌 3	12甲辰 3	11癸酉 1
13庚戌12	13己卯13	13己酉⑫	13戊寅11	13丁未 9	13丁丑 9	13丙午 7	13丙子⑥	13丙午 6	13乙亥 4	13乙巳 4	12甲戌 2
14辛亥13	14庚辰14	14庚戌13	14己卯12	14戊申10	14戊寅10	14丁未 8	14丁丑 7	14丁未 7	14丙子 5	14丙午 5	13乙亥③
15壬子14	**15**辛巳⑮	15辛亥14	15庚辰13	15己酉11	15己卯11	15戊申⑨	15戊寅 8	15戊申 8	15丁丑 6	15丁未⑥	14丙子 4
16癸丑⑮	16壬午16	**16**壬子15	16辛巳14	16庚戌12	16庚辰⑫	16己酉10	16己卯 9	16己酉 9	16戊寅 7	16戊申 7	15丁丑 5
17甲寅16	17癸未17	17癸丑16	**17**壬午15	17辛亥13	17辛巳13	17庚戌11	17庚辰10	17庚戌10	17己卯⑧	17己酉 8	16戊寅 6
18乙卯17	18甲申18	18甲寅17	18癸未16	18壬子⑭	18壬午14	18辛亥12	18辛巳11	18辛亥⑪	18庚辰 9	18庚戌 9	17己卯 7
19丙辰18	19乙酉19	19乙卯18	19甲申⑰	**19**癸丑15	**19**癸未15	19壬子13	19壬午12	19壬子12	19辛巳10	19辛亥10	18庚辰 8
20丁巳19	20丙戌20	20丙辰⑲	20乙酉18	20甲寅16	20甲申16	**20**癸丑14	20癸未⑬	20癸丑13	20壬午11	20壬子11	19辛巳 9
21戊午20	21丁亥21	21丁巳20	21丙戌19	21乙卯17	21乙酉17	21甲寅15	**21** 甲申14	**21** 甲寅14	21癸未12	21癸丑12	20壬午⑩
22己未21	22戊子㉒	22戊午21	22丁亥20	22丙辰18	22丙戌18	22乙卯⑯	22乙酉15	22乙卯15	22甲申13	22甲寅⑬	21癸未11
23庚申㉒	23己丑23	23己未22	23戊子21	23丁巳19	23丁亥⑲	23丙辰17	23丙戌16	23丙辰16	**23**乙酉14	**23**乙卯14	22甲申12
24辛酉23	24庚寅24	24庚申23	24己丑22	24戊午20	24戊子20	24丁巳18	24丁亥17	24丁巳17	24丙戌⑮	24丙辰15	23乙酉13
25壬戌24	25辛卯25	25辛酉24	25庚寅23	25己未㉑	25己丑21	25戊午19	25戊子18	25戊午⑱	25丁亥16	25丁巳16	**24**丙戌14
26癸亥25	26壬辰26	26壬戌25	26辛卯㉔	26庚申22	26庚寅22	26己未20	26己丑19	26己未19	26戊子17	26戊午17	25丁亥15
27甲子26	27癸巳27	27癸亥㉖	27壬辰25	27辛酉23	27辛卯23	27庚申21	27庚寅⑳	27庚申20	27己丑18	27己未18	26戊子16
28乙丑27	28甲午28	28甲子27	28癸巳26	28壬戌24	28壬辰24	28辛酉22	28辛卯21	28辛酉21	28庚寅19	28庚申19	27己丑⑰
29丙寅28	29乙未㉙	29乙丑28	29甲午27	29癸亥25	29癸巳25	29壬戌㉓	29壬辰22	29壬戌22	29辛卯20	29辛酉⑳	28庚寅18
	30丙申30			30甲子26		30癸亥24	30癸巳23		30壬辰21	30壬戌21	29辛卯19

雨水 14日	春分 15日	穀雨 16日	立夏 2日	芒種 3日	小暑 4日	立秋 5日	白露 6日	寒露 6日	立冬 7日	大雪 8日	小寒 8日
啓蟄 29日	清明 30日		小満 17日	夏至 19日	大暑 19日	処暑 20日	秋分 21日	霜降 21日	小雪 23日	冬至 23日	大寒 24日

応永 **13** 年（1406－1407） 丙戌

1月	2月	3月	4月	5月	6月	閏6月	7月	8月	9月	10月	11月	12月
1 壬辰20	1 壬戌19	1 辛卯20	1 辛酉19	1 庚寅18	1 己未16	1 己丑16	1 戊午14	1 戊子13	1 丁巳12	1 丁亥11	1 丁巳11	1 丁亥10
2 癸巳21	2 癸亥20	2 壬辰㉑	2 壬戌20	2 辛卯19	2 庚申17	2 庚寅17	**2** 己未⑮	**2** 己丑14	2 戊午13	2 戊子12	2 戊午⑫	2 戊子11
3 甲午22	3 甲子㉑	3 癸巳22	3 癸亥21	3 壬辰20	3 辛酉18	3 辛卯⑱	3 庚申16	3 庚寅15	3 己未14	3 己丑13	3 己未13	3 己丑12
4 乙未23	4 乙丑22	4 甲午23	4 甲子22	4 癸巳21	4 壬戌19	4 壬辰19	4 辛酉17	4 辛卯16	**4** 庚申15	**4** 庚寅⑭	**4** 庚申14	4 庚寅13
5 丙申㉔	5 丙寅23	5 乙未24	5 乙丑23	5 甲午22	5 癸亥⑳	5 癸巳20	5 壬戌18	5 壬辰17	5 辛酉16	5 辛卯15	5 辛酉15	**5** 辛卯14
6 丁酉25	6 丁卯24	6 丙申25	6 丙寅24	6 乙未㉓	6 甲子21	6 甲午21	6 癸亥19	6 癸巳18	6 壬戌⑰	6 壬辰16	6 壬戌16	6 壬辰15
7 戊戌26	7 戊辰25	7 丁酉26	7 丁卯㉕	7 丙申24	7 乙丑22	7 乙未22	7 甲子20	7 甲午⑲	7 癸亥18	7 癸巳17	7 癸亥17	7 癸巳⑯
8 己亥27	8 己巳26	8 戊戌27	8 戊辰26	8 丁酉25	8 丙寅23	8 丙申23	8 乙丑21	8 乙未20	8 甲子19	8 甲午18	8 甲子18	8 甲午17
9 庚子28	9 庚午27	9 己亥㉘	9 己巳27	9 戊戌26	9 丁卯24	9 丁酉24	9 丙寅㉒	9 丙申21	9 乙丑20	9 乙未19	9 乙丑⑲	9 乙未18
10辛丑29	**10**辛未㉘	10庚子29	10庚午28	10己亥27	10戊辰25	10戊戌㉕	10丁卯23	10丁酉22	10丙寅21	10丙申20	10丙寅20	10丙申19
11壬寅30	《3月》	11辛丑30	11辛未29	11庚子28	11己巳26	11己亥26	11戊辰24	11戊戌23	11丁卯22	11丁酉㉑	11丁卯21	11丁酉20
12癸卯㉛	11壬申 1	**12**壬寅31	**12**壬申30	12辛丑29	12庚午㉗	12庚子27	12己巳25	12己亥24	12戊辰23	12戊戌22	12戊辰22	12戊戌21
《2月》	12癸酉 2	《4月》	《5月》	13壬寅㉚	13辛未28	13辛丑28	13庚午26	13庚子25	13己巳㉔	13己亥23	13己巳23	13己亥22
13甲辰 1	13甲戌 3	13癸卯 1	13癸酉 1	**14**癸卯31	14壬申29	14壬寅29	14辛未27	14辛丑㉖	14庚午25	14庚子24	14庚午24	14庚子㉓
14乙巳 2	14乙亥 4	14甲辰 2	14甲戌②	《6月》	**15**癸酉30	**15**癸卯30	15壬申28	15壬寅27	15辛未26	15辛丑25	15辛未25	15辛丑24
15丙午 3	15丙子 5	15乙巳 3	15乙亥 3	15甲辰 1	《7月》	16甲辰31	16癸酉㉙	16癸卯28	16壬申27	16壬寅26	16壬申㉖	16壬寅25
16丁未 4	16丁丑 6	16丙午④	16丙子 4	16乙巳 2	16甲戌 1	《8月》	**17**甲戌30	**17**甲辰29	17癸酉28	17癸卯27	17癸酉27	17癸卯26
17戊申 5	17戊寅⑦	17丁未 5	17丁丑 5	17丙午 3	17乙亥 2	17乙巳①	18乙亥31	18乙巳30	18甲戌29	18甲辰㉘	18甲戌28	18甲辰27
18己酉 6	18己卯 8	18戊申 6	18戊寅 6	18丁未 4	18丙子 3	18丙午 2	《9月》	《10月》	**19**乙亥30	**19**乙巳29	19乙亥29	19乙巳28
19庚戌⑦	19庚辰 9	19己酉 7	19己卯 7	19戊申 5	19丁丑④	19丁未 3	19丙子 1	19丙午 1	20丙子㉛	20丙午30	**20**丙子30	**20**丙午29
20辛亥 8	20辛巳10	20庚戌 8	20庚辰 8	20己酉⑥	20戊寅 5	20戊申 4	20丁丑 2	20丁未 2	《11月》	《12月》	21丁丑31	21丁未㉚
21壬子 9	21壬午11	21辛亥 9	21辛巳⑨	21庚戌 7	21己卯 6	21己酉 5	21戊寅 3	21戊申③	21丁丑 1	21丁未 1	**1407 年**	22戊申31
22癸丑10	22癸未12	22壬子10	22壬午10	22辛亥 8	22庚辰 7	22庚戌 6	22己卯 4	22己酉 4	22戊寅 2	22戊申 2	《1月》	《2月》
23甲寅11	23甲申13	23癸丑⑪	23癸未11	23壬子 9	23辛巳 8	23辛亥 7	23庚辰⑤	23庚戌 5	23己卯 3	23己酉 3	22戊寅 1	23己酉 1
24乙卯12	24乙酉⑭	24甲寅12	24甲申12	24癸丑10	24壬午 9	24壬子⑧	24辛巳 6	24辛亥 6	24庚辰 4	24庚戌 4	23己卯②	24庚戌 2
25丙辰13	**25**丙戌15	25乙卯13	25乙酉13	25甲寅11	25癸未10	25癸丑 9	25壬午 7	25壬子 7	25辛巳 5	25辛亥⑤	24庚辰 3	25辛亥 3
26丁巳⑭	26丁亥16	26丙辰14	26丙戌14	26乙卯12	26甲申⑪	26甲寅10	26癸未 8	26癸丑 8	26壬午 6	26壬子 6	25辛巳 4	26壬子 4
27戊午15	27戊子17	**27**丁巳15	**27**丁亥15	27丙辰⑬	27乙酉12	27乙卯11	27甲申 9	27甲寅 9	27癸未⑦	27癸丑 7	26壬午 5	27癸丑 5
28己未16	28己丑18	28戊午16	28戊子⑯	28丁巳14	28丙戌13	28丙辰12	28乙酉10	28乙卯⑩	28甲申 8	28甲寅 8	27癸未 6	28甲寅⑥
29庚申17	29庚寅19	29己未17	29己丑17	**29**戊午15	29丁亥14	29丁巳13	29丙戌11	29丙辰11	29乙酉 9	29乙卯 9	28甲申 7	29乙卯 7
30辛酉18		30庚申⑱			**30**戊子15		30丁亥⑫		30丙戌10	30丙辰10	29乙酉 8	
											30丙戌⑨	

立春 10日	啓蟄 10日	清明 12日	立夏 12日	芒種 14日	小暑 15日	立秋15日	処暑 2日	秋分 2日	霜降 4日	小雪 4日	冬至 4日	大寒 5日
雨水 25日	春分 25日	穀雨 27日	小満 27日	夏至 29日	大暑 30日		白露 17日	寒露 17日	立冬 19日	大雪 19日	小寒 20日	立春 20日

応永**14**年（1407－1408） 丁亥

1月	2月	3月	4月	5月	6月	7月	8月	9月	10月	11月	12月
1丙辰8 2丁巳9 3戊午10 4己未11 5庚申12 **6**辛酉⑬ 7壬戌14 8癸亥15 9甲子16 10乙丑17 11丙寅18 12丁卯19 13戊辰⑳ 14己巳21 15庚午22 16辛未23 17壬申24 18癸酉25 19甲戌26 20乙亥㉗ **21**丙子28 《3月》 22丁丑1 23戊寅2 24己卯3 25庚辰4 26辛巳5 27壬午⑥ 28癸未7 29甲申8 30乙酉9	1丙戌10 2丁亥11 3戊子12 4己丑⑬ 5庚寅14 6辛卯15 **7**壬辰16 8癸巳17 9甲午18 10乙未19 11丙申⑳ 12丁酉21 13戊戌22 14己亥23 15庚子24 16辛丑25 17壬寅26 18癸卯㉗ 19甲辰28 20乙巳29 21丙午30 **22**丁未31 《4月》 23戊申1 24己酉2 25庚戌③ 26辛亥4 27壬子5 28癸丑6 29甲寅7	1乙卯8 2丙辰9 3丁巳⑩ 4戊午11 5己未12 6庚申13 7辛酉14 **8**壬戌15 9癸亥16 10甲子⑰ 11乙丑18 12丙寅19 13丁卯20 14戊辰21 15己巳22 16庚午23 17辛未㉔ 18壬申25 19癸酉26 20甲戌27 21乙亥28 22丙子29 **23**丁丑30 《5月》 24戊寅① 25己卯2 26庚辰3 27辛巳4 28壬午5 29癸未6 30甲申7	1乙酉⑧ 2丙戌9 3丁亥10 4戊子11 5己丑12 6庚寅13 7辛卯14 8壬辰⑮ **9**癸巳16 10甲午17 11乙未18 12丙申19 13丁酉20 14戊戌21 15己亥㉒ 16庚子23 17辛丑24 18壬寅25 19癸卯26 20甲辰27 21乙巳28 22丙午㉙ 23丁未30 **24**戊申31 《6月》 25己酉1 26庚戌2 27辛亥3 28壬子4 29癸丑⑤	1甲寅6 2乙卯7 3丙辰8 4丁巳9 5戊午10 6己未11 7庚申⑫ 8辛酉13 9壬戌14 **10**癸亥15 11甲子16 12乙丑17 13丙寅18 14丁卯⑲ 15戊辰20 16己巳21 17庚午22 18辛未23 19壬申24 20癸酉25 21甲戌㉖ 22乙亥27 23丙子28 24丁丑29 **25**戊寅30 《7月》 26己卯1 27庚辰2 28辛巳③ 29壬午4	1癸未5 2甲申6 3乙酉7 4丙戌8 5丁亥9 6戊子⑩ 7己丑11 8庚寅12 9辛卯13 10壬辰14 **11**癸巳15 12甲午16 13乙未⑰ 14丙申18 15丁酉19 16戊戌20 17己亥21 18庚子22 19辛丑23 20壬寅㉔ 21癸卯25 22甲辰26 23乙巳27 24丙午28 25丁未29 26戊申30 **27**己酉㉛ 《8月》 28庚戌1 29辛亥2 30壬子3	1癸丑4 2甲寅5 3乙卯6 4丙辰⑦ 5丁巳8 6戊午9 7己未10 8庚申11 9辛酉12 10壬戌13 11癸亥⑭ **12**甲子15 13乙丑16 14丙寅17 15丁卯18 16戊辰19 17己巳20 18庚午㉑ 19辛未22 20壬申23 21癸酉24 22甲戌25 23乙亥26 24丙子27 25丁丑㉘ 26戊寅29 **27**己卯30 28庚辰31 《9月》 29辛巳1	1壬午2 2癸未3 3甲申④ 4乙酉5 5丙戌6 6丁亥7 7戊子8 8己丑9 9庚寅10 10辛卯⑪ 11壬辰12 12癸巳13 **13**甲午14 14乙未15 15丙申16 16丁酉17 17戊戌⑱ 18己亥19 19庚子20 20辛丑21 21壬寅22 22癸卯23 23甲辰24 24乙巳㉕ 25丙午26 26丁未27 27戊申28 28己酉29 **29**庚戌30 《10月》 30辛亥1	1壬子② 2癸丑3 3甲寅4 4乙卯5 5丙辰6 6丁巳7 7戊午8 8己未⑨ 9庚申10 10辛酉11 11壬戌12 12癸亥13 13甲子14 **14**乙丑15 15丙寅⑯ 16丁卯17 17戊辰18 18己巳19 19庚午20 20辛未21 21壬申22 22癸酉㉓ 23甲戌24 24乙亥25 25丙子26 26丁丑27 27戊寅28 28己卯29 **29**庚辰㉚	1辛巳31 《11月》 2壬午1 3癸未2 4甲申3 5乙酉4 6丙戌5 7丁亥⑥ 8戊子7 9己丑8 10庚寅9 11辛卯10 12壬辰11 13癸巳12 14甲午⑬ **15**乙未14 16丙申15 17丁酉16 18戊戌17 19己亥18 20庚子19 21辛丑⑳ 22壬寅21 23癸卯22 24甲辰23 25乙巳24 26丙午25 27丁未26 28戊申㉗ 29己酉28 **30**庚戌29	1辛亥30 《12月》 2壬子1 3癸丑2 4甲寅3 5乙卯④ 6丙辰5 7丁巳6 8戊午7 9己未8 10庚申9 11辛酉10 12壬戌⑪ 13癸亥12 14甲子13 15乙丑14 **16**丙寅15 17丁卯16 18戊辰17 19己巳⑱ 20庚午19 21辛未20 22壬申21 23癸酉22 24甲戌23 25乙亥24 26丙子㉕ 27丁丑26 28戊寅27 29己卯28 30庚辰29	**1**辛巳30 2壬午31 **1408年** 《1月》 3癸未① 4甲申2 5乙酉3 6丙戌4 7丁亥5 8戊子6 9己丑7 10庚寅⑧ 11辛卯9 12壬辰10 13癸巳11 14甲午12 15乙未13 **16**丙申14 17丁酉⑮ 18戊戌16 19己亥17 20庚子18 21辛丑19 22壬寅20 23癸卯21 24甲辰㉒ 25乙巳23 26丙午24 27丁未25 28戊申26 29己酉27 30庚戌28
雨水6日 啓蟄21日	春分7日 清明22日	穀雨8日 立夏23日	小満9日 芒種24日	夏至10日 小暑25日	大暑11日 立秋27日	処暑12日 白露27日	秋分13日 寒露29日	霜降14日 立冬29日	小雪15日 大雪30日	冬至16日	小寒1日 大寒16日

応永**15**年（1408－1409） 戊子

1月	2月	3月	4月	5月	6月	7月	8月	9月	10月	11月	12月
1辛亥㉙ 2壬子30 3癸丑31 《2月》 4甲寅1 5乙卯2 6丙辰3 7丁巳4 8戊午⑤ 9己未6 10庚申7 11辛酉8 12壬戌9 13癸亥10 14甲子11 15乙丑⑫ **16**丙寅13 17丁卯14 18戊辰15 19己巳16 20庚午17 21辛未18 22壬申⑲ 23癸酉20 24甲戌21 25乙亥22 26丙子23 27丁丑24 28戊寅25 29己卯㉖	1庚辰27 2辛巳28 **3**壬午29 《3月》 4癸未1 5甲申2 6乙酉3 7丙戌④ 8丁亥5 9戊子6 10己丑7 11庚寅8 12辛卯9 13壬辰10 14癸巳⑪ 15甲午12 16乙未13 17丙申14 **18**丁酉15 19戊戌16 20己亥17 21庚子⑱ 22辛丑19 23壬寅20 24癸卯21 25甲辰22 26乙巳23 27丙午24 28丁未㉕ 29戊申26 30己酉27	1庚戌28 2辛亥29 **3**壬子30 4癸丑31 《4月》 5甲寅① 6乙卯2 7丙辰3 8丁巳4 9戊午5 10己未6 11庚申7 12辛酉⑧ 13壬戌9 14癸亥10 15甲子11 16乙丑12 17丙寅13 **18**丁卯14 19戊辰⑮ 20己巳16 21庚午17 22辛未18 23壬申19 24癸酉20 25甲戌21 26乙亥㉒ 27丙子23 28丁丑24 29戊寅25	1己卯26 2庚辰27 3辛巳28 4壬午㉙ **5**癸未30 《5月》 6甲申1 7乙酉2 8丙戌3 9丁亥4 10戊子5 11己丑⑥ 12庚寅7 13辛卯8 14壬辰9 15癸巳10 16甲午11 17乙未12 18丙申⑬ 19丁酉14 **20**戊戌15 21己亥16 22庚子17 23辛丑18 24壬寅19 25癸卯⑳ 26甲辰21 27乙巳22 28丙午23 29丁未24 30戊申25	1己酉26 2庚戌㉗ 3辛亥28 4壬子29 **5**癸丑30 6甲寅31 《6月》 7乙卯1 8丙辰2 9丁巳③ 10戊午4 11己未5 12庚申6 13辛酉7 14壬戌8 15癸亥9 16甲子⑩ 17乙丑11 18丙寅12 19丁卯13 **20**戊辰14 21己巳15 22庚午16 23辛未⑰ 24壬申18 25癸酉19 26甲戌20 27乙亥21 28丙子22 29丁丑23	1戊寅㉔ 2己卯25 3庚辰26 4辛巳27 5壬午28 **6**癸未29 7甲申30 《7月》 8乙酉① 9丙戌2 10丁亥3 11戊子4 12己丑5 13庚寅6 14辛卯7 15壬辰⑧ 16癸巳9 17甲午10 18乙未11 19丙申12 20丁酉13 21戊戌14 **22**己亥⑮ 23庚子16 24辛丑17 25壬寅18 26癸卯19 27甲辰20 28乙巳21 29丙午㉒	1丁未23 2戊申24 3己酉25 4庚戌26 5辛亥27 6壬子28 7癸丑㉙ **8**甲寅30 9乙卯31 《8月》 10丙辰1 11丁巳2 12戊午3 13己未4 14庚申⑤ 15辛酉6 16壬戌7 17癸亥8 18甲子9 19乙丑10 20丙寅11 21丁卯⑫ 22戊辰13 **23**己巳14 24庚午15 25辛未16 26壬申17 27癸酉18 28甲戌⑲ 29乙亥20 30丙子21	1丁丑22 2戊寅23 3己卯24 4庚辰25 5辛巳㉖ 6壬午27 7癸未28 **8**甲申29 9乙酉30 10丙戌31 《9月》 11丁亥1 12戊子② 13己丑3 14庚寅4 15辛卯5 16壬辰6 17癸巳7 18甲午8 19乙未⑨ 20丙申10 21丁酉11 22戊戌12 23己亥13 **24**庚子14 25辛丑15 26壬寅⑯ 27癸卯17 28甲辰18 29乙巳19	1丙午20 2丁未21 3戊申22 4己酉㉓ 5庚戌24 6辛亥25 7壬子26 8癸丑27 9甲寅28 **10**乙卯29 11丙辰㉚ 《10月》 12丁巳1 13戊午2 14己未3 15庚申4 16辛酉5 17壬戌6 18癸亥⑦ 19甲子8 20乙丑9 21丙寅10 22丁卯11 23戊辰12 24己巳13 **25**庚午⑭ 26辛未15 27壬申16 28癸酉17 29甲戌18 30乙亥19	1丙子20 2丁丑㉑ 3戊寅22 4己卯23 5庚辰24 6辛巳25 7壬午26 8癸未27 9甲申㉘ **10**乙酉29 11丙戌30 12丁亥31 《11月》 13戊子1 14己丑2 15庚寅3 16辛卯④ 17壬辰5 18癸巳6 19甲午7 20乙未8 21丙申9 22丁酉10 23戊戌⑪ 24己亥12 **25**庚子13 26辛丑14 27壬寅15 28癸卯16 29甲辰17	1乙巳⑱ 2丙午19 3丁未20 4戊申21 5己酉22 6庚戌23 7辛亥24 8壬子㉕ 9癸丑26 10甲寅27 11乙卯28 **12**丙辰29 13丁巳30 《12月》 14戊午1 15己未② 16庚申3 17辛酉4 18壬戌5 19癸亥6 20甲子7 21乙丑8 22丙寅⑨ 23丁卯10 24戊辰11 25己巳12 26庚午13 **27**辛未14 28壬申15 29癸酉⑯ 30甲戌17	1乙亥18 2丙子19 3丁丑20 4戊寅21 5己卯22 6庚辰㉓ 7辛巳24 8壬午25 9癸未26 10甲申27 11乙酉28 **12**丙戌29 13丁亥㉚ 14戊子31 **1409年** 《1月》 15己丑1 16庚寅2 17辛卯3 18壬辰4 19癸巳5 20甲午⑥ 21乙未7 22丙申8 23丁酉9 24戊戌10 25己亥11 26庚子12 **27**辛丑⑬ 28壬寅14 29癸卯15 30甲辰16
立春1日 雨水16日	啓蟄3日 春分18日	清明3日 穀雨18日	立夏5日 小満20日	芒種5日 夏至20日	小暑6日 大暑22日	立秋8日 処暑23日	白露8日 秋分24日	寒露10日 霜降25日	立冬10日 小雪25日	大雪12日 冬至27日	小寒12日 大寒27日

応永**16**年（1409－1410） 己丑

1月	2月	3月	閏3月	4月	5月	6月	7月	8月	9月	10月	11月	12月
1 乙巳17	1 甲戌15	1 甲辰⑰	1 甲戌16	**1** 癸卯15	**1** 癸酉14	1 壬寅13	1 辛未⑪	1 辛丑10	1 庚午 9	1 庚子 8	1 己巳 7	1 己亥 6
2 丙午18	2 乙亥16	2 乙巳18	2 乙亥17	2 甲辰16	2 甲戌15	2 癸卯⑭	2 壬申12	2 壬寅11	2 辛未10	2 辛丑 9	2 庚午⑧	2 庚子 7
3 丁未19	3 丙子⑰	3 丙午19	3 丙子18	3 乙巳17	3 乙亥⑯	**3** 甲辰15	3 癸酉13	3 癸卯12	3 壬申11	3 壬寅⑩	3 辛未 9	3 辛丑 8
4 戊申⑳	4 丁丑18	4 丁未20	4 丁丑19	4 丙午18	4 丙子17	4 乙巳16	**4** 甲戌14	4 甲辰13	4 癸酉12	4 癸卯11	4 壬申10	4 壬寅 9
5 己酉21	5 戊寅19	5 戊申21	5 戊寅20	5 丁未⑲	5 丁丑18	5 丙午17	5 乙亥15	**5** 乙巳14	5 甲戌⑬	5 甲辰12	5 癸酉11	5 癸卯10
6 庚戌22	6 己卯20	6 己酉22	6 己卯㉑	6 戊申20	6 戊寅19	6 丁未18	6 丙子16	6 丙午⑮	**6** 乙亥14	6 乙巳13	6 甲戌12	6 甲辰11
7 辛亥23	7 庚辰21	7 庚戌23	7 庚辰22	7 己酉21	7 己卯20	7 戊申19	7 丁丑17	7 丁未16	7 丙子15	**7** 丙午14	7 乙亥13	7 乙巳⑫
8 壬子24	8 辛巳22	8 辛亥㉔	8 辛巳23	8 庚戌22	8 庚辰21	8 己酉20	8 戊寅⑱	8 戊申17	8 丁丑16	8 丁未15	**8** 丙子14	8 丙午13
9 癸丑25	9 壬午23	9 壬子25	9 壬午24	9 辛亥23	9 辛巳22	9 庚戌㉑	9 己卯19	9 己酉18	9 戊寅17	9 戊申16	9 丁丑⑮	**9** 丁未14
10 甲寅26	10 癸未㉔	10 癸丑26	10 癸未25	10 壬子24	10 壬午㉓	10 辛亥22	10 庚辰20	10 庚戌19	10 己卯18	10 己酉⑰	10 戊寅16	10 戊申15
11 乙卯㉗	11 甲申25	11 甲寅27	11 甲申26	11 癸丑25	11 癸未24	11 壬子23	11 辛巳21	11 辛亥20	11 庚辰19	11 庚戌18	11 己卯17	11 己酉16
12 丙辰28	12 乙酉26	12 乙卯28	12 乙酉27	12 甲寅㉖	12 甲申25	12 癸丑24	12 壬午22	12 壬子21	12 辛巳⑳	12 辛亥19	12 庚辰18	12 庚戌17
13 丁巳29	13 丙戌27	13 丙辰29	13 丙戌㉘	13 乙卯27	13 乙酉26	13 甲寅25	13 癸未23	13 癸丑㉒	13 壬午21	13 壬子20	13 辛巳19	13 辛亥18
14 戊午30	**14** 丁亥28	**14** 丁巳30	14 丁亥29	14 丙辰28	14 丙戌27	14 乙卯26	14 甲申24	14 甲寅23	14 癸未22	14 癸丑21	14 壬午20	14 壬子⑲
15 己未31	《3月》	15 戊午㉛	**15** 戊子30	15 丁巳29	15 丁亥28	15 丙辰27	15 乙酉㉕	15 乙卯24	15 甲申23	15 甲寅22	15 癸未21	15 癸丑20
《2月》	15 戊子 1	《4月》	《5月》	**16** 戊午30	16 戊子29	16 丁巳㉘	16 丙戌26	16 丙辰25	**16** 乙酉24	16 乙卯23	16 甲申㉒	16 甲寅21
16 庚申 1	16 己丑 2	16 己未 1	16 己丑 1	17 己未31	**17** 己丑㉚	17 戊午29	17 丁亥27	17 丁巳26	17 丙戌25	17 丙辰㉔	17 乙酉23	17 乙卯22
17 辛酉 2	17 庚寅③	17 庚申 2	17 庚寅 2	《6月》	《7月》	**18** 己未30	18 戊子28	18 戊午27	18 丁亥26	18 丁巳25	18 丙戌24	18 丙辰23
18 壬戌③	18 辛卯 4	18 辛酉 3	18 辛卯 3	18 庚申 1	18 庚寅 1	19 庚申31	19 己丑29	19 己未28	19 戊子㉗	19 戊午26	19 丁亥25	19 丁巳24
19 癸亥 4	19 壬辰 5	19 壬戌 4	19 壬辰 4	19 辛酉②	19 辛卯 2	《8月》	**20** 庚寅30	**20** 庚申㉙	20 己丑28	20 己未27	20 戊子26	20 戊午25
20 甲子 5	20 癸巳 6	20 癸亥 5	20 癸巳⑤	20 壬戌 3	20 壬辰 3	20 辛酉 1	21 辛卯31	21 辛酉30	**21** 庚寅29	21 庚申28	21 己丑27	21 己未㉖
21 乙丑 6	21 甲午 7	21 甲子 6	21 甲午 6	21 癸亥 4	21 癸巳 4	21 壬戌 2	《9月》	《10月》	22 辛卯30	**22** 辛酉29	22 庚寅28	22 庚申27
22 丙寅 7	22 乙未 8	22 乙丑⑦	22 乙未 7	22 甲子 5	22 甲午 5	22 癸亥 3	22 壬辰①	22 壬戌 1	23 壬辰31	23 壬戌30	**23** 辛卯㉙	23 辛酉28
23 丁卯 8	23 丙申 9	23 丙寅 8	23 丙申 8	23 乙丑 6	23 乙未 6	23 甲子④	23 癸巳 2	23 癸亥 2	《11月》	《12月》	24 壬辰30	**24** 壬戌29
24 戊辰 9	24 丁酉⑩	24 丁卯 9	24 丁酉 9	24 丙寅 7	24 丙申⑦	24 乙丑 5	24 甲午 3	24 甲子 3	24 癸巳 1	24 癸亥①	25 癸巳31	25 癸亥30
25 己巳⑩	25 戊戌11	25 戊辰10	25 戊戌10	25 丁卯 8	25 丁酉 8	25 丙寅 6	25 乙未 4	25 乙丑 4	25 甲午 2	25 甲子 2	1410年	26 甲子31
26 庚午11	26 己亥12	26 己巳11	26 己亥11	26 戊辰⑨	26 戊戌 9	26 丁卯 7	26 丙申 5	26 丙寅 5	26 乙未③	26 乙丑 3	《1月》	《2月》
27 辛未12	27 庚子13	27 庚午12	27 庚子⑫	27 己巳10	27 己亥10	27 戊辰 8	27 丁酉 6	27 丁卯⑥	27 丙申 4	27 丙寅 4	26 甲午 1	27 乙丑 1
28 壬申13	28 辛丑14	28 辛未13	28 辛丑13	28 庚午11	28 庚子11	28 己巳 9	28 戊戌 7	28 戊辰 7	28 丁酉 5	28 丁卯 5	27 乙未 2	28 丙寅②
29 癸酉14	**29** 壬寅15	29 壬申⑭	29 壬寅14	29 辛未12	29 辛丑12	29 庚午10	29 己亥⑧	29 己巳 8	29 戊戌 6	29 戊辰 6	28 丙申 3	29 丁卯 3
	30 癸卯16	**30** 癸酉15		30 壬申13			30 庚子 9		30 己亥 7		29 丁酉 4	
											30 戊戌⑤	
立春 13日	啓蟄 14日	清明 14日	立夏15日	小満 1日	夏至 1日	大暑 3日	処暑 4日	秋分 5日	霜降 6日	小雪 7日	冬至 8日	大寒 9日
雨水 28日	春分 29日	穀雨 30日		芒種 16日	小暑 17日	立秋 18日	白露 20日	寒露 20日	立冬 21日	大雪 22日	小寒 23日	立春 24日

応永**17**年（1410－1411） 庚寅

1月	2月	3月	4月	5月	6月	7月	8月	9月	10月	11月	12月
1 戊辰 4	1 戊戌 6	1 戊辰 5	1 丁酉④	1 丁卯 3	1 丙申 2	《8月》	**1** 乙未30	**1** 乙丑29	1 甲午28	1 甲子27	1 癸巳26
2 己巳 5	2 己亥 7	2 己巳⑥	2 戊戌 5	2 戊辰 4	2 丁酉 3	1 丙寅 1	2 丙申㉛	2 丙寅30	2 乙未29	2 乙丑28	2 甲午27
3 庚午 6	3 庚子 8	3 庚午 7	3 己亥 6	3 己巳 5	3 戊戌 4	2 丁卯 2	《9月》	《10月》	**3** 丙申30	**3** 丙寅29	3 乙未㉘
4 辛未 7	4 辛丑⑨	4 辛未 8	4 庚子 7	4 庚午 6	4 己亥 5	3 戊辰③	3 丁酉 1	3 丁卯 1	4 丁酉31	4 丁卯㉚	4 丙申29
5 壬申 8	5 壬寅10	5 壬申 9	5 辛丑 8	5 辛未 7	5 庚子⑥	4 己巳 4	4 戊戌 2	4 戊辰 2	《11月》	《12月》	**5** 丁酉30
6 癸酉⑨	6 癸卯11	6 癸酉10	6 壬寅 9	6 壬申⑧	6 辛丑 7	5 庚午 5	5 己亥 3	5 己巳 3	5 戊戌 1	5 戊辰 1	6 戊戌31
7 甲戌10	7 甲辰12	7 甲戌11	7 癸卯10	7 癸酉 9	7 壬寅 8	6 辛未 6	6 庚子 4	6 庚午 4	6 己亥②	6 己巳 2	1411年
8 乙亥11	8 乙巳13	8 乙亥12	8 甲辰⑪	8 甲戌10	8 癸卯 9	7 壬申 7	7 辛丑 5	7 辛未⑤	7 庚子 3	7 庚午 3	《1月》
9 丙子12	9 丙午14	9 丙子⑬	9 乙巳12	9 乙亥11	9 甲辰10	8 癸酉 8	8 壬寅 6	8 壬申 6	8 辛丑 4	8 辛未 4	7 己亥 1
10 丁丑13	**10** 丁未15	10 丁丑14	10 丙午13	10 丙子12	10 乙巳11	9 甲戌 9	9 癸卯⑦	9 癸酉 7	9 壬寅 5	9 壬申 5	8 庚子 2
11 戊寅14	11 戊申⑯	**11** 戊寅15	11 丁未14	11 丁丑13	11 丙午12	10 乙亥⑩	10 甲辰 8	10 甲戌 8	10 癸卯 6	10 癸酉 6	9 辛丑 3
12 己卯15	12 己酉17	12 己卯16	**12** 戊申15	12 戊寅14	12 丁未⑬	11 丙子11	11 乙巳 9	11 乙亥 9	11 甲辰 7	11 甲戌⑦	10 壬寅④
13 庚辰⑯	13 庚戌18	13 庚辰17	13 己酉16	**13** 己卯⑮	13 戊申14	12 丁丑12	12 丙午10	12 丙子10	12 乙巳 8	12 乙亥 8	11 癸卯 5
14 辛巳17	14 辛亥19	14 辛巳18	14 庚戌17	14 庚辰16	**14** 己酉15	13 戊寅13	13 丁未11	13 丁丑11	13 丙午⑨	13 丙子 9	12 甲辰 6
15 壬午18	15 壬子20	15 壬午19	15 辛亥⑱	15 辛巳17	15 庚戌16	14 己卯14	14 戊申12	14 戊寅⑫	14 丁未10	14 丁丑10	13 乙巳 7
16 癸未19	16 癸丑21	16 癸未⑳	16 壬子19	16 壬午18	16 辛亥17	**15** 庚辰15	15 己酉13	15 己卯13	15 戊申11	15 戊寅11	14 丙午 8
17 甲申20	17 甲寅22	17 甲申21	17 癸丑20	17 癸未19	17 壬子18	16 辛巳16	**16** 庚戌⑭	**16** 庚辰14	16 己酉12	16 己卯12	15 丁未 9
18 乙酉21	18 乙卯㉓	18 乙酉22	18 甲寅21	18 甲申20	18 癸丑19	17 壬午⑰	17 辛亥15	17 辛巳15	17 庚戌13	17 庚辰13	16 戊申10
19 丙戌22	19 丙辰24	19 丙戌23	19 乙卯22	19 乙酉21	19 甲寅⑳	18 癸未18	18 壬子16	18 壬午16	**18** 辛亥14	**18** 辛巳⑭	17 己酉⑪
20 丁亥㉓	20 丁巳25	20 丁亥24	20 丙辰23	20 丙戌㉒	20 乙卯21	19 甲申19	19 癸丑17	19 癸未17	19 壬子15	19 壬午15	18 庚戌12
21 戊子24	21 戊午26	21 戊子25	21 丁巳24	21 丁亥23	21 丙辰22	20 乙酉20	20 甲寅18	20 甲申18	20 癸丑⑯	20 癸未16	19 辛亥13
22 己丑25	22 己未27	22 己丑26	22 戊午㉕	22 戊子24	22 丁巳23	21 丙戌21	21 乙卯19	21 乙酉⑲	21 甲寅17	21 甲申17	**20** 壬子14
23 庚寅26	23 庚申28	23 庚寅㉗	23 己未26	23 己丑25	23 戊午24	22 丁亥22	22 丙辰20	22 丙戌20	22 乙卯18	22 乙酉18	21 癸丑15
24 辛卯27	24 辛酉29	24 辛卯28	24 庚申27	24 庚寅26	24 己未25	23 戊子23	23 丁巳㉑	23 丁亥21	23 丙辰19	23 丙戌19	22 甲寅16
25 壬辰28	25 壬戌㉚	25 壬辰29	25 辛酉28	25 辛卯27	25 庚申26	24 己丑㉔	24 戊午22	24 戊子22	24 丁巳20	24 丁亥20	23 乙卯17
《3月》	**26** 癸亥31	**26** 癸巳30	26 壬戌29	26 壬辰28	26 辛酉㉗	25 庚寅25	25 己未23	25 己丑23	25 戊午21	25 戊子㉑	24 丙辰⑱
26 癸巳 1	《4月》	《5月》	27 癸亥30	27 癸巳㉙	27 壬戌28	26 辛卯26	26 庚申24	26 庚寅24	26 己未22	26 己丑22	25 丁巳19
27 甲午②	27 甲子 1	27 甲午 1	**28** 甲子31	**28** 甲午30	28 癸亥29	27 壬辰27	27 辛酉25	27 辛卯25	27 庚申㉓	27 庚寅23	26 戊午20
28 乙未 3	28 乙丑 2	28 乙未 2	《6月》	《7月》	**29** 甲子30	28 癸巳28	28 壬戌26	28 壬辰㉖	28 辛酉24	28 辛卯24	27 己未21
29 丙申 4	29 丙寅 3	29 丙申 3	29 乙丑①	29 乙未 1	30 乙丑31	29 甲午29	29 癸亥27	29 癸巳27	29 壬戌25	29 壬辰25	28 庚申22
30 丁酉 5	30 丁卯 4		30 丙寅 2				30 甲子㉘		30 癸亥26		29 辛酉23
											30 壬戌24
雨水 10日	春分 10日	穀雨 11日	小満 12日	夏至 13日	大暑 14日	処暑 15日	白露 1日	寒露 1日	立冬 3日	大雪 3日	小寒 5日
啓蟄 25日	清明 26日	立夏 26日	芒種 28日	小暑 28日	立秋 29日		秋分 16日	霜降 16日	小雪 18日	冬至 18日	大寒 20日

応永18年（1411－1412） 辛卯

1月	2月	3月	4月	5月	6月	7月	8月	9月	10月	閏10月	11月	12月
1 癸亥㉕	1 壬辰23	1 壬戌25	1 辛卯23	1 辛酉23	1 辛卯22	1 庚申21	1 庚寅20	1 己未18	1 己丑⑱	1 戊午16	1 丁亥15	1 丁巳14
2 甲子26	2 癸巳24	2 癸亥26	2 壬辰24	2 壬戌㉔	2 壬辰23	2 辛酉22	2 辛卯21	2 庚申19	2 庚寅19	2 己未17	2 戊子16	2 戊午15
3 乙丑27	3 甲午25	3 甲子27	3 癸巳25	3 癸亥25	3 癸巳24	3 壬戌23	3 壬辰22	3 辛酉⑳	3 辛卯20	3 庚申18	3 己丑17	3 己未16
4 丙寅28	4 乙未26	4 乙丑28	4 甲午㉖	4 甲子26	4 甲午25	4 癸亥24	4 癸巳㉓	4 壬戌21	4 壬辰21	4 辛酉19	4 庚寅18	4 庚申⑰
5 丁卯29	5 丙申27	5 丙寅㉙	5 乙未27	5 乙丑27	5 乙未26	5 甲子25	5 甲午24	5 癸亥22	5 癸巳22	5 壬戌20	5 辛卯19	5 辛酉18
6 戊辰30	6 丁酉28	6 丁卯30	6 丙申28	6 丙寅28	6 丙申27	6 乙丑㉖	6 乙未25	6 甲子23	6 甲午23	6 癸亥21	6 壬辰⑳	6 壬戌19
7 己巳31	《3月》	7 戊辰31	7 丁酉29	7 丁卯29	7 丁酉㉘	7 丙寅27	7 丙申26	7 乙丑24	7 乙未24	7 甲子㉒	7 癸巳21	7 癸亥20
《2月》	7 戊戌①	《4月》	8 戊戌30	8 戊辰30	8 戊戌29	8 丁卯28	8 丁酉27	8 丙寅25	8 丙申㉕	8 乙丑23	8 甲午22	8 甲子21
8 庚午①	8 己亥 2	8 己巳 1	《5月》	9 己巳㉛	9 己亥30	9 戊辰29	9 戊戌28	9 丁卯26	9 丁酉26	9 丙寅24	9 乙未23	9 乙丑22
9 辛未 2	9 庚子 3	9 庚午 2	9 己亥 1	《6月》	《7月》	10己巳30	10己亥29	10戊辰㉗	10戊戌27	10丁卯25	10丙申24	10丙寅23
10壬申 3	10辛丑 4	10辛未 3	10庚子 2	10庚午 1	10庚子 1	11庚午31	11庚子㉚	11己巳28	11己亥28	11戊辰26	11丁酉25	11丁卯㉔
11癸酉 4	11壬寅 5	11壬申 4	11辛丑③	11辛未 2	11辛丑 2	《8月》	12辛丑31	12庚午29	12庚子29	12己巳27	12戊戌26	12戊辰25
12甲戌 5	12癸卯 6	12癸酉⑤	12壬寅 4	12壬申 3	12壬寅 3	12辛未 1	《9月》	13辛未30	13辛丑30	13庚午28	13己亥㉗	13己巳26
13乙亥 6	13甲辰 7	13甲戌 6	13癸卯 5	13癸酉 4	13癸卯 4	13壬申②	13壬寅 1	《10月》	14壬寅31	14辛未㉙	14庚子28	14庚午27
14丙子 7	14乙巳⑧	14乙亥 7	14甲辰 6	14甲戌 5	14甲辰⑤	14癸酉 3	14癸卯 2	14壬申 1	《11月》	15壬申30	15辛丑29	15辛未28
15丁丑⑧	15丙午 9	15丙子 8	15乙巳 7	15乙亥 6	15乙巳 6	15甲戌 4	15甲辰 3	15癸酉 2	15癸卯①	《12月》	16壬寅30	16壬申29
16戊寅 9	16丁未10	16丁丑 9	16丙午 8	16丙子⑦	16丙午 7	16乙亥 5	16乙巳 4	16甲戌 3	16甲辰 2	16癸酉 1	17癸卯31	17癸酉30
17己卯10	17戊申11	17戊寅10	17丁未 9	17丁丑 8	17丁未 8	17丙子 6	17丙午 5	17乙亥④	17乙巳 3	17甲戌 2	1412年	18甲戌㉛
18庚辰11	18己酉12	18己卯11	18戊申⑩	18戊寅 9	18戊申 9	18丁丑 7	18丁未⑥	18丙子 5	18丙午 4	18乙亥 3	《1月》	《2月》
19辛巳12	19庚戌13	19庚辰⑫	19己酉11	19己卯10	19己酉10	19戊寅 8	19戊申 7	19丁丑 6	19丁未 5	19丙子 4	18甲辰 1	19乙亥 1
20壬午13	20辛亥14	20辛巳13	20庚戌12	20庚辰11	20庚戌11	20己卯⑨	20己酉 8	20戊寅 7	20戊申 6	20丁丑 5	19乙巳 2	20丙子 2
21癸未14	21壬子⑮	21壬午14	21辛亥13	21辛巳12	21辛亥⑫	21庚辰10	21庚戌 9	21己卯 8	21己酉 7	21戊寅⑥	20丙午③	21丁丑 3
22甲申⑮	22癸丑16	22癸未15	22壬子14	22壬午13	22壬子13	22辛巳11	22辛亥10	22庚辰 9	22庚戌⑧	22己卯 7	21丁未 4	22戊寅 4
23乙酉16	23甲寅17	23甲申16	23癸丑15	23癸未⑭	23癸丑14	23壬午12	23壬子11	23辛巳10	23辛亥 9	23庚辰 8	22戊申 5	23己卯 5
24丙戌17	24乙卯18	24乙酉17	24甲寅16	24甲申15	24甲寅15	24癸未13	24癸丑12	24壬午⑪	24壬子10	24辛巳 9	23己酉 6	24庚辰 6
25丁亥18	25丙辰19	25丙戌18	25乙卯⑰	25乙酉16	25乙卯16	25甲申14	25甲寅⑬	25癸未12	25癸丑11	25壬午10	24庚戌 7	25辛巳⑦
26戊子19	26丁巳20	26丁亥⑲	26丙辰18	26丙戌17	26丙辰17	26乙酉15	26乙卯14	26甲申13	26甲寅12	26癸未11	25辛亥 8	26壬午 8
27己丑20	27戊午21	27戊子20	27丁巳19	27丁亥18	27丁巳18	27丙戌⑯	27丙辰15	27乙酉14	27乙卯13	27甲申12	26壬子 9	27癸未 9
28庚寅21	28己未㉒	28己丑21	28戊午20	28戊子19	28戊午⑲	28丁亥17	28丁巳16	28丙戌15	28丙辰14	28乙酉⑬	27癸丑⑩	28甲申10
29辛卯㉒	29庚申23	29庚寅22	29己未21	29己丑20	29己未20	29戊子18	29戊午17	29丁亥16	29丁巳⑮	29丙戌14	28甲寅11	29乙酉11
	30辛酉24		30庚申22	30庚寅㉑		30己丑19		30戊子17			29乙卯12	30丙戌12
											30丙辰13	
立春 5日 雨水 20日	啓蟄 6日 春分 22日	清明 7日 穀雨 22日	立夏 8日 小満 24日	芒種 9日 夏至 24日	小暑 9日 大暑 24日	立秋 11日 処暑 26日	白露 11日 秋分 26日	寒露 13日 霜降 28日	立冬 13日 小雪 28日	大雪14日	冬至 1日 小寒 16日	大寒 1日 立春 16日

応永19年（1412－1413） 壬辰

1月	2月	3月	4月	5月	6月	7月	8月	9月	10月	11月	12月
1 丁亥13	1 丙辰⑬	1 丙戌12	1 乙卯11	1 乙酉10	1 甲寅 9	1 甲申 8	1 甲寅 7	1 癸未 6	1 癸丑 5	1 壬午④	1 壬子 3
2 戊子⑭	2 丁巳14	2 丁亥13	2 丙辰12	2 丙戌11	2 乙卯⑩	2 乙酉 9	2 乙卯 8	2 甲申 7	2 甲寅⑥	2 癸未 5	2 癸丑 4
3 己丑15	3 戊午15	3 戊子14	3 丁巳13	3 丁亥⑫	3 丙辰11	3 丙戌10	3 丙辰 9	3 乙酉 8	3 乙卯 7	3 甲申 6	3 甲寅 5
4 庚寅16	4 己未16	4 己丑15	4 戊午14	4 戊子13	4 丁巳12	4 丁亥11	4 丁巳10	4 丙戌⑨	4 丙辰 8	4 乙酉 7	4 乙卯 6
5 辛卯17	5 庚申17	5 庚寅16	5 己未⑮	5 己丑14	5 戊午13	5 戊子12	5 戊午⑪	5 丁亥10	5 丁巳 9	5 丙戌 8	5 丙辰 7
6 壬辰18	6 辛酉18	6 辛卯⑰	6 庚申16	6 庚寅15	6 己未14	6 己丑13	6 己未12	6 戊子11	6 戊午10	6 丁亥 9	6 丁巳⑧
7 癸巳19	7 壬戌19	7 壬辰18	7 辛酉17	7 辛卯16	7 庚申15	7 庚寅⑭	7 庚申13	7 己丑12	7 己未11	7 戊子10	7 戊午 9
8 甲午20	8 癸亥⑳	8 癸巳19	8 壬戌18	8 壬辰17	8 辛酉16	8 辛卯15	8 辛酉14	8 庚寅13	8 庚申12	8 己丑⑪	8 己未10
9 乙未㉑	9 甲子21	9 甲午20	9 癸亥19	9 癸巳18	9 壬戌⑰	9 壬辰16	9 壬戌15	9 辛卯14	9 辛酉⑬	9 庚寅12	9 庚申11
10丙申22	10乙丑22	10乙未21	10甲子20	10甲午⑲	10癸亥18	10癸巳17	10癸亥16	10壬辰15	10壬戌14	10辛卯13	10辛酉12
11丁酉23	11丙寅23	11丙申22	11乙丑21	11乙未20	11甲子19	11甲午18	11甲子17	11癸巳⑯	11癸亥15	11壬辰14	11壬戌13
12戊戌24	12丁卯24	12丁酉23	12丙寅㉒	12丙申21	12乙丑20	12乙未19	12乙丑⑱	12甲午17	12甲子16	12癸巳15	12癸亥14
13己亥25	13戊辰25	13戊戌㉔	13丁卯23	13丁酉22	13丙寅21	13丙申20	13丙寅19	13乙未18	13乙丑17	13甲午16	13甲子⑮
14庚子26	14己巳26	14己亥25	14戊辰24	14戊戌23	14丁卯22	14丁酉㉑	14丁卯20	14丙申19	14丙寅18	14乙未17	14乙丑16
15辛丑27	15庚午㉗	15庚子26	15己巳25	15己亥24	15戊辰23	15戊戌22	15戊辰21	15丁酉20	15丁卯19	15丙申⑱	15丙寅17
16壬寅㉘	16辛未28	16辛丑27	16庚午26	16庚子25	16己巳㉔	16己亥23	16己巳22	16戊戌21	16戊辰⑳	16丁酉19	16丁卯18
17癸卯29	17壬申29	17壬寅28	17辛未27	17辛丑㉖	17庚午25	17庚子24	17庚午23	17己亥22	17己巳21	17戊戌20	17戊辰19
《3月》	18癸酉30	18癸卯29	18壬申28	18壬寅27	18辛未26	18辛丑25	18辛未24	18庚子㉓	18庚午22	18己亥21	18己巳20
18甲辰 1	19甲戌31	19甲辰30	19癸酉㉙	19癸卯28	19壬申27	19壬寅26	19壬申㉕	19辛丑24	19辛未23	19庚子22	19庚午21
19乙巳 2	《4月》	《5月》	20甲戌30	20甲辰29	20癸酉28	20癸卯27	20癸酉26	20壬寅25	20壬申24	20辛丑23	20辛未㉒
20丙午 3	20乙亥 1	20乙巳①	21乙亥31	21乙巳30	21甲戌29	21甲辰㉘	21甲戌27	21癸卯26	21癸酉25	21壬寅24	21壬申23
21丁未 4	21丙子 2	21丙午 2	《6月》	《7月》	22乙亥30	22乙巳29	22乙亥28	22甲辰27	22甲戌26	22癸卯㉕	22癸酉24
22戊申 5	22丁丑③	22丁未 3	22丙子 1	22丙午 1	23丙子㉛	23丙午30	23丙子29	23乙巳28	23乙亥㉗	23甲辰26	23甲戌25
23己酉⑥	23戊寅 4	23戊申 4	23丁丑 2	23丁未 2	《8月》	24丁未31	24丁丑30	24丙午29	24丙子28	24乙巳27	24乙亥26
24庚戌 7	24己卯 5	24己酉 5	24戊寅 3	24戊申③	24丁丑 1	《9月》	《10月》	25丁未㉚	25丁丑29	25丙午28	25丙子27
25辛亥 8	25庚辰 6	25庚戌 6	25己卯 4	25己酉 4	25戊寅 2	25戊申 1	25戊寅 1	26戊申31	26戊寅30	26丁未29	26丁丑28
26壬子 9	26辛巳 7	26辛亥 7	26庚辰⑤	26庚戌 5	26己卯 3	26己酉 2	26己卯②	《11月》	《12月》	27戊申30	27戊寅㉙
27癸丑10	27壬午 8	27壬子⑧	27辛巳 6	27辛亥 6	27庚辰 4	27庚戌 3	27庚辰 3	27己酉 1	27己卯 1	28己酉31	28己卯30
28甲寅11	28癸未 9	28癸丑 9	28壬午 7	28壬子 7	28辛巳 5	28辛亥④	28辛巳 4	28庚戌 2	28庚辰 2	1413年	29庚辰31
29乙卯12	29甲申⑩	29甲寅10	29癸未 8	29癸丑 8	29壬午 6	29壬子 5	29壬午 5	29辛亥 3	29辛巳 3	《1月》	
	30乙酉11		30甲申 9		30癸未⑦	30癸丑 6		30壬子 4		29庚戌①	
										30辛亥 2	
雨水 1日 啓蟄 17日	春分 3日 清明 18日	穀雨 3日 立夏 19日	小満 5日 芒種 20日	夏至 5日 小暑 20日	大暑 7日 立秋 22日	処暑 7日 白露 22日	秋分 8日 寒露 23日	霜降 9日 立冬 24日	小雪 9日 大雪 25日	冬至 11日 小寒 26日	大寒 11日 立春 27日

応永20年（1413－1414） 癸巳

1月	2月	3月	4月	5月	6月	7月	8月	9月	10月	11月	12月
《2月》	1 辛亥 3	《4月》	**1** 己酉 ㉚	**1** 己卯 30	1 戊申 28	1 戊寅 28	1 戊申 ㉗	1 丁丑 25	1 丁未 25	1 丁丑 24	1 丙午 23
1 辛巳 1	2 壬子 4	1 庚辰 1	《5月》	2 庚辰 31	2 己酉 29	2 己卯 29	2 己酉 28	2 戊寅 26	2 戊申 26	2 戊寅 25	2 丁未 ㉔
2 壬午 2	3 癸丑 ⑤	2 辛巳 ②	2 庚戌 1	《6月》	**3** 庚戌 30	**3** 庚辰 ㉚	3 庚戌 29	3 己卯 27	3 己酉 27	3 己卯 ㉖	3 戊申 25
3 癸未 3	4 甲寅 6	3 壬午 3	3 辛亥 2	3 辛巳 1	《7月》	4 辛巳 31	**4** 辛亥 30	4 庚辰 28	4 庚戌 28	4 庚辰 27	4 己酉 26
4 甲申 4	5 乙卯 7	4 癸未 4	4 壬子 3	4 壬午 2	4 辛亥 1	《8月》	5 壬子 31	**5** 辛巳 29	**5** 辛亥 ㉙	5 辛巳 28	5 庚戌 27
5 乙酉 ⑤	6 丙辰 8	5 甲申 5	5 癸丑 4	5 癸未 3	5 壬子 ②	5 壬午 1	《9月》	6 壬午 30	6 壬子 30	**6** 壬午 29	6 辛亥 28
6 丙戌 6	7 丁巳 9	6 乙酉 6	6 甲寅 5	6 甲申 ④	6 癸丑 3	6 癸未 2	6 癸丑 1	《10月》	7 癸丑 31	7 癸未 30	**7** 壬子 29
7 丁亥 7	8 戊午 10	7 丙戌 7	7 乙卯 6	7 乙酉 5	7 甲寅 4	7 甲申 3	7 甲寅 2	7 癸未 ①	《11月》	《12月》	8 癸丑 30
8 戊子 8	9 己未 11	8 丁亥 8	8 丙辰 ⑦	8 丙戌 6	8 乙卯 5	8 乙酉 4	8 乙卯 ③	8 甲申 2	8 甲寅 1	8 甲申 1	9 甲寅 ㉛
9 己丑 9	10 庚申 ⑫	9 戊子 ⑨	9 丁巳 8	9 丁亥 7	9 丙辰 6	9 丙戌 5	9 丙辰 4	9 乙酉 3	9 乙卯 2	9 乙酉 2	**1414** 年
10 庚寅 10	11 辛酉 13	10 己丑 10	10 戊午 9	10 戊子 8	10 丁巳 7	10 丁亥 ⑥	10 丁巳 5	10 丙戌 4	10 丙辰 3	10 丙戌 ③	《1月》
11 辛卯 11	12 壬戌 14	11 庚寅 11	11 己未 10	11 己丑 9	11 戊午 8	11 戊子 7	11 戊午 6	11 丁亥 5	11 丁巳 4	11 丁亥 4	10 乙卯 1
12 壬辰 ⑫	**13** 癸亥 15	12 辛卯 12	12 庚申 11	12 庚寅 10	12 己未 ⑨	12 己丑 8	12 己未 7	12 戊子 6	12 戊午 ⑤	12 戊子 5	11 丙辰 2
13 癸巳 13	14 甲子 16	13 壬辰 13	13 辛酉 12	13 辛卯 ⑪	13 庚申 10	13 庚寅 9	13 庚申 8	13 己丑 7	13 己未 6	13 己丑 6	12 丁巳 3
14 甲午 14	15 乙丑 17	14 癸巳 14	14 壬戌 13	14 壬辰 12	14 辛酉 11	14 辛卯 10	14 辛酉 9	14 庚寅 ⑧	14 庚申 7	14 庚寅 7	13 戊午 4
15 乙未 15	16 丙寅 18	**15** 甲午 15	15 癸亥 ⑭	15 癸巳 13	15 壬戌 12	15 壬辰 11	15 壬戌 ⑩	15 辛卯 9	15 辛酉 8	15 辛卯 8	14 己未 5
16 丙申 16	17 丁卯 ⑲	16 乙未 ⑯	**16** 甲子 15	**16** 甲午 14	16 癸亥 13	16 癸巳 12	16 癸亥 11	16 壬辰 10	16 壬戌 9	16 壬辰 9	15 庚申 6
17 丁酉 17	18 戊辰 20	17 丙申 17	17 乙丑 16	17 乙未 15	17 甲子 14	17 甲午 ⑬	17 甲子 12	17 癸巳 11	17 癸亥 10	17 癸巳 ⑩	16 辛酉 ⑦
18 戊戌 18	19 己巳 21	18 丁酉 18	18 丙寅 17	18 丙申 16	**18** 乙丑 15	**18** 乙未 14	18 乙丑 13	18 甲午 12	18 甲子 11	18 甲午 11	17 壬戌 8
19 己亥 ⑲	20 庚午 22	19 戊戌 19	19 丁卯 18	19 丁酉 17	19 丙寅 ⑯	19 丙申 15	**19** 丙寅 14	19 乙未 13	19 乙丑 ⑫	19 乙未 12	18 癸亥 9
20 庚子 20	21 辛未 23	20 己亥 20	20 戊辰 19	20 戊戌 ⑱	20 丁卯 17	20 丁酉 16	20 丁卯 15	**20** 丙申 14	20 丙寅 13	20 丙申 13	19 甲子 10
21 辛丑 21	22 壬申 24	21 庚子 21	21 己巳 20	21 己亥 19	21 戊辰 18	21 戊戌 17	21 戊辰 16	21 丁酉 ⑮	**21** 丁卯 14	**21** 丁酉 14	20 乙丑 11
22 壬寅 22	23 癸酉 25	22 辛丑 22	22 庚午 ㉑	22 庚子 20	22 己巳 19	22 己亥 18	22 己巳 ⑰	22 戊戌 16	22 戊辰 15	22 戊戌 15	21 丙寅 12
23 癸卯 23	24 甲戌 ㉖	23 壬寅 ㉓	23 辛未 22	23 辛丑 21	23 庚午 20	23 庚子 19	23 庚午 18	23 己亥 17	23 己巳 16	23 己亥 16	22 丁卯 13
24 甲辰 24	25 乙亥 27	24 癸卯 24	24 壬申 23	24 壬寅 22	24 辛未 21	24 辛丑 ⑳	24 辛未 19	24 庚子 18	24 庚午 17	24 庚子 ⑰	**23** 戊辰 ⑭
25 乙巳 25	26 丙子 28	25 甲辰 25	25 癸酉 24	25 癸卯 23	25 壬申 22	25 壬寅 21	25 壬申 20	25 辛丑 19	25 辛未 18	25 辛丑 18	24 己巳 15
26 丙午 ㉖	27 丁丑 29	26 乙巳 26	26 甲戌 25	26 甲辰 24	26 癸酉 ㉓	26 癸卯 22	26 癸酉 21	26 壬寅 20	26 壬申 ⑲	26 壬寅 19	25 庚午 16
27 丁未 27	**28** 戊寅 30	27 丙午 27	27 乙亥 26	27 乙巳 ㉕	27 甲戌 24	27 甲辰 23	27 甲戌 22	27 癸卯 21	27 癸酉 20	27 癸卯 20	26 辛未 17
28 戊申 28	29 己卯 31	28 丁未 28	28 丙子 27	28 丙午 26	28 乙亥 25	28 乙巳 24	28 乙亥 23	28 甲辰 ㉒	28 甲戌 21	28 甲辰 21	27 壬申 18
《3月》		29 戊申 29	29 丁丑 ㉘	29 丁未 27	29 丙子 26	29 丙午 25	29 丙子 ㉔	29 乙巳 23	29 乙亥 22	29 乙巳 22	28 癸酉 19
29 己酉 1			30 戊寅 29		30 丁丑 27	30 丁未 26		30 丙午 24	30 丙子 23		29 甲戌 20
30 庚戌 2											30 乙亥 ㉑
雨水 13日 啓蟄 28日	春分 13日 清明 28日	穀雨 15日	立夏 1日 小満 16日	芒種 1日 夏至 16日	小暑 3日 大暑 18日	立秋 3日 処暑 18日	白露 4日 秋分 19日	寒露 5日 霜降 20日	立冬 5日 小雪 21日	大雪 6日 冬至 21日	小寒 7日 大寒 23日

応永21年（1414－1415） 甲午

1月	2月	3月	4月	5月	6月	7月	閏7月	8月	9月	10月	11月	12月
1 丙子 22	1 乙巳 20	1 乙亥 22	1 甲辰 20	1 癸酉 19	1 癸卯 18	1 壬申 17	1 壬寅 16	**1** 辛未 14	**1** 辛丑 ⑭	1 辛未 13	1 辛丑 13	1 庚午 11
2 丁丑 23	2 丙午 21	2 丙子 23	2 乙巳 21	2 甲戌 ⑳	2 甲辰 19	2 癸酉 18	2 癸卯 17	2 壬申 15	2 壬寅 15	**2** 壬申 14	**2** 壬寅 14	2 辛未 12
3 戊寅 24	3 丁未 22	3 丁丑 24	3 丙午 ㉒	3 乙亥 21	3 乙巳 20	3 甲戌 19	3 甲辰 18	3 癸酉 ⑯	3 癸卯 16	3 癸酉 15	3 癸卯 15	3 壬申 ⑬
4 己卯 25	4 戊申 23	4 戊寅 ㉕	4 丁未 23	4 丙子 22	4 丙午 21	4 乙亥 20	4 乙巳 ⑲	4 甲戌 17	4 甲辰 17	4 甲戌 16	4 甲辰 ⑯	**4** 癸酉 14
5 庚辰 26	5 己酉 24	5 己卯 26	5 戊申 24	5 丁丑 23	5 丁未 22	5 丙子 21	5 丙午 20	5 乙亥 18	5 乙巳 18	5 乙亥 17	5 乙巳 17	5 甲戌 15
6 辛巳 27	6 庚戌 ㉕	6 庚辰 27	6 己酉 25	6 戊寅 24	6 戊申 23	6 丁丑 ㉒	6 丁未 21	6 丙子 19	6 丙午 19	6 丙子 ⑱	6 丙午 18	6 乙亥 16
7 壬午 ㉘	7 辛亥 26	7 辛巳 28	7 庚戌 26	7 己卯 25	7 己酉 ㉔	7 戊寅 23	7 戊申 22	7 丁丑 20	7 丁未 20	7 丁丑 19	7 丁未 19	7 丙子 17
8 癸未 29	8 壬子 27	8 壬午 29	8 辛亥 27	8 庚辰 26	8 庚戌 25	8 己卯 24	8 己酉 23	8 戊寅 21	8 戊申 ㉑	8 戊寅 20	8 戊申 20	8 丁丑 18
9 甲申 30	**9** 癸丑 28	9 癸未 30	9 壬子 28	9 辛巳 ㉗	9 辛亥 26	9 庚辰 25	9 庚戌 24	9 己卯 22	9 己酉 22	9 己卯 21	9 己酉 21	9 戊寅 19
10 乙酉 31	《3月》	**10** 甲申 31	10 癸丑 ㉙	10 壬午 28	10 壬子 27	10 辛巳 26	10 辛亥 25	10 庚辰 ㉓	10 庚戌 23	10 庚辰 22	10 庚戌 22	10 己卯 ⑳
《2月》	10 甲寅 1	《4月》	**11** 甲寅 30	11 癸未 29	11 癸丑 28	11 壬午 27	11 壬子 ㉖	11 辛巳 24	11 辛亥 24	11 辛巳 23	11 辛亥 ㉓	11 庚辰 21
11 丙戌 1	11 乙卯 2	11 乙酉 ①	《5月》	**12** 甲申 30	12 甲寅 29	12 癸未 28	12 癸丑 27	12 壬午 25	12 壬子 25	12 壬午 24	12 壬子 24	12 辛巳 22
12 丁亥 2	12 丙辰 3	12 丙戌 2	12 乙卯 1	13 乙酉 31	**13** 乙卯 30	13 甲申 ㉙	13 甲寅 28	13 癸未 26	13 癸丑 26	13 癸未 ㉕	13 癸丑 25	13 壬午 23
13 戊子 3	13 丁巳 ④	13 丁亥 3	13 丙辰 2	《6月》	《7月》	**14** 乙酉 30	14 乙卯 29	14 甲申 27	14 甲寅 27	14 甲申 26	14 甲寅 26	14 癸未 24
14 己丑 ④	14 戊午 5	14 戊子 4	14 丁巳 3	14 丙戌 1	14 丙辰 ①	15 丙戌 31	**15** 丙辰 30	15 乙酉 28	15 乙卯 ㉘	15 乙酉 27	15 乙卯 27	15 甲申 25
15 庚寅 5	15 己未 6	15 己丑 5	15 戊午 4	15 丁亥 2	15 丁巳 2	《8月》	16 丁巳 31	**16** 丙戌 29	16 丙辰 29	16 丙戌 28	16 丙辰 28	16 乙酉 26
16 辛卯 6	16 庚申 7	16 庚寅 6	16 己未 5	16 戊子 ③	16 戊午 3	16 丁亥 1	《9月》	17 丁亥 ㉚	**17** 丁巳 30	**17** 丁亥 29	17 丁巳 29	17 丙戌 ㉗
17 壬辰 7	17 辛酉 8	17 辛卯 7	17 庚申 ⑥	17 己丑 4	17 己未 4	17 戊子 2	17 戊午 1	《10月》	18 戊午 31	18 戊子 30	**18** 戊午 ㉚	18 丁亥 28
18 癸巳 8	18 壬戌 9	18 壬辰 ⑧	18 辛酉 7	18 庚寅 5	18 庚申 5	18 己丑 3	18 己未 ②	18 戊子 1	《11月》	《12月》	19 己未 31	**19** 戊子 29
19 甲午 9	19 癸亥 10	19 癸巳 9	19 壬戌 8	19 辛卯 6	19 辛酉 6	19 庚寅 4	19 庚申 3	19 己丑 2	19 己未 1	19 己丑 1	**1415** 年	20 己丑 30
20 乙未 10	20 甲子 ⑪	20 甲午 10	20 癸亥 9	20 壬辰 7	20 壬戌 7	20 辛卯 ⑤	20 辛酉 4	20 庚寅 3	20 庚申 2	20 庚寅 ②	《1月》	21 庚寅 31
21 丙申 ⑪	21 乙丑 12	21 乙未 11	21 甲子 10	21 癸巳 8	21 癸亥 ⑧	21 壬辰 6	21 壬戌 5	21 辛卯 4	21 辛酉 3	21 辛卯 3	20 庚申 1	《2月》
22 丁酉 12	22 丙寅 13	22 丙申 12	22 乙丑 11	22 甲午 9	22 甲子 9	22 癸巳 7	22 癸亥 6	22 壬辰 5	22 壬戌 ④	22 壬辰 4	21 辛酉 2	22 辛卯 1
23 戊戌 13	23 丁卯 14	23 丁酉 13	23 丙寅 12	23 乙未 ⑩	23 乙丑 10	23 甲午 8	23 甲子 7	23 癸巳 6	23 癸亥 5	23 癸巳 5	22 壬戌 3	23 壬辰 2
24 己亥 14	**24** 戊辰 15	24 戊戌 14	24 丁卯 ⑬	24 丙申 11	24 丙寅 11	24 乙未 9	24 乙丑 8	24 甲午 ⑦	24 甲子 6	24 甲午 6	23 癸亥 4	24 癸巳 ③
25 庚子 15	25 己巳 16	**25** 己亥 ⑮	25 戊辰 14	25 丁酉 12	25 丁卯 12	25 丙申 10	25 丙寅 ⑨	25 乙未 8	25 乙丑 7	25 乙未 7	24 甲子 5	25 甲午 4
26 辛丑 16	26 庚午 17	26 庚子 16	**26** 己巳 15	26 戊戌 13	26 戊辰 13	26 丁酉 11	26 丁卯 10	26 丙申 9	26 丙寅 8	26 丙申 8	25 乙丑 ⑥	26 乙未 5
27 壬寅 17	27 辛未 ⑱	27 辛丑 17	27 庚午 16	27 己亥 14	27 己巳 14	27 戊戌 ⑫	27 戊辰 11	27 丁酉 10	27 丁卯 9	27 丁酉 ⑨	26 丙寅 7	27 丙申 6
28 癸卯 ⑱	28 壬申 19	28 壬寅 18	28 辛未 17	**28** 庚子 15	**28** 庚午 ⑮	28 己亥 13	28 己巳 12	28 戊戌 11	28 戊辰 10	28 戊戌 10	27 丁卯 8	28 丁酉 7
29 甲辰 19	29 癸酉 20	29 癸卯 19	29 壬申 18	29 辛丑 16	29 辛未 16	29 庚子 14	29 庚午 13	29 己亥 12	29 己巳 ⑪	29 己亥 11	28 戊辰 9	29 戊戌 8
	30 甲戌 21			30 壬寅 ⑰		**30** 辛丑 15		30 庚子 13	30 庚午 12	30 庚子 12	29 己巳 10	30 己亥 9
立春 8日 雨水 23日	啓蟄 9日 春分 24日	清明 10日 穀雨 25日	立夏 11日 小満 26日	芒種 12日 夏至 28日	小暑 13日 大暑 28日	立秋 14日 処暑 30日	白露 15日	秋分 1日 寒露 16日	霜降 1日 立冬 17日	小雪 2日 大雪 17日	冬至 2日 小寒 18日	大寒 4日 立春 19日

応永**22**年（1415－1416） 乙未

1月	2月	3月	4月	5月	6月	7月	8月	9月	10月	11月	12月
1 庚子⑩ 2 辛丑11 3 壬寅12 **4** 癸卯13 5 甲辰14 6 乙巳15 7 丙午16 8 丁未⑰ 9 戊申18 10己酉19 11庚戌20 12辛亥21 13壬子22 14癸丑23 15甲寅㉔ 16乙卯25 17丙辰26 18丁巳27 **19**戊午28 《3月》 20己未 1 21庚申 2 22辛酉③ 23壬戌 4 24癸亥 5 25甲子 6 26乙丑 7 27丙寅 8 28丁卯 9 29戊辰⑩	1 己巳11 2 庚午12 3 辛未13 4 壬申14 5 癸酉15 **6** 甲戌16 7 乙亥⑰ 8 丙子18 9 丁丑19 10戊寅20 11己卯21 12庚辰22 13辛巳23 14壬午㉔ 15癸未25 16甲申26 17乙酉27 18丙戌28 19丁亥29 20戊子30 **21** 己丑㉛ 《4月》 22庚寅 1 23辛卯 2 24壬辰 3 25癸巳 4 26甲午 5 27乙未 6 28丙申⑦ 29丁酉 8 30戊戌 9	1 己亥10 2 庚子11 3 辛丑12 4 壬寅13 5 癸卯⑭ **6** 甲辰15 7 乙巳16 8 丙午17 9 丁未18 10戊申19 11己酉20 12庚戌㉑ 13辛亥22 14壬子23 15癸丑24 16甲寅25 17乙卯26 18丙辰27 19丁巳㉘ 20戊午29 **21** 己未30 《5月》 22庚申 1 23辛酉 2 24壬戌 3 25癸亥 4 26甲子⑤ 27乙丑 6 28丙寅 7 29丁卯 8	1 戊辰 9 2 己巳10 3 庚午11 4 辛未⑫ 5 壬申13 6 癸酉14 7 甲戌15 **8** 乙亥16 9 丙子17 10丁丑18 11戊寅⑲ 12己卯20 13庚辰21 14辛巳22 15壬午23 16癸未24 17甲申25 18乙酉㉖ 19丙戌27 20丁亥28 21戊子29 22己丑30 **23**庚寅31 《6月》 24辛卯 1 25壬辰② 26癸巳 3 27甲午 4 28乙未 5 29丙申 6	1 丁酉 7 2 戊戌 8 3 己亥⑨ 4 庚子10 5 辛丑11 6 壬寅12 7 癸卯13 8 甲辰14 **9** 乙巳15 10丙午⑯ 11丁未17 12戊申18 13己酉19 14庚戌20 15辛亥21 16壬子22 17癸丑㉓ 18甲寅24 19乙卯25 20丙辰26 21丁巳27 22戊午28 23己未29 **24**庚申㉚ 《7月》 25辛酉 1 26壬戌 2 27癸亥 3 28甲子 4 29乙丑 5 30丙寅 6	1 丁卯⑦ 2 戊辰 8 3 己巳 9 4 庚午10 5 辛未11 6 壬申12 7 癸酉13 8 甲戌⑭ **9** 乙亥15 10丙子16 11丁丑17 12戊寅18 13己卯19 14庚辰20 15辛巳㉑ 16壬午22 17癸未23 18甲申24 19乙酉25 20丙戌26 21丁亥27 22戊子㉘ 23己丑29 24庚寅30 **25**辛卯31 《8月》 26壬辰 1 27癸巳 2 28甲午 3 29乙未④	1 丙申 5 2 丁酉 6 3 戊戌 7 4 己亥 8 5 庚子 9 6 辛丑10 7 壬寅⑪ 8 癸卯12 9 甲辰13 10乙巳14 **11**丙午15 12丁未16 13戊申17 14己酉⑱ 15庚戌19 16辛亥20 17壬子21 18癸丑22 19甲寅23 20乙卯24 21丙辰㉕ 22丁巳26 23戊午27 24己未28 25庚申29 **26**辛酉30 27壬戌31 《9月》 28癸亥① 29甲子 2 30乙丑 3	1 丙寅 4 2 丁卯 5 3 戊辰 6 4 己巳 7 5 庚午⑧ 6 辛未 9 7 壬申10 8 癸酉11 9 甲戌12 10乙亥13 **11**丙子14 12丁丑⑮ 13戊寅16 14己卯17 15庚辰18 16辛巳19 17壬午20 18癸未21 19甲申㉒ 20乙酉23 21丙戌24 22丁亥25 23戊子26 24己丑27 25庚寅28 **26**辛卯㉙ 27壬辰30 《10月》 28癸巳 1 29甲午 2	1 乙未 3 2 丙申 4 3 丁酉 5 4 戊戌⑥ 5 己亥 7 6 庚子 8 7 辛丑 9 8 壬寅10 9 癸卯11 10甲辰12 11乙巳⑬ 12丙午14 **13**丁未15 14戊申16 15己酉17 16庚戌18 17辛亥19 18壬子⑳ 19癸丑21 20甲寅22 21乙卯23 22丙辰24 23丁巳25 24戊午26 25己未㉗ 26庚申28 27辛酉29 **28**壬戌30 29癸亥31 《11月》 30甲子 1	1 乙丑 2 2 丙寅③ 3 丁卯 4 4 戊辰 5 5 己巳 6 6 庚午 7 7 辛未 8 8 壬申 9 9 癸酉⑩ 10甲戌11 11乙亥12 12丙子13 **13**丁丑14 14戊寅15 15己卯16 16庚辰⑰ 17辛巳18 18壬午19 19癸未20 20甲申21 21乙酉22 22丙戌23 23丁亥㉔ 24戊子25 25己丑26 26庚寅27 27辛卯28 **28**壬辰29 29癸巳30 《12月》 30甲午①	1 乙未 2 2 丙申 3 3 丁酉 4 4 戊戌 5 5 己亥 6 6 庚子 7 7 辛丑⑧ 8 壬寅 9 9 癸卯10 10甲辰11 11乙巳12 12丙午13 13丁未14 **14**戊申⑮ 15己酉16 16庚戌17 17辛亥18 18壬子19 19癸丑20 20甲寅21 21乙卯㉒ 22丙辰23 23丁巳24 24戊午25 25己未26 26庚申27 27辛酉28 28壬戌㉙ **29**癸亥30 30甲子31	**1416**年 《1月》 1 乙丑 1 2 丙寅 2 3 丁卯 3 4 戊辰 4 5 己巳⑤ 6 庚午 6 7 辛未 7 8 壬申 8 9 癸酉 9 10甲戌10 11乙亥11 12丙子⑫ 13丁丑13 **14**戊寅14 15己卯15 16庚辰16 17辛巳17 18壬午18 19癸未⑲ 20甲申20 21乙酉21 22丙戌22 23丁亥23 24戊子24 25己丑25 26庚寅㉖ 27辛卯27 28壬辰28 **29**癸巳29
雨水 4日 啓蟄 19日	春分 6日 清明 21日	穀雨 6日 立夏 21日	小満 8日 芒種 23日	夏至 9日 小暑 24日	大暑 9日 立秋 25日	処暑 11日 白露 26日	秋分 11日 寒露 26日	霜降 13日 立冬 28日	小雪 13日 大雪 28日	冬至 14日 小寒 29日	大寒 14日 立春 29日

応永**23**年（1416－1417） 丙申

1月	2月	3月	4月	5月	6月	7月	8月	9月	10月	11月	12月
1 甲午30 2 乙未31 《2月》 3 丙申 1 4 丁酉② 5 戊戌 3 6 己亥 4 7 庚子 5 8 辛丑 6 9 壬寅 7 10癸卯 8 11甲辰⑨ 12乙巳10 13丙午11 14丁未12 **15**戊申13 16己酉14 17庚戌15 18辛亥⑯ 19壬子17 20癸丑18 21甲寅19 22乙卯20 23丙辰21 24丁巳22 25戊午㉓ 26己未24 27庚申25 28辛酉26 29壬戌27 30癸亥28	**1** 甲子29 《3月》 2 乙丑① 3 丙寅 2 4 丁卯 3 5 戊辰 4 6 己巳 5 7 庚午 6 8 辛未 7 9 壬申⑧ 10癸酉 9 11甲戌10 12乙亥11 13丙子12 14丁丑13 15戊寅14 **16**己卯⑮ 17庚辰16 18辛巳17 19壬午18 20癸未19 21甲申20 22乙酉21 23丙戌㉒ 24丁亥23 25戊子24 26己丑25 27庚寅26 28辛卯27 29壬辰28	1 癸巳㉙ **2** 甲午30 3 乙未31 《4月》 4 丙申 1 5 丁酉 2 6 戊戌 3 7 己亥 4 8 庚子⑤ 9 辛丑 6 10壬寅 7 11癸卯 8 12甲辰 9 13乙巳10 14丙午11 15丁未⑫ 16戊申13 **17**己酉14 18庚戌15 19辛亥16 20壬子17 21癸丑18 22甲寅⑲ 23乙卯20 24丙辰21 25丁巳22 26戊午23 27己未24 28庚申25 29辛酉㉖ 30壬戌27	1 癸亥28 2 甲子29 **3** 乙丑30 《5月》 4 丙寅 1 5 丁卯 2 6 戊辰③ 7 己巳 4 8 庚午 5 9 辛未 6 10壬申 7 11癸酉 8 12甲戌 9 13乙亥⑩ 14丙子11 15丁丑12 16戊寅13 17己卯14 **18**庚辰15 19辛巳16 20壬午⑰ 21癸未18 22甲申19 23乙酉20 24丙戌21 25丁亥22 26戊子23 27己丑㉔ 28庚寅25 29辛卯26	1 壬辰27 2 癸巳28 3 甲午29 **4** 乙未30 5 丙申㉛ 《6月》 6 丁酉 1 7 戊戌 2 8 己亥 3 9 庚子 4 10辛丑 5 11壬寅 6 12癸卯⑦ 13甲辰 8 14乙巳 9 15丙午10 16丁未11 17戊申12 18己酉13 **19**庚戌⑭ 20辛亥15 21壬子16 22癸丑17 23甲寅18 24乙卯19 25丙辰20 26丁巳㉑ 27戊午22 28己未23 29庚申24	1 辛酉25 2 壬戌26 3 癸亥27 4 甲子㉘ **5** 乙丑29 6 丙寅30 《7月》 7 丁卯 1 8 戊辰 2 9 己巳 3 10庚午 4 11辛未⑤ 12壬申 6 13癸酉 7 14甲戌 8 15乙亥 9 16丙子10 17丁丑11 18戊寅⑫ 19己卯13 20庚辰14 **21** 辛巳15 22壬午16 23癸未17 24甲申18 25乙酉⑲ 26丙戌20 27丁亥21 28戊子22 29己丑23 30庚寅24	1 辛卯25 2 壬辰㉖ 3 癸巳27 4 甲午28 5 乙未29 **6** 丙申30 7 丁酉31 《8月》 8 戊戌 1 9 己亥② 10庚子 3 11辛丑 4 12壬寅 5 13癸卯 6 14甲辰 7 15乙巳 8 16丙午⑨ 17丁未10 18戊申11 19己酉12 20庚戌13 **21** 辛亥14 22壬子15 23癸丑⑯ 24甲寅17 25乙卯18 26丙辰19 27丁巳20 28戊午21 29己未22	1 庚申㉓ 2 辛酉24 3 壬戌25 4 癸亥26 5 甲子27 6 乙丑28 **7** 丙寅29 8 丁卯㉚ 9 戊辰31 《9月》 10己巳 1 11庚午 2 12辛未 3 13壬申 4 14癸酉 5 15甲戌⑥ 16乙亥 7 17丙子 8 18丁丑 9 19戊寅10 20己卯11 21庚辰12 22辛巳⑬ **23**壬午14 24癸未15 25甲申16 26乙酉17 27丙戌18 28丁亥19 29戊子⑳	1 己丑21 2 庚寅22 3 辛卯23 4 壬辰24 5 癸巳25 6 甲午26 7 乙未㉗ 8 丙申28 **9** 丁酉29 10戊戌30 《10月》 11己亥 1 12庚子 2 13辛丑 3 14壬寅④ 15癸卯 5 16甲辰 6 17乙巳 7 18丙午 8 19丁未 9 20戊申10 21己酉⑪ 22庚戌12 23辛亥13 **24**壬子14 25癸丑15 26甲寅16 27乙卯17 28丙辰⑱ 29丁巳19 30戊午20	1 己未21 2 庚申22 3 辛酉23 4 壬戌24 5 癸亥㉕ 6 甲子26 7 乙丑27 8 丙寅28 **9** 丁卯29 10戊辰30 11己巳31 《11月》 12庚午① 13辛未 2 14壬申 3 15癸酉 4 16甲戌 5 17乙亥 6 18丙子 7 19丁丑⑧ 20戊寅 9 21己卯10 22庚辰11 23辛巳12 **24**壬午13 25癸未14 26甲申⑮ 27乙酉16 28丙戌17 29丁亥18 30戊子19	1 己丑20 2 庚寅21 3 辛卯㉒ 4 壬辰23 5 癸巳24 6 甲午25 7 乙未26 8 丙申27 9 丁酉28 **10**戊戌㉙ 11己亥30 《12月》 12庚子 1 13辛丑 2 14壬寅 3 15癸卯 4 16甲辰 5 17乙巳⑥ 18丙午 7 19丁未 8 20戊申 9 21己酉10 22庚戌11 23辛亥12 24壬子⑬ **25**癸丑14 26甲寅15 27乙卯16 28丙辰17 29丁巳18	1 戊午19 2 己未⑳ 3 庚申21 4 辛酉22 5 壬戌23 6 癸亥24 7 甲子25 8 乙丑26 9 丙寅㉗ 10丁卯28 **11**戊辰29 12己巳30 13庚午31 **1417**年 《1月》 14辛未 1 15壬申 2 16癸酉③ 17甲戌 4 18乙亥 5 19丙子 6 20丁丑 7 21戊寅 8 22己卯 9 23庚辰⑩ 24辛巳11 25壬午12 **26**癸未13 27甲申14 28乙酉15 29丙戌16 30丁亥⑰
雨水 15日	啓蟄 1日 春分 16日	清明 2日 穀雨 17日	立夏 3日 小満 18日	芒種 4日 夏至 19日	小暑 5日 大暑 21日	立秋 6日 処暑 21日	白露 7日 秋分 23日	寒露 9日 霜降 24日	立冬 9日 小雪 24日	大雪 10日 冬至 25日	小寒 11日 大寒 26日

応永**24**年（1417－1418） 丁酉

1月	2月	3月	4月	5月	閏5月	6月	7月	8月	9月	10月	11月	12月
1 戊子18	1 戊午17	1 戊子19	1 丁巳17	1 丁亥17	1 丙辰15	1 乙酉14	1 乙卯13	1 甲申11	1 癸丑⑩	1 癸未 9	1 癸丑 9	1 壬午 7
2 己丑19	2 己未18	2 己丑20	2 戊午⑱	2 戊子18	2 丁巳16	**2** 丙戌15	**2** 丙辰14	2 乙酉⑫	2 甲寅11	2 甲申10	2 甲寅10	2 癸未 8
3 庚寅20	3 庚申19	3 庚寅㉑	3 己未19	3 己丑19	3 戊午17	3 丁亥16	3 丁巳⑮	3 丙戌13	3 乙卯12	3 乙酉11	3 乙卯11	3 甲申⑨
4 辛卯21	4 辛酉20	4 辛卯22	4 庚申20	4 庚寅20	4 己未18	4 戊子17	4 戊午16	**4** 丁亥14	4 丙辰13	4 丙戌12	4 丙辰⑫	4 乙酉10
5 壬辰22	5 壬戌㉑	5 壬辰23	5 辛酉21	5 辛卯21	5 庚申19	5 己丑⑱	5 己未17	5 戊子15	**5** 丁巳14	5 丁亥13	5 丁巳13	5 丙戌11
6 癸巳23	6 癸亥22	6 癸巳24	6 壬戌22	6 壬辰22	6 辛酉⑳	6 庚寅19	6 庚申18	6 己丑16	6 戊午15	**6** 戊子⑭	**6** 戊午14	6 丁亥12
7 甲午㉔	7 甲子23	7 甲午25	7 癸亥23	7 癸巳㉓	7 壬戌21	7 辛卯20	7 辛酉19	7 庚寅17	7 己未16	7 己丑15	7 己未15	7 戊子13
8 乙未25	8 乙丑24	8 乙未26	8 甲子24	8 甲午24	8 癸亥22	8 壬辰21	8 壬戌20	8 辛卯18	8 庚申⑰	8 庚寅16	8 庚申16	**8** 己丑14
9 丙申26	9 丙寅25	9 丙申27	9 乙丑㉕	9 乙未25	9 甲子23	9 癸巳22	9 癸亥21	9 壬辰⑲	9 辛酉18	9 辛卯17	9 辛酉17	9 庚寅15
10 丁酉27	10 丁卯26	10 丁酉㉘	10 丙寅26	10 丙申26	10 乙丑24	10 甲午23	10 甲子㉒	10 癸巳20	10 壬戌19	10 壬辰18	10 壬戌18	10 辛卯⑯
11 戊戌28	11 戊辰27	11 戊戌29	11 丁卯27	11 丁酉27	11 丙寅25	11 乙未24	11 乙丑23	11 甲午21	11 癸亥20	11 癸巳19	11 癸亥⑲	11 壬辰17
12 己亥29	**12** 己巳㉘	**12** 己亥30	12 戊辰28	12 戊戌28	12 丁卯26	12 丙申㉕	12 丙寅24	12 乙未22	12 甲子21	12 甲午20	12 甲子20	12 癸巳18
13 庚子30	《3月》	13 庚子31	13 己巳29	13 己亥29	13 戊辰㉗	13 丁酉26	13 丁卯25	13 丙申23	13 乙丑22	13 乙未㉑	13 乙丑21	13 甲午19
14 辛丑㉛	13 庚午 1	《4月》	**14** 庚午30	**14** 庚子㉚	14 己巳28	14 戊戌27	14 戊辰26	14 丁酉24	14 丙寅23	14 丙申22	14 丙寅22	14 乙未20
《2月》	14 辛未 2	14 辛丑 1	《5月》	15 辛丑31	15 庚午29	15 己亥28	15 己巳27	15 戊戌25	15 丁卯㉔	15 丁酉23	15 丁卯23	15 丙申21
15 壬寅 1	15 壬申 3	15 壬寅 2	15 辛未 1	《6月》	**16** 辛未30	16 庚子29	16 庚午28	16 己亥㉖	16 戊辰25	16 戊戌24	16 戊辰24	16 丁酉22
16 癸卯 2	16 癸酉 4	16 癸卯 3	16 壬申②	16 壬寅 1	《7月》	**17** 辛丑30	17 辛未㉙	17 庚子27	17 己巳26	17 己亥25	17 己巳25	17 戊戌㉓
17 甲辰 3	17 甲戌 5	17 甲辰④	17 癸酉 3	17 癸卯 2	17 壬申 1	18 壬寅31	**18** 壬申30	18 辛丑28	18 庚午27	18 庚子26	18 庚午㉖	18 己亥24
18 乙巳 4	18 乙亥 6	18 乙巳 5	18 甲戌 4	18 甲辰 3	18 癸酉 2	《8月》	19 癸酉31	**19** 壬寅29	19 辛未28	19 辛丑27	19 辛未27	19 庚子25
19 丙午 5	19 丙子⑦	19 丙午 6	19 乙亥 5	19 乙巳 4	19 甲戌 3	19 癸卯①	《9月》	20 癸卯30	**20** 壬申29	20 壬寅㉘	20 壬申28	20 辛丑26
20 丁未 6	20 丁丑 8	20 丁未 7	20 丙子 6	20 丙午 5	20 乙亥④	20 甲辰 2	20 甲戌 1	《10月》	21 癸酉30	**21** 癸卯29	**21** 癸酉29	21 壬寅27
21 戊申⑦	21 戊寅 9	21 戊申 8	21 丁丑 7	21 丁未⑥	21 丙子 5	21 乙巳 3	21 乙亥 2	21 甲辰 1	22 甲戌㉛	22 甲辰30	22 甲戌30	22 癸卯28
22 己酉 8	22 己卯10	22 己酉 9	22 戊寅 8	22 戊申 7	22 丁丑 6	22 丙午 4	22 丙子 3	22 乙巳 2	《11月》	《12月》	23 乙亥31	**23** 甲辰29
23 庚戌 9	23 庚辰11	23 庚戌10	23 己卯⑨	23 己酉 8	23 戊寅 7	23 丁未 5	23 丁丑 4	23 丙午③	23 乙亥 1	23 乙巳 1	**1418 年**	24 乙巳㉚
24 辛亥10	24 辛巳12	24 辛亥⑪	24 庚辰10	24 庚戌 9	24 己卯 8	24 戊申 6	24 戊寅⑤	24 丁未 4	24 丙子 2	24 丙午 2	《1月》	25 丙午31
25 壬子11	25 壬午13	25 壬子12	25 辛巳11	25 辛亥10	25 庚辰 9	25 己酉 7	25 己卯 6	25 戊申 5	25 丁丑 3	25 丁未 3	24 丙子 1	《2月》
26 癸丑12	26 癸未⑭	26 癸丑13	26 壬午12	26 壬子11	26 辛巳10	26 庚戌⑧	26 庚辰 7	26 己酉 6	26 戊寅 4	26 戊申 4	25 丁丑②	26 丁未 1
27 甲寅13	**27** 甲申15	27 甲寅14	27 癸未13	27 癸丑12	27 壬午⑪	27 辛亥 9	27 辛巳 8	27 庚戌 7	27 己卯 5	27 己酉⑤	26 戊寅 3	27 戊申 2
28 乙卯⑭	28 乙酉16	**28** 乙卯15	28 甲申14	28 甲寅⑬	28 癸未12	28 壬子10	28 壬午 9	28 辛亥 8	28 庚辰 6	28 庚戌 6	27 己卯 4	28 己酉 3
29 丙辰15	29 丙戌17	29 丙辰16	**29** 乙酉15	**29** 乙卯14	29 甲申13	29 癸丑11	29 癸未10	29 壬子 9	29 辛巳⑦	29 辛亥 7	28 庚辰 5	29 庚戌 4
30 丁巳16	30 丁亥18		30 丙戌⑯			30 甲寅12			30 壬午 8	30 壬子 8	29 辛巳 6	30 辛亥 5
立春 11日 雨水 27日	啓蟄 12日 春分 27日	清明 12日 穀雨 28日	立夏 14日 小満 29日	芒種 14日 夏至 29日	小暑16日	大暑 2日 立秋 17日	処暑 2日 白露 18日	秋分 4日 寒露 19日	霜降 5日 立冬 20日	小雪 6日 大雪 21日	冬至 6日 小寒 21日	大寒 8日 立春 23日

応永**25**年（1418－1419） 戊戌

1月	2月	3月	4月	5月	6月	7月	8月	9月	10月	11月	12月
1 壬子⑥	1 壬午 8	1 辛亥 6	1 辛巳 6	1 辛亥⑤	1 庚辰 4	1 己酉 2	《9月》	1 戊申30	1 丁丑29	1 丁未28	1 丁丑28
2 癸丑 7	2 癸未 9	2 壬子 7	2 壬午 7	2 壬子 6	2 辛巳 5	2 庚戌 3	1 己卯 1	《10月》	**2** 戊寅㉚	**2** 戊申29	2 戊寅29
3 甲寅 8	3 甲申10	3 癸丑 8	3 癸未⑧	3 癸丑 7	3 壬午 6	3 辛亥 4	2 庚辰 2	2 己酉 1	3 己卯31	3 己酉30	**3** 己卯30
4 乙卯 9	4 乙酉11	4 甲寅 9	4 甲申 9	4 甲寅 8	4 癸未 7	4 壬子 5	3 辛巳 3	3 庚戌②	《11月》	《12月》	4 庚辰31
5 丙辰10	5 丙戌12	5 乙卯⑩	5 乙酉10	5 乙卯 9	5 甲申 8	5 癸丑 6	4 壬午④	4 辛亥 3	4 庚辰 1	4 庚戌 1	**1419 年**
6 丁巳11	6 丁亥⑬	6 丙辰11	6 丙戌11	6 丙辰10	6 乙酉 9	6 甲寅⑦	5 癸未 5	5 壬子 4	5 辛巳 2	5 辛亥 2	《1月》
7 戊午12	7 戊子14	7 丁巳12	7 丁亥12	7 丁巳11	7 丙戌⑩	7 乙卯 8	6 甲申 6	6 癸丑 5	6 壬午 3	6 壬子 3	5 辛巳①
8 己未⑬	**8** 己丑15	8 戊午13	8 戊子13	8 戊午⑫	8 丁亥11	8 丙辰 9	7 乙酉 7	7 甲寅 6	7 癸未 4	7 癸丑④	6 壬午 2
9 庚申14	9 庚寅16	9 己未14	9 己丑14	9 己未13	9 戊子12	9 丁巳10	8 丙戌 8	8 乙卯 7	8 甲申 5	8 甲寅 5	7 癸未 3
10 辛酉15	10 辛卯17	**10** 庚申15	**10** 庚寅⑮	10 庚申14	10 己丑13	10 戊午11	9 丁亥 9	9 丙辰 8	9 乙酉⑥	9 乙卯 6	8 甲申 4
11 壬戌16	11 壬辰18	11 辛酉16	11 辛卯16	**11** 辛酉15	11 庚寅14	11 己未12	10 戊子10	10 丁巳⑨	10 丙戌 7	10 丙辰 7	9 乙酉 5
12 癸亥17	12 癸巳19	12 壬戌⑰	12 壬辰17	12 壬戌16	**12** 辛卯15	12 庚申13	11 己丑⑪	11 戊午10	11 丁亥 8	11 丁巳 8	10 丙戌 6
13 甲子18	13 甲午⑳	13 癸亥18	13 癸巳18	13 癸亥17	13 壬辰16	13 辛酉⑭	12 庚寅12	12 己未11	12 戊子 9	12 戊午 9	11 丁亥 7
14 乙丑19	14 乙未21	14 甲子19	14 甲午19	14 甲子18	14 癸巳⑰	**14** 壬戌15	13 辛卯13	13 庚申12	13 己丑10	13 己未10	12 戊子⑧
15 丙寅⑳	15 丙申22	15 乙丑20	15 乙未20	15 乙丑⑲	15 甲午18	15 癸亥16	**14** 壬辰14	14 辛酉13	14 庚寅11	14 庚申⑪	13 己丑 9
16 丁卯21	16 丁酉23	16 丙寅21	16 丙申21	16 丙寅20	16 乙未19	16 甲子17	15 癸巳15	**15** 壬戌14	15 辛卯12	15 辛酉12	14 庚寅10
17 戊辰22	17 戊戌24	17 丁卯22	17 丁酉㉒	17 丁卯21	17 丙申20	17 乙丑18	16 甲午16	16 癸亥15	16 壬辰⑬	16 壬戌13	15 辛卯11
18 己巳23	18 己亥25	18 戊辰23	18 戊戌23	18 戊辰22	18 丁酉21	18 丙寅19	17 乙未17	17 甲子⑯	**17** 癸巳14	**17** 癸亥14	16 壬辰12
19 庚午24	19 庚子26	19 己巳㉔	19 己亥24	19 己巳23	19 戊戌22	19 丁卯20	18 丙申⑱	18 乙丑17	18 甲午15	18 甲子15	17 癸巳13
20 辛未25	20 辛丑㉗	20 庚午25	20 庚子25	20 庚午24	20 己亥23	20 戊辰㉑	19 丁酉19	19 丙寅18	19 乙未16	19 乙丑16	**18** 甲午14
21 壬申26	21 壬寅28	21 辛未26	21 辛丑26	21 辛未25	21 庚子㉔	21 己巳22	20 戊戌20	20 丁卯19	20 丙申17	20 丙寅17	19 乙未⑮
22 癸酉㉗	22 癸卯29	22 壬申27	22 壬寅27	22 壬申㉖	22 辛丑25	22 庚午23	21 己亥21	21 戊辰20	21 丁酉18	21 丁卯⑱	20 丙申16
23 甲戌28	23 甲辰30	23 癸酉28	23 癸卯28	23 癸酉27	23 壬寅26	23 辛未24	22 庚子22	22 己巳21	22 戊戌19	22 戊辰19	21 丁酉17
《3月》	**24** 乙巳31	24 甲戌29	24 甲辰㉙	24 甲戌28	24 癸卯27	24 壬申25	23 辛丑23	23 庚午22	23 己亥⑳	23 己巳20	22 戊戌18
24 乙亥 1	《4月》	**25** 乙亥30	**25** 乙巳30	25 乙亥29	25 甲辰28	25 癸酉26	24 壬寅24	24 辛未㉓	24 庚子21	24 庚午21	23 己亥19
25 丙子 2	25 丙午 1	《5月》	26 丙午31	**26** 丙子30	26 乙巳29	26 甲戌27	25 癸卯㉕	25 壬申24	25 辛丑22	25 辛未22	24 庚子20
26 丁丑 3	26 丁未 2	26 丙子①	《6月》	《7月》	**27** 丙午30	27 乙亥㉘	26 甲辰26	26 癸酉25	26 壬寅23	26 壬申23	25 辛丑21
27 戊寅 4	27 戊申③	27 丁丑 2	27 丁未 1	27 丁丑 1	28 丁未㉛	28 丙子29	27 乙巳27	27 甲戌26	27 癸卯24	27 癸酉24	26 壬寅㉒
28 己卯 5	28 己酉 4	28 戊寅 3	28 戊申 2	28 戊寅 2	《8月》	**29** 丁丑30	28 丙午28	28 乙亥27	28 甲辰25	28 甲戌㉕	27 癸卯23
29 庚辰⑥	29 庚戌 5	29 己卯 4	29 己酉 3	29 己卯③	29 戊申 1	30 戊寅31	**29** 丁未29	29 丙子28	29 乙巳26	29 乙亥26	28 甲辰24
30 辛巳 7		30 庚辰 5	30 庚戌 4						30 丙午㉗	30 丙子27	29 乙巳25
雨水 8日 啓蟄 23日	春分 8日 清明 24日	穀雨 10日 立夏 25日	小満 10日 芒種 25日	夏至 11日 小暑 26日	大暑 12日 立秋 27日	処暑 14日 白露 29日	秋分 14日 寒露 29日	霜降 15日	立冬 2日 小雪 17日	大雪 2日 冬至 17日	小寒 3日 大寒 18日

応永**26**年（1419－1420） 己亥

1月	2月	3月	4月	5月	6月	7月	8月	9月	10月	11月	12月
1 丙午26	1 丙子25	1 丙午27	1 乙亥25	1 乙巳25	1 甲戌23	1 甲辰㉓	1 癸酉21	1 癸卯20	1 壬申19	1 壬寅18	1 辛未⑰
2 丁未27	2 丁丑㉖	2 丁未28	2 丙子26	2 丙午26	2 乙亥24	2 乙巳24	2 甲戌22	2 甲辰21	2 癸酉20	2 癸卯⑲	2 壬申18
3 戊申28	3 戊寅27	3 戊申29	3 丁丑27	3 丁未27	3 丙子㉕	3 丙午25	3 乙亥23	3 乙巳22	3 甲戌21	3 甲辰20	3 癸酉19
4 己酉㉙	**4** 己卯28	4 己酉30	4 戊寅28	4 戊申㉘	4 丁丑26	4 丁未26	4 丙子24	4 丙午23	4 乙亥㉒	4 乙巳21	4 甲戌20
5 庚戌30	《3月》	**5** 庚戌31	5 己卯29	5 己酉29	5 戊寅27	5 戊申27	5 丁丑25	5 丁未㉔	5 丙子23	5 丙午22	5 乙亥21
6 辛亥31	5 庚辰1	《4月》	**6** 庚辰㉚	6 庚戌30	6 己卯28	6 己酉28	6 戊寅26	6 戊申25	6 丁丑24	6 丁未23	6 丙子22
《2月》	6 辛巳2	6 辛亥1	《5月》	**7** 辛亥31	7 庚辰29	7 庚戌29	7 己卯㉗	7 己酉26	7 戊寅25	7 戊申24	7 丁丑23
7 壬子1	7 壬午3	7 壬子②	7 辛巳1	《6月》	**8** 辛巳30	8 辛亥㉚	8 庚辰28	8 庚戌27	8 己卯26	8 己酉25	8 戊寅㉔
8 癸丑2	8 癸未4	8 癸丑3	8 壬午2	8 壬子1	《7月》	**9** 壬子31	9 辛巳29	9 辛亥28	9 庚辰27	9 庚戌㉖	9 己卯25
9 甲寅3	9 甲申⑤	9 甲寅4	9 癸未3	9 癸丑2	9 壬午1	《8月》	**10** 壬午30	**10** 壬子29	10 辛巳28	10 辛亥27	10 庚辰26
10 乙卯4	10 乙酉6	10 乙卯5	10 甲申4	10 甲寅3	10 癸未②	10 癸丑1	11 癸未31	11 癸丑30	11 壬午㉙	11 壬子28	11 辛巳27
11 丙辰⑤	11 丙戌7	11 丙辰6	11 乙酉5	11 乙卯④	11 甲申3	11 甲寅2	《9月》	《10月》	**12** 癸未30	**12** 癸丑29	12 壬午28
12 丁巳6	12 丁亥8	12 丁巳7	12 丙戌6	12 丙辰5	12 乙酉4	12 乙卯3	12 甲申1	12 甲寅①	13 甲申31	13 甲寅30	13 癸未29
13 戊午7	13 戊子9	13 戊午8	13 丁亥⑦	13 丁巳6	13 丙戌5	13 丙辰4	13 乙酉2	13 乙卯2	《11月》	《12月》	**14** 甲申30
14 己未8	14 己丑10	14 己未⑨	14 戊子8	14 戊午7	14 丁亥6	14 丁巳5	14 丙戌③	14 丙辰3	14 乙酉1	14 乙卯1	15 乙酉㉛
15 庚申9	15 庚寅11	15 庚申10	15 己丑9	15 己未8	15 戊子7	15 戊午⑥	15 丁亥4	15 丁巳4	15 丙戌2	15 丙辰2	**1420 年**
16 辛酉10	16 辛卯⑫	16 辛酉11	16 庚寅10	16 庚申9	16 己丑8	16 己未7	16 戊子5	16 戊午5	16 丁亥3	16 丁巳③	《1月》
17 壬戌11	17 壬辰13	17 壬戌12	17 辛卯11	17 辛酉10	17 庚寅⑨	17 庚申8	17 己丑6	17 己未6	17 戊子4	17 戊午4	16 丙戌1
18 癸亥⑫	18 癸巳14	18 癸亥13	18 壬辰12	18 壬戌⑪	18 辛卯10	18 辛酉9	18 庚寅7	18 庚申7	18 己丑⑤	18 己未5	17 丁亥2
19 甲子13	19 甲午15	19 甲子14	19 癸巳13	19 癸亥12	19 壬辰11	19 壬戌10	19 辛卯8	19 辛酉⑧	19 庚寅6	19 庚申6	18 戊子3
20 乙丑14	**20** 乙未16	**20** 乙丑15	20 甲午⑭	20 甲子13	20 癸巳12	20 癸亥11	20 壬辰9	20 壬戌9	20 辛卯7	20 辛酉7	19 己丑4
21 丙寅15	21 丙申17	21 丙寅⑯	**21** 乙未15	21 乙丑14	21 甲午13	21 甲子12	21 癸巳⑩	21 癸亥10	21 壬辰8	21 壬戌8	20 庚寅5
22 丁卯16	22 丁酉18	22 丁卯17	22 丙申16	**22** 丙寅15	22 乙未14	22 乙丑⑬	22 甲午11	22 甲子11	22 癸巳9	22 癸亥9	21 辛卯6
23 戊辰17	23 戊戌⑲	23 戊辰18	23 丁酉17	23 丁卯16	**23** 丙申15	23 丙寅14	23 乙未12	23 乙丑12	23 甲午10	23 甲子⑩	22 壬辰⑦
24 己巳18	24 己亥20	24 己巳19	24 戊戌18	24 戊辰17	24 丁酉⑯	**24** 丁卯15	24 丙申13	24 丙寅13	24 乙未11	24 乙丑11	23 癸巳8
25 庚午⑲	25 庚子21	25 庚午20	25 己亥19	25 己巳⑱	25 戊戌17	25 戊辰16	**25** 丁酉14	25 丁卯14	25 丙申⑫	25 丙寅12	24 甲午9
26 辛未20	26 辛丑22	26 辛未21	26 庚子20	26 庚午19	26 己亥18	26 己巳17	26 戊戌15	**26** 戊辰⑮	26 丁酉13	26 丁卯13	25 乙未10
27 壬申21	27 壬寅23	27 壬申22	27 辛丑㉑	27 辛未20	27 庚子19	27 庚午18	27 己亥16	27 己巳16	**27** 戊戌14	27 戊辰14	26 丙申11
28 癸酉22	28 癸卯24	28 癸酉㉓	28 壬寅22	28 壬申21	28 辛丑20	28 辛未19	28 庚子⑰	28 庚午17	28 己亥15	**28** 己巳15	27 丁酉12
29 甲戌23	29 甲辰25	29 甲戌24	29 癸卯23	29 癸酉22	29 壬寅21	29 壬申⑳	29 辛丑18	29 辛未18	29 庚子16	29 庚午16	28 戊戌13
30 乙亥24	30 乙巳㉖		30 甲辰24		30 癸卯22		30 壬寅19		30 辛丑17		**29** 己亥⑭
											30 庚子15
立春 4日 雨水 19日	啓蟄 4日 春分 20日	清明 5日 穀雨 20日	立夏 6日 小満 21日	芒種 7日 夏至 22日	小暑 8日 大暑 23日	立秋 9日 処暑 24日	白露 10日 秋分 25日	寒露 10日 霜降 26日	立冬 12日 小雪 27日	大雪 12日 冬至 28日	小寒 14日 大寒 29日

応永**27**年（1420－1421） 庚子

1月	閏1月	2月	3月	4月	5月	6月	7月	8月	9月	10月	11月	12月
1 辛丑16	1 庚午14	**1** 庚子15	1 己巳13	1 己亥13	1 戊辰11	1 戊戌11	1 戊辰10	1 丁酉⑧	1 丁卯8	1 丙申6	1 丙寅6	1 乙未4
2 壬寅17	2 辛未15	2 辛丑16	**2** 庚午⑭	2 庚子14	2 己巳12	2 己亥12	2 己巳⑪	2 戊戌9	2 戊辰9	2 丁酉7	2 丁卯7	2 丙申⑤
3 癸卯18	3 壬申16	3 壬寅⑰	3 辛未15	**3** 辛丑15	3 庚午13	3 庚子13	3 庚午12	3 己亥10	3 己巳10	3 戊戌8	3 戊辰⑧	3 丁酉6
4 甲辰19	4 癸酉17	4 癸卯18	4 壬申16	4 壬寅16	**4** 辛未14	4 辛丑⑭	4 辛未13	4 庚子11	4 庚午11	4 己亥9	4 己巳9	4 戊戌7
5 乙巳20	5 甲戌⑱	5 甲辰19	5 癸酉17	5 癸卯17	5 壬申15	**5** 壬寅15	**5** 壬申14	5 辛丑12	5 辛未12	5 庚子⑩	5 庚午10	5 己亥8
6 丙午㉑	6 乙亥19	6 乙巳20	6 甲戌18	6 甲辰18	6 癸酉⑯	6 癸卯16	6 癸酉15	**6** 壬寅13	6 壬申⑬	6 辛丑11	6 辛未11	6 庚子9
7 丁未22	7 丙子20	7 丙午21	7 乙亥19	7 乙巳⑲	7 甲戌17	7 甲辰17	7 甲戌16	7 癸卯14	**7** 癸酉14	7 壬寅12	7 壬申12	7 辛丑10
8 戊申23	8 丁丑21	8 丁未22	8 丙子20	8 丙午20	8 乙亥18	8 乙巳18	8 乙亥17	8 甲辰⑮	8 甲戌15	**8** 癸卯13	8 癸酉13	8 壬寅11
9 己酉24	9 戊寅22	9 戊申23	9 丁丑㉑	9 丁未21	9 丙子19	9 丙午19	9 丙子⑱	9 乙巳16	9 乙亥16	9 甲辰14	**9** 甲戌14	9 癸卯⑫
10 庚戌25	10 己卯23	10 己酉㉔	10 戊寅22	10 戊申22	10 丁丑20	10 丁未20	10 丁丑19	10 丙午17	10 丙子17	10 乙巳15	10 乙亥⑮	**10** 甲辰13
11 辛亥26	11 庚辰24	11 庚戌25	11 己卯23	11 己酉23	11 戊寅21	11 戊申㉑	11 戊寅20	11 丁未18	11 丁丑18	11 丙午16	11 丙子16	11 乙巳14
12 壬子27	12 辛巳㉕	12 辛亥26	12 庚辰24	12 庚戌24	12 己卯22	12 己酉22	12 己卯21	12 戊申19	12 戊寅19	12 丁未⑰	12 丁丑17	12 丙午15
13 癸丑㉘	13 壬午26	13 壬子27	13 辛巳25	13 辛亥25	13 庚辰㉓	13 庚戌23	13 庚辰22	13 己酉20	13 己卯⑳	13 戊申18	13 戊寅18	13 丁未16
14 甲寅29	14 癸未27	14 癸丑28	14 壬午26	14 壬子㉖	14 辛巳24	14 辛亥24	14 辛巳23	14 庚戌21	14 庚辰21	14 己酉19	14 己卯19	14 戊申17
15 乙卯30	15 甲申28	15 甲寅29	15 癸未27	15 癸丑27	15 壬午25	15 壬子25	15 壬午24	15 辛亥㉒	15 辛巳22	15 庚戌20	15 庚辰20	15 己酉18
16 丙辰31	**16** 乙酉29	**16** 乙卯30	16 甲申㉘	16 甲寅28	16 癸未26	16 癸丑26	16 癸未㉕	16 壬子23	16 壬午23	16 辛亥21	16 辛巳21	16 庚戌⑲
《2月》	《3月》	17 丙辰㉛	17 乙酉29	17 乙卯29	17 甲申27	17 甲寅27	17 甲申26	17 癸丑24	17 癸未24	17 壬子22	17 壬午㉒	17 辛亥20
17 丁巳1	17 丙戌1	《4月》	**18** 丙戌30	**18** 丙辰30	18 乙酉28	18 乙卯㉘	18 乙酉27	18 甲寅25	18 甲申25	18 癸丑23	18 癸未23	18 壬子21
18 戊午2	18 丁亥2	18 丁巳1	《5月》	19 丁巳31	**19** 丙戌29	19 丙辰29	19 丙戌28	19 乙卯26	19 乙酉26	19 甲寅㉔	19 甲申24	19 癸丑22
19 己未3	19 戊子③	19 戊午2	19 丁亥1	《6月》	20 丁亥㉚	**20** 丁巳30	**20** 丁亥29	20 丙辰27	20 丙戌㉗	20 乙卯25	20 乙酉25	20 甲寅23
20 庚申④	20 己丑4	20 己未3	20 戊子2	20 戊午1	《7月》	21 戊午31	21 戊子30	21 丁巳28	21 丁亥28	21 丙辰26	21 丙戌26	21 乙卯24
21 辛酉5	21 庚寅5	21 庚申4	21 己丑3	21 己未②	21 戊子1	《8月》	22 己丑31	**22** 戊午㉙	**22** 戊子29	22 丁巳27	22 丁亥27	22 丙辰25
22 壬戌6	22 辛卯6	22 辛酉5	22 庚寅4	22 庚申3	22 己丑2	22 己未1	《9月》	23 己未30	23 己丑30	23 戊午28	23 戊子28	23 丁巳㉖
23 癸亥7	23 壬辰7	23 壬戌6	23 辛卯⑤	23 辛酉4	23 庚寅3	23 庚申2	23 庚寅①	《10月》	24 庚寅31	**24** 己未29	**24** 己丑㉙	24 戊午27
24 甲子8	24 癸巳8	24 癸亥⑦	24 壬辰6	24 壬戌5	24 辛卯4	24 辛酉3	24 辛卯2	24 庚申1	《11月》	25 庚申30	25 庚寅30	**25** 己未28
25 乙丑9	25 甲午9	25 甲子8	25 癸巳7	25 癸亥6	25 壬辰5	25 壬戌④	25 壬辰3	25 辛酉2	25 辛卯1	《12月》	26 辛卯31	26 庚申29
26 丙寅10	26 乙未⑩	26 乙丑9	26 甲午8	26 甲子7	26 癸巳6	26 癸亥5	26 癸巳4	26 壬戌3	26 壬辰2	26 辛酉①	**1421 年**	27 辛酉30
27 丁卯⑪	27 丙申11	27 丙寅10	27 乙未9	27 乙丑8	27 甲午⑦	27 甲子6	27 甲午5	27 癸亥4	27 癸巳③	27 壬戌2	《1月》	28 壬戌31
28 戊辰12	28 丁酉12	28 丁卯11	28 丙申10	28 丙寅⑨	28 乙未8	28 乙丑7	28 乙未6	28 甲子5	28 甲午4	28 癸亥3	27 壬辰1	《2月》
29 己巳13	29 戊戌13	29 戊辰12	29 丁酉11	29 丁卯10	29 丙申9	29 丙寅8	29 丙申7	29 乙丑⑥	29 乙未5	29 甲子4	28 癸巳2	29 癸亥1
	30 己亥14		30 戊戌⑫		30 丁酉10	30 丁卯9		30 丙寅7		30 乙丑5	29 甲午3	30 甲子②
立春 14日 雨水 29日	啓蟄16日	春分 1日 清明 16日	穀雨 2日 立夏 18日	小満 3日 芒種 18日	夏至 4日 小暑 19日	大暑 5日 立秋 20日	処暑 5日 白露 20日	秋分 6日 寒露 22日	霜降 7日 立冬 22日	小雪 8日 大雪 24日	冬至 9日 小寒 24日	大寒 10日 立春 25日

応永**28**年（1421－1422） 辛丑

1月	2月	3月	4月	5月	6月	7月	8月	9月	10月	11月	12月
1 乙丑 3	1 甲午 4	1 甲子 3	1 癸巳 2	《6月》	**1** 壬辰 30	**1** 壬戌 30	1 辛卯 28	1 辛酉 27	1 辛卯 27	1 庚申 25	1 庚寅 25
2 丙寅 4	2 乙未 5	2 乙丑 4	2 甲午 3	1 癸亥 ①	《7月》	2 癸亥 31	2 壬辰 29	2 壬戌 ㉘	2 壬辰 28	2 辛酉 26	2 辛卯 26
3 丁卯 5	3 丙申 6	3 丙寅 5	3 乙未 ④	2 甲子 2	2 癸巳 1	《8月》	**3** 癸巳 30	**3** 癸亥 29	**3** 癸巳 29	3 壬戌 27	3 壬辰 27
4 戊辰 6	4 丁酉 7	4 丁卯 ⑥	4 丙申 5	3 乙丑 3	3 甲午 2	3 甲子 1	4 甲午 ㉛	4 甲子 30	4 甲午 30	4 癸亥 28	4 癸巳 ㉘
5 己巳 7	5 戊戌 8	5 戊辰 7	5 丁酉 6	4 丙寅 4	4 乙未 3	4 乙丑 2	《9月》	《10月》	5 乙未 31	**5** 甲子 29	**5** 甲午 29
6 庚午 8	6 己亥 ⑨	6 己巳 8	6 戊戌 7	5 丁卯 5	5 丙申 4	5 丙寅 ③	5 乙未 1	5 乙丑 1	《11月》	6 乙丑 ㉚	6 乙未 30
7 辛未 ⑨	7 庚子 10	7 庚午 9	7 己亥 8	6 戊辰 6	6 丁酉 5	6 丁卯 4	6 丙申 2	6 丙寅 2	6 丙申 1	《12月》	7 丙申 31
8 壬申 10	8 辛丑 11	8 辛未 10	8 庚子 9	7 己巳 7	7 戊戌 ⑥	7 戊辰 5	7 丁酉 3	7 丁卯 3	7 丁酉 ②	7 丙寅 1	**1422年**
9 癸酉 11	9 壬寅 12	9 壬申 11	9 辛丑 10	8 庚午 ⑧	8 己亥 7	8 己巳 6	8 戊戌 4	8 戊辰 4	8 戊戌 3	8 丁卯 2	《1月》
10 甲戌 12	10 癸卯 13	10 癸酉 12	10 壬寅 ⑪	9 辛未 9	9 庚子 8	9 庚午 7	9 己亥 5	9 己巳 ⑤	9 己亥 4	9 戊辰 3	8 丁酉 1
11 乙亥 13	11 甲辰 14	11 甲戌 ⑬	11 癸卯 12	10 壬申 10	10 辛丑 9	10 辛未 8	10 庚子 6	10 庚午 6	10 庚子 5	10 己巳 4	9 戊戌 2
12 丙子 14	**12** 乙巳 15	12 乙亥 14	12 甲辰 13	11 癸酉 11	11 壬寅 10	11 壬申 9	11 辛丑 ⑦	11 辛未 7	11 辛丑 6	11 庚午 5	10 己亥 3
13 丁丑 15	13 丙午 ⑯	**13** 丙子 15	13 乙巳 14	12 甲戌 12	12 癸卯 11	12 癸酉 ⑩	12 壬寅 8	12 壬申 8	12 壬寅 7	12 辛未 6	11 庚子 ④
14 戊寅 ⑯	14 丁未 17	14 丁丑 16	**14** 丙午 15	13 乙亥 13	13 甲辰 12	13 甲戌 11	13 癸卯 9	13 癸酉 9	13 癸卯 8	13 壬申 ⑦	12 辛丑 5
15 己卯 17	15 戊申 18	15 戊寅 17	15 丁未 16	**14** 丙子 14	14 乙巳 ⑬	14 乙亥 12	14 甲辰 10	14 甲戌 10	14 甲辰 ⑨	14 癸酉 8	13 壬寅 6
16 庚辰 18	16 己酉 19	16 己卯 18	16 戊申 17	15 丁丑 ⑮	15 丙午 14	15 丙子 13	15 乙巳 11	15 乙亥 11	15 乙巳 10	15 甲戌 9	14 癸卯 7
17 辛巳 19	17 庚戌 20	17 庚辰 19	17 己酉 ⑱	16 戊寅 16	**16** 丁未 15	**16** 丁丑 14	16 丙午 12	16 丙子 ⑫	16 丙午 11	16 乙亥 10	15 甲辰 8
18 壬午 20	18 辛亥 21	18 辛巳 ⑳	18 庚戌 19	17 己卯 17	17 戊申 16	17 戊寅 15	17 丁未 13	17 丁丑 13	17 丁未 12	17 丙子 11	16 乙巳 9
19 癸未 21	19 壬子 22	19 壬午 21	19 辛亥 20	18 庚辰 18	18 己酉 17	18 己卯 16	**18** 戊申 ⑭	**18** 戊寅 14	18 戊申 13	18 丁丑 12	17 丙午 10
20 甲申 22	20 癸丑 ㉓	20 癸未 22	20 壬子 21	19 辛巳 19	19 庚戌 18	19 庚辰 ⑰	19 己酉 15	19 己卯 15	**19** 己酉 14	19 戊寅 13	18 丁未 ⑪
21 乙酉 ㉓	21 甲寅 24	21 甲申 23	21 癸丑 22	20 壬午 20	20 辛亥 19	20 辛巳 18	20 庚戌 16	20 庚辰 16	20 庚戌 15	**20** 己卯 ⑭	19 戊申 12
22 丙戌 24	22 乙卯 25	22 乙酉 24	22 甲寅 23	21 癸未 21	21 壬子 ⑳	21 壬午 19	21 辛亥 17	21 辛巳 17	21 辛亥 ⑯	21 庚辰 15	**20** 己酉 13
23 丁亥 25	23 丙辰 26	23 丙戌 25	23 乙卯 24	22 甲申 ㉒	22 癸丑 21	22 癸未 20	22 壬子 18	22 壬午 18	22 壬子 17	22 辛巳 16	21 庚戌 14
24 戊子 26	24 丁巳 27	24 丁亥 26	24 丙辰 ㉕	23 乙酉 23	23 甲寅 22	23 甲申 21	23 癸丑 19	23 癸未 ⑲	23 癸丑 18	23 壬午 17	22 辛亥 15
25 己丑 27	25 戊午 28	25 戊子 ㉗	25 丁巳 26	24 丙戌 24	24 乙卯 23	24 乙酉 22	24 甲寅 20	24 甲申 20	24 甲寅 19	24 癸未 18	23 壬子 16
26 庚寅 28	26 己未 29	26 己丑 28	26 戊午 27	25 丁亥 25	25 丙辰 24	25 丙戌 23	25 乙卯 ㉑	25 乙酉 21	25 乙卯 20	25 甲申 19	24 癸丑 17
《3月》	**27** 庚申 ㉚	27 庚寅 29	27 己未 28	26 戊子 26	26 丁巳 25	26 丁亥 ㉔	26 丙辰 22	26 丙戌 22	26 丙辰 21	26 乙酉 20	25 甲寅 ⑱
27 辛卯 1	28 辛酉 31	**28** 辛卯 30	28 庚申 29	27 己丑 27	27 戊午 26	27 戊子 25	27 丁巳 23	27 丁亥 23	27 丁巳 22	27 丙戌 ㉑	26 乙卯 19
28 壬辰 ②	《4月》	《5月》	**29** 辛酉 30	28 庚寅 28	28 己未 ㉗	28 己丑 26	28 戊午 24	28 戊子 24	28 戊午 ㉓	28 丁亥 22	27 丙辰 20
29 癸巳 3	29 壬戌 1	29 壬辰 1	30 壬戌 31	29 辛卯 ㉙	29 庚申 28	29 庚寅 27	29 己未 25	29 己丑 25	29 己未 24	29 戊子 23	28 丁巳 21
	30 癸亥 2				30 辛酉 29		30 庚申 26	30 庚寅 ㉖		30 己丑 24	29 戊午 22

雨水 11日 啓蟄 26日	春分 12日 清明 27日	穀雨 13日 立夏 28日	小満 14日 芒種 29日	夏至 14日	小暑 1日 大暑 16日	立秋 1日 処暑 16日	白露 3日 秋分 18日	寒露 3日 霜降 18日	立冬 3日 小雪 19日	大雪 5日 冬至 20日	小寒 5日 大寒 20日

応永**29**年（1422－1423） 壬寅

1月	2月	3月	4月	5月	6月	7月	8月	9月	10月	閏10月	11月	12月
1 己未 23	1 己丑 ㉒	1 戊午 23	1 丁亥 21	1 丁巳 21	1 丙戌 19	1 丙辰 ⑲	1 乙酉 17	1 乙卯 16	1 乙酉 16	1 乙卯 ⑮	**1** 甲申 14	1 甲寅 13
2 庚申 24	2 庚寅 23	2 己未 24	2 戊子 22	2 戊午 22	2 丁亥 20	2 丁巳 20	2 丙戌 18	2 丙辰 17	2 丙戌 17	2 丙辰 16	2 乙酉 15	**2** 乙卯 14
3 辛酉 ㉕	3 辛卯 24	3 庚申 25	3 己丑 23	3 己未 23	3 戊子 ㉑	3 戊午 21	3 丁亥 19	3 丁巳 18	3 丁亥 ⑱	3 丁巳 17	3 丙戌 16	3 丙辰 15
4 壬戌 26	4 壬辰 25	4 辛酉 26	4 庚寅 24	4 庚申 ㉔	4 己丑 22	4 己未 22	4 戊子 20	4 戊午 19	4 戊子 19	4 戊午 18	4 丁亥 17	4 丁巳 16
5 癸亥 27	5 癸巳 26	5 壬戌 27	5 辛卯 25	5 辛酉 25	5 庚寅 23	5 庚申 23	5 己丑 21	5 己未 ⑳	5 己丑 20	5 己未 19	5 戊子 18	5 戊午 ⑰
6 甲子 28	6 甲午 27	6 癸亥 28	6 壬辰 ㉖	6 壬戌 26	6 辛卯 24	6 辛酉 24	6 庚寅 22	6 庚申 21	6 庚寅 21	6 庚申 20	6 己丑 19	6 己未 18
7 乙丑 29	**7** 乙未 28	7 甲子 ㉙	7 癸巳 27	7 癸亥 27	7 壬辰 25	7 壬戌 25	7 辛卯 ㉓	7 辛酉 22	7 辛卯 22	7 辛酉 21	7 庚寅 ⑳	7 庚申 19
8 丙寅 30	《3月》	8 乙丑 30	8 甲午 28	8 甲子 28	8 癸巳 26	8 癸亥 ㉖	8 壬辰 24	8 壬戌 23	8 壬辰 23	8 壬戌 ㉒	8 辛卯 21	8 辛酉 20
9 丁卯 31	8 丙申 ①	**9** 丙寅 31	9 乙未 29	9 乙丑 29	9 甲午 27	9 甲子 27	9 癸巳 25	9 癸亥 24	9 癸巳 24	9 癸亥 23	9 壬辰 22	9 壬戌 21
《2月》	9 丁酉 2	《4月》	**10** 丙申 30	**10** 丙寅 30	10 乙未 ㉘	10 乙丑 28	10 甲午 26	10 甲子 25	10 甲午 ㉕	10 甲子 24	10 癸巳 23	10 癸亥 22
10 戊辰 ①	10 戊戌 3	10 丁卯 1	《5月》	11 丁卯 ㉛	11 丙申 29	11 丙寅 29	11 乙未 27	11 乙丑 26	11 乙未 26	11 乙丑 25	11 甲午 24	11 甲子 23
11 己巳 2	11 己亥 4	11 戊辰 2	11 丁酉 1	《6月》	**12** 丁酉 30	**12** 丁卯 30	12 丙申 28	12 丙寅 ㉗	12 丙申 27	12 丙寅 26	12 乙未 25	12 乙丑 ㉔
12 庚午 3	12 庚子 5	12 己巳 3	12 戊戌 2	12 戊辰 1	《7月》	13 戊辰 31	13 丁酉 29	13 丁卯 28	13 丁酉 28	13 丁卯 27	13 丙申 26	13 丙寅 25
13 辛未 4	13 辛丑 6	13 庚午 4	13 己亥 ③	13 己巳 2	13 戊戌 1	《8月》	**14** 戊戌 ㉚	**14** 戊辰 29	14 戊戌 29	14 戊辰 28	14 丁酉 ㉗	14 丁卯 26
14 壬申 5	14 壬寅 7	14 辛未 ⑤	14 庚子 4	14 庚午 3	14 己亥 2	14 己巳 1	15 己亥 31	15 己巳 30	**15** 己亥 30	**15** 己巳 ㉙	15 戊戌 28	15 戊辰 27
15 癸酉 6	15 癸卯 ⑧	15 壬申 6	15 辛丑 5	15 辛未 4	15 庚子 3	15 庚午 ②	《9月》	《10月》	16 庚子 31	16 庚午 30	16 己亥 29	16 己巳 28
16 甲戌 7	16 甲辰 9	16 癸酉 7	16 壬寅 6	16 壬申 5	16 辛丑 4	16 辛未 3	16 庚子 1	16 庚午 1	《11月》	《12月》	**17** 庚子 30	**17** 庚午 29
17 乙亥 ⑧	17 乙巳 10	17 甲戌 8	17 癸卯 7	17 癸酉 6	17 壬寅 ⑤	17 壬申 4	17 辛丑 2	17 辛未 2	17 辛丑 ①	17 辛未 1	18 辛丑 31	18 辛未 30
18 丙子 9	18 丙午 11	18 乙亥 9	18 甲辰 8	18 甲戌 ⑦	18 癸卯 6	18 癸酉 5	18 壬寅 3	18 壬申 3	18 壬寅 2	18 壬申 2	**1423年**	19 壬申 ㉛
19 丁丑 10	19 丁未 12	19 丙子 10	19 乙巳 9	19 乙亥 8	19 甲辰 7	19 甲戌 6	19 癸卯 4	19 癸酉 ④	19 癸卯 3	19 癸酉 3	《1月》	《2月》
20 戊寅 11	20 戊申 13	20 丁丑 11	20 丙午 ⑩	20 丙子 9	20 乙巳 8	20 乙亥 7	20 甲辰 5	20 甲戌 5	20 甲辰 4	20 甲戌 4	19 壬寅 1	20 癸酉 1
21 己卯 12	21 己酉 14	21 戊寅 ⑫	21 丁未 11	21 丁丑 10	21 丙午 9	21 丙子 8	21 乙巳 ⑥	21 乙亥 6	21 乙巳 5	21 乙亥 5	20 癸卯 2	21 甲戌 2
22 庚辰 13	**22** 庚戌 ⑮	22 己卯 13	22 戊申 12	22 戊寅 11	22 丁未 10	22 丁丑 ⑨	22 丙午 7	22 丙子 7	22 丙午 6	22 丙子 ⑥	21 甲辰 ③	22 乙亥 3
23 辛巳 14	23 辛亥 16	23 庚辰 14	23 己酉 13	23 己卯 12	23 戊申 11	23 戊寅 10	23 丁未 8	23 丁丑 8	23 丁未 7	23 丁丑 7	22 乙巳 4	23 丙子 4
24 壬午 ⑮	24 壬子 17	**24** 辛巳 15	24 庚戌 14	24 庚辰 13	24 己酉 ⑫	24 己卯 11	24 戊申 9	24 戊寅 9	24 戊申 ⑧	24 戊寅 8	23 丙午 5	24 丁丑 5
25 癸未 16	25 癸丑 18	25 壬午 16	**25** 辛亥 15	25 辛巳 ⑭	25 庚戌 13	25 庚辰 12	25 己酉 10	25 己卯 10	25 己酉 9	25 己卯 9	24 丁未 6	25 戊寅 6
26 甲申 17	26 甲寅 19	26 癸未 17	26 壬子 16	**26** 壬午 15	26 辛亥 14	26 辛巳 13	26 庚戌 11	26 庚辰 ⑪	26 庚戌 10	26 庚辰 10	25 戊申 7	26 己卯 ⑦
27 乙酉 18	27 乙卯 20	27 甲申 18	27 癸丑 ⑰	27 癸未 16	**27** 壬子 15	27 壬午 14	27 辛亥 12	27 辛巳 12	27 辛亥 11	27 辛巳 11	26 己酉 8	27 庚辰 8
28 丙戌 19	28 丙辰 21	28 乙酉 ⑲	28 甲寅 18	28 甲申 17	28 癸丑 16	**28** 癸未 15	28 壬子 ⑬	28 壬午 13	28 壬子 12	28 壬午 12	27 庚戌 9	28 辛巳 9
29 丁亥 20	29 丁巳 ㉒	29 丙戌 20	29 乙卯 19	29 乙酉 18	29 甲寅 17	29 甲申 ⑯	**29** 癸丑 14	**29** 癸未 14	29 癸丑 13	29 癸未 ⑬	28 辛亥 ⑩	29 壬午 10
30 戊子 21			30 丙辰 20		30 乙卯 18		30 甲寅 15	30 甲申 15	**30** 甲寅 14		29 壬子 11	
											30 癸丑 12	

立春 7日 雨水 22日	啓蟄 7日 春分 22日	清明 9日 穀雨 24日	立夏 10日 小満 25日	芒種 10日 夏至 26日	小暑 12日 大暑 27日	立秋 12日 処暑 28日	白露 14日 秋分 29日	寒露 14日 霜降 29日	立冬 15日 小雪 30日	大雪15日	冬至 1日 小寒 17日	大寒 2日 立春 17日

応永**30**年（1423－1424） 癸卯

1月	2月	3月	4月	5月	6月	7月	8月	9月	10月	11月	12月
1 癸未11	1 癸丑13	1 壬午⑪	1 辛亥10	1 辛巳9	1 庚戌8	1 庚辰7	1 己酉⑤	1 己卯5	1 己酉4	1 戊寅3	1 戊申②
2 甲申12	2 甲寅⑭	2 癸未12	2 壬子11	2 壬午10	2 辛亥9	2 辛巳⑧	2 庚戌6	2 庚辰6	2 庚戌5	2 己卯4	2 己酉3
3 乙酉13	3 乙卯15	3 甲申13	3 癸丑12	3 癸未11	3 壬子10	3 壬午9	3 辛亥7	3 辛巳7	3 辛亥6	3 庚辰⑤	3 庚戌4
4 丙戌⑭	**4** 丙辰16	4 乙酉14	4 甲寅13	4 甲申12	4 癸丑⑪	4 癸未10	4 壬子8	4 壬午8	4 壬子⑦	4 辛巳6	4 辛亥5
5 丁亥15	5 丁巳17	**5** 丙戌15	5 乙卯14	5 乙酉⑬	5 甲寅12	5 甲申11	5 癸丑9	5 癸未9	5 癸丑8	5 壬午7	5 壬子6
6 戊子16	6 戊午18	6 丁亥16	**6** 丙辰15	6 丙戌14	6 乙卯13	6 乙酉12	6 甲寅10	6 甲申⑩	6 甲寅9	6 癸未8	6 癸丑7
7 己丑17	7 己未19	7 戊子17	7 丁巳⑯	**7** 丁亥15	7 丙辰14	7 丙戌13	7 乙卯11	7 乙酉11	7 乙卯10	7 甲申9	7 甲寅8
8 庚寅18	8 庚申20	8 己丑⑱	8 戊午17	8 戊子16	**8** 丁巳15	8 丁亥14	8 丙辰⑫	8 丙戌12	8 丙辰11	8 乙酉10	8 乙卯⑨
9 辛卯19	9 辛酉㉑	9 庚寅19	9 己未18	9 己丑17	9 戊午16	**9** 戊子⑮	9 丁巳13	9 丁亥13	9 丁巳12	9 丙戌11	9 丙辰10
10壬辰20	10壬戌22	10辛卯20	10庚申19	10庚寅18	10己未17	10己丑16	**10**戊午14	10戊子14	10戊午13	10丁亥⑫	10丁巳11
11癸巳㉑	11癸亥23	11壬辰21	11辛酉20	11辛卯19	11庚申⑱	11庚寅17	11己未15	**11**己丑15	**11**己未⑭	11戊子13	11戊午12
12甲午22	12甲子24	12癸巳22	12壬戌21	12壬辰⑳	12辛酉19	12辛卯18	12庚申16	12庚寅16	12庚申15	12己丑14	12己未13
13乙未23	13乙丑25	13甲午23	13癸亥22	13癸巳21	13壬戌20	13壬辰19	13辛酉17	13辛卯⑰	13辛酉16	**13**庚寅15	**13**庚申14
14丙申24	14丙寅26	14乙未24	14甲子㉓	14甲午22	14癸亥21	14癸巳20	14壬戌18	14壬辰18	14壬戌17	14辛卯16	14辛酉15
15丁酉25	15丁卯27	15丙申㉕	15乙丑24	15乙未23	15甲子22	15甲午21	15癸亥⑲	15癸巳19	15癸亥18	15壬辰17	15壬戌⑯
16戊戌26	16戊辰㉘	16丁酉26	16丙寅25	16丙申24	16乙丑23	16乙未㉒	16甲子20	16甲午20	16甲子19	16癸巳18	16癸亥17
17己亥27	17己巳29	17戊戌27	17丁卯26	17丁酉25	17丙寅24	17丙申23	17乙丑21	17乙未21	17乙丑20	17甲午⑲	17甲子18
18庚子㉘	18庚午30	18己亥28	18戊辰27	18戊戌26	18丁卯㉕	18丁酉24	18丙寅22	18丙申22	18丙寅㉑	18乙未20	18乙丑19
《3月》	**19**辛未31	19庚子29	19己巳28	19己亥㉗	19戊辰26	19戊戌25	19丁卯23	19丁酉23	19丁卯22	19丙申21	19丙寅20
19辛丑1	《4月》	**20**辛丑30	20庚午29	20庚子28	20己巳27	20己亥26	20戊辰24	20戊戌㉔	20戊辰23	20丁酉22	20丁卯21
20壬寅2	20壬申1	《5月》	21辛未㉚	21辛丑29	21庚午28	21庚子27	21己巳25	21己亥25	21己巳24	21戊戌23	21戊辰22
21癸卯3	21癸酉2	21壬寅1	**22**壬申31	**22**壬寅30	22辛未29	22辛丑28	22庚午㉖	22庚子26	22庚午25	22己亥24	22己巳㉓
22甲辰4	22甲戌3	22癸卯②	《6月》	《7月》	23壬申30	23壬寅㉙	23辛未27	23辛丑27	23辛未26	23庚子25	23庚午24
23乙巳5	23乙亥④	23甲辰3	23癸酉1	23癸卯1	**24**癸酉31	**24**癸卯30	24壬申28	24壬寅28	24壬申27	24辛丑㉖	24辛未25
24丙午6	24丙子5	24乙巳4	24甲戌2	24甲辰2	《8月》	25甲辰31	**25**癸酉29	25癸卯29	25癸酉㉘	25壬寅27	25壬申26
25丁未⑦	25丁丑6	25丙午5	25乙亥3	25乙巳3	25甲戌①	《9月》	26甲戌30	**26**甲辰30	**26**甲戌29	26癸卯28	26癸酉27
26戊申8	26戊寅7	26丁未6	26丙子4	26丙午④	26乙亥2	26乙巳1	《10月》	27乙巳㉛	27乙亥30	27甲辰29	27甲戌28
27己酉9	27己卯8	27戊申7	27丁丑5	27丁未5	27丙子3	27丙午2	27乙亥1	《11月》	《12月》	**28**乙巳30	**28**乙亥29
28庚戌10	28庚辰9	28己酉8	28戊寅⑥	28戊申6	28丁丑4	28丁未3	28丙子2	28丙午1	28丙子1	29丙午31	29丙子㉚
29辛亥11	29辛巳10	29庚戌⑨	29己卯7	29己酉7	29戊寅5	29戊申4	29丁丑③	29丁未2	29丁丑2	**1424年**	30丁丑31
30壬子12			30庚辰8		30己卯6		30戊寅4	30戊申3		《1月》	
										30丁未1	
雨水3日 啓蟄18日	春分4日 清明19日	穀雨5日 立夏20日	小満6日 芒種22日	夏至7日 小暑22日	大暑8日 立秋24日	処暑9日 白露24日	秋分10日 寒露25日	霜降11日 立冬26日	小雪11日 大雪26日	冬至13日 小寒28日	大寒13日 立春28日

応永**31**年（1424－1425） 甲辰

1月	2月	3月	4月	5月	6月	7月	8月	9月	10月	11月	12月
《2月》	《3月》	1 丁丑31	1 丙午29	1 乙亥㉘	1 乙巳27	1 甲戌26	1 癸卯24	1 癸酉23	1 癸卯23	1 壬申21	1 壬寅21
1 戊寅1	1 丁未1	《4月》	**2** 丁未㉚	2 丙子29	2 丙午28	2 乙亥27	2 甲辰25	2 甲戌㉔	2 甲辰24	2 癸酉22	2 癸卯22
2 己卯2	2 戊申2	2 戊寅1	《5月》	**3** 丁丑30	**3** 丁未29	3 丙子28	3 乙巳26	3 乙亥25	3 乙巳25	3 甲戌23	3 甲辰23
3 庚辰3	3 己酉3	3 己卯②	3 戊申1	4 戊寅31	4 戊申30	4 丁丑29	4 丙午㉗	4 丙子26	4 丙午26	4 乙亥24	4 乙巳㉔
4 辛巳4	4 庚戌4	4 庚辰3	4 己酉2	《6月》	《7月》	**5** 戊寅㉚	5 丁未28	5 丁丑27	5 丁未27	5 丙子25	5 丙午25
5 壬午5	5 辛亥⑤	5 辛巳4	5 庚戌3	5 己卯1	5 己酉1	6 己卯31	**6** 戊申29	6 戊寅28	6 戊申28	6 丁丑㉖	6 丁未26
6 癸未⑥	6 壬子6	6 壬午5	6 辛亥4	6 庚辰2	6 庚戌②	《8月》	7 己酉30	**7** 己卯29	**7** 己酉㉙	7 戊寅27	7 戊申27
7 甲申7	7 癸丑7	7 癸未6	7 壬子5	7 辛巳3	7 辛亥3	7 庚辰1	8 庚戌31	8 庚辰30	8 庚戌30	8 己卯28	8 己酉28
8 乙酉8	8 甲寅8	8 甲申7	8 癸丑6	8 壬午④	8 壬子4	8 辛巳2	《9月》	《10月》	9 辛亥31	**9** 庚辰29	**9** 庚戌29
9 丙戌9	9 乙卯9	9 乙酉8	9 甲寅⑦	9 癸未5	9 癸丑5	9 壬午3	9 辛亥1	9 辛巳①	《11月》	10辛巳30	10辛亥30
10丁亥10	10丙辰10	10丙戌⑨	10乙卯8	10甲申6	10甲寅6	10癸未4	10壬子2	10壬午2	10壬子1	《12月》	11壬子㉛
11戊子11	11丁巳11	11丁亥10	11丙辰9	11乙酉7	11乙卯7	11甲申5	11癸丑③	11癸未3	11癸丑2	11壬午1	**1425年**
12己丑12	12戊午⑫	12戊子11	12丁巳10	12丙戌8	12丙辰8	12乙酉⑥	12甲寅4	12甲申4	12甲寅3	12癸未2	《1月》
13庚寅⑬	13己未13	13己丑12	13戊午11	13丁亥9	13丁巳⑨	13丙戌7	13乙卯5	13乙酉5	13乙卯4	13甲申③	12癸丑1
14辛卯14	14庚申14	14庚寅13	14己未12	14戊子10	14戊午10	14丁亥8	14丙辰6	14丙戌6	14丙辰⑤	14乙酉4	13甲寅2
15壬辰15	**15**辛酉15	**15**辛卯14	15庚申13	15己丑⑪	15己未11	15戊子9	15丁巳7	15丁亥7	15丁巳6	15丙戌5	14乙卯3
16癸巳16	16壬戌16	16壬辰15	16辛酉⑭	16庚寅12	16庚申12	16己丑10	16戊午8	16戊子⑧	16戊午7	16丁亥6	15丙辰4
17甲午17	17癸亥17	17癸巳⑯	**17**壬戌15	17辛卯13	17辛酉13	17庚寅11	17己未9	17己丑9	17己未8	17戊子7	16丁巳5
18乙未18	18甲子18	18甲午17	18癸亥16	**18**壬辰14	18壬戌14	18辛卯12	18庚申⑩	18庚寅10	18庚申9	18己丑8	17戊午6
19丙申19	19乙丑⑲	19乙未18	19甲子17	19癸巳15	**19**癸亥15	19壬辰⑬	19辛酉11	19辛卯11	19辛酉10	19庚寅9	18己未⑦
20丁酉⑳	20丙寅20	20丙申19	20乙丑18	20甲午16	20甲子⑯	**20**癸巳14	20壬戌12	20壬辰12	20壬戌11	20辛卯⑩	19庚申8
21戊戌21	21丁卯21	21丁酉20	21丙寅19	21乙未17	21乙丑17	21甲午15	**21**癸亥13	21癸巳13	21癸亥⑫	21壬辰11	20辛酉9
22己亥22	22戊辰22	22戊戌21	22丁卯20	22丙申⑱	22丙寅18	22乙未16	22甲子14	**22**甲午14	**22**甲子13	22癸巳12	21壬戌10
23庚子23	23己巳23	23己亥22	23戊辰㉑	23丁酉19	23丁卯19	23丙申17	23乙丑15	23乙未⑮	23乙丑14	23甲午13	22癸亥11
24辛丑24	24庚午24	24庚子㉓	24己巳22	24戊戌20	24戊辰20	24丁酉18	24丙寅16	24丙申16	24丙寅15	**24**乙未14	23甲子12
25壬寅25	25辛未25	25辛丑24	25庚午23	25己亥21	25己巳21	25戊戌19	25丁卯⑰	25丁酉17	25丁卯16	25丙申15	**24**乙丑13
26癸卯26	26壬申㉖	26壬寅25	26辛未24	26庚子22	26庚午22	26己亥⑳	26戊辰18	26戊戌18	26戊辰17	26丁酉16	25丙寅⑭
27甲辰㉗	27癸酉27	27癸卯26	27壬申25	27辛丑23	27辛未㉓	27庚子21	27己巳19	27己亥19	27己巳18	27戊戌⑰	26丁卯15
28乙巳28	28甲戌28	28甲辰27	28癸酉26	28壬寅24	28壬申24	28辛丑22	28庚午20	28庚子20	28庚午⑲	28己亥18	27戊辰16
29丙午29	29乙亥29	29乙巳28	29甲戌27	29癸卯㉕	29癸酉25	29壬寅23	29辛未21	29辛丑21	29辛未20	29庚子19	28己巳17
	30丙子30			30甲辰26			30壬申22	30壬寅㉒		30辛丑20	29庚午18
											30辛未19
雨水13日 啓蟄29日	春分15日 清明30日	穀雨15日	立夏2日 小満17日	芒種3日 夏至18日	小暑3日 大暑19日	立秋5日 処暑20日	白露6日 秋分21日	寒露7日 霜降22日	立冬7日 小雪22日	大雪9日 冬至24日	小寒9日 大寒24日

応永 32 年（1425－1426） 乙巳

1月	2月	3月	4月	5月	6月	閏6月	7月	8月	9月	10月	11月	12月
1 壬申20	1 壬寅19	1 辛未20	1 辛丑19	1 庚午18	1 己亥16	1 己巳16	**1** 戊戌14	1 丁卯12	1 丁酉12	1 丁卯⑪	1 丙申10	1 丙寅 9
2 癸酉㉑	2 癸卯20	2 壬申21	2 壬寅20	2 辛未19	2 庚子⑰	2 庚午17	2 己亥15	2 戊辰13	2 戊戌13	2 戊辰12	2 丁酉11	2 丁卯10
3 甲戌22	3 甲辰21	3 癸酉22	3 癸卯21	3 壬申⑳	3 辛丑18	3 辛未18	3 庚子16	**3** 己巳14	**3** 己亥⑭	3 己巳13	3 戊戌12	3 戊辰11
4 乙亥23	4 乙巳22	4 甲戌23	4 甲辰㉒	4 癸酉21	4 壬寅19	4 壬申19	4 辛丑17	4 庚午15	4 庚子15	**4** 庚午14	4 己亥13	4 己巳12
5 丙子24	5 丙午23	5 乙亥24	5 乙巳23	5 甲戌22	5 癸卯20	5 癸酉20	5 壬寅18	5 辛未⑯	5 辛丑16	5 辛未15	**5** 庚子14	**5** 庚午⑬
6 丁丑25	6 丁未24	6 丙子㉕	6 丙午24	6 乙亥23	6 甲辰21	6 甲戌21	6 癸卯⑲	6 壬申17	6 壬寅17	6 壬申16	6 辛丑15	6 辛未14
7 戊寅26	7 戊申㉕	7 丁丑26	7 丁未25	7 丙子24	7 乙巳22	7 乙亥㉒	7 甲辰20	7 癸酉18	7 癸卯18	7 癸酉17	7 壬寅⑯	7 壬申15
8 己卯27	8 己酉26	8 戊寅27	8 戊申26	8 丁丑25	8 丙午23	8 丙子23	8 乙巳21	8 甲戌19	8 甲辰19	8 甲戌⑱	8 癸卯17	8 癸酉16
9 庚辰㉘	9 庚戌27	9 己卯28	9 己酉27	9 戊寅26	9 丁未㉔	9 丁丑24	9 丙午22	9 乙亥20	9 乙巳20	9 乙亥19	9 甲辰18	9 甲戌17
10辛巳29	**10**辛亥28	10庚辰29	10庚戌28	10己卯㉗	10戊申25	10戊寅25	10丁未23	10丙子21	10丙午㉑	10丙子20	10乙巳19	10乙亥18
11壬午30	《3月》	**11**辛巳30	11辛亥㉙	11庚辰28	11己酉26	11己卯26	11戊申24	11丁丑22	11丁未22	11丁丑21	11丙午20	11丙子19
12癸未31	11壬子 1	12壬午31	**12**壬子30	12辛巳29	12庚戌27	12庚辰27	12己酉25	12戊寅㉓	12戊申23	12戊寅22	12丁未21	12丁丑⑳
《2月》	12癸丑 2	《4月》	《5月》	**13**壬午30	13辛亥28	13辛巳28	13庚戌㉖	13己卯24	13己酉24	13己卯23	13戊申22	13戊寅21
13甲申 1	13甲寅 3	13癸未①	13癸丑 1	14癸未31	14壬子29	14壬午㉙	14辛亥27	14庚辰25	14庚戌25	14庚辰24	14己酉㉓	14己卯22
14乙酉 2	14乙卯④	14甲申 2	14甲寅 2	《6月》	**15**癸丑30	**15**癸未30	15壬子28	15辛巳26	15辛亥26	15辛巳㉕	15庚戌24	15庚辰23
15丙戌 3	15丙辰 5	15乙酉 3	15乙卯 3	15甲申 1	《7月》	16甲申31	**16**癸丑29	16壬午27	16壬子27	16壬午26	16辛亥25	16辛巳24
16丁亥④	16丁巳 6	16丙戌 4	16丙辰 4	16乙酉 2	16甲寅①	《8月》	17甲寅30	17癸未28	17癸丑㉘	17癸未27	17壬子26	17壬午25
17戊子 5	17戊午 7	17丁亥 5	17丁巳 5	17丙戌③	17乙卯 2	17乙酉 1	18乙卯31	**18**甲申29	**18**甲寅29	18甲申28	18癸丑27	18癸未26
18己丑 6	18己未 8	18戊子 6	18戊午⑥	18丁亥 4	18丙辰 3	18丙戌 2	《9月》	19乙酉㉚	19乙卯30	**19**乙酉29	19甲寅28	19甲申㉗
19庚寅 7	19庚申 9	19己丑 7	19己未 7	19戊子 5	19丁巳 4	19丁亥 3	19丙辰 1	《10月》	20丙辰31	20丙戌30	**20**乙卯29	20乙酉28
20辛卯 8	20辛酉10	20庚寅⑧	20庚申 8	20己丑 6	20戊午 5	20戊子 4	20丁巳②	20丙戌 1	《11月》	《12月》	21丙辰㉚	**21**丙戌29
21壬辰 9	21壬戌⑪	21辛卯 9	21辛酉 9	21庚寅 7	21己未 6	21己丑⑤	21戊午 3	21丁亥 2	21丁巳 1	21丁亥 1	22丁巳31	22丁亥30
22癸巳10	22癸亥12	22壬辰10	22壬戌10	22辛卯 8	22庚申 7	22庚寅 6	22己未 4	22戊子 3	22戊午 2	22戊子②	**1426年**	23戊子31
23甲午⑪	23甲子13	23癸巳11	23癸亥11	23壬辰 9	23辛酉⑧	23辛卯 7	23庚申 5	23己丑 4	23己未 3	23己丑 3	《1月》	《2月》
24乙未12	24乙丑14	24甲午12	24甲子12	24癸巳⑩	24壬戌 9	24壬辰 8	24辛酉 6	24庚寅 5	24庚申④	24庚寅 4	23戊午 1	24己丑 1
25丙申13	**25**丙寅15	25乙未13	25乙丑⑬	25甲午11	25癸亥10	25癸巳 9	25壬戌 7	25辛卯 6	25辛酉 5	25辛卯 5	24己未 2	25庚寅 2
26丁酉14	26丁卯16	26丙申14	26丙寅14	26乙未12	26甲子11	26甲午10	26癸亥 8	26壬辰⑦	26壬戌 6	26壬辰 6	25庚申 3	26辛卯③
27戊戌15	27戊辰17	**27**丁酉⑮	**27**丁卯15	27丙申13	27乙丑12	27乙未11	27甲子⑨	27癸巳 8	27癸亥 7	27癸巳 7	26辛酉 4	27壬辰 4
28己亥16	28己巳⑱	28戊戌16	28戊辰16	**28**丁酉14	28丙寅13	28丙申⑫	28乙丑10	28甲午 9	28甲子 8	28甲午 8	27壬戌 5	28癸巳 5
29庚子17	29庚午19	29己亥17	29己巳17	29戊戌15	29丁卯14	29丁酉13	29丙寅11	29乙未10	29乙丑 9	29乙未⑨	28癸亥⑥	29甲午 6
30辛丑⑱		30庚子18			**30**戊辰⑮			30丙申11	30丙寅10		29甲子 7	30乙未 7
											30乙丑 8	
立春 9日 雨水 25日	啓蟄 10日 春分 25日	清明 11日 穀雨 27日	立夏 12日 小満 27日	芒種 13日 夏至 28日	小暑 15日 大暑 30日	立秋15日	処暑 1日 白露 16日	秋分 3日 寒露 18日	霜降 3日 立冬 18日	小雪 4日 大雪 19日	冬至 5日 小寒 20日	大寒 5日 立春 21日

応永 33 年（1426－1427） 丙午

1月	2月	3月	4月	5月	6月	7月	8月	9月	10月	11月	12月
1 丙申 8	1 丙寅⑩	1 乙未 8	1 乙丑 8	1 甲午 6	1 癸亥 5	1 癸巳④	1 壬戌 2	《10月》	1 辛酉31	**1** 庚寅29	**1** 庚申㉙
2 丁酉 9	2 丁卯11	2 丙申 9	2 丙寅 9	2 乙未 7	2 甲子 6	2 甲午 5	2 癸亥 3	1 辛卯 1	《11月》	2 辛卯30	2 辛酉30
3 戊戌⑩	3 戊辰12	3 丁酉10	3 丁卯10	3 丙申 8	3 乙丑⑦	3 乙未 6	3 甲子 4	2 壬辰 2	2 壬戌 1	《12月》	3 壬戌31
4 己亥11	4 己巳13	4 戊戌11	4 戊辰11	4 丁酉⑨	4 丙寅 8	4 丙申 7	4 乙丑 5	3 癸巳 3	3 癸亥 2	3 壬辰①	**1427年**
5 庚子12	5 庚午14	5 己亥12	5 己巳⑫	5 戊戌10	5 丁卯 9	5 丁酉 8	5 丙寅 6	4 甲午 4	4 甲子③	4 癸巳 2	《1月》
6 辛丑13	**6** 辛未15	6 庚子13	6 庚午13	6 己亥11	6 戊辰10	6 戊戌 9	6 丁卯 7	5 乙未 5	5 乙丑 4	5 甲午 3	4 癸亥 1
7 壬寅14	7 壬申16	7 辛丑⑭	7 辛未14	7 庚子12	7 己巳11	7 己亥10	7 戊辰⑧	6 丙申⑥	6 丙寅 5	6 乙未 4	5 甲子 2
8 癸卯15	8 癸酉⑰	**8** 壬寅15	**8** 壬申15	8 辛丑13	8 庚午12	8 庚子⑪	8 己巳 9	7 丁酉 7	7 丁卯 6	7 丙申 5	6 乙丑 3
9 甲辰16	9 甲戌18	9 癸卯16	9 癸酉16	9 壬寅14	9 辛未13	9 辛丑12	9 庚午10	8 戊戌 8	8 戊辰 7	8 丁酉 6	7 丙寅 4
10乙巳⑰	10乙亥19	10甲辰17	10甲戌17	**10**癸卯15	10壬申⑭	10壬寅13	10辛未11	9 己亥 9	9 己巳 8	9 戊戌 7	8 丁卯⑤
11丙午18	11丙子20	11乙巳18	11乙亥18	11甲辰⑯	**11**癸酉15	11癸卯14	11壬申12	10庚子10	10庚午 9	10己亥⑧	9 戊辰 6
12丁未19	12丁丑21	12丙午19	12丙子⑲	12乙巳17	12甲戌16	**12**甲辰15	12癸酉13	11辛丑11	11辛未⑩	11庚子 9	10己巳 7
13戊申20	13戊寅22	13丁未20	13丁丑20	13丙午18	13乙亥17	13乙巳16	**13**甲戌14	12壬寅12	12壬申11	12辛丑10	11庚午 8
14己酉21	14己卯23	14戊申㉑	14戊寅21	14丁未19	14丙子18	14丙午17	14乙亥⑮	13癸卯⑬	13癸酉12	13壬寅11	12辛未 9
15庚戌22	15庚辰㉔	15己酉22	15己卯22	15戊申20	15丁丑19	15丁未⑱	15丙子16	**14**甲辰14	14甲戌13	14癸卯12	13壬申10
16辛亥23	16辛巳25	16庚戌23	16庚辰23	16己酉21	16戊寅20	16戊申19	16丁丑17	15乙巳15	**15**乙亥14	15甲辰13	14癸酉11
17壬子㉔	17壬午26	17辛亥24	17辛巳24	17庚戌22	17己卯㉑	17己酉20	17戊寅18	16丙午16	16丙子15	**16**乙巳14	15甲戌⑫
18癸丑25	18癸未27	18壬子25	18壬午25	18辛亥㉓	18庚辰22	18庚戌21	18己卯19	17丁未17	17丁丑16	17丙午⑮	**16**乙亥13
19甲寅26	19甲申28	19癸丑26	19癸未㉖	19壬子24	19辛巳23	19辛亥22	19庚辰20	18戊申18	18戊寅⑰	18丁未16	**17**丙子14
20乙卯27	20乙酉29	20甲寅27	20甲申27	20癸丑25	20壬午24	20壬子23	20辛巳21	19己酉19	19己卯18	19戊申17	18丁丑15
21丙辰28	21丙戌30	21乙卯㉘	21乙酉28	21甲寅26	21癸未25	21癸丑24	21壬午㉒	20庚戌⑳	20庚辰19	20己酉18	19戊寅16
《3月》	**22**丁亥㉛	22丙辰29	22丙戌29	22乙卯27	22甲申26	22甲寅㉕	22癸未23	21辛亥21	21辛巳20	21庚戌19	20己卯17
22丁巳 1	《4月》	**23**丁巳30	**23**丁亥30	23丙辰28	23乙酉27	23乙卯26	23甲申24	22壬子22	22壬午21	22辛亥20	21庚辰18
23戊午 2	23戊子 1	《5月》	24戊子31	24丁巳29	24丙戌㉘	24丙辰27	24乙酉25	23癸丑23	23癸未22	23壬子21	22辛巳⑲
24己未③	24己丑 2	24戊午 1	《6月》	**25**戊午㉚	25丁亥29	25丁巳28	25丙戌26	24甲寅24	24甲申23	24癸丑㉒	23壬午20
25庚申 4	25庚寅 3	25己未 2	25己丑 1	《7月》	**26**戊子30	26戊午29	26丁亥27	25乙卯25	25乙酉㉔	25甲寅23	24癸未21
26辛酉 5	26辛卯 4	26庚申 3	26庚寅②	26己未 1	27己丑31	**27**己未30	27戊子28	26丙辰26	26丙戌25	26乙卯24	25甲申22
27壬戌 6	27壬辰 5	27辛酉 4	27辛卯 3	27庚申 2	《8月》	28庚申31	**28**己丑㉙	27丁巳㉗	27丁亥26	27丙辰25	26乙酉23
28癸亥 7	28癸巳 6	28壬戌⑤	28壬辰 4	28辛酉 3	28庚寅 1	《9月》	29庚寅30	28戊午28	28戊子27	28丁巳26	27丙戌24
29甲子 8	29甲午⑦	29癸亥 6	29癸巳 5	29壬戌 4	29辛卯 2	29辛酉①		29己未29	29己丑28	29戊午27	28丁亥25
30乙丑 9		30甲子 7			30壬辰 3			**30**庚申30		30己未28	29戊子㉖
											30己丑27
雨水 6日 啓蟄 21日	春分 6日 清明 22日	穀雨 8日 立夏 23日	小満 8日 芒種 23日	夏至 10日 小暑 25日	大暑 11日 立秋 26日	処暑 12日 白露 27日	秋分 13日 寒露 28日	霜降 14日 立冬 30日	小雪 15日	大雪 1日 冬至 16日	小寒 1日 大寒 17日

応永 **34** 年（1427－1428） 丁未

1月	2月	3月	4月	5月	6月	7月	8月	9月	10月	11月	12月
1 庚寅 28	1 庚申 27	1 己丑 28	1 己未 ㉗	1 戊子 26	1 戊午 25	1 丁亥 24	1 丁巳 23	1 丙戌 ㉑	1 乙卯 20	1 乙酉 19	1 甲寅 18
2 辛卯 29	**2** 辛酉 28	2 庚寅 29	2 庚申 28	2 己丑 27	2 己未 26	2 戊子 25	2 戊午 ㉔	2 丁亥 22	2 丙辰 21	2 丙戌 20	2 乙卯 19
3 壬辰 30	《3月》	3 辛卯 ㉚	3 辛酉 29	3 庚寅 28	3 庚申 27	3 己丑 26	3 己未 25	3 戊子 23	3 丁巳 22	3 丁亥 21	3 丙辰 20
4 癸巳 31	3 壬戌 1	**4** 壬辰 31	**4** 壬戌 30	4 辛卯 29	4 辛酉 28	4 庚寅 ㉗	4 庚申 26	4 己丑 24	4 戊午 23	4 戊子 22	4 丁巳 ㉑
《2月》	4 癸亥 ②	《4月》	《5月》	5 壬辰 30	5 壬戌 ㉙	5 辛卯 28	5 辛酉 27	5 庚寅 25	5 己未 24	5 己丑 ㉓	5 戊午 22
5 甲午 1	5 甲子 3	5 癸巳 1	5 癸亥 1	**6** 癸巳 31	**6** 癸亥 30	6 壬辰 29	6 壬戌 28	6 辛卯 26	6 庚申 25	6 庚寅 24	6 己未 23
6 乙未 ②	6 乙丑 4	6 甲午 2	6 甲子 2	《6月》	《7月》	7 癸巳 30	7 癸亥 29	7 壬辰 27	7 辛酉 ㉖	7 辛卯 25	7 庚申 24
7 丙申 3	7 丙寅 5	7 乙未 3	7 乙丑 3	7 甲午 ①	7 甲子 1	**8** 甲午 31	**8** 甲子 30	8 癸巳 ㉘	8 壬戌 27	8 壬辰 26	8 辛酉 25
8 丁酉 4	8 丁卯 6	8 丙申 4	8 丙寅 ④	8 乙未 2	8 乙丑 2	《8月》	9 乙丑 ㉛	**9** 甲午 29	9 癸亥 28	9 癸巳 27	9 壬戌 26
9 戊戌 5	9 戊辰 7	9 丁酉 5	9 丁卯 5	9 丙申 3	9 丙寅 3	9 乙未 1	《9月》	10 乙未 30	10 甲子 29	10 甲午 28	10 癸亥 27
10 己亥 6	10 己巳 8	10 戊戌 ⑥	10 戊辰 6	10 丁酉 4	10 丁卯 4	10 丙申 2	10 丙寅 1	《10月》	**11** 乙丑 30	**11** 乙未 29	11 甲子 ㉘
11 庚子 7	11 庚午 ⑨	11 己亥 7	11 己巳 7	11 戊戌 5	11 戊辰 5	11 丁酉 ③	11 丁卯 2	11 丙申 1	12 丙寅 31	12 丙申 ㉚	12 乙丑 29
12 辛丑 8	12 辛未 10	12 庚子 8	12 庚午 8	12 己亥 6	12 己巳 ⑥	12 戊戌 4	12 戊辰 3	12 丁酉 2	《11月》	《12月》	**13** 丙寅 30
13 壬寅 ⑨	13 壬申 11	13 辛丑 9	13 辛未 9	13 庚子 7	13 庚午 7	13 己亥 5	13 己巳 4	13 戊戌 3	13 丁卯 1	13 丁酉 1	14 丁卯 31
14 癸卯 10	14 癸酉 12	14 壬寅 10	14 壬申 10	14 辛丑 ⑧	14 辛未 8	14 庚子 6	14 庚午 5	14 己亥 4	14 戊辰 ②	14 戊戌 2	**1428** 年
15 甲辰 11	15 甲戌 13	15 癸卯 11	15 癸酉 ⑪	15 壬寅 9	15 壬申 9	15 辛丑 7	15 辛未 6	15 庚子 ⑤	15 己巳 3	15 己亥 3	《1月》
16 乙巳 12	16 乙亥 14	16 甲辰 12	16 甲戌 12	16 癸卯 10	16 癸酉 10	16 壬寅 8	16 壬申 ⑦	16 辛丑 6	16 庚午 4	16 庚子 4	15 戊辰 1
17 丙午 13	17 丙子 15	17 乙巳 ⑬	17 乙亥 13	17 甲辰 11	17 甲戌 11	17 癸卯 9	17 癸酉 8	17 壬寅 7	17 辛未 5	17 辛丑 5	16 己巳 2
18 丁未 14	**18** 丁丑 ⑯	18 丙午 14	18 丙子 14	18 乙巳 12	18 乙亥 12	18 甲辰 ⑩	18 甲戌 9	18 癸卯 8	18 壬申 6	18 壬寅 6	17 庚午 3
19 戊申 15	19 戊寅 17	**19** 丁未 15	**19** 丁丑 15	19 丙午 13	19 丙子 ⑬	19 乙巳 11	19 乙亥 10	19 甲辰 9	19 癸酉 7	19 癸卯 ⑦	18 辛未 ④
20 己酉 ⑯	20 己卯 18	20 戊申 16	20 戊寅 16	20 丁未 14	20 丁丑 14	20 丙午 12	20 丙子 11	20 乙巳 10	20 甲戌 8	20 甲辰 8	19 壬申 5
21 庚戌 17	21 庚辰 19	21 己酉 17	21 己卯 17	**21** 戊申 ⑮	**21** 戊寅 15	21 丁未 13	21 丁丑 12	21 丙午 11	21 乙亥 ⑨	21 乙巳 9	20 癸酉 6
22 辛亥 18	22 辛巳 20	22 庚戌 18	22 庚辰 ⑱	22 己酉 16	22 己卯 16	22 戊申 14	22 戊寅 13	22 丁未 ⑫	22 丙子 10	22 丙午 10	21 甲戌 7
23 壬子 19	23 壬午 21	23 辛亥 19	23 辛巳 19	23 庚戌 17	23 庚辰 17	**23** 己酉 15	**23** 己卯 ⑭	23 戊申 13	23 丁丑 11	23 丁未 11	22 乙亥 8
24 癸丑 20	24 癸未 22	24 壬子 ⑳	24 壬午 20	24 辛亥 18	24 辛巳 18	24 庚戌 16	24 庚辰 15	24 己酉 14	24 戊寅 12	24 戊申 12	23 丙子 9
25 甲寅 21	25 甲申 ㉓	25 癸丑 21	25 癸未 21	25 壬子 19	25 壬午 19	25 辛亥 ⑰	25 辛巳 16	**25** 庚戌 15	25 己卯 13	25 己酉 13	24 丁丑 10
26 乙卯 22	26 乙酉 24	26 甲寅 22	26 甲申 22	26 癸丑 20	26 癸未 ⑳	26 壬子 18	26 壬午 17	26 辛亥 16	**26** 庚辰 14	26 庚戌 ⑭	25 戊寅 ⑪
27 丙辰 ㉓	27 丙戌 25	27 乙卯 23	27 乙酉 23	27 甲寅 21	27 甲申 21	27 癸丑 19	27 癸未 18	27 壬子 17	27 辛巳 15	**27** 辛亥 15	26 己卯 12
28 丁巳 24	28 丁亥 26	28 丙辰 24	28 丙戌 24	28 乙卯 ㉒	28 乙酉 22	28 甲寅 20	28 甲申 19	28 癸丑 18	28 壬午 ⑯	28 壬子 16	27 庚辰 13
29 戊午 25	29 戊子 27	29 丁巳 25	29 丁亥 ㉕	29 丙辰 23	29 丙戌 23	29 乙卯 21	29 乙酉 20	29 甲寅 ⑲	29 癸未 17	29 癸丑 17	**28** 辛巳 14
30 己未 26		30 戊午 26		30 丁巳 24		30 丙辰 22			30 甲申 18		29 壬午 15
											30 癸未 16
立春 2日 雨水 17日	啓蟄 2日 春分 18日	清明 4日 穀雨 19日	立夏 4日 小満 19日	芒種 6日 夏至 21日	小暑 6日 大暑 21日	立秋 8日 処暑 23日	白露 8日 秋分 23日	寒露 9日 霜降 25日	立冬 11日 小雪 26日	大雪 11日 冬至 27日	小寒 13日 大寒 28日

正長元年〔応永 **35** 年〕（1428－1429） 戊申

改元 4/27（応永→正長）

1月	2月	3月	閏3月	4月	5月	6月	7月	8月	9月	10月	11月	12月
1 甲申 17	1 甲寅 16	1 癸未 16	1 癸丑 15	**1** 癸未 15	1 壬子 ⑬	1 壬午 13	1 辛亥 11	1 辛巳 10	1 庚戌 9	1 庚辰 8	1 己酉 7	1 戊寅 5
2 乙酉 ⑱	2 乙卯 17	2 甲申 17	2 甲寅 16	2 甲申 ⑯	**2** 癸丑 14	2 癸未 14	2 壬子 12	2 壬午 11	2 辛亥 ⑩	2 辛巳 9	2 庚戌 8	2 己卯 6
3 丙戌 19	3 丙辰 18	3 乙酉 18	3 乙卯 17	3 乙酉 17	3 甲寅 15	**3** 甲申 15	3 癸丑 13	3 癸未 ⑫	3 壬子 11	3 壬午 10	3 辛亥 9	3 庚辰 7
4 丁亥 20	4 丁巳 19	4 丙戌 19	4 丙辰 ⑱	4 丙戌 18	4 乙卯 16	4 乙酉 16	**4** 甲寅 14	**4** 甲申 13	4 癸丑 12	4 癸未 11	4 壬子 10	4 辛巳 8
5 戊子 21	5 戊午 20	5 丁亥 20	5 丁巳 19	5 丁亥 19	5 丙辰 17	5 丙戌 17	5 乙卯 ⑮	5 乙酉 14	5 甲寅 13	5 甲申 12	5 癸丑 11	5 壬午 ⑨
6 己丑 22	6 己未 21	6 戊子 ㉑	6 戊午 20	6 戊子 20	6 丁巳 18	6 丁亥 ⑱	6 丙辰 16	6 丙戌 15	**6** 乙卯 14	**6** 乙酉 13	6 甲寅 ⑫	6 癸未 10
7 庚寅 23	7 庚申 ㉒	7 己丑 22	7 己未 21	7 己丑 21	7 戊午 19	7 戊子 19	7 丁巳 17	7 丁亥 16	7 丙辰 15	7 丙戌 ⑭	7 乙卯 13	7 甲申 11
8 辛卯 24	8 辛酉 23	8 庚寅 23	8 庚申 22	8 庚寅 22	8 己未 ⑳	8 己丑 20	8 戊午 18	8 戊子 17	8 丁巳 16	8 丁亥 15	**8** 丙辰 14	8 乙酉 12
9 壬辰 ㉕	9 壬戌 24	9 辛卯 24	9 辛酉 23	9 辛卯 ㉓	9 庚申 21	9 庚寅 21	9 己未 19	9 己丑 18	9 戊午 ⑰	9 戊子 16	9 丁巳 15	**9** 丙戌 13
10 癸巳 26	10 癸亥 25	10 壬辰 25	10 壬戌 24	10 壬辰 24	10 辛酉 22	10 辛卯 22	10 庚申 20	10 庚寅 ⑲	10 己未 18	10 己丑 17	10 戊午 16	10 丁亥 14
11 甲午 27	11 甲子 26	11 癸巳 26	11 癸亥 ㉕	11 癸巳 25	11 壬戌 23	11 壬辰 23	11 辛酉 21	11 辛卯 20	11 庚申 19	11 庚寅 18	11 己未 17	11 戊子 15
12 乙未 28	12 乙丑 27	12 甲午 27	12 甲子 26	12 甲午 26	12 癸亥 24	12 癸巳 24	12 壬戌 ㉒	12 壬辰 21	12 辛酉 20	12 辛卯 19	12 庚申 18	12 己丑 ⑯
13 丙申 29	13 丙寅 28	13 乙未 ㉘	13 乙丑 27	13 乙未 27	13 甲子 25	13 甲午 ㉕	13 癸亥 23	13 癸巳 22	13 壬戌 21	13 壬辰 20	13 辛酉 ⑲	13 庚寅 17
14 丁酉 30	**14** 丁卯 ㉙	14 丙申 29	14 丙寅 28	14 丙申 28	14 乙丑 26	14 乙未 26	14 甲子 24	14 甲午 23	14 癸亥 22	14 癸巳 ㉑	14 壬戌 20	14 辛卯 18
15 戊戌 31	《3月》	**15** 丁酉 30	**15** 丁卯 29	15 丁酉 29	15 丙寅 ㉗	15 丙申 27	15 乙丑 25	15 乙未 24	15 甲子 23	15 甲午 22	15 癸亥 21	15 壬辰 19
《2月》	15 戊辰 1	16 戊戌 31	16 戊辰 30	**16** 戊戌 ㉚	16 丁卯 28	16 丁酉 28	16 丙寅 26	16 丙申 25	16 乙丑 ㉔	16 乙未 23	16 甲子 22	16 癸巳 20
16 己亥 ①	16 己巳 2	《4月》	《5月》	17 己亥 31	**17** 戊辰 29	17 戊戌 29	17 丁卯 27	17 丁酉 ㉖	17 丙寅 25	17 丙申 24	17 乙丑 23	17 甲午 21
17 庚子 2	17 庚午 3	17 己亥 1	17 己巳 1	《6月》	18 己巳 30	**18** 己亥 30	18 戊辰 28	18 戊戌 27	18 丁卯 26	18 丁酉 25	18 丙寅 24	18 乙未 22
18 辛丑 3	18 辛未 4	18 庚子 2	18 庚午 ②	18 庚子 1	《7月》	19 庚子 31	**19** 己巳 ㉙	19 己亥 28	19 戊辰 27	19 戊戌 26	19 丁卯 25	19 丙申 ㉓
19 壬寅 4	19 壬申 5	19 辛丑 3	19 辛未 3	19 辛丑 2	19 庚午 1	《8月》	20 庚午 30	**20** 庚子 29	20 己巳 28	20 己亥 27	20 戊辰 ㉖	20 丁酉 24
20 癸卯 5	20 癸酉 6	20 壬寅 ④	20 壬申 4	20 壬寅 3	20 辛未 2	20 辛丑 ①	21 辛未 31	21 辛丑 30	**21** 庚午 29	21 庚子 ㉘	21 己巳 27	21 戊戌 25
21 甲辰 6	21 甲戌 ⑦	21 癸卯 5	21 癸酉 5	21 癸卯 4	21 壬申 3	21 壬寅 2	《9月》	《10月》	22 辛未 30	**22** 辛丑 29	22 庚午 28	22 己亥 26
22 乙巳 7	22 乙亥 8	22 甲辰 6	22 甲戌 6	22 甲辰 5	22 癸酉 ④	22 癸卯 3	22 壬申 1	22 壬寅 1	23 壬申 ㉛	23 壬寅 30	**23** 辛未 29	23 庚子 27
23 丙午 ⑧	23 丙子 9	23 乙巳 7	23 乙亥 7	23 乙巳 ⑥	23 甲戌 5	23 甲辰 4	23 癸酉 2	23 癸卯 2	《11月》	《12月》	24 壬申 30	**24** 辛丑 28
24 丁未 9	24 丁丑 10	24 丙午 8	24 丙子 8	24 丙午 7	24 乙亥 6	24 乙巳 5	24 甲戌 3	24 甲辰 ③	24 癸酉 1	24 癸卯 1	25 癸酉 31	25 壬寅 29
25 戊申 10	25 戊寅 11	25 丁未 9	25 丁丑 ⑨	25 丁未 8	25 丙子 7	25 丙午 6	25 乙亥 4	25 乙巳 4	25 甲戌 2	25 甲辰 2	**1429** 年	26 癸卯 ㉚
26 己酉 11	26 己卯 12	26 戊申 10	26 戊寅 10	26 戊申 9	26 丁丑 8	26 丁未 7	26 丙子 ⑤	26 丙午 5	26 乙亥 3	26 乙巳 3	《1月》	27 甲辰 31
27 庚戌 12	27 庚辰 13	27 己酉 ⑪	27 己卯 11	27 己酉 10	27 戊寅 9	27 戊申 ⑧	27 丁丑 6	27 丁未 6	27 丙子 4	27 丙午 4	26 甲戌 1	《2月》
28 辛亥 13	28 辛巳 ⑭	28 庚戌 12	28 庚辰 12	28 庚戌 11	28 己卯 10	28 己酉 9	28 戊寅 7	28 戊申 7	28 丁丑 5	28 丁未 ⑤	27 乙亥 ②	28 乙巳 1
29 壬子 14	**29** 壬午 15	29 辛亥 13	29 辛巳 13	29 辛亥 12	29 庚辰 ⑪	29 庚戌 10	29 己卯 8	29 己酉 8	29 戊寅 6	29 戊申 6	28 丙子 3	29 丙午 2
30 癸丑 ⑮		**30** 壬子 14	30 壬午 14		30 辛巳 12		30 庚辰 9		30 己卯 ⑦		29 丁丑 4	30 丁未 3
立春 13日 雨水 28日	啓蟄 14日 春分 29日	清明 15日 穀雨 30日	立夏15日	小満 1日 芒種 16日	夏至 2日 小暑 17日	大暑 3日 立秋 18日	処暑 4日 白露 19日	秋分 4日 寒露 20日	霜降 6日 立冬 21日	小雪 6日 大雪 22日	冬至 8日 小寒 23日	大寒 9日 立春 24日

永享元年〔正長**2**年〕（1429－1430） 己酉

改元 9/5（正長→永享）

1月	2月	3月	4月	5月	6月	7月	8月	9月	10月	11月	12月
1戊申4	1戊寅⑥	1丁未4	1丁丑4	1丙午2	1丙子2	《8月》	1乙亥30	**1**乙巳29	1甲戌28	1甲辰㉗	1癸酉26
2己酉5	2己卯7	2戊申5	2戊寅5	2丁未3	2丁丑③	1丙午1	2丙子31	2丙午30	**2**乙亥29	2乙巳28	2甲戌27
3庚戌⑥	3庚辰8	3己酉6	3己卯6	3戊申4	3戊寅4	2丁未2	《9月》	《10月》	3丙子㉚	**3**丙午29	3乙亥28
4辛亥7	4辛巳9	4庚戌7	4庚辰7	4己酉⑤	4己卯5	3戊申3	3丁丑1	3丁未1	4丁丑31	4丁未30	**4**丙子29
5壬子8	5壬午10	5辛亥8	5辛巳⑧	5庚戌6	5庚辰6	4己酉4	**4**戊寅2	4戊申②	《11月》	《12月》	5丁丑30
6癸丑9	6癸未11	6壬子9	6壬午9	6辛亥7	6辛巳7	5庚戌5	5己卯3	5己酉3	5戊寅1	5戊申1	6戊寅31
7甲寅10	7甲申12	7癸丑⑩	7癸未10	7壬子8	7壬午8	6辛亥6	6庚辰④	6庚戌4	6己卯2	6己酉2	**1430年**
8乙卯11	8乙酉⑬	8甲寅11	8甲申11	8癸丑9	8癸未9	7壬子⑦	7辛巳5	7辛亥5	7庚辰3	7庚戌3	《1月》
9丙辰12	9丙戌14	9乙卯12	9乙酉12	9甲寅10	9甲申⑩	8癸丑8	8壬午6	8壬子6	8辛巳4	8辛亥④	7己卯①
10丁巳⑬	**10**丁亥15	10丙辰13	10丙戌13	10乙卯11	10乙酉11	9甲寅9	9癸未7	9癸丑7	9壬午5	9壬子5	8庚辰2
11戊午14	11戊子16	11丁巳14	11丁亥14	11丙辰⑫	11丙戌12	10乙卯10	10甲申8	10甲寅8	10癸未⑥	10癸丑6	9辛巳3
12己未15	12己丑17	**12**戊午16	**12**戊子⑮	12丁巳13	12丁亥13	11丙辰11	11乙酉9	11乙卯⑨	11甲申7	11甲寅7	10壬午4
13庚申16	13庚寅18	13己未16	13己丑16	**13**戊午14	13戊子14	12丁巳12	12丙戌10	12丙辰10	12乙酉8	12乙卯8	11癸未5
14辛酉17	14辛卯19	14庚申⑰	14庚寅17	14己未15	**14**己丑15	13戊午13	13丁亥⑪	13丁巳11	13丙戌9	13丙辰9	12甲申6
15壬戌18	15壬辰⑳	15辛酉18	15辛卯18	15庚申16	15庚寅16	**14**己未⑭	14戊子12	14戊午12	14丁亥10	14丁巳10	13乙酉7
16癸亥19	16癸巳21	16壬戌19	16壬辰19	16辛酉17	16辛卯⑰	15庚申15	15己丑13	15己未13	15戊子11	15戊午⑪	14丙戌⑧
17甲子⑳	17甲午22	17癸亥20	17癸巳20	17壬戌18	17壬辰18	16辛酉16	**16**庚寅14	**16**庚申14	16己丑12	16己未12	15丁亥9
18乙丑21	18乙未23	18甲子21	18甲午21	18癸亥⑲	18癸巳19	17壬戌17	17辛卯15	17辛酉15	17庚寅⑬	17庚申13	16戊子10
19丙寅22	19丙申24	19乙丑22	19乙未㉒	19甲子20	19甲午20	18癸亥18	18壬辰16	18壬戌⑯	**18**辛卯14	**18**辛酉14	17己丑11
20丁卯23	20丁酉25	20丙寅23	20丙申23	20乙丑21	20乙未21	19甲子19	19癸巳17	19癸亥17	19壬辰15	19壬戌15	18庚寅12
21戊辰24	21戊戌26	21丁卯㉔	21丁酉24	21丙寅22	21丙申22	20乙丑20	20甲午⑱	20甲子18	20癸巳16	20癸亥16	**19**辛卯13
22己巳25	22己亥㉗	22戊辰25	22戊戌25	22丁卯23	22丁酉23	21丙寅㉑	21乙未19	21乙丑19	21甲午17	21甲子17	20壬辰14
23庚午26	23庚子28	23己巳26	23己亥26	23戊辰24	23戊戌㉔	22丁卯22	22丙申20	22丙寅20	22乙未18	22乙丑⑱	21癸巳⑮
24辛未㉗	24辛丑29	24庚午27	24庚子27	24己巳25	24己亥25	23戊辰23	23丁酉21	23丁卯21	23丙申19	23丙寅19	22甲午16
25壬申28	**25**壬寅30	25辛未28	25辛丑28	25庚午㉖	25庚子26	24己巳24	24戊戌22	24戊辰22	24丁酉⑳	24丁卯20	23乙未17
《3月》	26癸卯31	26壬申29	26壬寅㉙	26辛未27	26辛丑27	25庚午25	25己亥23	25己巳㉓	25戊戌21	25戊辰21	24丙申18
26癸酉1	《4月》	**27**癸酉30	**27**癸卯30	27壬申28	27壬寅28	26辛未26	26庚子24	26庚午24	26己亥22	26己巳22	25丁酉19
27甲戌2	27甲辰1	《5月》	28甲辰31	28癸酉29	28癸卯29	27壬申27	27辛丑㉕	27辛未25	27庚子23	27庚午23	26戊戌20
28乙亥3	28乙巳2	28甲戌①	《6月》	**29**甲戌30	**29**甲辰30	28癸酉㉘	28壬寅26	28壬申26	28辛丑24	28辛未24	27己亥21
29丙子4	29丙午③	29乙亥2	29乙巳1	《7月》	30乙巳㉛	**29**甲戌29	29癸卯27	29癸酉27	29壬寅25	29壬申㉕	28庚子㉒
30丁丑5		30丙子3		30乙亥1			30甲辰28		30癸卯26		29辛丑23
											30壬寅24
雨水10日	春分10日	穀雨12日	小満12日	夏至13日	大暑14日	処暑14日	秋分16日	寒露1日	立冬2日	大雪3日	小寒4日
啓蟄25日	清明25日	立夏27日	芒種27日	小暑29日	立秋29日	白露29日		霜降16日	小雪18日	冬至18日	大寒19日

永享**2**年（1430－1431） 庚戌

1月	2月	3月	4月	5月	6月	7月	8月	9月	10月	11月	閏11月	12月
1癸卯25	1壬申23	1辛丑24	1辛未㉓	1庚子22	1庚午21	1庚子21	1己巳19	1己亥18	1己巳18	1戊戌16	1戊辰16	**1**丁酉⑭
2甲辰26	2癸酉24	2壬寅25	2壬申24	2辛丑23	2辛未22	2辛丑22	2庚午⑳	2庚子19	2庚午19	2己亥17	2己巳⑰	2戊戌15
3乙巳27	3甲戌25	3癸卯㉖	3癸酉25	3壬寅24	3壬申23	3壬寅㉓	3辛未21	3辛丑20	3辛未20	3庚子18	3庚午18	3己亥16
4丙午28	4乙亥㉖	4甲辰27	4甲戌26	4癸卯25	4癸酉24	4癸卯24	4壬申22	4壬寅21	4壬申21	4辛丑⑲	4辛未19	4庚子17
5丁未㉙	5丙子27	5乙巳28	5乙亥27	5甲辰26	5甲戌㉕	5甲辰25	5癸酉23	5癸卯22	5癸酉㉒	5壬寅20	5壬申20	5辛丑18
6戊申30	**6**丁丑28	6丙午29	6丙子28	6乙巳27	6乙亥26	6乙巳26	6甲戌24	6甲辰23	6甲戌23	6癸卯21	6癸酉21	6壬寅19
7己酉31	《3月》	7丁未30	7丁丑29	7丙午㉘	7丙子27	7丙午27	7乙亥25	7乙巳㉔	7乙亥24	7甲辰22	7甲戌22	7癸卯20
《2月》	7戊寅1	**8**戊申31	**8**戊寅㉚	8丁未29	8丁丑28	8丁未28	8丙子26	8丙午25	8丙子25	8乙巳23	8乙亥23	8甲辰㉑
8庚戌1	8己卯2	《4月》	《5月》	**9**戊申30	9戊寅29	9戊申29	9丁丑㉗	9丁未26	9丁丑26	9丙午24	9丙子㉔	9乙巳22
9辛亥2	9庚辰3	9己酉1	9己卯1	10己酉31	**10**己卯30	**10**己酉㉚	10戊寅28	10戊申27	10戊寅27	10丁未25	10丁丑25	10丙午23
10壬子3	10辛巳4	10庚戌②	10庚辰2	《6月》	《7月》	11庚戌31	11己卯29	11己酉28	11己卯28	11戊申㉖	11戊寅26	11丁未24
11癸丑4	11壬午⑤	11辛亥3	11辛巳3	11庚戌1	11庚辰1	《8月》	**12**庚辰30	**12**庚戌29	12庚辰㉙	12己酉27	12己卯27	12戊申25
12甲寅⑤	12癸未6	12壬子4	12壬午4	12辛亥2	12辛巳②	12辛亥1	13辛巳31	13辛亥30	**13**辛巳30	13庚戌28	13庚辰28	13己酉26
13乙卯6	13甲申7	13癸丑5	13癸未5	13壬子3	13壬午3	13壬子2	《9月》	《10月》	14壬午31	**14**辛亥29	**14**辛巳29	14庚戌27
14丙辰7	14乙酉8	14甲寅6	14甲申6	14癸丑④	14癸未4	14癸丑3	14壬午1	14壬子①	《11月》	15壬子30	15壬午30	15辛亥㉘
15丁巳8	15丙戌9	15乙卯7	15乙酉⑦	15甲寅5	15甲申5	15甲寅4	15癸未2	15癸丑2	15癸未1	《12月》	16癸未㉛	**16**壬子29
16戊午9	16丁亥10	16丙辰8	16丙戌8	16乙卯6	16乙酉6	16乙卯5	16甲申③	16甲寅3	16甲申2	16癸丑1	**1431年**	17癸丑30
17己未10	17戊子11	17丁巳⑨	17丁亥9	17丙辰7	17丙戌7	17丙辰⑥	17乙酉4	17乙卯4	17乙酉3	17甲寅2	《1月》	18甲寅31
18庚申11	18己丑⑫	18戊午10	18戊子10	18丁巳8	18丁亥8	18丁巳7	18丙戌5	18丙辰5	18丙戌4	18乙卯③	17甲申1	《2月》
19辛酉⑫	19庚寅13	19己未11	19己丑11	19戊午9	19戊子⑨	19戊午8	19丁亥6	19丁巳6	19丁亥⑤	19丙辰4	18乙酉2	19乙卯1
20壬戌13	20辛卯14	20庚申12	20庚寅12	20己未10	20己丑10	20己未9	20戊子7	20戊午7	20戊子6	20丁巳5	19丙戌3	20丙辰2
21癸亥14	**21**壬辰15	21辛酉13	21辛卯13	21庚申⑪	21庚寅11	21庚申10	21己丑8	21己未⑧	21己丑7	21戊午6	20丁亥4	21丁巳3
22甲子15	22癸巳16	22壬戌14	22壬辰⑭	22辛酉12	22辛卯12	22辛酉11	22庚寅9	22庚申9	22庚寅8	22己未7	21戊子5	22戊午④
23乙丑16	23甲午17	**23**癸亥15	**23**癸巳15	23壬戌13	23壬辰13	23壬戌12	23辛卯⑩	23辛酉10	23辛卯9	23庚申8	22己丑6	23己未5
24丙寅17	24乙未18	24甲子⑯	24甲午16	24癸亥14	24癸巳14	24癸亥⑬	24壬辰11	24壬戌11	24壬辰10	24辛酉9	23庚寅⑦	24庚申6
25丁卯18	25丙申⑲	25乙丑17	25乙未17	**25**甲子15	**25**甲午15	25甲子14	25癸巳12	25癸亥12	25癸巳11	25壬戌⑩	24辛卯8	25辛酉7
26戊辰⑲	26丁酉20	26丙寅18	26丙申18	26乙丑16	26乙未⑯	**26**乙丑15	26甲午13	26甲子13	26甲午⑫	26癸亥11	25壬辰9	26壬戌8
27己巳20	27戊戌21	27丁卯19	27丁酉19	27丙寅17	27丙申17	27丙寅16	**27**乙未14	**27**乙丑14	27乙未13	27甲子12	26癸巳10	27癸亥9
28庚午21	28己亥22	28戊辰20	28戊戌20	28丁卯⑱	28丁酉18	28丁卯17	28丙申15	28丙寅⑮	**28**丙申14	28乙丑13	27甲午11	28甲子10
29辛未22	29庚子23	29己巳21	29己亥㉑	29戊辰19	29戊戌19	29戊辰18	29丁酉16	29丁卯16	29丁酉15	**29**丙寅14	28乙未12	29乙丑⑪
		30庚午22		30己巳20	30己亥20		30戊戌⑰	30戊辰17		30丁卯15	29丙申13	30丙寅12
立春5日	啓蟄6日	清明8日	立夏8日	芒種9日	小暑10日	立秋10日	白露12日	寒露12日	立冬13日	大雪14日	小寒14日	大寒1日
雨水20日	春分21日	穀雨23日	小満23日	夏至25日	大暑25日	処暑26日	秋分27日	霜降27日	小雪28日	冬至29日		立春16日

永享3年（1431－1432） 辛亥

1月	2月	3月	4月	5月	6月	7月	8月	9月	10月	11月	12月
1 丁卯13	1 丙申14	1 乙丑12	1 乙未12	1 甲子⑩	1 甲午10	1 癸亥8	1 癸巳7	1 癸亥⑦	1 壬辰5	1 壬戌5	1 壬辰4
2 戊辰14	2 丁酉15	2 丙寅13	2 丙申⑬	2 乙丑11	2 乙未11	2 甲子9	2 甲午8	2 甲子8	2 癸巳6	2 癸亥6	2 癸巳5
3 己巳15	**3** 戊戌16	3 丁卯14	3 丁酉14	3 丙寅12	3 丙申12	3 乙丑10	3 乙未⑨	3 乙丑9	3 甲午7	3 甲子7	3 甲午⑥
4 庚午16	4 己亥17	**4** 戊辰⑮	**4** 戊戌15	4 丁卯13	4 丁酉13	4 丙寅11	4 丙申10	4 丙寅10	4 乙未8	4 乙丑8	4 乙未7
5 辛未17	5 庚子⑱	5 己巳16	5 己亥16	5 戊辰14	5 戊戌14	5 丁卯⑫	5 丁酉11	5 丁卯11	5 丙申9	5 丙寅⑨	5 丙申8
6 壬申⑱	6 辛丑19	6 庚午17	6 庚子17	**6** 己巳15	**6** 己亥⑮	6 戊辰13	6 戊戌12	6 戊辰12	6 丁酉10	6 丁卯10	6 丁酉9
7 癸酉19	7 壬寅20	7 辛未18	7 辛丑18	7 庚午16	7 庚子16	7 己巳14	7 己亥13	7 己巳13	7 戊戌⑪	7 戊辰11	7 戊戌10
8 甲戌20	8 癸卯21	8 壬申19	8 壬寅19	8 辛未⑰	8 辛丑17	**8** 庚午15	**8** 庚子14	8 庚午⑭	8 己亥12	8 己巳12	8 己亥11
9 乙亥21	9 甲辰22	9 癸酉20	9 癸卯⑳	9 壬申18	9 壬寅18	9 辛未16	9 辛丑15	**9** 辛未15	9 庚子13	9 庚午13	9 庚子12
10 丙子22	10 乙巳23	10 甲戌21	10 甲辰21	10 癸酉19	10 癸卯19	10 壬申17	10 壬寅⑯	10 壬申16	**10** 辛丑14	**10** 辛未14	10 辛丑⑬
11 丁丑23	11 丙午24	11 乙亥㉒	11 乙巳22	11 甲戌20	11 甲辰20	11 癸酉18	11 癸卯17	11 癸酉17	11 壬寅15	11 壬申15	**11** 壬寅14
12 戊寅24	12 丁未㉕	12 丙子23	12 丙午23	12 乙亥21	12 乙巳21	12 甲戌⑲	12 甲辰18	12 甲戌18	12 癸卯16	12 癸酉⑯	12 癸卯15
13 己卯㉕	13 戊申26	13 丁丑24	13 丁未24	13 丙子22	13 丙午㉒	13 乙亥20	13 乙巳19	13 乙亥19	13 甲辰17	13 甲戌17	13 甲辰16
14 庚辰26	14 己酉27	14 戊寅25	14 戊申25	14 丁丑23	14 丁未23	14 丙子21	14 丙午20	14 丙子20	14 乙巳⑱	14 乙亥18	14 乙巳17
15 辛巳27	15 庚戌28	15 己卯26	15 己酉26	15 戊寅㉔	15 戊申24	15 丁丑22	15 丁未21	15 丁丑㉑	15 丙午19	15 丙子19	15 丙午18
16 壬午28	16 辛亥29	16 庚辰27	16 庚戌㉗	16 己卯25	16 己酉25	16 戊寅23	16 戊申22	16 戊寅22	16 丁未20	16 丁丑20	16 丁未19
《3月》	17 壬子30	17 辛巳28	17 辛亥28	17 庚辰26	17 庚戌26	17 己卯24	17 己酉㉓	17 己卯23	17 戊申21	17 戊寅21	17 戊申⑳
17 癸未1	**18** 癸丑31	18 壬午㉙	18 壬子29	18 辛巳27	18 辛亥27	18 庚辰25	18 庚戌24	18 庚辰24	18 己酉22	18 己卯22	18 己酉21
18 甲申2	《4月》	**19** 癸未30	19 癸丑30	19 壬午28	19 壬子28	19 辛巳㉖	19 辛亥25	19 辛巳25	19 庚戌23	19 庚辰㉓	19 庚戌22
19 乙酉3	19 甲寅①	《5月》	**20** 甲寅31	20 癸未29	20 癸丑㉙	20 壬午27	20 壬子26	20 壬午26	20 辛亥24	20 辛巳24	20 辛亥23
20 丙戌④	20 乙卯2	20 甲申1	《6月》	**21** 甲申30	21 甲寅30	21 癸未28	21 癸丑27	21 癸未27	21 壬子㉕	21 壬午25	21 壬子24
21 丁亥5	21 丙辰3	21 乙酉2	21 乙卯1	《7月》	**22** 乙卯31	22 甲申29	22 甲寅28	22 甲申㉘	22 癸丑26	22 癸未26	22 癸丑25
22 戊子6	22 丁巳4	22 丙戌3	22 丙辰2	22 乙酉①	《8月》	**23** 乙酉30	**23** 乙卯29	23 乙酉29	23 甲寅27	23 甲申27	23 甲寅26
23 己丑7	23 戊午5	23 丁亥4	23 丁巳③	23 丙戌2	23 丙辰1	24 丙戌31	24 丙辰㉚	**24** 丙戌30	24 乙卯28	24 乙酉28	24 乙卯㉗
24 庚寅8	24 己未6	24 戊子5	24 戊午4	24 丁亥3	24 丁巳2	《9月》	《10月》	25 丁亥31	**25** 丙辰29	25 丙戌29	25 丙辰28
25 辛卯9	25 庚申7	25 己丑⑥	25 己未5	25 戊子4	25 戊午3	25 丁亥1	25 丁巳1	《11月》	26 丁巳30	**26** 丁亥㉚	**26** 丁巳29
26 壬辰10	26 辛酉⑧	26 庚寅7	26 庚申6	26 己丑5	26 己未4	26 戊子②	26 戊午2	26 戊子1	《12月》	27 戊子31	27 戊午30
27 癸巳⑪	27 壬戌9	27 辛卯8	27 辛酉7	27 庚寅6	27 庚申⑤	27 己丑3	27 己未3	27 己丑2	27 戊午1	1432年	28 己未31
28 甲午12	28 癸亥10	28 壬辰9	28 壬戌8	28 辛卯7	28 辛酉6	28 庚寅4	28 庚申4	28 庚寅3	28 己未②	《1月》	《2月》
29 乙未13	29 甲子11	29 癸巳10	29 癸亥9	29 壬辰⑧	29 壬戌7	29 辛卯5	29 辛酉5	29 辛卯④	29 庚申3	28 己丑1	29 庚申1
		30 甲午11		30 癸巳9		30 壬辰6	30 壬戌6		30 辛酉4	29 庚寅2	
										30 辛卯3	

雨水 1日	春分 3日	穀雨 4日	小満 4日	夏至 6日	大暑 6日	処暑 8日	秋分 8日	霜降 9日	小雪 10日	冬至 10日	大寒 11日
啓蟄 16日	清明 18日	立夏 19日	芒種 20日	小暑 21日	立秋 22日	白露 23日	寒露 23日	立冬 24日	大雪 25日	小寒 26日	立春 26日

永享4年（1432－1433） 壬子

1月	2月	3月	4月	5月	6月	7月	8月	9月	10月	11月	12月
1 辛酉2	1 辛卯3	《4月》	1 己丑30	**1** 己未30	1 戊子28	1 戊午28	1 丁亥26	1 丁巳25	1 丙戌24	1 丙辰㉓	1 丙戌23
2 壬戌③	2 壬辰4	1 庚申1	《5月》	2 庚申31	**2** 己丑㉙	2 己未29	2 戊子27	2 戊午26	2 丁亥25	2 丁巳24	2 丁亥24
3 癸亥4	3 癸巳5	2 辛酉2	2 庚寅1	《6月》	3 庚寅30	**3** 庚申30	3 己丑28	3 己未27	3 戊子㉖	3 戊午25	3 戊子25
4 甲子5	4 甲午6	3 壬戌3	3 辛卯2	3 辛酉①	《7月》	4 辛酉31	**4** 庚寅29	4 庚申㉘	4 己丑27	4 己未26	4 己丑26
5 乙丑6	5 乙未7	4 癸亥4	4 壬辰3	4 壬戌2	4 辛卯1	《8月》	5 辛卯30	**5** 辛酉29	5 庚寅28	5 庚申27	5 庚寅27
6 丙寅7	6 丙申8	5 甲子5	5 癸巳4	5 癸亥3	5 壬辰2	5 壬戌1	6 壬辰㉛	6 壬戌30	**6** 辛卯29	6 辛酉28	6 辛卯㉘
7 丁卯8	7 丁酉⑨	6 乙丑⑥	6 甲午5	6 甲子4	6 癸巳3	6 癸亥2	《9月》	《10月》	7 壬辰30	**7** 壬戌29	**7** 壬辰29
8 戊辰9	8 戊戌10	7 丙寅7	7 乙未6	7 乙丑5	7 甲午4	7 甲子③	7 癸巳1	7 癸亥1	8 癸巳31	8 癸亥㉚	8 癸巳30
9 己巳⑩	9 己亥11	8 丁卯8	8 丙申7	8 丙寅6	8 乙未5	8 乙丑4	8 甲午2	8 甲子2	《11月》	《12月》	9 甲午31
10 庚午11	10 庚子12	9 戊辰9	9 丁酉8	9 丁卯7	9 丙申⑥	9 丙寅5	9 乙未3	9 乙丑3	9 甲午1	9 甲子1	1433年
11 辛未12	11 辛丑13	10 己巳10	10 戊戌9	10 戊辰⑧	10 丁酉7	10 丁卯6	10 丙申4	10 丙寅4	10 乙未②	10 乙丑2	《1月》
12 壬申13	12 壬寅14	11 庚午11	11 己亥10	11 己巳9	11 戊戌8	11 戊辰7	11 丁酉5	11 丁卯⑤	11 丙申3	11 丙寅3	10 乙未1
13 癸酉14	**13** 癸卯15	12 辛未12	12 庚子⑪	12 庚午10	12 己亥9	12 己巳8	12 戊戌6	12 戊辰6	12 丁酉4	12 丁卯4	11 丙申2
14 甲戌15	14 甲辰⑯	13 壬申⑬	13 辛丑12	13 辛未11	13 庚子10	13 庚午9	13 己亥⑦	13 己巳7	13 戊戌5	13 戊辰5	12 丁酉3
15 乙亥16	15 乙巳17	**14** 癸酉14	14 壬寅13	14 壬申12	14 辛丑11	14 辛未⑩	14 庚子8	14 庚午8	14 己亥6	14 己巳6	13 戊戌④
16 丙子⑰	16 丙午18	15 甲戌15	15 癸卯14	15 癸酉13	15 壬寅12	15 壬申11	15 辛丑9	15 辛未9	15 庚子7	15 庚午⑦	14 己亥5
17 丁丑18	17 丁未19	16 乙亥16	**16** 甲辰15	**16** 甲戌14	16 癸卯⑬	16 癸酉12	16 壬寅10	16 壬申10	16 辛丑8	16 辛未8	15 庚子6
18 戊寅19	18 戊申20	17 丙子17	17 乙巳16	17 乙亥⑮	17 甲辰14	17 甲戌13	17 癸卯11	17 癸酉11	17 壬寅⑨	17 壬申9	16 辛丑7
19 己卯20	19 己酉21	18 丁丑18	18 丙午17	18 丙子16	**18** 乙巳15	**18** 乙亥14	18 甲辰12	18 甲戌⑫	18 癸卯10	18 癸酉10	17 壬寅8
20 庚辰21	20 庚戌22	19 戊寅19	19 丁未⑱	19 丁丑17	19 丙午16	19 丙子15	**19** 乙巳13	19 乙亥13	19 甲辰11	19 甲戌11	18 癸卯9
21 辛巳22	21 辛亥㉓	20 己卯⑳	20 戊申19	20 戊寅18	20 丁未17	20 丁丑16	20 丙午⑭	**20** 丙子14	20 乙巳12	20 乙亥12	19 甲辰10
22 壬午23	22 壬子24	21 庚辰21	21 己酉20	21 己卯19	21 戊申18	21 戊寅⑰	21 丁未15	21 丁丑15	**21** 丙午13	21 丙子13	20 乙巳⑪
23 癸未㉔	23 癸丑25	22 辛巳22	22 庚戌21	22 庚辰20	22 己酉19	22 己卯18	22 戊申16	22 戊寅16	22 丁未14	**22** 丁丑⑭	21 丙午12
24 甲申25	24 甲寅26	23 壬午23	23 辛亥22	23 辛巳21	23 庚戌⑳	23 庚辰19	23 己酉17	23 己卯17	23 戊申15	23 戊寅15	**22** 丁未13
25 乙酉26	25 乙卯27	24 癸未24	24 壬子23	24 壬午㉒	24 辛亥21	24 辛巳20	24 庚戌18	24 庚辰18	24 己酉⑯	24 己卯16	23 戊申14
26 丙戌27	26 丙辰28	25 甲申25	25 癸丑24	25 癸未23	25 壬子22	25 壬午21	25 辛亥19	25 辛巳⑲	25 庚戌17	25 庚辰17	24 己酉15
27 丁亥28	27 丁巳29	26 乙酉26	26 甲寅㉕	26 甲申24	26 癸丑23	26 癸未22	26 壬子20	26 壬午20	26 辛亥18	26 辛巳18	25 庚戌16
28 戊子29	**28** 戊午㉚	27 丙戌㉗	27 乙卯26	27 乙酉25	27 甲寅24	27 甲申23	27 癸丑㉑	27 癸未21	27 壬子19	27 壬午19	26 辛亥17
《3月》	29 己未31	28 丁亥28	28 丙辰27	28 丙戌26	28 乙卯25	28 乙酉㉔	28 甲寅22	28 甲申22	28 癸丑20	28 癸未20	27 壬子⑱
29 己丑1		**29** 戊子29	29 丁巳28	29 丁亥27	29 丙辰26	29 丙戌25	29 乙卯23	29 乙酉23	29 甲寅21	29 甲申㉑	28 癸丑19
30 庚寅②			30 戊午29		30 丁巳㉗		30 丙辰24		30 乙卯22	30 乙酉22	29 甲寅20
											30 乙卯21

雨水 12日	春分 13日	穀雨 14日	小満 16日	芒種 1日	小暑 2日	立秋 3日	白露 4日	寒露 5日	立冬 6日	大雪 7日	小寒 7日
啓蟄 28日	清明 28日	立夏 29日		夏至 16日	大暑 18日	処暑 18日	秋分 19日	霜降 20日	小雪 21日	冬至 22日	大寒 22日

永享5年（1433－1434） 癸丑

1月	2月	3月	4月	5月	6月	7月	閏7月	8月	9月	10月	11月	12月
1丙辰22	1乙酉20	1乙卯㉒	1甲申20	1癸丑19	1癸未18	1壬子17	1辛巳15	**1**辛亥14	1庚辰13	1庚戌12	1庚辰12	1庚戌11
2丁巳23	2丙戌21	2丙辰23	2乙酉21	2甲寅20	2甲申19	2癸丑18	2壬午⑯	2壬子15	**2**辛巳14	2辛亥13	2辛巳⑬	2辛亥12
3戊午24	3丁亥㉒	3丁巳24	3丙戌22	3乙卯21	3乙酉20	3甲寅⑲	3癸未17	3癸丑16	3壬午15	**3**壬子14	**3**壬午14	**3**壬子13
4己未㉕	4戊子23	4戊午25	4丁亥23	4丙辰22	4丙戌㉑	4乙卯20	4甲申18	4甲寅17	4癸未16	4癸丑⑮	4癸未15	4癸丑14
5庚申26	5己丑24	5己未26	5戊子24	5丁巳23	5丁亥22	5丙辰21	5乙酉19	5乙卯18	5甲申17	5甲寅16	5甲申16	5甲寅15
6辛酉27	6庚寅25	6庚申27	6己丑25	6戊午㉔	6戊子23	6丁巳22	6丙戌20	6丙辰19	6乙酉⑱	6乙卯17	6乙酉17	6乙卯16
7壬戌28	7辛卯26	7辛酉28	7庚寅㉖	7己未25	7己丑24	7戊午23	7丁亥21	7丁巳⑳	7丙戌19	7丙辰18	7丙戌18	7丙辰⑰
8癸亥29	8壬辰27	8壬戌㉙	8辛卯27	8庚申26	8庚寅25	8己未24	8戊子22	8戊午21	8丁亥20	8丁巳19	8丁亥19	8丁巳18
9甲子30	**9**癸巳28	**9**癸亥30	9壬辰28	9辛酉27	9辛卯26	9庚申25	9己丑㉓	9己未22	9戊子21	9戊午20	9戊子⑳	9戊午19
10乙丑31	《3月》	10甲子31	10癸巳29	10壬戌28	10壬辰27	10辛酉㉖	10庚寅24	10庚申23	10己丑22	10己未21	10己丑21	10己未20
《2月》	10甲午①	《4月》	**11**甲午30	11癸亥29	11癸巳㉘	11壬戌27	11辛卯25	11辛酉24	11庚寅23	11庚申㉒	11庚寅22	11庚申21
11丙寅①	11乙未2	11乙丑1	《5月》	**12**甲子30	12甲午29	12癸亥28	12壬辰26	12壬戌25	12辛卯24	12辛酉23	12辛卯23	12辛酉22
12丁卯2	12丙申3	12丙寅2	12乙未1	13乙丑㉛	**13**乙未30	13甲子29	13癸巳27	13癸亥26	13壬辰㉕	13壬戌24	13壬辰24	13壬戌23
13戊辰3	13丁酉4	13丁卯3	13丙申2	《6月》	《7月》	**14**乙丑30	14甲午28	14甲子㉗	14癸巳26	14癸亥25	14癸巳25	14癸亥㉔
14己巳4	14戊戌5	14戊辰4	14丁酉③	14丙寅1	14丙申1	15丙寅31	**15**乙未29	15乙丑28	15甲午27	15甲子26	15甲午26	15甲子25
15庚午5	15己亥6	15己巳⑤	15戊戌4	15丁卯2	15丁酉2	《8月》	16丙申㉚	**16**丙寅29	16乙未28	16乙丑27	16乙未㉗	16乙丑26
16辛未6	16庚子7	16庚午6	16己亥5	16戊辰3	16戊戌3	16丁卯1	17丁酉31	17丁卯30	**17**丙申29	17丙寅28	17丙申28	17丙寅27
17壬申7	17辛丑⑧	17辛未7	17庚子6	17己巳4	17己亥4	17戊辰②	《9月》	《10月》	18丁酉30	**18**丁卯㉙	**18**丁酉29	18丁卯28
18癸酉⑧	18壬寅9	18壬申8	18辛丑7	18庚午5	18庚子⑤	18己巳3	18戊戌1	18戊辰1	19戊戌31	19戊辰30	19戊戌30	**19**戊辰29
19甲戌9	19癸卯10	19癸酉9	19壬寅8	19辛未6	19辛丑6	19庚午4	19己亥2	19己巳2	《11月》	《12月》	20己亥31	20己巳30
20乙亥10	20甲辰11	20甲戌10	20癸卯9	20壬申⑦	20壬寅7	20辛未5	20庚子3	20庚午3	20己亥①	20己巳1	**1434年**	21庚午㉛
21丙子11	21乙巳12	21乙亥11	21甲辰⑩	21癸酉8	21癸卯8	21壬申6	21辛丑4	21辛未④	21庚子2	21庚午2	《1月》	《2月》
22丁丑12	22丙午13	22丙子⑫	22乙巳11	22甲戌9	22甲辰9	22癸酉7	22壬寅5	22壬申5	22辛丑3	22辛未3	21庚子1	22辛未1
23戊寅13	23丁未14	23丁丑13	23丙午12	23乙亥10	23乙巳10	23甲戌8	23癸卯⑥	23癸酉6	23壬寅4	23壬申4	22辛丑2	23壬申2
24己卯14	**24**戊申⑮	**24**戊寅14	24丁未13	24丙子11	24丙午11	24乙亥⑨	24甲辰7	24甲戌7	24癸卯5	24癸酉5	23壬寅③	24癸酉3
25庚辰⑮	25己酉16	25己卯15	25戊申14	25丁丑12	25丁未⑫	25丙子10	25乙巳8	25乙亥8	25甲辰6	25甲戌⑥	24癸卯4	25甲戌4
26辛巳16	26庚戌17	26庚辰16	**26**己酉15	26戊寅13	26戊申13	26丁丑11	26丙午9	26丙子9	26乙巳7	26乙亥7	25甲辰5	26乙亥5
27壬午17	27辛亥18	27辛巳17	27庚戌16	**27**己卯⑭	27己酉14	27戊寅12	27丁未10	27丁丑10	27丙午⑧	27丙子8	26乙巳6	27丙子6
28癸未18	28壬子19	28壬午18	28辛亥⑰	28庚辰15	**28**庚戌15	28己卯13	28戊申11	28戊寅⑪	28丁未9	28丁丑9	27丙午7	28丁丑⑦
29甲申19	29癸丑20	29癸未⑲	29壬子18	29辛巳16	29辛亥16	**29**庚辰14	29己酉12	29己卯12	29戊申10	29戊寅10	28丁未8	29戊寅8
	30甲寅21			30壬午17			30庚戌⑬		30己酉11	30己卯11	29戊申9	
											30己酉⑩	
立春7日 雨水23日	啓蟄9日 春分24日	清明9日 穀雨24日	立夏11日 小満26日	芒種12日 夏至27日	小暑13日 大暑28日	立秋14日 処暑29日	白露15日	秋分1日 寒露16日	霜降2日 立冬17日	小雪3日 大雪18日	冬至3日 小寒18日	大寒3日 立春19日

永享6年（1434－1435） 甲寅

1月	2月	3月	4月	5月	6月	7月	8月	9月	10月	11月	12月
1己卯9	1己酉11	1己卯10	1戊申⑨	1丁丑7	1丁未7	1丙子5	1乙巳3	1乙亥③	《11月》	《12月》	1甲辰31
2庚辰10	2庚戌12	2庚辰⑪	2己酉10	2戊寅8	2戊申8	2丁丑6	2丙午4	2丙子4	1甲辰1	1甲戌1	**1435年**
3辛巳11	3辛亥13	3辛巳12	3庚戌11	3己卯9	3己酉9	3戊寅7	3丁未⑤	3丁丑5	2乙巳2	2乙亥2	《1月》
4壬午12	4壬子⑭	4壬午13	4辛亥12	4庚辰10	4庚戌10	4己卯⑧	4戊申6	4戊寅6	3丙午3	3丙子3	2乙巳1
5癸未13	**5**癸丑15	5癸未14	5壬子13	5辛巳11	5辛亥⑪	5庚辰9	5己酉7	5己卯7	4丁未4	4丁丑4	3丙午②
6甲申⑭	6甲寅16	**6**甲申15	6癸丑14	6壬午12	6壬子12	6辛巳10	6庚戌8	6庚辰8	5戊申5	5戊寅⑤	4丁未3
7乙酉15	7乙卯17	7乙酉16	**7**甲寅15	7癸未⑬	7癸丑13	7壬午11	7辛亥9	7辛巳9	6己酉6	6己卯6	5戊申4
8丙戌16	8丙辰18	8丙戌17	8乙卯⑯	8甲申14	8甲寅14	8癸未12	8壬子10	8壬午⑩	7庚戌⑦	7庚辰7	6己酉5
9丁亥17	9丁巳19	9丁亥⑱	9丙辰17	**9**乙酉15	**9**乙卯15	9甲申13	9癸丑11	9癸未11	8辛亥8	8辛巳8	7庚戌6
10戊子18	10戊午20	10戊子19	10丁巳18	10丙戌16	10丙辰16	**10**乙酉14	10甲寅⑫	10甲申12	9壬子9	9壬午9	8辛亥7
11己丑19	11己未㉑	11己丑20	11戊午19	11丁亥17	11丁巳17	11丙戌⑮	11乙卯13	11乙酉13	10癸丑10	10癸未10	9壬子8
12庚寅20	12庚申22	12庚寅21	12己未20	12戊子18	12戊午⑱	12丁亥16	**12**丙辰14	**12**丙戌14	11甲寅11	11甲申11	10癸丑⑨
13辛卯㉑	13辛酉23	13辛卯22	13庚申21	13己丑19	13己未19	13戊子17	13丁巳15	13丁亥15	12乙卯12	12乙酉⑫	11甲寅10
14壬辰22	14壬戌24	14壬辰23	14辛酉22	14庚寅⑳	14庚申20	14己丑18	14戊午16	14戊子16	13丙辰13	13丙戌13	12乙卯11
15癸巳23	15癸亥25	15癸巳24	15壬戌㉓	15辛卯21	15辛酉21	15庚寅19	15己未17	15己丑⑰	**14**丁巳⑭	**14**丁亥14	13丙辰12
16甲午24	16甲子26	16甲午㉕	16癸亥24	16壬辰22	16壬戌22	16辛卯20	16庚申18	16庚寅18	15戊午15	15戊子15	14丁巳13
17乙未25	17乙丑27	17乙未26	17甲子25	17癸巳23	17癸亥23	17壬辰21	17辛酉⑲	17辛卯19	16己未16	16己丑16	**15**戊午14
18丙申26	18丙寅㉘	18丙申27	18乙丑26	18甲午24	18甲子24	18癸巳㉒	18壬戌20	18壬辰20	17庚申17	17庚寅17	16己未15
19丁酉27	19丁卯29	19丁酉28	19丙寅27	19乙未25	19乙丑㉕	19甲午23	19癸亥21	19癸巳21	18辛酉18	18辛卯18	17庚申⑯
20戊戌㉘	20戊辰30	20戊戌29	20丁卯28	20丙申26	20丙寅26	20乙未24	20甲子22	20甲午22	19壬戌19	19壬辰⑲	18辛酉17
《3月》	**21**己巳31	**21**己亥30	21戊辰29	21丁酉㉗	21丁卯27	21丙申25	21乙丑23	21乙未23	20癸亥20	20癸巳20	19壬戌18
21己亥1	《4月》	《5月》	**22**己巳㉚	22戊戌28	22戊辰28	22丁酉26	22丙寅24	22丙申㉔	21甲子㉑	21甲午21	20癸亥19
22庚子2	22庚午1	22庚子1	23庚午31	23己亥29	23己巳29	23戊戌27	23丁卯25	23丁酉25	22乙丑22	22乙未22	21甲子20
23辛丑3	23辛未2	23辛丑②	《6月》	**24**庚子30	**24**庚午30	24己亥28	24戊辰㉖	24戊戌26	23丙寅23	23丙申23	22乙丑21
24壬寅4	24壬申3	24壬寅3	24辛未1	《7月》	25辛未31	25庚子㉙	25己巳27	25己亥27	24丁卯24	24丁酉24	23丙寅22
25癸卯5	25癸酉④	25癸卯4	25壬申2	25辛丑1	《8月》	**26**辛丑30	26庚午28	26庚子28	25戊辰25	25戊戌25	24丁卯㉓
26甲辰6	26甲戌5	26甲辰5	26癸酉3	26壬寅2	26壬申①	27壬寅31	**27**辛未29	27辛丑29	26己巳26	26己亥㉖	25戊辰24
27乙巳⑦	27乙亥6	27乙巳6	27甲戌4	27癸卯3	27癸酉2	《9月》	28壬申30	**28**壬寅30	27庚午27	27庚子27	26己巳25
28丙午8	28丙子7	28丙午7	28乙亥5	28甲辰④	28甲戌3	28癸卯1	《10月》	29癸卯㉛	28辛未㉘	28辛丑28	27庚午26
29丁未9	29丁丑8	29丁未8	29丙子⑥	29乙巳5	29乙亥4	29甲辰2	29癸酉1		**29**壬申29	**29**壬寅29	28辛未27
30戊申10	30戊寅9			30丙午6			30甲戌2		30癸酉30	30癸卯30	29壬申28
											30癸酉29
雨水5日 啓蟄20日	春分5日 清明21日	穀雨6日 立夏21日	小満7日 芒種22日	夏至9日 小暑24日	大暑9日 立秋24日	処暑10日 白露26日	秋分12日 寒露27日	霜降12日 立冬28日	小雪14日 大雪29日	冬至14日 小寒29日	大寒15日 立春30日

永享**7**年（1435－1436） 乙卯

1月	2月	3月	4月	5月	6月	7月	8月	9月	10月	11月	12月
1 甲戌㉚ 2 乙亥31 《2月》 3 丙子 1 4 丁丑 2 5 戊寅 3 6 己卯 4 7 庚辰 5 8 辛巳⑥ 9 壬午 7 10癸未 8 11甲申 9 12乙酉10 13丙戌11 14丁亥12 **15**戊子⑬ 16己丑14 17庚寅15 18辛卯16 19壬辰17 20癸巳18 21甲午19 22乙未⑳ 23丙申21 24丁酉22 25戊戌23 26己亥24 27庚子25 28辛丑26 29壬寅㉗	1 癸卯28 《3月》 2 甲辰 1 3 乙巳 2 4 丙午 3 5 丁未 4 6 戊申 5 7 己酉⑥ 8 庚戌 7 9 辛亥 8 10壬子 9 11癸丑10 12甲寅11 13乙卯12 14丙辰⑬ 15丁巳14 16戊午15 **17**己未16 18庚申17 19辛酉18 20壬戌19 21癸亥⑳ 22甲子21 23乙丑22 24丙寅23 25丁卯24 26戊辰25 27己巳26 28庚午㉗ 29辛未28 30壬申29	1 癸酉30 **2** 甲戌31 《4月》 3 乙亥 1 4 丙子 2 5 丁丑③ 6 戊寅 4 7 己卯 5 8 庚辰 6 9 辛巳 7 10壬午 8 11癸未 9 12甲申⑩ 13乙酉11 14丙戌12 15丁亥13 16戊子14 **17**己丑15 18庚寅16 19辛卯⑰ 20壬辰18 21癸巳19 22甲午20 23乙未21 24丙申22 25丁酉23 26戊戌㉔ 27己亥25 28庚子26 29辛丑27 30壬寅28	1 癸卯29 **2** 甲辰30 《5月》 3 乙巳① 4 丙午 2 5 丁未 3 6 戊申 4 7 己酉 5 8 庚戌 6 9 辛亥 7 10壬子⑧ 11癸丑 9 12甲寅10 13乙卯11 14丙辰12 15丁巳13 16戊午14 **17**己未⑮ 18庚申16 19辛酉17 20壬戌18 21癸亥19 22甲子20 23乙丑21 24丙寅㉒ 25丁卯23 26戊辰24 27己巳25 28庚午26 29辛未27	1 壬申28 2 癸酉㉙ 3 甲戌30 **4** 乙亥31 《6月》 5 丙子 1 6 丁丑 2 7 戊寅 3 8 己卯 4 9 庚辰⑤ 10辛巳 6 11壬午 7 12癸未 8 13甲申 9 14乙酉10 15丙戌11 16丁亥⑫ 17戊子13 18己丑14 **19**庚寅15 20辛卯16 21壬辰17 22癸巳18 23甲午⑲ 24乙未20 25丙申21 26丁酉22 27戊戌23 28己亥24 29庚子25	1 辛丑㉖ 2 壬寅27 3 癸卯28 4 甲辰29 **5** 乙巳30 《7月》 6 丙午 1 7 丁未 2 8 戊申③ 9 己酉 4 10庚戌 5 11辛亥 6 12壬子 7 13癸丑 8 14甲寅 9 15乙卯⑩ 16丙辰11 17丁巳12 18戊午13 19己未14 **20**庚申15 21辛酉16 22壬戌⑰ 23癸亥18 24甲子19 25乙丑20 26丙寅21 27丁卯22 28戊辰23 29己巳㉔ 30庚午25	1 辛未26 2 壬申27 3 癸酉28 4 甲戌29 5 乙亥30 **6** 丙子㉛ 《8月》 7 丁丑 1 8 戊寅 2 9 己卯 3 10庚辰 4 11辛巳 5 12壬午 6 13癸未⑦ 14甲申 8 15乙酉 9 16丙戌10 17丁亥11 18戊子12 19己丑13 20庚寅⑭ **21** 辛卯15 22壬辰16 23癸巳17 24甲午18 25乙未19 26丙申20 27丁酉㉑ 28戊戌22 29己亥23	1 庚子24 2 辛丑25 3 壬寅26 4 癸卯27 5 甲辰㉘ 6 乙巳29 **7** 丙午30 8 丁未31 《9月》 9 戊申 1 10己酉 2 11庚戌 3 12辛亥④ 13壬子 5 14癸丑 6 15甲寅 7 16乙卯 8 17丙辰 9 18丁巳10 19戊午⑪ 20己未12 21庚申13 **22**辛酉14 23壬戌15 24癸亥16 25甲子17 26乙丑⑱ 27丙寅19 28丁卯20 29戊辰21	1 己巳22 2 庚午23 3 辛未24 4 壬申㉕ 5 癸酉26 6 甲戌27 7 乙亥28 **8** 丙子29 9 丁丑30 《10月》 10戊寅 1 11己卯② 12庚辰 3 13辛巳 4 14壬午 5 15癸未 6 16甲申 7 17乙酉 8 18丙戌⑨ 19丁亥10 20戊子11 21己丑12 22庚寅13 23辛卯14 **24**壬辰15 25癸巳⑯ 26甲午17 27乙未18 28丙申19 29丁酉20 30戊戌21	1 己亥22 2 庚子㉓ 3 辛丑24 4 壬寅25 5 癸卯26 6 甲辰27 7 乙巳28 8 丙午29 **9** 丁未㉚ 10戊申31 《11月》 11己酉 1 12庚戌 2 13辛亥 3 14壬子 4 15癸丑 5 16甲寅⑥ 17乙卯 7 18丙辰 8 19丁巳 9 20戊午10 21己未11 22庚申12 23辛酉⑬ **24**壬戌14 25癸亥15 26甲子16 27乙丑17 28丙寅18 29丁卯19	1 戊辰⑳ 2 己巳21 3 庚午22 4 辛未23 5 壬申24 6 癸酉25 7 甲戌26 8 乙亥㉗ 9 丙子28 **10**丁丑29 11戊寅30 《12月》 12己卯 1 13庚辰 2 14辛巳 3 15壬午④ 16癸未 5 17甲申 6 18乙酉 7 19丙戌 8 20丁亥 9 21戊子10 22己丑⑪ 23庚寅12 24辛卯13 **25**壬辰14 26癸巳15 27甲午16 28乙未17 29丙申⑱ 30丁酉19	1 戊戌20 2 己亥21 3 庚子22 4 辛丑23 5 壬寅24 6 癸卯㉕ 7 甲辰26 8 乙巳27 9 丙午28 10丁未29 **11**戊申30 12己酉31 **1436** 年 《1月》 13庚戌① 14辛亥 2 15壬子 3 16癸丑 4 17甲寅 5 18乙卯 6 19丙辰 7 20丁巳⑧ 21戊午 9 22己未10 23庚申11 24辛酉12 25壬戌13 **26**癸亥14 27甲子⑮ 28乙丑16 29丙寅17 30丁卯18
雨水 15日	啓蟄 1日 春分 17日	清明 2日 穀雨 17日	立夏 2日 小満 17日	芒種 4日 夏至 19日	小暑 5日 大暑 20日	立秋 6日 処暑 21日	白露 7日 秋分 22日	寒露 8日 霜降 24日	立冬 9日 小雪 24日	大雪 10日 冬至 25日	小寒 11日 大寒 26日

永享**8**年（1436－1437） 丙辰

1月	2月	3月	4月	5月	閏5月	6月	7月	8月	9月	10月	11月	12月
1 戊辰19 2 己巳20 3 庚午21 4 辛未㉒ 5 壬申23 6 癸酉24 7 甲戌25 8 乙亥26 9 丙子27 10丁丑28 **11**戊寅㉙ 12己卯30 13庚辰31 《2月》 14辛巳 1 15壬午 2 16癸未 3 17甲申 4 18乙酉⑤ 19丙戌 6 20丁亥 7 21戊子 8 22己丑 9 23庚寅10 24辛卯11 25壬辰⑫ **26**癸巳13 27甲午14 28乙未15 29丙申16	1 丁酉17 2 戊戌18 3 己亥⑲ 4 庚子20 5 辛丑21 6 壬寅22 7 癸卯23 8 甲辰24 9 乙巳25 10丙午㉖ 11丁未27 12戊申28 **13**己酉29 《3月》 14庚戌 1 15辛亥 2 16壬子 3 17癸丑④ 18甲寅 5 19乙卯 6 20丙辰 7 21丁巳 8 22戊午 9 23己未10 24庚申⑪ 25辛酉12 26壬戌13 27癸亥14 **28**甲子15 29乙丑16 30丙寅17	1 丁卯⑱ 2 戊辰19 3 己巳20 4 庚午21 5 辛未22 6 壬申23 7 癸酉24 8 甲戌㉕ 9 乙亥26 10丙子27 11丁丑28 12戊寅29 **13**己卯30 14庚辰31 《4月》 15辛巳① 16壬午 2 17癸未 3 18甲申 4 19乙酉 5 20丙戌 6 21丁亥 7 22戊子⑧ 23己丑 9 24庚寅10 25辛卯11 26壬辰12 27癸巳13 **28**甲午14 29乙未⑮ 30丙申16	1 丁酉17 2 戊戌18 3 己亥19 4 庚子20 5 辛丑21 6 壬寅㉒ 7 癸卯23 8 甲辰24 9 乙巳25 10丙午26 11丁未27 12戊申28 **13**己酉㉙ 14庚戌30 《5月》 15辛亥 1 16壬子 2 17癸丑 3 18甲寅 4 19乙卯 5 20丙辰⑥ 21丁巳 7 22戊午 8 23己未 9 24庚申10 25辛酉11 26壬戌12 27癸亥⑬ 28甲子14 **29**乙丑15	1 丙寅16 2 丁卯17 3 戊辰18 4 己巳19 5 庚午⑳ 6 辛未21 7 壬申22 8 癸酉23 9 甲戌24 10乙亥25 11丙子26 12丁丑㉗ 13戊寅28 14己卯29 **15**庚辰30 16辛巳31 《6月》 17壬午 1 18癸未 2 19甲申③ 20乙酉 4 21丙戌 5 22丁亥 6 23戊子 7 24己丑 8 25庚寅 9 26辛卯⑩ 27壬辰11 28癸巳12 29甲午13 **30**乙未14	1 丙申15 2 丁酉16 3 戊戌⑰ 4 己亥18 5 庚子19 6 辛丑20 7 壬寅21 8 癸卯22 9 甲辰23 10乙巳㉔ 11丙午25 12丁未26 13戊申27 14己酉28 **15**庚戌29 16辛亥30 《7月》 17壬子① 18癸丑 2 19甲寅 3 20乙卯 4 21丙辰 5 22丁巳 6 23戊午 7 24己未⑧ 25庚申 9 26辛酉10 27壬戌11 28癸亥12 29甲子13	1 乙丑14 **2** 丙寅⑮ 3 丁卯16 4 戊辰17 5 己巳18 6 庚午19 7 辛未20 8 壬申21 9 癸酉㉒ 10甲戌23 11乙亥24 12丙子25 13丁丑26 14戊寅27 15己卯28 16庚辰㉙ **17**辛巳30 18壬午31 《8月》 19癸未 1 20甲申 2 21乙酉 3 22丙戌 4 23丁亥⑤ 24戊子 6 25己丑 7 26庚寅 8 27辛卯 9 28壬辰10 29癸巳11 30甲午⑫	1 乙未13 **2** 丙申14 3 丁酉15 4 戊戌16 5 己亥17 6 庚子18 7 辛丑⑲ 8 壬寅20 9 癸卯21 10甲辰22 11乙巳23 12丙午24 13丁未25 14戊申㉖ 15己酉27 16庚戌28 **17**辛亥29 18壬子30 19癸丑31 《9月》 20甲寅 1 21乙卯② 22丙辰 3 23丁巳 4 24戊午 5 25己未 6 26庚申 7 27辛酉 8 28壬戌⑨ 29癸亥10	1 甲子11 2 乙丑12 **3** 丙寅13 4 丁卯14 5 戊辰15 6 己巳⑯ 7 庚午17 8 辛未18 9 壬申19 10癸酉20 11甲戌21 12乙亥22 13丙子㉓ 14丁丑24 15戊寅25 16己卯26 17庚辰27 18辛巳28 **19**壬午29 20癸未㉚ 《10月》 21甲申 1 22乙酉 2 23丙戌 3 24丁亥 4 25戊子 5 26己丑 6 27庚寅⑦ 28辛卯 8 29壬辰 9	1 癸巳10 2 甲午11 3 乙未12 4 丙申13 **5** 丁酉⑭ 6 戊戌15 7 己亥16 8 庚子17 9 辛丑18 10壬寅19 11癸卯20 12甲辰㉑ 13乙巳22 14丙午23 15丁未24 16戊申25 17己酉26 18庚戌27 19辛亥㉘ **20**壬子29 21癸丑30 22甲寅31 《11月》 23乙卯 1 24丙辰 2 25丁巳 3 26戊午④ 27己未 5 28庚申 6 29辛酉 7 30壬戌 8	1 癸亥 9 2 甲子10 3 乙丑⑪ 4 丙寅12 **5** 丁卯13 6 戊辰14 7 己巳15 8 庚午16 9 辛未17 10壬申⑱ 11癸酉19 12甲戌20 13乙亥21 14丙子22 15丁丑23 16戊寅24 17己卯㉕ 18庚辰26 19辛巳27 **20**壬午28 21癸未29 22甲申30 《12月》 23乙酉 1 24丙戌② 25丁亥 3 26戊子 4 27己丑 5 28庚寅 6 29辛卯 7	1 壬辰 8 2 癸巳⑨ 3 甲午10 4 乙未11 5 丙申12 6 丁酉13 **7** 戊戌14 8 己亥15 9 庚子⑯ 10辛丑17 11壬寅18 12癸卯19 13甲辰20 14乙巳21 15丙午22 16丁未㉓ 17戊申24 18己酉25 19庚戌26 20辛亥27 21壬子28 **22**癸丑29 23甲寅㉚ 24乙卯31 **1437** 年 《1月》 25丙辰 1 26丁巳 2 27戊午 3 28己未 4 29庚申 5 30辛酉⑥	1 壬戌 7 2 癸亥 8 3 甲子 9 4 乙丑10 5 丙寅11 6 丁卯12 **7** 戊辰⑬ 8 己巳14 9 庚午15 10辛未16 11壬申17 12癸酉18 13甲戌19 14乙亥⑳ 15丙子21 16丁丑22 17戊寅23 18己卯24 19庚辰25 20辛巳26 21壬午㉗ **22**癸未28 23甲申29 24乙酉30 25丙戌31 《2月》 26丁亥 1 27戊子 2 28己丑③ 29庚寅 4 30辛卯 5
立春 11日 雨水 26日	啓蟄 13日 春分 28日	清明 13日 穀雨 28日	立夏 13日 小満 29日	芒種 15日 夏至 30日	小暑15日	大暑 2日 立秋 17日	処暑 2日 白露 17日	秋分 3日 寒露 19日	霜降 5日 立冬 20日	小雪 5日 大雪 20日	冬至 7日 小寒 22日	大寒 7日 立春 22日

永享**9**年（1437－1438） 丁巳

1月	2月	3月	4月	5月	6月	7月	8月	9月	10月	11月	12月
1 壬辰 6	1 辛酉 7	1 辛卯 6	1 庚申⑤	1 庚寅 4	1 庚申 4	1 己丑 2	《9月》	1 戊子30	1 戊午30	1 丁亥28	1 丙辰27
2 癸巳 7	2 壬戌 8	2 壬辰⑦	2 辛酉 6	2 辛卯 5	2 辛酉 5	2 庚寅 3	1 己未①	《10月》	2 己未31	**2** 戊子29	2 丁巳28
3 甲午 8	3 癸亥 9	3 癸巳 8	3 壬戌 7	3 壬辰 6	3 壬戌 6	3 辛卯④	2 庚申 2	2 己丑 1	《11月》	3 己丑30	**3** 戊午㉙
4 乙未 9	4 甲子⑩	4 甲午 9	4 癸亥 8	4 癸巳 7	4 癸亥⑦	4 壬辰 5	3 辛酉 3	3 庚寅 2	3 庚申 1	《12月》	4 己未30
5 丙申⑩	5 乙丑11	5 乙未10	5 甲子 9	5 甲午 8	5 甲子 8	5 癸巳 6	4 壬戌 4	4 辛卯 3	4 辛酉 2	4 庚寅①	5 庚申31
6 丁酉11	6 丙寅12	6 丙申11	6 乙丑10	6 乙未⑨	6 乙丑 9	6 甲午 7	5 癸亥 5	5 壬辰 4	5 壬戌③	5 辛卯 2	**1438年**
7 戊戌12	7 丁卯13	7 丁酉12	7 丙寅11	7 丙申10	7 丙寅10	7 乙未 8	6 甲子 6	6 癸巳 5	6 癸亥 4	6 壬辰 3	《1月》
8 己亥13	8 戊辰14	8 戊戌13	8 丁卯⑫	8 丁酉11	8 丁卯11	8 丙申 9	7 乙丑 7	7 甲午⑥	7 甲子 5	7 癸巳 4	6 辛酉 1
9 庚子14	**9** 己巳15	**9** 己亥⑭	9 戊辰13	9 戊戌12	9 戊辰12	9 丁酉10	8 丙寅⑧	8 乙未 7	8 乙丑 6	8 甲午 5	7 壬戌 2
10 辛丑15	10 庚午16	10 庚子15	10 己巳14	10 己亥13	10 己巳13	10 戊戌⑪	9 丁卯 9	9 丙申 8	9 丙寅 7	9 乙未 6	8 癸亥 3
11 壬寅16	11 辛未⑰	11 辛丑16	**11** 庚午15	**11** 庚子14	11 庚午⑭	11 己亥12	10 戊辰10	10 丁酉 9	10 丁卯 8	10 丙申 7	9 甲子 4
12 癸卯⑰	12 壬申18	12 壬寅17	12 辛未16	12 辛丑15	**12** 辛未15	12 庚子13	11 己巳11	11 戊戌10	11 戊辰 9	11 丁酉⑧	10 乙丑⑤
13 甲辰18	13 癸酉19	13 癸卯18	13 壬申17	13 壬寅⑯	13 壬申16	**13** 辛丑14	12 庚午12	12 己亥11	12 己巳⑩	12 戊戌 9	11 丙寅 6
14 乙巳19	14 甲戌20	14 甲辰19	14 癸酉18	14 癸卯17	14 癸酉17	14 壬寅15	13 辛未13	13 庚子12	13 庚午11	13 己亥10	12 丁卯 7
15 丙午20	15 乙亥21	15 乙巳20	15 甲戌⑲	15 甲辰18	15 甲戌18	15 癸卯16	**14** 壬申14	14 辛丑⑬	14 辛未12	14 庚子11	13 戊辰 8
16 丁未21	16 丙子22	16 丙午㉑	16 乙亥20	16 乙巳19	16 乙亥19	16 甲辰17	15 癸酉⑮	**15** 壬寅14	15 壬申13	15 辛丑12	14 己巳 9
17 戊申22	17 丁丑23	17 丁未22	17 丙子21	17 丙午20	17 丙子20	17 乙巳⑱	16 甲戌16	16 癸卯15	**16** 癸酉14	16 壬寅13	15 庚午10
18 己酉23	18 戊寅㉔	18 戊申23	18 丁丑22	18 丁未21	18 丁丑㉑	18 丙午19	17 乙亥17	17 甲辰16	17 甲戌15	**17** 癸卯14	16 辛未11
19 庚戌㉔	19 己卯25	19 己酉24	19 戊寅23	19 戊申22	19 戊寅22	19 丁未20	18 丙子18	18 乙巳17	18 乙亥16	18 甲辰⑮	17 壬申⑫
20 辛亥25	20 庚辰26	20 庚戌25	20 己卯24	20 己酉㉓	20 己卯23	20 戊申21	19 丁丑19	19 丙午18	19 丙子⑰	19 乙巳16	**18** 癸酉13
21 壬子26	21 辛巳27	21 辛亥26	21 庚辰25	21 庚戌24	21 庚辰24	21 己酉22	20 戊寅20	20 丁未19	20 丁丑18	20 丙午17	19 甲戌14
22 癸丑27	22 壬午28	22 壬子27	22 辛巳㉖	22 辛亥25	22 辛巳25	22 庚戌23	21 己卯21	21 戊申⑳	21 戊寅19	21 丁未18	20 乙亥15
23 甲寅28	23 癸未29	23 癸丑㉘	23 壬午27	23 壬子26	23 壬午26	23 辛亥24	22 庚辰㉒	22 己酉21	22 己卯20	22 戊申19	21 丙子16
《3月》	**24** 甲申30	24 甲寅29	24 癸未28	24 癸丑27	24 癸未27	24 壬子㉕	23 辛巳23	23 庚戌22	23 庚辰21	23 己酉20	22 丁丑17
24 乙卯 1	25 乙酉㉛	**25** 乙卯30	25 甲申29	25 甲寅28	25 甲申㉘	25 癸丑26	24 壬午24	24 辛亥23	24 辛巳22	24 庚戌21	23 戊寅18
25 丙辰 2	《4月》	《5月》	**26** 乙酉30	26 乙卯29	26 乙酉29	26 甲寅27	25 癸未25	25 壬子24	25 壬午23	25 辛亥㉒	24 己卯⑲
26 丁巳③	26 丙戌 1	26 丙辰 1	27 丙戌31	**27** 丙辰㉚	**27** 丙戌30	27 乙卯28	26 甲申26	26 癸丑25	26 癸未㉔	26 壬子23	25 庚辰20
27 戊午 4	27 丁亥 2	27 丁巳 2	《6月》	《7月》	28 丁亥31	**28** 丙辰29	27 乙酉27	27 甲寅26	27 甲申25	27 癸丑24	26 辛巳21
28 己未 5	28 戊子 3	28 戊午 3	28 丁亥 1	28 丁巳 1	《8月》	29 丁巳30	28 丙戌28	28 乙卯㉗	28 乙酉26	28 甲寅25	27 壬午22
29 庚申 6	29 己丑 4	29 己未 4	29 戊子②	29 戊午 2	29 戊子 1	30 戊午31	**29** 丁亥㉙	29 丙辰28	29 丙戌27	29 乙卯26	28 癸未23
	30 庚寅 5		30 己丑 3	30 己未 3				**30** 丁巳29			29 甲申24
											30 乙酉25
雨水 8日 啓蟄 23日	春分 9日 清明 24日	穀雨 9日 立夏 25日	小満 11日 芒種 26日	夏至 11日 小暑 27日	大暑 12日 立秋 27日	処暑 13日 白露 28日	秋分 14日 寒露 29日	霜降 15日 立冬 30日	小雪 16日	大雪 2日 冬至 17日	小寒 3日 大寒 18日

永享**10**年（1438－1439） 戊午

1月	2月	3月	4月	5月	6月	7月	8月	9月	10月	11月	12月
1 丙戌㉖	1 乙卯24	1 乙酉26	1 乙卯25	1 甲申24	1 甲寅23	1 癸未22	1 癸丑21	1 癸未20	1 壬子⑲	1 壬午18	1 辛亥17
2 丁亥27	2 丙辰25	2 丙戌27	2 丙辰26	2 乙酉㉕	2 乙卯24	2 甲申23	2 甲寅22	2 甲申㉑	2 癸丑20	2 癸未19	2 壬子18
3 戊子28	3 丁巳26	3 丁亥28	3 丁巳㉗	3 丙戌26	3 丙辰25	3 乙酉24	3 乙卯23	3 乙酉22	3 甲寅21	3 甲申20	3 癸丑19
4 己丑29	4 戊午27	4 戊子29	4 戊午28	4 丁亥27	4 丁巳26	4 丙戌25	4 丙辰㉔	4 丙戌23	4 乙卯22	4 乙酉21	4 甲寅20
5 庚寅30	**5** 己未28	**5** 己丑㉚	5 己未29	5 戊子28	5 戊午27	5 丁亥26	5 丁巳25	5 丁亥24	5 丙辰23	5 丙戌22	5 乙卯㉑
6 辛卯31	《3月》	6 庚寅31	**6** 庚申30	6 己丑29	6 己未28	6 戊子㉗	6 戊午26	6 戊子25	6 丁巳24	6 丁亥㉓	6 丙辰22
《2月》	6 庚申 1	《4月》	《5月》	**7** 庚寅30	7 庚申㉙	7 己丑28	7 己未27	7 己丑26	7 戊午25	7 戊子24	7 丁巳23
7 壬辰 1	7 辛酉②	7 辛卯 1	7 辛酉 1	8 辛卯31	**8** 辛酉30	8 庚寅29	8 庚申28	8 庚寅27	8 己未㉖	8 己丑25	8 戊午24
8 癸巳②	8 壬戌 3	8 壬辰 2	8 壬戌 2	《6月》	《7月》	**9** 辛卯30	9 辛酉29	9 辛卯㉘	9 庚申27	9 庚寅26	9 己未25
9 甲午 3	9 癸亥 4	9 癸巳 3	9 癸亥 3	9 壬辰①	9 壬戌 1	10 壬辰31	**10** 壬戌30	**10** 壬辰29	10 辛酉28	10 辛卯27	10 庚申26
10 乙未 4	10 甲子 5	10 甲午 4	10 甲子④	10 癸巳 2	10 癸亥 2	《8月》	11 癸亥㉛	11 癸巳30	11 壬戌29	11 壬辰28	11 辛酉27
11 丙申 5	11 乙丑 6	11 乙未 5	11 乙丑 5	11 甲午 3	11 甲子 3	11 癸巳 1	《9月》	《10月》	**12** 癸亥30	**12** 癸巳29	12 壬戌㉘
12 丁酉 6	12 丙寅 7	12 丙申⑥	12 丙寅 6	12 乙未 4	12 乙丑 4	12 甲午 2	12 甲子 1	12 甲午 1	13 甲子31	13 甲午㉚	**13** 癸亥29
13 戊戌 7	13 丁卯 8	13 丁酉 7	13 丁卯 7	13 丙申 5	13 丙寅 5	13 乙未③	13 乙丑 2	13 乙未 2	《11月》	《12月》	14 甲子30
14 己亥 8	14 戊辰⑨	14 戊戌 8	14 戊辰 8	14 丁酉 6	14 丁卯⑥	14 丙申 4	14 丙寅 3	14 丙申 3	14 乙丑 1	14 乙未 1	15 乙丑31
15 庚子⑨	15 己巳10	15 己亥 9	15 己巳 9	15 戊戌 7	15 戊辰 7	15 丁酉 5	15 丁卯 4	15 丁酉 4	15 丙寅②	15 丙申 2	**1439年**
16 辛丑10	16 庚午11	16 庚子10	16 庚午10	16 己亥⑧	16 己巳 8	16 戊戌 6	16 戊辰 5	16 戊戌⑤	16 丁卯 3	16 丁酉 3	《1月》
17 壬寅11	17 辛未12	17 辛丑11	17 辛未⑪	17 庚子 9	17 庚午 9	17 己亥 7	17 己巳 6	17 己亥 6	17 戊辰 4	17 戊戌 4	16 丙寅 1
18 癸卯12	18 壬申13	18 壬寅12	18 壬申12	18 辛丑10	18 辛未10	18 庚子 8	18 庚午⑦	18 庚子 7	18 己巳 5	18 己亥 5	17 丁卯 2
19 甲辰13	19 癸酉14	19 癸卯⑬	19 癸酉13	19 壬寅11	19 壬申11	19 辛丑 9	19 辛未 8	19 辛丑 8	19 庚午 6	19 庚子 6	18 戊辰 3
20 乙巳14	**20** 甲戌15	20 甲辰14	20 甲戌14	20 癸卯12	20 癸酉12	20 壬寅⑩	20 壬申 9	20 壬寅 9	20 辛未 7	20 辛丑⑦	19 己巳④
21 丙午15	21 乙亥⑯	**21** 乙巳15	**21** 乙亥15	21 甲辰13	21 甲戌⑬	21 癸卯11	21 癸酉10	21 癸卯10	21 壬申 8	21 壬寅 8	20 庚午 5
22 丁未⑯	22 丙子17	22 丙午16	22 丙子16	22 乙巳14	22 乙亥14	22 甲辰12	22 甲戌11	22 甲辰11	22 癸酉⑨	22 癸卯 9	21 辛未 6
23 戊申17	23 丁丑18	23 丁未17	23 丁丑17	**23** 丙午⑮	**23** 丙子15	23 乙巳13	23 乙亥12	23 乙巳⑫	23 甲戌10	23 甲辰10	22 壬申 7
24 己酉18	24 戊寅19	24 戊申18	24 戊寅⑱	24 丁未16	24 丁丑16	**24** 丙午14	24 丙子13	24 丙午13	24 乙亥11	24 乙巳11	23 癸酉 8
25 庚戌19	25 己卯20	25 己酉19	25 己卯19	25 戊申17	25 戊寅17	25 丁未15	**25** 丁丑⑭	**25** 丁未14	25 丙子12	25 丙午12	24 甲戌 9
26 辛亥20	26 庚辰21	26 庚戌⑳	26 庚辰20	26 己酉18	26 己卯18	26 戊申16	26 戊寅15	26 戊申15	26 丁丑13	26 丁未13	25 乙亥10
27 壬子21	27 辛巳22	27 辛亥21	27 辛巳21	27 庚戌19	27 庚辰19	27 己酉⑰	27 己卯16	27 己酉16	**27** 戊寅14	**27** 戊申⑭	26 丙子⑪
28 癸丑22	28 壬午㉓	28 壬子22	28 壬午22	28 辛亥20	28 辛巳⑳	28 庚戌18	28 庚辰17	28 庚戌17	28 己卯15	28 己酉15	27 丁丑12
29 甲寅㉓	29 癸未24	29 癸丑23	29 癸未23	29 壬子21	29 壬午21	29 辛亥19	29 辛巳18	29 辛亥18	29 庚辰⑯	29 庚戌16	28 戊寅13
	30 甲申25	30 甲寅24		30 癸丑㉒		30 壬子20	30 壬午19		30 辛巳17		**29** 己卯14
											30 庚辰15
立春 4日 雨水 19日	啓蟄 5日 春分 20日	清明 5日 穀雨 21日	立夏 6日 小満 21日	芒種 7日 夏至 23日	小暑 8日 大暑 23日	立秋 9日 処暑 24日	白露 10日 秋分 25日	寒露 10日 霜降 25日	立冬 12日 小雪 27日	大雪 12日 冬至 27日	小寒 13日 大寒 29日

永享 **11** 年（1439－1440） 己未

1月	閏1月	2月	3月	4月	5月	6月	7月	8月	9月	10月	11月	12月
1辛巳16	1庚戌14	1己卯⑮	1己酉14	1戊寅13	1戊申12	1丁丑11	1丁未10	1丁丑9	1丙午8	1丙子7	1丙午7	1乙亥5
2壬午17	2辛亥⑮	**2**庚辰16	**2**庚戌15	2己卯14	2己酉13	2戊寅⑫	2戊申11	2戊寅10	2丁未9	2丁丑⑧	2丁未8	2丙子6
3癸未⑱	3壬子16	3辛巳17	3辛亥16	**3**庚辰15	3庚戌⑭	3己卯13	3己酉12	3己卯11	3戊申10	3戊寅9	3戊申9	3丁丑7
4甲申19	4癸丑17	4壬午18	4壬子17	4辛巳16	**4**辛亥15	4庚辰14	4庚戌13	4庚辰12	4己酉⑪	4己卯10	4己酉10	4戊寅8
5乙酉20	5甲寅18	5癸未19	5癸丑18	5壬午⑰	5壬子16	**5**辛巳15	5辛亥14	5辛巳⑬	5庚戌12	5庚辰11	5庚戌11	5己卯9
6丙戌21	6乙卯19	6甲申20	6甲寅⑲	6癸未18	6癸丑17	6壬午16	**6**壬子15	**6**壬午14	6辛亥13	6辛巳12	6辛亥12	6庚辰⑩
7丁亥22	7丙辰20	7乙酉21	7乙卯20	7甲申19	7甲寅18	7癸未17	7癸丑⑯	7癸未15	7壬子14	7壬午13	7壬子⑬	7辛巳11
8戊子23	8丁巳21	8丙戌㉒	8丙辰21	8乙酉20	8乙卯19	8甲申18	8甲寅17	8甲申16	**8**癸丑15	**8**癸未14	**8**癸丑14	8壬午12
9己丑24	9戊午㉒	9丁亥23	9丁巳22	9丙戌21	9丙辰20	9乙酉⑲	9乙卯18	9乙酉17	9甲寅16	9甲申⑮	9甲寅15	9癸未13
10庚寅㉕	10己未23	10戊子24	10戊午23	10丁亥22	10丁巳㉑	10丙戌20	10丙辰19	10丙戌18	10乙卯17	10乙酉16	10乙卯16	**10**甲申14
11辛卯26	11庚申24	11己丑25	11己未24	11戊子23	11戊午22	11丁亥21	11丁巳20	11丁亥19	11丙辰⑱	11丙戌17	11丙辰17	11乙酉15
12壬辰27	12辛酉25	12庚寅26	12庚申25	12己丑㉔	12己未23	12戊子22	12戊午21	12戊子⑳	12丁巳19	12丁亥18	12丁巳18	12丙戌16
13癸巳28	13壬戌26	13辛卯27	13辛酉㉖	13庚寅25	13庚申24	13己丑23	13己未22	13己丑21	13戊午20	13戊子19	13戊午19	13丁亥⑰
14甲午29	14癸亥27	14壬辰28	14壬戌27	14辛卯26	14辛酉25	14庚寅24	14庚申㉓	14庚寅22	14己未21	14己丑20	14己未⑳	14戊子18
15乙未30	**15**甲子28	15癸巳㉙	15癸亥28	15壬辰27	15壬戌26	15辛卯25	15辛酉24	15辛卯23	15庚申22	15庚寅21	15庚申21	15己丑19
16丙申31	《3月》	16甲午30	16甲子29	16癸巳28	16癸亥27	16壬辰㉖	16壬戌25	16壬辰24	16辛酉23	16辛卯㉒	16辛酉22	16庚寅20
《2月》	16乙丑①	**17**乙未31	**17**乙丑30	17甲午29	17甲子㉘	17癸巳27	17癸亥26	17癸巳25	17壬戌24	17壬辰23	17壬戌23	17辛卯21
17丁酉①	17丙寅2	《4月》	《5月》	18乙未30	18乙丑29	18甲午28	18甲子27	18甲午26	18癸亥㉕	18癸巳24	18癸亥24	18壬辰22
18戊戌2	18丁卯3	18丙申1	18丙寅1	**19**丙申㉛	**19**丙寅30	19乙未29	19乙丑28	19乙未㉗	19甲子26	19甲午25	19甲子25	19癸巳23
19己亥3	19戊辰4	19丁酉2	19丁卯2	《6月》	《7月》	**20**丙申30	20丙寅29	20丙申28	20乙丑27	20乙未26	20乙丑26	20甲午㉔
20庚子4	20己巳5	20戊戌3	20戊辰③	20丁酉1	20丁卯1	21丁酉31	**21**丁卯㉚	**21**丁酉29	21丙寅28	21丙申27	21丙寅㉗	21乙未25
21辛丑5	21庚午6	21己亥4	21己巳4	21戊戌2	21戊辰2	《8月》	22戊辰31	22戊戌30	22丁卯29	22丁酉28	22丁卯28	22丙申26
22壬寅6	22辛未7	22庚子⑤	22庚午5	22己亥3	22己巳3	22戊戌1	《9月》	《10月》	**23**戊辰30	**23**戊戌㉙	23戊辰29	23丁酉27
23癸卯7	23壬申⑧	23辛丑6	23辛未6	23庚子4	23庚午4	23己亥②	23己巳1	23己亥1	24己巳31	24己亥30	**24**己巳30	24戊戌28
24甲辰⑧	24癸酉9	24壬寅7	24壬申7	24辛丑5	24辛未⑤	24庚子3	24庚午2	24庚子2	《11月》	《12月》	25庚午31	**25**己亥29
25乙巳9	25甲戌10	25癸卯8	25癸酉8	25壬寅6	25壬申6	25辛丑4	25辛未3	25辛丑3	25庚午①	25庚子1	**1440年**	26庚子30
26丙午10	26乙亥11	26甲辰9	26甲戌9	26癸卯⑦	26癸酉7	26壬寅5	26壬申4	26壬寅④	26辛未2	26辛丑2	《1月》	27辛丑㉛
27丁未11	27丙子12	27乙巳10	27乙亥⑩	27甲辰8	27甲戌8	27癸卯6	27癸酉5	27癸卯5	27壬申3	27壬寅3	26辛未1	《2月》
28戊申12	28丁丑13	28丙午11	28丙子11	28乙巳9	28乙亥9	28甲辰7	28甲戌⑥	28甲辰6	28癸酉4	28癸卯4	27壬申2	28壬寅1
29己酉13	29戊寅14	29丁未⑫	29丁丑12	29丙午10	29丙子10	29乙巳8	29乙亥7	29乙巳7	29甲戌5	29甲辰5	28癸酉③	29癸卯2
		30戊申13		30丁未11		30丙午⑨	30丙子8		30乙亥6	30乙巳⑥	29甲戌4	30甲辰3

1月	閏1月	2月	3月	4月	5月	6月	7月	8月	9月	10月	11月	12月
立春 14日	啓蟄15日	春分 2日	穀雨 2日	小満 3日	夏至 4日	大暑 5日	処暑 6日	秋分 6日	霜降 8日	小雪 8日	冬至 8日	大寒 10日
雨水 29日		清明 17日	立夏 17日	芒種 19日	小暑 19日	立秋 20日	白露 21日	寒露 21日	立冬 23日	大雪 23日	小寒 24日	立春 25日

永享 **12** 年（1440－1441） 庚申

1月	2月	3月	4月	5月	6月	7月	8月	9月	10月	11月	12月
1乙巳4	1甲戌4	1癸卯2	1癸酉2	1壬寅31	1壬申30	1辛丑29	1辛未㉘	1庚子26	1庚午26	1庚子25	1庚午㉕
2丙午5	2乙亥5	2甲辰③	2甲戌3	《6月》	《7月》	**2**壬寅30	**2**壬申29	2辛丑27	2辛未27	2辛丑26	2辛未26
3丁未6	3丙子⑥	3乙巳4	3乙亥4	2癸卯1	2癸酉1	3癸卯㉛	3癸酉30	3壬寅28	3壬申28	3壬寅㉗	3壬申27
4戊申⑦	4丁丑7	4丙午5	4丙子5	3甲辰2	3甲戌2	《8月》	4甲戌31	**4**癸卯29	**4**癸酉29	**4**癸卯28	4癸酉28
5己酉8	5戊寅8	5丁未6	5丁丑6	4乙巳3	4乙亥③	4甲辰1	《9月》	5甲辰30	5甲戌㉚	5甲辰29	**5**甲戌29
6庚戌9	6己卯9	6戊申7	6戊寅7	5丙午4	5丙子4	5乙巳2	5乙亥1	《10月》	6乙亥31	6乙巳30	6乙亥30
7辛亥10	7庚辰10	7己酉8	7己卯⑧	6丁未⑤	6丁丑5	6丙午3	6丙子2	6乙巳1	《11月》	《12月》	7丙子31
8壬子11	8辛巳11	8庚戌9	8庚辰9	7戊申6	7戊寅6	7丁未4	7丁丑3	7丙午②	7丙子1	7丙午1	**1441年**
9癸丑12	9壬午12	9辛亥⑩	9辛巳10	8己酉7	8己卯7	8戊申5	8戊寅④	8丁未3	8丁丑2	8丁未2	《1月》
10甲寅13	10癸未⑬	10壬子11	10壬午11	9庚戌8	9庚辰8	9己酉6	9己卯5	9戊申4	9戊寅3	9戊申3	8丁丑①
11乙卯⑭	11甲申14	11癸丑12	11癸未12	10辛亥9	10辛巳9	10庚戌⑦	10庚辰6	10己酉5	10己卯4	10己酉④	9戊寅2
12丙辰15	**12**乙酉15	12甲寅13	12甲申13	11壬子10	11壬午⑩	11辛亥8	11辛巳7	11庚戌6	11庚辰5	11庚戌5	10己卯3
13丁巳16	13丙戌16	**13**乙卯14	13乙酉14	12癸丑11	12癸未11	12壬子9	12壬午8	12辛亥7	12辛巳⑥	12辛亥6	11庚辰4
14戊午17	14丁亥17	14丙辰15	**14**丙戌⑮	13甲寅⑫	13甲申12	13癸丑10	13癸未9	13壬子8	13壬午7	13壬子7	12辛巳5
15己未18	15戊子18	15丁巳16	15丁亥16	14乙卯13	14乙酉13	14甲寅11	14甲申10	14癸丑⑨	14癸未8	14癸丑8	13壬午6
16庚申19	16己丑19	16戊午⑰	16戊子17	**15**丙辰14	15丙戌14	15乙卯12	15乙酉⑪	15甲寅10	15甲申9	15甲寅9	14癸未7
17辛酉20	17庚寅⑳	17己未18	17己丑18	16丁巳15	**16**丁亥15	16丙辰13	16丙戌12	16乙卯11	16乙酉10	16乙卯10	15甲申⑧
18壬戌㉑	18辛卯21	18庚申19	18庚寅19	17戊午16	17戊子16	**17**丁巳⑭	**17**丁亥13	17丙辰12	17丙戌11	17丙辰⑪	16乙酉9
19癸亥22	19壬辰22	19辛酉20	19辛卯20	18己未17	18己丑⑰	18戊午15	18戊子14	18丁巳13	18丁亥12	18丁巳12	17丙戌10
20甲子23	20癸巳23	20壬戌21	20壬辰21	19庚申18	19庚寅18	19己未16	19己丑15	**19**戊午14	**19**戊子⑬	19戊午13	18丁亥11
21乙丑24	21甲午24	21癸亥22	21癸巳㉒	20辛酉⑲	20辛卯19	20庚申17	20庚寅16	20己未15	20己丑14	**20**己未14	19戊子12
22丙寅25	22乙未25	22甲子23	22甲午23	21壬戌20	21壬辰20	21辛酉18	21辛卯17	21庚申⑯	21庚寅15	21庚申15	**20**己丑13
23丁卯26	23丙申26	23乙丑㉔	23乙未24	22癸亥21	22癸巳21	22壬戌19	22壬辰⑱	22辛酉17	22辛卯16	22辛酉16	21庚寅14
24戊辰27	24丁酉㉗	24丙寅25	24丙申25	23甲子22	23甲午22	23癸亥20	23癸巳19	23壬戌18	23壬辰17	23壬戌17	22辛卯⑮
25己巳㉘	25戊戌28	25丁卯26	25丁酉26	24乙丑23	24乙未23	24甲子㉑	24甲午20	24癸亥19	24癸巳18	24癸亥⑱	23壬辰16
26庚午29	26己亥29	26戊辰27	26戊戌27	25丙寅24	25丙申㉔	25乙丑22	25乙未21	25甲子20	25甲午19	25甲子19	24癸巳17
《3月》	**27**庚子30	27己巳28	27己亥28	26丁卯25	26丁酉25	26丙寅23	26丙申22	26乙丑21	26乙未⑳	26乙丑20	25甲午18
27辛未1	28辛丑31	**28**庚午29	28庚子㉙	27戊辰㉖	27戊戌26	27丁卯24	27丁酉23	27丙寅22	27丙申21	27丙寅21	26乙未19
28壬申2	《4月》	29辛未30	**29**辛丑30	28己巳27	28己亥27	28戊辰25	28戊戌24	28丁卯㉓	28丁酉22	28丁卯22	27丙申20
29癸酉3	29壬寅1	《5月》		29庚午28	29庚子28	29己巳26	29己亥㉕	29戊辰24	29戊戌23	29戊辰23	28丁酉21
		30壬申①		**30**辛未29		30庚午27		30己巳25	30己亥24	30己巳24	29戊戌㉒

1月	2月	3月	4月	5月	6月	7月	8月	9月	10月	11月	12月
雨水 10日	春分 12日	穀雨 13日	小満 14日	夏至 15日	大暑 16日	立秋 2日	白露 2日	寒露 4日	立冬 4日	大雪 4日	小寒 5日
啓蟄 26日	清明 27日	立夏 28日	芒種 29日	小暑 30日		処暑 17日	秋分 17日	霜降 19日	小雪 19日	冬至 20日	大寒 20日

嘉吉元年〔永享13年〕（1441－1442） 辛酉

改元 2/17（永享→嘉吉）

1月	2月	3月	4月	5月	6月	7月	8月	9月	閏9月	10月	11月	12月
1 己亥23	1 己巳22	1 戊戌23	1 丁卯21	1 丁酉㉑	1 丙寅19	1 乙未18	1 乙丑17	1 乙未16	1 甲子⑮	**1** 甲午14	1 癸亥13	1 癸巳12
2 庚子24	2 庚午23	2 己亥24	2 戊辰22	2 戊戌22	2 丁卯20	2 丙申19	2 丙寅18	2 丙申⑰	2 乙丑16	2 乙未15	**2** 甲子14	**2** 甲午13
3 辛丑25	3 辛未24	3 庚子25	3 己巳㉓	3 己亥23	3 戊辰21	3 丁酉20	3 丁卯19	3 丁酉18	3 丙寅17	3 丙申16	3 乙丑15	3 乙未⑭
4 壬寅26	4 壬申25	4 辛丑㉖	4 庚午24	4 庚子24	4 己巳22	4 戊戌21	4 戊辰⑳	4 戊戌19	4 丁卯18	4 丁酉17	4 丙寅16	4 丙申15
5 癸卯27	5 癸酉㉖	5 壬寅27	5 辛未25	5 辛丑25	5 庚午23	5 己亥22	5 己巳21	5 己亥20	5 戊辰19	5 戊戌18	5 丁卯⑰	5 丁酉16
6 甲辰28	6 甲戌27	6 癸卯28	6 壬申26	6 壬寅26	6 辛未24	6 庚子㉓	6 庚午22	6 庚子21	6 己巳20	6 己亥⑲	6 戊辰18	6 戊戌17
7 乙巳㉙	**7** 乙亥28	7 甲辰29	7 癸酉27	7 癸卯27	7 壬申㉕	7 辛丑24	7 辛未23	7 辛丑22	7 庚午21	7 庚子20	7 己巳19	7 己亥18
8 丙午30	《3月》	**8** 乙巳30	8 甲戌28	8 甲辰㉘	8 癸酉26	8 壬寅25	8 壬申24	8 壬寅23	8 辛未㉒	8 辛丑21	8 庚午20	8 庚子19
9 丁未31	8 丙子 1	9 丙午31	9 乙亥29	9 乙巳29	9 甲戌27	9 癸卯26	9 癸酉25	9 癸卯㉔	9 壬申23	9 壬寅22	9 辛未21	9 辛丑20
《2月》	9 丁丑 2	《4月》	**10**丙子㉚	**10**丙午30	10乙亥28	10甲辰27	10甲戌26	10甲辰25	10癸酉24	10癸卯23	10壬申22	10壬寅㉑
10戊申 1	10戊寅 3	10丁未 1	《5月》	11丁未31	11丙子29	11乙巳28	11乙亥㉗	11乙巳26	11甲戌25	11甲辰24	11癸酉23	11癸卯22
11己酉 2	11己卯 4	11戊申②	11丁丑 1	《6月》	**12**丁丑30	12丙午29	12丙子28	12丙午27	12乙亥26	12乙巳25	12甲戌㉔	12甲辰23
12庚戌 3	12庚辰⑤	12己酉 3	12戊寅 2	12戊申 1	《7月》	**13**丁未㉚	**13**丁丑29	13丁未28	13丙子27	13丙午㉖	13乙亥25	13乙巳24
13辛亥 4	13辛巳 6	13庚戌 4	13己卯 3	13己酉 2	13戊寅 1	14戊申31	14戊寅30	**14**戊申29	14丁丑28	14丁未27	14丙子26	14丙午25
14壬子⑤	14壬午 7	14辛亥 5	14庚辰 4	14庚戌 3	14己卯②	《8月》	15己卯31	15己酉30	**15**戊寅㉙	15戊申28	15丁丑27	15丁未26
15癸丑 6	15癸未 8	15壬子 6	15辛巳 5	15辛亥④	15庚辰 3	15己酉 1	《9月》	《10月》	16己卯30	**16**己酉29	16戊寅28	16戊申27
16甲寅 7	16甲申 9	16癸丑 7	16壬午 6	16壬子 5	16辛巳 4	16庚戌 2	16庚辰 1	16庚戌①	17庚辰31	17庚戌30	**17**己卯29	17己酉㉘
17乙卯 8	*17*乙酉10	17甲寅 8	17癸未⑦	17癸丑 6	17壬午 5	17辛亥 3	17辛巳 2	17辛亥 2	《11月》	《12月》	18庚辰30	**18**庚戌29
18丙辰 9	18丙戌11	18乙卯⑨	18甲申 8	18甲寅 7	18癸未 6	18壬子 4	18壬午③	18壬子 3	18辛巳 1	18辛亥 1	19辛巳㉛	19辛亥30
19丁巳10	19丁亥⑫	19丙辰10	19乙酉 9	19乙卯 8	19甲申 7	19癸丑 5	19癸未 4	19癸丑 4	19壬午 2	19壬子 2	**1442年**	20壬子31
20戊午11	20戊子13	20丁巳11	20丙戌10	20丙辰 9	20乙酉 8	20甲寅⑥	20甲申 5	20甲寅 5	20癸未 3	20癸丑③	《1月》	《2月》
21己未⑫	21己丑14	21戊午12	21丁亥11	21丁巳10	21丙戌⑨	21乙卯 7	21乙酉 6	21乙卯 6	21甲申 4	21甲寅 4	20壬午 1	21癸丑 1
22庚申13	**22**庚寅15	22己未13	22戊子12	22戊午⑪	22丁亥10	22丙辰 8	22丙戌 7	22丙辰 7	22乙酉⑤	22乙卯 5	21癸未 2	22甲寅 2
23辛酉14	23辛卯16	**23**庚申14	23己丑13	23己未12	23戊子11	23丁巳 9	23丁亥 8	23丁巳⑧	23丙戌 6	23丙辰 6	22甲申 3	23乙卯 3
24壬戌15	24壬辰17	24辛酉15	24庚寅⑭	24庚申13	24己丑12	24戊午10	24戊子 9	24戊午 9	24丁亥 7	24丁巳 7	23乙酉 4	24丙辰④
25癸亥16	25癸巳18	25壬戌⑯	**25**辛卯15	**25**辛酉14	25庚寅13	25己未11	25己丑⑩	25己未10	25戊子 8	25戊午 8	24丙戌 5	25丁巳 5
26甲子17	26甲午⑲	26癸亥17	26壬辰16	26壬戌15	26辛卯14	26庚申12	26庚寅11	26庚申11	26己丑 9	26己未 9	25丁亥 6	26戊午 6
27乙丑18	27乙未20	27甲子18	27癸巳17	27癸亥16	**27**壬辰15	27辛酉⑬	27辛卯12	27辛酉12	27庚寅10	27庚申⑩	26戊子⑦	27己未 7
28丙寅⑲	28丙申21	28乙丑19	28甲午18	28甲子17	28癸巳⑯	**28**壬戌14	28壬辰13	28壬戌13	28辛卯11	28辛酉11	27己丑 8	28庚申 8
29丁卯20	29丁酉22	29丙寅20	29乙未19	29乙丑⑱	29甲午17	29癸亥15	**29**癸巳14	**29**癸亥14	29壬辰⑫	29壬戌12	28庚寅 9	29辛酉 9
30戊辰21			30丙申20			30甲子16	30甲午15		30癸巳13		29辛卯10	30壬戌10
											30壬辰11	
立春 6日 雨水 22日	啓蟄 7日 春分 22日	清明 8日 穀雨 23日	立夏 10日 小満 25日	芒種 10日 夏至 25日	小暑 12日 大暑 27日	立秋 13日 処暑 28日	白露 13日 秋分 29日	寒露 14日 霜降 29日	立冬15日	小雪 1日 大雪 16日	冬至 2日 小寒 17日	大寒 2日 立春 18日

嘉吉2年（1442－1443） 壬戌

1月	2月	3月	4月	5月	6月	7月	8月	9月	10月	11月	12月
1 癸亥⑪	1 癸巳13	1 壬戌11	1 辛卯10	1 辛酉 9	1 庚寅⑧	1 己未 6	1 己丑 5	1 戊午 4	1 戊子 3	1 戊午 3	1 戊子 2
2 甲子12	2 甲午14	2 癸亥12	2 壬辰11	2 壬戌⑩	2 辛卯 9	2 庚申 7	2 庚寅 6	2 己未 5	2 己丑④	2 己未 4	2 己丑 3
3 乙丑13	**3** 乙未15	3 甲子13	3 癸巳12	3 癸亥11	3 壬辰10	3 辛酉 8	3 辛卯 7	3 庚申 6	3 庚寅 5	3 庚申 5	3 庚寅 4
4 丙寅14	4 丙申16	4 乙丑14	4 甲午⑬	4 甲子12	4 癸巳11	4 壬戌 9	4 壬辰 8	4 辛酉⑦	4 辛卯 6	4 辛酉 6	4 辛卯 5
5 丁卯15	5 丁酉17	**5** 丙寅⑮	5 乙未14	5 乙丑13	5 甲午12	5 癸亥10	5 癸巳⑨	5 壬戌 8	5 壬辰 7	5 壬戌 7	5 壬辰⑥
6 戊辰16	6 戊戌⑱	6 丁卯16	**6** 丙申15	6 丙寅14	6 乙未13	6 甲子11	6 甲午10	6 癸亥 9	6 癸巳 8	6 癸亥 8	6 癸巳 7
7 己巳17	7 己亥19	7 戊辰17	7 丁酉16	**7** 丁卯15	7 丙申14	7 乙丑⑫	7 乙未11	7 甲子10	7 甲午 9	7 甲子⑨	7 甲午 8
8 庚午⑱	8 庚子20	8 己巳18	8 戊戌17	8 戊辰16	**8** 丁酉⑮	8 丙寅13	8 丙申12	8 乙丑11	8 乙未10	8 乙丑10	8 乙未 9
9 辛未19	9 辛丑21	9 庚午19	9 己亥18	9 己巳⑰	9 戊戌16	**9** 丁卯14	9 丁酉13	9 丙寅12	9 丙申⑪	9 丙寅11	9 丙申10
10壬申20	10壬寅22	10辛未20	10庚子19	10庚午18	10己亥17	10戊辰15	**10**戊戌14	10丁卯13	10丁酉12	10丁卯12	10丁酉11
11癸酉21	11癸卯23	11壬申21	11辛丑⑳	11辛未19	11庚子18	11己巳16	11己亥15	**11**戊辰⑭	11戊戌13	11戊辰13	11戊戌12
12甲戌22	12甲辰24	12癸酉㉒	12壬寅21	12壬申20	12辛丑19	12庚午17	12庚子⑯	12己巳15	**12**己亥14	**12**己巳14	12己亥⑬
13乙亥23	13乙巳㉕	13甲戌23	13癸卯22	13癸酉21	13壬寅20	13辛未18	13辛丑17	13庚午16	13庚子15	13庚午15	**13**庚子14
14丙子24	14丙午26	14乙亥24	14甲辰23	14甲戌22	14癸卯21	14壬申⑲	14壬寅18	14辛未17	14辛丑16	14辛未⑯	14辛丑15
15丁丑㉕	15丁未27	15丙子25	15乙巳24	15乙亥23	15甲辰㉒	15癸酉20	15癸卯19	15壬申18	15壬寅17	15壬申17	15壬寅16
16戊寅26	16戊申28	16丁丑26	16丙午25	16丙子㉔	16乙巳23	16甲戌21	16甲辰20	16癸酉19	16癸卯⑱	16癸酉18	16癸卯17
17己卯27	17己酉29	17戊寅27	17丁未26	17丁丑25	17丙午24	17乙亥22	17乙巳21	17甲戌20	17甲辰19	17甲戌19	17甲辰18
18庚辰28	**18**庚戌30	18己卯28	18戊申㉗	18戊寅26	18丁未25	18丙子23	18丙午22	18乙亥㉑	18乙巳20	18乙亥20	18乙巳19
《3月》	19辛亥31	19庚辰㉙	19己酉28	19己卯27	19戊申26	19丁丑24	19丁未㉓	19丙子22	19丙午21	19丙子21	19丙午⑳
19辛巳 1	《4月》	**20**辛巳30	20庚戌29	20庚辰28	20己酉27	20戊寅25	20戊申24	20丁丑23	20丁未22	20丁丑22	20丁未21
20壬午 2	20壬子①	《5月》	**21**辛亥30	21辛巳29	21庚戌28	21己卯㉖	21己酉25	21戊寅24	21戊申23	21戊寅㉓	21戊申22
21癸未 3	21癸丑 2	21壬午 1	22壬子31	**22**壬午30	22辛亥㉙	22庚辰27	22庚戌26	22己卯25	22己酉24	22己卯24	22己酉23
22甲申④	22甲寅 3	22癸未 2	《6月》	《7月》	**23**壬子30	23辛巳28	23辛亥27	23庚辰26	23庚戌㉕	23庚辰25	23庚戌24
23乙酉 5	23乙卯 4	23甲申 3	23癸丑 1	23癸未①	24癸丑31	24壬午29	24壬子28	24辛巳27	24辛亥26	24辛巳26	24辛亥25
24丙戌 6	24丙辰 5	24乙酉 4	24甲寅 2	24甲申 2	《8月》	**25**癸未30	**25**癸丑29	25壬午㉘	25壬子27	25壬午27	25壬子26
25丁亥 7	25丁巳 6	25丙戌 5	25乙卯③	25乙酉 3	25甲寅 1	26甲申31	26甲寅㉚	26癸未29	26癸丑28	26癸未28	26癸丑㉗
26戊子 8	26戊午 7	26丁亥⑥	26丙辰 4	26丙戌 4	26乙卯 2	《9月》	《10月》	**27**甲申30	**27**甲寅29	**27**甲申29	27甲寅28
27己丑 9	27己未⑧	27戊子 7	27丁巳 5	27丁亥 5	27丙辰 3	27乙酉 1	27乙卯 1	28乙酉31	28乙卯30	28乙酉㉚	**28**乙卯29
28庚寅10	28庚申 9	28己丑 8	28戊午 6	28戊子 6	28丁巳 4	28丙戌②	28丙辰 2	《11月》	《12月》	29丙戌31	29丙辰30
29辛卯⑪	29辛酉10	29庚寅 9	29己未 7	29己丑 7	29戊午⑤	29丁亥 3	29丁巳 3	29丙戌 1	29丙辰 1	**1443年**	
30壬辰12			30庚申 8			30戊子 4		30丁亥 2	30丁巳②	《1月》	
										30丁亥 1	
雨水 3日 啓蟄 18日	春分 3日 清明 18日	穀雨 5日 立夏 20日	小満 6日 芒種 21日	夏至 7日 小暑 22日	大暑 8日 立秋 23日	処暑 9日 白露 25日	秋分 10日 寒露 25日	霜降 11日 立冬 27日	小雪 12日 大雪 27日	冬至 12日 小寒 27日	大寒 13日 立春 28日

嘉吉3年（1443－1444） 癸亥

1月	2月	3月	4月	5月	6月	7月	8月	9月	10月	11月	12月
1丁巳31	1丁亥2	《4月》	1丙戌30	1乙卯29	1乙酉28	1甲寅27	1癸未㉕	1癸丑24	1壬午23	1壬子22	1壬午㉒
《2月》	2戊子③	1丁巳1	《5月》	2丙辰30	2丙戌29	2乙卯㉘	2甲申26	2甲寅25	2癸未24	2癸丑23	2癸未23
2戊午1	3己丑4	2戊午2	2丁亥1	3丁巳31	3丁亥㉚	3丙辰29	3乙酉27	3乙卯26	3甲申25	3甲寅㉔	3甲申24
3己未2	4庚寅5	3己未3	3戊子2	《6月》	《7月》	4丁巳30	4丙戌28	4丙辰27	4乙酉26	4乙卯25	4乙酉25
4庚申③	5辛卯6	4庚申4	4己丑3	4戊午1	4戊子1	5戊午31	5丁亥29	5丁巳28	5丙戌㉗	5丙辰26	5丙戌26
5辛酉4	6壬辰7	5辛酉5	5庚寅4	5己未②	5己丑2	《8月》	6戊子30	6戊午㉙	6丁亥28	6丁巳27	6丁亥27
6壬戌5	7癸巳8	6壬戌6	6辛卯⑤	6庚申3	6庚寅3	6己未1	7己丑31	7己未30	7戊子29	7戊午28	7戊子28
7癸亥6	8甲午9	7癸亥⑦	7壬辰6	7辛酉4	7辛卯4	7庚申2	《9月》	《10月》	8己丑30	8己未29	8己丑㉙
8甲子7	9乙未⑩	8甲子8	8癸巳7	8壬戌5	8壬辰5	8辛酉3	8庚寅①	8庚申1	9庚寅31	9庚申30	9庚寅30
9乙丑8	10丙申11	9乙丑9	9甲午8	9癸亥6	9癸巳6	9壬戌④	9辛卯2	9辛酉2	《11月》	《12月》	10辛卯31
10丙寅9	11丁酉12	10丙寅10	10乙未9	10甲子7	10甲午⑦	10癸亥5	10壬辰3	10壬戌3	10辛卯1	10辛酉①	1444年
11丁卯⑩	12戊戌13	11丁卯11	11丙申10	11乙丑8	11乙未8	11甲子6	11癸巳4	11癸亥4	11壬辰2	11壬戌2	《1月》
12戊辰11	13己亥14	12戊辰12	12丁酉11	12丙寅⑨	12丙申9	12乙丑7	12甲午5	12甲子5	12癸巳③	12癸亥3	11壬辰1
13己巳12	14庚子15	13己巳13	13戊戌⑫	13丁卯10	13丁酉10	13丙寅8	13乙未6	13乙丑⑥	13甲午4	13甲子4	12癸巳2
14庚午13	15辛丑16	14庚午⑭	14己亥13	14戊辰11	14戊戌11	14丁卯9	14丙申7	14丙寅7	14乙未5	14乙丑5	13甲午3
15辛未14	16壬寅⑰	15辛未15	15庚子14	15己巳12	15己亥12	15戊辰10	15丁酉⑧	15丁卯8	15丙申6	15丙寅6	14乙未4
16壬申15	17癸卯18	16壬申16	16辛丑15	16庚午13	16庚子13	16己巳⑪	16戊戌9	16戊辰9	16丁酉7	16丁卯7	15丙申⑤
17癸酉16	18甲辰19	17癸酉17	17壬寅16	17辛未14	17辛丑⑭	17庚午12	17己亥10	17己巳10	17戊戌8	17戊辰⑧	16丁酉6
18甲戌⑰	19乙巳20	18甲戌18	18癸卯17	18壬申15	18壬寅15	18辛未13	18庚子11	18庚午11	18己亥9	18己巳9	17戊戌7
19乙亥18	20丙午21	19乙亥19	19甲辰18	19癸酉⑯	19癸卯16	19壬申14	19辛丑12	19辛未12	19庚子⑩	19庚午10	18己亥8
20丙子19	21丁未22	20丙子20	20乙巳⑲	20甲戌17	20甲辰17	20癸酉15	20壬寅13	20壬申⑬	20辛丑11	20辛未11	19庚子9
21丁丑20	22戊申23	21丁丑㉑	21丙午20	21乙亥18	21乙巳18	21甲戌16	21癸卯14	21癸酉14	21壬寅12	21壬申12	20辛丑10
22戊寅21	23己酉㉔	22戊寅22	22丁未21	22丙子19	22丙午19	22乙亥17	22甲辰⑮	22甲戌15	22癸卯13	22癸酉13	21壬寅11
23己卯22	24庚戌25	23己卯23	23戊申22	23丁丑20	23丁未20	23丙子⑱	23乙巳16	23乙亥16	23甲辰14	23甲戌14	22癸卯⑫
24庚辰23	25辛亥26	24庚辰24	24己酉23	24戊寅21	24戊申㉑	24丁丑19	24丙午17	24丙子17	24乙巳15	24乙亥⑮	23甲辰13
25辛巳㉔	26壬子27	25辛巳25	25庚戌24	25己卯22	25己酉22	25戊寅20	25丁未18	25丁丑18	25丙午16	25丙子16	24乙巳14
26壬午25	27癸丑28	26壬午26	26辛亥25	26庚辰㉓	26庚戌23	26己卯21	26戊申19	26戊寅19	26丁未⑰	26丁丑17	25丙午15
27癸未26	28甲寅29	27癸未27	27壬子㉖	27辛巳24	27辛亥24	27庚辰22	27己酉20	27己卯⑳	27戊申18	27戊寅18	26丁未16
28甲申27	29乙卯30	28甲申㉘	28癸丑27	28壬午25	28壬子25	28辛巳23	28庚戌21	28庚辰21	28己酉19	28己卯19	27戊申17
29乙酉28	30丙辰㉛	29乙酉29	29甲寅28	29癸未26	29癸丑26	29壬午24	29辛亥㉒	29辛巳22	29庚戌20	29庚辰20	28己酉18
《3月》				30甲申27			30壬子23		30辛亥21	30辛巳21	29庚戌⑲
30丙戌1											
雨水14日 啓蟄29日	春分14日 清明30日	穀雨15日	立夏1日 小満16日	芒種3日 夏至18日	小暑3日 大暑18日	立秋4日 処暑20日	白露6日 秋分21日	寒露6日 霜降22日	立冬8日 小雪23日	大雪8日 冬至23日	小寒9日 大寒24日

文安元年〔嘉吉4年〕（1444－1445） 甲子

改元 2/5（嘉吉→文安）

1月	2月	3月	4月	5月	6月	閏6月	7月	8月	9月	10月	11月	12月
1辛亥20	1辛巳19	1辛亥20	1庚辰18	1庚戌18	1己卯16	1己酉16	1戊寅14	1丁未12	1丁丑12	1丙午10	1丙子10	1乙巳8
2壬子21	2壬午20	2壬子21	2辛巳⑲	2辛亥19	2庚辰17	2庚戌17	2己卯15	2戊申⑬	2戊寅13	2丁未11	2丁丑11	2丙午9
3癸丑22	3癸未21	3癸丑㉒	3壬午20	3壬子20	3辛巳18	3辛亥18	3庚辰⑯	3己酉14	3己卯14	3戊申12	3戊寅12	3丁未⑩
4甲寅23	4甲申22	4甲寅23	4癸未21	4癸丑21	4壬午19	4壬子⑲	4辛巳17	4庚戌15	4庚辰15	4己酉13	4己卯⑬	4戊申11
5乙卯24	5乙酉㉓	5乙卯24	5甲申22	5甲寅22	5癸未20	5癸丑20	5壬午18	5辛亥16	5辛巳16	5庚戌14	5庚辰14	5己酉12
6丙辰25	6丙戌24	6丙辰25	6乙酉23	6乙卯23	6甲申㉑	6甲寅21	6癸未19	6壬子17	6壬午17	6辛亥⑮	6辛巳15	6庚戌13
7丁巳㉖	7丁亥25	7丁巳26	7丙戌24	7丙辰㉔	7乙酉22	7乙卯22	7甲申20	7癸丑18	7癸未⑱	7壬子16	7壬午16	7辛亥14
8戊午27	8戊子26	8戊午27	8丁亥25	8丁巳25	8丙戌23	8丙辰23	8乙酉21	8甲寅19	8甲申19	8癸丑17	8癸未17	8壬子15
9己未28	9己丑27	9己未28	9戊子㉖	9戊午26	9丁亥24	9丁巳24	9丙戌22	9乙卯⑳	9乙酉20	9甲寅18	9甲申18	9癸丑16
10庚申29	10庚寅28	10庚申㉙	10己丑27	10己未27	10戊子25	10戊午25	10丁亥㉓	10丙辰21	10丙戌21	10乙卯19	10乙酉19	10甲寅⑰
11辛酉30	11辛卯29	11辛酉30	11庚寅28	11庚申28	11己丑26	11己未㉖	11戊子24	11丁巳22	11丁亥22	11丙辰20	11丙戌⑳	11乙卯18
12壬戌31	《3月》	12壬戌31	12辛卯29	12辛酉29	12庚寅27	12庚申27	12己丑25	12戊午23	12戊子23	12丁巳21	12丁亥21	12丙辰19
《2月》	12壬辰①	《4月》	13壬辰30	13壬戌30	13辛卯㉘	13辛酉28	13庚寅26	13己未24	13己丑24	13戊午㉒	13戊子22	13丁巳20
13癸亥1	13癸巳2	13癸亥1	《5月》	14癸亥㉛	14壬辰29	14壬戌29	14辛卯27	14庚申25	14庚寅㉕	14己未23	14己丑23	14戊午21
14甲子②	14甲午3	14甲子2	14癸巳1	《6月》	15癸巳30	15癸亥30	15壬辰28	15辛酉26	15辛卯26	15庚申24	15庚寅24	15己未22
15乙丑3	15乙未4	15乙丑3	15甲午2	15甲子1	《7月》	16甲子31	16癸巳29	16壬戌㉗	16壬辰27	16辛酉25	16辛卯25	16庚申23
16丙寅4	16丙申5	16丙寅4	16乙未③	16乙丑2	16甲午1	《8月》	17甲午㉚	17癸亥28	17癸巳28	17壬戌26	17壬辰26	17辛酉㉔
17丁卯5	17丁酉6	17丁卯⑤	17丙申4	17丙寅3	17乙未2	17乙丑1	18乙未31	18甲子29	18甲午29	18癸亥27	18癸巳㉗	18壬戌25
18戊辰6	18戊戌7	18戊辰6	18丁酉5	18丁卯4	18丙申3	18丙寅②	《9月》	19乙丑30	19乙未30	19甲子28	19甲午28	19癸亥26
19己巳7	19己亥⑧	19己巳7	19戊戌6	19戊辰5	19丁酉4	19丁卯3	19丙申1	《10月》	20丙申31	20乙丑㉙	20乙未29	20甲子27
20庚午8	20庚子9	20庚午8	20己亥7	20己巳6	20戊戌⑤	20戊辰4	20丁酉2	20丙寅1	《11月》	21丙寅30	21丙申30	21乙丑28
21辛未⑨	21辛丑10	21辛未9	21庚子8	21庚午⑦	21己亥6	21己巳5	21戊戌3	21丁卯2	21丁酉①	《12月》	22丁酉31	22丙寅29
22壬申10	22壬寅11	22壬申10	22辛丑9	22辛未8	22庚子7	22庚午6	22己亥4	22戊辰3	22戊戌2	22丁卯1	1445年	23丁卯30
23癸酉11	23癸卯12	23癸酉11	23壬寅⑩	23壬申9	23辛丑8	23辛未7	23庚子5	23己巳④	23己亥3	23戊辰2	《1月》	24戊辰㉛
24甲戌12	24甲辰13	24甲戌⑫	24癸卯11	24癸酉10	24壬寅9	24壬申8	24辛丑⑥	24庚午5	24庚子4	24己巳3	23戊戌1	《2月》
25乙亥13	25乙巳14	25乙亥13	25甲辰12	25甲戌11	25癸卯10	25癸酉⑨	25壬寅7	25辛未6	25辛丑5	25庚午4	24己亥2	25己巳1
26丙子14	26丙午⑮	26丙子14	26乙巳13	26乙亥12	26甲辰11	26甲戌10	26癸卯8	26壬申7	26壬寅6	26辛未5	25庚子③	26庚午2
27丁丑15	27丁未16	27丁丑15	27丙午14	27丙子13	27乙巳⑫	27乙亥11	27甲辰9	27癸酉8	27癸卯7	27壬申⑥	26辛丑4	27辛未3
28戊寅⑯	28戊申17	28戊寅16	28丁未15	28丁丑⑭	28丙午13	28丙子12	28乙巳10	28甲戌9	28甲辰⑧	28癸酉7	27壬寅5	28壬申4
29己卯17	29己酉18	29己卯17	29戊申16	29戊寅15	29丁未14	29丁丑13	29丙午11	29乙亥10	29乙巳9	29甲戌8	28癸卯6	29癸酉5
30庚辰18	30庚戌19		30己酉⑰		30戊申15			30丙子⑪		30乙亥9	29甲辰7	30甲戌6
立春10日 雨水25日	啓蟄11日 春分26日	清明11日 穀雨26日	立夏12日 小満28日	芒種13日 夏至28日	小暑14日 大暑29日	立秋15日	処暑1日 白露16日	秋分2日 寒露18日	霜降3日 立冬18日	小雪4日 大雪19日	冬至5日 小寒20日	大寒6日 立春21日

文安**2**年（1445－1446） 乙丑

1月	2月	3月	4月	5月	6月	7月	8月	9月	10月	11月	12月
1 乙亥⑦	1 乙巳 9	1 乙亥 8	1 甲辰 7	1 甲戌⑥	1 癸卯 5	1 癸酉 4	1 壬寅 2	《10月》	1 辛丑㉛	**1** 庚午29	**1** 庚子29
2 丙子 8	2 丙午10	2 丙子 9	2 乙巳 8	2 乙亥 7	2 甲辰 6	2 甲戌 5	2 癸卯 3	1 辛未 1	《11月》	2 辛未30	2 辛丑30
3 丁丑 9	3 丁未11	3 丁丑10	3 丙午⑨	3 丙子 8	3 乙巳 7	3 乙亥 6	3 甲辰 4	2 壬申 2	2 壬寅 1	《12月》	3 壬寅31
4 戊寅10	4 戊申12	4 戊寅⑪	4 丁未10	4 丁丑 9	4 丙午 8	4 丙子 7	4 乙巳⑤	3 癸酉③	3 癸卯 2	3 壬申 1	**1446**年
5 己卯11	5 己酉13	5 己卯12	5 戊申11	5 戊寅10	5 丁未 9	5 丁丑⑧	5 丙午 6	4 甲戌 4	4 甲辰 3	4 癸酉 2	《1月》
6 庚辰12	6 庚戌⑭	6 庚辰13	6 己酉12	6 己卯11	6 戊申10	6 戊寅 9	6 丁未 7	5 乙亥 5	5 乙巳 4	5 甲戌 3	4 癸卯 1
7 辛巳13	**7** 辛亥15	**7** 辛巳14	7 庚戌13	7 庚辰12	7 己酉⑪	7 己卯10	7 戊申 8	6 丙子 6	6 丙午 5	6 乙亥 4	5 甲辰②
8 壬午⑭	8 壬子16	8 壬午15	8 辛亥14	8 辛巳⑬	8 庚戌12	8 庚辰11	8 己酉 9	7 丁丑 7	7 丁未 6	7 丙子⑤	6 乙巳 3
9 癸未15	9 癸丑17	9 癸未16	**9** 壬子15	**9** 壬午14	9 辛亥13	9 辛巳12	9 庚戌10	8 戊寅 8	8 戊申⑦	8 丁丑 6	7 丙午 4
10甲申16	10甲寅18	10甲申17	10癸丑⑯	10癸未15	10壬子14	10壬午13	10辛亥11	9 己卯 9	9 己酉 8	9 戊寅 7	8 丁未 5
11乙酉17	11乙卯19	11乙酉⑱	11甲寅17	11甲申16	**11**癸丑15	**11**癸未14	11壬子⑫	10庚辰⑩	10庚戌 9	10己卯 8	9 戊申 6
12丙戌18	12丙辰20	12丙戌19	12乙卯18	12乙酉17	12甲寅16	12甲申⑮	12癸丑13	11辛巳11	11辛亥10	11庚辰 9	10己酉 7
13丁亥19	13丁巳㉑	13丁亥20	13丙辰19	13丙戌18	13乙卯17	13乙酉16	**13**甲寅14	12壬午12	12壬子11	12辛巳10	11庚戌 8
14戊子20	14戊午22	14戊子21	14丁巳20	14丁亥19	14丙辰⑱	14丙戌17	14乙卯15	13癸未13	13癸丑12	13壬午11	12辛亥⑨
15己丑㉑	15己未23	15己丑22	15戊午21	15戊子⑳	15丁巳19	15丁亥18	15丙辰16	**14**甲申14	**14**甲寅13	14癸未⑫	13壬子10
16庚寅22	16庚申24	16庚寅23	16己未22	16己丑21	16戊午20	16戊子19	16丁巳17	15乙酉15	15乙卯⑭	15甲申13	14癸丑11
17辛卯23	17辛酉25	17辛卯24	17庚申㉓	17庚寅22	17己未21	17己丑20	17戊午18	16丙戌16	16丙辰15	**16**乙酉14	15甲寅12
18壬辰24	18壬戌26	18壬辰㉕	18辛酉24	18辛卯23	18庚申22	18庚寅21	18己未⑲	17丁亥⑰	17丁巳16	17丙戌15	**16**乙卯13
19癸巳25	19癸亥27	19癸巳26	19壬戌25	19壬辰24	19辛酉23	19辛卯㉒	19庚申20	18戊子18	18戊午17	18丁亥16	17丙辰14
20甲午26	20甲子㉘	20甲午27	20癸亥26	20癸巳25	20壬戌24	20壬辰23	20辛酉21	19己丑19	19己未18	19戊子17	18丁巳15
21乙未27	21乙丑29	21乙未28	21甲子27	21甲午26	21癸亥㉕	21癸巳24	21壬戌22	20庚寅20	20庚申19	20己丑18	19戊午⑯
22丙申㉘	**22**丙寅30	22丙申29	22乙丑28	22乙未㉗	22甲子26	22甲午25	22癸亥23	21辛卯21	21辛酉20	21庚寅⑲	20己未17
《3月》	23丁卯31	**23**丁酉30	23丙寅29	23丙申28	23乙丑27	23乙未26	23甲子24	22壬辰22	22壬戌㉑	22辛卯20	21庚申18
23丁酉 1	《4月》	《5月》	**24**丁卯㉚	24丁酉29	24丙寅28	24丙申27	24乙丑25	23癸巳23	23癸亥22	23壬辰21	22辛酉19
24戊戌 2	24戊辰 1	24戊戌 1	25戊辰31	**25**戊戌30	25丁卯29	25丁酉28	25丙寅㉖	24甲午㉔	24甲子23	24癸巳22	23壬戌20
25己亥 3	25己巳 2	25己亥②	《6月》	《7月》	**26**戊辰30	**26**戊戌㉙	26丁卯27	25乙未25	25乙丑24	25甲午23	24癸亥21
26庚子 4	26庚午 3	26庚子 3	26己巳 1	26己亥 1	27己巳31	27己亥30	27戊辰28	26丙申26	26丙寅25	26乙未24	25甲子22
27辛丑 5	27辛未④	27辛丑 4	27庚午 2	27庚子 2	《8月》	28庚子31	**28**己巳29	27丁酉27	27丁卯26	27丙申25	26乙丑㉓
28壬寅 6	28壬申 5	28壬寅 5	28辛未 3	28辛丑 3	28庚午①	《9月》	29庚午30	28戊戌28	28戊辰27	28丁酉㉖	27丙寅24
29癸卯⑦	29癸酉 6	29癸卯 6	29壬申 4	29壬寅④	29辛未 2	29辛丑 1		**29**己亥29	29己巳㉘	29戊戌27	28丁卯25
30甲辰 8	30甲戌 7		30癸酉 5		30壬申 3			30庚子30		30己亥28	29戊辰26
雨水 7日 啓蟄 22日	春分 7日 清明 22日	穀雨 7日 立夏 23日	小満 9日 芒種 24日	夏至 9日 小暑 25日	大暑 11日 立秋 26日	処暑 11日 白露 26日	秋分 13日 寒露 28日	霜降 14日 立冬 29日	小雪 14日	大雪 1日 冬至 16日	小寒 1日 大寒 16日

文安**3**年（1446－1447） 丙寅

1月	2月	3月	4月	5月	6月	7月	8月	9月	10月	11月	12月
1 己巳27	1 己亥26	1 己巳28	1 戊戌26	1 戊辰26	1 戊戌25	1 丁卯㉔	1 丁酉23	1 丙寅21	1 乙未20	1 乙丑19	1 甲午⑱
2 庚午28	2 庚子㉗	2 庚午29	2 己亥27	2 己巳27	2 己亥㉖	2 戊辰25	2 戊戌24	2 丁卯22	2 丙申21	2 丙寅⑳	2 乙未19
3 辛未29	**3** 辛丑28	**3** 辛未30	3 庚子28	3 庚午28	3 庚子27	3 己巳26	3 己亥25	3 戊辰23	3 丁酉22	3 丁卯21	3 丙申20
4 壬申㉚	《3月》	4 壬申31	4 辛丑29	4 辛未㉙	4 辛丑28	4 庚午27	4 庚子26	4 己巳24	4 戊戌㉓	4 戊辰22	4 丁酉21
5 癸酉31	4 壬寅 1	《4月》	**5** 壬寅30	**5** 壬申30	5 壬寅29	5 辛未28	5 辛丑27	5 庚午㉕	5 己亥24	5 己巳23	5 戊戌22
《2月》	5 癸卯 2	5 癸酉 1	《5月》	6 癸酉31	**6** 癸卯30	6 壬申29	6 壬寅㉘	6 辛未26	6 庚子25	6 庚午24	6 己亥23
6 甲戌 1	6 甲辰 3	6 甲戌 2	6 癸卯①	《6月》	《7月》	**7** 癸酉30	7 癸卯29	7 壬申27	7 辛丑26	7 辛未25	7 庚子24
7 乙亥 2	7 乙巳 4	7 乙亥③	7 甲辰 2	7 甲戌 1	7 甲辰 1	8 甲戌㉛	**8** 甲辰30	8 癸酉28	8 壬寅27	8 壬申26	8 辛丑㉕
8 丙子 3	8 丙午 5	8 丙子 4	8 乙巳 3	8 乙亥 2	8 乙巳 2	《8月》	9 乙巳31	**9** 甲戌29	9 癸卯28	9 癸酉㉗	9 壬寅26
9 丁丑 4	9 丁未⑥	9 丁丑 5	9 丙午 4	9 丙子 3	9 丙午③	9 乙亥 1	《9月》	10乙亥30	10甲辰29	10甲戌28	10癸卯27
10戊寅 5	10戊申 7	10戊寅 6	10丁未 5	10丁丑 4	10丁未 4	10丙子 2	10丙午 1	《10月》	**11**乙巳㉚	**11**乙亥29	11甲辰28
11己卯⑥	11己酉 8	11己卯 7	11戊申 6	11戊寅⑤	11戊申 5	11丁丑 3	11丁未 2	11丙子 1	12丙午31	12丙子30	**12**乙巳29
12庚辰 7	12庚戌 9	12庚辰 8	12己酉 7	12己卯 6	12己酉 6	12戊寅 4	12戊申 3	12丁丑②	《11月》	《12月》	13丙午30
13辛巳 8	13辛亥10	13辛巳 9	13庚戌⑧	13庚辰 7	13庚戌 7	13己卯 5	13己酉④	13戊寅 3	13丁未 1	13丁丑 1	14丁未31
14壬午 9	14壬子11	14壬午⑩	14辛亥 9	14辛巳 8	14辛亥 8	14庚辰 6	14庚戌 5	14己卯 4	14戊申 2	14戊寅 2	**1447**年
15癸未10	15癸丑12	15癸未11	15壬子10	15壬午 9	15壬子 9	15辛巳⑦	15辛亥 6	15庚辰 5	15己酉 3	15己卯 3	《1月》
16甲申11	16甲寅⑬	16甲申12	16癸丑11	16癸未10	16癸丑⑩	16壬午 8	16壬子 7	16辛巳 6	16庚戌 4	16庚辰④	15戊申①
17乙酉12	17乙卯14	17乙酉13	17甲寅12	17甲申11	17甲寅11	17癸未 9	17癸丑 8	17壬午 7	17辛亥 5	17辛巳 5	16己酉 2
18丙戌⑬	**18**丙辰15	18丙戌14	18乙卯13	18乙酉⑫	18乙卯12	18甲申10	18甲寅 9	18癸未 8	18壬子⑥	18壬午 6	17庚戌 3
19丁亥14	19丁巳16	**19**丁亥15	19丙辰14	19丙戌13	19丙辰13	19乙酉11	19乙卯10	19甲申⑨	19癸丑 7	19癸未 7	18辛亥 4
20戊子15	20戊午17	20戊子16	**20**丁巳⑮	20丁亥14	20丁巳14	20丙戌12	20丙辰⑪	20乙酉10	20甲寅 8	20甲申 8	19壬子 5
21己丑16	21己未18	21己丑⑰	21戊午16	**21**戊子15	**21**戊午15	21丁亥13	21丁巳12	21丙戌11	21乙卯 9	21乙酉 9	20癸丑 6
22庚寅17	22庚申19	22庚寅18	22己未17	22己丑16	22己未16	**22**戊子⑭	22戊午13	22丁亥12	22丙辰10	22丙戌10	21甲寅 7
23辛卯18	23辛酉⑳	23辛卯19	23庚申18	23庚寅17	23庚申⑰	23己丑15	**23**己未14	23戊子13	23丁巳11	23丁亥⑪	22乙卯⑧
24壬辰19	24壬戌21	24壬辰20	24辛酉19	24辛卯18	24辛酉18	24庚寅16	24庚申15	**24**己丑14	24戊午12	24戊子12	23丙辰 9
25癸巳⑳	25癸亥22	25癸巳21	25壬戌20	25壬辰⑲	25壬戌19	25辛卯17	25辛酉16	25庚寅15	25己未⑬	25己丑13	24丁巳10
26甲午21	26甲子23	26甲午22	26癸亥21	26癸巳20	26癸亥20	26壬辰18	26壬戌17	26辛卯⑯	**26**庚申14	**26**庚寅14	25戊午11
27乙未22	27乙丑24	27乙未23	27甲子㉒	27甲午21	27甲子21	27癸巳19	27癸亥⑱	27壬辰17	27辛酉15	27辛卯15	26己未12
28丙申23	28丙寅25	28丙申㉔	28乙丑23	28乙未22	28乙丑22	28甲午20	28甲子19	28癸巳18	28壬戌16	28壬辰16	27庚申13
29丁酉24	29丁卯26	29丁酉25	29丙寅24	29丙申23	29丙寅23	29乙未㉑	29乙丑20	29甲午19	29癸亥17	29癸巳17	**28**辛酉14
30戊戌25	30戊辰㉗		30丁卯25	30丁酉24		30丙申22			30甲子18		29壬戌⑮
											30癸亥16
立春 3日 雨水 18日	啓蟄 3日 春分 18日	清明 3日 穀雨 19日	立夏 5日 小満 20日	芒種 5日 夏至 21日	小暑 6日 大暑 21日	立秋 7日 処暑 22日	白露 8日 秋分 23日	寒露 9日 霜降 24日	立冬 11日 小雪 26日	大雪 11日 冬至 26日	小寒 12日 大寒 28日

文安**4**年（1447－1448） 丁卯

1月	2月	閏2月	3月	4月	5月	6月	7月	8月	9月	10月	11月	12月
1 甲子17	1 癸巳15	1 癸亥17	**1** 壬辰15	**1** 壬戌15	1 壬辰14	1 辛酉13	1 辛卯12	1 庚申⑩	1 庚寅10	1 庚申9	1 己丑8	1 己未⑦
2 乙丑18	2 甲午16	2 甲子18	2 癸巳⑯	2 癸亥16	**2** 癸巳15	2 壬戌14	2 壬辰⑬	2 辛酉11	2 辛卯11	2 辛酉10	2 庚寅9	2 庚申8
3 丙寅19	3 乙未17	3 乙丑⑲	3 甲午17	3 甲子17	3 甲午16	**3** 癸亥15	3 癸巳14	3 壬戌12	3 壬辰12	3 壬戌11	3 辛卯⑩	3 辛酉9
4 丁卯20	4 丙申18	4 丙寅20	4 乙未18	4 乙丑18	4 乙未17	4 甲子⑯	**4** 甲午15	4 癸亥13	4 癸巳13	4 癸亥⑫	4 壬辰11	4 壬戌10
5 戊辰21	5 丁酉⑲	5 丁卯21	5 丙申19	5 丙寅19	5 丙申⑱	5 乙丑17	5 乙未16	**5** 甲子14	5 甲午14	5 甲子13	5 癸巳12	5 癸亥11
6 己巳㉒	6 戊戌20	6 戊辰22	6 丁酉20	6 丁卯20	6 丁酉19	6 丙寅18	6 丙申17	6 乙丑15	**6** 乙未⑮	**6** 乙丑14	6 甲午13	6 甲子12
7 庚午23	7 己亥21	7 己巳23	7 戊戌21	7 戊辰㉑	7 戊戌20	7 丁卯19	7 丁酉18	7 丙寅16	7 丙申16	7 丙寅15	**7** 乙未14	7 乙丑13
8 辛未24	8 庚子22	8 庚午24	8 己亥22	8 己巳22	8 己亥21	8 戊辰20	8 戊戌19	8 丁卯⑰	8 丁酉17	8 丁卯16	8 丙申15	**8** 丙寅⑭
9 壬申25	9 辛丑23	9 辛未25	9 庚子㉓	9 庚午23	9 庚子22	9 己巳21	9 己亥⑳	9 戊辰18	9 戊戌18	9 戊辰17	9 丁酉16	9 丁卯15
10 癸酉26	10 壬寅24	10 壬申㉖	10 辛丑24	10 辛未24	10 辛丑23	10 庚午22	10 庚子21	10 己巳19	10 己亥19	10 己巳18	10 戊戌⑰	10 戊辰16
11 甲戌27	11 癸卯25	11 癸酉27	11 壬寅25	11 壬申25	11 壬寅24	11 辛未㉓	11 辛丑22	11 庚午20	11 庚子20	11 庚午⑲	11 己亥18	11 己巳17
12 乙亥28	12 甲辰㉖	12 甲戌28	12 癸卯26	12 癸酉26	12 癸卯㉕	12 壬申24	12 壬寅23	12 辛未21	12 辛丑21	12 辛未20	12 庚子19	12 庚午18
13 丙子㉙	13 乙巳27	13 乙亥29	13 甲辰27	13 甲戌27	13 甲辰26	13 癸酉25	13 癸卯24	13 壬申22	13 壬寅㉒	13 壬申21	13 辛丑20	13 辛未19
14 丁丑30	**14** 丙午28	14 丙子30	14 乙巳28	14 乙亥㉘	14 乙巳27	14 甲戌26	14 甲辰25	14 癸酉23	14 癸卯23	14 癸酉22	14 壬寅21	14 壬申20
15 戊寅31	《3月》	**15** 丁丑31	15 丙午29	15 丙子29	15 丙午28	15 乙亥27	15 乙巳26	15 甲戌㉔	15 甲辰24	15 甲戌23	15 癸卯22	15 癸酉㉑
《2月》	15 丁未1	《4月》	**16** 丁未㉚	16 丁丑30	16 丁未29	16 丙子28	16 丙午㉗	16 乙亥25	16 乙巳25	16 乙亥24	16 甲辰23	16 甲戌22
16 己卯1	16 戊申2	16 戊寅1	《5月》	**17** 戊寅31	**17** 戊申30	17 丁丑29	17 丁未28	17 丙子26	17 丙午26	17 丙子25	17 乙巳㉔	17 乙亥23
17 庚辰2	17 己酉3	17 己卯②	17 戊申1	《6月》	《7月》	**18** 戊寅㉚	18 戊申29	18 丁丑27	18 丁未27	18 丁丑㉖	18 丙午25	18 丙子24
18 辛巳3	18 庚戌4	18 庚辰3	18 己酉2	18 己卯1	18 己酉1	19 己卯31	**19** 己酉30	19 戊寅28	19 戊申28	19 戊寅27	19 丁未26	19 丁丑25
19 壬午4	19 辛亥⑤	19 辛巳4	19 庚戌3	19 庚辰2	19 庚戌②	《8月》	20 庚戌31	**20** 己卯29	20 己酉㉙	20 己卯28	20 戊申27	20 戊寅26
20 癸未⑤	20 壬子6	20 壬午5	20 辛亥4	20 辛巳3	20 辛亥3	20 庚辰1	《9月》	21 庚辰30	**21** 庚戌30	**21** 庚辰29	21 己酉28	21 己卯27
21 甲申6	21 癸丑7	21 癸未6	21 壬子5	21 壬午④	21 壬子4	21 辛巳2	21 辛亥1	《10月》	22 辛亥31	22 辛巳30	22 庚戌29	22 庚辰㉘
22 乙酉7	22 甲寅8	22 甲申7	22 癸丑6	22 癸未5	22 癸丑5	22 壬午3	22 壬子2	22 辛巳①	《11月》	《12月》	**23** 辛亥30	**23** 辛巳29
23 丙戌8	23 乙卯9	23 乙酉8	23 甲寅⑦	23 甲申6	23 甲寅6	23 癸未4	23 癸丑③	23 壬午2	23 壬子1	23 壬午1	24 壬子㉛	24 壬午30
24 丁亥9	24 丙辰10	24 丙戌⑨	24 乙卯8	24 乙酉7	24 乙卯7	24 甲申5	24 甲寅4	24 癸未3	24 癸丑2	24 癸未2	**1448年**	25 癸未31
25 戊子10	25 丁巳11	25 丁亥10	25 丙辰9	25 丙戌8	25 丙辰8	25 乙酉⑥	25 乙卯5	25 甲申4	25 甲寅3	25 甲申③	《1月》	《2月》
26 己丑11	26 戊午⑫	26 戊子11	26 丁巳10	26 丁亥9	26 丁巳⑨	26 丙戌7	26 丙辰6	26 乙酉5	26 乙卯4	26 乙酉4	25 癸丑1	26 甲申1
27 庚寅⑫	27 己未13	27 己丑12	27 戊午11	27 戊子10	27 戊午10	27 丁亥8	27 丁巳7	27 丙戌6	27 丙辰⑤	27 丙戌5	26 甲寅2	27 乙酉2
28 辛卯13	28 庚申14	28 庚寅13	28 己未12	28 己丑⑪	28 己未11	28 戊子9	28 戊午8	28 丁亥7	28 丁巳6	28 丁亥6	27 乙卯3	28 丙戌3
29 壬辰14	**29** 辛酉15	29 辛卯14	29 庚申13	29 庚寅12	29 庚申12	29 己丑10	29 己未9	29 戊子⑧	29 戊午7	29 戊子7	28 丙辰4	29 丁亥④
	30 壬戌16		30 辛酉⑭	30 辛卯13		30 庚寅11		30 己丑9	30 己未8		29 丁巳5	
											30 戊午6	
立春13日 雨水28日	啓蟄14日 春分29日	清明15日	穀雨1日 立夏16日	小満1日 芒種17日	夏至2日 小暑17日	大暑3日 立秋18日	処暑4日 白露19日	秋分5日 寒露20日	霜降6日 立冬21日	小雪6日 大雪21日	冬至7日 小寒23日	大寒8日 立春23日

文安**5**年（1448－1449） 戊辰

1月	2月	3月	4月	5月	6月	7月	8月	9月	10月	11月	12月
1 戊子5	1 丁巳5	1 丁亥4	1 丙辰3	1 丙戌②	《7月》	1 乙酉31	1 乙卯30	1 甲申28	1 甲寅28	1 甲申27	1 癸丑26
2 己丑6	2 戊午6	2 戊子5	2 丁巳4	2 丁亥3	1 乙卯1	《8月》	2 丙辰31	**2** 乙酉㉙	**2** 乙卯29	**2** 乙酉28	2 甲寅27
3 庚寅7	3 己未7	3 己丑6	3 戊午⑤	3 戊子4	2 丙辰2	2 丙戌1	《9月》	3 丙戌30	3 丙辰30	3 丙戌29	3 乙卯28
4 辛卯8	4 庚申8	4 庚寅⑦	4 己未6	4 己丑5	3 丁巳3	3 丁亥2	3 丁巳①	《10月》	4 丁巳31	4 丁亥30	**4** 丙辰㉙
5 壬辰9	5 辛酉9	5 辛卯8	5 庚申7	5 庚寅6	4 戊午4	4 戊子3	4 戊午2	4 丁亥1	《11月》	《12月》	5 丁巳30
6 癸巳10	6 壬戌⑩	6 壬辰9	6 辛酉8	6 辛卯7	5 己未5	5 己丑④	5 己未3	5 戊子2	5 戊午1	5 戊子①	6 戊午31
7 甲午⑪	7 癸亥11	7 癸巳10	7 壬戌9	7 壬辰8	6 庚申6	6 庚寅5	6 庚申4	6 己丑3	6 己未2	6 己丑2	**1449年**
8 乙未12	8 甲子12	8 甲午11	8 癸亥10	8 癸巳⑨	7 辛酉⑦	7 辛卯6	7 辛酉5	7 庚寅4	7 庚申③	7 庚寅3	《1月》
9 丙申13	9 乙丑13	9 乙未12	9 甲子11	9 甲午10	8 壬戌8	8 壬辰7	8 壬戌6	8 辛卯5	8 辛酉4	8 辛卯4	7 己未1
10 丁酉14	10 丙寅14	10 丙申13	10 乙丑⑫	10 乙未11	9 癸亥9	9 癸巳8	9 癸亥7	9 壬辰⑥	9 壬戌5	9 壬辰5	8 庚申2
11 戊戌15	**11** 丁卯15	**11** 丁酉⑭	11 丙寅13	11 丙申12	10 甲子10	10 甲午9	10 甲子⑧	10 癸巳7	10 癸亥6	10 癸巳6	9 辛酉3
12 己亥16	12 戊辰16	12 戊戌15	12 丁卯14	12 丁酉13	11 乙丑11	11 乙未10	11 乙丑9	11 甲午8	11 甲子7	11 甲午7	10 壬戌4
13 庚子17	13 己巳⑰	13 己亥16	**13** 戊辰15	**13** 戊戌14	12 丙寅12	12 丙申⑪	12 丙寅10	12 乙未9	12 乙丑8	12 乙未⑧	11 癸亥⑤
14 辛丑⑱	14 庚午18	14 庚子17	14 己巳16	14 己亥15	13 丁卯13	13 丁酉12	13 丁卯11	13 丙申10	13 丙寅9	13 丙申9	12 甲子6
15 壬寅19	15 辛未19	15 辛丑18	15 庚午17	15 庚子⑯	**14** 戊辰⑭	14 戊戌13	14 戊辰12	14 丁酉11	14 丁卯⑩	14 丁酉10	13 乙丑7
16 癸卯20	16 壬申20	16 壬寅19	16 辛未18	16 辛丑17	15 己巳15	**15** 己亥14	**15** 己巳13	15 戊戌12	15 戊辰11	15 戊戌11	14 丙寅8
17 甲辰21	17 癸酉21	17 癸卯20	17 壬申⑲	17 壬寅18	16 庚午16	16 庚子15	16 庚午14	16 己亥⑬	16 己巳12	16 己亥12	15 丁卯9
18 乙巳22	18 甲戌22	18 甲辰㉑	18 癸酉20	18 癸卯19	17 辛未17	17 辛丑16	17 辛未⑮	**17** 庚子14	**17** 庚午13	17 庚子13	16 戊辰10
19 丙午23	19 乙亥23	19 乙巳22	19 甲戌21	19 甲辰20	18 壬申18	18 壬寅17	18 壬申16	18 辛丑15	18 辛未14	**18** 辛丑14	17 己巳11
20 丁未24	20 丙子㉔	20 丙午23	20 乙亥22	20 乙巳21	19 癸酉19	19 癸卯⑱	19 癸酉17	19 壬寅16	19 壬申15	19 壬寅⑮	18 庚午⑫
21 戊申㉕	21 丁丑25	21 丁未24	21 丙子23	21 丙午22	20 甲戌20	20 甲辰19	20 甲戌18	20 癸卯17	20 癸酉16	20 癸卯16	**19** 辛未13
22 己酉26	22 戊寅26	22 戊申25	22 丁丑24	22 丁未㉓	21 乙亥㉑	21 乙巳20	21 乙亥19	21 甲辰18	21 甲戌⑰	21 甲辰17	20 壬申14
23 庚戌27	23 己卯27	23 己酉26	23 戊寅25	23 戊申24	22 丙子22	22 丙午21	22 丙子20	22 乙巳19	22 乙亥18	22 乙巳18	21 癸酉15
24 辛亥28	24 庚辰28	24 庚戌27	24 己卯㉖	24 己酉25	23 丁丑23	23 丁未22	23 丁丑21	23 丙午⑳	23 丙子19	23 丙午19	22 甲戌16
25 壬子29	25 辛巳29	25 辛亥㉘	25 庚辰27	25 庚戌26	24 戊寅24	24 戊申23	24 戊寅㉒	24 丁未21	24 丁丑20	24 丁未20	23 乙亥17
《3月》	**26** 壬午30	**26** 壬子29	26 辛巳28	26 辛亥27	25 己卯25	25 己酉24	25 己卯23	25 戊申22	25 戊寅21	25 戊申21	24 丙子18
26 癸丑1	27 癸未㉛	27 癸丑30	27 壬午29	27 壬子28	26 庚辰26	26 庚戌㉕	26 庚辰24	26 己酉23	26 己卯22	26 己酉㉒	25 丁丑⑲
27 甲寅2	《4月》	《5月》	**28** 癸未30	**28** 癸丑29	27 辛巳27	27 辛亥26	27 辛巳25	27 庚戌24	27 庚辰23	27 庚戌23	26 戊寅20
28 乙卯③	28 甲申1	28 甲寅1	29 甲申31	29 甲寅㉚	28 壬午㉘	28 壬子27	28 壬午26	28 辛亥25	28 辛巳㉔	28 辛亥24	27 己卯21
29 丙辰4	29 乙酉2	29 乙卯2	《6月》		29 癸未29	29 癸丑28	29 癸未27	29 壬子26	29 壬午25	29 壬子25	28 庚辰22
	30 丙戌3		30 乙酉1		**30** 甲申30	**30** 甲寅29		30 癸丑㉗	30 癸未26		29 辛巳23
											30 壬午24
雨水9日 啓蟄24日	春分11日 清明26日	穀雨11日 立夏26日	小満13日 芒種28日	夏至13日 小暑28日	大暑14日 立秋30日	処暑15日 白露30日	秋分15日	寒露2日 霜降17日	立冬2日 小雪17日	大雪2日 冬至18日	小寒4日 大寒19日

宝徳元年〔文安**6**年〕（1449－1450） 己巳

改元 7/28（文安→宝徳）

1月	2月	3月	4月	5月	6月	7月	8月	9月	10月	閏10月	11月	12月
1 癸未25	1 壬子㉓	1 辛巳24	1 辛亥23	1 庚辰22	1 庚戌21	1 己卯⑳	1 己酉19	1 戊寅17	1 戊申17	1 丁丑15	**1** 丙午⑭	**1** 丙子13
2 甲申㉖	2 癸丑24	2 壬午25	2 壬子24	2 辛巳23	2 辛亥㉒	2 庚辰21	2 庚戌20	2 己卯18	2 己酉18	2 戊寅⑯	2 丁未15	2 丁丑14
3 乙酉27	3 甲寅25	3 癸未26	3 癸丑25	3 壬午24	3 壬子23	3 辛巳22	3 辛亥21	3 庚辰19	3 庚戌⑲	3 己卯17	3 戊申16	3 戊寅15
4 丙戌28	4 乙卯26	4 甲申27	4 甲寅26	4 癸未㉕	4 癸丑24	4 壬午23	4 壬子22	4 辛巳20	4 辛亥20	4 庚辰18	4 己酉17	4 己卯16
5 丁亥29	5 丙辰27	5 乙酉28	5 乙卯㉗	5 甲申26	5 甲寅25	5 癸未24	5 癸丑23	5 壬午㉑	5 壬子21	5 辛巳19	5 庚戌18	5 庚辰17
6 戊子30	**6** 丁巳28	6 丙戌29	6 丙辰28	6 乙酉27	6 乙卯26	6 甲申25	6 甲寅㉔	6 癸未22	6 癸丑22	6 壬午20	6 辛亥19	6 辛巳⑱
7 己丑31	《3月》	**7** 丁亥㉚	7 丁巳29	7 丙戌28	7 丙辰27	7 乙酉26	7 乙卯25	7 甲申23	7 甲寅23	7 癸未21	7 壬子20	7 壬午19
《2月》	7 戊午 1	8 戊子31	**8** 戊午30	8 丁亥29	8 丁巳28	8 丙戌㉗	8 丙辰26	8 乙酉24	8 乙卯24	8 甲申22	8 癸丑㉑	8 癸未20
8 庚寅 1	8 己未②	《4月》	《5月》	**9** 戊子30	**9** 戊午㉙	9 丁亥28	9 丁巳27	9 丙戌25	9 丙辰25	9 乙酉㉓	9 甲寅22	9 甲申21
9 辛卯②	9 庚申 3	9 己丑 1	9 己未 1	10己丑31	10己未30	10戊子29	10戊午28	10丁亥26	10丁巳㉖	10丙戌24	10乙卯23	10乙酉22
10壬辰 3	10辛酉 4	10庚寅 2	10庚申 2	《6月》	《7月》	**11**己丑30	**11**己未29	11戊子27	11戊午27	11丁亥25	11丙辰24	11丙戌23
11癸巳 4	11壬戌 5	11辛卯 3	11辛酉 3	11庚寅①	11庚申 1	12庚寅31	12庚申30	12己丑㉘	12己未28	12戊子26	12丁巳25	12丁亥24
12甲午 5	12癸亥 6	12壬辰 4	12壬戌④	12辛卯 2	12辛酉 2	《8月》	13辛酉㉛	**13**庚寅29	**13**庚申29	13己丑27	13戊午26	13戊子㉕
13乙未 6	13甲子 7	13癸巳 5	13癸亥 5	13壬辰 3	13壬戌 3	13辛卯 1	《9月》	14辛卯30	14辛酉30	14庚寅28	14己未27	14己丑26
14丙申 7	14乙丑 8	14甲午⑥	14甲子 6	14癸巳 4	14癸亥 4	14壬辰 2	14壬戌 1	《10月》	15壬戌31	**15**辛卯29	15庚申㉘	15庚寅27
15丁酉 8	15丙寅⑨	15乙未 7	15乙丑 7	15甲午 5	15甲子 5	15癸巳③	15癸亥 2	15壬辰 1	《11月》	16壬辰㉚	**16**辛酉29	16辛卯28
16戊戌⑨	16丁卯10	16丙申 8	16丙寅 8	16乙未 6	16乙丑⑥	16甲午 4	16甲子 3	16癸巳 2	16癸亥 1	《12月》	17壬戌30	**17**壬辰29
17己亥10	17戊辰11	17丁酉 9	17丁卯 9	17丙申 7	17丙寅 7	17乙未 5	17乙丑 4	17甲午 3	17甲子②	17癸巳 1	18癸亥31	18癸巳30
18庚子11	18己巳12	18戊戌10	18戊辰10	18丁酉⑧	18丁卯 8	18丙申 6	18丙寅 5	18乙未 4	18乙丑 3	18甲午 2	**1450 年**	19甲午31
19辛丑12	19庚午13	19己亥11	19己巳⑪	19戊戌 9	19戊辰 9	19丁酉 7	19丁卯 6	19丙申⑤	19丙寅 4	19乙未 3	《1月》	《2月》
20壬寅13	20辛未14	20庚子12	20庚午12	20己亥10	20己巳10	20戊戌 8	20戊辰⑦	20丁酉 6	20丁卯 5	20丙申 4	19甲子 1	20乙未①
21癸卯14	**21**壬申15	21辛丑⑬	21辛未13	21庚子11	21庚午11	21己亥 9	21己巳 8	21戊戌 7	21戊辰 6	21丁酉 5	20乙丑 2	21丙申 2
22甲辰15	22癸酉⑯	**22**壬寅14	22壬申14	22辛丑12	22辛未12	22庚子⑩	22庚午 9	22己亥 8	22己巳 7	22戊戌 6	21丙寅 3	22丁酉 3
23乙巳⑯	23甲戌17	23癸卯15	**23**癸酉15	23壬寅13	23壬申⑬	23辛丑11	23辛未10	23庚子 9	23庚午 8	23己亥⑦	22丁卯④	23戊戌 4
24丙午17	24乙亥18	24甲辰16	24甲戌16	**24**癸卯14	24癸酉14	24壬寅12	24壬申11	24辛丑10	24辛未⑨	24庚子 8	23戊辰 5	24己亥 5
25丁未18	25丙子19	25乙巳17	25乙亥17	25甲辰⑮	**25**甲戌15	25癸卯13	25癸酉12	25壬寅11	25壬申10	25辛丑 9	24己巳 6	25庚子 6
26戊申19	26丁丑20	26丙午18	26丙子⑱	26乙巳16	26乙亥16	**26**甲辰14	26甲戌13	26癸卯⑫	26癸酉11	26壬寅10	25庚午 7	26辛丑 7
27己酉20	27戊寅21	27丁未19	27丁丑19	27丙午17	27丙子17	27乙巳15	**27**乙亥⑭	27甲辰13	27甲戌12	27癸卯11	26辛未 8	27壬寅⑧
28庚戌21	28己卯22	28戊申⑳	28戊寅20	28丁未18	28丁丑18	28丙午16	28丙子15	**28**乙巳14	**28**乙亥13	28甲辰12	27壬申 9	28癸卯 9
29辛亥22	29庚辰㉓	29己酉21	29己卯21	29戊申19	29戊寅19	29丁未⑰	29丁丑16	29丙午15	29丙子14	29乙巳13	28癸酉10	29甲辰10
		30庚戌22		30己酉20		30戊申18		30丁未16			29甲戌⑪	30乙巳11
											30乙亥12	
立春 4日	啓蟄 6日	清明 7日	立夏 8日	芒種 9日	小暑 9日	立秋 11日	白露 11日	寒露 13日	立冬 13日	大雪15日	冬至 1日	大寒 1日
雨水 20日	春分 21日	穀雨 22日	小満 23日	夏至 24日	大暑 25日	処暑 26日	秋分 27日	霜降 28日	小雪 28日		小寒 16日	立春 17日

宝徳**2**年（1450－1451） 庚午

1月	2月	3月	4月	5月	6月	7月	8月	9月	10月	11月	12月
1 丙午12	1 丙子14	1 乙巳⑫	1 乙亥12	1 甲辰10	1 癸酉 9	1 癸卯 8	1 壬申⑥	1 壬寅 6	1 壬申 5	1 壬寅 5	1 辛未③
2 丁未13	**2** 丁丑⑮	2 丙午13	2 丙子13	2 乙巳11	2 甲戌10	2 甲辰⑨	2 癸酉 7	2 癸卯 7	2 癸酉 6	2 癸卯⑥	2 壬申 4
3 戊申14	3 戊寅16	3 丁未14	3 丁丑14	3 丙午12	3 乙亥11	3 乙巳10	3 甲戌 8	3 甲辰 8	3 甲戌 7	3 甲辰 7	3 癸酉 5
4 己酉⑮	4 己卯17	**4** 戊申15	**4** 戊寅15	4 丁未13	4 丙子⑫	4 丙午11	4 乙亥 9	4 乙巳 9	4 乙亥⑧	4 乙巳 8	4 甲戌 6
5 庚戌16	5 庚辰18	5 己酉16	5 己卯16	5 戊申⑭	5 丁丑13	5 丁未12	5 丙子10	5 丙午10	5 丙子 9	5 丙午 9	5 乙亥 7
6 辛亥17	6 辛巳19	6 庚戌17	6 庚辰⑰	**6** 己酉15	6 戊寅14	6 戊申13	6 丁丑11	6 丁未⑪	6 丁丑10	6 丁未10	6 丙子 8
7 壬子18	7 壬午20	7 辛亥18	7 辛巳18	7 庚戌16	**7** 己卯15	**7** 己酉14	7 戊寅12	7 戊申12	7 戊寅11	7 戊申11	7 丁丑 9
8 癸丑19	8 癸未21	8 壬子⑲	8 壬午19	8 辛亥17	8 庚辰16	8 庚戌15	8 己卯⑬	8 己酉13	8 己卯12	8 己酉12	8 戊寅⑩
9 甲寅20	9 甲申㉒	9 癸丑20	9 癸未20	9 壬子18	9 辛巳17	9 辛亥⑯	**9** 庚辰14	**9** 庚戌14	9 庚辰13	9 庚戌⑬	9 己卯11
10乙卯21	10乙酉23	10甲寅21	10甲申21	10癸丑19	10壬午18	10壬子17	10辛巳15	10辛亥15	**10**辛巳14	**10**辛亥14	10庚辰12
11丙辰㉒	11丙戌24	11乙卯22	11乙酉22	11甲寅20	11癸未⑲	11癸丑18	11壬午16	11壬子16	11壬午⑮	11壬子15	11辛巳13
12丁巳23	12丁亥25	12丙辰23	12丙戌23	12乙卯㉑	12甲申20	12甲寅19	12癸未17	12癸丑17	12癸未16	12癸丑16	**12**壬午14
13戊午24	13戊子26	13丁巳24	13丁亥㉔	13丙辰22	13乙酉21	13乙卯20	13甲申18	13甲寅⑱	13甲申17	13甲寅17	13癸未15
14己未25	14己丑27	14戊午25	14戊子25	14丁巳23	14丙戌22	14丙辰21	14乙酉19	14乙卯19	14乙酉18	14乙卯18	14甲申16
15庚申26	15庚寅28	15己未㉖	15己丑26	15戊午24	15丁亥23	15丁巳22	15丙戌⑳	15丙辰20	15丙戌19	15丙辰19	15乙酉⑰
16辛酉27	16辛卯㉙	16庚申27	16庚寅27	16己未25	16戊子24	16戊午㉓	16丁亥21	16丁巳21	16丁亥20	16丁巳⑳	16丙戌18
17壬戌28	**17**壬辰30	17辛酉28	17辛卯28	17庚申26	17己丑25	17己未24	17戊子22	17戊午22	17戊子21	17戊午21	17丁亥19
《3月》	18癸巳31	18壬戌29	18壬辰29	18辛酉27	18庚寅㉖	18庚申25	18己丑23	18己未23	18己丑㉒	18己未22	18戊子20
18癸亥①	《4月》	**19**癸亥30	**19**癸巳30	19壬戌㉘	19辛卯27	19辛酉26	19庚寅24	19庚申24	19庚寅23	19庚申23	19己丑21
19甲子 2	19甲午 1	《5月》	20甲午㉛	20癸亥29	20壬辰28	20壬戌27	20辛卯25	20辛酉㉕	20辛卯24	20辛酉24	20庚寅22
20乙丑 3	20乙未 2	20甲子 1	《6月》	**21**甲子30	21癸巳29	21癸亥28	21壬辰26	21壬戌26	21壬辰25	21壬戌25	21辛卯23
21丙寅 4	21丙申 3	21乙丑 2	21乙未 1	《7月》	**22**甲午30	22甲子29	22癸巳㉗	22癸亥27	22癸巳26	22癸亥26	22壬辰㉔
22丁卯 5	22丁酉 4	22丙寅③	22丙申 2	22乙丑 1	23乙未31	**23**乙丑㉚	23甲午28	23甲子28	23甲午27	23甲子㉗	23癸巳25
23戊辰 6	23戊戌⑤	23丁卯 4	23丁酉 3	23丙寅 2	《8月》	24丙寅31	**24**乙未29	**24**乙丑29	24乙未28	24乙丑28	24甲午26
24己巳 7	24己亥 6	24戊辰 5	24戊戌 4	24丁卯 3	24丙申 1	《9月》	25丙申30	25丙寅30	**25**丙申㉙	**25**丙寅29	25乙未27
25庚午⑧	25庚子 7	25己巳 6	25己亥 5	25戊辰 4	25丁酉②	25丁卯 1	《10月》	26丁卯31	26丁酉30	26丁卯30	26丙申28
26辛未 9	26辛丑 8	26庚午 7	26庚子 6	26己巳⑤	26戊戌 3	26戊辰 2	26丁酉 1	《11月》	《12月》	27戊辰31	**27**丁酉29
27壬申10	27壬寅 9	27辛未 8	27辛丑⑦	27庚午 6	27己亥 4	27己巳 3	27戊戌 2	27戊辰①	27戊戌 1	**1451 年**	28戊戌30
28癸酉11	28癸卯10	28壬申 9	28壬寅 8	28辛未 7	28庚子 5	28庚午 4	28己亥 3	28己巳 2	28己亥 2	《1月》	29己亥㉛
29甲戌12	29甲辰11	29癸酉⑩	29癸卯 9	29壬申 8	29辛丑 6	29辛未 5	29庚子④	29庚午 3	29庚子 3	28己巳 1	《2月》
30乙亥13		30甲戌11			30壬寅 7		30辛丑 5	30辛未 4	30辛丑 4	29庚午 2	30庚子 1
雨水 2日	春分 2日	穀雨 4日	小満 4日	夏至 6日	大暑 7日	処暑 7日	秋分 9日	霜降 9日	小雪 10日	冬至 10日	大寒 12日
啓蟄 17日	清明 17日	立夏 19日	芒種 19日	小暑 21日	立秋 22日	白露 23日	寒露 24日	立冬 24日	大雪 25日	小寒 25日	立春 27日

宝徳3年（1451－1452） 辛未

1月	2月	3月	4月	5月	6月	7月	8月	9月	10月	11月	12月
1辛丑2	1辛未4	1庚子2	《5月》	**1**己亥31	1戊辰29	1丁酉28	1丁卯27	1丙申25	1丙寅25	1丙申24	1乙丑23
2壬寅3	2壬申5	2辛丑3	1己巳1	《6月》	**2**己巳30	2戊戌29	2戊辰28	2丁酉㉖	2丁卯26	2丁酉25	2丙寅24
3癸卯4	3癸酉6	3壬寅④	2庚午②	2庚子1	《7月》	**3**己亥30	3己巳㉙	3戊戌27	3戊辰27	3戊戌26	3丁卯25
4甲辰5	4甲戌⑦	4癸卯5	3辛未3	3辛丑2	3庚午1	4庚子31	**4**庚午30	4己亥28	4己巳28	4己亥27	4戊辰㉖
5乙巳6	5乙亥8	5甲辰6	4壬申4	4壬寅3	4辛未2	《8月》	5辛未31	**5**庚子29	5庚午29	5庚子㉘	5己巳27
6丙午⑦	6丙子9	6乙巳7	5癸酉5	5癸卯4	5壬申3	5辛丑①	《9月》	6辛丑30	**6**辛未30	**6**辛丑29	6庚午28
7丁未8	7丁丑10	7丙午8	6甲戌6	6甲辰5	6癸酉④	6壬寅2	6壬申1	《10月》	7壬申㉛	7壬寅30	7辛未29
8戊申9	8戊寅11	8丁未9	7乙亥7	7乙巳⑥	7甲戌5	7癸卯3	7癸酉2	7壬寅1	《11月》	《12月》	**8**壬申30
9己酉10	9己卯12	9戊申10	8丙子8	8丙午7	8乙亥6	8甲辰4	8甲戌3	8癸卯2	8癸酉1	8癸卯1	9癸酉31
10庚戌11	10庚辰13	10己酉⑪	9丁丑⑨	9丁未8	9丙子7	9乙巳5	9乙亥4	9甲辰③	9甲戌2	9甲辰2	**1452年**
11辛亥12	11辛巳⑭	11庚戌12	10戊寅10	10戊申9	10丁丑8	10丙午6	10丙子⑤	10乙巳4	10乙亥3	10乙巳3	《1月》
12壬子13	**12**壬午15	12辛亥13	11己卯11	11己酉10	11戊寅9	11丁未7	11丁丑6	11丙午5	11丙子4	11丙午4	10甲戌1
13癸丑⑭	13癸未16	13壬子14	12庚辰12	12庚戌11	12己卯10	12戊申⑧	12戊寅7	12丁未6	12丁丑5	12丁未⑤	11乙亥②
14甲寅15	14甲申17	**14**癸丑15	13辛巳13	13辛亥12	13庚辰⑪	13己酉9	13己卯8	13戊申7	13戊寅6	13戊申6	12丙子3
15乙卯16	15乙酉18	15甲寅16	14壬午14	14壬子⑬	14辛巳12	14庚戌10	14庚辰9	14己酉8	14己卯⑦	14己酉7	13丁丑4
16丙辰17	16丙戌19	16乙卯17	**15**癸未15	15癸丑14	15壬午13	15辛亥11	15辛巳10	15庚戌9	15庚辰8	15庚戌8	14戊寅5
17丁巳18	17丁亥20	17丙辰⑱	16甲申⑯	**16**甲寅15	16癸未14	16壬子12	16壬午11	16辛亥⑩	16辛巳9	16辛亥9	15己卯6
18戊午19	18戊子㉑	18丁巳19	17乙酉17	17乙卯16	**17**甲申15	17癸丑13	17癸未⑫	17壬子11	17壬午10	17壬子10	16庚辰7
19己未20	19己丑22	19戊午20	18丙戌18	18丙辰17	18乙酉16	18甲寅14	18甲申13	18癸丑12	18癸未11	18癸丑11	17辛巳8
20庚申㉑	20庚寅23	20己未21	19丁亥19	19丁巳18	19丙戌17	**19**乙卯⑮	**19**乙酉14	19甲寅13	19甲申12	19甲寅⑫	18壬午⑨
21辛酉22	21辛卯24	21庚申22	20戊子20	20戊午19	20丁亥⑱	20丙辰16	20丙戌15	20乙卯14	20乙酉13	20乙卯13	19癸未10
22壬戌23	22壬辰25	22辛酉23	21己丑21	21己未⑳	21戊子19	21丁巳17	21丁亥16	**21**丙辰15	**21**丙戌⑭	**21**丙辰14	20甲申11
23癸亥24	23癸巳26	23壬戌24	22庚寅22	22庚申21	22己丑20	22戊午18	22戊子17	22丁巳16	22丁亥15	22丁巳15	21乙酉12
24甲子25	24甲午27	24癸亥㉕	23辛卯㉓	23辛酉22	23庚寅21	23己未19	23己丑18	23戊午⑰	23戊子16	23戊午16	22丙戌13
25乙丑26	25乙未㉘	25甲子26	24壬辰24	24壬戌23	24辛卯22	24庚申20	24庚寅⑲	24己未18	24己丑17	24己未17	**23**丁亥14
26丙寅27	26丙申29	26乙丑27	25癸巳25	25癸亥24	25壬辰23	25辛酉21	25辛卯20	25庚申19	25庚寅18	25庚申18	24戊子15
27丁卯㉘	27丁酉30	27丙寅28	26甲午26	26甲子25	**26**癸巳24	26壬戌㉒	26壬辰21	26辛酉20	26辛卯19	26辛酉⑲	25己丑⑯
《3月》	**28**戊戌31	28丁卯29	27乙未27	27乙丑26	27甲午㉕	27癸亥23	27癸巳22	27壬戌21	27壬辰20	27壬戌20	26庚寅17
28戊辰1	《4月》	**29**戊辰30	28丙申28	28丙寅㉗	28乙未26	28甲子24	28甲午23	28癸亥22	28癸巳㉑	28癸亥21	27辛卯18
29己巳2	29己亥1		29丁酉29	29丁卯28	29丙申27	29乙丑25	29乙未24	29甲子23	29甲午22	29甲子22	28壬辰19
30庚午3			30戊戌㉚			30丙寅26		30乙丑㉔	30乙未23		29癸巳20
											30甲午21

雨水 12日	春分 12日	穀雨 14日	小満 15日	芒種 1日	小暑 2日	立秋 3日	白露 4日	寒露 5日	立冬 6日	大雪 6日	小寒 8日
啓蟄 27日	清明 28日	立夏 29日		夏至 16日	大暑 17日	処暑 19日	秋分 19日	霜降 21日	小雪 21日	冬至 21日	大寒 23日

享徳元年〔宝徳4年〕（1452－1453） 壬申

改元 7/25（宝徳→享徳）

1月	2月	3月	4月	5月	6月	7月	8月	閏8月	9月	10月	11月	12月
1乙未22	1乙丑21	1乙未22	1甲子20	1癸巳19	1癸亥⑱	1壬辰17	1辛酉15	1辛卯14	1庚申13	1庚寅⑫	1己未11	1己丑10
2丙申㉓	2丙寅22	2丙申23	2乙丑21	2甲午20	2甲子19	2癸巳18	2壬戌16	2壬辰15	**2**辛酉14	**2**辛卯13	2庚申12	2庚寅11
3丁酉24	3丁卯23	3丁酉24	3丙寅22	3乙未㉑	3乙丑20	3甲午19	3癸亥17	3癸巳16	3壬戌⑮	3壬辰14	3辛酉13	3辛卯12
4戊戌25	4戊辰24	4戊戌25	4丁卯㉓	4丙申22	4丙寅21	4乙未20	4甲子18	4甲午⑰	4癸亥16	4癸巳15	**4**壬戌14	**4**壬辰13
5己亥26	5己巳25	5己亥㉖	5戊辰24	5丁酉23	5丁卯22	5丙申21	5乙丑19	5乙未18	5甲子17	5甲午16	5癸亥15	5癸巳⑭
6庚子27	6庚午26	6庚子27	6己巳25	6戊戌24	6戊辰23	6丁酉22	6丙寅⑳	6丙申19	6乙丑18	6乙未17	6甲子16	6甲午15
7辛丑28	7辛未㉗	7辛丑28	7庚午26	7己亥25	7己巳24	7戊戌㉓	7丁卯21	7丁酉20	7丙寅19	7丙申18	7乙丑⑰	7乙未16
8壬寅29	**8**壬申28	8壬寅29	8辛未27	8庚子26	8庚午㉕	8己亥24	8戊辰22	8戊戌21	8丁卯20	8丁酉⑲	8丙寅18	8丙申17
9癸卯㉚	9癸酉29	**9**癸卯30	9壬申28	9辛丑27	9辛未26	9庚子25	9己巳23	9己亥22	9戊辰21	9戊戌20	9丁卯19	9丁酉18
10甲辰31	《3月》	10甲辰31	**10**癸酉29	10壬寅㉘	10壬申27	10辛丑26	10庚午24	10庚子23	10己巳㉒	10己亥21	10戊辰20	10戊戌19
《2月》	10甲戌1	《4月》	11甲戌㉚	11癸卯29	11癸酉28	11壬寅27	11辛未25	11辛丑㉔	11庚午23	11庚子22	11己巳21	11己亥20
11乙巳1	11乙亥2	11乙巳1	《5月》	**12**甲辰30	**12**甲戌29	12癸卯28	12壬申26	12壬寅25	12辛未24	12辛丑23	12庚午22	12庚子㉑
12丙午2	12丙子3	12丙午②	12乙亥1	13乙巳31	13乙亥30	13甲辰29	13癸酉㉗	13癸卯26	13壬申25	13壬寅24	13辛未23	13辛丑22
13丁未3	13丁丑4	13丁未3	13丙子2	《6月》	《7月》	**14**乙巳㉚	14甲戌28	14甲辰27	14癸酉26	14癸卯25	14壬申㉔	14壬寅23
14戊申4	14戊寅⑤	14戊申4	14丁丑3	14丙午1	14丙子1	15丙午31	**15**乙亥29	15乙巳28	15甲戌27	15甲辰㉖	15癸酉25	15癸卯24
15己酉5	15己卯6	15己酉5	15戊寅4	15丁未2	15丁丑②	《8月》	16丙子30	**16**丙午29	16乙亥28	16乙巳27	16甲戌26	16甲辰25
16庚戌⑥	16庚辰7	16庚戌6	16己卯5	16戊申3	16戊寅3	16丁未1	17丁丑31	17丁未30	**17**丙子㉙	**17**丙午28	17乙亥27	17乙巳26
17辛亥7	17辛巳8	17辛亥7	17庚辰6	17己酉④	17己卯4	17戊申2	《9月》	《10月》	18丁丑30	18丁未29	18丙子28	18丙午27
18壬子8	18壬午9	18壬子8	18辛巳⑦	18庚戌5	18庚辰5	18己酉3	18戊寅1	18戊申①	19戊寅31	19戊申30	**19**丁丑29	**19**丁未㉘
19癸丑9	19癸未10	19癸丑⑨	19壬午8	19辛亥6	19辛巳6	19庚戌4	19己卯2	19己酉2	《11月》	《12月》	20戊寅30	20戊申29
20甲寅10	20甲申11	20甲寅10	20癸未9	20壬子7	20壬午7	20辛亥5	20庚辰③	20庚戌3	20己卯1	20己酉1	21己卯㉛	21己酉30
21乙卯11	21乙酉⑫	21乙卯11	21甲申10	21癸丑8	21癸未8	21壬子⑥	21辛巳4	21辛亥4	21庚辰2	21庚戌2	**1453年**	22庚戌31
22丙辰12	22丙戌13	22丙辰12	22乙酉11	22甲寅9	22甲申⑨	22癸丑7	22壬午5	22壬子5	22辛巳3	22辛亥③	《1月》	《2月》
23丁巳⑬	23丁亥14	23丁巳13	23丙戌12	23乙卯10	23乙酉10	23甲寅8	23癸未6	23癸丑6	23壬午4	23壬子4	22庚辰1	23辛亥1
24戊午14	**24**戊子15	**24**戊午14	24丁亥13	24丙辰⑪	24丙戌11	24乙卯9	24甲申7	24甲寅7	24癸未⑤	24癸丑5	23辛巳2	24壬子2
25己未15	25己丑16	25己未15	25戊子⑭	25丁巳12	25丁亥12	25丙辰10	25乙酉8	25乙卯⑧	25甲申6	25甲寅6	24壬午3	25癸丑3
26庚申16	26庚寅17	26庚申⑯	**26**己丑15	26戊午13	26戊子13	26丁巳11	26丙戌9	26丙辰9	26乙酉7	26乙卯7	25癸未4	26甲寅④
27辛酉17	27辛卯18	27辛酉17	27庚寅16	**27**己未14	**27**己丑14	27戊午12	27丁亥⑩	27丁巳10	27丙戌8	27丙辰8	26甲申5	27乙卯5
28壬戌18	28壬辰⑲	28壬戌18	28辛卯17	28庚申15	28庚寅15	28己未⑬	28戊子11	28戊午11	28丁亥9	28丁巳9	27乙酉6	28丙辰6
29癸亥19	29癸巳20	29癸亥19	29壬辰18	29辛酉16	29辛卯⑯	**29**庚申14	29己丑12	29己未12	29戊子10	29戊午⑩	28丙戌⑦	29丁巳7
30甲子⑳	30甲午21			30壬戌17			**30**庚寅13		30己丑11		29丁亥8	30戊午8
											30戊子9	

立春 8日	啓蟄 8日	清明 9日	立夏 10日	芒種 12日	小暑 12日	立秋 14日	白露 15日	寒露16日	霜降 2日	小雪 2日	冬至 4日	大寒 4日
雨水 23日	春分 24日	穀雨 24日	小満 26日	夏至 27日	大暑 27日	処暑 29日	秋分 30日		立冬 17日	大雪 17日	小寒 19日	立春 19日

享徳2年（1453－1454） 癸酉

1月	2月	3月	4月	5月	6月	7月	8月	9月	10月	11月	12月
1 己未 9	1 己丑 ⑪	1 戊午 9	1 戊子 9	1 丁巳 7	1 丁亥 7	1 丙辰 ⑤	1 乙酉 3	1 乙卯 3	《11月》	《12月》	1 癸未 ㉚
2 庚申 10	2 庚寅 12	2 己未 10	2 己丑 10	2 戊午 8	2 戊子 ⑧	2 丁巳 6	2 丙戌 4	2 丙辰 4	1 甲申 1	1 甲寅 1	2 甲申 31
3 辛酉 ⑪	3 辛卯 13	3 庚申 11	3 庚寅 11	3 己未 9	3 己丑 9	3 戊午 7	3 丁亥 5	3 丁巳 5	2 乙酉 2	2 乙卯 ②	**1454年**
4 壬戌 12	4 壬辰 14	4 辛酉 12	4 辛卯 12	4 庚申 ⑩	4 庚寅 10	4 己未 8	4 戊子 6	4 戊午 6	3 丙戌 3	3 丙辰 3	《1月》
5 癸亥 13	**5** 癸巳 15	5 壬戌 13	5 壬辰 ⑬	5 辛酉 11	5 辛卯 11	5 庚申 9	5 己丑 7	5 己未 ⑦	4 丁亥 ④	4 丁巳 4	3 乙酉 1
6 甲子 14	6 甲午 16	**6** 癸亥 14	6 癸巳 14	6 壬戌 12	6 壬辰 12	6 辛酉 10	6 庚寅 8	6 庚申 8	5 戊子 5	5 戊午 5	4 丙戌 2
7 乙丑 15	7 乙未 17	7 甲子 ⑮	**7** 甲午 15	7 癸亥 13	7 癸巳 13	7 壬戌 11	7 辛卯 ⑨	7 辛酉 9	6 己丑 6	6 己未 6	5 丁亥 3
8 丙寅 16	8 丙申 ⑱	8 乙丑 16	8 乙未 16	**8** 甲子 14	8 甲午 14	8 癸亥 ⑫	8 壬辰 10	8 壬戌 10	7 庚寅 7	7 庚申 7	6 戊子 4
9 丁卯 17	9 丁酉 19	9 丙寅 17	9 丙申 17	9 乙丑 15	**9** 乙未 ⑮	9 甲子 13	9 癸巳 11	9 癸亥 11	8 辛卯 8	8 辛酉 8	7 己丑 5
10 戊辰 ⑱	10 戊戌 20	10 丁卯 18	10 丁酉 18	10 丙寅 16	10 丙申 16	**10** 乙丑 14	10 甲午 12	10 甲子 12	9 壬辰 9	9 壬戌 ⑨	8 庚寅 ⑥
11 己巳 19	11 己亥 21	11 戊辰 19	11 戊戌 19	11 丁卯 ⑰	11 丁酉 17	11 丙寅 15	11 乙未 13	11 乙丑 13	10 癸巳 10	10 癸亥 10	9 辛卯 7
12 庚午 20	12 庚子 22	12 己巳 20	12 己亥 ⑳	12 戊辰 18	12 戊戌 18	12 丁卯 16	**12** 丙申 14	**12** 丙寅 ⑭	11 甲午 ⑪	11 甲子 11	10 壬辰 8
13 辛未 21	13 辛丑 23	13 庚午 21	13 庚子 21	13 己巳 19	13 己亥 19	13 戊辰 17	13 丁酉 15	13 丁卯 15	12 乙未 12	12 乙丑 12	11 癸巳 9
14 壬申 22	14 壬寅 24	14 辛未 ㉒	14 辛丑 22	14 庚午 20	14 庚子 20	14 己巳 18	14 戊戌 ⑯	14 戊辰 16	**13** 丙申 13	13 丙寅 13	12 甲午 10
15 癸酉 23	15 癸卯 ㉕	15 壬申 23	15 壬寅 23	15 辛未 21	15 辛丑 21	15 庚午 ⑲	15 己亥 17	15 己巳 17	14 丁酉 14	**14** 丁卯 14	13 乙未 11
16 甲戌 24	16 甲辰 26	16 癸酉 24	16 癸卯 24	16 壬申 22	16 壬寅 ㉒	16 辛未 20	16 庚子 18	16 庚午 18	15 戊戌 15	15 戊辰 15	14 丙申 12
17 乙亥 ㉕	17 乙巳 27	17 甲戌 25	17 甲辰 25	17 癸酉 23	17 癸卯 23	17 壬申 21	17 辛丑 19	17 辛未 19	16 己亥 16	16 己巳 ⑯	**15** 丁酉 ⑬
18 丙子 26	18 丙午 28	18 乙亥 26	18 乙巳 26	18 甲戌 ㉔	18 甲辰 24	18 癸酉 22	18 壬寅 20	18 壬申 20	17 庚子 17	17 庚午 17	16 戊戌 14
19 丁丑 27	19 丁未 29	19 丙子 27	19 丙午 ㉗	19 乙亥 25	19 乙巳 25	19 甲戌 23	19 癸卯 21	19 癸酉 ㉑	18 辛丑 ⑱	18 辛未 18	17 己亥 15
20 戊寅 28	**20** 戊申 30	20 丁丑 28	20 丁未 28	20 丙子 26	20 丙午 26	20 乙亥 24	20 甲辰 22	20 甲戌 22	19 壬寅 19	19 壬申 19	18 庚子 16
《3月》	21 己酉 31	21 戊寅 ㉙	21 戊申 29	21 丁丑 27	21 丁未 27	21 丙子 25	21 乙巳 ㉓	21 乙亥 23	20 癸卯 20	20 癸酉 20	19 辛丑 17
21 己卯 1	《4月》	**22** 己卯 30	**22** 己酉 30	22 戊寅 28	22 戊申 28	22 丁丑 ㉖	22 丙午 24	22 丙子 24	21 甲辰 21	21 甲戌 21	20 壬寅 18
22 庚辰 2	22 庚戌 ①	《5月》	23 庚戌 31	**23** 己卯 29	23 己酉 ㉙	23 戊寅 27	23 丁未 25	23 丁丑 25	22 乙巳 22	22 乙亥 22	21 癸卯 19
23 辛巳 3	23 辛亥 2	23 庚辰 1	《6月》	24 庚辰 30	**24** 庚戌 30	24 己卯 28	24 戊申 26	24 戊寅 26	23 丙午 23	23 丙子 ㉓	22 甲辰 ⑳
24 壬午 ④	24 壬子 3	24 辛巳 2	24 辛亥 1	《7月》	25 辛亥 31	**25** 庚辰 29	25 己酉 27	25 己卯 27	24 丁未 24	24 丁丑 24	23 乙巳 21
25 癸未 5	25 癸丑 4	25 壬午 3	25 壬子 2	25 辛巳 ①	《8月》	26 辛巳 30	26 庚戌 28	26 庚辰 ㉘	25 戊申 ㉕	25 戊寅 25	24 丙午 22
26 甲申 6	26 甲寅 5	26 癸未 4	26 癸丑 ③	26 壬午 2	26 壬子 1	27 壬午 31	**27** 辛亥 29	**27** 辛巳 29	26 己酉 26	26 己卯 26	25 丁未 23
27 乙酉 7	27 乙卯 6	27 甲申 5	27 甲寅 4	27 癸未 3	27 癸丑 2	《9月》	28 壬子 ㉚	28 壬午 30	27 庚戌 27	27 庚辰 27	26 戊申 24
28 丙戌 8	28 丙辰 7	28 乙酉 ⑥	28 乙卯 5	28 甲申 4	28 甲寅 3	28 癸未 1	《10月》	29 癸未 31	28 辛亥 28	28 辛巳 28	27 己酉 25
29 丁亥 9	29 丁巳 ⑧	29 丙戌 7	29 丙辰 6	29 乙酉 5	29 乙卯 4	29 甲申 ②	29 癸丑 1		**29** 壬子 29	**29** 壬午 29	28 庚戌 26
30 戊子 10		30 丁亥 8		30 丙戌 6			30 甲寅 2		30 癸丑 30		29 辛亥 ㉗
											30 壬子 28

雨水 5日	春分 5日	穀雨 6日	小満 7日	夏至 8日	大暑 9日	処暑 10日	秋分 12日	霜降 12日	小雪 13日	冬至 14日	大寒 15日
啓蟄 20日	清明 20日	立夏 22日	芒種 22日	小暑 23日	立秋 24日	白露 25日	寒露 27日	立冬 27日	大雪 29日	小寒 29日	

享徳3年（1454－1455） 甲戌

1月	2月	3月	4月	5月	6月	7月	8月	9月	10月	11月	12月
1 癸丑 29	**1** 癸未 28	1 壬子 29	1 壬午 ㉘	1 壬子 28	1 辛巳 26	1 辛亥 26	1 庚辰 24	1 己酉 ㉒	1 己卯 22	1 戊申 20	1 戊寅 20
2 甲寅 30	《3月》	**2** 癸丑 30	2 癸未 29	2 癸丑 29	2 壬午 27	2 壬子 27	2 辛巳 ㉕	2 庚戌 23	2 庚辰 23	2 己酉 21	2 己卯 21
3 乙卯 31	2 甲申 1	3 甲寅 ㉛	**3** 甲申 30	**3** 甲寅 30	3 癸未 28	3 癸丑 ㉘	3 壬午 26	3 辛亥 24	3 辛巳 24	3 庚戌 22	3 庚辰 ㉒
《2月》	3 乙酉 2	《4月》	《5月》	4 乙卯 31	4 甲申 29	4 甲寅 29	4 癸未 27	4 壬子 25	4 壬午 25	4 辛亥 23	4 辛巳 23
4 丙辰 1	4 丙戌 ③	4 乙卯 1	4 乙酉 1	《6月》	**5** 乙酉 ㉚	**5** 乙卯 30	5 甲申 28	5 癸丑 26	5 癸未 26	5 壬子 ㉔	5 壬午 24
5 丁巳 2	5 丁亥 4	5 丙辰 2	5 丙戌 2	5 丙辰 1	《7月》	6 丙辰 31	6 乙酉 29	6 甲寅 27	6 甲申 ㉗	6 癸丑 25	6 癸未 25
6 戊午 ③	6 戊子 5	6 丁巳 3	6 丁亥 3	6 丁巳 ②	6 丙戌 1	《8月》	**7** 丙戌 30	7 乙卯 28	7 乙酉 28	7 甲寅 26	7 甲申 26
7 己未 4	7 己丑 6	7 戊午 4	7 戊子 4	7 戊午 3	7 丁亥 2	7 丁巳 1	8 丁亥 31	**8** 丙辰 ㉙	**8** 丙戌 29	8 乙卯 27	8 乙酉 27
8 庚申 5	8 庚寅 7	8 己未 5	8 己丑 ⑤	8 己未 4	8 戊子 3	8 戊午 2	《9月》	9 丁巳 30	9 丁亥 30	9 丙辰 28	9 丙戌 28
9 辛酉 6	9 辛卯 8	9 庚申 6	9 庚寅 6	9 庚申 5	9 己丑 4	9 己未 3	9 戊子 ①	《10月》	10 戊子 31	**10** 丁巳 29	**10** 丁亥 ㉙
10 壬戌 7	10 壬辰 9	10 辛酉 ⑦	10 辛卯 7	10 辛酉 6	10 庚寅 5	10 庚申 ④	10 己丑 2	10 戊午 1	《11月》	11 戊午 30	11 戊子 30
11 癸亥 8	11 癸巳 ⑩	11 壬戌 8	11 壬辰 8	11 壬戌 7	11 辛卯 6	11 辛酉 5	11 庚寅 3	11 己未 2	11 己丑 1	《12月》	12 己丑 31
12 甲子 9	12 甲午 11	12 癸亥 9	12 癸巳 9	12 癸亥 8	12 壬辰 ⑦	12 壬戌 6	12 辛卯 4	12 庚申 3	12 庚寅 2	12 己未 ①	**1455年**
13 乙丑 ⑩	13 乙未 12	13 甲子 10	13 甲午 10	13 甲子 ⑨	13 癸巳 8	13 癸亥 7	13 壬辰 5	13 辛酉 4	13 辛卯 ③	13 庚申 2	《1月》
14 丙寅 11	14 丙申 13	14 乙丑 11	14 乙未 11	14 乙丑 10	14 甲午 9	14 甲子 8	14 癸巳 6	14 壬戌 5	14 壬辰 4	14 辛酉 3	13 庚寅 1
15 丁卯 12	15 丁酉 14	15 丙寅 12	15 丙申 ⑫	15 丙寅 11	15 乙未 10	15 乙丑 9	15 甲午 7	15 癸亥 ⑥	15 癸巳 5	15 壬戌 4	14 辛卯 2
16 戊辰 13	**16** 戊戌 15	16 丁卯 13	16 丁酉 13	16 丁卯 12	16 丙申 11	16 丙寅 10	16 乙未 ⑧	16 甲子 7	16 甲午 6	16 癸亥 5	15 壬辰 3
17 己巳 14	17 己亥 16	17 戊辰 ⑭	17 戊戌 14	17 戊辰 13	17 丁酉 12	17 丁卯 ⑪	17 丙申 9	17 乙丑 8	17 乙未 7	17 甲子 6	16 癸巳 4
18 庚午 15	18 庚子 ⑰	**18** 己巳 15	**18** 己亥 15	**18** 己巳 14	18 戊戌 13	18 戊辰 12	18 丁酉 10	18 丙寅 9	18 丙申 8	18 乙丑 7	17 甲午 ⑤
19 辛未 16	19 辛丑 18	19 庚午 16	19 庚子 16	19 庚午 15	19 己亥 ⑭	19 己巳 13	19 戊戌 11	19 丁卯 10	19 丁酉 9	19 丙寅 ⑧	18 乙未 6
20 壬申 ⑰	20 壬寅 19	20 辛未 17	20 辛丑 17	20 辛未 ⑯	**20** 庚子 15	**20** 庚午 14	20 己亥 12	20 戊辰 11	20 戊戌 ⑩	20 丁卯 9	19 丙申 7
21 癸酉 18	21 癸卯 20	21 壬申 18	21 壬寅 18	21 壬申 17	21 辛丑 16	21 辛未 15	21 庚子 13	21 己巳 12	21 己亥 11	21 戊辰 10	20 丁酉 8
22 甲戌 19	22 甲辰 21	22 癸酉 19	22 癸卯 ⑲	22 癸酉 18	22 壬寅 17	22 壬申 16	**22** 辛丑 14	22 庚午 ⑬	22 庚子 12	22 己巳 11	21 戊戌 9
23 乙亥 20	23 乙巳 22	23 甲戌 20	23 甲辰 20	23 甲戌 19	23 癸卯 18	23 癸酉 17	23 壬寅 ⑮	**23** 辛未 14	23 辛丑 13	23 庚午 12	22 己亥 10
24 丙子 21	24 丙午 23	24 乙亥 ㉑	24 乙巳 21	24 乙亥 20	24 甲辰 19	24 甲戌 ⑱	24 癸卯 16	24 壬申 15	**24** 壬寅 14	24 辛未 13	23 庚子 11
25 丁丑 22	25 丁未 ㉔	25 丙子 22	25 丙午 22	25 丙子 21	25 乙巳 20	25 乙亥 19	25 甲辰 17	25 癸酉 16	25 癸卯 15	**25** 壬申 14	24 辛丑 ⑫
26 戊寅 23	26 戊申 25	26 丁丑 23	26 丁未 23	26 丁丑 22	26 丙午 ㉑	26 丙子 20	26 乙巳 18	26 甲戌 17	26 甲辰 16	26 癸酉 ⑮	25 壬寅 13
27 己卯 ㉔	27 己酉 26	27 戊寅 24	27 戊申 24	27 戊寅 ㉓	27 丁未 22	27 丁丑 21	27 丙午 19	27 乙亥 18	27 乙巳 ⑰	27 甲戌 16	**26** 癸卯 14
28 庚辰 25	28 庚戌 27	28 己卯 25	28 己酉 25	28 己卯 24	28 戊申 23	28 戊寅 22	28 丁未 20	28 丙子 19	28 丙午 18	28 乙亥 17	27 甲辰 15
29 辛巳 26	29 辛亥 28	29 庚辰 26	29 庚戌 ㉖	29 庚辰 25	29 己酉 24	29 己卯 23	29 戊申 21	29 丁丑 ⑳	29 丁未 19	29 丙子 18	28 乙巳 16
30 壬午 27		30 辛巳 27	30 辛亥 27		30 庚戌 25			30 戊寅 21		30 丁丑 19	29 丙午 17

立春 1日	啓蟄 1日	清明 2日	立夏 3日	芒種 3日	小暑 5日	立秋 5日	白露 7日	寒露 8日	立冬 8日	大雪 10日	小寒 10日
雨水 16日	春分 16日	穀雨 18日	小満 18日	夏至 18日	大暑 20日	処暑 20日	秋分 22日	霜降 23日	小雪 24日	冬至 25日	大寒 26日

康正元年〔享徳4年〕（1455－1456） 乙亥

改元 7/25（享徳→康正）

1月	2月	3月	4月	閏4月	5月	6月	7月	8月	9月	10月	11月	12月
1丁未18	1丁丑17	1丙午18	1丙子17	1丙午17	1乙亥⑮	1乙巳15	1甲戌13	1甲辰12	1癸酉11	1癸卯10	1壬申9	1壬寅8
2戊申⑲	2戊寅18	2丁未19	2丁丑18	2丁未⑱	2丙子16	2丙午16	2乙亥14	2乙巳13	2甲戌⑫	2甲辰11	2癸酉10	2癸卯9
3己酉20	3己卯19	3戊申20	3戊寅19	3戊申19	3丁丑17	3丁未17	3丙子15	3丙午⑭	3乙亥13	3乙巳12	3甲戌11	3甲辰10
4庚戌21	4庚辰20	4己酉21	4己卯⑳	4己酉20	4戊寅18	4戊申18	4丁丑16	4丁未15	4丙子14	4丙午13	4乙亥12	4乙巳⑪
5辛亥22	5辛巳21	5庚戌22	5庚辰21	5庚戌21	5己卯19	5己酉19	5戊寅⑰	5戊申16	5丁丑15	5丁未14	5丙子13	5丙午12
6壬子23	6壬午22	6辛亥㉓	6辛巳22	6辛亥22	6庚辰20	6庚戌⑳	6己卯18	6己酉17	6戊寅16	6戊申15	6丁丑⑭	6丁未13
7癸丑24	7癸未㉓	7壬子24	7壬午23	7壬子23	7辛巳21	7辛亥21	7庚辰19	7庚戌18	7己卯17	7己酉⑯	7戊寅15	7戊申14
8甲寅25	8甲申24	8癸丑25	8癸未24	8癸丑24	8壬午㉒	8壬子22	8辛巳20	8辛亥19	8庚辰18	8庚戌17	8己卯16	8己酉15
9乙卯㉖	9乙酉25	9甲寅26	9甲申25	9甲寅㉕	9癸未23	9癸丑23	9壬午21	9壬子20	9辛巳⑲	9辛亥18	9庚辰17	9庚戌16
10丙辰27	10丙戌26	10乙卯27	10乙酉26	10乙卯26	10甲申24	10甲寅24	10癸未22	10癸丑㉑	10壬午20	10壬子19	10辛巳18	10辛亥17
11丁巳28	11丁亥27	11丙辰28	11丙戌㉗	11丙辰27	11乙酉25	11乙卯25	11甲申23	11甲寅22	11癸未21	11癸丑20	11壬午19	11壬子⑱
12戊午29	12戊子28	12丁巳29	12丁亥28	12丁巳28	12丙戌26	12丙辰26	12乙酉㉔	12乙卯23	12甲申22	12甲寅21	12癸未20	12癸丑19
13己未30	《3月》	13戊午㉚	13戊子29	13戊午29	13丁亥27	13丁巳㉗	13丙戌25	13丙辰24	13乙酉23	13乙卯22	13甲申㉑	13甲寅20
14庚申31	13己丑1	14己未31	14己丑30	14己未30	14戊子28	14戊午28	14丁亥26	14丁巳25	14丙戌24	14丙辰㉓	14乙酉22	14乙卯21
《2月》	14庚寅②	《4月》	《5月》	15庚申31	15己丑㉙	15己未29	15戊子27	15戊午26	15丁亥25	15丁巳24	15丙戌23	15丙辰22
15辛酉1	15辛卯3	15庚申1	15庚寅1	《6月》	16庚寅30	16庚申30	16己丑28	16己未27	16戊子㉖	16戊午25	16丁亥24	16丁巳23
16壬戌②	16壬辰4	16辛酉2	16辛卯2	16辛酉①	《7月》	17辛酉31	17庚寅29	17庚申㉘	17己丑27	17己未26	17戊子25	17戊午24
17癸亥3	17癸巳5	17壬戌3	17壬辰3	17壬戌2	17辛卯1	《8月》	18辛卯30	18辛酉29	18庚寅28	18庚申27	18己丑26	18己未㉕
18甲子4	18甲午6	18癸亥4	18癸巳④	18癸亥3	18壬辰2	18壬戌1	19壬辰㉛	19壬戌30	19辛卯29	19辛酉28	19庚寅27	19庚申26
19乙丑5	19乙未7	19甲子5	19甲午5	19甲子4	19癸巳3	19癸亥2	《9月》	《10月》	20壬辰30	20壬戌29	20辛卯㉘	20辛酉27
20丙寅6	20丙申8	20乙丑⑥	20乙未6	20乙丑5	20甲午4	20甲子③	20癸巳1	20癸亥1	21癸巳31	21癸亥㉚	21壬辰29	21壬戌28
21丁卯7	21丁酉⑨	21丙寅7	21丙申7	21丙寅6	21乙未5	21乙丑4	21甲午2	21甲子2	《11月》	《12月》	22癸巳30	22癸亥29
22戊辰8	22戊戌10	22丁卯8	22丁酉8	22丁卯7	22丙申⑥	22丙寅5	22乙未3	22乙丑3	22甲午1	22甲子1	23甲午31	23甲子30
23己巳⑨	23己亥11	23戊辰9	23戊戌9	23戊辰⑧	23丁酉7	23丁卯6	23丙申4	23丙寅4	23乙未②	23乙丑2	1456年	24乙丑31
24庚午10	24庚子12	24己巳10	24己亥10	24己巳9	24戊戌8	24戊辰7	24丁酉5	24丁卯⑤	24丙申3	24丙寅3	《1月》	《2月》
25辛未11	25辛丑13	25庚午11	25庚子⑪	25庚午10	25己亥9	25己巳8	25戊戌6	25戊辰6	25丁酉4	25丁卯4	24乙未1	25丙寅①
26壬申12	26壬寅14	26辛未12	26辛丑12	26辛未11	26庚子10	26庚午9	26己亥⑦	26己巳7	26戊戌5	26戊辰5	25丙申2	26丁卯2
27癸酉13	27癸卯15	27壬申⑬	27壬寅13	27壬申12	27辛丑11	27辛未⑩	27庚子8	27庚午8	27己亥6	27己巳6	26丁酉3	27戊辰3
28甲戌14	28甲辰⑯	28癸酉14	28癸卯14	28癸酉13	28壬寅12	28壬申11	28辛丑9	28辛未9	28庚子7	28庚午⑦	27戊戌④	28己巳4
29乙亥15	29乙巳17	29甲戌15	29甲辰15	29甲戌14	29癸卯⑬	29癸酉12	29壬寅10	29壬申10	29辛丑8	29辛未8	28己亥5	29庚午5
30丙子⑯		30乙亥16	30乙巳16		30甲辰14		30癸卯11		30壬寅⑨		29庚子6	
											30辛丑7	
立春12日	啓蟄12日	清明14日	立夏14日	芒種15日	夏至1日	大暑1日	処暑3日	秋分3日	霜降4日	小雪5日	冬至6日	大寒7日
雨水27日	春分27日	穀雨29日	小満29日		小暑16日	立秋16日	白露18日	寒露18日	立冬20日	大雪20日	小寒22日	立春22日

康正2年（1456－1457） 丙子

1月	2月	3月	4月	5月	6月	7月	8月	9月	10月	11月	12月
1辛未6	1辛丑⑦	1庚午5	1庚子5	1己巳3	1己亥3	1己巳2	1戊戌31	1戊辰30	1丁酉29	1丁卯㉘	1丙申27
2壬申7	2壬寅8	2辛未6	2辛丑6	2庚午4	2庚子④	2庚午3	《9月》	《10月》	2戊戌30	2戊辰29	2丁酉28
3癸酉⑧	3癸卯9	3壬申7	3壬寅7	3辛未5	3辛丑5	3辛未4	2己亥1	2己巳1	3己亥㉛	3己巳30	3戊戌29
4甲戌9	4甲辰10	4癸酉8	4癸卯8	4壬申⑥	4壬寅6	4壬申5	3庚子2	3庚午2	《11月》	《12月》	4己亥30
5乙亥10	5乙巳11	5甲戌9	5甲辰⑨	5癸酉7	5癸卯7	5癸酉6	4辛丑3	4辛未③	4庚子1	4庚午1	5庚子31
6丙子11	6丙午12	6乙亥10	6乙巳10	6甲戌8	6甲辰8	6甲戌7	5壬寅4	5壬申4	5辛丑2	5辛未2	1457年
7丁丑12	7丁未13	7丙子⑪	7丙午11	7乙亥9	7乙巳9	7乙亥⑧	6癸卯⑤	6癸酉5	6壬寅3	6壬申3	《1月》
8戊寅13	8戊申⑭	8丁丑12	8丁未12	8丙子10	8丙午10	8丙子9	7甲辰6	7甲戌6	7癸卯4	7癸酉4	6辛丑1
9己卯14	9己酉15	9戊寅13	9戊申13	9丁丑11	9丁未⑪	9丁丑10	8乙巳7	8乙亥7	8甲辰5	8甲戌⑤	7壬寅②
10庚辰⑮	10庚戌16	10己卯14	10己酉14	10戊寅12	10戊申12	10戊寅11	9丙午8	9丙子8	9乙巳6	9乙亥6	8癸卯3
11辛巳16	11辛亥17	11庚辰15	11庚戌15	11己卯⑬	11己酉13	11己卯12	10丁未9	10丁丑9	10丙午⑦	10丙子7	9甲辰4
12壬午17	12壬子18	12辛巳16	12辛亥⑯	12庚辰14	12庚戌14	12庚辰13	11戊申10	11戊寅⑩	11丁未8	11丁丑8	10乙巳5
13癸未18	13癸丑19	13壬午17	13壬子17	13辛巳15	13辛亥15	13辛巳14	12己酉11	12己卯11	12戊申9	12戊寅9	11丙午6
14甲申19	14甲寅20	14癸未⑱	14癸丑18	14壬午16	14壬子16	14壬午⑮	13庚戌⑫	13庚辰12	13己酉10	13己卯10	12丁未7
15乙酉20	15乙卯㉑	15甲申19	15甲寅19	15癸未17	15癸丑17	15癸未16	14辛亥13	14辛巳13	14庚戌11	14庚辰11	13戊申8
16丙戌21	16丙辰22	16乙酉20	16乙卯20	16甲申18	16甲寅⑱	16甲申17	15壬子14	15壬午14	15辛亥12	15辛巳⑫	14己酉⑨
17丁亥㉒	17丁巳23	17丙戌21	17丙辰21	17乙酉19	17乙卯19	17乙酉18	16癸丑15	16癸未15	16壬子13	16壬午13	15庚戌10
18戊子23	18戊午24	18丁亥22	18丁巳22	18丙戌⑳	18丙辰20	18丙戌19	17甲寅16	17甲申16	17癸丑⑭	17癸未14	16辛亥11
19己丑24	19己未25	19戊子23	19戊午㉓	19丁亥21	19丁巳21	19丁亥20	18乙卯17	18乙酉⑰	18甲寅15	18甲申15	17壬子12
20庚寅25	20庚申26	20己丑24	20己未24	20戊子22	20戊午22	20戊子21	19丙辰18	19丙戌18	19乙卯16	19乙酉16	18癸丑13
21辛卯26	21辛酉27	21庚寅㉕	21庚申25	21己丑23	21己未23	21己丑㉒	20丁巳⑲	20丁亥19	20丙辰17	20丙戌17	19甲寅14
22壬辰27	22壬戌㉘	22辛卯26	22辛酉26	22庚寅24	22庚申24	22庚寅23	21戊午20	21戊子20	21丁巳18	21丁亥18	20乙卯15
23癸巳28	23癸亥29	23壬辰27	23壬戌27	23辛卯25	23辛酉㉕	23辛卯24	22己未21	22己丑21	22戊午19	22戊子⑲	21丙辰⑯
24甲午㉙	24甲子30	24癸巳28	24癸亥28	24壬辰26	24壬戌26	24壬辰25	23庚申22	23庚寅22	23己未20	23己丑20	22丁巳17
《3月》	25乙丑31	25甲午29	25甲子29	25癸巳㉗	25癸亥27	25癸巳26	24辛酉23	24辛卯23	24庚申㉑	24庚寅21	23戊午18
25乙未1	《4月》	26乙未30	26乙丑㉚	26甲午28	26甲子28	26甲午27	25壬戌24	25壬辰㉔	25辛酉22	25辛卯22	24己未19
26丙申2	26丙寅1	《5月》	27丙寅31	27乙未29	27乙丑29	27乙未28	26癸亥25	26癸巳25	26壬戌23	26壬辰23	25庚申20
27丁酉3	27丁卯2	27丙申1	《6月》	28丙申30	28丙寅30	28丙申㉙	27甲子㉖	27甲午26	27癸亥24	27癸巳24	26辛酉21
28戊戌4	28戊辰3	28丁酉②	28丁卯1	《7月》	29丁卯31	29丁酉30	28乙丑27	28乙未27	28甲子25	28甲午25	27壬戌22
29己亥5	29己巳④	29戊戌3	29戊辰2	29丁酉1	《8月》		29丙寅28	29丙申28	29乙丑26	29乙未㉖	28癸亥㉓
30庚子6		30己亥4		30戊戌2	30戊辰①		30丁卯29		30丙寅27		29甲子24
											30乙丑25
雨水8日	春分9日	穀雨10日	小満11日	夏至12日	大暑12日	処暑13日	秋分14日	霜降15日	立冬1日	大雪1日	小寒3日
啓蟄23日	清明24日	立夏25日	芒種26日	小暑27日	立秋28日	白露28日	寒露30日		小雪16日	冬至17日	大寒18日

長禄元年〔康正3年〕（1457－1458） 丁丑

改元 9/28（康正→長禄）

1月	2月	3月	4月	5月	6月	7月	8月	9月	10月	11月	12月
1 丙寅26 2 丁卯27 **3** 戊辰28 4 己巳29 5 庚午㉚ 6 辛未31 《2月》 7 壬申 1 8 癸酉 2 9 甲戌 3 10乙亥 4 11丙子 5 12丁丑⑥ 13戊寅 7 14己卯 8 15庚辰 9 16辛巳10 17壬午11 **18**癸未12 19甲申⑬ 20乙酉14 21丙戌15 22丁亥16 23戊子17 24己丑18 25庚寅19 26辛卯⑳ 27壬辰21 28癸巳22 29甲午23	1 乙未24 2 丙申25 3 丁酉26 4 戊戌㉗ **5** 己亥28 《3月》 6 庚子 1 7 辛丑 2 8 壬寅 3 9 癸卯 4 10甲辰 5 11乙巳⑥ 12丙午 7 13丁未 8 14戊申 9 15己酉10 16庚戌11 17辛亥12 18壬子⑬ 19癸丑14 **20**甲寅15 21乙卯16 22丙辰17 23丁巳18 24戊午19 25己未⑳ 26庚申21 27辛酉22 28壬戌23 29癸亥24 30甲子25	1 乙丑26 2 丙寅㉗ 3 丁卯28 4 戊辰29 **5** 己巳30 6 庚午31 《4月》 7 辛未 1 8 壬申 2 9 癸酉③ 10甲戌 4 11乙亥 5 12丙子 6 13丁丑 7 14戊寅 8 15己卯 9 16庚辰⑩ 17辛巳11 18壬午12 19癸未13 **20**甲申14 21乙酉15 22丙戌16 23丁亥⑰ 24戊子18 25己丑19 26庚寅20 27辛卯21 28壬辰22 29癸巳23	1 甲午㉔ 2 乙未25 3 丙申26 4 丁酉27 5 戊戌28 6 己亥29 **7** 庚子30 《5月》 8 辛丑① 9 壬寅 2 10癸卯 3 11甲辰 4 12乙巳 5 13丙午 6 14丁未 7 15戊申⑧ 16己酉 9 17庚戌10 18辛亥11 19壬子12 20癸丑13 21甲寅14 **22**乙卯⑮ 23丙辰16 24丁巳17 25戊午18 26己未19 27庚申20 28辛酉21 29壬戌㉒ 30癸亥23	1 甲子24 2 乙丑25 3 丙寅26 4 丁卯27 5 戊辰28 6 己巳㉙ **7** 庚午30 8 辛未31 《6月》 9 壬申 1 10癸酉 2 11甲戌 3 12乙亥 4 13丙子⑤ 14丁丑 6 15戊寅 7 16己卯 8 17庚辰 9 18辛巳10 19壬午11 20癸未⑫ 21甲申13 **22**乙酉14 23丙戌15 24丁亥16 25戊子17 26己丑18 27庚寅⑲ 28辛卯20 29壬辰21	1 癸巳22 2 甲午23 3 乙未24 4 丙申25 5 丁酉㉖ 6 戊戌27 7 己亥28 **8** 庚子29 9 辛丑30 《7月》 10壬寅 1 11癸卯 2 12甲辰③ 13乙巳 4 14丙午 5 15丁未 6 16戊申 7 17己酉 8 18庚戌 9 19辛亥⑩ 20壬子11 21癸丑12 22甲寅13 23乙卯14 **24**丙辰15 25丁巳16 26戊午⑰ 27己未18 28庚申19 29辛酉20 30壬戌21	1 癸亥22 2 甲子23 3 乙丑㉔ 4 丙寅25 5 丁卯26 6 戊辰27 7 己巳28 8 庚午29 **9** 辛未30 10壬申㉛ 《8月》 11癸酉 1 12甲戌 2 13乙亥 3 14丙子 4 15丁丑 5 16戊寅 6 17己卯⑦ 18庚辰 8 19辛巳 9 20壬午10 21癸未11 22甲申12 23乙酉13 **24**丙戌⑭ 25丁亥15 26戊子16 27己丑17 28庚寅18 29辛卯19	1 壬辰20 2 癸巳㉑ 3 甲午22 4 乙未23 5 丙申24 6 丁酉25 7 戊戌26 8 己亥27 9 庚子㉘ **10**辛丑29 11壬寅30 12癸卯31 《9月》 13甲辰 1 14乙巳 2 15丙午 3 16丁未④ 17戊申 5 18己酉 6 19庚戌 7 20辛亥 8 21壬子 9 22癸丑10 23甲寅⑪ 24乙卯12 25丙辰13 **26**丁巳14 27戊午15 28己未16 29庚申17 30辛酉⑱	1 壬戌19 2 癸亥20 3 甲子21 4 乙丑22 5 丙寅23 6 丁卯24 7 戊辰㉕ 8 己巳26 9 庚午27 10辛未28 **11**壬申29 12癸酉30 《10月》 13甲戌 1 14乙亥② 15丙子 3 16丁丑 4 17戊寅 5 18己卯 6 19庚辰 7 20辛巳 8 21壬午⑨ 22癸未10 23甲申11 24乙酉12 25丙戌13 **26**丁亥14 27戊子15 28己丑⑯ 29庚寅17 30辛卯18	1 壬辰19 2 癸巳20 3 甲午21 4 乙未22 5 丙申㉓ 6 丁酉24 7 戊戌25 8 己亥26 9 庚子27 10辛丑28 **11**壬寅29 12癸卯㉚ 13甲辰31 《11月》 14乙巳 1 15丙午 2 16丁未 3 17戊申 4 18己酉 5 19庚戌⑥ 20辛亥 7 21壬子 8 22癸丑 9 23甲寅10 24乙卯11 25丙辰12 **26**丁巳⑬ 27戊午14 28己未15 29庚申16	1 辛酉17 2 壬戌18 3 癸亥19 4 甲子⑳ 5 乙丑21 6 丙寅22 7 丁卯23 8 戊辰24 9 己巳25 10庚午26 11辛未㉗ 12壬申28 **13**癸酉29 14甲戌30 《12月》 15乙亥 1 16丙子 2 17丁丑 3 18戊寅④ 19己卯 5 20庚辰 6 21辛巳 7 22壬午 8 23癸未 9 24甲申10 25乙酉⑪ 26丙戌12 27丁亥13 **28**戊子14 29己丑15 30庚寅16	1 辛卯17 2 壬辰⑱ 3 癸巳19 4 甲午20 5 乙未21 6 丙申22 7 丁酉23 8 戊戌24 9 己亥㉕ 10庚子26 11辛丑27 12壬寅28 **13**癸卯29 14甲辰30 15乙巳31 **1458年** 《1月》 16丙午① 17丁未 2 18戊申 3 19己酉 4 20庚戌 5 21辛亥 6 22壬子 7 23癸丑⑧ 24甲寅 9 25乙卯10 26丙辰11 27丁巳12 **28**戊午13 29己未14 30庚申⑮
立春 3日 雨水 18日	啓蟄 5日 春分 20日	清明 5日 穀雨 20日	立夏 7日 小満 22日	芒種 7日 夏至 22日	小暑 8日 大暑 24日	立秋 9日 処暑 24日	白露 10日 秋分 26日	寒露 11日 霜降 26日	立冬 11日 小雪 26日	大雪 13日 冬至 28日	小寒 13日 大寒 28日

長禄2年（1458－1459） 戊寅

1月	閏1月	2月	3月	4月	5月	6月	7月	8月	9月	10月	11月	12月
1 辛酉16 2 壬戌17 3 癸亥18 4 甲子19 5 乙丑20 6 丙寅21 7 丁卯㉒ 8 戊辰23 9 己巳24 10庚午25 11辛未26 12壬申27 13癸酉28 **14**甲戌㉙ 15乙亥30 16丙子31 《2月》 17丁丑 1 18戊寅 2 19己卯 3 20庚辰 4 21辛巳⑤ 22壬午 6 23癸未 7 24甲申 8 25乙酉 9 26丙戌10 27丁亥11 28戊子⑫ **29**己丑13	1 庚寅14 2 辛卯15 3 壬辰16 4 癸巳17 5 甲午18 6 乙未⑲ 7 丙申20 8 丁酉21 9 戊戌22 10己亥23 11庚子24 12辛丑25 13壬寅㉖ 14癸卯27 **15**甲辰28 《3月》 16乙巳 1 17丙午 2 18丁未 3 19戊申 4 20己酉⑤ 21庚戌 6 22辛亥 7 23壬子 8 24癸丑 9 25甲寅10 26乙卯11 27丙辰⑫ 28丁巳13 29戊午14	**1** 己未15 2 庚申16 3 辛酉17 4 壬戌18 5 癸亥⑲ 6 甲子20 7 乙丑21 8 丙寅22 9 丁卯23 10戊辰24 11己巳25 12庚午㉖ 13辛未27 14壬申28 15癸酉29 **16**甲戌30 17乙亥31 《4月》 18丙子 1 19丁丑② 20戊寅 3 21己卯 4 22庚辰 5 23辛巳 6 24壬午 7 25癸未 8 26甲申⑨ 27乙酉10 28丙戌11 29丁亥12 30戊子13	1 己丑14 **2** 庚寅15 3 辛卯⑯ 4 壬辰17 5 癸巳18 6 甲午19 7 乙未20 8 丙申21 9 丁酉22 10戊戌㉓ 11己亥24 12庚子25 13辛丑26 14壬寅27 15癸卯28 16甲辰29 **17**乙巳㉚ 《5月》 18丙午 1 19丁未 2 20戊申 3 21己酉 4 22庚戌 5 23辛亥 6 24壬子⑦ 25癸丑 8 26甲寅 9 27乙卯10 28丙辰11 29丁巳12	1 戊午13 2 己未⑭ **3** 庚申15 4 辛酉16 5 壬戌17 6 癸亥18 7 甲子19 8 乙丑20 9 丙寅㉑ 10丁卯22 11戊辰23 12己巳24 13庚午25 14辛未26 15壬申27 16癸酉㉘ 17甲戌29 **18**乙亥30 19丙子31 《6月》 20丁丑 1 21戊寅 2 22己卯 3 23庚辰④ 24辛巳 5 25壬午 6 26癸未 7 27甲申 8 28乙酉 9 29丙戌10	1 丁亥⑪ 2 戊子12 3 己丑13 **4** 庚寅14 5 辛卯15 6 壬辰16 7 癸巳17 8 甲午⑱ 9 乙未19 10丙申20 11丁酉21 12戊戌22 13己亥23 14庚子24 15辛丑㉕ 16壬寅26 17癸卯27 18甲辰28 19乙巳29 **20**丙午30 《7月》 21丁未 1 22戊申② 23己酉 3 24庚戌 4 25辛亥 5 26壬子 6 27癸丑 7 28甲寅 8 29乙卯⑨ 30丙辰10	1 丁巳11 2 戊午12 3 己未13 4 庚申14 **5** 辛酉15 6 壬戌⑯ 7 癸亥17 8 甲子18 9 乙丑19 10丙寅20 11丁卯21 12戊辰22 13己巳㉓ 14庚午24 15辛未25 16壬申26 17癸酉27 18甲戌28 19乙亥29 **20**丙子㉚ 21丁丑31 《8月》 22戊寅 1 23己卯 2 24庚辰 3 25辛巳 4 26壬午 5 27癸未⑥ 28甲申 7 29乙酉 8	1 丙戌 9 2 丁亥10 3 戊子11 4 己丑12 5 庚寅⑬ **6** 辛卯14 7 壬辰15 8 癸巳16 9 甲午17 10乙未18 11丙申19 12丁酉⑳ 13戊戌21 14己亥22 15庚子23 16辛丑24 17壬寅25 18癸卯26 19甲辰㉗ 20乙巳28 21丙午29 **22**丁未30 23戊申31 《9月》 24己酉 1 25庚戌 2 26辛亥③ 27壬子 4 28癸丑 5 29甲寅 6 30乙卯 7	1 丙辰 8 2 丁巳 9 3 戊午⑩ 4 己未11 5 庚申12 6 辛酉13 **7** 壬戌14 8 癸亥15 9 甲子16 10乙丑⑰ 11丙寅18 12丁卯19 13戊辰20 14己巳21 15庚午22 16辛未23 17壬申㉔ 18癸酉25 19甲戌26 20乙亥27 21丙子28 **22**丁丑29 23戊寅30 《10月》 24己卯① 25庚辰 2 26辛巳 3 27壬午 4 28癸未 5 29甲申 6 30乙酉 7	1 丙戌⑧ 2 丁亥 9 3 戊子10 4 己丑11 5 庚寅12 6 辛卯13 **7** 壬辰14 8 癸巳⑮ 9 甲午16 10乙未17 11丙申18 12丁酉19 13戊戌20 14己亥21 15庚子㉒ 16辛丑23 17壬寅24 18癸卯25 19甲辰26 20乙巳27 21丙午28 **22**丁未㉙ 23戊申30 24己酉31 《11月》 25庚戌 1 26辛亥 2 27壬子 3 28癸丑 4 29甲寅⑤ 30乙卯 6	1 丙辰 7 2 丁巳 8 3 戊午 9 4 己未10 5 庚申11 6 辛酉⑫ 7 壬戌13 **8** 癸亥14 9 甲子15 10乙丑16 11丙寅17 12丁卯18 13戊辰⑲ 14己巳20 15庚午21 16辛未22 17壬申23 18癸酉24 19甲戌25 20乙亥㉖ 21丙子27 22丁丑28 **23**戊寅29 24己卯30 《12月》 25庚辰 1 26辛巳 2 27壬午③ 28癸未 4 29甲申 5	1 乙酉 6 2 丙戌 7 3 丁亥 8 4 戊子 9 5 己丑⑩ 6 庚寅11 7 辛卯12 8 壬辰13 **9** 癸巳14 10甲午15 11乙未16 12丙申⑰ 13丁酉18 14戊戌19 15己亥20 16庚子21 17辛丑22 18壬寅23 19癸卯㉔ 20甲辰25 21乙巳26 22丙午27 23丁未28 **24**戊申29 25己酉30 26庚戌㉛ **1459年** 《1月》 27辛亥 1 28壬子 2 29癸丑 3 30甲寅 4	1 乙卯 5 2 丙辰 6 3 丁巳⑦ 4 戊午 8 5 己未 9 6 庚申10 7 辛酉11 8 壬戌12 9 癸亥13 **10**甲子⑭ 11乙丑15 12丙寅16 13丁卯17 14戊辰18 15己巳19 16庚午20 17辛未㉑ 18壬申22 19癸酉23 20甲戌24 21乙亥25 22丙子26 23丁丑27 24戊寅㉘ **25**己卯29 26庚辰30 27辛巳31 《2月》 28壬午 1 29癸未 2 30甲申 3
立春 14日 雨水 29日	啓蟄15日	春分 1日 清明 16日	穀雨 2日 立夏 17日	小満 3日 芒種 18日	夏至 4日 小暑 20日	大暑 5日 立秋 20日	処暑 6日 白露 22日	秋分 7日 寒露 22日	霜降 7日 立冬 22日	小雪 8日 大雪 23日	冬至 9日 小寒 24日	大寒 10日 立春 25日

長禄3年（1459－1460） 己卯

1月	2月	3月	4月	5月	6月	7月	8月	9月	10月	11月	12月
1 乙酉④	1 甲寅5	1 癸未3	1 癸丑3	《6月》	**1** 辛亥30	**1** 辛巳30	1 庚戌28	1 庚辰27	1 庚戌27	1 己卯㉕	1 己酉25
2 丙戌5	2 乙卯6	2 甲申4	2 甲寅4	1 壬午1	《7月》	2 壬午31	2 辛亥29	2 辛巳28	2 辛亥㉘	2 庚辰26	2 庚戌26
3 丁亥6	3 丙辰7	3 乙酉5	3 乙卯5	2 癸未2	2 壬子①	《8月》	**3** 壬子30	**3** 壬午29	3 壬子29	3 辛巳27	3 辛亥27
4 戊子7	4 丁巳8	4 丙戌6	4 丙辰⑥	3 甲申③	3 癸丑2	3 癸未1	4 癸丑31	4 癸未㉚	**4** 癸丑30	4 壬午28	4 壬子28
5 己丑8	5 戊午9	5 丁亥7	5 丁巳7	4 乙酉4	4 甲寅3	4 甲申2	《9月》	《10月》	5 甲寅31	**5** 癸未29	5 癸丑29
6 庚寅9	6 己未10	6 戊子⑧	6 戊午8	5 丙戌5	5 乙卯4	5 乙酉3	5 甲寅1	5 甲申1	《11月》	6 甲申30	**6** 甲寅㉚
7 辛卯10	7 庚申⑪	7 己丑9	7 己未9	6 丁亥6	6 丙辰5	6 丙戌4	6 乙卯②	6 乙酉2	6 乙卯1	《12月》	7 乙卯31
8 壬辰⑪	8 辛酉12	8 庚寅10	8 庚申10	7 戊子7	7 丁巳6	7 丁亥⑤	7 丙辰3	7 丙戌3	7 丙辰2	7 乙酉1	**1460年**
9 癸巳12	9 壬戌13	9 辛卯11	9 辛酉11	8 己丑8	8 戊午7	8 戊子6	8 丁巳4	8 丁亥4	8 丁巳3	8 丙戌②	《1月》
10 甲午13	10 癸亥14	10 壬辰12	10 壬戌12	9 庚寅9	9 己未⑧	9 己丑7	9 戊午5	9 戊子5	9 戊午④	9 丁亥3	8 丙辰1
11 乙未14	**11** 甲子15	11 癸巳13	11 癸亥⑬	10 辛卯⑩	10 庚申9	10 庚寅8	10 己未6	10 己丑6	10 己未5	10 戊子4	9 丁巳2
12 丙申15	12 乙丑16	12 甲午14	12 甲子14	11 壬辰11	11 辛酉10	11 辛卯9	11 庚申7	11 庚寅⑦	11 庚申6	11 己丑5	10 戊午3
13 丁酉16	13 丙寅17	**13** 乙未⑮	**13** 乙丑15	12 癸巳12	12 壬戌11	12 壬辰10	12 辛酉8	12 辛卯8	12 辛酉7	12 庚寅6	11 己未4
14 戊戌17	14 丁卯⑱	14 丙申16	14 丙寅16	13 甲午13	13 癸亥12	13 癸巳11	13 壬戌⑨	13 壬辰9	13 壬戌8	13 辛卯7	12 庚申5
15 己亥⑱	15 戊辰19	15 丁酉17	15 丁卯17	14 乙未14	14 甲子13	14 甲午⑫	14 癸亥10	14 癸巳10	14 癸亥9	14 壬辰8	13 辛酉⑥
16 庚子19	16 己巳20	16 戊戌18	16 戊辰18	**15** 丙申15	15 乙丑14	15 乙未13	15 甲子11	15 甲午11	15 甲子10	15 癸巳⑨	14 壬戌7
17 辛丑20	17 庚午21	17 己亥19	17 己巳19	16 丁酉16	**16** 丙寅⑮	16 丙申14	16 乙丑12	16 乙未12	16 乙丑⑪	16 甲午10	15 癸亥8
18 壬寅21	18 辛未22	18 庚子20	18 庚午⑳	17 戊戌⑰	17 丁卯16	**17** 丁酉15	17 丙寅13	17 丙申13	17 丙寅12	17 乙未11	16 甲子9
19 癸卯22	19 壬申23	19 辛丑21	19 辛未21	18 己亥18	18 戊辰17	18 戊戌16	**18** 丁卯14	**18** 丁酉⑭	18 丁卯13	18 丙申12	17 乙丑10
20 甲辰23	20 癸酉24	20 壬寅㉒	20 壬申22	19 庚子19	19 己巳18	19 己亥17	19 戊辰15	19 戊戌15	**19** 戊辰14	19 丁酉13	18 丙寅11
21 乙巳24	21 甲戌㉕	21 癸卯23	21 癸酉23	20 辛丑20	20 庚午19	20 庚子18	20 己巳⑯	20 己亥16	20 己巳15	**20** 戊戌14	19 丁卯12
22 丙午㉕	22 乙亥26	22 甲辰24	22 甲戌24	21 壬寅21	21 辛未20	21 辛丑⑲	21 庚午17	21 庚子17	21 庚午16	21 己亥15	20 戊辰⑬
23 丁未26	23 丙子27	23 乙巳25	23 乙亥25	22 癸卯22	22 壬申21	22 壬寅20	22 辛未18	22 辛丑18	22 辛未17	22 庚子⑯	**21** 己巳14
24 戊申27	24 丁丑28	24 丙午26	24 丙子26	23 甲辰23	23 癸酉㉒	23 癸卯21	23 壬申19	23 壬寅19	23 壬申⑱	23 辛丑17	22 庚午15
25 己酉28	25 戊寅29	25 丁未27	25 丁丑㉗	24 乙巳㉔	24 甲戌23	24 甲辰22	24 癸酉20	24 癸卯20	24 癸酉19	24 壬寅18	23 辛未16
《3月》	26 己卯30	26 戊申28	26 戊寅28	25 丙午25	25 乙亥24	25 乙巳23	25 甲戌21	25 甲辰㉑	25 甲戌20	25 癸卯19	24 壬申17
26 庚戌1	**27** 庚辰31	27 己酉㉙	27 己卯29	26 丁未26	26 丙子25	26 丙午24	26 乙亥22	26 乙巳22	26 乙亥21	26 甲辰20	25 癸酉18
27 辛亥2	《4月》	**28** 庚戌30	28 庚辰30	27 戊申27	27 丁丑26	27 丁未25	27 丙子㉓	27 丙午23	27 丙子22	27 乙巳21	26 甲戌19
28 壬子3	28 辛巳①	《5月》	**29** 辛巳31	28 己酉28	28 戊寅27	28 戊申㉖	28 丁丑24	28 丁未24	28 丁丑23	28 丙午22	27 乙亥⑳
29 癸丑④	29 壬午2	29 辛亥1		29 庚戌29	29 己卯28	29 己酉27	29 戊寅25	29 戊申25	29 戊寅24	29 丁未㉓	28 丙子21
		30 壬子2			30 庚辰㉙		30 己卯26	30 己酉26		30 戊申24	29 丁丑22
											30 戊寅23
雨水 10日 啓蟄 25日	春分 11日 清明 27日	穀雨 13日 立夏 28日	小満 13日 芒種 29日	夏至 15日	小暑 1日 大暑 16日	立秋 1日 処暑 17日	白露 3日 秋分 18日	寒露 3日 霜降 18日	立冬 4日 小雪 19日	大雪 5日 冬至 20日	小寒 6日 大寒 21日

寛正元年〔長禄4年〕（1460－1461） 庚辰

改元 12/21（長禄→寛正）

1月	2月	3月	4月	5月	6月	7月	8月	9月	閏9月	10月	11月	12月
1 己卯24	1 己酉23	1 戊寅㉓	1 丁未21	1 丁丑21	1 丙午19	1 乙亥18	1 乙巳⑰	1 甲戌15	1 甲辰15	**1** 癸酉13	1 癸卯13	1 癸酉12
2 庚辰25	2 庚戌㉔	2 己卯24	2 戊申22	2 戊寅22	2 丁未20	2 丙子19	2 丙午18	2 乙亥16	2 乙巳16	2 甲戌14	**2** 甲辰⑭	**2** 甲戌13
3 辛巳26	3 辛亥25	3 庚辰25	3 己酉23	3 己卯23	3 戊申21	3 丁丑⑳	3 丁未19	3 丙子17	3 丙午17	3 乙亥15	3 乙巳15	3 乙亥14
4 壬午㉗	4 壬子26	4 辛巳26	4 庚戌24	4 庚辰24	4 己酉㉒	4 戊寅21	4 戊申20	4 丁丑18	4 丁未18	4 丙子⑯	4 丙午16	4 丙子15
5 癸未28	5 癸丑27	5 壬午27	5 辛亥25	5 辛巳㉕	5 庚戌23	5 己卯22	5 己酉21	5 戊寅19	5 戊申⑲	5 丁丑17	5 丁未17	5 丁丑16
6 甲申29	**6** 甲寅28	6 癸未28	6 壬子26	6 壬午26	6 辛亥24	6 庚辰23	6 庚戌22	6 己卯20	6 己酉20	6 戊寅18	6 戊申18	6 戊寅17
7 乙酉30	7 乙卯29	7 甲申29	7 癸丑㉗	7 癸未27	7 壬子25	7 辛巳24	7 辛亥23	7 庚辰㉑	7 庚戌21	7 己卯19	7 己酉19	7 己卯⑱
8 丙戌31	《3月》	**8** 乙酉㉚	8 甲寅28	8 甲申28	8 癸丑26	8 壬午25	8 壬子㉔	8 辛巳22	8 辛亥22	8 庚辰20	8 庚戌20	8 庚辰19
《2月》	8 丙辰1	9 丙戌31	**9** 乙卯29	9 乙酉29	9 甲寅27	9 癸未26	9 癸丑25	9 壬午23	9 壬子23	9 辛巳21	9 辛亥㉑	9 辛巳20
9 丁亥1	9 丁巳②	《4月》	10 丙辰30	**10** 丙戌30	10 乙卯28	10 甲申㉗	10 甲寅26	10 癸未24	10 癸丑24	10 壬午22	10 壬子22	10 壬午21
10 戊子2	10 戊午3	10 丁亥1	《5月》	11 丁亥31	**11** 丙辰㉙	11 乙酉28	11 乙卯27	11 甲申25	11 甲寅25	11 癸未㉓	11 癸丑23	11 癸未22
11 己丑③	11 己未4	11 戊子2	11 丁巳1	《6月》	12 丁巳30	12 丙戌29	12 丙辰28	12 乙酉26	12 乙卯㉖	12 甲申24	12 甲寅24	12 甲申23
12 庚寅4	12 庚申5	12 己丑3	12 戊午2	12 戊子①	《7月》	**13** 丁亥30	**13** 丁巳29	13 丙戌27	13 丙辰27	13 乙酉25	13 乙卯25	13 乙酉24
13 辛卯5	13 辛酉6	13 庚寅4	13 己未3	13 己丑2	13 戊午1	14 戊子31	14 戊午30	**14** 丁亥㉘	14 丁巳28	14 丙戌26	14 丙辰26	14 丙戌㉕
14 壬辰6	14 壬戌7	14 辛卯5	14 庚申④	14 庚寅3	14 己未2	《8月》	15 己未㉛	15 戊子29	**15** 戊午29	15 丁亥27	15 丁巳27	15 丁亥26
15 癸巳7	15 癸亥8	15 壬辰⑥	15 辛酉5	15 辛卯4	15 庚申3	15 己丑1	《9月》	16 己丑30	16 己未30	**16** 戊子28	16 戊午㉘	16 戊子27
16 甲午8	16 甲子⑨	16 癸巳7	16 壬戌6	16 壬辰5	16 辛酉4	16 庚寅2	16 庚申1	《10月》	17 庚申31	17 己丑29	**17** 己未29	**17** 己丑28
17 乙未9	17 乙丑10	17 甲午8	17 癸亥7	17 癸巳6	17 壬戌5	17 辛卯③	17 辛酉2	17 庚寅1	《11月》	18 庚寅㉚	18 庚申30	18 庚寅29
18 丙申⑩	18 丙寅11	18 乙未9	18 甲子8	18 甲午7	18 癸亥⑥	18 壬辰4	18 壬戌3	18 辛卯2	18 辛酉1	《12月》	19 辛酉31	19 辛卯30
19 丁酉11	19 丁卯12	19 丙申10	19 乙丑9	19 乙未⑧	19 甲子7	19 癸巳5	19 癸亥4	19 壬辰3	19 壬戌②	19 辛卯1	**1461年**	20 壬辰31
20 戊戌12	20 戊辰13	20 丁酉11	20 丙寅10	20 丙申9	20 乙丑8	20 甲午6	20 甲子5	20 癸巳4	20 癸亥3	20 壬辰2	《1月》	《2月》
21 己亥13	21 己巳14	21 戊戌12	21 丁卯⑪	21 丁酉10	21 丙寅9	21 乙未7	21 乙丑6	21 甲午⑤	21 甲子4	21 癸巳3	20 壬戌1	***21*** 癸巳①
22 庚子14	**22** 庚午15	22 己亥⑬	22 戊辰12	22 戊戌11	22 丁卯10	22 丙申8	22 丙寅⑦	22 乙未6	22 乙丑5	22 甲午4	21 癸亥2	22 甲午2
23 辛丑15	23 辛未⑯	**23** 庚子14	23 己巳13	23 己亥12	23 戊辰11	23 丁酉9	23 丁卯8	23 丙申7	23 丙寅6	23 乙未5	22 甲子3	23 乙未3
24 壬寅16	24 壬申17	24 辛丑15	24 庚午14	24 庚子13	24 己巳12	24 戊戌⑩	24 戊辰9	24 丁酉8	24 丁卯7	24 丙申6	23 乙丑④	24 丙申4
25 癸卯⑰	25 癸酉18	25 壬寅16	**25** 辛未15	**25** 辛丑14	25 庚午⑬	25 己亥11	25 己巳10	25 戊戌9	25 戊辰8	25 丁酉⑦	24 丙寅5	25 丁酉5
26 甲辰18	26 甲戌19	26 癸卯17	26 壬申16	26 壬寅⑮	**26** 辛未14	26 庚子12	26 庚午11	26 己亥10	26 己巳⑨	26 戊戌8	25 丁卯6	26 戊戌6
27 乙巳19	27 乙亥20	27 甲辰18	27 癸酉17	27 癸卯16	27 壬申15	27 辛丑13	27 辛未12	27 庚子11	27 庚午10	27 己亥9	26 戊辰7	27 己亥7
28 丙午20	28 丙子21	28 乙巳19	28 甲戌⑱	28 甲辰17	28 癸酉16	**28** 壬寅14	**28** 壬申13	28 辛丑⑫	28 辛未11	28 庚子10	27 己巳8	28 庚子⑧
29 丁未21	29 丁丑22	29 丙午⑳	29 乙亥19	29 乙巳18	29 甲戌17	29 癸卯15	29 癸酉⑭	29 壬寅13	29 壬申12	29 辛丑11	28 庚午9	29 辛丑9
30 戊申22			30 丙子20			30 甲辰16		**30** 癸卯14		30 壬寅12	29 辛未10	30 壬寅10
											30 壬申⑪	
立春 6日 雨水 21日	啓蟄 6日 春分 22日	清明 8日 穀雨 23日	立夏 9日 小満 25日	芒種 10日 夏至 25日	小暑 11日 大暑 26日	立秋 13日 処暑 28日	白露 13日 秋分 28日	寒露 14日 霜降 30日	立冬 15日	小雪 1日 大雪 16日	冬至 2日 小寒 17日	大寒 2日 立春 17日

寛正 **2** 年（1461－1462） 辛巳

1月	2月	3月	4月	5月	6月	7月	8月	9月	10月	11月	12月
1 癸卯 11	1 壬申 12	1 壬寅 11	1 辛未 ⑩	1 辛丑 9	1 庚午 8	1 己亥 6	1 己巳 5	1 戊戌 ④	1 戊辰 3	1 丁酉 2	**1462 年**
2 甲辰 12	2 癸酉 13	2 癸卯 ⑫	2 壬申 11	2 壬寅 10	2 辛未 9	2 庚子 7	2 庚午 ⑥	2 己亥 5	2 己巳 4	2 戊戌 3	《1月》
3 乙巳 13	3 甲戌 14	3 甲辰 13	3 癸酉 12	3 癸卯 11	3 壬申 10	3 辛丑 8	3 辛未 7	3 庚子 6	3 庚午 5	3 己亥 4	1 丁卯 1
4 丙午 14	**4** 乙亥 ⑮	**4** 乙巳 14	4 甲戌 13	4 甲辰 12	4 癸酉 11	4 壬寅 ⑨	4 壬申 8	4 辛丑 7	4 辛未 6	4 庚子 5	2 戊辰 2
5 丁未 ⑮	5 丙子 16	5 丙午 15	5 乙亥 14	5 乙巳 13	5 甲戌 ⑫	5 癸卯 10	5 癸酉 9	5 壬寅 8	5 壬申 7	5 辛丑 ⑥	3 己巳 ③
6 戊申 16	6 丁丑 17	6 丁未 16	**6** 丙子 15	**6** 丙午 ⑭	6 乙亥 13	6 甲辰 11	6 甲戌 10	6 癸卯 9	6 癸酉 ⑧	6 壬寅 7	4 庚午 4
7 己酉 17	7 戊寅 18	7 戊申 17	7 丁丑 16	7 丁未 15	7 丙子 14	7 乙巳 12	7 乙亥 11	7 甲辰 10	7 甲戌 9	7 癸卯 8	5 辛未 5
8 庚戌 18	8 己卯 19	8 己酉 18	8 戊寅 ⑰	8 戊申 16	**8** 丁丑 15	8 丙午 13	8 丙子 12	8 乙巳 ⑪	8 乙亥 10	8 甲辰 9	6 壬申 6
9 辛亥 19	9 庚辰 20	9 庚戌 ⑲	9 己卯 18	9 己酉 17	9 戊寅 16	**9** 丁未 14	9 丁丑 ⑬	9 丙午 12	9 丙子 11	9 乙巳 10	7 癸酉 7
10 壬子 20	10 辛巳 21	10 辛亥 20	10 庚辰 19	10 庚戌 18	10 己卯 17	10 戊申 15	**10** 戊寅 14	10 丁未 13	10 丁丑 12	10 丙午 11	8 甲戌 8
11 癸丑 21	11 壬午 ㉒	11 壬子 21	11 辛巳 20	11 辛亥 19	11 庚辰 18	11 己酉 ⑯	11 己卯 15	**11** 戊申 14	**11** 戊寅 13	11 丁未 12	9 乙亥 9
12 甲寅 ㉒	12 癸未 23	12 癸丑 22	12 壬午 21	12 壬子 20	12 辛巳 ⑲	12 庚戌 17	12 庚辰 16	12 己酉 15	12 己卯 14	12 戊申 ⑬	10 丙子 ⑩
13 乙卯 23	13 甲申 24	13 甲寅 23	13 癸未 22	13 癸丑 ㉑	13 壬午 20	13 辛亥 18	13 辛巳 17	13 庚戌 16	13 庚辰 ⑮	**13** 己酉 14	11 丁丑 11
14 丙辰 24	14 乙酉 25	14 乙卯 24	14 甲申 23	14 甲寅 22	14 癸未 21	14 壬子 19	14 壬午 18	14 辛亥 17	14 辛巳 16	14 庚戌 15	12 戊寅 12
15 丁巳 25	15 丙戌 26	15 丙辰 25	15 乙酉 ㉔	15 乙卯 23	15 甲申 22	15 癸丑 20	15 癸未 19	15 壬子 ⑱	15 壬午 17	15 辛亥 16	**13** 己卯 13
16 戊午 26	16 丁亥 27	16 丁巳 ㉖	16 丙戌 25	16 丙辰 24	16 乙酉 23	16 甲寅 21	16 甲申 ⑳	16 癸丑 19	16 癸未 18	16 壬子 17	14 庚辰 14
17 己未 27	17 戊子 28	17 戊午 27	17 丁亥 26	17 丁巳 25	17 丙戌 24	17 乙卯 22	17 乙酉 21	17 甲寅 20	17 甲申 19	17 癸丑 18	15 辛巳 15
18 庚申 28	18 己丑 ㉙	18 己未 28	18 戊子 27	18 戊午 26	18 丁亥 25	18 丙辰 ㉓	18 丙戌 22	18 乙卯 21	18 乙酉 20	18 甲寅 19	16 壬午 16
《3月》	**19** 庚寅 30	19 庚申 29	19 己丑 28	19 己未 27	19 戊子 ㉖	19 丁巳 24	19 丁亥 23	19 丙辰 22	19 丙戌 21	19 乙卯 ⑳	17 癸未 ⑰
19 辛酉 ①	20 辛卯 31	**20** 辛酉 30	20 庚寅 29	20 庚申 ㉘	20 己丑 27	20 戊午 25	20 戊子 24	20 丁巳 23	20 丁亥 ㉒	20 丙辰 21	18 甲申 18
20 壬戌 2	《4月》	《5月》	**21** 辛卯 30	**21** 辛酉 29	21 庚寅 28	21 己未 26	21 己丑 25	21 戊午 24	21 戊子 23	21 丁巳 22	19 乙酉 19
21 癸亥 3	21 壬辰 1	21 壬戌 1	22 壬辰 ㉛	22 壬戌 30	22 辛卯 29	22 庚申 27	22 庚寅 26	22 己未 ㉕	22 己丑 24	22 戊午 23	20 丙戌 20
22 甲子 4	22 癸巳 2	22 癸亥 2	《6月》	《7月》	**23** 壬辰 30	23 辛酉 28	23 辛卯 ㉗	23 庚申 26	23 庚寅 25	23 己未 24	21 丁亥 21
23 乙丑 5	23 甲午 3	23 甲子 ③	23 癸巳 1	23 癸亥 1	24 癸巳 31	**24** 壬戌 29	24 壬辰 28	24 辛酉 27	24 辛卯 26	24 庚申 25	22 戊子 22
24 丙寅 6	24 乙未 4	24 乙丑 4	24 甲午 2	24 甲子 2	《8月》	25 癸亥 ㉚	**25** 癸巳 29	25 壬戌 28	25 壬辰 27	25 辛酉 26	23 己丑 23
25 丁卯 7	25 丙申 ⑤	25 丙寅 5	25 乙未 3	25 乙丑 3	25 甲午 1	26 甲子 31	26 甲午 30	**26** 癸亥 29	26 癸巳 28	26 壬戌 ㉗	24 庚寅 ㉔
26 戊辰 ⑧	26 丁酉 6	26 丁卯 6	26 丙申 4	26 丙寅 4	26 乙未 ②	《9月》	《10月》	27 甲子 30	**27** 甲午 ㉙	27 癸亥 28	25 辛卯 25
27 己巳 9	27 戊戌 7	27 戊辰 7	27 丁酉 5	27 丁卯 ⑤	27 丙申 3	27 乙丑 1	27 乙未 1	28 乙丑 31	28 乙未 30	**28** 甲子 29	26 壬辰 26
28 庚午 10	28 己亥 8	28 己巳 8	28 戊戌 6	28 戊辰 6	28 丁酉 4	28 丙寅 2	28 丙申 2	《11月》	《12月》	29 乙丑 30	27 癸巳 27
29 辛未 11	29 庚子 9	29 庚午 9	29 己亥 ⑦	29 己巳 7	29 戊戌 5	29 丁卯 3	29 丁酉 3	29 丙寅 ①	29 丙申 1	30 丙寅 31	**28** 甲午 28
	30 辛丑 10		30 庚子 8			30 戊辰 4		30 丁卯 2			29 乙未 29
											30 丙申 30

雨水 2日	春分 4日	穀雨 4日	小満 6日	夏至 6日	大暑 8日	処暑 9日	秋分 10日	霜降 11日	小雪 11日	冬至 13日	大寒 13日
啓蟄 18日	清明 19日	立夏 20日	芒種 21日	小暑 21日	立秋 23日	白露 24日	寒露 25日	立冬 26日	大雪 27日	小寒 28日	立春 28日

寛正 **3** 年（1462－1463） 壬午

1月	2月	3月	4月	5月	6月	7月	8月	9月	10月	11月	12月
1 丁酉 ㉛	《3月》	1 丙申 31	**1** 丙寅 30	1 乙未 29	1 乙丑 28	1 甲午 27	1 癸亥 25	1 癸巳 24	1 壬戌 23	1 壬辰 22	1 辛酉 21
《2月》	1 丙寅 1	《4月》	《5月》	**2** 丙申 ㉚	2 丙寅 29	2 乙未 28	2 甲子 26	2 甲午 25	2 癸亥 ㉔	2 癸巳 23	2 壬戌 22
2 戊戌 1	2 丁卯 2	2 丁酉 1	2 丁卯 1	3 丁酉 31	**3** 丁卯 30	3 丙申 29	3 乙丑 27	3 乙未 ㉖	3 甲子 25	3 甲午 24	3 癸亥 23
3 己亥 2	3 戊辰 3	3 戊戌 2	3 戊辰 ②	《6月》	《7月》	**4** 丁酉 30	4 丙寅 28	4 丙申 27	4 乙丑 26	4 乙未 25	4 甲子 24
4 庚子 3	4 己巳 4	4 己亥 3	4 己巳 3	4 戊戌 1	4 戊辰 1	5 戊戌 31	5 丁卯 ㉙	5 丁酉 28	5 丙寅 27	5 丙申 26	5 乙丑 25
5 辛丑 4	5 庚午 5	5 庚子 ④	5 庚午 4	5 己亥 2	5 己巳 2	《8月》	**6** 戊辰 30	**6** 戊戌 29	6 丁卯 28	6 丁酉 27	6 丙寅 ㉖
6 壬寅 5	6 辛未 6	6 辛丑 5	6 辛未 5	6 庚子 3	6 庚午 3	6 己亥 ①	7 己巳 31	7 己亥 30	**7** 戊辰 29	7 戊戌 ㉘	7 丁卯 27
7 癸卯 6	7 壬申 ⑦	7 壬寅 6	7 壬申 6	7 辛丑 4	7 辛未 ④	7 庚子 2	《9月》	《10月》	8 己巳 30	**8** 己亥 29	8 戊辰 28
8 甲辰 ⑦	8 癸酉 8	8 癸卯 7	8 癸酉 7	8 壬寅 5	8 壬申 5	8 辛丑 3	8 庚午 1	8 庚子 1	9 庚午 ㉛	9 庚子 30	**9** 己巳 29
9 乙巳 8	9 甲戌 9	9 甲辰 8	9 甲戌 8	9 癸卯 ⑥	9 癸酉 6	9 壬寅 4	9 辛未 2	9 辛丑 2	《11月》	《12月》	10 庚午 30
10 丙午 9	10 乙亥 10	10 乙巳 9	10 乙亥 ⑨	10 甲辰 7	10 甲戌 7	10 癸卯 5	10 壬申 3	10 壬寅 ③	10 辛未 1	10 辛丑 1	11 辛未 31
11 丁未 10	11 丙子 11	11 丙午 10	11 丙子 10	11 乙巳 8	11 乙亥 8	11 甲辰 6	11 癸酉 4	11 癸卯 4	11 壬申 2	11 壬寅 2	**1463 年**
12 戊申 11	12 丁丑 12	12 丁未 ⑪	12 丁丑 11	12 丙午 9	12 丙子 9	12 乙巳 7	12 甲戌 ⑤	12 甲辰 5	12 癸酉 3	12 癸卯 3	《1月》
13 己酉 12	13 戊寅 13	13 戊申 12	13 戊寅 12	13 丁未 10	13 丁丑 10	13 丙午 ⑧	13 乙亥 6	13 乙巳 6	13 甲戌 4	13 甲辰 4	12 壬申 1
14 庚戌 13	14 己卯 ⑭	14 己酉 13	14 己卯 13	14 戊申 11	14 戊寅 ⑪	14 丁未 9	14 丙子 7	14 丙午 7	14 乙亥 5	14 乙巳 ⑤	13 癸酉 ②
15 辛亥 ⑭	**15** 庚辰 15	15 庚戌 14	15 庚辰 14	15 己酉 12	15 己卯 12	15 戊申 10	15 丁丑 8	15 丁未 8	15 丙子 6	15 丙午 6	14 甲戌 3
16 壬子 15	16 辛巳 16	**16** 辛亥 15	**16** 辛巳 15	16 庚戌 ⑬	16 庚辰 13	16 己酉 11	16 戊寅 9	16 戊申 9	16 丁丑 ⑦	16 丁未 7	15 乙亥 4
17 癸丑 16	17 壬午 17	17 壬子 16	17 壬午 ⑯	**17** 辛亥 14	17 辛巳 14	17 庚戌 12	17 己卯 10	17 己酉 ⑩	17 戊寅 8	17 戊申 8	16 丙子 5
18 甲寅 17	18 癸未 18	18 癸丑 17	18 癸未 17	18 壬子 15	**18** 壬午 15	18 辛亥 13	18 庚辰 11	18 庚戌 11	18 己卯 9	18 己酉 9	17 丁丑 6
19 乙卯 18	19 甲申 19	19 甲寅 ⑱	19 甲申 18	19 癸丑 16	19 癸未 16	**19** 壬子 14	19 辛巳 ⑫	19 辛亥 12	19 庚辰 10	19 庚戌 10	18 戊寅 7
20 丙辰 19	20 乙酉 20	20 乙卯 19	20 乙酉 19	20 甲寅 17	20 甲申 17	20 癸丑 ⑮	20 壬午 13	20 壬子 13	20 辛巳 11	20 辛亥 11	19 己卯 8
21 丁巳 20	21 丙戌 ㉑	21 丙辰 20	21 丙戌 20	21 乙卯 18	21 乙酉 ⑱	21 甲寅 16	**21** 癸未 14	**21** 癸丑 14	21 壬午 12	21 壬子 ⑫	20 庚辰 ⑨
22 戊午 ㉑	22 丁亥 22	22 丁巳 21	22 丁亥 21	22 丙辰 19	22 丙戌 19	22 乙卯 17	22 甲申 15	22 甲寅 15	22 癸未 13	22 癸丑 13	21 辛巳 10
23 己未 22	23 戊子 23	23 戊午 22	23 戊子 22	23 丁巳 ⑳	23 丁亥 20	23 丙辰 18	23 乙酉 16	23 乙卯 16	**23** 甲申 ⑭	**23** 甲寅 14	22 壬午 11
24 庚申 23	24 己丑 24	24 己未 23	24 己丑 ㉓	24 戊午 21	24 戊子 21	24 丁巳 19	24 丙戌 17	24 丙辰 ⑰	24 乙酉 15	24 乙卯 15	23 癸未 12
25 辛酉 24	25 庚寅 25	25 庚申 24	25 庚寅 24	25 己未 22	25 己丑 22	25 戊午 20	25 丁亥 18	25 丁巳 18	25 丙戌 16	25 丙辰 16	24 甲申 13
26 壬戌 25	26 辛卯 26	26 辛酉 ㉕	26 辛卯 25	26 庚申 23	26 庚寅 23	26 己未 21	26 戊子 ⑲	26 戊午 19	26 丁亥 17	26 丁巳 17	**25** 乙酉 14
27 癸亥 26	27 壬辰 27	27 壬戌 26	27 壬辰 26	27 辛酉 24	27 辛卯 24	27 庚申 ㉒	27 己丑 20	27 己未 20	27 戊子 18	27 戊午 18	26 丙戌 15
28 甲子 27	28 癸巳 ㉘	28 癸亥 27	28 癸巳 27	28 壬戌 25	28 壬辰 ㉕	28 辛酉 23	28 庚寅 21	28 庚申 21	28 己丑 19	28 己未 ⑲	27 丁亥 ⑯
29 乙丑 ㉘	29 甲午 29	29 甲子 28	29 甲午 28	29 癸亥 26	29 癸巳 26	29 壬戌 24	29 辛卯 22	29 辛酉 22	29 庚寅 20	29 庚申 20	28 戊子 17
	30 乙未 30	30 乙丑 29		30 甲子 ㉗			30 壬辰 23		30 辛卯 ㉑		29 己丑 18
											30 庚寅 19

雨水 14日	春分 15日	穀雨 16日	立夏 1日	芒種 2日	小暑 3日	立秋 4日	白露 6日	寒露 6日	立冬 7日	大雪 8日	小寒 9日
啓蟄 29日	清明 30日		小満 16日	夏至 17日	大暑 18日	処暑 19日	秋分 21日	霜降 21日	小雪 23日	冬至 23日	大寒 25日

寛正**4**年（1463－1464） 癸未

1月	2月	3月	4月	5月	6月	閏6月	7月	8月	9月	10月	11月	12月
1 辛卯20	1 庚申18	1 庚寅⑳	1 庚申19	1 庚寅19	1 己未17	1 己丑⑰	1 戊午15	1 丁亥13	1 丁巳13	1 丙戌11	1 丙辰⑪	1 乙酉9
2 壬辰21	2 辛酉19	2 辛卯21	2 辛酉20	2 辛卯20	2 庚申18	2 庚寅18	2 己未16	**2** 戊子14	**2** 戊午14	2 丁亥12	2 丁巳12	2 丙戌10
3 癸巳22	3 壬戌⑳	3 壬辰22	3 壬戌21	3 壬辰21	3 辛酉⑲	3 辛卯19	3 庚申17	3 己丑15	3 己未15	3 戊子⑬	3 戊午13	3 丁亥11
4 甲午㉓	4 癸亥21	4 癸巳23	4 癸亥22	4 癸巳㉒	4 壬戌20	4 壬辰20	4 辛酉18	4 庚寅16	4 庚申⑯	**4** 己丑14	**4** 己未14	4 戊子12
5 乙未24	5 甲子22	5 甲午24	5 甲子23	5 甲午23	5 癸亥21	5 癸巳21	5 壬戌19	5 辛卯17	5 辛酉17	5 庚寅15	5 庚申15	5 己丑13
6 丙申25	6 乙丑23	6 乙未25	6 乙丑㉔	6 乙未24	6 甲子22	6 甲午22	6 癸亥20	6 壬辰⑱	6 壬戌18	6 辛卯16	6 辛酉16	**6** 庚寅14
7 丁酉26	7 丙寅24	7 丙申26	7 丙寅25	7 丙申25	7 乙丑23	7 乙未23	7 甲子㉑	7 癸巳19	7 癸亥19	7 壬辰17	7 壬戌17	7 辛卯⑮
8 戊戌27	8 丁卯25	8 丁酉㉗	8 丁卯26	8 丁酉26	8 丙寅24	8 丙申㉔	8 乙丑22	8 甲午20	8 甲子20	8 癸巳18	8 癸亥⑱	8 壬辰16
9 己亥28	9 戊辰26	9 戊戌28	9 戊辰27	9 戊戌27	9 丁卯25	9 丁酉25	9 丙寅23	9 乙未21	9 乙丑21	9 甲午19	9 甲子19	9 癸巳17
10庚子29	10己巳㉗	10己亥29	10己巳28	10己亥28	10戊辰㉖	10戊戌26	10丁卯24	10丙申22	10丙寅22	10乙未⑳	10乙丑20	10甲午18
11辛丑㉚	**11**庚午28	11庚子30	11庚午29	11庚子㉙	11己巳27	11己亥27	11戊辰25	11丁酉23	11丁卯㉓	11丙申21	11丙寅21	11乙未19
12壬寅31	《3月》	**12**辛丑31	**12**辛未30	**12**辛丑30	12庚午28	12庚子28	12己巳26	12戊戌24	12戊辰24	12丁酉22	12丁卯22	12丙申20
《2月》	12辛未 1	《4月》	《5月》	13壬寅31	13辛未29	13辛丑29	13庚午27	13己亥㉕	13己巳25	13戊戌23	13戊辰23	13丁酉21
13癸卯 1	13壬申 2	13壬寅 1	13壬申①	《6月》	**14**壬申30	**14**壬寅30	14辛未㉘	14庚子26	14庚午26	14己亥24	14己巳24	14戊戌㉒
14甲辰 2	14癸酉 3	14癸卯 2	14癸酉 2	14癸卯 1	《7月》	15癸卯㉛	15壬申29	15辛丑27	15辛未27	15庚子25	15庚午㉕	15己亥23
15乙巳 3	15甲戌 4	15甲辰③	15甲戌 3	15甲辰 2	15癸酉 1	《8月》	**16**癸酉30	16壬寅28	16壬申28	16辛丑26	16辛未26	16庚子24
16丙午 4	16乙亥 5	16乙巳 4	16乙亥 4	16乙巳 3	16甲戌 2	16甲辰 1	17甲戌31	**17**癸卯29	17癸酉29	17壬寅㉗	17壬申27	17辛丑25
17丁未 5	17丙子⑥	17丙午 5	17丙子 5	17丙午 4	17乙亥③	17乙巳 2	《9月》	18甲辰30	**18**甲戌㉚	18癸卯28	18癸酉28	18壬寅26
18戊申⑥	18丁丑 6	18丁未 6	18丁丑 6	18丁未⑤	18丙子 4	18丙午 3	18乙亥 1	《10月》	19乙亥31	**19**甲辰29	19甲戌29	19癸卯27
19己酉 7	19戊寅 8	19戊申 7	19戊寅 7	19戊申 6	19丁丑 5	19丁未 4	19丙子 2	19乙巳 1	《11月》	20乙巳30	**20**乙亥30	20甲辰28
20庚戌 8	20己卯 9	20己酉 8	20己卯⑧	20己酉 7	20戊寅 6	20戊申 5	20丁丑 3	20丙午②	20丙子 1	《12月》	21丙子31	**21**乙巳㉙
21辛亥 9	21庚辰10	21庚戌 9	**21**庚辰 9	21庚戌 8	21己卯 7	21己酉 6	21戊寅④	21丁未 3	21丁丑 2	21丙午 1	**1464年**	22丙午30
22壬子10	22辛巳11	22辛亥⑩	22辛巳10	22辛亥 9	22庚辰 8	22庚戌⑦	22己卯 5	22戊申 4	22戊寅 3	22丁未 2	《1月》	23丁未31
23癸丑11	23壬午12	23壬子11	23壬午11	23壬子10	23辛巳 9	23辛亥 8	23庚辰 6	23己酉 5	23己卯 4	23戊申 3	22丁丑①	《2月》
24甲寅12	24癸未⑬	24癸丑12	24癸未12	24癸丑11	24壬午⑩	24壬子 9	24辛巳 7	24庚戌 6	24庚辰 5	24己酉④	23戊寅 2	24戊申 1
25乙卯⑬	25甲申14	25甲寅13	25甲申13	25甲寅⑫	25癸未11	25癸丑10	25壬午 8	25辛亥 7	25辛巳⑥	25庚戌 5	24己卯 3	25己酉 2
26丙辰14	**26**乙酉15	26乙卯14	26乙酉14	26乙卯13	26甲申12	26甲寅11	26癸未 9	26壬子 8	26壬午 7	26辛亥 6	25庚辰 4	26庚戌 3
27丁巳15	27丙戌16	**27**丙辰15	**27**丙戌⑮	27丙辰14	27乙酉13	27乙卯12	27甲申10	27癸丑⑨	27癸未 8	27壬子 7	26辛巳 5	27辛亥 4
28戊午16	28丁亥17	28丁巳16	28丁亥16	**28**丁巳15	28丙戌14	28丙辰13	28乙酉⑪	28甲寅10	28甲申 9	28癸丑 8	27壬午 6	28壬子⑤
29己未17	29戊子18	29戊午⑰	29戊子17	29戊午16	**29**丁亥15	29丁巳⑭	29丙戌12	29乙卯11	29乙酉10	29甲寅 9	28癸未 7	29癸丑 6
	30己丑19	30己未18	30己丑18		30戊子16			30丙辰12		30乙卯10	29甲申⑧	30甲寅 7
立春10日 雨水25日	啓蟄11日 春分26日	清明12日 穀雨27日	立夏12日 小満27日	芒種12日 夏至28日	小暑14日 大暑29日	立秋14日	処暑1日 白露16日	秋分2日 寒露17日	霜降2日 立冬18日	小雪4日 大雪19日	冬至4日 小寒20日	大寒6日 立春21日

寛正**5**年（1464－1465） 甲申

1月	2月	3月	4月	5月	6月	7月	8月	9月	10月	11月	12月
1 乙卯 8	1 甲申 8	1 甲寅 7	1 甲申 7	1 癸丑 5	1 癸未 5	1 壬子 3	1 壬午②	《10月》	1 辛巳31	1 庚戌29	**1** 庚辰29
2 丙辰 9	2 乙酉 9	2 乙卯⑧	2 乙酉 8	2 甲寅 6	2 甲申 6	2 癸丑 4	2 癸未 3	1 辛亥 1	《11月》	2 辛亥30	2 辛巳㉚
3 丁巳10	3 丙戌10	3 丙辰 9	3 丙戌 9	3 乙卯 7	3 乙酉 7	3 甲寅⑤	3 甲申 4	2 壬子 2	2 壬午 1	《12月》	3 壬午31
4 戊午11	4 丁亥⑪	4 丁巳10	4 丁亥10	4 丙辰 8	4 丙戌⑧	4 乙卯 6	4 乙酉 5	3 癸丑 3	3 癸未 2	3 壬子 1	**1465年**
5 己未⑫	5 戊子12	5 戊午11	5 戊子11	5 丁巳 9	5 丁亥 9	5 丙辰 7	5 丙戌 6	4 甲寅 4	4 甲申 3	4 癸丑②	《1月》
6 庚申13	6 己丑13	6 己未12	6 己丑12	6 戊午⑩	6 戊子10	6 丁巳 8	6 丁亥 7	5 乙卯 5	5 乙酉④	5 甲寅 3	4 癸未 1
7 辛酉14	7 庚寅14	7 庚申13	7 庚寅⑬	7 己未11	7 己丑11	7 戊午 9	7 戊子 8	6 丙辰 6	6 丙戌 5	6 乙卯 4	5 甲申 2
8 壬戌15	**8** 辛卯15	**8** 辛酉14	8 辛卯14	8 庚申12	8 庚寅12	8 己未10	8 己丑⑨	7 丁巳⑦	7 丁亥 6	7 丙辰 5	6 乙酉 3
9 癸亥16	9 壬辰16	**9** 壬戌⑮	9 壬辰15	9 辛酉13	9 辛卯13	9 庚申11	9 庚寅10	8 戊午 8	8 戊子 7	8 丁巳 6	7 丙戌 4
10甲子17	10癸巳17	10癸亥16	10癸巳16	**10**壬戌14	**10**壬辰14	10辛酉⑫	10辛卯11	9 己未 9	9 己丑 8	9 戊午 7	8 丁亥 5
11乙丑18	11甲午⑱	11甲子17	11甲午17	11癸亥15	11癸巳⑮	11壬戌13	11壬辰12	10庚申10	10庚寅 9	10己未 8	9 戊子⑥
12丙寅⑲	12乙未19	12乙丑18	12乙未18	12甲子16	12甲午16	**12**癸亥14	**12**癸巳13	11辛酉11	11辛卯10	11庚申⑨	10己丑 7
13丁卯20	13丙申20	13丙寅19	13丙申19	13乙丑⑰	13乙未17	13甲子15	13甲午14	12壬戌12	12壬辰⑪	12辛酉10	11庚寅 8
14戊辰21	14丁酉21	14丁卯20	14丁酉⑳	14丙寅18	14丙申18	14乙丑16	14乙未15	13癸亥13	13癸巳12	13壬戌11	12辛卯 9
15己巳22	15戊戌22	15戊辰21	15戊戌21	15丁卯19	15丁酉19	15丙寅17	15丙申⑯	**14**甲子⑭	**14**甲午13	14癸亥12	13壬辰10
16庚午23	16己亥23	16己巳㉒	16己亥22	16戊辰20	16戊戌20	16丁卯18	16丁酉17	15乙丑15	15乙未14	15甲子13	14癸巳11
17辛未24	17庚子24	17庚午23	17庚子23	17己巳21	17己亥21	17戊辰⑲	17戊戌18	16丙寅16	16丙申15	**16**乙丑14	15甲午12
18壬申25	18辛丑㉕	18辛未24	18辛丑24	18庚午22	18庚子㉒	18己巳20	18己亥19	17丁卯17	17丁酉16	17丙寅15	**16**乙未⑬
19癸酉㉖	19壬寅26	19壬申25	19壬寅25	19辛未23	19辛丑23	19庚午21	19庚子20	18戊辰18	18戊戌17	18丁卯⑯	17丙申14
20甲戌27	20癸卯27	20癸酉26	20癸卯26	20壬申㉔	20壬寅24	20辛未22	20辛丑21	19己巳19	19己亥⑱	19戊辰17	18丁酉15
21乙亥28	21甲辰28	21甲戌27	21甲辰㉗	21癸酉25	21癸卯25	21壬申23	21壬寅22	20庚午20	20庚子19	20己巳18	19戊戌16
22丙子29	22乙巳29	22乙亥28	22乙巳28	22甲戌26	22甲辰26	22癸酉24	22癸卯㉓	21辛未㉑	21辛丑20	21庚午19	20己亥17
《3月》	**23**丙午30	**23**丙子㉙	23丙午29	23乙亥27	23乙巳27	23甲戌25	23甲辰24	22壬申22	22壬寅21	22辛未20	21庚子18
23丁丑 1	24丁未31	24丁丑30	**24**丁未30	24丙子28	24丙午28	24乙亥㉖	24乙巳25	23癸酉23	23癸卯22	23壬申21	22辛丑19
24戊寅 2	《4月》	《5月》	25戊申31	**25**丁丑29	25丁未㉙	25丙子27	25丙午26	24甲戌24	24甲辰23	24癸酉22	23壬寅⑳
25己卯 3	25戊申①	25戊寅 1	《6月》	26戊寅30	**26**戊申30	26丁丑28	26丁未27	25乙亥25	25乙巳24	25甲戌㉓	24癸卯21
26庚辰④	26己酉 2	26己卯 2	26己酉 1	《7月》	27己酉31	**27**戊寅29	**27**戊申28	26丙子26	26丙午㉕	26乙亥24	25甲辰22
27辛巳 5	27庚戌 3	27庚辰 3	27庚戌 2	27己卯①	《8月》	28己卯30	28己酉29	27丁丑27	27丁未26	27丙子25	26乙巳23
28壬午 6	28辛亥 4	28辛巳 4	28辛亥③	28庚辰 2	28庚戌 1	29庚辰31	29庚戌㉚	28戊寅㉘	28戊申27	28丁丑26	27丙午24
29癸未 7	29壬子 5	29壬午 5	29壬子 4	29辛巳 3	29辛亥 2	《9月》		**29**己卯29	**29**己酉28	29戊寅27	28丁未25
	30癸丑 6	30癸未⑥		30壬午 4		30辛巳 1		30庚辰30		30己卯28	29戊申26
雨水6日 啓蟄21日	春分8日 清明23日	穀雨8日 立夏23日	小満9日 芒種24日	夏至10日 小暑25日	大暑10日 立秋26日	処暑12日 白露27日	秋分12日 寒露27日	霜降14日 立冬29日	小雪14日 大雪29日	冬至16日	小寒1日 大寒16日

寛正6年（1465－1466） 乙酉

1月	2月	3月	4月	5月	6月	7月	8月	9月	10月	11月	12月
1 己酉㉗	1 己卯26	1 戊申27	1 戊寅26	1 丁未25	1 丁丑24	1 丙午23	1 丙子22	1 丙午21	1 乙亥⑳	1 乙巳19	1 甲戌18
2 庚戌28	2 庚辰27	2 己酉28	2 己卯27	2 戊申㉖	2 戊寅25	2 丁未24	2 丁丑23	2 丁未㉒	2 丙子21	2 丙午20	2 乙亥19
3 辛亥29	**3** 辛巳28	3 庚戌29	3 庚辰㉘	3 己酉27	3 己卯26	3 戊申25	3 戊寅24	3 戊申23	3 丁丑22	3 丁未21	3 丙子20
4 壬子30	《3月》	**4** 辛亥30	4 辛巳29	4 庚戌28	4 庚辰27	4 己酉26	4 己卯㉕	4 己酉24	4 戊寅23	4 戊申22	4 丁丑21
5 癸丑31	4 壬午1	5 壬子㉛	**5** 壬午30	5 辛亥29	5 辛巳28	5 庚戌27	5 庚辰26	5 庚戌25	5 己卯24	5 己酉23	5 戊寅㉒
《2月》	5 癸未2	《4月》	《5月》	**6** 壬子30	**6** 壬午29	6 辛亥㉘	6 辛巳27	6 辛亥26	6 庚辰25	6 庚戌㉔	6 己卯23
6 甲寅1	6 甲申③	6 癸丑1	6 癸未1	7 癸丑31	7 癸未㉚	7 壬子29	7 壬午28	7 壬子27	7 辛巳26	7 辛亥25	7 庚辰24
7 乙卯2	7 乙酉4	7 甲寅2	7 甲申2	《6月》	《7月》	**8** 癸丑30	**8** 癸未29	8 癸丑28	8 壬午㉗	8 壬子26	8 辛巳25
8 丙辰③	8 丙戌5	8 乙卯3	8 乙酉3	8 甲寅1	8 甲申1	9 甲寅31	9 甲申30	**9** 甲寅㉙	9 癸未28	9 癸丑27	9 壬午26
9 丁巳4	9 丁亥6	9 丙辰4	9 丙戌4	9 乙卯②	9 乙酉2	《8月》	10乙酉31	10乙卯30	**10**甲申29	10甲寅28	10癸未27
10戊午5	10戊子7	10丁巳5	10丁亥⑤	10丙辰3	10丙戌3	10乙卯1	《9月》	《10月》	11乙酉30	**11**乙卯29	11甲申28
11己未6	11己丑8	11戊午6	11戊子6	11丁巳4	11丁亥4	11丙辰2	11丙戌①	11丙辰1	12丙戌31	12丙辰30	**12**乙酉㉙
12庚申7	12庚寅9	12己未⑦	12己丑7	12戊午5	12戊子5	12丁巳3	12丁亥2	12丁巳2	《11月》	《12月》	13丙戌30
13辛酉8	13辛卯⑩	13庚申8	13庚寅8	13己未6	13己丑6	13戊午④	13戊子3	13戊午3	13丁亥1	13丁巳①	14丁亥31
14壬戌9	14壬辰11	14辛酉9	14辛卯9	14庚申7	14庚寅⑦	14己未5	14己丑4	14己未4	14戊子2	14戊午2	**1466年**
15癸亥⑩	15癸巳12	15壬戌10	15壬辰10	15辛酉8	15辛卯8	15庚申6	15庚寅5	15庚申5	15己丑③	15己未3	《1月》
16甲子11	16甲午13	16癸亥11	16癸巳11	16壬戌⑨	16壬辰9	16辛酉7	16辛卯6	16辛酉⑥	16庚寅4	16庚申4	15戊子1
17乙丑12	17乙未14	17甲子12	17甲午⑫	17癸亥10	17癸巳10	17壬戌8	17壬辰7	17壬戌7	17辛卯5	17辛酉5	16己丑2
18丙寅13	**18**丙申15	18乙丑13	18乙未13	18甲子11	18甲午11	18癸亥9	18癸巳⑧	18癸亥8	18壬辰6	18壬戌6	17庚寅3
19丁卯14	19丁酉16	**19**丙寅⑭	19丙申14	19乙丑12	19乙未12	19甲子10	19甲午9	19甲子9	19癸巳7	19癸亥7	18辛卯4
20戊辰15	20戊戌⑰	20丁卯15	**20**丁酉15	20丙寅13	20丙申13	20乙丑⑪	20乙未10	20乙丑10	20甲午8	20甲子⑧	19壬辰⑤
21己巳16	21己亥18	21戊辰16	21戊戌16	**21**丁卯14	21丁酉⑭	21丙寅12	21丙申11	21丙寅11	21乙未9	21乙丑9	20癸巳6
22庚午⑰	22庚子19	22己巳17	22己亥17	22戊辰15	**22**戊戌15	22丁卯13	22丁酉12	22丁卯12	22丙申⑩	22丙寅10	21甲午7
23辛未18	23辛丑20	23庚午18	23庚子18	23己巳⑯	23己亥16	**23**戊辰14	**23**戊戌13	23戊辰⑬	23丁酉11	23丁卯11	22乙未8
24壬申19	24壬寅21	24辛未19	24辛丑⑲	24庚午17	24庚子17	24己巳15	24己亥14	**24**己巳14	24戊戌12	24戊辰12	23丙申9
25癸酉20	25癸卯22	25壬申20	25壬寅20	25辛未18	25辛丑18	25庚午16	25庚子⑮	25庚午15	**25**己亥13	25己巳13	24丁酉10
26甲戌21	26甲辰23	26癸酉㉑	26癸卯21	26壬申19	26壬寅19	26辛未17	26辛丑16	26辛未16	26庚子14	**26**庚午14	25戊戌11
27乙亥22	27乙巳㉔	27甲戌22	27甲辰22	27癸酉20	27癸卯20	27壬申⑱	27壬寅17	27壬申17	27辛丑15	27辛未⑮	26己亥⑫
28丙子23	28丙午25	28乙亥23	28乙巳23	28甲戌21	28甲辰㉑	28癸酉19	28癸卯18	28癸酉18	28壬寅16	28壬申16	**27**庚子13
29丁丑㉔	29丁未26	29丙子24	29丙午24	29乙亥22	29乙巳22	29甲戌20	29甲辰19	29甲戌19	29癸卯⑰	29癸酉17	28辛丑14
30戊寅25		30丁丑25		30丙子㉓		30乙亥21	30乙巳20		30甲辰18		29壬寅15
											30癸卯16

立春2日 雨水17日	啓蟄3日 春分18日	清明4日 穀雨19日	立夏5日 小満20日	芒種6日 夏至21日	小暑6日 大暑22日	立秋8日 処暑23日	白露8日 秋分23日	寒露9日 霜降24日	立冬10日 小雪25日	大雪11日 冬至26日	小寒12日 大寒27日

文正元年〔寛正7年〕（1466－1467） 丙戌

改元 2/28（寛正→文正）

1月	2月	閏2月	3月	4月	5月	6月	7月	8月	9月	10月	11月	12月
1 甲辰17	1 癸酉15	1 癸卯17	**1** 壬申15	**1** 壬寅15	1 辛未13	1 辛丑⑬	1 庚午11	1 庚子10	1 庚午10	1 己亥8	1 己巳8	1 戊戌6
2 乙巳18	2 甲戌⑯	2 甲辰18	2 癸酉16	2 癸卯16	**2** 壬申14	2 壬寅14	2 辛未12	2 辛丑11	2 辛未11	2 庚子⑨	2 庚午9	2 己亥7
3 丙午⑲	3 乙亥17	3 乙巳19	3 甲戌17	3 甲辰17	3 癸酉⑮	**3** 癸卯15	3 壬申13	3 壬寅12	3 壬申⑫	3 辛丑10	3 辛未10	3 庚子8
4 丁未20	4 丙子18	4 丙午20	4 乙亥18	4 乙巳⑱	4 甲戌16	4 甲辰16	**4** 癸酉14	4 癸卯13	4 癸酉13	4 壬寅11	4 壬申11	4 辛丑9
5 戊申21	5 丁丑19	5 丁未21	5 丙子19	5 丙午19	5 乙亥17	5 乙巳17	5 甲戌15	**5** 甲辰⑭	**5** 甲戌14	5 癸卯12	5 癸酉12	5 壬寅10
6 己酉22	6 戊寅20	6 戊申22	6 丁丑⑳	6 丁未20	6 丙子18	6 丙午18	6 乙亥16	6 乙巳15	6 乙亥15	6 甲辰13	6 甲戌13	6 癸卯⑪
7 庚戌23	7 己卯21	7 己酉㉓	7 戊寅21	7 戊申21	7 丁丑19	7 丁未19	7 丙子⑰	7 丙午16	7 丙子16	**7** 乙巳14	**7** 乙亥⑭	7 甲辰12
8 辛亥24	8 庚辰22	8 庚戌24	8 己卯22	8 己酉22	8 戊寅20	8 戊申⑳	8 丁丑18	8 丁未17	8 丁丑17	8 丙午15	8 丙子15	**8** 乙巳13
9 壬子25	9 辛巳㉓	9 辛亥25	9 庚辰23	9 庚戌23	9 己卯21	9 己酉21	9 戊寅19	9 戊申18	9 戊寅18	9 丁未⑯	9 丁丑16	9 丙午14
10癸丑㉖	10壬午24	10壬子26	10辛巳24	10辛亥24	10庚辰㉒	10庚戌22	10己卯20	10己酉19	10己卯⑲	10戊申17	10戊寅17	10丁未15
11甲寅27	11癸未25	11癸丑27	11壬午25	11壬子㉕	11辛巳23	11辛亥23	11庚辰21	11庚戌20	11庚辰20	11己酉18	11己卯18	11戊申16
12乙卯28	12甲申26	12甲寅28	12癸未26	12癸丑26	12壬午24	12壬子24	12辛巳22	12辛亥㉑	12辛巳21	12庚戌19	12庚辰19	12己酉17
13丙辰29	13乙酉27	13乙卯29	13甲申㉗	13甲寅27	13癸未25	13癸丑25	13壬午23	13壬子22	13壬午22	13辛亥20	13辛巳20	13庚戌⑱
14丁巳30	**14**丙戌28	**14**丙辰㉚	14乙酉28	14乙卯28	14甲申26	14甲寅26	14癸未㉔	14癸丑23	14癸未23	14壬子21	14壬午㉑	14辛亥19
15戊午31	《3月》	15丁巳31	15丙戌29	15丙辰29	15乙酉27	15乙卯㉗	15甲申25	15甲寅24	15甲申24	15癸丑22	15癸未22	15壬子20
《2月》	15丁亥1	《4月》	**16**丁亥30	**16**丁巳30	16丙戌28	16丙辰28	16乙酉26	16乙卯25	16乙酉25	16甲寅㉓	16甲申23	16癸丑21
16己未1	16戊子②	16戊午1	《5月》	17戊午31	17丁亥㉙	17丁巳29	17丙戌27	17丙辰26	17丙戌㉖	17乙卯24	17乙酉24	17甲寅22
17庚申②	17己丑3	17己未2	17戊子1	《6月》	**18**戊子30	**18**戊午30	18丁亥28	18丁巳27	18丁亥27	18丙辰25	18丙戌25	18乙卯23
18辛酉3	18庚寅4	18庚申3	18己丑2	18己未①	《7月》	19己未31	19戊子29	19戊午㉘	19戊子28	19丁巳26	19丁亥26	19丙辰24
19壬戌4	19辛卯5	19辛酉4	19庚寅3	19庚申2	19己丑1	《8月》	**20**己丑30	**20**己未29	**20**己丑29	20戊午27	20戊子27	20丁巳㉕
20癸亥5	20壬辰6	20壬戌5	20辛卯④	20辛酉3	20庚寅2	20庚申1	21庚寅㉛	21庚申30	21庚寅30	21己未28	21己丑㉘	21戊午26
21甲子6	21癸巳7	21癸亥⑥	21壬辰5	21壬戌4	21辛卯3	21辛酉2	《9月》	《10月》	22辛卯31	**22**庚申29	**22**庚寅29	22己未27
22乙丑7	22甲午8	22甲子7	22癸巳6	22癸亥5	22壬辰4	22壬戌③	22辛卯1	22辛酉1	《11月》	23辛酉㉚	23辛卯30	23庚申28
23丙寅8	23乙未⑨	23乙丑8	23甲午7	23甲子6	23癸巳5	23癸亥4	23壬辰2	23壬戌2	23壬辰1	《12月》	24壬辰31	**24**辛酉29
24丁卯⑨	24丙申10	24丙寅9	24乙未8	24乙丑7	24甲午⑥	24甲子5	24癸巳3	24癸亥3	24癸巳②	24壬戌1	**1467年**	25壬戌30
25戊辰10	25丁酉11	25丁卯10	25丙申9	25丙寅⑧	25乙未7	25乙丑6	25甲午4	25甲子4	25甲午3	25癸亥2	《1月》	26癸亥31
26己巳11	26戊戌12	26戊辰11	26丁酉10	26丁卯9	26丙申8	26丙寅7	26乙未5	26乙丑⑤	26乙未4	26甲子3	25癸巳1	《2月》
27庚午12	27己亥13	27己巳12	27戊戌⑪	27戊辰10	27丁酉9	27丁卯8	27丙申6	27丙寅6	27丙申5	27乙丑4	26甲午2	27甲子①
28辛未13	28庚子14	28庚午⑬	28己亥12	28己巳11	28戊戌10	28戊辰9	28丁酉⑦	28丁卯7	28丁酉6	28丙寅5	27乙未3	28乙丑2
29壬申14	**29**辛丑15	29辛未14	29庚子13	29庚午12	29己亥11	29己巳⑩	29戊戌8	29戊辰8	29戊戌7	29丁卯6	28丙申④	29丙寅3
	30壬寅⑯		30辛丑14		30庚子12		30己亥9	30己巳9		30戊辰⑦	29丁酉5	30丁卯4

立春12日 雨水28日	啓蟄14日 春分29日	清明14日	穀雨1日 立夏16日	小満1日 芒種16日	夏至2日 小暑18日	大暑3日 立秋18日	処暑4日 白露20日	秋分5日 寒露20日	霜降5日 立冬20日	小雪7日 大雪22日	冬至7日 小寒22日	大寒8日 立春24日

応仁元年〔文正２年〕（1467－1468） 丁亥

改元 3/5（文正→応仁）

1月	2月	3月	4月	5月	6月	7月	8月	9月	10月	11月	12月
1 戊辰 5 2 己巳 6 3 庚午 7 4 辛未⑧ 5 壬申 9 6 癸酉10 7 甲戌11 8 乙亥12 **9** 丙子13 10丁丑14 11戊寅⑮ 12己卯16 13庚辰17 14辛巳18 15壬午19 16癸未20 17甲申21 18乙酉㉒ 19丙戌23 20丁亥24 21戊子25 22己丑26 23庚寅27 **24**辛卯28 《3月》 25壬辰① 26癸巳 2 27甲午 3 28乙未 4 29丙申 5	1 丁酉 6 2 戊戌 7 3 己亥⑧ 4 庚子 9 5 辛丑10 6 壬寅11 7 癸卯12 8 甲辰13 9 乙巳14 **10**丙午⑮ 11丁未16 12戊申17 13己酉18 14庚戌19 15辛亥20 16壬子21 17癸丑㉒ 18甲寅23 19乙卯24 20丙辰25 21丁巳26 22戊午27 23己未28 24庚申㉙ 25辛酉30 **26**壬戌31 《4月》 27癸亥 1 28甲子 2 29乙丑 3 30丙寅 4	1 丁卯⑤ 2 戊辰 6 3 己巳 7 4 庚午 8 5 辛未 9 6 壬申10 7 癸酉11 8 甲戌⑫ 9 乙亥13 10丙子14 **11**丁丑15 12戊寅16 13己卯17 14庚辰18 15辛巳⑲ 16壬午20 17癸未21 18甲申22 19乙酉23 20丙戌24 21丁亥25 22戊子㉖ 23己丑27 24庚寅28 25辛卯29 **26**壬辰30 《5月》 27癸巳 1 28甲午 2 29乙未③	1 丙申 4 2 丁酉 5 3 戊戌 6 4 己亥 7 5 庚子 8 6 辛丑 9 7 壬寅⑩ 8 癸卯11 9 甲辰12 10乙巳13 11丙午14 **12**丁未15 13戊申16 14己酉⑰ 15庚戌18 16辛亥19 17壬子20 18癸丑21 19甲寅22 20乙卯23 21丙辰㉔ 22丁巳25 23戊午26 24己未27 25庚申28 26辛酉29 **27**壬戌30 28癸亥㉛ 《6月》 29甲子 1	1 乙丑 2 2 丙寅 3 3 丁卯 4 4 戊辰 5 5 己巳 6 6 庚午⑦ 7 辛未 8 8 壬申 9 9 癸酉10 10甲戌11 11乙亥12 12丙子13 13丁丑⑭ **14**戊寅15 15己卯16 16庚辰17 17辛巳18 18壬午19 19癸未20 20甲申㉑ 21乙酉22 22丙戌23 23丁亥24 24戊子25 25己丑26 26庚寅27 27辛卯㉘ 28壬辰29 **29**癸巳30 《7月》 30甲午 1	1 乙未 2 2 丙申 3 3 丁酉 4 4 戊戌⑤ 5 己亥 6 6 庚子 7 7 辛丑 8 8 壬寅 9 9 癸卯10 10甲辰11 11乙巳⑫ 12丙午13 13丁未14 **14**戊申15 15己酉16 16庚戌17 17辛亥18 18壬子⑲ 19癸丑20 20甲寅21 21乙卯22 22丙辰23 23丁巳24 24戊午25 25己未㉖ 26庚申27 27辛酉28 28壬戌29 **29**癸亥30	1 甲子31 《8月》 2 乙丑 1 3 丙寅② 4 丁卯 3 5 戊辰 4 6 己巳 5 7 庚午 6 8 辛未 7 9 壬申 8 10癸酉⑨ 11甲戌10 12乙亥11 13丙子12 14丁丑13 15戊寅14 **16**己卯15 17庚辰⑯ 18辛巳17 19壬午18 20癸未19 21甲申20 22乙酉21 23丙戌22 24丁亥㉓ 25戊子24 26己丑25 27庚寅26 28辛卯27 29壬辰28 30癸巳29	**1** 甲午㉚ 2 乙未31 《9月》 3 丙申 1 4 丁酉 2 5 戊戌 3 6 己亥 4 7 庚子 5 8 辛丑⑥ 9 壬寅 7 10癸卯 8 11甲辰 9 12乙巳10 13丙午11 14丁未12 15戊申⑬ **16**己酉14 17庚戌15 18辛亥16 19壬子17 20癸丑18 21甲寅19 22乙卯⑳ 23丙辰21 24丁巳22 25戊午23 26己未24 27庚申25 28辛酉26 29壬戌㉗ 30癸亥28	**1** 甲子29 2 乙丑30 《10月》 3 丙寅 1 4 丁卯 2 5 戊辰 3 6 己巳④ 7 庚午 5 8 辛未 6 9 壬申 7 10癸酉 8 11甲戌 9 12乙亥10 13丙子⑪ 14丁丑12 15戊寅13 **16**己卯14 17庚辰15 18辛巳16 19壬午17 20癸未⑱ 21甲申19 22乙酉20 23丙戌21 24丁亥22 25戊子23 26己丑24 27庚寅㉕ 28辛卯26 29壬辰27	1 癸巳28 2 甲午29 **3** 乙未30 4 丙申31 《11月》 5 丁酉① 6 戊戌 2 7 己亥 3 8 庚子 4 9 辛丑 5 10壬寅 6 11癸卯 7 12甲辰⑧ 13乙巳 9 14丙午10 15丁未11 16戊申12 17己酉13 **18**庚戌14 19辛亥⑮ 20壬子16 21癸丑17 22甲寅18 23乙卯19 24丙辰20 25丁巳21 26戊午㉒ 27己未23 28庚申24 29辛酉25 30壬戌26	1 癸亥27 2 甲子28 **3** 乙丑㉙ 4 丙寅30 《12月》 5 丁卯 1 6 戊辰 2 7 己巳 3 8 庚午 4 9 辛未 5 10壬申⑥ 11癸酉 7 12甲戌 8 13乙亥 9 14丙子10 15丁丑11 16戊寅12 17己卯⑬ **18**庚辰14 19辛巳15 20壬午16 21癸未17 22甲申18 23乙酉19 24丙戌⑳ 25丁亥21 26戊子22 27己丑23 28庚寅24 29辛卯25 30壬辰26	1 癸巳㉗ 2 甲午28 3 乙未29 **4** 丙申30 5 丁酉31 **1468年** 《1月》 6 戊戌 1 7 己亥 2 8 庚子③ 9 辛丑 4 10壬寅 5 11癸卯 6 12甲辰 7 13乙巳 8 14丙午 9 15丁未⑩ 16戊申11 17己酉12 18庚戌13 **19**辛亥14 20壬子15 21癸丑16 22甲寅⑰ 23乙卯18 24丙辰19 25丁巳20 26戊午21 27己未22 28庚申23 29辛酉㉔
雨水 9日 啓蟄 24日	春分 10日 清明 26日	穀雨 11日 立夏 26日	小満 12日 芒種 27日	夏至 14日 小暑 29日	大暑 14日 立秋 29日	処暑 16日	白露 1日 秋分 16日	寒露 1日 霜降 16日	立冬 3日 小雪 18日	大雪 3日 冬至 18日	小寒 4日 大寒 19日

応仁２年（1468－1469） 戊子

1月	2月	3月	4月	5月	6月	7月	8月	9月	10月	閏10月	11月	12月
1 壬戌25 2 癸亥26 3 甲子27 4 乙丑28 **5** 丙寅29 6 丁卯30 7 戊辰㉛ 《2月》 8 己巳 1 9 庚午 2 10辛未 3 11壬申 4 12癸酉 5 13甲戌 6 14乙亥⑦ 15丙子 8 16丁丑 9 17戊寅10 18己卯11 19庚辰12 **20**辛巳13 21壬午⑭ 22癸未15 23甲申16 24乙酉17 25丙戌18 26丁亥19 27戊子20 28己丑㉑ 29庚寅22 30辛卯23	1 壬辰24 2 癸巳25 3 甲午26 4 乙未27 **5** 丙申㉘ 6 丁酉29 《3月》 7 戊戌 1 8 己亥 2 9 庚子 3 10辛丑 4 11壬寅 5 12癸卯⑥ 13甲辰 7 14乙巳 8 15丙午 9 16丁未10 17戊申11 18己酉12 19庚戌⑬ 20辛亥14 **21**壬子15 22癸丑16 23甲寅17 24乙卯18 25丙辰19 26丁巳⑳ 27戊午21 28己未22 29庚申23	1 辛酉24 2 壬戌25 3 癸亥26 4 甲子㉗ 5 乙丑28 6 丙寅29 **7** 丁卯30 8 戊辰31 《4月》 9 己巳 1 10庚午 2 11辛未③ 12壬申 4 13癸酉 5 14甲戌 6 15乙亥 7 16丙子 8 17丁丑 9 18戊寅⑩ 19己卯11 20庚辰12 21辛巳13 **22**壬午14 23癸未15 24甲申16 25乙酉⑰ 26丙戌18 27丁亥19 28戊子20 29己丑21 30庚寅22	1 辛卯23 2 壬辰㉔ 3 癸巳25 4 甲午26 5 乙未27 6 丙申28 **7** 丁酉29 8 戊戌30 《5月》 9 己亥① 10庚子 2 11辛丑 3 12壬寅 4 13癸卯 5 14甲辰 6 15乙巳 7 16丙午⑧ 17丁未 9 18戊申10 19己酉11 20庚戌12 21辛亥13 **22**壬子14 23癸丑⑮ 24甲寅16 25乙卯17 26丙辰18 27丁巳19 28戊午20 29己未21	1 庚申㉒ 2 辛酉23 3 壬戌24 4 癸亥25 5 甲子26 6 乙丑27 7 丙寅28 8 丁卯㉙ **9** 戊辰30 10己巳31 《6月》 11庚午 1 12辛未 2 13壬申 3 14癸酉 4 15甲戌⑤ 16乙亥 6 17丙子 7 18丁丑 8 19戊寅 9 20己卯10 21庚辰11 22辛巳⑫ 23壬午13 **24**癸未14 25甲申15 26乙酉16 27丙戌17 28丁亥18 29戊子⑲	1 己丑20 2 庚寅21 3 辛卯22 4 壬辰23 5 癸巳24 6 甲午25 7 乙未㉖ 8 丙申27 9 丁酉28 **10**戊戌29 11己亥30 《7月》 12庚子 1 13辛丑 2 14壬寅③ 15癸卯 4 16甲辰 5 17乙巳 6 18丙午 7 19丁未 8 20戊申 9 21己酉⑩ 22庚戌11 23辛亥12 24壬子13 **25**癸丑14 26甲寅15 27乙卯16 28丙辰⑰ 29丁巳18 30戊午19	1 己未20 2 庚申21 3 辛酉22 4 壬戌23 5 癸亥㉔ 6 甲子25 7 乙丑26 8 丙寅27 9 丁卯28 10戊辰29 **11**己巳30 12庚午㉛ 《8月》 13辛未 1 14壬申 2 15癸酉 3 16甲戌 4 17乙亥 5 18丙子 6 19丁丑⑦ 20戊寅 8 21己卯 9 22庚辰10 23辛巳11 24壬午12 25癸未13 **26**甲申⑭ 27乙酉15 28丙戌16 29丁亥17	1 戊子18 2 己丑19 3 庚寅20 4 辛卯㉑ 5 壬辰22 6 癸巳23 7 甲午24 8 乙未25 9 丙申26 10丁酉27 11戊戌㉘ **12**己亥29 13庚子30 14辛丑31 《9月》 15壬寅 1 16癸卯 2 17甲辰 3 18乙巳④ 19丙午 5 20丁未 6 21戊申 7 22己酉 8 23庚戌 9 24辛亥10 25壬子⑪ 26癸丑12 **27**甲寅13 28乙卯14 29丙辰15 30丁巳16	1 戊午17 2 己未⑱ 3 庚申19 4 辛酉20 5 壬戌21 6 癸亥22 7 甲子23 8 乙丑24 9 丙寅㉕ 10丁卯26 11戊辰27 **12**己巳28 13庚午29 14辛未30 《10月》 15壬申 1 16癸酉② 17甲戌 3 18乙亥 4 19丙子 5 20丁丑 6 21戊寅 7 22己卯 8 23庚辰⑨ 24辛巳10 25壬午11 26癸未12 27甲申13 **28**乙酉14 29丙戌15	1 丁亥⑯ 2 戊子17 3 己丑18 4 庚寅19 5 辛卯20 6 壬辰21 7 癸巳22 8 甲午㉓ 9 乙未24 10丙申25 11丁酉26 12戊戌27 13己亥28 **14**庚子29 15辛丑㉚ 16壬寅31 《11月》 17癸卯 1 18甲辰 2 19乙巳 3 20丙午 4 21丁未 5 22戊申⑥ 23己酉 7 24庚戌 8 25辛亥 9 26壬子10 27癸丑11 28甲寅12 **29**乙卯⑬ 30丙辰14	1 丁巳15 2 戊午16 3 己未17 4 庚申18 5 辛酉19 6 壬戌⑳ 7 癸亥21 8 甲子22 9 乙丑23 10丙寅24 11丁卯25 12戊辰26 13己巳㉗ **14**庚午28 15辛未29 16壬申30 《12月》 17癸酉 1 18甲戌 2 19乙亥 3 20丙子④ 21丁丑 5 22戊寅 6 23己卯 7 24庚辰 8 25辛巳 9 26壬午10 27癸未⑪ 28甲申12 29乙酉13	**1** 丙戌14 2 丁亥15 3 戊子16 4 己丑17 5 庚寅⑱ 6 辛卯19 7 壬辰20 8 癸巳21 9 甲午22 10乙未23 11丙申24 12丁酉㉕ 13戊戌26 14己亥27 15庚子28 **16**辛丑29 17壬寅30 18癸卯31 **1469年** 《1月》 19甲辰① 20乙巳 2 21丙午 3 22丁未 4 23戊申 5 24己酉 6 25庚戌 7 26辛亥⑧ 27壬子 9 28癸丑10 29甲寅11 30乙卯12	**1** 丙辰13 2 丁巳14 3 戊午⑮ 4 己未16 5 庚申17 6 辛酉18 7 壬戌19 8 癸亥20 9 甲子21 10乙丑㉒ 11丙寅23 12丁卯24 13戊辰25 14己巳26 15庚午27 **16**辛未28 17壬申㉙ 18癸酉30 19甲戌31 《2月》 20乙亥 1 21丙子 2 22丁丑 3 23戊寅 4 24己卯⑤ 25庚辰 6 26辛巳 7 27壬午 8 28癸未 9 29甲申10 30乙酉11
立春 5日 雨水 20日	啓蟄 5日 春分 21日	清明 7日 穀雨 22日	立夏 7日 小満 22日	芒種 9日 夏至 24日	小暑 10日 大暑 25日	立秋 11日 処暑 26日	白露 12日 秋分 27日	寒露 12日 霜降 28日	立冬 14日 小雪 29日	大雪14日	冬至 1日 小寒 16日	大寒 1日 立春 16日

文明元年〔応仁 3 年〕（1469－1470） 己丑

改元 4/28（応仁→文明）

1月	2月	3月	4月	5月	6月	7月	8月	9月	10月	11月	12月
1 丙戌⑫	1 丙辰14	1 乙酉12	1 乙卯12	1 甲申10	1 癸丑⑨	1 癸未 8	1 壬子 6	1 壬午 6	1 辛亥 4	1 辛巳 4	1 辛亥 3
2 丁亥13	**2** 丁巳15	2 丙戌13	2 丙辰13	2 乙酉⑪	2 甲寅10	2 甲申 9	2 癸丑 7	2 癸未 7	2 壬子⑤	2 壬午 5	2 壬子 4
3 戊子14	3 戊午16	**3** 丁亥14	3 丁巳⑭	3 丙戌12	3 乙卯11	3 乙酉10	3 甲寅 8	3 甲申⑧	3 癸丑 6	3 癸未 6	3 癸丑 5
4 己丑15	4 己未17	4 戊子15	**4** 戊午15	4 丁亥13	4 丙辰12	4 丙戌11	4 乙卯 9	4 乙酉 9	4 甲寅 7	4 甲申 7	4 甲寅 6
5 庚寅16	5 庚申18	5 己丑⑯	5 己未16	**5** 戊子14	5 丁巳13	5 丁亥12	5 丙辰⑩	5 丙戌10	5 乙卯 8	5 乙酉 8	5 乙卯⑦
6 辛卯17	6 辛酉⑲	6 庚寅17	6 庚申17	6 己丑15	6 戊午14	6 戊子⑬	6 丁巳11	6 丁亥11	6 丙辰 9	6 丙戌 9	6 丙辰 8
7 壬辰18	7 壬戌20	7 辛卯18	7 辛酉18	7 庚寅16	**7** 己未15	**7** 己丑14	7 戊午12	7 戊子12	7 丁巳10	7 丁亥⑩	7 丁巳 9
8 癸巳⑲	8 癸亥21	8 壬辰19	8 壬戌19	8 辛卯17	8 庚申⑯	8 庚寅15	**8** 己未13	8 己丑13	8 戊午11	8 戊子11	8 戊午10
9 甲午20	9 甲子22	9 癸巳20	9 癸亥20	9 壬辰⑱	9 辛酉17	9 辛卯16	9 庚申14	**9** 庚寅14	9 己未⑫	9 己丑12	9 己未11
10乙未21	10乙丑23	10甲午21	10甲子㉑	10癸巳19	10壬戌18	10壬辰17	10辛酉15	10辛卯⑮	**10**庚申13	10庚寅13	10庚申12
11丙申22	11丙寅24	11乙未22	11乙丑22	11甲午20	11癸亥19	11癸巳18	11壬戌16	11壬辰16	11辛酉14	**11**辛卯14	**11**辛酉13
12丁酉23	12丁卯25	12丙申㉓	12丙寅23	12乙未21	12甲子20	12甲午19	12癸亥⑰	12癸巳17	12壬戌15	12壬辰15	12壬戌⑭
13戊戌24	13戊辰㉖	13丁酉24	13丁卯24	13丙申22	13乙丑21	13乙未⑳	13甲子18	13甲午18	13癸亥16	13癸巳16	13癸亥15
14己亥25	14己巳27	14戊戌25	14戊辰25	14丁酉23	14丙寅22	14丙申21	14乙丑19	14乙未19	14甲子17	14甲午⑰	14甲子16
15庚子㉖	15庚午28	15己亥26	15己巳26	15戊戌24	15丁卯㉓	15丁酉22	15丙寅20	15丙申20	15乙丑18	15乙未18	15乙丑17
16辛丑27	16辛未29	16庚子27	16庚午27	16己亥㉕	16戊辰24	16戊戌23	16丁卯21	16丁酉21	16丙寅⑲	16丙申19	16丙寅18
17壬寅28	**17**壬申30	17辛丑28	17辛未㉘	17庚子26	17己巳25	17己亥24	17戊辰22	17戊戌㉒	17丁卯20	17丁酉20	17丁卯19
《3月》 18癸卯 1	18癸酉31	18壬寅29	18壬申29	18辛丑27	18庚午26	18庚子25	18己巳23	18己亥23	18戊辰21	18戊戌21	18戊辰20
19甲辰 2	《4月》 19甲戌 1	**19**癸卯㉚	**19**癸酉30	19壬寅28	19辛未27	19辛丑26	19庚午㉔	19庚子24	19己巳22	19己亥22	19己巳㉑
20乙巳 3	20乙亥②	《5月》 20甲辰 1	20甲戌31	**20**癸卯29	20壬申28	20壬寅㉗	20辛未25	20辛丑25	20庚午23	20庚子23	20庚午22
21丙午 4	21丙子 3	21乙巳 2	《6月》 21乙亥 1	21甲辰30	21癸酉29	21癸卯28	21壬申26	21壬寅26	21辛未24	21辛丑㉔	21辛未23
22丁未⑤	22丁丑 4	22丙午 3	22丙子 2	《7月》 22乙巳 1	**22**甲戌㉚	**22**甲辰29	22癸酉27	22癸卯27	22壬申25	22壬寅25	22壬申24
23戊申 6	23戊寅 5	23丁未 4	23丁丑 3	23丙午②	23乙亥31	23乙巳30	23甲戌28	23甲辰28	23癸酉㉖	23癸卯26	23癸酉25
24己酉 7	24己卯 6	24戊申 5	24戊寅④	24丁未 3	《8月》 24丙子 1	24丙午31	**24**乙亥29	**24**乙巳㉙	24甲戌27	24甲辰27	24甲戌26
25庚戌 8	25庚辰 7	25己酉 6	25己卯 5	25戊申 4	25丁丑 2	《9月》 25丁未 1	25丙子30	25丙午30	25乙亥28	25乙巳28	25乙亥27
26辛亥 9	26辛巳 8	26庚戌⑦	26庚辰 6	26己酉 5	26戊寅 3	26戊申 2	《10月》 26丁丑①	26丁未31	**26**丙子29	**26**丙午29	**26**丙子㉘
27壬子10	27壬午⑨	27辛亥 8	27辛巳 7	27庚戌 6	27己卯 4	27己酉③	27戊寅 2	《11月》 27戊申 1	27丁丑30	27丁未30	27丁丑29
28癸丑11	28癸未10	28壬子 9	28壬午 8	28辛亥 7	28庚辰 5	28庚戌 4	28己卯 3	28己酉 2	《12月》 28戊寅 1	28戊申㉛	28戊寅30
29甲寅⑫	29甲申11	29癸丑10	29癸未 9	29壬子 8	29辛巳⑥	29辛亥 5	29庚辰 4	29庚戌 3	29己卯 2	**1470年** 《1月》 29己酉 1	29己卯31
30乙卯13		30甲寅11			30壬午 7		30辛巳 5		30庚辰③	30庚戌 2	《2月》 30庚辰 1

雨水 1日	春分 2日	穀雨 3日	小満 4日	夏至 5日	大暑 7日	処暑 7日	秋分 8日	霜降 9日	小雪 10日	冬至 11日	大寒 11日
啓蟄 17日	清明 17日	立夏 19日	芒種 19日	小暑 20日	立秋 22日	白露 22日	寒露 24日	立冬 24日	大雪 26日	小寒 26日	立春 26日

文明 2 年（1470－1471） 庚寅

1月	2月	3月	4月	5月	6月	7月	8月	9月	10月	11月	12月
1 辛巳 2	1 庚戌 3	1 庚辰 2	《5月》 1 己酉 1	1 己卯31	1 戊申29	1 丁丑28	1 丁未27	1 丙子25	1 乙巳24	1 乙亥23	1 乙巳㉓
2 壬午 3	2 辛亥④	2 辛巳 3	2 庚戌 2	《6月》 2 庚辰 1	**2** 己酉30	2 戊寅㉙	2 戊申28	2 丁丑26	2 丙午25	2 丙子24	2 丙午24
3 癸未④	3 壬子 5	3 壬午 4	3 辛亥 3	3 辛巳 2	《7月》 3 庚戌①	**3** 己卯30	3 己酉29	3 戊寅27	3 丁未26	3 丁丑㉕	3 丁未25
4 甲申 5	4 癸丑 6	4 癸未 5	4 壬子 4	4 壬午③	4 辛亥 2	4 庚辰31	**4** 庚戌30	4 己卯28	4 戊申27	4 戊寅26	4 戊申26
5 乙酉 6	5 甲寅 7	5 甲申 6	5 癸丑 5	5 癸未 4	5 壬子 3	《8月》 5 辛巳 1	5 辛亥31	**5** 庚辰29	5 己酉㉘	5 己卯27	5 己酉27
6 丙戌 7	6 乙卯 8	6 乙酉 7	6 甲寅⑥	6 甲申 5	6 癸丑 4	6 壬午 2	《9月》 6 壬子 1	6 辛巳㉚	**6** 庚戌29	6 庚辰28	6 庚戌28
7 丁亥 8	7 丙辰 9	7 丙戌⑧	7 乙卯 7	7 乙酉 6	7 甲寅 5	7 癸未 3	7 癸丑②	《10月》 7 壬午 1	7 辛亥30	**7** 辛巳29	**7** 辛亥29
8 戊子 9	8 丁巳10	8 丁亥 9	8 丙辰 8	8 丙戌 7	8 乙卯 6	8 甲申 4	8 甲寅 3	8 癸未 2	8 壬子31	8 壬午30	8 壬子㉚
9 己丑10	9 戊午⑪	9 戊子10	9 丁巳 9	9 丁亥 8	9 丙辰 7	9 乙酉⑤	9 乙卯 4	9 甲申 3	《11月》 9 癸丑 1	《12月》 9 癸未 1	9 癸丑31
10庚寅⑪	10己未12	10己丑11	10戊午10	10戊子 9	10丁巳⑧	10丙戌 6	10丙辰 5	10乙酉 4	10甲寅 2	10甲申②	**1471年** 《1月》 10甲寅 1
11辛卯12	11庚申13	11庚寅12	11己未11	11己丑⑩	11戊午 9	11丁亥 7	11丁巳 6	11丙戌 5	11乙卯 3	11乙酉 3	11乙卯 2
12壬辰13	12辛酉14	12辛卯13	12庚申12	12庚寅11	12己未10	12戊子 8	12戊午 7	12丁亥 6	12丙辰④	12丙戌 4	12丙辰 3
13癸巳14	**13**壬戌15	13壬辰14	13辛酉⑬	13辛卯12	13庚申11	13己丑 9	13己未 8	13戊子⑦	13丁巳 5	13丁亥 5	13丁巳 4
14甲午15	14癸亥16	**14**癸巳⑮	14壬戌14	14壬辰13	14辛酉12	14庚寅10	14庚申⑨	14己丑 8	14戊午 6	14戊子 6	14戊午 5
15乙未16	15甲子17	15甲午16	**15**癸亥15	**15**癸巳14	15壬戌13	15辛卯11	15辛酉10	15庚寅 9	15己未 7	15己丑 7	15己未⑥
16丙申17	16乙丑⑱	16乙未17	16甲子16	16甲午15	16癸亥14	16壬辰⑫	16壬戌11	16辛卯10	16庚申 8	16庚寅 8	16庚申 7
17丁酉⑱	17丙寅19	17丙申18	17乙丑17	17乙未16	**17**甲子⑮	17癸巳13	17癸亥12	17壬辰11	17辛酉 9	17辛卯⑨	17辛酉 8
18戊戌19	18丁卯20	18丁酉19	18丙寅18	18丙申⑰	18乙丑16	**18**甲午14	18甲子13	18癸巳12	18壬戌10	18壬辰10	18壬戌 9
19己亥20	19戊辰21	19戊戌20	19丁卯19	19丁酉18	19丙寅17	19乙未15	**19**乙丑14	19甲午13	19癸亥⑪	19癸巳11	19癸亥10
20庚子21	20己巳22	20己亥21	20戊辰⑳	20戊戌19	20丁卯18	20丙申16	20丙寅15	**20**乙未⑭	20甲子12	20甲午12	20甲子11
21辛丑22	21庚午23	21庚子㉒	21己巳21	21己亥20	21戊辰19	21丁酉17	21丁卯⑯	21丙申15	21乙丑13	21乙未13	21乙丑12
22壬寅23	22辛未24	22辛丑23	22庚午22	22庚子21	22己巳20	22戊戌18	22戊辰17	22丁酉16	**22**丙寅14	**22**丙申14	**22**丙寅⑬
23癸卯24	23壬申㉕	23壬寅24	23辛未23	23辛丑22	23庚午21	23己亥⑲	23己巳18	23戊戌17	23丁卯15	23丁酉15	23丁卯14
24甲辰㉕	24癸酉26	24癸卯25	24壬申24	24壬寅23	24辛未㉒	24庚子20	24庚午19	24己亥18	24戊辰16	24戊戌⑯	24戊辰15
25乙巳26	25甲戌27	25甲辰26	25癸酉25	25癸卯㉔	25壬申23	25辛丑21	25辛未20	25庚子19	25己巳17	25己亥17	25己巳16
26丙午27	26乙亥28	26乙巳27	26甲戌26	26甲辰25	26癸酉24	26壬寅22	26壬申21	26辛丑20	26庚午⑱	26庚子18	26庚午17
27丁未28	27丙子29	27丙午28	27乙亥㉗	27乙巳26	27甲戌25	27癸卯23	27癸酉22	27壬寅㉑	27辛未19	27辛丑19	27辛未18
《3月》 28戊申 1	**28**丁丑30	28丁未㉙	28丙子28	28丙午27	28乙亥26	28甲辰24	28甲戌㉓	28癸卯22	28壬申20	28壬寅20	28壬申19
29己酉 2	29戊寅31	**29**戊申30	29丁丑29	29丁未28	29丙子27	29乙巳25	29乙亥24	29甲辰23	29癸酉21	29癸卯21	29癸酉⑳
	《4月》 30己卯①		**30**戊寅30			30丙午㉖			30甲戌22	30甲辰22	

雨水 12日	春分 13日	穀雨 14日	小満 15日	夏至 15日	小暑 2日	立秋 3日	白露 4日	寒露 5日	立冬 6日	大雪 7日	小寒 7日
啓蟄 27日	清明 28日	立夏 29日	芒種 30日		大暑 17日	処暑 18日	秋分 19日	霜降 20日	小雪 22日	冬至 22日	大寒 22日

文明**3**年（1471－1472） 辛卯

1月	2月	3月	4月	5月	6月	7月	8月	閏8月	9月	10月	11月	12月
1 甲戌21 2 乙亥22 3 丙子23 4 丁丑24 5 戊寅25 6 己卯26 7 庚辰㉗ 8 辛巳28 **9** 壬午29 10 癸未30 11 甲申31 《2月》 12 乙酉 1 13 丙戌 2 14 丁亥③ 15 戊子 4 16 己丑 5 17 庚寅 6 18 辛卯 7 19 壬辰 8 20 癸巳 9 21 甲午⑩ 22 乙未11 23 丙申12 **24** 丁酉13 25 戊戌14 26 己亥15 27 庚子16 28 辛丑⑰ 29 壬寅18 30 癸卯19	1 甲辰20 2 乙巳21 3 丙午22 4 丁未23 5 戊申㉔ 6 己酉25 7 庚戌26 8 辛亥27 **9** 壬子28 《3月》 10 癸丑 1 11 甲寅 2 12 乙卯③ 13 丙辰 4 14 丁巳 5 15 戊午 6 16 己未 7 17 庚申 8 18 辛酉 9 19 壬戌⑩ 20 癸亥11 21 甲子12 22 乙丑13 23 丙寅14 **24** 丁卯15 25 戊辰16 26 己巳⑰ 27 庚午18 28 辛未19 29 壬申20 30 癸酉21	1 甲戌22 2 乙亥23 3 丙子㉔ 4 丁丑25 5 戊寅26 6 己卯27 7 庚辰28 8 辛巳29 9 壬午30 **10** 癸未㉛ 《4月》 11 甲申 1 12 乙酉 2 13 丙戌 3 14 丁亥 4 15 戊子 5 16 己丑 6 17 庚寅⑦ 18 辛卯 8 19 壬辰 9 20 癸巳10 21 甲午11 22 乙未12 23 丙申13 24 丁酉⑭ **25** 戊戌15 26 己亥16 27 庚子17 28 辛丑18 29 壬寅19 30 癸卯20	1 甲辰㉑ 2 乙巳22 3 丙午23 4 丁未24 5 戊申25 6 己酉26 7 庚戌27 8 辛亥㉘ 9 壬子29 **10** 癸丑30 《5月》 11 甲寅 1 12 乙卯 2 13 丙辰 3 14 丁巳 4 15 戊午⑤ 16 己未 6 17 庚申 7 18 辛酉 8 19 壬戌 9 20 癸亥10 21 甲子11 22 乙丑⑫ 23 丙寅13 24 丁卯14 **25** 戊辰15 26 己巳16 27 庚午17 28 辛未18 29 壬申⑲	1 癸酉20 2 甲戌21 3 乙亥22 4 丙子23 5 丁丑24 6 戊寅25 7 己卯㉖ 8 庚辰27 9 辛巳28 10 壬午29 **11** 癸未30 12 甲申31 《6月》 13 乙酉 1 14 丙戌② 15 丁亥 3 16 戊子 4 17 己丑 5 18 庚寅 6 19 辛卯 7 20 壬辰 8 21 癸巳⑨ 22 甲午10 23 乙未11 24 丙申12 25 丁酉13 26 戊戌14 **27** 己亥15 28 庚子⑯ 29 辛丑17 30 壬寅18	1 癸卯19 2 甲辰20 3 乙巳21 4 丙午22 5 丁未㉓ 6 戊申24 7 己酉25 8 庚戌26 9 辛亥27 10 壬子28 11 癸丑29 **12** 甲寅㉚ 《7月》 13 乙卯 1 14 丙辰 2 15 丁巳 3 16 戊午 4 17 己未 5 18 庚申 6 19 辛酉⑦ 20 壬戌 8 21 癸亥 9 22 甲子10 23 乙丑11 24 丙寅12 25 丁卯13 26 戊辰⑭ **27** 己巳15 28 庚午16 29 辛未17	1 壬申18 2 癸酉19 3 甲戌20 4 乙亥㉑ 5 丙子22 6 丁丑23 7 戊寅24 8 己卯25 9 庚辰26 10 辛巳27 11 壬午㉘ 12 癸未29 **13** 甲申30 14 乙酉31 《8月》 15 丙戌 1 16 丁亥 2 17 戊子 3 18 己丑④ 19 庚寅 5 20 辛卯 6 21 壬辰 7 22 癸巳 8 23 甲午 9 24 乙未10 25 丙申⑪ 26 丁酉12 27 戊戌13 28 己亥14 **29** 庚子15	1 辛丑16 2 壬寅17 3 癸卯⑱ 4 甲辰19 5 乙巳20 6 丙午21 7 丁未22 8 戊申23 9 己酉24 10 庚戌㉕ 11 辛亥26 12 壬子27 13 癸丑28 14 甲寅29 **15** 乙卯30 16 丙辰31 《9月》 17 丁巳① 18 戊午 2 19 己未 3 20 庚申 4 21 辛酉 5 22 壬戌 6 23 癸亥 7 24 甲子⑧ 25 乙丑 9 26 丙寅10 27 丁卯11 28 戊辰12 29 己巳13 **30** 庚午14	1 辛未⑮ 2 壬申16 3 癸酉17 4 甲戌18 5 乙亥19 6 丙子20 7 丁丑21 8 戊寅㉒ 9 己卯23 10 庚辰24 11 辛巳25 12 壬午26 13 癸未27 14 甲申28 **15** 乙酉㉙ 16 丙戌30 《10月》 17 丁亥 1 18 戊子 2 19 己丑 3 20 庚寅 4 21 辛卯 5 22 壬辰⑥ 23 癸巳 7 24 甲午 8 25 乙未 9 26 丙申10 27 丁酉11 28 戊戌12 29 己亥⑬	**1** 庚子14 2 辛丑15 3 壬寅16 4 癸卯17 5 甲辰18 6 乙巳19 7 丙午⑳ 8 丁未21 9 戊申22 10 己酉23 11 庚戌24 12 辛亥25 13 壬子26 14 癸丑㉗ 15 甲寅28 16 乙卯29 **17** 丙辰30 18 丁巳31 《11月》 19 戊午 1 20 己未 2 21 庚申③ 22 辛酉 4 23 壬戌 5 24 癸亥 6 25 甲子 7 26 乙丑 8 27 丙寅 9 28 丁卯⑩ 29 戊辰11	1 己巳12 2 庚午13 **3** 辛未14 4 壬申15 5 癸酉16 6 甲戌⑰ 7 乙亥18 8 丙子19 9 丁丑20 10 戊寅21 11 己卯22 12 庚辰23 13 辛巳㉔ 14 壬午25 15 癸未26 16 甲申27 17 乙酉28 **18** 丙戌29 19 丁亥30 《12月》 20 戊子① 21 己丑 2 22 庚寅 3 23 辛卯 4 24 壬辰 5 25 癸巳 6 26 甲午 7 27 乙未⑧ 28 丙申 9 29 丁酉10 30 戊戌11	1 己亥12 2 庚子13 **3** 辛丑14 4 壬寅⑮ 5 癸卯16 6 甲辰17 7 乙巳18 8 丙午19 9 丁未20 10 戊申21 11 己酉㉒ 12 庚戌23 13 辛亥24 14 壬子25 15 癸丑26 16 甲寅27 17 乙卯28 **18** 丙辰㉙ 19 丁巳30 20 戊午31 **1472 年** 《1月》 21 己未 1 22 庚申 2 23 辛酉 3 24 壬戌 4 25 癸亥⑤ 26 甲子 6 27 乙丑 7 28 丙寅 8 29 丁卯 9 30 戊辰10	1 己巳11 2 庚午⑫ 3 辛未13 **4** 壬申14 5 癸酉15 6 甲戌16 7 乙亥17 8 丙子18 9 丁丑⑲ 10 戊寅20 11 己卯21 12 庚辰22 13 辛巳23 14 壬午24 15 癸未25 16 甲申㉖ 17 乙酉27 18 丙戌28 **19** 丁亥29 20 戊子30 21 己丑31 《2月》 22 庚寅 1 23 辛卯② 24 壬辰 3 25 癸巳 4 26 甲午 5 27 乙未 6 28 丙申 7 29 丁酉 8
立春 9日 雨水 24日	啓蟄 9日 春分 24日	清明 10日 穀雨 25日	立夏 10日 小満 25日	芒種 11日 夏至 27日	小暑 12日 大暑 27日	立秋 13日 処暑 29日	白露 15日 秋分 30日	寒露15日	霜降 1日 立冬 17日	小雪 3日 大雪 18日	冬至 3日 小寒 18日	大寒 4日 立春 19日

文明**4**年（1472－1473） 壬辰

1月	2月	3月	4月	5月	6月	7月	8月	9月	10月	11月	12月
1 戊戌⑨ 2 己亥10 3 庚子11 4 辛丑12 **5** 壬寅13 6 癸卯14 7 甲辰15 8 乙巳⑯ 9 丙午17 10 丁未18 11 戊申19 12 己酉20 13 庚戌21 14 辛亥22 15 壬子㉓ 16 癸丑24 17 甲寅25 18 乙卯26 19 丙辰27 **20** 丁巳28 21 戊午29 《3月》 22 己未① 23 庚申 2 24 辛酉 3 25 壬戌 4 26 癸亥 5 27 甲子 6 28 乙丑 7 29 丙寅⑧ 30 丁卯 9	1 戊辰10 2 己巳11 3 庚午12 4 辛未13 5 壬申14 **6** 癸酉⑮ 7 甲戌16 8 乙亥17 9 丙子18 10 丁丑19 11 戊寅20 12 己卯21 13 庚辰㉒ 14 辛巳23 15 壬午24 16 癸未25 17 甲申26 18 乙酉27 19 丙戌28 20 丁亥㉙ **21** 戊子30 22 己丑31 《4月》 23 庚寅 1 24 辛卯 2 25 壬辰 3 26 癸巳 4 27 甲午⑤ 28 乙未 6 29 丙申 7 30 丁酉 8	1 戊戌 9 2 己亥10 3 庚子11 4 辛丑⑫ 5 壬寅13 **6** 癸卯14 7 甲辰15 8 乙巳16 9 丙午17 10 丁未18 11 戊申⑲ 12 己酉20 13 庚戌21 14 辛亥22 15 壬子23 16 癸丑24 17 甲寅25 18 乙卯㉖ 19 丙辰27 20 丁巳28 **21** 戊午29 22 己未30 《5月》 23 庚申 1 24 辛酉 2 25 壬戌③ 26 癸亥 4 27 甲子 5 28 乙丑 6 29 丙寅 7	1 丁卯 8 2 戊辰 9 3 己巳⑩ 4 庚午11 5 辛未12 6 壬申13 **7** 癸酉14 8 甲戌15 9 乙亥16 10 丙子⑰ 11 丁丑18 12 戊寅19 13 己卯20 14 庚辰21 15 辛巳22 16 壬午23 17 癸未㉔ 18 甲申25 19 乙酉26 20 丙戌27 21 丁亥28 22 戊子29 **23** 己丑30 24 庚寅㉛ 《6月》 25 辛卯 1 26 壬辰 2 27 癸巳 3 28 甲午 4 29 乙未 5 30 丙申 6	1 丁酉⑦ 2 戊戌 8 3 己亥 9 4 庚子10 5 辛丑11 6 壬寅12 7 癸卯13 **8** 甲辰⑭ 9 乙巳15 10 丙午16 11 丁未17 12 戊申18 13 己酉19 14 庚戌20 15 辛亥㉑ 16 壬子22 17 癸丑23 18 甲寅24 19 乙卯25 20 丙辰26 21 丁巳27 22 戊午㉘ **23** 己未29 24 庚申30 《7月》 25 辛酉 1 26 壬戌 2 27 癸亥 3 28 甲子 4 29 乙丑⑤	1 丙寅 6 2 丁卯 7 3 戊辰 8 4 己巳 9 5 庚午10 6 辛未11 7 壬申⑫ 8 癸酉13 **9** 甲戌14 10 乙亥15 11 丙子16 12 丁丑17 13 戊寅18 14 己卯⑲ 15 庚辰20 16 辛巳21 17 壬午22 18 癸未23 19 甲申24 20 乙酉25 21 丙戌㉖ 22 丁亥27 23 戊子28 24 己丑29 **25** 庚寅30 26 辛卯31 《8月》 27 壬辰 1 28 癸巳② 29 甲午 3 30 乙未 4	1 丙申 5 2 丁酉 6 3 戊戌 7 4 己亥 8 5 庚子⑨ 6 辛丑10 7 壬寅11 8 癸卯12 9 甲辰13 **10** 乙巳14 11 丙午15 12 丁未⑯ 13 戊申17 14 己酉18 15 庚戌19 16 辛亥20 17 壬子21 18 癸丑22 19 甲寅㉓ 20 乙卯24 21 丙辰25 22 丁巳26 23 戊午27 24 己未28 **25** 庚申29 26 辛酉㉚ 27 壬戌31 《9月》 28 癸亥 1 29 甲子 2	1 乙丑 3 2 丙寅 4 3 丁卯 5 4 戊辰⑥ 5 己巳 7 6 庚午 8 7 辛未 9 8 壬申10 9 癸酉11 10 甲戌12 **11** 乙亥⑬ 12 丙子14 13 丁丑15 14 戊寅16 15 己卯17 16 庚辰18 17 辛巳19 18 壬午⑳ 19 癸未21 20 甲申22 21 乙酉23 22 丙戌24 23 丁亥25 24 戊子26 25 己丑㉗ **26** 庚寅28 27 辛卯29 28 壬辰30 《10月》 29 癸巳 1 30 甲午 2	1 乙未 3 2 丙申④ 3 丁酉 5 4 戊戌 6 5 己亥 7 6 庚子 8 7 辛丑 9 8 壬寅10 9 癸卯⑪ 10 甲辰12 11 乙巳13 **12** 丙午14 13 丁未15 14 戊申16 15 己酉17 16 庚戌⑱ 17 辛亥19 18 壬子20 19 癸丑21 20 甲寅22 21 乙卯23 22 丙辰24 23 丁巳㉕ 24 戊午26 25 己未27 26 庚申28 **27** 辛酉29 28 壬戌30 29 癸亥31	《11月》 1 甲子① 2 乙丑 2 3 丙寅 3 4 丁卯 4 5 戊辰 5 6 己巳 6 7 庚午 7 8 辛未⑧ 9 壬申 9 10 癸酉10 11 甲戌11 12 乙亥12 **13** 丙子13 14 丁丑14 15 戊寅⑮ 16 己卯16 17 庚辰17 18 辛巳18 19 壬午19 20 癸未20 21 甲申21 22 乙酉㉒ 23 丙戌23 24 丁亥24 25 戊子25 26 己丑26 27 庚寅27 **28** 辛卯28 29 壬辰㉙ 30 癸巳30	《12月》 1 甲午 1 2 乙未 2 3 丙申 3 4 丁酉 4 5 戊戌 5 6 己亥⑥ 7 庚子 7 8 辛丑 8 9 壬寅 9 10 癸卯10 11 甲辰11 12 乙巳12 13 丙午⑬ **14** 丁未14 15 戊申15 16 己酉16 17 庚戌17 18 辛亥18 19 壬子19 20 癸丑⑳ 21 甲寅21 22 乙卯22 23 丙辰23 24 丁巳24 25 戊午25 26 己未26 27 庚申㉗ 28 辛酉28 **29** 壬戌29	1 癸亥30 2 甲子31 **1473 年** 《1月》 3 乙丑 1 4 丙寅 2 5 丁卯③ 6 戊辰 4 7 己巳 5 8 庚午 6 9 辛未 7 10 壬申 8 11 癸酉 9 12 甲戌⑩ 13 乙亥11 14 丙子12 **15** 丁丑13 16 戊寅14 17 己卯15 18 庚辰16 19 辛巳⑰ 20 壬午18 21 癸未19 22 甲申20 23 乙酉21 24 丙戌22 25 丁亥23 26 戊子㉔ 27 己丑25 28 庚寅26 29 辛卯27 **30** 壬辰28
雨水 5日 啓蟄 20日	春分 6日 清明 21日	穀雨 6日 立夏 21日	小満 7日 芒種 23日	夏至 8日 小暑 23日	大暑 9日 立秋 25日	処暑 10日 白露 25日	秋分 11日 寒露 26日	霜降 12日 立冬 27日	小雪 13日 大雪 28日	冬至 14日 小寒 29日	大寒 15日 立春 30日

文明**5**年（1473－1474） 癸巳

1月	2月	3月	4月	5月	6月	7月	8月	9月	10月	11月	12月
1 癸巳29	1 壬戌27	1 壬辰29	1 辛酉27	1 辛卯27	1 辛酉26	1 辛卯26	1 庚申24	1 己丑22	1 己未22	1 戊子20	1 戊午20
2 甲午30	**2** 癸亥㉘	**2** 癸巳30	2 壬戌28	2 壬辰28	2 壬戌㉗	2 壬辰27	2 辛酉25	2 庚寅23	2 庚申23	2 己丑㉑	2 己未21
3 乙未㉛	《3月》	3 甲午31	**3** 癸亥29	3 癸巳29	3 癸亥28	3 癸巳28	3 壬戌26	3 辛卯24	3 辛酉㉔	3 庚寅22	3 庚申22
《2月》	3 甲子 1	《4月》	4 甲子30	**4** 甲午㉚	**4** 甲子29	4 甲午29	4 癸亥27	4 壬辰25	4 壬戌25	4 辛卯23	4 辛酉23
4 丙申 1	4 乙丑 2	4 乙未 1	《5月》	5 乙未31	5 乙丑30	**5** 乙未30	5 甲子28	5 癸巳㉖	5 癸亥26	5 壬辰24	5 壬戌24
5 丁酉 2	5 丙寅 3	5 丙申 2	5 乙丑 1	《6月》	《7月》	6 丙申31	**6** 乙丑㉙	6 甲午27	6 甲子27	6 癸巳25	6 癸亥25
6 戊戌 3	6 丁卯 4	6 丁酉 3	6 丙寅②	6 丙申 1	6 丙寅 1	《8月》	7 丙寅30	7 乙未28	7 乙丑28	7 甲午26	7 甲子㉖
7 己亥 4	7 戊辰 5	7 戊戌④	7 丁卯 3	7 丁酉 2	7 丁卯 2	7 丁酉①	8 丁卯31	**8** 丙申29	**8** 丙寅29	8 乙未27	8 乙丑27
8 庚子 5	8 己巳 6	8 己亥 5	8 戊辰 4	8 戊戌 3	8 戊辰 3	8 戊戌 2	《9月》	9 丁酉30	9 丁卯30	9 丙申㉘	9 丙寅28
9 辛丑 6	9 庚午⑦	9 庚子 6	9 己巳 5	9 己亥 4	9 己巳④	9 己亥 3	9 戊辰 1	《10月》	10戊辰㉛	**10**丁酉29	**10**丁卯29
10壬寅⑦	10辛未 8	10辛丑 7	10庚午 6	10庚子 5	10庚午 5	10庚子 4	10己巳 2	10戊戌 1	《11月》	11戊戌30	11戊辰30
11癸卯 8	11壬申 9	11壬寅 8	11辛未 7	11辛丑⑥	11辛未 6	11辛丑 5	11庚午 3	11己亥 2	11己巳 1	《12月》	12己巳31
12甲辰 9	12癸酉10	12癸卯 9	12壬申 8	12壬寅 7	12壬申 7	12壬寅 6	12辛未 4	12庚子③	12庚午 2	12己亥 1	**1474**年
13乙巳10	13甲戌11	13甲辰10	13癸酉⑨	13癸卯 8	13癸酉 8	13癸卯 7	13壬申⑤	13辛丑 4	13辛未 3	13庚子 2	《1月》
14丙午11	14乙亥12	14乙巳⑪	14甲戌10	14甲辰 9	14甲戌 9	14甲辰⑧	14癸酉 6	14壬寅 5	14壬申 4	14辛丑 3	13庚午 1
15丁未12	15丙子13	15丙午12	15乙亥11	15乙巳10	15乙亥10	15乙巳 9	15甲戌 7	15癸卯 6	15癸酉 5	15壬寅 4	14辛未②
16戊申13	16丁丑⑭	16丁未13	16丙子12	16丙午11	16丙子⑪	16丙午10	16乙亥 8	16甲辰 7	16甲戌 6	16癸卯⑤	15壬申 3
17己酉⑭	**17**戊寅15	**17**戊申14	17丁丑13	17丁未12	17丁丑12	17丁未11	17丙子 9	17乙巳 8	17乙亥⑦	17甲辰 6	16癸酉 4
18庚戌15	18己卯16	18己酉15	18戊寅14	18戊申⑬	18戊寅13	18戊申12	18丁丑10	18丙午 9	18丙子 8	18乙巳 7	17甲戌 5
19辛亥16	19庚辰17	19庚戌16	**19**己卯15	**19**己酉14	19己卯14	19己酉13	19戊寅11	19丁未⑩	19丁丑 9	19丙午 8	18乙亥 6
20壬子17	20辛巳18	20辛亥17	20庚辰⑯	20庚戌15	**20**庚辰15	**20**庚戌14	20己卯⑫	20戊申11	20戊寅10	20丁未 9	19丙子 7
21癸丑18	21壬午19	21壬子⑱	21辛巳17	21辛亥16	21辛巳16	21辛亥⑮	**21**庚辰13	21己酉12	21己卯11	21戊申10	20丁丑 8
22甲寅19	22癸未20	22癸丑19	22壬午18	22壬子17	22壬午17	22壬子16	22辛巳14	22庚戌13	22庚辰12	22己酉11	21戊寅⑨
23乙卯20	23甲申㉑	23甲寅20	23癸未19	23癸丑18	23癸未⑱	23癸丑17	23壬午15	**23**辛亥14	**23**辛巳13	23庚戌⑫	22己卯10
24丙辰㉑	24乙酉22	24乙卯21	24甲申20	24甲寅19	24甲申19	24甲寅18	24癸未16	24壬子15	24壬午⑭	24辛亥13	23庚辰11
25丁巳22	25丙戌23	25丙辰22	25乙酉21	25乙卯⑳	25乙酉20	25乙卯19	25甲申17	25癸丑16	25癸未15	**25**壬子14	24辛巳12
26戊午23	26丁亥24	26丁巳23	26丙戌22	26丙辰21	26丙戌21	26丙辰20	26乙酉18	26甲寅⑰	26甲申16	26癸丑15	**25**壬午13
27己未24	27戊子25	27戊午24	27丁亥㉓	27丁巳22	27丁亥22	27丁巳21	27丙戌⑲	27乙卯18	27乙酉17	27甲寅16	26癸未14
28庚申25	28己丑26	28己未㉕	28戊子24	28戊午23	28戊子23	28戊午㉒	28丁亥20	28丙辰19	28丙戌18	28乙卯17	27甲申15
29辛酉26	29庚寅27	29庚申26	29己丑25	29己未24	29己丑24	29己未23	29戊子21	29丁巳20	29丁亥19	29丙辰18	28乙酉⑯
	30辛卯㉘		30庚寅26	30庚申25	30庚寅㉕			30戊午21		30丁巳⑲	29丙戌17
雨水 15日	啓蟄 2日 春分 17日	清明 2日 穀雨 17日	立夏 3日 小満 19日	芒種 4日 夏至 19日	小暑 4日 大暑 20日	立秋 5日 処暑 20日	白露 6日 秋分 21日	寒露 8日 霜降 23日	立冬 8日 小雪 23日	大雪 10日 冬至 25日	小寒 10日 大寒 25日

文明**6**年（1474－1475） 甲午

1月	2月	3月	4月	5月	閏5月	6月	7月	8月	9月	10月	11月	12月
1 丁亥18	1 丁巳17	1 丙戌18	1 丙辰⑰	1 乙酉16	1 乙卯15	1 甲申14	1 甲寅13	1 甲申12	1 癸丑11	1 癸未10	1 壬子 9	1 壬午⑧
2 戊子19	2 戊午18	2 丁亥19	2 丁巳18	2 丙戌17	2 丙辰16	**2** 乙酉15	**2** 乙卯⑭	2 乙酉13	2 甲寅12	2 甲申11	2 癸丑10	2 癸未 9
3 己丑20	3 己未19	3 戊子⑳	3 戊午19	3 丁亥18	3 丁巳17	3 丙戌16	3 丙辰15	**3** 丙戌14	3 乙卯13	3 乙酉12	3 甲寅⑪	3 甲申10
4 庚寅21	4 庚申⑳	4 己丑21	4 己未20	4 戊子19	4 戊午18	4 丁亥⑰	4 丁巳16	4 丁亥15	**4** 丙辰14	4 丙戌⑬	4 乙卯12	4 乙酉11
5 辛卯22	5 辛酉21	5 庚寅22	5 庚申21	5 己丑20	5 己未⑲	5 戊子18	5 戊午17	5 戊子16	5 丁巳15	**5** 丁亥14	5 丙辰13	5 丙戌12
6 壬辰㉓	6 壬戌22	6 辛卯23	6 辛酉22	6 庚寅21	6 庚申20	6 己丑19	6 己未18	6 己丑17	6 戊午⑯	6 戊子15	**6** 丁巳14	**6** 丁亥13
7 癸巳24	7 癸亥23	7 壬辰24	7 壬戌23	7 辛卯㉒	7 辛酉21	7 庚寅20	7 庚申19	7 庚寅⑱	7 己未17	7 己丑16	7 戊午15	7 戊子14
8 甲午25	8 甲子24	8 癸巳25	8 癸亥㉔	8 壬辰23	8 壬戌22	8 辛卯21	8 辛酉20	8 辛卯19	8 庚申18	8 庚寅17	8 己未16	8 己丑⑮
9 乙未26	9 乙丑25	9 甲午26	9 甲子25	9 癸巳24	9 癸亥23	9 壬辰22	9 壬戌㉑	9 壬辰20	9 辛酉19	9 辛卯18	9 庚申17	9 庚寅16
10丙申27	10丙寅26	10乙未㉗	10乙丑26	10甲午25	10甲子24	10癸巳23	10癸亥22	10癸巳21	10壬戌20	10壬辰19	10辛酉⑱	10辛卯17
11丁酉28	11丁卯㉗	11丙申28	11丙寅27	11乙未26	11乙丑25	11甲午㉔	11甲子23	11甲午22	11癸亥21	11癸巳⑳	11壬戌19	11壬辰18
12戊戌29	**12**戊辰28	12丁酉29	12丁卯28	12丙申27	12丙寅㉖	12乙未25	12乙丑24	12乙未23	12甲子22	12甲午21	12癸亥20	12癸巳19
13己亥㉚	《3月》	**13**戊戌30	13戊辰29	13丁酉28	13丁卯27	13丙申26	13丙寅25	13丙申24	13乙丑㉓	13乙未22	13甲子21	13甲午20
14庚子31	13己巳 1	14己亥31	**14**己巳30	14戊戌㉙	14戊辰28	14丁酉27	14丁卯26	14丁酉㉕	14丙寅24	14丙申23	14乙丑22	14乙未21
《2月》	14庚午 2	《4月》	《5月》	**15**己亥30	15己巳29	15戊戌28	15戊辰27	15戊戌26	15丁卯25	15丁酉24	15丙寅23	15丙申㉒
15辛丑 1	15辛未 3	15庚子 1	15庚午①	16庚子31	**16**庚午30	16己亥29	16己巳㉘	16己亥27	16戊辰26	16戊戌25	16丁卯24	16丁酉23
16壬寅 2	16壬申 4	16辛丑 2	16辛未 2	《6月》	《7月》	**17**庚子30	**17**庚午29	17庚子28	17己巳27	17己亥26	17戊辰㉕	17戊戌24
17癸卯 3	17癸酉 5	17壬寅③	17壬申 3	17辛丑 1	17辛未 1	18辛丑㉛	18辛未30	**18**辛丑29	18庚午28	18庚子㉗	18己巳26	18己亥25
18甲辰 4	18甲戌⑥	18癸卯 4	18癸酉 4	18壬寅 2	18壬申 2	《8月》	19壬申31	19壬寅30	**19**辛未29	19辛丑28	19庚午27	19庚子26
19乙巳 5	19乙亥 7	19甲辰 5	19甲戌 5	19癸卯 3	19癸酉③	19壬寅 1	《9月》	《10月》	20壬申㉚	**20**壬寅29	20辛未28	20辛丑27
20丙午⑥	20丙子 8	20乙巳 6	20乙亥 6	20甲辰 4	20甲戌 4	20癸卯 2	20癸酉 1	20癸卯 1	21癸酉31	21癸卯30	**21**壬申29	21壬寅28
21丁未 7	21丁丑 9	21丙午 7	21丙子 7	21乙巳⑤	21乙亥 5	21甲辰 3	21甲戌 2	21甲辰②	《11月》	《12月》	22癸酉30	**22**癸卯㉙
22戊申 8	22戊寅10	22丁未 8	22丁丑⑧	22丙午 6	22丙子 6	22乙巳 4	22乙亥 3	22乙巳 3	22甲戌 1	22甲辰 1	23甲戌31	23甲辰30
23己酉 9	23己卯11	23戊申 9	23戊寅 9	23丁未 7	23丁丑 7	23丙午 5	23丙子④	23丙午 4	23乙亥 2	23乙巳 2	**1475**年	24乙巳31
24庚戌10	24庚辰12	24己酉⑩	24己卯10	24戊申 8	24戊寅 8	24丁未 6	24丁丑 5	24丁未 5	24丙子 3	24丙午 3	《1月》	《2月》
25辛亥11	25辛巳⑬	25庚戌11	25庚辰11	25己酉 9	25己卯 9	25戊申⑦	25戊寅 6	25戊申 6	25丁丑 4	25丁未④	24乙亥①	25丙午 1
26壬子12	26壬午14	26辛亥12	26辛巳12	26庚戌10	26庚辰⑩	26己酉 8	26己卯 7	26己酉 7	26戊寅 5	26戊申 5	25丙子 2	26丁未 2
27癸丑⑬	**27**癸未15	27壬子13	27壬午13	27辛亥11	27辛巳11	27庚戌 9	27庚辰 8	27庚戌 8	27己卯⑥	27己酉 6	26丁丑 3	27戊申 3
28甲寅14	28甲申16	28癸丑14	28癸未14	28壬子⑫	28壬午12	28辛亥10	28辛巳 9	28辛亥⑨	28庚辰 7	28庚戌 7	27戊寅 4	28己酉 4
29乙卯15	29乙酉17	**29**甲寅15	**29**甲申⑮	29癸丑13	29癸未13	29壬子11	29壬午10	29壬子10	29辛巳 8	29辛亥 8	28己卯 5	29庚戌⑤
30丙辰16		30乙卯16		**30**甲寅14		30癸丑12	30癸未⑪		30壬午 9		29庚辰 6	
											30辛巳 7	
立春 11日 雨水 27日	啓蟄 12日 春分 27日	清明 13日 穀雨 29日	立夏 14日 小満 29日	芒種 15日 夏至 30日	小暑16日	大暑 2日 立秋 17日	処暑 2日 白露 17日	秋分 3日 寒露 18日	霜降 4日 立冬 19日	小雪 5日 大雪 20日	冬至 6日 小寒 21日	大寒 6日 立春 22日

文明7年（1475－1476） 乙未

1月	2月	3月	4月	5月	6月	7月	8月	9月	10月	11月	12月
1 辛亥 6	1 辛巳 8	1 庚戌 6	1 己卯 5	1 己酉 ④	1 戊寅 3	1 戊申 2	《9月》	1 丁未 30	1 丁丑 30	1 丁未 29	1 丙子 28
2 壬子 7	2 壬午 9	2 辛亥 7	2 庚辰 6	2 庚戌 5	2 己卯 4	2 己酉 3	1 戊寅 1	《10月》	2 戊寅 31	2 戊申 30	2 丁丑 29
3 癸丑 8	3 癸未 10	3 壬子 8	3 辛巳 ⑦	3 辛亥 6	3 庚辰 5	3 庚戌 4	2 己卯 2	2 戊申 ①	《11月》	《12月》	3 戊寅 30
4 甲寅 9	4 甲申 11	4 癸丑 ⑨	4 壬午 8	4 壬子 7	4 辛巳 6	4 辛亥 5	3 庚辰 ③	3 己酉 2	3 己卯 1	3 己酉 1	4 己卯 ㉛
5 乙卯 10	5 乙酉 ⑫	5 甲寅 10	5 癸未 9	5 癸丑 8	5 壬午 7	5 壬子 ⑥	4 辛巳 4	4 庚戌 3	4 庚辰 2	4 庚戌 2	1476年
6 丙辰 11	6 丙戌 13	6 乙卯 11	6 甲申 10	6 甲寅 9	6 癸未 8	6 癸丑 7	5 壬午 5	5 辛亥 4	5 辛巳 3	5 辛亥 ③	《1月》
7 丁巳 ⑫	7 丁亥 14	7 丙辰 12	7 乙酉 11	7 乙卯 10	7 甲申 ⑨	7 甲寅 8	6 癸未 6	6 壬子 5	6 壬午 4	6 壬子 4	5 庚辰 1
8 戊午 13	8 戊子 15	8 丁巳 13	8 丙戌 12	8 丙辰 ⑪	8 乙酉 10	8 乙卯 9	7 甲申 7	7 癸丑 6	7 癸未 ⑤	7 癸丑 5	6 辛巳 2
9 己未 14	9 己丑 16	9 戊午 14	9 丁亥 13	9 丁巳 12	9 丙戌 11	9 丙辰 10	8 乙酉 8	8 甲寅 7	8 甲申 6	8 甲寅 6	7 壬午 3
10 庚申 15	10 庚寅 17	10 己未 15	10 戊子 ⑭	10 戊午 13	10 丁亥 12	10 丁巳 11	9 丙戌 9	9 乙卯 ⑧	9 乙酉 7	9 乙卯 7	8 癸未 4
11 辛酉 16	11 辛卯 18	11 庚申 ⑯	11 己丑 15	11 己未 14	11 戊子 13	11 戊午 12	10 丁亥 ⑩	10 丙辰 9	10 丙戌 8	10 丙辰 8	9 甲申 5
12 壬戌 17	12 壬辰 ⑲	12 辛酉 17	12 庚寅 16	12 庚申 15	12 己丑 14	12 己未 ⑬	11 戊子 11	11 丁巳 10	11 丁亥 9	11 丁巳 9	10 乙酉 6
13 癸亥 18	13 癸巳 20	13 壬戌 18	13 辛卯 17	13 辛酉 16	13 庚寅 15	13 庚申 14	12 己丑 12	12 戊午 11	12 戊子 10	12 戊午 ⑩	11 丙戌 ⑦
14 甲子 ⑲	14 甲午 21	14 癸亥 19	14 壬辰 18	14 壬戌 17	14 辛卯 ⑯	14 辛酉 15	13 庚寅 13	13 己未 12	13 己丑 11	13 己未 11	12 丁亥 8
15 乙丑 20	15 乙未 22	15 甲子 20	15 癸巳 19	15 癸亥 ⑱	15 壬辰 17	15 壬戌 16	14 辛卯 14	14 庚申 13	14 庚寅 ⑫	14 庚申 12	13 戊子 9
16 丙寅 21	16 丙申 23	16 乙丑 21	16 甲午 20	16 甲子 19	16 癸巳 18	16 癸亥 17	15 壬辰 15	15 辛酉 14	15 辛卯 13	15 辛酉 13	14 己丑 10
17 丁卯 22	17 丁酉 24	17 丙寅 22	17 乙未 ㉑	17 乙丑 20	17 甲午 19	17 甲子 18	16 癸巳 16	16 壬戌 ⑮	16 壬辰 14	16 壬戌 14	15 庚寅 11
18 戊辰 23	18 戊戌 25	18 丁卯 ㉓	18 丙申 22	18 丙寅 21	18 乙未 20	18 乙丑 19	17 甲午 ⑰	17 癸亥 16	17 癸巳 15	17 癸亥 15	16 辛卯 12
19 己巳 24	19 己亥 ㉖	19 戊辰 24	19 丁酉 23	19 丁卯 22	19 丙申 21	19 丙寅 ⑳	18 乙未 18	18 甲子 17	18 甲午 16	18 甲子 16	17 壬辰 13
20 庚午 25	20 庚子 27	20 己巳 25	20 戊戌 24	20 戊辰 23	20 丁酉 22	20 丁卯 21	19 丙申 19	19 乙丑 18	19 乙未 17	19 乙丑 ⑰	18 癸巳 ⑭
21 辛未 ㉖	21 辛丑 28	21 庚午 26	21 己亥 25	21 己巳 24	21 戊戌 ㉓	21 戊辰 22	20 丁酉 20	20 丙寅 19	20 丙申 18	20 丙寅 18	19 甲午 15
22 壬申 27	22 壬寅 29	22 辛未 27	22 庚子 26	22 庚午 ㉕	22 己亥 24	22 己巳 23	21 戊戌 21	21 丁卯 20	21 丁酉 ⑲	21 丁卯 19	20 乙未 16
23 癸酉 28	23 癸卯 30	23 壬申 28	23 辛丑 27	23 辛未 26	23 庚子 25	23 庚午 24	22 己亥 22	22 戊辰 21	22 戊戌 20	22 戊辰 20	21 丙申 17
《3月》	24 甲辰 31	24 癸酉 29	24 壬寅 ㉘	24 壬申 27	24 辛丑 26	24 辛未 25	23 庚子 23	23 己巳 ㉒	23 己亥 21	23 己巳 21	22 丁酉 18
24 甲戌 1	《4月》	25 甲戌 ㉚	25 癸卯 29	25 癸酉 28	25 壬寅 27	25 壬申 26	24 辛丑 ㉔	24 庚午 23	24 庚子 22	24 庚午 22	23 戊戌 19
25 乙亥 2	25 乙巳 1	《5月》	26 甲辰 30	26 甲戌 29	26 癸卯 28	26 癸酉 ㉗	25 壬寅 25	25 辛未 24	25 辛丑 23	25 辛未 23	24 己亥 20
26 丙子 3	26 丙午 ②	26 乙亥 1	27 乙巳 31	27 乙亥 30	27 甲辰 29	27 甲戌 28	26 癸卯 26	26 壬申 25	26 壬寅 24	26 壬申 ㉔	25 庚子 ㉑
27 丁丑 4	27 丁未 3	27 丙子 2	《6月》	《7月》	28 乙巳 ㉚	28 乙亥 29	27 甲辰 27	27 癸酉 26	27 癸卯 25	27 癸酉 25	26 辛丑 22
28 戊寅 ⑤	28 戊申 4	28 丁丑 3	28 丙午 1	28 丙子 1	29 丙午 31	29 丙子 30	28 乙巳 28	28 甲戌 27	28 甲辰 ㉖	28 甲戌 26	27 壬寅 23
29 己卯 6	29 己酉 5	29 戊寅 4	29 丁未 2	29 丁丑 ②	《8月》	30 丁丑 31	29 丙午 29	29 乙亥 28	29 乙巳 27	29 乙亥 27	28 癸卯 24
30 庚辰 7			30 戊申 3		30 丁未 1			30 丙子 ㉙	30 丙午 28		29 甲辰 25
											30 乙巳 26

雨水 8日	春分 8日	穀雨 10日	小満 11日	夏至 12日	大暑 13日	処暑 14日	秋分 14日	霜降 15日	立冬 1日	大雪 1日	小寒 2日
啓蟄 23日	清明 24日	立夏 25日	芒種 26日	小暑 27日	立秋 28日	白露 29日	寒露 29日		小雪 16日	冬至 16日	大寒 18日

文明8年（1476－1477） 丙申

1月	2月	3月	4月	5月	6月	7月	8月	9月	10月	11月	12月
1 丙午 27	1 乙亥 ㉕	1 乙巳 26	1 甲戌 24	1 癸卯 23	1 癸酉 22	1 壬寅 ㉑	1 壬申 20	1 辛丑 18	1 辛未 18	1 辛丑 ⑰	1 辛未 17
2 丁未 ㉘	2 丙子 26	2 丙午 27	2 乙亥 25	2 甲辰 24	2 甲戌 ㉓	2 癸卯 22	2 癸酉 21	2 壬寅 19	2 壬申 19	2 壬寅 18	2 壬申 18
3 戊申 29	3 丁丑 27	3 丁未 28	3 丙子 26	3 乙巳 25	3 乙亥 24	3 甲辰 23	3 甲戌 22	3 癸卯 20	3 癸酉 ⑳	3 癸卯 19	3 癸酉 19
4 己酉 30	4 戊寅 28	4 戊申 29	4 丁丑 27	4 丙午 ㉖	4 丙子 25	4 乙巳 24	4 乙亥 23	4 甲辰 21	4 甲戌 21	4 甲辰 20	4 甲戌 20
5 庚戌 31	5 己卯 29	5 己酉 30	5 戊寅 ㉘	5 丁未 27	5 丁丑 26	5 丙午 25	5 丙子 24	5 乙巳 ㉒	5 乙亥 22	5 乙巳 21	5 乙亥 21
《2月》	《3月》	6 庚戌 ㉛	6 己卯 29	6 戊申 28	6 戊寅 27	6 丁未 26	6 丁丑 ㉕	6 丙午 23	6 丙子 23	6 丙午 22	6 丙子 ㉒
6 辛亥 1	6 庚辰 1	《4月》	7 庚辰 30	7 己酉 29	7 己卯 28	7 戊申 27	7 戊寅 26	7 丁未 24	7 丁丑 24	7 丁未 23	7 丁丑 23
7 壬子 2	7 辛巳 2	7 辛亥 1	《5月》	8 庚戌 30	8 庚辰 29	8 己酉 ㉘	8 己卯 27	8 戊申 25	8 戊寅 25	8 戊申 ㉔	8 戊寅 24
8 癸丑 3	8 壬午 ③	8 壬子 2	8 辛巳 1	9 辛亥 31	9 辛巳 ㉚	9 庚戌 29	9 庚辰 28	9 己酉 26	9 己卯 26	9 己酉 25	9 己卯 25
9 甲寅 ④	9 癸未 4	9 癸丑 3	9 壬午 2	《6月》	《7月》	10 辛亥 30	10 辛巳 29	10 庚戌 27	10 庚辰 ㉗	10 庚戌 26	10 庚辰 26
10 乙卯 5	10 甲申 5	10 甲寅 4	10 癸未 3	10 壬子 1	10 壬午 1	11 壬子 31	11 壬午 30	11 辛亥 28	11 辛巳 28	11 辛亥 27	11 辛巳 27
11 丙辰 6	11 乙酉 6	11 乙卯 5	11 甲申 4	11 癸丑 ②	11 癸未 2	《8月》	12 癸未 31	12 壬子 ㉙	12 壬午 29	12 壬子 28	12 壬午 28
12 丁巳 7	12 丙戌 7	12 丙辰 6	12 乙酉 ⑤	12 甲寅 3	12 甲申 3	12 癸丑 1	《9月》	13 癸丑 30	13 癸未 30	13 癸丑 29	13 癸未 ㉙
13 戊午 8	13 丁亥 8	13 丁巳 ⑦	13 丙戌 6	13 乙卯 4	13 乙酉 4	13 甲寅 2	13 甲申 ①	《10月》	14 甲申 31	14 甲寅 30	14 甲申 30
14 己未 9	14 戊子 9	14 戊午 8	14 丁亥 7	14 丙辰 5	14 丙戌 5	14 乙卯 3	14 乙酉 2	14 甲寅 1	《11月》	《12月》	15 乙酉 31
15 庚申 10	15 己丑 ⑩	15 己未 9	15 戊子 8	15 丁巳 6	15 丁亥 6	15 丙辰 ④	15 丙戌 3	15 乙卯 2	15 乙酉 1	15 乙卯 ①	1477年
16 辛酉 ⑪	16 庚寅 11	16 庚申 10	16 己丑 9	16 戊午 7	16 戊子 ⑦	16 丁巳 5	16 丁亥 4	16 丙辰 3	16 丙戌 2	16 丙辰 2	《1月》
17 壬戌 12	17 辛卯 12	17 辛酉 11	17 庚寅 10	17 己未 8	17 己丑 8	17 戊午 6	17 戊子 5	17 丁巳 4	17 丁亥 ③	17 丁巳 3	16 丙戌 1
18 癸亥 13	18 壬辰 13	18 壬戌 12	18 辛卯 11	18 庚申 ⑨	18 庚寅 9	18 己未 7	18 己丑 6	18 戊午 5	18 戊子 4	18 戊午 4	17 丁亥 2
19 甲子 14	19 癸巳 14	19 癸亥 13	19 壬辰 ⑫	19 辛酉 10	19 辛卯 10	19 庚申 8	19 庚寅 7	19 己未 ⑥	19 己丑 5	19 己未 5	18 戊子 3
20 乙丑 15	20 甲午 15	20 甲子 ⑭	20 癸巳 13	20 壬戌 11	20 壬辰 11	20 辛酉 9	20 辛卯 ⑧	20 庚申 7	20 庚寅 6	20 庚申 6	19 己丑 4
21 丙寅 16	21 乙未 16	21 乙丑 15	21 甲午 14	21 癸亥 12	21 癸巳 12	21 壬戌 10	21 壬辰 9	21 辛酉 8	21 辛卯 7	21 辛酉 7	20 庚寅 ⑤
22 丁卯 17	22 丙申 ⑰	22 丙寅 16	22 乙未 15	22 甲子 13	22 甲午 13	22 癸亥 ⑪	22 癸巳 10	22 壬戌 9	22 壬辰 8	22 壬戌 ⑧	21 辛卯 6
23 戊辰 ⑱	23 丁酉 18	23 丁卯 17	23 丙申 16	23 乙丑 14	23 乙未 ⑭	23 甲子 12	23 甲午 11	23 癸亥 10	23 癸巳 9	23 癸亥 9	22 壬辰 7
24 己巳 19	24 戊戌 19	24 戊辰 18	24 丁酉 17	24 丙寅 15	24 丙申 15	24 乙丑 13	24 乙未 12	24 甲子 11	24 甲午 ⑩	24 甲子 10	23 癸巳 8
25 庚午 20	25 己亥 20	25 己巳 19	25 戊戌 18	25 丁卯 ⑯	25 丁酉 16	25 丙寅 14	25 丙申 13	25 乙丑 12	25 乙未 11	25 乙丑 11	24 甲午 9
26 辛未 21	26 庚子 21	26 庚午 20	26 己亥 ⑲	26 戊辰 17	26 戊戌 17	26 丁卯 15	26 丁酉 14	26 丙寅 ⑬	26 丙申 12	26 丙寅 12	25 乙未 10
27 壬申 22	27 辛丑 22	27 辛未 ㉑	27 庚子 20	27 己巳 18	27 己亥 18	27 戊辰 16	27 戊戌 ⑮	27 丁卯 14	27 丁酉 13	27 丁卯 13	26 丙申 11
28 癸酉 23	28 壬寅 23	28 壬申 22	28 辛丑 21	28 庚午 19	28 庚子 19	28 己巳 17	28 己亥 16	28 戊辰 15	28 戊戌 14	28 戊辰 14	27 丁酉 ⑫
29 甲戌 24	29 癸卯 ㉔	29 癸酉 23	29 壬寅 22	29 辛未 20	29 辛丑 20	29 庚午 ⑱	29 庚子 17	29 己巳 16	29 己亥 15	29 己巳 ⑮	28 戊戌 13
	30 甲辰 25			30 壬申 21		30 辛未 19		30 庚午 17	30 庚子 16	30 庚午 16	29 己亥 14

立春 3日	啓蟄 4日	清明 5日	立夏 6日	芒種 8日	小暑 8日	立秋 10日	白露 10日	寒露 11日	立冬 12日	大雪 12日	小寒 13日
雨水 18日	春分 20日	穀雨 20日	小満 21日	夏至 23日	大暑 23日	処暑 25日	秋分 25日	霜降 27日	小雪 27日	冬至 28日	大寒 28日

文明**9**年（1477－1478） 丁酉

1月	閏1月	2月	3月	4月	5月	6月	7月	8月	9月	10月	11月	12月
1 庚子15	1 庚午14	**1** 己亥15	**1** 己巳14	1 戊戌13	1 丁卯11	1 丁酉11	1 丙寅 9	1 丙申 8	1 乙丑 7	1 乙未 6	1 乙丑 6	1 甲午④
2 辛丑16	2 辛未15	2 庚子⑯	2 庚午15	2 己亥14	2 戊辰12	2 戊戌12	2 丁卯⑩	2 丁酉 9	2 丙寅 8	2 丙申 7	2 丙寅⑦	2 乙未 5
3 壬寅17	3 壬申⑯	3 辛丑17	3 辛未16	**3** 庚子15	3 己巳13	3 己亥⑬	3 戊辰11	3 戊戌10	3 丁卯 9	3 丁酉 8	3 丁卯 8	3 丙申 6
4 癸卯18	4 癸酉17	4 壬寅18	4 壬申17	4 辛丑16	**4** 庚午14	4 庚子14	4 己巳12	4 己亥11	4 戊辰10	4 戊戌⑨	4 戊辰 9	4 丁酉 7
5 甲辰⑲	5 甲戌18	5 癸卯19	5 癸酉18	5 壬寅17	5 辛未⑮	**5** 辛丑15	5 庚午13	5 庚子12	5 己巳11	5 己亥10	5 己巳10	5 戊戌 8
6 乙巳20	6 乙亥19	6 甲辰20	6 甲戌19	6 癸卯⑱	6 壬申16	6 壬寅16	**6** 辛未14	**6** 辛丑13	6 庚午⑫	6 庚子11	6 庚午11	6 己亥 9
7 丙午21	7 丙子20	7 乙巳21	7 乙亥⑳	7 甲辰19	7 癸酉17	7 癸卯17	7 壬申15	7 壬寅⑭	7 辛未13	7 辛丑12	7 辛未12	7 庚子10
8 丁未22	8 丁丑21	8 丙午22	8 丙子21	8 乙巳20	8 甲戌18	8 甲辰18	8 癸酉16	8 癸卯15	**8** 壬申14	**8** 壬寅13	8 壬申13	8 辛丑⑪
9 戊申23	9 戊寅22	9 丁未㉓	9 丁丑22	9 丙午21	9 乙亥19	9 乙巳19	9 甲戌⑰	9 甲辰16	9 癸酉15	9 癸卯14	**9** 癸酉⑭	9 壬寅12
10己酉24	10己卯㉓	10戊申24	10戊寅23	10丁未22	10丙子20	10丙午⑳	10乙亥18	10乙巳17	10甲戌16	10甲辰15	10甲戌15	**10**癸卯13
11庚戌25	11庚辰24	11己酉25	11己卯24	11戊申23	11丁丑21	11丁未21	11丙子19	11丙午18	11乙亥17	11乙巳⑯	11乙亥16	11甲辰14
12辛亥㉖	12辛巳25	12庚戌26	12庚辰25	12己酉24	12戊寅㉒	12戊申22	12丁丑20	12丁未19	12丙子18	12丙午17	12丙子17	12乙巳15
13壬子27	13壬午26	13辛亥27	13辛巳26	13庚戌㉕	13己卯23	13己酉23	13戊寅21	13戊申20	13丁丑⑲	13丁未18	13丁丑18	13丙午16
14癸丑28	14癸未27	14壬子28	14壬午㉗	14辛亥26	14庚辰24	14庚戌24	14己卯22	14己酉㉑	14戊寅20	14戊申19	14戊寅19	14丁未17
15甲寅29	**15**甲申28	15癸丑29	15癸未28	15壬子27	15辛巳25	15辛亥25	15庚辰23	15庚戌22	15己卯21	15己酉20	15己卯20	15戊申⑱
16乙卯30	《3月》	**16**甲寅㉚	**16**甲申29	16癸丑28	16壬午26	16壬子26	16辛巳㉔	16辛亥23	16庚辰22	16庚戌21	16庚辰㉑	16己酉19
17丙辰31	16乙酉 1	17乙卯31	17乙酉30	17甲寅29	17癸未27	17癸丑㉗	17壬午25	17壬子24	17辛巳23	17辛亥22	17辛巳22	17庚戌20
《2月》	17丙戌②	《4月》	《5月》	**18**乙卯30	18甲申28	18甲寅28	18癸未26	18癸丑25	18壬午24	18壬子㉓	18壬午23	18辛亥21
18丁巳 1	18丁亥 3	18丙辰 1	18丙戌 1	19丙辰31	**19**乙酉㉙	19乙卯29	19甲申27	19甲寅26	19癸未25	19癸丑24	19癸未24	19壬子22
19戊午②	19戊子 4	19丁巳 2	19丁亥 2	《6月》	20丙戌30	**20**丙辰30	20乙酉28	20乙卯27	20甲申㉖	20甲寅25	20甲申25	20癸丑23
20己未 3	20己丑 5	20戊午 3	20戊子 3	20丁巳①	《7月》	21丁巳31	**21** 丙戌29	21丙辰㉘	21乙酉27	21乙卯26	21乙酉26	21甲寅24
21庚申 4	21庚寅 6	21己未 4	21己丑④	21戊午 2	21丁亥 1	《8月》	22丁亥30	**22**丁巳29	22丙戌28	22丙辰27	22丙戌27	22乙卯㉕
22辛酉 5	22辛卯 7	22庚申 5	22庚寅 5	22己未 3	22戊子 2	22戊午 1	23戊子㉛	23戊午30	**23**丁亥29	23丁巳28	23丁亥㉘	23丙辰26
23壬戌 6	23壬辰 8	23辛酉⑥	23辛卯 6	23庚申 4	23己丑 3	23己未 2	《9月》	《10月》	24戊子30	**24**戊午29	**24**戊子29	24丁巳27
24癸亥 7	24癸巳⑨	24壬戌 7	24壬辰 7	24辛酉 5	24庚寅 4	24庚申③	24己丑 1	24己未 1	25己丑31	25己未㉚	25己丑30	**25**戊午28
25甲子 8	25甲午10	25癸亥 8	25癸巳 8	25壬戌 6	25辛卯 5	25辛酉 4	25庚寅 2	25庚申 2	《11月》	《12月》	26庚寅31	26己未29
26乙丑⑨	26乙未11	26甲子 9	26甲午 9	26癸亥 7	26壬辰⑥	26壬戌 5	26辛卯 3	26辛酉 3	26庚寅 1	26庚申 1	**1478年**	27庚申30
27丙寅10	27丙申12	27乙丑10	27乙未10	27甲子⑧	27癸巳 7	27癸亥 6	27壬辰 4	27壬戌 4	27辛卯②	27辛酉 2	《1月》	28辛酉31
28丁卯11	28丁酉13	28丙寅11	28丙申⑪	28乙丑 9	28甲午 8	28甲子 7	28癸巳 5	28癸亥⑤	28壬辰 3	28壬戌 3	27辛卯 1	《2月》
29戊辰12	29戊戌14	29丁卯12	29丁酉12	29丙寅10	29乙未 9	29乙丑 8	29甲午 6	29甲子 6	29癸巳 4	29癸亥 4	28壬辰 2	29壬戌①
30己巳13		30戊辰⑬			30丙申10		30乙未⑦		30甲午 5	30甲子 5	29癸巳 3	30癸亥 2

立春 14日 雨水 29日	啓蟄15日	春分 1日 清明 16日	穀雨 1日 立夏 16日	小満 3日 芒種 18日	夏至 4日 小暑 19日	大暑 5日 立秋 20日	処暑 6日 白露 21日	秋分 6日 寒露 22日	霜降 8日 立冬 23日	小雪 8日 大雪 24日	冬至 9日 小寒 24日	大寒 10日 立春 25日

文明**10**年（1478－1479） 戊戌

1月	2月	3月	4月	5月	6月	7月	8月	9月	10月	11月	12月
1 甲子 3	1 甲午 5	1 癸亥 3	1 癸巳③	《6月》	**1** 辛卯30	**1** 辛酉30	1 庚寅28	1 己未26	1 己丑26	1 己未25	1 戊子24
2 乙丑 4	2 乙未 6	2 甲子 4	2 甲午 4	1 壬戌 1	《7月》	2 壬戌31	**2** 辛卯29	2 庚申㉗	2 庚寅27	2 庚申26	2 己丑25
3 丙寅 5	3 丙申 7	3 乙丑⑤	3 乙未 5	2 癸亥 2	2 壬辰 1	《8月》	3 壬辰㉚	3 辛酉28	3 辛卯28	3 辛酉27	3 庚寅26
4 丁卯 6	4 丁酉⑧	4 丙寅 6	4 丙申 6	3 甲子 3	3 癸巳 2	3 癸亥 1	4 癸巳31	**4** 壬戌29	**4** 壬辰29	4 壬戌28	4 辛卯㉗
5 戊辰 7	5 戊戌 9	5 丁卯 7	5 丁酉 7	4 乙丑 4	4 甲午 3	4 甲子②	《9月》	5 癸亥30	5 癸巳30	**5** 癸亥㉙	5 壬辰28
6 己巳⑧	6 己亥10	6 戊辰 8	6 戊戌 8	5 丙寅 5	5 乙未 4	5 乙丑 3	5 甲午 1	《10月》	6 甲午31	6 甲子30	**6** 癸巳29
7 庚午 9	7 庚子11	7 己巳 9	7 己亥 9	6 丁卯 6	6 丙申⑤	6 丙寅 4	6 乙未 2	6 甲子 1	《11月》	《12月》	7 甲午30
8 辛未10	8 辛丑12	8 庚午10	8 庚子⑩	7 戊辰⑦	7 丁酉 6	7 丁卯 5	7 丙申 3	7 乙丑 2	7 乙未①	7 乙丑 1	8 乙未31
9 壬申11	9 壬寅13	9 辛未11	9 辛丑11	8 己巳 8	8 戊戌 7	8 戊辰 6	8 丁酉 4	8 丙寅 3	8 丙申 2	8 丙寅 2	**1479年**
10癸酉12	10癸卯14	10壬申⑫	10壬寅12	9 庚午 9	9 己亥 8	9 己巳 7	9 戊戌 5	9 丁卯④	9 丁酉 3	9 丁卯 3	《1月》
11甲戌13	**11**甲辰⑮	11癸酉13	11癸卯13	10辛未10	10庚子 9	10庚午 8	10己亥⑥	10戊辰 5	10戊戌 4	10戊辰 4	9 丙申 1
12乙亥14	12乙巳16	**12**甲戌14	12甲辰14	11壬申11	11辛丑10	11辛未⑨	11庚子 7	11己巳 6	11己亥 5	11己巳 5	10丁酉 2
13丙子⑮	13丙午17	13乙亥15	**13**乙巳15	12癸酉12	12壬寅11	12壬申10	12辛丑 8	12庚午 7	12庚子 6	12庚午⑥	11戊戌③
14丁丑16	14丁未18	14丙子16	14丙午16	13甲戌13	13癸卯⑫	13癸酉11	13壬寅 9	13辛未 8	13辛丑 7	13辛未 7	12己亥 4
15戊寅17	15戊申19	15丁丑17	15丁未⑰	**14**乙亥⑭	14甲辰13	14甲戌12	14癸卯10	14壬申 9	14壬寅⑧	14壬申 8	13庚子 5
16己卯18	16己酉20	16戊寅18	16戊申18	15丙子15	15乙巳14	15乙亥13	15甲辰11	15癸酉10	15癸卯 9	15癸酉 9	14辛丑 6
17庚辰19	17庚戌21	17己卯⑲	17己酉19	16丁丑16	**16**丙午15	**16**丙子14	16乙巳12	16甲戌⑪	16甲辰10	16甲戌10	15壬寅 7
18辛巳20	18辛亥㉒	18庚辰20	18庚戌20	17戊寅17	17丁未16	17丁丑15	17丙午⑬	17乙亥12	17乙巳11	17乙亥11	16癸卯 8
19壬午21	19壬子23	19辛巳21	19辛亥21	18己卯18	18戊申17	18戊寅⑯	**18**丁未14	18丙子13	18丙午12	18丙子12	17甲辰 9
20癸未㉒	20癸丑24	20壬午22	20壬子22	19庚辰19	19己酉18	19己卯17	19戊申15	**19**丁丑14	19丁未13	19丁丑⑬	18乙巳⑩
21甲申23	21甲寅25	21癸未23	21癸丑23	20辛巳20	20庚戌⑲	20庚辰18	20己酉16	20戊寅15	**20**戊申14	**20**戊寅14	19丙午11
22乙酉24	22乙卯26	22甲申24	22甲寅㉔	21壬午㉑	21辛亥20	21辛巳19	21庚戌17	21己卯16	21己酉⑮	21己卯15	20丁未12
23丙戌25	23丙辰27	23乙酉25	23乙卯25	22癸未22	22壬子21	22壬午20	22辛亥18	22庚辰17	22庚戌16	22庚辰16	**21** 戊申13
24丁亥26	24丁巳28	24丙戌㉖	24丙辰26	23甲申23	23癸丑22	23癸未21	23壬子19	23辛巳⑱	23辛亥17	23辛巳17	22己酉14
25戊子27	25戊午㉙	25丁亥27	25丁巳27	24乙酉24	24甲寅23	24甲申22	24癸丑⑳	24壬午19	24壬子18	24壬午18	23庚戌15
26己丑28	**26**己未30	26戊子28	26戊午28	25丙戌25	25乙卯24	25乙酉㉓	25甲寅21	25癸未20	25癸丑19	25癸未19	24辛亥16
《3月》	27庚申31	27己丑29	27己未29	26丁亥26	26丙辰25	26丙戌24	26乙卯22	26甲申21	26甲寅20	26甲申⑳	25壬子⑰
27庚寅①	《4月》	**28**庚寅30	**28**庚申30	27戊子27	27丁巳㉖	27丁亥25	27丙辰23	27乙酉22	27乙卯21	27乙酉21	26癸丑18
28辛卯 2	28辛酉 1	《5月》	29辛酉㉛	28己丑㉘	28戊午27	28戊子26	28丁巳24	28丙戌23	28丙辰㉒	28丙戌22	27甲寅19
29壬辰 3	29壬戌 2	29辛卯 1		29庚寅29	29己未28	29己丑27	29戊午25	29丁亥24	29丁巳23	29丁亥23	28乙卯20
30癸巳 4		30壬辰 2			30庚申29			30戊子㉕	30戊午24		29丙辰21
											30丁巳22

雨水 11日 啓蟄 26日	春分 11日 清明 26日	穀雨 12日 立夏 28日	小満 13日 芒種 28日	夏至 14日	小暑 1日 大暑 16日	立秋 1日 処暑 16日	白露 2日 秋分 18日	寒露 4日 霜降 19日	立冬 4日 小雪 20日	大雪 5日 冬至 20日	小寒 6日 大寒 21日

文明 11 年（1479－1480） 己亥

1月	2月	3月	4月	5月	6月	7月	8月	9月	閏9月	10月	11月	12月
1 戊午23	1 戊子22	1 戊午24	1 丁亥22	1 丁巳22	1 丙戌⑳	1 乙卯19	1 乙酉18	1 甲寅16	1 癸未15	**1** 癸丑⑭	1 壬午13	1 壬子12
2 己未㉔	2 己丑23	2 己未25	2 戊子23	2 戊午㉓	2 丁亥21	2 丙辰20	2 丙戌19	2 乙卯17	2 甲申16	2 甲寅15	**2** 癸未14	2 癸丑13
3 庚申25	3 庚寅24	3 庚申26	3 己丑24	3 己未24	3 戊子22	3 丁巳21	3 丁亥20	3 丙辰18	3 乙酉⑰	3 乙卯16	3 甲申15	**3** 甲寅14
4 辛酉26	4 辛卯25	4 辛酉27	4 庚寅㉕	4 庚申25	4 己丑23	4 戊午22	4 戊子21	4 丁巳⑲	4 丙戌18	4 丙辰17	4 乙酉16	4 乙卯15
5 壬戌27	5 壬辰26	5 壬戌㉘	5 辛卯26	5 辛酉26	5 庚寅24	5 己未23	5 己丑㉒	5 戊午20	5 丁亥19	5 丁巳18	5 丙戌17	5 丙辰⑯
6 癸亥28	6 癸巳27	6 癸亥29	6 壬辰27	6 壬戌27	6 辛卯25	6 庚申24	6 庚寅23	6 己未21	6 戊子20	6 戊午19	6 丁亥18	6 丁巳17
7 甲子29	**7** 甲午㉘	7 甲子30	7 癸巳28	7 癸亥28	7 壬辰26	7 辛酉㉕	7 辛卯24	7 庚申22	7 己丑21	7 己未20	7 戊子⑲	7 戊午18
8 乙丑30	《3月》	**8** 乙丑31	8 甲午29	8 甲子29	8 癸巳㉗	8 壬戌26	8 壬辰25	8 辛酉23	8 庚寅22	8 庚申㉑	8 己丑20	8 己未19
9 丙寅㉛	8 乙未 1	《4月》	**9** 乙未30	**9** 乙丑㉚	9 甲午28	9 癸亥27	9 癸巳26	9 壬戌24	9 辛卯23	9 辛酉22	9 庚寅21	9 庚申20
《2月》	9 丙申 2	9 丙寅 1	《5月》	10丙寅31	10乙未29	10甲子28	10甲午27	10癸亥25	10壬辰㉔	10壬戌23	10辛卯22	10辛酉21
10丁卯 1	10丁酉 3	10丁卯 2	10丙申 1	《6月》	**11**丙申30	11乙丑29	11乙未28	11甲子㉖	11癸巳25	11癸亥24	11壬辰23	11壬戌22
11戊辰 2	11戊戌 4	11戊辰 3	11丁酉②	11丁卯 1	《7月》	**12**丙寅30	12丙申㉙	12乙丑27	12甲午26	12甲子25	12癸巳24	12癸亥㉓
12己巳 3	12己亥 5	12己巳④	12戊戌 3	12戊辰 2	12丁酉 1	13丁卯31	**13**丁酉30	13丙寅28	13乙未27	13乙丑26	13甲午25	13甲子24
13庚午 4	13庚子 6	13庚午 5	13己亥 4	13己巳 3	13戊戌 2	《8月》	14戊戌31	**14**丁卯29	14丙申28	14丙寅27	14乙未㉖	14乙丑25
14辛未 5	14辛丑⑦	14辛未 6	14庚子 5	14庚午 4	14己亥 3	14戊辰①	《9月》	15戊辰30	15丁酉29	15丁卯㉘	15丙申27	15丙寅26
15壬申 6	15壬寅 8	15壬申 7	15辛丑 6	15辛未 5	15庚子④	15己巳 2	15己亥 1	《10月》	**16**戊戌30	**16**戊辰29	16丁酉28	16丁卯27
16癸酉⑦	16癸卯 9	16癸酉 8	16壬寅 7	16壬申⑥	16辛丑 5	16庚午 3	16庚子 2	16己巳 1	17己亥㉛	17己巳30	**17**戊戌29	17戊辰28
17甲戌 8	17甲辰10	17甲戌 9	17癸卯 8	17癸酉 7	17壬寅 6	17辛未 4	17辛丑 3	17庚午 2	《11月》	《12月》	18己亥30	**18**己巳29
18乙亥 9	18乙巳11	18乙亥10	18甲辰⑨	18甲戌 8	18癸卯 7	18壬申 5	18壬寅 4	18辛未③	18庚子 1	18庚午 1	19庚子31	19庚午㉚
19丙子10	19丙午12	19丙子⑪	19乙巳10	19乙亥 9	19甲辰 8	19癸酉 6	19癸卯⑤	19壬申 4	19辛丑 2	19辛未 2	**1480 年**	20辛未31
20丁丑11	20丁未13	20丁丑12	20丙午11	20丙子10	20乙巳 9	20甲戌 7	20甲辰 6	20癸酉 5	20壬寅 3	20壬申 3	《1月》	《2月》
21戊寅12	21戊申⑭	21戊寅13	21丁未12	21丁丑11	21丙午10	21乙亥⑧	21乙巳 7	21甲戌 6	21癸卯 4	21癸酉 4	20辛丑 1	21壬申 1
22己卯13	**22**己酉15	22己卯14	22戊申13	22戊寅12	22丁未⑪	22丙子 9	22丙午 8	22乙亥 7	22甲辰 5	22甲戌⑤	21壬寅②	22癸酉 2
23庚辰⑭	23庚戌16	**23**庚辰15	23己酉14	23己卯⑬	23戊申12	23丁丑10	23丁未 9	23丙子 8	23乙巳 6	23乙亥 6	22癸卯 3	23甲戌 3
24辛巳15	24辛亥17	24辛巳16	**24**庚戌15	24庚辰14	24己酉13	24戊寅11	24戊申10	24丁丑 9	24丙午⑦	24丙子 7	23甲辰 4	24乙亥 4
25壬午16	25壬子18	25壬午17	25辛亥⑯	**25**辛巳15	25庚戌14	25己卯12	25己酉11	25戊寅⑩	25丁未 8	25丁丑 8	24乙巳 5	25丙子 5
26癸未17	26癸丑19	26癸未⑱	26壬子17	26壬午16	**26**辛亥15	26庚辰13	26庚戌⑫	26己卯11	26戊申 9	26戊寅 9	25丙午 6	26丁丑⑥
27甲申18	27甲寅20	27甲申19	27癸丑18	27癸未17	27壬子16	**27**辛巳14	27辛亥13	27庚辰12	27己酉10	27己卯10	26丁未 7	27戊寅 7
28乙酉19	28乙卯㉑	28乙酉20	28甲寅19	28甲申18	28癸丑17	28壬午⑮	**28**壬子14	28辛巳13	28庚戌11	28庚辰11	27戊申 8	28己卯 8
29丙戌20	29丙辰22	29丙戌21	29乙卯20	29乙酉19	29甲寅⑱	29癸未16	29癸丑15	**29**壬午14	29辛亥12	29辛巳⑫	28己酉⑨	29庚辰 9
30丁亥㉑	30丁巳23		30丙辰21			30甲申17			30壬子13		29庚戌10	30辛巳10
											30辛亥11	

1月	2月	3月	4月	5月	6月	7月	8月	9月	閏9月	10月	11月	12月
立春 7日	啓蟄 7日	清明 8日	立夏 9日	芒種 9日	小暑 11日	立秋 12日	白露 13日	寒露 14日	立冬16日	小雪 1日	冬至 2日	大寒 3日
雨水 22日	春分 22日	穀雨 23日	小満 24日	夏至 25日	大暑 26日	処暑 27日	秋分 28日	霜降 29日		大雪 16日	小寒 17日	立春 18日

文明 12 年（1480－1481） 庚子

1月	2月	3月	4月	5月	6月	7月	8月	9月	10月	11月	12月
1 壬午11	1 壬子⑫	1 辛巳10	1 辛亥10	1 辛巳 9	1 庚戌 8	1 己卯⑥	1 己酉 5	1 戊寅 4	1 丁未 2	1 丁丑 2	**1481 年**
2 癸未12	2 癸丑13	2 壬午11	2 壬子11	2 壬午10	2 辛亥⑨	2 庚辰 7	2 庚戌 6	2 己卯 5	2 戊申 3	2 戊寅③	《1月》
3 甲申⑬	3 甲寅14	3 癸未12	3 癸丑12	3 癸未⑪	3 壬子10	3 辛巳 8	3 辛亥 7	3 庚辰 6	3 己酉 4	3 己卯 4	1 丁未 1
4 乙酉14	**4** 乙卯15	4 甲申13	4 甲寅13	4 甲申12	4 癸丑11	4 壬午 9	4 壬子 8	4 辛巳 7	4 庚戌⑤	4 庚辰 5	2 戊申 2
5 丙戌15	5 丙辰16	**5** 乙酉14	**5** 乙卯⑭	5 乙酉13	5 甲寅12	5 癸未10	5 癸丑 9	5 壬午⑧	5 辛亥 6	5 辛巳 6	3 己酉 3
6 丁亥16	6 丁巳17	6 丙戌15	6 丙辰15	**6** 丙戌14	6 乙卯13	6 甲申11	6 甲寅⑩	6 癸未 9	6 壬子 7	6 壬午 7	4 庚戌 4
7 戊子17	7 戊午18	7 丁亥⑯	7 丁巳16	7 丁亥15	**7** 丙辰14	7 乙酉12	7 乙卯11	7 甲申10	7 癸丑 8	7 癸未 8	5 辛亥 5
8 己丑18	8 己未⑲	8 戊子17	8 戊午17	8 戊子16	8 丁巳15	8 丙戌⑬	8 丙辰12	8 乙酉11	8 甲寅 9	8 甲申 9	6 壬子 6
9 庚寅19	9 庚申20	9 己丑18	9 己未18	9 己丑17	9 戊午⑯	**9** 丁亥14	**9** 丁巳13	9 丙戌12	9 乙卯10	9 乙酉⑩	7 癸丑⑦
10辛卯⑳	10辛酉21	10庚寅19	10庚申19	10庚寅⑱	10己未17	10戊子15	10戊午14	10丁亥13	10丙辰11	10丙戌11	8 甲寅 8
11壬辰21	11壬戌22	11辛卯20	11辛酉20	11辛卯19	11庚申18	11己丑16	11己未15	**11**戊子14	11丁巳⑫	11丁亥12	9 乙卯 9
12癸巳22	12癸亥23	12壬辰21	12壬戌㉑	12壬辰20	12辛酉19	12庚寅17	12庚申16	12己丑⑮	**12**戊午13	**12**戊子13	10丙辰10
13甲午23	13甲子24	13癸巳22	13癸亥22	13癸巳21	13壬戌20	13辛卯18	13辛酉⑰	13庚寅16	13己未14	13己丑14	11丁巳11
14乙未24	14乙丑25	14甲午㉓	14甲子23	14甲午22	14癸亥21	14壬辰19	14壬戌18	14辛卯17	14庚申15	14庚寅15	12戊午12
15丙申25	15丙寅㉖	15乙未24	15乙丑24	15乙未23	15甲子22	15癸巳⑳	15癸亥19	15壬辰18	15辛酉16	15辛卯16	**13**己未13
16丁酉26	16丁卯27	16丙申25	16丙寅25	16丙申24	16乙丑㉓	16甲午21	16甲子20	16癸巳19	16壬戌17	16壬辰⑰	14庚申⑭
17戊戌㉗	17戊辰28	17丁酉26	17丁卯26	17丁酉㉕	17丙寅24	17乙未22	17乙丑21	17甲午20	17癸亥18	17癸巳18	15辛酉15
18己亥28	18己巳29	18戊戌27	18戊辰27	18戊戌26	18丁卯25	18丙申23	18丙寅22	18乙未21	18甲子⑲	18甲午19	16壬戌16
19庚子29	**19**庚午30	19己亥28	19己巳㉘	19己亥27	19戊辰26	19丁酉24	19丁卯23	19丙申㉒	19乙丑20	19乙未20	17癸亥17
《3月》	20辛未31	**20**庚子29	20庚午29	20庚子28	20己巳27	20戊戌25	20戊辰㉔	20丁酉23	20丙寅21	20丙申21	18甲子18
20辛丑 1	《4月》	21辛丑㉚	**21**辛未30	**21**辛丑29	21庚午28	21己亥26	21己巳25	21戊戌24	21丁卯22	21丁酉22	19乙丑19
21壬寅 2	21壬申 1	《5月》	22壬申31	22壬寅30	22辛未29	22庚子㉗	22庚午26	22己亥25	22戊辰23	22戊戌23	20丙寅20
22癸卯 3	22癸酉②	22壬寅 1	《6月》	《7月》	**23**壬申㉚	23辛丑28	23辛未27	23庚子26	23己巳24	23己亥㉔	21丁卯㉑
23甲辰 4	23甲戌 3	23癸卯 2	23癸酉 1	23癸卯 1	24癸酉31	**24**壬寅29	**24**壬申28	24辛丑27	24庚午25	24庚子25	22戊辰22
24乙巳⑤	24乙亥 4	24甲辰 3	24甲戌 2	24甲辰②	《8月》	25癸卯30	25癸酉29	25壬寅28	25辛未㉖	25辛丑26	23己巳23
25丙午 6	25丙子 5	25乙巳 4	25乙亥 3	25乙巳 3	25甲戌 1	26甲辰31	26甲戌30	**26**癸卯㉙	26壬申27	26壬寅27	24庚午24
26丁未 7	26丁丑 6	26丙午 5	26丙子④	26丙午 4	26乙亥 2	《9月》	《10月》	27甲辰30	**27**癸酉28	27癸卯28	25辛未25
27戊申 8	27戊寅 7	27丁未 6	27丁丑 5	27丁未 5	27丙子 3	27乙巳 1	27乙亥①	28乙巳31	28甲戌29	**28**甲辰29	26壬申26
28己酉 9	28己卯 8	28戊申⑦	28戊寅 6	28戊申 6	28丁丑 4	28丙午 2	28丙子 2	《11月》	29乙亥30	29乙巳30	27癸酉27
29庚戌10	29庚辰⑨	29己酉 8	29己卯 7	29己酉 7	29戊寅 5	29丁未③	29丁丑 3	29丙午 1	《12月》	30丙午㉛	**28**甲戌㉘
30辛亥11		30庚戌 9	30庚辰 8			30戊申 4			30丙子 1		29乙亥29

1月	2月	3月	4月	5月	6月	7月	8月	9月	10月	11月	12月
雨水 3日	春分 4日	穀雨 5日	小満 5日	夏至 6日	大暑 7日	処暑 9日	秋分 9日	霜降 11日	小雪 12日	冬至 12日	大寒 13日
啓蟄 18日	清明 19日	立夏 20日	芒種 21日	小暑 21日	立秋 23日	白露 24日	寒露 24日	立冬 26日	大雪 27日	小寒 28日	立春 28日

文明**13**年（1481－1482） 辛丑

1月	2月	3月	4月	5月	6月	7月	8月	9月	10月	11月	12月
1丙子30	《3月》	**1**乙亥30	**1**乙巳㉙	1乙亥29	1甲辰27	1甲戌27	1癸卯25	1癸酉24	1壬寅23	1壬申22	1辛丑21
2丁丑31	1丙午1	2丙子31	2丙午30	**2**丙子30	2乙巳28	2乙亥28	2甲辰㉖	2甲戌25	2癸卯24	2癸酉23	2壬寅22
《2月》	2丁未2	《4月》	《5月》	3丁丑31	**3**丙午29	3丙子㉙	3乙巳27	3乙亥26	3甲辰25	3甲戌24	3癸卯㉓
3戊寅1	3戊申3	3丁丑①	3丁未1	《6月》	4丁未30	**4**丁丑30	4丙午28	4丙子27	4乙巳26	4乙亥㉕	4甲辰24
4己卯2	4己酉④	4戊寅2	4戊申2	4戊寅1	《7月》	5戊寅31	**5**丁未29	5丁丑28	5丙午27	5丙子26	5乙巳25
5庚辰3	5庚戌5	5己卯3	5己酉3	5己卯2	5戊申①	《8月》	6戊申30	**6**戊寅29	6丁未㉘	6丁丑27	6丙午26
6辛巳④	6辛亥6	6庚辰4	6庚戌4	6庚辰③	6己酉2	6己卯1	7己酉31	7己卯㉚	**7**戊申29	7戊寅28	7丁未27
7壬午5	7壬子7	7辛巳5	7辛亥5	7辛巳4	7庚戌3	7庚辰2	《9月》	《10月》	8己酉30	**8**己卯29	8戊申28
8癸未6	8癸丑8	8壬午6	8壬子⑥	8壬午5	8辛亥4	8辛巳3	8庚戌1	8庚辰1	9庚戌31	9庚辰30	**9**己酉29
9甲申7	9甲寅9	9癸未7	9癸丑7	9癸未6	9壬子5	9壬午4	9辛亥②	9辛巳2	《11月》	《12月》	10庚戌㉚
10乙酉8	10乙卯10	10甲申⑧	10甲寅8	10甲申7	10癸丑6	10癸未⑤	10壬子3	10壬午3	10辛亥1	10辛巳1	11辛亥31
11丙戌9	11丙辰⑪	11乙酉9	11乙卯9	11乙酉8	11甲寅7	11甲申6	11癸丑4	11癸未4	11壬子2	11壬午②	**1482**年
12丁亥10	12丁巳12	12丙戌10	12丙辰10	12丙戌9	12乙卯⑧	12乙酉7	12甲寅5	12甲申5	12癸丑3	12癸未3	《1月》
13戊子⑪	13戊午13	13丁亥11	13丁巳11	13丁亥⑩	13丙辰9	13丙戌8	13乙卯6	13乙酉6	13甲寅④	13甲申4	12壬子1
14己丑12	14己未14	14戊子12	14戊午12	14戊子11	14丁巳10	14丁亥9	14丙辰7	14丙戌⑦	14乙卯5	14乙酉5	13癸丑2
15庚寅13	**15**庚申15	15己丑13	15己未⑬	15己丑12	15戊午11	15戊子10	15丁巳8	15丁亥8	15丙辰6	15丙戌6	14甲寅3
16辛卯14	16辛酉16	**16**庚寅14	16庚申14	16庚寅13	16己未12	16己丑11	16戊午⑨	16戊子9	16丁巳7	16丁亥7	15乙卯4
17壬辰15	17壬戌17	17辛卯⑮	**17**辛酉15	**17**辛卯14	17庚申13	17庚寅⑫	17己未10	17己丑10	17戊午8	17戊子8	16丙辰5
18癸巳16	18癸亥⑱	18壬辰16	18壬戌16	18壬辰15	18辛酉14	18辛卯13	18庚申11	18庚寅11	18己未9	18己丑⑨	17丁巳⑥
19甲午17	19甲子19	19癸巳17	19癸亥17	19癸巳16	**19**壬戌⑮	**19**壬辰14	19辛酉12	19辛卯12	19庚申10	19庚寅10	18戊午7
20乙未⑱	20乙丑20	20甲午18	20甲子18	20甲午⑰	20癸亥16	20癸巳15	**20**壬戌13	20壬辰13	20辛酉⑪	20辛卯11	19己未8
21丙申19	21丙寅21	21乙未19	21乙丑19	21乙未18	21甲子17	21甲午16	21癸亥14	**21**癸巳⑭	21壬戌12	21壬辰12	20庚申9
22丁酉20	22丁卯22	22丙申20	22丙寅⑳	22丙申19	22乙丑18	22乙未17	22甲子15	22甲午15	**22**癸亥13	22癸巳13	21辛酉10
23戊戌21	23戊辰23	23丁酉21	23丁卯21	23丁酉20	23丙寅19	23丙申18	23乙丑⑯	23乙未16	23甲子14	**23**甲午14	22壬戌11
24己亥22	24己巳24	24戊戌㉒	24戊辰22	24戊戌21	24丁卯20	24丁酉⑲	24丙寅17	24丙申17	24乙丑15	24乙未15	23癸亥12
25庚子23	25庚午㉕	25己亥23	25己巳23	25己亥22	25戊辰21	25戊戌20	25丁卯18	25丁酉18	25丙寅16	25丙申⑯	**24**甲子⑬
26辛丑24	26辛未26	26庚子24	26庚午24	26庚子23	26己巳㉒	26己亥21	26戊辰19	26戊戌19	26丁卯17	26丁酉17	25乙丑14
27壬寅㉕	27壬申27	27辛丑25	27辛未25	27辛丑㉔	27庚午23	27庚子22	27己巳20	27己亥20	27戊辰⑱	27戊戌18	26丙寅15
28癸卯26	28癸酉28	28壬寅26	28壬申26	28壬寅25	28辛未24	28辛丑23	28庚午21	28庚子㉑	28己巳19	28己亥19	27丁卯16
29甲辰27	29甲戌29	29癸卯27	29癸酉㉗	29癸卯26	29壬申25	29壬寅24	29辛未22	29辛丑22	29庚午20	29庚子20	28戊辰17
30乙巳28		30甲辰28	30甲戌28		30癸酉26		30壬申㉓		30辛未21		29己巳18
											30庚午19
雨水 14日 啓蟄 30日	春分 15日	清明 1日 穀雨 16日	立夏 1日 小満 17日	芒種 2日 夏至 17日	小暑 3日 大暑 19日	立秋 4日 処暑 19日	白露 5日 秋分 20日	寒露 6日 霜降 21日	立冬 7日 小雪 22日	大雪 8日 冬至 23日	小寒 9日 大寒 24日

文明**14**年（1482－1483） 壬寅

1月	2月	3月	4月	5月	6月	7月	閏7月	8月	9月	10月	11月	12月
1辛未⑳	1庚子18	1庚午20	1己亥18	1己巳18	1戊戌⑯	1戊辰16	1戊戌15	1丁卯13	1丁酉⑬	1丙寅11	1丙申11	1乙丑9
2壬申21	2辛丑19	2辛未21	2庚子19	2庚午⑲	2己亥17	2己巳17	2己亥16	**2**戊辰14	**2**戊戌14	2丁卯12	2丁酉12	2丙寅10
3癸酉22	3壬寅20	3壬申22	3辛丑20	3辛未20	3庚子18	3庚午18	3庚子17	3己巳⑮	3己亥15	3戊辰13	3戊戌13	3丁卯11
4甲戌23	4癸卯21	4癸酉23	4壬寅㉑	4壬申21	4辛丑19	4辛未19	4辛丑⑱	4庚午16	4庚子16	**4**己巳14	**4**己亥14	4戊辰⑫
5乙亥24	5甲辰22	5甲戌㉔	5癸卯22	5癸酉22	5壬寅20	5壬申20	5壬寅19	5辛未17	5辛丑17	5庚午15	5庚子⑮	**5**己巳13
6丙子25	6乙巳23	6乙亥25	6甲辰23	6甲戌23	6癸卯21	6癸酉㉑	6癸卯20	6壬申18	6壬寅18	6辛未16	6辛丑16	6庚午14
7丁丑26	7丙午㉔	7丙子26	7乙巳24	7乙亥24	7甲辰22	7甲戌22	7甲辰21	7癸酉19	7癸卯19	7壬申⑰	7壬寅17	7辛未15
8戊寅㉗	8丁未25	8丁丑27	8丙午25	8丙子25	8乙巳㉓	8乙亥23	8乙巳22	8甲戌20	8甲辰⑳	8癸酉18	8癸卯18	8壬申16
9己卯28	9戊申26	9戊寅28	9丁未26	9丁丑㉖	9丙午24	9丙子24	9丙午23	9乙亥21	9乙巳21	9甲戌19	9甲辰19	9癸酉17
10庚辰29	10己酉27	10己卯29	10戊申27	10戊寅27	10丁未25	10丁丑25	10丁未24	10丙子㉒	10丙午22	10乙亥20	10乙巳20	10甲戌18
11辛巳30	**11**庚戌28	**11**庚辰30	11己酉㉘	11己卯28	11戊申26	11戊寅26	11戊申㉕	11丁丑23	11丁未23	11丙子21	11丙午21	11乙亥⑲
12壬午31	《3月》	12辛巳㉛	12庚戌29	12庚辰29	12己酉27	12己卯27	12己酉26	12戊寅24	12戊申24	12丁丑22	12丁未㉒	12丙子20
《2月》	12辛亥1	《4月》	**13**辛亥30	**13**辛巳30	13庚戌28	13庚辰㉘	13庚戌27	13己卯25	13己酉25	13戊寅23	13戊申23	13丁丑21
13癸未1	13壬子2	13壬午1	《5月》	14壬午31	14辛亥29	14辛巳29	14辛亥28	14庚辰26	14庚戌26	14己卯㉔	14己酉24	14戊寅22
14甲申2	14癸丑③	14癸未2	14壬子1	《6月》	**15**壬子㉚	**15**壬午30	**15**壬子29	15辛巳27	15辛亥㉗	15庚辰25	15庚戌25	15己卯23
15乙酉③	15甲寅4	15甲申3	15癸丑2	15癸未1	《7月》	16癸未31	16癸丑30	16壬午28	16壬子28	16辛巳26	16辛亥26	16庚辰24
16丙戌4	16乙卯5	16乙酉4	16甲寅3	16甲申②	16癸丑1	《8月》	17甲寅31	**17**癸未㉙	**17**癸丑29	17壬午27	17壬子27	17辛巳25
17丁亥5	17丙辰6	17丙戌5	17乙卯4	17乙酉3	17甲寅2	17甲申1	《9月》	18甲申30	18甲寅30	18癸未28	18癸丑28	18壬午㉖
18戊子6	18丁巳7	18丁亥6	18丙辰⑤	18丙戌4	18乙卯3	18乙酉2	18乙卯①	《10月》	19乙卯31	**19**甲申29	**19**甲寅㉙	19癸未27
19己丑7	19戊午8	19戊子⑦	19丁巳6	19丁亥5	19丙辰4	19丙戌3	19丙辰2	19乙酉1	《11月》	20乙酉30	20乙卯30	20甲申28
20庚寅8	20己未9	20己丑8	20戊午7	20戊子6	20丁巳5	20丁亥④	20丁巳3	20丙戌2	20丙辰1	《12月》	21丙辰31	**21**乙酉29
21辛卯9	21庚申⑩	21庚寅9	21己未8	21己丑7	21戊午6	21戊子5	21戊午4	21丁亥3	21丁巳2	21丙戌①	**1483**年	22丙戌30
22壬辰⑩	22辛酉11	22辛卯10	22庚申9	22庚寅8	22己未⑦	22己丑6	22己未5	22戊子4	22戊午③	22丁亥2	《1月》	23丁亥31
23癸巳11	23壬戌12	23壬辰11	23辛酉10	23辛卯⑨	23庚申8	23庚寅7	23庚申6	23己丑5	23己未4	23戊子3	22丁巳1	《2月》
24甲午12	24癸亥13	24癸巳12	24壬戌11	24壬辰10	24辛酉9	24辛卯8	24辛酉7	24庚寅⑥	24庚申5	24己丑4	23戊午2	24戊子1
25乙未13	25甲子14	25甲午13	25癸亥⑫	25癸巳11	25壬戌10	25壬辰9	25壬戌⑧	25辛卯7	25辛酉6	25庚寅5	24己未3	25己丑②
26丙申14	**26**乙丑15	**26**乙未⑭	26甲子13	26甲午12	26癸亥11	26癸巳10	26癸亥9	26壬辰8	26壬戌7	26辛卯6	25庚申4	26庚寅3
27丁酉15	27丙寅16	27丙申15	27乙丑14	27乙未13	27甲子12	27甲午⑪	27甲子10	27癸巳9	27癸亥8	27壬辰7	26辛酉⑤	27辛卯4
28戊戌16	28丁卯⑰	28丁酉16	**28**丙寅15	**28**丙申14	28乙丑13	28乙未12	28乙丑11	28甲午10	28甲子9	28癸巳⑧	27壬戌6	28壬辰5
29己亥⑰	29戊辰18	29戊戌17	29丁卯16	29丁酉15	29丙寅⑭	29丙申13	29丙寅12	29乙未11	29乙丑⑩	29甲午9	28癸亥7	29癸巳6
	30己巳19		30戊辰17		**30**丁卯15	**30**丁酉14		30丙申12		30乙未10	29甲子8	30甲午7
立春 9日 雨水 25日	啓蟄 11日 春分 26日	清明 11日 穀雨 26日	立夏 13日 小満 28日	芒種 13日 夏至 28日	小暑 15日 大暑 30日	立秋 15日 処暑 30日	白露15日	秋分 2日 寒露 17日	霜降 2日 立冬 17日	小雪 4日 大雪 19日	冬至 4日 小寒 19日	大寒 5日 立春 21日

文明 **15** 年（1483－1484） 癸卯

1月	2月	3月	4月	5月	6月	7月	8月	9月	10月	11月	12月
1 乙未 8	1 甲子 ⑨	1 癸巳 7	1 癸亥 7	1 癸巳 6	1 壬戌 5	1 壬辰 4	1 辛酉 2	1 辛卯 2	《11月》	1 庚寅 ㉚	1 庚申 30
2 丙申 ⑨	2 乙丑 10	2 甲午 8	2 甲子 8	2 甲午 7	2 癸亥 ⑥	2 癸巳 5	2 壬戌 3	2 壬辰 3	1 辛酉 1	《12月》	2 辛酉 31
3 丁酉 10	3 丙寅 11	3 乙未 9	3 乙丑 9	3 乙未 ⑧	3 甲子 7	3 甲午 6	3 癸亥 4	3 癸巳 4	2 壬戌 ②	2 辛卯 1	**1484** 年
4 戊戌 11	4 丁卯 12	4 丙申 10	4 丙寅 10	4 丙申 9	4 乙丑 8	4 乙未 7	4 甲子 5	4 甲午 ⑤	3 癸亥 3	3 壬辰 2	《1月》
5 己亥 12	5 戊辰 13	5 丁酉 11	5 丁卯 ⑪	5 丁酉 10	5 丙寅 9	5 丙申 8	5 乙丑 6	5 乙未 6	4 甲子 4	4 癸巳 3	3 壬戌 1
6 庚子 13	6 己巳 14	6 戊戌 12	6 戊辰 12	6 戊戌 11	6 丁卯 10	6 丁酉 9	6 丙寅 ⑦	6 丙申 7	5 乙丑 5	5 甲午 4	4 癸亥 2
7 辛丑 14	**7** 庚午 15	7 己亥 ⑬	7 己巳 13	7 己亥 12	7 戊辰 11	7 戊戌 ⑩	7 丁卯 8	7 丁酉 8	6 丙寅 6	6 乙未 5	5 甲子 3
8 壬寅 15	8 辛未 ⑯	8 庚子 14	8 庚午 14	8 庚子 13	8 己巳 12	8 己亥 11	8 戊辰 9	8 戊戌 9	7 丁卯 7	7 丙申 6	6 乙丑 ④
9 癸卯 ⑯	9 壬申 17	**9** 辛丑 15	**9** 辛未 15	9 辛丑 14	9 庚午 ⑬	9 庚子 12	9 己巳 10	9 己亥 10	8 戊辰 8	8 丁酉 ⑦	7 丙寅 5
10 甲辰 17	10 癸酉 18	10 壬寅 16	10 壬申 16	**10** 壬寅 ⑮	10 辛未 14	10 辛丑 13	10 庚午 11	10 庚子 11	9 己巳 ⑨	9 戊戌 8	8 丁卯 6
11 乙巳 18	11 甲戌 19	11 癸卯 17	11 癸酉 17	11 癸卯 16	**11** 壬申 15	**11** 壬寅 14	11 辛未 12	11 辛丑 ⑫	10 庚午 10	10 己亥 9	9 戊辰 7
12 丙午 19	12 乙亥 20	12 甲辰 18	12 甲戌 ⑱	12 甲辰 17	12 癸酉 16	12 癸卯 15	12 壬申 13	12 壬寅 13	11 辛未 11	11 庚子 10	10 己巳 8
13 丁未 20	13 丙子 21	13 乙巳 19	13 乙亥 19	13 乙巳 18	13 甲戌 17	13 甲辰 16	**13** 癸酉 ⑭	**13** 癸卯 14	12 壬申 12	12 辛丑 11	11 庚午 9
14 戊申 21	14 丁丑 22	14 丙午 ⑳	14 丙子 20	14 丙午 19	14 乙亥 18	14 乙巳 ⑰	14 甲戌 15	14 甲辰 15	13 癸酉 13	13 壬寅 12	12 辛未 10
15 己酉 22	15 戊寅 ㉓	15 丁未 21	15 丁丑 21	15 丁未 20	15 丙子 19	15 丙午 18	15 乙亥 16	15 乙巳 16	**14** 甲戌 14	14 癸卯 13	13 壬申 ⑪
16 庚戌 ㉓	16 己卯 24	16 戊申 22	16 戊寅 22	16 戊申 21	16 丁丑 ⑳	16 丁未 19	16 丙子 17	16 丙午 17	15 乙亥 15	**15** 甲辰 ⑭	14 癸酉 12
17 辛亥 24	17 庚辰 25	17 己酉 23	17 己卯 23	17 己酉 ㉒	17 戊寅 21	17 戊申 20	17 丁丑 18	17 丁未 18	16 丙子 ⑯	16 乙巳 15	15 甲戌 13
18 壬子 25	18 辛巳 26	18 庚戌 24	18 庚辰 24	18 庚戌 23	18 己卯 22	18 己酉 21	18 戊寅 19	18 戊申 ⑲	17 丁丑 17	17 丙午 16	**16** 乙亥 14
19 癸丑 26	19 壬午 27	19 辛亥 25	19 辛巳 ㉕	19 辛亥 24	19 庚辰 23	19 庚戌 22	19 己卯 20	19 己酉 20	18 戊寅 18	18 丁未 17	17 丙子 15
20 甲寅 27	20 癸未 28	20 壬子 26	20 壬午 26	20 壬子 25	20 辛巳 24	20 辛亥 23	20 庚辰 ㉑	20 庚戌 21	19 己卯 19	19 戊申 18	18 丁丑 16
21 乙卯 28	21 甲申 29	21 癸丑 ㉗	21 癸未 27	21 癸丑 26	21 壬午 25	21 壬子 ㉔	21 辛巳 22	21 辛亥 22	20 庚辰 20	20 己酉 19	19 戊寅 17
《3月》	**22** 乙酉 ㉚	22 甲寅 28	22 甲申 28	22 甲寅 27	22 癸未 26	22 癸丑 25	22 壬午 23	22 壬子 23	21 辛巳 21	21 庚戌 20	20 己卯 ⑱
22 丙辰 1	23 丙戌 31	23 乙卯 29	23 乙酉 29	23 乙卯 28	23 甲申 ㉗	23 甲寅 26	23 癸未 24	23 癸丑 24	22 壬午 22	22 辛亥 ㉑	21 庚辰 19
23 丁巳 ②	《4月》	**24** 丙辰 30	**24** 丙戌 30	24 丙辰 ㉙	24 乙酉 28	24 乙卯 27	24 甲申 25	24 甲寅 25	23 癸未 ㉓	23 壬子 22	22 辛巳 20
24 戊午 3	24 丁亥 1	《5月》	25 丁亥 31	**25** 丁巳 30	25 丙戌 29	25 丙辰 28	25 乙酉 26	25 乙卯 ㉖	24 甲申 24	24 癸丑 23	23 壬午 21
25 己未 4	25 戊子 2	25 丁巳 1	《6月》	《7月》	**26** 丁亥 30	26 丁巳 29	26 丙戌 27	26 丙辰 27	25 乙酉 25	25 甲寅 24	24 癸未 22
26 庚申 5	26 己丑 3	26 戊午 2	26 戊子 ①	26 戊午 1	27 戊子 31	**27** 戊午 30	27 丁亥 ㉘	27 丁巳 28	26 丙戌 26	26 乙卯 25	25 甲申 23
27 辛酉 6	27 庚寅 4	27 己未 3	27 己丑 2	27 己未 2	《8月》	28 己未 ㉛	**28** 戊子 29	28 戊午 29	27 丁亥 27	27 丙辰 26	26 乙酉 24
28 壬戌 7	28 辛卯 5	28 庚申 ④	28 庚寅 3	28 庚申 3	28 己丑 1	《9月》	29 己丑 30	**29** 己未 30	28 戊子 28	28 丁巳 27	27 丙戌 ㉕
29 癸亥 8	29 壬辰 ⑥	29 辛酉 5	29 辛卯 4	29 辛酉 4	29 庚寅 2	29 庚申 1	《10月》	30 庚申 31	**29** 己丑 29	29 戊午 ㉘	28 丁亥 26
		30 壬戌 6	30 壬辰 5		30 辛卯 ③		30 庚寅 1			**30** 己未 29	29 戊子 27

雨水 6日	春分 7日	穀雨 9日	小満 9日	夏至 10日	大暑 11日	処暑 11日	秋分 13日	霜降 13日	小雪 14日	冬至 15日	大寒 16日
啓蟄 21日	清明 22日	立夏 24日	芒種 24日	小暑 25日	立秋 26日	白露 27日	寒露 28日	立冬 29日	大雪 29日	小寒 30日	

文明 **16** 年（1484－1485） 甲辰

1月	2月	3月	4月	5月	6月	7月	8月	9月	10月	11月	12月
1 己丑 28	1 己未 27	1 戊子 27	1 丁巳 ㉕	1 丁亥 25	1 丙辰 23	1 丙戌 23	1 乙卯 21	1 乙酉 20	1 乙卯 20	1 乙酉 19	1 甲寅 18
2 庚寅 29	**2** 庚申 28	2 己丑 ㉘	2 戊午 26	2 戊子 26	2 丁巳 24	2 丁亥 24	2 丙辰 ㉒	2 丙戌 21	2 丙辰 21	2 丙戌 20	2 乙卯 ⑲
3 辛卯 30	3 辛酉 ㉙	3 庚寅 29	3 己未 27	3 己丑 27	3 戊午 25	3 戊子 ㉕	3 丁巳 23	3 丁亥 22	3 丁巳 22	3 丁亥 ㉑	3 丙辰 20
4 壬辰 31	《3月》	**4** 辛卯 30	4 庚申 28	4 庚寅 28	4 己未 26	4 己丑 26	4 戊午 24	4 戊子 23	4 戊午 23	4 戊子 22	4 丁巳 21
《2月》	4 壬戌 1	5 壬辰 31	**5** 辛酉 29	5 辛卯 29	5 庚申 ㉗	5 庚寅 27	5 己未 25	5 己丑 24	5 己未 ㉔	5 己丑 23	5 戊午 22
5 癸巳 ①	5 癸亥 2	《4月》	6 壬戌 30	**6** 壬辰 ㉚	6 辛酉 28	6 辛卯 28	6 庚申 26	6 庚寅 25	6 庚申 25	6 庚寅 24	6 己未 23
6 甲午 2	6 甲子 3	6 癸巳 1	《5月》	7 癸巳 31	**7** 壬戌 29	**7** 壬辰 29	7 辛酉 27	7 辛卯 ㉖	7 辛酉 26	7 辛卯 25	7 庚申 24
7 乙未 3	7 乙丑 4	7 甲午 2	7 癸亥 1	《6月》	8 癸亥 30	8 癸巳 30	8 壬戌 28	8 壬辰 27	8 壬戌 27	8 壬辰 26	8 辛酉 25
8 丙申 4	8 丙寅 5	8 乙未 3	8 甲子 ②	8 甲午 1	《7月》	9 甲午 31	**9** 癸亥 ㉙	**9** 癸巳 28	9 癸亥 28	9 癸巳 27	9 壬戌 ㉖
9 丁酉 5	9 丁卯 6	9 丙申 ④	9 乙丑 3	9 乙未 2	9 甲子 1	《8月》	10 甲子 30	10 甲午 29	**10** 甲子 29	**10** 甲午 ㉘	10 癸亥 27
10 戊戌 6	10 戊辰 ⑦	10 丁酉 5	10 丙寅 4	10 丙申 3	10 乙丑 2	10 乙未 ①	11 乙丑 31	11 乙未 30	11 乙丑 30	11 乙未 29	11 甲子 28
11 己亥 7	11 己巳 8	11 戊戌 6	11 丁卯 5	11 丁酉 4	11 丙寅 3	11 丙申 2	《9月》	《10月》	12 丙寅 ㉛	12 丙申 30	**12** 乙丑 29
12 庚子 ⑧	12 庚午 9	12 己亥 7	12 戊辰 6	12 戊戌 5	12 丁卯 ④	12 丁酉 3	12 丙寅 1	12 丙申 1	《11月》	《12月》	13 丙寅 30
13 辛丑 9	13 辛未 10	13 庚子 8	13 己巳 7	13 己亥 ⑥	13 戊辰 5	13 戊戌 4	13 丁卯 2	13 丁酉 2	13 丁卯 1	13 丁酉 1	14 丁卯 31
14 壬寅 10	14 壬申 11	14 辛丑 9	14 庚午 8	14 庚子 7	14 己巳 6	14 己亥 5	14 戊辰 3	14 戊戌 ③	14 戊辰 2	14 戊戌 2	**1485** 年
15 癸卯 11	15 癸酉 12	15 壬寅 10	15 辛未 ⑨	15 辛丑 8	15 庚午 7	15 庚子 6	15 己巳 4	15 己亥 4	15 己巳 3	15 己亥 3	《1月》
16 甲辰 12	16 甲戌 13	16 癸卯 ⑪	16 壬申 10	16 壬寅 9	16 辛未 8	16 辛丑 7	16 庚午 ⑤	16 庚子 5	16 庚午 4	16 庚子 4	15 戊辰 1
17 乙巳 13	17 乙亥 ⑭	17 甲辰 12	17 癸酉 11	17 癸卯 10	17 壬申 9	17 壬寅 ⑧	17 辛未 6	17 辛丑 6	17 辛未 5	17 辛丑 ⑤	16 己巳 ②
18 丙午 14	**18** 丙子 15	18 乙巳 13	18 甲戌 12	18 甲辰 11	18 癸酉 10	18 癸卯 9	18 壬申 7	18 壬寅 7	18 壬申 6	18 壬寅 6	17 庚午 3
19 丁未 ⑮	19 丁丑 16	**19** 丙午 14	19 乙亥 13	19 乙巳 12	19 甲戌 ⑪	19 甲辰 10	19 癸酉 8	19 癸卯 8	19 癸酉 ⑦	19 癸卯 7	18 辛未 4
20 戊申 16	20 戊寅 17	20 丁未 15	**20** 丙子 14	20 丙午 ⑬	20 乙亥 12	20 乙巳 11	20 甲戌 9	20 甲辰 9	20 甲戌 8	20 甲辰 8	19 壬申 5
21 己酉 17	21 己卯 18	21 戊申 16	21 丁丑 15	**21** 丁未 14	21 丙子 13	21 丙午 12	21 乙亥 10	21 乙巳 ⑩	21 乙亥 9	21 乙巳 9	20 癸酉 6
22 庚戌 18	22 庚辰 19	22 己酉 17	22 戊寅 ⑯	22 戊申 15	**22** 丁丑 14	22 丁未 13	22 丙子 11	22 丙午 11	22 丙子 10	22 丙午 10	21 甲戌 7
23 辛亥 19	23 辛巳 20	23 庚戌 ⑱	23 己卯 17	23 己酉 16	23 戊寅 15	**23** 戊申 14	23 丁丑 ⑫	23 丁未 12	23 丁丑 11	23 丁未 11	22 乙亥 8
24 壬子 20	24 壬午 ㉑	24 辛亥 19	24 庚辰 18	24 庚戌 17	24 己卯 16	24 己酉 ⑮	**24** 戊寅 13	24 戊申 13	24 戊寅 12	24 戊申 ⑫	23 丙子 ⑨
25 癸丑 21	25 癸未 22	25 壬子 20	25 辛巳 19	25 辛亥 18	25 庚辰 17	25 庚戌 16	25 己卯 14	**25** 己酉 14	**25** 己卯 13	**25** 己酉 13	24 丁丑 10
26 甲寅 ㉒	26 甲申 23	26 癸丑 21	26 壬午 20	26 壬子 19	26 辛巳 ⑱	26 辛亥 17	26 庚辰 15	26 庚戌 15	26 庚辰 ⑭	26 庚戌 14	25 戊寅 11
27 乙卯 23	27 乙酉 24	27 甲寅 22	27 癸未 21	27 癸丑 ⑳	27 壬午 19	27 壬子 18	27 辛巳 16	27 辛亥 16	27 辛巳 15	27 辛亥 15	26 己卯 12
28 丙辰 24	28 丙戌 25	28 乙卯 23	28 甲申 22	28 甲寅 21	28 癸未 20	28 癸丑 19	28 壬午 17	28 壬子 ⑰	28 壬午 16	28 壬子 16	**27** 庚辰 13
29 丁巳 25	29 丁亥 26	29 丙辰 24	29 乙酉 ㉓	29 乙卯 22	29 甲申 21	29 甲寅 20	29 癸未 18	29 癸丑 18	29 癸未 17	29 癸丑 17	28 辛巳 14
30 戊午 26			30 丙戌 24		30 乙酉 22		30 甲申 ⑲	30 甲寅 19	30 甲申 18		29 壬午 15
											30 癸未 ⑯

立春 2日	啓蟄 2日	清明 4日	立夏 5日	芒種 6日	小暑 7日	立秋 7日	白露 9日	寒露 9日	立冬 10日	大雪 10日	小寒 12日
雨水 17日	春分 18日	穀雨 19日	小満 20日	夏至 21日	大暑 22日	処暑 23日	秋分 24日	霜降 25日	小雪 25日	冬至 25日	大寒 27日

文明**17**年（1485−1486） 乙巳

1月	2月	3月	閏3月	4月	5月	6月	7月	8月	9月	10月	11月	12月
1 甲申17 2 乙酉18 3 丙戌19 4 丁亥20 5 戊子21 6 己丑22 7 庚寅㉓ 8 辛卯24 9 壬辰25 10癸巳26 11甲午27 **12**乙未28 13丙申29 14丁酉㉚ 15戊戌31 《2月》 16己亥 1 17庚子 2 18辛丑 3 19壬寅 4 20癸卯 5 21甲辰⑥ 22乙巳 7 23丙午 8 24丁未 9 25戊申10 26己酉11 **27**庚戌12 28辛亥⑬ 29壬子14	1 癸丑15 2 甲寅16 3 乙卯17 4 丙辰18 5 丁巳19 6 戊午⑳ 7 己未21 8 庚申22 9 辛酉23 10壬戌24 11癸亥25 12甲子26 13乙丑㉗ **14**丙寅28 《3月》 15丁卯 1 16戊辰 2 17己巳 3 18庚午 4 19辛未 5 20壬申⑥ 21癸酉 7 22甲戌 8 23乙亥 9 24丙子10 25丁丑11 26戊寅12 27己卯⑬ 28庚辰14 **29**辛巳15 30壬午16	1 癸未17 2 甲申18 3 乙酉19 4 丙戌⑳ 5 丁亥21 6 戊子22 7 己丑23 8 庚寅24 9 辛卯25 10壬辰26 11癸巳㉗ 12甲午28 13乙未29 **14**丙申30 15丁酉31 《4月》 16戊戌 1 17己亥 2 18庚子③ 19辛丑 4 20壬寅 5 21癸卯 6 22甲辰 7 23乙巳 8 24丙午 9 25丁未⑩ 26戊申11 27己酉12 28庚戌13 **29**辛亥14	1 壬子15 2 癸丑16 3 甲寅⑰ 4 乙卯18 5 丙辰19 6 丁巳20 7 戊午21 8 己未22 9 庚申23 10辛酉㉔ 11壬戌25 12癸亥26 13甲子27 14乙丑28 **15**丙寅29 16丁卯30 《5月》 17戊辰① 18己巳 2 19庚午 3 20辛未 4 21壬申 5 22癸酉 6 23甲戌 7 24乙亥⑧ 25丙子 9 26丁丑10 27戊寅11 28己卯12 29庚辰13	1 辛巳14 **2** 壬午⑮ 3 癸未16 4 甲申17 5 乙酉18 6 丙戌19 7 丁亥20 8 戊子21 9 己丑㉒ 10庚寅23 11辛卯24 12壬辰25 13癸巳26 14甲午27 15乙未28 16丙申㉙ **17**丁酉30 18戊戌31 《6月》 19己亥 1 20庚子 2 21辛丑 3 22壬寅 4 23癸卯⑤ 24甲辰 6 25乙巳 7 26丙午 8 27丁未 9 28戊申10 29己酉11 30庚戌⑫	1 辛亥13 **2** 壬子14 3 癸丑15 4 甲寅16 5 乙卯17 6 丙辰18 7 丁巳⑲ 8 戊午20 9 己未21 10庚申22 11辛酉23 12壬戌24 13癸亥25 14甲子㉖ 15乙丑27 16丙寅28 **17**丁卯29 18戊辰30 《7月》 19己巳 1 20庚午 2 21辛未③ 22壬申 4 23癸酉 5 24甲戌 6 25乙亥 7 26丙子 8 27丁丑 9 28戊寅⑩ 29己卯11	1 庚辰12 2 辛巳13 3 壬午14 **4** 癸未15 5 甲申16 6 乙酉⑰ 7 丙戌18 8 丁亥19 9 戊子20 10己丑21 11庚寅22 12辛卯23 13壬辰㉔ 14癸巳25 15甲午26 16乙未27 17丙申28 18丁酉29 **19**戊戌30 20己亥㉛ 《8月》 21庚子 1 22辛丑 2 23壬寅 3 24癸卯 4 25甲辰 5 26乙巳 6 27丙午⑦ 28丁未 8 29戊申 9 30己酉10	1 庚戌11 2 辛亥12 3 壬子13 **4** 癸丑⑭ 5 甲寅15 6 乙卯16 7 丙辰17 8 丁巳18 9 戊午19 10己未20 11庚申㉑ 12辛酉22 13壬戌23 14癸亥24 15甲子25 16乙丑26 17丙寅27 18丁卯㉘ **19**戊辰29 20己巳30 21庚午31 《9月》 22辛未 1 23壬申 2 24癸酉 3 25甲戌④ 26乙亥 5 27丙子 6 28丁丑 7 29戊寅 8	1 己卯 9 2 庚辰10 3 辛巳⑪ 4 壬午12 **5** 癸未13 6 甲申14 7 乙酉15 8 丙戌16 9 丁亥17 10戊子⑱ 11己丑19 12庚寅20 13辛卯21 14壬辰22 15癸巳23 16甲午24 17乙未㉕ 18丙申26 19丁酉27 20戊戌28 **21** 己亥29 22庚子30 《10月》 23辛丑 1 24壬寅② 25癸卯 3 26甲辰 4 27乙巳 5 28丙午 6 29丁未 7 30戊申 8	1 己酉⑨ 2 庚戌10 3 辛亥11 4 壬子12 5 癸丑13 **6** 甲寅14 7 乙卯15 8 丙辰⑯ 9 丁巳17 10戊午18 11己未19 12庚申20 13辛酉21 14壬戌22 15癸亥㉓ 16甲子24 17乙丑25 18丙寅26 19丁卯27 20戊辰28 **21** 己巳29 22庚午㉚ 23辛未31 《11月》 24壬申 1 25癸酉 2 26甲戌 3 27乙亥 4 28丙子 5 29丁丑⑥ 30戊寅 7	1 己卯 8 2 庚辰 9 3 辛巳10 4 壬午11 5 癸未12 **6** 甲申⑬ 7 乙酉14 8 丙戌15 9 丁亥16 10戊子17 11己丑18 12庚寅19 13辛卯⑳ 14壬辰21 15癸巳22 16甲午23 17乙未24 18丙申25 19丁酉26 20戊戌㉗ **21** 己亥28 22庚子29 23辛丑30 《12月》 24壬寅 1 25癸卯 2 26甲辰 3 27乙巳④ 28丙午 5 29丁未 6	1 戊申 7 2 己酉 8 3 庚戌 9 4 辛亥10 5 壬子⑪ 6 癸丑12 7 甲寅13 **8** 乙卯14 9 丙辰15 10丁巳16 11戊午17 12己未⑱ 13庚申19 14辛酉20 15壬戌21 16癸亥22 17甲子23 18乙丑24 19丙寅㉕ 20丁卯26 21戊辰27 22己巳28 **23**庚午29 24辛未30 25壬申31 **1486**年 《1月》 26癸酉① 27甲戌 2 28乙亥 3 29丙子 4 30丁丑 5	1 戊寅 6 2 己卯 7 3 庚辰⑧ 4 辛巳 9 5 壬午10 6 癸未11 7 甲申12 **8** 乙酉13 9 丙戌14 10丁亥⑮ 11戊子16 12己丑17 13庚寅18 14辛卯19 15壬辰20 16癸巳21 17甲午㉒ 18乙未23 19丙申24 20丁酉25 21戊戌26 22己亥27 **23**庚子28 24辛丑㉙ 25壬寅30 26癸卯31 《2月》 27甲辰 1 28乙巳 2 29丙午 3 30丁未 4
立春 12日 雨水 27日	啓蟄 14日 春分 29日	清明 14日 穀雨 29日	立夏15日	小満 2日 芒種 17日	夏至 2日 小暑 17日	大暑 4日 立秋 19日	処暑 4日 白露 19日	秋分 5日 寒露 21日	霜降 6日 立冬 21日	小雪 6日 大雪 21日	冬至 8日 小寒 23日	大寒 8日 立春 23日

文明**18**年（1486−1487） 丙午

1月	2月	3月	4月	5月	6月	7月	8月	9月	10月	11月	12月
1 戊申⑤ 2 己酉 6 3 庚戌 7 4 辛亥 8 5 壬子 9 6 癸丑10 7 甲寅11 8 乙卯⑫ **9** 丙辰13 10丁巳14 11戊午15 12己未16 13庚申17 14辛酉18 15壬戌⑲ 16癸亥20 17甲子21 18乙丑22 19丙寅23 20丁卯24 21戊辰25 22己巳㉖ 23庚午27 **24**辛未28 《3月》 25壬申 1 26癸酉 2 27甲戌 3 28乙亥 4 29丙子⑤	1 丁丑 6 2 戊寅 7 3 己卯 8 4 庚辰 9 5 辛巳10 6 壬午11 7 癸未⑫ 8 甲申13 9 乙酉14 **10**丙戌15 11丁亥16 12戊子17 13己丑18 14庚寅⑲ 15辛卯20 16壬辰21 17癸巳22 18甲午23 19乙未24 20丙申25 21丁酉㉖ 22戊戌27 23己亥28 24庚子29 **25**辛丑30 26壬寅31 《4月》 27癸卯 1 28甲辰② 29乙巳 3 30丙午 4	1 丁未 5 2 戊申 6 3 己酉 7 4 庚戌 8 5 辛亥⑨ 6 壬子10 7 癸丑11 8 甲寅12 9 乙卯13 **10**丙辰14 11丁巳15 12戊午⑯ 13己未17 14庚申18 15辛酉19 16壬戌20 17癸亥21 18甲子22 19乙丑㉓ 20丙寅24 21丁卯25 22戊辰26 23己巳27 24庚午28 25辛未29 **26**壬申㉚ 《5月》 27癸酉 1 28甲戌 2 29乙亥 3	1 丙子 4 2 丁丑 5 3 戊寅 6 4 己卯⑦ 5 庚辰 8 6 辛巳 9 7 壬午10 8 癸未11 9 甲申12 10乙酉13 11丙戌⑭ **12**丁亥15 13戊子16 14己丑17 15庚寅18 16辛卯19 17壬辰20 18癸巳㉑ 19甲午22 20乙未23 21丙申24 22丁酉25 23戊戌26 24己亥27 25庚子㉘ 26辛丑29 **27**壬寅30 28癸卯31 《6月》 29甲辰 1	1 乙巳 2 2 丙午 3 3 丁未④ 4 戊申 5 5 己酉 6 6 庚戌 7 7 辛亥 8 8 壬子 9 9 癸丑10 10甲寅⑪ 11乙卯12 12丙辰13 **13**丁巳14 14戊午15 15己未16 16庚申17 17辛酉⑱ 18壬戌19 19癸亥20 20甲子21 21乙丑22 22丙寅23 23丁卯24 24戊辰㉕ 25己巳26 26庚午27 27辛未28 28壬申29 **29**癸酉30 《7月》 30甲戌 1	1 乙亥② 2 丙子 3 3 丁丑 4 4 戊寅 5 5 己卯 6 6 庚辰 7 7 辛巳 8 8 壬午⑨ 9 癸未10 10甲申11 11乙酉12 12丙戌13 13丁亥14 **14**戊子15 15己丑⑯ 16庚寅17 17辛卯18 18壬辰19 19癸巳20 20甲午21 21乙未22 22丙申㉓ 23丁酉24 24戊戌25 25己亥26 26庚子27 27辛丑28 28壬寅29 **29**癸卯㉚	1 甲辰31 《8月》 2 乙巳 1 3 丙午 2 4 丁未 3 5 戊申 4 6 己酉 5 7 庚戌⑥ 8 辛亥 7 9 壬子 8 10癸丑 9 11甲寅10 12乙卯11 13丙辰12 14丁巳⑬ **15**戊午14 16己未15 17庚申16 18辛酉17 19壬戌18 20癸亥19 21甲子⑳ 22乙丑21 23丙寅22 24丁卯23 25戊辰24 26己巳25 27庚午26 28辛未㉗ 29壬申28	**1** 癸酉29 2 甲戌30 3 乙亥31 《9月》 4 丙子 1 5 丁丑 2 6 戊寅③ 7 己卯 4 8 庚辰 5 9 辛巳 6 10壬午 7 11癸未 8 12甲申 9 13乙酉⑩ 14丙戌11 15丁亥12 16戊子13 **17**己丑14 18庚寅15 19辛卯16 20壬辰⑰ 21癸巳18 22甲午19 23乙未20 24丙申21 25丁酉22 26戊戌23 27己亥㉔ 28庚子25 29辛丑26 30壬寅27	1 癸卯28 **2** 甲辰29 3 乙巳30 《10月》 4 丙午① 5 丁未 2 6 戊申 3 7 己酉 4 8 庚戌 5 9 辛亥 6 10壬子 7 11癸丑⑧ 12甲寅 9 13乙卯10 14丙辰11 15丁巳12 16戊午13 **17**己未14 18庚申⑮ 19辛酉16 20壬戌17 21癸亥18 22甲子19 23乙丑20 24丙寅21 25丁卯㉒ 26戊辰23 27己巳24 28庚午25 29辛未26 30壬申27	1 癸酉28 **2** 甲戌㉙ 3 乙亥30 4 丙子31 《11月》 5 丁丑 1 6 戊寅 2 7 己卯 3 8 庚辰 4 9 辛巳⑤ 10壬午 6 11癸未 7 12甲申 8 13乙酉 9 14丙戌10 15丁亥11 16戊子⑫ 17己丑13 **18**庚寅14 19辛卯15 20壬辰16 21癸巳17 22甲午18 23乙未⑲ 24丙申20 25丁酉21 26戊戌22 27己亥23 28庚子24 29辛丑25	1 壬寅㉖ 2 癸卯27 3 甲辰28 **4** 乙巳29 5 丙午30 《12月》 6 丁未 1 7 戊申 2 8 己酉③ 9 庚戌 4 10辛亥 5 11壬子 6 12癸丑 7 13甲寅 8 14乙卯 9 15丙辰⑩ 16丁巳11 17戊午12 18己未13 **19**庚申14 20辛酉15 21壬戌16 22癸亥⑰ 23甲子18 24乙丑19 25丙寅20 26丁卯21 27戊辰22 28己巳23 29庚午㉔ 30辛未25	1 壬申26 2 癸酉27 3 甲戌28 **4** 乙亥29 5 丙子30 6 丁丑㉛ **1487**年 《1月》 7 戊寅 1 8 己卯 2 9 庚辰 3 10辛巳 4 11壬午 5 12癸未 6 13甲申⑦ 14乙酉 8 15丙戌 9 16丁亥10 17戊子11 18己丑12 **19**庚寅13 20辛卯⑭ 21壬辰15 22癸巳16 23甲午17 24乙未18 25丙申19 26丁酉20 27戊戌㉑ 28己亥22 29庚子23 30辛丑24
雨水 9日 啓蟄 24日	春分 10日 清明 25日	穀雨 10日 立夏 26日	小満 12日 芒種 27日	夏至 13日 小暑 29日	大暑 14日 立秋 29日	処暑 15日	白露 1日 秋分 17日	寒露 2日 霜降 17日	立冬 2日 小雪 18日	大雪 4日 冬至 19日	小寒 4日 大寒 19日

長享元年〔文明19年〕（1487－1488） 丁未

改元 7/20（文明→長享）

1月	2月	3月	4月	5月	6月	7月	8月	9月	10月	11月	閏11月	12月
1 壬寅25	1 壬申24	1 辛丑㉕	1 辛未24	1 庚子23	1 己巳21	1 己亥21	1 戊辰⑲	1 丁酉17	1 丁卯17	1 丁酉16	1 丙寅15	**1** 丙申14
2 癸卯26	2 癸酉㉕	2 壬寅26	2 壬申25	2 辛丑24	2 庚午22	2 庚子㉒	2 己巳20	2 戊戌18	2 戊辰18	2 戊戌17	2 丁卯⑯	2 丁酉15
3 甲辰27	3 甲戌26	3 癸卯27	3 癸酉26	3 壬寅25	3 辛未23	3 辛丑23	3 庚午21	3 己亥19	3 己巳19	3 己亥⑱	3 戊辰17	3 戊戌16
4 乙巳㉘	4 乙亥27	4 甲辰28	4 甲戌27	4 癸卯26	4 壬申㉔	4 壬寅24	4 辛未22	4 庚子20	4 庚午20	4 庚子19	4 己巳18	4 己亥17
5 丙午29	**5** 丙子28	5 乙巳29	5 乙亥28	5 甲辰㉗	5 癸酉25	5 癸卯25	5 壬申23	5 辛丑21	5 辛未㉑	5 辛丑20	5 庚午19	5 庚子18
6 丁未30	《3月》	**6** 丙午30	6 丙子㉙	6 乙巳28	6 甲戌26	6 甲辰26	6 癸酉24	6 壬寅22	6 壬申22	6 壬寅21	6 辛未20	6 辛丑19
7 戊申31	6 丁丑 1	7 丁未31	**7** 丁丑30	7 丙午29	7 乙亥27	7 乙巳27	7 甲戌25	7 癸卯㉓	7 癸酉23	7 癸卯22	7 壬申21	7 壬寅⑳
《2月》	7 戊寅 2	《4月》	《5月》	**8** 丁未30	8 丙子28	8 丙午28	8 乙亥㉖	8 甲辰24	8 甲戌24	8 甲辰23	8 癸酉22	8 癸卯21
8 己酉 1	8 己卯 3	8 戊申①	8 戊寅 1	9 戊申31	9 丁丑29	9 丁未㉙	9 丙子27	9 乙巳25	9 乙亥25	9 乙巳24	9 甲戌㉓	9 甲辰22
9 庚戌 2	9 庚辰④	9 己酉 2	9 己卯 2	《6月》	**10**戊寅30	**10**戊申30	10丁丑28	10丙午26	10丙子26	10丙午㉕	10乙亥24	10乙巳23
10辛亥 3	10辛巳 5	10庚戌 3	10庚辰 3	10己酉 1	《7月》	11己酉31	11戊寅29	11丁未27	11丁丑27	11丁未26	11丙子25	11丙午24
11壬子④	11壬午 6	11辛亥 4	11辛巳 4	11庚戌 2	11己卯①	《8月》	**12**己卯30	12戊申28	12戊寅㉘	12戊申27	12丁丑26	12丁未25
12癸丑 5	12癸未 7	12壬子 5	12壬午 5	12辛亥③	12庚辰 2	12庚戌 1	13庚辰31	**13**己酉29	13己卯29	13己酉28	13戊寅27	13戊申26
13甲寅 6	13甲申 8	13癸丑 6	13癸未⑥	13壬子 4	13辛巳 3	13辛亥 2	《9月》	14庚戌㉚	**14**庚辰30	**14**庚戌29	14己卯28	14己酉㉗
14乙卯 7	14乙酉 9	14甲寅 7	14甲申 7	14癸丑 5	14壬午 4	14壬子 3	14辛巳 1	《10月》	15辛巳31	15辛亥30	**15**庚辰29	15庚戌28
15丙辰 8	15丙戌10	15乙卯⑧	15乙酉 8	15甲寅 6	15癸未 5	15癸丑 4	15壬午②	15辛亥 1	《11月》	《12月》	16辛巳㉚	**16**辛亥29
16丁巳 9	16丁亥⑪	16丙辰 9	16丙戌 9	16乙卯 7	16甲申 6	16甲寅⑤	16癸未 3	16壬子 2	16壬午 1	16壬子 1	17壬午31	17壬子30
17戊午10	17戊子12	17丁巳10	17丁亥10	17丙辰 8	17乙酉 7	17乙卯 6	17甲申 4	17癸丑 3	17癸未 2	17癸丑②	**1488年**	18癸丑31
18己未⑪	18己丑13	18戊午11	18戊子11	18丁巳 9	18丙戌⑧	18丙辰 7	18乙酉 5	18甲寅 4	18甲申 3	18甲寅 3	《1月》	《2月》
19庚申12	19庚寅14	19己未12	19己丑12	19戊午⑩	19丁亥 9	19丁巳 8	19丙戌 6	19乙卯 5	19乙酉④	19乙卯 4	18癸未 1	19甲寅 1
20辛酉13	**20**辛卯15	20庚申13	20庚寅⑬	20己未11	20戊子10	20戊午 9	20丁亥 7	20丙辰 6	20丙戌 5	20丙辰 5	19甲申 2	20乙卯 2
21壬戌14	21壬辰16	21辛酉14	21辛卯14	21庚申12	21己丑11	21己未10	21戊子 8	21丁巳⑦	21丁亥 6	21丁巳 6	20乙酉 3	21丙辰③
22癸亥15	22癸巳17	**22**壬戌⑮	**22**壬辰15	22辛酉13	22庚寅12	22庚申11	22己丑⑨	22戊午 8	22戊子 7	22戊午 7	21丙戌 4	22丁巳 4
23甲子16	23甲午⑱	23癸亥16	23癸巳16	23壬戌14	23辛卯13	23辛酉⑫	23庚寅10	23己未 9	23己丑 8	23己未 8	22丁亥 5	23戊午 5
24乙丑17	24乙未19	24甲子17	24甲午17	**24**癸亥15	24壬辰14	24壬戌13	24辛卯11	24庚申10	24庚寅 9	24庚申⑨	23戊子⑥	24己未 6
25丙寅⑱	25丙申20	25乙丑18	25乙未18	25甲子16	**25**癸巳⑮	**25**癸亥14	25壬辰12	25辛酉11	25辛卯10	25辛酉10	24己丑 7	25庚申 7
26丁卯19	26丁酉21	26丙寅19	26丙申19	26乙丑⑰	26甲午16	26甲子15	26癸巳13	26壬戌12	26壬辰⑪	26壬戌11	25庚寅 8	26辛酉 8
27戊辰20	27戊戌22	27丁卯20	27丁酉⑳	27丙寅18	27乙未17	27乙丑16	**27**甲午14	27癸亥13	27癸巳12	27癸亥12	26辛卯 9	27壬戌 9
28己巳21	28己亥23	28戊辰21	28戊戌21	28丁卯19	28丙申18	28丙寅17	28乙未15	**28**甲子⑭	28甲午13	28甲子13	27壬辰10	28癸亥⑩
29庚午22	29庚子24	29己巳㉒	29己亥22	29戊辰20	29丁酉19	29丁卯18	29丙申⑯	29乙丑15	**29**乙未14	**29**乙丑14	28癸巳11	29甲子11
30辛未23		30庚午23			30戊戌20			30丙寅16	30丙申15		29甲午12	30乙丑12
											30乙未⑬	
立春 5日 雨水 20日	啓蟄 5日 春分 20日	清明 6日 穀雨 22日	立夏 7日 小満 22日	芒種 8日 夏至 24日	小暑 10日 大暑 25日	立秋 10日 処暑 25日	白露 12日 秋分 27日	寒露 13日 霜降 28日	立冬 14日 小雪 29日	大雪 14日 冬至 29日	小寒15日	大寒 1日 立春 16日

長享2年（1488－1489） 戊申

1月	2月	3月	4月	5月	6月	7月	8月	9月	10月	11月	12月
1 丙寅13	1 丙申14	1 乙丑12	1 乙未12	1 甲子10	1 癸巳 9	1 癸亥 8	1 壬辰 6	1 辛酉⑤	1 辛卯 4	1 庚申 3	1 庚寅 2
2 丁卯14	**2** 丁酉15	2 丙寅⑬	2 丙申13	2 乙丑11	2 甲午10	2 甲子 9	2 癸巳⑦	2 壬戌 6	2 壬辰 5	2 辛酉 4	2 辛卯 3
3 戊辰15	3 戊戌⑯	**3** 丁卯14	**3** 丁酉14	3 丙寅12	3 乙未11	3 乙丑⑩	3 甲午 8	3 癸亥 7	3 癸巳 6	3 壬戌 5	3 壬辰④
4 己巳16	4 己亥17	4 戊辰15	4 戊戌15	4 丁卯13	4 丙申12	4 丙寅11	4 乙未 9	4 甲子 8	4 甲午 7	4 癸亥 6	4 癸巳 5
5 庚午⑰	5 庚子18	5 己巳16	5 己亥16	**5** 戊辰14	5 丁酉⑬	5 丁卯12	5 丙申10	5 乙丑 9	5 乙未 8	5 甲子⑦	5 甲午 6
6 辛未18	6 辛丑19	6 庚午17	6 庚子17	6 己巳⑮	**6** 戊戌14	6 戊辰13	6 丁酉11	6 丙寅10	6 丙申⑨	6 乙丑 8	6 乙未 7
7 壬申19	7 壬寅20	7 辛未18	7 辛丑⑱	7 庚午16	7 己亥15	**7** 己巳14	7 戊戌12	7 丁卯11	7 丁酉10	7 丙寅 9	7 丙申 8
8 癸酉20	8 癸卯21	8 壬申19	8 壬寅19	8 辛未17	8 庚子16	8 庚午15	**8** 己亥13	8 戊辰⑫	8 戊戌11	8 丁卯10	8 丁酉 9
9 甲戌21	9 甲辰22	9 癸酉⑳	9 癸卯20	9 壬申18	9 辛丑17	9 辛未16	9 庚子⑭	9 己巳13	9 己亥12	9 戊辰11	9 戊戌10
10乙亥22	10乙巳㉓	10甲戌21	10甲辰21	10癸酉19	10壬寅18	10壬申⑰	10辛丑15	**10**庚午14	**10**庚子13	10己巳12	10己亥⑪
11丙子23	11丙午24	11乙亥22	11乙巳22	11甲戌20	11癸卯19	11癸酉18	11壬寅16	11辛未15	11辛丑14	**11**庚午13	11庚子12
12丁丑㉔	12丁未25	12丙子23	12丙午23	12乙亥21	12甲辰⑳	12甲戌19	12癸卯17	12壬申16	12壬寅15	12辛未⑭	**12**辛丑13
13戊寅25	13戊申26	13丁丑24	13丁未24	13丙子㉒	13乙巳21	13乙亥20	13甲辰18	13癸酉17	13癸卯⑯	13壬申15	13壬寅14
14己卯26	14己酉27	14戊寅25	14戊申㉕	14丁丑23	14丙午22	14丙子21	14乙巳19	14甲戌18	14甲辰17	14癸酉16	14癸卯15
15庚辰27	15庚戌28	15己卯26	15己酉26	15戊寅24	15丁未23	15丁丑22	15丙午20	15乙亥⑲	15乙巳18	15甲戌17	15甲辰16
16辛巳28	16辛亥29	16庚辰㉗	16庚戌27	16己卯25	16戊申24	16戊寅23	16丁未㉑	16丙子20	16丙午19	16乙亥18	16乙巳17
17壬午29	**17**壬子㉚	17辛巳28	17辛亥28	17庚辰26	17己酉25	17己卯㉔	17戊申22	17丁丑21	17丁未20	17丙子19	17丙午⑱
《3月》	18癸丑31	**18**壬午29	18壬子29	18辛巳27	18庚戌26	18庚辰25	18己酉23	18戊寅22	18戊申21	18丁丑20	18丁未19
18癸未 1	《4月》	19癸未30	**19**癸丑30	19壬午28	19辛亥㉗	19辛巳26	19庚戌24	19己卯23	19己酉22	19戊寅㉑	19戊申20
19甲申②	19甲寅 1	《5月》	20甲寅31	**20**癸未㉙	20壬子28	20壬午27	20辛亥25	20庚辰24	20庚戌㉓	20己卯22	20己酉21
20乙酉 3	20乙卯 2	20甲申 1	《6月》	21甲申30	**21** 癸丑29	21癸未28	21壬子26	21辛巳25	21辛亥24	21庚辰23	21庚戌22
21丙戌 4	21丙辰 3	21乙酉 2	21乙卯①	《7月》	22甲寅30	**22**甲申29	22癸丑27	22壬午㉖	22壬子25	22辛巳24	22辛亥23
22丁亥 5	22丁巳 4	22丙戌 3	22丙辰 2	22乙酉 1	23乙卯31	23乙酉30	**23**甲寅㉘	23癸未27	23癸丑26	23壬午25	23壬子24
23戊子 6	23戊午 5	23丁亥④	23丁巳 3	23丙戌 2	《8月》	24丙戌㉛	24乙卯29	24甲申28	24甲寅27	24癸未26	24癸丑㉕
24己丑 7	24己未⑥	24戊子 5	24戊午 4	24丁亥 3	24丙辰 1	《9月》	25丙辰30	**25**乙酉29	**25**乙卯28	25甲申27	25甲寅26
25庚寅 8	25庚申 7	25己丑 6	25己未 5	25戊子 4	25丁巳 2	25丁亥 1	《10月》	26丙戌30	26丙辰29	26乙酉㉘	26乙卯27
26辛卯⑨	26辛酉 8	26庚寅 7	26庚申 6	26己丑 5	26戊午③	26戊子 2	26丁巳 1	27丁亥31	27丁巳㉚	**27**丙戌29	**27**丙辰28
27壬辰10	27壬戌 9	27辛卯 8	27辛酉 7	27庚寅⑥	27己未 4	27己丑 3	27戊午 2	《11月》	《12月》	28丁亥30	28丁巳29
28癸巳11	28癸亥10	28壬辰 9	28壬戌⑧	28辛卯 7	28庚申 5	28庚寅 4	28己未 3	28戊子 1	28戊午 1	29戊子31	29戊午30
29甲午12	29甲子11	29癸巳10	29癸亥 9	29壬辰 8	29辛酉 6	29辛卯 5	29庚申 4	29己丑②	29己未 2	**1489年**	30己未31
30乙未13		30甲午⑪			30壬戌 7			30庚寅 3		《1月》	
										30己丑 1	
雨水 1日 啓蟄 16日	春分 2日 清明 17日	穀雨 3日 立夏 18日	小満 3日 芒種 19日	夏至 5日 小暑 20日	大暑 6日 立秋 21日	処暑 7日 白露 22日	秋分 8日 寒露 23日	霜降 10日 立冬 25日	小雪 10日 大雪 25日	冬至 11日 小寒 27日	大寒 12日 立春 27日

延徳元年〔長享**3**年〕（1489－1490） 己酉

改元 8/21（長享→延徳）

1月	2月	3月	4月	5月	6月	7月	8月	9月	10月	11月	12月
《2月》 1 庚申① 2 辛酉 2 3 壬戌 3 4 癸亥 4 5 甲子 5 6 乙丑 6 7 丙寅 7 8 丁卯⑧ 9 戊辰 9 10己巳10 11庚午11 **12**辛未12 13壬申13 14癸酉14 15甲戌⑮ 16乙亥16 17丙子17 18丁丑18 19戊寅19 20己卯20 21庚辰21 22辛巳㉒ 23壬午23 24癸未24 25甲申25 26乙酉26 27丙戌27 **28**丁亥28 《3月》 29戊子① 30己丑 2	1 庚寅 3 2 辛卯 4 3 壬辰 5 4 癸巳 6 5 甲午 7 6 乙未⑧ 7 丙申 9 8 丁酉10 9 戊戌11 10己亥12 11庚子13 12辛丑14 **13**壬寅⑮ 14癸卯16 15甲辰17 16乙巳18 17丙午19 18丁未20 19戊申21 20己酉㉒ 21庚戌23 22辛亥24 23壬子25 24癸丑26 25甲寅27 26乙卯28 27丙辰㉙ **28**丁巳30 29戊午31	《4月》 1 己未 1 2 庚申 2 3 辛酉 3 4 壬戌 4 5 癸亥⑤ 6 甲子 6 7 乙丑 7 8 丙寅 8 9 丁卯 9 10戊辰10 11己巳11 12庚午⑫ 13辛未13 **14**壬申14 15癸酉15 16甲戌16 17乙亥17 18丙子18 19丁丑⑲ 20戊寅20 21己卯21 22庚辰22 23辛巳23 24壬午24 25癸未25 26甲申㉖ 27乙酉27 28丙戌28 **29**丁亥29 30戊子30	《5月》 1 己丑 1 2 庚寅 2 3 辛卯③ 4 壬辰 4 5 癸巳 5 6 甲午 6 7 乙未 7 8 丙申 8 9 丁酉 9 10戊戌⑩ 11己亥11 12庚子12 13辛丑13 14壬寅14 **15**癸卯15 16甲辰16 17乙巳⑰ 18丙午18 19丁未19 20戊申20 21己酉21 22庚戌22 23辛亥23 24壬子㉔ 25癸丑25 26甲寅26 27乙卯27 28丙辰28 29丁巳29	**1** 戊午30 2 己未㉛ 《6月》 3 庚申 1 4 辛酉 2 5 壬戌 3 6 癸亥 4 7 甲子 5 8 乙丑 6 9 丙寅⑦ 10丁卯 8 11戊辰 9 12己巳10 13庚午11 14辛未12 15壬申13 **16**癸酉⑭ 17甲戌15 18乙亥16 19丙子17 20丁丑18 21戊寅19 22己卯20 23庚辰㉑ 24辛巳22 25壬午23 26癸未24 27甲申25 28乙酉26 29丙戌27 30丁亥㉘	**1** 戊子29 2 己丑30 《7月》 3 庚寅 1 4 辛卯 2 5 壬辰 3 6 癸巳 4 7 甲午⑤ 8 乙未 6 9 丙申 7 10丁酉 8 11戊戌 9 12己亥10 13庚子11 14辛丑⑫ 15壬寅13 **16**癸卯14 17甲辰15 18乙巳16 19丙午17 20丁未18 21戊申⑲ 22己酉20 23庚戌21 24辛亥22 25壬子23 26癸丑24 27甲寅25 28乙卯㉖ 29丙辰27	1 丁巳28 2 戊午29 **3** 己未30 4 庚申31 《8月》 5 辛酉 1 6 壬戌② 7 癸亥 3 8 甲子 4 9 乙丑 5 10丙寅 6 11丁卯 7 12戊辰 8 13己巳⑨ 14庚午10 15辛未11 16壬申12 17癸酉13 **18**甲戌14 19乙亥15 20丙子⑯ 21丁丑17 22戊寅18 23己卯19 24庚辰20 25辛巳21 26壬午22 27癸未㉓ 28甲申24 29乙酉25 30丙戌26	1 丁亥27 2 戊子28 **3** 己丑29 4 庚寅㉚ 5 辛卯31 《9月》 6 壬辰 1 7 癸巳 2 8 甲午 3 9 乙未 4 10丙申 5 11丁酉⑥ 12戊戌 7 13己亥 8 14庚子 9 15辛丑10 16壬寅11 17癸卯12 **18**甲辰⑬ 19乙巳14 20丙午15 *21*丁未16 22戊申17 23己酉18 24庚戌19 25辛亥⑳ 26壬子21 27癸丑22 28甲寅23 29乙卯24	1 丙辰25 2 丁巳26 3 戊午㉗ 4 己未28 **5** 庚申29 6 辛酉30 《10月》 7 壬戌 1 8 癸亥 2 9 甲子 3 10乙丑④ 11丙寅 5 12丁卯 6 13戊辰 7 14己巳 8 15庚午 9 16辛未10 17壬申⑪ 18癸酉12 19甲戌13 **20**乙亥14 21丙子15 22丁丑16 23戊寅17 24己卯⑱ 25庚辰19 26辛巳20 27壬午21 28癸未22 29甲申23	1 乙酉24 2 丙戌㉕ 3 丁亥26 4 戊子27 5 己丑28 **6** 庚寅29 7 辛卯30 8 壬辰31 《11月》 9 癸巳① 10甲午 2 11乙未 3 12丙申 4 13丁酉 5 14戊戌 6 15己亥 7 16庚子⑧ 17辛丑 9 18壬寅10 19癸卯11 20甲辰12 **21**乙巳13 22丙午14 23丁未⑮ 24戊申16 25己酉17 26庚戌18 27辛亥19 28壬子20 29癸丑21 30甲寅㉒	1 乙卯23 2 丙辰24 3 丁巳25 4 戊午26 5 己未27 **6** 庚申28 7 辛酉㉙ 8 壬戌30 《12月》 9 癸亥 1 10甲子 2 11乙丑 3 12丙寅 4 13丁卯 5 14戊辰⑥ 15己巳 7 16庚午 8 17辛未 9 18壬申10 19癸酉11 20甲戌12 21乙亥⑬ **22**丙子14 23丁丑15 24戊寅16 25己卯17 26庚辰18 27辛巳19 28壬午⑳ 29癸未21	1 甲申22 2 乙酉23 3 丙戌24 4 丁亥25 5 戊子26 6 己丑㉗ 7 庚寅28 **8** 辛卯29 9 壬辰30 10癸巳31 **1490**年 《1月》 11甲午 1 12乙未 2 13丙申③ 14丁酉 4 15戊戌 5 16己亥 6 17庚子 7 18辛丑 8 19壬寅 9 20癸卯⑩ 21甲辰11 22乙巳12 **23**丙午13 24丁未14 25戊申15 26己酉16 27庚戌⑰ 28辛亥18 29壬子19 30癸丑20
雨水 12日 啓蟄 28日	春分 13日 清明 28日	穀雨 14日 立夏 29日	小満 15日	芒種 1日 夏至 16日	小暑 1日 大暑 16日	立秋 3日 処暑 18日	白露 3日 秋分 18日	寒露 5日 霜降 20日	立冬 6日 小雪 21日	大雪 6日 冬至 22日	小寒 8日 大寒 23日

延徳**2**年（1490－1491） 庚戌

1月	2月	3月	4月	5月	6月	7月	8月	閏8月	9月	10月	11月	12月
1 甲寅21 2 乙卯22 3 丙辰23 4 丁巳㉔ 5 戊午25 6 己未26 7 庚申27 **8** 辛酉28 9 壬戌29 10癸亥30 11甲子㉛ 《2月》 12乙丑 1 13丙寅 2 14丁卯 3 15戊辰 4 16己巳 5 17庚午 6 18辛未⑦ 19壬申 8 20癸酉 9 21甲戌10 22乙亥11 23丙子12 **24**丁丑13 25戊寅⑭ 26己卯15 27庚辰16 28辛巳17 29壬午18 30癸未19	1 甲申20 2 乙酉㉑ 3 丙戌22 4 丁亥23 5 戊子24 6 己丑25 7 庚寅26 8 辛卯27 **9** 壬辰㉘ 《3月》 10癸巳 1 11甲午 2 12乙未 3 13丙申 4 14丁酉 5 15戊戌 6 16己亥⑦ 17庚子 8 18辛丑 9 19壬寅10 20癸卯11 21甲辰12 22乙巳13 23丙午⑭ **24**丁未15 25戊申16 26己酉17 27庚戌18 28辛亥19 29壬子20	1 癸丑㉑ 2 甲寅22 3 乙卯23 4 丙辰24 5 丁巳25 6 戊午26 7 己未27 8 庚申㉘ 9 辛酉29 **10**壬戌30 11癸亥31 《4月》 12甲子 1 13乙丑 2 14丙寅 3 15丁卯④ 16戊辰 5 17己巳 6 18庚午 7 19辛未 8 20壬申 9 21癸酉10 22甲戌⑪ 23乙亥12 24丙子13 **25**丁丑14 26戊寅15 27己卯16 28庚辰17 29辛巳⑱ 30壬午19	1 癸未20 2 甲申21 3 乙酉22 4 丙戌23 5 丁亥24 6 戊子㉕ 7 己丑26 8 庚寅27 9 辛卯28 10壬辰29 **11**癸巳30 《5月》 12甲午 1 13乙未② 14丙申 3 15丁酉 4 16戊戌 5 17己亥 6 18庚子 7 19辛丑 8 20壬寅⑨ 21癸卯10 22甲辰11 23乙巳12 24丙午13 25丁未14 **26**戊申15 27己酉⑯ 28庚戌17 29辛亥18 30壬子19	1 癸丑20 2 甲寅21 3 乙卯22 4 丙辰㉓ 5 丁巳24 6 戊午25 7 己未26 8 庚申27 9 辛酉28 10壬戌29 **11**癸亥㉚ 12甲子31 《6月》 13乙丑 1 14丙寅 2 15丁卯 3 16戊辰 4 17己巳 5 18庚午⑥ 19辛未 7 20壬申 8 21癸酉 9 22甲戌10 23乙亥11 24丙子12 25丁丑⑬ **26**戊寅14 27己卯15 28庚辰16 29辛巳17	1 壬午18 2 癸未19 3 甲申⑳ 4 乙酉21 5 丙戌22 6 丁亥23 7 戊子24 8 己丑25 9 庚寅26 10辛卯㉗ 11壬辰28 12癸巳29 **13**甲午30 《7月》 14乙未 1 15丙申 2 16丁酉 3 17戊戌④ 18己亥 5 19庚子 6 20辛丑 7 21壬寅 8 22癸卯 9 23甲辰10 24乙巳⑪ 25丙午12 26丁未13 27戊申14 **28**己酉15 29庚戌16 30辛亥17	1 壬子⑱ 2 癸丑19 3 甲寅20 4 乙卯21 5 丙辰22 6 丁巳23 7 戊午24 8 己未㉕ 9 庚申26 10辛酉27 11壬戌28 12癸亥29 **13**甲子30 14乙丑31 《8月》 15丙寅① 16丁卯 2 17戊辰 3 18己巳 4 19庚午 5 20辛未 6 21壬申 7 22癸酉⑧ 23甲戌 9 24乙亥10 25丙子11 26丁丑12 27戊寅13 **28**己卯14 29庚辰⑮	1 辛巳16 2 壬午17 3 癸未18 4 甲申19 5 乙酉20 6 丙戌21 7 丁亥㉒ 8 戊子23 9 己丑24 10庚寅25 11辛卯26 12壬辰27 13癸巳28 **14**甲午㉙ 15乙未30 16丙申31 《9月》 17丁酉 1 18戊戌 2 19己亥 3 20庚子 4 21辛丑⑤ 22壬寅 6 23癸卯 7 24甲辰 8 25乙巳 9 26丙午10 27丁未11 28戊申⑫ 29己酉13 **30**庚戌14	1 辛亥15 2 壬子16 3 癸丑17 4 甲寅18 5 乙卯⑲ 6 丙辰20 7 丁巳21 8 戊午22 9 己未23 10庚申24 11辛酉25 12壬戌㉖ 13癸亥27 14甲子28 **15**乙丑29 16丙寅30 《10月》 17丁卯 1 18戊辰 2 19己巳③ 20庚午 4 21辛未 5 22壬申 6 23癸酉 7 24甲戌 8 25乙亥 9 26丙子⑩ 27丁丑11 28戊寅12 29己卯13	**1** 庚辰14 2 辛巳15 3 壬午16 4 癸未⑰ 5 甲申18 6 乙酉19 7 丙戌20 8 丁亥21 9 戊子22 10己丑23 11庚寅㉔ 12辛卯25 13壬辰26 14癸巳27 15甲午28 **16**乙未29 17丙申30 18丁酉㉛ 《11月》 19戊戌 1 20己亥 2 21庚子 3 22辛丑 4 23壬寅 5 24癸卯 6 25甲辰⑦ 26乙巳 8 27丙午 9 28丁未10 29戊申11 30己酉12	**1** 庚戌13 2 辛亥⑭ 3 壬子15 4 癸丑16 5 甲寅17 6 乙卯18 7 丙辰19 8 丁巳20 9 戊午㉑ 10己未22 11庚申23 12辛酉24 13壬戌25 14癸亥26 15甲子27 16乙丑㉘ **17**丙寅29 18丁卯30 《12月》 19戊辰 1 20己巳 2 21庚午 3 22辛未 4 23壬申⑤ 24癸酉 6 25甲戌 7 26乙亥 8 27丙子 9 28丁丑10 29戊寅11	1 己卯⑫ 2 庚辰13 **3** 辛巳14 4 壬午15 5 癸未16 6 甲申17 7 乙酉18 8 丙戌⑲ 9 丁亥20 10戊子21 11己丑22 12庚寅23 13辛卯24 14壬辰25 15癸巳㉖ 16甲午27 17乙未28 **18**丙申29 19丁酉30 20戊戌31 **1491**年 《1月》 21己亥 1 22庚子② 23辛丑 3 24壬寅 4 25癸卯 5 26甲辰 6 27乙巳 7 28丙午 8 29丁未⑨	1 戊申10 2 己酉11 3 庚戌12 **4** 辛亥13 5 壬子14 6 癸丑15 7 甲寅⑯ 8 乙卯17 9 丙辰18 10丁巳19 11戊午20 12己未21 13庚申22 14辛酉㉓ 15壬戌24 16癸亥25 17甲子26 18乙丑27 19丙寅28 **20**丁卯29 21戊辰㉚ 22己巳31 《2月》 23庚午 1 24辛未 2 25壬申 3 26癸酉 4 27甲戌 5 28乙亥⑥ 29丙子 7 30丁丑 8
立春 8日 雨水 24日	啓蟄 9日 春分 24日	清明 10日 穀雨 25日	立夏 11日 小満 26日	芒種 11日 夏至 26日	小暑 13日 大暑 28日	立秋 13日 処暑 28日	白露 14日 秋分 30日	寒露15日	霜降 1日 立冬 16日	小雪 1日 大雪 17日	冬至 3日 小寒 18日	大寒 4日 立春 20日

延徳3年（1491－1492） 辛亥

1月	2月	3月	4月	5月	6月	7月	8月	9月	10月	11月	12月
1 戊寅 9	1 戊申 11	1 丁丑 9	1 丁未 9	1 丙子 7	1 丙午 7	1 丙子 6	1 乙巳 ④	1 乙亥 4	1 甲辰 2	1 甲戌 2	1 癸卯 31
2 己卯 10	2 己酉 12	2 戊寅 ⑩	2 戊申 10	2 丁丑 8	2 丁未 8	2 丁丑 ⑦	2 丙午 5	2 丙子 5	2 乙巳 3	2 乙亥 3	1492 年
3 庚辰 11	3 庚戌 ⑬	3 己卯 11	3 己酉 11	3 戊寅 9	3 戊申 9	3 戊寅 8	3 丁未 6	3 丁丑 6	3 丙午 4	3 丙子 ④	《1月》
4 辛巳 12	4 辛亥 14	4 庚辰 12	4 庚戌 12	4 己卯 10	4 己酉 ⑩	4 己卯 9	4 戊申 7	4 戊寅 7	4 丁未 5	4 丁丑 5	2 甲辰 ①
5 壬午 ⑬	5 壬子 15	5 辛巳 13	5 辛亥 13	5 庚辰 11	5 庚戌 11	5 庚辰 10	5 己酉 8	5 己卯 8	5 戊申 ⑥	5 戊寅 6	3 乙巳 2
6 癸未 14	6 癸丑 16	6 壬午 14	6 壬子 14	6 辛巳 ⑫	6 辛亥 12	6 辛巳 11	6 庚戌 9	6 庚辰 ⑨	6 己酉 7	6 己卯 7	4 丙午 3
7 甲申 15	7 甲寅 17	7 癸未 15	7 癸丑 ⑮	7 壬午 13	7 壬子 13	7 壬午 12	7 辛亥 10	7 辛巳 10	7 庚戌 8	7 庚辰 8	5 丁未 4
8 乙酉 16	8 乙卯 18	8 甲申 16	8 甲寅 16	8 癸未 14	8 癸丑 14	8 癸未 13	8 壬子 ⑪	8 壬午 11	8 辛亥 9	8 辛巳 9	6 戊申 5
9 丙戌 17	9 丙辰 19	9 乙酉 ⑰	9 乙卯 17	9 甲申 15	9 甲寅 15	9 甲申 ⑭	9 癸丑 12	9 癸未 12	9 壬子 10	9 壬午 10	7 己酉 6
10 丁亥 18	10 丁巳 ⑳	10 丙戌 18	10 丙辰 18	10 乙酉 16	10 乙卯 16	10 乙酉 15	10 甲寅 13	10 甲申 13	10 癸丑 11	10 癸未 ⑪	8 庚戌 7
11 戊子 19	11 戊午 21	11 丁亥 19	11 丁巳 19	11 丙戌 17	11 丙辰 ⑰	11 丙戌 16	11 乙卯 14	11 乙酉 14	11 甲寅 12	11 甲申 12	9 辛亥 ⑧
12 己丑 ⑳	12 己未 22	12 戊子 20	12 戊午 20	12 丁亥 18	12 丁巳 18	12 丁亥 17	12 丙辰 15	12 丙戌 15	12 乙卯 ⑬	12 乙酉 13	10 壬子 9
13 庚寅 21	13 庚申 23	13 己丑 21	13 己未 21	13 戊子 ⑲	13 戊午 19	13 戊子 18	13 丁巳 16	13 丁亥 ⑯	13 丙辰 14	13 丙戌 14	11 癸丑 10
14 辛卯 22	14 辛酉 24	14 庚寅 22	14 庚申 ㉒	14 己丑 20	14 己未 20	14 己丑 19	14 戊午 17	14 戊子 17	14 丁巳 15	14 丁亥 15	12 甲寅 11
15 壬辰 23	15 壬戌 25	15 辛卯 23	15 辛酉 23	15 庚寅 21	15 庚申 21	15 庚寅 20	15 己未 ⑱	15 己丑 18	15 戊午 16	15 戊子 16	13 乙卯 12
16 癸巳 24	16 癸亥 26	16 壬辰 ㉔	16 壬戌 24	16 辛卯 22	16 辛酉 22	16 辛卯 ㉑	16 庚申 19	16 庚寅 19	16 己未 17	16 己丑 17	14 丙辰 13
17 甲午 25	17 甲子 ㉗	17 癸巳 25	17 癸亥 25	17 壬辰 23	17 壬戌 23	17 壬辰 22	17 辛酉 20	17 辛卯 20	17 庚申 18	17 庚寅 ⑱	15 丁巳 14
18 乙未 26	18 乙丑 28	18 甲午 26	18 甲子 26	18 癸巳 24	18 癸亥 ㉔	18 癸巳 23	18 壬戌 21	18 壬辰 21	18 辛酉 19	18 辛卯 19	16 戊午 ⑮
19 丙申 ㉗	19 丙寅 29	19 乙未 27	19 乙丑 27	19 甲午 25	19 甲子 25	19 甲午 24	19 癸亥 22	19 癸巳 22	19 壬戌 ⑳	19 壬辰 20	17 己未 16
20 丁酉 28	20 丁卯 30	20 丙申 28	20 丙寅 28	20 乙未 ㉖	20 乙丑 26	20 乙未 25	20 甲子 23	20 甲午 ㉓	20 癸亥 21	20 癸巳 21	18 庚申 17
《3月》	21 戊辰 31	21 丁酉 29	21 丁卯 ㉙	21 丙申 27	21 丙寅 27	21 丙申 26	21 乙丑 24	21 乙未 24	21 甲子 22	21 甲午 22	19 辛酉 18
21 戊戌 1	《4月》	22 戊戌 30	22 戊辰 30	22 丁酉 28	22 丁卯 28	22 丁酉 27	22 丙寅 ㉕	22 丙申 25	22 乙丑 23	22 乙未 23	20 壬戌 19
22 己亥 2	22 己巳 1	《5月》	23 己巳 31	23 戊戌 29	23 戊辰 29	23 戊戌 ㉘	23 丁卯 26	23 丁酉 26	23 丙寅 24	23 丙申 24	21 癸亥 20
23 庚子 3	23 庚午 2	23 己亥 ①	《6月》	24 己亥 30	24 己巳 30	24 己亥 29	24 戊辰 27	24 戊戌 27	24 丁卯 25	24 丁酉 ㉕	22 甲子 21
24 辛丑 4	24 辛未 ③	24 庚子 2	24 庚午 1	《7月》	25 庚午 ㉛	25 庚子 30	25 己巳 28	25 己亥 28	25 戊辰 26	25 戊戌 26	23 乙丑 ㉒
25 壬寅 5	25 壬申 4	25 辛丑 3	25 辛未 2	25 庚子 1	《8月》	26 辛丑 31	26 庚午 29	26 庚子 29	26 己巳 ㉗	26 己亥 27	24 丙寅 23
26 癸卯 ⑥	26 癸酉 5	26 壬寅 4	26 壬申 3	26 辛丑 2	26 辛未 1	《9月》	27 辛未 30	27 辛丑 ㉚	27 庚午 28	27 庚子 28	25 丁卯 24
27 甲辰 7	27 甲戌 6	27 癸卯 5	27 癸酉 4	27 壬寅 ③	27 壬申 2	27 壬寅 1	《10月》	28 壬寅 31	28 辛未 29	28 辛丑 29	26 戊辰 25
28 乙巳 8	28 乙亥 7	28 甲辰 6	28 甲戌 ⑤	28 癸卯 4	28 癸酉 3	28 癸卯 2	28 壬申 1	《11月》	29 壬申 30	29 壬寅 30	27 己巳 26
29 丙午 9	29 丙子 8	29 乙巳 7	29 乙亥 6	29 甲辰 5	29 甲戌 4	29 甲辰 3	29 癸酉 ②	29 癸卯 1	《12月》		28 庚午 27
30 丁未 10		30 丙午 ⑧		30 乙巳 6	30 乙亥 5		30 甲戌 3		30 癸酉 1		29 辛未 28
											30 壬申 ㉙
雨水 5日	春分 5日	穀雨 7日	小満 7日	夏至 9日	大暑 9日	処暑 9日	秋分 11日	霜降 11日	小雪 13日	冬至 13日	大寒 15日
啓蟄 20日	清明 20日	立夏 22日	芒種 22日	小暑 24日	立秋 24日	白露 25日	寒露 26日	立冬 27日	大雪 28日	小寒 28日	立春 30日

明応元年〔延徳4年〕（1492－1493） 壬子

改元 7/19（延徳→明応）

1月	2月	3月	4月	5月	6月	7月	8月	9月	10月	11月	12月
1 癸酉 30	1 壬寅 28	1 辛未 28	1 辛丑 27	1 庚午 26	1 庚子 25	1 庚午 25	1 己亥 23	1 己巳 22	1 己亥 22	1 戊辰 20	1 戊戌 20
2 甲戌 31	2 癸卯 29	2 壬申 29	2 壬寅 28	2 辛未 ㉗	2 辛丑 26	2 辛未 26	2 庚子 24	2 庚午 ㉓	2 庚子 23	2 己巳 21	2 己亥 21
《2月》	《3月》	3 癸酉 30	3 癸卯 ㉙	3 壬申 28	3 壬寅 27	3 壬申 27	3 辛丑 25	3 辛未 24	3 辛丑 24	3 庚午 22	3 庚子 22
3 乙亥 1	3 甲辰 1	4 甲戌 31	4 甲辰 30	4 癸酉 29	4 癸卯 28	4 癸酉 28	4 壬寅 ㉖	4 壬申 25	4 壬寅 25	4 辛未 23	4 辛丑 ㉓
4 丙子 2	4 乙巳 2	《4月》	《5月》	5 甲戌 30	5 甲辰 29	5 甲戌 ㉙	5 癸卯 27	5 癸酉 26	5 癸卯 26	5 壬申 24	5 壬寅 24
5 丁丑 3	5 丙午 3	5 乙亥 ①	5 乙巳 1	6 乙亥 31	6 乙巳 30	6 乙亥 30	6 甲辰 28	6 甲戌 27	6 甲辰 27	6 癸酉 ㉕	6 癸卯 25
6 戊寅 4	6 丁未 ④	6 丙子 2	6 丙午 2	《6月》	《7月》	7 丙子 31	7 乙巳 29	7 乙亥 28	7 乙巳 ㉘	7 甲戌 26	7 甲辰 26
7 己卯 ⑤	7 戊申 5	7 丁丑 3	7 丁未 3	7 丙子 1	7 丙午 ①	《8月》	8 丙午 30	8 丙子 29	8 丙午 29	8 乙亥 27	8 乙巳 27
8 庚辰 6	8 己酉 6	8 戊寅 4	8 戊申 4	8 丁丑 2	8 丁未 2	8 丁丑 1	9 丁未 31	9 丁丑 ㉚	9 丁未 30	9 丙子 28	9 丙午 28
9 辛巳 7	9 庚戌 7	9 己卯 5	9 己酉 5	9 戊寅 ③	9 戊申 3	9 戊寅 2	《9月》	《10月》	10 戊申 31	10 丁丑 29	10 丁未 29
10 壬午 8	10 辛亥 8	10 庚辰 6	10 庚戌 ⑥	10 己卯 4	10 己酉 4	10 己卯 3	10 戊申 1	10 戊寅 1	《11月》	11 戊寅 30	11 戊申 ㉚
11 癸未 9	11 壬子 9	11 辛巳 7	11 辛亥 7	11 庚辰 5	11 庚戌 5	11 庚辰 4	11 己酉 ②	11 己卯 2	11 己酉 1	《12月》	12 己酉 31
12 甲申 10	12 癸丑 10	12 壬午 ⑧	12 壬子 8	12 辛巳 6	12 辛亥 6	12 辛巳 ⑤	12 庚戌 3	12 庚辰 3	12 庚戌 2	12 己卯 1	1493 年
13 乙酉 11	13 甲寅 ⑪	13 癸未 9	13 癸丑 9	13 壬午 7	13 壬子 7	13 壬午 6	13 辛亥 4	13 辛巳 4	13 辛亥 3	13 庚辰 ②	《1月》
14 丙戌 ⑫	14 乙卯 12	14 甲申 10	14 甲寅 10	14 癸未 8	14 癸丑 ⑧	14 癸未 7	14 壬子 5	14 壬午 5	14 壬子 ④	14 辛巳 3	13 庚戌 1
15 丁亥 13	15 丙辰 13	15 乙酉 11	15 乙卯 11	15 甲申 9	15 甲寅 9	15 甲申 8	15 癸丑 6	15 癸未 6	15 癸丑 5	15 壬午 4	14 辛亥 2
16 戊子 14	16 丁巳 14	16 丙戌 12	16 丙辰 12	16 乙酉 ⑩	16 乙卯 10	16 乙酉 9	16 甲寅 7	16 甲申 ⑦	16 甲寅 6	16 癸未 5	15 壬子 3
17 己丑 15	17 戊午 15	17 丁亥 13	17 丁巳 ⑬	17 丙戌 11	17 丙辰 11	17 丙戌 10	17 乙卯 8	17 乙酉 8	17 乙卯 7	17 甲申 6	16 癸丑 4
18 庚寅 16	18 己未 16	18 戊子 14	18 戊午 14	18 丁亥 12	18 丁巳 12	18 丁亥 11	18 丙辰 ⑨	18 丙戌 9	18 丙辰 8	18 乙酉 7	17 甲寅 5
19 辛卯 17	19 庚申 17	19 己丑 ⑮	19 己未 15	19 戊子 13	19 戊午 13	19 戊子 ⑫	19 丁巳 10	19 丁亥 10	19 丁巳 9	19 丙戌 8	18 乙卯 ⑥
20 壬辰 18	20 辛酉 ⑱	20 庚寅 16	20 庚申 16	20 己丑 14	20 己未 14	20 己丑 13	20 戊午 11	20 戊子 11	20 戊午 10	20 丁亥 ⑨	19 丙辰 7
21 癸巳 ⑲	21 壬戌 19	21 辛卯 17	21 辛酉 17	21 庚寅 15	21 庚申 ⑮	21 庚寅 14	21 己未 12	21 己丑 12	21 己未 ⑪	21 戊子 10	20 丁巳 8
22 甲午 20	22 癸亥 20	22 壬辰 18	22 壬戌 18	22 辛卯 16	22 辛酉 16	22 辛卯 15	22 庚申 13	22 庚寅 13	22 庚申 12	22 己丑 11	21 戊午 9
23 乙未 21	23 甲子 21	23 癸巳 19	23 癸亥 19	23 壬辰 ⑰	23 壬戌 17	23 壬辰 16	23 辛酉 14	23 辛卯 ⑭	23 辛酉 13	23 庚寅 12	22 己未 10
24 丙申 22	24 乙丑 22	24 甲午 20	24 甲子 ⑳	24 癸巳 18	24 癸亥 18	24 癸巳 17	24 壬戌 15	24 壬辰 15	24 壬戌 14	24 辛卯 13	23 庚申 11
25 丁酉 23	25 丙寅 23	25 乙未 21	25 乙丑 21	25 甲午 19	25 甲子 19	25 甲午 18	25 癸亥 ⑯	25 癸巳 16	25 癸亥 15	25 壬辰 14	24 辛酉 12
26 戊戌 24	26 丁卯 24	26 丙申 ㉒	26 丙寅 22	26 乙未 20	26 乙丑 20	26 乙未 ⑲	26 甲子 17	26 甲午 17	26 甲子 16	26 癸巳 15	25 壬戌 ⑬
27 己亥 25	27 戊辰 ㉕	27 丁酉 23	27 丁卯 23	27 丙申 21	27 丙寅 21	27 丙申 20	27 乙丑 18	27 乙未 18	27 乙丑 17	27 甲午 ⑯	26 癸亥 14
28 庚子 ㉖	28 己巳 26	28 戊戌 24	28 戊辰 24	28 丁酉 22	28 丁卯 ㉒	28 丁酉 21	28 丙寅 19	28 丙申 19	28 丙寅 ⑱	28 乙未 17	27 甲子 15
29 辛丑 27	29 庚午 27	29 己亥 25	29 己巳 25	29 戊戌 23	29 戊辰 23	29 戊戌 22	29 丁卯 20	29 丁酉 20	29 丁卯 19	29 丙申 18	28 乙丑 16
		30 庚子 26		30 己亥 ㉔	30 己巳 24		30 戊辰 21	30 戊戌 ㉑		30 丁酉 19	29 丙寅 17
雨水 15日	啓蟄 1日	清明 3日	立夏 3日	芒種 5日	小暑 5日	立秋 5日	白露 7日	寒露 7日	立冬 8日	大雪 9日	小寒 10日
	春分 16日	穀雨 18日	小満 18日	夏至 20日	大暑 20日	処暑 21日	秋分 22日	霜降 23日	小雪 23日	冬至 24日	大寒 25日

明応2年（1493－1494） 癸丑

1月	2月	3月	4月	閏4月	5月	6月	7月	8月	9月	10月	11月	12月
1 丁卯18	1 丁酉⑰	1 丙寅18	1 乙未16	1 乙丑16	1 甲午14	1 甲子⑭	1 癸巳12	1 癸亥11	1 癸巳11	1 壬戌 9	1 壬辰 9	1 壬戌 8
2 戊辰19	2 戊戌18	2 丁卯19	2 丙申17	2 丙寅17	2 乙未15	2 乙丑15	2 甲午13	2 甲子12	2 甲午12	2 癸亥⑩	2 癸巳10	2 癸亥 9
3 己巳⑳	3 己亥19	3 戊辰20	3 丁酉18	3 丁卯18	3 丙申⑯	3 丙寅16	3 乙未14	3 乙丑13	3 乙未⑬	3 甲子11	3 甲午11	3 甲子10
4 庚午21	4 庚子20	4 己巳21	4 戊戌19	4 戊辰⑲	4 丁酉17	4 丁卯17	4 丙申15	4 丙寅14	4 丙申14	4 乙丑12	4 乙未12	4 乙丑11
5 辛未22	5 辛丑21	5 庚午22	5 己亥20	5 己巳20	5 戊戌18	5 戊辰18	5 丁酉16	5 丁卯⑮	5 丁酉15	5 丙寅13	5 丙申13	5 丙寅⑫
6 壬申23	6 壬寅22	6 辛未23	6 庚子㉑	6 庚午21	6 己亥19	6 己巳19	6 戊戌17	6 戊辰16	6 戊戌16	6 丁卯14	6 丁酉14	6 丁卯13
7 癸酉24	7 癸卯23	7 壬申㉔	7 辛丑22	7 辛未22	7 庚子20	7 庚午20	7 己亥⑱	7 己巳17	7 己亥17	7 戊辰15	7 戊戌⑮	7 戊辰14
8 甲戌25	8 甲辰㉔	8 癸酉25	8 壬寅23	8 壬申23	8 辛丑21	8 辛未㉑	8 庚子19	8 庚午18	8 庚子18	8 己巳16	8 己亥16	8 己巳15
9 乙亥26	9 乙巳25	9 甲戌26	9 癸卯24	9 癸酉24	9 壬寅22	9 壬申22	9 辛丑20	9 辛未19	9 辛丑19	9 庚午⑰	9 庚子17	9 庚午16
10 丙子㉗	10 丙午26	10 乙亥27	10 甲辰25	10 甲戌25	10 癸卯㉓	10 癸酉23	10 壬寅21	10 壬申20	10 壬寅⑳	10 辛未18	10 辛丑18	10 辛未17
11 丁丑28	11 丁未27	11 丙子28	11 乙巳26	11 乙亥㉖	11 甲辰24	11 甲戌24	11 癸卯22	11 癸酉21	11 癸卯21	11 壬申19	11 壬寅19	11 壬申18
12 戊寅29	12 戊申28	12 丁丑29	12 丙午27	12 丙子27	12 乙巳25	12 乙亥25	12 甲辰23	12 甲戌㉒	12 甲辰22	12 癸酉20	12 癸卯20	12 癸酉⑲
13 己卯30	《3月》 13 己酉 1	13 戊寅30	13 丁未㉘	13 丁丑28	13 丙午26	13 丙子26	13 乙巳24	13 乙亥23	13 乙巳23	13 甲戌21	13 甲辰21	13 甲戌20
14 庚辰31	14 庚戌 2	14 己卯㉛	14 戊申29	14 戊寅29	14 丁未27	14 丁丑27	14 丙午㉕	14 丙子24	14 丙午24	14 乙亥22	14 乙巳㉒	14 乙亥21
《2月》 15 辛巳 1	15 辛亥③	《4月》 15 庚辰 1	15 己酉30	15 己卯30	15 戊申28	15 戊寅㉘	15 丁未26	15 丁丑25	15 丁未25	15 丙子23	15 丙午23	15 丙子22
16 壬午 2	16 壬子 4	16 辛巳 2	《5月》 16 庚戌 1	16 庚辰31	16 己酉29	16 己卯29	16 戊申27	16 戊寅26	16 戊申26	16 丁丑㉔	16 丁未24	16 丁丑23
17 癸未③	17 癸丑 5	17 壬午 3	17 辛亥 2	《6月》 17 辛巳 1	17 庚戌㉚	17 庚辰30	17 己酉28	17 己卯27	17 己酉㉗	17 戊寅25	17 戊申25	17 戊寅24
18 甲申 4	18 甲寅 6	18 癸未 4	18 壬子 3	18 壬午②	《7月》 18 辛亥 1	18 辛巳31	18 庚戌29	18 庚辰28	18 庚戌28	18 己卯26	18 己酉26	18 己卯25
19 乙酉 5	19 乙卯 7	19 甲申 5	19 癸丑 4	19 癸未 3	19 壬子 2	《8月》 19 壬午 1	19 辛亥30	19 辛巳㉙	19 辛亥29	19 庚辰27	19 庚戌27	19 庚辰㉖
20 丙戌 6	20 丙辰 8	20 乙酉 6	20 甲寅⑤	20 甲申 4	20 癸丑 3	20 癸未 2	20 壬子31	20 壬午30	20 壬子30	20 辛巳28	20 辛亥28	20 辛巳27
21 丁亥 7	21 丁巳 9	21 丙戌⑦	21 乙卯 6	21 乙酉 5	21 甲寅 4	21 甲申 3	《9月》 21 癸丑①	《10月》 21 癸未 1	21 癸丑31	21 壬午29	21 壬子㉙	21 壬午28
22 戊子 8	22 戊午⑩	22 丁亥 8	22 丙辰 7	22 丙戌 6	22 乙卯 5	22 乙酉④	22 甲寅 2	22 甲申 2	《11月》 22 甲寅 1	22 癸未30	22 癸丑30	22 癸未29
23 己丑 9	23 己未11	23 戊子 9	23 丁巳 8	23 丁亥 7	23 丙辰 6	23 丙戌 5	23 乙卯 3	23 乙酉 3	23 乙卯 2	《12月》 23 甲申①	23 甲寅31	23 甲申30
24 庚寅⑩	24 庚申12	24 己丑10	24 戊午 9	24 戊子 8	24 丁巳⑦	24 丁亥 6	24 丙辰 4	24 丙戌 4	24 丙辰③	24 乙酉 2	1494年 《1月》 24 乙卯 1	24 乙酉31
25 辛卯11	25 辛酉13	25 庚寅11	25 己未10	25 己丑⑨	25 戊午 8	25 戊子 7	25 丁巳 5	25 丁亥 5	25 丁巳 4	25 丙戌 3	25 丙辰 2	《2月》 25 丙戌 1
26 壬辰12	26 壬戌14	26 辛卯12	26 庚申11	26 庚寅10	26 己未 9	26 己丑 8	26 戊午 6	26 戊子⑥	26 戊午 5	26 丁亥 4	26 丁巳 3	26 丁亥②
27 癸巳13	27 癸亥15	27 壬辰13	27 辛酉⑫	27 辛卯11	27 庚申10	27 庚寅 9	27 己未 7	27 己丑 7	27 己未 6	27 戊子 5	27 戊午 4	27 戊子 3
28 甲午14	28 甲子16	28 癸巳⑭	28 壬戌13	28 壬辰12	28 辛酉11	28 辛卯10	28 庚申⑧	28 庚寅 8	28 庚申 7	28 己丑 6	28 己未⑤	28 己丑 4
29 乙未15	29 乙丑⑰	29 甲午15	29 癸亥14	29 癸巳13	29 壬戌12	29 壬辰⑪	29 辛酉 9	29 辛卯 9	29 辛酉 8	29 庚寅 7	29 庚申 6	29 庚寅 5
30 丙申16			30 甲子15		30 癸亥13		30 壬戌10	30 壬辰10		30 辛卯⑧	30 辛酉 7	
立春 11日 雨水 26日	啓蟄 12日 春分 27日	清明 13日 穀雨 28日	立夏 14日 小満 30日	芒種15日	夏至 1日 小暑 16日	大暑 1日 立秋 17日	処暑 3日 白露 18日	秋分 3日 寒露 19日	霜降 4日 立冬 19日	小雪 5日 大雪 20日	冬至 6日 小寒 21日	大寒 6日 立春 21日

明応3年（1494－1495） 甲寅

1月	2月	3月	4月	5月	6月	7月	8月	9月	10月	11月	12月
1 辛卯 6	1 辛酉 8	1 庚寅⑥	1 己未 5	1 己丑 4	1 戊午 3	《8月》 1 丁亥 1	1 丁巳㉛	1 丁亥30	1 丙辰29	1 丙戌28	1 丙辰㉘
2 壬辰 7	2 壬戌⑨	2 辛卯 7	2 庚申 6	2 庚寅 5	2 己未 4	2 戊子 2	《9月》 2 戊午 1	《10月》 2 戊子 1	2 丁巳30	2 丁亥29	2 丁巳29
3 癸巳 8	3 癸亥10	3 壬辰 8	3 辛酉 7	3 辛卯 6	3 庚申 5	3 己丑③	3 己未 2	3 己丑 2	3 戊午31	3 戊子㉚	3 戊午30
4 甲午⑨	4 甲子11	4 癸巳 9	4 壬戌 8	4 壬辰 7	4 辛酉⑥	4 庚寅 4	4 庚申 3	4 庚寅 3	《11月》 4 己未 1	《12月》 4 己丑 1	4 己未31
5 乙未10	5 乙丑12	5 甲午10	5 癸亥 9	5 癸巳⑧	5 壬戌 7	5 辛卯 5	5 辛酉 4	5 辛卯 4	5 庚申②	5 庚寅 2	1495年 《1月》 5 庚申 1
6 丙申11	6 丙寅13	6 乙未11	6 甲子10	6 甲午 9	6 癸亥 8	6 壬辰 6	6 壬戌 5	6 壬辰⑤	6 辛酉 3	6 辛卯 3	6 辛酉 2
7 丁酉12	7 丁卯14	7 丙申12	7 乙丑⑪	7 乙未10	7 甲子 9	7 癸巳 7	7 癸亥 6	7 癸巳 6	7 壬戌 4	7 壬辰 4	7 壬戌 3
8 戊戌13	8 戊辰15	8 丁酉⑬	8 丙寅12	8 丙申11	8 乙丑10	8 甲午 8	8 甲子⑦	8 甲午 7	8 癸亥 5	8 癸巳 5	8 癸亥④
9 己亥14	9 己巳⑯	9 戊戌14	9 丁卯13	9 丁酉12	9 丙寅11	9 乙未 9	9 乙丑 8	9 乙未 8	9 甲子 6	9 甲午 6	9 甲子 5
10 庚子15	10 庚午17	10 己亥15	10 戊辰14	10 戊戌13	10 丁卯12	10 丙申⑩	10 丙寅 9	10 丙申 9	10 乙丑 7	10 乙未⑦	10 乙丑 6
11 辛丑⑯	11 辛未18	11 庚子16	11 己巳15	11 己亥14	11 戊辰⑬	11 丁酉11	11 丁卯10	11 丁酉10	11 丙寅 8	11 丙申 8	11 丙寅 7
12 壬寅17	12 壬申19	12 辛丑17	12 庚午16	12 庚子⑮	12 己巳14	12 戊戌12	12 戊辰11	12 戊戌11	12 丁卯⑨	12 丁酉 9	12 丁卯 8
13 癸卯18	13 癸酉20	13 壬寅18	13 辛未17	13 辛丑16	13 庚午15	13 己亥13	13 己巳12	13 己亥⑫	13 戊辰10	13 戊戌10	13 戊辰 9
14 甲辰19	14 甲戌21	14 癸卯19	14 壬申⑱	14 壬寅17	14 辛未16	14 庚子14	14 庚午13	14 庚子13	14 己巳11	14 己亥11	14 己巳10
15 乙巳20	15 乙亥22	15 甲辰⑳	15 癸酉19	15 癸卯18	15 壬申17	15 辛丑15	15 辛未⑭	15 辛丑14	15 庚午12	15 庚子12	15 庚午⑪
16 丙午21	16 丙子㉓	16 乙巳21	16 甲戌20	16 甲辰19	16 癸酉18	16 壬寅16	16 壬申15	16 壬寅15	16 辛未13	16 辛丑13	16 辛未12
17 丁未22	17 丁丑24	17 丙午22	17 乙亥21	17 乙巳20	17 甲戌19	17 癸卯⑰	17 癸酉16	17 癸卯16	17 壬申14	17 壬寅⑭	17 壬申13
18 戊申㉓	18 戊寅25	18 丁未23	18 丙子22	18 丙午21	18 乙亥⑳	18 甲辰18	18 甲戌17	18 甲辰17	18 癸酉15	18 癸卯15	18 癸酉14
19 己酉24	19 己卯26	19 戊申24	19 丁丑23	19 丁未㉒	19 丙子21	19 乙巳19	19 乙亥18	19 乙巳18	19 甲戌⑯	19 甲辰16	19 甲戌15
20 庚戌25	20 庚辰27	20 己酉25	20 戊寅24	20 戊申23	20 丁丑22	20 丙午20	20 丙子19	20 丙午⑲	20 乙亥17	20 乙巳17	20 乙亥16
21 辛亥26	21 辛巳28	21 庚戌26	21 己卯㉕	21 己酉24	21 戊寅23	21 丁未21	21 丁丑20	21 丁未20	21 丙子18	21 丙午18	21 丙子17
22 壬子27	22 壬午29	22 辛亥㉗	22 庚辰26	22 庚戌25	22 己卯24	22 戊申22	22 戊寅㉑	22 戊申21	22 丁丑19	22 丁未19	22 丁丑⑱
23 癸丑28	23 癸未㉚	23 壬子28	23 辛巳27	23 辛亥26	23 庚辰25	23 己酉23	23 己卯22	23 己酉22	23 戊寅20	23 戊申20	23 戊寅19
《3月》 24 甲寅 1	24 甲申31	24 癸丑29	24 壬午28	24 壬子27	24 辛巳26	24 庚戌㉔	24 庚辰23	24 庚戌23	24 己卯21	24 己酉㉑	24 己卯20
25 乙卯②	《4月》 25 乙酉 1	25 甲寅30	25 癸未29	25 癸丑28	25 壬午㉗	25 辛亥25	25 辛巳24	25 辛亥24	25 庚辰22	25 庚戌22	25 庚辰21
26 丙辰 3	26 丙戌 2	《5月》 26 乙卯 1	26 甲申30	26 甲寅㉙	26 癸未28	26 壬子26	26 壬午25	26 壬子25	26 辛巳㉓	26 辛亥23	26 辛巳22
27 丁巳 4	27 丁亥 3	27 丙辰 2	27 乙酉31	27 乙卯30	27 甲申29	27 癸丑27	27 癸未26	27 癸丑㉖	27 壬午24	27 壬子24	27 壬午23
28 戊午 5	28 戊子 4	28 丁巳 3	《6月》 28 丙戌①	《7月》 28 丙辰 1	28 乙酉30	28 甲寅28	28 甲申27	28 甲寅27	28 癸未25	28 癸丑25	28 癸未24
29 己未 6	29 己丑 5	29 戊午④	29 丁亥 2	29 丁巳 2	29 丙戌31	29 乙卯29	29 乙酉㉘	29 乙卯28	29 甲申26	29 甲寅26	29 甲申㉕
30 庚申 7			30 戊子 3			30 丙辰30	30 丙戌29		30 乙酉27	30 乙卯27	30 乙酉26
雨水 8日 啓蟄 23日	春分 8日 清明 23日	穀雨 9日 立夏 25日	小満 11日 芒種 26日	夏至 11日 小暑 27日	大暑 13日 立秋 28日	処暑 14日 白露 29日	秋分 15日 寒露 30日	霜降 15日	立冬 1日 小雪 16日	大雪 2日 冬至 17日	小寒 2日 大寒 17日

明応4年（1495－1496） 乙卯

1月	2月	3月	4月	5月	6月	7月	8月	9月	10月	11月	12月
1 丙戌27	1 乙卯25	1 乙酉27	1 甲寅25	1 癸未㉔	1 癸丑23	1 壬午22	1 辛亥20	1 辛巳19	1 庚戌⑱	1 庚辰17	1 庚戌17
2 丁亥28	2 丙辰26	2 丙戌28	2 乙卯㉖	2 甲申25	2 甲寅24	2 癸未23	2 壬子21	2 壬午⑳	2 辛亥19	2 辛巳18	2 辛亥18
3 戊子29	3 丁巳27	3 丁亥㉙	3 丙辰27	3 乙酉26	3 乙卯25	3 甲申24	3 癸丑22	3 癸未21	3 壬子20	3 壬午19	3 壬子19
4 己丑30	**4** 戊午28	**4** 戊子30	4 丁巳28	4 丙戌27	4 丙辰26	4 乙酉25	4 甲寅㉓	4 甲申22	4 癸丑21	4 癸未20	4 癸丑⑳
5 庚寅31	《3月》	5 己丑31	5 戊午29	5 丁亥28	5 丁巳27	5 丙戌㉖	5 乙卯24	5 乙酉23	5 甲寅22	5 甲申21	5 甲寅21
《2月》	5 己未①	《4月》	**6** 己未30	6 戊子29	6 戊午㉘	6 丁亥27	6 丙辰25	6 丙戌24	6 乙卯23	6 乙酉㉒	6 乙卯22
6 辛卯①	6 庚申 2	6 庚寅 1	《5月》	**7** 己丑30	7 己未29	7 戊子28	7 丁巳26	7 丁亥25	7 丙辰24	7 丙戌23	7 丙辰23
7 壬辰 2	7 辛酉 3	7 辛卯 2	7 庚申 1	8 庚寅㉛	**8** 庚申30	8 己丑29	8 戊午27	8 戊子26	8 丁巳㉕	8 丁亥24	8 丁巳24
8 癸巳 3	8 壬戌 4	8 壬辰 3	8 辛酉 2	《6月》	《7月》	**9** 庚寅30	9 己未28	9 己丑㉗	9 戊午26	9 戊子25	9 戊午25
9 甲午 4	9 癸亥 5	9 癸巳 4	9 壬戌③	9 辛卯 1	9 辛酉 1	10 辛卯31	10 庚申29	10 庚寅28	10 己未27	10 己丑26	10 己未26
10 乙未 5	10 甲子 6	10 甲午⑤	10 癸亥 4	10 壬辰 2	10 壬戌 2	《8月》	**11** 辛酉㉚	**11** 辛卯29	11 庚申28	11 庚寅27	11 庚申㉗
11 丙申 6	11 乙丑 7	11 乙未 6	11 甲子 5	11 癸巳 3	11 癸亥 3	11 壬辰 1	12 壬戌31	12 壬辰30	**12** 辛酉29	12 辛卯28	12 辛酉28
12 丁酉 7	12 丙寅⑧	12 丙申 7	12 乙丑 6	12 甲午 4	12 甲子 4	12 癸巳②	《9月》	《10月》	13 壬戌30	**13** 壬辰㉙	**13** 壬戌29
13 戊戌⑧	13 丁卯 9	13 丁酉 8	13 丙寅 7	13 乙未 5	13 乙丑⑤	13 甲午 3	13 癸亥 1	13 癸巳 1	14 癸亥31	14 癸巳30	14 癸亥30
14 己亥 9	14 戊辰10	14 戊戌 9	14 丁卯 8	14 丙申 6	14 丙寅 6	14 乙未 4	14 甲子 2	14 甲午 2	《11月》	《12月》	15 甲子31
15 庚子10	15 己巳11	15 己亥10	15 戊辰 9	15 丁酉⑦	15 丁卯 7	15 丙申 5	15 乙丑 3	15 乙未 3	15 甲子①	15 甲午 1	**1496年**
16 辛丑11	16 庚午12	16 庚子11	16 己巳⑩	16 戊戌 8	16 戊辰 8	16 丁酉 6	16 丙寅 4	16 丙申④	16 乙丑 2	16 乙未 2	《1月》
17 壬寅12	17 辛未13	17 辛丑⑫	17 庚午11	17 己亥 9	17 己巳 9	17 戊戌 7	17 丁卯 5	17 丁酉 5	17 丙寅 3	17 丙申 3	16 乙丑 1
18 癸卯13	18 壬申14	18 壬寅13	18 辛未12	18 庚子10	18 庚午10	18 己亥 8	18 戊辰⑥	18 戊戌 6	18 丁卯 4	18 丁酉 4	17 丙寅 2
19 甲辰14	**19** 癸酉⑮	19 癸卯14	19 壬申13	19 辛丑11	19 辛未11	19 庚子⑨	19 己巳 7	19 己亥 7	19 戊辰 5	19 戊戌 5	18 丁卯③
20 乙巳⑮	20 甲戌16	**20** 甲辰15	20 癸酉14	20 壬寅12	20 壬申⑫	20 辛丑10	20 庚午 8	20 庚子 8	20 己巳 6	20 己亥⑥	19 戊辰 4
21 丙午16	21 乙亥17	21 乙巳16	**21** 甲戌15	21 癸卯13	21 癸酉13	21 壬寅11	21 辛未 9	21 辛丑 9	21 庚午 7	21 庚子 7	20 己巳 5
22 丁未17	22 丙子18	22 丙午17	22 乙亥16	22 甲辰⑭	22 甲戌14	22 癸卯12	22 壬申10	22 壬寅10	22 辛未⑧	22 辛丑 8	21 庚午 6
23 戊申18	23 丁丑19	23 丁未18	23 丙子⑰	**23** 乙巳15	**23** 乙亥15	23 甲辰13	23 癸酉11	23 癸卯⑪	23 壬申 9	23 壬寅 9	22 辛未 7
24 己酉19	24 戊寅20	24 戊申⑲	24 丁丑18	24 丙午16	24 丙子16	**24** 乙巳14	24 甲戌12	24 甲辰12	24 癸酉10	24 癸卯10	23 壬申 8
25 庚戌20	25 己卯21	25 己酉20	25 戊寅19	25 丁未17	25 丁丑17	25 丙午15	25 乙亥⑬	25 乙巳13	25 甲戌11	25 甲辰11	24 癸酉 9
26 辛亥21	26 庚辰㉒	26 庚戌21	26 己卯20	26 戊申18	26 戊寅18	26 丁未⑯	**26** 丙子14	**26** 丙午14	26 乙亥12	26 乙巳12	25 甲戌⑩
27 壬子㉒	27 辛巳23	27 辛亥22	27 庚辰21	27 己酉19	27 己卯⑲	27 戊申17	27 丁丑15	27 丁未15	27 丙子13	27 丙午⑬	26 乙亥11
28 癸丑23	28 壬午24	28 壬子23	28 辛巳22	28 庚戌20	28 庚辰20	28 己酉18	28 戊寅16	28 戊申16	**28** 丁丑14	**28** 丁未14	27 丙子12
29 甲寅24	29 癸未25	29 癸丑24	29 壬午23	29 辛亥㉑	29 辛巳21	29 庚戌19	29 己卯17	29 己酉17	29 戊寅⑮	29 戊申15	28 丁丑13
	30 甲申26			30 壬子22			30 庚辰18		30 己卯16	30 己酉16	**29** 戊寅14
											30 己卯15
立春 3日 雨水 18日	啓蟄 4日 春分 19日	清明 4日 穀雨 20日	立夏 6日 小満 21日	芒種 7日 夏至 23日	小暑 8日 大暑 23日	立秋 9日 処暑 24日	白露 11日 秋分 26日	寒露 11日 霜降 26日	立冬 12日 小雪 28日	大雪 13日 冬至 28日	小寒 13日 大寒 29日

明応5年（1496－1497） 丙辰

1月	2月	閏2月	3月	4月	5月	6月	7月	8月	9月	10月	11月	12月
1 庚辰16	1 庚戌15	1 己卯15	**1** 己酉14	1 戊寅13	1 丁未11	1 丁丑11	1 丙午 9	1 乙亥 7	1 乙巳 7	1 甲戌 5	1 甲辰 5	1 甲戌 4
2 辛巳⑰	2 辛亥16	2 庚辰16	2 庚戌15	**2** 己卯14	2 戊申⑫	2 戊寅12	2 丁未10	2 丙子 8	2 丙午 8	2 乙亥⑥	2 乙巳 6	2 乙亥 5
3 壬午18	3 壬子17	3 辛巳17	3 辛亥16	3 庚辰⑮	3 己酉13	3 己卯13	3 戊申11	3 丁丑 9	3 丁未⑨	3 丙子 7	3 丙午 7	3 丙子 6
4 癸未19	4 癸丑18	4 壬午18	4 壬子⑰	4 辛巳16	**4** 庚戌14	**4** 庚辰14	4 己酉12	4 戊寅10	4 戊申10	4 丁丑 8	4 丁未 8	4 丁丑 7
5 甲申20	5 甲寅19	5 癸未19	5 癸丑18	5 壬午17	5 辛亥15	5 辛巳15	5 庚戌13	5 己卯⑪	5 己酉11	5 戊寅 9	5 戊申 9	5 戊寅⑧
6 乙酉21	6 乙卯20	6 甲申⑳	6 甲寅19	6 癸未18	6 壬子16	6 壬午16	**6** 辛亥⑭	6 庚辰12	6 庚戌12	6 己卯10	6 己酉10	6 己卯 9
7 丙戌22	7 丙辰㉑	7 乙酉21	7 乙卯20	7 甲申19	7 癸丑17	7 癸未⑰	7 壬子15	**7** 辛巳13	7 辛亥13	7 庚辰11	7 庚戌⑪	7 庚辰10
8 丁亥23	8 丁巳22	8 丙戌22	8 丙辰21	8 乙酉20	8 甲寅18	8 甲申18	8 癸丑16	8 壬午14	**8** 壬子14	8 辛巳12	8 辛亥12	8 辛巳11
9 戊子㉔	9 戊午23	9 丁亥23	9 丁巳22	9 丙戌21	9 乙卯⑲	9 乙酉19	9 甲寅17	9 癸未15	9 癸丑15	**9** 壬午⑬	**9** 壬子13	9 壬午12
10 己丑25	10 己未24	10 戊子24	10 戊午23	10 丁亥㉒	10 丙辰20	10 丙戌20	10 乙卯18	10 甲申16	10 甲寅⑯	10 癸未14	10 癸丑14	**10** 癸未13
11 庚寅26	11 庚申25	11 己丑25	11 己未㉔	11 戊子23	11 丁巳21	11 丁亥21	11 丙辰19	11 乙酉17	11 乙卯17	11 甲申15	11 甲寅15	11 甲申14
12 辛卯27	12 辛酉26	12 庚寅26	12 庚申25	12 己丑24	12 戊午22	12 戊子22	12 丁巳20	12 丙戌⑱	12 丙辰18	12 乙酉16	12 乙卯16	12 乙酉⑮
13 壬辰28	13 壬戌27	13 辛卯㉗	13 辛酉26	13 庚寅25	13 己未23	13 己丑23	13 戊午㉑	13 丁亥19	13 丁巳19	13 丙戌17	13 丙辰17	13 丙戌16
14 癸巳29	**14** 癸亥㉘	14 壬辰28	14 壬戌27	14 辛卯26	14 庚申24	14 庚寅㉔	14 己未22	14 戊子20	14 戊午20	14 丁亥18	14 丁巳⑱	14 丁亥17
15 甲午30	15 甲子29	15 癸巳29	15 癸亥28	15 壬辰27	15 辛酉25	15 辛卯25	15 庚申23	15 己丑21	15 己未21	15 戊子19	15 戊午19	15 戊子18
16 乙未㉛	《3月》	**16** 甲午30	**16** 甲子29	16 癸巳28	16 壬戌㉖	16 壬辰26	16 辛酉24	16 庚寅22	16 庚申22	16 己丑⑳	16 己未20	16 己丑19
《2月》	16 乙丑 1	17 乙未31	17 乙丑30	17 甲午㉙	17 癸亥27	17 癸巳27	17 壬戌25	17 辛卯23	17 辛酉㉓	17 庚寅21	17 庚申21	17 庚寅20
17 丙申 1	17 丙寅 2	《4月》	《5月》	**18** 乙未30	18 甲子28	18 甲午28	18 癸亥26	18 壬辰24	18 壬戌24	18 辛卯22	18 辛酉22	18 辛卯21
18 丁酉 2	18 丁卯 3	18 丙申 1	18 丙寅①	19 丙申31	**19** 乙丑29	**19** 乙未29	19 甲子27	19 癸巳㉕	19 癸亥25	19 壬辰23	19 壬戌23	19 壬辰㉒
19 戊戌 3	19 戊辰 4	19 丁酉 2	19 丁卯 2	《6月》	20 丙寅30	20 丙申30	20 乙丑㉘	20 甲午26	20 甲子26	20 癸巳24	20 癸亥24	20 癸巳23
20 己亥 4	20 己巳 5	20 戊戌③	20 戊辰 3	20 丁酉 1	《7月》	21 丁酉㉛	**21** 丙寅29	21 乙未27	21 乙丑27	21 甲午25	21 甲子㉕	21 甲午24
21 庚子 5	21 庚午⑥	21 己亥 4	21 己巳 4	21 戊戌 2	21 丁卯 1	《8月》	22 丁卯30	**22** 丙申28	22 丙寅28	22 乙未26	22 乙丑26	22 乙未25
22 辛丑 6	22 辛未 7	22 庚子 5	22 庚午 5	22 己亥 3	22 戊辰 2	22 戊戌 1	23 戊辰31	23 丁酉29	**23** 丁卯29	23 丙申㉗	23 丙寅27	23 丙申26
23 壬寅⑦	23 壬申 8	23 辛丑 6	23 辛未 6	23 庚子 4	23 己巳③	23 己亥 2	《9月》	24 戊戌30	24 戊辰㉚	**24** 丁酉28	24 丁卯28	24 丁酉27
24 癸卯 8	24 癸酉 9	24 壬寅 7	24 壬申 7	24 辛丑⑤	24 庚午 4	24 庚子 3	24 己巳 1	《10月》	25 己巳31	25 戊戌29	**25** 戊辰29	**25** 戊戌28
25 甲辰 9	25 甲戌10	25 癸卯 8	25 癸酉⑧	25 壬寅 6	25 辛未 5	25 辛丑 4	25 庚午 2	25 己亥 1	《11月》	26 己亥30	26 己巳30	26 己亥㉙
26 乙巳10	26 乙亥11	26 甲辰 9	26 甲戌 9	26 癸卯 7	26 壬申 6	26 壬寅 5	26 辛未 3	26 庚子②	26 庚午 1	《12月》	27 庚午31	27 庚子30
27 丙午11	27 丙子12	27 乙巳⑩	27 乙亥10	27 甲辰 8	27 癸酉 7	27 癸卯 6	27 壬申④	27 辛丑 3	27 辛未 2	27 庚子 1	**1497年**	28 辛丑31
28 丁未12	28 丁丑⑬	28 丙午11	28 丙子11	28 乙巳 9	28 甲戌 8	28 甲辰⑦	28 癸酉 5	28 壬寅 4	28 壬申 3	28 辛丑 2	《1月》	《2月》
29 戊申13	**29** 戊寅14	29 丁未12	29 丁丑12	29 丙午10	29 乙亥 9	29 乙巳 8	29 甲戌 6	29 癸卯 5	29 癸酉 4	29 壬寅 3	28 辛未①	29 壬寅 1
30 己酉⑭		30 戊申13			30 丙子⑩			30 甲辰 6		30 癸卯④	29 壬申 2	30 癸卯 2
											30 癸酉 3	
立春 14日 雨水 29日	啓蟄 14日 春分 29日	清明16日	穀雨 1日 立夏 16日	小満 2日 芒種 18日	夏至 4日 小暑 19日	大暑 4日 立秋 19日	処暑 6日 白露 21日	秋分 7日 寒露 22日	霜降 8日 立冬 23日	小雪 9日 大雪 24日	冬至 9日 小寒 25日	大寒 10日 立春 25日

明応 6 年（1497－1498） 丁巳

1月	2月	3月	4月	5月	6月	7月	8月	9月	10月	11月	12月
1 甲辰 3 2 乙巳 4 3 丙午⑤ 4 丁未 6 5 戊申 7 6 己酉 8 7 庚戌 9 8 辛亥10 9 壬子11 **10**癸丑⑫ 11 甲寅13 12 乙卯14 13 丙辰15 14 丁巳16 15 戊午17 16 己未18 17 庚申⑲ 18 辛酉20 19 壬戌21 20 癸亥22 21 甲子23 22 乙丑24 23 丙寅25 24 丁卯㉖ **25**戊辰27 26 己巳28 《3月》 27 庚午 1 28 辛未 2 29 壬申 3	1 癸酉 4 2 甲戌⑤ 3 乙亥 6 4 丙子 7 5 丁丑 8 6 戊寅 9 7 己卯10 8 庚辰11 9 辛巳⑫ 10 壬午13 11 癸未14 **12**甲申15 13 乙酉16 14 丙戌17 15 丁亥18 16 戊子⑲ 17 己丑20 18 庚寅21 19 辛卯22 20 壬辰23 21 癸巳24 22 甲午25 23 乙未㉖ 24 丙申27 25 丁酉28 26 戊戌29 **27**己亥30 28 庚子31 《4月》 29 辛丑 1 30 壬寅②	1 癸卯 3 2 甲辰 4 3 乙巳 5 4 丙午 6 5 丁未 7 6 戊申 8 7 己酉⑨ 8 庚戌10 9 辛亥11 10 壬子12 11 癸丑13 **12**甲寅14 13 乙卯15 14 丙辰⑯ 15 丁巳17 16 戊午18 17 己未19 18 庚申20 19 辛酉21 20 壬戌22 21 癸亥㉓ 22 甲子24 23 乙丑25 24 丙寅26 25 丁卯27 26 戊辰28 **27**己巳29 28 庚午㉚ 《5月》 29 辛未 1 30 壬申 2	1 癸酉 3 2 甲戌 4 3 乙亥 5 4 丙子 6 5 丁丑⑦ 6 戊寅 8 7 己卯 9 8 庚辰10 9 辛巳11 10 壬午12 11 癸未13 12 甲申⑭ **13**乙酉15 14 丙戌16 15 丁亥17 16 戊子18 17 己丑19 18 庚寅20 19 辛卯㉑ 20 壬辰22 21 癸巳23 22 甲午24 23 乙未25 24 丙申26 25 丁酉27 26 戊戌㉘ 27 己亥29 **28**庚子30 29 辛丑31	《6月》 1 壬寅 1 2 癸卯 2 3 甲辰 3 4 乙巳④ 5 丙午 5 6 丁未 6 7 戊申 7 8 己酉 8 9 庚戌 9 10 辛亥10 11 壬子⑪ 12 癸丑12 13 甲寅13 **14**乙卯14 15 丙辰15 16 丁巳16 17 戊午17 18 己未⑱ 19 庚申19 20 辛酉20 21 壬戌21 22 癸亥22 23 甲子23 24 乙丑24 25 丙寅㉕ 26 丁卯26 27 戊辰27 28 己巳28 **29**庚午29	1 辛未30 《7月》 2 壬申 1 3 癸酉② 4 甲戌 3 5 乙亥 4 6 丙子 5 7 丁丑 6 8 戊寅 7 9 己卯 8 10 庚辰⑨ 11 辛巳10 12 壬午11 13 癸未12 14 甲申13 **15**乙酉14 16 丙戌15 17 丁亥⑯ 18 戊子17 19 己丑18 20 庚寅19 21 辛卯20 22 壬辰21 23 癸巳22 24 甲午㉓ 25 乙未24 26 丙申25 27 丁酉26 28 戊戌27 29 己亥28 30 庚子29	**1** 辛丑㉚ 2 壬寅31 《8月》 3 癸卯 1 4 甲辰 2 5 乙巳 3 6 丙午 4 7 丁未 5 8 戊申⑥ 9 己酉 7 10 庚戌 8 11 辛亥 9 12 壬子10 13 癸丑11 14 甲寅12 15 乙卯⑬ **16**丙辰14 17 丁巳15 18 戊午16 19 己未17 20 庚申18 21 辛酉19 22 壬戌⑳ 23 癸亥21 24 甲子22 25 乙丑23 26 丙寅24 27 丁卯25 28 戊辰26 29 己巳㉗	1 庚午28 **2** 辛未29 3 壬申30 4 癸酉31 《9月》 5 甲戌 1 6 乙亥 2 7 丙子③ 8 丁丑 4 9 戊寅 5 10 己卯 6 11 庚辰 7 12 辛巳 8 13 壬午 9 14 癸未⑩ 15 甲申11 16 乙酉12 **17**丙戌13 18 丁亥14 19 戊子15 20 己丑16 21 庚寅⑰ 22 辛卯18 23 壬辰19 24 癸巳20 25 甲午21 26 乙未22 27 丙申23 28 丁酉㉔ 29 戊戌25	1 己亥26 2 庚子27 3 辛丑28 **4** 壬寅29 5 癸卯30 《10月》 6 甲辰① 7 乙巳 2 8 丙午 3 9 丁未 4 10 戊申 5 11 己酉 6 12 庚戌 7 13 辛亥⑧ 14 壬子 9 15 癸丑10 16 甲寅11 17 乙卯12 18 丙辰13 **19**丁巳14 20 戊午⑮ 21 己未16 22 庚申17 23 辛酉18 24 壬戌19 25 癸亥20 26 甲子21 27 乙丑㉒ 28 丙寅23 29 丁卯24 30 戊辰25	1 己巳26 2 庚午27 3 辛未28 **4** 壬申㉙ 5 癸酉30 6 甲戌31 《11月》 7 乙亥 1 8 丙子 2 9 丁丑 3 10 戊寅 4 11 己卯⑤ 12 庚辰 6 13 辛巳 7 14 壬午 8 15 癸未 9 16 甲申10 17 乙酉11 18 丙戌⑫ **19**丁亥13 20 戊子14 21 己丑15 22 庚寅16 23 辛卯17 24 壬辰18 25 癸巳⑲ 26 甲午20 27 乙未21 28 丙申22 29 丁酉23	1 戊戌24 2 己亥25 3 庚子㉖ 4 辛丑27 **5** 壬寅28 6 癸卯29 7 甲辰30 《12月》 8 乙巳 1 9 丙午 2 10 丁未③ 11 戊申 4 12 己酉 5 13 庚戌 6 14 辛亥 7 15 壬子 8 16 癸丑 9 17 甲寅⑩ 18 乙卯11 19 丙辰12 20 丁巳13 **21** 戊午14 22 己未15 23 庚申16 24 辛酉⑰ 25 壬戌18 26 癸亥19 27 甲子20 28 乙丑21 29 丙寅22 30 丁卯23	1 戊辰㉔ 2 己巳25 3 庚午26 4 辛未27 5 壬申28 **6** 癸酉29 7 甲戌30 8 乙亥㉛ **1498 年** 《1月》 9 丙子 1 10 丁丑 2 11 戊寅 3 12 己卯 4 13 庚辰 5 14 辛巳 6 15 壬午⑦ 16 癸未 8 17 甲申 9 18 乙酉10 19 丙戌11 20 丁亥12 **21** 戊子13 22 己丑⑭ 23 庚寅15 24 辛卯16 25 壬辰17 26 癸巳18 27 甲午19 28 乙未20 29 丙申㉑ 30 丁酉22
雨水 10日 啓蟄 25日	春分 12日 清明 27日	穀雨 12日 立夏 27日	小満 13日 芒種 28日	夏至 14日 小暑 29日	大暑 15日	立秋 1日 処暑 16日	白露 2日 秋分 17日	寒露 4日 霜降 19日	立冬 4日 小雪 19日	大雪 5日 冬至 21日	小寒 6日 大寒 21日

明応 7 年（1498－1499） 戊午

1月	2月	3月	4月	5月	6月	7月	8月	9月	10月	閏10月	11月	12月
1 戊戌23 2 己亥24 3 庚子25 4 辛丑26 5 壬寅27 **6** 癸卯㉘ 7 甲辰29 8 乙巳30 9 丙午31 《2月》 10 丁未 1 11 戊申 2 12 己酉 3 13 庚戌④ 14 辛亥 5 15 壬子 6 16 癸丑 7 17 甲寅 8 18 乙卯 9 19 丙辰10 20 丁巳⑪ 21 戊午12 **22**己未13 23 庚申14 24 辛酉15 25 壬戌16 26 癸亥17 27 甲子⑱ 28 乙丑19 29 丙寅20	1 丁卯21 2 戊辰22 3 己巳23 4 庚午24 5 辛未㉕ 6 壬申26 7 癸酉27 **8** 甲戌28 《3月》 9 乙亥 1 10 丙子 2 11 丁丑 3 12 戊寅④ 13 己卯 5 14 庚辰 6 15 辛巳 7 16 壬午 8 17 癸未 9 18 甲申10 19 乙酉⑪ 20 丙戌12 21 丁亥13 22 戊子14 **23**己丑15 24 庚寅16 25 辛卯17 26 壬辰⑱ 27 癸巳19 28 甲午20 29 乙未21 30 丙申22	1 丁酉23 2 戊戌24 3 己亥㉕ 4 庚子26 5 辛丑27 6 壬寅28 7 癸卯29 **8** 甲辰30 9 乙巳31 《4月》 10 丙午① 11 丁未 2 12 戊申 3 13 己酉 4 14 庚戌 5 15 辛亥 6 16 壬子 7 17 癸丑⑧ 18 甲寅 9 19 乙卯10 20 丙辰11 21 丁巳12 22 戊午13 **23**己未14 24 庚申⑮ 25 辛酉16 26 壬戌17 27 癸亥18 28 甲子19 29 乙丑20 30 丙寅21	1 丁卯㉒ 2 戊辰23 3 己巳24 4 庚午25 5 辛未26 6 壬申27 7 癸酉28 8 甲戌㉙ **9** 乙亥30 《5月》 10 丙子 1 11 丁丑 2 12 戊寅 3 13 己卯 4 14 庚辰 5 15 辛巳⑥ 16 壬午 7 17 癸未 8 18 甲申 9 19 乙酉10 20 丙戌11 21 丁亥12 22 戊子⑬ 23 己丑14 **24**庚寅15 25 辛卯16 26 壬辰17 27 癸巳18 28 甲午19 29 乙未⑳	1 丙申21 2 丁酉22 3 戊戌23 4 己亥24 5 庚子25 6 辛丑26 7 壬寅㉗ 8 癸卯28 9 甲辰29 **10**乙巳30 11 丙午31 《6月》 12 丁未 1 13 戊申 2 14 己酉③ 15 庚戌 4 16 辛亥 5 17 壬子 6 18 癸丑 7 19 甲寅 8 20 乙卯 9 21 丙辰⑩ 22 丁巳11 23 戊午12 24 己未13 **25**庚申14 26 辛酉15 27 壬戌16 28 癸亥⑰ 29 甲子18 30 乙丑19	1 丙寅20 2 丁卯21 3 戊辰22 4 己巳23 5 庚午㉔ 6 辛未25 7 壬申26 8 癸酉27 9 甲戌28 **10**乙亥29 11 丙子30 《7月》 12 丁丑① 13 戊寅 2 14 己卯 3 15 庚辰 4 16 辛巳 5 17 壬午 6 18 癸未 7 19 甲申⑧ 20 乙酉 9 21 丙戌10 22 丁亥11 23 戊子12 24 己丑13 25 庚寅14 **26**辛卯⑮ 27 壬辰16 28 癸巳17 29 甲午18	1 乙未19 2 丙申20 3 丁酉21 4 戊戌㉒ 5 己亥23 6 庚子24 7 辛丑25 8 壬寅26 9 癸卯27 10 甲辰28 11 乙巳㉙ **12**丙午30 13 丁未31 《8月》 14 戊申 1 15 己酉 2 16 庚戌 3 17 辛亥 4 18 壬子⑤ 19 癸丑 6 20 甲寅 7 21 乙卯 8 22 丙辰 9 23 丁巳10 24 戊午11 25 己未⑫ 26 庚申13 **27**辛酉14 28 壬戌15 29 癸亥16 30 甲子17	1 乙丑18 2 丙寅⑲ 3 丁卯20 4 戊辰21 5 己巳22 6 庚午23 7 辛未24 8 壬申25 9 癸酉㉖ 10 甲戌27 11 乙亥28 **12**丙子29 13 丁丑30 14 戊寅31 《9月》 15 己卯 1 16 庚辰② 17 辛巳 3 18 壬午 4 19 癸未 5 20 甲申 6 21 乙酉 7 22 丙戌 8 23 丁亥⑨ 24 戊子10 25 己丑11 26 庚寅12 27 辛卯13 **28**壬辰14 29 癸巳15	1 甲午⑯ 2 乙未17 3 丙申18 4 丁酉19 5 戊戌20 6 己亥21 7 庚子22 8 辛丑㉓ 9 壬寅24 10 癸卯25 11 甲辰26 12 乙巳27 13 丙午28 **14**丁未29 15 戊申㉚ 《10月》 16 己酉 1 17 庚戌 2 18 辛亥 3 19 壬子 4 20 癸丑 5 21 甲寅 6 22 乙卯⑦ 23 丙辰 8 24 丁巳 9 25 戊午10 26 己未11 27 庚申12 28 辛酉13 **29**壬戌⑭	1 癸亥15 2 甲子16 3 乙丑17 4 丙寅18 5 丁卯19 6 戊辰20 7 己巳㉑ 8 庚午22 9 辛未23 10 壬申24 11 癸酉25 12 甲戌26 13 乙亥27 14 丙子㉘ **15**丁丑29 16 戊寅30 17 己卯31 《11月》 18 庚辰 1 19 辛巳 2 20 壬午 3 21 癸未④ 22 甲申 5 23 乙酉 6 24 丙戌 7 25 丁亥 8 26 戊子 9 27 己丑10 28 庚寅⑪ 29 辛卯12 **30**壬辰13	1 癸巳14 2 甲午15 3 乙未16 4 丙申17 5 丁酉⑱ 6 戊戌19 7 己亥20 8 庚子21 9 辛丑22 10 壬寅23 11 癸卯24 12 甲辰㉕ 13 乙巳26 14 丙午27 15 丁未28 **16**戊申29 17 己酉30 《12月》 18 庚戌 1 19 辛亥② 20 壬子 3 21 癸丑 4 22 甲寅 5 23 乙卯 6 24 丙辰 7 25 丁巳 8 26 戊午⑨ 27 己未10 28 庚申11 29 辛酉12	1 壬戌13 **2** 癸亥14 3 甲子15 4 乙丑⑯ 5 丙寅17 6 丁卯18 7 戊辰19 8 己巳20 9 庚午21 10 辛未22 11 壬申㉓ 12 癸酉24 13 甲戌25 14 乙亥26 15 丙子27 16 丁丑28 **17**戊寅29 18 己卯㉚ 19 庚辰31 **1499 年** 《1月》 20 辛巳 1 21 壬午 2 22 癸未 3 23 甲申 4 24 乙酉 5 25 丙戌⑥ 26 丁亥 7 27 戊子 8 28 己丑 9 29 庚寅10 30 辛卯11	1 壬辰12 **2** 癸巳⑬ 3 甲午14 4 乙未15 5 丙申16 6 丁酉17 7 戊戌18 8 己亥19 9 庚子⑳ 10 辛丑21 11 壬寅22 12 癸卯23 13 甲辰24 14 乙巳25 15 丙午26 16 丁未㉗ 17 戊申28 **18**己酉29 19 庚戌30 20 辛亥31 《2月》 21 壬子 1 22 癸丑 2 23 甲寅③ 24 乙卯 4 25 丙辰 5 26 丁巳 6 27 戊午 7 28 己未 8 29 庚申 9
立春 6日 雨水 22日	啓蟄 8日 春分 23日	清明 8日 穀雨 23日	立夏 9日 小満 24日	芒種 10日 夏至 25日	小暑 10日 大暑 26日	立秋 12日 処暑 27日	白露 12日 秋分 28日	寒露 14日 霜降 29日	立冬 15日 小雪 30日	大雪16日	冬至 2日 小寒 17日	大寒 2日 立春 18日

明応**8**年（1499－1500） 己未

1月	2月	3月	4月	5月	6月	7月	8月	9月	10月	11月	12月
1 辛酉⑩	1 辛卯12	1 辛酉11	1 庚寅10	1 庚申⑨	1 庚寅 9	1 己未 7	1 己丑 6	1 戊午 5	1 丁亥③	1 丁巳 3	**1500年**
2 壬戌11	2 壬辰13	2 壬戌12	2 辛卯11	2 辛酉10	2 辛卯10	2 庚申 8	2 庚寅 7	2 己未⑥	2 戊子 4	2 戊午 4	《1月》
3 癸亥12	3 癸巳14	3 癸亥13	3 壬辰⑫	3 壬戌11	3 壬辰11	3 辛酉 9	3 辛卯⑧	3 庚申 7	3 己丑 5	3 己未 5	1 丙戌 1
4 甲子13	**4** 甲午15	4 甲子⑭	4 癸巳13	4 癸亥12	4 癸巳12	4 壬戌10	4 壬辰 9	4 辛酉 8	4 庚寅 6	4 庚申 6	2 丁亥 2
5 乙丑14	5 乙未16	**5** 乙丑15	5 甲午14	5 甲子13	5 甲午13	5 癸亥⑪	5 癸巳10	5 壬戌 9	5 辛卯 7	5 辛酉 7	3 戊子 3
6 丙寅15	6 丙申⑰	6 丙寅16	**6** 乙未15	6 乙丑14	6 乙未⑭	6 甲子12	6 甲午11	6 癸亥10	6 壬辰 8	6 壬戌⑧	4 己丑 4
7 丁卯16	7 丁酉18	7 丁卯17	7 丙申16	**7** 丙寅15	**7** 丙申15	7 乙丑13	7 乙未12	7 甲子11	7 癸巳 9	7 癸亥 9	5 庚寅⑤
8 戊辰⑰	8 戊戌19	8 戊辰18	8 丁酉17	8 丁卯⑯	8 丁酉16	**8** 丙寅14	8 丙申13	8 乙丑12	8 甲午⑩	8 甲子10	6 辛卯 6
9 己巳18	9 己亥20	9 己巳19	9 戊戌18	9 戊辰17	9 戊戌17	9 丁卯15	**9** 丁酉14	9 丙寅⑬	9 乙未11	9 乙丑11	7 壬辰 7
10庚午19	10庚子21	10庚午20	10己亥⑲	10己巳18	10己亥18	10戊辰16	10戊戌⑮	**10**丁卯14	10丙申12	10丙寅12	8 癸巳 8
11辛未20	11辛丑22	11辛未㉑	11庚子20	11庚午19	11庚子19	11己巳17	11己亥16	11戊辰15	11丁酉13	11丁卯13	9 甲午 9
12壬申21	12壬寅23	12壬申22	12辛丑21	12辛未20	12辛丑20	12庚午⑱	12庚子17	12己巳16	**12**戊戌14	**12**戊辰14	10乙未10
13癸酉22	13癸卯㉔	13癸酉23	13壬寅22	13壬申21	13壬寅㉑	13辛未19	13辛丑18	13庚午17	13己亥15	13己巳⑮	11丙申11
14甲戌23	14甲辰25	14甲戌24	14癸卯23	14癸酉22	14癸卯22	14壬申20	14壬寅19	14辛未18	14庚子16	14庚午16	12丁酉⑫
15乙亥㉔	15乙巳26	15乙亥25	15甲辰24	15甲戌㉓	15甲辰23	15癸酉21	15癸卯20	15壬申19	15辛丑⑰	15辛未17	13戊戌13
16丙子25	16丙午27	16丙子26	16乙巳25	16乙亥24	16乙巳24	16甲戌22	16甲辰21	16癸酉⑳	16壬寅18	16壬申18	**14**己亥14
17丁丑26	17丁未28	17丁丑27	17丙午㉖	17丙子25	17丙午25	17乙亥23	17乙巳㉒	17甲戌21	17癸卯19	17癸酉19	15庚子15
18戊寅27	18戊申29	18戊寅㉘	18丁未27	18丁丑26	18丁未26	18丙子24	18丙午23	18乙亥22	18甲辰20	18甲戌20	16辛丑16
19己卯28	**19**己酉30	19己卯29	19戊申28	19戊寅27	19戊申27	19丁丑㉕	19丁未24	19丙子23	19乙巳21	19乙亥21	17壬寅17
《3月》	20庚戌㉛	**20**庚辰30	20己酉29	20己卯28	20己酉㉘	20戊寅26	20戊申25	20丁丑24	20丙午22	20丙子㉒	18癸卯18
20庚辰 1	《4月》	《5月》	**21**庚戌30	21庚辰29	21庚戌29	21己卯27	21己酉26	21戊寅25	21丁未23	21丁丑23	19甲辰⑲
21辛巳 2	21辛亥 1	21辛巳 1	22辛亥31	**22**辛巳㉚	**22**辛亥30	22庚辰28	22庚戌27	22己卯26	22戊申㉔	22戊寅24	20乙巳20
22壬午③	22壬子 2	22壬午 2	《6月》	《7月》	23壬子31	23辛巳29	23辛亥28	23庚辰㉗	23己酉25	23己卯25	21丙午21
23癸未 4	23癸丑 3	23癸未 3	23壬子 1	23壬午 1	《8月》	**24**壬午30	**24**壬子㉙	24辛巳28	24庚戌26	24庚辰26	22丁未22
24甲申 5	24甲寅 4	24甲申 4	24癸丑②	24癸未 2	24癸丑 1	25癸未31	25癸丑30	**25**壬午29	25辛亥27	25辛巳27	23戊申23
25乙酉 6	25乙卯 5	25乙酉⑤	25甲寅 3	25甲申 3	25甲寅 2	《9月》	《10月》	26癸未30	26壬子28	26壬午28	24己酉24
26丙戌 7	26丙辰 6	26丙戌 6	26乙卯 4	26乙酉 4	26乙卯 3	26甲申①	26甲寅 1	27甲申31	**27**癸丑29	**27**癸未㉙	25庚戌25
27丁亥 8	27丁巳⑦	27丁亥 7	27丙辰 5	27丙戌 5	27丙辰④	27乙酉 2	27乙卯 2	《11月》	28甲寅30	28甲申30	26辛亥㉖
28戊子 9	28戊午 8	28戊子 8	28丁巳 6	28丁亥 6	28丁巳 5	28丙戌 3	28丙辰 3	28乙酉 1	《12月》	29乙酉31	27壬子27
29己丑⑩	29己未 9	29己丑 9	29戊午 7	29戊子⑦	29戊午 6	29丁亥 4	29丁巳 4	29丙戌 2	29乙卯①		28癸丑28
30庚寅11	30庚申10		30己未 8	30己丑 8		30戊子 5			30丙辰 2		**29**甲寅29
											30乙卯30

雨水 4日	春分 4日	穀雨 5日	小満 6日	夏至 7日	大暑 7日	処暑 8日	秋分 9日	霜降 10日	小雪 12日	冬至 12日	大寒 14日
啓蟄 19日	清明 19日	立夏 20日	芒種 21日	小暑 22日	立秋 22日	白露 24日	寒露 24日	立冬 25日	大雪 27日	小寒 27日	立春 29日

明応**9**年（1500－1501） 庚申

1月	2月	3月	4月	5月	6月	7月	8月	9月	10月	11月	12月
1 丙辰31	1 乙酉29	**1** 乙卯30	**1** 乙酉29	1 甲寅28	1 甲申27	1 癸丑㉖	1 癸未25	1 癸丑24	1 壬午23	1 壬子㉒	1 辛巳21
《2月》	《3月》	2 丙辰31	2 丙戌30	2 乙卯29	2 乙酉㉘	2 甲寅27	2 甲申26	2 甲寅25	2 癸未24	2 癸丑23	2 壬午22
2 丁巳 1	2 丙戌①	《4月》	《5月》	**3** 丙辰30	**3** 丙戌29	3 乙卯28	3 乙酉27	3 乙卯26	3 甲申㉕	3 甲寅24	3 癸未23
3 戊午②	3 丁亥 2	3 丁巳 1	3 丁亥 1	4 丁巳㉛	4 丁亥30	**4** 丙辰29	4 丙戌28	4 丙辰㉗	4 乙酉26	4 乙卯25	4 甲申24
4 己未 3	4 戊子 3	4 戊午 2	4 戊子 2	《6月》	《7月》	5 丁巳30	**5** 丁亥29	**5** 丁巳28	5 丙戌27	5 丙辰26	5 乙酉25
5 庚申 4	5 己丑 4	5 己未 3	5 己丑③	5 戊午 1	5 戊子 1	6 戊午31	6 戊子㉚	6 戊午29	6 丁亥28	6 丁巳27	6 丙戌26
6 辛酉 5	6 庚寅 5	6 庚申 4	6 庚寅 4	6 己未 2	6 己丑 2	《8月》	7 己丑31	7 己未30	**7** 戊子29	**7** 戊午28	7 丁亥㉗
7 壬戌 6	7 辛卯 6	7 辛酉⑤	7 辛卯 5	7 庚申 3	7 庚寅 3	7 己未 1	《9月》	《10月》	8 己丑30	8 己未㉙	8 戊子28
8 癸亥 7	8 壬辰 7	8 壬戌 6	8 壬辰 6	8 辛酉 4	8 辛卯 4	8 庚申②	8 庚寅 1	8 庚申 1	9 庚寅31	9 庚申30	**9** 己丑29
9 甲子 8	9 癸巳⑧	9 癸亥 7	9 癸巳 7	9 壬戌 5	9 壬辰⑤	9 辛酉 3	9 辛卯 2	9 辛酉 2	《11月》	《12月》	10庚寅30
10乙丑⑨	10甲午 9	10甲子 8	10甲午 8	10癸亥 6	10癸巳 6	10壬戌 4	10壬辰 3	10壬戌 3	10辛卯①	10辛酉 1	11辛卯31
11丙寅10	11乙未10	11乙丑 9	11乙未 9	11甲子⑦	11甲午 7	11癸亥 5	11癸巳 4	11癸亥④	11壬辰 2	11壬戌 2	**1501年**
12丁卯11	12丙申11	12丙寅10	12丙申⑩	12乙丑 8	12乙未 8	12甲子 6	12甲午 5	12甲子 5	12癸巳 3	12癸亥 3	《1月》
13戊辰12	13丁酉12	13丁卯11	13丁酉11	13丙寅 9	13丙申 9	13乙丑 7	13乙未⑥	13乙丑 6	13甲午 4	13甲子 4	12壬辰 1
14己巳13	14戊戌13	14戊辰⑫	14戊戌12	14丁卯10	14丁酉10	14丙寅 8	14丙申 7	14丙寅 7	14乙未 5	14乙丑 5	13癸巳 2
15庚午14	**15**己亥14	15己巳13	15己亥13	15戊辰11	15戊戌11	15丁卯⑨	15丁酉 8	15丁卯 8	15丙申 6	15丙寅⑥	14甲午③
16辛未15	16庚子⑮	**16**庚午14	**16**庚子14	16己巳12	16己亥⑫	16戊辰10	16戊戌 9	16戊辰 9	16丁酉 7	16丁卯 7	15乙未 4
17壬申⑯	17辛丑16	17辛未15	17辛丑15	17庚午13	17庚子13	17己巳11	17己亥10	17己巳10	17戊戌⑧	17戊辰 8	16丙申 5
18癸酉17	18壬寅17	18壬申16	18壬寅16	**18**辛未⑭	**18**辛丑14	18庚午12	18庚子11	18庚午⑪	18己亥 9	18己巳 9	17丁酉 6
19甲戌18	19癸卯18	19癸酉17	19癸卯⑰	19壬申15	19壬寅15	19辛未13	19辛丑12	19辛未12	19庚子10	19庚午10	18戊戌 7
20乙亥19	20甲辰19	20甲戌18	20甲辰18	20癸酉16	20癸卯16	**20**壬申14	**20**壬寅⑬	**20**壬申13	20辛丑11	20辛未11	19己亥 8
21丙子20	21乙巳20	21乙亥⑲	21乙巳19	21甲戌17	21甲辰17	21癸酉15	21癸卯14	21癸酉14	21壬寅12	21壬申12	20庚子 9
22丁丑21	22丙午21	22丙子20	22丙午20	22乙亥18	22乙巳18	22甲戌⑯	22甲辰15	22甲戌15	**22**癸卯13	**22**癸酉⑬	21辛丑⑩
23戊寅22	23丁未㉒	23丁丑21	23丁未21	23丙子19	23丙午⑲	23乙亥17	23乙巳16	23乙亥16	23甲辰14	23甲戌14	22壬寅11
24己卯㉓	24戊申23	24戊寅22	24戊申22	24丁丑20	24丁未20	24丙子18	24丙午17	24丙子17	24乙巳⑮	24乙亥15	23癸卯12
25庚辰24	25己酉24	25己卯23	25己酉23	25戊寅㉑	25戊申21	25丁丑19	25丁未18	25丁丑⑱	25丙午16	25丙子16	**24**甲辰13
26辛巳25	26庚戌25	26庚辰24	26庚戌㉔	26己卯22	26己酉22	26戊寅20	26戊申19	26戊寅19	26丁未17	26丁丑17	25乙巳14
27壬午26	27辛亥26	27辛巳25	27辛亥25	27庚辰23	27庚戌23	27己卯21	27己酉⑳	27己卯20	27戊申18	27戊寅18	26丙午15
28癸未27	28壬子27	28壬午㉖	28壬子26	28辛巳24	28辛亥24	28庚辰22	28庚戌21	28庚辰21	28己酉19	28己卯19	27丁未16
29甲申28	29癸丑28	29癸未27	29癸丑27	29壬午25	29壬子25	29辛巳㉓	29辛亥22	29辛巳22	29庚戌20	29庚辰⑳	28戊申⑰
	30甲寅㉙	30甲申28		30癸未26		30壬午24	30壬子23		30辛亥21		29己酉18

雨水 14日	春分 15日	清明 1日	立夏 1日	芒種 3日	小暑 3日	立秋 4日	白露 5日	寒露 5日	立冬 7日	大雪 7日	小寒 9日
啓蟄 29日		穀雨 16日	小満 16日	夏至 18日	大暑 18日	処暑 20日	秋分 20日	霜降 20日	小雪 22日	冬至 22日	大寒 24日

文亀元年〔明応10年〕（1501－1502） 辛酉

改元 2/29（明応→文亀）

1月	2月	3月	4月	5月	6月	閏6月	7月	8月	9月	10月	11月	12月
1 庚戌19	1 庚辰18	1 己酉19	1 己卯⑱	1 戊申17	1 戊寅16	1 丁未15	**1** 丁丑14	**1** 丁未13	1 丙子12	1 丙午11	1 丙子11	1 乙巳⑨
2 辛亥20	2 辛巳19	2 庚戌20	2 庚辰19	2 己酉18	2 己卯17	2 戊申16	2 戊寅⑮	2 戊申14	2 丁丑13	2 丁未12	2 丁丑⑫	2 丙午10
3 壬子21	3 壬午20	3 辛亥㉑	3 辛巳20	3 庚戌19	3 庚辰18	3 己酉17	3 己卯16	3 己酉15	**3** 戊寅14	**3** 戊申13	3 戊寅13	3 丁未11
4 癸丑22	4 癸未㉑	4 壬子22	4 壬午21	4 辛亥20	4 辛巳19	4 庚戌⑱	4 庚辰17	4 庚戌16	4 己卯15	4 己酉⑭	**4** 己卯14	4 戊申12
5 甲寅23	5 甲申22	5 癸丑23	5 癸未22	5 壬子21	5 壬午⑳	5 辛亥19	5 辛巳18	5 辛亥17	5 庚辰16	5 庚戌15	5 庚辰15	**5** 己酉13
6 乙卯㉔	6 乙酉23	6 甲寅24	6 甲申23	6 癸丑22	6 癸未21	6 壬子20	6 壬午19	6 壬子18	6 辛巳⑰	6 辛亥16	6 辛巳16	6 庚戌14
7 丙辰25	7 丙戌24	7 乙卯25	7 乙酉24	7 甲寅㉓	7 甲申22	7 癸丑21	7 癸未20	7 癸丑⑲	7 壬午18	7 壬子17	7 壬午17	7 辛亥15
8 丁巳26	8 丁亥25	8 丙辰26	8 丙戌㉕	8 乙卯24	8 乙酉23	8 甲寅22	8 甲申21	8 甲寅20	8 癸未19	8 癸丑18	8 癸未18	8 壬子⑯
9 戊午27	9 戊子26	9 丁巳27	9 丁亥26	9 丙辰25	9 丙戌24	9 乙卯23	9 乙酉㉒	9 乙卯21	9 甲申20	9 甲寅19	9 甲申⑲	9 癸丑17
10 己未28	**10** 己丑27	10 戊午㉘	10 戊子27	10 丁巳26	10 丁亥25	10 丙辰24	10 丙戌23	10 丙辰22	10 乙酉21	10 乙卯20	10 乙酉20	10 甲寅18
11 庚申29	11 庚寅㉘	11 己未29	11 己丑28	11 戊午27	11 戊子26	11 丁巳㉕	11 丁亥24	11 丁巳23	11 丙戌22	11 丙辰㉑	11 丙戌21	11 乙卯19
12 辛酉30	《3月》	**12** 庚申30	**12** 庚寅29	12 己未28	12 己丑㉗	12 戊午26	12 戊子25	12 戊午24	12 丁亥23	12 丁巳22	12 丁亥22	12 丙辰20
13 壬戌㉛	12 辛卯 1	13 辛酉31	13 辛卯30	13 庚申29	13 庚寅28	13 己未27	13 己丑26	13 己未25	13 戊子㉔	13 戊午23	13 戊子23	13 丁巳21
《2月》	13 壬辰 2	《4月》	《5月》	**14** 辛酉㉚	**14** 辛卯29	14 庚申28	14 庚寅27	14 庚申㉖	14 己丑25	14 己未24	14 己丑24	14 戊午22
14 癸亥 1	14 癸巳 3	14 壬戌 1	14 壬辰 1	15 壬戌31	15 壬辰30	15 辛酉29	15 辛卯28	15 辛酉27	15 庚寅26	15 庚申25	15 庚寅25	15 己未㉓
15 甲子 2	15 甲午 4	15 癸亥 2	15 癸巳②	《6月》	《7月》	**16** 壬戌30	**16** 壬辰㉙	16 壬戌28	16 辛卯27	16 辛酉26	16 辛卯㉖	16 庚申24
16 乙丑 3	16 乙未 5	16 甲子 3	16 甲午 3	16 癸亥 1	16 癸巳 1	17 癸亥31	17 癸巳30	**17** 癸亥29	17 壬辰28	17 壬戌27	17 壬辰27	17 辛酉25
17 丙寅 4	17 丙申 6	17 乙丑④	17 乙未 4	17 甲子 2	17 甲午 2	《8月》	18 甲午31	18 甲子30	**18** 癸巳29	**18** 癸亥㉘	18 癸巳28	18 壬戌26
18 丁卯 5	18 丁酉⑦	18 丙寅 5	18 丙申 5	18 乙丑 3	18 乙未 3	18 甲子①	《9月》	《10月》	19 甲午30	19 甲子29	**19** 甲午29	19 癸亥27
19 戊辰 6	19 戊戌 8	19 丁卯 6	19 丁酉 6	19 丙寅 4	19 丙申④	19 乙丑 2	19 乙未 1	19 乙丑 1	20 乙未㉛	20 乙丑30	20 乙未30	**20** 甲子28
20 己巳⑦	20 己亥 9	20 戊辰 7	20 戊戌 7	20 丁卯 5	20 丁酉 5	20 丙寅 3	20 丙申 2	20 丙寅 2	《11月》	《12月》	21 丙申31	21 乙丑29
21 庚午 8	21 庚子10	21 己巳 8	21 己亥 8	21 戊辰⑥	21 戊戌 6	21 丁卯 4	21 丁酉 3	21 丁卯③	21 丙申 1	21 丙寅 1	**1502 年**	22 丙寅㉚
22 辛未 9	22 辛丑11	22 庚午 9	22 庚子⑨	22 己巳 7	22 己亥 7	22 戊辰 5	22 戊戌 4	22 戊辰 4	22 丁酉 2	22 丁卯 2	《1月》	23 丁卯31
23 壬申10	23 壬寅12	23 辛未10	23 辛丑10	23 庚午 8	23 庚子 8	23 己巳 6	23 己亥⑤	23 己巳 5	23 戊戌 3	23 戊辰 3	22 丁酉 1	《2月》
24 癸酉11	24 癸卯13	24 壬申⑪	24 壬寅11	24 辛未 9	24 辛丑 9	24 庚午 7	24 庚子 6	24 庚午 6	24 己亥 4	24 己巳 4	23 戊戌②	24 戊辰 1
25 甲戌12	25 甲辰⑭	25 癸酉12	25 癸卯12	25 壬申10	25 壬寅10	25 辛未⑧	25 辛丑 7	25 辛未 7	25 庚子 5	25 庚午⑤	24 己亥 3	25 己巳 2
26 乙亥13	**26** 乙巳15	26 甲戌13	26 甲辰13	26 癸酉11	26 癸卯⑪	26 壬申 8	26 壬寅 8	26 壬申 8	26 辛丑 6	26 辛未 6	25 庚子 4	26 庚午 3
27 丙子⑭	27 丙午16	**27** 乙亥14	27 乙巳14	27 甲戌12	27 甲辰12	27 癸酉10	27 癸卯 9	27 癸酉 9	27 壬寅⑦	27 壬申 7	26 辛丑 5	27 辛未 4
28 丁丑15	28 丁未17	28 丙子15	**28** 丙午15	28 乙亥⑬	28 乙巳13	28 甲戌11	28 甲辰10	28 甲戌⑩	28 癸卯 8	28 癸酉 8	27 壬寅 6	28 壬申 5
29 戊寅16	29 戊申18	29 丁丑16	29 丁未⑯	**29** 丙子14	**29** 丙午14	29 乙亥12	29 乙巳11	29 乙亥11	29 甲辰 9	29 甲戌 9	28 癸卯 7	29 癸酉⑥
30 己卯17		30 戊寅17		30 丁丑15		30 丙子13	30 丙午⑫		30 乙巳10	30 乙亥10	29 甲辰 8	30 甲戌 7
立春 10日	啓蟄 10日	清明 12日	立夏 12日	芒種 14日	小暑 14日	立秋16日	処暑 1日	秋分 1日	霜降 3日	小雪 3日	冬至 4日	大寒 5日
雨水 25日	春分 26日	穀雨 27日	小満 28日	夏至 29日	大暑 29日		白露 16日	寒露 17日	立冬 18日	大雪 18日	小寒 19日	立春 20日

文亀2年（1502－1503） 壬戌

1月	2月	3月	4月	5月	6月	7月	8月	9月	10月	11月	12月
1 乙亥 8	1 甲辰 9	1 癸酉 7	1 癸卯 7	1 壬申⑤	1 壬寅 5	1 辛未 3	1 辛丑 2	《10月》	1 庚子31	1 庚午30	1 庚子30
2 丙子 9	2 乙巳10	2 甲戌 8	2 甲辰⑧	2 癸酉 6	2 癸卯 6	2 壬申 4	2 壬寅 3	1 庚午 1	《11月》	《12月》	2 辛丑31
3 丁丑10	3 丙午11	3 乙亥 9	3 乙巳 9	3 甲戌 7	3 甲辰 7	3 癸酉 5	3 癸卯④	2 辛未②	2 辛丑 1	2 辛未 1	**1503 年**
4 戊寅11	4 丁未12	4 丙子⑩	4 丙午10	4 乙亥 8	4 乙巳 8	4 甲戌 6	4 甲辰 5	3 壬申 3	3 壬寅 2	3 壬申 2	《1月》
5 己卯12	5 戊申⑬	5 丁丑11	5 丁未11	5 丙子 9	5 丙午 9	5 乙亥⑦	5 乙巳 6	4 癸酉 4	4 癸卯 3	4 癸酉 3	3 壬寅①
6 庚辰⑬	6 己酉14	6 戊寅12	6 戊申12	6 丁丑10	6 丁未⑩	6 丙子 8	6 丙午 7	5 甲戌 5	5 甲辰 4	5 甲戌④	4 癸卯 2
7 辛巳14	**7** 庚戌15	7 己卯13	7 己酉13	7 戊寅11	7 戊申11	7 丁丑 9	7 丁未 8	6 乙亥 6	6 乙巳 5	6 乙亥 5	5 甲辰 3
8 壬午15	8 辛亥16	**8** 庚辰14	8 庚戌14	8 己卯⑫	8 己酉12	8 戊寅10	8 戊申 9	7 丙子 7	7 丙午⑥	7 丙子 6	6 乙巳 4
9 癸未16	9 壬子17	9 辛巳15	**9** 辛亥⑮	9 庚辰13	9 庚戌13	9 己卯11	9 己酉10	8 丁丑 8	8 丁未 7	8 丁丑 7	7 丙午 5
10 甲申17	10 癸丑18	10 壬午16	10 壬子16	**10** 辛巳14	10 辛亥14	10 庚辰12	10 庚戌⑪	9 戊寅⑨	9 戊申 8	9 戊寅 8	8 丁未 6
11 乙酉18	11 甲寅19	11 癸未⑰	11 癸丑17	11 壬午15	**11** 壬子15	11 辛巳13	11 辛亥12	10 己卯10	10 己酉 9	10 己卯 9	9 戊申 7
12 丙戌19	12 乙卯⑳	12 甲申18	12 甲寅18	12 癸未16	12 癸丑16	**12** 壬午⑭	12 壬子13	11 庚辰11	11 庚戌10	11 庚辰10	10 己酉⑧
13 丁亥⑳	13 丙辰21	13 乙酉19	13 乙卯19	13 甲申17	13 甲寅⑰	13 癸未15	**13** 癸丑14	12 辛巳12	12 辛亥11	12 辛巳⑪	11 庚戌 9
14 戊子21	14 丁巳22	14 丙戌20	14 丙辰20	14 乙酉18	14 乙卯18	14 甲申16	14 甲寅15	13 壬午13	13 壬子12	13 壬午12	12 辛亥10
15 己丑22	15 戊午23	15 丁亥21	15 丁巳21	15 丙戌⑲	15 丙辰19	15 乙酉17	15 乙卯16	**14** 癸未14	**14** 癸丑⑬	14 癸未13	13 壬子11
16 庚寅23	16 己未24	16 戊子22	16 戊午㉒	16 丁亥20	16 丁巳20	16 丙戌18	16 丙辰17	15 甲申15	15 甲寅14	**15** 甲申14	14 癸丑12
17 辛卯24	17 庚申25	17 己丑23	17 己未23	17 戊子21	17 戊午21	17 丁亥19	17 丁巳⑱	16 乙酉⑯	16 乙卯15	16 乙酉15	**15** 甲寅13
18 壬辰25	18 辛酉26	18 庚寅㉔	18 庚申24	18 己丑22	18 己未22	18 戊子20	18 戊午19	17 丙戌17	17 丙辰16	17 丙戌16	16 乙卯14
19 癸巳26	19 壬戌㉗	19 辛卯25	19 辛酉25	19 庚寅23	19 庚申23	19 己丑㉑	19 己未20	18 丁亥18	18 丁巳17	18 丁亥17	17 丙辰⑮
20 甲午㉗	20 癸亥28	20 壬辰26	20 壬戌26	20 辛卯24	20 辛酉㉔	20 庚寅22	20 庚申21	19 戊子19	19 戊午18	19 戊子⑱	18 丁巳16
21 乙未28	21 甲子29	21 癸巳27	21 癸亥27	21 壬辰25	21 壬戌25	21 辛卯23	21 辛酉22	20 己丑20	20 己未19	20 己丑19	19 戊午17
《3月》	**22** 乙丑30	22 甲午28	22 甲子28	22 癸巳㉖	22 癸亥26	22 壬辰24	22 壬戌23	21 庚寅21	21 庚申⑳	21 庚寅20	20 己未18
22 丙申 1	23 丙寅31	23 乙未29	23 乙丑㉙	23 甲午27	23 甲子27	23 癸巳25	23 癸亥24	22 辛卯22	22 辛酉21	22 辛卯21	21 庚申19
23 丁酉 2	《4月》	**24** 丙申30	**24** 丙寅30	24 乙未28	24 乙丑28	24 甲午26	24 甲子㉕	23 壬辰㉓	23 壬戌22	23 壬辰22	22 辛酉20
24 戊戌 3	24 丁卯 1	《5月》	25 丁卯31	**25** 丙申29	25 丙寅29	25 乙未27	25 乙丑26	24 癸巳24	24 癸亥23	24 癸巳23	23 壬戌21
25 己亥 4	25 戊辰 2	25 丁酉①	《6月》	26 丁酉30	**26** 丁卯30	26 丙申㉘	26 丙寅27	25 甲午25	25 甲子24	25 甲午24	24 癸亥㉒
26 庚子 5	26 己巳③	26 戊戌 2	26 戊辰 1	《7月》	27 戊辰㉛	**27** 丁酉29	27 丁卯28	26 乙未26	26 乙丑25	26 乙未㉕	25 甲子23
27 辛丑⑥	27 庚午 4	27 己亥 3	27 己巳 2	27 戊戌 1	《8月》	28 戊戌30	**28** 戊辰29	27 丙申27	27 丙寅26	27 丙申26	26 乙丑24
28 壬寅 7	28 辛未 5	28 庚子 4	28 庚午 3	28 己亥 2	28 己巳 1	29 己亥31	29 己巳30	28 丁酉28	28 丁卯㉗	28 丁酉27	27 丙寅25
29 癸卯 8	29 壬申 6	29 辛丑 5	29 辛未 4	29 庚子③	29 庚午 2	《9月》		**29** 戊戌29	29 戊辰28	29 戊戌28	28 丁卯26
		30 壬寅 6		30 辛丑 4		30 庚子 1		30 己亥㉚	**30** 己巳29	**30** 己亥29	29 戊辰27
雨水 5日	春分 7日	穀雨 8日	小満 9日	夏至 10日	大暑 11日	処暑 12日	秋分 13日	霜降 14日	小雪 14日	冬至 15日	大寒 15日
啓蟄 21日	清明 22日	立夏 24日	芒種 24日	小暑 25日	立秋 26日	白露 27日	寒露 28日	立冬 29日	大雪 30日	小寒 30日	

文亀3年（1503－1504） 癸亥

1月	2月	3月	4月	5月	6月	7月	8月	9月	10月	11月	12月
1 己巳28	1 己亥27	1 戊辰28	1 丁酉26	1 丁卯26	1 丙申24	1 乙丑㉓	1 乙未22	1 乙丑21	1 甲午20	1 甲子⑲	1 甲午19
2 庚午㉙	**2** 庚子28	2 己巳29	2 戊戌27	2 戊辰27	2 丁酉㉕	2 丙寅24	2 丙申23	2 丙寅22	2 乙未21	2 乙丑20	2 乙未20
3 辛未30	《3月》	**3** 庚午30	3 己亥28	3 己巳㉘	3 戊戌26	3 丁卯25	3 丁酉24	3 丁卯23	3 丙申㉒	3 丙寅21	3 丙申21
4 壬申31	3 辛丑 1	4 辛未31	4 庚子29	4 庚午29	4 己亥27	4 戊辰26	4 戊戌25	4 戊辰㉔	4 丁酉23	4 丁卯22	4 丁酉22
《2月》	4 壬寅 2	《4月》	**5** 辛丑㉚	**5** 辛未30	5 庚子28	5 己巳27	5 己亥26	5 己巳25	5 戊戌24	5 戊辰23	5 戊戌23
5 癸酉 1	5 癸卯 3	5 壬申 1	《5月》	6 壬申31	6 辛丑29	6 庚午28	6 庚子㉗	6 庚午26	6 己亥25	6 己巳24	6 己亥㉔
6 甲戌 2	6 甲辰 4	6 癸酉②	6 壬寅 1	《6月》	**7** 壬寅30	7 辛未29	7 辛丑28	7 辛未27	7 庚子26	7 庚午25	7 庚子25
7 乙亥 3	7 乙巳⑤	7 甲戌 3	7 癸卯 2	7 癸酉 1	《7月》	**8** 壬申㉚	8 壬寅29	8 壬申28	8 辛丑27	8 辛未㉖	8 辛丑26
8 丙子 4	8 丙午 6	8 乙亥 4	8 甲辰 3	8 甲戌 2	8 癸卯 1	9 癸酉31	**9** 癸卯30	**9** 癸酉29	9 壬寅28	9 壬申27	9 壬寅27
9 丁丑⑤	9 丁未 7	9 丙子 5	9 乙巳 4	9 乙亥 3	9 甲辰②	《8月》	10甲辰31	10甲戌30	**10**癸卯㉙	10癸酉28	10癸卯28
10戊寅 6	10戊申 8	10丁丑 6	10丙午 5	10丙子④	10乙巳 3	10甲戌 1	《9月》	《10月》	11甲辰30	**11**甲戌29	**11**甲辰29
11己卯 7	11己酉 9	11戊寅 7	11丁未 6	11丁丑 5	11丙午 4	11乙亥 2	11乙巳 1	11乙亥①	12乙巳31	12乙亥30	12乙巳30
12庚辰 8	12庚戌10	12己卯 8	12戊申⑦	12戊寅 6	12丁未 5	12丙子 3	12丙午 2	12丙子 2	《11月》	《12月》	13丙午㉛
13辛巳 9	13辛亥11	13庚辰⑨	13己酉 8	13己卯 7	13戊申 6	13丁丑 4	13丁未③	13丁丑 3	13丙午 1	13丙子 1	**1504年**
14壬午10	14壬子⑫	14辛巳10	14庚戌 9	14庚辰 8	14己酉 7	14戊寅 5	14戊申 4	14戊寅 4	14丁未 2	14丁丑 2	《1月》
15癸未11	15癸丑13	15壬午11	15辛亥10	15辛巳 9	15庚戌 8	15己卯⑥	15己酉 5	15己卯 5	15戊申 3	15戊寅③	14丁未 1
16甲申⑫	16甲寅14	16癸未12	16壬子11	16壬午10	16辛亥⑨	16庚辰 7	16庚戌 6	16庚辰 6	16己酉 4	16己卯 4	15戊申 2
17乙酉13	**17**乙卯15	17甲申13	17癸丑12	17癸未⑪	17壬子10	17辛巳 8	17辛亥 7	17辛巳 7	17庚戌⑤	17庚辰 5	16己酉 3
18丙戌14	18丙辰16	18乙酉14	18甲寅13	18甲申12	18癸丑11	18壬午 9	18壬子 8	18壬午⑧	18辛亥 6	18辛巳 6	17庚戌 4
19丁亥15	19丁巳17	**19**丙戌15	19乙卯⑭	19乙酉13	19甲寅12	19癸未10	19癸丑 9	19癸未 9	19壬子 7	19壬午 7	18辛亥 5
20戊子16	20戊午18	20丁亥⑯	**20**丙辰15	**20**丙戌14	20乙卯13	20甲申11	20甲寅⑩	20甲申10	20癸丑 8	20癸未 8	19壬子 6
21己丑17	21己未⑲	21戊子17	21丁巳16	21丁亥15	21丙辰14	21乙酉12	21乙卯11	21乙酉11	21甲寅 9	21甲申 9	20癸丑⑦
22庚寅18	22庚申20	22己丑18	22戊午17	22戊子16	**22**丁巳15	22丙戌⑬	22丙辰12	22丙戌12	22乙卯10	22乙酉⑩	21甲寅 8
23辛卯⑲	23辛酉21	23庚寅19	23己未18	23己丑17	23戊午⑯	**23**丁亥14	23丁巳13	23丁亥13	23丙辰11	23丙戌11	22乙卯 9
24壬辰20	24壬戌22	24辛卯20	24庚申19	24庚寅⑱	24己未17	24戊子15	**24**戊午14	**24**戊子14	24丁巳⑫	24丁亥12	23丙辰10
25癸巳21	25癸亥23	25壬辰21	25辛酉20	25辛卯19	25庚申18	25己丑16	25己未15	25己丑⑮	25戊午13	25戊子13	24丁巳11
26甲午22	26甲子24	26癸巳22	26壬戌㉑	26壬辰20	26辛酉19	26庚寅17	26庚申16	26庚寅16	**26**己未14	**26**己丑14	25戊午12
27乙未23	27乙丑25	27甲午㉓	27癸亥22	27癸巳21	27壬戌20	27辛卯18	27辛酉⑰	27辛卯17	27庚申15	27庚寅15	26己未13
28丙申24	28丙寅㉖	28乙未24	28甲子23	28甲午22	28癸亥21	28壬辰19	28壬戌18	28壬辰18	28辛酉16	28辛卯16	**27**庚申⑭
29丁酉25	29丁卯27	29丙申25	29乙丑24	29乙未23	29甲子22	29癸巳⑳	29癸亥19	29癸巳19	29壬戌17	29壬辰⑰	28辛酉15
30戊戌㉖			30丙寅25			30甲午21	30甲子20		30癸亥18	30癸巳18	29壬戌16
											30癸亥17
立春 2日 雨水 17日	啓蟄 2日 春分 17日	清明 3日 穀雨 19日	立夏 5日 小満 20日	芒種 5日 夏至 20日	小暑 7日 大暑 22日	立秋 8日 処暑 23日	白露 9日 秋分 24日	寒露 9日 霜降 24日	立冬 10日 小雪 26日	大雪 11日 冬至 26日	小寒 11日 大寒 27日

永正元年〔文亀4年〕（1504－1505） 甲子

改元 2/30（文亀→永正）

1月	2月	3月	閏3月	4月	5月	6月	7月	8月	9月	10月	11月	12月
1 甲子18	1 癸巳16	1 癸亥⑰	1 壬辰15	**1** 辛酉14	1 辛卯13	1 庚申12	1 己丑10	1 己未 9	1 戊子 8	1 戊午 7	1 戊子 7	1 戊午 6
2 乙丑19	2 甲午17	2 甲子18	2 癸巳16	2 壬戌15	**2** 壬辰14	2 辛酉13	2 庚寅⑪	2 庚申10	2 己丑 9	2 己未 8	2 己丑⑧	2 己未 7
3 丙寅20	3 乙未⑱	3 乙丑19	3 甲午17	3 癸亥16	3 癸巳15	**3** 壬戌⑭	3 辛卯12	3 辛酉11	3 庚寅10	3 庚申 9	3 庚寅 9	3 庚申 8
4 丁卯㉑	4 丙申19	4 丙寅20	4 乙未18	4 甲子17	4 甲午⑯	4 癸亥15	4 壬辰13	4 壬戌12	4 辛卯11	4 辛酉⑩	4 辛卯10	4 辛酉 9
5 戊辰22	5 丁酉20	5 丁卯21	5 丙申19	5 乙丑18	5 乙未17	5 甲子16	**5** 癸巳14	**5** 癸亥13	5 壬辰12	5 壬戌11	5 壬辰11	5 壬戌10
6 己巳23	6 戊戌21	6 戊辰22	6 丁酉20	6 丙寅⑲	6 丙申18	6 乙丑17	6 甲午15	6 甲子14	**6** 癸巳⑬	6 癸亥12	6 癸巳12	6 癸亥11
7 庚午24	7 己亥22	7 己巳23	7 戊戌㉑	7 丁卯20	7 丁酉19	7 丙寅18	7 乙未16	7 乙丑⑮	7 甲午14	**7** 甲子13	**7** 甲午13	7 甲子⑫
8 辛未25	8 庚子23	8 庚午㉔	8 己亥22	8 戊辰21	8 戊戌20	8 丁卯19	8 丙申17	8 丙寅16	8 乙未15	8 乙丑14	8 乙未14	**8** 乙丑13
9 壬申26	9 辛丑24	9 辛未25	9 庚子23	9 己巳22	9 己亥21	9 戊辰20	9 丁酉⑱	9 丁卯17	9 丙申16	9 丙寅15	9 丙申⑮	9 丙寅14
10癸酉27	10壬寅㉕	10壬申26	10辛丑24	10庚午23	10庚子22	10己巳㉑	10戊戌19	10戊辰18	10丁酉17	10丁卯16	10丁酉16	10丁卯15
11甲戌㉘	11癸卯26	11癸酉27	11壬寅25	11辛未24	11辛丑㉓	11庚午22	11己亥20	11己巳19	11戊戌18	11戊辰⑰	11戊戌17	11戊辰16
12乙亥29	12甲辰27	12甲戌28	12癸卯26	12壬申25	12壬寅24	12辛未23	12庚子21	12庚午20	12己亥19	12己巳18	12己亥18	12己巳17
13丙子30	**13**乙巳28	13乙亥29	13甲辰27	13癸酉㉖	13癸卯25	13壬申24	13辛丑22	13辛未21	13庚子⑳	13庚午19	13庚子19	13庚午18
14丁丑31	14丙午29	**14**丙子30	14乙巳㉘	14甲戌27	14甲辰26	14癸酉25	14壬寅23	14壬申㉒	14辛丑21	14辛未20	14辛丑20	14辛未⑲
《2月》	《3月》	15丁丑㉛	**15**丙午29	15乙亥28	15乙巳27	15甲戌26	15癸卯24	15癸酉23	15壬寅22	15壬申21	15壬寅21	15壬申20
15戊寅 1	15丁未 1	《4月》	16丁未30	16丙子29	16丙午28	16乙亥27	16甲辰㉕	16甲戌24	16癸卯23	16癸酉22	16癸卯㉒	16癸酉21
16己卯 2	16戊申 2	16戊寅 1	《5月》	**17**丁丑30	**17**丁未29	17丙子㉘	17乙巳26	17乙亥25	17甲辰24	17甲戌23	17甲辰23	17甲戌22
17庚辰 3	17己酉③	17己卯 2	17戊申 1	18戊寅31	18戊申㉚	**18**丁丑29	18丙午27	18丙子26	18乙巳25	18乙亥㉔	18乙巳24	18乙亥23
18辛巳④	18庚戌 4	18庚辰 3	18己酉 2	《6月》	《7月》	19戊寅30	19丁未28	19丁丑27	19丙午26	19丙子25	19丙午25	19丙子24
19壬午 5	19辛亥 5	19辛巳 4	19庚戌 3	19己卯 1	19己酉 1	20己卯31	**20**戊申29	**20**戊寅28	20丁未㉗	20丁丑26	20丁未26	20丁丑25
20癸未 6	20壬子 6	20壬午 5	20辛亥 4	20庚辰②	20庚戌 2	《8月》	21己酉30	21己卯㉙	21戊申28	21戊寅27	21戊申27	21戊寅㉖
21甲申 7	21癸丑 7	21癸未 6	21壬子⑤	21辛巳 3	21辛亥 3	21庚辰 1	22庚戌31	22庚辰30	**22**己酉29	**22**己卯28	22己酉28	22己卯27
22乙酉 8	22甲寅 8	22甲申⑦	22癸丑 6	22壬午 4	22壬子 4	22辛巳 2	《9月》	《10月》	23庚戌30	23庚辰29	**23**庚戌㉙	**23**庚辰28
23丙戌 9	23乙卯 9	23乙酉 8	23甲寅 7	23癸未 5	23癸丑 5	23壬午 3	23辛亥①	23辛巳 1	24辛亥31	24辛巳30	24辛亥30	24辛巳29
24丁亥10	24丙辰⑩	24丙戌 9	24乙卯 8	24甲申 6	24甲寅 6	24癸未④	24壬子 2	24壬午 2	《11月》	《12月》	25壬子31	25壬午30
25戊子⑪	25丁巳11	25丁亥10	25丙辰 9	25乙酉 7	25乙卯⑦	25甲申 5	25癸丑 3	25癸未 3	25壬子 1	25壬午①	**1505年**	26癸未31
26己丑12	26戊午12	26戊子11	26丁巳10	26丙戌 8	26丙辰 8	26乙酉 6	26甲寅 4	26甲申 4	26癸丑 2	26癸未 2	《1月》	《2月》
27庚寅13	27己未13	27己丑12	27戊午11	27丁亥⑨	27丁巳 9	27丙戌 7	27乙卯 5	27乙酉 5	27甲寅③	27甲申 3	26癸丑 1	27甲申 1
28辛卯14	**28**庚申14	28庚寅13	28己未⑫	28戊子10	28戊午10	28丁亥 8	28丙辰 6	28丙戌⑥	28乙卯 4	28乙酉 4	27甲寅 2	28乙酉②
29壬辰15	29辛酉15	**29**辛卯⑭	29庚申13	29己丑11	29己未11	29戊子 9	29丁巳 7	29丁亥 7	29丙辰 5	29丙戌 5	28乙卯 3	29丙戌 3
	30壬戌16			30庚寅12			30戊午⑧		30丁巳 6	30丁亥 6	29丙辰 4	
											30丁巳⑤	
立春 12日 雨水 27日	啓蟄 13日 春分 28日	清明 14日 穀雨 29日	立夏15日	小満 1日 芒種 17日	夏至 2日 小暑 17日	大暑 3日 立秋 18日	処暑 5日 白露 20日	秋分 5日 寒露 20日	霜降 6日 立冬 22日	小雪 7日 大雪 22日	冬至 7日 小寒 23日	大寒 8日 立春 23日

永正**2**年（1505－1506） 乙丑

1月	2月	3月	4月	5月	6月	7月	8月	9月	10月	11月	12月
1丁亥4	1丁巳6	1丁亥5	1丙辰④	1乙酉2	1乙卯2	1甲申31	**1**癸丑29	1癸未㉘	1壬子27	1壬午26	1壬子26
2戊子5	2戊午7	2戊子⑥	2丁巳5	2丙戌3	2丙辰3	《8月》	2甲寅30	**2**甲申29	2癸丑28	2癸未27	2癸丑27
3己丑6	3己未8	3己丑7	3戊午6	3丁亥4	3丁巳4	2乙酉1	3乙卯㉛	3乙酉30	**3**甲寅29	**3**甲申28	3甲寅㉘
4庚寅7	4庚申⑨	4庚寅8	4己未7	4戊子5	4戊午5	3丙戌2	《9月》	《10月》	4乙卯30	4乙酉29	**4**乙卯29
5辛卯8	5辛酉10	5辛卯9	5庚申8	5己丑6	5己未⑥	4丁亥③	4丙辰1	4丙戌1	5丙辰31	5丙戌㉚	5丙辰30
6壬辰⑨	6壬戌11	6壬辰10	6辛酉9	6庚寅7	6庚申7	5戊子4	5丁巳2	5丁亥2	《11月》	《12月》	6丁巳31
7癸巳10	7癸亥12	7癸巳11	7壬戌10	7辛卯⑧	7辛酉8	6己丑5	6戊午3	6戊子3	6丁巳1	6丁亥1	**1506年**
8甲午11	8甲子13	8甲午12	8癸亥⑪	8壬辰9	8壬戌9	7庚寅6	7己未4	7己丑4	7戊午②	7戊子2	《1月》
9乙未12	9乙丑14	9乙未⑬	9甲子12	9癸巳10	9癸亥10	8辛卯7	8庚申5	8庚寅⑤	8己未3	8己丑3	7戊午1
10丙申13	**10**丙寅15	**10**丙申14	10乙丑13	10甲午11	10甲子11	9壬辰8	9辛酉6	9辛卯6	9庚申4	9庚寅4	8己未2
11丁酉14	11丁卯⑯	11丁酉15	11丙寅14	11乙未12	11乙丑12	10癸巳9	10壬戌⑦	10壬辰7	10辛酉5	10辛卯5	9庚申3
12戊戌15	12戊辰17	12戊戌16	**12**丁卯15	12丙申13	12丙寅⑬	11甲午⑩	11癸亥8	11癸巳8	11壬戌6	11壬辰6	10辛酉④
13己亥⑯	13己巳18	13己亥17	13戊辰16	**13**丁酉14	**13**丁卯14	12乙未11	12甲子9	12甲午9	12癸亥7	12癸巳⑦	11壬戌5
14庚子17	14庚午19	14庚子18	14己巳17	14戊戌⑮	14戊辰15	13丙申12	13乙丑10	13乙未10	13甲子8	13甲午8	12癸亥6
15辛丑18	15辛未20	15辛丑19	15庚午⑱	15己亥16	15己巳16	14丁酉13	14丙寅11	14丙申11	14乙丑⑨	14乙未9	13甲子7
16壬寅19	16壬申21	16壬寅⑳	16辛未19	16庚子17	16庚午17	**15**戊戌14	15丁卯12	15丁酉⑫	15丙寅10	15丙申10	14乙丑8
17癸卯20	17癸酉22	17癸卯21	17壬申20	17辛丑18	17辛未18	16己亥15	**16**戊辰13	16戊戌13	16丁卯11	16丁酉11	15丙寅9
18甲辰21	18甲戌㉓	18甲辰22	18癸酉21	18壬寅19	18壬申19	17庚子16	17己巳⑭	**17**己亥14	17戊辰12	17戊戌12	16丁卯10
19乙巳22	19乙亥24	19乙巳23	19甲戌22	19癸卯20	19癸酉⑳	18辛丑⑰	18庚午15	18庚子15	**18**己巳13	18己亥13	17戊辰⑪
20丙午㉓	20丙子25	20丙午24	20乙亥23	20甲辰21	20甲戌21	19壬寅18	19辛未16	19辛丑16	19庚午14	**19**庚子⑭	18己巳12
21丁未24	21丁丑26	21丁未25	21丙子24	21乙巳㉒	21乙亥22	20癸卯19	20壬申17	20壬寅17	20辛未15	20辛丑15	**19**庚午13
22戊申25	22戊寅27	22戊申26	22丁丑㉕	22丙午23	22丙子23	21甲辰20	21癸酉18	21癸卯18	21壬申⑯	21壬寅16	20辛未14
23己酉26	23己卯28	23己酉㉗	23戊寅26	23丁未24	23丁丑24	22乙巳21	22甲戌19	22甲辰⑲	22癸酉17	22癸卯17	21壬申15
24庚戌27	24庚辰29	24庚戌28	24己卯27	24戊申25	24戊寅25	23丙午22	23乙亥20	23乙巳20	23甲戌18	23甲辰18	22癸酉16
25辛亥28	**25**辛巳㉚	**25**辛亥29	25庚辰28	25己酉26	25己卯26	24丁未23	24丙子㉑	24丙午21	24乙亥19	24乙巳19	23甲戌17
《3月》	26壬午31	26壬子30	26辛巳29	26庚戌27	26庚辰㉗	25戊申㉔	25丁丑22	25丁未22	25丙子20	25丙午20	24乙亥⑱
26壬子1	《4月》	《5月》	**27**壬午30	27辛亥28	27辛巳28	26己酉25	26戊寅23	26戊申23	26丁丑21	26丁未㉑	25丙子19
27癸丑②	27癸未1	27癸丑1	28癸未31	**28**壬子㉙	28壬午29	27庚戌26	27己卯24	27己酉24	27戊寅22	27戊申22	26丁丑20
28甲寅3	28甲申2	28甲寅2	《6月》	29癸丑30	**29**癸未30	28辛亥27	28庚辰25	28庚戌25	28己卯㉓	28己酉23	27戊寅21
29乙卯4	29乙酉3	29乙卯3	29甲申①	《7月》		29壬子28	29辛巳26	29辛亥㉖	29庚辰24	29庚戌24	28己卯22
30丙辰5	30丙戌4			30甲寅1			30壬午27		30辛巳25	30辛亥25	29庚辰23
雨水9日 啓蟄24日	春分10日 清明25日	穀雨10日 立夏25日	小満12日 芒種27日	夏至13日 小暑28日	大暑13日 立秋29日	処暑15日	白露1日 秋分16日	寒露2日 霜降17日	立冬3日 小雪18日	大雪3日 冬至19日	小寒4日 大寒19日

永正**3**年（1506－1507） 丙寅

1月	2月	3月	4月	5月	6月	7月	8月	9月	10月	11月	閏11月	12月
1辛巳24	1辛亥23	1辛巳25	1庚戌23	1庚辰23	1己酉㉑	1己卯21	1戊申19	1丁丑17	1丁未17	1丙子⑮	1丙午15	**1**乙亥13
2壬午㉕	2壬子24	2壬午26	2辛亥24	2辛巳㉔	2庚戌22	2庚辰22	2己酉20	2戊寅18	2戊申⑱	2丁丑16	2丁未16	2丙子14
3癸未26	3癸丑25	3癸未27	3壬子25	3壬午25	3辛亥23	3辛巳23	3庚戌21	3己卯19	3己酉19	3戊寅17	3戊申17	3丁丑15
4甲申27	4甲寅26	4甲申28	4癸丑㉖	4癸未26	4壬子24	4壬午24	4辛亥22	4庚辰⑳	4庚戌20	4己卯18	4己酉18	4戊寅16
5乙酉28	5乙卯27	5乙酉㉙	5甲寅27	5甲申27	5癸丑25	5癸未25	5壬子㉓	5辛巳21	5辛亥21	5庚辰19	5庚戌19	5己卯⑰
6丙戌29	**6**丙辰28	**6**丙戌30	6乙卯28	6乙酉28	6甲寅26	6甲申㉖	6癸丑24	6壬午22	6壬子22	6辛巳20	6辛亥⑳	6庚辰18
7丁亥30	《3月》	7丁亥31	7丙辰29	7丙戌29	7乙卯27	7乙酉27	7甲寅25	7癸未23	7癸丑23	7壬午21	7壬子21	7辛巳19
8戊子31	7丁巳①	《4月》	**8**丁巳30	**8**丁亥30	8丙辰㉘	8丙戌28	8乙卯26	8甲申24	8甲寅24	8癸未㉒	8癸丑22	8壬午20
《2月》	8戊午2	8戊子1	《5月》	9戊子㉛	**9**丁巳29	9丁亥29	9丙辰27	9乙酉25	9乙卯㉕	9甲申23	9甲寅23	9癸未21
9己丑①	9己未3	9己丑2	9戊午1	《6月》	10戊午30	**10**戊子30	10丁巳28	10丙戌26	10丙辰26	10乙酉24	10乙卯24	10甲申22
10庚寅2	10庚申4	10庚寅3	10己未2	10己丑1	《7月》	11己丑31	**11**戊午29	11丁亥㉗	11丁巳27	11丙戌25	11丙辰25	11乙酉23
11辛卯3	11辛酉5	11辛卯4	11庚申③	11庚寅2	11己未1	《8月》	12己未㉚	12戊子28	12戊午28	12丁亥26	12丁巳26	12丙戌㉔
12壬辰4	12壬戌6	12壬辰⑤	12辛酉4	12辛卯3	12庚申2	12庚寅1	13庚申31	**13**己丑29	**13**己未29	13戊子27	13戊午㉗	13丁亥25
13癸巳5	13癸亥7	13癸巳6	13壬戌5	13壬辰4	13辛酉3	13辛卯②	《9月》	14庚寅30	14庚申30	14己丑28	14己未28	14戊子26
14甲午6	14甲子⑧	14甲午7	14癸亥6	14癸巳5	14壬戌4	14壬辰3	14辛酉1	《10月》	15辛酉31	**15**庚寅㉙	**15**庚申29	15己丑27
15乙未7	15乙丑9	15乙未8	15甲子7	15甲午6	15癸亥⑤	15癸巳4	15壬戌2	15辛卯1	《11月》	16辛卯30	16辛酉30	**16**庚寅28
16丙申⑧	16丙寅10	16丙申9	16乙丑8	16乙未⑦	16甲子6	16甲午5	16癸亥3	16壬辰2	16壬戌①	《12月》	17壬戌31	17辛卯29
17丁酉9	17丁卯11	17丁酉10	17丙寅9	17丙申8	17乙丑7	17乙未6	17甲子4	17癸巳3	17癸亥2	17壬辰1	**1507年**	18壬辰30
18戊戌10	18戊辰12	18戊戌11	18丁卯⑩	18丁酉9	18丙寅8	18丙申7	18乙丑5	18甲午④	18甲子3	18癸巳2	《1月》	19癸巳㉛
19己亥11	19己巳13	19己亥⑫	19戊辰11	19戊戌10	19丁卯9	19丁酉8	19丙寅⑥	19乙未5	19乙丑4	19甲午3	18癸亥1	《2月》
20庚子12	20庚午14	20庚子13	20己巳12	20己亥11	20戊辰10	20戊戌⑨	20丁卯7	20丙申6	20丙寅5	20乙未4	19甲子2	20甲午1
21辛丑13	**21**辛未⑮	**21**辛丑14	21庚午13	21庚子12	21己巳11	21己亥10	21戊辰8	21丁酉7	21丁卯6	21丙申5	20乙丑③	21乙未2
22壬寅14	22壬申16	22壬寅15	22辛未14	22辛丑13	22庚午⑫	22庚子11	22己巳9	22戊戌8	22戊辰7	22丁酉⑥	21丙寅4	22丙申3
23癸卯⑮	23癸酉17	23癸卯16	**23**壬申15	**23**壬寅⑭	23辛未13	23辛丑12	23庚午10	23己亥9	23己巳⑧	23戊戌7	22丁卯5	23丁酉4
24甲辰16	24甲戌18	24甲辰17	24癸酉16	24癸卯15	24壬申14	24壬寅13	24辛未11	24庚子10	24庚午9	24己亥8	23戊辰6	24戊戌5
25乙巳17	25乙亥19	25乙巳18	25甲戌⑰	25甲辰16	**25**癸酉15	**25**癸卯14	25壬申12	25辛丑⑪	25辛未10	25庚子9	24己巳7	25己亥6
26丙午18	26丙子20	26丙午⑲	26乙亥18	26乙巳17	26甲戌16	26甲辰15	26癸酉⑬	26壬寅12	26壬申11	26辛丑10	25庚午8	26庚子⑦
27丁未19	27丁丑21	27丁未20	27丙子19	27丙午18	27乙亥17	27乙巳⑯	**27**甲戌14	27癸卯13	27癸酉12	27壬寅11	26辛未9	27辛丑8
28戊申20	28戊寅㉒	28戊申21	28丁丑20	28丁未19	28丙子18	28丙午17	28乙亥15	**28**甲辰14	**28**甲戌13	28癸卯12	27壬申⑩	28壬寅9
29己酉21	29己卯23	29己酉22	29戊寅21	29戊申20	29丁丑⑲	29丁未18	29丙子16	29乙巳15	29乙亥14	29甲辰⑬	28癸酉11	29癸卯10
30庚戌㉒	30庚辰24		30己卯22		30戊寅20			30丙午16		**30**乙巳14	29甲戌12	30甲辰11
立春5日 雨水20日	啓蟄6日 春分21日	清明6日 穀雨21日	立夏8日 小満23日	芒種8日 夏至23日	小暑9日 大暑25日	立秋10日 処暑25日	白露11日 秋分27日	寒露13日 霜降28日	立冬13日 小雪28日	大雪15日 冬至30日	小寒15日	大寒1日 立春16日

永正**4**年（1507－1508） 丁卯

1月	2月	3月	4月	5月	6月	7月	8月	9月	10月	11月	12月
1 乙巳12	1 乙亥⑭	1 乙巳13	1 甲戌12	1 甲辰11	1 癸酉10	1 癸卯9	1 壬申7	1 辛丑6	1 辛未5	1 庚子4	1 庚午3
2 丙午13	**2** 丙子15	2 丙午14	2 乙亥13	2 乙巳12	2 甲戌⑪	2 甲辰10	2 癸酉8	2 壬寅7	2 壬申6	2 辛丑⑤	2 辛未4
3 丁未⑭	3 丁丑16	**3** 丁未15	3 丙子14	3 丙午⑬	3 乙亥12	3 乙巳11	3 甲戌9	3 癸卯8	3 癸酉⑦	3 壬寅6	3 壬申5
4 戊申15	4 戊寅17	4 戊申16	**4** 丁丑15	**4** 丁未14	4 丙子13	4 丙午12	4 乙亥10	4 甲辰9	4 甲戌8	4 癸卯7	4 癸酉6
5 己酉16	5 己卯18	5 己酉17	5 戊寅⑯	5 戊申15	5 丁丑14	5 丁未13	5 丙子11	5 乙巳⑩	5 乙亥9	5 甲辰8	5 甲戌7
6 庚戌17	6 庚辰19	6 庚戌⑱	6 己卯17	6 己酉16	**6** 戊寅15	**6** 戊申14	6 丁丑⑫	6 丙午11	6 丙子10	6 乙巳9	6 乙亥8
7 辛亥18	7 辛巳20	7 辛亥19	7 庚辰18	7 庚戌17	7 己卯16	7 己酉⑮	7 戊寅13	7 丁未12	7 丁丑11	7 丙午10	7 丙子⑨
8 壬子19	8 壬午㉑	8 壬子20	8 辛巳19	8 辛亥18	8 庚辰17	8 庚戌16	**8** 己卯14	8 戊申13	8 戊寅12	8 丁未11	8 丁丑10
9 癸丑20	9 癸未22	9 癸丑21	9 壬午20	9 壬子19	9 辛巳⑱	9 辛亥17	9 庚辰15	**9** 己酉14	9 己卯13	9 戊申⑫	9 戊寅11
10 甲寅㉑	10 甲申23	10 甲寅22	10 癸未21	10 癸丑⑳	10 壬午19	10 壬子18	10 辛巳16	10 庚戌15	**10** 庚辰⑭	10 己酉13	10 己卯12
11 乙卯22	11 乙酉24	11 乙卯23	11 甲申22	11 甲寅21	11 癸未20	11 癸丑19	11 壬午17	11 辛亥16	11 辛巳15	**11** 庚戌14	11 庚辰13
12 丙辰23	12 丙戌25	12 丙辰24	12 乙酉㉓	12 乙卯22	12 甲申21	12 甲寅20	12 癸未18	12 壬子⑰	12 壬午16	12 辛亥15	**12** 辛巳14
13 丁巳24	13 丁亥26	13 丁巳㉕	13 丙戌24	13 丙辰23	13 乙酉22	13 乙卯21	13 甲申⑲	13 癸丑18	13 癸未17	13 壬子16	13 壬午15
14 戊午25	14 戊子27	14 戊午26	14 丁亥25	14 丁巳24	14 丙戌23	14 丙辰㉒	14 乙酉20	14 甲寅19	14 甲申18	14 癸丑17	14 癸未⑯
15 己未26	15 己丑㉘	15 己未27	15 戊子26	15 戊午25	15 丁亥24	15 丁巳23	15 丙戌21	15 乙卯20	15 乙酉19	15 甲寅18	15 甲申17
16 庚申27	16 庚寅29	16 庚申28	16 己丑27	16 己未26	16 戊子㉕	16 戊午24	16 丁亥22	16 丙辰21	16 丙戌20	16 乙卯⑲	16 乙酉18
17 辛酉㉘	**17** 辛卯30	17 辛酉29	17 庚寅28	17 庚申㉗	17 己丑26	17 己未25	17 戊子23	17 丁巳22	17 丁亥㉑	17 丙辰20	17 丙戌19
《3月》	18 壬辰31	**18** 壬戌30	18 辛卯29	18 辛酉28	18 庚寅27	18 庚申26	18 己丑24	18 戊午23	18 戊子22	18 丁巳21	18 丁亥20
18 壬戌1	《4月》	《5月》	**19** 壬辰㉚	19 壬戌29	19 辛卯28	19 辛酉27	19 庚寅25	19 己未㉔	19 己丑23	19 戊午22	19 戊子21
19 癸亥2	19 癸巳1	19 癸亥1	20 癸巳31	**20** 癸亥30	20 壬辰29	20 壬戌28	20 辛卯㉖	20 庚申25	20 庚寅24	20 己未23	20 己丑22
20 甲子3	20 甲午2	20 甲子②	《6月》	《7月》	**21** 癸巳30	21 癸亥㉙	21 壬辰27	21 辛酉26	21 辛卯25	21 庚申24	21 庚寅㉓
21 乙丑4	21 乙未3	21 乙丑3	21 甲午1	21 甲子1	22 甲午31	**22** 甲子30	22 癸巳28	22 壬戌27	22 壬辰26	22 辛酉25	22 辛卯24
22 丙寅5	22 丙申④	22 丙寅4	22 乙未2	22 乙丑2	《8月》	23 乙丑31	**23** 甲午29	23 癸亥28	23 癸巳27	23 壬戌㉖	23 壬辰25
23 丁卯6	23 丁酉5	23 丁卯5	23 丙申3	23 丙寅3	23 乙未①	《9月》	24 乙未30	**24** 甲子29	24 甲午㉘	24 癸亥27	24 癸巳26
24 戊辰⑦	24 戊戌6	24 戊辰6	24 丁酉4	24 丁卯④	24 丙申2	24 丙寅1	《10月》	25 乙丑30	**25** 乙未29	25 甲子28	25 甲午27
25 己巳8	25 己亥7	25 己巳7	25 戊戌5	25 戊辰5	25 丁酉3	25 丁卯2	25 丙申1	26 丙寅㉛	26 丙申30	**26** 乙丑29	26 乙未28
26 庚午9	26 庚子8	26 庚午8	26 己亥⑥	26 己巳6	26 戊戌4	26 戊辰3	26 丁酉2	《11月》	《12月》	27 丙寅30	**27** 丙申29
27 辛未10	27 辛丑9	27 辛未⑨	27 庚子7	27 庚午7	27 己亥5	27 己巳4	27 戊戌③	27 丁卯1	27 丁酉1	28 丁卯31	28 丁酉㉚
28 壬申11	28 壬寅10	28 壬申10	28 辛丑8	28 辛未8	28 庚子6	28 庚午⑤	28 己亥4	28 戊辰2	28 戊戌2	**1508年**	29 戊戌31
29 癸酉12	29 癸卯⑪	29 癸酉11	29 壬寅9	29 壬申9	29 辛丑7	29 辛未6	29 庚子5	29 己巳3	29 己亥3	《1月》	
30 甲戌13	30 甲辰12		30 癸卯10		30 壬寅⑧			30 庚午4		29 戊辰1	
										30 己巳②	

雨水 2日	春分 2日	穀雨 3日	小満 4日	夏至 4日	大暑 6日	処暑 6日	秋分 8日	霜降 9日	小雪 10日	冬至 11日	大寒 12日
啓蟄 17日	清明 17日	立夏 18日	芒種 19日	小暑 20日	立秋 21日	白露 22日	寒露 23日	立冬 24日	大雪 25日	小寒 26日	立春 27日

永正**5**年（1508－1509） 戊辰

1月	2月	3月	4月	5月	6月	7月	8月	9月	10月	11月	12月
《2月》	1 己巳2	《4月》	1 戊辰㉚	1 戊戌30	1 丁卯28	1 丁酉28	1 丁卯㉗	1 丙申25	1 乙丑24	1 乙未23	1 甲子22
1 己亥1	2 庚午3	1 己亥1	《5月》	2 己亥31	**2** 戊辰29	**2** 戊戌29	2 戊辰28	2 丁酉26	2 丙寅25	2 丙申24	2 乙丑23
2 庚子2	3 辛未4	2 庚子②	2 己巳1	《6月》	3 己巳30	3 己亥㉚	**3** 己巳29	3 戊戌27	3 丁卯26	3 丁酉25	3 丙寅㉔
3 辛丑3	4 壬申⑤	3 辛丑3	3 庚午2	3 庚子1	《7月》	4 庚子31	4 庚午30	**4** 己亥28	4 戊辰27	4 戊戌㉖	4 丁卯25
4 壬寅4	5 癸酉6	4 壬寅4	4 辛未3	4 辛丑2	4 庚午1	《8月》	5 辛未31	5 庚子29	5 己巳28	5 己亥27	5 戊辰26
5 癸卯5	6 甲戌7	5 癸卯5	5 壬申4	5 壬寅3	5 辛未②	5 辛丑1	《9月》	6 辛丑30	**6** 庚午㉙	**6** 庚子28	6 己巳27
6 甲辰⑥	7 乙亥8	6 甲辰6	6 癸酉5	6 癸卯④	6 壬申3	6 壬寅2	6 壬申1	《10月》	7 辛未30	7 辛丑29	7 庚午28
7 乙巳7	8 丙子9	7 乙巳7	7 甲戌6	7 甲辰5	7 癸酉4	7 癸卯3	7 癸酉2	7 壬寅①	8 壬申31	8 壬寅30	**8** 辛未29
8 丙午8	9 丁丑10	8 丙午8	8 乙亥⑦	8 乙巳6	8 甲戌5	8 甲辰4	8 甲戌③	8 癸卯2	《11月》	《12月》	9 壬申30
9 丁未9	10 戊寅11	9 丁未⑨	9 丙子8	9 丙午7	9 乙亥6	9 乙巳5	9 乙亥4	9 甲辰3	9 癸酉1	9 癸卯1	10 癸酉㉛
10 戊申10	11 己卯⑫	10 戊申10	10 丁丑9	10 丁未8	10 丙子7	10 丙午⑥	10 丙子5	10 乙巳4	10 甲戌2	10 甲辰2	**1509年**
11 己酉11	12 庚辰13	11 己酉11	11 戊寅10	11 戊申9	11 丁丑8	11 丁未7	11 丁丑6	11 丙午5	11 乙亥3	11 乙巳③	《1月》
12 庚戌12	**13** 辛巳14	12 庚戌12	12 己卯11	12 己酉10	12 戊寅⑨	12 戊申8	12 戊寅7	12 丁未6	12 丙子4	12 丙午4	11 甲戌1
13 辛亥⑬	14 壬午15	13 辛亥13	13 庚辰12	13 庚戌⑪	13 己卯10	13 己酉9	13 己卯8	13 戊申7	13 丁丑⑤	13 丁未5	12 乙亥2
14 壬子14	15 癸未16	**14** 壬子14	14 辛巳13	14 辛亥12	14 庚辰11	14 庚戌10	14 庚辰9	14 己酉⑧	14 戊寅6	14 戊申6	13 丙子3
15 癸丑15	16 甲申17	15 癸丑15	**15** 壬午⑭	15 壬子13	15 辛巳12	15 辛亥11	15 辛巳⑩	15 庚戌9	15 己卯7	15 己酉7	14 丁丑4
16 甲寅16	17 乙酉18	16 甲寅⑯	16 癸未15	**16** 癸丑14	16 壬午13	16 壬子12	16 壬午11	16 辛亥10	16 庚辰8	16 庚戌8	15 戊寅5
17 乙卯17	18 丙戌⑲	17 乙卯17	17 甲申16	17 甲寅15	**17** 癸未14	17 癸丑⑬	17 癸未12	17 壬子11	17 辛巳9	17 辛亥9	16 己卯6
18 丙辰18	19 丁亥20	18 丙辰18	18 乙酉17	18 乙卯16	18 甲申15	**18** 甲寅14	**18** 甲申13	18 癸丑12	18 壬午10	18 壬子⑩	17 庚辰⑦
19 丁巳19	20 戊子21	19 丁巳19	19 丙戌18	19 丙辰17	19 乙酉⑯	19 乙卯15	19 乙酉14	**19** 甲寅13	19 癸未11	19 癸丑11	18 辛巳8
20 戊午⑳	21 己丑22	20 戊午20	20 丁亥19	20 丁巳⑱	20 丙戌17	20 丙辰16	20 丙戌15	20 乙卯14	20 甲申⑫	20 甲寅12	19 壬午9
21 己未21	22 庚寅23	21 己未21	21 戊子20	21 戊午19	21 丁亥18	21 丁巳17	21 丁亥16	21 丙辰⑮	**21** 乙酉13	**21** 乙卯13	20 癸未10
22 庚申22	23 辛卯24	22 庚申22	22 己丑㉑	22 己未20	22 戊子19	22 戊午18	22 戊子⑰	22 丁巳16	22 丙戌14	22 丙辰14	21 甲申11
23 辛酉23	24 壬辰25	23 辛酉㉓	23 庚寅22	23 庚申21	23 己丑20	23 己未19	23 己丑18	23 戊午17	23 丁亥15	23 丁巳15	22 乙酉12
24 壬戌24	25 癸巳㉖	24 壬戌24	24 辛卯23	24 辛酉22	24 庚寅21	24 庚申⑳	24 庚寅19	24 己未18	24 戊子16	24 戊午16	**23** 丙戌13
25 癸亥25	26 甲午27	25 癸亥25	25 壬辰24	25 壬戌23	25 辛卯22	25 辛酉21	25 辛卯20	25 庚申19	25 己丑17	25 己未⑰	24 丁亥⑭
26 甲子26	27 乙未28	26 甲子26	26 癸巳25	26 癸亥24	26 壬辰㉓	26 壬戌22	26 壬辰21	26 辛酉20	26 庚寅18	26 庚申18	25 戊子15
27 乙丑㉗	28 丙申29	27 乙丑27	27 甲午26	27 甲子㉕	27 癸巳24	27 癸亥23	27 癸巳22	27 壬戌21	27 辛卯⑲	27 辛酉19	26 己丑16
28 丙寅28	**29** 丁酉30	28 丙寅28	28 乙未27	28 乙丑26	28 甲午25	28 甲子24	28 甲午23	28 癸亥㉒	28 壬辰20	28 壬戌20	27 庚寅17
29 丁卯29	30 戊戌31	**29** 丁卯29	29 丙申㉘	29 丙寅27	29 乙未26	29 乙丑25	29 乙未㉔	29 甲子23	29 癸巳21	29 癸亥21	28 辛卯18
《3月》			**30** 丁酉29		30 丙申27	30 丙寅26			30 甲午22		29 壬辰19
30 戊辰1											30 癸巳20

雨水 13日	春分 13日	穀雨 14日	小満 15日	夏至 16日	小暑 2日	立秋 2日	白露 3日	寒露 4日	立冬 6日	大雪 6日	小寒 8日
啓蟄 28日	清明 29日	立夏 29日	芒種 30日		大暑 17日	処暑 18日	秋分 18日	霜降 19日	小雪 21日	冬至 21日	大寒 23日

永正6年（1509－1510） 己巳

1月	2月	3月	4月	5月	6月	7月	8月	閏8月	9月	10月	11月	12月
1 甲午㉑	1 癸亥19	1 癸巳21	1 壬戌19	1 壬辰19	1 壬戌18	1 辛卯17	1 辛酉16	1 庚寅14	**1** 庚申⑭	1 己丑12	1 己未12	1 戊子10
2 乙未22	2 甲子20	2 甲午22	2 癸亥20	2 癸巳⑳	2 癸亥19	2 壬辰18	2 壬戌17	2 辛卯15	2 辛酉15	**2** 庚寅13	2 庚申13	2 己丑11
3 丙申23	3 乙丑21	3 乙未23	3 甲子21	3 甲午21	3 甲子20	3 癸巳19	3 癸亥18	3 壬辰⑯	3 壬戌16	3 辛卯14	**3** 辛酉14	3 庚寅12
4 丁酉24	4 丙寅22	4 丙申24	4 乙丑㉒	4 乙未22	4 乙丑21	4 甲午20	4 甲子⑲	4 癸巳17	4 癸亥17	4 壬辰15	4 壬戌15	**4** 辛卯⑬
5 戊戌25	5 丁卯23	5 丁酉㉕	5 丙寅23	5 丙申23	5 丙寅22	5 乙未21	5 乙丑20	5 甲午18	5 甲子18	5 癸巳16	5 癸亥⑯	5 壬辰14
6 己亥26	6 戊辰24	6 戊戌26	6 丁卯24	6 丁酉24	6 丁卯23	6 丙申㉒	6 丙寅21	6 乙未19	6 乙丑19	6 甲午17	6 甲子17	6 癸巳15
7 庚子27	7 己巳㉕	7 己亥27	7 戊辰25	7 戊戌25	7 戊辰㉔	7 丁酉23	7 丁卯22	7 丙申20	7 丙寅20	7 乙未⑱	7 乙丑18	7 甲午16
8 辛丑㉘	8 庚午26	8 庚子28	8 己巳26	8 己亥26	8 己巳25	8 戊戌24	8 戊辰23	8 丁酉21	8 丁卯㉑	8 丙申19	8 丙寅19	8 乙未17
9 壬寅29	**9** 辛未27	9 辛丑29	9 庚午27	9 庚子㉗	9 庚午26	9 己亥25	9 己巳24	9 戊戌22	9 戊辰22	9 丁酉20	9 丁卯20	9 丙申18
10 癸卯30	10 壬申28	**10** 壬寅30	10 辛未28	10 辛丑28	10 辛未27	10 庚子26	10 庚午25	10 己亥㉓	10 己巳23	10 戊戌21	10 戊辰21	10 丁酉19
11 甲辰31	《3月》	11 癸卯31	**11** 壬申㉙	11 壬寅29	11 壬申28	11 辛丑27	11 辛未㉖	11 庚子24	11 庚午24	11 己亥22	11 己巳22	11 戊戌⑳
《2月》	11 癸酉 1	《4月》	12 癸酉30	**12** 癸卯30	**12** 癸酉29	12 壬寅28	12 壬申27	12 辛丑25	12 辛未25	12 庚子23	12 庚午㉓	12 己亥21
12 乙巳 1	12 甲戌 2	12 甲辰①	《5月》	13 甲辰31	13 甲戌30	13 癸卯㉙	13 癸酉28	13 壬寅26	13 壬申26	13 辛丑24	13 辛未24	13 庚子22
13 丙午 2	13 乙亥 3	13 乙巳 2	13 甲戌 1	《6月》	《7月》	**14** 甲辰30	**14** 甲戌29	14 癸卯27	14 癸酉27	14 壬寅㉕	14 壬申25	14 辛丑23
14 丁未 3	14 丙子④	14 丙午 3	14 乙亥 2	14 乙巳 1	14 乙亥①	15 乙巳31	15 乙亥30	**15** 甲辰28	15 甲戌㉘	15 癸卯26	15 癸酉26	15 壬寅24
15 戊申④	15 丁丑 5	15 丁未 4	15 丙子 3	15 丙午 2	15 丙子 2	《8月》	16 丙子31	16 乙巳29	**16** 乙亥29	16 甲辰27	16 甲戌27	16 癸卯25
16 己酉 5	16 戊寅 6	16 戊申 5	16 丁丑 4	16 丁未③	16 丁丑 3	16 丙午 1	《9月》	17 丙午㉚	17 丙子30	**17** 乙巳28	17 乙亥28	17 甲辰26
17 庚戌 6	17 己卯 7	17 己酉 6	17 戊寅 5	17 戊申 4	17 戊寅 4	17 丁未 2	17 丁丑 1	《10月》	18 丁丑31	18 丙午29	**18** 丙子29	18 乙巳㉗
18 辛亥 7	18 庚辰 8	18 庚戌 7	18 己卯⑥	18 己酉 5	18 己卯 5	18 戊申 3	18 戊寅②	18 丁未 1	《11月》	19 丁未30	19 丁丑㉚	**19** 丙午28
19 壬子 8	19 辛巳 9	19 辛亥⑧	19 庚辰 7	19 庚戌 6	19 庚辰 6	19 己酉 4	19 己卯 3	19 戊申 2	19 戊寅 1	《12月》	20 戊寅31	20 丁未29
20 癸丑 9	20 壬午10	20 壬子 9	20 辛巳 8	20 辛亥 7	20 辛巳 7	20 庚戌⑤	20 庚辰 4	20 己酉 3	20 己卯 2	20 戊申 1	**1510 年**	21 戊申30
21 甲寅10	21 癸未⑪	21 癸丑10	21 壬午 9	21 壬子 8	21 壬午⑧	21 辛亥 6	21 辛巳 5	21 庚戌 4	21 庚辰 3	21 己酉②	《1月》	22 己酉31
22 乙卯⑪	22 甲申12	22 甲寅11	22 癸未10	22 癸丑 9	22 癸未 9	22 壬子 7	22 壬午 6	22 辛亥 5	22 辛巳④	22 庚戌 3	21 己卯 1	《2月》
23 丙辰12	23 乙酉13	23 乙卯12	23 甲申11	23 甲寅⑩	23 甲申10	23 癸丑 8	23 癸未 7	23 壬子 6	23 壬午 5	23 辛亥 4	22 庚辰 2	23 庚戌 1
24 丁巳13	24 丙戌14	24 丙辰13	24 乙酉12	24 乙卯11	24 乙酉11	24 甲寅 9	24 甲申 8	24 癸丑⑦	24 癸未 6	24 壬子 5	23 辛巳 3	24 辛亥 2
25 戊午14	**25** 丁亥15	**25** 丁巳14	25 丙戌⑬	25 丙辰12	25 丙戌12	25 乙卯10	25 乙酉⑨	25 甲寅 8	25 甲申 7	25 癸丑 6	24 壬午 4	25 壬子③
26 己未15	26 戊子16	26 戊午⑮	26 丁亥14	26 丁巳13	26 丁亥13	26 丙辰11	26 丙戌10	26 乙卯 9	26 乙酉 8	26 甲寅 7	25 癸未 5	26 癸丑 4
27 庚申16	27 己丑17	27 己未16	**27** 戊子15	**27** 戊午14	**27** 戊子14	27 丁巳⑫	27 丁亥11	27 丙辰10	27 丙戌 9	27 乙卯 8	26 甲申⑥	27 甲寅 5
28 辛酉17	28 庚寅⑱	28 庚申17	28 己丑16	28 己未15	28 己丑⑮	28 戊午13	28 戊子12	28 丁巳11	28 丁亥10	28 丙辰⑨	27 乙酉 7	28 乙卯 6
29 壬戌⑱	29 辛卯19	29 辛酉18	29 庚寅17	29 庚申16	29 庚寅16	**29** 己未14	**29** 己丑13	29 戊午12	29 戊子⑪	29 丁巳10	28 丙戌 8	29 丙辰 7
	30 壬辰20		30 辛卯18	30 辛酉⑰		30 庚申15		30 己未13		30 戊午11	29 丁亥 9	30 丁巳 8
立春 8日 雨水 23日	啓蟄 9日 春分 25日	清明 10日 穀雨 25日	立夏 11日 小満 27日	芒種 12日 夏至 27日	小暑 12日 大暑 27日	立秋 14日 処暑 29日	白露 14日 秋分 29日	寒露15日	霜降 1日 立冬 16日	小雪 2日 大雪 17日	冬至 3日 小寒 18日	大寒 4日 立春 19日

永正7年（1510－1511） 庚午

1月	2月	3月	4月	5月	6月	7月	8月	9月	10月	11月	12月
1 戊午 9	1 丁亥⑩	1 丁巳 9	1 丙戌 8	1 丙辰 7	1 乙酉 6	1 乙卯 5	1 乙酉 4	1 甲寅 3	1 甲申 2	《12月》	1 癸未31
2 己未⑩	2 戊子11	2 戊午10	2 丁亥 9	2 丁巳 8	2 丙戌⑦	2 丙辰 6	2 丙戌 5	2 乙卯 4	2 乙酉③	1 癸丑①	**1511 年**
3 庚申11	3 己丑12	3 己未11	3 戊子10	3 戊午⑨	3 丁亥 8	3 丁巳 7	3 丁亥 6	3 丙辰 5	3 丙戌 4	2 甲寅 2	《1月》
4 辛酉12	4 庚寅13	4 庚申12	4 己丑11	4 己未10	4 戊子 9	4 戊午 8	4 戊子 7	4 丁巳⑥	4 丁亥 5	3 乙卯 3	2 甲申 1
5 壬戌13	5 辛卯14	5 辛酉13	5 庚寅⑫	5 庚申11	5 己丑10	5 己未 9	5 己丑⑧	5 戊午 7	5 戊子 6	4 丙辰 4	3 乙酉 2
6 癸亥14	**6** 壬辰15	**6** 壬戌⑭	6 辛卯13	6 辛酉12	6 庚寅11	6 庚申10	6 庚寅 9	6 己未 8	6 己丑 7	5 丁巳 5	4 丙戌 3
7 甲子15	7 癸巳16	7 癸亥15	7 壬辰14	7 壬戌13	7 辛卯12	7 辛酉⑪	7 辛卯10	7 庚申 9	7 庚寅 8	6 戊午 6	5 丁亥 4
8 乙丑16	8 甲午⑰	8 甲子16	**8** 癸巳15	**8** 癸亥14	8 壬辰13	8 壬戌12	8 壬辰11	8 辛酉10	8 辛卯 9	7 己未 7	6 戊子⑤
9 丙寅⑰	9 乙未18	9 乙丑17	9 甲午16	9 甲子15	9 癸巳⑭	9 癸亥13	9 癸巳12	9 壬戌11	9 壬辰⑩	8 庚申⑧	7 己丑 6
10 丁卯18	10 丙申19	10 丙寅18	10 乙未17	10 乙丑⑯	**10** 甲午15	**10** 甲子14	10 甲午13	10 癸亥12	10 癸巳11	9 辛酉 9	8 庚寅 7
11 戊辰19	11 丁酉20	11 丁卯19	11 丙申18	11 丙寅17	11 乙未16	11 乙丑15	**11** 乙未14	11 甲子⑬	11 甲午12	10 壬戌10	9 辛卯 8
12 己巳20	12 戊戌21	12 戊辰20	12 丁酉⑲	12 丁卯18	12 丙申17	12 丙寅16	12 丙申⑮	**12** 乙丑14	**12** 乙未13	11 癸亥11	10 壬辰 9
13 庚午21	13 己亥22	13 己巳㉑	13 戊戌20	13 戊辰19	13 丁酉18	13 丁卯17	13 丁酉16	13 丙寅15	13 丙申14	12 甲子12	11 癸巳10
14 辛未22	14 庚子23	14 庚午22	14 己亥21	14 己巳20	14 戊戌19	14 戊辰⑱	14 戊戌17	14 丁卯16	14 丁酉15	13 乙丑13	12 甲午11
15 壬申23	15 辛丑㉔	15 辛未23	15 庚子22	15 庚午21	15 己亥20	15 己巳19	15 己亥18	15 戊辰17	15 戊戌16	**14** 丙寅14	13 乙未⑫
16 癸酉㉔	16 壬寅25	16 壬申24	16 辛丑23	16 辛未22	16 庚子㉑	16 庚午20	16 庚子19	16 己巳18	16 己亥⑰	15 丁卯⑮	**14** 丙申13
17 甲戌25	17 癸卯26	17 癸酉25	17 壬寅24	17 壬申㉓	17 辛丑22	17 辛未21	17 辛丑20	17 庚午19	17 庚子18	16 戊辰16	15 丁酉14
18 乙亥26	18 甲辰27	18 甲戌26	18 癸卯25	18 癸酉24	18 壬寅23	18 壬申22	18 壬寅21	18 辛未⑳	18 辛丑19	17 己巳17	16 戊戌15
19 丙子27	19 乙巳28	19 乙亥27	19 甲辰㉖	19 甲戌25	19 癸卯24	19 癸酉23	19 癸卯㉒	19 壬申21	19 壬寅20	18 庚午18	17 己亥16
20 丁丑28	20 丙午29	20 丙子㉘	20 乙巳27	20 乙亥26	20 甲辰25	20 甲戌24	20 甲辰23	20 癸酉22	20 癸卯21	19 辛未19	18 庚子17
《3月》	**21** 丁未30	21 丁丑29	21 丙午28	21 丙子27	21 乙巳26	21 乙亥㉕	21 乙巳24	21 甲戌23	21 甲辰22	20 壬申20	19 辛丑18
21 戊寅 1	22 戊申㉛	**22** 戊寅30	22 丁未29	22 丁丑28	22 丙午27	22 丙子26	22 丙午25	22 乙亥24	22 乙巳23	21 癸酉21	20 壬寅⑲
22 己卯 2	《4月》	《5月》	**23** 戊申30	**23** 戊寅29	23 丁未㉘	23 丁丑27	23 丁未26	23 丙子25	23 丙午㉔	22 甲戌㉒	21 癸卯20
23 庚辰③	23 己酉 1	23 己卯 1	24 己酉31	24 己卯㉚	24 戊申29	24 戊寅28	24 戊申27	24 丁丑26	24 丁未25	23 乙亥23	22 甲辰21
24 辛巳 4	24 庚戌 2	24 庚辰 2	《6月》	《7月》	**25** 己酉30	**25** 己卯29	25 己酉28	25 戊寅㉗	25 戊申26	24 丙子24	23 乙巳22
25 壬午 5	25 辛亥 3	25 辛巳 3	25 庚戌 1	25 庚辰 1	26 庚戌31	26 庚辰30	**26** 庚戌㉙	26 己卯28	26 己酉27	25 丁丑25	24 丙午23
26 癸未 6	26 壬子 4	26 壬午 4	26 辛亥②	26 辛巳 2	《8月》	27 辛巳31	27 辛亥30	**27** 庚辰29	27 庚戌28	26 戊寅26	25 丁未24
27 甲申 7	27 癸丑 5	27 癸未⑤	27 壬子 3	27 壬午 3	27 辛亥 1	《9月》	《10月》	28 辛巳30	**28** 辛亥29	27 己卯27	26 戊申25
28 乙酉 8	28 甲寅 6	28 甲申 6	28 癸丑 4	28 癸未 4	28 壬子 2	28 壬午①	28 壬子 1	29 壬午31	29 壬子30	28 庚辰28	27 己酉㉖
29 丙戌 9	29 乙卯⑦	29 乙酉 7	29 甲寅 5	29 甲申 5	29 癸丑 3	29 癸未 2	29 癸丑 2	《11月》		**29** 辛巳㉙	28 庚戌27
	30 丙辰 8		30 乙卯 6		30 甲寅④	30 甲申 3		30 癸未 1		30 壬午30	**29** 辛亥28
											30 壬子29
雨水 4日 啓蟄 20日	春分 6日 清明 21日	穀雨 6日 立夏 22日	小満 8日 芒種 23日	夏至 8日 小暑 23日	大暑 10日 立秋 25日	処暑 10日 白露 25日	秋分 11日 寒露 26日	霜降 12日 立冬 27日	小雪 12日 大雪 28日	冬至 14日 小寒 29日	大寒 14日 立春 29日

永正**8**年（1511－1512） 辛未

1月	2月	3月	4月	5月	6月	7月	8月	9月	10月	11月	12月
1 癸丑30	**1** 壬午28	1 辛亥29	1 辛巳28	1 庚戌27	1 己卯25	1 己酉25	1 己卯㉔	1 戊申22	1 戊寅22	1 戊申21	1 丁丑20
2 甲寅31	《3月》	**2** 壬子㉚	2 壬午29	2 辛亥28	2 庚辰26	2 庚戌26	2 庚辰25	2 己酉23	2 己卯23	2 己酉22	2 戊寅㉑
《2月》	2 癸未 1	3 癸丑31	**3** 癸未30	3 壬子29	3 辛巳27	3 辛亥㉗	3 辛巳26	3 庚戌24	3 庚辰24	3 庚戌㉓	3 己卯22
3 乙卯 1	3 甲申②	《4月》	《5月》	**4** 癸丑30	4 壬午28	4 壬子28	4 壬午27	4 辛亥25	4 辛巳25	4 辛亥24	4 庚辰23
4 丙辰②	4 乙酉 3	4 甲寅 1	4 甲申 1	5 甲寅31	5 癸未㉙	5 癸丑29	5 癸未28	5 壬子26	5 壬午㉖	5 壬子25	5 辛巳24
5 丁巳 3	5 丙戌 4	5 乙卯 2	5 乙酉 2	《6月》	**6** 甲申30	**6** 甲寅30	6 甲申29	6 癸丑27	6 癸未27	6 癸丑26	6 壬午25
6 戊午 4	6 丁亥 5	6 丙辰 3	6 丙戌 3	6 乙卯①	《7月》	7 乙卯31	**7** 乙酉30	7 甲寅㉘	7 甲申28	7 甲寅27	7 癸未26
7 己未 5	7 戊子 6	7 丁巳 4	7 丁亥④	7 丙辰 2	7 乙酉 1	《8月》	8 丙戌㉛	**8** 乙卯29	**8** 乙酉29	8 乙卯28	8 甲申27
8 庚申 6	8 己丑 7	8 戊午 5	8 戊子 5	8 丁巳 3	8 丙戌 2	8 丙辰 1	《9月》	9 丙辰30	9 丙戌30	**9** 丙辰29	9 乙酉㉘
9 辛酉 7	9 庚寅 8	9 己未⑥	9 己丑 6	9 戊午 4	9 丁亥 3	9 丁巳 2	9 丁亥 1	《10月》	10丁亥31	10丁巳㉚	**10**丙戌29
10壬戌 8	10辛卯⑨	10庚申 7	10庚寅 7	10己未 5	10戊子 4	10戊午③	10戊子 2	10丁巳 1	《11月》	《12月》	11丁亥30
11癸亥⑨	11壬辰10	11辛酉 8	11辛卯 8	11庚申 6	11己丑 5	11己未 4	11己丑 3	11戊午 2	11戊子 1	11戊午 1	12戊子31
12甲子10	12癸巳11	12壬戌 9	12壬辰 9	12辛酉 7	12庚寅⑥	12庚申 5	12庚寅 4	12己未 3	12己丑②	12己未 2	**1512**年
13乙丑11	13甲午12	13癸亥10	13癸巳10	13壬戌⑧	13辛卯 7	13辛酉 6	13辛卯 5	13庚申 4	13庚寅 3	13庚申 3	《1月》
14丙寅12	14乙未13	14甲子11	14甲午⑪	14癸亥 9	14壬辰 8	14壬戌 7	14壬辰 6	14辛酉⑤	14辛卯 4	14辛酉 4	13己丑 1
15丁卯13	15丙申14	15乙丑12	15乙未12	15甲子10	15癸巳 9	15癸亥 8	15癸巳⑦	15壬戌 6	15壬辰 5	15壬戌 5	14庚寅 2
16戊辰14	**16**丁酉15	16丙寅⑬	16丙申13	16乙丑11	16甲午10	16甲子 9	16甲午 8	16癸亥 7	16癸巳 6	16癸亥 6	15辛卯 3
17己巳15	17戊戌⑯	17丁卯14	17丁酉14	17丙寅12	17乙未11	17乙丑⑩	17乙未 9	17甲子 8	17甲午 7	17甲子⑦	16壬辰④
18庚午⑯	18己亥17	**18**戊辰15	**18**戊戌15	18丁卯13	18丙申12	18丙寅11	18丙申10	18乙丑 9	18乙未 8	18乙丑 8	17癸巳 5
19辛未17	19庚子18	19己巳16	19己亥16	**19**戊辰14	19丁酉⑬	19丁卯12	19丁酉11	19丙寅10	19丙申⑨	19丙寅 9	18甲午 6
20壬申18	20辛丑19	20庚午17	20庚子17	20己巳⑮	20戊戌14	20戊辰13	20戊戌12	20丁卯11	20丁酉10	20丁卯10	19乙未 7
21癸酉19	21壬寅20	21辛未18	21辛丑⑱	21庚午16	**21**己亥15	**21**己巳14	21己亥13	21戊辰⑫	21戊戌11	21戊辰11	20丙申 8
22甲戌20	22癸卯21	22壬申19	22壬寅19	22辛未17	22庚子16	22庚午15	**22**庚子⑭	22己巳13	22己亥12	22己巳12	21丁酉 9
23乙亥21	23甲辰22	23癸酉⑳	23癸卯20	23壬申18	23辛丑17	23辛未16	23辛丑15	**23**庚午14	23庚子13	23庚午13	22戊戌10
24丙子22	24乙巳㉓	24甲戌21	24甲辰21	24癸酉19	24壬寅18	24壬申⑰	24壬寅16	24辛未15	**24**辛丑14	**24**辛未⑭	23己亥⑪
25丁丑㉓	25丙午24	25乙亥22	25乙巳22	25甲戌20	25癸卯19	25癸酉18	25癸卯17	25壬申16	25壬寅15	25壬申15	24庚子12
26戊寅24	26丁未25	26丙子23	26丙午23	26乙亥21	26甲辰⑳	26甲戌19	26甲辰18	26癸酉17	26癸卯⑯	26癸酉16	25辛丑13
27己卯25	27戊申26	27丁丑24	27丁未24	27丙子㉒	27乙巳21	27乙亥20	27乙巳19	27甲戌18	27甲辰17	27甲戌17	**26**壬寅14
28庚辰26	28己酉27	28戊寅25	28戊申㉕	28丁丑23	28丙午22	28丙子21	28丙午20	28乙亥⑲	28乙巳18	28乙亥18	27癸卯15
29辛巳27	29庚戌28	29己卯26	29己酉26	29戊寅24	29丁未23	29丁丑22	29丁未㉑	29丙子20	29丙午19	29丙子19	28甲辰16
		30庚辰㉗			30戊申24	30戊寅23		30丁丑21	30丁未20		29乙巳17
											30丙午⑱
雨水 15日	啓蟄 1日 春分 16日	清明 2日 穀雨 18日	立夏 3日 小満 18日	芒種 4日 夏至 19日	小暑 6日 大暑 21日	立秋 6日 処暑 21日	白露 7日 秋分 22日	寒露 8日 霜降 23日	立冬 8日 小雪 24日	大雪 9日 冬至 24日	小寒 10日 大寒 26日

永正**9**年（1512－1513） 壬申

1月	2月	3月	4月	閏4月	5月	6月	7月	8月	9月	10月	11月	12月
1 丁未19	1 丁丑18	1 丙午18	1 乙亥16	1 乙巳⑯	**1** 甲戌14	1 癸卯13	1 癸酉12	1 壬寅10	1 壬申⑩	1 壬寅 9	1 壬申 9	1 辛丑 7
2 戊申20	2 戊寅19	2 丁未19	2 丙子17	2 丙午17	2 乙亥15	**2** 甲辰14	2 甲戌13	2 癸卯11	2 癸酉11	2 癸卯10	2 癸酉10	2 壬寅 8
3 己酉21	3 己卯20	3 戊申20	3 丁丑⑱	3 丁未18	3 丙子16	3 乙巳15	**3** 乙亥14	3 甲辰⑫	3 甲戌12	3 甲辰11	3 甲戌11	3 癸卯⑨
4 庚戌22	4 庚辰21	4 己酉㉑	4 戊寅19	4 戊申19	4 丁丑17	4 丙午16	4 丙子⑮	**4** 乙巳13	**4** 乙亥13	4 乙巳12	4 乙亥⑫	4 甲辰10
5 辛亥23	5 辛巳㉒	5 庚戌22	5 己卯20	5 己酉20	5 戊寅18	5 丁未17	5 丁丑16	5 丙午14	5 丙子14	**5** 丙午13	**5** 丙子13	5 乙巳11
6 壬子24	6 壬午23	6 辛亥23	6 庚辰21	6 庚戌21	6 己卯19	6 戊申⑱	6 戊寅17	6 丁未15	6 丁丑15	6 丁未⑭	6 丁丑14	6 丙午12
7 癸丑㉕	7 癸未24	7 壬子24	7 辛巳22	7 辛亥22	7 庚辰⑳	7 己酉19	7 己卯18	7 戊申16	7 戊寅16	7 戊申15	7 戊寅15	**7** 丁未13
8 甲寅26	8 甲申25	8 癸丑25	8 壬午23	8 壬子㉓	8 辛巳21	8 庚戌20	8 庚辰19	8 己酉17	8 己卯⑰	8 己酉16	8 己卯16	8 戊申14
9 乙卯27	9 乙酉26	9 甲寅26	9 癸未24	9 癸丑24	9 壬午22	9 辛亥21	9 辛巳20	9 庚戌18	9 庚辰18	9 庚戌17	9 庚辰17	9 己酉15
10丙辰28	10丙戌27	10乙卯27	10甲申㉕	10甲寅25	10癸未23	10壬子22	10壬午21	10辛亥⑲	10辛巳19	10辛亥18	10辛巳18	10庚戌⑯
11丁巳29	**11**丁亥28	11丙辰㉘	11乙酉26	11乙卯26	11甲申24	11癸丑23	11癸未㉒	11壬子20	11壬午20	11壬子19	11壬午⑲	11辛亥17
12戊午30	12戊子㉙	12丁巳29	12丙戌27	12丙辰27	12乙酉25	12甲寅24	12甲申23	12癸丑21	12癸未21	12癸丑20	12癸未20	12壬子18
13己未31	《3月》	**13**戊午30	13丁亥28	13丁巳28	13丙戌26	13乙卯㉕	13乙酉24	13甲寅22	13甲申22	13甲寅㉑	13甲申21	13癸丑19
《2月》	13己丑 1	14己未31	**14**戊子29	**14**戊午29	14丁亥㉗	14丙辰26	14丙戌25	14乙卯23	14乙酉23	14乙卯22	14乙酉22	14甲寅20
14庚申①	14庚寅 2	《4月》	15己丑30	15己未㉚	15戊子28	15丁巳27	15丁亥26	15丙辰24	15丙戌㉔	15丙辰23	15丙戌23	15乙卯21
15辛酉 2	15辛卯 3	15庚申 1	《5月》	16庚申31	**16**己丑29	16戊午28	16戊子27	16丁巳25	16丁亥25	16丁巳24	16丁亥24	16丙辰22
16壬戌 3	16壬辰 4	16辛酉 2	16庚寅 1	《6月》	17庚寅30	**17**己未29	17己丑28	17戊午㉖	17戊子26	17戊午25	17戊子25	17丁巳㉓
17癸亥 4	17癸巳 5	17壬戌 3	17辛卯②	17辛酉 1	《7月》	18庚申30	**18**庚寅㉙	18己未27	18己丑27	18己未26	18己丑㉖	18戊午24
18甲子 5	18甲午 6	18癸亥④	18壬辰 3	18壬戌 2	18辛卯 1	19辛酉31	19辛卯30	**19**庚申28	19庚寅28	19庚申27	19庚寅27	19己未25
19乙丑 6	19乙未⑦	19甲子 5	19癸巳 4	19癸亥 3	19壬辰 2	《8月》	20壬辰31	20辛酉29	**20**辛卯29	**20**辛酉㉘	20辛卯28	20庚申26
20丙寅 7	20丙申 8	20乙丑 6	20甲午 5	20甲子 4	20癸巳 3	20壬戌①	《9月》	21壬戌30	21壬辰30	21壬戌29	**21** 壬辰29	21辛酉27
21丁卯⑧	21丁酉 9	21丙寅 7	21乙未 6	21乙丑 5	21甲午④	21癸亥 2	21癸巳 1	《10月》	22癸巳㉛	22癸亥30	22癸巳30	**22**壬戌28
22戊辰 9	22戊戌10	22丁卯 8	22丙申 7	22丙寅⑥	22乙未 5	22甲子 3	22甲午 2	22癸亥 1	《11月》	《12月》	23甲午31	23癸亥29
23己巳10	23己亥11	23戊辰 9	23丁酉 8	23丁卯 7	23丙申 6	23乙丑 4	23乙未 3	23甲子 2	23甲午 1	23甲子 1	**1513**年	24甲子㉚
24庚午11	24庚子12	24己巳10	24戊戌⑨	24戊辰 8	24丁酉 7	24丙寅 5	24丙申 4	24乙丑③	24乙未 2	24乙丑 2	《1月》	25乙丑31
25辛未12	25辛丑13	25庚午⑪	25己亥10	25己巳 9	25戊戌 8	25丁卯 6	25丁酉⑤	25丙寅 4	25丙申 3	25丙寅 3	24乙未 1	《2月》
26壬申13	**26**壬寅⑭	26辛未12	26庚子11	26庚午10	26己亥 9	26戊辰 7	26戊戌 6	26丁卯 5	26丁酉 4	26丁卯 4	25丙申②	26丙寅 1
27癸酉14	27癸卯15	27壬申13	27辛丑12	27辛未11	27庚子10	27己巳⑧	27己亥 7	27戊辰 6	27戊戌 5	27戊辰⑤	26丁酉 3	27丁卯 2
28甲戌⑮	28甲辰16	**28**癸酉14	28壬寅13	28壬申12	28辛丑⑪	28庚午 9	28庚子 8	28己巳 7	28己亥 6	28己巳 6	27戊戌 4	28戊辰 3
29乙亥16	29乙巳17	29甲戌15	**29**癸卯14	29癸酉⑬	29壬寅12	29辛未10	29辛丑 9	29庚午 8	29庚子⑦	29庚午 7	28己亥 5	29己巳 4
30丙子17			30甲辰15			30壬申11		30辛未 9	30辛丑 8	30辛未 8	29庚子 6	30庚午 5
立春 11日 雨水 26日	啓蟄 11日 春分 26日	清明 13日 穀雨 28日	立夏 14日 小満 29日	芒種14日	夏至 1日 小暑 16日	大暑 2日 立秋 17日	処暑 3日 白露 18日	秋分 4日 寒露 19日	霜降 4日 立冬 20日	小雪 5日 大雪 20日	冬至 5日 小寒 21日	大寒 7日 立春 22日

永正 10 年（1513－1514） 癸酉

1月	2月	3月	4月	5月	6月	7月	8月	9月	10月	11月	12月
1 辛未⑥	1 辛丑 8	1 庚午 6	1 己亥 5	1 己巳 4	1 戊戌③	《8月》	1 丁酉31	1 丙寅29	**1** 丙申29	**1** 丙寅28	1 乙未27
2 壬申 7	2 壬寅 9	2 辛未 7	2 庚子 6	2 庚午⑤	2 己亥 4	1 丁卯 1	《9月》	2 丁卯30	2 丁酉㉚	2 丁卯29	2 丙申28
3 癸酉 8	3 癸卯10	3 壬申 8	3 辛丑 7	3 辛未 6	3 庚子 5	2 戊辰 2	2 戊戌 1	《10月》	3 戊戌31	3 戊辰30	**3** 丁酉29
4 甲戌 9	4 甲辰11	4 癸酉 9	4 壬寅⑧	4 壬申 7	4 辛丑 6	3 己巳 3	3 己亥 2	3 戊辰 1	《11月》	《12月》	4 戊戌30
5 乙亥10	5 乙巳12	5 甲戌⑩	5 癸卯 9	5 癸酉 8	5 壬寅 7	4 庚午 4	4 庚子 3	4 己巳②	4 己亥 1	4 己巳 1	5 己亥31
6 丙子11	6 丙午⑬	6 乙亥11	6 甲辰10	6 甲戌 9	6 癸卯 8	5 辛未 5	5 辛丑④	5 庚午 3	5 庚子 2	5 庚午 2	**1514 年**
7 丁丑12	7 丁未14	7 丙子12	7 乙巳11	7 乙亥10	7 甲辰 9	6 壬申 6	6 壬寅 5	6 辛未 4	6 辛丑 3	6 辛未 3	《1月》
8 戊寅⑬	**8** 戊申15	8 丁丑13	8 丙午12	8 丙子11	8 乙巳⑩	7 癸酉⑦	7 癸卯 6	7 壬申 5	7 壬寅 4	7 壬申④	6 庚子①
9 己卯14	9 己酉16	**9** 戊寅14	9 丁未13	9 丁丑⑫	9 丙午11	8 甲戌 8	8 甲辰 7	8 癸酉 6	8 癸卯 5	8 癸酉 5	7 辛丑 2
10庚辰15	10庚戌17	10己卯15	**10**戊申14	10戊寅13	10丁未12	9 乙亥 9	9 乙巳 8	9 甲戌 7	9 甲辰⑥	9 甲戌 6	8 壬寅 3
11辛巳16	11辛亥18	11庚辰16	11己酉⑮	**11**己卯14	11戊申13	10丙子10	10丙午 9	10乙亥 8	10乙巳 7	10乙亥 7	9 癸卯 4
12壬午17	12壬子19	12辛巳⑰	12庚戌16	12庚辰15	**12**己酉14	11丁丑11	11丁未10	11丙子⑨	11丙午 8	11丙子 8	10甲辰 5
13癸未18	13癸丑⑳	13壬午18	13辛亥17	13辛巳16	13庚戌15	12戊寅12	12戊申⑪	12丁丑10	12丁未 9	12丁丑 9	11乙巳 6
14甲申19	14甲寅21	14癸未19	14壬子18	14壬午17	14辛亥16	13己卯13	13己酉12	13戊寅11	13戊申10	13戊寅10	12丙午 7
15乙酉⑳	15乙卯22	15甲申20	15癸丑19	15癸未18	15壬子⑰	**14**庚辰⑭	**14**庚戌13	14己卯12	14己酉11	14己卯⑪	13丁未⑧
16丙戌21	16丙辰23	16乙酉21	16甲寅20	16甲申⑲	16癸丑18	15辛巳15	15辛亥14	15庚辰13	15庚戌12	15庚辰12	14戊申 9
17丁亥22	17丁巳24	17丙戌22	17乙卯21	17乙酉20	17甲寅19	16壬午16	16壬子15	**16**辛巳14	**16**辛亥⑬	16辛巳13	15己酉10
18戊子23	18戊午25	18丁亥23	18丙辰㉒	18丙戌21	18乙卯20	17癸未17	17癸丑16	17壬午15	17壬子14	**17**壬午14	16庚戌11
19己丑24	19己未26	19戊子㉔	19丁巳23	19丁亥22	19丙辰21	18甲申18	18甲寅17	18癸未⑯	18癸丑15	18癸未15	17辛亥12
20庚寅25	20庚申㉗	20己丑25	20戊午24	20戊子23	20丁巳22	19乙酉19	19乙卯⑱	19甲申17	19甲寅16	19甲申16	**18**壬子13
21辛卯26	21辛酉28	21庚寅26	21己未25	21己丑24	21戊午23	20丙戌20	20丙辰19	20乙酉18	20乙卯17	20乙酉17	19癸丑14
22壬辰㉗	22壬戌29	22辛卯27	22庚申26	22庚寅25	22己未㉔	21丁亥㉑	21丁巳20	21丙戌19	21丙辰18	21丙戌⑱	20甲寅⑮
23癸巳28	**23**癸亥30	23壬辰28	23辛酉27	23辛卯㉖	23庚申25	22戊子22	22戊午21	22丁亥20	22丁巳19	22丁亥19	21乙卯16
《3月》	24甲子31	**24**癸巳29	24壬戌28	24壬辰27	24辛酉26	23己丑23	23己未22	23戊子21	23戊午⑳	23戊子20	22丙辰17
24甲午 1	《4月》	25甲午30	25癸亥㉙	25癸巳28	25壬戌27	24庚寅24	24庚申23	24己丑22	24己未21	24己丑21	23丁巳18
25乙未 2	25乙丑 1	《5月》	**26**甲子30	**26**甲午29	26癸亥28	25辛卯25	25辛酉24	25庚寅㉓	25庚申22	25庚寅22	24戊午19
26丙申 3	26丙寅 2	26乙未①	27乙丑31	27乙未30	27甲子29	26壬辰26	26壬戌㉕	26辛卯24	26辛酉23	26辛卯23	25己未20
27丁酉 4	27丁卯③	27丙申 2	《6月》	《7月》	**28**乙丑30	27癸巳27	27癸亥26	27壬辰25	27壬戌24	27壬辰24	26庚申21
28戊戌 5	28戊辰 4	28丁酉 3	28丙寅 1	28丙申 1	29丙寅㉛	28甲午㉘	28甲子27	28癸巳26	28癸亥25	28癸巳㉕	27辛酉㉒
29己亥⑥	29己巳 5	29戊戌 4	29丁卯 2	29丁酉 2		**29**乙未29	**29**乙丑28	29甲午27	29甲子26	29甲午26	28壬戌23
30庚子 7			30戊辰 3			30丙申30		30乙未28	30乙丑㉗		29癸亥24
											30甲子25
雨水 7日 啓蟄 22日	春分 8日 清明 23日	穀雨 9日 立夏 24日	小満 10日 芒種 26日	夏至 11日 小暑 26日	大暑 12日 立秋 28日	処暑 14日 白露 29日	秋分 14日 寒露 29日	霜降 16日	立冬 1日 小雪 16日	大雪 1日 冬至 17日	小寒 3日 大寒 18日

永正 11 年（1514－1515） 甲戌

1月	2月	3月	4月	5月	6月	7月	8月	9月	10月	11月	12月
1 乙丑26	1 乙未25	1 甲子㉖	1 甲午25	1 癸亥24	1 癸巳23	1 壬戌22	1 辛卯⑳	1 辛酉19	1 庚寅18	1 庚申17	1 己丑16
2 丙寅27	2 丙申㉖	2 乙丑27	2 乙未26	2 甲子25	2 甲午24	2 癸亥㉓	2 壬辰21	2 壬戌20	2 辛卯19	2 辛酉18	2 庚寅⑰
3 丁卯28	3 丁酉27	3 丙寅28	3 丙申27	3 乙丑26	3 乙未㉕	3 甲子24	3 癸巳22	3 癸亥21	3 壬辰20	3 壬戌⑲	3 辛卯18
4 戊辰㉙	**4** 戊戌28	4 丁卯29	4 丁酉28	4 丙寅27	4 丙申26	4 乙丑25	4 甲午23	4 甲子22	4 癸巳21	4 癸亥20	4 壬辰19
5 己巳30	《3月》	**5** 戊辰30	5 戊戌29	5 丁卯㉘	5 丁酉27	5 丙寅26	5 乙未24	5 乙丑23	5 甲午㉒	5 甲子21	5 癸巳20
6 庚午31	5 己亥 1	6 己巳31	**6** 己亥㉚	6 戊辰29	6 戊戌28	6 丁卯27	6 丙申25	6 丙寅㉔	6 乙未23	6 乙丑22	6 甲午21
《2月》	6 庚子 2	《4月》	《5月》	**7** 己巳30	**7** 己亥29	7 戊辰28	7 丁酉26	7 丁卯25	7 丙申24	7 丙寅23	7 乙未22
7 辛未 1	7 辛丑 3	7 庚午 1	7 庚子 1	8 庚午31	8 庚子30	8 己巳29	8 戊戌㉗	8 戊辰26	8 丁酉25	8 丁卯24	8 丙申23
8 壬申 2	8 壬寅 4	8 辛未②	8 辛丑 2	《6月》	《7月》	**9** 庚午㉚	9 己亥28	9 己巳27	9 戊戌26	9 戊辰25	9 丁酉㉔
9 癸酉 3	9 癸卯⑤	9 壬申 3	9 壬寅 3	9 辛未 1	9 辛丑 1	10辛未31	**10**庚子29	10庚午28	10己亥27	10己巳㉖	10戊戌25
10甲戌 4	10甲辰 6	10癸酉 4	10癸卯 4	10壬申 2	10壬寅②	《8月》	11辛丑30	**11**辛未29	11庚子28	11庚午27	11己亥26
11乙亥⑤	11乙巳 7	11甲戌 5	11甲辰 5	11癸酉 3	11癸卯 3	11壬申 1	12壬寅31	12壬申30	**12**辛丑㉙	12辛未28	12庚子27
12丙子 6	12丙午 8	12乙亥 6	12乙巳 6	12甲戌④	12甲辰 4	12癸酉 2	《9月》	《10月》	13壬寅30	**13**壬申29	13辛丑28
13丁丑 7	13丁未 9	13丙子 7	13丙午⑦	13乙亥 5	13乙巳 5	13甲戌 3	13癸卯 1	13癸酉①	14癸卯31	14癸酉30	**14**壬寅29
14戊寅 8	14戊申10	14丁丑 8	14丁未 8	14丙子 6	14丙午 6	14乙亥 4	14甲辰 2	14甲戌 2	《11月》	《12月》	15癸卯30
15己卯 9	15己酉11	15戊寅⑨	15戊申 9	15丁丑 7	15丁未 7	15丙子 5	15乙巳③	15乙亥 3	15甲辰 1	15甲戌 1	16甲辰㉛
16庚辰10	16庚戌⑫	16己卯10	16己酉10	16戊寅 8	16戊申 8	16丁丑⑥	16丙午 4	16丙子 4	16乙巳 2	16乙亥 2	**1515 年**
17辛巳11	17辛亥13	17庚辰11	17庚戌11	17己卯 9	17己酉⑨	17戊寅 7	17丁未 5	17丁丑 5	17丙午 3	17丙子③	《1月》
18壬午⑫	18壬子14	18辛巳12	18辛亥12	18庚辰10	18庚戌10	18己卯 8	18戊申 6	18戊寅 6	18丁未 4	18丁丑 4	17乙巳 1
19癸未13	**19**癸丑15	19壬午13	19壬子13	19辛巳⑪	19辛亥11	19庚辰 9	19己酉 7	19己卯 7	19戊申⑤	19戊寅 5	18丙午 2
20甲申14	20甲寅16	**20**癸未14	20癸丑⑭	20壬午12	20壬子12	20辛巳10	20庚戌 8	20庚辰⑧	20己酉 6	20己卯 6	19丁未 3
21乙酉15	21乙卯17	21甲申15	**21**甲寅15	21癸未13	21癸丑13	21壬午11	21辛亥 9	21辛巳 9	21庚戌 7	21庚辰 7	20戊申 4
22丙戌16	22丙辰18	22乙酉⑯	22乙卯16	**22**甲申14	22甲寅14	22癸未12	22壬子⑩	22壬午10	22辛亥 8	22辛巳 8	21己酉 5
23丁亥17	23丁巳⑲	23丙戌17	23丙辰17	23乙酉15	**23**乙卯15	23甲申⑬	23癸丑11	23癸未11	23壬子 9	23壬午 9	22庚戌 6
24戊子18	24戊午20	24丁亥18	24丁巳18	24丙戌16	24丙辰⑯	**24**乙酉14	24甲寅12	24甲申12	24癸丑10	24癸未⑩	23辛亥⑦
25己丑⑲	25己未21	25戊子19	25戊午19	25丁亥17	25丁巳17	25丙戌15	**25**乙卯13	25乙酉13	25甲寅11	25甲申11	24壬子 8
26庚寅20	26庚申22	26己丑20	26己未20	26戊子⑱	26戊午18	26丁亥16	26丙辰14	**26**丙戌14	26乙卯⑫	26乙酉12	25癸丑 9
27辛卯21	27辛酉23	27庚寅21	27庚申㉑	27己丑19	27己未19	27戊子17	27丁巳15	27丁亥⑮	**27**丙辰13	27丙戌13	26甲寅10
28壬辰22	28壬戌24	28辛卯22	28辛酉22	28庚寅20	28庚申20	28己丑18	28戊午16	28戊子16	28丁巳14	**28**丁亥14	27乙卯11
29癸巳23	29癸亥25	29壬辰㉓	29壬戌23	29辛卯21	29辛酉21	29庚寅19	29己未⑰	29己丑17	29戊午15	29戊子15	28丙辰12
30甲午24		30癸巳24		30壬辰22			30庚申18		30己未16		**29**丁巳13
											30戊午⑭
立春 3日 雨水 18日	啓蟄 4日 春分 19日	清明 5日 穀雨 20日	立夏 6日 小満 21日	芒種 7日 夏至 22日	小暑 7日 大暑 23日	立秋 9日 処暑 24日	白露 10日 秋分 25日	寒露 11日 霜降 26日	立冬 12日 小雪 27日	大雪 13日 冬至 28日	小寒 14日 大寒 29日

永正12年（1515－1516） 乙亥

1月	2月	閏2月	3月	4月	5月	6月	7月	8月	9月	10月	11月	12月
1己未15	1己丑14	1己未16	1戊子14	1戊午14	1丁亥12	1丁巳12	1丙戌10	1乙卯8	1乙酉8	1甲寅6	1甲申6	1癸丑4
2庚申16	2庚寅15	2庚申17	**2**己丑⑮	**2**己未15	2戊子13	2戊午13	2丁亥11	2丙辰⑨	2丙戌9	2乙卯7	2乙酉7	2甲寅5
3辛酉17	3辛卯16	3辛酉⑱	3庚寅16	3庚申16	**3**己丑14	3己未14	3戊子⑫	3丁巳10	3丁亥10	3丙辰8	3丙戌8	3乙卯⑥
4壬戌18	4壬辰17	4壬戌19	4辛卯17	4辛酉17	4庚寅15	**4**庚申⑮	4己丑13	4戊午11	4戊子11	4丁巳9	4丁亥⑨	4丙辰7
5癸亥19	5癸巳⑱	5癸亥20	5壬辰18	5壬戌18	5辛卯16	5辛酉16	**5**庚寅14	5己未12	5己丑12	5戊午10	5戊子10	5丁巳8
6甲子20	6甲午19	6甲子21	6癸巳19	6癸亥19	6壬辰⑰	6壬戌17	6辛卯15	6庚申13	6庚寅13	6己未⑪	6己丑11	6戊午9
7乙丑㉑	7乙未20	7乙丑22	7甲午20	7甲子⑳	7癸巳18	7癸亥18	7壬辰16	**7**辛酉14	**7**辛卯⑭	7庚申12	7庚寅12	7己未10
8丙寅22	8丙申21	8丙寅23	8乙未21	8乙丑21	8甲午19	8甲子19	8癸巳17	8壬戌15	8壬辰15	8辛酉13	8辛卯13	8庚申11
9丁卯23	9丁酉22	9丁卯24	9丙申㉒	9丙寅22	9乙未20	9乙丑20	9甲午18	9癸亥⑯	9癸巳16	**9**壬戌14	**9**壬辰14	9辛酉12
10戊辰24	10戊戌23	10戊辰㉕	10丁酉23	10丁卯23	10丙申21	10丙寅21	10乙未⑲	10甲子17	10甲午17	10癸亥15	10癸巳15	**10**壬戌⑬
11己巳25	11己亥24	11己巳26	11戊戌24	11戊辰24	11丁酉22	11丁卯㉒	11丙申20	11乙丑18	11乙未18	11甲子16	11甲午⑯	11癸亥14
12庚午26	12庚子㉕	12庚午27	12己亥25	12己巳25	12戊戌23	12戊辰23	12丁酉21	12丙寅19	12丙申19	12乙丑17	12乙未17	12甲子15
13辛未27	13辛丑26	13辛未28	13庚子26	13庚午26	13己亥㉔	13己巳24	13戊戌22	13丁卯20	13丁酉20	13丙寅⑱	13丙申18	13乙丑16
14壬申㉘	14壬寅27	14壬申29	14辛丑27	14辛未㉗	14庚子25	14庚午25	14己亥23	14戊辰21	14戊戌㉑	14丁卯19	14丁酉19	14丙寅17
15癸酉29	**15**癸卯28	**15**癸酉30	15壬寅28	15壬申28	15辛丑26	15辛未26	15庚子24	15己巳22	15己亥22	15戊辰20	15戊戌20	15丁卯18
16甲戌30	《3月》	16甲戌31	16癸卯㉙	16癸酉29	16壬寅27	16壬申27	16辛丑25	16庚午㉓	16庚子23	16己巳21	16己亥21	16戊辰19
17乙亥31	16甲辰1	《4月》	**17**甲辰30	**17**甲戌30	17癸卯28	17癸酉28	17壬寅㉖	17辛未24	17辛丑24	17庚午22	17庚子22	17己巳⑳
《2月》	17乙巳2	17乙亥①	《5月》	18乙亥31	18甲辰29	18甲戌㉙	18癸卯27	18壬申25	18壬寅25	18辛未23	18辛丑㉓	18庚午21
18丙子1	18丙午3	18丙子2	18乙巳1	《6月》	**19**乙巳30	**19**乙亥30	19甲辰28	19癸酉26	19癸卯26	19壬申24	19壬寅24	19辛未22
19丁丑2	19丁未④	19丁丑3	19丙午2	19丙子1	《7月》	20丙子31	20乙巳29	20甲戌27	20甲辰27	20癸酉㉕	20癸卯25	20壬申23
20戊寅3	20戊申5	20戊寅4	20丁未3	20丁丑2	20丙午①	《8月》	**21**丙午30	21乙亥28	21乙巳㉘	21甲戌26	21甲辰26	21癸酉24
21己卯④	21己酉6	21己卯5	21戊申4	21戊寅③	21丁未2	21丁丑1	22丁未31	**22**丙子29	**22**丙午29	22乙亥27	22乙巳27	22甲戌25
22庚辰5	22庚戌7	22庚辰6	22己酉5	22己卯4	22戊申3	22戊寅2	《9月》	23丁丑㉚	23丁未30	23丙子28	23丙午28	23乙亥26
23辛巳6	23辛亥8	23辛巳7	23庚戌⑥	23庚辰5	23己酉4	23己卯3	23戊申1	《10月》	24戊申31	**24**丁丑29	**24**丁未29	24丙子㉗
24壬午7	24壬子9	24壬午⑧	24辛亥7	24辛巳6	24庚戌5	24庚辰4	24己酉②	24戊寅1	《11月》	25戊寅30	25戊申㉚	25丁丑28
25癸未8	25癸丑10	25癸未9	25壬子8	25壬午7	25辛亥6	25辛巳⑤	25庚戌3	25己卯2	25己酉1	《12月》	26己酉31	**26**戊寅29
26甲申9	26甲寅⑪	26甲申10	26癸丑9	26癸未8	26壬子7	26壬午6	26辛亥4	26庚辰3	26庚戌2	26己卯1	**1516年**	27己卯30
27乙酉10	27乙卯12	27乙酉11	27甲寅10	27甲申9	27癸丑⑧	27癸未7	27壬子5	27辛巳4	27辛亥3	27庚辰②	《1月》	28庚辰31
28丙戌⑪	28丙辰13	28丙戌12	28乙卯11	28乙酉⑩	28甲寅9	28甲申8	28癸丑6	28壬午5	28壬子④	28辛巳3	27庚戌1	《2月》
29丁亥12	29丁巳14	29丁亥13	29丙辰12	29丙戌11	29乙卯10	29乙酉9	29甲寅7	29癸未6	29癸丑5	29壬午4	28辛亥2	29辛巳1
30戊子13	**30**戊午15		30丁巳⑬		30丙辰11			30甲申⑦		30癸未5	29壬子3	30壬午2
立春14日 雨水30日	啓蟄15日 春分30日	清明15日	穀雨2日 立夏17日	小満2日 芒種17日	夏至3日 小暑19日	大暑4日 立秋19日	処暑5日 白露21日	秋分7日 寒露22日	霜降7日 立冬22日	小雪9日 大雪24日	冬至9日 小寒24日	大寒10日 立春26日

永正13年（1516－1517） 丙子

1月	2月	3月	4月	5月	6月	7月	8月	9月	10月	11月	12月
1癸未③	1癸丑4	1壬午2	1壬子2	《6月》	1辛亥30	1辛巳30	1庚戌28	1己卯26	1己酉㉖	1戊寅24	1戊申24
2甲申4	2甲寅5	2癸未3	2癸丑3	1壬午①	《7月》	2壬午31	**2**辛亥29	2庚辰27	2庚戌27	2己卯25	2己酉25
3乙酉5	3乙卯6	3甲申4	3甲寅④	2癸未2	2壬子1	《8月》	3壬子30	**3**辛巳㉘	3辛亥28	3庚辰26	3庚戌26
4丙戌6	4丙辰7	4乙酉5	4乙卯5	3甲申3	3癸丑2	3癸未1	4癸丑㉛	4壬午29	**4**壬子29	4辛巳27	4辛亥27
5丁亥7	5丁巳8	5丙戌⑥	5丙辰6	4乙酉4	4甲寅3	4甲申2	《9月》	5癸未30	5癸丑30	**5**壬午28	5壬子㉘
6戊子8	6戊午⑨	6丁亥7	6丁巳7	5丙戌5	5乙卯4	5乙酉③	5甲寅1	《10月》	6甲寅31	6癸未29	**6**癸丑29
7己丑9	7己未10	7戊子8	7戊午8	6丁亥6	6丙辰5	6丙戌4	6乙卯2	6甲申1	《11月》	7甲申㉚	7甲寅30
8庚寅⑩	8庚申11	8己丑9	8己未9	7戊子7	7丁巳⑥	7丁亥5	7丙辰3	7乙酉2	7乙卯1	《12月》	8乙卯31
9辛卯11	9辛酉12	9庚寅10	9庚申10	8己丑⑧	8戊午7	8戊子6	8丁巳4	8丙戌3	8丙辰②	8乙酉1	**1517年**
10壬辰12	10壬戌13	10辛卯11	10辛酉⑪	9庚寅9	9己未8	9己丑7	9戊午5	9丁亥4	9丁巳3	9丙戌2	《1月》
11癸巳13	**11**癸亥14	11壬辰12	11壬戌12	10辛卯10	10庚申9	10庚寅8	10己未6	10戊子⑤	10戊午4	10丁亥3	9丙辰1
12甲午14	12甲子15	12癸巳⑬	12癸亥13	11壬辰11	11辛酉10	11辛卯9	11庚申⑦	11己丑6	11己未5	11戊子4	10丁巳2
13乙未15	13乙丑⑯	**13**甲午14	**13**甲子14	12癸巳12	12壬戌11	12壬辰⑩	12辛酉8	12庚寅7	12庚申6	12己丑5	11戊午3
14丙申16	14丙寅17	14乙未15	14乙丑15	13甲午13	13癸亥12	13癸巳11	13壬戌9	13辛卯8	13辛酉7	13庚寅6	12己未④
15丁酉⑰	15丁卯18	15丙申16	15丙寅16	**14**乙未14	14甲子⑬	14甲午12	14癸亥10	14壬辰9	14壬戌8	14辛卯⑦	13庚申5
16戊戌18	16戊辰19	16丁酉17	16丁卯17	15丙申⑮	**15**乙丑14	15乙未13	15甲子11	15癸巳10	15癸亥⑨	15壬辰8	14辛酉6
17己亥19	17己巳20	17戊戌18	17戊辰⑱	16丁酉16	16丙寅15	**16**丙申14	16乙丑12	16甲午11	16甲子10	16癸巳9	15壬戌7
18庚子20	18庚午21	18己亥19	18己巳19	17戊戌17	17丁卯16	17丁酉15	**17**丙寅13	17乙未⑫	17乙丑11	17甲午10	16癸亥8
19辛丑21	19辛未22	19庚子⑳	19庚午20	18己亥18	18戊辰17	18戊戌16	18丁卯⑭	**18**丙申13	18丙寅12	18乙未11	17甲子9
20壬寅22	20壬申㉓	20辛丑21	20辛未21	19庚子19	19己巳18	19己亥⑰	19戊辰15	19丁酉14	**19**丁卯13	19丙申12	18乙丑10
21癸卯23	21癸酉24	21壬寅22	21壬申22	20辛丑20	20庚午19	20庚子18	20己巳16	20戊戌15	20戊辰14	**20**丁酉13	19丙寅⑪
22甲辰㉔	22甲戌25	22癸卯23	22癸酉23	21壬寅21	21辛未⑳	21辛丑19	21庚午17	21己亥16	21己巳15	21戊戌⑭	20丁卯12
23乙巳25	23乙亥26	23甲辰24	23甲戌24	22癸卯㉒	22壬申21	22壬寅20	22辛未18	22庚子17	22庚午⑯	22己亥15	**21**戊辰13
24丙午26	24丙子27	24乙巳25	24乙亥㉕	23甲辰23	23癸酉22	23癸卯21	23壬申19	23辛丑18	23辛未17	23庚子16	22己巳14
25丁未27	25丁丑28	25丙午26	25丙子26	24乙巳24	24甲戌23	24甲辰22	24癸酉20	24壬寅⑲	24壬申18	24辛丑17	23庚午15
26戊申28	26戊寅29	26丁未㉗	26丁丑27	25丙午25	25乙亥24	25乙巳23	25甲戌㉑	25癸卯20	25癸酉19	25壬寅18	24辛未16
27己酉29	**27**己卯㉚	27戊申28	27戊寅28	26丁未26	26丙子25	26丙午㉔	26乙亥22	26甲辰21	26甲戌20	26癸卯19	25壬申17
《3月》	28庚辰31	**28**己酉29	**28**己卯29	27戊申27	27丁丑26	27丁未25	27丙子23	27乙巳22	27乙亥21	27甲辰20	26癸酉⑱
28庚戌1	《4月》	29庚戌30	29庚辰30	28己酉28	28戊寅㉗	28戊申26	28丁丑24	28丙午23	28丙子22	28乙巳㉑	27甲戌19
29辛亥②	29辛巳1	《5月》	30辛巳31	**29**庚戌㉙	29己卯28	29己酉27	29戊寅25	29丁未24	29丁丑㉓	29丙午22	28乙亥20
30壬子3		30辛亥1			**30**庚辰29			30戊申25		30丁未23	29丙子21
雨水11日 啓蟄26日	春分11日 清明27日	穀雨13日 立夏28日	小満13日 芒種28日	夏至14日 小暑29日	大暑15日 立秋30日	処暑16日	白露2日 秋分17日	寒露3日 霜降18日	立冬4日 小雪19日	大雪5日 冬至20日	小寒6日 大寒21日

永正14年（1517－1518） 丁丑

1月	2月	3月	4月	5月	6月	7月	8月	9月	10月	閏10月	11月	12月
1 丁丑22	1 丁未21	1 丙子㉒	1 丙午21	1 丙子21	1 乙巳19	1 乙亥⑲	1 甲辰17	1 甲戌16	1 癸卯15	1 癸酉14	1 壬寅⑬	1 壬申12
2 戊寅23	2 戊申㉒	2 丁丑23	2 丁未22	2 丁丑22	2 丙午20	2 丙子20	2 乙巳18	2 乙亥17	2 甲辰16	2 甲戌⑮	2 癸卯14	2 癸酉13
3 己卯24	3 己酉23	3 戊寅24	3 戊申23	3 戊寅23	3 丁未㉑	3 丁丑21	3 丙午19	3 丙子18	3 乙巳17	3 乙亥16	3 甲辰15	3 甲戌14
4 庚辰㉕	4 庚戌24	4 己卯25	4 己酉24	4 己卯㉔	4 戊申22	4 戊寅22	4 丁未20	4 丁丑19	4 丙午⑱	4 丙子17	4 乙巳16	4 乙亥15
5 辛巳26	5 辛亥25	5 庚辰26	5 庚戌25	5 庚辰25	5 己酉23	5 己卯23	5 戊申21	5 戊寅⑳	5 丁未19	5 丁丑18	5 丙午17	5 丙子16
6 壬午27	6 壬子26	6 辛巳27	6 辛亥㉖	6 辛巳26	6 庚戌24	6 庚辰24	6 己酉22	6 己卯21	6 戊申20	6 戊寅19	6 丁未18	6 丁丑⑰
7 癸未28	7 癸丑27	7 壬午28	7 壬子27	7 壬午27	7 辛亥25	7 辛巳25	7 庚戌㉓	7 庚辰22	7 己酉21	7 己卯20	7 戊申19	7 戊寅18
8 甲申29	8 甲寅28	8 癸未㉙	8 癸丑28	8 癸未28	8 壬子26	8 壬午㉖	8 辛亥24	8 辛巳23	8 庚戌22	8 庚辰21	8 己酉⑳	8 己卯19
9 乙酉30	《3月》	9 甲申30	9 甲寅29	9 甲申29	9 癸丑27	9 癸未27	9 壬子25	9 壬午24	9 辛亥23	9 辛巳㉒	9 庚戌21	9 庚辰20
10丙戌31	9 乙卯①	10乙酉31	10乙卯30	10乙酉30	10甲寅㉘	10甲申28	10癸丑26	10癸未25	10壬子24	10壬午23	10辛亥22	10辛巳21
《2月》	10丙辰 2	《4月》	《5月》	11丙戌㉛	11乙卯29	11乙酉29	11甲寅27	11甲申26	11癸丑㉕	11癸未24	11壬子23	11壬午22
11丁亥①	11丁巳 3	11丙戌 1	11丙辰 1	《6月》	12丙辰30	12丙戌30	12乙卯28	12乙酉㉗	12甲寅26	12甲申25	12癸丑24	12癸未23
12戊子 2	12戊午 4	12丁亥 2	12丁巳 2	12丁亥 1	《7月》	13丁亥31	13丙辰29	13丙戌28	13乙卯27	13乙酉26	13甲寅25	13甲申㉔
13己丑 3	13己未 5	13戊子 3	13戊午③	13戊子 2	13丁巳 1	《8月》	14丁巳㉚	14丁亥29	14丙辰28	14丙戌27	14乙卯26	14乙酉25
14庚寅 4	14庚申 6	14己丑 4	14己未 4	14己丑 3	14戊午 2	14戊子 1	15戊午31	15戊子30	15丁巳29	15丁亥28	15丙辰㉗	15丙戌26
15辛卯 5	15辛酉 7	15庚寅⑤	15庚申 5	15庚寅 4	15己未 3	15己丑②	《9月》	《10月》	16戊午30	16戊子㉙	16丁巳28	16丁亥27
16壬辰 6	16壬戌⑧	16辛卯 6	16辛酉 6	16辛卯 5	16庚申 4	16庚寅 3	16己未 1	16己丑 1	17己未31	17己丑30	17戊午29	17戊子28
17癸巳 7	17癸亥 9	17壬辰 7	17壬戌 7	17壬辰 6	17辛酉⑤	17辛卯 4	17庚申 2	17庚寅 2	《11月》	《12月》	18己未30	18己丑29
18甲午⑧	18甲子10	18癸巳 8	18癸亥 8	18癸巳⑦	18壬戌 6	18壬辰 5	18辛酉 3	18辛卯 3	18庚申①	18庚寅 1	19庚申31	19庚寅30
19乙未 9	19乙丑11	19甲午 9	19甲子 9	19甲午 8	19癸亥 7	19癸巳 6	19壬戌 4	19壬辰④	19辛酉 2	19辛卯 2	1518年	20辛卯㉛
20丙申10	20丙寅12	20乙未10	20乙丑⑩	20乙未 9	20甲子 8	20甲午 7	20癸亥 5	20癸巳 5	20壬戌 3	20壬辰 3	《1月》	《2月》
21丁酉11	21丁卯13	21丙申11	21丙寅11	21丙申10	21乙丑 9	21乙未 8	21甲子⑥	21甲午 6	21癸亥 4	21癸巳 4	20辛酉 1	21壬辰 1
22戊戌12	22戊辰14	22丁酉⑫	22丁卯12	22丁酉11	22丙寅10	22丙申⑨	22乙丑 7	22乙未 7	22甲子 5	22甲午 5	21壬戌 2	22癸巳 2
23己亥13	23己巳⑮	23戊戌13	23戊辰13	23戊戌12	23丁卯11	23丁酉10	23丙寅 8	23丙申 8	23乙丑 6	23乙未⑥	22癸亥③	23甲午 3
24庚子14	24庚午16	24己亥14	24己巳14	24己亥13	24戊辰⑫	24戊戌11	24丁卯 9	24丁酉 9	24丙寅 7	24丙申 7	23甲子 4	24乙未 4
25辛丑⑮	25辛未17	25庚子15	25庚午15	25庚子⑭	25己巳13	25己亥12	25戊辰10	25戊戌10	25丁卯⑧	25丁酉 8	24乙丑 5	25丙申 5
26壬寅16	26壬申18	26辛丑16	26辛未16	26辛丑15	26庚午14	26庚子13	26己巳11	26己亥⑪	26戊辰 9	26戊戌 9	25丙寅 6	26丁酉 6
27癸卯17	27癸酉19	27壬寅17	27壬申⑰	27壬寅16	27辛未15	27辛丑14	27庚午12	27庚子12	27己巳10	27己亥10	26丁卯 7	27戊戌⑦
28甲辰18	28甲戌20	28癸卯18	28癸酉18	28癸卯17	28壬申16	28壬寅15	28辛未⑬	28辛丑13	28庚午11	28庚子11	27戊辰 8	28己亥 8
29乙巳19	29乙亥21	29甲辰⑲	29甲戌19	29甲辰18	29癸酉17	29癸卯⑯	29壬申14	29壬寅14	29辛未12	29辛丑12	28己巳 9	29庚子 9
30丙午20		30乙巳20	30乙亥20		30甲戌18		30癸酉15		30壬申13		29庚午⑩	
											30辛未11	
立春 7日 雨水 22日	啓蟄 7日 春分 23日	清明 9日 穀雨 24日	立夏 9日 小満 24日	芒種 10日 夏至 25日	小暑 11日 大暑 26日	立秋 12日 処暑 27日	白露 13日 秋分 28日	寒露 13日 霜降 29日	立冬 15日 小雪 30日	大雪15日	冬至 2日 小寒 17日	大寒 2日 立春 17日

永正15年（1518－1519） 戊寅

1月	2月	3月	4月	5月	6月	7月	8月	9月	10月	11月	12月
1 辛丑10	1 辛未12	1 庚子10	1 庚午10	1 己亥 8	1 己巳 8	1 己亥 7	1 戊辰⑤	1 戊戌 5	1 丁卯 3	1 丁酉 3	1519年
2 壬寅11	2 壬申13	2 辛丑⑪	2 辛未11	2 庚子 9	2 庚午 9	2 庚子⑧	2 己巳 6	2 己亥 6	2 戊辰 4	2 戊戌 4	《1月》
3 癸卯12	3 癸酉⑭	3 壬寅12	3 壬申12	3 辛丑10	3 辛未10	3 辛丑 9	3 庚午 7	3 庚子 7	3 己巳 5	3 己亥⑤	1 丙寅 1
4 甲辰13	4 甲戌15	4 癸卯13	4 癸酉13	4 壬寅11	4 壬申⑪	4 壬寅10	4 辛未 8	4 辛丑 8	4 庚午 6	4 庚子 6	2 丁卯②
5 乙巳⑭	5 乙亥16	5 甲辰14	5 甲戌14	5 癸卯12	5 癸酉12	5 癸卯11	5 壬申 9	5 壬寅 9	5 辛未⑦	5 辛丑 7	3 戊辰 3
6 丙午15	6 丙子17	6 乙巳15	6 乙亥15	6 甲辰⑬	6 甲戌13	6 甲辰12	6 癸酉10	6 癸卯⑩	6 壬申 8	6 壬寅 8	4 己巳 4
7 丁未16	7 丁丑18	7 丙午16	7 丙子⑯	7 乙巳14	7 乙亥14	7 乙巳13	7 甲戌11	7 甲辰11	7 癸酉 9	7 癸卯 9	5 庚午 5
8 戊申17	8 戊寅19	8 丁未17	8 丁丑17	8 丙午15	8 丙子15	8 丙午14	8 乙亥⑫	8 乙巳12	8 甲戌10	8 甲辰10	6 辛未 6
9 己酉18	9 己卯20	9 戊申⑱	9 戊寅18	9 丁未16	9 丁丑16	9 丁未⑮	9 丙子13	9 丙午13	9 乙亥11	9 乙巳11	7 壬申 7
10庚戌19	10庚辰㉑	10己酉19	10己卯19	10戊申17	10戊寅17	10戊申16	10丁丑14	10丁未14	10丙子12	10丙午⑫	8 癸酉 8
11辛亥20	11辛巳22	11庚戌20	11庚辰20	11己酉18	11己卯⑱	11己酉17	11戊寅15	11戊申15	11丁丑13	11丁未13	9 甲戌⑨
12壬子㉑	12壬午23	12辛亥21	12辛巳21	12庚戌19	12庚辰19	12庚戌18	12己卯16	12己酉16	12戊寅⑭	12戊申14	10乙亥10
13癸丑22	13癸未24	13壬子22	13壬午22	13辛亥⑳	13辛巳20	13辛亥19	13庚辰17	13庚戌⑰	13己卯15	13己酉15	11丙子11
14甲寅23	14甲申25	14癸丑23	14癸未㉓	14壬子21	14壬午21	14壬子20	14辛巳18	14辛亥18	14庚辰16	14庚戌16	12丁丑12
15乙卯24	15乙酉26	15甲寅24	15甲申24	15癸丑22	15癸未22	15癸丑21	15壬午⑲	15壬子19	15辛巳17	15辛亥17	13戊寅13
16丙辰25	16丙戌27	16乙卯㉕	16乙酉25	16甲寅23	16甲申23	16甲寅㉒	16癸未20	16癸丑20	16壬午18	16壬子18	14己卯14
17丁巳26	17丁亥㉘	17丙辰26	17丙戌26	17乙卯24	17乙酉24	17乙卯23	17甲申21	17甲寅21	17癸未19	17癸丑⑲	15庚辰15
18戊午27	18戊子29	18丁巳27	18丁亥27	18丙辰25	18丙戌㉕	18丙辰24	18乙酉22	18乙卯22	18甲申20	18甲寅20	16辛巳⑯
19己未㉘	19己丑30	19戊午28	19戊子28	19丁巳26	19丁亥26	19丁巳25	19丙戌23	19丙辰23	19乙酉㉑	19乙卯21	17壬午17
《3月》	20庚寅31	20己未29	20己丑29	20戊午㉗	20戊子27	20戊午26	20丁亥24	20丁巳㉔	20丙戌22	20丙辰22	18癸未18
20庚申 1	《4月》	21庚申30	21庚寅㉚	21己未28	21己丑28	21己未27	21戊子25	21戊午25	21丁亥23	21丁巳23	19甲申19
21辛酉 2	21辛卯 1	《5月》	22辛卯31	22庚申29	22庚寅29	22庚申28	22己丑㉖	22己未26	22戊子24	22戊午24	20乙酉20
22壬戌 3	22壬辰 2	22辛酉 1	《6月》	23辛酉30	23辛卯30	23辛酉㉙	23庚寅27	23庚申27	23己丑25	23己未25	21丙戌21
23癸亥 4	23癸巳 3	23壬戌②	23壬辰 1	《7月》	24壬辰31	24壬戌30	24辛卯28	24辛酉28	24庚寅26	24庚申㉖	22丁亥22
24甲子 5	24甲午④	24癸亥 3	24癸巳 2	24壬戌 1	《8月》	25癸亥31	25壬辰29	25壬戌29	25辛卯27	25辛酉27	23戊子㉓
25乙丑 6	25乙未 5	25甲子 4	25甲午 3	25癸亥 2	25癸巳①	《9月》	26癸巳30	26癸亥30	26壬辰㉘	26壬戌28	24己丑24
26丙寅⑦	26丙申 6	26乙丑 5	26乙未 4	26甲子 3	26甲午 2	26甲子 1	《10月》	27甲子㉛	27癸巳29	27癸亥29	25庚寅25
27丁卯 8	27丁酉 7	27丙寅 6	27丙申 5	27乙丑④	27乙未 3	27乙丑 2	27甲午 1	《11月》	28甲午30	28甲子30	26辛卯26
28戊辰 9	28戊戌 8	28丁卯 7	28丁酉⑥	28丙寅 5	28丙申 4	28丙寅 3	28乙未 2	28乙丑 1	《12月》	29乙丑31	27壬辰27
29己巳10	29己亥 9	29戊辰 8	29戊戌 7	29丁卯 6	29丁酉 5	29丁卯 4	29丙申③	29丙寅 2	29乙未 1		28癸巳28
30庚午11		30己巳⑨		30戊辰 7	30戊戌 6		30丁酉 4		30丙申 2		29甲午29
											30乙未㉚
雨水 3日 啓蟄 19日	春分 4日 清明 19日	穀雨 5日 立夏 20日	小満 6日 芒種 21日	夏至 7日 小暑 22日	大暑 8日 立秋 23日	処暑 8日 白露 23日	秋分 9日 寒露 25日	霜降 10日 立冬 25日	小雪 11日 大雪 27日	冬至 12日 小寒 27日	大寒 13日 立春 28日

永正**16**年（1519－1520） 己卯

1月	2月	3月	4月	5月	6月	7月	8月	9月	10月	11月	12月
1 丙申31 《2月》 2 丁酉 1 3 戊戌 2 4 己亥 3 5 庚子 4 6 辛丑 5 7 壬寅⑥ 8 癸卯 7 9 甲辰 8 10乙巳 9 11丙午10 12丁未11 13戊申12 **14**己酉⑬ 15庚戌14 16辛亥15 17壬子16 18癸丑17 19甲寅18 20乙卯19 21丙辰⑳ 22丁巳21 23戊午22 24己未23 25庚申24 26辛酉25 27壬戌26 28癸亥㉗ **29**甲子28	《3月》 1 乙丑 1 2 丙寅 2 3 丁卯 3 4 戊辰 4 5 己巳 5 6 庚午⑥ 7 辛未 7 8 壬申 8 9 癸酉 9 10甲戌10 11乙亥11 12丙子12 13丁丑⑬ 14戊寅14 **15**己卯15 16庚辰16 17辛巳17 18壬午18 19癸未19 20甲申⑳ 21乙酉21 22丙戌22 23丁亥23 24戊子24 25己丑25 26庚寅26 27辛卯㉗ 28壬辰28 29癸巳29 **30**甲午30	1 乙未31 《4月》 2 丙申 1 3 丁酉 2 4 戊戌③ 5 己亥 4 6 庚子 5 7 辛丑 6 8 壬寅 7 9 癸卯 8 10甲辰 9 11乙巳⑩ 12丙午11 13丁未12 14戊申13 15己酉14 **16**庚戌15 17辛亥16 18壬子⑰ 19癸丑18 20甲寅19 21乙卯20 22丙辰21 23丁巳22 24戊午23 25己未㉔ 26庚申25 27辛酉26 28壬戌27 29癸亥28	1 甲子29 **2** 乙丑30 《5月》 3 丙寅① 4 丁卯 2 5 戊辰 3 6 己巳 4 7 庚午 5 8 辛未 6 9 壬申 7 10癸酉⑧ 11甲戌 9 12乙亥10 13丙子11 14丁丑12 15戊寅13 16己卯14 **17**庚辰⑮ 18辛巳16 19壬午17 20癸未18 21甲申19 22乙酉20 23丙戌21 24丁亥㉒ 25戊子23 26己丑24 27庚寅25 28辛卯26 29壬辰27 30癸巳28	1 甲午㉙ **2** 乙未30 3 丙申31 《6月》 4 丁酉 1 5 戊戌 2 6 己亥 3 7 庚子 4 8 辛丑⑤ 9 壬寅 6 10癸卯 7 11甲辰 8 12乙巳 9 13丙午10 14丁未11 15戊申⑫ 16己酉13 **17**庚戌14 18辛亥15 19壬子16 20癸丑17 21甲寅18 22乙卯⑲ 23丙辰20 24丁巳21 25戊午22 26己未23 27庚申24 28辛酉25 29壬戌㉖	1 癸亥27 2 甲子28 3 乙丑29 **4** 丙寅30 《7月》 5 丁卯 1 6 戊辰 2 7 己巳③ 8 庚午 4 9 辛未 5 10壬申 6 11癸酉 7 12甲戌 8 13乙亥 9 14丙子⑩ 15丁丑11 16戊寅12 17己卯13 18庚辰14 **19**辛巳15 20壬午16 21癸未⑰ 22甲申18 23乙酉19 24丙戌20 25丁亥21 26戊子22 27己丑23 28庚寅㉔ 29辛卯25 30壬辰26	1 癸巳27 2 甲午28 3 乙未29 **4** 丙申30 5 丁酉㉛ 《8月》 6 戊戌 1 7 己亥 2 8 庚子 3 9 辛丑 4 10壬寅 5 11癸卯 6 12甲辰⑦ 13乙巳 8 14丙午 9 15丁未10 16戊申11 17己酉12 18庚戌13 **19**辛亥⑭ 20壬子15 21癸丑16 22甲寅17 23乙卯18 24丙辰19 25丁巳20 26戊午㉑ 27己未22 28庚申23 29辛酉24	1 壬戌25 2 癸亥26 3 甲子27 4 乙丑㉘ **5** 丙寅29 6 丁卯30 7 戊辰31 《9月》 8 己巳 1 9 庚午 2 10辛未 3 11壬申④ 12癸酉 5 13甲戌 6 14乙亥 7 15丙子 8 16丁丑 9 17戊寅10 18己卯⑪ 19庚辰12 20辛巳13 **21** 壬午14 22癸未15 23甲申16 24乙酉17 25丙戌⑱ 26丁亥19 27戊子20 28己丑21 29庚寅22 30辛卯23	1 壬辰24 2 癸巳㉕ 3 甲午26 4 乙未27 5 丙申28 **6** 丁酉29 7 戊戌30 《10月》 8 己亥 1 9 庚子② 10辛丑 3 11壬寅 4 12癸卯 5 13甲辰 6 14乙巳 7 15丙午 8 16丁未⑨ 17戊申10 18己酉11 19庚戌12 20辛亥13 **21** 壬子14 22癸丑15 23甲寅⑯ 24乙卯17 25丙辰18 26丁巳19 27戊午20 28己未21 29庚申22 30辛酉㉓	1 壬戌24 2 癸亥25 3 甲子26 4 乙丑27 5 丙寅28 **6** 丁卯29 7 戊辰㉚ 8 己巳31 《11月》 9 庚午 1 10辛未 2 11壬申 3 12癸酉 4 13甲戌 5 14乙亥⑥ 15丙子 7 16丁丑 8 17戊寅 9 18己卯10 19庚辰11 20辛巳12 21壬午⑬ **22**癸未14 23甲申15 24乙酉16 25丙戌17 26丁亥18 27戊子19 28己丑⑳ 29庚寅21	1 辛卯22 2 壬辰23 3 癸巳24 4 甲午25 5 乙未26 6 丙申㉗ 7 丁酉28 **8** 戊戌29 9 己亥30 《12月》 10庚子 1 11辛丑 2 12壬寅 3 13癸卯④ 14甲辰 5 15乙巳 6 16丙午 7 17丁未 8 18戊申 9 19己酉10 20庚戌⑪ 21辛亥12 22壬子13 **23**癸丑14 24甲寅15 25乙卯16 26丙辰17 27丁巳⑱ 28戊午19 29己未20 30庚申21	1 辛酉22 2 壬戌23 3 癸亥24 4 甲子㉕ 5 乙丑26 6 丙寅27 7 丁卯28 **8** 戊辰29 9 己巳30 10庚午31 **1520** 年 《1月》 11辛未① 12壬申 2 13癸酉 3 14甲戌 4 15乙亥 5 16丙子 6 17丁丑 7 18戊寅⑧ 19己卯 9 20庚辰10 21辛巳11 22壬午12 **23**癸未13 24甲申14 25乙酉⑮ 26丙戌16 27丁亥17 28戊子18 29己丑19 30庚寅20
雨水 14日 啓蟄 29日	春分 15日 清明 30日	穀雨 16日	立夏 2日 小満 17日	芒種 2日 夏至 17日	小暑 4日 大暑 19日	立秋 4日 処暑 19日	白露 5日 秋分 21日	寒露 6日 霜降 21日	立冬 6日 小雪 22日	大雪 8日 冬至 23日	小寒 8日 大寒 23日

永正**17**年（1520－1521） 庚辰

1月	2月	3月	4月	5月	6月	閏6月	7月	8月	9月	10月	11月	12月
1 辛卯21 2 壬辰㉒ 3 癸巳23 4 甲午24 5 乙未25 6 丙申26 7 丁酉27 8 戊戌28 **9** 己亥㉙ 10庚子30 11辛丑31 《2月》 12壬寅 1 13癸卯 2 14甲辰 3 15乙巳 4 16丙午⑤ 17丁未 6 18戊申 7 19己酉 8 20庚戌 9 21辛亥10 22壬子11 23癸丑⑫ **24**甲寅13 25乙卯14 26丙辰15 27丁巳16 28戊午17 29己未18	1 庚申⑲ 2 辛酉20 3 壬戌21 4 癸亥22 5 甲子23 6 乙丑24 7 丙寅25 8 丁卯㉖ 9 戊辰27 **10**己巳28 11庚午29 《3月》 12辛未 1 13壬申 2 14癸酉 3 15甲戌④ 16乙亥 5 17丙子 6 18丁丑 7 19戊寅 8 20己卯 9 21庚辰10 22辛巳⑪ 23壬午12 24癸未13 **25**甲申14 26乙酉15 27丙戌16 28丁亥17 29戊子⑱	1 己丑19 2 庚寅20 3 辛卯21 4 壬辰22 5 癸巳23 6 甲午24 7 乙未㉕ 8 丙申26 9 丁酉27 10戊戌28 11己亥29 **12**庚子30 13辛丑31 《4月》 14壬寅① 15癸卯 2 16甲辰 3 17乙巳 4 18丙午 5 19丁未 6 20戊申 7 21己酉⑧ 22庚戌 9 23辛亥10 24壬子11 25癸丑12 26甲寅13 **27**乙卯14 28丙辰⑮ 29丁巳16 30戊午17	1 己未18 2 庚申19 3 辛酉20 4 壬戌21 5 癸亥㉒ 6 甲子23 7 乙丑24 8 丙寅25 9 丁卯26 10戊辰27 11己巳28 **12**庚午㉙ 13辛未30 《5月》 14壬申 1 15癸酉 2 16甲戌 3 17乙亥 4 18丙子 5 19丁丑⑥ 20戊寅 7 21己卯 8 22庚辰 9 23辛巳10 24壬午11 25癸未12 26甲申⑬ **27**乙酉14 28丙戌15 29丁亥16	1 戊子17 2 己丑18 3 庚寅19 4 辛卯⑳ 5 壬辰21 6 癸巳22 7 甲午23 8 乙未24 9 丙申25 10丁酉26 11戊戌㉗ 12己亥28 **13**庚子29 14辛丑30 15壬寅31 《6月》 16癸卯 1 17甲辰 2 18乙巳③ 19丙午 4 20丁未 5 21戊申 6 22己酉 7 23庚戌 8 24辛亥 9 25壬子⑩ 26癸丑11 27甲寅12 28乙卯13 **29**丙辰14	1 丁巳15 2 戊午16 3 己未⑰ 4 庚申18 5 辛酉19 6 壬戌20 7 癸亥21 8 甲子22 9 乙丑23 10丙寅㉔ 11丁卯25 12戊辰26 13己巳27 14庚午28 **15**辛未29 16壬申30 《7月》 17癸酉① 18甲戌 2 19乙亥 3 20丙子 4 21丁丑 5 22戊寅 6 23己卯 7 24庚辰⑧ 25辛巳 9 26壬午10 27癸未11 28甲申12 29乙酉13 **30**丙戌14	1 丁亥⑮ 2 戊子16 3 己丑17 4 庚寅18 5 辛卯19 6 壬辰20 7 癸巳21 8 甲午㉒ 9 乙未23 10丙申24 11丁酉25 12戊戌26 13己亥27 14庚子28 **15**辛丑㉙ 16壬寅30 17癸卯31 《8月》 18甲辰 1 19乙巳 2 20丙午 3 21丁未 4 22戊申⑤ 23己酉 6 24庚戌 7 25辛亥 8 26壬子 9 27癸丑10 28甲寅11 29乙卯⑫	1 丙辰13 **2** 丁巳14 3 戊午15 4 己未16 5 庚申17 6 辛酉18 7 壬戌⑲ 8 癸亥20 9 甲子21 10乙丑22 11丙寅23 12丁卯24 13戊辰25 14己巳㉖ 15庚午27 16辛未28 **17**壬申29 18癸酉30 19甲戌31 《9月》 20乙亥 1 21丙子② 22丁丑 3 23戊寅 4 24己卯 5 25庚辰 6 26辛巳 7 27壬午 8 28癸未⑨ 29甲申10 30乙酉11	1 丙戌12 **2** 丁亥13 3 戊子14 4 己丑15 5 庚寅⑯ 6 辛卯17 7 壬辰18 8 癸巳19 9 甲午20 10乙未21 11丙申22 12丁酉㉓ 13戊戌24 14己亥25 15庚子26 16辛丑27 **17**壬寅28 18癸卯29 19甲辰㉚ 《10月》 20乙巳 1 21丙午 2 22丁未 3 23戊申 4 24己酉 5 25庚戌 6 26辛亥⑦ 27壬子 8 28癸丑 9 29甲寅10 30乙卯11	1 丙辰12 **2** 丁巳13 3 戊午⑭ 4 己未15 5 庚申16 6 辛酉17 7 壬戌18 8 癸亥19 9 甲子20 10乙丑㉑ 11丙寅22 12丁卯23 13戊辰24 14己巳25 15庚午26 16辛未27 17壬申㉘ **18**癸酉29 19甲戌30 20乙亥31 《11月》 21丙子 1 22丁丑 2 23戊寅 3 24己卯④ 25庚辰 5 26辛巳 6 27壬午 7 28癸未 8 29甲申 9 30乙酉10	1 丙戌⑪ 2 丁亥12 **3** 戊子13 4 己丑14 5 庚寅15 6 辛卯16 7 壬辰17 8 癸巳⑱ 9 甲午19 10乙未20 11丙申21 12丁酉22 13戊戌23 14己亥24 15庚子㉕ 16辛丑26 17壬寅27 **18**癸卯28 19甲辰29 20乙巳30 《12月》 21丙午 1 22丁未② 23戊申 3 24己酉 4 25庚戌 5 26辛亥 6 27壬子 7 28癸丑 8 29甲寅⑨	1 乙卯10 2 丙辰11 3 丁巳12 **4** 戊午13 5 己未14 6 庚申15 7 辛酉⑯ 8 壬戌17 9 癸亥18 10甲子19 11乙丑20 12丙寅21 13丁卯22 14戊辰㉓ 15己巳24 16庚午25 17辛未26 18壬申27 **19**癸酉28 20甲戌29 21乙亥㉚ 22丙子31 **1521** 年 《1月》 23丁丑 1 24戊寅 2 25己卯 3 26庚辰 4 27辛巳 5 28壬午⑥ 29癸未 7 30甲申 8	1 乙酉 9 2 丙戌10 3 丁亥11 4 戊子12 **5** 己丑⑬ 6 庚寅14 7 辛卯15 8 壬辰16 9 癸巳17 10甲午18 11乙未19 12丙申⑳ 13丁酉21 14戊戌22 15己亥23 16庚子24 17辛丑25 18壬寅26 19癸卯㉗ **20**甲辰28 21乙巳29 22丙午30 23丁未31 《2月》 24戊申 1 25己酉 2 26庚戌③ 27辛亥 4 28壬子 5 29癸丑 6 30甲寅 7
立春 9日 雨水 24日	啓蟄 10日 春分 25日	清明 12日 穀雨 27日	立夏 12日 小満 27日	芒種 13日 夏至 29日	小暑 15日 大暑 30日	立秋15日	処暑 2日 白露 17日	秋分 2日 寒露 17日	霜降 2日 立冬 18日	小雪 3日 大雪 18日	冬至 4日 小寒 19日	大寒 5日 立春 20日

大永元年〔永正 18 年〕（1521－1522） 辛巳

改元 8/23（永正→大永）

1月	2月	3月	4月	5月	6月	7月	8月	9月	10月	11月	12月
1 乙卯 8	1 甲申 9	1 癸丑⑦	1 癸未 7	1 壬子 5	1 辛巳 4	1 辛亥 3	《9月》	《10月》	1 庚辰31	1 己酉29	**1** 己卯㉙
2 丙辰 9	2 乙酉⑩	2 甲寅 8	2 甲申 8	2 癸丑 6	2 壬午 5	2 壬子④	1 庚辰①	1 庚戌 1	《11月》	2 庚戌30	2 庚辰30
3 丁巳⑩	3 丙戌11	3 乙卯 9	3 乙酉 9	3 甲寅 7	3 癸未 6	3 癸丑 5	2 辛巳 2	2 辛亥 2	2 辛巳 1	《12月》	3 辛巳31
4 戊午11	4 丁亥12	4 丙辰10	4 丙戌10	4 乙卯 8	4 甲申⑦	4 甲寅 6	3 壬午 3	3 壬子 3	3 壬午 2	3 辛亥①	**1522 年**
5 己未12	5 戊子13	5 丁巳11	5 丁亥11	5 丙辰⑨	5 乙酉 8	5 乙卯 7	4 癸未 4	4 癸丑 4	4 癸未③	4 壬子 2	《1月》
6 庚申13	6 己丑14	6 戊午12	6 戊子⑫	6 丁巳10	6 丙戌 9	6 丙辰 8	5 甲申 5	5 甲寅 5	5 甲申 4	5 癸丑 3	4 壬午 1
7 辛酉14	**7** 庚寅15	7 己未13	7 己丑13	7 戊午11	7 丁亥10	7 丁巳 9	6 乙酉 6	6 乙卯⑥	6 乙酉 5	6 甲寅 4	5 癸未 2
8 壬戌15	8 辛卯16	**8** 庚申⑭	**8** 庚寅14	8 己未12	8 戊子11	8 戊午10	7 丙戌 7	7 丙辰 7	7 丙戌 6	7 乙卯 5	6 甲申 3
9 癸亥16	9 壬辰⑰	9 辛酉15	9 辛卯15	9 庚申13	9 己丑12	9 己未⑪	8 丁亥⑧	8 丁巳 8	8 丁亥 7	8 丙辰 6	7 乙酉 4
10甲子⑰	10癸巳18	10壬戌16	10壬辰16	**10**辛酉14	10庚寅13	10庚申12	9 戊子 9	9 戊午 9	9 戊子 8	9 丁巳 7	8 丙戌⑤
11乙丑18	11甲午19	11癸亥17	11癸巳17	11壬戌15	**11**辛卯⑭	11辛酉13	10己丑10	10己未10	10己丑 9	10戊午⑧	9 丁亥 6
12丙寅19	12乙未20	12甲子18	12甲午18	12癸亥⑯	12壬辰15	**12**壬戌14	11庚寅11	11庚申11	11庚寅⑩	11己未 9	10戊子 7
13丁卯20	13丙申21	13乙丑19	13乙未⑲	13甲子17	13癸巳16	13癸亥15	12辛卯12	12辛酉12	12辛卯11	12庚申10	11己丑 8
14戊辰21	14丁酉22	14丙寅20	14丙申20	14乙丑18	14甲午17	14甲子16	**13**壬辰13	13壬戌⑬	13壬辰12	13辛酉11	12庚寅 9
15己巳22	15戊戌23	15丁卯㉑	15丁酉21	15丙寅19	15乙未18	15乙丑17	14癸巳14	**14**癸亥14	**14**癸巳13	14壬戌12	13辛卯10
16庚午23	16己亥㉔	16戊辰22	16戊戌22	16丁卯20	16丙申19	16丙寅⑱	15甲午⑮	15甲子15	15甲午14	15癸亥13	14壬辰11
17辛未㉔	17庚子25	17己巳23	17己亥23	17戊辰21	17丁酉20	17丁卯19	16乙未16	16乙丑16	16乙未15	**16**甲子14	15癸巳⑫
18壬申25	18辛丑26	18庚午24	18庚子24	18己巳22	18戊戌㉑	18戊辰20	17丙申17	17丙寅17	17丙申16	17乙丑⑮	**16**甲午13
19癸酉26	19壬寅27	19辛未25	19辛丑25	19庚午㉓	19己亥22	19己巳21	18丁酉18	18丁卯18	18丁酉⑰	18丙寅16	**17**乙未14
20甲戌27	20癸卯28	20壬申26	20壬寅㉖	20辛未24	20庚子23	20庚午22	19戊戌19	19戊辰19	19戊戌18	19丁卯17	18丙申15
21乙亥28	21甲辰29	21癸酉27	21癸卯27	21壬申25	21辛丑24	21辛未23	20己亥20	20己巳⑳	20己亥19	20戊辰18	19丁酉16
《3月》	**22**乙巳30	22甲戌㉘	22甲辰28	22癸酉26	22壬寅25	22壬申24	21庚子21	21庚午21	21庚子20	21己巳19	20戊戌17
22丙子 1	23丙午㉛	**23**乙亥29	23乙巳29	23甲戌27	23癸卯26	23癸酉㉕	22辛丑㉒	22辛未22	22辛丑21	22庚午20	21己亥18
23丁丑 2	《4月》	24丙子30	**24**丙午30	24乙亥28	24甲辰27	24甲戌26	23壬寅23	23壬申23	23壬寅22	23辛未21	22庚子⑲
24戊寅③	24丁未 1	《5月》	25丁未31	**25**丙子29	25乙巳㉘	25乙亥27	24癸卯24	24癸酉24	24癸卯23	24壬申㉒	23辛丑20
25己卯 4	25戊申 2	25丁丑 1	《6月》	26丁丑㉚	26丙午29	26丙子28	25甲辰25	25甲戌25	25甲辰㉔	25癸酉23	24壬寅21
26庚辰 5	26己酉 3	26戊寅 2	26戊申 1	《7月》	**27**丁未30	**27**丁丑29	26乙巳26	26乙亥26	26乙巳25	26甲戌24	25癸卯22
27辛巳 6	27庚戌 4	27己卯 3	27己酉②	27戊寅 1	28戊申31	28戊寅30	27丙午27	27丙子㉗	27丙午26	27乙亥25	26甲辰23
28壬午 7	28辛亥 5	28庚辰 4	28庚戌 3	28己卯 2	《8月》	29己卯31	**28**丁未28	28丁丑28	28丁未27	28丙子26	27乙巳24
29癸未 8	29壬子 6	29辛巳⑤	29辛亥 4	29庚辰 3	29己酉 1		29戊申㉙	**29**戊寅29	**29**戊申28	29丁丑27	28丙午25
		30壬午 6			30庚戌 2		30己酉30	30己卯30		30戊寅28	29丁未㉖
											30戊申27

雨水 5日	春分 7日	穀雨 8日	小満 8日	夏至 10日	大暑 11日	処暑 12日	秋分 13日	霜降 14日	小雪 14日	冬至 16日	小寒 1日
啓蟄 20日	清明 22日	立夏 23日	芒種 24日	小暑 25日	立秋 27日	白露 27日	寒露 28日	立冬 29日	大雪 29日		大寒 16日

大永 2 年（1522－1523） 壬午

1月	2月	3月	4月	5月	6月	7月	8月	9月	10月	11月	12月
1 己酉28	1 戊寅26	1 戊申28	1 丁丑26	1 丁未26	1 丙子24	1 乙巳23	1 乙亥22	1 甲辰20	1 甲戌20	1 癸卯18	1 癸酉18
2 庚戌29	2 己卯27	2 己酉29	2 戊寅㉗	2 戊申27	2 丁丑25	2 丙午24	2 丙子23	2 乙巳㉑	2 乙亥21	2 甲辰19	2 甲戌19
3 辛亥30	**3** 庚辰28	**3** 庚戌㉚	3 己卯28	3 己酉28	3 戊寅26	3 丁未25	3 丁丑㉔	3 丙午22	3 丙子22	3 乙巳20	3 乙亥20
4 壬子31	《3月》	4 辛亥31	**4** 庚辰29	4 庚戌29	4 己卯27	4 戊申26	4 戊寅25	4 丁未23	4 丁丑23	4 丙午21	4 丙子㉑
《2月》	4 辛巳 1	《4月》	5 辛巳30	**5** 辛亥30	5 庚辰28	5 己酉㉗	5 己卯26	5 戊申24	5 戊寅24	5 丁未22	5 丁丑22
5 癸丑 1	5 壬午②	5 壬子 1	《5月》	6 壬子31	**6** 辛巳㉙	6 庚戌28	6 庚辰27	6 己酉25	6 己卯25	6 戊申㉓	6 戊寅23
6 甲寅②	6 癸未 3	6 癸丑 2	6 壬午 1	《6月》	7 壬午30	7 辛亥29	7 辛巳28	7 庚戌26	7 庚辰㉖	7 己酉24	7 己卯24
7 乙卯 3	7 甲申 4	7 甲寅 3	7 癸未 2	7 癸丑①	《7月》	**8** 壬子30	**8** 壬午29	8 辛亥27	8 辛巳27	8 庚戌25	8 庚辰25
8 丙辰 4	8 乙酉 5	8 乙卯 4	8 甲申 3	8 甲寅 2	8 癸未 1	9 癸丑31	9 癸未30	9 壬子㉘	9 壬午28	9 辛亥26	9 辛巳26
9 丁巳 5	9 丙戌 6	9 丙辰 5	9 乙酉④	9 乙卯 3	9 甲申 2	《8月》	10甲申㉛	**10**癸丑29	**10**癸未29	10壬子27	10壬午27
10戊午 6	10丁亥 7	10丁巳⑥	10丙戌 5	10丙辰 4	10乙酉 3	10甲寅 1	《9月》	11甲寅30	11甲申30	11癸丑28	11癸未㉘
11己未 7	11戊子 8	11戊午 7	11丁亥 6	11丁巳 5	11丙戌 4	11乙卯 2	11乙酉 1	《10月》	12乙酉31	**12**甲寅29	**12**甲申29
12庚申 8	12己丑⑨	12己未 8	12戊子 7	12戊午 6	12丁亥 5	12丙辰③	12丙戌 2	12乙卯 1	《11月》	13乙卯㉚	13乙酉30
13辛酉⑨	13庚寅10	13庚申 9	13己丑 8	13己未 7	13戊子⑥	13丁巳 4	13丁亥 3	13丙辰 2	13丙戌 1	《12月》	14丙戌31
14壬戌10	14辛卯11	14辛酉10	14庚寅 9	14庚申⑧	14己丑 7	14戊午 5	14戊子 4	14丁巳 3	14丁亥②	14丙辰 1	**1523 年**
15癸亥11	15壬辰12	15壬戌11	15辛卯10	15辛酉 9	15庚寅 8	15己未 6	15己丑 5	15戊午 4	15戊子 3	15丁巳 2	《1月》
16甲子12	16癸巳13	16癸亥12	16壬辰⑪	16壬戌10	16辛卯 9	16庚申 7	16庚寅 6	16己未⑤	16己丑 4	16戊午 3	15丁亥 1
17乙丑13	17甲午14	17甲子⑬	17癸巳12	17癸亥11	17壬辰10	17辛酉 8	17辛卯⑦	17庚申 6	17庚寅 5	17己未 4	16戊子 2
18丙寅14	**18**乙未15	**18**乙丑14	18甲午13	18甲子12	18癸巳11	18壬戌 9	18壬辰 8	18辛酉 7	18辛卯 6	18庚申 5	17己丑 3
19丁卯15	19丙申⑯	19丙寅15	19乙未14	19乙丑13	19甲午12	19癸亥⑩	19癸巳 9	19壬戌 8	19壬辰 7	19辛酉 6	18庚寅④
20戊辰⑯	20丁酉17	20丁卯16	**20**丙申15	**20**丙寅14	20乙未⑬	20甲子11	20甲午10	20癸亥 9	20癸巳 8	20壬戌⑦	19辛卯 5
21己巳17	21戊戌18	21戊辰17	21丁酉16	21丁卯⑮	21丙申14	21乙丑12	21乙未11	21甲子10	21甲午⑨	21癸亥 8	20壬辰 6
22庚午18	22己亥19	22己巳18	22戊戌17	22戊辰16	**22**丁酉15	22丙寅13	22丙申12	22乙丑11	22乙未10	22甲子 9	21癸巳 7
23辛未19	23庚子20	23庚午19	23己亥⑱	23己巳17	23戊戌16	**23**丁卯14	**23**丁酉13	23丙寅⑫	23丙申11	23乙丑10	22甲午 8
24壬申20	24辛丑21	24辛未⑳	24庚子19	24庚午18	24己亥17	24戊辰15	24戊戌⑭	24丁卯13	24丁酉12	24丙寅11	23乙未 9
25癸酉21	25壬寅22	25壬申21	25辛丑20	25辛未19	25庚子18	25己巳16	25己亥15	**25**戊辰14	**25**戊戌13	25丁卯12	24丙申10
26甲戌22	26癸卯㉓	26癸酉22	26壬寅21	26壬申20	26辛丑19	26庚午⑰	26庚子16	26己巳15	26己亥14	26戊辰13	25丁酉⑪
27乙亥㉓	27甲辰24	27甲戌23	27癸卯22	27癸酉21	27壬寅⑳	27辛未18	27辛丑17	27庚午16	27庚子15	**27**己巳⑭	26戊戌12
28丙子24	28乙巳25	28乙亥24	28甲辰23	28甲戌㉒	28癸卯21	28壬申19	28壬寅18	28辛未17	28辛丑⑯	28庚午15	**27**己亥13
29丁丑25	29丙午26	29丙子25	29乙巳24	29乙亥23	29甲辰22	29癸酉20	29癸卯19	29壬申18	29壬寅17	29辛未16	28庚子14
	30丁未27		30丙午㉕			30甲戌21		30癸酉⑲		30壬申17	29辛丑15
											30壬寅16

立春 1日	啓蟄 3日	清明 3日	立夏 4日	芒種 5日	小暑 6日	立秋 8日	白露 8日	寒露 10日	立冬 10日	大雪 12日	小寒 12日
雨水 16日	春分 18日	穀雨 18日	小満 20日	夏至 20日	大暑 22日	処暑 23日	秋分 23日	霜降 25日	小雪 25日	冬至 27日	大寒 27日

大永**3**年（1523－1524） 癸未

1月	2月	3月	閏3月	4月	5月	6月	7月	8月	9月	10月	11月	12月
1 癸卯17	1 癸酉16	1 壬寅17	1 壬申16	**1** 辛丑15	**1** 辛未⑭	1 庚子13	1 己巳11	1 己亥10	1 戊辰 9	1 戊戌⑧	1 丁卯 7	1 丁酉 6
2 甲辰⑱	2 甲戌17	2 癸卯18	2 癸酉17	2 壬寅16	2 壬申15	2 辛丑14	2 庚午12	2 庚子11	2 己巳10	2 己亥 9	2 戊辰 8	2 戊戌 7
3 乙巳19	3 乙亥18	3 甲辰19	3 甲戌18	3 癸卯⑰	3 癸酉16	**3** 壬寅15	3 辛未13	3 辛丑12	3 庚午⑪	3 庚子10	3 己巳 9	3 己亥 8
4 丙午20	4 丙子19	4 乙巳20	4 乙亥⑲	4 甲辰18	4 甲戌17	4 癸卯16	**4** 壬申14	4 壬寅⑬	4 辛未12	4 辛丑11	4 庚午10	4 庚子 9
5 丁未21	5 丁丑20	5 丙午21	5 丙子20	5 乙巳19	5 乙亥18	5 甲辰17	5 癸酉15	**5** 癸卯14	5 壬申13	5 壬寅12	5 辛未11	5 辛丑⑩
6 戊申22	6 戊寅21	6 丁未㉒	6 丁丑21	6 丙午20	6 丙子19	6 乙巳18	6 甲戌⑯	6 甲辰15	**6** 癸酉14	6 癸卯13	6 壬申12	6 壬寅11
7 己酉23	7 己卯㉒	7 戊申23	7 戊寅22	7 丁未21	7 丁丑20	7 丙午⑲	7 乙亥17	7 乙巳16	7 甲戌15	**7** 甲辰14	7 癸酉⑬	7 癸卯12
8 庚戌24	8 庚辰23	8 己酉24	8 己卯23	8 戊申22	8 戊寅㉑	8 丁未20	8 丙子18	8 丙午17	8 乙亥16	8 乙巳⑮	**8** 甲戌14	**8** 甲辰13
9 辛亥㉕	9 辛巳24	9 庚戌25	9 庚辰24	9 己酉23	9 己卯22	9 戊申21	9 丁丑19	9 丁未18	9 丙子17	9 丙午16	9 乙亥15	9 乙巳14
10壬子26	10壬午25	10辛亥26	10辛巳25	10庚戌㉔	10庚辰23	10己酉22	10戊寅20	10戊申19	10丁丑⑱	10丁未17	10丙子16	10丙午15
11癸丑27	11癸未26	11壬子27	11壬午㉖	11辛亥25	11辛巳24	11庚戌23	11己卯21	11己酉⑳	11戊寅19	11戊申18	11丁丑17	11丁未16
12甲寅28	12甲申27	12癸丑28	12癸未27	12壬子26	12壬午25	12辛亥24	12庚辰22	12庚戌21	12己卯20	12己酉19	12戊寅18	12戊申⑰
13乙卯29	**13**乙酉28	13甲寅㉙	13甲申28	13癸丑27	13癸未26	13壬子25	13辛巳㉓	13辛亥22	13庚辰21	13庚戌20	13己卯19	13己酉18
14丙辰30	《3月》	**14**乙卯30	14乙酉29	14甲寅28	14甲申27	14癸丑㉖	14壬午24	14壬子23	14辛巳22	14辛亥21	14庚辰⑳	14庚戌19
15丁巳31	14丙戌①	15丙辰31	**15**丙戌30	15乙卯29	15乙酉㉘	15甲寅27	15癸未25	15癸丑24	15壬午23	15壬子㉒	15辛巳21	15辛亥20
《2月》	15丁亥 2	《4月》	《5月》	**16**丙辰30	16丙戌29	16乙卯28	16甲申26	16甲寅25	16癸未24	16癸丑23	16壬午22	16壬子21
16戊午①	16戊子 3	16丁巳 1	16丁亥 1	17丁巳㉛	**17**丁亥30	17丙辰29	17乙酉27	17乙卯26	17甲申㉕	17甲寅24	17癸未23	17癸丑22
17己未 2	17己丑 4	17戊午 2	17戊子 2	《6月》	《7月》	**18**丁巳30	18丙戌28	18丙辰㉗	18乙酉26	18乙卯25	18甲申24	18甲寅23
18庚申 3	18庚寅 5	18己未 3	18己丑③	18戊午 1	18戊子 1	19戊午31	**19**丁亥29	19丁巳28	19丙戌27	19丙辰26	19乙酉25	19乙卯㉔
19辛酉 4	19辛卯 6	19庚申 4	19庚寅 4	19己未 2	19己丑 2	《8月》	20戊子㉚	**20**戊午29	20丁亥28	20丁巳27	20丙戌26	20丙辰25
20壬戌 5	20壬辰 7	20辛酉⑤	20辛卯 5	20庚申 3	20庚寅 3	20己未 1	21己丑31	21己未30	**21**戊子29	21戊午28	21丁亥㉗	21丁巳26
21癸亥 6	21癸巳⑧	21壬戌 6	21壬辰 6	21辛酉 4	21辛卯 4	21庚申②	《9月》	《10月》	22己丑30	**22**己未㉙	22戊子28	22戊午27
22甲子 7	22甲午 9	22癸亥 7	22癸巳 7	22壬戌 5	22壬辰⑤	22辛酉 3	22庚寅 1	22庚申 1	23庚寅31	23庚申30	**23**己丑29	23己未28
23乙丑⑧	23乙未10	23甲子 8	23甲午 8	23癸亥 6	23癸巳 6	23壬戌 4	23辛卯 2	23辛酉 2	《11月》	《12月》	24庚寅30	**24**庚申29
24丙寅 9	24丙申11	24乙丑 9	24乙未 9	24甲子⑦	24甲午 7	24癸亥 5	24壬辰 3	24壬戌 3	24辛卯①	24辛酉 1	25辛卯31	25辛酉30
25丁卯10	25丁酉12	25丙寅10	25丙申⑩	25乙丑 8	25乙未 8	25甲子 6	25癸巳 4	25癸亥④	25壬辰 2	25壬戌 2	**1524年**	26壬戌㉛
26戊辰11	26戊戌13	26丁卯11	26丁酉11	26丙寅 9	26丙申 9	26乙丑 7	26甲午 5	26甲子 5	26癸巳 3	26癸亥 3	《1月》	《2月》
27己巳12	27己亥14	27戊辰⑫	27戊戌12	27丁卯10	27丁酉10	27丙寅 8	27乙未⑥	27乙丑 6	27甲午 4	27甲子 4	26壬辰 1	27癸亥 1
28庚午13	**28**庚子⑮	28己巳13	28己亥13	28戊辰11	28戊戌11	28丁卯⑨	28丙申 7	28丙寅 7	28乙未 5	28乙丑 5	27癸巳 2	28甲子 2
29辛未14	29辛丑16	29庚午14	29庚子14	29己巳12	29己亥⑫	29戊辰10	29丁酉 8	29丁卯 8	29丙申 6	29丙寅⑥	28甲午③	29乙丑 3
30壬申⑮		**30**辛未15		30庚午13			30戊戌 9		30丁酉 7		29乙未 4	30丙寅 4
											30丙申 5	
立春 12日	啓蟄 13日	清明 14日	立夏15日	小満 1日	夏至 1日	大暑 3日	処暑 4日	秋分 5日	霜降 6日	小雪 7日	冬至 8日	大寒 8日
雨水 28日	春分 28日	穀雨 30日		芒種 16日	小暑 17日	立秋 18日	白露 19日	寒露 20日	立冬 21日	大雪 22日	小寒 23日	立春 24日

大永**4**年（1524－1525） 甲申

1月	2月	3月	4月	5月	6月	7月	8月	9月	10月	11月	12月
1 丁卯 5	1 丙申 5	1 丙寅 4	1 丙申 4	1 乙丑 2	1 乙未 2	1 甲子㉛	**1** 癸巳29	**1** 癸亥28	1 壬辰27	1 壬戌26	1 辛卯㉕
2 戊辰 6	2 丁酉⑥	2 丁卯 5	2 丁酉 5	2 丙寅 3	2 丙申③	《8月》	2 甲午30	2 甲子29	2 癸巳28	2 癸亥㉗	2 壬辰26
3 己巳⑦	3 戊戌 7	3 戊辰 6	3 戊戌 6	3 丁卯 4	3 丁酉 4	2 乙丑 1	3 乙未31	3 乙丑30	**3** 甲午29	**3** 甲子28	3 癸巳27
4 庚午 8	4 己亥 8	4 己巳 7	4 己亥 7	4 戊辰⑤	4 戊戌 5	3 丙寅 2	《9月》	《10月》	4 乙未㉚	4 乙丑29	**4** 甲午28
5 辛未 9	5 庚子 9	5 庚午 8	5 庚子⑧	5 己巳 6	5 己亥 6	4 丁卯 3	4 丙申 1	4 丙寅 1	5 丙申31	5 丙寅30	5 乙未29
6 壬申10	6 辛丑10	6 辛未 9	6 辛丑 9	6 庚午 7	6 庚子 7	5 戊辰 4	5 丁酉 2	5 丁卯②	《11月》	《12月》	6 丙申30
7 癸酉11	7 壬寅11	7 壬申⑩	7 壬寅10	7 辛未 8	7 辛丑 8	6 己巳 5	6 戊戌 3	6 戊辰 3	6 丁酉 1	6 丁卯 1	7 丁酉31
8 甲戌12	8 癸卯12	8 癸酉11	8 癸卯11	8 壬申 9	8 壬寅 9	7 庚午 6	7 己亥④	7 己巳 4	7 戊戌 2	7 戊辰 2	**1525年**
9 乙亥13	9 甲辰⑬	9 甲戌12	9 甲辰12	9 癸酉10	9 癸卯⑩	8 辛未⑦	8 庚子 5	8 庚午 5	8 己亥 3	8 己巳 3	《1月》
10丙子⑭	**10**乙巳14	10乙亥13	10乙巳13	10甲戌11	10甲辰11	9 壬申 8	9 辛丑 6	9 辛未 6	9 庚子 4	9 庚午④	8 戊戌①
11丁丑15	11丙午15	**11**丙子14	**11**丙午14	11乙亥⑫	11乙巳12	10癸酉 9	10壬寅 7	10壬申 7	10辛丑 5	10辛未 5	9 己亥 2
12戊寅16	12丁未16	12丁丑15	12丁未⑮	12丙子13	12丙午13	11甲戌10	11癸卯 8	11癸酉 8	11壬寅⑥	11壬申 6	10庚子 3
13己卯17	13戊申17	13戊寅16	13戊申16	**13**丁丑14	**13**丁未14	12乙亥11	12甲辰 9	12甲戌⑨	12癸卯 7	12癸酉 7	11辛丑 4
14庚辰18	14己酉18	14己卯⑰	14己酉17	14戊寅15	14戊申15	13丙子12	13乙巳10	13乙亥10	13甲辰 8	13甲戌 8	12壬寅 5
15辛巳19	15庚戌19	15庚辰18	15庚戌18	15己卯16	15己酉16	**14**丁丑13	14丙午⑪	14丙子11	14乙巳 9	14乙亥 9	13癸卯 6
16壬午20	16辛亥⑳	16辛巳19	16辛亥19	16庚辰17	16庚戌⑰	15戊寅⑭	15丁未12	15丁丑12	15丙午10	15丙子10	14甲辰 7
17癸未㉑	17壬子21	17壬午20	17壬子20	17辛巳18	17辛亥18	16己卯15	**16**戊申13	**16**戊寅13	16丁未11	16丁丑⑪	15乙巳⑧
18甲申22	18癸丑22	18癸未21	18癸丑21	18壬午⑲	18壬子19	17庚辰16	17己酉14	17己卯14	17戊申12	17戊寅12	16丙午 9
19乙酉23	19甲寅23	19甲申22	19甲寅㉒	19癸未20	19癸丑20	18辛巳17	18庚戌15	18庚辰15	**18**己酉⑬	**18**己卯13	17丁未10
20丙戌24	20乙卯24	20乙酉23	20乙卯23	20甲申21	20甲寅21	19壬午18	19辛亥16	19辛巳⑯	19庚戌14	19庚辰14	18戊申11
21丁亥25	21丙辰25	21丙戌㉔	21丙辰24	21乙酉22	21乙卯22	20癸未19	20壬子17	20壬午17	20辛亥15	20辛巳15	19己酉12
22戊子26	22丁巳26	22丁亥25	22丁巳25	22丙戌23	22丙辰23	21甲申20	21癸丑⑱	21癸未18	21壬子16	21壬午16	**20**庚戌13
23己丑27	23戊午㉗	23戊子26	23戊午26	23丁亥24	23丁巳㉔	22乙酉㉑	22甲寅19	22甲申19	22癸丑17	22癸未17	21辛亥14
24庚寅㉘	24己未28	24己丑27	24己未27	24戊子25	24戊午25	23丙戌22	23乙卯20	23乙酉20	23甲寅18	23甲申⑱	22壬子⑮
25辛卯29	25庚申29	25庚寅28	25庚申28	25己丑㉖	25己未26	24丁亥23	24丙辰21	24丙戌21	24乙卯19	24乙酉19	23癸丑16
《3月》	**26**辛酉30	**26**辛卯29	**26**辛酉㉙	26庚寅27	26庚申27	25戊子24	25丁巳22	25丁亥22	25丙辰⑳	25丙戌20	24甲寅17
26壬辰 1	27壬戌31	27壬辰30	27壬戌30	27辛卯28	27辛酉28	26己丑25	26戊午23	26戊子㉓	26丁巳21	26丁亥21	25乙卯18
27癸巳 2	《4月》	《5月》	28癸亥31	**28**壬辰29	**28**壬戌29	27庚寅26	27己未24	27己丑24	27戊午22	27戊子22	26丙辰19
28甲午 3	28癸亥 1	28癸巳①	《6月》	29癸巳30	29癸亥30	28辛卯27	28庚申㉕	28庚寅25	28己未23	28己丑23	27丁巳20
29乙未 4	29甲子 2	29甲午 2	29甲子 1	《7月》		29壬辰㉘	29辛酉26	29辛卯26	29庚申24	29庚寅24	28戊午21
	30乙丑③	30乙未 3		30甲午 1			30壬戌27		30辛酉25		29己未㉒
											30庚申23
雨水 9日	春分 10日	穀雨 11日	小満 11日	夏至 13日	大暑 13日	処暑 14日	白露 1日	寒露 1日	立冬 3日	大雪 3日	小寒 4日
啓蟄 24日	清明 26日	立夏 26日	芒種 26日	小暑 28日	立秋 28日		秋分 16日	霜降 16日	小雪 18日	冬至 18日	大寒 20日

大永 5 年（1525－1526） 乙酉

1月	2月	3月	4月	5月	6月	7月	8月	9月	10月	11月	閏11月	12月
1 辛酉24	1 庚寅22	1 庚申24	1 庚寅㉓	1 己未22	1 己丑21	1 戊午20	1 戊子19	1 丁巳⑰	1 丁亥17	1 丙辰15	1 丙戌15	**1** 乙卯13
2 壬戌25	2 辛卯23	2 辛酉25	2 辛卯24	2 庚申23	2 庚寅22	2 己未21	2 己丑⑳	2 戊午18	2 戊子18	2 丁巳16	2 丁亥16	2 丙辰⑭
3 癸亥26	3 壬辰24	3 壬戌㉖	3 壬辰25	3 辛酉24	3 辛卯23	3 庚申22	3 庚寅21	3 己未19	3 己丑19	3 戊午17	3 戊子⑰	3 丁巳15
4 甲子27	4 癸巳25	4 癸亥27	4 癸巳26	4 壬戌25	4 壬辰24	4 辛酉㉓	4 辛卯22	4 庚申20	4 庚寅20	4 己未18	4 己丑18	4 戊午16
5 乙丑28	5 甲午㉖	5 甲子28	5 甲午27	5 癸亥26	5 癸巳㉕	5 壬戌24	5 壬辰23	5 辛酉21	5 辛卯21	5 庚申⑲	5 庚寅19	5 己未17
6 丙寅㉙	**6** 乙未27	6 乙丑29	6 乙未28	6 甲子27	6 甲午26	6 癸亥25	6 癸巳24	6 壬戌22	6 壬辰㉒	6 辛酉20	6 辛卯20	6 庚申18
7 丁卯30	7 丙申28	**7** 丙寅30	**7** 丙申29	7 乙丑㉘	7 乙未27	7 甲子26	7 甲午25	7 癸亥23	7 癸巳23	7 壬戌21	7 壬辰21	7 辛酉19
8 戊辰31	《3月》	8 丁卯31	8 丁酉㉚	8 丙寅29	8 丙申28	8 乙丑27	8 乙未26	8 甲子㉔	8 甲午24	8 癸亥22	8 癸巳22	8 壬戌20
《2月》	8 丁酉 1	《4月》	《5月》	**9** 丁卯30	**9** 丁酉29	9 丙寅28	9 丙申㉗	9 乙丑25	9 乙未25	9 甲子23	9 甲午23	9 癸亥㉑
9 己巳 1	9 戊戌 2	9 戊辰 1	9 戊戌 1	10戊辰31	10戊戌30	10丁卯29	10丁酉28	10丙寅26	10丙申26	10乙丑24	10乙未㉔	10甲子22
10庚午 2	10己亥 3	10己巳②	10己亥 2	《6月》	《7月》	**11**戊辰㉚	**11**戊戌29	11丁卯27	11丁酉27	11丙寅25	11丙申25	11乙丑23
11辛未 3	11庚子 4	11庚午 3	11庚子 3	11己巳 1	11己亥 1	12己巳31	12己亥30	**12**戊辰28	12戊戌28	12丁卯㉖	12丁酉26	12丙寅24
12壬申 4	12辛丑⑤	12辛未 4	12辛丑 4	12庚午 2	12庚子②	《8月》	13庚子31	13己巳29	**13**己亥㉙	13戊辰27	13戊戌27	13丁卯25
13癸酉⑤	13壬寅 6	13壬申 5	13壬寅 5	13辛未 3	13辛丑 3	13庚午 1	《9月》	14庚午30	14庚子30	**14**己巳28	14己亥28	14戊辰26
14甲戌 6	14癸卯 7	14癸酉 6	14癸卯 6	14壬申④	14壬寅 4	14辛未 2	14辛丑 1	《10月》	15辛丑31	15庚午29	**15**庚子29	15己巳27
15乙亥 7	15甲辰 8	15甲戌 7	15甲辰⑦	15癸酉 5	15癸卯 5	15壬申 3	15壬寅 2	15辛未①	《11月》	16辛未30	16辛丑30	**16**庚午㉘
16丙子 8	16乙巳 9	16乙亥 8	16乙巳 8	16甲戌 6	16甲辰 6	16癸酉 4	16癸卯③	16壬申 2	16壬寅 1	《12月》	17壬寅㉛	17辛未29
17丁丑 9	17丙午10	17丙子⑨	17丙午 9	17乙亥 7	17乙巳 7	17甲戌 5	17甲辰 4	17癸酉 3	17癸卯 2	17壬申 1	**1526年**	18壬申30
18戊寅10	18丁未11	18丁丑10	18丁未10	18丙子 8	18丙午 8	18乙亥⑥	18乙巳 5	18甲戌 4	18甲辰 3	18癸酉 2	《1月》	19癸酉31
19己卯11	19戊申⑫	19戊寅11	19戊申11	19丁丑 9	19丁未⑨	19丙子 7	19丙午 6	19乙亥 5	19乙巳 4	19甲戌③	18癸卯 1	《2月》
20庚辰⑫	20己酉13	20己卯12	20己酉12	20戊寅10	20戊申10	20丁丑 8	20丁未 7	20丙子 6	20丙午⑤	20乙亥 4	19甲辰 2	20甲戌 1
21辛巳13	21庚戌14	21庚辰13	21庚戌13	21己卯⑪	21己酉11	21戊寅 9	21戊申 8	21丁丑 7	21丁未 6	21丙子 5	20乙巳 3	21乙亥 2
22壬午14	**22**辛亥15	**22**辛巳14	**22**辛亥⑭	22庚辰12	22庚戌12	22己卯10	22己酉 9	22戊寅⑧	22戊申 7	22丁丑 6	21丙午 4	22丙子 3
23癸未15	23壬子16	23壬午15	23壬子15	23辛巳13	23辛亥13	23庚辰11	23庚戌⑩	23己卯 9	23己酉 8	23戊寅 7	22丁未 5	23丁丑④
24甲申16	24癸丑17	24癸未⑯	24癸丑16	**24**壬午14	**24**壬子14	24辛巳12	24辛亥11	24庚辰10	24庚戌 9	24己卯 8	23戊申 6	24戊寅 5
25乙酉17	25甲寅18	25甲申17	25甲寅17	25癸未15	25癸丑15	25壬午⑬	25壬子12	25辛巳11	25辛亥10	25庚辰 9	24己酉⑦	25己卯 6
26丙戌18	26乙卯⑲	26乙酉18	26乙卯18	26甲申16	26甲寅⑯	**26**癸未14	**26**癸丑13	26壬午12	26壬子11	26辛巳⑩	25庚戌 8	26庚辰 7
27丁亥⑲	27丙辰20	27丙戌19	27丙辰19	27乙酉17	27乙卯17	27甲申15	27甲寅14	27癸未13	27癸丑⑫	27壬午11	26辛亥 9	27辛巳 8
28戊子20	28丁巳21	28丁亥20	28丁巳20	28丙戌⑱	28丙辰18	28乙酉16	28乙卯15	**28**甲申14	**28**甲寅13	28癸未12	27壬子10	28壬午 9
29己丑21	29戊午22	29戊子21	29戊午㉑	29丁亥19	29丁巳19	29丙戌17	29丙辰16	29乙酉⑮	29乙卯14	**29**甲申13	28癸丑11	29癸未10
	30己未23	30己丑22		30戊子20		30丁亥18		30丙戌16		30乙酉14	29甲寅12	30甲申⑪
立春 5日 雨水 20日	啓蟄 6日 春分 22日	清明 7日 穀雨 22日	立夏 7日 小満 22日	芒種 9日 夏至 24日	小暑 9日 大暑 24日	立秋 11日 処暑 26日	白露 11日 秋分 26日	寒露 12日 霜降 28日	立冬 13日 小雪 28日	大雪 14日 冬至 29日	小寒15日	大寒 1日 立春 16日

大永 6 年（1526－1527） 丙戌

1月	2月	3月	4月	5月	6月	7月	8月	9月	10月	11月	12月
1 乙酉12	1 甲寅13	1 甲申12	1 甲寅12	1 癸未⑩	1 癸丑10	1 壬午 8	1 壬子 7	1 辛巳 6	1 辛亥 5	1 庚辰 4	1 庚戌 3
2 丙戌13	2 乙卯14	2 乙酉13	2 乙卯⑬	2 甲申11	2 甲寅11	2 癸未 9	2 癸丑 8	2 壬午⑦	2 壬子 6	2 辛巳 5	2 辛亥 4
3 丁亥14	**3** 丙辰15	**3** 丙戌14	3 丙辰14	3 乙酉12	3 乙卯12	3 甲申10	3 甲寅⑨	3 癸未 8	3 癸丑 7	3 壬午 6	3 壬子 5
4 戊子15	4 丁巳16	4 丁亥⑮	**4** 丁巳15	4 丙戌13	4 丙辰13	4 乙酉11	4 乙卯10	4 甲申 9	4 甲寅 8	4 癸未 7	4 癸丑⑥
5 己丑16	5 戊午17	5 戊子16	5 戊午16	**5** 丁亥14	5 丁巳14	5 丙戌⑫	5 丙辰11	5 乙酉10	5 乙卯 9	5 甲申 8	5 甲寅 7
6 庚寅17	6 己未⑱	6 己丑17	6 己未17	6 戊子15	**6** 戊午⑮	6 丁亥13	6 丁巳12	6 丙戌11	6 丙辰10	6 乙酉⑨	6 乙卯 8
7 辛卯⑱	7 庚申19	7 庚寅18	7 庚申18	7 己丑16	7 己未16	**7** 戊子14	**7** 戊午13	7 丁亥12	7 丁巳⑪	7 丙戌10	7 丙辰 9
8 壬辰19	8 辛酉20	8 辛卯19	8 辛酉19	8 庚寅⑰	8 庚申17	8 己丑15	8 己未14	8 戊子13	8 戊午12	8 丁亥11	8 丁巳10
9 癸巳20	9 壬戌21	9 壬辰20	9 壬戌⑳	9 辛卯18	9 辛酉18	9 庚寅16	9 庚申15	**9** 己丑⑭	**9** 己未13	9 戊子12	9 戊午11
10甲午21	10癸亥22	10癸巳21	10癸亥21	10壬辰19	10壬戌19	10辛卯17	10辛酉⑯	10庚寅15	10庚申14	10己丑13	10己未12
11乙未22	11甲子23	11甲午㉒	11甲子22	11癸巳20	11癸亥20	11壬辰18	11壬戌17	11辛卯16	11辛酉15	**11**庚寅14	**11**庚申⑬
12丙申23	12乙丑24	12乙未23	12乙丑23	12甲午21	12甲子21	12癸巳⑲	12癸亥18	12壬辰17	12壬戌16	12辛卯15	12辛酉14
13丁酉24	13丙寅㉕	13丙申24	13丙寅24	13乙未22	13乙丑㉒	13甲午20	13甲子19	13癸巳18	13癸亥17	13壬辰⑯	13壬戌15
14戊戌㉕	14丁卯26	14丁酉25	14丁卯25	14丙申23	14丙寅23	14乙未21	14乙丑20	14甲午19	14甲子⑱	14癸巳17	14癸亥16
15己亥26	15戊辰27	15戊戌26	15戊辰26	15丁酉㉔	15丁卯24	15丙申22	15丙寅21	15乙未20	15乙丑19	15甲午18	15甲子17
16庚子27	16己巳28	16己亥27	16己巳㉗	16戊戌25	16戊辰25	16丁酉23	16丁卯22	16丙申㉑	16丙寅20	16乙未19	16乙丑18
17辛丑28	17庚午29	17庚子28	17庚午28	17己亥26	17己巳26	17戊戌24	17戊辰㉓	17丁酉22	17丁卯21	17丙申20	17丙寅19
《3月》	**18**辛未30	**18**辛丑㉙	18辛未29	18庚子27	18庚午27	18己亥25	18己巳24	18戊戌23	18戊辰22	18丁酉21	18丁卯⑳
18壬寅 1	19壬申31	19壬寅30	**19**壬申30	19辛丑28	19辛未28	19庚子㉖	19庚午25	19己亥24	19己巳23	19戊戌22	19戊辰21
19癸卯 2	《4月》	《5月》	20癸酉31	**20**壬寅29	20壬申㉙	20辛丑27	20辛未26	20庚子25	20庚午24	20己亥㉓	20己巳22
20甲辰 3	20癸酉①	20癸卯 1	《6月》	21癸卯30	**21**癸酉30	21壬寅28	21壬申27	21辛丑26	21辛未㉕	21庚子24	21庚午23
21乙巳④	21甲戌 2	21甲辰 2	21甲戌 1	《7月》	22甲戌31	**22**癸卯29	22癸酉28	22壬寅27	22壬申26	22辛丑25	22辛未24
22丙午 5	22乙亥 3	22乙巳 3	22乙亥 2	22甲辰①	《8月》	23甲辰30	**23**甲戌29	23癸卯㉘	23癸酉27	23壬寅26	23壬申25
23丁未 6	23丙子 4	23丙午 4	23丙子③	23乙巳 2	23乙亥 1	24乙巳31	24乙亥㉚	**24**甲辰29	24甲戌28	24癸卯27	24癸酉26
24戊申 7	24丁丑 5	24丁未 5	24丁丑 4	24丙午 3	24丙子 2	《9月》	《10月》	25乙巳30	**25**乙亥29	25甲辰28	25甲戌㉗
25己酉 8	25戊寅 6	25戊申⑥	25戊寅 5	25丁未 4	25丁丑 3	25丙午 1	25丙子 1	26丙午31	26丙子30	**26**乙巳29	**26**乙亥28
26庚戌 9	26己卯 7	26己酉 7	26己卯 6	26戊申 5	26戊寅 4	26丁未②	26丁丑 2	《11月》	《12月》	27丙午㉚	27丙子29
27辛亥10	27庚辰⑧	27庚戌 8	27庚辰 7	27己酉 6	27己卯⑤	27戊申 3	27戊寅 3	27丁未 1	27丁丑 1	28丁未31	28丁丑30
28壬子⑪	28辛巳 9	28辛亥 9	28辛巳 8	28庚戌 7	28庚辰 6	28己酉 4	28己卯 4	28戊申 2	28戊寅②	**1527年**	29戊寅31
29癸丑12	29壬午10	29壬子10	29壬午 9	29辛亥⑧	29辛巳 7	29庚戌 5	29庚辰 5	29己酉 3	29己卯 3	《1月》	
	30癸未11	30癸丑11		30壬子 9		30辛亥 6		30庚戌④		29戊申 1	
										30己酉 2	
雨水 1日 啓蟄 17日	春分 3日 清明 18日	穀雨 3日 立夏 18日	小満 4日 芒種 19日	夏至 5日 小暑 20日	大暑 6日 立秋 21日	処暑 7日 白露 22日	秋分 7日 寒露 23日	霜降 9日 立冬 24日	小雪 9日 大雪 25日	冬至 11日 小寒 26日	大寒 11日 立春 26日

大永 7 年（1527－1528） 丁亥

1 月	2 月	3 月	4 月	5 月	6 月	7 月	8 月	9 月	10月	11月	12月
《2月》	1 己酉③	《4月》	《5月》	**1** 丁丑30	1 丁未29	1 丙子㉘	1 丙午27	1 丙子26	1 乙巳25	1 乙亥㉔	1 甲辰23
1 己卯 1	2 庚戌 4	1 戊寅 1	1 戊申 1	2 戊寅31	**2** 戊申㉚	2 丁丑29	2 丁未28	2 丁丑27	2 丙午26	2 丙子25	2 乙巳24
2 庚辰 2	3 辛亥 5	2 己卯 2	2 己酉 2	《6月》	《7月》	**3** 戊寅30	**3** 戊申29	3 戊寅28	3 丁未㉗	3 丁丑26	3 丙午25
3 辛巳③	4 壬子 6	3 庚辰 3	3 庚戌 3	3 己卯 1	3 己酉 1	4 己卯31	4 己酉30	**4** 己卯㉙	4 戊申28	4 戊寅27	4 丁未26
4 壬午 4	5 癸丑 7	4 辛巳 4	4 辛亥 4	4 庚辰②	4 庚戌 2	《8月》	5 庚戌31	5 庚辰30	**5** 己酉29	5 己卯28	5 戊申27
5 癸未 5	6 甲寅 8	5 壬午 5	5 壬子⑤	5 辛巳 3	5 辛亥 3	5 庚辰 1	《9月》	《10月》	6 庚戌30	**6** 庚辰29	6 己酉28
6 甲申 6	7 乙卯 9	6 癸未 6	6 癸丑 6	6 壬午 4	6 壬子 4	6 辛巳 2	6 辛亥①	6 辛巳 1	7 辛亥31	7 辛巳30	**7** 庚戌㉙
7 乙酉 7	8 丙辰⑩	7 甲申⑦	7 甲寅 7	7 癸未 5	7 癸丑 5	7 壬午 3	7 壬子 2	7 壬午 2	《11月》	《12月》	8 辛亥30
8 丙戌 8	9 丁巳11	8 乙酉 8	8 乙卯 8	8 甲申 6	8 甲寅 6	8 癸未④	8 癸丑 3	8 癸未 3	8 壬子 1	8 壬午①	9 壬子31
9 丁亥 9	10戊午12	9 丙戌 9	9 丙辰 9	9 乙酉 7	9 乙卯⑦	9 甲申 5	9 甲寅 4	9 甲申 4	9 癸丑 2	9 癸未 2	**1528 年**
10戊子⑩	11己未13	10丁亥10	10丁巳10	10丙戌 8	10丙辰 8	10乙酉 6	10乙卯 5	10乙酉 5	10甲寅③	10甲申 3	《1月》
11己丑11	12庚申14	11戊子11	11戊午11	11丁亥⑨	11丁巳 9	11丙戌 7	11丙辰 6	11丙戌⑥	11乙卯 4	11乙酉 4	10癸丑 1
12庚寅12	**13**辛酉15	12己丑12	12己未⑫	12戊子10	12戊午10	12丁亥 8	12丁巳 7	12丁亥 7	12丙辰 5	12丙戌 5	11甲寅 2
13辛卯13	14壬戌16	13庚寅13	13庚申13	13己丑11	13己未11	13戊子 9	13戊午⑧	13戊子 8	13丁巳 6	13丁亥 6	12乙卯 3
14壬辰14	15癸亥⑰	**14**辛卯⑭	14辛酉14	14庚寅12	14庚申12	14己丑10	14己未 9	14己丑 9	14戊午 7	14戊子 7	13丙辰 4
15癸巳15	16甲子18	15壬辰15	**15**壬戌15	15辛卯13	15辛酉13	15庚寅⑪	15庚申10	15庚寅10	15己未 8	15己丑⑧	14丁巳⑤
16甲午16	17乙丑19	16癸巳16	16癸亥16	**16**壬辰14	16壬戌⑭	16辛卯12	16辛酉11	16辛卯11	16庚申 9	16庚寅 9	15戊午 6
17乙未⑰	18丙寅20	17甲午17	17甲子17	17癸巳15	**17**癸亥15	17壬辰13	17壬戌12	17壬辰12	17辛酉⑩	17辛卯10	16己未 7
18丙申18	19丁卯21	18乙未18	18乙丑18	18甲午⑯	18甲子16	**18**癸巳14	18癸亥13	18癸巳⑬	18壬戌11	18壬辰11	17庚申 8
19丁酉19	20戊辰22	19丙申19	19丙寅⑲	19乙未17	19乙丑17	19甲午15	**19**甲子14	**19**甲午14	19癸亥12	19癸巳12	18辛酉 9
20戊戌20	21己巳23	20丁酉20	20丁卯20	20丙申18	20丙寅18	20乙未16	20乙丑⑮	20乙未15	20甲子13	20甲午13	19壬戌10
21己亥21	**22**庚午㉔	21戊戌㉑	21戊辰21	21丁酉19	21丁卯19	21丙申17	21丙寅16	21丙申16	**21** 乙丑14	**21** 乙未14	20癸亥11
22庚子22	23辛未25	22己亥22	22己巳22	22戊戌20	22戊辰20	22丁酉⑱	22丁卯17	22丁酉17	22丙寅15	22丙申⑮	21甲子⑫
23辛丑23	24壬申26	23庚子23	23庚午23	23己亥21	23己巳㉑	23戊戌19	23戊辰18	23戊戌18	23丁卯16	23丁酉16	**22**乙丑13
24壬寅㉔	25癸酉27	24辛丑24	24辛未24	24庚子22	24庚午22	24己亥20	24己巳19	24己亥19	24戊辰⑰	24戊戌17	23丙寅14
25癸卯25	26甲戌28	25壬寅25	25壬申25	25辛丑㉓	25辛未23	25庚子21	25庚午20	25庚子⑳	25己巳18	25己亥18	24丁卯15
26甲辰26	27乙亥29	26癸卯26	26癸酉㉖	26壬寅24	26壬申24	26辛丑22	26辛未21	26辛丑21	26庚午19	26庚子19	25戊辰16
27乙巳27	**28**丙子30	27甲辰27	27甲戌27	27癸卯25	27癸酉25	27壬寅23	27壬申㉒	27壬寅22	27辛未20	27辛丑20	26己巳17
28丙午28	29丁丑㉛	28乙巳㉘	28乙亥28	28甲辰26	28甲戌26	28癸卯24	28癸酉23	28癸卯23	28壬申21	28壬寅21	27庚午18
《3月》		29丙午29	29丙子29	29乙巳27	29乙亥27	29甲辰㉕	29甲戌24	29甲辰24	29癸酉22	29癸卯㉒	28辛未⑲
29丁未 1		**30**丁未30		30丙午28		30乙巳26	30乙亥25		30甲戌23		29壬申20
30戊申 2											30癸酉21
雨水 13日 啓蟄 28日	春分 13日 清明 28日	穀雨 14日 立夏 30日	小満 15日	芒種 1日 夏至 16日	小暑 2日 大暑 17日	立秋 3日 処暑 18日	白露 3日 秋分 19日	寒露 4日 霜降 19日	立冬 5日 小雪 21日	大雪 6日 冬至 21日	小寒 7日 大寒 22日

享禄元年〔大永 8 年〕（1528－1529） 戊子

改元 8/20（大永→享禄）

1 月	2 月	3 月	4 月	5 月	6 月	7 月	8 月	9 月	閏9月	10月	11月	12月
1 甲戌22	1 癸卯20	1 癸酉21	1 壬寅⑲	1 辛未18	1 辛丑17	1 辛未17	1 庚子15	1 庚午14	1 庚子14	1 己巳12	1 己亥12	1 戊辰⑩
2 乙亥23	2 甲辰21	2 甲戌㉒	2 癸卯20	2 壬申19	2 壬寅18	2 壬申18	2 辛丑⑯	2 辛未15	2 辛丑15	**2** 庚午13	**2** 庚子⑬	2 己巳11
3 丙子24	3 乙巳22	3 乙亥23	3 甲辰21	3 癸酉20	3 癸卯19	3 癸酉⑲	3 壬寅17	3 壬申16	3 壬寅16	3 辛未14	3 辛丑14	3 庚午12
4 丁丑25	4 丙午㉓	4 丙子24	4 乙巳22	4 甲戌21	4 甲辰20	4 甲戌20	4 癸卯18	4 癸酉17	4 癸卯17	4 壬申⑮	4 壬寅15	**4** 辛未13
5 戊寅㉖	5 丁未24	5 丁丑25	5 丙午23	5 乙亥22	5 乙巳㉑	5 乙亥21	5 甲辰19	5 甲戌18	5 甲辰⑱	5 癸酉16	5 癸卯16	5 壬申14
6 己卯27	6 戊申25	6 戊寅26	6 丁未24	6 丙子23	6 丙午22	6 丙子22	6 乙巳20	6 乙亥19	6 乙巳19	6 甲戌17	6 甲辰17	6 癸酉15
7 庚辰28	7 己酉26	7 己卯27	7 戊申25	7 丁丑㉔	7 丁未23	7 丁丑23	7 丙午21	7 丙子⑳	7 丙午20	7 乙亥18	7 乙巳18	7 甲戌16
8 辛巳29	8 庚戌27	8 庚辰28	8 己酉㉖	8 戊寅25	8 戊申24	8 戊寅24	8 丁未22	8 丁丑21	8 丁未21	8 丙子19	8 丙午19	8 乙亥⑰
9 壬午30	**9** 辛亥28	9 辛巳㉙	9 庚戌27	9 己卯26	9 己酉25	9 己卯25	9 戊申㉓	9 戊寅22	9 戊申22	9 丁丑20	9 丁未⑳	9 丙子18
10癸未31	10壬子29	**10**壬午30	10辛亥28	10庚辰27	10庚戌26	10庚辰㉖	10己酉24	10己卯23	10己酉23	10戊寅21	10戊申21	10丁丑19
《2月》	《3月》	11癸未31	**11**壬子29	11辛巳28	11辛亥27	11辛巳27	11庚戌25	11庚辰24	11庚戌24	11己卯㉒	11己酉22	11戊寅20
11甲申 1	11癸丑①	《4月》	12癸丑30	**12**壬午29	12壬子㉘	12壬午28	12辛亥26	12辛巳25	12辛亥㉕	12庚辰23	12庚戌23	12己卯21
12乙酉②	12甲寅 2	12甲申 1	《5月》	13癸未30	**13**癸丑29	**13**癸未29	13壬子27	13壬午26	13壬子26	13辛巳24	13辛亥24	13庚辰22
13丙戌 3	13乙卯 3	13乙酉 2	13甲寅 1	14甲申㉛	14甲寅30	14甲申30	14癸丑28	14癸未㉗	14癸丑27	14壬午25	14壬子25	14辛巳23
14丁亥 4	14丙辰 4	14丙戌 3	14乙卯 2	《6月》	《7月》	15乙酉31	**15**甲寅29	**15**甲申28	15甲寅28	15癸未26	15癸丑26	15壬午㉔
15戊子 5	15丁巳 5	15丁亥 4	15丙辰③	15乙酉 1	15乙卯 1	《8月》	16乙卯㉚	16乙酉29	**16**乙卯29	16甲申27	16甲寅㉗	16癸未25
16己丑 6	16戊午 6	16戊子⑤	16丁巳 4	16丙戌 2	16丙辰 2	16丙戌 1	17丙辰31	17丙戌30	17丙辰30	**17**乙酉28	**17**乙卯28	17甲申26
17庚寅 7	17己未 7	17己丑 6	17戊午 5	17丁亥 3	17丁巳 3	17丁亥②	《9月》	《10月》	18丁巳31	18丙戌㉙	18丙辰29	18乙酉27
18辛卯 8	18庚申⑧	18庚寅 7	18己未 6	18戊子 4	18戊午 4	18戊子 3	18丁巳 1	18丁亥 1	《11月》	19丁亥30	19丁巳30	**19**丙戌28
19壬辰⑨	19辛酉 9	19辛卯 8	19庚申 7	19己丑 5	19己未⑤	19己丑 4	19戊午 2	19戊子 2	19戊午①	《12月》	20戊午31	20丁亥29
20癸巳10	20壬戌10	20壬辰 9	20辛酉 8	20庚寅 6	20庚申 6	20庚寅 5	*20*己未 3	20己丑 3	20己未 2	20戊子 1	**1529 年**	21戊子30
21甲午11	21癸亥11	21癸巳10	21壬戌 9	21辛卯⑦	21辛酉 7	21辛卯 6	21庚申 4	21庚寅④	21庚申 3	21己丑 2	《1月》	22己丑㉛
22乙未12	22甲子12	22甲午11	22癸亥⑩	22壬辰 8	22壬戌 8	22壬辰 7	22辛酉 5	22辛卯 5	22辛酉 4	22庚寅 3	21己未 1	《2月》
23丙申13	23乙丑13	23乙未⑫	23甲子11	23癸巳 9	23癸亥 9	23癸巳 8	23壬戌⑥	23壬辰 6	23壬戌 5	23辛卯 4	22庚申 2	23庚寅 1
24丁酉14	**24**丙寅14	24丙申13	24乙丑12	24甲午10	24甲子10	24甲午⑨	24癸亥 7	24癸巳 7	24癸亥 6	24壬辰 5	23辛酉③	24辛卯 2
25戊戌15	25丁卯⑮	**25**丁酉14	25丙寅13	25乙未11	25乙丑11	25乙未10	25甲子 8	25甲午 8	25甲子 7	25癸巳⑥	24壬戌 4	25壬辰 3
26己亥⑯	26戊辰16	26戊戌15	**26**丁卯14	26丙申12	26丙寅⑫	26丙申11	26乙丑 9	26乙未 9	26乙丑⑧	26甲午 7	25癸亥 5	26癸巳 4
27庚子17	27己巳17	27己亥16	27戊辰15	27丁酉13	27丁卯13	27丁酉12	27丙寅10	27丙申10	27丙寅 9	27乙未 8	26甲子 6	27甲午 5
28辛丑18	28庚午18	28庚子17	28己巳16	**28**戊戌⑭	**28**戊辰14	**28**戊戌13	28丁卯11	28丁酉⑪	28丁卯10	28丙申 9	27乙丑 7	28乙未 6
29壬寅19	29辛未19	29辛丑18	29庚午⑰	29己亥15	29己巳15	29己亥14	29戊辰12	29戊戌12	29戊辰11	29丁酉10	28丙寅 8	29丙申⑦
	30壬申20			30庚子16	30庚午16		**30**己巳⑬	**30**己亥13		30戊戌11	29丁卯 9	30丁酉 8
立春 8日 雨水 23日	啓蟄 9日 春分 24日	清明 10日 穀雨 25日	立夏 11日 小満 26日	芒種 12日 夏至 28日	小暑 13日 大暑 28日	立秋 13日 処暑 28日	白露 15日 秋分 30日	寒露 15日 霜降 30日	立冬16日	小雪 2日 大雪 17日	冬至 2日 小寒 17日	大寒 4日 立春 19日

享禄**2**年（1529－1530） 己丑

1月	2月	3月	4月	5月	6月	7月	8月	9月	10月	11月	12月
1 戊戌 9	1 丁卯10	1 丁酉 9	1 丙寅 8	1 乙未⑥	1 乙丑 6	1 甲午 4	1 甲子 3	1 甲午③	《11月》	《12月》	1 癸亥31
2 己亥10	2 戊辰11	2 戊戌10	2 丁卯⑨	2 丙申 7	2 丙寅 7	2 乙未 5	2 乙丑 4	2 乙未 4	1 癸亥 1	1 癸巳 1	**1530 年**
3 庚子11	3 己巳12	3 己亥⑪	3 戊辰10	3 丁酉 8	3 丁卯 8	3 丙申 6	3 丙寅⑤	3 丙申 5	2 甲子 2	2 甲午 2	《1月》
4 辛丑12	4 庚午13	4 庚子12	4 己巳11	4 戊戌 9	4 戊辰 9	4 丁酉 7	4 丁卯 6	4 丁酉 6	3 乙丑 3	3 乙未 3	2 甲子 1
5 壬寅13	5 辛未⑭	5 辛丑13	5 庚午12	5 己亥10	5 己巳10	5 戊戌⑧	5 戊辰 7	5 戊戌 7	4 丙寅 4	4 丙申 4	3 乙丑②
6 癸卯⑭	**6** 壬申15	**6** 壬寅14	6 辛未13	6 庚子11	6 庚午⑪	6 己亥 9	6 己巳 8	6 己亥 8	5 丁卯 5	5 丁酉⑤	4 丙寅 3
7 甲辰15	7 癸酉16	7 癸卯15	**7** 壬申14	7 辛丑12	7 辛未12	7 庚子10	7 庚午 9	7 庚子 9	6 戊辰 6	6 戊戌 6	5 丁卯 4
8 乙巳16	8 甲戌17	8 甲辰16	8 癸酉15	8 壬寅⑬	8 壬申13	8 辛丑11	8 辛未10	8 辛丑⑩	7 己巳⑦	7 己亥 7	6 戊辰 5
9 丙午17	9 乙亥18	9 乙巳17	9 甲戌⑯	**9** 癸卯14	**9** 癸酉14	9 壬寅12	9 壬申11	9 壬寅11	8 庚午 8	8 庚子 8	7 己巳 6
10丁未18	10丙子19	10丙午⑱	10乙亥17	10甲辰15	10甲戌15	10癸卯13	10癸酉⑫	10癸卯12	9 辛未 9	9 辛丑 9	8 庚午 7
11戊申19	11丁丑20	11丁未19	11丙子18	11乙巳16	11乙亥16	**11**甲辰14	**11**甲戌13	11甲辰13	10壬申10	10壬寅10	9 辛未 8
12己酉20	12戊寅㉑	12戊申20	12丁丑19	12丙午17	12丙子17	12乙巳⑮	12乙亥14	**12**乙巳14	11癸酉11	11癸卯11	10壬申⑨
13庚戌㉑	13己卯22	13己酉21	13戊寅20	13丁未18	13丁丑⑱	13丙午16	13丙子15	13丙午15	12甲戌12	12甲辰⑫	11癸酉10
14辛亥22	14庚辰23	14庚戌22	14己卯21	14戊申19	14戊寅19	14丁未17	14丁丑16	14丁未16	**13**乙亥13	**13**乙巳13	12甲戌11
15壬子23	15辛巳24	15辛亥23	15庚辰22	15己酉⑳	15己卯20	15戊申18	15戊寅17	15戊申⑰	14丙子⑭	14丙午14	13乙亥12
16癸丑24	16壬午25	16壬子24	16辛巳㉓	16庚戌21	16庚辰21	16己酉19	16己卯18	16己酉18	15丁丑15	15丁未15	**14**丙子13
17甲寅25	17癸未26	17癸丑㉕	17壬午24	17辛亥22	17辛巳22	17庚戌20	17庚辰⑲	17庚戌19	16戊寅16	16戊申16	15丁丑14
18乙卯26	18甲申27	18甲寅26	18癸未25	18壬子23	18壬午23	18辛亥21	18辛巳20	18辛亥20	17己卯17	17己酉17	16戊寅15
19丙辰27	19乙酉㉘	19乙卯27	19甲申26	19癸丑24	19癸未24	19壬子㉒	19壬午21	19壬子21	18庚辰18	18庚戌18	17己卯⑯
20丁巳㉘	20丙戌29	20丙辰28	20乙酉27	20甲寅25	20甲申㉕	20癸丑23	20癸未22	20癸丑22	19辛巳19	19辛亥⑲	18庚辰17
《3月》	**21**丁亥30	**21**丁巳29	21丙戌28	21乙卯26	21乙酉26	21甲寅24	21甲申23	21甲寅23	20壬午20	20壬子20	19辛巳18
21戊午 1	22戊子31	22戊午30	22丁亥29	22丙辰㉗	22丙戌27	22乙卯25	22乙酉24	22乙卯㉔	21癸未㉑	21癸丑21	20壬午19
22己未 2	《4月》	《5月》	**23**戊子㉚	23丁巳28	23丁亥28	23丙辰26	23丙戌25	23丙辰25	22甲申22	22甲寅22	21癸未20
23庚申 3	23己丑 1	23己未 1	24己丑31	**24**戊午29	24戊子29	24丁巳27	24丁亥㉖	24丁巳26	23乙酉23	23乙卯23	22甲申21
24辛酉 4	24庚寅 2	24庚申②	《6月》	25己未30	**25**己丑30	25戊午28	25戊子27	25戊午27	24丙戌24	24丙辰24	23乙酉22
25壬戌 5	25辛卯 3	25辛酉 3	25庚寅 1	《7月》	26庚寅31	**26**己未㉙	**26**己丑28	26己未28	25丁亥25	25丁巳25	24丙戌㉓
26癸亥 6	26壬辰④	26壬戌 4	26辛卯 2	26庚申 1	《8月》	27庚申30	27庚寅29	**27**庚申29	26戊子26	26戊午㉖	25丁亥24
27甲子⑦	27癸巳 5	27癸亥 5	27壬辰 3	27辛酉 2	27辛卯①	28辛酉31	28辛卯30	28辛酉30	27己丑27	27己未27	26戊子25
28乙丑 8	28甲午 6	28甲子 6	28癸巳 4	28壬戌 3	28壬辰 2	《9月》	《10月》	29壬戌㉛	**28**庚寅㉘	28庚申28	27己丑26
29丙寅 9	29乙未 7	29乙丑 7	29甲午 5	29癸亥④	29癸巳 3	29壬戌 1	29壬辰 1		29辛卯29	**29**辛酉29	28庚寅27
	30丙申 8			30甲子 5		30癸亥 2	30癸巳 2		30壬辰30	30壬戌30	**29**辛卯28

雨水 4日	春分 6日	穀雨 6日	小満 7日	夏至 9日	大暑 9日	処暑 11日	秋分 11日	霜降 12日	小雪 13日	冬至 13日	大寒 14日
啓蟄 19日	清明 21日	立夏 21日	芒種 23日	小暑 24日	立秋 25日	白露 26日	寒露 26日	立冬 27日	大雪 28日	小寒 29日	立春 29日

享禄**3**年（1530－1531） 庚寅

1月	2月	3月	4月	5月	6月	7月	8月	9月	10月	11月	12月
1 壬辰29	**1** 壬戌28	1 辛卯29	1 辛酉28	1 庚寅27	1 己未25	1 己丑25	1 戊午23	1 戊子22	1 丁巳21	1 丁亥⑳	1 丁巳20
2 癸巳㉚	《3月》	**2** 壬辰30	**2** 壬戌29	2 辛卯28	2 庚申㉖	2 庚寅26	2 己未24	2 己丑23	2 戊午22	2 戊子21	2 戊午21
3 甲午31	2 癸亥 1	3 癸巳31	3 癸亥30	3 壬辰㉙	3 辛酉27	3 辛卯27	3 庚申25	3 庚寅24	3 己未㉓	3 己丑22	3 己未22
《2月》	3 甲子 2	《4月》	《5月》	**4** 癸巳30	4 壬戌28	4 壬辰28	4 辛酉26	4 辛卯㉕	4 庚申24	4 庚寅23	4 庚申23
4 乙未 1	4 乙丑 3	4 甲午 1	4 甲子①	5 甲午31	**5** 癸亥29	5 癸巳29	5 壬戌27	5 壬辰26	5 辛酉25	5 辛卯24	5 辛酉24
5 丙申 2	5 丙寅 4	5 乙未 2	5 乙丑 2	《6月》	6 甲子30	**6** 甲午30	6 癸亥㉘	6 癸巳27	6 壬戌26	6 壬辰25	6 壬戌㉕
6 丁酉 3	6 丁卯 5	6 丙申③	6 丙寅 3	6 乙未 1	《7月》	7 乙未㉛	**7** 甲子29	7 甲午28	7 癸亥27	7 癸巳26	7 癸亥26
7 戊戌 4	7 戊辰⑥	7 丁酉 4	7 丁卯 4	7 丙申 2	7 乙丑 1	《8月》	8 乙丑30	**8** 乙未29	8 甲子28	8 甲午㉗	8 甲子27
8 己亥 5	8 己巳 7	8 戊戌 5	8 戊辰 5	8 丁酉 3	8 丙寅 2	8 丙申 1	9 丙寅31	9 丙申30	**9** 乙丑29	**9** 乙未28	9 乙丑28
9 庚子⑥	9 庚午 8	9 己亥 6	9 己巳 6	9 戊戌 4	9 丁卯③	9 丁酉 2	《9月》	《10月》	10丙寅㉚	10丙申29	**10**丙寅29
10辛丑 7	10辛未 9	10庚子 7	10庚午 7	10己亥⑤	10戊辰 4	10戊戌 3	10丁卯 1	10丁酉 1	11丁卯31	11丁酉30	11丁卯30
11壬寅 8	11壬申10	11辛丑 8	11辛未⑧	11庚子 6	11己巳 5	11己亥 4	11戊辰 2	11戊戌②	《11月》	《12月》	12戊辰31
12癸卯 9	12癸酉11	12壬寅 9	12壬申 9	12辛丑 7	12庚午 6	12庚子 5	12己巳 3	12己亥 3	12戊辰 1	12戊戌 1	**1531 年**
13甲辰10	13甲戌12	13癸卯⑩	13癸酉10	13壬寅 8	13辛未 7	13辛丑 6	13庚午④	13庚子 4	13己巳 2	13己亥 2	《1月》
14乙巳11	14乙亥⑬	14甲辰11	14甲戌11	14癸卯 9	14壬申 8	14壬寅⑦	14辛未 5	14辛丑 5	14庚午 3	14庚子 3	13己巳①
15丙午12	15丙子14	15乙巳12	15乙亥12	15甲辰10	15癸酉 9	15癸卯 8	15壬申 6	15壬寅 6	15辛未 4	15辛丑④	14庚午 2
16丁未⑬	**16**丁丑15	16丙午13	16丙子13	16乙巳11	16甲戌⑩	16甲辰 9	16癸酉 7	16癸卯 7	16壬申 5	16壬寅 5	15辛未 3
17戊申14	17戊寅16	**17**丁未14	17丁丑14	17丙午⑫	17乙亥11	17乙巳10	17甲戌 8	17甲辰 8	17癸酉⑥	17癸卯 6	16壬申 4
18己酉15	18己卯17	18戊申15	**18**戊寅⑮	18丁未13	18丙子12	18丙午11	18乙亥 9	18乙巳⑨	18甲戌 7	18甲辰 7	17癸酉 5
19庚戌16	19庚辰18	19己酉16	19己卯16	**19**戊申14	19丁丑13	19丁未12	19丙子10	19丙午10	19乙亥 8	19乙巳 8	18甲戌 6
20辛亥17	20辛巳19	20庚戌⑰	20庚辰17	20己酉15	20戊寅14	20戊申13	20丁丑⑪	20丁未11	20丙子 9	20丙午 9	19乙亥 7
21壬子18	21壬午⑳	21辛亥18	21辛巳18	21庚戌16	**21**己卯15	**21**己酉⑭	21戊寅12	21戊申12	21丁丑10	21丁未10	20丙子⑧
22癸丑19	22癸未21	22壬子19	22壬午19	22辛亥17	22庚辰16	22庚戌15	**22**己卯13	22己酉13	22戊寅11	22戊申⑪	21丁丑 9
23甲寅⑳	23甲申22	23癸丑20	23癸未20	23壬子18	23辛巳⑰	23辛亥16	23庚辰14	**23**庚戌14	23己卯12	23己酉12	22戊寅10
24乙卯21	24乙酉23	24甲寅21	24甲申21	24癸丑⑲	24壬午18	24壬子17	24辛巳15	24辛亥15	**24**庚辰⑬	24庚戌13	23己卯11
25丙辰22	25丙戌24	25乙卯22	25乙酉㉒	25甲寅20	25癸未19	25癸丑18	25壬午16	25壬子⑯	25辛巳14	**25**辛亥14	24庚辰12
26丁巳23	26丁亥25	26丙辰23	26丙戌23	26乙卯21	26甲申20	26甲寅19	26癸未17	26癸丑17	26壬午15	26壬子15	**25**辛巳13
27戊午24	27戊子26	27丁巳㉔	27丁亥24	27丙辰22	27乙酉21	27乙卯20	27甲申⑱	27甲寅18	27癸未16	27癸丑16	26壬午14
28己未25	28己丑㉗	28戊午25	28戊子25	28丁巳23	28丙戌22	28丙辰㉑	28乙酉19	28乙卯19	28甲申17	28甲寅17	27癸未⑮
29庚申26	29庚寅28	29己未26	29己丑26	29戊午24	29丁亥23	29丁巳22	29丙戌20	29丙辰20	29乙酉18	29乙卯⑱	28甲申16
30辛酉㉗		30庚申27			30戊子㉔		30丁亥21		30丙戌19	30丙辰19	29乙酉17
											30丙戌18

雨水 15日	啓蟄 1日	清明 2日	立夏 2日	芒種 4日	小暑 5日	立秋 6日	白露 7日	寒露 8日	立冬 9日	大雪 9日	小寒 10日
	春分 16日	穀雨 17日	小満 18日	夏至 19日	大暑 21日	処暑 21日	秋分 22日	霜降 23日	小雪 24日	冬至 25日	大寒 25日

享禄4年（1531－1532） 辛卯

1月	2月	3月	4月	5月	閏5月	6月	7月	8月	9月	10月	11月	12月
1 丁亥19	1 丙辰17	1 丙戌⑲	1 乙卯17	1 乙酉17	1 甲寅15	1 癸未14	1 癸丑⑬	1 壬午11	1 壬子11	1 辛巳 9	1 辛亥 9	1 辛巳 8
2 戊子20	2 丁巳18	2 丁亥20	2 丙辰18	2 丙戌18	2 乙卯16	**2** 甲申15	**2** 甲寅14	2 癸未12	2 癸丑12	2 壬午10	2 壬子⑩	2 壬午 9
3 己丑21	3 戊午⑲	3 戊子21	3 丁巳19	3 丁亥19	3 丙辰17	3 乙酉⑯	3 乙卯15	3 甲申13	3 甲寅13	3 癸未11	3 癸丑11	3 癸未10
4 庚寅㉒	4 己未20	4 己丑22	4 戊午20	4 戊子20	4 丁巳⑱	4 丙戌17	4 丙辰16	**4** 乙酉14	**4** 乙卯14	4 甲申⑫	4 甲寅12	4 甲申11
5 辛卯23	5 庚申21	5 庚寅23	5 己未21	5 己丑㉑	5 戊午19	5 丁亥18	5 丁巳17	5 丙戌15	5 丙辰⑮	5 乙酉13	5 乙卯13	5 乙酉12
6 壬辰24	6 辛酉22	6 辛卯24	6 庚申22	6 庚寅22	6 己未20	6 戊子19	6 戊午18	6 丁亥16	6 丁巳16	**6** 丙戌14	**6** 丙辰14	**6** 丙戌13
7 癸巳25	7 壬戌23	7 壬辰25	7 辛酉㉓	7 辛卯23	7 庚申21	7 己丑20	7 己未19	7 戊子⑰	7 戊午17	7 丁亥15	7 丁巳15	7 丁亥⑭
8 甲午26	8 癸亥24	8 癸巳㉖	8 壬戌24	8 壬辰24	8 辛酉22	8 庚寅21	8 庚申⑳	8 己丑18	8 己未18	8 戊子16	8 戊午16	8 戊子15
9 乙未27	9 甲子25	9 甲午27	9 癸亥25	9 癸巳25	9 壬戌23	9 辛卯22	9 辛酉21	9 庚寅19	9 庚申19	9 己丑17	9 己未⑰	9 己丑16
10丙申28	10乙丑㉖	10乙未28	10甲子26	10甲午26	10癸亥24	10壬辰㉓	10壬戌22	10辛卯20	10辛酉20	10庚寅18	10庚申18	10庚寅17
11丁酉㉙	11丙寅27	11丙申29	11乙丑27	11乙未27	11甲子㉕	11癸巳24	11癸亥23	11壬辰21	11壬戌21	11辛卯⑲	11辛酉19	11辛卯18
12戊戌30	**12**丁卯28	**12**丁酉30	12丙寅28	12丙申㉘	12乙丑26	12甲午25	12甲子24	12癸巳22	12癸亥㉒	12壬辰20	12壬戌20	12壬辰19
13己亥31	《3月》 13戊辰 1	13戊戌31	13丁卯29	13丁酉29	13丙寅27	13乙未26	13乙丑25	13甲午23	13甲子23	13癸巳21	13癸亥21	13癸巳20
《2月》 14庚子 1	14己巳 2	《4月》 14己亥 1	**14**戊辰㉚	**14**戊戌30	14丁卯28	14丙申27	14丙寅26	14乙未㉔	14乙丑24	14甲午22	14甲子22	14甲午㉑
15辛丑 2	15庚午 3	15庚子②	《5月》 15己巳 1	15己亥31	15戊辰29	15丁酉28	15丁卯㉗	15丙申25	15丙寅25	15乙未23	15乙丑23	15乙未22
16壬寅 3	16辛未 4	16辛丑 3	16庚午 2	《6月》 16庚子 1	**16**己巳30	16戊戌29	16戊辰28	16丁酉26	16丁卯26	16丙申24	16丙寅㉔	16丙申23
17癸卯 4	17壬申⑤	17壬寅 4	17辛未 3	17辛丑 2	《7月》 17庚午 1	**17**己亥㉚	**17**己巳29	17戊戌27	17戊辰27	17丁酉25	17丁卯25	17丁酉24
18甲辰⑤	18癸酉 6	18癸卯 5	18壬申 4	18壬寅 3	18辛未②	18庚子31	18庚午30	18己亥28	18己巳28	18戊戌㉖	18戊辰26	18戊戌25
19乙巳 6	19甲戌 7	19甲辰 6	19癸酉 5	19癸卯④	19壬申 3	《8月》 19辛丑 1	19辛未31	**19**庚子29	**19**庚午㉙	19己亥27	19己巳27	19己亥26
20丙午 7	20乙亥 8	20乙巳 7	20甲戌 6	20甲辰 5	20癸酉 4	20壬寅 2	《9月》 20壬申 1	20辛丑30	20辛未30	20庚子28	20庚午28	20庚子27
21丁未 8	21丙子 9	21丙午 8	21乙亥⑦	21乙巳 6	21甲戌 5	21癸卯 3	21癸酉 2	《10月》 21壬寅①	21壬申31	**21** 辛丑29	**21** 辛未29	21辛丑㉘
22戊申 9	22丁丑10	22丁未⑨	22丙子 8	22丙午 7	22乙亥 6	22甲辰 4	22甲戌③	22癸卯 2	《11月》 22癸酉 1	22壬寅30	22壬申30	**22**壬寅29
23己酉10	23戊寅11	23戊申10	23丁丑 9	23丁未 8	23丙子 7	23乙巳 5	23乙亥 4	23甲辰 3	23甲戌 2	《12月》 23癸卯 1	23癸酉㉛	23癸卯30
24庚戌11	24己卯⑫	24己酉11	24戊寅10	24戊申 9	24丁丑 8	24丙午⑥	24丙子 5	24乙巳 4	24乙亥 3	24甲辰 2	**1532年** 《1月》 24甲戌 1	24甲辰31
25辛亥⑫	25庚辰13	25庚戌12	25己卯11	25己酉10	25戊寅⑨	25丁未 7	25丁丑 6	25丙午 5	25丙子 4	25乙巳③	25乙亥 2	《2月》 25乙巳 1
26壬子13	26辛巳14	26辛亥13	26庚辰12	26庚戌⑪	26己卯10	26戊申 8	26戊寅 7	26丁未 6	26丁丑⑤	26丙午 4	26丙子 3	26丙午 2
27癸丑14	**27**壬午15	**27**壬子14	27辛巳13	27辛亥12	27庚辰11	27己酉 9	27己卯 8	27戊申 7	27戊寅 6	27丁未 5	27丁丑 4	27丁未 3
28甲寅15	28癸未16	28癸丑15	28壬午⑭	28壬子13	28辛巳12	28庚戌10	28庚辰 9	28己酉⑧	28己卯 7	28戊申 6	28戊寅 5	28戊申④
29乙卯16	29甲申17	29甲寅⑯	**29**癸未15	**29**癸丑14	29壬午13	29辛亥11	29辛巳⑩	29庚戌 9	29庚辰 8	29己酉 7	29己卯 6	29己酉 5
	30乙酉18		30甲申16			30壬子12		30辛亥10		30庚戌 8	30庚辰⑦	
立春 10日 雨水 26日	啓蟄 12日 春分 27日	清明 12日 穀雨 27日	立夏 14日 小満 29日	芒種 14日 夏至 29日	小暑16日	大暑 2日 立秋 17日	処暑 2日 白露 17日	秋分 4日 寒露 19日	霜降 4日 立冬 19日	小雪 6日 大雪 21日	冬至 6日 小寒 21日	大寒 6日 立春 22日

天文元年〔享禄5年〕（1532－1533） 壬辰

改元 7/29（享禄→天文）

1月	2月	3月	4月	5月	6月	7月	8月	9月	10月	11月	12月
1 庚戌 6	1 庚辰 7	1 庚戌 6	1 己卯⑤	1 己酉 4	1 戊寅 3	《8月》 1 丁未 1	1 丁丑31	1 丙午㉙	1 乙亥28	1 乙巳27	1 乙亥27
2 辛亥 7	2 辛巳 8	2 辛亥⑦	2 庚辰 6	2 庚戌 5	2 己卯 4	2 戊申 2	《9月》 2 戊寅①	2 丁未30	**2** 丙子29	**2** 丙午28	**2** 丙子28
3 壬子 8	3 壬午 9	3 壬子 8	3 辛巳 7	3 辛亥 6	3 庚辰 5	3 己酉 3	3 己卯 2	《10月》 3 戊申 1	3 丁丑30	3 丁未29	3 丁丑㉙
4 癸丑 9	4 癸未⑩	4 癸丑 9	4 壬午 8	4 壬子 7	4 辛巳 6	4 庚戌④	4 庚辰 3	4 己酉 2	4 戊寅31	4 戊申30	4 戊寅30
5 甲寅10	5 甲申11	5 甲寅10	5 癸未 9	5 癸丑 8	5 壬午⑦	5 辛亥 5	5 辛巳 4	5 庚戌 3	《11月》 5 己卯 1	《12月》 5 己酉①	5 己卯31
6 乙卯⑪	6 乙酉12	6 乙卯11	6 甲申10	6 甲寅⑨	6 癸未 8	6 壬子 6	6 壬午 5	6 辛亥 4	6 庚辰 2	6 庚戌 2	**1533年** 《1月》 6 庚辰 1
7 丙辰12	7 丙戌13	7 丙辰12	7 乙酉11	7 乙卯10	7 甲申 9	7 癸丑 7	7 癸未 6	7 壬子 5	7 辛巳③	7 辛亥 3	7 辛巳 2
8 丁巳13	**8** 丁亥14	8 丁巳13	8 丙戌⑫	8 丙辰11	8 乙酉10	8 甲寅 8	8 甲申 7	8 癸丑⑥	8 壬午 4	8 壬子 4	8 壬午 3
9 戊午14	9 戊子15	**9** 戊午⑭	9 丁亥13	9 丁巳12	9 丙戌11	9 乙卯 9	9 乙酉⑧	9 甲寅 7	9 癸未 5	9 癸丑 5	9 癸未 4
10己未15	10己丑16	10己未15	**10**戊子14	10戊午13	10丁亥12	10丙辰10	10丙戌 9	10乙卯 8	10甲申 6	10甲寅 6	10甲申⑤
11庚申16	11庚寅⑰	11庚申16	11己丑15	**11**己未14	11戊子13	11丁巳⑪	11丁亥10	11丙辰 9	11乙酉 7	11乙卯 7	11乙酉 6
12辛酉17	12辛卯18	12辛酉17	12庚寅16	12庚申15	**12**己丑⑭	12戊午12	12戊子11	12丁巳10	12丙戌 8	12丙辰⑧	12丙戌 7
13壬戌⑱	13壬辰19	13壬戌18	13辛卯17	13辛酉⑯	13庚寅15	**13**己未13	13己丑12	13戊午11	13丁亥 9	13丁巳 9	13丁亥 8
14癸亥19	14癸巳20	14癸亥19	14壬辰18	14壬戌17	14辛卯16	14庚申14	**14**庚寅13	14己未12	14戊子⑩	14戊午10	14戊子 9
15甲子20	15甲午21	15甲子20	15癸巳⑲	15癸亥18	15壬辰17	15辛酉15	15辛卯14	**15**庚申⑬	15己丑11	15己未11	15己丑10
16乙丑21	16乙未22	16乙丑㉑	16甲午20	16甲子19	16癸巳18	16壬戌16	16壬辰⑮	16辛酉14	16庚寅12	16庚申12	16庚寅11
17丙寅22	17丙申23	17丙寅22	17乙未21	17乙丑20	17甲午19	17癸亥17	17癸巳16	17壬戌15	**17**辛卯13	**17**辛酉13	17辛卯⑫
18丁卯23	18丁酉㉔	18丁卯23	18丙申22	18丙寅21	18乙未20	18甲子⑱	18甲午17	18癸亥16	18壬辰14	18壬戌14	**18**壬辰13
19戊辰24	19戊戌25	19戊辰24	19丁酉23	19丁卯22	19丙申㉑	19乙丑19	19乙未18	19甲子17	19癸巳15	19癸亥⑮	19癸巳14
20己巳㉕	20己亥26	20己巳25	20戊戌24	20戊辰㉓	20丁酉22	20丙寅20	20丙申19	20乙丑18	20甲午16	20甲子16	20甲午15
21庚午26	21庚子27	21庚午26	21己亥25	21己巳24	21戊戌23	21丁卯21	21丁酉20	21丙寅19	21乙未⑰	21乙丑17	21乙未16
22辛未27	22辛丑28	22辛未27	22庚子㉖	22庚午25	22己亥24	22戊辰22	22戊戌21	22丁卯⑳	22丙申18	22丙寅18	22丙申17
23壬申28	**23**壬寅29	23壬申㉘	23辛丑27	23辛未26	23庚子25	23己巳23	23己亥㉒	23戊辰21	23丁酉19	23丁卯19	23丁酉18
24癸酉29	24癸卯30	**24**癸酉29	24壬寅28	24壬申27	24辛丑26	24庚午24	24庚子23	24己巳22	24戊戌20	24戊辰20	24戊戌⑲
《3月》 25甲戌 1	25甲辰㉛	25甲戌30	**25**癸卯29	25癸酉28	25壬寅27	25辛未㉕	25辛丑24	25庚午23	25己亥21	25己巳21	25己亥20
26乙亥 2	《4月》 26乙巳 1	《5月》 26乙亥 1	26甲辰30	**26**甲戌29	26癸卯㉘	26壬申26	26壬寅25	26辛未24	26庚子22	26庚午㉒	26庚子21
27丙子③	27丙午 2	27丙子 2	27乙巳31	27乙亥㉚	**27**甲辰29	27癸酉27	27癸卯26	27壬申25	27辛丑23	27辛未23	27辛丑22
28丁丑 4	28丁未 3	28丁丑 3	《6月》 28丙午 1	《7月》 28丙子 1	28乙巳30	28甲戌28	28甲辰27	28癸酉26	28壬寅㉔	28壬申24	28壬寅23
29戊寅 5	29戊申 4	29戊寅 4	29丁未②	29丁丑 2	29丙午31	**29**乙亥29	**29**乙巳28	29甲戌㉗	29癸卯25	29癸酉25	29癸卯24
30己卯 6	30己酉 5		30戊申 3			30丙子30			30甲辰26	30甲戌26	
雨水 8日 啓蟄 23日	春分 8日 清明 23日	穀雨 9日 立夏 24日	小満 10日 芒種 25日	夏至 11日 小暑 26日	大暑 12日 立秋 27日	処暑 13日 白露 29日	秋分 14日 寒露 29日	霜降 15日	立冬 2日 小雪 17日	大雪 2日 冬至 17日	小寒 2日 大寒 18日

天文**2**年（1533－1534）癸巳

1月	2月	3月	4月	5月	6月	7月	8月	9月	10月	11月	12月
1 甲辰25	1 甲戌24	1 甲辰26	1 甲戌25	1 癸卯24	1 癸酉23	1 壬寅22	1 辛未20	1 辛丑19	1 庚午18	1 己亥⑯	1 己巳16
2 乙巳㉖	2 乙亥25	2 乙巳27	2 乙亥26	2 甲辰㉕	2 甲戌24	2 癸卯23	2 壬申21	2 壬寅20	2 辛未⑲	2 庚子17	2 庚午17
3 丙午27	3 丙子26	3 丙午28	3 丙子㉗	3 乙巳26	3 乙亥25	3 甲辰24	3 癸酉22	3 癸卯㉑	3 壬申20	3 辛丑18	3 辛未18
4 丁未28	**4** 丁丑27	4 丁未29	4 丁丑28	4 丙午27	4 丙子26	4 乙巳25	4 甲戌23	4 甲辰22	4 癸酉21	4 壬寅19	4 壬申19
5 戊申29	5 戊寅28	**5** 戊申㉚	**5** 戊寅29	5 丁未28	5 丁丑27	5 丙午26	5 乙亥㉔	5 乙巳23	5 甲戌22	5 癸卯20	5 癸酉20
6 己酉30	《3月》	6 己酉31	6 己卯30	6 戊申29	6 戊寅28	6 丁未㉗	6 丙子25	6 丙午24	6 乙亥23	6 甲辰21	6 甲戌㉑
7 庚戌31	6 己卯1	《4月》	《5月》	**7** 己酉30	**7** 己卯㉙	7 戊申28	7 丁丑26	7 丁未25	7 丙子24	7 乙巳22	7 乙亥22
《2月》	7 庚辰②	7 庚戌1	7 庚辰1	8 庚戌31	8 庚辰30	**8** 己酉29	8 戊寅27	8 戊申26	8 丁丑25	8 丙午㉓	8 丙子23
8 辛亥1	8 辛巳3	8 辛亥2	8 辛巳2	《6月》	《7月》	9 庚戌30	9 己卯28	9 己酉27	9 戊寅㉖	9 丁未24	9 丁丑24
9 壬子②	9 壬午4	9 壬子3	9 壬午3	9 辛亥①	9 辛巳1	10辛亥31	**10**庚辰29	**10**庚戌㉘	10己卯27	10戊申25	10戊寅25
10癸丑3	10癸未5	10癸丑4	10癸未④	10壬子2	10壬午2	《8月》	11辛巳30	11辛亥29	11庚辰28	11己酉26	11己卯26
11甲寅4	11甲申6	11甲寅5	11甲申5	11癸丑3	11癸未3	11壬子1	12壬午㉛	12壬子30	**12**辛巳29	12庚戌27	12庚辰27
12乙卯5	12乙酉7	12乙卯⑥	12乙酉6	12甲寅4	12甲申4	12癸丑2	《9月》	《10月》	13壬午30	**13**辛亥28	13辛巳㉘
13丙辰6	13丙戌8	13丙辰7	13丙戌7	13乙卯5	13乙酉5	13甲寅③	13癸未1	13癸丑1	14癸未31	14壬子29	**14**壬午29
14丁巳7	14丁亥⑨	14丁巳8	14丁亥8	14丙辰6	14丙戌⑥	14乙卯4	14甲申2	14甲寅2	《11月》	15癸丑㉚	15癸未30
15戊午8	15戊子10	15戊午9	15戊子9	15丁巳7	15丁亥7	15丙辰5	15乙酉3	15乙卯3	15甲申1	《12月》	16甲申31
16己未⑨	16己丑11	16己未10	16己丑10	16戊午⑧	16戊子8	16丁巳6	16丙戌4	16丙辰4	16乙酉②	16甲寅1	**1534年**
17庚申10	17庚寅12	17庚申11	17庚寅⑪	17己未9	17己丑9	17戊午7	17丁亥5	17丁巳⑤	17丙戌3	17乙卯2	《1月》
18辛酉11	18辛卯13	18辛酉12	18辛卯12	18庚申10	18庚寅10	18己未8	18戊子6	18戊午6	18丁亥4	18丙辰3	17乙酉1
19壬戌12	19壬辰14	19壬戌⑬	19壬辰13	19辛酉11	19辛卯11	19庚申9	19己丑⑦	19己未7	19戊子5	19丁巳4	18丙戌2
20癸亥13	**20**癸巳15	**20**癸亥14	**20**癸巳14	20壬戌12	20壬辰12	20辛酉⑩	20庚寅8	20庚申8	20己丑6	20戊午5	19丁亥3
21甲子14	21甲午⑯	21甲子15	21甲午15	21癸亥13	21癸巳⑬	21壬戌11	21辛卯9	21辛酉9	21庚寅7	21己未6	20戊子④
22乙丑15	22乙未17	22乙丑16	22乙未16	**22**甲子14	**22**甲午14	22癸亥12	22壬辰10	22壬戌10	22辛卯8	22庚申⑦	21己丑5
23丙寅⑯	23丙申18	23丙寅17	23丙申17	23乙丑⑮	23乙未15	23甲子13	23癸巳11	23癸亥11	23壬辰⑨	23辛酉8	22庚寅6
24丁卯17	24丁酉19	24丁卯18	24丁酉⑱	24丙寅16	24丙申16	**24**乙丑14	24甲午12	24甲子⑫	24癸巳10	24壬戌9	23辛卯7
25戊辰18	25戊戌20	25戊辰19	25戊戌19	25丁卯17	25丁酉17	25丙寅15	**25**乙未13	25乙丑13	25甲午11	25癸亥10	24壬辰8
26己巳19	26己亥21	26己巳⑳	26己亥20	26戊辰18	26戊戌18	26丁卯16	26丙申⑭	**26**丙寅14	26乙未12	26甲子11	25癸巳9
27庚午20	27庚子22	27庚午21	27庚子21	27己巳19	27己亥19	27戊辰⑰	27丁酉15	27丁卯15	**27**丙申13	27乙丑12	26甲午10
28辛未21	28辛丑㉓	28辛未22	28辛丑22	28庚午20	28庚子⑳	28己巳18	28戊戌16	28戊辰16	28丁酉14	**28**丙寅13	27乙未⑪
29壬申22	29壬寅24	29壬申23	29壬寅23	29辛未21	29辛丑21	29庚午19	29己亥17	29己巳17	29戊戌15	29丁卯⑭	28丙申12
30癸酉㉓	30癸卯25	30癸酉24		30壬申㉒			30庚子18			30戊辰15	**29**丁酉13
											30戊戌14
立春4日 雨水19日	啓蟄4日 春分20日	清明5日 穀雨20日	立夏5日 小満20日	芒種7日 夏至22日	小暑7日 大暑22日	立秋8日 処暑24日	白露10日 秋分25日	寒露10日 霜降26日	立冬12日 小雪27日	大雪13日 冬至28日	小寒14日 大寒29日

天文**3**年（1534－1535）甲午

1月	閏1月	2月	3月	4月	5月	6月	7月	8月	9月	10月	11月	12月
1 己亥15	1 戊辰13	**1** 戊戌⑮	**1** 戊辰14	1 丁酉13	1 丁卯12	1 丙申11	1 丙寅10	1 乙未8	1 乙丑8	1 甲午6	1 甲子⑥	1 癸巳4
2 庚子16	2 己巳14	2 己亥16	2 己巳15	2 戊戌14	2 戊辰13	2 丁酉⑫	2 丁卯11	2 丙申9	2 丙寅9	2 乙未7	2 乙丑7	2 甲午5
3 辛丑17	3 庚午⑮	3 庚子17	3 庚午16	**3** 己亥15	**3** 己巳⑭	3 戊戌13	3 戊辰12	3 丁酉10	3 丁卯10	3 丙申⑧	3 丙寅8	3 乙未6
4 壬寅⑱	4 辛未16	4 辛丑18	4 辛未17	4 庚子16	4 庚午15	4 己亥14	4 己巳13	4 戊戌11	4 戊辰⑪	4 丁酉9	4 丁卯9	4 丙申7
5 癸卯19	5 壬申17	5 壬寅19	5 壬申18	5 辛丑⑰	5 辛未16	**5** 庚子15	**5** 庚午14	5 己亥12	5 己巳12	5 戊戌10	5 戊辰10	5 丁酉8
6 甲辰20	6 癸酉18	6 癸卯20	6 癸酉⑲	6 壬寅18	6 壬申17	6 辛丑16	6 辛未15	**6** 庚子⑬	6 庚午13	6 己亥11	6 己巳11	6 戊戌9
7 乙巳21	7 甲戌19	7 甲辰21	7 甲戌20	7 癸卯19	7 癸酉18	7 壬寅17	7 壬申⑯	7 辛丑14	**7** 辛未14	7 庚子12	7 庚午12	7 己亥⑩
8 丙午22	8 乙亥20	8 乙巳㉒	8 乙亥21	8 甲辰20	8 甲戌19	8 癸卯18	8 癸酉17	8 壬寅15	8 壬申15	**8** 辛丑13	8 辛未⑬	8 庚子11
9 丁未23	9 丙子21	9 丙午23	9 丙子22	9 乙巳21	9 乙亥20	9 甲辰⑲	9 甲戌18	9 癸卯16	9 癸酉16	9 壬寅14	**9** 壬申14	9 辛丑12
10戊申24	10丁丑㉒	10丁未24	10丁丑23	10丙午22	10丙子㉑	10乙巳20	10乙亥19	10甲辰17	10甲戌17	10癸卯⑮	10癸酉15	**10**壬寅13
11己酉㉕	11戊寅23	11戊申25	11戊寅24	11丁未23	11丁丑22	11丙午21	11丙子20	11乙巳18	11乙亥⑱	11甲辰16	11甲戌16	11癸卯14
12庚戌26	12己卯24	12己酉26	12己卯25	12戊申㉔	12戊寅23	12丁未22	12丁丑21	12丙午19	12丙子19	12乙巳17	12乙亥17	12甲辰15
13辛亥27	13庚辰25	13庚戌27	13庚辰㉖	13己酉25	13己卯24	13戊申23	13戊寅22	13丁未⑳	13丁丑20	13丙午18	13丙子18	13乙巳16
14壬子28	14辛巳26	14辛亥28	14辛巳27	14庚戌26	14庚辰25	14己酉24	14己卯㉓	14戊申21	14戊寅21	14丁未19	14丁丑19	14丙午⑰
15癸丑29	15壬午27	15壬子㉙	15壬午28	15辛亥27	15辛巳26	15庚戌25	15庚辰24	15己酉22	15己卯22	15戊申20	15戊寅⑳	15丁未18
16甲寅30	**16**癸未28	**16**癸丑30	**16**癸未29	16壬子28	16壬午27	16辛亥㉖	16辛巳25	16庚戌23	16庚辰23	16己酉21	16己卯21	16戊申19
17乙卯31	《3月》	17甲寅31	17甲申30	17癸丑29	17癸未㉘	17壬子27	17壬午26	17辛亥24	17辛巳24	17庚戌㉒	17庚辰22	17己酉20
《2月》	17甲申①	《4月》	《5月》	**18**甲寅30	**18**甲申29	18癸丑28	18癸未27	18壬子25	18壬午㉕	18辛亥23	18辛巳23	18庚戌21
18丙辰①	18乙酉2	18乙卯1	18乙酉1	19乙卯㉛	19乙酉30	19甲寅29	19甲申28	19癸丑26	19癸未26	19壬子24	19壬午24	19辛亥22
19丁巳2	19丙戌3	19丙辰2	19丙戌2	《6月》	《7月》	**20**乙卯30	**20**乙酉29	20甲寅㉗	20甲申27	20癸丑25	20癸未25	20壬子23
20戊午3	20丁亥4	20丁巳3	20丁亥③	20丙辰1	20丙戌1	21丙辰31	21丙戌㉚	21乙卯28	21乙酉28	21甲寅26	21甲申26	21癸丑㉔
21己未4	21戊子5	21戊午4	21戊子4	21丁巳2	21丁亥2	《8月》	22丁亥31	**22**丙辰29	**22**丙戌29	22乙卯27	22乙酉㉗	22甲寅25
22庚申5	22己丑6	22己未⑤	22己丑5	22戊午3	22戊子3	22丁巳1	《9月》	23丁巳30	23丁亥30	**23**丙辰28	23丙戌28	23乙卯26
23辛酉6	23庚寅7	23庚申6	23庚寅6	23己未4	23己丑4	23戊午②	23戊子1	《10月》	24戊子31	24丁巳㉙	**24**丁亥29	24丙辰27
24壬戌7	24辛卯⑧	24辛酉7	24辛卯7	24庚申5	24庚寅⑤	24己未3	24己丑2	24戊午1	《11月》	25戊午30	25戊子30	**25**丁巳28
25癸亥⑧	25壬辰9	25壬戌8	25壬辰8	25辛酉6	25辛卯6	25庚申4	25庚寅3	25己未2	25己丑①	《12月》	26己丑31	26戊午29
26甲子9	26癸巳10	26癸亥9	26癸巳9	26壬戌⑦	26壬辰7	26辛酉5	26辛卯4	26庚申3	26庚寅2	26己未1	**1535年**	27己未30
27乙丑10	27甲午11	27甲子10	27甲午⑩	27癸亥8	27癸巳8	27壬戌6	27壬辰5	27辛酉④	27辛卯3	27庚申2	《1月》	28庚申㉛
28丙寅11	28乙未12	28乙丑11	28乙未11	28甲子9	28甲午9	28癸亥7	28癸巳⑥	28壬戌5	28壬辰4	28辛酉3	27庚寅1	《2月》
29丁卯12	29丙申13	29丙寅⑫	29丙申12	29乙丑10	29乙未10	29甲子8	29甲午7	29癸亥6	29癸巳5	29壬戌4	28辛卯2	29辛酉1
	30丁酉14	30丁卯13		30丙寅11		30乙丑⑨		30甲子7		30癸亥5	29壬辰③	30壬戌2
立春14日 雨水29日	啓蟄16日	春分1日 清明16日	穀雨1日 立夏16日	小満3日 芒種18日	夏至3日 小暑18日	大暑5日 立秋20日	処暑5日 白露20日	秋分6日 寒露22日	霜降7日 立冬22日	小雪8日 大雪23日	冬至9日 小寒24日	大寒10日 立春25日

天文**4**年（1535－1536） 乙未

1月	2月	3月	4月	5月	6月	7月	8月	9月	10月	11月	12月
1 癸亥 3	1 壬辰 4	1 壬戌 3	1 辛卯②	《6月》	《7月》	**1** 庚申30	**1** 庚寅㉙	1 己未27	1 己丑27	1 戊午25	1 戊子25
2 甲子 4	2 癸巳 5	2 癸亥④	2 壬辰 3	1 辛酉 1	1 辛卯 1	2 辛酉31	2 辛卯30	2 庚申28	2 庚寅28	2 己未26	2 己丑㉖
3 乙丑 5	3 甲午 6	3 甲子 5	3 癸巳 4	2 壬戌 2	2 壬辰 2	《8月》	3 壬辰31	**3** 辛酉29	**3** 辛卯29	3 庚申27	3 庚寅27
4 丙寅 6	4 乙未⑦	4 乙丑 6	4 甲午 5	3 癸亥 3	3 癸巳 3	3 壬戌①	《9月》	4 壬戌30	4 壬辰30	4 辛酉㉘	4 辛卯28
5 丁卯⑦	5 丙申 8	5 丙寅 7	5 乙未 6	4 甲子 4	4 甲午④	4 癸亥 2	4 癸巳 1	《10月》	5 癸巳㉛	**5** 壬戌29	**5** 壬辰29
6 戊辰 8	6 丁酉 9	6 丁卯 8	6 丙申 7	5 乙丑 5	5 乙未 5	5 甲子 3	5 甲午 2	5 癸亥 1	《11月》	6 癸亥30	6 癸巳30
7 己巳 9	7 戊戌10	7 戊辰 9	7 丁酉 8	6 丙寅⑥	6 丙申 6	6 乙丑 4	6 乙未 3	6 甲子 2	6 甲午 1	《12月》	7 甲午31
8 庚午10	8 己亥11	8 己巳10	8 戊戌⑨	7 丁卯 7	7 丁酉 7	7 丙寅 5	7 丙申 4	7 乙丑③	7 乙未 2	7 甲子 1	**1536**年
9 辛未11	9 庚子12	9 庚午⑪	9 己亥10	8 戊辰 8	8 戊戌 8	8 丁卯 6	8 丁酉⑤	8 丙寅 4	8 丙申 3	8 乙丑 2	《1月》
10壬申12	10辛丑13	10辛未12	10庚子11	9 己巳 9	9 己亥 9	9 戊辰 7	9 戊戌 6	9 丁卯 5	9 丁酉 4	9 丙寅 3	8 乙未 1
11癸酉13	11壬寅⑭	11壬申13	11辛丑12	10庚午10	10庚子10	10己巳⑧	10己亥 7	10戊辰 6	10戊戌 5	10丁卯 4	9 丙申②
12甲戌⑭	**12**癸卯15	**12**癸酉14	12壬寅13	11辛未11	11辛丑⑪	11庚午 9	11庚子 8	11己巳 7	11己亥 6	11戊辰⑤	10丁酉 3
13乙亥15	13甲辰16	13甲戌15	13癸卯14	12壬申12	12壬寅12	12辛未10	12辛丑 9	12庚午 8	12庚子⑦	12己巳 6	11戊戌 4
14丙子16	14乙巳17	14乙亥16	**14**甲辰15	13癸酉⑬	13癸卯13	13壬申11	13壬寅10	13辛未 9	13辛丑 8	13庚午 7	12己亥 5
15丁丑17	15丙午18	15丙子17	15乙巳⑯	**14**甲戌14	14甲辰14	14癸酉12	14癸卯11	14壬申⑩	14壬寅 9	14辛未 8	13庚子 6
16戊寅18	16丁未19	16丁丑⑱	16丙午17	15乙亥15	**15**乙巳15	15甲戌13	15甲辰⑫	15癸酉11	15癸卯10	15壬申 9	14辛丑 7
17己卯19	17戊申20	17戊寅19	17丁未18	16丙子16	16丙午16	**16**乙亥14	16乙巳13	16甲戌12	16甲辰11	16癸酉10	15壬寅 8
18庚辰20	18己酉㉑	18己卯20	18戊申19	17丁丑17	17丁未17	17丙子⑮	**17**丙午14	17乙亥13	17乙巳12	17甲戌11	16癸卯⑨
19辛巳㉑	19庚戌22	19庚辰21	19己酉20	18戊寅18	18戊申⑱	18丁丑16	18丁未15	**18**丙子14	**18**丙午13	18乙亥⑫	17甲辰10
20壬午22	20辛亥23	20辛巳22	20庚戌21	19己卯19	19己酉19	19戊寅17	19戊申16	19丁丑15	19丁未⑭	19丙子13	18乙巳11
21癸未23	21壬子24	21壬午23	21辛亥22	20庚辰⑳	20庚戌20	20己卯18	20己酉17	20戊寅16	20戊申15	**20**丁丑14	19丙午12
22甲申24	22癸丑25	22癸未24	22壬子㉓	21辛巳21	21辛亥21	21庚辰19	21庚戌18	21己卯⑰	21己酉16	21戊寅15	**20**丁未13
23乙酉25	23甲寅26	23甲申㉕	23癸丑24	22壬午22	22壬子22	22辛巳20	22辛亥⑲	22庚辰18	22庚戌17	22己卯16	21戊申14
24丙戌26	24乙卯27	24乙酉26	24甲寅25	23癸未23	23癸丑23	23壬午21	23壬子20	23辛巳19	23辛亥18	23庚辰17	22己酉15
25丁亥27	25丙辰㉘	25丙戌27	25乙卯26	24甲申24	24甲寅24	24癸未㉒	24癸丑21	24壬午20	24壬子19	24辛巳18	23庚戌⑯
26戊子㉘	26丁巳29	26丁亥28	26丙辰27	25乙酉25	25乙卯㉕	25甲申23	25甲寅22	25癸未21	25癸丑20	25壬午⑲	24辛亥17
《3月》	**27**戊午30	27戊子29	27丁巳28	26丙戌26	26丙辰26	26乙酉24	26乙卯23	26甲申22	26甲寅㉑	26癸未20	25壬子18
27己丑 1	28己未31	**28**己丑30	28戊午29	27丁亥㉗	27丁巳27	27丙戌25	27丙辰24	27乙酉23	27乙卯22	27甲申21	26癸丑19
28庚寅 2	《4月》	《5月》	**29**己未㉚	28戊子28	28戊午28	28丁亥26	28丁巳25	28丙戌㉔	28丙辰23	28乙酉22	27甲寅20
29辛卯 3	29庚申 1	29庚寅 1	30庚申31	29己丑29	29己未29	29戊子27	29戊午㉖	29丁亥25	29丁巳24	29丙戌23	28乙卯21
	30辛酉 2			**30**庚寅30		30己丑28		30戊子26		30丁亥24	29丙辰22
雨水 11日 啓蟄 26日	春分 12日 清明 27日	穀雨 12日 立夏 28日	小満 14日 芒種 29日	夏至 14日 小暑 30日	大暑 15日	立秋 1日 処暑 16日	白露 1日 秋分 17日	寒露 3日 霜降 18日	立冬 3日 小雪 18日	大雪 5日 冬至 20日	小寒 5日 大寒 20日

天文**5**年（1536－1537） 丙申

1月	2月	3月	4月	5月	6月	7月	8月	9月	10月	閏10月	11月	12月
1 丁巳㉓	1 丁亥22	1 丙辰22	1 丙戌21	1 乙卯20	1 乙酉19	1 甲寅18	1 甲申17	1 甲寅16	1 癸未⑮	1 癸丑14	**1** 壬午13	1 壬子12
2 戊午24	2 戊子23	2 丁巳23	2 丁亥22	2 丙辰㉑	2 丙戌20	2 乙卯19	2 乙酉18	2 乙卯⑰	2 甲申16	2 甲寅15	2 癸未14	**2** 癸丑13
3 己未25	3 己丑24	3 戊午24	3 戊子㉓	3 丁巳22	3 丁亥21	3 丙辰20	3 丙戌19	3 丙辰18	3 乙酉17	3 乙卯16	3 甲申15	3 甲寅⑭
4 庚申26	4 庚寅25	4 己未25	4 己丑24	4 戊午23	4 戊子22	4 丁巳21	4 丁亥⑳	4 丁巳19	4 丙戌18	4 丙辰17	4 乙酉16	4 乙卯15
5 辛酉27	5 辛卯26	5 庚申㉖	5 庚寅25	5 己未24	5 己丑23	5 戊午22	5 戊子21	5 戊午20	5 丁亥19	5 丁巳18	5 丙戌⑰	5 丙辰16
6 壬戌28	6 壬辰㉗	6 辛酉27	6 辛卯26	6 庚申25	6 庚寅24	6 己未㉓	6 己丑22	6 己未21	6 戊子20	6 戊午⑲	6 丁亥18	6 丁巳17
7 癸亥29	**7** 癸巳28	7 壬戌28	7 壬辰27	7 辛酉26	7 辛卯㉕	7 庚申24	7 庚寅23	7 庚申22	7 己丑21	7 己未20	7 戊子19	7 戊午18
8 甲子㉚	8 甲午29	**8** 癸亥29	8 癸巳28	8 壬戌27	8 壬辰26	8 辛酉25	8 辛卯24	8 辛酉23	8 庚寅㉒	8 庚申21	8 己丑20	8 己未19
9 乙丑31	《3月》	9 甲子30	**9** 甲午29	9 癸亥㉘	9 癸巳27	9 壬戌26	9 壬辰25	9 壬戌㉔	9 辛卯23	9 辛酉22	9 庚寅21	9 庚申20
《2月》	9 乙未 1	10乙丑31	10乙未㉚	**10**甲子29	10甲午28	10癸亥27	10癸巳26	10癸亥25	10壬辰24	10壬戌23	10辛卯22	10辛酉㉑
10丙寅 1	10丙申 2	《4月》	《5月》	11乙丑30	**11**乙未29	11甲子28	11甲午㉗	11甲子26	11癸巳25	11癸亥24	11壬辰23	11壬戌22
11丁卯 2	11丁酉 3	11丙寅 1	11丙申 1	12丙寅31	12丙申30	**12**乙丑29	12乙未28	12乙丑27	12甲午26	12甲子25	12癸巳㉔	12癸亥23
12戊辰 3	12戊戌 4	12丁卯②	12丁酉 2	《6月》	《7月》	13丙寅㉚	**13**丙申29	**13**丙寅28	13乙未27	13乙丑㉖	13甲午25	13甲子24
13己巳 4	13己亥⑤	13戊辰 3	13戊戌 3	13丁卯 1	13丁酉 1	14丁卯31	14丁酉30	14丁卯29	14丙申28	14丙寅27	14乙未26	14乙丑25
14庚午 5	14庚子 6	14己巳 4	14己亥 4	14戊辰 2	14戊戌②	《8月》	15戊戌31	15戊辰30	**15**丁酉㉙	**15**丁卯28	15丙申27	15丙寅26
15辛未⑥	15辛丑 7	15庚午 5	15庚子 5	15己巳 3	15己亥 3	15戊辰 1	《9月》	《10月》	16戊戌30	16戊辰29	**16**丁酉28	16丁卯27
16壬申 7	16壬寅 8	16辛未 6	16辛丑 6	16庚午④	16庚子 4	16己巳 2	16己亥 1	16己巳①	17己亥31	17己巳30	17戊戌29	**17**戊辰㉘
17癸酉 8	17癸卯 9	17壬申 7	17壬寅⑦	17辛未 5	17辛丑 5	17庚午 3	17庚子 2	17庚午 2	《11月》	《12月》	18己亥30	18己巳29
18甲戌 9	18甲辰10	18癸酉 8	18癸卯 8	18壬申 6	18壬寅 6	18辛未 4	18辛丑③	18辛未 3	18庚子 1	18庚午 1	19庚子㉛	19庚午30
19乙亥10	19乙巳11	19甲戌⑨	19甲辰 9	19癸酉 7	19癸卯 7	19壬申 5	19壬寅 4	19壬申 4	19辛丑 2	19辛未 2	**1537**年	20辛未31
20丙子11	20丙午⑫	20乙亥10	20乙巳10	20甲戌 8	20甲辰 8	20癸酉⑥	20癸卯 5	20癸酉 5	20壬寅 3	20壬申③	《1月》	《2月》
21丁丑12	21丁未13	21丙子11	21丙午11	21乙亥 9	21乙巳⑨	21甲戌 7	21甲辰 6	21甲戌 6	21癸卯 4	21癸酉 4	20辛丑 1	21壬申 1
22戊寅⑬	**22**戊申14	22丁丑12	22丁未12	22丙子10	22丙午10	22乙亥 8	22乙巳 7	22乙亥 7	22甲辰⑤	22甲戌 5	21壬寅 2	22癸酉 2
23己卯14	23己酉15	23戊寅13	23戊申13	23丁丑⑪	23丁未11	23丙子 9	23丙午 8	23丙子⑧	23乙巳 6	23乙亥 6	22癸卯 3	23甲戌 3
24庚辰15	24庚戌16	**24**己卯14	**24**己酉⑭	24戊寅12	24戊申12	24丁丑10	24丁未 9	24丁丑 9	24丙午 7	24丙子 7	23甲辰 4	24乙亥④
25辛巳16	25辛亥17	25庚辰15	25庚戌15	25己卯13	25己酉13	25戊寅11	25戊申⑩	25戊寅10	25丁未 8	25丁丑 8	24乙巳 5	25丙子 5
26壬午17	26壬子18	26辛巳⑯	26辛亥16	**26**庚辰14	**26**庚戌14	26己卯12	26己酉11	26己卯11	26戊申 9	26戊寅 9	25丙午 6	26丁丑 6
27癸未18	27癸丑⑲	27壬午17	27壬子17	27辛巳15	27辛亥15	**27**庚辰⑬	27庚戌12	27庚辰12	27己酉10	27己卯⑩	26丁未⑦	27戊寅 7
28甲申19	28甲寅20	28癸未18	28癸丑18	28壬午16	28壬子⑯	28辛巳14	**28**辛亥13	**28**辛巳13	28庚戌11	28庚辰11	27戊申 8	28己卯 8
29乙酉⑳	29乙卯21	29甲申19	29甲寅19	29癸未17	29癸丑17	29壬午15	29壬子14	29壬午14	29辛亥⑫	29辛巳12	28己酉 9	29庚辰 9
30丙戌21		30乙酉20		30甲申⑱		30癸未16	30癸丑15		**30**壬子13		29庚戌10	
											30辛亥11	
立春 7日 雨水 22日	啓蟄 7日 春分 22日	清明 8日 穀雨 24日	立夏 9日 小満 24日	芒種 10日 夏至 26日	小暑 11日 大暑 26日	立秋 12日 処暑 27日	白露 13日 秋分 28日	寒露 13日 霜降 28日	立冬 15日 小雪 30日	大雪15日	冬至 1日 小寒 16日	大寒 2日 立春 17日

天文**6**年（1537－1538） 丁酉

1月	2月	3月	4月	5月	6月	7月	8月	9月	10月	11月	12月
1辛巳10	1辛亥12	1庚辰10	1己酉9	1己卯8	1戊申7	1戊寅6	1戊申5	1丁丑4	1丁未3	1丁丑3	**1538年**
2壬午⑪	2壬子13	2辛巳11	2庚戌10	2庚辰9	2己酉⑧	2己卯7	2己酉6	2戊寅5	2戊申④	2戊寅4	《1月》
3癸未12	**3**癸丑14	3壬午12	3辛亥11	3辛巳⑩	3庚戌9	3庚辰8	3庚戌7	3己卯6	3己酉5	3己卯5	1丙午1
4甲申13	4甲寅15	4癸未13	4壬子12	4壬午11	4辛亥10	4辛巳9	4辛亥8	4庚辰⑦	4庚戌6	4庚辰6	2丁未2
5乙酉14	5乙卯16	**5**甲申14	5癸丑⑬	5癸未12	5壬子11	5壬午10	5壬子⑨	5辛巳8	5辛亥7	5辛巳7	3戊申3
6丙戌15	6丙辰17	6乙酉⑮	**6**甲寅14	6甲申13	6癸丑12	6癸未11	6癸丑10	6壬午9	6壬子8	6壬午8	4己酉4
7丁亥16	7丁巳⑱	7丙戌16	7乙卯15	**7**乙酉14	7甲寅13	7甲申⑫	7甲寅11	7癸未10	7癸丑9	7癸未⑨	5庚戌5
8戊子17	8戊午19	8丁亥17	8丙辰16	8丙戌15	**8**乙卯14	8乙酉13	8乙卯12	8甲申11	8甲寅10	8甲申10	6辛亥⑥
9己丑⑱	9己未20	9戊子18	9丁巳17	9丁亥16	9丙辰⑮	**9**丙戌14	**9**丙辰13	9乙酉12	9乙卯⑪	9乙酉11	7壬子7
10庚寅19	10庚申21	10己丑19	10戊午18	10戊子⑰	10丁巳16	10丁亥15	10丁巳14	10丙戌13	10丙辰12	10丙戌12	8癸丑8
11辛卯20	11辛酉22	11庚寅20	11己未19	11己丑18	11戊午17	11戊子16	11戊午15	**11**丁亥⑭	**11**丁巳13	**11**丁亥13	9甲寅9
12壬辰21	12壬戌23	12辛卯21	12庚申⑳	12庚寅19	12己未18	12己丑17	12己未⑯	12戊子15	12戊午14	12戊子14	10乙卯10
13癸巳22	13癸亥24	13壬辰㉒	13辛酉21	13辛卯20	13庚申19	13庚寅18	13庚申17	13己丑16	13己未15	13己丑15	11丙辰11
14甲午23	14甲子㉕	14癸巳23	14壬戌22	14壬辰21	14辛酉20	14辛卯⑲	14辛酉18	14庚寅17	14庚申16	14庚寅⑯	12丁巳12
15乙未24	15乙丑26	15甲午24	15癸亥23	15癸巳22	15壬戌21	15壬辰20	15壬戌19	15辛卯18	15辛酉17	15辛卯17	**13**戊午⑬
16丙申㉕	16丙寅27	16乙未25	16甲子24	16甲午23	16癸亥㉒	16癸巳21	16癸亥20	16壬辰19	16壬戌⑱	16壬辰18	14己未14
17丁酉26	17丁卯28	17丙申26	17乙丑25	17乙未㉔	17甲子23	17甲午22	17甲子21	17癸巳20	17癸亥19	17癸巳19	15庚申15
18戊戌27	18戊辰29	18丁酉27	18丙寅26	18丙申25	18乙丑24	18乙未23	18乙丑22	18甲午㉑	18甲子20	18甲午20	16辛酉16
19己亥28	**19**己巳30	19戊戌28	19丁卯㉗	19丁酉26	19丙寅25	19丙申24	19丙寅㉓	19乙未22	19乙丑21	19乙未21	17壬戌17
《3月》	20庚午31	**20**己亥㉙	20戊辰28	20戊戌27	20丁卯26	20丁酉25	20丁卯24	20丙申23	20丙寅22	20丙申22	18癸亥18
20庚子1	《4月》	21庚子30	21己巳29	21己亥28	21戊辰27	21戊戌㉖	21戊辰25	21丁酉24	21丁卯23	21丁酉㉓	19甲子19
21辛丑2	21辛未①	《5月》	**22**庚午30	**22**庚子29	22己巳28	22己亥27	22己巳26	22戊戌25	22戊辰24	22戊戌24	20乙丑⑳
22壬寅3	22壬申2	22辛丑1	23辛未31	23辛丑30	**23**庚午㉙	23庚子28	23庚午27	23己亥26	23己巳㉕	23己亥25	21丙寅21
23癸卯④	23癸酉3	23壬寅2	《6月》	《7月》	24辛未30	**24**辛丑29	**24**辛未28	24庚子27	24庚午26	24庚子26	22丁卯22
24甲辰5	24甲戌4	24癸卯3	24壬申1	24壬寅①	25壬申31	25壬寅30	25壬申29	25辛丑㉘	25辛未27	25辛丑27	23戊辰23
25乙巳6	25乙亥5	25甲辰4	25癸酉2	25癸卯2	《8月》	26癸卯31	26癸酉㉚	**26**壬寅29	**26**壬申28	26壬寅28	24己巳24
26丙午7	26丙子6	26乙巳5	26甲戌③	26甲辰3	26癸酉1	《9月》	《10月》	27癸卯30	27癸酉29	**27**癸卯29	25庚午25
27丁未8	27丁丑7	27丙午⑥	27乙亥4	27乙巳4	27甲戌2	27甲辰1	27甲戌1	28甲辰31	28甲戌30	28甲辰㉚	26辛未26
28戊申9	28戊寅⑧	28丁未7	28丙子5	28丙午5	28乙亥3	28乙巳②	28乙亥2	《11月》	《12月》	29乙巳31	27壬申㉗
29己酉10	29己卯9	29戊申8	29丁丑6	29丁未6	29丙子4	29丙午3	29丙子3	29乙巳1	29乙亥1		**28**癸酉28
30庚戌⑪			30戊寅7		30丁丑⑤	30丁未4		30丙午2	30丙子②		29甲戌29
											30乙亥30
雨水3日 啓蟄18日	春分3日 清明19日	穀雨5日 立夏20日	小満6日 芒種22日	夏至7日 小暑22日	大暑8日 立秋23日	処暑9日 白露24日	秋分9日 寒露24日	霜降11日 立冬26日	小雪11日 大雪26日	冬至11日 小寒27日	大寒13日 立春28日

天文**7**年（1538－1539） 戊戌

1月	2月	3月	4月	5月	6月	7月	8月	9月	10月	11月	12月
1丙子31	《3月》	1乙亥㉛	**1**甲辰29	1癸酉28	1癸卯27	1壬申26	1壬寅㉕	1辛未23	1辛丑23	1辛未22	1辛丑㉒
《2月》	1乙巳1	《4月》	2乙巳30	2甲戌29	2甲辰28	2癸酉27	2癸卯26	2壬申24	2壬寅24	2壬申23	2壬寅23
2丁丑1	2丙午2	2丙子1	《5月》	**3**乙亥30	**3**乙巳29	3甲戌㉘	3甲辰27	3癸酉25	3癸卯25	3癸酉㉔	3癸卯24
3戊寅2	3丁未③	3丁丑2	3丙午1	4丙子31	4丙午㉚	4乙亥29	4乙巳28	4甲戌26	4甲辰26	4甲戌25	4甲辰25
4己卯③	4戊申4	4戊寅3	4丁未2	《6月》	《7月》	**5**丙子30	**5**丙午29	5乙亥27	5乙巳㉗	5乙亥26	5乙巳26
5庚辰4	5己酉5	5己卯4	5戊申3	5丁丑1	5丁未1	6丁丑31	6丁未30	6丙子28	6丙午28	6丙子27	6丙午27
6辛巳5	6庚戌6	6庚辰5	6己酉4	6戊寅②	6戊申2	《8月》	7戊申31	**7**丁丑㉙	**7**丁未29	**7**丁丑28	7丁未28
7壬午6	7辛亥7	7辛巳6	7庚戌⑤	7己卯3	7己酉3	7戊寅1	《9月》	8戊寅30	8戊申30	8戊寅29	**8**戊申㉙
8癸未7	8壬子8	8壬午⑦	8辛亥6	8庚辰4	8庚戌4	8己卯2	8己酉①	《10月》	9己酉31	9己卯30	9己酉30
9甲申8	9癸丑9	9癸未8	9壬子7	9辛巳5	9辛亥5	9庚辰3	9庚戌2	9己卯1	《11月》	《12月》	10庚戌31
10乙酉9	10甲寅⑩	10甲申9	10癸丑8	10壬午6	10壬子6	10辛巳④	10辛亥3	10庚辰2	10庚戌1	10庚辰①	**1539年**
11丙戌⑩	11乙卯11	11乙酉10	11甲寅9	11癸未7	11癸丑⑦	11壬午5	11壬子4	11辛巳3	11辛亥2	11辛巳2	《1月》
12丁亥11	12丙辰12	12丙戌11	12乙卯10	12甲申8	12甲寅8	12癸未6	12癸丑5	12壬午4	12壬子③	12壬午3	11辛亥1
13戊子12	13丁巳13	13丁亥12	13丙辰11	13乙酉⑨	13乙卯9	13甲申7	13甲寅6	13癸未5	13癸丑4	13癸未4	12壬子2
14己丑13	14戊午14	14戊子13	14丁巳⑫	14丙戌10	14丙辰10	14乙酉8	14乙卯7	14甲申⑥	14甲寅5	14甲申5	13癸丑3
15庚寅14	**15**己未15	**15**己丑⑭	15戊午13	15丁亥11	15丁巳11	15丙戌9	15丙辰⑧	15乙酉7	15乙卯6	15乙酉6	14甲寅4
16辛卯15	16庚申16	16庚寅15	16己未14	16戊子12	16戊午12	16丁亥10	16丁巳9	16丙戌8	16丙辰7	16丙戌7	15乙卯⑤
17壬辰16	17辛酉⑰	17辛卯16	**17**庚申15	17己丑13	17己未13	17戊子⑪	17戊午10	17丁亥9	17丁巳8	17丁亥⑧	16丙辰6
18癸巳⑰	18壬戌18	18壬辰17	18辛酉16	**18**庚寅14	**18**庚申⑭	18己丑12	18己未11	18戊子10	18戊午9	18戊子9	17丁巳7
19甲午18	19癸亥19	19癸巳18	19壬戌17	19辛卯15	19辛酉15	19庚寅13	19庚申12	19己丑11	19己未⑩	19己丑10	18戊午8
20乙未19	20甲子20	20甲午19	20癸亥18	20壬辰⑯	20壬戌16	**20**辛卯14	**20**辛酉13	20庚寅12	20庚申11	20庚寅11	19己未9
21丙申20	21乙丑21	21乙未20	21甲子⑲	21癸巳17	21癸亥17	21壬辰15	21壬戌14	21辛卯⑬	21辛酉12	21辛卯12	20庚申10
22丁酉21	22丙寅22	22丙申㉑	22乙丑20	22甲午18	22甲子18	22癸巳16	22癸亥⑮	**22**壬辰14	**22**壬戌13	22壬辰13	21辛酉11
23戊戌22	23丁卯23	23丁酉22	23丙寅21	23乙未19	23乙丑19	23甲午17	23甲子16	23癸巳15	23癸亥14	**23**癸巳14	22壬戌⑫
24己亥23	24戊辰㉔	24戊戌23	24丁卯22	24丙申20	24丙寅20	24乙未⑱	24乙丑17	24甲午16	24甲子15	24甲午⑮	**23**癸亥13
25庚子㉔	25己巳25	25己亥24	25戊辰23	25丁酉21	25丁卯㉑	25丙申19	25丙寅18	25乙未17	25乙丑16	25乙未16	24甲子14
26辛丑25	26庚午26	26庚子25	26己巳24	26戊戌22	26戊辰22	26丁酉20	26丁卯19	26丙申18	26丙寅⑰	26丙申17	25乙丑15
27壬寅26	27辛未27	27辛丑26	27庚午25	27己亥㉓	27己巳23	27戊戌21	27戊辰20	27丁酉19	27丁卯18	27丁酉18	26丙寅16
28癸卯27	28壬申28	28壬寅27	28辛未㉖	28庚子24	28庚午24	28己亥22	28己巳21	28戊戌⑳	28戊辰19	28戊戌19	27丁卯17
29甲辰28	29癸酉29	29癸卯㉘	29壬申27	29辛丑25	29辛未25	29庚子23	29庚午㉒	29己亥21	29己巳20	29己亥20	28戊辰18
	30甲戌30			30壬寅26		30辛丑24		30庚子22	30庚午21	30庚子21	29己巳⑲
雨水13日 啓蟄29日	春分15日 清明30日	穀雨15日	立夏1日 小満17日	芒種3日 夏至18日	小暑3日 大暑18日	立秋5日 処暑20日	白露5日 秋分20日	寒露7日 霜降22日	立冬7日 小雪22日	大雪7日 冬至23日	小寒8日 大寒23日

天文8年（1539－1540） 己亥

1月	2月	3月	4月	5月	6月	閏6月	7月	8月	9月	10月	11月	12月
1 庚午20	1 庚子19	1 己巳20	1 己亥19	1 戊辰⑱	1 丁酉16	1 丁卯16	**1** 丙申14	1 丙寅13	1 乙未⑫	1 乙丑11	1 乙未11	1 甲子 9
2 辛未21	2 辛丑20	2 庚午21	2 庚子⑳	2 己巳19	2 戊戌17	2 戊辰17	2 丁酉15	**2** 丁卯⑭	2 丙申13	2 丙寅12	2 丙申12	2 乙丑10
3 壬申22	3 壬寅21	3 辛未22	3 辛丑21	3 庚午20	3 己亥18	3 己巳18	3 戊戌16	3 戊辰15	**3** 丁酉14	**3** 丁卯13	3 丁酉13	3 丙寅⑪
4 癸酉23	4 癸卯22	4 壬申㉓	4 壬寅22	4 辛未21	4 庚子19	4 庚午19	4 己亥⑰	4 己巳16	4 戊戌15	4 戊辰14	**4** 戊戌⑭	4 丁卯12
5 甲戌24	5 甲辰㉓	5 癸酉24	5 癸卯23	5 壬申22	5 辛丑20	5 辛未⑳	5 庚子18	5 庚午17	5 己亥16	5 己巳15	5 己亥15	**5** 戊辰13
6 乙亥25	6 乙巳24	6 甲戌25	6 甲辰24	6 癸酉23	6 壬寅21	6 壬申21	6 辛丑19	6 辛未18	6 庚子17	6 庚午⑯	6 庚子16	6 己巳14
7 丙子㉖	7 丙午25	7 乙亥26	7 乙巳25	7 甲戌24	7 癸卯㉒	7 癸酉22	7 壬寅20	7 壬申19	7 辛丑18	7 辛未17	7 辛丑17	7 庚午15
8 丁丑27	8 丁未26	8 丙子27	8 丙午26	8 乙亥㉕	8 甲辰23	8 甲戌23	8 癸卯21	8 癸酉20	8 壬寅⑲	8 壬申18	8 壬寅18	8 辛未16
9 戊寅28	9 戊申27	9 丁丑28	9 丁未㉗	9 丙子26	9 乙巳24	9 乙亥24	9 甲辰22	9 甲戌㉑	9 癸卯20	9 癸酉19	9 癸卯19	9 壬申17
10己卯29	**10**己酉28	10戊寅29	10戊申28	10丁丑27	10丙午25	10丙子25	10乙巳23	10乙亥22	10甲辰21	10甲戌20	10甲辰20	10癸酉⑱
11庚辰30	《3月》	**11**己卯㉚	11己酉29	11戊寅28	11丁未26	11丁丑26	11丙午㉔	11丙子23	11乙巳22	11乙亥21	11乙巳㉑	11甲戌19
12辛巳31	11庚戌 1	12庚辰31	**12**庚戌30	12己卯29	12戊申27	12戊寅㉗	12丁未25	12丁丑24	12丙午23	12丙子22	12丙午22	12乙亥20
《2月》	12辛亥②	《4月》	《5月》	**13**庚辰30	13己酉28	13己卯28	13戊申26	13戊寅25	13丁未24	13丁丑㉓	13丁未23	13丙子21
13壬午 1	13壬子 3	13辛巳 1	13辛亥 1	14辛巳31	14庚戌㉙	14庚辰29	14己酉27	14己卯26	14戊申25	14戊寅24	14戊申24	14丁丑22
14癸未②	14癸丑 4	14壬午 2	14壬子 2	《6月》	**15**辛亥30	**15**辛巳30	15庚戌28	15庚辰27	15己酉㉖	15己卯25	15己酉25	15戊寅23
15甲申 3	15甲寅 5	15癸未 3	15癸丑 3	15壬午①	《7月》	16壬午31	**16**辛亥29	16辛巳㉘	16庚戌27	16庚辰26	16庚戌26	16己卯24
16乙酉 4	16乙卯 6	16甲申 4	16甲寅④	16癸未 2	16壬子 1	《8月》	17壬子30	**17**壬午29	17辛亥28	17辛巳27	17辛亥27	17庚辰㉕
17丙戌 5	17丙辰 7	17乙酉 5	17乙卯 5	17甲申 3	17癸丑 2	17癸未 1	18癸丑㉛	18癸未30	**18**壬子29	18壬午28	18壬子㉘	18辛巳26
18丁亥 6	18丁巳 8	18丙戌⑥	18丙辰 6	18乙酉 4	18甲寅 3	18甲申 2	《9月》	《10月》	19癸丑30	**19**癸未29	**19**癸丑29	19壬午27
19戊子 7	19戊午⑨	19丁亥 7	19丁巳 7	19丙戌 5	19乙卯 4	19乙酉③	19甲寅 1	19甲申 1	20甲寅31	20甲申㉚	20甲寅30	20癸未28
20己丑 8	20己未10	20戊子 8	20戊午 8	20丁亥 6	20丙辰 5	20丙戌 4	20乙卯 2	20乙酉 2	《11月》	《12月》	21乙卯31	**21**甲申29
21庚寅⑨	21庚申11	21己丑 9	21己未 9	21戊子 7	21丁巳⑥	21丁亥 5	21丙辰 3	21丙戌 3	21乙卯 1	21乙酉 1	**1540 年**	22乙酉30
22辛卯10	22辛酉12	22庚寅10	22庚申10	22己丑⑧	22戊午 7	22戊子 6	22丁巳 4	22丁亥 4	22丙辰②	22丙戌 2	《1月》	23丙戌31
23壬辰11	23壬戌13	23辛卯11	23辛酉⑪	23庚寅 9	23己未 8	23己丑 7	23戊午 5	23戊子⑤	23丁巳 3	23丁亥 3	22丙辰 1	《2月》
24癸巳12	24癸亥14	24壬辰12	24壬戌12	24辛卯10	24庚申 9	24庚寅 8	24己未 6	24己丑 6	24戊午 4	24戊子 4	23丁巳 2	24丁亥①
25甲午13	**25**甲子15	25癸巳⑬	25癸亥13	25壬辰11	25辛酉10	25辛卯 9	25庚申⑦	25庚寅 7	25己未 5	25己丑 5	24戊午 3	25戊子 2
26乙未14	26乙丑⑯	**26**甲午14	26甲子14	26癸巳12	26壬戌11	26壬辰⑩	26辛酉 8	26辛卯 8	26庚申 6	26庚寅 6	25己未④	26己丑 3
27丙申15	27丙寅17	27乙未15	**27**乙丑15	27甲午13	27癸亥12	27癸巳11	27壬戌 9	27壬辰 9	27辛酉 7	27辛卯⑦	26庚申 5	27庚寅 4
28丁酉⑯	28丁卯18	28丙申16	28丙寅16	**28**乙未14	28甲子⑬	28甲午12	28癸亥10	28癸巳10	28壬戌 8	28壬辰 8	27辛酉 6	28辛卯 5
29戊戌17	29戊辰19	29丁酉17	29丁卯17	29丙申⑮	29乙丑14	29乙未13	29甲子11	29甲午11	29癸亥⑨	29癸巳 9	28壬戌 7	29壬辰 6
30己亥18		30戊戌18			**30**丙寅15		30乙丑12		30甲子10	30甲午10	29癸亥 8	30癸巳 7
立春 9日 雨水 25日	啓蟄 10日 春分 25日	清明 11日 穀雨 26日	立夏 12日 小満 27日	芒種 13日 夏至 28日	小暑 15日 大暑 30日	立秋15日	処暑 1日 白露 16日	秋分 2日 寒露 17日	霜降 3日 立冬 18日	小雪 3日 大雪 19日	冬至 4日 小寒 19日	大寒 5日 立春 21日

天文9年（1540－1541） 庚子

1月	2月	3月	4月	5月	6月	7月	8月	9月	10月	11月	12月
1 甲午⑧	1 甲子 9	1 癸巳 7	1 癸亥 7	1 壬辰 5	1 辛酉④	1 辛卯 3	《9月》	1 己丑30	1 己未30	1 己丑29	**1** 戊午28
2 乙未 9	2 乙丑10	2 甲午 8	2 甲子 8	2 癸巳⑥	2 壬戌 5	2 壬辰 4	1 庚申 1	《10月》	2 庚申㉛	2 庚寅30	2 己未29
3 丙申10	3 丙寅11	3 乙未 9	3 乙丑⑨	3 甲午 7	3 癸亥 6	3 癸巳 5	2 辛酉 2	2 庚寅 1	《11月》	《12月》	3 庚申30
4 丁酉11	4 丁卯12	4 丙申10	4 丙寅10	4 乙未 8	4 甲子 7	4 甲午 6	3 壬戌 3	3 辛卯 2	3 辛酉 1	3 辛卯 1	4 辛酉31
5 戊戌12	5 戊辰13	5 丁酉⑪	5 丁卯11	5 丙申 9	5 乙丑 8	5 乙未 7	4 癸亥 4	4 壬辰③	4 壬戌 2	4 壬辰 2	**1541 年**
6 己亥13	**6** 己巳⑭	6 戊戌12	6 戊辰12	6 丁酉10	6 丙寅 9	6 丙申⑧	5 甲子⑤	5 癸巳 4	5 癸亥 3	5 癸巳 3	《1月》
7 庚子14	7 庚午15	7 己亥13	7 己巳13	7 戊戌11	7 丁卯10	7 丁酉 9	6 乙丑 6	6 甲午 5	6 甲子 4	6 甲午 4	5 壬戌 1
8 辛丑⑮	8 辛未16	**8** 庚子14	**8** 庚午14	8 己亥12	8 戊辰⑪	8 戊戌10	7 丙寅 7	7 乙未 6	7 乙丑 5	7 乙未⑤	6 癸亥②
9 壬寅16	9 壬申17	9 辛丑15	9 辛未15	9 庚子⑬	9 己巳12	9 己亥11	8 丁卯 8	8 丙申 7	8 丙寅 6	8 丙申 6	7 甲子 3
10癸卯17	10癸酉18	10壬寅16	10壬申⑯	**10**辛丑14	10庚午13	10庚子12	9 戊辰 9	9 丁酉 8	9 丁卯⑦	9 丁酉 7	8 乙丑 4
11甲辰18	11甲戌19	11癸卯17	11癸酉17	11壬寅15	**11**辛未14	**11**辛丑13	10己巳10	10戊戌 9	10戊辰 8	10戊戌 8	9 丙寅 5
12乙巳19	12乙亥20	12甲辰⑱	12甲戌18	12癸卯16	12壬申15	12壬寅14	11庚午11	11己亥⑩	11己巳 9	11己亥 9	10丁卯 6
13丙午20	13丙子㉑	13乙巳19	13乙亥19	13甲辰17	13癸酉16	13癸卯⑮	12辛未⑫	12庚子11	12庚午10	12庚子10	11戊辰 7
14丁未21	14丁丑22	14丙午20	14丙子20	14乙巳18	14甲戌17	14甲辰16	**13**壬申13	13辛丑12	13辛未11	13辛丑11	12己巳 8
15戊申㉒	15戊寅23	15丁未21	15丁丑21	15丙午19	15乙亥⑱	15乙巳17	14癸酉14	**14**壬寅13	14壬申12	14壬寅⑫	13庚午⑨
16己酉23	16己卯24	16戊申22	16戊寅22	16丁未⑳	16丙子19	16丙午18	15甲戌15	15癸卯14	**15**癸酉13	**15**癸卯13	14辛未10
17庚戌24	17庚辰25	17己酉23	17己卯㉓	17戊申21	17丁丑20	17丁未19	16乙亥16	16甲辰15	16甲戌⑭	16甲辰14	15壬申11
18辛亥25	18辛巳26	18庚戌24	18庚辰24	18己酉22	18戊寅21	18戊申20	17丙子17	17乙巳16	17乙亥15	17乙巳15	16癸酉12
19壬子26	19壬午27	19辛亥㉕	19辛巳25	19庚戌23	19己卯22	19己酉21	18丁丑18	18丙午⑰	18丙子16	18丙午16	**17**甲戌13
20癸丑27	20癸未㉘	20壬子26	20壬午26	20辛亥24	20庚辰23	20庚戌㉒	19戊寅⑲	19丁未18	19丁丑17	19丁未17	18乙亥14
21甲寅28	**21**甲申29	21癸丑27	21癸未27	21壬子25	21辛巳24	21辛亥23	20己卯20	20戊申19	20戊寅18	20戊申18	19丙子15
22乙卯㉙	22乙酉30	22甲寅28	22甲申28	22癸丑26	22壬午㉕	22壬子24	21庚辰21	21己酉20	21己卯19	21己酉⑲	20丁丑⑯
《3月》	23丙戌31	**23**乙卯29	**23**乙酉29	23甲寅㉗	23癸未26	23癸丑25	22辛巳22	22庚戌21	22庚辰20	22庚戌20	21戊寅17
23丙辰 1	《4月》	24丙辰30	24丙戌㉚	24乙卯28	24甲申27	24甲寅26	23壬午23	23辛亥22	23辛巳㉑	23辛亥21	22己卯18
24丁巳 2	24丁亥 1	《5月》	25丁亥31	**25**丙辰29	25乙酉28	25乙卯27	24癸未24	24壬子23	24壬午22	24壬子22	23庚辰19
25戊午 3	25戊子 2	25丁巳 1	《6月》	26丁巳30	**26**丙戌29	26丙辰28	25甲申25	25癸丑㉔	25癸未23	25癸丑23	24辛巳20
26己未 4	26己丑 3	26戊午②	26戊子 1	《7月》	27丁亥30	**27**丁巳㉙	26乙酉㉖	26甲寅25	26甲申24	26甲寅24	25壬午21
27庚申 5	27庚寅④	27己未 3	27己丑 2	27戊午 1	28戊子31	28戊午30	27丙戌27	27乙卯26	27乙酉25	27乙卯25	26癸未22
28辛酉 6	28辛卯 5	28庚申 4	28庚寅 3	28己未 2	《8月》	29己未31	**28**丁亥28	28丙辰27	28丙戌26	28丙辰㉖	27甲申㉓
29壬戌⑦	29壬辰 6	29辛酉 5	29辛卯 4	29庚申 3	29己丑①		29戊子29	29丁巳28	29丁亥27	29丁巳27	28乙酉24
30癸亥 8		30壬戌 6			30庚寅 2			**30**戊午29	**30**戊子㉘		29丙戌25
											30丁亥26
雨水 6日 啓蟄 21日	春分 6日 清明 21日	穀雨 8日 立夏 23日	小満 8日 芒種 23日	夏至 10日 小暑 25日	大暑 11日 立秋 26日	処暑 11日 白露 27日	秋分 13日 寒露 28日	霜降 14日 立冬 30日	小雪 15日 大雪 30日	冬至 15日	小寒 1日 大寒 17日

天文 10 年（1541－1542） 辛丑

1月	2月	3月	4月	5月	6月	7月	8月	9月	10月	11月	12月
1戊子27	1戊午26	1戊子28	1丁巳26	1丁亥26	1丙辰24	1乙酉23	1乙卯22	1甲申20	1癸丑19	1癸未18	1癸丑⑱
2己丑28	**2**己未㉗	2己丑29	2戊午27	2戊子27	2丁巳25	2丙戌㉔	2丙辰23	2乙酉21	2甲寅20	2甲申19	2甲寅19
3庚寅29	3庚申28	**3**庚寅30	3己未28	3己丑28	3戊午㉖	3丁亥25	3丁巳24	3丙戌22	3乙卯21	3乙酉⑳	3乙卯20
4辛卯㉚	《3月》	4辛卯31	**4**庚申29	4庚寅㉙	4己未27	4戊子26	4戊午25	4丁亥23	4丙辰22	4丙戌21	4丙辰21
5壬辰31	4辛酉1	《4月》	5辛酉30	**5**辛卯30	5庚申28	5己丑27	5己未26	5戊子24	5丁巳㉓	5丁亥22	5丁巳22
《2月》	5壬戌2	5壬辰1	《5月》	6壬辰31	**6**辛酉29	6庚寅28	6庚申27	6己丑㉕	6戊午24	6戊子23	6戊午23
6癸巳1	6癸亥3	6癸巳2	6壬戌①	《6月》	7壬戌30	**7**辛卯29	7辛酉㉘	7庚寅26	7己未25	7己丑24	7己未24
7甲午2	7甲子4	7甲午③	7癸亥2	7癸巳1	《7月》	8壬辰30	**8**壬戌29	8辛卯27	8庚申26	8庚寅25	8庚申㉕
8乙未3	8乙丑5	8乙未4	8甲子3	8甲午2	8癸亥1	9癸巳㉛	9癸亥30	**9**壬辰28	9辛酉27	9辛卯26	9辛酉26
9丙申4	9丙寅⑥	9丙申5	9乙丑4	9乙未3	9甲子2	《8月》	10甲子31	10癸巳29	10壬戌28	10壬辰㉗	10壬戌27
10丁酉5	10丁卯7	10丁酉6	10丙寅5	10丙申4	10乙丑③	10甲午1	《9月》	11甲午30	**11**癸亥29	**11**癸巳28	11癸亥28
11戊戌⑥	11戊辰8	11戊戌7	11丁卯6	11丁酉⑤	11丙寅4	11乙未2	11乙丑1	《10月》	12甲子㉚	12甲午29	**12**甲子29
12己亥7	12己巳9	12己亥8	12戊辰7	12戊戌6	12丁卯5	12丙申3	12丙寅2	12乙未1	13乙丑31	13乙未30	13乙丑30
13庚子8	13庚午10	13庚子9	13己巳⑧	13己亥7	13戊辰6	13丁酉4	13丁卯3	13丙申②	《11月》	《12月》	14丙寅31
14辛丑9	14辛未11	14辛丑⑩	14庚午9	14庚子8	14己巳7	14戊戌5	14戊辰④	14丁酉3	14丙寅1	14丙申1	1542年
15壬寅10	15壬申12	15壬寅11	15辛未10	15辛丑9	15庚午8	15己亥6	15己巳5	15戊戌4	15丁卯2	15丁酉2	《1月》
16癸卯11	16癸酉⑬	16癸卯12	16壬申11	16壬寅10	16辛未9	16庚子⑦	16庚午6	16己亥5	16戊辰3	16戊戌3	15丁卯①
17甲辰12	**17**甲戌14	17甲辰13	17癸酉12	17癸卯11	17壬申⑩	17辛丑8	17辛未7	17庚子6	17己巳4	17己亥④	16戊辰2
18乙巳⑬	18乙亥15	**18**乙巳14	18甲戌13	18甲辰⑫	18癸酉11	18壬寅9	18壬申8	18辛丑7	18庚午5	18庚子5	17己巳3
19丙午14	19丙子16	19丙午15	**19**乙亥14	19乙巳13	19甲戌12	19癸卯10	19癸酉9	19壬寅8	19辛未⑥	19辛丑6	18庚午4
20丁未15	20丁丑17	20丁未16	20丙子⑮	**20**丙午14	20乙亥13	20甲辰11	20甲戌10	20癸卯⑨	20壬申7	20壬寅7	19辛未5
21戊申16	21戊寅18	21戊申⑰	21丁丑16	21丁未15	**21**丙子14	21乙巳12	21乙亥⑪	21甲辰10	21癸酉8	21癸卯8	20壬申6
22己酉17	22己卯19	22己酉18	22戊寅17	22戊申16	22丁丑15	22丙午13	22丙子12	22乙巳11	22甲戌9	22甲辰9	21癸酉7
23庚戌18	23庚辰⑳	23庚戌19	23己卯18	23己酉17	23戊寅16	**23**丁未⑭	**23**丁丑13	23丙午12	23乙亥10	23乙巳10	22甲戌⑧
24辛亥19	24辛巳21	24辛亥20	24庚辰19	24庚戌18	24己卯⑰	24戊申15	24戊寅14	24丁未13	24丙子11	24丙午⑪	23乙亥9
25壬子⑳	25壬午22	25壬子21	25辛巳20	25辛亥⑲	25庚辰18	25己酉16	25己卯15	**25**戊申14	25丁丑12	25丁未12	24丙子10
26癸丑21	26癸未23	26癸丑22	26壬午21	26壬子20	26辛巳19	26庚戌17	26庚辰16	26己酉15	**26**戊寅⑬	**26**戊申13	25丁丑11
27甲寅22	27甲申24	27甲寅23	27癸未㉒	27癸丑21	27壬午20	27辛亥18	27辛巳17	27庚戌⑯	27己卯14	27己酉14	26戊寅12
28乙卯23	28乙酉25	28乙卯㉔	28甲申23	28甲寅22	28癸未21	28壬子19	28壬午⑱	28辛亥17	28庚辰15	28庚戌15	**27**己卯13
29丙辰24	29丙戌26	29丙辰25	29乙酉24	29乙卯23	29甲申22	29癸丑20	29癸未19	29壬子18	29辛巳16	29辛亥16	28庚辰14
30丁巳25	30丁亥㉗		30丙戌25			30甲寅㉑			30壬午17	30壬子17	29辛巳⑮

立春 2日	啓蟄 2日	清明 3日	立夏 4日	芒種 5日	小暑 6日	立秋 7日	白露 8日	寒露 9日	立冬 11日	大雪 11日	小寒 12日
雨水 17日	春分 17日	穀雨 18日	小満 19日	夏至 20日	大暑 21日	処暑 23日	秋分 23日	霜降 25日	小雪 26日	冬至 26日	大寒 27日

天文 11 年（1542－1543） 壬寅

1月	2月	3月	閏3月	4月	5月	6月	7月	8月	9月	10月	11月	12月
1壬午16	1壬子15	1壬午17	1辛亥15	**1**辛巳15	1庚戌13	1庚辰13	1己酉11	1己卯⑩	1戊申9	1丁丑7	1丁未7	1丁丑6
2癸未17	2癸丑16	2癸未18	2壬子⑯	2壬午16	**2**辛亥14	**2**辛巳14	2庚戌12	2庚辰11	2己酉10	2戊寅8	2戊申8	2戊寅⑦
3甲申18	3甲寅17	3甲申⑲	3癸丑17	3癸未17	3壬子15	3壬午15	3辛亥⑬	3辛巳12	3庚戌11	3己卯9	3己酉9	3己卯8
4乙酉19	4乙卯18	4乙酉20	4甲寅18	4甲申18	4癸丑16	4癸未⑯	**4**壬子14	**4**壬午13	4辛亥12	4庚辰10	4庚戌⑩	4庚辰9
5丙戌20	5丙辰⑲	5丙戌21	5乙卯19	5乙酉19	5甲寅17	5甲申17	5癸丑15	5癸未14	5壬子13	5辛巳11	5辛亥11	5辛巳10
6丁亥21	6丁巳20	6丁亥22	6丙辰20	6丙戌20	6乙卯⑱	6乙酉18	6甲寅16	6甲申15	**6**癸丑14	6壬午⑫	6壬子12	6壬午11
7戊子㉒	7戊午21	7戊子23	7丁巳21	7丁亥㉑	7丙辰19	7丙戌19	7乙卯17	7乙酉16	7甲寅⑮	**7**癸未13	7癸丑13	7癸未12
8己丑23	8己未22	8己丑24	8戊午22	8戊子22	8丁巳20	8丁亥20	8丙辰18	8丙戌⑰	8乙卯16	8甲申14	**8**甲寅14	**8**甲申13
9庚寅24	9庚申23	9庚寅25	9己未㉓	9己丑23	9戊午21	9戊子21	9丁巳19	9丁亥18	9丙辰17	9乙酉15	9乙卯15	9乙酉⑭
10辛卯25	10辛酉24	10辛卯㉖	10庚申24	10庚寅24	10己未22	10己丑22	10戊午⑳	10戊子19	10丁巳18	10丙戌16	10丙辰16	10丙戌15
11壬辰26	11壬戌25	11壬辰27	11辛酉25	11辛卯25	11庚申23	11庚寅㉓	11己未21	11己丑20	11戊午19	11丁亥17	11丁巳⑰	11丁亥16
12癸巳27	12癸亥㉖	12癸巳28	12壬戌26	12壬辰26	12辛酉24	12辛卯24	12庚申22	12庚寅21	12己未20	12戊子18	12戊午18	12戊子17
13甲午28	**13**甲子27	13甲午29	13癸亥27	13癸巳27	13壬戌㉕	13壬辰25	13辛酉23	13辛卯22	13庚申21	13己丑⑲	13己未19	13己丑18
14乙未㉙	14乙丑28	**14**乙未30	14甲子28	14甲午㉘	14癸亥26	14癸巳26	14壬戌24	14壬辰23	14辛酉㉒	14庚寅20	14庚申20	14庚寅19
15丙申30	《3月》	15丙申31	**15**乙丑29	15乙未29	15甲子27	15甲午27	15癸亥25	15癸巳㉔	15壬戌23	15辛卯21	15辛酉21	15辛卯20
16丁酉31	15丙寅1	《4月》	16丙寅㉚	**16**丙申30	16乙丑28	16乙未28	16甲子26	16甲午25	16癸亥24	16壬辰22	16壬戌22	16壬辰㉑
《2月》	16丁卯2	16丁酉1	《5月》	17丁酉31	**17**丙寅29	17丙申29	17乙丑㉗	17乙未26	17甲子25	17癸巳23	17癸亥23	17癸巳22
17戊戌1	17戊辰3	17戊戌②	17丁卯1	《6月》	18丁卯30	**18**丁酉㉚	18丙寅28	18丙申27	18乙丑26	18甲午24	18甲子㉔	18甲午23
18己亥2	18己巳4	18己亥3	18戊辰2	18戊戌1	《7月》	19戊戌31	**19**丁卯29	19丁酉28	19丙寅27	19乙未25	19乙丑25	19乙未24
19庚子3	19庚午⑤	19庚子4	19己巳3	19己亥2	19戊辰1	《8月》	20戊辰30	**20**戊戌29	20丁卯28	20丙申㉖	20丙寅26	20丙申25
20辛丑4	20辛未6	20辛丑5	20庚午4	20庚子3	20己巳②	20己亥1	21己巳31	21己亥30	**21**戊辰㉙	21丁酉27	21丁卯27	21丁酉26
21壬寅⑤	21壬申7	21壬寅6	21辛未5	21辛丑④	21庚午3	21庚子2	《9月》	《10月》	22己巳30	**22**戊戌28	22戊辰28	22戊戌27
22癸卯6	22癸酉8	22癸卯7	22壬申6	22壬寅5	22辛未4	22辛丑3	22庚午1	22庚子①	23庚午31	23己亥29	**23**己巳29	**23**己亥㉘
23甲辰7	23甲戌9	23甲辰8	23癸酉⑦	23癸卯6	23壬申5	23壬寅4	23辛未2	23辛丑2	《11月》	24庚子30	24庚午30	24庚子29
24乙巳8	24乙亥10	24乙巳⑨	24甲戌8	24甲辰7	24癸酉6	24癸卯5	24壬申③	24壬寅3	24辛未1	《12月》	25辛未㉛	25辛丑30
25丙午9	25丙子11	25丙午10	25乙亥9	25乙巳8	25甲戌7	25甲辰⑥	25癸酉4	25癸卯4	25壬申2	25辛丑1	1543年	26壬寅31
26丁未10	26丁丑⑫	26丁未11	26丙子10	26丙午9	26乙亥8	26乙巳7	26甲戌5	26甲辰5	26癸酉3	26壬寅2	《1月》	《2月》
27戊申11	27戊寅13	27戊申12	27丁丑11	27丁未10	27丙子⑨	27丙午8	27乙亥6	27乙巳6	27甲戌4	27癸卯③	26壬申1	27癸卯1
28己酉⑫	28己卯14	28己酉13	28戊寅12	28戊申⑪	28丁丑10	28丁未9	28丙子7	28丙午7	28乙亥⑤	28甲辰4	27癸酉2	28甲辰2
29庚戌13	**29**庚辰15	**29**庚戌14	29己卯13	29己酉12	29戊寅11	29戊申10	29丁丑8	29丁未⑧	29丙子6	29乙巳5	28甲戌3	29乙巳3
30辛亥14	30辛巳16		30庚辰⑭		30己卯12		30戊寅9			30丙午6	29乙亥4	
											30丙子5	

立春 13日	啓蟄 13日	清明 14日	立夏15日	小満 1日	夏至 2日	大暑 2日	処暑 4日	秋分 4日	霜降 6日	小雪 7日	冬至 8日	大寒 8日
雨水 28日	春分 29日	穀雨 29日		芒種 16日	小暑 17日	立秋 18日	白露 19日	寒露 20日	立冬 21日	大雪 22日	小寒 23日	立春 23日

天文 12 年（1543－1544） 癸卯

1月	2月	3月	4月	5月	6月	7月	8月	9月	10月	11月	12月
1 丙午④	1 丙子 6	1 乙巳 4	1 乙亥 4	1 乙巳③	1 甲戌 2	《8月》	1 癸酉 30	**1** 癸卯 29	1 壬申㉘	1 壬寅 27	1 辛未 26
2 丁未 5	2 丁丑 7	2 丙午 5	2 丙子 5	2 丙午 4	2 乙亥 3	1 甲辰 1	2 甲戌 31	2 甲辰㉚	**2** 癸酉 29	2 癸卯 28	2 壬申 27
3 戊申 6	3 戊寅 8	3 丁未 6	3 丁丑⑥	3 丁未 5	3 丙子 4	2 乙巳 2	《9月》	《10月》	3 甲戌 30	**3** 甲辰 29	3 癸酉 28
4 己酉 7	4 己卯 9	4 戊申 7	4 戊寅 7	4 戊申 6	4 丁丑 5	3 丙午 3	3 乙亥 1	3 乙巳 1	4 乙亥 31	4 乙巳 30	**4** 甲戌 29
5 庚戌 8	5 庚辰 10	5 己酉⑧	5 己卯 8	5 己酉 7	5 戊寅 6	4 丁未 4	4 丙子②	4 丙午 2	《11月》	《12月》	5 乙亥㉚
6 辛亥 9	6 辛巳⑪	6 庚戌 9	6 庚辰 9	6 庚戌 8	6 己卯 7	5 戊申⑤	5 丁丑 3	5 丁未 3	5 丙子 1	5 丙午 1	6 丙子 31
7 壬子 10	7 壬午 12	7 辛亥 10	7 辛巳 10	7 辛亥 9	7 庚辰⑧	6 己酉 6	6 戊寅 4	6 戊申 4	6 丁丑 2	6 丁未②	**1544 年**
8 癸丑⑪	8 癸未 13	8 壬子 11	8 壬午 11	8 壬子⑩	8 辛巳 9	7 庚戌 7	7 己卯 5	7 己酉 5	7 戊寅 3	7 戊申 3	《1月》
9 甲寅 12	9 甲申 14	9 癸丑 12	9 癸未 12	9 癸丑 11	9 壬午 10	8 辛亥 8	8 庚辰 6	8 庚戌 6	8 己卯④	8 己酉 4	7 丁丑 1
10 乙卯 13	**10** 乙酉 15	10 甲寅 13	10 甲申⑬	10 甲寅 12	10 癸未 11	9 壬子 9	9 辛巳 7	9 辛亥⑦	9 庚辰 5	9 庚戌 5	8 戊寅 2
11 丙辰 14	11 丙戌 16	**11** 乙卯 14	11 乙酉 14	11 乙卯 13	11 甲申 12	10 癸丑 10	10 壬午 8	10 壬子 8	10 辛巳 6	10 辛亥 6	9 己卯 3
12 丁巳 15	12 丁亥 17	12 丙辰⑮	**12** 丙戌 15	**12** 丙辰 14	12 乙酉 13	11 甲寅 11	11 癸未⑨	11 癸丑 9	11 壬午 7	11 壬子 7	10 庚辰 4
13 戊午 16	13 戊子⑱	13 丁巳 16	13 丁亥 16	13 丁巳 15	13 丙戌 14	12 乙卯⑫	12 甲申 10	12 甲寅 10	12 癸未 8	12 癸丑 8	11 辛巳 5
14 己未 17	14 己丑 19	14 戊午 17	14 戊子 17	14 戊午 16	**14** 丁亥⑮	13 丙辰 13	13 乙酉 11	13 乙卯 11	13 甲申 9	13 甲寅⑨	12 壬午⑥
15 庚申⑱	15 庚寅 20	15 己未 18	15 己丑 18	15 己未⑰	15 戊子 16	**14** 丁巳 14	14 丙戌 12	14 丙辰 12	14 乙酉 10	14 乙卯 10	13 癸未 7
16 辛酉 19	16 辛卯 21	16 庚申 19	16 庚寅 19	16 庚申 18	16 己丑 17	15 戊午 15	15 丁亥 13	15 丁巳 13	15 丙戌⑪	15 丙辰 11	14 甲申 8
17 壬戌 20	17 壬辰 22	17 辛酉 20	17 辛卯⑳	17 辛酉 19	17 庚寅 18	16 己未 16	**16** 戊子 14	**16** 戊午⑭	16 丁亥 12	16 丁巳 12	15 乙酉 9
18 癸亥 21	18 癸巳 23	18 壬戌 21	18 壬辰 21	18 壬戌 20	18 辛卯 19	17 庚申 17	17 己丑 15	17 己未 15	**17** 戊子 13	17 戊午 13	16 丙戌 10
19 甲子 22	19 甲午 24	19 癸亥㉒	19 癸巳 22	19 癸亥 21	19 壬辰 20	18 辛酉 18	18 庚寅⑯	18 庚申 16	18 己丑 14	**18** 己未 14	17 丁亥 11
20 乙丑 23	20 乙未㉕	20 甲子 23	20 甲午 23	20 甲子 22	20 癸巳 21	19 壬戌⑲	19 辛卯 17	19 辛酉 17	19 庚寅 15	19 庚申 15	18 戊子 12
21 丙寅 24	21 丙申 26	21 乙丑 24	21 乙未 24	21 乙丑 23	21 甲午㉒	20 癸亥 20	20 壬辰 18	20 壬戌 18	20 辛卯 16	20 辛酉⑯	**19** 己丑⑬
22 丁卯㉕	22 丁酉 27	22 丙寅 25	22 丙申 25	22 丙寅㉔	22 乙未 23	21 甲子 21	21 癸巳 19	21 癸亥 19	21 壬辰 17	21 壬戌 17	20 庚寅 14
23 戊辰 26	23 戊戌 28	23 丁卯 26	23 丁酉 26	23 丁卯 25	23 丙申 24	22 乙丑 22	22 甲午 20	22 甲子 20	22 癸巳⑱	22 癸亥 18	21 辛卯 15
24 己巳 27	24 己亥 29	24 戊辰 27	24 戊戌㉗	24 戊辰 26	24 丁酉 25	23 丙寅 23	23 乙未 21	23 乙丑㉑	23 甲午 19	23 甲子 19	22 壬辰 16
25 庚午 28	**25** 庚子 30	25 己巳 28	25 己亥 28	25 己巳 27	25 戊戌 26	24 丁卯 24	24 丙申 22	24 丙寅 22	24 乙未 20	24 乙丑 20	23 癸巳 17
《3月》	26 辛丑 31	26 庚午㉙	26 庚子 29	26 庚午 28	26 己亥 27	25 戊辰 25	25 丁酉㉓	25 丁卯 23	25 丙申 21	25 丙寅 21	24 甲午 18
26 辛未 1	《4月》	**27** 辛未 30	**27** 辛丑 30	**27** 辛未 29	27 庚子 28	26 己巳㉖	26 戊戌 24	26 戊辰 24	26 丁酉 22	26 丁卯 22	25 乙未 19
27 壬申 2	27 壬寅①	《5月》	28 壬寅 31	28 壬申 30	28 辛丑㉙	27 庚午 27	27 己亥 25	27 己巳 25	27 戊戌 23	27 戊辰㉓	26 丙申⑳
28 癸酉 3	28 癸卯 2	28 壬申 1	《6月》	《7月》	**29** 壬寅 30	28 辛未 28	28 庚子 26	28 庚午 26	28 己亥 24	28 己巳 24	27 丁酉 21
29 甲戌④	29 甲辰 3	29 癸酉 2	29 癸卯 1	29 癸酉①	30 癸卯 31	**29** 壬申 29	29 辛丑 27	29 辛未 27	29 庚子㉕	29 庚午 25	28 戊戌 22
30 乙亥 5		30 甲戌 3	30 甲辰 2				30 壬寅 28		30 辛丑 26		29 己亥 23
雨水 10日 啓蟄 25日	春分 10日 清明 25日	穀雨 11日 立夏 27日	小満 12日 芒種 27日	夏至 12日 小暑 27日	大暑 14日 立秋 29日	処暑 14日 白露 29日	秋分 16日	寒露 1日 霜降 16日	立冬 2日 小雪 17日	大雪 3日 冬至 18日	小寒 4日 大寒 19日

天文 13 年（1544－1545） 甲辰

1月	2月	3月	4月	5月	6月	7月	8月	9月	10月	11月	閏11月	12月
1 庚子 24	1 庚午 23	1 庚子 24	1 己巳 22	1 己亥 22	1 戊辰 20	1 戊戌⑳	1 戊辰 19	1 丁酉 17	1 丁卯 17	1 丙申 15	1 丙寅 15	**1** 乙未 13
2 辛丑 25	2 辛未㉔	2 辛丑 25	2 庚午 23	2 庚子 23	2 己巳 21	2 己亥 21	2 己巳 20	2 戊戌 18	2 戊辰 18	2 丁酉⑯	2 丁卯 16	2 丙申 14
3 壬寅 26	3 壬申 25	3 壬寅 26	3 辛未 24	3 辛丑 24	3 庚午㉒	3 庚子 22	3 庚午 21	3 己亥 19	3 己巳⑲	3 戊戌 17	3 戊辰 17	3 丁酉 15
4 癸卯㉗	4 癸酉 26	4 癸卯 27	4 壬申 25	4 壬寅㉕	4 辛未 23	4 辛丑 23	4 辛未 22	4 庚子 20	4 庚午 20	4 己亥 18	4 己巳 18	4 戊戌 16
5 甲辰 28	5 甲戌 27	5 甲辰 28	5 癸酉 26	5 癸卯 26	5 壬申 24	5 壬寅 24	5 壬申 23	5 辛丑㉑	5 辛未 21	5 庚子 19	5 庚午 19	5 己亥 17
6 乙巳 29	**6** 乙亥 28	**6** 乙巳 29	6 甲戌㉗	6 甲辰 27	6 癸酉 25	6 癸卯 25	6 癸酉㉔	6 壬寅 22	6 壬申 22	6 辛丑 20	6 辛未 20	6 庚子⑱
7 丙午 30	7 丙子 29	7 丙午㉚	7 乙亥 28	7 乙巳 28	7 甲戌 26	7 甲辰 26	7 甲戌 25	7 癸卯 23	7 癸酉 23	7 壬寅 21	7 壬申㉑	7 辛丑 19
8 丁未 31	《3月》	8 丁未 31	**8** 丙子 29	**8** 丙午 29	8 乙亥 27	8 乙巳㉗	8 乙亥 26	8 甲辰 24	8 甲戌 24	8 癸卯 22	8 癸酉 22	8 壬寅 20
《2月》	8 丁丑 1	《4月》	9 丁丑 30	9 丁未 30	9 丙子 28	9 丙午 28	9 丙子 27	9 乙巳 25	9 乙亥 25	9 甲辰㉓	9 甲戌 23	9 癸卯 21
9 戊申 1	9 戊寅②	9 戊申 1	《5月》	10 戊申 31	**10** 丁丑㉙	**10** 丁未 29	10 丁丑 28	10 丙午 26	10 丙子㉖	10 乙巳 24	10 乙亥 24	10 甲辰 22
10 己酉 2	10 己卯 3	10 己酉 2	10 戊寅 1	《6月》	11 戊寅 30	11 戊申 30	**11** 戊寅 29	11 丁未 27	11 丁丑 27	11 丙午 25	11 丙子 25	11 乙巳 23
11 庚戌③	11 庚辰 4	11 庚戌 3	11 己卯 2	11 己酉①	《7月》	12 己酉 31	12 己卯 30	**12** 戊申㉘	**12** 戊寅 28	12 丁未 26	12 丁丑 26	12 丙午 24
12 辛亥 4	12 辛巳 5	12 辛亥 4	12 庚辰 3	12 庚戌 2	12 己卯 1	《8月》	13 庚辰㉛	13 己酉 29	13 己卯 29	13 戊申 27	13 戊寅 27	13 丁未㉕
13 壬子 5	13 壬午 6	13 壬子 5	13 辛巳④	13 辛亥 3	13 庚辰 2	13 庚戌 1	《9月》	14 庚戌 30	14 庚辰 30	**14** 己酉 28	**14** 己卯㉘	14 戊申 26
14 癸丑 6	14 癸未 7	14 癸丑⑥	14 壬午 5	14 壬子 4	14 辛巳 3	14 辛亥 2	14 辛巳 1	《10月》	15 辛巳 31	15 庚戌 29	15 庚辰 29	15 己酉 27
15 甲寅 7	15 甲申 8	15 甲寅 7	15 癸未 6	15 癸丑 5	15 壬午 4	15 壬子③	15 壬午 2	15 辛亥 1	《11月》	16 辛亥㉚	16 辛巳 30	**16** 庚戌 28
16 乙卯 8	16 乙酉⑨	16 乙卯 8	16 甲申 7	16 甲寅 6	16 癸未 5	16 癸丑 4	16 癸未 3	16 壬子 2	16 壬午 1	《12月》	17 壬午 31	17 辛亥 29
17 丙辰 9	17 丙戌 10	17 丙辰 9	17 乙酉 8	17 乙卯 7	17 甲申⑥	17 甲寅 5	17 甲申 4	17 癸丑 3	17 癸未②	17 壬子 1	**1545 年**	18 壬子 30
18 丁巳⑩	18 丁亥 11	18 丁巳 10	18 丙戌 9	18 丙辰⑧	18 乙酉 7	18 乙卯 6	18 乙酉 5	18 甲寅 4	18 甲申 3	18 癸丑 2	《1月》	19 癸丑 31
19 戊午 11	19 戊子 12	19 戊午 11	19 丁亥 10	19 丁巳 9	19 丙戌 8	19 丙辰 7	19 丙戌 6	19 乙卯⑤	19 乙酉 4	19 甲寅 3	18 癸未 1	《2月》
20 己未 12	20 己丑 13	20 己未 12	20 戊子⑪	20 戊午 10	20 丁亥 9	20 丁巳 8	20 丁亥⑦	20 丙辰 6	20 丙戌 5	20 乙卯 4	19 甲申 2	20 甲寅①
21 庚申 13	**21** 庚寅 14	21 庚申⑬	21 己丑 12	21 己未 11	21 戊子 10	21 戊午 9	21 戊子 8	21 丁巳 7	21 丁亥 6	21 丙辰 5	20 乙酉 3	21 乙卯 2
22 辛酉 14	22 辛卯 15	**22** 辛酉 14	22 庚寅 13	22 庚申 12	22 己丑 11	22 己未⑩	22 己丑 9	22 戊午 8	22 戊子 7	22 丁巳 6	21 丙戌④	22 丙辰 3
23 壬戌 15	23 壬辰⑯	23 壬戌 15	**23** 辛卯 14	23 辛酉 13	23 庚寅 12	23 庚申 11	23 庚寅 10	23 己未 9	23 己丑 8	23 戊午⑦	22 丁亥 5	23 丁巳 4
24 癸亥 16	24 癸巳 17	24 癸亥 16	24 壬辰 15	**24** 壬戌 14	24 辛卯⑬	24 辛酉 12	24 辛卯 11	24 庚申 10	24 庚寅⑨	24 己未 8	23 戊子 6	24 戊午 5
25 甲子⑰	25 甲午 18	25 甲子 17	25 癸巳 16	25 癸亥⑮	**25** 壬辰 14	**25** 壬戌 13	25 壬辰 12	25 辛酉 11	25 辛卯 10	25 庚申 9	24 己丑 7	25 己未 6
26 乙丑 18	26 乙未 19	26 乙丑 18	26 甲午 17	26 甲子 16	26 癸巳 15	26 癸亥 14	**26** 癸巳 13	26 壬戌⑫	26 壬辰 11	26 辛酉 10	25 庚寅 8	26 庚申 7
27 丙寅 19	27 丙申 20	27 丙寅 19	27 乙未⑱	27 乙丑 17	27 甲午 16	27 甲子 15	27 甲午⑭	**27** 癸亥 13	27 癸巳 12	27 壬戌 11	26 辛卯 9	27 辛酉⑧
28 丁卯 20	28 丁酉 21	28 丁卯⑳	28 丙申 19	28 丙寅 18	28 乙未 17	28 乙丑 16	28 乙未 15	28 甲子 14	**28** 甲午 13	28 癸亥 12	27 壬辰 10	28 壬戌 9
29 戊辰 21	29 戊戌 22	29 戊辰 21	29 丁酉 20	29 丁卯 19	29 丙申 18	29 丙寅⑰	29 丙申 16	29 乙丑 15	29 乙未 14	**29** 甲子 13	28 癸巳⑪	29 癸亥 10
30 己巳 22	30 己亥㉓		30 戊戌 21		30 丁酉 19	30 丁卯 18		30 丙寅 16		30 乙丑⑭	29 甲午 12	30 甲子 11
立春 6日 雨水 21日	啓蟄 6日 春分 21日	清明 6日 穀雨 22日	立夏 8日 小満 23日	芒種 8日 夏至 24日	小暑 10日 大暑 25日	立秋 10日 処暑 25日	白露 11日 秋分 26日	寒露 12日 霜降 27日	立冬 12日 小雪 28日	大雪 14日 冬至 29日	小寒14日	大寒 1日 立春 16日

天文14年（1545－1546） 乙巳

1月	2月	3月	4月	5月	6月	7月	8月	9月	10月	11月	12月
1 乙丑12	1 甲午13	1 癸亥11	1 癸巳11	1 壬戌 9	1 壬辰 9	1 壬戌 8	1 辛卯⑥	1 辛酉 6	1 辛卯 5	1 庚申 4	1 庚寅③
2 丙寅13	**2** 乙未14	2 甲子⑫	2 甲午12	2 癸亥10	2 癸巳10	2 癸亥⑨	2 壬辰 7	2 壬戌 7	2 壬辰 6	2 辛酉 5	2 辛卯 4
3 丁卯14	3 丙申⑮	3 乙丑13	3 乙未13	3 甲子11	3 甲午11	3 甲子10	3 癸巳 8	3 癸亥 8	3 癸巳 7	3 壬戌⑥	3 壬辰 5
4 戊辰⑮	4 丁酉16	**4** 丙寅14	**4** 丙申14	4 乙丑12	4 乙未⑫	4 乙丑11	4 甲午 9	4 甲子 9	4 甲午⑧	4 癸亥 7	4 癸巳 6
5 己巳16	5 戊戌17	5 丁卯15	5 丁酉15	5 丙寅13	5 丙申13	5 丙寅12	5 乙未10	5 乙丑10	5 乙未 9	5 甲子 8	5 甲午 7
6 庚午17	6 己亥18	6 戊辰16	6 戊戌16	**6** 丁卯⑭	**6** 丁酉14	6 丁卯13	6 丙申11	6 丙寅⑪	6 丙申10	6 乙丑 9	6 乙未 8
7 辛未18	7 庚子19	7 己巳17	7 己亥⑰	7 戊辰15	7 戊戌15	**7** 戊辰14	7 丁酉12	7 丁卯12	7 丁酉11	7 丙寅10	7 丙申 9
8 壬申19	8 辛丑20	8 庚午18	8 庚子18	8 己巳16	8 己亥16	8 己巳15	**8** 戊戌⑬	8 戊辰13	8 戊戌12	8 丁卯11	8 丁酉⑩
9 癸酉20	9 壬寅21	9 辛未⑲	9 辛丑19	9 庚午17	9 庚子17	9 庚午⑯	9 己亥14	**9** 己巳14	**9** 己亥13	9 戊辰12	9 戊戌11
10 甲戌21	10 癸卯㉒	10 壬申20	10 壬寅20	10 辛未18	10 辛丑18	10 辛未17	10 庚子15	10 庚午15	10 庚子14	**10** 己巳⑬	10 己亥12
11 乙亥㉒	11 甲辰23	11 癸酉21	11 癸卯21	11 壬申19	11 壬寅⑲	11 壬申18	11 辛丑16	11 辛未16	11 辛丑⑮	11 庚午14	**11** 庚子13
12 丙子23	12 乙巳24	12 甲戌22	12 甲辰22	12 癸酉20	12 癸卯20	12 癸酉19	12 壬寅17	12 壬申17	12 壬寅16	12 辛未15	12 辛丑14
13 丁丑24	13 丙午25	13 乙亥23	13 乙巳23	13 甲戌㉑	13 甲辰21	13 甲戌20	13 癸卯18	13 癸酉⑱	13 癸卯17	13 壬申16	13 壬寅15
14 戊寅25	14 丁未26	14 丙子24	14 丙午㉔	14 乙亥22	14 乙巳22	14 乙亥21	14 甲辰19	14 甲戌19	14 甲辰18	14 癸酉17	14 癸卯16
15 己卯26	15 戊申27	15 丁丑25	15 丁未25	15 丙子23	15 丙午23	15 丙子22	15 乙巳⑳	15 乙亥20	15 乙巳19	15 甲戌18	15 甲辰⑰
16 庚辰27	16 己酉28	16 戊寅㉖	16 戊申26	16 丁丑24	16 丁未24	16 丁丑㉓	16 丙午21	16 丙子21	16 丙午20	16 乙亥19	16 乙巳18
17 辛巳28	17 庚戌㉙	17 己卯27	17 己酉27	17 戊寅25	17 戊申25	17 戊寅24	17 丁未22	17 丁丑22	17 丁未21	17 丙子⑳	17 丙午19
《3月》	**18** 辛亥30	18 庚辰28	18 庚戌28	18 己卯26	18 己酉㉖	18 己卯25	18 戊申23	18 戊寅23	18 戊申㉒	18 丁丑21	18 丁未20
18 壬午①	19 壬子31	**19** 辛巳29	19 辛亥29	19 庚辰27	19 庚戌27	19 庚辰26	19 己酉24	19 己卯24	19 己酉23	19 戊寅22	19 戊申21
19 癸未 2	《4月》	20 壬午30	**20** 壬子30	20 辛巳㉘	20 辛亥28	20 辛巳27	20 庚戌25	20 庚辰㉕	20 庚戌24	20 己卯23	20 己酉22
20 甲申 3	20 癸丑 1	《5月》	21 癸丑㉛	**21** 壬午29	**21** 壬子29	21 壬午28	21 辛亥26	21 辛巳26	21 辛亥25	21 庚辰24	21 庚戌23
21 乙酉 4	21 甲寅 2	21 癸未 1	《6月》	22 癸未30	22 癸丑30	**22** 癸未29	22 壬子㉗	22 壬午27	22 壬子26	22 辛巳25	22 辛亥㉔
22 丙戌 5	22 乙卯 3	22 甲申 2	22 甲寅 1	《7月》	23 甲寅31	23 甲申㉚	**23** 癸丑28	23 癸未28	23 癸丑27	23 壬午26	23 壬子25
23 丁亥 6	23 丙辰 4	23 乙酉③	23 乙卯 2	23 甲申 1	《8月》	24 乙酉31	24 甲寅29	**24** 甲申29	**24** 甲寅28	24 癸未㉗	24 癸丑26
24 戊子 7	24 丁巳⑤	24 丙戌 4	24 丙辰 3	24 乙酉 2	24 乙卯 1	《9月》	25 乙卯30	25 乙酉30	25 乙卯㉙	25 甲申28	25 甲寅27
25 己丑⑧	25 戊午 6	25 丁亥 5	25 丁巳 4	25 丙戌 3	25 丙辰②	25 丙戌 1	《10月》	26 丙戌31	26 丙辰30	**26** 乙酉29	**26** 乙卯28
26 庚寅 9	26 己未 7	26 戊子 6	26 戊午 5	26 丁亥 4	26 丁巳 3	26 丁亥 2	26 丙辰 1	《11月》	《12月》	27 丙戌30	27 丙辰29
27 辛卯10	27 庚申 8	27 己丑 7	27 己未 6	27 戊子⑤	27 戊午 4	27 戊子 3	27 丁巳 2	27 丁亥①	27 丁巳 1	28 丁亥31	28 丁巳30
28 壬辰11	28 辛酉 9	28 庚寅 8	28 庚申⑦	28 己丑 6	28 己未 5	28 己丑 4	28 戊午 3	28 戊子 2	28 戊午 2	**1546年**	29 戊午㉛
29 癸巳12	29 壬戌10	29 辛卯 9	29 辛酉 8	29 庚寅 7	29 庚申 6	29 庚寅 5	29 己未④	29 己丑 3	29 己未 3	《1月》	
		30 壬辰⑩		30 辛卯 8	30 辛酉 7		30 庚申 5	30 庚寅 4		29 戊子 1	
										30 己丑 2	
雨水 1日 啓蟄 16日	春分 2日 清明 18日	穀雨 4日 立夏 19日	小満 4日 芒種 20日	夏至 6日 小暑 21日	大暑 6日 立秋 21日	処暑 7日 白露 22日	秋分 8日 寒露 23日	霜降 9日 立冬 24日	小雪 9日 大雪 24日	冬至 10日 小寒 26日	大寒 11日 立春 26日

天文15年（1546－1547） 丙午

1月	2月	3月	4月	5月	6月	7月	8月	9月	10月	11月	12月
《2月》	1 己丑 3	《4月》	1 丁亥30	**1** 丁巳㉚	1 丙戌28	1 丙辰28	1 乙酉26	1 乙卯25	1 乙酉25	1 乙卯24	1 甲申23
1 己未 1	2 庚寅 4	1 戊午 1	《5月》	2 戊午31	**2** 丁亥29	2 丁巳29	2 丙戌27	2 丙辰㉖	2 丙戌26	2 丙辰25	2 乙酉24
2 庚申 2	3 辛卯 5	2 己未 2	2 戊子 1	《6月》	3 戊子30	**3** 戊午30	3 丁亥28	3 丁巳27	3 丁亥27	3 丁巳26	3 丙戌25
3 辛酉 3	4 壬辰 6	3 庚申 3	3 己丑②	3 己未 1	《7月》	4 己未31	**4** 戊子㉙	4 戊午28	4 戊子28	4 戊午27	4 丁亥㉖
4 壬戌 4	5 癸巳⑦	4 辛酉④	4 庚寅 3	4 庚申 2	4 己丑 1	《8月》	5 己丑30	**5** 己未29	**5** 己丑29	**5** 己未㉘	5 戊子27
5 癸亥 5	6 甲午 8	5 壬戌 5	5 辛卯 4	5 辛酉 3	5 庚寅 2	5 庚申①	6 庚寅31	6 庚申30	6 庚寅30	6 庚申29	6 己丑28
6 甲子 6	7 乙未 9	6 癸亥 6	6 壬辰 5	6 壬戌 4	6 辛卯 3	6 辛酉 2	《9月》	《10月》	7 辛卯㉛	7 辛酉30	**7** 庚寅29
7 乙丑⑦	8 丙申10	7 甲子 7	7 癸巳 6	7 癸亥 5	7 壬辰④	7 壬戌 3	7 辛卯 1	7 辛酉 1	《11月》	《12月》	8 辛卯30
8 丙寅 8	9 丁酉11	8 乙丑 8	8 甲午 7	8 甲子⑥	8 癸巳 5	8 癸亥 4	8 壬辰 2	8 壬戌 2	8 壬辰 1	8 壬戌 1	9 壬辰31
9 丁卯 9	10 戊戌12	9 丙寅 9	9 乙未 8	9 乙丑 7	9 甲午 6	9 甲子 5	9 癸巳 3	9 癸亥③	9 癸巳 2	9 癸亥 2	**1547年**
10 戊辰10	11 己亥13	10 丁卯10	10 丙申⑨	10 丙寅 8	10 乙未 7	10 乙丑 6	10 甲午 4	10 甲子 4	10 甲午 3	10 甲子 3	《1月》
11 己巳11	12 庚子⑭	11 戊辰⑪	11 丁酉10	11 丁卯 9	11 丙申 8	11 丙寅 7	11 乙未⑤	11 乙丑 5	11 乙未 4	11 乙丑 4	10 癸巳 1
12 庚午12	**13** 辛丑15	12 己巳12	12 戊戌11	12 戊辰10	12 丁酉 9	12 丁卯⑧	12 丙申 6	12 丙寅 6	12 丙申 5	12 丙寅⑤	11 甲午②
13 辛未13	14 壬寅16	13 庚午13	13 己亥12	13 己巳11	13 戊戌10	13 戊辰 9	13 丁酉 7	13 丁卯 7	13 丁酉 6	13 丁卯 6	12 乙未 3
14 壬申⑭	15 癸卯17	**14** 辛未14	14 庚子13	14 庚午12	14 己亥⑪	14 己巳10	14 戊戌 8	14 戊辰 8	14 戊戌⑦	14 戊辰 7	13 丙申 4
15 癸酉15	16 甲辰18	15 壬申15	15 辛丑14	15 辛未⑬	15 庚子12	15 庚午11	15 己亥 9	15 己巳 9	15 己亥 8	15 己巳 8	14 丁酉 5
16 甲戌16	17 乙巳19	16 癸酉16	**16** 壬寅15	**16** 壬申14	16 辛丑13	16 辛未12	16 庚子10	16 庚午⑩	16 庚子 9	16 庚午 9	15 戊戌 6
17 乙亥17	18 丙午20	17 甲戌17	17 癸卯⑯	17 癸酉15	**17** 壬寅14	17 壬申13	17 辛丑11	17 辛未11	17 辛丑10	17 辛未10	16 己亥 7
18 丙子18	19 丁未㉑	18 乙亥⑱	18 甲辰17	18 甲戌16	18 癸卯15	**18** 癸酉14	18 壬寅⑫	18 壬申12	18 壬寅11	18 壬申11	17 庚子 8
19 丁丑19	20 戊申22	19 丙子19	19 乙巳18	19 乙亥17	19 甲辰16	19 甲戌⑮	**19** 癸卯13	19 癸酉13	19 癸卯12	19 癸酉⑫	18 辛丑⑨
20 戊寅20	21 己酉23	20 丁丑20	20 丙午19	20 丙子18	20 乙巳17	20 乙亥16	20 甲辰14	**20** 甲戌14	**20** 甲辰13	20 甲戌13	19 壬寅10
21 己卯㉑	22 庚戌24	21 戊寅21	21 丁未20	21 丁丑19	21 丙午⑱	21 丙子17	21 乙巳15	21 乙亥15	21 乙巳⑭	**21** 乙亥14	20 癸卯11
22 庚辰22	23 辛亥25	22 己卯22	22 戊申21	22 戊寅⑳	22 丁未19	22 丁丑18	22 丙午16	22 丙子16	22 丙午15	22 丙子15	21 甲辰12
23 辛巳23	24 壬子26	23 庚辰23	23 己酉22	23 己卯21	23 戊申20	23 戊寅19	23 丁未17	23 丁丑⑰	23 丁未16	23 丁丑16	**22** 乙巳13
24 壬午24	25 癸丑27	24 辛巳24	24 庚戌㉓	24 庚辰22	24 己酉21	24 己卯20	24 戊申18	24 戊寅18	24 戊申17	24 戊寅17	23 丙午14
25 癸未25	26 甲寅㉘	25 壬午㉕	25 辛亥24	25 辛巳23	25 庚戌22	25 庚辰21	25 己酉⑲	25 己卯19	25 己酉18	25 己卯18	24 丁未15
26 甲申26	27 乙卯29	26 癸未26	26 壬子25	26 壬午24	26 辛亥23	26 辛巳㉒	26 庚戌20	26 庚辰20	26 庚戌19	26 庚辰⑲	25 戊申⑯
27 乙酉27	**28** 丙辰30	27 甲申27	27 癸丑26	27 癸未25	27 壬子24	27 壬午23	27 辛亥21	27 辛巳21	27 辛亥20	27 辛巳20	26 己酉17
28 丙戌㉘	29 丁巳31	28 乙酉28	28 甲寅27	28 甲申26	28 癸丑㉕	28 癸未24	28 壬子22	28 壬午22	28 壬子㉑	28 壬午21	27 庚戌18
《3月》		**29** 丙戌29	29 乙卯28	29 乙酉㉗	29 甲寅26	29 甲申25	29 癸丑23	29 癸未23	29 癸丑22	29 癸未22	28 辛亥19
29 丁亥 1			30 丙辰29		30 乙卯27		30 甲寅24	30 甲申㉔	30 甲寅23		29 壬子20
30 戊子 2											30 癸丑21
雨水 12日 啓蟄 27日	春分 13日 清明 28日	穀雨 14日 立夏 29日	小満 16日	芒種 1日 夏至 16日	小暑 2日 大暑 17日	立秋 3日 処暑 18日	白露 4日 秋分 19日	寒露 5日 霜降 20日	立冬 5日 小雪 20日	大雪 5日 冬至 21日	小寒 7日 大寒 22日

天文16年（1547－1548） 丁未

1月	2月	3月	4月	5月	6月	7月	閏7月	8月	9月	10月	11月	12月
1 甲寅22	1 癸未⑳	1 癸丑22	1 壬午20	1 辛亥19	1 辛巳18	1 庚戌⑰	1 庚辰16	**1** 己酉14	**1** 己卯14	**1** 己酉⑬	1 戊寅12	1 戊申11
2 乙卯㉓	2 甲申21	2 甲寅23	2 癸未21	2 壬子20	2 壬午⑲	2 辛亥18	2 辛巳17	2 庚戌15	2 庚辰15	2 庚戌14	2 己卯13	2 己酉12
3 丙辰24	3 乙酉22	3 乙卯24	3 甲申22	3 癸丑21	3 癸未20	3 壬子19	3 壬午18	3 辛亥16	3 辛巳⑯	3 辛亥15	**3** 庚辰14	**3** 庚戌13
4 丁巳25	4 丙戌23	4 丙辰25	4 乙酉23	4 甲寅㉒	4 甲申21	4 癸丑20	4 癸未19	4 壬子17	4 壬午17	4 壬子16	4 辛巳15	4 辛亥14
5 戊午26	5 丁亥24	5 丁巳26	5 丙戌㉔	5 乙卯23	5 乙酉22	5 甲寅21	5 甲申20	5 癸丑⑱	5 癸未18	5 癸丑17	5 壬午16	5 壬子⑮
6 己未27	6 戊子25	6 戊午㉗	6 丁亥25	6 丙辰24	6 丙戌23	6 乙卯22	6 乙酉㉑	6 甲寅19	6 甲申19	6 甲寅18	6 癸未17	6 癸丑16
7 庚申28	7 己丑26	7 己未28	7 戊子26	7 丁巳25	7 丁亥24	7 丙辰23	7 丙戌22	7 乙卯20	7 乙酉20	7 乙卯19	7 甲申⑱	7 甲寅17
8 辛酉29	8 庚寅㉗	8 庚申29	8 己丑27	8 戊午26	8 戊子25	8 丁巳㉔	8 丁亥23	8 丙辰21	8 丙戌21	8 丙辰⑳	8 乙酉19	8 乙卯18
9 壬戌㉚	**9** 辛卯28	**9** 辛酉30	9 庚寅28	9 己未27	9 己丑㉖	9 戊午25	9 戊子24	9 丁巳22	9 丁亥22	9 丁巳21	9 丙戌20	9 丙辰19
10癸亥31	《3月》	10壬戌31	10辛卯29	10庚申28	10庚寅27	10己未26	10己丑25	10戊午23	10戊子㉓	10戊午22	10丁亥21	10丁巳20
《2月》	10壬辰 1	《4月》	**11**壬辰30	11辛酉㉙	11辛卯28	11庚申27	11庚寅26	11己未24	11己丑24	11己未23	11戊子22	11戊午21
11甲子 1	11癸巳 2	11癸亥 1	《5月》	**12**壬戌30	**12**壬辰29	12辛酉28	12辛卯27	12庚申㉕	12庚寅25	12庚申24	12己丑23	12己未㉒
12乙丑 2	12甲午 3	12甲子 2	12癸巳①	13癸亥31	13癸巳30	13壬戌29	13壬辰㉘	13辛酉26	13辛卯26	13辛酉25	13庚寅24	13庚申23
13丙寅 3	13乙未 4	13乙丑③	13甲午 2	《6月》	《7月》	**14**癸亥30	**14**癸巳29	14壬戌27	14壬辰27	14壬戌26	14辛卯㉕	14辛酉24
14丁卯 4	14丙申 5	14丙寅 4	14乙未 3	14甲子 1	14甲午 1	15甲子㉛	15甲午30	15癸亥28	15癸巳28	15癸亥㉗	15壬辰26	15壬戌25
15戊辰 5	15丁酉⑥	15丁卯 5	15丙申 4	15乙丑 2	15乙未 2	《8月》	16乙未31	**16**甲子29	**16**甲午29	16甲子28	16癸巳27	16癸亥26
16己巳⑥	16戊戌 7	16戊辰 6	16丁酉 5	16丙寅 3	16丙申③	16乙丑 1	《9月》	17乙丑30	17乙未㉚	**17**乙丑29	17甲午28	17甲子27
17庚午 7	17己亥 8	17己巳 7	17戊戌 6	17丁卯 4	17丁酉 4	17丙寅 2	17丙申 1	《10月》	18丙申31	18丙寅30	**18**乙未29	18乙丑28
18辛未 8	18庚子 9	18庚午 8	18己亥 7	18戊辰⑤	18戊戌 5	18丁卯 3	18丁酉 2	18丙寅 1	《11月》	《12月》	19丙申30	**19**丙寅㉙
19壬申 9	19辛丑10	19辛未 9	19庚子⑧	19己巳 6	19己亥 6	19戊辰 4	19戊戌 3	19丁卯②	19丁酉 1	19丁卯 1	20丁酉31	20丁卯30
20癸酉10	20壬寅11	20壬申⑩	20辛丑 9	20庚午 7	20庚子 7	20己巳 5	20己亥④	20戊辰 3	20戊戌 2	20戊辰 2	**1548年**	21戊辰31
21甲戌11	21癸卯12	21癸酉11	21壬寅10	21辛未 8	21辛丑 8	21庚午 6	21庚子 5	21己巳 4	21己亥 3	21己巳 3	《1月》	《2月》
22乙亥12	22甲辰⑬	22甲戌12	22癸卯11	22壬申 9	22壬寅 9	22辛未⑦	22辛丑 6	22庚午 5	22庚子 4	22庚午④	21戊戌①	22己巳 1
23丙子⑬	23乙巳14	23乙亥13	23甲辰12	23癸酉10	23癸卯⑩	23壬申 8	23壬寅 7	23辛未 6	23辛丑 5	23辛未 5	22己亥 2	23庚午 2
24丁丑14	**24**丙午15	**24**丙子14	24乙巳13	24甲戌11	24甲辰11	24癸酉 9	24癸卯 8	24壬申 7	24壬寅⑥	24壬申 6	23庚子 3	24辛未 3
25戊寅15	25丁未16	25丁丑15	25丙午14	25乙亥⑫	25乙巳12	25甲戌10	25甲辰 9	25癸酉 8	25癸卯 7	25癸酉 7	24辛丑 4	25壬申 4
26己卯16	26戊申17	26戊寅16	**26**丁未⑮	26丙子13	26丙午13	26乙亥11	26乙巳10	26甲戌⑨	26甲辰 8	26甲戌 8	25壬寅 5	26癸酉⑤
27庚辰17	27己酉18	27己卯⑰	27戊申16	**27**丁丑14	27丁未14	27丙子12	27丙午⑪	27乙亥10	27乙巳 9	27乙亥 9	26癸卯 6	27甲戌 6
28辛巳18	28庚戌19	28庚辰18	28己酉17	28戊寅15	**28**戊申15	28丁丑13	28丁未12	28丙子11	28丙午10	28丙子10	27甲辰 7	28乙亥 7
29壬午19	29辛亥⑳	29辛巳19	29庚戌18	29己卯16	29己酉16	**29**戊寅⑭	29戊申13	29丁丑12	29丁未11	29丁丑⑪	28乙巳⑧	29丙子 8
	30壬子21			30庚辰17		30己卯15		30戊寅13	30戊申12		29丙午 9	30丁丑 9
											30丁未10	
立春 7日	啓蟄 9日	清明 9日	立夏 11日	芒種 12日	小暑 12日	立秋 14日	白露14日	秋分 1日	霜降 1日	小雪 1日	冬至 3日	大寒 3日
雨水 23日	春分 24日	穀雨 24日	小満 26日	夏至 27日	大暑 28日	処暑 29日		寒露 16日	立冬 16日	大雪 17日	小寒 18日	立春 19日

天文17年（1548－1549） 戊申

1月	2月	3月	4月	5月	6月	7月	8月	9月	10月	11月	12月
1 戊寅10	1 丁未10	1 丁丑 9	1 丙午 8	1 乙亥 6	1 乙巳 6	1 甲戌 4	1 癸卯②	1 癸酉 2	《11月》	1 壬申30	1 壬寅㉚
2 己卯11	2 戊申⑪	2 戊寅10	2 丁未 9	2 丙子 7	2 丙午 7	2 乙亥⑤	2 甲辰 3	2 甲戌 3	1 癸卯 1	《12月》	2 癸卯31
3 庚辰⑫	3 己酉12	3 己卯11	3 戊申10	3 丁丑 8	3 丁未⑧	3 丙子 6	3 乙巳 4	3 乙亥 4	2 甲辰 2	2 癸酉 1	**1549年**
4 辛巳13	4 庚戌13	4 庚辰12	4 己酉11	4 戊寅 9	4 戊申 9	4 丁丑 7	4 丙午 5	4 丙子 5	3 乙巳 3	3 甲戌②	《1月》
5 壬午14	**5** 辛亥14	5 辛巳13	5 庚戌12	5 己卯⑩	5 己酉10	5 戊寅 8	5 丁未 6	5 丁丑 6	4 丙午④	4 乙亥 3	3 甲辰 1
6 癸未15	6 壬子15	**6** 壬午14	6 辛亥⑬	6 庚辰11	6 庚戌11	6 己卯 9	6 戊申 7	6 戊寅⑦	5 丁未 5	5 丙子 4	4 乙巳 2
7 甲申16	7 癸丑16	7 癸未⑮	**7** 壬子14	7 辛巳12	7 辛亥12	7 庚辰10	7 己酉 8	7 己卯 8	6 戊申 6	6 丁丑 5	5 丙午 3
8 乙酉17	8 甲寅17	8 甲申16	8 癸丑15	**8** 壬午13	8 壬子13	8 辛巳11	8 庚戌⑨	8 庚辰 9	7 己酉 7	7 戊寅 6	6 丁未 4
9 丙戌18	9 乙卯⑱	9 乙酉17	9 甲寅16	9 癸未14	**9** 癸丑14	9 壬午⑫	9 辛亥10	9 辛巳10	8 庚戌 8	8 己卯 7	7 戊申 5
10丁亥⑲	10丙辰19	10丙戌18	10乙卯17	10甲申15	10甲寅⑮	**10**癸未13	10壬子11	10壬午11	9 辛亥 9	9 庚辰 8	8 己酉⑥
11戊子20	11丁巳20	11丁亥19	11丙辰18	11乙酉16	11乙卯16	11甲申14	11癸丑12	11癸未12	10壬子10	10辛巳⑨	9 庚戌 7
12己丑21	12戊午21	12戊子20	12丁巳19	12丙戌⑰	12丙辰17	12乙酉15	**12**甲寅13	**12**甲申13	11癸丑⑪	11壬午10	10辛亥 8
13庚寅22	13己未22	13己丑21	13戊午⑳	13丁亥18	13丁巳18	13丙戌16	13乙卯14	13乙酉⑭	12甲寅12	12癸未11	11壬子 9
14辛卯23	14庚申23	14庚寅㉒	14己未21	14戊子19	14戊午19	14丁亥17	14丙辰15	14丙戌15	**13**乙卯13	13甲申12	12癸丑10
15壬辰24	15辛酉24	15辛卯23	15庚申22	15己丑20	15己未20	15戊子18	15丁巳⑯	15丁亥16	14丙辰14	**14**乙酉13	13甲寅11
16癸巳25	16壬戌㉕	16壬辰24	16辛酉23	16庚寅21	16庚申21	16己丑⑲	16戊午17	16戊子17	15丁巳15	15丙戌14	14乙卯12
17甲午㉖	17癸亥26	17癸巳25	17壬戌24	17辛卯22	17辛酉㉒	17庚寅20	17己未18	17己丑18	16戊午16	16丁亥15	**15**丙辰⑬
18乙未27	18甲子27	18甲午26	18癸亥25	18壬辰23	18壬戌23	18辛卯21	18庚申19	18庚寅19	17己未17	17戊子⑯	16丁巳14
19丙申28	19乙丑28	19乙未27	19甲子26	19癸巳㉔	19癸亥24	19壬辰22	19辛酉20	19辛卯20	18庚申⑱	18己丑17	17戊午15
20丁酉29	**20**丙寅29	20丙申28	20乙丑㉗	20甲午25	20甲子25	20癸巳23	20壬戌21	20壬辰㉑	19辛酉19	19庚寅18	18己未16
《3月》	21丁卯30	**21**丁酉㉙	21丙寅28	21乙未26	21乙丑26	21甲午24	21癸亥22	21癸巳22	20壬戌20	20辛卯19	19庚申17
21戊戌 1	22戊辰31	22戊戌30	**22**丁卯29	22丙申27	22丙寅27	22乙未25	22甲子㉓	22甲午23	21癸亥21	21壬辰20	20辛酉18
22己亥 2	《4月》	《5月》	23戊辰30	23丁酉28	23丁卯28	23丙申㉖	23乙丑24	23乙未24	22甲子22	22癸巳21	21壬戌19
23庚子 3	23己巳①	23己亥 1	24己巳31	**24**戊戌29	**24**戊辰㉙	24丁酉27	24丙寅25	24丙申25	23乙丑23	23甲午22	22癸亥⑳
24辛丑④	24庚午 2	24庚子 2	《6月》	25己亥30	25己巳30	25戊戌28	25丁卯26	25丁酉26	24丙寅24	24乙未㉓	23甲子21
25壬寅 5	25辛未 3	25辛丑 3	25庚午 1	《7月》	26庚午31	**26**己亥29	26戊辰27	26戊戌27	25丁卯㉕	25丙申24	24乙丑22
26癸卯 6	26壬申 4	26壬寅 4	26辛未 2	26庚子①	《8月》	27庚子30	**27**己巳28	**27**己亥㉘	26戊辰26	26丁酉25	25丙寅23
27甲辰 7	27癸酉 5	27癸卯 5	27壬申③	27辛丑 2	27辛未 1	28辛丑31	28庚午29	28庚子29	27己巳27	27戊戌26	26丁卯24
28乙巳 8	28甲戌 6	28甲辰⑥	28癸酉 4	28壬寅 3	28壬申 2	《9月》	29辛未㉚	29辛丑30	**28**庚午28	28己亥27	27戊辰25
29丙午 9	29乙亥 7	29乙巳 7	29甲戌 5	29癸卯 4	29癸酉 3	29壬寅 1	《10月》	30壬寅31	29辛未29	**29**庚子28	28己巳26
	30丙子⑧			30甲辰 5			30壬申 1			30辛丑29	29庚午㉗
											30辛未28
雨水 4日	春分 5日	穀雨 6日	小満 7日	夏至 8日	大暑 9日	処暑 10日	秋分 12日	霜降 12日	小雪 13日	冬至 14日	大寒 15日
啓蟄 19日	清明 20日	立夏 21日	芒種 22日	小暑 24日	立秋 24日	白露 26日	寒露 27日	立冬 27日	大雪 28日	小寒 29日	立春 30日

天文 18 年（1549－1550） 己酉

1月	2月	3月	4月	5月	6月	7月	8月	9月	10月	11月	12月
1 壬申29	1 壬寅28	1 辛未29	1 辛丑㉘	1 庚午27	1 己亥25	1 己巳25	1 戊戌23	1 丁卯21	1 丁酉21	1 丙寅19	1 丙申19
2 癸酉30	《3月》	**2** 壬申30	**2** 壬寅29	2 辛未28	2 庚子26	2 庚午26	2 己亥24	2 戊辰㉒	2 戊戌22	2 丁卯20	2 丁酉20
3 甲戌31	2 癸卯 1	3 癸酉㉛	3 癸卯30	3 壬申29	3 辛丑27	3 辛未27	3 庚子㉕	3 己巳23	3 己亥23	3 戊辰21	3 戊戌21
《2月》	3 甲辰 2	《4月》	《5月》	**4** 癸酉30	4 壬寅28	4 壬申㉘	4 辛丑26	4 庚午24	4 庚子24	4 己巳22	4 己亥㉒
4 乙亥 1	4 乙巳③	4 甲戌 1	4 甲辰 1	5 甲戌31	**5** 癸卯29	**5** 癸酉29	5 壬寅27	5 辛未25	5 辛丑25	5 庚午23	5 庚子23
5 丙子 2	5 丙午 4	5 乙亥 2	5 乙巳 2	《6月》	6 甲辰㉚	6 甲戌30	6 癸卯28	6 壬申26	6 壬寅26	6 辛未㉔	6 辛丑24
6 丁丑③	6 丁未 5	6 丙子 3	6 丙午 3	6 乙亥 1	《7月》	7 乙亥31	**7** 甲辰29	7 癸酉27	7 癸卯㉗	7 壬申25	7 壬寅25
7 戊寅 4	7 戊申 6	7 丁丑 4	7 丁未 4	7 丙子②	7 乙巳 1	《8月》	8 乙巳30	**8** 甲戌28	8 甲辰28	8 癸酉26	8 癸卯26
8 己卯 5	8 己酉 7	8 戊寅 5	8 戊申⑤	8 丁丑 3	8 丙午 2	8 丙子 1	9 丙午31	9 乙亥㉙	**9** 乙巳29	9 甲戌27	9 甲辰27
9 庚辰 6	9 庚戌 8	9 己卯 6	9 己酉 6	9 戊寅 4	9 丁未 3	9 丁丑 2	《9月》	10 丙子30	10 丙午30	**10** 乙亥28	10 乙巳28
10 辛巳 7	10 辛亥 9	10 庚辰⑦	10 庚戌 7	10 己卯 5	10 戊申 4	10 戊寅 3	10 丁未①	《10月》	11 丁未31	11 丙子29	**11** 丙午㉙
11 壬午 8	11 壬子⑩	11 辛巳 8	11 辛亥 8	11 庚辰 6	11 己酉 5	11 己卯④	11 戊申 2	11 丁丑 1	《11月》	12 丁丑30	12 丁未30
12 癸未 9	12 癸丑11	12 壬午 9	12 壬子 9	12 辛巳 7	12 庚戌 6	12 庚辰 5	12 己酉 3	12 戊寅 2	12 戊申 1	《12月》	13 戊申31
13 甲申⑩	13 甲寅12	13 癸未10	13 癸丑10	13 壬午 8	13 辛亥⑦	13 辛巳 6	13 庚戌 4	13 己卯 3	13 己酉 2	13 戊寅①	**1550 年**
14 乙酉11	14 乙卯13	14 甲申11	14 甲寅11	14 癸未⑨	14 壬子 8	14 壬午 7	14 辛亥 5	14 庚辰 4	14 庚戌③	14 己卯 2	《1月》
15 丙戌12	**15** 丙辰14	15 乙酉12	15 乙卯⑫	15 甲申10	15 癸丑 9	15 癸未 8	15 壬子 6	15 辛巳 5	15 辛亥 4	15 庚辰 3	14 己酉 1
16 丁亥13	16 丁巳15	16 丙戌13	16 丙辰13	16 乙酉11	16 甲寅10	16 甲申 9	16 癸丑 7	16 壬午⑥	16 壬子 5	16 辛巳 4	15 庚戌 2
17 戊子14	17 戊午16	**17** 丁亥⑭	**17** 丁巳14	17 丙戌12	17 乙卯11	17 乙酉10	17 甲寅⑧	17 癸未 7	17 癸丑 6	17 壬午 5	16 辛亥 3
18 己丑15	18 己未⑰	18 戊子15	18 戊午15	18 丁亥13	18 丙辰12	18 丙戌⑪	18 乙卯 9	18 甲申 8	18 甲寅 7	18 癸未 6	17 壬子 4
19 庚寅16	19 庚申18	19 己丑16	19 己未16	**19** 戊子14	19 丁巳13	19 丁亥12	19 丙辰10	19 乙酉 9	19 乙卯 8	19 甲申 7	18 癸丑⑤
20 辛卯⑰	20 辛酉19	20 庚寅17	20 庚申17	20 己丑15	**20** 戊午⑭	20 戊子13	20 丁巳11	20 丙戌10	20 丙辰 9	20 乙酉⑧	19 甲寅 6
21 壬辰18	21 壬戌20	21 辛卯18	21 辛酉18	21 庚寅⑯	21 己未15	**21** 己丑14	21 戊午12	21 丁亥11	21 丁巳⑩	21 丙戌 9	20 乙卯 7
22 癸巳19	22 癸亥21	22 壬辰19	22 壬戌⑲	22 辛卯17	22 庚申16	22 庚寅15	**22** 己未13	22 戊子12	22 戊午11	22 丁亥10	21 丙辰 8
23 甲午20	23 甲子22	23 癸巳20	23 癸亥20	23 壬辰18	23 辛酉17	23 辛卯16	23 庚申14	**23** 己丑⑬	23 己未12	23 戊子11	22 丁巳 9
24 乙未21	24 乙丑23	24 甲午㉑	24 甲子21	24 癸巳19	24 壬戌18	24 壬辰17	24 辛酉⑮	24 庚寅14	**24** 庚申13	24 己丑12	23 戊午10
25 丙申22	25 丙寅㉔	25 乙未22	25 乙丑22	25 甲午20	25 癸亥19	25 癸巳⑱	25 壬戌16	25 辛卯15	25 辛酉14	**25** 庚寅13	24 己未11
26 丁酉23	26 丁卯25	26 丙申23	26 丙寅23	26 乙未21	26 甲子20	26 甲午19	26 癸亥17	26 壬辰16	26 壬戌15	26 辛卯14	25 庚申⑫
27 戊戌㉔	27 戊辰26	27 丁酉24	27 丁卯24	27 丙申22	27 乙丑㉑	27 乙未20	27 甲子18	27 癸巳17	27 癸亥16	27 壬辰⑮	**26** 辛酉13
28 己亥25	28 己巳27	28 戊戌25	28 戊辰25	28 丁酉㉓	28 丙寅22	28 丙申21	28 乙丑19	28 甲午18	28 甲子⑰	28 癸巳16	27 壬戌14
29 庚子26	29 庚午28	29 己亥26	29 己巳㉖	29 戊戌24	29 丁卯23	29 丁酉22	29 丙寅20	29 乙未19	29 乙丑18	29 甲午17	28 癸亥15
30 辛丑27		30 庚子27			30 戊辰24			30 丙申⑳		30 乙未18	29 甲子16
											30 乙丑17

雨水 15日 啓蟄 30日	春分 15日	清明 2日 穀雨 17日	立夏 2日 小満 17日	芒種 4日 夏至 19日	小暑 5日 大暑 20日	立秋 5日 処暑 21日	白露 7日 秋分 22日	寒露 8日 霜降 23日	立冬 9日 小雪 24日	大雪 10日 冬至 25日	小寒 11日 大寒 26日

天文 19 年（1550－1551） 庚戌

1月	2月	3月	4月	5月	閏5月	6月	7月	8月	9月	10月	11月	12月
1 丙寅18	1 丙申17	1 乙丑18	1 乙未17	1 乙丑17	1 甲午⑮	**1** 癸亥14	1 癸巳13	1 壬戌11	1 辛卯10	1 辛酉⑨	1 庚寅 8	1 庚申 7
2 丁卯⑲	2 丁酉18	2 丙寅19	2 丙申18	2 丙寅⑱	2 乙未16	2 甲子15	**2** 甲午14	2 癸亥12	2 壬辰11	2 壬戌10	2 辛卯 9	2 辛酉 8
3 戊辰20	3 戊戌19	3 丁卯20	3 丁酉19	3 丁卯19	3 丙申17	3 乙丑16	3 乙未15	**3** 甲子13	3 癸巳⑫	3 癸亥11	3 壬辰10	3 壬戌 9
4 己巳21	4 己亥20	4 戊辰21	4 戊戌⑳	4 戊辰20	4 丁酉18	4 丙寅17	4 丙申16	4 乙丑⑭	4 甲午13	4 甲子12	4 癸巳11	4 癸亥10
5 庚午22	5 庚子21	5 己巳22	5 己亥21	5 己巳21	5 戊戌19	5 丁卯18	5 丁酉⑰	5 丙寅15	**5** 乙未14	**5** 乙丑13	5 甲午12	5 甲子⑪
6 辛未23	6 辛丑22	6 庚午㉓	6 庚子22	6 庚午22	6 己亥20	6 戊辰19	6 戊戌18	6 丁卯16	6 丙申15	6 丙寅14	6 乙未13	6 乙丑12
7 壬申24	7 壬寅㉓	7 辛未24	7 辛丑23	7 辛未23	7 庚子21	7 己巳⑳	7 己亥19	7 戊辰17	7 丁酉16	7 丁卯15	**7** 丙申⑭	**7** 丙寅13
8 癸酉25	8 癸卯24	8 壬申25	8 壬寅24	8 壬申24	8 辛丑㉒	8 庚午21	8 庚子20	8 己巳18	8 戊戌17	8 戊辰⑯	8 丁酉15	8 丁卯14
9 甲戌㉖	9 甲辰25	9 癸酉26	9 癸卯25	9 癸酉㉕	9 壬寅23	9 辛未22	9 辛丑21	9 庚午19	9 己亥18	9 己巳17	9 戊戌16	9 戊辰15
10 乙亥27	10 乙巳26	10 甲戌27	10 甲辰26	10 甲戌26	10 癸卯24	10 壬申23	10 壬寅22	10 辛未20	10 庚子⑲	10 庚午18	10 己亥17	10 己巳16
11 丙子28	**11** 丙午27	11 乙亥28	11 乙巳㉗	11 乙亥27	11 甲辰25	11 癸酉24	11 癸卯23	11 壬申㉑	11 辛丑20	11 辛未19	11 庚子18	11 庚午17
12 丁丑29	12 丁未28	12 丙子29	12 丙午28	12 丙子28	12 乙巳26	12 甲戌25	12 甲辰㉔	12 癸酉22	12 壬寅21	12 壬申20	12 辛丑19	12 辛未⑱
13 戊寅30	《3月》	**13** 丁丑㉚	**13** 丁未29	13 丁丑29	13 丙午27	13 乙亥26	13 乙巳25	13 甲戌23	13 癸卯22	13 癸酉21	13 壬寅20	13 壬申19
14 己卯31	13 戊申 1	14 戊寅31	14 戊申30	**14** 戊寅30	14 丁未28	14 丙子㉗	14 丙午26	14 乙亥24	14 甲辰23	14 甲戌22	14 癸卯㉑	14 癸酉20
《2月》	14 己酉②	《4月》	《5月》	15 己卯31	**15** 戊申㉙	15 丁丑28	15 丁未27	15 丙子25	15 乙巳24	15 乙亥㉓	15 甲辰22	15 甲戌21
15 庚辰 1	15 庚戌 3	15 己卯 1	15 己酉 1	《6月》	16 己酉30	16 戊寅29	16 戊申28	16 丁丑26	16 丙午25	16 丙子24	16 乙巳23	16 乙亥22
16 辛巳②	16 辛亥 4	16 庚辰 2	16 庚戌 2	16 庚辰①	《7月》	**17** 己卯30	**17** 己酉29	17 戊寅27	17 丁未㉖	17 丁丑25	17 丙午24	17 丙子23
17 壬午 3	17 壬子 5	17 辛巳 3	17 辛亥 3	17 辛巳 2	17 庚戌 1	18 庚辰31	18 庚戌30	18 己卯㉘	18 戊申27	18 戊寅26	18 丁未25	18 丁丑24
18 癸未 4	18 癸丑 6	18 壬午 4	18 壬子④	18 壬午 3	18 辛亥 2	《8月》	19 辛亥㉛	**19** 庚辰29	19 己酉28	19 己卯27	19 戊申26	19 戊寅㉕
19 甲申 5	19 甲寅 7	19 癸未 5	19 癸丑 5	19 癸未 4	19 壬子 3	19 辛巳 1	《9月》	20 辛巳30	**20** 庚戌29	**20** 庚辰28	20 己酉27	20 己卯26
20 乙酉 6	20 乙卯 8	20 甲申⑥	20 甲寅 6	20 甲申 5	20 癸丑 4	20 壬午 2	20 壬子 1	《10月》	21 辛亥30	21 辛巳29	21 庚戌㉘	21 庚辰27
21 丙戌 7	21 丙辰⑨	21 乙酉 7	21 乙卯 7	21 乙酉 6	21 甲寅 5	21 癸未③	21 癸丑 2	21 壬午 1	22 壬子31	22 壬午㉚	**22** 辛亥29	**22** 辛巳28
22 丁亥 8	22 丁巳10	22 丙戌 8	22 丙辰 8	22 丙戌 7	22 乙卯⑥	22 甲申 4	22 甲寅 3	22 癸未 2	《11月》	《12月》	23 壬子30	23 壬午29
23 戊子⑨	23 戊午11	23 丁亥 9	23 丁巳 9	23 丁亥⑧	23 丙辰 7	23 乙酉 5	23 乙卯 4	23 甲申 3	23 癸丑 1	23 癸未 1	24 癸丑31	24 癸未30
24 己丑10	24 己未12	24 戊子10	24 戊午10	24 戊子 9	24 丁巳 8	24 丙戌 6	24 丙辰 5	24 乙酉 4	24 甲寅②	24 甲申 2	**1551 年**	25 甲申31
25 庚寅11	25 庚申13	25 己丑11	25 己未⑪	25 己丑10	25 戊午 9	25 丁亥 7	25 丁巳 6	25 丙戌⑤	25 乙卯 3	25 乙酉 3	《1月》	《2月》
26 辛卯12	26 辛酉14	26 庚寅12	26 庚申12	26 庚寅11	26 己未10	26 戊子 8	26 戊午⑦	26 丁亥 6	26 丙辰 4	26 丙戌 4	25 甲寅 1	26 乙酉①
27 壬辰13	**27** 壬戌15	27 辛卯⑬	27 辛酉13	27 辛卯12	27 庚申11	27 己丑 9	27 己未 8	27 戊子 7	27 丁巳 5	27 丁亥 5	26 乙卯 2	27 丙戌 2
28 癸巳14	28 癸亥⑯	**28** 壬辰14	28 壬戌14	28 壬辰13	28 辛酉12	28 庚寅⑩	28 庚申 9	28 己丑 8	28 戊午 6	28 戊子 6	27 丙辰 3	28 丁亥 3
29 甲午15	29 甲子17	29 癸巳15	**29** 癸亥15	**29** 癸巳14	29 壬戌⑬	29 辛卯11	29 辛酉10	29 庚寅 9	29 己未 7	29 己丑⑦	28 丁巳④	29 戊子 4
30 乙未⑯		30 甲午16	30 甲子16			30 壬辰12			30 庚申 8		29 戊午 5	30 己丑 5
											30 己未 6	

立春 11日 雨水 26日	啓蟄 11日 春分 27日	清明 13日 穀雨 28日	立夏 13日 小満 29日	芒種 14日 夏至 29日	小暑15日	大暑 1日 立秋 17日	処暑 2日 白露 17日	秋分 3日 寒露 19日	霜降5日 立冬 20日	小雪 5日 大雪 20日	冬至 7日 小寒 22日	大寒 7日 立春 22日

天文**20**年（1551－1552） 辛亥

1月	2月	3月	4月	5月	6月	7月	8月	9月	10月	11月	12月
1 庚寅 6	1 庚申⑧	1 己丑 6	1 己未 6	1 戊子 4	1 戊午 4	1 丁亥②	《9月》	1 丙戌30	**1** 乙卯29	1 乙酉28	1 甲寅㉗
2 辛卯 7	2 辛酉 9	2 庚寅 7	2 庚申 7	2 己丑 5	2 己未⑤	2 戊子 3	1 丁巳 1	《10月》	2 丙辰30	**2** 丙戌㉙	2 乙卯28
3 壬辰⑧	3 壬戌10	3 辛卯 8	3 辛酉 8	3 庚寅 6	3 庚申 6	3 己丑 4	2 戊午 2	2 丁亥 1	3 丁巳31	3 丁亥30	**3** 丙辰29
4 癸巳 9	4 癸亥11	4 壬辰 9	4 壬戌 9	4 辛卯⑦	4 辛酉 7	4 庚寅 5	3 己未 3	3 戊子 2	《11月》	《12月》	4 丁巳30
5 甲午10	5 甲子12	5 癸巳10	5 癸亥⑩	5 壬辰 8	5 壬戌 8	5 辛卯 6	4 庚申 4	4 己丑 3	4 戊午①	4 戊子 1	5 戊午31
6 乙未11	6 乙丑13	6 甲午11	6 甲子11	6 癸巳 9	6 癸亥 9	6 壬辰 7	5 辛酉 5	5 庚寅④	5 己未 2	5 己丑 2	**1552年**
7 丙申12	7 丙寅14	7 乙未⑫	7 乙丑12	7 甲午10	7 甲子10	7 癸巳 8	6 壬戌⑥	6 辛卯 5	6 庚申 3	6 庚寅 3	《1月》
8 丁酉13	**8** 丁卯⑮	8 丙申13	8 丙寅13	8 乙未11	8 乙丑11	8 甲午⑨	7 癸亥 7	7 壬辰 6	7 辛酉 4	7 辛卯 4	6 己未 1
9 戊戌14	9 戊辰16	**9** 丁酉14	9 丁卯14	9 丙申12	9 丙寅⑫	9 乙未10	8 甲子 8	8 癸巳 7	8 壬戌 5	8 壬辰 5	7 庚申 2
10己亥⑮	10己巳17	10戊戌15	**10**戊辰15	10丁酉13	10丁卯13	10丙申11	9 乙丑 9	9 甲午 8	9 癸亥 6	9 癸巳⑥	8 辛酉③
11庚子16	11庚午18	11己亥16	11己巳16	**11**戊戌⑭	11戊辰14	11丁酉12	10丙寅10	10乙未 9	10甲子 7	10甲午 7	9 壬戌 4
12辛丑17	12辛未19	12庚子17	12庚午⑰	12己亥15	**12**己巳15	12戊戌13	11丁卯11	11丙申10	11乙丑⑧	11乙未 8	10癸亥 5
13壬寅18	13壬申20	13辛丑18	13辛未18	13庚子16	13庚午16	**13**己亥14	12戊辰12	12丁酉⑪	12丙寅 9	12丙申 9	11甲子 6
14癸卯19	14癸酉21	14壬寅⑲	14壬申19	14辛丑17	14辛未17	14庚子15	13己巳⑬	13戊戌12	13丁卯10	13丁酉10	12乙丑 7
15甲辰20	15甲戌㉒	15癸卯20	15癸酉20	15壬寅18	15壬申18	15辛丑⑯	**14**庚午14	14己亥13	14戊辰11	14戊戌11	13丙寅 8
16乙巳21	16乙亥23	16甲辰21	16甲戌21	16癸卯19	16癸酉⑲	16壬寅17	15辛未15	**15**庚子14	15己巳12	15己亥12	14丁卯 9
17丙午㉒	17丙子24	17乙巳22	17乙亥22	17甲辰20	17甲戌20	17癸卯18	16壬申16	16辛丑15	**16**庚午13	16庚子⑬	15戊辰⑩
18丁未23	18丁丑25	18丙午23	18丙子23	18乙巳㉑	18乙亥21	18甲辰19	17癸酉17	17壬寅16	17辛未14	**17**辛丑14	16己巳11
19戊申24	19戊寅26	19丁未24	19丁丑㉔	19丙午22	19丙子22	19乙巳20	18甲戌18	18癸卯17	18壬申⑮	18壬寅15	17庚午12
20己酉25	20己卯27	20戊申25	20戊寅25	20丁未23	20丁丑23	20丙午21	19乙亥19	19甲辰⑱	19癸酉16	19癸卯16	**18**辛未13
21庚戌26	21庚辰28	21己酉㉖	21己卯26	21戊申24	21戊寅24	21丁未22	20丙子⑳	20乙巳19	20甲戌17	20甲辰17	19壬申14
22辛亥27	22辛巳㉙	22庚戌27	22庚辰27	22己酉25	22己卯25	22戊申㉓	21丁丑21	21丙午20	21乙亥18	21乙巳18	20癸酉15
23壬子28	**23**壬午30	23辛亥28	23辛巳28	23庚戌26	23庚辰㉖	23己酉24	22戊寅22	22丁未21	22丙子19	22丙午19	21甲戌16
《3月》	24癸未31	24壬子29	24壬午29	24辛亥27	24辛巳27	24庚戌25	23己卯23	23戊申22	23丁丑20	23丁未⑳	22乙亥⑰
24癸丑①	《4月》	**25**癸丑30	**25**癸未30	25壬子㉘	25壬午28	25辛亥26	24庚辰24	24己酉23	24戊寅21	24戊申21	23丙子18
25甲寅 2	25甲申 1	《5月》	26甲申㉛	**26**癸丑29	26癸未29	26壬子27	25辛巳25	25庚戌24	25己卯㉒	25己酉22	24丁丑19
26乙卯 3	26乙酉 2	26甲寅 1	《6月》	27甲寅30	**27**甲申30	27癸丑28	26壬午26	26辛亥㉕	26庚辰23	26庚戌23	25戊寅20
27丙辰 4	27丙戌 3	27乙卯 2	27乙酉 1	《7月》	28乙酉31	**28**甲寅29	27癸未㉗	27壬子26	27辛巳24	27辛亥24	26己卯21
28丁巳 5	28丁亥 4	28丙辰③	28丙戌 2	28乙卯 1	《8月》	29乙卯㉚	28甲申28	28癸丑27	28壬午25	28壬子25	27庚辰22
29戊午 6	29戊子⑤	29丁巳 4	29丁亥 3	29丙辰 2	29丙戌 1	30丙辰31	**29**乙酉29	29甲寅28	29癸未26	29癸丑26	28辛巳23
30己未 7		30戊午 5		30丁巳 3					30甲申27		29壬午㉔
											30癸未25
雨水 7日 啓蟄 23日	春分 8日 清明 23日	穀雨 9日 立夏 25日	小満 10日 芒種 25日	夏至 11日 小暑 26日	大暑 12日 立秋 27日	処暑 13日 白露 28日	秋分 14日 寒露 29日	霜降 15日	立冬 1日 小雪 16日	大雪 2日 冬至 17日	小寒 3日 大寒 18日

天文**21**年（1552－1553） 壬子

1月	2月	3月	4月	5月	6月	7月	8月	9月	10月	11月	12月
1 甲申26	1 甲寅25	1 癸未25	1 癸丑㉔	1 癸未24	1 壬子22	1 壬午22	1 辛亥20	1 辛巳19	1 庚戌18	1 己卯16	1 己酉16
2 乙酉27	2 乙卯26	2 甲申26	2 甲寅25	2 甲申25	2 癸丑23	2 癸未23	2 壬子㉑	2 壬午20	2 辛亥19	2 庚辰17	2 庚戌17
3 丙戌28	3 丙辰27	3 乙酉㉗	3 乙卯26	3 乙酉26	3 甲寅24	3 甲申㉔	3 癸丑22	3 癸未21	3 壬子20	3 辛巳18	3 辛亥⑱
4 丁亥29	**4** 丁巳㉘	4 丙戌28	4 丙辰27	4 丙戌27	4 乙卯25	4 乙酉25	4 甲寅23	4 甲申22	4 癸丑21	4 壬午19	4 壬子19
5 戊子30	5 戊午29	**5** 丁亥29	5 丁巳28	5 丁亥28	5 丙辰㉖	5 丙戌26	5 乙卯24	5 乙酉23	5 甲寅22	5 癸未⑳	5 癸丑20
6 己丑㉛	《3月》	6 戊子30	**6** 戊午29	**6** 戊子㉙	6 丁巳27	6 丁亥27	6 丙辰25	6 丙戌24	6 乙卯㉓	6 甲申21	6 甲寅21
《2月》	6 己未 1	7 己丑31	7 己未30	7 己丑30	7 戊午28	7 戊子28	7 丁巳26	7 丁亥㉕	7 丙辰24	7 乙酉22	7 乙卯22
7 庚寅 1	7 庚申 2	《4月》	《5月》	8 庚寅31	**8** 己未29	**8** 己丑29	8 戊午27	8 戊子26	8 丁巳25	8 丙戌23	8 丙辰23
8 辛卯 2	8 辛酉 3	8 庚寅 1	8 庚申①	《6月》	9 庚申30	9 庚寅30	9 己未㉘	9 己丑27	9 戊午26	9 丁亥24	9 丁巳24
9 壬辰 3	9 壬戌 4	9 辛卯 2	9 辛酉 2	9 辛卯 1	《7月》	10辛卯㉛	**10**庚申29	**10**庚寅28	10己未27	10戊子25	10戊午㉕
10癸巳 4	10癸亥 5	10壬辰③	10壬戌 3	10壬辰 2	10辛酉 1	《8月》	11辛酉30	11辛卯29	**11**庚申28	11己丑26	11己未26
11甲午 5	11甲子⑥	11癸巳 4	11癸亥 4	11癸巳 3	11壬戌 2	11壬辰 1	12壬戌31	12壬辰30	12辛酉29	12庚寅㉗	12庚申27
12乙未 6	12乙丑 7	12甲午 5	12甲子 5	12甲午 4	12癸亥③	12癸巳 2	《9月》	《10月》	13壬戌㉚	**13**辛卯28	**13**辛酉28
13丙申⑦	13丙寅 8	13乙未 6	13乙丑 6	13乙未⑤	13甲子 4	13甲午 3	13癸亥 1	13癸巳 1	14癸亥31	14壬辰29	14壬戌29
14丁酉 8	14丁卯 9	14丙申 7	14丙寅 7	14丙申 6	14乙丑 5	14乙未 4	14甲子 2	14甲午②	《11月》	15癸巳30	15癸亥30
15戊戌 9	15戊辰10	15丁酉 8	15丁卯⑧	15丁酉 7	15丙寅 6	15丙申 5	15乙丑 3	15乙未 3	15甲子 1	《12月》	16甲子31
16己亥10	16己巳11	16戊戌 9	16戊辰 9	16戊戌 8	16丁卯 7	16丁酉 6	16丙寅④	16丙申 4	16乙丑 2	16甲午 1	**1553年**
17庚子11	17庚午12	17己亥⑩	17己巳10	17己亥 9	17戊辰 8	17戊戌⑦	17丁卯 5	17丁酉 5	17丙寅 3	17乙未 2	《1月》
18辛丑12	18辛未⑬	18庚子11	18庚午11	18庚子10	18己巳 9	18己亥 8	18戊辰 6	18戊戌 6	18丁卯 4	18丙申 3	17乙丑①
19壬寅13	**19**壬申14	19辛丑12	19辛未12	19辛丑11	19庚午⑩	19庚子 9	19己巳 7	19己亥 7	19戊辰 5	19丁酉④	18丙寅 2
20癸卯⑭	20癸酉15	20壬寅13	20壬申13	20壬寅⑫	20辛未11	20辛丑10	20庚午 8	20庚子 8	20己巳⑥	20戊戌 5	19丁卯 3
21甲辰15	21甲戌16	**21**癸卯14	**21**癸酉14	**21**癸卯13	21壬申12	21壬寅11	21辛未 9	21辛丑⑨	21庚午 7	21己亥 6	20戊辰 4
22乙巳16	22乙亥17	22甲辰15	22甲戌⑮	22甲辰14	22癸酉13	22癸卯12	22壬申10	22壬寅10	22辛未 8	22庚子 7	21己巳 5
23丙午17	23丙子18	23乙巳16	23乙亥16	23乙巳15	**23**甲戌14	**23**甲辰13	23癸酉⑪	23癸卯11	23壬申 9	23辛丑 8	22庚午 6
24丁未18	24丁丑19	24丙午⑰	24丙子17	24丙午16	24乙亥15	24乙巳⑭	24甲戌12	24甲辰12	24癸酉10	24壬寅 9	23辛未 7
25戊申19	25戊寅⑳	25丁未18	25丁丑18	25丁未17	25丙子16	25丙午15	**25**乙亥13	**25**乙巳13	25甲戌11	25癸卯10	24壬申⑧
26己酉20	26己卯21	26戊申19	26戊寅19	26戊申18	26丁丑⑰	26丁未16	26丙子14	26丙午14	26乙亥12	26甲辰⑪	25癸酉 9
27庚戌㉑	27庚辰22	27己酉20	27己卯20	27己酉⑲	27戊寅18	27戊申17	27丁丑15	27丁未15	**27**丙子⑬	27乙巳12	26甲戌10
28辛亥22	28辛巳23	28庚戌21	28庚辰21	28庚戌20	28己卯19	28己酉18	28戊寅16	28戊申⑯	28丁丑14	**28**丙午13	27乙亥11
29壬子23	29壬午24	29辛亥22	29辛巳㉒	29辛亥21	29庚辰20	29庚戌19	29己卯17	29己酉17	29戊寅15	29丁未14	28丙子12
30癸丑24		30壬子23	30壬午23		30辛巳21		30庚辰⑱			30戊申15	**29**丁丑13
立春 4日 雨水 19日	啓蟄 4日 春分 19日	清明 5日 穀雨 21日	立夏 6日 小満 21日	芒種 6日 夏至 21日	小暑 8日 大暑 23日	立秋 8日 処暑 23日	白露 10日 秋分 25日	寒露 10日 霜降 25日	立冬 11日 小雪 27日	大雪 13日 冬至 28日	小寒 13日 大寒 29日

天文**22**年（1553－1554） 癸丑

1月	閏1月	2月	3月	4月	5月	6月	7月	8月	9月	10月	11月	12月
1戊寅14	1戊申13	**1**丁丑14	1丁未13	1丁丑13	1丙午⑪	1丙子11	1乙巳9	1乙亥8	1乙巳⑧	1甲戌6	1甲辰6	1癸酉4
2己卯⑮	2己酉14	2戊寅15	**2**戊申14	**2**戊寅⑭	2丁未12	2丁丑12	2丙午10	2丙子9	2丙午9	2乙亥7	2乙巳7	2甲戌5
3庚辰16	3庚戌15	3己卯16	3己酉15	3己卯15	3戊申13	3戊寅13	3丁未11	3丁丑⑩	3丁未10	3丙子8	3丙午8	3乙亥6
4辛巳17	4辛亥16	4庚辰17	4庚戌⑯	4庚辰16	**4**己酉14	**4**己卯14	4戊申12	4戊寅11	4戊申11	4丁丑9	4丁未9	4丙子⑦
5壬午18	5壬子17	5辛巳18	5辛亥17	5辛巳17	5庚戌15	5庚辰15	5己酉⑬	5己卯12	5己酉12	5戊寅10	5戊申⑩	5丁丑8
6癸未19	6癸丑18	6壬午⑲	6壬子18	6壬午18	6辛亥16	6辛巳⑯	**6**庚戌14	**6**庚辰13	**6**庚戌13	6己卯11	6己酉11	6戊寅9
7甲申20	7甲寅⑲	7癸未20	7癸丑19	7癸未19	7壬子17	7壬午17	7辛亥15	7辛巳14	7辛亥14	7庚辰⑫	7庚戌12	7己卯10
8乙酉21	8乙卯20	8甲申21	8甲寅20	8甲申20	8癸丑⑱	8癸未18	8壬子16	8壬午15	8壬子⑮	**8**辛巳13	**8**辛亥13	8庚辰11
9丙戌㉒	9丙辰21	9乙酉22	9乙卯21	9乙酉㉑	9甲寅19	9甲申19	9癸丑17	9癸未16	9癸丑16	9壬午14	9壬子14	9辛巳12
10丁亥23	10丁巳22	10丙戌23	10丙辰22	10丙戌22	10乙卯20	10乙酉20	10甲寅18	10甲申⑰	10甲寅17	10癸未15	10癸丑15	**10**壬午13
11戊子24	11戊午23	11丁亥24	11丁巳㉓	11丁亥23	11丙辰21	11丙戌21	11乙卯19	11乙酉18	11乙卯18	11甲申16	11甲寅16	11癸未⑭
12己丑25	12己未24	12戊子25	12戊午24	12戊子24	12丁巳22	12丁亥22	12丙辰⑳	12丙戌19	12丙辰19	12乙酉17	12乙卯⑰	12甲申15
13庚寅26	13庚申25	13己丑㉖	13己未25	13己丑25	13戊午23	13戊子㉓	13丁巳21	13丁亥20	13丁巳20	13丙戌18	13丙辰18	13乙酉16
14辛卯27	14辛酉㉖	14庚寅27	14庚申26	14庚寅26	14己未24	14己丑24	14戊午22	14戊子21	14戊午21	14丁亥⑲	14丁巳19	14丙戌17
15壬辰28	**15**壬戌27	15辛卯28	15辛酉27	15辛卯27	15庚申㉕	15庚寅25	15己未23	15己丑22	15己未㉒	15戊子20	15戊午20	15丁亥18
16癸巳㉙	16癸亥28	16壬辰29	16壬戌28	16壬辰㉘	16辛酉26	16辛卯26	16庚申24	16庚寅23	16庚申23	16己丑21	16己未21	16戊子19
17甲午30	《3月》	**17**癸巳30	**17**癸亥29	**17**癸巳29	17壬戌27	17壬辰27	17辛酉25	17辛卯㉔	17辛酉24	17庚寅22	17庚申22	17己丑20
18乙未31	17甲子1	18甲午31	18甲子㉚	18甲午30	18癸亥28	18癸巳28	18壬戌26	18壬辰25	18壬戌25	18辛卯23	18辛酉23	18庚寅㉑
《2月》	18乙丑2	《4月》	《5月》	19乙未31	**19**甲子29	**19**甲午29	19癸亥㉗	19癸巳26	19癸亥26	19壬辰24	19壬戌㉔	19辛卯22
19丙申1	19丙寅3	19乙未1	19乙丑1	《6月》	20乙丑30	20乙未㉚	20甲子28	20甲午27	20甲子27	20癸巳25	20癸亥25	20壬辰23
20丁酉2	20丁卯4	20丙申②	20丙寅2	20丙申1	《7月》	21丙申31	**21**乙丑29	**21**乙未28	21乙丑28	21甲午㉖	21甲子26	21癸巳24
21戊戌3	21戊辰⑤	21丁酉3	21丁卯3	21丁酉2	21丙寅1	《8月》	22丙寅30	22丙申29	**22**丙寅㉙	22乙未27	22乙丑27	22甲午25
22己亥4	22己巳6	22戊戌4	22戊辰4	22戊戌3	22丁卯②	22丁酉1	23丁卯31	23丁酉30	23丁卯30	**23**丙申28	23丙寅28	23乙未26
23庚子⑤	23庚午7	23己亥5	23己巳5	23己亥④	23戊辰3	23戊戌2	《9月》	《10月》	24戊辰31	24丁酉29	**24**丁卯29	24丙申27
24辛丑6	24辛未8	24庚子6	24庚午6	24庚子5	24己巳4	24己亥3	24戊辰1	24戊戌①	《11月》	25戊戌30	25戊辰30	**25**丁酉㉘
25壬寅7	25壬申9	25辛丑7	25辛未⑦	25辛丑6	25庚午5	25庚子4	25己巳2	25己亥2	25己巳1	《12月》	26己巳㉛	26戊戌29
26癸卯8	26癸酉10	26壬寅8	26壬申8	26壬寅7	26辛未6	26辛丑5	26庚午③	26庚子3	26庚午2	26己亥1	**1554年**	27己亥30
27甲辰9	27甲戌11	27癸卯⑨	27癸酉9	27癸卯8	27壬申7	27壬寅⑥	27辛未4	27辛丑4	27辛未3	27庚子2	《1月》	28庚子31
28乙巳10	28乙亥⑫	28甲辰10	28甲戌10	28甲辰9	28癸酉8	28癸卯7	28壬申5	28壬寅5	28壬申4	28辛丑③	27庚午1	《2月》
29丙午11	29丙子13	29乙巳11	29乙亥11	29乙巳10	29甲戌⑨	29甲辰8	29癸酉6	29癸卯6	29癸酉⑤	29壬寅4	28辛未2	29辛丑1
30丁未⑫		30丙午12	30丙子12		30乙亥10		30甲戌7	30甲辰7		30癸卯5	29壬申3	
立春15日 雨水30日	啓蟄15日	春分1日 清明17日	穀雨2日 立夏17日	小満2日 芒種17日	夏至4日 小暑19日	大暑4日 立秋19日	処暑6日 白露21日	秋分6日 寒露21日	霜降6日 立冬22日	小雪8日 大雪23日	冬至8日 小寒24日	大寒10日 立春25日

天文**23**年（1554－1555） 甲寅

1月	2月	3月	4月	5月	6月	7月	8月	9月	10月	11月	12月
1壬寅2	1壬申④	1辛丑2	1辛未2	1庚子31	1庚午30	**1**庚子30	1己巳28	1己亥27	1己巳27	1戊戌㉕	1戊辰25
2癸卯3	2癸酉5	2壬寅3	2壬申3	《6月》	《7月》	2辛丑31	**2**庚午29	**2**庚子28	2庚午㉘	2己亥26	2己巳26
3甲辰④	3甲戌6	3癸卯4	3癸酉4	2辛丑1	2辛未①	《8月》	3辛未30	3辛丑29	**3**辛未29	3庚子27	3庚午27
4乙巳5	4乙亥7	4甲辰5	4甲戌5	3壬寅2	3壬申2	3壬寅1	4壬申31	4壬寅㉚	4壬申30	**4**辛丑28	4辛未28
5丙午6	5丙子8	5乙巳6	5乙亥⑥	4癸卯③	4癸酉3	4癸卯2	《9月》	《10月》	5癸酉31	5壬寅29	**5**壬申29
6丁未7	6丁丑9	6丙午7	6丙子7	5甲辰4	5甲戌4	5甲辰3	5癸酉1	5癸卯1	《11月》	6癸卯30	6癸酉㉚
7戊申8	7戊寅10	7丁未⑧	7丁丑8	6乙巳5	6乙亥5	6乙巳4	6甲戌②	6甲辰2	6甲戌1	《12月》	7甲戌31
8己酉9	8己卯⑪	8戊申9	8戊寅9	7丙午6	7丙子6	7丙午⑤	7乙亥3	7乙巳3	7乙亥2	7甲辰1	**1555年**
9庚戌10	9庚辰12	9己酉10	9己卯10	8丁未7	8丁丑7	8丁未6	8丙子4	8丙午4	8丙子3	8乙巳②	《1月》
10辛亥⑪	10辛巳13	10庚戌11	10庚辰11	9戊申8	9戊寅⑧	9戊申7	9丁丑5	9丁未5	9丁丑④	9丙午3	8乙亥1
11壬子12	11壬午14	11辛亥12	11辛巳12	10己酉9	10己卯9	10己酉8	10戊寅6	10戊申6	10戊寅5	10丁未4	9丙子2
12癸丑13	**12**癸未15	12壬子13	12壬午⑬	11庚戌⑩	11庚辰10	11庚戌9	11己卯7	11己酉⑦	11己卯6	11戊申5	10丁丑3
13甲寅14	13甲申16	**13**癸丑14	13癸未14	12辛亥11	12辛巳11	12辛亥10	12庚辰8	12庚戌8	12庚辰7	12己酉6	11戊寅4
14乙卯15	14乙酉17	14甲寅⑮	**14**甲申15	13壬子12	13壬午12	13壬子11	13辛巳⑨	13辛亥9	13辛巳8	13庚戌7	12己卯5
15丙辰16	15丙戌⑱	15乙卯16	15乙酉16	14癸丑13	14癸未13	14癸丑⑫	14壬午10	14壬子10	14壬午9	14辛亥8	13庚辰⑥
16丁巳17	16丁亥19	16丙辰17	16丙戌17	**15**甲寅14	**15**甲申14	15甲寅13	15癸未11	15癸丑11	15癸未10	15壬子⑨	14辛巳7
17戊午⑱	17戊子20	17丁巳18	17丁亥18	16乙卯15	16乙酉⑮	**16**乙卯14	16甲申12	16甲寅12	16甲申⑪	16癸丑10	15壬午8
18己未19	18己丑21	18戊午19	18戊子19	17丙辰16	17丙戌16	17丙辰15	**17**乙酉13	17乙卯13	17乙酉12	17甲寅11	16癸未9
19庚申20	19庚寅22	19己未20	19己丑⑳	18丁巳⑰	18丁亥17	18丁巳16	18丙戌14	**18**丙辰⑭	**18**丙戌13	18乙卯12	17甲申10
20辛酉21	20辛卯23	20庚申21	20庚寅21	19戊午18	19戊子18	19戊午17	19丁亥15	19丁巳15	19丁亥14	19丙辰13	18乙酉11
21壬戌22	21壬辰24	21辛酉㉒	21辛卯22	20己未19	20己丑19	20己未18	20戊子⑯	20戊午16	20戊子15	**20**丁巳14	19丙戌12
22癸亥23	22癸巳㉕	22壬戌23	22壬辰23	21庚申20	21庚寅20	21庚申⑲	21己丑17	21己未17	21己丑16	21戊午15	**20**丁亥⑬
23甲子24	23甲午26	23癸亥24	23癸巳24	22辛酉21	22辛卯21	22辛酉20	22庚寅18	22庚申18	22庚寅17	22己未⑯	21戊子14
24乙丑㉕	24乙未27	24甲子25	24甲午25	23壬戌22	23壬辰㉒	23壬戌21	23辛卯19	23辛酉19	23辛卯⑱	23庚申17	22己丑15
25丙寅26	25丙申28	25乙丑26	25乙未26	24癸亥23	24癸巳23	24癸亥22	24壬辰20	24壬戌20	24壬辰19	24辛酉18	23庚寅16
26丁卯27	26丁酉29	26丙寅27	26丙申㉗	25甲子㉔	25甲午24	25甲子23	25癸巳21	25癸亥㉑	25癸巳20	25壬戌19	24辛卯17
27戊辰28	**27**戊戌30	27丁卯28	27丁酉28	26乙丑25	26乙未25	26乙丑24	26甲午22	26甲子22	26甲午21	26癸亥20	25壬辰18
《3月》	28己亥31	**28**戊辰㉙	28戊戌29	27丙寅26	27丙申26	27丙寅25	27乙未㉓	27乙丑23	27乙未22	27甲子21	26癸巳19
28己巳1	《4月》	29己巳30	**29**己亥30	28丁卯27	28丁酉27	28丁卯㉖	28丙申24	28丙寅24	28丙申23	28乙丑22	27甲午⑳
29庚午2	29庚子①	《5月》		29戊辰28	29戊戌28	29戊辰27	29丁酉25	29丁卯25	29丁酉24	29丙寅㉓	28乙未21
30辛未3		30庚午1		**30**己巳29	30己亥㉙		30戊戌26	30戊辰26		30丁卯24	29丙申22
雨水11日 啓蟄26日	春分12日 清明27日	穀雨13日 立夏28日	小満14日 芒種29日	夏至15日 小暑30日	大暑15日	立秋1日 処暑16日	白露2日 秋分17日	寒露2日 霜降18日	立冬3日 小雪18日	大雪4日 冬至20日	小寒5日 大寒20日

弘治元年〔天文24年〕（1555－1556） 乙卯

改元 10/23（天文→弘治）

1月	2月	3月	4月	5月	6月	7月	8月	9月	10月	閏10月	11月	12月
1 丁酉23	1 丁卯22	1 丙申23	1 乙丑㉑	1 乙未21	1 甲子19	1 甲午19	1 癸亥17	1 癸巳16	1 癸亥16	1 壬辰14	1 辛酉13	1 辛卯⑫
2 戊戌24	2 戊辰23	2 丁酉㉔	2 丙寅22	2 丙申22	2 乙丑20	2 乙未20	2 甲子⑱	2 甲午17	2 甲子17	2 癸巳15	2 壬戌14	2 壬辰13
3 己亥25	3 己巳㉔	3 戊戌25	3 丁卯23	3 丁酉23	3 丙寅21	3 丙申㉑	3 乙丑19	3 乙未18	3 乙丑18	3 甲午16	3 癸亥⑮	3 癸巳14
4 庚子26	4 庚午25	4 己亥26	4 戊辰24	4 戊戌24	4 丁卯22	4 丁酉22	4 丙寅20	4 丙申19	4 丙寅19	4 乙未⑰	4 甲子16	4 甲午15
5 辛丑㉗	5 辛未26	5 庚子27	5 己巳25	5 己亥25	5 戊辰㉓	5 戊戌23	5 丁卯21	5 丁酉20	5 丁卯⑳	5 丙申18	5 乙丑17	5 乙未16
6 壬寅28	6 壬申27	6 辛丑28	6 庚午26	6 庚子㉖	6 己巳24	6 己亥24	6 戊辰22	6 戊戌21	6 戊辰21	6 丁酉19	6 丙寅18	6 丙申17
7 癸卯29	7 癸酉28	7 壬寅29	7 辛未27	7 辛丑27	7 庚午25	7 庚子25	7 己巳23	7 己亥㉒	7 己巳22	7 戊戌20	7 丁卯19	7 丁酉18
8 甲辰30	《3月》	8 癸卯30	8 壬申㉘	8 壬寅28	8 辛未26	8 辛丑26	8 庚午24	8 庚子23	8 庚午23	8 己亥21	8 戊辰20	8 戊戌⑲
9 乙巳31	8 甲戌 1	9 甲辰㉛	9 癸酉29	9 癸卯29	9 壬申27	9 壬寅27	9 辛未㉕	9 辛丑24	9 辛未24	9 庚子22	9 己巳21	9 己亥20
《2月》	9 乙亥 2	《4月》	10甲戌30	10甲辰30	10癸酉28	10癸卯㉘	10壬申26	10壬寅25	10壬申25	10辛丑23	10庚午㉒	10庚子21
10丙午 1	10丙子③	10乙巳 1	《5月》	11乙巳31	11甲戌29	11甲辰29	11癸酉27	11癸卯26	11癸酉26	11壬寅㉔	11辛未23	11辛丑22
11丁未 2	11丁丑 4	11丙午 2	11乙亥 1	《6月》	12乙亥㉚	12乙巳30	12甲戌28	12甲辰27	12甲戌㉗	12癸卯25	12壬申24	12壬寅23
12戊申③	12戊寅 5	12丁未 3	12丙子 2	12丙午 1	《7月》	13丙午31	13乙亥29	13乙巳28	13乙亥28	13甲辰26	13癸酉25	13癸卯24
13己酉 4	13己卯 6	13戊申 4	13丁丑 3	13丁未②	13丙子 1	《8月》	14丙子30	14丙午㉙	14丙子29	14乙巳27	14甲戌26	14甲辰25
14庚戌 5	14庚辰 7	14己酉 5	14戊寅 4	14戊申 3	14丁丑 2	14丁未 1	15丁丑31	15丁未30	15丁丑30	15丙午28	15乙亥27	15乙巳㉖
15辛亥 6	15辛巳 8	15庚戌 6	15己卯⑤	15己酉 4	15戊寅 3	15戊申 2	《9月》	《10月》	16戊寅31	16丁未29	16丙子28	16丙午27
16壬子 7	16壬午 9	16辛亥⑦	16庚辰 6	16庚戌 5	16己卯 4	16己酉 3	16戊寅①	16戊申 1	《11月》	17戊申30	17丁丑㉙	17丁未28
17癸丑 8	17癸未⑩	17壬子 8	17辛巳 7	17辛亥 6	17庚辰 5	17庚戌④	17己卯 2	17己酉 2	17己卯 1	《12月》	18戊寅30	18戊申29
18甲寅 9	18甲申11	18癸丑 9	18壬午 8	18壬子 7	18辛巳 6	18辛亥 5	18庚辰 3	18庚戌 3	18庚辰 2	18己酉①	19己卯31	19己酉30
19乙卯⑩	19乙酉12	19甲寅10	19癸未 9	19癸丑 8	19壬午⑦	19壬子 6	19辛巳 4	19辛亥 4	19辛巳③	19庚戌 2	1556年	20庚戌31
20丙辰11	20丙戌13	20乙卯11	20甲申10	20甲寅⑨	20癸未 8	20癸丑 7	20壬午 5	20壬子 5	20壬午 4	20辛亥 3	《1月》	《2月》
21丁巳12	21丁亥14	21丙辰12	21乙酉11	21乙卯10	21甲申 9	21甲寅 8	21癸未 6	21癸丑⑥	21癸未 5	21壬子 4	20庚辰 1	21辛亥 1
22戊午13	22戊子15	22丁巳13	22丙戌⑫	22丙辰11	22乙酉10	22乙卯 9	22甲申 7	22甲寅 7	22甲申 6	22癸丑 5	21辛巳 2	22壬子②
23己未14	23己丑16	23戊午⑭	23丁亥13	23丁巳12	23丙戌11	23丙辰10	23乙酉⑧	23乙卯 8	23乙酉 7	23甲寅 6	22壬午 3	23癸丑 3
24庚申15	24庚寅⑰	24己未15	24戊子14	24戊午13	24丁亥12	24丁巳⑪	24丙戌 9	24丙辰 9	24丙戌 8	24乙卯 7	23癸未 4	24甲寅 4
25辛酉16	25辛卯18	25庚申16	25己丑15	25己未14	25戊子13	25戊午12	25丁亥10	25丁巳10	25丁亥 9	25丙辰⑧	24甲申⑤	25乙卯 5
26壬戌⑰	26壬辰19	26辛酉17	26庚寅16	26庚申15	26己丑⑭	26己未13	26戊子11	26戊午11	26戊子⑩	26丁巳 9	25乙酉 6	26丙辰 6
27癸亥18	27癸巳20	27壬戌18	27辛卯17	27辛酉⑯	27庚寅15	27庚申14	27己丑12	27己未12	27己丑11	27戊午10	26丙戌 7	27丁巳 7
28甲子19	28甲午21	28癸亥19	28壬辰18	28壬戌17	28辛卯16	28辛酉15	28庚寅13	28庚申⑬	28庚寅12	28己未11	27丁亥 8	28戊午 8
29乙丑20	29乙未22	29甲子20	29癸巳⑲	29癸亥18	29壬辰17	29壬戌16	29辛卯14	29辛酉14	29辛卯13	29庚申12	28戊子 9	29己未⑨
30丙寅21			30甲午20		30癸巳18		30壬辰⑮	30壬戌15			29己丑10	30庚申10
											30庚寅11	
立春 6日 雨水 21日	啓蟄 7日 春分 22日	清明 8日 穀雨 23日	立夏 10日 小満 25日	芒種 10日 夏至 25日	小暑 11日 大暑 27日	立秋 12日 処暑 27日	白露 13日 秋分 29日	寒露 14日 霜降 29日	立冬 14日 小雪 29日	大雪16日	冬至 2日 小寒 17日	大寒 2日 立春 17日

弘治2年（1556－1557） 丙辰

1月	2月	3月	4月	5月	6月	7月	8月	9月	10月	11月	12月
1 辛酉11	1 辛卯12	1 庚申10	1 己丑 9	1 己未 8	1 戊子 7	1 丁巳 5	1 丁亥 4	1 丁巳④	1 丙戌 2	1 丙辰 2	1557年
2 壬戌12	2 壬辰13	2 辛酉11	2 庚寅⑩	2 庚申 9	2 己丑 8	2 戊午 6	2 戊子 5	2 戊午 5	2 丁亥 3	2 丁巳 3	《1月》
3 癸亥13	3 癸巳14	3 壬戌⑫	3 辛卯11	3 辛酉10	3 庚寅 9	3 己未 7	3 己丑⑥	3 己未 6	3 戊子 4	3 戊午 4	1 丙戌 1
4 甲子14	4 甲午⑮	4 癸亥13	4 壬辰12	4 壬戌11	4 辛卯10	4 庚申 8	4 庚寅 7	4 庚申 7	4 己丑 5	4 己未 5	2 丁亥 2
5 乙丑15	5 乙未16	5 甲子14	5 癸巳13	5 癸亥12	5 壬辰11	5 辛酉⑨	5 辛卯 8	5 辛酉 8	5 庚寅 6	5 庚申⑥	3 戊子③
6 丙寅⑯	6 丙申17	6 乙丑15	6 甲午14	6 甲子13	6 癸巳⑫	6 壬戌10	6 壬辰 9	6 壬戌 9	6 辛卯 7	6 辛酉 7	4 己丑 4
7 丁卯17	7 丁酉18	7 丙寅16	7 乙未15	7 乙丑⑭	7 甲午13	7 癸亥11	7 癸巳10	7 癸亥10	7 壬辰⑧	7 壬戌 8	5 庚寅 5
8 戊辰18	8 戊戌19	8 丁卯17	8 丙申16	8 丙寅15	8 乙未14	8 甲子12	8 甲午11	8 甲子⑪	8 癸巳 9	8 癸亥 9	6 辛卯 6
9 己巳19	9 己亥20	9 戊辰18	9 丁酉⑰	9 丁卯16	9 丙申15	9 乙丑13	9 乙未12	9 乙丑12	9 甲午10	9 甲子10	7 壬辰 7
10庚午20	10庚子21	10己巳⑲	10戊戌18	10戊辰17	10丁酉16	10丙寅14	10丙申⑬	10丙寅13	10乙未11	10乙丑11	8 癸巳 8
11辛未21	11辛丑㉒	11庚午20	11己亥19	11己巳18	11戊戌17	11丁卯15	11丁酉14	11丁卯14	11丙申12	11丙寅12	9 甲午 9
12壬申22	12壬寅23	12辛未21	12庚子20	12庚午19	12己亥18	12戊辰⑯	12戊戌15	12戊辰15	12丁酉13	12丁卯⑬	10乙未⑩
13癸酉㉓	13癸卯24	13壬申22	13辛丑21	13辛未20	13庚子⑲	13己巳17	13己亥16	13己巳16	13戊戌14	13戊辰14	11丙申11
14甲戌24	14甲辰25	14癸酉23	14壬寅22	14壬申㉑	14辛丑20	14庚午18	14庚子17	14庚午17	14己亥⑮	14己巳15	12丁酉12
15乙亥25	15乙巳26	15甲戌24	15癸卯23	15癸酉22	15壬寅21	15辛未19	15辛丑18	15辛未⑱	15庚子16	15庚午16	13戊戌13
16丙子26	16丙午27	16乙亥25	16甲辰㉔	16甲戌23	16癸卯22	16壬申20	16壬寅19	16壬申19	16辛丑17	16辛未17	14己亥14
17丁丑27	17丁未28	17丙子㉖	17乙巳25	17乙亥24	17甲辰23	17癸酉21	17癸卯⑳	17癸酉20	17壬寅18	17壬申18	15庚子15
18戊寅28	18戊申㉙	18丁丑27	18丙午26	18丙子25	18乙巳24	18甲戌22	18甲辰21	18甲戌21	18癸卯19	18癸酉19	16辛丑16
19己卯29	19己酉30	19戊寅28	19丁未27	19丁丑26	19丙午25	19乙亥㉓	19乙巳22	19乙亥22	19甲辰20	19甲戌⑳	17壬寅⑰
《3月》	20庚戌31	20己卯29	20戊申28	20戊寅27	20丁未㉖	20丙子24	20丙午23	20丙子23	20乙巳21	20乙亥21	18癸卯18
20庚辰①	《4月》	21庚辰30	21己酉29	21己卯㉘	21戊申27	21丁丑25	21丁未24	21丁丑24	21丙午㉒	21丙子22	19甲辰19
21辛巳 2	21辛亥 1	《5月》	22庚戌30	22庚辰29	22己酉28	22戊寅26	22戊申25	22戊寅㉕	22丁未23	22丁丑23	20乙巳20
22壬午 3	22壬子 2	22辛巳 1	23辛亥㉛	23辛巳30	23庚戌29	23己卯27	23己酉26	23己卯26	23戊申24	23戊寅24	21丙午21
23癸未 4	23癸丑 3	23壬午 2	《6月》	《7月》	24辛亥30	24庚辰28	24庚戌㉗	24庚辰27	24己酉25	24己卯25	22丁未22
24甲申 5	24甲寅 4	24癸未③	24壬子 1	24壬午 1	25壬子31	25辛巳29	25辛亥28	25辛巳28	25庚戌26	25庚辰26	23戊申23
25乙酉 6	25乙卯⑤	25甲申 4	25癸丑 2	25癸未 2	《8月》	26壬午㉚	26壬子29	26壬午29	26辛亥27	26辛巳㉗	24己酉㉔
26丙戌 7	26丙辰 6	26乙酉 5	26甲寅 3	26甲申 3	26癸丑 1	27癸未31	27癸丑30	27癸未30	27壬子28	27壬午28	25庚戌25
27丁亥⑧	27丁巳 7	27丙戌 6	27乙卯 4	27乙酉 4	27甲寅②	《9月》	《10月》	28甲申31	28癸丑㉙	28癸未29	26辛亥26
28戊子 9	28戊午 8	28丁亥 7	28丙辰 5	28丙戌⑤	28乙卯 3	28甲申 1	28甲寅 1	《11月》	29甲寅30	29甲申30	27壬子27
29己丑10	29己未 9	29戊子 8	29丁巳 6	29丁亥 6	29丙辰 4	29乙酉 2	29乙卯 2	29乙酉①	《12月》	30乙酉31	28癸丑28
30庚寅11			30戊午⑦			30丙戌 3	30丙辰 3		30乙卯 1		29甲寅29
											30乙卯30
雨水 3日 啓蟄 18日	春分 3日 清明 18日	穀雨 5日 立夏 20日	小満 6日 芒種 21日	夏至 6日 小暑 22日	大暑 8日 立秋 23日	処暑 9日 白露 25日	秋分 10日 寒露 25日	霜降 10日 立冬 25日	小雪 12日 大雪 27日	冬至 12日 小寒 27日	大寒 13日 立春 28日

弘治3年（1557－1558） 丁巳

1月	2月	3月	4月	5月	6月	7月	8月	9月	10月	11月	12月
1丙辰㉛	《3月》	1乙卯31	**1**甲申29	1癸丑28	1癸未㉗	1壬子26	1辛巳24	1辛亥23	1庚辰22	1庚戌㉑	1庚辰21
《2月》	1乙酉1	《4月》	2乙酉30	**2**甲寅29	2甲申28	2癸丑27	2壬午25	2壬子24	2辛巳23	2辛亥22	2辛巳22
2丁巳1	2丙戌2	2丙辰1	《5月》	3乙卯㉚	**3**乙酉29	3甲寅28	3癸未26	3癸丑25	3壬午㉔	3壬子23	3壬午23
3戊午2	3丁亥3	3丁巳2	3丙戌1	4丙辰31	4丙戌30	**4**乙卯29	4甲申27	4甲寅㉖	4癸未25	4癸丑24	4癸未24
4己未3	4戊子4	4戊午3	4丁亥②	《6月》	《7月》	5丙辰30	5乙酉28	5乙卯27	5甲申26	5甲寅25	5甲申25
5庚申4	5己丑5	5己未④	5戊子3	5丁巳1	5丁亥1	6丁巳31	**6**丙戌㉙	**6**丙辰28	6乙酉27	6乙卯26	6乙酉㉖
6辛酉5	6庚寅6	6庚申5	6己丑4	6戊午2	6戊子2	《8月》	7丁亥30	7丁巳29	7丙戌28	7丙辰27	7丙戌27
7壬戌6	7辛卯⑦	7辛酉6	7庚寅5	7己未3	7己丑3	7戊午①	8戊子31	8戊午30	**8**丁亥29	**8**丁巳㉘	8丁亥28
8癸亥⑦	8壬辰8	8壬戌7	8辛卯6	8庚申4	8庚寅④	8己未2	《9月》	《10月》	9戊子30	9戊午29	**9**戊子29
9甲子8	9癸巳9	9癸亥8	9壬辰7	9辛酉5	9辛卯5	9庚申3	9己丑1	9己未1	10己丑㉛	10己未30	10己丑30
10乙丑9	10甲午10	10甲子9	10癸巳8	10壬戌⑥	10壬辰6	10辛酉4	10庚寅2	10庚申2	《11月》	《12月》	11庚寅31
11丙寅10	11乙未11	11乙丑10	11甲午⑨	11癸亥7	11癸巳7	11壬戌5	11辛卯3	11辛酉③	11庚寅1	11庚申1	**1558年**
12丁卯11	12丙申12	12丙寅⑪	12乙未10	12甲子8	12甲午8	12癸亥6	12壬辰4	12壬戌4	12辛卯2	12辛酉2	《1月》
13戊辰12	13丁酉13	13丁卯12	13丙申11	13乙丑9	13乙未9	13甲子7	13癸巳⑤	13癸亥5	13壬辰3	13壬戌3	12辛卯1
14己巳13	**14**戊戌⑭	14戊辰13	14丁酉12	14丙寅10	14丙申10	14乙丑⑧	14甲午6	14甲子6	14癸巳4	14癸亥4	13壬辰②
15庚午⑭	15己亥15	**15**己巳14	15戊戌13	15丁卯11	15丁酉⑪	15丙寅9	15乙未7	15乙丑7	15甲午5	15甲子⑤	14癸巳3
16辛未15	16庚子16	16庚午15	**16**己亥14	16戊辰12	16戊戌12	16丁卯10	16丙申8	16丙寅8	16乙未6	16乙丑6	15甲午4
17壬申16	17辛丑17	17辛未16	17庚子15	17己巳⑬	17己亥13	17戊辰11	17丁酉9	17丁卯9	17丙申⑦	17丙寅7	16乙未5
18癸酉17	18壬寅18	18壬申17	18辛丑⑯	**18**庚午14	**18**庚子14	18己巳12	18戊戌10	18戊辰⑩	18丁酉8	18丁卯8	17丙申6
19甲戌18	19癸卯19	19癸酉⑱	19壬寅17	19辛未15	19辛丑15	19庚午13	19己亥11	19己巳11	19戊戌9	19戊辰9	18丁酉7
20乙亥19	20甲辰20	20甲戌19	20癸卯18	20壬申16	20壬寅16	**20**辛未14	20庚子⑫	20庚午12	20己亥10	20己巳10	19戊戌8
21丙子20	21乙巳㉑	21乙亥20	21甲辰19	21癸酉17	21癸卯17	21壬申⑮	**21**辛丑13	**21**辛未13	21庚子11	21庚午11	20己亥⑨
22丁丑㉑	22丙午22	22丙子21	22乙巳20	22甲戌18	22甲辰⑱	22癸酉16	22壬寅14	22壬申14	22辛丑12	22辛未⑫	21庚子10
23戊寅22	23丁未23	23丁丑22	23丙午21	23乙亥19	23乙巳19	23甲戌17	23癸卯15	23癸酉15	**23**壬寅13	**23**壬申13	22辛丑11
24己卯23	24戊申24	24戊寅23	24丁未22	24丙子⑳	24丙午20	24乙亥18	24甲辰16	24甲戌16	24癸卯⑭	24癸酉14	23壬寅12
25庚辰24	25己酉25	25己卯24	25戊申㉓	25丁丑21	25丁未21	25丙子19	25乙巳17	25乙亥⑰	25甲辰15	25甲戌15	**24**癸卯13
26辛巳25	26庚戌26	26庚辰㉕	26己酉24	26戊寅22	26戊申22	26丁丑20	26丙午18	26丙子18	26乙巳16	26乙亥16	25甲辰14
27壬午26	27辛亥27	27辛巳26	27庚戌25	27己卯23	27己酉23	27戊寅21	27丁未⑲	27丁丑19	27丙午17	27丙子17	26乙巳15
28癸未27	28壬子㉘	28壬午27	28辛亥26	28庚辰24	28庚戌24	28己卯㉒	28戊申20	28戊寅20	28丁未18	28丁丑18	27丙午⑯
29甲申㉘	29癸丑29	29癸未28	29壬子27	29辛巳25	29辛亥㉕	29庚辰23	29己酉21	29己卯21	29戊申19	29戊寅⑲	28丁未17
	30甲寅30			30壬午26			30庚戌22		30己酉20	30己卯20	29戊申18
											30己酉19

1月	2月	3月	4月	5月	6月	7月	8月	9月	10月	11月	12月
雨水13日	春分14日	穀雨15日	立夏1日	芒種2日	小暑3日	立秋4日	白露6日	寒露6日	立冬8日	大雪8日	小寒9日
啓蟄28日	清明30日		小満16日	夏至18日	大暑18日	処暑20日	秋分21日	霜降21日	小雪23日	冬至23日	大寒24日

永禄元年〔弘治4年〕（1558－1559） 戊午

改元 2/28（弘治→永禄）

1月	2月	3月	4月	5月	6月	閏6月	7月	8月	9月	10月	11月	12月
1庚戌20	1庚辰19	1己酉⑳	1己卯19	1戊申18	1丁丑16	1丁未16	**1**丙子⑭	1乙巳12	1乙亥12	1甲辰10	1甲戌10	1甲辰9
2辛亥21	2辛巳⑳	2庚戌21	2庚辰20	2己酉19	2戊寅17	2戊申⑰	2丁丑15	**2**丙午13	2丙子13	2乙巳11	2乙亥⑪	2乙巳10
3壬子22	3壬午21	3辛亥22	3辛巳21	3庚戌20	3己卯18	3己酉18	3戊寅16	3丁未14	**3**丁丑14	3丙午12	3丙子12	3丙午11
4癸丑㉓	4癸未22	4壬子23	4壬午22	4辛亥21	4庚辰⑲	4庚戌19	4己卯17	4戊申15	4戊寅15	**4**丁未⑬	4丁丑13	4丁未12
5甲寅24	5甲申23	5癸丑24	5癸未23	5壬子㉒	5辛巳20	5辛亥20	5庚辰18	5己酉16	5己卯⑯	5戊申14	**5**戊寅14	**5**戊申13
6乙卯25	6乙酉24	6甲寅25	6甲申㉔	6癸丑23	6壬午21	6壬子21	6辛巳19	6庚戌17	6庚辰17	6己酉15	6己卯15	6己酉14
7丙辰26	7丙戌25	7乙卯26	7乙酉25	7甲寅24	7癸未22	7癸丑22	7壬午20	7辛亥⑱	7辛巳18	7庚戌16	7庚辰16	7庚戌⑮
8丁巳27	8丁亥26	8丙辰㉗	8丙戌26	8乙卯25	8甲申23	8甲寅23	8癸未㉑	8壬子19	8壬午19	8辛亥17	8辛巳17	8辛亥16
9戊午28	**9**戊子㉗	9丁巳28	9丁亥27	9丙辰26	9乙酉24	9乙卯㉔	9甲申22	9癸丑20	9癸未20	9壬子18	9壬午⑱	9壬子17
10己未29	10己丑28	10戊午29	10戊子28	10丁巳27	10丙戌25	10丙辰25	10乙酉23	10甲寅21	10甲申21	10癸丑19	10癸未19	10癸丑18
11庚申㉚	《3月》	**11**己未30	**11**己丑29	11戊午28	11丁亥㉖	11丁巳26	11丙戌24	11乙卯22	11乙酉22	11甲寅⑳	11甲申20	11甲寅19
12辛酉31	11庚寅1	12庚申31	12庚寅30	12己未㉙	12戊子27	12戊午27	12丁亥25	12丙辰23	12丙戌㉓	12乙卯21	12乙酉21	12乙卯20
《2月》	12辛卯2	《4月》	《5月》	**13**庚申30	13己丑28	13己未28	13戊子26	13丁巳24	13丁亥24	13丙辰22	13丙戌22	13丙辰21
13壬戌1	13壬辰3	13辛酉1	13辛卯①	14辛酉31	**14**庚寅29	14庚申29	14己丑27	14戊午㉕	14戊子25	14丁巳23	14丁亥23	14丁巳㉒
14癸亥2	14癸巳4	14壬戌2	14壬辰2	《6月》	15辛卯30	**15**辛酉30	15庚寅㉘	15己未26	15己丑26	15戊午24	15戊子24	15戊午23
15甲子3	15甲午5	15癸亥③	15癸巳3	15壬戌1	《7月》	16壬戌㉛	**16**辛卯29	16庚申27	16庚寅27	16己未25	16己丑㉕	16己未24
16乙丑4	16乙未⑥	16甲子4	16甲午4	16癸亥2	16壬辰1	《8月》	17壬辰30	**17**辛酉28	17辛卯28	17庚申26	17庚寅26	17庚申25
17丙寅5	17丙申7	17乙丑5	17乙未5	17甲子3	17癸巳2	17癸亥1	18癸巳31	18壬戌29	**18**壬辰29	18辛酉㉗	18辛卯27	18辛酉26
18丁卯⑥	18丁酉8	18丙寅6	18丙申6	18乙丑4	18甲午③	18甲子2	《9月》	19癸亥30	19癸巳㉚	**19**壬戌28	19壬辰28	19壬戌27
19戊辰7	19戊戌9	19丁卯7	19丁酉7	19丙寅⑤	19乙未4	19乙丑3	19甲午1	《10月》	20甲午31	20癸亥29	**20**癸巳29	**20**癸亥28
20己巳8	20己亥10	20戊辰8	20戊戌⑧	20丁卯6	20丙申5	20丙寅4	20乙未2	20甲子1	《11月》	21甲子30	21甲午30	21甲子㉙
21庚午9	21庚子11	21己巳9	21己亥9	21戊辰7	21丁酉6	21丁卯5	21丙申3	21乙丑②	21乙未1	《12月》	22乙未31	22乙丑30
22辛未10	22辛丑12	22庚午⑩	22庚子10	22己巳8	22戊戌7	22戊辰6	22丁酉④	22丙寅3	22丙申2	22乙丑1	**1559年**	23丙寅31
23壬申11	23壬寅⑬	23辛未11	23辛丑11	23庚午9	23己亥8	23己巳⑦	23戊戌5	23丁卯4	23丁酉3	23丙寅2	《1月》	《2月》
24癸酉12	24癸卯14	24壬申12	24壬寅12	24辛未10	24庚子9	24庚午8	24己亥6	24戊辰5	24戊戌4	24丁卯3	23丙申①	24丁卯1
25甲戌⑬	**25**甲辰15	25癸酉13	25癸卯13	25壬申11	25辛丑⑩	25辛未9	25庚子7	25己巳6	25己亥5	25戊辰④	24丁酉2	25戊辰2
26乙亥14	26乙巳16	**26**甲戌14	26甲辰14	26癸酉⑫	26壬寅11	26壬申10	26辛丑8	26庚午7	26庚子⑥	26己巳5	25戊戌3	26己巳3
27丙子15	27丙午17	27乙亥15	**27**乙巳⑮	27甲戌13	27癸卯12	27癸酉11	27壬寅9	27辛未8	27辛丑7	27庚午6	26己亥4	27庚午4
28丁丑16	28丁未18	28丙子16	28丙午16	**28**乙亥14	28甲辰13	28甲戌12	28癸卯10	28壬申⑨	28壬寅8	28辛未7	27庚子5	28辛未⑤
29戊寅17	29戊申19	29丁丑⑰	29丁未17	29丙子15	**29**乙巳14	29乙亥13	29甲辰⑪	29癸酉10	29癸卯9	29壬申8	28辛丑6	29壬申6
30己卯18		30戊寅18			30丙午15			30甲戌11		30癸酉9	29壬寅7	30癸酉7
											30癸卯⑧	

1月	2月	3月	4月	5月	6月	閏6月	7月	8月	9月	10月	11月	12月
立春9日	啓蟄9日	清明11日	立夏11日	芒種13日	小暑14日	立秋15日	処暑1日	秋分2日	霜降3日	小雪4日	冬至5日	大寒5日
雨水24日	春分25日	穀雨26日	小満27日	夏至28日	大暑29日		白露16日	寒露17日	立冬18日	大雪19日	小寒20日	立春20日

永禄**2**年（1559－1560） 己未

1月	2月	3月	4月	5月	6月	7月	8月	9月	10月	11月	12月
1 甲戌 8	1 癸卯 9	1 癸酉 8	1 壬寅⑦	1 壬申 6	1 辛丑 5	1 辛未 4	1 庚子 2	《10月》	1 己亥31	**1** 戊辰29	**1** 戊戌29
2 乙亥 9	2 甲辰10	2 甲戌⑨	2 癸卯 8	2 癸酉 7	2 壬寅 6	2 壬申 5	2 辛丑③	1 己巳①	《11月》	2 己巳30	2 己亥30
3 丙子10	3 乙巳11	3 乙亥10	3 甲辰 9	3 甲戌 8	3 癸卯 7	3 癸酉⑥	3 壬寅 4	2 庚午 2	2 庚子 1	《12月》	3 庚子㉛
4 丁丑11	4 丙午⑫	4 丙子11	4 乙巳10	4 乙亥 9	4 甲辰 8	4 甲戌 7	4 癸卯 5	3 辛未 3	3 辛丑 2	3 庚午 1	**1560 年**
5 戊寅⑫	5 丁未13	5 丁丑12	5 丙午11	5 丙子10	5 乙巳⑨	5 乙亥 8	5 甲辰 6	4 壬申 4	4 壬寅 3	4 辛未 2	《1月》
6 己卯13	6 戊申14	6 戊寅13	6 丁未12	6 丁丑⑪	6 丙午10	6 丙子 9	6 乙巳 7	5 癸酉 5	5 癸卯 4	5 壬申③	4 辛丑 1
7 庚辰14	**7** 己酉15	**7** 己卯14	7 戊申13	7 戊寅12	7 丁未11	7 丁丑10	7 丙午 8	6 甲戌 6	6 甲辰⑤	6 癸酉 4	5 壬寅 2
8 辛巳15	8 庚戌16	8 庚辰15	8 己酉⑭	8 己卯13	8 戊申12	8 戊寅11	8 丁未 9	7 乙亥 7	7 乙巳 6	7 甲戌 5	6 癸卯 3
9 壬午16	9 辛亥17	9 辛巳⑯	**9** 庚戌15	**9** 庚辰14	9 己酉13	9 己卯12	9 戊申⑩	8 丙子⑧	8 丙午 7	8 乙亥 6	7 甲辰 4
10癸未17	10壬子18	10壬午17	10辛亥16	10辛巳15	10庚戌14	10庚辰⑬	10己酉11	9 丁丑 9	9 丁未 8	9 丙子 7	8 乙巳 5
11甲申18	11癸丑⑲	11癸未18	11壬子17	11壬午16	**11**辛亥15	**11**辛巳14	11庚戌12	10戊寅10	10戊申 9	10丁丑 8	9 丙午 6
12乙酉⑲	12甲寅20	12甲申19	12癸丑18	12癸未17	12壬子⑯	12壬午15	**12**辛亥13	11己卯11	11己酉10	11戊寅 9	10丁未⑦
13丙戌20	13乙卯21	13乙酉20	13甲寅19	13甲申⑱	13癸丑17	13癸未16	13壬子14	12庚辰12	12庚戌11	12己卯⑩	11戊申 8
14丁亥21	14丙辰22	14丙戌21	14乙卯20	14乙酉19	14甲寅18	14甲申17	14癸丑15	13辛巳13	13辛亥⑫	13庚辰11	12己酉 9
15戊子22	15丁巳23	15丁亥22	15丙辰㉑	15丙戌20	15乙卯19	15乙酉18	15甲寅16	**14**壬午14	**14**壬子13	14辛巳12	13庚戌10
16己丑23	16戊午24	16戊子㉓	16丁巳22	16丁亥21	16丙辰20	16丙戌19	16乙卯⑰	15癸未⑮	15癸丑14	15壬午13	14辛亥11
17庚寅24	17己未25	17己丑24	17戊午23	17戊子22	17丁巳21	17丁亥⑳	17丙辰18	16甲申16	16甲寅15	**16**癸未14	15壬子12
18辛卯25	18庚申㉖	18庚寅25	18己未24	18己丑23	18戊午22	18戊子21	18丁巳19	17乙酉17	17乙卯16	17甲申15	**16**癸丑13
19壬辰㉖	19辛酉27	19辛卯26	19庚申25	19庚寅24	19己未㉓	19己丑22	19戊午20	18丙戌18	18丙辰17	18乙酉16	17甲寅⑭
20癸巳27	20壬戌28	20壬辰27	20辛酉26	20辛卯㉕	20庚申24	20庚寅23	20己未21	19丁亥19	19丁巳18	19丙戌⑰	18乙卯15
21 甲午28	21癸亥29	21癸巳28	21壬戌27	21壬辰26	21辛酉25	21辛卯24	21庚申22	20戊子20	20戊午⑲	20丁亥18	19丙辰16
《3月》	**22**甲子30	22甲午29	22癸亥㉘	22癸巳27	22壬戌26	22壬辰25	22辛酉23	21己丑21	21己未20	21戊子19	20丁巳17
22乙未 1	23乙丑31	**23**乙未㉚	23甲子29	23甲午28	23癸亥27	23癸巳26	23壬戌㉔	22庚寅㉒	22庚申21	22己丑20	21戊午18
23丙申 2	《4月》	《5月》	**24**乙丑30	**24**乙未29	24甲子28	24甲午㉗	24癸亥25	23辛卯23	23辛酉22	23庚寅21	22己未19
24丁酉 3	24丙寅 1	24丙申 1	25丙寅31	25丙申30	25乙丑29	25乙未28	25甲子26	24壬辰24	24壬戌23	24辛卯22	23庚申20
25戊戌 4	25丁卯②	25丁酉 2	《6月》	《7月》	**26**丙寅㉚	**26**丙申29	26乙丑27	25癸巳25	25癸亥24	25壬辰23	24辛酉㉑
26己亥⑤	26戊辰 3	26戊戌 3	26丁卯 1	26丁酉 1	27丁卯31	27丁酉30	27丙寅28	26甲午26	26甲子25	26癸巳㉔	25壬戌22
27庚子 6	27己巳 4	27己亥 4	27戊辰 2	27戊戌②	《8月》	28戊戌31	**28**丁卯29	27乙未27	27乙丑㉖	27甲午25	26癸亥23
28辛丑 7	28庚午 5	28庚子 5	28己巳 3	28己亥 3	28戊辰 1	《9月》	29戊辰30	28丙申28	28丙寅27	28乙未26	27甲子24
29壬寅 8	29辛未 6	29辛丑 6	29庚午④	29庚子 4	29己巳 2	29己亥 1		**29**丁酉㉙	29丁卯28	29丙申27	28乙丑25
	30壬申 7		30辛未 5		30庚午 3			30戊戌30		30丁酉28	29丙寅26
											30丁卯27
雨水 5日 啓蟄 21日	春分 7日 清明 22日	穀雨 7日 立夏 23日	小満 9日 芒種 24日	夏至 9日 小暑 24日	大暑 11日 立秋 26日	処暑 11日 白露 26日	秋分 12日 寒露 28日	霜降 14日 立冬 29日	小雪 14日	大雪 1日 冬至 16日	小寒 1日 大寒 16日

永禄**3**年（1560－1561） 庚申

1月	2月	3月	4月	5月	6月	7月	8月	9月	10月	11月	12月
1 戊辰㉘	1 丁酉26	1 丁卯27	1 丁酉26	1 丙寅25	1 丙申24	1 乙丑23	1 乙未22	1 甲子20	1 癸巳19	1 癸亥18	1 壬辰17
2 己巳29	2 戊戌27	2 戊辰28	2 戊戌27	2 丁卯㉖	2 丁酉25	2 丙寅24	2 丙申23	2 乙丑21	2 甲午⑳	2 甲子19	2 癸巳18
3 庚午30	**3** 己亥28	**3** 己巳29	3 己亥㉘	3 戊辰27	3 戊戌26	3 丁卯25	3 丁酉24	3 丙寅㉒	3 乙未21	3 乙丑20	3 甲午19
4 辛未31	4 庚子29	4 庚午30	**4** 庚子29	4 己巳28	4 己亥27	4 戊辰26	4 戊戌㉕	4 丁卯23	4 丙申22	4 丙寅21	4 乙未20
《2月》	《3月》	5 辛未㉛	5 辛丑30	**5** 庚午29	5 庚子28	5 己巳27	5 己亥26	5 戊辰24	5 丁酉23	5 丁卯22	5 丙申21
5 壬申 1	5 辛丑 1	《4月》	《5月》	6 辛未30	**6** 辛丑29	6 庚午㉘	6 庚子27	6 己巳25	6 戊戌24	6 戊辰23	6 丁酉㉒
6 癸酉 2	6 壬寅 2	6 壬申 1	6 壬寅 1	7 壬申31	7 壬寅㉚	**7** 辛未29	7 辛丑28	7 庚午26	7 己亥25	7 己巳㉔	7 戊戌23
7 甲戌 3	7 癸卯③	7 癸酉 2	7 癸卯 2	《6月》	《7月》	8 壬申30	**8** 壬寅29	8 辛未27	8 庚子26	8 庚午25	8 己亥24
8 乙亥④	8 甲辰 4	8 甲戌 3	8 甲辰 3	8 癸酉 1	8 癸卯 1	9 癸酉31	9 癸卯30	**9** 壬申28	9 辛丑㉗	9 辛未26	9 庚子25
9 丙子 5	9 乙巳 5	9 乙亥 4	9 乙巳 4	9 甲戌②	9 甲辰 2	《8月》	10甲辰31	10癸酉㉙	**10**壬寅28	10壬申27	10辛丑26
10丁丑 6	10丙午 6	10丙子 5	10丙午⑤	10乙亥 3	10乙巳 3	10甲戌 1	《9月》	11甲戌30	11癸卯29	**11**癸酉28	11壬寅27
11戊寅 7	11丁未 7	11丁丑 6	11丁未 6	11丙子 4	11丙午 4	11乙亥 2	11乙巳①	《10月》	12甲辰30	12甲戌29	**12**癸卯28
12己卯 8	12戊申 8	12戊寅⑦	12戊申 7	12丁丑 5	12丁未 5	12丙子 3	12丙午 2	12乙亥 1	13乙巳31	13乙亥30	13甲辰㉙
13庚辰 9	13己酉 9	13己卯 8	13己酉 8	13戊寅 6	13戊申 6	13丁丑④	13丁未 3	13丙子 2	《11月》	《12月》	14乙巳30
14辛巳10	14庚戌⑩	14庚辰 9	14庚戌 9	14己卯 7	14己酉⑦	14戊寅 5	14戊申 4	14丁丑 3	14丙午 1	14丙子①	15丙午31
15壬午⑪	15辛亥11	15辛巳10	15辛亥10	15庚辰 8	15庚戌 8	15己卯 6	15己酉 5	15戊寅 4	15丁未 2	15丁丑 2	**1561 年**
16癸未12	16壬子12	16壬午11	16壬子11	16辛巳⑨	16辛亥 9	16庚辰 7	16庚戌 6	16己卯 5	16戊申③	16戊寅 3	《1月》
17甲申13	17癸丑13	17癸未12	17癸丑⑫	17壬午10	17壬子10	17辛巳 8	17辛亥 7	17庚辰⑥	17己酉 4	17己卯 4	16丁未 1
18乙酉14	**18**甲寅14	18甲申13	18甲寅13	18癸未11	18癸丑11	18壬午 9	18壬子⑧	18辛巳 7	18庚戌 5	18庚辰 5	17戊申 2
19丙戌15	19乙卯15	**19**乙酉⑭	**19**乙卯14	19甲申12	19甲寅12	19癸未10	19癸丑 9	19壬午 8	19辛亥 6	19辛巳 6	18己酉 3
20丁亥16	20丙辰16	20丙戌15	20丙辰15	**20**乙酉13	20乙卯13	20甲申⑪	20甲寅10	20癸未 9	20壬子 7	20壬午 7	19庚戌 4
21戊子17	21丁巳⑰	21丁亥16	21丁巳16	21丙戌14	**21**丙辰⑭	21乙酉12	21乙卯11	21甲申10	21癸丑 8	21癸未⑧	20辛亥⑤
22己丑⑱	22戊午18	22戊子17	22戊午17	22丁亥15	22丁巳15	**22**丙戌13	22丙辰12	22乙酉11	22甲寅 9	22甲申 9	21壬子 6
23庚寅19	23己未19	23己丑18	23己未18	23戊子⑯	23戊午16	23丁亥14	**23**丁巳13	23丙戌12	23乙卯⑩	23乙酉10	22癸丑 7
24辛卯20	24庚申20	24庚寅19	24庚申⑲	24己丑17	24己未17	24戊子15	24戊午14	**24**丁亥⑬	24丙辰11	24丙戌11	23甲寅 8
25壬辰21	25辛酉21	25辛卯20	25辛酉20	25庚寅18	25庚申18	25己丑16	25己未⑮	25戊子14	25丁巳12	25丁亥12	24乙卯 9
26癸巳22	26壬戌22	26壬辰㉑	26壬戌21	26辛卯19	26辛酉19	26庚寅17	26庚申16	26己丑15	**26**戊午13	**26**戊子13	25丙辰10
27甲午23	27癸亥23	27癸巳22	27癸亥22	27壬辰20	27壬戌20	27辛卯⑱	27辛酉17	27庚寅16	27己未14	27己丑14	26丁巳11
28乙未24	28甲子㉔	28甲午23	28甲子23	28癸巳21	28癸亥㉑	28壬辰19	28壬戌18	28辛卯17	28庚申15	28庚寅⑮	**27**戊午⑫
29丙申㉕	29乙丑25	29乙未24	29乙丑24	29甲午22	29甲子22	29癸巳20	29癸亥19	29壬辰18	29辛酉16	29辛卯16	28己未13
	30丙寅26	30丙申25		30乙未㉓		30甲午21			30壬戌⑰		29庚申14
											30辛酉15
立春 1日 雨水 17日	啓蟄 3日 春分 18日	清明 3日 穀雨 19日	立夏 4日 小満 19日	芒種 5日 夏至 20日	小暑 6日 大暑 21日	立秋 7日 処暑 22日	白露 8日 秋分 23日	寒露 9日 霜降 24日	立冬 10日 小雪 26日	大雪 11日 冬至 26日	小寒 12日 大寒 27日

永禄**4**年（1561－1562） 辛酉

1 月	2 月	3 月	閏3月	4 月	5 月	6 月	7 月	8 月	9 月	10月	11月	12月
1 壬戌16	1 辛卯14	1 辛酉⑯	1 辛卯15	**1** 庚申14	1 庚寅13	1 庚申⑬	1 己丑11	1 己未10	1 戊子 9	1 丁巳 7	1 丁亥⑦	1 丙辰 5
2 癸亥17	2 壬辰15	2 壬戌17	2 壬辰16	2 辛酉15	**2** 辛卯14	**2** 辛酉14	2 庚寅12	2 庚申11	2 己丑10	2 戊午 8	2 戊子 8	2 丁巳 6
3 甲子18	3 癸巳⑯	3 癸亥18	3 癸巳17	3 壬戌16	3 壬辰⑮	3 壬戌15	3 辛卯13	3 辛酉12	3 庚寅11	3 己未⑨	3 己丑 9	3 戊午 7
4 乙丑⑲	4 甲午17	4 甲子19	4 甲午18	4 癸亥17	4 癸巳16	4 癸亥16	**4** 壬辰14	**4** 壬戌13	4 辛卯⑫	4 庚申10	4 庚寅10	4 己未 8
5 丙寅20	5 乙未18	5 乙丑20	5 乙未19	5 甲子⑱	5 甲午17	5 甲子17	5 癸巳15	5 癸亥⑭	**5** 壬辰13	5 辛酉11	5 辛卯11	5 庚申 9
6 丁卯21	6 丙申19	6 丙寅21	6 丙申⑳	6 乙丑19	6 乙未18	6 乙丑18	6 甲午16	6 甲子15	6 癸巳14	6 壬戌12	6 壬辰12	6 辛酉10
7 戊辰22	7 丁酉20	7 丁卯22	7 丁酉21	7 丙寅20	7 丙申19	7 丙寅19	7 乙未⑰	7 乙丑16	7 甲午15	**7** 癸亥13	**7** 癸巳13	7 壬戌⑪
8 己巳23	8 戊戌21	8 戊辰㉓	8 戊戌22	8 丁卯21	8 丁酉20	8 丁卯⑳	8 丙申18	8 丙寅17	8 乙未16	8 甲子14	8 甲午⑭	8 癸亥12
9 庚午24	9 己亥22	9 己巳24	9 己亥23	9 戊辰22	9 戊戌21	9 戊辰21	9 丁酉19	9 丁卯18	9 丙申17	9 乙丑15	9 乙未15	**9** 甲子13
10辛未25	10庚子㉓	10庚午25	10庚子24	10己巳23	10己亥㉒	10己巳22	10戊戌20	10戊辰19	10丁酉18	10丙寅⑯	10丙申16	10乙丑14
11壬申㉖	11辛丑24	11辛未26	11辛丑25	11庚午24	11庚子23	11庚午23	11己亥21	11己巳20	11戊戌⑲	11丁卯17	11丁酉17	11丙寅15
12癸酉27	12壬寅25	12壬申27	12壬寅26	12辛未㉕	12辛丑24	12辛未24	12庚子22	12庚午㉑	12己亥20	12戊辰18	12戊戌18	12丁卯16
13甲戌28	13癸卯26	13癸酉28	13癸卯㉗	13壬申26	13壬寅25	13壬申25	13辛丑23	13辛未22	13庚子21	13己巳19	13己亥19	13戊辰17
14乙亥29	**14**甲辰27	14甲戌29	14甲辰28	14癸酉27	14癸卯26	14癸酉26	14壬寅㉔	14壬申23	14辛丑22	14庚午20	14庚子20	14己巳⑱
15丙子30	15乙巳28	**15**乙亥㉚	**15**乙巳29	15甲戌28	15甲辰27	15甲戌㉗	15癸卯25	15癸酉24	15壬寅23	15辛未21	15辛丑㉑	15庚午19
16丁丑31	《3月》	16丙子31	16丙午30	**16**乙亥29	16乙巳28	16乙亥28	16甲辰26	16甲戌25	16癸卯24	16壬申22	16壬寅22	16辛未20
《2月》	16丙午 1	《4月》	《5月》	17丙子30	**17**丙午㉙	**17**丙子29	17乙巳27	17乙亥26	17甲辰25	17癸酉㉓	17癸卯23	17壬申21
17戊寅 1	17丁未②	17丁丑 1	17丁未 1	18丁丑31	18丁未30	18丁丑30	18丙午28	18丙子27	18乙巳㉖	18甲戌24	18甲辰24	18癸酉22
18己卯②	18戊申 3	18戊寅 2	18戊申 2	《6月》	《7月》	19戊寅31	**19**丁未29	**19**丁丑㉘	19丙午27	19乙亥25	19乙巳25	19甲戌23
19庚辰 3	19己酉 4	19己卯 3	19己酉 3	19戊寅①	19戊申 1	《8月》	20戊申30	20戊寅29	20丁未28	20丙子26	20丙午26	20乙亥24
20辛巳 4	20庚戌 5	20庚辰 4	20庚戌④	20己卯 2	20己酉 2	20己卯 1	21己酉㉛	21己卯30	**21**戊申29	21丁丑27	21丁未27	21丙子㉕
21壬午 5	21辛亥 6	21辛巳 5	21辛亥 5	21庚辰 3	21庚戌 3	21庚辰 2	《9月》	《10月》	22己酉30	**22**戊寅28	22戊申㉘	22丁丑26
22癸未 6	22壬子 7	22壬午⑥	22壬子 6	22辛巳 4	22辛亥 4	22辛巳③	22庚戌 1	22庚辰 1	23庚戌31	23己卯29	**23**己酉29	23戊寅27
23甲申 7	23癸丑 8	23癸未 7	23癸丑 7	23壬午 5	23壬子 5	23壬午 4	23辛亥 2	23辛巳 2	《11月》	24庚辰㉚	24庚戌30	**24**己卯28
24乙酉 8	24甲寅⑨	24甲申 8	24甲寅 8	24癸未 6	24癸丑⑥	24癸未 5	24壬子 3	24壬午 3	24辛亥 1	《12月》	25辛亥31	25庚辰29
25丙戌⑨	25乙卯10	25乙酉 9	25乙卯 9	25甲申 7	25甲寅 7	25甲申 6	25癸丑 4	25癸未 4	25壬子②	25壬午 1	**1562年**	26辛巳30
26丁亥10	26丙辰11	26丙戌10	26丙辰10	26乙酉⑧	26乙卯 8	26乙酉 7	26甲寅 5	26甲申⑤	26癸丑 3	26壬午 2	《1月》	27壬午31
27戊子11	27丁巳12	27丁亥11	27丁巳⑪	27丙戌 9	27丙辰 9	27丙戌 8	27乙卯 6	27乙酉 6	27甲寅 4	27癸未 3	26壬子 1	《2月》
28己丑12	28戊午13	28戊子12	28戊午12	28丁亥10	28丁巳10	28丁亥 9	28丙辰⑦	28丙戌 7	28乙卯 5	28甲申 4	27癸丑 2	28癸未①
29庚寅13	**29**己未14	29己丑⑬	29己未13	29戊子11	29戊午11	29戊子⑩	29丁巳 8	29丁亥 8	29丙辰 6	29乙酉 5	28甲寅 3	29甲申 2
	30庚申15	**30**庚寅14		30己丑12	30己未12		30戊午 9			30丙戌 6	29乙卯④	30乙酉 3
立春 13日 雨水 28日	啓蟄 14日 春分 29日	清明 15日 穀雨 30日	立夏15日	小満 1日 芒種 16日	夏至 2日 小暑 17日	大暑 2日 立秋 17日	処暑 4日 白露 19日	秋分 4日 寒露 19日	霜降 5日 立冬 21日	小雪 7日 大雪 22日	冬至 7日 小寒 23日	大寒 9日 立春 24日

永禄**5**年（1562－1563） 壬戌

1 月	2 月	3 月	4 月	5 月	6 月	7 月	8 月	9 月	10月	11月	12月
1 丙戌 4	1 乙卯 5	1 乙酉 4	1 甲寅③	1 甲申 2	1 甲寅 2	1 癸未31	1 癸丑㉚	**1** 壬午28	1 壬子28	1 壬午27	1 辛亥26
2 丁亥 5	2 丙辰 6	2 丙戌⑤	2 乙卯 4	2 乙酉 3	2 乙卯 3	《8月》	2 甲寅31	2 癸未29	**2** 癸丑29	**2** 癸未28	2 壬子㉗
3 戊子 6	3 丁巳 7	3 丁亥 6	3 丙辰 5	3 丙戌 4	3 丙辰 4	2 甲申 1	《9月》	3 甲申30	3 甲寅30	3 甲申㉙	3 癸丑28
4 己丑 7	4 戊午⑧	4 戊子 7	4 丁巳 6	4 丁亥 5	4 丁巳⑤	3 乙酉②	3 乙卯 1	《10月》	4 乙卯31	4 乙酉30	**4** 甲寅29
5 庚寅⑧	5 己未 9	5 己丑 8	5 戊午 7	5 戊子 6	5 戊午 6	4 丙戌 3	4 丙辰 2	4 乙酉 1	《11月》	《12月》	5 乙卯30
6 辛卯 9	6 庚申10	6 庚寅 9	6 己未 8	6 己丑⑦	6 己未 7	5 丁亥 4	5 丁巳 3	5 丙戌 2	5 丙辰①	5 丙戌 1	6 丙辰31
7 壬辰10	7 辛酉11	7 辛卯10	7 庚申 9	7 庚寅 8	7 庚申 8	6 戊子 5	6 戊午 4	6 丁亥 3	6 丁巳 2	6 丁亥 2	**1563年**
8 癸巳11	8 壬戌12	8 壬辰11	8 辛酉⑩	8 辛卯 9	8 辛酉 9	7 己丑 6	7 己未 5	7 戊子④	7 戊午 3	7 戊子 3	《1月》
9 甲午12	9 癸亥13	9 癸巳⑫	9 壬戌11	9 壬辰10	9 壬戌10	8 庚寅 7	8 庚申⑥	8 己丑 5	8 己未 4	8 己丑 4	7 丁巳 1
10乙未13	10甲子14	10甲午13	10癸亥12	10癸巳11	10癸亥11	9 辛卯 8	9 辛酉 7	9 庚寅 6	9 庚申 5	9 庚寅 5	8 戊午 2
11丙申14	**11**乙丑⑮	**11**乙未14	11甲子13	11甲午12	11甲子⑫	10壬辰⑨	10壬戌 8	10辛卯 7	10辛酉 6	10辛卯⑥	9 己未③
12丁酉⑮	12丙寅16	12丙申15	**12**乙丑14	12乙未13	12乙丑13	11癸巳10	11癸亥 9	11壬辰 8	11壬戌 7	11壬辰 7	10庚申 4
13戊戌16	13丁卯17	13丁酉16	13丙寅15	**13**丙申⑭	**13**丙寅14	12甲午11	12甲子10	12癸巳 9	12癸亥⑧	12癸巳 8	11辛酉 5
14己亥17	14戊辰18	14戊戌17	14丁卯16	14丁酉15	14丁卯15	13乙未12	13乙丑11	13甲午10	13甲子 9	13甲午 9	12壬戌 6
15庚子18	15己巳19	15己亥18	15戊辰⑰	15戊戌16	15戊辰16	14丙申13	14丙寅12	14乙未⑪	14乙丑10	14乙未10	13癸亥 7
16辛丑19	16庚午20	16庚子⑲	16己巳18	16己亥17	16己巳17	**15**丁酉14	**15**丁卯⑬	15丙申12	15丙寅11	15丙申11	14甲子 8
17壬寅20	17辛未21	17辛丑20	17庚午19	17庚子18	17庚午18	16戊戌15	16戊辰14	16丁酉13	16丁卯12	16丁酉12	15乙丑 9
18癸卯21	18壬申㉒	18壬寅21	18辛未20	18辛丑19	18辛未⑲	17己亥⑯	17己巳15	**17**戊戌14	**17**戊辰13	17戊戌⑬	16丙寅⑩
19甲辰㉒	19癸酉23	19癸卯22	19壬申21	19壬寅20	19壬申20	18庚子17	18庚午16	18己亥15	18己巳14	**18**己亥14	17丁卯11
20乙巳23	20甲戌24	20甲辰23	20癸酉22	20癸卯㉑	20癸酉21	19辛丑18	19辛未17	19庚子16	19庚午⑮	19庚子15	18戊辰12
21丙午24	21乙亥25	21乙巳24	21甲戌23	21甲辰22	21甲戌22	20壬寅19	20壬申18	20辛丑17	20辛未16	20辛丑16	**19**己巳13
22丁未25	22丙子26	22丙午25	22乙亥㉔	22乙巳23	22乙亥23	21癸卯20	21癸酉19	21壬寅⑱	21壬申17	21壬寅17	20庚午14
23戊申26	23丁丑27	23丁未㉖	23丙子25	23丙午24	23丙子24	22甲辰21	22甲戌⑳	22癸卯19	22癸酉18	22癸卯18	21辛未15
24己酉27	24戊寅28	24戊申27	24丁丑26	24丁未25	24丁丑25	23乙巳22	23乙亥21	23甲辰20	23甲戌19	23甲辰19	22壬申16
25庚戌28	25己卯㉙	25己酉28	25戊寅27	25戊申26	25戊寅㉖	24丙午㉓	24丙子22	24乙巳21	24乙亥20	24乙巳⑳	23癸酉⑰
《3月》	**26**庚辰30	**26**庚戌29	26己卯28	26己酉27	26己卯27	25丁未24	25丁丑23	25丙午22	25丙子21	25丙午21	24甲戌18
26辛亥①	27辛巳31	27辛亥30	27庚辰29	27庚戌㉘	27庚辰28	26戊申25	26戊寅24	26丁未23	26丁丑㉒	26丁未22	25乙亥19
27壬子 2	《4月》	《5月》	**28**辛巳30	**28**辛亥29	28辛巳29	27己酉26	27己卯25	27戊申24	27戊寅23	27戊申23	26丙子20
28癸丑 3	28壬午 1	28壬子 1	29壬午㉛	29壬子30	**29**壬午30	28庚戌27	28庚辰26	28己酉㉕	28己卯24	28己酉24	27丁丑21
29甲寅 4	29癸未 2	29癸丑 2	《6月》	《7月》		29辛亥28	29辛巳㉗	29庚戌26	29庚辰25	29庚戌25	28戊寅22
	30甲申 3		30癸未 1	30癸丑 1		**30**壬子29		30辛亥27	30辛巳26		29己卯23
雨水 9日 啓蟄 24日	春分 11日 清明 26日	穀雨 11日 立夏 26日	小満 12日 芒種 28日	夏至 13日 小暑 28日	大暑 13日 立秋 29日	処暑 15日 白露 30日	秋分 15日	寒露 1日 霜降 17日	立冬 2日 小雪 17日	大雪 2日 冬至 18日	小寒 4日 大寒 19日

永禄**6**年（1563－1564） 癸亥

1月	2月	3月	4月	5月	6月	7月	8月	9月	10月	11月	12月	閏12月
1 庚辰㉔	1 庚戌23	1 己卯24	1 己酉23	1 戊寅22	1 戊申21	1 丁丑20	1 丁未19	1 丁丑18	1 丙午⑰	1 丙子16	1 丙午16	1 乙亥14
2 辛巳25	2 辛亥24	2 庚辰25	2 庚戌24	2 己卯㉓	2 己酉22	2 戊寅21	2 戊申20	2 戊寅⑲	2 丁未18	2 丁丑17	2 丁未17	2 丙子15
3 壬午26	3 壬子25	3 辛巳26	3 辛亥㉕	3 庚辰24	3 庚戌23	3 己卯22	3 己酉21	3 己卯20	3 戊申19	3 戊寅18	3 戊申18	3 丁丑⑯
4 癸未27	4 癸丑26	4 壬午27	4 壬子26	4 辛巳25	4 辛亥24	4 庚辰23	4 庚戌㉒	4 庚辰21	4 己酉20	4 己卯19	4 己酉⑲	4 戊寅17
5 甲申28	5 甲寅27	5 癸未㉘	5 癸丑27	5 壬午26	5 壬子25	5 辛巳24	5 辛亥23	5 辛巳22	5 庚戌21	5 庚辰20	5 庚戌20	5 己卯18
6 乙酉29	**6** 乙卯㉘	6 甲申29	6 甲寅28	6 癸未27	6 癸丑26	6 壬午㉕	6 壬子24	6 壬午23	6 辛亥22	6 辛巳㉑	6 辛亥21	6 庚辰19
7 丙戌30	《3月》	**7** 乙酉30	7 乙卯29	7 甲申28	7 甲寅㉗	7 癸未26	7 癸丑25	7 癸未24	7 壬子23	7 壬午22	7 壬子22	7 辛巳20
8 丁亥㉛	7 丙辰 1	8 丙戌31	**8** 丙辰30	8 乙酉29	8 乙卯28	8 甲申27	8 甲寅26	8 甲申25	8 癸丑㉔	8 癸未23	8 癸丑23	8 壬午21
《2月》	8 丁巳 2	《4月》	《5月》	**9** 丙戌㉚	**9** 丙辰29	9 乙酉28	9 乙卯27	9 乙酉㉖	9 甲寅25	9 甲申24	9 甲寅24	9 癸未22
9 戊子 1	9 戊午 3	9 丁亥 1	9 丁巳 1	10 丁亥31	10 丁巳30	10 丙戌29	10 丙辰28	10 丙戌27	10 乙卯26	10 乙酉25	10 乙卯25	10 甲申㉓
10 己丑 2	10 己未 4	10 戊子 2	10 戊午②	《6月》	《7月》	**11** 丁亥30	**11** 丁巳㉙	11 丁亥28	11 丙辰27	11 丙戌26	11 丙辰㉖	11 乙酉24
11 庚寅 3	11 庚申 5	11 己丑 3	11 己未 3	11 戊子 1	11 戊午 1	12 戊子31	12 戊午30	**12** 戊子29	12 丁巳28	12 丁亥27	12 丁巳27	12 丙戌25
12 辛卯 4	12 辛酉 6	12 庚寅④	12 庚申 4	12 己丑 2	12 己未 2	《8月》	13 己未31	13 己丑30	**13** 戊午29	13 戊子㉘	13 戊午28	13 丁亥26
13 壬辰 5	13 壬戌⑦	13 辛卯 5	13 辛酉 5	13 庚寅 3	13 庚申 3	13 己丑①	《9月》	《10月》	14 己未30	**14** 己丑29	**14** 己未29	14 戊子27
14 癸巳 6	14 癸亥 8	14 壬辰 6	14 壬戌 6	14 辛卯 4	14 辛酉④	14 庚寅 2	14 庚申 1	14 庚寅 1	15 庚申㉛	15 庚寅30	15 庚申30	**15** 己丑28
15 甲午⑦	15 甲子 9	15 癸巳 7	15 癸亥 7	15 壬辰 5	15 壬戌 5	15 辛卯 3	15 辛酉 2	15 辛卯 2	《11月》	《12月》	16 辛酉31	16 庚寅29
16 乙未 8	16 乙丑10	16 甲午 8	16 甲子 8	16 癸巳⑥	16 癸亥 6	16 壬辰 4	16 壬戌 3	16 壬辰③	16 辛酉 1	16 辛卯 1	**1564年**	17 辛卯㉚
17 丙申 9	17 丙寅11	17 乙未 9	17 乙丑⑨	17 甲午 7	17 甲子 7	17 癸巳 5	17 癸亥 4	17 癸巳 4	17 壬戌 2	17 壬辰 2	《1月》	18 壬辰31
18 丁酉10	18 丁卯12	18 丙申10	18 丙寅10	18 乙未 8	18 乙丑 8	18 甲午 6	18 甲子⑤	18 甲午 5	18 癸亥 3	18 癸巳 3	17 壬戌 1	《2月》
19 戊戌11	19 戊辰13	19 丁酉⑪	19 丁卯11	19 丙申 9	19 丙寅 9	19 乙未 7	19 乙丑 6	19 乙未 6	19 甲子 4	19 甲午 4	18 癸亥②	19 癸巳 1
20 己亥12	20 己巳⑭	20 戊戌12	20 戊辰12	20 丁酉10	20 丁卯10	20 丙申⑧	20 丙寅 7	20 丙申 7	20 乙丑 5	20 乙未⑤	19 甲子 3	20 甲午 2
21 庚子13	**21** 庚午15	21 己亥13	21 己巳13	21 戊戌11	21 戊辰⑪	21 丁酉 9	21 丁卯 8	21 丁酉 8	21 丙寅 6	21 丙申 6	20 乙丑 4	21 乙未 3
22 辛丑⑭	22 辛未16	**22** 庚子14	22 庚午14	22 己亥12	22 己巳12	22 戊戌10	22 戊辰 9	22 戊戌 9	22 丁卯⑦	22 丁酉 7	21 丙寅 5	22 丙申 4
23 壬寅15	23 壬申17	23 辛丑15	**23** 辛未15	23 庚子⑬	23 庚午13	23 己亥11	23 己巳10	23 己亥⑩	23 戊辰 8	23 戊戌 8	22 丁卯 6	23 丁酉 5
24 癸卯16	24 癸酉18	24 壬寅16	24 壬申⑯	**24** 辛丑14	24 辛未14	24 庚子12	24 庚午11	24 庚子11	24 己巳 9	24 己亥 9	23 戊辰 7	24 戊戌⑥
25 甲辰17	25 甲戌19	25 癸卯17	25 癸酉17	25 壬寅15	**25** 壬申15	25 辛丑13	25 辛未⑫	25 辛丑12	25 庚午10	25 庚子10	24 己巳 8	25 己亥 7
26 乙巳18	26 乙亥20	26 甲辰⑱	26 甲戌18	26 癸卯16	26 癸酉16	**26** 壬寅14	**26** 壬申13	26 壬寅13	26 辛未11	26 辛丑11	25 庚午⑨	26 庚子 8
27 丙午19	27 丙子㉑	27 乙巳19	27 乙亥19	27 甲辰17	27 甲戌17	27 癸卯⑮	27 癸酉14	**27** 癸卯14	27 壬申12	27 壬寅⑫	26 辛未10	27 辛丑 9
28 丁未20	28 丁丑22	28 丙午20	28 丙子20	28 乙巳18	28 乙亥⑱	28 甲辰16	28 甲戌15	28 甲辰15	**28** 癸酉13	28 癸卯13	27 壬申11	28 壬寅10
29 戊申㉑	29 戊寅23	29 丁未21	29 丁丑21	29 丙午19	29 丙子19	29 乙巳17	29 乙亥16	29 乙巳16	29 甲戌⑭	**29** 甲辰14	28 癸酉12	29 癸卯11
30 己酉22		30 戊申22		30 丁未⑳		30 丙午18	30 丙子17		30 乙亥15	30 乙巳15	**29** 甲戌13	30 甲辰12
立春 5日	啓蟄 6日	清明 7日	立夏 8日	芒種 9日	小暑 9日	立秋 11日	白露 11日	寒露 12日	立冬 13日	大雪 14日	小寒 14日	立春15日
雨水 20日	春分 21日	穀雨 22日	小満 23日	夏至 24日	大暑 25日	処暑 26日	秋分 26日	霜降 27日	小雪 28日	冬至 29日	大寒 29日	

永禄**7**年（1564－1565） 甲子

1月	2月	3月	4月	5月	6月	7月	8月	9月	10月	11月	12月
1 乙巳⑬	1 甲戌13	1 癸卯11	1 癸酉11	1 壬寅 9	1 壬申⑨	1 辛丑 7	1 辛未 6	1 庚子 5	1 庚午 4	1 庚子 4	1 庚午 3
2 丙午14	**2** 乙亥14	2 甲辰12	2 甲戌12	2 癸卯10	2 癸酉10	2 壬寅 8	2 壬申 7	2 辛丑 6	2 辛未⑤	2 辛丑 5	2 辛未 4
3 丁未15	3 丙子15	3 乙巳13	3 乙亥13	3 甲辰⑪	3 甲戌11	3 癸卯 9	3 癸酉 8	3 壬寅 7	3 壬申 6	3 壬寅 6	3 壬申 5
4 戊申16	4 丁丑16	**4** 丙午14	**4** 丙子⑭	4 乙巳12	4 乙亥12	4 甲辰10	4 甲戌 9	4 癸卯⑧	4 癸酉 7	4 癸卯 7	4 癸酉 6
5 己酉17	5 戊寅17	5 丁未15	5 丁丑15	**5** 丙午13	5 丙子13	5 乙巳11	5 乙亥⑩	5 甲辰 9	5 甲戌 8	5 甲辰 8	5 甲戌⑦
6 庚戌18	6 己卯18	6 戊申⑯	6 戊寅16	6 丁未14	**6** 丁丑14	6 丙午12	6 丙子11	6 乙巳10	6 乙亥 9	6 乙巳 9	6 乙亥 8
7 辛亥19	7 庚辰⑲	7 己酉17	7 己卯17	7 戊申15	7 戊寅15	**7** 丁未⑬	7 丁丑12	7 丙午11	7 丙子10	7 丙午⑩	7 丙子 9
8 壬子⑳	8 辛巳20	8 庚戌18	8 庚辰18	8 己酉16	8 己卯⑯	8 戊申14	**8** 戊寅13	8 丁未12	8 丁丑11	8 丁未11	8 丁丑10
9 癸丑21	9 壬午21	9 辛亥19	9 辛巳19	9 庚戌17	9 庚辰17	9 己酉15	9 己卯14	**9** 戊申13	9 戊寅⑫	9 戊申12	9 戊寅11
10 甲寅22	10 癸未22	10 壬子20	10 壬午20	10 辛亥⑱	10 辛巳18	10 庚戌16	10 庚辰15	10 己酉14	**10** 己卯13	**10** 己酉13	**10** 己卯12
11 乙卯23	11 甲申23	11 癸丑21	11 癸未㉑	11 壬子19	11 壬午19	11 辛亥17	11 辛巳16	11 庚戌⑮	11 庚辰14	11 庚戌14	11 庚辰13
12 丙辰24	12 乙酉24	12 甲寅22	12 甲申22	12 癸丑20	12 癸未20	12 壬子18	12 壬午⑰	12 辛亥16	12 辛巳15	12 辛亥15	12 辛巳⑭
13 丁巳25	13 丙戌25	13 乙卯㉓	13 乙酉23	13 甲寅21	13 甲申21	13 癸丑19	13 癸未18	13 壬子17	13 壬午16	13 壬子16	13 壬午15
14 戊午26	14 丁亥㉖	14 丙辰24	14 丙戌24	14 乙卯22	14 乙酉22	14 甲寅⑳	14 甲申19	14 癸丑18	14 癸未17	14 癸丑⑰	14 癸未16
15 己未㉗	15 戊子27	15 丁巳25	15 丁亥25	15 丙辰23	15 丙戌㉓	15 乙卯21	15 乙酉20	15 甲寅19	15 甲申18	15 甲寅18	15 甲申17
16 庚申28	16 己丑28	16 戊午26	16 戊子26	16 丁巳24	16 丁亥24	16 丙辰22	16 丙戌21	16 乙卯20	16 乙酉⑲	16 乙卯19	16 乙酉18
17 辛酉29	**17** 庚寅29	17 己未27	17 己丑27	17 戊午㉕	17 戊子25	17 丁巳23	17 丁亥22	17 丙辰21	17 丙戌20	17 丙辰20	17 丙戌19
《3月》	18 辛卯30	18 庚申28	18 庚寅㉘	18 己未26	18 己丑26	18 戊午24	18 戊子23	18 丁巳㉒	18 丁亥21	18 丁巳21	18 丁亥20
18 壬戌 1	19 壬辰31	**19** 辛酉29	**19** 辛卯29	19 庚申27	19 庚寅27	19 己未25	19 己丑㉔	19 戊午23	19 戊子22	19 戊午22	19 戊子㉑
19 癸亥 2	《4月》	20 壬戌㉚	20 壬辰30	20 辛酉28	20 辛卯28	20 庚申26	20 庚寅25	20 己未24	20 己丑23	20 己未23	20 己丑22
20 甲子 3	20 癸巳 1	《5月》	21 癸巳31	**21** 壬戌29	**21** 壬辰29	21 辛酉㉗	21 辛卯26	21 庚申25	21 庚寅24	21 庚申㉔	21 庚寅23
21 乙丑 4	21 甲午②	21 癸亥 1	《6月》	22 癸亥30	22 癸巳㉚	22 壬戌28	22 壬辰27	22 辛酉26	22 辛卯25	22 辛酉25	22 辛卯24
22 丙寅⑤	22 乙未 3	22 甲子 2	22 甲午 1	《7月》	23 甲午31	**23** 癸亥29	**23** 癸巳28	23 壬戌27	23 壬辰㉖	23 壬戌26	23 壬辰25
23 丁卯 6	23 丙申 4	23 乙丑 3	23 乙未 2	23 甲子 1	《8月》	24 甲子30	24 甲午29	**24** 癸亥28	24 癸巳27	24 癸亥27	24 癸巳26
24 戊辰 7	24 丁酉 5	24 丙寅 4	24 丙申 3	24 乙丑②	24 乙未 1	25 乙丑31	25 乙未30	25 甲子㉙	**25** 甲午28	**25** 甲子28	25 甲午27
25 己巳 8	25 戊戌 6	25 丁卯 5	25 丁酉④	25 丙寅 3	25 丙申 2	《9月》	《10月》	26 乙丑30	26 乙未29	26 乙丑29	**26** 乙未㉘
26 庚午 9	26 己亥 7	26 戊辰 6	26 戊戌 5	26 丁卯 4	26 丁酉 3	26 丙寅 1	26 丙申①	27 丙寅31	27 丙申30	27 丙寅30	27 丙申29
27 辛未10	27 庚子 8	27 己巳⑦	27 己亥 6	27 戊辰 5	27 戊戌 4	27 丁卯 2	27 丁酉 2	《11月》	《12月》	28 丁卯㉛	28 丁酉30
28 壬申11	28 辛丑⑨	28 庚午 8	28 庚子 7	28 己巳 6	28 己亥 5	28 戊辰③	28 戊戌 3	28 丁卯 1	28 丁酉 1	**1565年**	29 戊戌31
29 癸酉⑫	29 壬寅10	29 辛未 9	29 辛丑 8	29 庚午 7	29 庚子⑥	29 己巳 4	29 己亥 4	29 戊辰 2	29 戊戌 2	《1月》	
		30 壬申10		30 辛未 8		30 庚午 5		30 己巳 3	30 己亥③	29 戊辰 1	
										30 己巳 2	
雨水 1日	春分 2日	穀雨 4日	小満 4日	夏至 5日	大暑 6日	処暑 7日	秋分 8日	霜降 9日	小雪 10日	冬至 10日	大寒 10日
啓蟄 16日	清明 17日	立夏 19日	芒種 19日	小暑 21日	立秋 21日	白露 23日	寒露 23日	立冬 24日	大雪 25日	小寒 25日	立春 26日

永禄**8**年（1565－1566） 乙丑

1月	2月	3月	4月	5月	6月	7月	8月	9月	10月	11月	12月
《2月》	1 己巳 3	《4月》	1 丁卯 30	1 丁酉 30	1 丙寅 28	1 乙未 27	1 乙丑 ㉖	1 甲午 24	1 甲子 24	1 甲午 23	1 甲子 ㉓
1 己亥 1	2 庚午 ④	1 戊戌 ①	《5月》	2 戊戌 31	**2** 丁卯 29	2 丙申 28	2 丙寅 27	2 乙未 25	2 乙丑 25	2 乙未 24	2 乙丑 24
2 庚子 2	3 辛未 5	2 己亥 2	2 戊辰 1	《6月》	3 戊辰 30	**3** 丁酉 ㉙	3 丁卯 28	3 丙申 26	3 丙寅 26	3 丙申 ㉕	3 丙寅 25
3 辛丑 3	4 壬申 6	3 庚子 3	3 己巳 2	3 己亥 1	《7月》	4 戊戌 30	**4** 戊辰 29	4 丁酉 27	4 丁卯 27	4 丁酉 26	4 丁卯 26
4 壬寅 ④	5 癸酉 7	4 辛丑 4	4 庚午 3	4 庚子 2	4 己巳 ①	5 己亥 31	5 己巳 30	**5** 戊戌 28	5 戊辰 ㉘	5 戊戌 27	5 戊辰 27
5 癸卯 5	6 甲戌 8	5 壬寅 5	5 辛未 4	5 辛丑 ③	5 庚午 2	《8月》	6 庚午 31	6 己亥 29	**6** 己巳 29	**6** 己亥 28	**6** 己巳 28
6 甲辰 6	7 乙亥 9	6 癸卯 6	6 壬申 5	6 壬寅 4	6 辛未 3	6 庚子 1	《9月》	7 庚子 ㉚	7 庚午 30	7 庚子 29	7 庚午 29
7 乙巳 7	8 丙子 10	7 甲辰 7	7 癸酉 ⑥	7 癸卯 5	7 壬申 4	7 辛丑 2	7 辛未 1	《10月》	8 辛未 31	8 辛丑 30	8 辛未 ㉚
8 丙午 8	9 丁丑 ⑪	8 乙巳 ⑧	8 甲戌 7	8 甲辰 6	8 癸酉 5	8 壬寅 3	8 壬申 ②	8 辛丑 1	《11月》	《12月》	9 壬申 31
9 丁未 9	10 戊寅 12	9 丙午 9	9 乙亥 8	9 乙巳 7	9 甲戌 6	9 癸卯 4	9 癸酉 3	9 壬寅 2	9 壬申 1	9 壬寅 1	1566年
10 戊申 10	11 己卯 13	10 丁未 10	10 丙子 9	10 丙午 8	10 乙亥 7	10 甲辰 ⑤	10 甲戌 4	10 癸卯 3	10 癸酉 2	10 癸卯 ②	《1月》
11 己酉 ⑪	**12** 庚辰 14	11 戊申 11	11 丁丑 10	11 丁未 9	11 丙子 ⑧	11 乙巳 6	11 乙亥 5	11 甲辰 4	11 甲戌 3	11 甲辰 3	10 癸酉 1
12 庚戌 12	13 辛巳 15	12 己酉 12	12 戊寅 11	12 戊申 ⑩	12 丁丑 9	12 丙午 7	12 丙子 6	12 乙巳 5	12 乙亥 ④	12 乙巳 4	11 甲戌 2
13 辛亥 13	14 壬午 16	13 庚戌 13	13 己卯 12	13 己酉 11	13 戊寅 10	13 丁未 8	13 丁丑 7	13 丙午 6	13 丙子 5	13 丙午 5	12 乙亥 3
14 壬子 14	15 癸未 17	**14** 辛亥 14	14 庚辰 ⑬	14 庚戌 12	14 己卯 11	14 戊申 9	14 戊寅 8	14 丁未 ⑦	14 丁丑 6	14 丁未 6	13 丙子 4
15 癸丑 15	16 甲申 ⑱	15 壬子 ⑮	**15** 辛巳 14	15 辛亥 13	15 庚辰 12	15 己酉 10	15 己卯 ⑨	15 戊申 8	15 戊寅 7	15 戊申 7	14 丁丑 5
16 甲寅 16	17 乙酉 19	16 癸丑 16	16 壬午 15	**16** 壬子 14	16 辛巳 13	16 庚戌 11	16 庚辰 10	16 己酉 9	16 己卯 8	16 己酉 8	15 戊寅 ⑥
17 乙卯 17	18 丙戌 20	17 甲寅 17	17 癸未 16	17 癸丑 15	**17** 壬午 14	17 辛亥 ⑫	17 辛巳 11	17 庚戌 10	17 庚辰 9	17 庚戌 ⑨	16 己卯 7
18 丙辰 ⑱	19 丁亥 21	18 乙卯 18	18 甲申 17	18 甲寅 16	18 癸未 ⑮	18 壬子 13	18 壬午 12	18 辛亥 11	18 辛巳 10	18 辛亥 10	17 庚辰 8
19 丁巳 19	20 戊子 22	19 丙辰 19	19 乙酉 18	19 乙卯 ⑰	19 甲申 16	**19** 癸丑 14	**19** 癸未 13	19 壬子 12	19 壬午 ⑪	19 壬子 11	18 辛巳 9
20 戊午 20	21 己丑 23	20 丁巳 20	20 丙戌 19	20 丙辰 18	20 乙酉 17	20 甲寅 15	20 甲申 14	**20** 癸丑 13	20 癸未 12	20 癸丑 12	19 壬午 10
21 己未 21	22 庚寅 24	21 戊午 21	21 丁亥 ⑳	21 丁巳 19	21 丙戌 18	21 乙卯 16	21 乙酉 15	21 甲寅 ⑭	**21** 甲申 13	**21** 甲寅 13	20 癸未 11
22 庚申 22	23 辛卯 ㉕	22 己未 ㉒	22 戊子 21	22 戊午 20	22 丁亥 19	22 丙辰 17	22 丙戌 ⑯	22 乙卯 15	22 乙酉 14	22 乙卯 14	21 甲申 12
23 辛酉 23	24 壬辰 26	23 庚申 23	23 己丑 22	23 己未 21	23 戊子 20	23 丁巳 18	23 丁亥 17	23 丙辰 16	23 丙戌 15	23 丙辰 15	**22** 乙酉 ⑬
24 壬戌 24	25 癸巳 27	24 辛酉 24	24 庚寅 23	24 庚申 22	24 己丑 21	24 戊午 ⑲	24 戊子 18	24 丁巳 17	24 丁亥 16	24 丁巳 ⑯	23 丙戌 14
25 癸亥 ㉕	26 甲午 28	25 壬戌 25	25 辛卯 24	25 辛酉 23	25 庚寅 ㉒	25 己未 20	25 己丑 19	25 戊午 18	25 戊子 17	25 戊午 17	24 丁亥 15
26 甲子 26	27 乙未 29	26 癸亥 26	26 壬辰 25	26 壬戌 ㉔	26 辛卯 23	26 庚申 21	26 庚寅 20	26 己未 19	26 己丑 ⑱	26 己未 18	25 戊子 16
27 乙丑 27	**28** 丙申 30	27 甲子 27	27 癸巳 26	27 癸亥 25	27 壬辰 24	27 辛酉 22	27 辛卯 21	27 庚申 20	27 庚寅 19	27 庚申 19	26 己丑 17
28 丙寅 28	29 丁酉 31	28 乙丑 28	28 甲午 ㉗	28 甲子 26	28 癸巳 25	28 壬戌 23	28 壬辰 22	28 辛酉 ㉑	28 辛卯 20	28 辛酉 20	27 庚寅 18
《3月》		**29** 丙寅 ㉙	29 乙未 28	29 乙丑 27	29 甲午 26	29 癸亥 24	29 癸巳 ㉓	29 壬戌 22	29 壬辰 21	29 壬戌 21	28 辛卯 19
29 丁卯 1			**30** 丙申 29			30 甲子 25		30 癸亥 23	30 癸巳 22	30 癸亥 22	29 壬辰 ⑳
30 戊辰 2											30 癸巳 21
雨水 12日 啓蟄 27日	春分 12日 清明 28日	穀雨 14日 立夏 29日	小満 15日 芒種 30日	夏至 16日	小暑 2日 大暑 17日	立秋 3日 処暑 19日	白露 4日 秋分 19日	寒露 5日 霜降 20日	立冬 6日 小雪 21日	大雪 6日 冬至 21日	小寒 6日 大寒 22日

永禄**9**年（1566－1567） 丙寅

1月	2月	3月	4月	5月	6月	7月	8月	閏8月	9月	10月	11月	12月
1 甲午 22	1 癸亥 20	1 癸巳 22	1 壬戌 20	1 辛卯 ⑲	1 辛酉 18	1 庚寅 17	1 己未 15	1 己丑 14	1 戊午 ⑬	1 戊子 12	1 戊午 12	1 戊子 11
2 乙未 23	2 甲子 21	2 甲午 23	2 癸亥 ㉑	2 壬辰 20	2 壬戌 19	2 辛卯 18	2 庚申 16	2 庚寅 ⑮	**2** 己未 14	**2** 己丑 13	2 己未 13	2 己丑 ⑫
3 丙申 24	3 乙丑 22	3 乙未 ㉔	3 甲子 22	3 癸巳 21	3 癸亥 20	3 壬辰 19	3 辛酉 17	3 辛卯 16	3 庚申 15	3 庚寅 14	**3** 庚申 14	**3** 庚寅 13
4 丁酉 25	4 丙寅 23	4 丙申 25	4 乙丑 23	4 甲午 22	4 甲子 21	4 癸巳 20	4 壬戌 ⑱	4 壬辰 17	4 辛酉 16	4 辛卯 15	4 辛酉 ⑮	4 辛卯 14
5 戊戌 26	5 丁卯 ㉔	5 丁酉 26	5 丙寅 24	5 乙未 23	5 乙丑 22	5 甲午 ㉑	5 癸亥 19	5 癸巳 18	5 壬戌 17	5 壬辰 16	5 壬戌 16	5 壬辰 15
6 己亥 ㉗	6 戊辰 25	6 戊戌 27	6 丁卯 25	6 丙申 24	6 丙寅 ㉓	6 乙未 22	6 甲子 20	6 甲午 19	6 癸亥 18	6 癸巳 ⑰	6 癸亥 17	6 癸巳 16
7 庚子 28	7 己巳 26	7 己亥 28	7 戊辰 26	7 丁酉 25	7 丁卯 24	7 丙申 23	7 乙丑 21	7 乙未 20	7 甲子 19	7 甲午 18	7 甲子 18	7 甲午 17
8 辛丑 29	**8** 庚午 27	8 庚子 29	8 己巳 27	8 戊戌 ㉖	8 戊辰 25	8 丁酉 24	8 丙寅 22	8 丙申 21	8 乙丑 ⑳	8 乙未 19	8 乙丑 19	8 乙未 18
9 壬寅 30	9 辛未 28	**9** 辛丑 30	9 庚午 ㉘	9 己亥 27	9 己巳 26	9 戊戌 25	9 丁卯 23	9 丁酉 ㉒	9 丙寅 21	9 丙申 20	9 丙寅 20	9 丙申 ⑲
10 癸卯 31	《3月》	10 壬寅 ㉛	**10** 辛未 29	10 庚子 28	10 庚午 27	10 己亥 26	10 戊辰 24	10 戊戌 23	10 丁卯 22	10 丁酉 21	10 丁卯 21	10 丁酉 20
《2月》	10 壬申 1	《4月》	11 壬申 30	11 辛丑 29	11 辛未 28	11 庚子 27	11 己巳 ㉕	11 己亥 24	11 戊辰 23	11 戊戌 22	11 戊辰 ㉒	11 戊戌 21
11 甲辰 1	11 癸酉 2	11 癸卯 1	《5月》	**12** 壬寅 30	**12** 壬申 29	12 辛丑 ㉘	12 庚午 26	12 庚子 25	12 己巳 24	12 己亥 23	12 己巳 23	12 己亥 22
12 乙巳 2	12 甲戌 ③	12 甲辰 2	12 癸酉 1	13 癸卯 31	13 癸酉 ㉚	13 壬寅 29	13 辛未 27	13 辛丑 26	13 庚午 25	13 庚子 ㉔	13 庚午 24	13 庚子 23
13 丙午 ③	13 乙亥 4	13 乙巳 3	13 甲戌 2	《6月》	《7月》	**14** 癸卯 30	14 壬申 28	14 壬寅 27	14 辛未 26	14 辛丑 25	14 辛未 25	14 辛丑 24
14 丁未 4	14 丙子 5	14 丙午 4	14 乙亥 3	14 甲辰 1	14 甲戌 1	15 甲辰 31	**15** 癸酉 29	**15** 癸卯 28	15 壬申 ㉗	15 壬寅 26	15 壬申 26	15 壬寅 25
15 戊申 5	15 丁丑 6	15 丁未 5	15 丙子 4	15 乙巳 ②	15 乙亥 2	《8月》	16 甲戌 30	16 甲辰 ㉙	16 癸酉 28	16 癸卯 27	16 癸酉 27	16 癸卯 ㉖
16 己酉 6	16 戊寅 7	16 戊申 6	16 丁丑 ⑤	16 丙午 3	16 丙子 3	16 乙巳 1	17 乙亥 31	17 乙巳 30	**17** 甲戌 29	**17** 甲辰 28	17 甲戌 28	17 甲辰 27
17 庚戌 7	17 己卯 8	17 己酉 ⑦	17 戊寅 6	17 丁未 4	17 丁丑 4	17 丙午 2	《9月》	《10月》	18 乙亥 30	18 乙巳 29	**18** 乙亥 ㉙	**18** 乙巳 28
18 辛亥 8	18 庚辰 9	18 庚戌 8	18 己卯 7	18 戊申 5	18 戊寅 5	18 丁未 3	18 丙子 ①	18 丙午 1	19 丙子 31	19 丙午 30	19 丙子 30	19 丙午 29
19 壬子 9	19 辛巳 ⑩	19 辛亥 9	19 庚辰 8	19 己酉 6	19 己卯 6	19 戊申 ④	19 丁丑 2	19 丁未 2	《11月》	《12月》	20 丁丑 31	20 丁未 30
20 癸丑 ⑩	20 壬午 11	20 壬子 10	20 辛巳 9	20 庚戌 7	20 庚辰 ⑦	20 己酉 5	20 戊寅 3	20 戊申 3	20 丁丑 1	20 丁未 ①	1567年	21 戊申 31
21 甲寅 11	21 癸未 12	21 癸丑 11	21 壬午 10	21 辛亥 8	21 辛巳 8	21 庚戌 6	21 己卯 4	21 己酉 4	21 戊寅 2	21 戊申 2	《1月》	《2月》
22 乙卯 12	22 甲申 13	22 甲寅 12	22 癸未 11	22 壬子 ⑨	22 壬午 9	22 辛亥 7	22 庚辰 5	22 庚戌 5	22 己卯 ③	22 己酉 3	21 戊寅 1	22 己酉 1
23 丙辰 13	23 乙酉 14	23 乙卯 13	23 甲申 ⑫	23 癸丑 10	23 癸未 10	23 壬子 8	23 辛巳 6	23 辛亥 ⑥	23 庚辰 4	23 庚戌 4	22 己卯 2	23 庚戌 ②
24 丁巳 14	**24** 丙戌 15	**24** 丙辰 ⑭	24 乙酉 13	24 甲寅 11	24 甲申 11	24 癸丑 9	24 壬午 7	24 壬子 7	24 辛巳 5	24 辛亥 5	23 庚辰 3	24 辛亥 3
25 戊午 15	25 丁亥 16	25 丁巳 15	**25** 丙戌 14	25 乙卯 12	25 乙酉 12	25 甲寅 10	25 癸未 ⑧	25 癸丑 8	25 壬午 6	25 壬子 6	24 辛巳 4	25 壬子 4
26 己未 16	26 戊子 ⑰	26 戊午 16	26 丁亥 15	26 丙辰 13	26 丙戌 13	26 乙卯 ⑪	26 甲申 9	26 甲寅 9	26 癸未 7	26 癸丑 7	25 壬午 ⑤	26 癸丑 5
27 庚申 ⑰	27 己丑 18	27 己未 17	27 戊子 16	**27** 丁巳 14	**27** 丁亥 ⑭	27 丙辰 12	27 乙酉 10	27 乙卯 10	27 甲申 8	27 甲寅 ⑧	26 癸未 6	27 甲寅 6
28 辛酉 18	28 庚寅 19	28 庚申 18	28 己丑 17	28 戊午 15	28 戊子 15	28 丁巳 13	28 丙戌 11	28 丙辰 11	28 乙酉 9	28 乙卯 9	27 甲申 7	28 乙卯 7
29 壬戌 19	29 辛卯 20	29 辛酉 19	29 庚寅 18	29 己未 ⑯	29 己丑 16	**29** 戊午 14	29 丁亥 12	29 丁巳 12	29 丙戌 ⑩	29 丙辰 10	28 乙酉 8	29 丙辰 8
	30 壬辰 21			30 庚申 17			**30** 戊子 13		30 丁亥 11	30 丁巳 11	29 丙戌 9	
											30 丁亥 10	
立春 7日 雨水 22日	啓蟄 8日 春分 24日	清明 9日 穀雨 24日	立夏 10日 小満 25日	芒種 12日 夏至 27日	小暑 12日 大暑 27日	立秋 14日 処暑 29日	白露 15日 秋分 30日	寒露15日	霜降 2日 立冬 17日	小雪 2日 大雪 17日	冬至 3日 小寒 18日	大寒 3日 立春 18日

永禄**10**年（1567－1568） 丁卯

1月	2月	3月	4月	5月	6月	7月	8月	9月	10月	11月	12月
1 丁巳⑨	1 丁亥11	1 丁巳10	1 丙戌 9	1 乙卯 7	1 乙酉 7	1 甲寅 5	1 癸未 3	1 癸丑 3	《11月》	《12月》	1 壬午31
2 戊午10	2 戊子12	2 戊午11	2 丁亥10	2 丙辰⑧	2 丙戌 8	2 乙卯 6	2 甲申 4	2 甲寅 4	1 壬午 1	1 壬子 1	**1568年**
3 己未11	3 己丑13	3 己未12	3 戊子⑪	3 丁巳 9	3 丁亥 9	3 丙辰 7	3 乙酉 5	3 乙卯⑤	2 癸未②	2 癸丑 2	《1月》
4 庚申12	4 庚寅14	4 庚申⑬	4 己丑12	4 戊午10	4 戊子10	4 丁巳 8	4 丙戌 6	4 丙辰 6	3 甲申 3	3 甲寅 3	2 癸未 1
5 辛酉13	**5** 辛卯15	**5** 辛酉14	5 庚寅13	5 己未11	5 己丑11	5 戊午 9	5 丁亥⑦	5 丁巳 7	4 乙酉 4	4 乙卯 4	3 甲申 2
6 壬戌14	6 壬辰⑯	6 壬戌15	6 辛卯14	6 庚申12	6 庚寅12	6 己未⑩	6 戊子 8	6 戊午 8	5 丙戌 5	5 丙辰 5	4 乙酉 3
7 癸亥15	7 癸巳17	7 癸亥16	**7** 壬辰15	7 辛酉13	7 辛卯⑬	7 庚申11	7 己丑 9	7 己未 9	6 丁亥 6	6 丁巳 6	5 丙戌④
8 甲子⑯	8 甲午18	8 甲子17	8 癸巳16	**8** 壬戌14	8 壬辰14	8 辛酉12	8 庚寅10	8 庚申10	7 戊子 7	7 戊午⑦	6 丁亥 5
9 乙丑17	9 乙未19	9 乙丑18	9 甲午17	9 癸亥⑮	**9** 癸巳15	9 壬戌13	9 辛卯11	9 辛酉11	8 己丑 8	8 己未 8	7 戊子 6
10 丙寅18	10 丙申20	10 丙寅19	10 乙未⑱	10 甲子16	10 甲午16	**10** 癸亥14	10 壬辰12	10 壬戌⑫	9 庚寅⑨	9 庚申 9	8 己丑 7
11 丁卯19	11 丁酉21	11 丁卯⑳	11 丙申19	11 乙丑17	11 乙未17	11 甲子15	**11** 癸巳13	11 癸亥13	10 辛卯10	10 辛酉10	9 庚寅 8
12 戊辰20	12 戊戌22	12 戊辰21	12 丁酉20	12 丙寅18	12 丙申18	12 乙丑16	12 甲午⑭	**12** 甲子14	11 壬辰11	11 壬戌11	10 辛卯 9
13 己巳21	13 己亥㉓	13 己巳22	13 戊戌21	13 丁卯19	13 丁酉19	13 丙寅⑰	13 乙未15	13 乙丑15	12 癸巳12	12 癸亥12	11 壬辰10
14 庚午22	14 庚子24	14 庚午23	14 己亥22	14 戊辰20	14 戊戌⑳	14 丁卯18	14 丙申16	14 丙寅16	**13** 甲午13	13 甲子13	12 癸巳⑪
15 辛未㉓	15 辛丑25	15 辛未24	15 庚子23	15 己巳21	15 己亥21	15 戊辰19	15 丁酉17	15 丁卯17	14 乙未14	**14** 乙丑⑭	13 甲午12
16 壬申24	16 壬寅26	16 壬申25	16 辛丑24	16 庚午㉒	16 庚子22	16 己巳20	16 戊戌18	16 戊辰18	15 丙申15	15 丙寅15	**14** 乙未13
17 癸酉25	17 癸卯27	17 癸酉26	17 壬寅㉕	17 辛未23	17 辛丑23	17 庚午21	17 己亥19	17 己巳⑲	16 丁酉⑯	16 丁卯16	15 丙申14
18 甲戌26	18 甲辰28	18 甲戌㉗	18 癸卯26	18 壬申24	18 壬寅24	18 辛未22	18 庚子20	18 庚午20	17 戊戌17	17 戊辰17	16 丁酉15
19 乙亥27	19 乙巳29	19 乙亥28	19 甲辰27	19 癸酉25	19 癸卯25	19 壬申23	19 辛丑㉑	19 辛未21	18 己亥18	18 己巳18	17 戊戌16
20 丙子28	**20** 丙午㉚	**20** 丙子29	20 乙巳28	20 甲戌26	20 甲辰26	20 癸酉㉔	20 壬寅22	20 壬申22	19 庚子19	19 庚午19	18 己亥17
《3月》	21 丁未31	21 丁丑30	21 丙午29	21 乙亥27	21 乙巳㉗	21 甲戌25	21 癸卯23	21 癸酉23	20 辛丑20	20 辛未20	19 庚子⑱
21 丁丑 1	《4月》	《5月》	**22** 丁未30	22 丙子28	22 丙午28	22 乙亥26	22 甲辰24	22 甲戌24	21 壬寅21	21 壬申㉑	20 辛丑19
22 戊寅②	22 戊申 1	22 戊寅 1	23 戊申31	**23** 丁丑㉙	23 丁未29	23 丙子27	23 乙巳25	23 乙亥25	22 癸卯22	22 癸酉22	21 壬寅20
23 己卯 3	23 己酉 2	23 己卯 2	《6月》	24 戊寅30	**24** 戊申30	24 丁丑28	24 丙午26	24 丙子㉖	23 甲辰㉓	23 甲戌23	22 癸卯21
24 庚辰 4	24 庚戌 3	24 庚辰 3	24 己酉①	《7月》	25 己酉31	**25** 戊寅29	25 丁未27	25 丁丑27	24 乙巳24	24 乙亥24	23 甲辰22
25 辛巳 5	25 辛亥 4	25 辛巳④	25 庚戌 2	25 己卯 1	《8月》	26 己卯30	26 戊申㉘	26 戊寅28	25 丙午25	25 丙子25	24 乙巳23
26 壬午 6	26 壬子 5	26 壬午 5	26 辛亥 3	26 庚辰 2	26 庚戌 1	27 庚辰㉛	**27** 己酉29	**27** 己卯29	26 丁未26	26 丁丑26	25 丙午24
27 癸未 7	27 癸丑⑥	27 癸未 6	27 壬子 4	27 辛巳 3	27 辛亥 2	《9月》	28 庚戌30	28 庚辰30	27 戊申27	27 戊寅27	26 丁未㉕
28 甲申 8	28 甲寅 7	28 甲申 7	28 癸丑 5	28 壬午 4	28 壬子③	28 辛巳 1	《10月》	29 辛巳31	28 己酉28	28 己卯㉘	27 戊申26
29 乙酉⑨	29 乙卯 8	29 乙酉 8	29 甲寅 6	29 癸未 5	29 癸丑 4	29 壬午 2	29 辛亥 1		**29** 庚戌29	**29** 庚辰29	28 己酉27
30 丙戌10	30 丙辰 9			30 甲申⑥			30 壬子 2		30 辛亥㉚	30 辛巳30	**29** 庚戌28
雨水 4日	春分 5日	穀雨 5日	小満 7日	夏至 8日	大暑 9日	処暑 10日	秋分 11日	霜降 12日	小雪 13日	冬至 14日	大寒 14日
啓蟄 20日	清明 20日	立夏 20日	芒種 22日	小暑 23日	立秋 24日	白露 25日	寒露 27日	立冬 27日	大雪 29日	小寒 29日	立春 29日

永禄**11**年（1568－1569） 戊辰

1月	2月	3月	4月	5月	6月	7月	8月	9月	10月	11月	12月
1 辛亥29	**1** 辛巳28	**1** 辛亥29	1 庚辰27	1 庚戌27	1 己卯25	1 己酉㉕	1 戊寅23	1 丁未21	1 丁丑21	1 丙午19	1 丙子⑲
2 壬子30	2 壬午㉙	2 壬子30	2 辛巳28	2 辛亥28	2 庚辰26	2 庚戌26	2 己卯24	2 戊申22	2 戊寅22	2 丁未20	2 丁丑20
3 癸丑31	《3月》	3 癸丑31	**3** 壬午29	**3** 壬子29	3 辛巳㉗	3 辛亥27	3 庚辰25	3 己酉23	3 己卯23	3 戊申㉑	3 戊寅21
《2月》	3 癸未 1	《4月》	4 癸未30	4 癸丑㉚	4 壬午28	4 壬子28	4 辛巳26	4 庚戌24	4 庚辰㉔	4 己酉22	4 己卯22
4 甲寅①	4 甲申 2	4 甲寅 1	《5月》	5 甲寅31	**5** 癸未29	**5** 癸丑29	5 壬午27	5 辛亥25	5 辛巳25	5 庚戌23	5 庚辰23
5 乙卯 2	5 乙酉 3	5 乙卯 2	5 甲申 1	《6月》	6 甲申30	6 甲寅30	**6** 癸未28	6 壬子㉖	6 壬午26	6 辛亥24	6 辛巳24
6 丙辰 3	6 丙戌 4	6 丙辰 3	6 乙酉②	6 乙卯 1	《7月》	7 乙卯31	7 甲申㉙	7 癸丑27	7 癸未27	7 壬子25	7 壬午25
7 丁巳 4	7 丁亥 5	7 丁巳④	7 丙戌 3	7 丙辰 2	7 乙酉 1	《8月》	8 乙酉30	**8** 甲寅28	**8** 甲申28	8 癸丑26	8 癸未㉖
8 戊午 5	8 戊子 6	8 戊午 5	8 丁亥 4	8 丁巳 3	8 丙戌 2	8 丙辰①	9 丙戌31	9 乙卯29	9 乙酉29	9 甲寅27	9 甲申27
9 己未 6	9 己丑⑦	9 己未 6	9 戊子 5	9 戊午 4	9 丁亥 3	9 丁巳 2	《9月》	10 丙辰30	10 丙戌30	**10** 乙卯㉘	**10** 乙酉28
10 庚申 7	10 庚寅 8	10 庚申 7	10 己丑 6	10 己未 5	10 戊子④	10 戊午 3	10 丁亥 1	《10月》	11 丁亥㉛	11 丙辰29	11 丙戌29
11 辛酉⑧	11 辛卯 9	11 辛酉 8	11 庚寅 7	11 庚申⑥	11 己丑 5	11 己未 4	11 戊子 2	11 丁巳 1	《11月》	12 丁巳30	12 丁亥30
12 壬戌 9	12 壬辰10	12 壬戌 9	12 辛卯 8	12 辛酉 7	12 庚寅 6	12 庚申 5	12 己丑 3	12 戊午 2	12 戊子 1	《12月》	13 戊子31
13 癸亥10	13 癸巳11	13 癸亥10	13 壬辰⑨	13 壬戌 8	13 辛卯 7	13 辛酉 6	13 庚寅 4	13 己未③	13 己丑 2	13 戊午 1	**1569年**
14 甲子11	14 甲午12	14 甲子⑪	14 癸巳10	14 癸亥 9	14 壬辰 8	14 壬戌 7	14 辛卯⑤	14 庚申 4	14 庚寅 3	14 己未 2	《1月》
15 乙丑12	15 乙未13	15 乙丑12	15 甲午11	15 甲子10	15 癸巳 9	15 癸亥⑧	15 壬辰 6	15 辛酉 5	15 辛卯 4	15 庚申 3	14 己丑 1
16 丙寅13	**16** 丙申⑭	16 丙寅13	16 乙未12	16 乙丑11	16 甲午10	16 甲子 9	16 癸巳 7	16 壬戌 6	16 壬辰 5	16 辛酉 4	15 庚寅②
17 丁卯14	17 丁酉15	**17** 丁卯14	17 丙申13	17 丙寅12	17 乙未⑪	17 乙丑10	17 甲午 8	17 癸亥 7	17 癸巳 6	17 壬戌⑤	16 辛卯 3
18 戊辰⑮	18 戊戌16	18 戊辰15	**18** 丁酉14	**18** 丁卯⑬	18 丙申12	18 丙寅11	18 乙未 9	18 甲子 8	18 甲午⑦	18 癸亥 6	17 壬辰 4
19 己巳16	19 己亥17	19 己巳16	19 戊戌15	19 戊辰14	19 丁酉13	19 丁卯12	19 丙申10	19 乙丑 9	19 乙未 8	19 甲子 7	18 癸巳 5
20 庚午17	20 庚子18	20 庚午17	20 己亥⑯	20 己巳15	**20** 戊戌14	**20** 戊辰13	20 丁酉11	20 丙寅⑩	20 丙申 9	20 乙丑 8	19 甲午 6
21 辛未18	21 辛丑19	21 辛未⑱	21 庚子17	21 庚午16	21 己亥15	21 己巳14	21 戊戌⑫	21 丁卯11	21 丁酉10	21 丙寅 9	20 乙未 7
22 壬申19	22 壬寅20	22 壬申19	22 辛丑18	22 辛未17	22 庚子16	22 庚午⑮	**22** 己亥13	22 戊辰12	22 戊戌11	22 丁卯10	21 丙申 8
23 癸酉20	23 癸卯㉑	23 癸酉20	23 壬寅19	23 壬申18	23 辛丑17	23 辛未16	23 庚子14	**23** 己巳13	23 己亥12	23 戊辰11	22 丁酉⑨
24 甲戌21	24 甲辰22	24 甲戌21	24 癸卯20	24 癸酉19	24 壬寅⑱	24 壬申17	24 辛丑15	24 庚午14	**24** 庚子13	24 己巳⑫	23 戊戌10
25 乙亥㉒	25 乙巳23	25 乙亥22	25 甲辰21	25 甲戌⑳	25 癸卯19	25 癸酉18	25 壬寅16	25 辛未15	25 辛丑⑭	**25** 庚午13	24 己亥11
26 丙子23	26 丙午24	26 丙子23	26 乙巳22	26 乙亥21	26 甲辰20	26 甲戌19	26 癸卯17	26 壬申16	26 壬寅15	26 辛未14	**25** 庚子12
27 丁丑24	27 丁未25	27 丁丑24	27 丙午㉓	27 丙子22	27 乙巳21	27 乙亥20	27 甲辰18	27 癸酉⑰	27 癸卯16	27 壬申15	26 辛丑13
28 戊寅25	28 戊申26	28 戊寅㉕	28 丁未24	28 丁丑23	28 丙午22	28 丙子21	28 乙巳⑲	28 甲戌18	28 甲辰17	28 癸酉16	27 壬寅14
29 己卯26	29 己酉27	29 己卯26	29 戊申25	29 戊寅24	29 丁未23	29 丁丑㉒	29 丙午20	29 乙亥19	29 乙巳18	29 甲戌17	28 癸卯15
30 庚辰27	30 庚戌㉘		30 己酉26		30 戊申24			30 丙子20		30 乙亥18	29 甲辰⑯
雨水 16日	啓蟄 1日	清明 1日	立夏 3日	芒種 3日	小暑 5日	立秋 5日	白露 6日	寒露 8日	立冬 8日	大雪 10日	小寒 10日
	春分 16日	穀雨 17日	小満 18日	夏至 18日	大暑 20日	処暑 20日	秋分 22日	霜降 23日	小雪 24日	冬至 25日	大寒 25日

永禄 **12** 年（1569－1570） 己巳

1月	2月	3月	4月	5月	閏5月	6月	7月	8月	9月	10月	11月	12月
1乙巳17	1乙亥16	1乙巳18	1乙亥⑰	1甲辰16	1甲戌15	**1**癸卯14	1癸酉13	1壬寅⑪	1辛未10	1辛丑9	1庚午8	1庚子7
2丙午18	2丙子17	2丙午19	2丙子18	2乙巳17	2乙亥16	2甲辰15	**2**甲戌⑭	2癸卯12	2壬申11	2壬寅10	2辛未9	2辛丑⑧
3丁未19	3丁丑18	3丁未⑳	3丁丑19	3丙午18	3丙子17	3乙巳16	3乙亥15	**3**甲辰13	3癸酉12	3癸卯11	3壬申10	3壬寅9
4戊申20	4戊寅19	4戊申21	4戊寅20	4丁未19	4丁丑18	4丙午⑰	4丙子16	4乙巳14	**4**甲戌13	4甲辰12	4癸酉⑪	4癸卯10
5己酉21	5己卯⑳	5己酉22	5己卯21	5戊申20	5戊寅⑲	5丁未18	5丁丑17	5丙午15	5乙亥14	**5**乙巳⑬	5甲戌12	5甲辰11
6庚戌22	6庚辰21	6庚戌23	6庚辰22	6己酉21	6己卯20	6戊申19	6戊寅18	6丁未16	6丙子15	6丙午14	**6**乙亥13	6乙巳12
7辛亥㉓	7辛巳22	7辛亥24	7辛巳23	7庚戌㉒	7庚辰21	7己酉20	7己卯19	7戊申17	7丁丑⑯	7丁未15	7丙子14	**7**丙午13
8壬子24	8壬午23	8壬子25	8壬午㉔	8辛亥23	8辛巳22	8庚戌21	8庚辰20	8己酉⑱	8戊寅17	8戊申16	8丁丑15	8丁未14
9癸丑25	9癸未24	9癸丑26	9癸未25	9壬子24	9壬午23	9辛亥22	9辛巳㉑	9庚戌19	9己卯18	9己酉17	9戊寅16	9戊申⑮
10甲寅26	10甲申25	10甲寅㉗	10甲申26	10癸丑25	10癸未24	10壬子23	10壬午22	10辛亥20	10庚辰19	10庚戌18	10己卯17	10己酉16
11乙卯27	11乙酉26	11乙卯28	11乙酉27	11甲寅26	11甲申25	11癸丑㉔	11癸未23	11壬子21	11辛巳20	11辛亥19	11庚辰⑱	11庚戌17
12丙辰28	**12**丙戌㉗	12丙辰29	12丙戌28	12乙卯27	12乙酉㉖	12甲寅25	12甲申24	12癸丑22	12壬午21	12壬子⑳	12辛巳19	12辛亥18
13丁巳29	13丁亥28	**13**丁巳30	**13**丁亥29	13丙辰28	13丙戌27	13乙卯26	13乙酉25	13甲寅23	13癸未22	13癸丑21	13壬午20	13壬子19
14戊午㉚	《3月》	14戊午31	14戊子30	**14**丁巳㉙	14丁亥28	14丙辰27	14丙戌26	14乙卯24	14甲申㉓	14甲寅22	14癸未21	14癸丑20
15己未31	14戊子1	《4月》	《5月》	15戊午30	**15**戊子29	15丁巳28	15丁亥27	15丙辰㉕	15乙酉24	15乙卯23	15甲申22	15甲寅21
《2月》	15己丑2	15己未1	15己丑①	16己未31	16己丑30	**16**戊午29	16戊子㉘	16丁巳26	16丙戌25	16丙辰24	16乙酉23	16乙卯㉒
16庚申1	16庚寅3	16庚申2	16庚寅2	《6月》	《7月》	17己未30	**17**己丑29	17戊午27	17丁亥26	17丁巳25	17丙戌24	17丙辰23
17辛酉2	17辛卯4	17辛酉③	17辛卯3	17庚申1	17庚寅1	18庚申㉛	18庚寅30	**18**己未28	18戊子27	18戊午26	18丁亥㉕	18丁巳24
18壬戌3	18壬辰5	18壬戌4	18壬辰4	18辛酉2	18辛卯2	《8月》	19辛卯31	19庚申29	19己丑28	19己未㉗	19戊子26	19戊午25
19癸亥4	19癸巳⑥	19癸亥5	19癸巳5	19壬戌3	19壬辰③	19辛酉1	《9月》	20辛酉30	**20**庚寅29	**20**庚申28	20己丑27	20己未26
20甲子5	20甲午7	20甲子6	20甲午6	20癸亥4	20癸巳4	20壬戌2	20壬辰1	《10月》	21辛卯㉚	21辛酉29	**21**庚寅28	21庚申27
21乙丑⑥	21乙未8	21乙丑7	21乙未7	21甲子⑤	21甲午5	21癸亥3	21癸巳2	21壬戌1	22壬辰31	22壬戌30	22辛卯29	**22**辛酉28
22丙寅7	22丙申9	22丙寅8	22丙申⑧	22乙丑6	22乙未6	22甲子4	22甲午3	22癸亥②	《11月》	《12月》	23壬辰30	23壬戌㉙
23丁卯8	23丁酉10	23丁卯9	23丁酉9	23丙寅7	23丙申7	23乙丑5	23乙未④	23甲子3	23癸巳1	23癸亥1	24癸巳31	24癸亥30
24戊辰9	24戊戌11	24戊辰⑩	24戊戌10	24丁卯8	24丁酉8	24丙寅6	24丙申5	24乙丑4	24甲午2	24甲子2	**1570年**	25甲子31
25己巳10	25己亥12	25己巳11	25己亥11	25戊辰9	25戊戌9	25丁卯⑦	25丁酉6	25丙寅5	25乙未3	25乙丑3	《1月》	《2月》
26庚午11	26庚子⑬	26庚午12	26庚子12	26己巳10	26己亥⑩	26戊辰8	26戊戌7	26丁卯6	26丙申4	26丙寅④	25甲午①	26乙丑1
27辛未12	**27**辛丑14	27辛未13	27辛丑13	27庚午11	27庚子11	27己巳9	27己亥8	27戊辰7	27丁酉5	27丁卯5	26乙未2	27丙寅2
28壬申⑬	28壬寅15	**28**壬申14	**28**壬寅14	28辛未⑫	28辛丑12	28庚午10	28庚子9	28己巳8	28戊戌⑥	28戊辰6	27丙申3	28丁卯3
29癸酉14	29癸卯16	29癸酉15	29癸卯⑮	29壬申13	29壬寅13	29辛未11	29辛丑10	29庚午⑨	29己亥7	29己巳7	28丁酉4	29戊辰4
30甲戌15	30甲辰17	30甲戌16		**30**癸酉14		30壬申12			30庚子8		29戊戌5	
											30己亥6	
立春12日 雨水27日	啓蟄12日 春分27日	清明13日 穀雨28日	立夏13日 小満28日	芒種14日 夏至30日	小暑15日	大暑1日 立秋16日	処暑2日 白露17日	秋分3日 寒露18日	霜降4日 立冬20日	小雪5日 大雪20日	冬至6日 小寒21日	大寒7日 立春22日

元亀元年〔永禄 **13** 年〕（1570－1571） 庚午

改元 4/23（永禄→元亀）

1月	2月	3月	4月	5月	6月	7月	8月	9月	10月	11月	12月
1己巳⑤	1己亥7	1己巳6	1戊戌5	1戊辰④	1丁酉3	1丁卯2	1丙申31	1丙寅30	**1**乙未㉙	**1**乙丑28	1甲午27
2庚午6	2庚子8	2庚午7	2己亥6	2己巳5	2戊戌4	2戊辰3	《9月》	《10月》	2丙申30	2丙寅29	2乙未28
3辛未7	3辛丑9	3辛未8	3庚子⑦	3庚午6	3己亥5	3己巳4	2丁酉1	2丁卯①	3丁酉31	3丁卯30	**3**丙申29
4壬申8	4壬寅10	4壬申⑨	4辛丑8	4辛未7	4庚子6	4庚午5	3戊戌2	3戊辰2	《11月》	《12月》	4丁酉30
5癸酉9	5癸卯11	5癸酉10	5壬寅9	5壬申8	5辛丑7	5辛未⑥	4己亥③	4己巳3	4戊戌1	4戊辰1	5戊戌㉛
6甲戌10	6甲辰⑫	6甲戌11	6癸卯10	6癸酉9	6壬寅8	6壬申7	5庚子4	5庚午4	5己亥2	5己巳2	**1571年**
7乙亥11	7乙巳13	7乙亥12	7甲辰11	7甲戌10	7癸卯⑨	7癸酉8	6辛丑5	6辛未5	6庚子3	6庚午③	《1月》
8丙子⑫	8丙午14	8丙子13	8乙巳12	8乙亥⑪	8甲辰10	8甲戌9	7壬寅6	7壬申6	7辛丑4	7辛未4	6己亥1
9丁丑13	**9**丁未15	**9**丁丑14	9丙午13	9丙子12	9乙巳11	9乙亥10	8癸卯7	8癸酉7	8壬寅⑤	8壬申5	7庚子2
10戊寅14	10戊申16	10戊寅15	**10**丁未⑭	10丁丑13	10丙午12	10丙子11	9甲辰8	9甲戌⑧	9癸卯6	9癸酉6	8辛丑3
11己卯15	11己酉17	11己卯⑯	11戊申15	**11**戊寅14	11丁未13	11丁丑12	10乙巳9	10乙亥9	10甲辰7	10甲戌7	9壬寅4
12庚辰16	12庚戌18	12庚辰17	12己酉16	12己卯15	**12**戊申14	12戊寅⑬	11丙午⑩	11丙子10	11乙巳8	11乙亥8	10癸卯5
13辛巳17	13辛亥⑲	13辛巳18	13庚戌17	13庚辰16	13己酉15	**13**己卯14	12丁未11	12丁丑11	12丙午9	12丙子9	11甲辰6
14壬午18	14壬子20	14壬午19	14辛亥18	14辛巳17	14庚戌⑯	14庚辰15	13戊申12	13戊寅12	13丁未10	13丁丑⑩	12乙巳⑦
15癸未⑲	15癸丑21	15癸未20	15壬子19	15壬午⑱	15辛亥17	15辛巳16	**14**己酉13	14己卯13	14戊申11	14戊寅11	13丙午8
16甲申20	16甲寅22	16甲申21	16癸丑20	16癸未19	16壬子18	16壬午17	15庚戌14	**15**庚辰14	15己酉⑫	15己卯12	14丁未9
17乙酉21	17乙卯23	17乙酉22	17甲寅㉑	17甲申20	17癸丑19	17癸未18	16辛亥15	16辛巳⑮	**16**庚戌13	**16**庚辰13	15戊申10
18丙戌22	18丙辰24	18丙戌㉓	18乙卯22	18乙酉21	18甲寅20	18甲申19	17壬子16	17壬午16	17辛亥14	17辛巳14	16己酉11
19丁亥23	19丁巳25	19丁亥24	19丙辰23	19丙戌22	19乙卯21	19乙酉⑳	18癸丑⑰	18癸未17	18壬子15	18壬午15	17庚戌12
20戊子24	20戊午㉖	20戊子25	20丁巳24	20丁亥23	20丙辰22	20丙戌21	19甲寅18	19甲申18	19癸丑16	19癸未16	**18**辛亥13
21己丑25	21己未27	21己丑26	21戊午25	21戊子24	21丁巳㉓	21丁亥22	20乙卯19	20乙酉19	20甲寅17	20甲申⑰	19壬子⑭
22庚寅㉖	22庚申28	22庚寅27	22己未26	22己丑㉕	22戊午24	22戊子23	21丙辰20	21丙戌20	21乙卯18	21乙酉18	20癸丑15
23辛卯27	23辛酉29	23辛卯28	23庚申27	23庚寅26	23己未25	23己丑24	22丁巳21	22丁亥21	22丙辰⑲	22丙戌19	21甲寅16
24壬辰28	**24**壬戌30	**24**壬辰29	24辛酉㉘	24辛卯27	24庚申26	24庚寅25	23戊午22	23戊子㉒	23丁巳20	23丁亥20	22乙卯17
《3月》	25癸亥31	25癸巳㉚	25壬戌29	25壬辰28	25辛酉27	25辛卯26	24己未23	24己丑23	24戊午21	24戊子21	23丙辰18
25癸巳1	《4月》	《5月》	**26**癸亥30	**26**癸巳29	26壬戌28	26壬辰㉗	25庚申㉔	25庚寅24	25己未22	25己丑22	24丁巳19
26甲午2	26甲子1	26甲午1	27甲子31	27甲午30	27癸亥29	27癸巳28	26辛酉25	26辛卯25	26庚申23	26庚寅23	25戊午20
27乙未3	27乙丑②	27乙未2	《6月》	《7月》	**28**甲子㉚	**28**甲午29	27壬戌26	27壬辰26	27辛酉24	27辛卯㉔	26己未㉑
28丙申4	28丙寅3	28丙申3	28乙丑1	28乙未1	29乙丑31	29乙未30	28癸亥27	28癸巳27	28壬戌25	28壬辰25	27庚申22
29丁酉⑤	29丁卯4	29丁酉4	29丙寅2	29丙申②	《8月》		**29**甲子28	29甲午28	29癸亥㉖	29癸巳26	28辛酉23
30戊戌6	30戊辰5		30丁卯3		30丙寅1		30乙丑29		30甲子27		29壬戌24
											30癸亥25
雨水8日 啓蟄23日	春分9日 清明24日	穀雨9日 立夏24日	小満10日 芒種26日	夏至11日 小暑26日	大暑12日 立秋28日	処暑13日 白露28日	秋分14日 寒露29日	霜降15日	立冬1日 小雪16日	大雪1日 冬至16日	小寒3日 大寒18日

元亀**2**年（1571－1572） 辛未

1月	2月	3月	4月	5月	6月	7月	8月	9月	10月	11月	12月
1 甲子26	1 癸巳24	1 癸亥26	1 壬辰24	1 壬戌24	1 壬辰23	1 辛酉㉒	1 辛卯21	1 庚申19	1 庚寅19	1 己未17	1 己丑17
2 乙丑27	2 甲午㉕	2 甲子27	2 癸巳25	2 癸亥25	2 癸巳㉔	2 壬戌23	2 壬辰22	2 辛酉20	2 辛卯20	2 庚申⑱	2 庚寅18
3 丙寅㉘	3 乙未26	3 乙丑28	3 甲午26	3 甲子26	3 甲午25	3 癸亥24	3 癸巳23	3 壬戌21	3 壬辰㉑	3 辛酉19	3 辛卯19
4 丁卯29	4 丙申27	4 丙寅29	4 乙未27	4 乙丑㉗	4 乙未26	4 甲子25	4 甲午24	4 癸亥22	4 癸巳22	4 壬戌20	4 壬辰20
5 戊辰30	**5** 丁酉28	**5** 丁卯30	5 丙申28	5 丙寅28	5 丙申27	5 乙丑26	5 乙未25	5 甲子㉓	5 甲午23	5 癸亥21	5 癸巳21
6 己巳31	《3月》	6 戊辰31	**6** 丁酉㉙	6 丁卯29	6 丁酉28	6 丙寅27	6 丙申㉖	6 乙丑24	6 乙未24	6 甲子22	6 甲午22
《2月》	6 戊戌 1	《4月》	7 戊戌30	**7** 戊辰30	**7** 戊戌29	7 丁卯28	7 丁酉27	7 丙寅25	7 丙申25	7 乙丑23	7 乙未㉓
7 庚午 1	7 己亥 2	7 己巳①	《5月》	8 己巳31	8 己亥30	8 戊辰㉙	8 戊戌28	8 丁卯26	8 丁酉26	8 丙寅24	8 丙申24
8 辛未 2	8 庚子 3	8 庚午 2	8 己亥 1	《6月》	《7月》	**9** 己巳30	**9** 己亥29	9 戊辰27	9 戊戌27	9 丁卯㉕	9 丁酉25
9 壬申 3	9 辛丑④	9 辛未 3	9 庚子 2	9 庚午 1	9 庚子①	10庚午31	10庚子30	10己巳28	10己亥㉘	10戊辰26	10戊戌26
10癸酉④	10壬寅 5	10壬申 4	10辛丑 3	10辛未 2	10辛丑 2	《8月》	11辛丑31	**11**庚午29	**11**庚子29	11己巳27	11己亥27
11甲戌 5	11癸卯 6	11癸酉 5	11壬寅 4	11壬申③	11壬寅 3	11辛未 1	《9月》	12辛未㉚	12辛丑30	12庚午28	12庚子28
12乙亥 6	12甲辰 7	12甲戌 6	12癸卯 5	12癸酉 4	12癸卯 4	12壬申 2	12壬寅 1	《10月》	13壬寅31	**13**辛未29	**13**辛丑29
13丙子 7	13乙巳 8	13乙亥 7	13甲辰⑥	13甲戌 5	13甲辰 5	13癸酉 3	13癸卯②	13壬申 1	《11月》	14壬申30	14壬寅㉚
14丁丑 8	14丙午 9	14丙子⑧	14乙巳 7	14乙亥 6	14乙巳 6	14甲戌 4	14甲辰 3	14癸酉 2	14癸卯 1	《12月》	15癸卯31
15戊寅 9	15丁未10	15丁丑 9	15丙午 8	15丙子 7	15丙午 7	15乙亥⑤	15乙巳 4	15甲戌 3	15甲辰 2	15癸酉 1	**1572**年
16己卯10	16戊申⑪	16戊寅10	16丁未 9	16丁丑 8	16丁未⑧	16丙子 6	16丙午 5	16乙亥 4	16乙巳 3	16甲戌②	《1月》
17庚辰⑪	17己酉12	17己卯11	17戊申10	17戊寅 9	17戊申 9	17丁丑 7	17丁未 6	17丙子 5	17丙午④	17乙亥 3	16甲辰 1
18辛巳12	18庚戌13	18庚辰12	18己酉11	18己卯⑩	18己酉10	18戊寅 8	18戊申 7	18丁丑 6	18丁未 5	18丙子 4	17乙巳 2
19壬午13	19辛亥14	19辛巳13	19庚戌12	19庚辰11	19庚戌11	19己卯 9	19己酉 8	19戊寅⑦	19戊申 6	19丁丑 5	18丙午 3
20癸未14	**20**壬子15	**20**壬午14	20辛亥⑬	20辛巳12	20辛亥12	20庚辰10	20庚戌⑨	20己卯 8	20己酉 7	20戊寅 6	19丁未 4
21甲申15	21癸丑16	21癸未⑮	21壬子14	21壬午13	21壬子13	21辛巳11	21辛亥10	21庚辰 9	21庚戌 8	21己卯 7	20戊申 5
22乙酉16	22甲寅17	22甲申16	**22**癸丑15	**22**癸未14	22癸丑14	22壬午⑫	22壬子11	22辛巳10	22辛亥 9	22庚辰 8	21己酉⑥
23丙戌17	23乙卯⑱	23乙酉17	23甲寅16	23甲申15	**23**甲寅⑮	23癸未13	23癸丑12	23壬午11	23壬子10	23辛巳⑨	22庚戌 7
24丁亥⑱	24丙辰19	24丙戌18	24乙卯17	24乙酉16	24乙卯16	**24**甲申14	**24**甲寅13	24癸未12	24癸丑⑪	24壬午10	23辛亥 8
25戊子19	25丁巳20	25丁亥19	25丙辰18	25丙戌⑰	25丙辰17	25乙酉15	25乙卯14	25甲申13	25甲寅12	25癸未11	24壬子 9
26己丑20	26戊午21	26戊子20	26丁巳19	26丁亥18	26丁巳18	26丙戌16	26丙辰15	**26**乙酉⑭	**26**乙卯13	26甲申12	25癸丑10
27庚寅21	27己未22	27己丑21	27戊午⑳	27戊子19	27戊午19	27丁亥17	27丁巳⑯	27丙戌15	27丙辰14	27乙酉13	26甲寅11
28辛卯22	28庚申23	28庚寅㉒	28己未21	28己丑20	28己未20	28戊子18	28戊午17	28丁亥16	28丁巳15	**28**丙戌14	27乙卯12
29壬辰23	29辛酉24	29辛卯23	29庚申22	29庚寅21	29庚申21	29己丑⑲	29己未18	29戊子17	29戊午16	29丁亥15	**28**丙辰⑬
	30壬戌㉕		30辛酉23	30辛卯22		30庚寅20		30己丑18		30戊子⑯	29丁巳14
立春 3日 雨水 18日	啓蟄 5日 春分 20日	清明 5日 穀雨 20日	立夏 6日 小満 22日	芒種 7日 夏至 22日	小暑 7日 大暑 23日	立秋 9日 処暑 24日	白露 9日 秋分 24日	寒露 11日 霜降 26日	立冬 11日 小雪 26日	大雪 13日 冬至 28日	小寒 13日 大寒 28日

元亀**3**年（1572－1573） 壬申

1月	閏1月	2月	3月	4月	5月	6月	7月	8月	9月	10月	11月	12月
1 戊午15	1 戊子14	**1** 丁巳14	**1** 丁亥⑬	1 丙辰12	1 丙戌11	1 乙卯10	1 乙酉 9	1 乙卯 8	1 甲申 7	1 甲寅 6	1 癸未 5	1 癸丑④
2 己未16	2 己丑15	2 戊午15	2 戊子14	2 丁巳13	2 丁亥12	2 丙辰11	2 丙戌⑩	2 丙辰 9	2 乙酉 8	2 乙卯 7	2 甲申 6	2 甲寅 5
3 庚申17	3 庚寅16	3 己未⑯	3 己丑15	**3** 戊午14	**3** 戊子13	3 丁巳12	3 丁亥11	3 丁巳10	3 丙戌 9	3 丙辰 8	3 乙酉⑦	3 乙卯 6
4 辛酉18	4 辛卯⑰	4 庚申17	4 庚寅16	4 己未15	4 己丑14	4 戊午⑬	4 戊子12	4 戊午11	4 丁亥10	4 丁巳⑨	4 丙戌 8	4 丙辰 7
5 壬戌19	5 壬辰18	5 辛酉18	5 辛卯17	5 庚申16	5 庚寅⑮	**5** 己未14	**5** 己丑13	5 己未12	5 戊子11	5 戊午10	5 丁亥 9	5 丁巳 8
6 癸亥⑳	6 癸巳19	6 壬戌19	6 壬辰18	6 辛酉17	6 辛卯16	6 庚申15	6 庚寅14	**6** 庚申13	6 己丑⑫	6 己未11	6 戊子10	6 戊午 9
7 甲子21	7 甲午20	7 癸亥20	7 癸巳19	7 壬戌⑱	7 壬辰17	7 辛酉16	7 辛卯15	7 辛酉⑭	**7** 庚寅13	7 庚申12	7 己丑11	7 己未10
8 乙丑22	8 乙未21	8 甲子21	8 甲午⑳	8 癸亥19	8 癸巳18	8 壬戌17	8 壬辰16	8 壬戌15	8 辛卯14	**8** 辛酉13	8 庚寅12	8 庚申⑪
9 丙寅23	9 丙申22	9 乙丑22	9 乙未21	9 甲子20	9 甲午19	9 癸亥18	9 癸巳⑰	9 癸亥16	9 壬辰15	9 壬戌14	**9** 辛卯13	**9** 辛酉12
10丁卯24	10丁酉23	10丙寅㉓	10丙申22	10乙丑21	10乙未20	10甲子19	10甲午18	10甲子17	10癸巳16	10癸亥15	10壬辰⑭	10壬戌13
11戊辰25	11戊戌㉔	11丁卯24	11丁酉23	11丙寅22	11丙申21	11乙丑⑳	11乙未19	11乙丑18	11甲午17	11甲子⑯	11癸巳15	11癸亥14
12己巳26	12己亥25	12戊辰25	12戊戌24	12丁卯23	12丁酉㉒	12丙寅21	12丙申20	12丙寅19	12乙未18	12乙丑17	12甲午16	12甲子15
13庚午㉗	13庚子26	13己巳26	13己亥25	13戊辰24	13戊戌23	13丁卯22	13丁酉21	13丁卯20	13丙申⑲	13丙寅18	13乙未17	13乙丑16
14辛未28	14辛丑27	14庚午27	14庚子26	14己巳㉕	14己亥24	14戊辰23	14戊戌22	14戊辰㉑	14丁酉20	14丁卯19	14丙申18	14丙寅17
15壬申29	**15**壬寅28	15辛未28	15辛丑㉗	15庚午26	15庚子25	15己巳24	15己亥23	15己巳22	15戊戌21	15戊辰20	15丁酉19	15丁卯⑱
16癸酉30	16癸卯29	**16**壬申29	16壬寅28	16辛未27	16辛丑26	16庚午25	16庚子㉔	16庚午23	16己亥22	16己巳21	16戊戌20	16戊辰19
17甲戌31	《3月》	17癸酉㉚	**17**癸卯29	17壬申28	17壬寅27	17辛未26	17辛丑25	17辛未24	17庚子23	17庚午22	17己亥㉑	17己巳20
《2月》	17甲辰 1	18甲戌31	18甲辰30	**18**癸酉29	18癸卯28	18壬申㉗	18壬寅26	18壬申25	18辛丑24	18辛未㉓	18庚子22	18庚午21
18乙亥 1	18乙巳②	《4月》	《5月》	19甲戌30	**19**甲辰㉙	19癸酉28	19癸卯27	19癸酉26	19壬寅25	19壬申24	19辛丑23	19辛未22
19丙子 2	19丙午 3	19乙亥 1	19乙巳 1	20乙亥31	20乙巳30	**20**甲戌29	**20**甲辰28	20甲戌27	20癸卯㉖	20癸酉25	20壬寅24	20壬申23
20丁丑③	20丁未 4	20丙子 2	20丙午 2	《6月》	《7月》	21乙亥30	21乙巳29	**21**乙亥㉘	21甲辰27	21甲戌26	21癸卯25	21癸酉24
21戊寅 4	21戊申 5	21丁丑 3	21丁未 3	21丙子①	21丙午 1	22丙子31	22丙午30	22丙子29	**22**乙巳28	22乙亥27	22甲辰26	22甲戌㉕
22己卯 5	22己酉 6	22戊寅 4	22戊申④	22丁丑 2	22丁未 2	《8月》	23丁未㉛	23丁丑30	23丙午29	**23**丙子28	23乙巳27	23乙亥26
23庚辰 6	23庚戌 7	23己卯 5	23己酉 5	23戊寅 3	23戊申 3	23丁丑 1	《9月》	《10月》	24丁未30	24丁丑29	**24**丙午㉘	24丙子27
24辛巳 7	24辛亥 8	24庚辰⑥	24庚戌 6	24己卯 4	24己酉 4	24戊寅 2	24戊申 1	24戊寅 1	25戊申31	25戊寅㉚	25丁未29	**25**丁丑28
25壬午 8	25壬子⑨	25辛巳 7	25辛亥 7	25庚辰 5	25庚戌 5	25己卯③	25己酉 2	25己卯 2	《11月》	《12月》	26戊申30	26戊寅29
26癸未 9	26癸丑10	26壬午 8	26壬子 8	26辛巳 6	26辛亥⑥	26庚辰 4	26庚戌 3	26庚辰 3	26己酉 1	26己卯 1	27己酉31	27己卯30
27甲申⑩	27甲寅11	27癸未 9	27癸丑 9	27壬午 7	27壬子 7	27辛巳 5	27辛亥 4	27辛巳 4	27庚戌②	27庚辰 2	**1573**年	28庚辰31
28乙酉11	28乙卯12	28甲申10	28甲寅10	28癸未⑧	28癸丑 8	28壬午 6	28壬子 5	28壬午⑤	28辛亥 3	28辛巳 3	《1月》	《2月》
29丙戌12	29丙辰13	29乙酉11	29乙卯⑪	29甲申 9	29甲寅 9	29癸未 7	29癸丑 6	29癸未 6	29壬子 4	29壬午 4	28庚戌 1	29辛巳①
30丁亥13		30丙戌12		30乙酉10		30甲申 8	30甲寅⑦		30癸丑 5		29辛亥 2	30壬午 2
											30壬子 3	
立春 14日 雨水 30日	啓蟄15日	春分 1日 清明 16日	穀雨 1日 立夏 17日	小満 3日 芒種 18日	夏至 3日 小暑 19日	大暑 5日 立秋 20日	処暑 5日 白露 20日	秋分 6日 寒露 21日	霜降 7日 立冬 22日	小雪 8日 大雪 23日	冬至 9日 小寒 24日	大寒 9日 立春 25日

天正元年〔元亀4年〕（1573－1574） 癸酉

改元 7/28（元亀→天正）

1月	2月	3月	4月	5月	6月	7月	8月	9月	10月	11月	12月
1 癸未 3	1 壬子 4	1 辛巳 2	1 辛亥 2	1 庚辰㉛	**1** 己酉29	**1** 己卯29	1 己酉28	1 戊寅26	1 戊申26	1 戊寅25	1 丁未24
2 甲申 4	2 癸丑 5	2 壬午 3	2 壬子③	《6月》	2 庚戌30	2 庚辰30	**2** 庚戌29	2 己卯㉗	2 己酉27	2 己卯26	2 戊申25
3 乙酉 5	3 甲寅 6	3 癸未 4	3 癸丑 4	2 辛巳 1	《7月》	3 辛巳31	3 辛亥㉚	**3** 庚辰28	3 庚戌28	3 庚辰27	3 己酉26
4 丙戌 6	4 乙卯 7	4 甲申⑤	4 甲寅 5	3 壬午 2	3 辛亥 1	《8月》	4 壬子31	4 辛巳29	**4** 辛亥29	**4** 辛巳28	4 庚戌㉗
5 丁亥 7	5 丙辰⑧	5 乙酉 6	5 乙卯 6	4 癸未 3	4 壬子 2	4 壬午 1	《9月》	5 壬午30	5 壬子30	5 壬午㉙	**5** 辛亥28
6 戊子⑧	6 丁巳 9	6 丙戌 7	6 丙辰 7	5 甲申 4	5 癸丑 3	5 癸未②	5 癸丑 1	《10月》	6 癸丑31	6 癸未30	6 壬子29
7 己丑 9	7 戊午10	7 丁亥 8	7 丁巳 8	6 乙酉 5	6 甲寅 4	6 甲申 3	6 甲寅 2	6 癸未 1	《11月》	《12月》	7 癸丑30
8 庚寅10	8 己未11	8 戊子 9	8 戊午 9	7 丙戌 6	7 乙卯⑤	7 乙酉 4	7 乙卯 3	7 甲申 2	7 甲寅①	7 甲申 1	8 甲寅31
9 辛卯11	9 庚申12	9 己丑10	9 己未⑩	8 丁亥⑦	8 丙辰 6	8 丙戌 5	8 丙辰 4	8 乙酉 3	8 乙卯 2	8 乙酉 2	**1574年**
10 壬辰12	10 辛酉13	10 庚寅11	10 庚申11	9 戊子 8	9 丁巳 7	9 丁亥 6	9 丁巳 5	9 丙戌④	9 丙辰 3	9 丙戌 3	《1月》
11 癸巳13	**11** 壬戌14	11 辛卯⑫	11 辛酉12	10 己丑 9	10 戊午 8	10 戊子 7	10 戊午⑥	10 丁亥 5	10 丁巳 4	10 丁亥 4	9 乙卯 1
12 甲午14	12 癸亥⑮	12 壬辰13	12 壬戌13	11 庚寅10	11 己未 9	11 己丑 8	11 己未 7	11 戊子 6	11 戊午 5	11 戊子 5	10 丙辰 2
13 乙未⑮	13 甲子16	**13** 癸巳14	**13** 癸亥14	12 辛卯11	12 庚申10	12 庚寅⑨	12 庚申 8	12 己丑 7	12 己未 6	12 己丑⑥	11 丁巳③
14 丙申16	14 乙丑17	14 甲午15	14 甲子15	13 壬辰12	13 辛酉11	13 辛卯10	13 辛酉 9	13 庚寅 8	13 庚申 7	13 庚寅 7	12 戊午 4
15 丁酉17	15 丙寅18	15 乙未16	15 乙丑16	14 癸巳13	14 壬戌⑫	14 壬辰11	14 壬戌10	14 辛卯 9	14 辛酉⑧	14 辛卯 8	13 己未 5
16 戊戌18	16 丁卯19	16 丙申17	16 丙寅⑰	**15** 甲午⑭	15 癸亥13	15 癸巳12	15 癸亥11	15 壬辰10	15 壬戌 9	15 壬辰 9	14 庚申 6
17 己亥19	17 戊辰20	17 丁酉18	17 丁卯18	16 乙未15	**16** 甲子14	**16** 甲午13	16 甲子12	16 癸巳⑪	16 癸亥10	16 癸巳10	15 辛酉 7
18 庚子20	18 己巳21	18 戊戌⑲	18 戊辰19	17 丙申16	17 乙丑15	17 乙未14	**17** 乙丑⑬	17 甲午12	17 甲子11	17 甲午11	16 壬戌 8
19 辛丑21	19 庚午㉒	19 己亥20	19 己巳20	18 丁酉17	18 丙寅16	18 丙申15	18 丙寅14	**18** 乙未13	18 乙丑12	18 乙未12	17 癸亥 9
20 壬寅㉒	20 辛未23	20 庚子21	20 庚午21	19 戊戌18	19 丁卯17	19 丁酉⑯	19 丁卯15	19 丙申14	**19** 丙寅13	**19** 丙申⑬	18 甲子⑩
21 癸卯23	21 壬申24	21 辛丑22	21 辛未22	20 己亥19	20 戊辰18	20 戊戌17	20 戊辰16	20 丁酉15	20 丁卯14	20 丁酉14	19 乙丑11
22 甲辰24	22 癸酉25	22 壬寅23	22 壬申23	21 庚子20	21 己巳⑲	21 己亥18	21 己巳17	21 戊戌16	21 戊辰⑮	21 戊戌15	20 丙寅12
23 乙巳25	23 甲戌26	23 癸卯24	23 癸酉㉔	22 辛丑㉑	22 庚午20	22 庚子19	22 庚午18	22 己亥17	22 己巳16	22 己亥16	**21** 丁卯13
24 丙午26	24 乙亥27	24 甲辰25	24 甲戌25	23 壬寅22	23 辛未21	23 辛丑20	23 辛未19	23 庚子⑱	23 庚午17	23 庚子17	22 戊辰14
25 丁未27	25 丙子28	25 乙巳㉖	25 乙亥26	24 癸卯23	24 壬申22	24 壬寅21	24 壬申⑳	24 辛丑19	24 辛未18	24 辛丑18	23 己巳15
26 戊申28	26 丁丑㉙	26 丙午27	26 丙子27	25 甲辰24	25 癸酉23	25 癸卯22	25 癸酉21	25 壬寅20	25 壬申19	25 壬寅19	24 庚午16
《3月》	**27** 戊寅30	27 丁未28	27 丁丑28	26 乙巳25	26 甲戌24	26 甲辰㉓	26 甲戌22	26 癸卯21	26 癸酉20	26 癸卯⑳	25 辛未⑰
27 己酉①	28 己卯31	**28** 戊申29	**28** 戊寅29	27 丙午26	27 乙亥25	27 乙巳24	27 乙亥23	27 甲辰22	27 甲戌21	27 甲辰21	26 壬申18
28 庚戌 2	《4月》	29 己酉30	29 己卯30	28 丁未27	28 丙子㉖	28 丙午25	28 丙子24	28 乙巳23	28 乙亥㉒	28 乙巳22	27 癸酉19
29 辛亥 3	29 庚辰 1	《5月》		29 戊申㉘	29 丁丑27	29 丁未26	29 丁丑25	29 丙午24	29 丙子23	29 丙午23	28 甲戌20
		30 庚戌 1			30 戊寅28	30 戊申27		30 丁未㉕	30 丁丑24		29 乙亥21
											30 丙子22
雨水 10日 啓蟄 25日	春分 11日 清明 27日	穀雨 13日 立夏 28日	小満 13日 芒種 28日	夏至 15日	小暑 1日 大暑 16日	立秋 1日 処暑 16日	白露 2日 秋分 17日	寒露 3日 霜降 18日	立冬 4日 小雪 19日	大雪 4日 冬至 19日	小寒 5日 大寒 21日

天正2年（1574－1575） 甲戌

1月	2月	3月	4月	5月	6月	7月	8月	9月	10月	11月	閏11月	12月
1 丁丑23	1 丁未22	1 丙子23	1 乙巳21	1 乙亥21	1 甲辰19	1 癸酉⑱	1 癸卯17	1 壬申15	1 壬寅15	1 壬申⑭	1 壬寅14	1 辛未12
2 戊寅㉔	2 戊申23	2 丁丑24	2 丙午22	2 丙子22	2 乙巳⑳	2 甲戌19	2 甲辰18	2 癸酉16	2 癸卯16	2 癸酉15	2 癸卯15	**2** 壬申13
3 己卯25	3 己酉24	3 戊寅25	3 丁未23	3 丁丑㉓	3 丙午21	3 乙亥20	3 乙巳19	3 甲戌17	3 甲辰⑰	3 甲戌16	3 甲辰16	3 癸酉14
4 庚辰26	4 庚戌25	4 己卯26	4 戊申24	4 戊寅24	4 丁未22	4 丙子21	4 丙午20	4 乙亥18	4 乙巳18	4 乙亥17	4 乙巳17	4 甲戌15
5 辛巳27	5 辛亥26	5 庚辰27	5 己酉㉕	5 己卯25	5 戊申23	5 丁丑22	5 丁未21	5 丙子⑲	5 丙午19	5 丙子18	5 丙午18	5 乙亥⑯
6 壬午28	**6** 壬子27	6 辛巳㉘	6 庚戌26	6 庚辰26	6 己酉24	6 戊寅23	6 戊申㉒	6 丁丑20	6 丁未20	6 丁丑19	6 丁未⑲	6 丙子17
7 癸未29	7 癸丑㉘	7 壬午29	7 辛亥27	7 辛巳27	7 庚戌25	7 己卯24	7 己酉23	7 戊寅21	7 戊申21	7 戊寅20	7 戊申20	7 丁丑18
8 甲申30	《3月》	**8** 癸未30	8 壬子28	8 壬午28	8 辛亥26	8 庚辰㉕	8 庚戌24	8 己卯22	8 己酉22	8 己卯㉑	8 己酉21	8 戊寅19
9 乙酉㉛	8 甲寅 1	9 甲申31	**9** 癸丑29	9 癸未29	9 壬子㉗	9 辛巳26	9 辛亥25	9 庚辰23	9 庚戌23	9 庚辰22	9 庚戌22	9 己卯20
《2月》	9 乙卯 2	《4月》	10 甲寅30	**10** 甲申㉚	10 癸丑28	10 壬午27	10 壬子26	10 辛巳24	10 辛亥㉔	10 辛巳23	10 辛亥23	10 庚辰21
10 丙戌 1	10 丙辰 3	10 乙酉 1	《5月》	11 乙酉31	**11** 甲寅29	11 癸未28	11 癸丑27	11 壬午25	11 壬子25	11 壬午24	11 壬子24	11 辛巳22
11 丁亥 2	11 丁巳 4	11 丙戌 2	11 乙卯 1	《6月》	12 乙卯30	12 甲申29	12 甲寅28	12 癸未㉖	12 癸丑26	12 癸未25	12 癸丑25	12 壬午㉓
12 戊子 3	12 戊午 5	12 丁亥 3	12 丙辰②	12 丙戌 1	《7月》	**13** 乙酉30	**13** 乙卯㉙	13 甲申27	13 甲寅27	13 甲申26	13 甲寅㉖	13 癸未24
13 己丑 4	13 己未 6	13 戊子④	13 丁巳 3	13 丁亥 2	13 丙辰 1	14 丙戌31	14 丙辰30	**14** 乙酉28	14 乙卯28	14 乙酉27	14 乙卯27	14 甲申25
14 庚寅 5	14 庚申⑦	14 己丑 5	14 戊午 4	14 戊子 3	14 丁巳 2	《8月》	15 丁巳31	15 丙戌29	**15** 丙辰29	**15** 丙戌㉘	15 丙辰28	15 乙酉26
15 辛卯 6	15 辛酉 8	15 庚寅 6	15 己未 5	15 己丑 4	15 戊午 3	15 丁亥①	《9月》	16 丁亥30	16 丁巳30	16 丁亥29	**16** 丁巳29	16 丙戌27
16 壬辰⑦	16 壬戌 9	16 辛卯 7	16 庚申 6	16 庚寅 5	16 己未④	16 戊子 2	16 戊午 1	《10月》	17 戊午㉛	17 戊子30	17 戊午30	**17** 丁亥28
17 癸巳 8	17 癸亥10	17 壬辰 8	17 辛酉 7	17 辛卯⑥	17 庚申 5	17 己丑 3	17 己未 2	17 戊子 1	《11月》	《12月》	18 己未31	18 戊子29
18 甲午 9	18 甲子11	18 癸巳 9	18 壬戌 8	18 壬辰 7	18 辛酉 6	18 庚寅 4	18 庚申 3	18 己丑 2	18 己未 1	18 己丑 1	**1575年**	19 己丑㉚
19 乙未10	19 乙丑12	19 甲午10	19 癸亥⑨	19 癸巳 8	19 壬戌 7	19 辛卯 5	19 辛酉 4	19 庚寅③	19 庚申 2	19 庚寅 2	《1月》	20 庚寅31
20 丙申11	20 丙寅13	20 乙未⑪	20 甲子10	20 甲午 9	20 癸亥 8	20 壬辰 6	20 壬戌⑤	20 辛卯 4	20 辛酉 3	20 辛卯 3	19 庚申 1	《2月》
21 丁酉12	21 丁卯⑭	21 丙申12	21 乙丑11	21 乙未10	21 甲子 9	21 癸巳 7	21 癸亥 6	21 壬辰 5	21 壬戌 4	21 壬辰 4	20 辛酉②	21 辛卯 1
22 戊戌13	**22** 戊辰15	22 丁酉13	22 丙寅12	22 丙申11	22 乙丑10	22 甲午⑧	22 甲子 7	22 癸巳 6	22 癸亥 5	22 癸巳⑤	21 壬戌 3	22 壬辰 2
23 己亥⑭	23 己巳16	**23** 戊戌14	23 丁卯13	23 丁酉12	23 丙寅⑪	23 乙未 9	23 乙丑 8	23 甲午 7	23 甲子 6	23 甲午 6	22 癸亥 4	23 癸巳 3
24 庚子15	24 庚午17	24 己亥15	**24** 戊辰14	24 戊戌⑬	24 丁卯12	24 丙申10	24 丙寅 9	24 乙未 8	24 乙丑⑦	24 乙未 7	23 甲子 5	24 甲午 4
25 辛丑16	25 辛未18	25 庚子16	25 己巳15	**25** 己亥14	25 戊辰13	25 丁酉11	25 丁卯10	25 丙申 9	25 丙寅 8	25 丙申 8	24 乙丑 6	25 乙未 5
26 壬寅17	26 壬申19	26 辛丑17	26 庚午⑯	26 庚子15	**26** 己巳14	26 戊戌12	26 戊辰11	26 丁酉⑩	26 丁卯 9	26 丁酉 9	25 丙寅 7	26 丙申⑥
27 癸卯18	27 癸酉20	27 壬寅⑱	27 辛未17	27 辛丑16	27 庚午15	27 己亥13	27 己巳⑫	27 戊戌11	27 戊辰10	27 戊戌10	26 丁卯 8	27 丁酉 7
28 甲辰19	28 甲戌㉑	28 癸卯19	28 壬申18	28 壬寅17	28 辛未16	**28** 庚子14	**28** 庚午13	28 己亥12	28 己巳11	28 己亥11	27 戊辰⑨	28 戊戌 8
29 乙巳20	29 乙亥22	29 甲辰20	29 癸酉19	29 癸卯18	29 壬申17	29 辛丑⑮	29 辛未14	29 庚子13	29 庚午12	29 庚子⑫	28 己巳10	29 己亥 9
30 丙午㉑			30 甲戌20			30 壬寅16		**30** 辛丑14	**30** 辛未13	**30** 辛丑13	29 庚午11	30 庚子10
立春 6日 雨水 21日	啓蟄 6日 春分 22日	清明 8日 穀雨 23日	立夏 9日 小満 24日	芒種 10日 夏至 25日	小暑 11日 大暑 26日	立秋 13日 処暑 28日	白露 13日 秋分 28日	寒露 14日 霜降 30日	立冬 15日 小雪 30日	大雪 15日 冬至 30日	小寒16日	大寒 2日 立春 17日

天正**3**年（1575－1576） 乙亥

1月	2月	3月	4月	5月	6月	7月	8月	9月	10月	11月	12月
1 辛丑11 **2** 壬寅12 3 癸卯⑬ 4 甲辰14 5 乙巳15 6 丙午16 7 丁未17 8 戊申18 9 己酉19 10庚戌⑳ 11辛亥21 12壬子22 13癸丑23 14甲寅24 15乙卯25 16丙辰26 17丁巳㉗ **18**戊午28 《3月》 19己未 1 20庚申 2 21辛酉 3 22壬戌 4 23癸亥 5 24甲子⑥ 25乙丑 7 26丙寅 8 27丁卯 9 28戊辰10 29己巳11 30庚午12	1 辛未⑬ 2 壬申14 **3** 癸酉15 4 甲戌16 5 乙亥17 6 丙子18 7 丁丑19 8 戊寅⑳ 9 己卯21 10庚辰22 11辛巳23 12壬午24 13癸未25 14甲申26 15乙酉㉗ 16丙戌28 17丁亥29 **18**戊子30 19己丑31 《4月》 20庚寅 1 21辛卯 2 22壬辰③ 23癸巳 4 24甲午 5 25乙未 6 26丙申 7 27丁酉 8 28戊戌 9 29己亥⑩	1 庚子11 2 辛丑12 3 壬寅13 **4** 癸卯14 5 甲辰15 6 乙巳16 7 丙午⑰ 8 丁未18 9 戊申19 10己酉20 11庚戌21 12辛亥22 13壬子23 14癸丑㉔ 15甲寅25 16乙卯26 17丙辰27 18丁巳28 **19**戊午29 20己未30 《5月》 21庚申① 22辛酉 2 23壬戌 3 24癸亥 4 25甲子 5 26乙丑 6 27丙寅 7 28丁卯⑧ 29戊辰 9	1 己巳10 2 庚午11 3 辛未12 4 壬申13 5 癸酉14 **6** 甲戌⑮ 7 乙亥16 8 丙子17 9 丁丑18 10戊寅19 11己卯20 12庚辰21 13辛巳㉒ 14壬午23 15癸未24 16甲申25 17乙酉26 18丙戌27 19丁亥28 20戊子㉙ **21** 己丑30 22庚寅31 《6月》 23辛卯 1 24壬辰 2 25癸巳 3 26甲午 4 27乙未⑤ 28丙申 6 29丁酉 7 30戊戌 8	1 己亥 9 2 庚子10 3 辛丑11 4 壬寅⑫ 5 癸卯13 **6** 甲辰14 7 乙巳15 8 丙午16 9 丁未17 10戊申18 11己酉⑲ 12庚戌20 13辛亥21 14壬子22 15癸丑23 16甲寅24 17乙卯25 18丙辰㉖ 19丁巳27 20戊午28 **21** 己未29 22庚申30 《7月》 23辛酉 1 24壬戌 2 25癸亥③ 26甲子 4 27乙丑 5 28丙寅 6 29丁卯 7	1 戊辰 8 2 己巳 9 3 庚午⑩ 4 辛未11 5 壬申12 6 癸酉13 7 甲戌14 **8** 乙亥15 9 丙子16 10丁丑⑰ 11戊寅18 12己卯19 13庚辰20 14辛巳21 15壬午22 16癸未23 17甲申㉔ 18乙酉25 19丙戌26 20丁亥27 21戊子28 22己丑29 **23**庚寅30 24辛卯㉛ 《8月》 25壬辰 1 26癸巳 2 27甲午 3 28乙未 4 29丙申 5	1 丁酉 6 2 戊戌⑦ 3 己亥 8 4 庚子 9 5 辛丑10 6 壬寅11 7 癸卯12 8 甲辰13 **9** 乙巳⑭ 10丙午15 11丁未16 12戊申17 13己酉18 14庚戌19 15辛亥20 16壬子㉑ 17癸丑22 18甲寅23 19乙卯24 20丙辰25 21丁巳26 22戊午27 23己未㉘ **24**庚申29 25辛酉30 26壬戌31 《9月》 27癸亥 1 28甲子 2 29乙丑 3 30丙寅④	1 丁卯 5 2 戊辰 6 3 己巳 7 4 庚午 8 5 辛未 9 6 壬申10 7 癸酉⑪ 8 甲戌12 **9** 乙亥13 10丙子14 11丁丑15 12戊寅16 13己卯17 14庚辰⑱ 15辛巳19 16壬午20 17癸未21 18甲申22 19乙酉23 20丙戌24 21丁亥㉕ 22戊子26 23己丑27 24庚寅28 **25**辛卯29 26壬辰30 《10月》 27癸巳 1 28甲午② 29乙未 3	1 丙申 4 2 丁酉 5 3 戊戌 6 4 己亥 7 5 庚子 8 6 辛丑⑨ 7 壬寅10 8 癸卯11 9 甲辰12 10乙巳13 **11**丙午14 12丁未15 13戊申⑯ 14己酉17 15庚戌18 16辛亥19 17壬子20 18癸丑21 19甲寅22 20乙卯㉓ 21丙辰24 22丁巳25 23戊午26 24己未27 25庚申28 **26**辛酉29 27壬戌㉚ 28癸亥31 《11月》 29甲子 1 30乙丑 2	1 丙寅 3 2 丁卯 4 3 戊辰 5 4 己巳⑥ 5 庚午 7 6 辛未 8 7 壬申 9 8 癸酉10 9 甲戌11 10乙亥12 **11**丙子⑬ 12丁丑14 13戊寅15 14己卯16 15庚辰17 16辛巳18 17壬午19 18癸未⑳ 19甲申21 20乙酉22 21丙戌23 22丁亥24 23戊子25 24己丑26 25庚寅㉗ 26辛卯28 **27**壬辰29 28癸巳30 《12月》 29甲午 1 30乙未 2	1 丙申 3 2 丁酉④ 3 戊戌 5 4 己亥 6 5 庚子 7 6 辛丑 8 7 壬寅 9 8 癸卯10 9 甲辰⑪ 10乙巳12 11丙午13 **12**丁未14 13戊申15 14己酉16 15庚戌17 16辛亥⑱ 17壬子19 18癸丑20 19甲寅21 20乙卯22 21丙辰23 22丁巳24 23戊午㉕ 24己未26 25庚申27 26辛酉28 **27**壬戌29 28癸亥30 29甲子31	**1576**年 《1月》 1 乙丑① 2 丙寅 2 3 丁卯 3 4 戊辰 4 5 己巳 5 6 庚午 6 7 辛未 7 8 壬申⑧ 9 癸酉 9 10甲戌10 11乙亥11 12丙子12 **13**丁丑13 14戊寅14 15己卯⑮ 16庚辰16 17辛巳17 18壬午18 19癸未19 20甲申20 21乙酉21 22丙戌㉒ 23丁亥23 24戊子24 25己丑25 26庚寅26 27辛卯27 **28**壬辰28 29癸巳㉙ 30甲午30

雨水 2日	春分 3日	穀雨 4日	小満 6日	夏至 6日	大暑 8日	処暑 9日	秋分 9日	霜降 11日	小雪 11日	冬至 12日	大寒 13日
啓蟄 18日	清明 18日	立夏 19日	芒種 21日	小暑 21日	立秋 23日	白露 24日	寒露 25日	立冬 26日	大雪 27日	小寒 27日	立春 28日

天正**4**年（1576－1577） 丙子

1月	2月	3月	4月	5月	6月	7月	8月	9月	10月	11月	12月
1 乙未31 《2月》 2 丙申 1 3 丁酉 2 4 戊戌 3 5 己亥 4 6 庚子⑤ 7 辛丑 6 8 壬寅 7 9 癸卯 8 10甲辰 9 11乙巳10 12丙午11 13丁未⑫ **14**戊申13 15己酉14 16庚戌15 17辛亥16 18壬子17 19癸丑18 20甲寅⑲ 21乙卯20 22丙辰21 23丁巳22 24戊午23 25己未24 26庚申25 27辛酉㉖ 28壬戌27 **29**癸亥28 30甲子29	《3月》 1 乙丑 1 2 丙寅 2 3 丁卯 3 4 戊辰④ 5 己巳 5 6 庚午 6 7 辛未 7 8 壬申 8 9 癸酉 9 10甲戌10 11乙亥⑪ 12丙子12 13丁丑13 **14**戊寅14 15己卯15 16庚辰16 17辛巳17 18壬午⑱ 19癸未19 20甲申20 21乙酉21 22丙戌22 23丁亥23 24戊子24 25己丑㉕ 26庚寅26 27辛卯27 28壬辰28 **29**癸巳29	1 甲午30 2 乙未31 《4月》 3 丙申① 4 丁酉 2 5 戊戌 3 6 己亥 4 7 庚子 5 8 辛丑 6 9 壬寅 7 10癸卯⑧ 11甲辰 9 12乙巳10 13丙午11 14丁未12 **15**戊申13 16己酉14 17庚戌⑮ 18辛亥16 19壬子17 20癸丑18 21甲寅19 22乙卯20 23丙辰21 24丁巳㉒ 25戊午23 26己未24 27庚申25 28辛酉26 29壬戌27 30癸亥28	**1** 甲子㉙ 2 乙丑30 《5月》 3 丙寅 1 4 丁卯 2 5 戊辰 3 6 己巳 4 7 庚午 5 8 辛未⑥ 9 壬申 7 10癸酉 8 11甲戌 9 12乙亥10 13丙子11 14丁丑12 15戊寅⑬ **16**己卯14 17庚辰15 18辛巳16 19壬午17 20癸未18 21甲申19 22乙酉⑳ 23丙戌21 24丁亥22 25戊子23 26己丑24 27庚寅25 28辛卯26 29壬辰㉗	1 癸巳28 **2** 甲午29 3 乙未30 4 丙申31 《6月》 5 丁酉 1 6 戊戌 2 7 己亥③ 8 庚子 4 9 辛丑 5 10壬寅 6 11癸卯 7 12甲辰 8 13乙巳 9 14丙午⑩ 15丁未11 16戊申12 **17**己酉13 18庚戌14 19辛亥15 20壬子16 21癸丑⑰ 22甲寅18 23乙卯19 24丙辰20 25丁巳21 26戊午22 27己未23 28庚申㉔ 29辛酉25 30壬戌26	1 癸亥27 2 甲子28 **3** 乙丑29 4 丙寅30 《7月》 5 丁卯① 6 戊辰 2 7 己巳 3 8 庚午 4 9 辛未 5 10壬申 6 11癸酉 7 12甲戌⑧ 13乙亥 9 14丙子10 15丁丑11 16戊寅12 17己卯13 **18**庚辰14 19辛巳⑮ 20壬午16 21癸未17 22甲申18 23乙酉19 24丙戌20 25丁亥21 26戊子㉒ 27己丑23 28庚寅24 29辛卯25	1 壬辰26 2 癸巳27 3 甲午28 **4** 乙未㉙ 5 丙申30 6 丁酉31 《8月》 7 戊戌 1 8 己亥 2 9 庚子 3 10辛丑 4 11壬寅⑤ 12癸卯 6 13甲辰 7 14乙巳 8 15丙午 9 16丁未10 17戊申11 18己酉⑫ **19**庚戌13 20辛亥14 21壬子15 22癸丑16 23甲寅17 24乙卯18 25丙辰⑲ 26丁巳20 27戊午21 28己未22 29庚申23	1 辛酉24 2 壬戌25 3 癸亥㉖ 4 甲子27 **5** 乙丑28 6 丙寅29 7 丁卯30 8 戊辰31 《9月》 9 己巳 1 10庚午② 11辛未 3 12壬申 4 13癸酉 5 14甲戌 6 15乙亥 7 16丙子 8 17丁丑⑨ 18戊寅10 19己卯11 20庚辰12 **21** 辛巳13 22壬午14 23癸未15 24甲申⑯ 25乙酉17 26丙戌18 27丁亥19 28戊子20 29己丑21 30庚寅22	1 辛卯㉓ 2 壬辰24 3 癸巳25 4 甲午26 5 乙未27 **6** 丙申28 7 丁酉29 8 戊戌㉚ 《10月》 9 己亥 1 10庚子 2 11辛丑 3 12壬寅 4 13癸卯 5 14甲辰 6 15乙巳⑦ 16丙午 8 17丁未 9 18戊申10 19己酉11 20庚戌12 **21** 辛亥13 22壬子⑭ 23癸丑15 24甲寅16 25乙卯17 26丙辰18 27丁巳19 28戊午20 29己未㉑	1 庚申22 2 辛酉23 3 壬戌24 4 癸亥25 5 甲子26 6 乙丑27 **7** 丙寅㉘ 8 丁卯29 9 戊辰30 10己巳31 《11月》 11庚午 1 12辛未 2 13壬申 3 14癸酉④ 15甲戌 5 16乙亥 6 17丙子 7 18丁丑 8 19戊寅 9 20己卯10 21庚辰⑪ 22辛巳12 **23**壬午13 24癸未14 25甲申15 26乙酉16 27丙戌17 28丁亥⑱ 29戊子19 30己丑20	1 庚寅21 2 辛卯22 3 壬辰23 4 癸巳24 5 甲午㉕ 6 乙未26 7 丙申27 **8** 丁酉28 9 戊戌29 10己亥30 《12月》 11庚子 1 12辛丑② 13壬寅 3 14癸卯 4 15甲辰 5 16乙巳 6 17丙午 7 18丁未 8 19戊申⑨ 20己酉10 21庚戌11 22辛亥12 **23**壬子13 24癸丑14 25甲寅15 26乙卯⑯ 27丙辰17 28丁巳18 29戊午19	1 己未20 2 庚申21 3 辛酉22 4 壬戌㉓ 5 癸亥24 6 甲子25 7 乙丑26 8 丙寅27 **9** 丁卯28 10戊辰29 11己巳㉚ 12庚午31 **1577**年 《1月》 13辛未 1 14壬申 2 15癸酉 3 16甲戌 4 17乙亥 5 18丙子⑥ 19丁丑 7 20戊寅 8 21己卯 9 22庚辰10 23辛巳11 **24**壬午12 25癸未⑬ 26甲申14 27乙酉15 28丙戌16 29丁亥17 30戊子18

雨水 14日	春分 14日	穀雨 15日	立夏 1日	芒種 2日	小暑 3日	立秋 4日	白露 5日	寒露 6日	立冬 7日	大雪 8日	小寒 9日
啓蟄 29日	清明 29日		小満 16日	夏至 17日	大暑 18日	処暑 19日	秋分 21日	霜降 21日	小雪 23日	冬至 23日	大寒 24日

天正5年（1577－1578） 丁丑

1月	2月	3月	4月	5月	6月	7月	閏7月	8月	9月	10月	11月	12月
1 己丑19	1 己未18	1 己丑20	1 戊午18	1 戊子18	1 丁巳⑯	1 丁亥16	1 丙辰14	1 乙酉12	1 乙卯12	1 甲申⑩	1 甲寅10	1 癸未 8
2 庚寅⑳	2 庚申19	2 庚寅21	2 己未19	2 己丑⑲	2 戊午17	2 戊子17	2 丁巳15	**2** 丙戌13	**2** 丙辰⑬	2 乙酉11	2 乙卯11	2 甲申 9
3 辛卯21	3 辛酉20	3 辛卯22	3 庚申20	3 庚寅20	3 己未18	3 己丑18	3 戊午16	3 丁亥14	3 丁巳14	3 丙戌12	3 丙辰12	3 乙酉10
4 壬辰22	4 壬戌21	4 壬辰23	4 辛酉㉑	4 辛卯21	4 庚申19	4 庚寅19	4 己未17	4 戊子⑮	4 戊午15	**4** 丁亥13	**4** 丁巳13	4 丙戌11
5 癸巳23	5 癸亥22	5 癸巳㉔	5 壬戌22	5 壬辰22	5 辛酉20	5 辛卯20	5 庚申⑱	5 己丑16	5 己未16	5 戊子14	5 戊午14	5 丁亥⑫
6 甲午24	6 甲子23	6 甲午25	6 癸亥23	6 癸巳23	6 壬戌21	6 壬辰㉑	6 辛酉19	6 庚寅17	6 庚申17	6 己丑15	6 己未⑮	**6** 戊子13
7 乙未25	7 乙丑㉔	7 乙未26	7 甲子24	7 甲午24	7 癸亥22	7 癸巳22	7 壬戌20	7 辛卯18	7 辛酉18	7 庚寅16	7 庚申16	7 己丑14
8 丙申26	8 丙寅25	8 丙申27	8 乙丑25	8 乙未25	8 甲子㉓	8 甲午23	8 癸亥21	8 壬辰19	8 壬戌19	8 辛卯⑰	8 辛酉17	8 庚寅15
9 丁酉㉗	9 丁卯26	9 丁酉28	9 丙寅26	9 丙申㉖	9 乙丑24	9 乙未24	9 甲子22	9 癸巳20	9 癸亥⑳	9 壬辰18	9 壬戌18	9 辛卯16
10戊戌28	**10**戊辰27	**10**戊戌29	10丁卯27	10丁酉27	10丙寅25	10丙申25	10乙丑23	10甲午21	10甲子21	10癸巳19	10癸亥19	10壬辰17
11己亥29	11己巳28	11己亥30	11戊辰㉘	11戊戌28	11丁卯26	11丁酉26	11丙寅24	11乙未㉒	11乙丑22	11甲午20	11甲子20	11癸巳18
12庚子30	《3月》	12庚子㉛	**12**己巳29	**12**己亥29	12戊辰27	12戊戌27	12丁卯㉕	12丙申23	12丙寅23	12乙未21	12乙丑21	12甲午⑲
13辛丑31	12庚午 1	《4月》	13庚午30	13庚子30	13己巳28	13己亥㉘	13戊辰26	13丁酉24	13丁卯24	13丙申22	13丙寅㉒	13乙未20
《2月》	13辛未 2	13辛丑 1	《5月》	14辛丑31	**14**庚午29	**14**庚子29	14己巳27	14戊戌25	14戊辰25	14丁酉23	14丁卯23	14丙申21
14壬寅 1	14壬申③	14壬寅 2	14辛未 1	《6月》	15辛未㉚	15辛丑30	15庚午28	15己亥26	15己巳26	15戊戌㉔	15戊辰24	15丁酉22
15癸卯 2	15癸酉 4	15癸卯 3	15壬申 2	15壬寅 1	《7月》	16壬寅31	**16**辛未29	16庚子27	16庚午㉗	16己亥25	16己巳25	16戊戌23
16甲辰③	16甲戌 5	16甲辰 4	16癸酉 3	16癸卯②	16壬申 1	《8月》	17壬申30	**17**辛丑28	17辛未28	17庚子26	17庚午26	17己亥24
17乙巳 4	17乙亥 6	17乙巳 5	17甲戌 4	17甲辰 3	17癸酉 2	17癸卯 1	18癸酉31	18壬寅㉙	**18**壬申29	18辛丑27	18辛未27	18庚子25
18丙午 5	18丙子 7	18丙午 6	18乙亥⑤	18乙巳 4	18甲戌 3	18甲辰 2	《9月》	19癸卯30	19癸酉30	**19**壬寅28	**19**壬申28	19辛丑㉖
19丁未 6	19丁丑 8	19丁未⑦	19丙子 6	19丙午 5	19乙亥 4	19乙巳 3	19甲戌①	《10月》	20甲戌31	20癸卯29	20癸酉㉙	20壬寅27
20戊申 7	20戊寅 9	20戊申 8	20丁丑 7	20丁未 6	20丙子 5	20丙午④	20乙亥 2	20甲辰 1	《11月》	21甲辰30	21甲戌30	**21**癸卯28
21己酉 8	21己卯⑩	21己酉 9	21戊寅 8	21戊申 7	21丁丑 6	21丁未 5	21丙子 3	21乙巳 2	21乙亥 1	《12月》	22乙亥31	22甲辰29
22庚戌 9	22庚辰11	22庚戌10	22己卯 9	22己酉 8	22戊寅⑦	22戊申 6	22丁丑 4	22丙午 3	22丙子 2	22乙巳①	**1578年**	23乙巳30
23辛亥⑩	23辛巳12	23辛亥11	23庚辰10	23庚戌⑨	23己卯 8	23己酉 7	23戊寅 5	23丁未 4	23丁丑③	23丙午 2	《1月》	24丙午31
24壬子11	24壬午13	24壬子12	24辛巳11	24辛亥10	24庚辰 9	24庚戌 8	24己卯 6	24戊申 5	24戊寅 4	24丁未 3	23丙子 1	《2月》
25癸丑12	**25**癸未14	25癸丑13	25壬午⑫	25壬子11	25辛巳10	25辛亥 9	25庚辰 7	25己酉⑥	25己卯 5	25戊申 4	24丁丑 2	25丁未 1
26甲寅13	26甲申15	**26**甲寅⑭	26癸未13	26癸丑12	26壬午11	26壬子10	26辛巳⑧	26庚戌 7	26庚辰 6	26己酉 5	25戊寅 3	26戊申②
27乙卯14	27乙酉16	27乙卯15	**27**甲申14	27甲寅13	27癸未12	27癸丑⑪	27壬午 9	27辛亥 8	27辛巳 7	27庚戌 6	26己卯 4	27己酉 3
28丙辰15	28丙戌⑰	28丙辰16	28乙酉15	**28**乙卯14	28甲申13	28甲寅12	28癸未10	28壬子 9	28壬午 8	28辛亥 7	27庚辰⑤	28庚戌 4
29丁巳16	29丁亥18	29丁巳17	29丙戌16	29丙辰15	**29**乙酉⑭	**29**乙卯13	29甲申11	29癸丑10	29癸未 9	29壬子⑧	28辛巳 6	29辛亥 5
30戊午⑰	30戊子19		30丁亥17		30丙戌15			30甲寅11		30癸丑 9	29壬午 7	30壬子 6
立春 10日 雨水 25日	啓蟄 10日 春分 25日	清明 10日 穀雨 26日	立夏 12日 小満 27日	芒種 12日 夏至 28日	小暑 14日 大暑 29日	立秋 14日 処暑 29日	白露16日	秋分 2日 寒露 17日	霜降 2日 立冬 18日	小雪 4日 大雪 19日	冬至 4日 小寒 19日	大寒 6日 立春 21日

天正6年（1578－1579） 戊寅

1月	2月	3月	4月	5月	6月	7月	8月	9月	10月	11月	12月
1 癸丑 7	1 癸未⑨	1 壬子 7	1 壬午 7	1 壬子 6	1 辛巳 5	1 辛亥 4	1 庚辰 2	《10月》	1 己卯31	1 戊申29	**1** 戊寅29
2 甲寅 8	2 甲申10	2 癸丑 8	2 癸未 8	2 癸丑 7	2 壬午⑥	2 壬子 5	2 辛巳 3	1 己酉 1	《11月》	2 己酉㉚	2 己卯30
3 乙卯⑨	3 乙酉11	3 甲寅 9	3 甲申 9	3 甲寅⑧	3 癸未 7	3 癸丑 6	3 壬午 4	2 庚戌 2	2 庚辰 1	《12月》	3 庚辰31
4 丙辰10	4 丙戌12	4 乙卯10	4 乙酉10	4 乙卯 9	4 甲申 8	4 甲寅 7	4 癸未 5	3 辛亥 3	3 辛巳②	3 庚戌 1	**1579年**
5 丁巳11	5 丁亥13	5 丙辰11	5 丙戌⑪	5 丙辰10	5 乙酉 9	5 乙卯 8	5 甲申 6	4 壬子 4	4 壬午 3	4 辛亥 2	《1月》
6 戊午12	6 戊子14	6 丁巳12	6 丁亥12	6 丁巳11	6 丙戌10	6 丙辰 9	6 乙酉⑦	5 癸丑⑤	5 癸未 4	5 壬子 3	4 辛巳 1
7 己未13	**7** 己丑15	7 戊午⑬	7 戊子13	7 戊午12	7 丁亥11	7 丁巳⑩	7 丙戌 8	6 甲寅 6	6 甲申 5	6 癸丑 4	5 壬午 2
8 庚申14	8 庚寅⑯	**8** 己未14	**8** 己丑14	8 己未13	8 戊子12	8 戊午11	8 丁亥 9	7 乙卯 7	7 乙酉 6	7 甲寅 5	6 癸未 3
9 辛酉15	9 辛卯17	9 庚申15	9 庚寅15	**9** 庚申14	9 己丑⑬	9 己未12	9 戊子10	8 丙辰 8	8 丙戌 7	8 乙卯 6	7 甲申④
10壬戌⑯	10壬辰18	10辛酉16	10辛卯16	10辛酉⑮	**10**庚寅14	10庚申13	10己丑11	9 丁巳 9	9 丁亥 8	9 丙辰⑦	8 乙酉 5
11癸亥17	11癸巳19	11壬戌17	11壬辰17	11壬戌16	11辛卯15	**11**辛酉14	11庚寅12	10戊午10	10戊子⑨	10丁巳 8	9 丙戌 6
12甲子18	12甲午20	12癸亥18	12癸巳⑱	12癸亥17	12壬辰16	12壬戌15	**12**辛卯13	11己未11	11己丑10	11戊午 9	10丁亥 7
13乙丑19	13乙未21	13甲子19	13甲午19	13甲子18	13癸巳17	13癸亥16	13壬辰⑭	12庚申⑫	12庚寅11	12己未10	11戊子 8
14丙寅20	14丙申22	14乙丑⑳	14乙未20	14乙丑19	14甲午18	14甲子⑰	14癸巳15	13辛酉13	13辛卯12	13庚申11	12己丑 9
15丁卯21	15丁酉㉓	15丙寅21	15丙申21	15丙寅20	15乙未19	15乙丑18	15甲午16	**14**壬戌14	**14**壬辰13	14辛酉12	13庚寅10
16戊辰22	16戊戌24	16丁卯22	16丁酉22	16丁卯21	16丙申⑳	16丙寅19	16乙未17	15癸亥15	15癸巳14	**15**壬戌13	14辛卯⑪
17己巳㉓	17己亥25	17戊辰23	17戊戌23	17戊辰㉒	17丁酉21	17丁卯20	17丙申18	16甲子16	16甲午15	16癸亥⑭	15壬辰12
18庚午24	18庚子26	18己巳24	18己亥24	18己巳23	18戊戌22	18戊辰21	18丁酉19	17乙丑17	17乙未⑯	17甲子15	**16**癸巳13
19辛未25	19辛丑27	19庚午25	19庚子㉕	19庚午24	19己亥23	19己巳22	19戊戌20	18丙寅18	18丙申17	18乙丑16	17甲午14
20壬申26	20壬寅28	20辛未26	20辛丑26	20辛未25	20庚子24	20庚午23	20己亥㉑	19丁卯⑲	19丁酉18	19丙寅17	18乙未15
21癸酉27	21癸卯29	21壬申㉗	21壬寅27	21壬申26	21辛丑25	21辛未㉔	21庚子22	20戊辰20	20戊戌19	20丁卯18	19丙申16
22甲戌28	**22**甲辰㉚	22癸酉28	22癸卯28	22癸酉27	22壬寅26	22壬申25	22辛丑23	21己巳21	21己亥20	21戊辰19	20丁酉17
《3月》	23乙巳31	**23**甲戌29	23甲辰29	23甲戌28	23癸卯㉗	23癸酉26	23壬寅24	22庚午22	22庚子21	22己巳20	21戊戌⑱
23乙亥 1	《4月》	24乙亥30	**24**乙巳30	**24**乙亥㉙	24甲辰28	24甲戌27	24癸卯25	23辛未23	23辛丑22	23庚午㉑	22己亥19
24丙子②	24丙午 1	《5月》	25丙午31	25丙子30	**25**乙巳29	25乙亥28	25甲辰26	24壬申24	24壬寅㉓	24辛未22	23庚子20
25丁丑 3	25丁未 2	25丙子 1	《6月》	《7月》	26丙午30	**26**丙子29	26乙巳27	25癸酉25	25癸卯24	25壬申23	24辛丑21
26戊寅 4	26戊申 3	26丁丑 2	26丁未①	26丁丑 1	27丁未31	27丁丑30	**27**丙午㉘	26甲戌㉖	26甲辰25	26癸酉24	25壬寅22
27己卯 5	27己酉 4	27戊寅 3	27戊申 2	27戊寅 2	《8月》	28戊寅㉛	28丁未29	27乙亥27	27乙巳26	27甲戌25	26癸卯23
28庚辰 6	28庚戌 5	28己卯④	28己酉 3	28己卯 3	28戊申 1	《9月》	29戊申30	28丙子28	28丙午27	28乙亥26	27甲辰24
29辛巳 7	29辛亥⑥	29庚辰 5	29庚戌 4	29庚辰 4	29己酉 2	29己卯 1		**29**丁丑29	**29**丁未28	29丙子27	28乙巳㉕
30壬午 8		30辛巳 6	30辛亥 5		30庚戌③			30戊寅30		30丁丑㉘	29丙午26
雨水 6日 啓蟄 21日	春分 7日 清明 22日	穀雨 8日 立夏 23日	小満 8日 芒種 24日	夏至 9日 小暑 24日	大暑 10日 立秋 25日	処暑 11日 白露 26日	秋分 12日 寒露 27日	霜降 14日 立冬 29日	小雪 14日 大雪 29日	冬至 15日	小寒 1日 大寒 16日

天正**7**年（1579－1580） 己卯

1月	2月	3月	4月	5月	6月	7月	8月	9月	10月	11月	12月
1丁未27 **2**戊申28 3己酉29 4庚戌30 5辛亥31 《2月》 6壬子① 7癸丑2 8甲寅3 9乙卯4 10丙辰5 11丁巳6 12戊午7 13己未⑧ 14庚申9 15辛酉10 16壬戌11 **17**癸亥12 18甲子13 19乙丑14 20丙寅⑮ 21丁卯16 22戊辰17 23己巳18 24庚午19 25辛未20 26壬申21 27癸酉㉒ 28甲戌23 29乙亥24 30丙子25	1丁丑26 2戊寅27 **3**己卯28 《3月》 4庚辰① 5辛巳2 6壬午3 7癸未4 8甲申5 9乙酉6 10丙戌7 11丁亥⑧ 12戊子9 13己丑10 14庚寅11 15辛卯12 16壬辰13 17癸巳14 **18**甲午⑮ 19乙未16 20丙申17 21丁酉18 22戊戌19 23己亥20 24庚子21 25辛丑㉒ 26壬寅23 27癸卯24 28甲辰25 29乙巳26	1丙午27 2丁未28 3戊申㉙ **4**己酉30 5庚戌31 《4月》 6辛亥1 7壬子2 8癸丑3 9甲寅4 10乙卯⑤ 11丙辰6 12丁巳7 13戊午8 14己未9 15庚申10 16辛酉11 17壬戌⑫ 18癸亥13 **19**甲子14 20乙丑15 21丙寅16 22丁卯17 23戊辰18 24己巳⑲ 25庚午20 26辛未21 27壬申22 28癸酉23 29甲戌24 30乙亥25	1丙子㉖ 2丁丑27 3戊寅28 **4**己卯29 5庚辰30 《5月》 6辛巳1 7壬午2 8癸未③ 9甲申4 10乙酉5 11丙戌6 12丁亥7 13戊子8 14己丑9 15庚寅⑩ 16辛卯11 17壬辰12 18癸巳13 19甲午14 **20**乙未15 21丙申16 22丁酉⑰ 23戊戌18 24己亥19 25庚子20 26辛丑21 27壬寅22 28癸卯23 29甲辰㉔ 30乙巳25	1丙午26 2丁未27 3戊申28 4己酉29 **5**庚戌30 6辛亥㉛ 《6月》 7壬子1 8癸丑2 9甲寅3 10乙卯4 11丙辰5 12丁巳6 13戊午⑦ 14己未8 15庚申9 16辛酉10 17壬戌11 18癸亥12 19甲子13 **20**乙丑⑭ 21丙寅15 22丁卯16 23戊辰17 24己巳18 25庚午19 26辛未20 27壬申㉑ 28癸酉22 29甲戌23	1乙亥24 2丙子25 3丁丑26 4戊寅27 5己卯㉘ **6**庚辰29 7辛巳30 《7月》 8壬午1 9癸未2 10甲申3 11乙酉4 12丙戌⑤ 13丁亥6 14戊子7 15己丑8 16庚寅9 17辛卯10 18壬辰11 19癸巳⑫ 20甲午13 21乙未14 **22**丙申15 23丁酉16 24戊戌17 25己亥18 26庚子⑲ 27辛丑20 28壬寅21 29癸卯22 30甲辰23	1乙巳24 2丙午25 3丁未㉖ 4戊申27 5己酉28 6庚戌29 **7**辛亥30 8壬子31 《8月》 9癸丑1 10甲寅② 11乙卯3 12丙辰4 13丁巳5 14戊午6 15己未7 16庚申8 17辛酉⑨ 18壬戌10 19癸亥11 20甲子12 21乙丑13 **22**丙寅14 23丁卯15 24戊辰⑯ 25己巳17 26庚午18 27辛未19 28壬申20 29癸酉21	1甲戌22 2乙亥㉓ 3丙子24 4丁丑25 5戊寅26 6己卯27 7庚辰28 **8**辛巳29 9壬午㉚ 10癸未31 《9月》 11甲申1 12乙酉2 13丙戌3 14丁亥4 15戊子5 16己丑⑥ 17庚寅7 18辛卯8 19壬辰9 20癸巳10 21甲午11 22乙未12 **23**丙申⑬ 24丁酉14 25戊戌15 26己亥16 27庚子17 28辛丑18 29壬寅19 30癸卯⑳	1甲辰21 2乙巳22 3丙午23 4丁未24 5戊申25 6己酉26 7庚戌㉗ 8辛亥28 **9**壬子29 10癸丑30 《10月》 11甲寅1 12乙卯2 13丙辰3 14丁巳④ 15戊午5 16己未6 17庚申7 18辛酉8 19壬戌9 20癸亥10 21甲子⑪ 22乙丑12 23丙寅13 **24**丁卯14 25戊辰15 26己巳16 27庚午17 28辛未⑱ 29壬申19	1癸酉20 2甲戌21 3乙亥22 4丙子23 5丁丑24 6戊寅㉕ 7己卯26 8庚辰27 9辛巳28 **10**壬午29 11癸未30 12甲申31 《11月》 13乙酉① 14丙戌2 15丁亥3 16戊子4 17己丑5 18庚寅6 19辛卯7 20壬辰⑧ 21癸巳9 22甲午10 23乙未11 24丙申12 **25**丁酉13 26戊戌14 27己亥⑮ 28庚子16 29辛丑17 30壬寅18	1癸卯19 2甲辰20 3乙巳21 4丙午㉒ 5丁未23 6戊申24 7己酉25 8庚戌26 9辛亥27 **10**壬子28 11癸丑㉙ 12甲寅30 《12月》 13乙卯1 14丙辰2 15丁巳3 16戊午4 17己未5 18庚申⑥ 19辛酉7 20壬戌8 21癸亥9 22甲子10 23乙丑11 24丙寅12 25丁卯⑬ **26**戊辰14 27己巳15 28庚午16 29辛未17	1壬申18 2癸酉19 3甲戌⑳ 4乙亥21 5丙子22 6丁丑23 7戊寅24 8己卯25 9庚辰26 10辛巳㉗ 11壬午28 **12**癸未29 13甲申30 14乙酉31 **1580年** 《1月》 15丙戌1 16丁亥2 17戊子③ 18己丑4 19庚寅5 20辛卯6 21壬辰7 22癸巳8 23甲午9 24乙未⑩ 25丙申11 26丁酉12 **27**戊戌13 28己亥14 29庚子15 30辛丑16
立春2日 雨水17日	啓蟄3日 春分18日	清明4日 穀雨19日	立夏4日 小満20日	芒種5日 夏至20日	小暑6日 大暑22日	立秋7日 処暑22日	白露8日 秋分23日	寒露9日 霜降24日	立冬10日 小雪25日	大雪10日 冬至26日	小寒12日 大寒27日

天正**8**年（1580－1581） 庚辰

1月	2月	3月	閏3月	4月	5月	6月	7月	8月	9月	10月	11月	12月
1壬寅⑰ 2癸卯18 3甲辰19 4乙巳20 5丙午21 6丁未22 7戊申23 8己酉㉔ 9庚戌25 10辛亥26 11壬子27 **12**癸丑28 13甲寅29 14乙卯30 15丙辰㉛ 《2月》 16丁巳1 17戊午2 18己未3 19庚申4 20辛酉5 21壬戌6 22癸亥⑦ 23甲子8 24乙丑9 25丙寅10 26丁卯11 27戊辰12 **28**己巳13 29庚午⑭	1辛未15 2壬申16 3癸酉17 4甲戌18 5乙亥19 6丙子20 7丁丑㉑ 8戊寅22 9己卯23 10庚辰24 11辛巳25 12壬午26 13癸未27 **14**甲申㉘ 15乙酉29 《3月》 16丙戌1 17丁亥2 18戊子3 19己丑4 20庚寅5 21辛卯⑥ 22壬辰7 23癸巳8 24甲午9 25乙未10 26丙申11 27丁酉12 28戊戌⑬ **29**己亥14 30庚子15	1辛丑16 2壬寅17 3癸卯18 4甲辰19 5乙巳⑳ 6丙午21 7丁未22 8戊申23 9己酉24 10庚戌25 11辛亥26 12壬子㉗ 13癸丑28 **14**甲寅29 15乙卯30 16丙辰31 《4月》 17丁巳1 18戊午2 19己未③ 20庚申4 21辛酉5 22壬戌6 23癸亥7 24甲子8 25乙丑9 26丙寅⑩ 27丁卯11 28戊辰12 **29**己巳13	1庚午14 2辛未15 3壬申16 4癸酉⑰ 5甲戌18 6乙亥19 7丙子20 8丁丑21 9戊寅22 10己卯23 11庚辰㉔ 12辛巳25 13壬午26 14癸未27 15甲申28 **16**乙酉29 17丙戌30 《5月》 18丁亥① 19戊子2 20己丑3 21庚寅4 22辛卯5 23壬辰6 24癸巳7 25甲午⑧ 26乙未9 27丙申10 28丁酉11 29戊戌12 30己亥13	**1**庚子14 2辛丑⑮ 3壬寅16 4癸卯17 5甲辰18 6乙巳19 7丙午20 8丁未21 9戊申㉒ 10己酉23 11庚戌24 12辛亥25 13壬子26 14癸丑27 15甲寅28 **16**乙卯㉙ 17丙辰30 18丁巳31 《6月》 19戊午1 20己未2 21庚申3 22辛酉4 23壬戌⑤ 24癸亥6 25甲子7 26乙丑8 27丙寅9 28丁卯10 29戊辰11	1己巳⑫ **2**庚午13 3辛未14 4壬申15 5癸酉16 6甲戌17 7乙亥18 8丙子⑲ 9丁丑20 10戊寅21 11己卯22 12庚辰23 13辛巳24 14壬午25 15癸未㉖ 16甲申27 17乙酉28 **18**丙戌29 19丁亥30 《7月》 20戊子1 21己丑2 22庚寅③ 23辛卯4 24壬辰5 25癸巳6 26甲午7 27乙未8 28丙申9 29丁酉⑩ 30戊戌11	1己亥12 2庚子13 **3**辛丑14 4壬寅15 5癸卯16 6甲辰⑰ 7乙巳18 8丙午19 9丁未20 10戊申21 11己酉22 12庚戌23 13辛亥㉔ 14壬子25 15癸丑26 16甲寅27 17乙卯28 **18**丙辰29 19丁巳30 20戊午㉛ 《8月》 21己未1 22庚申2 23辛酉3 24壬戌4 25癸亥5 26甲子6 27乙丑⑦ 28丙寅8 29丁卯9 30戊辰10	1己巳11 2庚午12 **3**辛未13 4壬申⑭ 5癸酉15 6甲戌16 7乙亥17 8丙子18 9丁丑19 10戊寅20 11己卯㉑ 12庚辰22 13辛巳23 14壬午24 15癸未25 16甲申26 17乙酉27 **18**丙戌㉘ 19丁亥29 20戊子30 21己丑31 《9月》 22庚寅1 23辛卯2 24壬辰3 25癸巳④ 26甲午5 27乙未6 28丙申7 29丁酉8	1戊戌9 2己亥10 3庚子⑪ 4辛丑12 **5**壬寅13 6癸卯14 7甲辰15 8乙巳16 9丙午17 10丁未⑱ 11戊申19 12己酉20 13庚戌21 14辛亥22 15壬子23 16癸丑24 17甲寅㉕ 18乙卯26 19丙辰27 **20**丁巳28 21戊午29 22己未30 《10月》 23庚申1 24辛酉② 25壬戌3 26癸亥4 27甲子5 28乙丑6 29丙寅7 30丁卯8	1戊辰⑨ 2己巳10 3庚午11 4辛未12 **5**壬申13 6癸酉14 7甲戌15 8乙亥⑯ 9丙子17 10丁丑18 11戊寅19 12己卯20 13庚辰21 14辛巳22 15壬午㉓ 16癸未24 17甲申25 18乙酉26 19丙戌27 **20**丁亥28 21戊子29 22己丑㉚ 23庚寅31 《11月》 24辛卯1 25壬辰2 26癸巳3 27甲午4 28乙未5 29丙申⑥	1丁酉7 2戊戌8 3己亥9 4庚子10 5辛丑11 6壬寅12 **7**癸卯⑬ 8甲辰14 9乙巳15 10丙午16 11丁未17 12戊申18 13己酉19 14庚戌⑳ 15辛亥21 16壬子22 17癸丑23 18甲寅24 19乙卯25 20丙辰26 21丁巳㉗ **22**戊午28 23己未29 24庚申30 《12月》 25辛酉1 26壬戌2 27癸亥3 28甲子④ 29乙丑5 30丙寅6	1丁卯7 2戊辰8 3己巳9 4庚午10 5辛未⑪ 6壬申12 **7**癸酉13 8甲戌14 9乙亥15 10丙子16 11丁丑17 12戊寅⑱ 13己卯19 14庚辰20 15辛巳21 16壬午22 17癸未23 18甲申24 19乙酉㉕ 20丙戌26 21丁亥27 **22**戊子28 23己丑29 24庚寅30 25辛卯31 **1581年** 《1月》 26壬辰① 27癸巳2 28甲午3 29乙未4	1丙申5 2丁酉6 3戊戌7 4己亥⑧ 5庚子9 6辛丑10 7壬寅11 **8**癸卯12 9甲辰13 10乙巳14 11丙午⑮ 12丁未16 13戊申17 14己酉18 15庚戌19 16辛亥20 17壬子21 18癸丑㉒ 19甲寅23 20乙卯24 21丙辰25 22丁巳26 23戊午27 **24**己未28 25庚申㉙ 26辛酉30 27壬戌31 《2月》 28癸亥1 29甲子2 30乙丑3
立春12日 雨水28日	啓蟄14日 春分29日	清明14日 穀雨29日	立夏16日	小満1日 芒種16日	夏至2日 小暑18日	大暑3日 立秋18日	処暑3日 白露18日	秋分5日 寒露20日	霜降5日 立冬20日	小雪7日 大雪22日	冬至7日 小寒22日	大寒8日 立春24日

天正**9**年（1581−1582） 辛巳

1月	2月	3月	4月	5月	6月	7月	8月	9月	10月	11月	12月
1丙寅4	1乙未⑤	1乙丑4	1甲午3	1甲子2	《7月》	1癸亥31	**1**壬辰29	**1**壬戌28	1壬辰28	1辛酉㉖	1辛卯26
2丁卯⑤	2丙申6	2丙寅5	2乙未4	2乙丑3	1癸巳1	《8月》	2癸巳30	2癸亥29	**2**癸巳㉙	2壬戌27	2壬辰27
3戊辰6	3丁酉7	3丁卯6	3丙申5	3丙寅④	2甲午②	2甲子1	3甲午31	3甲子30	3甲午30	**3**癸亥28	**3**癸巳28
4己巳7	4戊戌8	4戊辰7	4丁酉6	4丁卯5	3乙未3	3乙丑2	《9月》	《10月》	4乙未31	4甲子29	4甲午29
5庚午8	5己亥9	5己巳8	5戊戌⑦	5戊辰6	4丙申4	4丙寅3	4乙未1	4乙丑①	《11月》	5乙丑30	5乙未30
6辛未9	6庚子10	6庚午⑨	6己亥8	6己巳7	5丁酉5	5丁卯4	5丙申2	5丙寅2	5丙申1	《12月》	6丙申㉛
7壬申10	7辛丑11	7辛未10	7庚子9	7庚午8	6戊戌6	6戊辰5	6丁酉③	6丁卯3	6丁酉2	6丙寅1	**1582年**
8癸酉11	8壬寅⑫	8壬申11	8辛丑10	8辛未9	7己亥7	7己巳⑥	7戊戌4	7戊辰4	7戊戌3	7丁卯2	《1月》
9甲戌⑫	9癸卯13	9癸酉12	9壬寅11	9壬申10	8庚子8	8庚午7	8己亥5	8己巳5	8己亥4	8戊辰③	7丁酉1
10乙亥13	**10**甲辰14	10甲戌13	10癸卯12	10癸酉⑪	9辛丑⑨	9辛未8	9庚子6	9庚午6	9庚子⑤	9己巳4	8戊戌2
11丙子14	11乙巳15	**11**乙亥14	11甲辰13	11甲戌12	10壬寅10	10壬申9	10辛丑7	10辛未7	10辛丑6	10庚午5	9己亥3
12丁丑15	12丙午16	12丙子15	**12**乙巳⑭	12乙亥13	11癸卯11	11癸酉10	11壬寅8	11壬申⑧	11壬寅7	11辛未6	10庚子4
13戊寅16	13丁未17	13丁丑⑯	13丙午15	**13**丙子14	12甲辰12	12甲戌11	12癸卯9	12癸酉9	12癸卯8	12壬申7	11辛丑5
14己卯17	14戊申18	14戊寅17	14丁未16	14丁丑15	13乙巳13	13乙亥12	13甲辰⑩	13甲戌10	13甲辰9	13癸酉8	12壬寅6
15庚辰18	15己酉⑲	15己卯18	15戊申17	15戊寅16	**14**丙午14	**14**丙子⑬	14乙巳11	14乙亥11	14乙巳10	14甲戌9	13癸卯⑦
16辛巳⑲	16庚戌20	16庚辰19	16己酉18	16己卯17	15丁未15	15丁丑14	15丙午12	15丙子12	15丙午11	15乙亥⑩	14甲辰8
17壬午20	17辛亥21	17辛巳20	17庚戌19	17庚辰⑱	16戊申⑯	16戊寅15	**16**丁未13	**16**丁丑13	16丁未⑫	16丙子11	15乙巳9
18癸未21	18壬子22	18壬午21	18辛亥20	18辛巳19	17己酉17	17己卯16	17戊申14	17戊寅14	**17**戊申13	17丁丑12	16丙午10
19甲申22	19癸丑23	19癸未22	19壬子㉑	19壬午20	18庚戌18	18庚辰17	18己酉15	18己卯⑮	18己酉14	**18**戊寅13	17丁未11
20乙酉23	20甲寅24	20甲申㉓	20癸丑22	20癸未21	19辛亥19	19辛巳18	19庚戌16	19庚辰16	19庚戌15	19己卯14	18戊申12
21丙戌24	21乙卯25	21乙酉24	21甲寅23	21甲申22	20壬子20	20壬午19	20辛亥⑰	20辛巳17	20辛亥16	20庚辰15	**19**己酉13
22丁亥25	22丙辰㉖	22丙戌25	22乙卯24	22乙酉23	21癸丑21	21癸未⑳	21壬子18	21壬午18	21壬子17	21辛巳16	20庚戌⑭
23戊子㉖	23丁巳27	23丁亥26	23丙辰25	23丙戌24	22甲寅22	22甲申21	22癸丑19	22癸未19	22癸丑18	22壬午⑰	21辛亥15
24己丑27	24戊午28	24戊子27	24丁巳26	24丁亥㉕	23乙卯㉓	23乙酉22	23甲寅20	23甲申20	23甲寅⑲	23癸未18	22壬子16
25庚寅28	**25**己未29	25己丑28	25戊午27	25戊子26	24丙辰24	24丙戌23	24乙卯21	24乙酉21	24乙卯20	24甲申19	23癸丑17
《3月》	26庚申30	**26**庚寅29	26己未㉘	26己丑27	25丁巳25	25丁亥24	25丙辰22	25丙戌㉒	25丙辰21	25乙酉20	24甲寅18
26辛卯1	27辛酉31	27辛卯㉚	**27**庚申29	27庚寅28	26戊午26	26戊子25	26丁巳23	26丁亥23	26丁巳22	26丙戌21	25乙卯19
27壬辰2	《4月》	《5月》	28辛酉30	**28**辛卯29	27己未27	27己丑26	27戊午㉔	27戊子24	27戊午23	27丁亥22	26丙辰20
28癸巳3	28壬戌1	28壬辰1	29壬戌31	29壬辰30	28庚申28	28庚寅㉗	28己未25	28己丑25	28己未24	28戊子23	27丁巳㉑
29甲午4	29癸亥②	29癸巳2	《6月》		**29**辛酉29	29辛卯28	29庚申26	29庚寅26	29庚申25	29己丑㉔	28戊午22
	30甲子3		30癸亥1		30壬戌㉚		30辛酉27	30辛卯27		30庚寅25	29己未23
雨水 9日 啓蟄 24日	春分 10日 清明 25日	穀雨 11日 立夏 26日	小満 12日 芒種 27日	夏至 13日 小暑 28日	大暑 14日 立秋 29日	処暑 14日	白露 1日 秋分 16日	寒露 1日 霜降 16日	立冬 2日 小雪 17日	大雪 3日 冬至 18日	小寒 3日 大寒 19日

天正**10**年（1582−1583） 壬午

1月	2月	3月	4月	5月	6月	7月	8月	9月	10月	11月	12月
1庚申24	1庚寅23	1己未24	1己丑23	1戊午22	1丁亥20	1丁巳20	1丙戌18	1丙辰17	1丙戌17	1丙辰16	1乙酉15
2辛酉25	2辛卯24	2庚申㉕	2庚寅24	2己未23	2戊子21	2戊午21	2丁亥⑲	2丁巳18	2丁亥18	2丁巳17	2丙戌⑯
3壬戌26	3壬辰㉕	3辛酉26	3辛卯25	3庚申24	3己丑22	3己未㉒	3戊子20	3戊午19	3戊子19	3戊午⑱	3丁亥17
4癸亥27	4癸巳26	4壬戌27	4壬辰26	4辛酉25	4庚寅23	4庚申23	4己丑21	4己未20	4己丑20	4己未19	4戊子18
5甲子㉘	**5**甲午27	5癸亥28	5癸巳27	5壬戌26	5辛卯㉔	5辛酉24	5庚寅22	5庚申21	5庚寅㉑	5庚申20	5己丑19
6乙丑29	6乙未28	6甲子29	6甲午28	6癸亥㉗	6壬辰25	6壬戌25	6辛卯23	6辛酉22	6辛卯22	6辛酉21	6庚寅20
7丙寅30	《3月》	**7**乙丑30	**7**乙未㉙	7甲子28	7癸巳26	7癸亥26	7壬辰24	7壬戌㉓	7壬辰23	7壬戌22	7辛卯21
8丁卯31	7丙申1	8丙寅31	8丙申30	8乙丑29	8甲午27	8甲子27	8癸巳25	8癸亥24	8癸巳24	8癸亥23	8壬辰22
《2月》	8丁酉2	《4月》	《5月》	**9**丙寅30	9乙未28	9乙丑28	9甲午㉖	9甲子25	9甲午25	9甲子24	9癸巳㉓
9戊辰1	9戊戌3	9丁卯①	9丁酉1	10丁卯31	**10**丙申29	**10**丙寅㉙	10乙未27	10乙丑26	10乙未26	10乙丑㉕	10甲午24
10己巳2	10己亥④	10戊辰2	10戊戌2	《6月》	11丁酉30	11丁卯30	11丙申28	11丙寅27	11丙申27	11丙寅26	11乙未25
11庚午3	11庚子5	11己巳3	11己亥3	11戊辰1	《7月》	12戊辰31	**12**丁酉29	**12**丁卯28	12丁酉㉘	12丁卯27	12丙申26
12辛未④	12辛丑6	12庚午4	12庚子4	12己巳2	12戊戌①	《8月》	13戊戌30	13戊辰29	**13**戊戌29	**13**戊辰28	13丁酉27
13壬申5	13壬寅7	13辛未5	13辛丑5	13庚午③	13己亥2	13己巳1	14己亥31	14己巳㉚	14己亥30	14己巳29	14戊戌28
14癸酉6	14癸卯8	14壬申6	14壬寅⑥	14辛未4	14庚子3	14庚午2	《9月》	《10月》	15庚子31	15庚午30	**15**己亥29
15甲戌7	15甲辰9	15癸酉7	15癸卯7	15壬申5	15辛丑4	15辛未3	15庚子1	15庚午1	《11月》	《12月》	16庚子㉚
16乙亥8	16乙巳10	16甲戌⑧	16甲辰8	16癸酉6	16壬寅5	16壬申4	16辛丑②	16辛未2	16辛丑1	16辛未1	17辛丑31
17丙子9	17丙午⑪	17乙亥9	17乙巳9	17甲戌7	17癸卯6	17癸酉⑤	17壬寅3	17壬申3	17壬寅2	17壬申②	**1583年**
18丁丑10	18丁未12	18丙子10	18丙午10	18乙亥8	18甲辰7	18甲戌6	18癸卯4	18癸酉4	18癸卯3	18癸酉3	《1月》
19戊寅⑪	19戊申13	19丁丑11	19丁未11	19丙子9	19乙巳⑧	19乙亥7	19甲辰5	19甲戌5	19甲辰④	19甲戌4	18壬寅1
20己卯12	20己酉14	20戊寅12	20戊申12	20丁丑⑩	20丙午9	20丙子8	20乙巳6	20乙亥6	20乙巳5	20乙亥5	19癸卯2
21庚辰13	**21**庚戌15	21己卯13	21己酉⑬	21戊寅11	21丁未10	21丁丑9	21丙午7	21丙子⑦	21丙午6	21丙子6	20甲辰3
22辛巳14	22辛亥16	**22**庚辰14	**22**庚戌14	22己卯12	22戊申11	22戊寅10	22丁未8	22丁丑8	22丁未7	22丁丑7	21乙巳4
23壬午15	23壬子17	23辛巳⑮	23辛亥15	23庚辰13	23己酉12	23己卯11	23戊申⑨	23戊寅9	23戊申8	23戊寅8	22丙午5
24癸未16	24癸丑⑱	24壬午16	24壬子16	**24**辛巳14	24庚戌13	24庚辰⑫	24己酉10	24己卯10	24己酉9	24己卯⑨	23丁未⑥
25甲申17	25甲寅19	25癸未17	25癸丑17	25壬午15	**25**辛亥14	25辛巳13	25庚戌11	25庚辰11	25庚戌10	25庚辰10	24戊申7
26乙酉⑱	26乙卯20	26甲申18	26甲寅18	26癸未16	26壬子⑮	**26**壬午14	26辛亥12	26辛巳12	26辛亥⑪	26辛巳11	25己酉8
27丙戌19	27丙辰21	27乙酉19	27乙卯19	27甲申⑰	27癸丑16	27癸未15	**27**壬子13	27壬午13	27壬子12	27壬午12	26庚戌9
28丁亥20	28丁巳22	28丙戌20	28丙辰⑳	28乙酉18	28甲寅17	28甲申16	28癸丑14	**28**癸未⑭	**28**癸丑13	**28**癸未13	27辛亥10
29戊子21	29戊午23	29丁亥21	29丁巳21	29丙戌19	29乙卯18	29乙酉17	29甲寅15	29甲申15	29甲寅14	29甲申14	28壬子11
30己丑22		30戊子㉒			30丙辰19		30乙卯⑯	30乙酉16	30乙卯15		29癸丑12
											30甲寅⑬
立春 5日 雨水 20日	啓蟄 5日 春分 21日	清明 7日 穀雨 22日	立夏 7日 小満 22日	芒種 9日 夏至 24日	小暑 10日 大暑 25日	立秋 10日 処暑 26日	白露 12日 秋分 27日	寒露 12日 霜降 28日	立冬 13日 小雪 28日	大雪 13日 冬至 28日	小寒 15日 大寒 30日

解　説

編集部

古代·中世の暦については不分明な所もあり、また例外事項も数多く存在する。本書を使用する際の注意点にもなるので、具体的に問題となる箇所を挙げて解説したい。なおこの解説における西暦年補記は、月日にまで厳密に対応させたものではなく、年に対応した大まかなものであることを、あらかじめお断りしておく。

1. 古代・中世の暦法

明治6年（1873）以降、日本では「太陽暦」（具体的にはグレゴリオ暦）が採用されている。「太陽暦」は地球と太陽との位置関係のみによって年月日を決める暦法で、西欧世界では紀元前46年から1582年までユリウス暦、1582年以降グレゴリオ暦が採用されており、その後徐々に全世界の主流となってきたものである。日本も明治維新に続く近代化の過程でこれを取り入れた。

ところで明治5年以前の日本は中国暦法の影響下にあり、地球と太陽の関係、地球と月の関係を混合した「太陰太陽暦」を長く採用してきた。大まかには、太陽の運行から日の区切りと二十四節気を算出し、それと月の運行から朔(地球から見て太陽と月の東西方向が一致する瞬間。平たく言うと新月の瞬間)を算出して月の区切りが決まり、朔日と二十四節気の配置から月の名前(中気を含まない月を閏とするなど)と年の区切りが決まる、という暦法である。ただ本来的に太陽の運行と月の運行との関係は、正確な規則性を持たない。したがって現実の天体運行と暦法計算との間にはどうしても“ズレ”が生じ、そのためもあって改暦が繰り返されてきた。

日本で正式に採用された太陰太陽暦法は以下の通りである。

- ·元嘉暦〔持統天皇6年（692）～文武天皇元年（697）7月。5年7ヵ月間実施。“儀鳳暦と併用”とされるが、現実には元嘉暦の朔が史書と一致〕
- ·儀鳳暦〔文武天皇元年（697）8月～天平宝字7年（763）。66年5ヵ月間実施。文武天皇は8月朔日に即位。その前後で両暦と史書との一致度が変わり、その後は儀鳳暦が採用されたと推定される〕
- ·大衍暦〔天平宝字8年（764）～天安元年（857）。94年間実施。ただし天安2年（858）以降の4年間は五紀暦と併用されたといわれる〕
- ·五紀暦〔天安2年（858）～貞観3年（861）。4年間実施。大衍暦と併用といわれる。基本的には儀鳳暦の焼き直し〕

・宣明暦〔貞観4年（862）～貞享元年（1684）。823年間実施。ユリウス暦に次ぐ世界史上2番目の長期採用暦。但し暦法の優劣とは別の理由による〕
・貞享暦〔貞享2年（1685）～宝暦4年（1754）。70年間実施。渋川春海撰。初の国産暦法〕
・宝暦暦〔宝暦5年（1755）～寛政9年（1797）。43年間実施。安倍泰邦等撰。非常に評判が悪かったといわれる〕
・寛政暦〔寛政10年（1798）～天保14年（1843）。46年間実施。高橋至時等撰。日本の太陰太陽暦の頂点という評価もある〕
・天保暦〔弘化元年（1844）～明治5年（1872）。29年間実施。渋川景佑等撰。現在日本でのいわゆる“旧暦”はこれを指す〕

※なお推古朝以降持統天皇5年(691)までは、実際には元嘉暦が用いられていたと推定されている。

上記のうち、西欧でグレゴリオ暦が採用された天正10年(1582)以降、日本でグレゴリオ暦が採用される直前の明治5年(1872)までの和暦とグレゴリオ暦との対照については、弊社刊『日本暦西暦月日対照表』(野島寿三郎編 1987)が詳しい。本書が対象としたのはその前までの時代で、暦法で言うと元嘉暦・儀鳳暦・大衍暦・五紀暦・宣明暦の行用期間である。本書記載事項のうち、ユリウス暦の暦法は極めて単純明快であり、疑問の余地はない。また毎日の七曜や干支も規則的な配列なので、これも確実である。問題となるのは、和暦の日付(朔日と二十四節気)をこれら確実な部分にどう結び付けるかであり、具体的には朔と干支を結びつける方法論が、各暦法の骨子なのである。

2. 暦法の復元と問題点

本書対象期間の各暦法の計算は、元嘉暦・宣明暦についてはほぼ完全に復元可能だが、儀鳳暦・大衍暦・五紀暦については一部定数が伝わらないため、どうしても不完全なものになる。またこの時代は、それぞれの暦法ごとに以下に述べるような要因を組み合わせ、計算結果を故意に変更して暦を実施しており、いくら計算だけを正確に復元しても当時の実施暦にはならないという致命的な問題もある。

・進朔（稀に退朔）…朔の瞬間がある時刻以降（暦法・時期により異なる模様）ならば、朔日を翌日に変更する
・朔旦冬至…19年ごとに強制的に11月1日が冬至になるよう変更する（8世紀末から16世紀半ばまで。これ以降は間隔が変わる）
・臨時朔旦冬至の忌避…上記以外の年には11月1日が冬至にならないよう変更する
・四大の忌避…大の月（1ヵ月30日ある月）が4ヵ月連続しないよう変更する

・章首直後の退閏…朔旦冬至後、初めての閏月が閏8月にならないよう変更する
・年間日数の調整…年間385日とならないよう変更する
・元旦日食の忌避…正月朔日に日食にならないよう変更する
・その他…理由のよく分からない変更も多い

いずれにせよ、暦はその当時どのように実施されたかが重要である。しかし宣明暦以前の暦そのものがほとんど現存していない以上、手がかりとしては「日本書紀」を初めとする六国史など公的な史書史料における朔日の干支の表示が第一となる。『日本暦日原典』（内田正男編著 1975 雄山閣出版）は、古史料における朔日の干支表記を徹底的に調査し、日本の暦日を極力確定させた労作で、古暦に関しては現在でも書名の通り“原典”としてこれに従うのが通例となっている。本書においても朔日の設定は、機械的な計算のあとで『原典』第4版の朔日と照合し、異動について『原典』の注釈を必要に応じて古史料で確認するという手続きを踏んだ。以下、各暦法ごとに例外事項などを記載する。

3. 元嘉暦の時代

元嘉暦は、中国の南北朝時代劉宋王朝で使われ、百済を経て古代日本に渡来した暦法である。日本では推古天皇時代には暦自体さほど広まらなかったと思われ、暦の正式採用は持統天皇の時代にまで下る。ただこの間の「日本書紀」における朔干支は元嘉暦による朔干支と98%以上の確率で一致しており、推古朝以降持統天皇5年（691）までは元嘉暦が採用されていたと見なすのが通例である。また「日本書紀」によると持統天皇6年（692）から持統天皇10年（696）までは元嘉暦と儀鳳暦を併用したとも受け取れる記載になっているが、実際の行用が元嘉暦であったことは「日本書紀」の朔干支表示との一致度からみて確実である。ただし翌文武天皇元年（697）に関しては、天皇即位が8月朔日であったということ、これに伴う「日本書紀」と続日本紀の切れ目も8月であること、8月以前は「日本書紀」と元嘉暦がよく一致し、それ以降は「続日本紀」と儀鳳暦が一致すること（8月の朔干支も両書で食い違っている）、等から、史料との朔干支の一致度を重視すると8月朔日を境に暦法を切り替えたと見なすのが順当であろう。

先に書いたように元嘉暦の計算はほぼ復元が可能である。それは記録が残っているためというより、暦法自体が単純な平朔法（正月朔を計算で求め、あとは朔望月平均分数を足して月の区切りとした）であることによる。加えてこの時代は人為的な変更操作もなく（少なくとも持統天皇5年以前は古史料からも確認できない。「日本書紀」との異動はむしろ書紀の側の誤記と推定されるものがほとんど）、計算結果をほぼそのまま採用できる。確認できる計算結果と史書との異動は以下3回のみ。

・持統天皇6年（692）11月朔〔壬辰→辛卯〕
・持統天皇10年（696）12月朔〔戊辰→己巳〕
・文武天皇元年（697）4月朔〔丁卯→丙寅〕

これらはいずれも「日本書紀」が儀鳳暦の方の干支を採ったためであろうと推定されるが、本書でも史書との一致を重視して計算結果を「日本書紀」に合うよう変更した。なお二十四節気については平気法（元嘉暦ではまず雨水を求め、年間分数の24分の1を足していく）の計算結果をそのまま表示した。

4. 儀鳳暦の時代

儀鳳暦は、中国の唐王朝で64年間使われた麟徳暦のことであり、中国では進朔も加味されていたが、日本での進朔採用は明確ではない。上でも述べたように、儀鳳暦は文武天皇元年（697）8月から天平宝字7年（763）まで行用された。元嘉暦との大きな違いは、平朔法に代わり定朔法が導入されている点である。これは、平朔法の結果に太陽と月の運行速度の変化を定数化して加減・補正していくものなのだが、儀鳳・大衍・五紀の三暦法は当時実際に行われていた補正定数表が伝わらないため正確な復元計算ができないのである。本書では、この三暦の時代についてはとりあえず機械的な計算はしたが、結局は原則『日本暦日原典』の記載（宣明暦の方法を援用している）に基づかざるを得なかった。ただし『原典』ではこの時代の朔日の算出には3通りの方法を併用し、暦日に影響するものは注記を加えている。本書ではこの注記内容を勘案し、以下の朔日については『原典』の朔日表から異動させた。

・文武天皇2年（698）10月朔〔戊子→丁亥〕
・神亀5年（728）2月朔〔丁卯→戊辰〕
・天平8年（736）1月朔〔辛巳→壬午〕
・天平9年（737）1月朔〔乙亥→丙子〕
・天平16年（744）12月朔〔己丑→庚寅〕
・天平勝宝3年（751）12月朔〔己酉→庚戌〕

また上記以外に『原典』で確認されている計算結果と古史料との異動は以下の通り（『原典』は原則史料側を採用。本書もそれにならった）。

・神亀3年（726）9月朔〔乙亥→丙子〕
・天平5年（733）3月朔〔戊戌→己亥〕
・天平宝字元年（757）1月朔〔己酉→庚戌〕
・天平宝字5年（761）8月朔〔壬子→癸丑〕
・天平宝字6年（762）1月朔〔辛巳→庚辰〕、2月朔〔辛亥→庚戌〕 ＊元旦日食

の忌避と推定
・天平宝字7年（763）1月朔〔乙巳→甲辰〕＊閏正月を避け、前年に閏12月を作るためと推定

なお二十四節気については平気法（儀鳳暦以降ではまず前年の冬至を求め、年間分数の24分の1を足していく）の計算結果をそのまま表示した。

5．大衍暦の時代

大衍暦は、中国の唐王朝で33年間使われた暦法で、日本には遣唐使を通じてもたらされ、天平宝字8年（764）から天安元年（857）まで94年間実施された（翌天安2年（858）から4年間は五紀暦と併用）。ただ先に述べたように完全復元はできないため、儀鳳暦時代と同様『原典』に準拠した。

大衍暦時代の特徴は進朔の採用である。ところが史料で確認できる朔干支の配列から見ても、進朔を行ったか行わなかったかは朔の時刻では確定できない。午後7時頃の朔でも進朔したり、午後9時頃でも進朔していないという具合である。『原典』では、史料により進朔が確認できたもののみ進朔させ、それ以外は計算値のまま表示している。そして現在の感覚での午後10時頃以降の朔については「進朔の可能性が強い」旨の注記を加えている。その「可能性」とは、史料で干支が確認できる午後10時頃以降の朔からみると90％程度である。本書では一歩踏み込んで、逆に史料で進朔させていないことが確認できるものを除き、進朔させた結果を表示した。

・天平神護元年（765）2月朔〔壬戌→癸亥〕・12月朔〔丁亥→戊子〕
・神護景雲3年（769）9月朔〔乙丑→丙寅〕
・神護景雲4年（770）5月朔〔壬戌→癸亥〕
・宝亀4年（773）4月朔〔乙巳→丙午〕
・宝亀5年（774）12月朔〔乙丑→丙寅〕
・宝亀8年（777）8月〔己卯→庚辰〕・12月朔〔戊寅→己卯〕
・延暦元年（782）9月朔〔庚辰→辛巳〕
・延暦2年（783）12月朔〔癸卯→甲辰〕
・延暦3年（784）10月朔〔戊辰→己巳〕
・延暦5年（786）11月朔〔丙戌→丁亥〕
・延暦6年（787）10月朔〔庚辰→辛巳〕
・延暦7年（788）2月朔〔己卯→庚辰〕
・延暦12年（793）12月朔〔乙巳→丙午〕
・延暦13年（794）10月朔〔庚子→辛丑〕
・延暦17年（798）10月朔〔丙子→丁丑〕

・延暦20年（801）6月朔〔辛卯→壬辰〕
・延暦21年（802）4月朔〔丙戌→丁亥〕
・延暦24年（805）9月朔〔丙寅→丁卯〕
・大同3年（808）11月朔〔戊寅→己卯〕
・弘仁6年（815）11月朔〔丁卯→戊辰〕
・弘仁8年（817）3月朔〔庚申→辛酉〕・12月朔〔乙卯→丙辰〕
・天長元年（824）2月朔〔庚辰→辛巳〕
・天長2年（825）5月朔〔癸卯→甲辰〕
・天長3年（826）10月朔〔甲午→乙未〕
・天長4年（827）2月朔〔壬辰→癸巳〕・7月朔〔庚申→辛酉〕

上記以外に『原典』の注記に従い、四大を避けるため1件進朔させた。

・大同元年（806）9月朔〔庚寅→辛卯〕

大衍暦以降は進朔などの要因がからむため、計算結果と史料との不一致は数多く存在する。また史料間での不一致もある。ここでは進朔と関係が薄い（朔が午後6時頃以前）のに、『原典』の計算結果と史料が一致しないものの例を挙げる（『原典』は最終的には原則史料側を採用。本書もそれにならった）。

・宝亀11年（780）1月朔〔丙寅→丁卯〕
・天応元年（781）1月朔〔庚申→辛酉〕
・延暦11年（792）3月朔〔乙卯→丙辰〕
・大同2年（807）1月朔〔己丑→庚寅〕
・弘仁元年（810）11月朔〔丁酉→戊戌〕
・弘仁11年（820）2月朔〔癸酉→甲戌〕
・天長3年（826）1月朔〔丁卯→戊辰〕
・天長5年（828）2月朔〔丁亥→戊子〕
・天長9年（832）2月朔〔甲子→乙丑〕
・斉衡2年（855）1月朔〔辛巳→壬午〕

なお二十四節気については平気法（まず前年の冬至を求め、年間分数の24分の1を足していく）の計算結果をそのまま表示した。

6. 五紀暦の時代

五紀暦は、中国唐王朝で大衍暦の次に行用されたもので、日本では天安2年（858）から4年間、大衍暦と併用されたといわれている。しかし、その内実はむしろ儀鳳暦（麟徳暦）に近いもので、純粋に暦学的な視点からは精度的に後退しているという指摘がある。『原典』においても天安2年以降の4年間は、五紀暦は

“参考暦”扱いで、そのまま大衍暦を本表に掲載している。本書ではこの4年間は一応五紀暦で計算している。“一応”というのは、実は朔日に関して4年間で両暦の差異は3回だけ、それも先に挙げたようなルールで進朔を行うと完全に一致してくるので、実際のところはどちらで計算しても結果は同じなのである。

両暦の違いは二十四節気の日付だけであり、本書では五紀暦での日付を掲載したが、大衍暦では以下のように一日早まるものがある。

・天安2年（858） 4/17芒種、7/5処暑、9/7霜降、11/24小寒
・貞観元年（859） 1/25啓蟄、4/13小満、9/3寒露、11/20冬至
・貞観2年（860） 1/21雨水、4/8立夏、8/28秋分、12/17立春
・貞観3年（861） 3/4穀雨、5/6夏至、7/23白露、12/13大寒

なおこの4年間で進朔以外で計算結果と史料との食い違いは1回で、これは朔旦冬至にするための変更の初例といわれている。

・貞観2年（860）11月〔丙子→丁丑〕

7. 宣明暦の時代

宣明暦は、当時の唐王朝で現用されている暦法を輸入したもので、貞観4年(862)採用当初は最先端の暦法であった。しかしその後遣唐使が廃止されて中国から暦法を輸入することも絶え、江戸時代前期に至るまで823年間という異常ともいうべき長期にわたって使われ続けた。

宣明暦の場合、大衍暦･五紀暦と異なり、進朔の限界点が今でいう午後6時と明確であり、補正定数も分かっている。ただ人為的な変更が非常に多く、『原典』では計算結果と史料に見える朔干支との差異をまとめており、それに具体的な該当年月を簡略に書き加えると以下のようになる。

・朔旦冬至にするための変更16回〔延べ27ヵ月の朔干支移動・節気移動1回……永承5年(1050)、延久元年(1069)、長寛2年(1164)、寿永2年(1183)、建仁2年(1202)、承久3年(1221)、正元元年(1259)、弘安元年(1278)、永仁5年（1297)、正和5年（1316)、建武2年（1335)、応安6年（1373)、明徳3年（1392)、応永18年（1411)、宝徳元年（1449)、応仁2年（1468）の各11月近辺。実際には玉突き的に変更するので干支変更朔は延べ27ヵ月にも及ぶ〕
・臨時朔旦冬至忌避のための変更6回〔延べ9ヵ月の朔干支移動……保元元年（1156）11月、文永7年（1270）11月、延慶元年（1308）11・12月、嘉吉元年（1441）11・12月、文明11年（1479）11月、弘治元年（1555）11・12月〕
・四大忌避のための変更9回〔延べ9ヵ月の朔干支移動……寛仁2年（1018）10

月、万寿3年（1026）9月、長暦元年（1037）4月、寛治3年（1089）1月、文保元年（1317）3月、延元元年／建武3年（1336）3月、文中3年／応安7年（1374）3月、応永2年（1395）12月、永享6年（1434）1月〕

・章首後の閏8月忌避のための変更7回〔延べ7ヵ月の朔干支移動・節気移動1回……大治4年（1129）、寛元元年（1243）、弘安4年（1281）、延元3年／暦応元年（1338）、正平12年／延文2年（1357）、天授2年／永和2年（1375）の各8月、応永2年（1395）の8月・9月〕

・年間日数385日を減らすための変更4回〔延べ4ヵ月の朔干支移動……嘉保2年（1095）、保延4年（1138）、保元2年（1157）、安貞2年（1228）の各1月〕

・その他の変更38回

上記で目を引くのは、節気移動が2回行われている点である。従来の暦法では朔干支は移動させても二十四節気は平気法の計算結果をそのまま採用していた。しかし宣明暦行用中、いずれも13世紀鎌倉時代に2回だけ例外を生じさせたものである。

・建仁2年（1202）冬至〔庚午→辛未〕 ＊朔旦冬至にするため
・弘安4年（1281）秋分〔癸巳→甲午〕 ＊章首後の閏8月忌避のため

なお本書では『原典』と1箇所だけ異動させた。それは朔の時刻が計算上ちょうど午後6時にあたるケースで、『原典』では進朔させているが、古暦書のなかには進朔させていない例もあるため、わざと異説を示したものである。

・延喜4年（904）5月朔〔乙丑→甲子〕

8. ユリウス暦とグレゴリオ暦

目を転じて西洋暦について見ると、冒頭にも記した通り、世界最長の行用暦はユリウス暦であった。しかし紀元前46年にユリウス・カエサル（ジュリアス・シーザー）によって導入されてから1600年の間に春分点が10日もずれてしまい、1582年ローマ教皇グレゴリオ13世によりグレゴリオ暦法が新たに発布された。両暦法の違いは閏年の置き方に尽きる。ユリウス暦では4で割り切れる年を閏年として2月29日が置かれたが、グレゴリオ暦ではこのルールに加えて、100の倍数年のうち400の倍数年以外（例えば1700、1800、1900、2100、2200…）は閏とはしない、という条件が加わっただけだった。しかしたったこれだけの追加で3300年あたり1日しかずれない正確なものになったのである。

問題はそれまでのユリウス暦で蓄積された10日のズレをどう解消させるかだが、グレゴリオ13世は単純に、ユリウス暦1582年10月4日の翌日をグレゴリオ暦1582年10月15日とすることで解決した。これに対して本書では、天正10年

9月18日（癸酉）はユリウス暦1582年10月4日と記載、その翌日以降も仮想のユリウス暦を対照させている。というのもグレゴリオ暦は1582年10月に西欧世界にいきなり広まったわけではなく、例えばドイツ・スイス・チェコなど新教国では翌年以降、北欧諸国も18世紀から、またイギリスでは1752年、ロシアでは1918年、ギリシアでは1924年、トルコでは1927年などと、徐々に採用されていったもので、これらの国々の多くはそれまでユリウス暦をそのまま使っていた。そのようなこともあり、本書では天正10年9月19日以降も、書名の通りユリウス暦との対照を続けている。

9. 本書における日本年号表示について

最後に、暦法とは直接関係はないが、年号表示についての留意点を記載する。本書では日本史の通例に従い、古代の元号のない年については、天皇名で年号を表した。その場合は即位日に拠らず、年頭（多くは践祚翌年）から元年と見なしている。また年の途中で元号が変わった年は、新元号を前に記載、前元号を〔　〕で補記した。なお改元以外による前年号も同様に補記している。以下にその他の例外事項を列挙する。

1）天武天皇元年（672）には、例外的に〔弘文天皇元年〕との補記をつけた。

2）天平勝宝元年（749）は1年に2回改元が行われて天平勝宝元年になったので、2つの前元号を〔天平21年・天平感宝元年〕と補記した。

3）天応元年（781）は正月元旦に改元されて天応元年になったので、前元号が使われる余地はなく、補記はしなかった。

4）治承5年（1181）は平氏政権末期で、7月に治承5年から養和元年と改元されたが、鎌倉の源氏方ではこれを認めず治承の年号を使い続けた。翌1182年5月、平氏政権は養和2年を寿永元年に改元したが、依然として鎌倉では治承6年を使っていた。そして1183年になって、ようやく源氏方は治承7年から京の暦（寿永2年）に変更を認めた。本書では、なるべくこの状況をありのまま表示し、平氏/源氏の順に記載した。

5）寿永2年（1183）、平氏が安徳天皇を擁して西国へ都落ちすると、京では後鳥羽天皇が践祚した。そのため翌1184年、京（源氏方）では元暦元年と改元したが、平氏側は寿永3年を使い続けた。しかしその翌年3月に平氏が壇ノ浦で滅亡し、寿永4年は中絶。源氏側の元暦2年に一本化され、その後8月に文治元年に改元された。本書ではこの間の元号は源氏/平氏の順に表示した。

6）元徳3年（1331）は、大覚寺統の後醍醐天皇が皇位にあり、鎌倉幕府打倒に向け挙兵。元号を元弘元年に改元したが、幕府側はこれを認めずに元徳3年を使い続け、持明院統の光厳天皇を擁立した。翌年後醍醐天皇は隠岐に流され、光厳天皇のもと幕府は元徳4年を正慶元年に改元したが、後醍醐天皇とその与党はこれを認めず元弘2年を使い続けた。その後1333年鎌倉幕府は滅亡し、光厳天皇は廃されて正慶2年も中絶。元弘3年に統一された。本書ではこの間は大覚寺統/持明院統の順に表示した。

7）建武3年（1336）2月、後醍醐天皇（南朝）は建武3年を延元元年に改元したが、足利尊氏は光厳院ら持明院統（北朝）を擁して建武3年を使い続けた。以後南北朝の対立が半世紀にわたり続く。本書ではこの期間の元号は、南朝/北朝の順に表示した。

8）正平6年/観応2年（1351）、いわゆる"観応の擾乱"により足利尊氏・義詮が南朝に一時降伏。北朝の崇光天皇が廃されて、観応2年は中絶し、南朝の正平6年に統一された(正平の一統)。しかし翌年足利義詮は南朝方から攻められて反旗を翻し、やがて京を制圧して北朝の後光厳天皇を擁立し文和元年と改元。正平7年を使い続ける南朝方と再び対立状態が続くことになった。

9）南朝長慶天皇のもと、建徳3年（1372）は文中元年に改元されたが、この改元がいつ行われたかについて正確な史料が残っていない(4月であることだけは推定されている)。本書では改元記述に〔詳細不明〕と注記した。

10）天授元年/永和元年（1375）、弘和元年/永徳元年（1381）、元中元年/至徳元年（1384）は南北朝双方で改元があった。

11）元中9年/明徳3年（1392）南北両朝は北朝のもとに統一され、南朝の元中9年は中絶。北朝の明徳3年に統一された。

古代中世暦 ——和暦・ユリウス暦 月日対照表

2006年9月25日 第1刷発行

編 集／日外アソシエーツ編集部
発行者／大高利夫
発 行／日外アソシエーツ株式会社
〒143-8550 東京都大田区大森北1-23-8 第3下川ビル
電話(03)3763-5241(代表) FAX(03)3764-0845
URL http://www.nichigai.co.jp/
発売元／株式会社紀伊國屋書店
〒163-8636 東京都新宿区新宿3-17-7
電話(03)3354-0131(代表)
ホールセール部(営業) 電話(03)5469-5918

組版処理／日外アソシエーツ株式会社
印刷・製本／株式会社平河工業社

ISBN4-8169-1998-8
Printed in Japan, 2006

本書はディジタルデータでご利用いただくことができます。詳細はお問い合わせください。

年号一覧（五十音順）

本書収録範囲の年号（元号。ただし＊は天皇名）を五十音順に並べ、本書における掲載（開始）ページを示した。